DICTIONNAIRE

DE CHIMIE

PURE ET APPLIQUÉE

Quantin imprimeur

DICTIONNAIRE
DE CHIMIE
PURE ET APPLIQUÉE

COMPRENANT :

LA CHIMIE ORGANIQUE ET INORGANIQUE
LA CHIMIE APPLIQUÉE A L'INDUSTRIE, A L'AGRICULTURE ET AUX ARTS
LA CHIMIE ANALYTIQUE, LA CHIMIE PHYSIQUE ET LA MINÉRALOGIE

PAR AD. WURTZ

Membre de l'Institut (Académie des sciences)

AVEC LA COLLABORATION DE MM.

J. Bouis — E. Caventou — Ph. de Clermont — H. Debray — P.-P. Dehérain
M. Delafontaine — Ch. Friedel — A. Gautier
Ch. Girard et de Laire — E. Grimaux — P. Hautefeuille — A. Henninger — E. Kopp
F. de Lalande — Ch. Lauth — F. Le Blanc — A. Naquet
G. Salet — P. Schützenberger — Dr Thiercelin — L. Troost — — G. Vogt
et Ed. Willm.

TOME PREMIER

(DEUXIÈME PARTIE)

C — G

PARIS

LIBRAIRIE HACHETTE ET Cie

79, BOULEVARD SAINT-GERMAIN, 79

DICTIONNAIRE

DE CHIMIE

PURE ET APPLIQUÉE

C

CACAO. — On désigne sous le nom de *cacao* les semences du *Theobroma cacao*, de la famille des Byttnériacées. Ces semences ont été analysées par Boussingault, Payen, Tuchen et A. Mitscherlich ; elles renferment de 0,38 à 2 % de théobromine et de 36 à 52 % d'une matière grasse, concrète, le beurre de cacao.

Le *beurre de cacao* a la consistance du suif ; il fond à 30° et se solidifie à 23°. Son odeur et sa saveur sont agréables ; il est blanc, semi-transparent, insoluble dans l'eau, soluble à l'aide de la chaleur dans l'alcool, l'éther et l'essence de térébenthine.

Pour le séparer de l'amande du cacaotier, il suffit de broyer celle-ci et de la faire bouillir avec l'eau. Le corps gras fondu gagne la surface du liquide. Ce procédé est peu avantageux.

Il est préférable, après avoir brisé les amandes au pilon et séparé les enveloppes, de réduire le cacao en pâte dans un mortier de fer chauffé. On le met au bain-marie avec 1/10 de son poids d'eau, on chauffe quelques instants, puis on enferme la pâte dans des toiles de coutil, et on la soumet à la presse entre des plaques de fer chauffées à l'eau bouillante. On purifie le beurre de cacao en le faisant fondre au bain-marie et le laissant refroidir en repos.

D'après Stenhouse, le beurre de cacao est un mélange d'oléine, de stéarine et probablement aussi de margarine.

Suivant MM. Specht et Goessmann, il renferme de l'oléine, de la palmitine et une quantité si notable de stéarine qu'il peut être employé pour l'obtention facile et rapide de l'acide stéarique pur. E. G.

CACHOLONG (Min.). — Variété de calcédoine, d'un blanc de porcelaine, presque opaque et happant à la langue.

CACHOU. — Le cachou du commerce est un extrait sec astringent, que l'on obtient en épuisant par l'eau certaines parties végétales, et en évaporant à une consistance convenable. Son origine est variable, et l'on en distingue plusieurs sortes, suivant le pays et la plante qui le fournissent et aussi suivant la forme du produit commercial [Guibourt, *Journ. de Pharm.*, t. XI, p. 24, 260, 360 ; t. XII, p. 37, 183, 267]. Les principales espèces sont : 1° le cachou vrai, catéchu, cate, catch, catt, terre du Japon. Il s'extrait de la partie interne du bois de l'*Acacia catechu*, plante de la famille des Légumineuses. On dépouille le tronc de son aubier blanc, au moment où il est le plus riche en sève ; la partie interne, découpée en menus fragments, est bouillie avec de l'eau dans des vases en terre non vernie, et le liquide est concentré, d'abord à feu nu, puis au soleil, dans des vases plats et en agitant.

Les pains de cachou arrivent de Singapore et du Pègre.

2° Le cachou du Bengale, préparé avec la noix d'arec, fruit du palmier arequier (*Areca catechu*). Pains cubiques de 3 à 4 centimètres de côté, couleur plus claire que celle du cachou de Bombay.

3° Cachou jaune, cubique, gambir cubique. S'extrait des feuilles de l'*Ancaria gambir* et *acida*, arbrisseau sarmenteux de la famille des Rubiacées (Sumatra, Malakka, îles Moluques, Singapore). Pains bruns de 3 à 4 centimètres de côté, clairs à l'intérieur, cassure terne.

4° Kino ou gomme kino, fourni par le *Butea frondosa* (Légumineuse), suc noir, astringent, amer, employé seulement en médecine.

Composition. — Les diverses espèces de cachou offrent à peu près tous la même composition qualitative.

On y signale : 1° une variété de tannin, soluble dans l'eau froide, précipitable par la gélatine, précipitable en vert-grisâtre par les sels ferriques, *acide cachoutannique* ; 2° un principe incolore cristallisable, la *catéchine*, qui représente la véritable substance active du cachou, au moins dans ses applications en teinture ; 3° des matières brunes plus ou moins abondantes formées par l'altération des corps précédents, et des substances extractives indéterminées.

CATÉCHINE [Nees et Seubeck, *Ann. der Chem. u. Pharm.*, t. I, p. 343 ; — Zwenger, *Ann. der Chem.*

u. Pharm., t. XXXVII, p. 320 ; — Hagen, *Ann. der Chem. u. Pharm.*, t. XXXVII, p. 336 ; — Delffs, *Jahresb. für prakt. Chem.*, t. XII, p. 162 ; — Neubauer, *Ann. der Chem. u. Pharm.*, t. XCVI, p. 337 ; — Van Delben et Kraut, *Ann. der Chem. u. Pharm.*, t. CXXVIII, p. 285 ; — Schutzenberger et Rack, *Bull. de la Soc. chim.*, juillet 1865, p. 5 ; Hlasiwetz et Malin, *Ann. der Chem. u. Pharm.*, t. CXXXIV, p. 118]. — Ce corps se présente sous forme de fines aiguilles blanches, à éclat soyeux et nacré, renfermant de l'eau de cristallisation éliminable à 100°. Il fond à 217°. A une température plus élevée il se décompose, en donnant entre autres produits, de l'acide oxyphénique ou pyrocatéchine ($C^6H^6O^2$). Saveur faible, presque nulle, réaction neutre ; il est soluble dans 1133 p. d'eau à 17°, dans 2 à 3 p. d'eau bouillante, et se sépare par le refroidissement du liquide saturé à chaud, sous forme de fines aiguilles. La catéchine est soluble dans 5 à 6 p. d'alcool bouillant, dans 120 p. d'éther froid et 7 à 8 p. d'éther bouillant.

Le procédé le plus avantageux pour obtenir la catéchine pure consiste à épuiser par l'eau froide le cachou jaune en pains cubiques, après l'avoir réduit en poudre. Le résidu débarrassé du tannin est traité par 8 fois son poids d'eau bouillante. La catéchine se sépare par le refroidissement ; on exprime pour enlever l'eau mère. Les cristaux encore colorés sont redissous dans l'eau et le liquide est précipité par le sous-acétate de plomb ; on ajoute celui-ci peu à peu et l'on sépare les premières portions, lorsque le dépôt commence à être blanc. Le liquide filtré est complétement précipité par le sel de plomb, et le précipité blanc, bien lavé et mis en suspension dans l'eau, est décomposé par un courant d'hydrogène sulfuré. On filtre à chaud, la catéchine se sépare par le refroidissement.

La catéchine séchée donne : carbone 61,40, hydrogène 5,00.

La catéchine hydratée donne : carbone 52,06, hydrogène 6,00.

On a proposé plusieurs formules pour traduire ces résultats :

$C^{20}H^{18}O^8$ (Zwenger). $C^{17}H^{18}O^7$ (Neubauer). $C^{12}H^{12}O^5\ 2\ H^2O$ (Kraut et V. Delben). $C^{19}H^{18}O^8$ (Hlasiwetz et Malin). Les expressions $C^{10}H^{10}O^4$ et $C^{22}H^{22}O^9$ s'accordent aussi avec les nombres trouvés.

Bouillie avec de l'acide sulfurique étendu, à l'abri de l'air, ou avec de l'alcool chargé d'acide chlorhydrique, la catéchine se convertit en un produit brun amorphe, insoluble dans l'eau et dans l'alcool, la catéchurétine, qui paraît dériver de la catéchine par déshydratation :

$$C^{19}H^{18}O^8 = 2\ H^2O + C^{19}H^{14}O^6.$$

Fondue avec de l'hydrate de potasse, elle se dédouble en phloroglucine et acide protocatéchique (Hlasiwetz) :

$$C^{19}H^{18}O^8 + O^2 = C^7H^6O^4 + 2\ C^6H^6O^3.$$

Catéchine. Acide protocatéchique. Phloroglucine.

Le kino donne 12 % de phloroglucine.

Avec l'eau bromée on obtient une matière rougeâtre, insoluble (bromocatéchurétine) :

$$C^{19}H^8Br^6O^8.$$

Le chlorure de benzoyle l'attaque à 190° et la convertit en deux produits bruns, l'un soluble dans l'alcool dont la composition correspond à celle de la catéchine monobenzoïque ; l'autre insoluble qui semble correspondre à la catéchurésine benzoïque.

A 100° une solution d'acide iodhydrique désoxyde la catéchine, en la transformant en un produit jaune, élastique, insoluble dans l'eau, l'alcool, l'éther et l'acide acétique. Ce corps a donné à l'analyse : carbone 63,90, hydrogène 5,00, qui peuvent se traduire par $C^{19}H^{18}O^7$ (carbone 63,0, hydrogène 5,0).

Une solution de catéchine dans l'acide acétique anhydre, additionnée de bioxyde de baryum, donne lieu, à chaud, à la formation d'un corps blanc, insoluble dans l'eau bouillante, soluble dans l'acide acétique cristallisable et précipitable par l'eau de cette dissolution. Ce corps a donné à l'analyse : carbone 58,00, hydrogène 4,70, qui peuvent se traduire par la formule $C^{19}H^{18}O^9$: carbone 58,4, hydrogène 4,6 ; ce serait donc de l'oxycatéchine. Les corps oxydants énergiques tels que le bichromate de potasse, l'acide nitrique étendu et chaud, convertissent la catéchine en matières brunes, insolubles et amorphes. Celle obtenue avec le bichromate de potasse a donné à l'analyse, après élimination de l'oxyde de chrome : carbone 58,07, hydrogène 3,42, nombres qui peuvent se traduire par $C^{19}H^{14}O^9$. Cette matière brune se dissout facilement dans l'acide nitrique étendu et chaud et donne un vif dégagement d'acide carbonique, avec production d'acide oxalique. L'acide nitrique concentré donne un produit analogue à l'acide picrique.

En présence des alcalis ou des carbonates alcalins, la catéchine absorbe rapidement l'oxygène de l'air ; ses solutions deviennent rouges et brunes et contiennent des produits bruns mal définis dans leur composition, connus sous les noms d'acides rubinique et japonique. En présence de l'eau seule, elle subit une oxydation analogue mais plus lente. C'est sur la propriété que possède la catéchine de donner facilement, par oxydation, des corps bruns insolubles que sont fondées les applications du cachou en teinture et en impressions.

ACIDE CACHOUTANNIQUE. — L'acide cachoutannique peut être isolé : 1° en ajoutant peu à peu de l'acide sulfurique concentré à l'infusion concentrée et froide du cachou. Il se forme un précipité d'abord brun que l'on enlève, puis moins foncé que l'on recueille sur un filtre ; on lave à l'acide étendu, on exprime, on dissout dans l'eau pure. La liqueur est digérée avec du carbonate de plomb qui élimine l'acide sulfurique. Enfin le liquide filtré est évaporé dans le vide. Le résidu est purifié par dissolution dans l'éther alcoolique ;

2° Le cachou pulvérisé est épuisé à froid par l'éther. La solution éthérée, évaporée dans le vide, donne un résidu poreux et jaunâtre.

L'acide cachoutannique est soluble dans l'eau, l'alcool, l'éther. Ses solutions précipitent par la gélatine ; elles donnent avec les sels ferriques un précipité vert-grisâtre ; l'émétique n'est pas précipité. Il est peu soluble dans l'acide sulfurique étendu. Au contact de l'air, les solutions aqueuses rougissent rapidement et laissent après l'évaporation un résidu insoluble ; il se formerait en même temps de la catéchine, d'après Delffs ; Neubauer nie la production de la catéchine.

Les sels alcalins sont solubles et très-altérables, les combinaisons alcalino-terreuses, terreuses et métalliques, sont peu ou point solubles, et se forment par double décomposition.

D'après Stenhouse [*London Roy. Soc. proceed.*, t. XI, p. 401], l'acide cachoutannique ne fournit pas de sucre en se dédoublant par l'acide sulfurique bouillant.

Suivant Sacc [*Compt. rend de l'Acad. des sciences*, t. LIII, p. 1102], le cachou dissous dans 2 litres d'eau, chauffé pendant une demi-heure avec 100 grammes d'acide sulfurique par litre d'eau, développe une odeur qui rappelle l'hydrure de salicyle et il se précipite une matière brune. Le liquide surnageant est jaune. Saturé par le carbonate de chaux, il donne, avec l'alcool, 55 grammes d'un mélange de tartrate de chaux et de soude. Le liquide filtré et évaporé laisse 370 grammes de sucre de raisin. La masse brune (546 grammes) est facile à pulvériser, insoluble dans l'eau, l'alcool, l'éther et les acides. L'acide azotique la décompose, l'acide sulfurique la dissout. La soude hydratée la dissout en brun, mais le liquide se colore en pourpre à l'air. M. Sacc ayant opéré sur le cachou, il est évident que la masse brune n'est autre chose que de la catéchurétine.

Le cachou brut en pains, exposé à une température de 100°, fond et devient transparent, en perdant 4 à 5 % de son poids. A l'incinération, il laisse un résidu de 3 à 4 %. En raison de sa consistance extractive, il est sujet à subir des falsifications par mélange de substances étrangères, sable, argile, ocre, sang, sucre, amidon, etc., etc.

L'examen attentif des caractères physiques et organoleptiques, de la quantité et de la nature du résidu insoluble dans l'eau et l'alcool, l'incinération et l'examen des cendres fourniront des renseignements sur la pureté d'un produit, mais il convient toujours de faire l'essai par voie d'impression, en en composant une couleur, comparativement avec un cachou type. On prend : cachou 60 gr., acide acétique à 7° 120 gr., eau de gomme 40 centimètres cubes. On imprime, on vaporise et l'on passe au chromate acide.

Applications. — Le cachou est employé en médecine comme astringent, dans le tannage des peaux et en teinture.

L'emploi du cachou pour la coloration des tissus repose sur des principes très-simples. On commence par imprégner la fibre de la solution de matière colorable (catéchine), puis, en déterminant une oxydation, on opère la transformation de la catéchine en composés bruns, insolubles, adhérents par conséquent et remarquables par leur grande solidité. L'oxydation est provoquée par différents moyens : 1° par simple exposition du tissu à l'air ; 2° plus rapidement par le vaporisage. Dans l'un et l'autre cas, il convient d'introduire dans la couleur à imprimer des agents oxydants qui ne produisent leur effet qu'à la longue ou pendant le vaporisage (sels de cuivre) ; 3° par un passage en solution alcaline suivi d'un aérage ; la présence d'une base alcaline favorise l'oxydation ; 4° par un passage en bichromate de potasse. C'est le moyen le plus efficace. Quelquefois on combine l'un ou l'autre de ces procédés.

Le cachou contient de 36 à 54 % d'acide cachoutannique et le reste est en grande partie formé de catéchine. P. S.

CACHOUTANNIQUE (ACIDE). — Voyez CACHOU.

CACHUTIQUE (ACIDE). — Voyez CACHOU.

CACODYLE. — Voyez t. I, p. 422.

CACOTHELINE. — Alcali nitré, produit par l'action de l'acide azotique sur la brucine. — Voyez ce mot.

CACOXÈNE (Min.). — Phosphate hydraté de fer et d'alumine, de composition mal déterminée. Se rencontre en petites masses fibreuses, d'un jaune d'ocre et d'un éclat demi-métallique.

Densité, 2,3 à 3,3.

CADET (LIQUEUR FUMANTE DE). — Voyez t. I, p. 422.

CADMIUM, Cd$^{\prime\prime}$ = 112. — *Historique.* — Dans l'automne de 1817, Stromeyer, chargé de l'inspection des pharmacies du Hanovre, signala, dans certains échantillons d'oxyde de zinc, l'existence d'un corps nouveau auquel il proposa de donner le nom de cadmium [*Schweigger's Journ.*, t. XXII, p. 362, et *Gilb. Ann.*, t. LX, p. 193].

La nature et les propriétés de ce nouveau corps furent découvertes au printemps suivant par Herman, qui préparait en grand de l'oxyde de zinc pour la médecine : on venait de lui interdire la vente de ce produit, parce qu'en inspectant plusieurs pharmacies prussiennes, on avait cru reconnaître les caractères de l'arsenic dans l'oxyde qui provenait de sa fabrication. Voulant se rendre compte des motifs de cette étrange accusation, il fit l'analyse de son oxyde et parvint à en isoler un métal nouveau. Il en envoya un échantillon à Stromeyer et sut par lui que le métal qu'il venait d'obtenir présentait bien les mêmes caractères que le corps signalé quelques mois auparavant. Il en fit immédiatement connaître les principales propriétés [*Gilb. Ann.*, t. LVI, p. 95 et 113 ; t. LXVI, p. 276].

État naturel. — Le cadmium se trouve dans la nature à l'état de sulfure de cadmium ; mais il se rencontre plus fréquemment dans les blendes de la Silésie, dans le silicate et le carbonate de zinc de Freiberg, du Derbyshire et du Cumberland ; il accompagne constamment le zinc comme le nickel accompagne le cobalt.

Extraction. — Presque tout le cadmium que l'on trouve dans le commerce vient des usines de zinc de la Silésie. Quand on soumet à la distillation les minerais de zinc cadmifères mélangés de charbon, le cadmium, plus volatil que le zinc, distille le premier ; aussi se trouve-t-il principalement dans les poussières brunes (*cadmies*) qui, pendant les premières heures, se condensent dans les allonges adaptées aux cornues de distillation. Ces poussières, mêlées avec du charbon en poudre, sont soumises à une nouvelle distillation qui donne un alliage très-riche en cadmium.

Pour en retirer le cadmium pur, on dissout l'alliage, qui contient souvent de petites quantités de cuivre, dans l'acide sulfurique, et on en précipite par un excès d'acide sulfhydrique tout le cadmium avec du cuivre et des traces de zinc. Le sulfure de cadmium lavé est dissous dans l'acide chlorhydrique concentré ; on évapore pour chasser l'excès d'acide et on ajoute un excès de carbonate d'ammoniaque : il se forme du carbonate de cadmium insoluble, tandis que le carbonate de cuivre et le carbonate de zinc se dissolvent dans l'excès de réactif. Le carbonate de cadmium calciné, puis mêlé avec du charbon et chauffé au rouge vif dans une cornue de grès, donne du cadmium pur qui se condense dans le col de la cornue [Stromeyer, *Gilb. Ann.*, t. LX, p. 193 ; — John, *Handwörterbuch der Chem.*, t. III, p. 299 ; *Berl. Jahresb.*, 1819, p. 245 ; *Berl. Jahresb.*, 1820, p. 365 ; — Herapath, *Ann. of Philos.*, t. XXI, p. 217 ; *Hollunder. Kastn. arch.*, t. XII, p. 245].

Propriétés. — Le cadmium est un métal blanc qui, par son éclat, se rapproche plus de l'étain que du zinc. Il est plus mou que ces métaux. Il se laisse facilement courber ; il graisse les limes et laisse une trace grise quand on le frotte sur du papier.

C'est un métal très-malléable et très-ductile.

Sa densité est 8,6 ; elle peut s'élever par l'écrouissage à 8,69. La chaleur spécifique du cadmium à l'état solide est 0,0567, sa chaleur latente de fusion est 13,66 [Person, *Ann. de Chim. et de Phys.*, (2), t. XXIV, p. 275].

Il fond vers 315° (B. Wood) ou 320° (Person), et bout à la température de 860° ; sa vapeur est de couleur orangée ; refroidie lentement, elle cristallise en octaèdres réguliers.

MM. H. Sainte-Claire Deville et L. Troost ont employé la vapeur du cadmium en ébullition pour prendre la densité de vapeur des substances difficilement volatiles, et pour étudier la marche de phénomènes chimiques à une température élevée et constante.

On doit éviter de respirer les vapeurs de cadmium, car elles sont suffocantes, elles produisent une sensation douceâtre et styptique sur les lèvres et une saveur de laiton persistante et répugnante dans l'arrière-bouche. Elles occasionnent en même temps des maux de tête, une constriction dans la poitrine et des nausées [B. Wood, *Chemical News*, septembre 1862, p. 135].

Le cadmium chauffé brûle à l'air et se transforme en oxyde jaune brun. Sa vapeur décompose l'eau au rouge en dégageant de l'hydrogène [Regnault, *Ann. de Chim. et de Phys.*, (2), t. LXII, p. 351].

Ce métal se dissout avec dégagement d'hydrogène dans les acides sulfurique, chlorhydrique, azotique et même acétique, en formant des sels incolores, inaltérables par l'eau. L'acide sulfureux en dissolution est attaqué par le cadmium qui se dissout sans dégagement de gaz hydrogène, en donnant du sulfite et du sulfure de cadmium.

Alliages. — Le cadmium, quoique très-ductile, forme des alliages cassants avec l'or, le platine et le cuivre. Il forme au contraire des alliages ductiles et malléables avec le plomb, l'étain et même avec l'argent en proportion convenable.

L'alliage de 2 p. d'argent et 1 p. de cadmium est très-malléable et très-tenace, tandis que l'alliage de 1 p. d'argent et 2 p. de cadmium est très-cassant [Wood, *Mémoire déjà cité*].

L'alliage de 2 p. de cadmium avec 2 p. de plomb et 4 p. d'étain (alliage de Wood) est plus fusible que l'alliage correspondant de bismuth (alliage de Darcet.)

Plusieurs amalgames de cadmium sont remarquables par leur cohésion et leur malléabilité : tels sont l'amalgame contenant poids égaux de mercure et de cadmium, et celui qui renferme 2 p. de mercure pour 1 p. de cadmium. Au contraire, l'amalgame qui contient 21,7 % de cadmium est dur et cassant, comme la plupart des amalgames métalliques.

Oxydes de cadmium. — *Sous-oxyde.* — Le cadmium abandonné à l'air humide, à la température ordinaire, se couvre d'une poussière verdâtre qui, soumise à l'analyse, semble être un sous-oxyde de cadmium, Cd^2O [Marchand, *Poggend. Ann.*, t. XXXVIII, p. 145].

Oxyde, Cd″O. — L'oxyde de cadmium anhydre s'obtient en chauffant le cadmium au contact de l'air; on le prépare encore par la calcination du carbonate ou de l'azotate de cadmium.

Il est jaune brun ou brun plus ou moins foncé, suivant la température à laquelle il a été calciné. Sa densité est 6,95.

Il peut être réduit par le charbon ou par l'hydrogène à une température élevée.

Sa facile réduction par l'hydrogène permet de le séparer du zinc, dont l'oxyde est très-difficilement réductible par ce gaz. Il suffit pour cela de faire passer un courant de gaz hydrogène sur le mélange des deux oxydes chauffés dans un tube de verre; le cadmium réduit vient se condenser dans les parties froides du tube (Barreswil).

On obtient l'oxyde de cadmium hydraté blanc et gélatineux en décomposant un sel de cadmium en dissolution par un excès de potasse ou de soude. Cet hydrate perd facilement son eau sous l'influence de la chaleur et devient anhydre et brun; il attire l'humidité de l'air et se change en carbonate [Stromeyer, *Mém. cité;* — Nicklès, *Ann. de Chim. et de Phys.*, (3), t. XXII, p. 31].

Sulfure de cadmium, Cd″S. — Le sulfure de cadmium se rencontre dans la nature en cristaux d'un jaune clair ayant la forme d'un prisme hexagonal terminé par une pyramide hexagonale; on l'appelle *greenockite* (voyez ce mot); sa densité est 4,8. On prépare le sulfure de cadmium en précipitant un sel soluble de cadmium par l'acide sulfhydrique ou par un sulfure alcalin; on l'obtient encore en chauffant un mélange de soufre et d'oxyde de cadmium, $2CdO + 3S = SO^2 + 2CdS$.

Dans le grillage des blendes cadmifères, le cadmium passe à l'état de sulfate, qui résiste à l'action de la chaleur. En lavant les blendes cadmifères grillées, on dissout le sulfate de cadmium, d'où l'on précipite ensuite le cadmium à l'état de sulfure par l'acide sulfhydrique. Il possède alors une belle couleur jaune, qui le fait employer en peinture sous le nom de *jaune brillant*. Lorsqu'on le chauffe, sa couleur se fonce, il devient rouge cramoisi et reprend sa teinte jaune en se refroidissant.

Au rouge vif il fond et cristallise en lamelles micacées jaune citron.

Il est attaqué très-lentement par les acides faibles. L'acide chlorhydrique concentré le dissout avec dégagement d'acide sulfhydrique.

Le sulfure artificiel amorphe, chauffé dans un courant de gaz hydrogène, se réduit en vapeurs de cadmium et acide sulfhydrique, qui, arrivant ensemble dans les parties froides du tube, donnent naissance à une réaction inverse; il se dépose des cristaux identiques à la greenockite naturelle [H. Sainte-Claire Deville et L. Troost, *Ann. de Chim. et de Phys.*, (4), t. V, p. 118].

Séléniure de cadmium, Cd″Se. — Ce corps s'obtient sous forme d'une masse jaune quand on fait passer de la vapeur de sélénium sur du cadmium fondu.

Chlorure de cadmium, Cd″Cl^2. — Le chlorure de cadmium s'obtient en évaporant la dissolution du cadmium dans l'acide chlorhydrique. Il fond vers 400° et entre en ébullition vers 700° Les vapeurs se condensent en une masse cristalline formée de paillettes brillantes.

Au contact de l'air, il absorbe l'humidité.

Le chlorure de cadmium fondu absorbe le gaz ammoniac, il se réduit alors en poudre blanche en augmentant de volume. La formule du composé ainsi produit est $CdCl^2, 6AzH^3$.

Une dissolution de chlorure de cadmium dans l'ammoniaque abandonne des cristaux dont la composition est représentée par la formule

$$CdCl^2, 2AzH^3$$

[Croft, *Phil. Mag.*, t. XXI, p. 350].

On peut obtenir des chlorures doubles cristallisés de cadmium et d'un autre métal en évaporant les dissolutions qui les contiennent. Quelques-uns de ces chlorures doubles sont anhydres, mais la plupart sont hydratés. C'est ainsi qu'en évaporant un mélange d'équivalents égaux de chlorure de cadmium et de chlorure de potassium, on a d'abord le composé $CdCl^2, KCl + 1/2H^2O$, et ensuite le composé $CdCl^2, 4KCl$.

Ces derniers se déposent seuls dans une dissolution contenant 3 équivalents de chlorure de potassium pour 1 équivalent de chlorure de cadmium.

Le chlorhydrate d'ammoniaque forme des composés isomorphes de ceux de potassium. Leur composition répond aux formules

$$CdCl^2, AzH^4Cl + 1/2H^2O \text{ et } CdCl^2, 4AzH^4Cl.$$

On obtient également des chlorures doubles avec les sels de baryte, de strontiane, de chaux, de magnésie, de manganèse, de fer, de nickel, de cobalt, de cuivre et des principales bases organiques.

Bromure de cadmium, Cd″Br^2. — On obtient le bromure de cadmium anhydre en faisant passer du brome en vapeur sur le cadmium fondu.

On prépare le bromure en dissolution en laissant digérer dans l'eau du brome et du cadmium. La liqueur évaporée donne des aiguilles de bromure hydraté $CdBr^2 + 4H^2O$. Ce sel, chauffé à 100°, perd 2 molécules d'eau; les deux autres molécules peuvent être éliminées vers 260° [Rammelsberg, *Poggend. Ann.*, t. LV, p. 241]. Chauffé plus fortement, le bromure de cadmium fond et cristallise par refroidissement; il se sublime au rouge [Croft, *Philos. Magas.*, t. XXI, p. 356].

Le bromure de cadmium est soluble dans l'alcool et dans l'éther [Berthemot, *Ann. de Chim. et de Phys.*, (2), t. XLIV, p. 387].

Le bromure de cadmium anhydre absorbe 4 molécules de gaz ammoniac et se réduit en poudre blanche très-volumineuse.

La dissolution de bromure de cadmium dans l'ammoniaque donne, par évaporation, le composé $CdBr^2,2AzH^3$ [Croft, *Mém. cité*].

Avec le bromure de potassium et d'ammonium, le bromure de cadmium forme des composés analogues aux chlorures correspondants.

Iodure de cadmium, $Cd''I^2$. — L'iodure de cadmium peut s'obtenir en faisant passer des vapeurs d'iode sur du cadmium fondu, ou bien en faisant digérer de l'iode et du cadmium humectés d'un peu d'eau.

Le sel est blanc, nacré, très-brillant, inaltérable à l'air et très-soluble dans l'eau et dans l'alcool. Il est employé en médecine et en photographie de préférence aux iodures alcalins.

L'iodure de cadmium anhydre absorbe 6 molécules de gaz ammoniac et se change en une poudre blanche.

La dissolution d'iodure de cadmium dans l'ammoniaque laisse déposer des cristaux qui ont pour formule $CdI^2,2AzH^3$ [Rammelsberg, *Poggend. Ann.*, t. XLVIII, p. 153].

L'iodure de cadmium forme des iodures doubles avec les iodures alcalins.

Fluorure de cadmium, $Cd''Fl^2$. — Berzelius a signalé [*Poggend. Ann.*, t. I, p. 26 et 199] la formation d'un fluorure de cadmium anhydre par l'évaporation de la dissolution du cadmium dans l'acide fluorhydrique; le sel ainsi obtenu est cristallin, très-peu soluble dans l'eau, soluble dans une dissolution d'acide fluorhydrique. Il forme, avec le fluorure de silicium, un fluorure double

$$CdFl^2,SiFl^4,$$

soluble dans l'eau et cristallisant par évaporation.

Carbonate de cadmium. — Le carbonate de cadmium s'obtient en décomposant un sel de cadmium par un carbonate soluble. Le précipité lavé et séché est insoluble dans l'eau et dans le carbonate d'ammoniaque. Cette propriété est utilisée pour séparer le cadmium du zinc et du cuivre. Le carbonate de cadmium se forme encore quand on abandonne l'hydrate d'oxyde de cadmium au contact de l'air, à la température ordinaire.

Chauffé avec du charbon, il donne le cadmium métallique.

Sulfate de cadmium, SO^4Cd''. — Le cadmium forme avec l'acide sulfurique plusieurs sulfates dont la composition dépend des circonstances où le produit s'est formé. Pour obtenir le sulfate neutre, on dissout dans l'acide sulfurique étendu l'oxyde ou le carbonate de cadmium, on peut même employer le métal, en ayant la précaution d'ajouter un peu d'acide azotique que l'on chasse à la fin par évaporation. Le sulfate neutre est incolore, très-soluble dans l'eau; il cristallise avec 4 molécules d'eau (SO^4Cd+4H^2O) en beaux prismes droits à base rectangle.

Ces cristaux, soumis à l'action de la chaleur, perdent leur eau de cristallisation sans fondre.

Au rouge ils abandonnent la moitié de leur acide et se changent en sulfate bibasique SO^4Cd,CdO. Au rouge blanc, il se dégage de l'acide sulfureux et de l'oxygène, et il reste seulement de l'oxyde de cadmium.

Le sulfate de cadmium est employé en médecine dans les maladies des yeux.

Le sous-sulfate $SO^4Cd.CdO$ est très-peu soluble dans l'eau; il cristallise difficilement; sa composition est alors devenue $SO^4Cd.CdH^2O^2$ [Kühr, *Schweigger's Journ.*, t. LX, p. 344].

Quand, au lieu de laisser cristalliser le sulfate à la température ordinaire, on détermine l'évaporation de la liqueur à chaud, on obtient un sulfate cristallisé qui a la même composition que le sulfate de didyme avec lequel il est isomorphe [Hauer, *Schweigger's Journ.*].

Si on ajoute de l'acide sulfurique concentré dans une dissolution saturée de sulfate de cadmium, ou si on évapore à chaud une dissolution acide de ce sel, on obtient de petits cristaux dont la composition répond à la formule SO^4Cd+H^2O. Ce sel devient anhydre à 100°.

Le sulfate neutre de cadmium anhydre peut absorber 6 molécules de gaz ammoniac, avec dégagement de chaleur; il se délite et forme une poussière blanche, qui, en se dissolvant dans l'eau, laisse déposer une partie de l'oxyde de cadmium [H. Rose, *Poggend. Ann.*, t. XX, p. 152].

Il se forme alors, par évaporation, un sulfate double dont la composition est

$$SO^4Cd+SO^4(AzH^4)^2+6H^2O.$$

Le sulfate de cadmium en dissolution avec du sulfate de potassium ou avec du sulfate de magnésium donne de même, par évaporation, des sulfates doubles contenant également 6 molécules d'eau, et dont la formule est

$$SO^4Cd+SO^4K^2+6H^2O,$$
$$\text{ou } SO^4Cd+SO^4Mg+6H^2O.$$

Avec le sulfate de soude il forme un sulfate double dont la formule est différente :

$$SO^4Cd+SO^4Na^2+2H^2O.$$

Ces sels sont très-peu stables, ils sont efflorescents dans l'air sec.

Sulfite de cadmium. — Le cadmium métallique attaque la dissolution de gaz acide sulfureux sans dégagement de gaz hydrogène, il se produit à la fois du sulfite et du sulfure de cadmium.

MM. Fordos et Gélis [*Compt. rend. de l'Acad. des sciences*, t. XVI, p. 1070] expliquent, à l'aide des formules suivantes, les réactions qui se produisent dans ces circonstances :

$$3Cd+3SO^3H^2=3SO^3Cd+3H^2;$$
$$3H^2+SO^2=H^2S+2H^2O;$$
$$3SO^3Cd+H^2S=CdS+SO^3H^2+2SO^3Cd.$$

La dissolution évaporée donne des cristaux qui contiennent 2 molécules d'eau.

Hyposulfate de cadmium. — M. Heeren a obtenu l'hyposulfate S^2O^6Cd en dissolvant le carbonate de cadmium dans l'acide hyposulfurique et laissant évaporer la liqueur. Ce sel, dissous dans l'ammoniaque concentrée, laisse déposer des cristaux dont la formule est

$$(S^2O^6Cd+4AzH^3)$$

[Rammelsberg, *Poggend. Ann.*, t. LVIII, p. 298].

Azotate de cadmium. — L'azotate de cadmium se prépare facilement en dissolvant le métal ou son oxyde dans l'acide nitrique étendu. La liqueur évaporée donne des cristaux prismatiques contenant 4 molécules d'eau [Stromeyer, *Mém. cité*].

Azotite de cadmium. — On le prépare en traitant l'azotite d'argent par le chlorure de cadmium. En évaporant de l'azotite de potasse avec de l'azotate de cadmium, M. Lang a obtenu successivement l'azotite double $2AzO^2K+(AzO^2)^2Cd''$ qui cristallise en prismes obliques à base rectangle, et l'azotite double $4AzO^2K+(AzO^2)^2Cd''$. M. Stampe, en évaporant un mélange d'azotite de potasse et d'azotite de cadmium, a obtenu l'azotite $AzO^2K + (AzO^2)^2Cd$ qui cristallise en cubes.

CHLORATE DE CADMIUM. — Le chlorate de cadmium s'obtient en décomposant le chlorate de baryte par le sulfate de cadmium. C'est un sel déliquescent qui cristallise avec 2 molécules d'eau. Il est très-soluble dans l'eau. Il fond à 80° et dégage de l'oxygène, de l'eau, puis du chlore; il reste un mélange d'oxyde et de chlorure de cadmium (Wœchter).

PERCHLORATE DE CADMIUM. — Ce sel a été obtenu par Sérullas [*Ann. de Chim. et de Phys.*, (2), t. XLVI, p. 305] en dissolvant l'oxyde de cadmium dans la dissolution d'acide perchlorique; ce sel est très-déliquescent. Il est soluble dans l'alcool.

BROMATE DE CADMIUM. — Le bromate de cadmium se prépare comme le chlorate. Il cristallise avec 1 molécule d'eau. Chauffé, il se conduit comme le chlorate.

Dissous dans l'ammoniaque concentrée, il abandonne, par évaporation en présence de la chaux vive, une poudre blanche dont la composition est représentée par la formule $(BrO^3)^2Cd'' + 3AzH^3$ [Rammelsberg, *Poggend. Ann.*, t. LV, p. 74].

IODATE DE CADMIUM. — M. Rammelsberg [*Poggend. Ann.*, t. XLIV, p. 566] prépare l'iodate de cadmium en versant de l'iodate de soude dans de l'acétate de cadmium; il se forme peu à peu un précipité cristallin d'iodate de cadmium anhydre. Ce sel se conduit, sous l'influence de la chaleur, comme le chlorate et le bromate. Il est très-peu soluble dans l'eau, mais très-soluble dans l'acide azotique et dans l'ammoniaque.

PHOSPHATES DE CADMIUM. — Le *métaphosphate* de cadmium s'obtient en traitant un sel de cadmium par l'acide métaphosphorique. L'addition d'ammoniaque détermine la formation d'un précipité qui se redissout dans un excès de réactif, puis se dépose lentement quand l'ammoniaque s'évapore à l'air [Persoz, *Ann. de Chim. et de Phys.*, (2), t. LVI, p. 334].

Le *pyrophosphate* de cadmium se précipite quand on verse un sel soluble de cadmium dans le pyrophosphate de soude. Le précipité est soluble dans l'acide sulfureux. Par évaporation de ce gaz, il se dépose sous forme de tablettes nacrées.

Le *phosphate ordinaire* se produit de même en versant un sel de cadmium dans un phosphate de soude ordinaire (Stromeyer).

PHOSPHITE DE CADMIUM, $PhO^3.HCd''$. — Ce sel a été obtenu par H. Rose [*Poggend. Ann.*, t. IX, p. 41] en mêlant deux dissolutions, l'une de sulfate de cadmium, l'autre de phosphite d'ammoniaque. Le précipité blanc est décomposable au rouge; il se forme un phosphate et du cadmium métallique.

HYPOPHOSPHITE DE CADMIUM, $(PhH^2O^2)^2Cd''$. — Se prépare en saturant une dissolution d'acide hypophosphoreux avec du carbonate de cadmium; il est très-soluble dans l'eau et cristallise par évaporation dans le vide [H. Rose, *Poggend. Ann.*, t. XII, p. 91].

CHROMATE DE CADMIUM. — Quand on verse une dissolution de sulfate de cadmium dans une dissolution bouillante de chromate neutre de potasse, il se forme un chromate

$$2CrO^4Cd'' + 3CdO + 8H^2O$$

qui se précipite en poudre cristalline jaune-orangé. Ce sel, mis en contact avec l'ammoniaque, donne un chromate ayant pour formule

$$CrO^4Cd + 4AzH^3$$

(Malaguti et Sarzeaud).

Les sulfures doubles que forme le cadmium avec le molybdène, le vanadium, l'arsenic et l'antimoine, ont été signalés par Berzelius [*Poggend. Ann.*, t. VII, p. 88, 146 et 286], et par Rammelsberg [*Poggend. Ann.*, t. LII, p. 236]. L. T.

CADMIUM. — RÉACTIONS. La plupart des sels de cadmium sont incolores et solubles dans l'eau. Leur saveur est métallique et désagréable.

Les sels dissous dans l'eau peuvent se reconnaître aux caractères suivants :

Une lame de zinc y détermine un précipité cristallin de cadmium métallique.

Un des meilleurs réactifs pour reconnaître les sels de cadmium est l'*acide sulfhydrique*, qui donne un précipité jaune de sulfure de cadmium, même dans les dissolutions acides. Les *sulfures alcalins* donnent le même précipité insoluble dans un excès de réactif.

La *potasse* et la *soude* donnent un précipité blanc d'hydrate de cadmium insoluble dans un excès d'alcali, tandis que le précipité donné par l'ammoniaque est soluble dans un excès de réactif.

Les *carbonates de potasse*, de *soude* ou *d'ammoniaque* donnent un précipité blanc de carbonate de cadmium, insoluble dans un excès de carbonate alcalin.

Le *phosphate de soude* et l'*acide oxalique* donnent un précipité blanc de phosphate ou d'oxalate de cadmium.

Le *ferrocyanure* donne un précipité blanc jaunâtre, le *ferricyanure* un précipité jaune.

Ces précipités et les sels insolubles de cadmium sont solubles dans les acides sulfurique, azotique et chlorhydrique.

Au *chalumeau*, les sels de cadmium donnent, avec le carbonate de soude, à la flamme réductrice, du métal qui, s'oxydant de nouveau à l'air, produit sur le charbon un anneau rougeâtre.

Le borax dissout l'oxyde de cadmium et donne un verre jaune à chaud, devenant presque incolore par refroidissement.

DOSAGE. — Le cadmium se dose toujours à l'état d'oxyde anhydre. Pour cela, on le précipite de ses dissolutions à l'état de carbonate par le carbonate de potasse, et on transforme le carbonate en oxyde anhydre par calcination.

On sépare le cadmium des métaux des trois premières sections en faisant passer un courant d'acide sulfhydrique dans la dissolution acide de ces métaux.

Comme le précipité peut contenir un peu de soufre provenant de la décomposition de l'acide sulfhydrique, on le redissout dans l'acide chlorhydrique et on le précipite par le carbonate de potasse.

Pour séparer l'oxyde de cadmium de l'oxyde de zinc d'une manière complète, MM. Aubel et Ramdohr ont proposé de traiter la solution bien neutre d'azotate ou de chlorure par de l'acide tartrique d'abord, puis par une solution de potasse ajoutée en quantité suffisante pour rendre la liqueur alcaline. Cette liqueur, étendue d'eau et portée à l'ébullition, laisse déposer l'oxyde de cadmium; tout le zinc reste dans la dissolution. L. T.

CADMIUM-ÉTHYLE. — Voyez ÉTHYLE.

CADMIUM SULFURÉ. — Voyez GREENOCKITE.

CÆSIUM. — Voyez CÉSIUM.

CAFÉIDINE, $C^7H^{12}Az^4O$. — C'est une base que l'on obtient en faisant bouillir la caféine avec de l'eau de baryte; il se dépose du carbonate barytique, de la méthylamine se dégage et de la caféidine prend naissance. Lorsque, la réaction étant terminée, on précipite l'excès de baryte par l'acide sulfurique et qu'on filtre, on obtient une liqueur dans le sein de laquelle il se dépose des cristaux de sulfate de caféidine par une évaporation convenable. On peut séparer la caféidine de ce sel au moyen du carbonate de baryte. Elle est déliquescente, soluble dans l'alcool et difficilement soluble dans l'éther. Sa solution aqueuse évaporée l'abandonne sous forme d'une masse amorphe. La potasse précipite la caféidine de sa dissolution dans l'eau.

La caféidine paraît se former d'après l'équation suivante :

$$\underset{\text{Caféine.}}{C^8H^{10}Az^4O^2} + H^2O = \underset{\text{Caféidine.}}{C^7H^{12}Az^4O} + CO^2.$$

La caféine, pour se transformer en caféidine, ne fait donc qu'échanger CO″ contre H^2. La méthylamine provient d'une réaction secondaire.

Les formules rationnelles de la caféidine et de la caféine seraient, d'après M. Strecker,

$$\begin{array}{c} C^2Az^2 \\ \left.\begin{array}{c} H^2 \\ C^3H^4O \\ (CH^3)^2 \end{array}\right\} Az^2 \end{array} \quad \text{et} \quad \begin{array}{c} C^2Az^2 \\ \left.\begin{array}{c} CO'' \\ C^3H^4O \\ (CH^3)^2 \end{array}\right\} Az^2 \end{array}$$

[Strecker, *Compt. rend. de l'Acad. des sciences*, 1861, t. LII, p. 1269]. A. N.

CAFÉINE, $C^8H^{10}Az^4O^2$. — [Robiquet et Boutron, *Journ. de Pharm.*, t. XXIII, p. 108 ; — Versmann, *Arch. pharm.*, (2), t. LXVIII, p. 148 ; — Vogel, *Chem. centr.*, 1858, p. 367 ; — Dumas et Pelletier, *Ann. de Chim. et de Phys.*, (2), 1823, t. XXIV, p. 182 ; — Pfaff et Liebig, *ibid.*, (2), 1832, t. XLIX, p. 303, et *Ann. der Chem. u. Pharm.*, 1832, t. I, p. 17 ; — Stenhouse, *ibid.*, t. XLV, p. 366 ; t. XLVI, p. 227 ; *ibid.*, (2), t. III, p. 244, et en extrait, *Ann. de Chim. et de Phys.*, (3), 1854, t. XLI, p. 191 ; — Runge, *Mater. z. Phytologie*, 1821, t. I, p. 146 ; — Oudry, *Mag. pharm.*, t. XIX, p. 49 ; — Jobst, *Ann. der Chem. u. Pharm.*, t. XXV, p. 63 ; — Mulder, *Poggend. Ann.*, t. XLIII, p. 160. — Martius, *Ann. der Chem. u. Pharm.*, 1840, t. XXXVI, p. 93 ; — Stenhouse, *Philos. Mag.*, (3), 1843, t. XXIII, p. 426 ; *ibid.*, (4), t. VII, p. 21 ; — Nicholson, *Ann. der Chem. u. Pharm.*, t. LXII, p. 71 ; — Rochleder, *Ann. der Chem. u. Pharm.*, t. LXXI, p. 1, et t. LXXII, p. 56-123 ; — Herzog, *ibid.*, t. XXVI, p. 344, et t. XXIX, p. 171 ; *Arch. für Pharm.*, (2), t. XV, p. 86 ; — Payen, *Ann. de Chim. et de Phys.*, (3), t. XXVI, p. 108 ; — Heynsius, *Journ. für prakt. Chem.*, t. XLIX, p. 317. — Wurtz, *Comp. rend. de l'Acad. des sciences*, t. XXX, p. 9 ; — Strecker, *ibid.*, t. LII, p. 1268 ; *Ann. der Chem. u. Pharm.*, t. CXVIII, p. 151 (nouv. sér., t. XLII) ; *Répert. de Chim. pure*, (1re sér.), t. III, p. 340 ; *Ann. de Chim. et de Phys.*, (3), t. LXII, p. 355 ; — Hinterberger, *Ann. der Chem. u. Pharm.*, (2), t. VI, p. 311, et en extrait : *Ann. de Chim. et de Phys.*, (3), 1853, t. XXXVII, p. 50 ; — Graham, Stenhouse et Campbell, *Chem. Soc. quart. Journ.*, t. IX, p. 33 ; — Stenhouse, *Ann. der Chem. u. Pharm.*, t. LXXIX, p. 246 ; — Peligot, *Ann. de Chim. et de Phys.*, (3), t. XI, p. 68 ; — Berthemot et Deschastelus, *Journ. de Pharm.*, t. XXVI, p. 518 ; — Kohl et Swoboda, *ibid.*, t. LXXXIII, p. 341 ; — Personne, *Compt. rend. de l'Acad.*, t. LXVI, p. 418, 2 mars 1868.]

La caféine a été découverte dans le café par Runge, en 1820. Oudry retrouva, en 1827, cette substance dans le thé et la prit pour un corps nouveau, auquel il donna le nom de *théine*. Jobst et Mulder, en 1838, montrèrent que la théine et la caféine sont un seul et même corps. En 1840 Martius découvrit la caféine dans le guarana, pulpe du *Paullinia sorbilis*. Stenhouse, en 1843, la retira du thé du Paraguay et montra qu'elle existe aussi bien dans les tiges et les feuilles que dans les fruits du caféier.

La caféine fut analysée pour la première fois par MM. Dumas et Pelletier en 1823. Sa composition exacte fut établie par Pfaff et Liebig en 1832. Ses composés et ses réactions ont été étudiés successivement par Stenhouse, Nicholson, Peligot, Rochleder et Herzog, qui le premier établit la nature alcaline de ce composé.

Strecker enfin, en 1861, a obtenu synthétiquement la caféine en partant de la théobromine et a fixé nos connaissances sur la véritable nature de cet alcaloïde.

La caféine répond à la formule $C^8H^{10}Az^4O^2$, ou mieux $C^7H^7(CH^3)Az^4O^2$.

PRÉPARATION. — On peut extraire la caféine du thé, du café, du guarana et du thé du Paraguay.

Extraction du thé ou du café. — Six procédés ont été proposés :

1° Le premier procédé, qui est le plus généralement employé, consiste à faire avec le thé ou le café une infusion que l'on précipite par le sous-acétate de plomb. On ajoute ensuite un peu d'ammoniaque au liquide, on filtre, on débarrasse la liqueur filtrée de l'excès de plomb au moyen de l'acide sulfhydrique, on la filtre de nouveau et on l'évapore lentement. Par le refroidissement, il se dépose d'abondants cristaux de caféine presque pure dont on peut obtenir une nouvelle quantité par la concentration des eaux mères.

2° Un autre procédé consiste à saturer les acides libres du café par du carbonate de soude et à précipiter la liqueur par une infusion de noix de galle. Il se dépose du tannate de caféine que l'on dessèche, que l'on broie avec de la chaux et que l'on épuise par l'alcool. Le liquide alcoolique est ensuite distillé et le résidu purifié par cristallisation dans l'eau ou dans l'éther.

3° Une troisième méthode consiste à broyer avec 2 p. de chaux 5 p. de café moulu et à épuiser le mélange par l'alcool dans un appareil à déplacement. L'alcool est ensuite distillé. On reprend le résidu par le même liquide et l'on distille de nouveau jusqu'à ce qu'il se forme deux couches. On sépare alors l'huile qui surnage, on évapore convenablement la couche aqueuse en la laissant refroidir, et l'on voit s'y déposer des cristaux de caféine que l'on purifie en les exprimant entre plusieurs doubles de papier Joseph, en les redissolvant dans l'eau et en décolorant leur solution par du noir animal. Versmann, en employant cette méthode, a retiré de 50 kilogrammes de café jusqu'à 250 grammes de caféine.

4° On épuise le café pulvérisé par la benzine, on évapore le liquide et l'on reprend le résidu par l'eau qui dissout la caféine et laisse l'huile de café. On pourrait également traiter ce résidu par l'éther, qui dissoudrait l'huile et laisserait la majeure partie de la caféine.

5° Payen épuise le café en poudre par l'éther pour dissoudre l'huile, puis par l'alcool à 60 %. La solution alcoolique étant évaporée en consistance sirupeuse, il y ajoute 2 ou 3 fois son volume d'alcool à 85 %. Il se forme alors 2 couches dont la supérieure renferme la caféine. On évapore celle-ci en consistance de sirop et on la mêle avec son volume d'alcool à 90 %. Il s'y dépose des cristaux de chlorogénate (cafétannate) de caféine et de potassium, lesquels donnent un sublimé de caféine lorsqu'on les chauffe.

6° Enfin, on peut extraire la caféine du thé ou du café par sublimation. A cet effet on chauffe le thé de rebut dans un appareil semblable à celui dont on se sert pour sublimer l'acide benzoïque. Si les cristaux que l'on obtient ne sont pas purs du premier coup, on les purifie en les dissolvant dans l'eau et décolorant la liqueur par le charbon animal.

Le café renferme moins de caféine que le thé. Tandis que la proportion de cette substance contenue dans le café oscille entre 0,8 et 1 %, la proportion que le thé en renferme oscille entre 2 et 4 %.

Extraction du guarana. — Deux méthodes ont été indiquées :

La première consiste à épuiser par de l'alcool la poudre de guarana intimement mélangée avec de la chaux. Le liquide est ensuite évaporé, on enlève l'huile verdâtre qui vient surnager à un moment donné, on achève d'évaporer la liqueur restante et l'on chauffe modérément le résidu pour sublimer la caféine.

Dans la deuxième méthode, on opère comme lorsqu'on veut extraire la caféine du café par le premier procédé. Seulement la liqueur privée de plomb par l'hydrogène sulfuré est évaporée à siccité, et le résidu est repris par l'alcool, qu'on abandonne à l'évaporation après l'avoir filtré. Les cristaux ainsi obtenus sont purifiés par expression et cristallisation nouvelle.

Le guarana contient environ 5 % de son poids de caféine.

Extraction du thé du Paraguay. — On précipite l'infusion aqueuse de cette plante par le sous-acétate de plomb, on soumet la liqueur filtrée à l'action d'un courant d'acide sulfhydrique, on filtre de nouveau, on évapore à siccité et l'on chauffe le résidu pour que la caféine se sublime. Au lieu d'opérer par sublimation, on peut aussi épuiser le résidu par une quantité suffisante d'éther et distiller ce liquide. La caféine se dépose en cristaux faiblement colorés, que l'on purifie par une nouvelle cristallisation.

Propriétés. — La caféine cristallise de sa solution aqueuse en fines aiguilles soyeuses et blanches renfermant 8,4 % = 1 molécule d'eau de cristallisation qu'elles ne perdent pas complétement à 150°. Sa saveur est légèrement amère. Elle fond à 178° et se sublime sans altération à 185°. Une portion peut cependant s'altérer dans cette opération si elle n'est pas bien pure et que l'on opère sur des masses un peu considérables. La caféine se dissout à froid dans l'eau et l'alcool, moins bien dans l'éther; l'eau bouillante la dissout abondamment et la solution saturée se prend en bouillie par le refroidissement. Cristallisée dans l'alcool ou dans l'éther, la caféine est anhydre. La densité de la caféine cristallisée est de 1,23 à 19°.

Réactions. — 1° Par l'action de la chaleur la caféine dégage de la méthylamine lorsqu'elle est unie à un acide organique capable de fournir de l'hydrogène (Payen, Personne). Elle en dégage également quand on la fait bouillir avec de la potasse (Wurtz) ou qu'on la chauffe avec de l'hydrate barytique (Strecker). Il se forme en même temps, dans ce dernier cas, un nouvel alcaloïde, la *caféidine* $C^7H^{12}Az^4O$, dont le sulfate se dépose en cristaux, lorsqu'on concentre la liqueur après l'avoir débarrassée de la baryte par l'acide sulfurique et qu'on la laisse ensuite refroidir. La caféidine se forme, d'après M. Strecker, en vertu de l'équation suivante :

$$\underset{\text{Caféine.}}{C^8H^{10}Az^4O^2} + H^2O = CO^2 + \underset{\text{Caféidine.}}{C^7H^{12}Az^4O}$$

2° *L'acide azotique* concentré, maintenu en ébullition avec la caféine, développe des vapeurs nitreuses et donne un liquide jaune qui prend une teinte pourpre par l'addition d'une goutte d'ammoniaque. Si l'on continue l'ébullition, le liquide se décolore, cesse de rougir par l'ammoniaque et laisse déposer en s'évaporant des cristaux blancs nageant dans une eau mère chargée d'un sel de méthylamine.

La substance cristallisée avait reçu d'abord le nom de cholestrophane. Plus tard Gerhardt supposa que la cholestrophane est identique avec l'acide diméthyl-parabanique $C^3(CH^3)^2Az^2O^3$. Les vues de Gerhardt ont été vérifiées par Strecker. Ce dernier chimiste, en traitant le parabanate diargentique bien sec, $C^3Ag^2Az^2O^3$, par l'iodure de méthyle, a obtenu du parabanate diméthylique en larges tables identiques par leur composition et leurs propriétés avec les cristaux de cholestrophane.

3° Lorsqu'on dirige un courant de *chlore* à travers une bouillie de caféine et d'eau, les cristaux disparaissent peu à peu et l'on obtient un mélange de plusieurs substances dont la composition varie avec la durée de l'action. Lorsque la proportion de chlore employée est relativement faible, les produits sont l'acide amalique (tétraméthyl-alloxantine), $C^{12}H^{12}Az^4O^7 = C^8(CH^3)^4Az^4O^7$, la méthylamine, le chlorure de cyanogène et la chlorocaféine $C^8H^9ClAz^4O^2$.

Le liquide résultant de l'action du chlore perd d'abord de l'acide chlorhydrique lorsqu'on le chauffe au bain-marie; du chlorure de cyanogène se dégage aussi à l'état gazeux et il se dépose des cristaux d'acide amalique mêlés de croûtes ou de flocons de chlorocaféine, si l'action du chlore n'a pas été assez longtemps prolongée. Si, au contraire, cette action a été très-prolongée, il se forme de l'acide diméthyl-parabanique (cholestrophane) qui provient de la réaction du chlore sur la diméthyl-alloxantine (acide amalique) précédemment formée :

$$\underset{\text{Tétraméthyl-alloxantine.}}{C^8(CH^3)^4Az^4O^7} + 6Cl + 3H^2O$$

$$= 2\underset{\text{Acide diméthyl-parabanique.}}{C^3(CH^3)^2Az^2O^3} + 6HCl + 2CO^2.$$

Chauffée avec de l'*acide chlorhydrique* et une solution de *chlorate de potassium*, la caféine donne de l'alloxane ou une substance analogue qui colore la peau en rouge et prend elle-même une belle couleur rouge sous l'influence de l'ammoniaque.

4° Chauffée avec de la *chaux sodée*, la caféine dégage de l'ammoniaque et laisse un mélange de carbonate potassique, de carbonate sodique et de cyanure de sodium. Cette réaction distingue nettement la caféine de la pipérine, de la morphine, de la quinine et de la cinchonine, qui ne donnent pas de cyanure de sodium lorsqu'on les soumet à un traitement semblable.

Sels de caféine. — La caféine se combine avec les acides et forme des sels bien définis. Beaucoup d'entre eux toutefois sont instables et se détruisent par l'eau.

Chlorhydrate de caféine, $C^8H^{10}Az^4O^2,HCl$. — La caféine absorbe 31-35 centièmes de gaz chlorhydrique. Elle donne un chlorhydrate cristallisé lorsqu'on la fait dissoudre dans l'acide chlorhydrique au maximum de concentration. Le sel doit être lavé à l'éther. L'eau et l'alcool le détruisent en régénérant la caféine. Le chlorhydrate de caféine s'effleurit à l'air en perdant de l'acide chlorhydrique. Ses cristaux ont été déterminés par Blasius; ils appartiennent au type orthorhombique [*Ann. der Chem. u. Pharm.*, t. XXIX, p. 171].

Chloroplatinate de caféine,

$$[C^8H^{10}Az^4O^2,HCl]^2, PtCl^4.$$

— C'est un précipité orangé qui se produit lorsqu'on ajoute du perchlorure de platine à une solution de caféine dans l'acide chlorhydrique. Quand on fait le mélange à chaud, le sel se dépose en grains cristallins que quelques lavages à l'alcool suffisent à purifier. Le chloroplatinate de caféine est peu soluble dans l'eau, l'alcool et l'éther. Ces cristaux sont inaltérables à l'air et anhydres.

Chloromercurate de caféine,

$$C^8H^{10}Az^4O^2Hg,Cl^2.$$

— Lorsqu'on mélange des solutions aqueuses ou

alcooliques de caféine et de bichlorure de mercure, il se dépose au bout de quelque temps de petits cristaux de ce sel qu'on purifie par une nouvelle cristallisation. Ces cristaux sont très-solubles dans l'eau et l'alcool et presque insolubles dans l'éther. L'acide chlorhydrique et l'acide oxalique le dissolvent. Ce dernier paraît même se combiner avec lui (Hinterberger).

Cyanomercurate de caféine,

$$C^8H^{10}Az^4O^2, HgCy^2.$$

— On le prépare comme le chloromercurate. Il cristallise en aiguilles incolores, peu solubles à froid dans l'eau et l'alcool et inaltérables à 100°.

Chloraurate de caféine,

$$C^8H^{10}Az^4O^2, HCl, AuCl^3.$$

— Il se dépose en aiguilles orangées, par le refroidissement, lorsqu'on mélange à chaud une solution concentrée de chlorure d'or et une solution également concentrée de caféine dans l'acide chlorhydrique. On lave les cristaux à l'eau froide, on leur fait subir une nouvelle cristallisation dans l'alcool et on les dessèche au bain-marie. C'est un sel soluble dans l'eau et l'alcool. Sec, il est inaltérable à 100°; dissous, il se décompose déjà à 68° et mieux encore quand on fait bouillir sa solution.

Sulfate de caféine. — On l'obtient en dissolvant la caféine dans l'acide sulfurique. Il cristallise difficilement et l'eau le décompose.

Azotate de caféine et d'argent,

$$C^8H^4Az^4O^2, AzAgO^6.$$

— Il se dépose en mamelons blancs, cristallins, qui s'attachent aux parois du vase lorsqu'on verse un excès d'azotate d'argent dans une solution concentrée aqueuse ou alcoolique de caféine. On les purifie par un lavage à l'eau et par une seconde cristallisation. C'est un sel peu soluble dans l'eau froide, plus soluble dans l'eau bouillante et l'alcool. La lumière ne le colore que s'il est humide. Il ne s'altère pas au bain-marie. A une plus haute température, il perd de la caféine qui se volatilise et laisse un résidu d'argent métallique.

Tannate de caféine. — C'est un précipité blanc insoluble dans l'eau froide et soluble dans l'eau bouillante qui le dépose de nouveau par le refroidissement. On l'obtient en précipitant par le tannin une solution aqueuse de caféine.

Cafétannate de caféine et de potasse. — Le cafétannate de caféine et de potasse existe tout formé dans le café, d'où on peut l'extraire par un procédé que nous avons exposé plus haut (Extraction de la caféine du café, 5e méthode).

Les cristaux de ce sel sont groupés en sphéroïdes par la disposition de l'un de leurs bouts autour d'un centre commun. Ils deviennent électriques lorsqu'on les chauffe. L'alcool anhydre les dissout peu; l'alcool aqueux et l'eau surtout les dissolvent mieux. Leur solution aqueuse brunit à l'air.

Lorsqu'on essaye de le distiller, le cafétannate de caféine et de potassium perd de la caféine, se boursoufle et laisse un charbon très-léger. La potasse le colore en rouge-orangé sous l'influence de la chaleur. Chauffé avec de l'*acide sulfurique*, il se colore en violet intense et l'acide se recouvre d'une pellicule bronzée. Un phénomène semblable se produit avec l'*acide chlorhydrique*. L'*acide azotique* colore le sel en jaune orangé.

Le *chlorure de palladium* précipite en brun une solution de caféine dans l'acide chlorhydrique. La liqueur filtrée dépose après quelque temps des paillettes dorées d'une autre combinaison.

La caféine ne précipite pas le protochlorure d'étain, l'acétate de plomb, le sulfate de cuivre et le sulfate mercureux. Bouillie avec du perchlorure de fer, elle donne par le refroidissement un précipité brun-rougeâtre soluble dans une plus grande quantité d'eau. Le précipité est probablement un chlorure double de fer et de caféine.

SYNTHÈSE ET CONSTITUTION DE LA CAFÉINE. — La caféine n'est que de la méthyl-théobromine, ainsi que M. Strecker l'a démontré en en faisant la synthèse au moyen de la théobromine :

$$\underset{\text{Caféine.}}{C^8H^{10}Az^4O^2} = \underset{\text{Méthyl-théobromine.}}{C^7H^7(CH^3)Az^4O^2}.$$

Le procédé qu'il a employé est le suivant :

On traite la théobromine par une solution ammoniacale d'azotate d'argent. Il se forme un précipité blanc cristallin qui, séché à 120°, renferme $C^7H^7AgAz^4O^2$. C'est la théobromine argentique. Chauffé pendant longtemps à 100° avec de l'iodure de méthyle, ce corps donne de l'iodure d'argent et de la méthyl-théobromine selon l'équation

$$\underset{\text{Théobromine argentique.}}{C^7H^7AgAz^4O^2} + \underset{\text{Iodure de méthyle.}}{CH^3I}$$

$$= AgI + \underset{\text{Méthyl-théobromine.}}{C^7H^7(CH^3)Az^4O^2}.$$

La méthyl-théobromine ainsi obtenue est identique par ses propriétés avec la caféine naturelle.

Strecker, en considérant que la xanthine répond à la formule $C^5H^4Az^4O^2$, avait pensé que la théobromine elle-même pourrait être de la xanthine diméthylée,

$$C^5H^2(CH^3)^2Az^4O^2 = C^7H^8Az^4O^2,$$

ce qui aurait fait de la caféine une xanthine triméthylée; mais la supposition n'était pas fondée. Il a préparé en effet de la diméthyl-xanthine en soumettant à l'action de l'iodure de méthyle la xanthine diargentique $C^5H^2Ag^2Az^2O^4$. La xanthine diméthylée qu'il a obtenue présente bien la composition, mais ne présente plus les propriétés de la théobromine dont elle est un simple isomère. M. Strecker propose de représenter la xanthine, la théobromine et la caféine par les formules rationnelles suivantes :

$$\underset{\text{Xanthine.}}{\begin{matrix} C^2Az^2 \\ \left.\begin{matrix}(CO)'' \\ (C^2H^2O)'' \\ H^2\end{matrix}\right\} Az^2,\end{matrix}} \quad \underset{\text{Théobromine.}}{\begin{matrix} C^2Az^2 \\ \left.\begin{matrix}(CO)'' \\ (C^3H^4O)'' \\ H.CH^3\end{matrix}\right\} Az^2,\end{matrix}} \quad \underset{\text{Caféine.}}{\begin{matrix} C^2Az^2 \\ \left.\begin{matrix}(CO)'' \\ (C^3H^4O)'' \\ (CH^3)^2\end{matrix}\right\} Az^2.\end{matrix}}$$

La xanthine renfermerait donc 1 molécule de glycollylurée, la théobromine 1 molécule de méthyl-lactylurée et la caféine 1 molécule de diméthyl-lactylurée unies toutes trois à 1 molécule de cyanogène C^2Az^2.

brD'après M. Rochleder, la caféine et la théo-omine répondraient aux formules rationnelles

$$\underset{\text{Théobromine.}}{Az\left\{\begin{matrix} H \\ CH^2.H \\ Az\left\{\begin{matrix} CAz \\ CAz \\ (C^4H^4O^2)''\end{matrix}\right.\end{matrix}\right.} \qquad \underset{\text{Caféine.}}{Az\left\{\begin{matrix} CH^2.H \\ CH^2.H \\ Az\left\{\begin{matrix} CAz \\ CAz \\ (C^4H^4O^2)''\end{matrix}\right.\end{matrix}\right.}$$

[*Sitzungsb. der K. Akad. der Wissensch. zu Wien*; — *Journ. für prakt. Chem.*, t. XCIII, p. 98 (1864), n° 18; — en extrait : *Bull. de la Soc. chim.*, 1865, t. III, p. 213].

Ces formules ne peuvent être admises. Le deuxième atome d'azote perdant une de ses affinités pour se souder au premier atome du même métalloïde, il ne lui reste plus que 2 atomicités de libres et on le suppose combiné à deux radicaux monoatomiques et à un radical diatomique. Une telle formule exigerait donc que l'azote fonctionnât comme pentatomique dans la caféine, ce qui est extrêmement peu probable, à moins que l'on n'admît que les 2 atomes d'azote soient liés par l'intermédiaire du radical diatomique; mais alors il faudrait écrire la formule autrement. A. N.

CAFÉIQUE (ACIDE) [Hlasiwetz, *Ann. der Chem. u. Pharm.*, t. CXLII, p. 219; nouv. sér., t. LXVI, et *Bull. de la Soc. chim.*, t. IX, p. 123, 1868], $C^9H^8O^4$. — Pfaff a décrit deux acides qui seraient contenus dans le café, l'acide cafétannique et l'acide caféique.

Rochleder n'a pu retrouver l'acide caféique et Hlasiwetz a donné le nom de ce dernier à l'acide qu'il obtient par la réaction de la potasse sur l'acide cafétannique. C'est de l'acide de Hlasiwetz que nous nous occupons ici.

Il se forme lorsqu'on fait bouillir pendant 45 minutes 1 p. d'acide cafétannique avec 5 p. de potasse caustique d'une densité de 1,25. On retire le liquide du feu et on le sature aussitôt par de l'acide sulfurique étendu. Il s'en dépose par refroidissement une abondante cristallisation d'acide caféique impur.

On exprime les cristaux, on agite le liquide avec de l'éther qui en abandonne encore par évaporation, on fait bouillir avec le charbon animal et l'on obtient alors l'acide caféique en cristaux d'un jaune paille et du type clinorhombique. C'est un acide fort, colorant les sels ferreux en vert, la coloration passe au rouge foncé par la potasse. Il réduit le nitrate d'argent, mais non les liqueurs cuproalcalines.

L'acide sulfurique le colore en brun à chaud, l'acide nitrique le convertit en acide oxalique.

Lorsqu'on le fond avec la potasse, il donne de l'acide protocatéchique et de l'acide acétique; à la distillation sèche il fournit de l'acide oxyphénique (pyrocatéchine); avec l'acide iodhydrique fumant il est réduit et l'on obtient une huile qui paraît être l'isomère de la pyrocatéchine décrit par H. Müller.

L'acide caféique précipite l'acétate de plomb en jaune citron, le nitrate mercureux en jaune, le précipité devient verdâtre. Séché à l'air, il renferme $C^9H^8O^4 + 1/2H^2O$. On a analysé

le *sel de baryum* $(C^9H^7O^4)^2Ba'' + 4H^2O$,
le *sel de strontium* $(C^9H^7O^4)^2Sr'' + 4H^2O$,
et le *sel de calcium* $(C^9H^7O^4)^2Ca'' + 3H^2O$,

qui se présentent en mamelons ou en croûtes cristallines; le *sel de baryum basique* qui cristallise en lamelles jaunâtres renfermant

$$(C^9H^5O^4)^2Ba^3 + 9H^2O;$$

le *sel de plomb* basique et amorphe

$$(C^9H^5O^4)^2Pb^3 + 2H^2O,$$

et le *sel de caféine*

$$C^8H^{10}Az^4O^2, C^9H^8O^4 + 2H^2O;$$

fines aiguilles groupées en aigrettes qu'on obtient en mêlant des solutions bouillantes d'acide caféique et de caféine.

L'acide caféique est triatomique, c'est le troisième terme de la série suivante :

C^8H^7, CO^2H, acide cinnamique.
$C^8H^6, OH. CO^2H$, acide coumarique.
$C^8H^5, (OH)^2. CO^2H$, acide caféique.

On doit rapprocher cette série de la suivante :

C^6H^5, CO^2H, acide benzoïque.
$C^6H^4, OH. CO^2H$, acide salicylique.
$C^6H^3, (OH)^2. CO^2H$, acide protocatéchique.

En effet, chaque acide de la première série donne, lorsqu'on le fond avec la potasse, de l'hydrogène, de l'acide acétique et l'acide correspondant de la seconde série. Exemple :

$$C^9H^8O^4 + 2KHO = C^2H^3O^2K + C^7H^5O^4K + H^2$$

Acide caféique. Acétate. Protocatéchate.

(Hlasiwetz). G. S.

CAFÉONE. — C'est le principe aromatique du café. Pour l'isoler, on agite avec de l'éther le produit de la distillation de 3 kilogrammes de café et d'une quantité d'eau suffisante; on sépare l'éther et l'on évapore; il reste une huile brune, plus lourde que l'eau, dans laquelle elle est peu soluble. Il suffit d'une très-petite quantité de cette huile pour aromatiser beaucoup d'eau [Boutron et Fremy.]

CAFÉTANNIQUE (ACIDE). — (*Acide chlorogénique*, autrefois confondu avec l'acide caféique.) [Pfaff, *Journ. für Chem. u. Phys. v. Schweigger*, t. LXI, p. 487; — Rochleder, *Ann. der Chem. u. Pharm.*, t. LIX, p. 300; t. LXIII, p. 193; t. LXVI, p. 35; t. LXXXII, p. 196; — Payen, *Ann. de Chim. et de Phys.*, (3) t. XXVI, p. 108; — Liebich, *Ann. der Chem. u. Pharm.*, t. LXXI, p. 57; — Stenhouse, *ibid.*, t. LXXXIII, p. 244; — Hlasiwetz, *Ann. der Chem. u. Pharm.*, t. CXLII, p. 219, nouv. sér., t. LXVI, et *Bull. de la Soc. chim.*, t. IX, p. 122, 1868.]

L'acide cafétannique $C^{15}H^{18}O^8$ (?) existe à l'état de sel de chaux et de magnésie ou, selon Payen, de sel de potasse et de caféine dans les graines de café; Rochleder l'a signalé dans les feuilles de l'*Ilex paragayensis* (thé du Paraguay). Hlasiwetz le prépare en précipitant partiellement par l'acétate de plomb une décoction de café, séparant le premier dépôt et précipitant complétement la liqueur filtrée par le même réactif. On lave longuement ce précipité avec de l'eau, puis on le décompose par l'hydrogène sulfuré, on filtre et on évapore à consistance sirupeuse. C'est un acide rougissant fortement le tournesol, soluble dans l'eau, moins soluble dans l'alcool et possédant une saveur astringente. On l'obtient difficilement cristallisé en mamelons.

Lorsqu'on le chauffe, il fond, répand l'odeur de café brûlé, puis donne à la distillation de l'eau et une huile épaisse qui se concrète par le refroidissement et qui est de l'acide oxyphénique (Rochleder). A chaud, l'acide sulfurique concentré dissout l'acide cafétannique avec une coloration rouge foncé. En distillant l'acide cafétannique avec de l'acide sulfurique et du peroxyde de manganèse, on obtient de la quinone (Stenhouse).

La potasse le dissout en se colorant en jaune; lorsqu'on le fond avec trois fois son poids de potasse caustique, il se dégage de l'hydrogène, il donne de l'acide protocatéchique $C^7H^6O^4$, qu'on peut isoler en dissolvant la masse par l'eau, sursaturant par l'acide sulfurique et épuisant par l'éther. Toutefois ce n'est qu'une réaction ultime; comme produit intermédiaire on obtient de l'acide caféique et une matière sucrée. — Voyez plus loin.

La solution ammoniacale d'acide cafétannique verdit au contact de l'air en donnant l'acide dit *viridique*.

Les sels ferriques sont colorés en vert par l'acide cafétannique, les sels ferreux ne sont pas précipités, à moins qu'on n'ajoute de l'ammoniaque. Les sels de quinine et de conchonine sont précipités, mais non pas l'émétique et la gélatine.

L'acide cafétannique réduit le nitrate d'argent, à chaud on obtient un miroir.

Le *sel de potasse* de l'acide cafétannique est amorphe, soluble dans l'eau; il ne se dissout pas dans l'alcool et brunit à l'air en s'oxydant.

Le *sel de potasse et de caféine* est décrit à l'article CAFÉINE.

Les *sels de baryte* et *de chaux* sont jaunes et verdissent à l'air. Le sel de plomb, qu'on obtient avec la solution alcoolique et les acétates de plomb, est blanc et de composition variable.

Lorsqu'on traite l'acide cafétannique par la potasse pour le transformer en acide caféique comme il est dit à propos de cet acide, on peut retirer des eaux mères, après l'agitation avec de l'éther, une matière sucrée particulière.

On neutralise par la potasse, on évapore et on reprend le résidu brun par l'alcool. La partie dissoute séparée de l'alcool par évaporation, reprise par l'eau, précipitée par le sous-acétate de plomb, séparée du précipité par filtration, débarrassée de l'excès de plomb et finalement évaporée dans le vide, laisse un résidu sirupeux qu'on n'a pu réussir à faire cristalliser, et dont la composition correspond assez bien avec la formule $C^6H^{10}O^4$, qui est celle de la mannitane moins une molécule d'eau. L'acide cafétannique est donc un *glucoside*; sa composition, d'après son dédoublement et l'analyse de ses sels pourrait être exprimée par la formule $C^{15}H^{18}O^8$ (Hlasiwetz) :

$$\underset{\text{Acide cafétannique.}}{C^{15}H^{18}O^8} + H^2O = \underset{\text{Acide caféique.}}{C^9H^8O^4} + \underset{\text{Mannitane.}}{C^6H^{12}O^6}.$$

G. S.

CAÏL-CEDRA (*Kaya Senegalensis*). — Le caïl-cedra est un des plus beaux arbres parmi ceux qui croissent au Sénégal; on le rencontre sur les bords de la Gambie et dans les bas-fonds de la presqu'île du Cap-Vert. D'après Adrien de Jussieu, ce végétal appartient au genre Kaya de la famille des Cédrélacées.

L'écorce du caïl-cedra possède une grande amertume, et les naturels du pays lui attribuent des propriétés fébrifuges tellement remarquables qu'il a été surnommé le *quinquina du Sénégal*. En effet, dans des cas de fièvre paludéenne, un grand nombre d'indigènes préfèrent encore actuellement au sulfate de quinine une décoction aqueuse faite avec l'écorce de ce végétal.

Le caïl-cedra se rapproche beaucoup du *Swietenia Mahogoni*, l'acajou véritable; son bois, dont les fibres sont très-droites, se débite avec facilité en belles planches dont la couleur le fait confondre quelquefois avec l'acajou. Aujourd'hui, l'ébénisterie emploie ce bois en quantité considérable, avec lequel elle fabrique de très-beaux meubles.

M. E. Caventou a fait l'analyse de l'écorce du caïl-cedra, et en a retiré, entre autres produits, un corps neutre, de nature résinoïde, qui paraît posséder les propriétés actives de l'écorce, et pour lequel ce chimiste a proposé le nom de *caïl-cedrin*. Cette matière est d'une amertume excessive; elle est insoluble dans l'eau et soluble dans l'alcool, l'éther et le chloroforme.

On l'obtient en épuisant l'écorce de caïl-cedra grossièrement pulvérisée, par des infusions successives à l'aide de l'eau bouillante; on laisse reposer, on filtre, et on fait évaporer les liqueurs au bain-marie en consistance d'extrait mou; l'extrait est ensuite épuisé par de l'alcool à 90°. La solution alcoolique étant filtrée, on y ajoute du sous-acétate de plomb liquide tant qu'il se forme un précipité; la liqueur se trouve décolorée, on la sépare du dépôt formé à l'aide du filtre; on distille l'alcool, et le résidu est agité avec du chloroforme qui ne dissout que le principe amer. Par l'évaporation du chloroforme on obtient le caïl-cedrin sous forme d'un extrait sec, jaunâtre et transparent. On peut en retirer en moyenne à peu près 0,80 centigrammes par kilogramme d'écorces [*Journ. de Pharm. et de Chim.*, 1858, t. XXXIII, p. 123].

E. C.

CAÏNCÉTINE. — Produit de dédoublement formé par l'action que les acides exercent sur l'acide caïncique. — Voyez ce mot.

CAÏNCIQUE (ACIDE). — Cet acide a été découvert par MM. François Pelletier et Caventou dans la racine de cahinça (*Chiococca racemosa, anguifera flore luteo*, famille des Rubiacées), plante qui croît dans l'intérieur du Brésil. L'acide caïncique existe encore dans la racine du petit branda (*Chiococca racemosa*, L.) très-usitée aux Antilles pour guérir la syphilis et le rhumatisme.

L'acide caïncique est solide, blanc, cristallisé en aiguilles feutrées, sans odeur; sa saveur, d'une amertume très-forte, est lente à se développer à cause de son peu de solubilité; on éprouve à la gorge, après son ingestion, un léger sentiment d'astriction, qui n'est du reste que passager.

L'acide caïncique n'est ni efflorescent ni déliquescent.

Chauffé à 100°, il perd 9 % d'eau. Chauffé dans un tube, il se ramollit, se charbonne, et donne par sublimation une matière blanche insipide. Il rougit le tournesol d'une manière très-sensible. Il est très-peu soluble dans l'eau, qui n'en dissout que 1/600 de son poids; peu soluble aussi dans l'éther, il se dissout très-aisément dans l'alcool.

Action des acides. — Les acides exercent une action remarquable sur l'acide caïncique : sous l'influence de l'acide chlorhydrique, l'acide caïncique se dissout et la solution se prend instantanément en une masse gélatiniforme qui, bien lavée à l'eau froide, n'offre plus d'amertume.

L'acide sulfurique dilué, l'acide acétique à chaud, produisent aussi cette réaction. A froid, l'acide acétique le dissout sans l'altérer et l'acide caïncique cristallise de nouveau par l'évaporation.

L'acide azotique produit d'abord cette transformation, puis il se dégage du bioxyde d'azote, et il reste une matière jaune qui ne contiendrait pas d'acide oxalique.

L'acide sulfurique concentré le dissout, mais la solution se charbonne immédiatement.

Les alcalis concentrés transforment l'acide caïncique en acide quinovatique.

L'acide caïncique forme avec les bases des sels peu connus. Les caïnçates neutres d'ammoniaque, de potasse, de baryte, de chaux, se dissolvent dans l'eau, ils sont déliquescents et incristallisables.

Le sel de plomb est insoluble. On connaît des sous-sels de calcium et de plomb [François Pelletier et Caventou, *Journ. de Pharm.*, 1830, t. XVI, p. 465; — Liebig, *Ann. de Chim. et de Phys.*, t. XLVII, p. 185].

MM. Rochleder et Hlasiwetz ont constaté que, sous l'influence des acides, l'acide caïncique se dédoublait en une matière sucrée analogue au glucose, et en une substance paraissant identique avec l'acide quinovatique qu'ils ont nommé *acide chiococcique*.

L'acide caïncique a donc été considéré par ces chimistes comme un glucoside, et désigné sous le nom de *caïncine* [Rochleder et Hlasiwetz, *Berichte der Akad. des Wiss. zu Wien*, 1850; en extrait, *Ann. der Chem. u. Pharm.*, t. LXXVI, p. 238].

A la suite de nouvelles recherches, M. Rochleder fut amené à représenter la caïncine par une formule beaucoup plus simple que celle qu'il avait donnée d'abord; ce chimiste considère la matière gélatiniforme, désignée primitivement sous le nom d'acide chiococcique, comme une substance particulière à laquelle il donne le nom de *caïncétine*. Le dédoublement de la caïncine s'exprimerait par l'équation suivante :

$$\underset{\text{Caïncine.}}{C^{40}H^{64}O^{18}} + 3(H^2O) = \underset{\text{Caïncétine.}}{C^{22}H^{34}O^3} + 3(C^6H^{12}O^6).$$

Le sucre formé dans cette réaction n'est pas

identique avec le glucose, il ne cristallise pas [Rochleder, *Journ. für prakt. Chem.*, t. LXXXV, p. 275, 1862, n° 5; *Sitzungsberichte der K. Akad. des Wissenschaften zu Wien*, t. XLV; *Répert. de Chim. pure*, 1862, t. IV, p. 409].

La caïncétine ne paraît pas former de combinaison avec la potasse et la baryte. Traitée par la potasse en fusion, elle se transforme en butyrate de potassium et en un corps nouveau, la *caïncigénine* $C^{14}H^{24}O^{2}$:

$$C^{22}H^{34}O^{3}+3H^{2}O=2(C^{4}H^{8}O^{2})+C^{14}H^{24}O^{2}.$$

Caïncétine. Ac. butyrique. Caïncigénine.

La caïncigénine a beaucoup de rapport avec l'escigénine $C^{12}H^{20}O^{2}$, dont elle est l'homologue supérieur.

La caïncine, dissoute dans l'alcool aqueux, est attaquée par l'amalgame de sodium; la solution filtrée au bout de 24 heures donne, par l'acide sulfurique étendu, un précipité qui, lavé et séché, forme une masse blanche d'un éclat soyeux. Cette substance, dissoute dans l'alcool et chauffée pendant quelques heures avec de l'acide chlorhydrique concentré, donne naissance à une masse brune, gélatineuse et transparente qui est lavée à l'eau et dissoute dans l'alcool additionné d'un peu de potasse. On chasse l'alcool, il reste un dépôt blanc qu'on lave avec de l'acide chlorhydrique étendu, puis avec de l'eau. On obtient ainsi une substance blanche soluble dans l'éther, et en partie soluble dans l'alcool; la partie soluble dans l'alcool étant isolée répond à la formule $C^{18}H^{28}O^{2}$. M. Rochleder la considère comme de la caïncétine dans laquelle une molécule de butyryle serait remplacée par un atome d'hydrogène :

$$C^{22}H^{34}O^{3}=C^{18}H^{28}O^{2}+C^{4}H^{8}O^{2}-H^{2}O$$

[*Sitzungsberichte der K. Akad. zu Wien*, t. LVI, (1867); — *Zeitschrift für Chem.*, t. III, p. 537].

MM. Pelletier et Caventou ont obtenu l'acide caïncique de la manière suivante : La racine de caïnça réduite en poudre est épuisée par de l'alcool, la solution filtrée et l'alcool distillé. L'extrait obtenu est redissous dans l'eau, et après avoir filtré, on ajoute peu à peu un lait de chaux, jusqu'à ce que la liqueur ait perdu son amertume. Il se forme ainsi du sous-caïnçate de chaux qu'on décompose en le mettant en contact à chaud avec une solution alcoolique d'acide oxalique [Pelletier et Caventou, *loc. cit.*].

Lorsque l'opération est terminée, on filtre la solution alcoolique, on fait évaporer, et l'acide caïncique cristallise sous forme d'aiguilles fines et déliées.

D'après MM. Rochleder et Hlasiwetz, on retire l'acide caïncique de l'écorce de la racine du petit branda, en épuisant cette racine pulvérisée par de l'alcool, et en ajoutant à la solution de l'acétate neutre de plomb, dissous dans l'alcool; on obtient un précipité formé par du cafétannate, du phosphate et des traces de caïnçate de plomb. La liqueur filtrée est ensuite traitée par le sous-acétate de plomb qui précipite l'acide caïncique à peu près pur. Le précipité, recueilli et lavé, est décomposé par l'hydrogène sulfuré; on filtre et on évapore; l'acide caïncique se dépose sous forme de flocons qu'on redissout dans l'eau bouillante additionnée d'un peu d'alcool; par le refroidissement, l'acide se dépose cristallisé.

L'acide caïncique a été considéré comme un diurétique puissant. On a cherché à l'utiliser en médecine, mais son usage est tombé en désuétude. E. C.

CAJEPUT (ESSENCE DE). — [Schmidl, *Transactions of the royal Society of Edimburg*, t. XXII, part. VI, p. 360; en extrait, *Quarterly Journal of the chemical Society*, t. XIII, p. 63; *Répert. de Chim. pure*, 1861, p. 234.] — On prépare cette essence dans les Indes orientales en distillant avec de l'eau les feuilles du *Malaleuca leucodendron*. Elle est généralement d'une couleur vert pâle due à une petite quantité de matière colorante résineuse, et aussi à des composés cuivriques. Lorsqu'on la distille, les deux tiers passent entre 175° et 178°. Entre 178° et 240° et entre 240° et 250° on recueille des fractions plus petites; à 250°, il ne reste plus comme résidu qu'une matière résineuse en partie charbonnée et un peu de cuivre métallique; ce résidu, épuisé par l'éther, lui abandonne une résine verte.

Le cuivre que l'essence de cajeput renferme provient, soit des vases où les Indiens opèrent leurs distillations, soit d'un composé cuivrique volontairement ajouté par fraude, dans l'intention de rendre à l'essence la couleur verte qu'elle perd lorsqu'elle s'oxyde. Quand on se propose d'employer l'essence de cajeput pour les usages de la médecine, soit à l'extérieur, soit à l'intérieur, ce qui est rare aujourd'hui, il faut s'assurer qu'elle ne contient pas de cuivre et, si elle en contient, l'en débarrasser par un courant d'acide sulfhydrique. A. N.

CAJEPUTÈNE, $C^{10}H^{16}$ [Schmidl, *Mémoire cité*]. — On obtient cet hydrocarbure en même temps que deux autres isomères, l'isocajeputène et le paracajeputène, par l'action de l'acide phosphorique anhydre ou de l'acide sulfurique sur le monohydrate de cajeputène. C'est un liquide incolore, insoluble dans l'eau, et dans l'alcool, soluble dans l'éther et dans l'essence de térébenthine. Son odeur est agréable et rappelle un peu la jacinthe; il bout entre 160° et 165°. Sa densité est égale à 0,850 à 15°, sa densité de vapeur trouvée par l'expérience est égale à 4,717 (68,09, par rapport à H). Le calcul conduit, pour la formule $C^{10}H^{16}$, au chiffre 4,712 (68,01 par rapport à H).

Le cajeputène est inaltérable à l'air. L'iode ne l'altère pas à la température ordinaire; à une température plus élevée il se dégage de l'acide iodhydrique et il se forme une substance noire. Le brome agit vivement sur ce corps en donnant naissance à une huile brune et visqueuse; l'acide chlorhydrique gazeux le transforme en un liquide d'un beau violet, qui ne laisse déposer aucun cristal, même à la température de — 10°. Un mélange d'acide azotique et d'acide sulfurique ordinaire agit avec violence sur le cajeputène, qu'il convertit en une résine jaune.

C'est par la distillation fractionnée que l'on sépare le cajeputène de ses isomères.

ISOCAJEPUTÈNE, $C^{10}H^{16}$. — Il se trouve dans le produit qui résulte de l'action de l'anhydride phosphorique ou de l'acide sulfurique sur le monohydrate de cajeputène. Il y est mêlé au cajeputène et au paracajeputène. On le sépare de ces deux composés par la distillation fractionnée.

C'est une huile insoluble dans l'eau et dans l'alcool, miscible en toutes proportions avec l'éther et l'essence de térébenthine. Il bout entre 176° et 178°. Sa densité est de 0,857 à 16°; sa densité de vapeur a été trouvée égale à 4,82-4,52 (63,8-65,2 par rapport à H).

L'odeur de l'isocajeputène est moins agréable que celle du cajeputène et devient même plus piquante et plus aromatique lorsqu'on l'expose à l'air. Cet hydrocarbure prend en même temps une teinte jaune.

L'iode, le brome et l'acide chlorhydrique gazeux exercent sur l'isocajeputène la même action que sur le cajeputène; il en est de même d'un mélange d'acide sulfurique et d'acide azotique. L'acide sulfurique, soit concentré, soit dilué, l'acide azotique et l'acide chlorhydrique liquide, réactifs qui n'agissent pas sur le cajeputène, transforment l'isocajeputène en un liquide noir et visqueux.

PARACAJEPUTÈNE, $C^{30}H^{48}$. — Il s'obtient comme les deux hydrocarbures précédents. C'est un liquide visqueux d'un jaune citron qui montre une fluorescence prononcée. Il bout entre 310° et 316°. Ni l'eau, ni l'alcool, ni l'essence de térébenthine ne le dissolvent; l'éther le dissout au contraire avec facilité. Sa densité de vapeur est égale à 7,96 (124,9 par rapport à H), le calcul exigerait 9,42 (135,92 par rapport à H). Il est probable que l'écart entre la densité trouvée et la densité théorique résulte d'une décomposition qui se produit à la haute température à laquelle on est obligé d'opérer.

Au contact de l'air, le paracajeputène s'oxyde rapidement en prenant une couleur rouge et une consistance résineuse.

Un mélange d'acide sulfurique et d'acide azotique agit sur lui avec moins de violence que sur ses deux isomères.

L'acide chlorhydrique gazeux le convertit en un liquide épais et brun qui ne se solidifie pas à 10°.

CHLORURE DE CAJEPUTÈNE, $C^{10}H^{16}Cl^2$. — C'est une substance que l'on obtient en faisant agir l'acide chlorhydrique sur un mélange de monohydrate de cajeputène et d'acide azotique très-étendu, et en distillant avec une lessive de potasse l'huile brune qui se sépare dans cette réaction; le chlore est mis en liberté, et c'est lui qui, à l'état naissant, transforme l'hydrate en chlorure de cajeputène.

Le chlorure de cajeputène a une odeur forte et peut être abandonné à lui-même pendant longtemps sans s'altérer. A la distillation il se décompose. Chauffé avec de l'azotate d'argent, il détone avec production de chlorure argentique.

BROMURE DE CAJEPUTÈNE, $C^{10}H^{16}Br^4$. — On le prépare en faisant agir le brome sur l'essence de cajeput. A cet effet, on ajoute du brome goutte à goutte dans de l'essence rectifiée. Une réaction violente se manifeste et les parois du vase se recouvrent d'aiguilles jaunes qui disparaissent aussitôt. Si l'on continue à ajouter du brome jusqu'à ce qu'il ne produise plus de réaction, il se dépose une huile brune, épaisse, visqueuse, qui, après plusieurs semaines, laisse déposer des cristaux. On extrait ces cristaux en faisant bouillir la masse avec de l'alcool, qui les dissout à l'exclusion de la partie huileuse. La solution alcoolique dépose, par le refroidissement, le bromure de cajeputène sous la forme de cristaux mous, d'un éclat gras, qui ressemblent à la cholestérine.

Le bromure de cajeputène fond à 60° et ne se solidifie qu'à 32°. Distillé, il donne un liquide qui se prend en cristaux sur les parties froides du récipient. Les solutions aqueuses bouillantes de potasse ne l'altèrent pas. L'alcool bouillant et l'éther le dissolvent.

Lorsqu'on agite de l'essence de cajeput récemment rectifiée avec du brome, il se forme une résine, au sein de laquelle ne tardent pas à se déposer des prismes blancs très-déliquescents qui se décomposent avec rapidité. En même temps que ce dernier corps, il se forme un autre composé bromé. C'est probablement un bromhydrate analogue à l'iodhydrate.

HYDRATES DE CAJEPUTÈNE. — On connaît trois hydrates de cajeputène :

l'hémihydrate $(C^{10}H^{16})^2.H^2O$,
le monohydrate $C^{10}H^{16}.H^2O$,
et le trihydrate $C^{10}H^{16}.3H^2O$.

Hémihydrate, $C^{20}H^{32}.H^2O$. — On l'obtient en soumettant le monohydrate ou l'essence brute de cajeput à l'action ménagée de l'acide sulfurique concentré à la température d'ébullition de l'essence. C'est un liquide huileux qui distille entre 170° et 175°; sa densité à l'état de vapeur a été trouvée égale à 5,19-5,23 (74,91-75,49 par rapport à H), ce qui correspond à 4 volumes; la densité calculée pour 4 volumes = 5,024 (72,52 par rapport à H). — L'hémihydrate de cajeputène se dissocie donc en deux molécules plus simples, telles que $C^{20}H^{32} + H^2O$ ou $C^{10}H^{16} + C^{10}H^{18}O$, occupant chacune deux volumes de vapeur.

Monohydrate, $C^{10}H^{16}.H^2O$. — C'est ce corps qui constitue la plus grande partie de l'essence de cajeput et qui passe entre 175° et 178° lorsqu'on soumet celle-ci à la distillation fractionnée. Après purification, le monohydrate de cajeputène bout d'une manière constante à 175°; sa densité à 17° est de 0,903; sa densité de vapeur = 5,43 (78,38 par rapport à H), la densité calculée pour une condensation normale étant 5,38 (77,66 par rapport à H). Il se mélange en toutes proportions avec l'alcool, l'éther et l'essence de térébenthine.

Exposé à l'action simultanée de *l'air et de l'humidité* pendant longtemps, il se transforme en un liquide rougeâtre qui finit par acquérir une réaction acide très-prononcée. L'*iode* s'y dissout et le convertit parfois en composés cristallisables; il en est de même du *brome*, qui seulement agit avec plus d'énergie. Nous avons déjà vu qu'il se produit, dans ce dernier cas, du bromure de cajeputène. Sous l'influence d'un courant de chlore, le monohydrate de cajeputène s'échauffe, mais l'action s'arrête bientôt. Il en est tout autrement en présence du chlore naissant, qui convertit cet hydrate en chlorure $C^{10}H^{16}Cl^2$.

L'anhydride phosphorique et le chlorure de zinc transforment le monohydrate de cajeputène en un mélange de cajeputène, d'isocajeputène et de paracajeputène. L'acide sulfurique a une action faible à la température ordinaire; si la température s'élève, l'huile noircit, se décompose, et il se dégage de l'anhydride sulfureux. En arrêtant l'action à un certain moment, on peut obtenir un acide sulfoconjugué dont le sel barytique est soluble. Quand on fait tomber goutte à goutte l'acide sulfurique concentré dans de l'essence de cajeput bouillante, cette essence perd la moitié de son eau en se doublant, et donne de l'hémihydrate $C^{20}H^{32}.H^2O$. Enfin, l'acide sulfurique étendu agit d'une manière inverse et convertit le monohydrate en trihydrate de cajeputène.

L'action de l'acide sulfurique fumant, de l'acide azotique fumant ou ordinaire, du permanganate ou du dichromate de potasse et de l'acide sulfurique, de la potasse aqueuse ou fondue et du sodium sur le monohydrate de cajeputène, donne naissance à des produits pour la plupart résineux, dont la nature n'a pas été nettement déterminée.

Dirigé en vapeurs sur de la chaux sodée, le monohydrate de cajeputène donne une huile jaune douée d'une odeur particulière. Une partie de cette huile qui avait distillé entre 180° et 185° a donné à l'analyse des résultats qui semblent conduire à la formule $C^{15}H^{24}O$. Cette formule exigerait en effet 79,60 % de carbone, et 12,24 d'hydrogène, et l'on a trouvé :

C... 79,76-80,03, H... 12,20-12,07.

Trihydrate, $C^{10}H^{16}.3H^2O = C^{10}H^{22}O^3$. — On le prépare en soumettant le monohydrate ou l'essence brute de cajeput à l'action de l'acide sulfurique étendu. On ajoute 2 p. d'acide à 1 p. d'essence et l'on agite vivement le mélange pendant plusieurs jours jusqu'à ce que le liquide aqueux acquière une couleur jaunâtre; on abandonne alors la masse à elle-même. Au bout de quelques jours il s'y dépose des cristaux de trihydrate qui adhèrent aux parois du vase.

Ces cristaux fondent à 120° et reprennent l'état solide à 85°. Lorsqu'on les distille, il passe à la distillation une huile qui ne tarde pas à se solidifier et qui consiste probablement en trihydrate inaltéré.

L'alcool froid les dissout peu, l'alcool bouillant les dissout avec facilité.

Des cristaux de même composition que les précédents se forment lorsqu'on abandonne pendant un temps très-long à l'air humide la portion de l'huile de cajeput qui distille entre 216° et 230°.

L'huile brute de cajeput mêlée avec l'acide azotique et l'alcool se modifie dans l'espace de sept à huit mois et se transforme en un liquide noir dans lequel sont suspendus des cristaux de trihydrate. Le même composé se dépose également en longs et beaux prismes lorsque la masse cristalline produite par l'action de l'acide chlorhydrique gazeux sur l'huile de cajeput rectifiée est abandonnée au contact de l'eau ou de l'alcool.

CHLORHYDRATES DE CAJEPUTÈNE. — On connaît un monochlorhydrate $C^{10}H^{16}.HCl$ et un dichlorhydrate $C^{10}H^{16}.2HCl$.

Monochlorhydrate de cajeputène, $C^{10}H^{16}.HCl$. — On l'obtient en distillant le bichlorhydrate et recueillant à part la portion qui passe à 160°, ou encore en soumettant le dichlorhydrate à l'action prolongée d'une solution aqueuse ou alcoolique de potasse. Toutefois, le produit préparé par ce second procédé, a une odeur différente de celui qui résulte de la distillation simple du dichlorhydrate, et rappelle celle de l'éther pélargonique.

Le *dichlorhydrate*, $C^{10}H^{16}.2HCl$. — Il se prépare en dirigeant un courant d'acide chlorhydrique gazeux à travers de l'essence de cajeput rectifiée et mélangée avec le tiers de son volume d'alcool ou d'acide chlorhydrique concentré. Il cristallise de sa solution alcoolique en belles touffes radiées, fusibles à 55°, qui se solidifient de nouveau à 30°. Il n'a ni odeur ni saveur. Lorsqu'on essaye de le distiller, il se décompose dès 60° avec dégagement de gaz chlorhydrique et production de différents corps parmi lesquels se trouve le monochlorhydrate. Les solutions aqueuses ou alcooliques de potasse lui enlèvent également, à chaud, la moitié de son acide chlorhydrique. L'alcool et l'éther le dissolvent peu à froid et plus facilement à l'ébullition.

IODHYDRATE DE CAJEPUTÈNE. — Il existe à l'état anhydre et à l'état hydraté. Pour l'obtenir *anhydre*, On fait deux dissolutions séparées, l'une de phosphore, l'autre d'iode et d'huile de cajeput dans du sulfure de carbone, et l'on mêle ces deux solutions. Le liquide s'échauffe, acquiert une couleur rougeâtre, dépose de l'oxyde rouge de phosphore, dégage des vapeurs d'acide iodhydrique mêlé d'hydrogène phosphoré, et après dix ou douze jours, abandonne des cristaux d'*iodhydrate*. La réaction est peut-être représentée par l'équation suivante :

$$6\,C^{10}H^{16}.H^2O + 6\,PI.$$

Monohydrate de cajeputène. Iodure de phosphore.

$$= 6\,C^{10}H^{17}I + PH^3 + P^2O + P^2O^5.$$

Iodhydrate de cajeputène. Hydrogène phosphoré.

L'iodhydrate de cajeputène anhydre se présente sous la forme de cristaux noirs doués de l'éclat métallique. Il est soluble dans l'alcool et dans l'éther. On peut le faire bouillir avec la potasse sans qu'il s'altère. Sa formule est $C^{10}H^{16}.HI$.

L'iodhydrate hydraté $(C^{10}H^{16}HI)^2.H^2O$ est le produit de l'action de l'iode sur l'essence de cajeput brute ou rectifiée. Il cristallise dans l'alcool et dans l'éther en prismes d'une belle couleur vert jaunâtre qui possèdent l'éclat métallique. Les cristaux sont très déliquescents, fondent à 80° en un liquide qui ne se solidifie plus par le refroidissement. La potasse leur enlève déjà à froid une partie de leur iode. A chaud, elle le leur enlève en totalité.

Pour obtenir ce corps on ajoute de l'iode par petites portions successives à de l'huile brute de cajeput, en ayant soin d'agiter sans cesse, et jusqu'à ce que la température s'élève de 10° à 40°. On immerge alors dans l'eau froide le vase où se fait la réaction. L'iodhydrate se dépose bientôt en cristaux que l'on purifie en les comprimant entre plusieurs doubles de papier buvard, et en les faisant ensuite recristalliser dans l'alcool ou dans l'éther.

Les dérivés du cajeputène offrent un parallélisme complet avec ceux de l'essence de térébenthine.

Ici comme là on trouve des hydrocarbures isomères et polymères, un mono- et un bichlorhydrate, un mono- et un hémihydrate, et un iodhydrate. Seulement, tandis que le trihydrate d'essence de térébenthine $C^{10}H^{16}.3H^2O$ (terpine) n'est, en réalité, qu'un bihydrate renfermant une molécule d'eau de cristallisation

$$C^{10}H^{16}.2H^2O + H^2O,$$

le trihydrate de cajeputène paraît être un vrai trihydrate $C^{10}H^{22}O^3$ ne renfermant pas d'eau de cristallisation. A cette différence s'en joint une autre, c'est que la série de la térébenthine est plus complète que celle du cajeputène. A. N.

CALAÏTE. — Voyez TURQUOISE.

CALAMINE (Min.). — On a confondu sous ce nom deux minerais de zinc qui sont d'ordinaire mélangés, le silicate hydraté et le carbonate. On conserve généralement le nom de calamine au silicate, en donnant au carbonate celui de *smithsonite* (voyez ce mot). Toutefois M. Phillips, et après lui M. Delafosse, appellent smithsonite le silicate hydraté et calamine le carbonate.

CALAMINE (Min.) [Syn. *Calamine siliceuse, calamine électrique, zinc oxydé siliceux, H.*]. Hydrosilicate de zinc :

$$SiZn^2H^2O^5 = SiO^3(ZnOH)^2 = SiO^2(ZnO)^2H^2O.$$

— Se trouve en petits cristaux incolores ou jaunâtres, transparents, généralement groupés en éventail dans les masses caverneuses des minerais de zinc ; en masses concrétionnées et rayonnées, quelquefois d'une couleur bleue, etc.

Caractères. — Soluble en gelée dans les acides; donne de l'eau dans le tube. Sur le charbon se gonfle et fond difficilement sur les bords; avec l'azotate de cobalt prend une teinte verte, mélangée de bleu dans les parties fondues.

Dureté, 5; densité, 3,35 à 3,50.

Éclat vitreux; phosphorescent par le frottement; pyroélectrique. Le pôle analogue est situé à l'extrémité des cristaux ordinairement terminée par les faces p, $a^{1/3}$; le pôle antilogue à celle où dominent les faces de l'octaèdre rhomboïdal e^3. C'est cette dernière qui est généralement engagée dans la gangue, et c'est en même temps celle par laquelle se réunissent les mâcles.

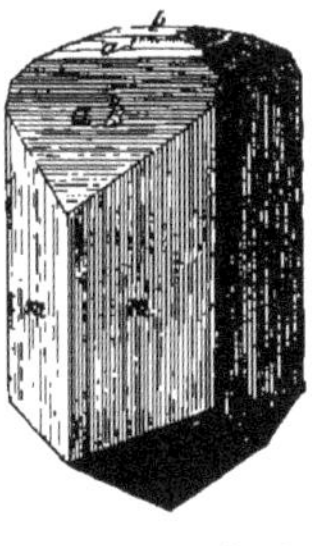

Fig. 106. — Calamine.

Forme cristalline : Prisme orthorhombique ($m\,m$) de 104° 13', hémièdre à faces inclinées; $p\,a^{1/3} = 118°34'$; $p\,e^1 = 154°31'$.

Clivages : m parfait, a^1, p, traces; plan d'hémitropie : p. F. et S.

CALAMITE (Min). — Variété de trémolite fibreuse, d'un gris jaunâtre, de Norvége.

CALCÉDOINE. — Voyez QUARTZ.

CALCITE (Min.) [Syn. *Chaux carbonatée; calcaire spathique, spath d'Islande, Kalkspath*]

Carbonate de chaux, $CaCO^3 = CaOCO^2$. — Substance abondamment répandue et constituant tantôt de grandes masses compactes ou cristallisées, appartenant au système des roches sédimentaires, tantôt des veines, des amas, des filons, des masses stalactitiques ou stalagmitiques, fibreuses, grenues, etc; souvent cristallisée avec une grande variété de formes. Les cristaux sont ordinairement transparents et incolores, ou jaunâtres, d'un éclat vitreux, et aisément reconnaissables à leurs clivages rhomboédriques. Quant aux masses compactes ou cristallines, leur aspect offre une grande diversité, depuis les calcaires blancs et terreux (craie), jusqu'à la pierre lithographique, et aux marbres avec leurs colorations souvent très-intenses et dues à l'interposition de matières étrangères.

Caractères.—Soluble avec une vive effervescence dans les acides. La solution précipite abondamment par l'oxalate d'ammoniaque. Au chalumeau, sur le charbon, donne de la chaux vive.

Dureté, 3; poussière blanche; densité, 2,723.

Double réfraction énergique à 1 axe négatif; éclat ordinairement vitreux, nacré quelquefois sur certaines faces (base des prismes hexagonaux).

Les fragments de rhomboèdres acquièrent par le frottement ou par la pression l'électricité positive et la conservent assez longtemps.

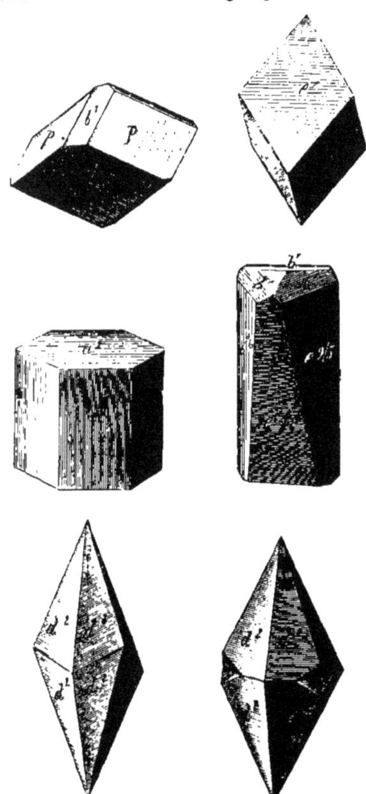

Fig. 107. — Calcite.

Forme cristalline. — Rhomboèdre de 105° 5'; la forme primitive isolée est très-rare. Les cristaux présentent quatre types différents, qui se combinent d'ailleurs souvent de la manière la plus compliquée : rhomboèdres, scalénoèdres b^n, scalénoèdres d^n, et prismes hexagonaux. Angles : $p\ a^1 = 135°\ 23'$; $e^1\ e^1 = 78°\ 51'$; $b^1\ b^1 = 134°57'$; $b^2\ b^2 = 151°\ 21'$ et $59°\ 20'$; $d^2\ d^2 = 144°\ 24'$ et $104°\ 38'$.

Clivages : p extrêmement net. Macles parallèles à a^1, p, b^1, e^1. F. et S.

CALCIUM. — $Ca'' = 40$ (équiv. = 20). Poids moléculaire = 40 (?).

Historique et préparation. — Le calcium est connu à l'état de liberté depuis 1808 et a été isolé par H. Davy au moyen du courant voltaïque. De la chaux humectée et mélangée avec le tiers de son poids d'oxyde mercurique fut placée sur une lame de platine mise en communication avec le pôle positif de la pile, tandis que le pôle négatif plongeait dans un globule de mercure placé dans une cavité ménagée dans la pâte. Il obtint ainsi un amalgame qui, soumis à la distillation, laissait un globule solide très-oxydable. Il est très-probable que le métal ainsi obtenu n'était pas du calcium pur, comme le pensait Davy. En effet, des recherches plus récentes font voir que ce métal présente la teinte de l'or argentifère et non celle de l'argent. Matthiessen [*Ann. de Chim. et de Phys.*, (3), t. XLIV, p. 60], en modifiant légèrement le procédé de Bunsen pour isoler le magnésium par l'électrolyse sèche, a pu obtenir des quantités notables de calcium pur. On fait fondre un mélange de 2 équivalents de chlorure de calcium avec 1 équivalent de chlorure de strontium (pour en augmenter la fusibilité) et du sel ammoniac jusqu'à ce que ce dernier se soit volatilisé; on place alors le mélange dans un petit creuset de porcelaine, sur une bonne lampe; le courant destiné à décomposer le chlorure de calcium passe de l'électrode positive, qui est en charbon et terminée par un fil de clavecin (n° 6) long seulement de 4 millimètres, dans un fil de fer plus fort plongeant dans le mélange et soudé au premier juste au-dessus de la masse fondue : on laisse la surface se solidifier autour de ce fil, et à quelques minutes d'intervalle, on soulève cette croûte qui, broyée dans un mortier, laisse apparaître des globules aplatis; ordinairement ils sont fondus et adhérents au fil de fer. L'essentiel est que, pendant le passage du courant, la surface du chlorure soit solide : le calcium, tendant toujours à surnager le mélange fondu, s'oxyderait s'il n'était ainsi garanti du contact de l'air.

On peut aussi obtenir le calcium par réduction chimique; Liès-Bodart et Jobin [*Ann. de Chim. et de Phys.*, (3), t. LIV, p. 364, 1858] réduisent l'iodure de calcium par le sodium dans un creuset de fer muni d'un couvercle fermant à vis. On place au fond de ce creuset 1 p. de sodium que l'on recouvre de 7 p. d'iodure de calcium, on porte au rouge sombre pendant une demi-heure en imprimant de temps à autre quelques mouvements de rotation au creuset; si l'on atteignait la température du rouge blanc, la réaction inverse pourrait se produire; après le refroidissement du creuset, on trouve le calcium à la surface du mélange ou disséminé en globules dans sa masse. Le calcium ainsi obtenu est généralement accompagné de globules de sodium. Il paraît même renfermer toujours du sodium à l'état d'alliage. Ce procédé a été légèrement modifié par E. Soustadt [*Chem. News*, t. IX, p. 140], qui substitue à l'iodure de calcium un mélange à équivalents égaux d'iodure de potassium et de chlorure de calcium.

Enfin, Caron a indiqué un autre mode de préparation du calcium [*Compt. rend.*, t. L, p. 547, mai 1860]. On place dans un creuset un mélange de 300 p. de chlorure de calcium fondu, 400 p. de zinc grenaillé et 100 p. de sodium en menus morceaux ; le creuset étant porté au rouge, il ne se produit qu'une assez faible réaction ; bientôt il sort des flammes de zinc ; on modère alors le feu juste assez pour que la volatilisation du zinc ne continue pas ; après un quart d'heure, on retire le creuset du feu, on le laisse refroidir ; on y trouve alors un culot métallique très-fragile, à cassure brillante et renfermant quelquefois des prismes à base carrée assez bien formés. C'est un alliage renfermant de 10 à 15 °/₀ de calcium. Pour retirer ce métal on distille l'alliage dans un creuset de charbon en le conservant en fragments aussi volumineux que possible. Ainsi obtenu, le calcium, qui contient des traces de fer, offre dans ses surfaces fraîches une teinte d'un jaune de laiton.

Propriétés physiques. — Le calcium est d'un jaune pâle ; ses surfaces fraîches sont très-brillantes, mais se ternissent vite à l'air humide ; sa cassure est irrégulière. Il est plus mou que le zinc, plus dur que l'étain, très-malléable. Sa conductibilité électrique à 17° est égale à 22, celle de l'argent étant 100 (Matthiessen). Sa densité est égale à 1,55 environ (Liès-Bodart et Jobin) ; 1,6 à 1,8 (Caron) ; 1,584 (Bunsen). Il n'est pas sensiblement volatil. Le calcium présente un spectre très-caractéristique (voyez plus loin CARACTÈRES ANALYTIQUES DES COMBINAISONS CALCIQUES).

Propriétés chimiques. — Le calcium décompose l'eau assez vivement à la température ordinaire. Chauffé à l'air, il y brûle avec un éclat que l'œil a de la peine à supporter, mais la combustion s'arrête bientôt à cause de la couche d'oxyde ; en projetant de la limaille de calcium dans une flamme, le phénomène de combustion est très-brillant. Placé dans de l'air sec, il se conserve très-longtemps en prenant seulement une teinte grise à la surface.

Le chlore, le brome, l'iode attaquent lentement le calcium à froid ; à chaud, la combinaison a lieu avec incandescence. Il se combine énergiquement avec le soufre fondu. La vapeur de phosphore le transforme en phosphure de calcium. Il forme avec le mercure un amalgame blanc.

Les acides chlorhydrique, sulfurique, azotique étendus dissolvent le calcium. Au contact de l'acide azotique concentré, le calcium reste inaltéré, même lorsqu'on élève la température ; l'attaque ne commence qu'à l'ébullition, pour continuer alors avec une grande énergie ; il y a donc là un phénomène de passivité très-remarquable (Matthiessen).

Le calcium attaque le zinc-éthyle (Wanklyn).

Les combinaisons du calcium ont une importance sur laquelle il est inutile d'insister. Son carbonate, qui forme une partie si considérable de la croûte terrestre, sert à la préparation de son oxyde, c'est-à-dire de la *chaux*, dont les usages sont si nombreux. De même, son sulfate, *gypse* ou *pierre à plâtre*, forme des bancs considérables et est aussi très-employé dans les arts. Il n'est pas étonnant que des substances si répandues soient connues et utilisées depuis la plus haute antiquité.

COMBINAISONS BINAIRES DU CALCIUM.

OXYDES DE CALCIUM. — On connaît deux oxydes de calcium, le *protoxyde* CaO et le *bioxyde* CaO^2.

PROTOXYDE, $Ca''O = 56$. — Cet oxyde, connu sous le nom de *chaux*, est un composé blanc, tendre, d'une densité égale à 2,3, infusible au feu de forge et ne se ramollissant qu'à la flamme du chalumeau à gaz hydrogène et oxygène ; cette infusibilité le rend très-précieux pour la confection de creusets réfractaires, pour la fusion du platine, par exemple.

La chaux a une saveur caustique et alcaline ; elle possède pour l'eau une grande affinité et produit, en s'y combinant, un dégagement considérable de chaleur qui réduit en vapeur une grande portion de l'eau en présence. Cette chaleur est telle, que si les quantités de chaux sont considérables et en présence de matières combustibles, elle peut en déterminer l'inflammation. On dit alors qu'elle *s'hydrate* ou qu'elle *s'éteint*. Lorsqu'elle est tout à fait privée d'eau, elle porte le nom de *chaux vive*. La chaux, pendant son hydratation, foisonne beaucoup, elle se *délite* ; l'hydrate qui se forme dans ces conditions a pour composition $CaH^2O^2 = CaO, H^2O$, c'est la chaux éteinte ; le même hydrate se forme aussi lorsqu'on abandonne la chaux vive à l'air humide, seulement dans ce cas il y a aussi de l'acide carbonique d'absorbé. D'après Fuchs, c'est un hydrocarbonate de calcium $CaCO^3, CaH^2O^2$ qui se forme dans ce cas. Cet hydrate, soumis à la calcination, se transforme de nouveau en chaux vive.

La chaux est peu soluble dans l'eau et elle présente cette particularité qu'elle l'est plus à froid qu'à chaud : à la température de 15°, 1 p. de chaux exige 778 p. d'eau pour se dissoudre, tandis qu'à 100° il en faut 1270 p. (Dalton). La solution de chaux ou *eau de chaux* se trouble par l'ébullition ; elle agit sur les teintures colorées à la manière des alcalis ; exposée à l'air, l'eau de chaux se trouble rapidement par suite de la formation de carbonate insoluble.

Une solution de chaux, évaporée dans le vide, laisse déposer des cristaux de chaux pure, CaH^2O en prismes hexaèdres (Riffault et Chompré, Gay-Lussac).

La présence des alcalis, potasse ou soude, diminue considérablement la solubilité de la chaux dans l'eau, solubilité qui devient presque nulle (Pelouze). D'autres substances, au contraire, favorisent singulièrement cette solubilité : telles sont le sucre, la mannite ; ces substances forment avec elle de véritables combinaisons, mais qui conservent tous les caractères d'alcalinité de la chaux ; la solution de chaux dans l'eau sucrée, ou *saccharate de chaux*, perd toute sa chaux sous l'influence de l'acide carbonique ; chauffée, elle devient gélatineuse, mais reprend sa limpidité par le refroidissement. La solution de saccharate de chaux est souvent employée dans le dosage des acides ou des alcalis par liqueurs titrées.

Préparation. — La chaux pure, pour l'usage des laboratoires, peut être obtenue en décomposant l'azotate de calcium par la chaleur, ou mieux, le carbonate obtenu par précipitation. On peut aussi soumettre à la calcination du marbre bien blanc. Pour faciliter la décomposition du carbonate de chaux, il faut l'arroser d'eau de temps à autre.

Quant à la préparation industrielle de la chaux, nous renvoyons le lecteur à l'article CHAUX.

Usages. — Indépendamment de l'emploi de la chaux pour les mortiers, on en fait un grand usage dans la préparation des peaux (épilage), dans la fabrication du sucre (défécation), des bougies stéariques (saponification). Elle sert à la préparation des alcalis caustiques, etc., etc. Enfin l'agriculture en fait usage comme amendement. — Voyez CHAULAGE.

Dans les laboratoires, la chaux pure sert surtout dans l'analyse : désagrégation des silicates, dosage du chlore, du brome, de l'iode dans les matières organiques, etc.

BIOXYDE. — Ce composé a été obtenu par Thenard, à l'état d'hydrate $CaH^2O^3 = CaO^2, H^2O$, en précipitant une solution de peroxyde d'hydrogène (eau oxygénée) par l'eau de chaux. C'est un précipité blanc, cristallin, très-instable, il se décompose peu à peu sous l'eau, surtout si l'on chauffe. Il se décompose également en dégageant de l'oxygène, lorsqu'on cherche à le sécher dans le vide.

SULFURES DE CALCIUM. — MONOSULFURE, $Ca''S$. — Composé blanc, amorphe, à réaction alcaline et d'une saveur hépatique. L'eau bouillante le décompose en donnant de l'hydrate de calcium et du sulfhydrate de calcium CaH^2S^2 (H. Rose). En présence de l'eau, le sulfure de calcium est facilement décomposé par l'acide carbonique qui met de l'hydrogène sulfuré en liberté. La dissolution de sulfhydrate de calcium, évaporée dans le vide, au-dessus de la potasse caustique, perd de l'hydrogène sulfuré et abandonne des cristaux de sulfure de calcium blanc, peut-être hydraté (Berzelius). D'après H. Rose, lorsqu'on fait bouillir le monosulfure de calcium avec beaucoup d'eau, on obtient une liqueur qui dégage, par l'évaporation, de l'hydrogène sulfuré et laisse déposer d'abord du sulfate de calcium, puis des aiguilles d'un jaune d'or d'un oxysulfure ayant pour composition $CaS^5(CaO)^5 + 20H^2O$ (cette composition représente de l'hyposulfite CaS^2O^3, plus un oxysulfure $Ca^6S^3O^2 = 3CaS, 2CaO$). Ces cristaux sont peut-être identiques avec ceux signalés par Kuhlmann dans les résidus de la fabrication de la soude exposés longtemps à l'air et que ce chimiste envisage comme une combinaison de sulfite et de sulfure, $CaSO^3, 2CaS + 6H^2O$ [*Compt. rend.*, t. LII, p. 1169]. — Voyez aussi le *Tétrasulfure*.

On admet généralement dans la théorie de la fabrication de la soude qu'il se forme un oxysulfure de calcium; cette opinion a été combattue dans plusieurs travaux par Scheurer-Kestner qui admet qu'il ne se forme que du sulfure. — Voyez SOUDE.

Le monosulfure de calcium est phosphorescent; après avoir été soumis à l'action de la lumière, il luit pendant longtemps dans l'obscurité; on le nommait autrefois *phosphore de Canton*.

On prépare le sulfure de calcium : 1° en soumettant la chaux à l'action de l'hydrogène sulfuré gazeux (Berzelius); 2° par l'action du charbon ou du gaz oxyde de carbone sur le sulfate calcique chauffé au rouge (Berthier); 3° par l'action d'un courant de vapeur de sulfure de carbone mélangée d'acide carbonique sur de la chaux incandescente (Schœne).

BISULFURE, CaS^2. — Cristaux jaunes obtenus en faisant bouillir un lait de chaux avec un excès de soufre et laissant refroidir la liqueur filtrée; ces cristaux renferment $3H^2O$ (Herschell). C'est ce composé qui, décomposé par l'acide chlorhydrique en excès, fournit le bisulfure d'hydrogène.

TÉTRASULFURE DE CALCIUM. — Herschell a observé la formation d'un oxysulfure de calcium en même temps que celle du bisulfure; il attribuait à cet oxychlorure la composition

$$2CaO, CaS^2 + 4H^2O.$$

Schœne leur assigne la formule

$$3CaO. CaS^4, 12H^2O.$$

L'oxysulfure de H. Rose (voyez ci-dessus le *Monosulfure*) est envisagé par Schœne comme renfermant $4CaO. CaS^4 + 18H^2O$. Lorsque l'on décompose cet oxysulfure par l'acide chlorhydrique, un quart seulement du soufre se dégage à l'état d'hydrogène sulfuré. Ces cristaux se décomposent en devenant blancs, même à l'abri de l'air [Schœne, *Poggend. Ann.*, t. CXVII, p 58, 1862].

PENTASULFURE, CaS^5. — Ce sulfure existe, d'après H. Rose, dans un oxysulfure résultant de l'action de l'eau sur le monosulfure de calcium. On admet aussi quelquefois que ce sulfure accompagne la formation du bisulfure. Ce persulfure est très-avide d'oxygène, et Scheele l'employait pour faire l'analyse de l'air atmosphérique.

SÉLÉNIURE DE CALCIUM. — Le sélénium, chauffé au rouge naissant avec de la chaux, donne une masse noire ou brune, insoluble dans l'eau, inodore et sans saveur. Les acides décomposent ce corps en mettant du sélénium en liberté, sans qu'il se forme d'hydrogène sélénié, la masse renfermant un perséléniure de calcium et du sélénite de calcium, et l'acide sélénieux mis en liberté décomposant l'hydrogène sélénié. Calciné au rouge, ce composé abandonne du sélénium et il reste un séléniure de calcium d'un rouge brun (Berzelius).

FLUORURE DE CALCIUM, $CaFl^2$. — Se trouve abondamment dans la nature en filons puissants dans les terrains métallifères, et porte en minéralogie le nom de spath-fluor ou de fluorine (voyez ce mot). Il se rencontre aussi dans quelques eaux minérales et forme quelques millièmes de la partie minérale des os et de l'émail des dents. Il cristallise en cubes, est souvent coloré en violet, en vert ou en jaune. Sa densité est égale à 3,1. Soumis à l'action de la chaleur, le fluorure de calcium est fluorescent; certaines variétés, notamment la *chlorophane*, possèdent cette propriété à un haut degré.

La vapeur d'eau décompose le fluorure de calcium chauffé au rouge en produisant de l'acide fluorhydrique et de l'oxyde de calcium. Les alcalis et les carbonates alcalins le décomposent par voie sèche en donnant un fluorure alcalin soluble. L'oxygène et le chlore agissent au rouge sur le fluorure de calcium en mettant probablement du fluor en liberté.

L'eau dissout environ 1/26000 de fluorure de calcium, aussi l'obtient-on facilement par double décomposition. L'acide fluorhydrique et l'acide chlorhydrique concentré le dissolvent et l'ammoniaque le précipite de cette solution à l'état gélatineux.

Le fluorure de calcium sert à la préparation de l'acide fluorhydrique; il est souvent employé en métallurgie comme fondant, surtout dans le traitement des minerais de cuivre.

CHLORURE DE CALCIUM, $Ca''Cl^2$. — Ce sel s'obtient en dissolvant du marbre ou de la craie dans de l'acide chlorhydrique et évaporant la solution neutre. C'est un sel incolore, d'une saveur amère, très-déliquescent. Il cristallise en prismes hexagonaux, souvent striés, terminés par des pyramides; à cet état, il renferme $6H^2O$; desséchés dans le vide, ils retiennent $2H^2O$. La solubilité du chlorure de calcium est très-considérable; c'est un des sels les plus solubles que l'on connaisse; à la température ordinaire, il se dissout dans un quart de son poids d'eau, en produisant un abaissement considérable de température. Si on le mélange avec de la glace pilée, on peut produire un abaissement de température de 45°. Si, au lieu de sel cristallisé, on dissout dans l'eau le sel anhydre, on produit au contraire une élévation de température résultant de l'affinité de l'eau pour le sel. Sa solution concentrée ne bout qu'à 179°,5; à cette température, la solution renferme 325 p. de sel anhydre pour 100 p. d'eau.

Soumis à l'action de la chaleur, le chlorure de calcium commence par fondre dans son eau de cristallisation, puis, quand toute l'eau est partie, c'est-à-dire après 200°, et qu'on élève davantage la température, il éprouve la fusion ignée. A cet état, il peut être coulé en plaques et conservé pour les usages du laboratoire. Le chlorure de calcium fondu est phosphorescent : soumis à l'action des rayons solaires, il luit pendant quelque temps dans l'obscurité (on le nommait autrefois *phosphore de Homberg*).

Le chlorure de calcium est fréquemment employé dans les laboratoires pour priver d'eau les gaz et les liquides; on l'emploie, soit fondu, soit à l'état spongieux; néanmoins il ne dessèche pas les gaz aussi complétement que l'acide sulfurique.

Le chlorure de calcium absorbe le gaz ammoniac : 100 p. de ce sel peuvent absorber 119 p. de gaz ammoniac; on attribue au composé qui prend naissance la composition $CaCl^2,8AzH^3$. C'est pourquoi ce sel ne peut servir à dessécher l'ammoniaque.

Le chlorure de calcium est soluble dans l'alcool; ce liquide, à la température de 80°, en prend les 7/10 de son poids; et, par l'évaporation de cette solution, on obtient des cristaux rectangulaires renfermant 59 % d'alcool jouant le rôle d'eau de cristallisation.

On rencontre le chlorure de calcium en dissolution dans un grand nombre d'eaux minérales ou d'eaux potables.

CHLOROXYDE DE CALCIUM,

$$Ca^3Cl^2O^2+15H^2O=3CaO,CaCl^2+15H^2O.$$

— Une solution concentrée de chlorure de calcium portée à l'ébullition avec de l'hydrate de calcium laisse déposer, après refroidissement de la liqueur filtrée, de longues aiguilles fines et incolores qui offrent la composition ci-dessus. Les cristaux, traités par l'eau ou l'alcool, sont décomposés en hydrate de chaux et chlorure de calcium; ils ne sont pas décomposés par l'eau en présence d'une solution de chlorure de calcium.

Lorsqu'on calcine le chlorure de calcium humide au contact de l'air, il perd de l'acide chlorhydrique et devient alcalin par suite de la formation de cet oxychlorure.

BROMURE DE CALCIUM, $CaBr^2$. — Forme de longues aiguilles incolores et déliquescentes, très-solubles dans l'eau, solubles dans l'alcool. S'obtient par l'action de l'acide bromhydrique sur la chaux, ou par l'action d'un lait de chaux sur le bromure de fer; par l'évaporation de la liqueur filtrée, le bromure calcique cristallise. A 0°, une partie de ce sel exige 0,80 d'eau pour se dissoudre; à 20°, 0,70; à 60°, 0,36, et à 105°, 0,32.

IODURE DE CALCIUM, CaI^2. — Sel blanc, déliquescent, cristallisant en aiguilles prismatiques; une calcination à l'air le décompose en partie; il est très-soluble dans l'eau et assez soluble dans l'alcool. Ce sel a servi à Liès-Bodart et Jobin pour la préparation du calcium métallique. Ils obtiennent l'iodure de calcium en dissolvant du carbonate de calcium dans de l'acide iodhydrique ou en saturant d'iode une solution de sulfure de calcium obtenue en traitant par l'eau le produit de l'action du charbon sur le plâtre à la température rouge; en évaporant cette solution à l'abri de l'air et en calcinant le résidu, on obtient une masse cristalline formée de lamelles nacrées [*Compt. rend.*, t. XLVII, p. 23].

R. Wagner prépare l'iodure de calcium en ajoutant de l'iode à une bouillie aqueuse de chaux et de sulfite de calcium [*Chem. centr.*, 1863, p. 143].

PHOSPHURE DE CALCIUM (souvent nommé *phosphure de chaux*). — Substance brune amorphe obtenue par l'action de la vapeur de phosphore sur la chaux portée au rouge. La composition de cette substance est exprimée, suivant P. Thenard, par $(CaO)^7Ph^8$. Ce composé, traité par l'eau, fournit du gaz hydrogène phosphoré spontanément inflammable et de l'hypophosphite de calcium. On le produit en se servant d'un creuset dont la culasse est séparée du corps principal, où se trouvent des fragments de chaux, par une petite grille sous laquelle on place le phosphore; on dispose le creuset de manière à n'en chauffer fortement que la partie qui renferme la chaux; ou bien l'on emploie un creuset de Hesse ordinaire percé à sa partie inférieure pour recevoir le col d'un ballon dans lequel on chauffe le phosphore. On ne fait passer la vapeur de phosphore que lorsque la chaux est portée au rouge.

On peut aussi préparer le phosphure de calcium en disposant dans un ballon des couches alternatives de chaux et de fragments de phosphore (5 p. de chaux pour 1 p. de phosphore) et exposant, pendant un jour environ, le ballon bien fermé à une température suffisante pour fondre le phosphore, après toutefois qu'on l'a privé d'air par la combustion d'un fragment de phosphore. Le phosphure ainsi obtenu se prête très-bien à la préparation de l'hypophosphite de calcium, en le traitant par l'eau [Martenson, *Russ. Zeitsch. Pharm.*, t. II, p. 514].

SELS DE CALCIUM.

HYPOCHLORITE DE CHAUX. — Voyez CHLORURES DÉCOLORANTS.

CHLORATE DE CALCIUM, $(ClO^3)^2Ca''$. — Sel soluble dans l'eau et dans l'alcool, déliquescent et cristallisant avec difficulté. Évaporée dans le vide, sa solution donne des prismes rhomboïdaux obliques renfermant $2H^2O$ qui peuvent être facilement éliminés; ils fondent à 100° dans leur eau de cristallisation.

On obtient ce sel soit directement, soit en traitant une solution de chlorate de potassium par le fluosilicate de calcium.

PERCHLORATE DE CALCIUM, $(ClO^4)^2Ca''$. — Prismes déliquescents solubles dans l'eau et dans l'alcool absolu; on les obtient en évaporant dans le vide une solution d'acide perchlorique saturée par de l'hydrate de calcium.

BROMATE DE CALCIUM, $(BrO^3)^2Ca'',H^2O$. — Cristaux prismatiques terminés par une pyramide, appartenant au système rhomboïdal droit; assez soluble dans l'eau. Il ne perd son eau de cristallisation qu'à 180°.

IODATE DE CALCIUM, $(IO^3)^2Ca''$. — Sel cristallisant dans le système du prisme rhomboïdal et renfermant $6H^2O$ (Millon, Marignac, Flight). Il est peu soluble dans l'eau et exige 400 p. d'eau froide et 100 p. d'eau bouillante pour se dissoudre. Chauffé à 150°, il perd $5H^2O$ et n'abandonne la dernière molécule d'eau qu'à 200°.

On l'obtient, par double décomposition, avec l'iodate de potassium et le chlorure de calcium, ou en dissolvant de l'iode dans de l'hypochlorite de calcium, réaction qui transforme tout l'iode en iodate [Flight, *Jahresb. für Chem.*, 1864, p. 147].

PERIODATE DE CALCIUM, $(IO^4)^2Ca''$. — Précipité cristallin renfermant $3H^2O$; se décompose par la chaleur en perdant de l'eau, de l'iode et de l'oxygène. S'obtient par double décomposition entre l'azotate de calcium et le periodate de sodium ou de potassium (Langlois).

HYPOSULFITE DE CALCIUM, $S^2O^3Ca'',6H^2O$. — Prismes hexaèdres incolores, appartenant au système diclinique, d'après Mitscherlich, au système triclinique, d'après Zepharowitch [*Jahresb. Min.*, 1862, p. 338]. Ce sel s'effleurit à 40°; il se dissout dans son poids environ d'eau froide. Cette solution, chauffée vers 60°, se décompose en sulfite de calcium et soufre : aussi ne faut-il évaporer sa solution qu'à une température peu élevée.

On obtient l'hyposulfite de calcium en faisant passer un courant de gaz sulfureux dans du sulfite de calcium obtenu en faisant bouillir un lait de chaux avec du soufre (E. Kopp). On peut aussi faire digérer pendant 24 heures, vers 30° à 40°, 150 p. de sulfite de calcium, 90 p. de soufre et 500 p. d'eau [Laneau, *Journ. Chem. médic.*, t. IX, p. 150].

L'hyposulfite de calcium est employé pour la préparation en grand du vermillon d'antimoine.

SULFITE DE CALCIUM, SO^3Ca''. — Sel incolore, soluble dans 800 p. d'eau froide, beaucoup plus soluble en présence d'un excès d'acide sulfureux;

cette solution l'abandonne en aiguilles hexagonales renfermant $2H^2O$. Ce sel s'effleurit à l'air et s'oxyde rapidement; soumis à la calcination, il donne du sulfate et du sulfure de calcium. On l'obtient par l'action du gaz sulfureux sur la chaux ou le carbonate de calcium.

Les résidus de la fabrication de la soude, par le procédé de Leblanc, renferment, d'après Kuhlmann, après quelque temps d'exposition à l'air, des aiguilles jaunes ayant pour composition

$$SO^3Ca'', 2CaS + 6H^2O$$

[*Compt. rend.*, t. LII, p. 1169].

HYPOSULFATE MONOSULFURÉ OU TRITHIONATE DE CALCIUM, S^3O^6Ca''. — Masse cristalline déliquescente, obtenue en faisant évaporer dans le vide le liquide filtré résultant de la digestion, à 60° en vase clos pendant 24 heures, d'une solution concentrée d'hyposulfate de calcium avec de la fleur de soufre (Baumann).

HYPOSULFATE OU DITHIONATE DE CALCIUM,

$$S^2O^6Ca'', 4H^2O.$$

— Cristaux transparents, très-solubles dans l'eau; 1 p. de ce sel exige 2 p. 46 d'eau à 19° pour se dissoudre, et 0 p. 8 à 100°. S'obtient en traitant par la chaux la solution d'hyposulfate de manganèse préparée par l'action du gaz sulfureux sur le peroxyde de manganèse en suspension dans l'eau.

SULFATE DE CALCIUM, SO^4Ca'' (*karsténite, anhydrite*). — Se rencontre dans la nature, dans les terrains de transition; il forme des masses assez considérables dans la Nouvelle-Écosse. Il est rarement bien cristallisé, mais il se clive aisément en donnant un prisme rhomboïdal droit. Sa densité = 2,964, il est quelquefois silicifère et est alors employé dans l'ornementation.

Sulfate hydraté, $SO^4Ca'', 2H^2O$ (*gypse, plâtre*). — Très-abondant; il forme des couches d'une grande étendue dans les terrains tertiaires inférieurs et constitue notamment le bassin de Paris. On en distingue plusieurs variétés : le gypse *cristallisé*, *fibreux*, *saccharoïde*, *compacte* et *calcifère*. Le sulfate cristallisé appartient au prisme rhomboïdal droit avec des angles de 113° et de 67°, présentant des clivages d'une grande facilité; il est ordinairement en grands cristaux maclés présentant des faces arrondies; on lui a donné, à cause de cette forme, le nom de gypse en fer de lance; il est assez fréquent dans les carrières à plâtre de Paris. Il est très-tendre et se raye avec l'ongle. Le gypse fibreux présente un aspect soyeux. Le gypse saccharoïde compacte ou *albâtre gypseux* est employé dans l'ornementation. La variété de gypse la plus répandue est la *pierre à plâtre*, celle qui sert à la préparation du plâtre par une cuisson dans des fours auxquels on donne des dispositions particulières.

Le sulfate de calcium hydraté est incolore, d'une saveur un peu amère; sa densité = 2,31; il renferme 20,9 % d'eau de cristallisation, et sa propriété saillante est de perdre cette eau lorsqu'on le chauffe à 80° dans un courant d'air ou à 115° en vase clos; ainsi déshydraté, il est apte à reprendre ensuite cette eau avec une grande facilité; il a acquis plus de dureté et est devenu pulvérulent; mis en contact avec de l'eau, il reprend les 2 molécules que la chaleur lui avait fait perdre, et en reprenant cette eau, il redevient cristallin et se prend en masse en augmentant de volume, ce qui lui permet de prendre plus facilement les empreintes des objets dans lesquels on le moule; en même temps, il y a une élévation notable de température; après un quart d'heure environ, il se prend en une masse compacte; l'opération qui consiste à hydrater ainsi le *plâtre cuit* s'appelle le *gâchage*. Lorsque dans la cuisson du plâtre on atteint la température de 160°, il ne peut plus reprendre son eau de cristallisation qu'avec une grande lenteur, et lorsqu'il a été calciné au rouge cerise, il ne fait plus du tout *prise avec l'eau;* il faut donc opérer cette cuisson avec une grande prudence. Au rouge blanc il fond sans se décomposer. — Voyez PLATRE.

Le sulfate de calcium est peu soluble dans l'eau pure; 1,000 p. d'eau dissolvent un peu plus de 2 p. de ce sel à 100°; à 0° il s'en dissout 2 p. 05 et à 35° 2 p. 54, il présente donc un maximum de solubilité à 35°; aussi une solution faite à cette température se trouble-t-elle par l'ébullition (Poggiale). Il est tout à fait insoluble dans l'alcool.

La présence de sels ammoniacaux dans l'eau favorise la dissolution du sulfate de calcium (Mène). Le chlorure de sodium augmente aussi considérablement sa solubilité : 1,000 p. d'une dissolution saturée de sel marin dissolvent 8 p. 2 de sulfate de calcium (Anton). L'acide chlorhydrique bouillant, ainsi que l'acide azotique, et surtout l'acide sulfurique concentré, le dissolvent plus facilement; il se forme, dans ce dernier cas, un bisulfate décomposable par l'eau. Le sulfate de calcium se dépose de ses solutions en aiguilles enchevêtrées, douées d'un éclat soyeux.

Le meilleur dissolvant du sulfate de calcium est une dissolution concentrée d'hyposulfite de sodium; la dissolution se fait assez facilement et d'une manière complète, surtout en chauffant légèrement; cette solution ne s'altère pas à l'air; par une ébullition prolongée elle se trouble un peu en déposant du soufre; la chaux peut en être précipitée par les carbonates ou oxalates alcalins; les acides en précipitent le sulfate mélangé de soufre. Il se forme probablement, dans ce cas, un hyposulfite double de sodium et de calcium : en effet, lorsqu'on ajoute de l'alcool à cette solution, il s'en sépare un liquide sirupeux qui se prend peu à peu en cristaux blancs et aciculaires qui paraissent être ce sel double. La solubilité du sulfate de calcium dans l'hyposulfite de sodium peut servir à séparer ce sel du sulfate barytique [Diehl, *Répert. de Chim. pure*, 1860, p. 312].

Le sulfate de calcium se trouve en dissolution dans certaines eaux naturelles dites eaux séléniteuses, et sa présence est toujours un grand inconvénient; au contact des matières organiques en décomposition, ces eaux donnent du sulfure de calcium qui, sous l'influence de l'acide carbonique de l'air, produit du gaz hydrogène sulfuré qui rend les eaux insalubres; les *eaux sulfurées accidentelles* sont dues à cette cause. Les eaux séléniteuses sont aussi nuisibles lorsqu'on est obligé de les employer à l'alimentation des chaudières à vapeur, car lorsque ces eaux sont portées à la température de 120°, elles abandonnent, par suite de l'évaporation, leur sulfate, qui se dépose en cristaux grenus ayant pour composition

$$2(SO^4Ca), H^2O,$$

et formant des incrustations très-nuisibles aux chaudières.

Usages. — Le plâtre est surtout employé dans le moulage; lorsqu'il est gâché avec une eau chargée de gomme ou de gélatine, on obtient un produit présentant plus de dureté, et susceptible de recevoir le poli; il porte alors le nom de *stuc* et est employé dans l'ornementation architecturale, mais on ne peut en faire usage que dans des endroits exempts d'humidité. On obtient un plâtre doué d'une certaine dureté, et plus à l'abri des influences hygrométriques, en gâchant le plâtre cuit avec de l'eau chargée d'un dixième d'alun, le soumettant, après solidification, à une nouvelle calcination, un peu plus forte que la première, et le gâchant ensuite avec de l'eau; on obtient ainsi le plâtre aluné. On peut encore augmenter la dureté du plâtre en le *silicatisant*.

Le plâtre est très-employé en agriculture, comme amendement. — Voyez PLATRAGE.

Cuisson du plâtre. — Le plâtre dont on se sert dans les arts provient de la calcination de la pierre à plâtre ou gypse. Cette opération, qui porte le nom de cuisson, se pratique généralement dans des fours d'une construction très-simple. Dans un massif de maçonnerie recouvert d'une toiture légère pour mettre le plâtre à l'abri de la pluie, on établit des voûtes avec des morceaux de pierre à plâtre; on les charge avec d'autres morceaux, d'abord volumineux, puis de plus en plus petits, à mesure que l'on s'éloigne des voûtes; on termine cet entassement par de menus débris et du plâtre. On allume ensuite sous chaque voûte un feu de bois sec dont la flamme circule à travers toute la masse, en échauffant d'abord les morceaux les plus gros. L'opération dure en général 10 heures, après quoi on bouche les issues et on laisse refroidir. Ce procédé, qui est le procédé primitif, est très-défectueux, car la cuisson est irrégulière; certaines parties d'une chauffe sont trop calcinées, ou *frittées*, d'autres ne le sont pas assez, et ces deux défauts empêchent le plâtre de se gâcher avec l'eau. Néanmoins, pour les usages auxquels on destine le plâtre, la masse en général est de bonne qualité, car les parties qui ne sont pas prises avec l'eau jouent, vis-à-vis de celles qui ont subi une bonne cuisson, le rôle d'un corps inerte, ce qui est loin de nuire à l'usage du plâtre. Il vaut mieux cependant avoir un plâtre cuit plus régulièrement et pouvoir y mélanger, au besoin, un corps inerte, s'il faisait prise trop vite avec l'eau. Le plâtre, une fois calciné, est broyé dans des meules; à cet état, il ne se conserve pas dans un air humide, il *s'évente* en attirant l'humidité atmosphérique; il est donc bon de l'employer aussitôt après qu'il est sorti des meules.

Pour obtenir une cuisson beaucoup plus régulière, on a imaginé plusieurs dispositions de fours; la plus avantageuse est celle de Dumesnil. — Voyez PLATRE.

Souvent on utilise la chaleur perdue dans d'autres opérations industrielles, telle que celle perdue dans les fours à coke.

Bisulfate de calcium. — Le sulfate de calcium, traité à 100° par de l'acide sulfurique, se transforme en une masse grenue dont une portion est dissoute dans l'acide sulfurique et s'en dépose en grande partie par le refroidissement, à l'état grenu; vu au microscope, ce composé est formé de prismes courts et transparents. Ce sel, qui a pour composition $CaSO^4.H^2SO^4$, se décompose à l'air; en attirant l'humidité, il s'en sépare de l'acide sulfurique et il se forme du sulfate neutre. L'eau décompose immédiatement ces cristaux de la même manière (Berzelius).

Sulfate de sodium et de calcium (glaubérite), $(SO^4)^2CaNa^2$. — Espèce minéralogique qui a été reproduite artificiellement par Berthier en traitant le sulfate de calcium anhydre par une solution de sulfate de sodium. En faisant digérer à 80° 1 p. de sulfate de calcium précipité avec 50 p. de sulfate de sodium cristallisé et 25 p. d'eau, il se forme une bouillie cristalline épaisse formée d'aiguilles ayant pour composition

$$SO^4Ca,2SO^4Na^2+2H^2O;$$

ces cristaux étant chauffés fortement se transforment peu à peu en cristaux microscopiques, d'apparence rhomboédrique et qui présentent la composition de la glaubérite; ils sont anhydres. On obtient également ces derniers si l'on emploie le double d'eau et si l'on porte à l'ébullition; ce sel n'est pas immédiatement décomposé par l'eau, ce n'est qu'après quelques instants qu'il s'en sépare des cristaux de sulfate de calcium, tandis que du sulfate de sodium entre en dissolution; lorsqu'on le soumet à la calcination, cette décomposition est au contraire immédiate et on n'a plus affaire probablement qu'à un simple mélange [Fritzsche, *Bull. de l'Acad. de Saint-Pétersbourg* t. XVI, p. 123, 1857].

SÉLÉNITE DE CALCIUM, SeO^3Ca''. Sel cristallin, doux au toucher, très-peu soluble dans l'eau; il fond au rouge en attaquant le verre.

Le bisélénite $Ca''(Se^2O^5)=CaO(SeO^2)^2$ cristallise en prismes inaltérables à l'air; la calcination ou l'action de l'ammoniaque lui font perdre la moitié de son acide sélénieux.

SÉLÉNIATE DE CALCIUM, $SeO^4Ca'',2H^2O$. — Ce sel, isomorphe avec le sulfate, lui ressemble en tous points. Sa solubilité dans l'eau est la même, et sa solution l'abandonne en cristaux semblables au gypse. Ces cristaux, privés de leur eau de cristallisation, peuvent la reprendre en produisant des phénomènes analogues à ceux que présente le plâtre [De Hauer, *Wien. Akad. Ber.*, t. XXXIX, p. 299].

TELLURITE DE CALCIUM. — On admet trois tellurites de calcium :

Le tellurite neutre, $(TeO^3)Ca''=CaO.TeO^2$;

Le bitellurite, $Ca(Te^2O^5)=CaO.(TeO^2)^2$;

Le tétratellurite, $Ca(Te^4O^9)=CaO.(TeO^2)^4$.

Le premier est insoluble dans l'eau; il ne fond point à la température de fusion de l'argent. Le second fond au rouge blanc et se prend par le refroidissement en écailles nacrées; le tétratellurite est encore plus fusible.

TELLURATE DE CALCIUM, TeO^4Ca''. — Flocons blancs, solubles dans l'eau bouillante.

AZOTITE DE CALCIUM, $(AzO^2)^2Ca''+H^2O$. — Sel déliquescent qu'on obtient facilement par double décomposition entre l'azotite d'argent et le chlorure de calcium.

AZOTATE DE CALCIUM,

$$(AzO^3)^2Ca''=(CaO.Az^2O^5).$$

— Sel déliquescent, très-soluble dans l'eau, soluble dans l'alcool. Il cristallise en prismes hexagonaux renfermant $4H^2O$. Sa densité = 2,472. Il fond à 44° dans son eau de cristallisation. Il est très-peu soluble dans l'acide azotique concentré. La chaleur le décompose en oxyde de calcium, oxygène et oxydes d'azote. L'azotate de calcium constitue la majeure partie des efflorescences salpêtrées qui se forment sur les murailles humides en présence de matières animales en décomposition. Il a pendant longtemps été utilisé pour la préparation du salpêtre en le décomposant par une lessive de cendres; avant qu'on ne connût les dépôts de nitre naturels, sodique ou potassique, c'était l'unique source du salpêtre.

Il paraît exister des azotates de calcium basiques.

HYPOPHOSPHITE DE CALCIUM, $(PhH^2O^2)^2Ca''$. — Prismes rectangulaires brillants et flexibles, inaltérables à l'air, insolubles dans l'alcool; décomposables par la chaleur en dégageant de l'hydrogène phosphoré. On l'obtient en faisant bouillir un lait de chaux avec du phosphore; la liqueur filtrée étant débarrassée de l'excès de chaux par un courant d'acide carbonique, fournit, par l'évaporation, le sel cristallisé. On peut également l'obtenir par la décomposition du phosphure de calcium (voyez ce mot).

Ce sel est quelquefois employé contre la phthisie pulmonaire.

PHOSPHITE DE CALCIUM, $PhO^3.Ca''H$. — Sel peu soluble dans l'eau, cristallisable en lamelles nacrées. S'obtient par double décomposition.

PHOSPHATES DE CALCIUM. — *Phosphate tricalcique*, $(PhO^4)^2Ca^3$ (phosphate dit *basique*; phosphate des os). — Ce phosphate constitue les 80 centièmes de la partie minérale des os et c'est des cendres d'os qu'on retire généralement l'acide phosphorique et le phosphore. Le phosphate tricalcique se rencontre assez abondamment dans la nature et porte alors différents noms. La variété la plus importante, à cause de son application dans l'agriculture, est celle connue sous le nom de *coprolite* et qui est formée par des ossements et des excréments fossiles (voyez COPROLITES et PHOSPHATES; leur emploi en agriculture). Il se rencontre en nodules ou en rognons très-abondants dans certaines contrées; pour l'usage de l'agriculture, on leur fait subir un traitement particulier pour les transformer en phosphate acide ou *superphosphate*.

Le phosphate tricalcique se rencontre encore combiné au chlorure et au fluorure de calcium, à l'état de *phosphochlorhydrine* ou de *phosphofluorhydrine* calcique (chlorophosphate, fluophosphate), et constitue alors les variétés d'*apatite calcaire*. L'apatite a pour composition

$$3\,[Ca^3(PhO^4)^2],\,CaCl^2,$$

formule qui peut s'écrire

$$\left.\begin{matrix}(PhO)''' \\ 5\,Ca''\end{matrix}\right\}O^8 \\ Cl$$

le chlore étant remplacé par plus ou moins de fluor. Cette variété minérale a été reproduite artificiellement par plusieurs réactions. Daubrée l'a obtenue par l'action du pentachlorure de phosphore sur la chaux, et Deville et Caron ont remarqué que, dans cette réaction, il se forme d'autres cristaux ayant la composition de la wagnérite calcaire, espèce qui ne se trouve pas dans la nature; cette wagnérite renferme $Ca^3(PhO^4)^2CaCl^2$, soit

$$\left.\begin{matrix}(PhO)''' \\ 2\,Ca''\end{matrix}\right\}O^3 \\ Cl$$

[*Ann. de Chim. et de Phys.*, (3), t. LXVII, p. 443]. Deville et Caron pensent que l'apatite naturelle s'est formée par l'action des acides chlorhydrique et fluorhydrique sur un mélange de phosphate et de fluorure calciques. Manross et Briegleb ont obtenu l'apatite en faisant réagir les phosphates alcalins sur le chlorure de calcium; Forschauer, en faisant agir le phosphate tricalcique sur le chlorure de sodium. Enfin, en fondant au rouge vif, dans un creuset de charbon, un mélange de phosphate des os, de sel ammoniac et de chlorure ou de fluorure de calcium, on obtient également de l'apatite cristallisée.

Le phosphate tricalcique peut être considéré comme insoluble dans l'eau pure, car celle-ci n'en dissout que $\frac{3}{100000}$ environ lorsqu'il a été calciné et $\frac{8}{100000}$ lorsqu'il est récemment précipité (Voelcker); la présence des sels ammoniacaux augmente notablement cette solubilité, ainsi que la présence du chlorure ou de l'azotate de sodium (Liebig). Les acides dissolvent facilement le phosphate tricalcique; l'acide carbonique lui-même opère cette dissolution, et ce fait est très-important au point de vue de l'assimilation des phosphates par les plantes.

On obtient le phosphate tricalcique en précipitant le chlorure de calcium additionné d'ammoniaque par le phosphate sodique; ainsi obtenu, il est gélatineux. Warington a obtenu ce phosphate cristallisé en laissant évaporer sa solution acétique.

Phosphate bicalcique, $PhO^4.Ca''H$, dit *phosphate neutre*. — Sel blanc cristallin à peu près insoluble dans l'eau; il s'obtient en précipitant le chlorure de calcium par le phosphate sodique PhO^4Na^2H. Il renferme $2\,H^2O$. Ce phosphate se rencontre fréquemment dans les concrétions et les dépôts urinaires (Hassal, Bence Jones); il se présente alors en cristaux microscopiques groupés en rosettes. Lorsqu'on fait digérer du carbonate de chaux avec une solution d'acide phosphorique ou de phosphate acide de chaux, il se transforme peu à peu en phosphate cristallisé $CaHPhO^4, 2\,H^2O$; à 100°, au contraire, le phosphate qui se forme est anhydre [Debray, *Compt. rend.*, t. LII, p. 44].

Phosphate acide, $(PhO^4)^2Ca''H^4$. — Sel cristallisant en lames nacrées très-solubles dans l'eau; il existe dans les humeurs de l'économie qui ont une réaction acide. C'est ce sel qui sert à la préparation du phosphore et on le prépare pour cet usage en traitant le phosphate des os par de l'acide sulfurique étendu; la liqueur filtrée, évaporée à consistance sirupeuse, abandonne le phosphate acide à l'état cristallisé.

Lorsqu'on fond le phosphate acide, il devient insoluble dans l'eau par suite de la formation de métaphosphate $(PhO^3)^2Ca''$.

L'acide phosphorique, en agissant à froid sur le phosphate tricalcique, donne une solution qui, soumise à l'évaporation spontanée, fournit des tables rhomboïdales $(PhO^4)^2CaH^4 + H^2O$. Ces cristaux donnent, par la calcination, une masse poreuse opaque très-peu fusible, décomposable par l'eau en donnant du phosphate $PhO^4CaH + 2\,H^2O$ insoluble dans l'eau, et la liqueur filtrée, étant soumise à l'ébullition, abandonne un sel cristallin insoluble qui est le même phosphate, mais anhydre (ce même sel anhydre PhO^4CaH se dépose aussi par l'ébullition de la liqueur primitive). La liqueur acide, d'où s'est déposé ce sel, retient un sel acide dans le rapport de $2\,CaO : 3\,Ph^2O^5$ et ne se trouble plus par l'ébullition; évaporée, elle laisse un sel déliquescent mal défini (Erlenmeyer).

En dissolvant du phosphate tricalcique dans l'acide chlorhydrique, on n'obtient pas de phosphate acide pur, mais toujours un sel retenant du chlorure de calcium. En laissant évaporer une semblable solution, il s'en sépare des croûtes cristallines qui renferment

$$7\,[(PhO^4)^2CaH^4],\,CaCl^2 + 14\,H^2O.$$

Si l'on évapore au bain-marie, il se sépare d'abord du phosphate PhO^4CaH, puis le sel chloré ci-dessus et enfin des écailles nacrées, d'un blanc éclatant, ressemblant au phosphate acide pur, mais renfermant aussi du chlore; ils ont pour composition $(PhO^4)^2CaH^4, CaCl^2 + 2\,H^2O$. Si la température à laquelle le sel se dépose est à +6° environ, ce sel est cristallisé en aiguilles et renferme $8\,H^2O$ [Erlenmeyer, *N. Jahresb. f. Pharm.*, 1857, t. VII, p. 225].

ANTIMONIATE DE CALCIUM. — Voyez ANTIMONIATES.

ARSÉNIATES ET ARSÉNITES DE CALCIUM. — Voyez ARSÉNIATES et ARSÉNITES.

ALUMINATE DE CALCIUM. — Précipité gélatineux blanc que l'on obtient en ajoutant du chlorure de calcium à une solution de 2 p. d'alun additionnée de 10 p. de potasse à l'alcool, dissoute dans l'eau [Pelouze, *Ann. de Chim. et de Phys.*, (3), t. XXXIII, p. 13]. Ce composé est très-fusible; il se dissout très-aisément dans les acides.

BORATES DE CALCIUM. — Le borate de chaux se rencontre dans la nature. Près d'Iquique, au Pérou, il constitue des rognons formés par des fibres soyeuses; à cet état, il porte le nom de *hayésine* (il renferme 12 % d'acide borique, 16,32 % de chaux, 41 % d'eau, environ 20 % de sulfate de sodium). Il se rencontre aussi en Toscane où il forme des croûtes superficielles. Il peut être obtenu à l'état amorphe, par double décomposition entre le borate de sodium et le chlorure de calcium.

On exploite le borate de calcium pour en retirer l'acide borique; on peut aussi l'employer directement comme fondant.

La *datholite* d'Arendal, en Norvége, est un borosilicate de chaux cristallisé en prismes rhomboïdaux droits.

La *boronatrocalcite* est un borate sodico-calcique. — Voyez ce mot.

Le *fluoborate* CaB^2Fl^8 forme une poudre acide décomposable par l'eau; on l'obtient en traitant le carbonate de chaux par l'acide hydrofluoborique.

CARBONATE DE CALCIUM, $CO^3Ca'' = CaO, CO^2$ (*calcaire, carbonate de chaux*). — Le carbonate de calcium est un des corps les plus répandus dans la nature, il s'y présente sous les formes les plus variées, et toutes ces variétés portent des noms particuliers; on peut les réunir sous le nom général de *calcaire*. La variété saccharoïde et compacte constitue les *marbres*, dont la coloration est due à des traces d'oxydes métalliques; l'*albâtre calcaire* est une variété fibreuse, et la *craie* une variété terreuse; le calcaire le plus répandu est celui que l'on désigne sous le nom de *calcaire grossier* ou *pierre à chaux*, parce que c'est lui qui sert à la fabrication de la chaux; c'est la variété la moins pure de carbonate de calcium; souvent elle renferme de l'argile, elle constitue alors la *marne* et fournit par la calcination les différentes qualités de *chaux hydrauliques*.

Enfin, le carbonate de calcium se rencontre aussi à l'état cristallisé, et il présente un des cas les plus remarquables de dimorphisme; cristallisé en rhomboèdres de 105°5, il constitue la *calcite*, (*spath calcaire* ou *spath d'Islande*), tandis que l'*arragonite* est cristallisée en prismes orthorhombiques. A ces deux variétés se rapportent presque tous les autres carbonates.

Le carbonate de calcium se rencontre aussi dans le règne animal; il forme environ un dixième de la charpente osseuse des animaux vertébrés; il constitue au delà des neuf dixièmes des coquilles d'œufs et de 94 à 98 % de la coquille des mollusques; ces dernières renferment souvent de petits cristaux de carbonate de chaux, tantôt rhomboédriquee, tantôt prismatiques, quelquefois mélangés (G. Rose).

On a également signalé la présence du carbonate de calcium tout formé dans le règne végétal, où il se rencontre quelquefois en concrétions remplissant un tissu spécial développé autour d'un pédicelle de cellulose; ce phénomène se rencontre surtout dans les figuiers, dans les feuilles du mûrier, du houblon, etc. [Payen, *Ann. de Chim. et de Phys.*, (3), t. XLI, p. 164].

Le carbonate de calcium pur est blanc, sa densité est très-variable, celle du spath d'Islande est égale à 2,71 et celle de l'arragonite à 2,93. Il n'est pas tout à fait insoluble dans l'eau pure, qui peut en dissoudre deux à trois cent-millièmes à 0°, et 1/8834 à 100°. La présence de sels ammoniacaux favorise beaucoup, comme l'a fait voir Mène [*Compt. rend.*, t. LI, p. 180], la dissolution du carbonate de chaux. On obtient facilement une dissolution de carbonate dans l'eau pure en soumettant à une ébullition prolongée une dissolution de ce sel dans de l'eau chargée d'acide carbonique; il reste alors en dissolution 0gr,036 de carbonate par litre et cette solution n'est pas troublée par l'eau de chaux, ce qui indique qu'elle ne renferme que du carbonate calcique neutre (Weltzien).

L'eau chargée d'acide carbonique dissout beaucoup plus de carbonate de calcium que l'eau pure; ainsi, une solution saturée d'acide carbonique peut dissoudre 0gr,70 de carbonate par litre à 0°, et 0gr,88 à 10°. On admet généralement que le sel ainsi dissous est à l'état de carbonate acide ou *bicarbonate*, mais les recherches de Bineau [*Ann. de Chim. et de Phys.*, (3), t. LI, p. 290] tendent à établir qu'il n'en est pas ainsi et qu'on n'a affaire qu'à une dissolution pure et simple; il faut noter cependant que l'eau ainsi chargée de carbonate de calcium retient l'acide carbonique en dissolution beaucoup plus facilement qu'en l'absence du carbonate.

Quoi qu'il en soit, le fait de cette dissolution une grande importance dans beaucoup de phénomènes naturels.

L'acide carbonique que contiennent les eaux naturelles y est contenu primitivement sous une pression plus ou moins forte, mais qui est supérieure à celle de l'atmosphère; ces eaux, arrivant à la surface du sol, éprouvent donc une diminution de pression qui provoque le dégagement d'une partie de l'acide carbonique dissous, et par suite, le dépôt d'une portion plus ou moins considérable de carbonate dissous à la faveur de cet acide carbonique. Le dépôt de carbonate de calcium est plus ou moins abondant, suivant que le dégagement d'acide carbonique a été plus ou moins rapide; il prend l'état terreux ou l'état compacte et cristallin: c'est ce phénomène qui produit les *sources incrustantes*, les *stalactites* et *stalagmites*, etc., quelquefois le carbonate ainsi déposé présente assez de dureté pour pouvoir être travaillé; tel est le calcaire connu sous le nom de *sprudelstein*, et qui se forme à l'émergence des sources de Carlsbad. — Voyez EAUX MINÉRALES GAZEUSES.

Lorsque les eaux calcaires ne contiennent pas assez de carbonate de chaux dissous à la faveur de l'acide carbonique, pour se déposer lorsqu'elles arrivent à la pression normale, elles produisent un dépôt plus ou moins compacte lorsqu'on les porte à l'ébullition; de semblables dépôts se forment dans les chaudières à vapeur, formant des incrustations qui sont une des causes les plus actives de la destruction de ces appareils; afin d'atténuer les inconvénients qu'entraîne la formation de ces dépôts, on cherche, si on ne peut les empêcher, à les rendre aussi peu compactes et par conséquent aussi peu adhérents que possible aux parois de la chaudière. Les matières féculentes, telles que les pommes de terre, ou les matières gélatineuses, les matières astringentes (tan, campêche) remplissent assez bien ce but; quelquefois on enduit les parois de la chaudière d'une couche de plombagine ou d'une couche de graisse: un autre moyen consiste à ajouter de l'argile délayée dans de l'eau à l'eau de la chaudière au moment où commence l'ébullition; des billes ou du verre pilé remplissent le même but; en un mot, tout corps qui pourra agir mécaniquement pour diviser le carbonate de chaux mis en liberté, empêchera l'incrustation ou, au moins, la rendra beaucoup moins compacte.

M. Kuhlmann a proposé avec succès de combattre les incrustations par un moyen purement chimique; ce moyen consiste à précipiter les sels calcaires par le carbonate de sodium; le carbonate calcaire étant ainsi précipité instantanément ne s'agrége pas et reste pulvérulent.

Un des faits les plus intéressants de l'histoire du carbonate de calcium est son dimorphisme. Nous ne décrirons pas ici l'histoire du spath et de l'arragonite, mais nous devons signaler quelques faits ayant trait aux circonstances qui provoquent la formation de l'une ou l'autre de ces formes et leur passage de l'une à l'autre. La connaissance de ces faits est due en grande partie à G. Rose [*Institut*, 1858, p. 354; 1860, p. 406; — *Poggend. Ann.*, t. CXI, p. 156; t. CXII, p. 43; — *Répert. de Chim. pure*, 1861, p. 132, 380]. Lorsqu'on soumet les prismes d'arragonite à l'action de la chaleur, ils se résolvent en une multitude de cristaux rhomboédriques; c'est là un premier fait qui indique que le carbonate prismatique ne peut pas se former à une température élevée; par la voie humide cependant, et dans les solutions étendues, les cristaux d'arragonite peuvent prendre naissance dans des conditions inverses, c'est-à-dire à une température supérieure à celle qui favorise la formation de rhomboèdres : ainsi, lorsqu'on fait passer à la température ordinaire de l'acide carbonique dans de l'eau de chaux, il se forme des cristaux microscopiques de spath rhomboédrique, tandis que si l'on opère à une température de 100°, ce sont des prismes qui prennent naissance. Le carbonate de calcium qui se dépose par l'ébullition d'un mélange de chlorure de calcium et de carbonate acide de sodium possède la forme rhomboédrique. Il en est de même du carbonate qui se dépose lentement d'une solution de carbonate calcique dans l'acide carbonique, par suite du dégagement de ce dernier et, dans ce cas, les cristaux sont quelquefois assez volumineux pour qu'on puisse distinguer leur forme à l'œil nu; si l'évaporation de l'eau est rapide, il se forme non-seulement des rhomboèdres, mais aussi des cristaux prismatiques. Lorsque dans un mélange de carbonates de potassium et de sodium en fusion, on ajoute du chlorure ou du carbonate de calcium, celui-ci s'y dissout sans effervescence, et si l'on traite ensuite la masse par l'eau froide, on obtient des rhomboèdres; tandis que si on le reprend par l'eau bouillante, on donne naissance à des cristaux prismatiques.

En général, le carbonate de calcium formé par voie humide est prismatique lorsque sa formation a lieu à 100°; à la température de 70° les cristaux rhomboédriques dominent, et à 30° il ne se forme pas du tout de prismes d'arragonite. Néanmoins, il peut se former de l'arragonite si la liqueur est très-étendue; dans certaines circonstances, le spath peut également se former dans une liqueur bouillante; ainsi, si l'on chauffe en vase clos une solution concentrée de carbonate de calcium dans de l'acide carbonique, il se dépose des rhomboèdres qui se dissolvent par le refroidissement.

Lorsque l'on n'opère pas par voie humide, les conditions sont beaucoup plus tranchées; les prismes ne peuvent pas subsister à une température élevée, et, loin de se former, ils se modifient violemment en produisant des rhomboèdres.

Le carbonate de calcium, soumis à la température rouge, perd les éléments de l'anhydride carbonique qui se dégage, et donne de l'oxyde de calcium; cette opération se fait en grand pour obtenir la chaux (voyez CHAUX). La vapeur d'eau facilite beaucoup ce dédoublement; ainsi, Gay-Lussac a observé que si l'on chauffe du marbre dans un tube de porcelaine, au rouge sombre, c'est-à-dire à une température qui est inférieure à celle du dégagement du gaz carbonique, ce dégagement a lieu néanmoins lorsqu'on dirige un courant de vapeur d'eau à travers le tube. — Voyez DISSOCIATION.

Lorsque la calcination du carbonate a lieu en vase clos, l'anhydride carbonique ne pouvant se dégager, la décomposition n'a pas lieu; le calcaire entre en fusion et présente après le refroidissement la structure du marbre. C'est ainsi que Hall a transformé la craie en marbre en la calcinant dans un canon de fusil hermétiquement clos. Cette production artificielle du marbre, qu'on a tenté d'opérer sur une grande échelle, rend compte de la présence du marbre dans les terrains de cristallisation ou dans leur voisinage.

La chaux calcinée a une tendance à reprendre l'acide carbonique; mais à la température ordinaire, la chaux anhydre n'absorbe presque pas d'acide carbonique anhydre, tandis que cette affinité est beaucoup plus manifeste à une température de 100° à 200°, et elle est surtout énergique lorsque, au lieu de chaux anhydre, on emploie l'hydrate calcique ou l'acide carbonique humide.

Carbonate calcique hydraté, $CO^3Ca + 6H^2O$. — Ce carbonate hydraté se forme par l'action de l'acide carbonique sur l'eau de chaux ou sur le saccharate de chaux refroidis à 0 ou 2°; ou encore par double décomposition entre le chlorure de calcium et le carbonate de sodium, à la même température. Le précipité, qui est d'abord floconneux, prend peu à peu une texture cristalline; lavé à l'eau à 0° et séché à cette température, il renferme 52 °/₀ d'eau. La densité de ce sel est égale à 1,78. Une température de 30° le réduit en une bouillie épaisse d'eau et de carbonate anhydre. Au-dessous de 30°, le sel retient de 10 à 27 °/₀ d'eau [Pelouze, *Compt. rend.*, t. LX, p. 429].

Carbonate sodico-calcique (gay-lussite),

$$CO^3Ca, Na^2CO^3, + 5H^2O.$$

— Sel naturel trouvé par Boussingault à Mérida (Amérique). Calciné, il est décomposé par l'eau en carbonate sodique soluble et carbonate calcique insoluble. Tant qu'il renferme son eau de cristallisation, il est indécomposable par l'eau [Boussingault, *Ann. de Chim. et de Phys.*, (2), t. XXXI, p. 270].

Fritzsche [*Bull. de l'Acad. de Saint-Pétersbourg* (1864), t. VII, p. 580] a obtenu ce sel double en traitant 1 volume de solution concentrée de chlorure de calcium par 10 volumes d'une solution concentrée de carbonate de sodium; le précipité, d'abord gélatineux et translucide, devient peu à peu cristallin et renferme de la gay-lussite mélangée de carbonate de chaux moins dense qu'on sépare aisément par lavage; les cristaux de gay-lussite ainsi obtenus sont des prismes orthorhombiques; ils ont la même composition que les cristaux naturels. On obtient de même ce sel double en laissant digérer pendant longtemps du carbonate calcique précipité, avec une solution concentrée de carbonate sodique.

Carbonate de calcium et de baryum,

$$BaO.CO^2 + CaO.CO^2 = (CO^3)^2BaCa.$$

— Voyez BARYTOCALCITE.

Carbonate de calcium et de magnésium. — Voyez DOLOMIE.

Carbonate et chlorure de calcium,

$$CaCl^2, 2CO^3Ca + 6H^2O.$$

— Précipité cristallin obtenu en traitant par une petite quantité d'eau du chlorure de calcium cristallisé brut. Par un contact prolongé avec l'eau, ces cristaux se décomposent en laissant un résidu de carbonate calcique. On obtient ce sel double en abandonnant à l'air une solution très-concentrée de chlorure de calcium additionnée d'ammoniaque [Fritzsche, *Bull. de l'Acad. de Saint-Pétersbourg*, 1861, t. III, p. 285].

SILICATES DE CALCIUM. — Ces composés sont extrêmement nombreux; ils jouent un rôle important dans l'art du verrier (voyez VERRE), car ils sont une des parties constituantes du verre. Les minéraux renfermant du silicate de calcium sont très-nombreux : le *wollastonite* et l'*œdelforsite* (voyez ces mots) sont formés uniquement de silicate de chaux ($CaO, 3SiO^2$ et $2CaO, 3SiO^2$). Les genres *amphibole* et *pyroxène* le renferment, uni au silicate de magnésium. L'apophyllite est un silicate naturel de calcium et de potassium.

Le silicate de calcium peut être obtenu en précipitant une solution étendue de chlorure de calcium par un silicate alcalin; c'est un précipité gélatineux, blanchâtre, insoluble dans l'eau qui le décompose à la longue, soluble dans l'acide chlorhydrique; il retient beaucoup d'eau après la dessiccation à l'air; l'acide carbonique le décompose peu à peu. Calciné, il est attaqué par l'acide chlorhydrique qui, suivant la température employée, en sépare de la silice gélatineuse ou de la silice grenue [Ammon, *Jahresb.*, 1862, p. 141]. Le silicate calcique fond aisément, et on peut l'obtenir en fondant de la silice ou un silicate avec de la chaux ou du carbonate de calcium.

D'après W. Heldt, le silicate que l'on obtient en décomposant le chlorure de calcium par le silicate de potassium $K^2O.3SiO^2$ renferme, séché à 100°, $CaO.3SiO^2 + H^2O$; il est gélatineux et prend peu à peu une apparence cristalline [*Journ. für prakt. Chem.*, t. XCIV, p. 129].

Fluosilicate de calcium,

$$Ca^2SiFl^6 = CaFl^2.SiFl^4.$$

— Prismes carrés très-réguliers, obtenus par l'évaporation de la solution du carbonate de calcium dans l'acide hydrofluosilicique. L'eau le décompose en partie en mettant du fluorure de calcium en liberté; il se dissout sans décomposition dans l'acide chlorhydrique, néanmoins cette solution se décompose à la longue. E. W.

CALCIUM (Caractères analytiques des sels de). — Les sels de calcium appartiennent au groupe de sels qui ne sont précipités ni par l'*hydrogène sulfuré* ni par le *sulfure d'ammonium* (il est à remarquer que ce dernier réactif peut, comme l'ammoniaque, précipiter la chaux à l'état de phosphate, d'oxalate, de fluorure, lorsque ces sels se trouvent en solution acide. Ces cas particuliers seront traités à leur place [voyez Acide phosphorique (*séparation d'avec les bases*); Acide fluorhydrique (*dosage*)]. Quant au cas de l'oxalate, ces sels se transforment en carbonates par la calcination. On retombe dans les cas ordinaires en redissolvant ce dernier dans de l'acide chlorhydrique).

L'*ammoniaque* ne précipite pas les solutions calciques, à moins qu'elles ne soient très-concentrées.

La *potasse pure* ne les précipite que lorsqu'elles sont concentrées; le précipité, dans ce cas, est de l'hydrate CaH^2O^2, soluble dans une grande quantité d'eau, et plus soluble à froid qu'à chaud.

Les *carbonates alcalins* donnent dans les solutions calciques un précipité blanc de carbonate de calcium; la présence de sels ammoniacaux n'empêche pas cette précipitation.

L'*acide oxalique* et l'*oxalate d'ammonium* y produisent un précipité blanc d'oxalate de calcium insoluble dans l'eau et dans l'acide acétique, soluble dans les acides chlorhydrique ou azotique: pour que la précipitation par l'acide oxalique soit complète, il faut ajouter de l'ammoniaque. Le précipité étant soumis à la calcination se transforme en carbonate ou en chaux caustique. La réaction par l'oxalate ammonique est la plus sensible pour les sels de calcium.

L'*acide sulfurique* et les *sulfates* solubles précipitent la chaux à l'état de sulfate très-peu soluble dans l'eau, insoluble dans l'alcool, soluble dans l'hyposulfite de sodium. (La solution du sulfate calcique ne précipite évidemment pas les sels calciques, tandis qu'elle précipite les sels barytiques et strontiques.)

Le *tungstate de sodium* donne dans les solutions, même étendues de chaux, un précipité très-dense de tungstate calcique (les sels de magnésium ne sont précipités à l'état cristallin que dans des solutions concentrées).

L'*acide fluosilicique*, le *cyanure jaune*, les *chromates alcalins* ne précipitent pas les sels de calcium.

Les sels de chaux communiquent à la flamme de l'alcool une coloration jaune rougeâtre. Vue à travers un verre vert, cette couleur rouge apparaît vert serin, tandis que la flamme de la strontiane, dans les mêmes circonstances, apparaît jaune pâle. Le spectre produit par la flamme du calcium est caractérisé par une *raie verte* et une *raie orange* très-intenses. Cette dernière se distingue de celle située dans le spectre du strontium en ce qu'elle est plus rapprochée du rouge que cette dernière. Les sels haloïdes de calcium sont ceux qui produisent le mieux le spectre; le silicate ne le fait pas apparaître. Pour retrouver la chaux par ce caractère, il faut, si la combinaison calcaire est soluble dans l'acide chlorhydrique, en traiter quelques milligrammes par cet acide; si elle y est insoluble, il faut la calciner avec du fluorure d'ammonium en excès, jusqu'à ce que ce sel ait entièrement disparu, reprendre le produit de la réaction par une goutte d'acide sulfurique et examiner le sulfate au spectroscope.

Dosage du calcium. — La chaux peut être dosée à l'état de sulfate ou de carbonate, ou encore à l'état de chaux caustique.

A l'état de sulfate. — La précipitation de la chaux, à l'état de sulfate, est complète dans une liqueur alcoolique et on peut la précipiter directement par ce moyen quand la liqueur ne renferme pas d'autres sels insolubles dans l'alcool. Pour cela on mélange la solution calcique avec le double de son volume d'alcool, et l'on y ajoute un excès d'acide sulfurique étendu; après 12 heures de repos on recueille le précipité sur un filtre, on le lave à l'alcool, on le sèche et on le calcine; les résultats sont exacts. La quantité de chaux est donnée par le poids du sulfate obtenu; en multipliant ce poids par le coefficient constant $0,4118 = \frac{SO^4Ca}{CaO}$, si l'on veut calculer le calcium, on multiplie ce poids par $0,2941 = \frac{SO^4}{Ca}$. Ce procédé est applicable à l'analyse d'un phosphate de calcium.

Quand la chaux est contenue dans une liqueur sans autre matière fixe, on peut évaporer directement la liqueur en présence d'acide sulfurique et peser le résidu calciné. Pour les sels calciques à acide organique, on peut les transformer en carbonate par la calcination, puis en sulfate en humectant le résidu avec un peu d'eau et une quantité suffisante d'acide sulfurique.

Précipitation par le carbonate ammonique. — On mélange la solution avec de l'ammoniaque, et à la liqueur claire on ajoute un excès de carbonate d'ammonium en abandonnant pendant quelques heures le mélange à une douce chaleur; on le recueille alors sur un filtre, on le lave avec de l'eau bouillie, on le sèche et on le calcine après avoir séparé le précipité du filtre aussi soigneusement que possible; quand la calcination sur une bonne lampe à gaz est achevée et que l'incinération du filtre est complète, on arrose le résidu avec quelques gouttes d'une solution de carbonate d'ammonium pour transformer de nouveau en carbonate celui qui a été réduit à l'état de chaux, on calcine de nouveau à une douce chaleur et l'on pèse. Le poids de carbonate donne le poids de chaux ou celui de calcium en le multipliant par le nombre $0,5600 = \frac{CO^3Ca}{CaO}$ ou par $0,4000 = \frac{CO^3Ca}{Ca}$.

Il ne faut pas, dans la précipitation par le carbonate d'ammonium, qu'il y ait beaucoup de sels ammoniacaux en présence, car ils dissolvent du carbonate de calcium en quantité sensible.

Au lieu de peser le précipité à l'état de carbonate, on peut le transformer en sulfate comme il a été dit plus haut, et il est souvent bon de faire les deux pesées, car la seconde sert de contrôle à la première, et les résultats calculés doivent être les mêmes dans les deux pesées, si le carbonate précipité est du carbonate de calcium pur.

On peut aussi soumettre le précipité de carbonate à une calcination complète pendant un quart d'heure sur une lampe à gaz à plusieurs becs et à soufflet; la transformation en chaux est complète et le poids de celle-ci ne varie pas pendant la pesée. Il est bon, après une pesée, de reprendre la calcination pendant quelques minutes et peser de nouveau, pour être sûr de la réduction complète du carbonate.

Précipitation par l'oxalate ammonique. — Ce mode de précipitation est le plus général. On sature la solution chaude par l'ammoniaque, et, à la liqueur claire, on ajoute un excès d'oxalate d'ammoniaque et on abandonne le mélange au repos pendant 12 heures, après quoi l'on décante la liqueur sur un petit filtre, on verse sur le dépôt de l'eau bouillante et on le jette lui-même sur le filtre où on le soumet à un lavage complet; une partie du précipité adhère quelquefois très-fortement aux parois du vase; il faut, dans ce cas, le redissoudre dans une goutte d'acide azotique et le reprécipiter par l'ammoniaque; on ajoute ce second précipité au premier, avant le lavage.

Quand le lavage est terminé, ce qui se reconnaît à ce que les eaux de lavage ne précipitent plus par le chlorure de calcium, on dessèche le précipité et on le calcine après l'avoir détaché du filtre; si on veut le peser à l'état de carbonate, il faut, après une forte calcination, l'humecter avec du carbonate d'ammoniaque et chauffer de nouveau. On peut aussi le calciner de manière à le transformer en chaux, ou bien le peser à l'état de sulfate; ce dernier moyen est surtout recommandable lorsque le précipité n'est pas assez abondant pour pouvoir être détaché du filtre; dans ce cas on incinère celui-ci, on reprend les cendres par une goutte d'acide chlorhydrique dans le creuset lui-même, puis on décompose le chlorure par quelques gouttes d'acide sulfurique (Fresenius).

Lorsque la chaux existe dans un composé en combinaison avec certains acides, tels que l'acide phosphorique, avec lesquels elle forme des composés insolubles dans l'eau, on dissout le composé dans de l'acide chlorhydrique; on ajoute de l'ammoniaque jusqu'à ce qu'il apparaisse un précipité, on sature ce léger excès d'ammoniaque par une goutte d'acide chlorhydrique, puis on ajoute à la liqueur une solution d'oxalate d'ammoniaque et d'acétate de sodium; de cette manière, la solution renferme, non plus de petites quantités d'acide chlorhydrique libre, mais de petites quantités d'acide acétique libre dans lequel l'oxalate de calcium est insoluble; il se déposera donc au sein de la liqueur (Fresenius).

Séparation de la chaux. — La séparation de la chaux des oxydes métalliques proprement dits se fait facilement par l'emploi de l'hydrogène sulfuré et de l'ammoniaque ou du sulfure d'ammonium, suivant les cas, mais sa séparation des autres terres alcalines est plus difficile. Quant à sa séparation d'avec les alcalis, elle a lieu très-facilement et très-exactement par l'oxalate ammonique.

Chaux et baryte. — 1° Lorsqu'une liqueur renferme à la fois de la chaux et de la baryte, on y ajoute de l'acide chlorhydrique, puis une solution très-étendue d'acide sulfurique (1 p. d'acide pour 300 p. d'eau); on laisse déposer le sulfate de baryte, on filtre et l'on précipite dans la liqueur filtrée la chaux par l'oxalate ammonique, après avoir neutralisé par l'ammoniaque la liqueur préalablement concentrée.

2° La solubilité du sulfate calcique dans l'hyposulfite de sodium, dissolution qui se fait aisément à 40° ou 50°, peut très-bien servir à séparer les sulfates barytique et calcique; par une digestion de ces deux sulfates avec une solution concentrée d'hyposulfite, le sulfate barytique restera seul insoluble (Diehl).

3° On peut aussi précipiter la baryte à l'état de fluosilicate, le sel correspondant de calcium étant très-soluble dans l'eau; on opère en ajoutant à la solution son volume d'alcool et en abandonnant les liqueurs pendant 24 heures; on précipite la chaux dans la liqueur filtrée à l'état de sulfate Berzelius).

4° La séparation peut s'effectuer aussi en précipitant d'abord la baryte à l'état de chromate.

5° Un mode de séparation assez expéditif, mais peu exact, applicable dans les cas où la chaux et la baryte peuvent facilement être transformées en azotates, repose sur l'insolubilité de l'azotate de baryte dans l'alcool et la solubilité de l'azotate de calcium.

Chaux et strontiane. — 1° Ce dernier procédé est aussi applicable à la séparation de la strontiane et de la chaux; on précipite ces deux oxydes à l'état de carbonates par le carbonate d'ammoniaque; le précipité bien lavé est redissous dans une quantité aussi petite que possible d'acide azotique, on évapore la solution dans un petit ballon, et on reprend le résidu salin par de l'alcool absolu qu'on laisse digérer pendant quelque temps avec le résidu, puis on le recueille sur un filtre et on le lave à l'alcool absolu; son poids donne la quantité de strontiane; quant à la chaux, il ne reste plus qu'à la précipiter à l'état de sulfate dans sa solution alcoolique (Stromeyer). Ce procédé est rendu plus rigoureux par le mélange d'éther à l'alcool absolu.

2° Un moyen de séparation applicable dans un grand nombre de cas repose sur l'insolubilité complète du sulfate de strontium et sur la solubilité relative du sulfate de calcium dans le sulfate ammonique. On mélange la solution de strontiane et de chaux avec une solution concentrée de sulfate ammonique en excès (pour 1 p. de strontiane, il faut employer au moins 50 p. environ de sulfate ammonique supposé solide); après 12 heures de repos, on filtre et on lave le précipité avec une solution de sulfate ammonique jusqu'à ce que les eaux de lavage ne précipitent plus par l'oxalate d'ammonium. On peut alors calciner le sulfate strontique et le peser, et précipiter la chaux à l'état d'oxalate [H. Rose, *Poggend. Ann.*, t. CX, p. 292]. Les résultats sont moins exacts que par le procédé de Stromeyer.

3° On peut doser indirectement la chaux et la strontiane, aussi bien que la chaux et la baryte, en les pesant ensemble d'abord à l'état de carbonate, puis à l'état de sulfate; les chiffres obtenus dans ces deux pesées conduiront, par un calcul algébrique, à la détermination du poids de chacun des oxydes. En représentant par C le poids total des carbonates, par S le poids des sulfates, par x et y la strontiane et la chaux, on aura les deux équations

$$\frac{SrSO^4}{SrO}x + \frac{CaSO^4}{CaO}y = S \text{ ou } \frac{183,4}{103,4}x + \frac{136}{56}y = S,$$

$$\frac{SrCO^3}{SrO}x + \frac{CaCO^3}{CaO}y = C \text{ ou } \frac{147,4}{103,4}x + \frac{100}{56}y = C$$

En résolvant ces équations, on aura les poids x de strontiane et y de chaux.

Chaux, strontiane et baryte. — Les méthodes précédentes, étant combinées convenablement, peuvent servir à la séparation de ces trois terres alcalines. Voici une marche qu'il est assez avantageux de suivre. On précipite la baryte par l'acide fluorhydrique, en suivant les indications prescrites, puis, dans la liqueur filtrée, la strontiane et la chaux par l'acide sulfurique; on pèse le mélange des sulfates qu'on transforme ensuite en carbonates en les calcinant avec un carbonate alcalin: le poids des sulfates et celui des carbonates conduira, par le calcul indiqué plus haut, à déterminer le poids de chaux et de strontiane. D'ailleurs, les carbonates étant donnés, on peut les transformer facilement en azotates et séparer ceux-ci par la méthode de Stromeyer.

Chaux et magnésie. — Lorsque la chaux se trouve en présence de magnésie dans une liqueur, il faut, après avoir ajouté de l'ammoniaque et assez de chlorure d'ammonium pour que l'ammoniaque ne donne point de précipité, verser dans la solution de l'oxalate d'ammonium, et laisser reposer pendant 12 heures; le précipité est alors entièrement formé d'oxalate calcique; dans la liqueur filtrée et les eaux de lavage, convenablement concentrées, on précipite la magnésie à l'état de phosphate ammoniaco-magnésien.

Quand il y a de l'acide phosphorique en présence, la précipitation de la chaux doit être opérée en suivant les indications signalées plus haut.

Lorsque la chaux est en quantité très-faible relativement à la quantité de magnésie, ce procédé ne donne pas toujours de bons résultats: il vaut mieux alors transformer ces oxydes en sulfates, dissoudre ceux-ci dans de l'eau et ajouter de l'alcool jusqu'à ce qu'il se produise un trouble permanent; après 12 heures, le sulfate calcique est entièrement déposé, on le recueille sur un filtre, on le lave avec de l'eau alcoolisée; on peut alors le reprendre par l'eau et en précipiter la chaux à l'état d'oxalate. En suivant ce procédé, on peut retrouver à côté de la magnésie des quantités de chaux dont on n'aurait pas pu déceler la présence par d'autres moyens [Scheerer, *Ann. der Chem. u. Pharm.*, t. CX, p. 236].

Chaux, magnésie, strontiane et baryte. — On commence par précipiter le mélange par le carbonate ammonique en présence de chlorure d'ammonium; la magnésie reste ainsi seule en dissolution, tandis que les autres terres sont précipitées à l'état de carbonates exempts de magnésie, et l'on retombe dans le cas examiné plus haut. E. W.

CALÉDONITE (Min.) [Syn. *Plomb sulfato-carbonaté cuprifère*]. — Combinaison de sulfate et de carbonate de plomb et de cuivre :

$$SO^4R + CO^4R;\quad R = 5/6Pb + 1/6Cu.$$

Petits cristaux transparents, d'un vif éclat, d'un vert bleuâtre clair, accompagnant les minerais de plomb de Leadhills.

Caractères. — Attaquable par l'acide azotique avec effervescence et en laissant un résidu de sulfate de plomb; sur le charbon donne un globule de plomb.

Dureté, 2,5 à 3; poussière blanc-verdâtre. Densité, 6,4.

Forme cristalline. — Prisme orthorhombique $(m\,m)$ de 95°, basé par p et tronqué par g^1. Clivages: g^1 assez difficile; p, m, indistincts. F. et S.

CALIFORNINE. — Principe amer de la *Chica californica* [Winckler, *Buchner's Rep.*, t. XXXII, p. 20].

CALLUTANNIQUE (ACIDE), $C^{14}H^{14}O^9$ [Rochleder, *Ann. der Chem. u. Pharm.*, t. LXXXIV, p. 354]. — L'acide callutannique est une substance de la classe des tannins, que Rochleder a retirée du *Calluna vulgaris.* C'est une masse amorphe, inodore, d'un jaune ambré. Il ne donne pas de sels définis; il réduit les sels d'argent. Ses solutions alcalines absorbent rapidement l'oxygène de l'air. Traité à l'ébullition par les acides minéraux dilués, il se transforme en une substance jaune, floconneuse, la *calluxanthine*, soluble dans les alcalis où elle se colore au contact de l'air, et d'où les acides la reprécipitent en flocons rouge-brun. La solution aqueuse de l'acide callutannique, additionnée de chlorure stannique et de quelques gouttes d'acide chlorhydrique, teint en jaune la laine mordancée à l'alun.

CALOMEL. — Chlorure mercureux. — Voyez Mercure.

CALOMEL (Min.) [Syn. *Mercure muriaté, H., mercure corné*]. — Chlorure mercureux Hg^2Cl^2. Petits cristaux ou concrétions d'un gris de perle et d'un éclat adamantin, fragiles et tendres.

Caractères. — Insoluble dans l'eau et l'acide azotique, volatil et abandonnant du mercure lorsqu'on le chauffe avec la soude dans le tube bouché. Dureté, 1 à 2; densité, 1,482.

Forme cristalline. — Prisme quadratique terminé par un pointement octaédrique (a^1) de 104° 20.

CALYPTOLITE. — Variété de zircon altéré, de Haddam (Connecticut).

CAMPÊCHE. — Voyez Bois de teinture.

CAMPHÈNES. — On a donné pendant longtemps le nom de camphène à un hydrocarbure huileux, $C^{10}H^{16}$, qui prend naissance lorsqu'on chauffe le camphre artificiel $C^{10}H^{17}Cl$ avec de la chaux [Laurent, *Ann. de Chim. et de Phys.*, (2), t. LXVI, p. 209]. On doit aujourd'hui réserver ce nom à des hydrocarbures cristallisés, de même formule, qui ont été obtenus par M. Berthelot et qui sont au nombre de trois: le *térécamphène*, ou *camphène gauche*, l'*austracamphène* ou *camphène droit*, et le *camphène inactif* [Berthelot, *Compt. rend. de l'Acad.*, t. XLVII, p. 266, et t. LV, p. 496, et *Leçons prof. en 1864 et 1865 à la Soc. chim.*, p. 246].

Préparation. — 1° Le monochlorhydrate et le monobromhydrate solides de térébenthène, décomposés par le stéarate de potasse ou par le savon sec, entre 200° et 220°, dans un tube scellé ou dans un ballon ouvert à long col, perdent lentement leur hydracide et engendrent du térécamphène. Si la température a été trop élevée, le térécamphène peut être mêlé de camphène inactif et même de térébène, dont il est facile de le débarrasser par une cristallisation dans l'alcool. En même temps que cet hydrocarbure, il se forme toujours une faible quantité d'une matière neutre soluble dans l'éther, que les alcalis décomposent avec production d'une substance volatile d'odeur camphrée; cette substance est probablement du camphol stéarique (bornéol stéarique).

2° Dans les mêmes conditions, le chlorhydrate d'australène fournit l'austracamphène.

3° Si l'on opère la décomposition par le stéarate de baryum, il se forme un mélange de térécamphène et de camphène inactif.

4° Le benzoate de soude, agissant sur le chlorhydrate et sur le bromhydrate avec ou sans l'intervention de l'alcool, fournit principalement du camphène inactif, mêlé seulement avec une faible quantité de camphène actif et de térébène.

5° MM. Oppenheim et Lauth ont reconnu récemment qu'il se forme du térécamphène lorsqu'on chauffe le monochlorhydrate de térébenthène avec l'aniline; ce procédé serait même, d'après ces auteurs, le plus commode pour se procurer du camphène.

Propriétés. — Le *térécamphène* est cristallisé et fusible à 45°, il bout à 160°, son pouvoir rotatoire moléculaire = — 63°; lorsqu'on le soumet à l'action du gaz chlorhydrique soit directement soit après l'avoir dissous dans l'alcool, on le transforme presque complétement en un chlorhydrate cristallisé comme le carbure dont il dérive.

L'*austracamphène* se confond par ses propriétés avec le térécamphène, dont il ne diffère que par son pouvoir rotatoire. Il est dextrogyre

$$[\alpha] = +21°,5.$$

Le *camphène inactif* se confond par toutes ses propriétés avec les deux hydrocarbures précédents, dont il ne se distingue que par son défaut d'action sur la lumière polarisée.

M. Berthelot n'a réussi à préparer des dichlorhydrates avec aucun des camphènes en opérant dans les conditions où le térébenthène et l'australène fournissent ces composés avec facilité.

Oxydé sous l'influence du noir de platine, le camphène se métamorphose en une substance volatile et cristalline, douée de l'odeur du camphre ordinaire et qui est peut-être identique avec lui; s'il en était ainsi, ce serait le premier cas bien constaté de la formation d'un corps oxygéné par la fixation directe de l'oxygène sur un carbure d'hydrogène.

Quelquefois on applique d'une manière générale le nom de camphène à tous les hydrocarbures, tant solides que liquides, qui ont pour formule $C^{10}H^{16}$. Nous préférons employer, pour désigner ce groupe de corps, le mot *térébène*, dont on se sert également. — Voyez Térébènes.

Chlorocamphène. — Pfaundler a appliqué ce nom au produit $C^{10}H^{15}Cl$, qui prend naissance lorsqu'on distille du camphre avec du perchlorure de phosphore [*Ann. der Chem. u. Pharm.*, t. CXV, p. 29]. C'est une substance blanche, cristallisée, molle, d'une odeur de camphre; son indice de réfraction = 1,49327. Il est insoluble dans l'eau, mais se dissout dans 3,5 p. d'alcool de 87 c. à 14° en formant une solution inactive sur la lumière polarisée. Les cristaux de cette substance s'évaporent à la température ordinaire, fondent à 60° et se subliment ensuite; à une température plus élevée ils se décomposent.

Les meilleures conditions pour obtenir le chlorocamphène consistent à chauffer à 110° une molécule de camphre avec une molécule de perchlorure de phosphore.

Chlorure de camphène [Pfaundler, *loc. cit.*]. — Ce corps répond à la formule $C^{10}H^{16}Cl^2$; on l'obtient en chauffant 2 molécules de perchlorure de phosphore avec 1 molécule de camphre. Il ressemble par ses propriétés au chlorocamphène, toutefois il est plus mou; son indice de réfraction = 1,50553. Il se dissout dans 4,95 p. d'alcool de 87/100 à 14°, en donnant une solution qui dévie à gauche le plan de polarisation de la lumière. Ses cristaux se volatilisent assez rapidement à la température ordinaire et fondent, en se sublimant en partie, vers 70°. A. N.

CAMPHINE [Claus, *Journ. für prakt. Chem.*, t. XXV, p. 262; *Revue scientifique*, t. IX, p. 181]. — Ce corps se forme en même temps que la camphocréosote, le colophène et la camphorésine, lorsqu'on triture le camphre avec de l'iode et qu'on distille le produit. Il reste dans la cornue une masse noire qui renferme la camphorésine, et le liquide distillé étendu d'eau se sépare en deux couches : l'une, aqueuse, renferme de l'acide iodhydrique; l'autre, huileuse, contient la camphine, la camphocréosote et le colophène. Pour obtenir la camphine, on soumet ce mélange à la distillation fractionnée après l'avoir agité avec du mercure pour le débarrasser de l'iode libre, et l'on recueille les portions les plus volatiles; on lave à plusieurs reprises le produit avec une lessive alcaline et on le distille sur de la chaux sodée pour enlever les dernières traces d'iode. Si même cela est nécessaire, on l'abandonne pendant quelque temps en contact avec du potassium ou du sodium et finalement on le rectifie.

Ainsi purifiée, la camphine est une huile légère, incolore, d'une densité de 0,827 à 25°; elle bout entre 167° et 170°; son odeur est agréable et rappelle celle du macis et de la térébenthine. A l'analyse elle a donné C... 86,06 et H... 12,79.

La camphine brûle avec une flamme brillante, mais très-fuligineuse; elle se dissout dans l'alcool, l'éther, l'essence de térébenthine et le pétrole; mais elle ne se dissout ni dans l'eau, ni dans l'alcool faible, ni dans les solutions alcalines, ni dans les acides étendus, ni même dans l'acide chlorhydrique concentré. Elle absorbe de petites quantités de gaz chlorhydrique. L'acide sulfurique l'attaque peu; l'acide azotique l'attaque à chaud et la convertit en une huile jaune nitrée dont l'odeur est semblable à celle de l'essence de cannelle; si l'action est plus prolongée, l'huile qui se forme est rouge et soluble dans la potasse. Le perchlorure d'antimoine résinifie la camphine.

La camphine est rapidement attaquée par le chlore et le brome avec formation de produits de substitution. Les produits chlorés sont transparents, incolores, huileux; soumis à l'action d'une solution alcoolique de potasse, ils s'échauffent, laissent déposer du chlorure de potassium et se transforment en liquides huileux d'une odeur agréable. Claus a obtenu de la sorte deux corps qu'il a considérés comme de la camphine trichlorée et hexachlorée.

Suivant Claus, la formule de la camphine serait C^9H^{16} ou C^9H^{18}; la formule C^9H^{16} exigerait : C... 87,10 et H... 12,90, et la formule C^9H^{18} : C... 86,96 et H... 13,04. Gerhardt considère comme probable que la camphine n'est autre que du cymène impur.

En effet, les analyses de Claus avaient été calculées avec l'ancien poids atomique du carbone, et lorsqu'on les recalcule avec le poids atomique actuel de ce corps, on trouve une perte de plus de 1/100. Le cymène exigerait C... 89,5 et H... 10,5 [Gerhardt, *Traité de Chim.*, t. III, p. 694]. A. N.

CAMPHIQUE (ACIDE), $C^{10}H^{16}O^2$ [Berthelot, *Ann. de Chim. et de Phys.*, (3), t. LVI, p. 94; *Répert. de Chim. pure*, 1859, t. I, p. 406, et *Compt. rend. de l'Acad.*, t. XLVII, p. 266; — Wheeler, *Compt. rend. de l'Acad.*, t. LXV, p. 1048]. — L'acide camphique répond probablement à la formule $C^{10}H^{16}O^2$. Il prend naissance en même temps que l'alcool campholique, par la réaction d'une solution alcoolique de potasse sur le camphre. A cet effet, on chauffe du camphre avec une solution alcoolique de potasse dans des tubes scellés à la lampe; la réaction s'accomplit à la température de 180° au bout de quelques heures, ou à 100° au bout d'une semaine.

Quand la réaction est terminée, on traite par l'eau le contenu des tubes : le camphre inaltéré et le camphol se précipitent, tandis que le camphate de potasse reste dissous. On évapore la liqueur aqueuse pour en chasser l'alcool, puis on la laisse refroidir et l'on y ajoute peu à peu de l'acide sulfurique, de façon à saturer presque exactement la potasse, en lui laissant cependant une légère réaction alcaline; on évapore ensuite jusqu'à siccité et l'on reprend le résidu par l'alcool, qui dissout le camphate alcalin et laisse le sulfate de potasse. La solution alcoolique étant évaporée laisse le premier de ces sels sous forme d'un sirop dont l'acide sulfurique précipite l'acide camphique sous la forme d'une matière résineuse, presque solide, plus ou moins colorée, plus lourde que l'eau, dans laquelle elle est peu ou point soluble, fort soluble dans l'alcool.

M. Berthelot n'a pas analysé l'acide camphique, mais l'analyse de ce corps a été faite par M. Wheeler. Bien que les analyses aient donné toujours un peu trop de carbone à cause de la difficulté que l'on éprouve à le purifier, il n'est pas douteux que l'acide camphique ne corresponde à la formule $C^{10}H^{16}O^2$ qui en fait un homologue de l'acide sorbique $C^6H^8O^2$; il prend naissance en vertu de l'équation :

$$\underset{\text{Camphre.}}{2C^{10}H^{16}O} + \underset{\text{Potasse.}}{KHO} = \underset{\text{Camphate de potasse.}}{C^{10}H^{15}KO^2} + \underset{\text{Bornéol.}}{C^{10}H^{18}O}.$$

Chauffé, cet acide donne une huile volatile, un sublimé cristallin, non acide, et un liquide goudronneux; dans la cornue reste un charbon poreux et boursouflé.

L'acide azotique bouillant le transforme en un composé nitré sans qu'il paraisse se produire d'acide camphorique.

CAMPHATE DE PLOMB, $(C^{10}H^{15}O^2)^2Pb''$. — C'est une poudre blanche insoluble qu'on obtient par double décomposition. Il a donné à l'analyse 38,77 % de plomb, la théorie exigerait 38,26.

CAMPHATE DE SODIUM. — Le camphate sodique précipite les sels d'argent, de cuivre, de plomb, de zinc et de fer, tant au maximum qu'au minimum, et paraît sans action sur les sels terreux proprement dits. Les précipités précédents sont solubles dans l'acide acétique; ils sont même solubles dans une grande quantité d'eau, à la façon des borates. La solution du camphate alcalin très-dilué ne précipite aucun sel métallique, sauf peut-être l'azotate d'argent.

Les camphates de sodium et de potassium se dissolvent à peine dans les solutions alcalines concentrées; aussi, durant l'évaporation de la liqueur très-alcaline où ils se sont formés tout d'abord, ces sels finissent par se séparer sous la forme de savons résineux et faciles à redissoudre dans l'eau pure. A. N.

CAMPHOCRÉOSOTE. — C'est un des produits de décomposition du camphre sous l'influence de l'iode à une température élevée. On l'obtient en distillant le mélange de camphre et d'iode et agitant le produit avec de la potasse, qui le dissout et laisse les hydrocarbures. C'est une huile âcre qui, d'après Schweizer, serait identique avec le carvacrol.

CAMPHOGÈNE. — Nom donné par Dumas au cymène obtenu au moyen du camphre et de l'anhydride phosphorique.

CAMPHOLÈNE, C^9H^{16} [Delalande, *Ann. de Chim. et de Phys.*, (3), t. I, p. 125]. — On obtient cet hydrocarbure en distillant l'acide campholique sur de l'anhydride phosphorique. Le liquide qui se forme doit être purifié par une nouvelle distillation. La réaction consiste dans une élimination simultanée d'eau et d'oxyde de carbone :

$$C^{10}H^{18}O^2 = H^2O + CO + C^9H^{16}.$$

Acide campholique. Eau. Oxyde de carbone. Campholène.

Le campholène bout à 135°. Sa densité de vapeur = 4,435 (64,02 par rapport à H). Le calcul exige, pour la densité correspondant à la formule C^9H^{16}, 4,344 (62,7 par rapport à H). A. N.

CAMPHOLIQUE (ACIDE),

$$C^{10}H^{18}O^2 = C^{10}H^{17}O.OH$$

[Delalande, *Ann. de Chim. et de Phys.*, (3), t. I, p. 120; — Ludwig Barth, *Ann. der Chem. u. Pharm.*, t. CVII, p. 249 (nouv. sér., t. XXXI), et *Répert. de Chim. pure*, 1859, p. 104]. — L'acide campholique dérive du camphre par fixation directe d'une molécule d'eau :

$$C^{10}H^{16}O + H^2O = C^{10}H^{18}O^2.$$

Camphre. Eau. Acide campholique.

Pour l'obtenir, on fait passer des vapeurs de camphre sur un mélange de potasse et de chaux fondues ensemble, puis concassées en petits fragments et chauffées entre 300° et 400°. Le camphre s'unit directement à la potasse sans dégagement de gaz. On traite le mélange refroidi par l'eau bouillante, on filtre et l'on sursature la liqueur par un acide. L'acide campholique se dépose sous la forme d'un précipité cristallin que l'on purifie en le distillant :

$$C^{10}H^{16}O + KHO = C^{10}H^{17}O^2K.$$

Camphre. Potasse. Campholate de potassium.

La meilleure manière de procéder, lorsqu'on veut obtenir des quantités un peu considérables de cet acide, consiste à opérer sous pression; à la pression ordinaire, en effet, les proportions de camphre et de potasse qui se combinent sont toujours très-peu considérables. On place du camphre dans le fond d'un tube bouché qu'on remplit ensuite de chaux potassée et qu'on ferme à l'autre bout. La partie du tube qui renferme la chaux potassée étant maintenue à une température de 300° à 400°, on chauffe l'extrémité où se trouve le camphre. Ce dernier distille alors et va se condenser en partie à l'extrémité opposée du tube. En faisant passer et repasser un grand nombre de fois, d'une extrémité du tube à l'autre, la vapeur du camphre sur le mélange alcalin, une partie notable de la matière finit par être attaquée et l'on peut extraire 5 à 6 grammes d'acide purifié du contenu d'un seul tube. Les tubes dont on fait usage doivent être de la même dimension que ceux dont on se sert pour les analyses organiques.

L'acide campholique est blanc et cristallise très-bien dans un mélange d'alcool et d'éther. Il entre en fusion à 80° et bout sans altération vers 250°. Il est insoluble dans l'eau, à laquelle il communique néanmoins une légère odeur aromatique. L'alcool et l'éther le dissolvent au contraire en grande quantité; ces solutions rougissent faiblement la teinture de tournesol.

L'acide campholique distillé avec de l'anhydride phosphorique donne lieu à une réaction insolite; au lieu de perdre simplement les éléments de l'eau, comme font la plupart des corps organiques sur lesquels l'anhydride phosphorique exerce une action, il perd à la fois 1 molécule d'eau et 1 molécule d'oxyde de carbone et se transforme en un hydrocarbure C^9H^{16} qui a reçu le nom de campholène :

$$C^{10}H^{18}O^2 = H^2O + CO + C^9H^{16}.$$

Acide campholique. Eau. Oxyde de carbone. Campholène

La densité de vapeur de l'acide campholique = 6,058 (87,44 par rapport à H).

Sa densité calculée pour la formule $C^{10}H^{18}O^2$ = 5,938 (85,715 par rapport à H).

Fondu avec de l'hydrate de potassium, l'acide campholique ne se dédouble pas en deux acides de la série $C^nH^{2n}O^2$, comme le font l'acide acrylique et ses homologues, tant naturels qu'artificiels (Ludwig Barth). Il en résulte qu'on ne peut pas l'envisager comme un véritable homologue de l'acide acrylique, bien que sa formule ait pu le faire considérer comme tel :

$$C^3H^4O^2 + 7\,CH^2 = C^{10}H^{18}O^2.$$

Acide acrylique. Acide campholique.

Il serait intéressant de voir si l'acide campholique fixerait de l'hydrogène ou s'il se comporterait à la façon des acides saturés.

D'après sa formule l'acide campholique semblerait dériver du camphre de menthe $C^{10}H^{20}O$ qui en serait l'alcool :

$$C^{10}H^{20}O + O^2 = C^{10}H^{18}O^2 + H^2O.$$

Camphre de menthe. Oxygène. Acide campholique. Eau.

M. Oppenheim, guidé par ces considérations, a cherché par tous les moyens possibles à réaliser l'oxydation du menthol, mais sans pouvoir y réussir [Oppenheim, *Communication particulière*].

CAMPHOLATES MÉTALLIQUES. — L'acide campholique sature parfaitement bien les bases les plus énergiques. Il est monobasique. Ceux de ses sels qui renferment des métaux monoatomiques répondent à la formule générale $C^{10}H^{17}O^2.M'$.

Campholate d'argent, $C^{10}H^{17}O^2.Ag$. — Obtenu en décomposant le campholate d'ammoniaque par l'azotate d'argent neutre. Ce sel se présente sous l'aspect de flocons caséeux, blancs, et très-disposés à emprisonner de l'azotate d'argent. Pour l'avoir pur, il faut le dessécher, le pulvériser et le soumettre à de nouveaux lavages.

Campholate de calcium,

$$(C^{10}H^{17}O^2)^2Ca'' + H^2O.$$

— Ce sel est d'un blanc de neige, cristallin, soluble dans l'eau beaucoup plus à froid qu'à chaud.

On l'obtient à l'état de pureté en traitant l'acide campholique pur par l'ammoniaque en excès, puis versant dans la liqueur presque bouillante une dissolution de chlorure de calcium.

Le campholate calcique se précipite sous la forme d'une poudre cristalline qu'on lave à l'eau bouillante et qu'on dessèche à 100°. A. N.

CAMPHOLONE, $C^{19}H^{34}O$. — C'est une huile qui se produit lorsqu'on soumet le campholate de chaux à la distillation sèche. Cette huile paraît dériver du sel de chaux par élimination de carbonate calcique, ou, ce qui revient au même, de l'acide libre par élimination d'anhydride carbonique et d'eau :

$$\underset{\text{Campholate calcique.}}{(C^{10}H^{17}O^2)^2Ca''} = \underset{\text{Carbonate calcique.}}{CO^3Ca} + \underset{\text{Campholone.}}{C^{19}H^{34}O}.$$

La campholone ne peut point être confondue avec la camphrone de M. Fremy, dont sa composition l'éloigne d'une manière notable. A. N.

CAMPHORIQUE (ACIDE),

$$C^{10}H^{16}O^4 = C^{10}H^{14}O^2 \left\{ \begin{matrix} OH \\ OH. \end{matrix} \right.$$

— Il existe trois acides camphoriques. L'acide camphorique droit ou ordinaire qui dévie à droite le plan de polarisation de la lumière, l'acide camphorique gauche qui dévie à gauche le même plan de polarisation, et l'acide camphorique inactif qui n'exerce aucune action sur la lumière polarisée, mais qui peut être considéré comme étant inactif par compensation, parce qu'il se produit par la combinaison des deux autres. Il y a, entre ces trois variétés d'acide camphorique, les mêmes rapports qu'entre l'acide tartrique droit, l'acide tartrique gauche et l'acide paratartrique.

ACIDE CAMPHORIQUE DROIT, $C^{10}H^{16}O^4$ [Kosegarten, *Diss. de camphora et partibus quæ eam constituunt;* Gœttingue, 1785; — Bouillon-Lagrange, *Ann. de Chim.*, t. XXIII, p. 153; t. XXVII, p. 19 et 221; — Bucholz, *Journ. für Chem. u. Phys.* de Gehlen, t. IX, p. 332; — Brandes, *Journ. für Chem. u. Phys.* de Schweigger, t. XXXVIII, p. 260; — Laurent, *Ann. de Chim.*, t. VIII, p. 269; — Laurent, *Ann. de Chim. et de Phys.* (2), t. LXIII, p. 207; *Compt. rend. des travaux de chim.*, 1845, p. 141; — Malaguti, *ibid.*, t. LXIV, p. 151; — Bouchardat, *Compt. rend. de l'Acad.*, t. XXVIII, p. 319, et *Ann. de Chim. de Millon et Reiset*, 1850, p. 373; — Gerhardt et Liès-Bodart, *Compt. rend. des travaux de Chim.*, 1849, p. 385, et *Ann. de Chim. de Millon et Reiset*, 1850, p. 372; — Blumenau, *Ann. der Chem. u. Pharm.*, t. LXVII, p. 119; — Liebig, *Ann. de Chim. et de Phys.*, (2), t. XLVII, p. 95; *Ann. der Chem. u. Pharm.*, t. XXII, p. 50].

L'acide camphorique droit a été découvert en 1785 par Kosegarten. Bouillon-Lagrange l'a étudié plus tard. Après lui, Brandes a fait un travail approfondi sur ce corps. En 1831, M. Liebig en a fait l'analyse et a proposé pour lui la formule $C^{10}H^{16}O^5$. Enfin Malaguti, en 1837, a définitivement établi que sa formule est $C^{10}H^{16}O^4$.

Préparation. — On chauffe du camphre dans une cornue avec dix fois son poids d'acide azotique concentré, on cohobe plusieurs fois et de temps en temps on ajoute de nouvelles portions d'acide, enfin on évapore le résidu. L'acide camphorique cristallise par le refroidissement de la liqueur, mais les cristaux renferment du camphre indécomposé. Pour les en débarrasser, on les dissout dans le carbonate de potasse; on filtre la solution et on la traite par de l'acide azotique après l'avoir amenée à un très-haut degré de concentration. Par le refroidissement du mélange, il se dépose des cristaux d'acide camphorique qu'on achève de purifier en les faisant cristalliser de nouveau.

Propriétés. — L'acide camphorique droit cristallise en paillettes ou en aiguilles incolores et transparentes. Il fond à 70°. Sa saveur est aigre et amère à la fois. L'eau froide le dissout peu, l'eau bouillante le dissout mieux, l'alcool, l'éther, les huiles grasses et les essences le dissolvent facilement. Suivant Brandes, il exige, pour se dissoudre, 88,8 p. d'eau à 12°,5; 70 p. à 2°,5; 61,5 p. à 37°,5; 40,7 p. à 50°,23; 4 p. à 62°,5; 17,2 p. à 82°,5; 8,9 p. à 90°, et 8,6 p. à 96°,25.

A côté de l'acide camphorique cristallisé, il existerait, d'après Blumenau, une modification résineuse de cet acide qu'on obtiendrait en chauffant très-fort l'acide brut produit par l'oxydation du camphre, pour en chasser l'acide azotique. Il se forme dans ce cas une masse visqueuse, laquelle, dissoute dans l'eau, dépose peu à peu de petits grains cristallins; par l'évaporation, l'eau mère laisse de nouveau une masse visqueuse. La solution des grains cristallins ne précipite pas l'azotate d'argent ammoniacal, ce qui le distingue de l'acide camphorique ordinaire.

Suivant M. F. Monoyer, l'acide de Blumenau n'est que de l'anhydride camphorique. D'après Schwanert, ce corps aurait pour formule $C^{10}H^{16}O^8$; et on trouverait en outre dans l'action de l'acide azotique sur le camphre divers acides nouveaux; mais l'existence de ces corps est loin d'être prouvée, et il nous semble, comme l'a démontré Monoyer, que l'acide de Blumenau est l'anhydride camphorique [*Bull. de la Soc. chim.*, 1863, p. 578; 1864, t. II, p. 52 et 403].

La solution de l'acide camphorique droit cristallisé dévie le plan de polarisation des rayons lumineux. On a pour le pouvoir rotatoire moléculaire de cette substance $[\alpha] = +38°,875$.

Ce pouvoir décroît considérablement lorsqu'on sature l'acide par un alcali (Bouchardat). D'après Biot, il ne change pas sensiblement suivant le degré de dilution des liqueurs [*Ann. de Chim. et de Phys.*, t. XXXVI, p. 313].

L'acide camphorique précipite abondamment l'acétate neutre de plomb. Soumis à la distillation sèche, il se dédouble complétement en eau et anhydride camphorique. L'acide azotique et l'acide sulfurique concentrés le dissolvent sans l'altérer. Lorsqu'on soumet le sel de chaux de cet acide à la distillation sèche, il se produit de la phorone $C^9H^{14}O$:

$$\underset{\text{Camphorate de chaux.}}{(C^{10}H^{14}O^4)''.Ca''} = \underset{\text{Carbonate calcique.}}{CO^3.Ca''} + \underset{\text{Phorone.}}{C^9H^{14}O}.$$

ACIDE CAMPHORIQUE GAUCHE [Chautard, 1853, *Compt. rend. de l'Acad.*, t. XXXVII, p. 166]. — Cet acide peut être obtenu de la même manière que l'acide camphorique ordinaire. Seulement, au lieu d'oxyder le camphre ordinaire, on oxyde le camphre gauche qui s'extrait de la matricaire.

Les propriétés physiques et chimiques de cet acide sont exactement les mêmes que celles du camphre droit, mais il diffère de ce dernier en ce qu'il dévie à gauche le plan de polarisation, d'une quantité rigoureusement égale à celle dont l'acide ordinaire le dévie à droite.

ACIDE PARACAMPHORIQUE (Syn. *Acide racémique-camphorique*). — Il se produit lorsqu'on mélange des poids égaux d'acide camphorique droit et d'acide camphorique gauche. Il diffère de ces deux derniers acides par quelques caractères physiques et n'agit pas sur la lumière polarisée. Il est inactif par compensation.

CAMPHORATES MÉTALLIQUES. — L'acide camphorique est bibasique. Ceux de ses sels qui renferment des métaux monoatomiques répondent à la formule générale $C^{10}H^{14}O^{4}(M')^{2}$.

Les camphorates sont inodores et légèrement amers. Généralement l'eau les dissout peu. Les acides sulfurique, chlorhydrique et azotique les décomposent.

On n'a étudié jusqu'à ce jour que les camphorates correspondant à l'acide droit.

Camphorate neutre d'ammonium,

$$(C^{10}H^{14}O^{4})''(AzH^{4})^{2}.$$

— On le prépare en saturant l'acide camphorique par un courant de gaz ammoniac sec, et en balayant l'excès de gaz ammoniac par un courant d'air également sec. C'est un sel très-soluble dans l'eau, dont la solution manifeste une certaine réaction acide, sans saveur bien prononcée.

Camphorate acide d'ammonium,

$$C^{10}H^{15}(AzH^{4})O^{4} + 3\,H^{2}O.$$

— M. Malaguti l'a obtenu en petits grains très-blancs, en projetant du bicarbonate ammonique dans une dissolution bouillante d'acide camphorique. Ce sel présente une réaction acide et une saveur aigrelette; il fond à quelques degrés au-dessus de 100° et se dissout très-facilement dans l'eau froide. Chauffé à 100° dans un courant d'air, il perd 19 °/₀, soit 3 molécules d'eau de cristallisation.

La formule $C^{10}H^{15}(AzH^{4})O^{4}$ est de Gerhardt. Malaguti admettait les rapports

$$(C^{10}H^{16}O^{4})^{3}, (AzH^{3})^{4} + 9\,H^{2}O,$$

qui correspondent à une combinaison de camphorate neutre et de bicamphorate,

$$C^{10}H^{14}(AzH^{4})^{2}O^{4},\ 2\,C^{10}H^{15}(AzH^{4})O^{4} + 9\,H^{2}O.$$

La formule adoptée par Gerhardt exige

C... 53,3 ; H... 8,7 ; Az... 6,6,

et les nombres trouvés par M. Malaguti à l'analyse du sel sont

C... 53,57 ; H... 8,97 ; Az... 8,5.

6 molécules d'eau de cristallisation correspondent à une perte de 19,9 °/₀. La détermination expérimentale a donné 19.

Camphorate de potassium neutre. — On peut obtenir ce sel en dissolvant dans la potasse, soit l'acide, soit l'anhydride camphorique. Dans le premier cas, il cristallise en larges paillettes nacrées, et dans le second en petites aiguilles déliées réunies en groupes (Malaguti). Bouillon-Lagrange et Bucholz le disent soluble dans 100 p. d'eau froide et 4 p. d'eau bouillante. Suivant Brandes, au contraire, il serait déliquescent et exigerait très-peu d'eau pour sa solution. Gerhardt cherche à expliquer ces contradictions : il suppose que ces chimistes n'ont pas opéré sur le même sel, et que le sel peu soluble était peut-être un bicamphorate. D'après Liebig, les sels étudiés par Bouillon-Lagrange n'auraient pas été préparés avec de l'acide camphorique pur, mais avec une combinaison d'acide camphorique et de camphre, tandis que Brandes aurait obtenu les siens avec un acide pur. Là serait le secret de leurs dissidences.

Camphorate de sodium. — Ce sel se présente sous la forme de cristaux limpides, confus, légèrement efflorescents, solubles dans 200 p. d'eau froide et dans 8 p. d'eau bouillante, solubles dans l'alcool (Bouillon-Lagrange). Brandes le décrit comme cristallisant en aiguilles ou en choux-fleurs.

Suivant ce dernier chimiste, ce serait un sel déliquescent, soluble dans 80 p. d'alcool, et renfermant 18,03 de sodium.

Camphorate d'argent. — C'est un précipité blanc, fusible, qui se colore à la lumière.

Camphorate de baryum. — D'après Bouillon, ce sel constitue des lames ou des aiguilles solubles dans 600 p. d'eau bouillante. D'après Brandes, au contraire, il n'exigerait, pour sa solution, que 1,8 p. d'eau à 19°, dégagerait, par la chaleur, 11,87 p. c. d'eau de cristallisation et contiendrait, après avoir été desséché, 39,50 °/₀ de baryum.

Camphorate de strontium. — Il cristallise en feuillets incolores beaucoup plus solubles que le sel barytique.

Camphorate calcique. — Le sel neutre est une masse amorphe neutre aux réactifs colorés, à peine soluble dans l'eau froide, soluble dans 200 p. d'eau bouillante, insoluble dans l'alcool, et contenant 7 °/₀ d'eau de cristallisation. Il tombe en poussière au contact de l'air.

En traitant le carbonate de calcium par l'acide aamphorique, Laurent a obtenu un sel à réaction ccide, cristallisé en prismes rhomboïdaux. Ce sel renferme, d'après Bucholz et Brandes, 37,5 °/₀ d'eau de cristallisation.

Enfin Laurent a obtenu un sel de chaux sous forme de pellicules blanches renfermant 14,35 °/₀ de calcium, en faisant bouillir de l'anhydride camphorique avec un lait de chaux. Ce sel, qui ne s'est déposé que d'une solution très-concentrée, paraissait être devenu insoluble lorsqu'on le reprenait par l'eau bouillante. Après une longue ébullition, on a filtré et concentré de nouveau. Il ne s'est rien déposé par le refroidissement de la liqueur, mais l'alcool y a fait naître un précipité qui renfermait 14,07 de calcium et qui était formé d'aiguilles microscopiques.

Camphorate de magnésium. — Il forme des prismes qui se dissolvent dans 54 p. d'alcool absolu à 3°,7 et dans 6,5 p. d'eau à 2°,5.

Camphorate de zinc. — C'est un précipité blanc.

Camphorate de nickel. — C'est un précipité vert clair peu soluble dans l'eau.

Camphorate de cuivre, $C^{10}H^{14}O^{4}.Cu''$ (à 100°). — On l'obtient par double décomposition. C'est un précipité vert clair, presque insoluble dans l'eau, qui donne avec l'ammoniaque une combinaison cristallisable.

Camphorate mercureux. — C'est un précipité blanc presque insoluble dans l'eau.

Camphorate manganeux. — C'est un sel fort soluble dans l'eau, que l'on obtient cristallisé sous forme de paillettes en soumettant à l'évaporation spontanée une dissolution de carbonate de manganèse dans l'acide camphorique.

Les sels manganeux ne sont pas précipités par les camphorates alcalins.

Camphorate de fer (sel ferrique). — C'est un précipité brun clair, volumineux, insoluble dans l'eau, qui prend naissance lorsqu'on mélange des solutions aqueuses d'un camphorate alcalin et d'un sel ferrique.

Camphorate d'uranyle. — C'est un précipité jaunâtre.

Camphorate d'étain (sel stanneux). — C'est un précipité blanc.

Camphorate de plomb. — C'est un précipité blanc, insoluble dans l'eau, que l'on obtient par double décomposition.

Camphorate de platine. — Suivant Brandes, il se dépose sous la forme d'un précipité blanc, un peu soluble dans l'eau lorsqu'on mélange des solutions aqueuses de camphorate de soude et de perchlorure de platine. Gerhardt met en doute la couleur blanche de ce précipité, et de fait, ce serait le premier sel de platine qui ne serait pas coloré, ce qui paraît assez étrange.

ÉTHERS CAMPHORIQUES. — ACIDE MÉTHYL-CAMPHORIQUE, $C^{10}H^{14}O^{4}, H. CH^{3}$ [Loir, *Ann. de Chim. et de Phys.*, (3), t. XXXVII, p. 196, et t. XXXVIII, p. 483].

Préparation. — On mélange 2 p. d'acide camphorique, 4 p. d'esprit de bois et 1 p. d'acide sulfurique, et l'on distille en cohobant plusieurs fois. Après la troisième distillation, la cornue renferme un liquide visqueux, fortement coloré en brun, entièrement soluble dans l'alcool d'où l'eau le précipite.

On lave ce liquide à l'eau pour enlever l'acide méthyl-sulfurique qu'il renferme et on l'abandonne ensuite à lui-même pendant plusieurs jours sous l'eau. Il se prend alors en une masse cristalline qu'on comprime entre des doubles de papier buvard et qu'on dissout dans l'eau bouillante. Par le refroidissement de la liqueur, l'acide campho-méthylique se dépose sous forme de gouttes huileuses à peine colorées en jaune, qui, au bout de quelques jours, se changent en groupes de cristaux très-nets, brillants, incolores.

Propriétés. — L'acide campho-méthylique se présente tantôt sous forme d'aiguilles longues de plusieurs centimètres, rayonnant autour d'un centre, tantôt sous celle de lames hexagonales ou quadrilatères. Mis en dissolution dans l'éther, il donne, après une évaporation très-lente, des cristaux isolés assez gros, très-nets, dont la forme est un prisme droit à base rhombe; les faces latérales formant l'angle aigu sont modifiées tangentiellement; chaque arête des sommets est modifiée par une facette. Les lames quadrilatères sont hémièdres, et offrent une hémiédrie non superposable.

L'acide méthyl-camphorique cristallise encore avec une très-grande facilité de ses solutions dans l'alcool et dans le chloroforme; il est plus lourd que l'eau, ses dissolutions rougissent énergiquement le tournesol et dévient à droite le plan de polarisation de la lumière; pouvoir rotatoire pour 100 millimètres $[\alpha] = + 51°,4$. Il fond à 68° en un liquide qui demeure visqueux pendant longtemps après avoir été refroidi. Chauffé à une température plus élevée, il donne de l'acide camphorique anhydre, un liquide visqueux qui renferme probablement du camphorate de méthyle et un faible résidu de charbon.

L'acide méthyl-camphorique brûle avec une flamme fuligineuse. Bouilli avec une dissolution de potasse, il se saponifie complétement. Ses dissolutions, soit aqueuses, soit alcooliques, donnent, avec l'acétate de plomb, un précipité blanc, cristallin, soluble dans un excès d'acétate; elles donnent un précipité verdâtre cristallin avec l'acétate de cuivre; elles déterminent dans l'eau de baryte un trouble qui disparaît par l'addition d'une goutte d'acide azotique et sont tout à fait sans action sur l'eau de chaux et les sels solubles de baryum. Elles produisent un léger trouble dans l'azotate d'argent. L'oxyde d'argent se réduit sous leur influence en donnant naissance à un dépôt noirâtre.

ACIDE ÉTHYL-CAMPHORIQUE, $C^{10}H^{14}O^{4}, H. C^{2}H^{5}$ (Syn. *Acide camphovinique*) [Malaguti, 1837, *Ann. de Chim. et de Phys.*, (2), t. LXIV, p. 151].

Préparation. — M. Malaguti fait un mélange de 4 p. d'alcool absolu, 2 p. d'acide camphorique cristallisé, et 1 p. d'acide sulfurique. Il soumet ensuite ce mélange à la distillation, et lorsque la moitié environ du liquide a passé, il cohobe, distille de nouveau, et verse de l'eau sur le résidu de la cornue. Il se forme ainsi un dépôt huileux qu'on lave un grand nombre de fois à l'eau et qu'on dessèche en l'abandonnant d'abord pendant plusieurs jours dans le vide et en le chauffant ensuite à la température de 130°.

A la température ordinaire, l'acide camphovinique a une consistance de mélasse; il est transparent, incolore, possède une odeur particulière et une saveur amère très-agréable, non acide; l'alcool et l'éther le dissolvent peu. Sa densité = 1,095 à + 20°,5.

L'acide camphovinique est soluble dans les solutions alcalines d'où les acides le précipitent; mais si l'on porte à l'ébullition ces dissolutions alcalines, une décomposition s'opère et l'on obtient un camphorate alcalin et du camphorate d'éthyle; une transformation analogue se produit sous l'influence d'une ébullition prolongée de cet acide avec l'eau. Soumis à la distillation sèche, il donne de l'anhydride camphorique, du camphorate d'éthyle et, comme produits secondaires, de l'eau et une très-petite quantité d'alcool et de gaz carburés :

$$2\,C^{10}H^{14}O^{4}, H. C^{2}H^{5}$$

Acide éthyl-camphorique.

$$= C^{10}H^{14}O^{3} + H^{2}O + C^{10}H^{14}O^{4}. (C^{2}H^{5})^{2}.$$

Anhydride camphorique. Eau. Camphorate d'éthyle.

Sa dissolution alcoolique précipite abondamment par l'acétate neutre de plomb.

L'acide camphovinique fait la double décomposition avec la plupart des bases et donne naissance à des sels solubles ou insolubles suivant la nature de la base.

Les *camphovinates* de *calcium*, de *baryum*, de *strontium*, de *magnésium* et de *manganèse* sont solubles. Ceux d'*aluminium*, de *fer*, de *zinc*, de *plomb*, de *cuivre*, d'*argent*, de *mercure*, sont insolubles ou très-peu solubles. Le sel de cuivre qu'on obtient par la double décomposition du camphovinate d'ammonium et du sulfate de cuivre est sesquibasique et renferme 2 molécules d'eau. Le sel d'argent, préparé de la même manière, est un sel neutre et anhydre qui répond à la formule $C^{10}H^{14}O^{4}, (C^{2}H^{5}). Ag$.

Le *camphovinate d'ammonium* s'obtient lorsqu'on verse de l'ammoniaque liquide dans une solution alcoolique d'acide camphovinique, en ayant soin qu'il y ait toujours un excès d'acide; on verse ensuite de l'eau sur la masse. L'excès d'acide se précipite sous la forme d'une huile épaisse, et le sel formé entre en dissolution. La solution filtrée est limpide, sans odeur d'ammoniaque, et présente une réaction alcaline.

CAMPHORATE D'ÉTHYLE, $C^{10}H^{14}O^{4}. (C^{2}H^{5})^{2}$ [Malaguti, 1837, *loc. cit.*]. — Ce corps est un des produits de la distillation sèche de l'acide camphovinique. On l'obtient aussi en versant de l'eau en excès dans les eaux mères alcooliques d'où l'acide éthyl-camphorique s'est déposé. Pour l'avoir pur, il faut le faire bouillir avec un peu d'eau alcaline, le dessécher dans le vide, le distiller, le laver avec de l'eau et le dessécher de nouveau dans le vide.

Le camphorate d'éthyle est liquide, d'une consistance huileuse, d'une couleur légèrement ambrée. Sa saveur est amère et très-désagréable; son odeur est forte, mais supportable si on le sent en masse, dégoûtante et presque insupportable si on le verse sur du papier. Sa densité = 1,029 à + 16°; il bout à 285° ou 287°; à quelques degrés plus haut il s'altère, brunit, et laisse un résidu noir; mais le produit distillé est très-pur après qu'on l'a lavé.

A la température ordinaire, il ne s'enflamme pas par l'approche d'un corps en ignition, mais à une température élevée il s'enflamme, brûle avec une flamme blanche et tranquille, mais fuligineuse. Il est soluble dans l'alcool et l'éther, insoluble dans l'eau et tout à fait neutre.

Une lessive concentrée de potasse bouillante le saponifie lentement. L'acide sulfurique le dissout à froid, mais l'eau le sépare inaltéré de cette dissolution; à chaud, le même acide le décompose, mais sans qu'il se dégage d'anhydride sulfureux et sans qu'il se dépose de charbon. Les acides chlorhydrique et nitrique ne l'altèrent à aucune température.

L'iode se dissout dans l'éther camphorique; par une chaleur ménagée, il se volatilise en partie, mais une autre partie reste combinée à l'éther et rien ne peut alors la séparer sans décomposer l'éther même. Le brome, au contraire, tout en se dissolvant dans cet éther, se laisse complétement chasser par la chaleur. Le chlore donne avec l'éther camphorique des produits de substitution.

Camphorate d'éthyle tétrachloré,

$$C^{10}H^{14}O^4(C^2H^3Cl^2)^2.$$

— On prépare ce corps en faisant passer du chlore sur l'éther camphorique. Sous l'influence de ce réactif, cet éther s'épaissit en dégageant de l'acide chlorhydrique.

Le produit est neutre, d'une saveur amère persistante. Il est soluble dans l'alcool et l'éther. Sa densité $= 1,386$ à $+ 14°$. Chauffé, il devient très-fluide, et s'altère avant de bouillir. La potasse, en solution aqueuse, ne l'attaque presque pas, mais la potasse alcoolique le convertit en camphorate, acétate et chlorure potassiques:

$$C^{10}H^{14}O^4(C^2H^3Cl^2)^2 + 8\,KHO$$

Camphorate d'éthyle bichloré. — Potasse.

$$= C^{10}H^{14}O^4.K^2. + 2\,C^2H^3O^2.K + 4\,KCl + 4\,H^2O$$

Camphorate de potasse. — Acétate de potasse. — Chlorure de potassium. — Eau.

[Malaguti, *Ann. de Chim. et de Phys.*, (2), t. LXX, p. 360].

AMIDES CAMPHORIQUES. — On connaît trois amides dérivées de l'acide camphorique, ainsi que les dérivés phényliques de ces amides, savoir :

Acide camphoramique, $C^{10}H^{17}AzO^3$,
Camphorimide, $C^{10}H^{15}AzO^2$,
Camphoramide, $C^{10}H^{18}Az^2O^2$.

ACIDE CAMPHORAMIQUE,

$$C^{10}H^{17}AzO^3 = C^{10}H^{14}O^2.OH.AzH^2$$

[Laurent, *Compt. rend. des travaux de Chim.*, 1845, p. 141]. — On prépare l'acide camphoramique en décomposant une dissolution très-étendue de camphorate d'ammonium par l'acide chlorhydrique. La liqueur évaporée à une douce chaleur abandonne des cristaux que l'on purifie en les dissolvant dans l'alcool faible et en abandonnant la solution à l'évaporation spontanée. Au bout de quelques jours il se forme de magnifiques cristaux.

L'acide camphoramique est incolore, assez soluble dans l'eau chaude, beaucoup moins dans l'eau froide. Lorsqu'on en met une goutte saturée à chaud sur le porte-objet du microscope, on voit se former une très-jolie cristallisation : ce sont d'abord des rhombes parfaits traversés par deux diagonales; puis les angles aigus se tronquent, de sorte que les rhombes s'allongent peu à peu dans le sens de la petite diagonale.

Cet acide se dissout plus facilement dans l'alcool que dans l'eau; il y cristallise en gros prismes droits rectangulaires, transparents et parfaitement nets.

Lorsqu'on fait fondre une petite quantité de ce corps sur une feuille de verre, il cristallise partiellement en rhombes en se refroidissant. Le reste se solidifie lentement en donnant une matière vitreuse transparente, qui n'est plus de l'acide camphoramique.

Camphoramate d'ammonium,

$$C^{10}H^{16}(AzH^4)AzO^3 + H^2O.$$

— Il résulte de l'action de l'ammoniaque sur l'anhydride camphorique, tous deux en solution alcoolique; la solution abandonnée pendant 24 heures dans un lieu frais laisse déposer ce sel bien cristallisé. Les eaux mères abandonnent de nouveaux cristaux par une douce évaporation. On le purifie en le lavant rapidement avec un peu d'alcool absolu et le faisant ensuite sécher.

Le camphoramate d'ammonium a une saveur légèrement acide, amère, très-fugace et fond à 100°. Il diffère du camphorate acide d'ammonium en ce qu'il ne précipite pas les sels de plomb, d'argent et de cuivre. Sa composition paraît la même que celle de ce dernier sel, mais il n'en est pas réellement ainsi, parce qu'il renferme une molécule d'eau de cristallisation.

Camphoramate de plomb, $(C^{10}H^{16}AzO^3)^2Pb''$. — Ce sel ne se forme pas par la réaction d'une dissolution aqueuse froide de camphoramate ammonique sur une dissolution d'acétate de plomb, mais il prend naissance lorsqu'on mêle des dissolutions alcooliques concentrées et bouillantes de ces deux sels, le camphoramate d'ammonium étant employé en excès, et qu'on laisse refroidir la liqueur; le camphoramate de plomb se dépose alors en petites aiguilles qu'on lave rapidement à l'alcool et qu'on dessèche.

Camphoramate d'argent, $C^{10}H^{16}AzO^3.Ag$. — On n'obtient aucun précipité lorsqu'on mêle des dissolutions alcooliques bouillantes et concentrées de camphoramate ammonique et d'azotate d'argent. Par le refroidissement, la liqueur se prend en une gelée translucide, qui, examinée au microscope, offre un réseau d'aiguilles très-longues, et si minces qu'elles sont à peine visibles avec un grossissement de 300 diamètres. Ce sel, lavé avec de l'alcool absolu, comprimé entre des feuilles de papier Joseph, puis desséché, peut être considéré comme pur.

ACIDE PHÉNYL-CAMPHORAMIQUE OU CAMPHORANILIQUE, $C^{16}H^{21}AzO^3 = C^{10}H^{14}O.O\,H, Az\,H.(C^6H^5)$ [Laurent et Gerhardt, *Ann. de Chim. et de Phys.*, (3), t. XXIV, p. 191]. — Pour préparer cet acide, on chauffe l'anhydride camphorique avec l'aniline et l'on reprend par l'ammoniaque étendue et chaude; ce liquide dissout l'acide phényl-camphoramique et laisse un résidu de phényl-camphorimide formé en même temps.

La liqueur ammoniacale abandonne, par le refroidissement, une belle cristallisation en aiguilles. Ces cristaux, redissous dans l'eau bouillante et additionnés d'acide azotique, donnent un précipité floconneux d'acide camphoranilique qui s'agglutine en une résine molle lorsqu'on le lave à l'eau bouillante.

L'acide camphoranilique ainsi obtenu est sous une modification résineuse; repris par l'ammoniaque et l'alcool, il donne une solution qui refuse de cristalliser. Le sel qui se produit est sirupeux et dépose une partie de son acide lorsqu'on l'étend d'eau.

Soumis à l'ébullition avec de l'eau, l'acide résineux se ramollit d'abord, puis entre en fusion et, par une ébullition prolongée, se solidifie en prenant une structure cristalline. Si l'on ajoute une très-petite quantité d'alcool à l'eau, il se dissout un peu d'acide qui cristallise, par le refroidissement, en aiguilles tout à fait blanches.

L'addition de l'alcool est-elle trop forte, l'acide se dépose à l'état huileux; mais l'eau mère alcoolique, décantée encore tiède, dépose des aiguilles microscopiques.

L'acide camphoranilique se présente donc sous deux modifications allotropiques, l'une résineuse, l'autre cristalline; mais il présente toujours la même composition.

Distillé, cet acide se résout en aniline et anhydride camphorique :

$$C^{10}H^{14}O^{2}.OH, AzH.(C^{6}H^{5})$$

Acide camphoranilique.

$$= C^{10}H^{14}O^{3} + AzH^{2}(C^{6}H^{5}).$$

Anhydride camphorique. Phénylamine (aniline).

Il est très-peu soluble dans l'eau bouillante, qui cependant, en se refroidissant, en dépose des traces à l'état cristallisé. L'alcool et l'éther le dissolvent facilement.

Lorsqu'on chauffe l'acide résineux pour le dessécher, il se ramollit, puis cristallise en partie, tandis qu'une autre partie conserve son état primitif.

Chauffé légèrement avec de l'acide sulfurique concentré, il développe de l'oxyde de carbone; fondu avec de la potasse caustique, il dégage de l'aniline.

Les *camphoranilates d'ammonium*, de *calcium* et de *baryum* sont solubles dans l'eau. Le sel d'argent $C^{16}H^{20}AgAzO^{3}$ est un précipité blanc, un peu soluble dans l'eau, que l'on obtient en mélangeant le sel d'ammoniaque avec l'azotate d'argent.

CAMPHORIMIDE, $C^{10}H^{15}AzO^{2}$ [Laurent, *Compt. rend. des travaux de Chim.*, 1845, p. 147]. — Ce composé peut s'obtenir, soit en chauffant le camphoramate neutre d'ammonium à 150° ou 160°, soit en distillant ce sel, soit encore en fondant ou en distillant de l'acide camphoramique.

Lorsqu'on fond à 150° le camphoramate neutre d'ammonium, il se dégage de l'eau et de l'ammoniaque, et il reste une matière incolore qui se solidifie par le refroidissement sans cristalliser. Pour la purifier, on la fait dissoudre dans l'alcool bouillant. Elle se dépose alors à l'état cristallin quand la liqueur se refroidit.

La camphorimide est incolore, volatile à une très-haute température, elle distille sans altération. Une partie de sa vapeur se condense sous la forme d'une poudre blanche formée de cristaux groupés en feuilles de fougère microscopiques, dont les folioles paraissent terminées par des dodécaèdres rhomboïdaux.

Elle se dissout facilement dans l'alcool bouillant, et se dépose, par le refroidissement, en feuilles de fougère élégamment découpées. Quand le refroidissement est très-lent, les cristaux prennent la forme de tables hexagonales très-allongées et obliques.

Lorsqu'on évapore la solution de la camphorimide avec de l'alcool faible, la matière se dépose sous la forme d'une gomme transparente qui se solidifie, au bout de 24 heures, en tubercules opaques.

La solution alcoolique de la camphorimide, mise en ébullition avec de la potasse, laisse dégager de l'ammoniaque.

La camphorimide se dissout dans l'acide sulfurique concentré, à l'aide d'une douce chaleur. L'addition de quelques gouttes d'eau à l'acide détermine un dépôt blanc cristallin, qui, examiné au microscope, présente des groupes de six pyramides aiguës opposées par la base, suivant les trois axes de l'octaèdre régulier.

PHÉNYL-CAMPHORIMIDE, $C^{10}H^{14}(C^{6}H^{5})AzO^{2}$ [Laurent et Gerhardt, *Ann. de Chim. et de Phys.*, 1848, (3), t. XXIV, p. 191]. — Ce corps, encore appelé *camphoranile*, prend naissance dans la réaction de l'aniline sur l'anhydride camphorique et reste comme résidu lorsqu'on épuise le produit de cette action par l'ammoniaque étendue et chaude, dans le but de dissoudre l'acide camphoranilique formé en même temps :

$$C^{10}H^{14}O^{3} + C^{6}H^{7}Az$$

Anhydride camphorique. Aniline.

$$= C^{10}H^{14}(C^{6}H^{5})AzO^{2} + H^{2}O.$$

Phényl-camphorimide. Eau.

On le purifie en le dissolvant dans l'éther et abandonnant ce liquide à l'évaporation spontanée. Il se dépose alors sous la forme de belles aiguilles, qui paraissent distiller et se sublimer sans altération.

Le camphoranile fond à 110° et donne, par le refroidissement, une masse un peu cristalline. Il est insoluble dans l'eau froide et fort soluble dans l'alcool et l'éther. Bouilli avec de l'eau, il entre en fusion, s'y dissout un peu et cristallise en petite quantité par le refroidissement. Lorsqu'on le traite par une grande quantité d'eau à laquelle on ajoute un peu d'alcool, il se dissout par l'ébullition et cristallise, par le refroidissement, en belles aiguilles brillantes qui ont souvent jusqu'à 3 centimètres de long.

L'azotate d'argent donne un précipité blanc cristallin dans les solutions aqueuses alcooliques de camphoranile, additionnées d'ammoniaque. Ce précipité est probablement du camphoranile argentique.

La phényl-camphorimide n'est point attaquée par les solutions alcalines, mais la potasse fondue en dégage de l'aniline. Bouillie avec de l'ammoniaque concentrée additionnée d'un peu d'alcool, elle finit par s'attaquer et par se transformer en camphoranilate d'ammoniaque.

CAMPHORAMIDE, $C^{10}H^{14}O^{2}.(AzH^{2})^{2}$ [Laurent, *Revue scientif.*, t. X, p. 123]. — Lorsqu'on dirige un courant de gaz ammoniac à travers une solution d'anhydride camphorique dans l'alcool absolu, le liquide s'échauffe et donne, en s'évaporant, une masse sirupeuse insoluble dans l'eau. Cette substance est probablement la camphoramide. Ce corps est indécomposable à froid par l'acide chlorhydrique, mais se transforme en ammoniaque et en camphorate d'ammonium lorsqu'on le chauffe avec la potasse.

GLYCÉRIDES CAMPHORIQUES. — CAMPHORINE ou CAMPHORATE DE GLYCÉRYLE [Berthelot, *Ann. de Chim. et de Phys.*, (3), t. XLI, p. 294]. — L'acide camphorique chauffé à 200° avec de la glycérine forme une combinaison neutre, visqueuse comme de la térébenthine épaissie, soluble dans l'éther, résoluble par l'oxyde de plomb en camphorate de plomb et glycérine. Elle ne se produit qu'en faibl proportion.

ANHYDRIDE CAMPHORIQUE.

$C^{10}H^{14}O^{3}$ [Bouillon-Lagrange, *Ann. de Chim.*, 1799, t. XXIII, p. 153; — Laurent, *Ann. de Chim. et de Phys.*, (2), t. LXIII, p. 207; — Malaguti, *ibid.*, t. LXIV, p. 151]. — On prépare l'anhydride camphorique en distillant l'acide camphorique ou l'acide éthylcamphorique, et en faisant cristalliser le produit dans l'alcool bouillant.

L'anhydride camphorique cristallise en beaux prismes; il est tout à fait neutre; au premier abord il est insipide, mais après quelque temps il irrite la gorge d'une manière sensible. L'eau froide le dissout peu, l'eau bouillante le dissout en plus forte proportion; l'alcool bouillant le dissout en grande quantité et le dépose par le refroidissement en cristaux d'une longueur considérable. Il est encore plus soluble dans l'éther; il commence à se sublimer en belles aiguilles lorsqu'on le chauffe à 130°; à 217° il fond en un liquide incolore, et au-dessus de 270° il bout et distille sans laisser de résidu. Les cristaux d'anhydride camphorique s'électrisent par le frottement à la manière des résines; leur densité = 1,194 à 20°,5. Leur solution ne précipite pas l'acétate neutre de plomb.

L'anhydride camphorique peut être maintenu pendant deux heures en ébullition avec l'eau sans s'hydrater (Malaguti). Toutefois, si l'ébullition est prolongée pendant très-longtemps, il finit par se dissoudre en se convertissant en acide camphorique (Laurent). Sous l'influence des alcalis minéraux, l'anhydride camphorique se transforme rapidement en camphorate alcalin.

L'ammoniaque sèche n'est point absorbée par l'anhydride camphorique, mais l'ammoniaque aqueuse ou alcoolique agit sur ce corps et donne naissance à du camphoramate ammonique. L'aniline le convertit en un mélange de phénylcamphoramate de phényl-ammonium et de phénylcamphorimide.

L'acide sulfurique concentré agit sur l'anhydride camphorique : de l'oxyde de carbone se dégage et il se produit de l'acide sulfocamphorique. L'anhydride sulfurique agit d'une manière semblable [Walter, *Ann. de Chim. et de Phys.*, 1843, (3), t. IX, p. 177]. L'anhydride phosphorique exerce une action beaucoup plus destructive; sous son influence l'anhydride camphorique se détruit avec production d'oxyde de carbone et d'anhydride carbonique dans la proportion d'un volume de ce dernier gaz pour 4 volumes du premier; il se forme en outre un hydrocarbure huileux dont la formule n'est pas connue, mais qui renferme C... 88,4 - 88,2 et H... 11,6... 11,07 [Philippe-Walter, *Ann. de Chim. et de Phys.*, (2), t. LXXV, p. 212].

DÉRIVÉS SULFURIQUES DE L'ANHYDRIDE CAMPHORIQUE. — ACIDE SULFOCAMPHORIQUE,

$$C^9H^{16}SO^6 + 2H^2O.$$

— Cet acide ne dérive point de l'anhydride camphorique ou de l'acide camphorique par la substitution du radical $(SO^2OH)'$ à l'hydrogène, comme l'acide sulfobenzoïque dérive de l'acide benzoïque. Gerhardt admettait qu'il existe probablement un acide $C^9H^{16}O^3$ avec lequel l'acide sulfocamphorique présente ce dernier rapport [Gerhardt, *Traité de Chim.*, t. III, p. 699]. Pour obtenir l'acide sulfocamphorique, on introduit, par petites portions, de l'anhydride camphorique dans l'acide sulfurique concentré et pris en excès; on obtient une dissolution tout à fait limpide, d'où l'anhydride se précipite en totalité, sans altération lorsqu'on y ajoute de l'eau.

Si, au lieu de précipiter la solution par l'eau, on la porte d'abord à une température de 65°, il se dégage beaucoup d'oxyde de carbone sans anhydride carbonique ni gaz sulfureux. Dès que ce dégagement gazeux a cessé, on étend d'eau, on laisse reposer le mélange pendant quelque temps pour qu'il puisse déposer l'acide anhydre inattaqué, on filtre et l'on abandonne la liqueur filtrée dans le vide au-dessus de l'acide sulfurique. Il ne tarde pas à se déposer des cristaux quelquefois colorés en vert, qu'on fait égoutter dans un entonnoir bouché avec de l'amiante et qu'on purifie ensuite en les comprimant entre des doubles de papier joseph. On achève la purification en faisant redissoudre les cristaux dans l'alcool et en les faisant cristalliser de nouveau jusqu'à ce qu'ils ne soient plus colorés.

La formation de l'acide sulfocamphorique peut être exprimée par l'équation suivante :

$$C^{10}H^{14}O^3 + SO^4H^2 = C^9H^{16}SO^6 + CO.$$

Anhydride camphorique.	Acide sulfurique.	Acide sulfo-camphorique.	Oxyde de carbone.

L'acide sulfocamphorique cristallise en prismes à six pans qui perdent 2 molécules d'eau dans le vide. Il est fort soluble dans l'eau, l'alcool et l'éther.

Il fond entre 160° et 165° et s'altère à une température plus élevée. L'acide azotique le dissout lentement à froid et promptement à l'ébullition, sans l'attaquer et sans répandre de vapeurs rutilantes. L'acide sulfurique concentré le dissout et finit par le charbonner.

SULFOCAMPHORATES MÉTALLIQUES. — L'acide sulfocamphorique est bibasique. Ses sels neutres à base de métaux monoatomiques répondent à la formule $(C^9H^{14}SO^6)''(M')^2$.

Sulfocamphorate d'ammonium,

$$(C^9H^{14}SO^6)''(AzH^4)^2 + H^2O.$$

— Ce sel réagit toujours acide; il est fort soluble dans l'eau et cristallise en cristaux groupés en étoiles.

Sulfocamphorate de potassium,

$$(C^9H^{14}SO^6)''K^2.$$

— Il se dépose en cristaux lorsqu'on abandonne à l'évaporation spontanée une dissolution aqueuse d'acide sulfocamphorique préalablement sursaturée par la potasse. Il se présente en fines aiguilles douées d'une saveur styptique et rafraîchissante. Il est neutre aux réactifs colorés, très-soluble dans l'eau et fort peu soluble dans l'alcool.

Quelquefois, dans la préparation de ce sel, on obtient une substance cristallisée en choux-fleurs qui paraît constituer un sel acide.

Sulfocamphorate d'argent, $(C^9H^{14}SO^6)''Ag^2$. — Pour préparer ce sel, on sature d'oxyde d'argent une solution aqueuse d'acide sulfocamphorique; la liqueur limpide qu'on obtient ainsi l'abandonne sous forme de croûtes cristallines lorsqu'on l'évapore au bain-marie.

C'est un corps soluble dans l'eau, peu soluble dans l'alcool froid et un peu plus soluble dans l'alcool chaud. Il rougit toujours le tournesol.

Sulfocamphorate de baryum, $(C^9H^{14}SO^6)''Ba''$. — C'est une masse gommeuse, incolore ou légèrement jaunâtre, qui rougit toujours un peu le tournesol. Il est soluble dans l'eau et peu soluble dans l'alcool.

Sulfocamphorate de baryum et de cuivre,

$$(C^9H^{14}SO^6)''^2Ba''.Cu''.$$

— Ce sel double se précipite lorsqu'on mêle à froid des solutions du sel précédent et de sulfate de cuivre.

Sulfocamphorate de plomb, $(C^9H^{14}SO^6)''Pb''$. — Ce sel forme une masse amorphe, d'une saveur sucrée; soluble dans l'eau, insoluble dans l'alcool et rougissant le papier de tournesol. A. N.

CAMPHRE, $C^{10}H^{16}O$. — Il existe trois variétés de camphre : le *camphre droit,* qui dévie à droite le plan de polarisation de la lumière; le *camphre gauche,* qui possède le même pouvoir rotatoire en sens inverse, et le *camphre inactif,* qui n'exerce aucune action sur la lumière polarisée.

Les essences de tanaisie, de semen-contra, de valériane et de sauge donnent un camphre d'une modification indéterminée sous l'influence de l'acide azotique [Gerhardt, *Ann. de Chim. et de Phys.*, (3), t. VII, p. 282; — Rochleder, *Ann. der Chem. u. Pharm.*, t. XLIV, p. 1].

Enfin Doepping avait décrit comme identique au camphre la substance volatile qui se produit lorsqu'on fait bouillir le succin avec de l'acide azotique, et que d'autres ont obtenue en distillant cette résine avec de la potasse [*Ann. der Chem. u. Pharm.*, t. XLIX, p. 350]. Mais MM. Berthelot et Buignet ont montré que le corps dont nous parlons est identique, non au camphre ordinaire, mais au bornéol (voyez BORNÉOL). Berthelot suppose que le camphène $C^{10}H^{16}$ se transforme en camphre en absorbant O sous l'influence du noir de platine; mais ce fait n'est point encore certain.

Dans le commerce il existe un liquide connu sous le nom d'*huile de camphre;* d'après Martius, cette matière proviendrait du *Persea camphora,* Spreng (*Laurus camphora,* L.) [*Ann. der Chem. u. Pharm.*, t. XXV, p. 305; t. XXVII, p. 44, et *Neues Repert. f. Pharm.*, t. I, p. 541]. Martius et Bicker attribuaient à cette substance la formule $C^{20}H^{16}O$ (C=6, O=8, H=1); cette formule est tout à fait impossible. Elle devrait être en effet doublée dans notre notation, et l'on ne s'expliquerait plus alors d'une manière simple la propriété qu'elle possède de se transformer en camphre solide sous l'influence de l'acide azotique; il est donc très-probable, conformément à l'opinion de Gerhardt, que l'huile de camphre est un mélange de camphre ordinaire et d'un hydrocarbure $C^{10}H^{16}$, isomère de l'essence de térébenthine; cette opinion est aussi celle de Mulder (Gerhardt, *Traité de Chim.*, t. III, p. 691; — Mulder, *Ann. der Chem. u. Pharm.*, t. XXX, p. 71].

CAMPHRE DROIT [Th. de Saussure, *Ann. de Chim. et de Phys.*, (2), t. XIII, p. 275; — Gay-Lussac, *ibid.*, t. IX, p. 78; — Liebig, *ibid.*, t. XLVII, p. 95; — Dumas, *ibid.*, t. L, p. 226; — Clémandot, *ibid.*, t. VIII, p. 75; — H. Davy, *ibid.*, t. VIII, p. 443; — John de Berlin, *ibid.*, t. XXXI, p. 332; — Matteucci, *ibid.*, t. LIII, p. 216; — Pelouze, *ibid.*, (3), t. VII, p. 282; — Biot, *ibid.*, t. XXXVI, p. 301; — Arnstsen, *ibid.*, t. LIV, p. 418; — Wheeler, *Compt. rend. de l'Acad.*, t. LXV, p. 1047]. — Le camphre droit existe dans plusieurs arbres de la famille des Laurinées, qui croissent spécialement au Japon, à Sumatra, à Java et à Bornéo; on l'en extrait sur place. A cet effet, dans le Japon, on fait bouillir les parties de l'arbre qui le renferment avec de l'eau, dans de grandes chaudières surmontées de chapiteaux, qui sont recouvertes de roseaux ou de paille de riz; le camphre se dépose sur les roseaux en petits cristaux grisâtres que l'on détache et que l'on expédie en Europe. Il est ensuite raffiné par sublimation dans des matras hémisphériques en verre, que l'on chauffe au bain de sable.

A Bornéo et à Sumatra, on préfère couper l'arbre en petits tronçons que l'on déchire avec des coins, et d'où l'on extrait ensuite directement le camphre par un triage à la main. Un seul arbre peut en fournir jusqu'à 10 kilogrammes.

D'après Pelouze, on obtient en outre le camphre en oxydant le bornéol par l'acide azotique (voyez BORNÉOL).

D'après Gerhardt, l'huile de valériane donnerait aussi du bornéol et du camphre par oxydation; mais ces résultats sont contestés.

Le camphre cristallise en prismes hexagonaux terminés par des pyramides basées : angle de celles-ci sur la base, 118° 9'.

Ordinairement le camphre se présente sous la forme d'un corps blanc, demi-transparent comme la glace; sa densité est de 0,986-0,996. Suivant Christison [*Arch. der Pharm.*, t. XCVIII, p. 327] et Berzelius [*Rapport annuel*, 1844, p. 258-262], le bornéol se distinguerait du camphre par une densité plus grande que l'eau. Ce corps toutefois ne tomberait au fond de l'eau qu'à la température de 0°.

La saveur du camphre est chaude, amère et brûlante; son odeur est aromatique et rappelle celle du romarin. Son point de fusion est situé à 175° et son point d'ébullition à 204°. Dumas a trouvé pour sa densité de vapeur le nombre 5,317 (76,76 par rapport à H).

Seul, le camphre est difficile à pulvériser, mais la pulvérisation s'effectue facilement si l'on a soin d'abord d'humecter ce corps avec quelques gouttes d'alcool ou d'éther.

L'eau dissout 1/1000 environ de son poids de camphre qui, malgré sa faible proportion, lui communique une saveur et une odeur particulières.

Lorsqu'on jette de petits morceaux de camphre sur de l'eau contenue dans un vase très-large, ceux-ci se mettent à tournoyer avec une vitesse variable. On a cherché à expliquer ces mouvements par la facilité avec laquelle ce corps émet des vapeurs à la température ordinaire [Biot, Dutrochet, Joly et Bois-Giraud, *Compt. rend. de l'Acad.*, t. XII, p. 2, 29, 126, 598, 621, 625, 626, 667, 668, 673, 690, et t. XIV, p. 345, 577, 578, 684, 729]. Ces mouvements seraient dus à la force exercée par les vapeurs qui s'exhalent du camphre à la surface de l'eau. C'est là une explication qui est loin d'être tout à fait satisfaisante. On remarque que lorsqu'on plonge dans le liquide où les mouvements se produisent une épingle préalablement immergée dans l'huile, tout mouvement cesse à l'instant. De plus les morceaux de camphre qui sont dans le voisinage de l'huile sont vivement repoussés par la fine couche d'huile qui se répand à la surface de la liqueur. On peut mettre en évidence le grand pouvoir dispersif de la vapeur de camphre en versant de l'eau dans une soucoupe dont on a frotté certaines parties avec ce corps : l'eau est repoussée de tous les points ainsi touchés.

Le camphre est soluble dans l'alcool, l'éther, l'acétone, l'acide acétique, l'esprit de bois, le sulfure de carbone et les huiles. 100 p. d'alcool de 0,806 de densité en dissolvent 120 p., mais l'eau le précipite presque en totalité de cette solution. La solution alcoolique de camphre dissout mieux le sublimé corrosif que l'alcool pur.

D'après Biot, le camphre ne se dissoudrait pas simplement dans l'alcool et l'acide acétique, il contracterait avec ces liquides de vraies combinaisons. En effet, ce savant a observé : 1° que le pouvoir rotatoire moléculaire du camphre décroît à mesure que la quantité d'alcool ou d'acide acétique dans laquelle on le dissout augmente, et que le degré de concentration de l'acide dont on fait usage exerce aussi une action sur ce pouvoir rotatoire, l'influence exercée étant d'autant plus grande que l'acide est plus concentré. La solution alcoolique, pour une longueur de 100 millimètres, donne un pouvoir rotatoire $[\alpha] = +47°,4$. D'après Arndtsen, ce pouvoir rotatoire s'élève, avec le degré de réfrangibilité des rayons, avec une rapidité beaucoup plus grande que cela n'a été observé sur aucune autre substance. Le camphre solide ne dévie pas le plan de polarisation de la lumière. Le camphre gazeux possède le pouvoir rotatoire.

Propriétés chimiques. — Le camphre brûle à l'air avec une flamme fuligineuse. D'après H. Davy, un fil de platine roulé en spirale et placé au-dessus d'un morceau de camphre, après avoir été chauffé au rouge, se maintient rouge comme si on le plaçait à la surface de l'alcool [*Ann. de Chim. et de Phys.*, (2), t. VIII, p. 443]. L'acide chromique détermine l'inflammation de ce corps.

L'*acide azotique* et la solution aqueuse de permanganate de potassium transforment à l'ébullition le camphre en acide camphorique droit. A froid l'acide azotique dissout le camphre en donnant une huile que l'eau décompose en mettant le camphre en liberté (azotate de camphre).

L'*acide sulfurique concentré* chauffé avec le camphre dissout ce corps en se colorant en noir; la liqueur précipitée par l'eau laisse déposer une huile qui aurait pour formule, d'après Chautard, $C^{9}H^{12}O$ [Chautard, *Compt. rend. de l'Acad.*, t. XLIV, p. 66], et d'après Schwanert, $C^{9}H^{14}O$

Schwanert, *Ann. der Chem. u. Pharm.*, t. CXXIII, p. 298 (nouv. sér., t. XLVII), et *Bull. de la Soc. chim.*, 1863, p. 205].

Cette huile a reçu le nom de *camphrène* (voyez ce mot). Sa formation s'accompagne toujours d'un dégagement d'anhydride sulfureux. D'après Delalande, au contraire, le camphre se transformerait, sous l'influence d'un excès d'acide sulfurique, en une huile volatile (huile de camphre) qui posséderait les mêmes propriétés et la même composition que le camphre, à la différence près du pouvoir rotatoire, qui serait moindre. Chauffée à 200° avec de la potasse, cette huile se métamorphoserait en un camphre intermédiaire, par son pouvoir rotatoire, entre le camphre ordinaire et l'huile de camphre [Delalande, *Institut.*, 1839, p. 399; — Biot, *Rapport sur le travail de Delalande*, *Compt. rend. de l'Acad.*, t. IX, p. 621.]

Gerhardt interprétait ces résultats en admettant que l'huile obtenue par Delalande était un mélange de camphre et de cymène; mais il est beaucoup plus probable, après les travaux de Chautard et de Schwanert, qu'il s'agit d'une dissolution de camphre dans le camphrène.

Les dissolutions alcalines paraissent être sans action sur le camphre ou du moins elles n'en dissolvent que très-peu; mais si l'on expose ce corps à l'action de l'hydrate de potasse, sous l'influence d'une température élevée et d'une forte pression, il se convertit en campholate potassique (voyez CAMPHOLIQUE) :

$$C^{10}H^{16}O + \left.\begin{matrix}K\\H\end{matrix}\right\}O = \left.\begin{matrix}C^{10}H^{17}O\\K\end{matrix}\right\}O.$$

Camphre. Potasse. Campholate potassique.

En dirigeant du camphre sur de la *chaux chauffée au rouge brun*, M. Fremy a obtenu un liquide auquel il a donné le nom de *camphrone* [Fremy, *Ann. de Chim. et de Phys.*, (2), t. LIX, p. 16]. — Voyez ce mot.

A une température encore plus élevée, le même chimiste a obtenu de l'oxyde de carbone, des gaz hydrocarbonés et des cristaux de naphtaline.

Dirigé en vapeur à travers un tube de verre ou de porcelaine chauffé au rouge, le camphre donne un gaz combustible et une huile soluble dans l'alcool [Saussure, *loc. cit.*]. Si le tube renferme de la tournure de fer, il se produit de la naphtaline en même temps qu'un hydrocarbure liquide qui bout à 140° et qui présente la composition de la benzine (?) [d'Arcet, *Ann. de Chim. et de Phys.*, (2), t. LXVI, p. 110].

Gerhardt supposait que l'hydrocarbure de d'Arcet était le cinnamène [*Traité de Chim.*, t. III, p. 693, en note].

Le camphre absorbe l'acide chlorhydrique gazeux en produisant une huile que l'eau décompose immédiatement en mettant le camphre en liberté. Les quantités d'acide chlorhydrique absorbées varient considérablement suivant la température et la pression. Les gaz sulfureux et hypoazotique sont aussi absorbés en quantité variable avec production de liquides huileux que l'eau décompose [Bineau, *Ann. de Chim. et de Phys.*, (3), t. XXIV, p. 326].

Lorsqu'on distille du camphre sur de l'anhydride phosphorique, le premier de ces corps perd une molécule d'eau et se convertit en cymène, $C^{10}H^{14}$ [Dumas, *loc. cit.*; — Dumas et Peligot, *Compt. rend. de l'Acad.*, t. IV, p. 496]. La même transformation se produit lorsqu'on substitue le chlorure de zinc fondu à l'anhydride phosphorique [Gerhardt, *Traité de Chim.*, t. III, p. 693] (voyez CYMÈNE) :

$$C^{10}H^{16}O = H^2O + C^{10}H^{14}.$$

Camphre. Eau Cymène.

Le chlore n'attaque pas beaucoup le camphre, même au soleil. Si on le dissout dans le protochlorure de phosphore et qu'on y dirige du chlore, on obtient différents produits de substitution dont la composition est rarement constante.

L'acide hypochloreux réagit à froid sur le camphre et le transforme en camphre monochloré :

$$C^{10}H^{16}O + ClHO = C^{10}H^{15}ClO + H^2O.$$

Camphre. Acide hypochloreux. Camphre monochloré. Eau.

Il paraît aussi se former un produit d'addition (Wheeler).

Le perchlorure de phosphore réagit énergiquement sur le camphre. Suivant Gerhardt, il se produit dans ce cas de l'oxychlorure de phosphore en même temps qu'une matière cristalline dont l'odeur est celle du chlorhydrate de térébène et qui reste dissoute dans l'oxychlorure d'où l'eau la précipite. Cette matière paraît répondre à la formule $C^{10}H^{16}Cl^2$ et se former d'après l'équation :

$$C^{10}H^{16}O + PCl^5 = PCl^3O + C^{10}H^{16}Cl^2.$$

Camphre. Perchlorure de phosphore. Oxychlorure de phosphore. Nouvelle substance.

Gerhardt admettait que le corps $C^{10}H^{16}Cl^2$ se décompose à la distillation avec élimination d'acide chlorhydrique et production d'un autre corps chloré, $C^{10}H^{15}Cl$. Pfaundler a isolé les deux corps $C^{10}H^{16}Cl^2$ et $C^{10}H^{15}Cl$ [*Ann. der Chem. u. Pharm.*, t. CXV, p. 29, et *Répert. de Chim. pure*, 1861, p. 23]. MM. Louguinine et Lippmann ont vu récemment que cette décomposition va plus loin et qu'il finit par se produire du cymène par l'élimination de tout le chlore à l'état d'acide chlorhydrique. — Voyez CYMÈNE.

Le brome se combine avec le camphre en donnant un composé fort instable, $C^{10}H^{16}O.Br^2$, que la chaleur, l'ammoniaque, et même le contact de l'air, décomposent; à chaud, il se forme des cristaux de camphre monobromé $C^{10}H^{15}BrO$.

Lorsqu'on broie ensemble parties égales d'iode et de camphre, on obtient une masse brune et épaisse qui, soumise à la distillation, donne de l'acide iodhydrique en même temps que diverses substances auxquelles on a donné les noms de campho-créosote, de camphine et de camphorésine (voir ces mots). Il se formerait en outre dans cette opération une certaine quantité d'un hydrocarbure épais, à reflets violets, qui serait identique avec le colophène [Claus, *Journ. für prakt. Chem.*, t. XXV, p. 257, et *Revue scientif.*, t. IX, p. 181].

Distillé avec 2 p. d'alumine ou d'argile, le camphre se résout en plusieurs produits parmi lesquels on remarque l'anhydride carbonique, un hydrogène carboné, une huile empyreumatique, et il reste dans le vase distillatoire un résidu de charbon.

Chauffé pendant plusieurs heures à 180°, ou pendant une semaine à 100°, avec une solution alcoolique concentrée de potasse, le camphre se transforme en camphate de potasse et en bornéol [Berthelot, *Compt. rend.*, t. XLVII, p. 266, et *Ann. de Chim. et de Phys.*, (3), t. LVI, p. 94].

Lorsqu'on chauffe un mélange de camphre et de bichlorure de mercure dans un tube de verre, il se dégage de l'acide chlorhydrique; on remarque en même temps une odeur analogue à celle de l'essence de térébenthine, et il reste dans le tube une masse brun-noir qui, épuisée par l'alcool, laisse du calomel et une substance charbonneuse.

CAMPHRE GAUCHE [Dessaignes et Chautard, *Journ. de Pharm.*, 1848, (3), t. XIII, p. 241; — Chautard, *Compt. rend. de l'Acad.*, t. XXXVII, p. 166]. — Lorsque l'essence de matricaire (*Ma-*

tricaria postlanium, L.) est soumise à la distillation fractionnée et qu'on recueille à part ce qui passe entre 200° et 220°, ces portions déposent du camphre par le refroidissement, souvent en si grande quantité qu'elles se prennent en masse.

Le camphre ainsi obtenu est semblable, sous tous les rapports, au camphre ordinaire; il n'en diffère que par son pouvoir rotatoire, qui est égal et inverse $[\alpha] = -47{,}4$ pour une longueur de 100 millimètres. Traité par l'acide azotique, il se convertit en acide lévocamphorique [Chautard, *Compt. rend.*, t. XXXVII, p. 166].

Camphre inactif. — Suivant Proust, les huiles essentielles de plusieurs labiées, telles que romarin, marjolaine, lavande et sauge, laissent souvent déposer une substance blanche identique au camphre par sa composition et ses propriétés chimiques, mais dénuée d'action sur la lumière polarisée [Dumas, *Ann. de Chim. et de Phys.*, (2), t. XIII, p. 275; — Biot, *Compt. rend.*, t. XV, p. 710).

Dérivés chlorés du camphre. — Lorsqu'on dirige pendant quelques heures un courant de chlore à travers une solution de camphre dans le protochlorure de phosphore; il se forme des produits de substitution qui se déposent sous la forme de flocons blancs, lorsqu'on agite le produit avec de l'eau, puis avec du carbonate de soude. Ces flocons, desséchés au bain-marie, présentent une composition qui varie suivant le temps pendant lequel le courant de chlore a été continué. On a pu isoler un corps qui paraissait avoir la composition du camphre quadrichloré $C^{10}H^{12}Cl^{4}O$, mais qui n'était pas très-pur. Si l'action du chlore est prolongée pendant longtemps et favorisée par une douce chaleur, il se forme du camphre hexachloré $C^{10}H^{10}Cl^{6}O$ [Claus, *loc. cit.*]. Ce corps se décompose à la distillation.

Sous l'influence de l'acide hypochloreux, le camphre donne du camphre monochloré parfaitement pur (Wheeler).

Camphre monochloré, $C^{10}H^{15}ClO$. — Pour le préparer, on ajoute peu à peu du camphre à une solution concentrée d'acide hypochloreux. Le camphre se liquéfie, tombe au fond du liquide, et après peu de temps, surtout par l'agitation, il se prend en une masse qui présente l'apparence du camphre lui-même. On obtient ce produit à l'état de pureté en le soumettant à deux ou trois cristallisations dans l'alcool. C'est le camphre monochloré, formé en vertu de l'équation

$$C^{10}H^{16}O + ClHO = C^{10}H^{15}ClO + H^{2}O.$$

Camphre.	Acide hypochloreux.	Camphre monochloré.	Eau.

Le camphre monochloré est un corps blanc, indistinctement cristallisé, soluble dans l'éther et dans l'alcool, presque insoluble dans l'eau. Il cristallise beaucoup mieux dans l'alcool étendu d'un peu d'eau que dans l'alcool absolu. Il fond à 95° et se décompose vers 200° en émettant des vapeurs d'acide chlorhydrique. Son odeur et sa saveur rappellent celles du camphre. L'acide azotique, même bouillant, l'attaque difficilement. Il est soluble à la température ordinaire dans l'acide sulfurique concentré et se sépare de nouveau par l'addition d'eau. Sa solution alcoolique, traitée à l'ébullition par l'azotate d'argent, donne du chlorure d'argent. Traité par l'ammoniaque à 121°, il donne du sel ammoniac et un dérivé soluble dans l'eau. Enfin la potasse alcoolique le convertit à 80° en chlorure de potassium et en oxycamphre, $C^{10}H^{16}O^{2}$. Cette dernière propriété distingue nettement le camphre monochloré du camphre monobromé étudié ci-dessous. Dans ce dernier corps, en effet, le brome est retenu avec assez de force pour qu'on ne puisse pas y substituer le groupe OH par le procédé ordinaire. Cette différence tient probablement à la différence des méthodes de préparation, le camphre monobromé résultant de l'action directe du brome sur le camphre à 100° et non de l'action de l'acide hypobromeux. Il serait intéressant de préparer du camphre monobromé par cette dernière méthode et de voir s'il serait isomérique ou identique avec celui que l'on connaît déjà.

Dérivés bromés du camphre. — Nous avons déjà vu que le brome et le camphre forment à froid un composé instable répondant à la formule

$$C^{10}H^{16}O.Br^{2}.$$

M. Perkin s'est assuré que, lorsqu'on distille ce corps en recueillant tout ce qui passe au-dessus de 264°, on obtient une matière cristalline [*Chem. Soc. Journ.*, t. XVIII, p. 92]. Cette matière, purifiée par pression entre des doubles de papier buvard et cristallisation dans l'alcool, répond à la formule $C^{10}H^{15}BrO$ du camphre monobromé découvert et décrit par Swartz [*Institut*, 1862, p. 63].

$$C^{10}H^{16}OBr^{2} = C^{10}H^{15}BrO + HBr.$$

Bromure de camphre.	Camphre monobromé.	Acide bromhydrique.

Le camphre monobromé s'obtient plus facilement encore en chauffant dans des tubes scellés un mélange de 1 molécule de camphre et de 2 molécules de brome à 100°. Au bout de quelques heures, on ouvre les tubes et l'on en verse le contenu encore liquide dans une capsule. Dès que l'acide bromhydrique s'est dégagé, la masse se solidifie et on la purifie alors comme ci-dessus.

Lorsqu'il est pur, le camphre monobromé se présente en prismes transparents assez petits, mais fort beaux. Il est cassant, sa saveur rappelle le camphre et l'essence de térébenthine, son odeur rappelle la térébenthine. Il est très-soluble dans l'alcool et l'éther, fond entre 76° et 77° et ne reprend plus l'état solide qu'à 74° et même quelquefois qu'à 54°; il bout à 274° en se décomposant un peu. D'après M. Perkin, il est légèrement attaqué lorsqu'on le chauffe pendant 12 heures à 180° avec une solution alcoolique d'ammoniaque. Il se formerait une base que ce chimiste n'a pu analyser, l'ayant eue en trop faible quantité.

MM. Naquet et Louguinine (*Expériences inédites*) se sont assurés que, dans le camphre monobromé, le brome est rivé au carbone comme dans les composés aromatiques qui ont leur brome dans la chaîne centrale. Ils ne sont, en effet, parvenus à enlever ce brome ni par l'acétate ni par le cyanure d'argent à 150°.

M. Perkin a reconnu que le camphre monobromé s'unit au brome à froid, comme le camphre ordinaire, en donnant un composé liquide probablement $C^{10}H^{15}BrO.Br^{2}$. Ce produit se décompose, lorsqu'on le chauffe, avec dégagement d'acide bromhydrique, et fournit le camphre bibromé $C^{10}H^{14}Br^{2}O$, en petits grumeaux fusibles à 114°,5 Swartz [*Zeitsch. für Chem.*, nouv. sér., t. II, p. 805].

Oxycamphre, $C^{10}H^{16}O^{2}$ (Wheeler). — Pour le préparer, on chauffe pendant 6 à 8 heures à 80° du camphre monochloré avec une solution alcoolique de potasse. On précipite ensuite la liqueur par l'eau et l'on purifie le précipité par plusieurs cristallisations dans l'alcool. Sa production est exprimée par l'équation suivante :

$$C^{10}H^{15}ClO + KHO = KCl + C^{10}H^{16}O^{2}.$$

Camphre monochloré.			Oxycamphre.

En même temps que l'oxycamphre, il paraît se

former un et peut-être même deux autres produits que M. Wheeler n'a pu réussir à isoler.

L'oxycamphre cristallise en aiguilles blanches, solubles dans l'alcool, insolubles dans l'eau, fusibles à 137°. On peut le sublimer sans le détruire; cette sublimation peut se faire en le distillant avec l'eau. Il possède une odeur et une saveur analogues à celles du camphre. Les cristaux obtenus par sublimation sont très-beaux et souvent assez volumineux. L'oxycamphre est un isomère de l'acide camphique de M. Berthelot.

Camphres composés [Baubigny, *Compt. rend.*, t. LXIII, p. 221; *Bull. de la Soc. chim.*, 1866, nouv. sér., t. VI, p. 480].

Camphre sodé. — Si l'on dissout du camphre dans un liquide inerte comme la benzine ou le toluène, qu'on ajoute du sodium à ce mélange et qu'on chauffe le tout à 30°, le sodium se dissout et donne un mélange de camphre et de bornéol sodés. Il faut arrêter le feu dès que la réaction est commencée, et condenser les vapeurs au moyen d'un réfrigérant. La liqueur fournit, par le refroidissement, des cristaux bruns très-instables qui renferment du camphre sodé $C^{10}H^{15}NaO$.

Éthyl-camphre, $C^{10}H^{15}(C^2H^5)O$. — On le prépare en chauffant à 60-70° les cristaux précédents avec de l'iodure d'éthyle. On lave à l'eau, on distille pour séparer le toluène ou la benzine employés comme dissolvants, puis on refroidit à 20° pour séparer la majeure partie du camphre qui, à cette température, se solidifie. Le camphre éthylé reste liquide. Il n'est pas tout à fait pur, retenant toujours un peu de camphre en dissolution.

C'est un liquide incolore, insoluble dans l'eau, soluble dans l'alcool et l'éther.

Il est dextrogyre $[\alpha]j = 161°,4$ environ. Sa densité $= 0,946$ à 22°. Il bout sans décomposition, mais son point d'ébullition n'est pas très-constant; la plus grande partie passe entre 226° et 231° sous la pression de 735 millimètres.

Acétyl-camphre, $C^{10}H^{15}(C^2H^3O)O$. — Le camphre sodé ne réagit ni sur le chlorure ni sur le bromure d'acétyle, mais il réagit énergiquement sur l'anhydride acétique, en fournissant l'acétylure de camphre. Généralement on prépare ce corps en chauffant directement ensemble un mélange de camphre, d'anhydride acétique et de sodium.

L'acétyl-camphre est liquide, incolore, insoluble dans l'eau, soluble dans l'alcool et l'éther, d'une saveur brûlante comme le camphre. Son pouvoir rotatoire est de $[\alpha]j = +7°,5$. Sa densité $= 0,986$ à 20°. Il bout entre 227° et 230° sous la pression de 733 millimètres.

Fonction du camphre. — En se fondant sur ce que le bornéol donne du camphre lorsqu'on l'oxyde, et sur ce que le camphre reproduit du bornéol et de l'acide camphique lorsqu'on le soumet à l'action de la potasse alcoolique, M. Berthelot a proposé de considérer cette substance comme l'aldéhyde d'un alcool qui ne serait autre chose que le bornéol :

C^2H^6O....	alcool,	$C^{10}H^{18}O$....	bornéol,
C^2H^4O....	aldéhyde.	$C^{10}H^{16}O$....	camphre.

MM. Fittig et Tollens ont mis en doute la nature aldéhydique du camphre; ils ne pensent pas que les faits sur lesquels s'appuie M. Berthelot soient suffisants pour l'établir. Voici sur quoi ils fondent leur opinion.

Ils ont reconnu qu'en chauffant pendant un temps très-long des tubes renfermant un mélange de camphre avec une solution concentrée de bichromate de potasse et de l'acide sulfurique on n'obtient aucune réaction.

L'acide azotique concentré donne l'acide camphorique et l'acide camphorésinique, mais il ne se forme jamais d'acide camphique $C^{10}H^{16}O^2$ par l'oxydation directe du camphre.

L'action de l'hydrogène naissant ne transforme pas le camphre en bornéol.

Le camphre ne se combine pas avec les bisulfites alcalins. L'acide sulfureux forme avec lui une combinaison liquide; en ajoutant de l'ammoniaque à cette combinaison on met le camphre en liberté.

On ne réussit pas à réduire l'acide camphorique par l'iodure de phosphore et l'eau; l'action n'a lieu qu'à une température élevée, et l'on n'obtient qu'un produit résineux qui ne présente nullement les caractères d'un acide [Fittig et Tollens, *Ann. der Chem. u. Pharm.*, t. CXXIX, p. 371 (nouv. sér., t. LIII), et *Bull. de la Soc. chim.*, 1864, nouv. sér., t. II, p. 457]. A. N.

CAMPHRÈNE, $C^9H^{14}O$ [Chautard, *Compt. rend.*, t. XLIV, p. 66; — Schwanert, *Ann. der Chem. u. Pharm.*, t. CXXIII, p. 298 (1862, nouv. sér., t. XLVII), et *Bull. de la Soc. chim.*, 1863, p. 205]. — Chautard, en faisant agir l'acide sulfurique sur le camphre, avait obtenu une huile sans action sur la lumière polarisée à laquelle il avait donné le nom de *camphrène* et attribué la formule $C^8H^{12}O$. M. Schwanert, en étudiant cette réaction, a trouvé des résultats un peu différents.

Lorsqu'on chauffe pendant cinq à six heures, à 100°, 1 p. de camphre et 4 p. d'acide sulfurique, il se forme une huile brune, légère, d'une odeur aromatique et qui nage à la surface du mélange. Cette huile, décantée de l'acide sulfurique, après addition d'eau, renferme toujours une certaine quantité de camphre qu'on en sépare en chauffant le produit brut, pendant 4 ou 5 jours, à une température voisine de son point d'ébullition, dans une cornue traversée par un courant d'hydrogène. Après cette purification, on distille et l'on recueille la partie qui passe entre 230° et 235°.

Le liquide ainsi obtenu présente une couleur ambrée très-peu intense, son odeur est agréable et aromatique et sa saveur est brûlante. Il ne se solidifie pas à — 10° (Chautard); sa densité $= 0,974$ à 6° (Chautard) et 0,9614 à 20° (Schwanert); il n'agit pas sur le plan de polarisation de la lumière. L'alcool et l'éther le dissolvent, mais il est insoluble dans l'eau.

La composition du camphrène répond, d'après Schwanert, à la formule $C^9H^{14}O$; ce corps paraît donc isomérique avec la phorone, dont le point d'ébullition est situé de 27 à 30° plus bas, il est de plus homologue avec le camphre.

L'acide sulfurique le dissout en se colorant en rouge, l'eau le précipite en grande partie inaltéré.

Chauffé avec de l'acide azotique, il se transforme peu à peu en une résine qui constitue un acide bibasique, auquel l'auteur donne le nom d'*acide camphrénique* (voyez ce mot). Il se forme en même temps un peu d'acide oxalique. Distillé avec de l'acide phosphorique anhydre, le camphrène donne, d'après Schwanert, un hydrocarbure qui en diffère par une molécule d'eau, et qui correspond à la formule C^9H^{12}; cet hydrocarbure serait volatil à 175°, et serait un isomère du cumène de l'acide cuminique, qui bout à 144°, du cumène de goudron de houille, qui bout à 166°, et du cumène obtenu au moyen de la phorone, qui est probablement identique avec celui du goudron de houille; cette isomérie nous paraît douteuse. La réaction qui donne naissance au camphrène est peu nette et la purification de ce corps laisse à désirer. Nous sommes portés à croire que M. Schwanert a opéré sur un produit renfermant encore du camphre et que ce qu'il a pris pour un isomère du cumène était simplement du cymène de camphre.

Le perchlorure de phosphore attaque vivement le camphrène et le transforme en un corps qui présente la composition du chlorure de phoryle

$C^9H^{13}Cl$, mais bouillant déjà à 205°; la densité de ce corps = 1,038 à 14°. Il est insoluble dans l'eau, soluble dans l'alcool et dans l'éther; l'éthylate de sodium ne réagit pas sur le produit. M. Louguinine (communication verbale) s'est assuré que le camphrène réagit vivement sur le brome en dégageant de l'acide bromhydrique; le produit de la réaction est une huile épaisse, peu nette. Le même chimiste a observé que le permanganate potassique oxyde vivement le camphrène, mais sans donner de produits faciles à purifier.

M. Schwanert a obtenu le dérivé méthylé et le dérivé acétylé du camphrène.

MÉTHYL-CAMPHRÈNE. — On dissout le camphrène dans la benzine et on le traite par le sodium jusqu'à refus, dans un vase renfermant de l'hydrogène; après addition d'un excès d'iodure de méthyle, on distille le mélange à divers reprises, puis on le traite par l'eau; il se sépare une huile brune qu'on décante, qu'on dessèche et qu'on distille. Elle bout de 225° à 230°, est incolore, mobile, d'une odeur éthérée et contient $C^9H^{13}(CH^3)O$.

ACÉTYL-CAMPHRÈNE. — Il s'obtient comme le méthyl-camphrène, à cette différence près que, dans la préparation, on substitue le chlorure d'acétyle à l'iodure de méthyle. C'est une huile jaune, assez épaisse, d'une odeur désagréable; sa densité = 0,954 à 18°; il bout de 230° à 240°; sa composition ne répond pas à la formule

$$C^9H^{13}(C^2H^3O)O,$$

comme on serait tenté de le supposer, mais à la formule $C^{18}H^{27}(C^2H^3O)O^2$.

Cette anomalie tendrait à faire attribuer au camphrène la formule $C^{18}H^{28}O^2$; M. Schwanert lui a néanmoins conservé la formule $C^9H^{14}O$, le plaçant ainsi entre le camphre $C^{10}H^{16}O$ et le camphrène de M. Chautard, si tant est que ce chimiste ait réellement eu un corps répondant à la formule $C^8H^{12}O$. A. N.

CAMPHRÉNIQUE (ACIDE), $C^9H^8O^4$? [Schwanert, *Ann. der Chem. u. Pharm.*, t. CXXIII, p. 298 (nouv. sér., t. XLVII); *Bull. de la Soc. chim.*, 1863, p. 206]. — L'acide camphrénique prend naissance en même temps qu'un peu d'acide oxalique lorsqu'on oxyde le camphrène par l'acide azotique. On le purifie en le dissolvant dans le carbonate sodique, filtrant et précipitant par un acide. Il forme alors un précipité volumineux qui, lavé à l'eau, desséché, dissous dans l'alcool et évaporé, se sépare en masses cohérentes.

Il cristallise en petits mamelons microscopiques. Ses solutions rougissent le tournesol. Lorsqu'il a été séché à 130° et qu'on le porte à 250°, l'anhydride camphrénique se sublime en flocons blanchâtres ressemblant à des plumes. Il reste une masse charbonneuse dans la cornue.

Le *sel de baryum* est amorphe et soluble dans l'eau, il contient $C^9H^6O^4.Ba''$. Le *sel de plomb* est un précipité blanc, un peu soluble dans l'eau, qui se forme lorsqu'on traite le sous-acétate de plomb par une solution alcoolique de l'acide. Le *sel d'argent* est amorphe et brunit à la lumière. Il est insoluble dans l'eau et dans l'alcool; sa composition répond à la formule $C^9H^6O^4.Ag^2$. La formule du sel plombique est la même que celle du sel de baryum. A. N.

CAMPHRONE [Fremy, *Ann. de Chim. et de Phys.*, (2), t. LIX, p. 16]. — M. Fremy donne le nom de *camphrone* à un liquide qu'il obtient en dirigeant des vapeurs de camphre sur de la chaux chauffée au rouge.

La nature et les réactions de ce corps n'ont point encore été étudiées. Fremy adopte pour ce corps la formule $C^{30}H^{44}O$. Il y a trouvé

C... 85,0; H... 10,2 et O... 4,8.

Sa formule manque de contrôle.

La camphrone bout à 75°, est insoluble dans l'eau, soluble dans l'alcool et dans l'éther. Si la formule de Fremy se vérifiait, elle dériverait de 3 molécules de camphre par soustraction de 2 molécules d'eau.

$$\underset{\text{Camphre.}}{3C^{10}H^{16}O} - \underset{\text{Eau.}}{2H^2O} = \underset{\text{Camphrone.}}{C^{30}H^{44}O.}$$

Il se pourrait que la camphrone fût identique avec les liquides qui se produisent lorsqu'on chauffe du camphre avec de l'argile ou lorsqu'on dirige les vapeurs de ce corps à travers un tube de porcelaine chauffé au rouge. A. N.

CAMWOOD. — Voyez BARWOOD, t. I, p. 503.

CANCRINITE. — Voyez NÉPHÉLINE.

CANNABÈNE. — Lorsqu'on distille un même poids d'eau avec des quantités considérables de chanvre indien (*Cannabis indica*), on obtient une huile moins dense que l'eau, qui à 12° sépare de petits cristaux, et qui est par suite composée de deux principes, l'un liquide, l'autre solide, découverts et étudiés par M. Personne [*Journ. de Pharm. et de Chim.*, 1857, p. 46].

La partie liquide, le *cannabène*, est incolore, d'une odeur très-forte, bouillant entre 235° et 240°, distillant dans le vide entre 90° et 95°. La moyenne de onze analyses a donné des chiffres qui conduisent à la formule C^9H^{10}; la densité de vapeur trouvée est de 4,38; la théorie indique 3,99. Sous l'influence de la chaleur, le cannabène paraît éprouver des modifications isomériques telles qu'on ne peut obtenir pour les points d'ébullition et la densité de vapeur des nombres rigoureusement constants.

Le cannabène se dissout en rouge dans l'acide sulfurique concentré; l'acide chromique l'attaque vivement et donne entre autres produits de l'acide acétique et de l'acide valérianique.

La substance solide séparée de l'essence brute cristallise dans l'alcool sous forme de petites écailles d'un aspect gras et d'une faible odeur de chanvre; elle contient : carbone, 84,02; hydrogène, 15,98.

Le cannabène paraît être le principe enivrant du chanvre indien; il a une action très-marquée sur l'économie, mais moins énergique que celle de la cannabine.

CANNABINE. — C'est la substance résineuse du chanvre indien.

Pour l'extraire, MM. T. et H. Smith font digérer la plante avec l'eau tiède renouvelée jusqu'à ce que celle-ci soit incolore, la laissent macérer pendant trois jours avec une solution de carbonate sodique, puis la traitent par l'alcool. On précipite la chlorophylle par la chaux, on décolore par le charbon animal, et on obtient par évaporation de l'alcool la *cannabine* ou *haschichine*, sous forme d'une résine brune, molle, d'une odeur vireuse, fusible à 68°, soluble dans l'alcool, l'éther, un peu soluble dans les acides, insoluble dans l'ammoniaque et dans la potasse. E. G.

CANNEL-COAL. — Voyez HOUILLE.

CANNELLE (ESSENCE DE) [Dumas et Peligot, 1834, *Ann. de Chim. et de Phys.*, (2), t. LVII, p. 305; — Mulder, *Ann. der Chem. u. Pharm.*, t. XXXIV, p. 147; — Bertagnini, *Ann. der Chem. u. Pharm.*, t. LXXXV, p. 273; *Ann. de Chim. et de Phys.*, (3), t. XXXVIII, p. 372; *Annali dell' università di Toscana*, t. III]. — Dans le commerce, on connaît deux espèces d'essences de cannelle : l'essence de cannelle de Ceylan qui provient de la distillation du *Laurus cinnamomum* avec l'eau, et l'essence de cannelle de Chine ou de cassia qui résulte de la distillation des fleurs du *Laurus cassia*. Ces deux essences sont composées des mêmes principes, mais celle de cannelle de Ceylan a une odeur plus suave, ce qui fait qu'on l'estime davantage et que son prix est plus élevé.

L'essence de cannelle est formée d'hydrure de cinnamyle qui la constitue en majeure partie, d'un hydrocarbure non encore examiné, dont la proportion variable est toujours très-faible, d'acide cinnamique et de parties résineuses. Sa densité=1,025 à 1,05. Elle bout entre 220° et 225°.

Plus l'essence est vieille, plus elle est chargée de résine. Suivant Mulder, la partie résineuse serait formée de deux substances distinctes : l'une, α, fusible à 60° et soluble dans l'alcool froid; l'autre, β, fusible à 145°, très-peu soluble dans l'alcool froid, soluble dans l'alcool chaud. La résine α contient : C... 78,4 à 78,1 et H... 6,4 à 6,6; la résine β renferme :

C... 83,3 à 83,6 et H... 6,0 à 6,1.

Rochleder et Hlasiwetz ont analysé une matière cristalline qui s'était déposée dans l'essence de cassia et à laquelle ils ont donné le nom de *benzhydrol* (voyez ce mot, p. 527).

L'essence de cannelle absorbe une grande quantité d'acide chlorhydrique gazeux en s'épaississant et en prenant une couleur verte. La quantité d'acide chlorhydrique absorbé peut s'élever jusqu'à 26,9 pour 100 p. d'essence. A. N.

CANNELLINE. — Suivant Petroz et Robinet, la cannelle blanche renfermerait une matière cristallisable, qu'ils ont appelée *cannelline* [*Journ. de Pharm.*, t. VIII, p. 197].

CANTHARIDINE, $C^8H^6O^2$. — La cantharidine est une substance cristalline, retirée d'un insecte coléoptère appelé cantharide (*Cantharis vesicatoria*) et dont elle représente les propriétés actives et vésicantes.

La découverte de cette substance est due à M. Robiquet [*Ann. de Chim. et de Phys.*, t. LXXVI, p. 302].

D'autres espèces de coléoptères contiennent de la cantharidine, et M. Ferrer a constaté la présence de cette dernière dans un certain nombre d'insectes du genre *Mylabris* [*Thèse de l'école de Pharm.*, août 1859; — *Répert. de Chim. appliquée*, 1859, p. 398].

La cantharidine se présente sous forme de petites tables rhomboïdales blanches et inodores; elle est insoluble dans l'eau et le sulfure de carbone; elle est soluble dans le chloroforme et dans l'éther; l'alcool la dissout aussi, mais mieux à chaud qu'à froid. Les huiles fixes et volatiles la dissolvent à chaud; l'acide sulfurique la dissout sans l'altérer, l'eau la précipite de cette solution. La potasse caustique peut aussi la dissoudre sans altération; l'acide acétique ajouté à cette solution précipite la cantharidine. Elle fond à 210° et se sublime en aiguilles.

Elle est très-volatile et peut se dissiper complétement à l'air, même à la température ordinaire. La cantharidine ne contient pas d'azote; d'après les analyses de M. Regnault, elle répond à la formule $C^5H^6O^2$.

M. Ferrer a fait quelques recherches pour savoir si la cantharidine était uniformément répandue dans les cantharides, ou si elle se trouvait spécialement accumulée dans certains organes. D'après les analyses de ce chimiste, cette matière se rencontre en plus forte proportion dans la tête et les antennes [Ferrer, *loc. cit.*].

La cantharidine s'obtient en traitant les cantharides grossièrement pulvérisées par le chloroforme; trois ou quatre macérations de 24 heures environ suffisent pour enlever toute la partie active. Les teintures réunies et le chloroforme distillé, il reste un résidu vert foncé tenant en suspension des cristaux de cantharidine; on exprime le tout entre des feuilles de papier joseph qui absorbent les matières étrangères, et laissent la cantharidine à peu près sèche; pour l'obtenir complétement pure, il suffit de la redissoudre dans l'alcool bouillant, auquel on ajoute un peu de charbon animal; l'alcool filtré bouillant laisse déposer, par le refroidissement, la cantharidine sous forme de paillettes.

M. Mortreux, dans un travail qui remonte à 1864, a fait connaître le premier l'insolubilité de la cantharidine dans le sulfure de carbone; se fondant sur cette propriété, ce chimiste a proposé, pour l'extraction de la cantharidine, la modification suivante qui consiste à traiter l'extrait obtenu à l'aide du chloroforme par le sulfure de carbone, qui enlève les matières grasses, et abandonne la cantharidine à l'état insoluble et presque pure. Ce procédé a sur l'emploi du papier un double avantage : il donne un rendement plus considérable, et la cantharidine ainsi obtenue est dans un état de pureté très-suffisant pour servir aux usages médicaux et au dosage des cantharides. Si l'on veut obtenir la substance active tout à fait pure, il suffit de la faire cristalliser à plusieurs reprises, soit à l'aide du chloroforme, soit à l'aide de l'alcool bouillant.

Un certain nombre d'essais ont donné 0gr,18 à 0gr,22 de principe actif pour 40 grammes de cantharides employées, ce qui représente une moyenne de 5 grammes environ par kilogramme [*Journ. de Pharm. et de Chim.*, 1864, t. XLVI, p. 33].

M. A. Fumouze a présenté, pour l'extraction et pour le dosage de la cantharidine, un procédé qui repose aussi sur l'insolubilité de la cantharidine dans le sulfure de carbone; mais ce travail étant à peu près identique au précédent, il suffit simplement de l'indiquer [*Journ. de Pharm. et de Chim.*, 1867, (5), t. VI, p. 161].

La cantharidine est un vésicant tellement puissant, qu'un demi-milligramme placé sur la langue y détermine une large phlyctène. C'est en outre un redoutable poison; prise à l'intérieur, elle est vénéneuse à la dose de 0gr,05.

Les phénomènes toxiques qu'elle produit se traduisent par de l'engourdissement, du délire, une surexcitation extraordinaire des organes génitaux, etc. Dans quelques cas rares, les préparations de cantharides sont prescrites à l'intérieur : 40 à 50 centigrammes de poudre de cantharide absorbée à l'intérieur produisent des troubles sérieux; à la dose de 1 à 2 grammes, elle peut donner la mort. E. C.

CAOUTCHOUC (*Gomme élastique, India-rubber*). — Le caoutchouc est une substance particulière, composée de carbone et d'hydrogène, qui se trouve en suspension dans le suc laiteux d'un grand nombre de plantes équatoriales et dans un état analogue à celui où se trouvent les globules graisseux dans le lait.

Ce suc, dont la densité est de 1,012, a été analysé par divers chimistes :

Faraday.

Caoutchouc	31,70
Cire et matière amère	7,13
Parties solubles dans l'eau, insolubles dans l'alcool	2,90
Albumine soluble	1,90
Eau, acide acétique, sels	56,37
	100,00

Adriani.

Caoutchouc	9,57
Résine soluble dans l'alcool, insoluble dans l'éther	1,58
Sels et matières sucrées	2,54
Eau	82,30
	95,99

Ces analyses montrent que la composition du suc est très-variable. Il est facilement altérable et entre en décomposition sous des influences encore peu connues; ces conditions expliquent les divergences d'opinions qui existent sur ses propriétés. On admet, en général, qu'il peut être étendu d'une petite quantité d'eau sans que le caoutchouc soit précipité; mais si la quantité d'eau ajoutée est suffisante, la séparation est effectuée; elle l'est rapidement si on fait usage d'eau salée, et, dans ce cas, le caoutchouc vient au bout de quelques instants surnager la liqueur dont on a ainsi augmenté la densité. L'alcool, la chaleur coagulent le suc, et le caoutchouc crémeux vient surnager la masse. D'après Ure, cette coagulation n'a pas lieu, ce qui semble prouver que l'albumine n'y existe pas toujours. Quelques centièmes d'ammoniaque liquide entravent la décomposition du suc. Il est insoluble dans le pétrole et les huiles essentielles de caoutchouc.

Pour préparer à l'état de pureté le caoutchouc, Faraday a indiqué le procédé suivant : On étend le suc de quatre fois son volume d'eau et on abandonne le mélange à lui-même pendant 24 heures; le caoutchouc se sépare, dans ces conditions, sous la forme d'une crème blanchâtre plus légère que l'eau; on soutire le liquide et on le remplace par de l'eau pure; on lave ainsi le produit séparé jusqu'à ce que les eaux de lavage soient parfaitement limpides. On recueille alors la masse composée d'une multitude de petites fibres, agglomérées, d'où la pression fait sortir l'eau, et on la fait sécher sur de la porcelaine dégourdie. Le caoutchouc, dans cet état, est complétement blanc; il possède, du reste, toutes les propriétés du produit commercial [*The quart. Journ. of Science, Liter and the Arts*, t. XI, p. 19].

La densité du caoutchouc a été indiquée comme variant entre 0,919 et 0,942. Son analyse élémentaire a fourni des chiffres très-variables :

	Faraday.	Ure.	Gr. Williams (1).		Adriani (2).
			a	*b*	
Carbone......	87,2	90,6	86,1	87,2	78,25
Hydrogène...	12,8	10,0	12,3	12,8	10,34
Cendres......	»	»	0,9	»	»
Azote et perte.	»	»	0,7	»	»
Oxygène.....	»	»	»	»	11,40
	100,0	100,6	100,0	100,0	99,99

(La substance analysée par Adriani était restée, pendant plusieurs mois, au-dessus de l'acide sulfurique; elle était devenue cassante : c'est donc évidemment un produit altéré.)

D'après Cloëz et A. Girard, il renferme, en outre, une petite quantité de soufre et de chlore à l'état de chlorure minéral; d'après Payen, des matières grasses, des substances colorées et trois matières azotées.

La formule C^4H^7 correspondant aux analyses de Faraday et de G. Williams est généralement adoptée. C'est aussi celle qu'indique Payen, dont les travaux ont puissamment contribué à éclaircir l'histoire du caoutchouc [*Compt. rend. de l'Acad. des sciences*, t. XXXIV, p. 2 et 453].

Structure et propriétés. — Le caoutchouc du commerce est brun-jaune; il est plus léger que l'eau; il est mou, flexible, sensiblement imperméable. Au microscope, il paraît formé de petits tubes et de cavités sphériques communiquant ensemble. C'est à cette structure qu'est due la propriété qu'il possède d'absorber les corps gazeux et liquides et de pouvoir, sous une épaisseur extrêmement faible, être traversé par les gaz; pour certains mélanges gazeux, il peut servir de tamis dialyseur; l'air qui, comme on le sait, renferme 21 % d'oxygène, en renferme 41,6 % après avoir été dialysé; la moitié de l'azote a donc été retenue par le tamis (Graham). La structure du caoutchouc rend également compte de ce fait que, lorsqu'il est à l'état normal ou lorsqu'il a été désulfuré, il absorbe plus de liquide que quand il est vulcanisé. Payen a rendu ce phénomène tout à fait sensible en remplissant des ballons de 2 millimètres d'épaisseur, d'eau sous une pression qui doublât leur diamètre; maintenus à la température de 16°, ils perdirent par mètre carré, en 24 heures, savoir : le caoutchouc normal, 24 grammes; le caoutchouc sulfuré, seulement 4 grammes [*Précis de Chim. industrielle*, 1867, t. I, p. 195].

Le caoutchouc est insoluble dans l'eau et l'alcool; mais ces agents ne sont pas sans action sur lui. En raison de la structure de cette substance, l'eau est absorbée dans une proportion plus ou moins forte, et qui peut, après un mois environ, aller jusqu'à 25 % du poids du caoutchouc; dans ces conditions, il prend une couleur blanchâtre et augmente de volume dans la proportion de 15 %. L'eau, ainsi absorbée, ne s'élimine plus que très-lentement, les surfaces extérieures se séchant les premières et s'opposant, ainsi resserrées, à une évaporation ultérieure; c'est une cause fréquente de l'altération des caoutchoucs qui ont été recueillis sans précaution. L'alcool dissout environ 2 % de matières grasses; puis, surtout lorsqu'il est anhydre et chaud, il est absorbé, et cette absorption va jusqu'à 20 % du poids du caoutchouc. Après évaporation de l'alcool, il reprend peu à peu ses propriétés, mais il est plus translucide et moins tenace. L'éther, le sulfure de carbone, les essences légères de houille dissolvent aisément le caoutchouc. Il est aussi soluble dans le pétrole, la naphtaline fondue (Kletzinski), les huiles grasses, les huiles essentielles, etc.; la solution éthérée du caoutchouc est précipitée par l'alcool; on obtient ainsi une émulsion laiteuse analogue au suc naturel du caoutchouc.

Les huiles de houille lourdes dissolvent 5 % de leur poids de caoutchouc, tandis que les légères en dissolvent jusqu'à 30 %. Le meilleur dissolvant, d'après Gérard, est un mélange de 100 p. de sulfure de carbone et de 5 p. d'alcool absolu; d'après ce fabricant distingué, on obtient avec un pareil mélange une solution claire comme de l'eau, et qui, par évaporation, abandonne le caoutchouc sous la forme d'une feuille qu'on peut obtenir extrêmement mince et pure. En général, les solutions de caoutchouc donnent, par l'évaporation, un résidu poisseux, gluant; plus l'évaporation est lente, plus ce caractère est accusé; aussi, dans l'industrie, a-t-on recours aux solvants très-volatils.

La dissolution dans ces divers véhicules n'est que partielle. Le caoutchouc est, en effet, formé de deux substances isomériques, dont l'une, solide et élastique, résiste à presque tous les agents, tandis que l'autre, demi-liquide, poisseuse, est facilement attaquée et dissoute. C'est à cette seconde matière qu'il doit la propriété de se souder à lui-même lorsqu'on soumet à une forte compression ses surfaces récemment coupées.

Lorsqu'on plonge un morceau de caoutchouc dans une des substances que nous venons d'indiquer, il est rapidement pénétré par elles, il se gonfle considérablement, puis semble se dissoudre; mais en opérant avec soin, on peut constater qu'une seule des deux matières constitutives a été dissoute; la seconde reste inaltérée et conserve les formes primitives, mais considérablement amplifiées. En répétant plusieurs fois ce traitement, on peut complétement séparer les deux produits. L'éther dissout 0,66, l'essence de térébenthine 0,49 du caoutchouc employé. La matière dissoute est presque incolore, les matières colorantes restant avec la partie insoluble. Cette

(1) *Journ. of the Chem. Soc.*, t. XV, p. 110-125.
(2) *Chemical News*, t. II, p. 277, 289. 313

dernière se désagrége avec une extrême facilité, et se mélange intimement à la partie dissoute; aussi les *dissolutions* de caoutchouc renferment-elles toujours les deux portions.

Il n'est pas altéré par les acides minéraux dilués; mais l'acide sulfurique et l'acide nitrique concentrés, et surtout un mélange des deux, l'attaquent assez rapidement. Il est également très-sensible à l'action de l'acide nitreux. — Les alcalis lui communiquent plutôt une certaine résistance; néanmoins la soude à 40° Baumé le rend poisseux après un contact de quelques heures. — Le chlore l'attaque à la longue; il lui enlève toute élasticité et le rend dur et cassant. Cette propriété a été mise à profit par F. et T. Hurtzig, qui ont réussi à préparer ainsi une variété du caoutchouc durci [*Bull. de la Soc. chim.*, 1865, t. IV, p. 232]. — Le soufre et divers de ses composés exercent sur le caoutchouc une action très-remarquable; la partie visqueuse du caoutchouc normal est complétement modifiée sous ces influences et prend les propriétés de la partie nerveuse (voyez plus bas, CAOUTCHOUC VULCANISÉ). — Les agents atmosphériques sont loin d'être sans action sur le caoutchouc. Spiller a publié à ce sujet des expériences intéressantes; il a épuisé par la benzine une étoffe imperméabilisée par le caoutchouc et qui était restée au contact de l'air pendant plusieurs années; la benzine n'a opéré qu'une dissolution partielle, et le produit dissous, abandonné par l'évaporation du solvant, s'est présenté avec des caractères nouveaux; il ressemblait à de la gomme laque, se dissolvait dans l'esprit de bois, l'alcool, le chloroforme, la benzine et les solutions alcalines, mais était insoluble dans l'essence de térébenthine, le sulfure de carbone et l'éther; à la distillation, il fournit de l'eau, ce qui prouve qu'il renfermait de l'oxygène.

L'auteur a trouvé pour sa composition :

$$C = 64. \quad H = 8{,}46. \quad O = 27{,}54.$$

[*Journ. of the Chem. Soc.*, février 1864, p. 44.] D'après Miller, cette altération, beaucoup plus rapide sur le caoutchouc *régénéré* que sur le caoutchouc non travaillé, se manifeste surtout lorsqu'il est alternativement exposé à l'air, au soleil et à l'humidité [*Journ. of the Chem. Soc.*, (2), t. III, p. 273]. Payen a constaté que le caoutchouc altéré prend une certaine odeur piquante, et qu'il devient en même temps mou et moins résistant.

La propriété caractéristique du caoutchouc, c'est son élasticité. A la température ordinaire, il possède cette propriété au plus haut degré; mais au-dessous de 10°, il se durcit peu à peu, et à 0° il présente l'aspect du cuir et n'est plus élastique du tout; aussi, si l'on plonge dans l'eau à 0° une bande de caoutchouc préalablement tendue, elle garde ses dimensions forcées; mais si on porte ensuite la température à 40° ou au-dessus, immédiatement elle reprend, avec toute son élasticité, ses dimensions premières. Le caoutchouc *gelé* (c'est le nom qu'on lui donne) reprend également ses propriétés élastiques sous l'influence d'une légère traction, peut-être à cause de l'élévation de température produite par cette traction. Joule et Thomson ont montré, en effet, que le caoutchouc vulcanisé possède la propriété remarquable de s'échauffer au moment où on l'allonge, et de se refroidir quand on le laisse raccourcir. Ils ont constaté, en outre, qu'une bande de caoutchouc tendue par un poids qui en double la longueur se raccourcit d'un dixième par l'application d'une température de 50° [*Ann. de Chim. et de Phys.*, (3), t. LII, p. 127]. Payen a observé des phénomènes analogues sur le caoutchouc normal [*Précis de Chim. industrielle*, t. I, p. 188].

Action de la chaleur. — Sous l'influence progressive de la chaleur, le caoutchouc devient de plus en plus souple; vers 145° il est visqueux et adhérent aux corps durs; enfin, de 170° à 180°, il fond en un liquide épais, très-semblable à de la mélasse; par le refroidissement, il ne reprend plus qu'au bout d'un temps très-long ses propriétés primitives, il reste gluant et visqueux; sa composition est néanmoins demeurée la même. Au contact d'un corps en ignition, il s'enflamme et brûle avec une flamme rouge, très-fuligineuse; lorsqu'il est en gros morceaux, on peut assez facilement l'éteindre, mais lorsqu'il est en petits fragments, comme se présentent généralement les déchets de fabriques, la chaleur se propage rapidement, le tout entre en fusion, et il devient presque impossible d'arrêter le feu.

Soumis à la distillation, il donne naissance à divers produits; il se dégage d'abord de l'hydrogène sulfuré, de l'acide chlorhydrique (Cloëz et A. Girard), un peu d'acide carbonique, d'oxyde de carbone et divers autres produits peu abondants; il faut alors notablement élever la température pour arriver à faire bouillir le caoutchouc, qui disparaît peu à peu sans laisser de résidu sensible et en donnant naissance à des hydrocarbures liquides, qui possèdent la propriété de dissoudre, avec la plus grande facilité, le caoutchouc, l'ambre, le copal, etc.; comme on en obtient une proportion très-considérable, on a proposé, il y a longtemps déjà, d'utiliser les parties les plus volatiles pour le traitement du caoutchouc ou la préparation de différents vernis (Barnard, 1833).

L'étude des hydrocarbures provenant de la distillation du caoutchouc a été faite par Grégory [*Ann. der Chem. u. Pharm.*, t. XVI, p. 61], Himly [*ibid.*, t. XXVII, p. 40], Bouchardat [*Journ. de Pharm.*, 1837, p. 454], Greville Williams [*Proc. of the Roy. Soc.*, 1860, t. X, p. 516].

D'après Bouchardat, les parties les plus volatiles de la distillation du caoutchouc, recueillies dans un mélange réfrigérant, se composent de butylène C^4H^8, de *caoutchène* et d'eupione. Le caoutchène, isomérique avec le butylène, bout à 14°; sa densité = 0,65; il se congèle à — 10° en fines aiguilles.

Les parties les plus volatiles, recueillies par Himly, possèdent une densité de 0,654 et un point d'ébullition variant de 33° à 44°. D'après Gregory, en traitant ces parties légères par de l'acide sulfurique concentré, elles se transforment en un isomère dont le point d'ébullition se trouve maintenant à 220°.

Les travaux plus récents de Greville Williams ont montré qu'après plusieurs rectifications sur le sodium on peut extraire de ces huiles légères un corps C^5H^8, auquel il donne le nom d'*isoprène*, bouillant à 37-38°, dont la densité = 0,6823, et la densité de vapeur 2,40. Ce même hydrocarbure se produit dans la distillation de la gutta-percha. Exposé à l'air, il absorbe de l'oxygène et se transforme partiellement en un corps solide blanc, amorphe.

Les parties moins volatiles renferment un hydrocarbure auquel Himly a donné le nom de *caoutchine*, et qu'on obtient pur en traitant l'huile brute par l'acide sulfurique étendu de huit fois son poids d'eau, puis, après un lavage à l'eau et une distillation, par la potasse; on le sature ensuite d'acide chlorhydrique, on le dissout dans l'alcool, puis on étend d'eau; on précipite ainsi une huile qui, séchée sur le chlorure de calcium et rectifiée à plusieurs reprises sur de la baryte et sur du sodium, présente les propriétés suivantes : sa densité = 0,842; densité de vapeur, 4,461. Elle est polymérique avec l'isoprène, et doit être représentée par la formule $C^{10}H^{16}$; elle bout à 171°. Elle n'est pas concrétée par un froid de — 30°; elle est insoluble dans l'eau, se dissout facilement dans l'alcool, l'éther, les huiles essentielles, les huiles grasses; l'eau oxygénée la résinifie. — Elle est attaquée par le chlore et le brome; la *chlorocaoutchine* est visqueuse: Densité = 1,443; elle est décomposée par la distillation. Distillée sur une base, elle donne un hydrocarbure renfermant plus de carbone que le caoutchène. — Elle se combine directement à l'acide chlorhydrique et à l'acide bromhydrique; le *chlorhydrate de caoutchine*, isomérique avec le camphre artificiel solide de l'essence de térébenthine, est une huile brunâtre, d'une odeur agréable et d'une saveur nauséabonde. Densité : 0,950. Elle est décomposée par la distillation et inattaquable par les alcalis aqueux (Himly). — L'acide sulfurique concentré transforme la caoutchine en une huile épaisse, ressemblant à l'hévéène (voir plus loin); il se produit en même temps une petite quantité d'un acide sulfoconjugué. — En traitant alternativement la caoutchine par le brome et le sodium, on lui enlève 2 atomes d'hydrogène et on la transforme en cymène $C^{10}H^{14}$ (Gr. Williams).

Enfin les portions les plus lourdes de la distillation du caoutchouc renferment un hydrocarbure huileux, jaune d'ambre, d'une saveur âcre, auquel Bouchardat donne le nom d'*hévéène;* il est isomérique avec l'éthylène. Densité, 0,921 à 21°; il bout à 315-350°. Il ne se solidifie pas par le froid; il est soluble dans l'éther, l'alcool, les huiles grasses et essentielles. Il absorbe le chlore et prend alors une consistance cireuse; il est résinifié par l'acide sulfurique et se transforme en une huile bouillant à 228° et inattaquable par les acides concentrés.

Caoutchouc vulcanisé. — *Propriétés.* — On a donné le nom de *caoutchouc vulcanisé* ou *volcanisé* au caoutchouc modifié par l'action du soufre.

Lorsqu'on soumet à une température de 130° le caoutchouc normal mélangé de soufre, il se transforme en un produit doué de propriétés nouvelles. On admet généralement que dans cette réaction la partie grasse et poisseuse du caoutchouc normal, celle qui durcit par le froid, se ramollit et fond par la chaleur, se transforme en l'autre partie, de telle sorte que le produit final possède exclusivement les propriétés de cette dernière.

Le caoutchouc vulcanisé est extrêmement souple, nerveux et élastique [voir, sur l'élasticité du caoutchouc vulcanisé, le mémoire de Boileau, *Compt. rend.*, t. XLII, p. 933]. Il ne durcit pas au froid, ne se ramollit plus sous l'influence de la chaleur et ne fond qu'au-dessus de 200°. Comme on le voit, il possède les propriétés utiles du caoutchouc normal sans en avoir les inconvénients; il est cependant privé de la propriété de se souder à lui-même, ce qui présente industriellement des difficultés assez grandes. Il est insensible à l'action de la lumière, des acides et des solvants du caoutchouc normal; en contact avec ces derniers, il se gonfle considérablement, jusqu'à augmenter 9 fois de volume; mais après l'évaporation du liquide qui l'avait pénétré, il reprend sa forme et ses dimensions primitives.

Il résiste beaucoup mieux que le caoutchouc normal aux influences atmosphériques prolongées.

A une température élevée, soit 130-150°, surtout lorsqu'il est en contact avec les métaux, il perd peu à peu de sa souplesse; on remarque, en général, dans ces conditions, un dégagement constant d'hydrogène sulfuré. Ces inconvénients disparaissent en partie si l'on ajoute au caoutchouc, avant sa vulcanisation, une petite quantité de goudron de houille.

Composition du caoutchouc vulcanisé. — Selon le procédé de vulcanisation suivi, le caoutchouc renferme des proportions très-variables de soufre; elles peuvent aller jusqu'à près de 20 %, mais, d'après les expériences de Payen, il n'y en a qu'une très-faible proportion qui soit réellement combinée; le reste, mécaniquement retenu dans les pores du caoutchouc, s'élimine peu à peu sous l'influence de son élasticité et vient en recouvrir la surface extérieure d'une poussière blanche et farineuse. Le caoutchouc vulcanisé, renfermant une forte proportion de soufre mécaniquement retenu dans les pores, est beaucoup moins facilement pénétré par les liquides que le normal; aussi, tandis que celui-ci absorbe 25 % d'eau, le caoutchouc vulcanisé n'en absorbe plus que 4 %; mais vient-on, par un traitement alcalin, à enlever l'excès de soufre, à *désulfurer* le caoutchouc vulcanisé, son pouvoir absorbant augmente. Ainsi le caoutchouc désulfuré absorbe 6,4 % d'eau.

Le caoutchouc vulcanisé, débarrassé par la soude et les dissolvants ordinaires du soufre, de l'excès de ce corps qu'il renfermait, n'en contient plus que 1 à 2 %. Les rapports entre le carbone et l'hydrogène, représentés par la formule C^4H^7, ne sont pas sensiblement modifiés par l'introduction de ce soufre (Payen).

INDUSTRIE DU CAOUTCHOUC.

Cette industrie est tout à fait moderne. Presque inconnu à la fin du siècle dernier, le caoutchouc, grâce à ses propriétés, est devenu l'objet d'applications nombreuses, et dans bien des cas est actuellement de première nécessité; aussi voyons-nous l'importance commerciale de cette précieuse matière augmenter chaque jour; tandis qu'en 1836, la quantité de caoutchouc introduite en France n'excédait pas 23,000 kilogrammes par an, elle a été, dans la période décennale, de 1847 à 1856, de 414,000 kilogrammes; en 1862, elle a été de 900,000 kilogrammes, et aujourd'hui elle est de 1,250,000 kilogrammes.

La consommation du caoutchouc est encore plus importante en Angleterre et aux États-Unis, de telle sorte qu'on peut l'estimer, pour le monde entier, à près de 10 millions de kilogrammes, représentant une valeur de 40 millions de fr. et de 75 à 80 millions quand il a été travaillé (1).

Historique. — La Condamine, en 1736, envoya du Pérou à l'Institut de France le premier échantillon de caoutchouc qui parvint en Europe; il annonçait à l'Institut que les Indiens se servaient de cette matière pour en faire divers objets utiles à l'économie domestique, tels que des vases, des vêtements imperméables, etc.; elle est, disait-il, attaquée et en quelque sorte dissoute par l'huile de noix chaude. Fresnau et Macquer, en 1751 et 1768, adressèrent à l'Académie des sciences des échantillons de caoutchouc récoltés à Cayenne.

Dès cette époque, ce produit fut l'objet de nombreuses recherches; mais il ne fut guère utilisé jusqu'en 1820 que pour effacer les traces de la plombagine sur le papier, usage auquel il doit son nom anglais d'*India-rubber*. Cependant, dès 1761, Hérissant avait montré qu'il était soluble dans l'essence de térébenthine, l'éther, l'huile de Dippel. Macquer et Fourcroy constataient le même fait quelques années plus tard. Ces propriétés furent appliquées pour la première fois, en France, en 1793, par Besson, qui put ainsi fabriquer des vêtements imperméables. En 1797, Johnson se

(1) Quoique cette industrie soit plutôt mécanique que chimique, nous croyons devoir en dire quelques mots, renvoyant le lecteur, pour de plus amples détails, aux excellents traités publiés sur cette matière par Balard *Rapports sur les Expositions de 1851 et de 1855*, Barral, *Rapport sur l'Exposition de 1862*, Gérard, dans le *Dictionnaire de Barreswil et Girard*, et par Payen, dans son *Traité de chimie industrielle;* voir aussi *Ure's Dictionary* et *Muspratt's chemistry*.

servit dans le même but d'une dissolution de caoutchouc dans l'essence de térébenthine alcoolisée. Toutes ces tentatives, ainsi que celles de Grassart, de Champion, etc., restèrent à l'état d'essais infructueux.

Ce n'est qu'à partir de 1820 que l'industrie du caoutchouc fut réellement créée : Nadler, en 1820, indique le moyen de découper et de tisser le caoutchouc; Macintosh découvre et applique à la fabrication des vêtements imperméables la solubilité du caoutchouc dans l'essence de houille (1823). Puis se succèdent rapidement les belles découvertes de Rattier, Guibal, Aubert et Gérard, qui firent faire à cette nouvelle industrie de si remarquables progrès.

En 1839, Goodyear découvrit la vulcanisation. Cette découverte, faite aux États-Unis, fut faite une seconde fois en Angleterre par Hancock, et c'est à elle qu'il faut attribuer le succès toujours croissant de l'emploi du caoutchouc, car ce n'est réellement que grâce à la vulcanisation que les usages de cette substance ont pu être étendus et multipliés.

Extraction. — Le caoutchouc est le produit de la dessiccation du suc laiteux de diverses plantes. Aux Indes, les arbres qui le produisent sont : *Siphonia cautshu, Iatropha elastica, Ficus elastica;* en Amérique, d'où nous proviennent les meilleures sortes, c'est *Hevaea guyanensis* qui est principalement exploité; les caoutchoucs du Gabon et de la Terre-de-Feu sont beaucoup moins estimés à cause des altérations qu'ils présentent généralement et qui sont dues au peu de soin mis à les recueillir.

Dans le bassin des Amazones, et spécialement dans la province du Para, se trouvent d'immenses forêts d'*Hevaea;* tous les ans, à l'époque de la récolte, des bandes d'émigrants, venus par milliers, s'y livrent à l'extraction du caoutchouc. Armé d'une hachette, le *seringario* (de *seringa*, caoutchouc) frappe les arbres qu'il a choisis : de cette incision s'écoule immédiatement le suc blanc, laiteux, qui doit fournir la précieuse substance; au-dessous de cette incision, il fixe au moyen de terre glaise un vase, de la grandeur d'une tasse, dans lequel le liquide vient se rassembler; après trois heures environ, le suc s'épaissit et ne s'écoule plus hors de la plaie, qui se cicatrise naturellement. Le seringario réunit alors dans un baquet le produit des diverses incisions qu'il a faites et dont chacune fournit environ 30 grammes de liquide. Puis il allume un feu de bois vert, produisant beaucoup de fumée et au moyen duquel il effectuera la dessiccation du suc; dans ce but, il se munit d'une planchette de bois en forme de battoir et plonge cet instrument dans le liquide qu'il a recueilli; il le soumet, ainsi recouvert du suc laiteux, à la fumée de son feu qui le coagule et le sèche; après quelques instants une pellicule mince de caoutchouc s'est formée sur la planchette; il recommence l'opération et la continue ainsi jusqu'à ce que la couche de caoutchouc soit suffisamment épaisse; à ce moment, il fend, au moyen d'un couteau, l'enduit qu'il a obtenu, l'étend et retire le moule. Quelquefois les Indiens se servent pour cette opération de moules en terre glaise présentant la forme de poires; quand l'épaisseur voulue est atteinte, on plonge le tout dans l'eau, qui délaye peu à peu la terre.

Les caoutchoucs ainsi récoltés sont très-purs et renferment peu de matières étrangères; ils présentent naturellement la forme des moules sur lesquels on les a recueillis; quand on les dissout dans l'éther, on retrouve une petite quantité de charbon provenant de la fumée qui a servi à leur préparation.

La récolte aux Indes et au Gabon est faite avec beaucoup moins de soins : la résine s'écoule soit des bourgeons ou des fentes naturelles que présente l'arbre, soit des incisions faites à dessein, se répand par terre et s'y dessèche peu à peu en emprisonnant toutes les matières étrangères qu'elle a rencontrées sur son passage. Ces sortes sont moins estimées; elles sont, surtout celles du Gabon, fréquemment altérées par une espèce de fermentation qu'elles subissent.

Émile Carrey a publié sur la récolte du caoutchouc d'intéressants détails dans le *Moniteur universel*, septembre 1856; voir aussi le *Moniteur scientifique*, 1857-1858, p. 849.

L'extraction du caoutchouc par ces moyens grossiers est extrêmement dispendieuse ; jusqu'ici elle est encore généralement pratiquée. Anthoine a proposé en 1855 de recueillir le suc sur des châssis de toile grossière reposant sur du sable fin, de telle sorte que la partie aqueuse, rapidement enlevée par imbibition, laisse sur le tissu une épaisse couche de caoutchouc pur. Pour éviter que, malgré la rapidité de l'opération, la fermentation ne se développe dans la masse du produit, on y ajoute quelques centièmes d'eau-de-vie du pays (Balard, *Rapport sur l'Exposition de 1855*).

Il serait désirable à tous les points de vue que l'on arrivât à trouver un moyen certain d'empêcher la coagulation ou l'altération du suc naturel, qui pourrait ainsi être envoyé en Europe, où l'on préparerait le caoutchouc. Les tentatives faites dans ce but n'ont pas encore été couronnées d'un plein succès. L'ammoniaque, dit-on, favorise singulièrement la conservation du suc naturel et a permis d'en envoyer en Angleterre des quantités notables.

Usages du caoutchouc. — Les usages de cette précieuse matière sont aujourd'hui extrêmement nombreux et variés : elle sert à la fabrication des vêtements imperméables, des tissus élastiques, des appareils de chimie et de chirurgie, des rouleaux d'impression, des ressorts pour tampons de locomotives, etc., des courroies, des joints pour chaudières, etc., etc.

On l'utilise pour la préparation de pâtes, de mastics, de luts adhésifs et imperméables, etc.; pour la fabrication du caoutchouc durci, etc.

La plupart des emplois du caoutchouc ne sont devenus possibles que depuis la découverte de la vulcanisation.

Nous ne pouvons entrer dans le détail de la fabrication du caoutchouc et n'en donnons ici qu'un aperçu très-sommaire.

FABRICATION DES OBJETS EN CAOUTCHOUC. — Le travail du caoutchouc serait singulièrement simplifié s'il nous arrivait toujours exempt de matières étrangères, comme celui du Para; mais ce cas est rare, et la première opération qu'on doive faire subir aux sortes ordinaires est leur purification. Outre la dépense très-forte occasionnée par la *régénération* du caoutchouc, ce travail est encore fâcheux parce qu'il a été reconnu que le caoutchouc régénéré est moins résistant que le caoutchouc naturel.

Écrasage. — Le caoutchouc est d'abord ramolli à l'eau chaude, puis, dans cet état, amené entre deux cylindres de fonte, d'inégal diamètre; on le lamine à cinq ou six reprises, en le soumettant en même temps à l'action d'un filet d'eau chaude qui rend le travail plus facile et entraîne toutes les matières étrangères; il sort de cet appareil sous la forme de lames minces, percées d'une infinité de petits trous. (Dans cet état, il est éminemment propre à la préparation des dissolutions de caoutchouc.)

Pétrissage. — Ces lames sont séchées à l'étuve à une température de 35°, puis pétries dans un appareil connu sous le nom de *loup* ou *diable*, c'est une sorte de pétrin très-solidement construit, formé d'une enveloppe fixe en fonte, dans l'intérieur de laquelle se meut un cylindre de fer armé de dents. Ce cylindre a un diamètre égal au tiers environ de celui de l'enveloppe qui, elle aussi, est munie à l'intérieur de saillies en forme de tête de diamant. Les lames de caoutchouc, mélangées aux déchets ordinaires de la fabrication, sont introduites dans l'intervalle qui sépare le cylindre de l'enveloppe, puis on met l'appareil en mouvement; et comme ce travail nécessite une très-grande force (pour 15 à 20 kilogrammes qui représentent la charge ordinaire du diable, il ne faut pas moins de 5 chevaux de force); on chauffe l'appareil au moyen d'un serpentin de vapeur de manière que le caoutchouc présente moins, de résistance. Par le mouvement de rotation imprimé au cylindre intérieur et qui est de 60 à 100 tours par minute, le caoutchouc est entraîné; par la résistance que lui opposent les dents de l'enveloppe, il est forcé de faire une révolution sur lui-même; il est ainsi énergiquement comprimé et malaxé; la chaleur dégagée fait souder entre elles les différentes parties du caoutchouc, qui bientôt ne forme plus qu'un seul bloc homogène.

On le retire à ce moment du diable, on le passe entre deux cylindres chauffés et écartés de trois centimètres, puis on réunit un certain nombre des galettes ainsi obtenues pendant qu'elles sont encore chaudes, et on les porte sous le plateau d'une presse hydraulique. Après trois ou quatre jours, on retire les blocs et on les abandonne dans un endroit frais, où ils doivent séjourner pendant quelques mois. Ce n'est qu'après ce laps de temps qu'ils ont pris une homogénéité complète et qu'ils peuvent être soumis aux opérations suivantes.

La purification ou *régénération* du caoutchouc a été inventée par Nickel en 1837.

Feuilles de caoutchouc. — Ces feuilles sont fabriquées mécaniquement avec le caoutchouc régénéré, au moyen d'un couteau posé verticalement et animé d'un mouvement de rotation très-rapide; les blocs de caoutchouc, fixés sur un plateau mobile horizontalement, viennent s'appuyer contre le tranchant de ce couteau et sont débités en feuilles d'une épaisseur qu'on peut varier à volonté; un filet d'eau froide coule constamment sur le couteau, de manière à éviter l'échauffement et l'adhésion qui en résulterait.

Fils de caoutchouc. — On les fabrique soit avec le caoutchouc régénéré, soit avec le caoutchouc brut du Para; dans ce dernier cas, on amène les poires à l'état de feuilles en les fendant en deux, les soumettant à une forte pression accompagnée d'une température élevée et les laissant refroidir pendant qu'elles sont ainsi pressées; elles gardent alors la forme de lames ou de feuilles qui sont travaillées comme les feuilles de caoutchouc régénéré.

On les découpe en spirales au moyen du couteau mécanique, et ces spirales ou rubans sont eux-mêmes divisés en 6 ou 8 fils d'égale épaisseur en s'engageant entre deux jeux de lames s'emboîtant les unes dans les autres, à la manière des cisailles. Cette opération est facilitée par l'écoulement continuel d'un filet d'eau froide.

Gérard a inventé une machine très-ingénieuse qui permet de découper 150 à 250 fils à la fois.

On ne peut, par ces procédés, obtenir que des fils d'un diamètre assez fort; Gérard a indiqué le moyen suivant pour fabriquer des fils d'une ténuité extrême : Le caoutchouc, chauffé à 110-120°, conserve après son refroidissement la forme qu'il avait pendant l'application de la chaleur : si donc on soumet à la chaleur un fil étiré de 5 à 6 fois sa longueur, il aura, après refroidissement, acquis réellement cette longueur; en recommençant cette opération sur le fil étiré, on lui fera gagner une nouvelle augmentation et on pourra ainsi successivement arriver à un degré de finesse excessif. Ce même procédé sert à la préparation de toiles et de tubes sans fin. L'étirage est, dans ce cas, produit au moyen de laminoirs ou de presses munies de filières à tubes; ces appareils sont chauffés à 115° et doivent fonctionner avec assez de lenteur pour que le caoutchouc ait le temps de se recuire au passage.

Tissus de caoutchouc. — Les fils ainsi préparés doivent, pour pouvoir être tissés, subir diverses opérations. On les enroule sur un dévidoir solidement construit et animé d'un mouvement de rotation rapide; l'ouvrier fixe l'extrémité du fil (préalablement trempé dans une eau légèrement alcaline, pour éviter l'adhérence) sur le dévidoir, puis, tout en faisant tourner son appareil, il opère sur le fil une traction assez forte pour que sa longueur augmente de 6 fois environ. Quand tout le fil est dévidé, on l'abandonne ainsi étiré pendant quelques jours, après lesquels il a perdu son élasticité; il peut alors être relevé et livré aux tisseurs. Le tissage s'opère comme avec le coton ou toute autre matière textile, car le caoutchouc à cet état n'est plus élastique; mais une fois le tissu fabriqué, on le soumet à une température de 60° ou 70°, au moyen d'un fer chaud, et il reprend alors toute son élasticité (Rattier et Guibal).

Tubes de caoutchouc, feuilles soudées, etc. — Les tubes de caoutchouc, dont l'emploi est indispensable dans les laboratoires de chimie et dans beaucoup d'industries, se fabriquent au moyen des feuilles de caoutchouc : on les coupe nettement aux endroits qui doivent être réunis, puis on comprime fortement les deux sections l'une contre l'autre : la soudure se fait très-promptement. Pour des objets de plus grande dimension, tels que plaques, feuilles, etc., on facilite la soudure en recouvrant les surfaces récemment mises à nu d'une légère couche de solution de caoutchouc et en comprimant fortement.

DISSOLUTIONS DE CAOUTCHOUC. — Ces dissolutions sont préparées avec l'essence de térébenthine rectifiée ou l'huile légère de houille (benzol). Les dissolutions préparées avec le sulfure de carbone sont préférables, mais plus dangereuses à manier à cause de la volatilité du solvant.

Les meilleures de toutes sont celles que l'on obtient avec un mélange de sulfure de carbone et d'alcool absolu.

Pour faire ces dissolutions, on se sert du caoutchouc en lames, tel qu'on le fabrique pour la préparation du caoutchouc régénéré, ou des déchets quelconques de la fabrication. On les réduit en petits fragments qu'on met pendant un jour ou deux en contact avec le solvant, dont la proportion varie de 1/2 à 5 p. selon le degré de fluidité qu'on veut donner à la dissolution. Lorsque le caoutchouc s'est bien gonflé, on le broie et le malaxe au moyen d'appareils spéciaux dont le plus perfectionné est dû à Peroncel [Payen, t. I, p. 213]; au sortir de ces cylindres broyeurs, il est transformé en une masse homogène plus ou moins épaisse, et qui peut être employée telle quelle, ou, pour certains emplois, demande encore à être tamisée.

Usages des dissolutions de caoutchouc. — Elles servent à un grand nombre d'emplois : à la fabrication des vêtements imperméables qu'on obtient en recouvrant les tissus d'une couche de ces enduits ou en les interposant entre deux tissus; à la préparation des feuilles de caoutchouc dites *feuilles relevées*, qu'on produit en recouvrant un tissu d'un grand nombre de couches successives jusqu'à ce qu'on soit arrivé à l'épaisseur voulue; quand le solvant est évaporé, on recouvre la dernière couche de talc pour empêcher son adhérence, puis on humecte le dessous du tissu d'huile de houille qui permet de le détacher; à la soudure des pains, feuilles, tubes, etc., de caoutchouc; à la préparation des pâtes hydrofuges; à la fabrication des fils ronds, qu'on obtient en soumettant la pâte de caoutchouc faite avec l'alcool et le sulfure de carbone à une forte pression dans un appareil dont la partie inférieure est munie d'une série de petites filières par où la pâte s'écoule sous la forme de fils qui, en raison de la volatilité et de la nature du solvant, sèchent promptement et ne restent ni collants ni adhérents (Gérard et Aubert); à la préparation de la *glu marine*, que l'on obtient en dissolvant de la gomme laque dans une dissolution de caoutchouc : cette glu, solide à froid, fond à 120° et est utilisée à chaud pour réunir très-fortement des pièces de bois, calfater les navires, etc.

Les pâtes de caoutchouc présentent un inconvénient assez grave : elles restent poisseuses et gluantes assez longtemps après l'évaporation du solvant; cet inconvénient disparaît en partie avec les solvants très-volatils, mais dont le prix est élevé ou le maniement dangereux. Benzinger a proposé l'emploi de la dissolution de caoutchouc suivante, qui, d'après lui, serait exempte de ces inconvénients :

1 p. de caoutchouc;
11 p. d'essence de térébenthine rectifiée;
1/2 p. d'une solution concentrée de foie de soufre [*Dingler's polyt. Journ.*, t. CXXXVII, p. 210].

CAOUTCHOUC VULCANISÉ. — Jusqu'à la découverte de la vulcanisation, le caoutchouc ne se prêta réellement qu'à peu d'applications; la propriété qu'a le caoutchouc normal de durcir au froid et de devenir fusible à une température peu élevée rendait effectivement son emploi impossible dans une foule de cas. Ces inconvénients, comme nous l'avons dit, disparaissent par la vulcanisation; aussi, depuis cette importante découverte, les usages du caoutchouc se sont-ils constamment multipliés; presque tous les objets en caoutchouc sont aujourd'hui vulcanisés.

Cette opération ne laisse cependant pas que de présenter pour le fabricant de graves inconvénients; elle est difficile à régler, elle nécessite des procédés variant d'après la nature du caoutchouc; on ne peut juger de sa réussite qu'après un laps de temps très-long, quelques mois en général; les déchets de caoutchouc vulcanisé, ne possédant plus la propriété de se souder, ne peuvent plus être utilisés que difficilement. — Goodyear les mélangeait avec du caoutchouc normal et du soufre, les broyait, les travaillait ainsi comme du caoutchouc ordinaire et vulcanisait. — Newton propose de les désulfurer au moyen d'un mélange d'alcool, d'éther et de *camphine* [*London, Journ. of Arts*, 1855, p. 34]. — Dodge recommande dans le même but l'emploi de la vapeur d'eau qui, selon lui, enlève le soufre [*Repert. of Pat. Invent.*, juillet 1859, p. 54].

Historique. — Goodyear est l'inventeur de la vulcanisation. Dès 1839 il fabriquait en Amérique divers produits en caoutchouc vulcanisé. Récemment, Lüdersdorf, de Berlin, réclama pour lui la priorité de cette invention.

Hancock trouva le procédé de vulcanisation au soufre fondu. En 1846, Parkes vulcanisa au chlorure de soufre, puis Gérard au polysulfure de potassium, Burke, au sulfure d'antimoine, etc.

Le but de la vulcanisation est de combiner au caoutchouc une certaine quantité de soufre; lorsqu'on opère avec le soufre lui-même, cette combinaison ne se fait que lentement et à une température assez élevée. Nous décrirons succinctement les divers procédés actuellement en usage pour cette opération.

Procédé Goodyear. — Ce procédé est le plus généralement employé. Il consiste à mélanger au caoutchouc normal 7 à 10 °/₀ de soufre; puis, quand il a été soumis aux diverses opérations que nous avons décrites plus haut, les objets résultant de ce travail sont soumis à une température de 130° à 150° dans des étuves, ou portées dans des chaudières dans lesquelles on les soumet pendant quelques heures à l'action de la vapeur à 4 atmosphères.

Procédé Hancock. — Les objets façonnés en caoutchouc normal sont étuvés pendant un ou deux jours pour les priver de toute trace d'humidité, puis on les plonge dans un bain de soufre à 130-135° et on les y maintient pendant 2 à 3 heures. L'absorption du soufre commence promptement, le caoutchouc devient orangé; après 20 minutes, il est encore susceptible de se souder à lui-même, mais bientôt la combinaison devient plus complète et elle est terminée après 2 à 3 heures; on remarque pendant l'opération un dégagement constant d'hydrogène sulfuré qui détermine souvent des soufflures dans les objets à vulcaniser. Lorsque les *témoins* dont on fait toujours usage dans cette opération indiquent qu'elle est suffisamment avancée, on retire les objets et on les plonge dans l'eau froide; l'excès de soufre qui les recouvre s'enlève ainsi facilement. Ce mode de vulcanisation est difficile à régulariser : la température du bain est rarement uniforme, les objets n'ont pas toujours la même épaisseur, de telle sorte que l'extérieur est vulcanisé tandis que le milieu ne l'est pas : il en résulte que fréquemment les uns sont trop vulcanisés et deviennent durs, tandis que les autres ne le sont pas assez et sont trop fusibles.

Procédé Parkes. — Ce procédé consiste à traiter les objets à vulcaniser par le chlorure de soufre. Cette opération se fait à froid; on emploie le chlorure de soufre étendu de 40 à 50 fois son poids de sulfure de carbone; la durée du contact doit être d'environ 2 minutes pour des pièces d'un millimètre d'épaisseur. Pour des pièces plus épaisses, il faut prolonger le contact un peu plus longtemps, puis les porter dans de l'eau froide qui s'oppose à la volatilisation du véhicule et lui permet de pénétrer dans toute la masse (Gérard). On peut remplacer le chlorure par le bromure de soufre [Balard, *Rapport sur l'Exposition de 1851*]. Gaultier de Claubry a proposé l'emploi d'un mélange de soufre et de chlorure de chaux (qui produit du chlorure de soufre). La vulcanisation au chlorure de soufre présente de très-grands avantages; elle est assez régulière et très-prompte, mais elle a aussi de sérieux inconvénients : au bout d'un certain temps il se manifeste dans le caoutchouc une réaction acide qui le rend dur et cassant; on a proposé pour neutraliser cet acide de mélanger au caoutchouc divers oxydes métalliques, notamment la litharge.

Procédé Gérard. — On plonge le caoutchouc normal dans une solution de foie de soufre à 25° ou 30° Baumé, pendant 3 à 4 heures, à 150°. Ce procédé réussit très-bien, mais seulement pour des objets de peu d'épaisseur.

Procédé Burke. — Il consiste en l'emploi du sulfure d'antimoine précipité; ce procédé présente sur la plupart des autres cet avantage qu'il ne donne pas d'efflorescences de soufre à la surface du caoutchouc, et que les produits vulcanisés ne s'altèrent pas au contact des métaux.

CAOUTCHOUC ALCALIN. — Les altérations fréquentes auxquelles la vulcanisation donne lieu, et qui sont considérées comme étant amenées par une sorte de fermentation acide, peuvent en partie être évitées si l'on traite les objets vulcanisés par un bain bouillant de soude caustique; mais pour des pièces un peu épaisses, ce procédé ne réussit plus.

Gérard a proposé de mélanger au caoutchouc 3 à 10 °/₀ de chaux, puis de le vulcaniser par le procédé Goodyear; il a donné à ce produit le nom de caoutchouc alcalin; il présente une résistance beaucoup plus grande que les autres caoutchoucs vulcanisés. Day a recommandé dans le même but l'emploi de la terre de pipe [*Repert. of Pat. Invent.*, mars 1858, p. 242].

On ajoute fréquemment au caoutchouc vulcanisé diverses substances, du sulfate de baryte ou de chaux, du carbonate de plomb, etc., destinées à augmenter sa résistance à la compression et à favoriser la répartition de la chaleur.

L'addition de ces substances augmente très-notablement la densité du caoutchouc : il n'est pas rare d'en trouver possédant une densité = 1,6 et 1,7. Ainsi modifié, le caoutchouc est employé avec avantage pour la fabrication des tampons, des joints, des blocs pour servir de matelas entre les parois des navires blindés, etc.

Quelquefois, au lieu de chercher à augmenter la densité du caoutchouc, on tient à la diminuer : sous le nom de *kamptulicon*, on a fabriqué des tapis très-légers et élastiques qu'on produit avec un mélange de caoutchouc, de bourre de coton et de déchets de liége [Taylor, Harry et Cie, *Dingler's polytechn. Journ.*, t. CLXVII, p. 238].

Souvent on mélange au caoutchouc des poudres colorées, destinées à produire des effets plus ou moins artistiques; la teinture proprement dite du caoutchouc n'a guère été réalisée encore que par l'orcanette et quelques produits dérivés de l'aniline; il faut, en effet, pour que la teinture soit possible, opérer sur une matière colorante soluble dans un des véhicules qui dissolvent le caoutchouc, et ces matières sont rares. Lightfoot a proposé de teindre le caoutchouc en le recouvrant d'abord d'une couche de gélatine qui fonctionnerait comme mordant.

La vulcanisation s'opère non-seulement sous l'influence de la chaleur, mais encore sous celle de la lumière; ce fait, déjà observé par Hancock et Goodyear, a été récemment utilisé par Seely pour la photographie; il a donné à son procédé le nom barbare de *Caoutchoucotypie*.

Le caoutchouc vulcanisé possède presque toujours une odeur désagréable d'hydrogène sulfuré, due à la décomposition de la matière organique par le soufre en excès : on évite en partie cet inconvénient en traitant le caoutchouc vulcanisé par un bain alcalin : d'après Bourne, on prive complétement les objets en caoutchouc vulcanisé de leur mauvaise odeur, en les recouvrant de poussier de charbon et les soumettant, ainsi préparés, à une température de 60° à 70° pendant quelques heures. Cette température, insuffisante pour modifier la forme des objets manufacturés, détermine l'absorption complète des gaz odorants par le charbon [*Ann. du Génie civil*, février 1867, p. 130].

Caoutchouc durci. — Lorsqu'on augmente notablement la proportion du soufre dans la vulcanisation du caoutchouc, on obtient un produit d'un tout autre aspect et possédant des propriétés spéciales : on lui a donné le nom de *caoutchouc durci*. En Angleterre, il porte le nom d'*Ebonite*, et lorsqu'il a été mélangé de poudres colorées, celui de *Vulcanite*.

Pour préparer le caoutchouc durci, on se sert exclusivement du caoutchouc de l'Inde; on le ramollit à 80°, puis on le débite en petits fragments et on le soumet à l'action d'une *pile* qui le découpe en très-petits morceaux et lui enlève toutes les impuretés qu'il renfermait; on traite ensuite par la soude, puis on lave, on sèche et on bat les morceaux pour leur enlever toute trace de matières étrangères. On le soumet alors à l'action d'un laminoir mélangeur chauffé à 50° ou 60°, et on lui incorpore peu à peu la fleur de soufre qu'il doit renfermer; la proportion de soufre varie de 20 à 35 °/₀, selon le degré de dureté que l'on désire obtenir.

Le caoutchouc est alors travaillé, et quand les objets sont façonnés, on les porte dans la chaudière à vulcaniser où on les maintient à 4 atmosphères 1/2 pendant 8 à 12 heures; cette opération est très-délicate et demande, pour être menée à bien, une grande expérience.

Le caoutchouc durci est d'un beau noir; il prend un très-beau poli sans vernis; il se laisse facilement travailler à la scie et au tour; il sert à la fabrication d'un grand nombre d'objets de toilette, peignes, boutons, baleines et cannes, d'articles d'ébénisterie, des plateaux des machines électriques, etc. (Goodyear). Ch. L.

CAOUTCHOUC MINÉRAL. — Voyez Élatérite.

CAPNOMORE, $C^{20}H^{22}O^{2}$? [Reichenbach, *Journ. für prakt. Chem.*, t. I, p. 1; et Vœlkel, *Ann. der Chem. u. Pharm.*, t. LXXXVI, p. 99]. — Le capnomore, de καπνὸς, fumée, et μοῖρα, partie, existe dans les produits de la distillation du goudron de bois. En agitant ces produits avec une solution alcaline, la créosote, le phénol, le capnomore, entrent en dissolution; si l'on distille la solution alcaline, ce dernier passe avec les vapeurs d'eau.

Il est huileux, incolore, d'une densité presque égale à celle de l'eau; il bout entre 180° et 208°. Insoluble dans l'eau et dans la potasse, il se dissout dans celle-ci à la faveur de la créosote. L'acide sulfurique concentré le dissout en donnant un acide conjugué. L'acide azotique le transforme en acide oxalique, acide picrique, et une autre substance cristalline. Les portions distillant entre 200° et 208° ont donné à l'analyse des chiffres que nous représente la formule assez douteuse

$$C^{20}H^{23}O^{2} ?$$

CAPORCIANITE (Min.). — Zéolithe de Toscane voisine de la Laumonite.

CAPRIQUE (ACIDE) [Syn. *Acide rutique*], $C^{10}H^{20}O^{2}$ [Chevreul, 1814, *Journ. de Pharm.*, t. III, p. 80; *Ann. de Chim. et de Phys.*, (2), t. XXIII, p. 23; *Recherches sur les corps gras*, p. 115 et 209; — Lerch, *Ann. der Chem. u. Pharm.*, t. XLIX, p. 223; — Rowney, *ibid.*, t. LXXIX, p. 236]. — L'acide caprique de M. Chevreul était un mélange d'acide caprylique et d'acide caprique. L'acide caprique a été d'abord découvert par Chevreul dans le beurre du lait de vache. Il peut être extrait de l'huile de coco [Georgey, *Ann. der Chem. u. Pharm.*, t. LXVI, p. 290] et de l'huile odorante qu'on recueille dans les distilleries d'eau-de-vie d'Écosse. On le rencontre enfin parmi les produits de la distillation de l'acide oléique et de l'acide choloïdique et parmi les produits d'oxydation de l'acide oléique et de l'essence de rue.

Suivant Rowney, on peut retirer des quantités assez considérables d'acide caprique des portions de l'huile odorante des distilleries d'Écosse qui bouillent au-dessus de l'alcool amylique, c'est-à-dire au-dessus de 132°.

L'acide caprique se trouve dans le liquide à l'état de caprate d'amyle. On l'en extrait en faisant bouillir ces résidus avec de la potasse caustique. Il se forme de l'alcool amylique qui distille et du caprate de potassium qui reste en dissolution dans l'eau. Il suffit d'ajouter de l'acide chlorhydrique à cette solution pour que l'acide caprique se sépare sous la forme d'une couche huileuse. On le décante, on le lave à l'eau, on le dissout dans l'ammoniaque faible, et l'on précipite le sel ammonique par le chlorure de baryum. Le précipité est recueilli sur un filtre, lavé à l'eau froide, puis dissous dans l'eau bouillante. Par le refroidissement de cette solution, il se dépose du caprate de baryum presque pur. Pour obtenir l'acide libre, on traite le caprate de baryum pur par le carbonate de soude et l'on filtre. Il reste du carbonate de baryum sur le filtre, et le caprate de sodium formé passe dissous dans la liqueur. On le décompose au moyen de l'acide sulfurique qui le précipite presque incolore et à l'état solide. On achève de le purifier en le dissolvant dans l'alcool et ajoutant de l'eau à la liqueur jusqu'à ce qu'elle se trouble et dépose, par le repos, de l'acide caprique cristallisé. Les eaux mères de la cristallisation du caprate barytique contiennent, en petite quantité, un autre sel dérivant d'un acide huileux, probablement homologue de l'acide caprique.

L'acide caprique est une substance cristalline, incolore, d'une légère odeur de bouc; son odeur est plus prononcée à chaud. Il fond aisément sur les doigts; son point de fusion est à 27°,2 (Rowney), à 30° (Georgey). Il est fort soluble à froid dans l'alcool et dans l'éther; il ne cristallise pas de ces solutions.

L'eau froide ne le dissout pas; l'eau bouillante le dissout en très-petite quantité et le dépose, par le refroidissement, en paillettes. Lorsqu'on ajoute de l'eau à sa solution alcoolique, on l'obtient en petites aiguilles.

L'acide azotique concentré le dissout sans l'altérer. L'eau le précipite de cette solution.

Caprates métalliques. — L'acide caprique, homologue de l'acide acétique, est monobasique. Ceux de ses sels qui renferment des métaux monoatomiques ont pour formule $C^{10}H^{19}O^2M'$. La plupart des caprates sont difficilement solubles dans l'eau.

Caprate d'ammonium. — Ce sel est altérable et s'obtient difficilement à l'état neutre.

Caprate de sodium, $C^{10}H^{19}O^2.Na$. — Il se dissout facilement dans l'eau. Lorsqu'on évapore à siccité sa solution aqueuse, il reste sous la forme d'une masse cornée, en partie cristalline à la surface. L'alcool absolu le dissout à chaud en formant un liquide opalin.

Caprate d'argent, $C^{10}H^{19}O^2.Ag$. — C'est un sel blanc, insoluble dans l'eau froide et légèrement soluble dans l'eau bouillante, d'où il se dépose, par le refroidissement, sous la forme de petites aiguilles. Telle est du moins l'opinion de Rowney. Suivant Georgey, au contraire, la solution devient laiteuse en se refroidissant et dépose un précipité caillebotté. L'alcool bouillant le dissout mieux que l'eau, mais il prend une teinte foncée en le dissolvant. L'ammoniaque le dissout aisément. Cette solution ammoniacale, abandonnée à l'évaporation spontanée, dépose un sel cristallin. Le caprate d'argent humide noircit promptement à la lumière. Le sel sec ne s'altère pas.

Caprate de baryum, $(C^{10}H^{19}O^2)^2Ba''$. — Il est presque insoluble dans l'eau froide et assez soluble dans l'eau bouillante. Par le refroidissement de cette dernière solution, il se dépose en groupes d'aiguilles ou en gros cristaux prismatiques.

Les cristaux qui se forment au sein d'une solution alcoolique ont souvent une assez belle dimension. Une fois desséché, le caprate de baryum non-seulement ne se dissout plus dans l'eau, mais même il nage à la surface de ce liquide sans en être mouillé. Il suffit de l'humecter avec un peu d'alcool pour lui rendre sa solubilité dans l'eau. Il ne renferme pas d'eau de cristallisation.

Caprate de calcium, $(C^{10}H^{19}O^2)^2Ca''$. — C'est une poudre blanche, insoluble, qui se précipite lorsqu'on mêle des solutions aqueuses de caprate d'ammonium et de chlorure de calcium. Il se dissout dans l'eau bouillante plus difficilement que le sel barytique et cristallise en belles lames éclatantes.

Caprate de magnésium, $(C^{10}H^{19}O^2)^2Mg''$ (à 100°). — Il ressemble au sel de chaux.

Caprate de cuivre. — Il est insoluble dans l'eau et l'alcool, mais soluble dans l'ammoniaque.

Caprate de plomb. — C'est une poudre blanche et amorphe qui se précipite lorsqu'on mélange des solutions aqueuses de caprate ammonique et d'acétate plombique. Il est très-peu soluble dans l'alcool bouillant. Sa solution alcoolique le dépose, en se refroidissant, sous la forme de petits grains arrondis.

Éthers capriques. — *Caprate d'éthyle,*

$$C^{10}H^{19}O^2.(C^2H^5)$$

[Rowney, *loc. cit.*, 1851]. — On obtient ce corps en saturant de gaz acide chlorhydrique sec une solution d'acide caprique dans l'alcool absolu. Le caprate d'éthyle se sépare sous forme huileuse quand on ajoute de l'eau au produit brut de la réaction.

Cet éther a une densité de 0,862. Il est insoluble dans l'eau froide, mais facilement soluble dans l'alcool et l'éther. L'ammoniaque le convertit en capramide.

Capramide, $C^{10}H^{19}O.H.H.Az$ (Syn. *Caprinamide*) [Rowney, *loc. cit.*, 1851]. — On donne ce nom à l'amide primaire de l'acide caprique, qui prend naissance lorsqu'on fait agir l'ammoniaque liquide concentrée sur l'éther caprique. Lorsque ce corps a été purifié par cristallisation dans l'alcool, il forme des écailles cristallines incolores et brillantes qui possèdent un éclat soyeux lorsqu'elles sont sèches. La capramide est insoluble dans l'eau et dans l'ammoniaque aqueuse, mais elle se dissout très-facilement dans l'alcool. A. N.

CAPRIQUE (ALCOOL), $C^{10}H^{22}O$ [Borodin, *Bull. de l'Acad. de Saint-Pétersbourg*, t. VII; *Journ. für prakt. Chem.*, 1864, t. XCVIII, n° 23, p. 425, 1864; *Bull. de la Soc. chim.* (nouv. sér.), t. IV, p. 52, 1865]. — Ce corps prend naissance en même temps qu'un autre composé $C^{10}H^{18}O$, de la soude caustique, du valérate de sodium et de l'alcool amylique, lorsqu'on traite par l'eau le produit de l'action du sodium sur l'aldéhyde valérique. Cette dernière action s'accompagne d'un dégagement d'hydrogène. Les propriétés de l'alcool caprique n'ont pas été étudiées.

CAPRIQUE (ALDÉHYDE), $C^{10}H^{20}O$. — L'aldéhyde correspondant à l'acide caprique n'a pas été obtenue d'une manière certaine. On avait d'abord supposé, d'après les travaux de Gerhardt [*Ann. de Chim. et de Phys.*, (3), t. XXIV, p. 96] et ceux de Wagner [*Journ. für prakt. Chem.*, t. XLVI, p. 155; t. LII, p. 48], qu'elle était le principe le plus abondant de l'essence de rue; mais d'après Gr. Williams, cette essence serait l'aldéhyde *ruodique* $C^{11}H^{22}O$ [*Phil. trans.*, 1858, p. 199]. Hallwachs a confirmé les vues de Gr. Williams, au moins quant à la composition centésimale de l'huile de rue, mais il soutient que ce corps n'est point une aldéhyde [*Ann. der Chem. u. Pharm.*, t. CXIII, p. 107]. Au contraire, d'expériences plus récentes de Wagner il semble résulter que l'essence de rue est réellement l'aldéhyde caprique et forme avec l'ammoniaque un composé qui, traité par l'acide sulfhydrique, donne l'aldéhyde thiocaprique $C^{30}H^{61}S^2Az$, et qui, sous l'influence de l'acide chlorhydrique, fournit un composé homologue de l'alanine [*Handw. der Chem.*, (2), *Aufl.*, (2), t. II, p. 741]. — Voyez Rue (essence de). A. N.

CAPROÏQUE (ACIDE), $C^6H^{12}O^2$. — [Chevreul, *Ann. de Chim. et de Phys.*, 1818, (2), t. XXIII, p. 22, *Recherches sur les corps gras*, p. 134 et 209; — Lerch, *Ann. der Chem. u. Pharm.*, t. XLIX, p. 220; — Fehling, *ibid.*, t. LIII, p. 406;

— Brazier et Gossleth, *ibid.*, t. LXXV, p. 249, et *Quart. Journ. of the chem. Society*, t. III, p. 210; — Iljenko et Laskowski, *Ann. der Chem. u. Pharm.*, t. LV, p. 78; — Tilley, *ibid.*, t. LXVII, p. 108; — Redtenbacher, *ibid.*, t. LIX, p. 41; — Schneider, *ibid.*, t. LXX, p. 112; — Arzbaecher, *ibid.*, t. LXXIII, p. 203; — Guckelberger, *ibid.*, t. LXIV, p. 39; — Frankland et Kolbe, *ibid.*, t. LXIX, p. 303; — Joss, *Journ. für prakt. Chem.*, t. IV, p. 375; — Wurtz, *Ann. de Chim. et de Phys.*, 1857, (3), t. LI, p. 358; — Kraut, *Ann. der Chem. u. Pharm.*, t. CIII (nouv. sér., t. XXVII), p. 29, et *Ann. de Chim et de Phys.*, t. LII, p. 109; — Chautard, *Compt. rend. de l'Acad.*, t. LVIII, p. 639, et *Bull. de la Soc. chim.*, 1864, (2), t. II, p. 56; — Bechamp, *Compt. rend. de l'Acad.*, t. LVIII, p. 135; *Bull. de la Soc. chim.*, (2), t. II, p. 56, et Gautier, *Communication verbale*; — Rossi, *Ann. der Chem. u. Pharm.*, 1865, t. CXXXIII, p. 176, et *Bull. de la Soc. chim.*, (2), t. IV, p. 130; — Harnitz-Harnitzky, *Bull. de la Soc. chim.*, 1865, (2), t. III, p. 363; — Frankland et Duppa, *Compt. rend. de l'Acad.*, 1865, t. LX, p. 853, et *Bull. de la Soc. chim.*, (2), t. IV, p. 209].

État naturel; modes de formation. — L'acide caproïque existe, soit à l'état d'éther glycérique, soit à l'état de liberté dans le beurre de vache et de chèvre, et dans l'huile de coco (Chevreul). On l'a également trouvé dans le fromage de Limburg (Iljenko et Laskowski), et dans certains calculs vésicaux de l'homme (Joss).

Il prend naissance dans la métamorphose d'un grand nombre de corps organiques. C'est ainsi qu'il se produit lorsqu'on fait agir l'acide azotique sur l'hydrure d'œnanthyle, l'aldéhyde œnanthylique (Tilley), l'acide oléique (Redtenbacher), la partie la plus volatile de la distillation de l'huile de navet (Schneider); lorsqu'on soumet à l'action de l'acide chromique, l'huile de pavot (Arzbaecher); par la distillation de la caséine avec un mélange d'acide sulfurique dilué et de peroxyde de manganèse (Guckelberger); par l'ébullition du cyanure d'amyle avec la potasse (Frankland et Kolbe), et par l'action de l'hydrate de potassium sur l'hydrate d'hexyle.

On a trouvé en outre l'acide caproïque dans l'eau putréfiée du Hahnbach, petite rivière du Hanovre, affluent de la Widau (Kraut), où il résulte de la décomposition d'autres substances organiques que cette eau renferme à l'état frais, dans les fruits du *Gingko biloba* (Béchamp, Gautier).

Enfin l'acide caproïque a été préparé synthétiquement par M. Harnitz-Harnitzky, qui l'a obtenu en faisant agir l'oxychlorure de carbone sur l'hydrure d'amyle et soumettant à l'action de l'eau le chlorure obtenu :

$$(CO)''\left\{\begin{matrix}Cl\\Cl\end{matrix}\right. + C^5H^{12} = (CO)''\left\{\begin{matrix}Cl\\C^5H^{11}\end{matrix}\right. + HCl,$$

Chlorure de carbonyle. Hydrure d'amyle. Chlorure de caproyle. Acide chlorhydrique.

$$(CO)''\left\{\begin{matrix}Cl\\C^5H^{11}\end{matrix}\right. + \left.\begin{matrix}H\\H\end{matrix}\right\}O = (CO)''\left\{\begin{matrix}OH\\C^5H^{11}\end{matrix}\right. + HCl.$$

Chlorure de caproyle. Acide caproïque. Acide chlorhydrique.

MM. Frankland et Duppa l'ont également obtenu synthétiquement à l'état d'éther, en faisant réagir l'iodure d'éthyle sur l'éther disodacétique.

$$C\left\{\begin{matrix}C\left\{\begin{matrix}Na\\Na\\H\end{matrix}\right.\\O\\OC^2H^5\end{matrix}\right. + 2C^2H^5I = 2NaI + C\left\{\begin{matrix}C\left\{\begin{matrix}C^2H^5\\C^2H^5\\H\end{matrix}\right.\\O\\OC^2H^5\end{matrix}\right.$$

Disodacétate d'éthyle. Iodure d'éthyle. Iodure de sodium. Éther caproïque (diéthacétique).

Il n'est pas certain toutefois que l'acide caproïque obtenu par M. Frankland soit identique avec l'acide caproïque ordinaire; il est même probable que ces deux corps sont isomères. L'acide ordinaire paraît en effet formé par une chaîne continue d'atomes de carbone, liés chacun à un ou à deux autres atomes de carbone au plus, tandis que l'acide de MM. Frankland et Duppa renferme un atome de carbone qui est lié à trois autres atomes du même métalloïde, comme cela ressort de la formule ci-dessus.

Préparation. — 1° ***Au moyen du beurre de vache ou de chèvre.*** — On extrait la partie la plus liquide en faisant fondre ce dernier et en le maintenant ensuite à une température de 19°; les parties les moins liquéfiables se solidifient et permettent de décanter les parties liquides, sur lesquelles on réitère la même opération; on obtient ainsi un liquide huileux qu'on saponifie par quatre fois son poids de potasse caustique.

Le savon est précipité par le sel marin, dissous dans l'eau et additionné d'une solution d'acide tartrique suffisante pour neutraliser la potasse; la liqueur est ensuite distillée jusqu'à ce qu'elle ne passe plus acide. Le produit distillé renferme des acides butyrique, caproïque, caprylique et caprique, qu'on sature par l'eau de baryte.

La solution des sels barytiques étant évaporée à siccité, on reprend le résidu par 5 à 6 p. d'eau, qui suffisent pour dissoudre le caproate et le butyrate de baryum et laissent le caprylate et le caprate à l'état insoluble. La liqueur, convenablement évaporée, se prend par le refroidissement en une bouillie de longues aiguilles soyeuses, dont on sépare le butyrate par la presse. Si la concentration était trop avancée, le butyrate pourrait se déposer en partie, mais on le reconnaîtrait facilement parce qu'il cristallise en lamelles nacrées.

Le caproaque butyrique, purifié par plusieurs cristallisations, est bien desséché, puis abandonné pendant 24 heures dans un vase cylindrique, haut et étroit, avec de l'acide sulfurique étendu de son poids d'eau, en évitant d'employer cet acide en excès; l'acide caproïque se sépare alors sous forme huileuse, on le décante, on le dessèche sur du chlorure de calcium et on le rectifie par la distillation.

2° *Au moyen de l'huile de coco.* — M. Fehling trouve l'huile de coco plus avantageuse que le beurre pour la préparation de cet acide. Il la saponifie par une lessive de soude de 1,12 au moins de densité et distille la solution ainsi obtenue dans un alambic, avec de l'acide sulfurique étendu, en poussant aussi rapidement qu'on le peut cette opération pour diminuer les pertes. La liqueur qui distille renferme de l'acide caproïque et de l'acide caprylique qu'on sépare en mettant à profit la différence de solubilité de leurs sels de baryte.

Suivant M. Chiozza, le meilleur moyen pour séparer le caproate du caprylate de baryum consiste à traiter le mélange de ces sels par l'alcool, qui dissout aisément le caproate et ne dissout presque pas de caprylate. On purifie le caproate par plusieurs cristallisations.

3° ***Au moyen du cyanure d'amyle.*** — Cette méthode est celle de MM. Kolbe et Frankland. MM. Brazier et Gossleth conseillent d'opérer comme il suit : On distille 1 p. de cyanure de potassium avec 3 p. d'amyl-sulfate potassique et l'on recueille à part ce qui passe entre 130° et 150°; on fait bouillir le liquide avec une solution alcoolique de potasse dans un appareil à reflux jusqu'à ce qu'il ne se dégage plus d'ammoniaque, puis on chasse l'alcool par la distillation et l'on reprend le résidu par l'eau; la solution, convenablement évaporée, donne, par le refroidissement, des cristaux de caproate de potassium. On retire l'acide caproïque de ce sel en décomposant ce dernier par l'acide sulfurique étendu, et on purifie le produit par la distillation en recueillant principalement ce qui passe vers 198°; les parties qui bouillent plus haut renferment du caproate d'amyle.

M. Wurtz a modifié cette méthode : il prépare le cyanure d'amyle en faisant bouillir, dans un appareil à reflux, la masse noire qui provient de la calcination du ferrocyanure potassique avec 4 ou 5 fois son poids d'alcool et une quantité d'iodure d'amyle insuffisante pour décomposer la totalité du cyanure de potassium; on continue l'ébullition jusqu'à ce que la décomposition de l'iodure d'amyle soit complète, ce que l'on reconnaît aisément en faisant brûler une goutte de liquide sous un verre humide renversé, et ajoutant dans le verre une solution aqueuse d'azotate d'argent, qui ne doit donner aucun trouble. Quand la réaction est achevée, on précipite par l'eau la liqueur alcoolique préalablement filtrée, et l'on fait bouillir avec une solution alcoolique de potasse l'huile qui se précipite. Dès qu'il ne se dégage plus d'ammoniaque, on distille l'alcool et l'on extrait l'acide caproïque du caproate potassique, comme il a été dit plus haut.

Propriétés. — L'acide caproïque que l'on prépare au moyen de l'huile de coco ou du beurre de vache est inactif. Celui que l'on obtient par le cyanure d'amyle présente au contraire une action sur la lumière polarisée : pour une longueur de 200 millimètres, il fait éprouver au rayon rouge une déviation de 2°43 (Wurtz). Il est très-probable que si l'on opérait sur l'éther cyanhydrique de l'alcool amylique inactif, on obtiendrait l'acide caproïque ordinaire. L'acide caproïque actif ne se distingue en effet de son isomère par aucune propriété autre que son pouvoir rotatoire. M. Rossi s'est assuré de l'identité parfaite qui existe entre ses dérivés et ceux de l'acide qui résulte de l'action des bases sur le cyanure d'amyle.

L'acide caproïque est une huile claire, mobile, d'une densité de 0,931 à 15°; son odeur rappelle celle de la sueur; sa saveur est acide et pénétrante. L'eau le dissout peu, mais il se dissout complétement dans l'alcool absolu. L'acide actif bout à 198° et se solidifie à — 9°; l'acide inactif bout entre 202° et 209°, mais il est probable que ce point d'ébullition un peu élevé tient à un mélange d'acide caprylique.

A froid, l'acide caproïque se dissout dans l'acide sulfurique sans éprouver aucune modification; l'eau le sépare de cette solution. Une solution concentrée de caproate de potassium, soumise à l'action d'un courant voltaïque produit par 6 éléments Bunsen, s'électrolyse de la même manière qu'une solution de valérate ou d'acétate potassique; une huile vient nager à la surface du liquide. Cette huile est un mélange d'amyle $(C^5H^{11})^2$ et d'un autre corps qui paraît être du caproate d'amyle résultant d'une décomposition secondaire (Brazier et Gossleth).

$$2\left[(CO)''\begin{cases}OK\\C^5H^{11}\end{cases}\right]+H^2O$$

Caproate de potassium. Eau.

$$=(CO)''\begin{cases}OK\\OK\end{cases}+(CO)''O+H^2+(C^5H^{11})^2.$$

Carbonate potassique. Anhydride carbonique. Hydrogène. Diamyle.

Quand l'expérience est faite avec l'acide caproïque actif, le diamyle obtenu est actif (Wurtz).

Caproates métalliques. — L'acide caproïque est monoatomique et monobasique. Ceux de ses sels qui renferment un métal monoatomique se représentent par la formule générale

$$C^6H^{11}O.OK=C^6H^{11}O^2.K.$$

Ils ont une odeur semblable à celle de l'acide caproïque. Lorsqu'on mélange un caproate avec de l'acide sulfurique étendu, l'acide caproïque vient surnager sous forme huileuse.

Caproate de potassium, $C^6H^{11}O^2.K$ (à 100°). — On l'obtient en saturant à chaud le carbonate de potassium par de l'acide caproïque aqueux; la liqueur, abandonnée à l'évaporation spontanée, finit par se prendre en une gelée transparente, qui devient opaque par la chaleur.

Caproate de sodium, $C^6H^{11}O^2.Na$ (à 100°). — On le prépare, comme le sel de potasse, par l'évaporation spontanée; sa solution se prend en une masse blanche.

Caproate d'ammonium. — C'est un sel cristallin qu'on prépare en faisant absorber du gaz ammoniac sec par de l'acide caproïque; sous l'influence d'un excès d'ammoniaque, il se liquéfie.

Caproate d'argent, $C^6H^{11}O^2.Ag$. — Ce sel peut être obtenu par double décomposition, sous la forme d'un précipité blanc et caillebotté. Il se dissout moins dans l'eau que le butyrate correspondant et ne peut pas être obtenu cristallisé; c'est au moins l'opinion de Lerch. Suivant MM. Frankland et Kolbe, au contraire, le sel dissous dans beaucoup d'eau bouillante se déposerait, par le refroidissement, sous la forme de grosses lames insensibles à l'action de la lumière et de la chaleur.

Caproate de baryum, $(C^6H^{11}O^2)^2Ba''$. — Nous avons déjà vu, en nous occupant de la préparation de l'acide, comment on obtient ce sel. Il cristallise à 30° en aiguilles; mais par l'évaporation spontanée à 18° il se forme aussi des cristaux lamellaires, disposés en crête de coq, et qui ont la forme de lames hexagones. Ces cristaux se ternissent à l'air et deviennent d'un blanc de lait, en perdant leur eau de cristallisation probablement. Ce caractère les distingue des lamelles semblables que donne le butyrate barytique. Ces dernières, en effet, conservent leur éclat lorsqu'on les expose à l'air.

Le caproate de baryum se dissout dans 12,46 p. d'eau à 10°,5 et dans 12,5 p. d'eau à 20°. Il fond à une douce chaleur. Soumis à la distillation sèche, il donne des carbures d'hydrogène gazeux et un liquide qui bout entre 120° et 170°; ce liquide paraît être un mélange d'hydrure d'amyle et de caproylure d'amyle (caprone).

Quelquefois, dans la cristallisation du sel de baryum fourni par les acides volatils qui proviennent de la saponification du beurre de vache, on obtient un butyro-acétate de baryum, que M. Lerch a pris pour le sel d'un acide particulier, l'acide vaccinique. Ce sel double se dépose en petits mamelons, gros comme une noix, formés de petits prismes accolés. Il renferme de l'eau de cristallisation qu'il perd à l'air et présente une odeur de beurre rance; lorsque l'eau de cristallisation est entièrement éliminée et que le sel a perdu son odeur, il suffit de le redissoudre dans l'eau pour le dédoubler en butyrate et caproate qui affectent chacun leur forme ordinaire. On ignore dans quelles conditions ce sel double prend naissance, ce qui fait qu'on ne peut pas l'obtenir à volonté.

Caproate de strontium, $(C^6H^{11}O^2)^2Sr''$ (à 100°). — Il est soluble dans 11,05 p. d'eau à 10°. Cristallisé, il se présente en lames transparentes qui deviennent opaques à l'air; exposé à l'action de la chaleur, il fond en émettant une odeur de labiées.

Caproate de calcium. — Il forme des lames carrées, brillantes, qui sont solubles dans 49 p. d'eau à 14° et qui fondent en émettant la même odeur que le sel précédent.

Éthers caproïques. — *Caproate de méthyle*,

$$C^7H^{14}O^2=C^6H^{11}O^2.CH^3$$

(Fehling). — Pour l'obtenir, on dissout 2 p. d'acide caproïque dans 2 p. d'esprit de bois, on ajoute à la dissolution 1 p. d'acide sulfurique concentré, on chauffe légèrement le mélange et l'on y ajoute de l'eau ; l'éther vient surnager. On le décante, on le lave à l'eau et on le dessèche sur du chlorure de calcium.

Le caproate de méthyle est liquide, il bout à 150°; sa densité à l'état liquide est de 0,8977 à 18°; sa densité de vapeur de 4,623 (66,73 par rapport à H). Son odeur est semblable à celle des caproates métalliques.

Caproate d'éthyle, $C^8H^{16}O^2 = C^6H^{11}O^2.C^2H^5$. — On se le procure en distillant un mélange de caproate de baryum, d'alcool et d'acide sulfurique. C'est une huile limpide, dont l'odeur rappelle celle du butyrate d'éthyle. Il bout à 162° (Fehling), à 120° (Lerch). Sa densité à l'état liquide est de 0,882; sa densité de vapeur de 4,965 (71,67 par rapport à H).

Caproate d'amyle, $C^{11}H^{22}O^2 = C^6H^{11}O^2.C^5H^{11}$ (Brazier et Gossleth). — Cet éther a été obtenu comme produit accessoire dans la préparation de l'acide caproïque par l'action de la potasse alcoolique sur le cyanure d'amyle.

Lorsqu'on neutralise par le carbonate potassique l'acide caproïque brut qui résulte de cette réaction, cet éther se sépare sous la forme d'une couche huileuse; on le dessèche sur du chlorure de calcium et on le rectifie jusqu'à ce que son point d'ébullition soit constant.

C'est une huile volatile à 211°, amère, et plus légère que l'eau, dans laquelle elle est insoluble. L'alcool et l'éther la dissolvent en toutes proportions; une solution alcoolique de potasse la saponifie à l'ébullition. A. N.

CAPROIQUE (ALDÉHYDE), $C^6H^{12}O$ (Syn. Hydrure de caproyle) [Brazier et Gossleth, 1850, *Ann. der Chem. u. Pharm.*, t. LXXV, p. 256; — Rossi, *Ann. der Chem. u. Pharm.*, t. CXXXIII, p. 176, février 1865, et *Bull. de la Soc. chim.*, (2), t. IV, p. 130, 1865]. — Brazier et Gossleth ont entrevu ce corps dans l'huile brute que l'on obtient par la distillation sèche du caproate de baryum, mais ne l'ont jamais obtenu pur. M. Rossi, au contraire, a préparé l'aldéhyde caproïque à l'état de pureté en distillant le caproate de calcium avec du formiate du même métal. Le liquide obtenu donne, avec le bisulfite sodique, un composé cristallisable qui abandonne de l'hydrure de caproyle $C^6H^{12}O$ lorsqu'on le traite par les carbonates alcalins.

L'aldéhyde caproïque est un liquide aromatique volatil à 121°. La solution acétique, soumise à l'action de l'amalgame de sodium, donne l'alcool hexylique $C^6H^{14}O$ qui, convenablement purifié, bout à 150° et constitue un liquide incolore dont l'odeur rappelle celle de l'alcool amylique. M. Rossi s'est assuré que cet alcool est absolument identique avec celui que M. Faget a retiré des eaux-de-vie de marc et avec celui que MM. Pelouze et Cahours ont décrit dans leur travail sur les pétroles d'Amérique.

Comme M. Rossi avait opéré avec l'acide caproïque provenant du cyanure d'amyle, les expériences prouvent l'identité de cet acide avec l'acide caproïque naturel. A. N.

CAPROÏQUE (ANHYDRIDE), $(C^6H^{11}O)^2O$ [Chiozza, *Compt. rend.*, t. XXXVI, p. 630; *Ann. de Chim. et de Phys.*, (3), t. XXXIX, p. 206]. — Pour obtenir l'anhydride caproïque, Chiozza soumet le caproate de baryum à l'action de l'oxychlorure de phosphore. L'opération doit être faite dans un ballon afin d'éviter la volatilisation d'une partie du produit. La masse s'échauffe d'elle-même, mais il est nécessaire d'achever la réaction en chauffant légèrement. Le mélange devient alors tout à fait pâteux. On l'épuise par de l'éther bien exempt d'alcool qui dissout l'anhydride caproïque et un peu d'acide caproïque, on traite la liqueur éthérée par une lessive faible de potasse caustique destinée à dissoudre l'acide caproïque, on la lave à l'eau, on la dessèche sur du chlorure de calcium et l'on évapore l'éther au bain-marie. L'anhydride caproïque reste comme résidu.

L'anhydride caproïque ainsi préparé se présente sous la forme d'une huile plus légère que l'eau et parfaitement neutre aux papiers réactifs. Son odeur ressemble à celle de l'acide caprylique anhydre et rappelle en même temps le beurre de coco.

Quand on chauffe cet anhydride à l'air libre, il se volatilise en laissant un faible résidu charbonneux. Ses vapeurs sont aromatiques.

Il s'acidifie promptement à l'air humide. Les solutions alcalines bouillantes le transforment très-promptement en caproate alcalin. A. N.

CAPRONE, ou Acétone caproïque, ou Caproylure d'amyle, $C^{11}H^{22}O = C^6H^{11}O.C^5H^{11}$ [Brazier et Gossleth, *Ann. der Chem. u. Pharm.*, t. LXXV, p. 206, 1850]. — On obtient ce corps dans la distillation sèche du caproate de baryum :

$$\left[(CO)'' \begin{cases} C^5H^{11} \\ O \end{cases}\right]^2 Ba''$$

Caproate de baryum.

$$= \underset{\text{Carbonate barytique}}{(CO)''.Ba''.O^2} + \underset{\text{Caprone.}}{(CO)'' \begin{cases} C^5H^{11} \\ C^5H^{11}. \end{cases}}$$

On dessèche sur du chlorure calcique le produit huileux de cette distillation et on le rectifie en recueillant seulement ce qui passe entre 160° et 170°, après un certain nombre de rectifications. Le point d'ébullition se fixe d'une manière constante à 165°. Les portions les plus volatiles paraissent contenir de l'hydrure de caproyle.

La caprone est une huile incolore, d'une odeur particulière, plus légère que l'eau dans laquelle elle refuse de se dissoudre. L'alcool et l'éther la dissolvent. Elle bout à 164° et brunit à l'air.

L'acide azotique concentré l'attaque même à froid en dégageant des vapeurs rouges; si l'on neutralise le produit par le carbonate potassique, il se produit une huile aromatique insoluble, tandis qu'il se dissout le sel potassique d'un acide particulier, l'*acide nitrovalérique*. A. N.

CAPROYLE, $C^6H^{11}O = C^5H^{11}.CO$. — Radical de l'acide caproïque, $C^6H^{11}O.OH$. Le radical hexyle (C^6H^{13}) a été quelquefois appelé caproyle.

CAPRYLAMIDE, $C^8H^{15}O.AzH^2$. — Ce corps n'a pas encore été préparé; mais la matière huileuse qu'a obtenue M. Chiozza dans la réaction de l'anhydride caprylique sur l'aniline représente probablement la phényl-caprylamide ou caprylanilide, $C^8H^{15}O.C^6H^5.HAz$.

CAPRYLE, $C^8H^{15}O = C^7H^{15}.CO$. — Radical des combinaisons capryliques. On a aussi donné ce nom au radical C^8H^{17} de l'alcool caprylique ou octylique. Pour éviter toute confusion, nous préférons, à l'instar de Gerhardt, désigner ce dernier radical sous le nom d'*octyle*.— Voyez Octyle.

CAPRYLIQUE (ACIDE),

$$C^8H^{16}O^2 = C^8H^{15}O.OH$$

[Lerch, 1844, *Ann. der Chem. u. Pharm.*, t. XLIX, p. 223; — Fehling, *Ann. der Chem. u. Pharm.*, t. LIII, p. 399]. — L'acide caprylique s'extrait par la saponification du beurre de vache ou de chèvre, de l'huile de coco et de quelques autres matières grasses odorantes, dans lesquelles il est contenu à l'état de glycéride, comme ses homologues les acides butyrique, caproïque et rutique. Comme ces derniers, il peut prendre naissance par l'action de l'acide azotique sur beaucoup de substances grasses. On l'a trouvé dans le fromage.

M. Chevreul conseille le procédé suivant pour extraire cet acide du beurre ou, plus exactement, de la partie liquide qu'on peut séparer du beurre au moyen de la presse [*Rech. sur les corps gras*, p. 134 et 209; — *Ann. de Chim. et de Phys.*, (2), t. XXIII, p. 22]. A cet effet, on fond le beurre et on le maintient à la température de 60°, afin de laisser déposer les impuretés; on le décante ensuite dans un vase contenant de l'eau chaude avec laquelle on l'agite pendant quelque temps. Quand le beurre est figé, on le sépare de l'eau, on le soumet pendant quelque temps à une température de 16° à 19°. Les parties les moins liquéfiables, stéarine, palmitine, se solidifient alors peu à peu et il devient possible d'en séparer les parties liquides qui renferment, en plus grande abondance, les glycérides des acides volatils. En répétant plusieurs fois la même opération, on finit par obtenir une huile qu'on saponifie par 4 fois son poids de potasse caustique.

On précipite le savon par du sel marin et on le distille avec de l'eau additionnée d'acide tartrique en poussant la distillation jusqu'à ce que le liquide qui passe ne soit plus acide. On obtient ainsi une liqueur qui renferme des acides butyrique, caproïque, caprylique et rutique, acides dont une petite quantité indissoute vient même nager à la surface de la solution sous forme de gouttes huileuses.

La solution étant saturée par de la baryte, on l'évapore à siccité au bain-marie et on reprend le résidu par 5 ou 6 fois son poids d'eau bouillante qui dissout la totalité du butyrate et du caproate et laisse la plus grande partie du caprylate et du rutate. On traite ce résidu par une nouvelle quantité d'eau bouillante, de manière à le dissoudre complétement, et l'on filtre le liquide bouillant. D'après M. Lerch, le liquide se remplit alors de paillettes de rutate barytique que l'on sépare par le filtre. L'eau mère réduite au quart de son volume donne une nouvelle cristallisation de ce même sel que l'on peut obtenir par plusieurs cristallisations. Les dernières eaux mères renferment le caprylate de baryum et abandonnent ce sel en petits grains ou en mamelons par l'évaporation spontanée.

L'huile de coco est plus avantageuse que le beurre, parce qu'elle ne donne que deux acides volatils, l'acide caproïque et l'acide caprylique. Suivant M. Fehling, pour extraire l'acide caprylique de cette huile, on la saponifie par une lessive de soude bouillante; on distille le savon dans un alambic avec de l'acide sulfurique étendu et l'on sature le produit de la distillation au moyen de l'eau de baryte. Cette solution convenablement évaporée laisse déposer du caprylate barytique pur en se refroidissant. Si on la concentre au contraire à une température un peu inférieure à son point d'ébullition, il se forme à sa surface une couche qui est un mélange des deux sels [Chiozza, *Ann. de Chim. et de Phys.*, (3), t. XXXIX, p. 203].

Pour obtenir l'acide caprylique libre, on décompose son sel de baryum pur par un acide étendu. L'acide huileux qui vient surnager l'eau est décanté et rectifié.

L'acide caprylique fond à 14-15° et s'il se refroidit lentement, il forme des feuillets semblables aux cristaux de cholestérine. Il bout à 236°; toutefois ce point finit par s'élever à 240°. L'eau le dissout peu; 100 p. d'eau bouillante n'en dissolvent que 0,25 p. Sa densité à l'état liquide est de 0,99 à 20°. Sa densité de vapeur égale 5,31 à 270° (76,65 par rapport à l'hydrogène); la théorie exigerait 4,98 (ou 72 par rapport à l'hydrogène).

L'acide caprylique est fort soluble dans l'alcool et l'éther.

Lorsqu'on distille l'acide caprylique avec un excès de chaux potassée, il passe des hydrocarbures gazeux, en même temps que des hydrocarbures liquides, homologues du gaz oléfiant [Cahours, *in* Gerhardt, *Traité de Chim. organique*, t. II, p. 741].

CAPRYLATES. — L'acide caprylique est un acide monobasique. La formule générale de ses sels est $C^8H^{15}O.OM'$ lorsque le métal est lui-même monoatomique. Les caprylates alcalins sont fort solubles dans l'eau, les autres caprylates sont au contraire ou peu solubles ou tout à fait insolubles. Les acides minéraux en séparent l'acide caprylique sous la forme d'une huile épaisse qui vient nager à la surface du mélange.

CAPRYLATE DE BARYUM, $(C^8H^{15}O^2)^2Ba''$. — Ce sel se dépose par le refroidissement de ses solutions aqueuses, saturées et bouillantes en petites lames brillantes d'un éclat gras. Par l'évaporation spontanée de ses solutions, il se dépose au contraire en grains petits et blancs. 100 p. d'eau en dissolvent 2 p. à 100° et seulement 0,793 à 10°. Ce sel est tout à fait insoluble dans l'alcool et dans l'éther. Il est anhydre et peut supporter une température de 100° sans s'altérer.

CAPRYLATE DE PLOMB, $(C^8H^{15}O^2)^2Pb''$. — Il est blanc, peu soluble dans l'eau, inaltérable à l'air et fusible au-dessous de 100°. On l'obtient en précipitant un caprylate alcalin par l'acétate de plomb.

CAPRYLATE D'ARGENT, $C^8H^{15}O^2.Ag$. — C'est un précipité blanc presque insoluble dans l'eau.

CAPRYLATE DE SODIUM, $C^8H^{15}O^2.Na$. — C'est un sel incristallisable.

CAPRYLATE DE POTASSIUM, $C^8H^{15}O^2.K$. — Il est incristallisable comme son congénère sodique.

ÉTHERS CAPRYLIQUES. — Ils représentent des caprylates à base de radicaux alcooliques. On n'en connaît que deux, le caprylate de méthyle et le caprylate d'éthyle.

CAPRYLATE DE MÉTHYLE, $C^8H^{15}O^2.CH^3$. — On obtient cet éther en abandonnant à lui-même un mélange de 1 p. d'acide caprylique, 1 p. d'alcool méthylique et 1/2 p. d'acide sulfurique. Le liquide se trouble et, au bout de quelques heures, l'éther s'en sépare. On le lave avec de l'eau et on le dessèche sur du chlorure de calcium. C'est un corps huileux, très-aromatique. Sa densité à l'état liquide est 0,882, à l'état de vapeur elle est 5,48 pour la température de 244° (79 par rapport à l'hydrogène).

CAPRYLATE D'ÉTHYLE, $C^8H^{15}O^2.C^2H^5$. — On le prépare comme le caprylate de méthyle en substituant dans sa préparation l'alcool ordinaire à l'esprit de bois.

Il est incolore, fluide, d'une odeur agréable, semblable à celle des ananas; il bout à 214°. Sa densité à l'état liquide est de 0,8738 à 15°, à l'état de vapeur elle a été trouvée égale à 6,10 pour la température de 240° (88 par rapport à l'hydrogène).

DÉRIVÉS DE SUBSTITUTION DE L'ACIDE CAPRYLIQUE. — On a préparé un produit de substitution nitré de l'acide caprylique. Ce produit est un des rares composés de substitution nitrés qui appartiennent à la série grasse.

ACIDE NITROCAPRYLIQUE,

$$C^8H^{15}AzO^4 = C^8H^{14}(AzO^2)O.OH$$

[Wirz, *Ann. der Chem. u. Pharm.*, t. CIV, p. 289]. — On obtient ce corps en soumettant à une ébullition prolongée dans de l'acide azotique les acides gras non volatils de l'huile de coco, acides que l'on se procure en saponifiant l'huile par la potasse, décomposant le savon par l'acide sulfurique et distillant le précipité avec de l'eau jusqu'à ce que celle-ci ne passe plus acide. Il se forme à la fois des acides nitrocaprylique, nitrorutique et subérique. On abandonne ce mélange à lui-même pendant quelque temps. L'acide subérique se dépose en cristaux et il reste un mélange huileux d'acide nitrocaprylique et nitrorutique. Ce mélange est une huile sirupeuse d'un rouge jaunâtre. Son odeur est particulière, sa saveur amère; sa densité égale 1,093 à 18°; l'eau le dissout peu, l'acide azotique le dissout mieux. Chauffé, il noircit et se décompose avec dégagement de vapeurs nitreuses. A une plus haute température, il donne lieu à une légère détonation.

Cette huile neutralise complétement les alcalis. Avec l'ammoniaque, elle donne une solution rouge jaunâtre, et avec la potasse une solution rouge foncé. Évaporée, cette dernière solution laisse un résidu incristallisable. Le sel ammonique donne, avec les sels de baryum, de calcium, de plomb et de cuivre, des précipités floconneux qui se prennent, par l'agitation, en une masse visqueuse.

Le sel d'argent $C^8H^{14}(AzO^2)AgO^2$ se précipite sous la forme de flocons d'un blanc jaunâtre qui se transforment par la dessiccation en une masse d'un gris jaunâtre. A. N.

CAPRYLIQUE (ALCOOL). — Voyez OCTYLIQUE (ALCOOL).

CAPRYLIQUE (ALDÉHYDE), $C^8H^{15}O.H.$ — [Limpricht, *Ann. der Chem. u. Pharm.*, t. XCIII, p. 242; *Quarterly Journ. of the Chem. Soc.*, 1856, t. VIII, p. 155; — Bouis, *Ann. de Chim. et de Phys.*, (3), 1856, t. XLVIII, p. 99; — Stædeler, *Journ. für prakt. Chem.*, t. LXXII, p. 241; — Dachauer, *Ann. der Chem. u. Pharm.*, t. CVI, p. 270].

L'aldéhyde caprylique a été d'abord obtenue par Limpricht dans la distillation du savon d'huile de ricin. Plus tard, Bouis a fait connaître plus exactement les conditions dans lesquelles elle se forme. Enfin Stædeler et ensuite Dachauer ont mis en doute sa nature aldéhydique et ont dit que l'on devait considérer ce corps comme une acétone, le méthyl-œnanthyle

$$C^7H^{13}O.CH^3.$$

D'après M. Bouis, lorsqu'on chauffe le ricinoléate de potasse sans excès d'alcali, il se dégage de l'aldéhyde caprylique (ou méthyl-œnanthyle?), et il reste le sel de potasse d'un nouvel acide

$$C^{10}H^{18}O^2.$$

Lorsque, au contraire, on le distille à une haute température en présence d'un excès d'alcali, il ne se forme que de l'alcool octylique. Dans ce cas, il reste dans la cornue du sébate potassique et il se dégage de l'hydrogène :

$$\underset{\text{Acide ricinoléique.}}{C^{18}H^{34}O^3} = \underset{\text{Aldéhyde caprylique.}}{C^8H^{16}O} + \underset{\text{Nouvel acide.}}{C^{10}H^{18}O^2};$$

$$\underset{\text{Acide ricinoléique.}}{C^{18}H^{34}O^3} + \underset{\text{Potasse.}}{2KHO} = \underset{\text{Sébate potassique.}}{C^{10}H^{16}K^2O^4} + \underset{\text{Alcool octylique.}}{C^8H^{18}O} + \underset{\text{Hydrogène.}}{H^2}.$$

Enfin, si l'on distille le savon d'huile de ricin avec un excès d'alcali, mais à une température n'excédant pas 230°, les deux réactions ont lieu simultanément et le produit distillé renferme alors de l'alcool octylique et de l'aldéhyde caprylique.

M. Malaguti prétend, contrairement aux assertions de M. Bouis, qu'il obtient, tantôt de l'aldéhyde caprylique, tantôt de l'alcool octylique, et toujours de l'acide sébacique. Pour expliquer la formation de ces produits, il propose les équations suivantes :

$$\underset{\text{Acide ricinoléique.}}{C^{18}H^{34}O^3} + \underset{\text{Eau.}}{H^2O} + \underset{\text{Oxygène.}}{O} = \underset{\text{Alcool octylique.}}{C^8H^{18}O} + \underset{\text{Acide sébacique.}}{C^{10}H^{18}O^4};$$

$$\underset{\text{Acide ricinoléique.}}{C^{18}H^{34}O^3} + \underset{\text{Oxygène.}}{O^2} = \underset{\text{Aldéhyde caprylique.}}{C^8H^{16}O} = \underset{\text{Acide sébacique.}}{C^{10}H^{18}O^4}.$$

Stædeler et Dachauer ont également obtenu de l'acide sébacique dans tous les cas.

Quoi qu'il en soit, pour obtenir l'aldéhyde caprylique (ou méthyl-œnanthyle?) pure, on agite le produit de la distillation avec du bisulfite de soude. On comprime dans un linge les cristaux qui se forment pour les débarrasser de l'alcool octylique dont ils sont souillés. On les décompose ensuite par l'eau chaude, et l'huile qui se sépare est recombinée au bisulfite jusqu'à ce que le produit soit pur. On peut aussi laver la combinaison à l'alcool froid qui ne la dissout pas.

L'aldéhyde caprylique (ou méthyl-œnanthyle?) est un liquide incolore dont la densité est de 0,818 à 19°, qui bout à 178° (Limpricht) et à 171° (Bouis) sous la pression ordinaire. Son odeur, assez forte, rappelle la banane; sa saveur est caustique.

Elle est insoluble dans l'eau, soluble dans l'alcool, l'éther et les huiles grasses; elle brûle avec une belle flamme éclairante, sans fumée.

L'aldéhyde caprylique (ou méthyl-œnanthyle?) réduit l'azotate d'argent ammoniacal en donnant un beau miroir métallique; elle ne paraît pas s'oxyder à froid sous l'influence de l'air et même de l'oxygène, mais à chaud elle s'acidifie promptement. M. Bouis n'est cependant pas parvenu à la transformer intégralement en acide caprylique. La réaction de l'oxygène pur sur ce corps, à chaud, est si vive qu'une explosion peut s'ensuivre.

L'acide azotique exerce sur ce composé une action très-vive et donne à peu près les mêmes produits qu'avec l'alcool octylique, c'est-à-dire de l'acide caprylique et d'autres acides gras. La potasse le brunit et le transforme en une matière brune, visqueuse, non volatile.

L'aldéhyde caprylique se combine aux bisulfites alcalins sans élévation de température et forme ainsi des composés insolubles dans un excès du sel alcalin, deux propriétés qui la distinguent de l'œnanthol. Le bisulfite de capryl-sodium contient $(C^8H^{16}O)^2.2NaSO^3.SO^2+2H^2O$. L'eau bouillante suffit à décomposer ces corps.

Chauffée avec le perchlorure de phosphore, l'aldéhyde caprylique donne du chlorure d'octylène ou plutôt du chlorure d'octylidène :

$$\underset{\text{Aldéhyde caprylique.}}{C^8H^{16}O} + PCl^5 = PCl^3O + HCl + \underset{\text{Chlorure d'octylidène.}}{C^8H^{16}Cl^2}.$$

A. N.

CAPRYLIQUE (ANHYDRIDE),

$$C^{16}H^{30}O^3 = \left.\begin{matrix}C^8H^{15}O\\C^8H^{15}O\end{matrix}\right\} O$$

[Chiozza, *Ann. de Chim. et de Phys.*, (3), t. XXXIX, p. 203; *Ann. der Chem. u. Pharm.*, t. LXXXV, p. 229]. — On obtient l'anhydride caprylique en soumettant le caprylate de baryte bien sec à l'action de l'oxychlorure de phosphore; la température s'élève un peu et le mélange se transforme en une masse pâteuse d'une odeur particulière très-fétide. Il est probable que cette odeur est due au chlorure de capryle dont la formation doit nécessairement précéder celle de l'acide anhydre. Elle disparaît en effet lorsqu'on chauffe davantage, et c'est à cette disparition que l'on reconnaît que la réaction est achevée.

On peut exécuter cette opération dans une capsule sans avoir à craindre une perte sensible de matière.

Pour extraire l'acide anhydre de la masse pâteuse, on épuise celle-ci par de l'éther bien exempt d'alcool, et, après avoir traité la solution éthérée par une lessive faible de potasse caustique, on la dessèche sur du chlorure de calcium et on chasse l'éther en distillant au bain-marie.

L'anhydride caprylique est une huile limpide,

assez mobile, grasse au toucher et plus légère que l'eau.

Récemment préparé, il possède une odeur nauséabonde qui a quelque analogie avec celle des fruits du caroubier, et qui devient très-désagréable lorsqu'il commence à s'hydrater.

Sous l'influence de la chaleur il émet des vapeurs irritantes dont l'odeur est plus aromatique que celle de l'huile froide.

Il tache le papier, à la manière de toutes les huiles, et brûle avec une flamme très-éclairante en répandant très-peu de fumée.

Dans un mélange de glace et de sel marin, l'anhydride caprylique se prend en une masse blanche dont la texture cristalline ne devient visible qu'à la loupe. Il reprend la fluidité avant d'avoir atteint la température de 0°.

Au contact de l'aniline, l'anhydride caproïque s'échauffe légèrement et se prend, au bout de quelques jours, en une masse butyreuse. Il est probable que parmi les produits qui résultent de cette réaction se trouve la caprylanilide ou phényl-caprylamide. Il a été toutefois impossible de séparer cette substance à l'état de pureté, à cause de la tendance qu'elle a à conserver l'état liquide lorsqu'elle a été chauffée au-dessus de son point de fusion.

L'anhydride caprylique est inattaquable par l'eau bouillante. Alors même qu'on le distille avec de l'eau, l'odeur du produit n'y dénote pas la présence de l'acide hydraté. Cependant, par un séjour prolongé à l'air humide, il s'hydrate en partie. Une solution potassique de concentration moyenne le convertit aisément en caprylate de potasse avec l'aide de la chaleur.

L'acide caprylique anhydre entre en ébullition à 280°; mais cette température s'élève, à la fin de la distillation, jusqu'à 290°, en même temps que le résidu dans la cornue prend une teinte de plus en plus foncée et se transforme en produits empyreumatiques d'une odeur très-fétide. Les premières portions qui distillent sont limpides comme de l'eau et ne paraissent avoir subi aucune altération. A. N.

CAPRYLONE, $C^{15}H^{30}O$ [Guckelberger, *Ann. der Chem. u. Pharm.*, t. LXIX, p. 201; en extrait, *Compt. rend. des travaux de Chim.*, par Laurent et Gerhardt, 1849, p. 210; *Ann. de Chim. de Millon et Reiset*, 1850, p. 328]. — La caprylone est une acétone et dérive de 2 molécules d'acide caprylique $2(C^8H^{16}O^2)$ par élimination de $CO^2 + H^2O$, comme l'acétone ordinaire dérive de l'acide acétique. M. Guckelberger l'a obtenue en distillant le caprylate de baryte avec un excès de chaux éteinte. Si l'on distillait ce sel sans addition de chaux, on obtiendrait bien encore de la *caprylone*, mais il y aurait une perte considérable de substance, une bonne partie du sel se décomposant, en laissant dans la cornue un dépôt charbonneux abondant. Pendant la distillation, il se développe d'épaisses vapeurs blanches qui ne tardent pas à se condenser en une masse onctueuse. Celle-ci, convenablement exprimée, est une matière blanche, cristalline, fusible à 35°. Purifiée par une cristallisation dans l'alcool bouillant, elle ne fond plus qu'à 40° et offre alors la composition $C^{15}H^{30}O$.

La caprylone est une matière cristalline semblable à la cire de Chine. Elle est insipide et possède une légère odeur cireuse. Elle est moins dense que l'eau, mais plus dense que l'alcool à 89° centésimaux, dans lequel elle s'enfonce.

L'eau ne la dissout pas; elle est, au contraire, fort soluble dans l'alcool, l'éther et les huiles volatiles. Ces dissolvants l'abandonnent en aiguilles soyeuses, par une évaporation lente.

La caprylone pure fond à 40° et se concrète de nouveau à 38° en une masse cristalline. Elle bout à 178° et distille sans altération. Le calcul indiquerait pour le point d'ébullition de ce corps, envisagé comme un homologue de l'œnanthylone, 300°. La distance entre ce chiffre et 178°, qui est le chiffre trouvé, laisse quelques doutes sur la nature de la caprylone, qui pourrait bien n'être pas une véritable acétone.

La potasse ne l'attaque pas; l'acide azotique ne l'attaque pas à froid, mais à chaud la réaction est violente; le produit est jaune et se dissout dans les alcalis. Il donne des sels détonants et représente évidemment un acide nitré.

La réaction qui donne naissance à la caprylone peut être exprimée par l'équation suivante :

$$\left.\begin{matrix} C^7H^{15}.CO.O. \\ C^7H^{15}.CO.O. \end{matrix}\right\} \overset{''}{Ba}$$

Caprylate de baryte.

$$= CO.\overset{''}{Ba}.O^2 + C^7H^{15}.CO.C^7H^{15}.$$

Carbonate barytique. Caprylone.

A. N.

CAPSICINE. — Ce serait un alcaloïde retiré du piment, *Capsicum annuum* [Braconnot, *Ann. de Chim. et de Phys.*, t. VI, p. 1]. On donne en Amérique le nom de capsicine à une oléo-résine retirée du piment de Cayenne, *Capsicum baccatum*.

CARAJURU. — C'est une substance employée pour la teinture en rouge et qu'on importe du Para au Brésil; elle paraît identique au rouge de Chica, qui provient du *Bignonia Chica*. Le carajuru est plus pur; c'est une poudre légère, farineuse, sans goût ni odeur, prenant par le frottement des reflets cuivrés. Insoluble dans l'eau, elle se dissout dans l'alcool et dans l'éther, les solutions alcalines la précipitent sans altération [Virey, *Journ. de Pharm.*, 1844, p. 151]. — Voyez CHICA.

CARAMEL [Peligot, *Ann. de Chim. et de Phys.*, (2), t. LXVII, p. 172; — Gélis, *Compt. rend. de l'Acad. des sciences*, t. XLV, p. 590, (1857); *Ann. de Chim. et de Phys.*, (3), t. LII, p. 352; t. LXV, p. 190 et 496; — J.-J. Pohl, *Sitzungsberiche der K. Akad. der Wissenschaften zu Wien*, t. XLI, p. 623, juillet 1860, et en extrait, *Répert. de Chim. pure*, 1861, p. 157; — Völckel, *Ann. der Chem. u. Pharm.*, t. LXXV, p. 59]. — On donne ce nom au produit de l'action de la chaleur sur le sucre. Lorsqu'on chauffe ce dernier corps à la température de 210-220°, il se boursoufle, brunit, dégage de l'eau renfermant des traces d'acide acétique et une huile qui exhale l'odeur de sucre brûlé. Le résidu est le caramel. Il est noir, brillant, soluble dans l'eau, à laquelle il communique une riche teinte de sépia. Il a perdu la saveur du sucre et est aussi insipide que la gomme. Les ferments ne lui font subir aucune modification. L'alcool ne le dissout pas et le précipite même de sa solution aqueuse, ce qui peut servir à l'isoler du sucre, si par hasard il en contenait. Les sels de plomb et l'eau de baryte le précipitent abondamment. Chauffé, il fournit les mêmes produits que le sucre.

Peligot avait considéré le caramel comme un principe immédiat répondant à la formule

$$C^{12}H^{18}O^9$$

et donnant avec la baryte un précipité

$$(C^{12}H^{17}O^9)^2\overset{''}{Ba}.$$

Il admettait en outre que, par l'effet d'une chaleur supérieure à 220°, le caramel perd une nouvelle quantité d'eau et devient insoluble dans les dissolvants ordinaires. Le produit ainsi modifié a reçu plus tard de M. Voelckel le nom de *caramélan*. Ce chimiste lui a attribué la formule $C^{24}H^{26}O^{13}$.

M. Gélis a combattu ces résultats. Suivant lui, le caramel renferme trois substances distinctes qu'il a nommées *caramélane, caramélène* et *caraméline.*

Caramélane. — Pour l'isoler, M. Gélis épuise le caramel du commerce par l'alcool à 84° centésimaux. La solution évaporée est reprise par l'eau, soumise à l'action d'un ferment qui détruit le sucre, puis filtrée, évaporée à siccité et reprise par l'alcool. La solution alcoolique abandonne la caramélane en s'évaporant.

C'est une substance brune, solide et cassante à la température ordinaire. Elle se ramollit et devient presque liquide vers 100°. Elle est inodore et très-amère. L'eau la dissout abondamment et prend une couleur dorée en la dissolvant. La caramélane est même déliquescente. Elle se dissout dans l'alcool à 84° centésimaux. L'alcool absolu la dissout peu et l'éther pas du tout.

La caramélane, suivant M. Gélis, aurait pour formule $C^{12}H^{18}O^{9}$. Ce serait le premier produit de l'action de la chaleur sur le sucre; elle se formerait par simple déshydratation :

$$\underset{\text{Sucre.}}{C^{12}H^{22}O^{11}} = \underset{\text{Caramélane.}}{C^{12}H^{18}O^{9}} + \underset{\text{Eau.}}{2\,H^{2}O.}$$

Les sels métalliques neutres ne précipitent pas la solution de ce corps; elle réduit le réactif cupro-potassique et se transforme en acide oxalique sous l'influence de l'acide azotique.

La caramélane peut entrer en combinaison avec l'oxyde de plomb et la baryte. Les composés auraient pour formules

$$C^{12}H^{16}O^{9}.Pb'',\quad C^{12}H^{16}O^{9}.Pb'' + Pb''O,$$
$$C^{12}H^{16}O^{9}Ba'' + Ba''O.$$

Le premier de ces précipités s'obtient en traitant une solution aqueuse d'acétate neutre de plomb par une solution alcoolique de caramélane. Pour préparer le second, on ajoute de l'ammoniaque à l'acétate plombique, et pour obtenir le troisième, on traite la caramélane par une solution concentrée de baryte dans l'esprit de bois.

A 190°, la caramélane perd de l'eau et se transforme en caramélène.

Caramélène. — Le résidu insoluble qui reste lorsqu'on épuise le caramel ordinaire par de l'alcool à 84°, renferme de la caramélène. Traité par l'eau froide, il lui abandonne cette substance presque pure. Pour la purifier tout à fait, on la précipite par l'alcool de sa solution aqueuse, on la reprend par l'eau froide et on la précipite de nouveau. On élimine ainsi des traces de caraméline que la première dissolution contenait. Au lieu de précipiter les solutions aqueuses par l'alcool, on peut les évaporer à siccité.

La caramélène est solide et cassante. Sa cassure est brillante; sa couleur est brune, tirant sur le roux. L'eau la dissout en prenant une coloration brun-rougeâtre environ six fois plus intense que celle de la caramélane.

La caramélène n'est pas déliquescente. Elle est soluble dans l'alcool faible, très-peu soluble dans l'alcool fort, insoluble dans l'éther. L'acide chlorhydrique et l'acide sulfurique la décomposent lentement à froid, instantanément à chaud. L'acide azotique l'oxyde et la transforme en acide oxalique. Le tartrate cupro-potassique est réduit par elle.

M. Gélis admet pour la caramélène la formule $C^{36}H^{50}O^{25}$.

Le composé de baryte et de caramélène précipité par l'alcool serait $C^{36}H^{48}Ba''O^{25}$. Avec le plomb, on obtiendrait les trois composés

$$C^{36}H^{48}Pb''O^{25},\quad C^{36}H^{48}Pb''O^{25}.\,3\,PbO$$
$$\text{et } C^{36}H^{48}Pb''O^{25}.\,5\,PbO.$$

Caraméline. — La caraméline est le principal constituant du résidu insoluble dans l'eau froide qui reste après l'extraction de la caramélène. Il en existe trois variétés : 1° la variété A, qui est soluble dans l'eau; 2° la variété B, qui est insoluble dans l'eau et soluble dans d'autres dissolvants; 3° la variété C, qui est insoluble dans tous les dissolvants ordinaires.

A, le résidu du caramel épuisé par l'alcool et l'eau froide, renferme la variété B de la caraméline mêlée à la variété C du même corps. La variété B peut en être extraite au moyen de l'eau bouillante, des solutions alcalines, ou de l'alcool à 60°. Sous l'influence de ces divers agents, cette variété se transforme, en effet, dans la modification A. Lorsqu'on évapore ces solutions, il se forme une pellicule, et lorsqu'on les précipite par l'alcool, il se produit un abondant précipité. Pellicule et précipité appartiennent à la variété B. La variété B passe donc à la variété A, en se dissolvant pour revenir à son état primitif lorsqu'elle reprend l'état solide.

La caraméline C ne peut pas être extraite du précédent résidu, mais on l'obtient aisément en desséchant la caraméline B ou en l'abandonnant plusieurs jours à l'action de l'humidité. Elle devient alors insoluble dans tous les dissolvants.

La caraméline B, qui est insoluble dans l'eau et l'alcool concentré, se dissout dans l'alcool faible. Son pouvoir colorant est douze fois plus grand que celui de la caramélane.

Suivant Gélis, la caraméline répondrait à la formule $C^{96}H^{102}O^{51}$. Ce chimiste a obtenu des composés métalliques de caraméline dont les formules sont

$$C^{96}H^{100}Ba''O^{51},\quad C^{96}H^{100}Ba''O^{51}, BaO$$
$$\text{et } C^{96}H^{100}Pb''O^{51}.$$

Il est probable que le corps obtenu par M. Voelckel, et nommé par lui caramélan, n'est autre que la caraméline.

Maumené a donné le nom de caraméline à un corps brun insoluble dans l'eau, les acides et les alcalis, qu'il obtient en faisant agir le chlorure d'étain (30 p.) sur le sucre (1 p.) [*Compt. rend.*, t. XXIX, p. 422].

M. Gélis admet que les trois substances que nous venons de décrire dérivent d'une ou de plusieurs molécules de sucre par élimination d'eau. On aurait en effet :

$$1^{\circ}\quad \underset{\text{Sucre.}}{C^{12}H^{22}O^{11}} = \underset{\text{Eau.}}{2\,H^{2}O} + \underset{\text{Caramélane.}}{C^{12}H^{18}O^{9}.}$$

$$2^{\circ}\quad \underset{\text{Sucre.}}{3\,C^{12}H^{22}O^{11}} = \underset{\text{Eau.}}{8\,H^{2}O} + \underset{\text{Caramélène.}}{C^{36}H^{50}O^{25}.}$$

$$3^{\circ}\quad \underset{\text{Sucre.}}{8\,C^{12}H^{22}O^{11}} = \underset{\text{Eau.}}{37\,H^{2}O} + \underset{\text{Caraméline.}}{C^{96}H^{102}O^{51}.}$$

On pourrait même, en graduant convenablement la température, obtenir ces trois produits d'une manière successive. Ainsi le sucre, exposé à 190° jusqu'à ce qu'il ait perdu 10 °/₀ d'eau, se transformerait en caramélane à peu près pure. Après avoir subi l'action de la même température, au point d'avoir perdu 14 ou 15 °/₀ d'eau, il laisserait, au contraire, un résidu riche en caramélène. Et enfin, après une perte de 20 °/₀ d'eau, il est totalement converti en caraméline.

Les produits qui résultent de l'action de la chaleur sur la glucose ressemblent beaucoup aux précédents, mais ne sont pas identiques avec eux.

Tels sont les faits découverts par M. Gélis. Il est extrêmement probable que, conformément à l'opinion de ce chimiste, le sucre se condense en se déshydratant lorsqu'on le chauffe. Mais M. Gélis a-t-il bien réellement eu affaire à des espèces chimiques présentant la composition qu'il indique? C'est ce dont il est fortement permis de douter. Des corps solides, non volatils, noirs et qui ne cristallisent pas, n'offrent aucun des caractères auxquels on peut reconnaître la pureté d'un principe immédiat. Tout au plus pourrait-on arriver à une présomption de pureté en multipliant les dissolvants, en soumettant le produit à la méthode des saturations fractionnées et en s'assurant que les diverses fractions de ce produit ont rigoureusement la même composition. Cette étude rigoureuse de la caramélane, etc., n'a pas été faite. A. N.

CARAPA. — Le carapa, dont l'espèce-type est originaire de la Guyane, est un des plus beaux arbres des régions tropicales : il atteint de 25 à 30 mètres d'élévation sur 1 mètre à 1m,50 de diamètre.

Le carapa appartient à la famille des Méliacées; il est placé dans la tribu des Trichiliées dont il forme un genre qui porte son nom.

On distingue plusieurs variétés de carapa, les principales sont : 1° le *Carapa Guyanensis*; 2° le *Carapa Touloucouna*, qui croît au Sénégal, est surtout remarquable par la cime excessivement large que forment ses branches et dont les rameaux flexibles retombent presque jusqu'à terre; 3° le *Carapa procera*, espèce magnifique dont il existe quelques spécimens dans des serres d'Europe.

Les écorces de ces différentes variétés de carapa possèdent une saveur amère qui les avait fait rechercher comme succédanées des quinquinas, mais leur valeur fébrifuge ne paraît pas très-certaine.

On retire des amandes du fruit de ce végétal une huile bien connue sous le nom d'*huile de carapa* ou de *Touloucouna*, fort amère et dont M. Boulay a retiré un principe de nature alcaloïde. Les peuplades de la Guyane la mêlent au rocou et en enduisent leurs cheveux et toutes les parties du corps, afin de se préserver de la piqûre de certains insectes et surtout des *chiques*.

MM. Pétroz et Robinet ont publié l'analyse d'une écorce de carapa de la Guyane de provenance fort incertaine et dont ils ont retiré un alcaloïde auquel ils ont donné le nom de *carapine* [*Journ. de Pharm.*, t. VII, p. 351].

Mais, d'après M. E. Caventou, il n'est pas probable que ces chimistes aient fait l'analyse de l'écorce de carapa de la Guyane, parce que 1° cette écorce ne contient pas d'alcaloïde; 2° parce que l'écorce étudiée par MM. Pétroz et Robinet dégage des vapeurs pourprées lorsqu'on la chauffe dans un tube, propriété qui n'appartient jusqu'à présent qu'aux écorces de quinquina; ce fait avait été signalé autrefois par Pelletier et Caventou, et a été confirmé depuis par M. Grahe [*Viertel Jahr.*, t. VII, p. 504; et *Répert. de Chim. appliq.*, t. I, p. 131, 1858].

L'étude de l'écorce du carapa de la Guyane et du carapa du Sénégal a été faite par M. Eug. Caventou. Ce chimiste a extrait de chacune de ces écorces des principes amers neutres, résinoïdes, incristallisables, mais qui diffèrent suffisamment entre eux pour qu'il ait été nécessaire de les distinguer par des noms différents. Les acides concentrés, tels que les acides sulfurique, chlorhydrique ou phosphorique sirupeux, distinguent nettement ces deux substances. L'une appelée *touloucounin*, retirée du carapa du Sénégal, produit immédiatement, lorsqu'elle est humectée, une magnifique couleur bleue. L'acide azotique *pur* et concentré ne produit pas de coloration bleue. Le touloucounin est insoluble dans l'éther, très-soluble dans l'alcool et dans le chloroforme, à peine soluble dans l'eau, 0,06 à 0,07 %. L'acide acétique ne produit pas de phénomène de coloration, mais il dissout ce principe amer sans l'altérer; l'eau précipite le touloucounin de cette solution.

Le principe amer retiré de l'écorce du carapa de la Guyane a été désigné sous le nom de *carapin*; il est neutre aux réactifs colorés, très-soluble dans l'alcool et dans le chloroforme, un peu soluble dans l'éther; il est insoluble dans l'eau, dans l'essence de térébenthine et dans le sulfure de carbone. Les acides minéraux concentrés le charbonnent, mais ne produisent point de coloration. L'acide acétique le dissout sans l'altérer, l'eau le précipite de cette dissolution. Ces deux substances ont une grande analogie avec le cailcedrin. Il existe en outre dans ces écorces une matière colorante rouge insoluble qui offre quelque analogie avec le rouge cinchonique dont elle diffère cependant, car elle ne précipite ni l'émétique ni la colle animale.

Le procédé employé pour extraire ces deux substances est le même, on opère de la manière suivante :

L'écorce de carapa grossièrement pulvérisée est épuisée par des décoctions successives, jusqu'à ce que l'eau n'entraîne plus d'amertume. On laisse déposer, on décante, puis on fait évaporer au bain-marie en consistance d'extrait mou. Cet extrait est ensuite repris par de l'alcool à 85° qui enlève la matière amère, on filtre, et la liqueur est décolorée par le sous-acétate de plomb ou un lait de chaux. Le tout est abandonné au repos pendant 48 heures, puis le liquide décanté et l'alcool distillé. Il reste un liquide aqueux, jaune, très-amer, qu'on traite par l'hydrogène sulfuré si l'on a employé le sous-acétate de plomb; puis le liquide filtré est agité avec du chloroforme qui dissout le principe amer. On décante et par l'évaporation le chloroforme abandonne la substance amère, sous forme d'une laque jaune clair, brillante, qui peut se détacher par petites écailles.

Ces écorces n'ont pas d'usage en médecine. [E. Caventou, *Répert. de Pharm.*, t. XV, et *Journ. de Pharm. et de Chim.*, t. XXXV, 1859. E. C.

CARBACÉTOXYLIQUE (ACIDE), $C^3H^4O^4$ [Wichelhaus, *Ann. der Chem. u. Pharm.*, t. CXLIII, p. 1; *Ann. de Chim. et de Phys.*, (4), t. XII, p. 486]. — L'acide glycérique traité par le perchlorure de phosphore donne naissance à un acide chloropropionique isomère de l'acide chloropropionique dérivé de l'acide lactique. Lorsqu'on fait bouillir cet acide β-chloropropionique avec un grand excès d'oxyde d'argent, une partie de l'oxyde est réduit, et il se forme un acide $C^3H^4O^4$, *acide carbacétoxylique*, isomère de l'acide malonique. Sa formation a lieu en vertu de l'équation suivante :

$$\underset{\text{Acide }\beta\text{-chloro-propionique.}}{C^3H^5ClO^2} + 3\,Ag^2O$$

$$= \underset{\text{Carbacétoxylate d'argent.}}{C^3H^3O^4Ag} + AgCl + 2\,Ag^2 + H^2O.$$

L'acide carbacétoxylique séparé de son sel d'argent par l'hydrogène sulfuré et enlevé par l'éther à sa solution aqueuse reste après l'évaporation de l'éther sous forme d'un sirop épais, très-soluble dans l'eau, légèrement coloré en jaune. Le sel de baryum et le sel de plomb sont en croûtes mamelonnées, le sel de zinc en lamelles brillantes, le sel d'argent $C^3H^3O^4Ag$ cristallise en aiguilles brillantes groupées en aigrettes.

L'acide carbacétoxylique et l'acide malonique ont la constitution suivante qui explique leur isomérie :

Acide carbacétoxylique.	Acide malonique.
$CH^2.OH$	$CO.OH$
CO	CH^2
$CO.OH$	$CO.OH$

E. G.

CARBALLYLIQUE (ACIDE), $C^6H^8O^6$ [Maxwell Simpson, *Proceedings of the Royal Society*, juillet 1862, t. XII, p. 236; *Ann. de Chim. et de*

Phys., (3), 1863, t. LXVIII, p. 217;—Wichelhaus, *Ann. der Chem. u. Pharm.*, octobre 1864, t. CXXXII, p. 61 (nouv. série, t. LVI; *Bull. de la Soc. chim.*, 1865, nouv série, t. III, p. 72]. — L'acide carballylique doit son nom à M. Kekulé. Il a été découvert par M. Maxwell Simpson qui l'a obtenu par l'action de la potasse alcoolique sur le tricyanure d'allyle :

$$C^3H^5.(CAz)^3 + 3KHO + 3H^2O$$
Cyanure d'allyle. Potasse. Eau.

$$= 3AzH^3 + C^3H^5(CO^2K)^3.$$
Ammoniaque. Carballylate de potassium.

Il a été obtenu également par M. Wichelhaus dans la réduction de l'acide aconitique :

$$C^6H^6O^6 + H^2 = C^6H^8O^6.$$
Acide aconitique. Hydrogène. Acide carballylique.

Préparation. — 1° *Au moyen du cyanure de glycéryle.* — On chauffe au bain-marie 1 molécule de tribromure d'allyle $C^3H^5Br^3$ avec 3 molécules de cyanure de potassium et une quantité notable d'alcool. Au bout de 16 heures environ le cyanure de potassium est intégralement transformé en bromure, et le bromure d'allyle est converti en cyanure. On filtre pour séparer le bromure de potassium. On dissout un excès de potasse solide dans la liqueur filtrée et on fait bouillir cette dernière au bain-marie dans un appareil à reflux. Il se dégage bientôt des quantités notables d'ammoniaque. On continue l'ébullition jusqu'à cessation de ce dégagement d'ammoniaque, puis on évapore l'alcool et l'on traite le résidu par l'acide azotique. Cet acide détruit une substance goudronneuse et met l'acide carballylique en liberté. On évapore le tout à siccité à une basse température et l'on reprend par l'alcool qui ne dissout que l'acide organique et l'abandonne en cristaux impurs par le refroidissement. Pour le purifier, on dissout les cristaux dans l'ammoniaque aqueux, on précipite la liqueur par l'azotate d'argent, on décompose le précipité par l'hydrogène sulfuré et l'on fait cristalliser l'acide dans l'eau à deux reprises différentes.

2° *Au moyen de l'acide aconitique.* — On fait agir l'amalgame de sodium sur une solution aqueuse d'acide aconitique. Le produit est précipité par l'acétate de plomb. Le précipité, décomposé par l'hydrogène sulfuré, donne de l'acide carballylique impur que l'on purifie en le transformant en sel d'argent, traitant ce dernier par l'acide sulfhydrique et faisant cristalliser dans l'eau l'acide devenu libre.

Propriétés. — L'acide carballylique cristallise en prismes groupés presque incolores. Il est soluble dans l'eau, l'alcool et l'éther. Il fond à 158° (Simpson), à 157° (Wichelhaus). Sa saveur est acide et désagréable. Sa solution précipite abondamment l'acétate de plomb. Le précipité plombique est soluble dans l'acide acétique concentré. Les solutions des carballylates neutres donnent un précipité rouge-brun avec le perchlorure de fer. Ni le chlorure de calcium, ni le chlorure de baryum ne sont précipités par des solutions aqueuses d'acide carballylique, mais par l'addition de l'alcool à ces mélanges on obtient des précipités abondants.

Chauffé au-dessus de son point de fusion, l'acide carballylique se décompose, caractère qui le distingue de l'acide succinique dont il se rapproche par ses réactions.

L'acide carballylique est triatomique et tribasique, comme cela résulte de l'analyse de son sel d'argent. A. N.

CARBAMIDE. — Voyez Urée.

CARBAMIQUE (ACIDE). — L'acide carbamique aurait pour formule $(CO)''\left\{\begin{matrix}OH\\AzH^2\end{matrix}\right.$. Il n'est point connu à l'état de liberté et l'on ne connaît non plus aucun sel métallique qui en dérive. Mais on a préparé le carbamate d'ammonium

$$(CO)''\left\{\begin{matrix}OAzH^4\\AzH^2\end{matrix}\right.$$

et les éthers de l'acide carbamique. Ces éthers ont reçu le nom générique d'uréthanes. Ils correspondent aux éthers des acides diatomiques et monobasiques amidés :

$$(CO)''\left\{\begin{matrix}OC^2H^5\\AzH^2\end{matrix}\right. \quad (C^3H^4O)''\left\{\begin{matrix}OC^2H^5\\AzH^2\end{matrix}\right.$$
Uréthane. Lactaméthane.

Dans le cas de ces derniers acides il existe des corps isomères avec les éthers dont nous parlons. Ce sont les amides acides renfermant des radicaux d'alcool unis à l'azote, tel que l'éthyllactamide

$$(C^3H^4O)''\left\{\begin{matrix}OH\\Az.C^2H^5.H.\end{matrix}\right.$$

On conçoit théoriquement l'existence de corps analogues qui seraient isomériques avec les uréthanes, et de fait on connaît l'acide phényl-carbamique

$$CO\left\{\begin{matrix}OH\\AzH.C^6H^5.\end{matrix}\right.$$

Les éthers carbamiques s'obtiennent :

1° Par l'action du gaz ammoniac sur les chlorocarbonates des radicaux alcooliques. Il se forme en même temps du sel ammoniac :

$$CO\left\{\begin{matrix}OC^2H^5\\Cl\end{matrix}\right. + 2AzH^3$$
Chlorocarbonate d'éthyle. Ammoniaque.

$$= CO\left\{\begin{matrix}OC^2H^5\\AzH^2\end{matrix}\right. + AzH^4Cl;$$
Carbamate d'éthyle. Chlorure d'ammonium.

2° Par l'action de l'ammoniaque anhydre sur les éthers carboniques correspondants :

$$CO\left\{\begin{matrix}OC^2H^5\\OC^2H^5\end{matrix}\right. + AzH^3$$
Carbonate d'éthyle. Ammoniaque.

$$= H.O.C^2H^5 + CO\left\{\begin{matrix}OC^2H^5\\AzH^2\end{matrix}\right.$$
Alcool. Carbamate d'éthyle.

3° Par l'action du chlorure de cyanogène sur les alcools :

$$H.O.C^2H^5 + CAzCl + H^2O$$
Alcool. Chlorure de cyanogène. Eau.

$$= CO\left\{\begin{matrix}OC^2H^5\\AzH^2\end{matrix}\right. + HCl.$$
Carbamate d'éthyle. Acide chlorhydrique.

L'acide carbamique dont l'oxygène est remplacé en totalité par du soufre constitue l'acide sulfocarbamique $CS\left\{\begin{matrix}SH\\AzH^2\end{matrix}\right.$. Il existe aussi des dérivés alcooliques d'un acide oxysulfocarbonique

$$CO\left\{\begin{matrix}SH\\AzH^2\end{matrix}\right.$$

Ce sont la xanthamylamide $CO\left\{\begin{matrix}SC^5H^{11}\\AzH^2\end{matrix}\right.$ et la xanthamide $CO\left\{\begin{matrix}SC^2H^5\\AzH^2\end{matrix}\right.$ (voyez ces divers mots).

Carbamate d'ammonium,

$$CO\begin{cases}OAzH^4\\AzH^2\end{cases}=CH^6Az^2O^2.$$

Ce sel, que l'on a encore appelé carbonate anhydre d'ammonium, en le représentant par la formule AzH^3,CO^2, a été découvert par Davy et plus tard étudié par Davy et Rose. On l'obtient soit en distillant un mélange de carbonate de sodium et de sulfamate d'ammonium $SO^2\begin{cases}OAzH^4\\AzH^2\end{cases}$ parfaitement secs tous deux, soit en faisant passer, à travers une série de tubes bien refroidis, un mélange en proportions quelconques de gaz carbonique et de gaz ammoniac. Quelles que soient, en effet, ces proportions, la combinaison se fait toujours entre 1 volume d'anhydride carbonique et 2 volumes d'ammoniaque.

Le carbamate d'ammonium est une masse blanche qui a une forte odeur ammoniacale et une forte réaction alcaline. Il se volatilise vers 60° et se condense de nouveau par le refroidissement. Sa densité de vapeur a été trouvée égale à 0,8992 (12,98 par rapport à H) (Rose) et à 0,90 (12,99 par rapport à H) (Bineau). Ces nombres correspondraient à une condensation en 3 volumes. Mais il est à peu près certain que cette condensation anomale tient à une dissociation. Le sel se décompose par la chaleur en 2 volumes de gaz ammoniac et en 1 volume d'anhydride carbonique qui se réunissent de nouveau en se refroidissant. Une preuve manifeste de la grande tendance qu'a ce sel à se dissocier est la forte odeur ammoniacale qu'il répand même à froid.

Les vapeurs d'anhydride sulfurique décomposent ce corps avec production d'anhydride carbonique et de sulfamate d'ammonium; l'anhydride sulfureux agit sur lui à chaud et le transforme en un sublimé orangé. L'acide chlorhydrique le transforme en anhydride carbonique et chlorure d'ammonium.

Le carbamate ammonique se dissout facilement dans l'eau et donne une liqueur qui possède les caractères du carbonate d'ammonium qui en diffère seulement par les éléments de l'eau:

$$CO\begin{cases}OAzH^4\\AzH^2\end{cases}+H^2O=CO\begin{cases}OAzH^4\\OAzH^4\end{cases}$$

Carbamate d'ammonium. — Eau. — Carbonate d'ammonium.

Pourtant, à froid, le carbamate ammonique paraît pouvoir exister en solution dans l'eau, au moins pendant quelque temps. Lorsqu'on fait passer de l'anhydride carbonique à travers une solution aqueuse d'ammoniaque bien refroidie, on obtient une liqueur qui ne précipite pas immédiatement le chlorure de baryum tant qu'on la conserve froide. Ce fait est très-important au point de vue analytique. Ainsi, lorsqu'on détermine la proportion d'anhydride carbonique contenue dans une eau, en faisant bouillir cette eau et dirigeant les gaz et les vapeurs à travers une solution ammoniacale de chlorure de baryum, il faut chauffer cette dernière ou l'abandonner pendant assez longtemps à elle-même pour pouvoir être sûr que l'anhydride carbonique est entièrement précipité (Kolbe).

Suivant Rose, le carbonate d'ammonium du commerce, qui est préparé par sublimation, renferme du carbamate ammonique (Gm., t. II, p. 430).

Carbamate de méthyle ou uréthylane,

$$C^2H^5AzO^2=CO\begin{cases}OCH^3\\AzH^2\end{cases}$$

[Dumas et Peligot, *Ann. de Chim. et de Phys.*, 1835, (2), t. LVIII, p. 52; — Liebig et Wœhler, *Ann. der Chem. u. Pharm.*, t. LVIII, p. 52; — Echevarria, *ibid.*, t. LXXIX, p. 110 et *Journ. de Pharm.*, (3), t. XIX, p. 322]. — Ce corps peut être préparé à l'aide des trois méthodes générales que nous avons indiquées au commencement de cet article. Quand on le prépare par l'action de l'ammoniaque sur le chlorocarbonate de méthyle, la réaction est extrêmement vive. Lorsqu'on opère au moyen du chlorure de cyanogène en dirigeant ce gaz à travers de l'alcool méthylique étendu d'un peu d'eau, il ne se manifeste d'abord aucune réaction. Mais dès que le liquide est saturé, il se produit une réaction des plus vives et il se dépose une grande quantité de sel ammoniac. On décante la partie liquide, on la distille et l'on recueille ce qui passe entre 140° et 190°, température au delà de laquelle il passe des produits très-colorés. Le liquide distillé laisse déposer, du jour au lendemain, des cristaux d'uréthylane qu'il suffit d'exprimer pour les avoir tout à fait purs.

Le carbamate de méthyle cristallise en tables allongées, dérivant d'un prisme rhomboïdal oblique à faces terminales fort allongées. Il n'est pas déliquescent, fond entre 52° et 55° et se solidifie à 52° quand il est bien sec. Il bout à 177°; sa densité de vapeur est de 2,62 (37,81 par rapport à H). Il est fort soluble dans l'eau, moins soluble dans l'alcool et moins encore dans l'éther. 100 parties d'eau à 11° dissolvent 217 p. d'uréthylane, tandis que 100 p. d'alcool à 15° n'en dissolvent que 73 p.

Sous l'influence de l'acide sulfurique étendu, l'urétylane se décompose avec production de sulfate d'ammonium et d'esprit de bois, et dégagement d'anhydride carbonique :

$$CO\begin{cases}OCH^3\\AzH^2\end{cases}+SO^2\begin{cases}OH\\OH\end{cases}+H^2O$$

Carbonate d'ammonium. — Acide sulfurique. — Eau.

$$=H.O.CH^3+SO^2\begin{cases}OH\\OAzH^4\end{cases}+CO^2.$$

Alcool méthylique. — Bisulfate d'ammonium. — Anhydr. carb.

L'acide sulfurique concentré la noircit avec dégagement de gaz sulfureux et de gaz inflammables. La potasse détermine le même dédoublement que l'acide sulfurique dilué.

Carbamate d'éthyle ou uréthane,

$$C^3H^7AzO^2=CO\begin{cases}OC^2H^5\\AzH^2\end{cases}$$

[Dumas, 1833, *Ann. de Chim. et de Phys.*, (2), t. LIV, p. 232; — Cahours, *Compt. rend. de l'Acad.*, t. XXI, p. 629; — Liebig et Wœhler, *Ann. der Chem. u. Pharm.*, t. LIV, p. 370; — Gerhardt, *Compt. rend des trav. de Chim.*, 1846, p. 120; — Wurtz, *Compt. rend. de l'Acad.*, t. XXII, p. 503, et *Journ. de Pharm.*, (3), t. XX, p. 19]. — Comme l'uréthylane, l'uréthane peut être obtenue par les trois procédés qui fournissent les éthers carboniques. Pour la préparer au moyen du carbonate d'éthyle, on abandonne cet éther avec son volume d'ammoniaque, dans un flacon bouché, jusqu'à ce qu'il ait complétement disparu. Le liquide alcalin évaporé dans le vide au-dessus de l'acide sulfurique laisse l'uréthane comme résidu.

Quand on opère au moyen de l'ammoniaque et du chlorocarbonate d'éthyle, la réaction est si vive que le mélange entre spontanément en ébullition et produit quelquefois une espèce d'explosion. Si l'ammoniaque est en excès, tout le chlorocarbonate d'éthyle disparaît. Le résidu sec est soumis à la distillation dans une cornue, au bain d'huile. Le liquide qui passe est incolore; par le refroidissement, il se prend en une masse feuilletée et nacrée comme le blanc de baleine. Cette masse constitue l'uréthane.

Enfin on obtient encore l'uréthane en chauffant pendant quelques heures au bain-marie, dans un vase scellé à la lampe, de l'alcool aqueux ordinaire saturé de chlorure de cyanogène. On ouvre alors le vase, on sépare les cristaux de sel ammoniac et l'on distille le liquide. Il passe d'abord du chorure d'éthyle provenant de l'action secondaire de l'alcool sur l'acide chlorhydrique formé d'abord, puis de l'alcool, puis de l'éther carbonique; enfin de l'uréthane qui cristallise en se refroidissant.

L'uréthane est blanche, fusible au-dessous de 100°, et capable de distiller vers 180° sans décomposition lorsqu'elle est sèche. Humide, elle se décompose à la distillation en donnant des masses d'ammoniaque. L'eau la dissout très-facilement, soit à chaud, soit à froid, en donnant une solution tout à fait neutre, qui ne trouble pas les sels d'argent. L'alcool et l'éther la dissolvent aussi très-bien. Sa densité de vapeur est de 3,14 (45,325 par rapport à H), la théorie exigerait 3,08 (44,46 par rapport à H). Sa disposition à cristalliser est telle, que quelques gouttes d'une dissolution, abandonnées à l'évaporation spontanée, donnent toujours des cristaux larges, minces et transparents.

CARBAMATE D'AMYLE OU AMYLURÉTHANE,

$$C^6H^{13}AzO^2 = CO\left\{\begin{matrix}OC^5H^{11}\\AzH^2\end{matrix}\right.$$

[Medlock, *Ann. der Chem. u. Pharm.*, 1849, t. LXXI, p. 104; — A. Wurtz, *Journ. de Pharm.*, (3), t. XX, p. 22]. — On prépare ce corps en saturant de l'alcool amylique pur de chlorure de carbonyle et traitant le liquide qui résulte de cette action par de l'ammoniaque liquide. Le mélange se prend en une masse cristalline qu'on lave à l'eau froide pour en séparer le sel ammoniac. On obtient aussi en grande quantité l'amyluréthane en faisant agir le chlorure de cyanogène sur l'alcool amylique. Il se dépose du chlorure ammonique et le mélange brunit. On distille le tout et l'on recueille ce qui passe vers 220°. Ce liquide se prend, par le refroidissement, en cristaux de carbamate d'amyle que l'on obtient purs en les exprimant à la presse entre plusieurs doubles de papier buvard.

L'amyl-uréthane fond à 66°, distille sans altération à 220° et cristallise de sa dissolution dans l'eau bouillante en belles aiguilles soyeuses.

Distillée avec la baryte caustique, elle donne du carbonate de baryum, de l'ammoniaque et de l'alcool amylique. L'acide sulfurique la dissout à froid, l'eau la précipite inaltérée de cette solution. A chaud, cet acide transforme l'amyl-uréthane en acide amyl-sulfurique avec production de sulfate ammonique, d'anhydride carbonique et de gaz sulfureux.

CARBAMATE DE BUTYLE,

$$C^5H^{11}AzO^2 = CO\left\{\begin{matrix}OC^4H^9\\AzH^2\end{matrix}\right.$$

[Humann, *Ann. de Chim. et de Phys.*, (3), t. XLIV, p. 340]. — On a préparé ce corps en chauffant l'alcool butylique avec du chlorure de cyanogène dans un vase scellé à la lampe et soumettant à la distillation le liquide qui résulte de cette réaction. Les portions qui passent vers 220° se solidifient, par le refroidissement, en une masse cristalline. Cette masse redissoute dans l'alcool bouillant cristallise de nouveau en écailles nacrées, onctueuses au toucher, insolubles dans l'eau, solubles dans l'alcool et l'éther, et fusibles sans altération à une douce chaleur. Le carbamate de butyle distille sans altération.

DÉRIVÉS DE SUBSTITUTION ALCOOLIQUE DE L'ACIDE CARBAMIQUE. — Nous désignons sous ce nom les corps qui dérivent de l'acide carbonique ou de ses éthers par substitution d'un radical d'alcool ou de phénol à 1 hydrogène du résidu AzH^2.

ÉTHYL-CARBAMATE D'ÉTHYL-AMMONIUM,

$$CO\left\{\begin{matrix}O.Az.C^2H^5.H^3\\Az.C^2H^5.H.\end{matrix}\right.$$

— Ce sel correspond à l'acide inconnu

$$CO\left\{\begin{matrix}OH\\Az.H.C^2H^5.\end{matrix}\right.$$

Il était appelé autrefois *carbonate anhydre d'éthylamine.* Il se produit lorsqu'on dirige un courant de gaz carbonique à travers de l'éthylamine placée dans un mélange réfrigérant. C'est une poudre d'un blanc de neige dont les solutions aqueuses, comme celles du carbamate ammonique, ne précipitent le chlorure de baryum qu'au bout d'un certain temps ou à l'aide de la chaleur [Wurtz, *Ann. de Chim. et de Phys.*, (3), t. XXX, p. 483].

ÉTHYL-CARBAMATE D'ÉTHYLE OU ÉTHYL-URÉTHANE,

$$C^5H^{11}AzO^2 = CO\left\{\begin{matrix}OC^2H^5\\Az.C^2H^5.H\end{matrix}\right.$$

[Wurtz, *Compt. rend. de l'Acad.*, t. XXXVII, p. 182]. — L'éthyl-uréthane prend naissance lorsqu'on chauffe du cyanate d'éthyle avec de l'alcool dans un tube scellé à la lampe :

$$\underset{\text{Cyanate d'éthyle.}}{(CO)''AzC^2H^5} + \underset{\text{Alcool.}}{C^2H^5.O.H} = \underset{\text{Éthyl carbamate d'éthyle.}}{(CO)''\left\{\begin{matrix}OC^2H^5\\Az.C^2H^5.H\end{matrix}\right.}$$

Il se forme quelquefois comme produit secondaire dans la préparation même du cyanate d'éthyle.

C'est un liquide huileux qui rappelle, par son odeur, le carbonate d'éthyle. Sa densité est de 0,9862. Il bout entre 174° et 175°; sa densité de vapeur est de 4,071 (58,54 par rapport à H). La potasse le décompose en alcool, éthylamine et carbonate de potassium :

$$\underset{\text{Éthyl-uréthane.}}{CO\left\{\begin{matrix}OC^2H^5\\Az.C^2H^5H\end{matrix}\right.} + \underset{\text{Potasse.}}{2K.O.H}$$

$$= \underset{\text{Carbonate potassique.}}{CO\left\{\begin{matrix}OK\\OK\end{matrix}\right.} + \underset{\text{Alcool.}}{C^2H^5.O.H} + \underset{\text{Éthylamine.}}{AzC^2H^5H.H.}$$

Chauffé avec de l'acide sulfurique concentré, ce corps donne de l'anhydride carbonique, du sulfate d'éthyl-ammonium et probablement aussi de l'acide éthyl-sulfurique.

MÉTHYL-CARBAMATE DE MÉTHYL-AMMONIUM,

$$CO\left\{\begin{matrix}OAz.CH^3.H^3\\Az.CH^3.H.\end{matrix}\right.$$

— L'acide auquel ce sel correspond n'est pas connu à l'état de liberté. Quant au sel lui-même, il se produit lorsqu'on dirige un courant d'anhydride carbonique sec à travers de la méthylamine elle-même sèche et bien refroidie, ou lorsqu'on distille un mélange de carbonate de chaux et de chlorhydrate d'éthylamine récemment fondu. Il a reçu jadis le nom de *carbonate anhydre de méthylamine.* Il représente en effet une double molécule de méthylamine unie à une molécule d'anhydride carbonique. Lorsqu'on le prépare par la deuxième méthode, il est toujours mélangé de carbonate de méthyl-ammonium [Wurtz, *Ann. de Chim. et de Phys.*, (3), t. XXX, p. 450, 461].

ACIDE PHÉNYL-CARBAMIQUE OU ANTHRANILIQUE. — Voyez ACIDE ANTHRANILIQUE, t. I, p. 341. A. N.

CARBANILAMIDE. — Voyez PHÉNYLURÉE.

CARBANILANILIDE. — Diphénylurée. — Voyez PHÉNYLURÉE.

CARBANILÉTHANE ET CARBANIMÉTHANE. — Sous ces noms, M. Chiozza a décrit les éthers éthylique et méthylique de l'acide amidobenzoïque ou benzamique. — Voyez ACIDE AMIDOBENZOÏQUE, p. 562.

CARBANILIQUE (ACIDE). — Voyez ANTHRANILIQUE (ACIDE).

CARBAZOTIQUE (ACIDE). — Voyez PICRIQUE (ACIDE).

CARBINOL. — Nom adopté par M. Kolbe pour désigner l'alcool méthylique.

CARBOCÉRINE. — Voyez LANTHANITE.

CARBOHYDROQUINONIQUE (ACIDE),

$$C^7H^6O^4 + H^2O$$

Hesse, *Ann. der Chem. u. Pharm.*, t. CXII nouv. sér., t. XXXVI), p. 52; t. CXIV, p. 292 (nouv. sér., t. XXXVIII); t. LXII, p. 52; t. LX, p. 289; t. CXXII, p. 221 (nouv. sér., t. XLVI); *Jahresb.*, 1859, p. 306; 1860, p. 279; 1861, p. 385; 1862, p. 322; *Répert. de Chim. pure*, 1860, p. 32, et 1862, p. 398]. — L'acide carbohydroquinonique découvert par Hesse présente, vis-à-vis de l'hydroquinone, les mêmes rapports que l'acide salicylique vis-à-vis du phénol :

$$\underset{\text{Hydroquinone.}}{C^6H^6O^2} + \underset{\text{Anhydride carbonique.}}{CO^2} = \underset{\text{Acide carbohydroquinonique.}}{C^7H^6O^4};$$

$$\underset{\text{Phénol.}}{C^6H^6O} + \underset{\text{Anhydride carbonique.}}{CO^2} = \underset{\text{Acide salicylique.}}{C^7H^6O^3}.$$

Il est isomère avec l'acide oxysalycilique de MM. Kolbe et Lautemann et avec l'acide protocatéchique de Strecker, qui résulte du dédoublement de l'acide pipérique. Lautemann avait considéré ce dernier acide et l'acide carbohydroquinonique comme identiques [Lautemann, *Ann. der Chem. u. Pharm.*, t. CXX, p. 315; — Strecker, *Ann. der Chem. u. Pharm.*, t. CXVIII, p. 280 (nouv. sér., t. XLII); *Répert. de Chim. pure*, t. III, p. 457; — Barth, *Ann. der Chem. u. Pharm.*, t. CXLII (nouv. sér., t. LXVI), p. 246; *Bull. de la Soc. chim.*, nouv. sér., t. IX, p. 125]. M. Hesse a démontré toutefois qu'ils sont simplement isomères. En effet, l'acide carbohydroquinonique réduit les solutions neutres des sels d'argent et la liqueur de Fehling à la température ordinaire et dans l'obscurité, tandis que l'acide protocatéchique ne réduit que les solutions ammoniacales d'argent et ne réduit jamais les solutions cuivriques. D'ailleurs, la pipérine traitée par les oxydants ne fournit pas de la quinone comme le fait l'acide quinonique, ce qui est une preuve de plus en faveur de l'isomérie de ces deux acides.

Toutefois M. Barth, qui a préparé l'acide carbohydroquinonique en fondant l'acide quinique avec la potasse caustique, dit que cet acide présente le même point de fusion, la même forme cristalline, les mêmes réactions que l'acide protocatéchique préparé soit avec l'acide pipérique, soit avec l'huile de girofle [Barth, *Ann. der Chem. u. Pharm.*, t. CXLII, p. 246; nouv. sér., t. LXVI; *Bull. de la Soc. chim.*, nouv. sér., février 1868, t. IX, p. 126].

Préparation. — L'acide carbohydroquinonique s'obtient en agitant, avec de petites quantités de brome, une solution d'acide quinique jusqu'à ce que le brome ne soit plus absorbé, même après 12 heures. La réaction terminée, on ajoute de l'eau à la liqueur, on filtre pour séparer des aiguilles d'un jaune clair qui se forment, et l'on traite la solution limpide par le carbonate de plomb jusqu'à ce que ce dernier commence à se charger de substance organique; on précipite enfin par l'ammoniaque et le sous-acétate de plomb. Le précipité renferme l'acide carbohydroquinonique. On le décompose par l'hydrogène sulfuré en présence de l'eau, on évapore sa solution au bain-marie, et l'on épuise le résidu par l'éther qui sépare la petite quantité d'acide quinique inaltéré, ce dernier acide ne se dissolvant pas dans ce véhicule. La solution éthérée abandonne, en s'évaporant, des cristaux d'acide carbohydroquinonique que l'on purifie au moyen du noir animal et par une nouvelle cristallisation dans l'eau aciduléc d'acide chlorhydrique.

D'après M. Barth, l'acide carbohydroquinonique s'obtiendrait aussi par l'action de la potasse caustique en fusion sur l'acide quinique.

Propriétés. — L'acide carbohydroquinonique se présente sous forme d'aiguilles, de paillettes rhomboïdales ou de cristaux grenus.

Il est facilement soluble dans l'alcool, l'éther et l'eau chaude. L'eau, à 17°, en dissout de 2 à 2,5 %. Sa réaction est franchement acide et sa saveur à la fois acide et amère. Ses sels sont généralement solubles dans l'eau, peu solubles dans l'alcool et se colorent en brun au contact de l'air. Il fond à 207° (corrigé); au-dessous de cette température, il donne un sublimé d'un brillant métallique. Fondu, il ne se solidifie plus qu'à 170°.

La solution aqueuse de l'acide carbohydroquinonique donne un précipité par l'acétate de plomb, elle réduit l'azotate d'argent et le bichlorure de mercure en métal et l'hydrate cuivrique en hydrate cuivreux. Avec le perchlorure de fer, elle donne une coloration violette qui passe au vert sous l'influence d'une plus grande quantité de ce réactif et qui disparaît lorsqu'on en emploie un grand excès ou qu'on le traite par l'acide sulfurique ou l'acide chlorhydrique. Elle jaunit avec l'émétique, ne précipite pas la gélatine et brunit en présence du bicarbonate de chaux.

L'acide *azotique* décompose l'acide carbohydroquinonique avec production d'acide oxalique. Le gaz ammoniac se combine à cet acide sec en donnant un sel $C^7H^6O^4 + 2AzH^3$.

Cristallisé, l'acide carbohydroquinonique répond à la formule $C^7H^6O^4 + 4H^2O$. Il perd son eau de cristallisation à 100°. Lorsqu'on le chauffe au-dessus de son point de fusion, il se dédouble en hydroquinone et anhydride carbonique.

CARBOHYDROQUINONATE DE PLOMB. — C'est un sel basique que l'on obtient par double décomposition et dont la formule est

$$(C^7H^5O^4)^2Pb'' + 2PbO.$$

On a préparé également les sels de baryum, de magnésium, de manganèse au minimum et de zinc. Le sel *ammoniacal* est instable et soluble dans l'eau.

CARBOHYDROQUINONATE D'ÉTHYLE,

$$C^7H^5(C^2H^5)O^4 = C^9H^{10}O^4.$$

— On obtient cet éther par le procédé général qui consiste à faire passer, jusqu'à refus, un courant de gaz chlorhydrique à travers une solution de l'acide dans l'alcool à 40°. On évapore ensuite au bain-marie, on secoue avec de l'éther le liquide aqueux qui reste et l'on abandonne la solution éthérée à l'évaporation spontanée. L'éther carbohydroquinonique se dépose en cristaux que l'on purifie par une nouvelle cristallisation dans l'alcool bouillant. Il faut toutefois, avant de le faire cristalliser, le laver avec un peu de carbonate de soude pour le débarrasser de l'acide libre qu'il peut renfermer.

Le carbohydroquinonate d'éthyle cristallise en prismes incolores qui fondent dans l'eau bouillante avant de s'y dissoudre. La solution aqueuse est neutre; les sels de plomb, d'argent et de bichlorure de mercure la précipitent.

Remarques. — L'acide carbohydroquinonique se produit non-seulement dans l'action du brome sur l'acide quinique, mais encore lorsqu'on chauffe cet acide à l'air ou qu'on l'oxyde par un mélange d'acide sulfurique et de peroxyde de manganèse. Il est probable qu'il se formerait par l'action simultanée du sodium et de l'anhydride carbonique sur la quinone. Hesse l'avait cru identique avec l'acide caféique, mais il s'est assuré qu'il n'en était rien.

L'acide carbohydroquinonique appartient à la classe des acides triatomiques et monobasiques. Il renferme un groupe CO^2H et 2 oxhydryles phéniques, si tant est que l'hydroquinone soit un phénol, ce qui est probable. A. N.

CARBOLIQUE (ACIDE). — Voyez Phénol.

CARBOMÉTHYLIQUE (ACIDE). — Acide méthylcarbonique. — Voyez Carbone, p. 754.

CARBONE, C=12. — Lavoisier a admis le premier que le carbone était un corps simple. Le carbone se trouve en abondance dans la nature : à l'état libre et cristallisé, il se présente sous la forme de diamant et de graphite; en combinaison avec d'autres éléments, il existe dans l'acide carbonique de l'air, les carbonates et dans les matières organiques du règne végétal et animal; enfin l'écorce terrestre renferme d'épaisses couches de carbone plus ou moins pur, provenant des êtres organisés des époques géologiques anciennes.

Les différentes variétés de carbone ont les mêmes propriétés chimiques, mais leurs caractères physiques ne sont pas les mêmes. On appelle, en général, *charbon* le produit de la combustion incomplète des matières organiques. Sous cette forme le carbone est amorphe; à l'état cristallisé, il présente le phénomène de la dimorphie : en effet, le diamant appartient au système régulier, et le graphite au système hexagonal.

Carbone cristallisé. — 1° *Diamant.* — Ce n'est qu'à la fin du siècle dernier qu'on a établi la véritable nature chimique du diamant. Au XVIIe siècle, Anselme Boëce de Boot, dans un ouvrage sur les pierres précieuses, émit le premier l'opinion que le diamant pouvait être combustible. Un peu plus tard, Newton pressentit cette combustibilité, en s'appuyant sur le grand pouvoir réfringent de ce corps. En 1694, Averani et Fargioni, membres de l'Académie del Cimento, à Florence, constatèrent que le diamant brûle au foyer de miroirs ardents. François-Étienne de Lorraine fit des essais analogues dans des fourneaux de forge. De 1766 à 1772, d'Arcet, Rouelle et d'autres, constatèrent que le diamant est indestructible à l'abri du contact de l'air. Enfin Lavoisier reconnut que le produit de la combustion du diamant, comme du charbon, était de l'acide carbonique, et Guyton de Morveau affirma que le diamant était du carbone. En 1814, Humphry Davy mesura le volume d'acide carbonique produit [*Ann. de Chim. et de Phys.*, 1816, t. I, p. 17].

Le diamant renferme d'ordinaire de 0,05 à 0,2 % de cendres, tantôt sous forme de poussière rougeâtre, tantôt sous forme de petits cristaux [Dumas et Stas, *Ann. de Chim. et de Phys.*, t. LXXVI, p. 1]. Les cendres se composent de silice et d'oxyde de fer; quelquefois, lorsqu'on les examine au microscope, on distingue des réseaux hexagonaux foncés ressemblant au parenchyme des plantes.

On ignore le mode de production du diamant et on n'a pu jusqu'à présent le reproduire artificiellement.

Le diamant a une densité de 3,5 à 3,55, une dureté et un pouvoir réfringent supérieurs à ceux de tous les autres corps, un éclat particulier qu'on appelle *adamantin*; il ne conduit pas l'électricité. Lorsqu'on l'expose à la température développée par une batterie de cent éléments de Bunsen, il fond et se change en une matière ressemblant à du coke; sa densité passe alors de 3,336 à 2,678 [Jacquelain, *Ann. de Chim. et de Phys.*, t. XX, p. 459]. Despretz, en exposant un morceau de charbon de sucre dans le vide à la chaleur développée par une batterie de 490 éléments de Bunsen, a vu le charbon se volatiliser et former un dépôt noir sur les parois du verre [*Compt. rend.*, t. XXIX, p. 548 et 709, et t. XXX, p. 376].

Ayant repris l'expérience en faisant éclater l'étincelle d'induction entre un cylindre de charbon et un faisceau de fils de platine, dans le vide, il obtint au bout d'un mois un dépôt noir sur le platine. Ce dépôt était composé d'octaèdres microscopiques dont quelques-uns étaient transparents et fort brillants. Un semblable dépôt polissait le rubis [*Compt. rend.*, t. XXXVII, p. 369].

Chauffé à l'air, le diamant commence à brûler vers le point de fusion de l'argent; il se produit du charbon sur sa surface et il se transforme en acide carbonique. Porté incandescent dans une atmosphère d'oxygène, il continue à brûler. Le nitre fondu le détruit facilement : il se forme de l'acide carbonique qui s'unit à la potasse. Sa chaleur spécifique est 1,1192 suivant de La Rive et Marcet, et 0,14687 suivant Regnault.

2° *Graphite* ou *plombagine.* — Le graphite naturel cristallise en tables hexagonales; il est opaque, d'un gris d'acier, a l'éclat métallique, est tendre, gras au toucher, tache les doigts. Il est bon conducteur de l'électricité. Sa densité, qui est moindre que celle du diamant, est comprise entre 2,14 et 2,273. Sa chaleur spécifique, 0,201 (Regnault), est supérieure à celle du diamant. Il est peu combustible et brûle, dans un courant d'oxygène, plus difficilement que le diamant.

Suivant la provenance, il renferme des proportions variables de matières minérales : ainsi, du graphite d'Allemagne, densité 2,273, renferme 95,12 de carbone et 5,73 de cendres, principalement des grains de quartz [Regnault, *Ann. de Chim. et de Phys.*, t. LXVI, p. 337]. Il est d'autres variétés de graphite qui ne donnent que 0,33 % de cendres.

La fonte de fer sursaturée de carbone abandonne pendant le refroidissement du graphite en feuilles cristallines ayant l'éclat métallique.

M. H. Sainte-Claire Deville a obtenu du graphite cristallisé en faisant passer des vapeurs de chlorure de carbone sur de la fonte tenue en fusion.

Le graphite naturel sert à la fabrication des crayons, à garantir de la rouille les objets de fer, fonte, etc., à adoucir les frottements des machines, au vernissage du plomb de chasse, à rendre conductrices les surfaces qui ne le sont pas (galvanisation). On en fabrique des creusets à fondre l'acier d'excellente qualité.

Le graphite soumis à l'action oxydante d'un mélange de chlorate ou de bichromate de potasse et d'acides sulfurique ou azotique, ou même d'un mélange d'acides sulfurique et azotique, fournit un acide particulier, $C^{11}H^4O^5$, que Brodie nomme acide graphitique [*Ann. de Chim. et de Phys.*, 1860, t. LIX, p. 466]. En admettant que cet acide est analogue à $Si^4H^4O^5$ que Wœhler a obtenu avec le silicium graphitoïde, on voit que le poids atomique Gr du graphite diffère de celui des autres variétés de carbone, qu'il est égal à 33 et que la formule de l'acide graphitique devient

$$Gr^4H^4O^5.$$

Carbone amorphe. — On emprunte le carbone amorphe aux sources les plus variées.

La destruction des matières organiques par la chaleur à l'abri de l'air s'appelle *carbonisation* si on se propose de n'en obtenir que du charbon, et *distillation sèche* si on veut recueillir les produits volatils. Dans ces opérations, où la température est plus ou moins élevée, le résidu fixe est du carbone associé à un peu d'oxygène et d'hydrogène, et en outre d'azote dans le cas des substances azotées. Le charbon de sucre calciné même longtemps renferme encore 0,2 % d'hydrogène et 0,5 % d'oxygène. Le charbon, quelle que soit son origine, est sans saveur, sans odeur.

Ce n'est qu'à des températures excessivement

hautes que le carbone devient fusible et volatil.

Suivant Despretz, le charbon dans le vide se réduit en vapeur à la température que cette substance acquiert sous l'influence d'une pile de 5 à 600 éléments de Bunsen [*Compt. rend.*, 1849, t. XXIX, p. 709]. Porté à ces hautes températures, il peut être courbé, soudé et fondu.

Un charbon quelconque devient d'autant moins dur qu'il est soumis pendant plus longtemps à une température élevée; il se transforme en graphite.

Son apparence extérieure est variable et dépend de la structure de la substance dont il provient. Ainsi, par exemple, le bois étant infusible, sa conformation se retrouve dans le charbon poreux et terne auquel il donne naissance; au contraire, des corps tels que le sucre et la résine, qui fondent en se décomposant, donnent un charbon caverneux, moins poreux et brillant. D'autres propriétés encore sont dues à ces différences : les charbons légers, poreux, ternes, sont mauvais conducteurs de la chaleur, s'enflamment facilement; les charbons denses, brillants, sont bons conducteurs de la chaleur et peu inflammables; les premiers absorbent les gaz et les vapeurs ainsi que les substances en dissolution dans des liquides; les autres n'ont pas ces propriétés.

Le carbone amorphe est noir, opaque. Densité, 1,57 environ. Il est tendre et conduit mal l'électricité; toutefois si on l'expose à une haute température, il durcit et devient meilleur conducteur de l'électricité.

La chaleur spécifique du charbon de bois, qui est 0,2415 (Regnault), diminue lorsqu'on l'expose à une haute température. Le charbon est inaltérable à la température ordinaire dans l'air, l'eau et la terre : aussi utilise-t-on cette propriété en carbonisant la surface des pieux qui doivent être enfoncés dans le sol.

Le charbon de bois absorbe les volumes suivants des différents gaz [Th. de Saussure, *Bibliothèque britannique*, 1812, p. 299] :

	Volumes.
Ammoniaque	90
Acide chlorhydrique	85
Acide sulfureux	65
Acide sulfhydrique	55
Protoxyde d'azote	40
Acide carbonique	35
Éthylène	35
Oxyde de carbone	9,42
Oxygène	9,25
Azote	7,5
Hydrogène carboné	5
Hydrogène	1,75

Le charbon de bois absorbe aussi la vapeur d'eau de l'air et les matières odorantes. C'est pour cela que le charbon de meule augmente de 10 °/₀ de poids environ à l'air. Cette absorption est accompagnée d'un dégagement de chaleur notable, au point que le charbon peut prendre feu. Ce fait se présente quelquefois dans la préparation du charbon de poudre. Le charbon empêche la putréfaction des liquides, du vin et de l'eau par exemple : aussi carbonise-t-on souvent l'intérieur des tonneaux. On en fait aussi des filtres qui servent à la purification de l'eau.

Il absorbe, à un degré moindre que le noir animal, un certain nombre de matières colorantes et odorantes tenues en dissolution; il enlève, par exemple, l'huile de pommes de terre à l'eau-de-vie. Il faut, pour toutes ces applications, que le charbon soit récemment calciné, car s'il a déjà condensé la vapeur d'eau de l'atmosphère, il perd partiellement la faculté d'absorber d'autres matières.

Le charbon de bois provenant de la calcination du bois bouilli avec de l'acide chlorhydrique étendu d'eau, séché, puis chauffé au rouge, est un des oxydants les plus énergiques, grâce à l'oxygène qu'il a condensé; ainsi il transformera l'acide sulfureux en acide sulfurique, l'hydrogène sulfuré en acide sulfurique et eau, l'alcool en acide acétique, l'éthylène et l'amylène en acide carbonique et eau [Calvert, *Compt. rend.*, 1867, t. LXIV, p. 1246].

Le *charbon platiné* a la propriété d'absorber et d'oxyder les gaz; on l'obtient en soumettant le charbon de bois en poudre grossière ou en morceaux à l'ébullition pendant 10 ou 15 minutes avec du bichlorure de platine et en calcinant ensuite au rouge dans un creuset fermé.

Charbon de cornue. — Il se dépose à la partie supérieure et au col des cornues à gaz un charbon gris de fer, dur, donnant des étincelles au briquet, à cassure écailleuse; dans les fentes des cornues, il se dépose des masses rayonnées, mamelonnées. Densité, 2,356. Chaleur spécifique, 0,2036.

Il se rapproche, par ces deux derniers caractères, du graphite. Au feu de la lampe des émailleurs, il se transforme en graphite.

Noir de fumée. — Le noir de fumée est obtenu par la combustion imparfaite du goudron, de la résine, du bois résineux et même de la houille quelquefois. On ne fait arriver d'air qu'en quantité nécessaire pour brûler l'hydrogène, qui est plus combustible que le carbone. Le noir de fumée se forme en flocons légers, que l'on dirige au moyen d'un courant d'air dans des chambres ou dans une série de sacs où il se dépose. On calcine le noir de fumée ainsi obtenu pour détruire les huiles empyreumatiques; il sert à la préparation de l'encre d'imprimerie, des couleurs à l'huile noires et de l'encre de Chine, et dans les impressions grises sur tissu.

Noir animal. — Les substances organiques azotées, telles que l'albumine, la corne, la gélatine, etc., fournissent un charbon analogue au charbon de sucre, mais moins noir et moins brillant.

Il retient de l'azote. Si on calcine ce charbon réduit en poudre avec du carbonate de potasse, on lui enlève l'azote sous forme de cyanure de potassium.

Les os carbonisés fournissent de 55 à 60 °/₀ de noir animal; le charbon azoté constitue environ le dixième du poids; le reste est formé de matières minérales (phosphate de chaux, etc.). On augmente le pouvoir absorbant des charbons en ajoutant avant la calcination aux matières qui le fournissent certaines substances minérales, telles que le carbonate de potasse. Ce pouvoir absorbant, que le charbon d'os possède à un degré supérieur à tous les autres, semble être dû au grand nombre de pores qu'il renferme. Le noir animal enlève l'indigo à une solution de sulfate d'indigo, l'iode à une solution d'iodure de potassium, la chaux à l'eau de chaux, les sels basiques de plomb solubles, des oxydes métalliques dissous dans l'ammoniaque ou la potasse; mais il a peu ou point d'action sur la plupart des sels neutres; à la longue, il réduit l'oxyde de plomb à l'état métallique (Graham). Dans les raffineries de sucre et dans les fabriques de sucre de betteraves, on clarifie le jus avec du noir animal et souvent on décolore des dissolutions en les faisant bouillir avec du noir animal.

On diminue le pouvoir décolorant en enlevant le phosphate de chaux par l'acide chlorhydrique faible; quelquefois on est obligé de le faire, par exemple, dans la purification des acides organiques. Le charbon qui a servi à la décoloration du sirop peut être utilisé de nouveau si on le calcine, mais son pouvoir décolorant est affaibli; par suite de la calcination de la matière organique, il se forme un charbon brillant, qui a peu ou point de pouvoir absorbant. On peut préparer aussi des charbons absorbants artificiels; celui qui possède cette propriété au plus haut degré est celui qu'on obtient en calcinant du sang avec du carbonate de potasse; en effet, il décolore cinquante fois plus de solution de sulfate d'indigo que le charbon d'os ordinaire et vingt fois plus de sirop [Bussy, *Journ. de Pharm.*, t. VIII, p. 257].

Le noir d'os réduit en poudre impalpable et broyé à l'eau est employé dans l'impression des tissus et se fixe à l'albumine:

Poids atomique du carbone. — Le poids atomique du carbone est 12; on est arrivé à ce nombre en opérant de la manière suivante :

Un poids connu de diamant ou de graphite est brûlé, avec l'oxyde de cuivre, dans un courant d'oxygène; l'acide carbonique résultant est absorbé dans un appareil à potasse et pesé; une petite quantité d'eau est préalablement condensée dans des tubes remplis de chlorure de calcium et de ponce sulfurique. Le poids de la cendre qui reste est retranché du poids du carbone employé et il est tenu compte de la quantité d'eau produite.

MM. Dumas et Stas, en opérant de cette manière dans quatorze expériences, ont reconnu que la quantité de carbone qui se combine avec 200 p. d'oxygène, pour former de l'acide carbonique, avait varié entre les limites 74,87 et 75,12, que la moyenne des nombres était 75,005 et que l'erreur s'élevait à + 0,013 [*Ann. de Chim. et de Phys.*, (3), t. I, p. 1].

MM. Erdmann et Marchand, dans neuf expériences exécutées d'une manière analogue, ont trouvé les deux limites 74,84 et 75,19 et la moyenne 75,028. Comme on sait que l'acide carbonique renferme autant de carbone, mais deux fois plus d'oxygène que l'oxyde de carbone, on peut représenter ces composés par CO^2 et CO et on en déduit que le poids atomique de l'oxygène étant 16, celui du carbone est 12 [*Journ. für prakt. Chem.*, t. XXIII, p. 159].

Deux autres méthodes encore ont servi à la détermination du poids atomique du carbone, mais les résultats n'en sont pas aussi exacts. Les densités des gaz oxygène et acide carbonique étant connues, et l'acide carbonique renfermant son propre volume d'oxygène, la différence donne le poids du carbone. C'est ainsi que Berzelius et Dulong, en 1819, ont calculé l'équivalent du carbone et ont trouvé 76,528 (O = 100). En 1841, von Wrede, tenant compte des nouvelles recherches faites sur le coefficient de dilatation des gaz, a proposé le nombre 75,12.

Enfin, MM. Liebig et Redtenbacher, au moyen de l'analyse d'un certain nombre de sels d'argent à acide organique, ont trouvé le nombre 75,854, en prenant pour équivalents de l'argent 1351 et de l'hydrogène 12,48 [*Ann. der Chem. u. Pharm.*, t. XXXVIII, p. 116].

Propriétés chimiques. — Le charbon est un des corps les plus inaltérables qu'on connaisse, il est insoluble dans tous les liquides; cependant, dans certains cas, il forme des combinaisons avec quelques corps. Lorsqu'on le fait bouillir avec l'acide sulfurique, il disparaît en formant des anhydrides carbonique et sulfureux; c'est même là un moyen commode de préparation de l'anhydride sulfureux dans les laboratoires, si la présence de l'acide carbonique ne présente pas d'inconvénients. Le carbone se combine à l'hydrogène dans les circonstances suivantes : On fait passer un courant d'hydrogène dans un vase dans lequel sont disposées deux pointes de charbon entre lesquelles se produit l'arc voltaïque; le courant passant et les charbons étant portés à une vive incandescence, l'hydrogène s'unit directement avec le charbon pour former de l'acétylène [Berthelot, *Compt. rend.* 1862, t. LIV, p. 640].

L'azote de l'air s'unit directement au charbon sous l'influence de la baryte et forme du cyanure du baryum lorsqu'on fait passer de l'air atmosphérique sur un mélange incandescent de baryte caustique et de charbon [Margueritte et Sourdeval, *Compt. rend.*, 1860, t. L, p. 1100]. En faisant passer de l'air d'abord sur du coke chauffé au rouge, puis sur du charbon de bois imprégné de potasse et chauffé au rouge blanc, on obtient industriellement du cyanure de potassium. — Voyez Cyanure de potassium.

Le charbon a une grande affinité pour l'oxygène et forme avec lui deux composés, l'acide carbonique et l'oxyde de carbone; il se combine avec l'oxygène libre à une température rouge, et, pendant que cette combinaison a lieu, le dégagement de chaleur est suffisant pour entretenir la combustion; le charbon reste incandescent tant qu'il se combine avec l'oxygène; dans l'oxygène pur, il brûle avec un vif éclat.

Un grand nombre de composés oxygénés, acides, oxydes, sels, sont réduits par le charbon, qui s'empare de leur oxygène en totalité ou en partie. Si le corps retient faiblement l'oxygène, la réduction a lieu à de basses températures et il se forme de l'acide carbonique; dans le cas contraire, cette réduction exige une température très-élevée, et de l'oxyde de carbone prend naissance.

Lorsqu'on fait passer de la vapeur d'eau à travers un tube de porcelaine rempli de charbons incandescents, elle se décompose et il se forme de l'hydrogène, de l'oxyde de carbone, de l'acide carbonique et un peu d'hydrure de méthyle.

Le gaz ainsi obtenu et débarrassé de l'oxyde de carbone sert à l'éclairage; on donne de l'éclat à la flamme de l'hydrogène naturellement pâle en surmontant les becs d'un treillage cylindrique en fil de platine qui devient incandescent et lumineux, ou en faisant passer le gaz à travers des hydrogènes carbonés dont il se sature.

Le charbon se combine avec le soufre à une haute température en formant du bisulfure de carbone.

Le carbone se combine avec certains métaux à une haute température en formant des carbures; l'opération dans laquelle a lieu cette combinaison s'appelle *cémentation*. Le fer forme deux carbures très-importants l'un et l'autre : ce sont la fonte et l'acier. — Voyez ces mots.

ACIDE CARBONIQUE.

Anhydride carbonique, CO^2. — Lavoisier a établi le premier la véritable constitution chimique de l'acide carbonique.

L'anhydride carbonique se produit lorsqu'on fait brûler du charbon dans un excès d'air, ou qu'on soumet à la calcination le carbonate de chaux. On l'obtient dans les laboratoires en décomposant le marbre blanc par de l'acide chlorhydrique faible, La réaction a lieu en vertu de l'équation suivante;

$$CaCO^3 + 2HCl = CaCl^2 + CO^2 + H^2O.$$

On le prépare plus avantageusement en décomposant le calcaire par l'acide sulfurique. Pour empêcher que le sulfate de chaux, peu soluble dans l'eau, ne se dépose sur le calcaire et n'arrête la décomposition, on a soin d'agiter sans cesse

L'acide carbonique se rencontre en abondance dans la nature et se produit dans les circonstances les plus diverses; il se dégage en grande quantité des volcans en activité et des fissures du sol. La grotte du Chien, de Pausilippe près de Naples, offre un exemple de ce genre.

Souvent ces dégagements sont utilisés soit pour la préparation de la céruse, soit pour celle du bicarbonate de soude. A Vichy, Hauterive, etc., on utilise, pour la préparation du bicarbonate de soude l'acide carbonique qui se dégage des sources. L'eau de source, l'eau de puits, doivent leur saveur rafraîchissante à l'acide carbonique qu'elles tiennent en dissolution. L'acide carbonique se rencontre dans un grand nombre d'eaux minérales naturelles : telles sont les eaux de Seltz, de Vichy, de Spa, etc. Il est l'un des produits de la fermentation alcoolique.

Les matières qui servent à l'éclairage et au chauffage fournissent, par la combustion, de l'acide carbonique; dans la putréfaction, le produit ultime de l'oxydation du carbone est de l'acide carbonique. L'acide carbonique se forme également dans la respiration; il se rencontre uni aux bases dans les carbonates, si répandus dans les différentes formations de l'écorce terrestre. Quoiqu'il existe à la surface de la terre un grand nombre de causes de production d'acide carbonique, il ne s'accumule cependant pas dans l'atmosphère, qui en moyenne en renferme 4/10000; les plantes l'absorbent sans cesse, fixent le carbone et exhalent l'oxygène.

Propriétés physiques. — L'acide carbonique est un gaz liquéfiable sous une forte pression et à une basse température (voyez plus bas). Son poids spécifique, rapporté à celui de l'air, est 1,5241 (Regnault), 22 par rapport à l'hydrogène. Sa densité étant supérieure à celle de l'air, on peut le verser comme un liquide d'un vase dans un autre; c'est pour cette raison aussi qu'il s'accumule dans les parties inférieures des mines, des puits et des sources, et détermine parfois des accidents funestes. La densité de l'acide carbonique n'est pas rigoureusement proportionnelle à la pression, si ce n'est entre des limites rapprochées. Le coefficient de dilatation entre 0° et 100° est 0,3710 suivant Regnault, et 0,366087 suivant Magnus. La loi de Mariotte ne s'applique à ce gaz que sous de faibles pressions, sous celle d'un tiers d'atmosphère par exemple. Pouvoir réfringent, 1,526 (Dulong).

L'acide carbonique est soluble dans l'eau et l'alcool; l'eau en dissout environ 1 volume à la température ordinaire. Les coefficients d'absorption de l'acide carbonique, c'est-à-dire les volumes réduits à 0° et à la pression de 0m,760 qu'un volume d'eau dissout sous la pression normale aux différentes températures, sont :

Température.	Eau.	Alcool.
0°	1,7977	4,3295
3°	1,5687	4,0589
5°	1,4497	3,8908
8°	1,2809	3,6573
10°	1,1847	3,5140
12°	1,1018	3,2807
15°	1,0020	3,1993
18°	0,9318	3,0402
20°	0,9014	2,9465

[Bunsen, *Méthodes gazom.*, trad. franç., 1858; voir ABSORPTION, t. I, p. 3].

L'eau dissout sensiblement le même volume de gaz, quelle que soit la densité du gaz; par conséquent le poids du gaz absorbé s'accroît à peu près proportionnellement à la pression. Mais cette loi n'est pas rigoureuse, car Regnault a fait voir que le volume d'acide carbonique ne varie pas régulièrement en raison inverse de la pression. Sous une pression donnée, le volume de gaz absorbé diminue à mesure que la température augmente.

MM. N. de Khanikof et V. Louguinine ont fait voir que la loi d'absorption de l'acide carbonique par l'eau, telle qu'elle est formulée par Henry et Dalton, est inexacte [*Ann. de Chim. et de Phys.*, (4), 1867, t. XI, p. 412]. D'après ceux-ci, à température égale, les coefficients d'absorption (c'est-à-dire le volume de gaz, réduit à 0° et 0,76 de pression, absorbé par l'unité de volume de gaz) sont en raison directe des pressions; on aurait, par exemple, pour des pressions P_1 et P_{1+n}, auxquelles correspondent les deux coefficients A_1 et A_{1+n} :

$$\frac{A_{1+n}}{A_1} - \frac{P_{1+n}}{P_1} = 0.$$

MM. de Khanikoff et Louguinine ont trouvé que non-seulement cette différence n'est jamais nulle, mais qu'elle croît régulièrement avec l'augmentation de pression.

A l'ébullition, tout le gaz s'échappe; de là vient que de l'eau qui a dissous un carbonate terreux à la faveur de l'acide carbonique laisse déposer celui-ci à l'ébullition; aussi les parois des chaudières à vapeur se recouvrent-elles de carbonate de chaux, si l'eau dont on fait usage en est chargée.

La solution aqueuse d'acide carbonique a un goût aigrelet; on peut admettre qu'elle renferme l'acide carbonique à l'état d'hydrate H^2CO^3 peu stable, car la chaleur, une diminution de pression et la congélation le décomposent.

Les différentes boissons gazeuses sont des liquides dans lesquels on a comprimé mécaniquement de l'acide carbonique; elles abandonnent le gaz avec effervescence aussitôt que la pression est diminuée. Dans le champagne, la bière, le cidre, l'acide carbonique est produit par la fermentation; les liquides étant mis en bouteilles avant l'achèvement de la fermentation, une certaine quantité de gaz y est emprisonnée.

Propriétés chimiques. — L'acide carbonique sec n'a pas d'action sur le papier de tournesol; en dissolution dans l'eau, il colore le tournesol en rouge vineux, ou en rouge pelure d'oignon si la solution d'acide carbonique est saturée sous une forte pression (eau de Seltz). Au bout de quelque temps, l'acide carbonique se dégage et la couleur bleue du tournesol reparaît. L'acide carbonique trouble l'eau de chaux en formant du carbonate de calcium qu'un excès de gaz dissout. La potasse caustique absorbe facilement le gaz acide carbonique. Suivant Kolb, l'acide carbonique est sans action sur la chaux, la potasse, la soude, etc., anhydres ou même à l'état d'hydrates définis [*Compt. rend.*, 1867, t. LXIV, p. 861]. H. Sainte-Claire Deville a opéré la dissociation de l'acide carbonique en faisant passer un courant de ce gaz dans un tube rempli de fragments de porcelaine et maintenu à la température de 1300° [*Compt. rend.*, 1863, t. LVI, p. 729].

L'acide carbonique n'entretient pas la respiration; des animaux plongés dans une atmosphère de ce gaz périssent bientôt empoisonnés. Il n'est pas inflammable et n'entretient pas la combustion. Le potassium et le sodium, chauffés au rouge dans l'acide carbonique sec, le décomposent, y brûlent et déterminent un dépôt de charbon mélangé de carbonate de potasse.

Il se forme de l'acide oxalique lorsqu'on chauffe de l'amalgame de potassium, renfermant 2 % de potassium, dans du gaz acide carbonique jusqu'à la température d'ébullition du mercure; le même acide se produit, mais en moindre proportion, quand on fait passer un courant rapide d'anhydride carbonique sec dans un mélange de sodium et de sable sec récemment calciné et maintenu à la température d'ébullition du mercure [Drechsel, *Zeitschr. für Chem.*, nouv. sér., t. IV, p. 120, 1868; *Journ. of the Chem. Soc.*, 2e sér., 1868, t. VI, p. 121].

Le phosphore et le bore, en présence d'un alcali, enlèvent tout l'oxygène à la chaleur rouge. L'hydrogène, le charbon, le fer et le zinc au rouge s'emparent de la moitié de l'oxygène et il se forme de l'oxyde de carbone. Soumis à l'action des étincelles électriques, l'acide carbonique se décompose en oxyde de carbone et en oxygène; mais ces deux gaz se combinent de nouveau, à moins qu'on n'opère en présence de mercure ou d'hydrogène qui absorbent l'oxygène.

Composition. — Le charbon, en brûlant dans un volume donné d'oxygène, fournit un égal volume d'acide carbonique à peu de chose près. A une température éloignée du point de liquéfaction de l'acide carbonique, ces deux volumes seraient rigoureusement égaux. La détermination du poids atomique du carbone fournit en même temps celui de l'acide carbonique (voir p. 749): il renferme 12 de carbone et 32 d'oxygène; son poids moléculaire est 44 et sa formule correspond à 2 volumes; en effet :

$$\frac{12+(2\times 16)}{2}\times 0,0693=22\times 0,0693=1,5246.$$

On ne peut déterminer par l'expérience la densité de vapeur du carbone, mais la composition de l'acide carbonique permet de supposer que sa densité est 0,8468, qui est le double de la différence entre la densité de l'acide carbonique et celle de l'oxygène; en effet :

Densité de l'acide carbonique....	1,5290
Densité de l'oxygène.........	1,1056
	0,4234=1/2×0,8468

L'acide carbonique renfermant son propre volume d'oxygène, on doit admettre qu'il contient la moitié seulement de son volume de vapeur de carbone et qu'il y a contraction du tiers, ainsi que le veut la loi de Gay-Lussac.

Acide carbonique liquide. — L'acide carbonique se liquéfie à 0° sous la pression de 36 atmosphères. Faraday en a effectué la liquéfaction dans un tube fermé en dégageant de l'acide carbonique au moyen de carbonate d'ammoniaque et d'acide sulfurique [*Phil. Trans.*, 1823, p. 160]. Loir et Drion, en faisant passer un courant de gaz carbonique sec dans un tube en U, plongeant dans de l'ammoniaque liquide, qu'on vaporise au moyen d'une machine pneumatique, obtiennent de l'acide carbonique liquide; en opérant sous une pression de 3 à 4 atmosphères, il se solidifie et se présente sous forme d'une masse incolore et transparente; elle se divise sous la pression d'une baguette de verre en cristaux, d'apparence cubique, ayant 3 à 4 millimètres de côté [*Compt. rend.*, 1861, t. LII, p. 748].

On obtient l'acide carbonique liquide en plus grande quantité par le procédé Thilorier [*Ann. de Chim. et de Phys.*, t. LX, p. 427]. L'appareil se compose d'un générateur et d'un récipient; le générateur est une chaudière cylindrique en plomb, recouverte de cuivre rouge et renforcée par des pièces de fer forgé. La capacité de cette chaudière est de 6 à 7 litres. Le générateur est suspendu entre les deux pointes d'un support en fonte. Le récipient est formé d'un vase de plomb renfermé dans un cylindre de cuivre entouré de cercles de fer. L'ouverture du générateur est fermée par un bouchon à vis, percé suivant son axe et muni d'un robinet. Le récipient porte de même une ouverture sur son arête supérieure; on engage dans cette ouverture un tube de cuivre qui descend presque jusqu'au fond du récipient et qui est muni au dehors d'un robinet. On établit la communication entre le récipient et le générateur au moyen d'un tube de cuivre. Pour produire l'acide carbonique, on introduit dans le générateur 1800 grammes de bicarbonate de soude, 4 litres 1/2 d'eau à 35° environ, et un vase cylindrique en cuivre contenant 1 kilogramme d'acide sulfurique concentré; on le place dans l'axe du générateur, on le ferme et on le fait osciller autour de son axe, de manière que l'acide coule et réagisse sur le bicarbonate; au bout de dix minutes on ouvre les robinets pour faire passer l'acide carbonique dans le récipient. L'acide distille en vertu de la différence de température qui existe entre les deux parties de l'appareil; on procède à une nouvelle préparation d'acide carbonique qu'on fait passer de la même façon dans le récipient; en recommençant cinq ou six fois, on peut accumuler jusqu'à 2 litres de liquide.

L'acide carbonique liquide est incolore, très-soluble dans l'alcool, l'éther et les huiles volatiles, mais ne se mélange pas avec l'eau. Densité, 0,90 à — 20°, 0,83 à 0°, 0,60 à 30° (Thilorier).

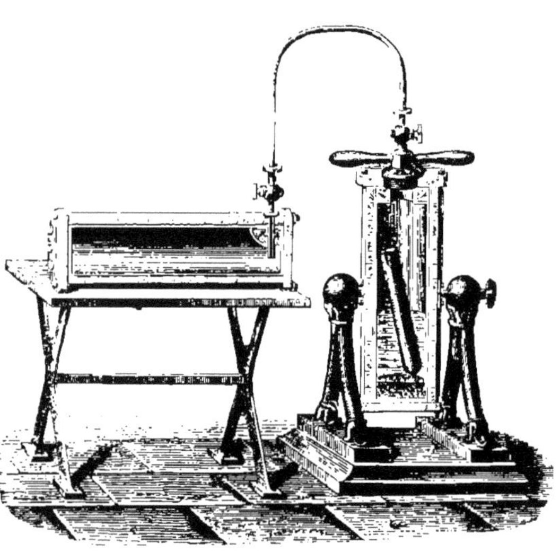

Fig. 108. — Appareil de Thilorier pour liquéfier l'acide carbonique.

Les tensions aux différentes températures sont les suivantes :

Température.	Tension en atmosphères. Faraday.	Mareska et Donny.
— 59,4	4,6	»
48,8	7,7	»
86,6	12,5	»
30,5	15,4	»
26,1	17,8	»
20,0	21,5	23,6
15,0	24,7	25,3
12,2	26,8	»
10,0	»	27,5
9,4	29,1	»
5,0	33,1	»
0,0	38,5	36
+ 6,3	»	42
10,0	»	46
15,5	»	52
19,0	»	57
23,5	»	63
27,0	»	68
30,7	»	74
34,5	»	80

Acide carbonique solide [Thilorier, *Ann. de*

Chim. et de Phys., (2), t. LX, p. 432]. — Si, en ouvrant le robinet du récipient qui renferme l'acide carbonique liquide, celui-ci est lancé dans l'air extérieur, il prendra l'état gazeux en produisant sur son passage un nuage blanc dû à de l'acide solide ; si on dirige le jet de liquide dans une boîte métallique, à paroi très-mince, une grande partie se volatilise encore en prenant la chaleur nécessaire à la partie restée liquide, mais la température s'abaisse jusqu'à — 78°, et l'acide se solidifie en se condensant sous forme d'une neige blanche cotonneuse.

Tension de l'acide carbonique solide (Faraday).	Température.
1,14	— 99,4
1,36	77,2
2,28	70,5
3,6	63,9
4,6	59,4
5,33	57,0

L'acide solide peut être conservé plus longtemps que le liquide; l'évaporation est très-lente à cause de la mauvaise conductibilité de la matière; un flocon placé sur la main ne fait pas éprouver de froid très-considérable, parce que l'acide solide est isolé de la main par un courant de gaz qui se dégage et empêche le contact; mais si on écrase le flocon, on éprouve une sensation douloureuse, semblable à celle que produit un corps chaud et la peau est désorganisée comme elle le serait par une brûlure. Si on mélange de l'éther avec l'acide solide, on produit un froid très-intense, dû à ce que le liquide interposé augmente la conductibilité du solide et permet une évaporation plus rapide; la température descend jusqu'à — 100°. Au moyen de ce mélange on peut congeler 1 kilogramme de mercure en quelques minutes, et si on y plonge un tube renfermant de l'acide carbonique liquide, celui-ci se prend en une masse vitreuse transparente.

Usages. — L'acide carbonique s'applique à divers usages industriels, notamment à la préparation des carbonates et des bicarbonates, des eaux minérales gazeuses, du blanc de céruse (procédé de Clichy), des vins mousseux, à la décomposition du sucrate de chaux dans l'extraction du sucre des betteraves, des hypochlorites dans le blanchiment, etc.

Quelquefois on prépare simultanément le sulfate de magnésie et le bicarbonate de soude en faisant agir l'acide sulfurique sur la dolomie (carbonate de chaux et de magnésie).

Noël utilise l'acide carbonique qui se dégage des cuves de fermentation pour la préparation du bicarbonate de soude [*Ann. du génie civil*, août 1867, p. 535; *Bull. de la Soc. chim.*, 1867, (2), t. VIII, p. 450].

On connaît l'appareil Briet usité pour préparer facilement de petites quantités d'eau gazeuse et qui est fondé sur la décomposition du bicarbonate de soude par l'acide tartrique en présence de l'eau.

Les eaux gazeuses se font industriellement par deux procédés différents : le premier est un système de fabrication continue, dans lequel une pompe aspirante et foulante vient puiser dans des réservoirs séparés l'eau et l'acide carbonique pour les refouler ensuite dans un appareil fermé sous une pression de 4 à 6 atmosphères.

Le second procédé est un système de fabrication intermittente dans lequel l'acide carbonique est produit dans l'appareil même où doit se faire la saturation et se dissout dans l'eau en raison de la pression qu'il exerce sur ce liquide.

Dans les deux cas, l'acide carbonique s'obtient par l'action de l'acide sulfurique sur la craie; il se forme de l'acide carbonique et du sulfate de chaux.

L'acide sulfurique doit être préféré à l'acide chlorhydrique qui contient toujours de l'acide sulfureux.

CARBONATES. — Les carbonates répondent le plus souvent à la formule générale

$$CO^3(M')^2 = (CO)''\left\{\begin{matrix} OM' \\ OM', \end{matrix}\right. \quad \text{ou} \quad CO^3M'';$$

les carbonates acides, vulgairement bicarbonates, sont représentés par l'expression

$$CO^3\left\{\begin{matrix} H \\ M'. \end{matrix}\right.$$

La théorie permet de prévoir l'existence d'orthocarbonates qui auraient pour formule

$$C^{iv}(OM')^4.$$

De fait, on a signalé un éther de cette forme parfaitement défini. Les carbonates peuvent être considérés comme des orthocarbonates moins M'^2O : ce sont donc des métacarbonates (Odling).

Les carbonates alcalins sont solubles dans l'eau. Les bicarbonates sont moins solubles que les carbonates simples. Les solutions de tous les carbonates alcalins bleuissent le papier de tournesol rougi par les acides; les carbonates simples exercent cette action plus fortement que les bicarbonates.

Les carbonates des terres alcalines neutres sont insolubles dans l'eau; c'est pour cela qu'il se précipite du carbonate de chaux, lorsqu'on fait passer de l'acide carbonique dans de l'eau de chaux. Un excès de gaz redissout le précipité ; une solution pareille bleuit le papier de tournesol, donne un précipité de carbonate de chaux par l'ammoniaque et les carbonates alcalins simples, mais n'est pas altérée par les bicarbonates alcalins. L'ébullition chasse l'acide carbonique et il se dépose du carbonate de chaux.

L'acide carbonique fait naître un précipité dans les solutions de strontiane et de baryte, si elles sont étendues, un excès de gaz redissout le dépôt ; mais si elles sont concentrées, le précipité subsiste.

Les carbonates des terres proprement dites et des oxydes métalliques sont insolubles dans l'eau ; aussi les carbonates alcalins produisent-ils des précipités dans les dissolutions de leurs sels. Quelques bases seulement sont précipitées à l'état de carbonates : telles sont la baryte, la strontiane, la chaux, les oxydes de plomb et d'argent, et l'oxydule de mercure. Les carbonates alcalins déterminent un précipité de carbonate neutre uni à de l'hydrate d'oxyde métallique dans les sels de magnésie, d'oxydule de fer, des oxydes de zinc, de cobalt, de nickel, de cuivre et de bismuth ; l'acide carbonique se dégage dans ce cas avec effervescence.

Les carbonates alcalins précipitent les solutions neutres des sels d'alumine, des oxydes de fer, d'urane et de chrome et de l'acide antimonieux ; ces précipités sont des oxydes hydratés qui retiennent souvent de l'acide carbonique.

Tous les carbonates, tant solubles qu'insolubles, sont décomposés par tous les acides solubles dans l'eau. C'est là ce qui caractérise les carbonates; lorsqu'on traite une matière solide par un acide et qu'il se dégage un gaz qui n'a pas d'odeur, on est sûr d'avoir affaire à de l'acide carbonique.

Les carbonates soumis à la calcination perdent leur acide carbonique; font exception les carbonates alcalins et ceux des terres alcalines. Le carbonate de chaux perd son acide carbonique au rouge vif, le carbonate de strontiane et surtout celui de baryte ne sont décomposés qu'au rouge blanc intense. Les bicarbonates alcalins perdent déjà, avant le rouge, la moitié de leur acide carbonique et l'eau.

On parvient à décomposer à une plus basse température les carbonates que détruit la chaleur rouge vif en les exposant à l'action d'un courant d'un autre gaz; c'est ainsi que la vapeur d'eau décompose le carbonate de chaux à une température inférieure au rouge.

En variant les expériences, M. Debray a prouvé que, pour une température donnée, les carbonates ne peuvent exister que dans une atmosphère contenant l'acide carbonique à une pression déterminée. Qu'on diminue cette pression par la raréfaction du gaz ou qu'on diminue seulement la *pression partielle* de l'acide carbonique en le délayant dans un autre gaz, et la décomposition du carbonate continuera jusqu'à ce que la pression propre de l'acide carbonique ait atteint sa valeur première. A 1040°, température de l'ébullition du zinc, le carbonate de chaux perd de l'acide carbonique dans une atmosphère qui contient ce gaz à une pression moindre que $0^m,510$ à $0^m,520$, et reste inaltéré si la pression est supérieure. A 840°, la pression correspondante, qui mesure la *tension de dissociation*, est de 85 millimètres seulement. — Voyez Dissociation.

Les composés insolubles dans l'eau et qui peuvent jouer, dans certaines circonstances, le rôle d'acides, tels que l'alumine, les oxydes de fer, de chrome, d'étain; les acides de l'antimoine, du tungstène, la silice, etc., chassent l'acide carbonique des carbonates, lorsque leur mélange est soumis à une haute température ou à la fusion.

Lorsqu'on mélange les carbonates indécomposables à une haute température avec de la poussière de charbon et qu'on les calcine, leur acide carbonique est réduit et se dégage à l'état d'oxyde de carbone.

Éthers carboniques. — Carbonates des radicaux alcooliques. — Ces composés sont des métacarbonates répondant à la formule générale M^2CO^3 et renferment 1 ou 2 atomes de radical alcoolique. On ne connaît qu'un seul orthocarbonate correspondant à la formule M^4CO^4. On peut préparer les éthers carboniques par plusieurs méthodes générales :

1° Par l'action du potassium ou du sodium sur l'éther oxalique correspondant. Il se dégage en même temps de l'oxyde de carbone :

$$2(C^2H^5)^2C^2O^4+K^2 =(C^2H^5)^2CO^3+2C^2H^5KO+3CO;$$

2° Par l'action du carbonate d'argent sur l'iodure du radical alcoolique correspondant;

3° Par l'action de l'eau sur les chlorocarbonates des radicaux alcooliques correspondants :

$$2(CO.C^2H^5O.Cl)+H^2O = (C^2H^5)^2CO^3+CO^2+2HCl,$$

et par la distillation sèche de ces mêmes composés; il se produit dans ce dernier cas une grande quantité de charbon qui complique la réaction; la décomposition principale semble être exprimée par l'équation suivante :

$$2(CClO^2.C^2H^5)=(C^2H^5)^2CO^3+COCl^2;$$

4° Lorsqu'on chauffe un mélange de sulfate et de carbonate double de potassium et d'un radical alcoolique, il passe à la distillation un éther carbonique.

La potasse alcoolique décompose les éthers carboniques en donnant naissance à du carbonate de potassium et à l'alcool correspondant.

Carbonate d'allyle. — Voyez t. I, p. 155.

Carbonate d'amyle, $(C^5H^{11})^2.CO^3$. — Liquide incolore, d'une odeur agréable. Densité, 0,9144. Point d'ébullition, 224-225°. Pour le préparer, on fait réagir le potassium sur l'oxalate d'amyle; la réaction qui commence à froid est achevée à chaud; en soumettant à la distillation, il passe un liquide jaune et il reste un résidu de carbonate de potasse et de charbon. On rectifie le liquide jaune, il passe d'abord de l'alcool amylique, les trois quarts environ distillent à 225°. Le résidu renferme une matière visqueuse, très-odorante [Bruce, *Chem. Soc. quart. Journ.*, t. V, p. 132]. On l'obtient encore en saturant l'alcool amylique par l'oxychlorure de carbone, agitant avec son volume d'eau, abandonnant sur du massicot, desséchant sur du chlorure de calcium et rectifiant [Medlock, *Chem. Soc. quart. Journ.*, 1849, t. I, p. 368, et *Ann. der Chem. u. Pharm.*, t. LXIX, p. 214].

Carbonate de butyle, $(C^4H^9)^2.CO^3$. — Liquide limpide incolore, moins dense que l'eau, d'une odeur agréable rappelant celle du carbonate d'éthyle, bout à 190°. L'ammoniaque aqueuse le transforme en hydrate de butyle et en carbamate de butyle. Se produit : 1° par l'action de l'iodure de butyle sur le carbonate d'argent; on opère en tube scellé et on chauffe à 100° [Wurtz, *Ann. de Chim. et de Phys.*, (3), t. XLII, p. 157]; 2° par l'action du chlorure de cyanogène liquide sur l'alcool butylique en présence de l'eau [Humann, *Ann. de Chim. et de Phys.*, (3), t. XLIV, p. 340] :

$$2(C^4H^9.H.O)+CAzCl+H^2O =(C^4H^9)^2CO^3+AzH^4Cl.$$

Carbonate d'éthyle, éther carbonique,

$$(C^2H^5)^2CO^3.$$

— Liquide incolore, d'une odeur agréable. Densité, 0,975 à 19°; bout de 125° à 126°; insoluble dans l'eau, soluble dans l'alcool et l'éther.

On le prépare en chauffant de l'oxalate d'éthyle avec du sodium à 130°, et en ajoutant du métal tant qu'il se dégage de l'oxyde de carbone; suivant Lœwig [*Poggend. Ann.*, t. L, p. 122], et Gal [*Bull. de la Soc. chim.*, (2), 1865, t. III, p. 162], il convient d'arrêter l'addition du sodium à un moment convenable pour ne pas transformer en totalité l'éther carbonique en alcool et carbonate; il se sépare une couche éthérée qu'on lave avec de l'eau, distille avec le même liquide, rectifie sur du sodium, dessèche avec du chlorure de calcium et distille une dernière fois [Ettling, *Ann. der Chem. u. Pharm.*, t. XIX, p. 17; *Poggend. Ann.*, t. XXXIX, p. 157]. L'éther carbonique se produit encore lorsqu'on soumet à la distillation un mélange d'éthyl-carbonate et d'éthyl-sulfate de potassium [Chancel, *Compt. rend.*, t. XXXI, p. 521] lorsqu'on fait agir de l'iodure d'éthyle sur du carbonate d'argent en tube scellé [de Clermont, *Ann. de Chim. et de Phys.*, (3), t. XLIV, p. 336]; ou en faisant agir le chlorure de cyanogène liquide sur l'alcool, il se forme concurremment de l'uréthane.

L'éther carbonique brûle avec une flamme bleue; la potasse alcoolique le décompose à chaud avec production de carbonate de potassium. Chauffé avec de l'ammoniaque en vase clos, il se produit, à 100°, de l'uréthane, à 180°, de l'urée en même temps que de l'alcool [Natanson, *Ann. der Chem. u. Pharm.*, t. XCVIII, p. 287]. Chauffé à 100° avec une solution concentrée d'acide iodhydrique, il se forme de l'acide carbonique, de l'iodure d'éthyle et de l'eau [Boutlerow, *Zeitsch. Chem. Pharm.*, 1863, p. 484].

Saturé avec de l'acide bromhydrique et chauffé à 100°, il se transforme en bromure d'éthyle, anhydride carbonique et eau [Gal, *Compt. rend.*, t. LIX, p. 1049].

L'action du chlore est différente selon qu'elle a lieu à la lumière diffuse ou au soleil, et il se produit les deux composés qui sont décrits ci-après.

Carbonate d'éthyle tétrachloré, $C^8H^6Cl^4O^3$ [Cahours, *Ann. de Chim. et de Phys.*, t. IX, p. 203]. — Liquide incolore, plus dense que l'eau, d'une odeur suave particulière, insoluble dans l'eau, soluble dans l'alcool. Il se produit, lorsqu'on sature de chlore à la lumière diffuse, du carbonate d'éthyle qu'on chauffe ensuite de 70° à 80°; l'excès de chlore est chassé à la température de 70-75° par un courant d'acide carbonique.

Il se décompose par l'ébullition. Le chlore, même au bout de quatre semaines, ne l'altère pas à la lumière diffuse; au soleil, il le transforme en éther carbonique perchloré et acide chlorhydrique :

$$C^5H^6Cl^4O^3 + 12Cl = C^5Cl^{10}O^3 + 6HCl.$$

Carbonate d'éthyle perchloré, $C^5Cl^{10}O^3$ [Cahours, *loc. cit.*; — Malaguti, *Ann. de Chim. et de Phys.*, (3), t. XVI, p. 30]. — On l'obtient en faisant passer pendant deux à trois jours du chlore sec à travers du carbonate d'éthyle tétrachloré. Il se forme une masse cristalline que l'on comprime entre des doubles de papier buvard, lave rapidement avec de l'éther, soumet à une seconde compression et dessèche dans le vide. Ce corps constitue de petites aiguilles cristallines blanches fusibles entre 85° et 86° et se solidifiant entre 65° et 63°; à une température plus élevée, une partie se volatilise, une autre se décompose en acide carbonique, chlorure de trichloracétyle et trichlorure de carbone :

$$C^5Cl^{10}O^3 = CO^2 + C^2Cl^3OCl + C^2Cl^6.$$

Lorsqu'on le fait dissoudre dans l'alcool, il se transforme en un mélange huileux renfermant du carbonate d'éthyle, du trichloracétate d'éthyle et de l'acide chlorhydrique :

$$C^5Cl^{10}O^3 + 4C^2H^6O = (C^2H^5)^2CO^3 + 2(C^2H^5.C^2Cl^3O^2) + 4HCl.$$

1 p. d'éther bouilli avec 4 p. d'hydrate de potassium et 12 p. d'eau fournit du chlorure, du carbonate et du formiate :

$$C^5Cl^{10}O^3 + 9K^2O + H^2O = 10KCl + 3K^2CO^3 + 2CHKO^2.$$

L'ammoniaque gazeuse agit énergiquement sur le carbonate d'éthyle perchloré en produisant principalement du chlorhydrate d'ammoniaque; le produit, repris par l'éther, fournit une solution qui, par l'évaporation spontanée, laisse un résidu cristallin formé de chlorocarbéthamide et de longues aiguilles d'un corps non étudié; il se produit en même temps une petite quantité d'une matière pulvérulente noire.

L'éther carbonique perchloré, projeté par petites portions dans de l'ammoniaque aqueuse, forme, en même temps qu'un sifflement assez vif se fait entendre, de la chlorocarbéthamide, des carbonate, chlorure et formiate d'ammonium accompagnés d'une matière brune et de chlorocarbéthamate d'ammoniaque [Malaguti, *loc. cit.*].

Orthocarbonate d'éthyle,

$$\left.\begin{matrix}C^{IV}\\(C^2H^5)^4\end{matrix}\right\}O^4$$

[H. Bassett, *Journ. of the Chem. Soc.*, 1864, (2), t. II, p. 198, et *Bull. de la Soc. chim.*, (2), 1864, t. II, p. 300]. — On introduit dans un mélange de 40 grammes de chloropicrine avec 300 grammes d'alcool absolu, chauffé au bain-marie dans un ballon surmonté d'un réfrigérant ascendant, 24 grammes de sodium par petites portions. La réaction étant terminée, on distille l'alcool, on ajoute de l'eau et l'orthocarbonate vient surnager sous forme d'huile; il se produit en même temps du chlorure et de l'azotite de sodium :

$$C(AzO^2)Cl^3 + 4C^2H^5O.Na = 3NaCl + NaAzO^2 + C^{IV}(C^2H^5O)^4.$$

L'huile est lavée, séchée sur du chlorure de calcium et purifiée par distillation fractionnée.

Point d'ébullition, 158-159°. Densité, 0,925. Elle possède une odeur aromatique particulière. Bouillie avec de la potasse alcoolique, elle donne naissance à du carbonate.

L'acide borique anhydre, mis en digestion pendant quelques heures à 100° avec l'orthocarbonate d'éthyle, s'y dissout, s'y éthérifie et le convertit en carbonate d'éthyle ordinaire :

$$C.(C^2H^5)^4.O^4 + 2B^2O^3 = (C^2H^5)^2Bo^4O^7 + (C^2H^5)^2CO^3.$$

Acide éthyl-carbonique, acide carbovinique, $C^2H^5.H.CO^3$. — On ne connaît que le sel de potasse, $C^2H^5.K.CO^3$, qu'on obtient en faisant passer de l'anhydride carbonique dans une dissolution d'hydrate de potasse parfaitement desséché dans l'alcool absolu, en ayant soin de refroidir. Il se précipite des cristaux de carbonate, de bicarbonate et d'éthyl-carbonate de potasse; on ajoute un égal volume d'éther, on filtre, la potasse libre est entraînée. On délaye les cristaux dans l'alcool absolu, qui dissout l'éthyl-carbonate, on filtre et on précipite par l'éther; on filtre de nouveau, on sèche rapidement et on obtient l'éthyl-carbonate en lames éclatantes.

Ce sel est blanc et nacré, brûle avec flamme en laissant un résidu charbonneux. Au contact de l'eau il se transforme en alcool et en bicarbonate de potasse :

$$C^2H^5.K.CO^3 + H^2O = C^2H^6O + KHCO^3.$$

A la distillation, il fournit un gaz inflammable et un peu de liquide éthéré, en laissant un résidu de carbonate mêlé de charbon [Dumas et Peligot, *Ann. de Chim. et de Phys.*, 1840, t. LXXIV, p. 6].

Acide méthyl-carbonique, $CH^3.H.CO^3$ [Dumas et Peligot, *loc. cit.*]. — N'est connu qu'à l'état de sel de baryte, $(CH^3.CO^3)^2.Ba$. On fait passer de l'anhydride carbonique sec dans de l'hydrate de méthyle tenant en dissolution de la baryte anhydre, il se précipite des lames nacrées qu'on lave avec de l'hydrate de méthyle. Lorsqu'on chauffe, il se décompose rapidement en fournissant beaucoup d'anhydride carbonique, un peu d'un liquide éthéré, et il reste du carbonate de baryte. Ce sel se dissout facilement dans l'eau; mais la solution se décompose peu à peu, il se précipite du carbonate de baryte et il se dégage de l'anhydride carbonique, il reste de l'hydrate de méthyle; à chaud, la réaction s'établit plus vite encore.

Carbonate de méthyle et d'éthyle,

$$CH^3.C^2H^5.CO^3$$

[Chancel, *Compt. rend.*, t. XXXI, p. 521, et t. XXXII, p. 587]. — Liquide incolore, limpide, plus dense que l'eau et bouillant à une température plus élevée que le carbonate d'éthyle; se produit lorsqu'on chauffe un mélange de méthyl-carbonate et d'éthyl-sulfate de potassium :

$$CH^3.K.CO^3 + C^2H^5.K.SO^4 = K^2SO^4 + CH^3.C^2H^5.CO^3.$$

OXYDE DE CARBONE.

CO. — Ce gaz a été découvert vers la fin du siècle dernier par Priestley; Cruikshank, Clément et Désormes en ont établi la véritable composition : c'est le radical carbonyle à l'état de liberté.

L'oxyde de carbone se produit : 1° lorsqu'on brûle du charbon à une haute température et que l'oxygène ne se trouve pas en quantité suffisante pour le transformer en acide carbonique; 2° lorsque l'acide carbonique est mis en contact, à une haute température, avec du charbon, de l'hydrogène, des métaux ou autres corps capables de lui enlever la moitié de son oxygène; c'est ce qui a lieu, par exemple, dans la carbonisation du bois et de la houille; 3° lorsqu'on fait passer de la vapeur d'eau sur du coke ou du charbon de bois chauffés au rouge, il se forme en même temps de l'oxyde de carbone, de l'hydrogène et de l'acide carbonique; 4° dans les opérations métallurgiques, la réduction des oxydes métalliques, à une haute température, donne naissance à de l'oxyde de carbone, seul ou accompagné d'acide carbonique; 5° dans la distillation sèche d'un grand nombre de combinaisons organiques, il se forme de l'oxyde de carbone; 6° lorsqu'on absorbe l'oxygène, soit pur, soit celui de l'air, par le pyrogallate de potasse, il se produit de l'oxyde de carbone, moins dans le second cas que dans le premier [Calvert, *Compt. rend.*, t. LVII, p. 873; — Cloëz, *ibid.*, p. 875; — Boussingault, *ibid.*, p. 885].

Préparation. — On chauffe un mélange d'oxyde de fer, de plomb ou de zinc et de charbon dans une bouteille de fer battu; on calcine un carbonate, par exemple du carbonate de chaux, avec le quart de son poids de charbon; on fait passer de l'acide carbonique dans un tube de porcelaine ou de fer contenant du charbon incandescent. Dans toutes ces préparations il se produit en même temps de l'acide carbonique qu'on absorbe par un lait de chaux ou une lessive de potasse.

On chauffe de l'acide oxalique cristallisé ou du sel d'oseille, ou un formiate avec 5 à 6 fois leur poids d'acide sulfurique concentré. La réaction a lieu en vertu des équations suivantes :

$$\underset{\text{Ac. oxalique.}}{C^2H^2O^4} = CO + CO^2 + H^2O$$

$$\text{et } \underset{\text{Ac. formique.}}{CH^2O^2} = CO + H^2O.$$

Lorsqu'on veut préparer dans les laboratoires une certaine quantité d'oxyde de carbone, on emploie de préférence le procédé suivant : Le ferrocyanure de potassium cristallisé et pulvérisé, chauffé avec 8 à 10 fois son volume d'acide sulfurique, fournit de l'oxyde de carbone qui est accompagné d'un peu d'acide prussique, s'il y a de l'eau en excès. On ne doit pas chauffer au delà de la liquéfaction complète du mélange, car alors il ne se produit plus d'oxyde de carbone; l'acide sulfurique transforme le sulfate ferreux en sulfate ferrique et se décompose lui-même en acide sulfureux [Fownes, 1843, *Ann. der Chem. u. Pharm.*, t. XLVIII, p. 38, et Grimm et Ramdohr, *Ann. der Chem u. Pharm.*, t. XCVIII, p. 127]. L'équation suivante rend compte de la réaction :

$$\underset{\text{Ferrocyanure de potassium cristallisé.}}{2K^2FeC^3Az^3.3H^2O} + 6H^2SO^4 + 3H^2O$$

$$= 6CO + \underset{\text{Sulfate d'ammonium.}}{3(AzH^4)^2SO^4} + \underset{\text{Sulfate de potassium.}}{2K^2SO^4} + \underset{\text{Sulfate ferreux.}}{Fe^2SO^4}.$$

Composition. — La molécule CO d'oxyde de carbone occupe 2 volumes; en effet,

$$\frac{12 + 16}{2} \times 0,0693 = 14 \times 0,0693 = 0,9702.$$

Or l'expérience a donné, pour la densité de l'oxyde de carbone par rapport à l'air, 0,96790 (von Wrede), et 14 par rapport à l'hydrogène.

Lorsqu'on fait passer l'étincelle électrique dans un mélange d'oxyde de carbone et d'oxygène en excès, 2 volumes d'oxyde de carbone se combinent avec 1 volume d'oxygène pour former 2 volumes d'acide carbonique; or l'analyse de l'acide carbonique apprend que 2 volumes de ce corps renferment 2 volumes d'oxygène; par conséquent, 2 volumes d'oxyde de carbone renferment 2 volumes d'oxygène. Le poids de 2 volumes d'oxyde de carbone comparé à celui de 2 volumes d'hydrogène est 28; en retranchant 16 du poids d'un volume d'oxygène, il reste 12, le poids de l'atome de carbone.

On voit donc que l'oxyde de carbone et l'acide carbonique renferment le même poids de carbone et que le second contient une quantité d'oxygène qui est le double de celle que renferme le premier.

Propriétés. — L'oxyde de carbone est un gaz incolore, permanent, neutre aux réactifs colorés et peu soluble dans l'eau qui en dissout 0,024 ou 1/40 environ de son volume à 15°. Il est très-vénéneux; suivant F. Leblanc [*Ann. de Chim. et de Phys.*, (3), t. V, p. 223], un moineau périt instantanément dans l'air renfermant 4 à 5 % de ce gaz, et il suffit d'un centième pour déterminer la mort au bout de deux minutes; c'est aussi principalement à la présence de l'oxyde de carbone qu'est due l'action délétère de la vapeur de charbon.

L'oxyde de carbone n'entretient pas la combustion; il est inflammable et brûle avec une flamme bleue, en produisant de l'acide carbonique. Un fil de platine, chauffé à 300°, détermine son inflammation; l'éponge de platine agit à la température ordinaire sans s'échauffer beaucoup; le noir de platine rougit dans un mélange d'oxyde de carbone et d'oxygène, et la combinaison a lieu avec explosion.

L'oxyde de carbone réduit, à la chaleur rouge, les oxydes de cuivre, de plomb, d'étain, de fer, etc. Cette propriété joue un grand rôle dans la métallurgie du fer.

L'oxyde de carbone est rapidement absorbé par des solutions acides ou ammoniacales de sels cuivreux [F. Leblanc, *Compt. rend.*, t. XXX, p. 488]. Cette propriété est mise à profit dans l'analyse des gaz.

L'oxyde de carbone réduit à froid le chlorure d'or neutre, se combine directement avec le chlore et avec le potassium. L'hydrate de potassium l'absorbe à chaud en formant du formiate de potassium $CO + KHO = CHKO^2$ [Berthelot, *Ann. de Chim. et de Phys.*, (3), t. XLVI, p. 479]. La réaction s'accomplit encore et même à la température ordinaire, seulement avec une excessive lenteur, avec le carbonate et le bicarbonate de soude et le carbonate de chaux.

L'oxyde de carbone sec est absorbé lentement, à la température ordinaire, par l'alcoolate de baryte dissous dans l'alcool absolu; il se forme un éthylformiate de baryte $(CO.C^2H^6.O)^2Ba$ isomérique avec le propionate $(C^3H^5O^2)^2Ba$, mais soluble dans l'alcool tout à fait absolu et décomposable immédiatement par l'eau en alcool et formiate de baryte. L'alcool sodé anhydre absorbe également l'oxyde de carbone et produit un éthylformiate en même temps qu'une petite quantité de propionate [Berthelot, *Bull. de la Soc. chim.*, (2), t. V, p. 1].

Si on fait passer un courant d'oxyde de carbone à travers un tube de porcelaine chauffé à une température très-élevée, donnant en même temps passage à un tube de laiton traversé par un courant d'eau froide, l'oxyde de carbone se dissocie en noir de fumée, qui se dépose sur le tube de laiton, et en oxygène qui, avec l'excès d'oxyde de carbone, forme de l'acide carbonique [Sainte-Claire Deville, *Compt. rend.*, 1864, t. LIX, p. 873].

OXYCHLORURE DE CARBONE.

Chlorure de carbonyle (*acide chloro-carbonique, gaz phosgène*), $COCl^2$ [*Phil. Trans.*, 1812,

p. 144]. — Ce gaz, découvert par J. Davy, se produit lorsqu'on expose à la lumière solaire des volumes égaux d'oxyde de carbone et de chlore, le mélange se décolore et se contracte de moitié. A la lumière diffuse, la combinaison s'effectue plus lentement; dans l'obscurité, il n'y a pas de réaction. Suivant Hofmann [*Ann. der Chem. u. Pharm.*, t. LXX, p. 139], ce gaz se produit lorsqu'on fait passer de l'oxyde de carbone dans du perchlorure d'antimoine en ébullition. Suivant Göbel [*Journ. für prakt. Chem.*, t. VI, p. 388], il se forme lorsqu'on fait passer de l'oxyde de carbone sur du chlorure de plomb ou d'argent chauffé au rouge. Suivant M. Schutzenberger, il se produit encore lorsqu'on chauffe du tétrachlorure de carbone avec de l'oxyde de zinc en vase clos à 200° ou qu'on fait passer un mélange d'oxyde de carbone et de chlore dans un tube chauffé à 400° environ et renfermant de l'éponge de platine, ou bien encore en faisant passer un mélange de tétrachlorure de carbone et d'oxyde de carbone dans un tube rempli de pierre ponce chauffé vers 400°.

L'oxychlorure de carbone prend naissance dans les réactions suivantes : dans la distillation sèche 1° des éthers méthyliques perchlorés, tels que le formiate

$$C^2Cl^4O^2 = 2\,COCl^2,$$

ou l'oxalate

$$C^4Cl^6O^4 = COCl^2 + 3CO;$$

2° des trichloracétates

$$C^2Cl^3MO^2 = COCl^2 + CO + MCl;$$

enfin, par l'action d'un excès d'acide sulfurique concentré sur le sulfite de chlorure de carbone, $CCl^4SO^2 + H^2O = COCl^2 + 2HCl + SO^2$.

L'oxychlorure de carbone est un gaz incolore; il a une odeur suffocante, provoque le larmoiement et ne fume pas à l'air. Densité, 3,6808 (Davy); 3,4249 (Thomson). Pouvoir réfringent, 3,936. Sa formule correspond à 2 volumes; en effet,

$$\frac{12+16+(2\times 35,5)}{2}\times 0,0693 = 3,430.$$

Il rougit le papier de tournesol. L'eau le décompose en acide carbonique et acide chlorhydrique :

$$COCl^2 + H^2O = CO^2 + 2\,HCl.$$

Il est décomposé par l'arsenic et l'antimoine qui s'unissent au chlore, et de l'oxyde de carbone est mis en liberté. L'oxyde de zinc et d'autres oxydes métalliques le décomposent avec formation de chlorure métallique et d'acide carbonique.

Les alcools le transforment en éther chlorocarbonique; par exemple,

$$(CO)''\left\{\begin{matrix}Cl\\Cl\end{matrix}\right. + \left.\begin{matrix}C^2H^5\\H\end{matrix}\right\}O = \left.\begin{matrix}(CO)''\\C^2H^5\\Cl\end{matrix}\right\}O + HCl.$$

L'ammoniaque réagit sur l'oxychlorure de carbone en produisant de la carbamide et du chlorure d'ammonium. La phénylamine, ainsi que d'autres bases organiques, agissent d'une manière analogue.

ÉTHERS CHLOROCARBONIQUES. — Ces corps prennent naissance par l'action des alcools sur l'oxychlorure de carbone :

$$CO.ClCl + (C^2H^5O)H = HCl + CO.(C^2H^5O)Cl.$$

On peut les envisager comme des combinaisons du type mixte H^2O, HCl. Le groupe $(CO)''$ y est en effet substitué à 1 atome d'hydrogène de l'eau et à 1 atome d'hydrogène de l'acide chlorhydrique,

$$\left.\begin{matrix}H\\H\end{matrix}\right\}O, \qquad \left.\begin{matrix}R\\(CO)''\end{matrix}\right\}O.$$
$$HCl \qquad\qquad Cl$$

R représente un radical tel que l'éthyle, le méthyle, etc.

CHLOROCARBONATE D'AMYLE, $C^6H^{11}ClO^2$. — Produit par l'action de l'oxychlorure de carbone sur l'alcool amylique, il est immédiatement décomposé en carbonate d'amyle par l'humidité [Medlock, *Chem. Soc. quart. Journ.*, t. I, p. 368].

CHLOROCARBONATE D'ÉTHYLE, $C^3H^5ClO^2$ [Dumas et Peligot, *Ann. de Chim. et de Phys.*, (2), t. LIV, p. 226; — Cloëz, *ibid.*, (3), t. XVII, p. 303; — Cahours, *ibid.*, (3), t. XIX, p. 346]. — On fait passer du chloroxyde de carbone dans de l'alcool, on rectifie sur du massicot et du chlorure de calcium. Il se produit aussi par l'action de l'alcool sur les éthers éthyl-formique et méthyl-oxalique perchlorés :

$$C^3Cl^6O^2 + 2C^2H^6O$$
Éther éthyl-formique perchloré.
$$= C^3H^5ClO^2 + C^4H^5Cl^3O^2 + 2HCl.$$
Chlorocarbonate d'éthyle. Trichloracétate d'éthyle.

$$C^4Cl^6O^4 + 4C^2H^6O$$
Éther méthyl-oxalique perchloré.
$$= 2C^3H^5ClO^2 + C^6H^{10}O^4 + 4HCl.$$
Chlorocarbonate d'éthyle. Oxalate d'éthyle.

C'est un liquide incolore, très-fluide, d'une odeur suffocante et irritant les yeux, inflammable, brûlant avec une flamme verte; insoluble dans l'eau froide, il est décomposé par l'eau chaude, neutre au papier de tournesol. Densité, 1,139 à 15°. Bout à 94°. Densité de vapeur, 3,823. L'ammoniaque le décompose en chlorhydrate d'ammonium et carbonate d'éthyle. L'éther chloroxycarbonique est décomposé par le phénylate de potassium, il se produit du carbonate d'éthyle-phényle. — Voyez PHÉNYLIQUES (COMPOSÉS).

CHLOROCARBONATE DE MÉTHYLE, $C^2H^3ClO^2$ [Dumas et Peligot, *Ann. de Chim. et de Phys.*, t. LVIII, p. 52]. — On fait arriver de l'esprit de bois dans un ballon rempli d'oxychlorure de carbone et on rectifie le produit sur du massicot et du chlorure de calcium. C'est une huile très-fluide, plus dense et plus volatile que l'eau, d'une odeur pénétrante et brûlant avec une flamme verte. L'ammoniaque gazeuse le transforme en carbamate de méthyle.

BROMURES DE CARBONE.

DIBROMURE DE CARBONE. — Éthylène perbromé, C^2Br^4 [Löwig, *Ann. der Chem. u. Pharm.*, t. III, p. 292]. — Obtenu par l'action du brome sur l'alcool :

$$C^2H^6O + 4Br^2 = C^2Br^4 + 4HBr + H^2O.$$

D'après Löwig, l'éther dans les mêmes circonstances fournirait aussi ce composé.

Vœlckel, en répétant l'expérience, n'a pas obtenu de cristaux de bromure de carbone, mais un liquide [*Ann. der Chem. u. Pharm.*, t. XLI, p. 119].

Lorsqu'on ajoute peu à peu du brome à de l'alcool, celui-ci s'échauffe; après refroidissement, on le décolore par la potasse alcoolique, puis on ajoute de l'eau et on fait évaporer l'alcool. Il se dépose par le refroidissement une huile jaune, puis du bromure de carbone qu'on purifie en le dissolvant dans l'alcool et en le précipitant ensuite par l'eau.

Suivant M. Berthelot, il se formerait du bromure de carbone lorsqu'on dirige dans du brome de l'hydrogène que dégage de la fonte de fer additionnée d'acide sulfurique faible [*Ann. de Chim. et de Phys.*, (3), t. LIII, p. 69].

Le bromure de carbone se produit encore par l'action de la potasse alcoolique sur le bromure d'éthylène tribromé :

$$C^2HBr^3Br^2 + KHO = C^2Br^4 + KBr + H^2O$$

[Lennox, *Chem. Soc. quart. Journ.*, t. XIV, p. 209].

Le bromure de carbone se présente sous la forme de paillettes cristallines incolores et opaques, grasses au toucher, plus denses que l'eau, peu solubles dans l'eau, très-solubles dans l'alcool et l'éther. Il est fusible à 50°, volatil à 100°, d'une odeur éthérée et d'une saveur sucrée. Il est peu inflammable et brûle en fournissant de l'acide bromhydrique; il s'éteint dès qu'il n'est plus en contact avec un corps incandescent. En fusion, il est attaqué par le chlore avec production de chlorure de brome. Chauffé avec de l'oxyde de mercure, il fournit du bromure métallique en même temps que de l'anhydride carbonique. Lorsqu'on le fait passer sur de l'oxyde de fer, de zinc ou de cuivre chauffé au rouge, il se comporte de la même manière.

Sa vapeur est décomposée par le fer, le zinc et le cuivre chauffés au rouge; il se produit du bromure métallique et point de gaz. Il n'est pas attaqué par les acides sulfurique, chlorhydrique et azotique.

Poselger a remarqué que le brome du commerce renferme un bromure liquide CBr^2, incolore, très-réfringent, d'une odeur aromatique, bouillant à 120° et ne se solidifiant pas à — 25°. Densité, 2,436. Il n'est pas inflammable, est peu soluble dans l'eau, miscible en toute proportion avec l'alcool, l'éther et le brome, indécomposable par les acides sulfurique et azotique [*Poggend. Ann.*, t. LXXI, p. 297].

Hermann, en examinant des eaux mères servant à la préparation du brome, a rencontré une huile moins volatile que le brome et qui semble être un mélange de bromoforme et d'un bromure de carbone CBr^2 ne se solidifiant pas à — 20° [*Ann. der Chem. u. Pharm.*, t. XCV, p. 211].

TRIBROMURE DE CARBONE. — Bromure d'éthylène perbromé, $C^2Br^6 = C^2Br^4.Br^2$ (Reboul, *Compt. rend.*, t. LIV, p. 1229; *Institut.*, 1862, p. 218, et *Repert. de Chim. pure*, 1862, p. 295]. — Ce composé se produit lorsqu'on chauffe en tubes clos à 100° pendant 15 à 20 heures, ou mieux pendant quelques heures à 180°, soit du bromure d'éthylène tribromé, soit un mélange de ce dernier et de bromure d'éthylène bibromé avec du brome et de l'eau; il se forme de l'acide bromhydrique et des cristaux de tribromure :

$$C^2H^2Br^4 + Br^4 = C^2Br^6 + 2\,HBr,$$
$$C^2HBr^5 + Br^2 = C^2Br^6 + HBr.$$

Il est infusible à 100°, peu soluble dans l'alcool et dans l'éther, même bouillants; soluble dans le sulfure de carbone qui l'abandonne sous forme d'assez gros cristaux transparents et durs qui sont des prismes droits à base rectangle biselés sur deux des arêtes de la base et latéralement en croix sur les arêtes des pans.

Chauffé de 200° à 210°, le tribromure se détruit avant de fondre en se transformant en dibromure. Celui-ci, chauffé avec du brome en vase clos à 100°, fournit du tribromure.

CHLORURES DE CARBONE.

Le carbone ne s'unit pas directement au chlore; les quatre chlorures décrits ici dérivent de composés organiques, mais ils peuvent être aussi préparés au moyen du sulfure de carbone qui, lorsqu'il traverse avec du chlore un tube de porcelaine chauffé au rouge, fournit du tétrachlorure de carbone (Kolbe) (voyez TÉTRACHLORURE DE CARBONE, p. 759). Ce dernier, par l'action d'une température plus élevée, ou d'agents réducteurs, donne naissance aux trois autres chlorures. On connaît encore un certain nombre d'autres chlorures dont la description trouvera place à la suite des combinaisons auxquelles ils se rattachent.

PROTOCHLORURE DE CARBONE (*Sous-chlorure ou chlorure de carbone de Julin*, C^6Cl^6 [Julin, *Ann. de Chim. et de Phys.*, (2), t. XVIII, p. 269; — Phillips et Faraday, *Philos. trans.*, 1821; — Regnault, *Ann. de Chim. et de Phys.*, (2), t. LXX, p. 104, et t. LXXI, p. 381 et 386; — Bassett, *Journ. of the Chem. Soc.*, nouv. sér., t. V, p. 443, et *Ann. der Chem. u. Pharm.*, suppl., 1867, t. V, p. 340]. — Ce chlorure, découvert en 1821 par Julin, se dépose en aiguilles incolores, soyeuses, lorsqu'on dirige la vapeur de dichlorure de carbone ou de chloroforme dans un tube de porcelaine chauffé au rouge sombre :

$$3\,C^2Cl^4 = C^6Cl^6 + Cl^6.$$

Si la chaleur est trop élevée, on obtient un dépôt de charbon. Il bout, fond et se volatilise entre 175° et 200°. On peut déjà le sublimer à 120° sans qu'il fonde. Il est sans saveur, a une faible odeur rappelant celle du blanc de baleine. Il est insoluble dans l'eau, très-soluble dans l'alcool, l'éther et le sulfure de carbone et dans l'essence de térébenthine bouillante, où il cristallise par refroidissement.

Sa vapeur traversant un tube de porcelaine chauffé au rouge et rempli de fragments de cristal de roche, il se décompose en charbon et en chlore. Il brûle dans une bougie avec une flamme bleu verdâtre. Les acides azotique, sulfurique, chlorhydrique et la potasse bouillante ne le dissolvent ni ne le décomposent. Le chlore est sans action sur lui, même au soleil.

Le potassium brûle dans sa vapeur en produisant du chlorure métallique et un dépôt de charbon.

D'après les recherches de H. Bassett [*Journ. of the Chem. Soc.*, nouv. sér., t. V, p. 443; *Ann. der Chem. u. Pharm.*, 1867, suppl., t. V, p. 340], le protochlorure de carbone est représenté par la formule C^6Cl^6. Lorsqu'on fait passer du chloroforme à travers un tube rempli de fragments de porcelaine, on obtient un produit qui, purifié, constitue des aiguilles fines incolores, sans saveur et sans odeur, peu solubles dans l'alcool, très-solubles dans la benzine et le chloroforme. Pour obtenir des cristaux, on emploie un mélange de benzine et d'alcool. Ce composé est peu volatil à 100°. Point de fusion, 231°. Point de solidification, 226°. La densité de vapeur a été prise dans la vapeur de mercure, parce que le protochlorure se volatilise au-dessus de 300°, et a été trouvée égale à 10,06, la théorie exigeant 9,87.

H. Müller [*Zeitschr. Chem. Pharm.*, 1864, p. 40; *Journ. de Pharm.*, (3), t. XLV, p. 285], en faisant agir le pentachlorure d'antimoine sur la benzine, a obtenu de la benzine hexachlorée; le même composé se produit lorsqu'on fait agir du chlore sur la benzine en présence de l'iode; Bassett a comparé ces produits avec ceux qu'il a préparés par le procédé indiqué plus haut et a reconnu leur identité.

MM. Berthelot et Jungfleisch ont confirmé l'identité de la benzine hexachlorée et du chlorure de Julin.

DICHLORURE DE CARBONE. — Ethylène perchloré (ancien *protochlorure de carbone*), C^2Cl^4. — Découvert et étudié par Faraday [*Phil. Trans.*, 1821, p. 47], plus tard par Regnault [*Ann. de Chim. et de Phys.*, (2), t. LXX, p. 104, et t. LXXI, p. 372]. Il se produit lorsqu'on fait passer du trichlorure de carbone à la température rouge à travers un tube rempli de fragments de porcelaine. Il est plus avantageux d'ajouter le trichlorure par petites portions à une solution alcoolique de sulfhydrate de potassium; aussitôt que le dégagement de H^2S a cessé, on distille; la liqueur alcoolique qui a passé est agitée avec de l'eau et le dichlorure de carbone se sépare.

Le dichlorure de carbone prend encore naissance quand on ajoute de l'acide sulfurique à un mélange de trichlorure, d'eau et de zinc [Geuther, *Ann. der Chem. u. Pharm.*, t. CVII, p. 212].

C'est un liquide très-mobile. Densité, 1,619 à 20° (Regnault), 1,612 à 10° (Geuther). Pouvoir réfringent, 1,4875; il ne se solidifie pas à —18°; bout à 122° (Regnault), à 116°,7 (Geuther).

Densité de vapeur, 5,822, correspondant à 2 volumes :

$$\frac{(2 \times 12) + (4 \times 35,5)}{2} \times 0,0693 = 5,75.$$

Insoluble dans l'eau, les acides et les alcalis aqueux; soluble dans l'alcool, l'éther, les huiles fixes ou volatiles. La chaleur le décompose en chlore et en protochlorure de carbone. Lorsqu'on fait passer sa vapeur sur de la baryte chauffée au rouge, il se produit du chlorure de baryum, de l'anhydride carbonique et du charbon, en même temps qu'une vive effervescence a lieu. Le chlore et l'eau agissant simultanément sur le dichlorure de carbone, il se produit d'abord du trichlorure de carbone, plus tard de l'acide trichloracétique :

$$C^2Cl^4 + 2\,Cl = C^2Cl^6;$$
$$C^2Cl^6 + 2\,H^2O = C^2Cl^3HO^2 + 3\,HCl$$

[Kolbe. *Ann. der Chem. u. Pharm.*, t. LXIV, p. 182].

La potasse se transforme à 200° en oxalate et chlorure de potassium et hydrogène [Geuther, *Ann. der Chem. u. Pharm.*, t. CX, p. 247] :

$$C^2Cl^4 + 6\,KHO$$
$$= C^2K^2O^4 + 4\,KCl + 2\,H^2O + H^2.$$

Il absorbe, à la lumière solaire, le chlore sec en produisant du trichlorure, et le brome en donnant naissance à du chlorobromure $C^2Cl^4Br^2$.

TRICHLORURE DE CARBONE. — Chlorure d'éthylène perchloré (ancien *sesquichlorure* ou *perchlorure de carbone*), C^2Cl^6. — Ce corps, découvert par Faraday [*Phil. Trans.*, 1821, p. 47), se produit par l'action du chlore, sous l'influence de la lumière du soleil sur différentes combinaisons renfermant de l'éthyle et de l'éthylène. Le chlorure d'éthylène est exposé au soleil dans un flacon rempli de chlore, on ajoute de l'eau de temps à autre pour absorber l'acide chlorhydrique, on épuise l'action du chlore, on lave les cristaux à l'eau, on les exprime entre des doubles de papier et on les sublime; on dissout ensuite dans l'alcool et on précipite par un alcali, on lave à l'eau et on dessèche dans le vide.

Regnault fait arriver du chlorure d'éthyle purifié dans un flacon exposé au soleil, où il rencontre du chlore. [*Ann. de Chim. et de Phys.*, (2), t. LXIX, p. 166 et t. LXXXI, p. 371].

Liebig [*Ann. der Chem. u. Pharm.*, t. I, p. 219] fait passer du chlore dans du chlorure d'éthylène bouillant. Laurent [*Ann. de Chim. et de Phys.*, (2), t. LXIV, p. 328] décompose le chlorure d'éthyle par le chlore, mais a soin de n'exposer au soleil qu'après 24 heures d'action.

L'oxyde d'éthyle traité par le chlore au soleil est converti tantôt immédiatement en sesquichlorure et chloraldéhyde, tantôt en oxyde d'éthyle perchloré, qui, par la chaleur, fournit les mêmes produits [Regnault, *loc. cit.*, et Malaguti, *Ann. de Chim. et de Phys.*, (3), t. XVI, p. 6 et 14]. Plusieurs éthers composés, tels que carbonique, succinique, etc., soumis à l'action du chlore sous l'influence du soleil, fournissent du trichlorure.

Le sulfite d'éthyle, dans les mêmes circonstances, donne du chlorure de sulfuryle, de la chloraldéhyde et de l'acide chlorhydrique [Ebelmen et Bouquet, *Ann. de Chim. et de Phys.*, (3), t. XVII, p. 69] :

$$(C^2H^5)^2SO^3 + 11\,Cl^2$$
$$= C^2Cl^6 + SO^2Cl^2 + C^2Cl^4O + 10\,HCl.$$

Le chlorhydrate d'éthylamine fournit le même produit,

$$C^2H^7Az + 5\,Cl^2 = C^2Cl^6 + AzH^4Cl + 3\,HCl.$$

Le sel ammoniac est finalement transformé en ammoniaque et acide chlorhydrique, une portion paraît donner naissance à du chlorure d'azote [Geuther et Hofacker, *Ann. der Chem. u. Pharm.*, t. CVIII, p. 51].

Le tétrachlorure de carbone, passant à travers un tube chauffé au rouge, se change en trichlorure et chlore.

La forme cristalline du trichlorure de carbone est un prisme rhomboïdal droit *m* modifié par les faces g^1 et le prisme horizontal e^1, les angles du prisme *mm* sont de 58° [Brooke, *Ann. Philos.*, t. XXIII, p. 364]; 59° [Laurent, *Revue scientif.*, t. IX, p. 33]. Ce sont des cristaux incolores, transparents, presque sans saveur, d'une odeur aromatique et camphrée, de la dureté du sucre et facilement pulvérisables, fusibles à 160°, volatils à 182°, se sublimant déjà à la température ordinaire, insolubles dans l'eau froide ou chaude, solubles dans l'alcool et plus encore dans l'éther. Densité, 2 environ. Pouvoir réfringent, 1,5767. Densité de vapeur, 8,157.

$$\frac{(2 \times 12) + (6 \times 35,5)}{2} \times 0,0693 = 8,212.$$

Le trichlorure brûle dans la flamme d'une lampe à alcool, en produisant de l'acide chlorhydrique; sa vapeur, chauffée au rouge dans un tube de porcelaine, se dédouble en chlore et en dichlorure :

$$C^2Cl^6 = C^2Cl^4 + Cl^2.$$

L'iode, le phosphore, le soufre, à l'aide d'une douce chaleur, le transforment en dichlorure; avec l'hydrogène, dans un tube chauffé au rouge, il produit de l'acide chlorhydrique et du dichlorure de carbone.

Les métaux, au rouge, s'emparent du chlore et mettent le carbone en liberté; dans les mêmes conditions, la baryte, la strontiane et la chaux décomposent avec ignition le trichlorure; il se dépose du charbon et il se forme des chlorure et carbonate; les oxydes métalliques donnent des chlorures et de l'acide carbonique. La potasse aqueuse ou alcoolique n'attaque pas le trichlorure à l'ébullition; mais en tube scellé, la potasse aqueuse fournit de l'oxalate et du chlorure de potassium :

$$C^2Cl^6 + 8\,KHO = C^2K^2O^4 + 6\,KCl + 4\,H^2O$$

[Geuther, *Ann. der Chem. u. Pharm.*, t. CXI, p. 174].

Avec la potasse alcoolique en vase clos à 100° on obtient les mêmes produits, en même temps que de l'hydrogène et de l'éthylène [Berthelot, *Ann. de Chim. et de Phys.*, (3), t. LIV, p. 87].

Chauffé à une douce chaleur avec une solution alcoolique de sulfhydrate de potassium, il se forme du dichlorure de carbone, du chlorure de potassium, de l'hydrogène sulfuré, du soufre et un composé sulfuré brun provenant apparemment d'une réaction secondaire [Regnault, *loc. cit.*] :

$$C^2Cl^6 + 2\,KHS = C^2Cl^4 + 2\,KCl + H^2S + S.$$

Mis en contact avec du zinc et de l'eau acidulée avec de l'acide sulfurique, le trichlorure se transforme complétement en dichlorure qui distille avec la vapeur d'eau [Geuther, *Ann. der Chem. u. Pharm.*, t. CVII, p. 212].

TÉTRACHLORURE DE CARBONE. — Chlorure de méthyle perchloré (ancien *dichlorure de carbone*),

CCl^4. — Produit par l'action du chlore sur le chloroforme au soleil, il a été découvert en 1839 par Regnault [*Ann. de Chim. et de Phys.*, (2), t. LXXI, p. 377] :

$$C\,HCl^3 + Cl^2 = HCl + CCl^4.$$

On chauffe doucement du chloroforme exposé au soleil, en y faisant passer un courant lent de chlore sec, on distille et on cohobe jusqu'à ce qu'il n'y ait plus de dégagement d'acide chlorhydrique, on agite avec du mercure et on rectifie. Il prend encore naissance par la réaction du chlore sur l'éthylène [Dumas, *Ann. de Chim. et de Phys.*, (3), t. LXXIII, p. 95], et sur le sulfure de carbone : $CS^2 + 4Cl^2 = CCl^4 + 2SCl^2$.

On fait passer du chlore, saturé de vapeur de sulfure de carbone, à travers un tube chauffé au rouge renfermant des fragments de porcelaine, on ajoute lentement le mélange jaune obtenu à un excès de lessive de potasse ou de lait de chaux, on agite, puis on distille. On enlève l'excès de sulfure de carbone au moyen de la potasse [Kolbe, *Ann. der Chem. u. Pharm.*, t. XLV, p. 41, et t. LIV, p. 146]. — Geuther transforme l'excès de sulfure de carbone en xanthate de potassium, sépare le chlorure de carbone au moyen de l'eau et le purifie par des lavages [*Ann. der Chem. u. Pharm.*, t. CVII, p. 212].

Hofmann [*Chem. Soc. quart. Journ.*, t. XIII, p. 65, et *Ann. der Chem. u. Pharm.*, t. CXV, p. 264] le prépare en faisant agir du pentachlorure d'antimoine sur du sulfure de carbone :

$$CS^2 + 2\,SbCl^5 = CCl^4 + 2\,SbCl^3 + S^2.$$

On obtient un plus fort rendement en mélangeant le perchlorure d'antimoine avec un grand excès de sulfure de carbone et en faisant passer un courant de chlore dans le liquide bouillant.

On purifie le chlorure de carbone en distillant et recueillant ce qui passe au-dessous de 100° et ensuite par un traitement à la potasse bouillante.

H. Müller et Crumps [*Chem. News*, sept. 1866, n° 356, p. 154, et *Bull. de la Soc. chim.*, 1866, t. VI, p. 444] font passer du chlore dans une solution de brome ou d'iode dans le sulfure de carbone; il se forme du tétrachlorure de carbone et du perchlorure de soufre qui, au contact du soufre en excès, est transformé en protochlorure; on sépare le tétrachlorure de carbone par la distillation fractionnée. Une faible quantité d'iode suffit à une quantité en quelque sorte indéterminée de sulfure de carbone. Ce procédé est breveté. — Voyez, pour cette même réaction, Weber, *Bull. de la Soc. chim.*, 1867, t. VII, p. 487.

Le tétrachlorure de carbone constitue un liquide huileux, incolore, non miscible à l'eau, d'une odeur éthérée agréable, soluble dans l'alcool et l'éther; il bout à 78°,1 sous la pression de $0^m,7483$. Densité, 1,6298 à 0° [Pierre, *Ann. de Chim. et de Phys.*, t. XXXIII, p. 199]. Densité de vapeur, 5,24 à 5,33.

$$\text{Théorie, } \frac{12 + (4 \times 35,5)}{2} \times 0,0693 = 5,34.$$

Lorsqu'on fait passer le tétrachlorure de carbone à travers un tube chauffé au rouge, il se décompose en chlore et en un mélange de trichlorure et de dichlorure :

$$2\,CCl^4 = C^2Cl^6 + Cl^2 \text{ et } C^2Cl^6 = Cl^2 + C^2Cl^4.$$

Une solution aqueuse de potasse n'attaque pas le tétrachlorure; la potasse alcoolique n'agit qu'à la longue en fournissant des chlorure et carbonate. A 100° et en vase clos, il se produit au bout d'une semaine une certaine quantité d'éthylène [Berthelot, *Ann. de Chim. et de Phys.*, t. CIX, p. 118].

Au moyen de l'amalgame de potassium on le réduit en chloroforme, chlorure de méthyle monochloré et éthylène; il se forme en même temps un peu de chlorure de potassium [Regnault, *loc. cit.*]; lorsqu'on le mêle avec de l'hydrogène et qu'on le fait passer à travers un tube chauffé au rouge rempli de pierre ponce, il fournit du gaz des marais et de l'éthylène [Berthelot, *Ann. de Chim. et de Phys.*, t. LIII, p. 69]; dans les mêmes circonstances, au rouge faible, et avec l'hydrogène sulfuré, il donne de l'acide chlorhydrique et du sulfochlorure de carbone [Kolbe, *loc. cit.*].

Traité par du zinc et de l'acide chlorhydrique faible, il forme de l'acide chlorhydrique, du chloroforme et du chlorure de méthyle chloré [Geuther, *loc. cit.*].

Chauffé à 170° ou 180° avec 3 volumes de phénylamine, il se produit de carbotriphényltriamine:

$$6(Az.H^2.C^6H^5) + CCl^4$$
$$= [Az.\overset{IV}{C}.(C^6H^5)^3.H^2].HCl + 3[(Az.H^2.C^6H^5).HCl].$$

Il se forme en même temps du chlorhydrate de rosaniline [Hofmann, *Proc. R. Soc.*, t. IX, p. 284].

Avec la triéthylphosphine il se forme un produit blanc cristallisé [Hofmann, *Proc. R. Soc.*, t. X, p. 184].

Le tétrachlorure de carbone, chauffé avec de l'iodure de potassium et de l'eau, fournit un mélange d'acide carbonique, d'oxyde de carbone et d'hydrogène [Berthelot, *Ann. de Chim. et de Phys.* (3), t. LI, p. 48].

CHLOROBROMURE DE CARBONE. — Bromure d'éthylène perchloré (*bromure de chloréthose*) [Malaguti, *Ann. de Chim. et de Phys.*, (3), t. XVI, p. 14]. — Le dichlorure de carbone, en contact à la lumière solaire avec le brome, se prend rapidement en une masse cristalline qu'on purifie par des cristallisations dans l'alcool. Ce sont des prismes droits, rectangulaires, isomorphes avec le chlorure d'éthylène perchloré, ayant une légère saveur aromatique. Ils commencent à se volatiliser à 100°, se décomposent à 200° environ en brome et dichlorure de carbone. Traités par le sulfure de potassium, ils fournissent du dichlorure de carbone, du soufre et du bromure de potassium :

$$C^2Cl^4Br^2 + K^2S = C^2Cl^4 + 2\,KBr + S.$$

SULFURES DE CARBONE.

PROTOSULFURE DE CARBONE, CS. — Suivant Baudrimont [*Compt. rend.*, t. XLIV, p. 1000], le protosulfure de carbone prend naissance lorsqu'on fait passer du sulfure de carbone en vapeurs sur de l'éponge de platine, de la pierre ponce ou du charbon chauffés au rouge. Le gaz, débarrassé de l'oxyde de carbone et de l'acide sulfhydrique qui l'accompagnent, est permanent et soluble dans un égal volume d'eau [Persoz, *Introduction à l'étude de la Chim. moléculaire*, p. 117, p. 1837].

Suivant Berthelot [*Institut*, 1859, p. 353], il ne se forme dans cette réaction que de l'oxyde de carbone et de l'acide sulfhydrique mélangé de vapeurs de sulfure de carbone [Playfair, *Chem. Soc. quart. Journ.*, t. XIII, p. 248, et *Répert. de Chim. pure*, 1861, p. 214].

SESQUISULFURE DE CARBONE, C^2S^3. — C'est une poudre amorphe, brune, sans odeur, peu soluble dans le bisulfure de carbone. Elle se décompose lorsqu'on la chauffe un peu au-dessus de 210°. L'ammoniaque ne l'altère pas; les solutions aqueuses bouillantes de potasse ou de baryte la transforment en oxalate et sulfure.

L'acide azotique faible l'oxyde, et il se produit un acide dont le sel de baryte est soluble et les sels de plomb et d'argent peu solubles. Cet acide renferme peut-être

$$\left.\begin{matrix}CS\\CS\end{matrix}\right\}O,H^2O$$

et correspondrait à l'acide oxalique.

Pour préparer le sesquisulfure de carbone, on fait digérer à une douce chaleur avec de l'ammoniaque très-concentrée le sesquisulfure de carbone et d'hydrogène récemment précipité, on traite la liqueur filtrée rouge très-foncé par un courant de chlore jusqu'à ce qu'elle filtre incolore. Le précipité qui se forme est débarrassé du soufre qu'il renferme par du sulfite de soude, lavé à l'eau chaude, à l'alcool et séché (Loew, même source que pour le sesquisulfure de carbone et d'hydrogène, p. 767).

BISULFURE DE CARBONE. — Sulfure de carbone, anhydride sulfocarbonique, CS^2. — Le sulfure de carbone a été obtenu pour la première fois par Lampadius en 1796, en distillant une tourbe pyriteuse [*Gehlen's N. allgem. Journ. Chem.*, t. II, p. 192]. On le rencontre dans le gaz d'éclairage [Hofmann, *Chem. Soc. quart. Journ.*, t. XIII, p. 85], et dans les pétroles et benzines du commerce [Hager, *Dingl. Polyt. Journ.*, t. CLXXXIII, p. 165; *Bull. de la Soc. chim.*, nouv. sér., 1867, t. VII, p. 527].

On prépare le sulfure de carbone en faisant passer du soufre en vapeur sur du charbon chauffé au rouge. Dans un fourneau légèrement incliné on place un tube de porcelaine rempli de braise concassée; à l'extrémité inférieure de ce tube on adapte une allonge, dont le bec recourbé plonge dans un flacon jusqu'à une petite distance au-dessous de l'eau; lorsque le tube est au rouge, on introduit du soufre par la partie supérieure. Le sulfure de carbone formé se condense dans l'allonge et tombe au fond de l'eau du récipient. On peut aussi employer une cornue en grès, jusqu'au fond de laquelle plonge un tube de porcelaine destiné à l'introduction du soufre.

On purifie le sulfure de carbone en le mettant en contact pendant 24 heures avec 5/1000 de son poids de sublimé corrosif réduit en poudre fine, en ayant soin d'agiter de temps en temps le mélange; le sel mercuriel se combine avec la matière sulfurée, à odeur fétide, et la combinaison se dépose; on ajoute alors au liquide décanté 2/100 de son poids d'un corps gras, inodore, et on distille [Cloez, *Oxydation des matières grasses végétales*, 1866].

On peut encore l'abandonner au contact du cuivre réduit (Millon).

Dans l'industrie on emploie, pour la préparation du sulfure de carbone, un procédé identique à celui qui est suivi dans les laboratoires; nous décrirons plusieurs appareils usités.

M. Perroncel, à qui l'on doit en France la construction du premier appareil destiné à la fabrication du sulfure de carbone sur une grande échelle, porte le coke au rouge dans un grand cylindre en fonte de 2 mètres de hauteur et de 0m,30 de diamètre, placé verticalement dans le four. Le tube pour l'introduction du soufre débouche jusqu'au fond du cylindre. La partie supérieure est en communication avec une tourie en terre cuite refroidie, dans laquelle se condense la majeure partie du sulfure qui coule dans un vase placé au-dessous de la tourie; les parties non condensées traversent un serpentin.

MM. Gérard et Aubert emploient des cylindres de fonte, hauts de 2 mètres, de section elliptique (diamètre, 1m,00 et 0m,40). Les vapeurs passent d'abord par un premier condensateur qui retient le soufre entraîné et de là dans un réfrigérant particulier formé de deux ou trois caisses lenticulaires superposées et refroidies; ces caisses communiquent entre elles au moyen de tubes, et le sulfure arrive par la partie inférieure.

Aux cornues de fonte, M. Deiss a substitué des cornues en terre, analogues aux cornues à gaz, revêtues d'un vernis intérieur et divisées horizontalement en deux compartiments à peu près égaux au moyen d'une grille en terre réfractaire; on charge de charbon la partie supérieure de l'appareil et on fait arriver le soufre à la partie inférieure au moyen d'un tube de charge. Le système de condensation consiste en une série de cloches ouvertes par le bas et plongeant dans des caisses de plomb pleines d'eau.

Fig. 109. — Fabrication du sulfure de carbone.

M. Deiss supprime le dégagement d'hydrogène sulfuré en dirigeant les gaz incondensables échappés du réfrigérant dans des caisses renfermant plusieurs couches de chaux hydratée [*Bull. de la Soc. d'encouragement*, 1863, p. 717]. M. Payen propose le sesquioxyde de fer hydraté qu'on allégerait au moyen de la sciure de bois.

MM. Galy-Cazalat et Huillard emploient un four cylindrique analogue au précédent, dont la partie supérieure est voûtée et supporte une cheminée verticale peu élevée, qui peut être fermée exactement. Autour de la cheminée se trouve un réservoir annulaire dans lequel on place le soufre, qui est maintenu à l'état liquide par la chaleur perdue de la cheminée; lorsque l'intérieur du four est au rouge vif, on ferme toutes les ouvertures et on fait couler le soufre du réservoir dans la cheminée au moyen d'un robinet. Le sulfure formé se rend aux appareils condenseurs par une ouverture latérale [Hofmann, *Compt. rend. de l'Exposition de Londres*, traduit par E. Kopp; *Monit. scientif.*, 1864, p. 883; patente 31 juillet 1857, nº 2085].

Le sulfure de carbone est un liquide incolore, très-mobile, d'une odeur désagréable. Densité, 1,271 à 15°; 1,293 à 0°. Pouvoir réfringent, 1,645; point d'ébullition, 46°,6 (Gay-Lussac); 46°,2 (Regnault). Il n'a pas été solidifié et peut servir à construire des thermomètres à basses températures ; évaporé rapidement dans le vide, il produit un froid de — 60°. Densité de vapeur, 2,67, correspondant à 2 volumes :

$$\frac{12+(2\times 32)}{2}\times 0{,}0693=2{,}63.$$

Le sulfure de carbone dissout l'iode, le soufre, le phosphore, le camphre; il se mélange avec les huiles essentielles, les huiles grasses, l'alcool et l'éther. Il dissout également le caoutchouc, mais dans ce cas il vaut mieux employer un mélange de 100 p. de sulfure et de 5 p. d'alcool (G. Gérard). Il ne se dissout pas sensiblement dans l'eau; toutefois il communique son odeur à ce liquide.

Il forme avec l'eau un hydrate cristallisé, qui prend naissance quand on le filtre à l'air et qui renferme 10 p. d'eau pour 27 p. de sulfure de carbone [Berthelot, *Ann. de Chim. et de Phys.*, 1856, (3), t. XLVI, p. 490]. M. Ducloux a fait connaître un hydrate renfermant 89,4 de sulfure de carbone, correspondant à la formule $2CS^2.H^2O$ [*Compt. rend.*, 1867, t. LXV, p. 1099].

Le sulfure de carbone n'est pas décomposé par un courant de 950 éléments [Lapschin et Fichanowitsch, *N. Pétersb. Acad. Bullet.*, t. X, p. 81, et *Journ. de Pharm.*, (3), t. LXI, p. 95] ; cependant le faible courant produit par une lame de platine enroulée d'une feuille d'étain le décompose en carbone cristallisé et en soufre qui se combine à l'étain [Lionnet, *Compt. rend.*, t. LXIII, p. 213].

Le sulfure de carbone résiste aux plus hautes températures; chauffé en présence de l'air, il s'enflamme et brûle avec une flamme bleue en produisant les acides carbonique et sulfureux.

Mélangé à l'oxygène, il produit en brûlant une forte détonation. Il peut s'enflammer à distance à cause de la tension considérable de sa vapeur ; il est même plus inflammable que l'éther, car un charbon rouge de feu, qui, plongé dans l'éther, perd de son éclat sans provoquer l'inflammation du liquide, possède encore assez de chaleur pour allumer le sulfure de carbone [Berthelot, *Ann. de Chim. et de Phys.*, (3), t. LI, p. 74].

Le sulfure de carbone est un des agents sulfurants les plus énergiques que l'on connaisse; chauffé en vase clos, il transforme les oxydes métalliques en sulfures. Lorsqu'on fait passer sa vapeur sur des oxydes métalliques au rouge, les sulfures formés sont quelquefois cristallisés [Fremy, *Compt. rend.*, t. XXXV, p. 27]. La baryte, la chaux, la strontiane, donnent dans les mêmes conditions un mélange de sulfure et de carbonates alcalins; il se forme en même temps des acides carbonique et sulfureux. Le sulfure de carbone, chauffé avec l'eau à 150°, donne les acides carbonique et sulfhydrique [Schlagdenhauffen, *Journ. de Pharm.*, (3), t. XXIX, p. 401]. Les solutions aqueuses des différents sels métalliques fournissent avec le sulfure de carbone, à 200° et 250°, des sulfures; les acides des sels sont mis en liberté en même temps que de l'anhydride carbonique. Certains sels anhydres se transforment aussi en sulfures [Schlagdenhauffen, *loc. cit.*].

La vapeur de sulfure de carbone est fortement attaquée par l'acide azotique en fournissant de l'acide sulfurique et des vapeurs nitreuses. Lorsqu'on fait agir le sulfure de carbone sur du nitre chauffé au rouge, il se forme du sulfocyanure de potassium en même temps qu'il se dégage de l'acide carbonique. En vase clos, le sulfure de carbone, chauffé avec du nitrite de plomb ou de potassium, se transforme en sulfocyanure, en hydrogène sulfuré et en acide carbonique. Le nitrite d'éthyle donne du sulfocyanure d'éthyle; la nitrobenzine en solution alcoolique et à 160°, de l'aniline; la nitronaphtaline, de la naphtylamine; l'acide nitrobenzoïque, picrique, etc., en solution alcoolique avec addition d'ammoniaque, des acides amidés.

Le sulfure de carbone, chauffé avec les chlorates et les hypochlorites, les réduit en chlorures avec dégagement d'acide carbonique et dépôt de soufre; avec le chromate et le bichromate de potassium, il y a dépôt de soufre et formation d'oxyde de chrome. Le sulfure de carbone est totalement oxydé par le permanganate de potasse [Cloëz et Guignet, *Compt. rend.*, t. XLVI, p. 1110].

Si on chauffe du sulfure de carbone avec de l'acide iodique aqueux dans un tube scellé, il se forme de l'acide iodhydrique; il se dépose du soufre en même temps que les acides sulfureux, sulfhydrique et carbonique se dégagent :

$$2HIO^3+CS^2=I^2+CO^2+H^2SO^4+S,$$

$$2HIO^3+2CS^2+2H^2O$$
$$=2CO^2+2HI+H^2SO^4+H^2S+S^2.$$

Au commencement de la réaction la masse est colorée en violet foncé par de l'iode mis en liberté, coloration qui disparaît quand on chauffe davantage. L'acide bromique donne, avec le sulfure de carbone, une réaction analogue.

L'acide iodhydrique transforme au rouge naissant le sulfure de carbone en gaz des marais [Berthelot, *Ann. de Chim. et de Phys.*, (3), t. LIII, p. 69]. Il se produit aussi du gaz des marais et du gaz oléfiant en faisant passer sur du cuivre ou du fer chauffé au rouge du sulfure de carbone et de l'hydrogène sulfuré.

Le chlore sec convertit le sulfure de carbone en tétrachlorure de carbone au rouge et en sulfochlorure à la température ordinaire; le chlore humide produit du chlorure trichlorométhylsulfureux ou sulfite de tétrachlorure de carbone

$$CCl^4SO^2$$

[Kolbe, *Ann. der Chem. u. Pharm.*, t. LIV, p. 148].

Le brome n'a pas d'action au rouge sur le sulfure de carbone. En abandonnant ensemble, pendant quelques mois, un mélange des deux corps en présence de l'eau, il se forme du sulfoxybromure de carbone [Berthelot, *Ann. de Chim. et de Phys.*, (3), t. LIII, p. 145].

Les alcalis caustiques dissolvent peu à peu le sulfure de carbone en formant un liquide brun (carbonate et sulfocarbonate alcalin) :

$$3CS^2+3K^2O=K^2CO^3+2K^2CS^3.$$

La potasse en solution alcoolique forme avec le sulfure de carbone du carbonate et du xanthate de potassium :

$$CS^2+C^2H^5O.K=(CO)''.C^2H^5.K.S^2.$$

Au rouge, les vapeurs d'ammoniaque et de sulfure de carbone se transforment en hydrogène sulfuré et en acide sulfocyanhydrique.

L'ammoniaque aqueuse donne du sulfocarbonate et du sulfocyanate d'ammonium :

$$2CS^2+4AzH^3=(AzH^4)^2.CS^3+AzH^4CAzS.$$

Une solution de gaz ammoniac dans l'alcool donne une réaction identique, mais il se forme en même temps du sulfocarbonate d'ammonium, produit par la simple union de l'ammoniaque avec le sulfure de carbone :

$$CS^2+2AzH^3=AzH^2.(CS)''.AzH^4.S$$

(Zeise).

Lorsqu'on ajoute de l'amylamine à une dissolution éthérée de sulfure de carbone, le mélange s'échauffe et on obtient par le refroidissement un corps cristallisé :

$$2C^5H^{13}Az+CS^2=C^{11}H^{26}Az^2S^2.$$

L'acide chlorhydrique décompose ce corps en acide amylsulfocarbonique qui, au contact de l'amylamine, régénère le composé primitif; la solution aqueuse renferme de l'amylamine. L'éthylamine donne une réaction analogue [Hofmann, *Philos. Mag.*, 1859, t. XVII, p. 308, et *Répert. de Chim. pure*, 1859, p. 513].

Lorsqu'on fait passer de l'éthylamine, de l'aniline ou de la naphtylamine avec du sulfure de carbone à travers un tube de porcelaine chauffé au rouge, il se sépare du charbon en même temps qu'il se forme de l'hydrogène sulfuré et de l'acide sulfocyanique.

La sulfocarbanilide s'obtient directement par l'action du sulfure de carbone sur l'aniline.

Lorsqu'on chauffe des solutions aqueuses d'amides avec du sulfure de carbone en vase clos, il se produit de l'hydrogène sulfuré, de l'acide sulfocyanique et les acides correspondant aux acides employés; avec des solutions alcooliques on obtient les éthers correspondants.

En traitant le sulfure de carbone par le zincéthyle, Frankland a obtenu des composés sulfurés, riches en carbone et possédant toutes les propriétés des mercaptans. Suivant Grabowski, il se produit une réaction violente; on enferme le mélange dans un tube qu'on scelle dès que le dégagement a cessé et qu'on chauffe; on obtient ainsi une masse brune, dont on retire un produit distillant entre 130° et 150°, et qui possède la composition du *sulfure d'amylène* : $C^5H^{10}S$ [*Ann. der Chem. u. Pharm.*, t. CXXXVIII, p. 165, et *Bull. de la Soc. chim.*, nouv. sér., 1866, t. VI, p. 207]. Il forme avec le sublimé corrosif une combinaison cristallisée : $C^5H^{10}S.HgCl^2$. La réaction serait

$$CS^2 + (C^2H^5)^2Zn = C^5H^{10}S + ZnS,$$

et la formule du composé pourrait s'écrire :

$$C\left\{\begin{matrix}C^2H^5\\C^2H^5\end{matrix}\right\}^{\prime\prime}S^{\prime\prime} \quad \text{ou} \quad \overset{\text{IV}}{C}\left\{\begin{matrix}C^2H^5\\C^2H^5\\S^{\prime\prime}.\end{matrix}\right.$$

En faisant réagir à une douce température de l'amidure de sodium sur du sulfure de carbone, il se produit du sulfocyanate d'ammonium et de l'hydrogène sulfuré [Beilstein et Geuther, *Ann. der Chem. u. Pharm.*, t. CVIII, p. 88; *Répert. de Chim. pure*, 1859, p. 163] :

$$NaAzH^2 + CS^2 = CAzNaS + H^2S.$$

Le sulfure de carbone s'unit directement à la triéthylphosphine en formant le composé

$$P.(C^2H^5)^3.CS^2,$$

qui cristallise en prismes couleur de rubis, insolubles dans l'eau, fusibles à 75° et volatils [Hofmann, *Chem. Gaz.*, 1858, p. 398; *Répert. de Chim. pure*, 1859, p. 116]. La triméthylphosphine donne un composé analogue.

Usages. — Les propriétés dissolvantes si remarquables du sulfure de carbone, en même temps que son prix peu élevé, en font un agent précieux pour les arts, malgré les dangers que présente son emploi. On l'utilise aujourd'hui : 1° dans la vulcanisation du caoutchouc, d'après le procédé de Parkes, perfectionné par MM. Peroncel et Gérard; 2° dans la préparation du phosphore amorphe, pour éliminer les traces de phosphore non transformé; 3° dans le traitement des grès bitumineux (Moussu); 4° pour l'extraction des huiles essentielles et des parfums (Millon); 5° pour retirer des tourteaux d'huile, des os de cuisine, des chiffons ayant servi au graissage des machines, etc., les quantités considérables d'huile autrefois perdues (à Marseille, annuellement 3 millions de kilogrammes; dans le Calvados et la Manche, 6 millions). Il est à remarquer que, dans quelques cas, les corps gras qu'on extrait au moyen du sulfure de carbone, sont plus riches en stéarine que ceux qu'on obtient par pression [Deiss, *Compt. rend.*, t. XLII, p. 207]. M. Doyère a proposé l'emploi du sulfure de carbone pour la conservation des grains [*Technologiste*, 1857, p. 573]; M. Simpson, comme agent anesthésique local [*Monit. scientif.*, 1866, p. 272], et M. Cloëz, pour la destruction des animaux nuisibles [*Compt. rend.*, 1866, t. LXIII, p. 185].

SULFOCARBONATES. — Les sels alcalins et alcalino-terreux sont solubles dans l'eau, les autres sont insolubles, mais se dissolvent assez bien dans une solution des premiers. Les sulfocarbonates alcalins sont jaunes; chauffés, ils fondent avant de se décomposer. Les dissolutions concentrées de sulfocarbonates sont assez stables; étendues, elles se décomposent peu à peu et donnent du carbonate et de l'hydrogène sulfuré.

L'acide chlorhydrique précipite des solutions de sulfocarbonate l'acide sulfocarbonique CS^3H^2, sous forme d'une huile jaune (Zeise).

ÉTHERS SULFOCARBONIQUES. — Ces composés semblent avoir la même constitution que les éthers carboniques. L'oxygène y est remplacé en partie ou en totalité par du soufre. L'acide persulfocarbonique pouvant être exprimé par la formule rationnelle suivante :

$$HS-\overset{\text{IV}}{\underset{\underset{S}{\|}}{C}}-SH,$$

on conçoit que les éthers aient des formules analogues; mais on ne saurait déterminer dès à présent la place qu'occupent l'oxygène et le soufre dans les éthers sulfocarboniques qui renferment ces deux éléments.

En désignant par R′ et R″ des radicaux alcooliques mono- et diatomiques, les formules suivantes représentent les éthers connus jusqu'à présent :

Acide monosulfocarbonique à radical alcoolique monoatomique	$CSO^2\left\{\begin{matrix}H\\R'\end{matrix}\right.,$
Monosulfocarbonate à radical alcoolique monoatomique	$CSO^2\left\{\begin{matrix}R'\\R'\end{matrix}\right.,$
Acide disulfocarbonique à radical alcoolique monoatomique	$COS^2\left\{\begin{matrix}H\\R'\end{matrix}\right.,$
Disulfocarbonate à radical monoatomique	$COS^2\left\{\begin{matrix}R'\\R'\end{matrix}\right.,$
Acide trisulfocarbonique à radical monoatomique	$CS^3\left\{\begin{matrix}H\\R'\end{matrix}\right.,$
Trisulfocarbonate à radical monoatomique	$CS^3\left\{\begin{matrix}R'\\R'\end{matrix}\right.,$
Disulfocarbonate à radical diatomique	$COS^2.R''$,
Trisulfocarbonate à radical diatomique	$CS^3.R''$.

Lorsque l'iode agit sur un sel métallique d'un éther sulfocarbonique acide, un *persulfure sulfocarbonique* à radical alcoolique prend naissance; les réactions ont lieu en vertu des équations suivantes :

$$2(R')KCOS^2 + I^2 = 2KI + (R'O)^2C^2S^4$$

$$\text{et} \quad 2(R')KCO^2S + I^2 = 2KI + (R'S)^2C^2O^4.$$

2 molécules de sel ayant perdu chacune 1 atome de métal se rivent l'une à l'autre par l'atomicité que celui-ci laisse libre :

$$RO-\overset{\text{IV}}{\underset{\underset{S}{\|}}{C}}-S-S-\overset{\text{IV}}{\underset{\underset{S}{\|}}{C}}-OR.$$

Nous décrirons ici les éthers sulfocarboniques renfermant des radicaux alcooliques monoatomiques.

I. — Composés renfermant de l'allyle.

Acide allyl-disulfocarbonique,

$$C^3H^5.H.COS^2.$$

— Voir t. Ier, p. 156.

Trisulfocarbonate d'allyle, $(C^3H^5)^2.CS^3$. — Huile jaune, d'une odeur très-pénétrante et désagréable. Densité, 0,943; bout de 170° à 175°. Produit par l'action de l'iodure d'allyle sur le trisulfocarbonate de sodium à la température ordinaire. Sa préparation est analogue à celle du composé éthylique correspondant (voir celui-ci). L'acide azotique concentré le transforme en acide allyle-sulfureux et l'ammoniaque en sulfocyanate d'ammonium et sulfhydrate d'allyle [Hüsemann, *Ann. der Chem. u. Pharm.*, t. CXXVI, p. p. 269, et *Bull. de la Soc. chim.*, (2), 1864, t. I, p. 38].

II. — Composés renfermant de l'amyle.

Acide amyl-disulfocarbonique ou xanthamylique, $C^5H^{11}.H.CS^2O$ [De Koninck, *Bull. Acad. Bruxelles*, (2), t. IX, p. 546; — Erdmann, *Journ. für prakt. Chem.*, t. XXXI, p. 1; — Balard, *Ann. de Chim. et de Phys.*, (3), t. XII, p. 307; — M. W. Johnson, *Chem. Soc. quart. Journ.*, t. V, p. 142, et *Ann. de Chim. et de Phys.*, (3), t. XXXVI, p. 361]. — Lorsqu'on décompose l'amyl-disulfocarbonate de potassium par l'acide chlorhydrique, il se sépare sous la forme d'une huile incolore ou d'un jaune pâle, d'une odeur pénétrante désagréable; on dessèche sur du chlorure de calcium. Il rougit fortement le tournesol, brûle avec une flamme très-éclairante et semble être un peu plus dense que l'eau. Il colore la peau en jaune foncé.

Le *xanthamylate d'ammonium*,

$$C^5H^{11}.AzH^4.CS^2O,$$

obtenu dans la préparation du sulfocarbonate d'amyle cristallise de l'alcool et de l'éther en prismes incolores qui, chauffés avec précaution, se subliment. Il est décomposé par l'eau et s'altère lentement au contact de l'air en fournissant entre autres du sulfocyanate d'ammonium et une huile jaune.

Le *sel de potassium*, $C^5H^{11}.K.CS^2O$, produit par l'action du sulfure de carbone sur une solution de potasse dans l'alcool amylique, se présente sous forme d'écailles cristallines, d'un jaune pâle et d'un éclat nacré, solubles dans l'eau, l'alcool et l'éther. Il précipite plusieurs sels métalliques.

Le *sel de plomb*, $C^{12}H^{22}Pb''O^2S^4$, est un précipité jaune pâle, noircissant à l'ébullition. Lorsqu'on ajoute une solution alcoolique d'acétate de plomb à une solution concentrée de sel d'ammonium additionnée de beaucoup d'alcool et qu'on abandonne à l'évaporation, il se sépare du xanthamylate de plomb sous la forme de petites lames cristallines brillantes.

Le *sel de cuivre* se présente sous forme de flocons jaune de citron par la réaction du sulfate de cuivre sur le sel de potasse.

Le *sel de mercure* obtenu avec le chlorure de mercure est un précipité blanc, ne noircissant pas par l'ébullition.

Le *sel d'argent* est un précipité blanc, noircissant par l'ébullition et la lumière.

Persulfure amyl-disulfocarbonique ou Bioxysulfocarbonate d'amyle,

$$C^{12}H^{22}O^2S^4 = (C^5H^{11}O)^2C^2S^4 = (C^5H^{11}S)^2C^2O^2S^2$$

[Desains, *Ann. de Chim. et de Phys.*, (3), t. XX, p. 496; — Johnson, *Chem. Soc. quart. Journ.*, t. V, p. 142]. — Produit par l'action de l'iode sur les xanthamylates. On broie de la potasse caustique avec du sulfure de carbone et de l'alcool amylique, on ajoute un peu d'eau et on traite par de l'iode pulvérisé. Il se sépare une huile jaune odorante qui est lavée et desséchée sur du chlorure de calcium. Elle commence à bouillir à 187°, et se décompose en fournissant, parmi d'autres produits, du disulfocarbonate d'amyle. Avec l'ammoniaque il se forme du xanthamylate, de la xanthamylamide et du soufre :

$$\underset{\text{Acide xanthamylique.}}{C^{12}H^{22}O^2S^4} + AzH^3 = \underset{}{C^6H^{12}OS^2} + \underset{\text{Xanthamylamide.}}{C^6H^{13}AzOS} + S.$$

Disulfocarbonate d'amyle. — *Éther xanthamylamique*, $(C^5H^{11})^2.COS^2$ [Desains, *Ann. de Chim. et de Phys.*, (2), t. XX, p. 496]. — Obtenu par la distillation du persulfure amyl-disulfocarbonique. Huile de couleur d'ambre, d'une odeur fortement éthérée.

Disulfocarbonate de méthyle et d'amyle,

$$(CH^3).(C^5H^{11}).COS^2$$

[Johnson, *loc. cit.*]. — Produit par la distillation d'un mélange d'amyl-disulfocarbonate et de métylsulfate de potassium. Mis en digestion avec de l'ammoniaque, il forme de la xanthamylamide.

Disulfocarbonate d'éthyle et d'amyle,

$$(C^2H^5).(C^5H^{11}).COS^2.$$

Obtenu d'une manière analogue; c'est une huile jaune.

Trisulfocarbonate d'amyle, $(C^5H^{11})^2CS^3$ [Hüsemann, *Ann. de Chim. et de Pharm.*, t. CXXVI, p. 269]. — Obtenu par la réaction de l'iodure d'amyle en solution alcoolique et du trisulfocarbonate de sodium (préparation analogue à celle du composé d'éthyle correspondant; voir celui-ci). Huile jaunâtre, d'une odeur désagréable, insoluble dans l'eau, soluble dans l'alcool, l'éther, le chloroforme et la benzine. Densité, 0,877. Bout entre 245° et 248°.

III. — Composés renfermant du cétyle.

Acide cétyl-disulfocarbonique,

$$(C^{16}H^{33}).H.(CO)''.S^2.$$

[Desains et de la Provostaye, *Ann. de Chim. et de Phys.*, (3), t. VI, p. 494]. — On n'en connaît que le sel de potasse $C^{17}H^{33}KOS^2$, préparé par l'addition de potasse caustique pulvérisée à du disulfure de carbone saturé d'éthal. On chauffe doucement la masse pâteuse dans trois ou quatre fois son volume d'alcool; il se dépose plus tard des flocons volumineux qu'on purifie par des lavages à l'alcool et à l'éther.

Desséché, ce sel constitue une poudre cristalline très-ténue, d'une odeur faible, grasse au toucher et très-hygroscopique. Mis en digestion avec l'acide chlorhydrique, il régénère l'éthal.

Sa dissolution alcoolique précipite en blanc le bichlorure de mercure, en jaune l'azotate d'argent, en blanc l'acétate de plomb ainsi que les sels de zinc. Les précipités renfermant de l'argent et du plomb noircissent rapidement.

IV. — Composés renfermant de l'éthyle.

Acide éthyl-monosulfocarbonique,

$$C^3H^6O^2S' = (C^2H^5).H.CO^2S$$

[Debus, *Ann. der Chem. u. Pharm.*, t. LXXV, p. 121; t. LXXXII, p. 253; *Ann. de Chim. et de Phys.*, (3), t. XXXVI, p. 237]. — On prépare le sel de potasse en faisant agir de l'hydrate ou du sulfhydrate de potassium sur le monosulfocarbonate d'éthyle,

$$(C^2H^5)^2CO^2S + KHO = C^2H^6O + (C^2H^5)KCO^2S$$

$$\text{et } (C^2H^5)^2CO^2S + KHS = C^2H^6S + (C^2H^5)KCO^2S,$$

ou de la potasse sur le disulfocarbonate d'éthyle,

$$(C^2H^5)^2COS^2 + KHO = C^2H^6S + (C^2H^5)KCO^2S.$$

Ce sel se forme plus facilement lorsqu'on fait passer de l'anhydride carbonique dans une solution alcoolique de sulfhydrate d'éthyle et de potassium :

$$C^2H^5KS + CO^2 = (C^2H^5)KCO^2S$$

[Chancel, *Compt. rend.*, t. XXXII, p. 642].

Il constitue de longues aiguilles ou des prismes brillants et incolores qui paraissent isomorphes avec le xanthate de potasse. Il est très-soluble dans l'eau; sa solution aqueuse se décompose au bout de quelques jours ou immédiatement par l'ébullition en carbonate, sulfure, sulfhydrate d'éthyle et alcool.

Persulfure éthyl-sulfocarbonique, *bicarbonate de bisulfure d'éthyle*,

$$C^6H^{10}O^4S^2 = (C^2H^5O)^2 2COS = (C^2H^5S)^2 2CO^3$$

[Debus, *Ann. der Chem. u. Pharm.*, t. LXXV, p. 121, et t. LXXXII, p. 253]. — Obtenu par l'action de l'iode sur une solution alcoolique d'éthyl-monosulfocarbonate de potassium :

$$2(C^2H^5)KCO^2S + I^2 = 2KI + (C^2H^5S)^2C^2O^4.$$

Huile incolore, très-réfringente, insoluble dans l'eau, très-soluble dans l'alcool et l'éther, plus dense que l'eau. Décomposé par la potasse alcoolique en éthyl-monosulfocarbonate, et sulfure de potassium avec dépôt de soufre; par l'ammoniaque en solution alcoolique en soufre, sulfhydrate et carbonate d'ammonium, il se produit en même temps des cristaux qui paraissent être de l'uréthane. La chaleur le décompose en monosulfocarbonate d'éthyle, acide carbonique et soufre :

$$C^6H^{10}O^4S^2 = (C^2H^5)^2CO^2S + CO^2 + S.$$

Lorsqu'on fait passer du gaz ammoniac dans sa solution éthérée, il se dépose des cristaux de soufre et le liquide retient en solution du sulfure et de l'allophanate d'éthyle :

$$2C^6H^{10}O^4S^2 + 4AzH^3 = 2C^4H^8Az^2O^3 + C^4H^{10}S + S^2 + H^2S + 2H^2O.$$

Monosulfocarbonate d'éthyle,

$$C^5H^{10}O^2S = (C^2H^5)^2.CO^2.S$$

[Debus, *Ann. der Chem. u. Pharm.*, t. LXXV, p. 121]. — Produit : 1° en petite quantité par l'action du chlorure d'éthyle sur l'éthyl-monosulfocarbonate de potassium; 2° par distillation du persulfure éthyl-disulfocarbonique. La réaction commence à 130°; à 170° elle est tellement vive qu'elle continue sans l'application du feu. La première portion qui passe à la distillation est un mélange de disulfure de carbone et de monosulfocarbonate d'éthyle; ce qui distille après est du disulfocarbonate d'éthyle. Le monosulfocarbonate est rectifié jusqu'à ce qu'il bouille à 162°.

$$C^6H^{10}O^2S^4 = \underset{\text{Monosulfocarbonate d'éthyle.}}{C^5H^{10}O^2S} + CS^2 + S$$

et

$$C^6H^{10}O^2S^4 = \underset{\text{Disulfocarbonate d'éthyle.}}{C^5H^{10}OS^2} + CO + S^2.$$

Le monosulfocarbonate est un liquide incolore, d'une odeur éthérée agréable, et bout de 161° à 162°. Densité, 1,032 à 1°. Insoluble dans l'eau, soluble dans l'alcool et l'éther. L'acide chlorhydrique ne l'altère pas, l'acide sulfurique et l'acide azotique concentré l'attaquent à chaud. L'oxyde de mercure ne le décompose pas à l'ébullition.

Le sulfhydrate de potassium en solution alcoolique le transforme en éthylmonosulfocarbonate de potassium et mercaptan; la potasse en solution alcoolique produit de l'éthyl-sulfocarbonate, du sulfhydrate et de l'alcool. Lorsqu'on fait passer du gaz ammoniac sec dans le monosulfocarbonate et que l'on concentre, on obtient des aiguilles jaunes et une matière gélatineuse.

Acide éthyl-disulfocarbonique ou xanthique, de ξανθὸς, jaune, parce qu'il précipite les sels de cuivre en jaune, $C^3H^6OS^2 = (C^2H^5).H.COS^2$ [Zeise, *Schw. Journ.*, t. XXXVI, p. 1; et t. XLIII, p. 160; *Poggend. Ann.*, t. XXXV, p. 457; — Couerbe, *Ann. de Chim. et de Phys.*, (2), t. LXI, p. 225; — Sacc, *Ann. der Chem.*, *u. Pharm.*, t. LI, p. 345; — Debus, *ibid.*, t. LXXII, p. 1; t. LXXV, p. 121; t. LXXXII, p. 253; — Desains, *Ann. de Chim. et de Phys.*, (3), t. XX, p. 496; — Hlasiwetz, *Ann. der Chem. u. Pharm.*, t. CXXII, p. 87; *Répert. de Chim. pure*, 1862, p 233]. — On traite le sel de potassium par de l'acide sulfurique ou chlorhydrique faible, on ajoute de l'eau au liquide laiteux qui se produit afin de séparer l'acide xanthique. Cet acide constitue une huile incolore plus dense que l'eau, insoluble dans ce liquide, d'une odeur analogue à celle de l'anhydride sulfureux et d'une saveur à la fois acide, astringente et amère; rougit d'abord, puis jaunit le tournesol. Il est très-inflammable, on ne peut le chauffer sans le décomposer; porté à 24° il se trouble, s'échauffe et se décompose selon l'équation suivante : $C^3H^6OS^2 = C^2H^6O + CS^2$. Exposé à l'air, il se recouvre d'une croûte blanche; il chasse l'acide carbonique des sels alcalins.

Les *xanthates* se décomposent à chaud en fournissant principalement de l'anhydride carbonique, de l'hydrogène sulfuré, du bisulfure de carbone et une huile sulfurée que Zeise nomme *xantogenöl*, et qui paraît être un mélange de sulfure et de sulfhydrate d'éthyle et d'un autre composé sulfuré; il reste du sulfure métallique mélangé de charbon. Les xanthates alcalins sont solubles dans l'eau et l'alcool; ils précipitent les sels de plomb en blanc, les sels de cuivre en jaune, les sels d'argent et de protoxyde de mercure en jaune clair; ce dernier précipité brunit et noircit promptement.

Le *xanthate d'ammonium* s'obtient par l'acide xanthique et le carbonate d'ammoniaque ou le xanthate de baryte et le sulfate d'ammoniaque.

Xanthate de potassium. — On verse un excès de potasse caustique et de bisulfure de carbone dans de l'alcool absolu, il se produit une masse solide formée d'aiguilles soyeuses entrelacées, qu'on lave rapidement avec de l'éther; on dessèche entre des doubles de papier joseph et sur de l'acide sulfurique concentré. L'équation suivante rend compte de la réaction :

$$CS^2 + (C^2H^5)KO = (C^2H^5)KCOS^2.$$

Lorsqu'on emploie de l'alcool ordinaire, il faut concentrer à une température aussi basse que possible pour ne pas décomposer le sel. Le xanthate de potassium cristallise en prismes brillants, incolores et jaunissant légèrement à l'air. Il est très-soluble dans l'eau et l'alcool, insoluble dans l'éther. La solution aqueuse, chauffée au-dessus de 50°, se décompose en alcool, hydrogène sulfuré et anhydride carbonique :

$$2C^3H^5KOS^2 + 2H^2O = K^2CS^3 + 2C^2H^6O + H^2S + CO^2.$$

A l'état sec il peut être chauffé jusqu'à 200° sans se décomposer; à la distillation sèche, il fournit du sulfhydrate d'éthyle, de l'hydrogène sulfuré, de l'eau et de l'oxyde de carbone; il reste du sulfure alcalin et du charbon. Chauffé avec de la potasse, il fournit du mercaptan et de l'éthyl-monosulfocarbonate. Avec le chlore, il se produit du chlorure de potassium, ainsi qu'une huile acide sulfurée; avec l'iode, le persulfure éthyl-disulfocarbonique, $C^6H^{10}O^2S^4$. L'acide azotique fumant le décompose avec violence.

Le *sel de soude* forme des aiguilles jaunes.

Le *sel de baryte*, $(C^3H^5OS^2)^2.Ba + 2H^2O$. — Lames cristallines très-altérables, solubles dans l'eau.

Le *sel de chaux* constitue une masse gommeuse.

On obtient les xanthates cristallisés d'un certain

nombre de métaux, en décomposant à chaud de l'éthylate de sodium dissous dans beaucoup de sulfure de carbone par les chlorures métalliques. Pour les chlorures d'antimoine, d'arsenic et d'étain, qui sont liquides, on est obligé de refroidir et de n'opérer le mélange que petit à petit. On sépare le chlorure de sodium qui se forme, on purifie les composés en les faisant cristalliser dans les sulfures de carbone et les lavant rapidement avec de l'éther. Les xanthates d'antimoine, d'arsenic et de fer se dissolvent facilement à froid dans le sulfure de carbone; ceux de chrome, de cobalt et de nickel à chaud; les sels d'étain et de bioxyde de mercure exigent une ébullition prolongée. Ces sels sont solubles dans l'alcool et l'éther [Hlasiwetz, *loc. cit.*].

Xanthate d'antimoine, $(C^2H^5)^3.(COS^2)^3.Sb'''$. — Beaux et grands cristaux, brillants, jaune citron, appartenant au système triclinique, se décomposant à la longue en donnant du sulfure d'antimoine.

Xanthate d'argent. — Les dissolutions concentrées de sels d'argent forment avec les xanthates solubles un précipité noir; les dissolutions étendues, un précipité jaunâtre noircissant rapidement.

Xanthate d'arsenic, $(C^2H^5)^3.(COS^2)^3.As'''$. — Tables monocliniques, presque incolores, facilement fusibles, décomposées par la chaleur et l'acide chlorhydrique bouillant avec production de sulfure arsénieux.

Xanthate de bismuth, $(C^2H^5)^3.(COS^2)^3.Bi'''$. — Lames et tables cristallines, brillantes, d'un jaune d'or.

Xanthate de chrome, $(C^2H^5)^6.(COS^2)^6.\overset{VI}{Cr^2}$. — Petits cristaux bleu foncé, brillants, donnant avec le sulfure de carbone une dissolution d'un beau bleu violet.

Xanthate de cobalt, $(C^2H^5)^2.(COS^2)^2.Co''$. — Cristaux noirs, de dimensions moyennes, se dissolvant dans le sulfure de carbone avec une couleur vert foncé.

Xanthate de cuivre. — Le xanthate de potassium, ajouté à un sel de cuivre, précipite d'abord un sel de cuivre au maximum brun-noir, qui se change bientôt en beaux flocons jaunes de sel de cuivre au minimum. L'hydrogène sulfuré attaque lentement ce sel; le sulfhydrate d'ammonium immédiatement.

Xanthate d'étain, $(C^2H^5)^2(COS^2)^2Sn''$. — Lames et tables cristallines brillantes, d'un jaune d'or.

Xanthate de fer, $(C^2H^5)^6(COS^2)^6\overset{VI}{Fe^2}$. — Beaux et grands cristaux du système monoclinique, d'un noir brillant. La solution dans le sulfure de carbone est d'un beau noir foncé et a un grand pouvoir colorant. L'acide azotique le décompose facilement; l'acide chlorhydrique après quelque temps seulement, à chaud instantanément.

Xanthate de mercure, $(C^2H^5)^2(COS^2)^2Hg''$. — Écailles cristallines satinées.

Xanthate de nickel, $(C^2H^5)^2(COS^2)^2Ni''$. — Belles tables monocliniques atteignant un demi-pouce de longueur, noires, très-brillantes; se dissolvant dans le sulfure de carbone avec une couleur jaune-vert intense, soluble dans l'éther.

Xanthate de plomb, $(C^2H^5)^2(COS^2)^2Pb''$. — On ajoute du sulfure de carbone et de l'hydrate de plomb, correspondant à une certaine quantité de potasse dissoute dans l'alcool; au bout de quelque temps il se forme du sulfure de plomb, qu'on sépare par filtration; on ajoute de l'eau au liquide filtré, qui se trouble et s'éclaircit plus tard en laissant déposer de longs cristaux soyeux [Debus, *loc. cit.*].

Le xanthate de plomb constitue des aiguilles incolores, très-stables, insolubles dans l'eau et l'éther, assez solubles dans l'alcool bouillant. L'hydrogène sulfuré le noircit à la longue seulement; le sulfhydrate d'ammonium le décompose immédiatement. La décomposition de sa solution, qui s'effectue à l'ébullition, est activée par la potasse. Si on ajoute au xanthate de plomb du sulfate de cuivre, il se forme du xanthate de protoxyde de cuivre jaune.

DISULFOCARBONATE OU XANTHATE D'ÉTHYLE, *éther xanthique*, $C^6H^{10}OS^2 = (C^2H^5)^2COS^2$ [Zeise, *Ann. der Chem. u. Pharm.*, t. LVI, p. 29; — Debus, *ibid.*, t. LXXV, p. 121]. — Produit par l'action de l'éther chlorhydrique sur le xanthate de potassium et par la distillation du persulfure éthyl-disulfocarbonique. Liquide d'un jaune pâle, d'une saveur douceâtre et d'une odeur non désagréable. Densité, 1,0703 à 13°. Bout à 200°. Brûle difficilement s'il n'est préalablement chauffé; insoluble dans l'eau, soluble en toutes proportions dans l'alcool et l'éther, dissout l'iode en formant un liquide brun. Le potassium l'attaque faiblement à chaud; l'acide sulfurique concentré, ainsi qu'un mélange d'acide azotique fumant et d'acide sulfurique, le décomposent avec formation de produits huileux. L'acide chlorhydrique n'agit pas.

Sa solution alcoolique donne un précipité blanc avec le bichlorure de mercure; avec une solution alcoolique de potasse, il se forme de l'éthyl-monosulfocarbonate et du mercaptan; avec une solution alcoolique de sulfhydrate de potassium, il se produit du xanthate et du mercaptan :

$$(C^2H^5)^2COS^2 + KHS = C^2H^6S + (C^2H^5)KCOS^2.$$

La solution alcoolique, saturée de gaz ammoniac, fournit du sulfhydrate d'ammoniaque, du sulfure d'éthyle et du sulfocarbamate d'éthyle :

$$2C^6H^{10}OS^2 + 2AzH^3$$
$$= H^2S + (C^2H^5)^2S + 2C^3H^7AzOS.$$

Disulfocarbonate d'éthyle et de méthyle,

$$C^4H^8OS^2 = (C^2H^5)(CH^3).COS^2$$

[Chancel, *Ann. de Chim. et de Phys.*, (3), t. XXXV, p. 466]. — Obtenu par la distillation d'un mélange de xanthate et de méthylsulfate de potassium. Liquide jaune pâle, limpide, d'une saveur sucrée et d'une odeur forte et éthérée non désagréable; bout à 179°. Densité, 1,123 à 11°. Il s'enflamme facilement et brûle avec la flamme bleue du soufre. Insoluble dans l'eau, soluble dans l'alcool et l'éther. L'ammoniaque le transforme en sulfocarbamate d'éthyle et mercaptan méthylique.

PERSULFURE ÉTHYL-DISULFOCARBONIQUE, *dioxysulfocarbonate d'éthyle*,

$$C^6H^{10}O^2S^4 = (C^2H^5O)^2.2CS^2$$

[Desains, *Ann. de Chim. et de Phys.*, (3), t. XX, p. 496; — Debus, *Ann. der Chem. u. Pharm.*, t. LXXII, p. 1]. — Produit par l'action de l'iode sur le xanthate de potassium ou de plomb. Une solution alcoolique de xanthate de potasse, décolorée par l'iode et soumise à une évaporation ménagée, abandonne, au bout de quelques jours, des lames cristallines qu'on lave avec de l'eau. Ce composé fond vers 30° en une huile jaunâtre, insoluble dans l'eau, et ayant une odeur persistante, mais non désagréable. Il est très-soluble dans l'alcool et l'éther; sa solution ne précipite pas l'acétate de plomb; bouillie avec l'azotate d'argent, il se produit du sulfure. Le bichlorure de mercure produit un précipité blanc noircissant à 40°; le bichlorure de platine, un précipité pulvérulent brun.

La chaleur le décompose; cette action commence à 130°. L'équation suivante fait voir quels produits se forment :

$$2C^6H^{10}O^2S^4$$
$$= \underset{\text{Monosulfocarbonate d'éthyle.}}{C^5H^{10}O^2S} + \underset{\text{Disulfocarbonate d'éthyle.}}{C^5H^{10}OS^2} + CS^2 + CO + S^3.$$

Avec la potasse alcoolique il s'établit une réaction énergique, ainsi que l'indique l'équation suivante :

$$C^6H^{10}O^2S^4 + 5KHO$$
$$= C^3H^5KOS^2 + K^2S + S + K^2CO^3$$
$$+ C^2H^6O + 2H^2O.$$

Le sulfhydrate de potassium agit ainsi que le fait voir l'équation suivante :

$$C^6H^{10}O^2S^4 + 2KHS = 2C^3H^5KOS^2 + H^2S + S.$$

Lorsqu'on fait passer du gaz ammoniac dans la solution alcoolique, il se produit de l'acide xanthique et du sulfocarbamate d'éthyle :

$$C^6H^{10}O^2S^4 + AzH^3$$
$$= C^3H^6OS^2 + C^3H^7AzOS + S.$$

L'acide chlorhydrique n'a d'action ni à froid ni à chaud. L'acide sulfurique agit à froid ; il se dégage de l'anhydride sulfureux. Suivant Drechsel, le potassium et le sodium se combinent au persulfure en solution éthérée, additionnée d'un peu d'alcool, en formant du xanthate [*Zeitschr. Chem.*, 1865, p. 583] :

$$(C^2H^5O)^2C^2S^4 + K^2 = 2(C^2H^5)KCOS^2.$$

Acide éthyl-trisulfocarbonique, *acide éthylcarbonique trisulfuré* ou *sulfoxanthique*,

$$C^3H^6S^3 = (C^2H^5).H.CS^3$$

[Chancel, *Compt. rend.*, t. XXXII, p. 642]. — Le sel de potassium $C^3H^5KS^3$, produit par l'union directe du sulfure de carbone avec le mercaptide de potassium,

$$CS^2 + (C^2H^5)KS = (C^2H^5)KCS^3,$$

est blanc, soluble dans l'eau et l'alcool, précipite les sels d'argent, de mercure, de plomb en jaune, les sels de cuivre en rouge cramoisi très-vif. A chaud, ces précipités se décomposent rapidement en sulfures métalliques. Le précipité, avec le sulfate de cuivre, est un sel de protoxyde de cuivre ; il se forme en même temps un composé qui semble être le persulfure éthyltrisulfocarbonique $(C^2H^5)S^2.2CS^2$.

Le sel de potassium se décompose à 100° en pentasulfure de potassium et en huile qui paraît avoir la composition du sulfure d'allyle :

$$2C^3H^5KS^3 = K^2S^5 + (C^3H^5)^2S.$$

Trisulfocarbonate d'éthyle, *sulfocarbonate de sulfure d'éthyle*, $C^5H^{10}S^3 = (C^2H^5)^2.CS^3$ [Schweitzer, *Journ. für prakt. Chem.*, t. XXXII, p. 254 ; — Debus, *Ann. der Chem. u. Pharm.*, t. LXXV, p. 147 ; — Hüsemann, *Jahresb.*, 1861, p. 344]. — Produit par l'action du chlorure, bromure ou iodure d'éthyle sur le trisulfocarbonate de potassium en solution alcoolique :

$$(C^2H^5)KCS^3 + C^2H^5Cl = KCl + (C^2H^5)^2CS^3.$$

Huile jaune, plus dense que l'eau, insoluble dans l'eau, très-soluble dans l'alcool et l'éther, d'une odeur un peu alliacée, d'une saveur sucrée se rapprochant de celle de l'anis.

Lorsqu'on le chauffe, il devient rouge, bout de 237° à 240° (Schweitzer), à 240° (Hüsemann) ; brûle avec une flamme bleue. La potasse alcoolique le décompose en trisulfocarbonate de potassium et mercaptan.

Cet éther se combine au brome sans qu'il y ait dégagement d'acide bromhydrique, en formant le produit $C^5H^{10}S^3Br^2$, qui est soluble dans l'éther, la benzine, le sulfure de carbone et dans un excès de brome ; ce dernier dissolvant l'abandonne sous forme de grands prismes à six pans. L'eau et les acides sulfurique et azotique concentrés le décomposent ; la potasse régénère l'éther trisulfocarbonique [Berend, *Ann. der Chem. u Pharm.*, t. CXXVIII, p. 333].

V. — Composés renfermant du méthyle.

Acide méthyl-disulfocarbonique, acide xanthométhylique, $(CH^3).H.COS^2$ [Dumas et Peligot, *Ann. de Chim. et de Phys.*, (2), t. LXXIV, p. 55 ; — Desains, *ibid.*, (3), t. XX, p. 504]. — Le sel de potassium, produit par l'addition du sulfure de carbone à une solution de potasse dans l'alcool méthylique, cristallise en fibres soyeuses. La solution aqueuse, traitée par une solution d'iode dans l'alcool méthylique, laisse déposer des gouttes huileuses de *persulfure méthyl-disulfocarbonique :*

$$C^4H^6O^2S^4 = (C^2H^3O)^2.C^2S^4 ;$$
$$2(CH^3)K.COS^2 + I^2 = 2KI + C^4H^6O^2S^4.$$

On connaît le sel de plomb, dont la composition est : $(CH^3)^2.(COS^2)^2.Pb''$.

Disulfocarbonate de méthyle, éther xanthométhylique, $C^3H^6OS^2 = (CH^3)^2.COS^2$ [Cahours, *Ann. de Chim. et de Phys.*, (3), t. XIX, p. 158]. — Produit par l'action de l'iode sur une solution de méthyl-xanthate de potassium ; il se forme en même temps de l'iodure de potassium, de l'oxyde de carbone et du soufre :

$$2CH^3.K.COS^2 + 2I$$
$$= 2KI + (CH^3)^2.COS^2 + CO + S^2.$$

Lorsqu'on ajoute de l'eau au mélange, l'éther se dépose sous forme d'une huile légèrement jaunâtre, d'une odeur très-forte et persistante, un peu aromatique ; bout de 170° à 172°. Densité, 1,143 à 15° ; densité de vapeur, 4,266. Une solution alcoolique de potasse le décompose en mercaptan méthylique et carbonate de potassium.

Trisulfocarbonate de méthyle, $(CH^3)^2.CS^3$ [Cahours, *Ann. de Chim. et de Phys.*, (3), t. XIX, p. 163]. — Liquide jaune, d'une odeur forte et pénétrante, peu soluble dans l'eau, soluble en toutes proportions dans l'alcool et l'éther, produit par la distillation d'un mélange de solutions concentrées de méthylsulfate de calcium et de trisulfocarbonate de potassium ; bout de 200° à 205°. Densité, 1,159 à 18° ; densité de vapeur, 4,652. Avec le brome il forme des cristaux rouges

$$C^3H^6Br^2S^3$$

(Cahours). Mais, suivant Berend, il s'unit directement au brome sans élimination d'acide bromhydrique [*Ann. der Chem. u. Pharm.*, t. CXXXVIII, p. 333].

Sulfures de carbone et d'hydrogène. — L'action de l'amalgame de sodium sur le bisulfure de carbone a été examinée pour la première fois par Guignet [*Bull. de la Soc. chim.*, 1861, p. 111 ; — Loewig et Hermann, *Répert. de Chim. pure*, 1860, t. II, p. 333, et *Journ. für prakt. Chem.*, t. LXXIX, p. 441]. A. Girard [*Compt. rend.*, t. XLIII, p. 396] a trouvé que l'hydrogène naissant dégagé par un mélange d'acide sulfurique et de zinc transformait le sulfure de carbone en un corps cristallisé CH^2S volatil vers 150° environ, et une substance non étudiée, et qu'il se développait en même temps de l'hydrogène sulfuré.

Suivant O. Loew [*Zeits.*, nouv. sér., t. I, p. 722, et t. II, p. 173 ; *Chem. News*, t. XIII, p. 229, et *Bull. de la Soc. chim.*, nouv. sér., 1866, t. VI, p. 442], il se produit du sesquisulfure de carbone et d'hydrogène $C^2H^2S^3$ lorsqu'on agite, avec de l'amalgame de sodium pâteux, du bisulfure de carbone ; on porte la masse obtenue dans de l'eau, on filtre la solution rouge de sang, on fait passer un courant d'hydrogène sulfuré pour décomposer une combinaison mercurielle, et on verse le liquide dans de l'acide chlorhydrique faible. Il se dégage de l'hydrogène sulfuré et il se dépose des flocons rouges; on lave à l'eau froide, on dissout dans du bisulfure de carbone, on filtre et on évapore. On a ainsi une poudre violette brillante qui est

$$C^2H^2S^3.$$

Le sesquisulfure de carbone et d'hydrogène fond à 100° environ et se décompose à une température plus élevée. Il est peu soluble dans l'alcool et l'éther, soluble dans le sulfure de carbone et les sulfures alcalins.

Bouilli avec la baryte, il forme le sel BaC^2S^3 qui, traité par l'acide chlorhydrique, fournit le sesquisulfure de carbone et d'hydrogène; dans la même réaction, il se produit de l'oxalate, du sulfure et du carbomonosulfure de baryum, ainsi que le fait voir l'équation suivante :

$$2(C^2H^2S^3)+6BaO$$
$$=C^2O^4Ba+4BaS+C^2S^2Ba+2H^2O.$$

Le sel de sodium se forme en même temps que du sulfure de sodium lorsqu'on chauffe en tube scellé du sodium avec du bisulfure de carbone entre 140° et 150°. Les carbosesquisulfures des métaux pesants sont des précipités de couleur foncée. Celui de cuivre, qui est en poudre brun-noir, s'obtient par une digestion, pendant plusieurs mois, du cuivre divisé avec du bisulfure de carbone et de l'eau à la lumière solaire.

On obtient [Loew, *Bull. de la Soc. chim.*, (2), 1867, t. VIII, p. 90; *Zeitsch.*, nouv. sér., t. III, p. 20] encore le sesquisulfure de carbone et d'hydrogène lorsqu'on chauffe pendant longtemps à 150°, dans un ballon muni d'un appareil condenseur, du persulfure de phosphore avec de l'acide acétique. Le résidu qui reste après distillation est lavé à l'eau et à la soude étendue et est dissous en vase clos dans le sulfure de carbone à 120°. Par évaporation, on obtient du sesquisulfure de carbone et d'hydrogène. La partie insoluble dans le sulfure de carbone est un corps dont la composition semble être C^4S; il est soluble à chaud dans l'acide sulfurique concentré avec une coloration rouge; l'acide azotique l'attaque.

Par l'action du persulfure de phosphore sur un grand nombre de composés organiques il se produit des composés sulfurés inférieurs du carbone [Loew, *loc. cit.*].

OXYSULFURE DE CARBONE. COS; sulfure de carbonyle [Than. *Ann. der Chem. u. Pharm.*, t. supplément., 1867, p. 236; *Bull. de la Soc. Chim.*, (2), 1868, t. IX, p. 216. — On introduit dans un mélange refroidi de 5 volumes d'acide sulfurique concentré et de 4 volumes d'eau du sulfocyanure de potassium pulvérisé, tant que la masse reste liquide; le dégagement de gaz CSO s'établit, on le purifie en le faisant passer à travers des tubes en U, dont le premier renferme du coton imprégné d'oxyde de mercure humide pour retenir les acides prussique et formique, le second du caoutchouc non vulcanisé coupé en petits morceaux pour absorber le bisulfure de carbone, et le troisième du chlorure de calcium. On recueille CSO sur du mercure. La réaction a lieu en vertu de l'équation suivante :

$$(CS)''HAz+H^2O=H^3Az+CSO.$$

Il se produit en même temps, et surtout si on chauffe, de l'acide persulfocyanique. CSO se forme encore lorsqu'on fait passer CO avec un excès de vapeur de soufre à travers un tube de porcelaine chauffé au rouge; mais n'étant pas stable à cette température, il se décompose de nouveau en S et CO.

L'oxysulfure de carbone a une odeur non désagréable, rappelant à la fois l'acide carbonique, les résines aromatiques et le sulfure de carbone. Cette odeur se rapproche le plus de celle des eaux sulfureuses naturelles chargées d'acide carbonique. L'eau absorbe environ un volume de CSO égal au sien et prend alors la même odeur particulière, sa saveur est d'abord franchement sucrée, puis sulfureuse.

L'eau décompose CSO au bout de quelque temps. Densité de $CSO=2{,}1046$. Il est faiblement acide à l'égard du tournesol. Il brûle avec une flamme bleue peu éclairante, en donnant CO^2 et SO^2. Mêlé avec un volume et demi d'oxygène, il forme un mélange détonnant. Il est absorbé par la potasse et les autres hydrates alcalins; une décomposition a lieu, qui est sans doute :

$$COS+4KHO=K^2CO^3+K^2S+2H^2O.$$

L'acétate de plomb basique donne un précipité blanc, passant au gris brun. Le chlore ainsi que l'acide azotique fumant n'ont pas d'action à la température ordinaire. Le mercure, bouilli longtemps dans une atmosphère de CSO, fournit un peu de sulfure mercurique. Le sodium l'attaque déjà à froid, la réaction augmente à chaud; au rouge faible, le sodium brûle en faisant explosion, et il se forme une matière noire.

Le cuivre, l'argent et le fer à l'état de division décomposent CSO à chaud.

Il paraît que CSO se rencontre dans les eaux des sources sulfureuses, peut-être aussi dans les gaz sulfureux des volcans et dans les gaz provenant des substances organiques en voie de décomposition.

Suivant M. Berthelot [*Bull. de la Soc. chim.*, 1868, t. IX, p. 6], l'ammoniaque gazeuse se combine immédiatement avec l'oxysulfure de carbone en donnant naissance à un beau corps cristallin, qui est un carbonate oxysulfuré :

$$COS+2AzH^3=CH^3AzSO,AzH^3.$$

Deux volumes d'ammoniaque s'unissent à un volume d'oxysulfure.

Ce composé produit du sulfocyanure, lorsqu'on le dissout dans l'eau et qu'on le chauffe à 100° en vase scellé :

$$CH^3AzSO,AzH^3=CHAzS,AzH^3+H^2O.$$

La dissolution maintenue à une douce chaleur en contact avec du carbonate de plomb fournit du sulfure de plomb et de l'urée; la réaction a lieu en vertu de l'équation suivante :

$$CH^3AzSO,AzH^3=CH^4Az^2O+H^2S.$$

CHLOROSULFURE DE CARBONE. $CSCl^2$ [Kolbe, *Ann. der Chem. u. Pharm.*, t. XLV, p. 43, et t. LIV, p. 147]. — Produit par l'action du chlore sec sur le sulfure de carbone à la température ordinaire :

$$CS^2+Cl^4=SCl^2+CSCl^2,$$

ou lorsqu'on fait passer un mélange de vapeur de tétrachlorure de carbone et d'hydrogène sulfuré à travers un tube chauffé au rouge faible :

$$CCl^4+H^2S=2HCl+CSCl^2.$$

Liquide huileux jaune, non miscible à l'eau, irritant les yeux; bout à 70°; il est très-stable, n'est pas décomposé par les acides, pas même par l'acide azotique fumant; les alcalis le détruisent lentement :

$$2CSCl^2+3K^2O=K^2CO^3+2K^2S+CCl^4.$$

Densité, 1,46. Ce corps pourrait bien être, ainsi que le fait observer Gmelin [*Traité*, t. IV, p. 284], un simple mélange de CCl^4 et de CS^2.

Ph. de C.

CARBONYLE. — L'oxyde de carbone CO, considéré comme radical diatomique dans le chlorure de carbonyle $(CO)''Cl^2$, l'anhydride carbonique $(CO)''O$, etc.

CARBOPYRROLIQUE (ACIDE), $C^5H^5AzO^2$ [Schwanert, *Ann. der Chem. u. Pharm.*, t. CXIV, p. 63; et *Répert. de Chim. pure*, 1860, p. 228]. — La *pyromucamide biamidée* (Malaguti) $C^5H^6Az^2O$, chauffée en vases scellés avec de l'eau de baryte, donne un acide amidé, l'acide *carbopyrrolique*, $C^5H^5AzO^2$; de l'ammoniaque est mise en liberté, et il se forme du carbopyrrolate de baryum en lames nacrées. La solution aqueuse concentrée et précipitée par un acide dépose l'acide carbopyrrolique en cristaux blancs. Chauffé vers 60° en solution dans l'eau, cet acide se détruit et il se dépose des flocons blancs de pyrrol C^4H^5Az.

Le carbopyrrolate de baryum renferme

$$(C^5H^4AzO^2)^2Ba.$$

— Le sel de plomb, $(C^5H^4AzO^2)^2Pb$, est en lames nacrées, difficilement solubles. E. G.

CARBOSTYRILE. — Voyez CINNAMIQUE (ACIDE), dérivés par réduction de l'acide nitrocinnamique.

CARBOTHIALDINE, $C^5H^{10}Az^2S^2$ [Redtenbacher et Liebig, *Ann. der Chem. u. Pharm.*, t. LXV, p. 43]. — L'aldéhydate d'ammoniaque dissous dans l'alcool et additionné de sulfure de carbone perd immédiatement sa réaction alcaline, s'échauffe légèrement, et il se sépare, au bout de quelques minutes, des cristaux incolores qui, lavés avec un peu d'alcool, sont de la carbothialdine pure.

Ce corps est insoluble dans l'eau et l'éther à froid, peu soluble dans l'alcool froid, facilement soluble dans l'alcool bouillant. Il se dissout dans l'acide chlorhydrique, dont l'ammoniaque et les alcalis minéraux le séparent inaltéré; soumis à l'ébullition avec un excès d'acide chlorhydrique, il se décompose en sel ammoniac, aldéhyde et sulfure de carbone. Si l'on verse de l'acide oxalique dans une solution alcoolique de carbothialdine, et qu'on ajoute ensuite de l'éther, il se sépare de l'oxalate d'ammoniaque. E. G.

CARBOTRIAMINE. — Voyez GUANIDINE.

CARBOVINIQUE (ACIDE). — Acide éthylcarbonique. — Voyez CARBONE.

CARBURÉIQUE (ACIDE). — Voyez ALLOPHANIQUE (ACIDE).

CARBURES. — Les carbures métalliques sont décrits avec les différents métaux : on trouvera des généralités sur les carbures d'hydrogène au mot HYDROCARBURES.

CARBYLE (SULFATE DE). — Voyez ÉTHIONIQUE (ANHYDRIDE).

CARDAMOME (HUILE DE). — Les fruits du *Cardamomum minus*, de l'*Amomum repens* renferment environ 5 °/₀ d'une huile essentielle, odorante, d'une saveur brûlante, d'une densité de 0,945; elle est soluble dans l'éther, l'alcool, les huiles, l'acide acétique. Elle n'a pas été analysée. Dumas et Peligot ont fait l'analyse de cristaux incolores, prismatiques, qui s'étaient déposés au fond d'un flacon d'essence de cardamome. Ils lui ont trouvé la composition d'un hydrate de térébenthine $C^{10}H^{16},3H^2O$ [*Ann. de Chim. et de Phys.*, t. LVII, p. 335].

CARDOL [Stædeler, *Ann. der Chem. u. Pharm.*, t. LXIII, p. 137]. — Le cardol est un liquide huileux qui se trouve en même temps que l'acide anacardique dans le péricarpe des noix d'acajou (*Anacardium occidentale*). On épuise le péricarpe par l'éther, on chasse celui-ci par distillation, puis on traite par l'eau pour enlever une petite quantité de tannin. Le résidu est traité par quinze ou vingt fois son poids d'alcool, et la solution mise en digestion avec de l'hydrate de plomb récemment précipité. L'acide anacardique se sépare à l'état d'anacardate de plomb, tandis que le cardol reste en dissolution. On chasse la plus grande partie de l'alcool par distillation, on ajoute de l'eau au résidu jusqu'à ce qu'il commence à se troubler, et on y ajoute pour le décolorer de petites portions de sous-acétate et d'acétate plombique. Finalement on enlève le plomb par l'acide sulfurique.

Le cardol est liquide, oléagineux, jaune, très-altérable, neutre aux papiers réactifs, insoluble dans l'eau, soluble dans l'alcool et dans l'éther. Il n'est pas volatil et se décompose par l'action de la chaleur.

Il renferme :

Carbone	80,00	80,08
Hydrogène	9,86	9,80
Oxygène	10,14	10,12

Stædeler représente ces résultats par la formule $C^{21}H^{31}O^2$.

Le cardol ne précipite pas l'acétate neutre de plomb, mais il précipite le sous-acétate. L'acide sulfurique concentré le colore en rouge et le dissout. L'acide azotique l'attaque vivement. La potasse concentrée le dissout. Le cardol appliqué sur la peau détermine une véritable vésication. E. G.

CARINTHINE (Min.). — Variété de hornblende d'un brun verdâtre, trouvée en Carinthie.

CARMIN. — On donne le nom de carmin à une couleur d'un rouge clair très-vif et très-beau, fabriquée au moyen de la cochenille. Le carmin du commerce se présente sous forme d'une poudre impalpable, *carmin broyé*, ou bien en pains enveloppés dans du papier fin ou enfermés dans des boîtes, des bocaux; on le vend aussi délayé dans du blanc d'œufs ou dans une solution de colle de poisson (*carmin à l'œuf, carmin à la gélatine*).

La valeur de ce produit varie dans des limites assez étendues, suivant sa finesse, la pureté et la beauté de sa nuance.

Le carmin pur est entièrement soluble dans l'ammoniaque. On n'est pas fixé sur la nature vraie de la combinaison carminique qui constitue ce produit. Sa formation exige l'intervention des matières azotées existant naturellement dans la cochenille, ou de celles que l'on peut ajouter à un bain d'acide carminique.

La préparation du carmin est elle-même peu connue dans ses détails. Chaque fabricant garde comme secret les coups de main que la pratique lui enseigne pour l'obtention d'un beau produit. D'après Girardin, c'est à Pise que cette industrie a pris naissance. Généralement, on épuise par l'eau bouillante pure, ou chargée d'un sel alcalin, de la cochenille broyée, et l'on détermine la séparation du carmin par l'addition d'un acide faible ou d'un sel acide. Certains fabricants favorisent la précipitation en ajoutant de l'albumine ou de la gélatine et font également intervenir de l'alun.

Voici, du reste, une recette publiée par Mme Genette.

2 livres de cochenille pulvérisée, 150 livres d'eau; faire bouillir pendant 2 heures, ajouter 90 grammes de salpêtre pur, faire bouillir 3 minutes, ajouter 120 grammes de sel d'oseille, laisser encore bouillir 10 minutes. Le liquide, éclairci par un repos d'un quart d'heure, est abandonné pendant trois semaines dans des vases plats. Le carmin se dépose, on le sépare, le lave et le sèche à l'ombre.

Le carmin commercial est souvent falsifié. On y mélange de l'amidon, du kaolin, du vermillon; quelquefois il renferme encore des parcelles de cochenille. La solubilité complète du carmin pur dans l'ammoniaque permet de reconnaître aisément de semblables sophistications.

Ce produit sert dans la peinture, le dessin, la coloration des bonbons, des fleurs, dans l'impression des tissus.

Laque carminée. — Précipité rouge formé par l'addition d'alun à une décoction alcalinisée de cochenille. Elle se fabriquait primitivement à Florence, avec le kermès; de là le nom de laque de Florence qu'on lui donnait autrefois.

COCHENILLE. — La cochenille commerciale est le corps desséché d'un petit insecte du genre hémiptère, de la famille des Gallinsectes. On distingue : 1° la cochenille vraie ou *Coccus cacti*, qui vit sur le nopal ou *Cactus opontia* (Mexique, Espagne, Canaries, Algérie, Java), dont il existe deux variétés, la cochenille mestèque ou cultivée et la cochenille sauvage; 2° le kermès, graine d'écarlate ou cochenille du chêne (*Coccus ilicis*), midi de la France, Espagne, Candie; 3° la cochenille de racine, *Coccus polonicus*. Tous ces produits doivent leurs qualités tinctoriales à la présence de l'acide carminique. Sans être mélangée à des substances étrangères, la cochenille de diverses origines est plus ou moins riche en matière colorante. Quelquefois elle est livrée au consommateur après avoir déjà subi un épuisement partiel par l'eau chaude et avoir été séchée une seconde fois. Dans ce cas, on lui rend l'apparence primitive en la saupoudrant d'une légère couche de céruse, pour simuler le duvet blanc dont elle est couverte naturellement. Le meilleur procédé pour évaluer la richesse colorante d'une cochenille consiste à teindre un échantillon mordancé en alumine, comparativement avec une cochenille type.

La méthode de dosage proposée par Penny est fondée sur la facile oxydabilité de l'acide carminique par le cyanure rouge, en présence d'un alcali.

On dissout 1 gramme de cochenille pulvérisée dans 30 grammes de solution faible de potasse; on ajoute encore 24 grammes d'eau ; puis on verse goutte à goutte une liqueur normale de cyanure rouge préparée avec 5 grammes de sel dissous dans un litre d'eau, jusqu'à ce que la nuance rouge ait été remplacée par une couleur jaune brunâtre.

On reconnaît la présence du bois rouge en versant de l'eau de chaux dans la décoction étendue; le liquide se décolore entièrement s'il est pur; il garde au contraire une couleur violette intense s'il contient de la brésiline.

Applications. — L'acide carminique, soluble par lui-même, ne se fixe pas sur les fibres sans l'intermédiaire d'un mordant. Il communique aux tissus mordancés en alumine seule une teinte rouge amarante ou rouge-rose violacé. L'intervention simultanée de l'oxyde d'étain fait virer la nuance au rouge ponceau. Les mordants de fer prennent, suivant leur force, dans un bain de cochenille, des teintes grises, violet-gris ou noir grisâtre. Avec la laine et les préparations stanniques, on obtient une belle couleur écarlate. L'amarante, le rouge, le rose violacé, le ponceau et l'écarlate sont les nuances simples que le fabricant prépare avec la cochenille ordinaire.

COCHENILLE AMMONIACALE. — On trouve dans le commerce deux espèces de cochenilles ammoniacales : celle en tablettes et celle en pâte.

La première se prépare par la macération, dans un vase fermé, pendant un mois, de 3 p. d'ammoniaque et de 1 p. de cochenille moulue. On tire à clair, on incorpore 0,4 d'alumine en gelée et on évapore dans une bassine en cuivre jusqu'à disparition de toute odeur ammoniacale; la masse suffisamment épaisse est découpée en tablettes que l'on sèche. Dans la préparation de la pâte, on ne laisse marcher l'opération que pendant huit jours et on évapore aux deux tiers sans ajouter d'alumine. La pâte est d'un tiers moins riche que la cochenille ammoniacale en tablettes.

Ces produits donnent des mauves et des amarantes; on les emploie surtout pour des nuances complexes. La cochenille ammoniacale doit ses propriétés spéciales à la transformation de l'acide carminique en carminamide.

Cette transformation n'exige pas le concours de l'air. — Voyez plus bas ACIDE CARMINIQUE.

[Pelletier, Caventou, *Ann. de Chim. et de Phys.*, (2), t. VIII, p. 250; t. LI, p. 194; — Arppe, *Ann. der Chem. u. Pharm.*, t. LV, p. 101; — Warren de la Rue, *Ann. der Chem. u. Pharm.*, t. LXIV, p. 1; — Schutzenberger, *Ann. de Chim. et de Phys.* (3), t. LIV, p. 52; — Schaller, *Bull. de la Soc. chim.*, nouv. sér., t. II, p. 414; — Bolley, *Schwert. polyt. Zeitsch.*, t. IX, p. 23.] P. S.

CARMINAPHTE [Laurent, *Revue scientifique*, t. XIV, p. 560]. — Laurent obtint une fois une matière colorante rouge en chauffant la naphtaline avec une solution de bichromate de potasse, et en y ajoutant de l'acide sulfurique ou chlorhydrique. Il lui donna le nom de *carminaphte*, et l'analyse conduisit à la formule douteuse $C^9H^4O^4$. Plusieurs chimistes essayèrent en vain de reproduire cette réaction; tout récemment M. Vohl a donné le procédé suivant : On dissout 12 p. de naphtaline dans 109 p. d'acide sulfurique à 66°, puis on y ajoute par petites portions 89 p. de bichromate de potassium. Lorsque la première réaction est terminée, on étend l'eau bouillante, on sature par du carbonate de sodium, et on fait bouillir pendant un quart d'heure. On filtre, et on obtient une solution qui, traitée par l'acide chlorhydrique, fournit un précipité rouge de carminaphte ou naphtyl-carmin [*Dinglers' polyt. Journ.*, t. CLXXXVI, p. 138, et *Bull. de la Soc. chim.*, 1868, t. IX, p. 338]. E. G.

CARMINDINE. — Produit obtenu par Laurent dans l'action de l'ammoniaque sur la dibromisatine. — Voyez ISATINE

CARMINIQUE (ACIDE). — La cochenille vraie et les gallinsectes colorants, tels que le kermès, doivent leur propriété tinctoriale à un acide rouge soluble dans l'eau. Suivant Clark, la matière colorante n'est pas dissoute dans le corps de l'animal; elle s'y trouve en petits grains groupés autour d'un noyau incolore et en suspension au sein d'un liquide incolore; c'est surtout avant la ponte que l'insecte en renferme le plus.

La matière colorante a été isolée pour la première fois, mais à l'état impur, par Pelletier et Caventou, qui la désignèrent sous le nom de carmine. Ces chimistes considéraient la carmine comme un composé azoté et lui assignaient la formule $C^9H^{13}AzO^5$. Ils opéraient de la manière suivante : La cochenille pulvérisée est privée de graisse par un épuisement à l'éther, puis traitée par l'alcool bouillant. La solution concentrée donne un dépôt semi-cristallin qu'on redissout dans l'alcool. Le liquide rouge additionné de son volume d'éther laisse déposer la carmine qui, obtenue ainsi, représente probablement une combinaison d'acide carminique et d'une substance azotée. Arppe et Warren de la Rue démontrèrent la nature acide du produit, et par une purification plus complète, éliminèrent toute trace de substances azotées incolores qui l'accompagnent avec persistance. D'après ces expérimentateurs, l'acide carminique obtenu sous forme amorphe a une composition représentée par la formule

$$C^{14}H^{14}O^8.$$

La cochenille en grains est épuisée par l'éther qui enlève une matière grasse, puis plusieurs fois par l'eau bouillante. Le liquide rouge est précipité par de l'acétate neutre de plomb, rendu un peu acide par addition d'acide acétique. Le précipité bleu violet qui se forme entraîne toute la matière colorante, car le liquide filtré est à peu près incolore. Après un lavage prolongé à l'eau chaude, le dépôt se compose principalement de carminate de plomb, de phosphate de plomb avec un peu de matière azotée, dont la majeure partie reste dans le liquide. En effet, celui-ci, après concentration, donne un sirop qui dépose des aiguilles de tyrosine et retient les principes ordinairement contenus dans les extraits d'organes animaux.

Le précipité plombique peut être décomposé en présence de l'eau, soit par l'acide sulfurique, soit par l'hydrogène sulfuré. Dans le premier cas, on a soin de ne pas ajouter un excès d'acide, voire même de laisser un peu de carminate indécomposé.

L'acide carminique devenu libre se dissout, tandis que l'acide phosphorique reste uni au plomb. Le liquide est évaporé à sec au bain-marie, et le résidu est repris par l'alcool absolu.

Par l'évaporation et le refroidissement de la solution alcoolique, on peut obtenir l'acide carminique cristallisé, sous forme d'une végétation mamelonnée rouge, offrant l'aspect d'une peau rugueuse. Ces cristaux sont souvent mélangés de cristaux jaunes ayant la forme de tables hexagonales et que l'on peut séparer en utilisant leur insolubilité dans l'eau. On peut aussi faire cristalliser l'acide carminique dans l'éther. Bien qu'il y soit très-peu soluble, on obtient, par la concentration, des concrétions mamelonnées. Les analyses de M. Schutzenberger faites avec des acides cristallisés conduiraient à faire admettre deux produits différents par la quantité d'oxygène.

L'un serait $C^9 H^8 O^5$, l'autre $C^9 H^8 O^7$. Les analyses de M. Schaller, qui ont également porté sur de l'acide cristallisé obtenu par la méthode de M. Warren de la Rue, modifiée par M. Schutzenberger, conduiraient à la formule $C^9 H^8 O^6$, intermédiaire entre les précédentes.

L'acide carminique est solide, rouge pourpré, donnant une belle poudre rouge; il est friable à l'état sec; susceptible de cristalliser en concrétions mamelonnées par le refroidissement de ses solutions alcooliques ou éthérées concentrées. Saveur aciduléе prononcée. Très-soluble dans l'eau et l'alcool, presque insoluble dans l'éther. Il supporte une température de 136°; au-dessus, il se décompose. Il est soluble sans décomposition dans les acides sulfurique et chlorhydrique concentrés. Le chlore, le brome, l'iode l'attaquent rapidement. L'acide azotique, d'une densité égale à 1,4, le transforme à chaud, avec dégagement de vapeurs rutilantes, en un mélange d'acides oxalique et nitrococcusique. Ce dernier représente un composé nitré cristallisable en beaux feuillets jaunes [$C^8 H^5 (AzO^2)^3 O^3 + H^2O$].

D'après Hlasiwetz [*Ann. der Chem. u Pharm.*, t. CXLI, p. 329], l'acide carminique serait un glucoside susceptible de se dédoubler par l'ébullition avec l'acide sulfurique étendu en une espèce particulière de sucre et en une matière colorante nouvelle.

Le sucre se présente sous forme d'une masse amorphe, molle, hygroscopique, jaune de miel, d'une odeur de caramel et d'une saveur amère; il réduit la solution cupro-potassique, mais ne fermente pas et n'agit pas sur la lumière polarisée. Le rouge de carmin obtenu par le dédoublement de l'acide carminique offre l'apparence d'une masse brillante rouge pourpre foncé avec reflets verts; sa poudre est rouge cinabre. Il est insoluble dans l'éther, soluble en rouge dans l'alcool et l'eau.

Sa composition est représentée par la formule $C^{11} H^{12} O^7$.

Le sel de potasse $C^{11} H^{10} K^2 O^7$ est un précipité violet, amorphe.

Les sels de baryte et de chaux, $C^{11} H^{10} Ba'' O^7$ et $C^{11} H^{10} Ca'' O^7$, sont des précipités violet foncé.

Le sel de zinc acide $C^{22} H^{22} Zn'' O^{14}$ se forme par l'action simultanée du zinc et de l'acide sulfurique. Le sel neutre $C^{11} H^{10} Zn'' O^7$ prend naissance par double décomposition.

En admettant pour l'acide carminique les nombres de M. Schutzenberger, on a, pour l'équation du dédoublement :

$$C^{17} H^{18} O^{10} + 2 H^7 O = C^{11} H^{12} O^7 + C^6 H^{10} O^5.$$

Il est probable que les analyses de M. Schaller ont porté sur un produit partiellement dédoublé.

La solution aqueuse d'acide carminique pur ne s'altère pas au contact de l'air. Les alcalis caustiques la colorent en bleu pourpré. Les solutions de chaux, de baryte y déterminent des précipités bleu pourpré; les acétates de plomb, de zinc, de cuivre et d'argent donnent des précipités bleu pourpré. Le précipité argentique se réduit très-rapidement avec mise en liberté d'argent métallique. L'alun ne donne de précipité qu'après l'addition de quelques gouttes d'ammoniaque; la laque est cramoisie. L'hydrate d'alumine enlève immédiatement l'acide carminique à ses solutions. La laque est rouge tant qu'on ne chauffe pas, et devient cramoisie, puis violette par une élévation de température; les sels alcalins neutres font virer au violet la couleur de l'acide, les sels acides lui communiquent une teinte orangée (bitartrate de potasse). Les sels de chaux, de baryte, de strontiane le colorent en violet. L'histoire chimique des carminates est encore à faire. Les sels alcalins sont solubles, les sels alcalino-terreux, terreux et métalliques se présentent sous forme de masses pulvérulentes amorphes. En ajoutant de l'alcool à une solution aqueuse de carminate de soude, le sel se précipite sous forme de feuillets cristallins violets (Schutzenberger).

D'après les analyses de Schaller, ces cristaux répondent à la formule

$$\left. \begin{matrix} C^9 H^8 O^4 \\ Na^2 \end{matrix} \right\} O^2.$$

L'hydrogène naissant réduit, en les décolorant, les solutions d'acide carminique; la coloration rouge reparaît au contact de l'air.

Une solution ammoniacale d'acide carminique, abandonnée quelque temps à elle-même, se modifie par suite de la combinaison intime de l'ammoniaque avec l'acide et de la formation d'une amide ou d'un acide amidé. Le nouveau produit, qui semble répondre à la formule $C^9 H^9 AzO^5$, ne vire plus au rouge jaunâtre sous l'influence des acides, et donne, avec le bichlorure d'étain, un précipité violet et non ponceau comme l'acide carminique. Cette nouvelle matière colorante qui fournit en teinture des violets, des amarantes et des mauves, au lieu d'écarlate et de ponceau, se trouve dans le produit commercial connu sous le nom de cochenille ammoniacale. — Voyez CARMIN.

Le carminate de soude chauffé avec l'iodure d'éthyle forme de l'iodure de sodium et un produit rouge insoluble et amorphe qui représente probablement l'éther carminique.

Acide nitrococcusique, $C^8 H^5 (AzO^2)^3 O^3 + H^2 O$. — Lorsque l'action de l'acide azotique sur l'acide carminique est terminée, le liquide se prend en une masse cristalline, formée d'un mélange d'acide oxalique et d'acide nitrococcusique. Cette masse, redissoute dans l'eau, est précipitée par le nitrate de plomb qui élimine l'acide oxalique; le liquide séparé par filtration de l'oxalate de plomb fournit, après concentration, des cristaux d'acide nitrococcusique.

Cet acide se dépose en tables rhombes, d'un beau jaune. Il est soluble dans l'eau froide, plus soluble à chaud; soluble dans l'alcool et l'éther. Les solutions colorent la peau en jaune. A 100°

Il perd une molécule d'eau. Sa solution aqueuse dissout le fer et le zinc. Le sulfhydrate d'ammoniaque le réduit avec dépôt de soufre et formation d'un acide non étudié.

Les nitrococcusates sont solubles dans l'eau et l'alcool; ils détonent violemment sous l'influence de la chaleur.

Nitrococcusate d'ammonium,

$$C^8H^3(AzH^4)^2(AzO^2)^3O^3 + H^2O.$$

— Se dépose sous forme d'aiguilles groupées en aigrettes lorsqu'on fait passer du gaz ammoniac sec dans une solution éthérée d'acide nitrococcusique. Se sublime en se décomposant.

Nitrococcusate de potassium,

$$C^8H^3K^2(AzO^2)^3O^3.$$

— On sature, pour le préparer, la solution aqueuse de l'acide par du carbonate de potasse. Il se dépose, par l'évaporation, sous forme de petits cristaux jaunes, très-solubles dans l'eau, peu solubles dans l'alcool, insolubles dans l'éther.

Nitrococcusate de baryum,

$$C^8H^3Ba_{''}(AzO^2)^3O^3 + H^2O.$$

— Petits cristaux jaunes insolubles dans l'alcool. On sature l'acide par l'eau de baryte et on évapore après avoir éliminé l'excès de baryte par un courant d'acide carbonique.

Nitrococcusate de cuivre. — Aiguilles vert-pomme pâle. Se prépare en dissolvant du carbonate de cuivre dans l'acide.

Nitrococcusate d'argent, $C^8H^3Ag^2(AzO^2)^3O^3$. — On sature à froid une solution d'acide nitrococcusique par du carbonate d'argent et on évapore dans le vide. Longues aiguilles jaunes, devenant orangées à 100°. Une température plus élevée les détruit avec explosion. Soluble dans l'eau et l'alcool. En ajoutant de l'oxyde d'argent à une solution bouillante d'acide nitrococcusique, il se dégage de l'acide carbonique. P. S.

CARMINITE (Min.). — Arséniate anhydre de plomb et de fer (?). Petites aiguilles rayonnées d'un rouge carmin et d'un éclat vitreux, accompagnant la beudantite dans le quartz et la limonite.

Caractères. — Fond au chalumeau en un globule gris, avec émission de vapeurs arsenicales; avec la soude, donne un globule de plomb.

Dureté, 2,5.

Clivages parallèles aux faces d'un prisme orthorhombique (?).

CARMUFELLIQUE (ACIDE) [Muspratt et Danson, *Philos. Magaz.*, (4), t. II, p. 293]. — Cet acide s'obtient par l'action de l'acide azotique sur l'extrait aqueux des clous de girofle. Il se dépose de sa solution concentrée en écailles micacées jaunes, mais il peut être obtenu en cristaux blancs par une transformation en sel de plomb. Il est insoluble dans l'alcool, l'éther, l'eau froide, soluble dans l'eau bouillante et dans les alcalis. Il se décompose à la distillation. Il donne des sels floconneux ou gélatineux.

CARNALLITE (Min.). — Chlorure double hydraté de magnésium et de potassium :

$$KCl + MgCl^2 + 6H^2O.$$

Masses compactes ou grenues, d'un éclat vitreux, incolores et transparentes, mais plus ordinairement colorées en rouge par des lamelles microscopiques de fer oligiste, se trouvant en couche, entre la kiesérite (sulfate de magnésie monohydraté) et le sel gemme à Stassfurt et y faisant l'objet d'une exploitation considérable. Ce sel est devenu la source la plus abondante et la moins coûteuse de la potasse.

Densité, 1,618.

Forme cristalline. — Cubique. Clivages moins faciles que dans les sels gemmes.

Caractères. — La carnallite est déliquescente; traitée par une quantité d'eau insuffisante pour la dissoudre, elle se dédouble presque exactement en chlorure de potassium et chlorure de magnésium; ce dernier seul se dissout. C. F.

CARNATITE (Min.). — Variété de labradorite, translucide, verdâtre, accompagnant l'indianite et le corindon, au Carnate.

CAROLATHINE (Min.). — Variété d'allophane, d'un jaune de miel.

CAROTTINE [Berzelius, *Jahresb.*, t. XII, p. 277; *Ann. de Chim. et de Phys.*, t. LXXVI p. 302; *Ann. de Chim. et de Phys.*, (2), t. LXVIII, p. 159; (3), t. XX, p. 125; *Ann. der Chem. u. Pharm.*, t. CXVII, p. 200; t. LII, p. 380; *Repert. de Chim. pure*, t. III, p. 407]. — La matière colorante jaune des carottes a été étudiée par Robiquet, Regnault, Zeise, et en dernier lieu par Hosemann [*Ann. der Chem. u. Pharm.*, t. CXVII, p. 200]. Ce dernier la prépare en épuisant la racine râpée par l'eau. Le liquide est précipité par le tannin et une petite quantité d'acide sulfurique.

Le dépôt pâteux est filtré, lavé, exprimé et épuisé par l'alcool à 0,80 bouillant, auquel il cède de la mannite et une matière blanche cristalline (hydrocarottine $C^{18}H^{30}O$). Le résidu, insoluble dans l'alcool, est épuisé par le sulfure de carbone. La solution est évaporée et le résidu est repris par l'alcool absolu. Cette solution concentrée dépose la carottine en cristaux rouge-brun, assez volumineux, à reflets métalliques, solubles dans le sulfure de carbone, la benzine et les huiles éthérées, insolubles dans l'eau et l'alcool, peu solubles dans l'éther et le chloroforme. Ces cristaux se décolorent à la lumière et sous l'influence de la chaleur. L'acide sulfurique la dissout en violet, l'eau la reprécipite en vert foncé de cette solution. L'acide sulfureux la colore en bleu indigo foncé. Dans la benzine, elle cristallise en cubes microscopiques qui se décolorent de dehors en dedans à la lumière, en devenant amorphes et difficilement solubles dans la benzine et le sulfure de carbone. La carottine fond à 167°,8. En cristallisant dans le sulfure de carbone, elle donne souvent des aiguilles concentriques blanches d'un hydrate qui perd son eau par le simple toucher d'un corps dur. La carottine modifiée par la lumière ou la chaleur se dissout en brun dans l'acide sulfurique.

La composition est représentée par la formule $C^{18}H^{24}O$. Avec le chlore on obtient la chlorocarottine, $C^{18}H^{20}Cl^4O$, corps blanc, fusible à 120°. La carottine est indifférente aux sels métalliques, aux acides et aux alcalis.

L'hydrocarottine, $C^{18}H^{30}O$, se dépose au bout d'un certain temps de la solution alcoolique en feuillets cristallins que l'on purifie par recristallisation dans l'alcool et un lavage à l'eau. Elle est sans saveur, ni odeur; cristallise en grands feuillets soyeux dans l'alcool et en tables rhombiques dans l'éther. Elle fond à 126°,8, est plus légère que l'eau, soluble dans l'alcool, l'éther, le sulfure de carbone, la benzine, les huiles éthérées et le chloroforme. A 100° elle devient jaune-rouge. Après fusion, elle reste opaque. La solution alcoolique n'est précipitée par aucun sel métallique, ni par le tannin. Les alcalis caustiques ne la modifient pas. Les acides forts et les oxydants sont sans action. L'acide azotique fumant la convertit en un composé nitré. L'acide sulfurique concentré la colore en rouge et la dissout, l'eau la reprécipite intacte mais amorphe. Avec le chlore on obtient l'hydrocarottine chlorée $C^{18}H^{26}Cl^4O$, avec le brome on produit l'hydrocarottine bromée $C^{18}H^{26}Br^4O$, décomposable par une solution alcoolique de potasse, avec formation d'un corps rouge-orangé, soluble en rouge de sang dans le sulfure de carbone. A. N.

CARPHOLITE (Min.). — Silicate hydraté de fer, de manganèse et d'alumine.

Le rapport de l'oxygène dans les bases, dans l'eau et dans la silice = 2 : 1 : 2. Le fer et le manganèse sont à l'état de sesquioxyde; toutefois M. Kobell admet que le manganèse est à l'état de protoxyde.

Cristaux aciculaires radiés très-fins et sans terminaison distincte, d'un jaune de paille; transparents ou translucides, d'un éclat vitreux; dans les fentes d'un granit quartzeux.

Caractères. — A peine attaquée par l'acide chlorhydrique. Au chalumeau se gonfle, devient blanche et fond difficilement en un verre jaune. Avec le borax, réaction du fer et du manganèse.

Dureté, 5 à 5,5. Densité, 2,93.

Forme cristalline. — Prisme orthorhombique de 111°27'. F. et S.

CARPHOSIDÉRITE (Min.). — Masses et incrustations d'un jaune pâle; contient de l'oxyde de fer, de l'acide phosphorique, de l'eau, un peu de manganèse et de zinc.

CARPHOSTILBITE (Min.). — Variété de thomsonite.

CARROLLITE. — Voyez COBALTINE.

CARTHAME. — Le carthame ou saflor du commerce est fourni par les sommités fleuries et séchées à l'ombre du *Carthamus tinctorius*. Cette plante annuelle, originaire du Levant et de l'Égypte, se cultive en Espagne, dans l'Allemagne du centre, en Italie, en Hongrie, dans la Russie méridionale, en Asie et dans l'Amérique du Sud. Le saflor d'Égypte est plus riche que les autres en principes colorants. Celui de l'Inde et de la Chine est aussi très-estimé. On peut juger de la qualité du carthame par sa nuance, qui doit être d'un beau rouge feu. Si la couleur est terne, la récolte a été mauvaise, ou la dessiccation mal menée.

Composition. — Le carthame renferme trois matières colorantes, dont deux sont jaunes et l'une rouge (acide carthamique). L'une des matières jaunes est soluble dans l'eau pure, l'autre soluble seulement dans l'eau alcaline. Cette dernière paraît être un produit d'altération de l'acide carthamique; sa proportion varie en raison inverse de celle de la carthamine.

M. Salvétat a trouvé :

Matière colorante jaune soluble de	26,1	—	36,0
Carthamine (acide carthamique)...	0,3	—	0,6
Matière extractive..............	3,6	—	6,5
Albumine........................	1,5	—	8,0
Cire............................	0,6	—	1,5
Cellulose et pectine............	38,4	—	56,0
Silice..........................	1,0	—	8,4
Oxyde de fer et alumine.........	0,4	—	1,6
Oxyde de manganèse..............	0,1	—	0,5

En traitant par l'eau acidulée avec de l'acide acétique, on élimine la matière jaune des sels et de l'albumine. Le liquide précipité par l'acétate de plomb est filtré et additionné d'ammoniaque. Il se forme un nouveau dépôt que l'on décompose par l'acide sulfurique étendu. Enfin le liquide filtré est concentré à l'abri de l'air. Le résidu est repris par l'alcool et la solution est évaporée dans le vide. Il reste une masse qui cède à l'eau le principe jaune. Cette solution est acide, possède une saveur amère et s'altère rapidement à chaud au contact de l'air. Cette matière jaune doit être éliminée par des lavages à l'eau acidulée avant d'employer le carthame en teinture, autrement elle altérerait la vivacité des nuances.

CARTHAMINE ou **ACIDE CARTHAMIQUE**. — Pour l'extraire, on fait macérer à froid le carthame bien lavé avec une solution étendue (15 °/₀) de cristaux de soude. On exprime le liquide. En acidulant la liqueur jaune ainsi obtenue et contenant du carthamate de soude, on détermine la précipitation du principe rouge, mais il reste mélangé à une assez forte proportion d'acide pectique, dont il est difficile de le débarrasser. Ce résultat s'obtient, au contraire, très-facilement, si l'on immerge des écheveaux de coton dans le bain alcalin, avant la saturation. L'acide carthamique, au moment de sa mise en liberté, est enlevé au bain par la cellulose, en vertu d'une attraction spéciale. Pourvu que la dose de coton soit assez forte, toute la matière colorante se précipitera sur lui et le teindra en rose foncé. Les écheveaux bien lavés à l'eau acidulée sont immergés dans une solution faible de carbonate de soude. L'acide carthamique se redissout; enfin le bain, qui renferme maintenant du carthamate de soude pur, étant acidulé avec l'acide tartrique ou l'acide sulfurique étendu, donne un précipité floconneux d'un beau rose foncé qu'on recueille sur un filtre et qu'on lave. Pour arriver à une pureté plus grande, on dissout dans l'alcool. La solution alcoolique fortement concentrée est versée dans beaucoup d'eau; le dépôt est filtré et lavé. Dans cette préparation, il est nécessaire de ne pas employer des lessives alcalines trop concentrées et de ne pas les conserver trop longtemps; sans ces précautions, la matière colorante se trouverait entièrement altérée.

L'acide carthamique en pâte, obtenu par les procédés ci-dessus décrits ou par des méthodes tenues secrètes, est livré au commerce, en suspension dans une quantité convenable d'eau. Cette préparation est très-commode pour le montage de bains de teinture et donne de bons résultats. En séchant la pâte sur des assiettes, des plaques de porcelaine vernie, des feuilles de carton ou toute autre surface polie, la matière colorante se dessèche en écailles douées d'un reflet vert cantharide qui rappelle celui de la fuchsine. La poudre est d'un beau rouge. Broyée avec de l'eau et du talc fin et séchée sur des vases de porcelaine, elle donne le rouge végétal utilisé comme fard.

L'acide carthamique est insoluble dans l'éther, très-peu soluble dans l'eau, soluble dans l'alcool qu'il colore en rouge cerise. La dissolution alcoolique teint directement la soie. L'ébullition avec l'eau et l'alcool le modifie. Il est soluble en rouge dans l'acide sulfurique concentré; l'eau ne le précipite plus de cette liqueur. L'acide nitrique et l'acide sulfureux aqueux le dissolvent avec une couleur jaune. Ses tendances sont franchement acides. Les carthamates alcalins sont jaunes ou jaune orangé et précipitent de l'acide carthamique par les acides. Le carthamate d'ammoniaque donne avec le bichlorure d'étain un précipité jaune-brun, avec le perchlorure de fer un précipité brun-rouge, avec le bichlorure de mercure un précipité rouge.

La carthamine fondue avec l'hydrate de potasse donne de l'hydrogène, de l'acide oxalique et un acide éliminable par l'éther après neutralisation, dont la composition est représentée par la formule $C^7H^6O^3$ (acide paroxybenzoïque).

En admettant la formule de Schlieper pour l'acide carthamique ($C^{14}H^{16}O^7$), on aurait :

$$C^{14}H^{16}O^7 + O = 2\,C^7H^6O^3 + 2\,H^2O.$$

Il ne se forme pas de phloroglucine [Malin, *Ann. der Chem. u. Pharm.*, t. XXXVI, p. 115].

Avant la découverte des couleurs d'aniline, le saflor servait fréquemment à la teinture de la soie, de la laine et du coton. La beauté des teintes cerise, rose, nacarat et ponceau, que l'on pouvait réaliser avec lui, compensait en partie le peu de solidité.

Dans la teinture du coton, on suit la marche indiquée dans le procédé de préparation de l'acide carthamique.

La richesse d'un carthame s'apprécie par un essai comparatif de teinture [*Dingler's polytech. Journ.*, t. LIV, p. 374; t. XCIII, p. 112; t. CXII,

p. 78; *Bull. de la Soc. d'encourag.*, t. I, p. 141; t. III, p. 18; t. XXIII, p. 96; *Ann. de Chim. et de Phys.*, (1), t. XXVIII, p. 312; t. XXX, p. 156; t. XLVIII, p. 283]. P. S.

CARTILAGE. — Voyez Os.

CARVI (**ESSENCE DE**) [Voelckel, *Ann. der Chem. u. Pharm.*, t. XXXV, p. 308; t. LXXXV, p. 246; — Varrentrap, *Handwœrt. der Chem.*, *von Liebig, Poggendorff und Wœhler*, t. IV, p. 686].

Les graines de Carvi (*Carum Carvi*, de la famille des Ombellifères) fournissent une essence d'une densité de 0,938, et dont le point d'ébullition s'élève de 190° à 245°. Elle est un mélange de deux substances, le *carvène*, $C^{10}H^{16}$, et le *carvol*, $C^{10}H^{14}O$. On peut les isoler par de nombreuses distillations fractionnées, mais pour avoir le principe oxygéné, ou carvol, à l'état de pureté, il est plus avantageux de traiter les parties les moins volatiles de l'essence avec leur volume d'alcool saturé d'ammoniaque et d'acide sulfhydrique, le carvol formant, avec l'acide sulfhydrique, une combinaison cristallisée dont nous parlerons plus bas, et dont il est facile de l'extraire.

CARVÈNE, $C^{10}H^{16}$. — On le sépare par des distillations fractionnées. C'est une huile incolore, d'une odeur agréable, dont l'analyse et la densité de vapeur conduisent à la formule $C^{10}H^{16}$. Le carvène bout à 173° et se combine avec l'acide chlorhydrique, en donnant un chlorhydrate solide, fusible à 50°,5, solidifiable à 41° en cristaux radiés, d'un blanc de neige; très-soluble dans l'eau, mais sa solution aqueuse se décompose par la chaleur. Le bichlorhydrate, $C^{10}H^{16}2HCl$, ne peut être sublimé sans décomposition.

CARVOL, $C^{10}H^{14}O$. — On l'obtient en laissant digérer avec la potasse alcoolique la combinaison cristallisée qu'il forme avec l'acide sulfhydrique. L'eau ajoutée au mélange en sépare une huile, le *carvol*.

La densité du carvol est de 0,953 à 15°; il bout au-dessous de 250° (Varrentrap); entre 225° et 228°, suivant Voelckel; mais le point d'ébullition s'élève par suite d'une décomposition partielle. L'acide sulfurique et l'acide nitrique concentrés le résinifient; il se combine avec l'acide sulfhydrique et l'acide chlorhydrique.

Sulfhydrate de carvol, $2C^{10}H^{14}O,H^2S$. — Soluble dans l'alcool bouillant; il cristallise en longues aiguilles fusibles, et d'un éclat satiné; on peut les volatiliser sans décomposition, en les chauffant avec précaution.

Sulfhydrate de sulfocarvol, $2C^{10}H^{14}S,H^2S$. — Il se produit lorsqu'on fait passer un courant d'hydrogène sulfuré dans de l'alcool tenant en suspension le sulfhydrate de carvol. Il se sépare une huile épaisse qui, dissoute dans l'éther, puis précipitée par l'alcool de la solution éthérée, se présente sous la forme de flocons blancs.

CARVACROL [Schweizer, *Journ. für prakt. Chem.*, t. XXIV, p. 257, et t. XXVI, p. 118]. — Cette substance isomérique du carvol est une huile peu fluide, incolore, moins dense que l'eau, qui la dissout en petite quantité; sa saveur est âcre, son odeur désagréable, elle bout à 232°; ses vapeurs irritent les organes de la respiration.

On l'obtient en traitant à chaud l'essence de Carvi, soit par la potasse, soit par l'acide phosphorique vitreux. Il se forme encore lorsqu'on dissout de l'iode dans l'essence de carvi, qu'on distille et qu'on cohobe tant qu'il passe de l'acide iodhydrique. Le produit de la distillation, lavé avec la potasse, est un mélange de carvène et de carvacrol. Dans l'action de l'iode sur le camphre des Laurinées, il se forme une huile, *camphocréosote*, qui n'est autre que du carvacrol. E. G.

CARYOPHYLLINE, $C^{10}H^{16}O^2$ [Lodibert, *Journ. de Pharm.*, t. XI, p. 101; — Bonastre, *ibid.*, t. XI, p. 103; t. XIII; p. 519; — Chazereau, *ibid.*, t. XII, p. 258; — Dumas, *Ann. de Chim. et de Phys.*, (2), t. LIII, p. 169; — Ettling, *Traité de Chim. org. de M. Liebig*, t. II, p. 171; — Mylius, *Journ. für prakt. Chem.*, t. XXII, p. 105; — J. S. Muspratt, *Pharm. Journ. and Transact.*, t. XI, p. 343; et *Journ. de Pharm.*, (3), t. X, p. 450; — Gerhardt, *Traité de Chim.*, t. IV, p. 278]. — Cette substance est contenue en grande quantité dans le girofle des Moluques (*Caryophyllus aromaticus*). Le girofle de Bourbon en contient une proportion beaucoup moins considérable et celui de Cayenne ne paraît pas en contenir. Elle a été découverte par Alibert.

On l'extrait en abandonnant à froid le girofle avec de l'alcool. Au bout de quelques jours, la liqueur se recouvre de cristaux qu'on épuise par une lessive de soude afin de les débarrasser d'une résine dont ils sont souillés.

Une autre méthode consiste à épuiser le girofle par l'éther et à agiter avec l'eau la solution éthérée. La caryophylline se sépare alors et peut être purifiée par l'ammoniaque.

La caryophylline est incolore, inodore et insipide; elle cristallise en aiguilles soyeuses groupées comme des rayons autour d'un centre. Elle fond difficilement en s'altérant en partie (Dumas); à 285° elle se sublime (Muspratt). Elle est peu soluble dans l'alcool froid et facilement soluble dans l'alcool bouillant et l'éther. Les alcalis caustiques la dissolvent à chaud.

D'après les analyses de MM. Dumas, Ettling, Mylius et Muspratt, la caryophylline est isomère du camphre des Laurinées. A froid, cette substance se dissout dans l'acide sulfurique qu'elle colore en rouge. Le mélange noircit lorsqu'on le chauffe. L'acide azotique concentré transforme la caryophylline en une substance résineuse. A. N.

CARYOPHYLLIQUE (ACIDE). — Voyez EUGÉNIQUE (PHÉNOL).

CASCARILLINE. — La cascarilline est le principe amer de l'écorce de cascarille (*Croton eleuteria*, famille des Euphorbiacées); MM. Caventou et Félix Cadet ont les premiers étudié cette écorce au point de vue chimique, et ils en ont retiré une matière résinoïde d'une saveur amère, neutre aux réactifs colorés, à laquelle ils avaient donné le nom de *cascarillin* [Alibert, *Nouv. élém. de Thérap.*, 1826, t. I, p. 75]. Plus tard, M. A. Duval, ayant repris ce travail, put obtenir cette substance à l'état cristallin et la désigna sous le nom de *cascarilline* [A. Duval, *Journ. de Pharm.*, 3e série, t. VIII, p. 91]. Cette substance se présente ordinairement sous la forme d'aiguilles prismatiques excessivement fines, quelquefois sous forme de tables hexagonales. Elle est incolore et sans odeur. Elle est presque insoluble dans l'eau, ce qui explique la lenteur avec laquelle son amertume se développe lorsqu'on la porte sur la langue. La cascarilline est soluble dans l'alcool et dans l'éther; l'acide sulfurique concentré la dissout en produisant une couleur rouge très-foncée, l'eau précipite cette solution et la liqueur se colore en vert. L'acide chlorhydrique peut aussi la dissoudre en produisant une solution violacée; une petite quantité d'eau fait virer au bleu, et si l'on ajoute une plus forte quantité d'eau, la teinte tourne au vert.

Elle n'est pas volatile; sous l'influence d'une chaleur progressive, elle fond d'abord, puis se décompose en répandant des vapeurs acides. Elle ne contient pas d'azote.

On obtient la cascarilline en traitant l'écorce de cascarille par l'eau jusqu'à épuisement, dans un appareil à déplacement. On décolore les teintures obtenues à l'aide du sous-acétate de plomb liquide, et l'on enlève l'excès de plomb à l'aide de l'hydrogène sulfuré. La liqueur évaporée aux deux tiers environ, agitée avec du noir animal, filtrée de nouveau, est évaporée à la plus basse température possible en consistance sirupeuse; après refroidissement, on lave le dépôt formé à l'alcool froid qui enlève des matières grasses et colorantes, puis on enlève la cascarilline par l'alcool bouillant. Enfin, on la purifie à l'aide du noir animal et de nouvelles cristallisations.

L'écorce de cascarille possède une odeur particulière, agréable; elle passe pour très-fébrifuge, aussi a-t-elle été proposée comme succédanée du quinquina. On la mêle quelquefois au tabac pour l'aromatiser; à trop forte dose, elle produit de l'enivrement. E. C.

CASÉINE [Rochleder, *Ann. der Chem. u. Pharm.*, t. XLV, p. 253; — Berzelius, *Journ. f. Chem. u. Phys., v. Schweigger*, t. XI, p. 277; — Braconnot, *Ann. de Chim. et de Phys.*, t. XXXV, p. 159; — Scherer, *Ann. der Chem. u. Pharm.*, t. XL, p. 1; — Dumas et Cahours, *Ann. de Chim. et de Phys.*, (3), t. VI, p. 411; — N. Guillot et Leblanc, *Compt. rend. de l'Acad. des sciences*, t. XXXI, p. 585; — Panum, *Ann. de Chim. et de Phys.*,(3), t. XXXVII, p. 237; —Moleschott, *Journ. für prakt. Chem.*, t. LV, p. 237; — Bopp, *Ann. der Chem. u. Pharm.*, t. LXIX, p. 16; — Heintz, *Zeitsch. der Zooch.*, p. 691; — Iljenko, *Ann. der Chem. u. Pharm.*, t. LXIII, p. 264;—Brendecke, *Arch. pharm.*, (2), t. LXX, p. 26; — Blondeau, *Compt. rend. de l'Acad. des sciences*, t. XXV, p. 360; — Mulder, *Journ. für prakt. Chem.*, t. XVII, p. 333; — Walther, *Ann. der Chem. u. Pharm.*, t. LVIII, p. 315;—Verdeil, *ibid.*, t. LVII, p. 317; — Rubling, *ibid.*, t. LVIII, p. 308; — Mulder, *Jahresb. v. Berzelius*, t. XXVI, p. 910; — Schlossberger, *Ann. der Chem. u. Pharm.*, t. LVIII, p. 92; — Bopp, *ibid.*, t. LXIX, p. 16;— Lebonte et de Goumoens, *Compt. rend. de l'Acad. des sciences*, t. XXXVI, p. 834; — Liebig, *Ann. der Chem. u. Pharm.*, t. LVII, p. 127; — Elsner, *Poggend. Ann.*, t. XLVII, p. 614; — Mulder, *Journ. für prakt. Chem.*, t. XX, p. 343; — Selmi, *Journ. de Pharm.*, (3), t. IX, p. 265; — Milon et Commaille, *Compt. rend. de l'Acad. des sciences*, t. LX, p. 118 et 859; t. LXI, p. 221; *Bull. de la Soc. chim.*, (2), 1865, t. III, p. 388; t. IV, p. 220; *Journ. de Pharm.*, (4), t. I, p. 204; t. II, p. 144 et 278; — Günsberg, *Wien, Acad. Ber.*, t. XLIV (2e Abth.), p. 429; — Brassier, *Ann. de Chim. et de Phys.*, (4), t. V, p. 270; — Hoppe Seyler, *Zeitsch. Chem. Pharm.*, 1864, p. 737; — Blondeau, *Ann. de Chim. et de Phys.*, (4), t. I, p. 208].

On voit par cette longue bibliographie combien la caséine, l'un des principes immédiats les plus importants du lait, a fixé l'attention des savants; malgré les nombreux travaux dont elle a été l'objet, son histoire, comme du reste celle de la plupart des matières albuminoïdes, laisse encore beaucoup à désirer.

Jusqu'à présent la caséine n'a été rencontrée d'une manière certaine que dans le lait des mammifères, mais ses propriétés chimiques sont en tout point semblables à celles du produit obtenu par l'action des alcalis sur les matières albuminoïdes en général et notamment sur l'albumine du blanc d'œuf, celle du sérum et l'albumine coagulée; ce produit, obtenu pour la première fois par Mulder et appelé par lui protéine, est désigné par Lieberkühn et les chimistes allemands sous le nom général d'*albuminate*, que nous changerons en *albuminoïde*.

Les phénomènes de polarisation rotatoire permettent seuls de différencier la caséine du lait, et les albuminoïdes formés par l'action des alcalis sur l'albumine du sérum, du blanc d'œuf ou sur l'albumine coagulée, comme le montre le tableau suivant:

Pouvoir rotatoire spécifique pour la raie D du spectre.

	Solution dans le sulfate de magnésie étendu.		Soude étendue	Potasse concentrée.	Ac. chlorhydrique étendu.
Caséine......	—80°	»	—76°	—91°	—87°
Albumine des œufs......	»	—35°,5	»	—47°	
Albumine du sérum.....	»	—56°	»	—86°	—71°
					Avec ClH concentré.
Albumine coagulée......	»			—58°,5	—78°,7

Pour tout le reste, ce que nous dirons de la caséine s'appliquera à la protéine de Mulder ou aux albuminates des chimistes allemands (albuminoïdes).

On se procure facilement de la caséine pure, d'après Denis, en précipitant du lait frais par un excès de sulfate de magnésie. Le précipité, lavé avec de l'eau saturée de sulfate magnésien, est redissous dans l'eau, filtré pour enlever la graisse; enfin le liquide clair est précipité par l'acide acétique étendu. Ou bien, on précipite le lait étendu d'eau par l'acide acétique; le coagulum bien lavé est débarrassé de graisse par agitation avec l'éther. On peut aussi ajouter de la soude caustique au lait, on agite avec de l'éther qui dissout la graisse séparée des minces membranes qui la maintenaient à l'état de globules. Le liquide aqueux inférieur est séparé et précipité par l'acide acétique. Le coagulum est lavé à l'eau.

L'albuminoïde ou protéine, ou la caséine artificielle semblable à la caséine du lait, se forme par l'action d'une lessive de potasse ou de soude sur les albumines. Lieberkühn prescrit d'opérer de la manière suivante :

Le blanc d'œuf battu avec son volume d'eau, puis filtré, est concentré à 46° au plus, dans des vases plats, jusqu'à la moitié de son volume. Après refroidissement, on ajoute goutte à goutte une lessive caustique concentrée jusqu'à ce que le liquide se prenne en gelée. Celle-ci découpée en petits fragments est lavée à grande eau pour éliminer l'excès d'alcali. Il reste à la fin une masse neutre formée d'une combinaison d'albuminoïde et d'alcali. On la dissout dans l'eau ou l'alcool; la liqueur claire additionnée avec précaution d'acide acétique laisse précipiter l'albuminoïde sous forme de flocons se réunissant en masse fibreuse élastique. Le lavage à l'eau de la gelée donne lieu à une perte notable, une partie de l'albuminoïdate alcalin entrant en dissolution.

La caséine ou les albuminoïdes fonctionnent comme acides susceptibles de neutraliser les oxydes métalliques et même les alcalis caustiques. D'après Lieberkühn, elle aurait pour formule

$$C^{36}H^{57}Az^{9}O^{11.5}S^{0.5},$$

et les albuminoidates seraient

$$C^{36}H^{56}R'Az^{9}O^{11.5}S^{0.5}.$$

Les solutions des albuminoïdates alcalins donnent des précipités avec le sulfate de cuivre, le nitrate d'argent, le chlorure de baryum, etc., etc. Ces précipités répondraient à la formule précédente, R' étant du cuivre, de l'argent, du plomb, du baryum ou du potassium.

Un mélange de caséine et de magnésie agité avec de l'eau et filtré au bout d'une demi-heure dans l'alcool fort donne un précipité contenant de la caséine magnésienne (Cas. $MgO + 2H^2O$; Milon et Commaille, Cas $= C^{54}H^{97}Az^{14}O^{10}$).

Le caséinate de magnésie se combine à l'oxyde de cuivre hydraté et donne un précipité rougeâtre de sel double.

On a signalé des composés doubles renfermant unis à la caséine :

a, la chaux et l'oxyde de cuivre; *b*, la baryte et l'oxyde de cuivre; *c*, la potasse ou la soude ou l'ammoniaque et l'oxyde de cuivre; *d*, l'oxyde de zinc et la potasse.

Les composés cuivriques doubles s'obtiennent en dissolvant l'oxyde de cuivre hydraté dans la combinaison alcaline et en précipitant par l'alcool.

Réciproquement, la caséine peut jouer le rôle de base vis-à-vis des acides.

Milon et Commaille ont décrit un certain nombre de sels de caséine que l'on obtient par le procédé suivant : La caséine est dissoute dans la soude étendue et la liqueur est versée dans la solution étendue de l'acide avec lequel on veut combiner la matière protéique. Le précipité est exprimé, lavé à l'eau, l'alcool et l'éther, redissous dans la soude et précipité de nouveau par l'acide. On a obtenu ainsi des sels que Milon et Commaille représentent par les formules suivantes :

Chlorhydrate de caséine............	Cas. ClH. (Cas $= C^{54}H^{87}Az^{14}O^{18}$)
Chloroplatinate....	2 Cas. $PtCl^4$. 2 HCl
Azotate	Cas. $AzO^3H + 4H^2O$
Oxalate	2 Cas. $C^2H^2O^4 + 5H^2O$
Phosphate.........	
Arséniate..........	
Sulfate.............	2 Cas. $SO^4H^2 + 2H^2O$
Chromate	2 Cas. $CrO^4H^2 + 4H^2O$.

Ces corps se présentent sous forme de masses coagulées insolubles, solubles dans un excès d'acide.

L'acide cyanhydrique et l'acide tartrique ne précipitent pas les solutions alcalines de caséine.

La solution alcaline du sulfate, du phosphate ou de l'oxalate de caséine versée dans un excès d'acide azotique donne un azotate, et réciproquement, la solution du dernier, mélangée avec un excès d'acide sulfurique, donne un précipité de sulfate. La solution du sulfate dans un excès d'acide chlorhydrique donne, avec le chlorure de platine, un précipité renfermant à la fois de l'acide sulfurique, de l'acide chloroplatinique et de la caséine. Les combinaisons de caséine avec les acides acétique, iodhydrique, hyperchlorique, sulfocyanhydrique sont décomposées par l'eau; aussi peut-on précipiter la caséine pure par l'acide acétique. Le précipité lavé à l'eau, à l'alcool et à l'éther, redissous dans une lessive faible et précipité de nouveau par l'acide acétique, fournit, après lavage et dessiccation dans le vide, de la caséine pure que M. Milon et Commaille représentent par la formule $2C^{54}H^{87}Az^{14}O^{10}.5H^2O$.

Les 5 molécules d'eau sont éliminables à 150°. D'après les mêmes auteurs, la distinction ancienne entre la caséine insoluble et la caséine soluble ne dépendrait que de la proportion d'eau combinée; la caséine insoluble ne contiendrait que 3 molécules d'eau.

A. Volcker a trouvé pour la caséine précipitée par une solution saturée de sel marin, lavée à l'alcool et à l'éther, dissoute dans l'ammoniaque étendue, précipitée par l'acide acétique et lavée de nouveau à l'eau, à l'alcool et à l'éther : carbone, 53,43; hydrogène, 7,12; azote, 15,36; soufre, 1,11; phosphore, 0,74; cendres, 0,32; oxygène, 21,92.

La caséine et les albuminoïdes analogues se présentent après dessiccation sous forme de masses jaunâtres transparentes, hygroscopiques, insolubles dans l'eau qui les gonfle.

Une fois sèche, elle se dissout difficilement dans l'acide acétique et seulement dans les alcalis caustiques, tandis qu'à l'état de flocons hydratés, telle qu'on l'obtient par précipitation, elle se dissout très-facilement dans une eau légèrement alcaline, et la solution fournit les réactions de la caséine du lait. Ainsi, une semblable liqueur exempte de phosphate alcalin, ou n'en contenant que très-peu, précipite par l'acide acétique dès que la réaction devient sensiblement acide; elle précipite aussi par un courant d'acide carbonique, et la précipitation est d'autant plus complète que la solution est plus concentrée et moins riche en alcali. L'albuminate alcalin neutre de Lieberkühn est complétement précipité par CO^2, incomplétement seulement en présence d'un excès d'alcali. En présence des phosphates alcalins, les solutions d'albuminoïdes ou de caséine ne précipitent pas par l'acide carbonique; elles ne fournissent, même par l'ébullition, aucun précipité par l'acide acétique à une dose suffisante pour donner au liquide une réaction franchement acide; en forçant la dose d'acide acétique, on arrive à un point où le liquide commence à précipiter par l'acide carbonique à froid; enfin, pour peu que l'on dépasse cette limite, on détermine la séparation complète du produit albumineux. Les acides lactique et phosphorique normal se comportent comme l'acide acétique; c'est donc à la présence des phosphates dans le lait qu'il faut attribuer la non-coagulation de la caséine, alors que la liqueur a déjà pris une réaction sensiblement acide.

L'albuminoïde et la caséine séparée par neutralisation d'une solution alcaline se dissolvent facilement dans un excès d'acide acétique ou dans l'acide chlorhydrique très-étendu (4 centimètres cubes par litre d'eau). Les solutions acides précipitent par les alcalis ou par un excès d'acide minéral.

Un excès de sulfate de magnésie ou de chlorure de calcium ajouté au lait ou à une solution d'albuminoïdate alcalin précipite la caséine, qui se redissout facilement dans l'eau pure. A chaud, la précipitation se fait avec moins de sel. L'albuminoïdate alcalin neutre ou faiblement alcalin précipite à froid par l'alcool, le précipité se redissout dans l'alcool chaud.

On sait que la caséine dissoute du lait est rapidement coagulée par la muqueuse du quatrième estomac (caillette) des jeunes veaux, ou plutôt par le ferment soluble (présure) qui s'y développe. Ce phénomène doit être attribué à la production d'acide lactique aux dépens du sucre de lait.

On peut en effet le reproduire artificiellement en ajoutant un peu de présure et de sucre de lait à une solution d'albuminoïdate alcalin.

Cependant, d'après Selmi et Heintz, la présure de veau opère la coagulation au sein d'un liquide maintenu alcalin par addition de carbonate de soude, pourvu que l'on opère à 50°.

Une solution de caséine dans l'acide acétique, soumise à la dialyse, fournit un liquide coagulable par la chaleur et comparable par ses caractères à la solution de même ordre obtenue avec l'albuminoïde dérivé du blanc d'œuf (Schutzenberger, *Compt. rend.*, t. LVIII, p. 86].

D'après Blondeau [*Ann. de Chim. et de Phys.*, (4), t. I, p. 208], la caséine dans le fromage de Roquefort se transforme sous l'influence d'un micoderme en une graisse analogue au beurre; ce fait a été contesté; ainsi, d'après Brassier [*Ann. de Chim. et de Phys.*, (4), t. V, p. 270], la graisse disparaît, loin d'augmenter, dans le fromage et il se forme des quantités croissantes de caséine.

Gorup-Besanez a reconnu qu'une solution de caséine soumise à l'action de l'ozone se change en un liquide coagulable par la chaleur et non précipitable par l'acide acétique. Par une action prolongée de l'ozone, on finit par obtenir des produits tout à fait semblables à ceux que donne l'albumine [*Ann. der Chem. u. Pharm.*, t. CX, p. 86-107].

Sullivan [*Philos. Mag.*, (4), t. XVIII, p. 203]

ayant abandonné à lui-même un flacon rempli de lait, a vu se former un coagulum qui s'est redissous au bout de 4 ans; la caséine semblait s'être tranformée en un produit semblable à l'albumine.

D'après Gunning [*Journ. für prakt. Chem.*, t. LXVII, p. 52], il se forme, pendant la putréfaction de la fibrine, une substance analogue à la caséine.

Le liquide neutralisé par l'acide acétique, filtré et additionné d'un excès d'acide acétique, donne un précipité plus ou moins abondant, soluble dans un excès de réactif. Cette caséine n'est pas précipitée à chaud par le chlorure de calcium ou le sulfate de magnésie, et ne donne pas de pellicules par l'evaporation.

Nous résumons comme il suit les propriétés de la caséine et des albuminoïdes.

Insoluble, ou à peu près, dans l'eau, susceptible de s'unir aux bases et aux acides.

Les combinaisons avec les alcalis sont neutres aux réactifs, solubles dans l'eau et l'alcool; elles précipitent par la plupart des sels métalliques (bichlorure de mercure, précipité soluble dans l'acide acétique et l'alcool; acétate et sous-acétate de plomb, alun, protonitrate de mercure, sulfate de cuivre). Ces précipités renferment la caséine unie aux oxydes métalliques correspondants. Les combinaisons avec les terres alcalines et les terres sont également insolubles. Les solutions d'albuminoïdates alcalins précipitent ou coagulent, par l'action d'une petite quantité d'acides acétique, lactique, phosphorique normal; le précipité est soluble dans un excès de réactif et dans l'acide chlorhydrique très-étendu. Elles précipitent à froid par un excès de sulfate de magnésie ou de chlorure de calcium, et à chaud par une proportion beaucoup moindre, par l'acide carbonique en l'absence d'un phosphate alcalin, par le tannin et la noix de galle. Les carbonates, phosphates alcalins dissolvent la caséine fraîche. La solution acétique est précipitée par le ferrocyanure de potassium, le chromate et l'iodate de potasse.

La caséine ne se dissout pas dans les sels alcalins à réaction neutre.

État naturel. — La caséine se trouve principalement dans le lait des mammifères dans la proportion de 3 à 17 °/₀. Suivant Milon et Commaille, elle s'y rencontre sous deux états, à l'état insoluble et en suspension, et à l'état soluble.

Pour isoler ces deux formes, on étend le lait frais de 4 volumes d'eau et on filtre pour séparer la crème. Celle-ci, traitée par l'alcool, l'éther et le sulfure de carbone, laisse la caséine insoluble sous forme d'une masse farineuse analogue à la caséine extraite par précipitation acétique du lait filtré. Elle contient 14,87 °/₀ d'azote, tandis que la seconde en fournit 17,18 °/₀. Cette caséine insoluble est une combinaison de caséine avec un ou plusieurs acides organiques.

On a signalé, mais avec moins de certitude, la présence de la caséine dans le sang (sérum), surtout dans le sang des femmes enceintes et dans celui du placenta; dans le liquide musculaire interstitiel, dans le suc du thymus, des tissus cellulaires élastiques et dans l'allantoïde; enfin, dans le jaune d'œuf.

Caséine végétale ou légumine. — On trouve dans les pois, les haricots, les lentilles et en général dans les semences de légumineuses, ainsi que dans les amandes, un principe découvert par Einhof, étudié par Proust, Vogel, Boulay, Liebig, Dumas et Cahours, et qui offre avec la caséine les plus grandes analogies de composition et de propriétés.

Cependant Dumas et Cahours, y ayant trouvé moins d'azote et plus de carbone que dans la caséine, l'ont considéré comme un principe spécial. Les pois ou les amandes broyés sont macérés dans l'eau tiède. Au bout d'une ou deux heures, on exprime sur une toile et on filtre sur du papier. Le liquide clair est précipité par l'acide acétique qu'il ne faut pas ajouter en excès, autrement le dépôt se redissoudrait. On filtre, on lave à l'eau, puis à l'alcool et l'éther. Le produit ainsi obtenu peut être purifié par une dissolution dans la potasse caustique et une précipitation par l'acide acétique.

Suivant Dumas, la solution aqueuse de légumine se coagule par la chaleur; suivant Liebig, elle ne se coagule pas. Pour le reste des propriétés, nous n'avons qu'à renvoyer à ce qui a été dit de la caséine.

Maschke [*Journ. für prakt. Chem.*, t. LXXIV, p. 436] a obtenu une combinaison cristallisée de caséine avec un acide encore indéterminé; elle peut se préparer avec toutes les semences contenant des vésicules à caséine et avec l'aleuron. P. S.

CASSINE. — Principe amer, soluble dans l'eau et dans l'alcool, extrait par M. Caventou du *Cassia fistula* [*Journ. de Pharm.*, t. XII, p. 340].

CASSITÉRITE (Min.) [Syn. *Étain oxydé, Zinnstein, W.*] — Bioxyde d'étain, SnO^2. Se trouve en cristaux ou en masses amorphes, souvent concrétionnées (étain de bois), dans des filons anciens, accompagné de fluorine, d'apatite, de topaze, de mispickel, de wolfram, etc., ou dans des alluvions provenant de la désagrégation de ces filons. Les cristaux ont l'éclat adamantin; ils sont transparents, translucides ou opaques et varient de couleur, du noir au brun clair.

Caractères. — Inattaquable aux acides. Au chalumeau, facilement réduit sur le charbon, avec addition de soude, en donnant des globules d'étain. Infusible.

Dureté, 6 à 7. Poussière blanche ou gris brunâtre. Densité, 6,96.

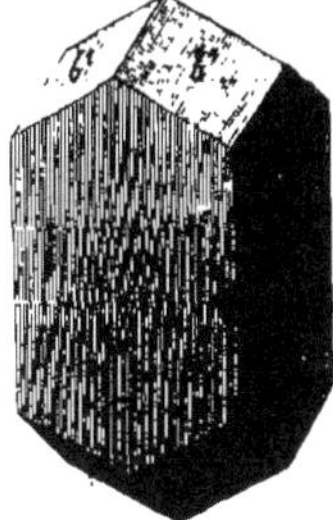

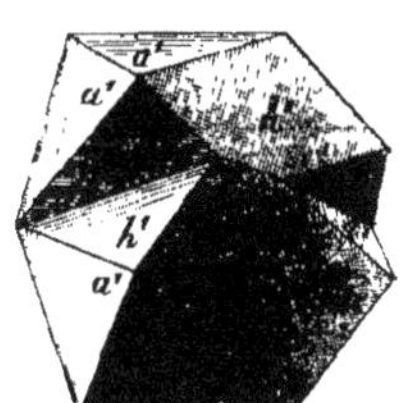

Fig. 110. — Cassitérite.

Forme cristalline. — Prisme quadratique, avec les modifications h^1, h^2, b^1, a^1, etc.

Clivages, m et h^1 à peine distincts. Les macles sont très-fréquentes et forment ce qu'on appelle le bec de l'étain. F. et S.

CASSITÉROTANTALITE (Min.). — Variété de tantalite, mélangée d'une assez forte proportion de cassitérite, de Finbo.

CASSIUS (POURPRE DE). — Voyez OR.

CASTELNAUDITE (Min.). — Phosphate d'yttria hydraté (?).

Petits cristaux imparfaits et grains irréguliers d'un gris jaunâtre, clivables dans deux directions rectangulaires; trouvés dans les sables diamantifères de Bahia (Brésil).

Éclat gras assez vif. Rayé par la pointe d'acier.

Caractères. — Soluble à chaud dans l'acide sulfurique concentré. Infusible au chalumeau.

CASTINE. — Substance basique cristallisable, extraite du gattilier (*Vitex agnus castus*). Amère, insoluble dans l'eau, soluble dans l'alcool, l'éthe et les acides; son chlorhydrate cristallise [Landerer, *Buchner's Rep.*, livr. 90].

CASTOR (Min.). — Variété cristallisée incolore et transparente de pétalite, trouvée à l'Ile d'Elbe avec le pollux.

CASTOREUM. — Produit animal contenu dans deux vésicules formant partie constituante de l'appareil génital du castor (*Castor fiber* et *americanus*). On distingue le castoreum de Russie et celui d'Amérique. A l'état frais, il est onctueux et mou; par la dessiccation, il devient dur et cassant. Couleur brun foncé presque noir. Odeur forte et caractéristique; saveur amère spéciale, irritant le gosier. On l'emploie en médecine comme antispasmodique.

Voici, d'après Brandes, la composition du castoreum de Russie et du Canada :

	Russie.	Canada.
Huile volatile	1,00	2,00
Résine	13,85	58,60
Cholestérine	»	1,20
Castorine	0,33	2,50
Albumine	0,05	1,60
Substance glutineuse	2,30	2,00
Extrait soluble dans l'eau et l'alcool	0,20	2,40
Carbonate d'ammoniaque	0,82	0,80
Phosphate de chaux	1,44	1,40
Carbonate de chaux	33,60	2,60
Sulfates de potasse, de chaux et de magnésie	0,20	»
Matière gélatineuse soluble dans la potasse	2,30	8,40
Idem dans l'alcool	»	1,60
Membranes	20,03	3,30
Eau	22,33	11,70

En distillant le castoreum du Canada avec de l'eau, Wœhler a obtenu de l'acide phénique, de l'acide benzoïque et de la salicine. Il y a soupçonné l'existence de l'acide salicylique et de l'acide ellagique. D'après Lehmann, on peut y démontrer l'existence de produits biliaires, de l'acide sébacique et de l'acide urique.

Comme matières minérales, il contient principalement des chlorures de sodium et d'ammonium, des phosphates alcalins et alcalino-terreux. Le prépuce de l'homme et du cheval sécrètent une petite quantité d'une substance analogue au castoreum.

Analyse du castoreum d'après Lehmann :

	Castoreum allemand.	Castoreum de Russie.	Castoreum du Canada.
Extrait éthéré	7,4	2,5	8,2
Extrait alcoolique	67,7	64,3	41,3
Extrait aqueux	2,6	1,0	4,8
Extrait acétique	14,2	18,5	21,4
Résidu	5,7	9,4	18,4
Albuminoïdes	2,4	3,4	5,8

L'extrait éthéré renferme des graisses neutres, de la cholestérine, de la castorine. L'*huile de castoreum* obtenue par la distillation du produit avec l'eau est jaune pâle, visqueuse, peu soluble dans l'eau, soluble dans l'alcool, d'une saveur amère.

Le castoreum de Russie en contient 2 °/₀; celui du Canada 1 °/₀.

La *castorine* est une matière grasse spéciale au castoreum. Le castoreum est dissous à saturation dans 6 p. d'alcool; la liqueur abandonnée au refroidissement dépose des graisses normales, l'eau mère, soumise à l'évaporation spontanée, fournit la castorine cristallisée, que l'on purifie par plusieurs cristallisations. Valenciennes prescrit de faire bouillir le castoreum avec de la chaux éteinte et de l'eau, et de traiter le dépôt par l'alcool bouillant. La solution fournit la castorine par l'évaporation. Elle se présente sous forme de fines aiguilles transparentes à quatre faces. La castorine fond dans l'eau bouillante et se solidifie par le refroidissement en une masse translucide, dure et pulvérisable. Saveur faible, odeur de castoreum. Peu soluble dans l'alcool froid, soluble dans l'éther et dans les huiles essentielles chaudes. La castorine peut être entraînée par la vapeur d'eau. L'acide sulfurique étendu et bouillant, l'acide acétique cristallisable et les alcalis caustiques la dissolvent sans altération. Elle se dépose de ses solutions acides sous forme de feuillets brillants. D'après Brandes, la castorine s'unit à l'acide azotique et forme un composé spécial. Chauffée avec l'hydrate de potasse, elle ne fournit pas d'ammoniaque.

Les eaux mères de la castorine étant évaporées à sec et le résidu étant épuisé par l'eau et redissous dans l'alcool, on obtient par l'évaporation à siccité de cette seconde solution un produit résineux cassant, brun foncé et brillant, à peu près insoluble dans l'éther, soluble dans les alcalis et reprécipitable par les acides (résine de castoreum).

Valenciennes attribue les propriétés actives du castoreum aux huiles essentielles qu'il contient et non à la castorine [Valenciennes, *Répert. de Chim. appliquée,* 1861, p. 385]. P. S.

CATALYSE. — La chimie possède d'assez nombreux exemples de réactions qui ne s'effectuent, dans des circonstances données, qu'en présence de certains corps, sans que toutefois ceux-ci semblent éprouver de modification.

On dit alors que ces corps ont agi par leur contact ou *catalytiquement*, et l'on invoquait autrefois, pour expliquer leur action, une force particulière, la *force catalytique*. Il y avait mieux à faire que d'inventer une force unique et spéciale afin d'expliquer des faits de nature diverse et dont la cause est vraisemblablement rapportable aux divers agents physiques connus : c'était de les étudier plus scientifiquement et d'en grouper un assez grand nombre pour que la théorie sortît pour ainsi dire d'elle-même de leur comparaison.

Ainsi, qu'y a-t-il de commun entre l'action de la levûre de bière sur les jus sucrés, l'action du noir de platine sur un mélange d'hydrogène et d'oxygène, et celle du même corps sur l'eau oxygénée?

Ces trois phénomènes, qui furent tous trois confondus sous le nom de phénomènes catalytiques, s'expliquent aujourd'hui d'une façon simple et fort diversement. Chaque cellule de levûre de bière vit, la transformation du sucre est une action physiologique corrélative du développement de ces petits organismes (Pasteur).

La mousse de platine apporte dans l'eau oxygénée une gaîne gazeuse qui provoque, par diffusion, la séparation de l'oxygène dissous dans l'eau oxygénée et, par suite, la nouvelle décomposition d'une autre partie du bioxyde d'hydrogène, car celui-ci n'est stable qu'en présence d'une certaine quantité des produits de sa décomposition, en vertu d'un phénomène de dissociation bien manifeste. La preuve, c'est que l'air lui-même qu'on agite avec l'eau oxygénée agit comme la mousse de platine et que celle-ci, chauffée et plongée aussitôt dans l'eau, a perdu sa propriété catalytique (Gernez).

Enfin l'action de la mousse de platine sur un gaz ou un mélange gazeux consiste en un changement de la température à laquelle ce gaz est décomposé et où ce mélange se combine. En faisant passer sur de la mousse de platine chauffée, soit un mélange d'hydrogène et d'iode, soit de l'acide iodhydrique, on obtient un mélange gazeux identique, composé d'acide iodhydrique partiellement dissocié, à une température où sa dissociation serait loin d'être aussi avancée à la pression ordinaire (Hautefeuille). L'exercice de l'affinité est alors modifié par l'état de condensation que prennent les gaz à la surface du platine; l'hydrogène et l'iode gazeux ne se combinent pas directement, tandis que la température à laquelle ils s'unis sent est peu élevée en présence du noir de platine.

L'on n'invoque plus la force catalytique pour expliquer l'éthérification. La formation de l'acide sulfovinique a été mise hors de doute et la continuité de la réaction est évidemment provoquée par la continuité de l'élimination de l'éther, d'après une application des lois de Berthollet. Alvaro Reynoso a pu éthérifier l'alcool en quantités considérables à l'aide de l'iodure d'éthyle, et personne n'a vu dans cette action une manifestation de la force catalytique. Il se forme de l'éther et de l'acide iodhydrique. Celui-ci réagit sur l'alcool en donnant de l'iodure d'éthyle et de l'eau, de façon que, par une réaction réciproque, un état d'équilibre tend à s'établir entre les quantités de ces quatre corps qui sont en présence. MM. Friedel et Crafts ont vérifié l'exactitude de cette explication en employant l'iodure et l'alcool de deux radicaux différents; il se forme une certaine quantité d'éther mixte, comme dans l'expérience classique de Williamson.

L'action catalytique de la glycérine à chaud sur l'acide oxalique paraît présenter le type d'une autre série du phénomène. La température de décomposition de l'acide oxalique est fortement abaissée, et il semble que la *diffusion* de cet acide dans le liquide ait en partie remplacé l'élévation de température.

M. Brodie a signalé des cas intéressants de catalyse qu'il explique par deux réactions antagonistes et concomitantes. Par exemple, le peroxyde de sodium en excès oxyde la dissolution de sulfate manganeux; il se forme un précipité brun d'hydrate de peroxyde de manganèse. Opère-t-on avec quelques gouttes de sel manganeux, on obtient une liqueur brune, et le peroxyde alcalin se détruit en perdant son oxygène. D'autre part, le peroxyde de sodium en grand excès dissout et oxyde l'hydrate de peroxyde de manganèse en donnant la même solution brune, et, arrivée à ce point, la réaction est remplacée par la destruction du peroxyde alcalin avec dégagement d'oxygène. Enfin, la solution de permanganate est réduite par un excès de peroxyde alcalin et forme la même substance brune avec destruction de peroxyde.

On peut donc dire que cette substance brune, à laquelle on parvient par oxydation du bioxyde de manganèse ou par réduction du manganate, décompose le peroxyde alcalin par *sa présence*. En réalité, il subit de la part de celle-ci deux actions inverses; dans la première il se forme de l'alcali, et l'oxygène du peroxyde est fixé sur le composé de manganèse; dans la seconde, ce composé est reconstitué avec dégagement d'oxygène, et la réaction se renouvelle incessamment, car elle constitue un travail positif de l'affinité. G. S.

CATAPLÉITE (Min.). — Silicate hydraté de zircone, de soude et de chaux renfermant un peu d'alumine et d'oxyde ferreux. Les rapports de l'oxygène dans la silice, la zircone, les bases à un atome d'oxygène et l'eau sont = 6 : 2 : 1 : 2.

Cristaux en tables minces, d'un brun jaunâtre pâle, translucides sur les bords, d'un éclat vitreux; accompagne la leucophane, le zircon, la mosandrite, etc., dans la syénite de Brewig (Norvége).

Caractères. — Soluble en gelée dans l'acide chlorhydrique. Au chalumeau, facilement fusible en un émail blanc.

CATÉCHINE, ACIDE CATÉCHIQUE. — Voyez Cachou.

CATHARTINE. — Lassaigne et Feneulle ont onné le nom de cathartine à une masse d'un brun aunâtre, incristallisable, d'une saveur amère, non azotée, qu'ils regardent comme le principe purgatif du séné (feuilles et fruits d'arbrisseaux du genre Cassia, de la famille des Légumineuses) [*Ann. de Chim. et de Phys.*, t. XVI, p. 18; et *Journ. de Pharm.*, t. X, p. 559]. La cytisine, extraite par Chevalier et Lassaigne des fruits du cytise faux-ébénier, présente les caractères de la cathartine de séné [*Journ. de Pharm.*, t. IV, p. 340].

Suivant Dragendorf et Kubly, le principe actif du séné est un acide incristallisable, l'*acide cathartique*, en partie libre, en partie à l'état de sel de magnésie et de chaux. La solution alcoolique de cet acide se dédouble par une courte ébullition avec l'acide chlorhydrique en sucre et *acide cathartogénique*, poudre d'un jaune sale. Les auteurs représentent cet acide par la formule (en équivalents) $C^{180}H^{96}Az^{2}O^{82}S$ (?). Ils ont trouvé aussi dans le séné un acide ressemblant à l'acide chrysophanique, et une substance sucrée, cristallisable, non fermentescible, déviant le plan de polarisation à droite, et qu'ils ont nommée *cathartomannite*. Ils lui attribuent la composition (en équivalents) $C^{42}H^{44}O^{38}$ [*Zeitsch. für Chem.*, nouv. sér., t. II, p. 411; et *Bull. de la Soc. chim.*, 1867, t. VII, p. 356]. E. G.

CATLINITE (Min.). — Argile dure ressemblant souvent à la sanguine, et se trouvant en couches étendues, dans le pays des Sioux; sert à la fabrication des pipes.

CAVOLINITE. — Voyez Néphéline.

CÈDRE (ESSENCE DE) [Walter, *Ann. de Chim. et de Phys.*, (3), t. I, p. 498, et t. VIII, p. 354]. — L'essence de cèdre est fournie par le bois de cèdre de Virginie, *Juniperus Virginiana*. Elle se présente dans le commerce comme une masse cristalline molle, blanche ou légèrement colorée en jaune par la matière colorante du bois. Elle se compose de deux principes : l'un liquide hydrocarboné, le *cédrène*, l'autre oxygéné et solide.

Pour isoler la partie concrète, on soumet l'essence à la distillation, et on recueille ce qui passe jusqu'à 300°, le thermomètre étant placé dans la masse bouillante. Le produit de la distillation, composé d'une matière solide et d'une partie liquide, est exprimé dans un linge. On reprend la partie solide par l'alcool, et on la purifie par cristallisation dans ce dissolvant.

L'essence de cèdre concrète est en beaux cristaux, d'un éclat remarquable, d'une odeur aromatique, d'une saveur peu prononcée. Elle fond à 74°, et distille sans altération à 282°. Sa densité de vapeur est de 8,4. Elle se dissout très-peu dans l'eau, et très-facilement dans l'alcool, d'où elle se précipite en aiguilles cristallines d'un éclat brillant et soyeux.

Le perchlorure de phosphore l'attaque en fournissant un composé qui n'a pas été analysé. Avec l'acide sulfurique se forme non un acide sulfoconjugué, mais une huile fluide, ambrée. L'anhydride phosphorique transforme l'essence de cèdre concrète en cédrène.

Walter avait représenté ce corps par la formule $C^{16}H^{28}O$. Gerhardt préfère la formule $C^{15}H^{26}O$.

Le *cédrène* est la partie liquide de l'essence de cèdre; on le sépare des portions solides qu'il renferme par des distillations fractionnées et par quelques rectifications sur du potassium. On l'obtient également en traitant l'essence concrète par l'anhydride phosphorique, et rectifiant plusieurs fois le produit sur ce corps ou sur du potassium.

Le cédrène bout à 237°. Sa densité est de 0,984 à 14°,5, sa densité de vapeur est égale à 7,9. Il renferme $C^{16}H^{26}$ suivant Walter, $C^{15}H^{24}$ suivant Gerhardt.

D'après Bertagnini, l'essence de cèdre se combine aux bisulfites alcalins.

Voulant reprendre les expériences de Walter, je n'ai pu me procurer dans le commerce que de l'essence de cèdre liquide. Celle-ci, soumise à la distillation fractionnée, présente les points d'ébullition indiqués par Walter, mais aucune portion ne se solidifie, ni ne se combine aux bisulfites alcalins. E. G.

CÉDRÈNE. — Voyez Cèdre (essence de).

CÉDRINE. — Substance cristallisable retirée par M. Lévy des fruits du *Cinnaba cedron* (Planchon).

CÉLADONITE (Min.). — Matière terreuse verte, provenant de la décomposition du pyroxène.

CÉLESTINE (Min.) [Syn. *Strontiane sulfatée, H.*]. — Sulfate de strontium, SO^4Sr. Cristaux prismatiques transparents et vitreux, masses cristallines ou fibreuses, blanches, bleuâtres ou rougeâtres, associés fréquemment au soufre, au gypse et au sel gemme. Se rencontre également dans les silex de la craie, en rognons dans l'argile plastique, etc.

Caractères. — Inattaquable aux acides. Au chalumeau, devient opaque et décrépite. Sur le charbon, fond et se réduit en sulfure de strontium; humectée d'acide chlorhydrique, la fritte colore la flamme du chalumeau en pourpre.

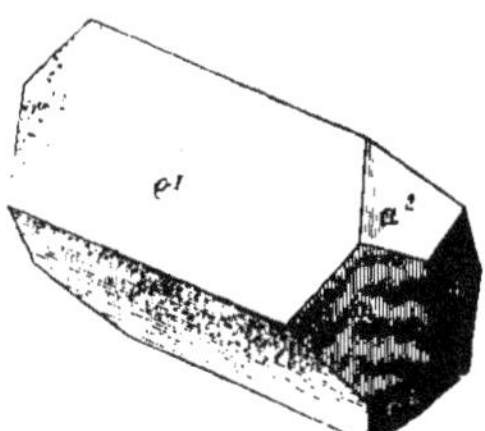

Fig. 111. — Célestine.

Dureté, 3 à 3,5. Poussière blanche. Densité, 3,96.

Forme cristalline. — Prisme orthorhombique (mm) de 103°58'. me^1 = 118°52', pa^2 = 140°35'. Clivages : p parfait, m distincts, g^1 moins net.

F. et S.

CELLULIQUE (ACIDE). — Fremy donne le nom d'acide cellulique [*Compt. rend.*, t. XLVIII, p. 202] à une substance qui se forme d'une manière constante par l'action des acides ou des alcalis sur les parois des cellules des fruits ou des racines. Il est soluble dans l'eau, fixe et réduit les sels d'or et d'argent.

CELLULOSE. — Les cellules, les fibres et les vaisseaux que l'anatomie fine nous apprend constituer tout l'organisme végétal, ont leurs parois formées par plusieurs substances séparables par des dissolvants appropriés. L'une d'elles, la plus importante, la plus constante et la mieux définie, a reçu le nom de cellulose. Ce même principe immédiat se retrouve comme partie constituante de l'enveloppe et des muscles des animaux appartenant aux derniers degrés de l'échelle zoologique. La forme, la consistance, l'état d'agrégation de la cellulose varient avec l'organe qui la fournit et la maturité plus ou moins avancée de cet organe. Depuis la cellulose dure et compacte des noyaux de cerise et de prune, jusqu'à la cellulose en voie de formation et d'organisation des jeunes pousses des bourgeons, il y a toute une série de nuances qui échappent à l'énumération. Un type de cellulose presque pure nous est offert par le duvet qui enveloppe les semences du cotonnier, par la moelle ou tissu cellulaire interne du sureau et de certains joncs. C'est à ces dernières productions que le chimiste a recours dans ses expériences sur la cellulose. La cellulose pure est blanche, sans odeur ni saveur. Densité, 1,525. La chaleur la décompose avant la fusion. L'eau, l'alcool, l'éther, la benzine et en général tous les dissolvants neutres sont sans aucune action sur elle.

Jusqu'à présent on ne connaît qu'un seul réactif susceptible de la gonfler et de la dissoudre et permettant de la reprécipiter intacte dans ses propriétés chimiques et physiques essentielles, mais évidemment privée de cette forme organisée qu'elle offre partout dans la plante. La découverte de ce réactif est due à Schweizer [*Dingler's polytechn. Journ.*, t. CXLVI, p. 361]. Ce chimiste a reconnu que la cellulose se gonfle, se désagrége et se dissout dans une solution d'oxyde de cuivre ammoniacal. Schweizer prépare son réactif en dissolvant dans l'ammoniaque caustique concentrée de l'hyposulfate ou du sulfate basique de cuivre. D'après M. Peligot, on obtient également un bon dissolvant en agitant pendant assez longtemps de la tournure de cuivre avec de l'ammoniaque caustique au contact de l'air. Le liquide ne commence à attaquer la cellulose que lorsqu'il contient une dose suffisante d'oxyde de cuivre ammoniacal. En étendant de beaucoup d'eau une solution de cellulose, elle précipite spontanément. Ces solutions sont précipitées par l'alcool, mais non par l'éther ou le chloroforme. La présence de sels étrangers diminue et annule le pouvoir dissolvant de l'oxyde de cuivre ammoniacal. Ainsi les solutions concentrées de sels alcalins précipitent immédiatement une solution claire de cellulose. Il en est de même du miel, de l'eau de gomme et de la dextrine [Schlossberger, *Ann. de Chim. et de Phys.*, t. CVII, p. 23]. D'après Fremy [*Compt. rend. de l'Acad.*, t. XLVIII, p. 202], les cellules qui forment la moelle de certains arbres et le tissu spongieux des champignons ne sont pas attaquées par le réactif cuprammonique. D'après cela, Fremy est porté à admettre l'existence de plusieurs celluloses. Il nomme paracellulose la cellulose qui ne se dissout dans le réactif de Schweizer qu'après un traitement chimique; vasculose la matière des vaisseaux insolubles dans les acides concentrés et dans les réactifs. D'après Payen [*Compt. rend. de l'Acad. des sciences*, t. XLVIII, p. 210], les différences de solubilité observées par M. Fremy sont dues à des différences de cohésion ou à la présence de matières étrangères qui l'imprègnent.

Quoi qu'il en soit, le réactif de Schweizer est appelé à rendre des services dans l'analyse immédiate des végétaux, si l'on sait se mettre en garde contre les causes d'erreur que présente son emploi, et qui résultent : 1° de ce que la cellulose peut ne pas se dissoudre sous diverses influences (trop grande cohésion, présence de matières étrangères); 2° de ce que la cellulose n'est pas le seul corps capable de subir l'action dissolvante de ce réactif. D'après Mulder E. [*Scheik. Onderz., III deel, tweede steck, Onderz.* 145], la solution cuprammonique de cellulose donne, par l'acétate de plomb, un précipité renfermant de la cellulose unie à l'oxyde de plomb en proportions variables; la potasse, la soude, la chaux, la baryte, fournissent également des précipités lorsqu'on les mélange à une solution de cellulose dans le réactif de Schweizer. Ces précipités sont bleus, gélatineux. Mulder représente le composé de cellulose et d'oxyde de cuivre ammoniacal par la formule

$$2(C^6H^{10}O^5)Cu''(AzH^4)^2O.$$

Les précipités bleus obtenus avec la potasse, la soude, la baryte, seraient représentés par les formules $2C^6H^{10}O^5Cu''K^2O$, $2C^6H^{10}O^5Cu''Na^2O$, $2C^6H^{10}O^5CuBa''O$. Avec l'oxyde de plomb on aurait $C^6H^{10}O^5Pb''O$. Le zinc, ajouté à une solution de cellulose dans l'oxyde de cuivre ammoniacal, précipite du cuivre et donne un liquide incolore qui possède des caractères analogues à ceux du liquide primitif. Cette dernière solution est inactive sur la lumière polarisée.

Action des oxydes métalliques sur la cellulose. — Les alcalis caustiques et carbonatés, en solutions étendues ou moyennement concentrées, sont sans action sensible, même à chaud, sur la cellulose.

D'après les observations de M. E. Schwartz, un

tissu de coton, bouilli en lait de chaux, s'affaiblit sensiblement s'il n'est pas en même temps préservé complétement du contact de l'air [*Bull. de la Soc. ind. de Mulhouse*, t. XXVIII, p. 375]. Ces observations ont une valeur pratique dans le blanchiment. Le même affaiblissement s'observe lorsque les fibres sont en contact avec des substances qui s'oxydent lentement à l'air.

Les alcalis caustiques concentrés gonflent la cellulose à froid et à chaud et ne la désagrégent que lentement et d'une manière superficielle, surtout si elle est compacte. Les tissus préparés avec les fibres végétales éprouvent, sous l'influence des alcalis caustiques concentrés, une modification physique très-remarquable et digne d'intérêt au point de vue pratique. Ils deviennent très-rapidement plus denses, plus serrés, et leurs dimensions superficielles sont diminuées à peu près dans le rapport de 120 : 80. Ces tissus acquièrent encore par là le pouvoir de se teindre en nuances beaucoup plus foncées qu'avant le traitement. L'observation de ce fait, due à M. Persoz, a reçu des applications importantes entre les mains de J. Mercer.

La cellulose, chauffée à 190° avec de l'hydrate de potasse, se modifie moléculairement; la masse, traitée par l'eau et neutralisée par un acide, donne un produit soluble à froid dans les liqueurs alcalines, et qui, comme la cellulose, se laisse transformer en sucre [Pelouze, *Compt. rend. de l'Acad. des sciences*, t. XLVIII, p. 210]. A une température plus élevée, il se dégage de l'hydrogène, avec production d'esprit de bois. Le résidu contient du formiate, de l'acétate et du carbonate de potassium. En chauffant à 200° du papier suédois pur avec de l'hydrate de potasse, Mulders a observé la formation d'un peu de glucose. Suivant Gladstone, la cellulose est susceptible de s'unir à la potasse caustique pour former une combinaison que l'eau détruit immédiatement, mais qui résiste à l'action de l'alcool absolu. Le papier à filtrer se gonfle dans l'acétate basique de plomb, en donnant un composé de formule

$$2(C^{24}H^{42}O^{21})\,3\,Pb''O$$

[Vogel jeune, *Berichte der Münch. Acad.*, 1858, p. 151].

ACTION DES ACIDES SUR LA CELLULOSE. — *Acide sulfurique*. — Sous l'influence de l'acide sulfurique concentré, la cellulose organisée éprouve plusieurs modifications intéressantes que l'on étudie le mieux en faisant usage de papier à filtre blanc dit *papier Berzelius*.

Ce papier, plongé une demi-minute seulement dans l'acide sulfurique concentré ou dans un mélange de 2 volumes d'acide à 66° Baumé et de 1 volume d'eau, lavé ensuite à l'eau froide, puis à l'ammoniaque étendue et enfin à l'eau, prend l'aspect et la consistance du parchemin; de là le nom de parchemin végétal donné à ce produit devenu industriel et obtenu pour la première fois par Poumarède et Figuier [*Compt. rend. de l'Acad. des sciences*, 1846, t. XXIII, p. 918]. Le papier parchemin a été étudié à un point de vue industriel par Gaine, Barlow et Hoffmann [Gaine, patente de 1857; — Hoffmann, *Pharm. Journ. Trans.*, t. XXIII, p. 273].

Le papier parchemin a l'aspect, la couleur, la translucidité du parchemin animal. Il est comme lui tantôt corné, tantôt fibreux et très-cohérent; on peut le plier plusieurs fois en sens inverse sans le briser. Sa résistance à la rupture est cinq fois plus forte que celle du papier et les 2/3 de celle du parchemin animal. Il est très-hygrométrique et gagne en souplesse et en ténacité par l'absorption d'humidité. Plongé dans l'eau, il devient mou et gras au toucher. L'eau ne filtre pas à travers le parchemin végétal, mais elle transsude par endosmose.

Les chimistes tirent un parti avantageux de cette préparation dans leurs expériences de dialyse. Industriellement, ce papier rend de grands services comme membrane osmotique dans la purification des liquides sucrés et l'élimination des sels (Dubrunfaut). Sa grande résistance et son imputrescibilité le rendent apte à une foule d'usages variés.

Dans sa formation, le papier parchemin garde la composition de la cellulose et ne retient pas d'acide sulfurique.

En immergeant le papier à filtrer un peu plus longtemps dans l'acide sulfurique concentré, on peut observer une désagrégation plus profonde et la transformation partielle de la cellulose en matière amylacée. Toujours est-il que le produit lavé à l'eau a acquis la propriété de bleuir par la solution d'acide, propriété qu'il ne possédait pas au début; enfin l'acide sulfurique concentré et froid, par un contact plus prolongé, finit par dissoudre complétement la cellulose sans se colorer sensiblement. Le liquide étendu d'eau ne se trouble pas, et si l'on enlève l'acide sulfurique par du carbonate de chaux ou de baryte, il retient de la dextrine.

L'acide phosphorique en solution concentrée agit comme l'acide sulfurique.

Chauffés avec des acides minéraux moyennement étendus, les tissus végétaux, composés de cellulose, se convertissent en une bouillie qui ne se dissout pas sensiblement dans l'eau et qui présente encore la composition de la cellulose. Ce genre de désagrégation, suivant qu'elle est poussée plus ou moins loin, peut s'arrêter à un simple affaiblissement de la fibre ou aller jusqu'à une destruction complète. Il résulte, en outre, des expériences de M. C. Calvert que, contrairement à l'opinion généralement admise, les acides organiques, et surtout l'acide oxalique, exercent une action destructive sur les fibres végétales, action qui, dans quelques cas, est presque aussi forte que celle des acides minéraux étendus [*Bull. Soc. ind. de Mulhouse*, t. XXIX, p. 208]. Ainsi, des écheveaux de fil trempés dans une solution à 4 % d'acide oxalique, puis soumis à l'influence de la vapeur d'eau pendant une ou deux heures, tombent en miettes.

On utilise l'action désagrégeante des acides minéraux pour enlever les fils de coton aux vieux tissus chaîne-coton et retrouver la laine.

En dehors de ces actions, qui reposent surtout sur des transformations moléculaires, la cellulose se comporte nettement vis-à-vis de certains acides monobasiques (azotique, acétique) comme un alcool polyatomique. La nature des composés connus jusqu'à présent conduit à fixer à 3 le degré d'atomicité de l'alcool cellulosique, pour la formule $C^6H^{10}O^5$, qui devra s'écrire :

$$\left.\begin{matrix}(C^6H^7O^2)'''\\ H^3\end{matrix}\right\}O^3.$$

Les premiers éthers de la cellulose ont été obtenus avec l'acide nitrique.

Celluloses nitriques, fulmi-coton, poudre-coton. — Selon Braconnot, les matières cellulosiques, traitées à chaud par l'acide azotique concentré, s'y dissolvent et donnent une liqueur dans laquelle l'eau précipite une matière identique avec la xyloïdine ou amidon nitré. Dès 1838, Pelouze a montré que ces mêmes substances (coton, chanvre, lin, papier), immergées durant quelques minutes dans l'acide nitrique fumant et froid, acquièrent, sans changer sensiblement d'aspect physique, une excessive combustibilité. Le produit de M. Pelouze, confondu longtemps avec la xyloïdine de Braconnot, a peu fixé au début l'attention des savants.

En 1846, Schönbein annonça la découverte

d'une nouvelle poudre (poudre-coton), préparée avec le coton simplement nettoyé, possédant des effets balistiques remarquables et susceptibles de rivaliser avec avantage avec ceux de la poudre ordinaire; le chimiste de Bâle ne publia point le secret de son procédé, mais il fut bien vite reconnu que la poudre-coton de Schönbein n'était autre chose que du coton trempé à froid dans l'acide nitrique fumant, et l'on démontra en même temps que le nouveau produit différait par sa composition et ses propriétés de l'ancienne xyloïdine. On lui donna les noms de *pyroxyline* ou de *pyroxyle*. Un grand nombre de procédés ont été successivement et en très-peu de temps publiés pour l'obtention de la pyroxyline [Böttger et Otto, *Journ. fur prakt. Chem.*, t. XI, p. 193; — Knop, *Compt. rend. de l'Acad. des sciences*, t. XXIII, p. 808; — Schönbein, etc.]. Ils reviennent tous à immerger le coton à froid ou à une douce température, soit dans l'acide nitrique fumant, soit dans des mélanges d'acide nitrique fumant, d'acide sulfurique et d'eau, ou de salpêtre et d'acide sulfurique. L'emploi de l'acide sulfurique, proposé par Knop et Schönbein, est avantageux en pratique, mais il ne modifie pas le sens de la réaction.

Une certaine incertitude a d'abord régné sur la composition du pyroxyle; elle tenait en grande partie à ce qu'en variant les conditions on arrive à produire plusieurs composés distincts par leur composition et leurs propriétés. Ces produits variés ont du reste une constitution analogue, et peuvent souvent se former simultanément. Nous appellerons d'une manière générale pyroxyline le produit de l'action de l'acide azotique concentré et froid sur la cellulose ou le coton cardé.

La pyroxyline a d'abord été envisagée comme un composé nitré analogue à la nitrobenzine ou à la nitronaphtaline. Une étude plus approfondie des réactions des pyroxylines a conduit à les faire considérer comme des éthers nitriques de la cellulose fonctionnant comme alcool. Le sens de la réaction peut être représenté d'une manière générale par l'équation

$$C^6H^{10}O^5 + m\left(\left.\begin{matrix}AzO^2\\H\end{matrix}\right\}O\right)$$

$$= C^6H^{10-m}(AzO^2)^mO^5 + m\left(\left.\begin{matrix}H\\H\end{matrix}\right\}O\right).$$

Le degré de substitution dépend du mode de préparation et des conditions de l'expérience, et rend nettement compte des différences observées entre les diverses pyroxylines.

Béchamp admet l'existence de trois composés définis, et représente leur composition par les formules $C^{12}H^{17}(AzO^2)^3O^{10}$, $C^{12}H^{16}(AzO^2)^4O^{10}$, $C^{12}H^{15}(AzO^2)^5O^{10}$ [*Ann. de Chim. et de Phys.*, (3), t. XXXVII, p. 207; t. XLVI, p. 338]. D'après Blondeau, on aurait d'abord le coton diazotique

$$C^6H^8(AzO^2)^2O^5 + H^2O,$$

qui se change, au sein du liquide acide, en xyloïdine soluble en fixant de l'eau :

$$C^{16}H^8(AzO^2)^2O^5 + 5H^2O$$

[*Compt. rend. de l'Acad. des sciences*, t. LVIII, p. 1011]. Par une action plus prolongée de l'acide nitrique fumant, on arrive au terme ultime de nitrification, à la cellulose trinitrée

$$C^6H^7(AzO^2)^3O^5 + 6H^2O.$$

Hadow [*Chem. Soc. quart. Journ.*, t. VII, p. 201] distingue les trois pyroxylines suivantes :

1° $C^6H^7(AzO^2)^3O^5$ ou $C^{18}H^{21}(AzO^2)^9O^{15}$, cellulose trinitrique ou trinitro-cellulose. Se forme en immergeant plusieurs fois le coton cardé dans des mélanges composés de 2 molécules d'acide azotique fumant (AzO^3H), de 2 molécules d'acide sulfurique à 66° Baumé (SO^4H^2) et de 3 molécules d'eau. Ce produit ne se dissout pas dans un mélange d'alcool et d'éther; il est soluble dans l'acétate d'éthyle.

2° $C^{18}H^{22}(AzO^2)^8O^{15}$ prend naissance lorsque le mélange précédent contient une demi-molécule d'eau de plus. Il est soluble dans un mélange d'alcool et d'éther, insoluble dans l'acide acétique cristallisable.

3° $C^{18}H^{23}(AzO^2)^7O^{15}$ (xyloïdine de Gladstone). Se forme si le premier mélange renferme 1 molécule d'eau de plus. Il est soluble dans l'éther et dans l'acide acétique cristallisable. Dans la fabrication du coton-poudre pour les mines ou les armes, il y a avantage à atteindre la limite de nitrification et à produire la cellulose trinitrée : s'il s'agit au contraire de fabriquer un produit apte à la préparation du collodion, il convient de s'arrêter au premier ou au second degré.

Béchamp a montré que les celluloses nitriques, sous l'influence des agents réducteurs, se transforment en cellulose primitive. Ainsi, en faisant bouillir le coton-poudre avec de l'eau chargée de protochlorure de fer ou d'acétate de fer, il se dégage du bioxyde d'azote en même temps qu'il se précipite du peroxyde de fer hydraté, et la cellulose se trouve régénérée. Une solution de fulmicoton dans l'esprit de bois, saturée d'ammoniaque, puis d'hydrogène sulfuré, donne lieu à un dépôt gélatineux de cellulose, mêlée à du soufre.

En contact avec le mercure et l'acide sulfurique, le coton-poudre dégage tout son azote sous forme de bioxyde.

Suivant Blondeau, la cellulose est modifiée moléculairement dans le coton-poudre, et le produit que l'on en extrait par les réducteurs, et notamment par le sulfhydrate d'ammoniaque, n'a plus les propriétés de la cellulose [*Ann. de Chim. et de Phys.*, (3), t. LXVIII, p. 462]. Ainsi il se décompose à 140° comme le coton-poudre, il se dissout dans un mélange d'alcool et d'éther et dans l'éther acétique; l'acide acétique le convertit en une masse gélatineuse. Blondeau donne le nom de *fulminose* à cette modification, qui se produirait également par l'action seule de la chaleur sur le coton ou la cellulose. Ainsi, en plaçant du coton entre deux briques chaudes, on obtient de la fulminose. Celle-ci se forme encore par l'action des acides forts et constitue la partie essentielle du parchemin végétal. L'eau, les acides et les alcalis ne modifient pas la fulminose; l'acide azotique ne la dissout pas, mais forme avec elle un composé nitré; chauffée quelque temps à 100°, elle devient cassante et pulvérisable; à 140°, elle se décompose en eau et charbon pyrophorique.

D'après le même chimiste, la cellulose trinitrée s'unit aux éléments de l'ammoniaque et donne la nitrocellulotriamide $C^6H^{16}Az^6O^{11}$, qu'il représente par la formule

$$\left.\begin{matrix}C^6H^{10}O^5(AzO^2)^3\\H^6\end{matrix}\right\}Az^3\ (?).$$

Ce composé donnerait avec la potasse le composé

$$\left.\begin{matrix}C^6H^{10}O^5(AzO^2)^3\\H^3K^3\end{matrix}\right\}Az^3\ (?),$$

formant avec un sel de plomb un précipité amorphe de composition

$$\left.\begin{matrix}C^6H^{10}O^5(AzO^2)^3\\Pb''^{1.5}K^3\end{matrix}\right\}Az^3.$$

La nitrocellulotriamide donnerait avec l'hydrogène sulfuré du sulfure de nitrosocellulotriamide

$$C^6H^{10}O^5(AzO^2)^3(AzH^2)^3S''^5\ (?).$$

Le coton-poudre, bouilli avec de l'ammoniaque caustique, se dissout et fournit une liqueur brune, d'où la soude caustique précipite une matière amorphe, soluble dans les alcalis et les acides.

Le liquide filtré renferme de l'azotate et de l'azotite d'ammoniaque [Guignet, *Compt. rend. de l'Acad. des sciences*, t. LVI, p. 358].

La xyloïdine soluble de Blondeau se changerait, sous l'influence de l'acide azotique, avec dégagement de bioxyde d'azote, en acide hydroxalique et ensuite en acide oxalique :

$$C^6H^8O^8(AzO^2)^2 + 5H^2O$$
$$= C^6H^{10}O^8 + 2AzO^2 + 4H^2O,$$

Acide hydroxalique.

$$C^6H^{10}O^8 + 4AzO^3H$$
$$= 3C^2H^2O^4 + 4AzO + 4H^2O.$$

Acide oxalique.

Dans certaines conditions le fulmi-coton se décompose spontanément, surtout sous l'influence de la lumière. Le mode de préparation et les soins apportés au lavage influent beaucoup sur la marche du phénomène. Ainsi, selon Payen, le coton-poudre se conserve dans le vide et sa décomposition spontanée peut dépendre de la consistance hétérogène de la fibre primitive et de la présence de corps plus ou moins rapprochés par leur composition de la fibre du bois [*Compt. rend. de l'Acad. des sciences*, t. LIX, p. 415].

D. Luca a trouvé dans la masse gommeuse, soluble dans l'eau, provenant de la décomposition spontanée du coton-poudre, les acides oxalique et formique, un acide spécial et des matières gommeuses [*Compt. rend.*, t. LIX, p. 487]. Cette altération est accompagnée d'un dégagement de vapeurs nitreuses ou de bioxyde d'azote. Suivant Blondeau, le coton poudre, préparé avec un mélange d'acides sulfurique et azotique, se décompose spontanément au bout de deux mois dans l'obscurité en donnant de l'acide azotique et du coton azotique, d'où se forme, au bout de six mois, une masse gommeuse qui, traitée par l'eau, fournit des acides hydroxalique, oxalique, de la glucose, de la xyloïdine. Cette décomposition marche plus vite à la lumière diffuse; à la lumière directe, il se forme une masse jaune foncé tout à fait soluble dans l'eau et dégageant de l'ammoniaque par les alcalis. Selon divers expérimentateurs, le pyroxyle, préparé avec un mélange d'acides azotique et sulfurique et du papier Berzelius, conservé ensuite plusieurs années à la lumière diffuse, donne de l'acide hypoazotique et une masse gélatineuse, composée d'acides pectique et parapectique [*Chem. Soc. Journ.*, (2), t. I, p. 91]. Cette décomposition spontanée a beaucoup préoccupé les ingénieurs chargés de la préparation en grand du fulmi-coton et particulièrement le général de Lenk, officier d'artillerie autrichien, qui est arrivé à fabriquer des produits conservés depuis plus de douze ans et exposés aux températures élevées de l'Italie, sans la moindre altération. Une des principales conditions à remplir pour atteindre ce but est d'enlever par des lavages à l'eau, suffisamment répétés, voire même par des lavages alcalins, la moindre trace d'acide libre; la présence de ce dernier, en effet, semble être une des causes les plus efficaces d'altération [Melsens, *Bull. de la Soc. chim.*, 1865, t. III, p. 35].

Le vrai coton-poudre, qui possède la composition de la cellulose trinitrique, offre l'aspect du coton qui a servi à le préparer, mais il est plus rude au toucher, à moins qu'il n'ait été savonné, sans odeur ni saveur, neutre aux papiers réactifs. Il est remarquable par la facilité avec laquelle il s'électrise par le frottement [Gaiffe, *Compt. rend. de l'Acad.*, t. XXIV, p. 88].

Une lanière de tissu pyroxylé, lorsqu'elle est sèche, se précipite sur les corps qu'on en approche. Frottée légèrement, elle s'électrise assez pour hérisser tous les fils perdus. Dans l'obscurité, le frottement de deux doigts fait apparaître une bande phosphorescente. D'une pièce de tissu de 1 mètre carré pliée en quatre et frottée, on retire une série d'étincelles accompagnées d'un pétillement distinct. Les fibres de coton-poudre vues au microscope et éclairées par la lumière polarisée offrent peu d'éclat et très-rarement un jeu de couleurs, tandis que le coton ordinaire paraît brillant et présente un très-beau jeu de couleurs, même avec une lumière très-faible [Kindt, *Poggend. Ann.*, t. LXX, p. 168].

Le coton-poudre est insoluble dans l'eau et se conserve indéfiniment lorsqu'il est immergé.

Dans les conditions hygrométriques normales, il absorbe et retient environ 2 % d'humidité qui n'altèrent pas sensiblement ses effets balistiques; il est insoluble dans l'alcool, l'éther, l'acide acétique cristallisable. La potasse concentrée le dissout très-vite, surtout vers 70°, avec production d'ammoniaque, d'acide nitreux, d'acide oxalique et d'autres produits. Le liquide alcalin ainsi obtenu réduit une solution ammoniacale d'oxyde d'argent.

D'après le baron de Ebner, le coton-poudre détone à 136°; s'il retient un peu d'alcali, la température de décomposition brusque s'élève plus haut (180°). Le choc de l'acier frappant sur le coton-poudre placé sur une enclume en acier peut provoquer l'explosion de la partie atteinte, sans que le phénomène se communique aux parties voisines. Dans ces conditions de décomposition brusque, le produit se résout entièrement en gaz et en vapeurs sans laisser de résidu sensible (0,5 à 1 % de cendres et très-rarement une trace de charbon).

Les expériences du lieutenant Van Karoly [*Philos. Mag.*, (4), t. XXVI, p. 272], faites avec beaucoup de soins, ont donné pour la composition des gaz formés les résultats suivants :

	En volume.	En poids.
Oxyde de carbone	28,55	28,92
Acide carbonique	19,11	30,43
Hydrogène protocarboné	11,17	6,47
Bioxyde d'azote	8,83	9,59
Azote	8,56	8,71
Eau	1,85	1,60
Charbon	21,93	14,28
	100,00	100,00

Ces nombres ont été obtenus par une combustion dans le vide. Si, au contraire, on opère sous l'influence d'une certaine pression ou résistance à vaincre, la dose du bioxyde d'azote diminue beaucoup. Dans ces conditions qui se rapprochent plus de celles de la pratique, on a trouvé :

	En volume.	En poids.
Oxyde de carbone	28,95	29,97
Acide carbonique	20,82	33,86
Hydrogène protocarboné	7,24	4,28
Hydrogène	3,16	0,24
Azote	12,67	13,16
Carbone	1,82	1,62
Eau	25,34	16,87
	100,00	100,00

Ces résultats confirment ceux qui avaient été obtenus par MM. Combes et Flandin.

10 grammes de produit fournissent 5,740 centimètres cubes de gaz à 0° et à 1 mètre de pression. Ce gaz est combustible en raison de la forte dose d'oxyde de carbone qu'il contient. Abel a fait des expériences très-curieuses sur la combustion du coton-poudre dans des atmosphères très-raréfiées [*Proc. Roy. Soc.*, t. XIII, p. 204]. Il brûle alors très-lentement et, vu à la lumière du jour, il semble fumer. Les phénomènes lumineux peuvent être de trois ordres, suivant la grandeur de la raréfaction. Si la dose de produit est faible et la raréfaction poussée au maximum, la combustion n'est accusée que par une très-belle lueur

ou phosphorescence verte qui entoure le coton-poudre pendant qu'il se gazéifie lentement. Pour une pression d'un pouce anglais, on aperçoit une belle flamme jaune à une petite distance du point où s'opère la décomposition.

Enfin, à la pression normale, la combustion se fait avec la flamme jaune brillante que tout le monde a pu observer. Si la combustion se fait dans l'oxygène pur, elle est instantanée et accompagnée d'une vive lueur tant que la pression est au-dessus de 1,2 pouce. Entre 1,2 et 0,8 de pouce elle est accompagnée d'une flamme brillante, mais cesse d'être instantanée. Au-dessous de 0,8 de pouce on a une combustion lente accompagnée d'une lueur jaunâtre. Dans l'acide carbonique, l'oxyde de carbone, l'hydrogène, le gaz de l'éclairage, l'azote, la décomposition ne présente jamais que la lueur jaunâtre; les deux derniers gaz ont une grande tendance à arrêter la combustion. Les expériences d'Abel expliquent pourquoi la pyroxyline, réduite en fils ou mèches tordues et placées sur une plaque en métal bonne conductrice, brûle lentement et presque sans flamme, en répandant une odeur nitreuse, lorsqu'on la touche avec un charbon rouge à une extrémité.

Selon E. Mulder, le coton-poudre se dissout en vert dans le réactif de Schweizer et la dissolution n'est pas précipitée par les acides. Si l'on acidule et précipite ensuite le cuivre par l'hydrogène sulfuré, on obtient une liqueur jaune. L'acide azotique, d'une densité égale à 1,45, attaque le coton-poudre et donne un nouveau produit de substitution nitrée dont le poids représente les 4/5 de la cellulose trinitrique. L'acide sulfurique concentré le dissout avec quelque difficulté et la solution ne brunit qu'à une température élevée, en dégageant de l'acide carbonique et du bioxyde d'azote. D'après Vankercknoff, la potasse caustique dissout la pyroxyline. La liqueur saturée par l'acide acétique dégage du bioxyde d'azote et précipite abondamment par l'acétate neutre de plomb. Le liquide filtré donne un nouveau précipité par l'acétate basique, d'où l'on peut extraire de l'acide tartrique. Le fluorure de bore est absorbé par le fulmi-coton sans lui faire éprouver la moindre altération.

Selon Caldwell, le coton-poudre frais, plongé un quart d'heure dans une solution de chlorate de potasse, exprimé et séché à 66°, est aussi explosif que le fulminate d'argent [*Journ. Pharm.*, (3), t. XXXVII, p. 240].

Préparation. — Nous avons déjà vu que, suivant les conditions de la préparation, la cellulose nitrée varie dans sa composition et ses propriétés. Il importe donc, dans le mode opératoire, de bien fixer la nature du produit que l'on veut obtenir et les applications auxquelles il est destiné. Pour le fulmi-coton ou coton-poudre devant servir comme force balistique dans les armes à feu et l'explosion des mines, on cherchera toujours à atteindre le maximum de nitrification, en se servant d'un mélange en proportions convenables d'acides nitrique et sulfurique.

Le général de Lenk prescrit les précautions suivantes pour l'obtention d'un produit bien homogène : le coton doit être bien nettoyé et bien séché avant toute immersion. On fait usage des acides les plus concentrés que fournit le commerce. Après une première immersion dans le mélange acide, on en fait une seconde dans un liquide neuf; cette seconde immersion, beaucoup plus longue que la première, doit durer quarante-huit heures, afin que la nitrification, qui est presque instantanée pour les couches externes, puisse se propager également dans toute la masse. Le produit est ensuite lavé dans un cours d'eau, durant plusieurs semaines; on peut au besoin achever le lavage dans une eau alcaline. Afin de rendre la poudre-coton moins explosive et aussi pour saturer les dernières traces d'acide libre, on l'imprègne d'une solution faible de silicate de soude, en utilisant la force centrifuge d'un hydro-extracteur.

Par la dessiccation au contact de l'air, il se forme un peu de carbonate de soude et de silice. On élimine le premier par un nouveau lavage, tandis que la silice reste adhérente aux fibres. On diminue les dangers d'explosion résultant d'une forte friction en faisant suivre le traitement au silicate de soude d'un lavage en eau de savon, suivi d'une dessiccation.

L'acide azotique employé doit avoir une densité de 1,500 à 1,515; l'acide sulfurique à 66° du commerce est suffisant. On emploie avec le plus d'avantage un mélange de 3 volumes d'acide azotique et 5 volumes d'acide sulfurique. L'emploi de l'acide sulfurique est avantageux en ce qu'il permet de faire usage d'un acide azotique un peu moins concentré que celui qui serait nécessaire si l'on faisait intervenir ce dernier seul; il absorbe l'eau fournie pendant la réaction et par conséquent empêche le bain de s'altérer trop vite par dilution; mais il est surtout actif en absorbant les vapeurs nitreuses contenues dans l'acide, vapeurs qui tendent à dissoudre la cellulose.

Le bain doit être froid avant l'immersion et maintenu à une température assez basse; aussi convient-il de n'ajouter la cellulose que peu à peu. 100 p. de matière cellulosique donnent en moyenne 175 p. de pyroxyline.

Le papier et les tissus inflammables se produisent par un procédé tout à fait semblable.

La pyroxyline destinée à la fabrication du collodion n'est pas un produit défini, mais bien un mélange de deux ou plusieurs variétés de nitro-cellulose.

On peut l'obtenir en faisant usage soit d'un mélange de salpêtre et d'acide sulfurique, soit d'un mélange d'acides azotique et sulfurique moins concentré que le premier servant à la production de la trinitrocellulose.

La pyroxyline, soluble dans l'éther alcoolisé, ne ressemble pas autant au coton primitif que la cellulose trinitrée; elle paraît plus attaquée, plus corrodée; c'est qu'en effet il se forme en même temps un composé nitré soluble dans l'acide azotique concentré et précipitable par l'eau; elle fait explosion à une température moins élevée que le vrai coton-poudre. Une température longtemps soutenue au même degré peut déterminer l'explosion qui ne se produisait pas au début. Elle est aussi plus sujette à éprouver la décomposition spontanée.

Le collodion préparé en dissolvant cette pyroxyline dans l'éther alcoolique a reçu des applications importantes en photographie et en chirurgie.

On a reconnu par de nombreuses expériences dirigées en vue d'évaluer la force balistique du coton-poudre, qu'il fallait, pour arriver au même résultat, employer des charges de pyroxyline, de poudre de chasse et de poudre de guerre qui fussent entre elles comme les nombres 1, 2, 4.

Cellulose acétique. — M. Berthelot a obtenu une très-petite quantité d'un produit qu'il considère comme de la cellulose acétique, en chauffant plusieurs jours en vase clos de la cellulose et de l'acide acétique cristallisable, à une température de 180° à 200°. Schutzenberger [*Compt. rend. Acad. des sc.*, t. LXI, p. 485] obtient facilement la cellulose acétique en chauffant du coton ou du papier à filtre avec l'acide acétique anhydre en excès. A 190° la réaction est terminée en moins d'une heure et le tube renferme une solution jaunâtre épaisse d'où l'eau précipite des flocons blancs insolubles de cellulose acétique. Ce produit est incolore, sans saveur ni odeur, insoluble dans l'eau, soluble dans l'acide acétique cristallisable et précipitable par l'eau, insoluble dans l'alcool et l'éther. Les alcalis le saponifient facilement en remettant la cellulose en liberté. La composition est représentée par la formule

$$C^6H^7(C^2H^3O)^3O^5,$$

et sa formation est nettement exprimée par l'équation

$$C^6H^{10}O^5+3\left(\begin{matrix}C^2H^3O\\C^2H^3O\end{matrix}\right\}O\Big)$$

$$=C^6H^7(C^2H^3O)^3O^5+3\left(\begin{matrix}C^2H^3O\\H\end{matrix}\right\}O\Big).$$

Avec l'acide acétique, comme avec l'acide nitrique, la cellulose se comporte donc comme un alcool triatomique.

Action des oxydants sur la cellulose. — Le chlore et les hypochlorites étendus et à froid ont peu d'action sur la cellulose; mais à doses plus fortes et sous l'influence d'une élévation de température, ils déterminent une véritable combustion. L'acide azotique dissout à chaud la cellulose avec dégagement de vapeurs nitreuses et formation d'acide oxalique. La cellulose, mélangée aux matières azotées qui l'accompagnent dans l'organisme végétal, subit une combustion lente, une fermentation spéciale qui la convertit en une matière friable jaune ou brune appelée *pourri*; ce genre d'altération est dû à des infusoires dont le développement exige la présence de composés azotés. — Voyez Fermentations.

Préparation de la cellulose. — Les chimistes ont à leur disposition de la cellulose assez pure en s'adressant au coton blanchi et débarrassé par l'action des alcalis, du chlore et des acides, de la petite quantité de matières étrangères qui l'accompagnent. Le papier à filtrer blanc convient aussi pour servir de spécimen de cellulose pure.

Il est plus difficile d'extraire la cellulose pure des tissus végétaux complexes. Cependant en faisant successivement intervenir l'eau, l'alcool, l'éther, les alcalis et les acides, on élimine la plus grande partie des substances étrangères, tandis que la cellulose reste inattaquée. Schulze [*Chem. central.*, 1857, p. 321] indique, comme moyen de séparer la cellulose du ligneux et autres substances étrangères, un mélange de chlorate de potasse et d'acide azotique convenablement étendu (3 p. ClO^3K + 20 p. AzO^3H). Cette liqueur modifie le ligneux et le rend soluble dans l'eau, l'alcool et les alcalis.

D'après Berthelot [*Compt. rend.*, t. XLVII, p. 227], la tunicine extraite de l'enveloppe cutanée des ascidiens (*Cynthia papillata*), bouillie avec l'acide chlorhydrique, puis avec les alcalis caustiques, offre la composition de la cellulose, mais elle présente une plus grande résistance à l'action des réactifs; bouillie pendant plusieurs semaines avec de l'acide chlorhydrique étendu ou de l'acide sulfurique, elle n'est pas modifiée; elle ne charbonne pas par le fluorure de bore. Désagrégée préalablement dans l'acide sulfurique concentré, puis bouillie après addition d'eau, elle donne du sucre.

coton. — Substance filamenteuse produite par le cotonnier ou *Gossypium*; plante dicotylédone de la famille des Malvacées. Le cotonnier est originaire des Indes orientales et de l'Amérique, et se cultive dans presque tous les pays chauds.

Le coton est le duvet floconneux qui enveloppe les graines.

Le filament mûr, avant la dessiccation, offre l'apparence d'un tube membraneux creux, fermé aux deux bouts et cylindrique. En se desséchant, il se déprime, s'aplatit, se tord et prend la forme d'un ruban ou d'une lanière, régulièrement contournée et renflée sur les bords, de 1/40 de millimètre dans son plus grand diamètre.

Ce filament n'est pas constitué par un tube creux, comme on l'avait d'abord pensé, mais constitue une tige presque solide avec une très-petite cavité au centre. Ceci résulte de l'examen de sections transversales faites par Watter-Crum [*Bull. de la Soc. industrielle*, t. XXXIV, p. 385].

Certaines variétés de cotons renferment plus o moins de filaments qui refusent la teinture et qui forment sur les tissus colorés des points blancs altérant l'uniformité de la nuance. Ces filaments, connus sous le nom de coton mort, ne sont autre chose que du coton non arrivé à maturité. Il se présente sous forme de lames minces et presque transparentes, deux fois plus larges que la fibre ordinaire. Les sections transversales minces et larges n'offrent pas de cavités centrales.

La fibre normale du coton est susceptible d'exercer sur certaines substances, et particulièrement les matières colorantes, une attraction moléculaire très-marquée, sans que pour cela on soit en droit de supposer qu'il y a réellement combinaison chimique. Ainsi, un tissu de coton plongé dans un bain d'indigo réduit fixe beaucoup plus d'indigotine blanche qu'il y en a dans la portion même du bain qui pénètre la fibre. En précipitant l'acide carthamique d'une solution alcaline, en présence d'écheveaux de coton, toute la matière colorante sera attirée et fixée par la fibre. L'énergie avec laquelle les tissus de coton retiennent certains oxydes métalliques (alumine hydratée, peroxyde de fer hydraté) doit être attribuée à une attraction du même genre, aussi bien qu'à une pénétration mécanique; en effet, d'après Bolley [*Ann. der Chem. u. Pharm.*, t. CVI, p. 235], la cellulose amorphe, précipitée d'une solution ammoniacale d'oxyde de cuivre, prend les mordants et se teint comme la cellulose ordinaire. On ne peut donc pas supposer que l'oxyde métallique est uniquement emprisonné dans les pores et cavités de la cellulose organisée, après y avoir pénétré en solution et avoir été précipité sur place, car dans l'expérience de Bolley ces pores n'existent plus.

Au point de vue tinctorial, le coton pyroxylé offre d'assez grandes différences avec le coton ordinaire. Ainsi, du calicot plongé dans un mélange azotosulfurique et bien lavé, puis mordancé en alumine ou en fer, ne se teint plus dans un bain de garancine ou de bois rouge, tandis que les parties non mordancées retiennent plus de matière colorante que le coton ordinaire. La cellulose régénérée du coton-poudre par le procédé Béchamp, puis mordancée, se teint aussi bien que le coton ordinaire.

Le coton incomplétement pyroxylé au moyen d'acides étendus, ou encore le pyroxyle partiellement décomposé, se teint au contraire mieux que le coton ordinaire.

Au microscope, on distingue facilement les filaments du coton d'avec ceux du lin et du chanvre. Le lin se présente sous forme de tubes creux, cylindriques, rigides, ouverts par les deux bouts de 1/45 à 1/55 de millimètre de diamètre, à surface lisse, avec des nœuds ou cloisons placées irrégulièrement. Les filaments de chanvre forment des tubes cylindriques creux, ouverts aux deux bouts, lisses et offrant des nœuds disposés irrégulièrement; autour de ces nœuds on observe de petites villosités.

Diamètre, 1/20 à 1/30 de millimètre.

Moyens chimiques pour distinguer les fibres végétales entre elles. — Les fibres végétales parfaitement blanchies représentent de la cellulose à peu près pure; il semble donc que l'emploi des réactifs pour distinguer les fibres doit échouer. Cependant la destruction de la matière incrustante dans le lin et le chanvre n'est jamais tellement complète qu'elle ne puisse être mise en évidence. Boettger propose de plonger les échantillons dans une solution bouillante de potasse (1 p. KHO, 1 p. eau). En exprimant entre des doubles de papier, on trouve que les filaments du lin sont devenus jaune foncé, le coton reste blanc ou gris clair.

L'acide sulfurique concentré et froid dissout le coton bien avant le chanvre et le lin.

Le coton immergé dans l'huile et exprimé fortement reste opaque; le lin devient au contraire translucide.

La fibre du *Phormium tenax* se reconnaît facilement à la coloration rouge qu'elle prend sous l'influence de l'acide nitrique à 36° (Baumé), chargé de vapeurs nitreuses (Boussingault), ou de l'action successive du chlore et de l'ammoniaque (Vinçent). P. S.

CÉMENTATION. — Voyez Acier.

CENDRES (*Chimie agricole*) [Th. de Saussure, *Recherches chimiques sur la végétation;* — Berthier, *Mémoires d'agriculture* publiés par la Société impériale et centrale d'agriculture, 1853; — Boussingault, *Économie rurale;* — Malaguti et Durocher, *Ann. de Chim. et de Phys.*, 5ᵉ série, t. LIV, p. 257; — Way, Ogston, etc., *The Journal of the royal agricultural Society of England*, t. XIII, etc.].

On distingue sous le nom de cendres végétales les parties fixes que laissent les végétaux à l'incinération. Le poids de ces parties varie avec la nature des organes incinérés, avec leur âge, et naturellement avec leur état de dessiccation.

D'après M. Th. de Saussure et M. L. Garreau, la quantité de cendres augmente dans les feuilles avec l'âge des organes incinérés [*Ann. des sciences natur.*, t. XIII, 4ᵉ série, 1860, p. 163]. Ce dernier naturaliste a incinéré dans 17 espèces végétales différentes les deux premières feuilles du bourgeon, puis, quinze jours après l'épanouissement, les deux premières feuilles de l'axe, puis enfin les deux premières feuilles de l'axe prises le 1ᵉʳ juillet et le 30 septembre; il a vu les quantités de cendres passer de 7,115 à 7,875, à 8,790 et enfin à 10,08; les mêmes faits ressortent encore très-nettement du dosage des matières minérales fixes contenues dans chaque feuille d'une pousse de l'année recueillie le 30 septembre; on trouve toujours que les feuilles les plus anciennes sont les plus riches en matières minérales; ainsi, dans un tilleul, la première feuille, prise à la base du rameau, renfermait 9,60 de cendres, et la huitième 7,00. Dans un orme, la feuille la plus ancienne renfermait 16 et la plus jeune 9,50 de cendres; dans un abricotier, la différence a été encore plus considérable, puisque les cendres ont passé de 7,65 à 14,38. M. le Dʳ Zoeller, de son côté, a analysé des feuilles de hêtre provenant du jardin botanique de Munich, à différentes périodes de leur développement; tandis que les feuilles cueillies le 16 mai renfermaient une quantité de cendres variant de 4,65 à 5,76, les feuilles prises le 18 juillet renfermaient 7,57, et le 15 octobre 10,15 [*Les Lois naturelles de l'agriculture*, par le baron Justus de Liebig, t. II. Appendice].

M. Garreau a signalé aussi ce fait très-intéressant que dans les végétaux aquatiques submergés où par conséquent il n'y a pas d'évaporation, les feuilles les plus anciennes sont encore les plus chargées de sel; la différence est souvent considérable, habituellement de moitié entre les feuilles de la région moyenne de l'axe et celles de la partie supérieure; elle peut être parfois du triple.

Th. de Saussure avait montré que les feuilles des arbres verts, qui évaporent moins que celles des arbres à feuilles caduques, renferment moins de cendres; toutefois cette quantité va en augmentant avec l'âge, et cela dans une proportion assez considérable.

Quand on incinère le bois en distinguant l'écorce, l'aubier et le cœur, on trouve des quantités de cendres très-différentes; ainsi, d'après Th. de Saussure, 1,000 parties de bois de chêne sec séparé de l'aubier renfermeraient seulement 2 de cendres; l'aubier en donnerait 4, et l'écorce des troncs de chêne précédents 60; 1,000 parties de tronc écorcé de peuplier renfermeraient 8 de cendres, tandis que l'écorce en donnerait 72.

Nous avons eu nous-même occasion de vérifier le fait. Ainsi nous avons trouvé 0,287 de cendres pour 100 de cœur de chêne, 0,550 de cendres pour 100 d'aubier du même chêne, tandis que l'écorce renfermait sur 100 parties 5,037, quantité vingt fois et dix fois plus forte que celles qu'on trouve dans le cœur et dans l'aubier.

Les quantités de cendres contenues dans les racines sont en général plus faibles que celles fournies par les organes aériens; ainsi le professeur Johnston a trouvé que, pour 1 kilogramme de matière, les racines de turneps fournissaient 80 de cendres et les feuilles 130; les tubercules de pommes de terre 40, et les feuilles 180; les racines de tabac 70 et les feuilles 230. M. Garreau a remarqué que les cendres diminuaient dans les racines terrestres avec l'âge; ainsi les fibrilles âgées de l'*Helianthus tuberosus* fournissaient 12,70 de cendres, tandis que les jeunes en donnaient 15,90; on trouvait encore des résultats analogues pour le *Ribens rubrum* et le *Mercurialis annua*; mais le fait devenait encore plus saillant quand il était observé sur des racines de noyer; une jeune racine de 5/10 de millimètre de grosseur laissait 4,30 de cendres, et une racine de 1 décimètre de grosseur, 1,56 seulement.

Les tiges des plantes vertes renferment plus de cendres que l'aubier et que le bois; ces proportions s'élèvent facilement à 1/100 des plantes vertes et à près de 1/10 des plantes sèches. Si on étudie la manière dont varient les cendres à mesure que la plante devient plus âgée, il semble que la quantité augmente. C'est ainsi que Th. de Saussure a trouvé 16 grammes de cendres dans 1 kilogramme de fèves vertes le 23 mai, et que cette proportion avait atteint 20 grammes le 23 juin; dans 1 kilogramme de tournesol vert, le 10 juillet, on avait trouvé 13 grammes de cendres; la proportion était devenue 23 grammes à la fin de septembre, au moment de la maturité; mais cette augmentation n'est pas réelle, elle est due à la dessiccation qui s'est opérée dans la plante entière, et si on fait les dosages non plus sur les plantes vertes, mais bien sur les plantes sèches, on trouve que la proportion de cendres a diminué au contraire. Le 23 mai, 1 kilogramme de fèves sèches renfermait 150 grammes de cendres, et seulement 122 grammes le 22 juin; 1 kilogramme de tournesol sec donnait 187 grammes de cendres le 23 juillet, et seulement 193 grammes à l'époque de la maturité. On commettrait toutefois une erreur grave si on supposait que la quantité de cendres a réellement diminué dans la plante, car elle augmente au contraire jusqu'à la maturité; mais les principes hydrocarbonés détruits au moment de la calcination augmentent encore davantage, et la proportion centésimale de cendres se trouve ainsi plus faible.

On trouve encore une nouvelle preuve de ces variations dans le mémoire de M. Isidore Pierre sur le colza [Étude sur le colza, *Ann. de Chim. et de Phys.*, t. LX, p. 151, 1860]. La richesse en principes minéraux des sommités des rameaux portant leurs fleurs ou leurs siliques pleines éprouve une diminution sensible pendant tout le cours de la végétation, puisque 1 kilogr. de matière sèche renferme, le 22 mars, 102 grammes de cendres, et seulement 75 grammes le 20 juin; et cependant, si on détermine la quantité de cendres laissées par la récolte de 1 hectare, on trouve que la proportion due aux sommités des rameaux est de 21 kilogrammes au 22 mars, et de 377 kilogr. le 20 juin.

Les substances minérales que renferment les végétaux sont assez nombreuses. Les analyses précises exécutées sur les végétaux terrestres ont montré qu'on rencontre dans leurs cendres en quantités notables de la chaux et de la magnésie; la potasse y existe en proportions souvent assez considérables; elle est même habituellement retirée des cendres des plantes terrestres, et les anciens chimistes la désignaient sous le nom d'alcali terrestre, par opposition à la soude, qu'ils appelaient alcali marin, parce qu'ils l'extrayaient de plantes marines.

Un travail important publié récemment par M. Peligot a montré que la soude est beaucoup moins abondamment répandue dans les végétaux qu'on ne le croyait généralement [*Compt. rend.*, t. LXV, p. 729, 1867]. On sait qu'on dose habituellement la soude par différence, de telle sorte que si quelque élément a été dosé trop bas, on peut conclure à la présence de la soude, tandis qu'il n'y aura qu'une simple erreur d'analyse.

M. Peligot propose, pour caractériser cet alcali dans les cendres, d'éliminer toutes les bases terreuses et alcalino-terreuses au moyen de la baryte, d'enlever l'excès de celle-ci par un courant d'acide carbonique; de saturer la liqueur bouillie par de l'acide azotique et de faire cristalliser par refroidissement la plus grande quantité de l'azotate de potasse. L'azotate de soude, qui est, comme on sait, beaucoup plus soluble, se trouve dans l'eau mère qui accompagne les cristaux de nitre. C'est donc dans celle-ci que la soude doit être cherchée.

Dans ce but, cette liqueur est traitée par l'acide sulfurique. Le résidu provenant de son évaporation est fortement calciné, de manière à avoir les sulfates à l'état neutre. On reprend par l'eau et on sépare à l'état cristallisé la majeure partie du sulfate de potasse; l'eau mère qui reste après la séparation de ces cristaux est abandonnée à l'évaporation spontanée. Si les cendres sont exemptes de soude, elle fournit des prismes transparents de sulfate de potasse; dans le cas contraire, le sulfate de soude, qui cristallise le dernier, apparaît sous forme de cristaux qui s'effleurissent peu à peu et qui par leur aspect mat et farineux se distinguent facilement d'avec les cristaux limpides de sulfate de potasse. Quelquefois la soude a été cherchée dans le résidu insoluble dans l'eau; elle pouvait, en effet, s'y rencontrer sous forme de silicate. Pour l'en séparer, on a fait usage d'acide sulfurique concentré qu'on a ensuite séparé par l'eau de baryte. Le résultat a toujours été négatif.

En soumettant à ce mode particulier de recherche un certain nombre d'échantillons de cendres provenant de végétaux variés, M. Peligot n'a pas trouvé de soude dans les cendres provenant des produits végétaux qui suivent :

Le blé (grain et paille examinés séparément); l'avoine, *id.*; la pomme de terre (tubercules et tiges) (1); les bois de chêne et de charme; les feuilles de tabac, de mûrier, de pivoine, de ricin; les haricots; le souci des vignes; la pariétaire; la *Gypsophila pubescens;* le panais (feuilles et racines).

Un certain nombre de plantes appartenant à la famille des Atriplicées et des Chénopodées renferme au contraire de la soude; on a trouvé cette base dans les cendres de l'*arroche*, de l'*Atriplex hastata*, du *Chenopodium murale*, de la *tétragonie* ainsi que dans les betteraves.

L'élégant procédé de l'analyse spectrale a permis de constater dans un certain nombre de végétaux la présence de la lithine; cette base a été signalée dans la cendre de tous les bois de l'Odenwald, dans les potasses commerciales de la Russie, dans les cendres des feuilles de vigne, de tabac, de raisin; dans les cendres des céréales du Palatinat; on a trouvé aussi récemment des traces d'un nouvel alcali, l'oxyde de rubidium, dans les cendres d'un grand nombre de variétés de tabac; on l'a rencontré encore dans le café et dans la betterave [*Ann. de Chim. et de Phys.*, t. LXVII, 1863. Recherches du rubidium et du cœsium dans les eaux minérales, les végétaux et les minéraux, par M. L. Grandeau]. Si la présence de l'alumine dans les cendres est douteuse, celle des oxydes de fer et de manganèse y est parfois très-évidente, et il est rare de brûler du bois, des fruits ou des feuilles, sans voir les cendres présenter une teinte rougeâtre due à l'oxyde de fer, ou verdâtre qu'il faut attribuer à la formation de petites quantités de caméléon minéral (manganate de potasse).

Le manganèse et le fer paraissent être plus abondants encore dans les plantes aquatiques; le Dr Zoeller a constaté la présence de ces métaux dans le *Nymphœa arulea, dentata* et *lutea*, l'*Hydrocharsis* Humboldt, le *Nelumbrun asperifolium;* la *Victoria regia* renferme du manganèse dans le pétiole et du fer, surtout dans les feuilles.

Le zinc même existe, dit-on, dans les cendres de quelques espèces végétales, et on assure que la *Viola calaminaria* est si caractéristique pour les gisements de zinc des environs d'Aix-la-Chapelle, que ses stations ont servi de guide dans la recherche des mines de ce métal [*Les Lois naturelles de l'agriculture*, t. II, p. 66] (1).

M. Meyer, de Copenhague, affirme que la graine de froment et de seigle renferme, comme élément constant, une petite fraction de cuivre, et M. L. Grandeau a reconnu, par l'analyse spectrale, que le cuivre se rencontre en effet dans les cendres de plusieurs espèces végétales.

Parmi les acides, on trouve dans les plantes l'acide silicique parfois avec abondance. Il y affecte quelquefois la forme de concrétions transparentes ayant quelque analogie avec l'*opale;* M. Guibourt a consacré, il y a quelques années, une notice intéressante à l'étude du *tabaschir*, excroissance siliceuse du grand bambou des Indes [*Journ. de Pharm.*, Paris, mars, avril 1855]. L'acide sulfurique est toujours en bien plus faible proportion dans les cendres; on sait en effet que les sulfates ne persistent pas longtemps dans la terre arable,

(1) En soumettant à l'analyse spectrale un échantillon de cendres de pommes de terre, l'auteur de cet article est arrivé à un résultat différent; la soude existait dans les cendres en quantité sensible. Il ne faudrait pas croire au reste que la soude soit repoussée par certaines plantes et qu'elle n'y puisse pas pénétrer. En arrosant pendant un mois une pomme de terre avec un mélange de phosphate et d'azotate de soude, et en recherchant la soude dans les cendres des tubercules et des tiges qui avaient pris un développement considérable, on a pu constater la présence d'une quantité notable de soude. Pour y réussir, on a légèrement modifié le procédé de M. Peligot : au lieu de transformer les alcalis en sulfates, après élimination de la baryte, on les a laissés à l'état de chlorures, puis on a prépipité la potasse à l'aide du chlorure de platine; on a évaporé et repris par l'alcool qui dissout le chloroplatinate de sodium; par l'évaporation spontanée, celui-ci apparaît sous forme de beaux cristaux en aiguilles rouge doré très-différentes des octaèdres du chloroplatinate de potasse.

(1) Cette observation, qui aurait sans doute besoin de confirmation, est attribuée à Alex. Braun.

mais sont rapidement amenés à l'état de carbonates. Depuis que l'attention des chimistes s'est portée sur l'acide phosphorique, on n'a pas tardé à le trouver en quantité notable dans diverses parties des végétaux et notamment dans les graines; l'acide carbonique se trouve aussi dans les végétaux; ce serait cependant une faute grave que de supposer que tous les carbonates qu'on rencontre dans les cendres préexistaient dans les plantes; ces carbonates proviennent surtout de la décomposition par le feu des acides organiques unis dans la plante avec les alcalis.

Le chlore et l'iode se trouvent dans les plantes unis aux métaux alcalins, et on sait qu'aujourd'hui encore l'iode employé dans les arts est presque entièrement extrait des cendres des plantes marines, où il ne se rencontre cependant qu'en faible quantité.

Si on compare les unes aux autres les analyses de cendres provenant de végétaux d'une seule et même espèce ayant crû sur des sols différents, on trouve que la composition des cendres ne varie que médiocrement, surtout si l'analyse porte sur des végétaux cultivés qui se sont développés sur des sols toujours amendés à peu près d'une façon analogue; c'est ainsi qu'en faisant l'analyse de la cendre de la paille de froment, on trouve toujours qu'elle renferme de 65 à 70 % de silice (1); en examinant les cendres de la graine de cette même céréale, on les trouve encore à peu près uniquement formées de phosphates, mais les différences deviennent plus sensibles quand on examine des plantes venues sans culture sur des sols différents.

Ces différences toutefois ne sont pas en général assez considérables pour qu'il ne soit pas aisé de reconnaître que les plantes de certaines familles ont une préférence marquée pour tel ou tel principe minéral.

C'est ainsi que les analyses de MM. Malaguti et Durocher établissent que certaines plantes renferment des quantités de silice considérables: telles sont les graminées, les fougères et les bruyères. Cette quantité diminue considérablement dans les légumineuses, tandis qu'au contraire la potasse s'y accumule, et que dans des terrains calcaires la chaux y atteint une proportion énorme, analogue à celle qui existe dans les arbres. — Voyez le beau travail de MM. Malaguti et Durocher [*Ann. de Chim. et de Phys.*, (3), t. LIV, 1858; le tableau D, p. 290].

Les analyses portant sur les cendres fournies par des plantes entières n'ont plus cependant l'intérêt qu'on leur attribuait autrefois; on avait supposé *à priori* que les différents éléments minéraux qu'on rencontre dans les cendres y présentent une importance égale; mais des expériences directes sont bientôt venues démontrer que ces conclusions étaient très-exagérées, et l'insuccès que nous avons éprouvé en amendant des cultures de betteraves et de pommes de terre avec des sels de potasse, l'influence remarquable, au contraire, qu'a exercée cet alcali sur le froment, nous ont démontré qu'il était impossible de déduire de la composition des cendres d'une plante la nature des engrais qu'il convenait de lui donner [*Compt. rend.*, t. LXIV, p. 863 et 971, 1867, et t. LXVI, p. 322 et 494, 1868; *Bull. de la Soc. chim.*, t. III, p. 13, 1867]. En se reportant à l'article ASSIMILATION, le lecteur reconnaîtra que la composition des cendres qui existent dans les bois ou dans les feuilles n'a pas plus d'intérêt que n'en aurait pour l'ingénieur la nature des sels qui se déposent dans une chaudière à vapeur. Les plantes sont des appareils d'évaporation; les eaux chargées de principes minéraux contenus dans le sol y pénètrent, s'y évaporent et abandonnent ces principes minéraux qui souvent n'ont aucune importance pour le développement de la plante elle-même. Nous nous bornerons à placer sous les yeux du lecteur les tableaux indiquant la richesse des cendres de différents organes en certains principes minéraux déterminés.

On reconnaîtra ainsi que les phosphates dominent singulièrement dans les graines, que les substances insolubles dans l'eau pure, mais solubles dans l'eau chargée d'acide carbonique, existent en proportions très-notables dans les feuilles; qu'il en est encore de même dans les bois; mais qu'au contraire il est impossible d'établir rien d'analogue pour les tiges herbacées ou les racines : leurs cendres présentent des compositions des plus variées.

ANALYSES DE M. BERTHIER.

Richesse en phosphates de 100 parties de cendres.

DÉSIGNATION des PHOSPHATES.	GRAINS A L'ÉTAT NATUREL.												GRAINS DÉCORTIQ.		
	Blé blanc dit blé chartrain.	Blé d'Égypte.	Seigle.	Orge.	Avoine.	Riz de la Caroline.	Maïs de Namur.	Haricots de Soissons.	Haricots flageolets.	Pois verts.	Lentilles de la gr. espèce.	Moutarde blanche.	Gruau.	Orge perlé.	Riz de la Caroline.
Phosphate de potasse	50,00	51,70	48,50	52,50	7,50	24,10	41,50	42,70	76,80	66,70	61,70	26,30	50,00	36,60	57,00
Phosphate de chaux	22,00	20,00	29,20	15,00	16,50	24,10	18,50	8,40	9,70	22,20	6,50	39,80	15,40	25,00	21,00
Phosphate de magnésie	28,00	28,30	»	25,00	20,00	24,10	38,00	14,30	6,40	6,60	19,60	23,90	33,10	21,60	20,00
Phosphate de manganèse	»	»	18,30	»	»	»	»	»	»	»	»	»	»	»	»
Total des phosphates	100,00	100,00	100,00	92,50	44,00	72,30	98,00	65,40	82,90	95,50	87,80	89,20	98,50	83,20	100,00

(1) Nous disons paille et non tige, car les jeunes feuilles et les jeunes tiges renferment moins de silice. Voyez Isidore Pierre, Mémoire sur le développement du blé. Paris, 1866.

ANALYSES DE M. BERTHIER ET DE M. ZOELLER.

Richesse en carbonate de chaux et en silice de 100 parties de cendres.

	BOIS.		FEUILLES VIVANTES				FEUILLES MORTES.						
	Mûrier Moretti.	Pin de Bordeaux.	Mûrier Lhou.	Pin de Bordeaux.	Vigne de Nemours.	Maïs à bec.	Mûrier Lhou.	Pin de Bordeaux.	Noyer de Nemours.	Marronnier d'Inde.	Platane.	Peuplier suisse.	Vigne de Nemours.
Carbonate de chaux	47,93	68,74	53,00	65,82	51,00	11,00	53,73	84,90	73,17	48,30	54,00	84,80	62,62
Silice	»	6,43	27,70	2,60	10,20	33,00	26,19	1,60	4,74	24,00	»	7,00	6,63
Total	47,93	75,17	80,70	68,42	61,20	44,00	78,92	86,50	77,91	62,80	54,00	91,80	69,25

	FEUILLES DU HÊTRE A DIFFÉRENTES ÉPOQUES DE SA CROISSANCE.			
	1re période, 16 mai 1861.	2e période, 18 juill. 1861.	3e période, 14 oct. 1861.	4e période, fin nov. 1861.
Carbonate de chaux	17,55	47,25	60,80	60,94
Silice	1,19	13,37	20,68	24,87
Acide phosphorique	24,21	5,18	3,48	1,95

Composition des cendres de quelques racines et tubercules.

	RACINE de GARANCE.	TUBERCULES.		
		TOPINAMBOURS.	POMMES de terre.	OIGNONS.
Carbonate de potasse et de soude	31,11	31,50	42,43	21,60
Chlorure de potassium	3,14	7,50	4,00	2,20
Chlorure de sodium				
Sulfate de potasse	3,93	6,00	2,80	4,00
Phosphate de potasse		30,00	34,70	
Carbonate de chaux	35,01		2,80	12,00
Carbonate de magnésie	4,13			10,00
Phosphate de chaux	9,71	16,50	6,87	38,00
Phosphate de magnésie		8,50	2,50	
Phosphate de fer	5,09		1,70	
Silice	7,88		2,50	

	POMMES de terre.	BETTERAVES champêtres.	NAVETS.	TOPINAMBOURS.
Acide carbonique	13,4	16,1	14,0	11,0
Acide sulfurique	7,11	1,6	1,6	2,2
Acide phosphorique	11,8	6,0	6,1	10,8
Chlore	2,7	5,2	2,9	1,6
Chaux	1,8	7,0	10,9	2,3
Magnésie	7,4	4,4	4,3	1,9
Potasse	51,5	39,0	33,4	44,5
Soude	traces.	6,0	4,1	traces.
Silice	5,6	8,0	6,4	13,0
Oxyde de fer	0,5	2,5	1,2	5,2
Charbon, humidité, perte	0,7	4,2	5,5	7,6

ANALYSES DE M. BERTHIER.

Analyses de différentes tiges (100 parties de cendres).

COMPOSITION DES CENDRES.	Vignes de Nemours.	Millet à épis.	Lin.	Lin roui.	Roseaux de Nemours.	Paille de froment.	Paille de seigle.	Foin de Nemours.	Luzerne de Nemours.	Haricots du Canada.	Cannes à sucre.
Potasse	»	3,50	»	Le lin roui ne contient plus de substances minérales.	»	3,40	»	»	»	»	22,00
Carbonates de potasse et de soude	16,40	29,40	32,68		»	»	18,50	12,20	14,44	15,52	»
Chlorure de potassium	2,20	1,10	1,64		0,78	2,90	3,00	3,64	1,90	1,94	»
Sulfate de potasse	4,40	4,00	6,68		3,40	0,30	5,00	1,30	2,66	1,94	»
Phosphate de potasse	»	2,00	»		»	»	0,10	»	»	»	»
Silicate de potasse	»	»	»		4,00	»	»	»	»	»	»
Chaux	»	»	»		»	15,70	»	»	»	»	10,00
Carbonate de chaux	49,82	8,20	33,04		6,00	»	0,50	22,62	64,26	65,38	»
Carbonate de magnésie	3,85	»	3,54		»	»	»	7,39	6,07	»	»
Acide carbonique	»	»	»		1,00	»	»	»	»	»	»
Oxyde de fer	»	»	»		»	2,60	»	»	»	»	»
Phosphate de chaux	15,70	7,40	20,06		6,60	9,00	9,10	11,31	8,43	5,80	»
Phosphate de magnésie	»	»	»		»	»	»	»	»	2,17	»
Phosphate de fer	1,83	0,90	»		»	»	»	1,64	»	1,45	»
Phosphate de manganèse	»	»	»		»	»	»	»	»	»	»
Acide phosphorique	»	»	»		»	1,20	»	»	»	»	»
Silice	5,80	49,20	2,36		78,22	73,90	61,50	39,80	2,24	5,80	68,00

P. P. D.

CENTAURINE. — Voyez CNICIN.

CÉPHALOTE. — Couerbe a désigné sous ce nom une substance grasse, jaune, élastique, peu soluble dans l'éther, insoluble dans l'alcool, renfermant du soufre et du phosphore, qu'il a retirée du cerveau humain. Il est probable que cette substance constitue du protagon plus ou moins impur et altéré [*Journ. de Chim. médic.*, t. X, n° 524].

CÉRASINE. — Voyez GOMMES.

CÉRASITE. — Voyez PHOSGÉNITE.

CÉRÉALES [*Ann. de Chim. et de Phys.*, 2e série, t. IV, V, XII; 3e série, t. XVII, XXIX, L]. — On désigne généralement sous ce nom le froment, le seigle, l'orge et l'avoine; quelques auteurs cependant l'appliquent aussi au riz et au maïs.

Il existe, d'après MM. Mayer et Boussingault, une relation remarquable entre les matières albuminoïdes et l'acide phosphorique que renferment les graines des céréales. A une augmentation dans la proportion des matières albuminoïdes correspond un accroissement d'acide phosphorique, et il est probable que l'assimilation des phosphates est subordonnée à la formation des matières albuminoïdes [voyez Dehérain, *Recherches sur l'assimilation des substances minérales par les plantes; Ann. des sc. nat.*, 1868].

Les diverses céréales offrant des compositions chimiques différentes, nous croyons devoir faire de chacune d'elles une étude séparée.

FROMENT. — Le froment est la céréale la plus importante au point de vue de notre alimentation; aussi sa culture est-elle de beaucoup la plus répandue. Il existe plusieurs variétés importantes de froment, et toutes sont remarquables par la proportion des matières azotées que leurs graines renferment. Le blé contient en effet quelquefois jusqu'à 21 % de principes azotés : gluten et albumine solubles. — Les blés durs sont plus riches en gluten que les blés tendres ou blancs; ceux-ci fournissent une farine plus blanche, mais moins nourrissante.

Le blé donne en général 72,5 de paille et 27,5 de grain, présentant en moyenne la composition suivante :

Eau	14,0
Matières grasses	1,2
A reporter	15,2
Report	15,2
Matières azotées insolubles (gluten)	12,8
Matières azotées solubles (albumine)	1,8
Dextrine	7,2
Amidon	59,7
Cellulose	1,7
Sels minéraux	1,6
	100,0

L'analyse du froment, et en général de toutes les céréales, offre une grande difficulté; le meilleur procédé d'analyse qui ait été donné jusqu'ici est dû à M. Peligot; c'est ce procédé que nous allons décrire.

On commence d'abord par moudre 50 à 100 gr. de blé dans un petit moulin à café; c'est cette mouture que l'on soumet à l'analyse sans qu'on la sépare en farine et en son.

Dosage de l'eau. — La détermination de l'eau a été faite en desséchant, dans l'étuve à huile, 5 à 10 grammes de blé immédiatement après qu'il a été moulu. La matière, chauffée entre 100° et 120°, a été pesée à plusieurs reprises jusqu'à ce que son poids fût constant. — L'eau perdue varie seulement entre 13,2 et 15,2 %, et pour les blés nouvellement fauchés entre 17 et 20 %.

Dosage des matières grasses. — On traite le blé deux ou trois fois par l'éther jusqu'à ce qu'il n'abandonne plus de matières grasses; puis on pèse la matière grasse après l'évaporation de l'éther, on dessèche le résidu dont le poids doit servir ainsi de vérification. — Le dosage doit être fait avec de l'éther absolu et le blé doit être bien sec.

Matières azotées. — On dose l'azote contenu dans le blé par le procédé ordinaire de la chaux sodée, et on en déduit la quantité de matières azotées contenues dans la graine, en se rappelant que 100 de matières azotées contiennent en moyenne 16 d'azote.

Substances solubles dans l'eau. — L'eau dans laquelle on a fait digérer un poids déterminé de blé renferme de la dextrine et une matière azotée, qui présente tous les caractères de l'albumine.

La proportion de cette matière n'avait pas encore été déterminée. Pour combler cette lacune, M. Peligot a analysé le liquide provenant d'un poids connu de blé, déjà dépouillé de sa matière grasse. En l'évaporant à une douce température, puis en desséchant à 110° le résidu, on obtient la proportion de matières solubles contenues dans la graine. Si l'on dose l'azote contenu dans le résidu, on peut calculer le poids de l'albumine qui s'y trouve. Défalquant ce résultat du poids total, on détermine par différence la proportion de dextrine qui se trouve dans le résidu.

La suite des expériences a montré d'une manière approximative que la proportion d'albumine varie très-peu et qu'elle représente en moyenne le 1/5 des produits solubles.

Amidon. — On opère la saccharification de l'amidon au moyen de l'acide sulfurique, en ajoutant seulement quelques gouttes de ce liquide à l'eau qui tient en suspension le blé lavé et dépouillé de sa matière grasse, et en faisant passer dans la liqueur un courant de vapeur d'eau. Si l'on prend soin d'arrêter l'opération aussitôt après que l'amidon a disparu, le résultat qu'on obtient en pesant le résidu lavé et desséché à 110° est exact; car le poids de l'amidon qui est fourni par la perte que le blé a éprouvée, ajouté au poids des autres substances qui ont toutes été dosées séparément, représente à très-peu près le poids total de la matière employée. — Mais si l'action de l'acide sulfurique est prolongée trop longtemps, une petite quantité de matière azotée devient soluble, et par suite le dosage de l'amidon est trop élevé de quelques centièmes.

On pourrait au reste rechercher la quantité de fécule en dosant, à l'aide de la liqueur titrée de Fehling, le glucose produit, et en ramenant par le calcul ce glucose à l'état d'amidon.

Cellulose. — On prépare une liqueur d'acide sulfurique en ajoutant à 100 parties d'acide monohydraté, 91,8 parties d'eau en poids. — On ajoute à cette liqueur le blé à analyser et l'on chauffe vers 70° à 80°; l'acide sulfurique ainsi dilué a la propriété de dissoudre toutes les substances organiques, excepté la cellulose. On lave sur un filtre cette cellulose qui est comme pulpeuse, d'abord avec de l'eau chaude, ensuite avec une dissolution de potasse caustique qui lui enlève une partie de la matière grasse et une matière brune qui se trouve en abondance dans ce résidu; après un nouveau lavage à l'eau chaude, à l'acide acétique faible, puis à l'eau, enfin à l'alcool et à l'éther, on dessèche à 110° le filtre dont on a fait la tare avec un filtre de même papier auquel on fait subir les mêmes lavages en y passant les liquides provenant des diverses opérations que nous venons de décrire. L'augmentation de poids qu'il présente indique la quantité de cellulose fournie par la matière analysée.

Nous croyons devoir mettre sous les yeux du lecteur la composition de différents échantillons de froment, déterminée par M. Peligot d'après la méthode que nous venons de décrire.

Composition de différents échantillons de froment, d'après M. Peligot.

NOMS ET ORIGINES DES BLÉS.	Eau.	Matières grasses.	Amidon.	Dextrine.	Gluten.	Albumine et céréaline.	Cellulose.	Sels minéraux et cendres.
1. Blé blanc de Flandre, dit Blazé, récolté à Vienne, en Dauphiné, en 1841	14,6	1,0	61,0	9,2	8,3	2,4	1,8	1,7*
2. Blé Hardy White, d'origine écossaise, récolté à Vessières en 1843, par Vilmorin	13,6	1,1	59,1	10,5	10,5	2,0	1,5	1,7*
3. Blé Touselle. Blanche de Provence, très-étendu, très-blanc, récolté en 1842	14,6	1,3	62,7	8,1	8,1	1,8	1,7*	1,7*
4. Blé Polish. Odessa, mêlé, venant de la Pologne russe	15,2	1,5	59,6	6,3	12,7	1,6	1,7*	1,4
5. Blé hérisson, semé en mars 1842, tendre	13,2	1,2	63,7	6,8	10,0	1,7	1,7*	1,7*
6. Blé Poulard roux, récolté en 1840 (Loire-Inférieure)	13,9	1,0	63,7	7,8	8,7	1,9	1,7	1,7*
7. Blé Poulard bleu, conique, récolté à Vessières	14,4	1,0	59,9	7,2	13,8	1,8	1,5	1,9
8. Même blé, récolté au même endroit, 1846 (année sèche)	13,2	1,2	58,0	5,9	16,7	1,4	1,7	1,9
9. Blé mitadin du midi, des environs d'Angers	13,6	1,1	59,8	6,4	14,4	1,6	1,4	1,7
10. Blé de Pologne, très-dur, à grains très-allongés, originaire d'Afrique, récolté à Vessières	13,2	1,5	53,4	6,8	19,8	1,7	1,7*	1,9
11. Blé de Hongrie (1845)	14,5	1,1	62,2	5,1	11,8	1,6	1,7*	1,7*
12. Blé d'Egypte, dur, à petits grains rouges	13,5	1,1	55,4	6,0	19,1	1,5	1,7*	1,7*
13. Blé d'Espagne, mélange de blé tendre et de blé dur	15,2	1,8	61,9	7,3	8,9	1,8	1,7*	1,4
14. Blé de Taganrog, très-dur	14,8	1,9	57,9	7,9	12,2	1,4	2,3	1,6

La grande quantité de matières azotées que renferme le froment fait comprendre que les engrais très-riches en principes azotés doivent augmenter la proportion de gluten contenu dans cette graine; c'est en effet ce qui a été reconnu, sans que toutefois l'augmentation soit extrêmement considérable.

(*) Les chiffres, suivis d'un astérisque, qui expriment les proportions de cellulose et de sels minéraux, n'ont pas été obtenus directement; on a pris pour les obtenir les moyennes des déterminations faites sur les autres variétés de blés.

Les cendres de froment renferment :

	Froment de Giessen.	Froment d'Alsace.
Potasse	33,84	30,12
Chaux	3,06	3,00
Magnésie	13,54	16,26
Oxyde de fer	0,31	»
Acide phosphorique	49,21	48,30
Acide sulfurique	»	1,01
Silice	»	1,31

Ces cendres sont surtout très-riches en phosphates et en sels alcalins et terreux; il sera donc convenable que le terrain ou les engrais employés contiennent aussi ces mêmes sels.

De nombreuses expériences faites récemment à l'école de Grignon démontrent même que l'emploi des sels de potasse a été très-avantageux sur les cultures de froment, tandis qu'il n'a pas donné de bénéfices sur celles de betteraves ou de pommes de terre dont les cendres sont cependant aussi riches en alcalis (voyez ENGRAIS).

SEIGLE. — Dans les pays pauvres, dans les terres sablonneuses, la culture du froment est remplacée par celle du seigle; il possède une odeur particulière et renferme un principe qui peut prendre une coloration brune. On ne peut extraire directement du seigle, comme pour les autres céréales, le gluten qu'il renferme; il donne en général 76 % de farine et 24 de son.

Le seigle donne à l'analyse les résultats suivants :

Gluten et albumine	9,0
Amidon et dextrine	67,5
Matières grasses	2,0
Ligneux et cellulose	3,0
Substances minérales	1,9
Eau	16,6

L'analyse des cendres données par le grain et la paille donne les résultats suivants :

	Grain.	Paille.
Potasse	32,76	17,03
Soude	4,45	»
Chaux	2,92	8,98
Magnésie	10,13	2,39
Oxyde de fer	0,80	4,35
Acide phosphorique	47,29	3,80
Acide sulfurique	1,46	0,81
Chlorure de potassium	»	0,25
Chlorure de sodium	»	0,56
Silice	0,01	63,89

Le seigle est sujet à une maladie connue sous le nom d'*ergot*. Le seigle ergoté ne contient plus ni gluten, ni amidon, ni dextrine; on y trouve de l'huile, quelquefois un peu d'ammoniaque libre, et enfin une substance particulière : l'ergotine.

ORGE. — La graine de cette plante contient :

Albumine et gluten	4,50
Fécule	59,50
Sucre	6,00
Ligneux, gomme et cendres	19,00
Eau	11,00

L'orge est donc une des céréales qui contiennent le moins de matières azotées; en effet, son analyse élémentaire montre que la proportion d'azote varie de 2 à 3 %. Si on laisse germer le grain d'orge, il s'y développe un principe particulier, la diastase, susceptible de transformer l'amidon en dextrine et en glucose. L'orge germé ou malt est employé dans la fabrication de la bière. — L'orge mondé dont on a enlevé la pellicule s'emploie sous forme de décoction comme tisane rafraîchissante. Enfin, l'orge perlé, dont le grain a été arrondi par l'action de deux meules convenablement disposées, entre dans un régime diététique, comme adoucissant et nutritif. On l'emploie en Allemagne sous forme de potages.

AVOINE. — L'avoine renferme un principe aromatique qui, se combinant avec l'urée, donne de l'acide hippurique qu'on retrouve dans l'urine des chevaux. — L'analyse immédiate de cette céréale a donné :

Gluten et albumine	11,9
Amidon et dextrine	61,5
Matières grasses	5,5
Ligneux et cellulose	4,1
Substances minérales	3,0
Eau	14,0

L'avoine donne en général 62 % de farine, 17 de son et 21 d'eau. — La composition des cendres de l'avoine a été étudiée tout récemment, par M. Marchand, dans un mémoire sur la composition de quelques cendres végétales. Voici les résultats auxquels il est arrivé :

	Grain.	Paille.
Potasse	7,512	7,393
Soude	3,010	0,277
Chaux	2,167	5,071
Magnésie	2,502	2,341
Oxyde de fer	0,310	0,786
Chlore	0,476	3,871
Acide phosphorique	8,029	2,510
Acide sulfurique	0,833	0,922
Acide carbonique	»	0,319
Silice	15,333	11,000

En terminant cette étude des céréales, nous donnerons deux tableaux comparatifs des principes immédiats contenus dans les différentes graines. Ces résultats dus, les uns à M. Payen, les autres à M. Boussingault, présentent entre eux, comme on pourra s'en assurer, une grande analogie.

GRAINS.	Matières azotées.	Amidon.	Dextrine.	Matières grasses.	Cellulose.	Matières minérales.
Avoine	14,39	60,59	9,25	5,50	7,06	3,25
Blé dur	20,00	63,80	8,00	2,25	3,10	2,85
Maïs	12,50	67,55	4,00	8,80	5,90	1,25
Orge	12,96	66,43	10,00	2,76	4,75	3,10
Riz	7,05	89,15	1,00	0,80	1,10	0,90
Seigle	12,50	67,65	11,90	2,25	3,10	2,60

GRAINS.	Matières azotées	Amidon et dextrine.	Eau.	Matières grasses	Cellulose.	Matières minérales.
Seigle	9,0	17,5	16,6	2,0	3,0	1,8
Orge	13,1	63,7	13,0	2,8	2,6	4,5
Avoine	11,9	61,5	14,0	5,5	5,5	3,0
Maïs	12,8	60,5	17,1	7,0	1,5	1,1
Riz	7,8	76,0	16,6	0,5	0,9	0,5

P. P. D.

CÉRÉALINE. — Substance azotée semblable à la diastase retirée du son par M. Mège Mouriès [*Compt. rend.*, t. XXXVII, p. 351; t. XXXVIII, p. 505; t. XLII, p. 1122; t. XLVIII, p. 431; t. L, p. 467].

CÉRÉRITE (Min.) [Syn. *Cérite, tungstène de Bœstnaes, cérium oxydé siliceux*]. — Silicate hydraté de cérium, de lanthane et de didyme, dans lequel les rapports de l'oxygène de la silice, des bases et de l'eau est 2 : 2 : 1. Il y a des petites quantités de fer et de chaux.

Masses amorphes, grenues, à cassure inégale, translucides sur les bords, d'un éclat faible résineux, d'un brun-rouge ou d'un rose sale, formant une roche contenue dans le gneiss, à Bœstnaes (Suède), et souvent pénétrée de pyrite, d'actinote, de galène, etc.

Caractères. — Soluble en gelée dans l'acide chlorhydrique; dans le tube, donne de l'eau. Au chalumeau, ne fond pas; avec le borax, verre jaune foncé ; à chaud au feu d'oxydation, opaque, et blanc d'émail au feu de réduction.

Forme cristalline. — Probablement cubique, d'après l'action sur la lumière polarisée. F. et S.

CÉRINE. — Voyez ALLANITE.

CÉRINE. — John avait désigné sous ce nom la partie de la cire d'abeilles soluble dans l'alcool.

D'après Brodie, cette substance est de l'acide cérotique impur. Le nom de cérine a aussi été appliqué par M. Chevreul à une substance cireuse qu'il a extraite du liége à l'aide de l'alcool et de l'éther. Formule empirique, $C^{28}H^{40}O^3$.

Elle cristallise en aiguilles; traitée par l'acide nitrique, elle donne de l'acide cérique et de l'acide oxalique [*Ann. de Chim.*, t. XCVI, p. 190].

CÉRIQUE (ACIDE). — Substance cireuse, brune, diaphane, résultant de l'oxydation de la cérine [Döpping, *Ann. der Chem. u. Pharm.*, t. XLV, p. 289]. Léwy a donné le nom d'acide cérique à une substance qui est probablement de l'acide cérotique impur.

CÉRITE. — Voyez CÉRÉRITE.

CÉRIUM (en l'honneur de la planète Cérès). — On trouve en abondance, dans les haldes de l'ancienne mine de Bœstnaes, près Riddarhytta, en Westmanland (Suède), un minéral très-dense (4,6 environ), que Cronstedt fit connaître le premier sous le nom de *Schwerstein* ou *Tungstein*, avec la phrase *ferrum calciforme, terra quadam incognita intime mixtum*. Hisinger et Berzelius à Stockholm, et Klaproth à Berlin, firent l'analyse de ce minéral et y découvrirent simultanément, en 1803, une substance nouvelle, que le dernier de ces chimistes appela *terre ochroïte*. Ayant mieux reconnu la véritable nature de ce composé, les deux chimistes suédois lui appliquèrent le nom d'*oxyde de cérium*, et ils désignèrent le minéral sous celui de *cérite*. Klaproth voulut ensuite changer ces mots en cérérium et cérérite, mais son opinion ne prévalut pas.

L'oxyde ainsi découvert en 1803 fut considéré comme homogène jusqu'en 1839, où Mosander y reconnut la présence de deux bases nouvelles, les *oxydes de lanthane* et *de didyme*. Les recherches antérieures à cette date portent donc sur des produits impurs; le même reproche peut encore s'adresser à plusieurs travaux plus récents, dont les auteurs ont nié l'existence du didyme ou n'ont pas pris des soins suffisants pour séparer leur cérium de ses congénères.

Propriétés. — A l'état pur, fondu et aggloméré, le cérium nous est encore totalement inconnu. Ce métal n'a été obtenu que sous forme d'une poudre grise, très-oxydable, et ressemblant d'ailleurs beaucoup à l'ancien aluminium; les chimistes qui l'ont préparé ainsi opéraient en réduisant le chlorure céreux anhydre par le potassium, lavant la masse avec de l'alcool à 0,84, refroidi, et séchant le résidu dans le vide. Vauquelin chauffa violemment du tartrate de cérium avec de la suie et de l'huile et obtint des grains cassants, gris, plus durs que la fonte, attaquables par l'eau régale seulement. Il est douteux que ce fût là véritablement du cérium.

Mosander a suivi la marche que voici : il a chauffé, dans un courant de chlore pur et sec, du sulfure de cérium (impur), placé dans une boule de verre de manière à le transformer en chlorure de cérium anhydre, puis il a dirigé sur ce dernier des vapeurs de potassium aussi longtemps que celles-ci ont été absorbées; le résidu, épuisé par de l'alcool à la température de 0°, a laissé une masse pulvérulente d'un brun chocolat foncé, prenant sous le brunissoir une teinte métallique d'un gris foncé. Ce cérium était mélangé d'oxychlorure; il était très-oxydable dans l'air chaud ou humide et dans l'eau.

Wöhler a réduit, par le sodium, le mélange des chlorures de la cérite fondus avec du chlorure de potassium. Il a obtenu des grenailles pesant jusqu'à 60 milligrammes et une poudre également métallique. Le cérium des grenailles a offert les caractères suivants : éclat métallique assez vif, couleur intermédiaire entre celle du plomb et du fer, malléable, tendre. Poids spécifique égal à 5,5 environ. Sa surface se ternit à l'air en commençant par devenir bleue. Il décompose faiblement l'eau à 100°; les acides minéraux l'attaquent vivement et donnent des sels possédant les propriétés connues des sels de cérium.

Quand on chauffe au rouge faible, au moyen du chalumeau, une grenaille de ce cérium, il prend feu et brûle en se transformant en oxyde brun. Si l'élévation de température est à la fois brusque et rapide, il y a une vive production de lumière accompagnée d'explosion et le grain métallique est projeté à distance.

A l'état non fondu, le cérium de M. Wöhler prend feu déjà au-dessous de 100°.

La masse saline qui sert de gangue au cérium est accompagnée d'un oxychlorure en paillettes brillantes dont la formule est

$$2\,CeO + CeCl^2 = Ce^3\left\{\begin{matrix}O^2\\Cl^2.\end{matrix}\right.$$

Il reste à savoir si le métal de Wöhler, outre du lanthane et du didyme, ne renfermait ni sodium, ni potassium [*Ann. der Chem. u. Pharm.*, t. CXLIV, p. 251].

Quand on chauffe du formiate (Göbel) ou de l'oxalate de cérium (Popp) à l'abri du contact de l'air, on a une poudre noire, combustible, inattaquable aux acides quand elle est pure, que l'on a décrite comme étant le métal; mais j'ai montré que c'est un bicarbure [Delafontaine, *Arch. des sciences phys. et natur.*, janvier 1865, t. XXII].

État naturel. — Le cérium est peu répandu dans la nature; on l'a rencontré jusqu'à présent, surtout en Scandinavie et dans l'Oural, combiné avec le fluor (*fluocérine* et *basicérine*); avec l'acide silicique dans des silicates polybasiques, tels que la cérite, l'orthite, la cérine, l'allanite, la gadolinite; avec des acides métalliques (titanique, niobique, tantalique), dans l'euxénite, l'yttrotantalite, la fergusonite, le pyrochlore, l'œschynite, la polymignite, la tyrite, etc.; avec l'acide phosphorique, dans la monazite et la cryptolite.

Les plus abondants de ces minéraux sont l'orthite de Hitteroë et la cérite de Bœstnaes; ce dernier, principalement, est employé pour l'extraction du cérium.

Extraction. — L'extraction du mélange de cérium, de lanthane et de didyme, n'offre aucune difficulté. Marignac a proposé le moyen suivant, qui est très-expéditif et économique, surtout si l'on opère sur une certaine quantité de cérite [*Ann. de Chim. et de Phys.*, (3), t. XXVII] : Le minéral est pulvérisé, puis mélangé dans une capsule de porcelaine avec de l'acide sulfurique, de manière à en faire une pâte épaisse. Si l'on chauffe ce mélange, une vive réaction se manifeste bientôt, la masse s'échauffe beaucoup et blanchit, une partie de l'acide sulfurique se réduit en vapeur, et, au bout de quelques minutes, il ne reste plus qu'une poudre blanche et sèche. On l'introduit dans un creuset de terre que l'on chauffe longtemps au-dessous du rouge, mais assez fort cependant pour chasser la plus grande partie de l'acide en excès; après le refroidissement, on délaye cette poudre dans l'eau froide, en ayant soin de ne l'y ajouter que par petites portions à la fois et en agitant l'eau continuellement de manière que celle-ci ne s'échauffe point et que la poudre ne s'agglomère pas. Les sulfates se dissolvent et laissent un résidu composé surtout de silice colorée en rouge par du fer. On filtre la dissolution et on la fait bouillir, ce qui en précipite la plus grande partie des sulfates de cérium, de lanthane et de didyme, à un état de pureté déjà assez grand. Les trois sulfates sont purifiés par une nouvelle cristallisation; pour cela, on les dessèche à 200° environ et on les redissout peu à peu en remuant sans cesse dans la moindre quantité possible d'eau, maintenue à 5 ou 6°, puis on filtre et l'on fait bouillir. La petite quantité de sels restée dans les deux eaux mères peut en être retirée au moyen du sulfate de potasse en excès. — Voyez SULFATE CÉROSO-POTASSIQUE.

Après la purification, les bases s'obtiennent en redissolvant le mélange des sels et en précipitant par l'oxalate d'ammoniaque; les oxalates, bien lavés, sont ensuite fortement calcinés.

La séparation du cérium est de beaucoup la plus facile. Le procédé de Berzelius, préconisé par Marignac, consiste à dissoudre les trois oxydes mélangés dans l'acide nitrique, à évaporer à siccité et calciner le résidu, reprendre celui-ci par de l'acide nitrique étendu de 100 fois environ son poids d'eau qui dissout les oxydes de lanthane et de didyme. Cette méthode réussit très-bien, à la condition d'éviter absolument la présence de l'acide sulfurique. Il est bon, après avoir traité les oxydes par de l'acide nitrique très-étendu, de faire digérer le résidu avec de l'acide plus concentré pour enlever les dernières traces de lanthane et de didyme qui se dissolvent avec une petite quantité de cérium.

Dans tous les cas, on ne doit pas s'en tenir à ce premier traitement, il faut redissoudre l'oxyde de cérium ainsi obtenu dans de l'acide sulfurique, le précipiter par l'oxalate d'ammoniaque, calciner et recommencer les traitements à l'acide nitrique exposés ci-dessus.

Si, après cela, l'oxyde de cérium n'est pas devenu d'un jaune pâle, exempt de brun rougeâtre, il faut recommencer, ou bien, ce qui vaut mieux quand on tient plus à la pureté qu'à la quantité du produit; il faut suivre la marche suivante :

L'oxyde calciné, provenant de l'oxalate ou du carbonate, traité par l'acide sulfurique, se transforme facilement en une masse jaune de sulfate céroso-cérique. Ce sulfate se dissout bien dans l'eau à la faveur d'un assez grand excès d'acide sulfurique ou d'acide nitrique; la liqueur est d'un jaune rougeâtre foncé. On la laisse s'éclaircir complétement par le repos, puis on décante le liquide clair, et, en l'étendant d'une grande quantité d'eau, on en précipite la plus grande partie du sulfate céroso-cérique à l'état d'une poudre jaune presque entièrement insoluble dans l'eau. On peut soumettre ce sous-sel à des lavages prolongés et lui enlever ainsi les sels étrangers qui pourraient y être mélangés. Il est facile ensuite de le transformer en sulfate céreux en le faisant bouillir avec de l'eau, de l'acide sulfurique et de l'acide chlorhydrique, jusqu'à ce qu'il soit décoloré et qu'il ne dégage plus de chlore, puis on l'évapore à siccité.

J'ai trouvé plus commode de faire digérer à chaud la poudre de sous-sel humide avec de l'acide sulfurique et ensuite de l'acide chlorhydrique.

Voici une autre marche qui a été aussi proposée pour séparer l'oxyde de cérium : Les oxalates des trois terres sont mélangés avec la moitié de leur poids de carbonate de magnésie; le mélange est chauffé au rouge faible jusqu'à ce que l'acide oxalique soit tout entier détruit. Le résidu calciné est dissous à chaud dans l'acide nitrique et la liqueur chauffée jusqu'à ce que l'acide libre soit presque entièrement chassé; la masse cristalline ainsi obtenue est dissoute dans l'eau, puis versée dans de l'eau chaude contenant un peu d'acide sulfurique. Il se sépare de cette manière du sous-sulfate céroso-cérique pur comme dans le procédé de Marignac [Bunsen, *Ann. der Chem. u. Pharm.*, t. CV, p. 40-45; — Holzmann, *Journ. für prakt. Chem.*, t. LXXV, p. 321].

Czudnowicz a modifié la méthode ci-dessus [*Journ. für prakt. Chem.*, t. LXXX, p. 10] : Les nitrates céroso-cérique, magnésique, lanthanique et didymique, sont chauffés avec précaution au bain de sable à 250-300°, en agitant continuellement. Les sels fondent d'abord dans leur eau de cristallisation, puis il se dégage des vapeurs nitreuses. Quand on voit de l'oxyde brun se déposer au fond de la capsule, on laisse refroidir et on reprend par beaucoup d'eau chaude et par de l'eau aiguisée d'acide nitrique. Il se sépare une grande quantité de nitrate basique céroso-cérique qu'on purifie par décantation ; ce sous-sel peut ensuite donner facilement l'oxyde pur.

Mosander mêlait les trois oxydes hydratés et encore humides avec une solution concentrée de potasse caustique, il y faisait passer un courant de chlore en agitant continuellement, jusqu'à saturation complète de l'alcali et de la liqueur : l'oxyde céreux se transformait en oxyde intermédiaire. A la fin de l'opération, le lanthane, le didyme, et aussi une portion du cérium, étaient dissous à l'état de chlorures, tandis que la plus grande partie du cérium se trouvait au fond du vase sous forme d'une poudre d'un jaune pur ; une digestion de 24 heures avec de l'eau de chlore et des lavages prolongés laissaient celle-ci bien exempte de lanthane, de didyme, de potasse et de chlore.

Bonaparte avait proposé un procédé peu avantageux fondé sur l'insolubilité du valérianate de cérium dans l'acide nitrique; ce procédé est complétement tombé dans l'oubli.

Usages. — Le cérium et ses composés n'ont aucun usage industriel ou chimique. L'on a proposé seulement l'oxalate contre les vomissements incoercibles des femmes enceintes (Simpson) et le nitrate céroso-cérique pour séparer l'acide phosphorique (Deville et Damour).

Poids atomique. — Le poids atomique du cérium a été l'objet de déterminations assez nombreuses faites par Mosander, Beringer, Choubine, Marignac, Rammelsberg, Hermann, Jegel, etc. Les résultats les plus certains conduisent à admettre le nombre 575 (O = 100) ou 92 (H = 1, O = 16).

Classification. — Par l'ensemble de ses propriétés et par la constitution de ses composés, le cérium se rattache à un groupe naturel formé par le lanthane, le didyme, l'yttrium, l'erbium, le terbium, et qui est bien distinct de celui des métaux de la série magnésienne. D'autre part, le manganèse et le cérium présentent un assez grand nombre d'analogies qui rapprochent un peu le second de ces métaux du fer, du chrome, etc.

COMPOSÉS DU CÉRIUM.

OXYDES DE CÉRIUM. — L'on connaît avec certitude et l'on a isolé deux combinaisons du cérium avec l'oxygène, savoir : le protoxyde CeO et l'oxyde intermédiaire Ce^3O^4. Divers chimistes ont encore signalé les composés Ce^2O^3, Ce^5O^7, CeO^2, etc., dont l'existence demande confirmation.

PROTOXYDE, CeO. — Mosander l'a obtenu en exposant le carbonate céreux à la chaleur blanche dans un courant d'hydrogène; Rammelsberg [*Journ. für prakt. Chem.*, t. LXXVII, p. 67] a montré que l'on peut se servir de l'oxalate, et Stapf [*Journ. für prakt. Chem.*, t. LXXIX, p. 257] a eu recours à la réduction du nitrate. C'est une poudre d'un gris bleuâtre qui s'oxyde à l'air en s'échauffant et se colorant en jaune.

Préparé par la voie humide, il forme un précipité gélatineux, blanc, qui se colore bientôt en absorbant l'oxygène et l'acide carbonique de l'air, de manière à constituer un mélange d'oxyde intermédiaire et de carbonate céreux.

C'est une base forte qui se dissout un peu dans le carbonate d'ammoniaque et qui chasse cette dernière de ses sels.

OXYDE INTERMÉDIAIRE, Ce^3O^4. — On le prépare

en calcinant fortement à l'air le carbonate, l'oxalate, le nitrate céreux ou les sous-sulfates céroso-cériques. On l'a considéré pendant longtemps comme étant le sesquioxyde; il joue le rôle d'une base salifiable et se combine intégralement avec les acides pour donner des sels dont plusieurs cristallisent très-bien.

A l'état de pureté, c'est un corps lourd, d'un jaune-citron à chaud et d'un jaune très-pâle, presque blanc, à froid, doué quelquefois d'une teinte faiblement rougeâtre; quand il est souillé par du didyme, sa couleur est d'un rouge de brique plus ou moins foncé.

D'après Nordenskiöld [*Journ. für prakt. Chem.*, t. LXXXII, p. 129], l'oxyde céroso-cérique peut être obtenu en cristaux qui appartiennent au système régulier et dont la forme habituelle est une combinaison du cube et de l'octaèdre; pour cela il faut chauffer du chlorure de cérium avec un peu de borax, pendant 48 heures, dans un four à porcelaine, et traiter la masse fondue par l'acide chlorhydrique, lequel laisse une poudre cristalline pesante, transparente, incolore, insoluble dans l'acide chlorhydrique, difficilement soluble dans l'acide sulfurique, ayant une densité de 6,94 à 15°. A la suite d'une autre opération, les cristaux obtenus étaient rouge-brique et leur densité atteignait le chiffre 7,09 à + 14°,5.

Même en poudre fine et à l'ébullition, l'oxyde céroso-cérique calciné est à peine attaqué par les acides nitrique, chlorhydrique, etc. L'acide sulfurique étendu de son volume d'eau au plus le dissout bien, surtout à l'aide d'une douce chaleur, et donne ainsi une liqueur rouge foncé. La présence du lanthane et du didyme le rend plus facilement soluble dans les acides ordinaires.

Le chlore est sans action sur l'oxyde de cérium; l'hydrogène le réduit à l'état de protoxyde, à une température élevée.

L'hydrate d'oxyde céroso-cérique, $Ce^3O^4, 3H^2O$, humide est jaune clair; après avoir été desséché il forme une masse vitreuse dont la poudre est jaune-citron; il se dissout aisément dans les acides concentrés, avec lesquels il donne des liqueurs rouges très-oxydantes; sa dissolution chlorhydrique dégage abondamment du chlore et perd sa couleur à l'ébullition. Les acides étendus ne le dissolvent pas s'il est pur, mais ils le transforment en sous-sel; en présence du lanthane et du didyme, une portion de cet oxyde peut entrer en dissolution dans les acides étendus. Un mélange d'acide chlorhydrique et d'iodure de potassium possède la propriété de dissoudre l'oxyde céroso-cérique avec séparation d'iode (Bunsen)

Hermann prétend que l'oxyde résultant de la calcination à l'air de l'oxalate céreux, ou d'un mélange de sous-sulfate céroso-cérique avec du carbonate de soude, a pour formule Ce^2O^3 [*Journ. für prakt. Chem.*, t. XCII, p. 113]. Cette manière de voir est contraire aux expériences de Rammelsberg, Marignac, Holzmann, etc.

Le même chimiste admet l'existence d'un produit, $Ce^5O^8 = 2\,Ce^2O^3 + CeO^2$, qui prendrait naissance quand on calcine le nitrate céreux ou bien quand on chauffe dans de l'oxygène l'oxyde décrit par lui sous le nom de sesquioxyde.

D'après Stapf, le résidu de la destruction du nitrate par la chaleur, à l'air, serait du bioxyde CeO^2 ou peut-être Ce^3O^7 [*loc. cit.*].

Popp considère comme bioxyde CeO^2, sans preuves d'ailleurs, l'hydrate jaune clair obtenu en précipitant à l'ébullition un sel céreux mélangé d'acétate de soude par un excès d'hypochlorite de soude [*Ann. der Chem. u. Pharm.*, t. CXXXI, p. 361]. Cet hydrate, calciné à l'air, prenait une couleur brun foncé, ce qui est un indice de la présence du didyme.

Il paraît bien établi maintenant que le sesquioxyde de cérium n'a jamais été obtenu isolé ni en combinaison avec les acides, à moins qu'il n'y eût en présence du protoxyde CeO. Les expériences de Rammelsberg ont montré que la combinaison Ce^3O^4 n'a pas toujours une composition rigoureusement constante, en ce sens que, suivant la température à laquelle on l'a soumise au contact de l'oxygène, elle peut absorber ou perdre une faible quantité d'oxygène.

Enfin il existe d'autres oxydes intermédiaires que l'on pourrait considérer comme des bases particulières, mais il est préférable, je crois, de considérer leurs sels comme des combinaisons de proto-sels avec des sels de sesquioxyde. — Voyez plus loin, aux sels céroso-cériques, le sulfate $Ce^8O^6, 6SO^3$.

SELS HALOÏDES CÉREUX. — PROTOCHLORURE DE CÉRIUM, $CeCl^2$. — Il peut être obtenu anhydre en chauffant le protosulfure dans un courant de chlore pur et sec; le chlorure de soufre se volatilise et celui de cérium demeure sous forme d'une masse blanche, poreuse, fusible, non volatile. Ce corps peut encore être préparé en ajoutant du chlorure d'ammonium en grand excès à une dissolution de carbonate céreux dans l'acide chlorhydrique, évaporant à sec, calcinant le résidu dans un courant d'acide chlorhydrique jusqu'à ce que le chlorure d'ammonium ait été totalement vaporisé; il arrive souvent que, par cette méthode, on l'ait mélangé d'oxychlorure insoluble.

Le protochlorure de cérium est très-soluble dans l'eau, avec laquelle il forme une liqueur incolore, qui cependant jaunit à l'air. La dissolution sirupeuse l'abandonne en cristaux déliquescents, solubles dans l'alcool, auquel ils communiquent la propriété de brûler avec une flamme verte scintillante.

Quand on chauffe les cristaux de protochlorure de cérium, ils perdent leur eau et de l'acide chlorhydrique. Le résidu consiste en oxychlorure blanc, jaunissant à l'air humide, presque insoluble dans les acides, attaquable par une fusion avec de la potasse.

En faisant digérer de l'oxyde céroso-cérique avec un mélange d'acides chlorhydrique et ferrocyanhydrique, on a obtenu des cristaux incolores ayant pour formule

$$CeCl^2 + 4\,1/2\,H^2O$$

[Lange, *Journ. für Chem.*, t. LXXXII, p. 189].

Chlorure d'or et de cérium,

$$3\,CeCl^2 + Au^2Cl^3 + 20\,H^2O.$$

— Une dissolution concentrée de chlorure d'or et de chlorure céreux, abandonnée pendant quelques jours sous une cloche sur du chlorure de calcium, laisse déposer des cristaux jaunes, déliquescents, transparents, qui s'effleurissent sur la potasse caustique, fondent dans leur eau bien au-dessous de 100°, et se dissolvent dans l'alcool absolu.

D'après Lange, la forme de ce sel appartient probablement au prisme rhomboïdal oblique [Holmann, *Zeitsch. Chem. u. Pharm.*, 1862, p. 668].

Chloroïodure de cérium et de zinc. — Si l'on mélange des dissolutions concentrées de chlorure de cérium et d'iodure de zinc, on obtient, après un repos prolongé sur de la chaux vive et du chlorure de calcium, un sirop visqueux ou quelquefois des cristaux de sel double très-solubles dans l'eau et l'alcool, décomposables au feu [Holzmann, *Journ. für prakt. Chem.*, t. LXXXIV].

Chloroplatinate de cérium.

$$2\,CeCl^2 + PtCl^4 + 8\,H^2O.$$

— On le prépare par l'union des deux chlorures. Par l'évaporation de la liqueur, on obtient des cristaux orangés, très-solubles dans l'eau et l'alcool, insolubles dans l'éther, déliquescents à l'air humide, fusibles au bain-marie. Une dissolution alcoolique concentrée sur du chlorure de calcium donne de beaux prismes rectangulaires [Holzmann, *loc. cit.*].

Chloromercurate de cérium,

$$CeCl^2 + 6\,HgCl + 8\,H^2O\ (?).$$

— Cubes incolores, transparents, non déliquescents, qui prennent naissance par la concentration d'une liqueur contenant du sublimé corrosif et du chlorure céreux (Bonsdorff).

PROTOBROMURE DE CÉRIUM. — Masse déliquescente, fusible sans altération hors du contact de l'air, décomposable au feu, en présence de l'air, en brome qui se dégage et oxybromure qui demeure.

PROTOÏODURE DE CÉRIUM, CeI^2. — L'oxyde céroso-cérique desséché se dissout aisément dans l'acide iodhydrique avec élimination d'iode; si l'on transforme cet iode libre en acide iodhydrique, au moyen d'un courant d'hydrogène sulfuré, et qu'on évapore la dissolution en présence d'un excès d'hydrogène sulfuré, on obtient une liqueur incolore qui laisse déposer par le repos, au-dessus de l'acide sulfurique, des cristaux hyalins, incolores, déliquescents à l'air ou formant une liqueur brune [Lange, *loc. cit.*].

PROTOFLUORURE DE CÉRIUM. — Précipité blanc, pulvérulent, insoluble dans l'eau, peu soluble dans les acides.

PROTOSULFURE DE CÉRIUM, CeS. — Il a été découvert par Mosander qui l'obtenait en chauffant au rouge du carbonate de cérium dans un courant de vapeurs de sulfure de carbone, ou en fondant au blanc du sulfure de potassium en grand excès avec de l'oxyde de cérium. Par le premier procédé on a un sulfure poreux, léger, rouge comme du minium ; le second procédé donne, après le lavage de la masse, de très-petites paillettes jaunes, brillantes, translucides, semblables à de l'or mussif. Ces deux sulfures sont inaltérables à l'air et à l'eau, très-facilement solubles dans les acides avec dégagement d'hydrogène sulfuré et sans résidu de soufre.

Oxysulfure de cérium. — On l'obtient quand on distille du carbonate céreux avec du soufre, ou qu'on le calcine dans un courant d'hydrogène sulfuré. C'est une poudre verdâtre, soluble dans les acides en dégageant de l'acide sulfhydrique et laissant déposer du soufre. Ordinairement cet oxysulfure est mélangé avec un peu de sous-sulfate céreux.

Phosphure de cérium. — Mosander n'a pas réussi à obtenir ce corps.

CARBURE DE CÉRIUM. — L'oxyde de cérium, chauffé en vase clos avec de l'huile, donne une poudre noire qui est du carbure de cérium. Si on retire cette poudre encore chaude, elle prend feu et brûle sans flammes.

Vient-on à décomposer par la chaleur dans une cornue de porcelaine, ou mieux dans un tube de verre traversé par un courant d'hydrogène pur et sec, le formiate ou l'oxalate de cérium, on obtient une poudre noir grisâtre qui s'allume et brûle au contact de l'air, comme l'amadou, quand on la projette encore chaude sur une feuille de papier ou tout autre corps conduisant mal le calorique. Cette poudre demeure inaltérable après le refroidissement et on peut alors la conserver dans un vase ouvert sans qu'elle change d'aspect; mise en digestion dans de l'acide chlorhydrique étendu elle dégage lentement de petites bulles gazeuses dépourvues d'odeur; au bout de deux ou trois jours la liqueur renferme une certaine quantité de chlorure céreux, tandis qu'il reste un abondant résidu noir, dense, à peine attaquable par les acides minéraux, même concentrés et chauds : ce résidu est un carbure à proportions définies qui peut se représenter par la formule CeC^3, malgré un léger excès, variable d'ailleurs, de carbone.

Göbel et Popp ont tous deux pris ce carbure pour du cérium métallique; Mosander, qui l'avait aussi obtenu par l'oxalate et par le tartrate, en a fait une analyse exacte. Dans la préparation que nous venons de décrire, le formiate de cérium prend en se décomposant un mouvement tout à fait semblable à celui d'un liquide en ébullition, et il s'échappe par les moindres interstices en brûlant comme une fusée [Delafontaine, *Arch. des sciences phys. et natur.*, t. XXII, janvier 1865].

PROTOSÉLÉNIURE DE CÉRIUM. — On l'obtient en calcinant le sélénite céreux dans un courant de gaz hydrogène. Il se précipite sous forme d'une poudre rouge brunâtre, qui répand à l'air l'odeur de l'acide sélénhydrique, qui n'est point décomposée par l'eau, mais se dissout dans les acides en se décomposant.

SILICIURE DE CÉRIUM, CeSi. — Ullik [*Zeitsch. für Chem.*, 1866, p. 60] a soumis à l'action d'un courant engendré par huit éléments de Bunsen un mélange de fluorure de potassium et de fluorure de cérium maintenu en fusion dans un creuset de porcelaine chauffé. Il y a eu au pôle positif un fort dégagement gazeux, tandis qu'il se formait autour du pôle négatif une masse brune mélangée de globules de potassium. Cette masse, broyée dans l'eau, a laissé une poudre dont l'analyse a fourni 23,19 % de silicium et 76,21 % de cérium, nombres qui correspondent à des équivalents égaux de chaque corps. Le silicium provenait du creuset dont les parois étaient fortement attaquées.

Les *fluosilicate, fluoborate, fluotitanate* et autres *fluosels de cérium* sont inconnus; plusieurs d'entre eux paraissent même ne pas exister ou tout au moins ne pas se former dans les conditions ordinaires.

Les *alliages de cérium* sont également inconnus.

OXYSELS CÉREUX. — AZOTATE CÉREUX,

$$CeAz^2O^6 + 4H^2O.$$

— Il se prépare en dissolvant le carbonate céreux ou l'hydrate céroso-cérique dans l'acide nitrique concentré (avec addition d'alcool). La liqueur incolore, amenée en consistance sirupeuse, laisse déposer, en se refroidissant, une masse cristallisée qui perd 2aq par une dessiccation prolongée à 150°, et qui se décompose à 200° [Lange, *loc. cit.*]. Ce nitrate est soluble dans l'alcool. Le feu le décompose d'abord en sous-nitrate, puis en oxyde céroso-cérique.

Le nitrate céreux forme des sels doubles avec un certain nombre de nitrates alcalins ou à base d'oxyde de la série magnésienne; ces composés ont été décrits par Lange et par Holzmann [*loc. cit.*].

Nitrate céroso-potassique. — Si l'on évapore jusqu'à consistance sirupeuse un mélange de salpêtre et de nitrate céreux dissous, on obtient par la concentration sur de l'acide sulfurique des petits cristaux éclatants dont la composition n'est pas constante; une analyse a donné la formule

$$4\,KAzO^3 + 3\,CeAz^2O^6 + 4\,H^2O.$$

Nitrate ammonico-céreux,

$$AmAzO^3, CeAz^2O^6, 4H^2O.$$

— Se prépare comme le précédent. Incolore, très-soluble dans l'eau et l'alcool, déliquescent à l'air humide. Des Cloizeaux [*Ann. des mines,* 1858, t. XIV] mentionne un nitrate ammonico-céreux en prisme rhomboïdal oblique de 82°50′ et $p\,h^1 = 113°$, dont il ne donne pas la formule.

Nitrate céroso-magnésique,

$$CeAz^2O^6 + MgAz^2O^6 + 8 \text{ (ou } 6H^2O?).$$

— On l'obtient en dissolvant équivalents égaux d'oxyde céroso-cérique et de magnésie dans l'acide nitrique avec addition d'alcool. Il cristallise en tables hexagonales, souvent très-belles, incolores, très-solubles dans l'eau et dans l'alcool, lentement déliquescentes à l'air. Sa forme primitive est un rhomboèdre obtus de 110°20′ doué d'une double réfraction négative énergique.

Nitrate céroso-manganeux. — Gros cristaux rose-rouge, isomorphes avec le sel précédent, qui perdent 4 aq à 150°, en commençant à se décomposer.

Nitrate céroso-cobalteux. — Se dépose à la longue en tables hexagonales brunes ou rouges, isomorphes avec le sel précédent, déliquescentes à l'air.

Nitrate céroso-nickéleux. — Gros cristaux, vert émeraude, inaltérables à l'air, de même forme que les précédents.

Nitrate zinco-céreux. — Tables hexagonales incolores qui se formulent comme les autres nitrates doubles de la série magnésienne.

Bromate céreux, $CeBr^2O^6 + 6H^2O$. — Prismes hexagonaux réguliers, isomorphes avec le bromate de didyme. Au feu, ce sel se décompose tranquillement en laissant de l'oxyde céroso-cérique (Rammelsberg).

Iodate céreux, $CeI^2O^6 + H^2O$. — Se prépare en ajoutant de l'acide iodique à une solution de nitrate céreux; c'est une poudre blanche, non cristalline, plus soluble dans l'eau chaude que dans l'eau froide, très-soluble dans les acides étendus ou concentrés. La formule correspond au sel desséché à 110° [Holzmann, *Journ. für prakt. Chem.*, t. LXXV].

Sulfate céreux, $CeSO^4$. — Ce sel anhydre constitue une poudre blanche qui se dissout très-facilement dans l'eau froide si on a soin d'agiter constamment, qui s'échauffe en s'hydratant et s'agglomère au fond de l'eau si on l'y fait séjourner sans agitation; sa saveur est sucrée et astringente; quand on élève jusqu'à l'ébullition la température de sa dissolution concentrée froide, celle-ci abandonne une poudre cristalline dont la formule est $CeSO^4, 2H^2O$: ce fait est dû à ce que le sulfate céreux est beaucoup plus soluble à froid qu'à chaud. Par l'évaporation spontanée, il se dépose en petits octaèdres rhomboïdaux droits, incolores, dont les angles sur les arêtes culminantes sont de 114°12′ et de 111°10′; ils sont souvent modifiés par les faces d'un second octaèdre plus aigu dont les angles sont de 99°48′ et de 95°48′. Ces cristaux renferment 3 molécules d'eau pour une de sulfate; il est facile de les dessécher sans décomposition à une température fort inférieure au rouge, de manière que leur poids demeure parfaitement constant; mais à partir du rouge il y a une nouvelle perte et l'on ne peut plus redissoudre le sel sans résidu [Marignac, *Ann. de Chim. et de Phys.*, (3), t. XXVII].

D'après Czudnowicz, le sulfate $CeSO^4, 3H^2O$ se déposerait en prismes hexagonaux terminés par une pyramide hexagonale, ce qui ressemble tout à fait au sulfate de lanthane : y aurait-il là un cas de dimorphisme du sulfate céreux?

On a encore signalé d'autres hydrates qui se déposent dans des conditions mal déterminées; l'un est en petits prismes groupés en houppes, transparents aussi longtemps que leur eau mère les recouvre, mais se transformant bientôt à l'air dont ils absorbent l'humidité; la formule de ce composé est $(CeSO^4)^3 + 5H^2O$; peut-être est-il identique à celui que j'ai signalé plus haut comme renfermant $CeSO^4 + 2H^2O$, et aussi à celui que Otto et Beringer ont formulé $(CeSO^4)^2 + 3H^2O$ (Czudnowicz). Un second hydrate, obtenu dans les mêmes conditions que le précédent, c'est-à-dire en chauffant une dissolution froide de sulfate céreux, s'est déposé sous une forme et avec des propriétés tout à fait semblables, mais avec une composition qui se représente, selon Hermann, par $CeSO^4 + 2H^2O$. Enfin, le même chimiste annonce que l'on a souvent pris pour l'hydrate à $3H^2O$, un sel dont la formule serait

$$(CeSO^4)^3 + 8H^2O;$$

la description qu'il donne de ce produit s'accorde on ne peut mieux avec celle du sulfate à $3H^2O$ de M. Marignac : il y a donc probablement erreur dans l'analyse de M. Hermann.

La dissolution du sulfate céreux, traitée par l'ammoniaque ou la potasse en petite quantité, laisse précipiter un sous-sel de composition variable.

Sulfates céroso-potassiques :

1° $$K^2SO^4 + CeSO^4.$$

— Poudre blanche, fine, lourde, peu soluble dans l'eau, insoluble dans une dissolution saturée de sulfate de potasse; sa dissolution aqueuse bouillante le laisse déposer sous une forme plus cristalline; à une chaleur rouge pas trop forte, il fond sans décomposition. On met à profit son insolubilité dans le sulfate de potasse pour séparer le cérium de plusieurs autres corps, et notamment de l'yttria et de ses congénères. Si l'on cherche à précipiter par la potasse ou l'ammoniaque l'oxyde céreux de la dissolution de ce sel dans l'eau bouillante, il est très-difficile d'obtenir du premier coup un produit qui ne renferme pas de sous-sel.

Le sulfate céroso-potassique est dissous par les acides qui transforment le sulfate potassique en bisulfate.

On obtient ce sel en dissolvant du sulfate de potasse en poudre dans un sel céreux qui peut même contenir de l'acide libre; après que la liqueur a dissous une certaine quantité de sel de potasse, il commence à se former un précipité blanc, pulvérulent, qui va toujours en augmentant. Dès que la liqueur est parfaitement saturée de sulfate de potasse, elle ne contient plus de cérium; mais pour arriver à ce résultat il faut faire plonger dans le liquide, près de sa surface, une croûte de sulfate de potasse attachée à un fil de platine, par exemple (Berzelius).

2° Czudnowicz a annoncé que si, au lieu d'employer le sulfate potassique en excès, on en prend une demi-partie pour une de sulfate céreux, ou, en général, un équivalent du premier pour trois ou plus du second, on a, au bout de quelque temps, un dépôt grenu dont la formule est

$$3CeSO^4 + K^2SO^4 + 2H^2O.$$

Sulfate céroso-sodique,

$$3CeSO^4 + Na^2SO^4 + 2H^2O.$$

— Précipité blanc, cristallin, peu soluble, obtenu par le mélange de ses deux constituants en proportions qui peuvent varier beaucoup sans que le résultat soit changé [Czudnowicz, *loc. cit.*].

Beringer a donné à ce composé la formule

$$2CeSO^4 + Na^2SO^4,$$

mais son produit renfermait du didyme.

Sulfate céroso-ammonique,

$$3CeSO^4 + Am^2SO^4 + 7H^2O.$$

— Petits prismes rhomboïdaux obliques se déposant par l'évaporation spontanée et perdant leur eau à 150°.

Le même sel s'obtient en poudre blanche, par les procédés employés pour les sels précédents (Czudnowicz).

Sulfate thalloso-céreux. — Poudre fine, lourde, blanche, cristalline, plus soluble dans l'eau pure que le sel potassique correspondant, obtenue par l'évaporation d'une liqueur renfermant du sulfate céreux et du sulfate thalleux [Delafontaine, *Recherches inédites*].

SULFITE CÉREUX. — L'acide sulfureux dissout le carbonate céreux et la liqueur laisse cristalliser un sulfite en aiguilles (Klaproth).

HYPOSULFATE CÉREUX. — En dissolvant le carbonate céreux dans l'acide hyposulfurique et en abandonnant la dissolution à l'évaporation spontanée, il se forme de petits prismes quadrangulaires d'hyposulfate céreux, qui sont incolores et inaltérables dans l'air (Heeren).

SÉLÉNITES CÉREUX. — Le sel neutre est une poudre blanche, insoluble. Le bi-sel est soluble (Berzelius).

PHOSPHATE CÉREUX, $Ce^3Ph^2O^7$ (?). — Précipité blanc, insoluble dans l'eau et dans un excès d'acide phosphorique, peu soluble dans les acides chlorhydrique et nitrique. Une forte calcination l'agglomère sans le fondre.

Il existe dans la nature deux phosphates de cérium : l'un, la *cryptolite* ou *phosphocérite*, a pour formule $(CeO, LaO, DiO)^3Ph^2O^5$; l'autre, appelé *monarite* ou *edwarsite*, renferme de la thorine et se représente par

$$\left.\begin{matrix}ThO\\CeO\\LaO\end{matrix}\right\}^3 + Ph^2O^5.$$

ARSÉNIATE CÉREUX. — Il est insoluble dans l'eau. Un excès d'acide arsénique le dissout : le sur-sel se détache en une masse gélatineuse, transparente.

CARBONATE CÉREUX, $CeCO^3 + 3H^2O$. — Précipité blanc grenu ou en petits prismes, mélangé d'hydrate d'oxyde céroso-cérique, obtenu en précipitant du sulfate céreux par du sesquicarbonate d'ammoniaque; quand on le chauffe, il ne peut perdre son eau sans laisser dégager de l'acide carbonique et se suroxyder; il est insoluble dans l'eau et dans les bicarbonates alcalins; si on le prépare par le carbonate de soude, il renferme une plus forte proportion d'oxyde céroso-cérique (Czudnowicz). Quand on a effectué la précipitation, il se manifeste peu à peu une lente effervescence.

Le carbonate céreux forme aussi des lamelles blanches, très-petites et minces, douces au toucher, douées d'un vif éclat micacé et qui se dissolvent dans les acides sans communiquer à ceux-ci de coloration jaune sensible.

SILICATE CÉREUX. — Il existe dans la nature, mélangé avec ceux de lanthane et de didyme (*cérite*), avec ceux de lanthane, didyme, erbine, terbine, yttria et glucine (*gadolinite*), avec les précédents et ceux d'alumine et de fer (*orthite* et ses variétés). La cérite renferme de 65 à 70 °/₀ d'oxydes de cérium, de lanthane et de didyme, le premier étant très-prédominant; la *cérine* qui l'accompagne à Bœstnaes renferme seulement de 40 à 45 °/₀ de ces bases.

SELS CÉROSO-CÉRIQUES. — Ils ont été décrits autrefois sous le nom de sels cériques ou à base de sesquioxyde; la plupart d'entre eux correspondent à l'oxyde Ce^3O^4. Ils sont peu stables, l'eau les décompose facilement et ils repassent, sous de faibles influences, à l'état de sels céreux.

CHLORURE CÉROSO-CÉRIQUE. — On l'obtient en dissolvant à froid l'hydrate céroso-cérique dans l'acide chlorhydrique. La liqueur est jaune rougeâtre, mais elle prend une teinte plus claire quand on la chauffe un peu, et elle abandonne alors du chlore; l'alcool la réduit.

FLUORURE ET OXYFLUORURE CÉROSO-CÉRIQUE,

$$Ce^3Fl^8 \text{ et } 2Ce^3O^4 + Ce^3Fl^6 \text{ (?)}.$$

— Ils se rencontrent dans l'albite à Finbo, près Fahlun, en Suède, où ils forment des petits nids jaunes et rouges, très-peu abondants. Le second renferme de l'eau ; l'analyse demanderait à être refaite ou tout au moins calculée de nouveau d'après les nombres obtenus par Berzelius en 1815.

L'*yttrocérite* est un fluorure d'yttrium, de calcium et de cérium encore plus rare que les précédents.

Ces trois minéraux renferment très-probablement du lanthane et du didyme.

Par double décomposition, on obtient du fluorure céroso-cérique en poudre jaune insoluble.

SULFATES CÉROSO-CÉRIQUES. — On en connaît plusieurs et ils ne correspondent pas tous à l'oxyde Ce^3O^4.

1° La liqueur jaune-rouge obtenue en attaquant l'oxyde céroso-cérique par l'acide sulfurique en excès donne, après une concentration lente, une cristallisation en petits prismes hexagonaux réguliers, terminés par une pyramide hexagonale basée, de couleur orangée, solubles dans l'eau contenant de l'acide sulfurique ou de l'acide nitrique, mais décomposables par l'eau pure qui en sépare un sous-sel jaune, pulvérulent. Ce sulfate a pour formule

$$Ce^3O^6, 6SO^3 + 18H^2O$$
$$= 3CeSO^4 + Ce^2S^3O^{12} + 18H^2O.$$
ou $$2CeSO^4 + Ce^3S^4O^{16} + 18H^2O.$$

Sa dissolution donne avec la potasse un précipité gris rougeâtre Ce^5O^6 qui se colore à l'air et se transforme en Ce^3O^4 en absorbant en même temps un peu d'acide carbonique.

2° L'eau mère du sulfate précédent abandonne ensuite un sel jaune en petits cristaux grenus, indéterminables, dont la composition est

$$Ce^3S^4O^{16} + 8H^2O$$

et qui se comportent, sous l'influence de l'eau, comme les prismes hexagonaux.

3° Le sous-sel jaune pâle qui provient de la décomposition par l'eau des deux sulfates qui viennent d'être décrits, et, ce qui revient au même, celui dont il a été question dans l'extraction du cérium, ont pour formule

$$Ce^6S^3O^{17} + 6H^2O = 2Ce^3O^4 + 3SO^3 + 6H^2O.$$

Marignac avait admis une composition un peu différente, mais c'était en partant d'un poids atomique du cérium trop élevé.

Sulfates céroso-cérico-potassiques. — La dissolution brute de sulfate céroso-cérique additionné de sulfate potassique et abandonnée à l'évaporation spontanée donne des cristaux d'un beau jaune-citron, très-nets et éclatants, imprégnés d'un précipité pulvérulent jaune brunâtre, peu soluble. Les cristaux appartiennent au système prismatique oblique; l'angle du prisme est de 79°51; la base fait avec les faces du prisme un angle de 96°50; la forme habituelle est un octaèdre basé peu modifié latéralement.

La formule de ce sel est

$$Ce^3S^4O^{16} + 4K^2SO^4 + 4H^2O$$
$$= Ce^3O^4, 4SO^3 + 4(KO^2, SO^3) + 4H^2O.$$

Lorsqu'on le calcine modérément, il perd son eau, de l'oxygène et de l'acide sulfurique, et laisse un résidu composé de sulfate de potasse et de sulfate céreux.

La composition du précipité qui accompagne les cristaux a une composition variable; une analyse a donné des nombres conduisant à la formule

$$8(CeSO^4) + Ce^2S^3O^{12} + 5(K^2SO^4) + 7H^2O$$

[Marignac, *Ann. des Mines*, (5), t. XV].

Rammelsberg a reconnu également que la solution de sulfate de potasse dans le sulfate céroso-cérique donne naissance à des produits complexes, jaunes, pulvérulents, sans composition constante, et il a analysé deux produits qui lui ont donné

$$Ce^6O^6, 6SO^3 + 3(K^2O, SO^3) + 6H^2O$$
$$= (CeSO^4)^3 + Ce^2S^3O^{12} + 3(K^2SO^4) + 6H^2O,$$
$$\text{et } 6(K^2SO^4) + 3(CeSO^4) + Ce^2S^3O^{12} + 6H^2O$$
$$= Ce^5O^6, 6SO^3 + 6(K^2SO^4) + 6H^2O.$$

Tous ces sels sont insolubles dans une liqueur saturée de sulfate de potasse.

Sulfates céroso-cérico-ammoniques. — Le sel cristallisé est isomorphe avec le sel potassique correspondant, de couleur orangée; le feu le détruit en laissant de l'oxyde céroso-cérique (Marignac, Rammelsberg).

Les sous-sels sont mal définis.

Hermann a aussi étudié les sulfates que nous venons de passer en revue, mais il leur assigne des formules très-différentes de celles de Marignac et de Rammelsberg.

Nitrate céroso-cérique. — L'hydrate céroso-cérique dissous dans l'acide nitrique donne après l'évaporation une masse jaune rougeâtre qui ressemble au miel, offre des traces sensibles de cristallisation et attire l'humidité.

La masse évaporée à sec, très-peu au-dessus de 100°, laisse un résidu qui se dissout dans l'eau en formant avec elle une liqueur opaline par transparence, jaune pâle par réflexion, qui en se desséchant forme une masse résiniforme, rouge foncé, fendillée en tous sens, intégralement soluble, non déliquescente. Si l'on ajoute à la dissolution de ce composé, qui est un *sous-nitrate*, une quantité d'acide nitrique qui ne soit pas en excès par trop considérable, on obtient un précipité jaune pâle, un peu gélatineux, qui prend en se desséchant la forme d'une poudre grossière jaune-citron; ce précipité est redissous par l'eau pure; le sous-nitrate céroso-cérique est donc insoluble en présence de l'acide azotique étendu [Delafontaine, *Arch. des sciences phys. et nat.*, 1863, t. XVIII]. Ce sous-sel peut être utilisé dans la séparation du cérium et du didyme.

Le nitrate céroso-cérique forme des sels doubles avec un certain nombre d'autres nitrates.

Nitrate céroso-cérico potassique,

$$Ce^3Az^8O^{24} + 4(KAzO^3) + 3H^2O$$
$$= Ce^3O^4, 4Az^2O^5 + 2K^2Az^2O^6 + 3H^2O.$$

— Un mélange à parties égales d'une dissolution concentrée de nitrate céroso-cérique avec une dissolution presque saturée de salpêtre, placé sous une cloche avec du chlorure de calcium et de la chaux vive, donne des cristaux jaune-rouge accompagnés de salpêtre. On peut séparer ce dernier et faire recristalliser le sel jaune; on l'obtient ainsi en prismes hexagonaux, de couleur aurore, très-solubles dans l'eau, déliquescents [Holzmann, *Journ. für prakt. Chem.*, t. LXXV].

Nitrate céroso-cérico-ammonique,

$$Ce^3Az^8O^{24} + 4(AmAzO^3) + 3H^2O.$$

— S'obtient comme le précédent, en remplaçant le salpêtre par du nitrate ammonique.

Prismes hexagonaux, microscopiques, groupés en mamelons, jaune-orangé, très-déliquescents (Holzmann).

Nitrate céroso-cérico-magnésique,

$$Ce^3Az^8O^{24} + 2(MgAz^2O^6) + 16H^2O.$$

— Rhomboèdres orangés, très-solubles, obtenus en dissolvant dans l'acide nitrique le résidu de la calcination de l'oxalate céreux avec de la magnésie blanche, et faisant ensuite cristalliser.

Le *nitrate double de cérium et de zinc*, rouge jaunâtre, a pour formule

$$2(ZnAz^2O^6) + (Ce^3Az^8O^{24}) + 18H^2O.$$

Celui de *nickel* renferme 24aq. Les sels correspondant avec la chaux, la baryte, les oxydes de fer, de manganèse, de cobalt, de cuivre et de plomb, n'ont pas pu être obtenus (Holzmann).

La forme cristalline de plusieurs de ces composés a été examinée par Carius et par Rammelsberg.

Carbonate céroso-cérique. — D'après Hisinger, c'est un précipité anhydre plus pesant et d'un blanc moins pur que le sel céreux.

Sélénites céroso-cériques. — Le sel neutre est une poudre jaune qui laisse après calcination un résidu d'oxyde. Le bi-sel se dessèche en un vernis jaune qui abandonne de l'eau (et probablement aussi de l'oxygène) quand on le chauffe, et devient opaque, blanc, cristallin (Berzelius).

Sulfosels de cérium. — Ce qui va suivre s'applique à des composés souillés de lanthane et de didyme.

Le chlorure n'est pas précipité par les sulfocarbonates.

Le *sulfotellurite tricéreux* est une poudre jaune qui se décompose peu à peu et devient brune.

Sulfarséniate céreux. — Qu'il soit neutre ou basique, il forme un précipité jaune pâle qui se fonce par la dessiccation.

Le *sulfarséniate céroso-cérique* est un peu soluble dans l'eau.

Sulfarsénite céreux, $(CeS)^3 + As^2S^3$. — Précipité d'un très-bel orange, semblable au chromate de plomb. La liqueur surnageante est jaune. Par la dessiccation, la couleur devient encore plus belle. Ce sel fond au rouge naissant et devient transparent; ensuite il abandonne une partie de son sulfide arsénieux, mais il conserve sa liquidité et sa transparence. Grillée à l'air, la masse fondue se transforme aisément en sulfate.

Sulfomolybdate céreux. — Précipité gris foncé, presque noir, qui forme, après la dessiccation, une poudre d'un brun foncé; la liqueur est incolore.

Sulfomolybdate céroso-cérique. — Il est soluble dans l'eau en lui communiquant une couleur orange foncé. L'ammoniaque en précipite un sel basique, brun, mucilagineux. Les *hypersulfomolybdates de cérium* sont rouges et insolubles.

Le *sulfotungstate céreux* est jaune; il ne se précipite qu'au bout de 24 heures. M. D.

CÉRIUM (Réactions et dosage). — Caractères des sels céreux. — Un grand nombre d'entre eux sont insolubles ou peu solubles. Leur saveur est sucrée et astringente, mais nullement métallique.

Les *alcalis caustiques* y produisent un précipité blanc d'hydrate gélatineux, insoluble dans un excès de réactif, qui s'oxyde lentement à l'air et y devient jaune. Une petite quantité d'alcali produit le plus souvent un sel basique.

Le *sulfure d'ammonium* donne un précipité blanc d'hydrate d'oxyde.

Les *carbonates alcalins* donnent un précipité blanc, volumineux, légèrement soluble dans un excès de réactif.

L'*acide oxalique* et les *oxalates alcalins* précipitent une poudre blanche, insoluble dans l'acide oxalique.

Le *ferrocyanure de potassium* précipite en blanc, tandis que le *ferricyanure* est sans action.

Dans des solutions concentrées, le *sulfate de potasse* donne lieu immédiatement ou presque immédiatement à la formation de sulfate céroso-potassique peu soluble dans l'eau, insoluble dans le sulfate de potasse en excès. Dans des liqueurs étendues, le précipité cristallin apparaît au bout de peu de temps seulement.

Caractères des sels céroso-cériques. — Les divers oxydes céroso-cériques donnent avec l'acide chlorhydrique des dissolutions qui se réduisent facilement, à chaud surtout, en dégageant du chlore.

Les sulfates des mêmes bases supportent la dissolution dans une petite quantité d'eau, en présence d'un excès d'acide; mais ils se décomposent et abandonnent des sous-sels quand on les étend de beaucoup d'eau : l'ébullition favorise beaucoup cette décomposition. Ces liqueurs concentrées sont très-oxydantes, elles transforment les acides sulfureux et oxalique respectivement en acides sulfurique et carbonique. Elles suroxydent également le protoxyde de manganèse et le sesquioxyde de chrome en dissolution saline.

Voici l'action de quelques réactifs sur les sulfates ou les azotates de Ce^3O^4 :

Potasse, ammoniaque. — Précipité jaune.

Carbonates alcalins. — Précipité blanc, faiblement soluble dans un excès de réactif.

Acide oxalique. — Précipité jaune d'abord ou quelquefois immédiatement blanc et qui, en tout cas, devient complétement blanc au bout d'un certain temps.

Ferrocyanure, ferricyanure de potassium. — Précipité jaune.

Sulfure d'ammonium. — Précipité jaunâtre.

Hydrogène sulfuré. — Séparation de soufre et réduction de la liqueur à l'état de protosel.

Sulfate de potasse. — Précipité cristallin, insoluble dans un excès de réactif, décomposé par l'eau.

Dosage du cérium. — Il est difficile d'arriver à une détermination rigoureusement exacte du cérium dans un composé; toutefois on peut arriver à une approximation très-satisfaisante.

On peut précipiter l'oxyde de cérium au moyen de la potasse caustique, en excès, à chaud, laver soigneusement l'hydrate et le calciner fortement à l'air d'abord, puis dans un creuset fermé. Toutefois, quand la liqueur ne renferme pas d'alcalis fixes, il est bien préférable d'effectuer la précipitation à chaud par l'oxalate d'ammoniaque ou par l'acide oxalique en présence de beaucoup d'eau. L'oxalate de cérium ne se dissout d'une manière sensible que dans des liqueurs fortement acides.

Dans le cas où le composé à analyser renfermerait le cérium, en tout ou en partie, à un degré d'oxydation supérieur au protoxyde, il faudrait le réduire par l'acide sulfureux.

L'oxalate céreux obtenu se lave très-bien à l'eau froide. Par la calcination, il laisse de l'oxyde céroso-cérique pur que l'on pèse, mais dont la composition est un peu variable. La composition de cet oxyde se rapprochera beaucoup de la formule Ce^3O^4, surtout si l'on prend soin de terminer la calcination à une bonne chaleur, dans un creuset fermé. On peut admettre dans le calcul que 100 p. d'oxyde calciné correspondent à 96 de protoxyde.

Détermination du degré d'oxydation du cérium dans un composé. — Il faut traiter le sel à analyser par l'acide chlorhydrique en présence d'iodure de potassium, puis déterminer l'iode mis en liberté par une dissolution titrée d'acide sulfureux (Bunsen). Il est tout aussi bon de réduire directement par un volume connu d'acide sulfureux en présence d'acide chlorhydrique, puis de doser l'excès d'acide sulfureux par l'iode.

On a aussi employé la méthode très-commode qui consiste à dissoudre un poids connu de fer dans l'acide chlorhydrique, à y ajouter le fer que l'on veut essayer, puis à déterminer, au moyen d'une solution titrée de permanganate de potasse, combien il reste de fer à peroxyder; la différence entre ce poids et celui du fer que l'on a employé apprend quel est le poids de ce métal que le sel analysé peut transformer de l'état de protoxyde à celui de peroxyde, et, par suite, quel est le poids de l'oxygène que ce sel doit céder lorsque l'oxyde qui y est contenu est ramené à l'état de protoxyde [Marignac, *loc. cit.*].

Séparation du cérium et des autres métaux. — Cette séparation n'offre ordinairement pas de difficultés; le cérium contenu dans la liqueur doit être ramené, s'il ne l'est déjà, à l'état de protoxyde; les meilleurs précipitants à employer sont l'ammoniaque pure (cérium et alcalis ou bases alcalino-terreuses), l'acide oxalique (cérium et alumine, zircone, glucine, magnésie), ou le sulfate de potasse (cérium et yttria, erbine, terbine et métaux à sulfates solubles).

La séparation de la thorine est plus délicate; elle s'effectue à chaud, dans une liqueur neutre, au moyen de l'hyposulfite de soude qui laisse le cérium en dissolution. — Voyez Thorine.

La séparation analytique du cérium et du lanthane ou du didyme est impossible dans l'état actuel de nos connaissances. — Voyez Didyme et Lanthane. M. D.

CÉROLITHE (Min.). — Silicate hydraté de magnésie et d'alumine, de composition assez variable, en masses réniformes ou compactes, d'un éclat cireux, à cassure conchoïdale. Translucide sur les bords. D'un blanc jaunâtre ou verdâtre; onctueux au toucher; ne happant point à la langue; fragile.

Caractères. — Dans le tube, donne de l'eau; infusible au chalumeau.

Dureté, 2 à 2,5; densité, 2 à 2,4.

CÉROPIQUE (ACIDE) [Kawaher, *Ann. der Chem. u Pharm.*, t. LXXXVIII, p. 360]. — Ce corps a été retiré des aiguilles du *Pinus sylvestris*. Il est en cristaux microscopiques, blancs, friables, fusibles à 100°, se solidifiant en une masse cireuse. Séché dans le vide, il a donné à l'analyse : carbone, 74,24; hydrogène, 12,17, nombres que l'auteur représente par la formule en équivalents $C^{36}H^{34}O^{5}$.

CÉROSIE, $C^{24}H^{48}O$ [Avequin, *Ann. de Chim. et de Phys.*, t. LXXV, p. 218]. — La cérosie, ou cire de la canne à sucre, s'obtient en raclant la surface de l'écorce des cannes à sucre, et surtout de la variété violette. On la purifie par cristallisation dans l'alcool bouillant. Elle est en fines lamelles nacrées, très-légères, fusibles à 82°, insolubles dans l'éther et l'alcool froid. Elle est dure et se laisse facilement pulvériser.

Analysée par Dumas et par Lewy, elle donne des nombres qui s'accordent très-bien avec la formule $C^{24}H^{48}O$. M. Dumas l'avait d'abord représentée par la formule $C^{24}H^{50}O$, qui en faisait un alcool de la série grasse [Dumas, *Ann. de Chim. et de Phys.*, t. LXXVI, p. 222; — Lewy, *ibid.*, (3), t. XIII, p. 451].

La cérosie traitée par la chaux potassée fournit un acide blanc, cristallisé, fusible à 93°,5, l'*acide cérosique* (Lewy). E. G.

CÉROTÈNE, $C^{27}H^{54}$ (Syn. *Paraffine*) [Brodie, *Ann. der Chem. u. Pharm.*, 1848, t. LXVII, p. 180; *Annuaire de Chim. de Millon et Reiset*, 1849, p. 370]. — Le cérotène s'obtient par la distillation sèche de la cire de Chine ou cérotate de céryle. Le produit consiste en un mélange de cérotène et d'acide cérotique. Ces deux substances peuvent être facilement séparées à l'aide de la potasse, qui ne dissout que l'acide cérotique.

Le cérotène ainsi préparé est solide; il est toujours imprégné d'un peu d'huile dont on le débarrasse par l'expression. Purifié par cristallisation, d'abord dans un mélange d'alcool et de naphte, puis dans l'éther, il est fusible entre 57° et 58°, et présente tous les caractères de la paraffine; il a donné à l'analyse : C, 85,60; 85,20; H, 14,30;

14,23; la formule $C^{27}H^{54}$ exigerait : C, 85,71; H, 14,28.

Distillé à plusieurs reprises sous pression dans un tube courbé à angle droit et scellé à ses deux extrémités, le cérotène se détruit. Dans une expérience de ce genre, exécutée par M. Brodie, le tube éclata après 6 distillations; il se dégagea une grande quantité de gaz inflammables, et le liquide qui s'était réuni dans l'autre branche était formé d'une foule de carbures d'hydrogène liquides, bouillant depuis 75° jusqu'à 260°. Déjà après deux distillations l'hydrogène carboné solide avait complétement disparu.

Le cérotène fondu absorbe rapidement le chlore, perd son aspect cireux et se transforme en une résine transparente qui durcit à mesure qu'elle fixe du chlore; la réaction exige plusieurs semaines pour être complète. M. Brodie a trouvé dans les produits analysés à différentes époques de la réaction :

$$C^{27}H^{36}Cl^{18},$$
$$C^{27}H^{33}Cl^{21},$$
$$C^{27}H^{32}Cl^{22}.$$

Le cérotène est à l'alcool cérylique ce que l'éthylène est à l'alcool. A. N.

CÉROTIQUE (ACIDE),

$$C^{27}H^{54}O^2 = C^{27}H^{53}O.OH$$

[John, *Chemische Schriften*, t. IV, p. 38; Boudet et Boissenot, *Journ. de Pharm.*, t. XIII, p. 38; — Ettling, *Ann. der Chem. u. Pharm.*, t. II, p. 267; — Hess, *ibid.*, t. XXVII, p. 31; — Gerhardt, *Revue scient.*, t. XIX, p. 5; — Lewy, *Ann. de Chim. et de Phys.*, (3), t. XIII, p. 438; — Brodie, *Ann. der Chem. u. Pharm.*, t. LXVII, p. 180]. — Cet acide constitue la plus grande partie de la portion soluble dans l'alcool bouillant de la cire des abeilles. Il se produit lorsqu'on soumet la cire de Chine à la distillation sèche, ou lorsqu'on fait agir la potasse fondue sur ce corps.

Préparation. — On obtient l'acide cérotique en épuisant la cire d'abeille par de l'alcool bouillant; par le refroidissement, la solution alcoolique abandonne de l'acide cérotique impur, fusible entre 70° et 72°. Pour purifier le produit, on le redissout dans l'alcool bouillant et l'on précipite la liqueur par une solution alcoolique et bouillante d'acétate de plomb; le précipité, recueilli sur un filtre, est lavé successivement à l'alcool bouillant et à l'éther, qui dissolvent certaines matières neutres. On le décompose ensuite par l'acide acétique très-concentré, on traite le produit par l'eau bouillante qui dissout l'acétate de plomb formé, et on fait cristalliser le résidu dans l'alcool bouillant. L'acide cérotique peut aussi être obtenu presque pur par une série de cristallisations dans l'éther. Les liqueurs mères retiennent dans ce cas une petite quantité d'un autre acide gras.

L'acide cérotique se dépose, par le refroidissement de sa solution alcoolique, en petits grains cristallins, fusibles à 78°. La substance fondue se prend par le refroidissement en une matière fort cristalline.

A l'état de pureté, l'acide cérotique distille sans altération, mais, lorsqu'il est impur, il se décompose à la distillation en donnant des hydrocarbures huileux, d'un point d'ébullition très-inconstant, et contenant en dissolution de petites quantités d'un acide gras et d'autres matières oxygénées. Le chlore transforme l'acide cérotique en un produit de substitution.

CÉROTATES. — L'acide cérotique est un homologue de l'acide acétique; il est monobasique. Ses sels neutres renferment $C^{27}H^{53}M'O^2$, lorsqu'ils sont à base de métaux monatomiques.

Le *sel de plomb*, $(C^{27}H^{53}O^2)^2Pb''$, est un précipité blanc qui se forme lorsqu'on mêle des solutions alcooliques bouillantes d'acide cérotique et d'acétate de plomb. Le sel d'argent, $C^{27}H^{53}O^2.Ag$, se précipite lorsqu'on traite une solution d'acide cérotique dans l'alcool ammoniacal bouillant par une solution également bouillante d'azotate d'argent.

ÉTHERS CÉROTIQUES. — *Cérotate d'éthyle,*

$$C^{27}H^{53}O^2(C^2H^5)$$

[Brodie, *loc. cit.*, 1848]. — On obtient ce corps en dissolvant l'acide dans l'alcool absolu et en faisant passer dans la liqueur un courant d'acide chlorhydrique gazeux. Le cérotate d'éthyle a l'aspect de la cire d'abeilles et fond de 59° à 60°

Cérotate de céryle. — Voyez ALCOOL CÉRYLIQUE.

DÉRIVÉS DE SUBSTITUTION DE L'ACIDE CÉROTIQUE. — *Acide chlorocérotique*, $C^{27}H^{42}Cl^{12}O^2$. — Ce produit s'obtient en soumettant l'acide cérotique fondu à l'action du chlore jusqu'à ce qu'il ne se dégage plus d'acide chlorhydrique. C'est une masse gommeuse, transparente, d'une pâle couleur jaune.

Le *chlorocérotate de sodium* est presque insoluble dans l'eau.

Le *chlorocérotate d'éthyle*, $C^{27}H^{41}Cl^{12}O^2(C^2H^5)$, s'obtient comme l'éther cérotique; il a le même aspect que l'acide chlorocérotique. A. N.

CÉROXYLINE OU CIRE DE PALMIERS. — Elle est produite par le *Ceroxylon andicosa* de la Nouvelle-Grenade. On se la procure en raclant l'épiderme du palmier, et faisant bouillir avec le produit de l'eau. La cire surnage. Purifiée par un lavage à l'eau et à l'alcool bouillant dans lequel elle est peu soluble, elle est d'un blanc jaunâtre, fusible à 72°.

Elle a donné l'analyse :

	Boussingault.	Lewy.	Teschemacher.
C	80.48	80.73	80.28
H	13.29	13.30	13.20

[Boussingault, *Ann. de Chim. et de Phys.*, t. XXIX, p. 433. — Lewy, *ibid.*, (3), t. XIII, p. 447; — Teschemacher, *Ann. der Chem. u. Pharm.*, t. LX, p. 270].

CÉRUSE, BLANC DE PLOMB [*Ann. de Chim.*, (1), t. LXXII, p. 225; — Marcel de Serres, Dall'armi, *Bull. Soc. Enc.*, 1813, p. 179; 1817, p. 96; — Torassa et Walker Wood, *Bull. Soc. Enc.*, 1835, p. 358; — Woolrich, *ibid.*, 1840, p. 408; — Servet, *ibid.*, 1841, p. 459; — Gannal, *ibid.*, 1843, p. 216; — Mullens, *ibid.*, 1844, p. 154; — Chenot, *ibid.*, 1853, p. 147; — Bezançon, *ibid.*, 1852, p. 458; — Portillon, 1856, p. 746; — Hofmann, *Rapport sur l'exposition intern.*, 1862, p. 75; — Hochstetter, *Ann. de Chim. et de Phys.*, (3), t. VII, p. 144; — *Erdmann's Journ.*, t. XXVI, p. 338; — Pattinson, Patente n° 9102, 24 sept. 1841]. — Le carbonate de plomb artificiel était connu des Grecs et des Romains. Il est remarquable par ses propriétés couvrantes très-prononcées, qui le placent à la tête des matières colorantes blanches employées dans la peinture à l'huile. Malheureusement, les dangers que présentent sa préparation et son emploi, au point de vue de la santé des ouvriers et l'inconvénient qu'il offre de noircir par l'hydrogène sulfuré compensent largement ces avantages.

La céruse est insoluble dans l'eau pure, un peu soluble dans l'eau chargée d'acide carbonique, soluble avec effervescence dans les acides. A 400° environ elle se décompose en laissant du massicot (oxyde de plomb pulvérulent) comme résidu. D'après les expériences de Mulder et C. Hochstetter, la composition de la céruse ne répond pas exactement à celle d'un carbonate neutre, mais bien à celle d'un carbonate basique hydraté. La céruse, obtenue par le procédé de Clichy, répond à la formule

$$2(CO^3Pb).PbO.H^2O = 2CO^3.Pb''(PbOH)'^2,$$

tandis que les produits de la méthode hollandaise

paraissent être des mélanges de carbonate neutre et du composé précédent.

On a proposé un grand nombre de méthodes et de procédés pour l'obtention de la céruse; ces procédés peuvent être appréciés : 1° au point de vue de la qualité du produit, blancheur, pouvoir couvrant; 2° au point de vue économique; 3° au point de vue de l'hygiène. Le mode de fabrication influe beaucoup sur la composition de la céruse et sur les proportions relatives de carbonate et d'hydrate de plomb mélangés ou combinés, et celles-ci à leur tour ont une grande importance pour l'opacité de la masse et la manière dont elle couvre après son mélange avec de l'huile. D'un autre côté, tel procédé pourra fournir des produits très-appréciés dans le commerce, mais exigera des manipulations dangereuses pour la santé des ouvriers. Jusqu'à présent l'ancienne méthode dite hollandaise, plus ou moins modifiée, a donné les meilleurs résultats quant à la qualité, et tous les efforts des industriels doivent tendre à des dispositions qui permettent l'obtention d'un produit analogue, tout en évitant les inconvénients graves offerts par la méthode hollandaise au point de vue hygiénique.

Nous passerons d'abord en revue les procédés plus ou moins rapprochés de la méthode hollandaise, c'est-à-dire ceux dans lesquels la céruse se forme par l'action simultanée des vapeurs d'acide acétique, de l'oxygène de l'air et de l'acide carbonique sur le plomb métallique. Sous l'influence de l'acide acétique, le métal absorbe l'oxygène et forme de l'acétate basique que l'acide carbonique transforme en hydrocarbonate et acétate neutre. Ce dernier corps peut également être décomposé avec dégagement d'acide acétique, pourvu que la température atteigne 40-50° et que l'atmosphère soit saturée d'humidité. Cette observation, due à Hochstetter, explique pourquoi l'on trouve si peu d'acétate dans le produit non lavé. Les différences que nous aurons à signaler parmi les procédés fondés sur ces principes résident dans les sources d'acides carbonique et acétique employés, dans la disposition des appareils, la qualité et la forme du plomb, etc., etc.

Méthode hollandaise proprement dite. — Le plomb de qualité supérieure est coulé en plaques minces de 60 centimètres de long sur 12 centimètres de large; en Angleterre, on coule le plomb en grilles dans des moules offrant des rigoles croisées à angle droit; cette disposition a également été adoptée par M. Bezançon, à Ivry. Les lames ou les grillages, roulés en spirales, sont placés verticalement dans des pots en terre cuite et maintenus à une certaine distance du fond par un rebord annulaire faisant corps avec le pot; dans chacun de ces pots on verse une certaine proportion de vinaigre. Les vases sont disposés par couches superposées entre des couches de fumier ou de tan, de manière à former des tas parallélipipédiques de 4 à 5 mètres de long sur 6 à 7 mètres de haut. Le plus souvent, ces tas s'enfoncent sous le sol à une certaine profondeur et sont maintenus sur trois de leurs faces verticales par de solides murs en maçonnerie, tandis que l'une des faces reste ouverte pour le chargement et le déchargement. On commence par recouvrir le fond de la fosse d'une couche de fumier ayant déjà servi, sur une épaisseur de 30 centimètres environ; sur cette couche on place les pots chargés comme il a été dit ci-dessus, en disposant au centre et dans les angles des pots presque remplis de vinaigre et ne contenant pas de plomb. Les pots ont environ 24 centimètres de haut et 29 à 30 centimètres de diamètre à l'orifice supérieur; chaque couche reçoit 1000 à 1200 pots. Entre les pots et les parois du tas il reste un espace vide de 40 centimètres de large, que l'on remplit avec du fumier frais; les pots sont recouverts de plaques de plomb, puis d'un plancher en bois sur lequel on dispose une seconde couche de 40 centimètres d'épaisseur de fumier frais, puis une nouvelle série de pots, et ainsi de suite. Chaque tas reçoit 8 à 10 séries de pots; chaque couche reçoit environ 70 livres de vinaigre et 24 à 30 quintaux de plomb; la totalité d'un tas consomme donc 560 livres de vinaigre et 192 à 240 quintaux de plomb. Il faut avoir soin, dans la construction du tas, de maintenir des espaces vides propres à favoriser la circulation de l'air d'une couche à l'autre. L'opération est terminée en 4 à 6 semaines. L'acide carbonique et le calorique nécessaires sont fournis par la fermentation du fumier. Le fumier de cheval doit être exempt de fumier de porc ou d'autres carnivores, car, autrement, il développerait une trop forte proportion d'hydrogène sulfuré et la céruse serait noircie. En Angleterre, et dans d'autres localités, on remplace le fumier par du vieux tan, dont la fermentation est moins active, mais qui, par contre, est plus facile à diriger au point de vue de la température et ne produit pas d'acide sulfhydrique.

Que l'on se serve de fumier ou de vieux tan, la disposition reste à peu près la même. Ainsi, d'après G. Lunge, dans la fabrique de Walker, Parkers et Ce, à Chester, on travaille à la fois 60 tonnes de plomb dans 60 loges de 25 à 36 pieds de côté, construites en maçonnerie et offrant une large fente verticale sur l'une des faces, pour le chargement [*Dingl. pol. Journ.*, t. LXXX, p. 46]. Ces loges sont disposées par rangées parallèles. On dispose une première couche de tan épuisé, puis une couche de pots en grès contenant de l'acide pyroligneux; on place à la partie inférieure une étoile à six branches en plomb, qui ne doit pas toucher le vinaigre, puis un grillage en plomb, roulé en spirale; une seconde couche de tan recouvre les pots, et ainsi de suite.

Le tan peut servir deux fois; l'opération durant de 10 à 13 semaines, une des loges peut être vidée tous les deux jours, et le travail est continu. M. Bezançon, à Ivry, a adopté les dispositions de la méthode anglaise [Rapport de M. Chevalier, *Bull. Soc. encourag.*, 1852, p. 258].

Procédé allemand ou autrichien. — Les produits fabriqués autrefois à Krems, en Autriche, puis, plus tard, à Klagenfurt, en Carinthie, à Feldmuhl, près de Vienne, et enfin à Vienne même, ont joui d'une réputation particulière qu'ils devaient à leur éclatante blancheur.

On se sert à cet effet de plomb très-pur venant des mines de Bleiberg, en Carinthie, et de Villach. Le plomb est coulé en lames minces; ces lames, pliées en deux par le milieu, sont suspendues au moyen de lattes dans des caisses en bois, de manière que les bords des diverses feuilles ne se touchent pas entre eux et ne touchent pas les parois de la caisse. Chaque caisse a 1 mètre à 1m,52 de long, 0m,36 à 0m,40 de large et 0m,30 à 0m,35 de haut; le fond de la caisse est goudronné et reçoit un mélange de vinaigre et de marc de raisin. On place 90 à 100 de ces caisses dans une chambre chauffée artificiellement. Durant la première semaine, on monte à 25°; pendant la seconde, à 38°; pendant la troisième, à 45°, et enfin, pendant la quatrième, jusqu'à 50°. La chaleur volatilise l'acide acétique, en même temps que la fermentation du marc de raisin développe l'acide carbonique nécessaire. On emploie également les fruits et les marcs de fruits. La beauté du produit tient principalement à la pureté du plomb employé et à l'absence de fer qui, en se convertissant en hydrate ferrique, donne à la masse une coloration jaune.

Suivons maintenant la fabrication de la céruse dans ses phases ultérieures; nous sommes arrivés au terme de la réaction chimique qui lui a donné naissance. Les loges ou tas du procédé hollandais, ou les caisses du procédé autrichien, sont ouverts et défaits, et le plomb, en grande partie carbonaté, est enlevé et réuni pour être soumis à des manipulations qui ont pour but de détacher, de broyer, de laver et de sécher la céruse. La séparation de la céruse d'avec le plomb non attaqué constituait autrefois une des manipulations les plus dangereuses pour la santé des ouvriers; le travail consistait, en effet, à frapper l'une contre l'autre les plaques, en les tenant à la main; puis pour détacher ce qui n'avait pu être enlevé dans cette première opération, on superposait les plaques sur une table en pierre et on frappait le tout au marteau. Il est évident qu'il se répand ainsi dans l'atmosphère une quantité considérable de fine poussière de céruse absorbable par les poumons, la bouche, et couvrant la peau de l'ouvrier en sueur. Ce travail s'exécute maintenant presque partout mécaniquement et dans un espace parfaitement clos qui s'oppose à la diffusion des poussières. Dans la fabrique de M. Lefebvre, à Lille, on a pris les dispositions suivantes pour préserver autant que possible la santé des ouvriers. Ceux qui sont chargés du dépotement sont munis de gants en peau de mouton. Les plaques sont amenées à la machine dans un chariot, élevées par un treuil et déposées sur une table, déroulées avec soin et amenées par un drap sans fin entre une paire de cylindres cannelés, en bois, qui détache : 1° des écailles, 2° des parties plus fines que l'on réduit en poudre à la meule avec de l'eau. La bouillie est reçue dans des pots en grès non vernis, où on la sèche à l'étuve pendant 10 à 12 jours. Après quelques jours, la dessiccation est assez avancée pour permettre le dépotage et la dessiccation complète à une température plus élevée.

Chez Walker, Parkers et Cie, les plaques de plomb carbonaté sont déposées dans une auge en bois fermée par le haut et arrosées avec de l'eau. Au-dessous de l'auge se trouve une paire de cylindres cannelés entre lesquels elles passent et sont ensuite déposées sur une plaque de zinc percée de trous et munie de rebords. Cette plaque forme le couvercle immergé d'une cuve en bois entièrement pleine d'eau. Un ouvrier remue les plaques avec une spatule et favorise ainsi l'élimination du blanc, qui devient complète après deux ou trois passages à travers les cylindres. Le blanc déposé est broyé à la meule et purifié par lévigation. Les dépôts qui se réunissent dans les cuves où l'on a dirigé l'eau blanche sont enlevés à la cuiller, exprimés et séchés à chaud dans des vases plats en grès non vernis.

Procédé de Clichy, procédé français. — Le procédé dit de Clichy fut inventé en 1801 par Thenard et mis en pratique par Brechot et Lesueur, à Toulouse, puis par Roard, à Clichy. Il est fondé sur ce fait bien connu qu'un courant d'acide carbonique dirigé à travers une solution d'acétate basique de plomb précipite du carbonate de plomb et régénère l'acétate neutre susceptible de dissoudre de nouveau de l'oxyde de plomb et de reproduire de l'acétate basique. Voici en résumé la marche suivie à Clichy : On ajoute peu à peu de la litharge en poudre à de l'acide acétique étendu jusqu'à ce que le liquide marque 17-18° Baumé. Il renferme alors, pour 1 équivalent d'acide, 3 équivalents d'oxyde de plomb. On dirige ensuite à travers le liquide un courant d'acide carbonique produit par la combustion du charbon ou du coke, ou, comme l'a proposé M. Dumas, par la décomposition d'un calcaire naturel. La dépense réside donc surtout dans l'oxyde de plomb et l'acide carbonique ; quant à l'acide acétique, il sert toujours, sauf les pertes inévitables que l'on compense au fur et à mesure. L'appareil suivant, employé à Clichy, réalise les conditions de l'opération (fig. 112).

A est une cuve en bois munie d'un agitateur B C pour la dissolution de l'oxyde de plomb. Lorsque la solution marque 17-18° Baumé, on la fait écouler dans le réservoir de dépôt E en cuivre, et de

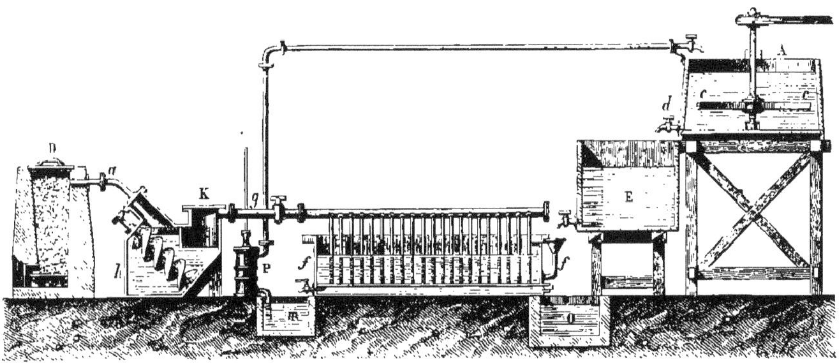

Fig. 112. — Fabrication de la céruse.

là, après clarification, dans le cuvier *f* de décomposition, de 6m,05 de long, 3 mètres de large et 0m,90 de haut. On le remplit jusqu'à 0m,60 du fond. Le cuvier est fermé par un couvercle traversé par 800 tubes en cuivre plongeant dans le liquide à une profondeur de 36 centimètres. Ces tubes communiquent par d'autres tubes transversaux au tube commun, qui amène l'acide carbonique refroidi et lavé fourni par la calcination du calcaire dans le petit four à chaux D. Une vis d'Archimède *hk* aspire le gaz et le refoule dans le liquide à précipiter. Au bout de 12 heures, la précipitation est complète, on laisse reposer. Le liquide clair, marquant 12° Baumé, est soutiré en *m* pour être puisé et refoulé par une pompe P dans le cuvier A à dissolution. On enlève le couvercle et on fait couler la bouillie de blanc dans une citerne où on la lave par décantation. Le dépôt lavé suffisamment peut être immédiatement séché dans des pots en terre ou en plâtre, sans broyage et lévigation préalables.

Par le fait même de son mode de formation la

céruse est en poudre beaucoup plus fine que ne la fournirait une trituration mécanique.

Formée dans d'autres conditions que les blancs qui proviennent de l'altération du plomb, la céruse de Clichy doit posséder des qualités différentes. C'est, en effet, ce que l'expérience a démontré. La céruse des fosses est plus opaque et couvre à poids égaux des surfaces plus étendues. Cette plus grande opacité et son pouvoir couvrant plus grand tiennent à la structure et probablement aussi à l'interposition de particules de sulfure de plomb. Par contre, le produit de Clichy donne des peintures d'un blanc plus pur, plus vif et plus frais. Il se combine plus intimement à l'huile. On se rapproche des conditions et des résultats de la méthode hollandaise en opérant, d'après les indications de M. Dumas, à une température plus élevée et avec des solutions très-concentrées.

M. Ozouf, à Saint-Denis, a perfectionné la méthode de Clichy et obtient des produits presque semblables à ceux de la méthode hollandaise [Barreswil, *Bull. de la Soc. d'enc.*, mars 1865, p. 129-138]. Ces perfectionnements résident surtout dans l'emploi d'acide carbonique pur, ce qui permet de graduer l'arrivée du gaz proportionnellement à la concentration de la solution, de manière à former le composé

$$3(CO^3Pb) + PbO, H^2O.$$

Les dispositions de l'appareil Ozouf, indiquées en coupe par la figure 113, se rapportent : 1° à la production industrielle de l'acide carbonique pur; 2° à la précipitation et à la dessiccation du blanc de plomb.

1° *Production de l'acide carbonique.* — A, fourneau où l'on brûle du charbon, construit en briques réfractaires maintenues par une enveloppe en tôle. La masse de combustible doit être en rapport convenable avec le volume d'air qui le traverse dans un temps donné, afin d'arriver à produire le maximum d'acide carbonique. B, réfrigérant cylindrique contenant de l'eau que l'on renouvelle constamment à la partie inférieure. Les gaz de la combustion, aspirés par la pompe E, passent par le tube C et barbottent à travers l'eau du réfrigérant laveur et sont refoulés dans le récipient E' qui reçoit les produits de plusieurs fourneaux; de là ils passent à travers une série de cylindres horizontaux F munis d'agitateurs. Ces cylindres communiquent entre eux par des tubes courbés de telle sorte que la partie supérieure de l'un est en rapport avec la partie inférieure de l'autre. Ils contiennent une solution froide de carbonate de soude marquant 9°. Cette solution est destinée à absorber l'acide carbonique, tandis que les gaz inutiles et non absorbables s'échappent par le tuyau G du dernier cylindre. Le bicarbonate de soude formé s'écoule dans le réservoir H; de là il est puisé par la pompe I et envoyé par le tube K dans l'appareil à décarbonatation JM. Les dispositions de cet appareil sont assez complexes. Il se compose d'un réservoir cylindrique J' communiquant avec la partie supérieure du cylindre J, superposé par une série de tubes verticaux qui remplissent en partie la capacité de J. Le bicarbonate de soude, refoulé par la pompe I, arrive dans l'espace de J laissé vide par les tubes; il s'élève par le tube L dans la partie supérieure de J, s'écoule par la tête d'arrosoir, traverse les tubes verticaux et tombe en J', d'où il se rend en M pour être soumis à l'ébullition, par le serpentin contenu à la partie inférieure de M. L'acide carbonique et la vapeur d'eau sortant par le tube N se rendent à la partie supérieure de J', s'élèvent par les tubes en suivant une marche ascendante en sens contraire du liquide froid. La réfrigération du gaz s'achève dans le serpentin O et le petit vase laveur P, enfin il passe dans la cloche ou gazomètre A. Le carbonate neutre régénéré se refroidit dans le serpentin r et est refoulé par la pompe i' dans les cylindres F.

2° *Précipitation de la céruse.* — T, cylindre fermé contenant de l'acétate basique de plomb, muni d'un agitateur et recevant l'acide carbonique sorti du gazomètre par le tube *u*. V, pompe pour remplir T avec la solution plombique par le tube *w*. X, cuvier en bois rendu imperméable où l'on reçoit l'acétate neutre produit par la précipitation carbonique pour le transformer par addition de litharge en acétate basique. Ce cuvier est muni d'un agitateur. *b*, cuvier muni d'agitateurs où l'on déverse par un tube le contenu de T lorsque la réaction est terminée. C, tube pour décanter l'acétate neutre qui surnage le dépôt formé en *b*, au moyen de la pompe *d*, et la refouler en X. Le blanc lavé une fois en *b* se rend dans un second cuvier semblable où il est encore une fois lavé et enfin saturé par du carbonate de soude pour décomposer les dernières traces d'acétate de plomb.

Les dispositions pour le séchage sont très-ingénieuses. Un tambour métallique horizontal chauffé intérieurement par la combustion du gaz se charge, en tournant contre un auget qui renferme la bouillie de céruse, auget dont le cylindre forme l'une des parois, d'une mince couche de blanc qui se dessèche dans l'intervalle d'une rotation. La céruse desséchée est constamment enlevée par une râcle, tombe sur un plan incliné et est immédiatement embarillée. Tout ce travail se passe dans une chambre close qui met les ouvriers à l'abri de toute poussière : on évite ainsi l'égouttage dans des sacs, l'expression à la presse et la dessiccation à l'étuve.

Gossage et Benson, en Angleterre, modifient le procédé de Clichy de la manière suivante :

La litharge est humectée avec une solution d'acétate de plomb. Ce mélange pâteux, constamment trituré sur une table en métal par un cylindre cannelé, est soumis à l'action du gaz carbonique. Le produit est broyé, purifié par lévigation et séché.

Torassa et Walker Wood, J. Woolrich, Gannal, Trommsdorf, Hofmann, Bolley et Chenot ont imaginé des procédés fondés sur l'emploi du plomb très-divisé. On l'obtient sous cette forme soit par le frottement du métal grenaillé sur lui-même, soit par la réduction chimique du sulfate de plomb humide et acidulé par le zinc ou le fer. Le métal est ensuite transformé en céruse par l'action simultanée des acides acétique et carbonique et de l'oxygène, ou par celle de l'acétate de plomb, de l'air et de l'acide carbonique, ou enfi par l'influence de l'air, de l'acide carbonique et de l'eau.

Wood se sert de plomb granulé et humecté qu'il introduit dans un cylindre horizontal rotatif en plomb de 3m,5 de long et de 40 centimètres de diamètre, à parois épaisses de 9 centimètres; on prend 200 livres de plomb pour 60 livres d'eau. Le cylindre tourne avec une vitesse de 45 à 50 tours par minute, pendant 5 heures. Les deux tiers du plomb sont réduits en poudre. On ouvre ensuite un orifice pratiqué sur la base verticale, afin de donner accès à l'air. Le plomb très-divisé se convertit rapidement en hydrate plombique que l'on transforme ensuite en hydrocarbonate au moyen d'un courant d'acide carbonique. La masse, versée dans un cuvier, est délayée dans l'eau et l'excès de plomb métallique est séparé par lévigation. Les parties les plus pures se déposent en dernier [*Dingler's Journ.*, t. LIV, p. 127].

Grüneberg modifie le procédé Wood et cherche à éviter la formation de l'oxyde de plomb qui altère la teinte du blanc. Il se sert également d'un cylindre horizontal rotatif en terre inattaquable par les acides, et il y soumet le plomb grenaillé à

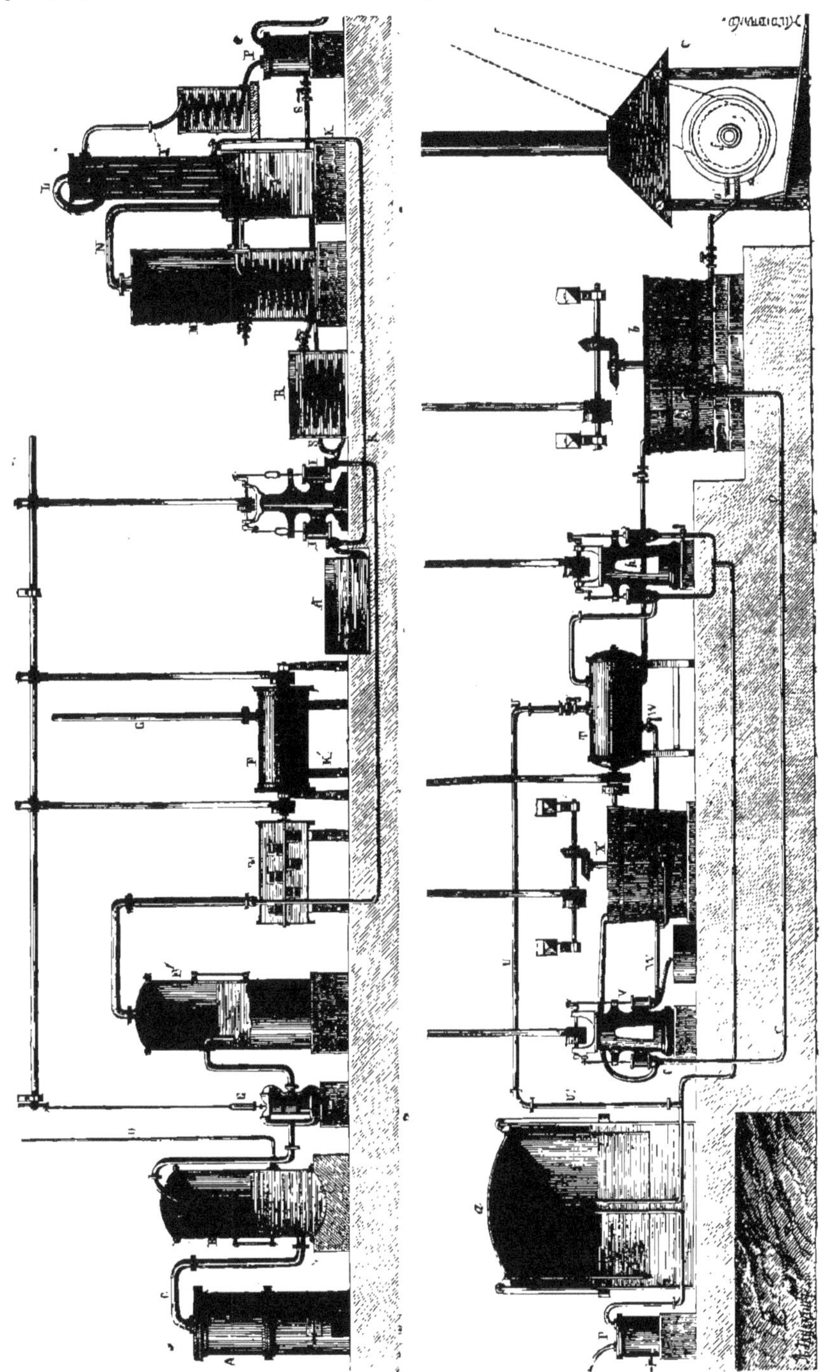

l'action simultanée de l'air, de l'acide acétique et de l'acide carbonique. L'air passe par deux orifices disposés au centre des bases verticales. Les acides acétique et carbonique arrivent par l'axe de rotation qui est creux. Les parois internes sont munies de nervures longitudinales qui favorisent l'agitation et la division. Il ne faut que 8 jours pour un poids de plomb qui exigerait 8 semaines par la méthode hollandaise. La chaleur nécessaire à la réaction est produite par le mouvement et l'action chimique elle-même. Le carbonate de plomb enlevé par lavage est très-fin et ne contient pas de bioxyde [*Polytechn. Cent.*, 1860, p. 1404].

L'air et l'acide carbonique doivent être employés en certaines proportions pour former le composé

$$2(CO^3Pb) + PbO, H^2O$$

et non du carbonate neutre. A cet effet, on maintient toujours les cylindres dans un état basique suffisant pour que la masse brunisse le papier de curcuma. Cependant le produit ne doit pas non plus renfermer un excès d'hydrate de plomb, qui colorerait l'huile en jaune. Aussi neutralise-t-on le blanc par l'acide carbonique ou l'acide acétique pour le ramener à la composition voulue. On lave par décantation et on sèche à l'hydroextracteur. Celui-ci se compose d'un tambour rotatif sans trous latéraux et divisé par des cloisons radiales incomplètes du côté de l'axe. Avec cette disposition, la pâte solide se colle contre les parois, tandis que l'eau se trouve à la partie inférieure des augets.

Chenot a proposé de réduire par le fer, en présence de l'eau acidulée, le sulfate de plomb formé par un grillage convenable du sulfure de plomb. On obtient ainsi du plomb très-divisé qui, étalé humide et en couches minces au contact de l'air, se transforme en quelques semaines en très-belle céruse.

On peut aussi transformer directement le sulfate de plomb en céruse par l'action d'une solution de carbonate d'ammoniaque ou de soude, ou bien encore précipiter le chlorure de plomb par une solution de bicarbonate de magnésie [Pattinson, patente n° 9102, 24 sept. 1841].

Spence grille le sulfure de plomb, transforme le produit du grillage en carbonate au moyen du carbonate de soude. Le carbonate de plomb lavé est dissous dans une lessive caustique de soude et la solution est précipitée par un courant d'acide carbonique [*Mechan. Mag.*, 1866, p. 144].

Delafied dissout de l'oxyde de plomb dans l'acide azotique et précipite la solution d'azotate convenablement étendue par le carbonate de potasse; il termine en faisant bouillir à la vapeur [*Chem. News*, 1866, t. XIII, p. 358].

Phillips calcine à 300° dans des cornues en fonte ou en argile le plomb carbonaté naturel; l'acide carbonique dégagé est dirigé par aspiration ou par un courant de vapeur dans une solution d'acétate basique obtenue par l'action de l'acétate de plomb sur le résidu de la calcination précédente [*Repert. of patent inv.*, 1862, p. 107].

La céruse n'est pas seulement dangereuse à fabriquer, mais elle donne lieu à de fréquents accidents parmi les ouvriers peintres occupés à la broyer avec de l'huile. On a réalisé à ce sujet un progrès important en exécutant cette dernière opération mécaniquement dans les fabriques mêmes de blanc de plomb, au lieu de l'abandonner à la petite industrie. M. Ozouf a même cherché à triturer avec l'huile la masse encore humide. L'opération semble promettre de bons résultats.

Il est très-rare de trouver dans le commerce de la céruse tout à fait pure. Le plus souvent elle est mélangée à des substances étrangères et notamment à du blanc fixe. D'après Fink [*Polyt. Cent.*, 1855, p. 362], on peut ajouter à la Céruse une assez forte proportion de sulfate de baryte sans affaiblir son pouvoir couvrant. La céruse pure se dissout intégralement dans l'acide azotique, le sulfate de baryum reste comme résidu. Le blanc de Krems est dans ce cas. Le blanc de Venise contient parties égales de céruse et de blanc fixe. Le blanc de Hambourg renferme 2/3 blanc fixe; enfin le blanc de Hollande contient jusqu'à 75 % de sulfate de baryte.

Pertes à la calcination.

Céruse pure.	80 p. Cér. 20 SO^4Ba.	50 p. Cér. 50 SO^4Ba.	66 p. Cér. 34 SO^4Ba	34 p. Cér. 66 SO^4Ba.
14,5 %	13	10	6,5-7	4,5-5

On dose l'eau et l'acide carbonique de la céruse en procédant comme dans une analyse organique moins l'oxyde de cuivre. La proportion d'eau ne doit pas dépasser 2,5 à 3 %; l'acide carbonique 11 à 12 %. Les sulfates de baryum, de chaux, de plomb et le sable frauduleusement ajoutés restent insolubles après le traitement à l'acide azotique étendu. On peut aussi avoir à rechercher la présence du carbonate de baryte (witherite). P. S.

CÉRUSITE (Min.) [Syn. *Plomb carbonaté, Weissbleierz*]. — Carbonate de plomb,

$$CO^3Pb = CO^2, PbO.$$

Se rencontre en cristaux d'un éclat adamantin, souvent limpides et incolores, quelquefois colorés en gris, en jaunâtre, en vert ou en bleu clair, en noir, et dans ce dernier cas, prenant un éclat métallique; en masses bacillaires, fibreuses, compactes ou terreuses accompagnant la galène.

Fig. 114. — Cérusite.

Caractères. — Soluble avec effervescence dans l'acide azotique. Au chalumeau, sur le charbon, décrépite, jaunit, puis donne facilement un globule de plomb.

Dureté, 3,5. Poussière blanche. Densité, 6,5. Double réfraction négative très-marquée, à deux axes.

Forme cristalline. — Prisme orthorhombique (*mm*) de 117°13'. $pe^{1/2}$ = 124° 39'. Isomorphe avec la withérite et avec l'arragonite.

Clivages : $m, e^{1/2}$ imparfaits. Macles fréquentes parallèles aux faces *m*; plusieurs cristaux se groupent souvent de manière à former une étoile. F. et S.

CERVANTITE (Min.) [Syn. *Acide antimonieux, stibiconise*, Beud, *Antimonocher*]. — Antimoniate antimonieux, Sb^2O^4. Masses lamelleuses, ou enduit terreux recouvrant la stibine; d'un blanc jaunâtre, d'un jaune isabelle clair.

Caractères. — Soluble dans l'acide chlorhydrique. Infusible au chalumeau; se réduit facilement sur le charbon.

Dureté, 3,5. Densité, 4,08.

CÉRYLIQUE (ALCOOL) [Syn. *Cérotine, alcool cérotique*], $C^{27}H^{56}O = C^{27}H^{55}.OH$ [Brodie, *Ann. der Chem. u. Pharm.*, 1848, t. LXVII, p. 201; *Ann. de Chim. de Millon et Reiset*, 1849, p. 368]. — L'alcool cérylique ou hydrate de céryle $C^{27}H^{56}O$ est l'alcool dont l'acide cérotique est l'acide. On l'obtient par la saponification de la cire de Chine (cérotate de céryle). Cette saponification ne se fait bien que sous l'influence de la potasse fondue. Le mieux est d'opérer dans un vase de fonte sur un feu modéré ou sur une lampe à gaz ou à alcool. Le produit se dissout dans l'eau bouillante et donne une solution laiteuse de cérotate potassique renfermant de l'hydrate de céryle en suspension. Traitée par le chlorure de baryum, cette liqueur donne un précipité de cérotate barytique qui entraîne avec lui l'alcool cérylique. On recueille ce précipité, on le dessèche et on l'épuise par l'alcool, l'éther ou l'huile de naphte, qui dissolvent l'hydrate de céryle et laissent le sel barytique.

Purifié par plusieurs cristallisations dans l'éther et l'alcool absolu, l'hydrate de céryle se présente sous la forme d'une matière cireuse fusible à 79°. Il a donné à l'analyse :

C ... 81,55 — 81,76 — 81,59;
H ... 14,08 — 14,25 — 14,26.

Sa formule $C^{27}H^{56}O$ exige C ... 81,81; H ... 14,14.

Chauffé avec de la chaux potassée, cet alcool dégage de l'hydrogène avec formation de cérotate sodique. Cette expérience exige une très-forte chaleur pour réussir :

$$C^{27}H^{55}OH + K.OH = C^{27}H^{53}O.OK + 2H^2.$$

Alcool cérylique. Potasse. Cérotate de potasse. Hydrogène.

Soumis seul à l'action d'une température très-élevée, il distille en partie sans se décomposer, en partie en se dédoublant en eau et en cérotène.

L'acide sulfurique concentré l'attaque et le convertit en sulfate de céryle.

Le chlore agit sur l'alcool cérylique comme sur l'alcool vinique. Il se forme une substance transparente d'un jaune pâle à laquelle M. Brodie a donné le nom de *chlorocérotal*. Ce corps est à l'alcool ce que le chloral est à l'alcool ordinaire. Le chlore commence en effet par faire perdre H^2 à l'hydrate de céryle avec production d'un aldéhyde qui donne ensuite des produits de substitution. Le produit analysé par M. Brodie renfermait évidemment un mélange de composés chlorés résultant d'une substitution plus ou moins avancée. Il répondait, en effet, à la formule

$$C^{27}H^{40\,3/4}Cl^{13\,1/4}O.$$

Éthers de l'alcool cérylique. — Sulfate de céryle, $(C^{27}H^{56}O)^2SO^3$? — Lorsqu'on fait une bouillie épaisse avec de l'alcool cérylique bien divisé, tel qu'on l'obtient en le faisant cristalliser dans l'éther, et de l'acide sulfurique concentré, il se forme du sulfate de céryle. La réaction exige une digestion de deux ou trois heures pour être complète. La masse étant jetée dans l'eau froide, puis filtrée, laisse sur le filtre le sulfate de céryle à l'état insoluble. On lave la masse jusqu'à ce que les eaux de lavage ne passent plus acides. On la dessèche ensuite dans le vide et on la fait cristalliser dans l'éther.

Ainsi purifié, le produit est soluble dans l'eau, surtout lorsqu'il renferme la plus faible proportion d'alcool. Évaporée à une basse température, la solution le laisse avec l'apparence d'une cire molle. Ce corps a donné à l'analyse

C ... 74,67 — 74,20, H ... 13,06 — 12,95.

La formule que M. Brodie a déduite de ces analyses n'est pas probable.

Cérotate de céryle (*cire de Chine*) [Brodie, *loc. cit.*; — Lewy, *Ann. de Chim. et de Phys.*, (3), t. XIII, p. 438; — Hanbury, *Journ. de Pharm.*, (2), t. XXIV, p. 136],

$$C^{54}H^{108}O^2 = C^{27}H^{53}O^2(C^{27}H^{55}).$$

— Cette cire se récolte en Chine sur plusieurs arbres. C'est une sécrétion déterminée par la piqûre d'une espèce de *Coccus*. C'est un corps blanc qui ressemble au blanc de baleine. On le purifie en le faisant cristalliser dans un mélange d'alcool et de naphte. Le produit doit être épuisé par l'éther, puis lavé à l'eau bouillante et finalement cristallisé de nouveau dans l'alcool absolu.

Le cérotate de céryle est peu soluble dans l'alcool. Bouilli avec de la potasse en solution aqueuse, il se saponifie à peine, mais il se saponifie aisément sous l'influence de cet alcali fondu.

A la distillation sèche, la cire de Chine donne de l'acide cérotique et du cérotène.

On emploie, en Chine, la presque totalité de la cire que l'on récolte, soit comme médicament, soit pour la fabrication des bougies.

Cette substance a donné à l'analyse :

	Lewy.		Brodie.		Calcul.
C	80,60	80,71	82,31	82,16	82,32
H	13,13	13,49	13,57	13,58	13,71

A. N.

CÉSIUM, Cs = 133 (de *cæsius*, bleu). — Métal alcalin dont le spectre est caractérisé principalement par deux raies bleues. C'est le premier des métaux découverts par l'analyse spectrale. Bunsen et Kirchhoff ont signalé son existence dans leur premier mémoire sur le spectre des métaux [*Poggend. Ann.*, t. CX, p. 161, 1860, et t. CXIII, p. 337; et *Ann. de Chim. et de Phys.*, (3), t. LXII, p. 478]. C'est en examinant au spectroscope le résidu alcalin des eaux mères de l'eau minérale de Dürkheim, qu'ils en firent la découverte; ils remarquèrent une raie bleue assez faible Cs β tout près de Sr δ et une autre raie bleue très-intense Cs α, placée beaucoup plus près de l'extrémité violette du spectre. Le césium est toujours accompagné de rubidium, de lithium, de potassium et de sodium; c'est le plus rare de ces quatre métaux; dans quelques cas seulement sa quantité dépasse celle du rubidium. On a découvert sa présence dans un grand nombre d'eaux minérales. Celles de Bourbonne-les-Bains, notamment, renferment 0gr,032 de chlorure de césium par litre, et seulement 0gr,019 de chlorure de rubidium (Grandeau). L'eau de Dürkheim ne renferme que 0gr,00017 de chlorure de césium par litre (c'est en opérant sur 240 kilogrammes d'eaux mères, provenant de 44,000 kilogrammes de ces eaux, que Kirchhoff et Bunsen ont retiré les premières portions du césium qui ont servi à leurs recherches). Les eaux de Kreutznach et plusieurs autres (Kirchhoff et Bunsen), de Vichy (Grandeau), d'Aussee (Schrœtter), de Hall (Redtenbacher), de Nauheim (Bœttger; Heintz), d'Ems (Wartha), etc., renferment également des traces de chlorure de césium.

Parmi les minéraux renfermant du césium, le plus remarquable est le pollux de l'île d'Elbe, qui contient 25,61 °/₀ de césium. Les analyses de ce minéral très-rare avaient toujours été erronées, par suite du calcul qui attribuait au potassium ce qu'il fallait attribuer à un élément d'un poids atomique beaucoup plus élevé. Pisani, en le soumettant à une nouvelle analyse, a reconnu la cause de cette erreur [*Compt. rend.*, t. LVIII, p. 714]. La lépidolite d'Amérique (État du Maine) renferme 0gr,3 °/₀ de césium et 0,24 °/₀ de rubidium (O. Allen). On a trouvé le césium, accompagnant toujours le lithium, dans un grand nombre de variétés de l'épidolites, dans la triphylline, la carnallite de Stassfurt, le mica de Zinnwald, les mélaphyres, la pétalite, etc. (Kirchhoff et Bunsen, Grandeau, Blacke, O. Erdmann, O. Allen, H. Laspeyres).

Extraction. — L'extraction du césium des eaux mères ou des minéraux qui le renferment a lieu concurremment avec celle du rubidium. On se débarrasse d'abord, par les méthodes analytiques ordinaires, de tous les éléments terreux, et c'est sur le résidu des métaux alcalins qu'on opère à la fois la séparation du rubidium et du césium. Cette séparation est basée sur l'insolubilité des chloroplatinates de ces métaux. Voici la marche suivie par Kirchhoff et Bunsen [*Ann. de Chim. et de Phys.*, (3), t. LXIV, p. 287]. On précipite les sels alcalins par le chlorure de platine et l'on sépare ainsi le potassium et les deux nouveaux métaux à l'état de chloroplatinates; on lave ce précipité une vingtaine de fois avec un peu d'eau bouillante; le chloroplatinate de potassium, plus soluble que les deux autres, se trouve ainsi en grande partie éliminé. On sèche alors le précipité et on le chauffe au rouge naissant dans un courant d'hydrogène; les chlorures alcalins qui se forment sont enlevés par un lavage à l'eau, précipités de nouveau à l'état de chloroplatinate que l'on traite comme auparavant : on répète cette opération à plusieurs reprises jusqu'à ce que le produit, examiné au spectroscope, ne donne plus la raie Kα.

Pour retirer le césium des sels provenant des eaux mères de Nauheim (sels qui fournissent 1 °/₀ de chloroplatinates de rubidium et de césium), Bœttger les traite par leur poids d'eau, évapore environ le tiers de la liqueur filtrée, et précipite les eaux mères par du chlorure de platine; les sels déposés par cette évaporation renferment le thallium [*Journ. für prakt. Chem.*, t. XCI, p. 126]. Heintz purifie le précipité de chloroplatinates en le réduisant à l'état de chlorures, redissolvant ceux-ci et précipitant de nouveau par le chlorure de platine en opérant sur des liqueurs bouillantes assez étendues pour qu'il ne se forme de précipité que par le refroidissement; le chloroplatinate qui se dépose alors est presque entièrement exempt de potassium, et renferme tout le césium et tout le rubidium; on peut même séparer en partie ces deux métaux l'un de l'autre en se fondant sur la différence de solubilité de leurs chloroplatinates : celui de césium étant moins soluble que celui de rubidium se dépose d'abord, et l'on peut opérer par précipitations fractionnées [*Ann. der Chem. u. Pharm.*, t. CXXXIV, p. 129; *Bull. de la Soc. chim.*, nouv. sér., t. IV, p. 354].

On peut aussi précipiter la solution des chlorures par une solution bouillante de chloroplatinate de potassium.

Voici quelle est la solubilité des chloroplatinates de potassium, de rubidium et de césium.

	K^2PtCl^6.	Rb^2PtCl^6.	Cs^2PtCl^6
A 0°, 100 p. d'eau dissolvent	0,74	0,184	0,024
10°....................	0,90	0,154	0,050
20°....................	1,12	0,141	0,079
50°....................	2,17	0,208	0,177
80°....................	3,79	0,417	0,291
100°....................	5,18	0,634	0,377(1)

A la température ordinaire (17°), le chloroplatinate de césium est deux fois moins soluble que celui de rubidium et environ quinze fois moins que celui de potassium (Redtenbacher).

Quant à l'extraction du césium des lépidolites et autres minéraux, elle se fait concurremment avec celle du lithium et du rubidium; on trouvera donc à l'histoire de ces métaux les procédés à suivre pour l'attaque des minéraux dans ce but.

Séparation du césium et du rubidium. — Dans les modes d'extraction qui viennent d'être indiqués, le césium se sépare avec le rubidium, il faut donc encore opérer la séparation de ces deux métaux l'un de l'autre. On pourrait, comme on l'a vu, opérer cette séparation en se basant sur la différence de solubilité des chloroplatinates, mais cette séparation est très-pénible, il vaut mieux avoir recours à d'autres sels. La première méthode indiquée par Kirchhoff et Bunsen [*Ann. de Chim. et de Phys.*, t. LXIV, p. 288] se fondait sur la solubilité du carbonate de césium dans l'alcool absolu qui ne dissout pas le carbonate de rubidium; néanmoins la séparation est difficile, parce qu'il paraît se former un carbonate double qui n'est pas tout à fait insoluble.

Bunsen préfère suivre la méthode indiquée par Allen [*Sillim. Amer. Journ.*, t. XXXIV, p. 367; *Journ. für prakt. Chem.*, t. LXXXVIII, p. 82], qui se base sur l'inégale solubilité des tartrates acides de césium et de rubidium. Celui de rubidium cristallise en prismes aplatis transparents et incolores, solubles dans 8,5 p. d'eau bouillante et dans 84,5 p. d'eau à 25°, tandis que celui de césium, qui cristallise de même, n'exige que 1 p. d'eau bouillante et 10 p. 3 d'eau à 25° pour se dissoudre. Seulement Bunsen modifie un peu ce procédé en transformant les chlorures en carbonates et ceux-ci en tartrates en n'ajoutant que la quantité d'acide tartrique (déterminée par un dosage préalable de rubidium) nécessaire pour transformer le rubidium en tartrate *acide*, et le césium seulement en tartrate neutre; ce dernier sel est encore plus soluble que le tartrate acide, et la séparation s'effectue ainsi plus nettement [*Poggend. Ann.*, t. CXIX, p. 1; *Ann. de Chim. et de Phys.*, (3), t. LXIX, p. 233]. Enfin, Redtenbacher se base sur la différence de solubilité des aluns. 100 p. d'eau à 17° qui dissolvent 13,5 p. d'alun potassique ne dissolvent que 2,27 p. d'alun de rubidium, et 0,619 p. d'alun de césium; à l'ébullition, la solubilité de ces trois sels est à peu près la même [*Journ. für prakt. Chem.*, t. XCIV, p. 442; *Bull. de la Soc. chim.*, t. IV, p. 201].

Poids atomique du césium et sa place dans la classification des métaux. — Le poids atomique du césium fut d'abord fixé par Bunsen au chiffre 130; mais de nouvelles déterminations faites par Johnson et Allen portèrent ce poids atomique à 133, chiffre qui a été également obtenu plus tard par Bunsen. Johnson et Allen fixèrent ce poids atomique par l'analyse du chlorure de césium provenant de la décomposition du chloroplatinate obtenu lui-même en précipitant par le chlorure de platine une solution de tartrate de césium pur, qu'on obtient facilement exempt de rubidium [*Sillim. Amer. Journ.*, t. XXXV, p. 94; *Répert. de Chim. pure*, t. V, p. 550].

Les combinaisons du césium présentent la plus grande analogie avec celles du potassium, et il ne peut y avoir de doute sur sa nature de métal alcalin et monoatomique. L'isomorphisme de ses sels avec ceux de potassium a été clairement démontré. Le césium occupe, par son poids atomique, l'avant-dernier rang des métaux alcalins connus, il est placé entre le rubidium et le thallium.

Les combinaisons du césium ont particulièrement été étudiées par Kirchhoff et Bunsen [*Ann. de Chim. et de Phys.*, (3), t. LXIV, p. 290].

Césium métallique. — Lorsqu'on soumet à l'électrolyse du chlorure de césium fondu, en employant une tige de graphite comme électrode positive et une tige de fer comme électrode négative, il se produit autour de cette dernière de petites flammes dues à la combustion du césium qui vient monter à la surface du chlorure fondu; si l'on entoure cette tige d'une petite cloche dans laquelle se trouve du gaz hydrogène sec, la combustion cesse, mais il ne se sépare pas de métal, par suite sans doute de la formation d'un sous-chlorure.

Si l'on électrolyse une solution aqueuse concentrée de chlorure de césium, en employant du mercure comme électrode négative, il se forme un amalgame grenu et cristallin, d'un blanc d'argent. Cet amalgame, beaucoup plus difficile a produire que celui de rubidium, ne s'obtient qu'à l'aide d'un courant très-puissant. Il est électropositif par rapport au chlorure de potassium; on doit donc considérer le césium comme le plus électro-positif des métaux alcalins.

Chlorure de césium, CsCl. — On l'obtient, soit par la réduction du chloroplatinate de césium chauffé dans un courant d'hydrogène, soit par

(1) Bunsen.

dissolution du carbonate de césium dans l'acide chlorhydrique. Il se dépose par l'évaporation de sa solution aqueuse en petits cubes anhydres groupés confusément; par une cristallisation rapide, il s'obtient en aigrettes cristallines ressemblant au sel ammoniac. Le chlorure de césium fond au rouge naissant; à une température plus élevée il est plus volatil que le sel de potassium, et il émet des vapeurs blanches. Par le refroidissement, le chlorure fondu se prend en une masse opaque blanche tombant rapidement en déliquescence à l'air (Bunsen). Lorsqu'on le fond en présence de l'eau, il devient alcalin en perdant de l'acide chlorhydrique.

Chloroplatinate de césium,

$$Cs^2PtCl^6 = PtCl^4, 2\,CsCl.$$

— Ce sel forme un précipité jaune, un peu plus clair que le chloroplatinate de potassium; il se présente sous le microscope en petits octaèdres réguliers, transparents, d'un jaune de miel. On a vu plus haut quelle est la solubilité de ce sel.

Hydrate de césium, $CsHO$. — On l'obtient par la décomposition du sulfate de césium, en solution bouillante, par la baryte. Masse blanche poreuse, fusible sans décomposition au-dessous du rouge et se prenant par le refroidissement en une masse cassante non cristalline. L'hydrate de césium est très-déliquescent; il se dissout dans l'eau et dans l'alcool avec élévation de température et est aussi caustique que la potasse. Il attaque le platine et le verre.

Azotate de césium, $CsAzO^3$. — Ce sel est anhydre, inaltérable à l'air; il se dépose de sa solution aqueuse en petits cristaux prismatiques. Les cristaux obtenus par une évaporation lente à 14° appartiennent au système hexagonal et sont isomorphes avec l'azotate de rubidium. Leur forme est une double pyramide hexagonale $b^{1/2}$ de 142° 56′, portant les faces du prisme hexagonal m. Le rapport des axes est 1 : 0,71348; faces observées : $b^{1/2}, m, h^1, a^1, b^{2/3}$. Par une cristallisation plus rapide, l'azotate de césium se dépose en longs prismes aigus, cannelés. Il a la même saveur que le nitre. Il fond au-dessous du rouge, puis se transforme en azotite et enfin, sous l'influence de l'humidité de l'air, en hydrate de césium. Il est très-peu soluble dans l'alcool; moins soluble dans l'eau que le salpêtre : 100 p. d'eau froide n'en dissolvent que 10 parties et demie.

Carbonate neutre de césium, Cs^2CO^3. — On l'obtient en traitant une solution bouillante de sulfate de césium par l'eau de baryte, évaporant à sec en présence de carbonate d'ammoniaque, reprenant par l'eau et filtrant. La dissolution sirupeuse donne des cristaux hydratés, confus et déliquescents, fusibles dans leur eau de cristallisation et abandonnant le sel anhydre sous forme d'une masse blanche, friable et déliquescente. Il ne se décompose pas par la calcination, mais se volatilise en partie. La solution aqueuse a une forte réaction alcaline. Il est soluble dans l'alcool, ce qui le distingue des autres carbonates alcalins. 100 p. d'alcool à 19° en dissolvent 11 p., et à l'ébullition 20 p.; il y cristallise en petits cristaux grenus.

Carbonate acide, $CsHCO^3$. — Le carbonate neutre en solution, exposé dans une atmosphère d'acide carbonique, se transforme en carbonate acide, et la solution, évaporée sur de l'acide sulfurique, laisse déposer de gros cristaux prismatiques, groupés confusément, inaltérables à l'air. Sa solution, légèrement alcaline, perd de l'acide carbonique par l'ébullition.

Sulfate neutre de césium, Cs^2SO^4. — La dissolution aqueuse de ce sel l'abandonne par l'évaporation lente en petits prismes courts et aplatis, rayonnés ou groupés en faisceaux. Ces cristaux sont anhydres, inaltérables à l'air, insolubles dans l'alcool et beaucoup plus solubles dans l'eau que le sulfate de potassium. 100 p. d'eau à 12° en dissolvent 158 p. 7, tandis qu'elles ne dissolvent que 8 p. de sel de potassium. Sa saveur est fade, puis amère.

Sulfate acide de césium, $CsHSO^4$. — On l'obtient en traitant le carbonate par un excès d'acide sulfurique; en chauffant, il se dégage de l'acide sulfurique et l'on obtient, au-dessous du rouge, un produit liquide comme de l'eau et qui, par le refroidissement, se prend en une masse cristalline de sulfate acide de césium; cristallisé dans l'eau, ce sel se présente en prismes orthorhombiques courts, portant une troncature tangente sur les arêtes latérales. Rapport des axes = 1 : 1,38. Ce sel possède une réaction très-acide; il est inaltérable à l'air; il fond au-dessous du rouge, puis dégage de l'anhydride sulfurique et laisse un résidu boursouflé de sulfate neutre qui ne fond qu'au rouge sombre.

Le sulfate de césium forme, avec les sulfates de la série magnésienne, des sels doubles, isomorphes avec les sels potassiques correspondants, et renfermant par conséquent $6H^2O$; les prismes clinorhombiques qu'ils forment présentent les faces $p, m, b^{1/2}, p, m, b^{1/2}, e^1, a^{1/2}, h^3$ (Kirchhoff et Bunsen).

Il forme de même un alun cristallisant comme les autres aluns avec $24H^2O$ (Kirchhoff et Bunsen). 100 p. d'eau à 17° ne dissolvent que 0 p.619 de cet alun; à l'ébullition, sa solubilité est la même que celle de l'alun potassique (Redtenbacher).

Caractères des combinaisons du césium. — Les sels de césium présentent tous les caractères chimiques de ceux de potassium. Ils ne précipitent ni par les sulfures ni par les carbonates solubles; ils donnent avec l'acide tartrique un précipité cristallin, un précipité opalin et transparent avec l'acide hydrofluosilicique, un précipité grenu et cristallin avec l'acide perchlorique; ils sont volatils quand leur acide n'est pas fixe et colorent, comme les sels potassiques, la flamme en violet, mais c'est un violet plus rouge. On ne peut par conséquent que difficilement distinguer le césium du potassium par les réactifs ordinaires. Mais le spectre permet d'établir facilement cette distinction : le spectre du césium est surtout caractérisé par deux raies bleues Csα et Csβ, situées tout près de Srδ; elles se distinguent par une grande netteté; près de celles-ci se trouve une raie Csδ, moins caractéristique; ce spectre renferme en outre une série de raies jaunes et vertes, d'une grande intensité lumineuse, mais qui ne suffiraient pas pour caractériser la présence de petites quantités de césium. Johnson et Allen [*loc. cit.*] ont découvert 7 nouvelles raies appartenant au césium et portent le nombre de raies à 18; 4 de ces raies, dont l'une aussi brillante que celle du lithium, sont placées dans le rouge, 2 très-faibles sont situées dans le vert, la quatrième est jaune. En résumé, le spectre du césium renferme 7 raies rouges, 1 jaune (caractéristique), 7 dans le vert et les autres dans le bleu. Quant à la sensibilité de la réaction, elle est très-grande; une goutte d'eau, renfermant seulement 0mgr,00005 de chlorure de césium, permet d'apercevoir les raies Csα et Csβ [Kirchhoff et Bunsen, *Ann. de Chim. et de Phys.*, (3), t. LXIV, p. 302]. E. W.

CÉTÈNE, $C^{16}H^{32}$. — Cet homologue du gaz oléfiant se produit comme lui par la déshydratation de l'alcool correspondant, — par des distillations répétées de l'éthal sur l'anhydride phosphorique par exemple.

On peut encore distiller vivement la cétine et traiter le produit par la potasse qui dissout les acides gras, tandis que le cétène vient surnager. C'est un liquide incolore, insipide, huileux, insoluble dans l'eau, très-soluble dans l'alcool et l'éther, tachant le papier, brûlant avec une flamme blanche pure, neutre, et distillant vers 275° sans altération.

Densité à 15°,2 : 0,7893 [Mendelejef, *Compt. rend.*, t. L, p. 52].

Densité de vapeur, 8,007, et par rapport à l'hydrogène, 115,5 (1/2 $C^{16}H^{32}$=112).

Dans la distillation des éthylsulfates on obtient une huile (huile douce de vin), dont l'eau sépare une substance hydrocarbonée analogue au cétène par son point d'ébullition. Cette *huile de vin légère* dépose des cristaux (stéaroptène de l'huile de vin) à une très-basse température. Ils présentent la même composition que l'huile elle-même.

Le cétène s'unit aux *acides bromhydrique et chlorhydrique* à la température ordinaire. La réaction est très-lente, elle est un peu plus rapide à 100°. Ces composés sont détruits par la distillation [Berthelot, *Ann. de Chim. et de Phys.*, (3), t. LI, p. 81]. Le cétène agité à une basse température avec une solution au centième d'*acide hypochloreux* contenant encore l'oxychlorure de mercure provenant de sa préparation, se transforme en chlorhydrine du glycol cétinique ou cétylglycol chlorhydrique :

$$C^{16}H^{32}\left\{\begin{matrix}OH\\Cl.\end{matrix}\right.$$

On agite l'oxychlorure de mercure qui est au fond du vase avec de l'éther qui lui enlève la chlorhydrine mélangée encore d'un peu de cétène et de chlorure mercurique. On évapore l'éther, on secoue le résidu huileux avec du chlorure ammonique pour enlever le sel de mercure, puis l'on chasse le cétène en chauffant le liquide à 250° dans un courant de gaz carbonique. Il reste une huile ne se concrétant pas à — 15°, distillant vers 300° sans altération, qui est la chlorhydrine pure. La potasse lui enlève HCl et la convertit en une matière solide, cristallisable en aiguilles déliées et qui est probablement l'oxyde de cétène

$$C^{16}H^{32}O$$

[Carius, *Ann. der Chem. u. Pharm.*, nouv. sér., t. L, p. 198 et *Bulletin de la Soc. chim.*, 1863, p. 509].

Le cétène s'unit avec le brome et forme un liquide jaunâtre plus dense que l'eau qui n'est pas distillable sans décomposition.

Ce corps ($C^{16}H^{32}Br^{2}$) traité par la potasse alcoolique perd HBr et se transforme en un liquide jaune moins dense que l'eau : c'est le cétène monobromé $C^{16}H^{31}Br$.

Le *chlore* donne des produits mal définis renfermant jusqu'à 6 à 7 atomes de chlore pour une molécule de cétène employée. Le cétène monobromé distillé avec l'éthylate de soude ou la chaux hydratée donne du cétylène $C^{16}H^{30}$, homologue supérieur de l'acétylène, liquide incolore, huileux, moins dense que l'eau et distillant à 280-285° sans décomposition. Il se solidifie dans l'acide carbonique solide en solution éthérée, et redevient liquide à — 25°. Il se dissout facilement dans l'alcool et l'éther. Le cétylène s'unit facilement à 2 atomes de brome et forme un liquide jaune plus lourd que l'eau et facilement attaqué par la potasse alcoolique. Il se dépose alors du charbon et du cétène est régénéré.

L'*oxalate d'argent* et le bromure de cétène donnent de l'acide oxalique, du cétylène et du bromure d'argent.

L'*acétate d'argent* paraît donner un glycol acétique qu'il est impossible jusqu'ici d'isoler [Chydenius, *Compt. rend.*, t. LXIV, p. 180]. G. S.

CÉTINE [Chevreul, *Recherches sur les corps gras*, p. 171 ; — Smith, *Ann. der Chem. u. Pharm.*, t. XLII, p. 247 ; — Stenhouse, *Journ. für prakt. Chem.*, t. XXVII, p. 253 ; — Radcliff, *Ann. de Chim. et de Phys.* (3), t. VI, p. 50 ; — Heintz, *Poggend. Ann.*, (3), t. LXXXIV, p. 232]. — Mélange d'éthers cétyliques où paraît prédominer le palmitate ($C^{16}H^{31}O^{2}$)($C^{16}H^{33}$) et qui existe dans le blanc de baleine et l'huile de dauphin.

On le tire du spermacéti en traitant celui-ci par l'alcool froid, puis en faisant cristalliser le résidu dans l'alcool bouillant. C'est une substance blanche, translucide, insipide, inodore, fusible à + 49°. 100 p. d'alcool bouillant à 82 centièmes en dissolvent 2,5 p. L'alcool absolu et l'éther, l'essence de térébenthine et les huiles grasses en dissolvent davantage. A 360° et à l'abri de l'air la cétine se volatilise sans décomposition, mais si l'on opère avec de grandes quantités et en menant la distillation rapidement, il passe un mélange de cétine et d'acides gras (acide palmitique). Ces substances sont accompagnées des produits de leur décomposition tels que de l'eau, de l'acide carbonique, de l'oxyde de carbone et du gaz oléfiant.

L'acide nitrique oxyde la cétine lentement; on obtient les mêmes produits qu'avec le suif, la cire, etc., c'est-à-dire les acides œnanthylique, adipique, pimélique, etc. La cétine se saponifie par les alcalis et donne l'alcool cétylique; quant aux acides gras mis en liberté à l'état de sels alcalins, c'est de l'acide palmitique (*éthalique* de Dumas et Peligot), et suivant Heintz, de l'acide stéarique, myristique, coccinique et cétique. La séparation s'effectue en vertu de la solubilité plus ou moins grande de ces acides ou de leurs sels barytiques, et cela jusqu'à ce que les points de fusion soient constants. G. S.

CÉTIQUE (ACIDE), $C^{15}H^{30}O^{2}$. — Heintz a obtenu une très-petite quantité de cet acide dans la saponification du blanc de baleine. Sa formule est celle de l'acide *bénique*.

CÉTRARIQUE (ACIDE) [Syn. *Cétrarine*], $C^{18}H^{16}O^{8}$ [Berzelius, *Journ. für Chem. u. Phys.*; — V. Schweiger, t. VII, p. 317; *Ann. Chim.*, t. XC, p. 277; — Herberger, *Ann. der Chem. u. Pharm.*, t. XXI, p. 137; — Knop et Schnedermann, *ibid.*, t. LV, p. 144; et Berzelius, *Compt. rend. annuel*, édition française, 1847, p. 303]. — L'acide cétrarique existe dans le lichen d'Islande (*Cetraria islandica*) qui renferme aussi l'acide lichénostéarique. Pour obtenir ces deux acides, on fait bouillir pendant un quart d'heure le lichen avec de l'alcool mêlé de 15 grammes de carbonate de potasse par kilogramme de liquide. Le liquide filtré, traité par l'acide chlorhydrique et l'eau, donne un précipité qui renferme de l'acide cétrarique, de l'acide lichénostéarique et une substance verte. On épuise ce mélange par 8 ou 10 fois son poids d'alcool étendu bouillant qui dissout l'acide lichénostéarique et laisse l'acide cétrarique et la substance verte pour résidu.

La partie insoluble dans l'alcool étendu est traitée à plusieurs reprises par un mélange d'éther et d'une huile essentielle qui ne dissout que la substance verte. Quand cette dernière est aussi complétement éliminée que possible, on dissout l'acide cétrarique dans l'alcool concentré bouillant. Cet acide se dépose, par le refroidissement, en aiguilles déliées que l'on purifie en les faisant bouillir avec du noir animal, les dissolvant ensuite dans la potasse et décomposant le sel obtenu par l'acide chlorhydrique (Knop et Schnedermann).

L'acide cétrarique cristallise en très-fines aiguilles d'une blancheur éclatante. Il a une saveur amère, l'eau le dissout à peine, l'éther le dissout peu, l'alcool bouillant le dissout très-facilement. Ses cristaux sont anhydres.

L'acide cétrarique brunit lorsqu'on le fait bouillir avec de l'eau. Sa solution alcoolique prend également une teinte brune. Par une ébullition prolongée, la présence des alcalis accélère beaucoup cette altération. L'*acide sulfurique* communique à l'acide cétrarique une couleur jaune d'abord, puis rouge. La masse devient glutineuse et finit par se dissoudre. L'eau ajoutée à la solution en précipite une matière ulmique.

L'*acide chlorhydrique* dissout une très-faible portion d'acide cétrarique. La partie restée indissoute prend une couleur bleu foncé. Ce composé bleu se dissout dans l'acide sulfurique en prenant une couleur rouge; l'eau l'en précipite avec sa couleur bleue primitive. Il se dissout aussi dans un mélange de protochlorure et de perchlorure d'étain en formant un liquide duquel les alcalis précipitent une laque bleue.

L'acide cétrarique est oxydé par l'acide azotique, avec formation d'acide oxalique et d'une résine aune. Le chlore et le brome ne paraissent pas agir sur lui.

Il chasse l'anhydride carbonique des carbonates alcalins et donne naissance à des sels jaunes solubles dans l'eau et dans l'alcool, et qui ont une saveur amère insupportable. Les acides puissants en précipitent de l'acide cétrarique incolore. Ce corps forme facilement des sels acides. Lorsqu'on mélange un cétrarate alcalin avec une quantité d'acide chlorhydrique insuffisante pour neutraliser tout l'alcali, il se précipite un sel acide gélatineux qui se lave difficilement, mais que l'on peut sécher à l'air sans qu'il s'altère. Les sels neutres se décomposent au contact de l'air, et pendant l'évapòration la liqueur devient brune et sa saveur amère disparaît.

Une solution alcoolique de cétrarate acide de potassium est précipitée en rouge foncé par le chlorure ferrique. La liqueur qui surnage le précipité prend aussi une couleur rouge de sang.

CÉTRARATE AMMONIQUE. — Lorsqu'on traite l'acide cétrarique par le gaz ammoniac, ce dernier est absorbé dans la proportion de 10,2 %, et il se forme du cétrarate d'ammonium qui se présente sous la forme d'une poudre jaune.

CÉTRARATE DE PLOMB. — On l'obtient par double décomposition au moyen du sel précédent et de l'acétate de plomb. Il est complétement insoluble dans l'eau.

CÉTRARATE D'ARGENT. — C'est un précipité jaune qui brunit rapidement. A. N.

CÉTYLÈNE. — Voyez CÉTÈNE.

CÉTYLIQUE (ALCOOL), *Hydrate de cétyle, Éthal*, $C^{16}H^{34}O = C^{16}H^{33}.OH$.

Préparation et propriétés. — Cet alcool se produit dans la saponification de ses éthers (palmitique, stéarique, etc.) qui constituent la cétine et par conséquent la majeure partie du blanc de baleine. Chevreul l'a obtenu pour la première fois par la digestion prolongée de poids égaux d'hydrate de potasse et de blanc de baleine avec 2 p. d'eau, à une température de 50° à 90°. Le savon formé était étendu d'eau et décomposé par l'acide tartrique; il donnait une matière grasse qu'on neutralisait à chaud par de la baryte et d'où l'on extrayait l'éthal avec de l'alcool froid, ou de l'éther [*Recherches sur les corps gras*, 1823, p. 171].

Dumas et Peligot ajoutent à 2 p. de blanc de baleine en fusion 1 p. de potasse en petits fragments, en ayant soin de remuer. La réaction est énergique et rapide, elle dégage de la chaleur. Lorsqu'elle est finie et que la masse est devenue solide, on traite le savon par l'eau, puis par l'acide chlorhydrique en léger excès et l'on chauffe. Les acides gras et l'éthal forment une couche qu'on décante et qu'on achève de priver de cétine par une nouvelle saponification. On sépare encore les acides gras par l'acide chlorhydrique et on les saponifie par la chaux éteinte en excès. Les savons calcaires mélangés d'éthal sont traités par l'alcool, celui-ci dissout l'éthal, on l'en sépare par l'évaporation, et l'éthal, repris par l'éther, cristallise à l'état de pureté [*Ann. de Chim. et de Phys.*, (2), t. LXII, p. 4]. Heintz fait bouillir le blanc de baleine avec la potasse alcoolique, précipite la liqueur à l'ébullition par le chlorure de baryum en solution aqueuse et concentrée, et reprend le précipité par l'alcool qui dissout l'éthal et un peu de sel de baryte. On chasse l'alcool par évaporation et on reprend le résidu par l'éther froid. L'éthal, par plusieurs cristallisations dans ce liquide, est amené à l'état de pureté parfaite [*Poggend. Ann.*, t. LXXXIV, p. 232, et t. LXXXVII, p. 553]. C'est une masse blanche, cristalline, sans odeur ni saveur, distillable sans décomposition, fusible sur l'eau à 50° et élevant, lorsqu'elle se concrète, la température d'un thermomètre qu'on y plonge à 51°,5. Fondue seule, elle devient solide à 49-49°,5 (48°, Chevreul). Lentement solidifiée, elle se présente en lamelles brillantes; la solution alcoolique saturée à chaud laisse déposer des cristaux. L'éthal est entraîné par la vapeur d'eau. Il est insoluble dans ce liquide et se mêle en toutes proportions à l'alcool et à l'éther.

Selon Heintz, l'éthal n'est pas un corps unique, mais un mélange d'alcool cétylique avec l'alcool stéarique, $C^{18}H^{38}O$; ce chimiste se fonde sur ce fait que l'acide *éthalique* de Dumas et Stas est un mélange d'où l'on peut séparer par précipitation ménagée, à l'aide de l'acétate de baryte, deux acides gras, acides palmitique et stéarique, à points de fusion distincts (54° et 57°,5).

Réaction. — L'éthal chauffé avec le *massicot* ne dégage pas d'eau. Il est insoluble dans les *lessives alcalines*. Avec la *chaux potassée*, il dégage de l'hydrogène à une température élevée et donne un sel de potasse (éthalate de Dumas et Stas [*Ann. de Chim. et de Phys.*, (3), t. LXXIII, p. 124] — palmitate),

$$C^{16}H^{33}.OH + KHO = C^{16}H^{31}O.OK + H^4.$$

Le *sodium* donne du cétylate, $C^{16}H^{33}.OK$. La *potasse* en présence du *sulfure de carbone* le convertit en cétyldisulfocarbonate de potassium,

$$CS^2O.\left\{\begin{matrix}K\\C^{16}H^{33}.\end{matrix}\right.$$

L'acide phosphorique à chaud le dédouble en eau et en cétène, $C^{16}H^{34}O = C^{16}H^{32} + H^2O$. L'acide sulfurique concentré le convertit en acide cétylsulfurique,

$$SO^4\left\{\begin{matrix}H\\C^{16}H^{33}.\end{matrix}\right.$$

Distillé avec le perchlorure de phosphore, il donne de l'oxychlorure de phosphore, du chlorure de cétyle et de l'acide chlorhydrique :

$$C^{16}H^{33}.OH + PCl^5 = C^{16}H^{33}Cl + PCl^3O + HCl.$$

D'après Tuttscheff, il se forme encore un peu de cétène et il reste dans la cornue un résidu sirupeux d'acide phosphorique mélangé à une très-petite quantité d'un acide organique phosphoré, probablement de l'acide cétylphosphorique [*Journ. de Chim. de Socoloff et Engelhardt*, t. III, p. 44 et 337]. Lorsqu'on dissout du phosphore dans de l'éthal fondu et qu'on ajoute de l'iode au mélange, on obtient de l'iodure de cétyle, etc. G. S.

CÉTYLIQUE (ALDÉHYDE), $C^{16}H^{32}O$ [Fridau, *Ann. de Chim. et de Phys.*, (3), t. XXXVI, p. 369; — Dolfus, *Ann. der Chem. u. Pharm.*, nouv. sér., t. LV, p. 283]. — Substance cristalline fusible entre + 46° et + 47°, solidifiable à + 45° (Dolfus). Soluble dans l'éther et dans l'alcool chaud. 100 p. d'éther en dissolvent 11 p. à zéro et 16 à + 16°. 100 p. d'alcool à 98 centièmes en dissolvent 0,64 à + 16° et 12 à l'ébullition. 100 p.

d'alcool à 84 centièmes en dissolvent 0,23 à + 16° et 4 à l'ébullition. Elle ne se combine ni à l'ammoniaque ni aux bisulfites; sa dissolution alcoolique est à peine altérée par le nitrate d'argent ammoniacal. On l'obtient par la réaction du bichromate de potasse et de l'acide sulfurique étendu sur l'éthal. On fait bouillir la masse noirâtre avec de l'eau, jusqu'à ce que celle-ci ne se colore plus, puis avec de l'alcool faible. On dissout dans l'éther, et on précipite par l'alcool.

CÉTYLIQUES (COMPOSÉS). — I. CÉTYLE ET CORPS SIMPLES.

CHLORURE DE CÉTYLE, ($C^{16}H^{33}$)Cl [Dumas et Peligot, *loc. cit.*, et Tuttscheff, *Journ. de Chim. de Socoloff et Engelhardt*, t. III, p. 44 et 337]. — Huile limpide et légèrement jaunâtre, d'une densité de 0,8412 à + 12°. Insoluble dans l'eau et dans l'alcool, mais soluble dans l'éther et distillant au-dessus de 289° en se décomposant partiellement. Une ébullition prolongée chasse même tout l'acide chlorhydrique et il reste un liquide bouillant à 274° (cétène).

L'*acide azotique* n'attaque pas le chlorure de cétyle; l'*acide sulfurique* le transforme lentement, surtout à chaud, en acide cétylsulfurique. Le *gaz ammoniac* ne réagit pas, la *potasse* et les *acides* aqueux non plus.

On l'obtient en mêlant dans une cornue volumes égaux d'éthal et de perchlorure de phosphore. La réaction s'établit d'une façon violente, il se dégage de l'acide chlorhydrique. On chauffe alors et l'on recueille d'abord de l'oxychlorure de phosphore, puis du chlorure de cétyle. On le redistille avec un peu de perchlorure de phosphore, on le lave à l'eau bouillante et on le dessèche dans le vide à 120°. Distillé sur un peu de chaux vive, il est obtenu exempt d'acide chlorhydrique. Le chlorhydrate de cétène est isomère et peut être identique avec le chlorure de cétyle.

BROMURE DE CÉTYLE, ($C^{16}H^{33}$)Br [Fridau, *Ann. der Chem. u. Pharm.*, t. LXXXIII, p. 20 et *Ann. de Chim. et de Phys.*, (3), t. XXXVI, p. 365]. — Solide fusible à + 15°, dégageant de l'acide bromhydrique lorsqu'on cherche à le distiller, blanc, plus pesant que l'eau à l'état fondu et se préparant par le même procédé que l'iodure, en faisant réagir le phosphore et le brome sur l'éthal.

IODURE DE CÉTYLE, ($C^{16}H^{33}$)I [Fridau, *loc. cit.*]. — Feuillets cristallins enchevêtrés, incolores, d'un aspect gras, fusibles à + 22°, insolubles dans l'eau, très-solubles dans l'éther, solubles dans l'alcool, surtout à chaud, ne distillant pas sans altération et se décomposant brusquement vers 250° avec mise en liberté d'iode, d'acide iodhydrique et d'une huile hydrocarbonée. On l'obtient en chauffant au bain d'huile entre 100° et 120°, et en évitant de dépasser 150° de l'éthal, auquel on fait dissoudre du phosphore, puis de l'iode ajouté par petites parties en remuant constamment. Il se forme des acides iodhydrique et phosphoreux, et l'iodure de phosphore en excès cristallise. On décante le produit huileux et froid qui se solidifie lorsqu'on le lave avec de l'eau. On le fait cristalliser dans l'alcool bouillant.

Les *alcalis étendus* et même *carbonatés* attaquent l'iodure de cétyle; l'*oxyde de mercure* réagit à 200° avec une sorte d'explosion et il se forme une huile (cétène?), des iodures de mercure et du mercure métallique, le résidu renferme un corps solide cristallisable et fusible à + 50°. L'*oxyde d'argent* récemment précipité décompose l'iodure de cétyle entre 100° et 150°; il se dépose de l'iodure d'argent et l'on obtient le même corps cristallisé fusible à + 50°, vraisemblablement de l'éthal.

L'*ammoniaque* aqueuse, alcoolique ou éthérée, ne réagit pas; *sèche*, elle réagit à 150° et donne de la tricétylamine et de l'iodhydrate d'ammoniaque. L'*aniline*, à une température peu élevée, donne de la cétyle et de la dicétylphénylamine. Le *cétylate de soude* réagit à 110° et donne de l'oxyde de cétyle.

OXYDE DE CÉTYLE, ($C^{16}H^{33}$)^{2}O [Fridau, *loc. cit.*]. — Paillettes brillantes, insolubles dans l'eau, solubles dans l'alcool et l'éther, fusibles à 55° et se prenant entre 53° et 54° en une masse radiée. L'oxyde de cétyle s'obtient en traitant le cétylate de soude par l'iodure de cétyle à 110°; on épuise le produit par l'eau bouillante et on le fait cristalliser dans l'éther ou dans l'alcool bouillants. C'est un corps très-stable, inattaquable par l'acide chlorhydrique ou même par l'eau régale à l'ébullition. L'acide sulfurique concentré le détruit. Il distille vers 300° presque sans altération en répandant une odeur grasse.

Oxyde mixte de cétyle et d'éthyle. Cétylate d'éthyle, ($C^{16}H^{33}$) (C^2H^5)O [Becker, *Ann. der Chem. u. Pharm.*, t. CII, p. 220]. — S'obtient en traitant l'iodure d'éthyle par le cétylate de soude. Lamelles solubles dans l'alcool et l'éther, fusibles à + 20°.

Oxyde mixte de cétyle et d'amyle. — Cétylate d'amyle, ($C^{16}H^{33}$) (C^5H^{11}) O [Becker, *loc. cit.*]. — Même préparation, mêmes propriétés. Fusible à + 30°.

Oxyde de cétyle et de potassium. — Cétylate de potassium, ($C^{16}H^{33}$) OK. — Se prépare avec le potassium et l'éthal.

Oxyde de cétyle et de sodium. — Cétylate de sodium, ($C^{16}H^{33}$) OK. — S'obtient avec le sodium et l'éthal à 100°. C'est une masse solide légèrement jaunâtre, fusible vers 100°, liquide et claire à 110°. L'eau bouillante ne l'altère pas, mais l'acide chlorhydrique régénère l'éther. L'iodhydrate d'aniline l'attaque à 120°. Il y a dépôt d'iodure de sodium et formation d'un corps moins fusible et plus soluble dans l'alcool que l'éthal.

SULFURE DE CÉTYLE, ($C^{16}H^{33}$)^{2}S [Fridau, *loc. cit.*]. — Paillettes légères d'un aspect micacé, fusibles à 57°,5, se prenant à 54° en une masse radiée. A peine soluble dans l'alcool froid. Soluble dans l'alcool bouillant et surtout dans l'éther.

On l'obtient en chauffant pendant 4 heures à l'ébullition du chlorure de cétyle et une solution alcoolique de monosulfure de potassium. La couche huileuse concrétée, lavée, fondue dans l'eau et dissoute dans l'alcool éthéré, donne, par plusieurs cristallisations, du sulfure de cétyle pur. Ce corps n'est pas attaqué par l'acide nitrique faible à l'ébullition.

La solution alcoolique précipite en blanc par l'acétate de plomb alcoolique. Le précipité est insoluble dans l'eau, l'alcool et l'éther.

Sulfure de cétyle et d'hydrogène, sulfhydrate de cétyle, mercaptan cétylique, ($C^{16}H^{33}$) SH. — Se produit lorsque l'on chauffe les solutions alcooliques de sulfhydrate de potasse et de chlorure de cétyle.

Il contient toujours un peu de sulfure de cétyle; on le purifie en ajoutant au produit alcoolique de la réaction de l'acétate de plomb, puis de l'eau. Le précipité est lavé à l'eau, puis traité par l'éther qui lui enlève le sulfhydrate de cétyle: on le purifie par cristallisation. Il possède les mêmes caractères de solubilité et le même aspect que le sulfure de cétyle. Fusible à 50°,5, il se concrète au-dessous de 44° en masses dendritiques.

L'oxyde de mercure ne l'attaque pas d'une manière sensible, même à une température élevée. Sa solution alcoolique précipite à la longue les solutions d'argent et le sublimé corrosif, mais ne précipite pas les sels de plomb, de platine et d'or.

AZOTURE DE CÉTYLE, *tricétylamine*, ($C^{16}H^{33}$)^{3}Az. [Fridau, *loc. cit.*]. — Le gaz ammoniac dirigé dans l'iodure de cétyle à 150° donne lieu peu à peu à un précipité d'iodhydrate d'ammoniaque.

La masse fondue contient alors de la tricétylamine; soluble dans l'alcool bouillant, cristallisant par le refroidissement dans ce liquide en aiguilles incolores fusibles à 39°.

Les sels de tricétylamine sont insolubles dans l'eau, mais solubles, surtout à chaud, dans l'alcool et l'éther.

Le *chlorhydrate* est moins fusible et plus soluble que la base elle-même; il se dépose dans l'alcool chaud sous forme d'aiguilles brillantes. Le *chloroplatinate* est pulvérulent, jaune isabelle, peu soluble dans l'alcool, insoluble dans l'eau.

Azotures de cétyle et de phényle (cétyl-phénylamines, cétylanilines). — Voyez PHÉNYLAMINES.

II. CÉTYLE ET RADICAUX COMPOSÉS.

Ethers carbonés du cétyle. — Voyez les ACIDES.

SULFATE ACIDE DE CÉTYLE. *Acide cétylsulfurique,*

$$SO^4 \left\{ \begin{matrix} H \\ (C^{16}H^{33}) \end{matrix} \right.$$

[Dumas et Peligot, Kohler, Heintz, *loc. cit.*]. — On mêle l'acide sulfurique avec de l'éthal fondu en évitant l'élévation de température, puis on dissout dans l'alcool et on sature par la potasse. Le liquide est séparé du précipité, on en chasse l'alcool, puis on reprend par l'éther qui enlève l'éthal inaltéré. On purifie le résidu de cétylsulfate de potasse par cristallisation.

Ce sel forme des lamelles nacrées, incolores, non fusibles, insolubles dans l'éther, peu solubles dans l'eau chaude, solubles dans l'alcool chaud.

Chauffé à 140° avec le cyanure de potassium, il donne du cyanure de cétyle. G. S.

CÉVADIQUE (ACIDE). — Acide solide, cristallisable en aiguilles blanches, volatil, sublimable à une douce chaleur, fusible à 20°, soluble dans l'eau, l'alcool et l'éther, d'une odeur analogue à celle de l'acide butyrique, que Pelletier et Caventou ont retiré des graines de la cévadille (*Veratrum sabadilla*) et qui existe aussi dans l'ellébore blanc (*Veratrum album*), et le colchique commun (*Colchicum autumnale*). L'acide cévadique s'y trouve à l'état de cévadate de glycérine.

Pour l'extraire, on épuise les graines de cévadille par l'éther; on chasse l'éther par la distillation, on saponifie le résidu par la potasse, et on décompose le savon par l'acide tartrique. On filtre la liqueur, et on la distille; l'acide cévadique passe avec la vapeur d'eau. Le liquide acide est saturé par la baryte, évaporé à siccité, et distillé avec la baryte. L'acide cévadique distille sans altération. — Cet acide donne avec les bases des sels un peu odorants [Pelletier et Caventou, *Journ. de Pharm.*, t. VI, p. 353, et *Ann. de Chim. et de Phys.*, t. XIV, p. 70].

CEYLANITE. — Voyez SPINELLE et ZIRCON.

CHABASIE (Min.) [Syn. *Zéolithe cubique, cuboïcite, phacolite, acadiolite, haydénite*]. — Silicate hydraté d'alumine et de chaux auquel on a attribué les deux formules

$$CaO.Al^2O^3.4SiO^2.6H^2O$$
$$\text{et } 2CaO.2Al^2O^3.9SiO^2.14H^2O.$$

Se trouve en petits cristaux rhomboédriques dans les cavités des amygdaloïdes, des basaltes, etc., accompagnée de heulandite, d'harmotome, de stilbite, etc.; on l'a rencontrée dans un béton romain à Plombières. Blanc laiteux, rouge clair, d'un éclat vitreux. M. Damour a reconnu que la chabasie pulvérisée perd dans l'air sec 7 °/₀ de son poids, qu'elle reprend en 24 heures à l'air libre. Chauffée à 180°, elle perd 14 °/₀; à 230°, 17 °/₀, quelle que soit la durée de la calcination; à 300°, la perte monte à 19 °/₀. Jusqu'à cette limite, elle reprend intégralement son eau au bout de deux ou trois jours. Au rouge sombre, la chabasie perd 21 °/₀ d'eau qu'elle n'est plus apte à reprendre. Au rouge vif, la perte s'élève à 22,4 °/₀ et il y a fusion partielle. Ces pertes d'eau s'accordent mieux avec la première formule qu'avec la seconde.

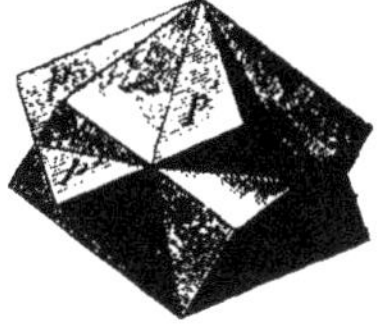
Fig. 115. — Chabasie.

Caractères. — Complétement attaqué par l'acide chlorhydrique, avec dépôt de silice en flocons. Au chalumeau, bouillonne et fond en un verre blanc, presque opaque et bulleux.

Dureté, 4 à 4,5. Densité, 2,08 à 2,17.

Forme cristalline. — Rhomboèdre obtus (*pp*) de 94°46'. $b^1p = 137°23'$. Clivage *p* indistinct. Macles parallèles à a^1 et à *p*.

CHALCODITE. — Voyez STILPNOMÉLANE.

CHALCOPHASITE. — Voyez LIROCONITE.

CHALCOPHYLLITE. — Voyez ÉRINITE.

CHALCOPYRITE (Min.) [Syn. *Cuivre pyriteux, pyrite cuivreuse, Kupferkies*]. — Sulfure de fer et de cuivre,

$$CuFeS^2 = 1/2\,(Cu^2S.Fe^2S^3).$$

L'un des minerais de cuivre les plus abondants; se rencontre en masses compactes ou concrétionnées et en cristaux octaédriques ou tétraédriques d'un jaune d'or foncé, à reflets verdâtres, souvent irisés; en filons dans les gneiss et dans les schistes argileux, etc.

Caractères. — Soluble dans l'acide azotique, avec séparation de soufre et en donnant une solution verte. Sur le charbon donne un globule magnétique. Avec le borax, donne du cuivre pur, au feu de réduction.

Fig. 116. — Chalcopyrite.

Dureté, 3,5 à 4. Poussière d'un noir verdâtre. Densité, 4,1 à 4,3.

Éclat métallique vif. Fracture inégale.

Forme cristalline. — Octaèdre quadratique, très-souvent hémièdre à faces inclinées, $b^1b^1 = 109°53'$ (arêtes culminantes), $b^1b^1 = 71°20'$ (arêtes horizontales du tétraèdre); cette forme ne diffère presque pas de l'octaèdre régulier.

Clivages : a^1 assez distincts, *p* très-peu marqué. Macles fréquentes parallèles à b^1 ou à a^2.

CHALCOSINE (Min.) [Syn. *Cuivre sulfuré, H. Kupferglanz, Kupferglas, Redruthite*]. — Sulfure cuivreux, Cu^2S. Cristaux d'apparence hexagonale, tabulaires, ou masses compactes d'un noir de fer; d'un éclat métallique peu prononcé, qui devient vif sous le brunissoir; en amas, en rognons, en filons dans les schistes cristallins, etc.; accompagnant la chalcopyrite dans ses gisements.

Fig. 117. — Chalcosine.

Caractères. — Soluble dans l'acide azotique avec séparation de soufre, et en donnant une solution verte. Fond à la flamme d'une bougie lorsqu'il est en esquilles minces. Facilement réductible sur le charbon.

Dureté, 2,5 à 3. Tendre et se laisse couper au couteau, en donnant un petit copeau lorsqu'il est très-pur. Densité, 5,5 à 5,8.

Forme cristalline. — Prisme orthorhombique (mm) de 119°35′; $pb^1 = 117°24′$; $pe^1/_3 = 147°6′$. Les cristaux sont souvent maclés parallèlement à m ou à b.

CHALCOSTIBITE. — Voyez WOLFSBERGITE.

CHALCOTRICHITE, Cu^2O. — Oxyde cuivreux distingué par Kenngott de la cuprite. Fines cristallisations d'un rouge cochenille paraissant appartenir au type orthorhombique (mm) = 140° à 150°. Densité, 5,8.

CHALEUR. — La chaleur joue dans la nature un rôle considérable; c'est la source à laquelle sont empruntées presque toutes les sortes d'énergie que l'homme peut mettre en jeu.

Émanée du soleil à l'état *rayonnant*, c'est elle qui se transforme dans les plantes en *énergie chimique*, et reparaît à l'état de *chaleur lumineuse* lorsque l'homme, en brûlant le végétal, reconstitue les matériaux inorganiques dont la radiation solaire avait séparé et organisé les éléments. Elle se manifeste sous forme de *mouvement* dans les moteurs qui utilisent cette combustion et en particulier dans les animaux, qu'on doit considérer à ce point de vue comme de véritables machines thermiques; elle peut enfin être convertie en *courant électrique*, et la transformation est directe dans les piles thermo-électriques. Les piles ordinaires et les machines dynamo-électriques donnent une solution indirecte du même problème, car dans ces appareils c'est encore le plus souvent la chaleur, transformée d'abord en énergie chimique ou mécanique, qui fournit le courant.

Inversement, tout *mouvement* qui s'éteint par un choc ou un frottement donne de la chaleur; il en est de même de tout *courant électrique* qui se dissipe sans effectuer de travail. La chaleur dégagée dans un phénomène chimique n'est que la transformation de l'*énergie chimique* qui disparaît dans la réaction. En un mot, tous les phénomènes de la nature aboutissent, par une voie plus ou moins détournée, à une diffusion de l'énergie à l'état de chaleur, et en définitive ils mènent progressivement à l'égalité de température.

Mais si la chaleur nous apparaît comme la métamorphose ultime de l'énergie, n'est-elle pas aussi sa manifestation première? En d'autres termes, existe-t-elle naturellement à l'état de chaleur dans les astres, ou bien est-elle déjà là une transformation d'une autre sorte d'énergie? Tout porte à croire qu'elle provient elle-même d'un mouvement matériel détruit et que la *cause* qui fait tendre incessamment les corps les uns vers les autres est celle de ce mouvement.

Il n'en est pas moins vrai que la chaleur est la forme sous laquelle l'énergie cosmique arrive jusqu'à nous; qu'elle est pour nous la source de la force; que l'empire de l'homme sur la matière date du jour de l'invention du feu; et l'on s'explique ainsi facilement le culte voué par les premiers peuples à deux éclatantes manifestations de la chaleur, le feu et le soleil.

Les anciens ont fait du feu l'un des quatre éléments, quelques-uns lui ont même donné une importance prépondérante. Les spéculations sur son essence ont occupé les plus grands philosophes; les alchimistes se perdent dans de nombreuses et bizarres hypothèses au sujet de cet agent qu'ils emploient sans cesse et qu'ils ne connaissent pas. Boyle, Boerhave, Black, Laplace et Lavoisier, Leslie, Rumfort, Delaroche et Berard, Melloni, etc., consacrent à la chaleur des œuvres capitales. L'immense développement de l'industrie moderne est dû à la machine à feu et c'est de l'étude de la chaleur qu'est née la notion d'équivalence des agents physiques, notion qui, introduite par Mayer dans la science, est en voie de la renouveler.

La chaleur est, comme on voit, un sujet aussi vaste qu'important; il appartient à la chimie et à la mécanique aussi bien qu'à la physique, et si son étendue comme la nature de cet ouvrage nous forcent à en abréger considérablement l'étude, surtout en ce qui ne concerne pas exclusivement la chimie, nous nous croyons obligés, par son importance extrême, à esquisser en quelques lignes le point de vue mécanique et physique de la question, pensant que c'est en transportant dans la théorie chimique les notions acquises par les sciences voisines qu'on pourra lui faire faire de nouveaux et réels progrès.

LA CHALEUR AU POINT DE VUE MÉCANIQUE.

L'étude mécanique de la chaleur est sans doute appelée à passer par deux phases bien distinctes. La première, dans laquelle elle est entrée en 1842, date de l'application du théorème des forces vives au problème de la transformation du travail mécanique en chaleur, et inversement; la seconde ne sera atteinte que lorsque de nouvelles notions physico-chimiques réduiront le problème général de la chaleur à une question de mécanique moléculaire. On conçoit que dans un avenir lointain de telles questions puissent recevoir leur solution, et que le vœu de Newton soit alors exaucé : « Tous les phénomènes de la nature recevant leur explication d'après les principes de la mécanique. »

Nous venons de dire que l'application du théorème des forces vives au problème de la chaleur était toute moderne; en cela il faut distinguer. L'idée de faire de la chaleur un mode de mouvement est extrêmement ancienne; nous allons citer, entre beaucoup d'autres, certains passages caractéristiques des anciens auteurs à ce sujet. L'idée même d'appliquer « au mouvement intestin, qu'on appelle chaleur, » le principe de la conservation de la force vive, date d'assez loin dans l'histoire des sciences; mais la notion nouvelle, celle qu'on doit à la perspicacité de Mayer et aux expériences de Joule, Favre, Hirn, etc., est entièrement distincte de toutes les conjectures qu'on a pu hasarder jusqu'ici; la voici dans son expression la plus simple :

Il peut se perdre de la chaleur, contrairement à ce qu'affirmaient les physiciens; *mais, lorsque de la chaleur se perd, il se crée une autre force physique, ou il s'effectue un travail mécanique, et il y a un rapport constant entre les quantités de chaleur perdue et de travail produit ou de forces physiques créées.* Par exemple, une calorie qui disparaît en produisant exclusivement du travail mécanique est capable d'élever 425 kil. à 1 mètre de hauteur, et cette quantité de travail est constante quel que soit l'organe mécanique employé; inversement, 425 kilogrammes tombant de 1 mètre effectueront un travail qui, transformé intégralement en chaleur, serait capable d'élever de 1 degré la température de 1 kilogramme d'eau. Mais avant d'arriver à ce qu'on appelle aujourd'hui la « théorie mécanique de la chaleur », nous passerons en revue les opinions des premiers physiciens qui se sont prononcés contre le calorique et qui en ont démontré l'immatérialité.

François Bacon, dans son *Novum Organum,* définit la chaleur comme un mouvement; il est vrai qu'il accorde à ce mouvement les qualités les plus disparates, mais c'est un *mouvement des particules des corps.* Nous n'attribuons pas une grande valeur à cette opinion d'un physicien qui assure que la chaleur se transmet plus facilement dans une verge de bas en haut qu'horizontalement, parce que le mouvement calorifique est à la fois du centre à la circonférence et de bas en haut.

Mais au siècle suivant, Robert Boyle professait dans ses ouvrages une manière d'envisager la chaleur bien autrement élevée. Selon lui, la chaleur est une agitation particulaire dirigée en tous sens et très-rapide, qui, dans le phénomène de la percussion, est due au mouvement anéanti du marteau. Le passage où se trouve cette première idée de la transformation du travail en chaleur est trop curieux pour le passer sous silence : « Lorsqu'on enfonce un gros clou dans un morceau de bois, on remarque que pendant tout le temps que le clou s'enfonce il faut donner un assez grand nombre de coups sur sa tête pour l'échauffer d'une façon sensible; mais, lorsqu'il ne peut plus aller plus loin, quelques coups suffisent pour lui communiquer une chaleur considérable. Dans le premier cas, en effet, le mouvement produit est principalement progressif : c'est un mouvement d'ensemble qui fait avancer le clou dans une direction; mais, quand ce mouvement vient à cesser, l'impulsion donnée par les coups de marteau étant incapable de chasser le clou plus avant ou de le briser, il faut qu'elle se dépense dans la production de ce mouvement intestin, varié et très-rapide, dans laquelle nous faisons consister la chaleur (1). »

Il ne serait pas difficile de faire remonter jusqu'à cette phrase l'origine de la théorie actuelle; cette nécessité, *it must*, que Boyle voit à ce que la force ne s'anéantisse pas, lorsqu'elle ne peut produire du travail mécanique, cette transformation d'un mouvement d'ensemble dans le mouvement intestin qu'on appelle chaleur, tout cela rappelle les idées et jusqu'au style des ouvrages les plus modernes sur ce sujet.

Vers la fin de la vie de Boyle et du XVIIe siècle, le principe des forces vives occupa beaucoup les esprits, mais, chose curieuse, aucun physicien n'appliqua ce principe à la chaleur considérée comme mouvement, bien qu'il n'y ait que des cas théoriques où l'on n'ait pas à tenir compte, dans un mouvement, d'une quantité de chaleur produite ou détruite. Nous ne parlerons pas de la discussion qui donna la victoire à la théorie leibnitzienne (la conservation du produit mv^2) sur la théorie erronée de Descartes, dans laquelle c'était la quantité de mouvement (mv) qui était constante dans la nature; mais il faut remarquer que l'argument décisif de Leibnitz n'était autre que la réduction du principe de Descartes à la possibilité du mouvement perpétuel, c'est-à-dire à l'absurde.

Ce mode de raisonnement est très-employé aujourd'hui; c'est lui qui permet de tirer l'équivalence des agents physiques de l'axiome *ex nihilo nihil, nihil ad nihilum*, que Mayer a pris comme point de départ de son mémoire sur le mouvement organique.

Bernoulli fit entrer dans le problème des forces vives un élément nouveau. Il considère la partie de ces forces vives qui paraît s'anéantir dans le choc de corps imparfaitement élastiques, comme emmagasinée dans ces corps. « On peut se les figurer, dit-il, comme des corps parfaitement élastiques, qui, après avoir reçu une certaine quantité de forces vives par la pression, seraient empêchés par un obstacle de se dilater et de restituer cette force vive. » Cette vue était extrêmement juste, puisqu'un corps imparfaitement élastique choqué possède en réalité la force vive, qui semble perdue, et ne peut la restituer en mouvement mécanique au corps choquant; mais il ne peut la communiquer la plupart du temps aux corps environnants à l'état de chaleur.

Euler envisage la chaleur comme produite par la vibration de l'éther et des particules des corps, mais il ne paraît pas s'être occupé de la transformation de ce mouvement en un travail mécanique.

Lorsque Laplace et Lavoisier, au début de leur magnifique mémoire sur la chaleur, hésitent entre l'hypothèse du calorique matière et celle du calorique mouvement, ils ajoutent que ces deux hypothèses rentrent l'une dans l'autre, si on convient de changer les mots chaleur en force vive, gain de chaleur en augmentation de force vive, etc.; mais ils ne disent pas que ce qui est impossible dans la première manière de voir (la création de chaleur) est possible dans la seconde, puisque l'on peut faire de la chaleur avec du mouvement qui n'était pas calorifique; exemple en est le phénomène du frottement. Rumfort et Davy eurent l'incontestable mérite de prouver que, dans ce cas, la chaleur provient effectivement du mouvement détruit, puisqu'il n'est pas possible, dans leurs expériences, d'en invoquer une autre source. Voici un aperçu de la doctrine de ces physiciens :

En voyant forer des canons à Munich, Rumfort fut surpris de la chaleur considérable des copeaux qui s'en détachaient; cette chaleur lui parut un effet tout à fait hors de proportion avec la cause à laquelle on l'attribuait alors, c'est-à-dire la diminution de la chaleur spécifique du métal par le changement moléculaire dû à l'action de l'alésoir. Vérification faite, il vit que cette différence de chaleur spécifique était insensible, et que le mouvement anéanti par le frottement pouvait seul être invoqué comme cause de la production de chaleur. Il fit tourner un gros cylindre de bronze fortement pressé contre une tarière arrondie dans une caisse remplie d'eau; au bout de deux heures et demie l'eau bouillait fortement. « De la chaleur, dit-il, est ainsi engendrée par la force d'un seul cheval, et, au besoin, elle pourrait suffire à la cuisson des aliments; mais je ne puis imaginer de circonstances où cette manière de produire de la chaleur puisse être avantageuse, car la simple combustion du fourrage nécessaire à la nourriture du cheval donnerait plus de chaleur que son travail n'en fait naître...

« En raisonnant sur ce sujet, nous ne devons pas oublier *cette circonstance des plus remarquables*, que la source de chaleur engendrée par le frottement, dans ces expériences, paraît évidemment être *inépuisable*.

« Il est à peine nécessaire de faire remarquer qu'une chose qu'un corps isolé ou un système de corps peuvent continuer de fournir *indéfiniment*, sans limites, ne peut absolument pas être une *substance matérielle*.

« Il me paraît extrêmement difficile, sinon tout à fait impossible, de se former une idée d'une chose pouvant s'exciter ou se communiquer dans ces expériences, à moins que cette chose ne soit du *mouvement* (1). »

(1) ... And now I speak of striking an iron with a hammer, I am put in mind of an observation, that seems to contradict, but does indeed confirm our theory : namely, that if a somewhat large nail be driven by a hammer into a plank or piece of wood, it will receive divers strokes on the head, before it grow hot; but when it is driven to the head, so that it can go no further, a few strokes will suffice to give it a considerable heat; for whilst, at every blow of the hammer, the nail enters further and further into the wood, the motion that is produced, is chiefly progressive and is of the whole nail tending one way; whereas when that motion is stopped, *then the impulse given by the stroke*, being unable either to drive the nail further on, or destroy its intereness, *must be spent in making a various vehement and intestine commotion of the parts among themselves, and in such an one we formerly observed the nature of heat to consist.*
(Of the mechanical origin of Heat and Cold. Exp. VI. Robert Boyle. Œuvres, tome III, 1744.)

(1) Lu à la Société royale de Londres, le 25 janvier 1798.

Rumfort soulignait les mots imprimés en italiques.

Nous trouvons dans son mémoire lu à l'Institut le 25 juin 1804 le développement complet de sa manière de concevoir la chaleur. « ... Si les particules des corps ne se touchent pas, comme elles s'attirent par la gravitation, on ne peut concevoir comment elles gardent leurs situations relatives sans être en mouvement. Les particules sont donc en mouvement, et si l'on admet l'existence d'un fluide éminemment élastique, l'éther, qui remplit tout l'espace à l'exception de celui occupé par les particules éparses des corps pondérables, il est facile de concevoir que le mouvement des particules qui composent les corps sensibles doive causer des ondulations dans ce fluide, et réciproquement, que les ondulations de ce fluide doivent affecter sensiblement et modifier des mouvements des particules de ces corps...

« D'après cette manière de voir il résulte que *la somme de forces vives dans l'univers doit rester toujours la même, nonobstant toutes les actions et réactions des corps*, et que les molécules de tous ces corps pondérables doivent nécessairement être rayonnantes. »

Comme on voit, Rumfort ruina la théorie du calorique aussi bien par la rigueur de ses déductions théoriques que par celle de ses expériences. Il avait déjà prouvé d'une manière ingénieuse que le calorique n'avait aucun poids en équilibrant sur la balance, à quelques degrés au-dessus de zéro, un ballon plein d'alcool avec un ballon plein d'eau, et en constatant que lorsque l'abaissement de la température avait provoqué la formation de la glace, l'équilibre subsistait. « Pourtant, ajoute-t-il, la quantité de chaleur que perd l'eau en se congelant, communiquée à une masse d'or de poids égal, élèverait sa température à $140 \times 20 = 2800$ F, c'est-à-dire au rouge blanc. »

Davy soutint la même théorie avec des arguments semblables; il apporta une réfutation rigoureuse de l'opinion selon laquelle la chaleur produite par le frottement est due à la diminution de la capacité calorifique du corps frotté. Il fit fondre deux morceaux de glace en les faisant frotter l'un contre l'autre à l'aide d'un mouvement d'horlogerie : or la glace possède une chaleur spécifique beaucoup moindre que celle de l'eau liquide.

Parmi les précurseurs de la théorie moderne il faut encore citer Augustin Fresnel qui, pour faire concorder son principe, *la lumière est un mouvement*, avec ce fait d'expérience que la lumière est *absorbée* par les corps imparfaitement transparents et imparfaitement réfléchissants, écrivit cette phrase remarquable :

« L'idée la plus probable qu'on puisse se faire sur la constitution mécanique des corps est que la somme des forces vives doit toujours rester la même... et que la quantité des forces vives qui disparaît comme lumière est reproduite en chaleur (1). »

C'est le même physicien qui disait : « Il est probable que dans ces cas (d'absorption) une partie de la lumière se trouve dénaturée et changée en vibrations calorifiques qui ne sont plus sensibles pour nos yeux, parce qu'elles ne peuvent plus en pénétrer la substance ou faire vibrer le nerf optique à leur unisson, en raison des modifications qu'elles ont éprouvées. Mais la quantité totale de force vive doit rester la même, à moins que l'action de la lumière n'ait produit un effet chimique ou calorifique assez puissant pour changer l'état d'équilibre des particules des corps, et avec lui l'intensité des forces auxquelles elles sont soumises : car on conçoit que si ces forces s'affaiblissaient tout à coup, il en résulterait une diminution subite dans l'énergie des oscillations des particules du corps échauffé, et par conséquent une absorption de chaleur, pour me servir de l'expression usitée. C'est peut-être ainsi que les choses se passent quand un solide se liquéfie ou qu'un liquide se vaporise. Si la lumière n'est qu'un certain mode de vibration d'un fluide universel comme les phénomènes de la diffraction le démontrent, on ne doit plus supposer que son action chimique sur les corps consiste dans une combinaison de ses molécules avec les leurs, mais dans une action mécanique que les vibrations de ce fluide exercent sur les particules pondérables et qui les oblige à de nouveaux arrangements, à des systèmes d'équilibre plus stables pour l'espèce et l'énergie des vibrations auxquelles elles sont exposées. On voit combien l'hypothèse que l'on adopte sur la nature de la lumière et de la chaleur peut changer la manière de concevoir leurs actions chimiques, et combien il importe de ne pas se méprendre sur la véritable théorie, pour arriver enfin à la découverte des principes de la mécanique moléculaire, dont la connaissance jetterait un si grand jour sur toute la chimie. »

Il est évident d'après ces nombreuses citations que le jour de la théorie moderne de la chaleur approchait, le principe en était soupçonné et se présentait à tous les esprits élevés. Herschell, en 1833, attribuait à la chaleur du soleil transformée la force des animaux et des machines (1). Séguin, le continuateur des saines doctrines de Montgolfier, écrivait, en 1839, dans son livre sur les chemins de fer, le passage caractéristique suivant (p. 380) :

« La première idée qui frappe lorsque l'on considère la liaison des phénomènes de la génération du mouvement avec la production de la chaleur, c'est que la quantité de puissance mécanique que peut développer une masse donnée de vapeur est relative à sa différence de densité et de température en la considérant dans les deux états consécutifs où elle se trouve avant et après la production du mouvement.

« Je crois aussi avoir remarqué qu'il existe une sorte de rapport entre la quantité de chaleur nécessaire pour la faire passer de l'un à l'autre de ces états et la quantité de force produite.

« Cela reviendrait à dire que la vapeur n'est que l'intermédiaire du calorique pour produire la force, et qu'il doit exister entre le mouvement et le calorique un rapport direct, indépendant de l'intermédiaire de la vapeur ou de tout autre agent que l'on pourrait y substituer. » Et plus loin : « On pourrait (selon les idées alors reçues) au moyen d'une masse finie de calorique obtenir une quantité indéfinie de mouvement, ce qui ne peut être admis ni par le bon sens ni par une saine logique. Comme la théorie actuellement adoptée conduirait cependant à ce résultat, il me paraît plus naturel de supposer qu'une certaine quantité de calorique disparaît dans l'acte même de la production de la force ou puissance mécanique; et réciproquement... que la force mécanique qui apparaît pendant l'abaissement de température d'un gaz, comme de tout autre corps qui se dilate, est la mesure et la représentation de cette diminution de chaleur. »

Liebig écrivait, en 1841 (2) : « Chaleur, électricité, magnétisme, sont réciproquement dans des rapports analogues à ceux des équivalents chimiques du carbone, du zinc et de l'oxygène. Avec une certaine mesure d'électricité, nous produi-

(1) Fresnel, *De la lumière* : addition à l'édition française de la *Chimie* de Thompson, 1822.

(1) *Outline of Astronomy*
(2) Dixième lettre sur la chimie.

sous des proportions correspondantes de chaleur ou de force magnétique, qui sont réciproquement équivalentes... »

Comme on voit, l'idée de l'équivalence des forces était « dans l'air ». Aussi ne faut-il pas nous étonner de la voir se produire presque en même temps en Allemagne, en Danemark et en Angleterre sous la forme d'une doctrine dans les écrits de Mayer, de Colding et de Joule. Le grand titre de gloire de ces trois savants est donc moins d'avoir trouvé quelque chose d'absolument neuf que d'avoir assis le principe de l'équivalence sur des raisonnements indépendants de toute hypothèse ou sur des expériences irréfutables.

Dans sa première dissertation (1), Mayer établit ce premier point qu'on peut prendre comme axiome : *Il y a égalité entre l'effet et la cause.* Toutes les équations de la mécanique, de la physique et de la chimie ne sont que des applications de ce principe. Cela posé, si un effet devient la cause d'un autre effet, ce dernier effet est encore égal à la première cause, et quel que soit le moyen dont on tire d'une cause un effet, il y a égalité entre la première et celui-ci. Nier ce principe, c'est donner à l'homme le pouvoir de créer ou de détruire.

Il résulte de là que la chaleur produite par le frottement doit, si elle est causée uniquement par l'énergie dépensée dans cet acte, être égale à cette énergie. Or qu'est devenue cette énergie? Si elle a été employée à un changement d'état moléculaire du corps, en ramenant ce corps à son état primitif on doit la retrouver : or retrouve-t-on trace de l'énorme quantité de force vive perdue par le frottement dans la poussière métallique formée? D'ailleurs on peut ne pas avoir à tenir compte de cette sorte de travail ; il suffit de secouer un liquide dans un flacon pour n'avoir à considérer d'autre phénomène qu'une perte de forces vives et une production de chaleur. « S'il est démontré que dans beaucoup d'autres cas la disparition du mouvement n'a pas d'autre suite appréciable qu'une production de chaleur, nous devons préférer l'hypothèse d'une relation de causalité à celle qui ferait de la chaleur un effet sans cause et du mouvement une cause sans effet. Lorsque les chimistes font détoner un mélange d'oxygène et d'hydrogène, admettent-ils que ces gaz cessent d'exister, et que tout à coup de l'eau se crée dans l'intérieur du flacon? »

Voilà par quels raisonnements J.-R. Mayer d'Heilbronn posait, en 1842, les premiers principes de la théorie de la conservation et de la transformation de l'énergie (2). L'énergie, comme la matière, ne se perd ni ne s'augmente ; les différentes sortes d'énergie sont transformables entre elles ; par conséquent chaque sorte d'énergie a son équivalent.

(1) Bemerkungen über die Kræfte der unbelebten Natur (*Ann. de Liebig*, 1842).

(2) Il importe de ne pas employer ce mot sans le définir, car il est peu connu en France et son usage n'est pas encore familier à l'étranger. Il a été introduit par Thomas Young et adopté par MM. Colding, Rankine et Thomson.

Nous savons qu'on peut tirer d'un corps donné soit du mouvement, soit de la chaleur, soit un courant électrique, soit de la force chimique, etc., et que chacun de ces agents peut se transformer en un autre, équivalent pour équivalent. Il est donc utile d'avoir un mot qui exprime la faculté que possède le corps proposé de produire plus ou moins de travail mécanique, de chaleur ou d'électricité, sans décider si c'est de la force vive, de la chaleur... qu'il contient actuellement, et si c'est du travail, de la chaleur... que nous voulons tirer de lui. Eh bien, de même que l'on dit d'un homme qu'il a de la richesse, sans distinguer si cette richesse consiste en terre ou en argent, parce qu'on sait que l'argent a son équivalent en terre et que le possesseur peut faire de son bien tel usage qui lui convient, de même dit-on qu'un corps a de l'*énergie* pour exprimer qu'il peut *agir* soit mécaniquement, soit thermiquement, soit électriquement, soit chimiquement, sans faire sur son état aucune hypothèse. L'*énergie* sera pour nous ce qui *se conserve* quand les agents naturels *s'échangent*.

Lorsque le chlore et l'hydrogène s'unissent, nous disons que leur énergie chimique apparaît à l'état d'énergie thermique; lorsqu'un moteur à air élève un poids à une certaine hauteur, c'est son énergie thermique qui se transforme en travail.

Mais, dans le poids élevé et maintenant en repos, où trouve-t-on l'énergie qui se manifestera à l'état de mouvement ou de chaleur dans sa chute? Où trouvait-on dans le chlore, avant la présence de l'hydrogène, cette énergie qui s'éveille aussitôt pour faire naître la combinaison? Il semble que dans ces circonstances elle devienne latente ; toujours prête à agir, elle n'agit cependant que lorsque les circonstances le permettent. Le physicien dit alors qu'elle n'est pas *actuelle*, mais *potentielle*. Carnot l'appelait une *force vive virtuelle*.

Il importe de ne pas se faire d'idées vagues à ce sujet : on nous permettra de pousser un peu plus loin une précédente comparaison. Il est évident que le poids soulevé à une certaine hauteur ne possède réellement rien de plus que le poids reposant sur le sol, mais c'est comme s'il avait en sa possession une sorte de *mandat* correspondant au travail dépensé par la machine et payable sous forme de travail, de chaleur, etc., au bout d'un délai quelconque. Ce mandat est garanti par les deux lois naturelles que voici : 1° un changement quelconque dans l'état d'un système réclame pour s'effectuer une quantité de travail égale à celle qu'il produirait s'il avait lieu en sens inverse; 2° travail, chaleur, etc., sont équivalents. Un tel mandat représente une énergie potentielle. L'énergie potentielle totale d'un corps par rapport à la gravité est la quantité maximum de travail que sa chute peut produire, elle dépend donc de sa distance au centre d'attraction et de son poids seulement. Lorsqu'un corps tombe librement, il se fait progressivement payer sa dette ; une fois arrivé à la hauteur d'où il a été élevé, il a perdu l'énergie potentielle que cette élévation lui avait conférée ; il l'a réalisée, pour ainsi dire, et possède en échange une énergie mécanique actuelle qui n'est autre chose que la moitié de sa force vive.

Pour ce qui est du corps chaud, il semble qu'il possède quelque chose de *réel* de plus que le corps froid, c'est-à-dire du mouvement. Dans cette hypothèse la transformation de la chaleur en travail n'est qu'une communication de force vive. Par conséquent l'énergie thermique qui représente cette force vive intérieure possède une existence réelle, elle n'est pas à l'état potentiel.

Quelle idée nous faire de l'énergie lorsqu'il s'agit d'électricité, de magnétisme, d'actions moléculaires, d'affinité? Nous ne sommes pas en mesure de formuler d'hypothèses à ce sujet. Il n'en résulte pas, comme on pourrait le croire, que nous ne pouvons définir l'énergie dans l'ordre des phénomènes électriques, moléculaires et atomiques. Nous appellerons énergie les quantités qui s'échangent contre la chaleur, le travail, etc., et qui doivent, si les principes de Mayer sont vrais, s'échanger de même entre elles.

Ainsi l'énergie d'une pile sera pour nous proportionnelle au produit de la quantité d'électricité qu'elle donne par sa force électro-motrice, parce que la chaleur qu'elle peut développer ou le travail qu'elle peut effectuer sont eux-mêmes proportionnels à ce produit.

L'énergie d'une réaction chimique, la perte d'énergie chimique de corps réagissants, sera mesurée par la chaleur dégagée. On trouve, conformément aux idées développées ici, que la transformation intégrale de l'énergie chimique, ainsi définie, en un courant électrique, donne un courant d'une *énergie égale*. Et ces deux énergies sont si bien égales, qu'elles produisent la même quantité de chaleur ou de travail, et que de même qu'on a obtenu la seconde avec la première dans la pile, on peut obtenir la première avec la seconde dans le voltamètre.

Nous n'avons en aucun cas besoin de distinguer si l'énergie chimique est une énergie potentielle analogue à celle du poids suspendu à une certaine hauteur, c'est-à-dire une *énergie de configuration* (Rankine), ou bien une force vive comparable à celle d'un volant et à celle que l'on peut admettre dans les molécules des corps chauds, ou enfin toute autre chose; toujours est-il que deux corps en se combinant perdent par cela seul une portion de la faculté qu'ils avaient de se combiner, que correspondamment il se manifeste de l'énergie à l'extérieur du système. Nous dirons que l'équivalent de cette énergie extérieure gagnée est l'énergie chimique que le système a perdue.

valent dans les autres énergies, et cet équivalent est indépendant de la manière dont s'effectue la transformation. Comme couronnement de son mémoire, Mayer indique un calcul capable de fixer la valeur de la calorie en unités mécaniques, c'est-à-dire l'*équivalent mécanique* de la chaleur E.

Voici avec plus de développement et sous une forme un peu différente (1) le raisonnement qui permet de tirer des notions, acceptées dès longtemps en physique, la démonstration du nouveau principe et l'évaluation du nombre E.

La démonstration que nous donnons ici est à peu près identique à celle proposée par M. Bourget [*Ann. de Chim. et de Phys.*, (3), t. LVI, p. 257].

Enfermons dans un cylindre idéal dressé verticalement et dans lequel se meut un piston un poids donné, un kilogramme par exemple, d'un certain gaz. Le piston est pesant, il développe dans le gaz une pression p; autour du cylindre il y a le vide; à la pression p et à la température t le volume gazeux est v. Nous allons d'abord chercher comment varient les quantités p, v et t.

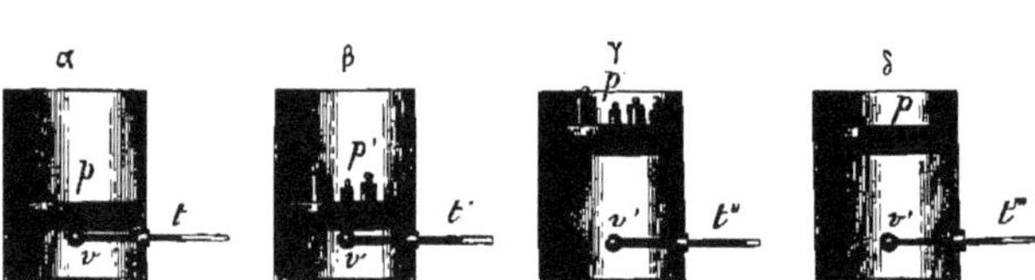

Fig. 118. — Relations entre le volume, la pression et la température d'un gaz.

La loi de Mariotte établit une première relation entre p et v, la température étant constante. Cette relation est fort simple. « Le volume est en raison inverse de la pression. »

Selon la loi de Gay-Lussac, p étant constant, « le volume croît, par chaque degré centigrade, d'une fraction de sa valeur à zéro exprimée par $0{,}00366 = \frac{1}{273}$. » En d'autres termes, le volume qui était 1 à zéro devient 1,00366 à $+1°$, 1,00732 à $+2°$, etc., ou bien le volume qui était 273 à zéro devient 274 à $+1°$, 275 à $+2°$, etc., et en général $273+t$ à $+t°$. Cela montre que le volume varie comme la température comptée à partir de -273, c'est-à-dire en raison directe de la température absolue τ, si l'on convient d'appeler ainsi la température $273+t$.

En somme, le volume du kilogramme de gaz est exprimé par la formule

$$v = R\frac{\tau}{p},$$

R étant une constante spéciale à chaque gaz (2), et le volume de P kilogrammes par la formule

$$v = PR\frac{\tau}{p}.$$

Étudions actuellement le phénomène de l'expansion du gaz au point de vue des quantités de chaleur mises en œuvre et du travail produit.

L'on chauffe le gaz *sous volume constant*, sa pression augmente. Concevons qu'au lieu de fixer le piston on lui ajoute progressivement, et à mesure que la pression croît, assez de poids pour le maintenir immobile.

L'état α du gaz qui était défini par les quantités p, v, t devient bientôt l'état β déterminé par les quantités p', v, t', le volume seul n'ayant pas changé.

L'on cesse d'ajouter des poids et l'on continue de chauffer. Cette fois l'expansion s'effectue et les poids s'élèvent à mesure que le volume grandit. Un troisième état γ est bientôt atteint; il est caractérisé par les quantités p', v', t'', l'échauffement ayant eu lieu *sous pression constante*.

On refroidit le gaz, et en même temps que celui-ci cède de la chaleur et que sa pression diminue, on décharge progressivement le piston de façon à le maintenir immobile. On arrive ainsi à la pression primitive p, pression qui est atteinte à l'état δ pour lequel le volume et la température sont v' et t''', le refroidissement ayant eu lieu à *volume constant*.

On passe enfin de cet état δ à l'état primitif α, en refroidissant le gaz à *pression constante*. Le gaz est alors identiquement dans les mêmes circonstances qu'au commencement du cycle des opérations.

Que s'est-il passé dans l'intervalle? Des poids ont été soulevés à une certaine hauteur; il y a donc eu du travail produit. De la chaleur a été fournie et rendue; mais nous allons prouver que la chaleur rendue est moindre que la chaleur fournie. Il y a eu perte de chaleur, et cette perte est équivalente au gain de travail que nous venons de signaler.

Si l'on convient de formuler des températures t, t', etc., en températures absolues τ, τ'..., d'évaluer les volumes en mètres cubes et les pressions en kilogrammes appliqués au mètre carré, l'on a pour expression des volumes v et v' du kilogramme de gaz les égalités suivantes, qui correspondent aux quatre états α, β, γ, δ :

$$v = R\frac{\tau}{p},\quad v = R\frac{\tau'}{p'},\quad v' = R\frac{\tau''}{p'},\quad v' = R\frac{\tau'''}{p},$$

(1) Le raisonnement de Mayer se réduit à ceci : Soit x la quantité de chaleur nécessaire pour élever un certain poids de gaz de t à t' degrés, le volume restant constant. La chaleur spécifique à volume constant ne change pas, quel que soit le volume; on pourrait donc croire que cette quantité de chaleur suffit pour produire le même accroissement de température lorsqu'on laisse le volume augmenter sous pression constante. Tout le monde sait cependant qu'il faut, dans ce dernier cas, pour produire la même élévation de température, une quantité de chaleur plus forte, que j'appellerai $x+y$; il est vrai qu'en se dilatant le gaz a repoussé la paroi mobile, quelle qu'elle soit, qui lui transmettait la pression; il a donc effectué un travail que j'appellerai T et dans lequel il est naturel de chercher l'équivalent du surplus de chaleur employé y.

T peut se calculer aisément, et la valeur de T qui correspond à $y=1$ est environ 425.

(2) On peut facilement déterminer cette constante. La pression étant exprimée par le nombre de kilogrammes qui appliqués au mètre carré produiraient cette pression, elle est égale à $0{,}76 \times \pi$ (si π représente le poids du mètre cube de mercure à la glace fondante) dans les conditions barométrique et thermométrique normales. Le volume du kilogramme d'air dans ces circonstances est connu, il est égal à $0^{mc},7733$, d'où

$$0^{mc},7738 = R\frac{273}{13596 \text{ kil.} \times 0{,}76}$$

et $R = 29{,}27$.

Pour un autre gaz, on aura $R' = \frac{R}{D}$ (D étant la densité de ce gaz par rapport à l'air) et en particulier pour l'hydrogène $R_h = 422{,}6$.

Si l'on prend les densités par rapport à l'hydrogène

$$R' = \frac{R_h}{Dh}.$$

et si l'on veut,

$$pv=R\tau;\quad p'v=R\tau';\quad p'v'=R\tau'';\quad pv'=R\tau'''.$$

En retranchant la première égalité de la seconde, on obtient

$$(p'-p)v=R(\tau'-\tau)\quad \text{ou}\quad \tau'-\tau=(p'-p)\frac{v}{R};$$

on a de même, en retranchant la seconde de la troisième,

$$(v'-v)p'=R(\tau''-\tau')\quad \text{ou}\quad \tau''-\tau'=(v'-v)\frac{p'}{R},$$

et par de semblables opérations,

$$\tau''-\tau'''=(p'-p)\frac{v'}{R}\quad \text{et}\quad \tau'''-\tau=(v'-v)\frac{p}{R}.$$

Ces expressions des différences successives des températures vont nous servir à trouver les quantités de chaleur absorbées ou dégagées dans les diverses opérations en fonction de R, des volumes, et des pressions. En effet, pour passer de l'état α à l'état β sous volume constant, on a dû communiquer au kilogramme de gaz une quantité de chaleur $q=c(\tau'-\tau)$, c étant la chaleur spécifique sous volume constant, et en remplaçant $\tau'-\tau$ par sa valeur,

$$q=\frac{cv}{R}(p'-p).$$

Dans l'échauffement à pression constante qui a amené le gaz de l'état β à l'état γ, la quantité de chaleur absorbée a été $q'=C(\tau''-\tau')$, C étant la chaleur spécifique sous pression constante, et en remplaçant $\tau''-\tau'$ par sa valeur, $q'=\frac{Cp'}{R}(v'-v)$.

On a de même, pour les quantités de chaleur cédées par le gaz dans la seconde partie du cycle,

$$q''=\frac{cv'}{R}(p'-p)\quad \text{et}\quad q'''=\frac{Cp}{R}(v'-v).$$

La somme des quantités de chaleur fournies est donc

$$Q=q+q'=\frac{1}{R}[cv(p'-p)+Cp'(v'-v)];$$

celle des quantités de chaleur rendues,

$$Q'=q''+q'''=\frac{1}{R}[cv'(p'-p)+Cp(v'-v)],$$

et la somme algébrique $Q-Q'$ représentant la différence des chaleurs perdues et gagnées, c'est-à-dire la chaleur disparue, devient

$$Q-Q'=\frac{1}{R}(C-c)(p'-p)(v'-v).$$

Comme R, C et c sont des constantes dans les circonstances ordinaires, il est évident dès lors que la différence $Q-Q'$ est proportionnelle au produit de la différence des pressions par la différence des volumes. Or ce produit exprime précisément le travail effectué (1). Il y a donc proportionnalité entre le travail créé et la chaleur perdue, et si l'on fait $Q-Q'=1^{cal}$, la valeur correspondante de $(p'-p)(v'-v)$ sera l'équivalent mécanique de cette calorie, c'est-à-dire E. Il s'ensuit que

$$E=\frac{R}{C-c},$$

et si l'on prend pour R, C et c les valeurs

$$R=29{,}27,\quad C=0{,}238,\quad c=0{,}169,$$

qui se rapportent à l'air, ou

$$R_n=422{,}6,\quad C_n=3{,}405,\quad c_n=2{,}410,$$

qui sont les constantes de l'hydrogène, on obtient

$$E=424 \text{ environ.}$$

Si l'on adopte pour ces mêmes quantités les valeurs $R=29{,}27$, $C=0{,}2374$, $c=0{,}168$, ou $R_n=422{,}6$, $C_n=3{,}409$, $c_n=2{,}406$, on a $E=421{,}5$ environ (1).

Nous ne pouvons suivre Mayer dans toutes les conséquences qu'il tire avec une rare hardiesse de son principe de l'équivalence des forces, mais nous devons faire remarquer l'originalité du genre de raisonnement qu'il introduit dans la science. Qu'une quantité de chaleur produise, par exemple, un effet unique quelconque connu ou non, et que celui-ci produise à son tour et uniquement du travail mécanique, le travail produit est à la chaleur dépensée dans un rapport indépendant de la transformation intermédiaire. — L'on peut donc aborder avec un semblable principe les problèmes les plus ardus, calculer *à priori* les quantités de telle énergie donnée qui peuvent se produire par la destruction de telle autre énergie, et cela en laissant de côté l'étude souvent obscure des états intermédiaires. Voilà en quoi la méthode est vraiment nouvelle : elle permet, pour ainsi dire, de franchir d'un seul bond les obstacles que notre connaissance imparfaite des phénomènes naturels accumule dans chaque problème. Dans telle machine du travail est perdu, de la chaleur est créée, et il n'y a nulle autre cause en jeu, nul autre effet produit; cela suffit pour déterminer le rendement calorifique, chaque kilogrammètre correspond à $\frac{1}{425}$ de calorie. Mais il ne faut pas se dissimuler que de semblables raisonnements ne nous apprennent rien sur la question de savoir *comment* la force se transforme en chaleur, ni *pourquoi* elle se transforme en chaleur plutôt qu'en électricité, ni *ce que c'est* que la chaleur. Les partisans de la théorie moderne s'attachent même à lui donner une démonstration indépendante de toute supposition sur la nature des divers agents physiques. Ces remarques ne nous empêcheront pas de conclure que la chaleur est un mouvement et que la transformation équivalente de la chaleur en travail n'est que *l'application à ce mouvement du théorème des forces vives*. C'est du moins l'idée la plus simple et la plus logique qu'on puisse se faire de la nature des choses.

Les vérifications du principe de Mayer s'effectuèrent de tous côtés. Colding et Joule, qui l'avaient conçu presque en même temps, firent de nombreuses expériences sur le frottement, sur la production de chaleur par un courant développé mécaniquement, sur le passage de l'eau à travers des tubes étroits, etc. Hirn et Favre ajoutèrent de nouvelles déterminations de l'équivalent mécanique de la chaleur, tirées de l'étude du rendement des machines à vapeur ou de celui des machines électromagnétiques placées dans le calorimètre à mercure. Toutes les expériences vinrent à l'appui du principe et fournirent pour valeur de E un nombre voisin de 425. L'on peut donc admettre le principe de la conservation et de

(1) Si, par exemple, le piston a un mètre carré de superficie, $p'-p$ représente les poids ajoutés et $v'-v$ la hauteur à laquelle ils sont portés.

(1) Si l'on fait $E=422{,}6$ et que l'on pose $\frac{C}{c}=K$, on a

$$422{,}6=E=\frac{422{,}6\times 2}{\text{poids moléculaire}\times c\times(K-1)},$$

puisque le poids moléculaire est égal à deux fois la densité par rapport à l'hydrogène (voyez p. 817, note 2), d'où l'on tire $c=\frac{422{,}6\times 2}{422{,}6\times M\times(K-1)}$, M étant le poids moléculaire.

La chaleur moléculaire à volume constant devient donc $cM=\frac{2}{K-1}$, formule approchée dont nous ferons usage à la page 823.

la transformation de l'énergie, soit comme dérivant de l'axiome « il y a égalité entre la cause et l'effet », soit comme découlant de l'hypothèse que la chaleur et les autres agents physiques ne sont que des sortes de mouvement, soit enfin comme démontré par l'expérience dans tous les cas actuellement connus.

Appuyée sur ce premier principe ainsi que sur un second qui est dû à Carnot, à Thomson et à Clausius, la théorie mécanique de la chaleur constitue aujourd'hui un corps de doctrine cohérent et étendu. L'analyse mathématique, l'expérimentation de laboratoire, les déterminations de la pratique industrielle ont été tour à tour mises au service de la thermodynamique; la question des vapeurs a été éclairée d'une vive lumière, on a pu entrer plus avant dans l'étude des phénomènes capillaires, etc.; mais toutes ces questions sont trop purement physiques pour que nous puissions les développer ici.

L'application du second principe à la chimie nous donnera-t-elle des aperçus nouveaux sur le *pourquoi* des réactions ? C'est ce que nous ne savons pas encore, car nous entrevoyons à peine comment les problèmes de mécanique atomique peuvent se poser; néanmoins il nous est permis de l'espérer.

LA CHALEUR AU POINT DE VUE PHYSIQUE.

La physique s'occupe : 1° de la mesure des températures et des quantités de chaleur ; 2° de la propagation de la chaleur (radiation, réflexion, réfraction, absorption, dispersion, polarisation et conduction); 3° des rapports de transformation qui existent entre la chaleur et les autres agents physiques (lumière, électricité, etc.); 4° des variations apportées par la chaleur à la température, au volume, à l'état physique des corps.

De toutes les questions renfermées dans ce programme, celles des chaleurs spécifiques, de la thermo-électricité, des mélanges réfrigérants, du froid produit par la solution et la diffusion, des points d'ébullition et de fusion, sont les seules qui doivent nous occuper; encore n'étudierons-nous à cette place que les chaleurs spécifiques, renvoyant pour le reste aux articles ÉBULLITION, ÉLECTRICITÉ, FUSION, RÉFRIGÉRANTS et SOLUTION.

CHALEURS SPÉCIFIQUES.

La quantité de chaleur qu'il faut fournir à l'unité de poids d'une substance pour élever sa température de t° à $t + 1^{\circ}$, s'appelle la chaleur spécifique brute de cette substance à t°. C'est cette quantité, évaluée en calories, qui figure sous le nom de chaleur spécifique dans les traités de physique. Les progrès de la théorie de la chaleur ont montré que de semblables nombres, pour avoir une signification précise, doivent être corrigés de toutes les quantités de chaleur qui ne sont pas employées à élever la température de la substance, mais qui se transforment pendant l'échauffement en travail intérieur et extérieur, ou bien en forces physiques. Personne ne se fût avisé de prendre comme chaleur spécifique de l'eau la 10e partie de la chaleur nécessaire pour porter 1 kilogramme de H^2O de -5° à $+5^{\circ}$, parce que tout le monde sait qu'une grande partie de la chaleur est employée dans ce cas à transformer la glace en eau liquide. Or, tout changement de constitution chimique, physique ou mécanique, absorbe ou fournit une certaine quantité de chaleur; le travail extérieur effectué par la dilatation en absorbe; il en serait de même de toute création d'électricité en dehors du calorimètre, — dans une pile thermo-électrique dont le circuit serait extérieur à l'appareil, par exemple. Les nombres que l'on obtient en négligeant ces pertes, qui sont variables avec les différents corps et même avec la température, sont donc inexacts au même titre que ceux que l'on tirerait d'expériences où l'on ne tiendrait pas compte de différentes quantités de chaleur perdues par radiation ou par conduction. Seule la chaleur spécifique des gaz parfaits, — déterminée à volume constant, — se rapproche de la chaleur spécifique vraie, telle qu'elle résulterait des corrections précédentes, parce que dans ce cas le travail extérieur est nul et le travail intérieur très-petit.

Pour les solides et les liquides, la recherche des chaleurs spécifiques brutes offre cependant un intérêt et une importance réelles. Quand il s'agit de corps simples comparables pris à un état analogue comme les *métaux* à l'état solide, elles sont liées aux poids atomiques par une relation très-remarquable trouvée par Dulong et Petit : *elles sont en raison inverse de ces poids atomiques*. Il s'ensuit que la chaleur nécessaire pour élever de 1° la température de la quantité de métal représentant le poids atomique est la même quel que soit ce métal, ou encore que tous les atomes métalliques ont la même chaleur spécifique. Voici une table qui justifie cette loi :

1. — TABLE DES CHALEURS SPÉCIFIQUES DES MÉTAUX.

D'après V. Regnault.

	Température des expériences.		Poids atomiques A.	Chaleurs spécifiques C.	Chaleurs spécifiques atomiques A × C.
Lithium (Li)	de 100°	à 27°	7	0,9408	6,59
Sodium (Na)	6	—32	23	0,2934	6,75
Magnésium (Mg)	98	23	24	0,2499	6,00
Aluminium (Al) corrigé de 2 % de fer.	97	14	27,5	0,2143	5,89
Potassium (K)	0	—78	39,1	0,16956	6,63
Manganèse (Mn)	97	14	55	0,1217	6,69
Fer (Fe)	98	17	56	0,1138	6,37
Nickel (Ni)	97	12	58,7	0,1108	6,5
Cobalt (Cb)	97	8	58,7	0,1078	6,3
Cuivre (Cu)	98	15	63,5	0,09515	6,04
Zinc (Zn)	99	14	65,2	0,09555	6,23
Molybdène (Mo) impur	98	12	96	0,07218	6,93
Rhodium (Rh)	97	11	104,4	0,05803	6,06
Palladium (Pd)	98	14	106	0,05928	6,28
Argent (Ag)	99	13	108	0,05701	6,16
Cadmium (Cd) contenant 1/100 d'impuretés	98	16	112	0,05669	6,35
Étain (Sn) liquide	350	250	118	0,0637 P.	7,52
Étain (Sn)	99	12		0,05623	6,63
Uranium (U) impur.	98	10	120	0,06190	7,43
Tungstène (W)	98	12	184	0,03342	6,15
Or (Au)	98	12	196	0,03244	6,36
Iridium (Ir)	99	17	198	0,03259	6,45
Platine (Pt)	99	12	198	0,03243	6,42
Osmium (Os)	98	19	199,2	0,03113	6,2
Mercure (Hg) liquide	98	12	200	0,03332	6,66
Mercure (Hg) solide	—40	— 78		0,03192	6,38
Thallium (Th)	100	17	204	0,03355	6,84
Plomb (Pb) liquide	450	350	207	0,0402 P.	8,32
Plomb (Pb) solide	98	15		0,03140	6,50
Plomb (Pb)	10	—78		0,03065	6,35
Bismuth (Bi) liquide	380	280	210	0,0363 P.	7,62
Bismuth (Bi) solide	98	13		0,03084	6,48

P, Person.

Les métalloïdes qui n'offrent pas entre eux la même analogie de conditions ne partagent pas cette régularité. En effet, si l'antimoine, le tellure, le sélénium, qui se rapprochent tant des métaux, si le brome solide, l'iode, le soufre et le phosphore, donnent des produits A × C qui ne s'éloignent pas trop de la moyenne 6,4, le brome possède une chaleur beaucoup trop forte à l'état liquide et trop faible à l'état gazeux ; le soufre, à la température ordinaire, a une chaleur atomique moindre que 6,4; enfin le silicium, le bore et surtout le carbone, présentent des nombres encore moins élevés et du reste fort variables avec la structure, ainsi qu'on peut le voir par le tableau suivant :

2. — TABLE DES CHALEURS SPÉCIFIQUES DES MÉTALLOÏDES,

D'après V. Regnault.

	Température des expériences		Poids atomiques A.	Chaleurs spécifiques C.	Chaleurs spécifiques atomiques A × C.
Bore (Bo) cristallisé	de 100° à 11°		11	0,250	2,75
Carbone (C), diamant	98	9	12	0,14687	1,76
— graphite	98	12		0,20083	2,41
— charbon de bois	98	8		0,2415	2,90
Silicium (Si) fondu	100	22	28	0,175	4,90
— cristallisé	99	12		0,1774	4,97
Phosphore (P) solide	36	13	31	0,202 K.	6,26
	10	—78		0,174	5,39
— amorphe	98	15		0,170	5,27
— liquide	100	50		0,212	6,57
Soufre (S)	45	17	32	0,163 K.	5,22
— natif	99	14		0,1776	5,68
— récemm^t fondu	98	14		0,20259	6,48
— liquide	150	120		0,234 P.	7,49
Sélénium (Se) vitreux	8	24	79,5	0,07468	5,93
— métallique	97	21		0,07616	5,95
Brome (Br) liquide	48	10	80	0,11094	8,87
— solide	—20	—78		0,08432	6,75
— gazeux	à volume constant.			0,042	3,36
Antimoine (Sb)	97	12	122	0,05077	6,19
Iode (I) liquide	180	107	127	0,1082 F.	8,74
— solide	98	9		0,05412	6,87
Tellure (T)	98	18	129	0,04737	6,11

P, Person ; F, Favre et Silbermann ; K, H. Kopp.

Les gaz simples paraissent posséder une chaleur atomique moyenne égale à 2,4 ; le chlore et le brome gazeux, qui offrent des nombres un peu plus forts, ne réalisent pas les conditions d'un gaz parfait.

3. — TABLE DES CHALEURS SPÉCIFIQUES DES GAZ SIMPLES,

D'après V. Regnault.

	A.	Chaleurs spécifiques à volume constant. c.	A × c.
Hydrogène (H)	1	2,411	2,4
Azote (Az)	14	0,173	2,4
Oxygène (O)	16	0,155	2,48
Chlore (Cl)	35,5	0,093	3,3

Pour les corps composés de nature inorganique, une loi, analogue à celle de Dulong et Petit, a été formulée par Newmann et par V. Regnault. Selon cette loi, *les chaleurs spécifiques des corps de constitution chimique et de composition atomique semblables sont en raison inverse des poids moléculaires.* Le tableau suivant met ce principe en évidence :

4. — TABLE DES CHALEURS SPÉCIFIQUES DE QUELQUES CORPS COMPOSÉS SOLIDES ET LIQUIDES INORGANIQUES,

D'après V. Regnault.

	Poids moléculaires M.	Chaleurs spécifiques C.	Chaleurs spécifiq. moléculaires M × C.
Formule R O. (II)			
Magnésie (Mg O)	40	0,24394	9,76
Ox. de manganèse (Mn O)	71	0,15701	11,16
— de nickel (Ni O)	74,7	0,15885	11,87
— de cuivre (Cu O)	79,5	0,14201	11,19
— de zinc (Zn O)	81,2	0,12480	10,13
— de mercure (Hg O)	216	0,05179	11,19
— de plomb (Pb O)	223	0,05089	11,35
Formule R S.			
Sulfure de fer (Fe S)	88	0,13570	11,94
— de nickel (Ni S)	90,7	0,12813	11,62
— de cobalt (Cb S)	90,7	0,12512	11,36
— de zinc (Zn S)	97,2	0,12303	11,96
— d'étain (Sn S)	150	0,08375	12,56
— de mercure (Hg S)	232	0,05117	11,87
— de plomb (Pb S)	239	0,05086	12,15
Formule R Cl.			
Chlorure de lithium (Li Cl)	42,5	0,28213	11,99
— de sodium (Na Cl)	58,5	0,21401	12,52
— de potassium (K Cl)	74,6	0,17295	12,89
— d'argent (Ag Cl)	143,5	0,09109	13,07
Formule R Br.			
Bromure de sodium (Na Br)	103	0,13842	14,26
— de potassium (K Br)	119,1	0,11322	13,48
— d'argent (Ag Br)	188	0,07391	13,90
Formule R I.			
Iodure de sodium (Na I)	150	0,08684	13,03
— de potassium (K I)	166,1	0,08191	13,61
— d'argent (Ag I)	235	0,06159	14,47
Formule R O. (III)			
Eau (H^2O) solide — 20	18	0,504 D, P.	9,07
Eau (H^2O) liquide 0		1,000	18,00
Formule R O^2.			
Anhydride silicique (Si O^2)	60	0,19132	11,48
— titanique (Ti O^2)	82	0,17164	14,07
— (rutile [Ti O^2])		0,17032	13,97
— stannique (Sn O^2)	150	0,09326	13,99
Formule R S^2.			
Pyrite (Fe S^2)	120	0,13009	15,61
Sulfure de molybdène (Mo S^2)	160	0,12334	19,73
Bisulfure d'étain (Sn S^2)	182	0,11932	21,72
Formule R Cl^2.			
Chlorure de magnésium (Mg Cl^2)	95	0,19460	18,49
Chlorure de calcium (Ca Cl^2)	111	0,16420	18,23
— de manganèse (Mn Cl^2)	126	0,14255	17,96
— de zinc (Zn Cl^2)	136,2	0,13618	18,55
— de strontium (Sr Cl^2)	158,6	0,11990	19,02
— d'étain (Sn Cl^2)	189	0,10161	19,20
— de baryum (Ba Cl^2)	208	0,08957	18,63
— de mercure (Hg Cl^2)	271	0,06889	18,67
— de plomb (Pb Cl^2)	278	0,06641	18,46
Formule R I^2.			
Iodure de mercure (Hg I^2)	454	0,04197	19,07
— de plomb (Pb I^2)	461	0,04267	19,65
Formule R O^3. (IV)			
Anhydride molybdique, (Mo O^3)	144	0,13240	19,07
— tungstique (W O^3)	232	0,07983	18,52
Formule R Cl^3.			
Chlorure de phosphore, (P Cl^3)	137,5	0,20922	28,77
— d'arsenic (As Cl^3)	181,5	0,17604	31,95
Formule R^2Cl^2.			
Protochlorure de cuivre, (Cu^2Cl^2)	198	0,13827	27,38
— de mercure (Hg^2Cl^2)	471	0,05205	24,52
Formule R^2I^2.			
Protoiodure de cuivre (Cu^2I^2)	381	0,06869	26,18
— de mercure (Hg^2I^2)	654	0,03949	25,82
Formule R^2O^3. (V)			
Alumine (corindon, Al^2O^3)	103	0,19762	20,35
— (saphir, Al^2O^3)		0,21732	22,38
Oxyde de chrome (Cr^2O^3)	153	0,17960	27,47
Fer oligiste (Fe^2O^3)	160	0,16695	26,71
Anhydride arsénieux (As^2O^3)	198	0,12786	23,01
— antimonieux (Sb^2O^3)	292	0.09009	26,31
Oxyde de bismuth (Bi^2O^3)	468	0,06053	28,33
Formule R^2S^3.			
Sulfure d'antimoine (Sb^2S^3)	340	0,08403	28,57
— de bismuth (Bi^2S^3)	516	0,06002	30,9[illegible]
Formule R Cl^4.			
Bichlorure de titane (Ti Cl^4)	192	0,19145	36,7[illegible]
— d'étain (Sn Cl^4)	260	0,14759	38,37

Formule R Az O³.	Poids moléculaires M.	Chaleurs spécifiques C.	Chaleurs spécifiq. moléculaires M × C.
Nitrate de sodium ($NaAzO^3$)	85	0,27821	23,65
— liquide. 320 à 430.....		0,413 P.	35,10
— de potassium ($KAzO^3$).	101,1	0,23875	24,14
— liquide. 350 à 435.....		0,3319 P.	33,55
— d'argent ($AgAzO^3$)....	170	0,14352	24,39
Formule R C O³.			
Carbonate de chaux (craie) ($CaCO^3$)............	100	0,21485	21,48
Marbre saccharoïde ($CaCO^3$)............		0,21585	21,58
Arragonite ($CaCO^3$)......		0,20850	20,85
Spath d'Islande ($CaCO^3$).		0,20858	20,86
Carbonate de fer ($FeCO^3$).	116	0,19345	22,44
— de strontium ($SrCO^3$).	147,6	0,14483	21,38
— de baryum ($BaCO^3$)..	197	0,11038	21,74
Formule R² O⁴. (VI)			
Oxyde intermédiaire d'antimoine (Sb^2O^4).......	308	0,09535	29,40
Formule R S O⁴.			
Sulfate de magnésium, ($MgSO^4$)............	120	0,22159	26,59
— de calcium ($CaSO^4$)..	136	0,19656	26,73
— de strontium ($SrSO^4$).	183,6	0,14279	26,36
— de baryum ($BaSO^4$)...	233	0,11285	26,28
— de plomb ($PbSO^4$)....	303	0,08723	26,43
Formule R² C O³.			
Carbonate de sodium, (Na^2CO^3)..........	106	0,27275	28,91
— de potassium (K^2CO^3)	138,2	0,21623	29,88
Formule R² S O⁴. (VII)			
Acide sulfurique (H^2SO^4)	98	0,343 K	33,61
Sulfate de sodium (Na^2SO^4)	142	0,23115	32,82
— de potassium (K^2SO^4)	174,2	0,19010	33,11

K, Kopp ; D, Desains ; P, Person.

En examinant ce tableau, on trouve, conformément à la loi de Newmann et de Regnault, que les chaleurs moléculaires (produits de la chaleur spécifique par le poids moléculaire) sont représentées par des nombres qui ne s'éloignent pas de beaucoup de 11 pour les oxydes R O, de 12 pour les sulfures RS, de 13 pour les chlorures, bromures et iodures RCl, RBr, RI, de 14 pour les oxydes RO^2, de 19 pour les chlorures et iodures RCl^2, RI^2, etc. ; mais on ne peut pas s'attendre à une égalité parfaite entre les chaleurs moléculaires brutes de tous les corps analogues, car la chaleur atomique des éléments n'est pas elle-même rigoureusement constante, et de nombreuses différences d'état moléculaire viennent encore modifier les résultats.

La chaleur spécifique des alliages est rigoureusement égale à la moyenne de celles des métaux qui les composent, et l'on peut la calculer en admettant que chaque métal y conserve sa chaleur spécifique. Cette loi, due à Regnault, a fait supposer que, dans les cas des combinaisons, les atomes pourraient conserver aussi leur chaleur spécifique.

On a énoncé cette idée, que toute molécule, composée de *n* atomes, devait posséder une chaleur spécifique égale à *n* fois 6,4 : l'expérience ne vérifie cette hypothèse que dans le cas des chlorures, bromures et iodures ; les corps oxygénés et sulfurés présentent toujours une chaleur moléculaire plus faible que celle déterminée au moyen de cette règle, et la différence est d'autant plus sensible que les atomes d'oxygène ou de soufre dominent davantage dans la molécule (voyez le tableau 4, où l'on a indiqué par les chiffres romains I, II, III, le nombre d'atomes renfermés dans les composés).

Il est plus naturel de penser avec Wœstyn et Kopp que les atomes apportent dans leurs combinaisons solides leur chaleur spécifique solide, qu'elle soit égale ou non à 6,4. Les chlorures, bromures, etc., satisferont à la règle première, parce que le brome, l'iode, et sans doute le chlore solides satisfont à la loi de Dulong et Petit. Quant aux sulfures, on obtiendra leur chaleur moléculaire en ajoutant à la somme des atomes de métal multipliée par 6,4, celle des atomes de soufre multipliée par 5,2, chaleur atomique du soufre solide de 47° à la température ordinaire (Kopp).

Comme il faut multiplier par 4,4 environ le nombre des atomes d'oxygène contenus dans une molécule d'oxyde pour avoir un nombre qui, ajouté à la chaleur spécifique de la partie métallique, donne celle de la molécule entière, on admet que 4,4 est la chaleur atomique de l'oxygène solide. C'est aussi à 4 environ qu'on arrive quand de la chaleur atomique de $KClO^3$ ou de $PbSO^4$ on retranche celle de KCl ou de PbS et qu'on divise le résultat par 3 dans le premier cas et 4 dans le second. La chaleur spécifique du carbone dans ses combinaisons est aussi manifestement inférieure à 6,4, car la chaleur atomique de $M''CO^3$ est environ 21,7 et celle de M^2O^3 25,5. Il faut remplacer la valeur 6,4 par la valeur 1,8 pour faire concorder l'expérience avec les nombres théoriques, et 1,8 est à très-peu près la chaleur atomique du diamant. Kopp admet de même pour l'hydrogène le nombre 2,3, pour le silicium 4 environ, etc. Mais comme toutes ces conjectures s'appuient sur des valeurs numériques déterminées au milieu d'une foule de circonstances dissemblables, nous pensons qu'il serait prématuré de les accepter comme l'expression de la vérité.

Les recherches de Kopp ont démontré jusqu'à l'évidence que les chaleurs moléculaires de composés analogues peuvent se rapprocher sensiblement ou différer notablement. Les carbonates et les silicates $R''CO^3$ et $R''SiO^3$ ont une même chaleur moléculaire ; il en est de même des chlorates et des azotates $R'ClO^3$, $R'AzO^3$, des sulfates et des chromates $R''SO^4$, $R''CrO^4$. Les permanganates et les perchlorates ont une même chaleur moléculaire si on les formule $R'MnO^4$ et $R'ClO^4$. Mais les premiers possèdent nécessairement une chaleur moléculaire double si on les formule $R^2Mn^2O^8$, et le même rapport existe entre les chaleurs moléculaires du chromate de plomb et d'autres composés de la formule RR_1O^4, vis-à-vis de l'anhydride titanique ou stannique RO^2.

Les groupes d'atomes qui jouent le rôle d'un atome simple, comme le cyanogène et l'ammonium, apportent dans les combinaisons la somme de leurs chaleurs atomiques ; l'isomorphisme est donc indépendant de la chaleur moléculaire, et les cyanures ou les sels ammoniacaux en ont une bien plus considérable que les chlorures ou les sels de potassium.

Nous ajouterons, en terminant ce résumé, que tous les arguments tirés de chaleurs spécifiques pour l'établissement de poids atomiques nouveaux ont été indiqués par les physiciens mêmes qui ont effectué les déterminations calorimétriques. Dès longtemps, et avant que l'idée de la diatomicité des métaux lourds et de l'oxygène fût introduite dans la science, Regnault formulait l'oxyde de potassium K^2O et le chlorure de baryum $BaCl^2$ comme les chimistes modernes. — Voyez à ce sujet l'article Atomiques (poids).

La capacité calorifique de l'eau a une importance scientifique considérable, puisqu'elle intervient dans la plupart des déterminations calorimétriques. C'est elle qui sert d'unité, car la calorie n'est que la quantité de chaleur qui élève la température d'un kilogramme d'eau de 0 à + 1° ; il ne serait pas exact de dire que cette quantité suffit à élever la température d'un kilogramme d'eau de + 50° à + 51°, par exemple, car la chaleur spécifique de l'eau, comme celle des autres corps, croît avec la température; cet accroissement est heureusement peu sensible.

5. — CHALEUR SPÉCIFIQUE DE L'EAU LIQUIDE.

$$C = 1 + 0{,}00004\,t + 0{,}0000009\,t^2 \text{ environ.}$$

t	C
= 0	= 1
50	1,0042
100	1,0132
150	1,0262
200	1,0440
230	1,0568

Ces nombres sont ceux de Regnault. Ils ont été déterminés à l'aide d'un très-grand nombre d'expériences effectuées avec le grand calorimètre et sous des pressions permettant de conserver à l'eau son état liquide.

Les chaleurs spécifiques des composés organiques solides sont pour la plupart fort difficiles à mesurer : celles des liquides peuvent se déterminer plus aisément par la méthode du refroidissement; mais elles varient considérablement avec la température, ce qui empêche de tirer aucune loi générale de nombres qui se rapportent à un même degré de chaleur, mais en réalité à des conditions fort diverses. On conçoit que l'élévation du point d'ébullition puisse avoir une grande influence sur les nombres obtenus; cependant les exemples suivants, destinés à montrer avec quelle rapidité les capacités des liquides organiques peuvent croître avec la température, font voir en même temps que l'élévation du point d'ébullition n'a pas l'influence qu'on pourrait lui supposer.

	Chaleurs spécifiques à		
	0°	50°	100°
Essence de térébenthine...	0,4106	0,4629	0,4946
Pétrolène..................	0,4172	0,4622	0,5072

Le premier de ces corps bout à 161° et le second à 280°. D'après les nombres ci-dessus, et contrairement à ce qu'on aurait pu penser, c'est la capacité du liquide bouillant à 280° qui de 0 à 100° croît le plus rapidement.

Nous donnons dans la table 6 des déterminations de la chaleur spécifique de liquides organiques d'après plusieurs auteurs, avec l'indication de la température de l'expérience, ce qui est indispensable.

6. — TABLE DES CHALEURS SPÉCIFIQUES DE QUELQUES LIQUIDES ORGANIQUES.

	Température.		M.	C.	M × C.	
Esprit de bois (CH^4O)	43° à	23°	32	0,645	20,6	K.
	20	15		0,6009	19,2	R.
Alcool (C^2H^6O).....	43	23	46	0,615	28,3	K.
Alc. amyl. ($C^5H^{12}O$).	44	26	88	0,564	49,6	K.
				0,587	51,7	FS.
Éther ($C^4H^{10}O$).....	20	15	74	0,5157	38,16	R.
Ac. formique (CH^2O^2)	45	24	46	0,536	24,7	K.
— acétique ($C^2H^4O^2$)	45	24	60	0,509	30,5	K.
	20	15		0,4618	27,7	R.
— butyriq. ($C^4H^8O^2$)	45	21	90	0,503	45,3	K.
Formiate d'éthyle, ($C^3H^6O^2$)........	39	20	74	0,513	37,96	K.
Acétate de méthyle ($C^3H^6O^2$)........	41	21	74	0,507	37,52	K.
— d'éthyle ($C^4H^8O^2$)	45	21	88	0,496	43,65	K.
				0,48344	42,54	FS.
Butyrate de méthyle ($C^5H^{10}O^2$)........	45	21	102	0,487	49,7	K.
				0,49176	50,16	FS.
Valérate de méthyle ($C^6H^{12}O^2$)........	45	21	116	0,491	57	K.
Sulf d'éth. ($C^4H^{10}S$)	20	15	90	0,4772	42,9	R.
Iodure d'éth. (C^2H^5I)	20	15	156	0,1584	24,7	R.
Brom. d'éth. (C^2H^5Br)	20	15	109	0,2158	23,5	R.
Oxal. d'éth. ($C^6H^{10}O^4$)	20	15	146	0,4554	66,49	R.
Acétone (C^3H^6O)....	41	20	58	0,530	30,74	K.
Benzine (C^6H^6).....	20	15	78	0,3932	30,67	R.
	46	19		0,450	35,1	K.
Nitrobenz. ($C^6H^5AzO^2$)	20	15	123	0,3499	43,04	R.
Naphtaline ($C^{10}H^8$)..	127	100	128	0,4159	53,2	A.
Térébenth. ($C^{10}H^{16}$).	20	15	136	0,4267	57,93	R.
Ess. de citron ($C^{10}H^{16}$)	20	15	136	0,4501	58,03	R.
Pétrolène ($C^{20}H^{32}$)..	20	15	272	0,4342	108,1	R.
Sulf. de carbone (CS^2)	20	15	76	0,2206	16,77	R.
Carbure C^nH^{2n} bouillant de 200° à 210° et provenant de l'alcool amylique (di et triamylène).......	200 à 20		»	0,494		F. et S.
Carbure C^nH^{2n} bouillant de 240° à 260° provenant de l'alcool amylique (triamylène)..........	240 à 20		»	0,497		F. et S.

F. S, Favre et Silbermann; R, Regnault; K, Kopp; A, Alluard.

Si l'on adopte pour les chaleurs spécifiques liquides des idées analogues à celles que nous avons développées selon Kopp au sujet des chaleurs spécifiques solides, on arrive à des résultats qui montrent en quelle mesure ces conceptions s'accordent avec les résultats de l'expérience. La térébenthine présente une capacité moléculaire qui est à peu près égale à $(10 \times 1{,}8) + (16 \times 2{,}3)$, c'est-à-dire à celle qu'on obtient en considérant les atomes d'hydrogène et de carbone comme apportant dans la combinaison leur chaleur spécifique conclue des expériences sur les composés solides. Le pétrolène présente une capacité moléculaire double, puisque sa formule est double et sa chaleur spécifique égale ou à peu près; la même règle s'applique donc encore et l'on est autorisé à penser que dans les carbures polymères, de constitution analogue, les atomes de charbon et d'hydrogène apportent chacun leur même chaleur spécifique, quelle que soit celle-ci. Il en est de même des polymères de l'amylène, puisque l'élévation plus ou moins grande de leur point d'ébullition n'apporte qu'un changement insignifiant dans leur chaleur spécifique.

La benzine et la naphtaline, corps beaucoup plus riches en charbon, ont une chaleur moléculaire manifestement supérieure à la somme de chaleur atomique de leurs éléments (24,6 et 36,4). Il semble donc qu'on doive prendre un nombre plus élevé pour la chaleur atomique du carbone, ou bien admettre la *modification* de ce nombre *par l'état de combinaison*.

D'autres exemples nous mèneront au même résultat. Ainsi retranchons de la capacité moléculaire du sulfure de carbone la capacité atomique du charbon 1,8, il reste, pour la capacité atomique du soufre dans ce liquide, 7,5 environ : c'est la chaleur spécifique du soufre à l'état liquide obtenu directement. Retranchons maintenant 7,5 de la chaleur moléculaire du sulfure d'éthyle, il reste pour valeur de la capacité de l'éthyle C^2H^5 le nombre 17,7. Retranchons enfin 17,7 de la chaleur moléculaire du bromure et de l'iodure d'éthyle, il reste pour le brome 6 et pour l'iode 7. Cette fois les valeurs calculées sont trop faibles.

Admettons encore 17,7 pour la chaleur spécifique de l'éthyle et retranchons ce nombre de la chaleur moléculaire de l'acétate d'éthyle 43 : il reste 25,3 comme chaleur spécifique de l'oxacétyle $C^2H^3O^2$; ajoutons à ce nombre celui qui représente la chaleur spécifique de H, c'est-à-dire 2,3, nous avons comme chaleur calculée de l'acide acétique 27,6. L'expérience a donné à Regnault 27,7. Mais, selon la théorie que nous développons et qui veut que les atomes conservent leur chaleur spécifique dans les combinaisons, la différence entre la chaleur moléculaire d'un acide et de son dérivé méthylique doit être constante : or

37,52 (CM de l'acétate de méthyle)

— 27,7 (CM de l'acide acétique) = 9,92,

tandis que

49,7 (CM du butyrate de méthyle)

— 45,3 (CM de l'acide butyrique) = 4,4.

Somme toute, nous pouvons répéter ce que nous avons dit des chaleurs spécifiques solides. La chaleur spécifique est fonction de trop de variables pour qu'on puisse en renfermer l'expression dans une formule simple. C'est une somme de quantités de chaleur employées à effectuer des travaux très-divers, d'abord à échauffer le corps, c'est-à-dire à augmenter la quantité de mouvement calorifique qu'il possède, puis aussi à combattre la force chimique qui unit entre eux les atomes, celle qui unit les molécules, celle même qui est en jeu dans le groupement mécanique de celles-ci, et au milieu de ces consommations de force vive il est bien difficile de formuler une loi générale et philosophique. Lorsqu'on connaîtra la valeur des corrections à faire subir aux chaleurs spécifiques brutes pour les convertir en chaleurs spécifiques vraies, ces dernières paraîtront bien différentes des chaleurs spécifiques qui figurent dans les livres.

Le problème de la capacité calorifique des gaz parfaits est le plus intéressant, parce que la nature de ces fluides permet de négliger les actions de molécule à molécule, lesquelles sont insensibles, et de rendre nul le travail extérieur en maintenant le volume constant. Il est fâcheux qu'il soit, au point de vue de l'expérience, un des plus difficiles à résoudre. Les gaz ont si peu de masse qu'il faut en faire circuler beaucoup pour avoir dans le calorimètre une variation de chaleur mesurable; or les corrections deviennent considérables si l'opération est lente; si elle est rapide, il est à craindre qu'on n'ait développé de la chaleur dans l'instrument par le frottement du gaz. Il y a bien une autre méthode, exacte quoique détournée, qui consiste à faire parler un tuyau d'orgue au moyen du gaz considéré et à mesurer l'élévation du son qu'il rend. Mais cette méthode ne permet pas d'atteindre des températures élevées. Elle donne en fonction de la densité du gaz et de son coefficient de dilatation le rapport de la quantité de chaleur qu'il faut fournir à l'unité de poids de gaz pour l'échauffer de 1°, sa pression restant constante, à la quantité de chaleur qui suffit à produire le même effet thermométrique, lorsque le gaz ne se dilate pas, c'est-à-dire le rapport $\frac{C}{c}$. — Voyez page 818.

Comme la théorie mécanique de la chaleur permet d'exprimer $C - c$ en fonction des mêmes données, il s'ensuit que la chaleur spécifique à volume constant elle-même (c) est par là déterminée.

Voici les nombres obtenus par les deux méthodes :

7. — TABLE DES CHALEURS SPÉCIFIQUES DES GAZ COMPOSÉS,

D'après V. Regnault (Clausius).

		M.	Chaleur spécifique à volume constant. c.	M × c
(II)				
Oxyde de carbone..	CO	28	0,1736	4,86 4,7 (1)
Bioxyde d'azote.....	AzO	30	0,165	4,95 4,94 (1)
Acide chlorhydrique.	HCl	36,5	0,1304	4,76 4,897 (1)
(III)				
Eau................	H^2O	18	0,370	6,66 7,218 (1)
Acide sulfhydrique..	H^2S	34	0,184	6,26 7,36 (1)
Protoxyde d'azote...	Az^2O	44	0,181	7,96 7,11 (1)
Anhydride carbonique	CO^2	44	0,172	7,57 6,93 (1)
Anhydride sulfureux.	SO^2	64	0,123	7,87 7.64
Sulfure de carbone..	CS^2	76	0,131	9,99 9,60 (1)
(IV)				
Ammoniaque........	AzH^3	17	0,391	6,65 6,86 (1)
Protochlorure de phosphore............	PCl^3	137,5	0,120	16,50
Protochlorure d'arsenic.............	$AsCl^3$	181,5	0,101	18,33
(V)				
Gaz des marais.....	CH^4	16	0,468	7,49 6,06 (1)
Chlorure de silicium.	$SiCl^4$	170	0,120	20,40
Bichlorure de titane.	$TiCl^4$	192	0,119	22,85
Bichlorure d'étain...	$SnCl^4$	260	0,086	22,36
Éthylène..........	C^2H^4	28	0,359	10,05 7,385 (1)
Alcool	C^2H^6O	46	0,410	18,86 21,18 (1)
Éther..............	$C^4H^{10}O$	74	0,453	33,52 36,75 (1)
Sulfure d'éthyle.....	$C^4H^{10}S$	90	0,379	34,11
Chlorure d'éthyle....	C^2H^5Cl	64,5	0,243	15,67 15,91 (1)
Bromure d'éthyle....	C^2H^5Br	109	0,171	18,64
Cyanure d'éthyle....	C^3H^5Az	55	0,332	18,26
Chloroforme........	$CHCl^3$	119,5	0,140	16,73
Chlorure d'éthylène..	$C^2H^4Cl^2$	99	0,209	20,69
Acétate d'éthyle.....	$C^4H^8O^2$	88	0,378	33,26
Acétone...........	C^3H^6O	58	0,378	21,92
Benzine...........	C^6H^6	78	0,350	27,30
Térébenthène.......	$C^{10}H^{16}$	136	0,491	66,78
Cyanogène.........	C^2Az^2	52	.....	9,666 (1)

On voit d'après ces nombres que, même à l'état gazeux, les chaleurs spécifiques présentent des anomalies inexplicables dans les théories où l'on néglige l'influence du groupement des atomes sur leur capacité calorifique. En effet, tandis que l'acide chlorhydrique, le bioxyde d'azote et l'oxyde de carbone présentent pour une même complication moléculaire des produits M×c à peu près identiques et égaux à 2 fois la capacité des gaz simples; tandis que l'eau, l'acide sulfhydrique, le protoxyde d'azote, les anhydrides carbonique et sulfureux satisfont aussi à une loi analogue, on voit les molécules d'ammoniaque ou de gaz des marais posséder une chaleur spécifique inférieure à celle des atomes d'hydrogène qu'elles contiennent et égale aux 2/3 ou la moitié de la capacité qui leur est assignée par le calcul.

Cette dernière considération semble prouver péremptoirement que, même dans les cas les plus simples, il y a à faire intervenir un élément inconnu dépendant du rapport des atomes entre eux. Les conclusions théoriques qu'on pourrait tirer de la comparaison des capacités gazeuses manqueraient donc de rigueur au même titre, quoique à un degré moindre, que celles auxquelles on est arrivé en se fondant sur la capacité solide ou liquide. En revanche, il est très-probable qu'en corrigeant les chaleurs spécifiques gazeuses de la quantité de chaleur qui est absorbée même dans les gaz

(1) Calculé avec la valeur de $\frac{C}{c} = K$ déterminée par les procédés de l'acoustique par Masson et la formule approchée $cM = \frac{2}{K - 1}$.

par un travail intérieur (dans la molécule), travail intérieur qui est évidemment bien moindre que dans le cas des liquides et des solides, on retrouvera une loi physique simple. Selon Clausius, la véritable capacité calorifique [*wahre Wärme capacität*] qu'on obtiendrait alors serait absolument indépendante de l'état de combinaison ou de l'état physique.

LA CHALEUR AU POINT DE VUE CHIMIQUE.

Tout phénomène chimique est accompagné d'un phénomène calorifique. La chaleur animale comme celle de nos foyers provient d'une réaction chimique. D'un autre côté, il n'est pas de réaction chimique qui ne soit modifiée par la température à laquelle elle s'opère. Nous avons étudié à l'article AFFINITÉ le rôle chimique de la chaleur, nous devons nous occuper ici du rôle calorifique de l'affinité.

Stahl est le premier qui se soit rendu compte des phénomènes de combustion; voyant que le fer en brûlant dégageait de la chaleur et se convertissait en *chaux métallique*, il en conclut que cette chaleur existait dans le fer à l'état d'un principe qu'il appela phlogistique et qui communiquait à la chaux l'éclat et les propriétés du métal. En d'autres termes, pour lui

$$\underbrace{\text{(Chaux métallique et Phlogistique)}}_{\text{Métal.}} = \text{Chaux métallique} + \text{Chaleur.}$$

La combustion, la *calcination* n'était que la mise en liberté du phlogistique et le phlogistique libre était le feu pur, ou enfin la chaleur.

Lavoisier renversa la théorie stahlienne en ce qui concerne les rapports de la chaux métallique et du métal. Bien loin que le métal renferme l'oxyde, c'est l'oxyde qui contient le métal. De la sorte, la relation précédente envisagée au point de vue chimique devient :

$$\text{Métal} + \text{Oxygène} = \text{Oxyde métallique.}$$

Mais il est nécessaire, pour saisir le phénomène tout entier, de mettre en ligne de compte la chaleur qui s'est produite. Lavoisier l'attribue au calorique qui servait à constituer l'oxygène à l'état de gaz et qu'il perd en se solidifiant dans le composé; l'équation complète est donc :

$$\text{Métal} + \underbrace{\text{(Oxygène et Calorique)}}_{\text{Gaz oxygène.}} = \text{Oxyde métallique} + \text{Calorique libre.}$$

Aujourd'hui l'on considère le métal et l'oxygène comme doués d'une certaine quantité d'énergie qu'ils perdent en partie par leur réunion à l'état de chaleur; nous représenterons ainsi cette manière de voir :

$$\left(\begin{matrix}\text{Métal}\\ \text{et } m \text{ d'énergie}\end{matrix}\right) + \left(\begin{matrix}\text{Oxygène}\\ \text{et } n \text{ d'énergie}\end{matrix}\right) = \left(\begin{matrix}\text{Oxyde}\\ \text{et } p \text{ d'énergie}\end{matrix}\right) + \left(\begin{matrix}m + n - p\\ \text{d'énergie à l'extérieur}\end{matrix}\right)$$

En somme, comme le fait remarquer Mayer dans son *Mémoire sur les forces*, les phlogisticiens embrassaient bien l'ensemble du phénomène; ils avaient raison de mettre dans le premier membre, sous le nom de phlogistique, l'équivalent de la chaleur dégagée, et en cela ils étaient considérablement en avance; mais ils s'engageaient dans un système de méprises en posant *moins* phlogistique à la place de *plus* oxygène.

Lavoisier établit sur des bases certaines l'égalité chimique, mais il eut le tort d'attribuer à l'oxygène seul et à la réduction de son volume la chaleur dégagée dans la combustion. Bien que ce soit une des causes de cette chaleur et qu'on ne doive pas la négliger dans le cas de l'oxydation des métaux, elle ne peut agir, par exemple, dans des combinainons de gaz sans condensation, et alors encore le dégagement de chaleur est manifeste.

Berzelius fit consister l'énergie du métal et de l'oxygène en électricité; nous ne tranchons plus cette question aujourd'hui et notre théorie, pour être moins explicite, n'en est que plus positive.

Quelle que soit la cause de la combinaison, c'est-à-dire, quelle que soit l'idée que nous nous fassions de l'affinité, il n'en est pas moins vrai que l'union des atomes étant accompagnée d'un dégagement de chaleur, c'est-à-dire d'une manifestation d'énergie, cette énergie ne s'est pas créée. Or les atomes en se réunissant ont perdu une portion de leur énergie chimique, physique ou mécanique; il est naturel de chercher dans cette énergie perdue la cause de celle qui apparait sous forme de chaleur ou sous toute autre forme pendant la combinaison.

C'est l'idée qu'exprimait en 1860 H. Deville, lorsqu'il écrivait : « L'affinité étant la cause, la chaleur dégagée est l'effet produit par cette force et lui est proportionnelle; d'où il suit que, si l'on veut prendre l'effet pour la cause et la cause pour l'effet, ce qui est permis ici, on arrive à admettre que l'affinité, en intensité, n'est pas autre chose que la quantité de chaleur latente ou phlogistique enfermée dans les corps. » Cette chaleur latente est d'ailleurs prise par H. Deville dans le sens d'énergie (1).

Nous avons pris comme exemple les phénomènes de la combustion; il est évident que la théorie actuelle embrasse toutes les réactions possibles; elle n'est que l'application du principe de la conservation de l'énergie à l'énergie chimique et l'équation générale qui la résume est celle-ci :

Corps réagissant possédant m d'énergie chimique, physique ou mécanique (1).
= Produits de la réaction possédant $m \pm n$ d'énergie chimique, physique ou mécanique (2).
$\mp n$ d'énergie extérieure sous une forme quelconque (3).

L'on voit par cette équation que si l'on produit dans une réaction une même matière douée d'une même énergie, ce qui vient rendre le terme (2) constant, on peut, suivant les cas, recueillir ou fournir une quantité d'énergie extérieure, de chaleur par exemple, très-différente; il suffit pour cela que le membre (1) diffère. Exemple : On fait brûler une même substance dans l'air, mais la substance est solide dans un cas, liquide dans un autre, gazeuse dans un troisième, gazeuse et animée d'un mouvement rapide dans un quatrième, enfin dans un cinquième, un projectile est chassé par la combustion. Le produit de la réaction étant toujours le même à tous les points de vue, les quantités de chaleur dégagées sont très-différentes.

On électrolyse de l'eau dans un vase refroidi et l'on constate une activité chimique plus ou moins grande dans l'oxygène formé; correspondamment, l'électrolyte a absorbé plus de chaleur que lorsque l'oxygène n'est point actif.

L'on voit aussi que si l'on part d'un terme (1) identique et qu'on arrive à un terme (2) identique, il a été fourni ou dissipé une quantité d'énergie (3) indépendante des transformations intermédiaires. Cette conséquence, qui découle évidemment de la manière d'envisager les phénomènes introduits par Mayer dans les questions moléculaires, est de l'importance la plus grande. Elle a servi à Favre et Silbermann, et surtout à Berthelot, à évaluer des

(1) *Compt. rend.*, t. L, 1860; *Leçons de la Soc. chim.*, 1864. — Depuis que ces lignes ont été écrites (octobre 1866), M. Deville a adopté en effet le mot énergie dans le sens que nous lui donnons.

quantités de chaleur qu'il serait impossible de déterminer autrement.

Donnons l'esprit de la méthode. Du carbone brûle dans l'oxygène, il se fait un dégagement de chaleur lumineuse qui correspond à l'énergie perdue. Mais on analyse le gaz produit et l'on voit qu'il se compose d'acide carbonique et d'oxyde de carbone; l'on détermine alors la quantité de chaleur que donne la transformation de l'oxyde de carbone en acide carbonique, et admettant, en vertu du principe ci-dessus, que le carbone dégage autant de chaleur pour passer à l'état d'acide carbonique, soit directement, soit en se transformant d'abord en oxyde de carbone, on est en mesure d'évaluer la chaleur dégagée par C en passant à l'état de CO et celle dégagée par C en se transformant en CO^2.

L'éthylène C^2H^4 dégage, par sa conversion en acide carbonique et en eau, une certaine quantité de chaleur (A); l'alcool C^2H^6O, qui en diffère par H^2O, en dégage une autre (B) pour donner naissance aux mêmes corps. Si donc on arrive par un procédé quelconque à faire de l'alcool avec de l'éthylène et de l'eau, on doit avoir un dégagement ou une absorption de chaleur égale à la différence entre (A) et (B), car, en vertu du principe ci-dessus, dans le passage direct de l'état $C^2H^4 + H^2O + 6O$ à l'état $2CO^2 + 2H^2O + H^2O$, c'est-à-dire par la combustion directe de C^2H^4, l'eau ne prenant aucune part au dégagement de chaleur, on doit recevoir autant de chaleur qu'en passant de l'état $C^2H^4 + H^2O + 6O$ à l'état $C^2H^6O + 6O$ et enfin à l'état $2CO^2 + 3H^2O$. Les résultats obtenus par cette méthode, dont Berthelot a grandement étendu l'emploi, sont indépendants de la possibilité chimique de la réaction, ils peuvent même servir quelquefois à en démontrer l'impossibilité, mais ils sont rigoureusement exacts et donnent, sans qu'il y ait lieu de tenir compte d'aucun autre élément, *la chaleur que dégageraient ou absorberaient les corps réagissants pris dans l'état où l'on a déterminé leur chaleur de combustion pour donner naissance aux produits de la réaction et les amener à l'état où on a effectué sur eux l'autre détermination.*

L'application aux réactions chimiques du principe de la conservation de l'énergie mène encore à la conséquence suivante. Le zinc plongé dans l'acide sulfurique étendu en dégage de l'hydrogène auquel il se substitue :

$$Zn + H^2SO^4 = H^2 + ZnSO^4.$$

Mais on a supposé pendant longtemps qu'il y avait là deux réactions différentes :

$$Zn + H^2O = ZnO + H^2$$
$$\text{et} \quad ZnO + H^2SO^4 = ZnSO^4 + H^2O.$$

Or, que l'on calcule la chaleur dégagée par la dissolution du zinc, en faisant la part : 1° de son oxydation, 2° de la désoxydation de l'hydrogène, 3° de la combinaison de l'oxyde avec l'acide; et l'on trouvera un nombre de calories tout à fait indépendant de ces hypothèses et qui représentera réellement et simplement la chaleur dégagée par le zinc lorsqu'il forme du sulfate avec l'acide sulfurique.

Les résultats calculés avec une hypothèse quelconque sont donc exacts au même degré.

Autre exemple : L'acide formique, CH^2O^2, donne en brûlant de l'acide carbonique et de l'eau et l'on peut le concevoir comme formé par la fixation de l'acide carbonique sur l'hydrogène H^2 ou de l'eau sur l'oxyde de carbone CO. Il est donc clair qu'il doit dégager dans sa combustion autant de chaleur que l'hydrogène, *plus* la chaleur absorbée pour la fixation de l'acide carbonique, ou autant de chaleur que l'oxyde de carbone, *plus* la chaleur absorbée pour la fixation de l'eau; cela découle de notre principe et ne prouve aucunement que l'acide formique se décompose d'abord en $CO + H^2O$ ou en $CO^2 + H^2$ (1) et que l'oxygène brûle l'oxyde de carbone ou l'hydrogène formé; cela ne prouve pas non plus que dans la production synthétique de l'acide formique tel ou tel groupe moléculaire se forme. On arrive à un même résultat par toutes les hypothèses qu'on pourrait faire. Supposons par exemple que la réaction qui donne naissance à l'acide formique soit celle que Berthelot a réalisée pour le formiate de potasse :

$$CO + H^2O = CH^2O^2.$$

Représentons par le symbole — $[H^2; O]$ la chaleur absorbée par l'eau pour se résoudre en ses éléments, et par le symbole + $[CO; H^2; O]$ la chaleur dégagée par l'oxyde de carbone pour s'unir à ces éléments. La chaleur dégagée par la combustion de l'acide formique A sera égale à celle que fournit l'oxyde de carbone en brûlant, moins celle qu'il a dégagée en s'unissant aux éléments de l'eau, plus la chaleur absorbée par la mise en liberté de ces éléments :

$$A = [CO; O] - [CO; H^2; O] + [H^2; O].$$

Interprétons de même la réaction réalisée par Kolbe pour le formiate de potasse :

$$CO^2 + H^2 = CH^2O^2.$$

La chaleur absorbée pour la désoxydation partielle de l'acide carbonique se formule — $[CO; O]$.

La chaleur dégagée par l'union de CO à H^2 et à O se formule + $[CO; H^2; O]$,

$$\text{d'où} \quad A = [H^2; O] - [CO; H^2; O] + [CO; O]$$

comme précédemment.

Supposons que le carbone soit totalement désoxydé :

$$A = [H^2; O] - [C; O; H^2; O] + [C; O; O];$$
$$\text{mais} \quad [C; O; O] = [CO; O] + [C; O]$$
$$\text{et} \quad [C; O; H^2; O] = [CO; H^2; O] + [C; O],$$

et l'on retombe sur la même valeur de A; il en serait de même si on supposait la formation de HO, la décomposition de H^2, etc.

Nous allons citer les principaux résultats auxquels on est parvenu dans l'étude calorimétrique des phénomènes chimiques; nous donnerons ensuite ceux qu'on a calculés d'après les premiers à l'aide du principe de la conservation de l'énergie; enfin nous essayerons de tirer quelques conséquences générales de la comparaison de ces divers documents.

8. — TABLE DES QUANTITÉS DE CHALEUR DÉGAGÉES PAR LA COMBUSTION DANS L'OXYGÈNE.

	Substance prise à la température ordin.	Produit ramené à la température ordin.	Chaleur dégagée (2) par 1 gr. de substance.	Chaleur dégagée (2) par le poids représenté par la formule (H=1 gr.)	Auteurs.
	H^2	H^2O	33,881	67,762	A.
			34,462	68,924	F S.
Charb. de bois	C	CO^2	7,900	94,800	A.
id.	»	»	8,080	96,960	F S.
— de cornues	»	»	8,047	96,564	F S.
Graphite.	»	»	7,797	93,564	F S.
— artificiel.	»	»	7,762	93,144	F S.
Diamant.	»	»	7,770 7,879	93,24 94,55	F S.
Soufre natif.	S	SO^2	2,220	71,040	F S.

(1) Il est présumable que cette dernière supposition serait la plus exacte; sous l'influence du noir de platine à 250°, l'acide formique se scinde en $CO^2 + H^2$ (Berthelot).

(2) L'unité employée dans cet article est la *calorie* ou *kilogramme-degré*. L'adoption du *gramme-degré* entraîne l'emploi de nombres trop élevés.

	Substance prise à la température ordin.	Produit ramené à la température ordin.	Chaleur dégagée par 1 gr. de substance.	Chaleur dégagée par le poids représenté par la formule (H = 1 gr.)	Auteurs.
Récem. fondu	S	SO^2	2,260	72,320	F S.
En fleurs.			2,307	73,821	A.
Phosp. jaune.	P^2	P^2O^5	5,747	356,314	F S.
	Zn	ZnO	1,330	86,450	F S.
	Fe^3	Fe^3O^4	1,582	265,776	F S.
	Sn	SnO^2	1,147	135,360	F S.
	Cu	CuO	0,603	38,290	F S.
	CO	CO^2	2,403	67,284	F S.
			2,431	68,068	A.
	C	CO	2,47	29,6	
	CS^2	$CO^2 + 2SO^2$	3,400	258,400	F S.
	SnO	SnO^2	0,519	69,584	A.
	Cu^2O	2 CuO	0,256	36,608	A.
		Réduction en anhydride carbonique et eau.			
Gaz de marais.		CH^4	13,108	209,728	A.
			13,063	209,008	F S.
Éthylène.		C^2H^4	11,912	334,376	A.
			11,858	332,024	F S.
Amylène.		C^5H^{10}	11,491	804,370	F S.
Diamylène.		$C^{10}H^{20}$	11,303	1582,420	F S.
Cétène		$C^{16}H^{32}$	11,055	2476,328	F S.
Tétramylène.....		$C^{20}H^{40}$	10,928	3059,840	F S.
Essence de citron		$C^{10}H^{16}$	10,959	1490,424	F S.
Térébenthine....		$C^{10}H^{16}$	10,852	1475,872	F S.
Térébène........		$C^{10}H^{16}$	10,662	1450,032	F S.
Éther..........		$C^4H^{10}O$	9,028	668,072	F S.
Éth. éthylamyliq.		$C^7H^{16}O$	10,188	1181,808	F S.
Esprit de bois...		CH^4O	5,307	169,824	F S.
Alcool...........		C^2H^6O	7,184	330,464	F S.
			6,850	315,100	A.
Alcool amylique.		$C^5H^{12}O$	8,959	788,392	F S.
Éthal...........		$C^{16}H^{34}O$	10,629	2572,218	F S.
Acétone.........		C^3H^6O	7,303	394,362	F S.
Acide formique...		CH^2O^2	2,091	96,186	F S.
— acétique....		$C^2H^4O^2$	3,505	210,300	F S.
— butyrique ..		$C^4H^8O^2$	5,647	496,936	F S.
— valérique...		$C^5H^{10}O^2$	6,439	656,778	F S.
— palmitique..		$C^{16}H^{32}O^2$	9,316	2384,896	F S.
— stéarique...		$C^{18}H^{36}O^2$	9,716	2759,344	F S.
Formiate méthyl.		$C^2H^4O^2$	4,197	251,820	F S.
Acétate méthyliq.		$C^3H^6O^2$	5,342	395,308	F S.
Formiate éthyliq.		$C^3H^6O^2$	5,279	390,646	F S.
Acétate éthylique.		$C^4H^8O^2$	6,293	553,784	F S.
Butyrate méthyl..		$C^5H^{10}O^2$	6,798	693,447	F S.
Butyrate éthyliq..		$C^6H^{12}O^2$	7,091	822,556	F S.
Valérate méthyl..		$C^6H^{12}O^2$	7,376	855,616	F S.
Valérate éthyliq..		$C^7H^{14}O^2$	7,835	1018,550	F S.
Acétate amylique.		$C^7H^{14}O^2$	7,971	1036,230	F S.
Valérate amyliq..		$C^{10}H^{20}O^2$	8,544	1469,568	F S.
Blanc de baleine.		$C^{32}H^{64}O^2$	10,342	4964,160	F S.
Phénol..........		C^6H^6O	7,842	737,148	F S.

A, Andrews; FS, Favre et Silbermann.

Si l'on compare dans le tableau 8 la chaleur dégagée par la combustion du charbon et du diamant, ou bien du soufre en fleur ou récemment fondu et du soufre natif, on arrive à cette conséquence que la transformation du charbon et du soufre fondu en produits semblables à ceux que nous offre la nature doit dégager de la chaleur. — Si l'on compare la chaleur dégagée par la combustion du charbon et de l'oxyde de carbone, on voit que le premier atome d'oxygène dégage, par sa fixation sur le carbone, bien moins de chaleur que le second. Cela se conçoit aisément lorsqu'on songe que le carbone doit prendre l'état gazeux pour passer à l'état d'oxyde de carbone, ce qui nécessite une énorme absorption de chaleur. Comme dans le cas des oxydes de cuivre, d'étain, etc., la fixation des deux atomes d'oxygène produit, à très-peu près, la même quantité de chaleur, on peut supposer que le premier atome d'oxygène qui se fixe sur C dégage, comme le second, 67 calories environ, mais que 38 d'entre elles sont absorbées par la gazéification du carbone solide. La combustion complète du carbone gazeux C correspondrait donc à un dégagement de 134 calories environ, nombre voisin de celui qui répond à H^4 (l'eau étant ramenée à l'état liquide). En adoptant ce nombre que nous donnons pour ce qu'il vaut, la formation d'acétylène aurait lieu vraisemblablement avec dégagement de chaleur, comme les réactions qui s'effectuent directement, et, toutes choses égales d'ailleurs, la combustion d'une matière organique plus ou moins carbonée ou hydrogénée donnerait lieu, pour chaque atome d'oxygène employé, à un dégagement de chaleur à peu près égal, puisque C et H^4 se combinent tous deux à O^2. Nous savons que d'autres hypothèses ont été faites à ce sujet et que Berthelot a fixé la chaleur de combustion du carbone gazeux à 96,5 calories; mais la manière dont il obtient ce résultat, bien que fondée sur une méthode scientifique, comporte, ainsi qu'il le dit lui-même, de telles incertitudes, qu'il ne nous semble pas qu'il y ait raison suffisante pour se décider en faveur du nombre 96,5 plutôt qu'en faveur du nombre rond 130, par exemple.

L'examen du tableau 8 mène encore au résultat suivant : L'hydrogène dégage moins de chaleur en brûlant que le soufre, et celui-ci que le phosphore (les trois corps étant pris en quantités comparables). Aussi l'ordre de combustibilité est-il celui-ci H, S, P. — Voyez COMBUSTION.

9. — TABLE DES QUANTITÉS DE CHALEUR DÉGAGÉES PAR LA COMBINAISON DIRECTE AVEC LE CHLORE, LE BROME ET L'IODE.

Substance.	Produit.	Chaleur dégagée par 1 gr. de substance.	Chaleur dégagée par le poids représenté par la formule (H = 1 gr.).	Auteurs.
H....	HCl.....	24,087	24,087	Abria.
		23,783	23,783	F. et S.
K....	KCl.....	2,655	104,476	A. (1)
Fe^2...	Fe^2Cl^6...	1,745	196,170	A.
Zn....	$ZnCl^2$ ...	1,529	101,316	A.
Sn....	$SnCl^4$....	1,079	126,888	A.
As....	$AsCl^3$....	0,994	74,976	A.
Cu....	$CuCl^2$ ...	0,961	60,988	A.
Sb....	$SbCl^3$ ...	0,707	91,473	A.
Zn....	$ZnBr^2$ ...	1,269	81,280	A.
Fe^2...	Fe^2Br^6...	1,277	142,998	A.
Zn....	ZnI^2.....	0,819	53,234	A.
Fe^2 ..	F^2I^6.....	0,463	48,276	A.

10. — CHALEUR DÉGAGÉE PAR LA COMBINAISON AVEC L'OXYGÈNE, LE CHLORE, ETC.,

Déduite de la dissolution dans les acides, du déplacement par voie humide, etc.

(*Favre et Silbermann.*)

Substance.	Produit ramené à l'état sec.	Chaleur dégagée par 1 gramme de substance.	Chaleur dégagée par le poids représenté par la formule (H=1gr.)	Chaleur dégagée par le poids qui s'unit avec Cl, Br, I, 1/2 O, 1/2 S, 1/3 Az [H=1g.]
H.....	HBr.....	9,322	9,322	9,322
H.....	HI......	—3,600	—3,606	—3,606
H^2....	H^2S.....	2,741	5,482	2,741 ?
H^3....	H^3Az....	7,576	22,728	7,576 (2)
K.....	KCl.....	2,582	100,960	100,960
K.....	KBr.....	2,307	90,188	90,188
K.....	KI......	1,967	77,268	77,268
K^2....	K^2S.....	1,167	91,276	45,638 ?
Na....	NaCl....	4,124	94,847	94,847
Zn....	ZnO.....	1,302	84,902	42,451
Zn....	$ZnCl^2$....	1,543	100,592	50,296
Zn....	ZnS.....	0,642	41,880	20,940 ?

(1) Andrews, *Miller's Chem. Phys.*

(2) L'ammoniaque restant en solution, 1 gramme d'hydrogène dégage avec l'azote 10c,488 et 3 grammes (H^3) 31c,464.

Pour la formation des autres composés à l'état de solution, voyez le tableau 11.

Substance.	Produit ramené à l'état sec.	Chaleur dégagée par 1 gramme de substance.	le poids représenté par la formule (H=1 gr.)	le poids qui s'unit avec Cl, Br, I, 1/2 O, 1/2 S, 1/3 Az [H=1g.]
Fe....	FeO.....	1,351	75,656	37,828
Fe....	$FeCl^2$....	1,773	99,302	49,651
Fe....	FeS.....	0,634	35,506	17,753 ?
Cu....	CuO.....	0,6893	43,770	21,885
Cu....	$CuCl^2$...	0,9299	59,048	29,524
Cu....	CuS.....	0,288	18,266	9,133 ?
Pb....	PbO.....	2,673	55,350	27,675
Pb....	$PbCl^2$...	4,322	89,460	44,730
Pb....	$PbBr^2$...	3,169	65,604	32,802
Pb....	PbI^2....	2,242	46,416	23,208
Pb....	PbS.....	0,9233	19,112	9,556 ?
Ag^2...	Ag^2O...	0,566	12,226	6,113
Ag....	$AgCl$....	3,222	34,800	34,800
Ag....	$AgBr$....	2,372	25,618	25,618
Ag....	AgI.....	1,727	18,651	18,651
Ag^2...	Ag^2S....	0,5115	11,048	5,524 ?

Le tableau 9 donne, d'après Andrews, les résultats calorimétriques obtenus en brûlant les métaux dans le chlore, etc. Ils se confondent presque avec ceux que Favre et Silbermann ont tirés des réactions par voie humide (tableau 10).

La chaleur de combinaisons de H^2 avec S a été calculée dans ce dernier tableau à l'aide de la réaction de l'acide sulfureux sur l'acide sulfhydrique; elle est donc inexacte, puisqu'il se forme, non pas du soufre et de l'eau, mais de l'acide pentathionique en grande partie. Les résultats concernant les sulfures sont entachés de la même erreur, puisqu'ils se fondent sur la chaleur de décomposition de H^2S.

On peut remarquer que la chaleur dégagée par un atome de chlor fixé est toujours plus grande que celle que dégage un atome de brome et surtout un atome d'iode; l'ordre des affinités est donc aussi l'ordre calorimétrique. Mais ce n'est qu'en comparant les corps à des états analogues qu'on peut arriver à des résultats importants sur ce sujet; Favre et Silbermann ont pris des corps dissous dans assez d'eau pour ne plus dégager de chaleur par l'addition de ce liquide et ils ont construit, avec des résultats obtenus avec ces solutions dans leur calorimètre à mercure, le tableau 11 qui est extrêmement remarquable. — Les nombres inscrits sur les quatre premières colonnes verticales sont des quantités de chaleur dégagées par l'union du métal inscrit sur la ligne horizontale avec le métalloïde qui figure en tête de la colonne. Les quantités pondérales sont des *équivalents* en grammes, elles correspondent à une atomicité.

Ceci posé, l'on remarque que les nombres de chaque colonne diffèrent d'une quantité constante de ceux inscrits sur la même ligne dans la colonne voisine; c'est-à-dire qu'en s'unissant aux divers éléments, un atome d'iode, par exemple, dégage une même quantité de chaleur de moins qu'un atome de chlore ou qu'un demi-atome d'oxygène, et cela quel que soit le métal; pour le potassium et le sodium, et sans doute pour les autres métaux, on peut formuler une règle analogue, et les quantités de chaleur dégagées par chaque métal en s'unissant à un même métalloïde différeraient selon cette règle d'une quantité constante pour chaque métal, et indépendante du métalloïde. Ces différences constantes sont ce que Favre et Silbermann appellent des modules relatifs des éléments.

11. — CHALEUR DÉGAGÉE PAR LA FORMATION AVEC LES ÉLÉMENTS D'UN ÉQUIVALENT DE SEL DISSOUS DANS UN EXCÈS D'EAU.

H = 1 gramme (*Favre et Silbermann*).

Métaux.	Métalloïdes (1/2 O)'	(Cl)'	(Br)'	(I)'	? (1/2 S)'	Module des métaux comparés au potassium.
(H)'.....	»	40,192 (1)	28,404 (2)	15,004 (3)	»	— 57,216
(K)'.....	76,238	97,091	85,678	72,479	50,969	»
(Na)'.....	73.510	94,326	82,616	69,143	48,840	— 2,724
(1/2 Zn)'.....	»	56,557	»	»	»	— 40,524
(1/2 Fe)'.....	»	53,350	»	»	»	— 43,741
(1/2 Cu)'.....	»	34,500	»	»	»	— 62,59
Module des métalloïdes comparés à l'oxygène.....	»	+ 20,834	+ 9,273	— 4,063	— 25,219	
Module des métalloïdes comparés au chlore.....	—20,834	»	— 11,637	— 24,994	— 46,054	

On peut grouper les résultats du tableau 11 d'une façon fort simple et qui met bien en évidence la loi qui nous occupe. Sur une droite indéfinie, prenons comme origine un point que nous désignerons par Cl. A une distance de ce point égale à 11,63, plaçons le point Br; à une distance égale à 20,83, le point O; à une distance égale à 24,99, le point I; puis formons un autre groupe de points en plaçant, à une distance de Cl égale à 34,5 et toujours comptée dans le même sens, le point Cu, à 40,19 le point H, etc. Ainsi qu'il est facile de s'en convaincre, la distance d'un point quelconque d'un des groupes à l'un quelconque de l'autre groupe, donnera immédiatement la chaleur dégagée par l'union des éléments que ces points représentent, dans les circonstances expérimentales où les auteurs de la loi se sont placés. C'est une forme rajeunie de la série de Berzelius et des tables d'affinité de Bergman (voyez AFFINITÉ, t. I, p. 71). C'est l'expression d'une loi analogue à celle qui fut formulée autrefois par Wheatstone, à savoir que « la différence des forces électromotrices de deux métaux plongés à la fois dans un acide ou un sel quelconque est constante et indépendante de la nature du liquide. »

Mais, de même qu'on a démontré que cette dernière loi n'est pas parfaitement exacte, de même est-il probable que la loi des modules n'est pas d'une généralité absolue. Elle mènerait d'ailleurs, si l'on accorde que la distance entre les points d'un même groupe représente aussi la chaleur dégagée (1), à cette conséquence que les composés BrCl, ICl, SCl^2, Cl^2O, etc., se formeraient sans absorption de chaleur dans les circonstances expérimentales où se sont placés Favre et Silbermann; on ne comprend pas en effet comment un dégagement négatif pourrait se figurer dans notre mode de représentation.

(1) 41,262.
(2) 29,742.
(3) 14,475 (1868).

(1) Reprenons notre notation et figurons par +[X ; Cl] la chaleur dégagée par l'union du métal avec un atome de chlore, — [Cl ; Cl] représentera la chaleur absorbée par la résolution de la molécule de chlore en ses éléments, et — [X ; X] (qui peut être = 0) la chaleur ab-

12. — CHALEUR DÉGAGÉE PAR LA COMBINAISON DES ACIDES ET DES BASES POUR FORMER UN ÉQUIVALENT DE SEL (SOLUTION ÉTENDUE).

H = 1 gramme (*Favre et Silbermann*).

Bases.	Acides				
	$1/2\,(H^2SO^4)$.	$HAzO^3$.	HCl.	$C^2H^4O^2$.	$1/2\,(C^2H^2O^4)$.
KHO	16,083 16,0 (1)	15,510 15,5 (1)	15,656 15,8 (1)	13,973 13,9 (1)	14,156 14,2 (1)
$NaHO$	15,810 16,1 (1)	15,283 15,3 (1)	15,128 15,4 (1)	13,600 13,5 (1)	13,752 14,0 (1)
$AzH^3.H^2O$	14,690 14,5 (1)	13,676 13,7 (1)	13,536 14,1 (1)	12,649 12,8 (1)	» 13,5 (1)
1/2 (Mg O)	14,440	12,840	13,220	12,270	»
1/2 (Mn O)	12,075	10,850	11,235	9,982	»
1/2 (Ni O)	11,932	10,450	10,412	9,245	»
1/2 (Cb O)	11,780	9,956	10,374	9,272	»
1/2 (Fe O)	10,872	9,648	9,828	8,590	»
1/2 (Zn O)	10,455	8,323	8,307 10,0 (1)	7,720 7,8 (1)	» 10,8 (1)
1/2 (Cd O)	10,240	8,116	8,109	7,546	»
1/2 (Cu O)	7,720	6,400	6,416	5,264	»

13. — CHALEUR DÉGAGÉE PAR LA COMBINAISON DE LA POTASSE ET DE LA SOUDE AUX DIVERS ACIDES, AVEC FORMATION D'UN ÉQUIVALENT DE SEL.

H = 1 gramme (*Favre et Silbermann*).

Solutions étendues.	Potasse.	Soude.
Acide chlorhydrique	15,656 15,8 (1)	15,128 15,4 (1)
— bromhydrique	15,510 15,5 (1)	15,159 15,0 (1)
— iodhydrique	15,698 15,5 (1)	15,097 14,9 (1)
— métaphosphorique	16,168	15,407
— pyrophosphorique	16,920	15,655
— phosphorique	17,766	»
— sulfhydrique	6,477	6,550
— carbonique	12,878	»
— tartrique	13,425 13,4 (1)	12,651 »
— citrique	13,658 13,7 (1)	13,178 13,3 (1)
— valérique	»	13,500
— acétique	13,973	13,600
— formique	» 12,5 (1)	13,308 13,3 (1)
Oxyde de zinc	3,8 (1)	4,0 (1)

Le tableau 12 renferme les équivalents calorifiques des sels dissous, c'est-à-dire les quantités de chaleur que dégagent les acides des bases pour former un équivalent chimique de sel; ils diffèrent moins entre eux pour les sels d'une même base que pour des sels d'un même acide. Quelques-uns de ces nombres ont été déterminés par des expériences électriques qui sont exposées par l'article ÉLECTRICITÉ, on voit qu'ils concordent suffisamment avec ceux de Favre et Silbermann; or le procédé de Marié-Davy et Troost est de beaucoup le plus facile à suivre.

Les résultats obtenus par les mêmes auteurs pour les sels alcalins figurent dans le tableau 13. Les plus grandes divergences se signalent parmi les chlorures; on n'en connaît pas la cause.

L'ensemble de tous ces tableaux permet de déterminer la chaleur ou la force électromotrice produite par la plupart des actions chimiques, c'est-à-dire par les échanges d'éléments entre les sels.

Il suffit de faire la somme des équivalents calorifiques des termes du premier membre de l'équation et d'en soustraire la somme des équivalents calorifiques du second membre, pour avoir un nombre qui représente *le dégagement positif ou négatif de chaleur ou d'électricité*, qui doit prendre naissance dans la réaction.

Exemple. Mise en liberté de l'acide chlorhydrique avec le chlorure d'argent et l'acide iodhydrique :

$$AgCl + HI = AgI + HCl.$$

$$\underbrace{\underset{34,8}{[Ag;Cl]} + \underset{15}{[H;I]}}_{49,8} \quad \underbrace{\underset{18,6}{[Ag;I]} + \underset{40,2}{[H;Cl]}}_{58,8}$$

En solution. En solution.

58,8—49,8=9 calories dégagées.

Autre exemple. Pile au nitrate mercureux :

$$Zn + Hg^2(Az\,O^3)^2 = Hg^2 + Zn\,(Az\,O^3)^2.$$

$$\underbrace{[Hg^2;O] + [Hg^2O;Az^2O^5] - [H^2O;Az^2O^5]}_{29,8} :$$

$$\underbrace{\underbrace{[Zn;O]}_{85,2} + \underbrace{[ZnO;Az^2O^5] - [H^2O;Az^2O^5]}_{16,6}}_{101,8}.$$

101,8—29,8=72 calories dégagées à l'état de courant électrique.

Le petit tableau 14 contient les quantités de chaleur dégagées par certaines réactions remarquables.

14. — CHALEUR DÉGAGÉE OU ABSORBÉE PAR DIVERSES RÉACTIONS CHIMIQUES.

(*Favre et Silbermann.*)

Avant la réaction.	Après la réaction.	Chaleur dégagée par la mise en liberté de 1 gr. d'oxygène.	Chaleur dégagée par le poids représenté par la form. H = 1 gr.
Az^2O, Az^2O	Az^2, Az^2, O^2	1,154 (2) 1,0905 (3)	36,9 (2) 34,9 (3)
H^2O^2, H^2O^2	H^2O, H^2O, O^2	1,363	43,6

(2) Indirectemement.
(3) Directement.

sorbée par la résolution de la molécule du métal en atomes, si celle-ci est complexe.

Favre et Silbermann ont donc découvert ce fait, à savoir :

que si $2\,[X;Cl] - [Cl;Cl] - [X;X] = A$,
et si $2\,[X;Br] - [Br;Br] - [X;X] = B$,

la différence A — B = const. = M, quel que soit l'élément électro-positif X considéré. Faisons X = Br; on a

$$2\,[Br;Cl] - [Cl;Cl] - [Br;Br] = M,$$
$$2\,[Br;Br] - [Br;Br] - [Br;Br] = 0.$$

Le corps ClBr dégagerait donc pour se former et se dissoudre une quantité de chaleur égale au module de Cl, par rapport à Br.

(1) Obtenu par la mesure des forces électromotrices (Marié-Davy et Troost).

Avant la réaction.	Après la réaction.	Chaleur absorbée par 1 gramme d'oxyde décomposé.	Chaleur absorbée par le poids représenté par la form. H = 1 gr.
Ag^2O, Ag^2O	Ag^2, Ag^2, O^2	0,022	10,2

Ce sont des décompositions, et il semble que toute décomposition doive absorber de la chaleur. Si l'on considère l'oxygène libre comme de l'oxyde d'oxygène, la difficulté s'évanouit, et la chaleur qui apparaît dans la décomposition du protoxyde d'azote n'est que l'expression de ce fait que l'azote a pour l'azote et l'oxygène pour l'oxygène une somme d'affinités plus grande que l'oxygène pour l'azote dans le corps en question. — Nous avons rangé parmi les décompositions accompagnées de dégagement de chaleur celle de l'oxyde d'argent, bien qu'elle en absorbe, parce que la chaleur de volatilisation de l'oxygène combiné à l'argent est une cause d'absorption assez considérable pour faire changer le signe de la production calorifique.

15. — INFLUENCE DE LA TEMPÉRATURE SUR LA CHALEUR DE COMBUSTION DE L'HYDROGÈNE.

(*Berthelot*).

La formation de H^2O (H = 1 gramme) dégage, d'après les données de Regnault :

	à — 80.	à 0.	à 100.	à 200.
Eau solide	70,280	70,400	»	»
Eau liquide	»	69,000	68,200	67,400
Eau gazeuse, vap. saturée	»	58,100	58,600	58,960
Eau gazeuse, à 760mm pression	»	»	58,600	58,700

La chaleur dégagée croît avec la température, sauf dans le cas de l'eau liquide, où elle décroît avec elle, et dans celui de vapeur très-surchauffée (400° ?), où elle en est indépendante.

16. — CHALEURS CALCULÉES POUR DIVERSES RÉACTIONS RÉELLES OU FICTIVES.

H = 1 gramme (*Berthelot*).

Avant la réaction.	Après la réaction.	Chaleur dégagée.
$C + H^4$ à 0°	CH^4	+ 22,0
$C + H^4$ à + 200°	CH^4	+ 23,2
$C + H^4$ à + 600°	CH^4	+ 24
$C^2H^4O^2 + 2NaHO + 2O^2$	$3H^2O + CO^2 + Na^2CO^3$	+ 237,0 environ.
d'où $C^2H^3NaO^2 + NaHO$	$CH^4 + Na^2CO^3$	+ 13,4 environ.
$C^3H^6O + 2NaHO + O^8$	$2CO^2 + Na^2CO^3 + 4H^2O$	+ 451,0 environ.
d'où $C^3H^6O + 2NaHO$	$2CH^4 + Na^2CO^3$	+ 31,0 environ.
$C^2 + H^4$	C^2H^4	— 8,0
$C^5 + H^{10}$	C^5H^{10}	+ 11,0
$C^{16} + H^{32}$	$C^{16}H^{32}$	+ 118,0
A 0° la différence homologue $CH^2 + O^3$	$CO^2 + H^2O$	+ 155,0
A 200° idem	$CO^2 + H^2O$	+ 145,0
$C^2 + H^6$ (1)	C^2H^6	+ 20,0
$C^2 + H^2$ (1)	C^2H^2	— 46,0
$C^6 + H^6$ (1)	C^6H^6	+ 6,0
$C^2H^4 + H^2O$ à 0°	C^2H^6O	+ 13,0
$C^2H^4 + H^2O$ à 200°	C^2H^6O	+ 13,0
$C^3H^6O + H^2$	C^3H^8O	+ 17,0
$C^2H^6O + O$ (1)	$C^2H^4O + H^2O$	+ 55 environ.
$C^2H^6O + 2O$	$C^2H^4O^2 + H^2O$	+ 111 (= 2 × 55 env.).
$C^2H^6O + 5O$	$C^2H^2O^4 + 2H^2O$	+ 267 (= 5 × 55 env.).
$C^2H^6O + 6O$	$2CO^2 + 3H^2O$	+ 321 (= 6 × 55 env.).
$C^2H^2O^4$	$CO^2 + CO + H^2O$	— 15
$C^2Na^2O^4 + 2NaHO$	$2Na^2CO^3 + H^2$	+ 17
$CH^4 + O$	CH^4O	+ 40
$CH^4 + O^3$	$CH^2O^2 + H^2O$	+ 114 (= 3 × 40 env.).
$CH^4O + O^2$	$CH^2O^2 + H^2O$	+ 74
$C^2H^6O + O^2$	$C^2H^4O^2 + H^2O$	+ 111
$C^5H^{12}O + O^2$	$C^5H^{10}O^2 + H^2O$	+ 131
$C^{16}H^{34}O + O^2$	$C^{16}H^{32}O^2 + H^2O$	+ 180
$CO + H^2O$	CH^2O^2	— 27
$CO + HKO$ (solution étendue)	$CHKO^2$	— 13
$CH^4O + CO$	$C^2H^4O^2$	+ 29
$2CO^2 + H^2$	$C^2H^2O^4$	+ 15
$CO^2 + H^2$	CH^2O^2	— 27
$CO^2 + CH^4$ (à 200°)	$C^2H^4O^2$	— 8
$CO^2 + C^4H^{10}$ (1)	$C^5H^{10}O^2$	+ 18
$\left.\begin{matrix}CH^3\\CHO\end{matrix}\right\}O$	$\left.\begin{matrix}C^2H^3O\\H\end{matrix}\right\}O$	+ 42
$CH^4O + CH^2O^2$	$\left.\begin{matrix}CH^3\\CHO\end{matrix}\right\}O + H^2O$	+ 14
$CH^4O + C^2H^4O^2$	$\left.\begin{matrix}CH^3\\C^2H^3O\end{matrix}\right\}O + H^2O$	— 15
$C^2H^6O + C^2H^4O^2$	$\left.\begin{matrix}C^2H^5\\C^2H^3O\end{matrix}\right\}O + H^2O$	— 23
$C^2H^6O + C^2H^6O$	$C^4H^{10}O + H^2O$	— 41
$C^2 + Az^2$	C^2Az^2	— 82
$C^2(2AzH^4)O^4$	$C^2Az^2 + 4H^2O$	— 98

Les tableaux 15 et 16 sont empruntés aux mémoires de Berthelot sur la thermochimie.

Les nombres qui y figurent sont calculés par ce savant à l'aide des documents de Regnault, Favre et Silbermann, Andrews, Dulong, etc., et d'après le principe de la conservation de l'énergie. Quelques-uns impliquent des hypothèses. Voici les conséquences qu'on peut tirer de la comparaison de ces nombres [Berthelot, *Ann. de Chim. et de Phys.*, (4), t. VI, et *Revue de Cours scientifiques*, 1865.]

D'abord il importe de préciser l'influence de la température sur la détermination de chaleur de combustion.

On sait qu'il faut, lorsqu'on évalue la quantité de chaleur dégagée par un phénomène chi-

(1) D'après diverses hypothèses.

mique quelconque, déterminer avec soin l'état, les *conditions d'énergie* où se trouvent les substances réagissantes et où l'on amène les produits de la réaction; car tout changement dans la somme d'énergie possédée par ces corps devra nécessairement, dans une opération calorimétrique, se traduire par un dégagement ou une absorption de chaleur.

Si l'on représente par U la chaleur qu'il faut fournir aux substances réagissantes pour les amener de t à T degrés, par V la chaleur dégagée par les produits de la réaction pour passer de T à t degrés, les quantités de chaleur dégagées par une même réaction à t et à T degrés seront liées entre elles par la formule

$$Q_T = Q_t + U - V. \qquad [1]$$

En effet, en vertu du principe de Mayer, on ne peut pas recevoir une quantité de chaleur différente, soit que l'on combine les éléments à t degrés, soit que, les prenant à t degrés, on les chauffe à T degrés (ce qui détermine une absorption de chaleur $= -U$), qu'on effectue la réaction à T (ce qui fournit un dégagement de chaleur $= +Q_T$), puis qu'on refroidisse les produits de la combustion à t (avec un dégagement de chaleur $= +V$); donc $Q_t = Q_T - U + V$, égalité qui devient [1] par transposition.

Si l'on fait le calcul de U pour l'hydrogène et l'oxygène, celui de V pour l'eau ou ses différents états, on obtient les nombres inscrits au tableau 15. A une température où l'eau est un gaz parfait, les termes dus aux changements d'état disparaissent de V; comme à cette température la chaleur spécifique de l'eau est à très-peu près égale à celle de ces éléments, U devient égal à V, et Q indépendant de la température.

Cette valeur de Q [corrigée du travail extérieur attribuable au changement du volume gazeux par le fait de la combinaison], est la chaleur de combustion *vraie*, c'est-à-dire celle qui ne comprend que des quantités de chaleur dues aux actions *chimiques*. — La chaleur de combustion vraie du carbone est inconnue; on ne peut donc pas dire si le carbone gazeux dégage ou absorbe de la chaleur par son union à l'hydrogène, puisqu'il faudrait se fonder pour cela sur les différences de chaleur de combustion des éléments et du produit, selon la méthode que nous avons signalée.

Néanmoins en admettant par des raisons d'analogie que C absorbe 4,25 calories pour se volatiliser en occupant 1 volume de vapeur (la formation de 2 volumes de divers corps absorbe de 6 à 11 calories) qu'il fonde à 3000, qu'il absorbe pour sa liquéfaction 0,75 calorie, etc.; on obtient pour la chaleur de combustion vraie de C une valeur approximative de 96,5; ce nombre paraît être trop faible pour diverses raisons (1), mais il convient évidemment mieux que celui qui se rapporte à zéro pour l'étude théorique des réactions.

Les premières lignes du tableau 16 ont trait à la formation synthétique ou analytique du gaz des marais. En retranchant de la chaleur de combustion de $C + H^4$ à 0° celle du gaz CH^4 également à 0°, il reste 22 calories qui représentent en vertu des principes thermochimiques la chaleur de formation de CH^4 à cette température. La formule [1] permet de calculer QT pour 200°, et même en faisant une hypothèse sur la valeur de la chaleur spécifique du gaz des marais à une haute température, la chaleur correspondant à l'union de C à H^4 à 600. Elle est plus forte qu'à zéro.

Un système, composé de [1 molécule d'acide acétique, 2 de soude et 2 d'oxygène], peut être amené à celui-ci [3 molécules d'eau, 1 d'acide carbonique, 1 de carbonate de soude], soit en brûlant l'acide acétique et en combinant 1 molécule de l'acide carbonique formé à la soude, soit en formant de l'acétate de soude, distillant celui-ci sur de la soude, puis brûlant le gaz des marais produit. En égalant les quantités de chaleur recueillies sur les deux chemins qu'on vient de décrire, on obtient, pour la réaction de l'acétate de soude sur la soude, un dégagement de 13 calories.

Des calculs analogues effectués sur l'acétone donnent pour la réaction de ce corps sur la soude un dégagement de 31 calories.

Les carbures C^nH^{2n} donnent lieu pour leur formation, à partir des éléments, à des dégagements très-différents et qui peuvent être négatifs si l'on considère par exemple la formation du gaz oléfiant à zéro avec du carbone et de l'hydrogène à zéro. Si l'on porte vers une ligne droite comme abscisses les exposants du carbone que renferment ces carbures, et comme ordonnées les chaleurs qu'ils dégagent par leur combustion, on obtiendra une série de points qui détermineront à peu près une ligne droite, ainsi qu'on peut le voir sur le tableau 17. Si, d'un autre côté, on figure par des étoiles les sommets des ordonnées représentant le dégagement de chaleur des éléments de ces carbures (pris à 0°), on voit que la droite qui joint ces étoiles coupe la ligne précédente à la série propylique. Cette construction rend donc évident ce fait que les homologues supérieurs du propylène, en se formant à l'aide des éléments (pris à zéro), dégagent de la chaleur, tandis que les homologues inférieurs en absorbent. Prendre une valeur supérieure à 96 pour la chaleur de combustion du charbon reviendrait à placer les étoiles sur une autre droite passant aussi par l'origine O: dans tous les cas, la chaleur dégagée par l'union des éléments de carbures élevés dépasserait celle qui prend naissance par l'union des éléments de carbures inférieurs. Si l'on adopte $[C; O^2] = 130$ et $[H^2; O] = 59$ à l'état gazeux parfait, la ligne des étoiles ne couperait pas celle des carbures pris à zéro et même à l'état de gaz parfaits. Dans ces circonstances, ceux-ci ne seraient donc pas formés avec absorption de chaleur.

Notre construction manifeste une loi importante qui aurait frappé Favre et Silbermann s'ils n'avaient pas porté comme ordonnées les quantités de chaleur dégagées par 1 gramme de substance. Cette loi paraît être extrêmement générale; elle a été formulée par Berthelot de la manière suivante: « Chaque fois que la différence homologique CH^2 s'ajoute à une molécule, la chaleur dégagée par la combustion de cette molécule augmente de 155 calories environ » [*Chimie organique*, t. I, p. 422; *Ann. de Chim. et de Phys.*, (4), t. VI].

Les lignes qui, dans notre figure, joignent les homologues, doivent donc être droites et parallèles; c'est ce qui a lieu en effet. Seuls, les acides formique et acétique dégagent un peu plus de chaleur que la loi ne l'ordonne; ils sont d'ailleurs doués de propriétés thermochimiques spéciales, liées à la constitution des homologues inférieurs de la plupart des séries.

Dans les termes très-élevés des séries, la divergence qui existe entre la chaleur de combustion d'un alcool, d'un acide gras ou d'un éther gras, présentant le même exposant de carbone, disparait devant l'accumulation des différences homologiques. En effet, il y a une différence constante entre les chaleurs de combustion moléculaires

(1) Le carbone ne présentant pas de *propriétés moyennes* parmi les corps dont la gazéification a été étudiée, il n'est pas probable que sa chaleur de gazéification soit la moyenne de celles que l'on connaît : il est plus naturel d'admettre que le carbone, présentant des propriétés exceptionnelles au point de vue thermique, soit le corps qui exige, pour être porté de son état de condensation actuel à l'état gazeux, le plus de calorique; d'ailleurs 2 volumes de vapeur de carbone renferment-ils C^2 ou C?

d'un alcool et de l'acide correspondant par exemple, tandis que la valeur absolue de ces chaleurs de combustion croît indéfiniment avec le poids moléculaire. On peut donc dire qu'approximativement un corps gras à *n* atomes de carbone dégage en brûlant *n* 155 calories si *n* est très-élevé, et qu'à mesure que *n* augmente, le dégagement de chaleur tend vers 155 calories pour le poids de 14 grammes (CH^2), c'est-à-dire grossièrement 11 calories par gramme. L'éthal dégage 10 calories 6, le blanc de baleine 10 calories 3, le gras de bœuf 9 calories.

17. — TABLE DES QUANTITÉS DE CHALEUR

dégagées par la combustion complète d'une molécule (H = 1 gr.) *de divers composés organiques.*

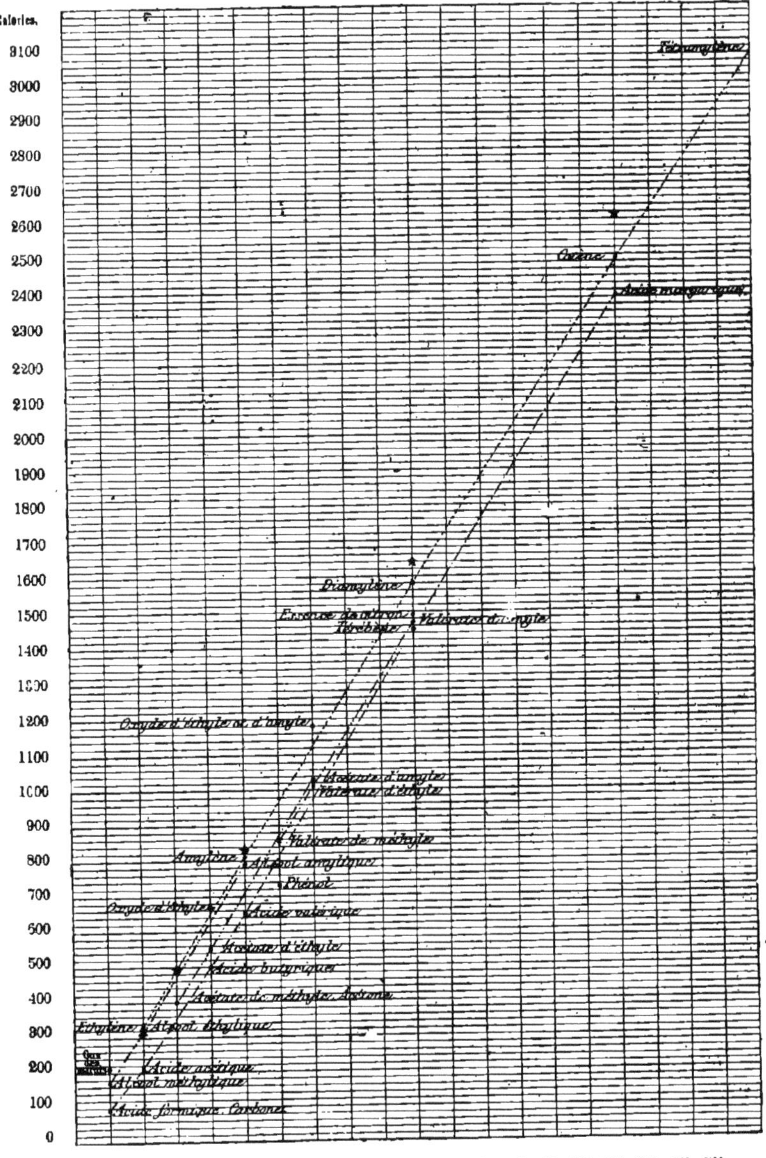

En comparant les combustions effectuées par une même quantité d'oxygène, on arrive à un résultat intéressant. En effet, la différence homologique CH^2 dégage en brûlant 155 calories et, exige 3 atomes d'oxygène : soit 52 calories par atome ; or, si l'on calcule la chaleur dégagée par 1 atome d'oxygène en brûlant les différents corps organiques qui suivent, on arrive aux résultats que voici :

Hydrure de méthyle	52,3
Amylène	53,6
Paramylène	52,7
Térébenthine	52,6
Phénol	52,6
Alcool amylique	52,5

Ces nombres sont presque identiques et diffèrent assez peu de ceux qui correspondent à l'alcool (55), à l'éther (55,5), à l'acide acétique (52,5), valérique (50,5), aux éthers gras, etc.

Cette circonstance remarquable tendrait à prouver que, dans les combinaisons, la chaleur de combustion de C est à peu près égale à la chaleur de combustion de 4H, lesquels se combinent aussi à O^2 (les produits de la réaction étant ramenés à la température ordinaire), puisque les proportions relatives du carbone et de l'hydrogène à brûler, qui varient beaucoup entre plusieurs des corps qu'on vient de désigner, sont presque sans influence sur le résultat calorifique (voyez page 826).

Les quantités successives d'oxygène qui réagissent sur le même composé organique paraissent aussi dégager des quantités de chaleur égales, comme dans les oxydes de la chimie minérale; l'oxydation de l'alcool en est une preuve. La même remarque s'applique aussi à l'oxydation du gaz des marais (Berthelot).

Les nombres relatifs à l'acide oxalique nous montrent que la décomposition de cet acide absorbe de la chaleur, à cause de la production des gaz sans aucun doute. Berthelot a constaté que pendant qu'elle s'effectue, la température reste égale à 185°, malgré l'élévation plus grande de celle de la source. Cela tient à l'absorption de chaleur due à la gazéification des produits, absorption assez considérable pour réaliser les circonstances d'une espèce d'ébullition. Quant à la destruction de l'acide oxalique par la soude, elle absorbe 17 calories.

On voit par les nombres du tableau 16 et par les représentations graphiques [17] que les premiers acides gras dégagent relativement plus de chaleur par leur combustion que les termes plus élevés de la série. Si donc on passe des alcools correspondants à un acide par voie d'oxydation, on doit donner lieu à un dégagement de chaleur moindre pour l'acide formique que pour l'acide acétique, etc. Cette accumulation de force vive, que l'on trouve dans l'acide formique, est d'autant plus remarquable qu'elle peut s'effectuer par *emprunt à la chaleur extérieure* et à la température ordinaire. En effet, la potasse absorbe l'oxyde de carbone fort lentement, il est vrai, mais d'une manière sensible, et il se produit du formiate de potasse qui renferme 13 calories de plus que ses constituants.

L'acide carbonique qu'on fixerait sur l'hydrogène donnerait également naissance à une absorption de chaleur ; il en serait de même de la fixation de ce corps sur le gaz des marais (homologue de H^2), mais il est probable que l'hydrure de butyle *dégagerait*, dans les mêmes circonstances, de la chaleur au lieu d'en absorber.

La transformation d'un éther gras dans l'acide isomérique dégagerait, comme on le voit sur le tableau 17, une certaine quantité de chaleur que l'expérience fixe, pour l'acide acétique, à 42 calories environ. On voit que la fusion du radical alcoolique dans le radical acide donnerait de la chaleur, ce qui ne doit pas étonner, puisqu'il est fort difficile de l'en arracher.

L'éthérification des alcools par les acides organiques donne lieu à une *absorption* de chaleur, sauf dans le cas de l'acide formique. Comme c'est une réaction qui s'effectue directement, le fait a une importance réelle; nous allons nous en occuper tout à l'heure. Quant à l'acide formique, il offre ici une particularité explicable par son excès d'énergie : formé avec moins de dégagement de chaleur et par conséquent renfermant plus d'énergie que les autres acides, il doit, en donnant naissance à des produits comparables aux leurs, en abandonner une partie; de là le changement de signe du mouvement calorifique.

Les deux derniers nombres du tableau sont relatifs à la formation du cyanogène. Ce corps C^2Az^2 devrait absorber 82 calories s'il se formait à l'aide des éléments ; si on le dérive de l'acide oxalique, dont il constitue une amide

$$C^2O^4.\,2\,AzH^4 - 4\,H^2O = C^2Az^2,$$

on trouve que la réaction qui lui donne naissance est encore accompagnée de l'absorption de 98 calories. Le cyanogène doit donc être un corps actif, il renferme en lui une énergie considérable. La théorie de l'atomicité indique quel rôle il doit jouer comme radical ; mais quant à l'explication de son activité chimique, elle ressort des considérations précédentes.

Nous devons signaler en finissant des mesures calorimétriques, moins précises sans doute que celles de Favre et Silbermann, et qui ont été effectuées sur des corps organiques et organisées par Frankland dans l'appareil de Lewis Thompson.

Le principe de la méthode est la combustion dans l'oxygène fourni par le chlorate de potasse. En employant 9gr,75 de ce sel mélangé avec la substance considérée, on obtient un dégagement de chaleur supérieur d'environ 350 calories à celui qu'on observerait avec l'oxygène libre. Voici les résultats obtenus et ramenés à la combustion dans le gaz oxygène.

18. — CHALEUR DÉGAGÉE PAR 1 GRAMME DE DIVERSES SUBSTANCES ORGANIQUES OU ORGANISÉES.

(*Frankland.*)

Muscle de bœuf purifié par lavages à l'éther	5,103
Albumine purifiée	4,998
Gras de bœuf	9,069
Acide hippurique	5,383
Acide urique	2,614
Urée	2,206

Ces nombres doivent intervenir dans le calcu. de la chaleur animale et de l'énergie musculaire.

Nous avons signalé chemin faisant plusieurs réactions qui s'accomplissent avec une absorption de chaleur sensible, et que Berthelot a appelées *endothermiques*. La question qui va nous occuper est celle-ci : Dans de telles réactions un système atomique se transforme-t-il réellement et directement en un autre système en absorbant de la chaleur? Il semble que l'expérience se prononce affirmativement, puisque les acides organiques, mêlés aux alcools, s'y combinent partiellement, mais avec une absorption de chaleur que la méthode de combustion rend manifeste; or là il semble n'y avoir aucun changement d'état physique que l'on puisse invoquer. Et d'ailleurs des réactions inverses s'effectuent, partiellement il est vrai, dans les mêmes circonstances ; or il faut que l'une des deux absorbe de la chaleur. Il est vrai que, si l'on cherche à se figurer les actions mécaniques, dont les phénomènes chimiques et physiques ne sont que les manifestations, il paraît difficile de comprendre comment l'énergie chimique d'un système peut s'accroître spontanément aux dépens de son énergie thermique.

Il y a, dira-t-on, à faire intervenir la diffusion de molécules, diffusion qui absorbe de la chaleur qui, par conséquent, transforme de l'énergie thermique en une autre énergie. Examinons la réaction de l'alcool sur l'acide acétique à ce point de vue.

Représentons par les ordonnées d'une courbe la chaleur dégagée par la combustion complète d'un système en voie d'éthérification, composé de $1-y$ molécule d'acide, de $1-y$ molécule d'alcool, de y molécules d'éther et de y molécules d'eau. La même courbe représentera les variations de l'énergie du système; la figure 119 en donne une idée grossière.

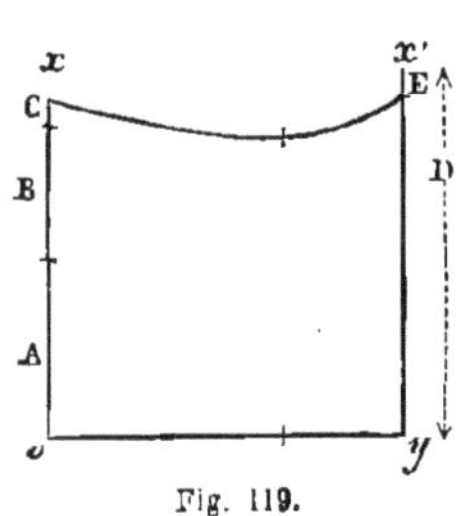

Fig. 119.

Nous connaissons la chaleur de combustion de l'alcool (A = 321 en moyenne), et de l'acide (B = 210); ajoutons à leur somme la chaleur que les deux corps absorbent en se mêlant (C = 0,092), et nous aurons une première ordonnée x.

Nous savons que pour le cas $y=1$, et l'éther étant séparé de l'eau, on a une chaleur de combustion de l'éther D = 554 : retranchons de cette quantité la chaleur que dégage le mélange de l'eau et de l'éther (— E), nous déterminons ainsi l'ordonnée finale x'. Quelle sera l'ordonnée correspondante à l'état y? On peut parvenir à cet état de la façon suivante : Prendre l'alcool et l'acide mêlés, 1° les séparer; 2° en mêler une portion $1-y$; 3° éthérifier complétement la portion y, l'eau et l'éther restant séparés; 4° mêler ces deux corps; 5° mêler le premier couple de substances avec le second. La somme algébrique de ces quantités de chaleur devra s'ajouter à l'ordonnée initiale pour donner l'ordonnée correspondante à l'état y. Cette somme est égale, d'après ce qui précède, à

$$-C+(1-y)C+y[D-(A+B)]-Ey\pm F(y)$$
$$=y(D-A-B-C-E)\pm F(y)=X,$$

$F(y)$ étant la chaleur dégagée ou absorbée par le mélange des deux couples de substances.

Pour qu'à la limite d'éthérification l'on ait un minimum d'énergie, c'est-à-dire pour que la décomposition partielle de l'éther par l'eau, aussi bien que l'éthérification partielle, donne lieu à un dégagement de chaleur, il faut que dans le cas de $y=2/3$ environ l'on ait X négatif et par conséquent $F(y)$ négatif et plus grand que

$$y(D-A-B-C-E);$$

il faudrait ainsi, dans le cas actuel, que 2/3 de molécule d'éther, mêlés à 2/3 de molécule d'eau, dégageassent, par leur mélange avec 1/3 de molécule d'acide, mêlé préalablement à 1/3 de molécule d'alcool, une quantité de chaleur plus grande que $(15,272-\frac{2}{3}E)$ calories.

D'après l'ordre de grandeur dans lequel se trouvent comprises les chaleurs de diffusion, il n'est pas possible que l'on ait un tel résultat et il serait nécessaire que la différence $23=D-(A+B)$ fût grandement abaissée pour que les deux réactions inverses de l'alcool sur l'acide et de l'éther sur l'eau devinssent *exothermiques*. Ajoutons que notre raisonnement pourrait être reproduit avec plus de force encore au sujet de la réaction des alcools sur les acides à l'état de vapeur, puisque dans cet état aussi l'existence d'une réaction limitée a été mise hors de doute par Berthelot et que la limite paraît même beaucoup plus rapprochée de l'éthérification totale.

Nous ne voulons pas dire que la diffusion des fluides les uns dans les autres ne soit un phénomène qui doive entrer en ligne de compte dans une foule de réactions chimiques. Bussy et Buignet ont trouvé que le froid produit par certains mélanges peut masquer des dégagements de chaleur chimique notables (voy. SOLUTION) [*Ann. de Chim. et de Phys.*, (4), t. IV]. M. Deville pense que dans le mélange d'eau et d'acide sulfurique, etc., la contraction seule du liquide dégagerait une chaleur plus grande que celle qu'on observe, que par conséquent il y a encore là du froid dû à la diffusion. Or que devient, dit-il, l'énergie qui se détruit ici en tant que chaleur? N'est-il pas naturel qu'elle se transforme en énergie intérieure?

D'après le même savant, c'est encore à la diffusion de l'acide carbonique dans l'eau que l'on doit sa désoxydation dans les tissus des plantes insolées, c'est-à-dire la plus importante des réactions endothermiques; et, de fait, M. Boussingault a fait voir que toutes les causes qui tendent à augmenter la *disgrégation* de l'acide carbonique, comme la diffusion dans un gaz inerte ou la diminution de pression, en facilitent la désoxydation par les parties vertes des plantes.

Mais, d'après les idées générales qui tendent à se faire jour actuellement au sujet du second principe de la théorie mécanique de la chaleur, il peut se faire que l'accroissement de la disgrégation des corps s'introduise dans le calcul d'une autre façon que celle dont nous venons de parler, nous voulons dire comme un phénomène *positif*, suivant l'expression de Clausius, pouvant occasionner en une certaine mesure le phénomène *négatif* que nous signalent les résultats calorimétriques, la transformation de la chaleur en travail chimique. G. S.

BIBLIOGRAPHIE. — E. Stahl, *Fundamenta Chymiæ*, 1723; — Lavoisier, *Mémoire sur la combustion*, 1777; — Laplace et Lavoisier, *Mémoire sur la chaleur*, 1793; — Berzelius, *Traité de Chim.*, 1829, t. I; — J.-R. Mayer, *Über die Kräfte der unbelebten Natur.* (*Ann. de Wœhler et Liebig*), 1842, t. XLII; — Favre et Silbermann, *Compt. rend. de l'Acad.*, t. XVIII, XX, XXI, XXII, XXIII, XXIV, XXV, XXVI, XXVII, XXVIII, XXIX; et *Ann. de Chim. et de Phys.*, (3), t. XXXIV, XXXVI, XXXVII; — Andrews, *Philos. Magazine*, (3), t. XXXII; — H. Deville, *Compt. rend. de l'Acad.*, t. L; et *Leçons de la Soc. chim.*, 1864; — Bussy et Buignet, *Ann. de Chim. et de Phys.*, (4), t. IV; — Berthelot, *Ann. de Chim. et de Phys.*, (4), t. VI; et *Rev. des Cours scientif.*, 1865.

CHALILITE. — Voyez THOMSONITE.

CHALUMEAU. — Instrument produisant un jet de flamme excessivement chaud et destiné à fondre ou à porter à une haute température les substances sur lesquelles on le fait agir.

Le chalumeau le plus simple consiste en un tube recourbé par lequel on insuffle de l'air dans une flamme quelconque. Celle-ci est entraînée par le courant de gaz comburant auquel les gaz combustibles viennent se mêler et, la combustion s'effectuant plus complétement et dans un espace plus restreint, la température s'élève considérablement. Si l'on injecte de l'oxygène au lieu d'air, le dard sera encore plus court et beaucoup plus chaud; il pourra porter un bâton de chaux ou de magnésie au blanc éblouissant (lumière de Drummond).

Il est évident que plus le mélange entre le gaz comburant et les gaz combustibles est intime, plus la température est élevée; aussi produit-on de très-hautes températures avec les chalumeaux à gaz mélangés. Ces instruments doivent avoir un diamètre tel, que, pour la vitesse avec laquelle les gaz les traversent, la flamme ne puisse pas rétrograder : ce sera 1 centimètre 1/2 environ dans le cas du mélange de gaz d'éclairage et d'air (chalumeau Schlœsing) et 1 millimètre dans le cas du mélange d'hydrogène et d'oxygène (chalumeau Deville et Debray).

Lorsque le courant gazeux s'arrête, il y a une détonation excessivement faible dans le chalumeau, mais elle ne saurait se propager dans les réservoirs, qui contiennent seulement les gaz séparés. Le mélange s'effectue à l'entrée du chalumeau proprement dit. — Voyez Gaz, *appareils pour la combustion*.

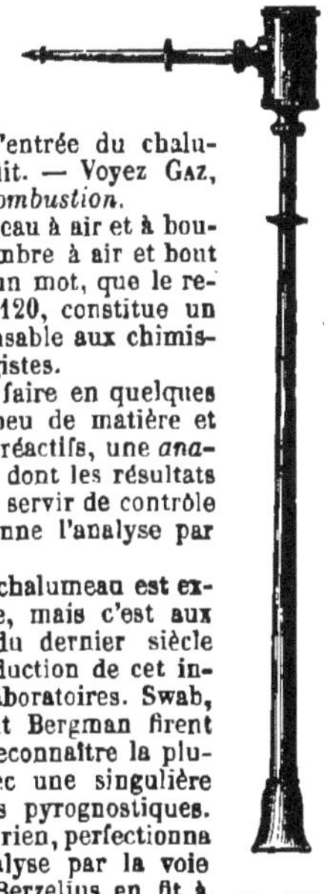

Le simple chalumeau à air et à bouche, mais avec chambre à air et bout de platine, tel, en un mot, que le représente la figure 120, constitue un instrument indispensable aux chimistes et aux minéralogistes.

Avec lui on peut faire en quelques instants, avec fort peu de matière et un petit nombre de réactifs, une *analyse par voie sèche*, dont les résultats sont assez sûrs pour servir de contrôle utile à ceux que donne l'analyse par voie humide.

La découverte du chalumeau est extrêmement ancienne, mais c'est aux chimistes suédois du dernier siècle que l'on doit l'introduction de cet instrument dans les laboratoires. Swab, Cronstedt et surtout Bergman firent voir qu'on pouvait reconnaître la plupart des métaux avec une singulière facilité par les effets pyrognostiques. Gahn, qui ne publia rien, perfectionna cette méthode d'analyse par la voie sèche, et son élève Berzelius en fit à peu de chose près ce qu'elle est aujourd'hui, c'est-à-dire une des plus sûres méthodes d'analyse qualitative, et en même temps l'une des plus expéditives. Harkhort et surtout Plattner s'attachèrent, après Berzelius, à rendre l'analyse au chalumeau *quantitative*; mais il est évident que, sauf quelques cas de séparations métalliques qui s'effectuent facilement par la voie sèche, l'analyse quantitative par le chalumeau ne saurait lutter d'exactitude ni même de facilité avec la méthode de la voie humide.

Fig. 120. Chalumeau.

ANALYSE QUALITATIVE PAR LE CHALUMEAU.

Instruments. — Le *nécessaire* pour l'analyse au chalumeau se compose des objets suivants :

Un chalumeau en laiton avec bout de platine, une lampe à alcool, une lampe à huile, ou une bougie, ou encore une chandelle, une pince d'acier, une pince à bouts de platine, un fil de platine, un mortier d'agate, un tas d'acier, un marteau d'acier, une lime aimantée, une pince coupante, une loupe, des tubes de verre ouverts et fermés, une lame de platine, du papier de tournesol et de fernambouc, des coupelles en cendre d'os, du borax anhydre en poudre, du carbonate de soude (soude), du phosphate ammoniaco-sodique (sel de phosphore), du fil de fer, de l'étain, du plomb pauvre, de l'or, de l'oxyde de cuivre, du nitrate de cobalt, du disulfate de potasse, du nitrate de potasse, du sulfate de nickel, du cyanure de potassium, du spath-fluor, du sulfate de chaux, de l'acide borique. On peut encore ajouter des capsules Lebaillif, de petits creusets de platine ou de porcelaine, des verres de montre, des capsules avec leurs supports, de l'acide chlorhydrique et de l'ammoniaque, etc., le tout pouvant tenir dans une boîte de 28 centimètres de longueur sur 11 de largeur et 7 de hauteur.

Il faut encore des morceaux de charbon de bois bien homogène, de l'alcool et de l'huile pour les lampes.

Fig. 121. — Nécessaire pour les analyses au chalumeau (1).

Usage des instruments. — Tous les essais se font sur une table et au-dessus d'une grande feuille de papier blanc relevée sur les bords de façon à pouvoir ressaisir facilement l'essai, c'est-à-dire la très-petite portion de matière sur laquelle on opère.

On commence par réduire la substance en fragments avec la pince coupante, et en poudre à l'aide du mortier d'agate, puis, après avoir bien séché à l'intérieur un *tube de verre bouché* par un bout, on y place un fragment du corps ou une petite quantité de la poudre qu'on vient d'obtenir, et l'on chauffe à la lampe à alcool. L'on observe s'il y a volatilisation d'une substance quelconque, puis l'on chauffe plus fort en dirigeant contre le fond du tube de verre le dard du chalumeau, et l'on examine le sublimé, s'il y en a.

Comme il s'agit seulement de chauffer, il importe peu de souffler d'une façon ou d'une autre; on s'arrange de manière à avoir un dard assez grand et assez vif; on le dirige de bas en haut et l'on continue jusqu'à ce que le verre commence à se ramollir. On note les phénomènes qui se sont produits et l'on passe à l'examen dans le *tube ouvert*.

Ce tube, du diamètre des tubes de dégagement, est légèrement courbé à une de ses extrémités; on place dans la courbure un petit fragment de la substance à essayer, ou un peu de poudre si elle décrépite, et l'on chauffe d'abord à la lampe, puis au chalumeau en tenant le tube de façon que la grande branche forme cheminée et que le courant d'air passe sur la substance fortement chauffée.

Il y a dès lors oxydation et il se dégage différentes substances qu'on reconnaîtra comme il est dit plus loin.

On peut encore, avec le même tube, faire une autre sorte d'essai. On mêle la substance avec du sel de phosphore préalablement fondu et on dirige la flamme du chalumeau par l'orifice du tube, sur l'essai lui-même. Il se dégage des vapeurs qui corrodent le verre et jaunissent le papier de fernambouc humide dans le cas où la substance contient du fluor. On conseille de chauffer simplement certaines substances fluorifères pour

(1) Modèle construit par Alvergniat frères, à Paris.

provoquer ces mêmes réactions, mais alors il faut engager dans le tube ouvert une lame de platine pliée en gouttière et chauffer fortement la substance sur ce support en dirigeant le courant d'air dans le tube.

L'essai sur *le charbon* se fait en plaçant un petit fragment de la substance dans une excavation conique pratiquée avec un couteau dans un morceau de charbon et en dirigeant sur la matière le dard du chalumeau qu'on rend, selon le cas, oxydant ou réducteur. On ajoute souvent du carbonate de soude et quelquefois du nitre, du cyanure de potassium ou du nitrate de potasse. Les réactions qui se produisent seront décrites un peu plus loin.

Lorsqu'il s'agit de produire une flamme *oxydante* et très-chaude avec le chalumeau, voici les conditions qu'il faut remplir. On incline la mèche de la bougie ou de la chandelle comme le montre la figure 122, et l'on place le bout du chalumeau dans l'intérieur de la flamme, puis l'on souffle

Fig. 122. — Flamme oxydante.

assez fort et en contractant les muscles des joues, car il serait trop fatigant de produire la même pression avec ceux de la poitrine. On peut d'ailleurs respirer librement et entretenir le jet de flamme très-longtemps et très-régulièrement en remplissant la bouche de temps à autre de l'air qu'on inspire par le nez.

Si l'on se sert de la lampe à huile, on doit avoir soin de diriger le jet d'air dans le sens de la plus grande dimension de la mèche.

L'on obtient ainsi un jet de flamme effilé et bleuâtre entouré d'une autre flamme presque invisible. C'est à la pointe de la flamme bleue que la température est la plus haute, et c'est là, ou même un peu plus loin, que le feu est le plus oxydant.

Fig. 123. — Flamme réductrice.

Lorsqu'on veut produire la flamme *réductrice* on doit souffler moins fort et placer le bout du chalumeau, non pas *dans* la flamme, mais à la surface extérieure de celle-ci. Le jet sera alors lumineux et par conséquent réducteur, puisqu'il contiendra du carbone libre en suspension. La lampe à huile sera excellente pour produire cette flamme; en revanche, la lampe à alcool ne pourra servir en aucune façon.

Avant de passer à l'essai par le borax et le sel de phosphore, il importe de priver complétement la substance d'arsenic, d'antimoine, de soufre, et généralement des principes combustibles dont on aura constaté la présence dans les premiers essais.

Cette opération se fait encore sur le charbon avec la flamme oxydante, mais en n'employant que l'extrémité de cette flamme, afin de ne pas chauffer trop fort. On ne doit jamais dépasser la chaleur rouge.

Il faut avoir soin de ne pas faire de ce *grillage* un essai sur le charbon. Le charbon ne sert ici que de support; la cavité doit être peu profonde et la substance en couche mince. Lorsqu'on ne sent plus d'odeur, on chauffe au feu de réduction, puis on grille de nouveau. Généralement l'odeur reparaît.

On répète l'opération plusieurs fois en retournant l'essai et même en pulvérisant de nouveau la substance.

On essaye la matière sur la *pince de platine* lorsqu'elle ne contient pas de métal aisément fusible et réductible; pour cela on place la substance dans le feu d'oxydation et l'on note si elle fond et comment elle colore la flamme. Cet essai, qui n'est pour ainsi dire qu'une première approximation de l'analyse spectrale, se fait beaucoup mieux dans la flamme du brûleur de Bunsen, il doit être complété par l'essai à l'oxyde de cuivre, § VIII.

Un des essais les plus importants est sans contredit l'essai au *borax*. Il exige un fil de platine assez gros pour ne pas se courber sous son poids et dont les extrémités soient recourbées en boucle

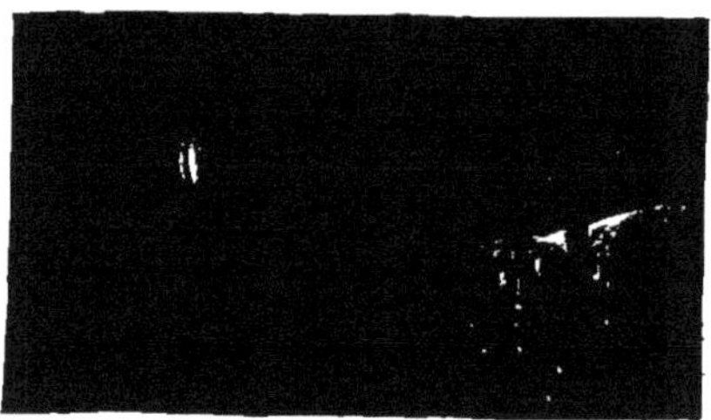

Fig. 124. — Essai au borax

On chauffe une de ces boucles au rouge, puis on la plonge dans de la poudre de borax anhydre. On chauffe au chalumeau et le borax se rassemble en une perle parfaitement transparente. L'on peut employer le borax ordinaire, mais alors il se boursoufle considérablement avant de fondre.

On touche avec la perle fondue une très-petite parcelle de la substance à essayer, préalablement grillée, s'il y a lieu; celle-ci y adhère et l'on porte le tout dans la flamme au chalumeau. Lorsqu'on a vu comment la perle se comporte dans la flamme oxydante et dans la flamme réductrice, on peut, mais alors seulement, augmenter la quantité de substance soumise à l'essai. Un excès de matière employé tout d'abord masquerait la plupart des réactions.

Il est parfois utile de plonger de nouveau une perle refroidie dans la flamme oxydante; cette opération répétée plusieurs fois constitue le *flamber*.

On termine généralement par l'essai au *sel de*

phosphore, qui s'effectue comme le précédent sur le fil de platine.

On peut encore faire les deux essais au borax et au sel de phosphore sur les *capsules Lebaillif*. Ce sont de petits disques en terre à porcelaine, légèrement concaves, que l'on fait adhérer au fil de platine avec le flux lui-même et sur lesquels l'essai s'étale facilement en une couche mince dont on juge très-facilement la couleur.

MARCHE DE L'ANALYSE.

I. *Examen dans le tube bouché.* — On peut observer les phénomènes suivants :

1° Carbonisation et production de vapeur empyreumatique : *matières organiques.*

2° Carbonisation et production de vapeur ammoniacale : *matières organiques azotées.* On verra si la substance placée sur une feuille de platine et chauffée au rouge brûle et laisse des cendres.

3° Phosphorescence. La *fluorine* présente cette propriété à un haut degré et à une basse température.

4° Changement de couleur dû à une altération.

5° Changement de couleur fugace, la substance reprenant en refroidissant sa couleur primitive (c'est le cas des *oxydes de zinc*, de *titane*, de *niobium*, qui de blancs deviennent jaunes par la chaleur, et de l'*oxyde mercurique*, du *minium* et du *chromate de plomb*, qui deviennent brun-noir si on n'a pas chauffé trop fort et reprennent leur couleur rouge par le refroidissement.

6° Dégagement d'eau acide ou alcaline. Si l'eau est acide, elle peut attaquer le verre et jaunir le papier de fernambouc ; dans ce cas, la substance contient du *fluor*.

7° Dégagement d'un gaz ou d'une vapeur acide. L'odeur fera connaître la présence de l'acide sulfureux, qui attestera celle d'un *sulfite* ou d'un *hyposulfite*. L'odeur et la coloration jaune rougeâtre de la vapeur décèleront un *nitrite* ou un *nitrate*.

8° Dégagement d'oxygène que l'on constatera par l'inflammation d'une allumette n'ayant plus qu'un point en ignition : *chlorates, bromates, iodates, nitrates, peroxydes* (encore *azotate d'ammoniaque;* dégagement de protoxyde d'azote).

9° Formation d'un sublimé. Celui-ci peut être dû à *différents corps organiques*, à un *sel ammoniacal*, aux *chlorures* de *mercure* (le chlorure mercureux ne fond pas comme le chlorure mercurique, et il reste jaune tant qu'il est chaud); — aux *bromure* et *iodure* de *mercure* (l'iodure mercurique rouge se sublime en un enduit cristallin jaune qui, sous la pression d'une baguette de verre, devient rouge); — à du *soufre* ou à des *sulfures* (quelques sulfures perdent ainsi du soufre qui se condense en gouttelettes jaunes; les sulfures d'arsenic se subliment de la même façon et peuvent être parfois pris pour du soufre. Le sulfure de mercure est rouge lorsqu'on le frotte après l'avoir sublimé); — à du *sélénium* (c'est alors un sublimé rouge-brun ou noir, mais à peu près rouge foncé); — aux *séléniures d'arsenic* et de *mercure*; — à du *tellure* (qui ne se volatilise qu'au rouge et se dépose en petites gouttelettes métalliques); — à de l'*arsenic* (qui se sépare en anneau noir des minerais très-arsénifères ou d'un arséniure très-instable, ou même de certains arsénites ; l'odeur est un bon caractère) ; — à du *cadmium* (qui, de gris métallique, devient brun-jaune en s'oxydant au chalumeau) ; — à du *mercure* (dont on rassemblera les globules avec un fil de fer pour les rendre bien visibles à la loupe) ; — aux anhydrides *antimonieux, tellureux, arsénieux* (qui donnent un sublimé blanc); — ou enfin à l'*anhydride osmique* (qui se condense en gouttelettes blanches d'une odeur insupportable et caractéristique).

L'on peut ajouter à la substance du carbonate de soude bien desséché; dans ce cas, l'ammoniaque se dégage avec abondance des sels ammoniacaux et des matières organiques azotées, et le mercure apparaît plus facilement (il faut chauffer avec précaution pour ne pas faire distiller le sel de mercure avant la réaction).

On peut aussi ajouter du disulfate de potasse; dans ce cas, la réaction des nitrites, des nitrates et des fluorures devient tout à fait sensible; de plus, les combinaisons du brome et de l'iode dégagent l'un ou l'autre de ces métalloïdes.

II. *Examen dans le tube ouvert.* — On doit noter s'il se dégage quelque odeur ou s'il se sublime quelque chose.

1° Il est facile de reconnaître l'odeur piquante de l'acide sulfureux qui décèle un *sulfure*, l'odeur de raifort pourri qui décèle un *séléniure*, mais il reste en même temps dans le tube un sublimé de sélénium et d'acide sélénieux. On sent une odeur alliacée caractéristique lorsque tout l'*arsenic* de la substance n'est pas oxydé et ne se sublime pas à l'état d'acide arsénieux.

2° Le sublimé *dû à l'oxydation* est toujours blanc, mais il faut se souvenir que les sublimés blancs ou colorés qui se produisent dans le tube fermé se produisent aussi dans le tube ouvert. Un sublimé blanc, paraissant cristallin à la loupe, se formant non loin de l'essai et ne se laissant pas chasser facilement d'une place à une autre par l'application de la chaleur, dénote l'*arsenic;* un sublimé blanc, facile à chasser d'une place à l'autre, décèle l'*antimoine*. Toutefois il se forme souvent, par le grillage des antimoniures, des anhydrides antimonieux et antimonique; ce dernier, qui se dépose près de l'essai, est fixe et peut être confondu avec l'acide arsénieux. Le sublimé d'anhydride tellureux, peu volatil et fondant par la chaleur en petites gouttelettes incolores, indique la présence du *tellure*, le sublimé d'oxyde de *bismuth* est semblable, mais fond en gouttelettes jaunâtres; une auréole d'oxyde de bismuth entoure de plus l'essai.

Il est bon de noter que le *chlorure de plomb*, quoique plus volatil, peut être confondu avec l'anhydride tellureux ; que le *tellurite de plomb*, très-fixe et ne fondant pas en gouttelettes, peut être pris pour l'anhydride antimonieux ; que le *sulfure* et le *séléniure de plomb* donnent un sublimé fusible et blanc de sulfate et de séléniate; que le *sulfure d'étain* donne un dépôt infusible d'oxyde stannique et que l'*anhydride molybdique* se sublime partiellement; qu'enfin il peut se sublimer différentes substances colorées ou non dont nous avons parlé à propos de l'essai dans le tube bouché.

On doit aussi ne pas oublier qu'en grillant des substances qui contiennent du soufre et de l'arsenic, il se volatilise, outre les anhydrides sulfureux et arsénieux, du sulfure d'arsenic jaune ou rouge, plus ou moins foncé.

L'on effectue encore dans le tube ouvert la recherche du fluor.

III. *Examen sur le charbon sans réactifs.* — Outre les phénomènes déjà observés dans les essais précédents, notamment le dégagement d'une odeur caractéristique, etc., on peut remarquer ceux qui suivent :

1° Fusion simple. *Sels alcalins* (la plupart pénètrent dans les pores du charbon), *sels alcalino-terreux* et autres, et en général les combinaisons solubles dans l'eau (quelques sels barytiques et strontiques pénètrent dans les pores du charbon), les *zéolithes* (idem), *phosphate de plomb* et *pyromorphite* (fondant en une perle qui cristallise par le refroidissement), *triphane* (se boursoufle), *meïonite* (bouillonne), *amphiboles* (quelques-unes bouillonnent), *éléolithe, pyroxène* (peu magnésifère), *idocrase* (se boursoufle), *grenat*, *cérine*, *orthite* (bouillonne), *wolfram*, *boracite*, *hydroboracite*, *datholithe*, *cryolithe*, *micas lithifères*, *axinite* (se boursoufle), *amblygonite*, *lazulite*, *haüyne*, *eudialithe*, *pyrosmalithe*, *fluorine*, *étain* (s'oxyde), *argent*, *cuivre*, *or* (très-difficile à fondre).

2° Fusion et production d'un enduit autour de l'essai. *Antimoine*, *plomb*, *bismuth*, *cadmium*, *zinc*.

3° Déflagration. *Azotates*, *chlorates*, *bromates*, *iodates*, *perchlorates*.

4° Pas de fusion, ou fusion très-difficile; inaltérabilité dans les deux flammes. *Platine*, *iridium*, *palladium*, *rhodium*, *osmium* (il peut se former de l'acide osmique qui se volatilise), *fer*, *nickel* et *cobalt* (à peu près infusibles), *baryte*, *strontiane** (1), *chaux**, *magnésie**, *alumine*, *glucine*, *yttria*, *zircone**, *terbine**, oxyde de *didyme**, oxyde *uraneux*, *cérique*, *stannique*. Anhydrides *silicique*, *tungstique*, *tantalique*, *titanique*, et *niobique*.

Les minéraux suivants sont infusibles (2) :

Quartz, *corindon*, *hydromagnésite*, *brucite*, *diaspore*, *hydrargillite*, *gibbsite*, *alunite*, *alunogène*, *webstérite*, *calcite*, *arragonite*, *dolomie*, *giobertite*, *smithsonite* (carbonate zincique), *spinelle*, *pléonaste*, *gahnite*, *péridot*, *cérite*, *zircon*, *disthène*, *andalousite*, *phénakite*, *amphigène*, *talc*, *pyrophyllite*, *gehlenite*, *anthophyllite*, *tourmaline lithifère*, *allophane*, *cymophane*, *gadolinite**, *cassitérite*, *rutile*, *anatase*, *brookite*, *perowskite*, *pechurane*, *tantalite*, *columbite*, *yttrotantalite*, *turquoise*, *chondrodite*, *topaze*.

Les minéraux suivants ne fondent que sur les bords : *feldspath*, *albite*, *pétalite*, *oligoclase*, *labrador*, *anorthite*, *néphéline*, *pyroxène* (fortement magnésifère), *wollastonite*, *magnésite*, *stéatite*, quelques *micas*, *serpentine*, *épidote* (se boursoufle), *cordiérite*, *émeraude*, *euclase* (se boursoufle), *sodalite* (se boursoufle, quelques variétés sont plus fusibles), *sphène*, *apatite*, *schéelite* (tungstate de chaux), *samarskite* (urano-tantale), *calamine*, *blende*. La *barytine*, la *célestine*, la *karsténite* et le *gypse* fondent en un émail blanc et donnent une masse blanche hépatique à la flamme réductrice.

5° Pas de fusion; changement de couleur persistant.

Fers chromés, *titanés*, *oxydés* (à la flamme de réduction noircissent et deviennent magnétiques; la réaction est à peine sensible pour le fer chromé et titané), oxydes *nickélique*, *cobaltique*, *chromique*, *manganique* (leur couleur se fonce), *dioptase* (noircit dans le feu d'oxydation, rougit dans la flamme intérieure).

6° Pas de fusion; à la flamme de réduction seulement production de fumées et d'un enduit autour de l'essai. Oxydes de *zinc** (enduit jaune à chaud, blanc à froid), de *cadmium* (enduit jaune foncé) (3).

7° A la flamme de réduction, production d'un globule métallique et d'un enduit. Oxydes de *plomb* (enduit jaune, globule malléable), de *bismuth* (enduit jaune-brun, métal cassant), d'*antimoine* (enduit blanc et pouvant se déplacer, métal cassant).

8° A la flamme de réduction; production d'un globule métallique sans enduit. Oxydes d'*étain* (très-difficiles à réduire), de *cuivre* (à la flamme d'oxydation fond et donne du cuivre réduit qui s'oxyde par le refroidissement), d'*or*, de *platine* et d'*argent* (immédiatement réduits par les deux flammes).

(1) Les substances marquées d'un astérisque brillent d'un vif éclat dans la flamme du chalumeau.

(2) L'essai des silicates se fait généralement à la pince de platine (§ V).

(3) Lorsqu'il y a fusion, l'enduit peut être un dépôt de sulfate dû aux *sulfures* de plomb, de bismuth, d'étain, des métaux alcalins, ou un dépôt de *sulfates alcalins*, ou un dépôt de *chlorure* de plomb, de bismuth, ou des *chlorures*, *bromures* et *iodures des métaux alcalins*.

IV. *Examen sur le charbon avec réactifs.*

1° Avec la soude, production avec bouillonnement d'une perle incolore. *Quartz*, *feldspath*, *oligoclase*, *albite*, *pétalite*, *triphane*, *amphigène*, *labrador*, *méionite*, *anorthite*, *émeraude*, *andalousite*, *zéolithes*.

2° Avec la soude, production d'une perle colorée. *Dioptase*, *achmite*, *liévrite*, *helvine*, *axinite*; des variétés de *grenat* et d'*idocrase*. Perle opaque et grisâtre : anhydride *titanique*. Perle opaque, jaune ou verte à froid (selon que le feu a été oxydant ou réducteur) : composés du *chrome*.

3° Avec la soude, production d'une masse verte, bleuissant par le refroidissement. Composés du *manganèse* (à la flamme d'oxydation et mieux avec addition d'un peu de nitre).

4° Avec la soude, pénétration dans les pores du charbon. Oxydes et sels *alcalins*, *barytiques* et *strontiques*.

5° Avec la soude, pas d'action et pas de pénétration dans les pores du charbon. Oxydes de *cérium*, d'*urane*, anhydrides *tantalique*, *niobique*, *zircone*, *thorine*, *yttria*, *glucine*, *alumine*, *magnésie*, *chaux*.

6° Avec la soude, dans la flamme réductrice; réduction et formation d'une auréole autour de l'essai (la réduction est facilitée par l'addition de cyanure de potassium). Composés du *tellure* (dépôt blanc); composés de l'*antimoine* (dépôt blanc, grains métalliques (1), cassants et répandant d'abondantes fumées blanches); oxydes et sels de *zinc* (dépôt blanc, jaune à chaud, disparaissant au feu réducteur); oxydes et sels de *cadmium* (dépôt brun-rouge à froid); oxydes et sels de *bismuth* (grains métalliques, cassants; le dépôt qui se forme, si l'on continue de chauffer, est jaune foncé); oxydes et sels de *plomb* (grains métalliques, malléables; le dépôt qui se forme en continuant à chauffer est jaune et analogue au précédent, mais un peu plus clair).

7° Avec la soude, dans la flamme réductrice, réduction sans auréole (l'addition du cyanure de potassium facilite la réduction). Composés du *molybdène* et du *tungstène*; du *fer*, du *cobalt*, du *nickel* (ces métaux sont magnétiques), de l'*étain*, du *cuivre* et des *métaux nobles*.

8° Avec la soude, dans la flamme réductrice, production à la surface et dans les pores du charbon, de sulfure de sodium (2). *Sulfates*.

9° Avec le nitrate de cobalt. La matière, qui doit être en poudre et blanche, est calcinée, humectée d'un peu de solution de nitrate de cobalt et ensuite chauffée fortement; on obtient dès lors une masse grise ou noire, *strontiane*, *chaux*, *alcalis*, etc.; une masse rouge de chair, *magnésie*; une masse bleu-verdâtre, *oxyde d'étain*; une masse d'un beau vert (vert de Rinmann), *oxyde de zinc*; une masse jaune verdâtre, *anhydride titanique*; une masse bleue, *alumine*, et *quelques silicates*. Un *verre* bleu n'est pas caractéristique.

* V. *Examen sur la pince à bouts de platine.* — Cet examen est à la fois une recherche de la fusibilité et une analyse spectroscopique approchée. Nous ne reviendrons pas sur ce qui a été dit au § III sur la fusibilité.

(1) Pour isoler ces globules souvent nombreux et fort petits, on gratte le charbon avec un couteau, on malaxe la poudre obtenue avec la molette dans le mortier d'agate avec un peu d'eau et l'on décante. Le charbon seul est entraîné par cette *lévigation*.

(2) On gratte la partie superficielle du charbon et on dépose la poudre avec une goutte d'eau sur une pièce d'argent ou sur une feuille de papier à l'acétate de plomb. Toutes deux doivent noircir. — Si on ajoute un peu d'acide chlorhydrique, l'odeur d'hydrogène sulfuré devient manifeste.

Comme il ne faut jamais employer la pince à bouts de platine dans le cas où un essai précédent a démontré la présence ou la mise en liberté possible d'un métal ou d'un métalloïde fusible, il s'ensuit que l'on ne doit pas avoir affaire au *plomb*, ni à l'*antimoine*, ni à l'*arsenic* libres. La réaction de ces corps est du reste peu importante, ils colorent légèrement la flamme en bleu. Le *sélénium* et le *tellure* donnent aussi une coloration bleue comme le *soufre* en combustion. Mais on ne peut pas confondre ces colorations avec la belle teinte bleu d'azur que le *chlorure de cuivre* communique à la flamme ni avec le bleu bordé de verdâtre que lui donne le *bromure de cuivre* [1].

Les *phosphates*, surtout imprégnés d'acide sulfurique, colorent la flamme en vert bleuâtre.

L'*iodure de cuivre* et les *sels de cuivre à oxacides* en vert émeraude.

L'*acide borique* et les *borates* (surtout imprégnés d'acide sulfurique), ainsi que les composés *molybdiques*, en vert jaunâtre [2].

Les *sels* de *baryum* (surtout imprégnés d'acide chlorhydrique), en jaune verdâtre.

Les sels de *sodium* en jaune. Cette réaction domine et masque toutes les autres; elle se produit avec tout corps exposé pendant quelque temps aux poussières de l'air commun.

Les sels de *calcium* (imprégnés d'acide chlorhydrique), en rouge jaunâtre.

Les sels de *strontium* (imprégnés d'acide chlorhydrique), en rouge.

Les sels de *lithium* en rouge carmin.

Les sels de *potassium* en violet peu intense.

Toutes ces réactions sont beaucoup plus nettes lorsqu'on emploie, au lieu de la flamme du chalumeau, celle du brûleur de Bunsen.

VI. *Examen sur le fil de platine avec le borax.* — Les résultats de cet examen sont consignés dans le tableau A. Les symboles des éléments y représentent leurs composés oxydés. On doit toujours amener les éléments à cet état par un grillage consciencieux.

VII. *Examen sur le fil de platine avec le sel de phosphore.* — Cet essai se fait comme le précédent; les résultats en sont réunis dans le tableau B.

On fait encore, avec le sel de phosphore, un autre genre d'essai : on sature une perle de sel de phosphore avec de l'oxyde de cuivre jusqu'à ce qu'elle soit tout à fait opaque, puis on y fait adhérer un petit fragment de la substance à essayer. L'on chauffe alors le tout à la pointe de la flamme oxydante et l'on conclut de la coloration de la flamme, qui devient bleue bordée de pourpre, bleue bordée de vert, ou vert émeraude, alors qu'il s'est formé du chlorure, du bromure ou de l'iodure de cuivre, la présence du chlore, du brome ou de l'iode dans les matières à examiner.

VIII. *Examen sur le charbon avec le borax ou le sel de phosphore et l'étain.* — S'il y a dans une substance beaucoup de *nickel* et fort peu de *cobalt*, la réaction de ce dernier métal dans la perle de borax sera masquée; elle reparaîtra si on ajoute à la perle encore fondue et sur le charbon un petit fragment d'étain. Le même essai étant fait sur une perle colorée par le fer, celle-ci devient verdâtre et incolore par le refroidissement; par suite, la coloration bleue, due au *tungstène*, ou la coloration violette due au *titane*, paraîtront à la place de la coloration rouge si ces métaux existent dans l'essai. La perle due à l'*urane* reste vert foncé.

La perle du *manganèse* devient parfaitement incolore.

(1) Voyez le § VII au sujet de la distinction, par la couleur de la flamme, du chlore, du brome et de l'iode.

(2) Le borax, dans ces conditions, donne d'abord les réactions de la soude

Les perles de *bismuth* et d'*antimoine* deviennent très-facilement grises ou noirâtres.

IX. *Essais divers.*

1° Le *potassium* peut être découvert dans un corps où la présence du sodium ou du lithium masque son action sur la flamme, par le procédé suivant : On fait, avec la substance, une perle de borax que l'on colore avec un sel de nickel et qu'on additionne d'un peu d'acide borique. Si la perle prend une teinte bleue par le refroidissement, c'est un indice que la substance contient une forte proportion de potassium.

2° Le *manganèse* est découvert par la fusion de la substance avec de la soude sur une feuille de platine; il est bon d'ajouter un peu de nitre. Il se forme une masse verte qui bleuit par le refroidissement.

3° Le *fer* peut être reconnu en présence du manganèse en portant la perle de borax dans le feu de réduction, ou mieux, comme nous l'avons dit, en y ajoutant de l'étain sur le charbon. Si l'on est en présence du cuivre et du nickel, on fond la perle de borax avec du plomb sur le charbon et dans le feu de réduction, jusqu'à ce que le plomb se soit emparé des métaux réduits; on isole le culot métallique et la perle donne à la flamme d'oxydation les réactions du fer. Dans le même cas, si la substance contient du cobalt, une partie du métal refusera toujours de s'allier au plomb, de façon que la perle sera verte à chaud et vert bleuâtre ou même bleue à froid. Lorsque le fer se trouve avec le chrome dans un minerai, on fond celui-ci avec 1 p. de soude et 3 p. de nitre dans un petit creuset, ou bien en plusieurs fois sur la feuille de platine. La masse fondue, projetée dans l'eau, donnera un dépôt insoluble de peroxyde de fer, pendant que le chrome se dissoudra à l'état de chromate. On examinera, si l'on veut, l'oxyde de fer au chalumeau.

4° Nous avons indiqué plus haut (§ VIII) le moyen de reconnaître le *cobalt* dans un excès de nickel; il est moins facile de reconnaître le *nickel* dans un excès de cobalt. Pour y réussir, on prend une assez forte quantité de la substance qu'on dissout dans le borax à la flamme oxydante; on opère sur le fil de platine et en plusieurs fois. On fond alors les 3 ou 4 perles ainsi obtenues sur le charbon avec 5 à 6 centigrammes d'or à un bon feu de réduction, qu'on entretient pendant assez de temps pour que le nickel s'allie tout entier à l'or; on a le soin d'ailleurs de faire mouvoir celui-ci dans l'essai pour qu'il réunisse le plus facilement possible le métal réduit; on laisse refroidir, un coup de marteau sépare l'or de la scorie, et l'on constate déjà que l'union du nickel lui a fait perdre une partie de sa couleur jaune et de sa malléabilité. On fond le globule d'or avec le sel de phosphore sur le charbon et au feu d'oxydation. Le flux prend dès lors la couleur due au nickel, rouge-brun à chaud, jaune-rouge à froid; à moins qu'il ne se soit allié à l'or un peu de cobalt, auquel cas la perle est bleue ou bleu verdâtre, car le cobalt passe dans le flux avant le nickel; on sépare l'or de la scorie et l'on recommence à le chauffer avec le sel de phosphore. Cette fois, ou après plusieurs traitements semblables, la perle n'est plus du tout colorée en bleu ni en vert, et elle présente la coloration due au nickel si la substance en contenait primitivement, sinon elle est incolore. — Voyez aussi Essais quantitatifs, p. 840.

5° L'*argent* peut facilement être extrait par coupellation au chalumeau. La séparation est si rigoureuse qu'elle peut devenir quantitative; aussi sera-t-elle décrite ultérieurement. — Voyez Essais quantitatifs.

6° L'acide *borique* et les *borates* sont reconnus à la couleur verte qu'ils communiquent à la

A

ESSAI AU BORAX. Couleur de la perle.	AU FEU D'OXYDATION.		AU FEU DE RÉDUCTION.	
	A CHAUD.	A FROID.	A CHAUD.	A FROID.
Incolore.	Si, Al, Sn, Ba, Sr, Ca, Mg, Gl, Y, Zr, Th, La, Te, Ta, Nb, W, Mo, Ti; Zn, Cd, Pb, Bi, Sb, *seulement en p. q.*, *sinon jaunes*.	Si, Al, Sn; Ba, Sr, Ca, Mg, Gl, Y, Zr, Th, La, Te, Ta, Nb, Ti, W, Mo, Zn, Cd, Pb, Bi, Sb, Ag, *blanches et op. au fl.* Fe, *en p. q.*	Si, Al, Sn, Ba, Sr, Ca, Mg, Gl, Y, Zr, Th, La, De, Mn; Nb, *seulement en p. q., sinon grises et op.*; Ag, Zn, Cd, Pb, Ni, Bi, Sb, Te, *en soufflant longtemps, sinon grises et op.*	Si, Al, Sn, Di, Mn; Ba, Sr, Ca, Mg, Gl, Y, Zr, Th (*saturée*), La, Ce, Ta, *blanches et op. au fl.* Nb, *seulement en p. q., sinon grises et op.*; Ag, Zn, Cd, Pb, Bi, Sb, Ni, Te, *en soufflant longtemps, sinon grises et op.* Fe, *en p. q.*
Grise et opaque.	»	»	Ag, Zn, Cd, Pb, Bi, Sb, Ni, Te, *surtout à froid et en chauffant peu longtemps, sinon incolores*; Nb, *en g. q.*	Ag, Zn, Cd, Pb, Bi, Sb, Ni, Te, *en chauffant peu longtemps, sinon incolores*; Nb, *en g. q.*
Jaune très-pâle.	Ag, *en p. q.*	Ag, *en g. q. op. au fl.*	»	»
Jaune pâle.	Ag, Cd, Zn, *en g. q.*	»	»	»
Jaune.	Ti, W, Pb, Sb, Mo, *en g. q.* U, *en p. q.*	Va, Fe; Ce, *blanc op. au fl.*; U, *jaune op. au fl.*	Ti, *en p. q., sinon bleu violet*; Mo, *en p. q.; en très-g. q. brun*; W, Va.	Mo, *en g. q. op. et brune*; W, *en g. q. brune.*
Jaune rougeâtre.	Cr, Fe, *en p. q.* Bi, *en g. q.* (*orée*).	»	U.	»
Rouge.	Ce.	»	»	»
Rouge foncé.	Fe, *en g. q.*	Mn (*violacée*).	»	»
Rouge-brun.	Cr, U.	Ni.	Cu, *en souffl. peu longt.* (*trouble*).	Cu, *en souffl. peu longt.* (*trouble*).
Violette.	Mn, Ni, Di.	Di.	»	Ti, *op. au fl.*
Bleue.	Cb.	Cb; Cu (*verdâtre pend. le refr.*).	Cb.	Cb; Cu, *presq. incol. en s. longt.*
Verte.	Cu.	Cr (*jaunâtre pendant le refroid..*)	Fe, Cr, *brunâtre*. Cu, *presq. incol. en souf. longt.*	Fe, U (*vert bouteille*); Cr, Va (*vert émeraude*).

B

ESSAI AU SEL DE PHOSPHORE. Couleur de la perle.	AU FEU D'OXYDATION.		AU FEU DE RÉDUCTION.	
	A CHAUD.	A FROID.	A CHAUD.	A FROID.
Incolore, avec une portion non dissoute nageant à l'intérieur.	Si.	Si.	Si.	Si
Incolore.	Al, Sn, Ba, Sr, Ca, Mg, Gl, Y, Zr, Th, La, Nb, Te, *en toute proportion*; Ta, Ti, W, Zn, Cd, Pb, Bi, Sb, *en p. q., sinon plus ou moins jaunes.*	Al, Sn; Ba, Sr, Ca, Mg, Gl, Y, Zr, Th, La, Te, *op. au fl.*; Ce, Nb, Ta, Ti, W, Zn, Cd, Pb, Bi, Sb. Fe, *en p. q.*	Al, Sn, Ba, Sr, Ca, Mg, Gl, Y, Zr, Th, La, Ce, Di, Mn; Ta, Ag, Zn, Cd, Pb, Bi, Sb, Ni, Te, *feu très-soutenu, sinon grises et op.*	Al, Sn; Ba, Sr, Co, Mg, Gl, Y, Zr, Th (*saturée*), La, *op. au fl.*; Ce, Di, Mn, Ta; Ag, Zn, Cd, Pb, Bi, Sb, Ni, Te, *feu très-soutenu, sinon grises et op.* Fe, *en p. q.*
Grise et opaque.	»	»	Ag, Zn, Cd, Pb, Bi, Sb, *surtout à froid*; Te, Ni.	Ag, Zn, Cd, Pb, Bi, Sb, Te, Ni.
Jaune pâle.	Sb; -Zn, *en g. q.*	Ag, Fe.	»	Fe.
Jaune.	Pb, *en très-g. q.*; Bi, Cd, Ta, Ti, W, *en g. q.*; Ag, Ce, Ni, U, Va; Cr, Fe, *en p. q.*	Fe, *en g. q.* Ni, *en p. q.* U (*verdâtre*). Va.	Ti.	Fe (*verdâtre*), *en g. q.*
Jaune rougeâtre.	Cr, Fe, *en g. q.*	Ni, *en g. q.* (*orge*).	Fe, *en p. q.*; Va.	Fe, *pendant le refroidissement.*
Rouge.	»	»	Fe (*brun*).	»
Rouge foncé.	»	»		Cu, *op.*
Rouge-brun.	Ni; Fe, Cr, *en tr.-g. q.*	»	Cr.	Cu, *op.*
Violette.	Mn, Di.	Mn, Di.	Nb, *en g. q.*	Nb, Ti.
Bleue.	Cb.	Cb; Cu (*verdâtre pend. le refroid.*)	Cb, W; Nb, *en très-g. q.*	Cb, W; Nb, *en très-g. q.*
Verte.	Cu; Mo (*jaunâtre*).	Mo, U (*jaunâtre*) Cr (*vert émeraude*).	U, Mo, Cu.	Cr, U, Mo, Va.

(1) *Abréviations employées dans ce tableau* : *p. q.*, petite quantité ; *g. q.*, grande quantité; *op.*, opaque ; *fl.*, flamber.

flamme, surtout si on les a mêlés à 4 1/2 p. de disulfate de potasse et de 1 p. de fluorure de calcium.

7° Le *tellure* donne la réaction suivante : On fond dans le tube fermé la substance avec de la soude et un peu de charbon ; on laisse refroidir et l'on verse dans le tube de l'eau bouillie. Au bout de quelque temps, le tellurure de sodium communique à celle-ci une belle coloration pourpre.

8° Le *spath-fluor* possède la propriété spéciale de fondre, lorsqu'on le chauffe sur le charbon, avec les sulfates de *chaux*, de *baryte* ou de *strontiane*, en formant une perle claire qui devient d'un blanc d'émail par le refroidissement. On peut donc, d'après ce caractère, reconnaître soit ces sulfates, soit le spath-fluor.

9° L'acide *phosphorique*, dans le cas où il n'est accompagné ni d'acide sulfurique, ni d'arsenic, ni de métaux réductibles par le fer, peut être caractérisé par la réaction suivante : On prend deux brins de fil de fer fin et on les tord ensuite à un bout; on plonge cette portion tordue, après l'avoir humectée, dans de l'acide borique pulvérisé, qui doit y adhérer en petite quantité. On fond cet acide en une perle qu'on additionne d'un peu de la substance à examiner, puis on chauffe au feu de réduction. On trouve alors, en séparant la gangue sous le marteau, un globule de phosphure de fer cassant et magnétique; s'il y a trop peu d'acide phosphorique, les deux fils de fer sont seulement soudés.

ESSAIS QUANTITATIFS AU CHALUMEAU.

On peut, dans certains cas, se servir du chalumeau, non-seulement pour reconnaître la présence des éléments contenus dans une substance donnée, mais même pour déterminer d'une manière approchée la proportion de l'un ou de l'autre de ces éléments. Les méthodes quantitatives d'analyse au chalumeau sont dues à Harkort [*Die Probirkunst mit dem Löthrohre*, *Silberprobe*, Freiberg, 1827] et surtout à Plattner [*Die Probirkunst mit dem Löthrohre*, Leipzig, 1853]. Ces méthodes sont en général très-délicates et exigent beaucoup d'adresse et d'exercice pour donner des résulats exacts; elles ne remplaceront pas les procédés ordinaires, mais elles pourront quelquefois les suppléer ou les contrôler.

Instruments. — Pour les essais quantitatifs, il faut ajouter à l'attirail nécessaire pour les essais qualitatifs, les divers instruments suivants :

1° Une petite balance pouvant peser 0gr,02 au dixième de milligramme près, avec une série de poids depuis 1 gramme.

2° Une échelle pour la mesure des boutons d'essai. Les globules d'argent obtenus dans les essais de minerais pauvres sont souvent trop petits pour être pesés; on pourra alors encore estimer leur poids avec une assez grande exactitude en mesurant leur diamètre, ce qui se fait en faisant glisser le globule entre deux lignes formant un angle très-aigu, jusqu'au moment où le globule est tangent aux deux côtés de l'angle. Les globules étant sensiblement sphériques, et cela d'autant plus exactement qu'ils sont plus petits, leurs poids sont proportionnels au cube de leurs diamètres; on pourrait donc construire par le calcul une échelle donnant les poids des globules. Mais il vaut mieux, et c'est ce qu'ont fait Harkort et Plattner, résoudre la question d'une manière pratique et corriger du même coup les erreurs dues aux pertes d'argent par volatilisation et à la manière de poser le globule entre les deux côtés de l'échelle.

Pour cela on choisit un minerai d'argent d'une richesse convenable et l'on en détermine le titre par coupellation, après l'avoir broyé et en avoir mélangé les diverses parties avec le plus grand soin.

Le mélange employé par Plattner donnait à la coupellation 3,480 °/₀ d'argent.

On fait plusieurs essais de la substance en suivant la marche qui sera indiquée plus tard, et en pesant ensemble les divers globules obtenus, on peut vérifier l'exactitude des essais, dont le résultat doit s'accorder avec celui de la coupellation. Cela fait, on choisit le globule le plus régulier parmi ceux qui ont été obtenus et on le place entre les deux côtés d'un angle très-aigu tracé avec une pointe fine sur une lame d'ivoire. Les dimensions de l'échelle employée par Plattner sont données dans la figure ci-jointe. Au point où le globule est tangent aux deux côtés de l'angle, on marque 50; on peut aussi inscrire en regard le titre donné par la coupellation. L'intervalle entre le sommet de l'angle et le point 50 est divisé en 50 parties égales. Il ne reste plus qu'à calculer les poids correspondant aux 48 divisions depuis 1 à 49, et c'est ce qui est facile. Les diamètres de deux globules sont entre eux comme les distances au sommet de l'angle des points où les globules sont tangents aux deux côtés de l'angle. Mais les poids sont entre eux comme les cubes des diamètres et par conséquent comme les cubes des distances au sommet. On aura donc, en désignant par p le poids du globule et par n le numéro de la division où il s'est arrêté,

$$p = \frac{3,480}{50^3} n^3.$$

Ce calcul, fait pour chaque division, donnera l'échelle complète. Nous avons indiqué les nombres employés par Plattner, afin que l'on puisse se servir au besoin des échelles construites selon ses indications et qui se trouvent dans le commerce. Il vaudra toutefois toujours mieux, même si l'on veut employer ces échelles, opérer d'abord sur des minerais d'une richesse connue, soit afin de vérifier l'échelle elle-même, soit afin d'éliminer l'erreur qui peut venir de ce que deux personnes lisent en général les dimensions du bouton sur l'échelle d'une manière un peu différente. Les lectures se font d'ailleurs à la loupe, et en plaçant l'œil verticalement au-dessus du bouton. Si le globule s'arrête entre deux divisions de l'échelle, il sera facile de calculer ou simplement d'estimer la petite correction qui devra être ajoutée au chiffre qui se

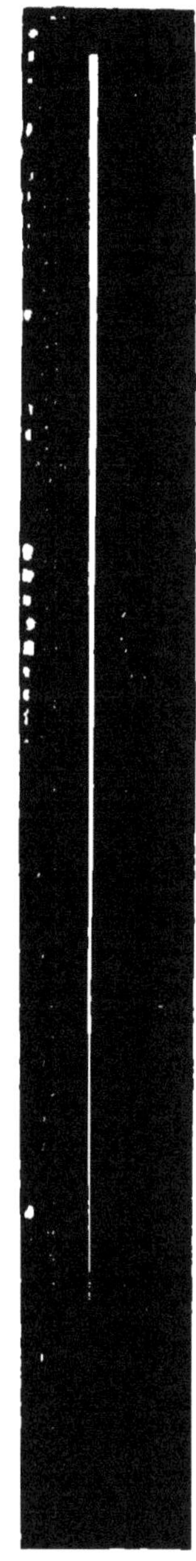

Fig. 125. — Échelle de Plattner

trouve immédiatement au-dessous du globule.

L'échelle, construite spécialement en vue des essais d'argent, peut toutefois servir également aux essais d'or. Il suffit d'établir la correspondance; dans l'échelle construite avec les données de Plattner celle-ci est telle, que la 26e division correspond à une teneur en or de 1,065 °/o.

L'exactitude des résultats donnés par la mesure des globules dépasse celle de la balance pour les teneurs en argent ou en or inférieures à 0,5 °/o.

3° Des moules de diverses grandeurs pour les coupelles de cendres d'os et les petits creusets en charbon et en argile.

4° Des fraises pour faire dans les charbons des trous cylindriques ou coniques de grandeurs différentes.

5° Une petite main en métal poli pour y faire le mélange des réactifs et de la matière à essayer, et une petite spatule en fer.

6° Un petit tamis pour le plomb grenaillé. Ses trous doivent être d'une dimension telle, qu'une épingle ordinaire puisse y passer.

7° Pour éviter de peser le plomb à ajouter à l'essai, on peut employer une petite mesure cylindrique analogue à certaines mesures à poudre et dont la capacité peut varier suivant qu'on y enfonce plus ou moins un cylindre plein d'un diamètre égal. Des points de repère indiquent les capacités correspondant à 5, 10, 15, 20 décigrammes.

On pourrait allonger encore cette liste, mais sans grande utilité.

Réactifs. — 1° Plomb pauvre en grenaille fine et en morceaux. Si l'on ne peut pas facilement se procurer du plomb pauvre grenaillé, on peut en préparer en réduisant de l'acétate de plomb en solution concentrée par une lame de zinc. Le plomb réduit et soigneusement séparé de la lame de zinc doit être lavé à plusieurs reprises et séché entre des doubles de papier joseph, à une douce température, puis broyé dans un mortier de porcelaine et passé au tamis.

Supports. — 1° Comme supports, on emploie principalement le charbon. Le meilleur charbon est celui de pin. Il doit laisser des cendres point ou peu ferrugineuses. On peut faire des charbons artificiels d'un excellent usage en pétrissant avec de l'empois d'amidon épais de la poussière de charbon, donnant à la matière les formes convenables à l'aide de moules, laissant bien sécher et calcinant à une douce chaleur dans un creuset fermé. Si le charbon employé laisse beaucoup de cendres et surtout de cendres ferrugineuses, il faut faire subir à la poudre, avant de l'employer, une digestion à chaud avec de l'eau régale.

On confectionne de la sorte des parallélipipèdes de charbon, ainsi que de petites capsules et de petits creusets.

2° On fait usage, pour le grillage de certains minerais, etc., de petites capsules en argile, d'un diamètre de 2 centimètres environ et d'une épaisseur de 8 millimètres, que l'on confectionne soi-même avec un moule convenable. Dans certains cas on emploie de petits creusets de même matière.

3° Les coupellations s'exécutent dans des coupelles en cendres d'os. La cendre d'os doit être, après calcination complète des os, broyée et séparée par lévigation en fine et moins fine, puis calcinée et conservée dans des vases fermés. On peut employer les coupelles toutes faites qui se trouvent dans le commerce, ou bien encore confectionner soi-même de petites coupelles qui se font en comprimant la cendre d'os dans un creux de charbon ou dans un petit moule en fer, qui sert en même temps de support.

4° Pour empêcher la perte d'une partie de l'essai, au moment où l'on commence à souffler, il est nécessaire d'envelopper la matière à essayer et les réactifs dans une petite cartouche de papier. On emploie du papier à filtrer mince, que l'on trempe préalablement dans une solution de carbonate de soude pur, renfermant parties égales de cristaux de soude et d'eau. Le papier est coupé, après dessiccation, en bandes de 35 millimètres de long et de 25 millimètres de large. Pour s'en servir, on roule une des bandes sur un petit cylindre en bois, on la replie par en bas et on y verse la matière, puis on ferme soigneusement le haut.

Préparation de la prise d'essai. — Le minerai ou la substance à essayer doit être réduit en poudre fine et séché à 100°. S'il est ductile, on l'aplatit sous l'enclume et on le coupe en petits morceaux avec les ciseaux. Il va sans dire qu'il faut apporter un grand soin dans la prise de la matière, afin que la teneur moyenne de la totalité soit bien représentée par la partie que l'on pulvérise. La probabilité, de ce côté-là, est d'autant moindre que la proportion de substance préparée est elle-même plus faible. Il est bon de préparer à la fois assez de substance pour pouvoir faire plusieurs essais successifs au besoin.

Essai d'argent. — Nous supposerons d'abord l'argent contenu dans un minerai ou dans un produit d'usine renfermant du soufre et de l'arsenic et pouvant être décomposé par la fusion, sur le charbon, avec du borax et du plomb; c'est de beaucoup le cas le plus fréquent.

On commence par peser un décigramme de la matière à essayer, que l'on mélange dans la petite main, avec le borax et le plomb. Il faut ajouter environ 1 décigramme de borax fondu et pulvérisé, plus ou moins, suivant le degré de fusibilité des matières qui accompagnent souvent les parties métalliques. Quant au plomb, si la matière ne renferme pas plus de 7 °/o de cuivre, ou de 10 °/o de nickel, il suffit d'en employer 5 décigrammes. Dans le cas contraire, ou lorsqu'on ignore la composition de l'essai, on monte de 5 jusqu'à 15 décigrammes.

Le mélange étant fait avec soin dans la petite main de métal, on le fait tomber dans une cartouche de papier sodé préparée comme il a été dit plus haut, et l'on ferme la cartouche. On place cette dernière dans un trou fait dans la tranche d'un bon charbon; elle ne doit pas dépasser les bords et doit entrer facilement dans le trou. Cela fait, on chauffe doucement au feu de réduction, en tournant de temps à autre le charbon, de manière à atteindre bien toutes les parties de l'essai.

Quand on voit que la scorie qui entoure le globule métallique est bien fondue et ne renferme plus de petits globules, on transforme le feu de réduction en feu d'oxydation, afin de volatiliser le soufre, l'arsenic, l'antimoine, le zinc, et d'oxyder le fer, l'étain, le cobalt, qui se dissolvent dans la scorie avec une partie du nickel et du cuivre. La plus grande partie de ces deux derniers métaux reste alliée au plomb, ainsi que tout l'argent. Quand les matières volatiles se sont dégagées, le plomb commence à son tour à s'oxyder, ce dont on s'aperçoit par le mouvement du globule et par le bouillonnement de la scorie dû à la réduction de l'oxyde de plomb qui s'y était dissous. On laisse alors refroidir et on sépare à l'aide de la pince le globule de plomb de la scorie; on achève de nettoyer le globule en le battant sur l'enclume après l'avoir couvert d'une feuille de papier.

On procède ensuite à la coupellation, qui se fait en deux temps.

On prend une coupelle toute faite ou l'on garnit de cendre d'os broyés une cavité pratiquée dans un charbon. On dessèche bien la coupelle, puis on y pose le globule de plomb et l'on chauffe à la flamme d'oxydation, en ayant soin de ne pas trop élever la température du métal qui ne doit pas fumer, mais qui doit présenter les irisations caractéristiques. Le globule s'entoure peu à peu de litharge solidifiée. Quand il est devenu très-petit, on l'éloigne lentement du feu; après qu'il est solidifié, on le sépare de la litharge et on le nettoie avec quelques coups de marteau.

Pour la seconde partie de la coupellation, on emploie une coupelle à surface plus lisse que la précédente et recouverte de cendre d'os lévigée. Cette fois-ci, la flamme doit tomber sur la coupelle à côté du globule, de manière que la cendre d'os soit maintenue rouge tout autour, ce qui se fait à l'aide d'un mouvement du support. La litharge est alors bue par la coupelle et le globule d'argent n'en est pas noyé. L'essai est terminé quand le mouvement giratoire a cessé à la surface du globule, et quand ce dernier présente la couleur pure de l'argent et une surface lisse.

Quand le plomb argentifère est riche, on aperçoit nettement le phénomène de l'éclair. On éloigne lentement la coupelle de la flamme, de manière à laisser le globule d'argent se solidifier. Le globule doit être sphérique; quand il renferme encore du cuivre, il s'étend sur la coupelle au moment de l'éclair. Il faut alors le coupeller avec addition d'une nouvelle proportion de plomb pauvre (de 0gr,1 à 0gr,025). Si l'essai était noyé par la litharge, il faudrait séparer le globule de la litharge et le fondre sur une coupelle fraîche.

Il ne reste plus qu'à peser le globule, si son poids est suffisant, ou à le mesurer, au cas contraire.

On sait qu'à la coupellation il y a toujours une perte d'argent. Cette perte est à peu près la même dans une coupellation au chalumeau que dans une opération en grand. Si l'on veut conclure d'un essai au chalumeau la teneur réelle en argent d'un minerai, il faut introduire une correction dont on pourra trouver les éléments dans un tableau donné par Plattner [*Probirkunst*, 1853, p. 548]. Il n'y a d'ailleurs à tenir compte de cette perte que pour les essais donnant des globules pouvant être pesés.

On procédera de même avec de très-légères modifications pour les chlorure, bromure, iodure d'argent, les cendres d'argent, etc. Lorsque les minerais sont riches en cuivre ou en nickel et pauvres en argent, il faudra augmenter beaucoup la proportion de plomb qu'on ajoutera à l'essai. S'ils renferment beaucoup d'étain, il faudra, après la réduction avec le plomb, fondre avec le borax jusqu'à ce que tout le plomb soit scorifié et que le plomb ne se recouvre plus d'oxyde d'étain.

Si l'on avait à chercher l'argent dans une substance renfermant du fer métallique, dans de l'acier par exemple, comme le plomb ne peut pas se combiner au fer et lui enlever directement l'argent, il faudrait chauffer sur le charbon 0gr,1 du métal réduit en poudre ou en petits fragments, avec 0gr,05 de soufre, 0gr,8 de plomb pauvre et une mesure de borax fondu, après avoir mélangé le tout dans un papier sodé. Il se forme d'abord du sulfure de plomb; ce dernier est ensuite réduit par le fer et le sulfure de fer brûle, puis se dissout dans le borax à l'état d'oxyde; on ajoute une nouvelle proportion de borax, jusqu'à ce que le plomb présente une surface brillante. Le globule de plomb renferme tout l'argent contenu primitivement dans l'acier.

Essais d'or. — L'or peut être déterminé de la même manière que l'argent. Lorsque la quantité d'or contenue dans le minerai est très-faible, on pèse plusieurs fois 0gr,1 pour le traiter séparément, et on réunit les globules de plomb aurifère après la première coupellation.

Si l'or est allié d'argent, on est obligé d'aplatir le globule et de le traiter par l'acide azotique, ou par l'acide sulfurique, comme dans les essais en grand. Si la proportion d'argent est insuffisante pour que l'attaque de la lamelle soit complète, il faut avoir recours à l'inquartation (voyez ce mot). Le résidu d'or est ensuite pesé après dessiccation ou bien fondu avec une petite quantité de plomb et de borax, puis coupellé. Nous ne donnerons pas ici les procédés donnés par Plattner pour extraire l'or de minerais très-pyriteux, à l'aide du chlore; ces procédés ne peuvent être mis en œuvre que dans un laboratoire, et il y a rarement avantage, dans ce cas, à opérer avec le chalumeau et sur de petites quantités.

Nous indiquerons encore les principes sur lesquels reposent les essais de divers autres métaux, mais sans pouvoir ici entrer dans le détail des manipulations.

Essais de cuivre. — La prise d'essai est d'abord grillée, lorsque c'est nécessaire, avec addition de poudre de charbon ou de graphite, et si les matières sont trop facilement fusibles, d'une petite quantité de peroxyde de fer pur.

La réduction se fait ensuite avec du carbonate de soude sec, du borax fondu et du plomb pauvre. Il reste à séparer le cuivre du plomb et des divers métaux qui y sont alliés; c'est ce qui se fait en fondant le globule métallique sur le charbon avec de l'acide borique. Le plomb et les autres métaux, à condition qu'ils ne soient pas en trop grand excès, s'oxydent et se dissolvent dans l'acide borique. Le cuivre s'y dissout très-difficilement et est aisé à réduire dans le cas où il s'en serait dissous. Si le cuivre obtenu n'était pas entièrement pur, ce qui arrive surtout en présence du nickel, qui y reste facilement allié, il faudrait le fondre avec une nouvelle portion de plomb pauvre et avec l'acide borique.

Essais de plomb. — On commence par griller l'essai avec de la poudre de charbon, puis on réduit dans un petit creuset de charbon, avec addition de carbonate de soude et de borax. Après fusion, on sépare par lévigation le plomb de la scorie réduite en poudre. Dans le plomb obtenu, on cherche par les procédés indiqués l'argent et le cuivre.

Essais d'étain. — Pour obtenir des résultats exacts dans les essais d'étain, il est indispensable, avant de réduire le minerai, de le griller et de le traiter par l'acide chlorhydrique afin d'enlever le fer qui s'allierait avec l'étain et donnerait un globule trop lourd. On peut aussi se dispenser du grillage en traitant le minerai par l'eau régale et en précipitant l'acide stannique par l'eau, lavant et réduisant.

La réduction se fait dans un petit creuset d'argile brasqué, ou dans un creuset de charbon, avec du carbonate de soude et du borax fondus. Souvent l'étain reste disséminé en plusieurs globules dans la scorie. On le sépare par lévigation. L'étain peut être considéré comme pur quand il est malléable et quand les petits globules ne sont pas attirés sous l'eau par le barreau aimanté.

Essais de cobalt et de nickel. — Le cobalt et le nickel ne peuvent pas être obtenus à l'état de globule métallique, mais leurs combinaisons avec l'arsenic, chauffées au chalumeau, d'abord au feu de réduction, puis au feu d'oxydation jusqu'à ce qu'il y ait un commencement d'oxydation, présentent une composition constante et renferment 38,86 d'arsenic pour 61,13 de cobalt, et 38,82 d'arsenic pour 61,17 de nickel, ce qui correspond à Co^4As^2 et Ni^4As^2. De plus, les arséniures de fer, de cobalt et de nickel ont la propriété de s'oxyder successivement lorsqu'ils sont chauffés ensemble. On pourra donc chauffer sur le charbon, avec du borax, à un feu d'oxydation ménagé, un arséniure des trois métaux et obtenir, après dissolution complète du fer, un globule ne renfermant plus que du cobalt et du nickel, et après une seconde opération, ayant pour résultat la dissolution du cobalt, un globule d'arséniure de nickel pur. Le moment où la dissolution du fer, puis celle du cobalt, sont achevées se reconnaît à la couleur du verre de borax, qui commence à devenir bleu dès qu'un peu de cobalt s'est dissous, et qui passe au violet lorsque, avec un peu de cobalt, il contient une petite quantité de nickel.

Lorsque le nickel et le cobalt ne sont pas à l'état d'arséniures, on les y amène en les fondant avec de l'arsenic en présence d'agents réducteurs. F. et S.

CHALYBITE. — Voyez Sidérose.

CHAMOISITE (Min.). — Silicate hydraté de fer et d'alumine.

$$SiO^2 = 14{,}3, \quad Al^2O^3 = 7{,}8$$
$$FeO = 60{,}5, \quad H^2O = 17{,}4.$$

Masses à structure compacte ou oolithique, d'un gris verdâtre ou noirâtre. Opaque.

Caractères. — Attaquable par l'acide chlorhydrique avec dépôt de silice gélatineuse. Dans le tube, donne de l'eau. Au chalumeau, brunit et fond en une scorie noire attirable. Le minéral est lui-même faiblement magnétique.

Dureté, 3. Poussière gris clair.

Densité, 3 à 3,4.

CHARBON. — Le charbon, chimiquement parlant, est du carbone associé à un nombre plus ou moins grand d'autres éléments; il jouit de propriétés physiques assez importantes pour qu'on en fasse usage dans l'industrie sous diverses formes.

Lorsque c'est le bois qui donne naissance au charbon, on l'appelle *charbon de bois*, et l'opération au moyen de laquelle on obtient celui-ci s'appelle *carbonisation*. La *tourbe* peut également fournir un charbon particulier. Les os carbonisés se transforment en *charbon animal;* enfin les résidus de coke, de houille, etc., associés à du goudron plus ou moins liquide et soumis à la carbonisation, produisent ce qu'on appelle le *charbon aggloméré.*

Carbonisation du bois. — Le bois chauffé à l'abri de l'air se décompose en charbon et en produits volatils. Ces derniers sont de l'eau, de l'acide acétique, des goudrons, etc., et des gaz permanents, tels que de l'acide carbonique, de l'oxyde de carbone, de l'hydrogène et des carbures d'hydrogène. L'opération dans laquelle on obtient le charbon de bois s'appelle distillation sèche ou carbonisation, suivant qu'on opère en vase clos ou à l'air libre. Le bois n'est complétement carbonisé qu'à la chaleur rouge. Le charbon ainsi préparé est poreux et conserve la texture du bois.

La température à laquelle on obtient le charbon influe sur ses propriétés. A 150°, on n'obtient que du bois fortement desséché, résistant, appelé fumeron ou brûlot; à 270°, le charbon est roux, encore résistant, flambant; il se rapproche du bois par sa composition, mais renferme de l'hydrogène en excès. A 280°, le charbon est roux, friable, inflammable à la température de 340°, propre à fabriquer de la poudre de chasse. A 340°, on obtient un charbon noir qui s'enflamme à 370° à l'air; il renferme 77 °/ₒ de carbone et 20 °/ₒ d'oxygène et d'hydrogène dans les proportions nécessaires pour faire de l'eau et un excès d'hydrogène; il convient à la fabrication de la poudre de guerre. A 442°, le charbon propre au même usage contient 85 °/ₒ de carbone. Lorsque la carbonisation s'effectue à 1200°-1500° dans les fours usuels, le bois ne fournit que 15 °/ₒ d'un charbon très-noir à texture serrée, moins friable, exigeant pour prendre feu la température du rouge.

Carbonisation en forêts. — *Construction de la meule.* — Lorsqu'on effectue la carbonisation à l'air libre, on construit une meule de forme conique; on choisit un terrain abrité du vent et

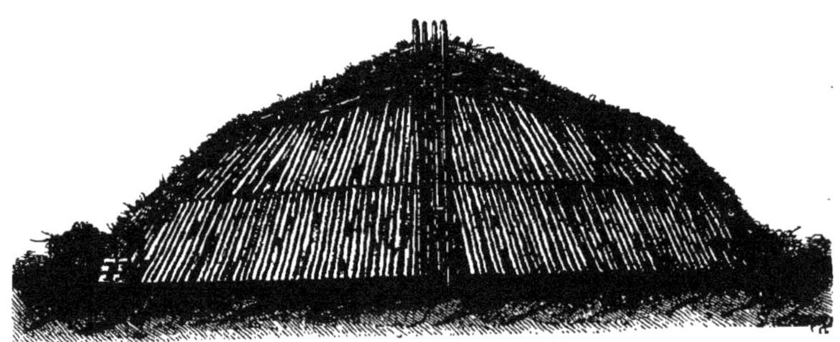

Fig. 126. — Carbonisation en forêts.

pourvu d'eau en quantité suffisante. Si la meule est circulaire, le sol doit être un peu en pente de la circonférence vers le centre; on établit au milieu une cheminée, en plantant trois pieux verticaux conservant entre eux une distance de $0^m,30$ et on dresse concentriquement des bûches d'égale longueur, en ayant soin de les incliner à mesure qu'on approche de la circonférence; sur ce premier lit, on en établit un deuxième, et pour les grandes meules même un troisième. On serre le bois autant que possible, en remplissant les vides avec des branchages; le sommet de la meule est recouvert de même bois rangé horizontalement dans la direction des rayons du cercle. On applique au pied de la meule des branchages, et l'on dispose sur toute la surface extérieure des mottes de gazon, des feuilles ou de la mousse. Souvent aussi on recouvre la meule de quelques centimètres de terre ou de fraisil, c'est-à-dire d'un mélange de terre et de poussier de charbon pétris avec de l'eau.

La construction des meules peut être modifiée, mais nous ne pouvons indiquer ici toutes les variétés [voyez Percy, *Traité de métallurgie*, traduit par Petitgandt et Ronna, 1er vol.]. Les changements portent sur la forme, qui peut être prismatique au lieu de circulaire, et sur la manière d'empiler le bois, qui peut l'être horizontalement, etc.

Mise à feu. — On allume la meule en introduisant dans la cheminée des fagots, jusqu'à ce que le centre soit en pleine ignition; on bouche à ce moment la cheminée; il s'établit la première période, qui est celle de l'exsudation et qui dure de trois à quatre jours; au bout de ce temps, on perce des trous qu'on appelle *évents* au niveau de la tête de la première rangée de bois, afin que le feu ne soit pas étouffé et que les produits volatils de la carbonisation puissent se dégager. La fumée qui se dégage est d'abord épaisse et d'un gris jaunâtre; elle devient bleuâtre, et lorsqu'elle approche d'être transparente, on ferme les évents et on en perce d'autres plus bas. L'admission de l'air nécessaire à la combustion s'opère par la partie inférieure de la meule. Lorsque la fumée qui se dégage est devenue partout bleuâtre, on arrête la carbonisation en recouvrant la meule de terre et on laisse refroidir. Après quelques jours, on extrait le charbon et on l'éteint avec de l'eau ou du sable.

Dans les forêts les meules se déplacent généralement avec les coupes; quelquefois on construit une aire permanente en brique, qui s'incline vers le centre où se trouve une cavité cylindrique, avec un conduit aboutissant à un réservoir pour recueillir le goudron et les produits liquides.

Le charbon est moins volumineux que le bois; son rendement en volume varie de 60 à 65 °/₀ en Suède; il est en moyenne de 52,6 °/₀ en haute Silésie; en poids il varie de 15 à 28 °/₀. Le rendement moyen en France est de 19 °/₀; en Belgique il n'atteint pas ce chiffre. En général, plus la température à laquelle s'opère la carbonisation est basse et plus la marche est lente, plus le rendement est considérable.

Théorie de la carbonisation. — Ebelmen [*Recueil des travaux scientifiques,* t. II, p. 104] a démontré par l'expérience les principes suivants: 1° La combustion se propage de haut en bas et du centre à la circonférence; 2° la chaleur qui opère la carbonisation est produite par la combustion du charbon et à un très-faible degré par la combustion des produits volatils dégagés; 3° en analysant les gaz qui s'échappent des évents aux différentes périodes de la combustion, ainsi que ceux fournis par la carbonisation du bois en vase clos, Ebelmen a trouvé que la composition en était sensiblement la même dans les deux cas. Il a, bien entendu, défalqué des gaz produits par les meules l'azote et une quantité d'acide carbonique correspondante à l'oxygène de l'air introduit. Il a admis aussi que l'oxygène au contact du charbon en ignition de la meule s'était entièrement transformé en acide carbonique.

Carbonisation du bois par le procédé de la Chabeaussière. — Par cette méthode on recueille une partie des produits de la distillation et on emploie une partie du bois à carboniser l'autre.

Une fosse légèrement conique, et battue aussi solidement que possible à l'intérieur, a 3 mètres de profondeur, autant de diamètre au fond et 3^{m}30 au niveau du sol. L'air nécessaire à la combustion arrive de huit cuvettes par des tuyaux en terre cuite à la partie inférieure de la fosse; en diminuant et même en bouchant leurs ouvertures, on fait varier la quantité d'air qui pénètre dans la fosse. Le bord supérieur en briques supporte un chapeau mobile en plaques de tôle; il est percé au milieu d'un trou fermé par un bouchon de fer et près des bords de quatre soupiraux. A 25 centimètres au-dessous du sol est un tuyau pour la fumée, qui communique avec le haut de la fosse et avec une caisse en briques, suivie de vases pour recueillir les goudrons et les autres produits volatils.

On dessèche le fourneau, on empile le bois par couches horizontales; au centre on établit une cheminée verticale qui, à sa partie inférieure, communique par des canaux avec les évents; on met le couvercle en place, on recouvre de 5 à 10 centimètres de terre et de gazon, on ouvre les soupiraux et les évents et on jette dans la cheminée du bois enflammé. On ferme ensuite l'orifice central et on ne bouche les évents que lorsque le bois est suffisamment allumé.

La carbonisation dure de soixante à quatre-vingts heures; le bois s'affaisse de la moitié environ de sa hauteur; le refroidissement est complet après trois à quatre jours. Avec ces fourneaux, on retire du bois 20 °/₀ de charbon et une certaine quantité d'acide pyroligneux.

(Voyez, pour la carbonisation en vase clos, Acide pyroligneux et Poudre.)

Carbonisation de la tourbe (voyez Percy, *Traité de métallurgie*, t. I). — On n'est pas encore fixé sur les avantages réels des divers procédés en usage pour la fabrication du meilleur charbon de tourbe. On épure généralement la tourbe, car par la carbonisation les cendres s'accumulent dans le charbon. Dans l'Erzgebirge on obtient par la carbonisation en meules d'excellentes tourbes ne renfermant pas plus de 2 à 4 °/₀ de cendres [Debette, *Dictionnaire des Arts et Manufactures* de Laboulaye, t. I]. A Crouy-sur-l'Ourcq, on carbonise en vase clos, l'enveloppe du four est en maçonnerie et chauffée par les gaz qui circulent dans un carneau spiral et sont ensuite brûlés dans le foyer. Les produits de la distillation de la tourbe sont recueillis. La carbonisation dure de 22 à 30 heures; le charbon est reçu encore incandescent dans des étouffoirs situés au-dessous du four et on charge sans retard le four. Les charges sont de 25 hectolitres pesant de 800 à 900 kilogrammes, on consomme dans le foyer 250 kilogrammes de tourbe. Le rendement est de 30 à 35 °/₀ et il n'y a pas plus de 0,35 de cendres.

Dans quelques établissements d'Irlande et de Bavière, on carbonise dans des fours en tôle et on s'arrange de manière à recueillir une partie des goudrons. La carbonisation dans des fosses du système de la Chabeaussière (voir Carbonisation du bois) est appliquée dans certaines tourbières d'Angleterre; la meilleure tourbe noire y rend moitié de son poids en charbon, la tourbe légère un quart.

Charbon animal. — Les matières qu'on emploie pour la fabrication du noir animal sont les os, que l'on distingue en deux espèces : 1° les os crus, tels qu'ils sortent des abattoirs; 2° les os cuits, ou privés de leur graisse; on amène toujours les os à ce second état (voyez Gélatine).

Les os sont soumis à la calcination dans des pots que l'on chauffe dans des fours. Ces pots sont de forme cylindrique, en fonte ou en terre, ayant 0^m,31 de diamètre et 0^m,41 de hauteur; on les empile les uns sur les autres, de manière que chaque pot soit fermé par le pot supérieur. On remplit ces pots d'os et on les dispose l'un sur l'autre en colonnes; le pot supérieur se trouve fermé par un disque en argile.

Les fours sont rectangulaires, ont 5 mètres de long sur 3 mètres de large et 2^m,5 de haut. Ils contiennent 700 pots. La transformation des os en noir exige de 7 à 11 heures de chauffe.

Le noir est concassé entre des cylindres cannelés, formés de disques dentés alternativement de 30 et de 25 centimètres de diamètre. Ces cylindres sont disposés de manière que les disques du petit diamètre de l'un correspondent à ceux du grand diamètre de l'autre. En entrant dans les rainures circulaires, les grands disques compriment les os dans les porte-à-faux où ils les brisent sans les écraser en poudre. Le charbon d'os passe successivement dans six moulins semblables dont les cylindres sont de plus en plus rapprochés. Le noir, ainsi concassé, est passé dans un blutoir ou tamis cylindrique.

La calcination des os en pot constitue le procédé le plus ancien; on a depuis perfectionné la fabrication : nous citerons les progrès qui ont été faits dans ces derniers temps.

Parson a fait breveter un appareil pour la calcination et la révivification des os : il consiste essentiellement en un plateau métallique circulaire mobile, sur lequel on étale les os et qui est chauffé par un ou plusieurs foyers. Le plateau est enfermé dans une enveloppe et reçoit un mouvement de rotation, les gaz peuvent s'échapper par des soupapes s'ouvrant du dedans au dehors [*Jahresb. de Wagner*, 1859; *Repert. of patent invent.*, 1859, January, p. 6].

Le four continu de Gits et des Rieux renferme des cylindres verticaux, au bas desquels se trouvent des tuyaux de tôle où les os se refroidissent lentement et sont enlevés ensuite par une ouverture inférieure. On recueille les produits volatils; le foyer est placé latéralement, on y brûle les gaz provenant de la décomposition des os. Ce système paraît donner un bon rendement [*Génie industriel*, févr. 1866, p. 100; *Jahresb. de Wagner*, 1866, p. 403].

Steinhauer propose un appareil dans lequel on dégraisse et carbonise à la fois les os [*Jahresb. de Wagner*, 1864, p. 425]. Deux fours accouplés renferment chacun dix cylindres en fonte; ces fours ont 10 °/₀ d'inclinaison, les cylindres sont remplis d'os et ont un couvercle percé d'une petite ouverture dans le haut pour donner issue aux gaz; ces gaz, en brûlant, déterminent non-seulement la carbonisation, mais chauffent aussi un appareil où les os sont dégraissés. Ces vingt cylindres, hauts de 3 pieds et larges de 12 pouces, renferment 25 quintaux d'os, qui sont carbonisés uniformément au bout de trois heures et demie à quatre heures. Ces cylindres ne se sont pas trouvés altérés au bout de 400 fournées. Cette disposition permet de faire sortir par le bas 10 cylindres renfermant des os dont la calcination est achevée en même temps que de faire entrer par le haut un égal nombre de cylindres chargés d'os frais.

On carbonise et révivifie aussi le charbon d'os dans des fours du système Brison, qui renferment généralement 10 cornues d'argile réfractaire munies de deux ouvertures, l'une dans le haut, l'autre dans le bas [*Jahresb. de Wagner*, 1865, p. 502, et *Journ. des fabricants de sucre*, 1864, n° 33]. La carbonisation dure de 3 à 4 heures, et dans un seul four on carbonise 150 hectolitres d'os par 24 heures. Un seul ouvrier suffit pour le chargement et le déchargement des cornues. La consommation de houille est de 500 kilogrammes par 24 heures. On peut recueillir l'ammoniaque et diriger les gaz combustibles vers le foyer. Il paraîtrait que le pouvoir décolorant du noir ainsi obtenu est supérieur à celui préparé par le procédé ordinaire parce qu'il ne renferme pas de fer.

Révivification. — On parvient à rendre au noir en grains sa propriété décolorante en le débarrassant par un lavage à l'eau aiguisée d'acide chlorhydrique des matières solubles ou délayables dans l'eau; on fait usage quelquefois, pour obtenir ce résultat, des eaux acides des fabricants de gélatine.

M. Crespel-Dellisse, à Arras, emploie un laveur méthodique qui consiste en une grande auge cylindrique en bois doublé de cuivre et légèrement inclinée, dans laquelle tourne une vis d'Archimède remontant le noir, tandis que l'eau versée dans la partie la plus élevée de cette auge marche dans le sens contraire.

Un autre procédé consiste à soumettre le noir à la fermentation; mais, dans tous les cas, la révivification est achevée par une calcination destinée à le débarrasser des matières colorantes qu'il a absorbées.

Cette calcination doit être faite à une température constante et peu élevée; le four a une forme rectangulaire, il est construit en briques réfractaires, des cloisons divisent l'intérieur en chambres allongées qui servent les unes de chambres de révivification et les autres de cheminées pour les foyers.

On peut aussi révivifier le noir animal dans des tubes verticaux en fonte qui, dans le bas, sont munis d'un opercule qu'on ouvre pour extraire le charbon révivifié.

Le chauffage et l'extraction doivent être réguliers pour obtenir du noir de bonne qualité. Comme l'extraction s'opère sur 30 ou 50 cylindres à la fois, on comprend qu'il puisse y avoir des irrégularités. Pour obvier à cet inconvénient et pour rendre le travail indépendant de l'ouvrier, L. Walkhoff introduit dans le centre du cylindre une tige en laiton qui, en se dilatant, agit sur un levier; ce dernier actionne à son tour l'opercule et détermine son ouverture, lorsque la température a atteint 371°; la température s'abaissant de 60° environ, la tige en laiton se contracte et l'ouverture se fermera. De cette manière, on a un produit meilleur et il n'y a plus à craindre des écarts qui, dans les appareils ordinaires, peuvent atteindre jusqu'à 125° [*Jahresb. de Wagner*, 1861, p. 430; *Dingler's polyt. Journ.*, t. CLXII, p. 24].

Lang détermine l'enlèvement régulier du charbon révivifié par un mécanisme qui peut s'adapter à des fours de n'importe quel système [*Jahresb. de Wagner*, 1866, p. 404, et *Dingler's polytechn. Journ.*, t. CLXXXII, p. 459]. Au-dessous des cylindres munis de tubes de refroidissement rectangulaires est placé un plateau en fonte dans lequel se trouvent des ouvertures en nombre égal et correspondant exactement aux tubes de refroidissement; le plateau étant animé au moyen d'un mécanisme particulier d'un mouvement de va-et-vient, on comprend comment il se fait que les tubes puissent se vider à des époques fixées à l'avance.

Beanes révivifie le charbon sec et chaud en le traitant par de l'acide chlorhydrique gazeux et desséché qu'absorbent la chaux et les autres matières terreuses, les chlorures produits sont facilement enlevés par des lavages [*Compt. rend.*, 1864, t. LVIII, p. 691].

Pour éliminer le vernis brillant qui se forme souvent à la surface des charbons révivifiés, M. Kuhlmann les soumet à une véritable décortication entre deux meules suffisamment espacées.

MM. Thomas et Laurent décomposent les os au moyen de la vapeur d'eau surchauffée à la température de 300°.

On a plusieurs fois proposé l'emploi de la potasse et de la soude comme agent révivificateur (Pelouze, brevet n° 9429); on obtient ainsi un produit très-décolorant, mais dont l'usure est très-rapide. Suivant Renner, la soude caustique additionnée d'un peu de carbonate de soude enlève le sulfate de chaux [*Jahresb. de Wagner*, 1862, p. 446, et *Dingler's polytechn. Journ.*, t. CLXVI, p. 291].

On a essayé également de révivifier le noir animal en le mettant en digestion avec du carbonate de soude; mais comme on accumule beaucoup de matière saline dans le charbon, il faut prolonger les lavages et on n'obtient qu'un charbon de qualité inférieure [C. Stamner, *Jahresb. de Wagner*, 1861, p. 434, et *Dingler's polytechn. Journ.*, t. CLXI, p. 141].

Le charbon animal clarifie les sirops du sucre non-seulement parce qu'il s'empare des matières organiques étrangères, mais encore parce qu'il enlève les alcalis caustiques et carbonatés qu'on y rencontre toujours. L. Walkhoff a déterminé les quantités de sels que le noir est capable d'absorber : il a trouvé que les phosphates sont absorbés en grande quantité; que le salpêtre et les chlorures alcalins ne le sont presque point. De ce fait résulte le moyen de chasser complétement les alcalis caustiques et carbonatés, en les transformant en chlorures et en les lavant ensuite [*Jahresb. de Wagner*, 1861, p. 387, et *Dingler's polytechn. Journ.*, t. CLXI, p. 380].

On a tort généralement de chercher à faire absorber au noir animal la chaux que contiennent les sirops, car il est d'autres substances qui remplissent mieux ce but; le charbon n'agit que grâce à l'acide carbonique condensé dans ses pores : aussi faut-il, pour qu'il exerce convenablement son pouvoir absorbant à l'égard de la chaux, qu'il ait été exposé au moins 10 jours à l'air. Suivant Anthon, il ne peut absorber au-delà de 4,4 % de son poids de chaux [*Jahresb. de Wagner*, 1861, p. 435, et *Dingler's polytechn. Journ.*, t. CLX, p. 304].

D'après Leplay et Cuisinier [*Compt. rend.*, t. LIV, p. 270, et *Répert. de Chim. appliquée*, 1862, t. IV, p. 71], le noir animal possède trois propriétés qui s'épuisent successivement par le travail :

1° La propriété absorbante des matières visqueuses azotées; elle s'épuise la première au bout de quelques heures. On la régénère par l'action de la vapeur d'eau dans le filtre.

2° La propriété absorbante pour les alcalis libres, pour les sels de chaux et les matières salines; elle dure un temps variable avec l'impureté des jus; on la rétablit par l'action d'un acide et des lavages prolongés à l'eau.

3° La propriété absorbante pour les matières colorées; elle s'épuise dans un temps 30 à 40 fois plus long. On la rétablit par des lavages avec une dissolution alcaline.

En faisant agir sur le noir animal le biphosphate de chaux, on augmente son pouvoir absorbant.

On obtient un produit très-économique d'un pouvoir décolorant au moins égal sinon supérieur à celui du noir animal en mélangeant de l'argile avec le tiers ou le cinquième (selon sa nature) de son volume de goudron. Le tout est additionné d'eau et pétri. Plus de goudron donne au produit un pouvoir décolorant plus énergique; moins de goudron, une plus longue durée.

La pâte est débitée en petits fragments et calcinée; après refroidissement on broie le charbon et on le tamise. On obtient un charbon plus divisé et plus énergique en mélangeant au goudron 10 à 20 % de son poids d'une solution de sel marin; après calcination, le noir est lavé [Ziegler, *Bayerisches Kunst u. Gewerbeblatt*, 1865, p. 142, et *Bull. de la Soc. chim.*, (2), 1868, t. IX, p. 81].

CHARBONS AGGLOMÉRÉS. — Les menus et les poussiers de houille et de coke ne peuvent être utilisés avantageusement qu'autant qu'ils sont agglomérés à l'aide d'un ciment.

Dans les premiers temps, on fit usage de terre glaise pour obtenir un combustible dont l'emploi était réduit aux usages domestiques. En 1833 on essaya le goudron comme substance agglutinante. Plus tard, en 1842, on substitua au goudron, qui présente des inconvénients, du brai gras, c'est-à-dire du goudron débarrassé de 25 % de matières volatiles. Enfin on fit usage du brai sec obtenu avec du goudron exposé à 300°. Malheureusement la production du goudron n'est pas proportionnée à celle des menus, et c'est pour cela qu'on cherche aujourd'hui à fabriquer des briquettes sans le secours d'aucun ciment. Les houilles grasses seules peuvent fournir des briquettes sans ciment. Par des mélanges convenables on parvient à utiliser quelquefois des débris qui paraissent ne devoir recevoir aucun usage. Ainsi M. Pernolet prépare un excellent combustible pour le chauffage des cornues à gaz en mélangeant 25 à 30 % de poussier de coke, 60 % de fines de Charleroi et 15 de brai liquide. Ces résidus se trouvent dans l'usine même et la manipulation n'entraîne qu'une dépense de 2 francs par tonne.

Les *charbons de Paris* sont de petits rondins cylindriques de 0m,1 de longueur et de 0m,035 de diamètre, faits avec de la tannée, du poussier de charbon de bois et du goudron ou du brai dans la proportion de 45 à 50 %. Ces briquettes sont calcinées dans des cornues, où elles perdent à peu près le quart de leur poids.

La pâte molle est comprimée dans des moules fixés sur un chariot en bois et reposant sur une table métallique qui leur sert de fond commun; un nombre égal de pistons, réunis entre eux, y compriment le mélange; quand la briquette est achevée, le support auquel sont fixés les moules se transporte parallèlement à lui-même et place ces derniers au-dessous de creux pratiqués dans la partie antérieure de la plaque de base; une deuxième série de pistons pénètrent alors dans les moules et en chassent les petits rondins, qui, après avoir traversé les ouvertures inférieures, sont cisaillées par un deuxième mouvement horizontal du support commun. Ces briquettes sont ensuite calcinées dans des fours, où elles perdent environ la moitié de leur poids de ciment et prennent plus de consistance [Système de M. Popelin-Ducarre; voir le *Recueil* de M. Armengaud, t. IX, p. 363].

On a substitué le brai sec dans ces derniers temps et on n'emploie plus guère aujourd'hui l'appareil de M. Popelin-Ducarre, qui est le type des compresseurs pour les agglomérés renfermant du goudron.

La compagnie du charbon de Paris emploie un appareil compresseur dû à M. Mazeline. Il consiste en deux roues verticales dont les jantes portent une série d'entailles demi-cylindriques égales; elles se meuvent dans un même plan et sont disposées de telle sorte que les parties pleines des deux jantes s'appuient tangentiellement l'une sur l'autre. Les deux demi-cylindres que composent les entailles de chacune d'elles, composent des moules dans lesquels s'opère la compression du mélange versé d'une manière continue sur les jantes par une trémie. Le démoulage s'effectue par le frottement de deux petites plaques parallèles, embrassant les deux roues un peu plus bas que le point de contact et saisissant les rondins par leurs bases (Pernolet). Avec cet appareil on se sert de 38 à 40 % de brai sec; celui-ci, ne perdant par la calcination que 40 % environ de matières volatiles, donne un coke qui augmente le poids utile du rondin; la fumée de l'usine aussi est notablement réduite par la substitution du brai sec au goudron.

Les briquettes sont fabriquées avec des menus et du brai soit gras, soit sec; lorsqu'on se sert de brai gras, on liquéfie d'abord celui-ci par un jet de vapeur à 150° et on soumet le charbon avec 8 % de brai à un malaxage par une hélice dans un cylindre horizontal, puis par un arbre à palettes dans un cylindre en tôle vertical, le mélange étant maintenu à 85° environ. Le brai gras peut être remplacé par un mélange de brai sec et d'huile lourde. Si on emploie le brai sec, il faut le broyer et maintenir le mélange à une température suffisamment élevée pour qu'il ne se fige pas.

Dans quelques grands centres de fabrication de briquettes, on emploie une machine à compression due à M. Révollier; elle se compose d'un chariot circulaire dont chaque mouvement comprend 90°. Dans le premier de ces mouvements, les moules sont amenés sous les mélangeurs pour être remplis; dans le second, les moules sont arrêtés devant un ouvrier qui vérifie le remplissage; dans le troisième, les moules sont amenés sous un fort sommier en fonte qui les ferme pendant la pression effectuée par une presse hydraulique; la pression est exercée sur des tasseaux qui forment le fond mobile des moules; dans le quatrième mouvement enfin, les moules sont amenés sous une deuxième presse qui opère le démoulage.

M. Mazeline est l'inventeur d'une machine qui est employée dans un grand nombre d'établissements en France et à l'étranger. Sur un chariot circulaire tournant se trouvent un certain nombre de moules; un tasseau placé au fond de chaque moule reçoit la pression du piston compresseur. Les moules ont une base commune à leur partie supérieure et la compression est effectuée par l'élévation lente du tasseau, dont le fond s'appuie pendant la rotation sur une surface à vis à filet carré et s'élève régulièrement d'un mouvement hélicoïdal sur cette dernière. Quand la briquette est suffisamment comprimée, le chariot se trouve en face d'une échancrure de la plate-forme supérieure, et le mouvement élévatoire du tasseau continuant, le démoulage s'opère de lui-même [voir le *Recueil* de M. Armengaud, t. XIV, p. 3, pl. 1].

La moitié des agglomérés consommés dans l'industrie est fabriquée par la machine de M. Évrard. Ayant remarqué que du menu de charbon sec comprimé dans un tube cylindrique de $0^m,08$ de diamètre et $0^m,03$ d'épaisseur faisait éclater ce tuyau dès que la longueur dépassait $0^m,35$ à $0^m,40$, l'auteur a fondé sur ce fait un appareil de compression. Une série de cylindres avec leurs pistons sont disposés suivant les rayons d'un cercle au centre duquel se trouve un excentrique dont la bague est reliée à toutes les tiges de piston par un nombre égal de bielles, et dont par suite, une rotation complète entraîne une double course de tous les pistons accouplés. Le mélange est versé d'une manière continue dans un orifice placé à la partie antérieure des moules; les rondins sont reçus à leur sortie du moule dont le diamètre varie de $0^m,65$ à $0^m,70$ sur une palette munie d'un contre-poids qui bascule avec eux dès qu'ils dépassent une longueur variable suivant les appareils de $0^m,65$ à $0^m,70$. On obtient de cette manière un produit très-homogène et d'une densité de 1,36.

Lorsqu'il n'entre pas de ciment dans la composition des briquettes, celui-ci doit être fourni par le menu lui-même, et dans ce cas on ne saurait employer que des charbons gras ou tout au moins un mélange de charbon maigre et de charbon gras; les matières goudronneuses sont amenées à la surface des fragments par une distillation partielle opérée tantôt avant la compression (système Bessemer), tantôt au contraire après cette dernière et dans les moules mêmes où elle a été effectuée (système Baroulier).

Les agglomérés sont employés dans les usages domestiques et dans la combustion sous les chaudières servant à la marine et aux compagnies de chemins de fer.

Nous avons puisé les renseignements sur l'industrie des agglomérés dans le rapport de M. Fuchs sur les combustibles artificiels à l'Exposition de 1867. — Voyez aussi Grüner, Mémoire sur l'agglomération des combustibles minéraux, *Annales des mines*, 1865. Ph. de C.

CHATHAMITE (Min.). — Chloanthite ferrifère de Chatham (États-Unis).

CHAULAGE (Chimie agricole). — Si la marne qui, comme la chaux, apporte au sol l'élément calcaire, paraît avoir été utilisée dans les Gaules dès les époques les plus reculées, ce n'est guère qu'au commencement du XVIIe siècle qu'on a fait usage de la chaux vive; il est fait mention de son emploi dans le *Théâtre d'agriculture* d'Olivier de Serres.

Les quantités de chaux employées aujourd'hui varient singulièrement; en Angleterre, on donne de 215 à 270 hectolitres de chaux par hectare, quelquefois même jusqu'à 400 hectolitres, et dans les terrains tourbeux cette dose est parfois dépassée. Dans les sols légers on ne répand que 130 à 170 hectolitres de chaux, mais ces chaulages sont répétés plus souvent.

En France, on emploie dans les bois défrichés jusqu'à 300 hectolitres; mais habituellement la proportion descend de 60 à 100 hectolitres à l'hectare. La chaux est souvent déposée sur le sol dans la saison sèche, par tas de 25 à 30 décimètres cubes distants de 5 à 7 mètres; bientôt la vapeur d'eau délite la chaux, qui réduite en poudre est répandue sur le sol à la pelle. Dans beaucoup de localités on préfère mélanger la chaux à des terres végétales, à des curures de fossé ou d'étang, etc., au lieu de l'employer pure.

Si l'on compare les quantités de chaux données au sol au poids de cette base prélevé par les diverses cultures, on est convaincu d'abord qu'elle doit avoir une autre utilité que d'enrichir le sol d'une substance dont l'utilité pour la végétation n'est pas démontrée rigoureusement. Nous avons vu, en effet (Assimilation, Cendres), que les plantes renferment souvent des éléments qui y ont été déposés par l'évaporation de l'eau qui a circulé dans leurs tissus, sans y jouer un rôle important. La plante est un appareil d'évaporation dans lequel se déposent les sels calcaires, comme ils se déposeraient dans un alambic où l'on prépare de l'eau distillée; en admettant même que la chaux fasse parfois partie intégrante des principes immédiats essentiels au développement des végétaux, la quantité prélevée par nos plantes cultivées est hors de toute proportion avec celle que le sol reçoit; une récolte moyenne de pommes de terre développée sur un hectare absorbe, en effet, environ 9 kil. de chaux, une récolte de froment 26, une de betteraves 24, une de topinambours 14, et une de trèfle 100 kilogr.; et on ne comprendrait pas la nécessité d'enfouir dans le sol de 13,000 à 54,000 kilogr. de chaux à l'hectare, quantités qui correspondent de 100 à 400 hectolitres, si cette terre alcaline n'avait une autre utilité.

Dans quelques cas, cette utilité n'est pas douteuse; quand, par exemple, le sol renferme des veines pyriteuses qui en s'altérant à l'air donnent du sulfate de fer qui rendrait la culture impossible, ainsi qu'on l'a observé après le dessèchement du lac de Harlem, l'intervention de la chaux qui décompose ce sulfate est nettement indiquée. Mais, dans la plupart des cas, la chaux doit porter son action sur les matières enfouies dans la terre arable; celle-ci renferme des quantités considérables de matières azotées insolubles et par suite inutiles aux plantes, jusqu'au moment où, attaquées par les agents atmosphériques, elles acquièrent une constitution plus simple et finissent par donner naissance à des nitrates ou à des sels ammoniacaux dont les racines peuvent se saisir. On sait encore que, d'après M. P. Thenard, la plus grande partie des phosphates enfouie dans le sol est aussi insoluble dans l'eau pure ou dans l'eau chargée d'acide carbonique, et il était important de rechercher quelle influence pouvait avoir sur cette solubilité l'addition de la chaux [*Compt. rend.*, t. XLVI, p. 212; t. XLVII, p. 988].

La première de ces deux recherches a été faite avec grand soin par M. Boussingault, qui, après avoir chaulé des terres, a dosé l'ammoniaque et l'acide azotique formés sous l'influence de la chaux [*Ann. du Conservatoire des Arts et Métiers*, t. I, p. 217, 1862].

L'ammoniaque était appréciée dans la terre normale par l'ébullition avec la magnésie caustique, puis par la distillation de la liqueur condensée sur de la potasse caustique (voyez p. 229); quand la terre avait été chaulée, on ajoutait d'abord une certaine quantité d'acide sulfurique, de façon à saturer la chaux libre, puis on procédait au dosage comme il a été dit plus haut.

« Dans le chaulage à faible dose, nous avons reconnu, dit M. Boussingault, que 100 kilogr. de chaux développent immédiatement de 2 à 4 kilogr. d'ammoniaque; eu égard à la valeur de l'amendement, c'est de l'azote assimilable à un prix peu élevé. Dans ces limites, le chaulage peut avoir pour objet la transformation d'une fraction de l'azote des combinaisons stables en ammoniaque; c'est vraisemblablement ce que réalise le cultivateur en saupoudrant le sol avec de la chaux éteinte, soit après un labour, soit après une coupe de fourrage. C'est exactement comme s'il répandait sur le sol un sel ammoniacal, car il fait naître instantanément de l'ammoniaque là où il n'en existait pas, et cela aux dépens d'une matière qui en possédait bien les éléments, mais qui ne l'aurait produite que beaucoup plus lentement. »

Il est remarquable, au reste, que dans ses expériences M. Boussingault n'ait jamais constaté que la chaux déterminât la formation des nitrates; il semblait au premier abord que ce dût être là son effet habituel et que l'intervention d'une base énergique dans un sol riche en matières azotées eût dû favoriser la modification, tandis que d'après le savant professeur du Conservatoire cet effet ne s'est pas produit.

En mélangeant à une terre du potager de Liebfrauenberg, dont 1 kilogramme avait donné à l'analyse les nombres suivants :

Ammoniaque toute formée..................	0,011
Acide nitrique constituant des nitrates......	0,093
Azote appartenant à des matières organiques	2,093
Carbone apparten. à des matières organiques	24,000

du sable, du carbonate de potasse, de la marne et de la chaux, on arrive en effet aux résultats suivants :

Matières ajoutées à 1 kilog. de terre.		Ammoniaque formée.	Acide nitrique formé.	Azote assimilable acquis exprimé en ammoniaq.
1. Sable..	850gr	0gr,012	0gr,483	0gr,164
2. Sable..	5500	0 ,035	0 ,545	0 ,207
8. Marne..	500	0 ,002	0 ,360	0 ,115
4. Potasse.	2	0 ,015	0 ,290	0 ,103
5. Chaux..	200	0 ,303	0 ,099	0 ,167

Ainsi on trouve que le sable qui a favorisé l'accès de l'air dans la terre arable, qui lui a permis d'exercer son action oxydante, a été beaucoup plus favorable à la formation du salpêtre que la chaux elle-même, d'où on pourrait conclure que la nitrification sera favorisée plus énergiquement par les façons qu'on donnera au sol, par la jachère, que par le chaulage.

On voit donc que la chaux n'exerce sur les matières azotées qu'un effet médiocre; et M. Boussingault n'hésite pas à dire qu'elle doit avoir sur la terre arable une autre action que celle qui vient d'être signalée.

M. P. Thenard a montré, ainsi qu'il a été dit plus haut, que l'acide phosphorique se trouvait habituellement dans le sol en combinaison avec le sesquioxyde de fer ou l'alumine. On sait cependant que c'est surtout à l'état de phosphate de chaux que les engrais introduisent dans le sol l'acide phosphorique; la transformation observée par M. Thenard est due à l'action des sesquioxydes de fer ou d'aluminium sur le phosphate de chaux naturel ou employé comme engrais. Si, en effet, on met en contact des phosphates solubles avec le sesquioxyde de fer ou d'aluminium, ou du phosphate de chaux en suspension dans l'eau de seltz avec ces mêmes oxydes, on ne trouve bientôt plus trace de phosphates en dissolution.

En recherchant au moyen de l'acide acétique et de l'acide chlorhydrique l'état de l'acide phosphorique dans différents sols, l'auteur de cet article a pu confirmer l'observation de M. P. Thenard, car sur cinq terres où la présence de l'acide phosphorique a été constatée, on n'a trouvé que dans deux d'entre elles de très-faibles quantités d'acide phosphorique combiné avec la chaux ou la magnésie, et par suite soluble dans l'acide acétique, tout le reste étant à l'état de phosphate de sesquioxyde [*Compt. rend.*, t. LXVII, p. 988, 1858; Recherches sur l'emploi agricole des phosphates, 1860].

Ainsi dans la terre arable l'acide phosphorique se trouve habituellement engagé dans une combinaison insoluble, inattaquable par l'eau; cependant les plantes s'assimilent cet acide phosphorique, ce qui ne peut avoir lieu qu'après sa dissolution. Celle-ci avait été attribuée par M. P. Thenard au silicate de chaux; mais cette interprétation est peu admissible, parce qu'il n'a jamais été démontré qu'il existât dans le sol des silicates solubles, et que toutes les probabilités sont même pour que les silicates ne s'y rencontrent pas; ils s'y trouveraient toujours, en effet, en présence de l'acide carbonique en dissolution dans l'eau, qui, comme chacun sait, décompose parfaitement les silicates.

Si on ne peut attribuer la décomposition des phosphates insolubles du sol arable aux silicates, rien n'est plus facile que de montrer qu'elle doit être due aux carbonates et particulièrement au carbonate de chaux.

Les expériences suivantes sont démonstratives : 2 grammes de phosphate ferrique sont placés dans l'eau avec 4 grammes de carbonate de potasse pur; on agite à différentes reprises pendant 48 heures et on trouve 0gr,158 d'acide phosphorique en dissolution dans l'eau. Si on emploie la même quantité de phosphate de fer et qu'on y ajoute 4 grammes de carbonate de chaux, puis qu'on immerge le tout dans de l'eau de seltz, on obtient 0gr,107 d'acide phosphorique en dissolution.

Ainsi un excès de carbonate de chaux peut amener la dissolution de l'acide phosphorique contenu dans les phosphates à base de sesquioxyde : de même qu'un excès de sesquioxyde s'empare du phosphate de chaux dissous dans l'acide carbonique; l'influence des masses est prédominante. Cette observation est importante, car elle explique la masse considérable de chaux qu'on doit employer; si, en effet, dans la couche arable qu'il s'agit de modifier, le carbonate de chaux ne domine pas sur les sesquioxydes libres, la dissolution n'a pas lieu, l'effet cherché n'est pas obtenu.

Il est bon de remarquer, en outre, que la chaux renferme souvent des proportions assez sensibles de phosphate de chaux; cette quantité peut atteindre 2 ou 3 % dans quelques calcaires, et on conçoit que dans ce cas la chaux agisse encore par les phosphates qu'elle apporte aux sols.

Ajoutons encore que, d'après les recherches de M. Kuhlmann, la chaux agit sur les argiles pour en dégager une certaine quantité d'alcalis et que l'action de cette matière peut parfois s'ajouter à celle de la chaux elle-même. Dans quelques recherches que nous avons faites nous-même dans ce sens, nous ne sommes pas arrivé cependant au même résultat.

Il est probable enfin que la chaux agit sur les terres arables argileuses pour diminuer leur plasticité, les rendre plus perméables à l'air, et faciliter sa puissante action oxydante. P.-P. D.

CHAUX (*Oxyde de calcium*). — Nous ne nous occuperons ici que de la fabrication industrielle de cette substance, son histoire chimique ayant été traitée à l'article CALCIUM (voyez page 702). La chaux résulte de la *cuisson* des différentes variétés de calcaire. Les calcaires purs (spath calcaire, arragonite, marbre blanc de Carrare, craie) donnent de la chaux pure, mais ces substances servent rarement à la préparation industrielle de la chaux, pour laquelle on a recours à des matières premières d'un prix moins élevé, au calcaire grossier ou *pierre à chaux*. Certaines variétés de pierres à chaux donnent de la chaux presque pure, tandis que d'autres variétés donnent une chaux plus ou moins impure, mais douée souvent de propriétés très-précieuses : telles sont les *chaux hydrauliques* (voyez MORTIERS), qui ont la propriété de durcir sous l'eau après avoir été éteintes et qui doivent cette propriété à la présence de quantités plus ou moins considérables d'argile. Nous ne traiterons pas ici de cette variété, pour ne nous occuper que des chaux proprement dites ou *chaux aériennes*, ainsi nommées parce qu'elles ne durcissent qu'à l'air après avoir été éteintes, et non dans l'eau. Ce durcissement est dû à l'action de l'acide carbonique de l'air. On les distingue en *chaux grasses* et *chaux maigres*; les premières, qui proviennent de la calcination des calcaires les plus purs, sont blanches, foisonnent beaucoup lorsqu'on les éteint et fournissent une pâte liante et, par suite, de très-bons mortiers; les autres sont plus ou moins grises, foisonnent moins et proviennent de calcaires qui renferment des carbonates de magnésie et de fer; elles donnent des mortiers peu consistants et peu liants.

Voici la composition de quelques chaux aériennes ainsi que des calcaires qui les fournissent. (Ce tableau est tiré de l'article MORTIER, de M. Mangon, dans le *Dictionnaire des Arts et Manufactures*) :

CALCAIRE.	COMPOSITION DES CALCAIRES sur 100 parties.					COMPOSITION DES CHAUX sur 100 parties.					OBSERVATIONS.
	Carbonate de chaux.	Carbonate de magnésie	Oxyde de fer.	Argile.	Sable.	Chaux.	Magnésie.	Oxyde de fer.	Argile.	Sable.	
Marbre de Carrare.........	100,0	»	»	»	»	100,0	»	»	»	»	Très-grasse.
Pierre à chaux de Vaugirard (près Paris).........	98,5	»	»	1,5	»	97,2	»	»	2,80	»	Très-grasse.
— de Lagneux (Ain).....	94,0	1,60	3,9	0,5	»	91,6	1,5	6,9	»	»	Grasse.
— de Vichy (Allier).....	87,2	10,00	2,8	»	»	86,0	9,0	5,0	»	»	Médiocremt grasse.
— de Calviac (Dordogne).	77,8	»	»	2,6	19,64	70,0	»	»	3,25	24,75	Très-maigre (perte 2 %).
— de Villefranche (Aveyr.)	60,9	30,30	8,8	»	»	60,0	26,2	13,80	»	»	Tr.-maig., renferme du manganèse.

On voit par ce tableau quelle importance il faut attacher à l'analyse des calcaires; cette importance est encore plus grande pour les calcaires hydrauliques.

Cuisson des pierres à chaux. — La décomposition du carbonate de calcium par la chaleur exige une température élevée; elle est favorisée par certaines circonstances qu'il faut faire intervenir dans la cuisson des pierres à chaux, telles que le dégagement simultané de la vapeur d'eau ou de l'oxyde de carbone ainsi qu'un courant d'air actif; aussi pour hâter la cuisson est-il bon d'employer la pierre à chaux humide et de l'arroser d'eau de temps en temps; on peut se rendre compte de l'influence d'un courant d'air en opérant la cuisson dans un tube de verre; dans cette condition la décomposition du carbonate est très-lente, mais si l'on fait passer à travers le tube un courant d'air ou de vapeur d'eau, la décomposition s'effectue. Dans une atmosphère d'acide carbonique, la décomposition est presque nulle et l'on sait que de la craie calcinée au rouge blanc dans un tube de fer fermé hermétiquement ne se décompose pas, mais fond pour prendre par le refroidissement la texture du marbre : c'est la célèbre expérience de Hall.

Les fours servant à la cuisson de la chaux sont de deux espèces : les uns sont intermittents, les autres continus. Dans la plupart de ces fours, les fragments de calcaires doivent avoir à peu près les mêmes dimensions et n'être pas trop volumineux, afin que la cuisson soit aussi régulière et aussi rapide que possible.

Fours à cuisson intermittente. — Le plus primitif consiste en une cuve en maçonnerie dans laquelle on stratifie alternativement la pierre à chaux et le combustible (bois, tourbe, lignite); la partie inférieure porte une voûte en calcaire au-dessous de laquelle est placée une grille sur laquelle on allume le feu pour commencer la chauffe qui se propage ensuite de bas en haut; lorsque le feu est arrivé à la moitié de la hauteur, on recouvre la partie supérieure avec du gazon pour opérer une cuisson plus lente et plus régulière.

Un autre four à cuisson intermittente, plus usité que le précédent, est en briques, avec un revêtement intérieur en briques réfractaires, haut de 3 mètres et de forme ovoïde; on y construit, avec les fragments de calcaire les plus volumineux, une voûte qui doit supporter toute la charge consistant en fragments de calcaire de plus en plus petits, de manière que les plus gros reçoivent la plus grande quantité de chaleur; on allume du feu sous la voûte en l'augmentant graduellement jusqu'à ce que les fragments supérieurs soient bien calcinés, puis on laisse refroidir et l'on défourne.

Fours coulants, à cuisson continue. — On réalise une grande économie de temps et de combustible en substituant aux fours précédents des fours continus. On les appelle *fours coulants*. Dans les uns on fait alterner des couches de calcaire avec des couches de combustible; dans d'autres, qui sont plus parfaits, le combustible est séparé du calcaire, qui ne se trouve pas ainsi souillé par les cendres.

Voici la description d'un de ces fours coulants :

Le feu se trouve placé dans un foyer latéral A, alimenté par du bois, de la houille ou de la tourbe; il s'élève par le carneau vertical B vers trois embouchures qui pénètrent dans le four à distances égales, à 1m,50 au-dessus de la sole, le diamètre du four à cette hauteur étant de 2 à 3 mètres et la hauteur totale du four de 8 à 10 mètres. Le côté opposé au foyer porte une embrasure D destinée à la sortie de la chaux qu'on fait glisser sur un plan incliné à partir de la sole. Pour la pre-

Fig 127. — Four coulant à cuisson continue.

mière fois, on commence la cuisson en formant au-dessus de la sole une voûte à sec et remplissant le four de fragments de calcaire plats et d'épaisseur égale ; on fait un feu de bourrées sur la sole jusqu'à ce que le four soit chauffé au rouge jusqu'à la hauteur des carneaux ; on cesse alors le feu sous la voûte et on augmente le feu en A. Pour activer la combustion, on surmonte souvent le four d'une hotte en tôle ; la porte G sert à charger la pierre dans le gueulard E à mesure que son niveau baisse par suite du défournement à la partie inférieure.

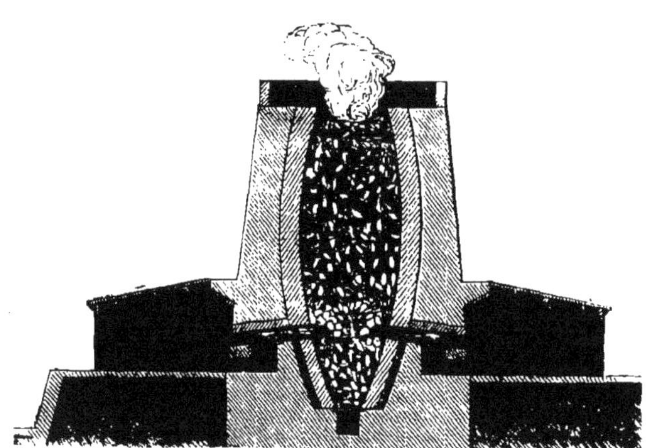

Fig. 128. — Four à chaux de M. Simonneau.

Four à chaux de M. Simonneau. — La cavité de ce four est un ellipsoïde de révolution très-allongé et tronqué à ses deux extrémités, mais de quantités inégales ; la section supérieure présente un diamètre de 3 mètres et sert à l'introduction du calcaire, tandis que la section inférieure qui correspond à la grille n'a que $0^{m},80$ de diamètre. Au niveau de cette grille se trouve une ouverture, destinée au défournement, que l'on peut fermer au moyen d'une porte à registre. Au-dessous de la grille se trouve le cendrier, revêtu de briques réfractaires. Une excavation voûtée mène à ces deux orifices et permet aux ouvriers d'opérer le défournement sans être incommodés par la chaleur.

A 3 mètres au-dessus de la section inférieure viennent aboutir dans le four, sur un même plan horizontal, quatre conduits ou *chauffes* disposés deux à deux de chaque côté du four. Ces conduits sont munis d'une grille à barreaux volants, destinée à recevoir le combustible ; leurs extrémités extérieures aboutissent à deux chambres servant de logement aux chaufourniers. Tous les conduits qui mènent au four sont munis de portes à registre en tôle, de manière à pouvoir régler l'entrée de l'air avec la plus grande précision.

Le revêtement intérieur du four est en briques réfractaires, le massif est en briques ordinaires et la partie extérieure en maçonnerie. Le tout se trouve adossé à un escarpement muni d'une rampe pour arriver à la tête du four. Pour mettre le four en train, on commence comme pour le four précédent.

Le four Simonneau présente de grands avantages d'économie et de régularité dans la cuisson à cause de la facilité avec laquelle on règle le feu ; il permet d'interrompre pendant trois ou quatre mois le travail de cuisson sans laisser refroidir le four [Rapport de M. Jacquelain, *Bull. de la Soc. d'enc.*, 2ᵉ sér., t. I, p. 745].

Applications de la chaux. — La chaux est employée dans un grand nombre d'industries chimiques ; elle sert, comme l'on sait, à la confection des mortiers : la chaux éteinte et pâteuse durcit peu à peu au contact de l'air par suite de l'absorption d'acide carbonique, et en durcissant elle éprouve un retrait assez considérable qui produit une masse fendillée et friable ; c'est pour éviter ce retrait qu'on mélange du sable à la chaux. — Voyez MORTIERS.

Parmi les industries chimiques qui consomment le plus de chaux, il faut citer la fabrication du chlorure de chaux, l'épuration du gaz d'éclairage, les savonneries, les raffineries de sucre, les tanneries pour épiler les peaux. Elle sert en outre à la préparation des alcalis caustiques et de l'ammoniaque, à la rectification de l'alcool pour l'obtenir absolu, etc.

On emploie aussi la chaux comme badigeon, soit à l'état de lait de chaux simple, soit mélangée d'argiles ocreuses.

Enfin la chaux est employée en agriculture, notamment pour le chaulage des grains.

E. W

CHAUX ARSÉNIATÉE. — Voy. PHARMACOLITHE.

CHAUX BORATÉE. — Voyez HAYÉSINE.

CHAUX BORATÉE SILICEUSE. — Voyez DATHOLITHE.

CHAUX CARBONATÉE. — Voyez CALCITE.

CHAUX FLUATÉE. — Voyez FLUORINE.

CHAUX HYDRAULIQUE. — Voyez MORTIERS.

CHAUX PHOSPHATÉE. — Voyez APATITE.

CHAUX TUNGSTATÉE. — Voyez SCHÉELITE.

CHÉLÉRYTHRINE. — Alcaloïde retiré par Probst de la grande chélidoine où il existe en très-petite quantité (quelques décigrammes pour 1 kilogramme de la plante), et qui paraît identique à la sanguinarine. — Voyez SANGUINARINE.

CHÉLIDONINIQUE (ACIDE), $C^{10}H^{16}O^6$ (?) [Zwenger, *Ann. der Chem. u. Pharm.*, t. CXIV, p. 350]. — Cet acide est contenu en petite quantité dans la grande chélidoine (*Chelidonium majus*). Il diffère de l'acide chélidonique en ce que ses solutions acidifiées par l'acide acétique ne sont point précipitées par les sels neutres, mais seulement par les sels basiques de plomb. Pour l'extraire de la chélidoine, on extrait le suc de cette plante, on le clarifie par l'ébullition, on l'additionne d'acide acétique et on le précipite par l'azotate de plomb. Le précipité renferme l'acide chélidonique. La liqueur filtrée est traitée par le sous-acétate de plomb, qui ne doit pas être employé en excès. Il se forme un précipité de chélidoninate de plomb. On décompose ce précipité en suspension dans l'eau par un courant d'acide sulfhydrique, on évapore la solution, on reprend le résidu par l'éther et l'on abandonne le liquide à l'évaporation spontanée. L'acide chélidoninique reste sous la forme de cristaux jaunes, durs et mamelonnés.

Lorsqu'il est tout à fait pur, cet acide cristallise en cristaux durs et entièrement blancs. Ces cristaux sont anhydres et présentent la forme d'un prisme rhomboïdal; ils sont facilement solubles dans l'eau, l'alcool et l'éther, fondent à 195° et répandent alors des vapeurs fort irritantes.

Les solutions aqueuses d'acide chélidoninique ont une saveur acide prononcée, décomposent les carbonates avec effervescence et dissolvent le fer en dégageant de l'hydrogène. Elles donnent, avec l'azotate d'argent, un précipité blanc, cristallin, très-peu soluble.

L'acide azotique transforme l'acide chélidoninique en acide oxalique.

Swenger assignait à l'acide cristallisé la formule $C^{14}H^{11}O^{13}$ (C=6, O=8, H=1). Watts fait remarquer dans son *Dictionnaire* [t. I, p. 850] que cette formule étant inadmissible, on peut lui substituer la formule $C^{14}H^{10}O^{12}+HO$, ou dans notre notation $(C^7H^{10}O^6)^2+H^2O$. Quoi qu'il en soit, la formule de l'acide chélidoninique reste très-douteuse. A. N.

CHÉLIDONIQUE (ACIDE), $C^7H^4O^6$ [Probst, *Ann. der Chem. u. Pharm.*, t. XXIX, p. 116, et Berzelius, *Rapport annuel de Berzelius sur les progrès de la chimie* (édit. franç.), 1841, p. 169; — Lerch, *Ann. der Chem. u. Pharm.*, t. LVII, p. 273; *Rapport annuel de Berzelius sur les progrès de la chimie* (édit. franç.), 1847, p. 265, et Millon et Reiset, *Annuaire de Chim.*, 1847, p. 477; — Hutstein, *Arch. de Pharm.*, t. LXV, p. 23, et *Journ. de Pharm.*, (3), t. XX, p. 30; — Wilde, *Ann. der Chem. u. Pharm.*, t. CXXVII (nouv. sér., t. LI), p. 164, et *Bull. de la Soc. chim.* (nouv. sér.), 1864, t. I, p. 147].

L'acide chélidonique est contenu dans la grande chélidoine en combinaison avec de la chaux et des alcalis organiques. Toutes les parties de la plante en renferment. Cependant il ne s'y trouve qu'en très-faible proportion et y est accompagné d'acide malique en quantité considérable et d'un autre acide organique moins abondant. L'époque de la floraison est celle qui convient le mieux à l'extraction de l'acide chélidonique, cette époque étant celle où la plante en renferme le plus.

Préparation. — On exprime la plante fraîche, on fait coaguler le suc par l'ébullition, on filtre, on ajoute un peu d'acide azotique et l'on précipite par l'azotate de plomb sans excès. Le chélidonate plombique est insoluble dans l'acide azotique étendu, et se précipite, tandis que le malate plombique reste en dissolution.

Le précipité ainsi obtenu est cristallisé, coloré, et renferme un sel double plombo-calcique. Lerch le met en suspension dans l'eau et le décompose par un courant d'acide sulfhydrique. La décomposition s'opère lentement. On est obligé de temps à autre de décanter la liqueur acide, de la remplacer par de l'eau pure et de continuer ainsi pendant plusieurs jours de suite, puis de saturer à chaud par de la craie en ajoutant du charbon animal : il se produit du chélidonate de calcium qui reste dissous dans l'eau bouillante, et le principe colorant reste combiné à la craie de telle façon que le sel calcique qui cristallise par le refroidissement de la liqueur filtrée est incolore.

On décompose ensuite ce sel par du carbonate ammonique, on sépare le carbonate de chaux par le filtre, on concentre la liqueur et on la mélange avec le double de son volume d'acide chlorhydrique convenablement dilué. L'acide chélidonique se sépare complétement. Tout le liquide se prend en une bouillie d'aiguilles cristallines, qu'on lave avec un peu d'eau pour enlever l'acide chlorhydrique et que l'on purifie par une nouvelle cristallisation.

M. Hutstein commence l'opération comme M. Lerch. La différence entre son procédé et celui de ce dernier chimiste consiste seulement dans la manière dont il traite le précipité plombique. Ce précipité est égoutté soigneusement, puis délayé dans l'eau, à laquelle on ajoute une solution de persulfure de calcium. La liqueur ayant été filtrée, on l'évapore à la température de l'ébullition, afin de détruire la petite quantité d'hyposulfite qui a pu se former et l'on enlève les dépôts à l'aide du filtre. On obtient de cette manière des cristaux de chélidonate de chaux, qu'on transforme en sel ammonique au moyen du carbonate; enfin on sépare l'acide chélidonique de ce dernier sel au moyen de l'acide chlorhydrique.

Propriétés. — L'acide chélidonique cristallise, par une évaporation lente, en longues aiguilles soyeuses et incolores. Lorsque au contraire il se dépose par un refroidissement rapide d'une solution saturée et bouillante, il offre de petites aiguilles accolées les unes aux autres, et tout le liquide se prend en masse. Les premières perdent à 100° plus d'eau que les secondes; elles contiennent 3 molécules d'eau de cristallisation, tandis que les secondes n'en renferment que 2.

Cet acide est un peu soluble dans l'alcool. Les acides étendus le dissolvent plus abondamment que l'eau; ce dernier liquide le dissout difficilement à froid, facilement à la température de l'ébullition.

L'acide cristallisé s'effleurit à la température ordinaire, ainsi que sur l'acide sulfurique. A la température de 100° il perd complétement son eau de cristallisation, sans s'altérer davantage.

Décompositions. — A 150° l'acide chélidonique perd une nouvelle quantité d'eau; vers 220°, il devient mou comme de l'emplâtre, noircit et dégage du gaz carbonique pur, en même temps qu'il se sublime une substance cristalline fusible à 55° (Wilde). Le résidu repris par l'eau laisse, après évaporation, une masse cristalline soluble dans l'eau et précipitable par l'alcool. Ce nouveau corps donne un sel d'argent soluble à chaud et susceptible de cristalliser par le refroidissement. La composition de ce sel répond, d'après M. Wilde, à la formule $C^{15}H^{12}Ag^2O^{14}$. L'acide que l'on en sépare cristallise en aiguilles blanches, fusibles à 230° et dont la formule serait $C^{15}H^{14}O^{14}$. Cette formule et celle du sel d'argent sont contestables. Il est en effet très-difficile de se rendre compte d'une réaction dans laquelle un acide dont la molécule renferme seulement C^7 et H^8 se transformerait en un corps dont la formule contiendrait C^{18} et H^{14}.

Chauffé au contact de l'air, l'acide chélidonique brûle avec une légère explosion.

L'acide sulfurique concentré dissout l'acide chélidonique sans l'altérer; si l'on chauffe, la matière jaunit et développe des bulles de gaz; par l'ébullition, le liquide devient pourpre et finit par dégager du gaz sulfureux. L'acide azotique concentré est presque sans action sur ce corps. L'acide étendu l'oxyde avec peu d'énergie en produisant du bioxyde d'azote, du gaz carbonique et un autre acide, sans qu'il se forme d'acide oxalique, au moins paraît-il.

Lorsqu'on traite l'acide chélidonique par le brome (Wilde) et qu'on distille ensuite avec de l'eau, il passe une huile pesante, tandis qu'il reste dans la cornue un résidu aqueux avec une huile plus dense que l'eau; cette dernière se prend par le refroidissement en une masse cristalline soluble dans l'éther et dont la composition est exprimée par la formule C^3HBr^5O. C'est un corps peu soluble dans l'alcool froid, insoluble dans l'eau et dans les lessives alcalines. L'ammoniaque le dissout à chaud. Son point de fusion est situé entre 60° et 100°. Il brunit à 170°. Ce composé paraît être de l'acétone pentabromée. Au moins ses propriétés actuellement connues et sa formule tendent-elles à le faire penser.

La liqueur aqueuse qui surnage cette huile lors de sa préparation renferme de l'acide oxalique. Enfin le liquide oléagineux passé à la distillation est du bromoforme. En envisageant la formation de ce dernier corps comme résultant d'une action secondaire, l'action du brome sur l'acide chélidonique peut être exprimée par l'équation suivante:

$$\underset{\text{Acide chélidonique.}}{C^7H^4O^6} + \underset{\text{Brome.}}{5Br^2} + \underset{\text{Eau.}}{3H^2O}$$

$$= C^3HBr^5O + \underset{\text{Acide bromhydrique.}}{5HBr} + \underset{\text{Acide oxalique.}}{2C^2H^2O^4}.$$

L'acide chélidonique dissout le fer et le zinc avec dégagement d'hydrogène, et se combine avec toutes les bases pour former les chélidonates.

CHÉLIDONATES MÉTALLIQUES. — L'acide chélidonique est tribasique. Il peut donner naissance à trois séries de sels, dont les formules générales sont: $(C^7HO^3)'''(OH)^2(OM')$ pour les sels monométalliques, $(C^7HO^3)'''(OH)(OM')^2$ pour les sels bimétalliques et $(C^7HO^3)'''(OM')^3$ pour les sels trimétalliques.

Les sels bimétalliques sont incolores quand le métal qu'ils renferment ne forme pas lui-même des sels colorés.

Les sels trimétalliques sont jaunes quand ils n'ont pas une couleur dépendant du métal qu'ils contiennent. Leur pouvoir colorant est très-considérable. Les acides les décolorent en les transformant en sels bimétalliques.

Les sels monométalliques sont instables, ils se convertissent en sels bimétalliques par des cristallisations répétées. Leur réaction est acide.

CHÉLIDONATES D'AMMONIUM,

$$C^7HO^6\left\{\begin{matrix}H\\(AzH^4)^2.\end{matrix}\right.$$

— Une solution étendue et bouillante de chélidonate dicalcique, précipitée par le carbonate ammonique, filtrée et évaporée, donne le sel diammonique, en se refroidissant, sous la forme d'aiguilles soyeuses d'un blanc de neige; la solution, abandonnée à l'évaporation spontanée, se prend en une masse transparente qui, recueillie et égouttée sur du papier buvard, donne le sel sous forme de cristaux longs et minces qui ressemblent à des touffes de cheveux d'un blanc d'argent.

Le chélidonate d'ammonium s'effleurit à l'air. A 100°, il perd 2 molécules d'eau et devient alors tout à fait semblable, par son aspect, au sulfate de quinine. Il ne donne d'ammoniaque ni à la température ordinaire ni à la température de 100°; chauffé au-dessus de 160°, il brunit, dégage du carbonate ammonique et laisse un résidu qui ne renferme aucun autre acide. Par une série de cristallisations dans l'eau il se convertit en sel monoammonique, mais il ne forme jamais de sel trimétallique, soit qu'on le traite par le carbonate d'ammonium, soit qu'on le traite par l'ammoniaque caustique.

CHÉLIDONATE DE BARYUM. — Le *chélidonate tribarytique,* $(C^7HO^6)^2Ba^3 + 6H^2O$ (à 100°), se prépare en additionnant le sel dibarytique d'ammoniaque, précipitant par le chlorure de baryum et lavant rapidement à l'eau le précipité. C'est une poudre d'un jaune citron, qui ne perd pas d'eau à 100°. Il est peu soluble dans l'eau et insoluble dans l'alcool; il absorbe l'anhydride carbonique de l'air.

Le *chélidonate dibarytique,* $C^7H^2O^6Ba + H^2O$, peut être obtenu, soit par l'action d'un sel soluble de baryum sur le chélidonate bicalcique, soit en neutralisant la solution de l'acide chélidonique par la baryte ou le carbonate de baryum. Il est incolore, cristallin, fragile et soluble dans l'eau.

Le *chélidonate acide,*

$$(C^7H^3O^6)^2Ba + 2C^7H^4O^6 + 4H^2O,$$

se produit lorsqu'on dissout le sel tribarytique dans l'acide chlorhydrique bouillant.

CHÉLIDONATES DE CALCIUM. — Le *chélidonate tricalcique,* $(C^7HO^6)^2Ca^3 + 6H^2O$ (à 100°), est une poudre jaune amorphe, très-peu soluble dans l'eau et insoluble dans l'alcool. On l'obtient en versant de l'ammoniaque dans le sel bicalcique ou en précipitant par le chlorure de calcium une solution ammoniacale de chélidonate bipotassique.

Le *chélidonate bicalcique,* $C^7H^2O^6Ca + 3H^2O$ (à 100°), se trouve tout formé dans la grande chélidoine (*Chelidonium majus*). Il cristallise en aiguilles prismatiques soyeuses, très-peu solubles dans l'eau froide et très-solubles dans l'eau bouillante; l'alcool ne le dissout pas. La dissolution aqueuse ne rougit pas le tournesol; il ne s'effleurit pas à l'air ni à 100°, et ne perd son eau de cristallisation qu'à 150°.

CHÉLIDONATES DE FER. — *Chélidonate ferreux.* — Il se produit lorsqu'on dissout le fer dans une solution aqueuse d'acide chélidonique.

Chélidonate ferrique, $(C^7HO^6)^2Fe^2 + H^2O$. — La dissolution du fer dans l'acide chélidonique s'oxyde pendant qu'on cherche à l'évaporer et dépose des flocons d'un jaune sale.

Le chélidonate disodique fait naître dans les solutions aqueuses de perchlorure de fer un précipité jaune sale, légèrement soluble dans l'acide acétique et dans un excès de chlorure ferrique; il ne perd pas de son poids à 100°. Lorsqu'on l'enflamme sur un point, il brûle entièrement avec une lumière éclatante et laisse un résidu de charbon et de sesquioxyde de fer (Lerch).

Lorsqu'on mêle le chélidonate potassique avec un excès de perchlorure de fer, la plus grande partie du chélidonate ferrique reste dissous. La liqueur filtrée est d'un jaune pâle; elle se fonce graduellement en couleur et finit par devenir opaque et d'un brun noirâtre. Après un certain temps, la couleur première se reproduit; ce changement de nuance est surtout rapide lorsqu'on chauffe. Le liquide brun foncé donne avec l'ammoniaque un précipité couleur de rouille, qui devient noir sous l'influence d'un excès d'ammoniaque.

Chélidonates de plomb. — On obtient un sel basique $(C^7HO^6)^2Pb^8 + 3PbO$ en mêlant du chélidonate diplombique avec de l'ammoniaque et précipitant la liqueur par de l'acétate basique de plomb.

Le *chélidonate triplombique*, $(C^7HO^6)^2Pb^3$, se produit lorsqu'on traite le chélidonate diplombique par de l'ammoniaque, ou qu'on précipite le chélidonate dicalcique par le sous-acétate de plomb; il se dépose des flocons d'un blanc jaunâtre qui renferment $(C^7HO^6)^2Pb^3 + H^2O$. Cette eau ne peut être éliminée qu'entre 150° et 160°; le sel devient alors tout à fait jaune. Le chélidonate triplombique anhydre se produit directement lorsqu'on opère la précipitation dans des liqueurs bouillantes; il a alors une nuance d'un jaune citron. Les acides le décolorent en le décomposant; il est insoluble dans l'eau et l'alcool. Les solutions aqueuses des sels de plomb le dissolvent.

Le *chélidonate diplombique*,

$$C^7HO^6HPb + H^2O,$$

se précipite lorsqu'on ajoute de l'azotate de plomb à une solution aqueuse de chélidonate bicalcique; il se présente en écailles brillantes ou en aiguilles déliées. L'eau ne le dissout pas, ainsi que l'acide azotique étendu, ce qui distingue l'acide chélidonique de la plupart des acides organiques. L'acide azotique fumant ne le dissout pas non plus. L'acide azotique ordinaire concentré $(AzHO^3)^2 + 3H^2O$ le dissout.

Chélidonates de potassium. — Le *chélidonate tripotassique* se dépose en cristaux jaunes d'une dissolution de chélidonate dipotassique mêlée de potasse caustique. Lorsqu'il est pur, il ne réagit pas alcalin, mais il absorbe facilement l'anhydride carbonique de l'air et se convertit en sel bipotassique. Il est jaune; bouilli avec un excès de potasse, il donne de l'oxalate de potassium.

Le *sel dipotassique* se prépare en précipitant le chélidonate bicalcique par le carbonate de potasse; il reste en dissolution dans la liqueur.

Un *chélidonate de potassium et de calcium*,

$$(C^7HO^6)CaK,$$

s'obtient lorsqu'on mêle une solution concentrée de chélidonate bicalcique avec la quantité de carbonate de potassium théoriquement nécessaire pour le neutraliser. Si la solution était étendue, la chaux se précipiterait à l'état de carbonate.

Chélidonates d'argent. — Le *sel triargentique*, $C^7HO^6Ag^3$, s'obtient par l'action de l'azotate d'argent sur la solution aqueuse du chélidonate tricalcique ou du chélidonate bicalcique additionné d'ammoniaque. C'est un précipité jaune très-instable.

Le *sel diargentique*, $C^7HO^6HAg^2$, se produit lorsqu'on dissout l'oxyde d'argent dans l'acide chélidonique, ou lorsqu'on précipite le chélidonate bicalcique par une solution bouillante d'azotate d'argent. Il se sépare, par le refroidissement, en longues aiguilles incolores qui ressemblent à l'acétate d'argent. Il se conserve à l'air à la température ordinaire et ne s'altère pas à 100°; ce n'est qu'à 140° ou 150° qu'il se décompose avec une légère explosion. Ce sel se dissout dans l'eau, l'ammoniaque et l'acide azotique concentré; il ne se dissout pas dans l'alcool.

Le *sel monoargentique*, $C^7HO^6H^2Ag + H^2O$, a été obtenu par M. Wilde. Il est soluble dans l'eau bouillante et cristallise, par le refroidissement, en aiguilles blanches, qui finissent par former un précipité grenu insoluble. Cristallisé dans l'acide azotique faible, il forme des aiguilles brillantes, inaltérables à 100° et perdant 1 molécule d'eau vers 150°.

Un *chélidonate d'argent et de calcium*,

$$C^7HO^6AgCa + H^2O,$$

se produit lorsqu'on mêle une solution ammoniacale concentrée de chélidonate bicalcique avec une solution aqueuse également concentrée d'azotate d'argent. C'est un précipité légèrement jaune, qui s'altère un peu par la dessiccation et que l'eau décompose par une ébullition prolongée.

Chélidonates de sodium. — Le *sel trisodique* n'a jamais été obtenu en cristaux définis.

Le *sel disodique*, $C^7HO^6HNa^2 + 4H^2O$, prend naissance quand on décompose le chélidonate bicalcique par le carbonate de sodium. Il est important de ne pas ajouter un excès de carbonate alcalin, sans quoi il se produirait du chélidonate trisodique en même temps qu'un sel trimétallique renfermant à la fois du sodium et du calcium. Cette réaction est d'ailleurs immédiatement indiquée par la couleur jaune que prend la liqueur.

Le chélidonate disodique est très-soluble dans l'eau, soit à chaud, soit à froid; il cristallise difficilement. Cependant, par une évaporation lente, on peut l'obtenir sous la forme de petites aiguilles prismatiques qui s'effleurissent à l'air et contiennent 21,16 % d'eau de cristallisation dont elles perdent 15,5 % à 100° et le reste entre 150° et 160°.

Le *sel monosodique*, $C^7HO^6H^2Na + 2H^2O$, s'obtient en petites aiguilles déliées lorsqu'on traite le sel disodique par l'acide chélidonique.

Le sel disodique, traité par l'acide chlorhydrique bouillant, donne des aiguilles ou des écailles qui paraissent être un sel suracide de la formule $C^7HO^6H^2Na + C^7H^4O^6 + 4H^2O$. A. N.

CHÉLIDOXANTHINE [Probst, *Ann. der Chem. u. Pharm.*, t. XXIX, p. 128]. — C'est une substance jaune et amère, cristallisable en aiguilles confuses, ou le plus souvent se présentant sous forme d'une masse jaune et friable, qu'on trouve dans la grande chélidoine. Elle est peu soluble dans l'eau froide; ses solutions sont d'un jaune intense et très-amères. Pour l'obtenir, on précipite le suc de la plante par le sous-acétate de plomb, on traite le précipité par l'hydrogène sulfuré et on épuise le sulfure de plomb par l'eau bouillante.

CHÉNOCHOLALIQUE (ACIDE). — Voyez t. I, p. 603.

CHÉNOCHOLÉIQUE (ACIDE). — Voyez t. I, p. 603.

CHÉNOCOPROLITHE (Min.) [Syn. *Ganomatiti*, *argent merde d'oie*]. — Substance amorphe, d'un gris sale, contenant de l'argent, de l'arséniate de cobalt, etc. C'est un produit de décomposition de minéraux argentifères.

CHESSYLITHE (Min.) [Syn. *Azurite*, *cuivre carbonaté bleu*, *bleu de montagne*, *Kupferlasur*, *lazurite*, Hayd]. — Hydrocarbonate cuivrique,

$$Cu^3H^2C^2O^8 = 2CO^2CuO + CuOH^2O.$$

Cristaux brillants, ou masses compactes ou terreuses d'un beau bleu, accompagnant souvent les autres minerais de cuivre.

Fig. 129. — Chessylithe.

Caractères. — Soluble dans l'ammoniaque et avec effervescence dans les acides. Dans le tube, donne de l'eau. Sur le charbon, se réduit et fournit un globule de cuivre.

Dureté, 3,5 à 4. Poussière bleu clair. Densité, 3,5 à 3,83.

Forme cristalline. — Prisme clinorhombique $mm = 90°32'$, $pm = 91°48'$, $pd^{1/2} = 112°0'$.

Clivages : e^1 assez faciles, m, h^1 moins faciles. F. et S.

CHESTERLITE (Min.). — Orthose d'East Breadford, en Pensylvanie.

CHIASTOLITHE. — Voyez ANDALOUSITE.

CHICA (Syn. *Caragaru, caracuru*) [Boussingault, *Ann. de Chim. et de Phys.*, (2), t. XXVII, p. 315 ; — *Dingler's polyt. Journ.*, t. XVI, p. 139 ; t. CXLVII, p. 466 ; t. XCI, p. 492]. — On donne ce nom à une matière colorante rouge employée par les Indiens du Rio Meta et de l'Orénoque pour se peindre le corps en rouge. Les sauvages font usage dans ce but de deux matières colorantes : l'une extraite du *Bixa orellana* (voyez BIXINE) ; l'autre, le *chica*, se retire des feuilles d'une plante de la famille des Bignoniacées, le *Bignonia chica*. Les Indiens font bouillir ces feuilles pendant longtemps avec de l'eau, passent la liqueur qui tient en suspension la fécule rouge et y ajoutent quelques morceaux de l'écorce d'un arbre appelé *arayane*. La précipitation se fait. La fécule est lavée, mise en gâteau et séchée. Elle se présente sous forme d'une masse rouge de cinabre, sans saveur ni odeur ; elle est plus dense que l'eau, tache les doigts et prend un poli métallique par le frottement. La chaleur la décompose sans fusion. Le chica est insoluble dans l'eau ; soluble à chaud, avec une belle couleur rouge rubis, dans l'alcool à 36° ; soluble dans l'éther. La solution alcoolique ne précipite pas par l'eau, à moins que l'on ne chauffe. Les alcalis le dissolvent avec une couleur lie de vin ; la solution précipite par les acides.

L'acide acétique concentré et l'acide chlorhydrique le dissolvent en rouge-brun. Le chlore le colore en brun clair. L'acide sulfurique étendu donne, à chaud, une liqueur orangée qui laisse déposer par refroidissement une masse grenue, rouge-orangé, et d'où l'ammoniaque détermine la séparation d'un précipité pourpre foncé.

Traité par un mélange d'alcali et de glucose, en vase clos, il donne par réduction une liqueur bleue qui brunit rapidement à l'air et d'où l'acide chlorhydrique précipite des flocons rouge-orangé. L'acide nitrique l'attaque et le change en un mélange d'acides picrique, anisique, cyanhydrique et oxalique.

Fixé sur coton, il lui communique une teinte jaune-orangé. D'après M. Boussingault, à qui nous empruntons ces détails, le chica ne contient pas d'azote.

Erdmann lui donne la formule $C^8H^8O^3$ (isomère de l'acide anisique). Ce chimiste n'a pas obtenu de résultats satisfaisants en cherchant à fixer le chica sur tissus.

Il paraîtrait cependant qu'il est employé depuis assez longtemps à la teinture du coton et de la laine en jaune et en rouge, tant dans l'Amérique du Nord qu'en Europe. P. S.

CHILDRENITE (Min.). — Phosphate hydraté d'alumine, de fer et de magnésie.

Le rapport de l'oxygène entre les bases RO, l'alumine, l'acide phosphorique et l'eau est de 7,9 : 6 : 14,4 : 13,5 [Rammelsberg, *Poggend. Ann.*, t. LXXXV, p. 435]. Se présente en petits cristaux jaunâtres ou brunâtres, d'un assez vif éclat, accompagnant la sidérose, à Tavistock (Devonshire), etc.

Caractères. — Soluble lentement dans l'acide chlorhydrique. Réactions du fer et du manganèse. Donne de l'eau dans le tube.

Dureté, 5. Poussière blanc jaunâtre. Densité, 3,18 à 3,24.

Forme cristalline. — Pyramides hexagonales du type orthorhombique $b^{1/2}\ b^{1/2}$ (en avant) $= 102°41'$, $b^{1/2}\ b^{1/2}$ (de côté) $= 130°4'$, $b^{1/2}\ b^{1/2}$ (zone $m b^{1/2} b^{1/2}$) $= 97°52'$. Clivage p imparfait. F. et S.

CHILÉITE. — Nom donné par Regnault au vanadate de plomb et de cuivre de Domeyko. Il a été aussi donné à la gœthite.

CHIOCOCCIQUE (ACIDE). — Voyez CAÏNCIQUE (ACIDE).

CHIOLITHE (Min.). — Fluorure d'aluminium et de sodium, $Al^2Fl^6, 3NaFl$. Cristaux ou masses cristallines ressemblant à la cryolithe.

Caractères. — Fond facilement à la bougie ; donne les réactions du fluor. Dureté, 4. Densité, 2,7 à 2,9.

Forme cristalline. — Octaèdre quadratique $a^1 a^1 = 107°32'$ (arête culminante).

CHITINE. — La chitine constitue la partie organique de la carapace et du tissu osseux interne des animaux articulés. On ne l'a pas encore rencontrée chez les vertébrés.

On la prépare facilement en faisant bouillir pendant longtemps des insectes découpés (hannetons) avec une lessive de soude, jusqu'à décoloration.

Le résidu bien lavé à l'eau est successivement épuisé par les acides étendus, l'alcool et l'éther bouillant. Si l'on fait usage de carapaces d'écrevisse, il convient d'enlever préalablement les sels calcaires par un traitement acide et un lavage. On ne connaît pas de dissolvant de la chitine qui ne l'altère pas. Les acides étendus sont sans action. L'acide sulfurique concentré la dissout ; la solution étant versée dans l'eau et ainsi diluée portée à l'ébullition, on obtient du sucre de raisin et de l'ammoniaque. La chitine est également soluble dans les acides chlorhydrique et azotique concentrés, mais les solutions ne précipitent plus lorsqu'on les neutralise par l'ammoniaque. La liqueur neutralisée précipite par le tannin. Lassaigne a montré que l'enveloppe externe des vers à soie résiste aux alcalis caustiques concentrés et se comporte comme la chitine des coléoptères. Traitée par la potasse caustique, l'alcool, l'éther, l'acide acétique et le permanganate de potasse, elle a donné à M. Peligot :

$$C = 48{,}13,\quad H = 6{,}90,\quad Az = 8{,}30,\quad O = 36{,}67.$$

Cette chitine traitée par l'hydrate de potasse concentré et chaud, puis successivement par l'acide sulfurique étendu, l'hypermanganate, le bisulfite de soude, l'acide chlorhydrique et enfin l'hydrate de potasse, retient encore 6,2 % d'azote. Elle bleuit en certains points avec l'acide sulfurique et l'iode. Le réactif de Schweizer dissout un peu de substance précipitable en flocons par l'acide chlorhydrique. Suivant Peligot, la chitine des vers à soie renfermerait un peu de cellulose [*Compt. rend.*, t. XLVII, p. 1034].

Stædeler a observé que la chitine de la carapace des écrevisses étant bouillie plusieurs heures avec de l'acide sulfurique étendu n'indique qu'une attaque des membranes les plus molles [*Ann. der Chem. u Pharm.*, t. CXI, p. 12]. Les carapaces les plus dures deviennent les plus molles, et après expression et lavage elles se convertissent en une bouillie semblable à de l'empois. Le liquide saturé par la chaux et neutralisé par l'acide sulfurique ne donne ni tyrosine ni leucine. Il contient de l'ammoniaque et un sucre amorphe réduisant le tartrate cupropotassique.

Le résidu semblable à de l'empois se colore en rouge-brun foncé par l'iode et donne du sucre par un nouveau traitement avec l'acide sulfurique.

Ce résidu contient encore de l'azote et donne alors avec l'eau un liquide trouble se desséchant en une membrane. La composition de la chitine serait représentée par la formule

$$C^9H^{15}AzO^6.$$

Stædeler considère la chitine comme un glucoside se dédoublant d'après l'équation

$$C^9H^{15}AzO^6 = C^6H^{12}O^6 + C^3H^7AzO^2 + 2H^2O.$$

P. S.

CHIVIATITE (Min.). — Sulfure de bismuth et de plomb cuprifère, 2 Pb S,Bi² S³. Masses foliées d'un éclat métallique et d'un gris de plomb, clivables dans trois directions formant une zone : l'un des clivages fait avec le second un angle de 153°, et avec le troisième un angle de 133°.

Caractères. — Analogues à ceux de l'aikinite. Densité, 6,9.

CHLOANTHITE (Min.) [Syn. *Rammelsbergite, nickeline blanche*]. — Arséniure de nickel, cobaltifère et ferrifère, Ni As². Cristaux cubo-octaédriques ou masses d'un gris clair dans les cassures fraîches, noircissant à la surface, et souvent recouverts d'un enduit vert d'arséniate de nickel.

Caractères. — Soluble dans l'acide azotique en donnant une liqueur jaune topaze ou verdâtre. Au chalumeau, réactions du cobalt, du nickel et de l'arsenic. Dans le tube fermé, donne un sublimé d'arsenic et devient rouge en passant à l'état de nickeline. Densité, 6,4 à 6,5.

Forme cristalline. — Cubique. Clivages : a^1 distinct ; p, traces.

F. et S.

CHLORACÉTÈNE, C^2H^3Cl. — M. Harnitz-Harnitzky a donné ce nom au produit de l'action de l'oxychlorure de carbone sur l'aldéhyde en vapeurs légèrement surchauffées [*Compt. rend.*, t. XLVIII, p. 649]. Dans cette réaction, il se forme en même temps de l'acide chlorhydrique et de l'acide carbonique :

$$C^2H^4O + COCl^2 = C^2H^3Cl + HCl + CO^2.$$

Le chloracétène constitue un liquide bouillant à 45° et cristallisant à 6° en lamelles allongées. L'eau le décompose avec régénération d'aldéhyde et production d'acide chlorhydrique. Il réagit à 100° sur le benzoate de baryte en vase clos, et fournit ainsi de l'acide cinnamique.

M. Friedel, en faisant réagir à une douce température le chloracétène sur l'esprit de bois sodé, a obtenu de l'acétone [*Compt. rend.*, t. LX, p. 930].

Le chloracétène étant dérivé de l'aldéhyde et étant susceptible de la régénérer par la simple action de l'eau, on est conduit à admettre qu'il est l'éthylidène chloré, ce qui établit tout de suite une distinction essentielle entre lui et son isomère, l'éthylène chloré, et de plus qu'il renferme un groupe méthyle complet.

Sa constitution et celle de l'éthylène chloré peuvent être exprimées par les formules :

CH^3	CH^2
CCl	$CHCl$
Chloracétène.	Éthylène chloré.

qui montrent bien la relation qui existe d'une part entre le chloracétène et l'aldéhyde :

$$\begin{matrix} CH^3 \\ | \\ CO \\ | \\ H, \end{matrix}$$

et d'autre part entre l'éthylène chloré et l'acétylène :

$$\begin{matrix} CH \\ | \\ CH. \end{matrix}$$

C. F.

CHLORACÉTYPHIDE. — Voyez Acétyle, t. I, p. 30.

CHLORAL,

$$C^2Cl^3HO = \left\{ \begin{matrix} CCl^3 \\ CO \\ H \end{matrix} \right.$$

(Syn. *Hydrure de trichloracétyle, trichloraldéhyde*) [Liebig, *Ann. der Chem. u. Pharm.*, p. 189 ; — Stædeler, *ibid.*, t. LXI, p. 101, et t. CVI, p. 253 ; — Dumas, *Ann. de Chim. et de Phys.*, t. LVI, p. 123 ; — Regnault, *ibid.*, t. LXXI, p. 409 ; — Kolbe, *Ann. der Chem. u. Pharm.*, t. LIV, p. 183 ; — Kekulé, *Ann. der Chem. u. Pharm.*, t. CVI, p. 144 ; — H. Kopp, *ibid.*, t. XCIV, p. 257, et t. XCV, p. 307 ; — Wurtz, *Ann. de Chim. et de Phys.*, t. XLIX, p. 58].

Découvert en 1832 par Liebig, le chloral fut particulièrement étudié par Dumas et par Stædeler. C'est un des produits ultimes de l'action du chlore sur l'alcool, ou, comme Stædeler l'a montré, de l'action du chlore sur certains corps capables de se saccharifier, tels que l'amidon ou le sucre.

Pour le préparer, on fait passer du chlore à saturation dans de l'alcool absolu. Il se forme deux couches, la couche inférieure est de l'hydrate de chloral et se prend souvent, au bout de quelque temps, en une masse cristalline. On la sépare et on l'agite avec une grande quantité d'acide sulfurique ; le chloral vient alors à la partie supérieure. Pour le purifier, on le redistille sur l'acide sulfurique, puis sur la chaux vive, ou bien on le laisse passer à sa modification insoluble, on le lave à l'eau et on le porte enfin à 180°. Il redevient alors chloral liquide. On le rectifie en recueillant le produit principal entre 94° et 99°. L'action du chlore sur l'alcool étendu donne, outre le chloral de l'acide acétique, de l'aldéhyde, du chlorure d'acétyle, du chlorure d'acétyle monochloré, de l'éther acétique, de l'acétal et d'autres produits.

Liquide incolore très-fluide, gras au toucher, d'odeur pénétrante, irritant les yeux, de saveur grasse et caustique. Il est très-soluble dans l'eau.

Densité à 0°, 1,5183 (H. Kopp), et 1, 502 à 18°. Densité de vapeur trouvée, 5,13 et 4,986. Il bout et distille sans altération à 94°,4 (Dumas) ; 99°,6 (H. Kopp). Son volume étant 1 à 0°, son volume V aux diverses températures t, est donné par la formule (H. Kopp) :

$$V = 1 + 0{,}0009545\, t - 0{,}000002239\, t^2 + 0{,}000000056392\, t^3.$$

Il excite le larmoiement et la toux. Il est soluble dans l'eau. Sa solution ne précipite pas les sels d'argent.

Il est soluble dans l'alcool et l'éther. Il dissout sans s'altérer le chlore, le brome, l'iode, celui-ci avec une coloration pourpre, le soufre et le phosphore, surtout à chaud.

Plusieurs de ses réactions démontrent que c'est bien une aldéhyde, véritable hydrure du radical acide C^2H^3O trichloré. Ainsi, il donne une combinaison cristalline avec le bisulfite de soude. L'ammoniaque produit avec lui une combinaison qui réduit les sels d'argent ; le gaz sulfhydrique donne avec sa solution aqueuse ou ammoniacale des combinaisons correspondant sans doute à la sulfaldéhyde et à la thialdine (Stædeler). Bouilli avec un mélange d'acide cyanhydrique et chlorhydrique, il donne un acide analogue à l'acide lactique [Stædeler, *loc. cit.*].

M. Wurtz, en soumettant l'aldéhyde à l'action du chlore, n'a pu obtenir que le chlorure d'acétyle et le chlorure d'acétyle monochloré. Or celui-ci, vrai produit de substitution où l'hydrogène typique a été déjà remplacé par Cl, bout à 105°, et le chloral, s'il en provenait par une nouvelle substitution de Cl à H, devrait avoir un point d'ébullition plus élevé : c'est le contraire qui a lieu ; l'hydrogène typique de l'aldéhyde n'a donc pu être substitué et les réactions du chloral en font évidemment l'hydrure de trichloracétyle.

Le chloral peut être distillé sur les bases caustiques, la baryte, la chaux, l'oxyde de cuivre, de mercure, le peroxyde de manganèse sans s'altérer. Mais ses vapeurs sont décomposées à chaud par la baryte, la chaux, avec dépôt de charbon et formation d'acide carbonique et de chlorure métallique.

Les alcalis aqueux donnent avec lui du chloroforme et un formiate :

$$C^2HCl^3O + KHO = CHKO + CHCl^3,$$

Chloral. Formiate. Chloroforme.

éaction comparable à celle des alcalis sur un acétate.

Mêlé avec une solution d'alcoolate de soude, il donne du chloroforme et de l'éther formique (Kekulé) :

$$C^2HCl^3O + C^2H^6O = CHCl^3 + C^3H^6O^2.$$

Chloral. Alcool. Chloroforme. Éther formique.

Bouilli avec de l'acide nitrique fumant, il se convertit partiellement, d'après Kolbe, en acide trichloracétique. On obtient en même temps de la chloropicrine et de l'acide formique (Kekulé), d'après l'équation

$$C^2HCl^3O + AzHO^3 = C(AzO^2)Cl^3 + CH^2O^2.$$

Chloral. Acide nitrique. Chloropicrine. Acide formique.

Suivant Liebig, il se résinifie en présence du potassium, dégage de l'hydrogène et donne du chlorure de potassium et de la potasse.

Hydrate de chloral. — Mêlé à une faible quantité d'eau, le chloral s'échauffe et donne un amas de cristaux dont la formule est $C^2HCl^3O + H^2O$. Leur solution aqueuse cristallise dans le vide en grosses lames rhombes. Cet hydrate se vaporise déjà à la température ordinaire et bout sans se décomposer à 120°. Mais sa densité de vapeur expérimentale 2,76 (Dumas) paraît indiquer qu'il se dédouble en eau et chloral anhydre.

L'acide sulfurique concentré le scinde du reste ainsi en reproduisant le chloral ordinaire, en même temps qu'un autre corps, la chloralide (Stædeler). — Voyez ce mot.

Chloral insoluble ou *métachloral.* — Modification insoluble du chloral que l'on obtient quand on le conserve longtemps en tube scellé, soit en présence d'une très-petite quantité d'eau, soit au contact de l'acide sulfurique. On enlève, par l'eau bouillante, le chloral resté soluble.

Poudre blanche, volatile à l'air, d'odeur légèrement éthérée, insoluble dans l'eau, l'alcool et l'éther. Il a toutes les réactions du chloral soluble.

Sous l'influence de la chaleur (180° à 200°) le métachloral régénère le chloral liquide (Regnault).

Bouilli avec l'acide sulfurique, il distille en partie, mais se décompose en donnant de la chloralide et des acides sulfureux et chlorhydrique. L'acide nitrique fumant donne avec lui de l'acide trichloracétique.

Avec les alcalis il donne du chloroforme.

Parachloralide, nC^2HCl^3O [Cloëz, *Ann. der Chem. u. Pharm.*, t. III, p. 180]. — C'est un isomère du chloral que l'on obtient en faisant passer du chlore sec en excès dans de l'esprit de bois absolu. Quand il est saturé, on le distille dans un courant de chlore, on le mêle avec volume égal d'acide sulfurique et on le purifie en le redistillant, après l'avoir laissé 24 heures sur de l'oxyde de plomb, dans un courant d'acide carbonique.

C'est un liquide incolore, insoluble dans l'eau, d'odeur vive, bouillant à 182°. Densité à 14°, 1,5765. Sa vapeur se décompose au-dessus du point d'ébullition. Les alcalis donnent avec lui un formiate et du chloroforme.

Ce corps paraît se produire d'après l'équation

$$2CH^4O + 4Cl^2 = C^2HCl^3O + H^2O + 5HCl.$$

A. G.

CHLORAL MÉSITIQUE. — Liquide bouillant, mais non sans décomposition, vers 126°, obtenu par M. Kane, en faisant agir le chlore sur l'acétone. En le traitant par un excès d'alcali, on obtient un autre chlorure et le sel d'un acide qui a été désigné par le nom de *ptéléique* [*Poggend. Ann.*, t. XLIV, p. 473].

Le chloral mésitique paraît être un mélange d'acétone chlorée et d'acétone bichlorée.

CHLORAL PROPIONIQUE ou HYDRURE DE PENTACHLOROPROPIONYLE, $C^3Cl^5O.H$ [Stædeler, *Handw. der Chem.*, supplément, p. 796]. — Ce corps se rencontre dans les produits de la distillation de l'amidon avec un mélange d'acide chlorhydrique et de peroxyde de manganèse. On sature le liquide brut avec de la craie, on distille, on recueille la première portion et on agite celle-ci avec de l'eau glacée. On décante la solution saturée à froid, on la chauffe, et le chloral propionique se sépare sous la forme de gouttes pesantes, légèrement colorées en jaune. Délayées dans un peu d'eau et refroidies à zéro, elles se combinent en donnant des tables rhombiques incolores :

$$C^3Cl^5O.H + 4H^2O.$$

CHLORALBINE, $C^6H^6Cl^2$? [Laurent, *Revue scientif.*, t. VI, p. 72]. — Dans la préparation de l'acide trichlorophénique par l'action du chlore sur l'acide phénique brut, Laurent a observé la formation d'une matière cristalline, la chloralbine, fusible à 190°, sublimable en aiguilles, inattaquable à chaud par l'acide sulfurique et l'acide azotique.

Pour l'isoler, on traite par l'éther froid l'acide trichlorophénique brut. La chloralbine reste indissoute.

CHLORALIDE, $C^5H^2Cl^6O^3$ [Stædeler, *Ann. der Chem. u. Pharm.*, t. LXI, p. 104, et t. CVI, p. 253; — Kekulé, *ibid.*, t. CV, p. 293]. — On obtient ce corps, d'après Stædeler, en chauffant le chloral liquide ou l'hydrate de chloral avec de l'acide sulfurique concentré en excès (4 à 6 volumes); une couche huileuse, qui se solidifie bientôt, se forme au-dessus de l'acide sulfurique. On la sépare, on la broie, on la lave à l'eau, enfin on fait plusieurs fois recristalliser dans un mélange d'alcool et d'éther.

Suivant Kekulé, on obtient un produit plus pur et plus abondant en traitant l'hydrate de chloral par l'acide sulfurique fumant à parties égales. Il se dégage de l'acide chlorhydrique, de l'oxyde de carbone, un peu d'acide sulfureux. Les cristaux de chloralide sont purifiés alors par recristallisations successives dans l'alcool bouillant.

Stædeler explique ainsi la formation de ce corps :

$$3C^2HCl^3O = C^5H^2Cl^6O^3 + CHCl^3,$$

et Kekulé par l'équation suivante :

$$3C^2HCl^3O + H^2O = C^5H^2Cl^6O^3 + CO + 3HCl.$$

C'est un corps blanc, d'odeur faible, insoluble dans l'eau, presque insoluble dans l'acide sulfurique. Peu soluble dans l'alcool froid, davantage dans l'alcool bouillant et l'éther.

Cristaux incolores à éclat vitreux, appartenant au système monoclinique, à clivages parallèles aux faces du prisme, tendant à se grouper en étoiles concentriques.

Ce corps fond à 112° et bout à 200°. Son odeur rappelle alors celle du chloral. Il ne précipite pas le nitrate d'argent, en solution alcoolique mais il se forme un précipité si l'on ajoute de l'ammoniaque. La potasse le dédouble en chloroforme et formiate. La vraie constitution de ce corps n'est point connue. A. G.

CHLORALOÏLE. — Corps cristallin, volatil, obtenu par l'action du chlore sur le suc d'aloès, qui a donné à l'analyse : carbone 50,98-50,37, chlore 23,47-23,98. M. E. Robiquet en déduit la formule douteuse $C^{13}ClO^{5}$ [E. Robiquet, *Journ. de Pharm.*, (3), t. X, p. 167 et 241].

CHLORALURIQUE (ACIDE) [Schiel, *Ann. der Chem. u. Pharm.*, t. CXII, p. 78]. — C'est un des produits de l'action de l'acide chloreux sur l'acide urique. Il cristallise en lames nacrées, ses sels sont cristallisables. Il a donné à l'analyse

C... 27,3; H... 3,8; Az... 28; Cl... 11,4.

CHLORASTROLITHE. — Voyez Prehnite.

CHLORAZOL [Malhœuser, *Ann. der Chem. u. Pharm.*, t. XC, p. 171]. — Lorsqu'on dissout l'albumine dans de l'acide azotique fumant, et qu'on ajoute à la solution la moitié de son volume d'acide chlorhydrique concentré, et qu'on soumet le tout à la distillation, il passe une grande quantité de gouttes huileuses, tandis que le résidu renferme un acide particulier, huileux et fixe. La substance volatile, ou chlorazol, est assez fluide, d'une densité de 1,555, d'une réaction très-acide, d'une odeur excessivement vive. Elle passe avec les vapeurs d'eau, mais ne distille pas seule sans décomposition. A une température élevée, elle détone violemment.

Elle est extrêmement vénéneuse, et quelques gouttes suffisent pour tuer un chien en peu d'instants. Chauffée à 104°, elle dégage des vapeurs rutilantes et fournit, entre autres substances, une huile qui présente les mêmes caractères. La densité de celle-ci est de 1,628. Les analyses de ces deux corps ne sont pas très-concordantes. Celle de la seconde huile se rapproche de la formule $C^{2}H^{2}Cl^{3}(AzO^{4})$ qui en ferait du chlorure de nitréthyle chloré, homologue supérieur de la chloropicrine (Gerhardt). E. G.

CHLORE. — Symbole, Cl. Poids atomique, 35,5. Volume atomique, 1.

Le chlore est un corps simple métalloïde. Il fut découvert en 1774 par Scheele, qui lui donna le nom d'*acide muriatique déphlogistiqué*. Les partisans de la théorie antiphlogistique le considérèrent comme de l'acide muriatique oxygéné. Humphry Davy reconnut sa véritable nature et le rangea au nombre des éléments, sous le nom de chlore (χλωρὸς, jaune verdâtre), qui rappelle sa couleur. De nos jours, un chimiste éminent, bien connu par ses beaux travaux sur l'ozone, a cherché à faire revivre l'idée de l'acide muriatique oxygéné. Il est vrai que dans beaucoup de circonstances le chlore prête à une semblable hypothèse et se comporte comme un corps oxydé.

Propriétés physiques. — A la température et à la pression normales, le chlore se présente à nous sous forme d'un gaz jaune verdâtre, doué d'une odeur forte et irritante. Respiré, même en mélange assez dilué avec l'air atmosphérique, il provoque une vive irritation des muqueuses bronchiques, irritation accompagnée d'une toux douloureuse et persistante. Si l'inhalation a été un peu forte et de durée prolongée, les symptômes peuvent aller jusqu'à l'hémoptysie.

Le chlore se liquéfie sous une pression de six atmosphères à la température de 0°, et sous une pression de 8 1/2 atmosphères à 12°,5 (Niemann). Le chlore liquide est jaune oléagineux, assez mobile, d'une densité égale à 1,33, bouillant à — 33°,6 d'après Regnault. Selon MM. Loir et Ch. Drion [*Bull. de la Soc. chim.*, 1860], le chlore ne se condense pas à — 34°, mais à la température de — 50° que l'on obtient en soufflant de l'air à travers l'acide sulfureux liquide (voyez aussi *Hydrate de chlore*). Le chlore n'a pas encore été solidifié.

Densité du chlore gazeux (d'après Bunsen) par rapport à l'air, 2,4482; d'après Regnault, 2,4502. Un litre de chlore pèse 3gr,170. Densité par rapport à l'hydrogène, 35,5.

Chaleur spécifique. — A poids constant 0,12099, à volume constant 0,29645.

Propriétés chimiques. — *Action sur les éléments.* — Le chlore est doué d'affinités énergiques; il se combine directement avec un grand nombre de corps simples et principalement avec l'hydrogène et tous les métaux.

Ces combinaisons sont accompagnées des mêmes phénomènes physiques que l'on observe dans les combustions vives où intervient l'oxygène. Parmi les métalloïdes, le soufre, le sélénium, le tellure, le phosphore, l'arsenic, le bore, le silicium, sont également susceptibles de fixer directement le chlore. Pour beaucoup de ces corps l'action chimique commence à la température ordinaire et se continue ensuite avec flamme ou dégagement de lumière. L'oxygène, l'azote, le carbone ne s'unissent qu'indirectement au chlore.

L'action du chlore sur l'hydrogène est surtout intéressante à étudier au point de vue des conditions qui la provoquent. Dans l'obscurité complète et à la température ordinaire, un mélange à volumes égaux des deux gaz se conserve sans altération et sans production d'acide chlorhydrique. A la lumière diffuse ou à la lumière artificielle, si elle n'est pas trop vive, la combinaison se fait peu à peu, progressivement. Bunsen et Roscoe ont étudié les lois de ce phénomène, en exposant à la lumière fournie par un bec de gaz le mélange de chlore et d'hydrogène obtenu par l'électrolyse de l'acide chlorhydrique d'une densité égale à 1,148. Ils ont observé que la rapidité de combinaison croît jusqu'à un maximum et se maintient constant pour une même lumière.

Ce maximum est fortement abaissé par la présence d'une petite quantité excédante d'hydrogène ou d'oxygène (dans le rapport de 100 à 37,8 dans le premier cas, et de 100 à 9,7 dans le second pour 5/1000 d'oxygène). Le chlore et l'acide chlorhydrique en excès abaissent aussi la puissance de combinaison. L'addition d'un mélange à volumes égaux de chlore et d'hydrogène non encore insolé abaisse l'intensité de combinaison du mélange primitif arrivé à son maximum. Contrairement aux assertions de Draper, la lumière n'agit pas séparément sur le chlore ou l'hydrogène pour activer leur puissance de combinaison. A vrai dire, il y a une légère condensation après l'extinction du bec de gaz, mais elle n'est due qu'au refroidissement [Bunsen et Roscoe, *Pogg. Ann.*, t. C, p. 43].

Sous l'influence de la lumière directe et vive du soleil ou bien encore de la lumière électrique, de celle du magnésium, ou du sulfure de carbone brûlant avec le bioxyde d'azote, la combinaison du chlore et de l'hydrogène se fait brusquement et avec détonation.

Un corps en ignition, l'étincelle électrique, déterminent également l'inflammation d'un mélange de chlore et d'hydrogène.

Action du chlore sur les corps composés. — 1° *Eau.* Le chlore est soluble dans l'eau. Le liquide saturé est jaune et porte le nom d'eau de chlore (*aqua chlori, aqua oxymuriatica*).

	1 vol. d'eau absorbe	
	Pelouze.	Gay-Lussac.
0°	1,75-2,80	1,43
6°,5	»	2,08
8°	»	3,04
10°	2,75	3,00
12	2,55	»
17	»	2,37
30	2,00-2,10	»
35	»	1,61
40	1,55-1,60	»
50	1,15-1,20	1,10
70	0,60-0,65	0,71
100	»	0,15

La solubilité atteint donc un maximum qui se trouve placé vers 8°.

Pour arriver rapidement à une liqueur saturée, on fait passer le gaz bien lavé dans un flacon bouché à l'émeri, à demi rempli d'eau distillée. Lorsque l'absorption s'arrête, on enlève la bouteille, on ferme et on agite. On répète cette opération jusqu'à ce qu'il cesse de se former un vide dans le flacon. L'eau de chlore doit être conservée à l'abri de la lumière, qui la modifie en déterminant la formation d'acide chlorhydrique et d'oxygène libre, et dans des flacons bouchés à l'émeri, car le chlore réagirait sur le bouchon.

Lorsqu'on dirige un rapide courant de chlore dans de l'eau refroidie à près de 0°, il se forme des cristaux jaune clair d'*hydrate de chlore,* $Cl.5H^2O$. En filtrant sur du papier refroidi et à une basse température, on peut exprimer entre des doubles de papier gris et introduire ces cristaux dans un tube en verre épais que l'on scelle à la lampe. En chauffant ensuite à 38°, l'hydrate se décompose en eau et en chlore qui se liquéfie sous l'influence de la pression développée dans l'espace restreint qui lui est offert. Les chimistes disposent, grâce à l'hydrate de chlore, d'un moyen commode de préparer le chlore liquide. Le même tube peut servir indéfiniment à répéter l'expérience, puisque, la température venant à s'abaisser, l'hydrate se reconstitue. Ce corps remarquable présente la forme d'octaèdres rhombiques [Faraday, *Quart. Journ. of sciences,* t. XV, p. 71]. L'hydrate de chlore agit sur l'ammoniaque, le sel ammoniac et l'alcool comme le chlore lui-même.

Nous avons déjà vu que l'eau de chlore sous l'influence de la lumière solaire se transforme en acide chlorhydrique et en oxygène par l'action du chlore sur l'un des éléments de l'eau. Une chaleur assez intense produit le même effet plus rapidement; ainsi en dirigeant un mélange de chlore et de vapeur d'eau à travers un tube en porcelaine chauffé au rouge, on recueille à l'autre extrémité de l'oxygène et de l'acide chlorhydrique $Cl^2 + H^2O = 2HCl + O$.

La décomposition de l'eau par le chlore peut être singulièrement facilitée et provoquée instantanément à la température ordinaire, si à l'affinité du chlore pour l'hydrogène vient se joindre celle d'un corps capable de fixer l'oxygène. A ce compte le chlore devient un corps oxydant énergique. Les réactions de ce genre sont symbolisées par ce qui se passe lorsqu'on met du chlore en présence de l'eau et de l'acide sulfureux :

$$Cl^2 + 2H^2O + \underset{\text{Acide sulfureux.}}{SO^2} = 2HCl + \underset{\text{Acide sulfurique.}}{SO^4H^2},$$

ou de l'acide arsénieux

$$Cl^4 + 2H^2O + As^2O^3 = 4HCl + As^2O^5.$$

2° *Radicaux composés.* — Le chlore s'unit directement à un certain nombre de radicaux composés minéraux et organiques. Ces additions sont pour la plupart favorisées par la lumière ou même ne se produisent que sous son influence. Tels sont l'oxyde de carbone qui donne $COCl^2$, l'acide sulfureux qui fournit SO^2Cl^2, l'éthylène et ses homologues donnant $C^2H^4Cl^2$, la benzine qui fournit $C^6H^6Cl^6$.

Avec un grand nombre de matières organiques, il donne lieu à des phénomènes de substitution particulièrement étudiés par Dumas, Laurent, Regnault, etc.

Le sens de ce phénomène peut être généralisé par l'exemple suivant :

$$\underset{\text{Acide acétique.}}{C^2H^4O^2} + Cl^6 = 3HCl + \underset{\text{Acide acétique trichloré.}}{C^2HCl^3O^2};$$

$$C^2H^4O^2 + Cl^2 = HCl + C^2H^3ClO^2.$$

Ainsi, quel que soit le nombre d'atomes d'hydrogène éliminés par le chlore sous forme d'acide chlorhydrique, ils sont remplacés par un nombre égal d'atomes de chlore.

Au rouge, le chlore enlève tout l'hydrogène des matières organiques et met du carbone en liberté. D'après Berthelot, l'action du chlore au rouge constitue un bon moyen de purifier le charbon d'origine organique des dernières traces d'hydrogène qu'il retient.

L'action énergique du chlore comme décolorant et comme désinfectant n'est qu'une conséquence des phénomènes d'oxydation ou de substitution qu'il est susceptible de provoquer. — Voyez *Usages du chlore.*

Le chlore déplace l'iode et le brome de leurs combinaisons avec l'hydrogène et la plupart des métaux. Réciproquement, il est déplacé par eux de ses combinaisons oxygénées.

3° *Oxydes métalliques.* — A chaud le chlore agit sur presque tous les oxydes métalliques en formant des chlorures et en mettant l'oxygène en liberté.

Quelques-uns d'entre eux sont attaqués à froid, et dans ce cas l'oxygène naissant s'unit au chlore pour former l'acide hypochloreux :

$$2Cl^2 + Hg''O = Hg''Cl^2 + Cl^2O,$$

$$Cl^2 + 2KHO = KCl + \underset{\text{Hypochlorite.}}{ClKO} + H^2O.$$

4° *Sulfures métalliques.* — En présence des sulfures, le chlore en excès forme à la fois des chlorures métalliques et du chlorure de soufre.

État naturel. — Nulle part dans la nature le chlore ne se rencontre en liberté; ses affinités sont trop énergiques, et s'il pouvait être momentanément dégagé de toute combinaison, il rencontrerait toujours des corps susceptibles de l'absorber. C'est sous forme de chlorures métalliques ou d'acide chlorhydrique qu'il nous apparaît dans le règne minéral (chlorures de sodium, de potassium, de rubidium, de cæsium, de calcium, de magnésium, de plomb, de mercure et d'argent). Le chlorure de sodium est très-répandu, en dissolution dans l'eau de la mer et en couches solides.

Préparation. — Le chlore se prépare généralement par l'action de l'acide chlorhydrique du commerce (solution aqueuse concentrée) sur un composé oxygéné riche en oxygène, tel que les peroxydes de manganèse, de plomb, l'acide chromique, etc. Dans la pratique, on fait uniquement usage de peroxyde de manganèse. La réaction génératrice est représentée par l'équation

$$MnO^2 + 4HCl = 2H^2O + MnCl^2 + Cl^2.$$

Dans ce cas la moitié du chlore de l'acide chlorhydrique employé reste sous forme de chlorure de manganèse. Avec un mélange d'acide chlorhydrique et d'acide sulfurique en proportions équivalentes, on aurait

$$MnO^2 + 2HCl + SO^4H^2$$
$$= 2H^2O + SO^4Mn + 2Cl.$$

Selon les prix respectifs de l'acide sulfurique et de l'acide chlorhydrique, on aura avantage à opérer de l'une ou l'autre manière.

On peut aussi préparer le chlore avec un mélange de chlorure de sodium, d'acide sulfurique et de peroxyde de manganèse :

$$MnO^2 + 2NaCl + 2SO^4H^2$$
$$= SO^4Mn + SO^4Na^2 + 2H^2O + Cl^2.$$

On a encore proposé comme moyen d'obtenir le chlore libre : 1° l'action de l'acide azotique fumant sur l'acide chlorhydrique. A cet effet, on chauffe un mélange d'azotate de soude, de sel marin et d'acide sulfurique :

$$ClNa + AzO^3Na + 2(SO^4H^2)$$
$$= 2(SO^4HNa) + HCl + AzO^3H.$$
$$2HCl + 2AzO^3H = 2Cl + 2AzO^2 + 2H^2O.$$

Le mélange gazeux, formé de bioxyde d'azote et de chlore, est dirigé dans de l'acide sulfurique concentré qui absorbe le bioxyde d'azote. La solution nitreuse peut servir dans la fabrication de l'acide sulfurique. Le résidu de bisulfate transformé en sulfate neutre est utilisé dans la préparation de la soude.

Cette méthode n'est avantageuse que dans les grandes fabriques de produits chimiques.

2° La décomposition sèche de certains chlorures métalliques, tels que les chlorures de platine, d'or, qui se transforment en métal et chlore, perchlorure d'antimoine qui se convertit en protochlorure.

Laurens mélange le chlorure de cuivre cristallisé avec la moitié de son poids de sable [*Répert. de Chim. appl.*, t. III, p. 110]; on sèche et on chauffe entre 250° et 300° dans une cornue en grès. Le résidu, formé de sous-chlorure de cuivre, est exposé à l'air avec de l'acide chlorhydrique et régénère le bichlorure primitif.

Cette méthode semble avantageuse en ce sens que l'on utilise tout le chlore de l'acide chlorhydrique employé et que le point de départ se reproduit facilement. Si en pratique cette régénération pouvait être effectuée sans perte, et si les sels de cuivre n'étaient pas vénéneux, le procédé Laurens offrirait des chances de réussite.

M. Mallet a récemment proposé de diriger de l'air sur du sous-chlorure de cuivre; il se forme un oxychlorure, Cu^2Cl^2O, qui se décompose par l'acide chlorhydrique en sous-chlorure, eau et chlore libre:

$$Cu^2Cl^2O + 2ClH = Cu^2Cl^2 + H^2O + Cl^2.$$

Dans ce cas, c'est l'oxygène de l'air fixé temporairement sur Cu^2Cl^2 qui brûle l'hydrogène de l'acide chlorhydrique et non plus l'oxygène du bioxyde de manganèse.

Suivant Schlœsing, on pourrait préparer le chlore en chauffant un mélange d'acides chlorhydrique et azotique dans un état de concentration convenable, avec le peroxyde de manganèse [*Compt. rend.*, t. LV, p. 284]. Il se forme du chlore, de l'azotate de manganèse et de l'eau. L'azotate de manganèse chauffé entre 150° et 195° donne de l'hypoazotide et du bioxyde, et l'on sait que l'hypoazotide, sous l'influence simultanée de l'eau et de l'oxygène, régénère l'acide azotique.

Dans une expérience, Schlœsing emploie 4 équivalents d'acide azotique à 50,5 °/₀ d'acide anhydre et 3 équivalents d'acide chlorhydrique à 39,5 °/₀ d'acide sec et 1/7 de leur volume d'eau et chauffe à 122°. Il obtient 90,96 °/₀ du chlore contenu dans HCl employé.

Il retrouve en même temps 93,3 °/₀ de manganèse et 91 °/₀ d'acide azotique.

D'où il résulte que cette méthode mériterait d'être expérimentée en grand.

C. Binks et J. Macqueen chauffent un mélange de 2 équivalents de chlorure de magnésium et de 1 équivalent de bioxyde de manganèse; il se forme de la magnésie, du chlorure de manganèse et du chlore [*Chem. centralb.*, 1863, p. 254].

Clemm propose un moyen tout semblable [*Zeitsch. des Vereins deutsch. ingen*, t. VIII, p. 343].

Quoi qu'il en soit de ces méthodes, la seule qui est employée en grand et dans les laboratoires est fondée sur l'action réciproque de l'acide chlorhydrique et du peroxyde de manganèse.

Dans les laboratoires, l'opération se fait soit dans un ballon en verre, soit dans une cruche en grès chauffée au bain-marie, munis d'un bouchon portant un tube en S pour verser l'acide et un tube de dégagement; de là le chlore, mis en liberté par une élévation convenable de température, passe dans un flacon laveur contenant de l'eau, puis à travers un tube dessiccateur à chlorure de calcium, si l'on veut l'avoir sec. En raison de sa solubilité dans l'eau pure et de son action énergique sur le mercure, on ne peut le recueillir ni sur la cuve à eau, ni sur le mercure. L'eau saturée de sel peut remplacer l'eau ordinaire; le plus souvent on utilise la grande densité du chlore et l'on se contente de faire arriver le tube adducteur au fond du flacon rempli d'air. A mesure que le chlore arrive, il chasse l'air de bas en haut; il ne reste plus qu'à boucher avec un bouchon en verre, lorsque la coloration verte uniforme du vase indique qu'il est plein de chlore.

Dans la préparation par un mélange de

$$MnO^2, NaCl \text{ et } SO^4H^2$$

on fait intervenir 1 p. de sel, 1 p. de peroxyde en poudre et 2 1/2 p. SO^4H^2; les proportions théoriques sont 43,6 MnO^2, 58,5 NaCl et 147 SO^4H^2, mais le peroxyde naturel étant plus ou moins pur, il convient de faire intervenir un excès de NaCl. Si l'on emploie le mélange de MnO^2 et HCl, il est avantageux d'opérer suivant les prescriptions de Mohr; le ballon ou la bouteille en grès sont remplis presque à mi-hauteur de peroxyde en petits fragments de la grosseur d'un pois, puis on ajoute HCl. Le dégagement se fait avec une grande facilité et sous l'influence d'une température peu élevée et le gaz est presque exempt d'acide chlorhydrique, vu l'action exercée sur lui par les parties supérieures formées exclusivement de MnO^2.

Préparation industrielle. — L'opération faite en grand ne diffère de celle que nous venons de décrire que par la disposition des appareils. Ceux-ci varient eux-mêmes suivant l'importance de la production.

Quelle que soit la disposition adoptée, elle peut se diviser en trois groupes d'appareils: 1° les appareils producteurs où réagissent les substances génératrices; 2° les vases laveurs destinés à purifier le gaz des impuretés qu'il entraîne; 3° enfin les appareils où s'opèrent les réactions que l'on veut réaliser avec le chlore. Ceux-ci, évidemment, varient avec le but à atteindre et trouveront mieux leur place à l'article consacré aux chlorures décolorants.

Appareils producteurs. — Pour une fabrication limitée, on fait usage de vases en plomb ou en grès.

La figure 130 représente la coupe verticale d'un appareil en plomb. Il a, comme on le voit, une

Fig. 130. — Appareil producteur du chlore.

forme ovoïde renflée par le bas. Le fond est entouré d'une seconde enveloppe en tôle pour le chauffage à la vapeur. D, tubulure à fermeture hydraulique pour l'introduction du peroxyde en poudre. C, tube à entonnoir pour verser l'acide chlorhydrique. F, tubulure pour l'écoulement du gaz. J, agitateur pour mélanger et favoriser les réactions. Un semblable appareil peut se chauffer au bain de sable, mais il faut dans ce cas opérer avec précaution et constamment agiter pour éviter la fusion du plomb. Souvent on le compose de deux pièces : celle du bas est en fonte, celle du haut en plomb; cette disposition ne peut servir qu'à condition de ne faire usage que du mélange de $NaCl$, SO^4H^2 et MnO^2.

La figure 131 représente une disposition de vase en grès servant à la fabrication du chlore. Les bombonnes ont une capacité de 100 litres environ. Dans la tubulure centrale, la plus grosse, se fixe un cylindre fermé par le bas et percé de petits trous sur toute sa surface. L'orifice supérieur de ce cylindre se ferme avec couvercle à joints hydrauliques. C'est dans cette capacité interne que l'on place le peroxyde de manganèse en morceaux. Les bombonnes sont chauffées soit au bain de sable et à feu nu, soit à la vapeur.

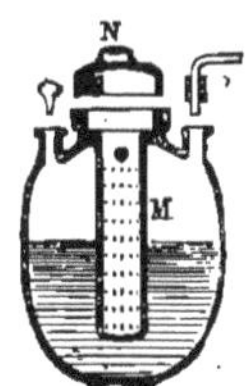

Fig. 131.

Les dispositions suivantes s'appliquent à la préparation du chlore sur une plus grande échelle; dans ce cas la réaction du manganèse et de l'acide chlorhydrique s'opère dans de grands réservoirs cylindriques ou parallélipipédiques taillés dans une pierre siliceuse exempte de calcaires ou de toute autre substance attaquable par l'acide chlorhydrique.

La figure 132 donnera une idée de la forme et de la construction de ces vases.

Fig. 132. — Cylindre générateur.

Le cylindre générateur, haut de 2 mètres et d'un diamètre de 1 mètre, se compose de deux pièces taillées appliquées l'une sur l'autre et reliées avec un ciment formé de kaolin et d'huile de lin. La pièce inférieure constitue donc un réservoir cylindrique sur lequel se fixe la pièce supérieure formée par un cylindre ouvert aux deux bouts. A 10 centimètres du fond se trouve un rebord sur lequel repose un double fond également en pierre et percé de trous. Un tube central en grès D permet d'injecter de la vapeur sous le faux fond, cette vapeur barbote dans le liquide et l'échauffe rapidement. J est une tubulure de vidange pour l'écoulement du chlorure de manganèse. Enfin le réservoir est fermé au moyen d'une plaque en plomb offrant les tubulures H pour l'introduction du liquide acide, F pour l'écoulement du gaz, E pour le passage du tube central D relié à un générateur à vapeur *a* pour l'introduction du manganèse. Cette dernière tubulure se ferme par un couvercle à joint hydraulique. Le couvercle en plomb est bien luté et fixé par des pinces en fer.

Le manganèse dont on fait usage est en fragments de la grosseur du poing. On en remplit à peu près la moitié de la capacité du réservoir et l'on ajoute de 500 à 600 kilogrammes d'acide chlorhydrique. On chauffe progressivement et on finit par porter le liquide à l'ébullition. L'opération est terminée au bout de 12 heures environ. A ce moment on laisse écouler le liquide et l'on ajoute une nouvelle charge d'acide et une certaine quantité de peroxyde.

En Angleterre et en Allemagne on emploie fréquemment de grandes caisses rectangulaires en pierre taillées dans un seul bloc ou formées de plaques jointes par du ciment. Le chauffage se fait soit en entourant la caisse d'une double enveloppe en bois dans laquelle circule de la vapeur, soit par injection directe de vapeur. La partie supérieure de la caisse est fermée pendant le travail par des plaques lutées soigneusement.

La figure 133 représente une semblable disposition. O, caisse rectangulaire en pierre (2 mètres de longueur, $1^m,10$ de large et 75 centimètres de haut, épaisseur des parois de 15 à 20 centimètres). A la partie inférieure de l'une des petites faces on a ménagé une tubulure rectangulaire pour la vidange (longueur 35 centimètres, largeur 50 centimètres, hauteur 45 centimètres). Pendant le travail cette tubulure est fermée par une dalle lutée à l'argile et appliquée au moyen d'une vis de pression H.

Le peroxyde repose en gros morceaux sur une espèce de grille construite avec des traverses en pierre. P, ouverture rectangulaire pour l'introduction du manganèse; elle se ferme par une plaque en grès et un mastic formé de parties égales de minium et de terre de pipe traitées par l'huile de lin. *q*, orifice pour l'introduction de l'acide; se ferme avec un bouchon en grès. U, tube en grès arrivant sous la grille ou faux fond destiné à l'introduction de la vapeur d'eau. Z, tuyau d'échappement du chlore se rendant dans les vases laveurs et les appareils où le chlore est utilisé. Les différentes pièces en grès qui composent cet appareil sont préalablement imprégnées avec du goudron chaud. Cette préparation rend la pierre plus solide et moins perméable aux gaz. La caisse elle-même est enveloppée de maçonnerie pour la préserver des avaries et du refroidissement.

Si le peroxyde est suffisamment perméable, le dégagement du chlore se fait à froid et se maintient pendant 12 heures environ. Au bout de ce temps, on injecte de la vapeur pour atteindre 35° à 37°. Puis de 2 heures en 2 heures on élève la température de 12° jusqu'à ce que l'on atteigne 90° au bout de 25 à 30 heures. Lorsque l'appareil est épuisé, on fait la vidange en ouvrant l'ouverture latérale.

La réaction d'un mélange de sel marin, d'azotate de soude et d'acide sulfurique, dont il a été question plus haut, n'est applicable que dans une usine où la fabrication de l'acide sulfurique s'exécute sur une grande échelle. Elle n'a été mise en pratique que dans l'usine de MM. Tennant à Saint-Rollox, près Glasgow, qui consomme 160 quintaux de nitrate de soude par semaine, en produisant 240 quintaux de chlorure de chaux. L'opération se fait dans un grand cylindre en fer garni intérieurement de pierres, de 3 mètres de diamètre et de 3m,5 de long. Il est muré dans un fourneau. Chaque cylindre peut recevoir 12 quintaux de salpêtre avec les doses correspondantes de sel et d'acide sulfurique. L'acide sulfurique employé marque 60° Baumé; la température ne dépasse pas 200° à 240°. Les gaz qui s'échappent du cylindre passent successivement par cinq tourilles bitubulées remplies d'acide sulfurique concentré; enfin le chlore est débarrassé de l'acide chlorhydrique en circulant à travers un tambour rempli de silex humides. En général le chlore formé dans les appareils producteurs décrits plus haut doit être débarrassé de l'acide chlorhydrique et des gouttelettes de solution manganique qu'il entraîne. On atteint ce but en le faisant circuler à travers deux ou trois tourilles bitubulées contenant un peu d'eau ou dans une caisse rectangulaire en plomb

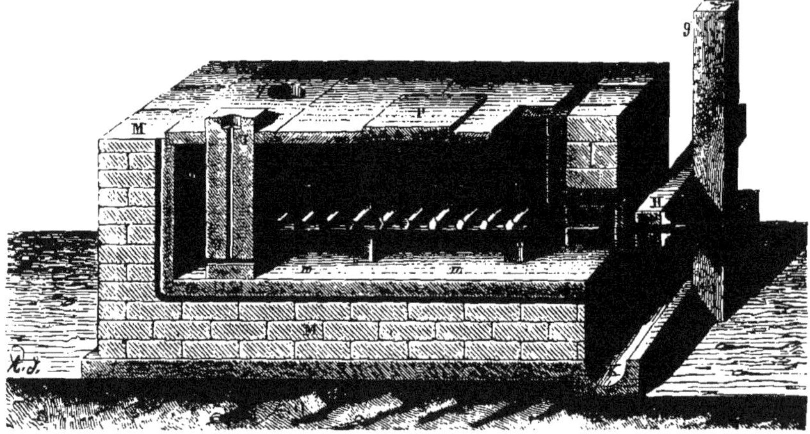

Fig. 133. — Préparation en grand du chlore.

Fig. 134. — Appareil d'ensemble pour la fabrication du chlore.

divisée en compartiments par des cloisons incomplètes. On voit que les gaz sont obligés de suivre une voie sinueuse avant de pénétrer dans l'appareil d'utilisation.

Les eaux chargées de chlorure de manganèse qui sortent des appareils à chlore n'ont reçu jusqu'à ces derniers temps que des applications insignifiantes et constituaient plutôt un embarras qu'une source de profits pour le fabricant. A Dieuze on commence à les utiliser d'après les indications de M. E. Kopp pour la régénération du soufre du marc ou charrée de soude.

On a également cherché des procédés de régénération du peroxyde de manganèse. Voici, en résumé, les principales méthodes proposées à cet effet.

1° *Méthode de Dunlop et Balmain.* — Le liquide acide est neutralisé par du carbonate d'ammoniaque impur (eau de condensation du gaz). On laisse reposer et l'on sépare par décantation le liquide clair de dessus le peroxyde de fer précipité. Le liquide est enfin précipité entièrement, jusqu'à légère réaction alcaline, par du nouveau carbonate d'ammoniaque. Il se forme du sel ammoniac et du carbonate de manganèse. Ce dernier, recueilli et séché, est calciné dans un moufle en présence de l'air; il se change en un mélange de peroxyde et d'oxyde intermédiaire.

Deuxième méthode. — On a ensuite remplacé le carbonate d'ammoniaque par du carbonate de chaux.

A froid, on arrive ainsi à neutraliser le liquide acide et à précipiter l'oxyde de fer. Le liquide décanté est chauffé en présence d'une nouvelle quantité de carbonate de chaux à une pression de 4 atmosphères. Dans ces conditions il s'établit une nouvelle décomposition qui donne lieu à la formation de chlorure de calcium et de carbonate de manganèse. Ce dernier est lavé, filtré et chauffé à 300° dans un moufle pendant quelques heures. Il se convertit en un produit noir valant 73 % de bioxyde.

Troisième méthode. — Gatty et Macqueen font passer de l'air à travers un lait de chaux bouillant dans lequel on fait peu à peu arriver le liquide manganique.

L'hydrate manganeux formé se suroxyde; en employant de l'air surchauffé à 300°, la réaction est encore plus rapide. Le dépôt, lavé à l'eau légèrement acidulée, puis à l'eau pure, donne, après dessiccation, une matière trop pulvérulente et d'une attaque trop facile. Pour lui donner de la cohésion, on l'humecte avec une solution concentrée de chlorure de manganèse et on sèche fortement de manière à fritter le chlorure. Gatty propose encore d'évaporer le liquide manganique à consistance sirupeuse et d'y ajouter de l'azotate de soude. En calcinant modérément, il se dégage des vapeurs nitreuses utilisables dans la fabrication de l'acide sulfurique, et il reste un mélange de bioxyde et de sel marin dont le lavage ne peut éliminer tout le chlorure [*Muspratt frei Bearbeitet von Stohmann*, t. I, p. 1355 et suiv.; — Varrentrapp, *Handw. der Chem.*, t. II, p. 1110].

M. Kuhlmann [*Compt. rend.*, t. XLVII, p. 403, 464, 674] utilise les résidus de chlore pour la préparation du chlorure de baryum.

Usages. — Le chlore est surtout employé comme décolorant et comme désinfectant, mais pour ces deux genres d'applications on fait usage, de préférence, des chlorures décolorants. Cependant les fabricants de papier font encore intervenir le chlore gazeux dans le blanchiment des chiffons effilochés.

L'emploi du chlore dans le blanchiment est dû à Berthollet, et pendant longtemps on lui donnait, dans les fabriques, le nom de cet illustre chimiste, au détriment de Scheele, qui l'avait isolé le premier.

Les fabricants d'indiennes font aussi intervenir le chlore dans quelques-unes de leurs opérations.

Il est impossible d'énumérer les services que cet agent énergique et précieux rend et a rendus aux chimistes, et particulièrement dans l'étude des composés organiques.

Détermination de l'équivalent du chlore [Berzelius, *Ann. de Chim. et de Phys.*, (2), t. XCI, p. 102; — Marignac, *Journ. für prakt. Chem.*, t. XXXI, p. 272; *Ann. der Chem. u. Pharm.*, t. XLIV, p. 14; — Penny, *Phil. Trans.*, 1839, p. 129; — Maumené, *Ann. de Chim. et de Phys.*, (3), t. XVIII, p. 41; t. LX, p. 173; — Stas, *Recherches sur les rapports réciproques des poids atomiques*, Bruxelles, 1860; — Dumas, *Compt. rend. de l'Acad. des sciences*, t. XLV, p. 709]. — Berzelius, Marignac, Penny, Maumené et Stas ont suivi une marche analogue.

1° On décompose un poids connu de chlorate de potasse par la chaleur.

Tout l'oxygène est éliminé; il reste du chlorure de potassium. Ces résultats fournissent le poids atomique du chlorure de potassium comparé à celui de l'oxygène.

On a trouvé :

Berzelius.	Marignac.	Penny.	Maumené.	Stas.
74,600	74,575	74,520	74,424	74,59

2° Une molécule de chlorure de potassium précipite une molécule d'argent dissous. En dosant, par exemple, la quantité de chlorure d'argent formé avec une molécule de chlorure de potassium, on trouve le poids atomique du chlorure d'argent.

Berzelius.	Marignac.	Maumené.
192,4	192,35	192,75

3° On trouve le poids atomique de l'argent en cherchant la quantité de chlorure de potassium nécessaire pour précipiter un poids connu d'argent métallique dissous préalablement.

100 p. d'argent exigent :

	Marignac.	Stas.
Cl K.................	69,062	69,103

d'où la proportion

$$100^{Ag} : 69{,}103^{ClK} :: x^{Ag} : 74{,}59^{ClK}.$$

$$x = \frac{100 \times 74{,}53}{69{,}103} = 107{,}94 \text{ (Stas).}$$

4° Par la combinaison directe du chlore avec un poids connu d'argent pur, on trouve que 100 p. d'argent donnent :

	Berzelius.	Marignac.	Penny.	Maumené.
Ag Cl....	132,75	132,75-132,84	132,84	132,73

Stas.	Dumas.
132,845	132,881

d'où $100^{Ag} : 132{,}881^{AgCl} :: 108^{Ag} : x.$

$$x = \frac{108 \times 132{,}881}{100} = \text{ClAg} = 143{,}511;\ \text{Cl} = 35{,}5.$$

COMBINAISONS DU CHLORE.

Acide chlorhydrique, hydrochlorique ou muriatique, H Cl. — Poids moléculaire, 36,5 = 2 volumes gazeux.

Sa solution aqueuse est depuis longtemps connue. Priestley l'a isolé le premier sous forme de gaz en 1772.

Propriétés physiques. — Gaz incolore, d'une odeur et d'une saveur acides fortes et piquantes.

Densité trouvée, 1,27 par rapport à l'air (Biot et Gay-Lussac). Densité calculée, 1,265.

Il se liquéfie à 10° sous une pression de 40 atmosphères, et n'a pas encore pu être solidifié. L'acide chlorhydrique liquide forme un liquide incolore, mobile, d'une densité égale à 1,27, d'un pouvoir conducteur faible pour l'électricité.

Propriétés chimiques. — Le gaz chlorhydrique a une grande affinité pour l'eau. En contact avec l'atmosphère humide, il condense la vapeur d'eau et forme des fumées blanchâtres demi-transparentes. Sa solubilité dans l'eau est telle, qu'une éprouvette remplie avec du gaz pur que l'on débouche sur l'eau est brisée par le choc de la colonne liquide contre la partie supérieure.

MM. Roscoe et Dittmar ont étudié les lois de la solubilité de l'acide chlorhydrique dans l'eau, dans diverses conditions.

Ils ont reconnu que, suivant la loi de Henry, à une même température (0° par exemple), la solubilité croît très-lentement avec la pression. Ainsi une certaine partie de l'acide dissous dans l'eau à 0° est indépendante de la pression; car en faisant pendant longtemps passer de l'air sec, le liquide finit par retenir une quantité constante d'acide (0gr,33 pour 1 gramme d'eau).

Soit P la pression de gaz, moins la tension de la vapeur d'eau, et G la quantité d'acide dissous dan 1 gramme d'eau à 0°; on a :

P.	G.	P.	G.
0,06.........	0,613	0,50.......	0,782
0,15.........	0,686	0,90.........	0,844
0,30.........	0,738	1,00.........	0,856

Soit t la température, 1 gramme d'eau absorbe à à la pression de $0^{m},760$:

t.	G.	t.	G.
0	0,825	32	0,665
4	0,804	36	0,649
8	0,783	40	0,633
12	0,762	44	0,618
16	0,742	48	0,603
20	0,721	52	0,589
24	0,700	56	0,575
28	0,682	60	0,561

L'ébullition ne chasse pas la totalité du gaz. Il arrive un moment où le résidu garde une composition constante. D'après Bineau cette composition s'exprimerait par le rapport atomique

$$HCl + 8H^2O.$$

Cet acide, conservé longtemps à l'air sec, perdrait de l'eau et deviendrait $HCl + 6H^2O$. MM. Roscoe et Dittmar ont constaté que la composition de ce résidu varie avec la pression sous laquelle l'ébullition a lieu. A une pression de $0^{m},05$, il contient 23,2 % d'acide; à une pression de $2^{m},5$, il n'en renferme que 18 %. La quantité pour 100 d'acide que la solution retient à une pression, et par conséquent aussi à une température donnée, est la même que celle que laisse un courant d'air sec à la même température.

Il y aurait donc entre l'acide chlorhydrique et l'eau une attraction plus forte que celle qui s'exerce entre l'eau et la plupart des gaz, bien que l'on ne puisse admettre l'existence d'une véritable combinaison chimique en proportions définies. A chaque température correspondrait un hydrate spécial [*Chem. Soc. quart. Journ.*, t. XII, p. 128].

Ure a dressé un tableau qui donne la quantité réelle d'acide chlorhydrique (HCl) contenue dans 100 p. d'acides de diverses densités.

Densité.	Degrés à l'aréom. Baumé.	HCl p. 100.
1,2000	24-5	40,777
1,1982	24	40,369
1,1964	24-23	39,961
1,1946		30,554
1,1928		39,146
1,1910		38,738
1,1893		38,330
1,1875	23-22	37,928
1,1859		37,516
1,1846		37,108
1,1822		36,700
1,1802		36,292
1,1782	22-21	35,884
1,1762		35,476
1,1741		35,068
1,1721		34,660
1,1701		34,252
1,1681	21-20	33,845
1,1661		33,437
1,1641		33,029
1,1620		32,021
1,1599	20	32,213
1,1578	20-19	31,805
1,1557		31,398
1,1536		30,990
1,1515		30,582
1,1494	19-18	30,174
1,1473		29,767
1,1452		29,359
1,1431		28,951
1,1410	18-17	28,544
1,1389		28,136
1,1369		27,728
1,1349		27,321
1,1328		26,913
1,1308	17-16	26,505
1,1287		26,098
1,1267		25,690
1,1247		25,282
1,1226	16-15	24,874
1,1206		24,466
1,1185		24,088
1,1164		23,650
1,1148	15-14	23,242
1,1123		22,834
1,1102		22,426
1,1082		22,019
1,1061	14-13	21,611
1,1041		21,203
1,1020		20,796
1,1000		20,288
1,0980	13-12	19,980
1,0960		19,572
1,0939		19,165
1,0919		18,757
1,0899	12-11	18,349
1,0879		17,941
1,0859		17,534
1,0838		17,126
1,0818	11-10	16,718
1,0798		16,310
1,0778		15,902
1,0758		15,494
1,0738	10-9	15,087
1,0718		14,679
1,0697		14,271
1,0677		13,363
1,0657	9-8	13,165
1,0637		13,049
1,0617		12,641
1,0597		12,233
1,0577	8 7	11,824
1,0557		11,418
1,0537		11,010
1,0517		10,602
1,0497	7-6	10,194
1,0477		9,768
1,0457		9,379
1,0437		8,971
1,0417	6-5	8,563
1,0397		8,155
1,0377		7,747
1,0357		7,340
1,0837	5-4	6,632
1,0318		6,524
1,0298		6,116
1,0279	4-3	5,709
1,0259		5,301
1,0239		4,893
1,0220		4,486
1,0200	3-2	4,078
1,0180		3,670
1,0160		3,362
1,0140		2,854
1,0120	2-1	2,447
1,0100		2,039
1,0080		1,631
1,0060	1-0	1,224
1,0040		0,816
1,0020		0,408

L'acide chlorhydrique est incombustible; il éteint les corps en combustion.

La chaleur ne le décompose pas. Il réagit sur un grand nombre de métaux, à une température plus ou moins élevée, en donnant de l'hydrogène et un chlorure métallique; ainsi avec le potassium on a

$$2HCl + K^2 = 2KCl + H^2.$$

En présence des oxydes métalliques il forme de l'eau et un chlorure:

$$Ag^2O + 2HCl = 2AgCl + H^2O.$$

Il s'unit directement par addition à l'ammoniaque et aux ammoniaques composées, ainsi qu'à certains carbures d'hydrogène non saturés, tels que l'éthylène, l'essence de térébenthine, etc.

Avec les peroxydes de manganèse, de plomb, il fournit en outre du chlore. En général, les composés peroxygénés oxydent l'acide chlorhydrique, ou plutôt son hydrogène, et donnent du chlore. Ainsi les acides azotique, chlorique, chromique.

Son pouvoir de dissociation est très-faible. Ainsi en chauffant le gaz à 1500° en présence de l'argent, on n'a obtenu que quelques centimètres cubes d'hydrogène et du chlorure d'argent [Deville, *Compt. rend.*, t. LX, p. 317].

L'acide chlorhydrique liquéfié n'attaque pas le magnésium, le zinc, le fer, la chaux, les sulfures métalliques et quelques carbonates. Le potassium, le sodium, l'étain, le plomb sont attaqués sans dégagement de gaz [Gore, *Phil. Mag.*, (4), t. XXIX, p. 541].

L'acide hypoazotique solide, refroidi à — 22°, absorbe l'acide chlorhydrique et donne deux liquides, l'un bouillant à — 50°, qui est l'acide chlorazotique de Gay-Lussac, l'autre bout à + 5° et répond à la formule AzO^2Cl [Müller, *Ann. der Chem. u. Pharm.*, t. CXXII, p. 1].

L'acide chlorhydrique est assez rapidement décomposé par une spirale de fer incandescente ou par l'arc voltaïque s'élançant du fer. La décomposition n'est cependant jamais complète. Il se forme du chlorure de fer et le volume diminue de moitié. Les étincelles d'induction éclatant à travers l'acide chlorhydrique gazeux renfermé dans une éprouvette sur la cuve à mercure, ne produisent, au bout d'un temps très-long, qu'une légère diminution de volume avec formation de chlorure de mercure à la surface du bain de mercure qui intercepte le gaz [Buff et Hofmann, *Ann. der Chem. u. Pharm.*, t. CXIII, p. 129].

La solution aqueuse et concentrée d'acide chlorhydrique est incolore à l'état de pureté; elle répand à l'air des fumées épaisses et possède une saveur et une réaction fortement acides. C'est sous cette forme que l'acide chlorhydrique est le plus fréquemment manié dans les laboratoires et dans les arts, sous les noms d'acide muriatique et chlorhydrique. L'acide chlorhydrique aqueux était connu depuis longtemps sous le nom d'esprit de sel.

Ce liquide réagit à froid sur beaucoup de métaux, d'oxydes et de suroxydes en donnant un chlorure et de l'hydrogène ou de l'eau oxygénée, ou encore du chlore, suivant les cas. Le courant électrique décompose facilement une solution chlorhydrique d'une densité égale à 1,148 en chlore et hydrogène.

État naturel, mode de formation. Préparation. — L'acide chlorhydrique accompagne généralement les diverses substances vomies pendant les éruptions volcaniques; il doit probablement son origine, dans ce cas, à l'action de l'eau sur les chlorures alcalins ou alcalino-terreux. On le trouve en solution dans l'eau qui remplit certaines fissures sur les flancs des cratères. Quelques rivières de l'Amérique du Sud qui prennent leur source dans des terrains volcaniques en contiennent de 1 à 2 pour 1000.

L'acide chlorhydrique prend naissance dans une foule de circonstances. Les plus importantes sont : 1° La combinaison directe du chlore et de l'hydrogène à volumes égaux sans condensation. Nous avons vu plus haut les conditions de cette réaction.

2° Par l'action du chlore sur l'eau sous l'influence de la lumière ou d'une température élevée, ou sur l'hydrogène sulfuré; 3° par la décomposition de certains chlorures ou oxychlorures au contact de l'eau; protochlorure et perchlorure de phosphore, chlorure de soufre, de bore, de silicium, d'antimoine, d'aluminium, de magnésium, oxychlorure de carbone, acide chlorosulfurique. Tous ces corps se décomposent aisément par l'eau, soit à froid, soit à l'ébullition. Un grand nombre d'autres chlorures fournissent également un oxyde et de l'acide chlorhydrique, mais à une température élevée.

4° Par l'action du chlore sur un grand nombre de corps organiques. Dans ce cas, la production de l'acide chlorhydrique est accompagnée de celle d'un dérivé de substitution chlorée; 5° par l'action de l'acide sulfurique sur un chlorure. Cette dernière réaction est généralement utilisée dans la préparation de l'acide chlorhydrique gazeux ou liquide (solution). On met en présence une molécule (SO^4H^2) d'acide sulfurique et deux molécules de sel marin (NaCl), et on chauffe progressivement jusqu'à expulsion des dernières traces d'acide chlorhydrique :

$$SO^4H^2 + 2NaCl = SO^4Na^2 + 2HCl.$$

Le gaz est recueilli dans des éprouvettes sèches sur la cuve à mercure, ou dans l'eau, suivant le but que l'on se propose.

La réaction n'est cependant pas aussi simple que cette équation semble l'indiquer. Ainsi lorsqu'on mélange les deux corps dans les proportions indiquées par l'équation précédente, il s'établit au début et à froid une violente réaction; la masse devient pâteuse et finit par ne plus rien donner, même sous l'influence d'une élévation modérée de température. En examinant la masse, on la trouve formée d'un mélange de bisulfate de soude et de sel marin resté intact. Ce n'est qu'en poussant la chaleur presque au rouge que l'on détermine l'action ultérieure du sel marin sur le bisulfate. On a donc réellement :

1° $SO^4H^2 + NaCl = SO^4HNa + HCl,$

puis 2° $SO^4NaH + NaCl = SO^4Na^2 + HCl.$

Il résulte de là que toutes les fois que l'on doit opérer dans des vases en verre, il est plus avantageux d'employer pour une molécule d'acide sulfurique (SO^4H^2) une seule molécule de sel marin, tandis qu'en grand il est nécessaire d'atteindre la seconde limite pour utiliser tout l'acide sulfurique qui constitue la principale dépense; aussi est-ce dans des vases ou appareils dont la température peut atteindre le rouge que s'exécute la réaction. En grand on a employé des cylindres en fonte de 1m,66 de long sur 0m,33 d'épaisseur et pouvant recevoir 160 kilogrammes de sel marin et 130 kilogrammes d'acide sulfurique couchés horizontalement et par paires dans un four dont on peut élever la température au rouge sombre. L'acide chlorhydrique vient se condenser dans une série de touries

Fig. 135. — Préparation de l'acide chlorhydrique.

bitubulées contenant de l'eau et communiquant les unes avec les autres par des tubes en grès.

Le chargement de sel se fait par la partie antérieure que l'on ferme ensuite par un obturateur en fonte luté avec de l'argile; l'acide sulfurique est introduit au moyen d'un entonnoir coudé s'engageant dans un orifice de cet obturateur, orifice que l'on ferme ensuite avec un bouchon en grès luté. Le gaz s'échappe par la partie postérieure par une allonge coudée qui s'emboîte avec le tuyau de la première tourie entourée d'eau froide et destinée à condenser les particules liquides et solides entraînées. Tous les ajutages doivent être soigneusement lutés à l'argile pour éviter les pertes, et le nombre des touries placées à la suite les unes des autres doit être suffisant pour amener une condensation aussi complète que possible; la dernière communique avec une cheminée à bon tirage. Pour économiser la place on dispose les vases condensateurs sur plusieurs rangées parallèles. Dans ce cas la dernière tourie de la première rangée est liée à celle de la seconde placée à côté et ainsi de suite. Cette condensation peut être rendue continue et méthodique; il suffit de mettre les panses des vases à quelques centimètres au-dessous du niveau liquide en communication les unes avec les autres par de gros tubes en caoutchouc vulcanisé. En faisant arriver de l'eau pure d'une manière continue dans la bombonne la plus éloignée des cylindres, il s'établit une circulation de liquide en sens inverse de celle du gaz, et l'eau, de plus en plus chargée d'acide chlorhydrique, s'écoule saturée de la bombonne la plus rapprochée des appareils. Pour absorber les dernières traces d'acide, on peut faire usage de la cascade de Clément. Elle se compose d'une colonne creuse en pierres inattaquables, remplie de coke à travers lequel tombe régulièrement une pluie d'eau.

Chaque cylindre fournit 200 à 208 kilogrammes d'acide marquant de 21° à 22° Baumé et contenant environ 40 °/₀ d'acide anhydre.

Dans certaines localités où le verre n'est pas d'un prix trop élevé, la décomposition du sel marin peut s'opérer dans des cornues en verre lutées disposées sur deux rangées dans un four. Après avoir introduit le sel, puis l'acide tel qu'il sort des chambres de plomb, au moyen d'un entonnoir à douille recourbée, on engage le col de la cornue dans le col d'un ballon tubulé dont la petite tubulure dirigée en bas communique avec l'appareil condensateur. Ce procédé ne peut convenir qu'à une fabrication restreinte.

Sur une plus vaste échelle, la réaction de l'acide sulfurique sur le sel s'exécute dans des fours de dispositions variées; mais ce mode de travail est trop intimement lié à la fabrication du sulfate et du carbonate de soude par la méthode de Leblanc pour qu'il soit utile de l'en distraire. Dans la plupart des cas, en effet, l'obtention industrielle de l'acide chlorhydrique n'est qu'une opération secondaire de celle du sulfate de soude.

En petit, l'opération se fait dans un ballon en verre muni d'un tube de sûreté et communiquant avec une série de flacons de Wolff dont le premier sert à laver le gaz et ne renferme que peu d'eau. On mouille le sel avec de l'acide chlorhydrique concentré et l'on ajoute peu à peu l'acide sulfurique nécessaire. Il convient d'entourer d'eau froide les flacons destinés à condenser le gaz et à ne les remplir qu'aux deux tiers; les tubes abducteurs doivent ne plonger que d'une petite quantité.

Le produit commercial contient diverses impuretés. Il est coloré en jaune plus ou moins foncé par du perchlorure de fer, du chlore libre et des matières organiques et renferme en outre de l'acide sulfureux, de l'acide sulfurique, de l'acide arsénieux et quelquefois du chlorure d'étain, et les sels de l'eau employée à la condensation. On reconnaît la présence de l'acide sulfureux incompatible avec celle du chlore, au moyen du caméléon minéral. On transforme facilement l'acide chlorhydrique impur du commerce en acide propre aux usages délicats de l'analyse; il suffit de distiller avec quelques grammes de chlorate de potasse ou d'oxyde de manganèse et de recueillir le gaz qui s'échappe dans de l'eau pure. Pour éviter le passage de chlorure d'arsenic, on ajoute après l'élimination du chlore quelques grammes de sulfure de baryum et on ne commence à recueillir le gaz que lorsque l'hydrogène sulfuré développé au début a disparu. Le chlorate de potasse transforme en même temps l'acide sulfureux en acide sulfurique beaucoup moins volatil et plus facile à séparer par distillation. L'acide sulfureux dérive de l'action de l'acide sulfurique sur les matières organiques.

Applications. — L'acide chlorhydrique reçoit un grand nombre d'applications. 1° Fabrication du chlore et des hypochlorites décolorants. On se sert pour cet usage de l'acide le moins pur, de celui qui se condense dans les premières touries. 2° Préparation du chlorure de zinc destiné à la conservation du bois, par l'action à froid de l'acide sur des rognures de zinc. 3° Préparation de l'eau régale, du sel ammoniac, de la colle forte, au moyen des os que l'on prive par son intermédiaire de leur partie minérale. 4° Usages divers et nombreux aussi bien dans les arts que dans les laboratoires.

Analyse. — La composition du gaz chlorhydrique se détermine facilement de la manière suivante: On introduit dans une cloche courbe sur le mercure un volume mesuré de gaz, puis un fragment de sodium, et on chauffe au moyen d'une lampe à gaz. Il se produit du chlorure de sodium et il reste de l'hydrogène dont le volume est exactement la moitié de celui du gaz employé.

Si de la densité de l'acide chlorhydrique par rapport à l'hydrogène ou de 18,25 nous retranchons la demi-densité de l'hydrogène 0,5, le reste 17,75 représente exactement la demi-densité du chlore, d'où il résulte qu'un volume d'acide chlorhydrique est formé par l'union d'un demi-volume de chlore et d'un demi-volume d'hydrogène. La formule la plus simple que l'on puisse adopter est donc HCl et correspond à 2 volumes.

Ces résultats sont confirmés par la synthèse directe. Un mélange à volumes égaux de chlore et d'hydrogène, exposé à la lumière diffuse, donne sans résidu de l'acide chlorhydrique dont le volume est égal à la somme des volumes employés.

La formule HCl représente la quantité d'acide chlorhydrique qui réagit sur une molécule d'hydrate de potasse KHO, elle est donc l'expression du poids moléculaire de cet acide et de son équivalent.

L'acide chlorhydrique libre se reconnaît à son odeur piquante, aux fumées qu'il répand à l'air, fumées qui deviennent opaques et blanches en présence d'une baguette trempée dans l'ammoniaque. Le gaz trouble une goutte de nitrate d'argent suspendue à une baguette en verre; le trouble disparaît par l'ammoniaque. L'acide chlorhydrique libre en solution dégage du chlore avec les peroxydes de manganèse et de plomb, donne de l'eau oxygénée avec le bioxyde de baryum, précipite en blanc le nitrate d'argent, précipité caillebotté devenant violet à la lumière et soluble dans l'ammoniaque. Ce caractère lui est commun avec les chlorures. Pour le dosage de l'acide chlorhydrique, voyez CHLORURES MÉTALLIQUES.

CHLORURES. — Le chlore s'unit à un grand nombre de corps simples métalliques ou non et à des radicaux complexes pour former des composés connus sous le nom générique de chlorures.

Au point de vue de leurs caractères physico-chimiques, nous pouvons diviser les chlorures en plusieurs groupes; savoir: 1° chlorures résultant de l'union du chlore avec un métalloïde ou un radical composé minéral; tels sont les chlorures de soufre, de sélénium, de tellure, d'iode, de brome, d'arsenic, de phosphore, d'azote, de bore, de silicium, de carbone; les chlorures de sulfuryle, de carbonyle, etc.; 2° les chlorures métalliques produits par la combinaison du chlore avec les métaux; 3° les chlorures organiques résultant de l'union du chlore avec un radical organique, ou de la substitution du chlore à HO (hydroxyle) dans un composé organique saturé.

Les chlorures métalloïdiques sont généralement volatils, liquides ou solides, sans éclat salin, décomposables par l'eau en acide chlorhydrique et hydrate du radical. Ainsi

$$PhCl^3 + 3H^2O = 3ClH + Ph.H^3.O^3,$$
$$SO^2Cl^2 + 2H^2O = 2ClH + SO^2.H^2.O^2.$$

Ils se rapprochent beaucoup, sous ce rapport, des chlorures des radicaux d'acides organiques. Les chlorures de carbone, assez nombreux, ont une manière d'être à part; ils peuvent être considérés pour la plupart comme les dérivés de substitution chlorée des hydrocarbures. Les composés du chlore avec les métalloïdes, l'azote et le carbone exceptés, se forment directement et souvent avec une grande facilité, même à la température ordinaire. Suivant la proportion du chlore, on obtient dans beaucoup de cas plusieurs degrés de chloruration (soufre, phosphore). Le chlorure d'azote qui ne se forme qu'indirectement par l'action du chlore sur le sel ammoniac est très-peu stable. Les chlorures de carbonyle et de sulfuryle prennent naissance directement, mais seulement sous l'influence de la lumière.

La composition de ces corps s'établit facilement en les décomposant par l'eau et en dosant l'acide chlorhydrique formé.

CHLORURES MÉTALLIQUES. — Leur composition et leur poids moléculaire dépend de l'atomicité du métal. Si le métal est polyatomique, on peut obtenir deux ou plusieurs degrés de chloruration.

Propriétés physiques. — Quelques chlorures sont liquides ($SnCl^4$, $TiCl^4$, $SbCl^5$); ils possèdent alors une odeur forte et irritante et répandent à l'air des fumées blanches se comportant comme les chlorures des métalloïdes, bien qu'ils se décomposent moins facilement par l'eau. Les autres chlorures sont solides et possèdent l'aspect salin. Leur couleur varie avec la nature du métal et aussi suivant qu'ils sont anhydres ou hydratés; ainsi le protochlorure de fer est blanc à l'état anhydre et vert-émeraude en cristaux hydratés. Presque tous les chlorures sont volatils à des températures plus ou moins élevées et d'autant plus facilement que la proportion de chlore est plus grande; ainsi le bichlorure d'étain $SnCl^4$ est plus volatil que le protochlorure. Les chlorures alcalins et alcalino-terreux, ceux de magnésium, de manganèse, de plomb et d'argent se volatilisent lentement à une température élevée et surtout sous l'influence d'un courant d'air ou de gaz.

Propriétés chimiques. — Action de la chaleur. — Il y a à distinguer deux cas, indépendamment des phénomènes physiques. 1° La chaleur agit sur le chlorure *anhydre*; sont décomposés en métal et en chlore, les chlorures de platine, de rhodium, d'iridium, de palladium, de ruthénium, d'or; pour le platine, la décomposition peut suivre deux phases si l'action de la chaleur est ménagée; au début il y a départ de la moitié seulement du chlore et il se forme du protochlorure $PtCl^2$ qui se décompose lui-même à une température plus élevée. Les autres chlorures résistent à l'action de la chaleur ou ne perdent qu'une partie de leur chlore. Ainsi

$$CuCl^2 = Cl + CuCl.$$

2° La chaleur agit sur un chlorure *hydraté* appartenant au type mixte ($H^2O.ClH$); dans ce cas ou bien l'eau est expulsée et il reste un chlorure anhydre qui sera décomposé ou non, comme il est dit plus haut; ou le chlore réagissant sur l'eau forme de l'acide chlorhydrique et un oxyde métallique. Ainsi certains chlorures hydratés (chlorures d'aluminium, de magnésium, etc.) ne peuvent être desséchés sans dégager HCl en laissant de l'oxyde. Ce phénomène de décomposition se produit même avec la solution étendue portée à l'ébullition.

Action de la lumière. — Quelques chlorures et notamment le chlorure d'argent sont décomposés partiellement sous l'influence de la lumière. Ce dernier perd, selon Gay-Lussac, la moitié de son chlore. Le sous-chlorure de cuivre noircit également à la lumière, quoique plus lentement.

Électricité. — Le courant électrique dédouble facilement un grand nombre de chlorures en chlore et en métal; la réaction réussit surtout bien sur les chlorures fondus (chlorures de magnésium, de baryum, de strontium, de calcium, d'aluminium).

Oxygène. — A une température plus ou moins élevée, l'oxygène décompose un certain nombre de chlorures, en mettant du chlore en liberté et en formant un oxyde. Les chlorures alcalins et alcalino-terreux résistent assez bien à ce genre d'altération; il en est de même des chlorures de mercure, d'argent, d'or.

Soufre. — Il n'a pas d'action sur les chlorures alcalins et alcalino-terreux de magnésium et d'aluminium; il transforme les autres en sulfure et chlorure de soufre.

Hydrogène. — Lorsque l'hydrogène attaque un chlorure à une température élevée, il se forme de l'acide chlorhydrique et du métal libre. Sont inattaquables: les chlorures alcalins, alcalino-terreux, de magnésium, d'aluminium.

Le carbone et l'azote sont sans action sur les chlorures. Le phosphore, le bore, le silicium provoquent dans quelques cas la formation de chlorures de phosphore, de bore ou de silicium, et d'un phosphure, borure, siliciure métallique.

Métaux. — Dans les chlorures, les déplacements d'un métal par un autre se font généralement d'après les mêmes lois que dans les sels; c'est-à-dire qu'un métal d'une section inférieure déplace un métal d'une section supérieure. Cependant les chlorures d'aluminium et de glucinium résistent à l'action de métaux autres que les métaux alcalins. Le bichlorure de mercure est facilement réduit par l'étain, l'antimoine, mais il n'est pas attaqué par l'or. Cette réaction peut être utilisée pour séparer l'or de l'étain; l'étain se convertit en chlorure qui se volatilise avec le mercure régénéré et l'or reste.

Eau. — Sont solubles sans décomposition dans l'eau, tous les chlorures, excepté le chlorure d'argent, les sous-chlorures de mercure, de platine et de rhodium. Le chlorure de plomb et le sous-chlorure de cuivre sont peu solubles.

Se décomposent par l'eau : le chlorure de titane,

$$TiCl^4 + 2H^2O = 4HCl + TiO^2.$$

Le chlorure d'antimoine $SbCl^3$ fournit un oxychlorure et de l'acide chlorhydrique,

$$SbCl^3 + H^2O = SbClO + 2HCl.$$

Il en est de même du chlorure de bismuth. Nous avons déjà vu que les chlorures de magnésium, d'aluminium et de ferricum se décomposent aussi pendant l'évaporation à siccité de leur solution aqueuse.

Ammoniaque. — Voir AMMONIAQUE, t. I, p. 217.

Modes de formation et préparation des chlorures. — 1° Directement par l'union du métal avec le chlore libre. La réaction est souvent favorisée par l'état de division du métal. Le platine, le rhodium, l'iridium et le ruthénium ne s'unissent pas directement au chlore. Cette méthode réussit surtout pour les chlorures volatils d'étain, d'antimoine, de fer.

2° Action du chlore naissant sur le métal. On obtient facilement du chlore naissant en chauffant un mélange d'acide chlorhydrique en solution avec un corps riche en oxygène (acides azotique, chlorique, chromique, etc.); ces mélanges portent le nom d'eaux régales. L'eau régale est surtout employée pour la chloruration de l'or, du platine et de ses satellites.

3° Si le métal est difficile à préparer et d'un prix élevé, on peut obtenir le chlorure par l'action du chlore sur un mélange de l'oxyde avec du charbon divisé. On prépare ainsi les chlorures d'aluminium, de glucinium, de chrome et certains chlorures de métalloïdes (bore, silicium). On a en effet

$$Al^2O^3 + 3C + 6Cl = Al^2Cl^6 + 3CO.$$

4° Beaucoup de chlorures peuvent être obtenus par l'action de l'acide chlorhydrique sur le métal; il se dégage de l'hydrogène; on opère tantôt à sec à une température plus ou moins élevée, tantôt en présence de l'eau à froid, par l'action de l'acide chlorhydrique sur l'oxyde ou l'hydrate d'oxyde :

$$2HCl + M^2O = 2MCl + H^2O,$$

ou sur un carbonate, ou encore sur quelques sulfures (baryum, antimoine, etc.).

5° On peut remplacer dans quelques cas l'acide chlorhydrique par le sublimé corrosif ou bichlorure de mercure. Ainsi en distillant un mélange d'antimoine ou d'étain et de bichlorure de mercure, on obtient les chlorures d'antimoine ou d'étain et de mercure métallique.

Chlorures doubles. — Les chlorures métalliques ont une grande tendance à s'unir entre eux pour former des sels ou composés doubles. Ainsi les chlorures alcalins s'unissent facilement aux chlorures d'aluminium, d'or, de platine, et donnent des produits définis cristallisables. Ces sels doubles offrent généralement les propriétés de leurs parties constituantes.

Procédés analytiques. — Les chlorures métalliques ne fusent pas sur le charbon, ne dégagent pas d'oxygène lorsqu'on les chauffe à sec dans un petit tube. Traités par l'acide sulfurique concentré et chaud, ils dégagent la plupart un gaz incolore, acide, fumant, qui précipite en blanc le nitrate d'argent. Chauffés avec de l'acide sulfurique étendu et du peroxyde de manganèse, ils dégagent du chlore. Au chalumeau avec une perle de sel de phosphore saturée d'oxyde de cuivre, ils donnent un dard bleu bordé de pourpre. Les chlorures solubles précipitent en blanc par le nitrate d'argent; le précipité est facilement soluble dans l'ammoniaque, insoluble dans l'acide nitrique. Ils précipitent en blanc le nitrate mercureux; le précipité devient noir par l'ammoniaque; en blanc par les sels de plomb, précipité soluble dans beaucoup d'eau.

Les chlorures insolubles sont facilement transformés en chlorures solubles par la fusion avec du carbonate de soude dans un creuset de porcelaine. On reprend par l'eau et on filtre au besoin. Le liquide neutralisé par l'acide azotique pur fournira les caractères des chlorures. Le précipité par le nitrate d'argent, insoluble dans l'acide nitrique, ne permet de confondre les chlorures qu'avec les bromures et les iodures. S'il y a un iodure, ce que l'on reconnaît facilement en ajoutant de l'empois d'amidon et de l'eau de chlore à une portion du liquide, on élimine l'iode par le nitrate de palladium. Le liquide filtré débarrassé de palladium par l'hydrogène sulfuré est, s'il précipite en blanc par le nitrate d'argent, évaporé à sec, mélangé à du bichromate de potasse, et le mélange est chauffé avec de l'acide sulfurique concentré dans un petit appareil distillatoire. Dans le cas de la présence d'un chlorure, il distille de l'acide chlorochromique rouge devenant vert par l'acide sulfureux.

Dosage des chlorures. — Les chlorures solubles ou rendus solubles par fusion avec un carbonate alcalin, ou par l'action de l'acide nitrique, sont précipités par un excès de nitrate d'argent en présence de l'acide azotique libre. Le liquide est bouilli quelque temps, puis filtré. Le filtre est lavé et séché, on détache le chlorure aussi bien que possible. Le filtre roulé en cylindre serré est entouré d'un fil de platine et brûlé à la flamme d'un bec Bunsen. Les cendres sont humectées dans une petite capsule tarée avec de l'acide nitrique, puis avec quelques gouttes d'acide chlorhydrique; on sèche, on ajoute le reste du chlorure que l'on fond.

Si la liqueur renferme en même temps des bromures, iodures, cyanures, le précipité argentique contiendra également du bromure, de l'iodure et du cyanure d'argent et ne peut servir immédiatement au dosage du chlore. Pour le cas d'un mélange de chlorure et de bromure, voyez Bromures. Dans le cas d'un mélange de chlorure et d'iodure, on peut procéder de diverses manières :

1° Le précipité argentique est pesé, puis on en chauffe un poids connu dans un courant de chlore sec qui chasse l'iode. La perte de poids permet de calculer le poids du chlorure qui se trouvait dans le mélange; il suffit de la multiplier par $\frac{235}{91,5} = 2,5683$ pour avoir le poids de l'iodure, et, par différence, celui du chlorure.

2° Après avoir pesé le mélange de chlorure et d'iodure d'argent, on le réduit par l'hydrogène pour peser l'argent.

A, poids du mélange; B, poids de l'argent; x, chlore; y, iode.

On a

$$\frac{143,5}{35,5}x + \frac{235}{127}y = A, \qquad \frac{235}{35,5}x + \frac{235}{127}y = B.$$

$$x = 1,3887\ B - 0,7977\ A,$$
$$y = 1,7977\ A - 2,3887\ B.$$

3° Le liquide à doser est partagé en deux parties égales, on précipite les deux par le nitrate d'argent, mais l'un des précipités est filtré, lavé, séché et pesé; le second, lavé par décantation, est traité par une solution d'iodure de potassium qui transforme le chlorure d'argent en iodure; on filtre, on lave, on sèche et on pèse.

A, poids du mélange de AgCl et AgI; B, poids de AgI seul; x, poids du chlore; y, poids de l'iode.

On a encore

$$\frac{143,5}{35,5}x + \frac{235}{127}y = A, \qquad \frac{235}{35,5}x + \frac{235}{127}y = B.$$

4° On commence par séparer l'iode par un excès de nitrate de palladium; l'excès de palladium contenu dans le liquide filtré est précipité par H^2S et l'excès de H^2S est décomposé par le sulfate de sesquioxyde de fer.

Dans le cas d'un mélange de chlorure, bromure, iodure, il convient d'éliminer l'iode par le chlorure de palladium (le nitrate pourrait précipiter du brome). On dose ainsi l'iode. Le liquide filtré, débarrassé de palladium, est précipité par le nitrate d'argent et on continue comme ci-dessus.

D'après Field [*Chem. Soc. quart. Journ.*, t. X, p. 234], on peut précipiter trois portions égales du liquide par un excès d'azotate d'argent. Les trois précipités sont lavés; le premier est séché et pesé; le second est digéré avec du bromure de potassium, lavé, séché et pesé; le troisième est digéré avec de l'iodure de potassium, lavé, séché et pesé. On peut facilement trouver les 3 équations qui permettront de calculer les 3 inconnues.

Chlorure et cyanure. — Le liquide est partagé en deux. L'une des moitiés est précipitée par AzO^3Ag, le précipité est recueilli sur un filtre taré, lavé, séché à 120° et pesé.

La seconde partie est évaporée avec du borax qui élimine CyH. On reprend par l'eau, on acidifie avec AzO^3H et on précipite par AzO^3Ag.

Chlorure, cyanure, bromure, iodure. — On précipite par AzO^3Ag. Le précipité est recueilli sur un filtre taré, lavé, séché à 120° et pesé. Dans une portion de ce précipité, on détermine Cy par une analyse organique.

Dosage de l'acide chlorhydrique et des chlorures métalliques par liqueurs titrées. — On se sert d'une liqueur titrée d'azotate d'argent contenant un poids connu d'argent par litre (1 atome par exemple, 108 grammes). Chaque centimètre cube vaut donc 1/1000 d'atome de chlore ou 0gr,0355. On verse avec une burette l'azotate d'argent dans la solution de chlorure chauffée légèrement, jusqu'à ce qu'il ne se forme plus de précipité. Le terme de la réaction est difficile à saisir, car le liquide ne s'éclaircit pas entièrement. Levol a proposé d'ajouter au liquide du phosphate de soude qui commencera à donner un précipité jaune persistant dès qu'il n'y aura plus de chlore dans la liqueur. Le phosphate d'argent étant d'un jaune trop pâle pour donner des indications précises, Mohr a proposé d'employer l'arséniate ou mieux le chromate neutre de potasse. Avec le chromate, le liquide ne doit pas être acide, un léger excès de carbonate de soude ne gêne même pas. La réaction est terminée lorsque le précipité prend une teinte rougeâtre persistante.

D'après Siewert, on ne peut titrer le chlore de chlorures en présence des sulfures et des hyposulfites, par l'azotate d'argent et le chromate [*Zeitsch. f. die Ges. naturn.*, t. XIX, p. 247].

On commence par décomposer les hyposulfites et les sulfures alcalins par un volume mesuré d'une solution normale d'iode, puis on dose en même temps Cl et I par la liqueur argentique.

Pisani préfère précipiter en une fois tout le chlore par un excès mesuré d'azotate d'argent titré [*Ann. des Min.*, (5), t. X, p. 83; — *Compt. rend.*, t. XLIV, p. 352]. On acidule avec l'acide azotique, on chauffe, on filtre, et dans le liquide filtré on dose l'argent par une solution titrée d'iodure d'amidon soluble que l'on ajoute jusqu'à décoloration. En modifiant cette méthode, elle peut servir au dosage simultané du chlore et du brome; il suffit de peser le précipité argentique contenant le chlore et le brome. Un simple calcul conduira aux inconnues du problème.

Pour le chlore et l'iode on colore la solution avec un peu d'iodure d'amidon et l'on détermine l'iode en ajoutant de l'azotate d'argent titré jusqu'à décoloration; l'iodure d'amidon se décolore avant que la précipitation de l'iodure d'argent ne commence; on achève la précipitation par un excès de liqueur normale, on filtre et on dose l'argent dans le liquide filtré.

Dans le cas d'un mélange de chlorure, bromure, iodure, une partie du liquide est complétement précipitée par un excès d'azotate; on filtre, on pèse le dépôt et on dose volumétriquement l'argent dans le liquide filtré. Dans une autre portion du liquide, on dose l'iode par l'azotate de palladium, et dans le liquide filtré, débarrassé de l'excès de palladium, on dose le chlore et le brome, mais on n'a pas besoin de peser le mélange de bromure et de chlorure d'argent.

COMPOSÉS OXYGÉNÉS DU CHLORE.

Le chlore forme avec l'oxygène un série assez complète de combinaisons, dont les unes sont connues à l'état anhydre et à l'état hydraté, d'autres seulement à l'état hydraté.

En voici la nomenclature :

Acide hypochloreux hydraté...	$ClHO$.
Acide chloreux hydraté........	$ClHO^2$.
Acide chlorique hydraté.......	$ClHO^3$.
Acide perchlorique hydraté...	$ClHO^4$.
Oxyde hypochlorique..........	Cl^2O^4.
Euchlorine....................	$Cl^6O^{13} = 2Cl^2O^5.Cl^2O^3$ (?).
Anhydride hypochloreux......	Cl^2O.
Anhydride chloreux...........	Cl^2O^3.

On voit d'après ce tableau que la première série représente 1 molécule d'acide chlorhydrique alliée à des proportions croissantes d'oxygène; la seconde série représente 1 molécule de chlore combinée à des proportions atomiquement croissantes d'oxygène.

La série des anhydrides n'est pas aussi complète que l'autre; aucun de ces composés ne se forme directement, et ils sont tous remarquables par leur instabilité.

Les anhydrides se décomposent avec explosion sous l'influence de causes multiples et souvent même spontanément. Cette grande facilité de faire explosion s'explique d'après les recherches thermo-chimiques de Favre et Silbermann. Tous ces corps sont formés avec absorption de calorique et se décomposent en produisant du calorique.

On peut dire, d'une manière générale, qu'ils dérivent tous, d'une manière plus ou moins immédiate, de l'acide hypochloreux ou des hypochlorites. En effet, en faisant passer du chlore dans une solution de potasse, on obtient un mélange de chlorure et d'hypochlorite tant que la liqueur est alcaline, d'après l'équation

$$Cl^2 + 2KHO = KCl + ClOK + H^2O.$$

Lorsque le chlore est en léger excès, l'hypochlorite formé se dédouble en chlorure et chlorate $3ClOM = ClO^3M + 2MCl$. Le même phénomène se produit par l'ébullition d'une solution d'hypochlorite ou d'acide hypochloreux hydraté.

L'acide chlorique ClO^3H est réduit par l'acide nitreux et transformé en acide chloreux ClO^2H; l'acide chlorique, chauffé en présence de l'eau, se transforme en acide perchlorique

$$2ClO^3H = ClO^4H + O + HCl;$$

enfin un mélange d'acide sulfurique concentré et d'acide chlorique fournit de l'acide perchlorique et de l'oxyde hypochlorique (acide hypochlorique)

$$3ClO^3H = Cl^2O^4 + ClO^4H + H^2O.$$

ANHYDRIDE HYPOCHLOREUX, $Cl^2O = 87$. — Gaz jaune rougeâtre, d'une odeur forte et irritante, rappelant celle du chlore. Densité calculée d'après $Cl^2O = 2^v$; par rapport à $H = 43,5$; par rapport à l'air, 3,015. Dans un mélange réfrigérant de glace et de sel il se condense sous forme d'un liquide mobile rouge de sang. Il est très-soluble dans l'eau, avec laquelle il forme immédiatement un hydrate $Cl^2O + H^2O = 2ClHO$. L'acide acétique cristallisable l'absorbe en se colorant en rouge.

Gazeux ou liquide, l'acide hypochloreux est très-altérable et se décompose brusquement avec une violente explosion, soit sous l'influence de la chaleur (à une température peu élevée), soit sous l'action de la lumière, souvent même spontanément. L'acide hypochloreux anhydre s'unit directement au soufre (Wurtz) et donne le chlorure de thionyle $SOCl^2$.

L'anhydride hypochloreux s'unit directement à l'acide sulfurique anhydre et donne un corps solide cristallisé en belles aiguilles rouges qui rappellent l'acide chromique.

Ce corps, relativement assez stable, est fusible vers 50° et jouit de propriétés oxydantes très-énergiques. Sa composition est représentée par la formule $4SO^3.Cl^2O$.

Un mélange d'acide sulfureux anhydre liquide et d'acide hypochloreux liquide anhydre réagit dès qu'on le sort du mélange réfrigérant. Il se dégage beaucoup de chlore et il reste un liquide épais, visqueux, rouge foncé, doué de propriétés analogues aux précédentes.

Avec l'acide acétique anhydre il produit de l'anhydride acéto-hypochloreux (t. I, p. 31). Avec un grand nombre de substances organiques il donne de l'eau et des produits de substitution chlorée.

L'anhydride hypochloreux a été découvert par Balard; il l'obtient en ajoutant de l'acide phosphorique vitreux à une solution concentrée d'acide hypochloreux sur le mercure; à mesure que l'acide phosphorique se dissout, Cl^2O se dégage et remplit l'éprouvette [*Ann. de Chim. et de Phys.*, 1834, (2), t. LVII, p. 225].

On le prépare plus facilement par la méthode de Gay-Lussac, modifiée par Pelouze. Un courant lent et régulier de chlore sec est dirigé à travers un long tube refroidi avec de l'eau à 0° et contenant de l'oxyde de mercure précipité et séché à 300°. L'anhydride se rend dans un matras refroidi par un mélange de glace et de sel où il se condense.

La réaction est exprimée par l'équation

$$HgO + Cl^4 = Cl^2O + HgCl^2.$$

Une partie de l'oxyde de mercure échappe à la décomposition sous forme d'oxychlorure.

On a aussi proposé de saturer par l'acide carbonique une solution concentrée de chlorure de chaux et de dégager le gaz par une légère élévation de température, ou bien de faire passer un courant de chlore dans une solution concentrée de sulfate de soude.

Le gaz hypochloreux peut être analysé en le faisant passer à travers un tube presque capillaire, sur la longueur duquel on a soufflé de distance en distance des ampoules très-petites. Lorsque tout l'air est expulsé, on chauffe successivement les ampoules, de manière à produire une petite explosion peu violente, qui, en raison de la capillarité du tube, ne se transmet pas à toute la masse; en analysant ensuite le gaz résultant, on le trouve formé de 2 volumes de chlore et de 1 volume d'oxygène.

Acide hypochloreux hydraté, $ClOH$. — On ne le connaît qu'en solution plus ou moins concentrée. Il forme alors un liquide jaune, d'une saveur âcre et d'une odeur caractéristique rappelant le chlore. Même à 0° il se décompose rapidement, d'autant plus qu'il est plus concentré. La lumière favorise la décomposition; l'ébullition de sa solution étendue la transforme en acide chlorique, chlore, oxygène et eau. L'acide hypochloreux hydraté possède des propriétés décolorantes plus énergiques que celles du chlore ; c'est un oxydant énergique, comme le prouvent les réactions suivantes :

$$HCl + ClHO = H^2O + Cl^2;$$
$$I^2 + 6ClOH = 2(IHO^3) + Cl^2 + 4HCl.$$

Le sélénium, l'arsenic, le fer, sont convertis en oxydes; les oxydes de manganèse, de cobalt, de plomb, sont convertis en peroxydes; le cuivre et le mercure en oxychlorures. L'argent s'empare au contraire du chlore et met l'oxygène en liberté. Les mêmes corps qui décomposent l'eau oxygénée par action de présence détruisent également l'acide hypochloreux; l'oxyde d'argent fournit aussi du chlorure d'argent et de l'oxygène libre :

$$Ag^2O + 2ClOH = 2AgCl + H^2O + O^2.$$

Carius a découvert récemment une série intéressante de phénomènes réalisés avec l'acide hypochloreux; mis en présence des carbures non saturés, il s'unit par addition et donne des chlorhydrines. Ainsi avec C^2H^4, on obtient $C^2H^4.ClHO$ ou

$$(C^2H^4)'' \begin{cases} OH \\ Cl, \end{cases}$$

Glycol chlorhydriqué.

On obtient l'acide hypochloreux hydraté : 1° en dissolvant l'acide anhydre dans l'eau; c'est le meilleur procédé pour avoir une solution pure; 2° en agitant de l'oxyde de mercure délayé dans l'eau avec du chlore. Le liquide filtré, pour séparer l'oxychlorure de mercure peu soluble, retient néanmoins du métal. On peut remplacer l'oxyde de mercure par certains hydrates, carbonates, sulfates, phosphates. D'après Williamson, le carbonate de chaux est très-avantageux sous ce rapport; on a

$$CO^3.Ca'' + H^2O + Cl^4 = CO^2 + 2ClHO + Ca''Cl^2.$$

On distille le produit de la réaction. 3° On fait passer de l'air saturé d'acide chlorhydrique à travers une solution de permanganate acidulée par l'acide sulfurique et chauffée au bain-marie (Odling). Le produit distillé est une solution d'acide hypochloreux; cette réaction est importante, vu qu'elle réalise l'oxydation directe de HCl. 4° Enfin on peut aussi décomposer un hypochlorite par un oxacide.

Hypochlorites, $ClOM$. — On obtient les sels purs en saturant une solution d'acide hypochloreux pur par un hydrate métallique (sodium, potassium, calcium, baryum, magnésium, zinc, cuivre, etc.). Ils sont généralement solubles dans l'eau, se décomposent facilement, même à la température ordinaire, en dégageant graduellement de l'oxygène et en laissant un résidu de chlorure et de chlorate. Par l'ébullition ils se convertissent rapidement en chlorure et chlorate :

$$3ClOM = ClO^3M + 2MCl.$$

Les acides, même faibles, dégagent de l'acide hypochloreux. L'acide chlorhydrique, s'il est employé en excès, ne donne que du chlore par une action secondaire de HCl sur ClOH. Ils agissent sur une foule d'oxydes et de sels, comme le ferait l'acide hypochloreux lui-même :

$$Ag^2O + 2ClONa + H^2O$$
$$= 2AgCl + 2NaHO + O^2,$$
$$SO^4Mn'' + 2ClONa + H^2O$$
$$= SO^4Na^2 + Mn''H^2O^2 + Cl^2.$$

Ils détruisent facilement les couleurs végétales, plus rapidement en présence d'un acide libre.

Aux hypochlorites se rattache une classe de composés très-intéressants au point de vue pratique, formés par l'action directe du chlore sur certains hydrates métalliques et notamment sur la chaux éteinte, l'hydrate de potasse ou de soude, et que nous désignerons sous le nom de **chlorures décolorants.**

Chlorures décolorants. — On donne le nom de chlorures décolorants aux produits industriels obtenus par l'action du chlore sur certains oxydes hydratés et destinés au blanchiment. Le plus important de tous est le *chlorure de chaux*, formé par l'action du chlore sur la chaux hydratée.

La fabrication des chlorures de chaux solide et liquide, dont le dernier est destiné généralement à la consommation sur place, a acquis une importance capitale; elle est intimement liée à la grande industrie de la soude artificielle, comme moyen d'utiliser l'acide chlorhydrique formé; d'un autre côté le chlorure de manganèse résultant de la préparation du chlore sur une grande échelle est, d'après des procédés récents, d'un grand secours pour la régénération du soufre des marcs de soude. Avant d'entrer dans les détails de la fabrication du chlorure de chaux, nous ferons connaître ce que l'on sait de la constitution chimique de ce corps. Au début on a pensé que, résultant de l'union directe du chlore avec la chaux dont on négligeait l'eau d'hydratation (nécessaire cependant pour que la réaction ait lieu), et possédant un pouvoir décolorant égal à celui de tout le chlore qu'il contient, il devait être considéré comme une combinaison instable de chlore et de chaux répondant à la formule ClCaO (ancienne notation). Après les travaux de M. Balard sur l'acide hypochloreux on a admis généralement qu'il se forme un mélange de chlorure de calcium et d'hypochlorite de calcium, $2\,CaO + Cl^2 = CaOClO + CaCl$ (ancienne notation), ou

$$2\,Ca''O + Cl^4 = (ClO)^2Ca'' + Ca''Cl^2.$$

Dans ce cas, d'après M. Balard, l'action de l'acide carbonique sur le chlorure de chaux pourrait se formuler ainsi (ancienne notation) :

$$CO^2 + (CaOClO + CaCl) = C^2CaO + CaCl. + ClO$$

$$\text{et}\quad CO^2 + ClO + CaCl = CO^2CaO + 2Cl.$$

MM. Kolb, Riche, Scheurer-Kestner, ont entrepris récemment des expériences en vue de résoudre la question relative à la vraie constitution du chlorure de chaux. Nous résumons ci-dessous les résultats de ces trois chimistes.

D'après Kolb [*Ann. de Chim. et de Phys.*, nov. 1867, p. 266] le chlorure de chaux sec possède, très-certainement, une constitution différente de celle qu'on lui attribue généralement (CaO^2Cl^2); l'eau fait partie intégrante de sa constitution et tous les efforts tentés en vue de l'obtenir anhydre n'ont pas abouti. L'analyse d'un produit obtenu en faisant arriver, jusqu'à saturation, du chlore sec sur de l'hydrate de chaux pur et sec, en maintenant la masse à la température ordinaire, a donné les résultats suivants :

Chlore actif	38,5
Chlore inactif	0,2
Chaux	45,6
Eau	14,7
Pertes et traces de chlorate	0,8
	100,0

Nombres qui correspondent à la formule

$$2\,Cl + 3\,(CaOHO) = 2\,CaOHOCl + CaOHO$$

(ancienne notation) ou

$$(Ca'')^3.H^6O^6.Cl^4$$

(Théorie Cl = 39,0. Chaux = 46,2. Eau = 14,8).

Ce chlorure type marque 123° au chloromètre, tandis que les chlorures solides du commerce marquent de 115° à 118°. Ils renferment, en effet, un peu d'eau en excès ainsi que de la chaux libre. Celle-ci donne plus de stabilité au chlorure, comme le fait du reste toute autre substance inactive (sulfate, carbonate de chaux). Le chlorure type se conserve intact à une basse température, en présence d'un excès de chlore qui est sans action chimique sur lui (¹).

(1) Le dosage est effectué : 1° en dosant chlorométriquement le chlore actif; 2° sur un second échantillon, on dose la totalité du chlore par le nitrate d'argent, après avoir fait agir l'ammoniaque à chaud, qui convertit $(ClO)^2Ca''$ en $Ca''Cl^2$; 3° On dose enfin le chlore à l'état de chlorate en réduisant l'hypochlorite par l'ammoniaque, puis le chlorate par le zinc et l'acide sulfurique. On a ainsi 3 poids de Cl qui par différences fournissent les données cherchées.

Le chlorure de chaux sec se dédouble par l'eau, très-nettement, d'après l'équation

$$(Ca'')^3.H^6O^6.Cl^4 = Ca''H^2O^2 + (Ca'')^2.H^4O^4.Cl^4.$$

Ce dernier terme doit s'écrire

$$Ca^2H^4O^4.Cl^4 = Ca''Cl^2 + \left.\begin{matrix}Cl^2\\Ca''\end{matrix}\right\}O^2 + 2\,H^2O.$$

Il résulte de cette manière d'interpréter les phénomènes, que le chlorure de chaux sec n'a pas la même constitution que le chlorure liquide, ce que démontrent les différences de caractères offertes par ces deux corps.

1° A froid, le chlorure sec n'est pas altéré par un excès de chlore; il n'en est pas de même du chlorure liquide qui devient fortement acide. En saturant la solution de chlore, puis en expulsant l'excès de gaz resté libre mais dissous par un courant d'acide carbonique, on trouve que la dose du chlore actif a doublé. Le liquide distillé fournit de l'acide hypochloreux pur et perd son activité en retenant du chlorure de calcium.

On a d'après cela

$$Ca''Cl^2 + \left.\begin{matrix}Cl^2\\Ca''\end{matrix}\right\}O^2 + Cl^4 + 2H^2O = 2\,(Ca''Cl^2) + 4\left(\left.\begin{matrix}Cl\\H\end{matrix}\right\}O\right).$$

Cette réaction peut servir à préparer l'acide hypochloreux.

2° Sous l'influence de la chaleur (80° à 90° si le chlorure est pauvre, 40-35° s'il est riche) le chlorure solide se convertit en chlorate, en devenant pâteux par suite de la séparation d'eau :

$$3\,(Ca^3H^6O^6.Cl^4) = 5\,Ca''Cl^2 + (ClO^3)^2Ca'' + 3\,Ca''H^2O^2 + 6\,H^2O.$$

Le chlorure liquide est beaucoup moins altérable et ce n'est qu'à l'ébullition, lorsqu'il est concentré, qu'il se convertit en chlorate, en même temps qu'il se dégage de l'oxygène et du chlore. La lumière directe du soleil agit sur le chlorure sec comme la chaleur, quoique moins énergiquement; le chlorure liquide se transforme partiellement en chlorite.

Action des acides sur le chlorure de chaux. — L'acide carbonique décompose le chlorure liquide avec mise en liberté d'acide hypochloreux et précipitation de carbonate de chaux; le même phénomène se produit avec le chlorure solide du commerce, plus ou moins humide; mais avec le chlorure sec préparé *ad hoc*, tout le chlore se dégage sous forme de chlore et il reste du carbonate de chaux; ce qui tend à prouver que le produit sec ne contient pas d'acide hypochloreux. L'acide chlorhydrique fournit toujours un dégagement de chlore, ce qui s'explique par l'action secondaire que HCl exerce sur ClOH. Avec l'acide sulfurique il se forme de l'acide hypochloreux ou du chlore suivant que l'acide sulfurique est plus ou moins étendu. L'acide azotique forme avec le chlorure de chaux une espèce d'eau régale; les acides sulfureux, hypoazotique, et en général tous les acides oxydables, dégagent du chlore.

Suivant Kolb le blanchiment par le chlorure de chaux peut s'opérer directement sans le concours d'aucun acide.

M. Riche [*Compt. rend.*, t. LXV, p. 580] constate avec M. Kolb que les solutions de chlorure de chaux aussi bien que celle d'hypochlorite formé directement dégagent de l'oxygène ordinaire sous l'influence de la lumière solaire, et qu'en même temps il se forme, outre le chlorate, du chlorite.

Le chlorure de chaux solide du commerce, bien préparé et non éventé, se présente sous forme d'une poudre amorphe blanche, possédant une faible odeur de chlore ou d'acide hypochloreux. Il se dissout incomplétement dans l'eau en laissant un résidu de chaux hydratée. Le chlorure liquide est un liquide limpide marquant de 0° à 10° à l'aréomètre Baumé.

Fresenius [*Ann. de Chim. et de Pharm.*, t. CXVIII, p. 317] a fait étudier par F. Rose l'action progressive de l'eau sur le chlorure de chaux.

Le produit prélevé au centre d'une tonne renfermait

$$(ClO)^2Ca'' \; 26,72. \quad CaCl^2 \; 25,51. \quad CaO \; 23,05. \quad H^2O \; 24,72.$$

L'eau du premier broyage dissout d'abord le chlorure de calcium; l'hypochlorite ne se dissout entièrement qu'après le troisième traitement. Fresenius considère le chlorure de chaux comme un mélange de 1 molécule $(ClO)^2Ca''$ avec 1 molécule du composé $CaCl^2, 2CaO + 2H^2O$.

Préparation. — 1° Chlorure solide. Le principe de la préparation est fort simple. Il s'agit de mettre en présence le chlore et la chaux hydratée dans les meilleures conditions pour que l'absorption du chlore se fasse facilement sans élévation trop considérable de température. Nous connaissons déjà les principaux appareils pour la production industrielle du chlore; il nous reste à parler des appareils où s'opère la réaction entre le chlore et la chaux. L'hydratation de cette dernière exige aussi certaines précautions nécessaires au succès et dont il convient de parler ici.

La pierre à chaux doit être choisie aussi pure que possible, exempte d'un excès de fer et de manganèse qui communiqueraient au produit une couleur pâle. La présence de la magnésie serait aussi désavantageuse en communiquant à la masse une grande hygrométricité par suite de la formation de chlorure de magnésium. Pendant l'hydratation il convient de n'ajouter ni trop peu ni trop d'eau. Dans le premier cas, la chaux vive qui reste mélangée au produit, n'absorbant pas de chlore, diminue d'autant la richesse chlorométrique de la substance; dans le second, le composé s'agglomère facilement et se chlorure mal. A cet effet, on étale la ch. ux vive en une couche d'une épaisseur de 10 à 12 centimètres et l'on ajoute de l'eau en pluie jusqu'à ce que la masse soit complétement pulvérulente. On réussit mieux en n'opérant que sur 15 à 20 kilogrammes de chaux vive à la fois, de manière à graduer l'addition d'eau au fur et à mesure des besoins et en écartant les fragments mal cuits qui refusent de se déliter. La poudre est ensuite tamisée et conservée 8 à 10 jours. On a observé, en effet, qu'elle acquiert par ce repos un pouvoir absorbant plus grand. Varrentrapp [*Handwörterbuch der Chem.*, II Aufl., t. II, p. 1109] prescrit le mode opératoire suivant : La chaux vive bien choisie est placée sur une pelle à bords relevés et percée de trous. On immerge la pelle dans l'eau jusqu'à ce que la chaux commence à fuser, puis on la jette sur le sol pour recommencer avec une nouvelle portion. Le tas ainsi formé, abandonné à lui-même, puis étalé pendant quelques heures en une couche de 4 5 centimètres, se transforme entièrement en chaux pulvérulente que l'on tamise. Les morceaux restants sont broyés dans un tonneau tournant horizontal contenant des boulets en fer. La chaux éteinte doit contenir 6 à 8 % d'eau de plus que l'hydrate séché à 100°.

L'absorption du chlore par la chaux se fait dans des chambres rectangulaires, de grandeur variable, suivant l'importance de la fabrication. Les parois sont formées de substances plus ou moins inaltérables par le chlore, telles que : plaques de fer ou de fonte recouvertes d'une forte couche de vernis à l'asphalte, bois goudronné, pierres siliceuses cuites dans le goudron, pierres imperméables aux gaz. Les chambres ont une voûte surbaissée, et vernie intérieurement avec

Fig. 186. — Préparation du chlorure de chaux.

B, générateur du chlore. — D, vase laveur. — C, chambre à chlorure.

du goudron sec. Tantôt la chaux est étendue en couches minces sur des claies ou des tables en bois superposées; mais on a reconnu qu'il était plus simple et aussi avantageux de donner à la chambre une moindre hauteur et de n'étaler la chaux que sur le plancher formé de dalles en pierres siliceuses polies et soudées, sur une épaisseur de 10 à 12 centimètres. Il est même inutile de remuer la masse avec des râteaux, comme on a l'habitude de le faire dans certaines fabriques, la matière étant suffisamment poreuse pour se prêter à l'absorption du chlore dans toute la profondeur. Une porte bien lutée pendant le travail avec de l'argile et fixée avec des barreaux en fer permet l'introduction d'un homme pour la vidange. Il va sans dire que le tuyau adducteur du chlore débouche à la partie supérieure de la chambre. La figure donne une idée des dispositions les plus importantes d'une fabrique de chlorure de chaux solide.

On dirige l'opération de manière à pouvoir arrêter l'arrivée du chlore le soir. La chambre reste fermée pendant la nuit. Le matin on aère, on ouvre et on fait la vidange. L'embarillage doit se faire aussi vite que possible, mais sur un produit refroidi, non insolé; il convient de tasser la masse et de n'employer que du bois sec à la construction des tonneaux. Ce n'est qu'en opérant avec beaucoup de soin que l'on se met à l'abri des décompositions spontanées du produit. Voir Kunheim [*Dingler's polyt. Journ.*, t. CLXII, p. 158, et Grafe, *Arep. Pharm.*, (2), t. CVIII, p. 278]. Il est de fait notoire que l'été n'est pas une saison favorable à la préparation du chlorure; pendant les chaleurs il est difficile d'atteindre une richesse de 33 % de chlore actif, tandis qu'en hiver on arrive facilement à 36 et 37 %.

Il résulte d'expériences faites par M. Scheurer-Kestner [*Compt. rend.*, novembre 1867] : 1° que la chaleur due à la combinaison du chlore avec la chaux est favorable à l'absorption du gaz et peut impunément atteindre 55°; 2° un excès de chlore abaisse le degré chlorométrique ; une fois qu'il atteint son maximum, même quand il n'y a pas surélévation de la température. Dans tous ses essais, les tranches supérieures sont moins riches que les inférieures; 3° si l'hydrate calcique renferme un excès d'eau, cette eau est déplacée pendant la chloruration.

Ce fait a également été observé par M. Bobierre [*Compt. rend.*, t. LXV, p. 805].

2° Pour la préparation du chlorure liquide on emploie des chambres rectangulaires en pierres imperméables reliées par un ciment inattaquable.

Le lait de chaux occupe environ la moitié de la hauteur de cette cave fermée. Un tuyau amène le gaz à la surface du liquide mis en mouvement par un agitateur; au début de l'opération, l'air peut s'échapper par un tuyau de plomb muni d'un robinet fixé à la partie supérieure de la chambre close. Un tube qui part du fond et remonte à l'extérieur jusqu'un peu au-dessus du niveau du liquide, et terminé par un entonnoir évasé, permet de suivre à l'aréomètre la marche de l'opération. Lorsque le liquide marque 10° Baumé, on le fait écouler dans de grandes cuves en pierre, où il dépose son excès de chaux, s'éclaircit et peut être décanté. Le dépôt de chaux est lavé et l'eau de lavage sert à monter une nouvelle opération.

Les liquides connus sous les noms de chlorures de potasse, de soude, eau de javelle, et qui s'obtiennent soit directement par l'action du chlore sur une solution plus ou moins concentrée de lessive alcaline caustique, en évitant un excès de chlore qui formerait du chlorate, soit indirectement en précipitant le chlorure de chaux liquide par du carbonate de soude ou de potasse, doivent être, au point de vue de leur constitution, considérés comme des mélanges à équivalents égaux de chlorures alcalins et d'hypochlorites. Comme le chlorure de chaux, ils servent, mais sur une échelle beaucoup plus restreinte, au blanchiment des tissus végétaux.

Essais des chlorures décolorants. Chlorométrie. — Les méthodes d'essais dont nous allons parler sont exclusivement destinées à conduire à l'appréciation exacte de la dose de chlore *actif* contenu dans un chlorure; elles s'appliquent sans modification au dosage du chlore *libre* contenu dans une solution ou dégagé dans une réaction.

On doit à Gay-Lussac le premier procédé chlorométrique; sa simplicité l'a rendu applicable aux essais multipliés et journaliers de l'industrie. Il est décrit à l'article Analyse, t. I, p. 258.

MM. Fordos et Gélis proposent la substitution de l'hyposulfite de soude à l'acide arsénieux employé par Gay-Lussac.

On dissout 2gr,77 d'hyposulfite dans un litre d'eau pour avoir l'équivalent de la solution arsénieuse. On en mesure 10 centimètres cubes auxquels on ajoute 100 centimètres cubes d'eau; on acidule légèrement après avoir coloré par l'indigo et l'on verse la liqueur chlorée comme dans l'essai précédent.

Procédé de Graham-Otto. — En présence de l'eau, le chlore libre ou actif transforme les sels de protoxyde de fer en sels de sesquioxyde, et comme il est facile de saisir exactement le point où la peroxydation du fer est totale, on arrive au dosage du chlore, sachant que 35gr,5 de chlore correspondent à 56 de fer.

On pèse 3gr,9 de sulfate ferreux précipité par l'alcool et séché à l'air, on dissout dans 50 centimètres cubes d'eau et on acidule avec quelques gouttes d'acide sulfurique.

D'un autre côté, on pèse 5 grammes de chlorure de chaux qu'on broie avec de l'eau et l'on verse la masse dans un tube divisé en 100 demi-centimètres cubes, en ajoutant assez d'eau pour parfaire le volume de 50 centimètres cubes. Cette liqueur est versée peu à peu dans le sulfate de fer. De temps en temps on prélève, avec une baguette, une goutte de mélange et l'on essaye sur une soucoupe en porcelaine si elle se colore encore en bleu par le cyanure rouge. On arrête quand l'essai ne donne plus de coloration verdâtre. Tant que la précipitation se fait en bleu, on peut hardiment verser le chlorure par cinq divisions à la fois.

3gr,9 de sulfate ferreux valant 0gr,5 de chlore, on a pour la quantité de chlore actif renfermé dans 5 grammes de chlorure $x = \frac{100 \times 0,5}{m}$, *m* étant le volume employé.

Méthode de Penot modifiée par Mohr. — Elle donne de meilleurs résultats.

Pour l'essai, on pèse 3gr,55 de chlorure de chaux que l'on broie avec de l'eau et l'on étend à 1/2 litre. On prélève 50 centimètres cubes de cette solution que l'on verse dans un vase à précipiter; au moyen d'une burette on ajoute peu à peu la liqueur arsenicale (voyez Analyse, t. I, p. 262 et 263), en essayant de temps en temps avec une goutte frottée sur un papier préparé à l'empois mélangé d'iodure de potassium. Tant qu'il reste du chlore, l'essai donne du bleu. On peut ainsi déterminer directement le titre, mais il est plus commode de dépasser de quelques centimètres cubes le point de saturation, d'ajouter un peu d'empois et d'ajouter goutte à goutte de l'iode normal jusqu'au moment où le liquide prend une teinte bleue persistante. Il suffit de retrancher du volume d'acide arsénieux employé le volume d'iode et de faire le calcul d'après les données supérieures.

Méthode de Bunsen. — On dissout un poids connu de chlorure, soit 10 grammes, dans un litre d'eau, on ajoute 50 centigrammes de cette dissolution à 50 centigrammes de solution d'iodure de potassium préalablement acidulé (à 100 grammes par litre) et l'on dose l'iode devenu libre au moyen d'une solution normale d'acide sulfureux ou d'acide arsénieux. Cette méthode rentre dans le procédé volumétrique général de Bunsen.

Ewert [*Journ. für prakt. Chem.*, t. LXXXVII, p. 470] et Siewert [*Zeitsch. f. Ges. Naturn.*, t. XIX, p. 247] proposent d'ajouter au chlorure de chaux du sulfate de fer normal ou mieux du sulfate double ferroso-ammonique et de déterminer l'excès de sel ferreux par une solution de caméléon.

W. Wieke [*Ann. der Chem. u. Pharm.*, t. XCIX, p. 199] et Nöllner [*Jahresb.*, 1855, p. 788] dosent le chlore dans l'eau de chlore, en ajoutant à 50 centimètres cubes d'eau chlorée 0gr,5 d'hyposulfite de soude; on laisse digérer à chaud en vase clos, puis on porte à l'ébullition avec quelques gouttes d'acide chlorhydrique, on filtre et on précipite l'acide sulfurique par le chlorure de baryum.

SO^4H^2 correspond à Cl^4.

R. Wagner [*Dingler's polytechn. Journ.*, t. CLIV, p. 146] se sert : 1° d'une solution d'iodure de potassium à 100 grammes par litre; 2° d'une solution d'hyposulfite de soude cristallisé à 24gr,8 (2/10 d'équivalent) par litre. 1 centigramme de cette dernière vaut 0,0127 d'iode et 0,00355 de chlore. On agite 10 grammes de chlorure de chaux avec du verre pilé grossièrement et de l'eau jusqu'à division complète, on étend à un litre, plus un volume d'eau égal à celui du verre employé. A 100 centimètres cubes de cette solution, on ajoute 25 centimètres cubes d'iodure et de l'acide chlorhydrique étendu, jusqu'à acidification. La solution brune est ensuite additionnée d'hyposulfite jusqu'à décoloration.

Usages du chlorure de chaux. — Il est surtout consommé dans le blanchiment des toiles et de la pâte à papier, pour enlever blanc sur rouge turc. Enfin on l'emploie également comme désinfectant dans les salles d'hôpitaux.

Anhydride chloreux, Cl^2O^3. — Découvert par Millon [*Ann. de Chim. et de Pharm.*, t. XLVI, p. 298]. Gaz jaune verdâtre, non liquéfiable dans un mélange de glace et de sel, liquéfiable à une très-basse température. Densité calculée par rapport à H = 59,5; par rapport à l'air = 4,123; d'après Millon, la densité trouvée serait = 2,646; Schiel [*Ann. der Chem. u. Pharm.*, t. CXVI, p. 115] a confirmé la densité du gaz chloreux donnée par Millon (2,723 — 2,603); 2 volumes de chlore et 3 volumes d'oxygène donnent 3 volumes d'acide chloreux. Se décompose avec explosion au-dessus de 50° en chlore et oxygène et acide perchlorique. Il se dissout facilement dans l'eau qu'il colore en jaune d'or intense (l'eau dissout, suivant Schiel, plus de dix fois son volume de gaz) et se combine directement aux hydrates alcalins ou alcalino-terreux pour former des chlorites. Odeur forte rappelant le chlore. L'acide chloreux anhydre n'attaque généralement pas les métaux, cependant le mercure l'absorbe à la température ordinaire. La plupart des métalloïdes l'attaquent en produisant souvent des détonations. Le gaz chloreux se décompose très-vite à la lumière directe du soleil, plus lentement à la lumière diffuse. La présence d'une trace d'humidité aide à la décomposition.

Préparation. — On emploie généralement pour obtenir l'acide chloreux gazeux un mélange de chlorate de potasse, d'acide nitrique étendu et d'acide arsénieux ou d'acide tartrique. Les acides arsénieux ou tartrique agissent comme réducteurs par rapport à l'acide nitrique, en donnant de l'acide nitreux, et c'est ce dernier qui transforme l'acide chlorique en acide chloreux.

D'après Millon, on prend 15 p. d'acide arsénieux, 20 p. de chlorate de potasse qu'on pulvérise finement ensemble, on ajoute un mélange de 60 p. d'acide azotique quadrihydraté et de 20 p. d'eau. L'acide azotique doit être exempt d'acides chlorhydrique et sulfurique, pour éviter la formation d'acide hypochlorique. On peut aussi échauffer un mélange de 1 p. d'acide tartrique, 4 p. de chlorate de potasse, 6 p. d'acide azotique ordinaire et 8 p. d'eau. La température, dans l'un et l'autre cas, ne doit pas dépasser 50° et l'opération doit être faite dans un petit ballon rempli jusqu'au col du mélange liquide afin d'éviter les explosions dangereuses. Le gaz desséché sur du chlorure de calcium est recueilli directement dans des flacons remplis d'air. Schiel [*Ann. der Chem. u. Pharm.*, t. CIX, p. 317] propose un mélange de 2 p. de chlorate de potasse, de 3 p. d'acide azotique d'une densité de 1,30, avec 0,6 à 0,8 de sucre de canne et de 3 à 4 p. d'eau. Il est inutile de pulvériser le chlorate ou le sucre. On verse le mélange dans une fiole plongée dans un bain-marie, de manière à en remplir la moitié par le liquide dilaté par la chaleur. On chauffe à 60° et même à 100° sans déterminer d'explosion, à moins que l'acide chloreux préparé dans deux fioles séparées ne soit dirigé dans le même vase d'absorption. D'après Schiel, on peut opérer sur de plus grandes masses que ne l'indique Millon.

Acide chloreux, ClO^2H. — Il se forme par la dissolution du gaz dans l'eau. Cette combinaison est instable et se transforme en gaz anhydre et eau à une température peu élevée. A vrai dire, elle ne semble pas exister. La solution chloreuse contenant 10 fois son volume de gaz à 8° est jaune foncé; elle se conserve assez longtemps. Son pouvoir décolorant est 14 fois plus grand que celui de l'eau de chlore saturée. Elle est très-oxydante, du phosphore divisé s'y dissout immédiatement. L'acide chloreux hydraté n'attaque pas les carbonates, mais il réagit directement sur les alcalis et les terres alcalines pour donner des chlorites. On l'obtient encore par l'action de l'acide sulfurique étendu sur le chlorite de plomb. D'après Lemsen [*Zeitschr. Chem.*, t. I, p. 165], une solution faible et légèrement acidulée de sulfate de fer prend avec l'acide chloreux une coloration améthyste par transparence et passagère. Schiel a étudié l'action de l'acide chloreux sur les matières organiques. Si l'on emploie le gaz, il faut être prudent, de peur d'explosions. L'acide chloreux gazeux est absorbé par la glycérine sèche. Au bout de quelque temps, il se produit une explosion qui n'est pas assez violente pour briser le vase; à partir de ce moment l'absorption est rapide, mais l'action n'est pas tumultueuse, même à la lumière. Les alcools amylique et éthylique donnent du valérate d'amyle ou de l'acétate d'éthyle :

$$2\,C^2H^6O + Cl^2O^3$$
$$= C^2H^3O^2.C^2H^5 + 3\,H^2O + 2\,HCl.$$

L'urée en solution aqueuse donne de l'acide carbonique et probablement du protoxyde d'azote. Si l'on ajoute assez d'acide chloreux pour que le liquide chauffé reste faiblement verdâtre, on obtient, après évaporation à 100°, un composé cristallisé renfermant CH^6Az^3ClO :

$$2\,CH^4Az^2O + Cl^2O^3$$
$$= 2\,(CH^6Az^3ClO) + 2\,CO^2 + Az^2O.$$

Chlorites, ClO^2M. — On obtient les chlorites alcalins et alcalino-terreux directement par l'union de l'acide avec la base, ou par l'action de l'acide hypochlorique sur les alcalis ou les terres alcalines. Ils sont incolores, généralement solubles, cristallisables, doués de propriétés décolorantes. Les chlorites insolubles de plomb, d'argent, etc., s'obtiennent par double décomposition avec un chlorite soluble. L'acide carbonique les décompose en chassant l'acide.

La chaleur les réduit plus ou moins facilement; ainsi le chlorite de potassium se décompose par l'ébullition en un mélange de chlorate et de chlorure.

Le chlorite de sodium ne se décompose qu'à 250°.

Ils sont doués de propriétés oxydantes très-énergiques.

Les chlorites alcalins donnent, avec les sels ferreux ou de manganèse, des précipités de peroxyde de fer ou de peroxyde de manganèse. Ils décolorent l'indigo sous l'influence des acides, même en présence de l'acide arsénieux (distinction d'avec les hypochlorites). Les acides faibles dégagent de l'acide chloreux susceptible de régénérer des chlorites avec les alcalis, sans mélange de chlorate.

De tous les chlorites, le sel de plomb est le plus remarquable. Un mélange de chlorite de plomb et de soufre ou d'un sulfure métallique s'enflamme par le frottement et même spontanément, en grandes masses, avec explosion. Dans ce dernier cas, l'action de l'acide carbonique de l'air a une influence.

Pour le préparer, on neutralise par l'hydrate de chaux ou de baryte la solution aqueuse concentrée d'acide chloreux et on précipite par l'azotate de plomb. Un litre de solution peut fournir 140 grammes de chlorite. Si le sel de chaux est à 50° ou 60°, le chlorite de plomb se précipite en écailles cristallines qu'on lave avec de l'eau distillée chaude.

Il fait explosion à 100° au bout de quelque temps.

Dosage des chlorites. — On peut analyser les chlorites par la méthode de Bunsen qui consiste à traiter les corps par un excès d'acide chlorhydrique. On recueille le chlore qui se dégage

$$(Cl^2O^3 + 6\,ClH = 3\,H^2O + Cl^8)$$

dans une solution d'iodure de potassium; il ne reste plus qu'à déterminer par les méthodes volumétriques connues l'iode devenu libre. Le poids de l'iode multiplié par 0,1171 donne celui de l'acide chloreux.

ACIDE CHLORIQUE, ClO^3H. — On ne connaît pas l'anhydride chlorique. L'acide hydraté, aussi concentré qu'on a pu l'obtenir, constitue un liquide sirupeux, incolore, à réaction fortement acide, sans odeur. Une température de 40° suffit déjà pour commencer la décomposition. Suivant que l'action de la chaleur est plus ou moins ménagée, on obtient de l'oxygène et de l'acide chloreux ou de l'acide perchlorique et un mélange de chlore et d'oxygène:

$$ClO^3H = ClO^2H + O,$$
$$4\,ClO^3H = 2\,ClO^4H + Cl^2 + H^2O + O^4.$$

Il est soluble dans l'eau en toutes proportions. L'acide chlorique est un agent décolorant énergique grâce à son pouvoir oxydant très-marqué. L'acide sulfureux le réduit en passant à l'état d'acide sulfurique :

$$SO^2 + ClO^3H + H^2O = SO^4H^2 + HCl.$$

L'hydrogène sulfuré donne lieu à un dépôt de soufre avec mise en liberté de chlore; en même temps il se produit de l'acide sulfurique :

$$2\,ClO^3H + H^2S = Cl^2 + S + 2\,H^2O.$$

L'acide chlorhydrique mélangé à l'acide chlorique constitue une espèce d'eau régale, en dégageant du chlore et de l'acide hypochlorique. On a, en effet,

$$ClO^3H + 5\,HCl = Cl^6 + 3\,H^2O,$$
$$2\,ClO^3H + 2\,HCl = Cl^2O^4 + 2\,H^2O + Cl^2.$$

Le zinc se dissout dans l'acide chlorique avec dégagement d'hydrogène. L'hypermanganate de potasse est décoloré à froid par l'acide chlorique et dépose du peroxyde de manganèse. Il enflamme l'alcool et le papier.

Préparation. — L'acide chlorique a été préparé pour la première fois par Gay-Lussac. On décompose une solution concentrée de chlorate de potasse par l'acide hydrofluosilicique. Le liquide séparé par filtration du précipité de fluosilicate de potasse est neutralisé par la baryte; on filtre pour enlever le fluosilicate de baryum; enfin le chlorate de baryum resté en solution est décomposé par l'acide sulfurique étendu en proportion équivalente et le liquide filtré est concentré dans le vide à la température ordinaire.

L'acide chlorique se forme encore par la décomposition spontanée des solutions d'acides chloreux ou hypochlorique.

Analyse. — La composition de l'acide chlorique se détermine facilement en recherchant le poids de chlorure de potassium fourni par la calcination d'un poids connu de chlorate de potassium; connaissant la composition du chlorure de potassium, il sera facile de déterminer par le calcul le rapport entre Cl et O dans l'acide supposé anhydre.

CHLORATES, ClO^3M. — Les chlorates sont généralement incolores, très-solubles dans l'eau, excepté le chlorate de potassium qui l'est peu à froid; ils sont neutres aux réactifs, cristallisables. Sous l'influence de la chaleur ils se décomposent, les chlorates alcalins et alcalino-terreux en oxygène et chlorures métalliques; mais avant d'arriver à ce résultat final, il se forme comme terme de passage du perchlorate. Les autres chlorates fournissent de l'oxygène, du chlore et un résidu d'oxyde métallique :

$$(ClO^3)^2Mg'' = Mg''O + Cl^2 + O^5.$$

Ils constituent tous des agents oxydants énergiques. Ainsi des mélanges de chlorates et de soufre, de sulfure d'antimoine, de sucre, d'amidon, etc., s'enflamment et détonent sous l'influence de la percussion ou de la chaleur. L'iode décompose les chlorates, en présence de l'eau et sous l'influence de la chaleur; l'addition d'un peu d'acide azotique favorise le phénomène. Il se forme dans ce cas de l'iodate, avec dégagement de chlore. L'acide sulfurique concentré en dégage du gaz hypochlorique Cl^2O^4. Avec l'acide nitrique, le chlorate de potassium donne du nitrate, du perchlorate, du chlore et de l'oxygène; l'acide hydrochlorique donne un mélange de chlore et d'acide hypochlorique.

On utilise très-fréquemment dans les laboratoires le pouvoir chlorurant d'un mélange de chlorate de potassium et d'acide chlorhydrique.

Les caractères suivants peuvent servir à distinguer les chlorates des autres sels.

Ils fusent sur le charbon; dégagent de l'oxygène lorsqu'on les chauffe à sec dans un tube fermé; cet oxygène est quelquefois mélangé de chlore. Le résidu de la calcination précipite en blanc par le nitrate d'argent, tandis que le sel primitif ne précipitait pas. Traités par l'acide sulfurique concentré, ils dégagent un gaz jaune à odeur forte et irritante, détonant sous l'influence de la chaleur et quelquefois spontanément. Ils ne possèdent pas de pouvoir décolorant avant l'addition d'un acide minéral libre (acide sulfurique).

Dosage. — On peut doser les chlorates alcalins, de plomb et d'argent qui se scindent nettement par la chaleur en chlorure et en oxygène, en déterminant la perte de poids éprouvée pendant la calcination.

D'une manière plus générale, on peut les chauffer avec un excès d'acide chlorhydrique et recueillir dans l'iodure de potassium le chlore devenu libre. En multipliant par 0,0991 le poids de l'iode devenu libre, on a celui de l'acide chlorique (méthode générale de Bunsen).

S'agit-il d'un mélange de chlorure et de chlorate, on commence par précipiter le chlore des chlorures par le nitrate d'argent. Le liquide filtré débarrassé d'argent par H^2S est évaporé, et le résidu, après calcination, redissous dans l'eau, fournit, par le nitrate d'argent, un nouveau précipité de chlorure d'argent correspondant au chlore du chlorate.

Pour des mélanges de chlorate et d'azotate, il faut déterminer séparément sur des portions distinctes l'acide azotique et l'acide chlorique.

Préparation. — Le procédé le plus général consiste à précipiter le chlorate de baryum par une quantité équivalente du sulfate du métal dont on veut former un chlorate.

Nous avons vu plus haut comment on prépare le chlorate de baryum par la solution directe de l'acide chlorique mis en liberté par l'action de l'acide hydrofluosilicique sur le chlorate de potassium.

Les chlorates alcalins se préparent par l'ébullition d'une solution d'hypochlorite ou en saturant de chlore une solution d'alcali caustique ou carbonaté, et en la portant à l'ébullition. Le chlorate, moins soluble que le chlorure, se sépare en cristallisant. On obtient encore le chlorate de potassium en faisant bouillir une solution de chlorure de potassium, avec du chlorure de chaux.

ACIDE PERCHLORIQUE, ClO^4H. — Découvert en 1815 par le comte de Stadion [Gille, *Ann.*, t. LII, p. 197], étudié depuis par Sérullas [*Ann. de Chim. et de Phys.*, (2), t. XLV, p. 270; t. XLVI, p. 294 et 323], et par Roscoe [*Chem. News.*, t. IV, p. 158].

L'acide perchlorique pur, ClO^4H, est liquide, incolore, volatil; densité à 15,5 = 1,782. Les vapeurs sont incolores et transparentes, mais répandent à l'air humide des fumées blanches épaisses. L'acide perchlorique pur se colore même à l'abri de la lumière, et au bout de une à deux semaines, il se décompose avec explosion. Il ne se solidifie pas à — 35°. L'acide monohydraté se colore à chaud, commence à se décomposer vers 75°, donne d'épaisses fumées vers 92°; à ce moment il se forme un gaz dont l'odeur rappelle celle de l'acide hypochlorique, et il passe un liquide rouge explosif; il s'échauffe beaucoup au contact de l'eau. Les explosions résultant de la décomposition brusque de l'acide perchlorique sont presque aussi violentes que celles du chlorure d'azote, lorsqu'on le verse sur du charbon, de l'éther ou d'autres matières organiques. Son action sur la peau est très-caustique. Il se mélange à l'alcool en s'échauffant, donne de l'éther sous l'influence de la chaleur; cette expérience est souvent accompagnée d'explosions. C'est un agent oxydant extrêmement énergique.

L'acide perchlorique cristallisé obtenu par Sérullas a, d'après Roscoe, une composition exprimée par la formule $ClO^4H + H^2O$; on l'obtient en ajoutant peu à peu de l'eau à l'acide monohydraté jusqu'à ce que le produit se prenne en masse par le refroidissement. Les cristaux, d'abord jaunes, se décolorent rapidement au soleil. Ils constituent de longues aiguilles soyeuses déliquescentes et fumant à l'air, fusibles à 50°. La densité de l'acide fondu est 1,811. A 110°, l'acide

$$ClO^4H + H^2O$$

se décompose en Cl^2O^4 qui distille, et en acide plus hydraté, incolore, qui passe à 203°. L'acide cristallisé offre les mêmes réactions que l'acide pur, mais il agit plus énergiquement.

En distillant de l'acide perchlorique aqueux étendu, il passe d'abord de l'eau, puis de l'acide étendu; la température s'élève et finit par atteindre un point fixe de 203°. A ce moment il passe un liquide semblable à de l'huile de vitriol, contenant 72,3 % d'acide ClO^4H, et répondant à la formule $ClO^4H + 2H^2O$. L'acide qui reste après la décomposition de $ClO^4H + H^2O$ bout aussi à 203°, et offre la même composition

$$(ClO^4H + 2H^2O).$$

L'acide aqueux rougit, sans la décolorer, la teinture de tournesol. Il dissout le zinc avec production d'hydrogène et de perchlorate. Les acides sulfureux ou sulfhydrique ne le réduisent pas.

Préparation. — On obtient l'acide pur ClO^4H par la distillation de 1 p. de perchlorate de potassium avec 4 p. d'acide sulfurique concentré. On continue la distillation jusqu'à ce que les gouttes qui passent ne se figent plus. Les cristaux ($ClO^4H + H^2O$) sont ensuite chauffés avec précaution dans une cornue; ils se dédoublent à 110° en ClO^4H qui passe le premier, et en

$$ClO^4H + 2H^2O$$

qui distille en second lieu. Comme l'acide liquide $ClO^4H + 2H^2O$ régénère en se combinant à ClO^4H l'acide $ClO^4H + H^2O$, on arrête cette distillation dès que l'on voit se former des cristaux dans le col de la cornue.

On peut aussi faire simplement bouillir du chlorate de potasse avec de l'acide hydrofluosilicique. Le liquide clair est décanté et concentré jusqu'à production d'épaisses fumées d'acide perchlorique $ClO^4H + 2H^2O$. On distille. Le produit distillé est débarrassé d'acides chlorhydrique et sulfurique par des additions de perchlorate d'argent et de perchlorate de baryum. 4 kilogrammes de chlorate de potasse donnent 500 grammes d'acide concentré. Le liquide étant alors chauffé avec 4 fois son volume d'acide sulfurique concentré, il passe à 110° d'épaisses fumées blanches et un liquide mobile jaune; c'est le composé ClO^4H. La température s'élève peu à peu jusqu'à 200°; il passe alors des gouttelettes jaunes huileuses qui se prennent en masse cristalline.

L'acide perchlorique se forme encore : 1° par l'électrolyse de l'acide chlorique. Au pôle positif on recueille un peu d'oxygène et de chlore, et de l'hydrogène au pôle négatif. La plus grande partie de l'oxygène s'unit à l'acide chlorique, non décomposé, pour former de l'acide perchlorique.

2° Par la décomposition de l'acide chlorique sous l'influence de la chaleur.

Analyse. — La composition de l'acide pur a été établie de la manière suivante :

Un poids connu de substance est neutralisé par du carbonate de potassium, on évapore à sec après acidulation avec de l'acide acétique; on recueille sur un filtre taré et on enlève l'acétate de potassium par des lavages à l'alcool absolu.

Enfin on détermine la teneur en O et KCl du sel obtenu.

PERCHLORATES, ClO^4M. — Sels incolores généralement, cristallisables, très-solubles dans l'eau et même déliquescents; le perchlorate de potassium seul est peu soluble, surtout à froid, moins que le chlorate correspondant. Ils sont solubles dans l'alcool, le sel potassique excepté, neutres aux réactifs. La chaleur les décompose en oxygène et chlorure $ClO^4K = O^4 + KCl$, moins facilement cependant que les chlorates. Ils fusent sur les charbons et sont doués de propriétés oxydantes. L'acide sulfurique concentré ne les colore pas.

On les prépare généralement par double décomposition opérée entre le perchlorate de baryum et le sulfate du métal correspondant. Le perchlorate de baryum s'obtient en saturant l'acide libre par la baryte. Cette méthode directe peut du reste être employée dans un grand nombre de cas.

Dosage. — On dose les perchlorates indirectement en déterminant la perte d'oxygène qu'ils éprouvent à la calcination.

OXYDE HYPOCHLORIQUE OU ACIDE HYPOCHLORIQUE EUCHLORINE, Cl^2O^4. — Gaz jaune foncé, un peu verdâtre, d'une odeur forte et irritante rappelant le chlore. Il se condense dans un mélange réfrigérant de glace et de sel sous forme d'un liquide rouge foncé qui ne bout réellement que vers 20°. Densité du gaz, 2,315. Faraday l'a solidifié dans un mélange d'éther et d'acide carbonique solide sous forme d'une masse rouge orangé, cristalline et friable.

La lumière solaire le décompose en chlore et oxygène; à 65°, il détone violemment. Ses décompositions spontanées sont également accompagnées de violentes explosions. A 0° il forme avec l'eau un hydrate solide. L'eau, à la température ordinaire, dissout plusieurs fois son volume de gaz; la solution est jaune, douée d'un pouvoir décolorant intense, sans réaction acide, et se décompose facilement en un mélange d'acide chlorique et chloreux.

Avec les alcalis, l'oxyde hypochlorique se dédouble en un mélange de chlorate et de chlorite :

$$Cl^2O^4 + 2KHO = ClO^3K + ClO^3K + H^2O.$$

L'électricité décompose Cl^2O^4 comme la chaleur; le phosphore, le soufre, l'acide chlorhydrique l'attaquent en produisant souvent des explosions.

Préparation. — On l'obtient et on le prépare par l'action ménagée de l'acide sulfurique concentré sur le chlorate de potassium. Il se forme en même temps du perchlorate et du sulfate acide de potassium :

$$3ClO^3K + 2SO^4H^2$$
$$= 2(SO^4KH) + ClO^4K + Cl^2O^4 + H^2O.$$

Il convient d'employer du chlorate bien exempt de chlorure et séché par une fusion ménagée. On ajoute au chlorate finement pulvérisé et refroidi dans un mélange de glace et de sel de l'acide sulfurique concentré, goutte à goutte, de manière à former une pâte semi-fluide; au bout de quelque temps on distille le gaz hypochlorique formé à une douce température; on le recueille par déplacement d'air. On obtient facilement, d'après Calvert et Davier, l'acide hypochlorique mélangé d'acide carbonique en chauffant à 70° un mélange intime de chlorate de potassium et d'acide oxalique en excès; on a, en effet,

$$3ClO^3K + 6C^2H^2O^4$$
$$= 2ClO^4KH + KCl + Cl^2O^4 + 8CO^2 + 5H^2O$$

[*Chem. Soc. quart. Journ.*, t. XI, p. 193].

Quoi qu'il en soit, la préparation de l'oxyde hypochlorique doit être conduite avec les plus grandes précautions et il convient de n'opérer que sur de petites quantités à la fois pour éviter les explosions dangereuses.

Usages. — Brunner a proposé l'emploi de Cl^2O^4 comme moyen d'oxydation et de dissolution de certains minéraux, tels que le fer chromé, le sulfure de molybdène et certains minéraux d'urane [*Dingler's polyt. Journ.*, t. CLIX, p. 357].

Analyse. — D'après M. H. Cohn, on ne peut déterminer la composition de l'acide hypochlorique par la méthode volumétrique de Bunsen, fondée sur l'emploi de l'iodure de potassium et de l'acide sulfureux [*Journ. für prakt. Chem.*, t. LXXXIII, p. 53].

Il se forme, même dans l'obscurité, des acides chlorique et chloreux, et comme ClO^3H ne déplace pas une quantité équivalente d'iode, on trouve trop peu d'oxygène. On ne peut pas non plus doser par ce moyen le gaz de Millon obtenu par l'action de HCl sur ClO^3H, mais on fait usage, avantageusement, du procédé de Calvert et Davies, qui consiste à faire passer dans le liquide un courant d'acide sulfureux et à déterminer l'acide chlorhydrique et l'acide sulfurique formés [*Jahresb.*, 1858, p. 101].

Gay-Lussac a employé le procédé suivant pour déterminer la composition du gaz hypochlorique : L'appareil producteur communique avec un tube horizontal, presque capillaire, sur lequel on a soufflé une série de boules; le tube est chauffé par une lampe en un point placé entre les boules et le vase producteur. A mesure que Cl^2O^4 afflue, il se décompose en un mélange de Cl + O qui remplit les boules. L'analyse du mélange gazeux contenu à la fin de l'expérience dans ces boules donne 1 volume d'oxygène et 1/2 volume de chlore. Or 1,1056 (densité de O) + 1,2200 (demi-densité de Cl) = 2,3256 (densité de Cl^2O^4); donc la formule Cl^2O^4 représente 4 volumes d'oxyde hypochlorique.

L'*euchlorine* de Millon, formée par l'action de HCl sur ClO^3K, est très-probablement un mélange de $Cl + O + Cl^2O^4$.

En condensant le gaz dans un mélange réfrigérant, Millon obtient un liquide qu'il représente par la formule Cl^6O^{13} (?).

Composés du chlore avec les métalloïdes autres que l'oxygène. — Voyez les articles concernant chaque métalloïde. P. S.

CHLORÉTHÉRAL. — En préparant la liqueur des Hollandais avec de l'éthylène renfermant sans doute des vapeurs d'éther ordinaire $C^4H^{10}O$, d'Arcet a obtenu un corps $C^4H^8Cl^2O$, qu'il a appelé chloréthéral, et qui semble n'être que l'oxyde d'éthyle ou éther bichloré [*Ann. de Chim. et de Phys.*, t. LXVI, p. 108].

CHLORHYDRINES. — On a donné le nom générique de chlorhydrines aux éthers chlorhydriques des alcools polyatomiques. Pour chaque alcool, il y a par suite un nombre de chlorhydrines égal au chiffre de l'atomicité de cet alcool :

$C^2H^4\begin{cases}OH\\OH\end{cases}$	$C^2H^4\begin{cases}OH\\Cl\end{cases}$	$C^2H^4Cl^2$.
Glycol.	Monochlorhydrine du glycol.	Dichlorhydrine ou chlorure d'éthylène.

$C^3H^5\begin{cases}OH\\OH\\OH\end{cases}$	$C^3H^5\begin{cases}(OH)^2\\Cl\end{cases}$	$C^3H^5\begin{cases}OH\\Cl^2\end{cases}$	$C^3H^5Cl^3$.
Glycérine.	Monochlorhydrine.	Dichlorhydrine.	Trichlorhydrine.

On a en outre des chlorhydrines complexes, ou doubles éthers mixtes :

$C^2H^4\begin{cases}C^2H^3O^2\\Cl\end{cases}$	$C^3H^5\begin{cases}C^2H^3O^2\\Cl^2\end{cases}$.
Acétochlorhydrine du glycol.	Acétodichlorhydrine.

Primitivement le nom de chlorhydrine avait été donné aux éthers chlorhydriques de la glycérine, et ce nom seul, sans désignation de l'alcool, s'applique à ces éthers.

Les chlorhydrines simples ou complexes sont décrites avec les alcools dont elles dérivent. E. G.

CHLORINDATMITE. — Trichloraniline. — Voyez Phénylamine.

CHLORITE. — On comprend sous ce nom un groupe d'espèces ayant des compositions voisines et des caractères extérieurs analogues.

Ce sont des silicates hydratés d'alumine, de magnésie et de fer, avec des clivages extrêmement faciles dans une direction; d'après leurs caractères optiques, ils doivent être rapportés à trois espèces : *pennine*, *clinochlore* et *ripidolithe* (voyez ces mots).

CHLORITOÏDE. — Voyez Sismondine.

CHLOROCINNOSE, ou hydrure de cinnamyle quadrichloré. — Voyez Cinnamyle (hydrure de).

CHLOROCYANAMIDE,

$$C^3H^4Az^5Cl = (CAz)^3(AzH^2)^2Cl$$

[Liebig, *Ann. de Chim. et de Phys.*, t. LVI, p. 51; — Bineau, *ibid.*, t. LXX, p. 254; — Laurent et Gerhard, *Ann. de Chim. et de Phys.*, (3), t. XIX, p. 90].

Elle a été découverte en 1834 par Liebig qui la prépara en faisant réagir l'ammoniaque sur le chlorure de cyanogène solide. On peut faire digérer ce chlorure avec une solution aqueuse d'ammoniaque ou faire réagir le gaz sec. On lave à l'eau froide pour enlever le sel ammoniac.

La réaction qui lui donne naissance est la suivante :

$$(C\,Az)^3Cl^3 + 4\,Az\,H^3 = (C\,Az)^3(Az\,H^2)^2Cl + 2\,Az\,H^4Cl.$$

Le parachlorocyanate de M. Bineau est le mélange de chlorocyanamide et de sel ammoniac.

La chlorocyanamide est une poudre blanche insoluble dans l'eau, que la chaleur décompose en acide chlorhydrique, sel ammoniac et hydromellon :

$$\underset{\text{Chlorocyanamide.}}{2[(C\,Az)^3(Az\,H^2)^2Cl]} = H\,Cl + Az\,H^4Cl + \underset{\text{Hydromellon.}}{Az^3\left\{\begin{matrix}3\,C\,Az\\3\,C\,Az\\H^3.\end{matrix}\right.}$$

Sous l'influence de la potasse à chaud, elle donne du chlorure de potassium et de l'ammeline que l'on précipite de la solution par l'acide chlorhydrique :

$$\underset{\text{Chlorocyanamide.}}{[(C\,Az)^3(Az\,H^2)^2Cl]} + K\,H\,O = K\,Cl + \underset{\text{Ammeline.}}{(C\,Az)^3\left\{\begin{matrix}Az\,H^2\\Az\,H^2\\OH.\end{matrix}\right.}$$

La chlorocyanamide peut donc être considérée comme le chlorure correspondant à l'ammeline.

L'aniline donne, avec le chlorure de cyanogène solide, la phényl-chlorocyanamide. — Voyez ce mot.

A. G.

CHLOROFORME, $C\,H\,Cl^3$ (Syn. *Chlorure de méthyle bichloré*). — Ce corps, important par les immenses services qu'il rend à la médecine, comme anesthésique, a été découvert presque simultanément en 1831 par Soubeiran en France, par M. Liebig en Allemagne, et par M. Samuel Guthrie, de Sackestt's Harber (New-York).

Lorsque ce corps fut obtenu pour la première fois, M. Liebig l'avait considéré comme exclusivement composé de carbone et de chlore, et lui avait donné le nom de *perchloride* ou *trichloride de carbone*. La formule exacte du chloroforme fut déterminée dès 1835 par M. Dumas, qui l'a ainsi nommé à cause de la propriété qu'il possède de former du chlorure de potassium et de l'acide formique sous l'influence d'une solution alcoolique de potasse caustique. En réalité, le chloroforme, $C\,H\,Cl^2, Cl$, est de l'éther méthylique $C\,H^3\,Cl$, dans lequel 2 atomes d'hydrogène sont remplacés par 2 atomes de chlore.

Le chloroforme est un liquide incolore, très-mobile, d'une densité égale à 1,48; il bout à 60°,8, sa densité de vapeur est égale à 4,199. Son odeur est éthérée et des plus suaves lorsqu'il est pur. Il s'enflamme difficilement; cependant, quand on en imprègne une mèche de coton, il brûle avec une flamme rouge et fuligineuse bordée de vert, et répand des vapeurs d'acide chlorhydrique. A peine soluble dans l'eau, il s'y dissout néanmoins en quantité suffisante pour communiquer au liquide une saveur sucrée des plus agréables. Il est très-soluble dans l'alcool et dans l'éther. Il est insoluble dans l'acide sulfurique concentré qui ne le noircit pas lorsqu'il est pur; néanmoins, conservé dans cet acide, il dégage peu à peu des vapeurs d'acide chlorhydrique.

Le chloroforme pur tombe au fond de l'eau sans la troubler, il la rend laiteuse lorsqu'il contient de l'alcool.

D'après M. Cattel, le chloroforme additionné d'alcool se colore en vert avec un mélange d'alcool et de bichromate de potasse; il ne présente pas cette coloration lorsqu'il est pur [Cattel, *Journ. de Chim. médic.*, t. IV, p. 257, 3ᵉ série].

Le chloroforme possède la propriété de dissoudre le phosphore, l'iode, le soufre, les corps gras, la plupart des résines, beaucoup d'alcaloïdes et généralement les matières organiques riches en carbone. C'est à froid le meilleur dissolvant du caoutchouc.

Lorsqu'on distille le chloroforme à plusieurs reprises dans un courant de chlore sec, il se convertit en acide chlorhydrique et en perchlorure de carbone $C\,Cl^4$.

A la lumière diffuse, le chlore n'a pas d'action sur le chloroforme; mais sous l'influence des rayons solaires, il le transforme en perchlorure de carbone $C\,Cl^4$.

Chauffé avec l'acide azotique, il ne se dégage que de petites quantités de vapeurs rutilantes.

Les vapeurs de chloroforme sont décomposées lorsqu'on les fait passer dans un tube de porcelaine chauffé au rouge, et il se produit, selon le degré de température, du chlore, de l'acide chlorhydrique, du sesquichlorure de carbone C^2Cl^6, du *chlorure de Julin*, C^6Cl^6 (perchlorobenzine), qui se condense en aiguilles sur les parties froides du tube, un peu de gaz inflammable et du charbon [Julin, *Ann. de Chim. et de Phys.*, t. XVIII, p. 269; — Regnault, t. LXX, p. 104; t. LXXI, p. 381 et 386].

La vapeur de chloroforme, dirigée sur de la baryte ou de la chaux chauffée au rouge faible, est décomposée; il se forme du chlorure et du carbonate de la base avec dépôt de charbon sans dégagement de gaz. Si la chaleur est peu élevée, il se produit alors de l'oxyde de carbone.

En solution aqueuse et bouillante, la potasse caustique n'agit que d'une manière très-incomplète sur le chloroforme, tandis qu'une solution alcoolique bouillante l'attaque promptement en produisant du chlorure et du formiate de potassium :

$$\underset{\text{Chloroforme.}}{C\,H\,Cl^3} + \underset{\text{Hydrate de potassium.}}{4\,K\,H\,O} = 2\,H^2O + 3\,K\,Cl + \underset{\text{Formiate de potassium.}}{C\,H\,O^2K.}$$

On peut distiller le chloroforme sans altération sur du potassium, mais ce métal fait explosion lorsqu'on le chauffe dans la vapeur du chloroforme.

On peut chauffer le chloroforme avec le sodium dans un tube fermé à 200° sans qu'il y ait réaction.

En faisant bouillir du chloroforme avec une solution alcoolique d'éthylate de sodium, M. Kay a obtenu un corps éthéré qui répond à la formule :

$$O^3\left\{\begin{matrix}(C\,H)'''\\(C^2H^5)^3\end{matrix}\right. = C\,H(C^2H^5O)^3.$$

Il se dépose en même temps du chlorure de sodium :

$$\underset{\text{Chloroforme.}}{C\,H\,Cl^3} + \underset{\text{Éthylate de sodium.}}{(C^2H^5O\,Na)^3} = 3\,Na\,Cl + O^3\left\{\begin{matrix}(C\,H)'''\\(C^2H^5)^3.\end{matrix}\right.$$

Chaque atome de chlore dans cette réaction est remplacé par le groupe oxéthyle C^2H^5O; on peut donc envisager le corps éthéré qui en résulte comme dérivant du groupe hypothétique

$$O^3\left\{\begin{matrix}(C\,H)'''\\H^3\end{matrix}\right.$$

qui serait un homologue inférieur de la glycérine, et dont le chloroforme serait la trichlorhydrine. Le chloroforme en effet se comporte dans cette réaction comme le trichlorure du radical triatomique $(C\,H)'''$, ainsi que l'exprime la formule $(C\,H)'''\,Cl^3$.

L'éther de M. Kay est un liquide incolore doué d'une odeur forte et aromatique; à peine soluble dans l'eau, il bout entre 145° et 146°, et brûle avec une grande facilité. Distillé en présence du perchlorure de phosphore, il se produit un liquide pesant qui possède l'odeur du chloroforme. Lorsqu'on y fait passer un courant d'acide chlorhydrique, celui-ci est absorbé, et l'on peut retirer du mélange du formiate d'éthyle. Chauffé en présence de l'acide sulfurique concentré, ce corps est transformé en acide formique, acide éthylsulfurique et alcool [G. Kay, *Ann. der Chem. u. Pharm.*, 1844, t. XCII, p. 346].

D'après M. Bassett, le chloroforme, chauffé à 125° en vase clos avec de l'acétate de potassium fondu et de l'alcool, est attaqué : il se produit du chlorure, du biacétate, du formiate de potassium et de l'acétate d'éthyle :

$$CHCl^3 + 6C^2H^3OK + 2C^2H^6O$$
$$= 3KCl + CHO^2K + 2C^4H^7O^4K + 2C^4H^8O^2$$

[*Ann. der Chem. u. Pharm.*, t. CXXXVIII, p. 255, nouv. sér., t. LXII, mai 1866 ; — *Journ. of the Chem. Soc.*, 2e sér., t. III, p. 31 ; — *Bull. de la Soc. chim.*, nouv. sér., t. VI, p. 398].

Le chloroforme n'est pas attaqué par les cyanures de potassium, de mercure et d'argent.

Le formiate de plomb n'a pas d'action sur le chloroforme à une température inférieure à sa propre décomposition.

Le gaz ammoniac décompose la vapeur de chloroforme à une température voisine du rouge avec formation de chlorure et de cyanure d'ammonium ; si la température est plus élevée, il se dépose une substance brune (paracyanogène). Un mélange de chloroforme et d'ammoniaque en solution aqueuse maintenu pendant quelque temps à 180° donne du chlorure et du formiate d'ammonium, mais il ne se forme pas de cyanure d'ammonium. Si l'on additionne le mélange de potasse, la simple ébullition permet de constater l'existence de quantités notables de cyanure (Hofmann). Chauffé à 180°, un mélange de chloroforme et d'ammoniaque en solution dans l'alcool absolu donne une grande quantité de cyanure d'ammonium ainsi qu'un peu de formiate. D'autres fois cependant cette réaction n'a pas lieu, il se produit une substance brune et des quantités variables d'éthylamine [W. Heintz, *Ann. de Poggend.*, t. XCVIII, p. 263].

Distillé avec de l'aniline et une solution alcoolique de potasse, le chloroforme donne du cyanure de phényle isomère du benzonitrile (Hofmann). L'amylamine agit de la même façon. — Voyez CYANHYDRIQUES (ÉTHERS).

D'après M. Loir, l'hydrogène sélénié et l'hydrogène sulfuré exercent une action particulière sur le chloroforme. Lorsqu'on dirige un courant d'hydrogène sulfuré sur du chloroforme placé sous l'eau, il se forme un dépôt blanc cristallisé, possédant l'odeur de l'ail, difficile à purifier et qui paraît répondre à la formule $(CHCl^3)^2H^2S$ [Loir, *Compt. rend.*, t. XXXIV, p. 547].

Préparation. — Le chloroforme s'obtient à l'aide du procédé suivant : On chauffe vers 40°, 35 à 40 litres d'eau dans le bain-marie d'un alambic, d'une capacité triple environ de la quantité de liquide employé ; on délaye ensuite 5 kilogr. de chaux vive et délitée, et 10 kilogr. de chlorure de chaux. On ajoute ensuite 1 litre 1/2 d'alcool à 0,85°, et l'on élève rapidement la température. Aussitôt que le chapiteau de l'alambic s'échauffe, on retire le feu ; la distillation marche rapidement et se continue d'elle-même. Vers la fin on chauffe de nouveau ; l'opération est suspendue lorsque le liquide distillé ne possède plus de saveur sucrée. On trouve dans le récipient 2 ou 3 litres d'un liquide formé de deux couches : le liquide inférieur est le chloroforme mélangé d'alcool et coloré en jaune par un excès de chlore. On le sépare, on le lave avec de l'eau, puis avec une solution de carbonate de potasse, et on le rectifie sur du chlorure de calcium.

Lorsqu'on fait plusieurs opérations immédiates, il y a avantage à se servir des liquides qui surnagent le chloroforme dans le récipient, on obtient alors une plus grande quantité de produit.

D'après MM. Laroque et Husant, lorsqu'on prend cette précaution, on obtient avec 4 litres 1/2 d'alcool à 0,85° :

	Chloroforme.
1re distillation.	550 grammes.
2e —	640 —
3e —	700 —
4e —	730 —

On peut remplacer dans cette opération l'alcool éthylique par l'esprit de bois, mais le produit obtenu est souillé par une huile chlorée particulière qui lui communique une odeur désagréable, dont on le débarrasse en le rectifiant sur de l'acide sulfurique concentré [Soubeiran et Mialhe, *Journ. de Pharm. et de Chim.*, t. XVI, p. 5, 3e sér.].

La production du chloroforme par l'action du chlorure de chaux sur l'alcool peut s'expliquer par la propriété à la fois oxydante et chlorurante du chlorure de chaux. L'alcool en effet, en absorbant de l'oxygène, peut se scinder en gaz des marais et en acide formique ; puis, sous l'influence du chlore, le gaz des marais est changé en chloroforme et l'acide formique en acide carbonique et acide chlorhydrique :

$$C^2H^6O + O = CH^4 + CH^2O^2,$$
$$CH^2O^2 + Cl^2 = CO^2 + 2HCl.$$

C'est le boursouflement produit par le dégagement de l'acide carbonique qui nécessite pour cette opération l'emploi de vases de grande dimension.

Le chloroforme se produit encore dans beaucoup d'autres circonstances ; ainsi, lorsqu'on fait réagir le chlore sur le chlorure de méthyle, il se forme en même temps que le chlorure de méthyle chloré.

On l'obtient encore en faisant réagir le chlore sur le gaz des marais ; par l'action des alcalis en solution aqueuse sur le chloral : en chauffant de l'acide trichloracétique ou du trichloracétate de potassium avec la potasse ou l'ammoniaque. Par la distillation de l'acétate de potasse, de l'acétone, de l'essence de térébenthine, de l'essence de citron et d'autres huiles essentielles avec le chlorure de chaux. Enfin il se forme encore du chloroforme lorsqu'on fait passer un courant de chlore dans une solution alcoolique de potasse.

Le chloroforme rend à la médecine des services considérables : c'est l'agent anesthésique le plus énergique.

Son action, huit à dix fois plus intense que celle de l'éther, est aussi plus rapide et plus complète. La période d'excitation est très-réduite et la sensibilité et le mouvement sont tout à fait abolis. Cependant son administration n'est pas sans danger.

Il a été préconisé presque simultanément en France par M. Flourens, en Angleterre par MM. Simpson et Bell.

On l'emploie sous forme d'inhalations. Il est quelquefois employé à l'intérieur comme calmant. On pense que les effets produits par le chloroforme sont provoqués par une paralysie des muscles et même des nerfs du cœur [Chautard, *Journ. de Pharm.*, XXI, 88 ; — Meurer, *Arch. f. Pharm.*, (2), LIII, 282 ; — Laroque et Husant, *Journ. de Pharm.*, (3), XIII, 97 ; — Godefrin, *ibid.*, XIII, 101 ; — Carl, *Pharm. centralbl.*, p. 236, 1848 ; — L. Kesseler, *Journ. de Pharm.*, (3), III, 161 ; — Pierloz-Feldmann, *Journ. de Chim. médic.*, (3), IV, 309 ; — Boettger, *Polytechn. Notizblatt*, n° 1, 1848 ; — Reich, *Gewerbvereinsblatt der Prov. Preussen*, n° 2, 1848 ; — Wackenroder, *Arch. f. Pharm.*, (2), LIII, 273 ; — Siemerling, *ibid.*, (2), LIV, 23 ; — Gregory, *Proceed. of the Roy. Society of Edimburgh*, n° 39, 1850]. E. C.

CHLOROGÉNINE. — Acide chlororubique. Matière particulière contenue dans la racine de garance et d'autres végétaux, susceptible de se dédoubler, par l'ébullition avec les acides, en sucre et en une substance verte insoluble. — Voyez GARANCE.

CHLOROGÉNINE. — O. Hesse donne le nom de chlorogénine à une base extraite d'une écorce australienne [*Ann. der Chem. u. Pharm.*, suppl. IV, p. 40].

On épuise par l'eau acidulée à l'acide sulfurique, on ajoute du sublimé corrosif qui précipite la chlorogénine. Le précipité est décomposé par l'hydrogène sulfuré.

Le liquide filtré, concentré, est précipité par l'hydrate de baryte. Le précipité séché est dissous dans l'alcool; on neutralise par l'acide sulfurique et on évapore, puis on précipite par l'ammoniaque.

Elle constitue une poudre amorphe brune, qui se dissout facilement dans l'eau et les acides, lorsqu'elle est fraîchement précipitée. Elle est insoluble dans l'ammoniaque concentrée, soluble dans l'ammoniaque étendue, soluble en rouge-brun par transparence et en vert par réflexion dans le chloroforme. Elle est amère et provoque les vomissements.

Formule, $C^{21}H^{20}Az^{2}O^{4} + H^{2}O$.

Le sulfate constitue une masse brune amorphe; le chromate $9(C^{21}H^{20}Az^{2}O'')Cr^{2}O^{6}.H^{2}O$ forme un précipité jaune facilement décomposable. L'écorce en renferme environ 2,5 %, elle en constitue le principe actif et colorant.

CHLOROGÉNIQUE (ACIDE). — Voyez CAFÉTANNIQUE (ACIDE).

CHLOROMÉLANE. — Voyez CRONSTEDTITE.

CHLOROMÉTHYLASE, $C^{2}H^{2}Cl^{3}$. — Laurent a donné ce nom à un composé huileux plus dense que l'eau, volatil sans décomposition, et qu'on obtient par l'action de la potasse sur l'acétate de méthyle trichloré [*Ann. de Chim. et de Phys.*, t. LXVI, p. 385].

Gerhardt pense que c'est de l'éthylène bichloré.

CHLOROMÉTRIE. — Voyez ANALYSE, t. I, p. 258 et CHLORE, p. 872.

CHLOROPALE (Min.). — Silicate hydraté de fer, de couleur vert-pistache. Amorphe, à cassure conchoïdale ou terreuse; happant faiblement à la langue. Passe quelquefois à l'opale, substance qu'elle accompagne.

Caractères. — En partie attaquable par l'acide chlorhydrique; devient d'un brun foncé avec une lessive concentrée de potasse.

Dureté, 2,5 à 4,5. Densité, 2,1 à 2,2.

CHLOROPHÆNÉRITE (Min.). — Ce nom a été donné à une substance d'un vert foncé qui se trouve dans les amygdaloïdes de Meinig (Saxe) et qui contient 59,4 de silice, 12,3 de protoxyde de fer, 5,7 d'eau, avec de l'alumine, de la chaux, de la magnésie, etc.

CHLOROPHANE (Min.). — Variété de fluorine émettant une belle lumière verte lorsqu'on la chauffe.

CHLOROPHÉITE (Min.) [Syn. *Chlorophæzite*]. — Silicate hydraté ferreux, renfermant un peu de magnésie. Le rapport de l'oxygène dans les bases, la silice et l'eau est de 1 : 3 : 6.

Aiguilles cristallines, montrant deux clivages, et petites masses fibreuses ou compactes, translucides ou opaques; d'un vert pistache dans les cassures fraîches, noires ou brunâtres dans les surfaces anciennes. Se trouve dans les cavités des amygdaloïdes.

Caractères. — Au chalumeau, fond en un verre noir magnétique.

Dureté, 1,5 à 2. Densité, 1,8 à 2,02.

CHLOROPHYLLE ou **CHROMULE.** — On donne le nom de chlorophylle à la matière verte des plantes. Ce principe si répandu dans les végétaux est encore peu connu dans sa constitution chimique et sa composition malgré de nombreux travaux publiés à son sujet [*Dingler's polytechn. Journ.*, t. CXXII, p. 67; t. CL, p. 118; *Compt. rend. de l'Acad.*, t. VI, p. 642; t. XXXIII, p. 639; t. XLI, p. 588; t. XLVII, p. 442; t. L, p. 405 et 113; *Bull. de la Soc. d'enc.*, t. LVII, p. 183; *Répert. de Chim. appl.*, t. I, p. 13 et 339; t. II, p. 71 et 386; *Répert. de Chim. pure*, 1861, p. 28; *Ann. der Chem. u. Pharm.*, t. CXV, p. 37; *Chem. centralb.*, n° 10, p. 145; *Bull. de la Soc. indust. de Mulhouse*, t. XXVI, p. 283]. Les uns y voient un principe immédiat vert, d'autres observateurs (Fremy) la considèrent comme un mélange de jaune (phylloxanthine) et de bleu (phyllocyanine). Cependant les agents employés pour opérer la séparation des deux principes ne sont pas assez inoffensifs, chimiquement parlant, pour que l'on ne puisse craindre une action décomposante.

Verdeil isole la chlorophylle en épuisant la plante par l'alcool. La solution alcoolique verte est précipitée par la chaux et la laque calcaire lavée et décomposée par l'acide chlorhydrique, puis agitée avec de l'éther qui s'empare de la substance verte. L'évaporation de cette solution fournit la chlorophylle à l'état de pureté.

Obtenue ainsi, elle constitue une poudre vert foncé, inaltérable à l'air, indécomposable à 200°, infusible à cette température, insoluble dans l'eau, soluble dans l'alcool, l'éther, les acides et les alcalis. L'hydrate d'alumine se combine avec elle et l'enlève à ses solutions alcooliques convenablement étendues d'eau. L'hydrogène naissant la réduit et la décolore. Verdeil admet, dans la chlorophylle, la présence d'une grande quantité de fer dans un état analogue à celui que l'on a signalé dans la matière rouge du sang. Suivant Mulder, la chlorophylle renferme de l'azote, mais cette assertion n'est pas suffisamment établie. Il se pourrait que le produit de Mulder n'ait pas été convenablement débarrassé de matières protéiques.

En mettant de la gelée d'alumine en présence d'une solution alcoolique de chlorophylle, convenablement étendue d'eau, il se forme une laque d'un vert foncé, tandis que le liquide surnageant est coloré en jaune. Cette expérience semble prouver que la matière verte a une tendance à se dédoubler en jaune et en un produit plus riche en vert. Elle a suggéré à Fremy la pensée d'arriver par d'autres méthodes à une séparation plus complète. Le procédé qui lui a donné les meilleurs résultats consiste à introduire dans un flacon bouché à l'émeri un mélange de 2 p. d'éther et de 1 p. d'acide chlorhydrique étendu d'un peu d'eau. On agite fortement de manière à saturer l'acide d'éther. D'un autre côté, on décolore la chlorophylle par l'action des alcalis qui la transforment en un beau corps jaune, soluble dans l'alcool, l'éther, le sulfure de carbone et susceptible de s'unir à l'alumine et de former une laque jaune. Celle-ci, décomposée par un acide, cède la nouvelle substance à l'un des dissolvants précédents.

En agitant avec le liquide binaire précédent (éther et acide chlorhydrique) le produit jaune dérivé de la chlorophylle, on voit se développer un phénomène remarquable: l'éther reste coloré en jaune pur, tandis que la couche sous-jacente d'acide chlorhydrique prend une belle teinte bleue. Fremy admet, d'après cela, que la chlorophylle est un mélange de jaune et de bleu. Les alcalis décoloreraient momentanément le bleu. Le corps jaune engendré par eux serait un mélange du jaune primitif et du produit incolore formé par la cyanine. Celui-ci, agité avec de l'éther et de l'acide chlorhydrique, cède le jaune à l'éther et la cyanine régénérée se dissout en bleu dans l'acide chlorhydrique. Cette expérience peut être faite avec de la chlorophylle ou même des feuilles desséchées.

On peut aussi faire bouillir la chlorophylle pure avec de l'hydrate de baryte [Fremy, *Ann. de Chim. et de Phys.*, (4), t. VII, p. 78].

Le précipité bouilli avec de l'alcool cède la phylloxanthine non combinée, tandis qu'il reste une laque renfermant la phyllocyanine que l'on décompose par l'acide sulfurique; enfin on traite par l'alcool ou l'éther.

La phylloxanthine est neutre, insoluble dans l'eau, soluble dans l'alcool et l'éther où elle cristallise en feuillets jaunes ou en prismes rouges. Son pouvoir colorant est intense. Elle se dissout en bleu dans l'acide sulfurique concentré, tandis que le principe jaune des fleurs s'y dissout en rouge.

La phyllocyanine est insoluble dans l'eau, soluble en vert-olive ou rouge-bronze dans l'alcool et l'éther; ses sels sont bruns et verts, les sels alcalins seuls sont solubles dans l'eau. Les solutions acides sont vertes, rougeâtres, violettes ou bleues suivant le degré de concentration. L'eau en reprécipite la matière colorante.

Fremy appelle phylloxanthine le jaune constitutif de la chlorophylle et phylloxanthéine le corps jaune qui résulte de l'altération passagère du corps bleu (phyllocyanine). La régénération de la phyllocyanine par les acides n'exige pas le concours de l'air. Les feuilles jaunes, étiolées et poussées dans l'obscurité contiennent à la fois de la phylloxanthine et de la phylloxanthéine.

En effet, elles passent rapidement au vert sous l'influence des vapeurs acides. Les feuilles jaunies en automne ne renferment plus que de la phylloxanthine. Leur extrait alcoolique agité avec l'éther et l'acide chlorhydrique ne produit plus le phénomène caractéristique. On s'explique ainsi les changements de teinte des feuilles en automne. La phylloxanthine, beaucoup plus stable, reste seule, tandis que la cyanine s'oxyde et se décompose d'une manière irrévocable.

D'après Stokes [*London Rep. Soc. proc.*, t. XIII, p. 144], la chlorophylle est un mélange de quatre principes distincts par leurs propriétés optiques, savoir : deux principes verts et deux principes jaunes.

Les solutions des principes verts ont une forte fluorescence rouge. Trois de ces corps sont facilement décomposables par les acides et les sels. La phyllocyanine de Fremy ne serait qu'un produit de décomposition soluble dans beaucoup d'acides avec une couleur verte ou bleue et offrant dans les solutions neutres des séries d'absorption très-marquées. La phylloxanthine varie dans ses propriétés suivant le mode de préparation. Séparée des matières vertes par l'alumine hydratée, elle représente un des corps jaunes; obtenue au contraire par la méthode de Fremy, c'est un mélange des mêmes principes jaunes avec le produit de décomposition de l'un des principes verts par les acides. Les plantes marines vertes ne se distinguent des plantes terrestres que par le rapport dans lequel les divers fragments sont mélangés. Celles qui sont olives contiennent un nouveau principe vert et jaune. Les plantes marines rouges contiennent en outre un corps rouge.

D'après Filhol [*Compt. rend.*, t. LXI, p. 371], la chlorophylle en solutions alcooliques, traitée avec précaution par les acides, se dédouble en quatre corps : un corps brun azoté insoluble dans l'alcool; un corps jaune non azoté soluble dans l'alcool; un corps bleu ne se formant que par l'emploi d'un excès d'acide chlorhydrique; enfin un quatrième corps jaune que l'on sépare du corps bleu par l'éther. H. Ludwig et Kromayer confirment la séparation de la chlorophylle en bleu et jaune par les alcalis [*Arch. Pharm.*, (2), t. CVI, p. 164].

Pfaundler suppose avec Hlasiwetz que les couleurs des plantes dépendent de la présence du quercitrin, de l'esculine et d'autres principes analogues qui produisent diverses nuances sous l'influence des alcalis, de l'air, des sels de fer [*Ann. der Chem. u. Pharm.*, t. CXV, p. 37]. Il appuie l'opinion de Verdeil de la nécessité de la présence du fer. Salm-Horstmar avait observé une véritable chlorose des plantes cultivées dans des terrains exempts de fer. Pfaundler indique pour la préparation de la chlorophylle le procédé suivant: Le suc d'herbe est coagulé par la chaleur, le coagulum est expulsé par l'alcool et le résidu gélatineux est dissous dans l'acide chlorhydrique. Le liquide filtré est précipité par l'eau chaude. On lave les flocons précipités et on sèche. Il reste une poudre bleu foncé, soluble dans l'alcool et l'éther avec une coloration rouge de sang par réflexion et vert jaunâtre par transmission, soluble en jaune-brun dans le sulfure de carbone et en vert d'herbe dans l'acide chlorhydrique. La potasse étendue la dissout, la potasse concentrée point. Elle ne se dédouble pas comme la quercitine et ne se réduit pas comme l'indigo; est non azotée et renferme 0,9 % de cendres ferrugineuses. A l'analyse elle a donné 60,8 % de carbone et 6,4 d'hydrogène.

Suivant Phipson, les feuilles vertes plongées dans l'acide sulfurique concentré prennent la couleur jaune automnale; après un contact prolongé le jaune passe au vert-émeraude, puis il se forme des matières humiques [*Compt. rend.*, t. XLVII, p. 912]. Les feuilles jaunes de l'automne deviennent vert-émeraude après quelques secondes d'immersion dans l'acide sulfurique, puis brunes.

Les têtes d'artichauts frais non ouverts donnent un liquide incolore inaltérable à l'air, mais qui, par addition de chaux ou de carbonate de soude, se colore en vert à l'air. Ce liquide vert précipite par l'alun, l'acétate de plomb, les sels d'étain. Les dépôts sont verts, inaltérables à l'air. Le précipité plombique décomposé par l'hydrogène sulfuré en présence de l'alcool donne une solution jaune-brun d'où l'éther précipite une matière qui séchée donne une masse jaune-brun se décomposant sans fondre par la chaleur, insoluble dans l'eau et les acides, peu soluble dans l'alcool, insoluble en vert dans les alcalis, soluble en rouge dans l'acide sulfurique concentré [Verdeil, *Compt. rend.*, t. XLVII, p. 442].

Sachs dit que le plasma végétal renferme un principe possédant la constitution du vert de feuille et qui n'attend plus qu'une dernière impulsion pour devenir chlorophylle verte [*Chem. centralb.*, 1859, p. 145]. Cette impulsion serait moins donnée par la lumière que par l'oxygène actif ou devenu actif sous l'influence de la lumière. Les cellules encore incolores des végétaux qui se coloreraient rapidement en vert à la lumière passent au vert instantanément lorsqu'on les plonge dans l'acide sulfurique, tandis que les cellules impropres à verdir n'offrent pas cette réaction. Sachs donne le nom de leukophylle au principe incolore.

On a essayé à différentes reprises, mais sans succès, de fixer la chlorophylle sur tissus. Ces tentatives sont devenues sans objet depuis que l'industrie dispose de si beaux verts. P. S.

CHLOROPHYLLITE (Min.). — Variété altérée de cordiérite, en grands cristaux ou en masses cristallines d'un vert clair.

CHLOROPICRINE ou Chlorure de nitrométhyle perchloré, $CCl^3(AzO^2)$ [Stenhouse, *Ann. der Chem. u. Pharm.*, t. LXVI, p. 241; — Gerhardt, *Compt. rend. des trav. de Chim.*, 1849, p. 34]. — Ce corps se produit par l'action du chlorure de chaux sur les dérivés nitrés d'un grand nombre de corps, créosote, salicine, indigo, coumarine, benjoin, styrax, galbanum, etc. Il se forme en même temps que le chloranile dans l'action du chlorate de potasse et de l'acide chlorhydrique sur l'acide picrique. Lorsqu'on dirige un courant de chlore dans du fulminate de mercure délayé dans l'eau, ou qu'on traite ce sel par le chlorure de chaux, il se forme de la chloropicrine [Kekulé, *Ann. der Chem. u. Pharm.*, t. CI, p. 200, et *Ann. de Chim. et de Phys.*, (3), t. L, p. 488]. On l'obtient en distillant un mélange d'acide picrique et de chlorure de chaux et rectifiant l'huile qui passe sur un peu de magnésie. M. Hofmann a donné pour sa préparation les indications suivantes : On délaye 45 kilogrammes de chlorure de chaux dans l'eau froide et on place la bouillie dans un vaste alambic en grès, qu'on place dans l'eau froide. On ajoute, en remuant, une solution aqueuse de 4k,5 d'acide picrique. Il se déclare une réaction violente, la plus grande partie de la chloropicrine distille; on termine la réaction en chauffant l'eau du bain-marie. On obtient en chloropicrine 114 °/₀ de l'acide picrique employé [*Journ. für prakt. Chem.*, t. CXVIII, p. 86, et *Bull. de la Soc. chim.*, 1866, t. VI, p. 237].

La chloropicrine est huileuse, incolore, transparente, très-réfringente, d'une densité de 1,6657; elle irrite les yeux et le nez autant que le chlorure de cyanogène et l'essence de moutarde, mais l'effet est moins durable. Elle bout à 120°; à 112° (Hofmann); elle supporte une température de 150° sans se décomposer; surchauffée, sa vapeur fait une violente explosion.

Neutre aux papiers réactifs, insoluble dans l'eau, soluble dans l'alcool et l'éther, elle n'est pas attaquée par les acides chlorhydrique, sulfurique ou azotique, même à l'ébullition. Les dissolutions alcalines aqueuses ne l'attaquent pas; avec les dissolutions alcooliques, elle donne du chlorure et du nitrate. Traitée par l'éthylate de sodium, elle fournit l'orthocarbonate d'éthyle $C(C^2H^5O)^4$. (Voyez CARBONIQUES [ÉTHERS.]) Chauffée légèrement avec un petit fragment de potassium, elle se décompose avec une violente explosion. Saturée de gaz ammoniac, elle donne du chlorure et du nitrate ammoniques. E. G.

CHLOROSPINELLE (Min.). — Spinelle magnésien alumino-ferrique vert d'herbe, de Slataoust, dans l'Oural. Densité, 3,59.

CHLOROXÉTHOSE, C^4Cl^6O [Malaguti, *Ann. de Chim. et de Phys.*, (3), t. XVI, p. 19].

Ce composé se forme dans l'action du monosulfure de potassium sur l'éther perchloré $C^4Cl^{10}O$:

$$C^4Cl^{10}O + 2(K^2S) = 4KCl + S^2 + C^4Cl^6O.$$

On chauffe 50 p. de monosulfure de potassium, 16 p. d'éther perchloré et 200 p. d'alcool à 95° Le liquide devient d'un jaune d'or et dépose de jour au lendemain le chlorure de potassium. On étend d'eau, et après un long repos, il se dépose une huile qui renferme encore de l'éther perchloré, et qui doit être soumise de nouveau à l'action du monosulfure de potassium et de l'alcool, mais en employant moitié moins de ces substances. L'huile est finalement purifiée par ébullition successive avec la potasse, l'acide nitrique, lavage à l'eau et distillation.

C'est une huile limpide, incolore, d'une odeur très-agréable, qui rappelle celle de la reine des prés, d'une saveur sucrée. Sa densité à 21° est de 1,654. Elle bout à 210°, en laissant un léger résidu noir. Insoluble dans l'eau, soluble dans l'alcool et dans l'éther, elle s'altère à l'air libre. L'acide azotique ordinaire et les alcalis ne l'attaquent pas. Par la chaleur, l'acide azotique d'une densité de 1,5 la détruit. Dans une atmosphère de chlore, au soleil, le chloroxéthose régénère l'éther perchloré; avec le brome, et dans les mêmes conditions, il donne l'éther perchloro-bromé $C^4Cl^6Br^4O$. En présence de l'eau, le chlore le transforme en acide trichloracétique et acide chlorhydrique :

$$C^4Cl^6O + Cl^6 + 3H^2O = 4HCl + 2(C^2HCl^3O^2).$$

E. G.

CHODNEFFITE. — Voyez CRYOLITHE.

CHOLALIQUE (ACIDE). — Voyez BILE, t. I, p. 601.

CHOLÉIQUE (ACIDE). — Voyez BILE, t. I, p. 600.

CHOLESTÉRINE, $C^{26}H^{44}O + H^2O$. — Cette substance, découverte en 1775 par Conradi dans les calculs biliaires, fut confondue par Fourcroy avec le blanc de baleine. M. Chevreul la reconnut le premier pour une substance distincte, en fit l'analyse, en étudia les principales propriétés, et lui donna le nom de *cholestérine*, de χολή, bile, et στερεός, solide [Chevreul, *Ann. de Chim.*, 1815, t. XCV, p. 7, et *Ann. de Chim. et de Phys.*, 1816, t. II, p. 346].

La cholestérine se trouve dans différentes parties de l'organisme animal, dans la bile normale de l'homme et des animaux (Chevreul), dans le cerveau (Couerbe), dans le sérum du sang (Denis, Boudet, Lecanu), dans le jaune d'œuf (Lecanu, Gobley), enfin dans divers produits morbides de l'économie animale (Lassaigne, Henry, Caventou, Lehmann).

Hoppe Seyler l'a trouvée aussi dans les globules du sang. Dans ceux-ci, il y a 0gr,04 à 0gr,06 de cholestérine pour 100° cent. cubes de sang; dans le sérum, elle varie de 0gr,234 à 0gr,019 [*Bull. de la Soc. chim.*, 1866, t. VI, p. 244].

La cholestérine se rencontre aussi dans le règne végétal; M. Beneke l'a extraite des pois et de l'huile d'olive [*Ann. der Chem. u. Pharm.*, t. CXXII, p. 249, et *Rép. de Chim. pure*, 1862, p. 471]. M. Ritthausen l'a trouvée dans la matière grasse que l'éther enlève au gluten et suppose qu'elle existe dans le blé à l'état de cholestérine benzoïque [*Journ. für prakt. Chem.*, t. LXXXVIII, p. 145, et *Bull. de la Soc. chim.*, 1863, p. 420]. Lindemneyer l'a rencontrée dans l'huile de foie de morue et dans l'huile d'amandes. Hoppe Seyler a retiré des grains de maïs 3,770 °/₀ d'un extrait éthéré renfermant 0,100 de cholestérine.

Les calculs biliaires qui renferment la cholestérine sont presque entièrement formés par cette substance; on les reconnaît à leur texture cristalline, leur fusibilité, leur légèreté et leur facile solubilité dans l'alcool et dans l'éther. Pour en extraire la cholestérine, il suffit de les dissoudre dans l'alcool bouillant additionné d'un peu de potasse pour dissoudre les acides gras qui pourraient s'y trouver. La cholestérine se dépose à l'état de pureté par le refroidissement de la solution.

La cholestérine cristallise par le refroidissement de sa solution alcoolique sous forme de lamelles nacrées, incolores, sans saveur, plus légères que l'eau. Elle est insoluble dans l'eau, peu soluble dans l'alcool froid. Elle se dissout dans 9 p. d'alcool bouillant d'une densité de 0,84. Elle est beaucoup plus soluble dans l'alcool absolu et bouillant. A 15°, elle se dissout dans 3,7 p. d'éther, et à l'ébullition dans 2,2 p. du solvant : dans l'huile de pétrole et le chloroforme.

L'essence de térébenthine ne la dissout qu'en petite quantité.

En en saturant de l'éther, ajoutant à la solution la moitié de son volume d'alcool et abandonnant le tout à l'évaporation spontanée, on obtien la cholestérine sous forme de cristaux détermi nables. Ce sont des prismes appartenant au type clinorhombique et présentant le plus souvent les faces g^1, p, a^1, m, h^1. Angles mesurés (Heintz) : $ph^1 = 100°30'$; $a^1p = 127°50'$; $a^1h^1 = 131°34'$;

^{1} = 110° 14'; *mm* = 139°45. Ils sont hydratés et renferment une molécule d'eau qu'ils perdent à 100°.

La cholestérine desséchée a été analysée par Chevreul, Th. de Saussure, Couerbe, Marchand, Payen, Schwendler et Meissner, Heintz; les analyses de ces chimistes conduisent à la formule $C^{26}H^{44}O$, qui s'accorde avec la composition des hydrocarbures et des éthers dérivés de la cholestérine.

Elle fond à 137° (Chevreul), à 136-137° (Benecke), à 145° (Couerbe, Gobley) et se solidifie alors à 137° (Gobley).

Chauffée vers 350°, la cholestérine se sublime en partie sans altération, puis se décompose en fournissant des produits huileux et des hydrocarbures solides. Les produits huileux rectifiés fournissent deux hydrocarbures, l'un bouillant à 140°, dont l'analyse indique un carbure $C^{n}H^{2n}$, l'autre bouillant à 240° et qui donne à l'analyse : carbone, 87,83, et hydrogène, 11,48. Lorsqu'on dirige les vapeurs de la cholestérine dans un tube chauffé au rouge sombre, on obtient un goudron noir et un mélange d'éthylène et d'hydrure de méthyle [Heintz, *loc. cit.*]. La potasse bouillante ne l'attaque pas; avec la chaux potassée il se développe à 250° du gaz hydrogène, et il reste une matière grasse, incristallisable, presque insoluble dans l'alcool [Gerhardt, *Traité de Chim. organ.*, t. III, p. 737]. L'acide sulfurique et l'acide phosphorique donnent des hydrocarbures étudiés par Zwenger (voyez plus bas); avec l'acide azotique concentré, il se produit de l'acide acétique et quelques autres acides volatils homologues, ainsi que de l'acide cholestérique, $C^{8}H^{10}O^{5}$, identique à celui que donne l'acide choloïdique [Redtenbacher, *Ann. der Chem. u. Pharm.*, t. LVII, p. 145]. Pelletier et Caventou ont donné le nom d'acide cholestérique à une substance cristallisée en aiguilles, fusible à 58°, et qu'ils ont obtenue par l'action de l'acide azotique sur la cholestérine [*Ann. de Chim. et de Phys.*, t. VI, p. 401]. Redtenbacher n'a pu obtenir ce corps et pense que Pelletier et Caventou avaient employé de la cholestérine impure.

Le chlore gazeux attaque la cholestérine; le produit est blanc, pulvérulent, amorphe, insoluble dans l'eau, peu soluble dans l'alcool, fort soluble dans l'éther. Ses analyses conduisent à la formule $C^{26}H^{37}Cl^{7}O$ [Meissner et Schwendler, *Ann. der Chem. u. Pharm.*, t. LIX, p. 107, et *Journ. für prakt. Chem.*, t. XXXIX, p. 247].

M. Schiff indique deux réactions, qu'il considère comme caractéristiques de la cholestérine. Lorsqu'on ajoute à une très-petite quantité de cholestérine une goutte d'acide azotique concentré et qu'on évapore à une douce chaleur, il reste une tache jaune qui se colore en rouge au contact d'une goutte d'ammoniaque.

En employant un mélange de 2 à 3 volumes d'acide chlorhydrique ou d'acide sulfurique avec 1 volume de perchlorure de fer moyennement étendu, et évaporant avec la cholestérine un peu de ce réactif, on obtient un résidu d'une belle couleur violette. Le chlorure d'or, le chlorure de platine et la solution de bichromate de potasse dans l'acide chlorhydrique donnent lieu à la même coloration [H. Schiff, *Jahresber. über Pathol. Chem. für* 1858, et *Répert. de Chim. pure*, 1861, p. 208].

Cholestérate de sodium, $C^{26}H^{43}ONa$ [O. Lindenmeyer, *Journ. für prakt. Chem.*, t. XC, p. 321, et *Bull. de la Soc. chim.*, 1864, t. I, p. 271]. — La cholestérine dissoute dans l'huile de pétrole est attaquée par le sodium; le métal se recouvre d'une couche blanche dont il faut le débarrasser par l'agitation. Quand cette croûte a cessé de se former, on la sépare par filtration, on l'exprime et on l'abandonne dans le vide sec. Le chloroforme dissout cette combinaison, qui s'en sépare en aiguilles déliées et soyeuses, si l'on refroidit la solution à 100°. Le cholestérate de sodium n'est décomposé que lentement par l'eau. Il fond à 150° et se détruit à 180°. Traité par l'iodure d'éthyle, il donne l'éther cholestérique $(C^{26}H^{43})^{2}O$, et non l'éthyl-cholestérine. Chauffé à 100° en tubes scellés avec le chlorure de cholestéryle, il donne un corps cristallisé, semblable à la cholestérine, fusible à 71° et qui n'a pas été analysé.

ÉTHERS DE LA CHOLESTÉRINE.

Acétate de cholestéryle [Berthelot, *Ann. de Chim. et de Phys.*, (3), t. LVI, p. 51 et suiv.; — Hoppe Seyler, *Journ. für prakt. Chem.*, t. XC, p. 331, et *Bull. de la Soc. chim.*, 1864, t. I, p. 281]. — M. Berthelot a obtenu ce corps en chauffant de l'acide acétique avec de la cholestérine à 200° pendant 8 à 10 heures dans un tube scellé à la lampe, mais on ne peut l'avoir pure; elle retient un excès de cholestérine. M. Beneke, ayant dissous à l'ébullition la cholestérine dans l'acide acétique cristallisable, avait remarqué qu'elle se déposait de ce solvant en aiguilles longues et déliées, qui devenaient promptement opaques et présentaient de nouveau la forme de la cholestérine ordinaire; il en avait conclu au dimorphisme de cette substance [Beneke, *Ann. der Chem. u. Pharm.*, t. CXXVII, p. 205, et *Bull. de la Soc. chim.*, 1864, t. I, p. 59].

M. Hoppe Seyler a reconnu qu'il se forme dans ces circonstances un acétate de cholestérine, auquel il attribue la formule $C^{26}H^{44}O, C^{2}H^{4}O^{2}$ (différente de l'éther acétique de la cholestérine). Cet acétate peu stable fond à 110°; il ne se conserve qu'en présence de l'acide acétique; en présence de l'alcool ou à l'air libre, il perd de l'acide acétique et donne de la cholestérine.

Butyrate de cholestéryle,

$$C^{30}H^{50}O^{2} = C^{26}H^{43}O.(C^{4}H^{7}O)$$

[Berthelot, *loc. cit.*]. — Ce composé s'obtient comme le dérivé acétique; on l'isole de la cholestérine en excès en mettant à profit la moindre solubilité de l'éther dans l'alcool bouillant.

Cet éther est blanc, cristallisé, inodore, très-soluble dans l'éther, peu soluble dans l'alcool froid, un peu plus soluble dans l'alcool bouillant. Une fois fondu, il reste mou et translucide, comme une résine, presque jusqu'à la température ordinaire.

Stéarate de cholestéryle,

$$C^{44}H^{78}O^{2} = C^{26}H^{43}O.(C^{18}H^{35}O)$$

[Berthelot, *Mém. cité*]. — C'est une matière neutre, blanche, cristallisable en petites aiguilles brillantes, peu soluble dans l'éther froid, presque insoluble dans l'alcool ordinaire, même bouillant. Elle fond vers 65° en un liquide transparent, qui par le refroidissement reste cireux, et ne reprend pas l'aspect cristallin.

Benzoate de cholestéryle,

$$C^{33}H^{48}O^{2} = C^{26}H^{43}O(C^{7}H^{5}O)$$

[Berthelot]. — Cet éther est cristallisé en petites paillettes blanches, légères, brillantes et micacées, assez solubles dans l'éther, très-peu solubles dans l'alcool bouillant. Il fond entre 125° et 130°.

Chlorure de cholestéryle, $C^{26}H^{43}Cl$ [Planer, *Ann. der Chem. u. Pharm.*, t. CXVIII, p. 25, et *Répert. de Chim. pure*, 1861, p. 482]. — En chauffant la cholestérine à 200° avec de l'acide chlorhydrique, M. Berthelot a obtenu une résine transparente non cristalline. M. Planer, en traitant la cholestérine par le perchlorure de phosphore, a obtenu le chlorure de cholestéryle sous forme de cristaux aciculaires, peu solubles dans l'alcool, solubles dans l'éther, fusibles vers 100°. Ce corps est très-stable et n'est pas décomposé par l'ébulltion avec une solution concentrée de potasse alcoolique.

Éther cholestérique, $(C^{26}H^{43})^2O$ [Lindenmeyer, *Mém. cité*]. — Le cholestérate de sodium, traité à 100° pendant plusieurs jours par l'iodure d'éthyle, donne une masse cristalline soluble dans l'éther, d'où elle se dépose en cristaux tabulaires, fusibles à 141°. L'analyse de ces cristaux conduit à la formule de l'éther cholestérique et non à celle de l'éthyl-cholestérine. Cependant, ainsi que nous l'avons dit, le cholestérate de sodium traité par le chlorure de cholestéryle fournit un corps non analysé, qui devrait être l'éther cholestérique et qui diffère du précédent.

HYDROCARBURES
DÉRIVÉS DE LA CHOLESTÉRINE.

Ces composés ont été étudiés par Zwenger [*Ann. der Chem. u. Pharm.*, t. LXVI, p. 5; t. LXIX, p. 347, et *Journ für prakt. Chem.*, t. XLVI, p. 446, et t. XLVIII, p. 98].

On ajoute de la cholestérine à de l'acide sulfurique étendu de son volume d'eau à une température de 61° à 70°, on verse goutte à goutte de nouvel acide sulfurique jusqu'à ce que la cholestérine ait perdu son aspect cristallin; elle devient molle et prend une couleur rouge foncé, on ajoute de l'eau et on lave le résidu insoluble qui renferme trois carbures isomères, représentant de la cholestérine, moins les éléments de l'eau, et que l'auteur appelle *cholestériline a, b* et *c*. On les sépare en lavant à l'eau, et épuisant par l'éther, qui dissout les carbures *b* et *c*, et laisse la plus grande partie du carbure *a* à l'état insoluble.

Le carbure *a* est à peine soluble dans l'alcool, très-peu soluble dans l'éther; il est sans odeur, sans saveur, plus léger que l'eau, fusible à 240°. Il se dissout dans l'essence de térébenthine et s'en sépare sous forme de petites aiguilles incolores. Le chlore le décompose facilement, l'acide azotique l'attaque et paraît donner de l'acide cholestérique.

Les carbures *b* et *c* se trouvent dans la solution éthérée avec une certaine quantité de cholestérine non attaquée et du corps *a*. On précipite cette solution éthérée par l'alcool; les trois carbures se précipitent à l'état résinoïde, tandis que la cholestérine reste en solution. On redissout ce précipité dans l'éther, qui laisse le corps *a*, et la solution abandonnée à une lente évaporation spontanée abandonne à l'état cristallin le corps *b*, tandis que le corps *c* se dépose plus tard à l'état résineux.

Le corps *b* est assez soluble dans l'éther chaud; il cristallise en paillettes brillantes, fusibles à 255°.

Le corps *c* est résineux, il fond à 127°.

En employant l'acide phosphorique, M. Zwenger a obtenu deux autres carbures qui diffèrent des précédents par leurs propriétés physiques.

La *cholestérone a* forme de beaux prismes droits, très-brillants, fusibles à 68°, distillables presque sans altération et très-solubles dans l'alcool et dans l'éther.

La *cholestérone b* forme de petites aiguilles soyeuses, fusibles à 170°, peu solubles dans l'éther et à peine solubles dans l'alcool. E. G.

CHOLESTÉRIQUE (ACIDE). — Les acides de la bile, acides choloïdique, cholique, hyocholique, chauffés avec l'acide azotique, donnent divers produits, entre autres l'acide cholestérique, qu'on obtient également suivant Redtenbacher, comme produit final de l'action de l'acide azotique sur la cholestérine.

MM. Pelletier et Caventou ont signalé comme produit de cette dernière réaction un acide cristallisé auquel ils ont également donné le nom d'acide cholestérique, mais que Redtenbacher n'a pu reproduire, et dont il attribue la production à l'emploi d'une cholestérine impure. Nous en parlerons plus bas.

Acide cholestérique, $C^8H^{10}O^5$ [Redtenbacher, *Ann. der Chem. u. Pharm.*, t. LVII, p. 145; — Theyer et Schlosser, *ibid.*, t. L, p. 243; — Schlieper, *ibid.*, t. LVIII, p. 375; — Strecker et Gundelach, *ibid.*, t. LXII, p. 226]. — Pour préparer ce corps avec l'acide choloïdique, on arrose celui-ci dans un grand verre à pied, avec 4 ou 5 fois son volume d'acide azotique concentré; et quand la première action est obtenue, on distille à une douce chaleur le liquide, de manière à le réduire au cinquième; on cohobe si cela est nécessaire, et quand l'acide azotique n'agit plus, on étend de 2 fois son volume d'eau, et on distille; dans le récipient on trouve avec l'eau l'*acide nitrocholique* et *le cholacrol*, tandis que le résidu renferme de l'acide oxalique, de l'*acide choloïdanique* et de l'*acide cholestérique*, et l'*acide azotique* en excès. Par le refroidissement le résidu se sépare en 2 couches, dont la supérieure cristalline constitue l'acide choloïdanique. On filtre sur du verre pilé, et dans les eaux mères on isole l'acide cholestérique en les saturant par l'ammoniaque et précipitant par l'azotate d'argent. Le précipité se dissout dans l'eau bouillante et filtré dépose par le refroidissement des croûtes cristallines de cholestérate d'argent, qu'on décompose par l'hydrogène sulfuré.

L'acide cholestérique est jaunâtre, non cristallisable; il attire l'humidité de l'air en se ramollissant. Sa saveur est assez acide et amère; il se dissout facilement dans l'eau, l'alcool et l'éther. La distillation sèche le décompose.

Les *cholestérates* sont solubles dans l'eau et cristallisables. Le sel d'argent renferme

$$C^8H^8O^5Ag^2.$$

Suivant MM. Pelletier et Caventou, en traitant la cholestérine pure avec son poids d'acide azotique concentré, et chauffant jusqu'à ce qu'il ne se dégage plus de vapeurs nitreuses, on obtient, en étendant d'eau la liqueur refroidie, une matière jaune, qu'on lave à l'eau, et qui, dissoute dans l'alcool, cristallise, par l'évaporation spontanée de ce liquide, en aiguilles blanches; en masse, cet acide est jaune orangé. Sa saveur, peu sensible, est légèrement styptique; son odeur rappelle celle du beurre; presque insoluble dans l'eau, il lui communique la propriété de rougir le tournesol.

Il est très-soluble dans l'éther, les huiles essentielles, l'éther acétique.

Il fond à 58° et se décompose par une température supérieure à 100°.

Les *cholestérates* décrits par MM. Pelletier et Caventou sont tous colorés, incristallisables; le sel de baryum est d'un rouge vif, et a donné à l'analyse 56,25 % de baryte. Le sel de zinc est d'un beau rouge [Pelletier et Caventou, *Journ. de Pharm.*, t. III, p. 292, et *Ann. de Chim. et de Phys.*, t. VI, p. 401]. E. G.

CHOLESTROPHANE. — Voyez Parabanique (acide).

CHOLINE [*Ann. der Chem. u. Pharm.*, t. CXXIII, p. 353]. — Strecker a découvert dans la bile de porc d'abord, puis dans celle de bœuf et d'autres animaux, une base nouvelle, la choline $C^5H^{13}AzO$, qui a été reconnue identique avec la névrine (voyez ce mot). La solution aqueuse de bile de porc est précipitée par l'acide chlorhydrique, on filtre et on lave à plusieurs reprises avec de l'eau. Le liquide est évaporé et le résidu est épuisé par l'alcool. La solution alcoolique est mélangée à de l'acide sulfurique, puis avec de l'éther, tant qu'il se forme un précipité. Les liquides éthérés sont évaporés et le résidu est bouilli avec de l'eau et de l'oxyde de zinc. Il se forme après évaporation des cristaux de sarcolactate de zinc. L'eau mère sirupeuse est épuisée par l'éther, puis par l'alcool absolu. La solution est évaporée et le résidu est bouilli avec de l'eau et de l'oxyde de plomb. Après élimination par l'hydrogène sulfuré du plomb dissous, on évapore, on reprend par l'alcool et on ajoute de l'acide chlorhydrique et du chlorure de platine.

Il se précipite des flocons que l'on purifie en dissolvant dans l'eau et en précipitant par l'alcool. Le chloroplatinate cristallise dans l'eau sous forme de belles aiguilles jaune orangé :

$$(C^5H^{13}AzO.HCl)^2PtCl^4.$$

Pour extraire la choline de la bile de bœuf, on fait bouillir avec de la baryte. Après être certain du dédoublement complet des acides biliaires, on précipite par l'acide sulfurique et on évapore au bain-marie.

Le résidu est traité par l'alcool qui laisse des sulfates, de la taurine et du sulfate de glycocole. Le liquide concentré est bouilli avec de l'hydrate de plomb, on filtre, on précipite le plomb par l'hydrogène sulfuré, on évapore et on reprend par l'alcool, enfin on ajoute de l'acide chlorhydrique et du chlorure de platine. P. S.

CHOLIQUE (ACIDE). — Voyez Bile, t. I, p. 599.

CHOLOÏDIQUE (ACIDE). — Voyez Bile, t. I, p. 601.

CHOLONIQUE (ACIDE). — Voyez Bile, t. I, p. 600.

CHONDRINE [J. Müller, *Ann. de Poggend.*, t. XXXVIII, p. 305; *Ann. der Chem. u. Pharm.*, t. XXI, p. 277; — Simon, *Medic. Chemie*, t. I, p. 108; — Vogel, *Journ. für prakt. Chem.*, t. XXI, p. 426; — Hoppe, *ibid.*, t. LVI, p. 120].

La chondrine, longtemps confondue avec la gélatine, est le produit de l'action de l'eau bouillante sur les cartilages. On prend les cartilages costaux d'homme ou de veau, on les réduit en morceaux très-minces, et on les fait bouillir avec l'eau pendant 48 heures. On évapore le liquide à consistance gélatineuse, et on enlève les matières grasses par l'éther bouillant. La cornée de l'œil donne également de la chondrine.

La chondrine desséchée est une masse diaphane, dure, cornée, qui se ramollit dans l'eau et s'y prend en gelée, insoluble dans l'alcool et dans l'éther, elle se dissout entièrement dans l'eau bouillante, et par une ébullition prolongée y donne une substance facilement soluble dans l'eau froide, mais dont les autres propriétés sont celles de la chondrine.

Presque tous les acides, même les acides organiques, la précipitent de sa solution aqueuse. Avec les acides chlorhydrique, sulfurique, azotique, phosphorique, phosphoreux, chlorique, iodique, le précipité se redissout dans un excès de ceux-ci ; il n'en est pas de même du précipité produit par les acides sulfureux, pyrophosphorique, fluorhydrique, carbonique, arsénique, acétique, tartrique, oxalique, citrique, succinique.

Maintenue en ébullition avec de l'acide sulfurique étendu, la chondrine fournit de la leucine, sans glycocolle. Les alcalis caustiques la dissolvent, et en dégagent de l'ammoniaque à l'ébullition. Avec l'hydrate de potasse en fusion, on obtient de l'acide oxalique, un acide volatil, très-peu de leucine, et point de tyrosine.

L'acide azotique la transforme en acide xanthoprotéique.

Les sels métalliques, alun, sulfate d'alumine, acétate et sous-acétate de plomb, sulfate de cuivre, sulfate ferreux, sulfate ferrique, nitrate mercureux et mercurique, chlorure ferrique, précipitent la solution de chondrine, et les précipités se redissolvent dans un excès de réactif. — La précipitation de la chondrine par les acides et par les sels métalliques la distingue de la gélatine. — L'infusion de noix de galle précipite abondamment la chondrine.

Elle a donné à l'analyse :

	Mulder. Cartilages d'homme.	Schrœder. Cartilages de poule.
Carbone	49,3	49,3
Hydrogène	6,6	6,6
Azote	14,4	»
Soufre	0,4	»
Oxygène	»	»

[Mulder, *Ann. der Chem. u. Pharm.*, t. XXVIII, p. 328; — Schrœder, *ibid.*, (2), t. XLV, p. 52.]

Lorsqu'on fait passer un courant de chlore dans une solution de chondrine, il se produit un corps blanc, qui, lavé et séché, durcit et prend une teinte verte. Il renferme 7 % de chlore (Schrœder). E. G.

CHONDRODITE. — Voyez Humite.

CHONIKRITE. — Voyez Pyrosclérite.

CHRISMATINE (Min.). — Hydrocarbure fossile voisin de l'ozokérite.

CHROME, $Cr''=52,4$. — Ce métal n'est connu que depuis 1797. Vauquelin le découvrit dans un minerai de Sibérie, connu sous le nom de *plomb rouge*, qui est un chromate de plomb ; quelques années plus tard, ce chimiste reconnut sa présence dans un minerai assez abondant, le fer chromé (FeO, Cr^2O^3), d'où on le retire aujourd'hui.

Il n'a pas d'application comme métal et il ne donne aucun alliage utile, mais ses combinaisons fournissent un certain nombre de matières colorantes dont l'industrie tire un grand parti.

Préparation. — On connaît un grand nombre de procédés de préparation de ce métal, mais le moyen le plus sûr d'obtenir le chrome pur consiste à réduire de l'oxyde de chrome pur par un poids calculé de charbon de sucre, bien mélangé avec l'oxyde, dans un creuset en chaux. Comme ce mode de préparation du chrome pur convient également au manganèse, au cobalt, au nickel et au fer, il ne sera pas inutile de décrire avec quelques détails l'appareil dont M. H. Sainte-Claire Deville s'est servi pour opérer ces réductions.

On place sur une forge portative, munie d'un bon soufflet, un manchon ou cylindre en terre réfractaire de 12 centimètres de diamètre intérieur environ ; sur une grille percée de petits trous qui ferme la cavité de la forge (fig. 137), on place un creuset A en chaux (non hydraulique) à parois épaisses, et dans l'intérieur de ce creuset un autre, C, contenant la matière à fondre. Le creuset exté-

Fig. 137. — Préparation du chrome.

rieur est destiné à protéger l'intérieur contre l'action de la scorie formée dans la combustion du charbon. On chauffe le double creuset, lentement d'abord pour ne pas fendre la chaux, avec du charbon de bois; lorsqu'il a été ainsi amené au rouge, on remplit le manchon d'escarbilles bien dépouillées de mâchefer, et l'on active la combustion au moyen du soufflet de la forge. L'échauffement maximum se produit à 2 ou 3 centimètres de la grille et se maintient jusqu'à une hauteur de 7 à 8 centimètres; c'est par conséquent dans cette zone que doit se trouver la matière à fondre. Une heure de chauffe suffit pour amener à la fusion complète toutes les matières qui ne sont pas plus réfractaires que le platine ou le quartz.

On peut remplacer les escarbilles par le charbon des cornues à gaz, mais il est bon, dans ce cas, de protéger la grille en la recouvrant de morceaux de chaux un peu gros, car la température extrêmement élevée, produite par ce combustible, pourrait la fondre malgré le refroidissement que lui fait éprouver l'insufflation de l'air.

On préparait autrefois le chrome en chauffant le mélange d'oxyde et de charbon dans un creuset brasqué, au feu d'un bon fourneau à vent; ce procédé ne donnait jamais le métal fondu, mais une masse métallique poreuse, compacte quelquefois en certains points. Le métal plus ou moins carburé contenait en outre du silicium toutes les fois que la brasque était siliceuse; le chrome s'unit, en effet, à ces deux métalloïdes avec la plus grande facilité, et c'est à la présence de ces corps en quantité plus ou moins grande dans le métal qu'il faut attribuer la divergence de propriétés qui lui ont été souvent assignées.

Cette difficulté d'obtenir le métal fondu par la réduction de l'oxyde a conduit à imaginer d'autres procédés. Wöhler, en appliquant au chlorure violet la méthode qui lui avait permis d'isoler l'aluminium, a obtenu le chrome sous forme de poudre grisâtre facilement inflammable; mais si, au lieu de chauffer le mélange de chlorure et de potassium, on fait passer sur du chlorure de chrome de la vapeur de sodium entraînée par l'hydrogène, on obtient des cristaux éclatants de chrome, appartenant au système régulier (Fremy).

Une autre modification de ce procédé a fourni également à M. Wöhler le chrome en petits cristaux. On introduit dans un creuset un mélange de 1 p. de chlorure de chrome et de 2 p. de chlorure de potassium et de sodium à équivalents égaux, on met dessus 2 p. de zinc en grenaille et on recouvre avec une couche du mélange des deux chlorures. On chauffe graduellement le creuset, la masse fond, et à un moment donné on voit des vapeurs de zinc sortir du creuset, on enlève alors un peu de feu et l'on maintient la masse en fusion encore pendant une dizaine de minutes. Après refroidissement, on brise le creuset, au fond duquel on trouve un culot de zinc fondu, sous une scorie verte; on nettoie ce culot et on le traite par l'acide azotique étendu qui dissout le zinc et laisse les cristaux de chrome [*Ann. der Chem. u. Pharm.*, t. CXI, p. 117, 1859; — *Répert. de Chim. pure*, t. I, p. 483].

On obtient également le chrome en cristaux en réduisant au creuset brasqué du chromate de plomb, dans un fourneau à vent; on obtient un culot de plomb, que l'on traite, comme le précédent, par l'acide azotique étendu (H. Debray).

Enfin M. Bunsen, en réduisant la dissolution de protochlorure de chrome par la pile, a obtenu sur des lames de platine un dépôt cohérent, semblable au fer par son aspect extérieur, de chrome métallique pur.

Propriétés du chrome. — Le chrome fondu est un métal gris d'acier, tellement dur qu'il peut rayer le verre, brillant, dont la densité est égale à 6, celle du chrome cristallisé est de 6,8 à +20°.

D'après Wöhler, il n'est pas magnétique à la température ordinaire, mais il le devient manifestement à —15° ou —20°. Il ne s'oxyde pas à la température ordinaire et ne décompose pas l'eau; au rouge, l'oxygène ou l'eau le transforme en sesquioxyde vert avec plus de difficulté qu'on en attendrait d'un métal formant un oxyde si difficilement réductible. Il est à peu près inattaquable à froid par les acides concentrés, excepté par l'acide chlorhydrique qui ne le dissout néanmoins qu'avec lenteur, en dégageant de l'hydrogène et en produisant une solution bleue de protochlorure de chrome hydraté. Les alcalis l'attaquent au contraire avec facilité, surtout sous l'influence de l'oxygène ou des matières oxydantes; il se produit alors un chromate alcalin.

Chauffé dans le chlore, il s'y transforme avec incandescence en chlorure violet, si le chlore est en excès.

Le chrome obtenu en réduisant le chlorure violet par le potassium est naturellement plus altérable que le métal fondu ou cristallisé, mais cela tient évidemment à son état de division et peut-être aussi à ce qu'il retient un peu de métal alcalin, il n'y a pas dans la manière d'agir du métal ainsi préparé des caractères suffisants pour admettre, comme le pensait Berzelius, qu'il constitue une modification allotropique du chrome [Berzelius, *Traité de Chim.*, t. II, p. 295; 3e édition française].

OXYDES DE CHROME.

Le plus important et le mieux connu est le sesquioxyde de chrome ou oxyde chromique. Le protoxyde ou oxyde chromeux n'existe que dans ses combinaisons; lorsqu'on précipite cet oxyde d'un de ses sels, il décompose l'eau et se transforme en oxyde brun hydraté, $Cr^3O^4H^2O$, en dégageant de l'hydrogène (1). L'oxyde salin, Cr^3O^4, anhydre, s'obtient, d'après Wöhler, en décomposant au rouge sombre dans un tube de verre les vapeurs d'oxychlorure de chrome. Le verre se recouvre d'une couche brune, translucide lorsqu'elle est assez mince, d'un oxyde fortement attirable à l'aimant comme l'oxyde magnétique de fer correspondant. Cet oxyde, chauffé au contact de l'air, se transforme en sesquioxyde vert [*Répert. de Chim. pure*, t. I, p. 485] (2). Enfin il existe un certain nombre de combinaisons peu importantes de sesquioxyde de chrome et d'acide chromique qu'on peut envisager comme du bioxyde de chrome ou comme des combinaisons de l'oxyde avec l'acide chromique; nous en dirons seulement quelques mots à propos des chromates.

SESQUIOXYDE DE CHROME. — Le sesquioxyde de chrome anhydre peut s'obtenir par un très-grand nombre de procédés, dont voici les principaux :

Oxyde amorphe. — 1° La calcination du chromate mercureux dans un creuset de platine four-

(1) D'après M. Moberg [*Annuaire de Chim.* de Millon et Reiset, 1849], on peut, en opérant à l'abri du contact de l'air et avec des dissolutions alcalines bien purgées d'air par l'ébullition, obtenir un précipité jaune de protoxyde de chrome hydraté. En le lavant en vases clos et le desséchant dans l'hydrogène, on obtiendrait une poudre brune (CrO, H^2O), soluble seulement à chaud dans les acides concentrés en donnant du chrome métallique et un sel de sesquioxyde

(2) M. Geuther a obtenu ce corps en cristaux qui se distinguent par leur couleur violacée du sesquioxyde de chrome ordinaire; leur poudre est noire et ils sont insolubles dans tous les acides, les alcalis fondus seuls les transforment rapidement en acide chromique et oxyde de chrome. La densité de l'oxyde magnétique est 4,0. Sa forme cristalline paraît dériver d'un prisme rhomboïdal droit [*Répert. de Chim. pure*, t. III, p. 475].

nit une poudre verte d'une belle nuance, qui est de l'oxyde de chrome bien pur :

$$2(Hg^2CrO^4) = Cr^2O^3 + O^5 + 4Hg.$$

2° L'oxyde de chrome pulvérulent et d'un beau vert, que l'on emploie dans la peinture sur porcelaine, se prépare en chauffant fortement un mélange intime de 4 p. de bichromate de potasse et de 1 p. d'amidon ; on reprend par l'eau pour dissoudre le carbonate de potasse formé dans la réaction de l'amidon sur le bichromate, et l'on calcine une seconde fois pour enlever les traces de charbon qui peuvent avoir échappé à l'oxydation.

3° Dans les laboratoires on prépare souvent cet oxyde en mélangeant 3 p. de chromate potassique neutre avec 2 p. de sel ammoniac, on y ajoute un peu d'eau pour dissoudre les sels et on évapore à siccité. La masse desséchée, calcinée dans un creuset fermé, donne un résidu d'oxyde chromique et de chlorure de potassium que l'on sépare par l'eau. L'acide chromique est réduit par l'hydrogène de l'ammoniaque, de sorte qu'il y a dans la réaction un abondant dégagement d'azote.

4° On emploie aussi comme plus économique le procédé de Lassaigne, qui consiste à calciner du bichromate de potasse avec son poids de soufre :

$$(K^2Cr^2O^7 + S = K^2SO^4 + Cr^2O^3);$$

le sulfate est enlevé par l'eau, mais il est difficile d'en enlever les dernières traces, de sorte que le procédé précédent doit être employé de préférence quand on aura besoin d'un oxyde pur.

Oxyde cristallisé. — L'oxyde de chrome cristallisé peut être obtenu : 1° en faisant passer lentement, dans un tube de porcelaine fortement chauffé, des vapeurs d'acide chlorochromique :

$$2CrO^2Cl^2 = Cr^2O^3 + O + Cl^4.$$

On obtient ainsi des cristaux d'un vert noirâtre, durs et brillants, aussi durs que le corindon avec lequel ils sont isomorphes ; leur densité est 5,21, ils rayent le verre comme le diamant (Wöhler).

2° En faisant passer un courant de chlore sur du chromate neutre de potasse, chauffé au rouge, on obtient de l'oxyde de chrome cristallisé en larges lames verdâtres transparentes, si la température n'est pas très-élevée, et en cristaux presque noirs et durs comme ceux de M. Wöhler, si la température est très-élevée (Fremy).

Propriétés. — L'oxyde de chrome anhydre a une couleur verte foncée plus ou moins belle suivant son mode de préparation ; il est insoluble dans l'eau, dans les alcalis et dans les acides. Cependant celui qui résulte de la calcination ménagée des hydrates peut se dissoudre dans les acides ; mais si on le porte au rouge naissant, il devient tout à coup incandescent comme s'il entrait en combustion et perd sa solubilité. Ce phénomène est digne d'intérêt, il montre, par une expérience extrêmement nette et facile à répéter, l'influence de la quantité de chaleur contenue à l'état latent dans les corps sur leurs propriétés chimiques.

On peut néanmoins faire entrer le sesquioxyde de chrome calciné en combinaison, en le chauffant au rouge avec du nitrate de potasse ou même avec de la potasse ou un autre alcali au contact de l'air ; dans les deux cas il se transforme en chromate de potasse.

Le sesquioxyde de chrome est indécomposable par la chaleur, l'hydrogène ne le réduit pas, mais le charbon peut le transformer en métal. Le soufre n'agit pas sur le sesquioxyde de chrome, le sulfure de carbone le transforme en sulfure de chrome à une température très-élevée.

SESQUIOXYDE DE CHROME HYDRATÉ. — Le sesquioxyde de chrome donne des sels qui se présentent sous deux modifications bien distinctes, l'une verte et l'autre violette ; aussi a-t-il été l'objet de recherches dont le but était de démontrer l'existence d'hydrates spéciaux auxquels ces modifications correspondaient. Berzelius admettait l'existence de deux hydrates isomériques, de couleur et de propriétés différentes, dont l'un donnait naissance aux sels verts, et l'autre aux sels rouges et violets ; mais cette notion simple et claire des faits fut contestée par Lœwel ; d'après lui, il existait quatre modifications isomériques de cet oxyde : trois de ces modifications, une verte, une bleu-violet, une rouge-carmin, pouvaient donner de véritables sels neutres de couleurs correspondantes ; la quatrième verte s'unissait seulement à deux équivalents d'acide pour former des sels verts, sans établir par des expériences suffisamment concluantes l'existence de ces quatre hydrates [*Journ. de Pharm. et de Chim.*, 3e série, t. VII, p. 321, 401 et 424]. Pour M. Lefort, ces divers hydrates étaient caractérisés par leur composition différente ; ainsi les deux oxydes verts correspondaient aux formules $Cr^2O^3, 5H^2O$ et $Cr^2O^3, 6H^2O$, l'hydrate bleu contenait sept molécules d'eau, et l'hydrate rouge neuf (*Compt. rend. de l'Acad.*, t. XXX, p. 416].

Enfin, plus récemment, M. Fremy est revenu à l'hypothèse de Berzelius et l'a appuyée de faits nouveaux et intéressants. C'est cette hypothèse que nous acceptons ici, en renvoyant le lecteur qui voudrait plus de détails sur les travaux de Lœwel et M. Lefort aux mémoires originaux.

Les sels verts de chrome, précipités par la potasse ou l'ammoniaque, donnent un oxyde bleu verdâtre, qui est soluble dans la potasse ou la soude en excès ; la dissolution verte ainsi obtenue, portée à l'ébullition ou soumise à l'évaporation dans le vide, laisse déposer un oxyde de chrome vert insoluble dans les alcalis, qui est anhydre.

Les sels violets de chrome précipités par l'ammoniaque donnent un oxyde bleu violacé, caractérisé par sa solubilité dans l'acide acétique, et par la propriété qu'il possède de se dissoudre peu à peu dans un excès d'ammoniaque en donnant une coloration rouge vineuse. Il produit alors, s'il est en présence de dissolutions salines, les sels ammoniaco-chromiques de M. Fremy. D'après ce chimiste, des influences diverses, et bien faibles en apparence, modifient cet hydrate, auquel il a donné le nom de *sesquioxyde métachromique*. « Ainsi le contact de l'eau bouillante, la présence de dissolutions salines concentrées, le contact prolongé de l'eau froide, une dessiccation à l'air libre ou dans le vide, maintenue pendant plusieurs jours, un frottement de quelques instants, suffisent pour faire perdre à l'hydrate de sesquioxyde de chrome sa solubilité dans les réactifs qui d'abord le dissolvent. » [*Traité de Chimie* de Pelouze et Fremy, t. III, p. 460.]

Cet oxyde de chrome se dissout également dans la potasse, l'oxyde anhydre seul y est insoluble, par la chaleur il se transforme comme son isomère en oxyde anhydre ; comme le premier il contiendrait neuf équivalents d'eau.

D'après Krüger, le sesquioxyde de chrome perdrait son eau vers 200° et un peu au-dessous de cette température il se convertirait au contact de l'air en oxyde de chrome, CrO^2, qui a une température plus élevée, perdrait de l'oxygène avec dégagement de lumière et se changerait en sesquioxyde vert [*Ann.* de Millon et Reiset, 1845, p. 127].

Vert de chrome. — A côté des hydrates précédents dont l'importance est purement théorique, se place un hydrate à deux équivalents d'eau, dont la belle couleur était utilisée en peinture sous le nom de *vert-émeraude*. Ce produit, préparé par un procédé tenu secret par son inventeur M. Pannetier, présentait l'avantage, sur les verts ordinaires, de n'être pas vénéneux ; de plus sa teinte n'est pas modifiée par les lumières artificielles, comme l'est celle de tous les verts composés de bleu et de jaune, qui paraissent bleus parce que la couleur jaune s'affaiblit considérablement lorsqu'elle est éclairée par les lumières ordinaires. Malheureusement son prix très-élevé (120 fr. le kilogr.) en limitait l'emploi, lorsqu'en 1859 M. Guignet découvrit un procédé appliqué actuellement sur une grande échelle et qui, en permettant de l'obtenir à bien meilleur marché, a conduit à des applications très-importantes de cette belle couleur.

Pour le préparer, on chauffe au rouge sombre, dans des fours de forme particulière, un mélange de 3 p. d'acide borique pour 1 p. de bichromate de potasse, la masse se boursoufle, dégage une grande quantité d'oxygène, et devient d'un beau vert. Il s'est formé un borate double de chrome et de potasse que l'eau bouillante décompose en borate acide de potasse soluble et en oxyde de chrome ($Cr^2O^3, 2H^2O$) insoluble. On retire des eaux de lavage l'acide borique qu'elles contiennent pour le faire rentrer dans la fabrication.

L'oxyde de chrome à deux molécules d'eau est tout à fait insoluble dans les dissolutions alcalines, on utilise cette propriété pour le débarrasser des traces de borate qu'il retient, une ébullition prolongée avec les alcalis enlève ce corps. L'acide azotique ne l'attaque pas, l'acide chlorhydrique le dissout lentement à l'ébullition; l'acide sulfurique concentré le transforme à chaud en sulfate insoluble de chrome.

Sous l'influence de la chaleur il se comporte comme les autres hydrates de chrome.

Le vert-émeraude (vert Guignet) est employé aujourd'hui en grandes quantités dans l'industrie des toiles peintes et des papiers de tenture. Il sert dans la peinture et, mélangé à d'autres couleurs (jaune de chrome et acide picrique), il donne des verts-nature employés avec beaucoup d'avantage dans la fabrication des fleurs artificielles, où il a permis de supprimer les verts de cuivre arsenicaux dont le maniement offrait de grands dangers.

Les réactions de l'oxyde de chrome au chalumeau sont les suivantes : il donne avec le borax dans la flamme d'oxydation un vert jaune à chaud et vert bleuâtre à froid. La perle devient verte dans la flamme de réduction et conserve sa couleur. Avec le sel de phosphore, l'oxyde de chrome donne dans la flamme d'oxydation un verre rougeâtre à chaud, et d'un beau vert à froid. La flamme de réduction donne les mêmes couleurs avec plus d'intensité. L'oxyde de chrome se dissout dans le carbonate de soude en produisant un verre brun foncé à chaud, jaune et transparent à froid, lorsqu'on le chauffe dans la flamme oxydante. Dans la flamme de réduction ce verre devient opaque et il est vert à froid.

ACIDES DU CHROME.

Il existe deux acides du chrome : l'acide chromique anhydre CrO^3 et l'acide perchromique anhydre Cr^2O^7.

ACIDE CHROMIQUE. — *Anhydride chromique.* — *Préparation.* — L'anhydride chromique à l'état de pureté a été préparé pour la première fois par Unverdorben en décomposant le fluorure chromique par l'eau.

On mêle intimement 4 p. de chromate de plomb (ou 3 de chromate de baryte) avec 3 p. de spath fluor, bien exempt de silice (et que pour plus de sûreté on a préalablement calciné) et 5 p. d'acide sulfurique concentré. On chauffe doucement le mélange dans un appareil en plomb, ou mieux en platine; il se dégage alors un gaz rouge, qui forme à l'air des vapeurs rouges ou jaunes, et qui correspond probablement par sa composition à l'acide chlorochromique que l'on obtient d'ailleurs d'une manière analogue. On fait arriver ce gaz dans un vase en platine contenant de l'eau distillée, il s'y dissout en donnant un liquide rouge, ou plutôt s'y transforme en acide fluorhydrique et acide chromique; en évaporant la dissolution à siccité, l'acide fluorhydrique se dégage et l'acide chromique reste pur. Si l'on se contentait de faire arriver le gaz dans une capsule de platine contenant seulement un peu d'eau, et recouverte d'une feuille de papier, il se décomposerait encore au contact de l'atmosphère saturée, et toute la capacité du vase finirait par se remplir d'une masse extrêmement légère de petites aiguilles rouges d'acide chromique.

Ce procédé nécessite malheureusement l'emploi d'appareils assez coûteux, aussi en a-t-on imaginé d'autres plus économiques. Celui de Maus consiste à traiter une solution de bichromate de potasse par l'acide hydrofluosilicique; la liqueur éclaircie est évaporée jusqu'à siccité dans un vase de platine à une douce chaleur, on reprend par une petite quantité qui laisse un faible résidu de fluosilicate de potasse. On doit éviter de filtrer la liqueur, à cet état de concentration, sur du papier qui la réduirait en se charbonnant.

M. Fritzsche prépare facilement de grandes quantités d'acide chromique en traitant une solution concentrée de bichromate de potasse par l'acide sulfurique.

Ce procédé a été étudié et perfectionné par un certain nombre de chimistes, Warington [*Ch.* de Berzelius, 2ᵉ édition, t. II, p. 303]; Bolley [*Ann. der Chem. u. Pharm.*, t. LVI, p. 113]; Traube, *ibid.*, t. LXVI]. Nous n'indiquerons ici que celui de Warengton, dont l'exécution est très-facile. On ajoute à une dissolution concentrée de bichromate de potasse 1,2 à 1,5 de son volume d'acide sulfurique concentré et pur, que l'on ajoute par petites portions; le mélange s'échauffe fortement, et après refroidissement il laisse déposer des aiguilles d'un beau rouge cramoisi, d'acide chromique, que l'on sépare de l'eau mère, par décantation d'abord et en les faisant égoutter ensuite sur une plaque de porcelaine dégourdie. Ce produit retient encore, après avoir été ainsi séché, un peu d'acide sulfurique et de bisulfate de potasse qu'on peut lui enlever de la manière suivante : On le dissout dans l'eau, et on prend une partie de la liqueur que l'on sature par du bichromate de baryte en versant goutte à goutte cette dissolution de chromate de baryte acide dans la dissolution d'acide impur; on peut, en opérant avec précaution, en précipiter tout l'acide sulfurique sans mettre un excès de chromate de baryte. On filtre et l'on concentre ensuite la liqueur au bain-marie jusqu'à consistance sirupeuse, puis on l'introduit sous une cloche avec un vase contenant de l'acide sulfurique concentré; il se forme alors des cristaux d'acide pur dans une eau mère épaisse qui contient un peu de chromate acide de potasse. Le plus souvent l'acide chromique des fabricants de produits chimiques n'a pas subi cette purification.

Enfin, d'après M. Schrœtter, en faisant digérer pendant 12 heures, dans un endroit chaud, du chromate de plomb pur avec le double de son poids d'acide sulfurique concentré, on décompose complétement le chromate; on agite ensuite la masse avec de l'eau et on laisse reposer, il se dépose du sulfate de plomb parfaitement blanc au fond d'un liquide rouge qui est une dissolution d'acide chromique avec un excès d'acide sulfurique.

On ne peut naturellement pas filtrer ce liquide, on le décante et on le concentre dans une cornue, jusqu'au moment où l'acide commence à se déposer en produisant des soubresauts. Le refroidissement donne une abondante cristallisation, et l'eau mère concentrée de nouveau fournit encore une nouvelle quantité de cristaux.

Pour bien comprendre comment la cristallisation de l'acide chromique peut s'effectuer dans cette opération, il faut savoir que l'acide sulfurique concentré dissout de grandes quantités d'acide chromique, que l'on peut en précipiter presque totalement en ajoutant assez d'eau pour que l'acide corresponde par sa composition à SO^4H^2, H^2O, d'après Bolley, ou ait une densité de 1,55, d'après Schrœtter ; une plus grande quantité d'eau redissout l'acide chromique, qui est très-soluble, comme on le sait, dans ce liquide.

Propriétés de l'acide chromique. — L'acide chromique se présente sous forme de cristaux d'une belle couleur rouge dont la forme n'est pas encore bien connue; ils paraissent anhydres. Lorsqu'on dissout l'acide chromique dans l'eau et qu'on évapore doucement la liqueur, on obtient par refroidissement, au milieu d'un liquide brunâtre, des cristaux d'un rouge clair sous forme d'octaèdres oblongs (?). Ils contiendraient de l'eau de cristallisation que l'on peut en dégager en les chauffant légèrement, de manière à fondre l'acide anhydre sans le décomposer. L'acide anhydre ainsi desséché est noir tant qu'il est chaud et d'un rouge foncé par refroidissement; il est sans odeur, sa saveur fortement acide n'a rien de métallique, elle a un arrière-goût styptique. Si on continue à le chauffer, il fond vers 300°; puis se décompose en dégageant de l'oxygène qui entraîne des fumées rouges d'acide chromique (1), le résidu est de l'oxyde vert de chrome. D'après Traube, il commencerait d'abord par se former du chromate d'oxyde de chrome $Cr^2O^3, 3CrO^3$ [*Ann.* de Millon et Reiset, 1849, p. 148]. Les cristaux d'acide chromique provenant de la décomposition du fluorure de chrome, chauffés rapidement sur une lame de platine, fondent et se décomposent avec un vif dégagement de lumière; ce phénomène ne s'observe pas avec l'acide qui a été dissous dans l'eau.

L'acide chromique est soluble dans l'alcool, mais cette dissolution est décomposée par l'action de la chaleur ou de la lumière, à cause de la facilité avec laquelle l'acide chromique cède la moitié de son oxygène, la dissolution d'acide chromique est moyennement concentrée, elle se prend peu à peu en une gelée brun-noir de chromate d'oxyde de chrome hydraté :

$$(2\,CrO^3, Cr^2O^3 + 9H^2O).$$

Ce corps se forme plus rapidement en chauffant une dissolution étendue d'acide chromique avec de l'alcool jusqu'au moment où il cesse de dégager des vapeurs d'aldéhyde et d'acide acétique [Traube, *Ann. de Chim.* de Millon et Reiset, 1849, p. 148].

Avec l'alcool concentré et l'acide anhydre l'action est très-vive ; on peut le démontrer en mettant un cristal d'acide chromique sur un verre de montre en contact avec de l'alcool anhydre, le cristal se décompose avec production de lumière en présentant un vif mouvement, ou encore en laissant tomber goutte à goutte de l'alcool absolu sur des cristaux d'acide chromique, l'alcool s'enflamme, l'acide devient incandescent et se transforme en oxyde vert de chrome.

En introduisant des cristaux d'acide chromique dans une atmosphère d'ammoniaque, l'acide se décompose avec un vif dégagement de lumière en laissant de l'oxyde vert de chrome.

L'acide sulfurique concentré dissout à froid des quantités considérables d'acide chromique, et paraît former avec lui plusieurs combinaisons. Gay-Lussac, et après lui M. Bolley, admet l'existence d'un composé dont la formule serait

$$CrO^3, SO^3, H^2O.$$

Ce corps serait le liquide que l'on obtient en saturant l'acide sulfurique monohydraté d'acide chromique; à l'air humide, il se décomposerait par suite de l'absorption de l'eau, il laisserait déposer peu à peu son acide chromique [*Ann. der Chem. u. Pharm.*, t. LVI, p. 113]. M. Schrœtter a obtenu une combinaison solide mieux définie que la précédente en faisant réagir l'acide sulfurique anhydre sur l'acide chromique, sa composition est exprimée par la formule $CrO^3(SO^3)^8$.

Si l'on chauffait le mélange d'acide sulfurique concentré et d'acide chromique, il est clair qu'on obtiendrait du sulfate de sesquioxyde de chrome et en même temps qu'un dégagement d'oxygène, on utilise quelquefois cette réaction pour la préparation de ce gaz, mais dans ce cas on se sert de bichromate de potasse. Nous reviendrons sur cette réaction.

Les hydracides décomposent facilement l'acide chromique, l'acide chlorhydrique le transforme à l'ébullition en sesquichlorure de chrome vert avec dégagement de chlore :

$$2CrO^3 + 12HCl = Cr^2Cl^6 + 6Cl + 6H^2O.$$

L'acide sulfhydrique donne de l'eau, du sesquioxyde de chrome et un dépôt de soufre, quand on le fait passer dans la solution d'acide chromique ($2CrO^3 + 3H^2S = 3H^2O + 3S + Cr^2O^3$); mais si l'on chauffe légèrement de l'acide chromique dans un courant d'hydrogène sulfuré, il se produit un vif dégagement de chaleur et de lumière, et l'on obtient du sulfure de chrome fondu, d'un gris de fer, du soufre et de l'eau (Harten).

L'acide sulfureux transforme facilement l'acide chromique en sulfate de sesquioxyde de chrome ; les corps réducteurs, tels que les sels de protoxyde de fer et l'acide arsénieux dans des liqueurs acides, opèrent la transformation de cet acide en sels de sesquioxyde de chrome.

Acide perchromique. — Cet acide, découvert par M. Barreswil, prend naissance lorsqu'on fait agir l'eau oxygénée sur l'acide chromique en dissolution; il se forme un liquide bleu, qu'on agite avec de l'éther, celui-ci dissout l'acide perchromique en se colorant en bleu intense; mais il n'a pas été possible jusqu'ici de l'isoler de ce liquide; il ne se combine avec aucune base minérale, et les composés qu'il fournit avec les alcalis organiques sont peu stables et n'ont pas été étudiés d'une manière particulière. La réaction qui donne naissance à ce corps fournit, comme l'a montré M. Schœnbein, un moyen simple de déceler la présence de très-petites quantités d'eau oxygénée dans divers liquides.

COMBINAISONS DU CHROME AVEC LES MÉTALLOÏDES.

Chlorures de chrome. — On connaît deux chlorures de chrome correspondant au protoxyde et au sesquioxyde de chrome, et un oxychlorure correspondant à l'acide chromique (CrO^2Cl^2).

Chlorure chromeux, $Cr''Cl^2$. — Le protochlorure de chrome a été découvert presque simultanément par M. Peligot et M. Moberg. Les recherches de M. Peligot sur les composés du protoxyde de chrome ont été publiées bien avant que celles du chimiste d'Helsingfors fussent connues en France.

On l'obtient en faisant passer un courant d'hydrogène bien desséché sur du chlorure chromique chauffé au rouge dans un tube de porcelaine; à une température très-élevée, le protochlorure se réduirait lui-même par l'hydrogène.

Le chlorure chromeux est blanc, il est moins

(1) A moins que l'acide chromique ne soit volatil.

volatil que le chlorure chromique; soluble dans l'eau en donnant une liqueur bleue qui absorbe énergiquement l'oxygène. Il se transforme alors en un oxychlorure Cr^2Cl^4O qui correspondrait au sesquioxyde de chrome. Cette solution, versée dans du protochlorure d'étain, en précipite immédiatement le métal sous forme de précipité très-ténu (1).

CHLORURE CHROMIQUE, $[Cr^2]^{vi}Cl^6$.

Préparation. — Le chlorure chromique s'obtient en chauffant au rouge, dans un courant de chlore, un mélange d'oxyde de chrome et de charbon.

On ajoute à de l'oxyde de chrome le quart de son poids de charbon ou de noir de fumée, et un peu d'huile, de manière à en faire une pâte consistante que l'on divise en boulettes. Ces boulettes sont calcinées dans un creuset fermé, puis introduites dans une cornue en grès tubulée, chauffée au bon rouge. En faisant passer un courant de chlore bien desséché à travers ce mélange, il se sublime de belles lames couleur de fleur de pêcher qui se condensent dans une allonge adaptée à la cornue. Si le chlore n'a pas été employé en grand excès, il reste dans la cornue, en même temps qu'un excès du mélange, de longues aiguilles blanches de protochlorure de chrome.

Propriétés. — Il cristallise en larges lames, d'une belle couleur fleur de pêcher, onctueuses au toucher comme le talc. Il est insoluble dans l'eau froide et ne se dissout dans l'eau bouillante qu'avec une lenteur extrême, mais lorsqu'on le met en contact avec la plus faible quantité de protochlorure de chrome (1/1000), il se dissout rapidement avec dégagement de chaleur. Ce singulier phénomène, découvert par M. Peligot, se produit également, d'après M. Moberg, avec le protochlorure d'étain, de fer et de cuivre, ou lorsqu'on met le chlorure violet en présence du zinc et de l'acide chlorhydrique étendu. Pelouze était arrivé de son côté à des résultats analogues.

Le chlorure de chrome anhydre, calciné à l'air, donne du sesquioxyde de chrome d'un vert très-beau; chauffé dans l'acide sulfhydrique, il se change en persulfure de chrome cristallin d'un noir brillant.

Hydrates du chlorure chromique. — Lorsqu'on dissout le chlorure chromique anhydre en présence d'un peu de protochlorure, on obtient un liquide vert comme celui qui résulte de la dissolution de l'oxyde de chrome hydraté sous sa modification verte; cette liqueur évaporée sur l'acide sulfurique laisse déposer des cristaux très-solubles, d'un hydrate $Cr^2Cl^6 + 12H^2O$, d'après M. Peligot et Moberg. La dessiccation à 100° de chlorure vert obtenu par l'action de l'acide chlorhydrique sur l'oxyde hydraté donne un hydrate à 9 molécules d'eau (chlorhydrate de sesquioxyde de chrome de M. Chevreul).

Dans le vide sec, la dissolution du chlorure fournit à la longue l'hydrate $Cr^2Cl^6 + 6H^2O$.

On obtient ainsi une masse verte amorphe, déliquescente, soluble dans l'eau avec dégagement de chaleur et dans l'alcool. Lorsqu'on essaye de le dessécher davantage, il perd de l'acide chlorhydrique et se change en sous-sel, mais si on le chauffe à 250° dans un courant de gaz chlorhydrique ou de chlore, il passe à l'état anhydre et reprend sa couleur ordinaire. En le chauffant davantage, il commence à se sublimer, et ce qui a été volatilisé est devenu insoluble, tandis que l'on peut y dissoudre celui qui n'a pas été sublimé, quoiqu'il soit également en écailles cristallines.

Les produits de décomposition du chlorure de chrome hydraté, sous l'influence d'une température élevée, ont été étudiés par Moberg. D'après ce chimiste, en maintenant ce corps à la température de 120° jusqu'au moment où son poids devient invariable, il se produit un oxychlorure dont la composition est exprimée par la formule $4Cr^2Cl^6, Cr^2O^3 + 24H^2O$, sous forme de masse verte déliquescente, soluble dans l'eau.

A 170° la matière se transforme après boursouflement en deux sous-chlorures dont l'un est soluble, et dont l'autre constitue une poudre rouge pesante, insoluble dans l'eau; le premier aurait pour formule $3Cr^2Cl^6 + Cr^2O^3 + H^2O$, et le second $2Cr^2Cl^6 + Cr^2O^3 + 8H^2O$. Enfin, au rouge sombre, la matière chauffée à l'abri du contact de l'air devient d'abord rouge et cristalline, puis si l'on chauffe plus fort, la couleur pâlit, devient d'un gris cendré et passe au vert, on a alors le chlorure $Cr^2Cl^6 + 2Cr^2O^3$. Il manquerait donc à cette série le composé $Cr^2Cl^6 + Cr^2O^3 + H^2O$.

Berzelius [*Traité de Chim.*, t. IV, p. 409] pense que le corps rouge et cristallin qui se forme d'abord pourrait bien n'être que cet oxychlorure. Plus récemment, M. Béchamp, en laissant au contact une dissolution de chlorure de chrome et d'oxyde de chrome hydraté pendant plusieurs mois, a obtenu un nouvel oxychlorure

$$3Cr^2O^3, Cr^2Cl^6 + H^2O,$$

que la dessiccation amène à l'état de masse gommeuse. Il est prudent de n'admettre qu'avec réserve l'existence de tous ces oxychlorures.

En ajoutant de la baryte à la dissolution du composé $Cr^2O^2Cl^2, 4HCl + 16H^2O$, et reprenant par l'alcool qui précipite le chlorure de baryum, on obtient un liquide qui fournit, par évaporation, une masse résineuse dont la composition peut s'exprimer par la formule $Cr^2O^2Cl^2, 3H^2O$, ou $Cr^2O^3, 2HCl, 2H^2O$ lorsqu'elle a été desséchée à 120°.

M. Peligot, en faisant bouillir pendant longtemps une dissolution de chlorure de chrome avec un excès d'oxyde de chrome hydraté, a obtenu une liqueur qui, par évaporation dans le vide, fournit le même composé avec 2 molécules d'eau d'hydratation de plus.

Le chlorure de chrome anhydre, comme le chlorure d'aluminium, devrait s'unir aux chlorures alcalins; on n'a pas étudié ces composés; on sait seulement que les bichromates alcalins, traités par un grand excès d'acide chlorhydrique auquel on ajoute un peu d'alcool, donnent, par évaporation, une masse violette, incristallisable, dont la formule correspond bien à celle d'un chlorure double $(2KCl, Cr^2Cl^6)$. Ce corps se dissout dans l'eau en donnant une liqueur d'un rouge foncé qui verdit rapidement, si on l'évapore; il laisse déposer des cristaux de chlorure alcalin; l'eau décompose donc ces chlorures doubles comme ceux d'aluminium; mais si on les évapore en présence d'un grand excès d'acide chlorhydrique, on régénère le chlorure double violet.

Lorsqu'on traite la solution de chlorure double de chrome par le zinc, on ramène, comme nous l'avons dit, le sel de chrome à l'état de protochlorure de chrome; avec l'étain, le phénomène est différent. Lorsqu'on fait bouillir une dissolution de chlorure vert avec de l'étain, on constate qu'il ne se dégage pas d'hydrogène et que la liqueur est restée verte, mais par refroidissement elle laisse voir en suspension une multitude de petites paillettes métalliques miroitantes d'étain [Lœwel,

(1) On peut obtenir facilement la dissolution bleue du protochlorure de chrome en mettant le chlorure vert de chrome en digestion avec du zinc en grenailles ou en lames dans une fiole bouchée. Il se produit dans cette réaction du protochlorure de chrome et du chlorure de zinc. Cette réaction se produit d'ailleurs avec tous les sels de chrome, comme je l'ai montré le premier. M. Lœwel est arrivé de son côté aux mêmes conclusions sans avoir eu connaissance de mes expériences, qui n'avaient reçu qu'une publicité imparfaite.

Ann. de Chim. et de Phys., (3), t. XL, p. 50]. Pour expliquer la présence de ce métal dans la liqueur, il faut admettre que l'étain a, comme le zinc, la propriété de ramener les sels de sesquioxyde à l'état de sels de protoxyde, du moins à la température d'ébullition, mais que, par refroidissement, les sels de protoxyde de chrome réduisent à leur tour le protochlorure d'étain en donnant de l'étain métallique.

Le chlorure de chrome hydraté n'existe pas seulement sous la modification verte, mais comme tous les sels de chrome il possède une modification bleue, que l'on obtient facilement en dissolvant l'hydrate d'oxyde de la modification bleue dans l'acide chlorhydrique, ou en traitant le sulfate bleu par le chlorure de baryum. Par l'ébullition, on transforme facilement le chlorure violet en chlorure vert. Le chlorure vert et le chlorure bleu se distinguent d'une manière remarquable par la façon dont ils se comportent en présence de l'azotate d'argent. Le chlorure bleu est entièrement décomposé par ce réactif, tandis que le chlorure vert ne laisse d'abord précipiter que les deux tiers du chlore qu'il contient, mais à la longue la liqueur se trouble sous l'influence d'un excès de sel d'argent. Lorsqu'on abandonne à l'air la dissolution de chlorure vert, précipitée par l'azotate d'argent, on obtient des cristaux verts dont la composition est exprimée par la formule $Cr^2O^2Cl^2,4HCl+10H^2O$. Ces cristaux, chauffés dans une étuve, laissent dégager de l'eau et de l'acide chlorhydrique, et se transforment en une masse spongieuse, très-avide d'humidité, d'une couleur gris-lilas qui a pour formule

$$Cr^2O^2Cl^2,2HCl,H^2O.$$

L'azotate d'argent en précipite incomplétement le chlore.

ACIDE CHLOROCHROMIQUE. — **Dichlorhydrine chromique,**

$$CrO^2Cl^2 = CrO^2\left\{\begin{array}{l}Cl\\Cl.\end{array}\right.$$

Préparation. — Pour préparer ce corps, on fait fondre dans un creuset un mélange de 10 p. de sel marin et de 17 p. de bichromate de potasse. On coule la masse dans un têt et on la concasse grossièrement pour l'introduire dans une cornue bien sèche avec 30 p. d'acide sulfurique concentré. L'action est assez vive pour qu'il ne soit pas nécessaire de chauffer beaucoup ; il se produit des vapeurs rouges qui vont se condenser dans un récipient refroidi avec de l'eau ou mieux avec de la glace.

Propriétés. — Liquide rouge foncé donnant une vapeur rouge jaunâtre; sa densité est 1,71 à 21°; il entre en ébullition à 118°; sa densité de vapeur 5,548 correspond à 2 volumes de vapeur. Il répand à l'air des fumées très-épaisses par suite de l'action de l'eau qui le transforme en acide chlorhydrique et acide chromique. Ces vapeurs, introduites dans la flamme d'un brûleur de Bunsen, lui donnent beaucoup d'éclat et y font apparaître des raies caractéristiques au nombre de 17, dont 3 violettes, 3 vertes, 1 jaune, 3 orangées et 2 rouges. Les plus brillantes sont les violettes et une de celles situées dans le vert. Lorsqu'on fait arriver dans la flamme les vapeurs mélangées d'oxygène, on obtient un spectre d'un éclat que l'œil a peine à supporter, les raies violettes apparaissent alors surtout avec beaucoup de vivacité; ni le chlore ni le chlorure de chrome, introduits dans la flamme, ne produisent rien de semblable [Gottschalk et Dreshchel, *Journ. für prakt. Chem.*, 1863, t. LXXXIX, p. 473, et *Bull. de la Soc. chim.*, 1864, t. I, p. 20].

L'acide chlorochromique exerce une action extrêmement vive, comme on pouvait s'y attendre, sur tous les corps susceptibles de se combiner avec le chlore et l'oxygène, car il cède facilement son chlore et une partie de son oxygène. Aussi le gaz ammoniac, l'acide sulfhydrique, le phosphure d'hydrogène, le gaz oléfiant et beaucoup d'hydrocarbures, l'alcool, les huiles grasses, le camphre, certains sulfures métalliques, agissent sur lui, souvent avec dégagement de lumière. Il détone avec le phosphore; le soufre et le mercure l'attaquent avec violence.

On avait cru pendant longtemps que ce corps était un perchlorure correspondant à l'acide chromique, mais H. Rose établit sa composition. L'action de la chaleur sur ce corps qui fournit, comme l'a montré Wöhler, de l'oxyde de chrome cristallisé, de l'oxygène et du chlore, ne laisse aujourd'hui aucun doute sur sa véritable nature.

A une température plus élevée il se transforme en oxyde magnétique Cr^3O^4, et d'après M. Schafarik, sous l'influence de l'hydrogène, il produirait d'abord du bioxyde de chrome [*Bull. de la Soc. chim.*, 1864, t. I, p. 21].

BROMURE DE CHROME, Cr^2Br^6. — Le bromure de chrome se prépare comme le chlorure correspondant; on l'obtient en dissolution verte en traitant le chromate d'argent par l'acide bromhydrique, et par évaporation il donne des cristaux verdâtres que la chaleur transforme en oxybromures correspondant probablement aux composés du chlore.

Le bromure anhydre se présente en écailles hexagonales qui paraissent noires sous une certaine épaisseur, mais qui paraissent vertes par transparence et rouges par réflexion. Il est insoluble dans l'eau; l'hydrogène le réduit à une douce chaleur et le transforme en un composé blanc qui correspond sans doute au protochlorure; ce corps blanc est soluble dans l'eau et donne, à l'air, une liqueur verdâtre.

On ne connaît pas d'oxybromure correspondant à l'acide chlorochromique.

IODURE DE CHROME. — L'iodure de chrome anhydre n'est pas connu, on l'obtient en dissolution de la même manière que le bromure. Les propriétés de cet iodure hydraté ont été peu étudiées.

Il existerait un acide iodochromique CrO^2I^2 que l'on obtiendrait en distillant 33 p. de bichromate de potasse, 165 p. 1/2 d'iodure de potassium avec 70 p. d'acide sulfurique fumant, et qui constituerait un liquide oléagineux rouge grenat, plus lourd que l'eau et bouillant à 150°. Toutefois ce corps n'a pu être obtenu exempt d'iode et d'acide sulfurique. Son étude serait à reprendre.

FLUORURE DE CHROME. — On prépare le fluorure de chrome anhydre comme le fluorure d'aluminium ; on traite l'oxyde de chrome anhydre par l'acide fluorhydrique et l'on chauffe fortement le mélange après l'avoir desséché.

Comme le fluorure d'aluminium, il s'unit aux fluorures alcalins et donne des composés correspondant à ceux de l'aluminium.

ACIDE FLUOCHROMIQUE. — Nous désignons sous ce nom le composé volatil découvert par Unverderben, et que ce chimiste a obtenu par une réaction analogue à celle qui donne l'acide chlorochromique.

Nous avons dit, à propos de l'acide chromique, qu'on l'obtenait en distillant un mélange de chromate anhydre et fluorure de calcium avec de l'acide sulfurique fumant dans un vase de platine. Il se produit un gaz extrêmement fumant, qui attaque le verre, et que l'on ne peut condenser que dans des tubes de plomb ou de platine, entourés d'un mélange réfrigérant, en un liquide rouge de sang comme l'acide chlorochromique.

Il n'attaque pas le mercure sec; on peut donc le recueillir sur ce liquide dans des éprouvettes recouvertes entièrement d'un enduit transparent de résine. Sa décomposition par l'eau permet de préparer l'acide chromique.

La composition de ce corps n'a pas été établie directement avec exactitude. H. Rose avait pensé qu'il contenait 10 atomes de fluor pour 1 de chrome, mais cette supposition n'est guère admissible; le fluorure devrait alors, en se décomposant par l'eau, donner un abondant dégagement d'oxygène que l'on n'a jamais constaté et même de l'acide perchromique; l'erreur de Rose tient probablement, ainsi que le fait remarquer Berzelius, à ce que ce chimiste, ayant employé de l'acide sulfurique ordinaire au lieu d'acide fumant, a obtenu, en même temps que le fluorure d'Unverderben, de l'acide fluorhydrique, ce qui a dû changer le rapport véritable du chrome au fluor.

SULFURES DE CHROME. — PROTOSULFURE. — Lorsqu'on verse une dissolution de sulfure alcalin dans une dissolution de protochlorure de chrome, il se forme un précipité noir de protosulfure de chrome insoluble dans un excès de réactif.

D'après E. Kopp [*Compt. rend. de l'Acad. des sciences*, t. XVIII, p. 1156], le sulfate de chrome, chauffé dans un courant d'hydrogène au rouge sombre, se réduit avec ignition et donne de l'eau, de l'acide sulfureux et du soufre, et laisse un résidu très-pyrophorique de sulfure Cr^4S^3, brun noirâtre.

SESQUISULFURE DE CHROME, Cr^2S^3. — On l'obtient en faisant passer un courant de sulfure de carbone sur du sesquioxyde de chrome fortement chauffé, on en fondant à une haute température du polysulfure de potassium avec de l'oxyde de chrome, ou encore en décomposant au rouge le sesquichlorure de chrome par l'acide sulfhydrique. Les deux derniers procédés donnent un produit cristallin, assez semblable au graphite, insoluble dans l'eau, les sulfures alcalins, attaquable par l'acide azotique et surtout par l'eau régale.

Lorsqu'on verse une dissolution de sulfure alcalin dans un sel de chrome, on obtient la même réaction qu'avec l'alumine, c'est-à-dire qu'il y a précipitation de sesquioxyde de chrome et dégagement d'acide sulfhydrique.

Dans l'action de l'acide sulfhydrique ou du sulfhydrate d'ammoniaque sur la dissolution d'acide chromique, il paraît se former des sulfochromates qui n'ont pas été bien étudiés jusqu'ici (voir Berzelius, 2e *édition française*, t. II, p. 311].

PHOSPHURE DE CHROME. — Il est peu connu; on le prépare par l'action directe du phosphore sur le chrome, ou en réduisant le phosphate de chrome dans un creuset brasqué au feu de forge. Ce corps n'a pas été analysé. H. Rose a obtenu également un phosphure de chrome en faisant passer un courant de phosphure d'hydrogène sur du sesquichlorure de chrome chauffé au rouge; il se produit de l'eau, un peu de phosphore, et il reste une poudre noire de phosphure CrPh, insoluble dans tous les acides, à peine soluble dans l'eau régale, peu oxydable à la flamme extérieure du chalumeau, attaquable seulement par les alcalis fondus.

AZOTURE DE CHROME, Cr^4Az^4. — M. Schrœtter a obtenu cet azoture de chrome en chauffant le sesquichlorure de chrome violet dans un courant de gaz ammoniac sec; c'est une poudre brune insoluble qui brûle vivement à l'air en dégageant de l'azote, et donne de l'oxyde vert de chrome.

D'après Ufer, l'acide chlorhydrique le convertit au rouge en chlorure de chrome violet et chlorhydrate d'ammoniaque.

Les composés du silicium, du bore et du carbone avec le chrome ont été peu étudiés.

SELS DE CHROME.

Les sels de protoxyde de chrome ne sont connus que depuis les recherches de Moberg et de M. Peligot; la facilité avec laquelle ils se transforment en sels de sesquioxyde rend leur étude difficile, aussi n'en a-t-on préparé qu'un petit nombre; les sels de sesquioxyde ont été beaucoup mieux étudiés et leur histoire présente des particularités du plus haut intérêt.

PROTOSELS DE CHROME. — On ne connaît jusqu'ici, à l'état cristallisé, que le chlorure, l'acétate et le sulfate double de chrome et de potasse. On obtient l'acétate en précipitant la dissolution chaude du protochlorure par l'acétate de soude. En se refroidissant, la liqueur laisse déposer des prismes rouges brillants et transparents (prisme rhomboïdal oblique?). Ces cristaux ont pour formule $(C^2H^3O^2)^2Cr'',H^2O$; ils sont extrêmement altérables à l'air : aussi faut-il les préparer et les dessécher dans l'acide carbonique; peu solubles dans l'eau froide, mais très-solubles dans l'eau chaude.

Il n'est pas nécessaire de passer par l'intermédiaire du protochlorure de chrome anhydre pour obtenir l'acétate de protoxyde de chrome, on peut réduire les sels de sesquioxyde de chrome par le zinc et les précipiter ensuite par l'acétate de soude, ou bien préparer une dissolution de sel de protoxyde de chrome au moyen de l'acide chlorhydrique et du chrome métallique.

M. Peligot a obtenu un sulfate double de protoxyde de chrome et de potasse, analogue par sa composition aux sulfates doubles du groupe magnésien $(SO^4K^2 + SO^4R'' + 6H^2O)$, en mélangeant dans un flacon bien fermé une solution de protochlorure de chrome et de sulfate de potasse et ajoutant au mélange une quantité d'alcool suffisante pour y faire naître un léger précipité. Au bout d'une ou deux semaines on obtient de beaux prismes rhomboïdaux bleus qui s'altèrent rapidement à l'air, de sulfate double. Le sulfate simple n'a pu être préparé jusqu'ici.

Les sels chromeux ont, comme les sels ferreux, la propriété d'absorber le bioxyde d'azote en prenant une couleur brune.

Voici comment se comportent les sels chromeux avec les principaux réactifs :

Potasse. — Précipité brun d'oxyde salin de chrome Cr^3O^4 avec dégagement d'hydrogène.

Ammoniaque. — Précipité blanc verdâtre.

Sulfures alcalins. — Précipité noir.

Bichlorure de mercure et de cuivre. — Précipité blanc de sous-chlorure de cuivre et de mercure.

Chlorure d'or. — Précipité d'or avec dégagement d'hydrogène.

Sulfite de potasse. — Précipité rouge-brique qui se transforme à l'air en sulfite de sesquioxyde bleu verdâtre.

Phosphate de soude. — Précipité bleu abondant, soluble dans tous les acides.

Carbonates alcalins. — Précipité brun très-altérable.

Succinate de soude. — Précipité rouge écarlate.

SELS CHROMIQUES. — Les sels de sesquioxyde de chrome peuvent affecter deux modifications bien différentes : ils sont verts ou violets sans que leur composition soit modifiée. La modification verte se produit toutes les fois qu'on prépare un sel de chrome à la température de 100° ou que l'on fait bouillir la dissolution d'un sel violet. La modification violette se prépare toujours à froid, et dans la plupart des cas, les dissolutions des sels verts deviennent violettes à la longue. L'azotate vert de chrome se transforme, même très-rapidement, en sel violet à la température ordinaire, et il suffit d'ajouter un peu d'acide azotique à une solution d'alun vert pour en accélérer singulièrement la transformation. Les sels violets de chrome cristallisent, les sels verts sont incristallisables.

Les caractères des sels de chrome sont bien différents sous l'une ou sous l'autre modification. Ainsi, nous avons déjà dit que l'azotate d'argent ne précipitait que les deux tiers du chlore du chlorure vert, nous pouvons ajouter que le chlorure de baryum ne précipite pas complétement l'acide sulfurique des sels verts, à la température ordinaire; le mélange des deux liqueurs, filtré et porté à l'ébullition, donne un nouveau précipité (H. Lœwel).

Avec les sels violets, la précipitation du chlore et de l'acide sulfurique dans ces conditions est complète.

L'ammoniaque donne un précipité dans les deux sels de chrome, mais l'oxyde des sels verts est insoluble dans un excès de réactif, l'oxyde de la modification violette s'y dissout assez rapidement en donnant une liqueur rouge (composés amido-chromiques de M. Fremy). Le phosphate violet de chrome qui est insoluble, mis en présence d'une dissolution d'azotate d'argent, se transforme facilement à froid, comme la plupart des phosphates de protoxyde, en phosphate jaune d'argent; le phosphate vert de chrome, obtenu en chauffant le premier à 100°, ne subit plus cette transformation; au contraire, du phosphate d'argent porté à l'ébullition avec une dissolution un peu concentrée de sel vert de chrome donne un précipité de phosphate vert qui se comporte, dans ces conditions, comme un phosphate de sesquioxyde (H. Debray).

Azotate de chrome. — Peu connu, on le prépare en dissolvant l'hydrate de chrome dans l'acide étendu; il n'est pas connu à l'état cristallisé; la chaleur le décompose facilement comme tous les azotates de sesquioxyde.

Sulfates de chrome. — *Sulfate violet*. — D'après Schrœtter, on prépare ce composé en mettant en digestion 8 p. d'hydrate de sesquioxyde de chrome desséché à 100°, et 8 à 10 p. d'acide sulfurique concentré dans un vase complétement fermé; la matière absorbe peu à peu l'humidité de l'air, et passe de la modification verte à la modification violette, et se prend en une masse cristalline d'un bleu vert. On dissout la masse dans l'eau et on ajoute de l'alcool pour précipiter le sel violet, tandis que l'excès d'acide et le sel vert non transformé restent en dissolution; on redissout le sel violet dans l'eau et on ajoute de nouveau de l'alcool de manière à déterminer un très-léger précipité persistant. On étend ensuite une membrane mouillée sur l'ouverture du vase, l'eau s'évapore insensiblement à travers la membrane, et l'alcool se concentrant peu à peu détermine la cristallisation du sel en octaèdres réguliers d'un rouge-violet, par réflexion, et rouge-grenat par transmission. Ces cristaux ont pour formule

$$Cr^2(SO^4)^3 . 15 H^2O = Cr^2O^3, 3SO^3 + 15 H^2O.$$

Sa solubilité dans l'eau est très-grande, car 100 p. de sel n'exigent que 83 p. d'eau froide pour se dissoudre. C'est à cause de cette grande solubilité que Schrœtter a employé la méthode compliquée qui vient d'être décrite pour l'obtenir en beaux cristaux réguliers que l'évaporation spontanée ne lui fournissait pas.

H. Lœwel prépare le sulfate violet en ajoutant de l'acide sulfurique à une dissolution d'azotate violet.

Traube le prépare en dissolvant 1 p. d'acide chromique dans 1 p. 1/2 d'acide sulfurique concentré, additionné de 2 p. 1/4 d'eau, et en abandonnant le liquide dans une capsule dans laquelle on place un creuset en porcelaine contenant de l'éther. Au bout de quelques heures la masse se prend en petits cristaux qui constituent le sulfate de chrome bleu.

Sulfate vert. — Le sel violet chauffé à 100° passe à la modification verte, en fondant d'abord dans son eau de cristallisation et perdant 10 équivalents d'eau. Il prend également naissance dans l'action de l'acide sulfurique sur l'oxyde de chrome, à chaud. Sa grande solubilité dans l'alcool permet de le séparer facilement du sel violet. Il précipite incomplétement par le chlorure de baryum.

Sulfate rouge insoluble. — On obtient un sulfate chromique anhydre, insoluble dans l'eau et dans tous les acides, en chauffant l'un des deux précédents sulfates avec de l'acide sulfurique jusqu'au moment où des vapeurs de cet acide commencent à se dégager. Si l'acide est en grand excès, la liqueur se trouble et il se dépose une poudre couleur fleur de pêcher, dont la teinte s'affaiblit par refroidissement. Avec une petite quantité d'acide, on obtient une matière translucide fondue d'un jaune clair qui laisse, après l'évaporation de l'acide, le sulfate rouge.

Ce sel n'est pas décomposé par les alcalis caustiques à la température ordinaire; à l'ébullition, la potasse ne le décompose même qu'incomplétement. La chaleur le transforme en oxyde chromique, acide sulfureux et oxygène.

D'après Traube, ce composé ne serait pas un sulfate neutre de chrome anhydre, il résulterait de la combinaison de ce sel anhydre avec de l'acide sulfurique $2(Cr^2[SO^4]^3) + SO^4H^2$ (?); on l'obtiendrait toutes les fois qu'un oxyde de chrome hydraté, un chromate ou un sel de chrome se trouverait en présence d'un excès d'acide sulfurique chauffé; il ne se formerait pas avec l'oxyde de chrome calciné [*Ann. de Chim. de Millon et Reiset*, 1849, p. 146]. E. Kopp avait déjà obtenu ce sulfate en projetant peu à peu du bichromate de potasse dans l'acide sulfurique concentré à une température voisine de son point d'ébullition. Il se précipitait une poudre violette qui devient verte par refroidissement, et il ne restait point trace de sel de chrome dans la dissolution [*Compt. rend. de l'Acad.*, 1845, t. XVIII, p. 1156].

Sulfates basiques de sesquioxyde de chrome. — On en connaît deux, l'un Cr^2O^3, SO^3 est soluble dans un peu d'eau, un excès le décompose en fournissant l'autre sel $3Cr^2O^3, 2SO^3$ qui retient 14 molécules d'eau à 100°. Ces corps ne présentant aucun intérêt, nous renvoyons le lecteur au *Traité de Chimie* de Berzelius, t. IV, p. 42, 2e édit. française, qui donne quelques détails sur leurs propriétés.

Aluns de chrome. — L'oxyde de chrome, sous sa modification violette, donne, avec les sulfates alcalins, des sulfates doubles qui ont la composition et la forme cristalline des aluns ordinaires; par la chaleur, à 100° par exemple, ces aluns se transforment en sels verts incristallisables, sans cependant que la séparation des deux sulfates ait lieu, car l'alcool qui dissout si facilement le sulfate vert de chrome, ne dissout qu'une quantité très-minime d'alun vert, au lieu de séparer le sulfate de chrome soluble du sulfate de potasse insoluble dans l'alcool, comme cela aurait lieu si la combinaison des deux sels était détruite.

Alun violet, $Cr^2(SO^4)^3 + SO^4K^2 + 24H^2O$. — On fait dissoudre à chaud 150 grammes de bichromate de potasse dans un litre d'eau et on y ajoute 250 grammes d'acide sulfurique, et quand le mélange est refroidi, 60 grammes d'alcool qu'on verse peu à peu, afin d'éviter l'échauffement de la liqueur. L'alcool s'oxyde et se transforme en aldéhyde, et principalement en acide acétique, en s'emparant de la moitié de l'oxygène de l'acide chromique qui passe à l'état de sesquioxyde de chrome. Au bout de 24 heures on trouve au fond du vase de beaux cristaux octaédriques d'alun violet de chrome. Si le dégagement de chaleur résultant de l'oxydation de l'alcool était trop considérable, le liquide prendrait une teinte verte et la cristallisation ne s'effectuerait qu'après plusieurs jours, par suite de la transformation de l'alun vert en alun violet; à la température ordinaire, un excès d'acide favorise cette transformation.

On peut encore préparer ce sel en faisant passer un courant d'acide sulfureux dans une dissolution de bichromate de potasse à laquelle on a ajouté un peu d'acide sulfurique (1 molécule d'acide pour 1 de bichromate au moins).

L'acide sulfureux désoxyde l'acide chromique avec dégagement de chaleur, et il est nécessaire de refroidir le vase où s'effectue l'opération si l'on veut éviter la production de l'alun vert de chrome.

L'alun de chrome cristallise en beaux octaèdres d'un pourpre foncé, qui, vus par transmission, sont d'un rouge-rubis; sa dissolution aqueuse est bleu sale, avec une teinte rougeâtre; chauffée entre 60° et 80°, elle devient verte. L'alun violet comme l'alun vert est très-peu soluble dans l'alcool, qui le précipite de sa dissolution aqueuse.

Les cristaux d'alun de chrome, chauffés à 200°, perdent 22 molécules d'eau; le sel vert à 2 molécules d'eau d'hydratation ne se dissout plus dans l'eau froide, tandis qu'il se dissout peu à peu dans l'eau bouillante; entre 300° et 400° il devient anhydre et presque insoluble dans les acides. Une température un peu plus élevée le transforme en sous-sel.

Alun de chrome à base de soude,

$$Cr^2(SO^4)^3 + SO^4Na^2 + 24H^2O.$$

— On l'obtient assez difficilement cristallisé en évaporant sa dissolution sous une cloche contenant des matières desséchantes; il est efflorescent. A 100° il laisse un sel vert qui ne contient plus que 8 molécules d'eau.

Alun de chrome ammoniacal,

$$Cr^2(SO^4)^3 + SO^4(AzH^4)^2 + 24H^2O.$$

— Il cristallise, comme le sel de potasse, en octaèdres dont le poids spécifique est 1,736. Il est moins soluble que le sel de potasse. On l'obtient facilement en mélangeant deux solutions concentrées de sulfate violet de chrome et de sulfate d'ammoniaque, le sel précipite sous forme de poudre cristalline, d'un bleu lavande. La solution aqueuse ne précipite pas par l'alcool. La modification verte ne se produit qu'au-dessus de 75°, et les dissolutions de cette modification repassent peu à peu à la modification violette. Les cristaux violets fondent à 100°, perdent 18 molécules d'eau; les derniers équivalents d'eau s'en vont à 300°. Ces aluns, traités par des alcalis, donnent des précipités qui contiennent des sulfates alcalins en combinaison avec des sulfates basiques de chrome, mais aucun des sels n'a été analysé. Le *Traité de Chimie* de Berzelius (2e édition française, t. IV, p. 425), contient un certain nombre de faits relatifs à ces précipités, observés autrefois par Hertwig.

SULFITE CHROMIQUE. — La dissolution d'acide sulfureux dissout facilement l'hydrate d'oxyde de chrome; l'ébullition, en chassant de la liqueur l'excès d'acide, en précipite une poudre verte d'un sulfite peu étudié. D'après Berthier, cette propriété permettrait de séparer l'oxyde de chrome de l'oxyde de fer que l'acide sulfureux ne dissout pas.

Les combinaisons de l'oxyde de chrome et les autres acides du soufre n'ont pas été étudiées.

PHOSPHATE DE CHROME. — Lorsqu'on verse un peu de phosphate de soude dans de l'alun de chrome violet, on obtient un précipité volumineux qui se transforme après quelques jours en un produit cristallin de phosphate de chrome violet. D'après Rammelsberg, on pourrait obtenir deux phosphates différents par leur eau d'hydratation, suivant que le liquide où se forment les cristaux est plus ou moins acide, et il assigne à ces deux corps les formules

$$Cr^2(PhO^4)^2 + 12H^2O \text{ et } Cr^2(PhO^4)^2 + 10H^2O.$$

Je n'ai jamais pu reproduire que le premier.

Enfin, d'après Rammelsberg, l'alun de chrome introduit goutte à goutte dans un grand excès de phosphate de soude donne un précipité vert floconneux qui traverse les filtres. Ce corps aurait pour composition $Cr^2(PhO^4)^2 + 6H^2O$ [*Ann. de Chim. de Millon et Reiset*, 1847, p. 66, et *Ann. de Phys. u. Chem.*, t. LXVIII, p. 383].

Je rappelle que le phosphate violet de chrome $Cr^2(PhO^4)^2 + 12H^2O$ décompose à froid la solution d'azotate d'argent, ce qui fournit un moyen assez précis de l'analyser, car le phosphate d'argent se dissout peu dans la liqueur un peu acide d'azotate violet de chrome qui prend naissance dans cette réaction, si cette liqueur est un peu étendue. La chaleur le transforme en phosphate vert qui ne possède plus cette propriété; ce phosphate vert s'obtient lorsqu'on précipite une solution de sel vert de chrome par un phosphate soluble.

Celui que l'on prépare à chaud aurait pour formule $(Cr^2O^3)^2, (Ph^2O^5)^3, 7H^2O$, d'après Schwarzenberg.

On trouve dans le commerce un phosphate vert de chrome qui est employé comme vert de chrome.

CARBONATES DE CHROME. — Comme pour l'alumine et le fer, on ne connaît pas de carbonate bien défini de chrome, on n'a jamais obtenu un tel carbonate exempt de carbonate alcalin; il est donc permis de supposer que les corps qui ont été considérés comme des carbonates tribasiques de chrome étaient des mélanges d'oxydes et de carbonate alcalin.

CARACTÈRES DES SELS DE SESQUIOXYDE DE CHROME. — *Potasse et soude.* — Précipité verdâtre soluble dans un excès de réactif et donnant alors une liqueur verte d'où l'on précipite un oxyde de chrome anhydre par une ébullition prolongée.

Ammoniaque. — Précipité gris verdâtre qui se dissout à la longue dans un excès de réactif, si le sel est violet.

Carbonate alcalin. — Précipité vert soluble dans un excès de réactif.

Cyanoferrure et cyanoferride de potassium. — Pas de précipité.

Sulfhydrate d'ammoniaque. — Précipité d'hydrate de sesquioxyde de chrome.

Acide sulfhydrique. — Pas de précipité.

La présence de l'acide tartrique peut empêcher la précipitation d'une partie ou de la totalité de l'oxyde de chrome.

L'acide oxalique et les oxalates alcalins en excès produisent le même effet. Dans les oxalates violets de chrome et des métaux alcalins, non-seulement les propriétés de l'oxyde de chrome sont complétement masquées, mais encore celles de l'acide oxalique, car ces sels ne précipitent pas par les sels de chaux; la production de l'oxalate de chaux n'a lieu qu'à l'ébullition, parce que le sel passe à la modification verte.

D'après Pisani, l'acide acétique se comporte d'une manière analogue aux précédents.

CHROMATES.

Les chromates neutres, au moins ceux des sections supérieures, sont généralement insolubles. Il en est de même des chromates basiques. Au contraire, les chromates acides sont tous solubles. Traités par l'acide chlorhydrique, à la température de l'ébullition, tous les chromates dégagent du chlore. Les corps réducteurs, tels que l'acide sulfureux, l'acide sulfhydrique, l'alcool, etc., ramènent l'acide chromique des chromates à l'état de sesquioxyde de chrome. Avec un grand nombre de sels, les chromates forment des sels doubles dont la formule est souvent très-complexe. La chaleur décompose tous les chromates des métaux des sections supérieures avec production de sesquioxyde de chrome; les chromates acides des métaux de la première section sont en pareil cas transformés en chromates neutres, avec formation de sesquioxyde de chrome.

Les chromates neutres sont généralement jaunes; les bichromates sont d'un rouge orangé.

Le chromate de mercure est rouge; celui d'argent est d'un rouge foncé.

CHROMATES DE POTASSE. — *Chromate neutre*,

$$K^2CrO^4 = CrO^2\left\{\begin{matrix}OK\\OK\end{matrix}\right. = K^2O.CrO^3.$$

— Le chromate neutre de potasse se prépare en chauffant pendant plusieurs heures 2 p. de fer chromé réduit en poudre avec une partie d'azotate de potasse. On reprend la masse par l'eau, on sature la dissolution par de l'acide sulfurique étendu qui précipite la silice et l'alumine. On obtient ainsi un liquide qui donne par évaporation des cristaux de bichromate, et on purifie la matière par des cristallisations successives. On transforme ensuite le bichomate en chromate neutre au moyen du carbonate de potasse.

Le bichromate de potasse peut encore se préparer d'une manière plus économique en passant par l'intermédiaire du chromate de chaux. Pour cela, on calcine le fer chromé au contact de l'air avec du carbonate de chaux, on reprend la matière par l'eau additionnée d'acide sulfurique. Enfin, en ajoutant du carbonate de potasse, on a une dissolution de chromate de potasse; la chaux est précipitée à l'état de carbonate et on n'a plus qu'à filtrer et faire cristalliser [Jacquelain, *Ann. de Chim. et de Phys.*, (3), t. XXI, p. 478].

Les cristaux qu'on obtient ainsi sont des prismes droits rhomboïdaux, isomorphes avec le sulfate de potasse K^2SO^4, d'une belle couleur jaune-citron, d'une saveur désagréable persistante; ils sont vénéneux, même à faible dose. 100 p. d'eau à 15° dissolvent 48 1/3 p. de chromate neutre; il est notablement plus soluble à chaud; la dissolution est fortement colorée en jaune; il suffit de 1/40000 de sel pour donner à l'eau une teinte sensible. Enfin il est insoluble dans l'alcool.

Les cristaux de chromate neutre de potasse sont toujours anhydres; soumis à l'action de la chaleur, il devient rouge et reprend sa teinte jaune par le refroidissement; il fond difficilement même à une haute température. Enfin il présente toujours une réaction alcaline. Lorsqu'on verse une dissolution d'acide arsénieux dans une dissolution de chromate neutre de potasse, on obtient une liqueur verte qui se prend en gelée dont la composition après dessiccation serait exprimée par la formule $6(KAsO^2) + (K^2CrO^4)^2 + 10H^2O$, d'après Schweitzer [*Journ. für prakt. Chemie*, t. XXXIX, p. 257].

Le chlore le décompose au rouge en formant du chlorure de potassium et du sesquioxyde de chrome. Si on ajoute du charbon, en même temps il se forme du sesquichlorure de chrome et des cristaux d'une combinaison de sesquichlorure de chrome et de potassium (Fremy).

Bichromate de potasse,

$$K^2Cr^2O^7 = \begin{matrix}CrO^2\\ \\CrO^2\end{matrix}\left\{\begin{matrix}OK\\O\\OK\end{matrix}\right. = K^2O.2CrO^3.$$

Pour obtenir le bichromate de potasse, il suffirait d'ajouter un acide quelconque (nitrique, sulfurique ou acétique) à la dissolution du sel précédent, on obtient par évaporation de gros cristaux prismatiques d'une belle couleur orangée, qui ne contiennent qu'une faible quantité d'eau interposée; leur densité est de 1,98; à 19° l'eau en dissout 1/10 de son poids.

Il fond facilement à une basse température, et donne après la fusion des cristaux identiques à ceux qu'on obtient par voie humide (Mitscherlich); seulement la matière tombe rapidement en poudre par suite du refroidissement. Au rouge blanc, le bichromate de potasse se décompose en donnant de l'oxygène, du chromate neutre de potasse et du sesquioxyde de chrome. Quand on le chauffe avec du charbon en poudre, la moitié de son acide chromique se décompose à une température peu élevée, avec une faible détonation, le reste ne se décompose que si on chauffe fortement le mélange; il se forme alors du carbonate de potasse. Le bichromate de potasse en dissolution absorbe le bioxyde d'azote et dépose bientôt un précipité brun de chromate de sesquioxyde de chrome ou bioxyde de chrome (Schweitzer). Chauffé dans une cornue de verre avec de l'acide sulfurique, il abandonne 3 atomes d'oxygène et se transforme (à l'eau d'hydratation près) en alun de chrome vert.

Ce sel est très-employé dans la teinture; on le prépare en grand dans l'industrie, à très-bas prix.

Trichromate de potasse, $K^2Cr^3O^{10}$.—Mitscherlich l'a obtenu en traitant par l'acide azotique une dissolution de bichromate; le sel se dépose en cristaux rouge foncé, anhydres, solubles dans l'eau et l'alcool.

En mélangeant une dissolution de bichromate de potasse avec une quantité d'acide sulfurique insuffisante pour saturer la potasse qui s'y trouve contenue, on obtient un précipité formé d'acide chromique et d'un composé de bichromate et de sulfate de potasse $K^2SO^4 + K^2Cr^2O^7$; on enlève l'acide chromique à l'aide de quelques gouttes d'eau froide (Reinsch).

Si on traite à chaud une solution concentrée de bichromate de potasse par l'acide chlorhydrique, en ayant soin de s'arrêter aussitôt que le chlore commence à se dégager, on obtient de longs prismes droits rectangulaires, inaltérables à l'air, qui sont un *bichromate de chlorure de potassium*, $KClCrO^3$, c'est-à-dire le sel de la monochlorhydrine chromique,

$$CrO^2\left\{\begin{matrix}OK\\Cl.\end{matrix}\right.$$

Le bichromate de potasse en dissolution concentrée attaque à une douce chaleur le carbonate de magnésie; on obtient une dissolution qui donne par évaporation des prismes rhomboïdaux obliques dont la formule est

$$K^2CrO^4 + MgCrO^4 + 2H^2O.$$

Par l'action de la chaleur, ce sel se colore, fond et dégage de l'oxygène; on trouve dans le résidu du chromate de potasse et du chromite de magnésie, $MgCr^2O^4$ (sel du sesquioxyde de chrome ou anhydride chromeux), insoluble dans les acides à froid [M. Schweitzer, *Journ. für prakt. Chem.*, t. XXXIX, p. 257].

Le bichromate de potasse saturé par de la chaux, puis traité par un courant d'acide carbonique qui enlève l'excès de cette base, donne des cristaux de même composition que le chromate double de magnésie et de potasse :

$$K^2CrO^4 + CaCrO^4 + 2\,H^2O.$$

Seulement la chaleur ne décompose pas ce sel, elle le rend anhydre (Schweitzer).

En mélangeant ensemble le chromate de potasse et le sulfate de zinc, on obtient un précipité amorphe, légèrement soluble, qui se transforme rapidement en cristaux : c'est un chromate double de zinc et de potasse; chauffé au rouge, il abandonne un peu d'oxygène, laisse du chromate neutre de potasse et une combinaison $ZnCr^2O^4$, insoluble dans les acides étendus, soluble dans l'acide sulfurique concentré (Wœhler).

CHROMATES DE SOUDE. — *Chromate neutre*, Na^2CrO^4. — Sa préparation se fait comme celle du chromate de potasse; à 0° il donne des cristaux à 10 molécules d'eau qui sont isomorphes avec le sulfate de soude correspondant. Il est déliquescent, fond par la chaleur de la main et abandonne, à 30°, des cristaux anhydres.

Bichromate de soude, $Na^2Cr^2O^7$. — Il est extrêmement soluble et cristallise par évaporation sous forme de prismes hexagonaux, minces, d'un rouge hyacinthe.

On peut obtenir un bichromate de chlorure de sodium exactement comme on obtient le bichromate de chlorure de potassium.

CHROMATES D'AMMONIAQUE. — *Chromate neutre*, $(AzH^4)^2CrO^4$. — Il forme des aiguilles jaune-citron à réaction alcaline, très-solubles dans l'eau ; par évaporation, ce sel abandonne facilement de l'oxyde brun. La chaleur transforme ce sel en oxyde vert avec production de chaleur et de lumière. On le prépare en saturant l'acide chromique par l'ammoniaque.

Bichromate d'ammoniaque, $(AzH^4)^2Cr^2O^7$. — On l'obtient en divisant un certain poids d'acide chromique en deux parties égales. Après avoir saturé la première moitié par l'ammoniaque, on ajoute la seconde. On dessèche à la température ordinaire. On obtient ainsi de très-gros cristaux d'un rouge grenat, non altérables à l'air. Si on les chauffe de manière à les allumer en un point, ils continuent à brûler en donnant un oxyde vert de chrome très-volumineux (Böttger).

Il existe un bichromate de chlorure d'ammonium correspondant au bichromate de chlorure de potassium.

CHROMATES NEUTRES DE BARYTE ET DE STRONTIANE. — Ils sont d'un jaune pâle, insolubles dans l'eau, solubles dans l'acide chromique ou l'acide nitrique.

CHROMATE NEUTRE DE CHAUX. — Il est également insoluble, d'un jaune clair, il se produit en mêlant ensemble des dissolutions de chromate de soude et d'un sel de chaux.

Le *bichromate de chaux* ($CaCr^2O^7$) est assez soluble; on l'obtient en traitant par l'acide chromique le précipité précédent, ou en saturant incomplétement l'acide chromique par le carbonate de chaux. Il forme des paillettes soyeuses, d'un jaune brun.

Le bichromate de chlorure de calcium est très-déliquescent.

CHROMATE NEUTRE DE MAGNÉSIE. — Forme des prismes hexagonaux, très-volumineux, d'un jaune topaze, devenant orangés sous une grande épaisseur. Ces cristaux renferment 7 molécules d'eau d'après Kopp, et sont isomorphes avec le sulfate correspondant.

CHROMATES D'ALUMINE ET DE GLUCINE. — Insolubles.

CHROMATE DE MANGANÈSE. — Sel très-soluble, mais qu'une évaporation prolongée décompose en donnant un précipité de sesquioxyde de manganèse. On obtient un sous-chromate de manganèse $MnCrO^4.MnO.2H^2O$ en mélangeant deux dissolutions de chromate neutre de potasse et de sulfate de manganèse. Peu à peu il se dépose une croûte cristalline d'un brun-chocolat, entièrement soluble dans l'acide sulfurique ou l'acide azotique étendus. L'acide chlorhydrique le dissout avec dégagement de chlore.

CHROMATE DE FER. — Le *chromate ferreux* n'existe pas, le fer passant immédiatement au maximum en présence de l'acide chromique. Le *chromate ferrique* est soluble, mais il n'est jamais complétement neutre (Maus). Sa formule correspond à $Fe^2O^3\,4\,CrO^3$.

CHROMATE DE CHROME. — Rammelsberg a obtenu un composé auquel il assigne la formule

$$3\,Cr^2O^3, 2\,CrO^3 + 9\,H^2O$$

en précipitant l'alun de chrome par le chromate neutre de potasse. Cette combinaison, facilement soluble dans les acides, est décomposée par la potasse en oxyde de chrome et acide chromique [*Ann. der Phys. und Chem.*, t. LXVIII, p. 274]. Traube obtient le même composé dans la réduction partielle de l'acide chromique par l'alcool, comme nous l'avons dit à propos de cet acide.

CHROMATES DE COBALT ET DE NICKEL. — Le *chromate* neutre de *cobalt* n'a pas encore été préparé, le *bichromate* ne cristallise pas, mais l'ébullition du sulfate de cobalt avec le chromate neutre de potasse donne un précipité gris

$$CoCrO^4.2\,CoO.4\,H^2O$$

qui s'oxyde par le lavage à l'air, et qui, traité ensuite par l'ammoniaque, donne des chromates ammoniaco-cobaltiques (Malaguti et Sarzeaud).

Le *chromate de nickel* est un sel rouge déliquescent, capable de former un sous-sel par l'action des bases, ou mieux par l'ébullition d'un mélange de sulfate de nickel et de chromate de potasse; la formule de ce sous-chromate est

$$NiCrO^4.3\,NiO.6\,H^2O.$$

Traité par l'ammoniaque, il donne une poudre cristalline, jaune verdâtre, dont la formule est $NiCrO^4, 6\,AzH^3 + 4\,H^2O$. Ce sel se décompose par l'eau et abandonne son ammoniaque à l'air.

CHROMATES D'URANIUM. — En traitant le protochlorure d'uranium par le chromate de potasse, on a un précipité jaune-brun qui est un mélange de divers chromates d'uranium : la potasse lui enlève l'acide chromique et laisse un résidu rouge. Le chromate au maximum s'obtient en traitant le carbonate correspondant par l'acide chromique; la dissolution est jaune et donne, par évaporation, des cristaux d'un rouge de feu.

CHROMATE DE ZINC. — Il se prépare en traitant le carbonate de zinc par l'acide chromique, la liqueur donne, par évaporation, des cristaux

$$ZnCrO^4.7\,H^2O,$$

isomorphes avec le sulfate de zinc. On obtient un sous-sel $ZnCrO^4.3\,ZnO.5\,H^2O$ en faisant bouillir une solution d'un excès de chromate de zinc avec du carbonate de zinc. En dissolvant le sel précédent dans un grand excès d'ammoniaque caustique et précipitant par l'alcool peu à peu, on obtient de petits cristaux cubiques ayant pour formule

$$(4\,AzH^4O)\,CrO^3 + (2\,ZnO)\,CrO^3 + 7\,H^2O.$$

L'eau les décompose (Malaguti et Sarzeaud).

CHROMATES DE CADMIUM. — En saturant l'acide chromique par le carbonate de cadmium on obtient une dissolution d'un chromate basique de cadmium qu'on n'a pas pu faire cristalliser; en mêlant deux solutions bouillantes de chromate de potasse et de sulfate de cadmium on obtient une poudre cristalline jaune orange dont la formule est $CdCrO^4.4CdO.8H^2O$.

En dissolvant dans l'ammoniaque le précipité précédent et précipitant par l'alcool, on a, comme avec les sels de zinc, une poudre cristalline jaune ($CdCrO^4 + 4AzH^3 + 3H^2O$); l'eau la décompose. Exposée à l'air, elle perd son ammoniaque.

CHROMATES DE PLOMB. *Chromate neutre*, $PbCrO^4$. — Ce sel se trouve cristallisé dans la nature; les minéralogistes lui ont donné le nom de *plomb rouge* ou *crocoïsite*. On l'obtient artificiellement en précipitant le nitrate de plomb par le chromate de potasse; il forme une poudre d'une belle couleur jaune foncé dont la nuance varie suivant les conditions dans lesquelles la précipitation s'est faite. En présence d'un excès de base la teinte devient rouge. Il est insoluble dans l'eau, peu soluble dans les acides : un mélange d'acide chlorhydrique et d'alcool le décompose en donnant du chlorure de plomb, et du chlorure de chrome; la potasse le dissout complétement. On l'emploie dans la peinture sous le nom de *jaune de chrome*; l'intensité de sa nuance diminue peu quand on le mélange avec des matières étrangères : le *jaune de Cologne* est formé de 25 de chromate de plomb, 15 de sulfate de plomb et 60 de sulfate de chaux. Le chromate de plomb chauffé dégage de l'oxygène et il se forme un sous-sel

$$(PbCr^2O^4.2PbCrO^4.PbO)$$

avec combinaison d'oxyde de plomb et de sesquioxyde de chrome.

On obtient encore un autre sous-chromate ($PbCrO^4.PbO$) en faisant bouillir le chromate neutre récemment précipité avec un excès de chromate neutre de potasse; on l'obtient encore en versant une dissolution de nitrate de plomb dans du chromate de potasse mêlé à un excès d'alcali caustique. Le précipité est d'une belle couleur rouge cinabre.

MM. Liebig et Wöhler ont indiqué une méthode qui permet de l'obtenir avec une couleur aussi vive que celle du cinabre. Pour cela on projette peu à peu du chromate de plomb dans de l'azotate de potasse fondu au rouge; l'acide nitrique se dégage, on arrête l'opération avant que tout le nitre soit décomposé, on laisse reposer, le chromate gagne rapidement le fond, on décante la masse saline fondue, on laisse refroidir et on lave rapidement. On emploie ce sel dans la peinture à l'huile et dans l'industrie des toiles peintes.

CHROMATE D'ÉTAIN. — On obtient le *chromate stanneux* sous forme de flocons volumineux jaunes bruns en précipitant le chromate de potasse par le protochlorure d'étain; si on verse le chromate de potasse dans le perchlorure d'étain, il y a réduction et formation d'un précipité vert. Par la calcination le chromate stanneux devient violet : aussi on l'emploie dans la peinture sur verre ou sur porcelaine pour avoir des nuances variables depuis le rose clair jusqu'au violet foncé. Il existe aussi un *chromate stannique* $Sn(CrO^4)^2$: c'est une poudre insoluble d'une belle couleur jaune-citron.

CHROMATE DE BISMUTH. — En traitant un sel de *bismuth* par un chromate soluble on obtient un précipité jaune, insoluble dans l'eau, soluble dans l'acide azotique étendu, qui a pour formule

$$Bi^2(CrO^4)^3.$$

CHROMATES DE CUIVRE. — En saturant l'acide chromique par de l'*oxyde de cuivre* hydraté, ou du carbonate de cuivre, on obtient une liqueur qui abandonne par évaporation des cristaux ayant pour formule : $CuCrO^4.5H^2O$, isomorphes avec le sulfate de cuivre à cinq molécules d'eau. Le bichromate de cuivre est incristallisable.

En mélangeant des dissolutions bouillantes de sulfate de cuivre et de chromate de potasse on obtient un précipité de sous-chromate :

$$CuCrO^4.2CuO.2H^2O.$$

La chaleur le décompose en donnant de l'oxyde de cuivre et une combinaison d'oxyde de cuivre et de sesquioxyde de chrome, $CuCr^2O^4$. On a un autre sous-chromate en mélangeant des dissolutions neutres de sulfate et de chromate de cuivre, $CuCrO^4.3CuO.5H^2O$. C'est un précipité brun-chocolat qui lavé avec soin et traité ensuite par l'ammoniaque caustique donne par l'addition de l'alcool un chromate ammoniacal :

$$CuCrO^4.2CuO.H^2O.5AzH^3$$
$$= [(2CuO)CrO^3 + CuOH^2O] + 5AzH^3.$$

A l'air il perd peu à peu son ammoniaque.

Il existe dans la nature un sous-chromate de plomb et de cuivre $(3CuO)CrO^3 + (3PbO)CrO^3$ que les minéralogistes ont appelé *vauquelinite*.

CHROMATES DE MERCURE. — Le *chromate mercureux*, Hg^2CrO^4, est une poudre jaune orangé insoluble dans l'eau. En précipitant le chromate de potasse par l'azotate mercureux on obtient un sous-sel $2Hg^2O.CrO^3$ (Godon et Gmelin). Il existe également des chromates neutres et basiques correspondants à l'oxyde HgO, le chromate $HgCrO^4$ est d'un rouge grenat, soluble dans les acides. On obtient un sous-sel, $3HgOCrO^3$, en précipitant l'azotate mercurique par le bichromate de potasse; une ébullition prolongée avec l'eau le transforme en un nouveau sous-chromate, $4HgOCrO^3$ [Millon, *Ann. de Ch. et de Phys.*, (3), t. XVII, p. 333]; enfin il paraît encore exister un chromate intermédiaire entre ces deux, dont la formule serait $7HgO\ 2CrO^3$ (M. Gentant).

Le mélange des dissolutions de bichromate de potasse et de chlorure de mercure ne donne pas de précipité, mais en évaporant une liqueur qui contient équivalents égaux de ces deux sels, on obtient, d'après Millon [*Compt. rend. de l'Acad.*, t. XXXIX, p. 742], des cristaux rhomboïdaux droits terminés par les pyramides de l'octaèdre rhomboïdal, d'un jaune vif, dont la composition peut être exprimée par la formule

$$HgCl^2 + K^2Cr^2O^7.$$

D'après Darby [*Ann. der Chem. u. Pharm.*, t. LXV, p. 204], en traitant le chromate neutre de potasse par le bichlorure de mercure, on obtiendrait le chromate $3HgO, Cr^2O^3$ et un liquide qui donne par évaporation des cristaux rougeâtres très-solubles d'un sel double $K^2CrO^4 + 2HgCl^2$.

Si l'on dissout dans l'eau un mélange d'équivalents égaux de chromate de potasse et de cyanure de mercure, il se produit une combinaison que Poggiale représente par la formule

$$K^2CrO^4 + 2HgCy^2,$$

tandis que Rammelsberg et Darby lui attribuent la composition $2(K^2CrO^4) + 3(HgCy^2)$.

CHROMATES D'ARGENT. — Le *chromate neutre* n'a pas d'importance, le *bichromate* a une couleur rouge-carmin. On l'obtient en traitant le bichromate de potasse par l'azotate d'argent; il est légèrement soluble, et sa dissolution chaude laisse déposer par refroidissement des cristaux d'une couleur de rubis.

Si on ajoute de l'acide sulfurique à une dissolution de bichromate de potasse, et si on plonge dans la liqueur une lame d'argent, le métal s'oxyde aux dépens de l'acide chromique, et se recouvre de cristaux de bichromate d'argent. L'eau bouillante le décompose de telle sorte qu'il ne reste plus que du chromate neutre insoluble. En dissolvant à chaud le chromate neutre d'argent dans l'ammoniaque on obtient par refroidissement des cristaux de chromate ammoniacal d'argent,

$$Ag^2CrO^4 4AzH^3,$$

qui perd au contact de l'air l'ammoniaque qu'il renferme.

Lorsqu'on traite la dissolution du sel double formé de chromate de potasse et de cyanure de mercure par le nitrate d'argent, il se forme, d'après Darby, un précipité soluble dans l'acide nitrique chaud, qui donne par refroidissement de belles aiguilles rouges d'une substance dont la formule est $Ag^2Cr^2O^7 + HgCy^2$. H. D.

CHROME. — Réactions des sels chromeux. — Voyez p. 891.

Réactions des sels chromiques. — Voyez p. 893.

Réactions des chromates. — Voyez p. 894.

Dosage et séparation dans les sels de chrome. — Les sels de chrome insolubles et l'hydrate chromique sont solubles dans l'acide chlorhydrique; les composés du chrome qui ont été calcinés doivent être fondus avec du carbonate de soude. Pour doser le chrome, on le précipite à l'état d'hydrate que la calcination transforme en oxyde Cr^2O^3. A cet effet, on ajoute de l'ammoniaque à la solution chaude du sel de chrome et on maintient le mélange une demi-heure à une température voisine de l'ébullition. La précipitation est complète lorsque la liqueur est devenue incolore. Le précipité lavé, bien séché, est calciné dans un creuset de platine muni de son couvercle et dont on élève graduellement la température.

La calcination directe peut être employée pour les combinaisons du chrome avec des substances volatiles (chromate de mercure, sels à acides organiques, etc.). Ce mode de dosage est très-exact.

Le chrome se dose aussi à l'état de chromate de plomb; la combinaison, réduite en poudre ténue, est calcinée, dans un creuset de platine assez grand pour éviter le boursouflement, avec parties égales d'azotate et de carbonate de potasse. Lorsque le mélange est en fusion, on le laisse refroidir, on le reprend par l'eau bouillante, on ajoute de l'acide acétique, puis de l'acétate de plomb neutre. Le précipité est recueilli sur un filtre taré, lavé et séché à 100°.

Chrome et métaux du troisième groupe. — On peut séparer le chrome de tous les métaux du troisième groupe, excepté de l'alumine, en employant la calcination du mélange avec l'azotate et le carbonate de potasse, ainsi que nous venons de le dire. On reprend par l'eau bouillante, les oxydes restent sur le filtre; et le chrome à l'état de chromate de potasse dans la liqueur filtrée est dosé soit à l'état d'oxyde chromique, soit à l'état de chromate de plomb.

Chrome et fer. — Chancel, pour séparer le fer du chrome, ajoute à la solution neutre et étendue des métaux un excès d'hyposulfite de soude et fait bouillir jusqu'à ce qu'il ne se dégage plus d'acide sulfureux. Le chrome est précipité avec le soufre, tandis que le fer reste en dissolution. Le précipité recueilli sur le filtre est lavé à l'eau bouillante et desséché; le soufre est chassé par la calcination, le filtre incinéré et le résidu constitue l'oxyde de chrome.

Chrome et alumine. — On précipite les deux oxydes par l'ammoniaque, on les fond dans un creuset de platine avec 4 p. de carbonate et 2 p. d'azotate de potasse. On met le creuset dans une capsule, on le traite par l'eau bouillante, puis on ajoute du chlorate de potasse et de l'acide chlorhydrique. On évapore à consistance sirupeuse, on étend d'eau, on précipite l'alumine par l'ammoniaque et on trouve le chrome dans la liqueur à l'etat de chromate de potasse. Le chlorate de potasse et l'acide chlorhydrique ont pour but d'empêcher la réduction du chromate (Dexter).

Dosage et séparation dans les chromates. — Le chrome des chromates se dose soit à l'état d'oxyde de chrome, soit à l'état de chromate de plomb. Pour l'obtenir à l'état d'oxyde de chrome, on réduit les chromates en les chauffant avec un mélange d'acide chlorhydrique et d'alcool, ou les traitant par l'hydrogène sulfuré, puis on précipite l'oxyde par l'ammoniaque. Le premier mode de réduction convient mieux aux solutions étendues et le second aux solutions concentrées. Lorsqu'on a employé l'hydrogène sulfuré, on doit laisser longtemps reposer la liqueur dans un endroit chaud avant de précipiter par l'ammoniaque, afin que le soufre soit complétement déposé.

Nous avons vu plus haut comment se fait le dosage à l'état de chromate de plomb. Le poids trouvé de chromate de plomb multiplié par 0,3128 donne le poids de l'acide chromique; celui de l'oxyde de chrome trouvé doit être multiplié par 1,309 pour donner le poids de l'acide.

Pour séparer le chrome des métaux des deux premiers groupes (argent, mercure, cuivre, cadmium, etc.), on traite la solution acidifiée par l'hydrogène sulfuré qui sépare tous les métaux, et dans la liqueur bien débarrassée de soufre et filtrée, on précipite l'oxyde de chrome par l'ammoniaque.

L'acide chromique se sépare du fer, du nickel, du cobalt, du zinc, du manganèse par fusion du mélange avec 4 p. de carbonate de soude et de potasse; le chrome passe alors dans les liqueurs filtrées à l'état de chromate de potasse et de soude; on le réduit pour le doser à l'état d'oxyde de chrome, ou on le transforme en chromate de plomb. S'il y a du manganèse qui s'oxyderait à l'air en donnant du manganate de potasse, on fait la fusion dans un tube, où l'on dirige un courant de gaz carbonique.

On sépare l'acide chromique de l'alumine en réduisant le premier et séparant l'oxyde de chrome de l'alumine par le procédé décrit plus haut. On peut encore ajouter de l'ammoniaque à la solution pour précipiter l'alumine, et doser le chrome dans la liqueur filtrée.

Quand le chrome se trouve dans une liqueur à l'état d'oxyde de chrome et d'acide chromique, on précipite celui-ci par l'acétate de plomb, et dans la liqueur filtrée, après avoir éliminé l'excès de plomb par l'hydrogène sulfuré, on ajoute de l'ammoniaque.

L'acide chromique et les métaux du quatrième groupe se séparent, par fusion du mélange avec le carbonate de soude et de potasse, l'acide chromique passant dans la liqueur filtrée, et les carbonates alcalino-terreux restant sur le filtre.

Les chromates alcalins sont chauffés avec un mélange d'acide chlorhydrique et d'alcool; l'excès d'alcool est chassé par l'ébullition, et l'oxyde de chrome précipité par l'ammoniaque. Quant au chromate d'ammoniaque, la simple calcination fournit de l'oxyde de chrome pur.

Lorsque l'acide chromique se rencontre avec les acides de l'arsenic, on le réduit par l'acide chlorhydrique et l'alcool, on précipite l'arsenic par l'hydrogène sulfuré, et dans la liqueur filtrée, on dose l'oxyde de chrome par l'ammoniaque. E. G.

CHROMITE (Min.) [Syn. *Fer chromé, sidérochrome, ferrochromite*]. Spinelle chromico-ferrique $FeCr^2O^4$. — Petits octaèdres réguliers ou masses grenues, ou compactes; dans la serpentine ou dans des sables provenant de la désagrégation de cette roche. D'une couleur noire, d'un éclat demi-métallique.

Caractères. — Inattaquable aux acides. Infusible. Se dissout dans les flux et donne les réactions du fer et du chrome. Quelquefois légèrement magnétique, le devient lorsqu'il a été chauffé au feu de réduction.

Dureté, 5,5. Poussière brune. Densité, 4,3 à 4,5. *Forme cristalline.* — Octaèdres réguliers.

CHROMOCRE (Min.). — Mélange d'oxyde chromique avec diverses substances et spécialement avec des silicates d'alumine. Terreux, d'un vert plus ou moins pur; recouvre souvent le fer chromé.

CHRYSAMIDE, ACIDE CHRYSAMIDIQUE. — Voyez ALOÈS, t. I, p. 105.

CHRYSANILIQUE (ACIDE). — Nom donné par Fritzsche à un des produits de l'action de la potasse aqueuse concentrée, de 1,45 de densité, sur l'indigo; lorsqu'on sature la liqueur alcaline par un acide, il se sépare sous forme d'un précipité rouge sale bleuâtre, peu soluble dans l'eau, plus soluble dans l'alcool, soluble dans la potasse en donnant une solution d'un jaune d'or. Les chrysanilates de plomb et de zinc forment des précipités rouges. Les acides transforment l'acide chrysanilique en acide anthranilique (acide phénylcarbamique) [Fritzsche, *Ann. der Chem. u. Pharm.*, t. XXXIX, p. 83, 1841]. Gerhardt pense que l'acide chrysanilique est un mélange d'isatine, d'indigo blanc et probablement d'un autre produit de l'action de la potasse sur l'indigo [*Traité de Chim. org.*, t. III, p. 521]. E. W.

CHRYSANISIQUE (ACIDE). — Isomère du phénate de méthyle trinitré et homologue de l'acide picrique : $C^7H^5(AzO^2)^3O$. Il se forme par l'action de l'acide nitrique fumant sur l'acide nitranisique bien sec; on fait bouillir doucement en employant 2 à 3 p. d'acide nitrique. Après une heure environ on ajoute 15 à 20 p. d'eau, il se sépare ainsi une huile jaune qui se concrète bientôt. Ce produit est un mélange d'acide chrysanisique et d'anisol binitré ou trinitré.

L'acide chrysanisique, facilement soluble dans l'ammoniaque, peut être isolé par cet agent, qui dissout moins bien les autres produits; on concentre la liqueur ammoniacale et l'on obtient par le refroidissement des aiguilles brunes de chrysanisate d'ammonium. Pour isoler l'acide, on redissout ce sel dans l'eau et on précipite par l'acide azotique; l'acide chrysanisique se sépare alors en flocons jaunes qu'on lave à l'eau froide et qu'on fait cristalliser dans l'alcool bouillant, d'où il se dépose en petites lames rhomboïdales d'un jaune d'or, solubles dans l'éther, surtout à chaud. Chauffé doucement, l'acide chrysanisique fond, puis émet des vapeurs jaunes qui se subliment. L'acide azotique concentré le transforme en acide phénique; distillé avec du chlorure de chaux, il donne de la chloropicrine.

Il forme un sel de potasse très-soluble, ce qui le distingue de l'acide picrique.

Le *sel ammoniacal* $C^7H^4(AzH^4)(AzO^2)^3O$ est en petites aiguilles brunes très-brillantes. Sa solution donne avec les sels cuivriques un précipité gélatineux vert jaunâtre, avec les sels ferriques un précipité jaune clair, avec les sels de zinc un précipité plus pâle, avec les sels de plomb des flocons d'un jaune de chrome.

Le *chrysanisate d'argent* $C^7H^4Ag(AzO^2)^3O$ se précipite en flocons jaunes.

Le *chrysanisate d'éthyle* se forme lorsqu'on sature de gaz acide chlorhydrique une solution alcoolique d'acide chrysanisique; en ajoutant de l'eau on précipite l'éther sous forme de flocons jaunes volumineux qu'on fait cristalliser dans l'alcool bouillant, d'où l'éther se sépare en écailles transparentes, d'un jaune d'or, fusibles vers 100°. Cet éther renferme $C^7H^4(C^2H^5)(AzO^2)^3O$ [Cahours, *Ann. de Chim. et de Phys.*, (3), t. XXVII, p. 454].

Kellner et Beilstein [*Ann. der Chem. u. Pharm.*, t. CXXVIII, p. 164; *Bull. de la Soc. chim.*, t. I, p. 378, 1864] assignent à l'acide chrysanisique obtenu par la méthode précédente une formule différente de celle de Cahours. D'après ces chimistes, l'acide chrysanisique ne renferme pas $C^7H^5(AzO^2)^3O$, ce qui en fait de l'alcool trinitrocrésylique ou un isomère, mais un isomère du trinitrotoluène $C^7H^5(AzO^2)^3$. Son sel ammoniacal, son sel d'argent et son éther, qui ont les propriétés indiquées par Cahours, renferment

$$C^7H^4(AzH^4)(AzO^2)^3,\quad C^7H^4Ag(AzO^2)^3$$
$$\text{et}\quad C^7H^4(C^2H^5)AzO^2)^3.$$

Kellner et Beilstein décrivent en outre un acide chrysanisique β qui est une modification du précédent et qui se produit en même temps; il se dépose dans l'alcool en cristaux plus volumineux. Son sel ammoniacal est jaune au lieu d'être brun et moins soluble; en décomposant son sel de calcium, on produit l'acide ordinaire.

Par l'action du sulfhydrate d'ammoniaque sur l'acide chrysanisique dissous dans l'alcool, on obtient de beaux prismes rhomboïdaux obliques, d'un rouge grenat, constituant le sel ammoniacal de l'*acide amidochrysanisique* :

$$C^7H^5(AzO^2)^2(AzH^2)+H^2O;$$

celui-ci, à l'état de liberté, forme des cristaux microscopiques rouges solubles dans l'eau bouillante.

La solution alcoolique de cet acide, traitée par l'acide azoteux, laisse déposer un corps cristallin jaune qui est l'*acide azoamidochrysanisique*

$$C^7H^4Az^2(AzO^2)^2.$$

Ce corps se dissout à chaud dans l'ammoniaque en dégageant de l'azote et en donnant une solution rouge d'où les acides précipitent un corps cristallisable jaune, soluble dans l'alcool bouillant et un peu dans l'eau bouillante; ce corps renferme $C^{14}H^{10}Az^2(AzO^2)^4O$; chauffé avec les alcalis, il ne perd que la moitié de son azote. Kellner et Beilstein pensent donc qu'on peut l'envisager comme renfermant l'acide azoamidochrysanisique combiné avec un corps ayant la composition du dinitranisol :

$$C^{14}H^{10}Az^2(AzO^2)^4O$$
$$= C^7H^4Az^2(AzO^2)^2 + C^7H^6(AzO^2)^2O.$$

E. W.

CHRYSÈNE, $C^{18}H^{12}$ [Laurent, *Compt. rend. de l'Acad.*, t. V, p. 718; *Ann. de Chim. et de Phys.*, (2), t. LXVI, p. 136; *ibid.*, t. LXXII, p. 426; — Couerbe, *ibid.*, t. LXVIII, p. 162; — Berthelot, *Compt. rend. de l'Acad.*, t. LXIII, p. 788, 834, 999, 1077; *Ann. de Chim. et de Phys.*, (4), t. IX, p. 457; *Bull. de la Soc. chim.*, 1866, t. VI, p. 276].

Le chrysène a d'abord été retiré par Laurent des produits de la distillation sèche des corps gras et des résines ainsi que de la houille. Pour l'extraire, ce chimiste redistille ces produits et recueille les parties qui passent les dernières. On obtient ainsi une masse molle, jaune ou rougeâtre et une huile épaisse où l'on distingue des paillettes cristallines. La matière qui se condense dans le col de la cornue se compose en plus grande partie de chrysène que l'on purifie par des lavages à l'éther. Ce liquide enlève un autre carbure d'hydrogène solide, le pyrène et plusieurs matières huileuses.

Suivant M. Berthelot, le carbure d'hydrogène ainsi préparé est un mélange qui renferme, outre le véritable chrysène, de l'anthracène $C^{14}H^{10}$. Ce chimiste obtient le chrysène pur en faisant passer de la benzine à travers un tube chauffé au rouge et en redistillant les produits de cette réaction. Il passe d'abord de la benzine inaltérée, puis du diphényle $(C^6H^5)^2$, puis au-dessus de 360° du chrysène que l'on purifie par des compressions et des dissolutions réitérées dans l'alcool.

Le chrysène se forme encore, suivant le même chimiste, lorsqu'on chauffe au rouge, dans un tube de verre fermé à la lampe, du diphényle et de l'hydrogène. L'hydrogène a pour effet de remplacer l'air et n'agit pas directement.

La production du chrysène dans ces deux réactions est exprimée par les équations :

$$3C^6H^6 = C^{18}H^{12} + 3H^2,$$

Benzine. Chrysène. Hydrogène.

$$3C^6H^5.C^6H^5 = 3C^6H^6 + C^{18}H^{12}.$$

Diphényle. Benzine. Chrysène.

Dans ce dernier cas, on peut admettre que le diphényle se convertit en benzine et phénylène C^6H^4, lequel se condense pour produire le chrysène : $3C^6H^4 = C^{18}H^{12}$.

Propriétés. — Le chrysène est un corps d'une belle couleur jaune (Laurent), à peine jaunâtre (Berthelot), insipide, inodore, insoluble dans l'eau et l'alcool, très-peu soluble dans l'éther froid. Il se dépose de ses solutions bouillantes avec une apparence floconneuse. Cependant, si l'on examine le dépôt au microscope, on le trouve cristallisé en petites lamelles en forme de fers de lance, c'est-à-dire de losanges aigus à arêtes courbes. Il fond entre 230° et 235° (Laurent), à 200° (Berthelot). Il distille au-dessus de 300°.

En mélangeant une solution alcoolique, saturée à froid, d'acide picrique, avec une solution alcoolique de chrysène saturée à l'ébullition, il se produit par le refroidissement un précipité d'un aspect spécial. Ce précipité, vu au microscope, apparaît formé de deux espèces de cristaux. Les uns sont du chrysène inaltéré et les autres, formés de très-petites aiguilles jaunes assemblées en forme de houppes, sont une combinaison de chrysène et d'acide picrique.

L'éthylène réagit au rouge sur le chrysène avec production de benzine et d'anthracène :

$$C^2H^4 + C^{18}H^{12} = C^{14}H^{10} + C^6H^6.$$

Éthylène. Chrysène. Anthracène. Benzine.

L'hydrogène réagit aussi au rouge sur le chrysène et transforme ce corps en diphényle :

$$C^{18}H^{12} + 2H^2 = C^{12}H^{10} + C^6H^6.$$

Chrysène. Diphényle. Benzine.

D'après les réactions précédentes et le mode de formation du chrysène, cet hydrocarbure paraît être un produit 3 fois condensé du phénylène C^6H^4. C'est là la raison qui a porté M. Berthelot à lui donner la formule $C^{18}H^{12}$, au lieu de la formule $C^{12}H^8$ qui lui avait été assignée par Laurent.

Nitrochrysène. — Laurent a obtenu ce corps par l'action de l'acide azotique concentré et bouillant sur le chrysène. C'est une poudre rouge, inodore, insipide, insoluble dans l'eau, très-peu soluble dans l'alcool et l'éther. Sa formule serait

$$C^{18}H^9(AzO^2)^3.$$

Ce produit se dissout à froid dans l'acide sulfurique concentré en se colorant en brun. La potasse en solution alcoolique le brunit et le dissout en partie. Lorsqu'on neutralise l'alcali par un acide, il se précipite des flocons bruns. Chauffé brusquement dans un tube bouché, le nitrochrysène fond et se décompose avec explosion.

Laurent dit avoir obtenu un produit plus nitré en faisant bouillir pendant longtemps le nitrochrysène avec l'acide azotique, mais ses analyses sont insuffisantes pour établir ce fait. Il le reconnaît lui-même.

Si, comme l'affirme M. Berthelot, le chrysène de Laurent est un mélange de chrysène et d'anthracène, les produits nitrés précédents sont évidemment eux-mêmes des mélanges. A. N.

CHRYSINIQUE (ACIDE). — Matière colorante jaune extraite des bourgeons de peuplier (*Populus nigra* et *Populus pyramidalis*). On épuise les bourgeons par de l'alcool, on précipite par le sous-acétate de plomb et on traite la liqueur filtrée par l'hydrogène sulfuré; après avoir évaporé à sec, on reprend par l'eau pour enlever la salicine et l'acide acétique; il reste une poudre blanche qu'on purifie en la traitant de nouveau de même en solution alcoolique. C'est l'acide chrysinique qu'on purifie finalement par cristallisation dans l'alcool. Préservé des vapeurs ammoniacales, il est tout à fait blanc et cristallise en lamelles peu solubles dans l'alcool froid, insolubles dans l'eau. L'acide sulfurique et les alcalis le dissolvent avec une belle coloration jaune. Il précipite les sels de fer en vert sale; il n'est pas précipité par l'acétate neutre de plomb; le sous-acétate y forme un léger précipité soluble dans l'acide acétique.

L'acide chrysinique ne se décompose pas à 200°; chauffé plus fort, il se sublime; il renferme

$$C^{11}H^8O^3.$$

La solution alcoolique additionnée de chlorure de chaux devient jaune à froid et rouge à chaud.

Le *chrysinate de potassium* cristallise en fines aiguilles.

Le *chrysinate de baryum*, $(C^{11}H^7O^3)^2Ba$, se dépose par refroidissement de sa solution à l'état d'une poudre jaune; on l'obtient en ajoutant une solution alcoolique bouillante de l'acide à de l'eau de baryte.

L'acide chrysinique a beaucoup d'analogie avec l'acide vulpique décrit par M. Bolley, mais celui-ci fond déjà à 110° [Piccard, *Journ. für prakt. Chem.*, 1864, t. XCIII, p. 369]. E. W.

CHRYSOBÉRIL. — Voyez Cymophane.

CHRYSOCOLE (Min.) [Syn. *Cuivre hydrosiliceux H.*, *Kieselmalachit*, *Kupfergrün*, *Kieselkupfer*, *Kupfersinter*]. — Hydrosilicate de cuivre. Sa composition est variable, mais les échantillons les plus purs donnent des nombres se rapprochant de ceux qui correspondent à la formule

$$CuSiO^3 + 2H^2O = CuOSiO^2 + 2H^2O.$$

Masses compactes ou concrétionnées, translucides, d'un éclat vitreux ou résineux, d'un vert bleuâtre souvent mélangé de brun.

Caractères. — Soluble dans les acides en laissant un résidu de silice pulvérulente. Dans le tube, donne de l'eau. Au chalumeau, ne fond pas, mais colore la flamme en vert et donne avec les flux les réactions de cuivre.

Dureté, 2 à 3. Poussière blanche. Densité, 2 à 2,24. F. et S.

CHRYSOGÈNE [Fritzsche, *Compt. rend. de l'Acad.*, t. LIV, p. 910; *Bull. de l'Acad. de Saint-Pétersbourg*, 1865, t. IX, p. 406; — *Zeitschrift für Chem.*, nouv. sér., t. II, p. 139; *Répert. de Chim. pure*, t. IV, p. 269; *Bull. de la Soc. chim.*, 1866, t. VI, p. 474]. — Le chrysogène est un hydrocarbure contenu dans les parties solides de l'huile de goudron auxquelles on a donné le nom de paranaphtaline, et qui renferment aussi de l'anthracène. On le retire, par des cristallisations répétées dans les huiles légères de goudron. Ce traitement est accompagné de lavages réitérés à l'alcool et à l'éther qui ne dissolvent que fort peu de chrysogène. La benzine elle-même n'en dissout que de petites quantités, c'est-à-dire 1/1500 à l'ébullition et 1/2500 à froid. L'acide acétique cristallisable n'en dissout que 1/1000 à la température ordinaire et 1/2000 à l'ébullition (ces derniers chiffres sont probablement erronés, parce que le chrysogène serait sans cela plus soluble à froid qu'à chaud dans l'acide acétique, ce qui est peu probable). Le chrysogène, déposé de sa solution bouillante dans la benzine, ne se présente pas en cristaux réguliers, sa solution alcoolique bouillante le dépose en lamelles plus petites, mais de forme plus nette et présentant généralement des tables rhomboïdales réunies entre elles à la manière du sel ammoniac. Très-minces, ces lamelles sont d'une couleur tirant sur le rose avec des reflets d'un vert doré lorsqu'elles sont en suspension dans un liquide.

La propriété caractéristique du chrysogène est de communiquer une belle couleur jaune aux hydrocarbures incolores avec lesquels on le mélange en petite proportion, par exemple dans la proportion de 1 sur 1000. Une partie de chrysogène mélangée avec 3000 p. de naphtaline la colore encore très-fortement en jaune. Le chrysogène renferme : carbone 94,31 — 94,97, hydrogène 5,69 — 4,70. Il fond entre 280° et 290°, en commençant à noircir et à se sublimer en partie. La portion sublimée est partiellement décomposée. L'*acide sulfurique* le dissout sans lui faire subir d'altération notable ; l'eau le précipite en flocons rouges de cette dissolution. L'*acide azotique* l'attaque vivement et donne une masse cristalline non encore étudiée.

Les solutions de chrysogène et les hydrocarbures solides qui en sont mélangés se décolorent à la lumière. Lorsqu'on soumet à l'action de la lumière une solution d'un hydrocarbure dans la benzine et qu'on y ajoute du chrysogène à mesure que la décoloration a lieu, la liqueur dépose des aiguilles incolores, qui seraient, suivant l'auteur, une modification allotropique du chrysogène, capables par la fusion de reproduire le chrysogène ordinaire.

M. Fritzsche a obtenu une combinaison cristallisée de chrysogène avec un produit nitré dérivé de l'hydrocarbure $C^{14}H^{10}$ (anthracène). Il espère que l'étude de ce composé permettra d'établir la formule du chrysogène. A. N.

CHRYSOHARMALINE. — Voyez HARMALINE.

CHRYSOLÉPIQUE (ACIDE). — Nom donné quelquefois à l'acide picrique.

CHRYSOLITHE. — Voyez PÉRIDOT.

CHRYSOPHANE. — Voyez CLINTONITE.

CHRYSOPHANIQUE (ACIDE), $C^{10}H^{8}O^{3}$ [Syn. *Acide rhubarbarique, rhubarbarine, rhéine, rumicine, rheumine, rhaponticine, acide rhéique, jaune de rhubarbe, lapathine* [Rochleder et Heldt., *Ann. der Chem. u. Pharm.*, t. XLVIII, p. 12; *ibid.*, t. L, p. 215; — Doepping et Schlossberger, *ibid.*, t. CVII, p. 324; *Journ. für prakt. Chem.*, t. LXXXIV, p. 436].

Herberger, Rochleder et Heldt l'ont extrait du lichen des murailles (*Parmelia parietina*).

On le trouve aussi dans la racine de rhubarbe, dont il constitue la matière colorante jaune (Doepping et Schlossberger).

On traite le lichen par une eau alcaline qui dissout la matière colorante jaune ; celle-ci peu soluble dans l'eau est précipitée par un acide : enfin le précipité est dissous dans l'alcool ou l'éther et le liquide est abandonné à cristallisation.

Si l'on veut employer la racine de rhubarbe, on épuise la poudre par de l'alcool à 0,80 ; l'extrait évaporé est redissous dans une petite quantité d'alcool et l'on ajoute de l'éther au liquide filtré, tant qu'il se forme un précipité. Le liquide filtré est concentré et amené à cristallisation. Il se dépose des grains mamelonnés que l'on purifie par des cristallisations répétées dans l'alcool absolu bouillant.

On peut aussi, suivant Dulk, traiter la racine de rhubarbe par de l'ammoniaque caustique. Les extraits sont mis à digérer avec du carbonate de baryte et la baryte entrée en dissolution est précipitée par l'acide hydrofluosilicique. On évapore à siccité et on reprend par l'ammoniaque et l'alcool. On évapore de nouveau et on reprend par l'ammoniaque dilué ; la solution est précipitée par le sous-acétate de plomb. Le sel de plomb délayé dans l'alcool est décomposé par l'hydrogène sulfuré ; l'acide chrysophanique cristallise alors de sa solution alcoolique.

Il se présente sous forme d'aiguilles jaune doré à éclat métallique, groupées en étoiles.

Il est peu soluble dans l'eau froide ; soluble, surtout à chaud, dans l'alcool et l'éther.

L'acide nitrique le colore en rouge. L'acide sulfurique concentré le dissout en rouge.

La solution alcaline d'acide chrysophanique est rouge ; à un certain point de concentration elle dépose des flocons bleus ou violets solubles en rouge dans l'eau et dans l'alcool. Sous l'influence de la chaleur l'acide chrysophanique se décompose, en laissant un résidu de charbon et en donnant un sublimé floconneux jaune. Avec le chlorure d'acétyle il donne un dérivé acétique

$$C^{20}H^{10}(C^2H^3O)^4O^5.$$

Ses combinaisons avec la baryte et l'oxyde de plomb sont peu stables et se décomposent par l'acide carbonique. La solution alcoolique mélangée avec une solution également alcoolique de sous-acétate de plomb donne un dépôt blanc disparaissant par l'ébullition avec production de flocons gélatineux cramoisis, insolubles dans l'eau. P. S.

CHRYSOPRASE (Min.). — Quartz coloré en vert pomme par 1 % environ d'oxyde de nickel.

CHRYSORHAMNINE. — Matière colorante extraite par Kane des graines de nerprun (*Rhamnus amygdalinus*) [*Ann. de Chim. et de Phys.*, (3), t. VIII, p. 380]. — Voir RHAMNINE, RHAMNÉGINE, RHAMNÉTINE.

CHRYSOTILE. — Variété fibreuse de serpentine.

CHURCHILLITE. — Voyez MENDIPITE.

CHYLE. — Liquide animal provenant de l'absorption intestinale opérée par les vaisseaux chylifères qui, se réunissant en un conduit commun, le canal thoracique, déversent le produit dans le sang de la veine sous-clavière.

Ses apparences varient suivant qu'on le prend sur un animal peu de temps après la digestion ou à jeun. Dans le premier cas, il est blanc laiteux, surtout après une nourriture graisseuse, dans le second il n'est qu'opalescent, jaune ou rougeâtre. Il jouit comme le sang de la propriété de se coaguler spontanément. Le caillot est peu volumineux, mou et gélatineux, et se colore en rose au contact de l'air. Le sérum du chyle est toujours trouble et se coagule peu par la chaleur.

Les éléments constitutifs du chyle ne diffèrent pas beaucoup de ceux du sang, en exceptant les principes des globules rouges. On y trouve la fibrine et par conséquent le fibrinogène et la matière fibroplastique, l'albumine, des acides gras et des graisses neutres.

Le chyle est très-riche en alcalis combinés à l'albumine, aux acides gras, aux acides lactique, phosphorique et chlorhydrique. Il renferme 12 % du résidu sec en sels minéraux dont 9 à 10 p. de sels solubles.

La composition quantitative varie suivant les phases de l'absorption intestinale ; il est riche en matières extractives. Wurtz a trouvé de l'urée dans le chyle du taureau, de la vache, du chien, du bélier, du mouton et du cheval. 100 p. de chyle thoracique de cheval contiennent environ :

Eau	90	—	96,8
Fibrine	0,495	—	0,301
Albumine	3,46		
Graisse	0,118	—	1,00
Extractif	0,526		
Sels solubles	0,74		

Nous donnons plutôt ces nombres pour fixer les idées à certaines limites que comme des constantes. P. S.

CHYMOSINE. — Voyez PEPSINE.

CICUTINE. — Voyez CONICINE.

CIDRE. — Le cidre est une boisson obtenue par la fermentation du suc de certaines espèces de pommes.

Cette boisson est connue depuis les temps les plus reculés; les Grecs attribuaient son invention à Cérès. Pline le naturaliste lui donne le nom de vin de pomme [Pline, liv. XIV, chap. XVI, et liv. XV, chap. XV]. Charlemagne en parle dans ses Capitulaires, et désigne sous le nom de *siceratores* les faiseurs de cidre.

L'étymologie du mot cidre est incertaine. On l'écrivait autrefois *sidre*, ce qui fait que quelques auteurs lui ont donné pour origine le mot hébreu *sichar*, que saint Jérôme a traduit en latin par *sicera*; mais on croit que les Juifs n'ont pas connu le cidre. Il est plus probable que le mot cidre dérive du mot *sicera*, qui sert à désigner en latin toute espèce de boisson fermentée qui n'est pas le vin.

L'usage du cidre paraît avoir été introduit en Normandie par les navigateurs dieppois qui l'importèrent de la Biscaye, où cette boisson portait le nom de *pommade*. Dans quelques endroits on la désigne encore sous le nom de *pommée*, pour la distinguer du *poiré*, obtenu par la fermentation du jus des poires.

Le cidre, comme boisson journalière, est peu répandu; il remplace le vin dans les pays où le raisin ne mûrit plus, mais où la culture du pommier est prospère; ainsi en France, la Normandie et la Picardie sont les contrées qui en produisent le plus; la fabrication moyenne s'élève tous les ans à 4 millions d'hectolitres environ.

Il existe une grande variété de pommes à l'aide desquelles on pourrait faire du cidre. On en estime le nombre à plus de cent; seulement toutes les espèces ne pourraient produire de bon cidre, il n'y en a qu'un certain nombre qui peuvent être employées à cet usage, et qu'il serait d'ailleurs très-difficile d'indiquer, leurs noms étant très-peu scientifiques et variant d'une contrée à l'autre. Les pommes spécialement destinées à la fabrication du cidre se divisent en trois groupes principaux: 1° les pommes douces; 2° les pommes amères; 3° les pommes acides. Chacun de ces trois groupes se subdivise en trois autres classes: 1° les pommes tendres ou de première floraison; 2° les pommes de seconde floraison; 3° les pommes tardives ou de troisième floraison.

Les pommes amères donnent le cidre le plus généreux et celui qui peut se conserver le plus longtemps.

Le cidre fabriqué avec un mélange de pommes douces et amères se conserve moins longtemps, mais il est plus agréable et plus léger.

La récolte des pommes est une opération qui exige quelques soins; elle ne doit être faite que par un temps sec et beau, et seulement lorsque les fruits commencent à se détacher des arbres par la maturité.

L'époque de la récolte varie nécessairement avec les différentes espèces de pommes et suivant les variations atmosphériques de l'année. Le meilleur cidre se fait avec les pommes récoltées pendant la seconde quinzaine d'octobre et le commencement de novembre.

Lorsque le moment de la récolte est venu, on ramasse d'abord toutes les pommes tombées naturellement, soit par une maturité plus précoce, soit par la piqûre d'un insecte; ces fruits sont désignés sous le nom de *quis* ou de *quetine*, et servent à faire du cidre de qualité inférieure. On étend des nattes ou des couvertures sur le sol, puis un homme monte dans l'arbre et le secoue avec précaution; les fruits tombent ainsi sans effort et ne sont que peu ou pas meurtris. La gaule n'est employée que pour détacher les fruits que la secousse n'a pu faire tomber. Les pommes sont ensuite recueillies et mises en tas dans un grenier, ou, ce qui est préférable, dans un cellier dont la température est moins variable, et on les abandonne pendant un mois ou six semaines. Elles acquièrent ainsi un degré de maturité qui paraît nécessaire pour faire du cidre de bonne qualité et d'une meilleure conservation.

Le tableau suivant, qui indique les diverses substances qui entrent dans la composition de la pomme, fera comprendre l'extrême importance de n'employer que des pommes d'une maturité parfaite.

En effet, les pommes vertes encore ne contiennent en moyenne que 4 à 5 % de sucre; à l'état de maturité complète, 11 %, et les blettes que 7 % de sucre seulement.

Il est donc nécessaire de ne pas laisser blettir les pommes, car, outre le sucre perdu, elles donnent au cidre un goût désagréable. Il faut veiller aussi à ce que la température ne s'élève pas trop dans les tas de pommes, parce qu'il pourrait s'établir un commencement de fermentation dans les parties où les pommes sont meurtries; ce qui diminuerait la valeur du cidre et le rendrait même de qualité inférieure s'il se développait assez de chaleur pour produire la fermentation acétique.

	Pommes		
	vertes.	mûres.	blettes.
Eau	85,50	83,20	63,55
Matière sucrée	4,90	11,00	7,95
Tissu végétal	5,00	3,00	2,06
Gomme	4,01	2,11	2,00
Albumine	0,10	0,50	0,60
Acides malique, pectique, gallique, tannique; chaux, malates alcalins, huiles grasses et volatiles, chlorophylle et matières azotées insolubles	0,49	0,19	»
	100,00	100,00	76,10

On vient de voir qu'il n'existe que certaines variétés de pommes qui peuvent fournir du cidre de bonne qualité. Il ne faudrait pas en conclure cependant que la meilleure espèce donne le meilleur cidre: ce serait une erreur grave; le jus d'une seule espèce de pommes donne de très-mauvais cidre; il est donc très-important pour fabriquer de bon cidre de faire un mélange convenable de plusieurs espèces. La pratique seule peut indiquer le mélange qui doit être préféré, car la qualité des pommes varie selon le terrain qui les produit.

Toutes ces précautions étant observées, on broie les pommes. Cette opération se fait dans les grandes exploitations à l'aide d'une meule en bois tournant dans une auge circulaire et mue par un cheval. On se sert de préférence d'une meule en bois, parce que le contact en est moins rude, et qu'on évite ainsi d'écraser les pepins. Ces derniers renferment une huile et des matières mucilagineuses dont la fermentation acide communiquerait au cidre un goût désagréable.

Le procédé le plus répandu est celui qui consiste à broyer les pommes à l'aide d'un grugeoir. Cet instrument se compose de deux axes en fer armés de crochets de même métal engrenant les uns dans les autres, et mis en mouvement à l'aide de deux volants placés de chaque côté de l'appareil; deux hommes suffisent pour le faire manœuvrer.

Les pommes placées dans l'entonnoir qui surmonte l'engrenage sont saisies et écrasées par les crochets; on réunit la pulpe qui en résulte dans de grandes cuves en bois, où on l'abandonne pendant 24 heures environ. La pulpe prend alors une couleur rougeâtre qu'elle communique au jus et qui donne à celui-ci cette belle couleur jaune ambrée si recherchée dans les bons cidres.

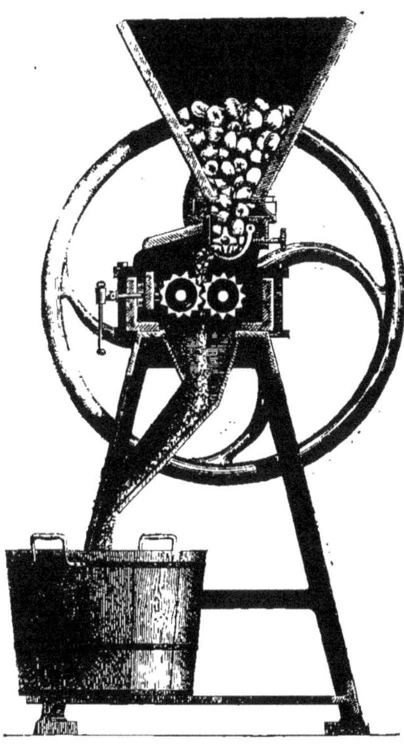

Fig. 138. — Moulin concasseur pour les pommes.

On procède ensuite au pressurage; pour que cette opération marche bien, il faut placer la pulpe par couches séparées alternativement par des lits en paille bien lavée et sans odeur; la paille doit dépasser le tourteau de quelques centimètres afin de faciliter l'écoulement du jus auquel on fait traverser des tamis en crin qui arrêtent les impuretés.

En Amérique ainsi qu'en Angleterre on remplace la paille par des espèces de nattes tissées en crin qui ne peuvent donner de mauvais goût au moût.

L'usage de peser les moûts à l'aide de l'aréomètre de Baumé n'est pas encore suffisamment entré dans la pratique; à l'aide de cet instrument on se rend compte d'une manière très-suffisante de la quantité de sucre que peut contenir le moût. On pourrait alors, dans les années pluvieuses et froides, quand la richesse saccharine est trop faible, rendre au moût les qualités qui lui manquent en y ajoutant une certaine quantité de glucose. Quand le moût est obtenu, les procédés de fabrication qui doivent lui faire subir sa transformation en cidre varient suivant les contrées; dans certains pays, on met le jus dans des tonneaux à large bonde, et on laisse la bonde ouverte pendant une quinzaine de jours, puis on bouche la pièce imparfaitement pleine, afin de laisser la place nécessaire à l'acide carbonique qui continue à se dégager.

Dans d'autres pays, on place le jus dans de grands foudres de 600 à 700 litres, on recouvre la bonde d'un linge mouillé, la fermentation tumultueuse s'établit et rejette au dehors de l'écume et de la lie; au bout d'un mois on bouche hermétiquement.

Enfin, dans quelques contrées, le jus est abandonné dans les cuves pendant quelques heures, où une première fermentation s'établit et soulève une partie de la lie qu'on sépare, puis le jus est mis dans des tonneaux dont on bouche la bonde de manière à éviter l'entrée de l'air, tout en laissant un libre passage à l'acide carbonique qui se dégage pendant la seconde fermentation.

En résumé, le procédé qui doit être considéré comme préférable, est celui dans lequel le jus de pomme est placé dans des conditions telles, que la fermentation puisse s'établir à l'abri du contact de l'air. On évite ainsi la perte de l'alcool, et la production de l'acide acétique dont la présence nuirait singulièrement à la qualité du cidre.

En Angleterre, on arrive à produire du cidre de qualité tout à fait supérieure en prenant le soin, pendant la fermentation, de faire des soutirages toutes les fois qu'il se forme de la lie à la surface du liquide. A l'aide de cette précaution, ainsi que l'a démontré M. Boussingault, on soustrait le cidre à l'influence nuisible de la lie, et l'on obtient une boisson limpide, claire, d'un goût remarquable et pouvant se conserver un certain nombre d'années. La valeur vénale de ce cidre est beaucoup plus élevée que celle du cidre ordinaire.

Le cidre pur obtenu sans mélange d'eau porte le nom de *gros cidre*, mais il est trop capiteux pour servir de boisson journalière. Ordinairement quand on a extrait le jus de pommes pur, on *gruche* le marc de pommes, on le laisse en contact pendant 24 heures avec les 2/3 de son poids d'eau, puis on le soumet de nouveau au pressoir; on obtient alors un moût moins fort qui, mêlé au premier, donne du cidre dit *moyen*, de très-bonne qualité. En répétant cette opération une deuxième fois, on recueille un liquide qui produit par la fermentation une boisson très-faible, qu'on ne peut conserver, et à laquelle on a donné le nom de *petit cidre*. On donne à cette opération le nom de *remiage*.

Dans quelques contrées, au lieu de faire deux pressurages, on ajoute immédiatement l'eau à la pulpe (25 à 30 litres pour 8 hectolitres de pommes). On laisse en contact pendant 24 heures, puis on porte sous le pressoir, et le moût qui en découle donne par la fermentation du cidre d'excellente qualité.

On dit du cidre qu'il est *paré*, lorsqu'il est devenu propre à entrer dans la consommation.

1 hectolitre de pommes doit fournir avec une presse hydraulique de 75 à 80 litres de jus; mais avec les moyens dont on dispose ordinairement dans les fermes, le rendement n'est guère que de 25 à 35 litres.

Le cidre mousseux s'obtient en mettant le cidre en bouteilles aussitôt que le moût est éclairci, et avant que la fermentation ne soit complétement terminée.

D'après M. Chesnon, on obtient du cidre mousseux d'excellente qualité et de bonne conservation en le mettant en bouteilles après la seconde fermentation, on l'additionne d'un peu d'eau, et on ajoute pour chaque litre 6 à 7 grammes de sucre candi blanc.

Le cidre ne peut guère se garder plus de douze à vingt mois; le cidre de qualité supérieure peut être conservé trois ou quatre ans; mais après ce temps il devient amer, acide ou piquant et perd toutes ses qualités.

Le cidre fait en Angleterre au moyen de soutirages nombreux peut se conserver, dit-on, un plus grand nombre d'années.

Le cidre est sujet à certaines maladies, telles que l'aigre ou l'acidité, le graissage, la pousse, etc.

L'altération du cidre la plus grave et la plus commune est celle qui constitue l'*acidité*, car il n'existe pas de moyen pour la combattre, et le cidre qui en est atteint n'est bon qu'à être brûlé ou à faire du vinaigre, si la maladie est avancée; cette altération provenant surtout de l'action prolongée de l'air sur le cidre, il est très-important de le soustraire à cette influence.

L'altération connue sous le nom de *graissage*, et qui a de l'analogie avec la *graisse* des vins, paraît être le résultat d'une sorte de fermentation visqueuse, due à l'absence d'une certaine quantité de matière tannante. On peut arrêter cette maladie en ajoutant, pour 7 à 8 hectolitres de cidre altéré, 15 grammes de tannin, ou, d'après M. Malaguti, 3 litres d'alcool ou 220 à 250 gr. de cachou. Au bout d'un certain temps, la substance gommeuse est précipitée, on colle, puis on décante.

La *pousse* est une sorte de fermentation qui se développe quelquefois au printemps. On l'arrête facilement en collant le cidre, et le décantant dans des tonneaux qu'on a pris soin de soufrer.

Enfin, le cidre s'altère encore sous une autre forme, on dit qu'il *noircit*. Cette maladie se produit surtout dans le cidre très-acide, principalement dans les pays froids et humides. Cette altération paraît provenir de la transformation des malates alcalins dissous dans le cidre qui, sous l'influence d'une oxydation lente, se tranforment en carbonates alcalins, réagissent sur la matière colorante du cidre, et lui communiquent une teinte noirâtre. On peut corriger ce défaut en ajoutant 30 ou 40 grammes d'acide tartrique par hectolitre de cidre, ce qui lui rend son acidité, ou, d'après M. Malaguti, en faisant une addition de cassonade ou de gomme. E. C.

CIMENTS. — Voyez MORTIERS.

CIMICIQUE (ACIDE), $C^{15}H^{28}O^{2}$. —Acide gras de la série $C^{n}H^{2n-2}O^{2}$ découvert par Carius dans une punaise des forêts (*Rhaphigaster punctipennis, Illig.*). Il est sécrété par un organe spécial de l'abdomen. Pour l'obtenir, on fait d'abord digérer à froid, pendant quelques jours, les animaux avec de l'alcool fort qui enlève une substance brune, mais non l'acide cimicique; en traitant ensuite par l'éther froid, ce dernier se dissout et s'obtient presque pur, par l'évaporation de l'éther, à l'état d'une huile brunâtre qui se concrète à la longue. On purifie l'acide en le transformant en sel de plomb, qu'on décompose par l'hydrogène sulfuré.

L'acide cimicique pur forme une masse cristalline jaunâtre, d'une odeur de rance faible, mais caractéristique; il fond à 43°,8-44°,4; il est plus léger que l'eau. Il se décompose par la distillation. Très-soluble dans l'éther, il ne se dissout que difficilement dans l'alcool absolu, et pas du tout dans l'eau. Il cristallise de sa solution éthérée en prismes incolores groupés en étoiles.

L'acide cimicique présente la même composition que l'acide moringique retiré par Walter des semences de ben, mais il n'est pas identique avec lui.

Il se dissout facilement à chaud dans les alcalis étendus et dans l'ammoniaque; les autres sels sont à peu près insolubles dans l'eau, ainsi que dans l'alcool et l'éther; le sel de plomb paraît être soluble dans l'éther.

Traité par le perchlorure de phosphore, l'acide cimicique donne un chlorure correspondant, à l'état d'une huile incolore plus dense que l'eau, décomposable par la potasse et par l'alcool; ce dernier transforme le chlorure en éther cimicique [*Ann. der Chem. u. Pharm.*, t. CXIV, p. 147]. E. W.

CIMMOL. — Hydrure de cinnamyle. — Voyez ce mot.

CIMOLITE (Min.). — Argile d'un blanc grisâtre ou rougeâtre, de Kimoli (archipel grec). Densité, 2,2.

CINABRE (Min.) [Syn. *Mercure sulfuré, Queeksilber, Lebererz*]. — Sulfure de mercure HgS. Le cinabre se rencontre en petits cristaux ou en enduits cristallins d'un rouge vif; en masses compactes, ou terreuses rouges ou noires; en fibres, en veines ou en amas, dans les schistes de transition, ou bien disséminé dans des couches de grès, des schistes bitumineux et des calcaires appartenant aux terrains secondaires inférieurs.

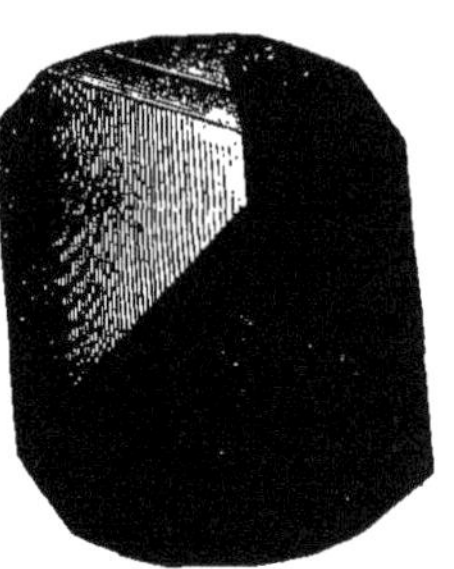

Fig. 139. — Cinabre.

Caractères.—Inattaquable aux acides, l'eau régale exceptée. La solution amalgame le cuivre. Dans le tube fermé, se sublime sans décomposition. Dans le tube ouvert, donne un sublimé de sulfure et en même temps des gouttelettes de mercure.

Dureté, 2 à 2,5. Poussière d'un beau rouge. Densité, 8 à 8,2.

Forme cristalline. — Rhomboèdres ou prismes hexagonaux basés et modifiés par plusieurs rhomboèdres dérivés; $pp = 71°\ 48'$, $pa^{1} = 110°\ 43'$.

Clivages : e^{2}. Plan de macle a^{1}.

Agit sur la lumière polarisée à la façon du quartz, d'une manière intense, sans présenter de facettes plagiédriques (Des Cloizeaux). F. et S.

CINCHONÉTINE. — Voyez CINCHONINE.

CINCHONICINE, $C^{20}H^{24}Az^{2}O$. — Le nom de *cinchonicine* a été donné par M. Pasteur à un alcaloïde qui n'existe pas à l'état naturel, mais qui est le résultat d'une transformation isomérique de la cinchonine et de la cinchonidine sous l'influence de la chaleur dans certaines conditions.

La cinchonicine est un alcaloïde doué d'une saveur amère, presque insoluble dans l'eau, très-soluble dans l'alcool ordinaire et dans l'alcool absolu; il se combine avec l'acide carbonique et chasse l'ammoniaque de ses combinaisons.

La cinchonicine dévie à droite le plan de polarisation de la lumière.

La cinchonicine s'obtient de la manière suivante : On sait qu'en chauffant suffisamment le sulfate de cinchonine, il fond, puis se détruit en produisant une magnifique couleur rouge; mais si l'on prend la précaution d'ajouter au sulfate de cinchonine une petite quantité d'eau et d'acide sulfurique, et si l'on chauffe pendant 3 ou 4 heures en maintenant la température entre 120° et 130°, le sel reste fondu, la matière colorante rouge formée est tout à fait insignifiante, et le sulfate de cinchonine est transformé en sulfate de cinchonicine. On isole la base nouvelle par les moyens ordinaires. M. Pasteur pense que si cette transformation moléculaire est due en grande partie à l'action de la chaleur, l'état vitreux résinoïde du produit doit aussi jouer un certain rôle dont la chimie minérale du reste offre quelques exemples. Tels sont le soufre mou, le phosphore rouge, l'acide arsénieux vitreux.

La cinchonicine possède un pouvoir rotatoire faible. M. Pasteur explique ce fait, en supposant que la molécule de la cinchonine doit être formée de deux groupes actifs, l'un déviant à droite fortement, l'autre déviant à droite aussi, mais faiblement. Sous l'influence de la chaleur, le groupe déviant à droite fortement perdrait son pouvoir rotatoire, il deviendrait inactif, tandis que le groupe ayant un pouvoir rotatoire faible serait stable sous l'influence de la chaleur, et résisterait à une transformation isomérique. De la sorte, la cinchonicine ne serait autre chose que de la cinchonine dans laquelle un des groupes constituants serait devenu inactif.

La même hypothèse peut se faire à l'égard de la cinchonidine, seulement cette base serait formée de deux groupes, l'un déviant fortement à gauche la lumière polarisée, l'autre la déviant faiblement à droite, et dans ce cas ce serait le groupe très-actif déviant à gauche qui deviendrait inactif sous l'influence de la chaleur.

La cinchonicine est fébrifuge. E. C.

CINCHONIDINE, ($C^{20}H^{24}Az^2O$) [Bussy et Guibourt, *Journ. de Pharm. et de Chim.*, 3e série, t. XXII, p. 401; — Leers, *Ann. der Chem. u. Pharm.*, t. LXXXII, p. 147]. — On a désigné pendant longtemps sous le nom de *quinidine* un mélange de deux alcaloïdes possédant des propriétés différentes qui les distinguent complétement.

Il résulte des travaux de M. Pasteur [*Compt. rend. de l'Inst.*, t. XXXVI, p. 26; t. XXXVII, p. 110] sur la quinidine du commerce que ces deux alcaloïdes ont des formes cristallines, des solubilités et des pouvoirs rotatoires fort différents. L'un, auquel M. Pasteur a conservé le nom de *quinidine*, est hydraté et isomère avec la quinine; l'autre, désigné sous le nom de *cinchonidine*, est anhydre et isomère avec la cinchonine. C'est la cinchonidine qui se trouve en plus grande quantité dans les échantillons commerciaux.

Voici le tableau des pouvoirs rotatoires de ces deux alcaloïdes déterminés à la température de 13° par M. Pasteur :

Proportion de matière active.	E	0,0127026	0,0127026
Proportion d'alcool absolu à 13°	e	0,98 2974	0,9372974
Densité de la liqueur à 13°..	d	0,78393	0,78393
Longueur du tube d'observation........................	l	500mm	500mm
Déviation de la teinte de passage........................	a	12°,48	7°,2
Pouvoir rotatoire pour 100mm.	$[\alpha]$	250°,75	144°,61

Cet alcaloïde paraît exister presque uniquement dans certaines écorces; ainsi M. Winkler [*Repert. de Pharm.*, t. V, p. 76; t. IV, p. 328] l'a découvert dans l'écorce du quinquina de Maracaïbo, ainsi que dans une autre écorce ayant beaucoup de ressemblance avec les quinquinas huamalies. Depuis elle a été retirée d'un quinquina dit de Bogota, lequel renfermait également de faibles proportions de quinine.

La cinchonidine cristallise en prismes rhomboïdaux de 94°, durs, possédant un éclat vitreux et des faces fortement striées. Les stries s'observent aussi sur les faces de troncature des arêtes obtuses du prisme; le clivage des cristaux se fait dans le sens de ces faces. Le sommet du prisme se trouve modifié par deux faces brillantes e^1 inclinées sous un angle de 114° 30' et reposant sur les arêtes aiguës. Ils ne renferment pas d'eau de cristallisation; réduits en poudre, ils deviennent électriques par le frottement.

La cinchonidine est inodore, fusible, à peine soluble dans l'eau et l'éther, plus soluble dans l'alcool; à 17° elle exige pour se dissoudre 12 p. d'alcool à 0,835 et 2,180 p. d'eau; à 100°, 1,858 p. d'eau; à 12,5° il faut 144,5 p. d'éther pour la dissoudre. Elle possède une saveur amère moins énergique que celle de la quinine.

Sous l'influence de la chaleur, vers 175°, la cinchonidine fond en produisant un liquide jaunâtre qui reprend de nouveau la forme cristalline par le refroidissement; à une température plus élevée, elle brûle avec une flamme fuligineuse et répand une odeur analogue à celle des amandes amères. Il reste une grande quantité de charbon. Distillée avec de la potasse et un peu d'eau, la cinchonidine dégage une matière huileuse jaune qui possède tous les caractères de la quinoléine.

Réduite en poudre fine et délayée dans de l'eau chlorée, la cinchonidine s'y dissout sans changement sensible et ne donne pas la coloration verte par l'addition de l'ammoniaque; dissoute dans l'alcool absolu à la température de 13°, elle dévie fortement à gauche le plan de polarisation de la lumière.

$$[\alpha] = -144°,61.$$

La cinchonidine que l'on rencontre dans le commerce est rarement pure, elle contient de la quinidine; il est facile de s'assurer de sa pureté en employant les moyens suivants: 1° il suffit d'exposer à l'air chaud une cristallisation récente de cinchonidine, tous les cristaux de cette base resteront transparents, tandis que ceux de quinidine s'effleuriront de suite en prenant une teinte blanc mat; 2° la quinidine donne comme la quinine une coloration verte par le chlore et l'ammoniaque, réaction que ne possède pas la cinchonidine.

La cinchonidine contient :

	Leers.						Calcul.
Carbone....	76,88	76,82	76,79	76,40	76,55	76,49	77,92
Hydrogène.	7,70	7,76	7,77	7,78	7,70	7,81	7,79
Azote......	9,99	»	»	»	»	»	9,09
Oxygène...	»	»	»	»	»	»	5,13
							100,00

Action de l'iodure de méthyle [Stahlschmidt, *Ann. der Chem. u. Pharm.*, t. XC, p. 218]. — L'iodure de méthyle se combine avec la cinchonidine comme avec la cinchonine; il se forme une matière qui cristallise dans l'eau bouillante en aiguilles incolores et brillantes.

L'iodure de méthylcinchonidine renferme à 100° :

	Stahlschmidt.	Calcul.
Carbone................	53,87	56,10
Hydrogène............	5,92	6,00
Iode....................	29,34	28,00

Hydrate de méthylcinchonidine. — Cet hydrate a beaucoup d'analogie avec l'hydrate de méthylcinchonine; on l'obtient en faisant réagir l'oxyde d'argent sur le sel précédent.

Préparation de la cinchonidine. — Cette base s'obtient par le même procédé que celui qui est suivi pour extraire la quinine ou la cinchonine. Seulement, pour la purifier, il est essentiel de la faire cristalliser à plusieurs reprises dans l'alcool à 0,90, tant que la solution abandonnée à l'évaporation spontanée laisse déposer une matière résineuse. Quand il ne s'en dépose plus, on réduit les cristaux en poudre et on les agite avec de l'éther jusqu'à ce qu'ils ne verdissent plus par l'eau chlorée et l'ammoniaque; de cette manière on les débarrasse complétement de la quinidine et de la quinine qui peut s'y trouver mélangée, et il ne reste plus qu'à les redissoudre de nouveau dans l'alcool et à les faire cristalliser.

SELS DE CINCHONIDINE. — Les sels de cinchonidine donnent, par la potasse, la soude et l'ammoniaque; par les carbonates et les bicarbonates alcalins, un précipité blanc, pulvérulent, insoluble dans un excès de réactif et qui se prend par le repos en gros cristaux. Ils sont solubles dans l'eau, plus solubles dans l'alcool et presque insolubles dans l'éther. Sous l'influence d'une chaleur élevée, les sels de cinchonidine se transforment, comme ceux de cinchonine, en sels de cinchonicine.

Acétate de cinchonidine. — Sel cristallisé en longues aiguilles soyeuses assez peu solubles dans l'eau froide; il perd par la dessiccation une partie de son acide.

Azotate de cinchonidine. — Ce sel s'obtient en croûtes mamelonnées, très-solubles dans l'eau.

Butyrate de cinchonidine. — Sel cristallisé en mamelons blancs, opaques, très-solubles dans l'eau.

Chlorate de cinchonidine. — Ce sel se dépose d'une solution alcoolique en longs prismes d'un éclat soyeux; soumis à une douce chaleur, il fond; mais à une température plus élevée il se décompose avec une forte explosion. On l'obtient par double décomposition, en traitant une solution de sulfate neutre de cinchonidine par une solution de chlorate de potasse.

Chlorhydrate neutre de cinchonidine,

$$C^{20}H^{24}Az^2O, HCl.$$

— Formule du sel desséché à 100°. Il se présente sous la forme de gros prismes rhomboïdaux solubles dans l'alcool et dans l'eau, peu solubles dans l'éther. 27 p. d'eau à 17° dissolvent 1 p. de sel. On l'obtient en saturant la cinchonidine par l'acide chlorhydrique jusqu'à ce que la liqueur soit neutre aux réactifs colorés.

Chlorhydrate acide de cinchonidine,

$$C^{20}H^{24}Az^2O, 2HCl + H^2O.$$

— Ce sel se présente en gros cristaux très-solubles dans l'eau et l'alcool. Desséché sur l'acide sulfurique, il perd à 100° une molécule d'eau, soit 45 %. On l'obtient en ajoutant au chlorhydrate neutre une quantité d'acide chlorhydrique égale à celle qu'il renferme déjà.

Chloromercurate de cinchonidine,

$$C^{20}H^{24}Az^2O, 2HCl, HgCl^2.$$

— Sel cristallisé en paillettes nacrées et brillantes, presque insoluble dans l'eau; on l'obtient en mélangeant à chaud une dissolution alcoolique et acide de chlorhydrate de cinchonidine avec une solution alcoolique de bichlorure de mercure.

Chloroplatinate de cinchonidine,

$$(C^{20}H^{24}Az^2O, HCl)^2 Pt Cl^4.$$

— Précipité jaune orangé, il contient, desséché à 100° :

	Leers.			Calcul.
Platine.......	27,05	27,17	27,13	27,36

Citrate de cinchonidine. — Sel cristallisé en petites aiguilles peu brillantes. On l'obtient en saturant à chaud l'acide citrique par la cinchonidine.

Fluorhydrate de cinchonidine. — Ce sel se présente sous la forme d'aiguilles soyeuses; il est très-soluble dans l'eau.

Formiate de cinchonidine. — Sel cristallisé en aiguilles soyeuses assez solubles dans l'eau.

Hippurate de cinchonidine. — Sel se présentant en cristaux affectant la forme des feuilles de fougère; ils sont très-solubles dans l'alcool et dans l'eau.

Hyposulfite de cinchonidine. — Ce sel se présente sous la forme de longues aiguilles peu solubles dans l'eau et très-solubles dans l'alcool. On l'obtient en traitant à chaud une solution de sulfate de cinchonidine par une solution d'hyposulfite de soude; le sel se dépose par le refroidissement.

Oxalate de cinchonidine. — Ce sel cristallise en longues aiguilles soyeuses très-peu solubles dans l'eau. On l'obtient en versant à chaud une solution alcoolique de cinchonidine dans une solution alcoolique d'acide oxalique, le sel se dépose par le refroidissement. Les eaux mères abandonnées à une évaporation spontanée laissent déposer des croûtes mamelonnées d'un blanc mat, qui sont un peu plus solubles dans l'eau que le sel précipité le premier.

Quinate de cinchonidine. — Sel cristallisé en petites aiguilles soyeuses, très-solubles dans l'eau et dans l'alcool.

Sulfate neutre de cinchonidine,

$$C^{20}H^{24}Az^2O, H^2SO^4 \text{ à } 100°.$$

— Ce sel se présente sous la forme d'aiguilles soyeuses groupées en étoiles. Il n'a pas d'action sur les réactifs colorés. Il est très-soluble dans l'alcool, moins soluble dans l'eau et presque insoluble dans l'éther. 1 p. de sel se dissout dans 130 p. d'eau à 17° et dans 16 p. d'eau à 100°; à froid il se dissout dans 7 p. d'alcool à 0,90 et dans 30 à 32 p. d'alcool absolu.

Bisulfate de cinchonidine. — Ce sel se présente cristallisé sous forme d'aiguilles brillantes ayant l'apparence de l'amiante. On l'obtient en ajoutant à une solution de sulfate neutre de cinchonidine une quantité d'acide sulfurique équivalente à celle qu'il renferme déjà, puis on évapore dans le vide jusqu'en consistance sirupeuse.

Tartrate neutre de cinchonidine. — S'obtient sous la forme de longues aiguilles d'un éclat vitreux.

Tartrate acide de cinchonidine. — Sel cristallisé en petites aiguilles très-peu solubles dans l'eau.

Valérate de cinchonidine. — Ce sel s'obtient sous la forme de croûtes mamelonnées qui possèdent l'odeur de l'acide valérique. E. C.

CINCHONINE, $C^{20}H^{24}Az^2O$. — La cinchonine est un alcaloïde naturel retiré en 1821 du quinquina gris (*Cinchona condaminea*) par MM. Pelletier et Caventou, qui les premiers firent connaître ses propriétés alcalines [Pelletier et Caventou, *Ann. de Chim. et de Phys.*, t. XV, p. 291 et 337].

La matière amère du quinquina gris avait été obtenue sous forme cristalline, une dizaine d'années auparavant, par le docteur Gomès, de Lisbonne; mais la nature alcaline de cette substance lui avait échappé. Il crut avoir isolé un principe neutre, et le désigna sous le nom de *cinchonin* [Gomès, *Edimb. med. and Surg. Journ.*, oct. 1811, p. 420]. Du reste, le principe amer du docteur Gomès n'était pas entièrement pur et contenait encore de la matière grasse. Le procédé qu'il avait suivi pour obtenir le cinchonin consistait à laver, à l'aide de l'eau distillée, l'extrait alcoolique de quinquina, tant que les eaux de lavage passaient colorées, puis, après les avoir réunies et évaporées à siccité, de faire subir le même traitement à l'extrait nouvellement obtenu, en employant cette fois de l'eau contenant de la potasse en solution étendue. Le cinchonin restait alors sur le filtre mélangé à une assez grande quantité de matières grasses.

La cinchonine pure est une substance incolore, cristalline, ramenant au bleu le papier de tournesol rougi par un acide, douée d'une saveur amère particulière, styptique et persistante; par l'évaporation lente de sa solution alcoolique, elle se dépose sous la forme d'aiguilles déliées ou de prismes quadrilatères, ne renfermant pas d'eau de cristallisation. A peine soluble dans l'eau, la cinchonine s'y dissout dans 3810 p. à 10° et dans 2500 p. d'eau bouillante. Moins soluble que la quinine dans l'alcool, elle s'y dissout néanmoins avec d'autant plus de facilité que ce dernier est plus concentré et qu'on élève la température : à 10°, 140 p. d'alcool de 0,852 de densité dissolvent 1 partie de cinchonine. Le chloroforme, les huiles fixes et essentielles la dissolvent en petite quantité; presque insoluble dans l'éther, à 20° elle se dissout dans 371 p. de ce liquide.

La cinchonine possède un pouvoir rotatoire énergique, elle dévie fortement à droite le plan de polarisation de la lumière. Une solution de cinchonine dans de l'alcool aiguisé d'acide chlorhydrique a donné $[\alpha] = +190°,40$, les acides diminuent cette action pendant un certain temps [Bouchardat, *Ann. de Chim. et de Phys.*, (3), t. IX, p. 233].

Chauffée vers 165°, la cinchonine fond et se prend par le refroidissement en masse cristalline; à une température plus élevée, elle se volatilise en partie en répandant une odeur aromatique. Chauffée dans un courant de gaz ammoniac ou d'hydrogène, elle se volatilise entièrement et peut alors, en se refroidissant, cristalliser en prismes brillants qui atteignent quelquefois de 0m,027 à 0m,03 de longueur.

Une dissolution de cinchonine dans l'acide sulfurique, à laquelle on ajoute du peroxyde de plomb puce, donne, lorsqu'on la chauffe, une matière rouge peu étudiée et à laquelle on a donné le nom de *cinchonétine* [E. Marchand, *Journ. de Chim. médic.*, t. X, p. 362].

Le mélange de peroxyde de manganèse et d'acide sulfurique, l'acide azotique, le permanganate de potasse, l'émulsine, exercent sur la cinchonine une action qui ne paraît pas bien nette et qui n'a pas encore été suffisamment étudiée.

La cinchonine, chauffée avec des fragments de potasse caustique, en prenant les précautions convenables, est décomposée; il se dégage de l'hydrogène, de l'ammoniaque, de la quinoléine et d'autres bases isomères de celles du goudron de houille.

Le chlore et le brome attaquent vivement la cinchonine en donnant naissance à des produits de substitution; ce sont des alcaloïdes nouveaux dans lesquels de l'hydrogène a été remplacé par du chlore ou du brome. L'iode ne forme pas de produits de substitution, il se combine simplement avec la cinchonine.

L'iodure de méthyle se combine avec la cinchonine pour former l'iodure de méthylcinchonine.

La cinchonine mélangée avec de l'ammoniaque et de l'eau de chlore récemment préparée ne possède pas la propriété de donner une couleur verte comme la quinine.

En présence d'une suffisante quantité d'eau, la cinchonine s'y dissout sous l'influence d'un courant prolongé d'acide carbonique. Par l'évaporation, la cinchonine seule se dépose, elle ne forme pas de combinaison avec cet acide [Langlois, *Ann. de Chim. et de Phys.*, (3), t. XLI, p. 89, et t. XLVIII, p. 502].

Un sel de cinchonine dissous dans l'eau fait la double décomposition avec un carbonate également dissous, mais de la cinchonine seule se dépose, il ne se forme pas de carbonate.

Les sels de cinchonine en présence de l'acide tartrique précipitent par les bicarbonates alcalins, caractère qui les distingue des sels de quinine qui ne précipitent pas dans les mêmes conditions.

La cinchonine possède une composition élémentaire qui ne diffère de celle de la quinine que par un atome d'oxygène en moins :

Cinchonine . $C^{20}H^{24}Az^{2}O$,
Quinine. . . $C^{20}H^{24}Az^{2}O^{2}$.

Plusieurs chimistes ont essayé d'oxyder la cinchonine et de la transformer en quinine. Ainsi M. Schutzenberger, en soumettant cet alcaloïde à l'action de l'acide azoteux, a obtenu une base nouvelle qui possède la composition atomique de la quinine, mais elle en diffère par ses propriétés qui la rapprochent beaucoup plus de la cinchonine. C'est simplement un isomère de la quinine.

M. Hermann Strecker a essayé de transformer la monobromocinchonine de Laurent en quinine, par l'action qu'exerce sur cette base la potasse ou l'oxyde d'argent et l'eau d'après la réaction suivante :

$$C^{20}H^{23}BrAz^{2}O + HKO = BrK + C^{20}H^{24}Az^{2}O^{2}.$$

Seulement, au lieu de la base monobromée très-difficile à obtenir, ce chimiste a pris la base bibromée avec laquelle il aurait dû former une base plus oxygénée que la quinine. Néanmoins il aurait obtenu une base nouvelle possédant la composition atomique de la quinine cristallisable, soluble dans l'alcool, insoluble dans l'eau et dans l'éther, se dissolvant facilement dans les acides et ne donnant point la réaction caractéristique de la quinine avec le chlore et l'ammoniaque. M. Strecker la considère comme isomère avec la quinine et la quinidine; mais il n'a pu encore établir les relations qui peuvent exister entre cette nouvelle base et celle qu'a obtenue M. Schutzenberger. Il propose de la nommer *oxycinchonine* [*Ann. de Chim. et de Phys.*, (3), t. LXVII, p. 91, et *Ann. der Chem. u. Pharm.*, nouv. sér., t. CXXII, p. 379, et septembre 1862, t. XLVII].

La composition élémentaire de la cinchonine a été étudiée par un assez grand nombre de chimistes.

M. Liebig adoptait une formule qui, avec les anciens poids atomiques, était représentée par

$$C^{20}H^{11}AzO.$$

Laurent avait donné une formule qui, avec les nouveaux poids atomiques, était représentée par

$$C^{19}H^{22}Az^{2}O.$$

Enfin M. Regnault proposa de doubler la formule de Liebig en y ajoutant 2 atomes d'hydrogène : $C^{20}H^{24}Az^{2}O$ (nouveaux poids atomiques) est la formule généralement adoptée aujourd'hui.

M. Hlasiwetz, d'après cette divergence d'opinions, supposant qu'il pouvait exister plusieurs cinchonines, a fait des recherches à cet égard. Après avoir soumis la cinchonine à de nombreuses cristallisations, il serait arrivé à obtenir deux matières cristallisées dont l'une serait représentée par la formule adoptée par Laurent, et l'autre par la formule $C^{10}H^{12}AzO$, pour laquelle il a proposé le nom de *quinotine*. Ces faits sont loin d'être prouvés [*Ann. der Chem. u. Pharm.*, t. LXXVII, p. 50, et *Journ. de Pharm. et de Chim.*, (3), t. XIX, p. 302].

La cinchonine jouit de propriétés fébrifuges bien moins énergiques que celles de la quinine; d'ailleurs l'action qu'elle exerce sur l'économie est spéciale et diffère de celle exercée par cette dernière base.

Action du chlore. — *Cinchonine bichlorée*,

$$C^{20}H^{22}Cl^{2}Az^{2}O$$

[Laurent, *Ann. de Chim. et de Phys.*, 3e sér., t. XXIV, p. 302]. — La cinchonine bichlorée est une base cristalline insoluble dans l'eau, soluble dans l'alcool bouillant, et dont la formule représente celle de la cinchonine dans laquelle 2 atomes d'hydrogène ont été remplacés par 2 atomes de chlore. Distillée sur de la potasse, la cinchonine bichlorée donne une huile alcaline qui ne renferme pas de chlore, se combine avec des acides et possède l'odeur de la quinoléine.

Pour obtenir cette base chlorée, on dissout le bichlorhydrate de cinchonine bichlorée dans l'eau bouillante, puis on y ajoute de l'ammoniaque; il se forme un dépôt léger et floconneux, c'est la cinchonine bichlorée. Recueillie et lavée sur un filtre, on la dissout dans l'alcool bouillant qui l'abandonne par le refroidissement sous forme de cristaux microscopiques.

La cinchonine bichlorée forme avec les acides des combinaisons très-bien définies :

Azotate de cinchonine bichlorée. — Sel peu soluble dans l'eau, cristallisé en petits tétraèdres allongés formés de quatre triangles scalènes égaux, et dont deux arêtes opposées sont tronquées.

Bibromhydrate de cinchonine bichlorée,

$$C^{20}H^{22}Cl^{2}Az^{2}O, 2\,HBr.$$

— Sel peu soluble cristallisant en aiguilles lamelleuses brillantes, il est isomorphe avec le chlorhydrate de cinchonine et celui de cinchonine bichlorée. On l'obtient en traitant la cinchonine bichlorée par l'acide bromhydrique.

Bichlorhydrate de cinchonine bichlorée,

$$C^{20}H^{22}Cl^{2}Az^{2}O, 2\,HCl.$$

— Sel peu soluble dans l'eau, se dissolvant dans 50 p. d'alcool, isomorphe avec le chlorhydrate de cinchonine. Laurent l'obtient en faisant passer un courant de chlore dans une solution chaude et concentrée de chlorhydrate acide de cinchonine; la liqueur se colore fortement, et au bout de quelque temps il se dépose une poudre blanche, cristalline : c'est le bichlorhydrate de cinchonine chlorée. On laisse refroidir la liqueur, puis, après avoir décanté l'eau mère, on redissout le dépôt dans l'eau bouillante, et par le refroidissement on obtient des cristaux de bichlorhydrate de cinchonine bichlorée.

Bichloroplatinate de cinchonine bichlorée,

$$C^{20}H^{22}Cl^{2}Az^{2}O, (H^{2}Cl^{2}Pt\,Cl^{4}) + H^{2}O.$$

— Sel formé par une poudre jaune pâle insoluble dans l'eau, et perdant 1 molécule d'eau vers 180°. On l'obtient en versant une solution de bichlorure de platine dans une dissolution de bichlorhydrate de cinchonine bichlorée.

Action du brome sur la cinchonine (Laurent, *loc. cit.*). — Le brome exerce une action très-énergique sur la cinchonine : de l'hydrogène est enlevé sous forme d'acide bromhydrique, et une autre quantité équivalente de brome prend sa place. Laurent a obtenu ainsi trois composés définis différents : la cinchonine monobromée

$$C^{20}H^{23}BrAz^{2}O,$$

la cinchonine sesquibromée $C^{40}H^{45}Br^{3}Az^{4}O^{2}$ et la cinchonine bibromée $C^{20}H^{22}Br^{2}Az^{2}O$.

Les deux premières bases s'obtiennent en même temps en traitant par le brome le bichlorhydrate de cinchonine humide. On laisse en contact quelques minutes, puis on lave avec un peu d'alcool pour enlever l'excès de brome; il reste une masse dure, fortement colorée en rouge, contenant les deux bases combinées, à l'état de bichlorhydrate ou de bibromhydrate; pour les séparer il suffit de prendre ce mélange de sels par l'alcool bouillant, le sel de cinchonine monobromée seul se dissout; on filtre bouillant, on ajoute de l'ammoniaque à la solution bouillante, et par le refroidissement la cinchonine monobromée se dépose sous forme de lamelles qu'on purifie par une seconde cristallisation.

La cinchonine monobromée mise en contact avec l'acide chlorhydrique s'y combine et donne un sel qui possède la même forme cristalline que le bichlorhydrate de cinchonine bichlorée.

Le *bichloroplatinate de cinchonine monobromée*, $C^{20}H^{23}BrAz^{2}O(HCl)^{2}PtCl^{4} + H^{2}O$, est une poudre d'un jaune pâle.

Cinchonine sesquibromée, $C^{40}H^{45}Br^{3}Az^{4}O$; Laurent l'écrivait ainsi : $C^{19}H^{21\,1/2}Br^{3/2}Az^{2}O$. — La cinchonine sesquibromée est une base cristalline bien définie, légèrement amère, possédant une réaction alcaline : elle ramène au bleu le papier de tournesol rougi par un acide. Sous l'influence de la chaleur, elle fond, puis noircit subitement en se boursouflant beaucoup.

La cinchonine sesquibromée n'est pas un mélange de cinchonine monobromée et bibromée; Laurent s'appuie sur les deux faits suivants pour le prouver : 1° la différence considérable de solubilité dans l'alcool qui existe entre le bibromhydrate de cinchonine monobromée et celui de cinchonine sesquibromée; 2° la cinchonine sesquibromée forme, avec les acides, des sels qui ne se dédoublent pas en cinchonine monobromée et en cinchonine bibromée.

La cinchonine sesquibromée s'obtient en reprenant par l'eau le résidu abandonné par l'alcool dans la préparation de la monobromocinchonine : on porte l'eau à l'ébullition, puis on y verse de l'ammoniaque; il se produit aussitôt un précipité blanc abondant qui, recueilli, lavé et séché, est repris par de l'alcool bouillant qui le dissout et l'abandonne par le refroidissement sous la forme d'aiguilles très-fines.

Bichlorhydrate de cinchonine sesquibromée,

$$C^{40}H^{45}Br^{3}Az^{4}O^{2}, 4\,HCl.$$

— Ce sel se prépare en ajoutant un excès d'acide chlorhydrique à de la cinchonine sesquibromée dissoute dans l'alcool bouillant; par le refroidissement le sel cristallise en tables rhombes analogues aux chlorhydrates précédents.

Bichloroplatinate de cinchonine sesquibromée,

$$C^{40}H^{45}Br^{3}Az^{4}O^{2}, 4\,HCl, 2\,PtCl^{4} + 2\,H^{2}O.$$

— Ce sel se présente sous forme d'un précipité jaune pâle; on l'obtient en versant du bichlorure de platine dans une solution de bichlorhydrate de cinchonine sesquibromée.

Bichlorobromhydrate de cinchonine sesquibromée, $C^{40}H^{45}Br^{3}Az^{4}O^{2}, 2(HCl)\,2(HBr)$. — Ce sel se présente sous la forme de petites tables rhomboïdales semblables à celles des chlorhydrates et des bromhydrates précédents. On l'obtient en reprenant par de l'alcool bouillant le résidu insoluble dans ce liquide provenant de la préparation de la cinchonine monobromée. On ajoute de l'ammoniaque, le précipité se dissout immédiatement; on y ajoute alors un excès d'acide chlorhydrique, le sel cristallise par le refroidissement.

Azotate de cinchonine sesquibromée. — Sel cristallisant en aiguilles éclatantes peu solubles dans l'eau et dans l'alcool.

Bibromocinchonine, $C^{20}H^{22}Br^{2}Az^{2}O$ (Laurent, *Compt. rend. des trav. de Chim.*, 1849, p. 311). — Cet alcaloïde bibromé est cristallin, il se présente sous forme d'aiguilles lamelleuses à reflets nacrés : chauffé à 160°, il ne perd pas d'eau de cristallisation; à 200°, il boursoufle et noircit. Une dissolution abandonnée à l'air libre a laissé déposer des octaèdres à base rectangulaire contenant 2 atomes d'eau de cristallisation.

On l'obtient en traitant par le brome en excès le bichlorhydrate de cinchonine additionné d'un peu d'eau, en chauffant après la réaction pour la compléter et chasser l'excès de brome. On reprend le tout par l'eau qu'on porte à l'ébullition et qu'on filtre bouillante; on verse de l'alcool dans la liqueur, on chauffe une seconde fois, on ajoute de l'ammoniaque et on laisse refroidir : l'alcaloïde se dépose.

Bichlorhydrate de bibromocinchonine,

$$C^{20}H^{22}Br^{2}Az^{2}O, 2\,HCl.$$

— Ce sel se présente sous forme de tables rhomboïdales dont les quatre angles aigus sont tronqués. Ce sel a la même forme que le bibromhydrate de cinchonine bichlorée, seulement il en diffère en ce que ce dernier sel donne un précipité de bromure par l'azotate d'argent, tandis que le premier donne un précipité de chlorure. La solution dévie à droite le plan de polarisation de la lumière. On l'obtient en traitant la bibromocinchonine par l'acide chlorhydrique; ce sel est peu soluble dans l'eau et se dépose d'une solution bouillante par le refroidissement.

ACTION DE L'IODE SUR LA CINCHONINE [Pelletier, *Ann. de Chim. et de Phys.*, t. LXIII, p. 181]. — L'action de l'iode sur la cinchonine est bien moins énergique que celle du chlore et du brome, il ne se forme pas de produits de substitution, l'iode se combine simplement à l'alcaloïde.

Iodocinchonine, $2(C^{20}H^{24}Az^2O), I^2$. — L'iodocinchonine est une matière jaune safranée, incristallisable, ayant un aspect résineux. Elle est insoluble dans l'eau froide, à peine soluble dans l'eau chaude, soluble dans l'alcool et dans l'éther.

L'iodocinchonine possède une légère saveur amère; chauffée, elle se ramollit vers 25° et fond vers 80°. On peut la décomposer en faisant agir successivement sur elle des solutions acides et alcalines. L'azotate d'argent la décompose également. On l'obtient en broyant de la cinchonine avec la moitié de son poids d'iode, on dissout le tout dans de l'alcool à 0,90; par l'évaporation spontanée, l'iodocinchonine se dépose accompagnée d'une certaine quantité d'iodhydrate de la base, qu'on enlève en traitant le tout par l'eau bouillante : le sel se dissout et l'iodocinchonine reste.

ACTION DU CHLORURE DE BENZOYLE SUR LA CINCHONINE [Schutzenberger, *Compt. rend.*, t. XLVII, p. 233, et *Répert. de Chim. pure*, 1859, t. I, p. 78]. — De la cinchonine bien sèche mise en contact avec du chlorure de benzoyle s'y dissout avec dégagement de chaleur. Le mélange, chauffé quelques instants, se prend en une masse cristalline, qui est le chlorhydrate de benzoylcinchonine :

$$C^{20}H^{24}Az^2O + C^7H^5OCl$$
$$= C^{20}H^{23}(C^7H^5O)Az^2O, HCl.$$

Ce sel traité par l'ammoniaque donne un précipité blanc résineux, d'une consistance molle et qui durcit par le refroidissement : c'est la benzoylcinchonine. Elle est incristallisable, soluble dans l'alcool et l'éther, et insoluble dans l'eau.

Le *chlorure d'acétyle* donne un dérivé acétylique analogue au précédent.

ACTION DE L'IODURE DE MÉTHYLE SUR LA CINCHONINE. — *Méthylcinchonine*. — La méthylcinchonine existe à l'état d'hydrate soluble dans l'eau; en évaporant promptement la solution au bain-marie, elle se colore et donne à la fin des cristaux bruns. Si on la redissout dans l'eau, il se sépare une matière huileuse brune. La solution d'hydrate de méthylcinchonine précipite les sels de fer, mais les sels formés cristallisent avec difficulté. Ils sont très-solubles dans l'eau et dans l'alcool.

On obtient cet alcali en traitant l'iodure de méthylcinchonine par l'oxyde d'argent récemment précipité. Il se forme de l'iodure d'argent qu'on sépare par le filtre, et la méthylcinchonine reste en dissolution dans la liqueur.

Cet alcali donne avec le chlorure d'or et le bichlorure de mercure des précipités dont la constitution est peu connue jusqu'à présent. Le bichlorure de platine fait naître un précipité de chloroplatinate de méthylcinchonine.

Iodure de méthylcinchonine, $C^{20}H^{24}Az^2O, CH^3I$. — L'iodure de méthylcinchonine se présente sous la forme de belles aiguilles; on l'obtient en mettant en contact de l'iodure de méthyle avec de la cinchonine en poudre. Le mélange s'échauffe et l'on obtient un sel aisément soluble dans l'eau bouillante [Stahlschmidt, *Ann. der Chem. u. Pharm.*, 1854, t. XC, p. 218].

La cinchonine, sous l'influence de certains agents, peut donner des matières colorantes : ainsi, chauffée avec le sublimé corrosif, elle donne une matière rouge-violacé, soluble dans l'alcool et l'esprit de bois, mais la couleur n'est pas stable. Il se produit du mercure métallique dans la réaction.

Chauffée avec de l'acide tartrique, il se dégage d'abord des vapeurs jaunes, puis violettes. En arrêtant l'opération à ce moment, il reste dans le vase une masse brune qui se dissout dans l'alcool additionné d'acide acétique, en le colorant en rouge. Les alcalis font passer cette couleur au jaune, les acides font reparaître la coloration rouge. L'acide oxalique, l'acide phosphorique, le biiodure de mercure donnent aussi une coloration rouge avec la cinchonine.

Chauffée avec le chlorure de carbone, la cinchonine donne encore une matière rouge, et il se dégage des vapeurs violettes qui se condensent sur les parois de la cornue. Ces deux matières sont solubles dans l'alcool.

L'iodure d'amyle donne aussi un produit rouge, mais il se forme en même temps une matière résineuse brune, dont il est difficile de la débarrasser (Horace Kœchlin).

Mode de préparation de la cinchonine. — Le mode d'extraction de la cinchonine est le même que celui qui est suivi pour la quinine, qu'elle accompagne toujours en proportions plus ou moins considérables.

La cinchonine existe surtout dans les quinquinas gris dont elle représente la partie active principale. Cependant on la retire ordinairement des eaux mères qui ont servi à la préparation du sulfate de quinine. Il suffit pour l'obtenir de traiter les eaux mères par la potasse ou l'ammoniaque, l'alcaloïde se précipite. Après l'avoir lavé, on le dissout dans l'alcool bouillant, on y ajoute un peu de charbon, on filtre la solution bouillante, et par le refroidissement la cinchonine cristallise.

SELS DE CINCHONINE.

La cinchonine forme avec les acides des sels cristallisés pour la plupart, amers, ayant une grande analogie avec les sels de quinine, mais plus solubles que ces derniers, dans l'eau et dans l'alcool. Quelques sels neutres de cinchonine, tels que le citrate, l'acétate traités par l'eau à chaud, sont décomposés avec séparation de cinchonine [Hesse, *Ann. der Chem. u. Pharm.*, t. CXXII, p. 227; nouv. sér., t. XLVI; et *Répert. de Chim. pure*, t. V, p. 106].

Acétate de cinchonine. — La cinchonine forme avec l'acide acétique une combinaison qui possède toujours une réaction acide, même lorsqu'on emploie la cinchonine en excès; le sel soluble dans l'eau se précipite par une évaporation lente, sous forme de petits grains ou de paillettes translucides. Peu stable, il est décomposé par l'eau bouillante avec séparation de cinchonine.

Arséniate de cinchonine,

$$(C^{20}H^{24}Az^2O)^2H^3AsO^4 + 12H^2O.$$

— Ce sel, fort soluble dans l'eau, cristallise en longs prismes incolores.

Azotate de cinchonine,

$$(C^{20}H^{24}Az^2O)HAzO^3 + H^2O.$$

— Sel cristallisant en prismes rectangulaires obliques, solubles dans l'eau; la solution dévie à droite le plan de polarisation de la lumière $[\alpha] = +172°,48$.

On l'obtient en saturant de l'acide azotique par de la cinchonine.

Quand on évapore la liqueur et qu'elle est suffisamment saturée, le sel se sépare d'abord sous forme de globules oléagineux qui se prennent en cristaux au bout de quelques jours. Ces cristaux sont solubles dans 26,4 d'eau à 12°.

Benzoate de cinchonine, $C^{20}H^{24}Az^2O\,C^7H^6O^2$

(anhydre). — Ce sel s'obtient en prismes groupés en étoiles, soluble dans 163 p. d'eau à 15°.

Carbonate de cinchonine. — Ce sel ne paraît pas exister, quoique la solubilité dans l'eau de la cinchonine soit fort augmentée par un courant d'acide carbonique; car si l'on évapore la solution, il ne se dépose que de la cinchonine, et par la double décomposition avec un bicarbonate alcalin les sels solubles de cinchonine laissent déposer seulement l'alcaloïde [Langlois, *loc. cit.*].

Chlorate de cinchonine, $C^{20}H^{24}Az^2O, HClO^3$ (?). — Ce sel se présente en houppes volumineuses très-blanches; chauffé avec précaution, il fond d'abord, puis à une température plus élevée il fait explosion. Il est moins fusible que le sel correspondant de quinine; mais il fait explosion plus tôt. On l'obtient en dissolvant la cinchonine dans l'acide chlorique.

Perchlorate de cinchonine,

$$C^{20}H^{24}Az^2O, 2(HClO^8) + H^2O$$

[Bœdeker jeune, *Ann. der Chem. u. Pharm.*, t. LXXI, p. 59]. — Ce sel forme de gros prismes rhomboïdaux, remarquables par un magnifique dichroïsme bleu et jaune, même en solution étendue, solubles dans l'eau et l'alcool; à 160° il fond et perd son eau de cristallisation, à une température plus élevée il fait explosion. Desséché à 30°, puis chauffé à 160°, il perd 3,57 °/₀ d'eau. Les cristaux forment des prismes rhomboïdaux de 125°47' et 54°13' avec troncature sur les arêtes aiguës. On l'obtient par double décomposition en traitant du sulfate de cinchonine par du perchlorate de baryte.

Chlorhydrates de cinchonine. — La cinchonine forme deux combinaisons avec l'acide chlorhydrique.

1° *Chlorhydrate basique de cinchonine*,

$$C^{20}H^{24}Az^2O, HCl + 2H^2O.$$

— Ce sel se présente sous la forme d'aiguilles ramifiées ou de prismes rhomboïdaux, inaltérables à l'air, efflorescents dans le vide; ils perdent leur eau de cristallisation à 100°, fondent à 130°. Leur densité est égale à 1,234. Le sel se dissout dans 24 p. d'eau à 10°; à 16°, dans 1,3 p. d'alcool et 273 p. d'éther. On l'obtient en traitant l'alcaloïde en excès par une solution étendue d'acide chlorhydrique; la solution de ce sel dévie à droite le plan de polarisation de la lumière $[\alpha] = +139°50'$ (Bouchardat).

2° *Chlorhydrate neutre de cinchonine*,

$$C^{20}H^{24}Az^2O, 2HCl.$$

— Ce sel cristallise en magnifiques cristaux très-nets, sous forme de tables droites à base rhombe, ayant les angles aigus tronqués,

$$(m : m = 101°; e^1 : p = 137° \text{ à } 138°).$$

Il est très-soluble dans l'eau, moins dans l'alcool et rougit le papier bleu de tournesol. Il dévie à droite le plan de polarisation de la lumière. On l'obtient en versant un léger excès d'acide chlorhydrique sur de la cinchonine, on dissout le tout dans un mélange d'eau et d'alcool, et l'on abandonne la solution dans un vase ouvert à une évaporation très-lente; le sel se dépose à la longue.

Chloromercurate de cinchonine,

$$C^{20}H^{24}Az^2O, 2(HCl), HgCl^2$$

[Hinterberger, *Ann. der Chem. und Pharm.*, t. LXXVII, p. 201]. — Ce sel se présente sous forme de petites aiguilles peu solubles dans l'eau froide, l'alcool et l'éther, solubles dans l'eau bouillante et dans l'alcool faible un peu chauffé, plus solubles dans l'acide chlorhydrique concentré. Ce sel peut être séché à la température du bain-marie sans être altéré. On l'obtient en versant une solution de bichlorure de mercure dans une solution de chlorhydrate de cinchonine acidulée par un excès d'acide chlorhydrique; au bout de peu de temps le mélange se prend en une masse de petites aiguilles.

Chloroplatinate de cinchonine,

$$C^{20}H^{24}Az^2O, 2HCl, PtCl^4.$$

— Le chloroplatinate de cinchonine, obtenu par la double décomposition en versant une solution de bichlorure de platine dans une solution de chlorhydrate de cinchonine, est un précipité jaune clair. Si l'on emploie la cinchonine dissoute dans l'alcool avec un excès d'acide chlorhydrique, il se forme un précipité cristallin et dont les premières parties sont presque blanches; mais si l'on dissout ce sel formé dans l'eau bouillante à l'aide d'une ébullition prolongée, on obtient par le refroidissement d'abord un précipité blanchâtre, puis au bout d'un certain temps, de beaux cristaux orangé foncé (Hlasiwetz).

Le chloroplatinate renferme :

	Duflos.	Laurent (1).	Hlasiwetz (2).	Calcul.
Carbone....	»	» »	33,10	33,30
Hydrogène..	»	» »	3,60	3,30
Platine.....	26,80	27,20—27,30	27,38—27,84	27,36

Chlorure double de cinchonine et d'étain,

$$C^{20}H^{24}Az^2O, 2HCl + SnCl^2.$$

— On obtient ce sel en versant une solution de chlorure stanneux acidulé d'acide chlorhydrique dans une solution de chlorhydrate de cinchonine; il se forme un magma épais qui ne tarde pas à se prendre en prismes jaunes, denses.

Chromate de cinchonine. — Ce sel s'obtient en mélangeant le chlorhydrate de la base avec du chromate acide de potasse en solution dans l'eau; il se forme de petits prismes jaunes d'ocre décomposables à la lumière et à l'air humide.

Citrate basique de cinchonine,

$$3(C^{20}H^{24}Az^2O), C^6H^8O^7 + 4H^2O.$$

— Ce sel se sépare de la solution alcoolique en une huile incolore, qui ne tarde pas à se concréter en longs prismes groupés concentriquement.

Il se dissout dans 48 p. d'eau à 12°.

Citrate acide de cinchonine,

$$2(C^{20}H^{24}Az^2O)C^6H^8O^7 + 4H^2O.$$

— Ce sel se présente sous la forme de petits prismes solubles dans 55,8 d'eau à 15°.

Cyanoferrures de cinchonine [Elderhorst, *Ann. der Chem. u. Pharm.*, t. LXXIV, p. 81]. — Il en existe deux : 1° l'un qui correspond au ferrocyanure jaune de potassium; 2° l'autre au ferrocyanure rouge de potassium.

1° Ce sel s'obtient en traitant une solution alcoolique de cinchonine par une solution alcoolique d'acide ferrocyanhydrique : il se forme un précipité jaune-citron peu soluble dans l'alcool.

Si l'on vient à le chauffer soit seul, soit en présence de l'eau, il se forme de l'acide cyanhydrique et un dépôt de couleur bleue.

2° En versant une solution aqueuse de ferrocyanure de potassium dans une solution de chlorhydrate de cinchonine, il se forme un précipité jaune-citron qui peut être desséché à l'air à 100° sans se décomposer.

Cyanurate de cinchonine. — Le cyanurate de cinchonine se prépare en faisant bouillir de la cinchonine récemment précipitée avec une solution saturée et bouillante d'acide cyanurique; par le refroidissement le sel se dépose sous forme de prismes rhomboïdaux; peu soluble dans l'eau et

(1) Précipité séché à 100°.
(2) Sel très-bien cristallisé.

insoluble dans l'alcool et l'éther, il perd à 100° 17,79 p. c. d'eau; à 200° il se décompose en dégageant des vapeurs douées de l'odeur des amandes amères (Elderhorst).

Fluorhydrate de cinchonine,

$$C^{20}H^{24}Az^2O,\ 2\ HFl.$$

— Le fluorhydrate de cinchonine s'obtient en traitant de la cinchonine récemment précipitée par de l'acide fluorhydrique dilué; par la concentration de la solution, le sel se dépose en prismes incolores. Dissous dans l'alcool dilué et la solution concentrée, le sel se dépose en prismes rhomboïdaux terminés par des faces octaédriques. Séché à 160°, il perd 2,8 % d'eau ; à une température plus élevée, il prend une magnifique couleur pourpre, puis il se forme un sublimé rouge, et il se dégage de l'acide fluorhydrique en même temps qu'il se produit du charbon.

Formiate de cinchonine. — On l'obtient en faisant dissoudre de la cinchonine dans de l'acide formique; c'est un sel fort soluble, cristallisant en aiguilles soyeuses, douces au toucher.

Hippurate de cinchonine. — Ce sel n'a pu être obtenu jusqu'à présent à l'état cristallisé.

Hyposulfate de cinchonine. — Sel cristallisable, ressemblant beaucoup au sel correspondant de quinine.

Hyposulfite de cinchonine,

$$2(C^{20}H^{24}Az^2O),H^2S^2O^3+2H^2O.$$

— On l'obtient en versant une solution d'hyposulfite de soude dans une solution de chlorhydrate de cinchonine; le sel se dépose en petites aiguilles solubles dans 157 p. d'eau à 16°.

Iodate de cinchonine,

$$C^{20}H^{24}Az^2O,\ HIO^3\ (\text{à } 105°).$$

—Ce sel cristallise en longues aiguilles semblables à des fils d'amiante, il est soluble dans l'eau, l'alcool et l'éther; vers 120° il fait brusquement explosion.

Periodate de cinchonine. — Le periodate de cinchonine est un sel très-altérable, qui cristallise sous la forme de prismes; on l'obtient en mélangeant une solution alcoolique de cinchonine avec une solution d'acide periodique, puis on fait évaporer le mélange dans une étuve chauffée à 40°.

Iodhydrate de cinchonine,

$$C^{20}H^{24}Az^2O,\ HI+H^2O.$$

— Ce sel cristallise en aiguilles transparentes déliées et d'un éclat nacré, il est peu soluble à froid, plus soluble à chaud, et cristallise par le refroidissement. Sa saveur est amère et comme métallique. On le prépare en mélangeant une dissolution de chlorhydrate de cinchonine avec une dissolution d'iodure de potassium.

Mellate de cinchonine. — On l'obtient en mélangeant une solution alcoolique de cinchonine avec de l'acide mellique : il se forme un précipité qui devient cristallin par des lavages à l'alcool faible; il jouit de propriétés tout à fait analogues à celles du sel correspondant de quinine. Il a donné à l'analyse 37,4 à 37,6 % d'acide mellique.

Oxalates de cinchonine. — L'acide oxalique forme deux sels avec la cinchonine :

1° *Oxalate basique de cinchonine,*

$$2(C^{20}H^{24}Az^2O),\ H^2C^2O^4+2H^2O.$$

—Ce sel se présente sous la forme de gros prismes solubles dans 104 p. d'eau à 10°. On l'obtient en versant de l'oxalate d'ammoniaque dans la dissolution d'un sel basique de cinchonine, le sulfate par exemple; il se forme un précipité blanc insoluble dans l'eau froide, mais très-soluble dans l'alcool, surtout à chaud, et très-soluble dans l'acide oxalique.

2° *Oxalate neutre de cinchonine.* — Sel bien plus soluble que le précédent.

Oxalurate de cinchonine.—On obtient ce sel en saturant une solution bouillante d'acide parabanique par la cinchonine; la solution en s'évaporant abandonne une masse jaunâtre et transparente, qui cristallise au bout d'un certain temps en prenant une couleur blanche. Traité par de l'acide chlorhydrique bouillant, ce sel se dissout et on retrouve de l'acide oxalique dans la liqueur (Elderhorst).

Phosphate de cinchonine,

$$2(C^{20}H^{24}Az^2O),\ H^3PO^4+12H^2O.$$

— Sel cristallisant très-difficilement en prismes groupés concentriquement. Il est fort soluble dans l'eau; on l'obtient en faisant concentrer une solution de cinchonine dans l'acide phosphorique.

Picrate de cinchonine,

$$2(C^{20}H^{24}Az^2O),3\ C^6H^3(AzO^2)^3O.$$

— Précipité jaune semblable à l'iodure de plomb, à peu près insoluble dans l'eau; analogue au même sel de quinine.

Quinate de cinchonine [Baup, *Ann. de Chim. et de Phys.*, t. II, p. 298]. — Le quinate de cinchonine est très-soluble dans l'eau, à 15° il se dissout dans la moitié de son poids d'eau; sa solution évaporée en consistance sirupeuse donne au bout de quelques jours des cristaux aciculaires doués d'un éclat soyeux. Il renferme 1 molécule d'eau. Dissous dans l'alcool bouillant, par le refroidissement il se dépose un sous-sel cristallisé en prismes brillants, incolores, courts et comprimés à 4 ou 6 facettes tronquées obliquement. Ce sous-sel est inaltérable dans l'air sec, et même à une douce chaleur; cependant au bout d'un temps assez long les cristaux deviennent opaques; ils sont solubles dans l'eau, mais la solution ne tarde pas à laisser déposer des cristaux de cinchonine. La solution aqueuse ramène au bleu le papier de tournesol rougi par un acide, et le liquide alcoolique d'où ils se sont déposés possède au contraire une solution acide.

Roccellate de cinchonine. — En évaporant une solution alcoolique de 2 molécules de cinchonine avec 1 molécule d'acide, on obtient une masse visqueuse, ayant l'apparence d'un onguent, insoluble dans l'eau et dans l'éther : c'est le roccellate de cinchonine.

Succinate neutre de cinchonine,

$$2(C^{20}H^{24}Az^2O,\ C^4H^6O^4)+3H^2O.$$

— Ce sel se présente sous la forme de longues aiguilles très-aiguës, ou en gros prismes qui renferment H^2O,

Sulfates de cinchonine. — L'acide sulfurique forme avec la cinchonine :

1° *Sulfate basique de cinchonine,*

$$2(C^{20}H^{24}Az^2O),H^2SO^4+2\ H^2O.$$

— Sel cristallisant en prismes rhomboïdaux de 83° à 97°. Ces cristaux sont courts et terminés par une troncature ou un biseau; à leur sommet on remarque quelquefois une troisième face triangulaire à la place d'un des angles solides obtus du prisme; parfois ils présentent des hémitropies. Ils sont durs et transparents, solubles dans 54 p. d'eau à la température ordinaire, dans 6,5 d'alcool à 0,85 de densité, et dans 11,5 d'alcool absolu, ils sont insolubles dans l'éther.

Inaltérables à l'air, à 100° ces cristaux deviennent phosphorescents comme ceux du sulfate de quinine; à une température un peu plus élevée, ils fondent, et à 120° ils ont perdu les deux tiers de leur eau de cristallisation; si l'on chauffe plus fortement, ils entrent en fusion et donnent en se détruisant une belle matière rouge.

D'après M. Pasteur, si l'on a soin d'ajouter un peu d'eau et d'acide sulfurique avant de chauffer le sel, et si l'on maintient la température pendant 3 ou 4 heures, la matière rouge ne se produit plus, et le sulfate de cinchonine est changé en sulfate de cinchonicine. On obtient le sulfate basique de cinchonine en faisant évaporer les eaux mères qui ont servi à la préparation du sulfate de quinine, ou en neutralisant de l'acide sulfurique avec un léger excès de cinchonine.

2° *Sulfate neutre de cinchonine,*

$$(C^{20}H^{24}Az^{2}O)H^{2}SO^{4}+3H^{2}O.$$

— On l'obtient en dissolvant le sel précédent en présence d'un léger excès d'acide; en faisant suffisamment évaporer la solution, le sulfate neutre de cinchonine cristallise sous forme d'octaèdres rhomboïdaux dont quelques arêtes sont quelquefois remplacées par des facettes. On peut les cliver avec facilité perpendiculairement au grand axe : on obtient des tranches nettes et brillantes. A la température ordinaire, ce sel est inaltérable, mais il s'effleurit lorsqu'on le chauffe légèrement. La chaleur lui fait perdre 11,73 °/₀ d'eau soit 3 molécules. 46 p. d'eau à 14°, 90 p. d'alcool à 0,85 de densité et 100 p. d'alcool absolu dissolvent 100 p. de sulfate neutre de cinchonine.

Il est insoluble dans l'éther.

Sulfocyanhydrate de cinchonine,

$$C^{20}H^{24}Az^{2}O, HCyS.$$

— Sel cristallisé sous la forme d'aiguilles brillantes et anhydres (Dolfus).

Tannate de cinchonine. — Poudre blanc-jaunâtre à peine soluble dans l'eau froide, se dissolvant un peu dans l'eau bouillante, d'où le sel se dépose en un précipité granuleux et translucide.

Tartrates de cinchonine [Pasteur, *Ann. de Chim. et de Phys.*, (3), t. XXXVIII, p. 469; — Arppe, *Journ. für prakt. Chem.*, t. LIII, p. 331]. — Il existe plusieurs combinaisons de cinchonine avec les acides tartriques, le neutre, droit et gauche.

1° *Tartrate basique de cinchonine,*

$$2(C^{20}H^{24}Az^{2}O), C^{4}H^{6}O^{6}+2H^{2}O.$$

— Sel formé d'aiguilles groupées en faisceaux, peu soluble dans l'eau. Il contient 4,6 °/₀ d'eau de cristallisation qu'il perd entre 100° et 120° (Arppe).

Tartrate neutre droit de cinchonine,

$$C^{20}H^{24}Az^{2}O), C^{4}H^{6}O^{6}+4H^{2}O.$$

— Ce sel s'obtient en faisant dissoudre à chaud, en quantités équivalentes, de la cinchonine et de l'acide tartrique; par le refroidissement il se forme une belle cristallisation d'un état nacré, très-brillante de cristaux groupés en étoiles rayonnées. A 100°, ce sel perd facilement ses 4 molécules d'eau de cristallisation, soit 14 °/₀; à 120°, le sel se colore en rouge et commence à entrer en fusion : il ne peut donc être chauffé plus haut que 100° sans se décomposer. Desséché dans le vide, il s'effleurit et ne peut perdre que 12 °/₀ d'eau, mais à 100° on peut lui enlever les 2 °/₀ qui restent. Il est très-peu soluble dans l'eau, très-soluble dans l'alcool pur. La solution alcoolique est neutre aux réactifs colorés et dévie à droite le plan de polarisation. La solution aqueuse est acide. Les cristaux appartiennent au système rhombique et sont hémièdres. Combinaison observée m; e^1; 1/2 ($b^{1/2}$). Inclinaison des faces $m : m = 133°20'$ environ; $e^1 : e^1 = 127°40'$; e^1 1/2 ($b^{1/2}$) $=151°13'$. Les faces m P sont striées longitudinalement.

Si l'on fait dissoudre à chaud 1 seule molécule de cinchonine avec 2 molécules d'acide tartrique, c'est le même sel qui se dépose; mais si l'on emploie 4 molécules d'acide, on obtient une cristallisation d'un autre tartrate de cinchonine qui se dépose en cristaux nets et limpides.

Tartrate gauche neutre de cinchonine,

$$C^{20}H^{24}Az^{2}O, C^{4}H^{6}O^{6}+H^{2}O.$$

— Ce sel s'obtient de la même manière que le sel précédent et avec autant de facilité; si l'on emploie un grand excès d'acide, il se dépose aussi comme dans le cas précédent un nouveau sel cristallisé en houppes brillantes, nacrées, formées d'aiguilles très-ténues et différent aussi du deuxième tartrate droit qui vient d'être indiqué. Le tartrate gauche de cinchonine est un sel extrêmement peu soluble dans l'eau et dans l'alcool; la solution alcoolique est neutre aux réactifs colorés, et dévie à droite le plan de polarisation de la lumière. 100 grammes d'alcool absolu dissolvent 0gr,296 de sel cristallisé à 19°; il est soluble dans 100 p. d'eau à 16°. Ce sel perd 4,5 °/₀ d'eau de cristallisation à 100°. Chauffé à 120°, il ne se colore pas et conserve son aspect cristallisé. A 140° il se colore, mais après un temps assez long.

Tartrate d'antimoine et de cinchonine. — On obtient ce sel en traitant du sulfate de cinchonine par du tartrate d'antimoine et de baryte. Il cristallise dans l'eau en partie en mamelons blancs, efflorescents, renfermant 24,7 °/₀ d'eau, en partie en gros cristaux semblables à l'azotate de cinchonine, et contenant 10 °/₀ d'eau. Le sel séché à 100° renferme 26,5 °/₀ d'antimoine et 47,5 °/₀ de cinchonine.

Urate de cinchonine,

$$C^{20}H^{24}Az^{2}O, C^{5}H^{4}Az^{4}O^{3}+4H^{2}O$$

[Elderhorst, *Ann. der Chem. u. Pharm.*, t. LXXIV, p. 81]. — Ce sel se présente sous la forme de longs prismes peu solubles dans l'eau, l'alcool bouillant et l'éther; à 100°, abandonné sous une cloche sur de l'acide sulfurique, il perd 12,49 °/₀ d'eau, soit 4 molécules d'eau; il devient opaque et finit par prendre une couleur jaune de soufre. On l'obtient en faisant bouillir de la cinchonine récemment précipitée avec de l'acide urique en présence d'une assez grande quantité d'eau; on filtre la liqueur bouillante, et par le refroidissement le sel cristallise.

La cinchonine est peu utilisée en médecine, elle possède cependant une action antipériodique énergique et incontestable. Seulement cette action est variable et d'un tiers environ moins énergique que celle de la quinine. De plus elle provoque des effets physiologiques que ne possède pas la quinine au même degré. Ainsi à des doses plus faibles, elle occasionne des maux de tête, des vertiges, etc., et il est prudent dans son emploi de ne pas dépasser 1gr,50. Elle est donc moins fébrifuge que la quinine, mais elle exerce sur l'économie une action physiologique plus énergique que cette dernière, et qui lui est spéciale. Néanmoins, employée non comme succédané de la quinine, mais comme adjuvant de ce précieux alcaloïde, elle pourrait être utilisée dans un grand nombre de circonstances, à cause de ses propriétés réellement fébrifuges et de son prix relativement inférieur. E. C.

CINCHOVATINE. — Voyez Aricine.

CINÉBÈNE. — Hydrocarbure isomère de l'essence de térébenthine $C^{10}H^{16}$ retiré des semences de *Semen contra* par leur distillation avec l'eau. Il bout à 172°; sa densité est égale à 0,878. Traité par l'acide chlorhydrique, il donne une liqueur rouge, mais pas de cristaux. L'acide azotique le transforme en acides toluique et nitrotoluique.

CINÉPHÈNE, $C^{10}H^{16}$. — Un des produits de l'action de l'anhydride phosphorique sur l'essence de *Semen contra* ou sur l'essence oxygénée $C^{10}H^{18}O$ qui y est contenue.

CINNAMÈNE, C^8H^8 [Syn. *Cinnamol, styrol, styrolène, essence de styrax liquide*] [Bonastre, *Journ. de Pharm.*, t. XVII, p. 338; — d'Arcet, *Ann. de Chim. et de Phys.*, (2), t. LXVI, p. 110; — Mulder, *Bull. des sciences phys. en Néerlande*, 1838, p. 72, et *Journ. für prakt. Chem.*, t. XV, p. 307; — E. Simon, *Ann. der Chem. u. Pharm.*, t. XXXI, p. 265; — Glenard et Boudault, *Journ. de Pharm.*, (3), t. VI, p. 257; — C. Herzog, *Pharm. centr.*, 1839, p. 833; Gerhardt et Cahours, *Ann. de Chim. et de Phys.*, (3), t. I, p. 96; — E. Kopp, *Compt. rend. de l'Acad. des sciences*, t. XXI, p. 1376; *Compt. rend. des travaux de Chim.*, 1846, p. 87; — Blyth et Hofmann, *Ann. der Chem. u. Pharm.*, t. LIII, p. 293-325; — Hempels, *ibid.*, t. LIX, p. 316; — Scharling, *ibid.*, t. XCVII, p. 184; t. XCVIII, p. 68-168 (nouv. sér., t. XXI), et en extrait, *Ann. de Chim. et de Phys.*, (3), 1856, t. XLVII, p. 389; — D. Howard, *Chem. Soc. quart. Journ.*; t. XIII, p. 134; — Berthelot, *Compt. rend. de l'Acad. des sciences*, t. LXIII, p. 481, 515, 518, 792, 834, 837; t. LXVIII, p. 327].

Préparation. — Le cinnamène peut être préparé au moyen des cinnamates (Gerhardt et Cahours); on peut aussi l'extraire du styrax liquide où il existe tout formé (E. Simon, Glenard et Boudot). Enfin M. Berthelot l'a obtenu synthétiquement en faisant agir la chaleur rouge soit sur l'acétylène pur, soit sur un mélange d'acétylène et de benzine, soit sur un mélange de benzine et d'éthylène. L'hydrocarbure synthétique de M. Berthelot est identique en tous points avec celui des cinnamates. Quant à ce dernier, pendant longtemps on l'a supposé simplement isomère avec l'hydrocarbure extrait du styrax ou styrol. On croyait en effet que sous l'influence de la chaleur le styrol se transformait entièrement en un polymère, le métastyrol, et qu'au contraire le cinnamène ne subissait qu'incomplétement cette transformation moléculaire.

M. Kopp, par une étude plus complète, s'est aperçu que cette différence était imaginaire et que le cinnamène se transforme tout aussi facilement en polymère que le styrol. On admettait donc, depuis les travaux de M. Kopp, l'identité des deux hydrocarbures sur la foi de ce chimiste, lorsque M. Berthelot a repris cette étude et a été conduit à considérer de nouveau ces corps comme différents. Suivant lui, bien que le styrol, comme le cinnamène, puisse être converti intégralement en polymère, le styrol éprouverait cependant plus aisément cette modification. En outre, le cinnamène est inactif vis-à-vis de la lumière polarisée, tandis que le styrol est lévogyre et dévie de — 3° la teinte de passage ($l = 100$ millimètres). Enfin, lorsqu'on mêle 3 p. de l'un de ces hydrocarbures avec 4 p. d'acide sulfurique, ces corps se changent en polymères avec dégagement de chaleur. Les quantités de chaleur dégagées varient d'un hydrocarbure à l'autre dans la proportion de 3 : 4. Le plus fort dégagement (3000 calories pour une molécule C^8H^8) répond au styrol.

Outre ces différentes méthodes, d'Arcet paraît avoir obtenu le cinnamène en dirigeant des vapeurs de camphre sur du fer rouge, et Mulder en faisant passer de l'essence de cannelle ou de cassia à travers un tube chauffé au rouge.

Préparation au moyen de l'acide cinnamique et des cinnamates. — Il suffit de distiller très-lentement l'acide cinnamique de manière à le maintenir pendant longtemps à la température où il bout, pour le transformer en cinnamène :

$$C^9H^8O^2 = CO^2 + C^8H^8$$

Acide cinnamique. — Anhydride carbonique. — Cinnamène.

On obtient encore du cinnamène lorsqu'on soumet le cinnamate de chaux à la distillation sèche et lorsqu'on distille l'acide cinnamique avec un excès de chaux ou de baryte. Dans ce dernier cas il se produit toujours de la benzine que l'on doit séparer du cinnamène par distillation fractionnée.

Extraction du styrax liquide. — Le meilleur procédé d'extraction consiste à distiller le styrax avec de l'eau additionnée de carbonate de soude (3,5 kilogrammes de ce sel pour 10 kilogrammes de styrax) pour retenir l'acide cinnamique. On opère dans un alambic en cuivre. L'eau que l'on recueille est laiteuse et le styrol vient nager à la surface. Les quantités de styrol obtenues varient beaucoup suivant l'âge du baume. M. Hofmann et Blyth en ont retiré depuis 0,66 jusqu'à 1,75 % du baume employé. On dessèche l'huile sur du chlorure de calcium et on la rectifie. Cette rectification exige des précautions particulières : entre 100° et 120° il se développe déjà beaucoup de vapeurs, à 145° l'ébullition est complète : il passe alors une huile limpide et le thermomètre reste pendant quelque temps stationnaire, mais bientôt il s'élève brusquement et l'on doit alors le retirer de la cornue. Le résidu que celle-ci renferme se transforme en effet en un polymère, le métastyrol, qui est pâteux à chaud, et qui se prend par le refroidissement en un verre transparent. La proportion de ce résidu solide varie. Quelquefois elle s'élève à un tiers de l'huile employée.

On peut aussi extraire le cinnamène du baume du Pérou (Scharling). A cet effet on soumet ce baume à la distillation après l'avoir mélangé avec de la pierre ponce légèrement pulvérisée : il passe dans le récipient un produit aqueux, un produit huileux et de l'acide benzoïque. Le produit huileux soumis à la rectification donne un liquide qui bout à 175° environ et des produits moins volatils qui paraissent être un mélange de benzoate de méthyle et de phénol. L'huile légère distillée à plusieurs reprises sur de la potasse caustique, digérée ensuite avec des fragments de cet alcali, est finalement rectifiée. On obtient ainsi du cinnamène. Il est bon toutefois, pour avoir ce corps tout à fait pur, de traiter le produit par du potassium. Il se dégage un peu d'hydrogène; une masse gélatineuse prend naissance et il reste une portion liquide que l'on décante et que l'on distille. Le point d'ébullition s'élève rapidement à 140° et il reste une portion de cinnamène dans la cornue, converti en métacinnamène.

Synthèse du cinnamène. — Nous avons déjà dit que M. Berthelot a réussi à préparer le cinnamène par la condensation de l'acétylène en chauffant ce dernier corps à la température de fusion du verre. Mais le procédé synthétique qui donne les plus grandes quantités de styrol consiste à faire passer un mélange d'éthylène et de vapeurs de benzine à travers un tube chauffé au rouge. Il se forme déjà une quantité notable de ce corps au rouge sombre, et au rouge blanc il devient le produit principal de la réaction. La réaction est simple. Les deux hydrocarbures s'unissent avec élimination d'hydrogène :

$$C^6H^6 + C^2H^4 = C^8H^8 + H^2.$$

Benzine. — Éthylène. — Styrolène. — Hydrogène.

Il est remarquable que le styrolène ainsi produit n'est mêlé à aucun hydrocarbure plus volatil que lui, si ce n'est la benzine dont une portion échappe à la réaction.

Propriétés. — Le cinnamène est une huile mobile, incolore, d'une odeur aromatique forte et persistante qui rappelle celle de la benzine et de la naphtaline en même temps. A — 20° il ne se solidifie pas. Il est très-volatil. Aussi les taches grasses qu'il laisse sur le papier disparaissent-elles rapidement. Sa densité = 0,924, ou 0,876 à 16° (Scharling). Il bout à 145°,75 (Blyth et Hofmann, Scharling), et à 145° (E. Kopp). Il est neutre, miscible en toutes proportions avec l'alcool, l'éther, les essences et le sulfure de carbone. Le phosphore et le soufre y sont solubles.

La *potasse* est sans action sur le cinnamène. Avec l'*acide sulfurique fumant* ce corps paraît donner naissance à un acide sulfo-conjugué. Avec l'acide sulfurique ordinaire il se transforme simplement en une substance polymère. Cette substance n'est point identique avec le métastyrol qui résulte de l'action de la chaleur. Celui-ci se transforme de nouveau en cinnamène sous l'influence d'une chaleur brusque, celui-là distille à peu près sans altération et ne reproduit pas de cinnamène (Berthelot). Si l'on ajoute du cinnamène à de l'*acide nitrique fumant*, goutte à goutte, les deux liquides se mêlent, des vapeurs rouges se développent, et en traitant le produit par l'eau, on précipite une résine jaune qui, par une distillation ménagée, fournit des cristaux de nitrocinnamène. Bouilli avec un *excès d'acide azotique*, cet hydrocarbure se convertit en acide benzoïque ou nitrobenzoïque, suivant le degré de concentration de cet acide. Distillé avec de l'*acide chromique*, il fournit des cristaux d'acide benzoïque. Le *chlore* et le *brome* se fixent sur le cinnamène et convertissent ce corps en chlorure $C^8H^8Cl^2$ ou en bromure $C^8H^8Br^2$, dont le dernier est cristallisable.

L'*iode* transforme rapidement le cinnamène en un polymère ; l'iodure de potassium ioduré le convertit en un iodure bien cristallisé, qui se détruit spontanément en moins d'une heure avec mise en liberté d'iode et production d'un polymère. Nous avons déjà vu que par la simple action de la chaleur le cinnamène se convertit en métacinnamène. L'acide iodhydrique le réduit à chaud en éthylbenzine d'abord et en hydrure d'octyle, C^8H^{18} (Berthelot).

Outre ces propriétés, M. Berthelot a observé les réactions suivantes [*loc. cit.*] : 1° Lorsqu'on chauffe du cinnamène, il se produit de la benzine et de l'acétylène. La benzine est beaucoup plus abondante. On peut supposer en effet que l'acétylène qui tend à se produire se condense lui-même sous l'influence de la chaleur et se transforme en benzine :

$$C^8H^8 = C^2H^2 + C^6H^6.$$

Cinnamène. Acétylène. Benzine.

Réciproquement, il se forme du styrolène lorsqu'on chauffe de la benzine et de l'acétylène. Il est donc probable qu'à une température déterminée il y a un certain équilibre entre les quantités de benzine, de styrolène et d'acétylène qui peuvent coexister, équilibre qui reste le même, soit qu'on chauffe le styrolène, soit qu'on chauffe un mélange de benzine et d'acétylène.

2° Lorsqu'on dirige à travers un tube chauffé au rouge un mélange de cinnamène en vapeurs et d'hydrogène, il se produit de la benzine et de l'éthylène. On a en effet :

$$C^8H^8 + H^2 = C^6H^6 + C^2H^4.$$

Cinnamène. Hydrogène. Benzine. Éthylène.

La benzine est beaucoup plus abondante que l'éthylène ; il est probable qu'il s'en forme indépendamment de la réaction précédente, dans une réaction parallèle où l'hydrogène n'intervient pas :

$$3C^8H^8 = 4C^6H^6.$$

Cinnamène. Benzine.

3° Le styrolène dirigé à travers un tube chauffé au rouge en même temps que l'éthylène donne naissance à de la benzine et à de la naphtaline. La benzine se produit probablement par le seul effet de la chaleur sur le cinnamène en vertu de l'équation ci-dessus. Quant à la naphtaline, elle résulte de l'équation suivante :

$$C^8H^8 + C^2H^4 = C^{10}H^8 + 2H^2.$$

Cinnamène. Éthylène. Naphtaline. Hydrogène.

4° Lorsqu'on dirige, à travers un tube chauffé au rouge, un mélange de benzine et de cinnamène en vapeurs, on obtient de la naphtaline, de la benzine inaltérée et de l'anthracène qui est le produit principal. Il se forme en même temps une petite quantité d'un corps analogue au diphényle. L'anthracène prend naissance en vertu de la réaction suivante :

$$C^8H^8 + C^6H^6 = C^{14}H^{10} + 2H^2.$$

Cinnamène. Benzine. Anthracène. Hydrogène.

5° Lorsqu'on traite le cinnamène par du potassium, un commencement d'attaque de l'hydrocarbure a lieu, mais ce corps subit bientôt une modification isomérique et toute attaque cesse.

MÉTACINNAMÈNE [Syn. *Métastyrol, métastyrolène*]. — On donne ce nom à la substance solide dans laquelle le cinnamène se convertit sous l'influence de la chaleur. Cette transformation se produit aisément lorsqu'on chauffe cet hydrocarbure à 200° dans un tube scellé à la lampe. On obtient encore du métacinnamène par la distillation sèche du sang-dragon. En rectifiant le produit de cette opération et recueillant ce qui passe au-dessous de 180°, on a un mélange de toluène et de cinnamène. On évapore le liquide à une température inférieure à son point d'ébullition jusqu'à ce que la plus grande partie du toluène soit chassée. Il reste alors une matière visqueuse qui consiste en métacinnamène maintenu en dissolution par un peu de styrol.

Cette masse traitée par l'alcool lui abandonne le styrol, tandis que le métacinnamène se précipite sous la forme d'une résine incolore et molle analogue à la térébenthine, qu'on lave à plusieurs reprises avec le même liquide et que l'on dessèche enfin dans une étuve chauffée à 150°.

D'après Kopp, le cinnamène est également susceptible de se transformer en métastyrol à la température ordinaire. Cette propriété, jointe au pouvoir réfringent très-élevé du métastyrol, a suggéré l'idée d'employer le cinnamène pour remplir l'intérieur des prismes et des lentilles de verre. Suivant Kovalewsky [*Ann. der Chem. u. Pharm.*, t. CXX, p. 66], le métastyrol existe en même temps que le styrol dans le styrax.

Le métastyrol est incolore, transparent et très réfringent. Il n'a ni odeur ni saveur à la température ordinaire; il est assez dur pour qu'on puisse le couper au couteau. Sous l'influence de la chaleur il se ramollit et devient susceptible d'être étiré en fils. Ni l'eau ni l'alcool ne le dissolvent; l'éther le dissout en petite quantité et le transforme, par l'ébullition, en une masse gélatineuse qui, desséchée au bain-marie, se présente sous la forme d'une matière blanche et spongieuse, présentant exactement la composition du styrol.

Chauffé dans une petite cornue, le métastyrol se liquéfie, puis donne du cinnamène pur qui distille. Cette identité a été constatée par l'action du brome ainsi que par la formation nouvelle du métastyrol dans un tube chauffé à la lampe.

Le métastyrol n'est attaqué que fort lentement par le chlore et le brome ; à la longue il se forme du chlorure ou du bromure de cinnamène; l'acide sulfurique le charbonne, la potasse en fusion le transforme en styrol et l'acide azotique ordinaire l'attaque fort peu, même à chaud; mais l'acide azotique fumant le dissout facilement en développant des vapeurs rouges. Si l'acide a été employé en quantité suffisante, l'eau précipite de la solution un corps nitré, le nitrométastyrol.

DÉRIVÉS CHLORÉS DU CINNAMÈNE. — *Chlorure de cinnamène* [Blyth et Hofmann, *loc. cit.*; — Laurent, *Compt. rend.*, t. XXII, p. 390]. — C'est un liquide huileux qui se produit par l'action directe du chlore sur le cinnamène et qui répond à la formule $C^8H^8Cl^2$. A la distillation, ce chlorure se décompose en donnant de l'acide chlorhydrique et une nouvelle huile chlorée. Soumis à l'action de la potasse alcoolique, il perd HCl et donne du cinnamène chloré :

$$C^8H^8Cl^2 + KOH = KCl + HOH + C^8H^7Cl.$$

Chlorure de cinnamène.	Potasse.	Chlorure potassique.	Eau.	Chlorocinnamène.

Suivant Laurent, le styrol du styrax donnerait, avec un excès de chlore, un hexachlorure de cinnamène bichloré $C^8H^6Cl^2.Cl^6$. Ce sujet réclamerait de nouvelles études.

DÉRIVÉS BROMÉS DU CINNAMÈNE. — *Bromure de cinnamène* [Gerhardt et Cahours, *loc. cit.*; — Blyth et Hofmann, *loc cit.*; — E. Kopp, *loc. cit.*]. — Il répond à la formule $C^8H^8Br^2$. On l'obtient en faisant agir le brome sur le cinnamène. Il est insoluble dans l'eau et très-soluble dans l'alcool et l'éther. Ce dernier liquide l'abandonne cristallisé en aiguilles. Ses solutions saturées à la température de l'ébullition le laissent déposer sous forme d'une huile lorsqu'elles se refroidissent. Il conserve alors l'état liquide pendant longtemps et se prend subitement en cristaux dès qu'on l'agite. Son odeur n'est point désagréable, mais excite le larmoiement. Il fond à 67° et peut rester liquide jusqu'à 30° si on le préserve bien contre toute agitation. Il bout à 200° environ et peut être distillé presque complétement sans s'altérer. La potasse le convertit en bromure de potassium et en un autre produit bromé, probablement le bromocinnamène C^8H^7Br.

M. Cannizzaro avait espéré qu'il réussirait à transformer le bromure de cinnamène en un alcool diatomique par un procédé analogue à celui par lequel M. Wurtz obtient le glycol au moyen de l'éthylène, mais ses essais ont été infructueux, l'acétate d'argent n'enlevant qu'une partie du brome que le bromure de cinnamène contient Cannizzaro, *Communication particulière* et *Giornale di scienze naturali ed economiche publicato per cura del consiglio di perfessonamento annezo all' Istituto tecnico di Palermo*, t. I, p. 155].

DÉRIVÉS NITRÉS DU CINNAMÈNE. — *Nitrocinnamène* ou *nitrostyrol* [E. Simon, Blyth et Hofmann, Glenard et Boudault, *loc. cit.*]. — Ce corps répond à la formule $C^8H^7(AzO^2)$. On l'obtient en faisant bouillir le cinnamène avec de l'acide azotique concentré jusqu'à ce qu'il se concrète une résine par le refroidissement de la liqueur. Le produit est lavé à plusieurs reprises, puis soumis à l'ébullition avec de l'eau. Les vapeurs aqueuses entraînent le nitrocinnamène qui se solidifie par le refroidissement.

Le nitrocinnamène est soluble dans l'alcool, d'où il se dépose cristallisé en gros prismes; il présente une odeur de cannelle qui excite le larmoiement. Il a une action très-énergique sur la peau, au contact de laquelle il finit par déterminer une forte vésication très-douloureuse.

Nitrométastyrol. — C'est un polymère du nitrocinnamène qui se précipite lorsqu'on ajoute de l'eau au produit de l'action de l'acide azotique fumant sur le métastyrol. Il se précipite alors sous la forme d'une matière blanche caillebottée. On lui a donné jadis le nom de *nitrodraconyle*.

Le nitrométastyrol est amorphe. Il est insoluble dans l'eau, l'alcool, l'éther, les acides et les solutions alcalines. Chauffé, il brûle avec une légère explosion. Distillé avec de la chaux, il donne lieu à un dépôt de charbon, en même temps qu'il se dégage de l'ammoniaque et qu'il passe en petite quantité une huile brune, renfermant de l'aniline. L'acide azotique concentré ne paraît pas l'attaquer, même par une ébullition de plusieurs heures.

CONSTITUTION DU CINNAMÈNE. — Il n'est pas douteux que le cinnamène ne contienne une seule chaîne latérale substituée à l'hydrogène de la benzine (voyez série AROMATIQUE). Il se transforme en acide benzoïque par l'effet des agents oxydants, et l'on sait que dans l'oxydation des hydrocarbures aromatiques chaque chaîne latérale est remplacée par CO^2H. Or, l'acide benzoïque étant $C^6H^5.CO^2H$, le cinnamène qui lui donne naissance doit nécessairement contenir une seule chaîne latérale comme lui; sa transformation en éthylbenzine sous l'influence des agents réducteurs prouve d'ailleurs suffisamment qu'il en est ainsi. Mais le cinnamène n'est qu'un hydrocarbure non saturé. Il peut, par suite, exister trois corps isomères ayant la même constitution fondamentale que lui, c'est-à-dire dérivant de l'éthylbenzine C^8H^{10}, par élimination de H^2. Ces corps seraient

$$C^6H^5,C^2H^3;\ C^6H^4,C^2H^4;\ \text{et}\ C^6H^3,C^2H^5.$$

Quelle est de ces trois formules celle qui correspond au cinnamène actuellement connu? Nous l'ignorons. Le fait que par l'addition du brome il se produit un bromure dont la moitié du brome ne peut pas être remplacée nous porte toutefois à considérer comme probable la formule

$$C^6H^4,C^2H^4;$$

en effet, l'addition de Br^2 à un tel hydrocarbure donnerait le produit C^6H^4Br,C^2H^4Br, dans lequel un atome de brome serait dans la chaîne principale, et par conséquent ne serait pas remplaçable. A. N.

CINNAMIDE, $C^9H^7O.H^2Az$ [Cahours, *Ann. de Chim. et de Phys.*, (3), t. XXIII, p. 344 et 452; — Van Rossum, *Zeitsch. f. Chem.*, nouv. sér., t. II, p. 602, et *Bull. de la Soc. chim.*, 1867, t. VII, p. 175]. — La cinnamide s'obtient par l'action du chlorure de cinnamyle sur le gaz ammoniac sec.

Elle est soluble dans l'alcool bouillant, d'où elle cristallise en aiguilles. Elle fond à 141°,5. Sans odeur, elle a une saveur un peu amère. Sa solution aqueuse, traitée par l'oxyde de mercure à l'ébullition, donne une combinaison blanche pulvérulente, peu soluble, de la formule

$$(C^9H^8AzO)^2Hg.$$

NITRILE CINNAMIQUE, C^9H^7Az (Van Rossum). — Ce composé se forme par l'action du perchlorure de phosphore sur la cinnamide. Il bout à 254-255°, se solidifie par le froid, et est alors fusible à 11°. Sa solution alcoolique, additionnée d'ammoniaque et traitée par l'hydrogène sulfuré, fournit des lamelles d'un jaune d'or, probablement la *thiocinnamide*, C^9H^9AzS.

DÉRIVÉS DE LA CINNAMIDE. — *Nitrocinnamide*, $C^9H^6(AzO^2)O.H.H.Az$ [Chiozza, *Ann. de Chim. et de Phys.*, (3), t. XXXIX, p. 214]. — On la prépare en faisant agir l'ammoniaque aqueuse sur le produit brut qui résulte de l'action de l'oxychlorure de phosphore sur le nitrocinnamate de potassium. On fait digérer le mélange pendant une heure à une douce chaleur. La réaction est alors achevée et l'anhydride nitrocinnamique se trouve complétement converti en nitrocinnamate ammonique qui reste dissous et en nitrocinnamide qui se précipite. On recueille ce dernier corps sur un filtre et on le purifie en le faisant recristalliser dans l'eau bouillante.

On eut aussi obtenir la nitrocinnamide en faisant agir une solution alcoolique d'ammoniaque sur le nitrocinnamate d'éthyle. Ce mode de préparation exige toutefois un temps fort long et l'emploi de grandes quantités d'alcool.

La nitrocinnamide se dépose de sa solution aqueuse en aiguilles courtes et brillantes ou en lames qui ont l'aspect des ailes de mouches. Elle fond en brunissant entre 155° et 160°. A 260° elle se décompose tout à fait. L'alcool froid la dissout peu. Elle se dissout modérément dans l'éther. Sa solution alcoolique bouillante, en se refroidissant, l'abandonne sous la forme de petites concrétions fort régulières et hémisphériques. La potasse caustique dissout la nitrocinnamide en se colorant en rouge et sans dégagement d'ammoniaque.

Phényl-cinnamide ou cinnanilide,

$$C^9H^7O.C^6H^5.H.Az$$

[Cahours, *Ann. de Chim. et de Phys.*, (3), t. XXIII, p. 344]. — Pour préparer ce corps, on traite le chlorure de cinnamyle par l'aniline. Le produit se dissout aisément dans l'alcool bouillant et se sépare en aiguilles déliées par le refroidissement. La phényl-cinnamide bout à une température relativement basse et distille sans décomposition à une température plus élevée. La potasse alcoolique l'attaque à peine, même lorsqu'on aide la réaction en chauffant. La potasse fondue la dédouble toutefois en cinnamate de potassium et en phénylamine (aniline).

Nitranisyl-cinnamide (cinnitranisidine),

$$C^9H^7O.C^7H^6(AzO^2)O.H.Az = C^{16}H^{14}Az^2O^4$$

[Cahours, *Ann. de Chim. et de Phys.*, (3), t. XXVII, p. 452]. — On obtient ce corps en faisant agir la nitranisidine sur le chlorure de cinnamyle.

La cinnitranisidine se présente sous la forme d'aiguilles jaunes peu solubles dans l'alcool froid, plus solubles dans l'alcool bouillant. A. N.

CINNAMIQUE (ACIDE). — L'acide cinnamique $C^9H^8O^2$ se produit lorsqu'on oxyde l'essence de cannelle ou la styrone; il existe tout formé dans le styrax liquide, le baume de Tolu et le baume du Pérou. On l'a obtenu synthétiquement en faisant agir le chlorure d'acétyle sur l'acide benzoïque ou le chloracétène sur le benzoate de potasse [Dumas et Peligot, *Ann. de Chim. et de Phys.*, 1834, (2), t. LVII, p. 311; — E. Simon, *Ann. der Chem. u. Pharm.*, t. XXXI, p. 265; — Stenhouse, *ibid.*, t. LV, p. 1; t. LVII, p. 79; — Herzog, *Arch. de Pharm.*, t. XVII, p. 72; t. XX, p. 159; — E. Kopp, *Compt. rend. des travaux de Chim.*, 1847, p. 198; 1849, p. 146; 1850, p. 140; *Compt. rend. de l'Acad. des sciences*, t. XXI, p. 1376; t. XXIV, p. 614; — Harnitz-Harnitzki, *Répert. de Chim. pure*, 1859, t. I, p. 308; et *Compt. rend. de l'Acad. des sciences*, t. XLVIII, p. 649, 1859; — Cahours, *Ann. de Chim. et de Phys.*, (3), t. XXIII, p. 341; — Shabus, *Wien. Akad. Ber.*, 1850, (2), p. 206; — Chiozza, *Ann. de Chim. et de Phys.*, (3), t. XXXIX, p. 439; — J. Lowe, *Journ. für prakt. Chem.*, t. LXV, p. 188; — Piria, *Ann. der Chem. u. Pharm.*, t. C, p. 104; — Bertagnini, *Nuovo Cimento*, t. IV, p. 46, et *Ann. de Chim. et de Phys.*, t. XLIX, p. 376; — Erlenmayer et Alexeyef, *Ann. der Chem. u. Pharm.*, t. CXXI, p. 375 (nouv. sér., t. XLV), et *Répert. de Chim. pure*, 1862, t. IV, p. 231; — Schmidt, *Ann. der Chem. u. Pharm.*, t. CXXVI, p. 254; t. CXXVII, p. 319, et *Bull. de la Soc. chim.*, 1863, p. 571; 1864, t. I, p. 194].

SYNTHÈSE DE L'ACIDE CINNAMIQUE. — Pour opérer au moyen du chlorure d'acétyle et de l'hydrure de benzoyle, on enferme les substances dans un tube scellé et on les chauffe de 20 à 24 heures à 120-130°. A l'ouverture du tube, de l'acide chlorhydrique se dégage et le produit renferme de l'acide cinnamique (Bertagnini) :

$$\underset{\text{Aldéhyde benzoïque.}}{C^7H^6O} + \underset{\text{Chlorure d'acétyle}}{C^2H^3OCl} = \underset{\text{Ac. chlorhydrique.}}{HCl} + \underset{\text{Acide cinnamique.}}{C^9H^8O^2}$$

Pour opérer au moyen du chloracétène, on fait réagir ce corps à la température de 100° sur le benzoate de baryte dans un tube scellé à la lampe; si l'on sépare, par l'éther, l'acide cinnamique du benzoate non altéré et du chlorure de baryum formé, et si l'on évapore la liqueur obtenue, on obtient de larges cristaux de cet acide (Harnitz-Harnitzki). La réaction est exprimée par l'équation suivante :

$$\underset{\text{Benzoate de baryum.}}{(C^7H^5O^2)^2Ba} + \underset{\text{Chloracétène.}}{2\,C^2H^3Cl}$$

$$= \underset{\text{Acide cinnamique.}}{2\,C^9H^8O^2} + \underset{\text{Chlorure de baryum.}}{BaCl^2}$$

Cette réaction a été récemment mise en doute.

L'acide cinnamique se forme encore lorsqu'on fait agir le sodium et l'acide carbonique sur le cinnamène monobromé, C^8H^7Br [Swartz, *Ann. der Chem. u. Pharm.*, nouv. sér., t. LXI, p. 229, et *Bull. de la Soc. chim.*, t. VI, p. 61].

Préparation. — Un des meilleurs procédés pour se procurer l'acide cinnamique consiste à retirer ce corps du styrax liquide. On commence par distiller le baume avec 5 ou 6 fois son poids d'eau, dans un alambic en cuivre afin d'en expulser le styrol. Quelques auteurs conseillent d'ajouter à l'eau de l'alambic un peu de carbonate de soude destiné à retenir l'acide, qui sans cela est partiellement entraîné par les vapeurs d'eau. D'après Gerhardt, cette addition de carbonate de soude ne serait pas avantageuse et aurait pour effet de faire mousser et déborder le liquide.

Quand on a extrait le styrol, on épuise le résidu par une solution bouillante faible de carbonate de soude qui dissout l'acide cinnamique et laisse une résine spongieuse imbibée de styracine liquide.

Les solutions alcalines sont réduites à un petit volume par l'évaporation, puis précipitées par l'acide chlorhydrique bouillant. L'acide cinnamique impur se dépose sous la forme d'une huile brune qui se concrète par le refroidissement en même temps que la liqueur se remplit de paillettes cristallines du même acide beaucoup plus pur. On recueille l'acide impur et on le purifie en le distillant dans une petite cornue de verre. Les premiers produits sont à peu près purs; les derniers sont souillés d'une huile empyreumatique que l'on en sépare en les faisant recristalliser dans l'eau bouillante.

On peut aussi utiliser le baume de Tolu pour l'extraction de l'acide cinnamique. On le traite à plusieurs reprises par une solution bouillante de carbonate de soude de plus en plus étendue. Les liqueurs convenablement concentrées et décomposées par l'acide chlorhydrique bouillant donnent un précipité d'acide cinnamique brut, comme lorsqu'on opère avec le styrax liquide. Cet acide brut, traité par l'ammoniaque étendue de deux fois son volume d'eau et chauffée à 80°, se dissout en laissant à l'état insoluble la majeure partie de la résine dont il était souillé. On concentre, on décompose les liqueurs par l'acide chlorhydrique bouillant. Il se forme de nouveau de l'acide cinnamique fondu et des paillettes cristallines. On sépare ces dernières et l'on purifie l'acide fondu en le distillant dans une cornue de verre après l'avoir desséché à 200° environ. Les dernières parties qui distillent sont un peu jaunes et souillées d'une huile empyreumatique. On les recueille à part et on les fait cristalliser dans l'eau bouillante.

On extrait souvent l'acide cinnamique d'un mélange de cet acide et de son sel de plomb que l'on trouve dans les vieux vases de plomb qui servent au transport de l'essence de cannelle. Ce mélange traité par l'alcool lui abandonne l'acide cinnamique qu'il contient, tandis que le cinnamate plombique reste pour résidu. On évapore l'alcool et l'on purifie l'acide qui se dépose en le faisant cristalliser dans l'eau bouillante. Quant au cinnamate de plomb, on le fait bouillir avec une dissolution de carbonate de soude qui dissout l'acide et fait passer le plomb à l'état de carbonate. La liqueur filtrée et additionnée d'acide sulfurique donne un dépôt d'acide cinnamique que l'on purifie en le faisant recristalliser dans l'alcool.

Le *baume du Pérou* est encore une source d'acide cinnamique. Le dépôt qui se forme à la longue dans le baume est épuisé par l'alcool. La solution est placée dans un vase profond et recouverte d'une couche d'eau. Au bout de quelques jours, il se sépare des cristaux d'acide cinnamique pur qui nagent dans un liquide très-coloré.

Le baume du Pérou épuisé à plusieurs reprises par de l'eau de chaux bouillante donne du cinnamate calcique qui se dépose en cristaux lorsqu'on évapore convenablement la solution filtrée. Ces cristaux décomposés par l'acide chlorhydrique fournissent de l'acide cinnamique presque pur que l'on peut achever de purifier par l'une des méthodes que nous avons déjà exposées.

Propriétés. — L'acide cinnamique se présente en cristaux quelquefois volumineux qui ont la forme de prismes ou de lames incolores appartenant au système monoclinique. Sa densité égale 1,195; il fond à 134° (Glaser), 137° (G. Bouchardat), et distille sans altération à 293° si l'on chauffe vivement. Si la distillation se fait lentement, une partie de l'acide cinnamique se détruit en perdant de l'anhydride carbonique et fournit du cinnamène C^8H^8 et même un peu de stilbène $C^{14}H^{12}$.

L'acide cinnamique se dissout très-peu dans l'eau froide, et dans l'eau bouillante moins que l'acide benzoïque; il est très-soluble dans l'alcool.

Réactions. — Distillé avec de la *chaux* ou de la *baryte* en excès, l'acide cinnamique perd CO^2 et se transforme en cinnamène.

L'acide *azotique* convertit l'acide cinnamique en acide nitrocinnamique, mais il est de toute nécessité de refroidir. Si le mélange s'échauffe, il se développe des vapeurs nitreuses et il se produit de l'hydrure de benzoyle ou, en épuisant l'action, des acides benzoïque et nitrobenzoïque [Mulder, *Journ. für prakt. Chem.*, t. XVIII, p. 253].

L'acide *sulfurique fumant* convertit l'acide cinnamique en acide sulfocinnamique

$$\underset{\text{Acide cinnamique.}}{C^9H^8O^2} + \underset{\text{Acide sulfurique.}}{SO^2\left\{\begin{matrix}OH\\OH\end{matrix}\right.}$$

$$= \underset{\text{Acide sulfocinnamique.}}{C^9H^7(SO^2.OH)O^2} + \underset{\text{Eau.}}{H^2O.}$$

Fondu avec de la *potasse caustique*, l'acide cinnamique se comporte d'une manière analogue à celle des acides de la série acrylique. Il dégage de l'hydrogène et se dédouble en acide benzoïque et acide acétique:

$$\underset{\text{Acide cinnamique.}}{\begin{matrix}C\left\{\begin{matrix}H\\(C^7H^6)''\end{matrix}\right.\\ \hline C\left\{\begin{matrix}O\\OH\end{matrix}\right.\end{matrix}} + \underset{\text{Eau.}}{2\left(\begin{matrix}H\\H\end{matrix}\right\}O\Big)}$$

$$= \underset{\text{Acide acétique.}}{\begin{matrix}C\left\{\begin{matrix}H\\H\\H\end{matrix}\right.\\ \hline C\left\{\begin{matrix}O\\OH\end{matrix}\right.\end{matrix}} + \underset{\text{Acide benzoïque.}}{C^7H^6O^2} + \underset{\text{Hydrogène.}}{H^2.}$$

Dans cette action, il se produit toujours un peu d'acide salicylique, mais celui-ci provient de l'action secondaire exercée par la potasse en fusion sur l'acide benzoïque.

Distillé avec un mélange d'*acide sulfurique* et de *dichromate potassique*, cet acide fournit de l'hydrure de benzoyle. Chauffé avec du *peroxyde de plomb*, il développe aussi une odeur d'amandes amères et laisse un résidu de benzoate de plomb.

Le *perchlorure de phosphore* le convertit en chlorure de cinnamyle.

Une solution aqueuse d'acide cinnamique chauffée avec du *chlorure de chaux* ou avec un mélange d'acide chlorhydrique et de chlorate de potasse, ou encore soumise à l'action d'un courant de chlore, donne lieu à la production d'une huile chlorée dont la composition n'a pas pu être déterminée exactement, mais qui paraît être un hydrocarbure chloré (Stenhouse). La formation de cette huile peut servir à distinguer l'acide cinnamique des autres acides organiques.

Lorsque, au lieu d'agir sur une solution aqueuse de cet acide, on dirige un courant de chlore sec sur ce corps également sec, la même huile prend naissance, mais il se produit en même temps une certaine quantité d'acide chlorocinnamique que l'on convertit facilement en chlorocinnamate de sodium.

L'huile chlorée donne de l'acide nitrobenzoïque lorsqu'on la traite par l'acide azotique bouillant.

Fondu avec un excès d'*iode*, l'acide cinnamique fond en un liquide brun foncé. Ce liquide bouilli avec de l'eau, pour chasser l'excès d'iode par évaporation, donne une liqueur d'où il se dépose de l'acide iodocinnamique par la distillation. Cette production d'acide iodocinnamique au moyen de l'acide cinnamique et de l'iode semble au premier abord contraire à la loi émise par M. Kekulé et d'après laquelle les acides iodés de substitution ne pourraient jamais se produire par l'action directe de l'iode sur les acides organiques. Mais en réalité la loi de M. Kekulé n'est applicable que dans la série grasse où les acides iodés sont réduits par l'acide iodhydrique. Rien ne prouve que dans la série aromatique un pareil phénomène puisse se produire lorsque l'iode est substitué dans la chaîne principale, et, par conséquent, l'iode, en agissant sur un acide aromatique, pourra se substituer à l'hydrogène dans la chaîne principale sans que l'acide iodhydrique produit de cette réaction régénère l'acide primitif.

Le *brome* dirigé en vapeurs sur le cinnamate d'argent donne du bromure d'argent et de l'acide bromocinnamique (Herzog). Il faut admettre, pour expliquer cette réaction, qu'il se forme d'abord du bromocinnamate d'argent et de l'acide bromhydrique, lequel, ultérieurement, en réagissant sur le bromocinnamate argentique, donne de l'acide bromocinnamique et du bromure d'argent.

Lorsqu'on fait agir le brome, non plus sur le cinnamate d'argent, mais sur l'acide cinnamique libre, il y a fixation de deux atomes de brome sur cet acide (Schmidt), sans dégagement d'acide bromhydrique si l'on opère à froid; si l'on chauffe le mélange à 100°, il se développe, au contraire, beaucoup d'acide bromhydrique.

Le bibromure d'acide cinnamique ou *acide cinnamique bibromuré*, $C^9H^8O^2Br^2$, est cristallisable, fusible à 195°; traité par l'hydrogène naissant, il échange son brome contre de l'hydrogène et fournit l'acide hydrocinnamique, $C^9H^{10}O^2$, appelé *cumoylique* par Schmidt, *homotoluique* par Erlenmeyer, qui l'avait déjà obtenu par l'action de l'hydrogène naissant sur l'acide cinnamique lui-même [*Ann. der Chem. u. Pharm.*, t. CXXXVII, p. 237, et *Bull. de la Soc. chim.*, 1866, t. VII, p. 392]. Popoff a aussi obtenu cet acide par l'action de l'acide iodhydrique sur l'acide cinnamique

[*Zeits. f. Chem.*, nouv. sér., t. I, p. 111]. Glaser le nomme acide *phénylpropionique*. Le dérivé bibromé de cet acide diffère de l'acide cinnamique bibromuré.

Ce dernier, traité par la potasse alcoolique, fournit deux acides bromocinnamiques isomères $C^9H^7BrO^2$ (voyez page 919). Décomposé par l'eau bouillante, il donne l'acide $C^9H^9BrO^3$, acide phényl-monobromolactique. En partant de ce corps, M. Glaser a obtenu des acides nombreux qui sont à l'acide cinnamique (acide phényl-acrylique, suivant Glaser) ce que les acides propionique, lactique, etc., sont à l'acide acrylique. — Voyez PHÉNYL-LACTIQUE (acide), PHÉNYL-PROPIONIQUE (acide), etc. [Glaser, *Zeitsch. für Chem.*, nouv. sér., t. II, p. 696, et t. III, p. 65, et *Bull. de la Soc. chim.*, 1866, t. VIII, p. 112].

MM. Erlenmeyer et Alexeyeff sont parvenus, en 1862, à fixer non plus H^2, mais H^4 sur l'acide cinnamique, et ont converti ce corps en un nouvel acide $C^9H^{12}O^2$, homologue de l'acide térébenthylique $C^8H^{10}O^2$ et de l'acide hydrobenzoïque $C^7H^8O^2$.

DÉRIVÉS MÉTALLIQUES DE L'ACIDE CINNAMIQUE. CINNAMATES. — L'acide cinnamique est monoatomique et monobasique. Ceux de ses sels qui sont à base de métaux monoatomiques répondent à la formule générale $C^9H^7M'O^2$. Les cinnamates alcalins sont fort solubles dans l'eau, les cinnamates terreux y sont peu solubles, les autres sont à peu près insolubles dans ce liquide.

Les cinnamates précipitent en jaune les sels ferriques : distillés avec de l'acide azotique ils développent des vapeurs rutilantes ainsi que de l'hydrure de benzoyle. L'acide chromique donne lieu à une réaction identique.

Cinnamate d'ammoniaque,

$$(C^9H^7(AzH^4)O^2)^2 + H^2O.$$

— Ce sel se dépose en cristaux lorsqu'on laisse refroidir la solution faite à chaud de l'acide cinnamique dans l'ammoniaque. Il est très-peu soluble dans l'eau froide. Chauffé, il perd de l'ammoniaque et laisse un résidu résineux et un sublimé cristallin. Le cinnamate ammonique peut se combiner avec une seconde molécule d'acide cinnamique et donner un sel acide beaucoup moins soluble encore que le sel neutre.

Cinnamate de potassium, $(C^9H^7KO^2)^2 + H^2O$. — Il se présente en cristaux du type clinorhombique. Il perd son eau de cristallisation à 120°. Par une chaleur brusque et forte il décrépite. L'eau le dissout facilement, mais moins que le benzoate correspondant. L'alcool le dissout très-bien. Il se combine avec une seconde molécule d'acide cinnamique et donne ainsi un sel acide fort peu soluble.

Cinnamate d'antimoine et de potassium. — Il se dépose en petits cristaux déliés d'un mélange de cinnamate potassique et d'émétique, tous deux dissous dans l'eau. Si la masse est abandonnée à elle-même, les cristaux finissent par se redissoudre. Ce sel laisse, lorsqu'on le calcine, un résidu incolore qui fait effervescence avec les acides et devient rouge orangé sous l'influence de l'acide sulfhydrique.

Cinnamate de sodium, $(C^9H^7NaO^2)^2 + H^2O$. — Il se présente en petits cristaux à surface mate qui perdent leur eau de cristallisation à + 110°.

Cinnamate d'argent, $C^9H^7AgO^2$. — C'est un précipité blanc qui devient cristallin à la longue. Il se conserve assez bien à la lumière. L'eau bouillante ne le dissout pas, mais il est légèrement soluble dans la liqueur d'où il s'est précipité.

Cinnamate de calcium, $(C^9H^7O^2)^2Ca'' + 3H^2O$. — On l'obtient à froid par double décomposition. Il se dissout très-bien dans l'eau bouillante, d'où il se dépose, par le refroidissement, en masses cristallines légères. L'eau froide le dissout peu. A la température ordinaire il perd les 3/4 de son eau de cristallisation et le reste à 150°.

Cinnamate de baryum, $(C^9H^7O^2)^2Ba'' + H^2O$. — Il se précipite à froid par voie de double décomposition. L'eau bouillante le dissout et l'abandonne cristallisé par le refroidissement. A 110°, il perd son eau de cristallisation.

Cinnamate de strontium, $(C^9H^7O^2)^2Sr'' + 4H^2O$. — Il s'obtient comme le sel de baryum, auquel il ressemble beaucoup. Il perd 1 molécule d'eau à la température ordinaire et le reste à 140°.

Cinnamate de magnésium,

$$(C^9H^7O^2)^2Mg'' + 3H^2O.$$

— Pour l'obtenir, on dissout le carbonate de magnésium dans une solution alcoolique d'acide cinnamique. Le sel se dépose, par l'évaporation de la liqueur, en aiguilles transparentes qui deviennent opaques lorsqu'on les expose à l'air. Il fond à 200° et devient anhydre.

Cinnamate de zinc, $(C^9H^7O^2)^2Zn'' + 2H^2O$. — L'acide cinnamique, en solution aqueuse saturée, à l'ébullition, dissout le zinc avec dégagement d'hydrogène. La liqueur évaporée abandonne des cristaux de cinnamate de zinc. Ce sel est assez soluble.

Cinnamate de nickel. — C'est un précipité vert, soluble dans l'alcool.

Cinnamate de cobalt. — C'est un précipité rosé, soluble dans l'alcool.

Cinnamate cuivrique,

$$Cu''(C^9H^7O^2)^2 + xCuH^2O^2.$$

— Il se dépose sous la forme d'une poudre non cristalline d'un blanc bleuâtre lorsqu'on mélange des solutions bouillantes de cinnamate d'ammonium et de sulfate cuivrique. Il renferme toujours une certaine proportion d'eau qu'on ne peut pas enlever entièrement sans qu'il s'altère.

Lorsqu'on soumet le sel à la distillation sèche, il dégage d'abord un mélange d'anhydride carbonique et d'oxyde de carbone dans la proportion de 3 : 1. Plus tard il se dégage de l'anhydride carbonique pur, de l'acide cinnamique et du cinnamène, et il reste du cuivre métallique.

Cinnamate de fer. — Le sel ferreux, comme le sel ferrique, constitue un précipité jaune peu soluble dans l'eau.

Cinnamate d'uranyle. — C'est un précipité jaune un peu soluble dans l'eau bouillante.

Cinnamate de bismuth. — C'est un précipité blanc.

Cinnamate d'étain. — C'est un précipité blanc.

Cinnamate de plomb, $(C^9H^7O^2)^2Pb''$. — C'est une poudre grenue et cristalline, anhydre et insoluble dans l'eau, que l'on obtient par double décomposition. Ce sel traité par l'alcool abandonne de l'acide cinnamique à ce liquide et laisse un résidu de cinnamate polyplombique.

Cinnamate mercureux. — Précipité blanc.

Cinnamate manganeux, $(C^9H^7O^2)^2Mn'' + 2H^2O$. — C'est un précipité cristallin d'un blanc jaunâtre qui se dissout dans l'eau bouillante acidulée par de l'acide acétique et qui se sépare de cette liqueur en lames jaunâtres et brillantes, superposées les unes aux autres.

DÉRIVÉS ALCOOLIQUES DE L'ACIDE CINNAMIQUE. — *Cinnamate de méthyle*, $C^9H^7(CH^3)O^2$ [E. Kopp]. — On le prépare en saturant de gaz chlorhydrique une solution d'acide cinnamique dans l'esprit de bois. On chasse ensuite l'excès d'esprit de bois par la distillation et l'on précipite par l'eau. Le liquide qui surnage est desséché sur du chlorure de calcium et rectifié. Le cinnamate de méthyle est liquide, oléagineux, incolore, aromatique et d'une densité de 1,106. Il bout à 241°.

Cinnamate d'éthyle, $C^9H^7(C^2H^5)O^2$ [Herzog]. — On le prépare comme le cinnamate de méthyle en distillant un mélange de 4 p. d'alcool absolu, de 2 p. d'acide cinnamique et de 1 p. d'acide sulfurique; on cohobe plusieurs fois le produit, et l'on achève l'opération en précipitant par l'eau, desséchant l'huile sur du chlorure de calcium et rectifiant sur du massicot.

Le cinnamate d'éthyle est un liquide limpide. Sa densité à 0° est de 1,0656, d'après M. E. Kopp. Il bout à 262° ou à 266° (corr.). L'eau le dissout à peine. L'alcool et l'éther le dissolvent facilement. Les alcalis hydratés le saponifient; l'acide azotique concentré l'attaque peu.

Cinnamate de benzyle, $C^9H^7(C^7H^7)O^2$ [Syn. *Cinnaméine*] [Fremy, *Ann. de Chim. et de Phys.*, (2), t. LXX, p. 184; *Ann. der Pharm.*, t. XXX, p. 324; *Rapport annuel sur les progrès de la chimie*, de Berzelius, édit. franç., 1841, p. 226; — Plantamour, *Ann. der Pharm.*, t. XXVII, p. 231, et t. XXX, p. 341; *Rapp. ann. sur les progrès de la Chim.*, par Berzelius, 1841, p. 229-230; — Scharling, *Ann. de Chim. et de Phys.*, (3), t. XLVII, p. 387, et *Ann. der Chem. u. Pharm.*, t. XCVII, p. 184, et t. XCVIII, p. 68-168; — Kraut, *Ann. der Chem. u. Pharm.*, t. CVII, p. 208 (nouv. sér., août 1858, t. XXXI), en extrait dans les *Ann. de Chim. et de Phys.*, (3), t. LIV, p. 422; *Répert. de Chim. pure*, 1859, t. I, p. 64; — Deville, *Ann. der Chem. u. Pharm.*, t. LXXIV, p. 230; — E. Kopp, *Compt. rend. de Chim.*, 1850, p. 410.] — La cinnaméine a été extraite du baume du Pérou noir, par M. Fremy. C'est M. Scharling qui en a reconnu la vraie nature.

Préparation. — Pour préparer la cinnaméine, on fait bouillir à plusieurs reprises le baume du Pérou avec du carbonate de soude pour en extraire l'acide cinnamique. Le baume se sépare, dans cette opération, en une partie solide résineuse et en un liquide jaune brunâtre. Ce liquide est distillé dans un courant de vapeur d'eau chauffée à 170°. La cinnaméine passe alors à la distillation sous la forme d'un liquide laiteux. Si la température était portée à 200°, le produit cesserait d'être incolore. On achève de purifier le produit en le desséchant sur du chlorure de calcium.

Propriétés. — La cinnaméine est un liquide incolore, oléagineux, fortement réfringent, d'une odeur agréable et d'une densité de 1,098 à 14°, et de 1,0925 à 25°. Elle cristallise à — 12° ou — 15°. A l'air, la cinnaméine se conserve indéfiniment à l'état liquide. Elle a donné à l'analyse C... 79,18-79,24, H... 6,56-6,03, nombres qui s'accordent avec la formule $C^{16}H^{14}O^2$.

La cinnaméine bout à 305° et distille sans altération, suivant Plantamour et suivant Fremy, entre 340° et 350° en se décomposant. Sa saveur est forte et aromatique. Elle laisse des taches grasses sur le papier. Elle est presque complétement insoluble dans l'eau, mais l'alcool et l'éther la dissolvent en proportion considérable.

Réactions. — Abandonnée pendant longtemps sous l'eau, la cinnaméine se prend partiellement en cristaux qui fondent à 12° ou 14° et qui ne cristallisent plus lorsqu'ils ont été redissous dans l'alcool. Ces cristaux ont été découverts par M. Fremy qui les avait nommés métacinnaméine et qui les avait envisagés comme isomères de la cinnaméine. Mais suivant M. Kraut, la métacinnaméine serait identique avec la styracine ou cinnamate de cinnyle. (Voir ci-après.)

La cinnaméine absorbe lentement l'oxygène humide. Exposée pendant plusieurs années à l'action de l'air et de la lumière, elle rancit et acquiert une réaction acide. Placée dans un vase scellé à la lampe, la cinnaméine s'est liquéfiée au bout d'un an, et après une seconde année la masse s'est reprise en une substance solide transparente.

L'acide *sulfurique* résinifie la cinnaméine. Le *chlore* l'attaque surtout à chaud et la convertit en une huile visqueuse qui fournit du chlorure de benzoyle lorsqu'on la distille. L'acide *azotique* agit avec violence sur la cinnaméine et donne naissance à une résine jaune et à une quantité considérable d'essence d'amandes amères. Le *peroxyde de plomb* exerce une action analogue.

La cinnaméine donne avec l'ammoniaque un composé cristallisable (Plantamour). Mêlée avec du sulfure de carbone et de l'hydrate de potassium en poudre, elle se transforme en une masse saline qui paraît contenir du xanthate de potassium (Scharling). Chauffée rapidement avec une solution aqueuse de potasse ou fondue avec de l'hydrate potassique, elle dégage de l'hydrogène et se convertit en même temps en un mélange de cinnamate et de benzoate de potassium (Fremy). L'acide benzoïque et l'hydrogène proviennent de l'action exercée par la potasse, soit sur l'alcool benzylique qui se forme dans une première phase de la réaction, soit sur l'acide cinnamique lui-même. Si, en effet, on abandonne la cinnaméine à froid avec une dissolution aqueuse concentrée ou avec une dissolution alcoolique de potasse, au bout de 24 heures ce corps se trouve converti en cinnamate potassique et en alcool benzylique sans aucun dégagement de gaz :

$$\underset{\text{Cinnaméine.}}{C^{16}H^{14}O^2} + \underset{\text{Potasse.}}{KHO} = \underset{\text{Cinnamate potassique.}}{C^9H^7KO^2} + \underset{\text{Alcool benzylique.}}{C^7H^8O.}$$

Par une action plus longtemps prolongée de la potasse, l'alcool benzylique se convertit à son tour en toluène et benzoate potassique. Cette réaction avait induit Plantamour en erreur et lui avait fait envisager l'alcool benzylique comme du cinnamate d'éthyle. Il prenait en effet le toluène, qui résulte de l'action de la potasse sur ce corps, pour de l'alcool, et le benzoate pour du cinnamate de potassium.

Plantamour, en soumettant la cinnaméine à l'action de la potasse alcoolique très-concentrée, a obtenu un corps auquel il a donné le nom d'acide *carbobenzoïque* ou *myroxylique* et qui n'est, suivant toutes les probabilités, que de l'acide benzoïque impur.

Lorsqu'on ignorait que l'huile qui se forme lorsqu'on saponifie la cinnaméine est l'alcool benzylique, on avait confondu cette huile avec la péruvine.

Cinnamate de cinnyle,

$$C^{18}H^{16}O^2 = C^9H^7(C^9H^9)O^2$$

[Syn. *Cinnamyl-styrone* et *styracine*] [Bonastre, *Journ. de Pharm.*, juin 1831, p. 338; — E. Simon, *Ann. de Chim. et de Pharm.*, t. XXXI, p. 365; — E. Kopp, *Compt. rend. de Chim.*, 1850, p. 140; — Toel, *Ann. der Chem. u. Pharm.*, t. LXX, p. 1. — Strecker, *ibid.*, t. LXX, p. 40; t. LXXIV, p. 112; — Plantamour, *ibid.*, t. XXVII, p. 239; t. XXX, p. 341; — Gössmann, *ibid.*, t. XCIX, p. 376; — Scharling, *ibid.*, t. XCVII, p. 90, 174; Gm., t. XIII, p. 186].

On retire cette substance soit du baume du Pérou, soit du styrax liquide dans lequel elle coexiste avec l'acide cinnamique et avec le cinnamène.

Préparation. — Pour l'extraire du styrax, on distille ce dernier corps avec de l'eau pour chasser l'hydrocarbure, puis on fait bouillir le résidu avec du carbonate de soude qui s'empare de l'acide cinnamique. Il reste une résine spongieuse qui renferme une substance liquide dans ses alvéoles. Cette résine exprimée entre les doigts laisse écouler la styracine que l'on filtre en la maintenant liquide à une température élevée au moyen de l'entonnoir de Plantamour. L'huile filtrée se prend au bout de quelque temps en une masse radiée de styracine impure. Pour la purifier, on la dissout à 50° dans dix fois son poids d'alcool et l'on refroidit la solution filtrée. La styracine se dépose, par le refroidissement, en belles aiguilles cristallines. La résine d'où la styracine a été extraite renferme encore une quantité notable de ce corps et peut être employée à la préparation de la styrène.

M. Toel conseille de distiller le styrax avec une solution de carbonate de soude, de laver le résidu à l'eau d'abord, puis à l'alcool froid qui dissout la matière colorante, et de le soumettre finalement à l'action d'un mélange d'alcool et d'éther. La styracine se dissout dans ce liquide. On la purifie par cristallisation. Wolff abandonne la masse résineuse dans l'alcool pendant quelque temps. Lorsque le produit est devenu cristallin, il le dissout dans l'alcool bouillant, précipite la liqueur par l'acétate de plomb pour éliminer la résine, filtre, évapore et purifie le produit en le faisant recristalliser à plusieurs reprises, d'abord dans un mélange d'alcool et d'éther, puis dans l'éther pur.

Suivant Scharling, la meilleure méthode pour préparer la styracine consiste à distiller la résine qui en est imprégnée dans un courant de vapeur d'eau chauffée à 180°. Il passe une huile blanchâtre qui, déshydratée et abandonnée dans des vases fermés, se prend en une masse solide peu colorée. On la purifie par cristallisation dans l'alcool.

Gössmann épuise le styrax liquide avec une lessive de soude jusqu'à ce que le résidu soit incolore. Il recueille ensuite ce résidu, le lave, le dessèche, l'épuise par un mélange d'alcool et d'éther, et décolore la solution par le charbon animal. La liqueur évaporée abandonne la styracine en cristaux parfaitement purs. Rimdohr préfère ce procédé; seulement il emploie la benzine au lieu d'un mélange d'alcool et d'éther pour faire cristalliser la styracine [*Zeitsch. Pharm.*, 1858, p. 113].

Propriétés. — Le cinnamate de cinnyle cristallise en beaux prismes groupés en touffes qui sont sans odeur ni saveur. Il est insoluble dans l'eau, peu soluble dans l'alcool froid et très-soluble dans l'éther. Il fond à 44° suivant Scharling et suivant Toel, tandis qu'il fond à 38° selon E. Kopp. Lorsqu'il est fondu, il conserve pendant longtemps l'état liquide, même lorsqu'on le refroidit au-dessous de son point de fusion. Il distille sans altération dans un courant de vapeur d'eau chauffée à 180° (Scharling).

Lorsque, dans la préparation de la styracine, on a laissé ce corps pendant longtemps en contact avec les acides pour le débarrasser plus complétement de soude, on l'obtient souvent sous forme d'un liquide qui refuse de cristalliser.

Décompositions. — Traitée par la potasse caustique, la styracine se prend en une masse granuleuse. Distillée avec cet alcali, surtout en solution alcoolique, elle se décompose à la manière des éthers en général avec production d'alcool cinnylique (styrone) et de cinnamate de potassium :

$$\left.\begin{matrix}C^9H^7O\\C^9H^9\end{matrix}\right\}O+\left.\begin{matrix}K\\H\end{matrix}\right\}O=\left.\begin{matrix}C^9H^7O\\K\end{matrix}\right\}O+\left.\begin{matrix}C^9H^9\\H\end{matrix}\right\}O.$$

Cinnamate de cinnyle.	Potasse.	Cinnamate de potassium.	Alcool cinnylique (styrone).

La styracine traitée par l'acide *azotique* se convertit en hydrure de benzoyle, acide cyanhydrique, acide benzoïque et acide nitrobenzoïque; sous l'influence de l'acide *chromique*, elle fournit de l'aldéhyde benzoïque, de l'acide benzoïque et une résine. Un mélange d'acide *sulfurique* et de peroxyde de manganèse la transforme en hydrure de benzoyle. Enfin l'acide *sulfurique* la convertit en acide cinnamique et en une substance brune soluble dans les solutions salines. Le chlore la transforme en chlorostyracine.

Les produits qui résultent de l'action des oxydants sur la styracine sont les mêmes qui prennent naissance lorsqu'on soumet à leur action l'acide cinnamique : cet éther se saponifie d'abord, puis la styrone se convertit en acide cinnamique en échangeant H^2 contre O et finalement l'acide cinnamique s'oxyde et donne des produits de la série benzoïque.

DÉRIVÉS DE SUBSTITUTION DE L'ACIDE CINNAMIQUE. — 1° *Acide chlorocinnamique*, $C^9H^7ClO^2$ [Toel, *Ann. der Chem. u. Pharm.*, t. LXX, p. 7 E. Kopp, *Journ. de Pharm.*, (3), t. XVI, p. 426].

M. Toel a obtenu cet acide en saponifiant la chloro-styracine par les alcalis. Il se produit dans cette réaction une huile chlorée en même temps qu'un sel de potasse soluble dans l'eau d'où les acides précipitent de l'acide chlorocinnamique.

M. Kopp a préparé le même acide en faisant passer un courant de chlore à travers du cinnamate de soude dissous dans une solution très-concentrée de soude caustique.

L'acide chlorocinnamique cristallise en longues aiguilles brillantes. Il est inodore, fond à 132° et se sublime à une température plus élevée. Sa vapeur excite la toux. L'eau froide le dissout peu, l'eau bouillante le dissout mieux.

Le *chlorocinnamate ammonique* cristallise en aiguilles enchevêtrées hydratées; le sel de potasse cristallise en feuillets nacrés. Le *sel barytique* s'obtient par double décomposition. Il est soluble dans l'eau bouillante, d'où il se dépose en paillettes cristallines par le refroidissement. Le *sel calcique* est peu soluble et ressemble par son aspect au sel ammonique. Le *sel d'argent* est anhydre et se présente sous la forme d'aiguilles qui se colorent à la lumière et dont la formule est $C^9H^6ClAgO^2$. Le sel ammonique répond à la formule $[C^9H^6Cl(AzH^4)O^2]^2 + H^2O$, et le sel barytique à la formule $(C^9H^6ClO^2)^2Ba'' + H^2O$.

Chlorocinnamate de cinnyle, $C^9H^6ClO.C^9H^9O$ [Syn. *Chlorostyracine*]. — On obtient ce corps en faisant agir le chlore sur la styracine. C'est une substance qui rappelle le copahu par son odeur. Elle est insoluble dans l'eau, soluble dans l'alcool bouillant et l'éther, d'où elle se sépare à l'état amorphe. La potasse saponifie cet éther en donnant de l'acide chlorocinnamique et une huile chlorée. Distillée dans un courant de chlore, la styracine donne un liquide chloré et un acide cristallisable également chloré dont les sels cristallisent aussi facilement.

2° *Acide bromocinnamique*, $C^9H^7BrO^2$. — On l'a obtenu en soumettant le cinnamate d'argent bien sec à l'action des vapeurs de brome, épuisant ensuite la masse par l'éther et évaporant la solution. Il reste une huile épaisse qui se dissout imparfaitement dans la potasse. La solution alcaline décomposée par un acide minéral donne des cristaux d'acide bromocinnamique. La portion de l'huile insoluble dans la potasse est probablement un bromure de carbone.

L'acide bromocinnamique subit une décomposition partielle lorsqu'on évapore sa solution aqueuse. Il donne des sels solubles avec tous les métaux et ne précipite point les sels solubles d'argent (Herzog).

L'acide cinnamique bibromuré, $C^9H^8O^2Br^2$, traité par la potasse alcoolique, donne deux acides bromocinnamiques isomères, qu'on sépare par précipitations fractionnées. Le premier qui se précipite, l'acide α *bromocinnamique*, $C^9H^7BrO^2$, cristallise dans l'eau en aiguilles quadrangulaires; il fond à 130°, est volatil sans décomposition; il absorbe la vapeur de brome en donnant l'*acide tribromophényl-propionique*, $C^9H^7Br^3O^2$, cristallisable dans l'alcool en aiguilles aplaties.

L'acide β *bromocinnamique* cristallise dans l'éther en prismes rhomboïdaux, fusibles à 120°, et se transformant par une distillation ménagée en acide α. Il absorbe aussi le brome en donnant l'acide β *tribromophényl-propionique*. Ces acides diffèrent aussi par les caractères de leurs sels et par la différence de stabilité des sels d'argent [Glaser, *loc. cit.*]. On ne sait pas lequel de ces deux acides correspond à l'acide bromocinnamique de Herzog.

3° *Acide nitrocinnamique*, $C^9H^7(AzO^2)O^2$. — On obtient ce corps soit en soumettant l'acide cinnamique à l'action de l'acide azotique [Mitscherlich, *Journ. für prakt. Chem.*, t. XXIII, p. 193; — E. Kopp, *Compt. rend. des travaux de Chim.*, 1849, p. 146; *Compt. rend.*, t. LIII, p. 634; J. Wolff, *Ann. der Chem. u. Pharm.*, t. LXXV, p. 303], soit en chauffant la styrone avec de l'acide azotique auquel on a eu soin d'ajouter de l'urée pour décomposer l'acide azotique (Wolff).

Lorsqu'on veut opérer au moyen de l'acide cinnamique, on chauffe d'abord de l'acide azotique monohydraté pour chasser les composés nitreux qu'il renferme, puis on le laisse refroidir et l'on y ajoute un huitième de son poids d'acide cinnamique cristallisé. Le liquide s'échauffe à 40° environ sans qu'aucun gaz se dégage et il ne tarde pas à se déposer des cristaux d'acide nitrocinnamique. Lorsqu'on veut obtenir de plus grandes quantités de ce corps, on broie l'acide cinnamique avec l'acide azotique, en ayant soin de refroidir de manière à empêcher la température de dépasser 50°. On lave ensuite la masse avec de l'eau pour éloigner l'acide azotique, et l'on fait cristalliser le résidu dans l'alcool bouillant. On purifie les cristaux obtenus en les lavant à l'alcool froid.

Kopp préfère dissoudre 1 p. d'acide cinnamique pulvérisé dans 3 p. d'acide azotique au maximum de concentration, préalablement débarrassé de vapeurs nitreuses au moyen d'un courant d'air. Le mélange se prend presque aussitôt en masse. On lave le produit avec de l'eau, puis on le dessèche et on l'abandonne pendant 24 heures avec 4 p. d'alcool froid destiné à enlever l'acide benzoïque, en supposant qu'il s'en soit formé.

Propriétés. — L'acide nitrocinnamique se présente sous la forme de petits cristaux blancs avec une légère teinte jaune. Il fond à 270° en un liquide qui cristallise par le refroidissement. L'eau froide le dissout à peine, l'eau bouillante le dissout peu; il se dissout dans 327 p. d'alcool absolu à 20°. L'acide chlorhydrique bouillant le dissout sans l'altérer. Le sulfhydrate d'ammonium le transforme en carbostyrile (Chiozza). Les alcalis en excès ne le détruisent pas même à l'ébullition.

Bien qu'il soit un acide faible, l'acide nitrocinnamique forme des sels neutres et décompose les carbonates avec effervescence. Les nitrocinnamates alcalins et alcalino-terreux sont seuls solubles. Tous les nitrocinnamates déflagrent lorsqu'on les chauffe; les sels sodique et potassique jouissent surtout de cette propriété.

Le *sel d'ammonium* perd son ammoniaque lorsqu'on l'évapore à siccité. Sa solution précipite les dissolutions concentrées des sels alcalino-terreux, mais ne précipite pas leurs dissolutions étendues.

Le *sel de baryum*, $[C^9H^6(AzO^2)O^2]^2Ba'' + 3H^2O$, cristallise en aiguilles jaunâtres ou en groupes d'étoiles, d'une solution faite à chaud; le *sel de strontium*, $[C^9H^6(AzO^2)O^2]^2Sr'' + 5H^2O$, cristallise en petits mamelons; le *sel calcique*, $[C^9H^6(AzO^2)O^2]^2Ca'' + 3H^2O$, se présente en grains qui ont l'aspect cristallin; le *sel de magnésium*, $[C^9H^6(AzO^2)O^2]^2Mg'' + 6H^2O$, cristallise en mamelons qui se dissolvent assez facilement dans l'eau, surtout à chaud.

Le *nitrocinnamate cuivrique* est un précipité qui donne de l'acide benzoïque, du nitrocinnamène présentant l'odeur de l'huile de cannelle, et une petite quantité de nitrobenzine lorsqu'on le distille après l'avoir mêlé avec du sable.

Le *nitrocinnamate mercurique*,

$$(C^9H^6(AzO^2)O^2)^2Hg'',$$

se précipite anhydre lorsqu'on traite une solution bouillante de sublimé corrosif par la solution d'un nitrocinnamate alcalin. Les eaux mères laissent déposer en se refroidissant une masse cristalline légère et volumineuse qui est un sel double, $[Hg''Cl^2(C^9H^6(AzO^2)O^2)^2Hg'']^2 + 3H^2O$.

Le *nitrocinnamate de potassium*,

$$C^9H^6(AzO^2)KO^2,$$

est fort soluble dans l'eau. Il cristallise par l'évaporation spontanée de sa solution en cristaux mamelonnés, et il se dépose en aiguilles prismatiques lorsqu'on laisse refroidir sa solution faite à chaud dans une lessive alcaline. Le *sel sodique* ressemble au sel de potassium.

Le *nitrocinnamate d'argent*, $C^9H^6(AzO^2)AgO^2$, est un précipité blanc insoluble qui donne lieu, lorsqu'on le chauffe, à une projection d'argent métallique.

Éthers nitrocinnamiques. — *Nitrocinnamate d'éthyle*, $C^9H^6(AzO^2)O.OC^2H^5$. — On l'obtient, soit en distillant un mélange d'alcool, d'acide nitrocinnamique et d'acide sulfurique [Mitscherlich, *Journ. für prakt. Chem.*, t. XXII, p. 194], soit en soumettant le cinnamate d'éthyle à l'action de l'acide azotique concentré [E. Kopp, *Compt. rend.*, t. XXIV, p. 615]. Il cristallise en prismes, fond à 136°, bout sans décomposition à 300° et se saponifie facilement.

Nitrocinnamate de méthyle,

$$C^9H^6(AzO^2)O.OCH^3$$

[E. Kopp, *Compt. rend.*, t. LIII, p. 636]. — Pour le préparer, on dissout l'acide nitrocinnamique dans un mélange d'esprit de bois et d'acide sulfurique ou bien dans l'esprit de bois seul à travers lequel on fait passer un courant d'acide chlorhydrique. La masse s'épaissit d'abord, puis se liquéfie de nouveau, et l'on obtient un liquide d'où l'éther extrait une substance cristallisable. Cette substance doit être purifiée par pressions et cristallisations successives. Elle constitue l'éther méthyl-nitrocinnamique. Cet éther se présente en petites aiguilles allongées, peu solubles dans l'alcool froid et l'éther et d'une odeur peu prononcée. Il fond à 161° et se prend, par le refroidissement, en une masse cristalline. A 200°, il entre en ébullition, et un peu avant d'avoir atteint cette température, il commence à se sublimer. Il se dissout dans le sulfhydrate d'ammoniaque en donnant un liquide rouge qui, sous l'influence de la chaleur, donne lieu à une abondante cristallisation de soufre.

Dérivés par réduction de l'acide nitrocinnamique. — *Carbostyrile* [Chiozza, *loc. cit.*]. — Lorsqu'on dissout l'acide nitrocinnamique dans une solution aqueuse de sulfure d'ammonium et qu'on porte le liquide à l'ébullition, il se fait au bout de quelques instants un abondant dépôt de soufre. Lorsque la réaction paraît complète, on sature par l'acide chlorhydrique, et l'on obtient une liqueur fortement colorée par une résine qui reste dissoute dans l'excès d'acide. Cette liqueur filtrée et convenablement évaporée fournit, après quelque temps, de petits cristaux bruns de carbostyrile souillés par beaucoup de résine. On les purifie en les faisant recristalliser dans l'eau bouillante. Ils présentent alors la forme de belles aiguilles tout à fait blanches et d'aspect soyeux.

Le carbostyrile a pour formule C^9H^7AzO. Il

diffère donc seulement par 3O en moins de l'acide nitrocinnamique $C^9H^7AzO^4$. M. Chiozza pense qu'il ne se produit pas directement, mais que dans une première phase de la réaction il se forme de l'acide amidocinnamique,

$$C^9H^7(AzH^2)O^2 = C^9H^9AzO^2,$$

lequel perdrait ensuite H^2O et se convertirait en carbostyrile.

Le carbostyrile n'est ni acide ni basique. Il se dissout facilement dans l'alcool, l'éther et l'eau bouillante, et peu dans l'eau froide. L'acide chlorhydrique le dissout un peu plus facilement que l'eau pure. L'ammoniaque ne le dissout pas. Une solution concentrée de potasse le dissout au contraire avec facilité. L'acide sulfurique ordinaire le dissout à l'ébullition sans l'altérer. L'ammoniaque le précipite à l'état cristallin de cette solution.

Le carbostyrile se combine avec l'oxyde d'argent; les acides le séparent inaltéré de ce composé. Par l'action de la chaleur, il fond et se sublime ensuite sans se décomposer. Lorsqu'on le chauffe avec de la potasse, il ne dégage pas d'ammoniaque, mais l'on voit une huile se condenser sur les parties froides du tube et qui paraît être un alcaloïde volatil, probablement la styriline ou amidostyrol C^8H^9Az. Si la formation de la styriline était constatée, le carbostyrile devrait être considéré comme du cyanate de styrile,

$$\left.\begin{matrix}(CO)''\\ C^8H^7\end{matrix}\right\} Az.$$

Suivant Beilstein et Kuhner, la réduction de l'acide nitrocinnamique par l'acide chlorhydrique et l'étain donne une bouillie cristalline d'un chlorure double d'acide amidocinnamique et d'étain. Précipitant ce dernier par l'hydrogène sulfuré, on obtient le chlorhydrate d'acide amidocinnamique qui, décomposé par l'oxyde d'argent, fournit cet acide à l'état de pureté. Le sulfate d'acide amidocinnamique est en gros cristaux très-brillants. L'acide lui-même, traité par les alcalis, fournit une résine jaune qui, soumise à la distillation sèche, fournit du carbostyrile [*Zeitsch. für Chem.*, nouv. sér., t. I, p. 1, et *Bull. de la Soc. chim.*, 1866, t. V, p. 68].

Dérivés sulfuriques de l'acide cinnamique. — *Acide sulfocinnamique* (Herzog), $C^9H^8SO^5 + 3H^2O$. — L'acide sulfocinnamique est un acide bibasique qui provient de la substitution du résidu monoatomique de l'acide sulfurique

$$SO^2\left\{\begin{matrix}OH\\ \overline{.}\end{matrix}\right.$$

à 1 atome d'hydrogène dans le radical de l'acide cinnamique,

$$\left.\begin{matrix}C^9H^7O\\ H\end{matrix}\right\} O - H + \left(SO^2\left\{\begin{matrix}OH\\ \overline{.}\end{matrix}\right.\right)'$$

Acide cinnamique. Hydrogène. Résidu de l'acide sulfurique.

$$\left.\begin{matrix}C^9H^6(SO^3H)'O\\ H\end{matrix}\right\} O = \left.\begin{matrix}[(C^9H^6SO^2)''O]''\\ H^2\end{matrix}\right\} O^2.$$

Acide sulfocinnamique.

Il résulte de cette constitution même de l'acide sulfocinnamique que ce corps est diatomique et bibasique. Il renferme en effet l'oxhydryle de l'acide cinnamique et l'un des oxhydryles de l'acide sulfurique. Ce résultat est conforme à la loi de Gerhardt sur les corps conjugués. — Voyez Conjugués (composés).

Pour préparer l'acide sulfocinnamique on traite l'acide cinnamique par l'acide sulfurique; 1 p. d'acide cinnamique exige 8-12 p. d'acide sulfurique fumant de 1,92 à 1,87 de densité. La combinaison s'opère avec élévation de température et sans aucun dégagement de gaz. On reprend par l'eau, on filtre pour séparer la quantité, très-faible d'ailleurs, d'acide cinnamique intact qui se dépose et l'on sature par le carbonate de baryte. La liqueur filtrée est précipitée par le sous-acétate de plomb et le dépôt de sulfocinnamate plombique qui se forme est soumis à l'action de l'hydrogène sulfuré qui fournit l'acide sulfocinnamique libre et pur.

L'acide sulfocinnamique se prend dans le vide en une masse amorphe un peu hygrométrique. L'eau et l'alcool le dissolvent aisément. La solution alcoolique, en s'évaporant spontanément, l'abandonne cristallisé en prismes allongés qui renferment $3H^2O$. Il précipite les solutions du sous-acétate de plomb, de l'azotate mercureux, et, à la longue, du chlorure de baryum.

Sulfocinnamates. — Ceux des métaux alcalins et alcalino-terreux sont fort solubles et laissent, lorsqu'on les calcine, un mélange de sulfate et de sulfite, ou, si la calcination est très-énergique, un sulfure. L'acide sulfocinnamique étant bibasique forme deux séries de sels :

Les sulfocinnamates acides, $C^9H^7.M'SO^5$;

Les sulfocinnamates neutres, $C^9H^6.M'^2SO^5$.

Le sel neutre de potassium, $C^9H^6.K^2.SO^5$, est amorphe et insoluble dans l'eau. On l'obtient par double décomposition. Sa solution additionnée d'acide chlorhydrique laisse déposer des aiguilles agglomérées de sulfocinnamate *acide de potassium* :

$$C^9H^7KSO^5.$$

Le sel neutre de baryum, $C^9H^6Ba''SO^5 + H^2O$, est peu soluble dans l'eau. Lorsqu'on le chauffe, il répand une odeur d'essence de cannelle. Bouilli avec de l'eau aiguisée d'acide azotique, il dépose de jolies aiguilles d'un sel acide :

$$(C^9H^7SO^5)^2Ba'' + 2H^2O.$$

Ce dernier est inaltérable à l'air, peu soluble dans l'eau et l'alcool. A 100° il perd son éclat en devenant anhydre. Il se dissout aisément dans l'ammoniaque étendue : la solution ne tarde pas à abandonner des prismes d'un nouveau sel qui, à l'air, dégage de l'eau et de l'ammoniaque.

Le sel d'argent, $C^9H^6Ag^2SO^5$, ne peut être préparé que par une précipitation exacte du sulfocinnamate barytique au moyen du sulfate d'argent. La liqueur filtrée doit être évaporée au bain-marie ou mieux encore dans le vide.

Ce sel se présente alors sous la forme d'une croûte grise amorphe et brillante. Si l'on opérait la concentration à feu nu, on s'exposerait à le réduire, car, par une certaine concentration, la liqueur se prend subitement en une masse gélatineuse. A. N.

CINNAMIQUE (ALDÉHYDE), C^9H^8O [Dumas et Peligot, *Ann. de Chim. et de Phys.*, (2), 1834, t. LVII, p. 305; — Mulder, *Répert. de Chim.*, t. III, p. 20, et *Ann. der Chem. u. Pharm.*, t. XXXIV, p. 147; — Bertagnini, *Ann. der Chem. u. Pharm.*, t. LXXXV, p. 272; — Chiozza, *Ann. der Chem. u. Pharm.*, t. XCVII, p. 350; — Strecker, *Compt. rend. de l'Acad.*, t. XXXIX, p. 61; — *Ann. der Chem. u. Pharm.*, (nouv. sér., t. XVII, p. 370; *Ann. de Chim. et de Phys.*, t. XLIV, p. 354].

Préparation. — L'aldéhyde cinnamique est un des principes constituants de l'essence de cannelle et de l'essence de cassia. Pour l'en extraire et la séparer complétement de l'hydrocarbure que ces essences renferment en même temps, MM. Dumas et Péligot mettent à profit la propriété qu'elle a de former une combinaison cristalline avec l'acide azotique. Ils traitent l'essence brute par cet acide concentré et abandonnent, pendant quelque temps, le mélange à lui-même à l'abri de l'humidité. Lorsque la masse s'est concrétée, ils retirent les cristaux, les font égoutter sur du papier buvard qui s'imbibe de l'hydrocarbure et finalement les décomposent par l'eau qui met l'aldéhyde cinnamique en liberté.

Bertagnini conseille d'employer de préférence le bisulfite de potasse pour purifier l'hydrure de cinnamyle. On agite fortement l'essence avec une solution de ce sel marquant 28° à 30° à l'aréomètre Baumé; quand la masse est solidifiée, on la filtre, on comprime les cristaux entre des doubles de papier buvard, on les lave ensuite avec de l'alcool froid jusqu'à ce qu'ils soient d'une blancheur parfaite, puis on les dessèche et on les dissout dans de l'acide sulfurique dilué à une douce chaleur. Il se dégage de l'anhydride sulfureux en abondance et l'aldéhyde cinnamique devenue libre vient former une couche huileuse à la surface du liquide. On la décante et on achève de la purifier en la lavant à l'eau et en la desséchant.

Cette méthode a l'avantage que l'on ne perd pas l'hydrocarbure. Celui-ci se trouve en effet dans les papiers qui ont servi à comprimer les cristaux et dans les eaux de lavage alcooliques. Il suffit, pour l'en retirer, d'épuiser les papiers par une nouvelle quantité d'alcool, d'évaporer les liqueurs alcooliques au bain-marie, et de précipiter par l'eau.

Propriétés. — L'aldéhyde cinnamique est une huile incolore un peu plus lourde que l'eau. A l'air, elle ne tarde pas à se colorer en brun, en devenant résineuse et acide. On peut la distiller sans qu'elle subisse d'altération, soit dans le vide, soit avec les vapeurs d'eau. Il est nécessaire toutefois, si l'on emploie cette dernière méthode, que l'eau ait été d'abord privée d'air par l'ébullition. Cette aldéhyhe absorbe rapidement l'oxygène gazeux en se convertissant en acide cinnamique.

Chauffé avec l'*acide azotique*, l'hydrure de cinnamyle donne de l'hydrure de benzoyle; ou de l'acide benzoïque, si l'on épuise l'action oxydante. L'*acide chromique* le transforme en un mélange d'acides benzoïque et acétique; le chlorure de chaux, en solution aqueuse, le convertit en benzoate de chaux; l'acide sulfurique concentré le résinifie.

L'aldéhyde cinnamique se dissout dans les solutions alcalines et alcalino-terreuses, d'où elle se sépare ensuite inaltérée lorsqu'on sature ces solutions par un acide. Mais si on la fait tomber goutte à goutte sur de la potasse fondue, elle donne lieu à un dégagement d'hydrogène et à la production du cinnamate de potasse ou même d'un mélange de benzoate et d'acétate, si l'on épuise l'action de l'alcali fondu :

$$C^9H^8O + \left.\begin{matrix}K\\H\end{matrix}\right\}O = C^9H^7O.KO + H^2.$$

Aldéhyde cinnamique. Potasse. Cinnamate de potasse. Hydrogène.

$$C^9H^7O.KO + KHO + H^2O$$

Cinnamate potassique. Potasse. Eau.

$$= C^7H^5O.KO + C^2H^3KO^2 + H^2.$$

Benzoate de potasse. Acétate de potasse. Hydrogène.

L'*ammoniaque gazeuse* convertit l'aldéhyde cinnamique en cinnhydramide ou hydrure d'azocinnamyle.

Les *bisulfites alcalins* se combinent avec elle en donnant des composés cristallisables.

Le *chlore* agit vivement sur l'hydrure de cinnamyle. Il se forme, au début de la réaction, un produit huileux qui se prend en masse sous l'influence d'une dissolution concentrée de potasse et qui renferme probablement du chlorure de cinnamyle. Si l'action du chlore se continue, il se produit un dérivé quadrichloré qui ne se concrète plus par l'action des alcalis.

Le *perchlorure de phosphore* attaque fortement l'aldéhyde cinnamique. Le produit de la réaction est visqueux. Lorsqu'on cherche à le distiller, il se détruit; très-peu de liquide distille et il reste un abondant résidu de charbon.

L'eau distillée de cannelle, abandonnée à la température de 0° avec de l'iode dissous dans l'iodure de potassium, laisse déposer, selon Apjohn, un composé cristallisable renfermant

$$C^9H^8O.I^6,KI$$

[Apjohn, *Lond. and Edinb. philos. Magaz.*, août 1838, p. 113; *Ann. der Chem. u. Pharm.*, t. XXVIII, p. 314; — Oswald, *Arch. f. Pharm.*, (2), t. LXX, p. 140; *Pharm. Centralb.*, 1852, p. 924]. Ce corps cristallise sans altération dans l'alcool et l'éther, mais il est décomposé par l'eau qui en sépare l'hydrure de cinnamyle, à moins que la liqueur ne renferme un excès d'iodure potassique.

DÉRIVÉS DE L'ALDÉHYDE CINNAMIQUE. — 1° *Dérivés chlorés : hydrure de quadrichlorocinnamyle* ou *chlorocinnose*, $C^9H^4Cl^4O^2$ [Dumas et Peligot, *loc. cit.*]. — Ce corps se présente sous la forme de longues aiguilles blanches qui se produisent lorsqu'on distille à plusieurs reprises l'aldéhyde cinnamique dans un courant de chlore. Il fond à une douce chaleur, se sublime sans s'altérer et se dissout facilement dans l'alcool. On peut le volatiliser, sans qu'il s'altère, dans un courant de gaz ammoniac sec. L'acide sulfurique concentré est sans action sur lui.

Les produits dont la formation précède celle de la chlorocinnose sont liquides et n'ont pas été obtenus purs.

2° *Dérivés nitriques.* — *Azotate d'aldéhyde cinnamique*, $C^9H^8O.AzHO^3$ [Dumas et Peligot, *loc. cit.*; — Mulder, *loc. cit.*]. — On obtient ce composé en abandonnant pendant peu de temps à lui-même un mélange d'aldéhyde cinnamique et d'acide azotique concentré. Il cristallise en prismes rhomboïdaux obliques de plusieurs pouces de long. Ces cristaux bien égouttés peuvent se conserver pendant plusieurs heures; mais il suffit de la moindre chaleur ou de la moindre humidité pour les détruire. Lorsqu'on les traite par l'eau, ils donnent de l'hydrure de cinnamyle pur.

L'acide sulfurique dissout l'azotate d'aldéhyde cinnamique; l'eau ajoutée au mélange en précipite de l'acide cinnamique. L'ammoniaque transforme ce corps en azotate d'ammoniaque et en une résine rouge. Lorsqu'on abandonne l'azotate d'hydrure de cinnamyle dans des flacons mal bouchés, il se liquéfie au bout de quelques jours. Le liquide rouge qui se forme exhale l'odeur caractéristique de l'essence d'amandes amères.

3° *Dérivés sulfurés.* — *Hydrure de sulfocinnamyle* ou *thiocinnol*, C^9H^8S [Cahours, *Compt. rend. de l'Acad.*, t. XXV, p. 458]. — Il se produit par l'action de l'acide sulfhydrique sur une solution ammoniacale de cinnhydramide (voyez DÉRIVÉS AMMONIACAUX). Il se forme en même temps du sulfhydrate d'ammonium :

$$C^{27}H^{24}Az^2 + 3H^2S = 3C^9H^8S + 2AzH^3.$$

Cinnhydramide. Acide sulfhydrique. Thiocinnol. Ammoniaque.

C'est une poudre blanche farineuse.

4° *Dérivés sulfureux* [Bertagnini, *loc. cit.*]. — *Sulfite de cinnamyl-ammonium.* — Ce corps se forme lorsqu'on dissout l'aldéhyde cinnamique dans le sulfite acide d'ammonium. La liqueur, d'abord huileuse, se prend au bout de quelque temps en une masse cristalline.

Sulfite de cinnamyl-potassium. — Nous avons indiqué la préparation de ce corps en parlant de l'extraction de l'aldéhyde cinnamique de l'essence de cannelle. Il se dissout dans l'alcool bouillant et cristallise, par le refroidissement, en belles paillettes enchevêtrées d'un éclat argentin. Il n'a pas d'odeur et ne s'altère pas à l'air. L'eau froide le dissout. Les acides, ou simplement la chaleur, décomposent cette dissolution et en séparent de l'hydrure de cinnamyle. Les solutions concentrées des sulfites ne le dissolvent presque pas. L'éther ne le dissout pas non plus. Sa solution alcoolique bouillante se décompose par une ébullition prolongée.

Le bisulfite de cinnamyl-potassium, chauffé dans un petit tube de verre, donne de l'eau, de l'anhydride sulfureux et de l'hydrure de cinnamyle, lequel, au contact de l'air, se convertit en acide cinnamique.

Le brome et l'iode agissent sur la solution aqueuse de ce composé. Ils oxydent le sulfite qu'ils font passer à l'état de sulfate et mettent l'aldéhyde en liberté. Si l'on emploie un excès de brome, il réagit sur l'aldéhyde devenue libre et donne une substance cristallisable soluble dans l'eau et d'odeur aromatique.

Sulfite de cinnamyl-sodium. — Lorsqu'on agite de l'essence de cannelle avec du bisulfite de sodium, il se produit une élévation de température et l'on voit se former une substance fibreuse. Bientôt cette substance se liquéfie de nouveau et abandonne une huile sur laquelle les bisulfites et l'acide azotique sont sans action, ce qui prouve qu'elle ne contient plus d'aldéhyde cinnamique. Le bisulfite de cinnamyl-sodium paraît rester en dissolution. Cette solution évaporée spontanément abandonne des cristaux de sulfate de sodium en même temps que des mamelons opaques solubles dans l'alcool bouillant, d'où ils se déposent sous la forme de longues et minces aiguilles groupées en sphères.

5° *Dérivés ammoniacaux.— Cinnhydramide* ou *hydrure d'azocinnamyle,*

$$C^{27}H^{24}Az^2 = (C^9H^8)^3Az^2$$

[Laurent, *Revue scientif.*, t. X, p. 119]. — Ce produit prend naissance lorsqu'on dirige un courant de gaz ammoniac bien sec sur de l'hydrure de cinnamyle : la masse devient visqueuse, et lorsqu'on l'épuise par un mélange chaud d'alcool et d'éther, elle fournit une solution qui donne, en se refroidissant, de belles aiguilles de cinnhydramide :

$$3C^9H^8O + 2AzH^3 = (C^9H^8)^3Az^2 + 3H^2O.$$

Aldéhyde cinnamique. Ammoniaque. Cinnhydramide. Eau.

La cinnhydramide doit être purifiée par une seconde cristallisation. Elle est incolore et insoluble dans l'eau ; elle cristallise en prismes droits à base rectangle, dont la base est remplacée par deux facettes triangulaires qui se coupent d'après un angle très-obtus. Elle est fusible et se solidifie en une masse gommeuse. Distillée, elle se décompose en donnant une huile et une matière solide.

L'acide chlorhydrique bouillant et les solutions alcooliques de potasse sont sans action sur la cinnhydramide. L'acide azotique attaque ce corps avec production d'une substance cristallisable.

MM. Dumas et Peligot avaient obtenu autrefois un corps solide par l'action de l'ammoniaque sur l'essence de cannelle. D'après la quantité d'ammoniaque que l'essence avait absorbée, ces chimistes avaient pensé que leur produit répondait à la formule $C^9H^8O.AzH^3$, mais il est infiniment plus probable, comme le pensait Gerhardt [*Traité de Chim.*, t. III, p. 385], qu'ils avaient eu affaire à de la cinnhydramide. A. N.

CINNAMIQUE (ANHYDRIDE) [Syn. *Cinnamate de cinnamyle, cinnamate cinnamique, acide cinnamique anhydre*] [Gerhardt, *Ann. de Chim. et de Phys.*, (3), t. XXXVII, p. 285].

L'anhydride cinnamique $(C^9H^7O)^2O$ dérive d'une double molécule d'acide cinnamique par élimination d'une molécule d'eau :

$$2C^9H^8O^2 = H^2O + \left.\begin{matrix}C^9H^7O\\C^9H^7O\end{matrix}\right\}O.$$

On l'obtient aisément en faisant agir 6 p. de cinnamate de soude bien sec sur 1 p. d'oxychlorure de phosphore. On lave le produit avec de l'eau froide chargée d'un peu de carbonate sodique, on le laisse sécher et on le fait dissoudre dans l'alcool bouillant.

Gerhardt a également obtenu ce corps en faisant agir le chlorure de cinnamyle sur l'oxalate neutre de potasse.

L'anhydride cinnamique cristallise, par le refroidissement de sa solution alcoolique, en aiguilles blanches microscopiques. Il est insoluble dans l'alcool froid ; ce liquide le dissout un peu à l'ébullition, mais toujours en proportion assez faible. Il fond à 127° et s'altère, sous l'influence de l'eau bouillante, en prenant une réaction acide.

Anhydride acéto-cinnamique. — Voyez p. 30.

Anhydride benzo-cinnamique,

$$\left.\begin{matrix}C^9H^7O\\C^7H^5O\end{matrix}\right\}O.$$

Gerhardt [*loc. cit.*] a obtenu ce corps en faisant agir 7 p. de chlorure de benzoyle sur 10 p. de cinnamate de sodium sec. La réaction est la même que pour l'anhydride acéto-cinnamique. Le produit est une huile dont la densité est de 1,184 à 23°, et qui ressemble beaucoup au cuminate de benzoyle. A l'état humide, ce corps s'acidifie à la longue. Les alcalis le convertissent en un mélange de cinnamate et de benzoate.

L'anhydride benzo-cinnamique ne peut pas être distillé sans se décomposer. Sous l'influence de la chaleur, il se résout en une huile jaune qui a l'odeur du cinnamène et donne un acide soluble dans le carbonate de soude. L'huile jaune dépose peu à peu des cristaux d'acide benzoïque.

Anhydride nitro-cinnamique [Chiozza, 1853, *Ann. de Chim. et de Phys.*, (3), t. XXXIX, p. 213]. — L'anhydride nitro-cinnamique

$$\left.\begin{matrix}C^9H^6(AzO^2)O\\C^9H^6(AzO^2)O\end{matrix}\right\}O$$

résulte de l'action de l'oxychlorure de phosphore sur le nitrocinnamate de potassium. La facilité avec laquelle il s'hydrate et sa faible solubilité dans l'éther s'opposent à ce qu'on l'obtienne pur.

L'anhydride nitrocinnamique est beaucoup plus fusible que l'acide correspondant. Dans l'eau bouillante il se ramollit et peut alors être pétri avec les doigts. L'alcool le transforme en nitrocinnamate d'éthyle et probablement aussi en acide nitrocinnamique. L'ammoniaque le convertit en un mélange de nitrocinnamide et de nitrocinnamate d'ammonium. A. N.

CINNAMYLE. — On donne ce nom au radical monoatomique de l'acide cinnamique, C^9H^7O. Tous les corps qui constituent la série cinnamique sont des dérivés de ce radical ou des produits de substitution de ce radical. Voici la liste des composés qui constituent cette série.

Chlorure de cinnamyle, C^9H^7OCl.

Cyanure de cinnamyle, $C^9H^7O.CAz$.

Hydrure de cinnamyle (aldéhyde cinnamique),

$$C^9H^7O.H = C^9H^8O.$$

Hydrate de cinnamyle (acide cinnamique),

$$C^9H^7O.OH.$$

Oxyde de cinnamyle (anhydride cinnamique),

$$(C^9H^7O)^2O.$$

Oxyde de cinnamyle et d'acétyle (anhydride acéto-cinnamique), $C^9H^7O.C^2H^3O.O$.

Oxyde de cinnamyle et de benzoyle (anhydride benzocinnamique), $C^9H^7O.C^7H^5O.O$.

Cinnamide, $C^9H^7O.H^2.Az$.

Phénylcinnamide (cinnanilide),

$$C^9H^7O.C^6H^5.H.Az.$$

Nitranisylcinnamide (cinnitranisidine),

$$C^9H^7O, C^7H^6(AzO^2)O, H.Az$$

Hydrure de tétrachlorocinnamyle (chlorocinnose), $C^9H^3Cl^4O.H$.

Hydrate de chlorocinnamyle (acide chlorocinnamique), $C^9H^6ClO.OH$.

Hydrate de bromocinnamyle (acide bromocinnamique), $C^9H^6BrO.OH$.

Hydrate de nitrocinnamyle (acide nitrocinnamique), $C^9H^6(AzO^2)O.OH$.

Nous n'étudierons ici que les chlorure, bromure et cyanure de cinnamyle. Les autres corps de la même série sont étudiés aux mots CINNAMIQUE (ACIDE) CINNAMIQUE (ALDÉHYDE), etc.

CHLORURE DE CINNAMYLE, C^9H^7OCl [Cahours, *Ann. de Chim. et de Phys.*, (3), t. XXIII, p. 341; — Béchamp, *Compt. rend. de l'Acad. des sciences*, t. XLII, p. 224].

On obtient le chlorure de cinnamyle en faisant agir le perchlorure (Cahours) ou le protochlorure de phosphore (Béchamp) sur l'acide cinnamique. Lorsqu'on opère avec le protochlorure, il faut maintenir le mélange à une température comprise entre 60° et 120° aussi longtemps qu'il se dégage de l'acide chlorhydrique. Le produit se divise alors en deux couches liquides dont la supérieure doit être décantée et distillée. Lorsqu'on opère avec le perchlorure, on distille directement le produit brut de la réaction. Dans les deux cas, on recueille les portions de liquide qui passent entre 260° et 265° et l'on purifie ces dernières en les rectifiant une dernière fois.

Le chlorure de cynnamyle est une huile. Sa densité est de 1,207. Il bout à 262°. A l'air humide il se décompose avec dégagement d'acide chlorhydrique et formation de beaux cristaux d'acide cinnamique.

L'alcool décompose aussi ce chlorure avec formation de cinnamate d'éthyle et d'acide chlorhydrique :

$$C^9H^7OCl + C^2H^5.OH = C^9H^7O.OC^2H^5 + HCl.$$

Chlorure de cinnamyle. Alcool. Cinnamate d'éthyle. Acide chlorhydrique.

Chauffé avec du *cinnamate de soude*, le chlorure de cinnamyle se convertit en anhydride cinnamique.

Distillé sur du cyanure de mercure, il se transforme en cyanure de cinnamyle et chlorure de mercure :

$$2C^9H^7O.Cl + Hg''Cy^2 = Hg''Cl^2 + 2C^9H^7O.Cy.$$

Chlorure de cinnamyle. Cyanure de mercure. Chlorure de mercure. Cyanure de cinnamyle.

Le chlorure de cinnamyle réagit sur l'aniline et sur l'ammoniaque avec production de cinnamide ou de phényl-cinnamide :

$$C^9H^7O.Cl + 2C^6H^5.H^2.Az$$

Chlorure de cinnamyle. Aniline.

$$= C^6H^5.H^2.Az.HCl + C^9H^7O.C^6H^5.H.Az.$$

Chlorhydrate d'aniline. Phénylcinnamide.

CYANURE DE CINNAMYLE, $C^9H^7O.Cy$ [Cahours, *Ann. de Chim. et de Phys.*, (3), 1848, t. XXIII, p. 344]. — Suivant M. Cahours, lorsqu'on distille un mélange de 1 molécule de cyanure de mercure avec 2 molécules de chlorure de cinnamyle, il se produit du chlorure de mercure et une huile brune fort altérable qui paraît être du cyanure de cinnamyle. Exposé à l'air, ce liquide se fonce de plus en plus et se décompose en donnant de l'acide cyanhydrique et de l'acide cinnamique. Le cyanure de cinnamyle n'a d'ailleurs point été obtenu pur. Il renferme toujours un peu de chlorure de cinnamyle indécomposé.

HYDRURE DE CINNAMYLE. — Voyez CINNAMIQUE (ALDÉHYDE).

A. N.

CINNYLIQUE (ALCOOL). — *Alcool cinnamique, styrone, péruvine, styracone,*

$$C^9H^{10}O = C^9H^9.OH$$

[E. Simon, *Ann. der Chem. u. Pharm.*, t. XXXI, p. 274; — Fremy, *Ann. de Chim. et de Phys.*, t. LXX, p. 180; — Toël, *Ann. der Chem. u. Pharm.*, t. LXX, p. 3; — Strecker, *ibid.*, t. LXX, p. 10; t. LXXIV, p. 112; *Compt. rend.*, t. XXXIX, p. 61; — J. Wolff, *Ann. der Chem. u. Pharm.*, t. LXXXV, p. 299; — E. Kopp, *l'Institut*, 1848, n° 805; *Compt. rend. des trav. de Chim.*, 1850, p. 140; — Scharling, *Ann. der Chem. u. Pharm.*, t. CXV, p. 90 et 183].

Pour préparer l'alcool cinnylique, on distille avec précaution la styracine avec une solution concentrée de potasse ou de soude caustique. Il passe un liquide huileux que l'on sature avec du chlorure de sodium. Il se sépare alors une substance crémeuse qui vient se rendre à la surface et qui finit par se solidifier. Suivant Wolff, il est préférable de dissoudre la styracine dans une solution alcoolique bouillante de potasse. Le liquide traité par l'eau abandonne à ce liquide de l'alcool et du cinnamate de potasse, tandis que l'alcool cinnylique se précipite avec un peu de styracine indécomposée. On purifie l'alcool cinnylique par distillation.

L'alcool cinnylique se présente en belles aiguilles soyeuses et molles qui ont une saveur sucrée et une agréable odeur de jacinthes. Il fond à 33° (Toël), à la chaleur de la main (Wolf), et si l'on élève beaucoup plus la température, il peut être distillé sans altération. Il distille avec les vapeurs d'eau. L'eau le dissout peu, l'alcool, l'éther, le cinnamène, les huiles fixes et les huiles volatiles le dissolvent avec facilité. Lorsqu'on sature l'eau bouillante de styrone et qu'on la laisse ensuite refroidir, le liquide devient laiteux; ce trouble persiste pendant plusieurs heures, puis la liqueur s'éclaircit et se trouve alors pleine de cristaux en forme d'aiguilles.

Sous l'influence des agents oxydants, cet alcool fournit de l'hydrure de cinnamyle et de l'acide cinnamique (Strecker).

G. Ramdohr a fait connaître les réactions de l'alcool cinnylique ou styrone [*Zeits. für Pharm.*, 1858, p. 113]. Lorsqu'on ajoute de l'acide chlorhydrique à l'alcool cinnylique, le mélange se liquéfie et se sépare en deux couches. Si l'on chauffe à 100°, on obtient une huile qu'on purifie par lavage à la soude, à l'eau, dessiccation sur le chlorure de calcium et distillation dans le vide. Le *chlorure de cinnyle*, C^9H^9Cl, ainsi obtenu est huileux, jaune clair; il ne se solidifie pas à —19°; son odeur rappelle l'essence de cannelle et l'essence d'anis. L'*iodure de cinnyle*, C^9H^9I, produit par l'action de l'iodure de phosphore, est une huile semblable à la précédente et qui peut être distillée avec les vapeurs d'eau. Chauffé en vases clos, à 100°, avec le cyanure de potassium, il fournit le *cyanure de cinnyle*, huileux, soluble dans l'éther, peu soluble dans l'alcool. On n'a pas réussi par l'action de la potasse sur ce cyanure à obtenir un acide homologue de l'acide cinnamique. Il se dégage de l'ammoniaque, mais il ne se forme qu'une matière résineuse.

Le *mercaptan cinnylique*, $C^9H^{10}S$, est une huile jaune, épaisse, non distillable, résultant de l'action du chlorure de cinnyle sur le sulfhydrate de potassium.

L'éther, $(C^9H^9)^2O$, se forme lorsqu'on chauffe à 100° un mélange d'alcool cinnylique et d'acide borique anhydre; c'est une huile épaisse, d'un jaune clair, plus lourde que l'eau, d'une odeur de cannelle et se décomposant par la distillation.

L'oxyde mixte de cinnyle et d'éthyle,

$$(C^9H^9)(C^2H^5)O,$$

s'obtient avec le chlorure de cinnyle et l'éthylate de sodium. Il est liquide, distillable à une haute température.

Le chlorure de cinnyle, chauffé en vases clos, à 100°, avec une solution de gaz ammoniac dans l'alcool absolu, fournit du chlorure de cinnylamine, $C^9H^9, AzH^2H\,Cl$. La *cinnylamine* est en petits cristaux brillants, incolores, d'une saveur très-amère, fondant à une température peu élevée, et fournissant déjà à 100° des vapeurs alcalines. A. N.

CIRES. — On a donné le nom générique de *cires* à différentes substances qui sont sécrétées par certains animaux ou que l'on retire de végétaux divers. Nous étudierons ces substances successivement.

CIRES ANIMALES. — CIRE DES ABEILLES [John, *Chemische Schriften*, t. IV, p. 38; — Boudet et Boissenot, *Journ. de Pharm.*, t. XIII, p. 38; — Ettling, *Ann. der Chem. u. Pharm.*, t. II, p. 267; — Hess, *ibid.*, t. XXVII, p. 3; — Gerhardt, *Revue scientifique*, t. XIX, p. 5; *Ann. de Chim. et de Phys.*, (3), t. XV, p. 236; *Compt. rend. de l'Acad.*, t. XVI, p. 940 et t. XIX, p. 487; — Lewy, *Compt. rend. de l'Acad.*, t. XVI, p. 675; t. XVII, p. 978; t. XX, p. 35; *Ann. de Chim. et de Phys.*, (3), t. XIII, p. 438; — Brodie, *Ann. der Chem. u. Pharm.*, t. LXVII, 180; t. LXXI, p. 144 et *Annuaire de Millon et Reiset*, p. 365, 1849; p. 382, 1850; — Dumas et Milne Edwards, *Ann. de Chim. et de Phys.*, (3), t. XIV, p. 400; — *Compt. rend. de l'Acad.*, t. XVII, p. 531, 541; — Poleck, *Ann. der Chem. u. Pharm.*, t. LXVII, p. 174 et *Annuaire de Millon et Reiset*, p. 371, 1849].

La cire d'abeilles est sécrétée par les abeilles, auxquelles elle sert pour construire les rayons de leurs ruches. Les organes où cette sécrétion a lieu sont placés sous les anneaux du ventre. Depuis longtemps Huber, de Genève, avait constaté que la cire n'est pas simplement récoltée sur les fleurs par les abeilles. Ces insectes, en effet, fournissent tout autant de cire lorsqu'ils sont confinés dans un espace fermé et exclusivement nourris de miel que lorsqu'ils ont leur entière liberté, ainsi que l'a constaté ce savant. Les expériences de Huber ont été confirmées plus tard par Gundlach et par MM. Dumas et Milne Edwards.

Extraction. — Pour extraire la cire des ruches, on soumet celles-ci à la presse afin de retirer la plus grande partie possible du miel; on fond ensuite le gâteau dans l'eau bouillante. Le miel qui reste se dissout et la cire fondue vient nager à la surface. On la laisse refroidir pour qu'elle se solidifie, puis on la retire, on la fond de nouveau et on la coule dans des vases en terre ou en bois. On obtient ainsi la *cire jaune* ou *cire vierge*.

Blanchiment. — Pour blanchir la cire jaune, on la réduit en rubans ou en nappes minces qu'on expose, sur des châssis, pendant plusieurs jours, au soleil et à la fraîcheur des nuits. Sous l'influence de l'oxygène pur elle blanchirait plus vite encore. On a également proposé (Rolly) d'agiter la cire, pour la blanchir, avec une petite quantité d'acide sulfurique étendu de 2 p. d'eau et quelques fragments d'azotate de sodium. Il se développe assez d'acide azotique pour détruire le principe colorant. On a aussi essayé l'action du chlore ou du chlorure de chaux pour le blanchiment de la cire. Mais cette méthode a l'inconvénient de donner naissance à des produits chlorés solides qui dégagent de l'acide chlorhydrique pendant la combustion des bougies.

La cire blanche ne diffère pas essentiellement de la cire jaune. Elle renferme les mêmes éléments constituants. La seule différence tient uniquement au principe colorant que renferme la cire jaune et que ne renferme plus la cire blanche. C'est à la destruction ou plutôt à la modification de ce principe qu'il faut attribuer les différences légères entre les résultats des analyses qu'a faites M. Lewy des deux espèces de cire.

Propriétés. — La cire des abeilles fond vers 62° ou 63°. Elle est complétement insoluble dans l'eau, mais soluble en toutes proportions dans les graisses, les huiles et les essences.

Elle est formée de deux principes immédiats simplement mélangés, qui diffèrent par leur solubilité dans l'alcool. L'un, soluble dans l'alcool bouillant, constitue l'acide *cérotique* (voyez ce mot) appelé autrefois *cérine*. L'autre, peu soluble dans ce liquide, est la myricine ou palmitate de myricyle (Brodie). La cire renferme en outre des quantités très-faibles de corps étrangers qui lui communiquent sa couleur, son odeur aromatique et son onctuosité. M. Lewy dit en avoir extrait une substance soluble dans l'alcool froid, à laquelle il donne le nom de *céroléine*. Gerhardt élevait des doutes sur la nature définie de cette substance [Gerhardt, t. II, p. 911].

Les proportions de myricine et d'acide cérotique que l'on trouve dans la cire des abeilles varient considérablement. Suivant John, Buchholz et Brandes, la cérine y entrerait pour les 9/10, tandis qu'elle n'y entrerait que pour les 7/10 suivant MM. Boudet et Boissenot. Une cire examinée par Hess renfermait 0,9 de myricine. La cire de Ceylan est entièrement exempte d'acide cérotique d'après Brodie, et le même chimiste a trouvé 22 °/₀ de cet acide dans la cire du comté de Surrey, en Angleterre.

Lorsqu'on soumet la cire à la distillation sèche, il passe une petite quantité d'eau acide qui renferme, suivant M. Poleck, de l'acide acétique et de l'acide propionique. Il distille ensuite une substance d'apparence grasse qui prend, par le refroidissement, la consistance butyreuse et que M. Ettling a trouvée composée d'un hydrocarbure solide, la paraffine, et d'un mélange d'acides gras solides, les acides palmitique et margarique.

Enfin il passe des produits huileux à points d'ébullition très-variables. Ces produits présentent la même composition que l'éthylène, dont ils sont probablement des polymères. Il se dégage du gaz carbonique et du gaz oléfiant pendant toute la durée de l'opération. La quantité de charbon qui reste dans la cornue est très-faible. On n'observe, dans cette distillation, ni la production de l'acroléine, ni celle de l'acide sébacique. Ce caractère permet de découvrir dans la cire les moindres proportions de suif ou de toute autre graisse, les corps gras ordinaires fournissant ces derniers produits dans les mêmes conditions.

Gerhardt et Roxalds ont observé que lorsqu'on fait bouillir la cire avec l'acide azotique il se forme des acides pimélique, adipique, succinique, etc., comme lorsqu'on oxyde l'acide stéarique par la même méthode.

La potasse caustique saponifie complétement la cire ou plutôt dissout l'acide cérotique et saponifie la myricine.

Usages. — La cire a des emplois nombreux. Elle sert à la fabrication des bougies, pour lesquelles toutefois on en consomme beaucoup moins qu'autrefois depuis l'invention des bougies stéariques et depuis qu'on fabrique les bougies transparentes avec de la paraffine. Les modeleurs se servent de la cire pour confectionner les objets d'art, et en pharmacie on s'en sert pour fabriquer les onguents, les emplâtres, le cérat et des sondes. Le cérat est un mélange bien intime de cire blanche, d'huile d'amandes et d'eau de roses. L'encaustique dont on se sert pour enduire les parquets avant de les cirer a aussi la cire pour base. C'est un mélange de cire jaune, de savon blanc et de cendres gravelées (carbonate de potasse).

Cire des Andaquies [Lewy, *Compt. rend., de l'Acad.*, t. XX, p. 39; *Ann. de Chim. et de Phys.*, (3), t. XIII, p. 453]. — Cette cire est récoltée par les Indiens de la petite tribu ou nation *Tamas* qui vivent sur les bords du Rio-Caquetta, dans les plaines du haut Orénoque et à la partie supérieure du fleuve de la Magdelaine. Elle est connue dans le pays sous le nom de *cire des Andaquies* (cera de los Andaquies). Elle est le produit d'un petit insecte *caveja*, nom générique employé par les Espagnols pour les mélipones en général. Cet insecte construit sur un même arbre un grand nombre de ruches dont chacune donne de 100 à 250 grammes de cire jaune.

Purifiée par l'eau bouillante, la cire des Andaquies fond à 77° et présente une couleur légèrement jaunâtre.

Elle renferme :

C... 81,05-81,67, H... 13,61-13,50, O... 4,74-4,83.

M. Lewy l'a trouvé composée de trois principes différents :

La cire de palmier (fusible à 72°).	Environ	50 °/₀.
La cire de la canne à sucre ou cérosie (fusible à 82°)............	—	45 °/₀.
Une matière huileuse............	—	5 °/₀.

Pour séparer ces trois substances on traite la cire par l'alcool bouillant, qui ne dissout presque pas de cire de palmier et dissout au contraire la cérosie et la matière huileuse. Le liquide filtré dépose la cérosie par le refroidissement. La matière huileuse reste dissoute à froid. On l'obtient en évaporant l'alcool.

Cires végétales. — Plusieurs cires végétales présentent de la ressemblance avec la cire des abeilles.

Cire de palmier. — Voyez Céroxyline, p. 800.

Cire de Carnauba [Lewy, *Compt. rend.*, t. XX, p. 38; *Ann. de Chim. et de Phys.*, t. XIII, p. 449; — *Annuaire de Milion et Reiset*, 1846, p. 551]. — Cette cire est produite par un palmier qui croît en abondance dans le nord du Brésil et particulièrement dans la province du *Ceara*; elle forme une couche mince sur la surface des feuilles. On se la procure aisément en coupant les feuilles et les laissant sécher à l'ombre. Elle s'en détache bientôt sous forme d'écailles que l'on fait fondre et que l'on emploie ensuite à la fabrication des bougies.

La cire de Carnauba est soluble dans l'alcool bouillant et dans l'éther; elle se prend, par le refroidissement, en une masse cristalline. Elle fond à 83°,5, est très-cassante et se laisse aisément pulvériser. M. Lewy y a trouvé

C... 80,36-80,29; H... 13,07-13,07;
O... 6,57-6,64.

Cire du myrica [Lewy, *loc. cit.*; — Moore, *Sillim. Americ. Journ.*, (2), t. XXXIII, n° 99, p. 313; *Journ. fur. prakt. Chem.*, 1863, t. LXXXVIII, n° 5, p. 301; *Bull. de la Soc. chim.*, 1863, p. 470].

Pour obtenir cette cire, on plonge dans l'eau bouillante les baies du myrica cerifera, arbre très-commun dans la Louisiane et dans les régions tempérées des Indes. Elle fond et vient nager à la surface de l'eau. Ces baies rendent, d'après M. Boussingault, jusqu'à 25 °/₀ de cire, et un arbuste peut produire annuellement 12 à 15 kilogrammes de fruits. La cire de myrica a une odeur balsamique, est plus ou moins colorée, fond de 47° à 49° et a une densité de 1,004 à 1,006 (Moore). Elle est plus cassante que la cire d'abeilles et se dissout dans 20 p. d'alcool bouillant. La potasse la saponifie, les acides contenus dans le savon seraient, d'après M. Chevreul, des acides stéarique, margarique et oléique, et, d'après M. Moore, de l'acide palmitique et de l'acide laurique. De la glycérine devient libre dans cette saponification. La cire de myrica n'est donc pas une véritable cire, mais un corps gras ordinaire. Elle a donné à M. Lewy : C... 74,23, H... 12,07, O... 13,70.

Cire d'ocuba [Lewy, *loc. cit.*]. — La cire d'ocuba provient d'un arbuste très-répandu dans la province du Para; on la rencontre également dans la Guyane française. L'arbuste qui la fournit est, suivant M. Brongniart, soit le *Myristica ocoba* (Humboldt et Bonplandt ; soit le *Myristica officinalis* (Martins); soit le *Myristica sebifera* (Swartz), *Virola sebifera* (Aublet).

D'après la description donnée par Sigaud [*Compt. rend. de l'Acad.*, t. XVII, p. 1321], cet arbuste croît dans des terrains marécageux et donne un fruit de la forme et de la grosseur d'une balle de fusil. Il a un noyau recouvert d'une pellicule épaisse cramoisie, qui teint l'eau en rouge en donnant une excellente couleur pourpre.

Pour extraire la cire, on pile les noyaux, on les réduit en pulpe et on les fait bouillir pendant quelque temps avec de l'eau. La cire vient nager à la surface du liquide.

16 kilogrammes de semences donnent 3 kilogrammes d'une cire que l'on emploie dans le pays pour la fabrication des bougies.

La cire d'ocuba a une couleur d'un blanc jaunâtre. L'alcool bouillant la dissout. Elle fond à 36°,5. L'analyse de cette matière a donné

C... 73,90-74,09; H... 11,40-11,30;
O... 14,70-14,61.

Cire de bicuiba [Lewy, *loc. cit.*]. — M. Adolphe Brongniart regarde cette cire comme provenant du *Myristica bicuhyba* (Schott). Il est probable qu'on l'extrait par un procédé analogue à celui que nous venons de décrire pour la cire d'ocuba. Mais les renseignements manquent sur ce point.

La cire bicuiba est d'un blanc jaunâtre; elle est soluble dans l'alcool bouillant et fond à 35°. M. Lewy l'a trouvée composée de

C... 74,37-74,39; H... 11,10-11,13;
O... 14,53-14,48.

Cire de canne ou Cérosie. — Voyez Cérosie, p. 800.

Cire de Chine. — Elle est constituée par le cérotate de céryle. — Voyez Cérylique (alcool).

Cire du Japon [Opermann, *Ann. de Chim. et de Phys.*, t. XLIX, p. 242; — Brandes, *Arch. der Pharm.*, (2), t. XXVII, p. 288; — Sthamer et Meyer, *Ann. der Chem. u. Pharm.*, t. XLIII, p. 335]. — Ce corps n'est autre que de la palmitine.

Cire du liége. — Voyez Cérine, p. 792.

Matières cireuses diverses extraites des plantes [Mulder, *Journ. für prakt. Chem.*, t. XXXII, p. 172; *Ann. de Chim. de Millon et Reiset*, 1845, p. 362] — Mulder a fait quelques expériences sur les substances cireuses qui accompagnent les substances colorantes verte, jaune et rouge des feuilles de nos climats.

Lorsqu'on extrait par l'éther la cire des baies de sorbier et qu'on la purifie autant que possible de matière colorante, on obtient un corps très-semblable à celui que renferme l'écorce de pommier et que l'on obtient accessoirement dans la préparation de la phloridzine. M. Mulder considère même ces deux produits comme identiques et les représente par la formule $C^{20}H^{16}O^{6}$ qu'il fonde sur les analyses suivantes :

	Cire de baies de sorbier.		Cire d'écorce de pommier.	
C...	69,17	69,16	68,89	69,04
H...	8,91	8,85	9,22	9,32

Cette cire est insoluble dans l'eau; l'alcool la dissout moins que l'éther. Elle fond à 83°. Les alcalis ne la saponifient qu'en partie, ce qui prouve qu'elle est un mélange de plusieurs corps.

L'herbe des prés, les feuilles de syringa, les feuilles de lilas et les feuilles de la vigne ont toutes fourni une matière identique avec la cire des abeilles. On l'en retire en épuisant les plantes par l'éther, évaporant, lavant le résidu à l'alcool froid et le faisant cristalliser plusieurs fois dans l'alcool bouillant, jusqu'à ce qu'il soit incolore. L'identité de cette matière cireuse avec la cire des abeilles est appuyée sur les analyses suivantes :

	Cire d'herbes.	Cire de lilas.
C...	79,83	80,46
H...	13,33	13,28

Suivant Mulder, toutes les parties vertes des plantes renfermeraient de la cire qui, dérivant de l'amidon sous l'influence de la chlorophylle, jouerait un certain rôle dans la respiration des plantes exhalant de l'oxygène.

CIRES FOSSILES. — On a désigné sous ce nom certains hydrocarbures solides naturels. — Voyez SCHÉÉRÉRITE et OZOKÉRITE. A. N.

CISSAMPÉLINE. — Voyez PÉLOSINE.

CITRACONIQUE (ACIDE),

$$C^5H^6O^4 = \left.\begin{matrix}C^5H^4O^2\\H^2\end{matrix}\right\} O^2 = C^3H^4(CO.OH)^2.$$

— Cet acide, appelé aussi *pyrocitrique*, a été découvert par Lassaigne en 1822. Il se forme lorsqu'on abandonne à l'air humide le produit liquide de la distillation réitérée de l'acide citrique, c'est-à-dire l'anhydride citraconique; on rencontre aussi cet anhydride dans la distillation de l'acide lactique.

Il est isomérique avec l'acide itaconique qu'on obtient d'abord en distillant l'acide citrique et avec l'acide mésaconique qui n'est que de l'acide citraconique modifié par son contact avec l'acide nitrique chaud. Il est diatomique et bibasique, et possède la propriété de fixer directement 2 atomes monoatomiques [Lassaigne, *Ann. de Chim. et de Phys.*, (2), t. XXI, p. 100; — Dumas, *ibid.*, t. LII, p. 295; — Robiquet, *ibid.*, t. LXV, p. 78; — Liebig, *Ann. der Chem. u. Pharm.*, t. XXVI, p. 119 et 152; — Crasso, *ibid.*, t. XXXIV, p. 68; — Engelhardt, *ibid.*, t. LXX, p. 246; — Gottlieb, *ibid.*, t. LXXVII, p. 265; — Baup., (3), *Ann. de Chim. et de Phys.*, t. XXXIII, p. 192; — Kekulé, *Ann. der Chem. u. Pharm.*, suppl. Band., t. I, n° 3, et *Ann. de Chim. et de Phys.*, (3), t. LXV, p. 117; *Ann. der Chem. u. Pharm.*, suppl. Band., t. II, p. 85, et *Ann. de Chim. et de Phys.*, (3), t. LXVI, p. 482; — Cahours, *Ann. de Chim. et de Phys.*, (3), t. LXVII, 129; — Carius, *Ann. der Chem. u. Pharm.*, t. CXXVI, nouv. sér., t. L, p. 195 et *Ann. de Chim. et de Phys.*, (3), t. LXIX, p. 112].

Propriétés. — L'acide citraconique obtenu par l'hydratation spontanée de son anhydride forme une masse cristalline et déliquescente. On exprime les cristaux et on les dessèche à 50° au plus : ce sont des prismes à quatre faces tronqués sur les arêtes et terminés par une face unique, solubles dans 8 p. d'eau à 10°, et solubles aussi dans l'alcool et l'éther. Fondant à 80°. Maintenu à 100°, par petites quantités, il se transforme en acide itaconique.

L'acide citraconique se déshydrate lorsqu'on essaye de le distiller; à 212° il passe de l'anhydride citraconique.

L'acide citraconique est inodore, d'une saveur amère en même temps qu'acide; il rougit le tournesol et donne des sels bien cristallisés.

L'*acide nitrique concentré* réagit violemment à une douce chaleur : il donne lieu à un dégagement de gaz et à la formation d'une huile qui cristallise par le refroidissement et qui contient deux composés azotés distincts, l'un étant beaucoup moins soluble que l'autre dans l'alcool. Ce sont la *dyslyte* et l'*eulyte* de Baup; on ne connaît pas leur composition.

L'*acide nitrique faible* donne à l'ébullition une matière azotée inconnue, de l'acide oxalique et de l'acide mésaconique.

Le *brome* ajouté à l'acide citraconique additionné de moitié de son poids d'eau dans la proportion de 1 molécule (Br^2) pour 1 molécule d'acide disparaît complétement à la chaleur du bain-marie. La réaction a lieu même à la température ordinaire et avec dégagement de chaleur. La liqueur évaporée donne des cristaux solubles dans l'alcool et l'éther d'acide citradibromopyrotartrique $C^5H^6Br^2O^4$. Cet acide maintenu à l'ébullition avec la quantité de potasse étendue nécessaire pour le saturer, précipite par les acides minéraux à l'état huileux ou cristallisable. La formule des cristaux est devenue $C^4H^5BrO^2$. C'est l'acide propylallylique (monobromocrotonique?) bromé (Cahours). Il fixe Br^2 et l'acide ainsi formé, $C^4H^5Br^3O^2$, traité par la potasse, fournit l'acide $C^4H^4Br^2O^2$, qui s'unit au brome comme l'acide monobromé, etc. (Cahours) $C^4H^5BrO^2 = C^5H^6Br^2O^4 - CO^2 - HBr$. On peut aussi préparer l'acide propylallylique bromé en faisant bouillir avec de l'eau le citradibromopyrotartrate de chaux qu'on obtient en précipitant avec le chlorure de calcium et l'alcool la solution d'acide citradibromopyrotartrique neutralisée par l'ammoniaque. Il cristallise comme l'acide benzoïque en aiguilles plates fusibles à 65°, assez solubles dans l'eau chaude, volatiles sans décomposition (voyez *Citraconate de potasse*). L'amalgame de sodium le convertit en acide butyrique :

$$C^4H^5BrO^2 + Na^2 + H^2 = C^4H^7NaO^2 + NaBr.$$

L'acide citradibromopyrotartrique n'est pas distillable, il donne lorsqu'on le chauffe, de l'eau, de l'acide bromhydrique et de l'anhydride monobromocitraconique :

$$C^5H^6Br^2O^4 = HBr + H^2O + C^5H^3BrO^3 \text{ (Kekulé).}$$

L'acide *monobromocitraconique* s'obtient seulement avec l'anhydride citraconique.

Si l'on neutralise par le carbonate de baryte la solution au centième d'acide citraconique et qu'on l'agite avec un petit excès d'*acide hypochloreux*, on peut au bout de 24 heures, en séparant le mercure et la baryte par les acides sulfhydrique et sulfurique, obtenir par évaporation au bain-marie de l'acide chlorocitramalique dérivant de l'acide citraconique par addition de HClO. Il est incristallisable, soluble en toute proportion dans l'eau et l'alcool, fond au-dessus de 100° et distille en s'altérant en partie. On connaît des sels mono- et bimétalliques cristallisés. Le sel bimétallique de potasse $C^5H^5ClO^5K^2$ se décompose à l'ébullition comme les autres sels bimétalliques, les sels acides restent inaltérés. Les produits de la décomposition du sel bimétallique sont un chlorure et un citrotartrate :

$$C^5H^5ClO^5K^2 + H^2O = C^5H^7O^6K + KCl \text{ (Carius).}$$

L'*amalgame de sodium* en présence de l'eau

convertit l'acide citraconique en acide pyrotartrique $C^8H^8O^4$ [Kekulé], l'*acide iodhydrique* concentré en acide mésaconique.

L'acide citraconique peut être représenté par la formule $[(C^8H^4)^{iv}(CO^2H)^2]''$ qui explique comment il se fait que la molécule d'acide citraconique fixe Br^2, c'est-à-dire possède deux atomicités libres. Elle explique encore ce fait que l'acide citraconique a plusieurs isomères puisque les atomicités laissées libres ou saturées par CO^2H peuvent occuper différentes places ; cet autre fait que les acides pyrotartriques bromés qu'on dérive de ces divers isomères par addition de Br^2 présentent des différences analogues. Elle laisse enfin prévoir que les acides pyrotartriques obtenus en substituant H^2 à Br^2 dans ces derniers composés sont identiques.

CITRACONATES. — Ils sont acides ou neutres et possèdent la composition suivante :

$C^8H^5O^4M'$. Citraconate acide ou monométallique.
$C^8H^4O^4(M')^2$. Citraconate neutre ou bimétallique.

Le *citraconate acide d'ammonium*,

$$C^8H^5O^4(AzH^4),$$

s'obtient en lamelles brillantes lorsqu'on évapore une solution d'acide citraconique neutralisée par l'ammoniaque.

Le *citraconate acide d'argent*, $C^8H^5O^4Ag$, forme de gros cristaux bien plus solubles que ceux de sel neutre. On les obtient en évaporant la solution de ce dernier sel dans l'acide citraconique.

Le *citraconate biargentique*, $C^8H^4O^4Ag^2$, forme des aiguilles brillantes qui se déposent lorsqu'on a fait dissoudre dans l'eau bouillante le précipité volumineux obtenu en additionnant l'acide citraconique de nitrate d'argent et d'un peu d'ammoniaque. Le liquide séparé des cristaux donne par évaporation ménagée des prismes hexagones d'un aspect adamantin et contenant 1 molécule d'eau de plus que le précédent.

La solution ammoniacale de ce sel donne par évaporation dans le vide une masse épaisse très-soluble dans l'eau.

Le *citraconate acide de baryte*, $(C^8H^5O^4)^2Ba$, forme de fines aiguilles soyeuses.

Citraconate neutre de baryte, $C^8H^4O^4$ Ba (à 100°). — Poudre cristalline qui se dépose par le refroidissement d'une solution de carbonate de baryte dans l'acide citraconique.

Engelhardt a dosé l'eau dans les paillettes nacrées qui constituent le sel neutre barytique de l'acide tiré de l'acide lactique. Cette eau qui se sépare à 100° constitue 14,02 °/₀ du sel, c'est-à-dire 2 1/2 H^2O.

Citraconate acide de chaux,

$$(C^8H^5O^4)^2Ca + 3H^2O.$$

— Lamelles inaltérables à l'air, noircissant et se décomposant à 140° avec dégagement d'acide ; le sel neutre est fort soluble, mais n'a pas été obtenu cristallisé.

Citraconate acide de plomb, $(C^8H^5O^4)^2Pb$ (à 140°). — Petits cristaux jaunâtres qu'on obtient en dissolvant le sel neutre dans un grand excès d'acide.

Citraconate neutre de plomb, $C^8H^4O^4Pb$. — Si on ajoute un peu d'ammoniaque à une solution d'acide citraconique, puis de l'acétate de plomb, on obtient un précipité blanc que l'ébullition rend cristallin. Les cristaux sont anhydres. La liqueur laisse déposer par le refroidissement une poudre brune qui contient H^2O.

Le précipité formé par l'acétate de plomb dans le citraconate d'ammoniaque neutre présente, lorsqu'il est desséché, l'aspect de la gomme et contient $2H^2O$. Il donne à l'ébullition le sel anhydre et cristallin.

Le sous-acétate de plomb précipite des citraconates alcalins, un sel basique cristallin et pulvérulent presque insoluble dans l'eau :

$$C^8H^4O^4Pb, PbO.$$

Citraconate acide de potasse. — On neutralise une partie d'acide par le carbonate de potasse, puis on ajoute une fois autant d'acide libre ; on obtient ainsi des paillettes très-solubles. Selon Baup, il existe encore un sel suracide.

Citraconate neutre de potasse. — S'obtient en neutralisant l'acide par le carbonate de potasse ; masse pulvérulente très-soluble.

Lorsqu'on ajoute du brome par petites portions à la solution de ce sel, il se dégage de l'acide carbonique et l'on voit se produire une huile jaunâtre et pesante dont une portion seulement est soluble dans les alcalis étendus. En acidifiant cette liqueur alcaline, la portion dissoute se sépare sous forme d'huile ou quelquefois de cristaux : c'est l'*acide bromotriconique* de Cahours $C^4H^6Br^2O^2$, qui dérive de l'acide citraconique par élimination de CO^2 et addition de Br^2 [*Ann. de Chim. et de Phys.*, (3), t. XIX, p. 484].

L'acide huileux est soluble dans l'alcool et l'éther, peu soluble dans l'eau, très-dense, d'une odeur faible qui devient irritante à chaud : lorsqu'on le met en contact avec la *potasse concentrée*, il s'échauffe. Il se développe une odeur particulière et les acides ne séparent plus d'acide bromotriconique. Lorsqu'on le fait bouillir avec la *potasse étendue*, le dédoublement est fort net ; les acides mettent en liberté un acide fort soluble dans l'éther, cristallisé en aiguilles, fusible vers 60°, distillant entre 228° et 230° avec une légère décomposition et présentant la composition de l'acide monobromocrotonique :

$$C^4H^6Br^2O^2 = C^4H^5BrO^2 + HBr.$$

Cette réaction distingue l'acide bromotriconique de son isomère, l'acide dibromobutyrique, qui échangerait Br^2 contre $(HO)^2$ (Cahours).

Le sel d'ammoniaque est fort bien cristallisé et contient $C^4H^5Br^2O^2(AzH^4) + C^4H^6Br^2O^2$.

Le sel d'argent, $C^4H^5Br^2O^2Ag$, est un précipité caillebotté.

Le bromotriconate d'éthyle, $C^4H^5Br^2O^2(C^2H^5)$, est un liquide incolore et dense qui se décompose en partie par distillation. L'acide cristallin présente la même composition, donne aussi des sels alcalins bien cristallisés, il distille presque sans altération.

Quant à l'huile neutre obtenue dans la préparation de l'acide bromotriconique et non dissoute par la potasse étendue, elle est très-dense, insoluble dans l'eau, soluble en toutes proportions dans l'alcool et l'éther. Elle ne distille pas sans altération et offre la composition représentée par la formule $C^3H^3Br^3O$, qui est celle de l'aldéhyde tribromopropionique ou de l'acétone tribromée.

Lorsque le brome agit sur le citraconate neutre en présence d'un excès d'alcali, la réaction est analogue à la précédente. L'huile est partiellement soluble dans les alcalis d'où les acides la précipitent en flocons cristallins d'acide bromitonique, $C^3H^4Br^2O^2$, présentant la composition d'un acide propionique bibromé. On peut le distiller avec précaution sans l'altérer. Il est soluble dans l'alcool et l'éther ; un peu soluble dans l'eau. La solution saturée à l'ébullition le laisse déposer sous forme de longues aiguilles soyeuses. La partie de l'huile insoluble dans les alcalis est la même que celle qui se forme dans la réaction précédente.

Citraconate de soude. — Masse très-soluble dans l'eau, mais incristallisable.

Citraconate acide de strontiane,

$$(C^8H^5O^4)^2Sr + 3H^2O.$$

— Gros prismes incolores souvent tronqués sur les arêtes longitudinales.

Le *citraconate neutre* ne cristallise que confusément, s'effleurit par évaporation de sa solution.

ÉTHERS CITRACONIQUES. — On n'a préparé que le citraconate d'éthyle $C^5H^4O^4(C^2H^5)^2$, soit par éthérification à l'aide de l'acide chlorhydrique, soit en distillant avec l'acide sulfurique concentré un mélange d'alcool et d'acide citrique de façon à décomposer l'éther citrique qui se forme.

Liquide incolore, amer, bouillant à 225° avec décomposition partielle, d'une densité de 1,04 à 18°,5; soluble en toutes proportions dans l'alcool et l'éther, à peu près insoluble dans l'eau qui l'acidifie à la longue.

CITRACONIQUES (AMIDES). — On connaît la citraconamide, la citraconimide, l'acide citraconamique et divers dérivés phénylés de ces composés :

$$C^3H^4\left\{\begin{matrix}CO.OH\\CO.OH\end{matrix}\right. = (C^5H^4O^2)''(OH)^2;$$

Acide citraconique.

$$C^3H^4\left\{\begin{matrix}CO.AzH^2\\CO.AzH^2\end{matrix}\right. = (C^5H^4O^2)''(AzH^2)^2;$$

Citraconamide.

$$C^3H^4\left\{\begin{matrix}CO\\CO\end{matrix}\right\}(AzH)'' = (C^5H^4O^2)''(AzH)'';$$

Citraconimide.

$$C^3H^4\left\{\begin{matrix}CO.OH\\CO.AzH^2\end{matrix}\right. = (C^5H^4O^2)''(OH)(AzH^2).$$

Acide citraconamique.

CITRACONAMIDE, $C^5H^4O^2.(AzH^2)^2$. — Lorsqu'on chauffe l'anhydride citraconique dans un courant de gaz ammoniac, il se transforme en une masse jaunâtre et visqueuse qui devient vitreuse par le refroidissement et donne du citraconate d'ammoniaque par l'action de l'eau. C'est sans doute de la citraconamide.

CITRACONIMIDE, $C^5H^4O^2.AzH$. — On mêle l'acide citraconique avec un excès d'ammoniaque et l'on chauffe jusqu'à 180°. Le sel d'ammoniaque s'est détruit et l'on a une masse huileuse jaune hygrométrique, insoluble dans l'eau froide, peu soluble dans l'alcool.

Phénylcitraconimide ou citraconanile,

$$C^5H^4O^2Az.C^6H^5.$$

— On ajoute de l'aniline à l'anhydride citraconique, le mélange s'échauffe beaucoup; on le maintient pendant quelque temps au bain-marie, et il se concrète en cristaux de citraconanile. On peut également concentrer à 100° une solution d'acide citraconique additionnée d'aniline. La tendance de ce corps à se former dans les circonstances où un sel d'aniline devait prendre naissance est remarquable. Il est peu soluble dans l'eau froide, assez soluble dans l'eau bouillante où il cristallise en aiguilles fusibles à 96°, soluble dans l'alcool et l'éther, sublimable au-dessus de 100° avec une odeur suffocante douée d'un léger parfum de rose.

Il se dissout dans l'acide sulfurique d'où l'eau le précipite.

L'*iodophénylcitraconimide* s'obtient de la même façon avec l'iodaniline; elle fond en se décomposant et en se sublimant partiellement. Sa composition correspond à la formule

$$C^5H^4O^2.AzC^6H^4I.$$

La *dinitrophénylcitraconimide* se forme lorsqu'on ajoute par portions de la phénylcitraconimide dans un mélange d'acides sulfurique et nitrique refroidi dans la glace. On verse le produit dans l'eau glacée, on le lave et on le fait cristalliser dans l'alcool, où il est fort soluble. Aiguilles incolores, à peine solubles dans l'eau, fusibles et décomposables par la chaleur avec une légère explosion. Les carbonates alcalins en séparent du dinitrophénylcitraconamate et au bout d'un certain temps de la dinitraniline. Sa composition répond à la formule $C^5H^4O^2.AzC^6H^3(AzO^2)^2$.

ACIDE CITRACONAMIQUE, $C^5H^4O^2.OH.AzH^2$. — Le sel d'ammoniaque paraît s'obtenir par l'ébullition d'un mélange de citraconimide et d'ammoniaque; comme les autres sels, il est incristallisable.

Acide phénylcitraconamique,

$$C^5H^4O^2.OH.AzHC^6H^5.$$

— Lorsqu'on fait bouillir la phénylcitraconimide avec l'ammoniaque étendue, il se forme du phénylcitraconamate d'ammoniaque. Si on ajoute alors de l'acide acétique en excès et qu'on laisse refroidir, il se dépose un précipité cristallin, mélangé d'un peu de phénylcitraconimide. On le dissout dans un mélange de parties égales d'alcool et d'éther; les premiers cristaux déposés alors sont purs. Ces cristaux sont incolores, à peine solubles dans l'eau et ont une réaction acide; ils fondent en se transformant en phénylcitraconimide et en eau.

Acide dinitrophénylcitraconamique,

$$C^5H^4O^2.OH.AzHC^6H^3(AzO^2)^2.$$

— Le sel de soude s'obtient en faisant bouillir pendant quelques instants seulement la dinitrophénylcitraconimide avec le carbonate de soude étendu. Les acides en précipitent l'acide libre à l'état cristallin. Il est soluble dans l'alcool et s'y dépose en larges aiguilles. Le sel d'argent obtenu avec l'acide neutralisé par l'ammoniaque et le nitrate d'argent, forme des paillettes d'un jaune pâle.

CITRACONIQUE (ANHYDRIDE)

$$C^5H^4O^2.O.$$

— C'est la majeure partie du produit de la distillation sèche et réitérée de l'acide citrique. On le sépare de l'eau qui le surnage et on le rectifie. Il se forme encore dans la distillation de l'acide itaconique et même de l'acide lactique. C'est un liquide très-fluide, incolore et inodore, qui attire l'humidité de l'air et se dissout lentement dans l'eau. Sa densité à +14° est de 1,247. Il est entraîné par les vapeurs d'eau, mais ne distille qu'à 212°.

Le *brome* le convertit en anhydride monobromocitraconique, $C^5H^3BrO^3$, vraisemblablement par addition de Br^2, puis par élimination de HBr. Ce dernier corps se dissout lentement dans l'eau, un peu mieux dans l'eau chaude; mais, bien qu'il se combine à l'eau à froid, il peut cristalliser dans l'eau bouillante sans s'hydrater. La déshydratation de l'acide monobromocitraconique est en effet si facile, qu'elle s'effectue dans l'air sec à la température ordinaire.

L'anhydride citraconique absorbe avidement l'ammoniaque et réagit énergiquement sur le perchlorure de phosphore avec formation de chlorure de citraconyle. G. S.

CITRACONYLE (CHLORURE DE),

$$C^5H^4O^2.Cl^2.$$

— Si l'on verse l'anhydride citraconique sur le perchlorure de phosphore, il se produit une vive effervescence. On sépare par distillation le chlorure de citraconyle de l'oxychlorure de phosphore et de l'anhydride inaltéré. C'est un liquide assez fluide, fumant, très-réfringent, d'une odeur qui rappelle celle de la paille mouillée, d'une densité de 1,4 à +15°. Il bout à 175°, non sans s'altérer un peu. L'air humide le transforme en acides citraconique et chlorhydrique. Il s'échauffe avec l'alcool absolu et l'eau en sépare un liquide d'une odeur de fruits qui présente les caractères de l'éther citraconique. Il s'échauffe aussi avec l'aniline et donne des paillettes micacées d'itaconanilide. G. S.

CITRAMALIQUE (ACIDE),

$$\left.\begin{matrix}C^5H^5O^2\\H^3\end{matrix}\right\}O^3 = [C^3H^5]'''(OH)(CO.OH)^2.$$

— Cet homologue de l'acide malique a été obtenu par Carius à l'aide de l'acide chlorocitramalique formé par l'addition de l'acide hypochloreux ClOH à l'acide citraconique $C^3H^4.(CO.OH)^2$. — Voyez p. 927.

L'acide chlorocitramalique

$$C^3H^4Cl.(OH).(CO.OH)^2$$

est un acide fort qui échange facilement 2 atomes d'hydrogène contre les métaux et dissout le zinc avec dégagement d'hydrogène. Dans ce cas, le chlore est remplacé par l'hydrogène et le citramalate prend naissance. La réaction est surtout nette lorsqu'on ajoute de l'acide sulfurique.

Les chlorocitramalates de potasse et d'ammoniaque sont déliquescents. Le sel de potasse bimétallique est anhydre. Le sel de baryte bimétallique se sépare à l'état cristallisé dans la préparation même de l'acide chlorocitramalique lorsqu'on laisse reposer longtemps la liqueur avant de la traiter par l'hydrogène sulfuré. On peut l'obtenir directement et par double décomposition du sel d'ammoniaque. Les cristaux, très-peu solubles dans l'eau froide, appartiennent au type clinorhombique [Carius, *Ann. der Chem. u. Pharm.*, t. CXXVI (nouv. sér., t. L), p. 195; *Ann. de Chim. et de Phys.*, (3), t. LXIX, p. 115]. G. S.

CITRATARTRIQUE (ACIDE),

$$\left.\begin{matrix}C^5H^4O^2\\H^4\end{matrix}\right\}O^4 = [C^3H^4]^{iv}(OH)^2(CO.OH)^2.$$

— Cet homologue de l'acide tartrique s'obtient à l'état de sel acide de potasse en faisant bouillir avec de l'eau le chlorocitramalate neutre de potasse. Il diffère de l'acide chlorocitramalique par OH en plus et Cl en moins, et par conséquent de l'acide citratartrique par O :

$$C^3H^4Cl.OH.CO^2K.CO^2K + H^2O$$
$$= C^3H^4.OH.OH.CO^2H.CO^2K + KCl$$

Citratartrate acide de potasse.

[Carius, *Ann. der Chem. u. Pharm.*, t. CXXVI, (nouv. sér., t. L), p. 195; *Ann. de Chim. et de Phys.*, (3), t. LXIX, p. 115]. G. S.

CITRATES. — On connaît des citrates mono-, bi- et trimétalliques représentant de l'acide citrique où 1, 2 ou 3 atomes d'hydrogène sont remplacés par une quantité équivalente de métal. On connaît même un citrate de cuivre tétramétallique, mais le plus généralement la substitution du quatrième atome d'hydrogène n'est possible qu'avec un radical électro-négatif. Les citrates des radicaux alcooliques ou éthers citriques sont susceptibles des mêmes remarques. Nous ne décrirons ici que les citrates métalliques et les éthers monatomiques de la série grasse.

CITRATES MÉTALLIQUES.

Citrate monométallique....... $C^6H^7O^7.M'$;
Citrate bimétallique.......... $C^6H^6O^7.(M')^2$;
Citrate trimétallique ou neutre. $C^6H^5O^7.(M')^3$.

[Heldt, *Ann. der Chem. u. Pharm.*, t. XLVII, p. 57; — Heusser, *Poggend. Ann.*, t. LXXXVIII, p. 122.]

On rencontre des citrates dans le règne végétal : le citrate de chaux dans les oignons, les feuilles de pastel, les pommes de terre, dans les betteraves avant leur maturité, etc.; le citrate de potasse dans les topinambours, les pommes de terre, etc.

Les citrates alcalins sont fort solubles dans l'eau; les sels de magnésie, de zinc, de fer, de cobalt, de nickel, sont solubles; les sels neutres de baryte, de strontiane et de chaux le sont beaucoup moins. Les citrates solubles empêchent la précipitation du fer, du manganèse et de l'alumine par les alcalis; les citrates de magnésie et de fer ne possèdent pas la saveur caractéristique des sels de fer et de magnésie.

Les citrates commencent à se détruire en se colorant à 230°.

CITRATE D'ALUMINE. — On connaît un sel insoluble. Un excès d'acide produit des composés gommeux très-solubles.

CITRATES D'AMMONIAQUE. — Le *sel trimétallique* n'a pas été obtenu cristallisé, l'évaporation donnant un sel biammonique pendant que l'ammoniaque s'échappe. L'acide citrique en solution alcoolique, neutralisé à l'ébullition par l'ammoniaque, donne, par le refroidissement, des gouttes huileuses qui ne se concrètent pas.

Le *sel bimétallique* $C^6H^6O^7(AzH^4)^2$ cristallise dans le type orthorhombique en cristaux tabulaires $p, m, a^1, g^1, b^{1/2}, \alpha\ (=b^1b^{1/3}h^1)$. On l'obtient par la concentration de la solution de l'acide citrique saturée d'ammoniaque. Les cristaux sont, suivant Heusser, hémièdres, tantôt à droite, tantôt à gauche; ils présentent la facette α placée d'une façon dissymétrique; mais leur solution n'est pas active optiquement. Heldt en a cité une modification dimorphique, obtenue à une très-basse température.

Le *sel monométallique* $C^6H^7O^7(AzH^4)$ se forme lorsqu'on ajoute à du carbonate d'ammoniaque, neutralisé par l'acide acétique, deux fois autant d'acide qu'on lui en a fourni. En l'évaporant, on obtient de petits prismes du type anorthique ne contenant pas d'eau de cristallisation.

En ajoutant seulement autant d'acide qu'on en a employé pour la neutralisation, on a encore des prismes anorthiques, mais paraissant renfermer $C^6H^7O^7(AzH^4) + C^6H^6O^7(AzH^4)^2$.

CITRATE D'ANTIMOINE ET DE POTASSE. — Gerhardt le formulait ainsi :

$$2C^6H^6O^7K(SbO)' + 2C^6H^6O^7K^2 + 3H^2O;$$

on peut encore écrire :

$$2(C^6H^5O^7)^2K^3Sb''' + 5H^2O.$$

Thaulow l'a préparé en neutralisant de l'acide citrique par la potasse, ajoutant une quantité égale d'acide citrique et faisant bouillir avec de l'oxyde d'antimoine. La solution laisse déposer des houppes de prismes blancs fort durs, dont la composition répond à la formule précédente. Ils perdent $5H^2O$ à 190° [*Ann. der Chem. u. Pharm.*, t. XXVII, p. 233].

CITRATE D'ANTIMOINE ET D'ARGENT,

$$C^6H^5O^7.Ag^2SbO.$$

— S'obtient en précipitant le citrate précédent par le nitrate d'argent.

CITRATES D'ARGENT. — *Sel argentique,*

$$C^6H^5O^7Ag^3.$$

— Précipité blanc se décomposant à une température très-élevée avec une sorte d'explosion.

Le *sel argenteux* $C^6H^5O^7.Ag^6$ a été obtenu par Wœhler en chauffant le sel précédent dans un courant d'hydrogène à 100°. Il se forme une masse brune d'où l'eau extrait de l'acide citrique et une petite quantité de sel argenteux. Cette solution rouge prend à l'ébullition une couleur chatoyante verte et bleue et laisse déposer de l'argent en se décolorant. L'argent obtenu par calcination du sel constitue les 76 % du sel. Théorie, 77,4 [*Ann. der Chem. u. Pharm.*, t. XXX, p. 1].

CITRATE D'ARGENT ET DE CHAUX,

$$(C^6H^5O^7)^2.Ag^4Ca^2O.$$

— Se précipite lorsqu'on ajoute du nitrate d'argent au citrate calcique très-étendu.

CITRATES DE BARYTE. — Le *sel trimétallique*,

$$(C^6H^5O^7)^2Ba^3 + 7H^2O.$$

— En ajoutant peu à peu du citrate de soude à une solution de chlorure de baryum, on voit un précipité paraître, puis se redissoudre. La liqueur se prend bientôt après en une masse gélatineuse plus soluble à froid qu'à chaud, et ne devenant pas cristalline par l'ébullition.

Le *sel bimétallique* n'a pas été isolé ; mais en mettant le sel précédent en digestion avec un peu moins d'acide citrique qu'il n'en faut pour le dissoudre, on obtient, après évaporation, une poudre cristalline renfermant

$$(C^6H^5O^7)^2Ba^3 + (C^6H^6O^7)Ba^2 + 7H^2O,$$

et perdant 7,75 % à 160°. On prépare le même sel en ajoutant du citrate tribarytique à un mélange bouillant de chlorure de baryum et d'acide citrique (Berzelius).

Le *sel monométallique* s'obtient en masses gommeuses où paraissent des points cristallins lorsqu'on laisse évaporer du citrate tribarytique dissous dans l'acide citrique et évaporé au préalable jusqu'à consistance sirupeuse.

CITRATE DE CADMIUM. — Le sel trimétallique est une poudre cristalline peu soluble dans l'eau.

CITRATE DE CÉRIUM. — Précipité insoluble et pulvérulent produit par le citrate de soude dans le nitrate de cérium.

CITRATES DE CHAUX. — *Sel trimétallique*,

$$(C^6H^5O^7)^2Ca^3 + 4H^2O.$$

— En versant peu à peu du chlorure de calcium dans du citrate de soude, il se forme un précipité qui se redissout, puis la liqueur se trouble et donne une bouillie blanche qui devient cristalline à chaud. C'est du citrate neutre bien moins soluble dans l'eau bouillante que dans l'eau froide, soluble dans l'acide acétique et les acides minéraux, non précipitable de ces dernières solutions par l'ammoniaque, mais entièrement par l'ébullition.

Le *sel bimétallique* $C^6H^6O^7.Ca + H^2O$ cristallise par l'évaporation de la solution citrique du citrate neutre en feuillets qui se décomposent partiellement par les lavages. Desséché à 150°, il perd son eau de cristallisation.

CITRATE DE COBALT, $[C^6H^5O^7]^2Co^3 + 14H^2O$. — Vernis violet, très-soluble dans l'eau en une liqueur rose, et précipitable par l'alcool. On l'obtient en concentrant les solutions de carbonate de cobalt dans l'acide citrique. Il perd son eau à 220°.

Les autres sels ont la même apparence.

CITRATE DE CUIVRE. — C'est un sous-sel répondant à la formule $C^6H^6O^7.Cu, CuOH + H^2O$, qu'on obtient en chauffant une solution d'acétate de cuivre avec l'acide citrique. Il est constitué par de petits rhomboèdres qui perdent H^2O à 100°, passent à l'état de sel tétrabasique $C^6H^4Cu^2O^7$ à 150°, et se décomposent à 170° (J. Gay-Lussac).

Sa solution ammoniacale est bleue et dépose par l'alcool des gouttelettes d'un bleu foncé qui ne cristallisent pas.

CITRATE D'ÉTAIN. — Sel obtenu en versant dans une solution bouillante d'acide citrique une solution de protoxyde d'étain dans l'acide acétique. Il cristallise, mais se décompose par l'eau [Bouguet, *Recueil des travaux de la Soc. d'émul. pour les sc. pharm.*, 1847, p. 3].

CITRATES DE FER. — La dissolution du fer dans l'acide citrique précipite par l'alcool en flocons blancs de *citrate triferreux*.

L'hydrate ferrique dissous à chaud (60°) dans l'acide citrique donne une liqueur brune qui se dessèche en un vernis grenat contenant

$$[C^6H^5O^7]^2(Fe^2) + 6H^2O$$

et perdant $3H^2O$ à 120°, et de nouveau $3H^2O$ à 150°. Le sel anhydre est soluble dans l'eau (H. Schiff). Ce savant a encore obtenu, par la dessiccation d'un citrate ferrique ammoniacal, le sel tétrabasique $[C^6H^4O^7]^2(Fe^2)O^2$ [*Ann. der Chem. u. Pharm.*, t. CIV, p. 329, et *Ann. de Chim. et de Phys.*, (3), t. LXIX, p. 274]. Lorsqu'on ajoute un peu d'ammoniaque à la solution citrique de peroxyde de fer avant de l'évaporer, on obtient le citrate de fer *modifié* employé en pharmacie.

CITRATES DE LITHINE. — Masses compactes incristallisables.

CITRATES DE MAGNÉSIE. — Le *sel trimétallique* se produit en neutralisant avec la magnésie ou son carbonate l'acide citrique à chaud ; c'est une poudre grenue et dense formée d'un amas de cristaux prismatiques. En projetant par partie le sel trimétallique dans l'acide citrique chaud et en évaporant, il se dépose des cristaux de citrate bimétallique [Perret, *Bull. de la Soc. chim.*, 1866, t. V, p. 43].

Le carbonate de magnésie est dissous par le citrate disodique et donne un sel cristallisé.

CITRATE DE MANGANÈSE. — Le *sel bimétallique* $C^6H^6O^7.Mn + H^2O$ obtenu avec le carbonate et l'acide citrique est insoluble dans l'eau, très-soluble dans l'acide chlorhydrique; c'est une poudre blanche et cristalline. Il ne perd pas de son poids à 150°, mais à 220° il a perdu sa molécule d'eau de cristallisation.

CITRATES DE MERCURE. — *Sel mercureux*. — C'est une poudre blanche et cristalline que l'eau bouillante transforme en sous-sel, et qu'on obtient avec l'acétate mercureux et l'acide citrique.

Sel mercurique. — Poudre blanche, décomposée par l'eau, qui se dépose par le refroidissement de la solution, faite à chaud, d'oxyde mercurique récemment précipité dans l'acide citrique.

CITRATE DE NICKEL, $[C^6H^5O^7]^2Ni^3 + 14H^2O$. — Vernis vert-olive obtenu comme le sel de cobalt, et ayant les mêmes caractères.

CITRATES DE PLOMB. — Le *sel trimétallique* s'obtient à l'état de pureté et grenu, en précipitant à chaud l'acétate de plomb en solution alcoolique par l'acide citrique également alcoolique. On lave la poudre à l'alcool. Séchée à 120°, elle contient $[C^6H^5O^7]^2Pb^3$. On l'obtient aussi, mais moins pur, avec l'acétate de plomb et le citrate trisodique, ou même l'acide citrique. Il est insoluble dans l'ammoniaque et très-soluble dans le citrate d'ammoniaque.

Le *sel bimétallique* $C^6H^6O^7.Pb + H^2O$ se produit par la digestion du sel précédent dans l'acide citrique, ou l'addition à la solution bouillante et faible d'acide citrique d'acétate de plomb, versé goutte à goutte jusqu'à ce que le précipité commence à être permanent. Prismes transparents et très-solubles.

Le sel bimétallique donne, avec une solution concentrée d'acide citrique, le composé cristallin $[C^6H^5O^7]^2Pb^3 + 2C^6H^6O^7Pb$.

Le sel neutre mis en digestion avec l'ammoniaque donne un *sous-sel*

$$[C^6H^5O^7]^2Pb^3 + PbH^2O^2,$$

et avec le sous-acétate de plomb une autre poudre $[C^6H^5O^7]^2Pb^3 + 2PbO + PbH^2O^2$.

CITRATES DE POTASSE. — *Sel trimétallique*,

$$C^6H^5O^7.K^3 + H^2O.$$

— Cristaux aciculaires, étoilés, déliquescents, insolubles dans l'alcool absolu, qu'on obtient en laissant évaporer une solution de carbonate de potasse saturée par l'acide citrique. Ils perdent H^2O vers 200°.

Sel bimétallique, $C^6H^6O^7.K^2$. — Obtenu par Heusser en prismes clinorhombiques, mais se produisant généralement sous forme de croûte amorphe par l'évaporation d'une solution de citrate tripotassique, additionnée de moitié autant d'acide qu'elle en renfermait déjà.

Le *sel monométallique* $C^6H^7O^7.K + H^2O$ forme de groscristaux enchevêtrés, fusibles à 100° dans leur eau de cristallisation, qu'ils perdent entièrement en donnant une masse poisseuse, devenant cristaline par le refroidissement. On les obtient en évaporant à 40° une solution de sel trimétallique additionnée d'autant d'acide qu'elle en renferme déjà.

Le chlore ou le brome réagissent sur les citrates de potasse, de soude et de baryte; même à la lumière diffuse, il se dégage de l'acide carbonique et de l'acide chlorhydrique, et il se forme surtout de l'acétate de méthyle pentachloré ou pentabromé et du bromoforme. L'acétate de méthyle pentabromé a été nommé par Cahours, qui l'a découvert, *bromoxaforme*. Les alcalis transforment l'éther chloré en dichloracétate, chlorure et carbonate. Le produit bromé donne, avec la potasse faible, du formiate et du carbonate; avec l'ammoniaque alcoolique on obtient de la dibromacétamide ou de la dichloracétamide [Cloëz, *Compt. rend.*, t. LIII, p. 1120].

CITRATE DE POTASSE ET D'AMMONIAQUE,

$$C^6H^5O^7.K^3 + C^6H^6O^7(AzH^4)^2.$$

— On l'obtient par l'évaporation du citrate bipotassique sursaturé d'ammoniaque. Prismes transparents se liquéfiant à l'air.

CITRATES DE SOUDE. — *Sel trimétallique*,

$$2(C^6H^5O^7.Na^3) + 11H^2O.$$

— Gros prismes orthorhombiques clivables imparfaitement selon g^1 et h^1 et présentant généralement les faces h^1, m, a^1, etc., ($mg^1 = 127°55$). $a^1a^1 = 137°4$) qu'on voit se produire par l'évaporation spontanée d'une solution de carbonate de soude saturé par l'acide citrique. Ils perdent $7H^2O$ à 100°, et de nouveau $4H^2O$ entre 190° et 200°. Évaporée à 60° et au-dessus, la solution laisse déposer des cristaux clinorhombiques renfermant la même quantité d'eau que le sel précédent, chauffé à 100°, et qu'ils ne perdent qu'à 190-200°.

Le *sel bimétallique* $C^6H^6O^7Na^2 + H^2O$ s'obtient comme le sel correspondant de potasse.

Cristaux prismatiques groupés en étoiles, solubles dans l'alcool bouillant et perdant H^2O au-dessus de l'acide sulfurique.

Le *sel monométallique* $C^6H^7O^7Na + H^2O$ se prépare comme le sel de potasse. Cristaux aciculaires qui apparaissent dans la masse gommeuse qu'on obtient par concentration et l'envahissent tout entière.

CITRATE DE SOUDE ET D'AMMONIAQUE. — Croûtes d'apparence cristalline.

CITRATE DE SOUDE ET DE POTASSE. — Aiguilles groupées en étoiles, obtenues par l'évaporation de parties équivalentes de citrates tripotassique et trisodique.

CITRATE DE STRONTIANE. — *Sel trimétallique*, $(C^6H^5O^7)^2Sr^3 + 5H^2O$. — Précipité blanc produit par l'acétate de strontiane dans les solutions d'acide citrique ou de citrates alcalins. Soluble dans les acides minéraux, non précipitable alors par l'ammoniaque, mais par l'ébullition.

Le *sel bimétallique*, $C^6H^6O^7.Sr + H^2O$. — Croûtes nacrées, insolubles dans l'eau, qu'on obtient en laissant digérer le précédent citrate dans l'acide citrique chaud, filtrant et évaporant.

CITRATE DE TELLURE. — Gros prismes incolores solubles qu'on obtient en saturant l'acide citrique par l'acide tellureux et en laissant évaporer.

CITRATE DE THALLIUM, $C^6H^5O^7Tl^3$. — Houppes soyeuses déliquescentes; un peu solubles dans l'alcool.

CITRATE DE THORINE. — Sel neutre insoluble, sel acide soluble dans l'eau. Incristallisables. Se dissolvent dans l'ammoniaque; le résidu de l'évaporation est gommeux et soluble dans l'eau.

CITRATE D'URANE. — Le sel triuranique est jaune et insoluble. L'uranate d'ammoniaque se dissout dans l'acide citrique; la dissolution additionnée de chlorure d'or et d'amidon est très-impressionnable à la lumière et donne des positives qu'il suffit de laver à l'eau pour fixer (Liesegang).

CITRATE DE VANADIUM. — Masse non cristalline, d'un bleu presque noir, donnant une solution bleue.

CITRATE DE ZINC. — Le *sel trimétallique*

$$(C^6H^5O^7)^2Zn^3 + 2H^2O$$

est une poudre grenue et cristalline peu soluble dans l'eau, qu'on obtient en faisant bouillir la solution de zinc ou de carbonate de zinc dans l'acide citrique. On ne connaît pas le citrate bimétallique, mais seulement la combinaison

$$(C^6H^5O^7)^2Zn^3 + 2C^6H^6O^7Zn + 2H^2O,$$

qui forme une croûte cristalline quand on évapore une solution de citrate trimétallique avec un léger excès d'acide.

ÉTHERS CITRIQUES. — CITRATES MÉTHYLIQUES. — — *Citrate triméthylique*, $C^6H^5O^7.(CH^3)^3$. — On dissout à chaud l'acide citrique dans l'esprit de bois, on y dirige un courant d'acide chlorhydrique jusqu'à saturation, puis on distille. Le citrate triméthylique passe à 190° à la distillation; il cristallise au bout d'un jour ou deux en beaux prismes incolores [Saint-Èvre, *Compt. rend.*, t. XXI, p. 1441]. Le *citrate monométhylique* et le *citrate biméthylique* s'obtiennent dans la même opération, le sel de chaux de l'acide monométhylcitrique est très-soluble dans l'eau et insoluble dans l'alcool.

CITRATE TRIÉTHYLIQUE, $C^6H^5O^7(C^2H^5)^3$. — On peut le produire avec l'alcool, l'acide citrique et l'acide sulfurique; mais le procédé de Demondésir est plus avantageux, le voici : On sature de gaz acide chlorhydrique une solution d'acide citrique dans l'alcool. Le liquide neutralisé avec le carbonate de soude est agité avec l'éther qui s'empare du citrate d'éthyle et dont on le sépare par distillation.

Le citrate d'éthyle est huileux, jaunâtre et transparent, d'une odeur qui rappelle celle de l'huile d'olive, d'une saveur amère. Sa densité à + 21° est de 1,142. Il distille vers 280°, mais non pas sans décomposition. Il se produit sans doute de l'éther aconitique et citraconique. Il est très-soluble dans l'alcool et l'éther, un peu soluble dans l'eau qui l'acidifie promptement. Une solution alcoolique d'ammoniaque le convertit en citramide et en d'autres produits peu étudiés (Demondésir, *Compt. rend.*, t. XXXIII, p. 227).

Chauffé à 100°, avec 2 molécules de chlorure d'acétyle, il a donné à Wislicenus un acétylcitrate triéthylique, $C^6H^4(C^2H^3O)O^7.(C^2H^5)^3$, liquide huileux et jaunâtre, soluble dans l'alcool et dans l'éther, distillant à 288° avec décomposition partielle [*Ann. der Chem. u. Pharm.*, nouv. série, t. LIII, p. 175, 1864]. G. S.

CITRÈNE, $C^{10}H^{16}$. — En distillant sur de la chaux ou de la potasse le bichlorhydrate solide d'essence de citron, on a obtenu un hydrocarbure isomérique avec cette essence, mais optiquement inactif, bouillant à 165° et qui constitue le citrène (Saussure, Dumas, etc.). — Voyez la Bibliographie de l'article CITRON (ESSENCE DE).

Il régénère un bichlorhydrate cristallisé lorsqu'on le sature de gaz chlorhydrique. Densité, 0,8509; densité de vapeur, 4,73, et par rapport à l'hydrogène, 68,30 (1/2 $C^{10}H^{16} = 68$).

CITRIQUE (ACIDE),

$$C^6H^8O^7 = \left.\begin{matrix}C^6H^5O^4\\H^3\end{matrix}\right\} O^3 = [C^3H^4]''' OH(CO.OH)^3.$$

— Cet acide a été isolé et distingué de l'acide tartrique par Scheele en 1784 (*Opuscula*, II, p. 181). Ses sels ont été préparés et étudiés par Vauquelin, Berzelius, Heldt, etc. Sa basicité a fait le sujet de nombreuses discussions depuis Berzelius jusqu'à ces dernières années. C'est, avec l'acide phosphorique, un des premiers acides polybasiques caractérisés comme tels.

On extrait l'acide citrique du jus de citron, qui en renferme des quantités notables; la plupart des fruits acides, les groseilles, les groseilles à maquereau, les framboises, les fraises, les oranges, les cédrats, les baies d'airelle et de sorbier, les tomates, etc., en contiennent aussi, soit à l'état libre, soit, plus rarement, à l'état de sel de calcium ou de potassium.

Il est employé dans l'industrie des indiennes comme rongeant, et pour faire des réserves; on s'en sert en teinture pour l'extraction de la carthamine et aussi pour aviver les couleurs dues à cette matière tinctoriale. On prépare avec lui une dissolution d'étain qui donne avec la cochenille les plus beaux écarlates. On en fait aussi usage pour fabriquer le citrate de magnésie, sel qui, n'ayant pas l'amertume des autres préparations magnésiennes, est très-souvent employé comme purgatif. Le suc de citron a dans l'économie domestique un usage journalier. Les marins le conservent à bord des navires en l'additionnant de 1 dixième d'eau-de-vie pour précipiter le mucilage; c'est pour eux un préservatif du scorbut [Berzelius, *Ann. de Chim.*, t. XCIV, p. 171; *Ann. de Chim. et de Phys.*, (2), t. LII, p. 424 et 432; t. LXVII, p. 303; t. LXX, p. 211; *Poggend. Ann.*, t. XXVII, p. 281; t. XLVII, p. 309; — Robiquet, *Ann. de Chim. et de Phys.*, (2), t. LXV, p. 68; *Journ. de Pharm.*, t. XXV, p. 77; — Liebig, *Ann. der Chem. u. Pharm.*, t. V, p. 134; t. XXVI, p. 119 et 152; t. XLIV, p. 57; — Marchand, *Journ. für prakt. Chem.*, t. XXXIII, p. 60; — Pebal, *Ann. de Chim. et de Phys.*, (3), t. XXXV, p. 469, et t. XLVII, p. 377; — Cahours, *ibid.*, (3), t. LXVII, p. 120; — Wislicenus, *Ann. der Chem. u. Pharm.*, nouv. sér., 1864, t. LIII, p. 175; *Ann. de Chim. et de Phys.*, (4), t. II, p. 480].

Préparation. — On comprime des citrons à la presse après en avoir enlevé les semences et l'écorce; le jus est abandonné à lui-même et subit un commencement de fermentation pendant laquelle le mucilage se dépose; on décante et l'on filtre. C'est ce jus que l'on traite par la craie et la chaux (procédé usuel) ou par le carbonate de baryte (procédé proposé par Kuhlmann) ou par un excès de magnésie (procédé proposé par Perret), de façon à en isoler un citrate insoluble.

Dans le procédé usuel, on opère à chaud avec de la craie, puis on complète la saturation par la chaux vive. On obtient ainsi du citrate tricalcique presque insoluble dans l'eau bouillante; on le lave à l'eau chaude et on le décompose par l'acide sulfurique. La liqueur concentrée laisse déposer des cristaux d'acide citrique.

En Angleterre, on prend, pour 5 kilogrammes de jus (provenant de plus de 200 citrons), 4 kilogrammes 1/2 d'acide sulfurique de 1,845 de densité et 28 kilogrammes d'eau; l'on mêle en agitant fortement, on filtre, on broie le sulfate de chaux déposé et on le lave à l'eau froide. Les liqueurs réunies sont concentrées à feu nu jusqu'à une densité de 1,13, puis évaporées au bain-marie dans des chaudières plates jusqu'à cristallisation commençante. Par le refroidissement et au bout de 24 heures la cristallisation est achevée.

Perret a proposé de précipiter le jus de citron par la magnésie en excès, puis de traiter une quantité égale de jus par le citrate trimétallique obtenu dans la première opération. On concentre par évaporation et il se dépose de beaux cristaux de citrate bimagnésique. C'est ce sel, susceptible d'être fabriqué sur les lieux de production, que Perret propose d'exporter [*Bull. de la Soc. chim.*, 1866, t. V, p. 42].

Propriétés. — L'acide citrique donne, par évaporation spontanée et à froid, de beaux cristaux appartenant au type orthorhombique. Ils renferment une molécule d'eau qu'ils perdent à 100°. C'est la forme et la composition de l'acide citrique du commerce. Combinaison ordinaire : m, a^1 e^1 et $b^{1/2}$ subordonné. Angles des faces :

$$m:m = 112°2'; \; m:e^1 = 118°37'; \; e^1:a^1 = 101°10$$

Clivage selon p.

Les cristaux obtenus à l'ébullition ne contiennent que 1/2 molécule d'eau et présentent une autre forme (Marchand). D'après Gmelin, ils ne contiendraient qu'un peu d'eau d'interposition.

L'acide du commerce se dissout dans 0,75 p. d'eau froide et 0,5 p. d'eau bouillante. Il n'est pas altéré à l'air lorsqu'il est pur. Il est soluble dans l'alcool et l'éther.

Il fond dans son eau de cristallisation, qu'il perd avec une vive ébullition; à 165° il dégage des vapeurs blanches qui contiennent de l'acétone et de l'oxyde de carbone, il se forme en même temps de l'acide aconitique.

Si l'on élève encore la température, il distille un liquide huileux qui se concrète en cristaux; c'est de l'acide itaconique, il se dégage alors de l'acide carbonique. Par des distillations réitérées, le produit ne se concrète plus; c'est de l'acide citraconique anhydre :

$$C^6H^8O^7 = \underset{\text{Acide aconitique.}}{C^6H^6O^6} + H^2O = \underset{\text{Acide itaconitique.}}{C^5H^6O^4} + H^2O + CO^2$$

$$= \underset{\text{Anhydride citraconique.}}{C^5H^4O^3} + 2\,H^2O + CO^2.$$

En contact avec la pierre ponce, la température où l'acide citrique dégage de l'acide carbonique pur est abaissée à 155° (Millon et Reiset).

Si l'on verse sur de l'acide desséché de l'*acide sulfurique* concentré, il se dégage de l'oxyde de carbone pur sans qu'il soit besoin de chauffer au-dessus de 40°; à une température supérieure, l'acétone apparaît en même temps que l'acide carbonique. Ce rapport de CO^2 à CO paraît être constant et égal à 3 : 5. Le mélange chauffé au bain-marie étant étendu d'eau précipite par le carbonate de soude une résine brune et soluble dans l'alcool, et on a en dissolution à l'état de sel de soude, un acide particulier dont les sels alcalins, ainsi que ceux de baryte et de strontiane, sont fort solubles (Robiquet). De Wilde neutralise le même mélange étendu d'eau par le carbonate de baryte et obtient de petits cristaux solubles dans l'eau, précipitables par l'alcool et contenant $(C^5H^7SO^5)^2Ba$. C'est un sel acide qui peut encore dissoudre du carbonate de baryte. Sa solution, traitée par l'eau de baryte à chaud et débarrassée du précipité de carbonate ainsi que de la baryte libre par un courant d'acide carbonique et une filtration, donne des aiguilles blanches plus solubles dans l'eau que dans l'alcool et contenant $(C^5H^5SO^4)^2Ba$ [*Ann. der Chem. u. Pharm.*, t. CXXVI (nouv. sér., t. LI), p. 170, et *Bull. de la Soc. chim.*, t. I, p. 142, 1864].

Gay-Lussac a fait voir que l'on obtient par la fusion de l'acide citrique avec la *potasse* un mélange d'acétate et d'oxalate.

Chauffé avec un mélange de *peroxyde de manganèse* et d'*acide sulfurique* étendu, l'acide citrique donne de l'acide formique et de l'acide carbonique ; avec le *permanganate de potasse*, il donne de l'acide carbonique et de l'acétone, et si ce réactif est en excès, un corps qui brunit par les alcalis et irrite vivement les yeux (acroléine?) [Péan de Saint-Gilles, *Ann. de Chim. et de Phys.*, (3), t. LV, p. 374]. L'acide nitrique concentré donne des acides oxalique et acétique ainsi que du gaz carbonique.

Le *chlore* attaque très-difficilement l'acide citrique avec formation d'une huile pesante bouillant à 204°, d'une densité de 1,744 à + 12°, et présentant les propriétés et la composition de l'acétate de méthyle perchloré. Sa densité de vapeur prise à 248° est égale à 9,615 et, par rapport à l'hydrogène, à 138,8 (1/2 $C^3Cl^6O^2$=140,5) [Cloëz, *Compt. rend.*, t. LIII, p. 1120].

Le *perchlorure de phosphore* transforme l'acide citrique sec en aiguilles blanches d'acide oxychlorocitrique par substitution de Cl^2 à O ; si l'on chauffe, l'action est plus profonde ; il se dégage de l'acide chlorhydrique et il se forme sans doute du chlorure de citryle et même d'aconityle [Pebal] :

$$\underset{}{C^6H^8O^7} + PCl^5 = \underset{\text{Acide oxychlorocitrique.}}{C^6H^8O^6Cl^2} + POCl^3,$$

$$C^6H^8O^6Cl^2 + PCl^5 = \underset{\text{Chlorure de citryle.}}{C^6H^5O^4Cl^3} + H^2O + HCl + POCl^3$$

L'acide oxychlorocitrique est séparé de l'oxychlorure de phosphore avec le sulfure de carbone, puis séché dans un courant d'air chaud. Si la température atteignait 100°, de l'acide chlorhydrique se dégagerait et il resterait de l'acide aconitique. L'acide oxychlorocitrique réagit violemment sur l'ammoniaque et l'aniline ; il se forme une masse noire dans le premier cas, dans le second de la phényl-aconitimide.

La solution d'acide citrique, abandonnée à l'air, se couvre de *moisissures ;* il se forme de l'acide acétique.

Si elle est additionnée de *craie* et d'un peu de *levûre* et maintenue entre 20° et 30°, elle donne de l'acétate et du butyrate ; avec une base et du *fromage blanc*, elle fournit, selon How, de l'acide acétique et de l'acide propionique.

L'acide citrique rougit fortement le *tournesol*, dissout le *fer* et le *zinc*, réduit le *chlorure aurique*, ne précipite pas par les *alcalis*, ni par les *sels de chaux*. Additionné d'un excès d'eau de chaux, il laisse déposer à chaud du citrate tricalcique soluble par le refroidissement. Mélangé avec l'ammoniaque, il précipite par le *chlorure de calcium ;* lorsque les liqueurs ne sont pas trop étendues, le précipité se forme aussitôt par l'ébullition. Les citrates neutres se comportent de même. Le sulfure de cobalt, qui ne se sépare pas de la solution acide de citrate par l'action de l'hydrogène sulfuré, est cependant à peine soluble dans l'acide citrique (Field). L'acide citrique additionné de perchlorure de fer et traité par la soude ou la potasse donne une liqueur alcaline d'où les sulfures ne précipitent pas de fer. L'acide tartrique traité de même aurait donné un précipité.

Si on emploie l'ammoniaque, les liqueurs citriques et tartriques renferment du fer, mais la liqueur malique n'en contient pas [Dusart, *Recueil des Trav. de la Soc. d'émul. pour les Sc. Pharm.*, t. III, p. 174].

Constitution. — L'acide citrique est tribasique et tétratomique, c'est-à-dire que sur les 8 atomes d'hydrogène que sa molécule contient 3 sont remplaçables en totalité ou partiellement par des métaux ou des radicaux positifs, tandis que le quatrième ne s'échange facilement que contre un radical plus électro-négatif. — Voyez BASICITÉ.

On peut rendre compte de ces faits par les formules de constitution suivante, dans lesquelles l'hydrogène fortement basique est considéré comme faisant partie des groupes $CO^2H = [(CO)''(OH)']$:

$$\underset{\text{Acide citrique.}}{[C^3H^4](OH)(CO^2H)^3}, \quad \underset{\text{Citrate triéthylique.}}{[C^3H^4](OH)(CO^2Et)^3},$$

$$\underset{\text{Acétylcitrate triéthylique.}}{[C^3H^4](OAc)(CO^2Et)^3}.$$

Ces formules mettent en évidence les rapports qui existent entre l'acide citrique et l'acétone. Elles manifestent encore, lorsqu'on les développe, les liens qui rattachent l'acide citrique aux acides oxalique et acétique :

$$\begin{array}{c} H \\ H\text{-}\overset{|}{C}\text{-}CO\text{-}OH \\ HO\text{-}\overset{|}{C}\text{-}CO\text{-}OH \\ H\text{-}\overset{|}{C}\text{-}CO\text{-}OH \\ \overset{|}{H} \end{array} \begin{array}{c} H \\ + \overset{|}{O} \\ \overset{|}{H} \end{array} =$$

Acide citrique.

$$\underset{\text{Acide acétique.}}{\begin{array}{c} H \\ H\text{-}\overset{|}{C}\text{-}CO\text{-}OH \\ \overset{|}{H} \end{array}} + \underset{\text{Acide oxalique.}}{HO\text{-}CO\text{-}CO\text{-}OH} + \underset{\text{Acide acétique.}}{\begin{array}{c} H \\ H\text{-}\overset{|}{C}\text{-}CO\text{-}OH \\ \overset{|}{H} \end{array}}$$

G. S.

CITRIQUES (AMIDES). — Cette classe de corps n'est représentée que par la citramide. On connait en revanche de nombreux dérivés phényliques des amides inconnues. Voici les formules de ces composés :

$$C^3H^4(OH)\left\{\begin{array}{l} CO.AzH^2 \\ CO.AzH^2 \\ CO.AzH^2 \end{array}\right. = (C^6H^5O^4)'''(AzH^2)^3;$$

Citramide.

$$C^3H^4(OH)\left\{\begin{array}{l} CO.AzH(C^6H^5) \\ CO.AzH(C^6H^5) \\ CO.AzH(C^6H^5) \end{array}\right.$$
$$= (C^6H^5O^4)'''(AzH.C^6H^5)'^3;$$

Phénylcitramide (citranilide).

$$C^3H^4(OH)\left\{\begin{array}{l} CO.AzH(C^6H^5) \\ \left.\begin{array}{l} CO \\ CO \end{array}\right\}(AzC^6H^5)'' \end{array}\right.$$
$$= (C^6H^5O^4)'''(AzH.C^6H^5)'(AzC^6H^5)'';$$

Phénylcitrimide (citrobianile).

$$C^3H^4(OH)\left\{\begin{array}{l} CO.OH \\ \left.\begin{array}{l} CO \\ CO \end{array}\right\}(AzC^6H^5)'' \end{array}\right.$$
$$= (C^6H^5O^4)'''(OH)'(AzC^6H^5)'';$$

Acide phénylcitramique ou citranilique.

$$C^3H^4(OH)\left\{\begin{array}{l} CO.OH \\ CO.AzH(C^6H^5) \\ CO.AzH(C^6H^5) \end{array}\right.$$
$$= (C^6H^5O^4)'''(OH)'(AzH.C^6H^5)'^2.$$

Acide diphénylcitramique ou citrobianilique.

CITRAMIDE, $C^6H^5O^4(AzH^2)^3$ [Demondésir, *loc. cit.*]. — On obtient ce composé à l'état cristallisé par l'action du citrate d'éthyle ou de méthyle sur l'ammoniaque alcoolique.

Phénylcitramide, $C^6H^5O^4(AzH.C^6H^5)^3$ [Pebal, *Ann. der Chem. u. Pharm.*, t. LXXXII, p. 73, et t. XCVIII, p. 67]. — On dissout dans l'alcool fort la poudre jaune et insoluble dans l'eau bouillante, qu'on obtient en chauffant le citrate d'aniline (voyez PHÉNYLAMINE). On décolore avec le noir animal et on voit se déposer des tables hexagonales de citrobianile et de fins cristaux prismatiques. Ces derniers constituent la phénylcitramide, insoluble ou très-peu soluble dans l'eau, peu soluble dans l'alcool bouillant, qui la laisse en s'évaporant sous forme de fines aiguilles nacrées et neutres aux papiers. Ni la potasse ni l'ammoniaque bouillantes ne l'attaquent, ce qui permet de la séparer de la phénylcitrimide ou citrobianile qui l'accompagne.

PHÉNYLCITRIMIDE ou CITROBIANILE. — Ce corps est soluble dans l'alcool; on l'obtient dans l'opération précédente ou bien en chauffant l'acide phénylcitramique avec l'aniline :

$$C^6H^5O^4(OH)(AzC^6H^6) + AzHHC^6H^5 = C^6H^5O^4.AzHC^6H^5.AzC^6H^5 + H^2O.$$

L'ammoniaque le transforme à l'ébullition en acide phénylcitramique.

ACIDE PHÉNYLCITRAMIQUE OU CITRANILIQUE,

$$C^6H^5O^4.(OH).(AzC^6H^6).$$

On l'obtient par la déshydratation du citrate monanilique, bien privé d'aniline, vers 140°. Le résidu de l'opération cristallise par le refroidissement; il est soluble dans l'eau et s'y dépose par évaporation en globules cristallins ou en croûtes mamelonnées; il rougit le tournesol et donne des sels définis.

Lorsqu'on neutralise sa solution alcoolique par l'ammoniaque et qu'on précipite par le nitrate d'argent aqueux, il se produit un précipité blanc et la liqueur dépose des cristaux contenant

$$C^6H^5O^4OAg(AzC^6H^6).$$

Le sel d'aniline s'obtient en saturant l'acide par la base; il est très-soluble dans l'alcool et forme des masses mamelonnées.

Traité avec le perchlorure de phosphore, l'acide phénylcitramique dégage de l'acide chlorhydrique et se transforme en un liquide qui, traité par l'eau, donne de l'acide chlorhydrique et de l'acide phénylaconitamique. C'est sans doute un chlorure de phénylaconitamyle, $C^{12}H^8AzO^8Cl$.

ACIDE DIPHÉNYLCITRAMIQUE OU CITROBIANILIQUE,

$$C^6H^5O^4(OH.).(AzH.C^6H^5)^2.$$

— S'obtient en traitant la phénylcitrimide par l'ammoniaque bouillante. On précipite l'acide par l'acide chlorhydrique, on le dissout par l'alcool dans lequel il cristallise en aiguilles soyeuses; il est peu soluble dans l'eau, fort soluble dans l'alcool, et fond vers 153° en dégageant de l'eau et en repassant à l'état de phénylcitrimide:

$$C^6H^5O^4.OH.(AzHC^6H^5)^2 - H^2O = C^6H^5O^4.(AzHC^6H^5)(AzC^6H^5).$$

On connaît les sels d'argent ou de baryte sous forme de précipités; le sel d'aniline, qu'on prépare en mettant l'acide en digestion avec l'aniline aqueuse, cristallise en lamelles incolores qui contiennent $C^6H^5O^4(O.AzC^6H^8)(AzHC^6H^5)^2$. G. S.

CITRON (ESSENCE DE) [Saussure, *Ann. de Chim. et de Phys.*, t. XIII, p. 262; — Boissenot, *ibid.*, t. XLI, p. 434; — Dumas, *ibid.*, t. LII, p. 405; — Laurent, *ibid.*, t. LXVI, p. 212; — Blanchet et Sell., *Ann. der Chem. u. Pharm.*, t. VI, p. 280; — Soubeiran et Capitaine, *Journ. de Pharm.*, t. XXVI, p. 1; — H. Deville, *Ann. de Chim. et de Phys.*, t. LX, p. 81, et (3), t. XXV, p. 80; t. XXVII, p. 86; — Gerhardt, *Comp. rend.*, t. XVII, p. 314, et *Ann. de Chim. et de Phys.*, (3), t. XIV, p. 113; — Berthelot, *ibid.*, t. XXXVII, p. 223; t. XXXVIII, p. 44; t. XXXIX, p. 5; t. XL, p. 36; — Zeller, *Stude über œther. Oele*, 1850].

On l'obtient par pression ou par distillation avec l'eau de l'écorce de citron (*Citrus medica*); elle se présente sous la forme d'un liquide incolore ou légèrement jaunâtre; d'une densité de 0,840 à 0,850, déviant à droite le plan de polarisation.

Cette essence, fort recherchée à cause de son odeur agréable, est constituée presque entièrement par un hydrocarbure $C^{10}H^{16}$, isomérique avec l'essence de térébenthine, présentant la même densité de vapeur, des propriétés analogues, mais un point d'ébullition un peu plus élevé (173°). Cet hydrocarbure est lui-même contenu dans l'essence sous deux modifications. La portion qui passe à la distillation dans le vide vers 55° possède la densité 0,8514 à 15° et le pouvoir rotatoire $[\alpha] = + 56°,4$; elle donne avec l'acide chlorhydrique un mélange de bichlorhydrate solide et liquide. Celle qui distille vers 80° et qui contient des produits oxydés donne presque uniquement naissance au bichlorhydrate cristallisé. Elle a un pouvoir rotatoire $[\alpha] = + 72°,5$. L'essence de citron est presque insoluble dans l'eau, elle se dissout dans 10 p. d'alcool ($D = 0,85$) et en toute proportion dans l'alcool absolu.

Elle dissout les huiles, les résines, le soufre, le phosphore, etc. A la lumière elle devient visqueuse et s'oxyde avec production d'ozone.

L'essence de citron est très-stable; chauffée à 300° pendant une heure ou deux, elle ne subit pas de modifications dans ses propriétés, même dans son pouvoir rotatoire, ce qui permet de constater dans le produit commercial le mélange frauduleux d'essence de térébenthine française; le pouvoir rotatoire dans ce cas est sensiblement accru.

Elle est attaquée par le chlore, le brome et l'iode, mais avec moins de violence que l'essence de térébenthine; comme celle-ci, elle donne avec l'alcool et l'acide azotique, un hydrate $C^{10}H^{16}2H^2O$, et se transforme, lorsqu'on la traite par l'acide sulfurique concentré ou l'anhydride phosphorique, en colophène et en térébène. Elle se comporte comme l'essence de térébenthine avec le fluorure de bore, les acides tartrique et acétique. Elle brunit au contact de l'acide nitrique; la potasse solide y détermine un dépôt brun; l'huile ainsi purifié n'est pas brune et possède une odeur plus suave. Distillée avec le chlorure ou le bromure de chaux, elle donne du chloroforme ou du bromoforme [Chautard, *Compt. rend.*, t. XXXIV, p. 485].

On peut obtenir un *monochlorhydrate* d'essence de citron, $C^{10}H^{16}.HCl$, en saturant une solution d'essence de citron dans l'acide acétique ou l'acide sulfurique alcoolique, par le gaz chlorhydrique et en recueillant les quelques cristaux qui se forment quelquefois et dans des circonstances mal définies. Ces cristaux sont fusibles à 100°.

Le *bichlorhydrate*, $C^{10}H^{16}.2HCl$, affecte deux états différents. La modification solide s'obtient en saturant par le gaz chlorhydrique de l'essence de citron rectifiée et déshydratée. On sépare les cristaux, on les exprime entre des doubles de papier et on les purifie par cristallisation dans l'alcool chaud et dans l'éther [Dumas, Blanchet et Sell].

Ce sont des prismes à 4 faces, d'une odeur aromatique, sans pouvoir rotatoire, plus lourds que l'eau, insolubles dans ce liquide, solubles dans 5 p. 88 d'alcool de densité 0,806 à 14°. L'eau sépare le bichlorhydrate de cette solution à l'état de lamelles cristallines. La solution alcoolique évaporée s'altère partiellement.

Le bichlorhydrate solide fond à 43° ou 44°, se sublime à 50° sans altération et bout avec décomposition partielle vers 150°. Il se dégage de l'acide chlorhydrique et une huile qui ne se solidifie qu'à 20°. Le chlore agit fortement sur le bienlorhydrate fondu et donne le composé appelé par Laurent *chlorhydrate de chlorocitrénèse* :

$$C^{10}H^{14}Cl^2,2HCl.$$

Le nitrate d'argent et le nitrate de mercure décomposent à froid le bichlorhydrate d'essence de citron, l'acide sulfurique concentré en chasse l'acide chlorhydrique. Le potassium sépare l'essence de citron et à chaud donne du citrène.

Le bichlorhydrate liquide, ou chlorhydrate de citrilène ou de citryle, est retiré des eaux mères ayant servi à la préparation du composé solide. On sépare encore des cristaux par un refroidissement à — 10°, puis on filtre sur le noir animal mélangé de craie : on obtient ainsi une huile mobile, optiquement inactive, soluble dans l'alcool, d'où l'eau la précipite en lui faisant perdre de l'acide chlorhydrique. Saturé de gaz chlorhydrique, le bichlorhydrate liquide donne une masse cristalline, soluble dans l'alcool chaud, mais ne donnant plus de cristaux par refroidissement.

Le bichlorhydrate solide distillé sur la chaux ou la potasse donne du citrène. — Voyez ce mot.

Lorsqu'on rectifie l'essence de citron, on trouve un résidu cristallin qu'on a appelé *citroptène* et qui se forme par oxydation de l'essence elle-même.

Ce sont des cristaux incolores volatils, fusibles au-dessus de 100° (Berthelot) et déjà à 46° selon Mulder. Ils sont neutres, insolubles dans l'eau froide, solubles dans l'eau chaude, qui présente alors un dichroïsme manifeste.

L'alcool les dissout à chaud et se prend en gelée par le refroidissement. Analyses

par Mulder... C... 54,8, H... 9,2, O... 36;
par Berthelot. C... 58, H... 7,5, O... 34,5.

G. S.

CLAUSTHALITE (Min.) [Syn. *Plomb sélénié, tilkerodite, raphanosmite*]. — Séléniure de plomb, Pb Se. Présente les caractères extérieurs de la galène.

Caractères. — Dans le tube, donne un anneau rouge de sélénium. Sur le charbon, s'entoure d'une auréole jaune ou rougeâtre et répand une odeur caractéristique.

Dureté, 2,5 à 3. Poussière gris-bleu foncé. Densité, 8,8.

Clivages cubiques.

CLAYITE (Min.). — Croûtes cristallines d'un gris noirâtre, d'un éclat métallique, trouvées dans le quartz, au Pérou, et probablement composées de sulfarsénite et de sulfantimonite de cuivre et de plomb. Au chalumeau fond aisément. Avec la soude donne un globule métallique, réaction du plomb, de l'arsenic et de l'antimoine.

Dureté, 2,5. Poussière gris-noir.

Forme cristalline. — Dodécaèdres rhomboïdaux avec les faces du tétraèdre : peut-être une pseudomorphose du cuivre gris.

CLEAVELANDITE. — Voyez FELDSPATH (Albite).

CLÉMATITINE. — Substance amère trouvée par Walz dans la racine de l'*Aristolochia clematitis*, $C^9H^{10}O^6$? [*Jahr. pr. Pharm.*, t. XXIV, p. 65 et XXVI, p. 65].

CLINGMANNITE. — Voyez MARGARITE.

CLINOCHLORE (Min.) [Syn. *Chlorite hexagonale, ripidolithe, talcchlorite*]. — Silicate hydraté d'alumine et de magnésie, avec du fer et du chrome.

Les analyses donnent des nombres qui se rapprochent de ceux exigés par les formules

$$(MgO)^8, Al^2O^3, 5SiO^2 + 7H^2O$$
$$\text{ou } (MgO)^9, Al^2O^3, 5SiO^2 + 7H^2O,$$

suivant que l'on regarde le fer comme étant à l'état de peroxyde ou à celui de protoxyde. Substance en grandes lames vertes, souvent empilées, clivables comme le mica, mais non élastiques, quelquefois en cristaux d'apparence hexagonale. L'examen optique démontre que la forme cristalline appartient au type clinorhombique.

Caractères. — Attaquable par l'acide chlorhydrique chaud. Dégage de l'eau dans le tube. Au chalumeau s'exfolie, blanchit et fond sur les bords en un émail blanc sale.

Dureté, 2 à 3. Poussière blanc verdâtre. Densité, 2,65 à 2,77.

Forme cristalline. — Prisme clinorhombique (mm) de 125° 37'. Angle plan de la base 120°; $p b^{1/2}$ = 102°6'.

Clivages : p parfait; m et g^1 difficiles. F. et S.

CLINOCLASE. Voyez APHANÈSE.

CLOANTHITE. — Voyez CHLOANTHITE.

CLUTHALITHE (Min.). Variété rose d'analcime.

CNICIN. — Cette substance existe dans toutes les plantes amères de la tribu des Cynarocéphales. Nativelle l'a retirée du chardon bénit (*Centaurea benedicta*), et Guérin-Varry, du chardon étoilé (*Centaurea calcitrapa*). C'est un corps neutre, très-amer, soluble en toutes proportions dans l'alcool, presque insoluble dans l'éther, à peine soluble dans l'eau. L'eau bouillante l'altère et le transforme en une huile épaisse, incristallisable. La distillation sèche le décompose. Analysé par Scribe, il a donné les nombres suivants :

	I.	II.
Carbone	62.9	62.9
Hydrogène	6.9	7.1
Oxygène	30.2	30.1
	100.0	100.0

[Scribe, *Compt. rend. de l'Acad.*, t. XV, p. 802].

Sa solution alcoolique dévie à droite le plan de la lumière polarisée $[\alpha] = +130°,68$ [Bouchardat, *Compt. rend. de l'Acad.*, t. XVIII, p. 300]. E. G.

COBALT, Co'' = 59. — De Kobolt, *cobolus*, nom donné par les ouvriers mineurs allemands du moyen âge à un mauvais génie des mines. Pendant longtemps les minerais de cobalt sont demeurés sans emploi, et comme ils accompagnent le plus souvent, en Saxe, des minerais dont ils rappellent un peu l'apparence, et qui étaient alors plus utiles, les mineurs superstitieux croyaient qu'un mauvais génie, pour s'amuser à leurs dépens, leur faisait rencontrer sous leur pioche ces matières improductives.

On raconte qu'un fabricant de verre, allemand, nommé Schuerer, eut l'idée en 1540 de mettre du minerai de cobalt dans son verre, et il s'aperçut bientôt que ce verre prenait une magnifique couleur bleue. La nouvelle ne tarda pas s'en répandre à Nuremberg et en Hollande; les Hollandais en tirèrent parti; ils construisirent des moulins à moudre le verre bleu; depuis ce temps-là, les mines de cobalt furent fructueusement exploitées. Brand le premier, en 1733, isola le métal, sans l'obtenir pur cependant.

Etat naturel. — Le cobalt métallique se trouve, mais dans une faible proportion (0,2 à 1 %), allié avec le fer et le nickel dans les météorites.

Beaucoup plus abondants et exploitables sont l'arséniure de cobalt (smaltine) et le sulfoarséniure (cobaltine ou cobalt gris, kobaltglanz). On rencontre encore le sulfure, le sulfure nickélifère, (siégénite), l'oxyde, l'arséniate et le sulfate; ces derniers accompagnent les précédents dont ils recouvrent souvent la surface. Ces espèces se sont rencontrées jusqu'ici surtout en Saxe, en Bohême, en Prusse et en Suède.

Propriétés. — Le cobalt est d'un gris clair d'acier, tirant faiblement sur le rouge; poli, il a une teinte blanche comme l'argent. Sa cassure est à grains fins. Il est passablement dur; l'arsenic et le manganèse le rendent fragile. Il est peu malléable au rouge. Comme le fer pur, il exige, pour se fondre, une température très-élevée; son point de fusion paraît compris entre ceux du fer et de l'or; il n'est pas volatil. Sa ténacité est supérieure à celle du fer. Sa chaleur spécifique est de 0,10696 (Regnault); le produit de ce nombre par le poids atomique (58,8) = 6,28, conformément à la loi de Dulong et Petit. La densité du cobalt est comprise entre 8,513 (Berzelius), et 8,7 (Lampadius); Wielander, opérant sur un morceau bien pur et fondu, a trouvé 8,68. Ce métal est magnétique, mais à la condition d'être bien exempt d'arsenic. Il peut s'aimanter, quoique faiblement, par la touche avec un aimant; la force qu'il a ainsi acquise, il ne la perd que par une exposition au rouge-blanc.

Le cobalt réduit à une forte chaleur n'est attaqué ni par l'air, ni par l'eau à la température ordinaire, mais il s'oxyde lentement à la chaleur rouge, et à une très-haute température il brûle avec une lumière rouge : le produit formé dans ce dernier cas est un oxyde Co^6O^7. Les oxacides étendus et les hydracides le dissolvent lentement à chaud en produisant des sels de protoxyde de cobalt doués d'une belle couleur rouge; l'attaque est plus facile par l'emploi de l'acide nitrique.

Le cobalt divisé et réduit par l'hydrogène à une température aussi basse que possible est pyrophorique, surtout s'il a été mélangé préalablement avec de l'alumine; on obtient très-bien un métal très-combustible par la réduction, à une faible chaleur, de l'oxalate dans un courant d'hydrogène. La vapeur d'eau est décomposée au rouge par le cobalt.

Le cobalt s'unit directement avec les principaux métalloïdes; sa purification est difficile et il retient souvent des traces de fer, d'arsenic ou de nickel. Plongé dans l'acide nitrique fumant, il devient passif pour peu de temps : on augmente beaucoup la durée de cette passivité quand, après avoir bleui le métal au feu, on le plonge tout chaud dans l'acide [Nicklès, *Compt. rend.*, t. XXXVIII, p. 284].

Le symbole chimique du cobalt est Co, ou Cb. Son poids atomique a été trouvé égal à 369 (O = 100) ou 59 (H = 1) par Berzelius. Regnault a admis 58. Schneider est arrivé à 60 [*Poggend. Ann.*, t. CI, p. 387]. Marignac, analysant le sulfate et le chlorure, est tombé sur des nombres compris entre 58,64 et 59,2 [*Archives des sciences phys. et nat.*, (nouv. pér.), t. L, p. 373]. W. Gibbs a été conduit à adopter 59 [*Sillim. Am. Journ.*, (2), t. XXV, p. 438]. Dumas a déduit de ses expériences 59 à 59,2 [*Ann. de Chim. et de Phys.*, (3), t. LV, p. 129], et enfin W. J. Russell a trouvé 58,74 [*Journ. of the Chem. Soc.*, (2), t. I, p. 51]. Le nombre 59 paraît sensiblement le plus exact. Pour l'équivalent on peut adopter 29,5.

Thenard rangeait le cobalt parmi les métaux qui forment sa troisième section. Dans une classification plus naturelle, le cobalt appartient à un groupe assez nombreux, mais subdivisible, comprenant le magnésium, le cobalt, le nickel, le zinc, le cadmium, (l'indium?), le fer et le manganèse : ces métaux forment un grand nombre de composés doués de la même constitution, et, par suite, isomorphes entre eux.

Préparation. — Le cobalt se prépare : 1° en réduisant son oxyde par le charbon; mais alors le métal est toujours un peu carburé; 2° en réduisant par l'hydrogène, l'oxyde et le carbure; dans le premier cas, il forme une masse grise, spongieuse, qui prend l'éclat métallique sous le brunissoir et que l'on peut fondre en un culot; 3° en chauffant, en vase clos, l'oxalate de cobalt à une température élevée.

Extraction. — On a proposé un assez grand nombre de procédés pour retirer le cobalt de ses minerais. En voici trois :

1° On fait fondre le cobalt arsenical en poudre fine avec du foie de soufre (ou bien 3 p. de potasse et 3 p. de soufre) pour le convertir en sulfure de cobalt insoluble et en sulfoarséniate de potassium soluble. L'opération doit être répétée une seconde fois, et il faut éviter de chauffer trop fort, de peur que le sulfure de cobalt ne s'agglomère. Pour la seconde opération, il est préférable de se servir d'un mélange de sulfate de potasse et de charbon. Le résidu soigneusement lavé est ensuite grillé et dissous dans l'acide chlorhydrique ou l'acide sulfurique; le fer et le nickel sont séparés par les méthodes connues (Wœhler).

2° On fait fondre dans un creuset de terre ou de fer 3 p. de bisulfate de potassium, puis l'on y projette, par petites portions à la fois, une partie de minerai grillé et réduit en poudre fine. La masse s'épaissit; on pousse alors un peu plus le feu et on le maintient aussi longtemps qu'il se dégage des fumées d'acide sulfurique. Le liquide est alors coulé, refroidi, et la substance, pulvérisée, est épuisée par l'eau. Il se dissout du sulfate de cobalt et de potasse, tandis que le fer et l'arsenic demeurent insolubles, ce dernier étant sous forme d'arséniate de fer. Pour éviter qu'une faible partie de cobalt demeure insoluble, retenu par l'acide arsénique, il convient parfois de calciner le résidu avec un peu de sulfate de fer et de salpêtre. La dissolution des sulfates est traitée par l'hydrogène sulfuré, filtrée et précipitée par le carbonate de potassium. Dans ce procédé, le nickel demeure à l'état d'arséniate ou de sous-sulfate dans le résidu insoluble (Liebig).

Pour débarrasser le cobalt du nickel, on emploie une méthode qui consiste à transformer le mélange des oxydes en oxalates que l'on dissout dans l'ammoniaque caustique; après quoi l'on étend la dissolution, et on l'abandonne à elle-même dans un vase ouvert. L'ammoniaque se volatilise, le nickel se précipite sous forme d'une poudre verte (oxalate ammoniacal) et le cobalt reste dans la liqueur avec une couleur rouge-rose. On décante, et si, dans l'espace de 24 heures, il ne s'est plus déposé de sel de nickel, on évapore à sec et l'on calcine (Laugier). Le nickel entraîne avec lui une faible quantité de cobalt que l'on peut ordinairement négliger de rechercher.

On peut aussi se servir, avec plus d'exactitude, du nitrite de potasse en excès. On réduit, par évaporation, la dissolution des deux oxydes à un petit volume; si elle est acide, on la neutralise d'abord par l'hydrate de potassium; on ajoute une dissolution concentrée de nitrite de potasse et une petite quantité d'acide acétique; on laisse reposer pendant deux jours et l'on filtre. Dans la liqueur filtrée, on peut, si l'on veut, ajouter de nouveau du nitrite de potassium, pour voir s'il est resté du cobalt en dissolution. Le précipité jaune est lavé avec une dissolution de chlorure, de sulfate ou d'acétate de potassium, dissous dans l'acide chlorhydrique et enfin précipité par la potasse (Fischer). D'après Fischer, ce procédé permet de séparer du cobalt dans une liqueur qui en contient un trois-millième seulement.

ALLIAGES DE COBALT. — L'*antimoine* et le cobalt, fondus ensemble, s'unissent avec dégagement de lumière et donnent un alliage aigre, gris de fer. L'alliage de cobalt et de *fer* est très-dur et très-difficile à briser. 19 p. d'*or* et 1 p. de cobalt donnent un alliage jaune foncé, très-fragile; si la proportion du cobalt s'élève à 1/65 seulement, le métal est encore cassant; l'or qui renferme 1/130 de cobalt au plus peut être forgé. L'alliage *platine-cobalt* est fusible.

L'*amalgame de cobalt* est blanc d'argent, magnétique, décomposable par le feu ; Damour l'a obtenu en traitant une dissolution de chlorure de cobalt sursaturée d'ammoniaque par un amalgame de 6 p. de mercure et 1 p. de zinc : la réaction est terminée quand la décoloration de la liqueur est complète; on se débarrasse, s'il y a lieu, de l'excès de zinc au moyen de l'acide sulfurique étendu.

Le cobalt rend l'*argent* cassant; quand on a fondu les deux métaux ensemble, la masse refroidie offre deux couches : l'une, inférieure, plus riche en argent, et l'autre plus riche en cobalt. Ces données s'appliquent aussi aux alliages *plomb-cobalt*. Le composé obtenu avec l'*étain* est blanc bleuâtre, un peu ductile. Les alliages avec le *zinc* et le *bismuth* sont difficiles à obtenir, si tant est qu'ils existent.

OXYDES DE COBALT.

La série d'oxydation du cobalt paraît composée de cinq termes, savoir : le protoxyde CoO, le sesquioxyde Co^2O^3, les oxydes intermédiaires Co^3O^4 et Co^6O^7 et l'acide cobaltique CoO^3(?).

PROTOXYDE, Co″ O. — Il prend naissance quand on dissout le cobalt dans les oxacides. On l'obtient à l'état pur en calcinant son hydrate ou son carbonate à l'abri de l'air. D'après Russel, il se forme avec une composition constante par une forte calcination des oxydes intermédiaires dans une atmosphère d'acide carbonique [*loc. cit.*]. C'est une poudre vert-olive. Chauffé à l'air, il absorbe une petite quantité d'oxygène et devient Co^6O^7 [Winckelblech ; Beetz, *Poggend. Ann.*, t. XI, p. 472, ou Berzelius, *Compt. rend. ann.*, 6e année, p. 94]. Reakirt a annoncé qu'il l'a obtenu sous forme d'octaèdres microscopiques, noirs, brillants, non magnétiques, insolubles dans les acides nitrique et chlorhydrique, facilement attaquables par le bisulfate de potassium en fusion ; son procédé consiste à décomposer par la chaleur le chlorhydrate de roséocobaltiaque de Fremy et à laver le résidu [Silliman, *Ann. Journ.*, (2), t. XV, p. 120]. Schwarzenberg regarde comme possible que ce produit soit de l'oxyde Co^3O^4. Le chlorure de cobalt calciné dans un courant de vapeur d'eau donne du protoxyde de cobalt amorphe (Schwarzenberg).

A une haute température, le charbon, l'hydrogène et le gaz ammoniac réduisent le protoxyde de cobalt à l'état métallique (Vorster dans *Jahresberitch* de Liebig et Kopp für 1861, p. 310). Dans les fondants, le borax, le sel de phosphore, etc., cet oxyde se dissout en produisant une magnifique couleur bleue, très-stable, qui paraît violette à la lumière des lampes, et dont l'intensité est telle, que l'on peut par son moyen reconnaître de très-petites quantités de cobalt. Le protoxyde de cobalt ne se dissout dans la potasse que par suite d'une suroxydation (voyez plus loin, *Acide cobaltique*) ; il se dissout, quand il est hydraté, dans l'ammoniaque, en présence des sels ammoniacaux, en donnant naissance à des composés pour lesquels nous renvoyons au mot *Cobaltamines*.

L'oxyde de cobalt se combine, par la voie sèche, avec plusieurs oxydes et produit ainsi des matières douées d'une belle couleur qui est rose avec la magnésie, bleue avec l'alumine et verte avec l'oxyde de zinc. La combinaison aluminique s'obtient en calcinant fortement un mélange d'hydrates de protoxyde de cobalt et d'alumine, ou bien de l'alumine gélatineuse préalablement arrosée d'azotate de cobalt ; si l'on opère de même sur l'hydrate d'oxyde de zinc ou sur un sel de zinc, on obtient la combinaison verte (vert de Rinmann).

L'*hydrate cobalteux*, $CoH^2O^2 = CoO,H^2O$, est une poudre rouge-rose qui se produit quand on précipite un sel de cette base au moyen de la potasse ou de la soude, en évitant autant que possible d'opérer au contact de l'air. Le précipité est d'abord bleu, mais il se transforme, au bout de quelque temps, et devient rose ; quand il est bleu, il est constitué par un sous-sel que l'alcali ramène ensuite à l'état d'oxyde hydraté : cette réaction est beaucoup plus rapide à chaud.

Au contact de l'air, il y a toujours un faible excès d'oxygène absorbé, ce qui donne à la couleur une teinte plus sale et au précipité la propriété de dégager un peu de chlore avec l'acide chlorhydrique (Winckelblech, Beetz). L'hydrate de protoxyde de cobalt, arrosé avec une lessive de potasse et exposé à l'air, donne une dissolution bleue qui se transforme à la longue à froid, ou bien de suite par l'ébullition, et laisse précipiter de l'hydrate de sesquioxyde

$$(Co^2O^3+2H^2O).$$

Le protoxyde de cobalt est employé dans la peinture sur porcelaine et pour la coloration du verre.

SESQUIOXYDE DE COBALT, Co^2O^3. — C'est le *peroxyde* de quelques auteurs. C'est une poudre d'un brun-noir foncé qu'une forte calcination ramène à l'état d'oxyde intermédiaire Co^3O^4. On l'obtient par la décomposition ménagée du nitrate de protoxyde au moyen de la chaleur.

Son hydrate se prépare en précipitant un sel de protoxyde par un hypochlorite alcalin, ou bien en faisant passer un courant de chlore dans de l'eau contenant un mélange de potasse et d'hydrate, ou de carbonate de protoxyde ; il renferme tantôt 2, tantôt 3 molécules d'eau. Après la dessiccation il forme une masse noire, agglomérée, d'une cassure vitreuse ; à l'état de poudre, il ressemble à la terre d'ombre. L'eau peut en être expulsée à une douce chaleur sans qu'il change d'aspect. On le rencontre quelquefois dans la nature.

Chauffé à une bonne chaleur, dans un courant de gaz ammoniac, il se réduit à l'état de protoxyde jaune-brun, puis à l'état métallique (Vorster).

Becquerel a décrit autrefois comme peroxyde de cobalt cristallisé une substance qui paraît contenir de la potasse (voyez *Acide cobaltique*) [*Ann. de Chim. et de Phys.*, (2), t. LI].

Le sesquioxyde de cobalt possède, à un très-faible degré, les propriétés basiques ; quand il est anhydre, les acides le dissolvent très-difficilement. Son hydrate se dissout mieux dans les acides forts (sulfurique, nitrique, etc.), mais la lumière solaire ou une élévation de température ramène les sels formés à l'état de protosels, et il se dégage de l'oxygène. Cet oxyde est soluble dans l'acide sulfureux avec formation de sulfate de protoxyde, et dans l'acide oxalique avec dégagement d'acide carbonique et formation d'oxalate d'oxyde intermédiaire. Avec l'acide chlorhydrique, il dégage du chlore, déjà à froid. Chauffé avec une solution concentrée de chlorure de chaux, il en dégage de l'oxygène. Plusieurs acides organiques (formique, tartrique, etc.), sont en partie décomposés par lui, tandis qu'il est ramené à l'état de protoxyde, lequel s'unit alors avec la portion de l'acide demeurée intacte. La combinaison saline la plus stable que forme le sesquioxyde de cobalt semble être sa dissolution dans l'acide acétique, liqueur jaune-brun d'où les acides forts le précipitent en brun. Braun a trouvé pour l'hydrate séché à la température ordinaire la formule $Co^2O^3+5H^2O$. Beetz admettait que le peroxyde de cobalt peut jouer vis-à-vis des alcalis le rôle d'un acide faible ; en effet, il est dissous par la potasse en fusion, et la masse bleue qui en résulte est décomposée par l'eau. De plus, la lessive de potasse, qui ne le dissout pas ou presque pas quand il a été préparé à part, le dissout au contraire quand il est à l'état naissant. La liqueur bleu foncé qui en résulte se décompose par l'ébullition ou par une longue exposition à l'air. L'hydrate brun de sesquioxyde se dépose de nouveau. Nous avons dit plus haut ce qu'il arrive au protoxyde arrosé avec de la potasse. Toutefois il convient de rapprocher ces faits de ceux qui vont être consignés plus bas à propos de l'acide cobaltique.

OXYDES DE COBALT INTERMÉDIAIRES.

1° $Co^3O^4 = CoO + Co^2O^3$. — D'après Hess, Winckelblech et Beetz, c'est une poudre noire, insoluble ou à peine soluble dans les acides, se combinant seulement avec l'acide oxalique (voyez ci-dessus), décomposable à une forte chaleur blanche qui la ramène à un degré inférieur d'oxydation (d'abord à l'oxyde Co^6O^7, puis au protoxyde). On l'obtient en chauffant à l'air le protoxyde, ou bien en calcinant modérément le sesquioxyde en vase fermé. Son hydrate prend peu à peu naissance par l'exposition à l'air du protoxyde hydraté fraîchement précipité.

D'après Schwarzenberg, l'oxalate de cobalt obtenu par l'évaporation de sa dissolution ammoniacale, calciné au contact de l'air, laisse un résidu qui se dissout seulement en partie dans l'acide chlorhydrique concentré, avec dégagement de chlore; la partie qui a résisté à l'acide est formée par des octaèdres microscopiques gris-noirs, durs, fragiles, ayant l'éclat métallique, non magnétiques; la composition de ce produit se représente par la formule Co^3O^4; il est insoluble dans l'eau régale, l'acide nitrique et l'acide chlorhydrique bouillants; il se dissout lentement mais complétement dans l'acide sulfurique concentré; le bisulfate de sodium en fusion le dissout facilement avec une coloration bleue [*Ann. der Chem. u. Pharm.*, t. XCVII, p. 211]. Le même composé cristallin prend encore naissance (en même temps qu'un autre oxyde de cobalt, amorphe et soluble dans l'acide chlorhydrique, avec dégagement de chlore), par la calcination du chlorure de cobalt desséché dans un courant d'air ou d'oxygène, ou bien par la calcination à l'air d'un mélange sec de chlorure de cobalt et de sel ammoniac (il y a, dans ce cas, perte d'une partie du cobalt par volatilisation), ou bien enfin en opérant de la même manière sur un mélange d'oxyde de cobalt et de sel ammoniac dans un courant d'oxygène; si la chaleur n'a pas été assez forte, il ne se forme que de l'oxyde amorphe.

2° $Co^6O^7 = 4CoO + Co^2O^3$. — Il se forme, d'après Winckelblech et Beetz, quand on chauffe le cobalt, son protoxyde, son carbonate ou son oxalate à l'air ou dans l'oxygène. Il est probable que, à une certaine température, ces corps donnent d'abord l'oxyde Co^3O^4 qui perd une partie de son oxygène quand il est porté ensuite à un degré de chaleur plus élevé.

Selon Beetz, l'oxyde Co^6O^7 reste aussi quand on calcine fortement le chlorure à l'air, c'est une poudre noire difficilement attaquable aux acides.

Hess avait annoncé que la calcination de l'oxalate donne l'oxyde Co^3O^4; les expériences de Schwarzenberg données ci-dessus peuvent expliquer les contradictions des autres observateurs, et elles conduisent à admettre que l'oxyde Co^6O^7 n'est souvent qu'un mélange de CoO, soluble dans l'acide chlorhydrique, avec Co^3O^4, cristallin et insoluble; les proportions relatives des deux oxydes varieront nécessairement avec la température où l'on aura opéré.

ACIDE COBALTIQUE. — Comme on l'a vu plus haut, les oxydes de cobalt se dissolvent dans la potasse en fusion et forment avec cette base une masse d'un bleu intense.

Schwarzenberg a repris l'étude de ce fait; voici ses principaux résultats (*loc. cit.*).

Le protoxyde, l'oxyde intermédiaire cristallin, le carbonate de cobalt se dissolvent dans la potasse caustique en fusion aussi longtemps que celle-ci contient encore de l'eau en excès. Chauffée plus longtemps et portée quelques moments à la température où la potasse se vaporise, dans un creuset d'argent, la masse donne des cristaux minces, hexagonaux, qui peuvent être isolés de l'excédant de potasse au moyen de l'eau. Si l'exposition au feu a été continuée assez longtemps (avec accès de l'air), tout le cobalt entre dans la combinaison cristallisée et la potasse en excès passe à l'état de peroxyde qui se dissout dans l'eau avec dégagement d'oxygène; si l'opération a été moins prolongée, une partie du cobalt se sépare en flocons bruns, lors du traitement par l'eau, et la potasse ne dégage pas d'oxygène quand on la dissout. On obtient mieux les cristaux en employant 6 à 8 p. d'hydrate de potasse pour 1 p. de carbonate de cobalt, et ne maintenant pas la fusion au delà du temps nécessaire pour qu'une partie de la potasse soit suroxydée.

Les cristaux noirs, éclatants, non magnétiques, que Becquerel a décrits autrefois pour du protoxyde de cobalt, renferment de la potasse et de l'eau; ils sont insolubles dans cette dernière et attaquables seulement par les acides concentrés; d'après Schwarzenberg, leur composition à 100° se représente par $K^2O, 3Co^2O^3 + 3H^2O$; à 130°, on y trouve 1 molécule d'eau de moins; à 200° ils retiennent encore 1 molécule d'eau; après avoir été chauffés à une température plus élevée, ils prennent une réaction alcaline et l'eau les décompose en leur enlevant de la potasse [*Ann. de Chim. et de Phys.*, (2), t. LI, p. 105].

H. Rose admet que dans les cristaux noirs de Schwarzenberg le cobalt se trouve à l'état de

$$Co^3O^5 = CoO + 2CoO^2$$

et il pense qu'on peut les regarder comme une combinaison hydratée de la potasse et du protoxyde de cobalt avec l'acide cobaltique CoO^2. Pebal et Mayer ont confirmé dans ses traits essentiels les résultats de Schwarzenberg [*Ann. der Chem. u. Pharm.*, t. C, p. 257; *Ann. der Chem. u. Pharm.*, t. CI, p. 266].

Winckler a fait quelques recherches sur le cobaltate de potasse et il a trouvé ce qui suit [*Journ. für prakt. Chem.*, t. XCI, p. 213, ou *Bull. de la Soc. chim.*, 7804, t. II, p. 35, 278]. Le cobalt divisé (obtenu en réduisant l'oxyde par l'hydrogène, ou l'oxalate par une chaleur modérée, ou encore l'oxyde au rouge sombre avec 10 ou 12 % d'amidon) se dissout, par une longue ébullition dans son poids de potasse additionné de 3 p. d'eau, et donne une liqueur bleu foncé dans laquelle le cobalt serait à l'état d'acide cobaltique (CoO^3). Le cobaltate de potasse n'a pas été isolé à l'état solide, et la dissolution elle-même se décompose spontanément en perdant sa couleur bleue; le chlore y détermine une rapide émission d'oxygène. L'analyse de la liqueur de Winckler a été faite en déterminant l'acide sulfurique produit par l'action de l'acide sulfureux sur une quantité donnée de cobaltate de potasse. Schultze regarde le soi-disant cobaltate de potasse de Winckler comme une simple dissolution alcaline d'hydrate de sesquioxyde de cobalt (*Jahresb.* de Liebig et Kopp, 1864).

COMBINAISONS DU COBALT AVEC LES MÉTALLOÏDES.

CHLORURE DE COBALT, $Co''Cl^2$. — Il se forme avec un vif dégagement de lumière quand on chauffe du cobalt en poudre dans un courant de chlore, et il se sublime alors en écailles bleues. Par la voie humide, on l'obtient en dissolvant les oxydes, le carbonate de cobalt, ou le métal lui-même, dans l'acide chlorhydrique chaud; la liqueur est rouge cramoisi et elle abandonne, par l'évaporation, des cristaux rouge-groseille, non déliquescents, qui appartiennent au type clinorhombique (l'angle du prisme = 77° 20', et l'angle plan de la base = 68° 8'). Ces cristaux sont isomorphes avec le chlorure de nickel et ils renferment 6 molécules d'eau de cristallisation [Marignac, *Mém. de la Soc. de Phys. et d'Hist. nat. de Genève*, t. XIV, p. 216]. La dissolution concentrée de chlorure de cobalt, mélangée avec de l'acide chlorhydrique concentré ou avec de l'acide sulfurique, devient bleue, et cela d'autant mieux qu'on la chauffe légèrement ; on peut admettre, d'après cela, que dans cette liqueur bleue le chlorure de cobalt se trouve à l'état anhydre : du reste, Proust a annoncé qu'il en avait obtenu des cristaux bleus sans eau.

Il arrive souvent que la dissolution de chlorure de cobalt verdit par l'évaporation : cela tient à la présence de chlorure de fer ou de chlorure de nickel, mais la couleur rouge reparaît par l'addition d'eau.

Une chaleur croissante décompose le chlorure de cobalt cristallisé, successivement en sel basique vert bleu et en oxyde de cobalt, tandis qu'il se dégage de l'eau, de l'acide chlorhydrique et en dernier lieu des vapeurs de chlorure anhydre qui se déposent en une masse volumineuse, bleu clair, onctueuse au toucher, lentement soluble dans l'eau ; cette masse exposée à l'air lui reprend peu à peu son eau de cristallisation, devient rouge et se dissout ensuite aisément (Berzelius).

Le chlorure de cobalt anhydre absorbe le gaz ammoniac avec dégagement de chaleur et donne ainsi naissance à un chlorure ammoniacal

$$CoCl^2 + 4\,AzH^3,$$

volumineux, pulvérulent, rougeâtre : l'eau forme avec ce composé une dissolution brune et laisse un résidu vert (H. Rose).

Un papier sur lequel on a tracé des caractères avec une dissolution étendue de chlorure de cobalt ne laisse pas apercevoir l'écriture à froid, mais celle-ci apparaît en bleu quand on vient à chauffer le papier, pour disparaître de nouveau par le refroidissement. De là l'emploi du chlorure de cobalt comme *encre de sympathie*. Hellot a donné la recette suivante d'une encre sympathique verte. On dissout 1 p. de cobalt gris (sulfoarséniure natif) dans 3 p. d'eau forte, on étend de 24 p. d'eau et l'on ajoute 1 p. de sel ammoniac ou de sel commun et l'on filtre. Si le papier sur lequel on aura écrit avec cette encre est chauffé trop fort, les caractères deviendront noirs et ne pourront plus disparaître par le refroidissement. Des chauffages trop répétés amènent aussi la fixation de l'écriture par suite de la formation des sels basiques colorés.

Chlorure cobaltique, Co^2Cl^6. — Inconnu à l'état solide. Il forme une dissolution brune, peu stable, quand on dissout l'hydrate de sesquioxyde dans l'acide froid. La moindre élévation de température en fait dégager du chlore et le ramène à l'état de protochlorure.

Bromure de cobalt, $CoBr^2$. — Il fournit des cristaux rouges déliquescents qui s'effleurissent sur l'acide sulfurique et deviennent opaques ; sa teneur en eau de cristallisation ne paraît pas avoir été déterminée. Quand il est anhydre, il est d'un vert bleu et il se combine avec le gaz ammoniac et donne $CoBr^2,6AzH^3$: poudre rouge, brunissant peu à peu. L'eau décompose ce produit ammoniacal [Rammelsberg, *Poggend. Ann.*, t. LV, p. 237]. On obtient le bromure de cobalt en faisant bouillir le métal divisé avec de l'eau et du brome ; la liqueur rouge devient violette par l'évaporation et laisse, quand elle est sèche, une masse verte. Le brome en vapeur donne à chaud, avec le cobalt, du bromure anhydre, vert, fusible.

La dissolution de bromure de cobalt, additionnée d'ammoniaque en excès, donne un précipité bleu que l'air fait verdir, et une liqueur rouge d'abord, puis brune dont on peut retirer, par cristallisation, des tables rouges, quadratiques, regardées par Rammelsberg comme une combinaison de sesquibromure de cobalt avec le bromure ammonique, mais que l'on doit sans doute rapporter à l'une des cobaltammines si nombreuses découvertes depuis lors.

Iodure de cobalt, CoI^2. — On le prépare comme le bromure. C'est une masse cristalline, déliquescente, vert foncé, soluble dans l'alcool. Avec peu d'eau, cet iodure donne une dissolution verte ; avec beaucoup d'eau, la dissolution est rouge (Erdmann). Le gaz ammoniac est absorbé par l'iodure de cobalt et il forme avec lui le composé $CoI^2,6AzH^3$ qui est une poudre d'un jaune rouge. Une solution concentrée d'iodure de cobalt donne avec l'ammoniaque un précipité blanc rougeâtre qui se redissout presque complètement à chaud, pour se déposer de nouveau, par le refroidissement, avec la même composition, en petits cristaux roses dont la formule est

$$CoI^2 + 4\,AzH^3$$

et en outre de l'eau. Ces cristaux perdent de l'ammoniaque par la dessiccation et deviennent bruns, puis verts. L'eau les décompose en dissolvant de l'ammoniaque et laissant une poudre verte. Une dissolution étendue d'iodure de cobalt donne avec l'ammoniaque un précipité bleu qui verdit à l'air et une dissolution brune [Rammelsberg, *Poggend. Ann.*, t. XLVIII, p. 151].

Fluorure de cobalt, $CoFl^2$. — Petits cristaux rouge-rose, irréguliers, renfermant 2 molécules d'eau, que l'on obtient en dissolvant du carbonate de cobalt dans de l'acide fluorhydrique aqueux et évaporant. Ce fluorure se dissout dans l'eau aiguisée d'acide fluorhydrique ou même dans une petite quantité d'eau pure. Un grand volume d'eau le décompose : une partie du cobalt demeure dans la liqueur et le reste forme un précipité rouge pâle dont la composition est

$$2\,(CoO + CoFl^2) + H^2O$$

(Berzelius).

Fluorure cobaltico-potassique et fluorure cobaltico-ammonique. — Le fluorure de potassium et le fluorure d'ammonium donnent avec celui de cobalt des sels doubles, en grains cristallins, d'un rouge pâle, peu solubles (Berzelius).

Fluoborate de cobalt. — Non décrit.

Fluosilicate de cobalt, $CoFl^2,SiFl^4 + 6\,H^2O$. Cristaux rouge clair, en prismes hexagonaux réguliers terminés par un pointement rhomboédrique ; isomorphes avec les fluosilicates et fluostannates de nickel ; solubles dans l'eau ; on les obtient en dissolvant le carbonate de cobalt dans l'acide hydrofluosilicique.

Sulfures de cobalt. — Protosulfure, $Co''S$. — On le prépare par la voie sèche en chauffant le métal ou son protoxyde avec du soufre ou bien en décomposant le sulfate par le charbon (Proust, Berthier). C'est une masse grise, feuilletée, ayant l'éclat métallique.

Par la voie humide, on obtient le sulfure de cobalt en précipitant l'acétate par l'hydrogène sulfuré ou bien les autres protosels par les sulfures alcalins.

C'est alors un précipité noir qui contient de l'eau d'hydratation ; exposé humide à l'air, il s'oxyde à la longue et donne du sulfate. Les acides concentrés attaquent le sulfure de cobalt, soit qu'il ait été préparé par la voie sèche, soit qu'on l'ait obtenu par voie humide, et ils en dégagent de l'hydrogène sulfuré ; les acides étendus ont peu d'action sur lui et l'acide acétique étendu ne le dissout pas du tout. Les sulfures alcalins ne le dissolvent pas. D'après Anthon, si on l'introduit dans des dissolutions de fer, de nickel, de cuivre, d'argent, il en sépare les sulfures de ces métaux avec production d'un sel de protoxyde de cobalt. Le sulfure de cobalt est une sulfobase dont les sulfosels sont insolubles. Les sels de cobalt mis à bouillir avec de l'hyposulfite de soude laissent déposer du sulfure de cobalt pulvérulent, inoxydable à l'air et facile à laver [W. Gibbs, *Silliman's Ann. Journ.*, (2), t. XXXVII, p. 346].

SESQUISULFURE DE COBALT, Co^2S^3. — Il résulte de l'action de l'hydrogène sulfuré sur l'acétate cobaltique, ou bien de celle du même gaz sur le sesquioxyde de cobalt chauffé avec précaution. Il est d'une couleur gris foncé (Berzelius). De Fellenberg l'a obtenu aussi en calcinant un mélange de soufre, d'alcali et d'oxyde de cobalt : il formait alors des lamelles graphitoïdes.

SULFURE DE COBALT INTERMÉDIAIRE, Co^3S^4. — Il forme des petits octaèdres réguliers, ayant l'éclat métallique, d'un gris tirant sur le jaune, que l'on rencontre dans la nature. Les minéralogistes l'appellent ordinairement *siegénite* (voyez ce mot). Il renferme souvent plus de nickel que de cobalt.

BISULFURE DE COBALT, CoS^2. — D'après Setterberg, on l'obtient quand on mêle du carbonate de cobalt avec une fois et demie son poids de soufre et qu'on chauffe lentement le tout dans une cornue de verre. Il se dégage de l'acide carbonique, de l'acide sulfureux et de l'eau. On continue à chauffer jusqu'à ce qu'il ne distille plus de soufre, avec la précaution de ne pas élever la température jusqu'au rouge, parce qu'alors le bisulfure abandonnerait la moitié de son soufre. Le produit obtenu est une poudre noire, sans éclat. Sauf l'eau régale et l'acide nitrique, les acides et les lessives alcalines ne l'attaquent pas, à moins qu'il ne contienne du protosulfure. Sous l'influence de l'acide chlorhydrique, le sesquisulfure de cobalt est dédoublé en protosulfure qui se décompose et se dissout, et en bisulfure qui reste. Si on lave bien ce dernier quelques instants après qu'il a été préparé, et qu'on le fasse sécher, il devient acide pendant la dessiccation, et se convertit partiellement en acide sulfurique et sulfate de cobalt.

OXYSULFURE DE COBALT, CoS,CoO. — Arfwedson a reconnu que le protoxyde et le protosulfure de cobalt peuvent s'unir par molécules égales en une masse agglomérée, gris foncé, que l'on obtient en chauffant au rouge le sulfate de protoxyde de cobalt dans un courant d'hydrogène. A froid, l'acide chlorhydrique enlève à ce composé l'oxyde qu'il contient, et à chaud il le dissout tout entier, mais avec dégagement d'hydrogène sulfuré. D'après le même chimiste, l'oxysulfure de cobalt traité à chaud par le gaz sulfhydrique donne un produit qui paraît avoir la composition Co^3S^4.

SÉLÉNIURE DE COBALT. — Le cobalt et le sélénium s'unissent ensemble avec dégagement de lumière sous l'influence d'une chaleur modérée. Le séléniure qui en résulte est en une masse à texture feuilletée, grise, fusible au rouge, douée de l'éclat métallique (Berzelius). On a trouvé au Hartz un séléniure natif de plomb et de cobalt. Par l'action des vapeurs de sélénium sur du cobalt incandescent, dans un courant d'hydrogène, Little a obtenu le séléniure de cobalt $CoSe$ sous forme d'une masse aigre, pesant 7,65, fusible à une plus haute température, sous le borax, en une matière métallique, jaune, cristalline [*Ann. der Chem. u. Pharm.*, t. CXII, p. 211].

TELLURURE DE COBALT. — Non décrit.

AZOTURE DE COBALT. — On n'a pas réussi à l'obtenir en faisant passer du gaz ammoniac sur le cobalt chauffé [Vorster, *loc. cit.*].

ARSÉNIURE DE COBALT, $CoAs^2$. — C'est le *cobalt arsenical* ou *smaltine* des minéralogistes. Il cristallise dans le système régulier; on le trouve aussi en masses compactes; il a un éclat métallique argentin; le fer et le nickel s'y trouvent ordinairement en proportions variables.

L'arséniure de cobalt, chauffé en vase clos, abandonne une partie de son arsenic et laisse un résidu moins riche en arsenic, fusible, métallique, cassant, non magnétique. Il existe aussi un arséniure $CoAs^3$ (=1/2 Co^2As^6).

SULFARSÉNIURE DE COBALT,

$$CoSAs = 1/2\ (CoS^2 + CoAs^2).$$

On l'appelle aussi *cobalt gris* ou *cobaltine*; il se rencontre surtout à Tunaberg, en Suède. Ses cristaux affectent diverses formes appartenant au système régulier; ils sont doués d'un éclat métallique très-vif, tirant un peu sur le rougeâtre. Ce minéral est ordinairement moins souillé de nickel que le précédent.

PHOSPHURE DE COBALT. — On obtient une masse métallique, fragile, d'un blanc grisâtre, formée essentiellement de phosphure de cobalt, quand on projette de petits morceaux de phosphore sur du cobalt chauffé au rouge, ou bien quand on calcine fortement un mélange d'acide phosphorique, de charbon et de cobalt.

Un phosphure pur (Co^3Ph^2) a été préparé par H. Rose en chauffant du chlorure de cobalt dans un courant d'hydrogène phosphoré : c'est une poudre grise.

Le même chimiste a également obtenu du phosphure de cobalt en poudre noire, par la réduction du phosphate $Co^3Ph^2O^8$ au moyen de l'hydrogène. Schrotter a décrit un phosphure Co^5Ph^2 obtenu en chauffant le cobalt métallique divisé dans un courant de vapeur de phosphore; c'était une masse cristalline, d'un gris blanc, pesant spécifiquement 5,62, insoluble dans l'acide chlorhydrique, très-soluble dans l'acide nitrique, décomposée à chaud par le chlore avec production de chlorure de cobalt et de chlorure de phosphore [*Wiener Akad. Bericht*, mai 1849].

CARBURE DE COBALT. — Le cobalt provenant de la réduction de son oxyde par le charbon en excès est toujours plus ou moins carburé, mais on n'a pas décrit, que nous sachions, de composé défini.

SELS DE COBALT.

SELS COBALTEUX. — NITRATE DE COBALT,

$$Co''(AzO^3)^2 + 6\ H^2O.$$

— Cristaux en tables rhomboïdales obliques, dans lesquels l'angle du prisme (*mm*) est de 82°, celui de la base sur le prisme de 97 à 98°, et l'angle plan de la base de 81°12' [Marignac, *Ann. des Mines*, t. IX, 1856]. Le nitrate de cobalt cristallise facilement soit par l'évaporation dans le vide, soit par le refroidissement d'une dissolution concentrée; le plus souvent, au lieu de cristaux isolés, on n'obtient qu'une masse de cristaux irrégulièrement groupés. On obtient ce sel en dissolvant le métal, son protoxyde anhydre ou hydraté, ou son carbonate dans l'acide nitrique; sa dissolution et ses cristaux sont d'un beau rouge cramoisi; il est déliquescent à l'air humide, mais non pas quand le temps est sec; il fond déjà au-dessous de 100° dans son eau, puis il perd celle-ci, tandis que la masse fondue de violette qu'elle était devient verte; à une température plus élevée, il se décompose en oxyde noir avec bouillonnement et dégagement d'acide hypoazotique. Sa dissolution peut servir d'encre sympathique bleue.

Sous-nitrate de cobalt, $Co^6Az^2O^{11} + 5\ H^2O$. — Précipité bleu qui se forme quand une dissolution récemment bouillie du précédent est précipitée à l'abri de l'air par un excès d'ammoniaque. Au moindre contact avec l'air, ce sous-sel devient vert d'herbe et commence à se redissoudre dans la liqueur. Malgré tous les soins apportés au lavage et à la dessiccation, on ne peut empêcher l'oxydation plus ou moins profonde de ce produit. Tel qu'on l'obtient, il se présente comme une poudre verte dont la couleur se fonce sous l'action de la chaleur, en même temps qu'il se dégage de l'eau. Récemment précipité et exposé à l'air, il finit par jaunir en se dédoublant en protonitrate et en hydrate d'oxyde intermédiaire (Winckelblech).

Nitrate de cobalt et d'ammoniaque (?). D'après Thenard, il forme des cubes en trémies (comme le sel marin) rose-rouge, inaltérables, d'une saveur urineuse, qui fusent comme le nitrate d'ammoniaque quand on les projette dans un creuset incandescent. Il est possible que ce sel soit à base de l'une des cobaltammines au lieu d'être un sel double : il prend naissance par l'évaporation d'une dissolution (neutre? acide?) de nitrate de cobalt à laquelle on a ajouté de l'ammoniaque.

Nitrite de cobalt. — On le prépare en précipitant le sulfate de cobalt par le nitrite de baryte et évaporant dans le vide la liqueur filtrée; celle-ci ne supporte pas la chaleur sans dégager du bioxyde d'azote et laisser précipiter un sel basique noir. Par la cristallisation on obtient une masse cristalline ou des cristaux brun-rouge, solubles dans l'eau, et dans lesquels le cobalt est en partie suroxydé. La potasse produit, dans la dissolution de ce nitrite, un précipité brun [Lang, *Journ. für prakt. Chem.*, t. LXXXVI; — Hampe; *Ann. der Chem. u. Pharm.*, t. CXXV, p. 334].

Nitrites de cobalt et de potasse. — Comme il a été dit précédemment, le nitrite de potasse donne dans la dissolution du nitrate de cobalt un beau précipité jaune, que Fischer a considéré comme un nitrite double cobaltoso-potassique.

Saint-Evre a fait une étude approfondie de ce produit [*Compt. rend. Acad. des sciences*, t. XXXIII, p. 166, et XXXV, p. 552]. D'après ce chimiste, le précipité en question prend naissance, avec formation de bioxyde d'azote et de nitrate de potasse, quand on ajoute peu à peu une dissolution de nitrite de potasse à une dissolution acide de nitrate de cobalt. On l'obtient encore en faisant passer un courant de bioxyde d'azote dans une liqueur contenant du nitrate de cobalt qui vient d'être complétement précipité à l'état d'oxyde hydraté rose, par un faible excès de potasse; ou bien en mélangeant du nitrite de potasse dissous avec le précipité bleu que la potasse produit au premier moment avec le nitrate de cobalt, et additionnant de quelques gouttes d'acide nitrique.

Le précipité jaune obtenu comme il vient d'être dit, est cristallisé en prismes microscopiques, à quatre pans, terminés par une pyramide à quatre côtés. Il est insoluble dans l'alcool et l'éther, presque insoluble dans l'eau froide, soluble dans l'eau bouillante, mais en dégageant des vapeurs acides incolores; la liqueur rougeâtre peut donner, par l'évaporation, un autre sel jaune-citron. La chaleur le décompose en eau, acides hyponitrique et nitrique, lesquels se vaporisent, et en oxyde de cobalt C^2O^3 et nitrite de potasse qui restent. Les acides chlorhydrique et nitrique ne le dissolvent pas à froid, mais ils le décomposent à chaud.

La formule empirique de ce composé est représentée par Saint-Évre comme suit :

$$2(Az^2O^3, CoO, K^2O) + H^2O.$$

Stromeyer a donné une formule un peu différente:

$$Co^2O^3, 2Az^2O^3 + 3(K^2O\,Az^2O^3) + 2H^2O$$

pour le sel desséché à 100° [*Journ. für prakt. Chem.*, t. LXI, p. 41]. Pour justifier sa manière de voir, il fait remarquer que par le mélange de deux liqueurs neutres, le sel jaune ne prend naissance que peu à peu, à partir de la surface qui est en contact avec l'oxygène de l'air. Quoi qu'il en soit, la différence que l'on peut remarquer entre les résultats obtenus par Stromeyer et par Saint-Evre semble indiquer l'existence de plusieurs composés d'aspect semblable.

C'est, du reste, ce qui vient d'être reconnu par Erdmann [*Journ. für prakt. Chem.*, XCVII, p. 385]. Ce chimiste a constaté que les sels de cobalt donnent, avec le nitrite de potasse, des précipités différents, suivant qu'ils sont neutres ou acides. Dans une liqueur neutre on obtient un précipité dont la formule est

$$3(CoO, Az^2O^3 + K^2O, Az^2O^3) + H^2O.$$

La présence ou l'absence de l'air n'a pas d'influence sur le formation de ce composé qui constitue des cubes microscopiques, groupés en étoiles, insolubles dans l'eau froide, solubles dans l'eau bouillante qu'ils colorent en rouge.

Quand la précipitation s'effectue en présence d'un excès d'acide acétique, le produit obtenu a une formule correspondant à celle du sel ammonique décrit ci-dessous.

Nitrite de cobalt et d'ammoniaque. — Une dissolution de chlorure de cobalt aiguisée d'acide acétique donne, avec un excès de nitrite d'ammonium, un précipité jaune consistant en cubes microscopiques correspondant au sel de potasse. Ce composé se lave avec une dissolution d'acétate de potasse puis avec de l'alcool; il est un peu soluble dans l'eau froide, et ni la potasse, ni le carbonate d'ammoniaque ne précipitent cette dissolution. Quand on la fait bouillir, la dissolution se colore en rose et montre les réactions de sels cobalteux.

L'analyse de ce nitrite double conduit aux formules suivantes :

$$2CoO, 3Az^2O^3 + 3(Am^2O, Az^2O^3) + 3H^2O,$$

ou bien

$$Co^2O^3, 3Az^2O^3 + 3(Am^2O, Az^2O^3) + 3H^2O.$$

Erdmann pense, d'après les réactions de sa dissolution, que ce sel ne renferme le cobalt ni à l'état de protoxyde, ni à l'état de sesquioxyde sous leur forme ordinaire [Erdmann, *loc. cit.*].

Le chlorure de cobalt additionné de chlorure de baryum, de chlorure de strontium ou de chlorure de calcium, donne avec le nitrite de potasse en excès des précipités peu stables qui sont des *nitrites triples* à base *de cobalt, d'alcali* et *de baryte, de chaux* ou *de strontiane* [Erdmann, *loc. cit.*].

Chlorate de cobalt, $Co(ClO^3)^2 + 6H^2O$. — Octaèdres réguliers, rouges, très-solubles dans l'alcool, déliquescents, fusibles à + 50°, et se décomposant à + 100° en laissant un résidu de sesquioxyde et de chlorure [Wächter, *Journ. für prakt. Chem.*, t. XXX, p. 321]. On prépare ce sel par la double décomposition du sulfate de cobalt et du chlorate de baryte; sa dissolution doit être évaporée dans le vide, elle ne supporte pas l'ébullition.

Bromate de cobalt, $Co(BrO^3)^2 + 6H^2O$. — Octaèdres réguliers, rouges, très-solubles dans l'eau, solubles en rouge-brun dans l'ammoniaque. Cette dernière dissolution laisse, après l'évaporation, une masse brune foncée, déliquescente. On prépare le bromate de cobalt en neutralisant l'acide bromique par l'hydrate ou le carbonate de cobalt [Rammelsberg, *Poggend. Ann.*, t. LII, p. 84).

Iodate de cobalt, $Co(IO^6)^2 + H^2O$. — Il ne se précipite pas quand on mélange du sulfate de cobalt et de l'iodate de soude dissous, mais on l'obtient en dissolvant à chaud du carbonate de cobalt récemment précipité dans une solution d'acide iodique. Une partie du sel se dépose par le refroidissement, le reste forme, par l'évaporation, une croûte cristalline rouge violette. L'iodate de cobalt se dissout dans 148 p. d'eau froide et dans 90 p. d'eau bouillante; il perd son eau de cristallisation à 200°. Par la calcination, il perd de l'oxygène et son iode, et laisse un résidu d'oxyde Co^3O^4.

Si l'on dissout ce sel dans l'ammoniaque, l'alcool en précipite un sel double, rouge pâle [Rammelsberg, *Poggend. Ann.*, 1839].

Carbonate neutre, $CoCO^3$. — De Sénarmont l'a obtenu en petits rhomboèdres microscopiques, roses, inattaquables à froid par les acides nitrique et chlorhydrique; son procédé consistait à traiter du chlorure de cobalt par du carbonate de chaux à 150°, pendant 18 heures, ou bien à décomposer, également en vase clos, à 140°, le chlorure de cobalt par une dissolution de bicarbonate de soude saturée d'acide carbonique [*Ann. de Chim. et de Phys.*, (3), t. XXX].

Deville a reconnu que l'hydrocarbonate de cobalt récemment précipité, mis en digestion à 20° ou 25° avec un excès de bicarbonate de soude ou d'ammoniaque, forme d'abord un sel double (dans le dernier cas du moins), puis se transforme peu à peu en un hydrate de carbonate neutre; si on a employé le bicarbonate de soude, le sel de cobalt retient de petites portions de soude; par l'emploi du bicarbonate d'ammoniaque, le produit obtenu a pour formule

$$3(CoCO^3) + 2H^2O$$

[*Ann. de Chim. et de Phys.*, (3), t. XXXIII, p. 75]. Par un temps froid et à l'abri de l'air, on obtient des prismes $CoCO^3 + 6H^2O$.

Carbonates de cobalt basiques ou *hydrocarbonates*. — Les sels de cobalt, précipités à froid par un carbonate alcalin, donnent naissance au composé $2(CoCO^3 + CoH^2O^2) + 5H^2O$ que des lavages prolongés à l'ébullition transforment en une poudre rouge pâle :

$$(CoCO^3)^2 + (CoH^2O^2)^3 + H^2O.$$

Ce dernier corps se dissout en rouge dans de l'eau chargée d'acide carbonique et dans les bicarbonates alcalins; l'ébullition le sépare intact. Bouilli dans une cornue avec du carbonate de soude, il devient bleu indigo; comme il verdit à l'air, on doit le laver alors et le dessécher dans une atmosphère d'hydrogène; sa composition est devenue, après ces opérations,

$$CoCO^3 + 3(CoH^2O^2) + H^2O$$

[Beetz, *loco citato*]. Field [*Répert. de Chim. pure*, 1862, p. 92] a décrit le carbonate

$$2CoCO^3 + 3CoH^2O^2 + H^2O + Co^2O^3, H^2O.$$

Carbonates doubles de cobalt et d'alcalis. — Deville a fait connaître les suivants (*loc. cit.*) :

1° $CoCO^3 + KHCO^3 + 4H^2O$. Dendrites rose-rouge, résultant de l'action du bicarbonate de potasse sur le nitrate de cobalt.

2° $CoCO^3 + K^2CO^3 + 4H^2O$. Cristaux prismatiques obtenus en remplaçant le bicarbonate par le sesquicarbonate alcalin.

3° et 4° $CoCO^3 + Na^2CO^3 + 4H^2O$, en petits prismes, mélangés avec

$$CoCO^3 + Na^2CO^3 + 10H^2O,$$

en cristaux qui paraissent être des rhomboèdres cuboïdes, par l'action du sesquicarbonate de soude sur le nitrate de cobalt.

5° $CoCO^3 + Am^2CO^3 + 4H^2O$. Petits prismes groupés en rayons, rouge-groseille, inaltérables à l'air froid, ne se produisant qu'en hiver, en laissant en contact, avec du sesquicarbonate d'ammoniaque, mêlé d'ammoniaque, le précipité qu'on y a formé en y versant du nitrate de cobalt.

6° $CoCO^3 + AmHCO^3 + 4H^2O$. Si l'on mélange entre 15° et 18° du nitrate de cobalt avec du bicarbonate d'ammoniaque, il se forme un carbonate double en lamelles micacées, d'un grand éclat, très-vite décomposables à l'air en une poudre brune avec perte d'ammoniaque.

7° $2(CoCO^3) + Am^2CO^3 + 12H^2O$. Lamelles micacées rouge clair, encore moins stables que les précédentes et se préparant de la même manière, mais à 0°.

Sulfate de cobalt, $CoSO^4$.—Poudre rose-rouge que l'on obtient en desséchant l'un des hydrates ci-dessous. La dissolution de sulfate de cobalt cristallisée à la température ordinaire donne naissance à des prismes rouges ayant pour formule $CoSO^4 + 7H^2O$, qui sont clinorhombiques (angle du prisme = 82° 22'; base sur le prisme = 99° 36' et angle plan de la base 80° 29'). Par la cristallisation entre 20° et 50°, on obtient un autre hydrate $(CoSO^4 + 6H^2O)$ qui est aussi prismatique oblique, isomorphe avec le sel de nickel (angle du prisme = 71° 52', angle de la base sur le prisme = 95° 6' et angle plan de la base 71° 14') [Marignac, *Mém. de la Soc. de Phys. et d'Hist. nat. de Genève*, t. XIV, p. 246].

Quand on verse peu à peu une dissolution concentrée de sulfate de cobalt dans de l'acide sulfurique ordinaire, il se forme bientôt un précipité couleur fleur de pêcher, lequel, séparé de la liqueur surnageante et desséché sur une plaque de porcelaine dégourdie, offre la composition $CoSO^4 + 4H^2O$. Cet hydrate correspond à des sulfates manganeux et ferreux décrits par Marignac [Fröhde, *Journ. für prakt. Chemie*, t. XCIX, p. 63].

Le sulfate de cobalt est efflorescent, insoluble dans l'alcool, soluble dans 24 p. d'eau froide. Il peut supporter une assez forte calcination sans être décomposé; on le rencontre dans la nature : c'est alors le *cobalt sulfaté* ou *rhodalose* des minéralogistes. Il se prépare directement en neutralisant l'acide sulfurique par l'oxyde ou par le carbonate de cobalt; le métal produit aussi ce sel quand on le chauffe avec l'acide concentré. On peut avoir recours, pour l'obtenir, au procédé suivant : Le *cobalt gris* (sulfoarséniure de cobalt) de Tunaberg (Suède) est réduit en poudre fine et soigneusement grillé dans un moufle d'essayeur. On y ajoute de temps en temps de petites quantités de poussière de charbon et l'on continue le grillage tant qu'il se manifeste une odeur alliacée. Le résidu est ensuite traité par l'acide sulfurique additionné d'un peu d'acide chlorhydrique. La liqueur étendue d'eau est mise à bouillir avec de la craie pour précipiter le fer, puis on y fait passer un courant d'hydrogène sulfuré. Après filtration et concentration, on obtient des cristaux de sulfate pur. Ce procédé n'est pas applicable aux minerais nickélifères.

Il existe un *sous-sulfate* insoluble qui se forme quand on précipite incomplétement le sel neutre par de la potasse; il est rouge de chair.

Le sulfate de cobalt anhydre peut absorber le gaz ammoniac sec, pour donner une poudre blanche $CoSO^4 + 6AzH^3$ (Rose).

Sulfate ammonico-cobaltique,

$$Am^2SO^4 + CoSO^4 + 6H^2O.$$

— Gros et beaux cristaux courts, d'un rouge-groseille, appartenant au type clinorhombique (angle du prisme = 109° 28', angle de la base sur le prisme = 103° 45', angle plan de la base = 107° 3') [Marignac, *loc. cit.*]. Il existe un *sulfate potassico-cobaltique* semblable au précédent et isomorphe comme lui avec les sels doubles correspondants de nickel, de fer, de manganèse et de magnésie.

Sulfate ferroso-cobalto-ammonique ou *potassique*,

$$CoSO^4,FeSO^4 + 2Am^2SO^4 + 12H^2O$$
ou $$CoSO^4,FeSO^4 + 2K^2SO^4 + 12H^2O.$$

— Obtenus par Vohl en faisant cristalliser un mélange de leurs constituants [*Ann. der Chem. u. Pharm.*, t. XCIV, p. 57]. Prismes rhomboïdaux rougeâtres qui s'oxydent à l'air et finissent par tomber en une poudre jaune brune à laquelle l'eau enlève le sel double de cobalt.

Vohl a décrit également de beaux sels triples dont les formules sont semblables à celles des deux sulfates ci-dessus et qui renfermaient de la magnésie, de l'oxyde manganeux, de l'oxyde de nickel, de l'oxyde de zinc ou de l'oxyde de cuivre à la place de l'oxyde ferreux, et de la potasse ou de l'ammoniaque.

Sulfate de magnésie et de cobalt,

$$(CoSO^4)^8 + MgSO^4 + 28H^2O.$$

— Concrétions stalactiformes, rouges, qui se trouvent à Bieber, dans la Hesse.

Sulfite de cobalt, $CoSO^3$. — L'hydrate de protoxyde de cobalt se dissout dans l'eau que l'on fait traverser par un courant d'acide sulfureux. La liqueur, additionnée d'alcool, laisse précipiter des flocons rouges auxquels Muspratt attribue la formule $CoSO^3 + H^2O$ [*Ann. der Chem. u. Pharm.*, t. L, p. 259].

Par l'ébullition et le refroidissement dans un flacon fermé, le sulfite de cobalt se dépose de sa liqueur en grains cristallins à 5 molécules d'eau; en évaporant dans une cornue et dans une atmosphère d'hydrogène, Rammelsberg a obtenu de petits cristaux presque insolubles dans l'eau, d'une couleur de fleur de pêcher, renfermant 3 molécules d'eau. Ces cristaux sont dissous partiellement par l'ammoniaque [Rammelsberg, *Ann. de Poggend.*, t. LXVII].

Hyposulfate de cobalt, $CoS^2O^6 + 6H^2O$. — Il se prépare par double décomposition et donne des cristaux d'une couleur rosée, très-solubles, inaltérables à l'air [Heeren, *Ann. de Poggend.*, t. VII, p. 55].

La dissolution de ce sel, traitée par l'ammoniaque en excès et évaporée, laisse déposer des cristaux que Rammelsberg a formulés ainsi :

$$Co^2O^3, 2S^2O^5 + 5AzH^3 \text{ (en équivalents)}$$

[*Ann. de Poggend.*, t. LVIII). Ce sont de petits prismes rectangulaires qui ne tardent pas à brunir et à perdre leur éclat, l'eau les décompose et laisse la plus grande partie du cobalt insoluble.

Hyposulfite de cobalt, $CoS^2O^3 + 6H^2O$. — Masse cristalline d'un rouge foncé obtenue en évaporant la dissolution rouge qui résulte de la décomposition du sulfate de cobalt par l'hyposulfite de strontiane (Rammelsberg).

Les *tri-*, *tétra-* et *pentathionates* de cobalt sont inconnus.

Séléniate de cobalt, $CoSeO^4 + 7H^2O$. — Il se prépare en neutralisant l'acide sélénique par le carbonate de cobalt et il offre les plus grandes analogies avec le sulfate correspondant, dont il possède la forme cristalline et les angles (Mitscherlich).

Sélénites de cobalt. — Le sel neutre est une poudre rouge pâle, insoluble dans l'eau.

Le bi-sel se dissout dans l'eau et, par l'évaporation de cette dissolution, il demeure sous forme d'un vernis rouge-pourpre (Berzelius).

Tellurate de cobalt. — Précipité volumineux en flocons rouge-bleuâtre (Berzelius).

Tellurite de cobalt. — Précipité rouge foncé.

Phosphite de cobalt, $CoHPhO^3$. — Sel peu soluble, rouge pâle, qui se prépare par double décomposition avec des liqueurs concentrées. Étant chauffé, il se transforme en phosphate avec dégagement de lumière : l'oxygène de l'eau qu'il renferme sert à l'oxyder et l'hydrogène est mis en liberté.

Hypophosphite de cobalt, $Co(H^2PhO^2)^2 + 6H^2O$. — Ce sel se prépare directement ou par double décomposition. Sa dissolution, évaporée dans le vide, laisse déposer des octaèdres réguliers rouges, très-solubles, efflorescents, qui perdent leur eau de cristallisation à 100°. Il existe aussi un hydrate à 3 molécules d'eau, moins efflorescent que le précédent et qui prend naissance quand on fait agir à chaud l'oxalate de cobalt sur l'hypophosphite de calcium et que l'on évapore.

Phosphate neutre de cobalt (ordinaire),

$$Co^3(PhO^4)^2 + 8H^2O.$$

— Il se prépare par double décomposition et forme un précipité floconneux bleu-rougeâtre. Obtenu par l'attaque du pyrophosphate de cobalt par l'eau à 280°, il est en petits cristaux roses qui bleuissent en se déshydratant quand on les chauffe. Le même prend encore naissance quand on précipite par l'alcool absolu la dissolution de phosphate de cobalt dans l'acide phosphorique. Le phosphate de cobalt obtenu par double décomposition est soluble dans un excès de sulfate : il se précipite à chaud pour se redissoudre pendant le refroidissement. Il est insoluble dans l'eau, légèrement soluble dans les sels ammoniques, soluble dans les acides et dans l'ammoniaque libre; la dissolution ammoniacale est jaunâtre, mais elle brunit peu à peu à l'air en s'oxydant. Calciné dans un courant d'hydrogène, le phosphate de cobalt est réduit en phosphure Co^3Ph^2. 16 p. d'alumine gélatineuse mélangées avec 2 p. de phosphate de cobalt et fortement calcinées donnent le bleu de Leithner ou bleu de Thenard.

Debray a décrit le phosphate

$$Co^3Ph^2O^8 + H^2O$$

cristallisé qu'on obtient en faisant chauffer à 250° dans un tube fermé, du phosphate de chaux $Ca^2H^2Ph^2O^8$ avec une solution d'azotate de cobalt. Ce chimiste a préparé aussi un sel ayant pour formule $Co^2Ph^2O^7 + 3H^2O$ en faisant bouillir la dissolution de phosphate acide de cobalt obtenu en faisant digérer de l'acide phosphorique avec du carbonate de cobalt [*Ann. de Chim. et de Phys.*, (3), t. LXI, p. 438].

D'après Bœdecker, une dissolution de chlorure de cobalt étant précipitée par le phosphate de soude en léger excès, et l'une des moitiés du précipité dissoute dans la moindre quantité possible d'acide chlorhydrique, puis ajoutée à l'autre moitié, tout le phosphate de cobalt se transforme par un repos prolongé en petits cristaux tabulaires, rouge-violet, groupés en petites boules, dont la composition est

$$Co^2H^2Ph^2O^8 + H^2O$$

[*Ann. der Chem. u. Pharm.*, t. XCIV, p. 357].

Pyrophosphate de cobalt. — Insoluble dans l'eau, soluble dans un excès de pyrophosphate alcalin et dans l'ammoniaque.

Métaphosphate de cobalt, $CoPh^2O^6$. — Le sulfate de cobalt chauffé à 316° avec un excès d'acide phosphorique ordinaire laisse déposer ce sel à l'état de poudre rouge-rose, insoluble dans l'eau et dans les acides étendus, décomposable à chaud par l'acide sulfurique; le sulfure d'ammonium a peu d'action sur lui, même après une digestion prolongée (Maddrell).

Hexamétaphosphate de cobalt. — L'hexamétaphosphate de soude de Fleitmann précipite le chlorure, mais non le sulfate de cobalt. Le précipité est rouge; par l'agitation, il se transforme en gouttes huileuses, lourdes; il est insoluble dans un excès de précipitant.

Phosphate ammonico-cobaltique. — Le phosphate d'ammoniaque détermine, dans les sels de cobalt, la formation d'un précipité gélatineux qui se transforme rapidement dans la liqueur en une poudre cristalline $Co''AmPhO^4 + 6H^2O$ (Chancel).

Ce phosphate qui a séjourné pendant sept ou huit jours avec une dissolution un peu acide de phosphate d'ammoniaque est complétement transformé en cristaux roses, très-nets, assez volumineux, dont la composition se représente par

$$CoAmPhO^4 . AmH^2PhO^4 + 2H^2O.$$

Si la digestion a lieu à 80° ou au-dessus, les cristaux ont pour formule

$$Co''AmPhO^4 + H^2O.$$

Le phosphate de soude en grand excès donne, avec les sels de cobalt, un précipité qui, étant maintenu à 80° pendant 15 à 20 jours, se dissout en une liqueur bleue pour ensuite se déposer en sel double insoluble, qui cristallise en petits cristaux aplatis d'une couleur bleue magnifique; c'est le *phosphate sodico-cobaltique*

$$Co^3Ph^2O^8 + Na^4H^2Ph^2O^8 + 8H^2O$$

[Debray, *Bull. de la Soc. chim.*, 1864, t. I, p. 11].

Arséniate de cobalt. — Il existe dans la nature sous forme de dépôts pulvérulents ou d'aiguilles radiées ayant pour formule $Co^3As^2O^8 + 8H^2O$. On le prépare par double décomposition; sa couleur est rose, elle ne change pas par la dessiccation; à une température élevée, il devient violet ou lilas; calciné avec l'alumine, il donne un bleu semblable à celui de Leithner ou de Thenard. Cet arséniate est soluble dans l'ammoniaque et dans l'acide chlorhydrique; l'hydrogène sulfuré décompose difficilement cette dernière dissolution; la potasse le décompose.

Arsénite de cobalt, $Co^3As^2O^6$. — Il a le même aspect que le précédent. Au rouge, il perd une partie de son acide; l'acide nitrique le transforme en arséniate; il est soluble dans l'acide chlorhydrique, et l'hydrogène sulfuré sépare tout l'arsenic de cette liqueur.

Il est dissous par l'ammoniaque et décomposé par la potasse.

Borate de cobalt. — Poudre rouge pâle, insoluble dans l'eau, fusible en un verre bleu; mélangé et calciné avec du phosphate de soude, il donne une matière bleue qui a été recommandée pour la peinture.

Silicate de cobalt. — C'est le *safre* du commerce, qui, du reste, n'est souvent qu'un mélange de sable quartzeux et de cobalt grillé. Quand on fond le safre avec de la potasse, on a un verre bleu qui, réduit en poudre impalpable, constitue le *smalt* ou *azur* que l'on emploie pour azurer le linge ou le papier, etc.

Aluminate de cobalt, $CoAl^2O^4$. — C'est l'analogue du spinelle $MgAl^2O^4$. Ebelmen l'a obtenu en octaèdres réguliers, d'un beau bleu foncé, en maintenant à une haute température un mélange de 3,30 d'alumine, 2,40 d'oxyde de cobalt, et 2,25 d'acide borique fondu.

SELS COBALTIQUES. — Voyez aussi page 946.

Sous-nitrate. — On le prépare en maintenant le nitrate de protoxyde à quelques degrés au-dessus de son point de fusion: une décomposition partielle a lieu, et le sous-sel se dépose de la masse liquide en petits grains cristallins, gris d'acier, que l'on peut séparer par l'eau qui ne les dissout pas.

Sous-phosphate. — Il se précipite quand on verse goutte à goutte une dissolution de phosphate de soude dans de l'acétate de sesquioxyde de cobalt. Il est brun et amorphe.

Sous-arséniate. — Semblable au précédent. Il se prépare de même.

SULFOSELS DE COBALT. — Les sulfosels de cobalt sont noirs ou d'un brun foncé; ils sont pour la plupart insolubles dans l'eau, mais se dissolvent dans un excès du sulfosel alcalin par lequel ils ont été précipités. La dissolution est brune ou noire et entièrement opaque; quand elle est exposée à l'air, le sulfosel cobaltique se précipite à mesure que le sulfosel alcalin est détruit.

Sulfocarbonate de cobalt, $CoCS^3$. — Dissolution d'un vert olive foncé qui est noire par réflexion. Au bout de 24 heures, cette dissolution laisse déposer une matière noire, floconneuse; après quoi la liqueur est transparente et d'un brun foncé.

Sous-sulfotellurite de cobalt, $(CoS)^3, TeS^2$. — C'est un précipité noir.

Sulfarséniate de cobalt, $Co^3As^2S^7$. — Il s'obtient sous forme d'un précipité brun foncé, qui est noir après avoir été recueilli et desséché. Il est soluble en brun très-foncé dans un excès de précipitant.

Sulfarsénite de cobalt, $Co^3As^2S^6$. — Précipité brun foncé soluble dans un excès de réactif; il devient noir en se desséchant. Étant distillé, il donne du sulfure d'arsenic As^2S^3 et laisse un résidu gris métallique, non fondu, qui contient encore du soufre et de l'arsenic.

Sulfomolybdate de cobalt, $CoMoS^4$. — Précipité brun foncé, presque noir, soluble dans un excès de précipitant. L'*hypersulfomolybdate* CoS, MoS^4 est un précipité d'un brun rougeâtre foncé.

Sulfotungstate. — C'est un précipité noir qui se dépose au bout de 24 heures seulement (Berzelius).

M. D.

COBALT (Réactions des sels de).

1° Sels de protoxyde. — A l'état solide et hydraté, ils sont généralement rouges, et bleus à l'état anhydre [voyez Schiff, *Répert. de Chim. pure*, 1859, p. 403]. S'ils sont insolubles, leur couleur est souvent violette. Leurs dissolutions sont rouges ou brunes; parfois elles sont douées d'une teinte verte qui est due à la présence d'un sel de sesquioxyde (par exemple l'oxalate cobaltoso-cobaltique).

Une calcination plus ou moins violente amène la destruction d'un grand nombre d'entre eux; le résidu consiste alors en oxyde intermédiaire. L'ammoniaque a une grande tendance à les transformer en sels de cobaltamines.

Les dissolutions de protoxyde de cobalt donnent avec la *potasse* un précipité bleu (de sel basique) qui devient rose (hydrate de protoxyde) au bout de quelque temps, à froid, ou immédiatement, à chaud. Si la liqueur est aérée, le précipité a une couleur plus sale, et au lieu de consister seulement en protoxyde, il renferme de la potasse et de l'oxygène en excès. Le précipité est insoluble dans un excès d'alcali, à moins qu'il ne renferme un des oxydes supérieurs, auquel cas la liqueur peut bleuir par suite de la dissolution de celui-ci. A froid, en présence des sels ammoniacaux, la potasse ne précipite pas.

L'*ammoniaque* donne un précipité bleu qui devient peu à peu rouge à l'abri de l'air; au contact de ce dernier, le précipité verdit. En présence des sels d'ammoniaque ou d'un excès suffisant d'acide, il n'y a pas de précipitation; la couleur du liquide devient seulement plus foncée. L'action de l'ammoniaque est étudiée plus en détail à l'article Cobaltamines.

Les *carbonates alcalins* donnent un précipité

couleur fleur de pêcher pâle, qui devient bleu ou violet quand on chauffe, et qui est soluble dans les sels ammoniacaux. Les *carbonates terreux* précipitent les dissolutions de cobalt à chaud seulement.

Le *phosphate de soude* donne un précipité bleu dans les liqueurs neutres.

L'*acide oxalique* donne peu à peu un précipité rouge-rose.

Le *ferrocyanure de potassium* précipite en vert.

Le *ferricyanure de potassium* précipite en rouge brun foncé.

La *teinture de noix de galles* ne trouble que les liqueurs dans lesquelles l'oxyde de cobalt est uni à un acide faible.

Les sels de cobalt à acide fort ne sont pas précipités par l'*hydrogène sulfuré* pour peu qu'ils ne soient pas parfaitement neutres. S'ils ne contiennent pas du tout d'acide en excès, il y a un commencement de précipitation en noir-brun, qui s'arrête aussitôt qu'une certaine quantité d'acide est mise en liberté. Les sels à acide faible, comme l'acétate, par exemple, sont plus abondamment décomposés par l'hydrogène sulfuré, et même, si la quantité du sel n'est pas trop considérable, le cobalt peut être complétement précipité.

Les *sulfures* et les *sulfhydrates alcalins* donnent un précipité brun-noir de sulfure de cobalt, insoluble dans un excès de réactif.

Les réactions que nous venons de faire connaître sont inapplicables aux cobalticyanures, dans lesquels les principales propriétés du cobalt sont profondément modifiées. — Voy. CYANURES.

Les sels de cobalt, même en quantité très-minime, donnent au chalumeau, des perles bleues avec le borax et le sel de phosphore. La présence du manganèse ou du fer en proportion un peu forte change en violet ou en vert cette couleur bleue, mais on lui rend assez complétement sa pureté en chauffant l'essai au feu de réduction.

Avec la soude, sur le charbon, les composés de cobalt sont réduits à l'état métallique : le cobalt ainsi obtenu est une poudre grise, magnétique.

2° SELS DE SESQUIOXYDE. — Ils sont très-peu stables et se transforment aisément en protosels. Les acides forts oxygénés dissolvent à froid le sesquioxyde de cobalt hydraté et forment des liqueurs qui ne tardent pas à se décomposer en dégageant de l'oxygène; à chaud ou sous l'influence de la lumière, cette transformation est beaucoup plus rapide. La dissolution acétique est un peu plus stable, sa couleur est d'un brun-jaune foncé, les alcalis libres ou carbonatés la précipitent en brun; l'acide sulfhydrique et le sulfure d'ammonium y produisent un précipité noir. L'oxalate d'ammoniaque ou de potasse colore cet acétate peu à peu en vert avec production d'oxalate d'oxyde intermédiaire.

Par la concentration, même à froid, l'acétate de peroxyde de cobalt se décompose, il laisse un résidu brun dont l'eau extrait de l'acétate de protoxyde en laissant une masse brune insoluble. L'ébullition amène aussi une précipitation d'hydrate de sesquioxyde.

Les hydracides donnent avec le sesquioxyde de cobalt des combinaisons encore moins stables que les précédentes : le perchlorure abandonne du chlore déjà à la température ordinaire.

DOSAGE DU COBALT. — Le cobalt séparé des autres métaux et ramené à l'état de protosel soluble est dosé habituellement sous forme d'oxyde. Pour cela on chauffe la liqueur et l'on y ajoute de la potasse caustique en excès; quand le précipité est devenu rose, on le recueille sur un filtre et on le lave à l'eau bouillante, on le sèche, on l'introduit dans un creuset où on le calcine : le filtre est brûlé à part et les cendres ajoutées à l'oxyde dans le creuset. Le résidu absorbant de l'oxygène pendant la calcination ne peut servir, par son poids, à donner la proportion exacte de cobalt et il convient de le peser, d'en réduire une partie à l'état de métal, au moyen de l'hydrogène, dans un tube à boule, à la plus forte chaleur possible, et calculer la totalité du cobalt d'après la quantité de métal obtenue dans cette réduction.

Si la liqueur cobaltique contenait des sels d'ammoniaque, l'ébullition avec un excès de potasse ou de soude pour chasser d'abord l'alcali volatil et pour précipiter le cobalt ne saurait être conseillée parce que ce dernier se déposerait en partie, au moins à l'état de peroxyde qui entraîne de l'alcali fixe avec lui. Il vaut mieux, dans ce cas, précipiter la dissolution par le sulfure d'ammonium; le sulfure de cobalt doit être lavé avec de l'eau qui contienne un peu du précipitant, à cause de la tendance qu'il manifeste à se sulfatiser à l'air quand il est humide. Le précipité lavé est ensuite dissous dans l'eau régale et précipité par la potasse, comme il a été dit plus haut.

Dans le chlorure, le nitrate, l'oxalate, ou l'acétate de cobalt exempts d'autres matières fixes, le cobalt peut être dosé par la réduction du composé desséché au moyen d'un courant d'hydrogène pur.

Fischer a fait connaître un procédé qui permet d'obtenir le cobalt exempt d'un grand nombre d'autres métaux et de le doser. La liqueur concentrée est traitée par le nitrite de potasse, le précipité jaune qui en est résulté est lavé, comme on l'a déjà dit à l'occasion de l'extraction du cobalt. Le nitrite insoluble est attaqué par l'acide chlorhydrique et l'on précipite le protoxyde de cobalt par l'hydrate de potasse.

Le *sesquioxyde de cobalt* se dose dans une liqueur par des méthodes volumétriques dont il sera parlé à l'article MANGANÈSE.

Séparation de l'oxyde de cobalt et de l'oxyde d'argent. — Cette séparation s'effectue au moyen de l'acide chlorhydrique ou d'un chlorure alcalin.

Séparation de l'oxyde de cobalt et de la baryte. — Elle se fait au moyen de l'acide sulfurique.

Séparation de l'oxyde de cobalt et de l'alumine. — On peut avoir recours au nitrite de potasse (Stromeyer), ou à l'emploi du carbonate de potasse d'abord, puis du cyanure de potassium en excès qui forme du cobaltocyanure alcalin soluble et laisse l'alumine; Rose préconise le procédé suivant : La liqueur neutre qui contient l'alumine et le cobalt est soumise à une ébullition prolongée avec de l'acétate de soude. Toute l'alumine passe à l'état de précipité que l'on doit laver avec une dissolution chaude étendue d'acétate de soude; on la redissout ensuite dans l'acide chlorhydrique pour la précipiter de nouveau, mais au moyen du sulfure d'ammonium cette fois.

L'*oxyde de cobalt* se sépare de la *chaux* en précipitant le mélange des deux bases par le carbonate de potasse en excès et en traitant le précipité par le cyanure de potassium jusqu'à ce que tout le cobalt soit redissous.

Pour séparer le *cobalt* de l'*antimoine*, il faut dissoudre la combinaison à analyser dans l'acide chlorhydrique ou dans l'eau régale, ajouter de l'ammoniaque, puis du sulfure d'ammonium en excès et laisser digérer jusqu'à ce que tout le sulfure d'antimoine se soit redissous : le cobalt demeure à l'état de sulfure noir insoluble. D'après H. Rose, le procédé suivant est préférable :

La dissolution acide des deux métaux est additionnée d'acide tartrique, puis étendue d'eau et l'on y fait passer un courant d'hydrogène sulfuré qui précipite l'antimoine seulement. Après filtration, la liqueur doit être neutralisée par l'ammoniaque et additionnée de sulfure d'ammonium qui précipite le cobalt.

On sépare le *cobalt* du *cadmium* au moyen de

l'hydrogène sulfuré, dans une liqueur aiguisée d'acide chlorhydrique.

Pour séparer le *bismuth* du *cobalt*, on emploie la seconde méthode donnée pour la séparation de l'antimoine.

Si une dissolution renferme du *sesquioxyde de chrome* et de l'*oxyde de cobalt*, il faut, pour séparer ces deux bases, avoir recours à une digestion à froid avec du carbonate de baryte, lequel précipite lentement mais complétement l'oxyde de chrome.

Pour séparer le cobalt d'avec *tous les autres métaux de son groupe*, voici le procédé général :

On élimine l'acide sulfurique; on peroxyde le fer; on neutralise presque par le carbonate de soude; on additionne d'un excès de carbonate de baryte précipité et l'on remue fréquemment. Au bout d'une journée, le cobalt reste en solution avec le nickel, le zinc et le manganèse, tandis que le fer, le chrome et l'alumine, avec seulement des traces de cobalt, sont précipités. On décante; on lave plusieurs fois le précipité par décantation. On élimine la baryte dans la liqueur; on précipite par le carbonate de soude. On lave, on sèche ce précipité et on le traite à chaud dans une nacelle de porcelaine par un courant d'hydrogène sulfuré. Les sulfures sont laissés en contact à froid avec de l'acide chlorhydrique très-étendu. Il ne reste à l'état solide que ceux de cobalt et de nickel, qu'on sépare par le nitrite de potasse. A cet effet, on les dissout dans l'eau régale, on filtre, on évapore à sec, on reprend par très-peu d'eau, puis on ajoute du nitrite de potasse très-concentré et un excès d'acide acétique. On lave le précipité qui contient le cobalt avec de l'eau légèrement ammoniacale et on le traite comme il est dit plus haut. On peut ajouter au cobalt trouvé celui qu'on séparerait ensuite de l'alumine, du fer et du chrome, mais il y en a fort peu. M. D.

COBALTAMINES. — Les sels cobalteux additionnés d'ammoniaque cristallisent à l'abri de l'air avec plusieurs molécules d'ammoniaque (6 généralement). Au contact de l'air ou des agents oxydants, ils donnent des sels cobaltiques ammoniés de forme et de couleurs très-variées et offrant des caractères distincts. Ces corps diffèrent entre eux par $n(AzH^3)''$, comme les homologues diffèrent par $n(CH^2)''$. En voici les formules générales, X représentant 1 atome de chlore ou un résidu d'acide de même atomicité :

$Co^2X^6.4AzH^3$, sels cobaltiques tétrammoniés.

$Co^2X^6.6AzH^3$, sels cobaltiques hexammoniés.

$Co^2O.X^4.8AzH^3$, sels cobaltiques oxyoctammoniés (*sels fuscocobaltiques*).

$Co^2X^6.10AzH^3$, sels cobaltiques décammoniés (*sels roséo- et purpuréocobaltiques*).

$Co^2(AzO^2)^2X^4.10AzH^3$, sels cobaltiques dinitrodécammoniés (*sels xanthocobaltiques*).

$Co^2X^6.12AzH^3$, sels cobaltiques dodécammoniés (*sels lutéocobaltiques*).

On connaît en outre les sels peroxydés.

$CoO.X^2.5AzH^3$ (*sels d'oxycobaltiaque*).

SELS TÉTRAMMONIÉS ET HEXAMMONIÉS. — On ne connaît que les sulfites qui ont été obtenus par Künzel [*Journ. für prakt. Chem.*, t. LXXII, p. 209]. Le sel tétrammonié se forme en traitant le chlorure décammonié contenant très-peu d'ammoniaque par le bisulfite d'ammoniaque jusqu'à ce que l'odeur du gaz sulfureux soit nettement perceptible. Il se dépose en octaèdres bruns presque insolubles : $Co^2(SO^3)^3.4AzH^3.5H^2O$. Si le chlorure ammonié contient un peu plus d'ammoniaque et si l'on cesse d'ajouter le bisulfite quand l'odeur ammoniacale disparaît, le sel

$$Co^2(SO^3)^3.6AzH^3.H^2O$$

se dépose en aiguilles jaunes ou en poudre insoluble dans l'eau froide, décomposable par l'eau bouillante avec lenteur.

SELS OXYOCTAMMONIÉS, *sels de fuscocobaltiaque* (Fremy). — Ils sont bruns et incristallisables; ils sont précipités de leur solution aqueuse par le gaz ammoniac en excès ou l'alcool. Ils se forment par l'exposition à l'air de sels cobalteux en solution ammoniacale, ou par l'action de l'eau sur les sels oxycobaltiques pentammoniés. A l'ébullition, ils donnent, avec le chlorhydrate d'ammoniaque, du chlorhydrate de roséocobaltiaque. Fremy a analysé :

l'azotate..... $Co^2O(AzO^3)^4.8AzH^3+3H^2O$,
le sulfate.... $Co^2O(SO^4)^2.8AzH^3+4H^2O$,
et le chlorure $Co^2OCl^4.8AzH^3+3H^2O$

[*Ann. de Chim. et de Phys.*, (3), t. XXXV, p. 291].

SELS DÉCAMMONIÉS. 1° SELS DE ROSÉOCOBALTIAQUE [Fremy, *loc. cit.*; — Gibbs et Genth, *Ann. der Chem. u. Pharm.*, t. CIV, p. 150, 295, et *Jahresb.*, 1857, p. 227; — Braun, *Ann. der Chem. u. Pharm.*, t. CXXXII, p. 33, et t. CXLII, p. 50].

Chlorure roséocobaltique. — Ce sel a été obtenu par Claudet et par Genth [*Philos. Mag.*, (4), t. II, p. 253, et *Ann. der Chem. u Pharm.*, t. LXXX, p. 275] en 1851. Ce fut le premier sel ammoniocobaltique.

Une solution ammoniacale brune de sulfate cobalteux, étant exposée à l'air, se colore en rouge cerise en donnant un précipité brun-noir. L'acide chlorhydrique ajouté avec précaution au liquide rouge donne, si la température ne s'est pas élevée, une poudre rouge-brique qui, lavée à l'acide chlorhydrique concentré et à l'eau glacée, contient

$$Co^2Cl^6.10AzH^3.2H^2O.$$

La solution aqueuse change de couleur rapidement à chaud, en donnant du chlorure violet de purpuréocobaltiaque.

Le chlorure roséocobaltique précipité par l'oxalate d'ammonium donne des prismes groseille orthorhombiques ($mm = 101°48'$) presque insolubles dans l'eau. C'est l'oxalate

$$Co^2(C^2O^4)^3.10AzH^3.6H^2O$$

(Gibbs et Genth). On prépare de même le *ferricyanure* et le *cobalticyanure*.

Azotate roséocobaltique. — Une solution ammoniacale de nitrate cobalteux exposée à l'air donne d'abord des cristaux de sel oxycobaltique pentammonié, puis une solution rouge de vin de nitrate roséocobaltique qui cristallise en prismes clinorhombiques, h^1, g^1, a^1, o^1, m, ($mm = 103°$; $m\,h^1 = 140°30'$; $h^1\,o^1 = 136°$, Dana), qui renferment

$$Co^2(AzO^3)^6.10AzH^3+2H^2O.$$

On obtient les mêmes cristaux par l'addition de l'acide nitrique à la solution; mais si l'on fait bouillir avec cet acide, on obtient le nitrate violet-rouge et anhydre.

Sulfate roséocobaltique. — Une solution ammoniacale de sulfate cobalteux exposée à l'air pendant quelques semaines se colore en rouge-cerise avec précipité brun-noir. Si on ajoute à la liqueur de l'acide sulfurique avec précaution, il se dépose une poudre rouge contenant

$$Co^2(SO^4)^3.10AzH^3+5H^2O,$$

dont la solution donne des cristaux rouge-groseille de même composition et appartenant au type quadratique $p, a^1, b^{1/2}, b^{1/4}, h^1$

$$(b^{1/2}b^{1/2} = 107°20', \text{Dana}),$$

à peine solubles dans l'eau froide, un peu plus dans l'eau bouillante, qui les laisse déposer par le refroidissement. Selon Braun, la poudre perd son eau à 100° sans perdre sa solubilité, qui est assez grande même à froid. La solution retient un peu d'acide [Braun, *Ann. der Chem. u. Pharm.*, t. CXXXVIII, p. 109]. M. Braun n'a pas vu la solution ammoniacale primitive précipiter par l'acide sulfurique, mais seulement en ajoutant de l'eau et de l'alcool. Décomposé par l'eau de baryte, le sulfate roséocobaltique donne l'oxyde correspondant, dont la solution fort alcaline attire l'acide carbonique de l'air.

Sulfite roséocobaltique. — Il a été obtenu par Künzel en traitant la solution étendue de chlorure roséocobaltique par un courant de gaz sulfureux.

2° SELS DE PURPURÉOCOBALTIAQUE. — Ces sels se produisent dans les mêmes circonstances que les sels roséocobaltiques seulement lorsque la température est plus élevée. Certains chimistes y voient des combinaisons d'une ammoniaque isomère de la roséocobaltiaque; les autres des sels anhydres, basiques, ou acides de la base roséocobaltique.

Chlorure purpuréocobaltique. — Il s'obtient en chauffant le sel roséocobaltique avec de l'acide chlorhydrique ou en faisant bouillir avec du chlorhydrate d'ammoniaque la solution ammoniocobalteuse oxydée à l'air, ou encore en chauffant avec l'acide chlorhydrique le nitrate xanthocobaltique ou un sel purpuréocobaltique. Il cristallise en prismes rouge-violet quadratiques $b^{1/2}, a^1, h^1$

$$(b^{1/2}b^{1/2} = 114^\circ\ 8' \text{ et } 107^\circ\ 12', \text{Dana}).$$

Ils sont anhydres et renferment $Co^2Cl^6.10AzH^3$. Ils sont à peine solubles dans l'eau froide, solubles sans décomposition dans l'eau bouillante acidulée d'un peu d'acide chlorhydrique. La solution précipite par le chlorure de platine des aiguilles microscopiques d'un brun-rouge renfermant

$$Co^2Cl^6.10AzH^3.2PtCl^4.$$

Selon Braun, le précipité est le même que celui produit par le chlorure roséocobaltique, et il contient $3(Co^2Cl^6,10AzH^3).4PtCl^4 + 4H^2O$.

Le chlorure purpuréocobaltique s'obtient encore dans la préparation du sel lutéocobaltique par le procédé de Braun ou en chauffant la solution ammoniacale de nitrate cobalteux avec de l'indigo bleu et ajoutant de l'acide chlorhydrique, ou en traitant à chaud le nitrate xanthocobaltique par l'acide chlorhydrique et le sel ammoniac, ou encore en chauffant en vase clos le chlorure lutéo- ou fuscocobaltique avec l'ammoniaque.

Le chlorure purpuréocobaltique précipité par l'oxalate d'ammonium donne des aiguilles violettes d'*oxalate* $Co^2O.(C^2O^4)^2.10AzH^3 + 6H^2O$. Traité par l'oxyde d'argent, il donne une solution d'*oxyde purpuréocobaltique* très-alcalin et attirant l'acide carbonique.

Azotate purpuréocobaltique. — Se forme par l'action de l'acide nitrique à l'ébullition sur la solution ammoniacale de nitrate cobalteux oxydée ou sur la solution d'azotate roséocobaltique.

Il est anhydre et contient $Co^2(AzO^3)^6.10AzH^3$. Il cristallise en prismes quadratiques violet-rouge (angle de l'octaèdre 82°40′), presque insolubles dans l'eau froide, plus solubles à chaud. Ils détonent lorsqu'on les chauffe. Lorsqu'on abandonne à l'évaporation une solution de nitrate roséocobaltique additionné d'ammoniaque ou d'un excès de sel ammoniac, on obtient des cristaux pourpres, basiques et hydratés qu'on peut rapporter aux combinaisons purpuréocobaltiques. On connaît également un sel acide (Künzel).

Sulfate acide. — S'obtient en mêlant le chlorure anhydre avec l'acide sulfurique et délayant dans l'eau, lorsque le dégagement de l'acide chlorhydrique a cessé. On lave les aiguilles violet-rouge avec un peu d'eau froide. Ce sont des prismes orthorhombiques hémièdres.

Angles mesurés :

$$mm = 106^\circ : e^2e^2 = 122^\circ 42' \text{ (Dana)}.$$

Chromate. — Ce sel s'obtient en ajoutant du chlorure anhydre à une solution de chromate de potassium. C'est une poudre jaune qui cristallise sur le filtre. Elle contient $Co^2(CrO^4)^3.10AzH^3$ (Braun).

Pyrophosphate. — S'obtient de même avec le sel de soude. Il cristallise avec $21H^2O$. Type hexagone.

SELS DINITRODÉCAMMONIÉS, *sels xanthocobaltiques* [Gibbs et Genth, *loc. cit.*; — Braun, *Ann. der Chem. u. Pharm.*, t. CXXXII, (56), p. 33. — Ces sels ont reçu diverses formules; nous donnerons comme exemple celles des chlorures :

$$Co^2O.Cl^4.10AzH^3.2AzO + H^2O \text{ (Gibbs et Genth)},$$
$$Co^2(AzO)^2.Cl^4,10AzH^3 \text{ (Braun)}.$$

La différence entre ces formules (H^2) est insensible pour l'analyse. La seconde est vérifiée par la décomposition du sel en présence d'un sel ferreux qu'il oxyde. Un dosage volumétrique permet d'évaluer l'oxygène cédé dans ce cas à la solution titrée d'un sel ferreux. Le chlorure xanthocobaltique est donc pour M. Braun un chloronitrite de roséocobaltiaque ($MAzO^2$ = nitrite).

Azotate xanthocobaltique. — Ce sel se produit en traitant la solution de nitrate cobalteux additionné d'un excès d'ammoniaque alcoolique ou une solution de nitrate décammonié par le gaz nitreux produit par l'attaque de l'amidon par l'acide nitrique. L'on opère en refroidissant les liqueurs. Il se dépose des prismes quadratiques microscopiques ($b^{1/2}b^{1/2} = 101^\circ$ environ) d'un jaune brun, contenant $Co^2(AzO^2)^2.(AzO^3)^4,10AzH^3$. Ils se dissolvent dans l'eau chaude et cristallisent en étoiles.

Sulfate xanthocobaltique,

$$Co^2(AzO^2)^2.(SO^4)^2,10AzH^3.$$

— Lames rhombiques produites par un procédé analogue au précédent.

Chlorure xanthocobaltique. — Ce sel se produit par double décomposition avec le sulfate et le chlorure de baryum. On filtre et on évapore après avoir légèrement acidulé avec l'acide acétique.

On connaît un chloraurate, un chloromercurate et un chloroplatinate cristallisés. Voici la formule de ce dernier sel, qui est presque insoluble dans l'eau froide :

$$Co^2(AzO^2)^2.Cl^4,10AzH^3.2PtCl^4.H^2O.$$

On connaît en outre un *oxalate* cristallisé et anhydre, un *ferrocyanure* en beaux prismes brillants rouge-orangé obtenus avec le nitrate et le ferrocyanure de potassium :

$$Co^2(AzO^2)^2.FeCy^6,10AzH^3.$$

SELS DODÉCAMMONIÉS. — *Sels de lutéocobaltiaque* (Fremy). Ils s'obtiennent par l'oxydation directe des solutions ammoniocobalteuses ou mieux par le procédé de Braun que voici :

On ajoute du sel ammoniac solide à une solution de nitrate ou de chlorure de cobalt, puis de l'ammoniaque. On agite vivement, la liqueur brunit; on l'additionne de peroxyde de plomb ou de manganèse. On chauffe pendant une demi-heure et on filtre. La liqueur jaune plus ou moins rouge contient un mélange de sel déca- et dodécammonié dans lequel le dernier sel domine toujours beaucoup, surtout si on a ajouté beaucoup de sel ammoniac et de peroxyde.

Si on ajoute alors à la liqueur encore chaude du pyrophosphate de soude, il se dépose des paillettes jaune-orangé de pyrophosphate insoluble dans l'eau et dans les alcalis, soluble dans les acides et les sels ammoniacaux. Les sels décammoniés se produisent aussi avec les sels dodécammoniés quand on chauffe le xanthonitrate avec de l'acide chlorhydrique et du sel ammoniac.

Chlorure lutéocobaltique. — Il a été obtenu en laissant à l'air du chlorure de cobalt ammoniacal additionné d'un excès de sel ammoniac solide. Braun sursature avec l'acide chlorhydrique la liqueur séparée par filtration du peroxyde de plomb; le lendemain, le chlorure est déposé sous forme de belles aiguilles. Ce sont des cristaux anhydres, ($Co^2Cl^6.12AzH^3$). Prismes orthorhombiques *mm* = 113°16′ (Dana). Le chlorure de platine en précipite les solutions. Si elles sont concentrées, il se forme des aiguilles jaune-orangé contenant

$$Co^2Cl^6.12AzH^3.3PtCl^4.6H^2O.$$

Si elles sont étendues, il se dépose des aiguilles jaunes du même composé, mais avec 21 H^2O. Ces dernières sont clinorhombiques : *mm* = 107°10′; ph^1 = 114°15′. Ils sont souvent maclés suivant *p* (Dana). Le chloraurate est en grains cristallins et contient $Co^2Cl^6.12AzH^3.2AuCl^3$. On connaît aussi le chlorostannate.

Bromure et *iodure lutéocobaltiques.* — Précipités jaunes produits par le sel de potasse dans les solutions lutéocobaltiques. Ils cristallisent en aiguilles jaune-brun.

Oxyde lutéocobaltique. — N'existe qu'en solution; s'obtient comme l'oxyde roséocobaltique.

Azotate lutéocobaltique. — Lames orangées qui se forment par l'oxydation du nitrate ammoniocobalteux. Elles sont quadratiques ($b^{1/2}b^{1/2}$ = 110°20′, $b^{1/6}b^{1/6}$ = 153°52′.

Carbonates lutéocobaltiques. — Le carbonate neutre s'obtient par double décomposition avec le chlorure et le carbonate d'argent. Il se dépose par l'évaporation en cristaux orthorhombiques (*mm* = 116°50′; e^1e^1 = 114°16′). Il attire l'acide carbonique. Si on y dirige un courant de ce gaz, il se dépose de gros cristaux brun-rouge clinorhombiques (*mm* = 85°54′; *pm* = 102°20′; ph^1 = 71°44′; $pd^{1/2}$ = 139°50′, Dana).

Sulfate lutéocobaltique. — Ce sel s'obtient mélangé de chlorure (avec lequel il est isomorphe) lorsqu'on se sert dans la préparation de celui-ci de chlorure de cobalt mêlé d'azotate. L'action de l'ammoniaque en excès à chaud sur le sel purpuréocobaltique a donné aussi du sulfate lutéocobaltique. Cristaux jaune-orangé :

$$Co^2(SO^4)^3,12AzH^3 + 5H^2O \; (4H^2O \text{ Fremy}).$$

Prismes orthorhombiques : *mm* = 113°38′; g^5g^5 = 88°44′. On le sépare du chlorure avec le sulfate d'argent.

Phosphates lutéocobaltiques. — Le phosphate tribasique s'obtient par double décomposition. Il renferme 8 H^2O et se présente en cristaux jaunes. De même le phosphate bibasique de soude donne avec le chlorure lutéocobaltique des cristaux plumeux jaune-orangé. Le *pyrophosphate* est insoluble dans l'eau à chaud et à froid. M. Braun lui attribue la formule

$$3(12AzH^3.Co^2O^3) + 5Ph^2O^5 + 40H^2O.$$

Chromate lutéocobaltique. — S'obtient par double décomposition sous forme d'un précipité jaune qu'on peut faire cristalliser dans l'eau chaude. Il cristallise en toute proportion avec le chlorure avec lequel il paraît être isomorphe.

Oxalate lutéocobaltique,

$$Co^2(C^2O^4)^3.12AzH^3 + 4H^2O.$$

S'obtient avec l'oxalate d'ammoniaque en aiguilles microscopiques jaune-orangé insolubles dans l'eau froide, solubles dans l'acide oxalique. On connaît un ferricyanure et un cobalticyanure.

SELS OXYCOBALTIQUES PENTAMMONIÉS (*sels d'oxycobaltiaque*, Fremy). — Ces sels brun-olive se produisent par l'oxydation directe des solutions ammoniocobalteuses, à l'état cristallisé; on connaît

le nitrate... $CoO(AzO^3)^2.5AzH^3 + H^2O$,

le sulfate... $CoO(SO^4).5AzH^3 + 3/2H^2O$.

Ils se décomposent par l'eau. Il se dégage de l'oxygène; il reste dans ce cas de l'azotate, un sous-sel de cobalt et beaucoup d'ammoniaque, qui peut redissoudre en partie le précipité. Le sulfate s'obtient par une oxydation ménagée, par exemple dans un flacon, qu'on débouche de temps à autre.

Le chlorure est trop soluble pour s'isoler à l'état cristallin; dès lors il n'a pas été possible de le préparer.

Tels sont les principaux composés que donnent les bases ammonio-cobaltiques. M. Braun a cherché à extraire des sels purpuréo-, lutéo- et xanthocobaltiques l'ammonium métallique dont ils représentent les sels. Il n'a obtenu avec l'amalgame de sodium que des réductions. G. S.

COBALT ARSÉNIATÉ. — Voyez ÉRYTHRINE.

COBALT ARSENICAL. — Voyez SMALTINE.

COBALT GRIS. — Voyez COBALTINE.

COBALTINE (Min.) [Syn. *Cobalt gris, B., cobalt éclatant, Kobaltglanz*]. — Arséniosulfure de cobalt, CoAsS. — Cristaux ou masses compactes d'un vif éclat métallique et d'un gris légèrement rosé, contenant quelquefois un peu de fer.

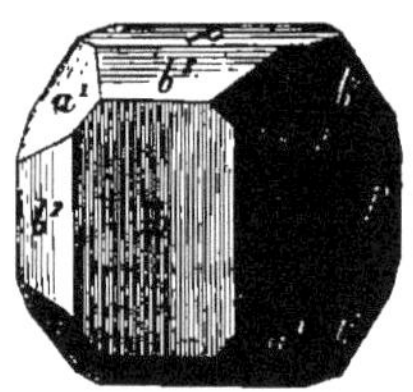

Fig. 140. — Cobaltine.

Caractères. — Attaquable par l'acide nitrique en donnant une solution rose et un dépôt d'acide arsénique. Dans le tube, donne un sublimé de sulfure d'arsenic. Avec les flux, réactions du cobalt.

Dureté, 5,5. Poussière gris-noirâtre. Densité, 6 à 6,3.

Forme cristalline. — Absolument identique avec celle de la pyrite. Clivages cubiques.

COBALT SULFATÉ. — Voyez BIÉBÉRITE.

COBALT SULFURÉ. — Voyez LINNÉITE.

COBALT TERREUX NOIR.—Wad cobaltifère

COCAÏNE, $C^{17}H^{21}AzO^4$. — La cocaïne est un alcaloïde cristallisé, retiré par M. Niemann des feuilles de coca.

Le coca est un arbuste originaire de l'Amérique méridionale, désigné par les botanistes sous le nom d'*Erythroxylum coca*.

On doit à MM. Wœhler et Lassen des travaux importants sur cet alcaloïde [Wœhler, *Ann. der Chem. u. Pharm.*, t. CXIV, p. 213 (nouv. série, t. XXXVIII), mai 1860; *Ann. de Chim. et de Phys.*, t. LIX, p. 479, 3e série; *Ann. der Chem. u. Pharm.*, t. CXXI, p. 479 (nouv. série, t. XLV, mars 1862; *Ann. de Chim. et de Phys.*, t. LXV. p. 233, 3e série; — Humann, *Journ. de Pharm. et de Chim.*, t. XXXVIII, p. 167; t. XLI, p. 522; *Répert. de Chim. pure*, t. II, p. 373, 1860; — Lassen, *Bull. de la Soc. chim.*, 1865, t. IV, p. 292].

La cocaïne cristallise en prismes à 4 ou 6 pans appartenant au type clinorhombique. Elle est incolore et sans odeur; elle est soluble dans l'eau, plus soluble dans l'alcool et très-soluble dans l'éther. Elle possède une saveur légèrement amère, et une réaction fortement alcaline. Cette base n'est pas volatile, elle fond à 98° et se prend en masse cristalline par le refroidissement. Si l'on élève la température, elle se décompose en grande partie; une petite partie seule semble se volatilié ser sans altération. Les acides forment avec elle des sels difficilement cristallisables; le chlorhydrate cependant fait exception et cristallise mieux que les autres sels.

Les alcalis caustiques, le carbonate de soude, le carbonate d'ammoniaque, les bicarbonates alcalins lorsque les liqueurs sont concentrées, le protochlorure d'étain, le bichlorure de mercure, le bichlorure de platine, précipitent les dissolutions des sels de cocaïne; l'ammoniaque donne aussi un précipité qui se redissout facilement dans un excès d'alcali. Les solutions des sels de cocaïne précipitent aussi par les acides picrique et phosphomolybdique; l'eau iodée, l'iodure ioduré de potassium donnent un précipité brun. Sous l'influence de l'acide chlorhydrique concentré, la cocaïne se dédouble et donne naissance à de l'acide benzoïque ainsi qu'à une base nouvelle.

La cocaïne exerce sur l'organisme une action spéciale tout à fait analogue à celle de l'atropine; cependant ces deux alcaloïdes diffèrent essentiellement l'un de l'autre par leurs propriétés et par leur composition atomique.

Action de l'acide chlorhydrique. — Ecgonine, $C^9H^{15}AzO^3$. — La cocaïne, chauffée à 100° dans un tube scellé avec de l'acide chlorhydrique concentré, se dédouble en acide benzoïque et en une base nouvelle pour laquelle M. Wœhler a proposé le nom d'*ecgonine*, du mot grec ἔκγονος, fils, rejeton. Ce dédoublement s'opère d'après l'équation suivante :

$$\underset{\text{Cocaïne.}}{C^{16}H^{20}AzO^4} + H^2O = \underset{\text{Acide benzoïque.}}{C^7H^6O^2} + \underset{\text{Ecgonine.}}{C^9H^{16}AzO^3}.$$

Pour M. Wœhler, la cocaïne était $C^{16}H^{20}AzO^4$, et par suite l'ecgonine devenait $C^9H^{16}AzO^3$. D'après M. Lassen, ces corps ne seraient pas les seuls produits de dédoublement de la cocaïne : il se formerait en même temps de l'alcool méthylique. La composition de la cocaïne doit être alors exprimée par la formule $C^{17}H^{21}AzO^4$, et celle de l'ecgonine devient $C^9H^{15}AzO^3$, d'après l'équation suivante :

$$\underset{\text{Cocaïne.}}{C^{17}H^{21}AzO^4} + 2\,(H^2O)$$
$$= \underset{\text{Ecgonine.}}{C^9H^{15}AzO^3} + \underset{\text{Acide benzoïque.}}{C^7H^6O^2} + \underset{\text{Alcool méthylique.}}{CH^4O}.$$

L'ecgonine cristallise en prismes rhomboïdaux obliques, incolores, brillants, et qui renferment une molécule d'eau de cristallisation. Ces cristaux sont très-solubles dans l'eau, moins solubles dans l'alcool absolu, insolubles dans l'éther.

Privée de son eau de cristallisation, l'ecgonine fond à 198° en se décomposant; sa saveur est faiblement amère et douceâtre et elle est sans action sur les réactifs colorés.

L'ecgonine forme néanmoins avec l'acide chlorhydrique un sel blanc bien cristallisé.

Le bichlorure de platine donne un sel double rouge-orangé, cristallisant en prismes, très-soluble dans l'eau, moins soluble dans l'alcool.

M. Lassen isole l'ecgonine en agitant d'abord avec de l'éther la solution aqueuse qui la contient; ce dernier enlève l'acide benzoïque qui reste en dissolution ainsi que l'éther méthylbenzoïque, puis on évapore la solution au bain-marie à siccité. Le résidu est du chlorhydrate d'ecgonine à peu près pur; on le lave à l'alcool absolu, on le redissout dans l'eau et la solution aqueuse est traitée par de l'oxyde d'argent humide. Le chlorure d'argent se dépose et l'ecgonine reste dissoute. Pour l'obtenir à l'état cristallisé, il suffit de filtrer la liqueur et de l'évaporer à une douce chaleur au bain-marie.

D'après M. Lassen, l'ecgonine n'est pas la seule base azotée produite dans le dédoublement de la cocaïne; ce chimiste a observé la formation d'une autre base dont le chlorhydrate est soluble dans l'alcool absolu et qu'on peut obtenir en gros cristaux.

Préparation. — Différents procédés ont été indiqués pour isoler la cocaïne. M. Niemann a obtenu primitivement cet alcaloïde en faisant digérer les feuilles de coca contusées dans de l'alcool à 85 °/₀ additionné d'un peu d'acide sulfurique. Au bout de plusieurs jours, on sépare la teinture par expression et l'on y verse un lait de chaux en léger excès. Après repos, la liqueur alcaline est décantée, neutralisée par un peu d'acide sulfurique, et l'alcool chassé par la dissolution. Il reste une masse noire verdâtre qui, reprise par l'eau, lui cède le sulfate de cocaïne. La solution filtrée est additionnée de carbonate de soude qui précipite la cocaïne sous forme d'un dépôt brun. Celui-ci est épuisé par l'éther qui enlève la cocaïne et l'abandonne sous forme amorphe par l'évaporation; on la purifie par plusieurs cristallisations dans l'alcool.

M. Lassen a modifié ce procédé. Il traite simplement les feuilles de coca par de l'eau froide ou de l'eau à 60° ou 80°, précipite la solution par le sous-acétate de plomb et enlève l'excès de plomb à l'aide d'une solution saturée de carbonate de soude. Lorsque la solution possède une légère réaction alcaline, il l'agite avec de l'éther qui dissout la cocaïne. Dans cet état, la cocaïne n'est pas encore pure; pour la purifier complétement, M. Lassen la dissout dans l'eau à l'aide d'un léger excès d'acide chlorhydrique et soumet la solution à la dialyse; le sel, passant plus promptement que la matière colorante, s'obtient pur assez vite; il suffit alors de précipiter la base par le carbonate de soude et d'en achever la purification par des cristallisations successives dans l'alcool. On retire ainsi environ 2 grammes d'alcaloïde par kilogramme de feuilles de coca.

La cocaïne neutralise complétement les acides et forme avec eux des sels difficilement cristallisables.

Le *chlorhydrate de cocaïne*, $C^{17}H^{21}AzO^4,HCl$, cristallise en prismes à 4 pans tronqués par une face terminale; c'est le sel de cocaïne qui cristallise le mieux. Si l'on fait arriver sur de la cocaïne un courant d'acide chlorhydrique sec, il se fait un grand dégagement de chaleur.

Le *chlorure d'or* et le *chlorure de platine* donnent des précipités jaunes. Le chlorhydrate double de cocaïne et d'or possède la propriété singulière de donner une grande quantité d'acide benzoïque en se décomposant par la chaleur.

L'*oxalate de cocaïne* se présente en cristaux confus. M. Lassen a obtenu un oxalate acide en cristaux très-déliés, $C^{17}H^{21}AzO^4,C^2H^2O^4$.

Le *sulfate de cocaïne* se présente d'abord après évaporation sous la forme d'une masse gommeuse qui finit par cristalliser au bout d'un certain temps.

On sait que le coca jouit dans toute l'Amérique du Sud d'une réputation immense et qu'on lui attribue des propriétés merveilleuses. L'usage de cette plante est tellement répandu que la consommation annuelle s'élève à 15 millions de kilogrammes, représentant une somme de près de 40 millions de francs.

Le coca, en effet, exerce sur l'économie une action spéciale qui offre beaucoup de ressemblance avec celle des narcotiques; elle a surtout de l'analogie avec l'effet produit par l'atropine.

Il possède deux propriétés qui lui sont particulières et qui ont dû contribuer puissamment à répandre son usage parmi les Indiens : il diminue la sensation de la faim et prévient la gêne qu'éprouve la respiration lorsqu'on gravit une montagne. L'usage immodéré de cette plante se traduit chez ceux qui en font abus par une démarche incertaine, le tremblement des lèvres et une perte complète de la sensibilité. La cocaïne n'a pas d'action sur la pupille. E. C.

COCATANNIQUE (ACIDE). — Acide découvert par Niemann dans la décoction de feuilles de coca après l'extraction de la cocaïne par le carbonate de sodium (voyez COCAÏNE). On évapore le liquide, il reste une substance amorphe et d'un brun-rouge dont les solutions se colorent en brun verdâtre foncé par le perchlorure de fer, sont précipitées par l'albumine et l'émétique, et réduisent les sels d'or à froid, mais ne précipitent pas par la gélatine.

COCCINE. — Matière albuminoïde azotée qui, selon Pelletier et Caventou, constitue la chair de la cochenille.

COCCINIQUE (ACIDE). — Acide gras volatil existant, d'après Pelletier et Caventou, dans la cochenille.

COCCINITE (Min). — Petites parcelles d'un brun rouge, à la surface du séléniure de mercure, considérées comme de l'iodure mercurique.

COCCINONIQUE (ACIDE). — Acide découvert par Erdmann parmi les produits de l'action de l'acide nitrique sur l'acide euxanthique [*Journ. für prakt. Chem.*, t. XXXIII, p. 190; t. XXXVII, p. 385]. — Voyez EUXANTHIQUE (ACIDE).

COCCOGNIDIQUE (ACIDE). — Acide contenu selon Gobel dans les semences de garou (*Daphne gnidium*), dont l'extrait alcoolique le cède à l'eau. Il cristallise en prismes incolores très-acides et ne précipite ni l'eau de chaux, ni le chlorure de baryum, ni l'acétate de plomb, ni le sulfate ferreux.

COCCOLITE. — Voyez PYROXÈNE.

COCCULINE. — Voyez PICROTOXINE.

COCHENILLE. — Voyez CARMINIQUE (ACIDE).

COCHLÉARINE. — On a appelé ainsi une substance cristalline qui se dépose quelquefois de l'*esprit de cochléaria* (provenant de la distillation de l'herbe avec l'alcool). Lamelles nacrées en aiguilles fines incolores, fusibles à 45°, et sublimables sans décomposition. Densité, 1,248. Formule empirique, $C^6H^{14}O^1$. Légèrement solubles dans l'eau pure, plus solubles dans l'eau chargée de carbonate de potassium, dans l'alcool et l'éther [Maurach, *Rép. Pharm.*, t. XCIX, p. 128].

COCO (BEURRE DE). — Il s'obtient, par l'ébullition avec l'eau, des amandes écrasées des noix de coco. Il est incolore, onctueux, fusible à 20°; fondu, il ne se solidifie qu'à 18°. Maintenu quelques instants à 240°, il reste 48 heures avant de se solidifier de nouveau (Pohl). Il rancit facilement, et est formé d'un glycéride, qu'on a appelé la *cocinine* ou cocinate de glycérine, mais qui n'est qu'un mélange de diverses glycérides (Oudemans).

En saponifiant l'huile de coco, on obtient un acide gras qu'on a appelé *cocinique* ou *cocostéarique*, et sur la formule et les propriétés duquel les auteurs ne sont pas d'accord. Il fond à 35° (Browns), entre 25° et 27° (Brandes), à 34°7 (Saint-Èvre), entre 42° et 43° (Georgey). D'après ce dernier, l'acide cocinique est identique avec l'acide laurique.

Oudemans a employé pour isoler les acides du beurre de coco, la méthode de Heintz, qui consiste à former par précipitations fractionnées des combinaisons des acides avec la baryte; les acides gras, précipités par l'acide chlorhydrique, sont dissous dans l'alcool, et obtenus à l'état cristallisé. — D'après cette méthode, il a reconnu que l'acide gras du beurre de coco est en grande partie de l'acide laurique fusible à 43°, mélangé d'acide palmitique fusible à 62°, et d'acide myristique fusible à 53°8. Outre les acides solides, le beurre de coco donne à la saponification de l'acide caproïque et de l'acide caprylique. Il ne renferme pas d'acide oléique [Oudemans, *Rép. de Chim. pure*, 1861, p. 305]. Bizio a confirmé les résultats d'Oudemans.

D'après ce qui précède, il est inutile de parler des cocinates, de l'éther cocinique, de la *cocinone*, obtenue par la distillation sèche de chaux, et de la cocinine ou glycérine cocinique, tous ces corps n'étant que des mélanges. E. G.

CODÉINE, $C^{18}H^{21}AzO^3$. — On donne le nom de *codéine* à une base végétale retirée de l'opium par Robiquet en 1832. Douée de propriétés narcotiques très-énergiques, elle constitue un des principes les plus importants de ce précieux médicament. Son nom dérive du mot grec κώδη, qui signifie *capsule du pavot* [Robiquet, *Ann. de Chim. et de Phys.*, t. LI, p. 259, 1832; *Ann. der Chem. u. Pharm.*, t. V, 106; — Couerbe, *Ann. de Chim. et de Phys.*, t. LIX, p. 158; — Regnault, t. LXVIII p. 136; — Gregory, *Ann. der Chem. u. Pharm.*, t. XXVI, p. 44; — Will, *ibid.*, t. XXVI, p. 44; — Gerhardt, *Revue scient.*, t. X, p. 203; — Anderson, *Ann. der Chem. u. Pharm.*, t. LXXVII, p. 341, et *Comp. rend. des trav. de chim.* p. 321, 1850].

La codéine est une substance incolore, cristallisée, ramenant au bleu le papier de tournesol rougi par un acide, possédant une saveur amère; elle peut exister sous deux états : anhydre ou hydratée.

On obtient la codéine anhydre par l'évaporation de sa dissolution dans l'éther anhydre; elle se présente sous la forme d'octaèdres à base rectangulaire, fusibles à 150°. — On l'obtient hydratée en la dissolvant dans de l'éther aqueux et faisant évaporer; elle se dépose alors en cristaux qui contiennent une molécule d'eau, soit 6 °/₀, et qui appartiennent au type orthorhombique [Miller, *Ann. der Chem. u. Pharm.*, t. LXXVII, p. 380; — Kopp, *Einleit. in die Krystall*, p. 266].

Déposés dans l'alcool, les cristaux de codéine présentent la combinaison p, m, e^1, a^1; et dans l'eau la combinaison m, e^1, e^2. Inclinaison des faces, $mm = 87°40'$; $pa^1 = 141°37'$; $pe^1 = 140°23'$. Clivage parallèle à p.

La codéine est soluble dans l'eau, 100 p. d'eau à + 15° en dissolvent 1,26 p.; à + 43°, 37 p.; à + 100°, 58,8 p.

La codéine chauffée avec une quantité d'eau insuffisante pour la dissoudre fond et se convertit en une masse huileuse plus lourde que l'eau. Elle est facilement soluble dans l'alcool et dans l'éther ordinaire. La potasse la dissout à peine; l'ammoniaque ne paraît pas augmenter sa solubilité dans l'eau. Elle précipite de leurs dissolutions salines certains oxydes métalliques, tels que l'oxyde de plomb, de cuivre, de fer, de cobalt, etc.

La solution alcoolique de codéine dévie fortement à gauche le plan de polarisation de la lumière; $[\alpha] j = -118°,2$, et sous l'influence des acides son pouvoir rotatoire est à peine modifié [Bouchardat et Boudet, *Journ. de Pharm.*, (3), t. XXIII, p. 293].

La codéine se distingue de la morphine en ce qu'elle ne réduit ni l'acide iodique, ni les persels de fer, et qu'elle ne prend pas de couleur rouge sous l'influence de l'acide azotique, enfin par sa solubilité dans l'éther dans lequel la morphine est insoluble.

La codéine chauffée à une douce chaleur avec de la potasse caustique est attaquée, il se dégage de l'ammoniaque, de la méthylamine et une base volatile et cristallisée. Il reste un résidu brun-noir.

La codéine dissoute dans un excès d'acide sulfurique moyennement concentré, et chauffée pendant un certain temps au bain de sable, se transforme en codéine amorphe; la solution se colore et possède la propriété de précipiter par le carbonate de soude, ce que ne fait pas la codéine non modifiée. Il se dépose une poudre grise à reflets verdâtres qui est insoluble dans l'eau et l'éther, et soluble dans l'alcool. Elle se dissout dans les acides et forme des sels amorphes; à 100°, elle fond et se prend en une masse noire résineuse; par une action prolongée de l'acide sulfurique, la codéine se transforme en une substance d'un vert foncé.

L'acide azotique l'attaque en donnant soit une base nitrée, soit une matière résinoïde jaune. Le chlore et le brome donnent des produits de substitution.

L'iode se combine directement à la codéine sans produits de substitution.

Le gaz cyanogène est absorbé par une solution alcoolique de codéine et donne la cyanocodéine. Chauffée avec de l'iodure d'éthyle, la codéine donne l'iodure d'éthyl-codéine.

La codéine est un poison violent, qui agit à la manière des narcotiques.

Action du chlore. — *Chlorocodéine*,

$$2(C^{18}H^{20}ClAzO^3)+3H^2O.$$

— Le chlore attaque la codéine et peut donner par substitution la chlorocodéine, $C^{18}H^{20}ClAzO^3$, seulement il faut opérer dans certaines conditions. Si l'on dirige un courant de chlore à travers une solution aqueuse de codéine, la liqueur brunit fortement et l'on n'obtient par l'addition de l'ammoniaque qu'une base amorphe et résineuse; mais on arrive à des résultats plus nets en opérant de la manière suivante : La codéine est dissoute dans un excès d'acide chlorhydrique étendu à 65° ou 70°, puis on ajoute à la solution du chlorate de potasse en poudre fine et on agite le tout. Au bout de quelques minutes on traite de petites portions de la liqueur par l'ammoniaque en laissant marcher la réaction jusqu'à ce qu'il se forme un précipité; aussitôt qu'on l'obtient, on verse dans la solution entière un léger excès d'alcali qui précipite la chlorocodéine formée; à l'aide de cette précaution, l'opération est arrêtée à temps, et on empêche ainsi la formation de produits d'une décomposition secondaire [Dolfus, *Ann. der Chem. u. Pharm.*, t. LXV, p. 217, et Anderson, *loc. cit.*].

La chlorocodéine est une base qui se présente sous la forme d'une poudre blanche cristalline, insoluble dans l'eau froide, peu soluble dans l'eau bouillante, très-soluble dans l'alcool concentré surtout à chaud, et peu soluble dans l'éther. Elle contient 7,48 % d'eau de cristallisation qu'elle perd à 100°. Quand on précipite la chlorocodéine, elle est ordinairement jaunâtre et retient un peu de codéine; pour la purifier, il suffit de la dissoudre dans de l'acide chlorhydrique et de la faire bouillir avec du charbon animal. La solution filtrée est ensuite précipitée par l'ammoniaque.

L'acide sulfurique dissout à froid la chlorocodéine sans l'altérer, mais à chaud la solution se charbonne.

L'acide azotique dissout la chlorocodéine, par l'ébullition la solution se décompose, mais moins facilement que celle de codéine; il se dégage des gaz nitreux et une vapeur très-piquante.

Sels de chlorocodéine. — *Chlorhydrate de chlorocodéine.* — Sel cristallisé en aiguilles, très-soluble dans l'eau.

Chloroplatinate de chlorocodéine. — Ce sel s'obtient en traitant une solution de chlorhydrate de chlorocodéine par une solution de bichlorure de platine, il se forme un précipité jaune pâle, très-peu soluble dans l'eau.

Sulfate de chlorocodéine,

$$SO^4H^2, 2(C^{18}H^{20}ClAzO^3)+4H^2O.$$

— Ce sel se présente sous la forme de prismes courts, disposés en groupes radiés; il est très-soluble dans l'eau bouillante et l'alcool. On l'obtient en traitant à chaud la chlorocodéine par une solution étendue d'acide sulfurique.

Action du brome. — On connaît deux produits de substitution formés par l'action du brome sur la codéine : 1° la bromocodéine; 2° la tribromocodéine.

Bromocodéine, $2(C^{18}H^{20}BrAzO)^3+3H^2O$. — La bromocodéine est une base à peine soluble dans l'eau froide, un peu plus dans l'eau bouillante; à peine soluble dans l'éther; facilement soluble dans l'alcool surtout bouillant, elle se dépose à l'état de petits prismes blancs, d'une solution alcoolique étendue de son volume d'eau; ils contiennent 0,66 % d'eau qu'ils perdent à 100° [Anderson, *loc. cit.*].

La bromocodéine s'obtient en versant peu à peu de l'eau bromée sur de la codéine en poudre; la solution perd la couleur du brome, mais la base bromée dissoute à l'aide de l'acide bromhydrique formée lui donne une teinte rougeâtre caractéristique. Pour isoler la bromocodéine, il suffit de verser de l'ammoniaque dans la liqueur, la base se précipite sous la forme d'une poudre d'un blanc d'argent ; on la recueille sur un filtre, et on la lave à l'eau froide. Dans cet état elle retient un peu de codéine non attaquée dont on la débarrasse en la dissolvant dans l'acide chlorhydrique, et précipitant par l'ammoniaque; redissoute dans l'alcool bouillant, elle cristallise par le refroidissement.

Bromhydrate de bromocodéine,

$$C^{18}H^{20}BrAzO^3, HBr+H^2O.$$

— Sel cristallisé en petits prismes peu solubles dans l'eau froide, très-solubles dans l'eau bouillante. Il contient une molécule d'eau qu'il ne perd pas à 100°.

Chlorhydrate de bromocodéine. — Ce sel s'obtient en aiguilles radiées solubles dans l'eau.

Chloroplatinate de bromocodéine,

$$[C^{18}H^{20}BrAzO^3, HCl]^2PtCl^4 \text{ (à 100°)}.$$

— Sel d'une couleur jaune pâle, insoluble dans l'eau et l'alcool.

Tribromocodéine, $C^{18}H^{18}Br^3AzO^3$. — La codéine tribromée est une base amorphe d'une couleur grise, insoluble dans l'eau et dans l'éther, très-soluble dans l'alcool. Elle fond par la chaleur en se décomposant entièrement. Elle forme avec les acides des sels incristallisables, et très-peu solubles dans l'eau.

Cette base s'obtient en suivant d'abord le procédé indiqué pour former la codéine bromée, puis dès que toute la codéine est dissoute, on continue l'addition de l'eau bromée jusqu'à ce qu'il ne se forme plus de précipité. Ce précipité qui est jaune se redissout d'abord, puis il augmente et finit par persister. Chose curieuse, si la solution est abandonnée jusqu'au lendemain, le brome y produit de nouveau un précipité identique au précédent, et cet effet se continue pendant un certain nombre de jours. L'opération dure donc assez longtemps; le dépôt est du bromhydrate de tribromocodéine. Pour en retirer la base elle-même, on dissout le sel dans l'acide chlorhydrique étendu, et on précipite la solution par l'ammoniaque; il se forme un dépôt floconneux qu'on lave à l'eau, et qu'on purifie en le dissolvant dans l'alcool et le précipitant par l'eau, on obtient ainsi une matière blanche, lourde et amorphe, c'est la tribromocodéine.

Sesquibromhydrate de tribromocodéine,

$$2(C^{18}H^{18}Br^3AzO^3).3(HBr).$$

— Ce sel se présente sous la forme d'une poudre jaune clair, amorphe, à peine soluble dans l'eau froide, plus soluble dans l'eau bouillante.

Chloroplatinate de tribromocodéine,

$$2(C^{18}H^{18}Br^{3}AzO^{6}HCl).PtCl^{4}.$$

— Ce sel est une poudre jaune brunâtre, soluble dans l'eau et dans l'alcool [Anderson, *loc. cit.*; *Ann. de Chim. et de Phys.*, t. XXXIV, p. 493, 3e série; *Journ. de Pharm. et de Chim.*, t. XIX, p. 465, 3e série].

Action de l'iode. — L'iode s'unit directement à la codéine; Pelletier ne fait qu'indiquer un iodure brun amorphe de codéine, peu soluble dans l'eau [*Ann. de Chim. et de Phys.*, t. LXIII, p. 194].

Iodocodéine, $2(C^{18}H^{21}AzO^{6}), 3I$. — Anderson a obtenu une combinaison cristallisée d'iode et de codéine qui se présente sous la forme de tables triangulaires, rouge de rubis par transparence, et violet foncé par réflexion; ils appartiennent au système triclinique. Haidinger a étudié spécialement les caractères optiques et cristallographiques de cette combinaison [Haidinger, *Ann. de Poggend.*, t. LXXX, p. 553].

L'iodocodéine est insoluble dans l'eau et dans l'éther, soluble dans l'alcool en lui communiquant une couleur rouge-brun. Chauffée à 100°, l'iodocodéine perd de l'iode; la potasse la décompose en enlevant l'iode et laissant la codéine. L'acide azotique l'attaque à chaud, l'acide sulfurique concentré n'a pas d'action à froid, mais il la dissout à chaud en se colorant en brun.

Un courant d'hydrogène sulfuré dirigé à travers une solution d'iodocodéine l'attaque; il se dépose du soufre, la solution se décolore, devient très-acide et par l'évaporation il se dépose des cristaux d'iodhydrate de codéine.

Une solution d'azotate d'argent versée dans une solution d'iodocodéine donne un précipité qui ne contient que les 7/9 environ de l'iode contenu dans la combinaison [Anderson, *loc. cit.*, *The Edimb. new Philos. Journ.*, janvier 1851; — *Compt. rend. des trav. de Chim.*, 1831, p. 103].

Action de l'acide azotique. — *Nitrocodéine*,

$$C^{18}H^{20}(AzO^{4})AzO^{6}.$$

— La nitrocodéine est une base qui cristallise en aiguilles soyeuses couleur chamois clair. Déposée d'un mélange d'alcool et d'éther par évaporation spontanée, elle affecte la forme de prismes à quatre faces terminés par des sommets dièdres [Anderson, *loc. cit.*].

La nitrocodéine est peu soluble dans l'eau bouillante et dans l'éther, mais soluble dans l'alcool. Chauffée doucement, elle fond et se prend par le refroidissement en masse cristalline; à une température plus élevée, elle se décompose brusquement avec déflagration sans flamme et en laissant un volumineux dépôt de charbon.

Une solution alcoolique de nitrocodéine chauffée au bain-marie, et traitée par le sulfhydrate d'ammoniaque, dépose du soufre, et prend peu à peu une teinte foncée. Ce liquide filtré et traité par l'ammoniaque donne un précipité brun amorphe : c'est une base nouvelle qu'on peut obtenir plus pure en la dissolvant dans l'acide chlorhydrique ajoutant du noir animal à la solution et faisant bouillir. L'ammoniaque précipite de nouveau cette base particulière d'un jaune pâle, encore peu connue et désignée sous le nom d'azocodéine.

La nitrocodéine forme avec les acides des sels solubles et neutres qui, traités par la potasse ou l'ammoniaque, laissent déposer la base sous forme cristalline.

Préparation. — La préparation de la nitrocodéine est une opération délicate qui exige certaines précautions à cause de la facilité avec laquelle l'acide azotique altère la codéine. Les meilleurs résultats s'obtiennent en ajoutant peu à peu la codéine finement pulvérisée à de l'acide azotique d'une densité de 1,06 et chauffé à une douce chaleur; il ne se dégage pas de vapeurs rouges, et au bout de quelques minutes on obtient un liquide jaune : la réaction est terminée. Pour s'en assurer, il est nécessaire d'essayer de petites quantités de la liqueur par l'ammoniaque et de continuer à chauffer doucement, tant que le précipité obtenu augmente; aussitôt qu'il reste stationnaire, on ajoute un excès d'alcali qui fait naître un abondant dépôt de nitrocodéine; il faut avoir soin d'agiter rapidement. Pour purifier la base, il suffit de la dissoudre dans l'acide chlorhydrique, d'ajouter du charbon animal, de porter à l'ébullition, et, après avoir filtré la solution, de précipiter de nouveau par l'ammoniaque.

Chlorhydrate de nitrocodéine. — Sel incristallisable, se prenant sous la forme d'une masse résineuse.

Chloroplatinate de nitrocodéine,

$$2[C^{18}H^{20}(AzO^{4})AzO^{6}HCl].PtCl^{4}+2(H^{2}O).$$

— Ce sel se présente sous forme de poudre jaune, insoluble dans l'eau et l'alcool, renfermant 6,14 % d'eau, soit deux molécules qu'il perd à 100°.

Oxalate de nitrocodéine. — Sel très-soluble dans l'eau et cristallisé en beaux prismes couleur jaune.

Sulfate de nitrocodéine,

$$SO^{4}H^{2}, 2[C^{18}H^{20}(AzO^{4})AzO^{6}].$$

— Sel neutre, très-soluble dans l'eau bouillante, et cristallisé en aiguilles courtes et pointues [Anderson, *loc. cit.*].

Action du cyanogène. — *Dicyanocodéine*,

$$C^{18}H^{21}AzO^{6}, Cy^{2}.$$

— La dicyanocodéine cristallise en tables hexagonales minces et très-brillantes; elle est peu soluble dans l'eau, mais s'y dissout lorsqu'on ajoute de l'alcool; elle est soluble dans l'alcool absolu ainsi que dans un mélange d'alcool et d'éther chauds, et s'en sépare par le refroidissement.

La dicyanocodéine s'obtient en faisant passer lentement et d'une manière continue un courant de cyanogène dans une solution alcoolique de codéine aussi concentrée que possible. Le gaz est absorbé rapidement et la liqueur se colore d'abord en jaune, puis en brun. Au bout de quelque temps cette solution abandonnée à elle-même laisse déposer des cristaux qu'on recueille sur un filtre, et qu'on lave avec un peu d'alcool. Pour les purifier, on les fait dissoudre à chaud dans un mélange d'alcool et d'éther, d'où ils se déposent par le refroidissement en cristaux incolores ou faiblement colorés en jaune.

La solution de cyanocodéine dans l'eau à l'aide de l'alcool se décompose à la longue, et laisse un résidu de codéine.

L'*acide chlorhydrique* paraît former un sel cristallisable avec la dicyanocodéine, mais ce sel se décompose presque aussitôt, car, traité par de la potasse, il émet de l'ammoniaque; et abandonné à lui-même, il dégage de l'acide cyanhydrique au bout de vingt-quatre heures.

L'*acide sulfurique* et l'*acide oxalique* forment des combinaisons peu solubles et aussi peu stables que les précédentes, et qui donnent les mêmes produits de décomposition [Anderson, *loc. cit.*].

Action de l'iodure d'éthyle. — *Iodhydrate d'éthyl-codéine*, $C^{18}H^{20}(C^{2}H^{5})AzO^{6}, HI$ (à 100°). — L'iodhydrate d'éthyl-codéine est un sel cristallisé en aiguilles fines, groupées en aigrettes, très-soluble dans l'eau, et dont la solution ne précipite ni par la potasse, ni par l'ammoniaque. Cette solution chauffée avec de l'oxyde d'argent donne une liqueur très-alcaline qui attire l'acide carbonique de l'air pendant l'évaporation. Le résidu se combine encore avec l'iodure d'éthyle, mais la réaction paraît être complexe.

On obtient l'iodhydrate d'éthyl-codéine en chauffant pendant deux heures environ, dans un tube scellé, un mélange de codéine, d'alcool absolu en quantité suffisante pour la dissoudre, et d'iodure d'éthyle. Par le refroidissement, le sel formé se dépose sous forme cristalline [How., 57].

Préparation de la codéine. — On retire la codéine des eaux mères qui ont servi à la préparation de la morphine d'après le procédé de Robertson et de Gregory; mais la codéine contenue dans ces eaux mères, n'étant guère que de 1/16 à 1/30 de la morphine extraite, s'y trouve mélangée avec une grande quantité de chlorhydrate d'ammoniaque. Pour la séparer, on fait évaporer les eaux mères jusqu'à cristallisation ; le chlorhydrate de codéine étant moins soluble se dépose le premier. Recueilli, débarrassé par expression des eaux mères qui l'imprègnent, le sel de codéine encore mélangé de chlorhydrate d'ammoniaque est redissous dans l'eau chaude, et la solution chaude précipitée par la potasse caustique. L'alcaloïde se dépose immédiatement en partie sous forme huileuse, en partie à l'état cristallin par le refroidissement de la liqueur. Par l'évaporation, il cristallise encore de la codéine, mais vers la fin de l'opération, lorsque le liquide a presque entièrement disparu, on recueille un peu de morphine retenue en dissolution par la potasse.

La codéine ainsi obtenue est plus ou moins colorée; pour la purifier complétement, il faut la dissoudre dans l'acide chlorhydrique, décolorer la solution par le charbon animal, et précipiter de nouveau la base par la potasse; on la fait ensuite cristalliser dans l'éther aqueux soigneusement dépouillé d'alcool, la présence de ce dernier empêchant la cristallisation de la codéine qui resterait à l'état de liqueur sirupeuse [Anderson, *Ann. der Chem. u. Pharm.*, nouv. sér., t. I, p. 341; *Ann. de Chim. et de Phys.*, t. XXXIV, p. 493, 3e sér.].

Le procédé indiqué par le Codex est un peu différent de celui-ci; voici en quoi il consiste. On concentre les eaux mères qui ont servi à la préparation de la morphine et l'on recueille le mélange de chlorhydrate de codéine et de chlorhydrate d'ammoniaque qui se dépose. On le dissout dans l'eau bouillante, et par le refroidissement le chlorhydrate de codéine seul cristallise en houppes soyeuses.

Comme ce sel contient encore de petites quantités de morphine, on le triture avec une solution assez concentrée de potasse caustique en très-léger excès, qui retient la morphine en dissolution. La codéine précipitée reste sous la forme d'une masse visqueuse qui absorbe de l'eau, perd sa transparence et prend un aspect pulvérulent. On la lave avec un peu d'eau froide, on la sèche et on la dissout dans l'éther aqueux qui l'abandonne en beaux cristaux.

La présence d'un peu de morphine dans la préparation de la codéine avait fait supposer à Robiquet que ces deux bases devaient exister dans les eaux mères à l'état de sel double; M. Anderson n'admet pas cette opinion parce qu'il obtient à l'aide de son procédé des cristaux de chlorhydrate de codéine complétement exempt de morphine [Anderson, *loc. cit.*; *Journ. of the Chem. Society*, 1863, t. LXXXIX, p. 79; *Bull. de la Soc. chim.*, 1863, p. 574].

SELS DE CODÉINE.

Azotate de codéine, $AzO^3H, C^{18}H^{21}AzO^3$. — Ce sel cristallise en petits cristaux prismatiques; il est peu soluble dans l'eau froide, facilement soluble dans l'eau bouillante; chauffé, il fond et se prend par le refroidissement en une masse brune et résineuse. Une température plus élevée le décompose. On l'obtient en versant avec précaution de l'acide azotique d'une densité de 1,06 sur la codéine pulvérisée. Comme la codéine est facilement attaquée par cet acide, il faut éviter d'en ajouter un excès.

Chlorhydrate de codéine,

$$C^{18}H^{21}AzO^3, HCl + 2H^2O.$$

— Ce sel cristallise sous forme d'aiguilles groupées en étoile qui, examinées au microscope, se présentent sous la forme de prismes à quatre pans, terminés par des biseaux. Ce sel est soluble dans 20 p. d'eau à 15°,5 et dans moins de son poids d'eau bouillante. On le prépare en saturant de la codéine par de l'acide chlorhydrique étendu et chaud.

Chloromercurate de codéine. — Sel blanc cristallisé en groupes étoilés, peu soluble dans l'eau froide, soluble dans l'eau bouillante et l'alcool; on l'obtient en traitant une solution de chlorhydrate de codéine par une solution de bichlorure de mercure, il se forme un précipité blanc qu'on redissout dans l'eau bouillante, d'où il se dépose par le refroidissement.

Chloropalladite de codéine. — Sel jaune décomposé par l'ébullition avec dépôt de palladium métallique.

Chloroplatinate de codéine,

$$2(C^{18}H^{21}AzO^3, HCl), PtCl^4 + 4H^2O.$$

— Ce sel se présente sous forme de houppes soyeuses couleur orangée, solubles dans l'eau bouillante en se décomposant en partie. On l'obtient en versant une solution de bichlorure de platine dans une solution de chlorhydrate de codéine de concentration moyenne; il se forme d'abord un précipité jaune pâle, qui abandonné dans la liqueur ou recueilli sur un filtre maintenu humide, se convertit peu à peu en petits cristaux. Il perd $3H^2O$ à 100° et le reste à 121° en commençant à se décomposer.

Chromate de codéine. — Se présente sous forme de belles aiguilles jaunes.

Ferrocyanure de codéine. — Sel cristallisé en aiguilles, soluble dans un excès d'acide ferrocyanhydrique. On l'obtient en versant une solution alcoolique d'acide ferrocyanhydrique dans une solution alcoolique de codéine; il se forme un précipité blanc qui cristallise au bout de quelque temps.

Ferricyanure de codéine. — Sel cristallin très-altérable, s'obtient en ajoutant une solution aqueuse de ferricyanure de potassium à une solution de chlorhydrate de codéine; la combinaison se dépose au bout de quelque temps.

Iodate de codéine. — Sel cristallisé en aiguilles, excessivement soluble dans l'eau, ne cristallise qu'en présence d'un excès d'acide.

Iodhydrate de codéine,

$$C^{18}H^{21}AzO^3, HI + H^2O.$$

— Sel cristallisé en longues aiguilles minces, soluble dans soixante fois environ son poids d'eau froide, plus soluble dans l'eau bouillante, ne perd pas d'eau à 100°, s'obtient en dissolvant à chaud la codéine dans l'acide iodhydrique.

Oxalate de codéine,

$$C^2O^4H^2, 2(C^{18}H^{21}AzO^3) + 3H^2O.$$

— L'oxalate de codéine est un sel neutre cristallisé en prismes ou en paillettes, soluble dans trente fois son poids d'eau à 15°,5, et dans la moitié de son poids environ d'eau bouillante; à 100° il perd son eau de cristallisation. On l'obtient en saturant à chaud la codéine par l'acide oxalique.

Perchlorate de codéine. — Se présente sous

forme d'aiguilles soyeuses groupées en faisceaux, très-solubles dans l'eau et l'alcool; ce sel fait explosion par la chaleur. On l'obtient en dissolvant la codéine dans de l'acide perchlorique aqueux [Boedeker jeune, *Ann. der Chem. u. Pharm.*, t. LXXI, p. 63].

Phosphate de codéine,

$$2(PO^4H^3, C^{18}H^{21}AzO^3) + 3H^2O.$$

— Ce sel se présente sous forme de paillettes ou de prismes courts, très-solubles dans l'eau. On l'obtient en saturant l'acide phosphorique ordinaire par la codéine pulvérisée. Le liquide ne cristallise pas par la concentration de la liqueur, mais les cristaux se forment immédiatement quand on ajoute de l'alcool fort.

Sulfate de codéine,

$$SO^4H^2, 2(C^{18}H^{21}AzO^3) + 5(H^2O).$$

— Ce sel cristallise en longues aiguilles ou en prismes aplatis; il exige trente fois son poids d'eau froide pour se dissoudre, mais il est facilement soluble à chaud. La solution est neutre aux réactifs colorés. Les cristaux appartiennent au système orthorhombique et présentant les faces m, e^1, g^1. Angles mesurés : $mm = 151°12'$; $g^1 e^1 + 113°45'$; $e^1 e^1 = 133°3'$; $mg^1 = 104°24'$. Clivage selon g^1 [Miller, *loc. cit.*].

Sulfocyanate de codéine,

$$C^{18}H^{21}AzO^3, CySH + 1/2H^2O.$$

— Ce sel se présente sous la forme d'aiguilles radiées; chauffé à 100°, ce sel fond et perd une molécule d'eau, soit 2,45 %. On l'obtient en mélangeant ensemble des solutions de chlorhydrate de codéine et de sulfocyanate de potassium.

Tartrate de codéine. — Sel incristallisable.

La codéine est un poison énergique, qui possède des propriétés narcotiques analogues à celles de la morphine; elle en diffère cependant en ce qu'elle n'émousse pas autant la sensibilité, et parce qu'elle ne produit pas au réveil des sujets soumis à son action ces troubles intellectuels qui succèdent à l'emploi de la morphine. On la prescrit à une dose un peu plus élevée que cet alcaloïde.

M. Claude Bernard, qui a fait au point de vue physiologique une étude remarquable des différents principes actifs de l'opium, assigne à la codéine le troisième rang dans l'ordre soporifique, le quatrième dans l'ordre convulsivant, et le second dans l'ordre de l'action toxique [Cl. Bernard, *Compt. rend. de l'Institut*, t. LIX, p. 406, 1864]. E. C.

COKE. — Le charbon de bois étant devenu trop cher pour les établissements métallurgiques, on songea à y substituer le charbon de houille; en France, l'application du coke date de 1769, et fut faite d'abord à Rive-de-Gier, et vers la même époque en Languedoc.

La nature de la houille et la manière dont la fabrication du coke est conduite, ont une grande influence sur les propriétés physiques du coke; ainsi il peut être poreux et léger ou compacte et lourd, tendre et friable ou dur et résistant, noir et terne ou gris clair avec un éclat vif, presque métallique, parfois irisé. Il est plus ou moins combustible; les cornues à gaz fournissent un charbon plus combustible et moins dense que celui des fours à coke. En général, plus la température est élevée, plus le coke est dur et dense, mais moins aussi il est combustible.

La composition centésimale du coke est très-variable; voici pour exemple l'analyse (de Marsilly) d'un coke provenant de houille collante de Mons et carbonisée dans des fours à sole chauffée; la cuisson a été de 48 heures; les échantillons séchés à 200° :

C = 91,30; H = 0,33;
O et Az = 2,17. Cendres, 6,20.

Le coke ne doit pas renfermer plus de 2 à 3 % d'eau hygroscopique.

Il n'absorbe dans une atmosphère saturée d'humidité pas au delà de 1 à 2,5 % d'eau; par l'immersion dans l'eau, il peut prendre jusqu'à 51 % de son poids de ce liquide.

Carbonisation de la houille en meules. — La carbonisation en meules tend à disparaître en France. Les meules sont ou circulaires ou à base rectangulaire.

Meules circulaires. — On y carbonise généralement des houilles maigres. La sole est en terre; au centre est une cheminée en briques dans laquelle sont ménagés des jours. On range contre la cheminée le gros charbon, le menu remplit le reste de la meule; la surface extérieure est recouverte d'une couche de poussier de coke, sauf sur une hauteur d'environ 0m,30 vers le bas de la meule. On allume par le haut de la cheminée. Lorsque la fumée a disparu, on couvre avec du poussier de coke et on répand de l'eau sur la meule. Il se dégage de l'hydrogène sulfuré, qui provient de la décomposition du sulfure de calcium que renferme la houille. Le rendement est de 50 à 60 %.

Les dimensions de ces meules sont variables; une meule de 9m,15 de diamètre à la base et d'une hauteur de 1m,50 renferme à peu près 20 tonnes de houille.

Meules allongées ou cylindriques. — Ces meules ont une longueur indéterminée et sont disposées en rangées parallèles. Il n'y a pas de cheminée. L'aire est recouverte d'une couche de 0m,30 à 0m,40 de menu, sur lequel on empile le gros charbon. On établit dans la masse des conduits pour le passage de l'air et on recouvre la meule entière d'une couche de menu. On allume par le haut de distance en distance; lorsque la carbonisation est achevée, on étouffe avec du poussier de coke humide.

Carbonisation en larges fours ouverts rectangulaires. — On obtient par cette méthode un coke d'une grande densité et dureté, qui lui permettent de résister aux transports. Ces fours sont formés de deux murs parallèles, la sole est en briques, les murs ont 1m,57 de hauteur, 13m,85 à 18m,85 de longueur, l'écartement est de 2m,50. A la même hauteur au-dessus du sol, dans les murs, on ménage de part en part à 0m,65 d'intervalle des ouvreaux, qui ont chacun une cheminée verticale; on mure l'une des extrémités du four, on étale une couche de 0m,25 de menu sur la sole, on l'arrose et on la piétine; on établit des communications entre les ouvreaux diamétralement opposés au moyen de pièces de bois que l'on retire après l'achèvement de la meule. On recouvre le tout de poussier et on mure la seconde extrémité. On règle le tirage pendant la carbonisation, en ouvrant et en fermant alternativement les évents et les cheminées des deux côtés, de manière qu'à un moment donné d'un même côté il y ait les cheminées ouvertes et les évents fermés, et de l'autre les cheminées fermées et les évents ouverts. L'opération est terminée en huit jours environ. On ferme alors toutes les ouvertures; deux jours après le feu est éteint; on abat le mur d'un côté et on extrait le coke. Le rendement, qui est en moyenne de 50 à à 55 %, peut être plus élevé encore si le refroidissement s'opère plus lentement.

Carbonisation en fours. — Les fours appartiennent à deux classes différentes suivant que les produits de la distillation de la houille sont appelés dans des cheminées, sans qu'on profite de leur chaleur, ou suivant que les gaz sont brûlés par des appels d'air et abandonnent leur chaleur aux parois et à la sole du four. Le premier système convient aux houilles grasses et faciles à enflammer, le second principalement aux charbons maigres peu collants, qui ont besoin d'une plus haute température pour être transformés en coke. Les formes et dimensions de ces fours sont très-variables : aussi ne pouvons-nous donner une description détaillée du grand nombre de fours usités dans l'industrie, nous chercherons toutefois à faire comprendre par des exemples les principes sur lesquels repose la division que nous venons d'énoncer.

Parmi les fours de la première classe nous citerons les *fours français*. Ces fours ont une sole circulaire, les pieds droits surmontés d'une calotte sphérique percée d'une ouverture. Ils forment des batteries accouplées d'un certain nombre de fours ; une seule cheminée en général sert pour deux couples. Sur la partie supérieure règne une plate-forme et c'est par là que s'opère le chargement au moyen de brouettes. Il y a à l'extérieur une prise d'air : celui-ci est distribué par une série d'ouvreaux sur le pourtour et au-dessus de la charge ; de cette manière les gaz sont brûlés sans que l'air attaque le coke et le refroidisse. A leur partie antérieure les fours sont munis de portes en fonte ou en brique. Dans le bassin de la Loire, à Brassac, le diamètre du four est de $2^m,70$, la hauteur de la voûte sous clef de $1^m,30$. La durée de la carbonisation, non compris la période d'étouffement pour 2500 kilogrammes, est de 84 heures, pour 3000 kilogrammes de 108 heures. Le rendement pour des houilles grasses à courte flamme, sans lavage préalable, y est de 70 %. Le chargement ne doit dépasser $0^m,60$ à $0^m,70$ de hauteur.

Les opérations qui constituent la fabrication sont effectuées de différentes manières. Pour rendre l'enfournement rapide et économique, on établit souvent des rails sur la plate-forme et on y amène les charbons dans de petits wagons. Lorsqu'il n'y a pas d'ouverture à la partie supérieure, on enfourne par les portes au moyen de pelles. La mise à feu pour les houilles grasses est rapide, mais pour les charbons secs et maigres la température doit être très-élevée ; quelquefois on l'aide par des fagots. La carbonisation est complète lorsque la flamme est bleue; on ferme alors les registres des cheminées et le coke se tasse et s'étouffe. Le coke est défourné à la pelle si la sole est elliptique ou cylindrique ; dans ce cas il y a un déchet de 4 à 5 %. Dans les fours à sole rectangulaire on se sert d'un râteau en fer, s'ajustant derrière la masse de coke, qui subit un retrait par le refroidissement; toute la charge est extraite en une seule fois. Dans certains fours, qui ont une porte à chacune de leurs extrémités, on se sert du repoussoir à vapeur pour le défournement. Cet instrument se compose en principe d'une tige formant crémaillère, ayant la longueur du four et armée à l'une de ses extrémités d'un bouclier qui repousse la masse de coke; la crémaillère est actionnée par un treuil qui opère aussi le mouvement d'un chariot sur lequel est fixé le repoussoir. Le chariot est mobile sur des rails qui règnent le long de la batterie du four. A l'usine de la Villette, où la charge d'un four est de 5500 kilogrammes, le défournement se fait en douze minutes et le four reste assez chaud pour que le nouveau charbon enfourné s'allume de lui-même. Le coke est éteint au sortir du four, soit avec de l'eau, soit avec du fraisil ou poussier de coke.

Les houilles sèches développant peu de produits volatils sont carbonisées plus rapidement et exigent une température plus élevée. Tandis que dans les fours de la première classe la carbonisation s'effectue de haut en bas, elle commence dans ceux de la deuxième classe en même temps en haut et en bas si la sole seule est chauffée, et de tous les côtés si les parois sont chauffées aussi. La chambre de combustion est autrement construite : elle est longue, étroite et plus élevée que dans les fours de la première classe. On fait circuler les gaz à mesure qu'ils se produisent dans des carneaux enveloppant la chemise du four, on les brûle aussi complétement que possible pour développer une haute température et à cet effet on donne à cette circulation une longueur suffisante; on distribue convenablement l'air en plusieurs points de la longueur des carneaux pour brûler peu à peu les gaz. On arrive à utiliser, au moyen de ces fours, les couches de charbon et les menus qu'on rejetait jusqu'alors.

Le four de MM. A. Appolt frères [*Ann. des mines*, 5e sér., t. XIII, p. 417] est un des fours les plus perfectionnés de ce genre; il est formé d'une chambre rectangulaire en briques de $5^m,23$ de longueur, de $3^m,49$ de largeur et 4 mètres de hauteur; elle est subdivisée par des cloisons de $0^m,12$ d'épaisseur en douze compartiments, qui forment chacun un four distinct environné par un espace libre de haut en bas; ils communiquent librement entre eux et forment dans toute l'enceinte un espace sans discontinuité. Chaque compartiment a une ouverture en haut et une autre en bas munie d'une porte en fonte, qui se manœuvre à l'extérieur du four. A la partie inférieure les parois ont deux rangées de petites ouvertures, il y a neuf de ces ouvertures sur chaque large face et trois sur chaque petite face. A la partie supérieure trois ouvertures semblables sont réservées sur chaque longue face seulement, elles servent pendant la carbonisation au dégagement des produits volatils qui entrent dans les intervalles libres, où ils sont brûlés par l'air atmosphérique; ce dernier entre par des évents ménagés dans la longue face du four. Les produits de la combustion au sortir des espaces libres sont dirigés au moyen de conduits dans des cheminées. Il y en a douze, trois en bas et trois en haut. Tous ces conduits sont munis de registres réfractaires, il y a deux cheminées, une de chaque côté. On opère le chargement par le haut et le déchargement a lieu par le bas.

On commence par chauffer le four pendant 8 ou 10 jours, jusqu'à ce que la température atteigne 1200° à 1400°; on alterne les enfournements des compartiments dans les deux séries, on établit au fond du four une couche de poussier de coke de $0^m,30$ environ d'épaisseur, on descend la charge de houille et on ferme le compartiment ; les gaz sont brûlés et maintiennent la température. Une heure après, on fait les mêmes opérations pour le deuxième compartiment et ainsi de suite jusqu'à ce que tous les compartiments soient chargés. La carbonisation est achevée au bout de 24 heures; on défourne le premier compartiment et on recharge aussitôt.

Dans le four Appolt, la surface de chauffe est très-grande et le fractionnement de la houille en parties peu épaisses produit une carbonisation rapide ; la combustion des gaz y est très-complète, les variations de température, depuis l'enfournement jusqu'au défournement, sont évitées. La position verticale des compartiments détermine une pression sur le coke qui le rend plus dense. Chaque compartiment contient 1350 à 1400 kilogrammes de houille. La houille anglaise collante, qu'on emploie à Marquise (Pas-de-Calais), dans un four Appolt, donne 72 à 73 %; la houille collante belge, 80 à 82 %. Le rendement est de 10 à 12 % plus grand qu'avec les fours ordinaires.

Épuration des charbons. — Au moyen du lavage on tire parti des menus, jusqu'alors rejetés ou abandonnés dans les remblais ; dans la fabrication des agglomérés, à l'aide de matières agglutinantes d'un prix médiocre, on reconstitue un bon combustible, facile à transporter. Les cokes provenant de charbons lavés apportent des progrès dans un grand nombre d'industries et contribuent à la durée des fours à coke; le four Appolt, par exemple, ne fonctionne bien qu'avec des charbons lavés.

La pureté des cokes est une condition de bonne traction sur les chemins de fer. Depuis 1849, les cahiers des charges des compagnies de chemins de fer contiennent pour la réception des fournitures de coke une stipulation sur la teneur moyenne en cendres, qui ne doit pas dépasser 8 %.

En Angleterre, l'abondance et la bonne qualité des houilles dispensent du lavage, mais en France et en Belgique les veines de houille présentent le plus souvent un toit ou un mur mauvais et renferment des lits de schistes. En Angleterre, il se produit à peine 20 à 25 % de menus sans mélange sensible de matières étrangères. Chez nous, les exploitations les plus favorisées rendent plus de 60 % de menus, indépendamment des schistes et des matières stériles.

Les houilles, devant être lavées, sont d'abord classées et broyées. Le charbon tout venant est séparé en 3 parties au moyen de deux grilles en : 1° gailleterie ou gaillette, morceaux ayant plus de $0^m,03$ de côté; 2° gailletin de $0^m,01$ à $0^m,03$; 3° fin ou menu ayant moins de $0^m,01$ de côté. Le broyage s'effectue au moyen de cylindres cannelés dans le sens longitudinal et transversal; les saillies en forme de pyramides arrondies, produites par cette double cannelure, permettent de briser les schistes, qui sont en plaques, sans amener à un plus grand degré de division le charbon, qui est généralement cubique. Les fragments ont une grosseur uniforme de $0^m,018$ à $0^m,020$.

Les appareils de lavage se composent en général d'une caisse de lavage mise en communication par un conduit avec un réservoir placé à un niveau supérieur et munie d'une vanne; l'eau, arrivant avec force, met en suspension les matières; lorsque le mouvement s'arrête, les matières lourdes se dirigent au fond, le charbon, plus léger, reste au-dessus et est entraîné par le courant d'eau sur une plate forme recouverte de claies où il s'égoutte et d'où on l'enlève. Dans d'autres machines, c'est un piston qui se meut dans l'eau et y détermine le mouvement nécessaire à la séparation de la matière; dans ce cas, la dépense d'eau est moindre.

Ebelmen a calculé que les 2/3 de la chaleur perdue des gaz des fours à coke sont à l'état sensible dans les fours et que l'oxydation des gaz sortants ne peut plus fournir qu'un tiers [*Rev. des trav. scientif.*, t. II, p. 142]. Dans un certain nombre d'usines on applique ces gaz au chauffage de chaudières à vapeur. On voit donc qu'il faut placer les appareils dans lesquels on utilise la chaleur perdue des gaz le plus près possible des fours à coke.

Dans des expériences faites à Seraing, Ebelmen a trouvé que 100 kilogrammes de houille perdaient 33 %. La matière ainsi brulée renferme :

$$C=23,68;\ H=4,85;\ O \text{ et } Az=4,47.$$

L'analyse des gaz qui se dégagent dans l'opération fait voir que 1/3 de l'hydrogène concourt seulement à la formation des gaz, le reste est brûlé à l'état d'eau ou se trouve parmi les produits condensables. Le poids d'air introduit pendant la carbonisation est à celui de la houille brûlée dans le rapport de 3,75 à 1. PH. DE C.

COLCHICÉINE. — Voyez COLCHICINE.

COLCHICINE. — On désigne sous le nom de *colchicine* le principe actif du colchique (*Colchicum autumnale*, famille des Colchicacées). La nature de ce principe ne paraît pas encore exactement connue et semble exiger de nouvelles recherches. Il est probable que cette substance éprouve des modifications sous l'influence des réactifs employés à l'isoler. Les chimistes qui se sont occupés du colchique étant arrivés à des résultats différents, voici, dans l'ordre chronologique, l'historique des recherches faites à ce sujet.

MM. Pelletier et Caventou, après quelques essais rapides, ont signalé les premiers dans le colchique la présence d'une substance de nature alcaline possédant les propriétés actives de la plante, et qu'ils ont envisagée comme étant de la vératrine. Plus tard, MM. Hess et Geiger ont retiré du colchique un alcaloïde extrêmement vénéneux, différant de celui de MM. Pelletier et Caventou par quelques propriétés et pour lequel ils proposèrent le nom de colchicine. D'après ces chimistes, la colchicine cristallise en prismes ou en aiguilles incolores. Si le liquide est trop concentré, elle se dépose sous la forme d'une couche d'aspect résineux. La colchicine possède une réaction légèrement alcaline ; elle est assez soluble dans l'eau, soluble dans l'alcool et dans l'éther. Elle possède une saveur âcre très-amère. Elle n'a pas d'odeur, elle est inaltérable à l'air et fusible à une douce chaleur. La colchicine produit avec la solution d'iode une coloration rouge-brique foncé; elle précipite en jaune par le bichlorure de platine et forme, avec l'infusion de noix de galle, un précipité floconneux blanchâtre. Sous l'influence de l'acide azotique concentré, elle se colore en bleu ou violet foncé, et cette teinte passe peu à peu au vert-olive ou au jaune. Enfin, l'acide sulfurique la colore en jaune-brunâtre, ce qui la distingue de la vératrine, qui prend une coloration violette par le même réactif.

Cet alcaloïde neutralise les acides et forme avec eux des sels qui, pour la plupart, sont cristallisables, solubles dans l'eau et l'alcool. Les alcalis précipitent l'alcaloïde de la solution aqueuse, pourvu qu'elle ne soit pas trop étendue.

MM. Hess et Geiger isolent la colchicine de la manière suivante. On épuise à chaud les semences de colchique par de l'alcool aiguisé d'acide sulfurique; on ajoute de la chaux, et la solution alcoolique séparée par décantation est distillée. Le résidu aqueux est traité par un excès de carbonate de potasse, et le précipité formé, recueilli et comprimé entre des feuilles de papier Joseph pour le dessécher, est finalement repris par l'alcool absolu auquel on ajoute un peu de noir animal. Par l'évaporation, la colchicine cristallise ; on la purifie soit par de nouvelles cristallisations, soit en la transformant en sulfate et en la précipitant de nouveau par un lait de chaux [Pelletier et Caventou, *Ann. de Chim. et de Phys.*, t. XIV, p. 69; — Geiger, *Ann. der Chem. u. Pharm.*, t. VII, p. 269; — Soubeiran, *Traité de Pharm. théorique*, t. II, p. 34].

D'après M. Oberlin, la colchicine de MM. Hess et Geiger, qu'il n'a jamais pu obtenir cristallisée, serait un produit complexe; il a en effet retiré de la colchicine préparée par le procédé de MM. Hess et Geiger une substance neutre, cristallisant avec facilité, et pour laquelle il a proposé le nom de *colchicéine*.

La colchicéine cristallise en lamelles nacrées à peu près insolubles dans l'eau froide, plus solubles dans l'eau chaude, solubles dans l'alcool, dans l'éther et dans le chloroforme; la colchicéine est soluble dans l'acide sulfurique, et dans l'acide benzoïque en formant une solution d'un jaune intense, dans l'acide chlorhydrique avec une coloration jaune plus clair, et dans l'acide acétique sans coloration. La colchicéine est soluble dans la potasse ainsi que dans l'ammoniaque qui la laisse cristalliser par l'évaporation à l'air.

La colchicéine est inaltérable à l'air et fond vers 155°; elle n'est pas volatile, elle est sans action sur les réactifs colorés. Elle se colore en vert par le bichlorure de fer. L'infusion de noix de galle ne la précipite pas de ses dissolutions. Elle paraît se combiner avec la baryte, en donnant un précipité gélatiniforme dans un excès d'eau de baryte. La colchicéine serait isomérique avec la colchicine et répondrait à la formule

$$C^{17}H^{19}AzO^5.$$

M. Oberlin s'est assuré que la colchicéine préexistait dans le colchique.

La colchicéine s'obtient en traitant la solution aqueuse de la colchicine de MM. Hess et Geiger par l'acide chlorhydrique ou sulfurique; on laisse évaporer à l'air, la colchicéine se dépose et cristallise au bout de quelques semaines.

La colchicéine n'est pas vénéneuse, injectée dans l'estomac même à la dose de 0gr,50, elle ne détermine pas la mort, et n'occasionne que des accidents passagers [Oberlin, *Ann. de Chim. et de Phys.*, t. L, p. 108, 3e série; *Journ. de Pharm. et de Chim.*, t. XXXI, p. 248, 3e série].

M. Ludwig a confirmé les résultats de M. Oberlin [Ludwig, *Arch. der Pharm.*, t. CXI, p. 10]. M. Hubler, tout en complétant les travaux de M. Oberlin, arrive à des résultats qui diffèrent de ceux de MM. Hess et Geiger. La substance que ce chimiste obtient est soluble dans l'eau et dans l'alcool, elle n'y occasionne pas de trouble; elle se présente sous la forme d'une matière résinoïde colorée en jaune. Sa saveur est très amère, elle possède une odeur qui rappelle celle que développe le foin; elle n'a pas d'action sur les réactifs colorés. Chauffée dans un tube, cette substance se ramollit vers 140°, puis elle fond et brûle avec une flamme fuligineuse. Chauffée en présence de la potasse caustique, elle dégage de l'ammoniaque. Enfin elle possède les propriétés actives de la plante. M. Hubler lui attribue la formule $C^{17}H^{19}AzO^5$, et la regarde comme isomérique avec la colchicéine. Ce chimiste l'obtient en épuisant les graines de colchique par l'alcool bouillant. La solution filtrée est étendue de vingt fois au moins son volume d'eau. On sépare ainsi une matière grasse huileuse. Le liquide aqueux séparé est traité par le sous-acétate de plomb qui enlève les matières colorantes, puis l'excès de plomb est enlevé par le phosphate de soude. La liqueur ainsi débarrassée des matières étrangères est précipitée par une solution de tannin qui entraîne la colchicine. Ce précipité serait une combinaison de 3 molécules de colchicine avec 2 molécules de tannin; il est légèrement soluble dans l'eau; on le purifie par expression, on le broie avec un excès d'oxyde de plomb nouvellement précipité, puis on le fait sécher au bain-marie. La colchicine est ensuite séparée à l'aide de l'alcool bouillant [Hubler, *Arch. der Pharm.*, t. CXI, p. 194; *Journ. de Pharm. et de Chim.*, t. II, p. 490, 4e série].

On sait que le colchique est la base de tous les médicaments employés pour guérir la goutte et le rhumatisme. Le principe actif de cette plante, sur lequel la chimie ne possède pas encore de données très-certaines, est un poison violent; il produit à la gorge un sentiment de strangulation, détermine des tremblements dans les membres, et provoque une émission considérable d'urine. La colchicine offre par son mode d'action une très-grande analogie avec la vératrine; cependant elle posséderait moins d'âcreté que cette dernière, et n'exercerait pas sur les membranes des fosses nasales une action aussi violente; 0gr,008 environ suffisent pour tuer un chat dans l'espace de douze heures. A dose plus faible, la colchicine purge et provoque des vomissements. E. C.

COLCOTHAR. — Sesquioxyde de fer. — Voyez FER.

COLLAGÈNE. — Voyez GÉLATINE.

COLLE-FORTE. — Voyez GÉLATINE.

COLLIDINE, $C^8H^{11}Az$. — Cet alcaloïde, isomère de la xylidine, a été extrait de l'huile de Dippel où il existe dans les portions bouillant à 171-174°. On ne parvient pas à le séparer de l'aniline qui passe à la distillation à la même température ni par les distillations fractionnées ni par la cristallisation des oxalates.

M. Anderson l'a isolé en traitant le mélange huileux par l'acide nitrique concentré. L'aniline est détruite, la masse devient rouge, l'eau en sépare une huile épaisse (nitrobenzine). On filtre sur un filtre mouillé pour séparer cette huile de la liqueur aqueuse fortement acide que l'on fait bouillir et qu'on sature par la potasse, puis on distille. La collidine passe avec les vapeurs d'eau; on la rectifie en recueillant entre 178° et 180° [Anderson, *Phil. Mag.*, (4), t. IX, p. 145 et 214; et *Ann. der Chem. u. Pharm.*, t. XCIV, p. 358].

La même substance se trouve en petite quantité dans la quinoléine brute, dans le goudron de houille, etc. (Greville-Williams).

La collidine est incolore, et reste incolore, son odeur aromatique et forte est assez agréable. Densité : 0,921.

Elle bout à 179°. Insoluble dans l'eau, elle en dissout une petite quantité qu'elle abandonne par l'addition de l'hydrate de potasse. Elle est fort soluble dans l'alcool, l'éther, les huiles et les acides. Elle ne neutralise pas cependant ceux-ci même lorsqu'elle est ajoutée en excès. Elle répand d'épaisses fumées blanches à l'approche d'une baguette humectée d'acide chlorhydrique.

Elle précipite les sels d'alumine, de zinc, de chrome, les sels ferriques, mercureux et le nitrate de plomb.

Elle ne précipite pas l'acétate de plomb, ni les sels de baryte, de chaux, de magnésie et de nickel.

Elle se combine au chlorure mercurique.

Ses sels sont généralement solubles, déliquescents et donnent par évaporation des masses gommeuses qui présentent des traces de cristallisation. Ils sont solubles dans l'alcool, mais non dans l'éther. Le chloromercurate et le chloroplatinate sont bien cristallisés. Le premier s'obtient sous forme d'un précipité caillebotté qui cristallise en aiguilles dans l'alcool bouillant, lorsqu'on mêle le chlorhydrate de collidine au chlorure mercurique. Le second renferme $(C^8H^{11}Az.HCl)^2PtCl^4$, et se dépose lentement en prismes ou en aiguilles lorsqu'on mêle le chlorure de platine au chlorhydrate de collidine. Il est insoluble dans l'alcool et fort soluble dans l'eau.

M. Anderson a préparé avec l'iodure d'éthyle et la collidine l'*éthyl-collidine* dont le chloroplatinate $[C^8H^{10}(C^2H^5)Az.HCl]^2PtCl^4$ a été analysé. G. S.

COLLINIQUE (ACIDE). — Voyez ACIDE COLLIQUE.

COLLIQUE (ACIDE) [Syn. *Acide collinique*], $C^6H^4O^2$ [Frœhde, *Journ. für prakt. Chem.*, t. LXXX, p. 344; et *Répert. de Chim. pure*, 1860, p. 378]. — Cet acide a été trouvé dans les produits de l'oxydation des substances albuminoïdes et de la gélatine par le bichromate de potasse et l'acide sulfurique. On neutralise le mélange acide par le carbonate de soude et l'on distille pour séparer les nitriles et les huiles aromatiques. La liqueur est alors réduite à un petit volume au bain-marie et traitée par l'acide sulfurique étendu.

Les acides solides (acide benzoïque et collique)

sont alors séparés par le filtre. On lave le mélange sur le filtre avec de l'eau bouillante qui entraîne l'acide benzoïque pendant que l'acide collique fond et se solidifie ensuite par le refroidissement en une masse radiée. Son point de fusion est situé à 97°; il ne se solidifie qu'à 93-94°. A une haute température il se sublime. Il brûle avec une flamme brillante, mais fuligineuse. Soluble dans l'éther, peu soluble dans l'eau même à chaud, il possède une saveur acide et piquante.

C'est un acide fort qui décompose facilement les carbonates. Chauffé avec la potasse, il se décompose, mais ne paraît pas fournir d'acide volatil. Sa formule est celle de l'homologue inférieur de l'acide benzoïque, $C^5H^3.CO^2H$ (peut-être $C^{10}H^6.2CO^2H$, dérivé de la naphtaline).

La solution de collate d'ammonium perd à l'ébullition de l'acide et de l'alcali, mais devient acide.

Le collate de baryum $(C^6H^3O^2)^2Ba + H^2O$ est cristallisé et soluble dans l'eau.

Le sel d'argent $C^6H^3AgO^2$ s'obtient cristallisé en précipitant le sel ammonique par le nitrate d'argent, dissolvant le précipité dans l'eau et abandonnant sur l'acide sulfurique. Les eaux mères étant évaporées perdent de l'acide et donnent de petits grains gris d'un sel basique

$$Ag^2O.2C^6H^3AgO^2.$$

En continuant de chauffer, l'argent est réduit.

De la Rue et Muller ont obtenu un acide identique ou isomère en oxydant le goudron de houille par l'acide nitrique faible [*Chem. Soc. q. Journ.*, t. XIV, p. 54]. Church est arrivé au même résultat avec l'acide sulfobenzidique et l'acide chromique [*ibid.*, p. 53].

Aldéhyde collique ou collinique [Syn. *Hydrure de collyle*]. — Elle paraît avoir été entrevue par Schlieper et Guckelberger. Frœhde l'a signalée dans les produits volatils neutres de l'oxydation des matières albuminoïdes et de la gélatine. Elle doit avoir la formule C^6H^8O, qui est celle du phénol. On n'a pas pu la séparer complétement de l'hydrure de benzoyle qui l'accompagne. C'est un liquide visqueux s'oxydant à l'air, sentant l'essence de cannelle. Bouillie avec la potasse, elle donne du collate de potassium. Par un long contact avec l'ammoniaque elle fournit un corps blanc cristallin, probablement l'homologue de l'hydrobenzamide.

Schlieper a remarqué que l'huile qui possède l'odeur de la cannelle se convertit, sous l'action du chlore et avec élimination d'acide chlorhydrique, en une substance blanche insoluble dans l'éther, qui, chauffée avec la potasse, donne une huile volatile rouge-sang. — Le sel de potasse additionné d'un acide manifeste l'odeur du phénol [*Ann. der Chem. u. Pharm.*, t. LIX, p. 22]. G. S.

COLLODION. — Dissolution de pyroxyline dans l'éther laissant par évaporation de celui-ci une couche adhérente, solide et comme feutrée, à la surface des objets qu'on y plonge. Cette dissolution a été préparée pour la première fois par M. Maynard, médecin de Boston. On prend 1 p. de pyroxyline obtenue avec le nitre et l'acide sulfurique (voyez Cellulose, t. I, p. 780), puis on l'ajoute à un mélange de 1 p. d'alcool à 80° centésim., avec 16 p. d'éther à 56° Baumé. Après quelques moments on agite et au bout d'un quart d'heure on passe à travers un linge clair. Le collodion est employé pour réunir les plaies, arrêter le sang, etc.; mais comme il se contracte assez fortement, ce qui est souvent un inconvénient, on ne doit employer en médecine que le collodion *élastique* contenant pour 6 de collodion ordinaire, 3 de térébenthine de Venise et 1 d'huile de ricin. Les photographes ont remplacé depuis longtemps, suivant les conseils de MM. de Brébisson et Bingham, l'albumine par le collodion pour le tirage des épreuves négatives. — Voyez Photographie. G. S.

COLLOÏDES. — Voyez Diffusion.

COLLYRITE (Min.). — Silicate hydraté d'alumine, voisin de l'allophane; en rognons ou en enduits blancs, rougeâtres, brunâtres ou verdâtres, happant à la langue.

Dureté, 1 à 2. Fragile. Densité, 2 à 2,15.

COLOCYNTHINE. — Matière extrêmement amère et non azotée contenue dans le parenchyme du fruit de la coloquinte (*Cucumis colocynthis*). Elle se sépare par l'évaporation de l'extrait aqueux fait à froid sous forme de gouttelettes qui se concrètent par le refroidissement. On l'obtient aussi en reprenant l'extrait aqueux par l'alcool, évaporant et traitant le résidu par un peu d'eau. La colocynthine est presque entièrement précipitée.

Masse jaune ou brunâtre, diaphane, friable, soluble dans l'eau, l'alcool et l'éther. La solution aqueuse est précipitée par le chlore, les acides, l'acétate de plomb et les sels déliquescents; elle n'est précipitée ni par la potasse, ni par l'eau de baryte ou de chaux. C'est un purgatif drastique [Braconnot, *Journ. de Phys.*, t. LXXXIV, p. 338; — Vauquelin, t. X, p. 416]. G. S.

COLOMBINE. — Principe actif de la racine de colombo (*Cocculus palmatus*); s'obtient en traitant la racine par l'alcool à 75 °/₀, chassant l'alcool par distillation, évaporant au bain-marie, reprenant par l'eau et agitant le mélange avec l'éther. Celui-ci se charge de matières grasses et de colombine. On purifie la colombine par cristallisation dans l'éther absolu et bouillant.

Elle cristallise en prismes orthorhombiques m avec des modifications, g^1, h^1 et a^1, $mm = 125°30'$, $a^1h^1 = 123°39'$. Incolore, inodore, neutre, très-amère, fusible à une douce chaleur, peu soluble à froid dans l'eau, l'alcool et l'éther, plus soluble dans l'alcool bouillant, un peu soluble dans les huiles essentielles et plus soluble dans la potasse d'où l'acide chlorhydrique la précipite inaltérée.

Les solutions de colombine ne sont précipitées ni par les sels métalliques, ni par la noix de galle.

L'acide acétique la dissout aussi et la dépose en cristaux par l'évaporation. L'acide sulfurique concentré la dissout en se colorant en rouge. L'eau précipite des flocons bruns de cette solution.

Formule empirique, $C^{21}H^{22}O^7$ [Wittstock, *Ann. de Poggend.*, t. XIV, p. 298; — Liebig, *ibid.* t. XXI, p. 30; — Bœdecker, *Ann. der Chem. u. Pharm.*, t. LXIX, p. 39]. G. S.

COLOMBIQUE (ACIDE). — Acide obtenu par Bœdecker en ajoutant de l'acide chlorhydrique au produit du traitement par l'eau de chaux de l'extrait alcoolique de la racine de colombo (*Cocculus palmatus*).

Flocons blancs cristallins, très-acides, presque insolubles dans l'eau, peu solubles dans l'éther froid, fort solubles dans l'alcool. La solution alcoolique ne précipite pas par l'acétate de cuivre, mais donne, par l'acétate de plomb neutre, un abondant précipité blanc qui, séché à 130°, renferme 30,53 °/₀ d'oxyde de plomb :

$$(3PbO, 2C^{42}H^{44}O^{12})?$$

Séché à 100°, il contient en plus $5H^2O$.

L'acide colombique séché à 115° a donné à l'analyse des nombres qui correspondent à la formule empirique $C^{42}H^{46}O^{13} = C^{42}H^{44}O^{12}, H^2O$ [*Ann. der Chem. u. Pharm.*, t. LXIX, p. 47]. G. S.

COLOPHANE. — Résidu de la distillation de la térébenthine. — Amorphe, d'un jaune de miel ou d'un brun plus ou moins foncé, elle présente une cassure conchoïde; elle est soluble dans l'alcool, l'esprit de bois, l'éther, les huiles fixes et volatiles; se ramollit à 70°, fond à 135°. Densité, 1,07 à 1,08.

C'est un mélange d'acides $C^{20}H^{30}O^{2}$ (pinique, pimarique, sylvique et colopholique), qui donnent avec les bases des savons solubles dans l'eau.

Lorsqu'on distille la colophane, une partie passe sans altération, une autre donne de la colophonone, du térébène, du colophène, une huile visqueuse et oxygénée, etc., et des gaz qui sont de l'acide carbonique et de l'oxyde de carbone mélangés d'éthylène, etc. Il reste une matière charbonneuse.

Scribe a appelé *colophane* une substance neutre, jaune et amorphe contenue dans la résine icica (voyez ce mot). Elle se dissout dans l'alcool et fond vers 100° [*Compt. rend.*, t. XIX, p. 129]. G. S.

COLOPHÈNE, $C^{20}H^{32}$ [H. Deville, *Ann. de Chim. et de Phys.*, t. LXXV, p. 66, et *ibid.*, (3), t. XXVII, p. 85]. — Ce polymère de l'essence de térébenthine a été obtenu par Deville en même temps que le térébène en distillant après 24 heures de repos la couche supérieure d'un mélange d'essence avec 1/20 de son poids d'acide sulfurique.

On le produit aussi en distillant l'hydrate de térébenthine avec l'anhydride phosphorique ou en distillant rapidement la colophane.

Il passe à la distillation après le térébène (au-dessus de 210°), on le rectifie sur un alliage de potassium et d'antimoine. C'est une huile aromatique incolore, mais présentant une belle fluorescence bleu indigo. Bouillant à 310-315°, optiquement inactive, d'une densité de 0,94 à 9° et 0,9394 à 25°. Densité de vapeur observée : 11,13; par rapport à l'hydrogène : 161 ($1/2\,C^{20}H^{32} = 136$).

Le colophène absorbe le chlore sans dégagement d'acide chlorhydrique. Il se produit une résine analogue à la colophane qui se dissout dans l'alcool et s'y dépose en cristaux aciculaires paraissant renfermer $C^{20}H^{32}.Cl^{4}$.

Ce produit chauffé dans un courant de chlore dégage de l'acide chlorhydrique, et donne le chlorocolophène $C^{20}H^{24}Cl^{8}$.

Le colophène absorbe le gaz chlorhydrique en s'échauffant et en se colorant en bleu. Distillé sur la baryte, ce chlorhydrate, qui est fort instable, fournit du colophène, ou, selon Deville, le *colophilène*, corps ne présentant plus le dichroïsme de colophène.

On a obtenu, en rectifiant le produit de l'action de l'iode sur le camphre, un liquide épais d'une fluorescence violette qu'on n'a pas pu purifier et que ses propriétés paraissent identifier avec la colophène [Claus, *Journ. für prakt. Chem.*, t. XXV, p. 266]. G. S.

COLOPHOLIQUE (ACIDE). — Résine γ de Berzelius. Constitue les parties de la colophane les moins solubles dans l'alcool.

Il se produit par l'action de la chaleur sur l'acide pinique. Ses sels ressemblent beaucoup à ceux de ce dernier acide, qui n'est cependant pas si puissant.

COLOPHONITE. — Variété de grenat mélanite jaune et granulaire.

COLOPHONONE, $C^{11}H^{18}O$ [Schiel, *Ann. der Chem. u. Pharm.*, t. CXV, p. 96]. — Portion du produit de la distillation sèche de la colophane, bouillant à 97° et séparable par distillation fractionnée. Incolore, mobile, très-réfringente, la colophonone a une densité de 0,84 et une densité de vapeur de 5,1, et par rapport à l'hydrogène 73,6 ($1/2\,C^{11}H^{18}O = 83$). Chauffée en vase clos au-dessus de 100°, elle brunit et acquiert l'odeur de la menthe. Elle se dissout dans l'acide sulfurique, d'où l'eau précipite une huile verte d'une odeur de thym. L'acide chlorhydrique agit de même, l'acide azotique la résinifie.

COLOSTRUM. — Voyez LAIT.

COLUMBIUM. — Métal découvert en 1801 dans la columbite du Massachusetts, par Hatchett. Confondu par Wollaston avec le tantale. Identique avec le niobium. — Voyez NIOBIUM.

COMBUSTION. — 1. Ce mot dans son acception usuelle désigne la combinaison d'un corps avec l'oxygène de l'air, combinaison accompagnée d'un dégagement de chaleur souvent lumineuse. Dans un sens plus général, il désigne toute combinaison directe qui s'effectue avec assez d'énergie pour donner lieu à des phénomènes analogues.

Ainsi le cuivre plongé dans la vapeur de soufre subit une véritable combustion ; il en est de même du bore chauffé dans le bioxyde d'azote, de l'ammoniaque dirigée dans le chlore, etc. — Comme il n'y a évidemment pas de distinction à faire, dans le cas de la combinaison de A avec B, entre le rôle de A et celui de B, on peut dire également que l'oxygène *brûle* dans l'hydrogène lorsqu'on amène le premier de ces gaz par un tube dans un flacon plein d'hydrogène en l'enflammant à son entrée. — Un gaz à l'état de combustion constitue une *flamme*. — La combustion est dite *interne* lorsqu'elle a lieu entre les atomes d'un mélange ou d'une combinaison; elle est *externe* lorsqu'elle réclame le concours du milieu ambiant. Exemples de combustions internes : celle du gaz tonnant, de la nitroglycérine, etc.; de combustions externes, toutes celles qui s'effectuent dans les circonstances ordinaires, celle de l'oxygène ou du protoxyde d'azote dans l'hydrogène, etc.

2. La *théorie* de la combustion a varié avec les théories chimiques; il est même à remarquer que les premières d'entre celles-ci se fondaient sur une manière d'envisager les phénomènes de la combustion. Stahl y voyait une émission de phlogistique, Lavoisier la mise en liberté du calorique combiné au gaz, Berzelius une neutralisation de fluides électriques. Les chimistes modernes y voient une perte d'énergie chimique balancée par une production équivalente de chaleur.

La combustion se trouvant étudiée aux articles CHALEUR et DISSOCIATION, nous ne nous occuperons ici que des *conditions du phénomène*, c'est-à-dire des causes qui déterminent la combustion, l'entretiennent ou l'empêchent.

3. Pour que la combustion s'effectue, il faut que les molécules réagissantes soient dans des conditions d'énergie chimique données; si ces conditions persistent, si par exemple elles sont l'effet de la combinaison, la combustion continuera d'elle-même. Ainsi le soufre ne brûle dans l'air qu'à 285° environ, parce qu'à cette température seulement dans les circonstances ordinaires le soufre s'unit avec l'oxygène et cela en dégageant assez de chaleur pour que les parties voisines du siége de la combustion soient portées à 285° au moins. Que faut-il pour empêcher un morceau de soufre de brûler lorsqu'on en porte une portion à 285°? Il suffit que la combustion de cette portion soit impuissante à porter une portion égale à 285° ou que cette température d'inflammation soit changée.

La température initiale, le pouvoir conducteur, la capacité calorifique, la masse, la configuration du corps combustible, les propriétés du produit de la combustion, le contact d'un bon conducteur, le pouvoir refroidissant, la pression et le mouvement du milieu ambiant, etc., ont donc ici une influence manifeste.

C'est ainsi que le magnésium brûle à l'air lorsqu'il est en fil mince et s'éteint lorsqu'il est en gros fragments, que l'anthracite en morceaux isolés s'éteint, qu'on éteint une flamme en l'entourant d'un gros anneau de métal, qu'un mélange détonant étendu d'une grande quantité de gaz ne s'enflamme pas dans l'eudiomètre, etc.

4. La température d'inflammation varie avec les différents corps. Davy a montré qu'un fil de fer de 1/40 de pouce de diamètre porté au rouge

cerise enflammait un jet d'hydrogène s'échappant dans l'air, mais n'enflammait pas un jet d'éthylène.

Celui-ci à la vérité s'enflamme au contact d'un fil de 1/8 de pouce de diamètre chauffé à la même température. Un fil de fer de 1/500 de pouce d'épaisseur n'enflamme l'hydrogène qu'au blanc, il allume un jet d'hydrogène phosphoré au rouge sombre.

Au blanc un fil de 1/40 de pouce de diamètre n'enflamme pas la mofette des mines (grisou), il enflamme au rouge l'oxyde de carbone. Qu'on emplisse deux capsules l'une d'éther et l'autre de sulfure de carbone, qu'on plonge dans la première un gros morceau de charbon incandescent, il y perdra son incandescence sans allumer le liquide, mais il conservera assez de chaleur pour enflammer le sulfure de carbone (Berthelot).

5. On provoque la combustion soit à l'aide d'un corps violemment chauffé ou de certains corps poreux, soit à l'aide de la chaleur rayonnante ou de la lumière (chlore et hydrogène), soit enfin avec l'étincelle électrique qui permet d'opérer en vase clos sans introduction de matière pondérable et sans les inconvénients des verres ardents. Depuis les appareils de Lavoisier et de Cavendish pour la synthèse de l'eau et l'eudiomètre de Volta, on n'emploie plus dans de semblables cas d'autre source de chaleur. On se sert d'une étincelle unique ou d'un flux continu d'électricité selon qu'on a affaire à un mélange *explosif*, c'est-à-dire où la combustion se propage, ou bien à un corps dont toutes les parties doivent être successivement portées à la température de l'arc voltaïque ou de l'étincelle.

6. Il y a une limite d'inflammabilité pour les mélanges gazeux explosifs : il suffit la plupart du temps de *diluer* ou de *dilater* considérablement un mélange inflammable pour l'empêcher de faire explosion sous l'influence de l'étincelle électrique.

Selon Gay-Lussac et de Humboldt [*Gilb. Ann.*, t. XX, p. 49], 1 p. en volume de gaz hydrogène mêlée de 2 à 9 p. d'oxygène donne également lieu à une absorption de 1,46 après la détonation. La combustion y est complète. Avec 9,5 d'oxygène, l'absorption n'est plus que de 0,68; elle diminue rapidement jusqu'à 16 volumes d'oxygène, limite à laquelle elle cesse entièrement. En ajoutant de l'hydrogène en excès, le terme où l'absorption cesse est plus éloigné. Selon H. Davy [*Philosophical Transactions*, 1817], qui opérait avec une forte bouteille de Leyde, 1 volume de gaz tonnant *fait* ou *ne fait pas* explosion selon qu'il est mêlé avec :

6	ou	8	volumes	d'hydrogène.
7	—	9	—	d'oxygène.
10	—	11	—	d'oxyde nitreux.
3/4	—	1	—	de gaz des marais.
1 1/2	—	2	—	d'hydrogène sulfuré.
1/2	—	1/2	—	de gaz oléfiant.
1 1/2	—	2	—	d'acide chlorhydrique.
5	—	?	—	de vapeur d'eau.

On voit qu'il y a là une influence *spécifique*, très-différente du pouvoir refroidissant et qu'il est intéressant d'étudier. Selon les expériences eudiométriques de Bunsen [*Méthodes gazométriques*, 1858], les limites d'inflammation du gaz tonnant sont fort différentes; il est vrai que ce savant opère dans des cylindres fermés, conditions expérimentales qui ne sont pas celles de Davy (1).

Voici les nombres obtenus : 1 volume de gaz de la pile *fait* ou *ne fait pas* explosion selon qu'il est mélangé avec :

2,82	ou	2,89	volumes	d'acide carbonique.
8,37	—	8,93	—	d'hydrogène.
9,35	—	10,68	—	d'oxygène.

Ces nombres, qui mettent en évidence l'influence de la nature du gaz en excès, ont conduit à l'étude de la combustion incomplète d'un mélange de gaz combustibles. — Voyez Affinité, t. I, p. 75.

Au point de vue pratique où s'était d'abord placé Davy, l'étude de semblables questions offre un grand intérêt. La mofette des mines, le *grisou*, fait explosion au contact d'une lampe lorsqu'elle entre pour 6 à 8 % dans l'air d'une houillère; l'explosion est terrible à 15 %; elle n'a plus lieu à 25, le gaz étant impropre à la combustion comme à la respiration.

L'élévation de la température produite par la détonation a pour effet de rendre la combustion incomplète au premier moment de la réaction. Il y a là à tenir compte d'un phénomène de dissociation qui a été étudié par Bunsen. — Voyez Dissociation.

7. L'influence de la *pression* a aussi été étudiée par Davy. Il comprima de l'air atmosphérique jusqu'à lui faire occuper 1/5 de son volume primitif. Dans ce cas un volume du mélange renferme autant d'oxygène qu'un volume d'oxygène pur pris à la pression ordinaire. Il y fit rougir à blanc un fil de fer à l'aide du courant électrique, la combustion s'opéra avec un éclat à peine supérieur à celui qu'elle aurait présenté dans l'air ordinaire, mais elle ne continua pas comme dans l'oxygène. Le charbon donna des résultats analogues. On s'est assuré depuis que sous des pressions de plusieurs atmosphères les bougies brûlent avec une flamme un peu plus éclairante que dans les circonstances ordinaires, et Thenard a même abaissé la température d'inflammation du bois dans l'oxygène de 350° à 252°, en comprimant le gaz sous une pression de 2m,6. Frankland a étudié la question de plus près [*Philos. Transact.*, 1862]. Selon lui une bougie qui brûle perd dans des temps égaux des quantités de matière à peu près indépendantes de la pression de l'air environnant, du moins dans des limites fort étendues. Il s'ensuit que la chaleur dégagée dans un temps donné par une bougie allumée est aussi indépendante de la pression comme le supposait Davy. Mais l'éclat de la bougie est fortement amoindri par la diminution de la pression. L'éclat de la flamme du gaz présente la même particularité : une telle flamme dont l'intensité lumineuse est présentée par 100 à la pression ordinaire perd environ 5,1 unités d'intensité par chaque pouce de mercure dont la pression est diminuée (1). Les préparations pyrotechniques dont la combustion est interne (fusées, etc.) brûlent d'autant plus lentement que la pression est moindre (Frankland). Lavoisier sublimait le soufre de la poudre à canon sans enflammer celle-ci en la chauffant dans le vide avec un verre ardent. L'inflammation n'a lieu dans ce cas qu'après la rentrée dans la cloche de 1/20 de son volume d'air. On doit attribuer cette ininflammabilité à l'évolution rapide des produits gazeux de la combustion [Lavoisier, *OEuvres*, t. I, p. 653, 1864]. — Voyez Pression.

Le phosphore, selon Van Marum, brûle dans une atmosphère raréfiée soixante fois, et l'hydrogène phosphoré donna lieu à un jet de lumière, lorsque

(1) Lorsqu'un travail mécanique est effectué par l'explosion, il disparaît une certaine quantité de chaleur, le mélange devient donc moins explosif, toutes choses égales d'ailleurs. Un mélange où la combustion ne se propage pas en vase ouvert peut devenir explosif en vase clos. D'un autre côté la perte de chaleur par les parois est plus grande dans les eudiomètres étroits de Bunsen que dans des appareils plus volumineux et plus rapprochés de la forme sphérique.

(1) Un pouce anglais égale 0m,0254.

Davy l'introduisit dans le meilleur vide qu'il put obtenir à l'aide d'une excellente machine pneumatique de Nairne.

Dans ces deux cas le phosphore donne un produit solide.

L'hydrogène phosphoré présente d'ailleurs un phénomène fort remarquable : mélangé à l'oxygène sous la pression ordinaire, il ne fait explosion qu'à 116°,7. La température d'inflammation croît avec la pression ; elle est supérieure à 118° lorsque le volume du mélange est réduit au quinzième ; mais on peut l'amener à 20°, si on soulève l'éprouvette hors de la cuve à mercure de façon à diminuer la pression atmosphérique de 2 décimètres environ (Houton-Labillardière). — L'inflammabilité des autres mélanges détonants sous l'influence de l'étincelle électrique décroît au contraire avec la pression ; mais il est aisé de voir que les circonstances ne sont pas les mêmes. Dans le cas de l'hydrogène phosphoré, on observe réellement l'influence de la pression sur la *température de réaction* : dans les autres cas l'on n'observe que l'influence de la pression sur la *propagation de la flamme*, car sur le trajet de l'étincelle il est très-probable qu'il y a toujours combustion.

L'étincelle électrique ne provoque pas l'inflammation du gaz tonnant réduit à une densité dix-huit fois plus faible que celle qu'il présente dans les circonstances ordinaires (H. Davy).

Un jet d'hydrogène pénétrant dans une enceinte pleine d'air quatre fois moins dense que l'air normal, brûle avec une large flamme : mais cesse de brûler si la densité de l'air est réduite au sixième ou au huitième. L'expérience répétée avec les vapeurs d'alcool ou d'éther conduit à des résultats analogues. L'extinction a lieu par une réduction de la densité de l'air au cinquième ou au sixième. Le soufre continue de brûler rapidement dans un air raréfié quinze fois. Quant au phosphore et à l'hydrogène phosphoré, le premier n'exige que de l'air à 1/60 de sa densité normale et le second donne lieu à un éclair quand on l'introduit dans le vide imparfait de la machine pneumatique.

L'expérience suivante servait à Davy pour manifester d'une façon élégante les différences de combustibilité. Qu'on introduise une bougie allumée dans une bouteille : elle s'éteindra bientôt et, si on la rallume, elle cessera de brûler lorsqu'on la plongera de nouveau dans le vase. Qu'on y lasse descendre alors une petite lampe philosophique ; la combustion du jet d'hydrogène continuera pendant un certain temps, puis cessera d'elle-même. Un morceau de soufre brûlera dans le même milieu où l'hydrogène vient de s'éteindre et lorsque lui-même refusera de brûler, le phosphore pourra le faire pendant un certain temps.

Ici l'oxygène disparaît peu à peu, mais les produits des différentes combustions s'accumulent : c'est une expérience de cours qui ne peut supporter de généralisation.

En résumé, si l'on veut se rendre compte de l'action de la dilution ou de la raréfaction sur la combustibilité des mélanges gazeux, on doit faire la part la plus large à l'influence de l'écartement des *molécules*, etc., sur les quantités de chaleur que celles-ci peuvent absorber à un moment donné, en un mot aux phénomènes de propagation de la flamme. Mais on ne doit pas oublier que chaque fois qu'on étend le volume d'un gaz, on communique de l'énergie chimique à ses *atomes*. On affaiblit les liens qui les unissent dans la molécule. A la température ordinaire l'hydrogène et le phosphore ne sont pas très-fortement liés ensemble, et il suffit de communiquer à l'hydrogène phosphoré un peu de force vive pour que ses atomes, en possession d'une énergie chimique considérable et en présence de l'oxygène, se précipitent sur celui-ci avec un dégagement subit de chaleur dû à ce qu'une grande partie de l'énergie emmagasinée dans ces atomes gazeux et presque dissociés ne se retrouve plus dans les deux corps fort stables — l'eau liquide et l'acide solide — qui se sont produits.

Dans d'autres cas, si par exemple le produit de la réaction était lui-même décomposé par la raréfaction, l'on conçoit que sa formation ne puisse avoir lieu sous des pressions très-faibles. Il s'en faut donc de beaucoup que l'action de la raréfaction sur les atomes favorise toujours la réaction : il peut fort bien se faire qu'elle l'empêche.

8. On peut rattacher aux effets de la pression les phénomènes de *catalyse* qu'on met souvent à profit pour provoquer l'inflammation d'un mélange gazeux. Dans tous les cas où se manifeste cette action catalytique, il y a en jeu un corps ayant beaucoup de surface, peu de masse et une densité assez forte. On peut admettre qu'il se forme à la surface de ce corps par un phénomène d'*adhésion* une gaine de gaz très-fortement comprimés et vraisemblablement liquéfiés, et que c'est sous l'influence de cette pression que les réactions s'effectuent.

Si la compression est rapide, il y a un dégagement de chaleur qui, en raison du peu de masse, de la grande surface, de la chaleur spécifique faible et surtout du faible pouvoir conducteur si le corps est en poudre ou poreux, peut élever sa température d'une façon considérable. Celui-ci agit alors par sa température, il peut mettre le feu à un mélange détonant, ou en provoquer la combustion lente à sa surface donnant ainsi lieu aux phénomènes de la *lampe sans flamme*. Dans ce cas, il est clair que la combustion entretient la chaleur de l'agent catalytique, et que si sa température venait à baisser, il reprendrait en même temps sa faculté condensante, origine de sa chaleur elle-même.

Ainsi le platine spongieux, etc., agirait jusqu'à un certain point à la façon des poudres pyrophoriques (fer réduit, sulfure de potassium, etc.), ou du cuivre battu qui s'enflamme dans le chlore ; mais il faut remarquer en même temps que les conditions de condensation où se trouvent les molécules qui adhèrent au platine peuvent singulièrement modifier la température comme aussi les produits des réactions. A une température relativement basse et sous une forte pression, il n'est pas étonnant qu'on produise certains corps que la raréfaction ou l'élévation de température tendent à détruire. G. S.

COMÉNAMÉTHANE. — Coménamate d'éthyle. — Voyez COMÉNAMIQUE (ACIDE).

COMÉNAMIQUE (ACIDE),

$$C^6H^5AzO^4 = (C^4H)''' \begin{cases} OH \\ CO.OH \\ CO.AzH^2 \end{cases}$$

[How, *Ed. Phil. Trans.*, (2), t. XX, p. 225 ; *Ann. der Chem. u. Pharm.*, t. LXXV, p. 65]. — Se produit dans la déshydratation par la chaleur du coménate acide d'ammonium. Il vaut mieux opérer de la façon suivante : On fait bouillir une solution de coménate d'ammoniaque jusqu'à ce qu'elle ne dégage plus d'ammoniaque. On laisse refroidir et on dissout dans l'eau chaude le sédiment gris de coménamate d'ammoniaque impur. On ajoute de l'acide chlorhydrique (pas en excès) et il se dépose par le refroidissement des paillettes d'acide coménamique impur qu'on purifie par cristallisation dans l'eau bouillante ou par le noir animal exempt de fer. Les eaux mères colorées provenant de la purification de l'acide méconique sursaturées d'ammoniaque et traitées comme ci-dessus donnent aussi de l'acide coménamique.

Il se présente en tables incolores contenant

$2H^2O$, efflorescentes dans l'air sec, très-peu solubles dans l'eau froide, se dissolvant dans l'alcool ordinaire bouillant, mais fort peu dans l'alcool absolu. Il est soluble dans les acides minéraux et les alcalis. Si on ne neutralise pas tout à fait par l'ammoniaque sa solution dans un acide, il se précipite de petits grains de coménamate d'ammoniaque formés d'aiguilles microscopiques rayonnantes. Bouilli avec la potasse, il perd de l'ammoniaque et donne du coménate de potassium. Il colore les sels ferriques en très-beau rouge pourpre, coloration qui disparaît par l'addition d'un peu d'un acide minéral, pour reparaître par l'addition d'un excès d'eau.

COMÉNAMATES MÉTALLIQUES. — Le *sel d'ammonium* $C^6H^4(AzH^4)AzO^4$ est presque insoluble dans l'eau froide et est acide au papier de tournesol. Les sels de *potassium* et de *sodium* sont cristallins et présentent la même réaction acide. Le sel neutre de *baryum*

$$(C^6H^4AzO^4)^2Ba'' + 2\,H^2O,$$

qu'on obtient avec le sel ammonique et le chlorure de baryum, cristallise dans l'eau bouillante; le sel basique $(C^6H^4AzO^4)^2Ba'', BaH^2O^2 + H^2O$ est un précipité blanc pesant qui se dépose quand on mêle le chlorure de baryum à une solution ammoniacale de coménamate d'ammonium. Il perd H^2O à 100°. Les sels de *calcium* sont semblables à ceux de baryum.

Le coménamate de *cuivre* s'obtient sous forme de précipité gris avec le coménamate d'ammonium et le sulfate de cuivre; on obtient de même avec l'acétate de plomb un sel de *plomb* blanc; avec le nitrate d'argent, le précipité est blanc et gélatineux et se décompose partiellement à l'ébullition. Si la solution contient de l'ammoniaque libre, le précipité est jaune, floconneux et noircit immédiatement.

COMÉNAMATE D'ÉTHYLE (coménaméthane),

$$C^8H^9AzO^4 = C^6H^4(C^2H^5)AzO^4$$

[How, *Ed. M. Phil. Journ.*, t. I, p. 212]. — La solution d'acide coménamique dans l'alcool absolu est traitée par le gaz chlorhydrique. On évapore le liquide, il reste une huile qui se concrète par le refroidissement et qui, dissoute dans l'alcool, donne le chlorhydrate d'éther coménamique

$$C^8H^9AzO^4. HCl + H^2O.$$

Ce composé, traité par l'oxyde d'argent ou l'ammoniaque (pas en excès), donne l'éther coménamique sous forme de cristaux aciculaires contenant une molécule d'eau qu'ils perdent à 100°. Traité par l'eau, il donne un résidu d'acide coménamique et la liqueur contient les acides coménamique et chlorhydrique.

L'éther coménamique est neutre; il fond en un liquide jaune. L'ammoniaque à froid ne l'attaque pas, l'acide nitrique le transforme en oxalate d'ammoniaque. Il se dissout aisément dans l'eau chaude et les acides minéraux, beaucoup moins bien dans l'eau froide et dans l'alcool absolu.

En chauffant en vase clos l'acide coménamique avec l'iodure d'éthyle à 150°, on obtient un iodhydrate d'éther coménamique. G. S.

COMÉNIQUE (ACIDE),

$$C^6H^4O^5 = (C^5H)''' \left\{ \begin{array}{l} OH \\ CO.OH \\ CO.OH \end{array} \right.$$

(*Acide paraméconique, acide métaméconique, acide méconique anhydre*) [Robiquet, *Ann. de Chim. et de Phys.*, t. LI, p. 326; t. LIII, p. 428; — Liebig, *Ann. der Chem. u. Pharm.*, t. VII, p. 237; t. XXVI, p. 116; — Stenhouse, *Phil. Mag.*, (3), t. XXV, p. 196; — How, *Ed. Phil. Trans.*, (2), t. XX, p. 225].

Se produit par l'action d'une ébullition prolongée sur l'acide méconique, $C^7H^4O^7$. Il se dégage de l'anhydride carbonique, la liqueur se colore et dépose par le refroidissement des cristaux durs et grenus d'acide coménique, qu'on purifie en les dissolvant dans une lessive faible de potasse, faisant bouillir, précipitant par l'acide chlorhydrique et décolorant les nouveaux cristaux par le charbon animal.

Les méconates donnent aussi des coménates par une longue ébullition; cependant il est bon d'ajouter un acide. L'acide méconique chauffé seul à 230° donne aussi de l'acide coménique.

La meilleure préparation consiste à faire bouillir le méconate de chaux avec un grand excès d'acide chlorhydrique ordinaire. L'acide coménique se dépose par le refroidissement en cristaux rouges compactes. On dissout dans une solution concentrée de potasse; on sature la liqueur exactement et l'on fait cristalliser. Les cristaux de coménate de potasse sont alors exempts de chaux.

Il vaut mieux dissoudre dans l'ammoniaque bouillante (sans excès) et filtrer. Le coménate acide d'ammoniaque cristallise par refroidissement (How). Dans les deux cas, le sel obtenu est décomposé par l'acide chlorhydrique bouillant et l'acide est purifié par cristallisation dans l'eau bouillante et addition de charbon animal.

Les cristaux d'acide coménique sont des grains ou des groupes de prismes courts, anhydres, inaltérables à l'air, même à 120°; insolubles dans l'alcool absolu, se dissolvant dans 16 p. d'eau bouillante.

Ils donnent à la distillation sèche divers produits, qui sont d'abord l'acide pyroméconique, puis une huile empyreumatique qui se fige avec cet acide dans le col de la cornue, enfin des aiguilles, groupées en barbe de plume, d'acide paraméconique. Il se dégage en outre, dans la dernière partie de la distillation, de l'acide carbonique et des traces de gaz inflammables.

Ce qui reste étant traité par l'ammoniaque et filtré, l'acide chlorhydrique précipite de la solution un acide qui paraît identique avec l'acide métagallique (Winckler).

L'acide coménique est violemment attaqué par l'acide nitrique. Étendu, celui-ci le transforme en acides carbonique, oxalique et cyanhydrique. En revanche, l'acide sulfureux et l'hydrogène sulfuré sont sans action sur lui. Le chlore donne avec l'acide coménique en suspension dans l'eau de l'acide oxalique et un peu d'acide chlorocoménique. Le brome agit de même, mais l'iode paraît ne pas agir.

Le gaz chlorhydrique dirigé dans de l'alcool contenant de l'acide coménique en suspension transforme celui-ci en acide éthylcoménique qui se dissout. La solution d'acide coménique colore les sels ferriques en rouge, elle précipite par l'acétate de plomb, mais non pas par les sels de baryum, de strontium, de calcium, ni par le chlorure mercurique.

COMÉNATES MÉTALLIQUES. — L'acide coménique est bibasique. Il peut donner des coménates acides

$$C^6H^3M'O^5 \text{ ou } (C^6H^3O^5)^2M'',$$

et des coménates neutres

$$C^6H^2(M')^2O^5 \text{ ou } C^6H^2M''O^5.$$

Coménates d'ammonium. — Le sel neutre perd de l'ammoniaque par évaporation; le sel acide

$$C^6H^3(AzH^4)O^5 + H^2O$$

s'obtient en petits prismes carrés et très-brillants par le procédé de How pour la préparation de l'acide; il a une réaction très-acide, même s'il se précipite d'une solution ammoniacale bouillante (pourvu qu'on ne fasse pas bouillir trop longtemps). Il perd son eau à 100°. A l'état sec il résiste à la température de 177°, mais à 200°, dans un tube scellé, il noircit, fond et fournit une certaine quantité d'acide coménamique.

Coménate de potassium. — Le sel neutre n'est pas connu. Le sel acide se dépose en prismes courts d'une dissolution chaude d'acide coménique dans un léger excès de potasse. Il est anhydre et rougit fortement le papier de tournesol.

Coménate de sodium. — Sel neutre inconnu. Sel acide semblable au sel de potassium, mais plus soluble et cristallisant en mamelons composés de petits prismes.

Coménates de baryum. — Sel neutre,

$$C^6H^2Ba''O^5 + 5H^2O.$$

Petits cristaux radiés qui se déposent d'une solution d'acide coménique dans un excès d'ammoniaque lorsqu'on ajoute du chlorure de baryum. Il perd $4H^2O$ à 121°. Bouilli avec l'eau, il se convertit partiellement en sous-sel.

Le sel acide $(C^6H^3O^5)^2Ba'' + 6$ ou $7H^2O$ se précipite du coménate acide d'ammonium lorsqu'on ajoute du chlorure de baryum. Tables rhombes incolores, solubles dans l'eau bouillante, très-acides, perdant leur eau à 100°.

Coménates de strontium. — Semblables aux précédents, mais plus solubles.

Coménates de calcium. — Sel neutre,

$$C^6H^2Ca''O^5 + H^2O \text{ (à 121°)}.$$

Se produit comme le sel de baryum. Insoluble dans l'eau. On peut l'obtenir dans des liqueurs étendues, avec 7/2 ou 13/2 molécules d'eau. Bouilli avec l'eau, donne un sous-sel.

Sel acide, $(C^6H^3O^5)^2Ca'' + 7H^2O$. Se dépose en petits rhombes incolores de la solution saturée à froid de coménate acide d'ammonium additionnée de chlorure de calcium. Fort soluble dans l'eau bouillante, ce sel perd son eau à 120°.

Coménates de magnésium. — Sel neutre,

$$C^6H^2Mg''O^5 + 3/2H^2O \text{ (à 100°)}.$$

Se produit comme les autres sels neutres en employant le sulfate de magnésium et en agitant la liqueur ; il perd $4H^2O$ à 100° et est insoluble dans l'eau bouillante.

Sel acide, $(C^6H^3O^5)^2Mg'' + 8H^2O$. — S'obtient comme les coménates acides de baryum et de calcium, en employant le sulfate de magnésie. Bien plus soluble que ceux-ci, il garde $2H^2O$ à 100°.

Coménate neutre de cuivre,

$$C^6H^2Cu''O^5 + H^2O \text{ (à 100°)}.$$

— Petits octaèdres allongés verts qu'on obtient en mélangeant le sulfate de cuivre avec une solution chaude d'acide coménique ou avec le coménate acide d'ammonium.

Coménate ferrique acide,

$$(Fe^2O_2)^{iv}.(C^6H^3O^5)^4 + 5H^2O.$$

— L'acide coménique ajouté en solution concentrée et froide à du sulfate ferrique donne une coloration rouge sang. Il se dépose de petits cristaux noirs brillants et durs, peu solubles dans l'eau froide, donnant avec l'eau bouillante une solution rougeâtre. En maintenant le mélange à 66° au lieu d'opérer à froid, on obtient un sel ferreux qui n'est plus du coménate (oxalate sans doute), et il se dégage de l'acide carbonique (How).

Coménate neutre de plomb,

$$C^6H^2Pb''O^5 + H^2O.$$

— Précipité obtenu avec l'acétate de plomb et l'acide coménique, ou le bicoménate d'ammoniaque. Soluble dans un excès d'acide coménique.

Coménates d'argent. — Sel neutre,

$$C^6H^2Ag^2O^5 \text{ (à 100°)}.$$

Précipité jaune volumineux que donne le nitrate d'argent dans la solution ammoniacale d'acide coménique. Ne détone pas par la chaleur, selon Liebig.

Sel acide, $C^6H^3AgO^5$. — Précipité blanc grenu obtenu avec le nitrate d'argent et l'acide coménique.

ACIDE ÉTHYL-COMÉNIQUE,

$$C^8H^8O^5 = C^6H^3(C^2H^5)O^5.$$

— On fait passer l'acide chlorhydrique dans de l'alcool absolu tenant de l'acide méconique en suspension jusqu'à dissolution de celui-ci. On évapore à sec au-dessous de 100° et l'on dissout dans l'eau chaude (mais non bouillante). Le coménate d'éthyle acide cristallise en grosses aiguilles par le refroidissement; il est très-soluble dans l'alcool et dans l'eau chaude, et se décompose par une longue ébullition dans l'eau en régénérant l'acide coménique.

Il émet déjà des vapeurs à 100°, fond à 135°, et, maintenu à cette température, brunit légèrement et se sublime en beaux prismes carrés aplatis. Il est facilement décomposé par les alcalis en coménate et alcool. Lorsqu'on fait passer le gaz ammoniac dans la solution de l'acide éthyl-coménique dans l'alcool absolu, il se dépose des aiguilles soyeuses jaunes d'éthyl-coménate d'ammonium.

Ce sel perd son ammoniaque dans l'air sec.

Le sel d'argent est gélatineux et se décompose promptement, même dans l'obscurité. L'acide éthyl-coménique colore en rouge foncé les sels ferriques et coagule l'albumine.

DÉRIVÉS CHLORÉS ET BROMÉS DE L'ACIDE COMÉNIQUE.

ACIDE CHLOROCOMÉNIQUE, $C^6H^3ClO^5 + 3/2H^2O$. — Se produit lorsqu'on fait passer du chlore dans de l'eau tenant de l'acide coménique en suspension ; une partie de l'acide se dissout et des cristaux d'acide chlorocoménique se déposent de la liqueur au bout de quelque temps.

Pour le préparer, il vaut mieux faire passer le chlore dans la solution de coménate acide d'ammonium. Au bout de quelques heures l'acide chloré se précipite, surtout en ajoutant de l'acide chlorhydrique. En évaporant doucement les eaux mères, on obtient encore des cristaux d'acide chloré, et il reste de l'acide oxalique. On lave les cristaux avec de l'eau froide et on les fait cristalliser dans l'eau bouillante où ils sont plus solubles que l'acide coménique. Ils sont aussi fort solubles dans l'alcool chaud. Prismes courts perdant leur eau à 100°, donnant, à la distillation sèche, de l'acide chlorhydrique, une masse noirâtre et fondue, puis, vers la fin, une petite quantité d'un composé cristallin (acide pyroméconique?). La solution d'acide chloroméconique traitée par le zinc donne de l'hydrogène, et on retrouve dans la liqueur de l'acide chlorhydrique et du zinc. Comme l'acide coménique, l'acide chloré colore les sels ferriques en rouge, et comme lui il est attaqué par l'acide azotique en donnant les mêmes produits, plus de l'acide chlorhydrique.

Les chlorocoménates ressemblent aux coménates, mais sont plus solubles. Les sels neutres des *alcalis* s'obtiennent difficilement, les sels acides cristallisent bien.

Les *sels acides de baryum* et de *calcium* s'obtiennent en aiguilles radiées avec le sel acide d'ammonium et le chlorure barytique ou calcique.

Le *sel de magnésie* acide cristallise aussi; on l'obtient de la même façon avec le sulfate de magnésie.

Le *sel de cuivre* acide se précipite à l'état cristallin lorsqu'on ajoute du sulfate de cuivre au sel acide d'ammonium.

Le *sel d'argent* neutre $C^6HAg^2ClO^8$ est un précipité jaune et floconneux, insoluble dans l'eau bouillante, qui se forme lorsqu'on ajoute du nitrate d'argent à une solution d'acide chloré dans un léger excès d'ammoniaque. Si on employait la solution aqueuse de l'acide, on aurait des cristaux en barbes de plume de sel d'argent acide $C^6H^2AgClO^8$. Ils cristallisent dans l'eau bouillante et contiennent de l'eau de cristallisation.

ACIDE BROMOCOMÉNIQUE, $C^6H^3BrO^8+3/2H^2O$. — Beaux cristaux. peu solubles dans l'eau froide, assez solubles dans l'eau bouillante et l'alcool chaud, qu'on obtient en faisant dissoudre l'acide coménique dans l'eau de brome.

Les *bromocoménates* ressemblent tout à fait aux chlorocoménates. G. S.

COMPTONITE. — Voyez THOMSONITE.

CONARITE (Min.). — Silico-phosphate hydraté de nickel, vert, cristallin, trouvé à Röttis (Saxe). Densité, 2,46.

CONCHIOLINE. — Substance retirée par Fremy de la coquille de certains mollusques et qui ressemble à la kératine ou à l'épidermose dont elle présente à peu près la composition. C=50 %, H=6, Az=16,5 (moyenne). Insoluble dans l'eau; chauffée avec ce liquide, même sous pression, elle ne donne pas de gélatine. Insoluble dans l'alcool, l'éther, l'acide acétique, les acides minéraux étendus et la lessive de potasse.

CONDURRITE. — Masses noirâtres compactes ou terreuses paraissant être un mélange d'arséniure et d'oxydule de cuivre.

CONHYDRINE, $C^8H^{17}AzO$ [Wertheim]. — La conhydrine est un alcaloïde oxygéné, solide et volatil, qui existe dans la ciguë à l'état naturel, ainsi que la méthyl-conicine et la conicine; elle ne diffère de cette dernière que par les éléments de l'eau.

Cette base se présente sous la forme de paillettes incolores, nacrées et irisées. Elle fond à 126°,65 et bout à 226°,3; elle est volatile sans décomposition, ne laisse pas de résidu et répand au loin l'odeur de la conicine.

Elle est assez soluble dans l'eau, et très-soluble dans l'alcool et l'éther; elle possède des propriétés alcalines et ramène au bleu le papier de tournesol rougi par un acide. Elle déplace l'ammoniaque de ses combinaisons, même à froid.

La stabilité de cet alcaloïde est très-grande, on peut le dissoudre dans l'acide azotique concentré en évitant toutefois la production de chaleur et faire passer un courant de vapeurs nitreuses sans qu'il soit attaqué, car, en faisant évaporer la solution dans le vide, on obtient des cristaux d'azotate de conhydrine. Lorsqu'on fait arriver de l'acide nitreux sec sur cette base, le gaz est absorbé, il se forme un liquide sirupeux vert; si l'on fait passer un courant d'acide carbonique pour chasser l'acide azoteux, la masse devient plus fluide, et de la potasse caustique ajoutée à cette solution en sépare la conhydrine inaltérée. La potasse caustique n'a pas d'action sur elle; chauffée à 240° avec un excès de baryte anhydre, elle se sublime; chauffée à 200° en vase clos avec de l'acide sulfurique étendu, elle reste inaltérée.

Chauffée en vase clos à 100° en présence d'un excès d'oxyde de mercure métallique, en partie à l'état d'oxyde mercureux, la conhydrine est transformée en une masse résineuse très-amère, soluble dans l'alcool et insoluble dans l'éther.

Le sodium et l'acide phosphorique lui enlèvent les éléments de l'eau, et la transforment en conicine. Dans cette réaction, le sodium en excès paraît former une combinaison avec la conicine : elle répond à la formule $C^8H^{17}AzO$; elle ne diffère donc de la conicine que par les éléments de l'eau en plus : c'est pour expliquer cette relation de composition qu'elle a été désignée sous le nom de *conhydrine*.

ACTION DE L'IODURE D'ÉTHYLE. — *Éthyl-conhydrine, diéthyl-conhydrine.*

Lorsqu'on chauffe au bain-marie équivalents égaux de conhydrine et d'iodure d'éthyle, la base se dissout d'abord, puis le mélange se prend en bouillie cristalline : ces cristaux constituent l'iodhydrate d'éthyl-conhydrine; ils sont incolores, solubles dans l'eau, l'alcool et l'éther. Par la dessiccation ils se colorent même dans le vide.

Traités convenablement, ces cristaux donnent l'éthyl-conhydrine, liquide oléagineux jaune, et qui finit par se prendre en cristaux.

Cette base traitée par l'iodure d'éthyle s'y combine pour former un sel qui se présente sous la forme de petits cristaux durs : l'iodhydrate de diéthyl-conhydrine. Lorsqu'on traite la solution aqueuse de ce sel par l'oxyde d'argent, il se forme de l'iodure d'argent, la solution devient très-caustique, et par l'évaporation dans le vide il reste un résidu sirupeux qui absorbe l'acide carbonique avec énergie.

Le chlorhydrate de diéthyl-conhydrine cristallise en fines aiguilles.

Le chloroplatinate soluble dans l'eau bouillante se dépose par le refroidissement en cristaux quadrangulaires d'un rouge orangé.

PRÉPARATION DE LA CONHYDRINE. — Cet alcaloïde existe dans les fleurs du *Conium maculatum*. Pour l'isoler, on épuise ces fleurs avec de l'eau aiguisée d'acide sulfurique, on concentre un peu les liqueurs, on y ajoute un excès de chaux ou de potasse caustique, puis on distille : le récipient contient la base nouvelle mélangée avec de la conicine et de l'ammoniaque.

Pour l'obtenir pure, on neutralise le produit de la distillation par de l'acide sulfurique étendu, puis la solution est évaporée en consistance sirupeuse; on traite le résidu par l'alcool absolu qui sépare le sulfate d'ammoniaque formé, on filtre et l'alcool est chassé par l'évaporation; il reste un extrait auquel on ajoute par petites portions un excès de potasse caustique lorsqu'il est bien refroidi, et qui est ensuite traité à plusieurs reprises par de l'éther. La solution éthérée étant filtrée, on distille l'éther et il reste un résidu qu'on soumet à la distillation fractionnée dans un courant de gaz hydrogène; il passe d'abord un mélange d'éther et de conicine, puis de la conicine pure et enfin, vers la fin de l'opération, le col et la voûte de la cornue se couvrent de paillettes incolores irisées : c'est la conhydrine. On détache cette croûte cristalline, et, après l'avoir fortement refroidie, on la soumet à la presse, puis on achève de purifier les cristaux en les faisant cristalliser à plusieurs reprises dans l'éther.

M. Wertheim a obtenu 17 grammes environ de conhydrine en traitant ainsi 280 kilogr. de fleurs de ciguë.

La conhydrine se combine avec les acides; l'*acétate* et le *chlorhydrate* forment des masses sirupeuses incristallisables.

L'*azotate* est moins soluble dans l'eau que le sulfate; on peut le faire cristalliser, mais, pour l'obtenir tel, il faut concentrer la liqueur en consistance sirupeuse.

Le *sulfate* cristallise aussi d'une solution très-concentrée en gros cristaux incolores, solubles dans l'eau et dans l'alcool.

Le *chloroplatinate* s'obtient en versant une solution alcoolique de bichlorure de platine dans une solution alcoolique de la base; par l'évaporation le sel se dépose en magnifiques cristaux, très-volumineux et colorés en rouge-hyacinthe. E. C.

CONICINE [Syn. *Ciculine, conine, coniine*], $C^8H^{15}Az$. — On a donné le nom de conicine à un alcaloïde non oxygéné, liquide et volatil, découvert en 1827 par Giesecke dans la grande ciguë (*Conium maculatum*); cette base est répandue à l'état de sel dans toutes les parties de la plante, mais elle existe surtout dans les fruits qui n'ont pas atteint leur maturité complète [Giesecke, 1827, *Arch. de Pharm. v. Brandes*, t. XX, p. 97; — Geiger, *Magaz. für Pharm.*, t. XXXV et t. XXXVI; — Boutron-Charlard et O. Henry, *Ann. de Chim. et de Phys.*, t. LXI, p. 337; — Ortigosa, *Ann. der Chem. u. Pharm.*, t. XLII, p. 313; — Blyth, *ibid.*, t. LXX, p. 73; — Gerhardt, *Compt. rend. des travaux de Chim.*, 1849, p. 373; — Kekulé et V. Planta, *ibid.*, t. LXXXIX, p. 130].

D'autres alcaloïdes accompagnent la conicine dans la ciguë.

1° La *méthylconicine*, $C^8H^{14}Az(CH^3)$, alcaloïde non oxygéné, liquide et volatil, très-réfringent, d'une densité plus faible que celle de l'eau, peu soluble dans ce dissolvant, mais en suffisante quantité cependant pour lui communiquer une forte réaction alcaline.

Cette base est presque constamment mélangée avec la conicine, et il est fort difficile de les séparer. Elle a été découverte par MM. Planta et Kekulé dans différents échantillons de conicine du commerce [Planta et Kekulé, *Ann. der Chem. u. Pharm.*, nouv. sér., t. XIII, p. 129, et *Ann. de Chim. et de Phys.*, (3), t. XLI, p. 182]. — Voyez p. 968.

2° La *conhydrine*, $C^8H^{17}AzO$, alcaloïde oxygéné, solide et volatil, découvert par M. Wertheim dans les fleurs de la ciguë [Wertheim, *Ann. der Chem. u. Pharm.*, t. C, p. 328, nouv. sér., décembre 1856, t. XXIV, et *Ann. de Chim. et de Phys.* (3), t. L, p. 379]. — Voyez p. 965.

Propriétés. — La conicine pure est un liquide incolore, oléagineux, plus léger que l'eau, doué d'une odeur pénétrante et désagréable rappelant celle de la ciguë. Sa densité est égale à 0,878 : elle distille sans altération à l'abri de l'air, et son point d'ébullition est situé vers 212°. Les travaux de MM. Planta et Kekulé ayant démontré que la conicine est souvent plus ou moins mélangée de méthyl-conicine, on doit attribuer à ce fait les points d'ébullition différents indiqués pour cet alcaloïde.

La conicine émet des vapeurs à l'air, à la température ordinaire, et produit des vapeurs blanches comme l'ammoniaque lorsqu'on approche une baguette imprégnée d'acide chlorhydrique; elle est très-altérable au contact de l'air, elle se colore en brun en passant par les nuances les plus belles et les plus variées, et finit par se résinifier. Distillée en présence de l'air, elle s'altère en partie : il se produit de l'ammoniaque et une matière résineuse.

D'après M. Wertheim, la conicine préparée avec des semences fraîches de ciguë et rectifiée à 140° à plusieurs reprises dans un courant d'hydrogène est parfaitement limpide et incolore. Elle peut se conserver pendant des mois sans altération, et peut même être distillée au contact de l'air sans qu'elle soit sensiblement altérée.

La température d'ébullition est de 136°,5, sous une pression barométrique de 739 millimètres [Wertheim, *Journ. für prakt. Chem.*, 1862, t. LXXXVI, p. 265, n° 13; *Sitzungsberichte der K. Akad. der Wissenschaften zu Wien*, t. XLV; *Répert. de Chim. pure*, 1863, . 45].

La conicine est peu soluble dans l'eau, cependant à une basse température elle peut en dissoudre son volume. Elle possède ce caractère singulier d'être plus soluble dans l'eau à froid qu'à chaud, de telle sorte qu'une solution saturée à froid se trouble par l'élévation de la température. L'alcool la dissout en toutes proportions; un mélange de 1 p. de conicine et de 4 p. d'alcool n'est pas précipité par l'eau.

L'éther en dissout 1/6 de son poids; elle est très-soluble dans les huiles fixes et les huiles essentielles.

La conicine possède une réaction fortement alcaline et ramène au bleu le papier de tournesol rougi par un acide; elle précipite un grand nombre d'oxydes métalliques de leurs combinaisons salines, elle paraît même expulser l'ammoniaque. Ajoutée à une solution d'azotate d'argent, elle forme un précipité qui se redissout dans un excès de conicine. Elle forme avec une solution de sulfate de cuivre un précipité peu soluble dans l'eau et soluble dans l'alcool et l'éther.

Le mélange d'une solution de sulfate d'alumine et d'une solution aqueuse de conicine laisse déposer, au bout d'un certain temps, des cristaux octaédriques qui paraissent être formés par un sel double d'alumine et de conicine.

Le chlore et le brome attaquent la conicine avec énergie en donnant naissance à des composés cristallisables.

Une solution alcoolique d'iode versée dans une solution alcoolique de conicine forme un précipité brun foncé, qui se redissout en formant une solution incolore. Cette combinaison est cristallisable.

Un courant de gaz acide chlorhydrique bien sec, dirigé dans de la conicine, lui communique une couleur pourpre qui passe lentement au bleu indigo.

L'acide sulfurique concentré, mélangé à de la conicine, s'échauffe fortement et colore l'alcaloïde.

Sous l'influence des réactifs oxydants, tels que l'acide azotique concentré, ou un mélange d'acide sulfurique et de bichromate de potasse, la conicine est vivement attaquée et donne l'acide butyrique :

$$C^8H^{15}Az + 2H^2O + 2O = (C^4H^8O^2)^2 + AzH^3.$$

L'iodure d'éthyle se combine avec la conicine pour former l'iodhydrate d'éthyl-conicine.

Le cyanate d'éthyle mis en contact avec la conicine la dissout avec dégagement de chaleur et formation d'une urée composée (Wurtz).

La conicine possède des propriétés vénéneuses très-énergiques.

Préparation de la conicine. — La conicine se retire principalement des semences de la ciguë; comme cet alcaloïde est volatil, on opère de la manière suivante.

Les semences écrasées sont délayées dans de l'eau contenant en dissolution un excès de potasse caustique, puis on distille tant que les vapeurs aqueuses possèdent une réaction alcaline; le produit de la distillation renferme de la conicine, de l'eau avec une huile volatile et une assez grande quantité d'ammoniaque. On sature par l'acide sulfurique dilué, l'huile non alcaline est enlevée par décantation, et la solution aqueuse est évaporée au bain-marie en consistance de sirop épais. Ce résidu est ensuite agité avec un mélange de deux parties d'alcool pour une partie d'éther; le sulfate d'ammoniaque reste indissous, et la liqueur renferme le sulfate de conicine. On filtre, puis on évapore au bain-marie pour chasser l'éther et l'alcool, on ajoute un peu d'eau au résidu, et on chauffe encore pour achever de chasser l'alcool. On mélange alors le résidu sirupeux avec la moitié de son volume d'une solution concentrée de potasse caustique, puis on distille vivement à l'aide d'un bain d'huile ou d'un bain de chlorure de calcium. Le produit de la distillation est déshydraté au moyen de fragments de potasse caustique récemment fondue, puis rectifié dans le vide ou dans un courant d'hydrogène. On peut remplacer les 3/4 de la potasse caustique par le même poids de chaux vive pulvérisée.

Ce procédé donne environ 30 grammes de conicine pour 3 kilogr. de fruits récents ; 15 grammes seulement avec des semences desséchées. Lorsqu'on emploie les feuilles fraîches, on obtient à peine 4 grammes d'alcaloïdes pour 50 kilogr. de la plante (Geiger).

SELS DE CONICINE. — La conicine s'unit aux acides pour former des sels, neutres lorsqu'ils sont purs, difficilement cristallisables, possédant une légère odeur de conicine lorsqu'ils sont humides, et sans odeur à l'état sec. Solubles dans l'eau et l'alcool, insolubles dans l'éther, mais solubles dans un mélange de ces deux derniers liquides.

L'acétate, l'azotate, le sulfate, le tartrate de conicine paraissent à peu près incristallisables ; l'azotate est très-déliquescent; le sulfate, lorsqu'on le concentre, brunit et dégage l'odeur de l'acide butyrique.

Chlorhydrate de conicine. — Sel cristallisé en grosses lames incolores, très-déliquescentes; lorsqu'on évapore sa solution à l'air, elle se colore en rouge, puis en bleu foncé.

Chloromercurate de conicine. — Sel se présentant sous la forme d'un précipité jaune-citron insoluble dans l'eau et l'éther, et peu soluble dans l'alcool.

Chloroplatinate de conicine,

$$(C^8H^{15}Az, HCl)^2 PtCl^4.$$

— Ce sel cristallise en prismes quadrangulaires; il est peu soluble à froid dans l'eau, l'alcool et l'éther, mais très-soluble dans l'alcool bouillant; chauffé au-dessus de 100°, il dégage de la conicine. Chauffé en présence d'un excès de bichlorure de platine, il dégage de l'acide carbonique ainsi que l'odeur de l'acide butyrique, le platine est réduit et il passe à la distillation une matière huileuse qui se concrète par le refroidissement. Le résidu de la distillation évaporé à siccité et repris par l'eau bouillante laisse déposer des octaèdres jaunes de chloroplatinate d'ammoniaque, des prismes rouges de chloroplatinite d'ammoniaque et un corps particulier cristallisé en aiguilles soyeuses.

ACTION DU CHLORE ET DU BROME SUR LA CONICINE. — L'action qu'exercent ces deux corps sur la conicine a été peu étudiée jusqu'à présent. En présence du chlore, la conicine répand d'abondantes vapeurs blanches qui possèdent l'odeur du citron. Par le refroidissement, la matière finit par donner un corps cristallisé blanc, très-volatil, fort soluble dans l'eau, l'alcool et l'éther.

D'après M. Blyth, la conicine brute, mise en contact avec un excès de brome et placée dans le vide sur de l'acide sulfurique, devient entièrement noire; reprise par l'eau, cette matière donne une solution qui, décolorée par le charbon, puis filtrée, laisse déposer par l'évaporation des cristaux incolores, fondant à 100° environ, solubles dans l'alcool et moins solubles dans l'éther. M. Blyth n'a pas déterminé la composition exacte de ce corps, qui pourrait bien être simplement du bromhydrate de conicine ou de méthylconicine.

ACTION DES VAPEURS NITREUSES SUR LA CONICINE. — AZOCONHYDRINE, $C^8H^{16}Az^2O$ [Wertheim, *loc. cit.*].

Un courant de gaz hypoazotique bien sec, dirigé à travers de la conicine pure, est absorbé en grande quantité; lorsque la réaction est terminée, on chauffe le produit entre 30° et 40°, et l'on fiat passer un courant d'acide carbonique qui entraîne l'excès d'acide hypoazotique. Le produit de la réaction est ensuite traité successivement par une solution étendue de carbonate de soude, par de l'acide chlorhydrique faible et enfin par de l'eau distillée; on obtient ainsi une huile jaune, plus légère que l'eau, insoluble dans ce liquide, possédant une odeur aromatique et une saveur brûlante et n'ayant aucune action sur les couleurs végétales : c'est l'*azoconhydrine,* $C^8H^{16}Az^2O$, ainsi désignée par M. Wertheim parce que ce chimiste a pensé que ce corps pouvait être considéré comme de la conhydrine $C^8H^{17}AzO$, dans laquelle 1 atome d'hydrogène serait remplacé par 1 atome d'azote.

L'azoconhydrine est une matière huileuse soluble dans l'acide sulfurique et dans l'acide azotique concentré, l'acide acétique et l'acide formique monohydratés; l'eau la précipite de ces dissolutions. L'acide cyanhydrique est absorbé en produisant de la chaleur, l'eau met la base en liberté.

L'acide sulfureux est aussi absorbé, mais sous l'influence de la chaleur l'acide se dégage, et la base reste inaltérée.

Les alcalis sont sans action sur elle, même à chaud.

Chauffée vers 200°, elle se décompose; un vif bouillonnement se produit et des vapeurs fortement alcalines se dégagent en répandant l'odeur de la conicine. Un courant d'acide chlorhydrique sec dirigé à travers une solution éthérée d'azoconhydrine y fait naître un précipité abondant de cristaux aciculaires d'un blanc éclatant qui paraissent être du chlorhydrate d'éthyl-conicine formé sous l'influence de l'éther.

Un courant de gaz acide chlorhydrique sec, dirigé sur de l'azoconhydrine, également sèche, la décompose; il se forme du chlorhydrate de conicine, et il se dégage 1 volume d'azote et 2 volumes de bioxyde d'azote.

Sous l'influence de l'hydrogène naissant, l'azoconhydrine se transforme en conicine, eau et ammoniaque :

$$C^8H^{16}Az^2O + 4H = C^8H^{15}Az + H^2O + AzH^3.$$

Le sodium, à la température de 180° environ, produit aussi de la conicine.

L'azoconhydrine paraît posséder des propriétés toxiques aussi énergiques que celles de la conicine.

Action de l'acide phosphorique anhydre sur l'azoconhydrine. — CONYLÈNE, C^8H^{14} [Wertheim, *loc. cit.*, et *Journ. für prakt. Chem.*, 1864, t. XCI, p. 264, n° 5; *Bull. de la Soc. chim, loc. cit.*, et 1864, t. II, p. 50]. — Lorsqu'on chauffe entre 80° et 90° de l'azoconhydrine en présence d'un excès d'acide phosphorique anhydre, il se produit une vive réaction qu'on peut modérer en ajoutant au mélange du verre pilé; il se dégage de l'azote et il se produit en même temps une huile jaunâtre d'une odeur pénétrante et désagréable : c'est le *conylène,* mélangé avec un corps moins volatil et qu'on peut séparer par des distillations fractionnées.

Le conylène est un liquide insoluble dans l'eau, soluble dans l'alcool et dans l'éther. Il bout à 126° sous la pression de 738 millimètres. Sa densité à 18° est de 0,7607. D'après l'analyse et la densité de vapeur, ce corps répond à la formule C^8H^{14}.

Le conylène participe aux propriétés toxiques de la conicine, mais à un degré infiniment moindre.

Action du brome sur le conylène. — Le brome

se combine énergiquement avec le conylène; par l'action directe de ces deux corps l'un sur l'autre, il se produit des corps qui renferment une grande quantité de brome; mais si l'on modère la réaction en mélangeant des solutions alcooliques de ces deux corps, le dibromure de conylène $C^8H^{14}Br^2$ seul se produit, on l'isole en ajoutant de l'eau à la solution alcoolique, le bromure se précipite; on le purifie en le lavant avec de l'oxyde de potassium étendu d'eau, puis avec de l'eau. On le dissout ensuite dans l'éther, et la solution desséchée sur le chlorure de calcium abandonne le dibromure par l'évaporation de l'éther dans le vide.

Le dibromure de conylène est un liquide d'une densité de 1,5679 à 16°,25, d'une odeur désagréable qui rappelle celle de la moutarde. Il est insoluble dans l'eau et soluble dans l'alcool et l'éther.

Action de l'acétate de potassium sur le bromure de conylène. — Lorsqu'on met en contact un équivalent de dibromure de conylène avec deux équivalents d'acétate d'argent, il se produit à froid une réaction assez énergique pour donner lieu à un dégagement de chaleur; on achève la réaction en chauffant le mélange entre 120° et 140°. On distille ensuite le produit de la réaction: le bromure d'argent formé reste dans le matras, et il passe vers 225° dans le récipient un liquide qui possède une réaction acide, répand une odeur poivrée, et dont la densité est de 0,9886 à 18°; c'est le diacétate de conylène. Mélangé avec de la potasse en poudre fine, le diacétate de conylène réagit déjà à froid, en produisant de la chaleur; la réaction s'achève en chauffant vers 140°; quand elle est terminée, on distille et l'on recueille d'abord vers 230° à 240° un liquide huileux, jaune pâle, qu'on sépare, puis un autre liquide plus coloré et très-épais. Ce dernier présence la composition du glycol conylénique :

$$\left.\begin{matrix}C^8H^{14}\\H^2\end{matrix}\right\} O^2.$$

Ce corps est liquide, plus léger que l'eau, dans laquelle il se dissout à peine; il est soluble dans l'alcool et l'éther. Quant au liquide qui a passé en premier, il paraît être un mélange de ce glycol avec l'éther conylénique $C^8H^{14}O$.

L'ammoniaque n'a pas d'action sur le bromure de conylène; M. Wertheim n'a pu reproduire la conicine par ce procédé.

ACTION DE L'IODURE D'ÉTHYLE SUR LA CONICINE [Planta et Kekulé, *Ann. der Chem. u. Pharm.*, nouv. sér., t. XIII, p. 129; et *Ann. de Chim. et de Phys.*, (3), 1854, t. XLI, p. 182]. — L'action que l'iodure d'éthyle exerce sur la conicine est importante, car elle permet d'abord de reconnaître le nombre d'atomes d'hydrogène restés libres dans cette ammoniaque composée; et secondement, elle donne la preuve de la présence de la méthyl-conicine dans la conicine du commerce, et par conséquent de son existence à l'état naturel dans la ciguë.

En chauffant au bain-marie et en vase clos un mélange d'iodure d'éthyle et de différentes variétés de conicines du commerce, MM. Planta et Kekulé ont obtenu presque constamment deux produits, dont l'un, liquide, était de l'iodure d'éthyl-conicine, et dont l'autre, cristallisé, était l'iodure de méthyl-éthyl-conicine.

MÉTHYL-CONICINE, $C^8H^{14}Az(C\,H^3)$. — La méthyl-conicine est un alcaloïde non oxygéné, liquide et volatil, incolore, très-réfringent, d'une densité plus faible que celle de l'eau, peu soluble dans ce liquide, mais cependant en suffisante quantité pour lui communiquer une forte réaction alcaline. Cette base a été découverte par MM. Planta et Kekulé dans différents échantillons de conicine du commerce, et il est à peu près impossible de la séparer de cette dernière base. Pour obtenir la methyl-conicine, il faut distiller la solution aqueuse de l'hydrate de méthyl-éthyl-conicine; il se forme de l'eau, de l'hydrogène bicarboné et de la méthyl-conicine :

$$\left.\begin{matrix}C^8H^{14}\\C\,H^3\\C^2H^5\end{matrix}\right\} Az\,O\,H = H^2O + C^2H^4 + \left.\begin{matrix}C^8H^{14}\\C\,H^3\end{matrix}\right\} Az.$$

Hydrate de méthyl-éthyl-conicine,

$$C^{11}H^{23}Az, OH.$$

— L'hydrate de méthyl-éthyl-conicine s'obtient en faisant réagir l'oxyde d'argent sur l'iodure de méthyl-éthyl-conicine; il se produit de l'iodure d'argent, et l'hydrate de l'alcaloïde reste en dissolution dans l'eau.

Cette base, à l'état de solution dans l'eau, forme un liquide incolore très-caustique, qui attire l'acide carbonique de l'air. Elle possède une saveur très-amère. Elle peut supporter l'ébullition sans se décomposer; mais si on concentre la solution et qu'on la distille, l'hydrate se décompose comme on vient de l'indiquer. Chauffée avec de l'iodure d'éthyle dans un tube scellé, il se produit de l'alcool et de l'iodure de méthyl-éthyl-conicine :

$$\left.\begin{matrix}C^8H^{14}\\C\,H^3\\C^2H^5\end{matrix}\right\} Az\,O\,H + C^2H^5I = C^2H^6O + \left.\begin{matrix}C^8H^{14}\\C\,H^3\\C^2H^5\end{matrix}\right\} Az,I.$$

Elle forme avec les acides des combinaisons cristallines; ainsi les acides acétique, azotique, carbonique, chlorhydrique, oxalique et sulfurique donnent avec elle des sels bien cristallisés, très-solubles dans l'eau et déliquescents pour la plupart.

Chloraurate de méthyl-éthyl-conicine,

$$C^{11}H^{22}AzCl, Au\,Cl^3.$$

— Sel jaune se précipitant en flocons qui se prennent rapidement en cristaux; on l'obtient en versant une solution de chlorure d'alcaloïde dans une solution de chlorure d'or; quand la réaction est faite à chaud, le sel se dépose par le refroidissement en aiguilles déliées.

Chloromercurates de méthyl-éthyl-conicine,

$$C^{11}H^{22}AzCl, 3\,(HgCl^2);$$
$$(C^{11}H^{22}Az\,Cl)^2 + 5\,(HgCl^2).$$

— Lorsqu'on traite le chlorhydrate d'alcaloïde par une solution de bichlorure de mercure, il se forme un précipité blanc cristallisé, assez soluble dans l'eau, l'alcool et l'éther; ce sel contient 3 molécules de bichlorure de mercure; chauffé en présence de l'eau, il fond et se dissout. Abandonnée à elle-même, cette solution laisse déposer au bout d'un certain temps un sel double qui renferme 5 molécules de bichlorure de mercure combinées avec 2 molécules de chlorhydrate de la base.

Chloroplatinate de méthyl-éthyl-conicine,

$$(C^{11}H^{22}Az, Cl)^2, Pt\,Cl^4.$$

— Ce sel cristallise sous forme de magnifiques octaèdres peu solubles dans l'eau froide, assez solubles dans l'eau chaude, insolubles dans l'alcool et l'éther. On l'obtient en mélangeant des solutions étendues de bichlorure de platine et de chlorhydrate de la base.

Iodure de méthyl-éthyl-conicine, $C^{11}H^{22}Az,I$. — Sel d'une blancheur éclatante lorsqu'il est pur, soluble dans l'eau et dans l'alcool, insoluble dans l'éther et les liqueurs alcalines; on peut le faire bouillir avec la potasse caustique sans qu'il se décompose. Sa solution aqueuse, traitée par l'oxyde d'argent, donne l'hydrate de méthyl-éthyl-conicine. On l'obtient par la combinaison directe de l'iodure d'éthyle avec le méthyl-conicine.

ÉTHYL-CONICINE, $C^8H^{14}Az(C^2H^5) = C^{10}H^{19}Az$. —L'éthyl-conicine est un liquide huileux presque incolore, très-réfringent, plus léger que l'eau, dans laquelle elle est peu soluble, et possédant l'odeur de la conicine. L'éthyl-conicine se combine aux acides en dégageant de la chaleur; mise en contact avec de l'iodure d'éthyle, elle se transforme en iodure de diéthyl-conicine.

On obtient l'éthyl-conicine en traitant l'iodure d'éthyl-conicine dissous dans l'eau par de la potasse caustique; l'alcaloïde se sépare sous forme d'une huile jaunâtre, on le déshydrate en le faisant digérer avec du chlorure de calcium, ou avec de la potasse caustique, puis on le rectifie en le distillant dans un courant d'hydrogène.

Sels d'éthyl-conicine. — Le *bromhydrate* et l'*iodhydrate* sont des sels incristallisables et s'obtiennent par l'action du bromure ou de l'iodure d'éthyle sur la conicine.

Chlorhydrate d'éthyl-conicine. — Sel se présentant sous forme d'un magma épais composé de cristaux microscopiques, très-déliquescents. On les obtient en mettant en présence, dans le vide, de l'éthyl-conicine bien desséché et de l'acide chlorhydrique concentré.

Chloraurate d'éthyl-conicine. — Ce sel de couleur jaunâtre se dépose en beaux cristaux d'une solution aqueuse bouillante et étendue; on l'obtient en mélangeant des solutions de chlorure d'or et de chlorhydrate d'éthyl-conicine. Ce sel se dépose sous forme d'une huile rougeâtre qui se prend bientôt en cristaux.

Chloromercurate d'éthyl-conicine. — Ce sel se précipite sous la forme d'une masse résineuse blanche, agglutinée, lorsqu'on verse une solution de bichlorure de mercure dans une solution de chlorhydrate d'éthyl-conicine.

Lorsque les solutions sont très-étendues, il se dépose alors sous forme de tables rhomboïdales. Il fond à la température de l'eau bouillante.

Chloroplatinate d'éthyl-conicine,

$$(C^{10}H^{19}Az, HCl)^2, PtCl^4.$$

— Ce sel se présente sous forme d'une poudre jaune cristalline, légèrement soluble dans l'eau et l'alcool. On l'obtient difficilement, ce sel ne précipitant ni dans les solutions aqueuses ni dans les solutions alcooliques par l'addition du bichlorure de platine à la solution de chlorhydrate d'éthyl-conicine. Pour obtenir un précipité, il faut ajouter un peu d'éther; cependant le sel une fois formé est fort peu soluble dans l'alcool. On peut le produire encore en abandonnant la solution alcoolique sur de l'acide sulfurique; on lave ensuite le résidu avec un mélange d'alcool et d'éther.

Hydrate de diéthyl-conicine, $C^{12}H^{24}Az, OH$. — Cette base est soluble dans l'eau, très-alcaline et fort amère.

On l'obtient en faisant à froid un mélange d'iodure d'éthyle et d'éthyl-conicine; au bout de 12 heures environ, il se produit une masse cristalline qui constitue l'iodure de diéthyl-conicine. Ce sel dissous dans l'eau et traité par l'oxyde d'argent fournit l'hydrate de diéthyl-conicine.

Chloraurate de diéthyl-conicine. — Sel soluble dans l'eau chaude, se dépose par le refroidissement en gouttelettes jaunes et cristallines.

Chloromercurate de diéthyl-conicine. — Lorsqu'on mélange des solutions de chlorhydrate de diéthyl-conicine et de bichlorure de mercure, il se forme un précipité floconneux, soluble dans la liqueur chaude et qui se précipite par le refroidissement en très-petits cristaux.

Chloroplatinate de diéthyl-conicine,

$$(C^{12}H^{24}Az, Cl)^2 PtCl^4.$$

— Sel difficilement précipitable et qu'on ne peut obtenir à l'état cristallisé qu'en faisant évaporer avec beaucoup de précaution le mélange des solutions de chlorhydrate de base et de bichlorure de platine. Il se produit un sel cristallin qui, lavé à l'alcool et analysé, répond exactement à la formule du chloroplatinate de diéthyl-conicine.

Iodure de diéthyl-conicine, $C^{12}H^{24}Az, I$. — Ce sel se présente sous la forme de petits cristaux fort solubles dans l'eau et l'alcool, peu solubles dans l'éther. Il s'obtient en mettant en contact de l'iodure d'éthyle et de l'éthyl-conicine; après 12 heures environ, le mélange se prend en une masse cristalline d'iodure de diéthyl-conicine.

ACTION DE LA CONICINE SUR L'ÉCONOMIE. — La conicine est un poison très-énergique qui peut donner la mort à la dose de 10 centigrammes suivant Christison, de 50 centigrammes suivant Orfila.

Les symptômes de l'empoisonnement se manifestent par de la stupeur, de l'assoupissement, des syncopes, par le ralentissement du pouls; la vue se trouble, la langue s'embarrasse, enfin il survient du refroidissement accompagné de nausées et de vomissements.

La ciguë est très-employée en médecine; on la considère comme un agent puissant dans le traitement des engorgements chroniques. Elle a été aussi préconisée pour la guérison du cancer.

CONSTITUTION DE LA CONICINE. — La conicine ne renferme qu'un seul atome d'hydrogène remplaçable par un radical alcoolique : on peut donc la considérer comme une base imidée dans laquelle les deux atomes d'hydrogène substitués sont remplacés soit par deux groupes monatomiques, soit par un seul groupe diatomique.

La production de l'acide butyrique par l'action des corps oxydants sur la conicine vient à l'appui de la première supposition, et permet de considérer le radical de cet alcaloïde comme formé par les deux groupes monatomiques (C^4H^7) et de représenter sa formule rationnelle de la manière suivante :

$$\left.\begin{matrix}(C^4H^7)' \\ (C^4H^7)' \\ H\end{matrix}\right\} Az.$$

MM. Planta et Kekulé admettent au contraire que le radical hydrocarboné de la conicine doit être formé par le groupe diatomique $(C^8H^{14})''$; et cette manière de voir semble justifiée par les travaux récents de M. Wertheim, qui a pu isoler le conylène $(C^8H^{14})''$ et constater ses propriétés diatomiques.

La conicine serait alors représentée ainsi :

$$\left.\begin{matrix}C^8H^{14} \\ H\end{matrix}\right\} Az.$$

Cependant dans l'état actuel de la science il n'est guère possible de se prononcer pour l'une ou l'autre de ces formules, car la conicine n'a pas encore été reproduite avec le groupe $(C^4H^7)'$ et jusqu'à présent M. Wertheim n'a pu la préparer en faisant réagir l'ammoniaque sur le bromure de conylène : de nouvelles expériences sont donc nécessaires pour décider cette question. E. C.

CONISTONITE (Min.). — Oxalate de chaux, $C^2O^4Ca + 7H^2O$. Petits cristaux incolores, transparents ou translucides, appartenant au type orthorhombique : $mm = 97°5'$.

Caractères. — Soluble dans les acides sans effervescence. Dégage, lorsqu'on le chauffe, de l'eau et de l'oxyde de carbone.

CONITE. — Variété de DOLOMIE.

CONJUGUÉS (COMPOSÉS) [Gerhardt, *Ann. de Chim. et de Phys.*, 1839, t. LXXII, p. 184; — Dumas et Piria, *ibid.*, (3), t. V, p. 353; — Gerhardt, *Compt. rend. de l'Acad. des sciences*, t. XX, p. 1031 et 1048; *Compt. rend. des travaux de Chim. pour 1845*, p. 87 et 161, et *Ann. de Millon et Reiset*, 1846, p. 372; — Strecker, *Ann. der Chem. u. Pharm.*, t. LXVIII, p. 47, et en extrait, *Ann. de Millon et Reiset pour 1849*, p. 280; — Gerhardt, *Traité de Chim.*, t. IV, p. 604, 659; — Mitscherlich, *Compt. rend. mensuels de l'Acad. de Berlin*, février 1841]. — Le mot *composé conjugué* a été introduit dans la science par MM. Dumas et Piria, mais l'idée que ce mot représente y a été introduite par Gerhardt. Seulement, au lieu de *corps conjugués*, Gerhardt disait *corps copulés*. Le sens de ces expressions n'a jamais du reste été bien défini. Il a varié avec les époques et il n'est plus aujourd'hui qu'un mot historique. Pour les chimistes d'aujourd'hui, il n'existe plus de composés conjugués. Les faits que l'on avait groupés sous cette rubrique ne sont que des phénomènes de substitution.

En 1839, Gerhardt, encore sous l'empire des théories dualistiques qu'il était appelé à renverser plus tard, admit qu'il existe trois classes de combinaisons particulières et parfaitement distinctes : 1° les *combinaisons salines*, « dont le caractère fondamental est l'éliminabilité directe des deux termes de la combinaison par un autre terme du même ordre, suivant son attraction ou sa solubilité » ; 2° les combinaisons *par substitution*, « qui se font de telle manière que, deux corps étant en réaction, il s'en sépare un composé très-simple, tel que l'eau ou l'acide chlorhydrique, tandis que les éléments restants demeurent unis »; 3° enfin les combinaisons *par accouplement*, « que présentent les acides oxygénés et les bases oxygénées en s'unissant à des corps qui ne sont pas des oxydes métalliques et qui n'en altèrent pas la capacité de saturation ». Comme exemple de corps formés par accouplement, Gerhardt citait l'acide $C^{10}H^{16}SO^3$, obtenu par M. Kane en faisant agir l'acide sulfurique sur l'essence de térébenthine; l'acide $C^3H^3SO^4$, qui résulte de la réaction de l'acide sulfurique sur l'acétone, etc. *Ces faits prouvent*, disait-il, *que l'acide sulfurique peut s'unir à des corps qui ne sont pas des oxydes métalliques, sans les décomposer et sans changer de capacité de saturation.* « Quelle est, ajoutait-il, la forme que prennent ces corps en entrant dans la constitution de l'acide sulfurique? Nous l'ignorons; mais ce qui est positif, c'est que cette forme n'est ni la forme binaire (celle que présentent les acides et les bases dans les sels), car le produit n'offre pas le caractère de déplacement des sels; ni la forme de substitution, car il ne s'est séparé aucun élément de l'acide sulfurique; il faut donc que ce soit une forme particulière de combinaison chimique, et pour la distinguer des deux autres, nous la désignerons sous le nom de *forme d'accouplement*. Ainsi l'on dira que l'acide sulfurique et, comme lui, un grand nombre d'autres acides oxygénés peuvent s'accoupler avec des corps qui ne sont pas des oxydes métalliques, et particulièrement avec des substances organiques indifférentes, lesquelles modifient seulement les propriétés de ces acides sans les saturer, c'est-à-dire sans en altérer la capacité de saturation. L'acide sulfobenzinique est donc de l'acide sulfurique uni par accouplement à de la sulfobenzine que nous appellerons la substance copulative ou la copule. »

En 1842, MM. Dumas et Piria revinrent sur le même sujet. Après avoir rappelé l'existence de l'acide sulfobenzoïque que M. Mitscherlich avait obtenu en soumettant l'acide benzoïque à l'action de l'acide sulfurique anhydre et qui est bibasique, ils donnèrent à cet acide le nom d'acide conjugué et essayèrent de se rendre compte de la constitution des acides organiques polybasiques, tels que les acides tartrique et citrique, en les considérant comme des acides conjugués dérivés de deux acides plus simples.

« Si, disaient ces chimistes, on fait agir l'acide sulfurique sur l'acide benzoïque, on obtient le composé

$$\begin{array}{l} C^{28}H^8O^3, SO^5 \ (O=100, H=6{,}25, C=37{,}50), \\ \quad SO^2 \end{array}$$

dans lequel chacun des deux acides a conservé son pouvoir saturant spécial, le composé prenant 2 atomes d'eau quand il est libre et exigeant 2 atomes d'eau pour sa saturation complète.

« Remplaçons l'acide benzoïque par de l'acide acétique, nous aurons

$$\begin{array}{c} C^8H^4O^3, SO^3 \\ SO^2 \end{array}$$

pour l'acide sulfacétique. Cet acide saturera 2 équivalents de base, et il retiendra au moins 2 équivalents d'eau à l'état de liberté. Nous aurons ainsi le nouvel acide découvert et analysé par M. Melsens.

« Remplaçons à son tour l'acide sulfurique par de l'acide oxalique et nous aurons l'acide tartrique anhydre

$$\begin{array}{c} C^8H^4O^3.C^4O^3, \\ C^4O^2 \end{array}$$

c'est-à-dire l'acide qui reste dans l'émétique anhydre $C^{16}H^4O^8$.

« Mais

$$\begin{array}{c} C^8H^4O^3 \\ C^4O^2 \end{array}$$

étant toujours de l'acide acétique dans lequel 1 équivalent d'hydrogène se trouve remplacé par 1 équivalent du radical oxalique C^4O^2, il est à penser que, sous cette dernière forme, l'acide acétique conserverait la propriété de s'unir tantôt à 1, tantôt à 3 équivalents de base ou d'eau, l'acide oxalique conservant la faculté de se combiner à 1 équivalent de base ou d'eau, comme on le voit dans les oxalates neutres. Ainsi le corps

$$\begin{array}{c} C^4O^3, C^8H^4O^3, \\ C^4O^2 \end{array}$$

si les acides distincts qui lui donnent naissance par la conjugaison avaient conservé leurs propriétés spéciales, pourrait donner naissance à un hydrate qui aurait pour formule

$$\begin{array}{c} H^2O + C^4O^3, C^8H^4O^3 + 3H^2O \\ C^4O^2 \end{array}$$

et à des sels de même forme

$$\begin{array}{c} RO + C^4O^3, C^8H^4O^3 + 3RO. \\ C^4O^2 \end{array}$$

Or telle serait la composition de l'acide tartrique cristallisé et de l'émétique anhydre.

« Mais il est clair que, sous cette forme, l'acide tartrique constituerait des sels basiques, les véritables tartrates neutres devant offrir les formules

$$\begin{array}{c} H^2O + C^4O^3, C^8H^4O^3 + H^2O, \\ C^4O^2 \end{array}$$

$$\begin{array}{c} RO + C^4O^3, C^8H^4O^3 + H^2O. \\ C^4O^2 \end{array}$$

« Pourquoi de tels tartrates n'existent-ils pas? La raison en est simple, car si l'on forme, par exemple, le tartrate neutre de potasse,

$$\begin{array}{c} KO + C^4O^3, C^8H^4O^3 + KO, \\ C^4O^2 \end{array}$$

ce sel pourra bien exister à la température ordinaire, mais alors il retiendra de l'eau. Si on l'expose à une température élevée pour en expulser celle-ci, le sel éprouvera une réaction, les éléments de l'acide tartrique venant à se dissocier, sous l'influence de l'alcali, pour produire de l'acide oxalique et de l'acide acétique, comme l'a reconnu M. Gay-Lussac.

« Cette réaction sera bien plus profonde encore si, au lieu de produire ce sel neutre, on essaye de former le sel basique,

$$KO + \frac{C^4O^3}{C^4O^2}, C^8H^4O^8 + 3KO.$$

Il suffira de concentrer une dissolution renfermant de tels éléments pour donner immédiatement naissance à de l'oxalate et à de l'acétate de potasse. »

Dumas et Piria appliquaient aussi leurs idées à la constitution de l'acide citrique, qui, selon eux, était formé d'une molécule d'acide acétique conjuguée avec une molécule d'acide oxalique et avec une molécule d'acide oxalacétique, c'est-à-dire d'un acide acétique dans lequel H serait remplacé par le radical oxalique. Ils rendaient compte ainsi de la capacité de saturation de l'acide citrique qui devait être égale à 3, c'est-à-dire à la somme des capacités de saturation des trois acides conjugués (on sait qu'à cette époque l'acide oxalique était envisagé comme monobasique).

Dumas et Piria considéraient donc comme conjugués des acides résultant de la réunion de deux ou plusieurs acides unis sans aucune perte de basicité, et ils appliquaient cette idée non-seulement aux acides renfermant les éléments d'un acide minéral comme l'acide sulfobenzoïque, mais encore à des acides organiques, dont ils cherchaient ainsi à éclairer la constitution encore inconnue alors.

Berzelius, environ à la même époque, adopta aussi le terme *copulé* ou *conjugué*, mais il donna à ces mots un sens différent. Pour lui les expressions indiquaient des composés qu'il ne pouvait pas envisager comme formés par l'union d'éléments ou de composés binaires opposés par la nature de leur électricité. Ainsi l'eau, les oxydes métalliques et les oxydes des radicaux organiques qui leur correspondent étaient supposés capables de se combiner avec les acides, ou corps électronégatifs, conformément à la règle générale. L'union de tous les autres corps était appelée copulation. Ainsi l'acide acétique

$$C^4H^3O^3 \ (O=100, \ H=12{,}5, \ C=75)$$

était regardé comme de l'acide oxalique C^2O^3 copulé avec le méthyle C^2H^3, l'acide trichloracétique $C^4Cl^3O^3$ comme de l'acide oxalique C^2O^3 copulé avec du sesquichlorure de carbone C^2Cl^3. Berzelius, en un mot, envisageait les composés copulés comme engendrés par l'union d'une substance active (exemple : acide oxalique) avec une substance passive ou copule. Il admettait que le chlore ne pouvait se substituer à H que dans la copule et jamais dans la substance active. Gerhardt a toujours protesté contre cette acception donnée à un mot qu'il avait lui-même introduit dans la science pour exprimer une idée différente.

Jusqu'ici nous ne sommes point encore sortis de la théorie dualistique. Les acides et les bases étaient encore pour les chimistes nos anhydrides acides et nos anhydrides basiques actuels. On ne tenait pas compte de l'eau, et c'est pour cela que Gerhardt et les chimistes qui l'avaient suivi avaient pu considérer les corps conjugués comme engendrés par la soudure pure et simple de deux corps unis sans élimination d'aucun composé complémentaire. Si, en effet, au lieu d'écrire l'acide acétique $C^4H^3O^3$ et l'acide sulfurique SO^3, on avait écrit le premier de ces acides $C^4H^4O^4$ ou mieux $C^2H^4O^2$ et le second SO^3, HO ou mieux

$$SO^3H^2O = SH^2O^4 \ (O=16, \ S=32, \ H=1),$$

on aurait vu que l'acide sulfacétique se forme aux dépens de ces deux acides avec élimination d'eau :

$$\underset{\text{Acide acétique.}}{C^2H^4O^2} + \underset{\text{Acide sulfurique.}}{SH^2O^4} = \underset{\text{Eau.}}{H^2O} + \underset{\text{Acide sulfacétique.}}{C^2H^4SO^5}.$$

C'est ce dont Gerhardt ne tarda pas à s'apercevoir. Aussi dès 1845 publia-t-il dans les *Comptes rendus de l'Acad. des sciences* et dans ses *Comptes rendus des travaux de chimie* un mémoire détaillé où, revenant sur sa première définition, il donnait le nom de *corps copulés* à tous les composés formés par l'union de deux corps avec élimination d'eau, et capables de reproduire les corps originaux en fixant de nouveau les éléments de l'eau. Ainsi pour lui, l'acide sulfovinique

$$C^2H^6O + SH^2O^4 = H^2O + \underset{\text{Acide sulfovinique.}}{C^2H^6SO^4},$$

l'éther acétique

$$C^2H^6O + C^2H^4O^2 = H^2O + \underset{\text{Éther acétique.}}{C^4H^8O^2},$$

l'acide sulfobenzoïque

$$C^7H^6O^2 + SH^2O^4 = H^2O + \underset{\text{Acide sulfobenzoïque.}}{C^7H^6SO^5},$$

l'acide nitrobenzoïque

$$C^7H^6O^2 + AzHO^3 = \underset{\text{Acide nitrobenzoïque.}}{C^7H^5(AzO^2)O^2} + H^2O,$$

la benzamide

$$C^7H^6O^2 + AzH^3 = H^2O + \underset{\text{Benzamide.}}{C^7H^7AzO}, \text{ etc.}$$

étaient des corps copulés. On voit que c'était faire rentrer à peu près tous les corps organiques dans la classe des corps copulés, et même c'était y faire entrer les sels, qui eux aussi se produisent avec élimination d'eau dans l'action réciproque des acides sur les bases.

Dans le même mémoire, Gerhardt posa une loi qu'il considérait comme pouvant servir à déterminer dans tous les cas la basicité d'un produit conjugué. En appelant B la basicité cherchée, b et b' les basicités des deux corps entrés en réaction, et n le nombre de molécules réagissantes, on aurait eu : $B = b + b' - (n - 1)$.

Exemple : l'acide succinique a une basicité égale à 2, donc $b = 2$; l'acide sulfurique est bibasique, donc $b' = 2$; une molécule d'acide sulfurique réagit sur une molécule d'acide succinique pour produire l'acide sulfosuccinique, donc $n = 2$. En remplaçant b, b' et n par leur valeur dans l'équation ci-dessus, il vient

$$B = 2 + 2 - (2 - 1) = 3.$$

S'il entrait en réactions un nombre de molécules de l'un ou de l'autre corps supérieur à un, il faudrait multiplier b et b' par ce nombre ; l'équation supérieure deviendrait donc plus générale en l'écrivant : $B = b'm + bn - (m + n - 1)$, où m et n représentent le nombre de molécules des corps dont la basicité est b et b'; quand l'un des corps réagissants est neutre, b ou $b' = 0$.

Pour que cette loi fût exacte, il aurait fallu substituer le mot *atomicité* au mot *basicité*. Sans cela on s'exposait à considérer comme simplement monobasiques des corps qui sont diatomiques. C'est ce qu'a fait M. Mendius en étudiant l'acide salycilique et l'acide sulfosalycilique [*Ann. der Chem. u. Pharm.*, t. CIII, p. 39 ; nouv. sér., t. XXVII, et en extrait, *Ann. de Chim. et de Phys.*, (3), t. LIII, p. 243]. Mais d'un autre côté, en employant le mot atomicité, la loi cessait de s'appliquer aux produits conjugués appartenant à la classe des éthers. En effet, si on l'appliquait à la détermination de l'atomicité de l'acide sulfovinique, l'atomicité de l'alcool étant 1, et celle de l'acide sulfurique 2, on aurait 2 pour l'atomicité du produit, tandis qu'en réalité cette atomicité est égale à 1.

C'est que Gerhardt réunissait sous cette rubrique, *composés conjugués,* des corps très-différents; il s'en aperçut plus tard et éloigna de ce groupe de corps les éthers neutres, les amines et les amides [*Traité de Chimie*]. Mais, chose étrange, lui qui était doué d'une logique si rigoureuse, il fut assez illogique dans cette circonstance pour y conserver les acides amiques et les acides viniques. Cela suffisait pour renverser sa loi, car avec elle l'acide sulfovinique et l'acide iséthionique auraient dû avoir la même atomicité, tandis qu'en réalité le premier de ces acides est monatomique et le second diatomique.

Il faut bien l'avouer toutefois, Gerhardt n'avait point les notions que nous avons acquises depuis sur la constitution des corps et ne pouvait pas, comme nous aujourd'hui, se rendre compte de la différence qui sépare l'acide iséthionique de l'acide sulfovinique.

Pour nous, si nous conservions la classe des corps conjugués, nous y rangerions seulement les composés qui répondent en effet à la loi de Gerhardt et nous en exclurions les éthers et les amides aussi bien acides que neutres.

Mais n'anticipons pas. Gerhardt dans son *Traité de Chimie* étendit aux radicaux eux-mêmes l'idée de la conjugaison : « Pour rattacher entre eux, dit-il, deux ou plusieurs systèmes de double décomposition d'un même corps, il est souvent avantageux de représenter celui-ci par un radical conjugué, c'est-à-dire composé de plusieurs radicaux dont chacun rappelle un semblable système. Il y a deux manières de considérer un radical conjugué. On peut l'exprimer comme conjugué par addition, lorsqu'il renferme tous les éléments des deux autres radicaux simples ou composés. Ainsi le sulfophényle $C^6H^5SO^2$ est un radical conjugué par addition des radicaux sulfuryle SO^2 et phényle C^6H^5... Ou bien on peut considérer un radical comme conjugué par substitution, lorsqu'il contient tous les éléments d'un radical et une partie seulement des éléments d'un autre radical, le premier radical étant ainsi censé remplacer les éléments manquants du second. Ainsi le nitrobenzoyle $C^7H^4(AzO^2)O$ se compose du radical benzoyle C^7H^5O dont 1 atome d'hydrogène est remplacé par le radical nitryle AzO^2...»

Cette nouvelle vue sur les radicaux conjugués a une grande importance : elle a ouvert la voie à la création de ces formules de constitution que nous employons aujourd'hui et qui servent à exprimer les réactions dans lesquelles les radicaux ne se conservent pas intacts. Ainsi Gerhardt, en considérant l'acétyle comme un radical conjugué $CH^3.CO$, devinait la formule de constitution

$$\begin{matrix} CH^3 \\ CO \end{matrix}$$

par laquelle nous représentons aujourd'hui l'acétyle.

Quoi qu'il en soit, il résulte de l'exposition historique que nous venons de faire, que la classe des composés conjugués n'a plus aucune raison d'être aujourd'hui ; les corps auxquels on avait donné ce nom ne sont que des dérivés de substitution. Toutes leurs propriétés et surtout les lois de leur atomicité s'expliquent fort bien ainsi.

Que deux corps dont l'atomicité soit égale à 0 réagissent, le produit de substitution résultant aura aussi une atomicité égale à 0. Exemple : le toluène en réagissant sur le chlore donne le toluène chloré, dont l'atomicité est nulle comme celle de ses composants.

Lorsqu'un corps d'atomicité égale à 0 réagit sur un corps monatomique, le composé produit peut avoir une atomicité égale à 0 ou à 1, selon la manière dont la substitution se fait. Le produit a une atomicité égale à 0 si le résidu du premier corps remplace l'hydrogène typique du second; il est au contraire monatomique s'il remplace 1 atome d'hydrogène dans le radical. Exemple : l'anhydride hypochloreux, en réagissant sur l'anhydride acétique, donne un corps neutre, l'acétate de chlore $C^2H^3ClO^2$, qui représente une molécule d'acide acétique dont l'hydrogène typique est remplacé par du chlore. Au contraire, le chlore, en agissant sur l'acide acétique, fournit l'acide chloracétique $C^2H^3ClO^2$ qui est monobasique, parce que le chlore y est substitué à l'hydrogène du radical acétyle.

De même, lorsqu'on fait réagir sur des composés organiques l'acide azotique, qui perd dans ce cas son oxhydryle et dont le radical AzO^2 entre par substitution dans la molécule organique, le produit a une atomicité égale à celle du corps organique entière ou diminuée d'une unité suivant que AzO^2 se substitue à l'hydrogène typique ou non typique. Ainsi l'acide nitrobenzoïque

$$\left.\begin{matrix} C^7H^4AzO^2 \\ H \end{matrix}\right\} O$$

est monatomique comme l'acide benzoïque, tandis que l'éther nitrique

$$\left.\begin{matrix} C^2H^5 \\ AzO^2 \end{matrix}\right\} O$$

ne renferme pas d'oxhydryle, bien que l'alcool $C^2H^3.OH$ dont il dérive en renfermât un.

Enfin, lorsqu'il s'agit d'acides bibasiques, ce sont les résidus monatomiques dérivés de ces acides par élimination d'un seul OH qui se substituent à H. Ainsi avec l'acide sulfurique, ce qui se substitue à H c'est le résidu

$$\left(SO^2\left\{\begin{matrix} OH \\ . \end{matrix}\right.\right)'.$$

Si le résidu se substitue à l'hydrogène typique du corps sur lequel l'acide sulfurique réagit, il n'en altère pas l'atomicité; c'est le cas de l'acide sulfovinique, qui est monatomique comme l'alcool dont il dérive :

$$\underset{\text{Alcool.}}{C^2H^5OH} \quad — \quad \underset{\text{Acide sulfovinique.}}{SO^2\left\{\begin{matrix} OH \\ O.C^2H^5. \end{matrix}\right.}$$

S'il se substitue à 1 atome d'hydrogène non typique, il augmente d'une unité l'atomicité du composé, qui devient égale à $b + b' - (n - 1)$. C'est le cas de l'acide sulfobenzoïque qui est bibasique, bien qu'il dérive de l'acide benzique monobasique :

$$\underset{\text{Acide benzoïque.}}{C^7H^5O.OH} \qquad \underset{\text{Acide sulfobenzoïque.}}{C^7H^4(SO^2OH)'O.OH}$$

$$SO^2\left\{\begin{matrix} OH \\ C^7H^4O.OH. \end{matrix}\right.$$

On voit de même que le résidu monatomique d'un acide triatomique

$$\left(R\left\{\begin{matrix} OH \\ OH \\ . \end{matrix}\right.\right)'$$

élèverait l'atomicité d'un corps de 1 ou de 2 unités, selon qu'il se substituerait à de l'hydrogène typique ou non typique.

La nécessité de faire disparaître le mot *corps conjugués,* et de faire rentrer cette classe de corps parmi les produits de substitution, a été vivement défendue par M. Kekulé dans une discussion que ce chimiste a eue avec M. Limpricht (1), et à laquelle nous renvoyons les chimistes curieux de connaître dans tous ses détails l'historique de cette question. A. N.

(1) *Ann. der Chem. u. Pharm.*, t. CII, p. 139; t. CIV, p. 127; t. CV, p. 177; t. CVI, p. 129; et Kekulé, *Traité de Chim.*, 1859, t. I, p. 192.

CONNELLINE (Min.). — Petites aiguilles hexagonales d'un beau bleu passant pour un chlorosulfate de cuivre.

CONVALLARINE. — Le sceau de Salomon (*Convallaria maialis*), cueilli pendant ou après sa floraison, est desséché, pulvérisé et épuisé par l'alcool. L'extrait alcoolique est précipité par le sous-acétate de plomb et filtré; on le débarrasse du plomb en solution par l'hydrogène sulfuré, et on évapore. La convallarine cristallise dans cette liqueur en prismes rectangulaires droits qu'on lave à l'éther. Ils sont très-peu solubles dans l'eau, à laquelle ils communiquent pourtant une saveur assez désagréable. Walz propose la formule $C^{34}H^{62}O^{11}$.

Bouillie avec des acides, la convallarine se dédouble en sucre et en *convallarétine* $C^{14}H^{26}O^{3}$ qui se présente en masses cristallines solubles dans l'éther.

Les eaux mères de la convallarine contiennent une substance amère (*convallamarine*) qu'on en peut tirer en filtrant, traitant par le noir animal, précipitant par le tannin et séparant celui-ci par l'oxyde de plomb. Les acides et les alcalis agissent sur cette substance en donnant de petits cristaux de *convallamarétine*. G. S.

CONVOLVULINE, $C^{31}H^{54}O^{16}$ [Mayer, *Ann. der Chem. u. Pharm.*, t. LXXXIII, p. 126; t. XCV, p. 161; *ibid.*, nouv. sér., t. XIX, p. 129; et *Ann. de Chim. et de Phys.*, (3), t. XLV, p. 496; — Kaiser, *Ann. der Chem. u. Pharm.*, t. LI, p. 30]. — La convolvuline est une substance résineuse que l'on retire du jalap officinal, lequel est le rhizome du *Convolvulus schiedanus* (Zucc.). Elle paraît être homologue de la jalapine extraite du jalap fusiforme (*Convolvulus orizabensis*, Pell). Cette dernière aurait en effet pour formule, d'après Mayer, $C^{32}H^{56}O^{16}$.

Les expériences du même chimiste portent à croire, quoique le fait ne soit pas sûrement établi, que la convolvuline et la jalapine coexistent dans plusieurs espèces de jalap, la convolvuline étant plus abondante dans les variétés en forme de tubercules et la jalapine prédominant dans les variétés fusiformes.

Mayer avait considéré autrefois la convolvuline comme répondant à la formule $C^{72}H^{122}O^{87}$; Kaiser avait donné au même corps la formule $C^{21}H^{33}O^{10}$ et Laurent la formule $C^{24}H^{40}O^{12}$.

Pour préparer la convolvuline, on épuise la racine du *Convolvulus schiedanus* par l'eau bouillante, puis on la dessèche, on la pulvérise finement et on la soumet à l'action trois fois répétée de deux fois son poids d'alcool à 90°; le liquide alcoolique est ensuite traité par l'eau jusqu'à ce qu'il se forme un trouble persistant et décoloré par le charbon animal. On évapore enfin la liqueur à siccité. La résine qui reste comme résidu n'est pas pure. Pour la purifier, on la pulvérise et l'épuise par l'éther, puis on dissout le résidu dans la plus petite quantité possible d'alcool et l'on précipite la solution alcoolique par l'éther. On répète ce dernier traitement jusqu'à ce que le précipité soit tout à fait débarrassé des parties solubles dans l'éther. La convolvuline ainsi obtenue peut être considérée comme pure.

La convolvuline est une résine incolore, transparente, qui donne, lorsqu'on la pulvérise, une poudre semblable à la gomme arabique. Elle est sans saveur et sans odeur; ni l'eau ni l'éther ne la dissolvent; l'alcool, au contraire, la dissout facilement. Son insolubilité dans l'éther la distingue de la jalapine. Humide, la convolvuline fond au-dessous de 100°; mais lorsqu'elle est sèche, elle ne commence à se ramollir qu'à 141° et c'est seulement à 150° qu'elle fond en un liquide transparent et un peu jaune. Vers 155° elle se décompose. Elle brûle facilement à l'air avec une flamme fuligineuse en répandant une odeur qui rappelle celle du caramel. Les solutions manifestent une réaction légèrement acide.

La convolvuline bien divisée se dissout facilement dans les solutions alcalines chaudes et même froides en se transformant en acide convolvulique (voyez ce mot). Elle se dissout aussi dans l'acide acétique. L'acide azotique très-étendu la dissout très-difficilement à froid, à chaud il la dissout avec plus de facilité, mais en la décomposant; l'acide azotique concentré l'attaque d'une manière immédiate en répandant des vapeurs nitreuses et la convertit en un mélange d'acide oxalique et d'un isomère de l'acide sébacique, l'acide ipoméique, $C^{10}H^{18}O^{4}$.

Dissoute dans l'alcool et soumise à l'action d'un courant de gaz chlorhydrique, la convolvuline se résout en glucose et acide convolvulinolique :

$$2C^{31}H^{50}O^{16} + 11H^{2}O = C^{26}H^{50}O^{7} + 6C^{6}H^{12}O^{6}.$$

Convolvuline. Eau. Acide convolvulinolique. Glucose.

La convolvuline n'est point attaquée par l'acide sulfurique étendu; mais elle se dissout dans l'acide sulfurique concentré en prenant une couleur rouge-carmin qui vire au brun au bout de quelque temps. Si l'on abandonne le liquide à lui-même, il finit par laisser déposer une substance d'un brun noirâtre. Dans cette réaction la convolvuline donne de la glucose et du convolvulinol. Il résulte de ces diverses réactions que la convolvuline est un glucoside.

Cette substance est le principe actif de la résine de jalap. Elle exerce une action purgative très-forte, même à la dose de quelques grains. A. N.

CONVOLVULINOLIQUE (ACIDE) [Syn. *Convolvulinol, rhodéorétinol*] [Kaiser, *loc. cit.*; — Mayer, *loc. cit.*]. — Ce corps prend naissance lorsqu'on fait agir l'émulsine ou les acides étendus sur l'acide convolvulique. Il se forme en même temps de la glucose. Pour le préparer, on dissout 30 grammes d'acide convolvulique dans 300 grammes d'eau, on porte la liqueur à l'ébullition, et l'on y ajoute 20 grammes d'acide sulfurique étendu de 200 grammes d'eau; l'ébullition doit être continuée pendant quelque temps. L'acide convolvulinolique se sépare en partie sous forme d'huile et en partie reste dissous dans l'eau d'où il se sépare, par le refroidissement, en aiguilles incolores et microscopiques.

C'est un corps inodore, d'une saveur aigre et amère. L'eau pure le dissout difficilement, l'eau acidulée le dissout mieux; il est très-soluble dans l'alcool et peu soluble dans l'éther; les solutions éthérées ou alcooliques ne l'abandonnent pas en cristaux. Il est gras au toucher, se ramollit sous les doigts, fond entre 38°,5 et 39° en une huile jaune qui ne se solidifie plus qu'à 36°. Fondu et mêlé avec de l'eau, il communique à ce liquide une odeur qui a quelque analogie avec celle du fruit de caroubier.

Lorsqu'on chauffe l'acide convolvulinolique, à l'air, sur une lame de platine, il paraît se volatiliser pour la majeure partie, sans se décomposer. Les vapeurs qu'il répand sont irritantes et excitent la toux comme celles de l'acide sébacique.

L'acide sulfurique le colore d'abord en jaune, puis en rouge-amarante comme la convolvuline. L'acide nitrique l'oxyde avec formation d'acide oxalique et d'acide ipoméique.

Au dire de Mayer, l'acide purifié comme nous l'avons indiqué plus haut répondrait à la formule $C^{26}H^{50}O^{7}$, et lorsqu'il a été séparé d'un de ses sels, il répondrait à la formule $C^{13}H^{24}O^{3}$. D'après cela, la première formule deviendrait

$$(C^{13}H^{24}O^{3})^{2} + H^{2}O.$$

Cette formule exigerait C = 65,8 et H = 10,5,

et l'analyse a donné $C = 65{,}47$ et $H = 10{,}71$.

Il se forme un corps tout à fait semblable à l'acide convolvulinolique, dont il ne se distingue que par un point de fusion un peu plus élevé (40°-45°) et par une réaction plus fortement acide, lorsqu'on chauffe la convolvuline ou l'acide convolvulique avec de l'hydrate de sodium et un peu d'eau jusqu'à ce qu'il ne se dégage plus d'hydrogène. La solution aqueuse doit être ensuite précipitée par l'acide sulfurique et le produit purifié par solution dans l'alcool et décoloration au moyen du charbon animal.

Mayer donne le nom de *convolvulinol* au produit de l'action des acides sur l'acide convolvulique, et désigne sous le nom d'*acide convolvulinolique* l'acide retiré de ses sels, ou préparé par le procédé que nous venons de décrire en dernier lieu. Il est probable toutefois que ces deux corps sont un seul et même acide à des états d'hydratation différents.

D'après Mayer, les convolvulinolates renferment $C^{26}H^{48}M^2O^7$. Ceux des métaux alcalins sont fort solubles dans l'eau et l'alcool. On les obtient en saturant la solution alcoolique de l'acide par les alcalis caustiques. Les sels *alcalino-terreux* sont peu solubles et peuvent être préparés de la même manière. Enfin les sels des métaux lourds sont tout à fait insolubles et s'obtiennent par précipitation. Le sel de plomb paraît renfermer

$$C^{26}H^{46}Pb''O^6.$$

A. N.

CONVOLVULIQUE (ACIDE). — Cet acide prend naissance lorsqu'on soumet la convolvuline à l'action des bases: il résulte de la fixation des éléments de l'eau sur cette dernière substance. Obtenu d'abord par Kaiser, qui l'avait appelé *hydro-rhodéorétine* et lui avait assigné la formule $C^{12}H^{72}O^{21}$, il a été plus tard étudié par Mayer, qui lui a donné le nom d'*acide rhodéorétique* et lui a assigné la formule $C^{36}H^{60}O^{19}H^2$ en le considérant comme bibasique. Plus tard le même chimiste, revenant sur sa première opinion, l'a considéré comme tribasique avec la formule $C^{62}H^{50}O^{32}.3HO$ ($C = 6$, $O = 8$), ce qui rendrait cet acide hexabasique puisque la notation actuelle oblige à doubler cette formule et à l'écrire $C^{62}H^{100}O^{35}.H^6$.

Pour préparer l'acide convolvulique, on fait bouillir pendant quelque temps la convolvuline avec de l'eau de baryte en agitant continuellement. Quand le liquide est refroidi, on précipite le baryum par un léger excès d'acide sulfurique et l'on filtre. La liqueur est mise à digérer avec du carbonate de plomb qui élimine l'acide sulfurique en excès, puis on la filtre de nouveau et on la soumet à l'action d'un courant d'acide sulfhydrique pour chasser le plomb dissous. On filtre une dernière fois et l'on évapore au bain-marie.

L'acide convolvulique est une substance blanche, très-hygrométrique, soluble en toutes proportions dans l'eau et l'alcool, insoluble dans l'éther. Elle ressemble par son aspect à la convolvuline. En dissolution dans l'eau, elle a une forte réaction acide et une odeur légère qui rappelle celle des coings. Elle se ramollit un peu au-dessous de 100°, fond entre 100° et 120° et se décompose à une température plus élevée.

L'acide convolvulique se dissout dans l'acide acétique, l'acide azotique étendu le dissout peu à froid, beaucoup mieux à chaud, sans l'altérer. L'acide azotique concentré l'oxyde et le transforme en acides oxalique et ipoméique $C^{10}H^{18}O^4$ isomère de l'acide sébacique. L'acide sulfurique concentré le dissout en prenant une couleur rouge-carmin qui tourne au brun au bout de quelque temps. Cette solution, abandonnée pendant longtemps à elle-même, dépose une substance d'un brun noirâtre. L'acide sulfurique et l'acide chlorhydrique étendus et bouillants convertissent l'acide convolvulique en acide convolvulinolique et glucose. L'émulsine produit le même effet. L'acide convolvulique doit donc être regardé comme un glucoside acide. Sa transformation est exprimée par l'équation :

$$C^{62}H^{106}O^{35} + 8H^2O = C^{26}H^{50}O^7 + 6C^6H^{12}O^6.$$

Acide convolvulique.	Eau.	Acide convolvulinolique.	Glucose.

L'acide convolvulique décompose avec effervescence les carbonates alcalins et alcalino-terreux, surtout à l'aide de la chaleur. Les solutions soit libres, soit saturées par l'ammoniaque, ne précipitent aucun sel métallique neutre, mais donnent un précipité blanc volumineux avec le sous-acétate de plomb.

Bouilli avec l'eau de baryte, l'acide convolvulique fournit un sel dit neutre, $C^{62}H^{102}Ba^2O^{35}$? Si l'acide est en excès, le sel obtenu est acide et répond à la formule $C^{62}H^{104}BaO^{35}$? Ces deux sels sont amorphes, diaphanes, cassants, amers, d'odeur de coings, très-solubles dans l'eau et l'alcool et fusibles entre 100° et 110°.

Le sel de chaux $C^{62}H^{102}Ca^2O^{35}$, obtenu en faisant bouillir l'acide avec un lait de chaux, est amorphe, jaunâtre, et donne une solution qui a une odeur de coings.

On obtient aussi un convolvulate potassique qui renferme 5,65 % de potasse en saturant l'acide par une solution de cet alcali, évaporant à siccité et reprenant par l'alcool qui enlève la potasse en excès et laisse le sel. Il est amorphe, très-soluble dans l'eau, peu soluble dans l'alcool. Sa solution aqueuse est amère et possède l'odeur de coings comme celle des sels précédents. Il fond entre 100° et 110° [Kaiser, *Ann. der Chem. u. Pharm.*, t. LI, p. 30; — Mayer, *ibid.*, t. LXXXIII, p. 126; t. XCV, p. 162].

A. N.

COPAHU. — Le copahu est une substance oléo-résineuse, retirée, par incision, de plusieurs arbres qui croissent au Brésil, au Mexique et dans les Antilles; ils appartiennent au genre *Copaifera*, tribu des Césalpiniées, famille des Légumineuses. On en connaît plusieurs variétés : *C. officinalis*, *Guyanensis*, *Langsdorfii*, *Coriacea cordifolia*, *Sellowii*, *Martii*, et qui toutes produisent l'oléo-résine; mais l'espèce qui en fournit le plus et qui paraît être la plus répandue est le *C. officinalis*.

Le copahu est habituellement désigné sous le nom de *baume*, mais cette qualification est inexacte, car il n'offre aucun des caractères qui distinguent les baumes proprement dits; c'est une oléo-résine.

Le copahu, tel qu'il découle des arbres, est d'une consistance plus ou moins molle, selon la quantité d'huile essentielle qu'il renferme. Sa couleur jaunâtre est variable, son odeur plus ou moins forte est désagréable, sa saveur âcre et amère. Lorsque l'arbre qui le produit est dans toute sa croissance, on peut faire deux ou trois incisions par an, et chaque incision donne environ 6 kilogrammes d'oléo-résine.

D'après Guibourt, il existe dans le commerce trois variétés principales de copahu : 1° le *copahu du Brésil*, presque aussi liquide que de l'huile, transparent, d'une couleur jaune peu foncée, possédant un goût âcre et amer, ainsi qu'une saveur forte et repoussante. Soluble entièrement dans l'alcool concentré.

2° Le *copahu de Cayenne* possède une consistance plus épaisse et une transparence parfaite; son odeur rappelle celle du bois d'aloès, et sa saveur est plus franchement amère, mais moins persistante. Guibourt regarde cette variété comme préférable aux autres ; c'est la moins répandue.

3° Le *copahu de la Colombie* possède des caractères analogues aux variétés précédentes, mais

Il se distingue de ces dernières parce qu'il laisse déposer dans les tonneaux qui servent à le transporter une assez grande quantité d'une résine acide et cristallisée [Guibourt, *Hist. nat. des drog. simp.*, t. III, p. 432; *Journ. de Pharm. et de Chim.*, t. XXII, p. 321, 3e série].

La composition chimique du copahu a été étudiée avec soin par MM. Gerber et Stolze : il est formé par une huile volatile tenant en dissolution un mélange de deux résines analogues à la colophane.

Huile volatile de copahu. — L'huile volatile de copahu est blanche, transparente, d'une densité de 0,878, soluble en toutes proportions dans l'alcool absolu et l'éther; elle possède l'odeur caractéristique du copahu, et bout à 260°, mais en s'altérant. Le potassium s'y conserve sans altération. Elle possède la même composition chimique que l'essence de citron; elle se combine avec l'acide chlorhydrique, mais le camphre qui en résulte est très-différent du camphre d'essence de citron.

La partie résineuse du copahu est formée par le mélange de deux résines, dont l'une, cristallisable, est désignée sous le nom d'*acide copahurique* ou *copahu-résinique*, et dont l'autre, visqueuse, incristallisable, paraît être un produit d'altération de la première.

D'après M. Schweitzer, l'acide copahurique est une matière résineuse, acide, rougissant le papier bleu de tournesol, cristallisée, inodore, incolore, soluble dans les huiles essentielles, les huiles grasses, l'éther, le sulfure de carbone et dans l'alcool concentré, mais plus à chaud qu'à froid. Cet acide se dépose sous forme cristalline par le refroidissement de la solution alcoolique.

D'après H. Rose, sa composition est la même que celle de la colophane, elle répond à la formule $C^{20}H^{30}O^{2}$.

La résine cristallisée du copahu appartient au système orthorhombique.

L'acide copahurique s'obtient en faisant dissoudre dans l'ammoniaque aqueuse la résine de copahu. La solution, abandonnée dans un endroit frais, laisse déposer des cristaux d'acide copahurique qu'on lave à l'éther et qu'on redissout dans l'alcool bouillant; par le refroidissement l'acide cristallise.

L'acide copahurique peut former avec les bases des combinaisons encore peu connues, insolubles dans l'eau et solubles dans l'alcool et l'éther. La potasse, la chaux, donnent naissance à des composés non cristallins.

L'acétate de plomb, l'azotate d'argent, forment des sels cristallins, peu solubles dans l'eau. Le sel d'argent cristallise mieux que le sel de plomb; il est entièrement soluble dans l'ammoniaque en excès [Schweitzer, *Ann. de Poggend.*, t. XVII, p. 487, et t. XXI, p. 172; — H. Rose, *Ann. de Poggend.*, t. XVII, p. 489, et *Ann. der Chem. u. Pharm.*, t. XIII, p. 177].

La résine visqueuse incristallisable du copahu est jaunâtre, soluble dans l'alcool absolu et l'éther.

L'alcool à 75° et l'huile de pétrole ne la dissolvent qu'à chaud. Elle paraît avoir la même composition que la résine cristallisée. Elle possède ce caractère particulier qu'elle peut être reproduite par l'oxydation de l'huile essentielle en contact avec l'eau, tandis que la résine cristallisée ne se forme que pendant l'acte de la végétation.

M. Fehling a examiné le dépôt cristallin formé naturellement dans le copahu originaire de la Colombie; ce dépôt, purifié par expression entre des feuilles de papier Joseph, dissous dans l'alcool et abandonné à une évaporation lente, se présente sous la forme de prismes rhomboïdaux tronqués sur les angles. Ces cristaux sont insolubles dans l'eau, solubles dans l'alcool, très-solubles dans l'éther; le frottement les rend électriques. Ils fondent vers 120°, et répondent à la formule $C^{20}H^{28}O^{3}$.

Cette résine est légèrement acide et forme avec la potasse et la soude des combinaisons solubles dans l'eau. Une solution ammoniacale la dissout aussi, mais par l'évaporation la résine seule se dépose. L'acide azotique attaque cette résine en produisant une matière résinoïde jaune et amère et un acide déliquescent. Les sels de plomb et d'argent forment avec elle des combinaisons dont la composition est constante [Fehling, *Ann. der Chem. u. Pharm.*, t. XL, p. 110].

Certaines variétés de copahu mélangées avec un peu de magnésie (1/16 de son poids environ) possèdent la propriété de se solidifier, ainsi que l'a reconnu M. Mialhe. D'après M. Roussin, la solidification du copahu tient à son état hygrométrique: il faut une certaine quantité d'eau (1/20 environ du poids de la résine de copahu) pour que la réaction s'opère. Toute solidification serait impossible si l'on mettait en présence du copahu et de la magnésie anhydres [Roussin, *Journ. de Pharm.*, t. I, p. 321, 4e série].

Le copahu est très-employé en médecine, c'est le spécifique du catarrhe de l'urètre; il est souvent administré à haute dose : on commence par 2 grammes et l'on s'élève jusqu'à 15 et 25 grammes. L'usage prolongé de ce médicament produit des chaleurs de l'estomac, de l'inappétence, des vomissements, de la diarrhée. On combat ces accidents par les opiacés. E. C.

COPIAPITE. — Sulfate hydraté de peroxyde de fer, $2Fe^{2}O^{3},5SO^{3}+18H^{2}O$. Tables hexagonales clivables selon leur base ou masses fibreuses ou granulaires de couleur jaune.

COPROLITHES. — Concrétions qu'on rencontre parfois en quantités considérables dans quelques terrains, particulièrement dans le lias, et que Buckland a reconnues le premier pour des excréments d'animaux fossiles. Leur richesse en phosphates en fait un engrais recherché.

Les coprolithes renferment des quantités variables de phosphate tricalcique et de phosphate trimagnésique, du carbonate de chaux, de magnésie, de fer, du fluorure de calcium, du sable, des matières organiques (urates), etc.

Analyses des coprolithes (1) de Fins par Berthier, (2) du Havre par Berthier, (3) de Suffolk par Herapath, (4) de Connecticut par Dana, (5) de Réthel par Mengy. — Voyez aussi ENGRAIS.

	(1)	(2)	(3)		(4)	(5)	
Phosphate tricalcique	86,3	57,30	15,86	70.9	39,6	$P^{2}O^{5}$	21,29
— trimagnésique	»	»	»	traces		CO^{2}	17,50
— aluminique	»	»	4,71	1,6	»	CaO	50,50
— ferrique	»	»	9,2	6,9	»	MgO	3,20
Carbonate calcique	11,76	7,60	39,5	10,28	34,77	$Fe^{2}O^{3}$	
— magnésique	»	2,60	0,5	»	»	$Mn^{2}O^{3}$	4,80
Fluorure calcique	»	»	1,7	0,61	»	$H^{2}O$ et matières	
Sulfate calcique	»	»	»	traces	1,75	organiques	1
Chlorure sodique	»	»	»	»	0,50		
Silice	»	»	»	5,79	»		
Matières organiques	1,4	»	11,6	4	3 (urates)		
Eau					7,30		
Sable	»	»	»	»	13,10		
Argile ferrifère	0,6	25,30	17	»	»		

COQUIMBITE (Min.). — Sulfate ferrique hydraté,

$$Fe^2O^3, 3SO^3 + 9H^2O = Fe^2(SO^4)^3 + 9H^2O.$$

Sel blanc jaunâtre entièrement soluble dans l'eau, cristallisé en tables hexagonales clivables parallèlement à la base ou en masses grenues. Les prismes hexagonaux sont souvent modifiés sur les arêtes des bases.

CORACITE (Min.). — Variété impure de pechblende, renfermant du plomb, de la chaux, etc.

CORALLINE. — Voyez AZULINE, t. I, p. 498.

CORDIÉRITE (Min.) [Syn. *Dichroïte, iolithe, saphir d'eau, steinheilite, peliom, fahlunite dure*]. — Silicate d'alumine et de magnésie renfermant souvent de l'oxyde ferrique, de la chaux, etc. Les analyses conduisent pour l'oxygène de la magnésie, de l'alumine et de la silice au rapport

$$1 : 3 : 5.$$

Cristaux quelquefois très-gros, grains ou masses cristallines, souvent engagés dans le granite, le micaschiste, etc., d'une couleur bleue nuancée de gris, de jaune, de brun, et plus ou moins trichroïque.

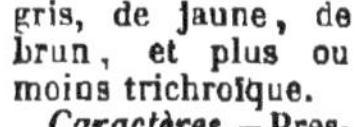

Fig. 141. — Cordiérite.

Caractères. — Presque inattaquable aux acides, difficilement fusible sur les bords; dans le tube donne quelquefois un peu d'eau.

Dureté, 7 à 7,5. Densité, 2,59 à 2,66.

Les phénomènes du polychroïsme ont été d'abord étudiés sur cette substance, chez laquelle ils sont très-marqués. Un même cristal laisse passer dans trois directions rectangulaires soit une lumière bleue, soit une lumière grise ou jaune.

Forme cristalline. — Prisme orthorhombique

$$mm = 119°10'; \quad pe^1 = 150°49'.$$

Clivages : g^1, assez net, h^1; imparfait, m traces. Il y a souvent des plans de séparation parallèles à la base. Macles parallèles à m.

La cordiérite s'altère facilement et donne naissance à de nombreuses variétés qui ont reçu les noms d'*aspasiolithe, chlorophyllite, praséolite, pinite, fahlunite*, etc. F. et S.

CORIAMYRTINE, $C^{60}H^{36}O^{10}$ [Riban, *Recherche exp. sur le principe toxique du redoul, Thèses de Montpellier*, 1863; *Compt. rend.*, 1866, séances des 17 sept. et 22 oct., t. LXII, et *Bull. de la Soc. chim.*, t. VII, 1867, p. 79]. — Substance neutre, cristallisable, bien définie, qui est le principe vénéneux du *Coriaria myrtifolia*, vulgairement appelé *redoul* ou *corroyère à feuille de myrte*, petit arbrisseau élégant des contrées méridionales de l'Europe. La coriamyrtine existe dans toutes les parties de la plante.

Pour la préparer, M. Riban prend les baies, les feuilles, ou mieux les jeunes pousses du mois de mai, les écrase, les presse; le suc est traité par le sous-acétate de plomb, séparé du précipité par filtration, débarrassé de l'excès de plomb par l'hydrogène sulfuré; la liqueur est alors évaporée au bain-marie jusqu'à consistance de sirop, et reprise par l'éther, qui en s'évaporant abandonne la coriamyrtine. On la fait recristalliser deux ou trois fois dans l'alcool pour l'obtenir pure. 100 kilogrammes de plantes fournissent 6 à 9 grammes de coriamyrtine.

C'est une substance blanche, amère, cristallisant en prismes clinorhombiques modifiés sur les arêtes de la base par la face b^1 :

$$mm = 98°40'; \quad b^1b^1 = 61°4'; \quad pb^1 = 39°45'.$$

La coriamyrtine est très-vénéneuse : 2 centigrammes sous la peau tuent un lapin en 25 minutes avec des symptômes qui se rapprochent beaucoup de ceux de la strychnine.

Elle est peu soluble dans l'eau et l'alcool : 100 p. d'eau à 22° en dissolvent 1,44 p.; 100 p. d'alcool à 22° en dissolvent 2,01. Elle est soluble dans l'éther, le chloroforme, la benzine; très-peu dans le sulfure de carbone.

Sa solution alcoolique dévie à droite le plan de la lumière polarisée.

Pouvoir rotatoire : $[\alpha]j = +24°,5$ pour une épaisseur de 100 millièmes et à la température de 20°.

Elle est anhydre et fond à 220° en un liquide incolore qui recristallise en refroidissant.

La plupart des bases attaquent la coriamyrtine en présence de l'eau. La potasse et la soude la brunissent; mais sous l'influence de la baryte ou de la chaux à 100° et au bout de deux heures, elle s'assimile 5 molécules d'eau et on obtient alors les sels d'un acide $C^{60}H^{48}O^{16}$ d'après l'équation :

$$C^{60}H^{36}O^{10} + BaO + 5H^2O = C^{60}H^{46}Ba''O^{16}.$$

Les composés ainsi obtenus sont hygrométriques, très-solubles dans l'eau, peu dans l'alcool froid, insolubles dans l'éther; traités par les acides, ils donnent l'acide libre.

L'acide sulfurique concentré dissout et détruit la coriamyrtine; l'acide nitrique fumant donne un dérivé nitré amorphe; l'acide chlorhydrique gazeux et sec ne l'attaque pas; mais si l'on traite à 100° de la coriamyrtine par de l'eau contenant 2 à 3 % de gaz chlorhydrique, il se dépose des flocons jaunes, et on obtient 3 substances : l'une soluble, jaune, insoluble dans l'eau, soluble dans l'alcool et l'éther; et deux autres en solution, l'une soluble dans l'eau, l'alcool et l'éther, l'autre dans les deux premiers liquides seulement.

La liqueur qui surnage les flocons jaunes réduit le réactif cupropotassique, mais l'auteur pense que cette réduction n'est pas due à de la glucose.

Le brome ajouté goutte à goutte à la substance délayée dans l'alcool froid donne un produit de substitution très-amer, en belles aiguilles, peu solubles dans l'eau froide, très-solubles dans l'alcool. Leur composition répond à la formule

$$C^{60}H^{34}Br^2O^{10}.$$

Le chlore produit aussi plusieurs dérivés de substitution.

L'acide acétique anhydre s'unit à la coriamyrtine; si on le chauffe avec elle à 140° pendant une heure, puis qu'on jette le tout dans l'eau, on obtient un corps mou qui peu à peu se réduit en poudre au sein même de l'eau; on lave alors à l'eau, on redissout dans l'alcool, on dessèche dans le vide à 100°. On obtient ainsi une substance transparente, cassante, très-amère, fusible avant 100°, insoluble dans l'eau, qui a la formule

$$C^{42}H^{54}O^{19}$$

et qui se forme d'après l'équation

$$C^{30}H^{36}O^{10} + 3\left.\begin{matrix} C^2H^3O \\ C^2H^3O \end{matrix}\right\} O = C^{42}H^{54}O^{19}.$$

L'acide acétique cristallisable réagit sur la coriamyrtine en paraissant donner un composé de même ordre.

La synaptase ne dédouble pas la coriamyrtine.

Une réaction d'une grande sensibilité, précieuse surtout dans les cas d'expertises médico-légales, permet de reconnaître la coriamyrtine. Si l'on traite un milligramme de cette substance par l'acide iodhydrique fumant à 100°, il se dépose, en même temps que de l'iode réduit, un corps noir et mou qu'on lave à l'eau et qu'on dissout dans l'alcool; si on ajoute à cette liqueur quelques gouttes de soude caustique, on obtient une belle couleur rouge-pourpre caractéristique. La couleur est persistante, l'eau la détruit. A. G.

CORIANDRE (ESSENCE DE) [Trommsdorff, *Arch. der Pharm.*, (2), t. II, p. 114; — Kawalier, *Journ. für prakt. Chem.*, t. LVIII, p. 266]. — Les graines de coriandre, fruits du *Coriandrum sativum*, renferment environ 0,37 % d'une huile volatile, en même temps que des matières grasses et extractives.

L'essence de coriandre est un mélange d'huiles diverses et paraît avoir une composition variable. Elle renferme une huile oxygénée volatile et une huile moins volatile qui ne contient que peu ou point d'oxygène.

On extrait l'essence en distillant le fruit concassé avec de l'eau. C'est une huile incolore, d'un jaune pâle, d'une saveur aromatique. Son odeur rappelle celle des semences, mais elle est plus agréable : très-affaiblie, elle a quelques rapports avec celle des fleurs d'oranger. Sa densité est de 0,859 (Trommsdorff), 0,871 à 14° (Kawalier). Elle se mélange facilement avec l'alcool, l'éther et les huiles fixes ou volatiles. Avec l'*iode* elle donne une explosion. L'*acide azotique* l'attaque en s'échauffant et la convertit en une masse résineuse. L'*acide sulfurique* la transforme en un liquide brun rougeâtre, qui se charbonne dès qu'on le chauffe.

L'essence brute commence à bouillir à 150°. A cette température il passe une huile qui paraît correspondre à la formule $C^{10}H^{18}O$. Quand cette huile a passé, la température s'élève et l'huile la moins volatile distille à son tour. Cette huile aurait, d'après M. Kawalier, une formule qui, traduite dans notre notation actuelle, serait

$$(C^{10}H^{16})^4 . H^2O = C^{40}H^{66}O.$$

La première huile distillée sur l'anhydride phosphorique perd les éléments d'une molécule d'eau et fournit un hydrocarbure isomère de l'essence de térébenthine, $C^{10}H^{16}$.

Lorsqu'on sature, à une température relativement basse, l'essence de coriandre par l'acide chlorhydrique gazeux, il se forme un chlorhydrate liquide assez stable que l'on peut purifier en le lavant avec une lessive de soude étendue et en le desséchant ensuite sur du chlorure de calcium. La formule de ce chlorhydrate serait, d'après Kawalier, $(C^{10}H^{16}.HCl)^4.H^2O$. A. N.

CORIARINE. — Peschier [*N. Journal von Trommsdorf*, t. XVI, p. 257] dit qu'en traitant la décoction des feuilles du *Coriaria myrtifolia* par la magnésie et l'alcool, on obtient une substance cristalline, bleuissant le papier, hygrométrique et *exempte d'azote*. Il la nomme *coriarine*; il nie que cette substance soit toxique. La coriarine, si elle existe, ne saurait donc être confondue avec la coriamyrtine. A. G.

CORINDON (Min.) [Syn. *Saphir, rubis oriental, topaze orientale, améthyste orientale, émeraude orientale, spath adamantin, télésie, émeri*]. — Alumine, Al^2O^3, mélangée de traces d'oxyde de fer, de chrome ou de titane dans les variétés colorées et d'une grande quantité de peroxyde de fer (jusqu'à 33 %) dans l'émeri. Se présente souvent en cristaux isolés, d'un éclat vitreux, transparents ou translucides et colorés en bleu, en jaune, en rouge, en violet, en brun, en vert ; quelquefois en masses compactes ou grenues (émeri); dans les roches anciennes (granite, syénite, gneiss, micaschiste, etc.), ou dans les sables provenant de leur désagrégation.

Caractères. — Insoluble dans les acides. Infusible au chalumeau.

Dureté, 9. Poussière blanche. Densité, 3,9 à 4,16. Double réfraction à un axe négatif. Pouvoir réfringent, 0,739.

Forme cristalline. — Rhomboèdre de 86°4'. Les formes les plus ordinaires sont le prisme hexagonal basé (d^1 a^1) et des isoscéloèdres aigus.

Fig. 142. — Corindon.

Clivages : a^1, plus ou moins facile dans les diverses variétés; p, faciles dans le spath adamantin. Hémitropies parallèles à p. F. et S.

CORNE. — Voyez ÉPIDERMOSE.

CORNÉENNE. — Amphibole compacte.

CORNINE. — Geiger [*Ann. der Chem. u. Pharm.*, t. XIV, p. 266] a retiré de l'extrait aqueux de la racine du *Cornus florida* une substance amère, cristallisable en aiguilles satinées groupées en étoiles, soluble dans l'eau et dans l'alcool, et peu soluble dans l'éther, qu'il a nommée *cornine* ou *acide cornique*. Ses solutions ne sont précipitées ni par les alcalis, ni par l'infusion de noix de galle, ni par les sels de fer ou de baryum, ni par les sels neutres de plomb; elles précipitent par le sous-acétate de plomb et le nitrate d'argent.

CORNWALLITE (Min.). — Arséniate hydraté de cuivre, renfermant, d'après les analyses de Lerch, $5CuO.As^2O^5 + 5H^2O$. Il est amorphe et d'une couleur vert noirâtre ou grisâtre, et accompagne l'olivénite.

Dureté, 4,5. Densité, 4,16.

CORTÉPINITANNIQUE (ACIDE). — Acide retiré de l'écorce de pin (*Pinus sylvestris*). Desséché dans le vide, c'est une poudre rouge contenant $C^8H^{10}O^5$. Sa solution colore les sels ferriques en vert foncé [Kawalier, *Ann. der Chem. u. Pharm.*, t. LXXXVIII, p. 360].

CORTICINE. — Substance amorphe et jaune, insipide et inodore, signalée par Braconnot dans l'écorce de tremble (*Populus tremula*) [*Ann. de Chim. et de Phys.*, t. XLIV, p. 296]. A peine soluble dans l'eau, elle se dissout facilement dans l'alcool et dans l'acide acétique. Elle est précipitée de cette solution par l'eau ou l'acide sulfurique.

CORUNDELLITE. — Voyez MARGARITE.

CORUNDOPHYLLITE. — Voyez MICA.

COSALITE (Min.). — Sulfure de bismuth et de plomb argentifère,

$$Pb^2Bi^2S^5 = 2PbS + Bi^2S^3.$$

Argent = 2,5 à 2,8 %. Petites masses d'un gris de plomb, d'un éclat métallique, tendres et fragiles, disséminées dans un quartz blanc, à Cosala, province de Sinaloa (Mexique). Cassure inégale. Souvent accompagnée de cobaltine.

Caractères. — Donne au chalumeau les réactions du soufre, du plomb et du bismuth, et avec la soude un petit globule d'argent.

Forme cristalline. — Rhombique (?) [Geuther, *American Journ. of science and arts*, t. XLV, mai 1868].

COTARNINE, $C^{13}H^{13}AzO^{3}$ d'après M. Wœhler, $C^{12}H^{13}AzO^{3}$ d'après MM. Matthiessen et G.-C. Forster. — La cotarnine est un alcali artificiel que M. Wœhler a obtenu en soumettant la narcotine à l'action du peroxyde de manganèse et de l'acide sulfurique; d'autres agents d'oxydation, tels que le perchlorure de platine, l'acide azotique étendu, etc., en réagissant sur la narcotine produisent aussi la cotarnine.

D'après M. Wœhler, la narcotine est représentée par la formule $C^{23}H^{25}AzO^{7}$, et sa transformation en cotarnine exprimée par l'équation

$$\underset{\text{Narcotine.}}{C^{23}H^{25}AzO^{7}+O}$$
$$=H^{2}O+\underset{\text{Cotarnine.}}{C^{13}H^{13}AzO^{3}}+\underset{\text{Hydrure d'opianyle.}}{C^{10}H^{10}O^{4}}.$$

D'après MM. Matthiessen et G.-C. Forster, la narcotine doit être exprimée par la formule

$$C^{22}H^{23}AzO^{7}$$

et le dédoublement représenté de la manière suivante :

$$\underset{\text{Narcotine.}}{C^{22}H^{23}AzO^{7}}+O=\underset{\text{Acide opianique.}}{C^{10}H^{10}O^{5}}+\underset{\text{Cotarnine.}}{C^{12}H^{13}AzO^{3}}.$$

La cotarnine est solide, incolore, cristallisée en aiguilles groupées en étoiles. A peine soluble dans l'eau froide, elle se dissout mieux dans l'eau chaude; elle est plus soluble dans l'alcool, qui se colore en brun. Elle se dissout facilement dans l'ammoniaque et dans l'éther, la potasse caustique la dissout à peine.

La cotarnine n'est pas volatile, elle fond vers 100° en perdant une molécule d'eau; à une température plus élevée, elle se charbonne en répandant une odeur désagréable. L'acide azotique concentré la dissout en produisant une couleur rouge et en la transformant en acide oxalique. Les protosels de fer, les sels de cuivre, le tannin précipitent la solution aqueuse de cotarnine [Wœhler, *Ann. der Chem. u Pharm.*, t. L, p. 1].

Action de l'acide azotique étendu sur la cotarnine. — En chauffant doucement de la cotarnine avec de l'acide azotique étendu, MM. Matthiessen et G.-C. Forster ont transformé cette base en acide *cotarnique* et en azotate de méthylamine d'après l'équation suivante :

$$\underset{\text{Cotarnine.}}{C^{12}H^{13}AzO^{3}}+2H^{2}O+AzHO^{3}$$
$$=\underset{\text{Acide cotarnique.}}{C^{11}H^{12}O^{5}}+\underset{\text{Azotate de méthylamine.}}{Az(AzCH^{6})O^{3}}.$$

L'acide cotarnique est soluble dans l'eau, peu soluble dans l'alcool; l'éther le précipite de cette solution. Il rougit fortement le papier bleu de tournesol; il ne donne pas de coloration avec le perchlorure de fer. L'acétate de plomb forme un précipité blanc, insoluble dans un excès de réactif; l'azotate d'argent donne un précipité blanc légèrement soluble dans l'eau chaude, renfermant

$$C^{11}H^{10}Ag^{2}O^{5}.$$

L'acide cotarnique est bibasique, mais il est probable qu'il doit être considéré en même temps comme triatomique : outre les deux groupes $CO^{2}H$, il renferme l'oxhydryle OH; sa formule rationnelle devrait donc être exprimée de la manière suivante :

$$(C^{9}H^{9})'''\left\{\begin{matrix}OH\\CO^{2}H\\CO^{2}H.\end{matrix}\right.=C^{11}H^{12}O^{5}.$$

Quant à la cotarnine, elle doit être envisagée comme une imide, son dédoublement donnant lieu, en prenant 2 atomes d'eau, à la formation d'un acide bibasique et à un dérivé de l'ammoniaque; on pourrait donc représenter sa composition par la formule rationnelle

$$\left.\begin{matrix}(C^{11}H^{10}O^{3})''\\CH^{3}\end{matrix}\right\}Az.$$

Méthyl-cotarnimide (cotarnine).

Il est possible que l'hydrate de l'hydrure d'opianyle obtenu par M. Anderson en traitant la narcotine par l'acide azotique soit identique avec l'acide cotarnique [Gerhardt, t. IV, p. 80; — Matthiessen et G.-C. Forster, *Proceedings of the royal Society*, 1860, t. XI, p. 85; *Répert. de Chim. pure*, 1861, p. 282].

On obtient la cotarnine en soumettant la narcotine : 1° à l'action du peroxyde de manganèse et de l'acide sulfurique : la cotarnine reste dissoute; on la sépare de la narcotine non attaquée et du sulfate de manganèse en portant le liquide à l'ébullition, ajoutant du carbonate de soude et filtrant de nouveau. On neutralise la solution par l'acide chlorhydrique et on précipite la cotarnine à l'état de chloroplatinate par le perchlorure de platine. Le précipité délayé dans l'eau bouillante est soumis à un courant d'hydrogène sulfuré; la cotarnine se trouve à l'état de chlorhydrate en solution dans le liquide. Il suffit alors d'y ajouter de la baryte caustique, de faire évaporer le tout à siccité et de reprendre le produit de l'évaporation par de l'alcool qui enlève la cotarnine [Wœhler, *loc. cit.*].

2° D'après M. Blyth, on fait bouillir une solution de narcotine dans de l'acide chlorhydrique dilué avec du perchlorure de platine; la liqueur prend une coloration rouge de sang, et des cristaux de chloroplatinate de cotarnine viennent nager à la surface [Blyth, *Ann. der Chem. u. Pharm.*, t. L, p. 29].

3° En faisant chauffer la narcotine avec de l'acide azotique dilué, il se forme de l'azoture d'opianyle qui est insoluble et qu'on sépare, puis on ajoute un grand excès de potasse caustique; la cotarnine se dépose sous forme cristalline [Anderson, *Transact. of the royal Societ. of Edimburg*, 2e partie, t. XX, p. 347].

La cotarnine forme des sels généralement solubles et qui s'obtiennent par la combinaison directe de la base avec les acides étendus.

Chlorhydrate de cotarnine,

$$C^{12}H^{13}AzO^{3},HCl+2\,1/2\,H^{2}O.$$

— Sel fort soluble dans l'eau qui se présente en belles aiguilles soyeuses; il perd son eau de cristallisation à 100°.

Chloromercurate de cotarnine,

$$(C^{12}H^{13}AzO^{3},HCl)\,HgCl^{2}.$$

— Se présente sous la forme d'un précipité jaune clair qui devient peu à peu cristallin. La précipitation ne se fait pas dans les liqueurs chaudes et étendues; par le refroidissement, le sel cristallise en petits prismes d'un jaune pâle. Une seconde cristallisation paraît lui faire subir des modifications.

Chloroplatinate de cotarnine,

$(C^{12}H^{13}AzO^{3}, HCl)^{2}PtCl^{4}$.

— Ce sel est peu soluble dans l'eau, il se précipite sous forme d'une poudre jaune et cristalline, il passe au rouge par la dessiccation. A chaud, la précipitation ne se fait pas; par le refroidissement, il se dépose en cristaux d'un jaune rougeâtre. On peut l'obtenir en prismes d'un rouge foncé en faisant bouillir une solution de narcotine dans l'acide chlorhydrique avec du perchlorure de platine. Une solution ammoniacale, même bouillante, ne le décompose pas.

Dans le traitement de la narcotine par le perchlorure de platine, on voit quelquefois un autre chloroplatinate cristalliser sous forme de longues aiguilles d'une couleur orangé clair. Ce sel est différent du chloroplatinate rouge foncé de cotarnine. L'ammoniaque l'attaque, fait pâlir sa couleur et le dédouble en narcotine et en cotarnine. La narcotine se précipite, tandis que la cotarnine reste en dissolution dans la liqueur ammoniacale. M. Blyth suppose qu'il existe dans ce sel un alcali particulier auquel il a donné le nom de *narcogénine*. Il paraîtrait plus simple de supposer, d'après la réaction que l'ammoniaque exerce sur ce sel, que ce chloroplatinate particulier est un sel double formé par la combinaison du chloroplatinate de cotarnine avec le chloroplatinate de narcotine; d'ailleurs les analyses de M. Blyth s'accordent avec cette manière de voir [Blyth, *loc. cit.*]. E. C.

COTARNIQUE (ACIDE). — Produit par l'action de l'acide azotique étendu sur la cotarnine. — Voyez ce mot.

COTUNNITE (Min.). — Chlorure de plomb, $PbCl^{2}$. Petites aiguilles cristallines blanches, d'un vif éclat, rencontrées sur des laves du Vésuve.

Caractères. — Difficilement soluble dans l'eau. Fond facilement au chalumeau en colorant la flamme en bleu. Avec la soude, donne un globule de plomb.

Densité, 5,23.

COUMARAMINE, $C^{9}H^{7}AzO^{2}$ [Chiozza et Frapolli, *Ann. der Chem. u. Pharm.*, t. XCV, p. 25]. — La nitrocoumarine est chauffée 24 heures au bain-marie avec de la limaille de fer et de l'acide acétique étendu. Le liquide filtré et concentré par l'évaporation dépose en se refroidissant des aiguilles jaunes de coumaramine. La filtration doit être répétée plusieurs fois à chaud, car pendant l'évaporation la solution d'acétate ferreux précipite de l'oxyde ferrique.

La coumaramine se présente sous la forme de belles aiguilles jaune rougeâtre, souvent longues de plusieurs centimètres. Elle fond entre 168° et 170°. Chauffée avec précaution, elle se sublime en paillettes jaune pâle. Brusquement chauffée, elle se décompose. Presque insoluble dans l'eau froide et l'éther, elle se dissout aisément dans l'eau bouillante ainsi que dans l'alcool bouillant. Elle est promptement décomposée par une solution bouillante de potasse caustique.

Le *chlorhydrate* est en paillettes fort solubles dans l'eau.

Le *chloroplatinate*, $(C^{9}H^{7}AzO^{2}, HCl)^{2}, PtCl^{4}$, constitue un précipité jaune et cristallin, insoluble dans l'eau. E. G.

COUMARINE, $C^{9}H^{6}O^{2}$. — La coumarine, longtemps confondue avec l'acide benzoïque, a été reconnue comme une substance distincte par Guibourt [*Hist. nat. des Drogues simples*, t. III, p. 351]. Boutron-Charlard et Boullay confirmèrent son opinion, et c'est Delalande qui le premier analysa et étudia la coumarine [Delalande, *Ann. de Chim. et de Phys.*, (3), t. VI, p. 345].

Elle se rencontre surtout dans les fèves de Tonka (*Coumarouna odorata*, Légumineuses); on l'a trouvée dans l'aspérule odorante [Kossmann, *Journ. de Pharm.*, (3), t. V, p. 393], dans les fleurs d'*Anthoxanthum odoratum* [Bleibtreu, *Ann. der Chem. u Pharm.*, t. LIX, p. 177], dans les feuilles de Faham, *Angreacum fragans*, de Saint-Maurice [Gobley, *Journ. de Pharm.*, (3), t. VII, p. 348].

Suivant Guillemette, elle existerait dans les fleurs du *Melilotus officinalis*, mais C. Zwenger et H. Bodenbender ont montré que le principe du mélilot est une combinaison d'acide mélilotique ou hydrocoumarique $C^{9}H^{10}O^{3}$ avec la coumarine elle-même. Suivant eux, la coumarine n'existe à l'état libre que dans les fèves de Tonka [*Ann. der Chem. u Pharm.*, t. CXXVI, p. 257, et *Bull. de la Soc. chim.*, t. I, p. 145, 1864].

Pour extraire la coumarine des fèves de Tonka, il suffit de couper celles-ci en petites tranches, et de les traiter à froid par de l'alcool à 90°. On chasse l'alcool par la distillation, et on obtient un sirop épais qui se prend en une masse cristalline. On purifie le produit par de nouvelles cristallisations et par le charbon animal.

Les cristaux obtenus du mélilot, lorsqu'on a traité l'extrait aqueux de celui-ci par l'éther, donnent de la coumarine par l'action de l'ammoniaque à froid (C. Zwenger et Bodenbender).

M. Perkin a récemment réalisé la synthèse de la coumarine en traitant l'hydrure de salicyle sodé par l'anhydride acétique. Il se forme de l'hydrure d'acétyl-salicyle, qui perd les éléments d'une molécule d'eau et se transforme en coumarine :

$$\underset{\text{Hydrure de salicyle sodé.}}{C^{7}H^{5}O^{2}Na} + \underset{\text{Anhydride acétique.}}{(C^{2}H^{3}O)^{2}O}$$

$$= \underset{\text{Hydrure d'acéto-salicyle.}}{C^{7}H^{5}O^{2}.C^{2}H^{3}O} + \underset{\text{Acétate sodique.}}{C^{2}H^{3}O^{2}Na};$$

$$\underset{\text{Hydrure d'acéto-salicyle.}}{C^{7}H^{5}O^{2}.C^{2}H^{3}O} - H^{2}O = \underset{\text{Coumarine.}}{C^{9}H^{6}O^{2}}$$

Pour préparer ainsi la coumarine, on ajoute de l'anhydride acétique à l'hydrure de sodium-salicyle. Celui-ci perd rapidement sa couleur jaune, et se dissout avec élévation de température. Quand la réaction s'est modérée, on fait bouillir le mélange quelques instants, puis on le traite par l'eau. Il surnage une huile qu'on sépare et qu'on distille. Il passe d'abord un peu d'anhydride acétique, puis de l'hydrure de salicyle, et enfin vers 290° un corps qui cristallise par le refroidissement. On le purifie par compression et par deux ou trois cristallisations dans l'alcool. Le corps constitue de la coumarine pure; toutes ses propriétés se confondent avec celles de la coumarine de la fève de Tonka [Perkin, *Journ. of the Chemic. Society*, nouv. sér., t. VI, et *Monit. scientif.* de Quesneville (1868) t. X, p. 309].

La coumarine est incolore, en petites lames rectangulaires ou en gros prismes dont les pans sont un peu arrondis. Sa forme cristalline a été déterminée par de La Provostaye [*Ann. de Chim. et de Phys.*, (3), t. VI, p. 352]. Elle paraît dériver d'un prisme orthorhombique; combinaison observée m, h^{1}, a^{1} (h^{1} prédominant). Angles $h^{1}a^{1}$ $= 100°$ environ, $ma^{1} = 104°5$ environ.

Elle fond à 67° (Zwenger, Perkin), elle distille sans altération à 290°,5-291° (Perkin). Son odeur est très-agréable, sa saveur brûlante, ses cristaux sont durs et craquent sous la dent. Elle est à peine soluble dans l'eau froide; l'eau bouillante en dissout une assez grande quantité, qu'elle abandonne par le refroidissement en aiguilles très-fines et d'une blancheur éclatante. Les acides étendus, même bouillants, la dissolvent sans altération; l'acide sulfurique concentré la charbonne, l'acide azotique la transforme en nitro-coumarine, et par une action prolongée en acide picrique. Elle se dissout dans une dissolution de potasse concentrée et bouillante, en absorbant une molécule d'eau et donnant *l'acide coumarique*, $C^9H^8O^3$. Avec la potasse en fusion, la coumarine donne de l'acide salicylique et de l'acide acétique. Le chlore et le brome attaquent la coumarine en donnant des dérivés blancs cristallisés; l'iode en dissolution alcoolique transforme la coumarine en une matière cristallisée d'un vert bronzé. Le perchlorure d'antimoine agit sur la coumarine en donnant une matière d'un jaune serin, *chloroantimoniure de coumarine*,

$$C^9H^6O^2, SbCl^5?$$

Les diverses réactions de la coumarine ont été étudiées par Delalande.

Traitée par l'amalgame de sodium en présence de l'eau, la coumarine est décomposée et donne notamment de l'acide salicylique [Swartz, *Zeits. für Chem.*, t. II, p. 29, et *Bull. de la Soc. chim.*, t. VI, p. 333, 1866]. Suivant C. Zwenger, la coumarine sous l'influence de l'hydrogène fixe de l'eau et de l'hydrogène, et fournit l'acide mélilotique ou hydrocoumarique $C^9H^{10}O^3$. Il opère entre 40° et 60° sur la coumarine en présence de beaucoup d'eau alcoolisée, et n'ajoute l'amalgame de sodium que par petites portions à mesure que la réaction alcaline, qui s'établit d'abord, disparaît. Quand la coumarine a disparu, on acidule la liqueur d'acide acétique, et l'on concentre au bain-marie. Il se dépose d'abord un peu de coumarine non attaquée. On précipite alors le résidu par l'acétate de plomb, qui donne un précipité cristallin de mélilotate de plomb [C. Zwenger, *Ann. der Chem. u Pharm.*, 1867, Supplém., t. V, p. 100, et *Bull. de la Soc. chim.*, t. IX. p. 132, 1868].

La coumarine du mélilot est, ainsi que nous l'avons dit, une combinaison d'acide mélilotique ou hydrocoumarique $C^9H^{10}O^3$, et de coumarine. Cette combinaison a pour formule

$$C^{18}H^{16}O^5.$$

Elle est en aiguilles soyeuses ou en tables rhomboïdales, d'un goût amer et aromatique, très-solubles dans l'alcool et l'éther, plus solubles dans l'eau à chaud qu'à froid, fusibles à 125° ou 128°; avec une quantité d'eau insuffisante pour le dissoudre, ce corps fond à 98°; si on le traite à froid par l'ammoniaque, l'acide mélilotique se dissout, tandis que la coumarine reste en grande partie dans le résidu [Zwenger et H. Bodenbender, *Ann. des Chem. u Pharm.*, t. CXXVI, p. 257; — *Bull. de la Soc. chim.*, t. I, p. 145, 1864].

NITRO-COUMARINE, $C^9H^5(AzO^2)O^2$ [Delalande, mém. cité]. — En ajoutant peu à peu de la coumarine à de l'acide azotique fumant, elle se dissout sans dégagement de gaz. Par l'addition d'une grande quantité d'eau, la nitro-coumarine se dépose en flocons blancs comme la neige.

La nitro-coumarine fond à 170°; elle se dissout dans l'alcool bouillant, qui l'abandonne sous forme de petites aiguilles blanches et soyeuses. Elle se sublime sans décomposition. La potasse à froid la colore en rouge-orangé. Si l'on chauffe le mélange, il se dégage de l'ammoniaque, la teinte se fonce, prend un ton de bleu de Prusse, et si on dissout le résidu dans l'eau et qu'on sature par un acide, il se dépose une poudre rouge qui a l'aspect du kermès.

La nitro-coumarine se dissout dans l'ammoniaque; la solution donne des précipités orangés avec l'acétate de plomb et l'azotate d'argent. La combinaison plombique renferme 62,27 % d'oxyde de plomb, et la combinaison argentique 53,97 % d'oxyde d'argent (Bleibtreu, *Ann. der Chem. u Pharm.*, t. LIX, p. 177]. M. Bleibtreu considère ces précipités comme des combinaisons de nitro-coumarine avec les oxydes métalliques. Suivant Gerhardt, il se pourrait que ce fussent les sels d'un acide nitro-coumarique, assez peu stable pour se décomposer, au moment d'être mis en liberté, en eau et en nitro-coumarine. L'acétate ferreux transforme la nitro-coumarine en coumaramine $C^9H^7AzO^2$ (Chiozza et Frappolli).

HOMOLOGUES DE LA COUMARINE. — M. Perkin, ayant obtenu la coumarine par l'action de l'anhydride acétique sur l'hydrure de sodium-salicyle, a fait réagir sur ce dernier les anhydrides butyrique et valérique, et a produit ainsi des composés d'une constitution analogue à celle de la coumarine, et qu'il a appelés *coumarine butyrique*, *coumarine valérique*.

COUMARINE BUTYRIQUE, $C^{11}H^{10}O^2$. — Elle s'obtient comme la coumarine, seulement l'anhydride butyrique agit moins vivement que l'anhydride acétique, et il est nécessaire de chauffer le mélange. On opère comme nous l'avons dit plus haut, et on recueille et on purifie ce qui passe au-dessus de 290° et qui constitue la coumarine butyrique.

Ce corps fond entre 70° et 71°, et distille entre 296° et 297°, avec décomposition partielle. Peu soluble dans l'eau bouillante, il se dissout facilement dans l'alcool bouillant, qui l'abandonne sous forme de gros prismes à moitié opaques. Il est aussi très-soluble dans l'éther. Son odeur rappelle à la fois celle de la coumarine ordinaire et celle du miel frais.

Presque insoluble à froid dans une solution de potasse, il s'y dissout à l'aide de la chaleur, et fournit par l'évaporation une masse jaune, combinaison potassique d'où les acides séparent la coumarine butyrique inaltérée. Mais si l'on dessèche cette combinaison, elle subit une transformation qui la convertit en sel potassique d'un acide cristallin, homologue de l'acide coumarique, *acide butyrocoumarique*; avec l'hydrate de potasse en fusion, elle donne de l'acide salicylique, et probablement de l'acide butyrique, dont l'odeur est masquée par celle du phénol, produit secondaire provenant de la décomposition d'un peu d'acide salicylique.

COUMARINE VALÉRIQUE, $C^{12}H^{12}O^2$. — On ajoute par petites portions de l'hydrure de salicyl-sodium à de l'anhydride valérique bouillant; on ajoute de l'eau, on sépare l'huile qui surnage, et on recueille ce qui passe au-dessus de 290°. La coumarine valérique ainsi obtenue est mêlée de produits huileux qui l'empêchent de cristalliser. On l'agite alors avec une dissolution très-concentrée et bouillante de potasse caustique qui la dissout, on étend d'eau et au mélange refroidi on ajoute de l'éther, qui s'empare des substances huileuses. Après plusieurs lavages à l'éther, on sépare la coumarine valérique par l'acide chlorhydrique. On la dissout dans l'éther, et on agite la solution éthérée avec un carbonate alcalin. Alors, par évaporation spontanée de l'éther, la coumarine valérique se dépose sous forme d'une huile qui se solidifie bientôt. Elle fond à 54°, bout à 301° en se décomposant. Insoluble dans l'eau froide, elle se dissout très-peu dans l'eau bouillante. Elle est très-soluble dans l'alcool, qui l'abandonne en magnifiques cristaux prismatiques transparents, qui atteignent presque un centimètre de longueur. L'éther la dissout très-facilement. Elle se comporte avec la potasse comme la coumarine butyrique.

CONSTITUTION DE LA COUMARINE ET DE SES HOMOLOGUES. — Dans la première phase de la réaction qui fournit la coumarine, M. Perkin admet la formation d'hydrure d'acéto-salicyle, et, en modérant la réaction, il a réussi en effet à constater la présence de ce corps. L'équation est donc

$$C^6H^4\left\{\begin{matrix}CO.H\\ONa\end{matrix}\right. + \begin{matrix}C^2H^3O\\C^2H^3O\end{matrix}\Big\}O$$

Hydrure de salicyl-sodium. Anhydride acétique.

$$= C^6H^4\left\{\begin{matrix}CO.H\\O.C^2H^3O\end{matrix}\right. + C^2H^3O^2Na.$$

Hydrure d'acéto-salicyle. Acétate sodique.

La coumarine se formerait donc par déshydratation de l'hydrure d'acéto-salicyle. Suivant Perkin, elle aurait lieu dans le sens suivant :

$$C^6H^4\left\{\begin{matrix}CO.H\\O(CO.CH^3)\end{matrix}\right. - H^2O = (C^6H^4)\left\{\begin{matrix}CO''\\CO.CH^3.\end{matrix}\right.$$

Hydrure d'acéto-salicyle. Coumarine.

La coumarine serait une combinaison d'acétyle et d'un radical C^7H^3O, qu'il appelle *diptyle*.

Elle pourrait se représenter, ainsi que ses homologues, comme des combinaisons d'un radical acide avec le diptyle :

$$C^9H^6O^2 = \begin{matrix}C^7H^3O\\C^2H^3O\end{matrix} \qquad C^{11}H^{10}O^2 = \begin{matrix}C^7H^3O\\C^4H^7O\end{matrix}$$

Coumarine (acétyl-diptyle). Coumarine butyrique (butyryl-diptyle).

$$C^{12}H^{12}O^2 = \begin{matrix}C^7H^3O\\C^5H^9O\end{matrix}$$

Coumarine valérique (valéryl-diptyle).

De cette constitution, M. Perkin dérive celle de l'acide coumarique :

$$(C^6H^3)'''\left\{\begin{matrix}CO.\\CO.CH^3\end{matrix}\right. + H^2O = (C^6H^4)''\left\{\begin{matrix}CO.CO.CH^3)\\OH\end{matrix}\right.$$

Coumarine. Acide coumarique.

Ainsi constitué, l'acide coumarique serait un phénol; il dériverait de l'hydrure de salicyle

$$C^6H^4\left\{\begin{matrix}CO.H\\OH\end{matrix}\right.$$

par substitution de l'acétyle à un atome d'hydrogène.

Ces formules ingénieuses ne nous semblent pas encore suffisamment établies pour qu'on puisse les adopter définitivement. E. G.

COUMARIQUE (ACIDE), $C^9H^8O^3$ [Delalande, *Ann. de Chim. et de Phys.*, (3), t. VI, p. 345; — Bleibtreu, *Ann. der Chem. u. Pharm.*, t. LIX, p. 177]. — Lorsqu'on fait bouillir de la coumarine avec une solution concentrée de potasse, elle s'assimile les éléments d'une molécule d'eau, et le mélange contient du coumarate de potassium. On l'étend d'eau et on précipite par l'acide chlorhydrique.

L'acide coumarique se précipite en lamelles transparentes. Il se dissout facilement dans l'alcool, dans l'éther et dans l'eau bouillante. Sa saveur est amère. Il fond à 170° (Bleibtreu); à une température plus élevée, il se décompose. Pur, il ne colore pas les sels ferriques. Fondu avec la potasse, il dégage de l'hydrogène et donne du salicylate (Delalande), et de l'acétate de potassium (Chiozza) :

$$C^9H^8O^3 + 2KHO$$
$$= C^7H^5O^3K + C^2H^3O^2K + H^2.$$

Les coumarates renferment $C^9H^7O^3M$.

Le sel d'ammoniaque ne précipite pas les sels de baryum.

Le sel de plomb est blanc, pulvérulent, insoluble dans l'eau.

Le sel d'argent $C^9H^7O^3Ag$ est un précipité pulvérulent d'un jaune clair.

En traitant par la potasse concentrée la coumarine butyrique et la coumarine valérique, on obtient des acides non encore analysés, et qui paraissent être $C^{11}H^{12}O^3$ et $C^{12}H^{14}O^3$, homologues de l'acide coumarique, comme les corps dont ils dérivent sont homologues de la coumarine.

Quant à la constitution de l'acide coumarique, voyez à l'article COUMARINE.

ACIDE PARACOUMARIQUE, $C^9H^8O^3$ [Hlasiwetz, *Ann. der Chem. u Pharm.*, t. CXXXVI, p. 31, et *Bull. de la Soc. chim.*, 1866, t. V, p. 283]. — Cet acide, isomère de l'acide coumarique, se dédouble comme lui sous l'influence de la potasse.

Tandis que ce dernier fournit de l'acide salicylique, l'acide paracoumarique donne l'acide paroxybenzoïque, isomère de l'acide salicylique.

On l'obtient en dissolvant l'aloès dans deux fois son poids d'eau chaude, et en ajoutant de l'acide sulfurique étendu dans la proportion de 20 grammes d'acide pour 500 grammes d'aloès. On fait bouillir la liqueur pendant une heure, on laisse refroidir, on sépare par décantation et filtration une grande quantité d'une résine poisseuse. Le liquide est agité deux fois avec de l'éther; celui-ci étant chassé par la distillation, il reste des cristaux souillés de résine, qu'on purifie par plusieurs cristallisations dans l'alcool faible, puis dans l'eau bouillante. Le rendement est plus considérable si l'on commence par débarrasser la solution d'aloès de la plus grande partie de la matière résineuse par le sous-acétate de plomb. 2kil,5 d'aloès fournissent 24 grammes de produit brut.

L'acide paracoumarique cristallise en petites aiguilles brillantes et friables, peu solubles dans l'eau froide, assez solubles dans l'eau bouillante, très-solubles dans l'alcool et l'éther. Il fond entre 179° et 180°. Sa solution alcoolique colore le perchlorure de fer en brun foncé. L'acide azotique le transforme en acide picrique. E. G.

COUPELLATION. — Voyez CHALUMEAU, t. I, p. 841, et ESSAI DES MATIÈRES D'OR ET D'ARGENT.

COUPEROSE. — La couperose ou couperose verte est le sulfate de fer (voyez FER). La couperose bleue est le sulfate de cuivre (voyez CUIVRE). La couperose blanche est le sulfate de zinc (voyez ZINC).

COUZERANITE. — Voyez WERNÉRITE.

COVELLINE (Min.) [Syn. *Cuivre sulfuré bleu*, *Kupferindig*]. — Sulfure de cuivre, CuS. Masses amorphes et lamelles cristallines très-ténues, d'un bleu foncé, découvertes dans les fumerolles du Vésuve et trouvées depuis avec d'autres minerais de cuivre, dans le Mansfeld, au Chili, etc.

Caractères. — Soluble dans l'acide azotique. Brûle avec une flamme bleue. Sur le charbon, fond en bouillonnant et donne, avec la soude, un globule de cuivre.

Dureté, 1,5 à 2. Poussière noire.

Densité, 4,6.

Forme cristalline. — Rhomboédrique. Le plus souvent elle se présente en lamelles hexagonales non modifiées. On a trouvé à Salzbourg de petits cristaux prismatiques, modifiés par les faces de deux pyramides hexagonales dont la plus aiguë a un angle à la base de 155°24'.

CRAIE. — Carbonate de calcium. — Voyez CALCIUM.

CRAIE DE BRIANÇON. — Voyez STÉATITE.

CRATÉGINE. — Principe amer non azoté, soluble dans l'eau, cristallisable en mamelons, extrait de l'écorce du *Cratægus oxyacantha*.

Il ne se dissout pas dans l'éther et ne se combine ni aux bases ni aux acides [Leroy, *Journ. de Chim.*, t. XVII, p. 3].

CRÉATINE, $C^4H^9AzO^2+H^2O$. — La créatine (de κρέας, chair) a été découverte par Chevreul, qui l'obtint en très-petite quantité en traitant par l'alcool le résidu de l'évaporation du bouillon de viande dans le vide [Chevreul, *Journ. de Pharm.*, 1835, t. XXI, p. 234]. Plusieurs chimistes essayèrent en vain de la préparer de nouveau : Berzelius, Schlossberger, Simon, Liebig; celui-ci reconnut enfin que la difficulté de la préparation de la créatine tenait à l'action qu'opère sur ce corps l'acide libre de la chair. Dans un mémoire très-étendu, Liebig donna le moyen d'extraire la créatine, et fixa les points principaux de son histoire [Liebig, *Ann. der Chem. u. Pharm.*, t. LXII, p. 278, et *Ann. de Chim. et de Phys.*, (3), t. XXIII, p. 129].

La créatine existe dans la chair des oiseaux, des quadrupèdes, des poissons; Verdeil et Marcet l'ont observée dans le sang de bœuf; Price en a constaté la présence dans la chair de baleine; elle existe aussi dans le cerveau humain (Muller), dans les muscles des crustacés (Valenciennes et Fremy), de l'alligator (Schlomberger). Elle existe dans l'urine. Quand on épuise par l'eau de la chair musculaire fraîche et bien hachée, on a un liquide rougeâtre qui, soumis à l'ébullition, précipite d'abord son albumine, puis sa matière colorante; le liquide filtré renferme la créatine; mais l'extraction des matières solubles de la chair musculaire entraîne à des pertes et à l'emploi de grandes quantités qu'on peut supprimer au moyen d'une bonne presse; il faut opérer sur 4 ou 5 kilogrammes de viande au moins.

L'extraction de la créatine est une opération qui demande un grand nombre de précautions; aussi faut-il rapporter entièrement ce qu'en dit Liebig.

Extraction de la créatine. — « Supposons qu'on opère sur 5 kilogrammes de substance. On en prend la moitié, qu'on plonge dans 2 kilogrammes 1/2 d'eau, on pétrit le mélange et on l'exprime dans un sac en toile. Le résidu est mêlé avec la même quantité d'eau et exprimé de nouveau. Le liquide de la première expression est entièrement destiné au travail; celui de la seconde sert à épuiser la portion de chair musculaire sur laquelle on n'a pas encore opéré. Enfin, on traite la première portion de chair une troisième fois par 2 kilogrammes 1/2 d'eau pure; on exprime; le liquide qui en résulte sert à épuiser pour la seconde fois l'autre moitié de la chair, que l'on traite enfin pour la troisième fois par l'eau pure, après quoi l'on exprime. On réunit toutes les liqueurs qu'on fait passer à travers un linge, on les introduit dans un grand ballon de verre, placé dans un bain-marie qu'on maintient à l'ébullition jusqu'à ce que le liquide ait perdu sa couleur, et que l'albumine et la matière colorante soient coagulées. L'opération est terminée quand le liquide conserve sa limpidité après avoir été chauffé à l'ébullition dans un tube de verre. » [Liebig, *Mém. cité*, p. 136 et 137.]

Si les liquides retiennent un reste de matière colorante, on les sépare de l'albumine et on fait bouillir quelques instants dans une capsule.

Les liqueurs privées du coagulum d'albumine et de matière colorante ont une réaction acide; on les sature par un excès de baryte caustique en solution concentrée, on sépare le précipité de phosphate de baryte et de phosphate de magnésie, on élimine la baryte avec l'acide carbonique et on concentre le bouillon dans des vases à grande surface au bain-marie ou au bain de sable, et à une température inférieure à celle de l'ébullition. Quand le liquide est réduit au vingtième de son volume on l'abandonne à l'évaporation lente dans un lieu tiède. — Bientôt le liquide se remplit d'aiguilles petites et incolores de créatine. — La chair du gibier et celle du poulet sont les plus avantageuses pour la préparation de la créatine; il faut du reste n'opérer que sur des animaux maigres; la graisse s'oppose à l'extraction de la créatine.

Le procédé ci-dessus, applicable aux chairs de tous les animaux, doit être modifié lorsqu'on emploie la chair de poisson; celle-ci forme une masse gélatineuse qu'on ne peut exprimer. On mêle la chair des poissons avec deux fois son volume d'eau, on jette le tout sur un filtre et on déplace la dissolution par de petites quantités d'eau pure. Le produit privé d'albumine par coagulation, traité par l'eau de baryte, et concentré, fournit des cristaux de créatine au bout de 24 heures.

On purifie la créatine séparée des eaux mères en la lavant à l'eau pure, puis à l'alcool, et la faisant recristalliser dans l'eau bouillante. Si la solution est encore saturée, on la traite par le charbon animal. Si l'acide phosphorique n'a pas été complétement éloigné par la baryte, on le retrouve à l'état de phosphate de magnésie mélangé à la créatine; pour l'éloigner entièrement, on fait bouillir la solution avec de l'hydrate de plomb, puis on traite par le charbon animal.

Les quantités de créatine fournies par différentes espèces de chair sont variables, elles varient même pour la même classe animale. La viande grasse ne fournit que très-peu de créatine.

Liebig et Gregory ont trouvé les proportions suivantes de créatine aux différentes viandes [Gregory, *Ann. der Chem. u. Pharm.*, t. LXIV, p. 100] :

	Créatine pour 1000.	
	Liebig.	Gregory.
Poulet	3,2	3,21 -2,0
Cheval	0,72	»
Bœuf	0,697	»
Cœur de bœuf	»	1,375-1,418
Morue	»	0,935
Raie	»	0,607
Pigeon	»	0,825

Pettenkofer découvrit dans l'urine un corps blanc, cristallisé [*Ann. der Chem. u. Pharm.*, t. LII, p. 97]. Liebig reconnut que c'est un mélange de créatine et de créatinine [*Mem. cité*, p. 152]; il les obtint en neutralisant l'urine par du lait de chaux, ajoutant du chlorure de calcium, séparant le précipité par filtration, et évaporant jusqu'à cristallisation des sels. Les eaux mères filtrées sont additionnées d'une solution aqueuse de chlorure de zinc (1 p. de sel pour 32 p. d'eaux mères). Il se dépose au bout de quelques jours la combinaison du chlorure de zinc avec la créatine et la créatinine; on la lave, on la dissout dans l'eau bouillante, et on ajoute de l'hydrate de plomb. Il ne reste plus en solution que la créatine et la créatinine, qu'on sépare l'une de l'autre en mettant à profit leur inégale solubilité dans l'alcool.

Stædeler, pour extraire la créatine, mêle la viande hachée menu avec du verre pilé, ajoute une ou deux fois son volume d'alcool ordinaire, et fait digérer le tout au bain-marie. On exprime le tout, on chasse l'alcool par distillation, on précipite par l'acétate de plomb. On filtre, on élimine l'excès de plomb par l'hydrogène sulfuré, on filtre de nouveau et l'on évapore à consistance sirupeuse. La créatine cristallise par refroidissement; on la fait recristalliser, après l'avoir comprimée, dans l'eau et dans l'alcool [*Journ. für prakt. Chem.*, t. LXXII, p. 256].

Neubauer a modifié le procédé de Stædeler pour

arriver à doser la créatine dans les différentes matières qui contiennent cette substance; 200 à 250 grammes de viande fraîche, et divisée en petits morceaux, sont mêlés avec un poids égal d'eau, et on agite le mélange pendant 10 à 15 minutes en le maintenant à une température de 55° à 60° jusqu'à ce que l'albumine commence à se coaguler; on exprime, on épuise le résidu par 60 à 80 cent. cubes d'eau, et on porte les solutions à l'ébullition de manière à coaguler entièrement l'albumine. La liqueur est filtrée, précipitée par l'acétate de plomb, et évaporée, après séparation de l'excès de plomb par l'hydrogène sulfuré. Le liquide concentré jusqu'à consistance sirupeuse dépose de la créatine incolore; les eaux mères sont additionnées d'alcool fort qui précipite le reste de la créatine; les cristaux sont lavés à l'alcool concentré, et séchés à 100°. Il faut se rappeler pour le dosage que la créatine perd 12,7 % d'eau à 100°. Par ce procédé Neubauer a trouvé les proportions suivantes de créatine dans 100 p. de chair de divers mammifères [Neubauer, *Zeitschr. Anal. Chem.*, t. II, p. 22]:

	Bœuf.			Porc.	
	I	II	III	I	II
Créatine à 100°....	0,150	0,204	0,103	0,117	0,184
Créatine cristallisée.	0,170	0,232	0,220	0,133	0,209

	Veau.	Mouton. I	Mouton. II
Créatine à 100°..........	0,162	0,157	0,168
Créatine cristallisée.....	0,182	0,179	0,189

Propriétés. — La créatine est incolore, nacrée, sans saveur, neutre aux papiers réactifs. Elle est soluble dans 74,4 p. d'eau à 18°, fort soluble dans l'eau bouillante, d'où elle se dépose en une masse d'aiguilles. Elle ne se dissout que dans 94,10 p. d'alcool absolu, elle est insoluble dans l'éther. Maintenue à 100°, elle perd 12,7 % d'eau; à une température plus élevée, elle fond et se décompose en donnant des produits ammoniacaux.

Elle cristallise en prismes limpides appartenant au type clinorhombique.

Par l'ébullition prolongée avec l'eau, elle se transforme partiellement en créatinine (Nawrocki, Neubauer).

Elle se dissout dans les acides étendus en donnant des combinaisons cristallisées, mais les acides concentrés l'altèrent et la transforment en créatinine par élimination d'eau (Liebig):

$$\underset{\text{Créatine.}}{C^4H^9Az^3O^2} = \underset{\text{Créatinine.}}{C^4H^7Az^3O} + H^2O.$$

Traitée par la chaux sodée, elle dégage de la méthylamine; à chaud, avec l'acide azotique, elle donne de la méthylamine et de l'ammoniaque. Oxydée par l'oxyde de mercure, ou par un mélange d'oxyde puce de plomb et d'acide sulfurique, elle fournit un nouvel alcali, la méthyluramine, $C^4H^7Az^3$, ou méthyl-guanidine :

$$\left.\begin{matrix}\overset{\text{IV}}{C}\\ CH^3\\ H^4\end{matrix}\right\} Az^3$$

[Dessaignes, *Compt. rend. de l'Acad.*, t. XXXVIII, p. 839, et t. XLI, p. 1258].

La créatine maintenue en ébullition avec l'eau de baryte se dédouble en urée et en une base nouvelle, la sarkosine :

$$\underset{\text{Créatine.}}{C^4H^9Az^3O^2} + H^2O = \underset{\text{Sarkosine.}}{C^3H^7AzO^2} + \underset{\text{Urée.}}{CH^4Az^2O}$$

(Liebig).

La synthèse de la sarkosine réalisée par M. Volhard a montré que cette base n'est autre que le méthyl-glycocolle; suivant Neubauer, il se forme, en outre, dans cette réaction, de la méthyl-hydantoïne, $C^4H^6Az^2O^2$, qui prend naissance dans l'action de l'eau de baryte sur la créatinine.

Dans l'action de l'acide azoteux sur la créatine, on obtient en petite quantité une base particulière, qu'on rencontre aussi dans l'action de cet agent sur la créatinine (Dessaignes). — Voyez Créatinine.

Sels de créatine [Dessaignes, *Compt. rend. de l'Acad.*, t. XXXVIII, p. 839]. — Le *chlorhydrate*, $C^4H^9Az^3O^2, HCl$, est en beaux prismes solubles dans l'eau et non déliquescents; on l'obtient en ajoutant de l'acide chlorhydrique titré à la créatine, et en évaporant le mélange à 30° ou dans le vide.

Le *sulfate*, $(C^4H^9Az^3O^2)^2, H^2SO^4$, se prépare comme le sel précédent, auquel il ressemble.

L'*azotate* renferme $C^4H^9Az^3O^2, HAzO^3$. On l'obtient en dissolvant 1gr,57 de créatine cristallisée dans de l'acide azotique titré renfermant 0gr,447 de l'acide $AzHO^3$. On évapore à 30°. Il se dépose par le refroidissement sous la forme de prismes courts et brillants. Il se forme également lorsqu'on fait passer un courant rapide de gaz azoteux dans de l'eau contenant de la créatine en suspension.

Combinaisons avec les chlorures métalliques [Neubauer, *Ann. der Chem. u. Pharm.*, t. CXXXVII, p. 288]. — Lorsqu'on ajoute une solution saturée à 50° de créatine dans une solution concentrée et neutre de chlorure de cadmium, il se dépose d'abord de la créatine non altérée, puis, par évaporation sur l'acide sulfurique, on recueille de grands cristaux, inaltérables à l'air, d'une combinaison de chlorure de cadmium et de créatine :

$$C^4H^9Az^3O^2, CdCl^2 + 2H^2O.$$

Ils perdent $2H^2O$ à 100°. Ils se dissolvent dans l'eau chaude, qui les décompose en grande partie.

Avec le chlorure de zinc on obtient de la même manière une combinaison, $(C^4H^9Az^3O^2)^2ZnCl^2$, en plus petits cristaux, qui se décomposent également quand on les dissout dans l'eau chaude.

Constitution de la créatine. — Comme la créatine se dédouble avec l'eau de baryte en urée et sarkosine (méthyl-glycocolle), M. Strecker considère la créatine comme une combinaison de cyanamide et de méthyl-glycocolle :

$$\underset{\text{Cyanamide.}}{\left.\begin{matrix}CAz\\ H^2\end{matrix}\right\} Az} + \underset{\text{Méthyl-glycocolle.}}{\left.\begin{matrix}(C^2H^2O.OH)'\\ CH^3\\ H\end{matrix}\right\} Az}$$

$$= \underset{\text{Créatine.}}{\left.\begin{matrix}CAz\\ C^2H^2O.OH\\ CH^3\\ H^3\end{matrix}\right\} Az^3}.$$

Guidé par ces vues théoriques, Strecker a combiné la cyanamide au glycocolle, et a obtenu un homologue de la créatine, $C^3H^7Az^3O^2$, qu'il a appelé glycocyamine. Les propriétés de ce corps ont une analogie frappante avec celles de la créatine [*Compt. rend. de l'Acad.*, t. LII, p. 1210].

Dans cette hypothèse, la créatinine, qui dérive de la créatine par soustraction des éléments d'une molécule d'eau, devient :

$$\left.\begin{matrix}CAz\\ (C^2H^2O)''\\ CH^3\\ H^2\end{matrix}\right\} Az^3$$

[Strecker, *Ann. der Chem. u. Pharm.*, t. CXVIII,

p. 151; *Ann. de Chim. et de Phys.*, (3), t. LXII, p. 355, et *Répert. de Chim. pure*, 1861, p. 341].

Peut-être la créatine et la créatinine sont-elles des dérivés de la guanidine :

$$\left.\begin{matrix} \overset{\text{IV}}{C} \\ H^5 \end{matrix}\right\} Az^3.$$

On sait que la créatine et la créatinine donnent par oxydation la méthyl-guanidine. La créatine représente la méthyl-guanidine dont 1 atome d'hydrogène est remplacé par le radical hydroxy-glycollyle ($C^2H^2O.OH$), de l'acide glycollique :

$$C^2H^2O \left\{\begin{matrix} OH \\ OH. \end{matrix}\right.$$

La créatinine serait la méthyl-guanidine dont 2 atomes d'hydrogène seraient remplacés par le glycollyle lui-même, C^2H^2O, radical diatomique :

$$\left.\begin{matrix} \overset{\text{IV}}{C} \\ H^5 \end{matrix}\right\} Az^3, \qquad \left.\begin{matrix} \overset{\text{IV}}{C} \\ CH^3 \\ H^4 \end{matrix}\right\} Az^3,$$

Guanidine. Méthyl-guanidine.

$$\left.\begin{matrix} \overset{\text{IV}}{C} \\ CH^3 \\ (C^2H^2O.OH)' \\ H^3 \end{matrix}\right\} Az^3, \qquad \left.\begin{matrix} \overset{\text{IV}}{C} \\ CH^3 \\ (C^2H^2O)'' \\ H^2 \end{matrix}\right\} Az^3.$$

Créatine. Créatinine. E. G.

CRÉATININE, $C^4H^7Az^3O$ [Liebig, *Ann. de Chim. et de Phys.*, (3), t. XXIII, p. 146]. — Ce corps a été découvert par Liebig. Il se forme par élimination d'eau de la créatine, lorsqu'on chauffe celle-ci avec de l'acide chlorhydrique concentré, de l'acide sulfurique, de l'acide phosphorique ou de l'acide azotique. Il se rencontre aussi dans les organes ou les produits de sécrétion de divers animaux. On le trouve dans l'urine de l'homme (Pettenkofer), du chien (Liebig), du veau (Sokoloff), dans les muscles des crustacés (Valenciennes et Fremy). Le bouillon de viande en contient une petite quantité.

Préparation. — Quand on fait évaporer de la créatine avec de l'acide chlorhydrique concentré, et qu'on chauffe au bain-marie de manière à chasser l'acide chlorhydrique libre, on obtient du chlorhydrate de créatinine. Pour en retirer la base, on ajoute de l'hydrate de plomb au sel dissous dans 20 ou 30 p. d'eau. Il se produit d'abord du chlorure de plomb, et la liqueur devient neutre ou très-légèrement alcaline. Si alors on introduit dans le mélange le triple de l'hydrate de plomb déjà employé, il se forme un oxychlorure de plomb complétement insoluble; on filtre le tout, on lave la masse pâteuse et les liqueurs concentrées au bain-marie donnent des cristaux de créatinine. S'il restait un peu de plomb dans la liqueur filtrée, on l'éliminerait en traitant celle-ci par un peu de charbon animal.

On peut aussi verser sur 1 p. de créatine 100 p. d'acide sulfurique étendu, formé de 27 p. d'acide concentré et de 73 p. d'eau; on évapore à sec au bain-marie, on reprend par l'eau bouillante le sulfate neutre de créatinine ainsi formé, et on projette dans la solution aqueuse du carbonate de baryte.

On peut aussi retirer la créatinine de l'urine de l'homme, en suivant le procédé indiqué à l'article CRÉATINE. Suivant M. Sokoloff, l'urine de veau est la plus avantageuse pour la préparation de la créatinine. M. Lœbe emploie le procédé suivant pour extraire la créatinine de l'urine :

L'urine traitée préalablement par l'eau de chaux et par le chlorure de calcium pour séparer les phosphates terreux est évaporée à sec, et le résidu repris par l'alcool chaud. La solution alcoolique légèrement concentrée abandonne, en se refroidissant, une abondante cristallisation d'urée; les eaux mères sont traitées par le chlorure de zinc, qui précipite bientôt la combinaison cristallisée de chlorure de zinc et de créatinine. On décompose cette combinaison, comme à l'ordinaire, par l'hydrate de plomb. La précipitation de la créatinine est plus complète par une solution alcoolique de chlorure de zinc que par une solution aqueuse.

Quand on opère sur l'urine de chien, il faut, avant d'ajouter le chlorure de zinc, précipiter l'acide cynurique par l'acide chlorhydrique, et ensuite neutraliser par l'eau de chaux. L'acide cynurique, en effet, serait précipité lui-même en même temps que la créatinine [Lœbe, *Journ. für prakt. Chem.*, t. LXXXII, p. 170, et *Répert. de Chim. pure*, p. 25, 1862].

Pour purifier la créatinine brute, qui est mélangée de créatine, on doit employer l'alcool très-concentré, et éviter toute élévation de température pendant la digestion, sans quoi la créatine se dissoudrait en partie.

Neubauer a donné le procédé suivant pour doser la créatinine dans l'urine :

300 centimètres cubes d'urine sont additionnés de lait de chaux, jusqu'à réaction alcaline, puis de chlorure de calcium tant qu'il se forme un précipité. Après 1 ou 2 heures, on filtre, on évapore rapidement au bain-marie, presque à siccité, la liqueur filtrée et les eaux de lavage, et on mélange le résidu encore chaud avec 30 ou 40 centimètres cubes d'alcool à 95°. On laisse digérer pendant 4 à 5 heures, à froid; on filtre le liquide, on lave le résidu avec de petites quantités d'alcool. On réduit le volume de la solution à 40 ou 50 centimètres cubes, et après refroidissement on y ajoute 0cc,5 d'une solution alcoolique de chlorure de zinc d'une densité de 1,2. On agite fortement, et on laisse le mélange trois ou quatre jours dans un lieu frais. Après quoi on recueille les cristaux sur un filtre taré, on lave à l'alcool, et on sèche à 100°.

On a trouvé par ce procédé qu'un homme sain du poids de 54k,5 élimine en moyenne par vingt-quatre heures environ 1gr,166 de créatinine pure, correspondant à 0gr,0214 de créatinine par kilogr. du poids de l'homme.

Propriétés. — La créatinine est un corps bien cristallisé. Forme cristalline : prismes clinorhombiques, avec p, m, h^1 dominant. Angles : $ph^1 = 69°24'$; $mm = 98°20'$.

Elle se dissout dans 11,5 p. d'eau froide, et dans une bien plus grande quantité d'eau bouillante. 1000 p. d'alcool à la température de 16° dissolvent 0,8 p. de créatinine. Les solutions de créatinine précipitent les solutions d'azotate d'argent, le bichlorure de mercure, le protochlorure d'étain; elle se combine avec le chlorure de zinc, le chlorure de cadmium, et donne des sels bien définis.

Sa réaction est alcaline, sa saveur caustique; elle déplace l'ammoniaque des sels ammoniacaux, et forme avec les sels de cuivre des combinaisons bleues et cristallisables.

La créatinine réduit l'oxyde mercurique et est transformée par l'ébullition avec cet agent en méthyl-uramine ou méthyl-guanidine [Dessaignes, *Compt. rend. de l'Acad.*, t. XLI, p. 258].

Le permanganate de potasse amène la même transformation, et on obtient en même temps de l'acide oxalique [Neubauer, *Ann. der Chem. u. Pharm.*, t. CXIX, p. 17, et *Répert. de Chim. pure*, p. 25, 1862].

Chauffée pendant douze heures à 100° dans des tubes fermés avec une fois et demie son poids de baryte et une quantité d'eau suffisante pour dissoudre le tout à chaud, la créatinine fournit la *méthyl-hydantoïne* ou *méthyl-glycolylurée* :

$$C^{11}H^6Az^2O^2 = \left.\begin{matrix} CO \\ C^2H^2O \\ CH^3 \\ H \end{matrix}\right\} Az^2$$

[Neubauer, *Ann. der Chem. u. Pharm.*, t. CXXXVII, p. 288, et *Bull. de la Soc. chim.*, t. VII, p. 457, 1867].

Chauffée à 100° dans un tube scellé avec de l'alcool absolu et de l'iodure d'éthyle, elle donne l'iodure d'éthyl-créatinine, dont on retire la base par l'action de l'oxyde d'argent sur la solution aqueuse de l'iodure (Neubauer). — Voir plus bas ÉTHYL-CRÉATININE.

ACTION DE L'ACIDE AZOTEUX SUR LA CRÉATININE [Dessaignes, *Compt. rend. de l'Acad.*, t. XLI, p. 1258; — Marker, *Ann. der Chem. u. Pharm.*, t. CXXXIII, p. 305, et *Bull. de la Soc. chim.*, t. IV, p. 395, 1865]. — M. Dessaignes, en traitant par un courant d'acide azoteux la créatinine en solution aqueuse, a obtenu une base nouvelle, à laquelle il a appliqué la formule $C^6H^{10}Az^7O^3$. M. Marcker a repris l'étude de cette réaction, et outre la base découverte par Dessaignes, et à laquelle il donne la formule $C^4H^8Az^4O^2$, en a trouvé une seconde isomère de la première.

On dissout la créatinine dans le moins d'eau possible, et on y fait passer un courant d'acide azoteux. La réaction est vive, puis le dégagement d'acide carbonique et d'azote se ralentit, et l'excès d'acide azoteux colore le liquide en brun foncé. On arrête l'opération et par le refroidissement on obtient des cristaux d'azotate de la nouvelle base. Une grande partie reste en solution, et il faut ajouter de l'ammoniaque pour le précipiter. On redissout la base dans de l'acide chlorhydrique étendu et chaud, et on précipite de nouveau par l'ammoniaque; on obtient la base *a* : c'est celle que Dessaignes avait découverte.

C'est une poudre d'un blanc éclatant, rude au toucher, et qui, au microscope, présente des aiguilles déliées. Peu soluble dans l'eau à froid, plus soluble à chaud, elle est très-peu soluble dans l'alcool et dans l'éther. Marcker la représente par la formule $C^4H^8Az^4O^2$.

Le *chlorhydrate*, $C^4H^8Az^4O^2, HCl$, cristallise en feuilles par une évaporation rapide et par une évaporation lente dans le vide en prismes incolores, transparents. Soluble dans l'eau surtout à la température de l'ébullition, il est peu soluble dans l'alcool et insoluble dans l'éther.

L'*azotate*, $C^4H^8Az^4O^2, HAzO^3$, forme de grandes tables rhombiques, incolores, transparentes.

La base *a* fond à 210°, en se décomposant et dégageant des gaz, parmi lesquels du gaz carbonique et probablement de la méthylamine et de l'éthylamine; et il reste une base floconneuse, incolore, $C^7H^{12}Az^{10}O^2$, dont le chlorhydrate cristallise difficilement. On l'obtient cependant en aiguilles déliées en ajoutant à la solution aqueuse concentrée et bouillante de l'alcool absolu, jusqu'à ce que le précipité persiste à chaud.

Traitée par le brome en présence de l'eau, elle donne un corps bromé, $C^4H^7Az^4BrO^2$, dépourvu de propriétés alcalines, et qui se présente en aiguilles d'un jaune faible. Avec un excès de brome, à 120°, elle donne une résine bromée.

Chauffée à 160° avec de l'iodure d'éthyle dans un tube scellé, elle donne une masse sirupeuse, qui, débarrassée par la distillation de l'excès d'iodure d'éthyle, est bouillie avec de l'oxyde d'argent. Celui-ci amène une décomposition partielle, car il se dégage de l'éthylamine. La masse sirupeuse dissoute dans l'eau est soumise à un courant d'hydrogène sulfuré pour précipiter l'argent qu'elle retient, puis évaporée au bain-marie, et on la purifie par des cristallisations répétées. Elle fond à 152°, se solidifie à 142°, cristallise en aiguilles déliées, et elle est très-soluble dans tous les dissolvants. Elle paraît renfermer $C^{14}H^9AzO^4$.

Suivant M. Dessaignes, la base qu'il a décrite se décompose par l'acide chlorhydrique en sel ammoniac, en acide oxalique et en un acide que M. Strecker a reconnu être de l'acide méthyl-parabanique, ou méthyl-oxalyl-urée, $C^4H^4Az^2O^3$. M. Marcker, en répétant cette réaction, n'a pu obtenir l'acide méthyl-parabanique en quantité suffisante pour l'analyse.

La base *b* s'obtient en même temps que la base *a* dans l'action de l'acide azoteux sur la créatinine. Pour la recueillir on évapore les eaux mères de la préparation de la base *a*; le nouveau corps se dépose avec de l'azotate d'ammoniaque. On reprend par l'alcool aqueux bouillant, la base cristallise la première.

Ce composé, $C^4H^8Az^4O^2$, est en cristaux groupés en sphère, d'un jaune pâle, solubles dans l'eau et dans l'alcool étendu, insolubles dans l'éther. Elle fond à 195°; à 220°, elle se charbonne. Son chlorhydrate est en feuilles cristallines, blanches, transparentes. Le chloroplatinate est assez soluble dans l'eau et dans l'alcool; il se décompose partiellement par l'action de la chaleur et de la lumière.

SELS DE CRÉATININE [Heintz, *Ann. de Poggend.*, t. LXII, p. 602; t. LXXIII, p. 595; t. LXXIV, p. 125; — Neubauer, *Ann. der Chem. u. Pharm.*, t. CXIX, p. 27, et *Repert. de Chim. pure*, p. 25 et 205, 1862]. — Le *chlorhydrate de créatinine*,

$$C^4H^7Az^3O.HCl,$$

cristallise en prismes raccourcis, fort solubles dans l'eau, et assez solubles dans l'alcool.

Le *chloroplatinate* s'obtient par l'évaporation à une douce chaleur d'un mélange de bichlorure de platine et d'une solution de chlorhydrate de créatinine; il est en cristaux assez gros, d'un jaune foncé, assez solubles dans l'eau, moins solubles dans l'alcool. Ils contiennent 30,5 °/₀ de platine.

Le *chlorure de zinc et de créatinine*,

$$(C^4H^7Az^3O)^2ZnCl^2,$$

est en prismes obliques rhomboïdaux très-peu solubles dans l'eau, insolubles dans l'alcool absolu et dans l'éther. 100 p. d'eau en dissolvent 3,604 p., à l'ébullition, et 1,84 p. à 150° [Lœbe, mém. cité]. Il s'obtient lorsqu'on mélange deux solutions alcooliques de chlorure de zinc et de créatinine (Heintz). Si on le dissout à chaud dans l'acide chlorhydrique faible, il cristallise en partie par le refroidissement; mais la solution chlorhydrique, traitée par l'acétate de soude, donne un nouveau sel de zinc cristallisé, $(C^8H^7Az^3O^2HCl)ZnCl^2$, qui représente une combinaison de chlorure de zinc et de chlorhydrate de créatinine (Neubauer).

L'*iodhydrate de créatinine*, $C^4H^7Az^3O, HI$, est en gros cristaux incolores, très-solubles dans l'eau et dans l'alcool. Il se forme en même temps que l'iodure d'éthyle-créatinine, dans l'action de l'iodure d'éthyle sur la créatinine (Neubauer).

Le *chlorure de cadmium et de créatinine*,

$$(C^4H^7Az^3O^2)^2CdCl^2,$$

est cristallisé, plus soluble dans l'eau que la combinaison zincique.

Avec l'*azotate mercurique*, la créatinine donne un précipité cristallin, $(C^4H^7Az^3O)^2(AzO^6)^2Hg$, dense, assez soluble dans l'eau à chaud, peu soluble à froid, et qui, décomposé par l'hydrogène sulfuré, fournit de beaux cristaux d'azotate de créatinine. Avec l'*azotate d'argent*, la créatinine donne de petites aiguilles groupées en mamelons et qui contiennent $(C^4H^7Az^3O)^2(AzO^3)^2Ag^2$.

Le *sulfate de créatinine*, $(C^4H^7Az^3O)^2SO^4H^2$, est aisément soluble à chaud dans l'alcool, la solution se trouble par le refroidissement et dépose des tables carrées.

Dans certaines conditions non encore déterminées, la créatinine peut fixer de l'eau et donner de la créatine. Il s'en forme aussi une quantité notable quand on décompose par le sulfhydrate d'ammoniaque ou l'hydrate de plomb la combinaison de chlorure de zinc et de créatinine. Il semble s'en former d'autant plus, qu'on emploie des solutions plus étendues (Heintz).

ÉTHYL-CRÉATININE. $C^6H^{12}Az^3O.OH + H^2O$ [Neubauer, mém. cité]. — On enferme dans un tube 4 grammes de créatinine pure en poudre fine, avec 5 ou 6 centigrammes d'alcool absolu et un peu plus d'un équivalent d'iodure d'éthyle, et on chauffe le mélange pendant plusieurs heures à 100°. Le contenu se prend en une bouillie cristalline d'iodure d'éthyl-créatinine,

$$C^6H^{12}Az^3OI,$$

qu'on fait cristalliser à plusieurs reprises dans l'alcool absolu. On décompose l'iodure en solution aqueuse par l'oxyde d'argent en évitant d'employer un excès de celui-ci, excès qui empêcherait la base de cristalliser. Dans cette préparation, il se forme en outre de l'iodhydrate de créatinine.

L'éthyl-créatinine cristallisée perd son eau de cristallisation à 100°, mais en commençant à se décomposer. Elle se dissout facilement dans l'eau. Sa saveur est amère, sa réaction fortement alcaline; elle précipite le perchlorure de fer et les sels d'alumine. — Elle ne renferme plus d'hydrogène remplaçable, car si on la traite par l'iodure d'éthyle, on obtient de l'alcool et de l'iodure d'éthyl-créatinine.

Le *chlorhydrate d'éthyl-créatinine*,

$$C^6H^{12}Az^3OCl,$$

est cristallisé, très-soluble dans l'eau, peu soluble dans l'alcool et dans l'éther; on l'obtient en saturant la solution aqueuse d'éthyl-créatinine par de l'acide chlorhydrique faible et évaporant au bain-marie.

L'*iodure*, $C^6H^{12}Az^3OI$, est en longues aiguilles brillantes, très-solubles dans l'eau et dans l'alcool absolu.

Le *chloroplatinate*, $(C^6H^{12}Az^3OCl)^2,PtCl^4$, cristallise en beaux prismes.

Pour la constitution de la créatinine, voyez CRÉATINE. E. G.

CREDNÉRITE (Min.) [Syn. *Mangankupfererz*]. — Agrégations cristallines lamellaires, d'un noir de fer ou d'un gris d'acier foncé, trouvées à Friedrichsrode, avec la malachite, la volborthite et divers minerais de manganèse. M. Rammelsberg lui attribue la formule $3CuO, 2Mn^2O^3$ (?).

Caractères. — Se dissout dans l'acide chlorhydrique en dégageant du chlore; la liqueur devient verte. Fusible sur les bords minces. Avec le borax, donne un verre d'un violet foncé; avec le sel de phosphore, verre vert à chaud, bleu à froid, rouge dans la flamme de réduction.

Dureté, 4,5. Poussière noir-brunâtre. Densité, 4,9.

Forme cristalline. — Clinorhombique, d'après les clivages, qui sont très-nets suivant la base, un peu moins nets sur les faces latérales.

CRÈME DE TARTRE. — Tartrate acide de potassium. — Voyez TARTRIQUE (ACIDE).

CRÈME DE TARTRE SOLUBLE. — Tartrate borico-potassique. — Voyez TARTRIQUE (ACIDE).

CRÉNIQUE (ACIDE) [Berzelius, *Poggend. Ann.*, t. XIII, p. 84; — Mulder, *Ann. der Chem. u. Pharm.*, t. XXXVI, p. 243]. — Berzelius a extrait des eaux de Porla (Suède) deux substances ulmiques, les acides crénique et apocrénique, qui existent, suivant lui, dans le terreau, et à l'état de sous-sels dans tous les dépôts ocreux des eaux ferrugineuses. On obtient ces acides en faisant bouillir le dépôt pendant une demi-heure avec de la potasse, filtrant, sursaturant par l'acide acétique, additionnant la liqueur d'acétate de cuivre jusqu'à ce que le précipité brun n'augmente plus; isolant ce précipité qui contient l'acide apocrénique, saturant la liqueur par le carbonate d'ammoniaque (un très-petit excès de ce sel ne nuit pas à la réussite de l'opération), et ajoutant de l'acétate de cuivre tant qu'il se forme un précipité blanc verdâtre.

On achève la précipitation à 80°. Les deux précipités, traités par l'hydrogène sulfuré, abandonnent à l'état libre, le premier l'acide apocrénique, le second l'acide crénique mêlé de crénates terreux insolubles dans l'alcool et dont on le sépare avec ce liquide. — Voyez APOCRÉNIQUE (ACIDE).

L'acide crénique est d'un jaune pâle, amorphe, d'une saveur acide, puis astringente; ses sels alcalins sont amorphes, solubles dans l'eau, mais non dans l'alcool; ils se transforment, en brunissant, en apocrénates.

Formule empirique proposée par Mulder, qui a constaté l'absence de l'azote de constitution admis par Berzelius, $C^{12}H^{12}O^8$. G. S.

CRÉOSOL, $C^8H^{10}O^2$ [Hlasiwetz et Barth, *Journ. für prakt. Chem.*, t. LXXV, p. 9, et *Rép. de Chim. pure*, 1858, p. 183]. — On prépare le créosol en traitant par l'acide sulfurique étendu ou l'acide oxalique le créosolate de potassium, obtenu par l'action de la potasse sur la créosote de goudron de hêtre (voyez plus bas CRÉOSOLATE DE POTASSIUM). L'huile qui se sépare est lavée à l'eau, séchée par un courant d'hydrogène (et non par le chlorure de calcium, qu'elle dissout en quantité notable), et rectifiée.

Le créosol existe également dans les produits de la distillation sèche de la résine de gaïac; le produit décrit sous le nom d'hydrure de gaïacyle est, suivant Hlasiwetz, un mélange de deux produits homologues, l'hydrure de gaïacyle $C^7H^8O^2$, et le créosol $C^8H^{10}O^2$.

Le créosol est incolore, très-réfringent, d'une odeur agréable et d'une saveur aromatique brûlante; il bout à 219°, mais se décompose un peu par la distillation en présence de l'air. Sa densité est de 1,0894 à 13°. Il n'est pas soluble dans l'eau et se mêle en toute proportion à l'alcool, l'éther, l'acide acétique cristallisable. Il ne se combine pas avec les bisulfites alcalins. Avec l'ammoniaque aqueuse concentrée il donne une bouillie de cristaux qui se décomposent facilement. L'hydrate de potasse s'y dissout, et le mélange se prend par le refroidissement en une masse cristalline de créosolate de potassium. L'acide azotique donne de l'acide oxalique; avec l'acide sulfurique, le créosol prend une belle couleur rouge-cerise ou violette. Il réduit à chaud les sels d'argent en miroir; additionné d'une solution alcoolique de perchlorure de fer, il se colore en vert, comme la créosote. Sa solution aqueuse coagule l'albumine.

Le brome l'attaque énergiquement en fournissant des cristaux insolubles dans l'eau, très-solubles dans l'éther et dans l'alcool, et qui, cristallisés dans l'acide acétique à chaud, se présentent sous la forme de longues aiguilles blanches, qui ont pour composition $C^{16}H^{15}Br^3O^3$, et qui sont peut-être un mélange de deux corps isomorphes $C^8H^8Br^2O^2$, et $C^8H^7Br^3O^2$. Avec le chlore, on a un corps $C^8H^7Cl^3O^2$, qu'on fait cristalliser dans l'acide acétique.

H. Müller, Frisch, Gorup-Besanez ont confirmé les résultats obtenus par Hlasiwetz et Barth.

D'après H. Müller, lorsqu'on ajoute à une solution aqueuse saturée de créosote, de l'iode et du phosphore, et qu'on chauffe à 95°, il distille de l'iodure de méthyle, tandis que le résidu s'épaissit. En traitant par l'eau le résidu de la réaction, saturant par le carbonate de baryte, filtrant et précipitant par l'acétate de plomb, on obtient un précipité floconneux, qui, décomposé par l'hydrogène sulfuré, fournit de la pyrocatéchine $C^6H^6O^2$ [*Zeitsch. Chem, Pharm.*, 1864, p. 703, et *Chem. News*, t. X, p. 269]. Probst a annoncé aussi la formation de la pyrocatéchine par l'action de la potasse en fusion sur la créosote du goudron de hêtre [Probst, *Zeitsch. für Chem.*, nouv. sér., t. III, p. 280].

Dérivé éthylé du créosol, $C^8H^9O^2(C^2H^5)$. — En faisant agir l'iodure d'éthyle sur le créosolate neutre de potassium, on obtient un dérivé éthylé $C^8H^9O^2(C^2H^5)$; c'est une huile d'une odeur aromatique faible, très-réfringente. Une solution alcoolique de potasse la décompose immédiatement.

Dérivés métalliques. — *Créosolate de potassium.* — Le composé acide s'obtient par l'action du potassium à 90° sur la créosote; pour l'obtenir à l'état cristallisé, on le dissout dans l'éther, mais en opérant la dissolution en présence de l'air on perd beaucoup de matière; pour éviter cet inconvénient, on met la cornue où l'on opère en communication avec un flacon à deux tubulures renfermant de l'éther, et se rattachant d'autre part à un réfrigérant de Liebig disposé en sens inverse. Lorsque le potassium est dissous, on fait tomber le produit chaud et liquide dans l'éther; celui-ci entre en ébullition, se condense dans le réfrigérant de Liebig et reflue dans le flacon; le créosolate de potassium s'y dissout, et en entourant le flacon d'un mélange réfrigérant, on voit le sel se prendre en une bouillie cristalline qu'on recueille sur un linge, qu'on exprime, qu'on lave à l'éther et qu'on exprime de nouveau. Ainsi purifié, il est blanc et se conserve sans altération; il cristallise en belles aiguilles blanches dans l'alcool absolu. L'eau le dissout en le décomposant partiellement. Il perd son eau de cristallisation dans un courant d'hydrogène à 80°.

La composition du corps sec est

$$C^8H^9O^2K$$
$$C^8H^{10}O^2.$$

Hydraté, il renferme une molécule d'eau, H^2O.

Le composé *neutre* s'obtient facilement lorsqu'on mélange une solution alcoolique concentrée de potasse avec de la créosote dissoute dans moitié de son volume d'éther. Il se dissout dans l'eau sans décomposition et cristallise de sa solution aqueuse en aiguilles feutrées. Il renferme $C^8H^9O^2K, H^2O$, et desséché $C^8H^9O^2K$.

Les créosolates de sodium sont incristallisables.

Créosolate de baryum. — Les cristaux de baryte caustique se dissolvent dans la créosote comme les hydrates de potasse et de soude; le composé est cristallisable et renferme $(C^8H^9O^2)^2Ba$.

Créosolate de plomb. — La solution du composé potassique donne avec l'acétate de plomb un précipité blanc volumineux, que les lavages décomposent en partie et qui présente difficilement une composition constante.

Produits de l'action du chlorate de potasse [Gorup-Besanez, *Sources citées à l'article Créosote*]. — Lorsqu'on fait agir sur la créosote, à une douce chaleur, du chlorate de potasse et de l'acide chlorhydrique, il y a une vive réaction, et si on la maintient pendant quelques jours, ne s'arrêtant que quand on observe un violent dégagement de chlore, on obtient une masse emplastique. En reprenant par l'alcool à froid, celui-ci dissout une matière cristallisant en larges tables rhomboïdales, de couleur dorée, insolubles dans l'eau et très-solubles dans l'éther, se dissolvant dans les alcalis avec une couleur rouge-brun. Ce composé avait été appelé *pentachlorxylon* par Gorup qui lui attribuait la formule $C^{13}H^7Cl^5O^3$, mais Gerhardt l'a considéré comme étant un homologue de la quinone trichlorée et lui a donné la formule $C^8H^5Cl^3O^2$. Cette formule s'est trouvée confirmée par les recherches d'Hlasiwetz et Barth, qui ont isolé le créosol.

Le produit de l'action du chlorate de potasse et de l'acide chlorhydrique ayant été épuisé par l'alcool froid, il reste des paillettes jaunes auxquelles on avait d'abord donné le nom d'*hexachlorxylon* et attribué la formule $C^{13}H^6Cl^6O^3$. Gerhardt l'a regardé comme étant $C^8H^6Cl^4O^2$, homologue du chloranile. Depuis, Gorup a reconnu que cet hexachlorxylon n'est pas un produit unique, c'est un mélange de $C^8H^4Cl^4O^2$ et de $C^8H^5Cl^3O^2$; on les sépare par le chloroforme qui dissout facilement le premier. Les propriétés assignées à l'hexachlorxylon sont les suivantes : paillettes dorées, très-brillantes, composées de petits rhombes microscopiques très-aigus, sublimables entre 180° et 190°, insolubles dans l'eau, très-solubles dans l'éther, peu solubles dans l'alcool froid. E. G.

CRÉOSOTE [Reichenbach (1832), *Journ. für Chem. u. Phys. de Schweigger*, t. LXVI, p. 310 et 345, t. LXVII, p. 1 et 57, t. LXVIII, p. 352; — Ettling, *Ann. der Chem. u. Pharm.*, t. VI, p. 209; — Laurent, *Compt. rend. de l'Acad.*, t. XI, p. 124, et t. XIX, p. 574; — Deville, *ibid.*, t. XIX, p. 134, et *Ann. de Chim. et de Phys.*, (3), t. XII, p. 228; — Gorup-Besanez, *Ann. der Chem. u. Pharm.*, t. LXXVIII, p. 231, et t. LXXXVI, p. 223; — Voelckel, *ibid.*, t. LXXXVI, p. 93, et t. LXXXVII, p. 306; — Hlasiwetz et Barth (1858), *Journ. für prakt. Chem.*, t. LXXV, p. 1, et *Répert. de Chim. pure*, 1858, p. 184; — Frisch, *Journ. für prakt. Chem.*, t. C, p. 283; — Gorup-Besanez, *Zeitsch. für Chem.*, nouv. sér., t. III, p. 298]. — La créosote (de κρέας, chair, σώζω, je conserve) est un liquide doué de propriétés antiseptiques, et que Reichenbach a retiré du goudron de bois : mais sous le nom de créosote on trouve dans le commerce différents liquides, de nature et de composition variables, et n'ayant de propriétés communes que leur solubilité dans les alcalis, leur point d'ébullition fixé vers 200°, et leurs propriétés antiseptiques. C'est ainsi que beaucoup de créosotes ne renferment que du phénol; d'autres sont un mélange de phénol et de crésylol (voyez ce mot); ce dernier a été isolé par Williamson et Fairlie des créosotes de goudron de houille, mais il en existe aussi, suivant Duclos, dans celles que fournissent les goudrons de bois.

Quant à la créosote découverte et préparée par Reichenbach, elle n'est pas un principe unique, ainsi que l'ont montré Hlasiwetz et Barth; aussi les travaux d'un grand nombre de chimistes, qui se sont occupés de son étude, présentent-ils de nombreuses divergences, et les résultats analytiques ne concordent pas entre eux. Hlasiwetz et Barth ont pu extraire de la créosote du goudron de hêtre une substance définie, le créosol $C^8H^{10}O^2$; suivant eux, la créosote serait une combinaison de créosol avec un hydrogène carboné; cependant elle ne présente pas les caractères d'une combinaison définie; ce n'est probablement qu'un mélange. Suivant Frisch, elle serait une combinaison phénylée du créosol, s'appuyant sur ce fait que la créosote donne de l'acide dinitrophénique par l'acide nitrique, tandis que suivant Hlasiwetz le créosol pur ne donne pas de composés nitrés cristallisables.

Quoi qu'il en soit, voici comment s'extrait la créosote du goudron de bois et quelles sont les propriétés qui lui sont assignées.

Préparation de la créosote. — On distille le goudron de bois jusqu'à ce que le résidu ait une consistance poisseuse. On rectifie plusieurs fois le produit en ne recueillant que les parties plus lourdes que l'eau; on les fait dissoudre dans une solution de potasse caustique. La solution alcaline est chauffée à l'air de manière à résinifier une substance étrangère qui s'est dissoute dans la potasse en même temps que la créosote. On met celle-ci en liberté par l'acide sulfurique étendu. Pour purifier la créosote ainsi obtenue, on la distille à plusieurs reprises avec de l'eau légèrement alcaline, on la dissout dans la potasse, on la précipite, on répète ces opérations jusqu'à ce qu'elle se dissolve dans la potasse sans laisser de matière huileuse. Finalement on la dessèche et on la rectifie.

La créosote est huileuse, incolore, mais se colorant au soleil; sa saveur est brûlante et très-caustique, son odeur forte et désagréable. Sa densité est de 1,037 à 20 (Reichenbach), de 1,040 à 11°,5 (Gorup-Besanez), de 1,076 à 15°,5 (Voelckel), de 1,0874 à 20° (Frisch). Elle bout à 203°; elle ne se solidifie pas par un froid de — 27°.

Elle est peu soluble dans l'eau, très-soluble dans l'alcool, l'éther, le sulfure de carbone, l'acide acétique, l'éther acétique; elle dissout le phosphore, le soufre, le sélénium, les résines, les matières colorantes, les matières grasses, l'acide oxalique, l'acide tartrique, l'acide citrique, l'acide benzoïque, l'acide stéarique. Elle dissout également à chaud la matière colorante de l'indigo, qui s'en précipite par l'addition de l'alcool et de l'eau. Elle dissout beaucoup de sels, les acétates de potassium, de sodium, d'ammonium, de plomb, de zinc, les chlorures de calcium, d'étain.

M. Hermann Rust donne les caractères suivants qui servent à distinguer le phénol de la créosote du goudron de hêtre. 15 p. de phénol et 10 de collodion donnent une masse gélatineuse, tandis que la créosote se mélange au collodion en donnant une solution claire.

En ajoutant de l'ammoniaque à du perchlorure de fer jusqu'à ce que le précipité soit persistant, on obtient une liqueur qui donne avec le phénol une coloration bleue ou violette, et avec la créosote du goudron de hêtre une coloration d'abord verte, puis brune [*Dingler's polytechn. Journ.*, t. CLXXXV, p. 165, et *Bull. de la Soc. chim.*, 1867, t. VIII, p. 375].

L'acide sulfurique se mêle à la créosote en donnant une liqueur pourpre; avec l'acide azotique, on obtient de l'acide oxalique, de l'acide binitrophénique et de l'acide picrique. Traitée par la potasse, elle s'y dissout et donne un sel cristallisé d'où l'on retire le créosol; pour obtenir ce sel cristallisé, il est nécessaire de prendre les précautions indiquées à la préparation du créosol (voyez ce mot). Le potassium en dégage de l'hydrogène et donne un créosolate acide de potassium; ces dérivés appartiennent au créosol.

Traitée par le chlorate de potasse et l'acide chlorhydrique, elle donne divers composés, appelés par M. Gorup-Besanez *pentachloroxylon* et *hexachloroxylon*. Suivant Frisch, l'hexachloroxylon serait un mélange d'hydroquinone bichlorée et tétrachlorée; d'après les nouvelles recherches de Gorup-Besanez, ce seraient des dérivés du créosol analogues aux quinones chlorées; Gerhardt avait déjà du reste donné à ces composés les formules $C^8H^4Cl^4O^2$ et $C^8H^5Cl^3O^2$, qui sont des homologues du chloranile et la quinone trichlorée. Nous les étudions avec le créosol.

En chauffant la créosote avec un mélange de soude caustique et d'oxyde de manganèse et reprenant la masse solide par l'eau, on obtient du rosolate de soude, d'où on précipite l'acide rosolique par un acide [A. Smith, *Poggendorff's Annalen* t. XXXI, p. 250, et *Rép. de Chim. appl.*, t. 1, p. 163].

La créosote est un puissant antiseptique et un caustique énergique. Elle blanchit immédiatement l'épiderme et le détruit promptement; elle coagule l'albumine du sang et celle du blanc d'œuf. Elle est employée contre la carie des dents, et on s'en est servi comme d'un bon hémostatique. Elle a joui en médecine, lors de son apparition, d'une vogue aussi grande que celle dont jouit actuellement l'acide phénique. E. G.

CRÉSOL. — Voyez CRÉSYLOL.

CRÉSOTIQUE (ACIDE),

$$C^8H^8O^3 = C^6H^3 \begin{cases} OH \\ CO.OH \\ CH^3 \end{cases}$$

[Kolbe et Lautemann, *Ann. der Chem. u. Pharm.*, t. CXV, p. 157; *Ann. de Chim. et de Phys.*, (3), t. LX, p. 371; *Répert. de Chim. pure*, 1860, p. 473]. — Cet acide est l'homologue supérieur de l'acide salicylique. On fait passer à travers le crésylol doucement chauffé un courant de gaz carbonique, en même temps qu'on y projette des morceaux de sodium; le métal se dissout, et il se forme une masse solide composée de crésyl-carbonate, de crésotate de sodium et de crésylol en excès. On traite par l'eau, puis par l'acide chlorhydrique; le crésyl-carbonate se décompose avec formation de crésylol, et l'acide crésotique mis en liberté se dissout en grande partie dans le crésylol. Pour l'en extraire, on agite le tout avec une solution concentrée de carbonate d'ammoniaque; la solution ammoniacale est concentrée à l'ébullition, filtrée et décomposée par l'acide chlorhydrique. L'acide crésotique se sépare.

L'acide crésotique est moins soluble dans l'eau que l'acide salicylique, très-soluble dans l'alcool et l'éther. Il se sépare en beaux prismes par le refroidissement lent de sa solution aqueuse. Il fond à 153° et se solidifie à 144°. Avec le perchlorure de fer, il se colore en violet comme l'acide salicylique. Avec la baryte caustique, il se dédouble en acide carbonique et en crésylol. E. G.

CRÉSYLOL (*Phénol crésylique, hydrate de crésyle*),

$$C^7H^8O = C^6H^4 \begin{cases} OH \\ CH^3 \end{cases}$$

[Williamson et Fairlie, 1854, *Proceed. of the London Royal Society*, t. VII, p. 143, et *Ann. der Chem. u. Pharm.*, t. XCII, p. 319; — L. Duclos, *Ann. der Chem. u. Pharm.*, t. CIX, p. 135; *Rép. de Chim. pure*, 1858, p. 338; *Ann. de Chim. et de Phys.* [3], t. LVI, p. 116; — Wurtz, *Compt. rend. de l'Acad.*]. — Le crésylol est contenu dans les créosotes du goudron de houille; on l'isole des portions distillant entre 200° et 210°, par des distillations fractionnées dans un courant d'hydrogène et l'on recueille le produit qui passe à 203° (Williamson et Fairlie). Il existe aussi avec l'acide phénique dans le goudron de bois, et Duclos y a démontré sa présence.

La transformation du toluène en crésylol a été effectuée par M. Wurtz d'après la méthode générale qui lui a permis de transformer la benzine en phénol. Le sulfotoluénate de potasse est fondu avec deux fois son poids de potasse; le produit de la réaction est repris par l'eau, et la potasse saturée par un acide. On agite alors le liquide avec de l'éther, qui s'empare du crésylol. L'éther étant chassé par la distillation, on purifie le crésylol par rectification.

C'est un liquide incolore, réfringent, d'une odeur de créosote; il bout à 203°. Il se dissout assez facilement dans l'ammoniaque aqueuse. L'acide azotique l'attaque vivement en donnant une substance brune incristallisable; mais on peut avec des précautions obtenir des dérivés nitrés. Il se dissout dans l'acide sulfurique en se colorant en rouge, et en produisant de l'*acide sulfocrésylique*. A 60°, la transformation est complète au bout de 24 heures. Les *sulfocrésylates de baryum et de plomb* sont solubles et constituent des masses amorphes.

Le potassium et le sodium se dissolvent dans le crésylol avec dégagement d'hydrogène. Si dans le crésylol doucement chauffé on fait passer un courant de gaz carbonique en même temps qu'on ajoute du sodium, on obtient le sel de sodium d'un nouvel acide, l'acide crésotique, $C^8H^8O^3$, homologue de l'acide salicylique [Kolbe et Lautemann, *Ann. der Chem. u. Pharm.*, t. CXV, p. 157, et *Ann. de Chim. et de Phys.* [3], t. LV, p. 371].

Le *chlorure* et le *phosphate de crésyle* se produisent par l'action du perchlorure de phosphore sur le crésylol. Le *phosphate* donne avec une solution alcoolique d'acétate de potassium une huile qui paraît être l'*acétate de crésyle*. Lorsqu'on distille le phosphate de crésyle avec l'éthylate de potassium, il se produit de l'*oxyde d'éthyle et de crésyle*.

DÉRIVÉS NITRÉS DU CRÉSYLOL. — *Acide mononitrocrésylique*, $C^7H^7(AzO^2)O$. — Il est liquide, oléagineux, et s'obtient en chauffant à 60° ou 70° une solution aqueuse de crésylol avec de l'acide azotique très-étendu (Duclos).

Acide dinitrocrésylique, $C^7H^6(AzO^2)^2O$. — On dissout l'acide sulfocrésylique dans 5 à 6 fois son volume d'eau, et on ajoute de l'acide azotique étendu de son volume d'eau. On sépare par le filtre une matière résineuse qui se forme d'abord, et on porte à l'ébullition.

L'acide dinitrocrésylique est jaune et huileux.

Acide trinitrocrésylique, $C^7H^5(AzO^2)^3O$. — Fairlie l'a obtenu en versant goutte à goutte du crésylol bien refroidi dans de l'acide azotique maintenu dans un mélange réfrigérant.

Duclos trouve plus avantageux de chauffer une solution d'acide sulfocrésylique avec une petite quantité d'acide azotique, de séparer par le filtre un corps résineux qui prend de suite naissance, et de traiter la liqueur par de nouvel acide azotique. Par l'évaporation, on obtient un mélange d'acide oxalique et d'acide trinitrocrésylique. On lave à l'eau, on dissout le résidu dans l'alcool, et on laisse évaporer la solution alcoolique dans le vide.

L'acide trinitrocrésylique est en aiguilles jaunes; il se dissout dans 449 p. d'eau à 20° et dans 123 p. d'eau bouillante. Sa solution aqueuse rougit le tournesol. Il se dissout dans l'alcool et dans l'éther. Il teint la soie et la laine en jaune. Les cristaux fondent au-dessus de 100° en une huile jaune qui cristallise par le refroidissement. A une température plus élevée, il se décompose en fusant comme l'acide picrique.

Le *sel d'ammonium* est en aiguilles jaunes plus solubles dans l'eau que dans l'alcool; il renferme

$$C^7H^4(AzO^2)^3O.AzH^4.$$

Le *sel de potassium*, $C^7H^4(AzO^2)^3O.K$, constitue de petites aiguilles très-solubles qui détonent fortement quand on les chauffe. E. G.

CRICHTONITE. — Voyez ILMÉNITE.

CRISPITE. — Voyez RUTILE.

CRISTAL. — Voyez VERRE.

CRISTAL DE ROCHE. — Voyez QUARTZ.

CRISTALLOGRAPHIE. — 1. Un *cristal* est un solide limité par des plans, dont la disposition et les inclinaisons respectives sont soumises à certaines lois; la connaissance et l'application de ces lois constituent la science du cristallographe. La structure intérieure d'un cristal, telle que nous la dévoilent ses propriétés physiques, est toujours en rapport avec sa symétrie extérieure.

2. Un cristal *simple* est toujours un polyèdre convexe; c'est-à-dire qu'il ne présente pas d'*angles rentrants*, les plans qui le terminent sont en général parallèles deux à deux.

3. Les incidences des faces sont constantes pour une espèce minérale donnée et à une même température. Pourvu que cette condition fondamentale de la *constance des angles* soit remplie, la dimension et la forme des faces peuvent varier dans des limites très-étendues. Ainsi les figures 144, 145 et 146 représentent aux yeux du cristal-

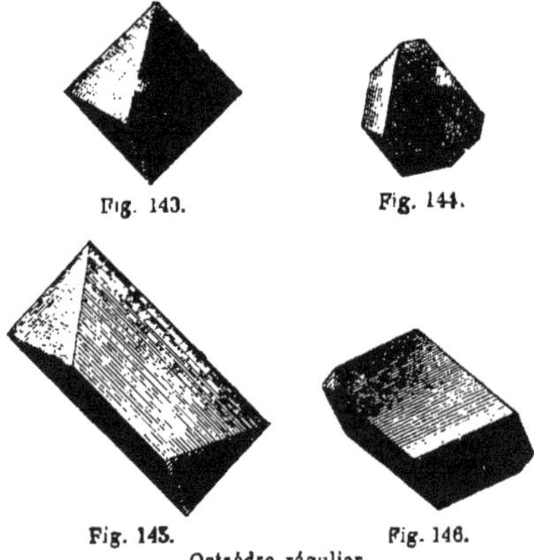
Fig. 143. Fig. 144.
Fig. 145. Fig. 146.
Octaèdre régulier.

lographe un *octaèdre régulier*, aussi bien que le polyèdre géométrique 143, parce que dans chacun de ces quatre solides les angles que font les faces correspondantes sont égaux.

4. Tous les cristaux peuvent être rapportés à *six types* caractérisés par leur symétrie. On choisit comme *forme fondamentale* du type un solide manifestant cette symétrie d'une façon évidente. Toutes les autres formes du même type peuvent être regardées comme *dérivées* de la forme fondamentale à l'aide de diverses *modifications*.

Un angle ou une arête sont dits *modifiés* quand ils sont remplacés par une ou plusieurs facettes.

5. LOI DE SYMÉTRIE. — Quand un cristal présente sur un de ses éléments (angles ou arêtes) une certaine modification, tous les autres éléments cristallographiquement semblables sont modifiés en même temps de la même manière. Exemples. Toutes les arêtes du cube (fig. 147) sont sembla-

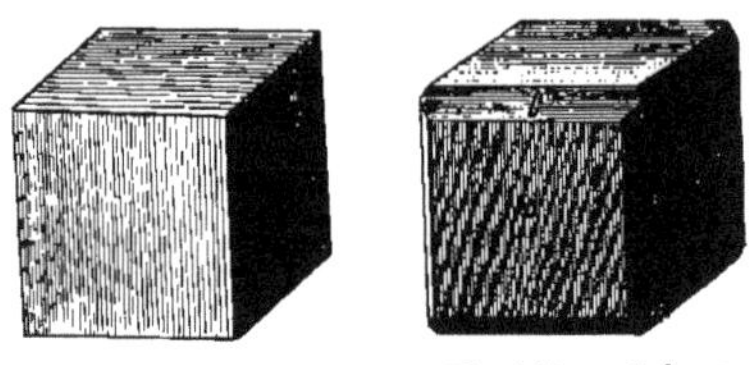
Fig. 147. — Cube *p*. Fig. 148. — Cube *p* tronqué sur ses arêtes *b*.

bles entre elles : elles seront modifiées ensemble et semblablement (1) (fig. 148). Dans le prisme

(1) A l'exception des cas d'hémiédrie. Dans ces cas une différence de *structure* empêche certains éléments géométriquement semblables d'être physiquement identiques. Ils ne sont donc pas semblables pour le cristallographe. — Voyez page 994.

orthorhombique *pmm* (fig. 149) les arêtes verticales sont égales géométriquement, mais ne sont pas cristallographiquement semblables : les unes

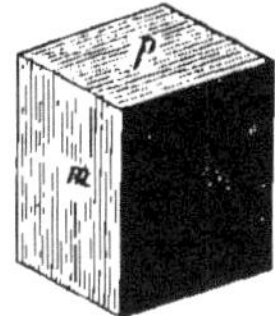

Fig. 149. — Prisme orthorhombique *pmm*.

sont les sommets d'angles dièdres obtus, les autres d'angles dièdres aigus. Elles ne seront donc pas nécessairement modifiées en même temps (fig. 150 et 151).

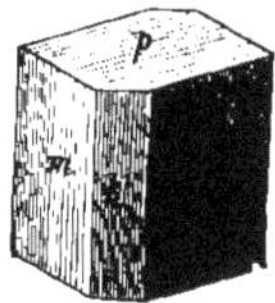

Fig. 150. — Prisme orthorhombique *pmm* tronqué sur ses arêtes obtuses *h*.

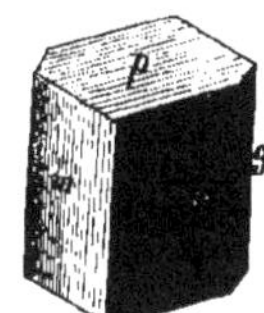

Fig. 151. — Prisme orthorhombique *pmm* tronqué sur ses arêtes aiguës *g*.

6. LOI DE DÉRIVATION. — Si une facette modifiante intercepte sur les arêtes d'un cristal des longueurs x, y et z, toute autre facette placée sur le même élément interceptera sur ces arêtes des longueurs x', y' et z' qui satisferont à la loi suivante : Le rapport $\frac{x}{x'}$ est en relation simple avec $\frac{y}{y'}$ et $\frac{z}{z'}$, de sorte que $\frac{x}{x'} = m\frac{y}{y'} = n\frac{z}{z'}$, m et n étant des nombres entiers ou fractionnaires simples comme 1, 2,... $\frac{1}{2}$, $\frac{1}{3}$, $\frac{2}{3}$...

On peut encore présenter cette loi ainsi : Qu'on déplace par la pensée une des facettes parallèlement à elle-même, ce qu'il est toujours permis

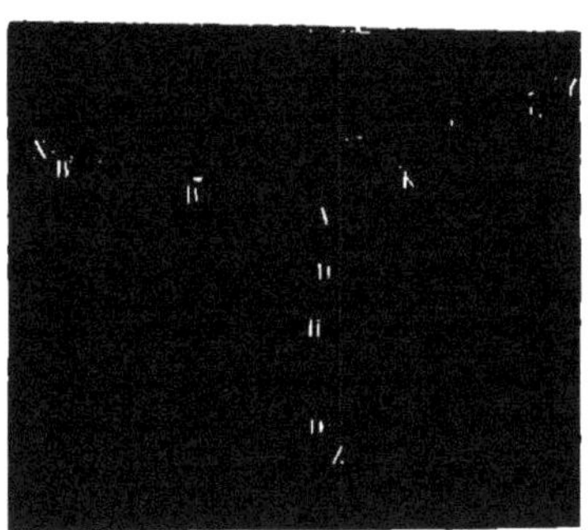

Fig. 152.

de faire, puisque l'on n'altère ainsi aucune valeur d'angle et que les angles seuls sont soumis aux lois cristallographiques; lorsque l'on aura amené de la sorte x à être égal à x', les rapports $\frac{y}{y'}$ et $\frac{z}{z'}$ se réduiront à ces mêmes nombres simples 1, 2,... $\frac{1}{2}$...

Exemple. — Dans la figure 152, on a AB $= x$, AC $= y$, AD $= z$; si l'on fait coïncider B avec B', et si par conséquent $x = x'$, AK $= y'$, AH $= z'$, les rapports $\frac{x}{x'}$, $\frac{y}{y'}$, $\frac{z}{z'}$ deviennent égaux à 1, 3, $\frac{1}{2}$.

7. Ces deux lois ont été découvertes par Haüy, le fondateur de la cristallographie. La première résume toutes les observations qu'il a faites sur les divers cristaux de la nature; il a été conduit à la seconde par des considérations théoriques sur la constitution des corps cristallisés, considérations que nous devons rappeler ici.

Bergman avait déjà remarqué l'existence dans la plupart des cristaux de *joints naturels* ou de *plans de facile rupture*, dont la direction au sein du cristal était parfaitement déterminée. Il avait fait voir que si l'on *clive*, c'est-à-dire que si l'on découpe, en se servant de ces joints naturels, un cristal scalénoédrique de spath calcaire (forme dite vulgairement *en dent de cochon*), on peut en tirer un *rhomboèdre* semblable à ceux que la même espèce présente naturellement dans d'autres échantillons (fig. 531). Haüy fit les mêmes observations ; il constata qu'un fragment pris au hasard dans un cristal de spath de forme quelconque se prêtait à la même opération et conduisait au même solide. Il interpréta ce fait en supposant tous les cristaux de spath calcaire formés par l'agrégation régulière de *rhomboèdres égaux extrêmement petits et caractéristiques de l'espèce.* Il généralisa cette notion et l'appliqua à tous les cristaux qui se trouvèrent pour lui constitués par le groupement de petits solides élémentaires qu'il appela *molécules intégrantes.* Ces vues théoriques ne devaient pas rester stériles : il est évident que toute face cristalline devait, dans l'hypothèse d'Haüy, coïncider avec un *alignement* de molécules intégrantes. Cette condition interprétée géométriquement conduit à la loi de dérivation, qui peut dès lors s'exprimer ainsi : Supposons dans chaque cristal un massif central de molécules intégrantes présentant la forme même de ces molécules, la *forme fondamentale.* Ajoutons sur chaque face de ce *noyau fictif* une *lamelle* d'une ou de plusieurs molécules d'épaisseur, contenant sur chacun de ses bords ou de ses angles une ou plusieurs rangées de molécules de moins que la face correspondante du noyau; à cette première lamelle superposons-en

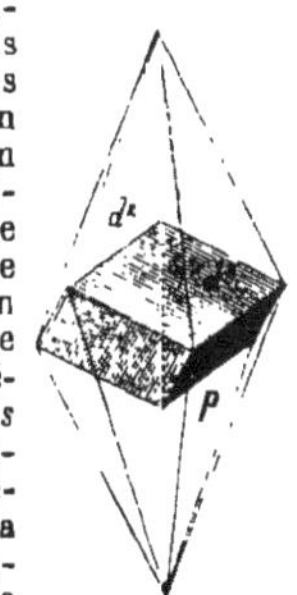

Fig. 153. — Le rhomboèdre *p* extrait par clivage du scalénoèdre d^2.

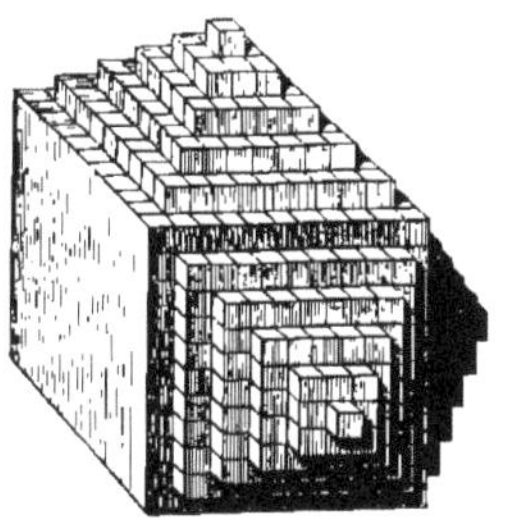

Fig. 154. — Le cube *p* donnant le dodécaèdre rhomboïdal b^1.

une seconde contenant à son tour le même nombre de rangées moléculaires en moins que la précédente, et ainsi de suite. Nous verrons naître sur les faces du noyau des pyramides en gradins, dont les faces pourront être considérées comme planes, si les molécules intégrantes sont assez petites, et nous arriverons à reproduire ainsi toutes les faces dérivées.

Soit, par exemple, un noyau cubique (fig. 154); posons sur chacune de ses faces des lamelles d'une molécule d'épaisseur et diminuées successivement à chaque assise d'une rangée sur chaque bord : nous obtiendrons par l'effet de ce *décroissement par une rangée* un solide qui ne sera autre chose qu'un cube modifié par des facettes *tangentes* à chacune de ses arêtes b, c'est-à-dire un dodécaèdre rhomboïdal b^1 (fig. 148 et 155).

Plaçons sur le même cube des lamelles d'une molécule d'épaisseur et diminuées à chaque assise de deux rangées de molécules. Le résultat de ce *décroissement par* 2 *et* 1 sera un *hexatétraèdre* ou cube pyramidé b^2 (fig. 150, 157 et 158).

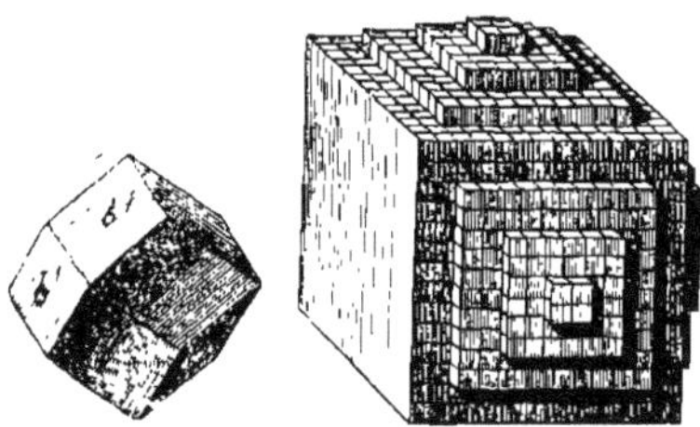

Fig. 155. — Dodécaèdre rhomboïdal b^1.

Fig. 156. — Le cube p donnant l'hexatétraèdre b^2.

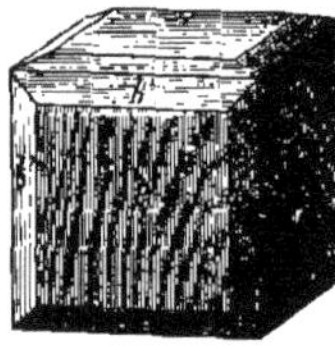

Fig. 157. — Cube p passant à l'hexatétraèdre b^2.

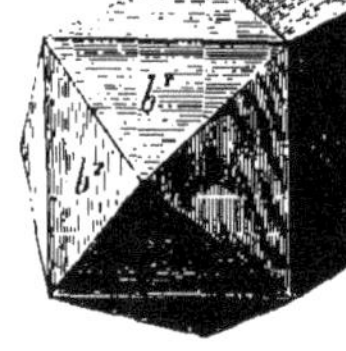

Fig. 158. — Hexatétraèdre b^2.

Effectuons maintenant le *décroissement sur les angles*. Soustrayons, par exemple, 1 molécule aux angles de la première lamelle élémentaire, puis, à chaque lamelle que nous lui superposerons, soustrayons de plus qu'à la précédente une rangée diagonale de molécules : nous obtiendrons un *octaèdre* régulier a^1, solide provenant du remplacement de chaque angle du cube a par une modification tangente (fig. 159 et 160).

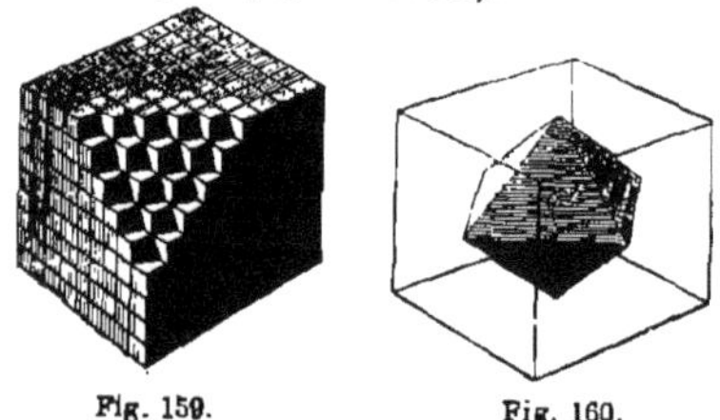

Fig. 159. Fig. 160.

Le cube p donnant l'octaèdre a^1.

Prenons des lamelles de 2 molécules d'épaisseur et retranchons à chaque angle *une double* rangée de molécules de façon que chaque assise soit en retrait de 1 molécule sur la précédente; nous aurons ainsi le *trioctaèdre* $a^{1/2}$ (fig. 161 et 165). Nous devons ajouter qu'au lieu de retrancher des molécules *simples*, comme dans le premier cas, ou des files de 2 ou de 3 molécules, comme dans le second, on peut faire la même opération avec des parallé-

Fig. 161. — Cube p donnant le trioctaèdre $a^{1/2}$.

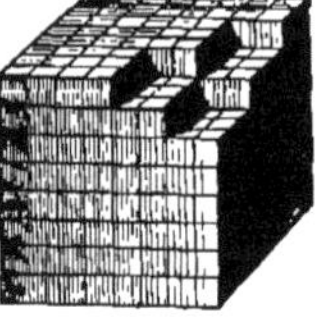

Fig. 162. — Cube p donnant l'hexoctaèdre $(b^3 b^2 b^1)$.

lipipèdes moléculaires ayant des nombres différents de molécules dans trois directions (fig. 162). Ces *décroissements intermédiaires*, moins fréquents que les autres, suffisent pour expliquer la génération de toutes les faces cristallines qui ne rentreraient pas dans les sortes de modifications dont nous venons de donner des exemples. On va voir qu'ils représentent la solution générale du problème cristallographique; les autres décroissements n'en sont que des cas particuliers.

Les figures ci-dessus montrent clairement que l'on peut produire la modification a^1 en prenant à partir de l'angle a sur les 3 arêtes 3 longueurs égales aux *arêtes de la molécule* intégrante et en *tronquant* l'angle a par un plan passant par ces points. La modification $a^{3/2}$ sera produite par un prélèvement analogue effectué sur le même angle; mais les longueurs auxquelles ce second plan de *troncature* coupera les arêtes seront à celles des arêtes de la molécule intégrante comme $\frac{3}{1}$, $\frac{3}{1}$ et $\frac{2}{1}$. Enfin, dans le cas général, les longueurs des arêtes tronquées ne seront soumises à aucune autre condition que d'être des multiples, par des nombres simples, de la longueur des arêtes des molécules; elles pourront être à ces longueurs comme $\frac{m}{1}$, $\frac{n}{1}$ et $\frac{p}{1}$, et alors le décroissement sera dit intermédiaire, ou bien comme $\frac{m}{1}$, $\frac{n}{1}$ et $\frac{\infty}{1}$, et le décroissement sera considéré comme se faisant sur l'arête b, puisque le plan de troncature ne coupe cette arête qu'à l'infini, c'est-à-dire lui est parallèle.

Dans ce que nous venons de dire, nous nous sommes astreints à ne jamais parler de longueurs d'arêtes qu'en les comparant aux dimensions de la molécule intégrante. En effet, l'unité de longueur varie pour chaque arête si la molécule n'a pas toutes ses arêtes égales, et c'est à cette unité variable avec l'arête qu'on rapporte toutes les mesures cristallographiques. Ainsi une face qui coupe les 2 arêtes b et g d'un prisme orthorhombique à des distances absolues, qui sont entre elles comme 8 et 11, sera dite les couper aux distances 2 et 1, si les longueurs des arêtes b et g de la molécule intégrante sont comme 4 à 11.

La loi des *troncatures rationnelles*, dont l'hypothèse d'Haüy n'est que l'interprétation *physique*, peut s'exprimer *analytiquement* de la façon la plus simple.

Prenons 3 lignes parallèles aux 3 arêtes qui se réunissent à un sommet de la forme primitive a et appelons-les *axes cristallographiques*; prolongeons-les à l'infini et comptons des longueurs sur chacun de ces trois axes au moyen d'unités que nous appellerons *paramètres* et qui ne sont autre chose que nos longueurs d'arêtes moléculaires de tout à l'heure. Toute face cristalline coupera ces axes à des longueurs qui, exprimées en paramètres, auront entre elles des rapports simples comme $1:1:\infty$, $1:2:1$, $3:2:1$, etc.

De même que les arêtes pouvaient comme les faces se transporter à volonté parallèlement à elles-mêmes, de même *les axes ne représenteront pas autre chose qu'une direction*. Ce serait se tromper étrangement que de leur attribuer une position absolue dans le cristal; on ne les place à l'intérieur de celui-ci que pour pouvoir distinguer par un signe algébrique deux faces parallèles opposées. La conception des axes et des paramètres n'apporte donc dans le problème cristallographique aucun élément nouveau, ce n'est que l'expression analytique de la loi d'Haüy sur les formes dérivées, qu'une manière de présenter les faits débarrassée de toute hypothèse physique, mais par cela même moins propre à frapper des esprits peu habitués à la généralité des mathématiques. Ce n'est pas non plus de l'introduction dans la cristallographie des axes et des paramètres que date le calcul des angles par les procédés de la géométrie analytique; Haüy calculait tous les angles des cristaux qu'il étudiait, et dans ses calculs l'idée de molécule intégrante et de noyau disparaissait comme inutile; elle ne reparaissait que dans l'expression du résultat. Mais le réel avantage qu'apporte avec elle la considération des axes, c'est de rendre *immédiatement* solubles par les opérations de la géométrie analytique les problèmes de la cristallographie.

8. ÉTUDE DES SIX TYPES CRISTALLINS. — L'observation a démontré, d'accord avec des considérations de symétrie physique, que le nombre des types cristallins, c'est-à-dire des polyèdres de symétrie essentiellement différente, se réduit à six. Les formes primitives de trois de ces types présentent des arêtes ou axes rectangulaires; ils se distinguent entre eux par la longueur de leurs arêtes (1). Dans le premier type, celles-ci sont toutes trois égales; dans le second, deux seulement le sont; dans le troisième, elles sont toutes inégales entre elles.

Les trois autres types ont leurs arêtes (ou axes) inclinées. Dans le premier, les trois arêtes sont égales entre elles; par une raison de symétrie physique, en même temps que les arêtes sont égales, les angles sur lesquels elles s'appuient le sont aussi. Dans le deuxième, il y a deux arêtes égales, et la même raison de symétrie fait que les deux angles qu'elles terminent sont égaux; la troisième arête, différente des deux premières, est également inclinée sur les deux autres. Enfin dans le dernier type, arêtes (ou axes) et angles sont tous trois inégaux.

1er TYPE CRISTALLIN [Syn. *Type cubique, régulier, tessulaire, tesséral, monométrique, sphéroédrique*].

Forme primitive. — Le cube : 12 arêtes égales rectangulaires b, 8 angles égaux droits a (fig. 163).

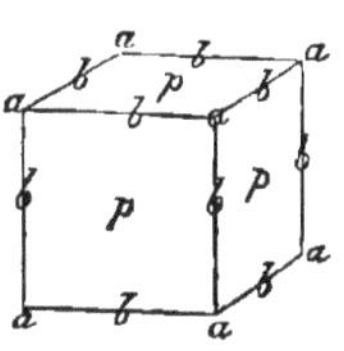

Fig. 163. — Cube p.

1. Modification tangente sur les arêtes b. Les 12 arêtes étant égales seront modifiées en même temps de la même manière (fig. 148). De cette modification résulte le *dodécaèdre rhomboïdal* b^1 (fig. 155), solide limité par 12 rhombes égaux.

2. Modification inclinée sur les arêtes b. Les arêtes b' et b'' adjacentes à l'arête b, par exemple, sont coupées à des distances m et n; à cause de leur égalité, la première doit être également coupée à une longueur n, et la seconde à une longueur m. Il naîtra donc sur chacune des arêtes un biseau, dont les faces étant prolongées conduiront à un solide appelé *hexatétraèdre* ou cube pyramidé $b^{m/n}$. Cette forme est terminée par 24 triangles isoscèles égaux (fig. 158).

3. Modification tangente sur les angles a. Les trois arêtes de l'angle sont coupées à des longueurs égales. Les 8 angles étant égaux, leur modification donne lieu à un octaèdre régulier a^1. Cette forme est terminée par 8 triangles équilatéraux (fig. 143).

4. Modification sur les angles a parallèles à l'une des diagonales du cube. Deux des arêtes sont coupées à des distances égales, la troisième arête est coupée à une distance moindre ou plus grande. Les trois arêtes étant cristallographiquement égales, il est nécessaire que la longueur comptée sur une arête le soit aussi sur toutes les autres. Il résulte de là que chaque angle solide du cube recevra trois facettes modifiantes. La forme résultant de la réunion de ces vingt-quatre faces présente une apparence différente suivant que la longueur mesurée sur deux des trois arêtes est plus grande ou moindre que celle mesurée sur la troisième arête. Dans le premier cas, le solide prend le nom d'*icositétraèdre* (leucitoèdre ou à tort trapézoèdre) (fig. 164), limité par 24 facettes quadrangulaires dont les côtés adjacents sont égaux 2 à 2. Dans le second, sa forme se rapproche de celle de l'octaèdre; il représente un octaèdre dont chacune des faces aurait été remplacée par une pyramide triangulaire; on le nomme *trioctaèdre* (fig. 165). Il est limité par 24 triangles isoscèles.

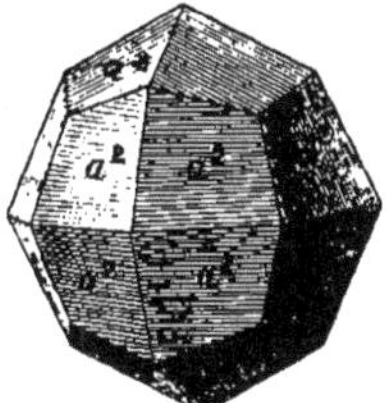

Fig. 164. — Icositétraèdre a^2.

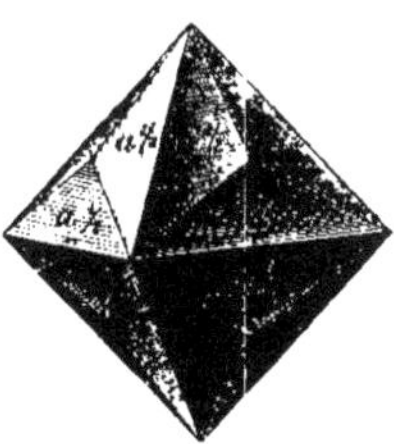
Fig. 165. — Trioctaèdre $a^{1/2}$.

5. Modification sur les angles a n'étant assujettie à aucune condition. Les trois arêtes sont coupées à des distances inégales du sommet. Considérons d'abord la facette p, q, r (fig. 166) : les arêtes horizontales étant semblables, la longueur ap ayant été comptée sur l'une et la longueur aq sur l'autre, il existera nécessairement une autre facette, p', q', r, telle, que la longueur $ap' = ap$ soit mesurée sur la ligne aq, et la longueur $aq' = aq$ sur ap, r restant invariable. Les deux

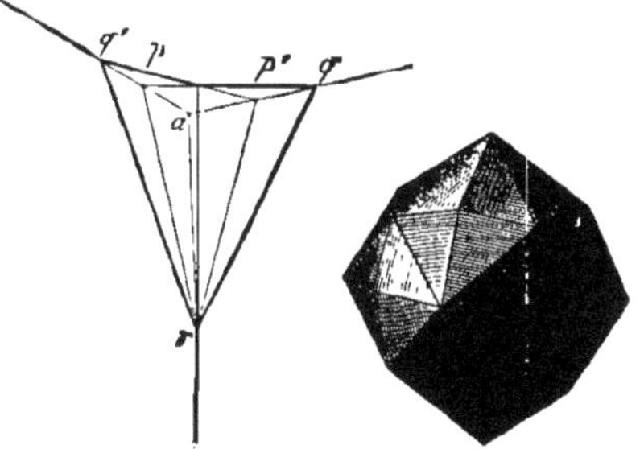

Fig. 166.

Fig. 167. — Hexoctaèdre ($b^1 b^{1/2} b^{1/3}$).

(1) Il ne faut pas oublier que ces rapports de longueurs ne sont, en définitive, qu'une traduction de valeurs angulaires.

facettes forment un couple placé symétriquement sur l'arête verticale, et qui devra se répéter sur les arêtes horizontales. Il résulte de là un pointement à 6 faces conduisant à un solide à 48 faces ou *hexoctaèdre* (fig. 167). L'hexoctaèdre est limité par 48 triangles scalènes égaux ou symétriques. Suivant les rapportsdes trois longueurs, la forme générale du solide à 48 faces se rapproche de celle de l'une des formes précédemment décrites. On désigne les faces de l'hexoctaèdre où les arêtes *b* sont coupées aux longueurs *p, q, r* par le symbole ($b^p b^q b^r$).

II° TYPE CRISTALLIN [Syn. *Type quadratique, dimétrique, pyramidal, tétragonal, système du prisme droit à base carrée*].

Forme primitive. — Le prisme droit à base carrée. 4 arêtes verticales égales *h*, 8 horizontales *b*, 8 angles égaux *a* (fig. 168).

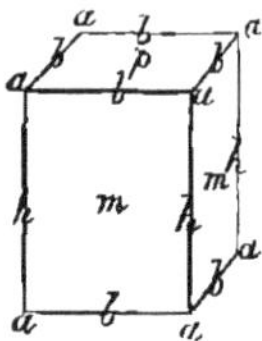

Fig. 168. Prisme quadratique *pmm*.

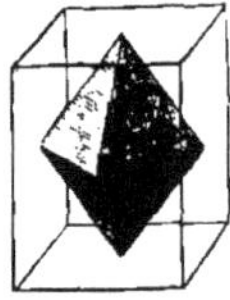

Fig. 169. Fig. 170. Octaèdres quadratiques sur les arêtes (b^1) ou les angles (a^1).

1. La modification tangente sur *h* donne un deuxième prisme carré h^1.

2. La modification inclinée sur *h* un prisme à base d'octogone symétrique $h^{m/n}$. (Ces formes ne sont pas terminées.)

3. Modifications tangente ou inclinées sur *b* : octaèdres à base carrée b^1 ou $b^{m/n}$ (fig. 169).

4. Modifications sur *a* tangente ou seulement parallèles à la diagonale de la base. Octaèdres a^1 ou $a^{m/n}$ (fig. 170).

5. Modifications sur *a* non parallèles à la diagonale de la base. Doubles pyramides à base d'octogone symétrique ($b^p b^q h^r$).

III° TYPE CRISTALLIN [Syn., *Type orthorhombique, rhombique, trimétrique, système du prisme droit à base rectangle*].

Formes primitives. — Le prisme droit à base rectangle ou le prisme droit à base rhombe, dont les arêtes sont parallèles aux diagonales du premier. Cette dernière forme est celle que l'on adopte le plus généralement; on en dérive les mêmes solides que de la première : les notations seules diffèrent, mais peuvent se transformer très-facilement les unes dans les autres (fig. 171). On convient de placer en avant l'arête prismatique obtuse. Le prisme droit à base rhombe présente : 2 arêtes verticales obtuses *h*, 2 verticales aiguës *g*,

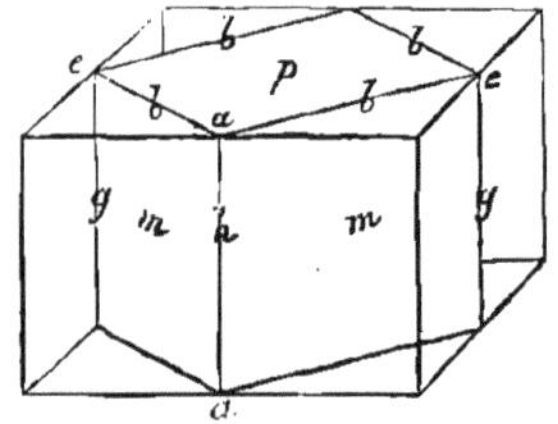

Fig. 171. — Le prisme orthorhombique *pmm* dans le prisme droit à base rectangle ph^1g^1.

8 horizontales *b*, 4 angles obtus *a* et 4 angles aigus *e*.

1. La modification tangente sur *h* donne deux faces parallèles h^1 (fig. 171).

2. Les modifications inclinées donnent des prismes à base rhombe non terminés $h^{m/n}$.

3. Modification tangente sur *g*, couple de faces g^1.

4. Modifications inclinées sur *g*, prismes à base rhombe non terminés $g^{m/n}$.

5. Modifications tangente ou inclinées sur *b*, octaèdres à base rhombe b^1 ou $b^{m/n}$ (fig. 172).

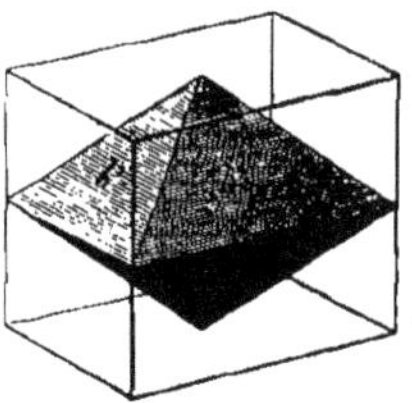

Fig. 172. — Octaèdre orthorhombique b^1.

6. Modifications sur *a* tangente ou parallèles à la diagonale de la base, prismes horizontaux à base rhombe non terminés a^1 ou $a^{m/n}$.

7. Modifications sur *a* non parallèles à la diagonale de la base. Octaèdres à base rhombe ($b^p b^q h^r$).

8. On peut faire sur les angles *e* des modifications analogues à celles que nous venons de signaler pour les angles *a* (6 et 7) et qui donnent les prismes horizontaux e^1 ou $e^{m/n}$ placés en croix par rapport aux prismes (6), ou des octaèdres à base rhombe ($b^p b^q g^r$).

IV° TYPE CRISTALLIN [Syn. *Type rhomboédrique, hexagonal*].

Forme primitive. — Le rhomboèdre : on convient de le placer de façon que les deux trièdres formés par les arêtes également inclinées aient leurs sommets sur la même verticale. Ces arêtes prennent le nom d'arêtes culminantes, les autres celui d'arêtes latérales (fig. 173).

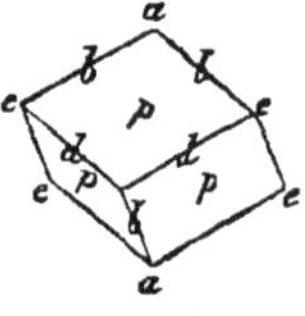

Fig. 173. Rhomboèdre *p*.

Cette forme présente 6 arêtes culminantes *b*, 6 arêtes latérales *d*, 2 angles solides composés de 3 angles plans égaux *a* (sommets), 6 angles solides latéraux *e*.

Fig. 174. — Le rhomboèdre équiaxe b^1 en rapport avec le primitif *p*.

1. Modification tangente sur les arêtes culminantes. Rhomboèdre b^1 (équiaxe) (fig. 174).

2. Modifications inclinées sur *b*. Scalénoèdres surbaissés (1) $b^{m/n}$.

3. Modification tangente sur les arêtes latérales *d*, prisme hexagonal non terminé d^1.

4. Modifications inclinées sur *d*, scalénoèdres allongés $d^{m/n}$ (fig. 153).

5. Modification tangente sur les sommets *a* : couple de faces basales a^1.

6. Modifications sur *a* parallèles aux diagonales horizontales des faces : rhomboèdres $a^{m/n}$.

7. Modifications inclinées sur *a* : scalénoèdres surbaissés ($b^p b^q b^r$).

8. Modification tangente sur les angles latéraux *e* : rhomboèdre inverse e^1.

9. Modifications sur *e* parallèles à la diagonale

(1) On appelle *scalénoèdre* une figure formée de douze triangles scalènes égaux et réunis six par six de façon à faire deux angles solides à 6 faces.

horizontale des faces : rhomboèdres $e^{m/n}$. La modification e^2 est un deuxième prisme hexagonal, tangent au premier.

10. Modifications inclinées sur e : scalénoèdres ($b^p d^q d^r$). Ces scalénoèdres deviennent des prismes à base de dodécagone symétrique lorsque l'on a la relation $\frac{1}{p} = \frac{1}{q} + \frac{1}{r}$, p étant compté sur l'arête culminante b (1).

Ve Type cristallin [Syn. *Type clinorhombique, monoclinique, rhomboïdal oblique, système du prisme oblique à base rectangle*].

Forme primitive. — Le prisme rhomboïdal oblique (fig. 175). On convient de le placer de façon que les arêtes prismatiques soient verticales et que la base supérieure soit inclinée vers l'observateur. Cette forme présente 2 arêtes verticales h, adjacentes à la diagonale inclinée des bases, 2 autres g adjacentes à la diagonale horizontale, 4 arêtes basales obtuses d, 4 autres aiguës b, 4 angles e adjacents aux arêtes g, 2 angles o obtus et opposés adjacents aux arêtes h, 2 angles a aigus adjacents aux mêmes arêtes.

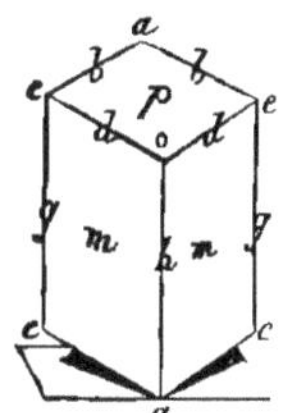

Fig. 175. — Prisme clinorhombique *pmm*.

1. Modification tangente sur h. Couple de faces h^1.

2. Modifications inclinées sur h. Prismes clinorhombiques non terminés $h^{m/n}$.

3. Modifications analogues effectuées sur g (g^1 ou $g^{m/n}$).

4. Modifications tangente ou inclinées sur des arêtes obtuses d; prismes clinorhombiques non terminés, inclinés par rapport au primitif, d^1 ou $d^{m/n}$.

5. Modifications analogues sur b (b^1 ou $b^{m/n}$).

6. Modifications sur les angles e tangente ou parallèles à la diagonale inclinée. Prismes clinorhombiques non terminés e^1 ou $e^{m/n}$.

7. Modifications sur e non parallèles à la diagonale inclinée. Prismes clinorhombiques non terminés ($d^p b^q g^r$).

8. Modifications sur o tangente ou parallèles à la diagonale horizontale. Couple de faces o^1 ou $o^{m/n}$.

9. Modifications sur o non parallèles à la diagonale horizontale. Prismes clinorhombiques non terminés ($d^p d^q h^r$).

10. Modifications analogues sur a.

VIe Type cristallin [Syn. *Type anorthique, dissymétrique, bi- et triclinique, bioblique, clinoédrique*].

Forme primitive. — Le prisme oblique à base de parallélogramme obliquangle (fig. 176). Les arêtes et les angles sont égaux deux à deux comme dans tout parallélipipède, et les modifications sur les uns comme sur les autres se font par couples de faces parallèles.

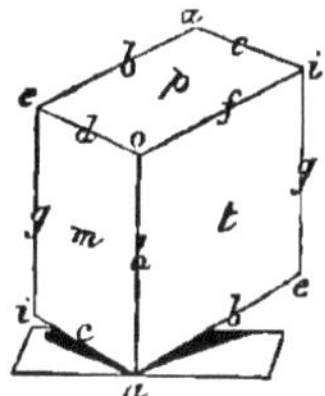

Fig. 176. — Prisme anorthique *pmt*.

9. De l'hémiédrie. — Tous les solides que nous venons d'énumérer obéissent d'une manière complète à la loi de symétrie; en raison de ce fait on les appelle solides homoèdres ou holoèdres. Mais il existe dans les cristaux d'autres formes dites hémièdres dans lesquelles, comme l'a montré Weiss, la loi de symétrie n'est vérifiée que pour la moitié des éléments géométriquement semblables.

Cette dérogation *régulière* à la loi de symétrie s'explique, si l'on songe que des éléments géométriquement semblables peuvent être réellement différents en raison de la structure intérieure du cristal : c'est ce qui a été démontré dans un grand nombre de cas par l'étude des propriétés physiques.

On distingue trois modes d'hémiédrie qu'on peut définir de la façon suivante, si l'on fait la convention de regarder les solides hémièdres comme provenant de la suppression de la moitié des faces d'un solide homoèdre. 1° On supprime autour d'un des éléments d'un cristal (angle ou arête) la moitié des faces semblables, en conservant les faces avec lesquelles elles alternent, de manière à supprimer en même temps leurs parallèles. Il va sans dire que la même opération devra s'exécuter sur tous les éléments semblables du cristal. 2° On opère de la même façon, mais on conserve les parallèles de faces supprimées, ce qui revient à supprimer les parallèles des faces alternes. 3° On supprime toutes les faces semblables qui portent sur un élément, en conservant leurs parallèles.

On peut faire entrer dans ces trois modes tous les cas d'hémiédrie. On peut aussi répartir ceux-ci dans les trois classes suivantes, qui correspondent à trois ordres de phénomènes physiques bien déterminés.

1° *Hémiédrie à faces parallèles.* — Les cristaux affectés de cette hémiédrie ne paraissent présenter aucune différence, au point de vue physique, avec les cristaux holoèdres.

2° *Hémiédrie à faces inclinées, ou hémiédrie tétraédrique.* — Les cristaux affectés de cette hémiédrie se distinguent des cristaux holoèdres par la pyroélectricité; les axes d'hémiédrie se confondent avec les axes de pyroélectricité.

3° *Hémiédrie plagièdre, ou hémiédrie non superposable.* — Les cristaux ne sont pas superposables à leur image vue dans un miroir, ce qui a lieu dans les cas précédents. Cette circonstance est accompagnée en général de l'existence du pouvoir rotatoire, soit dans les cristaux, lorsque ceux-ci sont monoréfringents ou biréfringents à un axe, soit dans les dissolutions. A une opposition dans la symétrie des faces, pour une même substance, correspond une opposition dans le sens du pouvoir rotatoire.

Cette dernière espèce d'hémiédrie peut résulter de l'existence des formes simples hémièdres

(1) Les scalénoèdres qui prennent naissance par des modifications inclinées, soit sur les arêtes culminantes, soit sur les angles (sommets et angles latéraux), peuvent se transformer en isoscéloèdres (doubles pyramides hexagonales), dans le cas où les longueurs interceptées par les arêtes obéissent à la relation :

$$\frac{2}{p} = \frac{1}{q} + \frac{1}{r},$$

dans laquelle les valeurs de p, q, r doivent être prises avec le signe qui leur convient en les comptant à partir de l'angle culminant.

Il ne faut pas confondre ces isoscéloèdres avec les doubles pyramides hexagonales résultant de la combinaison de deux rhomboèdres inverses d'angle égal; en effet, on peut démontrer qu'à tout rhomboèdre direct correspond un rhomboèdre inverse d'angle égal. Les isoscéloèdres se distinguent de ces formes composées par leur position relative au rhomboèdre primitif.

(quartz) ou encore de la combinaison de deux formes distinctes d'hémiédrie tétraédrique et d'hémiédrie à faces parallèles (chlorate de soude), etc.

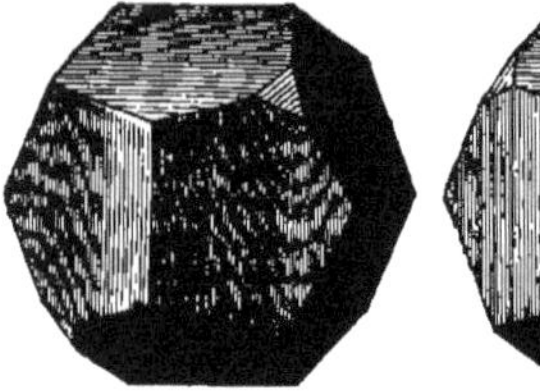
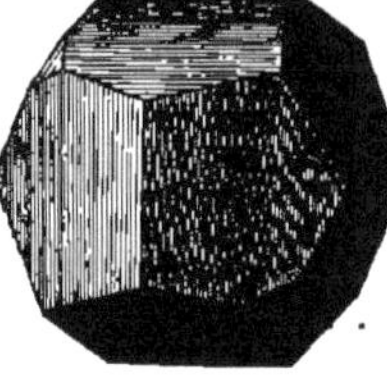

Fig. 177. — Combinaison du dodécaèdre pentagonal b^2 et du tétraèdre a^1 droit et gauche (chlorate de soude).

Énumération des formes hémièdres des divers types.

I. Type cubique. — Formes hémièdres à faces parallèles. *Dodécaèdre pentagonal* résultant de l'hémiédrie de l'hexatétraèdre (fig. 178). *Hémi-*

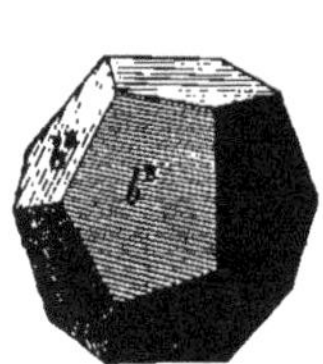

Fig. 178. — Dodécaèdre pentagonal b^2.

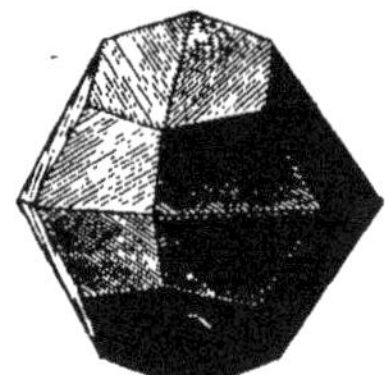

Fig. 179. Hémihexoctaèdre (b^1 $b^1/^2$ $b^1/^3$).

hexoctaèdre à faces parallèles, dérivé du solide à 48 faces (fig. 179).

Formes hémièdres à faces inclinées. *Tétraèdre* dérivé de l'octaèdre (fig. 180). *Hémitrioctaèdre*

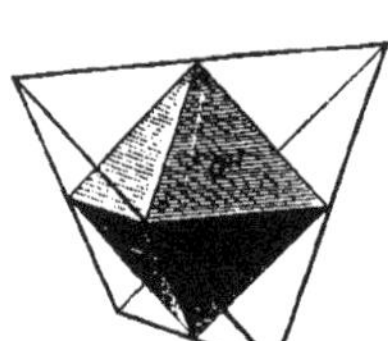

Fig. 180. — Tétraèdre a^1 en rapport avec l'octaèdre.

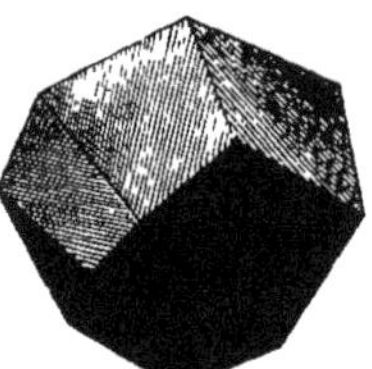

Fig. 181. Hémitrioctaèdre $a^{1,2}$.

dérivé du trioctaèdre (fig. 181). *Hémiicositétraèdre* dérivé de l'icositétraèdre (fig. 182). *Hémihexoctaèdre à faces inclinées* dérivé de l'hexoctaèdre

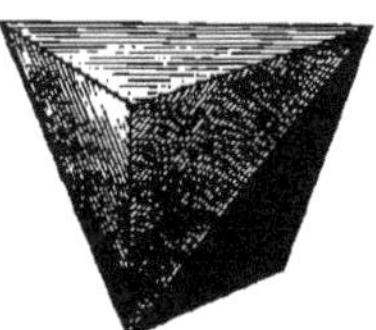

Fig. 182. — Hémiicositétraèdre a^2.

Fig. 183. Hémihexoctaèdre (b^p b^q b^r).

(fig. 183). Les trois derniers solides ont une forme qui rappelle celle du tétraèdre.

Formes hémièdres plagièdres : l'hémiédrie du solide à 48 faces peut donner une pareille forme; mais on ne l'a jamais observée en réalité. Les substances du premier type qui, comme le chlorate de soude, possèdent le pouvoir rotatoire, présentent la combinaison du tétraèdre avec le dodécaèdre pentagonal.

II. Type quadratique. — Formes hémièdres à faces parallèles. *Octaèdres à base carrée* dérivés des dioctaèdres. Ces octaèdres ne se distinguent que par leur position non symétrique relativement à l'octaèdre primitif.

Prismes à base carrée dérivés des prismes octogonaux; la même remarque s'applique à ces formes.

Formes hémièdres à faces inclinées. *Tétraèdres* dérivés des octaèdres. *Hémidioctaèdres à faces inclinées*, ou scalénoèdres tétragonaux dérivés des dioctaèdres (fig. 184).

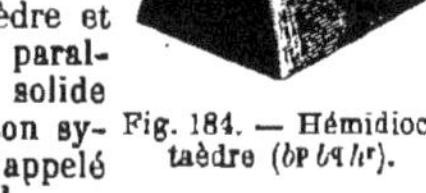

Fig. 184. — Hémidioctaèdre (b^p b^q h^r).

Formes hémièdres plagièdres : en conservant les faces alternatives de la pyramide supérieure du dioctaèdre et en supprimant leurs parallèles, on obtient un solide non superposable à son symétrique, et qu'on a appelé *trapézoèdre tétragonal*.

III. Type orthorhombique. — Il n'existe pas de formes hémièdres à faces parallèles dans ce type.

Formes hémièdres à faces inclinées : *hémiprismes* dérivés des prismes orthorhombiques, par suppression de deux faces contiguës et conservation de leurs parallèles (hémimorphisme).

Formes hémièdres non superposables : *tétraèdre* dérivé de l'octaèdre à base rhombe (fig. 185).

On a aussi des formes non superposables en combinant deux formes hémièdres à faces inclinées différentes convenablement placées.

Fig. 185.—Tétraèdre orthorhombique b^1 sur le prisme rectangulaire droit h^1g^1.

IV. Type rhomboédrique. — Formes hémièdres à faces parallèles : en supprimant trois faces autour du sommet d'un scalénoèdre ou d'un isoscéloèdre et en supprimant également leurs parallèles, il reste un rhomboèdre. Les prismes dodécagonaux donnent des prismes hexagonaux dont la base est placée d'une manière dissymétrique par rapport au prisme primitif.

Formes hémièdres à faces inclinées : la suppression de la moitié des faces d'un prisme hexagonal donne un prisme triangulaire. Le couple de faces qui forme les bases du prisme hexagonal peut

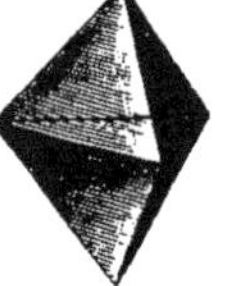

Fig. 186. — Ditrièdre.

Fig. 187. — Trapézoèdre trigonal.

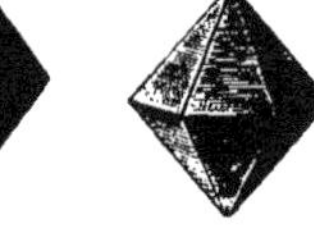

Fig. 188. Pyramide dodécagonale.

aussi se réduire à une seule (tourmaline). En supprimant trois faces d'un isoscéloèdre et en conservant leurs parallèles, on obtient une double pyramide triangulaire ou *ditrièdre* (quartz) (fig. 186).

Formes hémièdres plagiaires : les scalénoèdres donnent naissance à des formes irrégulières qu'on a appelées *trapézoèdres trigonaux* (quartz) (fig. 187), et qu'on n'a jamais trouvées isolées, comme beaucoup d'autres, parmi les formes que nous venons de décrire, mais seulement combinées avec des formes holoèdres.

Si l'on considère les formes rhomboédriques comme dérivées d'un type particulier ayant une symétrie hexagonale, les rhomboèdres et les scalénoèdres sont déjà des formes hémiédriques : les formes hémièdres du scalénoèdre et de l'isocéloèdre deviennent des formes hémièdres de second ordre, auxquelles Naumann a donné le nom de formes tétartoédriques. La double pyramide dodécagonale (fig. 188) présente une forme hémiédrique à faces parallèles (apatite) qui est formée par la combinaison de deux rhomboèdres.

V. Type clinorhombique. — Les couples de faces peuvent se réduire à une seule, et les prismes obliques à deux faces parallèles, ou à deux faces adjacentes ; dans le second cas, on a ce qu'on a appelé hémimorphisme. La combinaison de deux formes hémièdres convenablement placées produit un solide doué de l'hémiédrie non superposable (sucre (fig. 189), acide tartrique (fig. 190), tartrates).

Fig. 189. — Sucre.

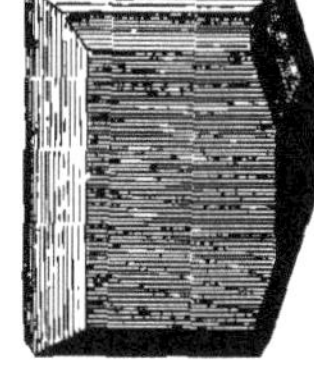

Fig. 190. — Acide tartrique.

VI. Type anorthique. — Dans ce type les faces ne marchant que par couples, l'hémiédrie doit se borner à la suppression d'une face.

10. Notation des faces cristallines. — De la loi de la constance des angles et de celle des troncatures rationnelles devait naître une écriture symbolique destinée à représenter les faces cristallines, absolument comme les formules de la chimie devaient sortir de la loi des proportions définies et de celle des proportions multiples. Haüy inventa un système de notation qui est encore le nôtre, à quelques modifications près qui n'en altèrent pas sensiblement la forme. Il était fondé sur sa théorie des décroissements et la clef peut en être donnée en quelques mots. *Toute modification produite par un décroissement sur un élément est représentée par la même lettre que cet élément, mais avec un exposant qui indique de combien de rangées de molécules intégrantes chaque assise* (d'une molécule d'épaisseur) *est en retrait sur la précédente.* Ainsi b^1 exprimera une face naissant sur l'arête b par la superposition *sur la base* d'assises d'une molécule d'épaisseur et en retrait les unes sur les autres d'une rangée de molécules. $b^{2/3}$ exprimerait une face provenant de la superposition *sur la base* d'assises de 3 molécules d'épaisseur et en retrait les unes sur les autres de 2 rangées de molécules, ou ce qui donne un retrait de 2/3 de molécules pour chaque assise d'une molécule d'épaisseur, etc.

Quant aux choix des lettres, le voici : les trois faces du solide fondamental sont figurées par les lettres p, m, t qui rappellent le mot *primitif ;* les consonnes b, c, d, f, g, h représentent les arêtes, les voyelles a, e, i, o les angles solides ; les éléments égaux sont représentés par la même lettre. On n'a qu'à se reporter aux figures du § 8 pour voir sur quels éléments on convient de placer les différentes lettres. Il ne sera pas difficile de comprendre après cela la signification des symboles employés dans cet article et dans le dictionnaire.

On peut se demander quelle sera la notation d'une face naissant sur les arêtes non basiques g ou h, car il semble qu'il faille opter entre une des faces adjacentes pour y superposer les lamelles moléculaires. Dans le cas du prisme anorthique, il y a réellement amphibologie, et si la modification sur h se fait par superposition de lamelles sur la face de droite t, on convient de l'écrire h^x ; elle s'écrirait ${}^xh$ si elle avait lieu par superposition sur m. Dans les autres cas l'amphibologie n'existe pas, puisque les deux faces correspondant aux précédentes doivent se montrer concurremment : elles sont égales et exprimées par le même symbole, h^x.

Les modifications sur les angles nécessitent quelques remarques. Il est convenu que la superposition des lamelles moléculaires se fait toujours sur p. Si le décroissement est intermédiaire, il vaut mieux abandonner la symbolisation qui rappelle l'angle et écrire simplement entre parenthèses le signe $(b^m\, d^n\, h^p)$ dans lequel m, n et p représentent les longueurs exprimées en paramètres auxquelles la face donnée coupe les arêtes b, d et h à partir de l'angle considéré.

Il y a cependant plusieurs cas où le signe général $(b^m\, d^n\, h^p)$ peut se simplifier. Si, par exemple, deux arêtes semblables b concourent à l'angle solide o, et qu'une face coupe à une distance paramétriquement égale l'une des arêtes b et l'arête h, on aura affaire à un décroissement non intermédiaire produit par superposition de lamelles sur une face latérale.

Ou peut dès lors noter la face ainsi, $o_{m/n}$. Mais il faut abandonner cette méthode pour l'angle e du prisme clinorhombique, à moins d'indiquer d'une façon quelconque si la face s'incline du côté de o ou du côté de a.

Si l'on veut rendre la notation française indépendante de l'hypothèse de Haüy, ce qui est très-facile, on doit présenter les choses ainsi. Toute face est représentée par les longueurs paramétriques m, n, p auxquelles elles coupent les trois arêtes d, f, h concourant à un angle donné. La formule générale est $[d^m\, f^n\, h^p]$: on commence toujours par les arêtes de la base.

Si m, n ou p sont infinis, c'est-à-dire si la face devient parallèle à d, f ou h, on lui donne la notation abrégée $d^{n/p}$, $f^{m/p}$ ou $h^{m/n}$, en se rappelant la remarque que nous avons faite sur h^x.

Si m égale n, c'est-à-dire si la face devient parallèle à la diagonale de la base, on lui donne comme symbole la lettre de l'angle modifié affectée de l'exposant m/p. Exemple : $o^{m/p}$.

Si m ou n égale p, on la formulera $o_{m/n}$ en se rappelant la remarque que nous avons faite tout à l'heure sur cette forme de symbole.

A la notation de Haüy, adoptée par Lévy et Dufrenoy, si courte et si expressive, on a substitué en Allemagne plusieurs symbolisations qui rapprochent jusqu'à les confondre la cristallographie avec la géométrie analytique. Ces systèmes sont commodes pour les recherches cristallographiques ; elles font dériver très-simplement le symbole d'une face de son équation. Nous donnerons une idée de ceux de Weiss et de Naumann.

Weiss place les axes au centre du cristal et les appelle A, B, C (C, axe vertical). Les paramètres selon ces axes sont a, b, c, et chaque face est exprimée par le rapport des longueurs auxquelles elle coupe les axes, c'est-à-dire par $ma : nb : pc$. On convient de faire passer la face à une distance paramétrique égale à l'unité sur l'un des axes. On obtient ainsi un signe analogue à celui-ci :

$$\frac{m}{p}a : \frac{n}{p}b : c,$$

qui ne contient plus que deux coefficients numériques. Il faut remarquer qu'une seule de ces formules de géométrie analytique indiquerait dans certains cas plusieurs faces qui sont absolument distinctes aux yeux du cristallographe. On leur ôte de leur généralité en affectant d'accents certains paramètres, comme on le verra dans le tableau des notations.

Naumann fait passer les faces à la distance paramétrique $= 1$ sur un des axes non verticaux, qu'il appelle O dans le cube, $\breve{P}$, $\bar{P}$, P ou P, dans les prismes, suivant qu'ils sont courts ou longs, horizontaux ou obliques, et R dans le rhomboèdre. Il fait précéder cette lettre du coefficient numérique se rapportant à la longueur paramétrique à laquelle la face considérée coupe l'axe vertical, puis il écrit le coefficient numérique qui se rapporte au troisième axe. Les paramètres ne sont donc pas exprimés explicitement. Comme il faut encore dans ce système ôter au symbole de sa généralité, on emploie les signes $+$ et $-$ et les accents.

Whewell & après lui Miller, au lieu de désigner les faces par les coefficients numériques m, n, p de Weiss, remplacent ceux-ci par les inverses $\frac{1}{m}, \frac{1}{n}, \frac{1}{p}$, ce qui est plus commode pour les calculs. Au lieu de désigner explicitement les axes, ils font une convention sur l'ordre dans lequel on présente les coefficients, le dernier, par exemple, se rapportant à l'axe vertical, etc.

Nous ferons remarquer qu'on peut quelquefois donner une expression très-simple des formes hexagonales en partant d'un prisme à six pans : Weiss et Miller adoptent dans ce cas quatre axes, dont l'un est évidemment superflu. On trouvera ces expressions dans le tableau synoptique suivant, qui contient la correspondance des notations usuelles.

11. CORRESPONDANCE DES NOTATIONS CRISTALLOGRAPHIQUES.

TYPE CUBIQUE.

	Notation française.	Weiss.	Naumann.	Miller.
Cube	p	$a : \infty a : \infty a$	$\infty O \infty$	100
Octaèdre	a^1	$a : a : a$	O	111
Dodécaèdre rhomboïdal	b^1	$a : a : \infty a$	∞O	110
Hexatétraèdres	b^n	$a : na : \infty a$	$\infty O n$	$uv0$
Trioctaèdres	$a^{1/m}$	$a : a : ma$	mO	uuw
Icositétraèdres	a^m	$a : a : \frac{1}{m}a$	mOm	uww
Hexoctaèdres	$(b^{1/u}, b^{1/v}, b^{1/w})$	$a : na : ma$	mOn	uvw

Nota. $\frac{u}{v} = n, \quad \frac{u}{w} = m, \quad \frac{v}{w} = \frac{m}{n}.$

TYPE QUADRATIQUE.

	Notation française.	Weiss.	Naumann.	Miller.
Base	p	$\infty a : \infty a : c$	0 P	001
Octaèdre	$b^{1/2}$	$a : a : c$	P	111
Octaèdres sur les arêtes	$b^{1/2m}$	$a : a : mc$	mP	uuw
Prisme	m	$a : a : \infty c$	∞P	110
Octaèdre	a^1	$a : \infty a : c$	$P\infty$	101
Octaèdres sur les angles	$a^{1/m}$	$a : \infty a : mc$	$mP\infty$	$u0w$
Second prisme	h^1	$a : \infty a : \infty c$	$\infty P \infty$	100
Prismes octogones	$h^{\frac{u+v}{u-v}}$	$a : na : \infty c$	$\infty P n$	$uv0$
Pyramides octogones	$\left(b^{\frac{1}{u-v}}, b^{\frac{1}{u+v}}, h^{\frac{1}{w}}\right)$	$a : na : mc$	mPn	uvw

Nota. $\frac{u}{v} = n, \quad \frac{u}{w} = m, \quad \frac{v}{w} = \frac{m}{n}.$

TYPE ORTHORHOMBIQUE.

	Notation française.	Weiss.	Naumann.	Miller.
Base	p	$\infty a : \infty b : c$	0 P	001
Octaèdre	$b^{1/2}$	$a : b : c$	P	111
Octaèdres sur les arêtes	$b^{1/2m}$	$a : b : mc$	mP	uuw
Prisme	m	$a : b : \infty c$	∞P	110
Prisme horizontal	a^1	$a : \infty b : c$	$\bar{P}\infty$	011
Prismes horizontaux	$a^{1/m}$	$a : \infty b : mc$	$m\bar{P}\infty$	$0uw$
Prisme horizontal	e^1	$\infty a : b : c$	$\breve{P}\infty$	101
Prismes horizontaux	$e^{1/m}$	$\infty a : b : mc$	$m\breve{P}\infty$	$u0w$
Couple de faces verticales	h^1	$a : \infty b : \infty c$	$\infty \bar{P} \infty$	010
Couple de faces verticales	g^1	$\infty a : b : \infty c$	$\infty \breve{P} \infty$	100
Prismes verticaux	$h^{\frac{u+v}{u-v}}$	$a : nb : \infty c$	$\infty \bar{P} n$	$vu0$
Prismes verticaux	$g^{\frac{u+v}{u-v}}$	$na : b : \infty c$	$\infty \breve{P} n$	$uv0$
Octaèdres sur les angles	$\left(b^{\frac{1}{u-v}}, b^{\frac{1}{u+v}}, h^{\frac{1}{w}}\right)$	$a : nb : mc$	$m\bar{P}n$	vuw
Octaèdres sur les angles	$\left(b^{\frac{1}{u-v}}, b^{\frac{1}{u+v}}, g^{\frac{1}{w}}\right)$	$na : b : mc$	$m\breve{P}n$	uvw

Nota. $\frac{u}{v} = n, \quad \frac{u}{w} = m, \quad \frac{v}{w} = \frac{m}{n}, \quad u > v.$

TYPE RHOMBOÉDRIQUE.

Notation française. Système rhomboédrique.	Système hexagonal.	Naumann.	Miller.
Base a^1	p	0 R	111
Rhomboèdres directs sur a : $a^{\frac{u}{w}} = a^{\frac{m+1}{1-m}}$.	$b^{\frac{1}{m}}$	$mR\,(m<1)$	$u w w$ ($u>w$; $u=2m+1$, $w=1-m$)
Rhomboèdres directs sur les e : $e^{\frac{u}{w}} = e^{\frac{2m+1}{1-m}}$.	$b^{\frac{1}{m}}$	$mR\,(m>1)$	$u \bar{w} \bar{w}$ ($u>w$; $u=2m+1$; $w=1-m$)
Rhomboèdres inverses sur a : $a^{\frac{u}{w}} = a^{\frac{1-2m}{1+m}}$.	$b^{\frac{1}{m}}$	$-mR\left(m<\frac{1}{2}\right)$	$u w w$ ($u<w$; $u=1-2m$; $w=1+m$)
Rhomboèdres inverses sur les e : $e^{\frac{u}{w}} = e^{\frac{1-2m}{1+m}}$.	$b^{\frac{1}{m}}$	$-mR\left(m>\frac{1}{2}\right)$	$\bar{u} w w$ ($u<>w$; $u=1-2m$; $w=1+m$)
Scalénoèdres : $\left(\frac{1}{d^M}, \frac{1}{d^N}, \frac{1}{b^Q}\right)$ ou bien $b^x = b^{\frac{M}{N}}$ si Q=0. correspond à $+m'Rn'$ si $x>2$ et à $-m'Rn'$ si $x<2$. — $\left(\frac{1}{b^M}, \frac{1}{d^N}, \frac{1}{d^Q}\right)$ ou bien $d^x = d^{\frac{M}{N}}$ si Q=0 correspond à $+m'Rn'$.	$\left(b^1, b^{\frac{n'-1}{1+n'}}, h^{\frac{m'(n'-1)}{2}}\right)$.	$+m'Rn'$	$M N \bar{Q}$ [$M = 2+3m'n'+m'$, $N = 2(1-m')$, $Q = 2-3m'n'+m'$]
		$-m'Rn'$	$M \bar{N} \bar{Q}$ [$M = 2+3m'n'-m'$, $N = 2(1+m')$, $Q = 2-3m'n'-m'$]
Scalénoèdres $\left(\frac{1}{b^M}, \frac{1}{b^N}, \frac{1}{b^Q}\right)$.		....	M N Q
Prisme hexagonal sur les e, e^2...	m	∞P	$2\bar{1}\bar{1}$
Prisme hexagonal sur les d, d^1...	h^1	$\infty P2$	$10\bar{1}$
Prismes dodécagonaux : $\left(\frac{1}{b^u}, \frac{1}{d^v}, \frac{1}{d^w}\right) = \left(\frac{1}{b^{1+3n'}}, \frac{1}{d^2}, \frac{1}{d^{1-3n'}}\right)$.	$h^{\frac{1+n'}{n'-1}}$	$\infty P n'$	$u \bar{v} \bar{w}$ ($u=v+w$; $u=1+3n'$; $v=-2$; $w=1-3n'$.)

SYSTÈME HEXAGONAL.

Notation française.	Weiss. Axes parallèles aux arêtes du prisme hexagonal.	Weiss. Axes horizontaux a' perpendiculaires aux arêtes de la base.	Naumann.	Whewell.
Base p	$\infty a : \infty a : \infty a : c$	$\infty a' : \infty a' : \infty a' : c$	0 P	0001
Rhomboèdres $b^{\frac{1}{m}} = b^{\frac{k}{i}}$...	$\infty a : a : a : mc$	$a' : \frac{1}{2}a' : a' : mc$	$\frac{mP}{2}$	$0iik$
	$a : \frac{1}{2}a : a : mc$	$\infty a' : a' : a' : mc$	$-\frac{mP}{2}$	$ii0k$
Scalénoèdres : $\left(b^1, b^{\frac{n'-1}{1+n'}}, h^{\frac{m'(n'-1)}{2}}\right) = \left(b^1, b^{n-1}, h^{\frac{m(n-1)}{n}}\right) = \left(\frac{1}{b^y}, \frac{1}{b^s}, \frac{1}{h^z}\right) = \left(\frac{1}{b^i}, \frac{1}{b^k}, \frac{1}{h^l}\right)$.	$\frac{1}{s}a : \frac{1}{t}a : \frac{1}{y}a : \frac{1}{z} : c$ $\left(\frac{t}{z}=m,\ \frac{t}{y}=n,\ s=t-y,\ \frac{y}{z}=\frac{m}{n}\right)$.	$\frac{1}{s'}a' : \frac{1}{t'}a' : \frac{1}{y'}a' : \frac{1}{z}c$. ($s'=s+t$, $t'=t+y$, $y'=t'-s'$).	$\pm\frac{mPn}{2}$	$ytsz$
Prisme hexagonal m	$\infty a : a : a : \infty c$	$2a' : a' : 2a' : \infty c$	∞P	0110
Prisme tangent h^1	$2a : a : 2a : \infty c$	$\infty a' : a' : a' : \infty c$	$\infty P2$	1100
Prismes dodécagones : $h^{\frac{1+n'}{n'-1}} = h^{\frac{1}{n-1}}$.	$\frac{1}{s}a : \frac{1}{t}a : \frac{1}{y}a : \infty c$. $\left(\frac{t}{y}=n.\ s=t-y\right)$.	$\frac{1}{s'}a' : \frac{1}{t'}a' : \frac{1}{y}a' : \infty c$. ($s'=s+t$; $y'=y-s$; $t'=s'+y'$).	$\infty P n$	$yts0$

TYPE CLINORHOMBIQUE.

	Notation française.	Weiss.	Naumann.	Miller.
Base	p	$\infty a : \infty b : c$	0 P	001
Prisme incliné	$b^{1/2}$	$a' : b : c$	$+P$	111
Prisme incliné	$d^{1/2}$	$a : b : c$	$-P$	$\bar{1}11$
Prismes inclinés	$b^{\frac{w}{2u}} = b^{\frac{1}{2m}} \left(\frac{w}{u}=\frac{1}{m}\right)$.	$a' : b : mc$	$+mP$	uuw
Prismes inclinés	$d^{\frac{w}{2u}} = d^{\frac{1}{2m}}$ (id.)	$a : b : mc$	$-mP$	$\bar{u}uw$
Prisme fondamental	m	$a : b : \infty c$	∞P	110
Prismes inclinés	$\left(\frac{1}{b^{u-v}}, \frac{1}{b^{u+v}}, \frac{1}{h^w}\right)$.	$a' : nb : mc$	$+mPn$	uvw

	Notation française.	Weiss.	Naumann.	Miller.
Prismes inclinés	$\left(d^{\frac{1}{u+v}}, d^{\frac{1}{v-u}}, h^{\frac{1}{w}}\right)$	$a : nb : mc$	$-mPn$	$\bar{u}vw$
Prismes inclinés	$\left(b^{\frac{1}{v-u}}, d^{\frac{1}{v+u}}, g^{\frac{1}{w}}\right)$	$na' : b : mc$	$+mPn$	uvw
Prismes inclinés	$\left(d^{\frac{1}{v+u}}, b^{\frac{1}{v-u}}, g^{\frac{1}{w}}\right)$	$na : b : mc$	$-mPn$	$\bar{u}vw$
Couples de faces	$a^{\frac{w}{u}} = a^{\frac{1}{m}}$	$a' : \infty b : mc$	$+mP\infty$	$u0w$
Couples de faces	$o^{\frac{w}{u}} = o^{\frac{1}{m}}$	$a : \infty b : mc$	$-mP\infty$	$\bar{u}0w$
Prismes inclinés	$e^{\frac{w}{u}} = e^{\frac{1}{m}}$	$\infty a : b : mc$	$mP\infty$	$0uw$
Prismes verticaux	$h^{\frac{u+v}{u-v}}$ $\left(\frac{u}{v} = n\right)$	$a : nb : \infty c$	∞Pn	$uv0$
Prismes verticaux	$g^{\frac{u+v}{u-v}}$ $\left(\frac{u}{v} = n\right)$	$na : b : \infty c$	∞Pn	$vu0$
Couple de faces verticales	h^1	$a : \infty b : \infty c$	$\infty P\infty$	100
Couple de faces verticales	g^1	$\infty a : b : \infty c$	$\infty P\infty$	010

Nota. — On remplace souvent les symboles $+mPn$, $mP\infty$, etc., par ceux-ci $+[mPn]$, $[mP\infty]$.

TYPE ANORTHIQUE.

Notation française.	Weiss.	Naumann.	Miller.	
p	$\infty a : \infty b : c$	$0\ P$	001	
$f^{\frac{1}{2m}} = f^{\frac{w}{2u}}$	$a : b : mc$	$m\ P'$	$\bar{u}uw$	$\left(\frac{w}{u} = \frac{1}{m}\right)$
$d^{\frac{1}{2m}} = d^{\frac{w}{2u}}$	$a : b' : mc$	$m'P$	$uu\bar{w}$	
$b^{\frac{1}{2m}} = b^{\frac{w}{2u}}$	$a' : b' : mc$	$m\ P_{,}$	$u\bar{u}w$	
$c^{\frac{1}{2m}} = c^{\frac{w}{2u}}$	$a' : b : mc$	$m_{,}P$	uuw	
t	$a : b : \infty c$	$\infty\ P'$	$\bar{1}10$	
m	$a : b' : \infty c$	$\infty 'P$	110	
$\left(f^{\frac{1}{u+v}}, d^{\frac{1}{v-u}}, h^{\frac{1}{w}}\right)$	$a : nb : mc$	$m\ \bar{P}'n$	$\bar{u}vw$	$\left(\frac{u}{v} = n\right)$
.....	.....	.....	.....	
$o^{\frac{w}{u}} = o^{\frac{1}{m}}$	$a : \infty b : mc$	$m'\bar{P}'\infty$	$\bar{u}0w$	
$a^{\frac{w}{u}} = a^{\frac{1}{m}}$	$a' : \infty b : mc$	$n\ {}_{,}\bar{P}_{,}\infty$	$u0w$	
.....	.....	.....	.....	
$\left(f^{\frac{1}{u+v}}, c^{\frac{1}{u-v}}, g^{\frac{1}{w}}\right)$	$a : b : mc$	$m\ \breve{P}'n$	$u\bar{v}w$	
.....	.....	.....	.....	
g^1	$\infty a : b : \infty c$	$\infty\ \breve{P}\infty$	010	
h^1	$a : \infty b : \infty c$	$\infty\ \bar{P}\infty$	100	
.....	.....	.....	.....	

12. RÈGLE DES ZONES. — La cristallographie doit à Weiss et à Naumann une méthode extrêmement simple et commode pour la *détermination* des faces, c'est-à-dire pour l'établissement de leur signe. Weiss a remarqué que les facettes d'un cristal composé ont le plus souvent leurs arêtes opposées parallèles. Haüy avait déjà signalé le parti qu'on pouvait tirer de cette considération. Selon lui, elle peut fournir dans le cas de la variété de calcaire dite paradoxale, par exemple, « des données à l'aide desquelles on arrive sans aucun tâtonnement à la détermination du décroissement intermédiaire qu'elle présente. » C'est cette observation qui, généralisée, est devenue le fondement de la *loi des zones*.

Sont dites *en zone* les faces qui sont parallèles à une même droite ; cette droite est l'*axe* de la zone.

Lorsque plusieurs faces en zone se coupent, leurs intersections sont parallèles entre elles, parce qu'elles sont parallèles à l'axe. Si l'on fait tourner une des faces de la zone autour de l'axe, elle prendra sucessivement la direction de toutes les faces qui peuvent appartenir à la zone, et sa normale décrira un plan perpendiculaire à l'axe. Si l'on fait la même opération sur une face d'une autre zone, sa normale décrira un second plan dont l'intersection avec le premier *sera normale à la seule face qui puisse faire partie des deux zones* et qui par là se trouvera déterminée.

Une face qui appartient à deux zones connues, c'est-à-dire qui présente quatre arêtes parallèles deux à deux et adjacentes à des faces connues, *est donc par cela même définie cristallographiquement*, et le calcul peut donner son signe en fonction de ceux des deux zones ou des quatre faces dont il vient d'être question.

Si l'on appelle plan *zonaire* le plan perpendiculaire à l'axe de la zone, c'est-à-dire celui que décrit la normale d'une face de la zone tournant autour de l'axe, et si l'on convient de le noter comme une face cristalline, on voit clairement que la même formule doit donner le signe du plan zonaire en fonction de ceux de deux faces de la zone, ou bien le signe d'une face inconnue en fonction de ceux des plans zonaires des deux zones dont la face fait partie. En effet, ces deux problèmes se réduisent à un seul : déterminer un plan perpendiculaire à l'intersection de deux plans connus.

Soient $ma : nb : pc$ et $ra : sb : tc$ les symboles de deux plans, et soient $\mu = \frac{1}{m}$, $\nu = \frac{1}{n}$, $\pi = \frac{1}{p}$ et $\rho = \frac{1}{r}$, $\varsigma = \frac{1}{s}$, $\tau = \frac{1}{t}$.

On aura très-facilement le symbole d'un plan perpendiculaire à l'intersection des premiers d'après une règle mnémonique que la symétrie des formules a permis d'imaginer.

Écrivons deux fois de suite les lettres μ, ν, π; puis au-dessous trois fois la lettre X, enfin deux fois de suite les lettres ρ, ς, τ. Nous formerons ainsi le tableau que voici :

$$\begin{matrix} \mu.\nu.\pi.\mu.\nu.\pi \\ \text{X X X} \\ \rho.\varsigma.\tau.\rho.\varsigma.\tau \end{matrix}$$

Le symbole demandé $\frac{1}{x} a : \frac{1}{y} b : \frac{1}{z} c$ sera donné par les formules

$$x = \nu\tau - \pi\varsigma,$$
$$y = \pi\rho - \mu\tau,$$
$$z = \mu\varsigma - \nu\rho,$$

qu'on obtient en multipliant entre elles les lettres grecques réunies par un des traits des lettres X et en prenant négativement les produits correspondant aux déliés (1).

13. **DÉTERMINATION DE LA FORME PRIMITIVE D'UN CRISTAL.** — L'examen de la symétrie d'un cristal permet, dans un grand nombre de cas, de déterminer à la simple inspection à quel type il appartient : il est indispensable toutefois de contrôler par la mesure de certains angles et par l'examen des propriétés optiques cette première indication.

I. Si le cristal offre la symétrie cubique, et s'il est monoréfringent, le problème est résolu, et il ne reste qu'à déterminer les formes secondaires.

II. Si le cristal appartient au type du prisme quadratique, ce que l'on reconnaît, par exemple, par l'égalité des deux angles au sommet d'un octaèdre, et par l'existence de la double réfraction à un axe, il reste à déterminer un élément, le rapport de la base à la hauteur $\frac{b}{h}$. Pour cela, on mesure les angles de l'octaèdre qui se présente sur le cristal donné; s'il y en a plusieurs, on en choisit un arbitrairement, en se laissant guider par son développement plus grand, par l'existence des clivages ou par l'analogie avec une substance isomorphe déjà déterminée. On convient de l'appeler b^1 et la cotangente de la moitié de l'angle $b^1 b^1$ trouvé pour l'arête basale de cet octaèdre donne immédiatement le rapport $\frac{b}{h}$. Si la position de l'octaèdre correspondait à la notation a^1, on l'appellerait a^1 et la cotangente de la moitié de l'angle $a^1 a^1$ trouvé pour l'arête basale multipliée par $\sqrt{2}$ serait égale à $\frac{b}{h}$.

La détermination de la forme primitive serait impossible si le cristal ne présentait pas d'octaèdre ou de pyramide octogone.

III. Si les trois angles de l'octaèdre sont inégaux, et si la substance est biréfringente à deux axes, la mesure d'un angle ne suffit plus pour la détermination de la forme primitive. Pour que cette dernière soit déterminée, en adoptant comme forme type le prisme orthorhombique, il faut que nous connaissions l'angle du prisme (mm) et le rapport du côté de sa base à sa hauteur $\frac{b}{h}$.

Supposons que le cristal nous offre un octaèdre orthorhombique, la mesure de deux des angles de cet octaèdre permettra de calculer facilement le troisième, et, les dièdres étant connus, on en conclura les inclinaisons réciproques des diverses arêtes, ce qui donnera l'angle et le rapport cherchés (1).

IV. Un rhomboèdre est déterminé par son angle. Ce n'est que dans le cas où l'on aurait seulement affaire aux faces scalénoédriques que l'on devrait

(1) On peut démontrer directement et d'une façon tout à fait élémentaire que, d'une manière générale, les faces b^p et d^q sont en zone avec

$$e^{p+q}, \quad a^{p-q}, \quad h^{p/q} \ldots$$

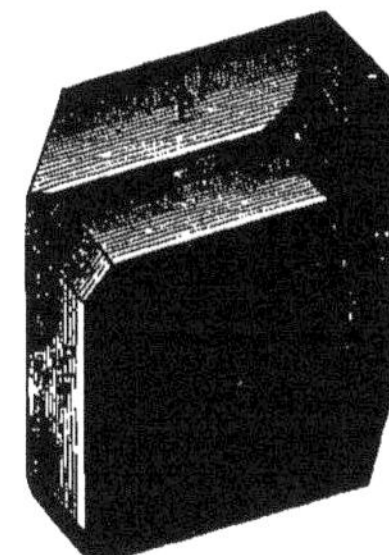

Fig. 191.

Prenons $p = 2$, $q = 3$, ce qui ne nuira en rien à la généralité de nos raisonnements, b^2 et d^3 coupent les lignes EB, EC, ED à des longueurs

$$\infty b : 1c : 2d$$
$$\text{et } 3b : 1c : \infty d.$$

Ils se rencontrent suivant la ligne $\alpha\beta$, qui est l'axe de la zone. Le point α est à la distance $1c$ de l'origine E. C'est par ce point et par une ligne $\nu\mu$ parallèle à la diagonale de la base que doit passer toute face e^x. Pour que la ligne $\mu\nu$ soit parallèle à la diagonale de la base, elle devra intercepter sur les arêtes B et D des longueurs paramétriquement égales, c'est-à-dire yb, yd. Pour que, de plus, e^x soit en zone avec b^2 et d^3, il faut que $\mu\nu$ passe par le point β, dont les coordonnées sont $2b$ et $3d$. L'on voit, par la similitude des

Fig. 192.

triangles formés par ces coordonnées, les arêtes B et D et la ligne $\mu\nu$, que les longueurs interceptées sur les arêtes par la face e^x seront $(3+2)b$ et $(2+3)d$: d'où $x = 5$.

On démontrerait par des considérations semblables que b^p et d^q sont en zone avec a^{p-q}, $h^{p/q}$, etc.

(1) On se sert avec grand avantage, pour faciliter la résolution de ces questions et en général de la plupart des problèmes cristallographiques, de la représentation des faces des cristaux par leurs pôles, c'est-à-dire par les points où une normale à la face perce une sphère décrite autour du cristal, avec son centre comme centre.

En projetant stéréographiquement la sphère et les divers pôles qu'elle porte, on aura une représentation du cristal qui indiquera à première vue quels sont les triangles sphériques qu'il est nécessaire de résoudre. Ainsi dans le cas dont nous venons de parler, le cristal orthorhombique de la figure 193 sera représenté par les points p, m, b^1, h^1, g^1, a^2, e^2, marqués sur la sphère. Les pôles de faces en zone doivent se trouver sur un même grand cercle qui se projette dans la figure selon un arc de cercle ou une droite passant par des points situés aux extrémités d'un même diamètre du cercle de projection.

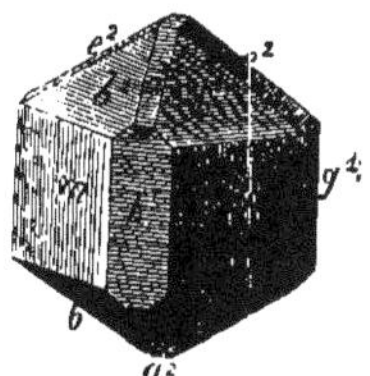

Fig. 193.

Ces lignes facilitent considérablement la construction

calculer le rhomboèdre : les calculs sont trop compliqués pour que nous les donnions ici. Les cristaux du type rhomboédrique sont biréfringents à un axe.

V. Dans le cas du prisme clinorhombique, on détermine la forme primitive par l'angle du prisme mm, le rapport $\frac{b}{h} = \frac{d}{h}$ et l'inclinaison de la base sur l'axe du prisme ph^1 (1).

Les cristaux clinorhombiques possèdent la double réfraction à deux axes avec certaines particularités dans la dispersion. — Voyez LUMIÈRE.

de la figure, si l'on s'appuie sur la règle des zones.

Supposons connus les angles $b^1 b^{1\prime}$ et $b^1 b^{1\prime\prime}$, on a $g^1 b^1 = 90° - 1/2 (b^1 b^{1\prime\prime})$.

Dans le triangle rectangle $g^1 b^1 m$, on connaît en outre le côté $b^1 m = 1/2 (b^1 b^{1\prime\prime})$. On calculera donc facilement

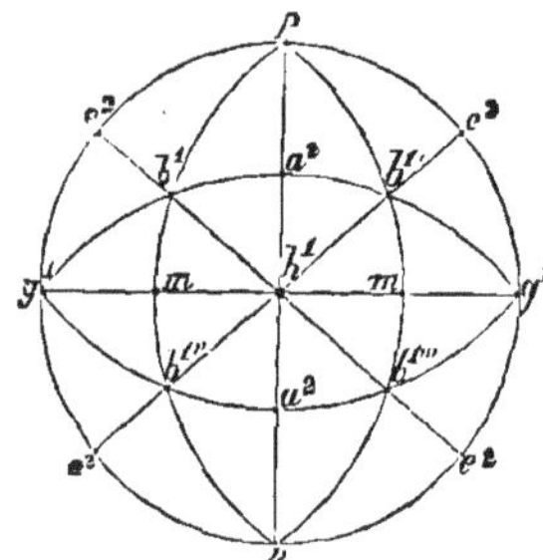

Fig. 194.

le côté $g^1 m$ et l'on en déduira mm, c'est-à-dire l'*angle du prisme*.

Le triangle rectangle $b^1 a^2 h^1$ fournit immédiatement

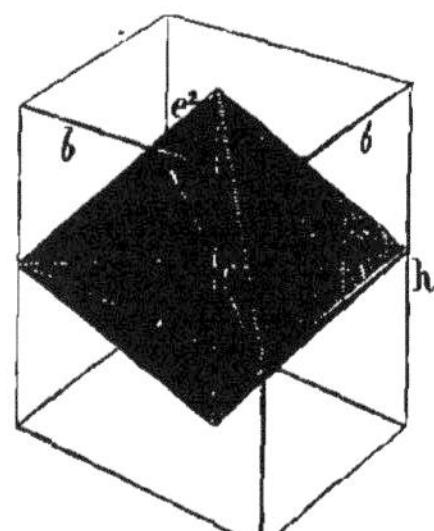

Fig. 195.

$a^2 h^1 = 1/2 (a^2 a^2)$ et le triangle rectangle $b^1 e^2 g^1$ donne de même $e^2 g^1 = 1/2 (e^2 e^2)$.

En se reportant à la figure 195, on voit que

$$\text{tang } 1/2\,(m\,m)\ [\text{angle des faces}] = \frac{a}{c}.$$

$$\cot 1/2\,(e^2\,e^2) = \frac{a}{1/2\,h}.$$

$$\cot 1/2\,(a^2\,a^2) = \frac{c}{1/2\,h}.$$

Or le côté de la base $b = \sqrt{a^2 + c^2}$,

d'où $$\frac{b}{h} = \sqrt{\cot^2 1/2\,(e^2 e^2) + \cot^2 1/2\,(a^2\,a^2)},$$

ce qui est le rapport des *dimensions de la forme primitive*.

(1) Projetons un cristal clinorhombique sur g^1 et supposons l'angle mm connu ainsi que $p\,m$, on en tirera d'abord ph^1 et $90° - ph^1 = m\,g^1\,\mu$. On calculera dans le triangle rectangle $m\,\mu g^1$ le côté μg^1 qui est le complément du demi-angle plan de la base, et le côté $m\,\mu = m\mu'$. Si l'on connaît en outre $m\,d^1$, on calculera à l'aide du triangle rectangle $g^1 d^1 \mu'$ l'angle $d^1 g^1 \mu'$ dont le complément sera l'angle $p\,o^2$. Cet angle est celui sous lequel la face o^2 coupe la base, et en traçant la coupe diagonale du cristal, on voit qu'elle intercepte sur la hauteur et sur la diagonale inclinée des longueurs h

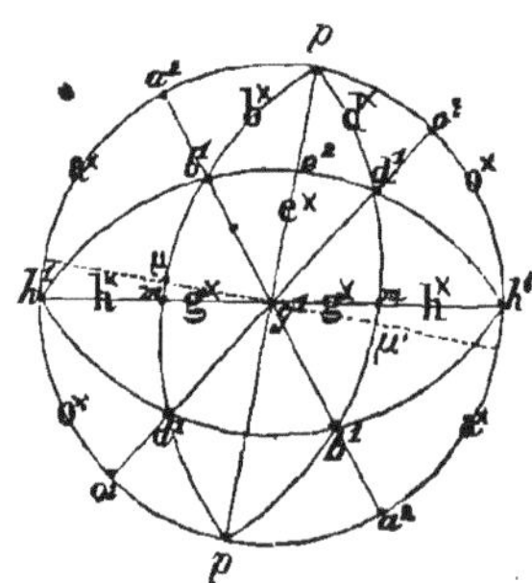

Fig. 196.

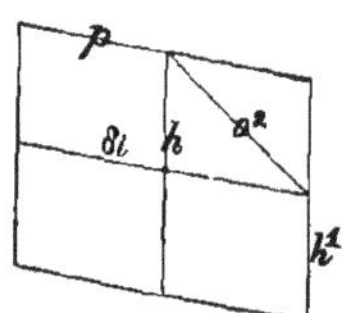

Fig. 197.

et δi (δi étant la diagonale inclinée et δh la diagonale horizontale). On a donc

$$\frac{\delta i}{h} = \frac{\sin(po^2 + ph^1)}{\sin po^2}.$$

D'autre part, on a

$$\frac{\delta h}{\delta i} = \cot \mu g^1,$$

d'où $$\frac{\delta h}{h} = \cot \mu g^1 \left(\frac{\sin po^2 + ph^1}{\sin po^2}\right)$$

et enfin $$\frac{b}{h} = \frac{1}{2}\frac{\sin(po^2 + ph^1)}{\sin po^2}\sqrt{1 + \cot^2 \mu g^1}.$$

VI. Dans le type anorthique on a besoin, pour déterminer la forme primitive, de trois angles et de trois dimensions. Les rapports de ces trois longueurs résulteut de la mesure de deux angles. Les cristaux anorthiques ont la double réfraction à deux axes avec une dispersion très-compliquée.

14. DÉTERMINATION DU SYMBOLE D'UNE FACE SECONDAIRE. — Ce problème ne peut pas être traité ici dans toute sa généralité. Il peut souvent être résolu simplement par l'emploi de la règle des zones (§ 12). Dans le cas où le plan zonaire d'une zone comprend deux axes rectangulaires, les *tangentes* des inclinaisons de diverses faces sont dans un rapport simple qui indique tout de suite le signe d'une face, celui d'une autre face étant donné. Si les axes sont obliques on est obligé de calculer les longueurs interceptées par ces axes par une série de triangles sphériques et rectilignes convenablement choisis.

F. et S.

CROCALITE (Min.). — Variété compacte de mésotype, souvent colorée en rouge.

CROCÉTINE. — Produit de dédoublement de la crocine. — Voyez ce mot.

CROCIDOLITE (Min.) [Syn. *Blaueisenstein*]. — Silicate de fer, avec un peu de soude, de magnésie, de manganèse, de chaux et d'eau. Les analyses donnent des nombres conduisant à une formule analogue à celle de l'amphibole. Masses asbestiformes, à fibres très-déliées, d'un éclat soyeux, d'un bleu plus ou moins grisâtre. Les fibres minces sont translucides.

Caractères. — Inattaquable aux acides. Fond au chalumeau en un globule noir magnétique. Dans le tube, donne de l'eau. Avec le borax, réactions du fer.

Dureté, 4 à 4,5. Poussière bleu de lavande. Densité, 3,2 à 3,3.

CROCINE, $C^{29}H^{42}O^{15}$. — Matière colorante des baies jaunes du *Gardenia grandiflora*. Découverte par Mayer, étudiée surtout par Rochleder [*Journ. für prakt. Chem.*, t. LVI, p. 68].

D'après Rochleder elle est identique à une substance retirée à l'état impur du safran par Quadrat, et formulée par celui-ci $C^{20}H^{26}O^{11}$. On écrase les baies et on les fait bouillir avec de l'alcool. On exprime, on filtre et on distille l'alcool; puis le résidu aqueux d'où se séparent un acide gras liquide et une matière cristalline, est filtré, étendu d'eau, additionné d'un excès d'hydrate d'alumine et abandonné pendant plusieurs jours. On filtre, on précipite par le sous-acétate de plomb. Le précipité, qui est d'un jaune rougeâtre, est rapidement recueilli par un filtre, lavé, mis en suspension dans l'eau et décomposé par le gaz sulfhydrique. On lave le précipité noir, on fait bouillir avec de l'alcool, on filtre et on évapore la solution dans le vide. On reprend par un peu d'eau, on sépare un peu de soufre par le filtre et on évapore de nouveau. Le produit sec broyé donne une poudre d'un beau rouge soluble avec une riche coloration analogue à celle de l'acide chromique dans l'eau et dans l'alcool. Les solutions donnent un précipité orange avec les sels de plomb.

Concentrée, la solution aqueuse devient bleue, puis violette au contact de l'acide sulfurique.

Étendue et bouillie avec les acides sulfurique ou chlorhydrique faibles, elle donne un sucre incristallisable (28,510 °/₀ du poids de crocine) et de la *crocétine* qui se dépose si les liqueurs ne sont pas trop diluées :

$$2C^{29}H^{42}O^{15} + 5H^2O = C^{34}H^{46}O^{11} + 2C^{12}H^{24}O^{12}.$$

Crocine. Crocétine. Sucre.

La *crocétine* $C^{34}H^{46}O^{11}$ ne s'obtient pure que si on a effectué le dédoublement précédent dans une atmosphère d'hydrogène ou d'acide carbonique, car la crocine et la crocétine s'oxydent très-facilement; c'est une poudre amorphe d'un rouge foncé, soluble dans l'alcool, peu soluble dans l'eau, qui bleuit comme la crocine avec l'acide sulfurique, et précipite en jaune par les sels de plomb. Les étoffes mordancées au sel d'étain prennent, par l'ébullition avec la crocétine, une couleur jaune verdâtre foncé qui se transforme par un traitement à l'ammoniaque en un jaune brillant et inaltérable à l'air et à la lumière. Le gardenia sert en Chine à produire une teinture jaune. G. S.

CROCOISE (Min.) [Syn. *Plomb chromaté, plomb rouge, crocoïsite, lehmannite*]. — Chromate de plomb,

$$PbCrO^4 = PbO, CrO^3.$$

Fig. 198. — Crocoïse.

Lames ou petits cristaux implantés, d'un beau rouge hyacinthe, transparents et fragiles.

Caractères. — Soluble dans l'acide azotique avec effervescence. Au chalumeau, décrépite et fond en une scorie dans laquelle nagent des globules de plomb.

Colore la perle de borax en vert.

Dureté, 2,5 à 3. Poussière jaune-orange.

Densité, 5,9 à 6,1.

Forme cristalline. — Prisme clinorhombique, $mm = 93°44'$, $pm = 98°43'$. Clivages: m, assez nets; h^1, p, imparfaits. F. et S.

CROCONIQUE (ACIDE). — Voyez Rhodizonique (acide).

CRONSTEDTITE (Min.) [Syn. *Rhomboëdrischer melanglimmer, chloromélane*]. — Silicate hydraté de fer, de magnésie et de manganèse. On a voulu exprimer le rapport de l'oxygène dans la silice, l'oxyde ferrique, les oxydes ferreux, magnésien et manganeux réunis et l'eau par les nombres

$$1 : 1 : 1 : 1;$$

mais les résultats des analyses s'éloignent assez de ce qu'ils devraient être pour y correspondre.

Masses réniformes à aiguilles bacillaires divergentes, d'un beau noir, d'un éclat vitreux, opaques, trouvées à Przibram dans un filon argentifère, et en Cornouailles.

Caractères. — Facilement attaquable par l'acide azotique, avec dégagement de vapeurs rutilantes. La solution finit par se prendre en gelée. A la flamme de réduction, fond en une scorie noire très-magnétique. Réaction du fer et du manganèse, avec les flux.

Dureté, 2,5. Poussière vert sombre. Densité, 2,35.

Forme cristalline. Prisme hexagonal régulier. Clivage éminemment facile parallèle à la base du prisme. F. et S.

CROOKÉSITE. — Voyez Eucaïrite.

CROTON TIGLIUM (HUILE DE). — C'est une huile qui agit sur l'économie à la manière d'un purgatif drastique énergique à la dose de quelques gouttes, et qui fait naître une éruption sur la peau lorsqu'on l'emploie en frictions. On l'extrait par expression de la graine de pignon d'Inde (semences de *Croton tiglium*); on peut aussi la préparer en épuisant ces graines par l'éther et évaporant l'éther.

Schlippe a trouvé dans cette huile de la *palmitine*, de la *stéarine*, de la *myristine* et de la *laurine*. Il y a trouvé en même temps des corps gras renfermant les éléments d'acides de la *série oléique*, qu'il n'a pas pu séparer les uns des autres. Enfin cette huile renferme encore des acides *crotonique* $C^4H^6O^2$ et *angélique* $C^5H^8O^2$ et une matière vésicante, le *crotonol*. Aucun des corps précédents n'étant doué des vertus purgatives de l'huile de *croton*, il est infiniment probable que cette huile renferme en outre un principe purgatif encore inconnu.

Pour mettre en évidence les divers produits précédents, Schlippe saponifie l'huile par la soude ou la potasse caustique et ajoute du sel marin à la liqueur. Il se sépare un savon que l'on redissout dans l'eau et que l'on précipite par l'acétate de plomb. Le précipité plombique est recueilli sur un filtre, lavé, desséché et épuisé par l'éther. La solution éthérée est ensuite évaporée. Elle laisse un résidu formé par les sels de plomb des acides de la série oléique; le résidu insoluble dans l'éther renferme, au contraire, les acides gras proprement dits, que l'on met en liberté au moyen de l'acide chlorhydrique et que l'on sépare les uns des autres par le moyen des précipitations fractionnées.

La liqueur d'où le savon a été précipité par le sel marin est ensuite additionnée d'acide tartrique. Il se forme un précipité résineux. On filtre et l'on distille le liquide filtré. Le produit renferme les acides angélique et crotonique, que l'on sépare par distillation fractionnée, après les avoir débarrassés de l'eau, en les transformant en sels barytiques, et en distillant ces sels préalablement évaporés à siccité avec de l'acide phosphorique sirupeux.

Enfin le *crotonol* s'extrait par la méthode développée à l'art. Crotonol (voyez p. 1004). A. N.

CROTONIQUE (ACIDE), $C^4H^6O^2$ [Pelletier et Caventou, *Journ. de Pharm.*, t. IV, p. 289; —

Caventou, *ibid.*, t. XI, p. 110; — Buchner, *Répert. de Pharm.*, t. XIX, p. 185; — Schlippe, *Ann. der Chem. u. Pharm.*, t. CV (nouv. sér., t. XXV), p. 1; *Ann. de Chim. et de Phys.*, (3), t. LII, p. 496; — Claus, *Ann. der Chem. u. Pharm.*, t. CXXXI, p. 58 (nouv. sér., t. LV); *Ann. de Chim. et de Phys.*, (4), t. III, p. 461; *Bull. de la Soc. chim.*, 1865, t. III, p. 200; — W. Körner, *Ann. de Chem. u. Pharm.*, t. CXXXVII, p. 233; *Bull. de la Soc. chim.*, 1866, t. VI, p. 226; — Kekulé, *Ann. der Chem. u. Pharm.*, *Suppl. band*, t. II, p. 85; *Ann. de Chim. et de Phys.*, (3), t. LXVI, p. 483; *Bull. de la Soc. chim.*, 1863, p. 31; — Cahours, *Ann. de Chim. et de Phys.*, (3), t. LXVII, p. 137].

Historique. — L'acide crotonique a été extrait pour la première fois par Pelletier et Caventou de l'huile que renferme la graine de pignon d'Inde (semence du *Croton tiglium*); sa formule n'a été déterminée que beaucoup plus tard par M. Schlippe. Plus tard encore, MM. Will et Körner le préparèrent au moyen du cyanure d'allyle provenant de l'acide myronique, et M. Claus l'obtint au moyen du cyanure d'allyle artificiel. Enfin l'acide crotonique a été étudié par M. Körner, M. Kekulé et M. Cahours qui ont fait connaître ses dérivés bromés de substitution.

Préparation. — I. *Au moyen de l'huile de Croton tiglium* (Pelletier et Caventou, Schlippe). — On saponifie l'huile de croton et l'on ajoute du sel marin au produit. Le savon se sépare, la liqueur restante est additionnée d'acide tartrique, on la filtre pour retenir un précipité résineux qui se forme et on la distille. La liqueur distillée renferme de l'acide crotonique et de l'acide chlorhydrique provenant de l'action de l'acide tartrique sur le chlorure de sodium. On la sature par la baryte, on la distille de nouveau avec de l'acide tartrique, et l'on réitère ces opérations jusqu'à ce que le produit distillé ne renferme plus d'acide chlorhydrique. On sature alors la liqueur au moyen de la baryte, on l'évapore à siccité, et l'on décompose le crotonate de baryum par l'acide phosphorique sirupeux dans un appareil distillatoire dont le récipient est refroidi à quelques degrés au-dessous de 0°.

II. *Au moyen du cyanure d'allyle.* — On fait bouillir avec une dissolution alcoolique de potasse soit le cyanure d'allyle qui provient de l'acide myronique (Will et Körner), soit le produit de l'action du cyanure de potassium sur l'iodure d'allyle (Claus). Lorsqu'il ne se dégage plus d'ammoniaque, on sature l'excès d'alcali par un courant d'anhydride carbonique, on filtre pour séparer le carbonate potassique, et l'on fait cristalliser à plusieurs reprises le crotonate de potassium. En distillant ce sel avec de l'acide sulfurique faible, on obtient l'acide crotonique aqueux sous forme d'un liquide incolore qui abandonne des cristaux d'acide crotonique pur lorsqu'on le refroidit à 0°.

Propriétés. — L'acide crotonique extrait de l'huile de croton est un liquide oléagineux. Il se congèle à —5° et se volatilise sensiblement à 2 ou 3° au-dessus de 0° en répandant une odeur pénétrante et désagréable qui irrite le nez et les yeux. Il possède une saveur âcre, cause des inflammations et agit comme poison.

Traité par la potasse en fusion, il se dédouble en deux molécules d'acide acétique en dégageant de l'hydrogène (Schlippe).

Soumis à l'influence du brome, il en absorbe deux atomes et donne un corps qui présente la composition de l'acide bibromobutyrique (Körner).

Ce nouveau corps perd H Br, lorsqu'on le traite par les alcalis, et donne de l'acide monobromocrotonique $C^4H^5BrO^2$.

Il peut aussi, sous l'influence des alcalis, éprouver une décomposition plus profonde en perdant de l'acide chlorhydrique et de l'anhydride carbonique. Il se produit alors une huile bromée dont la formule est C^3H^5Br. Cette huile paraît homologue d'un autre corps C^4H^7Br, qui résulte de l'action du brome sur l'acide angélique homologue de l'acide crotonique (Körner).

L'hydrogène naissant développé au moyen de l'amalgame de sodium n'agit pas sur l'acide crotonique, contrairement à ce qu'il était permis de supposer (Körner).

L'acide crotonique préparé au moyen de l'huile de *Croton tiglium* paraît identique avec celui qui résulte de l'action des alcalis sur le cyanure d'allyle, quelle que soit d'ailleurs la provenance de ce cyanure (Claus).

Crotonates métalliques. — Les crotonates sont sans odeur. L'acide crotonique étant un acide monobasique, ceux de ses sels qui renferment des métaux monatomiques ont pour formule générale $C^4H^5O^2M$.

Crotonate de potassium. — Ce sel cristallise en prismes rhomboïdaux, inaltérables à l'air et difficilement solubles dans l'alcool de 0,85 de densité.

Crotonate d'argent, $C^4H^5O^2Ag$. — On le prépare en saturant l'acide crotonique aqueux par l'oxyde d'argent, portant la liqueur à l'ébullition et la filtrant à chaud. Par le refroidissement il se dépose des cristaux qui renferment 52,61 °/₀ d'argent. On sépare les cristaux et l'on évapore l'eau mère dans le vide à l'obscurité. On obtient ainsi des cristaux prismatiques qui renferment 55,90 à 56,13 °/₀ d'argent et dont l'analyse s'accorde parfaitement avec la formule $C^4H^5O^2Ag$.

Crotonate de baryum. — Ce sel est fort soluble dans l'eau et dans l'alcool. Il se sépare, lorsqu'on concentre ses solutions, sous la forme de cristaux nacrés dont la poussière irrite vivement la gorge.

Crotonate de magnésium. — C'est un sel grenu très-peu soluble dans l'eau.

Crotonate d'ammonium. — Ce sel précipite le sulfate ferreux en jaune isabelle, les sels de plomb et d'argent en blanc, les sels de cuivre en blanc bleuâtre. Il ne précipite ni le sulfate ferrique ni le chlorure mercurique.

Dérivés de substitution de l'acide crotonique. — Acide monobromocrotonique. — *Préparation.* — 1° On a préparé l'acide monobromocrotonique par l'action successive du brome et des alcalis sur l'acide crotonique : 2 atomes de brome se fixent d'abord sur cet acide en donnant un isomère de l'acide dibromobutyrique, et, sous l'influence des alcalis, ce dernier corps perd une molécule d'acide brombydrique et se convertit en acide monobromocrotonique (Körner) :

$$C^4H^6O^2 + Br^2 = C^4H^6Br^2O^2.$$

$C^4H^6O^2$	Br^2	$C^4H^6Br^2O^2$
Acide crotonique.	Brome.	Isomère de l'acide dibromobutyrique.

$$C^4H^6Br^2O^2 + KHO = KBr + H^2O + C^4H^5BrO^2.$$

$C^4H^6Br^2O^2$	KHO	KBr	H^2O	$C^4H^5BrO^2$
Isomère de l'acide dibromobutyrique.	Potasse.	Bromure de potassium.	Eau.	Acide bromocrotonique.

2° M. Kekulé a obtenu l'acide monobromocrotonique par le dédoublement de l'acide citradibromopyrotartrique sous l'influence des alcalis. Ce dernier acide résulte de l'action du brome sur l'acide citraconique; il se forme en même temps qu'un autre acide de même composition, l'acide itadibromopyrotartrique, lequel ne donne jamais d'acide bromocrotonique lorsqu'on le soumet à l'action des bases. Le dédoublement de l'acide citradibromopyrotartrique peut être exprimé par l'équation suivante :

$$C^5H^6Br^2O^4 = HBr + CO^2 + C^4H^5BrO^2.$$

$C^5H^6Br^2O^4$	HBr	CO^2	$C^4H^5BrO^2$
Acide citradibromopyrotartrique.	Acide bromhydrique.	Anhydride carbonique.	Acide monobromocrotonique.

M. Cahours toutefois a montré que la réaction s'accomplit en deux phases successives. Il s'élimine d'abord CO^2, et il se produit ainsi un isomère de l'acide dibromobutyrique qui peut être isolé si l'on n'emploie pas un excès d'alcali. C'est ce composé qui, par l'action d'un excès de base, perd HBr et donne de l'acide monobromocrotonique comme dans le procédé de M. Körner.

Pour préparer l'acide monobromocrotonique au moyen de l'acide citradibromopyrotartrique, M. Kekulé conseille d'opérer comme il suit : On prépare le citradibromopyrotartrate de chaux en saturant presque complétement la solution aqueuse de l'acide avec de l'ammoniaque et ajoutant une solution concentrée de chlorure de calcium et puis de l'alcool. Le sel de chaux se précipite, sous la forme d'une poudre cristalline, du sein des solutions concentrées, et en cristaux distincts lorsque les liqueurs sont étendues. Une fois précipité, ce sel de chaux est peu soluble dans l'eau. On le recueille, on le met en suspension dans l'eau et l'on porte le tout à l'ébullition. Il se dégage de l'anhydride carbonique, et par le refroidissement de la solution évaporée il se forme des mamelons incolores de bromocrotonate de chaux.

Il suffit d'ajouter de l'acide chlorhydrique à la solution concentrée du sel de chaux pour que l'acide bromocrotonique se sépare à l'état cristallin. On extrait aisément la portion de cet acide restée dissoute en agitant la solution avec de l'éther et évaporant ensuite l'éther.

Propriétés. — L'acide monobromocrotonique se présente en longues aiguilles plates qui ressemblent à l'acide benzoïque. Il fond à 65° (Kekulé), à 60° (Cahours); chauffé plus fortement, il se sublime et bout régulièrement à la température de 228-230°; il éprouve toutefois une très-légère décomposition, car on observe la production d'une petite quantité de gaz bromhydrique, en même temps que la cornue renferme un résidu de charbon à peine sensible (Cahours).

L'acide monobromocrotonique est peu soluble dans l'eau froide, assez soluble dans l'eau bouillante. Lorsqu'on le chauffe avec une quantité d'eau insuffisante pour le dissoudre, il fond au-dessous de 50°. La solution aqueuse, saturée à l'ébullition, dépose l'acide vers 50° sous forme d'une huile qui cristallise lentement. L'acide monobromocrotonique possède une odeur particulière qui rappelle celle de l'acide butyrique.

Sous l'influence de l'amalgame de sodium et de l'eau, il se convertit en acide butyrique :

$$C^4H^5BrO^2 + 2H^2 = HBr + C^4H^8O^2.$$

Acide monobromo-crotonique.	Hydrogène.	Acide bromhydrique.	Acide butyrique.

Le brome ne paraît exercer à froid aucune action sur l'acide monobromocrotonique; mais à 100°, dans des tubes scellés, ces deux corps se combinent sans dégager d'acide bromhydrique et fournissent un corps qui présente la composition de l'acide tribromobutyrique avec lequel il est probablement isomère. Ce composé, purifié par cristallisation, se présente en prismes incolores fort durs.

L'acide monobromocrotonique forme avec les alcalis, les terres et même l'oxyde d'argent, des sels solubles, surtout à chaud, qui se déposent en cristaux par le refroidissement. Sa dissolution alcoolique s'éthérifie facilement lorsqu'on la fait traverser par un courant de gaz chlorhydrique, en ayant soin de la maintenir chaude. Il en est de même avec l'esprit de bois.

Le *monobromocrotonate de chaux*,

$$(C^4H^4BrO^2)^2Ca'',$$

présente l'aspect de mamelons formés de petites aiguilles. Il se dissout assez facilement dans l'eau, surtout à chaud.

Le *monobromocrotonate d'argent*,

$$C^4H^4BrO^2Ag,$$

se dissout assez facilement dans l'eau bouillante sous forme de petites aiguilles courtes.

Le *monobromocrotonate d'éthyle*,

$$C^4H^4BrO^2.C^2H^5,$$

s'obtient en faisant passer pendant 20 à 30 minutes environ un courant rapide de gaz chlorhydrique dans une dissolution alcoolique concentrée de l'acide, qu'on maintient à une température voisine de l'ébullition, soit au moyen de quelques charbons, soit à l'aide du bain-marie. De l'eau ajoutée au liquide détermine la séparation d'une huile pesante qu'on purifie par des lavages avec une dissolution de carbonate de soude, puis avec de l'eau pure. On fait ensuite digérer pendant plusieurs heures le produit lavé sur des fragments de chlorure de calcium anhydre, après quoi l'on procède à une rectification.

A l'état de pureté, c'est un liquide incolore, doué d'une odeur aromatique, qui bout vers 192-193°.

Acide dibromocrotonique, $C^4H^4Br^2O^2$ (Cahours). — Lorsqu'on dissout dans les alcalis le produit cristallisé qui résulte de l'action du brome sur l'acide monobromocrotonique et qu'on chauffe la liqueur, ce produit perd une molécule d'acide bromhydrique, et il se forme de l'acide dibromocrotonique :

$$C^4H^4Br^3O^2.K = KBr + C^4H^4Br^2O^2.$$

Isomère du tribromobutyrate potassique.	Bromure de potassium.	Acide dibromo-crotonique.

D'ordinaire on fait bouillir pendant 5 à 6 minutes l'isomère de l'acide tribromobutyrique avec un léger excès d'une solution étendue de potasse caustique, après quoi on sursature la liqueur par l'acide chlorhydrique. Par le refroidissement il se sépare un précipité cristallin qu'on recueille sur un filtre et qu'on lave à l'eau pour entraîner le chlorure de potassium. On reprend enfin ce précipité par l'alcool. Par l'évaporation lente de la solution alcoolique, l'acide dibromocrotonique se dépose à l'état cristallin.

L'acide dibromocrotonique se présente en longs cristaux soyeux qui peuvent avoir plusieurs centimètres de longueur, qui ressemblent beaucoup aux cristaux de caféine. L'éther le dissout facilement et l'abandonne en beaux cristaux par l'évaporation spontanée. Il fond par l'application d'une douce chaleur et distille à une température plus élevée sans s'altérer sensiblement.

L'acide dibromocrotonique forme avec la plupart des métaux des sels cristallisables assez solubles dans l'eau bouillante, mais moins toutefois que ceux de l'acide monobromé. On peut également l'éthérifier en faisant passer un courant rapide de gaz chlorhydrique à travers sa solution dans l'alcool concentré qu'on maintient presque bouillante.

L'acide crotonique bibromé, pas plus que le produit monobromé, n'est attaqué à froid par le brome; mais chauffe-t-on ces deux corps (dans le rapport de molécule à molécule) dans des tubes scellés à la lampe à la température de 120-125°, ils se combinent sans dégagement d'acide bromhydrique, et il se forme un produit isomérique avec l'acide tétrabromobutyrique $C^4H^4Br^4O^2$. Ce produit, purifié par expression et cristallisation dans l'éther, se présente en prismes confus, incolores, facilement fusibles, très-solubles dans l'alcool et l'éther et peu solubles dans l'eau.

Acide tribromocrotonique, $C^4H^3Br^3O^2$. — On

l'obtient en décomposant le produit précédent sous l'influence des alcalis :

$$C^4H^4Br^4O^2 = HBr + C^4H^3Br^3O^2.$$

Isomère de l'acide tétra-bromobutyrique.	Acide bromhydrique.	Acide tribromocrotonique.

A cet effet on le dissout dans une liqueur alcaline que l'on fait ensuite bouillir pendant quelques minutes. En ajoutant un acide minéral à la solution on met l'acide tribromocrotonique en liberté.

Cet acide se dissout très-facilement dans l'alcool et l'éther, l'eau froide le dissout peu, l'eau bouillante le dissout en plus forte proportion et l'abandonne, en se refroidissant, sous la forme de longues aiguilles soyeuses qui présentent la plus grande ressemblance avec les cristaux des acides mono- et dibromocrotonique.

CONSTITUTION DE L'ACIDE CROTONIQUE. — L'acide crotonique est un acide non-saturé qui fonctionne vis-à-vis du brome à la manière d'un radical diatomique, et l'on retrouve une grande analogie entre les réactions de cet acide et les réactions de l'éthylène, ainsi que M. Cahours l'a fait observer.

A la manière du gaz oléfiant, il peut en effet donner naissance à deux séries de composés parfaitement définis : la première analogue au bromure d'éthylène et à ses dérivés par substitution, la seconde formée d'une suite de combinaisons résultant de substitutions régulières et différant des termes correspondants de la première série par HBr en moins.

De même aussi que l'éthylène donne, sous l'influence du chlore et du brome, une série de composés isomères avec les éthers chlorhydrique ou bromhydrique et leurs dérivés successifs, de même l'acide crotonique fournit, sous l'influence du brome, une série de termes isomères avec les acides di-, tri-, tétra-, etc., bromobutyrique. On peut saisir facilement le parallélisme des deux séries formées par le gaz oléfiant et l'acide crotonique au moyen du tableau suivant :

Série du gaz oléfiant.		Série de l'acide crotonique.	
C^2H^4.		$C^4H^6O^2$.	
$C^2H^4Br^2$,	C^2H^3Br,	$C^4H^6O^2Br^2$,	$C^4H^5O^2Br$,
$C^2H^3Br^3$,	$C^2H^2Br^2$,	$C^4H^5O^2Br^3$,	$C^4H^4O^2Br^2$,
$C^2H^2Br^4$,	C^2HBr^3,	$C^4H^4O^2Br^4$,	$C^4H^3O^2Br^3$.
C^2HBr^5,	C^2Br^4,	$C^4H^3O^2Br^5$,	
C^2Br^6,			

Récemment M. Frankland a obtenu un acide isomérique avec l'acide crotonique, acide auquel ce chimiste a donné le nom d'acide méthacrylique. L'étude de cet acide et de plusieurs acides homologues artificiels a permis à M. Frankland de fixer nos idées relativement à la constitution des acides tant artificiels que naturels qui appartiennent à la même série homologue que l'acide acrylique [voyez ACRYLIQUE (SÉRIE)]. L'acide crotonique serait, d'après ces travaux, de l'acide éthylène-acétique, et son isomère, l'acide méthacrylique, serait de l'acide méthyl-méthylène-acétique :

$$C\left\{\begin{matrix}(C^2H^4)'' \\ H\end{matrix}\right. \qquad C\left\{\begin{matrix}(CH^2)'' \\ CH^3\end{matrix}\right.$$
$$C\left\{\begin{matrix}O'' \\ OH\end{matrix}\right. \qquad C\left\{\begin{matrix}O'' \\ OH\end{matrix}\right.$$

Acide crotonique. Acide méthacrylique.

A. N.

CROTONOL [Schlippe, *Ann. der Chem. u. Pharm.*, t. CV, p. 1; *Ann. de Chim. et de Phys.*, (3), t. LII, p. 496]. — Schlippe a donné ce nom au principe vésicant contenu dans l'huile de *Croton tiglium*. Pour isoler ce principe, on saponifie l'huile de croton par une solution alcoolique concentrée et chaude de potasse caustique, on ajoute ensuite de l'eau à la liqueur, on la filtre sur un filtre mouillé à plusieurs reprises pour la débarrasser complétement d'une huile qui se sépare et on la précipite par l'acide chlorhydrique. Il se forme ainsi un précipité huileux que l'on débarrasse des acides qu'il renferme en le dissolvant dans l'alcool chaud et en le faisant digérer sur de l'hydrate de plomb. On filtre la liqueur quand elle est neutre et l'on y ajoute de l'eau légèrement alcaline. Elle se trouble et après quelque temps elle s'éclaircit de nouveau en abandonnant une huile qui n'est autre que le crotonol. On la purifie en la lavant à l'eau après l'avoir dissoute dans l'éther et évaporant la solution éthérée dans le vide. L'huile de *Croton tiglium* fournit environ 4 % de crotonol.

Le crotonol est une huile visqueuse, incolore ou légèrement jaunâtre, d'une consistance de térébenthine; il a une odeur *sui generis*. C'est la partie de l'huile de croton qui agit sur la peau, mais ce n'est point le principe purgatif de cette huile.

Le crotonol ne peut être distillé ni à l'air ni dans un courant de gaz carbonique. Distillé avec de l'eau ou avec de l'acide sulfurique étendu, il donne d'abord une huile incolore, puis une huile noire et laisse une résine qui se dissout dans l'alcool en formant une solution trouble que l'acétate de plomb précipite; le produit huileux entraîné par la vapeur d'eau ne distille pas à 200° même dans le vide.

Le crotonol en solution alcoolique ne se prend pas en cristaux sous l'influence de l'*ammoniaque*, et ne se combine pas avec les *bisulfites alcalins*. Bouilli avec la potasse ou la soude caustique, il se transforme en une résine qui n'a plus d'action sur la peau. Sous l'influence du sodium, il donne un dégagement gazeux et devient épais et résineux. Les solutions alcooliques ne précipitent pas les métaux de leurs solutions salines.

Schlippe attribue au crotonol la formule

$$C^9H^{14}O^2.$$

Cette formule manque de contrôle, rien ne démontrant que le crotonol soit un principe unique et défini. A. N.

CROTONYLÈNE, C^4H^6. — Le crotonylène est un hydrocarbure appartenant à la série C^nH^{2n-2}, homologue supérieur de l'acétylène et de l'allylène, isolé par M. Eug. Caventou [*Bull. de la Soc. chim.*, 1863, p. 169]. Cet hydrocarbure est liquide au-dessous de 15°, bout vers 18° et distille entre 18° et 24°. Sa densité de vapeur a été trouvée de 1,936; la densité calculée est de 1,868. Son odeur est forte et légèrement alliacée, il brûle avec une flamme éclairante et fuligineuse. Il se forme en traitant le butylène bromé par l'alcool sodé d'après le procédé indiqué par Sawitsch pour obtenir l'acétylène avec l'éthylène bromé, et l'allylène avec le propylène bromé.

Il forme avec le brome deux combinaisons : le bibromure liquide, $C^4H^6Br^2$, et le tétrabromure cristallisé, $C^4H^6Br^4$, isomères avec les termes correspondants dans la série butylique, le butylène bibromé, $C^4H^6Br^2$, et le bromure de butylène bibromé, $C^4H^6Br^2Br^2$.

Le bibromure liquide est plus lourd que l'eau, à peu près incolore, et distille entre 148° et 158°. On l'obtient en ajoutant à l'hydrocarbure avec précaution la quantité théorique de brome à une très-basse température.

Le bromure liquide, mis en contact pendant quelques jours avec un excès de brome, absorbe de nouveau deux atomes de brome, et il se forme un bromure cristallin blanc, répondant à la formule $C^4H^6Br^4$.

Le nom de crotonylène a été proposé pour rappeler les liens de parenté qui unissent cet hydrocarbure avec l'acide crotonique. Cet acide, dont la composition est exprimée par la formule

$$C^4H^6O^2,$$

peut être envisagé, en effet, comme un produit d'oxydation du carbure d'hydrogène, C^4H^6, et il existe entre ce carbure et l'acide crotonique la même relation qu'entre l'éthylidène (radical de l'aldéhyde) et l'acide acétique :

C^4H^6,	$C^4H^6O^2$;	C^2H^4,	$C^2H^4O^2$.
Crotonylène.	Acide crotonique.	Éthylidène.	Acide acétique.

A. N.

CROWN-GLASS. — Voyez VERRE.

CRYOLITHE (Min.) [Syn. *Alumine fluatée alcaline, chodneffite*]. — Fluorure d'aluminium et de sodium, $Al^2Fl^6, 6NaFl$. Masses cristallines blanches ou grises, fragiles, clivables dans trois directions rectangulaires, venant de Arkut (Groënland) ou de Miask (Oural). Rarement on trouve de petits cristaux dans les cavités.

Caractères. — Décomposé par l'acide sulfurique, avec dégagement d'acide fluorhydrique. Fond facilement à la flamme d'une bougie.

Dureté, 2,5. Densité, 2,9 à 3,07.

Forme cristalline. — D'après les observations optiques de M. Des Cloizeaux et d'après les mesures faites par M. Websky, la cryolithe cristallise dans le type anorthique; angles des faces :

$$mt = 91°57', mp = 90°24', tp = 90°2'.$$

Clivages : *t*, facile; *m*, moins facile; *p*, encore moins parfait. F. et S.

CRYPTIDINE. — Un des produits de la distillation du goudron de houille. Elle passe vers 274°, manifeste des propriétés basiques, mais n'a pas été obtenue à l'état de pureté. L'analyse de son chloroplatinate, qui cristallise en fines aiguilles, mène à la formule $C^{11}H^{11}Az$, c'est-à-dire à celle de l'homologue de la lépidine $C^{10}H^9Az$ [Gr. Williams, *Chem. gaz.*, 1856, p. 283].

CRYPTOLINE (Min.). — Liquide contenu dans les cavités de certaines topazes, et accompagné d'un autre qui a été nommé *brewstoline*.

CRYPTOLITHE (Min.). — Phosphate de cérium, $Ce^3(PhO^4)^2$. Petites aiguilles hexagonales jaunes, transparentes, engagées dans les masses d'apatite rouge ou verte d'Arendal (Norwége). On l'en extrait en dissolvant l'apatite dans de l'acide nitrique étendu.

CUBANE (Min.). — Sulfure de fer et de cuivre, $CuFe^2S^4$, ressemblant à la chalcopyrite, mais renfermant une moindre proportion de cuivre, en cristaux cubiques ou en masses d'un jaune de laiton. Clivables dans trois directions rectangulaires; trouvé à Barracanao (Ile de Cuba).

Caractères. — Fond aisément au chalumeau et se comporte comme la chalcopyrite.

Dureté, 4. Poussière noire. Densité, 4,02 à 4,17.

CUBÈBE (CAMPHRE DE) [Syn. *Stéaroptène de l'essence de cubèbe*] [Blanchet et Sell, *Ann. der Chem. u. Pharm.*, t. VI, p. 294]. — L'essence de cubèbe rectifiée avec de l'eau abandonne ce composé en cristaux du type orthorhombique. Il fond à 68°, bout à 150° et distille sans altération. Il est insoluble dans l'eau, soluble dans l'alcool, l'éther et les huiles volatiles. Ses solutions alcooliques sont douées de pouvoir rotatoire, d'après les analyses de Blanchet et de Sell. Cette substance renferme de 80,1 à 81,1 % de carbone et de 11,1 à 11,7 d'hydrogène. Ces nombres concordent à peu près avec ceux qu'exige la formule

$$C^{15}H^{26}O = C^{15}H^{24}(H^2O).$$

Le camphre de cubèbe paraît donc être un hydrate d'essence de cubèbe ou de cubébène.

Le camphre de cubèbe se dissout dans l'acide sulfurique en formant probablement un acide conjugué. Il est partiellement soluble dans la potasse. L'acide azotique le transforme en une résine et le chlore en une substance visqueuse. A. N.

CUBÈBE (ESSENCE DE), $C^{15}H^{24}$ [Muller, *Ann. der Chem. u. Pharm.*, t. II, p. 90; — Blanchet et Sell, *ibid.*, t. VI, p. 294; — Winckler, *ibid.*, t. VIII, p. 203; — Soubeyran et Capitaine, *ibid.*, t. XXXIV, p. 311; — Aubergier, *Revue scientifique*, t. IV, p. 220; — Brooke, *Annals of Philosophy*, new series, t. V, p. 450]. — On obtient cette essence en distillant le cubèbe avec de l'eau. C'est une huile incolore et visqueuse. Sa densité égale 0,929. Son odeur est aromatique et rappelle un peu celle du camphre. Il en est de même de sa saveur. L'essence de cubèbe bout entre 250° et 260° en se décomposant un peu. Exposée à l'air, elle s'épaissit et se résinifie. Elle dévie vers la gauche le plan de polarisation de la lumière.

CHLORHYDRATE D'ESSENCE DE CUBÈBE,

$$C^{15}H^{24}. 2HCl.$$

— Il prend naissance lorsqu'on dirige un courant de gaz acide chlorhydrique à travers l'essence. Il se présente sous la forme de prismes incolores, inodores et insipides, qui fondent à 131°, et sont très-solubles dans l'alcool. Leur solution est lévogyre.

CUBÉBÈNE. — Lorsqu'on distille l'essence de cubèbe avec de l'acide sulfurique, on la convertit en une huile isomère qui possède un pouvoir rotatoire beaucoup moins prononcé que le sien. C'est à cette modification de l'essence de cubèbe que l'on a donné le nom de cubébène. A. N.

CUBÉBINE, $C^{17}H^{16}O^5$? [Soubeyran et Capitaine, *Ann. der Chem. u. Pharm.*, t. XXXI, p. 190; — Riegel, *N. Jahrb. Pharm.*, t. VIII, p. 96; — Schuck, *N. Répert. pharm.*, t. I, p. 213]. — La cubébine est une substance cristalline que l'on trouve dans le cubèbe. On l'obtient en épuisant par de l'alcool la pulpe qui reste après que l'on a extrait l'huile essentielle de cubèbe par la distillation avec l'eau de ce poivre réduit en poudre. La solution alcoolique traitée par la potasse donne un précipité qu'on lave à l'eau et que l'on purifie par une nouvelle cristallisation dans l'alcool fort (Soubeyran et Capitaine). Schuck prépare la cubébine en mêlant le cubèbe avec un sixième environ de son poids de chaux vive, épuisant le mélange par l'alcool, précipitant la solution alcoolique par la potasse, redissolvant le précipité dans l'alcool, décolorant la liqueur par le noir animal, filtrant et faisant cristalliser.

La cubébine cristallise en groupes de petites aiguilles blanches. Elle est incolore, inodore et fusible à 120° (Schuck). Elle ne peut pas être sublimée sans se décomposer. L'eau et l'alcool froid la dissolvent peu, l'alcool bouillant la dissout plus facilement, la solution se prend en une pulpe cristalline par le refroidissement. L'éther dissout à 12°, 3,75 % de cubébine; à chaud, il en dissout une plus forte proportion. La cubébine se dissout aussi dans l'acide acétique, dans les huiles grasses et dans les essences. L'acide sulfurique lui communique d'abord une nuance rouge-brique assez analogue à celle que prend la salicine sous l'influence de cet agent. Cette nuance devient ensuite tout à fait cramoisie. A. N.

CUBICITE. — Voyez ANALCIME.

CUBILOSE. — Matière neutre albuminoïde constituant les nids d'oiseaux comestibles des Indes [Payen, *Compt. rend.*, t. XLI, p. 528].

CUBOÏCITE. — Voyez CHABASIE.

CUIR. — Voyez TANNAGE.

CUIVRE, $Cu'' = 63,5$ (équivalent 31,75). — Le cuivre est un des métaux les plus anciennement connus, ce qui s'explique par ce fait qu'on le trouve dans certaines localités à l'état natif ou sous la forme de minerais aisément réductibles, comme l'oxyde et les carbonates. Pur ou à l'état d'alliage, il servait, sous le nom de χαλκός ou de *æs*, à de nombreux usages pour lesquels le fer l'a aujourd'hui remplacé. Le soc des charrues et la lame des épées furent d'abord fabriquées avec lui. Son nom vient du latin *cuprum*, et ce terme lui-même indique le lieu d'origine du métal dont les Romains se servaient, l'île de Chypre.

État naturel. — On rencontre le cuivre dans la nature sous les formes les plus diverses, il y parait aussi universellement répandu que le fer, quoique avec bien moins de profusion. Outre les véritables minerais de cuivre, tels que le *cuivre natif*, l'*oxyde de cuivre*, les *carbonates*, le *sulfure*, les différents *arséniosulfures* et *antimoniosulfures*, les *sulfures doubles de fer et de cuivre*, etc., on connait un grand nombre de minéraux cuprifères. On a trouvé du cuivre dans plusieurs échantillons de fer météorique (1 à 2 millièmes); dans la plupart des minéraux ferrugineux [Walchner, *Compt. rend.*, t. XXIII, p. 12]; dans différentes eaux minérales [Berzelius, *Poggend. Ann.*, t. XLVIII, p. 150; *Jahresbericht*, 1847-1848, p. 1013-1018; — Béchamp et Gautier, *Répert. de Chim. pure*, 1861, p. 223], dans l'eau de mer ou du moins dans certaines plantes marines et dans le sang de plusieurs *ascidies* et *céphalopodes* [Malaguti, Durocher et Sarzeau, *Ann. de Chim. et de Phys.*, t. XXVIII, p. 129; — Harley, *Chem. gaz.*, 1848, p. 214; et *Muller's Ann.*, 1847, p. 148]; dans les cendres de certaines plantes [Grandeau, *Ann. de Chim. et de Phys.*, (3), t. LXVII, p. 220], et enfin dans l'organisme des animaux supérieurs et de l'homme [Duvergie, Lefertier, Orfila, Millon et Béchamp].

Odling, Dupré, Uler, etc., ont rencontré des traces de cuivre dans un grand nombre d'aliments, tels que la farine, les œufs, le fromage, la viande. Il faut, selon Nicklès et Lossen, faire la part dans ces recherches au cuivre qui peut provenir de la lampe de Bunsen et du bain-marie [*Journ. de Pharm.*, 1866]. Ce métal parait se trouver en traces dans le sang, mais s'accumuler en quantités relativement plus considérables dans le foie et dans le rein.

Propriétés physiques. — Le cuivre cristallise en cubes ou dans d'autres formes du système cubique. On obtient des cristaux de cuivre en réduisant lentement des solutions étendues de sels de cuivre, soit à l'aide d'une action électrique, soit en y plongeant du bois ou du phosphore. D'une faible dureté, car il est rayé par la calcite, il est malléable et fort tenace; c'est même après le fer le métal le plus tenace, car un fil de cuivre de 2 millimètres de diamètre ne se rompt que sous un effort de 137 kilogr., et, selon Baudrimont, la charge produisant la rupture d'un fil de cuivre de 1 millimètre de diamètre est de $25^{kil},2$ à 0°, de $21^{kil},9$ à 100°, et de 19 kil. à 200° [*Ann. de Chim. et de Phys.*, (3), t. XXX, p. 304].

On peut le réduire, comme l'or, en feuilles d'une extrême ténuité qui laissent passer une lumière verte. Le métal possède naturellement par réflexion la couleur complémentaire, qui est le rouge : on peut rendre cette coloration manifeste par des réflexions successives à la surface interne d'un vase de cuivre poli. La lumière blanche réfléchie spéculairement finit dans ce cas par se réduire au rouge écarlate (Bénédict Prevost).

La ductilité du cuivre à la filière est comprise entre celle du nickel et celle du zinc. Au laminoir elle est plus forte et comprise entre celle de l'argent et celle de l'étain. Une petite quantité de certains métaux et de certains métalloïdes change considérablement toutes les propriétés physiques du métal. Le cuivre fond vers 1200°.

La densité du cuivre varie entre 8,91 (cuivre déposé électriquement) et 8,95 (cuivre laminé et martelé). Celle des cristaux de cuivre natif est de 8,94. Lorsqu'on fond le cuivre à l'air, il absorbe des gaz qui restent emprisonnés dans la masse et lui communiquent une structure vésiculaire. Sa densité est alors fortement diminuée, mais elle augmente par le martelage.

Le cuivre est faiblement diamagnétique. Sa chaleur spécifique est de 0,09515 entre 0 et 100° (Regnault). Son coefficient de dilatation linéaire est égal à 0,0000186671 (Laplace et Lavoisier), 0,000017 (H. Kopp), 0,000019188 (Troughton). Son coefficient de dilatation cubique déterminé par Dulong est égal à 0,0000515 (0,0000565 et en fil 0,0000518, H. Kopp).

Sa conductibilité calorifique absolue est de 19,11 (898,2, celle de l'or étant 1000, Despretz); elle n'est donc inférieure que de peu à celle de l'or et de l'argent. La conductibilité électrique du cuivre parfaitement pur, celle de l'argent étant 100, est égale à 96,4, la température étant de 13° (Matthiessen). Il suffit de très-petites quantités de matières étrangères pour altérer et réduire considérablement ce nombre.

Le spectre du cuivre peut s'obtenir soit en faisant passer l'électricité entre deux pointes de cuivre, soit en déchargeant l'étincelle d'induction sur la surface d'une solution concentrée de sel cuivrique, soit enfin en pulvérisant une telle solution et en projetant le brouillard salin sur un bec de Bunsen; il présente des bandes vertes d'un grand éclat, mais il ne faut pas oublier que le spectre du cuivre métallique, du chlorure et bromure, etc., ne sont pas identiques [Mitscherlich, *Poggend. Ann.*, t. CXVI; — Diacon, *Compt. rend.*, t. LVI, et *Ann. de Chim. et de Phys.*, (4), t. VI, p. 1].

L'on sait d'ailleurs que la coloration de la flamme contenant du chlorure, du bromure ou de l'iodure de cuivre sert au chalumeau à distinguer le chlore du brome et de l'iode. Dans le cas du chlorure la flamme est bleue bordée de pourpre; elle est bleue bordée de vert dans celui du bromure et verte dans celui de l'iodure.

Les objets de cuivre communiquent aux doigts qui les touchent une odeur désagréable; ils ont même une saveur sensible.

Propriétés chimiques. — Le cuivre ne s'altère pas dans l'air sec, mais il s'oxyde rapidement au rouge. En présence de l'air et de l'eau il est attaqué par les acides les plus faibles. Il se recouvre, par une longue exposition à l'air, d'une couche d'un hydrocarbonate basique et s'oxyde de même dans les solutions alcalines ou salines aérées. Les acides sulfurique et chlorhydrique n'agissent pas à froid sur le cuivre; mais en faisant bouillir le métal finement divisé avec l'acide chlorhydrique ou en faisant passer le gaz chlorhydrique sur du cuivre fortement chauffé, on obtient de l'hydrogène et du chlorure cuivreux. Lorsqu'on chauffe le cuivre avec l'acide sulfurique concentré, on recueille de l'anhydride sulfureux, il reste du sulfate avec un peu de sulfure de cuivre et de soufre.

L'acide nitrique réagit violemment sur le cuivre, à moins qu'il ne soit à son maximum de concentration. Dans ce cas, le cuivre reste passif comme le fer, mais il suffit d'étendre la liqueur pour provoquer une attaque très-vive.

On prépare le bioxyde d'azote avec le cuivre et l'acide nitrique faible :

$$8AzO^3H + 3Cu = 3[(AzO^3)^2Cu] + 4H^2O + 2AzO.$$

L'eau régale transforme aisément le cuivre en chlorure, le chlore sec l'attaque assez facilement pour qu'une feuille de cuivre battu s'enflamme dans ce gaz, et qu'une tige chauffée au rouge y brûle avec rapidité.

A la même température le cuivre réagit sur le

brome, l'iode, le soufre, le sélénium, le silicium et les métaux. Il forme à froid un amalgame avec le mercure.

Lorsqu'on dirige du gaz ammoniac sur du cuivre chauffé au rouge, le métal devient cassant, sans doute par la formation transitoire d'un azoture; de fait on a signalé quelquefois une légère augmentation de poids (Thenard).

La solution d'ammoniaque agitée dans un ballon plein d'air avec la tournure de cuivre se colore très-vite en bleu (Schœnbein, Peligot). Il se forme de l'acide azoteux et de l'oxyde cuivrique dans des proportions telles, suivant MM. Berthelot et Péan de Saint-Gilles, que l'oxygène qui se fixe sur le cuivre est précisément double de celui qui se fixe sur l'ammoniaque [*Compt. rend.*, t. LVI, p. 1,170, 1863].

Le poids atomique du cuivre déterminé par Berzelius est égal à 63,288 ; selon Erdmann et Marchand, il est égal à 63,46, et selon Millon et Commailles à 63,128; on admet ici avec Dumas 63,5.

Préparation du cuivre pur. — On plonge dans une solution d'un sel de cuivre une lame de fer bien décapée; on enlève le cuivre déposé et on le fait digérer avec l'acide chlorhydrique, on lave, on sèche et l'on fond sous le borax additionné d'un peu d'oxyde de cuivre. On peut aussi réduire l'oxyde de cuivre par l'hydrogène. Un mélange de chlorure cuivreux avec du carbonate de soude sec et de sel ammoniac donne, lorsqu'on le chauffe au rouge et qu'on épuise la masse par l'eau, du cuivre pur fort divisé.

Usages du cuivre. — Le cuivre métallique, soit presque pur (cuivre rouge), soit à l'état d'alliages (voyez plus loin), reçoit des usages nombreux sur lesquels il est inutile d'insister. Les sels de cuivre, le sulfate et l'acétate principalement, servent dans l'industrie de la teinture et de l'impression; ils sont employés en médecine contre le croup et certaines ophthalmies.

On a prescrit autrefois les composés cuivriques à petites doses contre les fièvres intermittentes, l'épilepsie, etc., les gastralgies et divers accidents de phthisie et de syphilis. Ils empoisonnent à plus forte dose (3 décigrammes et au-dessus de sulfate ou d'acétate de cuivre). L'eau albumineuse, le fer réduit et l'eau fortement sucrée sont alors recommandés. Une dose excessivement forte peut être rejetée par les vomissements et ne pas produire la mort.

ALLIAGES DU CUIVRE.

Cuivre et aluminium. — Voyez Bronze, p. 777.

Cuivre et antimoine. — Parties égales de cuivre et d'antimoine forment un alliage à structure lamellaire, très-fragile et d'un violet pâle. Un millième et demi d'antimoine suffit pour rendre le cuivre cassant à froid et surtout au rouge (Karsten).

Cuivre et argent. — Voyez Argent.

Cuivre et arsenic. — On connaît plusieurs combinaisons définies de cuivre et d'arsenic qu'on rangeait autrefois parmi les alliages. La combinaison Cu^2As s'obtient en chauffant au rouge vif 1 p. de cuivre, 2 p. d'anhydride arsénieux, 2 p. de carbonate de sodium et 1 p. d'amidon (*Percy's Metallurgy*). C'est un alliage dur et cassant, à cassure cristalline d'un gris bleuâtre sombre. En le fondant avec 4 fois son poids de cuivre, Berthier a obtenu un métal gris rougeâtre, assez ductile, à cassure légèrement fibreuse et susceptible de prendre un beau poli [*Essais par la voie sèche*, t. II, p. 410]. La domeykite (voyez ce mot) est un arséniure de cuivre Cu^3As.

Cuivre et bismuth. — Le cuivre chauffé avec le bismuth se combine avec lui à une température inférieure à son point de fusion. L'alliage produit est cassant; celui qui contient 2 p. de bismuth pour 1 p. de cuivre se dilate longtemps après sa solidification (Marx).

Une petite quantité de bismuth suffit pour rendre le cuivre dur et cassant à chaud.

Cuivre et cadmium. — Alliage d'un jaune brillant, très-cassant, même si le cadmium est en petite quantité.

Cuivre et étain. — Voyez Bronze, p. 777.

Cuivre et fer. — On peut unir par fusion le fer et le cuivre en proportions quelconques. Le produit est magnétique, plus ou moins tenace (l'alliage contenant 2 p. de cuivre et 1 p. de fer est le plus tenace), d'un gris plus ou moins cuivré selon sa composition. Le cuivre en faibles quantités (2 %) rend l'acier cassant.

Cuivre et manganèse. — Alliage malléable d'un blanc rougeâtre.

Cuivre et mercure. — Voyez Mercure.

Cuivre et molybdène. — Voyez Molybdène.

Cuivre et nickel. — Les alliages de nickel sont blancs, à moins que le cuivre ne domine beaucoup. 10 p. de cuivre pour 4 p. de nickel forment un composé blanc d'argent et la couleur du cuivre est déjà fortement modifiée par 1/10 de nickel. Les alliages de cuivre, zinc et nickel sont décrits avec les alliages de cuivre et de zinc.

Cuivre et platine. — Voyez Platine.

Cuivre et potassium. — Le cuivre chauffé au rouge avec la crème de tartre ne paraît pas contracter d'union avec le potassium : du moins ne contient-il, selon Karsten, que 1 millième 1/2 de métal alcalin qui lui fait perdre un peu de sa ductilité à chaud.

Cuivre et silicium. — L'alliage formé en fondant 3 p. de fluosilicate de potassium avec 1 p. de sodium et 1 p. de cuivre en tournure est blanc, dur et cassant comme le bismuth. Il renferme 12 % de silicium et est plus fusible que l'argent. Un autre alliage obtenu à l'aide du précédent et contenant 4,8 % de silicium a une belle couleur de bronze clair, il est dur et se comporte sous la scie et au tour comme le fer lui-même, c'est-à-dire beaucoup mieux que le bronze. Il est très-ductile, aussi fusible que le bronze des canons, et au moins aussi tenace que le fer [Deville et Caron, *Ann. de Chim. et de Phys.*, (3), t. LXVII, p. 441].

Cuivre et zinc. — Les nombreux alliages de cuivre et de zinc (laiton, similor, tombac) se fabriquent aujourd'hui pour les besoins de l'industrie en fondant les deux métaux soit dans des creusets, soit dans des fours à réverbère. Le laiton fut connu avant le zinc, mais on le fabriquait alors avec le cuivre, le charbon et la calamine grillée. On peut transformer superficiellement le cuivre en laiton sans lui faire perdre sa forme en le soumettant à l'action d'une température rouge et des vapeurs de zinc.

Le laiton fraîchement décapé présente la couleur de l'or jaune. Si on en couvre la surface avec un vernis à la gomme-laque, coloré par la gomme-gutte, le curcuma ou l'aloès, il prend alors et garde pendant fort longtemps un très-bel aspect. On utilise cette propriété pour dorer économiquement certains objets d'ameublement.

Il fond facilement, se prête bien au moulage, se travaille bien lorsqu'il est additionné d'un peu d'étain ou de plomb, possède une malléabilité et une ductilité très-grande; il est plus dur et résiste mieux aux agents atmosphériques que le cuivre; ce sont là des qualités qui expliquent suffisamment la grande extension de ses usages. L'alliage de 4 atomes de cuivre (56,45 %) avec 3 atomes de zinc est moins attaqué que le cuivre dans l'acide chlorhydrique concentré, les autres laitons stannifères sont excessivement peu attaqués par les acides sulfurique, chlorhydrique et même azotique (Calvert et Johnson).

Voici un tableau qui résume les analyses d'un grand nombre d'alliages de cuivre et de zinc par les différents auteurs :

Alliages.	Destination.	Cuivre	Zinc.	Étain.	
Laiton de Romilly	Travail au marteau	70	30	»	
Laiton de Stolberg, 1re qté	Ustensil. de ménage, chaudières	65,80	31,80	0,20	Plomb... 2,20
Laiton anglais	Travail au marteau	70,29	29,26	0,17	— ... 0,28
Laiton de Jemmapes	Pour les tourneurs	64,60	33,70	0,20	— ... 1,50
Laiton de Jemmapes	Pour la tréfilerie	64,20	35,00	0,40	— ... 0,40
Laiton des doreurs	Bronzes dorés	63,70	33,55	2,50	— ... 0,25
Laiton des horlogers	Roues de montres	60 à 66	37 à 31	1,3 à 1,4	Fer, 0,7 à 0,9
Laiton des armuriers	Garnitures d'armes	80,00	17	3	Plomb... 0,0
Chrysocale	Faux bijoux	90,40	8,00	»	— ... 1,60
—	—	86 à 88	8 à 6	6	
Similor ou or de Manheim	—	80 à 88	20 à 12	»	
Pinchbeck	—	83,33	16,67	»	
Bracelet antiq. (Naumburg)	—	83,08	15,38	1,54	
Tombac ou cuivre blanc	Instruments de physique	86 à 88	14 à 12	»	
Tombac jaune	—	88,88	5,56	5,56	
Tombac rouge	—	91,66	8,34	»	
Tombac plus rouge	Boutons, etc.	97,00	2,00	»	Arsenic.. 1,00
Bronze des frères Keller	3 statues de Versailles (moyenne)	91,40	5,53	1,70	Plomb... 1,37
Bronze zincifère	Coussinets de machines, etc.	73,60	9,09	9,50	Plomb... 7 Fer..... 0,42
Alliage de Fenton	—	5,50	80,00	14,50	
Alliage très-dur	Locomotives	6,10	62,64	11,32	Plomb .. 19,94
Alliage très-dur, proposé par Calvert et Johnson	—	6,80	69,56	12,58	Plomb.. 11,06
Métal de Muntz	Doublage de navires	66	34	»	
Poudre à bronzer, jaune pâle	Pour les peintres	82,33	16,69	»	
(bronze de couleur) jaune foncé	—	84,50	15,30	»	Fer..... 0,16
— jaune rouge	—	90	9,60	»	— 0,07
— jaune orangé	—	98,93	0,73	»	— 0,20
— cuivre	—	99,90	»	»	— 0,08
— violette	—	98,22	0,50	traces.	— ... traces.
— verte	—	84,32	15,02	»	— 0,30
— blanche	—	»	2,30	96,46	— 0,08

Nous ajouterons à ce tableau quelques analyses relatives au maillechort packfung ou argentan, qui n'est qu'un alliage de cuivre, de zinc et de nickel. Cet alliage, connu depuis longtemps en Chine, et fabriqué ensuite en Allemagne et en France, possède la blancheur, l'éclat, la dureté, mais non pas l'inaltérabilité de l'argent, car il est attaqué par le vinaigre au contact de l'air comme les alliages de cuivre; il sert aux armuriers et aux fabricants de montres et d'instruments de physique. Comme il peut prendre l'or et l'argent par dépôt galvanique avec la plus grande facilité, il est aussi fort employé pour la fabrication des couverts et des pièces d'argenterie en plaqué électrochimique. L'alliage français renferme parfois un peu d'arsenic.

	Cuivre.	Nickel.	Zinc.	
Packfung chinois ou Toutenague	55,00	23,00	17,00	Étain.... 2,00 Fer..... 3,00
— —	43,80	15,60	40,60	
Cuivre blanc chinois (de densité 8,432)	40,40	31,60	25,40	Fer..... 2,60
Maillechort français le plus pur	50,00	18,75	31,25	
Packfung parisien	62,00	15,00	23,00	
—	66,00	19,30	13,60	
—	65,00	16,80	13,00	Étain.... 0,20 Fer..... 3,40
Packfung allemand, pour couverts	50,00	25,00	25,00	
— pour sellerie, éperons	57,00	20,00	20,00	
Maillechort fort élastique anglais	57,40	13,00	25,00	Fer...... 3,00

Il existe encore d'autres alliages composés à base de cuivre et de zinc. Un d'entre eux contient 80 p. de zinc, 1 p. de cuivre et 1 p. de fonte de fer : c'est le laiton blanc de Sorel; un autre renferme 96 p. de cuivre, 36 p. de zinc, 24 p. de nickel, 4 p. de manganèse, 20 p. d'étain, 2 p. d'argent, 1 p. de cobalt et 1 p. de fer : c'est le maillechort américain.

CUIVRE ET HYDROGÈNE (HYDRURE DE CUIVRE), Cu^2H^2. — L'hydrure cuivreux a été découvert en 1845 par M. Wurtz en chauffant légèrement (au-dessous de 70°) un mélange de 8 p. de sulfate de cuivre en solution concentrée avec l'acide hypophosphoreux obtenu en précipitant par l'acide sulfurique la baryte de 10 p. d'hypophosphate de baryum. Il se forme un trouble, puis un précipité dont la couleur jaune se fonce de plus en plus; on refroidit le vase lorsque la poudre est d'un brun kermès et commence à dégager de l'hydrogène. On filtre et on lave à l'eau privée d'air dans une atmosphère d'acide carbonique; puis on dessèche la poudre brune par compression [*Compt. rend.*, t. XVIII, p. 702, et *Ann. de Chim. et de Phys.*, (3), t. XI, p. 251].

L'hydrure cuivreux sec est d'un brun foncé, il se décompose déjà à 55°, la décomposition est très-brusque si l'on chauffe à 60°. L'hydrure humide est plus stable. La propriété la plus remarquable de l'hydrure de cuivre est de réagir énergiquement sur l'acide chlorhydrique de la même façon que l'eau oxygénée réagit sur l'oxyde d'argent, avec un dégagement de gaz dû aux deux substances en présence :

$$Cu^2H^2 + 2HCl = Cu^2Cl^2 + 2H^2.$$

Or le cuivre n'est pas attaqué à froid par l'acide chlorhydrique, l'attraction de l'hydrogène de l'hydrure pour l'hydrogène du chlorure intervient donc ici pour faciliter la décomposition (Wurtz, Brodie).

Une solution faiblement acide de sulfate de cuivre traversée par un courant de moyenne force fournit de l'hydrure de cuivre brun noir, au pôle négatif. A l'interruption du courant, ce composé dégage de l'hydrogène [Poggendorff, *Jahresber.*, 1847-1848, p. 394].

On a tenté d'employer l'hydrure de cuivre comme source d'hydrogène naissant dans diverses réactions, mais les agents ordinaires, beaucoup plus faciles à préparer, donnent de meilleurs résultats. G. S.

CUIVRE. — Composés non métalliques. — Le cuivre forme deux séries de combinaisons. Métal diatomique, il peut s'unir à deux radicaux monatomiques et donner ainsi naissance à la première série de composés, tels que $Cu''O$, $Cu''S$, $Cu''Cl^2$, $Cu''(SO^4)''$, auxquels on donne le nom de composés au *maximum* ou composés *cuivriques*. Mais, en raison de sa *diatomicité*, deux atomes de cuivre peuvent s'unir entre eux, chacun par un point d'attraction, et produire ainsi le groupement $(Cu^2)''$ qui restera diatomique comme chacun des atomes qui le composent. Il se formera ainsi une série de combinaisons, composés au *minimum* ou *cuivreux*, tels que $(Cu^2)''O$, $(Cu^2)''S$, $(Cu^2)''Cl^2$, $(Cu^2)''SO^4$, parallèle à la première, moins stable qu'elle et pouvant y revenir aisément. Enfin, en s'annexant l'ammoniaque, chacun de ces radicaux Cu'' ou $(Cu^2)''$ peut donner des groupes diatomiques positifs, tels que :

$$\left[\begin{array}{l} Az\left\{\begin{array}{l}H\\H\\H\end{array}\right. \\ \quad Cu'' \\ Az\left\{\begin{array}{l}H\\H\\H\end{array}\right.\end{array}\right]'', \quad \left[\begin{array}{l} Az\left\{\begin{array}{l}H\\H\\H\end{array}\right. \\ (Cu^2)'' \\ Az\left\{\begin{array}{l}H\\H\\H\end{array}\right.\end{array}\right]'', \quad \left[\begin{array}{l} Az\left\{\begin{array}{l}H\\H\\H\end{array}\right. \\ \quad Cu'' \end{array}\right]'',$$

qui pourront jouer aussi le rôle de métaux diatomiques et donner naissance à la série nombreuse et compliquée des combinaisons ammoniacales du cuivre.

COMBINAISONS DU CUIVRE AVEC LES MÉTALLOÏDES.

Arséniure de cuivre. — Le cuivre forme, par fusion directe avec l'arsenic, plutôt de véritables alliages en toutes proportions que des combinaisons bien définies. Toutefois il existe un arséniure de cuivre naturel, la *domeykite* (voyez ce mot), qui répond à la formule Cu^3As. Le minéral qu'on appelle *condurrite* paraît être un mélange du précédent avec l'acide arsénieux et l'arséniate de cuivre.

L'alliage auquel on donne le nom de *cuivre blanc* ou *tombac blanc* s'obtient en chauffant l'acide arsénieux, le nitre et le charbon. Il répond à peu pres à la formule Cu^4As. Cet alliage, chauffé avec 4 p. de cuivre, donne un métal semi-ductile, à cassure fibreuse susceptible d'un beau poli [Berthier, *Essais par la voie sèche*, t. II, p. 410].

En faisant passer un courant d'hydrogène arsenié à travers un sel cuivrique en solution aqueuse, on obtient un précipité noir qui, séché à l'abri de l'air, correspond à l'arséniure Cu^3As^2 [Kane, *Poggend. Ann.*, t. XLIV, p. 471].

Fondus avec le nitre, les arséniures de cuivre donnent de l'arséniate de potassium et du cuivre.

Azoture de cuivre, Cu^3Az. — On obtient ce composé en faisant passer le gaz ammoniac sur de l'oxyde de cuivre CuO chauffé à 250°. Ce corps, qui est toujours mêlé à un peu d'oxyde de cuivre et de nitrate, se détruit vers 360°; l'acide sulfurique le décompose avec violence en donnant de l'azote et du cuivre; il en est de même de tous les acides; l'acide nitrique en dégage l'azote et produit de l'azotate cuivrique. Le chlore forme du chlorure de cuivre $CuCl^2$ et dégage aussi l'azote [Schrötter, *Ann. der Chem. u. Pharm.*, t. XXXVII, p. 131].

Quand on décompose le sel ammoniac par une batterie de six piles de Grove au pôle positif de laquelle est placée une plaque de cuivre, il se forme au pôle négatif un dépôt couleur chocolat qui est un azoture de cuivre [Grove, *Phil. Mag.*, (3), t. XIX, p. 100].

Bromures de cuivre. — On connaît des bromures cuivreux et des bromures cuivriques.

Bromure cuivreux, Cu^2Br^2 (sous-bromure de cuivre, protobromure de cuivre, bromure de cuprosum, hémibromure de cuivre).

Préparation. — Lœwig chauffe, pour l'obtenir, le cuivre en excès avec le brome au rouge naissant, redissout le produit dans l'acide bromhydrique aqueux qui enlève un peu de cuivre non combiné et précipite le sous-bromure par l'eau [voir Berthemot, *Ann. de Chim. et de Phys.*, t. XLIV, p. 385]. Rammelsberg l'obtient en chauffant fortement le bromure $CuBr^2$.

Produit par précipitation, c'est une poudre blanche, fusible au rouge, devenant alors gris-brunâtre, de cassure cristalline; fondu, il ne se volatilise que difficilement dans un courant d'azote, et se décompose peu à peu dans un courant d'air en donnant de l'oxyde.

Il est insoluble dans l'eau, soluble dans les acides chlorhydrique et bromhydrique, inattaquable par l'acide sulfurique bouillant (Berthemot). L'acide nitrique le transforme en oxyde, en dégageant des vapeurs nitreuses.

Une plaque de cuivre mise à l'obscurité dans l'eau bromée se recouvre d'une couche blanche de sous-bromure, que la lumière fait passer par diverses teintes et arriver à une couleur bleue persistante.

L'hyposulfite de soude et le chlorure de sodium dissolvent le bromure non altéré, et agissent très-peu sur le bromure insolé [Renault, *Compt. rend.*, t. LIX, p. 558].

Dissous dans l'ammoniaque, le bromure cuivreux donne par évaporation des cristaux d'un ammonio-bromure. L'acide bromhydrique forme avec lui une combinaison incolore que l'eau décompose et d'où les sels ferreux précipitent le cuivre.

Bromure cuivrique, $Cu''Br^2$. — On l'obtient en évaporant la solution de l'oxyde ordinaire, CuO, dans l'acide bromhydrique et fondant le résidu à une douce chaleur; c'est alors un corps couleur plombagine. Si on l'a simplement déshydraté dans le vide au-dessus de l'huile de vitriol et de la potasse, on obtient des cristaux anhydres ressemblant à l'iode (Rammelsberg). Il est soluble dans l'eau, qu'il colore en vert émeraude, est déliquescent; la chaleur rouge le transforme en sous-bromure Cu^2Br^2. On obtient un hydrate, $CuBr^2, 5H^2O$, du corps précédent, en évaporant sa solution jusqu'à ce qu'elle devienne brune : il se produit des prismes droits rectangulaires qui fondent et se déshydratent à une douce chaleur (Lœwig).

L'ammoniaque sèche se combine avec lui (voyez Cuivre, bases ammoniacales); l'ammoniaque liquide précipite de l'oxybromure hydraté (voyez Oxybromure).

Carbure de cuivre. — On ne peut affirmer l'existence de combinaisons du cuivre avec le carbone. Le cuivre pur ne change pas de poids quand on le chauffe longtemps avec le charbon. Le cuivre ordinaire paraît donner un carbure renfermant 2 % environ de carbone; il est rouge jaunâtre, et peut se marteler à froid; il est cassant à chaud; mais cette observation mérite d'être répétée, et le changement de propriétés du cuivre peut être dû à ce qu'il contracte combinaison avec divers substances contenues dans le charbon ou réduites par lui.

CHLORURES DE CUIVRE. — On connaît les deux combinaisons : sous-chlorure de cuivre, Cu^2Cl^2; deutochlorure de cuivre, $CuCl^2$; et peut-être un chlorure intermédiaire, Cu^2Cl^3.

CHLORURE CUIVREUX, Cu^2Cl^2 (sous-chlorure de cuivre, chlorure de cuprosum, hémichlorure de cuivre, protochlorure de cuivre).

Production. — 1° Par la combustion du cuivre en excès dans le chlore. 2° Quand on chauffe le cuivre avec le protochlorure de mercure (Boyle), ou mieux quand on chauffe 1 p. de cuivre avec 2 p. de sublimé corrosif (Davy); il se dégage du mercure. 3° Quand on met le cuivre métallique au contact d'une solution de chlorure cuivrique, $CuCl^2$ (Proust). 4° Quand on dissout l'oxydule de cuivre dans l'acide chlorhydrique à l'abri de l'air (Proust, Chenevix). 5° Quand on traite la solution de chlorure cuivrique par les réducteurs, phosphore, éther, sucre, protochlorure d'étain, sulfites (Proust). Péan de Saint-Gilles obtient le sous-chlorure de cuivre en traitant le deutochlorure par une solution de sulfite de potasse; tout le cuivre se précipite ainsi à l'état de protochlorure et la liqueur se décolore [*Ann. de Chim. et de Phys.*, (3), t. XLII, p. 23] :

$$\underset{\text{Chlorure cuivrique.}}{2CuCl^2} + \underset{\text{Sulfite de potassium.}}{2SO^3K^2}$$
$$= \underset{\text{Sulfate de potassium.}}{SO^4K^2} + SO^2 + 2KCl + \underset{\text{Chlorure cuivreux.}}{Cu^2Cl^2}$$

En faisant passer de l'acide sulfureux dans une solution très-concentrée de chlorure cuivrique on obtient aussi de beaux cristaux de sous-chlorure, Cu^2Cl^2. 6° On fait bouillir un mélange d'acide chlorhydrique, de cuivre en excès, et d'oxyde de cuivre CuO, jusqu'à ce que celui-ci soit dissous, on filtre et on verse ensuite le tout dans un grand excès d'eau, le protochlorure se précipite immédiatement. Ainsi obtenu, c'est une poudre blanche, dense, qui devient peu à peu violette et bleue à la lumière; elle est soluble dans l'acide chlorhydrique concentré d'où elle recristallise en octaèdres (Proust). Ce corps fond au rouge naissant, et se resolidifie en une masse jaune translucide. La densité du Cu^2Cl^2 fondu est 3,677 (Karsten). Il n'est pas volatil.

L'hydrogène le réduit au rouge; le sulfate ferreux, le fer le réduisent aussi partiellement (Proust), l'hydrogène phosphoré donne avec lui un phosphure (voyez ce mot). Exposé à l'air, il s'oxyde, même s'il est sec, et verdit. L'acide nitrique l'oxyde violemment en donnant des vapeurs nitreuses. Il n'est soluble ni dans l'eau, ni dans l'eau acidulée par l'acide sulfurique; il se dissout dans les solutions d'acide chlorhydrique, de chlorure de sodium, d'ammoniaque et donne des liqueurs incolores si on opère à l'abri de l'air.

Le sous-chlorure de cuivre se combine à l'oxyde de carbone et donne avec lui un composé cristallin. Dans une solution chlorhydrique de Cu^2Cl on fait passer un courant d'oxyde de carbone à saturation, puis on divise cette liqueur en deux parties et on dirige dans l'une l'oxyde de carbone, dégagé de l'autre par la chaleur; on obtient bientôt des paillettes nacrées brillantes qui ont pour formule $4Cu^2Cl^2, 3CO, 7H^2O$ et peut-être tout d'abord Cu^2Cl^2, CO, H^2O [Berthelot, *Ann. de Chim. et de Phys.*, (3), t. XLVI, p. 488].

Le protochlorure de cuivre donne avec l'ammoniaque plusieurs combinaisons. — Voyez CUIVRE, BASES AMMONIACALES.

Chlorure de cuprosum et d'ammonium. — Gmelin a obtenu ce sel double en versant une petite quantité d'ammoniaque dans le protochlorure; Becquerel le produit directement avec le protochlorure et le sel ammoniac; cristaux cubiques transparents.

Chlorure de cuivre et de potassium,

$$(KCl)^4.Cu^2Cl^2.$$

— Il s'obtient en mêlant à chaud le chlorure de potassium au chlorure cuivreux acide, tant que le premier se dissout. Cristaux cubiques et tétraédriques.

Chlorure de cuivre et de baryum. — Même constitution, même préparation.

Chlorure de cuivre et de sodium. — Le chlorure cuivreux se dissout dans le sel marin : en évaporant dans le vide, on obtient ce sel double cristallisé, très-déliquescent. La potasse en précipite l'oxyde cuivreux.

Le chlorure cuivreux se combine aussi aux oxydes de cuivre pour donner des oxychlorures de cuivre. — Voyez ce mot.

CHLORURE CUIVRIQUE, $Cu''Cl^2$. — Deutochlorure de cuivre, chlorure de cuivre, chlorure cuprique, chlorure de cupricum.

Préparation. — 1° En brûlant le cuivre métallique légèrement chauffé dans un courant de chlore en excès; 2° en chauffant à 200° le chlorure hydraté.

Par le premier procédé on obtient un sublimé brun, par le second une poudre jaune brunâtre.

Corps de goût styptique et métallique, déliquescent, très-soluble dans l'eau et l'alcool, fusible, décomposable au rouge en chlore et protochlorure Cu^2Cl^2.

Le phosphore le transforme en un phosphure si on le fond avec lui [H. Rose, *Poggend. Ann.*, t. XXVII, p. 117].

L'hydrogène phosphoré forme avec lui un triphosphure; l'anhydride sulfurique ne l'attaque pas à la température ordinaire, l'acide sulfurique ne l'attaque qu'à chaud. Le gaz éthylène s'empare d'une partie de son chlore et donne du cuivre, du sous-chlorure et des gaz.

Il donne, en se combinant à l'oxyde de cuivre, des oxychlorures. — Voyez ce mot.

Hydrate de chlorure de cuivre, $CuCl^2, H^2O$. — On le produit : 1° en dissolvant dans l'eau le corps précédent; 2° en traitant l'oxyde noir de cuivre ou son carbonate par l'acide chlorhydrique; 3° en dissolvant le cuivre dans l'eau régale; 4° en précipitant le sulfate de cuivre par le chlorure de calcium, et reprenant par l'alcool qui dissout le chlorure $CuCl^2$.

On obtient ainsi un liquide vert-émeraude qui, évaporé et refroidi, laisse déposer des prismes verts à 4 pans qui brunissent à 100° en perdant une partie de leur eau et se déshydratant complétement à 200° [Graham, *Ann. der Chem. u. Pharm.*, t. XXIX, p. 31]. Ces cristaux sont très-déliquescents. Leur solution aqueuse est vert-émeraude si elle est concentrée, bleue si on l'étend.

Les divers métaux précipitent de cette solution soit le cuivre, soit son protochlorure; le mercure est dans ce dernier cas [Boussingault, *Ann. de Chim. et de Phys.*, t. LI, p. 347]; l'argent s'y chlorure en donnant un composé d'abord noir, puis blanc, et du sous-chlorure [Wetzlar, *Schw. Journ.*, t. LII, p. 475]. Le phosphore agit de même et donne de l'acide phosphorique (Boeck). L'éther, le sucre le réduisent aussi, surtout sous l'influence de la lumière.

L'acide chlorhydrique concentré fait passer cette solution au jaune, l'acide sulfurique au brun.

On connaît plusieurs combinaisons de ce chlorure avec l'oxyde de cuivre. — Voyez OXYCHLORURES DE CUIVRE.

Le chlorure de cuivre $CuCl^2$ anhydre ou hydraté se combine en plusieurs proportions avec l'ammoniaque. — Voyez CUIVRE, BASES AMMONIACALES.

Il forme plusieurs sels doubles.

Chlorure de cuivre et d'ammonium,

$$2AzH^4Cl, CuCl^2, 2H^2O.$$

— Octaèdres vert-bleuâtre, très-solubles dans l'eau et l'alcool, qu'on obtient en dissolvant 53,4 p. de sel ammoniac et 67,4 p. de chlorure $CuCl^2$ dans l'eau et faisant cristalliser (Mitscherlich, Graham).

Chlorure de cuivre et de potassium,

$$2KCl, CuCl^2, 2H^2O.$$

— Octaèdres quadratiques (Mitscherlich), doubles pyramides à 6 faces (Jacquelain). On l'obtient comme le précédent. Soluble dans l'eau et l'alcool.

CYANURES DE CUIVRE. — Voyez CYANURES.

FERRO- ET FERRICYANURES DE CUIVRE. — Voyez CYANURES.

FLUORURES DE CUIVRE. — On connaît des fluorures cuivreux et cuivriques.

FLUORURE CUIVREUX, Cu^2Fl^2 (sous-fluorure de cuivre, hémifluorure de cuivre, protofluorure de cuivre). — On l'obtient en traitant l'oxydule par l'acide fluorhydrique, lavant à l'alcool et desséchant. Poudre rouge-gris qui fond en un liquide noir. Il est permanent à l'air s'il est sec; mais humide, il se transforme d'après l'équation suivante :

$$2Cu^2Fl^2 + O = \underset{\text{Fluorure cuivrique.}}{2CuFl^2} + \underset{\text{Oxydule de cuivre.}}{Cu^2O}.$$

Le fluorure cuivreux est insoluble dans l'eau et l'acide fluorhydrique, soluble dans l'acide chlorhydrique en excès, en donnant avec lui un liquide brun dont l'eau précipite une poudre blanche qui devient rose ensuite [Berzelius, *Poggend. Ann.*, t. I, p. 21].

FLUORURE CUIVRIQUE, $CuFl^2$ (deutofluorure de cuivre). — Il se produit en dissolvant l'oxyde de cuivre ou son carbonate dans l'acide fluorhydrique aqueux, et évaporant. Quand on chasse l'acide en excès, il se sépare de petits cristaux bleus : avec une quantité excédante d'oxyde de cuivre, il se forme un oxyfluorure hydraté

$$CuFl^2, CuO, H^2O$$

(Berzelius).

Les fluorures de cuivre sont un peu solubles dans l'eau froide; à chaud, ils se décomposent et donnent de l'oxyfluorure. Le fluorure de cuivre se combine aux fluorures alcalins, au fluorure d'aluminium, de bore, de silicium, de titane.

Fluorure de cuivre et de potassium,

$$2KFl, CuFl^2.$$

— Cristaux grenus, jaune pâle, très-solubles.

Fluorure de cuivre et d'aluminium,

$$Al^2Fl^6, CuFl^2.$$

— Cristallise en prismes bleu verdâtre pâle, lentement solubles dans l'eau; l'ammoniaque en précipite les deux oxydes correspondants.

Fluorure de cuivre et de bore, $(BoFl^3)^2CuFl^2$. — Préparé en précipitant le fluorure de bore et de baryum par le sulfate de cuivre, filtrant, évaporant doucement. Masse cristallisée en aiguilles, couleur bleu clair, hygrométrique.

Fluorure de cuivre et de titane. — Aiguilles d'un vert bleuâtre solubles dans l'eau, qui les décompose en partie. On les prépare en mêlant les deux sels.

Fluosilicates de cuivre. — 1° Fluosilicate cuivreux, $Cu^2Fl^2, SiFl^4$. — Ce corps s'obtient en dissolvant l'oxyde de cuivre dans l'acide hydrofluosilicique. C'est une poudre insoluble, rouge de cuivre, qui ressemble au fluorure cuivreux.

2° *Fluosilicate cuivrique*, $CuFl^2, SiFl^4 + 7H^2O$. — Ce sel s'obtient en dissolvant l'oxyde de cuivre dans l'acide hydrofluosilicique; il est soluble dans l'eau et donne, par l'évaporation, des cristaux bleus qui s'effleurissent à l'air en perdant 2 molécules d'eau.

IODURES DE CUIVRE. — Il existe de l'iodure cuivreux et seulement une combinaison ammoniacale de l'iodure cuivrique.

IODURE CUIVREUX, Cu^2I^2. — On le produit : 1° en chauffant avec l'iode le cuivre finement divisé; 2° en précipitant par un iodure alcalin la solution chlorhydrique de sous-chlorure de cuivre; 3° en précipitant les sels cuivriques par l'iodure de potassium :

$$2SO^4Cu + 4KI = 2SO^4K^2 + Cu^2I^2 + I^2.$$

On enlève l'iode libre par l'alcool; il vaut mieux se servir d'une solution cuprique additionnée d'un sel ferreux [Soubeiran, *Journ. Pharm.*, t. XII, p. 427].

C'est une poudre grise correspondant à l'hydrate Cu^2I^2, H^2O, qui perd aisément son eau, puis fond au rouge en une masse brune dont la poudre est verdâtre; l'hydrogène la décompose imparfaitement; les oxydants tels que le peroxyde de manganèse, l'acide nitrique, l'acide sulfurique, donnent avec elle de l'oxyde de cuivre et de l'iode.

Bouilli avec l'eau, le zinc, l'étain, le fer, l'iodure cuivreux donne du cuivre et un iodure métallique [Berthemot, *Journ. de Pharm.*, t. XIV, p. 614]; les alcalis fixes et leurs carbonates en séparent de l'oxyde cuivreux; la baryte, la strontiane, la chaux ne le décomposent pas.

L'ammoniaque sèche se combine à l'iodure cuivreux. — Voyez CUIVRE, BASES AMMONIACALES.

IODURE CUIVRIQUE, CuI^2. — On ne le connaît pas à l'état libre, mais seulement à l'état de composé ammoniacal. — Voyez CUIVRE, BASES AMMONIACALES.

OXYBROMURES DE CUIVRE. — Une solution aqueuse de bromure cuprique traitée par une quantité d'ammoniaque insuffisante pour compléter la précipitation produit un hydrate vert pâle d'oxybromure qui perd son eau aisément, puis, chauffé davantage, donne un composé gris d'oxyde de cuivre et de bromure cuivreux en perdant du brome (Lœwig).

L'eau bromée donne avec l'oxyde de cuivre une substance vert-olive, sans doute un mélange d'hypobromite et d'oxybromure de cuivre [Balard, *Ann. de Chim. et de Phys.*, t. XXXII, p. 337]. La chaleur décompose l'hypobromite et le transforme entièrement en oxybromure.

OXYCHLORURES DE CUIVRE. — Nous décrirons d'abord les oxychlorures formés par le chlorure cuivreux (voyez *a* et *b*), ensuite ceux que produit le chlorure cuivrique (voyez *c*, *d*, *e*, *f*).

a. $Cu^2Cl^2, 2CuO$. — D'après Proust, ce corps se produit quand on calcine le composé $CuCl^2, 3CuO$ que nous décrirons plus loin.

b. Cu^2Cl^2, CuO, H^2O ou $Cu^2O, CuO, 2HCl$. — D'après le même auteur, la liqueur brune qu'on obtient en additionnant le chlorure cuivreux de chlorure cuivrique contiendrait ce composé.

D'après Wœhler [*Ann. der Chem. u. Pharm.*, t. CXXXV, p. 373], en agitant pendant longtemps avec de l'eau privée d'air ou additionnée d'acide sulfureux en poudre du protochlorure de cuivre, on obtient un oxychlorure cuivreux couleur de cuivre qu'il n'a pas du reste analysé.

c. $CuCl^2, 2CuO$. — En précipitant l'hydrate de chlorure cuivrique $CuCl^2, H^2O$ par une quantité insuffisante de potasse, lavant le précipité brun qui se forme et le desséchant jusqu'à ce qu'il ait pris une coloration noire et ne donne plus d'eau, on obtient le composé $CuCl^2,2CuO$. Cette combinaison, mouillée avec de l'eau, s'échauffe et donne l'hydrate $(CuCl^2,2CuO)^2,3H^2O$. Elle perd son eau à 260°; mais, si on la chauffe à 138°, elle donne une poudre chocolat qui a pour formule $CuCl^2,2CuO,H^2O$. Enfin le corps anhydre

$$CuCl^2,CuO,$$

mouillé d'eau et desséché ensuite dans le vide à 38°, donne l'hydrate $CuCl,2CuO,2H^2O$ [Kane, *Ann. de Chim. et de Phys.*, t. LXXII, p. 277].

d. $CuCl^2,3CuO$. — Cette combinaison paraît se produire quand on dissout l'oxyde de cuivre CuO dans son chlorure ou quand on agite à l'air le composé *a*. Si on la calcine, elle donne le composé *a* (Proust). L'hydrate produit doit être desséché à 100° et dans le vide. Ce sel artificiel est une poudre vert pâle. L'acide sulfurique et la chaleur le détruisent aisément.

Le minéral appelé *atakamite* est un hydrate de cet oxychlorure. Toutefois il paraît en exister divers échantillons. Les analyses de Proust varient de 18,1 à 12,77 % d'eau Berthier a trouvé dans un atakamite de Cubaja jusqu'à 21,75 % d'eau [*Ann. des Mines*, (3), t. VII, p. 542]. Celle-ci correspond à l'hydrate $CuCl^2,3CuO,6H^2O$. On a aussi trouvé des échantillons correspondant à l'hydrate $CuCl^2,3CuO,3H^2O$. M. Debray a reproduit artificiellement ce dernier soit en chauffant à 200° l'azotate tribasique de cuivre avec le sel marin, soit en chauffant à 100° avec ce même sel le sulfate de cuivre ammoniacal [*Bull. de la Soc. chim.*, 1867, t. VII, p. 104].

L'hydrate $CuCl^2,3CuO,4H^2O$ s'obtient en précipitant le chlorure cuivrique par une quantité de potasse qui correspond à l'équation

$$4CuCl^2 + 6KHO$$
$$= 6KCl + 3H^2O + CuCl^2,3CuO.$$

Le *vert de Brunswick* a la composition de cet hydrate.

D'après Reindel [*Journ. für prakt. Chem.*, t. C, p. 1], quand on traite le chlorure cuivrique à l'ébullition par une petite quantité de potasse, l'oxychlorure d'un vert bleuâtre qui se forme a pour composition $(CuCl^2,3CuO)^2 9H^2O$. Ce sel se détruit à 250°.

e. $CuCl^2,4CuO$. — Kane a préparé l'hydrate $CuCl^2,4CuO,6H^2O$ en traitant le deutochlorure de cuivre ammoniacal $CuCl^2, 2AzH^3$ par une grande quantité d'eau.

f. $CuCl^2,6CuO$. — Heumann a obtenu l'hydrate $(CuCl^2,6CuO)9H^2O$ en évaporant du chlorure de cuivre additionné de sel ammoniac et sursaturé par l'ammoniaque, puis reprenant par l'eau le produit cristallin.

OXYDES DE CUIVRE. — Le cuivre et l'oxygène se combinent entre eux en six proportions pour former les oxydes suivants : quadrantoxyde de cuivre, Cu^4O; oxydule de cuivre, Cu^2O; oxyde de cuivre, CuO; sesquioxyde de cuivre, Cu^2O^3 (?); oxyde salin de cuivre, $Cu^3O^3 = (Cu^2O)^2CuO$; peroxyde de cuivre, CuO^2.

QUADRANTOXYDE DE CUIVRE, Cu^4O [H. Rose, *Poggend. Ann.*, t. CXX, p. 1, et *Bull. de la Soc. chim.*, t. II, p. 330]. — Cet oxyde, qui répond au sous-oxyde d'argent, Ag^4O, se prépare en traitant le sulfate de cuivre refroidi par une solution alcaline de protochlorure d'étain sans en employer d'excès. Il se forme alors un précipité vert qu'on lave à l'eau pure, puis à l'eau ammoniacale dans une atmosphère d'hydrogène.

Cet oxyde est éminemment altérable à l'air qui le transforme en un mélange de bioxyde et de protoxyde. Il doit être conservé sous l'eau; il n'a pu être privé entièrement d'oxyde d'étain.

Traité par l'acide chlorhydrique étendu, il se transforme en un corps plus foncé qui paraît être le chlorure correspondant, et qui se réduit rapidement en cuivre métallique et protochlorure; l'hydrogène sulfuré donne avec lui un corps noir; l'hydrogène se dégage peu à peu.

L'acide cyanhydrique paraît donner aussi un quadrantocyanure.

OXYDULE DE CUIVRE, Cu^2O (oxyde rouge de cuivre, protoxyde de cuivre, oxyde de cuprosum, oxyde cuivreux). — Il se trouve dans la nature en octaèdres réguliers ou en cubes rouge-cochenille, et en filaments d'un beau rouge, provenant de la déformation de cristaux cubiques. Il a été produit pour la première fois artificiellement par Chenevix.

Préparation : 1° On calcine au rouge un mélange de protochlorure de cuivre et de carbonate de soude secs; on lave, il reste du protoxyde de cuivre [Liebig et Wœhler, *Poggend. Ann.*, t. XXI, p. 581].

2° Suivant Millon et Commaille, on l'obtient pur en faisant bouillir l'acétate et le sulfate mélangé de soude caustique, ou mieux encore le tartrate double de cuivre et de potasse avec du glucose. On obtient un hydrate que l'ébullition déshydrate aisément.

3° On calcine 5 p. d'oxyde de cuivre, CuO, avec 4 p. de cuivre pulvérisé.

4° On fond 100 p. de sulfure de cuivre cristallisé avec 57 p. de carbonate de soude, puis on porte au rouge blanc le produit de cette opération avec 25 p. de limaille de cuivre fine [Malaguti, *Ann. de Chim. et de Phys.*, t. LIV, p. 216].

5° On l'obtient en petits cristaux cubiques en remplissant un tube de nitrate cuivrique, additionné d'un peu d'oxyde, et laissant agir quelques mois du cuivre métallique sur ce mélange (Becquerel).

Propriétés. — L'oxydule de cuivre est d'un rouge-cochenille; il est inaltérable à l'air. Densité variable de 5,749 à 6,093. Il fond au rouge.

L'oxydule de cuivre se réduit aisément quand on le chauffe avec le charbon ou l'hydrogène; il se réduit aussi par le potassium en fusion, avec émission de lumière.

Chauffé au contact de l'air, il passe à l'état d'oxyde CuO.

Le protoxyde de cuivre donne avec les fondants un verre d'un beau rouge-rubis qui passe au vert quand on le soumet à la flamme oxydante.

Cet oxyde est soluble dans l'ammoniaque, avec laquelle il forme une combinaison incolore (voyez plus bas). Il se forme aussi un hydrate.

A l'oxydule de cuivre correspondent non-seulement des sels haloïdes, Cu^2Cl^2, Cu^2Br^2, mais aussi quelques sels oxygénés, tels que l'hydrate, le sulfite; mais la plupart des acides même étendus donnent avec lui un sel de l'oxyde CuO et en précipitent du cuivre. Ces sels d'oxydule sont incolores ou rouges, l'air les oxyde aisément. L'hyséthionate d'ammoniaque donne avec eux un précipité de sous-sulfure Cu^2S, insoluble dans un excès; les alcalis et leurs carbonates en précipitent l'hydrate d'oxydule jaune verdâtre; le cyanure jaune de potassium donne un précipité blanc qui devient ensuite jaune-brun à l'air; le cyanure rouge un précipité brun rougeâtre.

Hydrate d'oxydule de cuivre. — D'après Millon et Commaille, l'hydrate d'oxydule de cuivre obtenu dans leur préparation (voyez plus haut) aurait la formule $(Cu^2O)^8, H^2O$. Il est jaune et renfermerait toujours au moins 4 % de CuO. D'après Mitscherlich [*Journ. für prakt. Chem.*, t. XIX, p. 450], l'hydrate obtenu en versant une solution chlorhydrique de chlorure cuivreux, Cu^2Cl^2, dans la potasse en excès aurait pour formule

$$(Cu^2O)^4H^2O.$$

Couleur jaune-orangé ; il ne perd complétement son eau que vers 360°.

Oxydule de cuivre ammoniacal. — L'oxydule de cuivre ou son hydrate se dissolvent dans l'ammoniaque, le liquide incolore devient bleu par le contact de l'air [Bergmann, *Op.*, t. III, p. 389; Proust].

OXYDE DE CUIVRE, CuO (bioxyde ou deutoxyde de cuivre, oxyde cuivrique, oxyde noir de cuivre, oxyde de cupricum). — État natif *mélakonise* (voyez ce mot), ou *cuivre noir*. Couleur noire ou gris noirâtre. Densité, 5,95 à 6,25.

Préparation. — 1° Par la calcination au rouge sombre de son azotate. On ne peut l'obtenir pur que par ce moyen, la calcination du sulfate ou des autres sels, ou bien est incomplète, ou bien donne un mélange de CuO et Cu^3O^5. L'oxyde employé pour l'analyse organique doit avoir été calciné au rouge, puis pulvérisé et tamisé pour enlever les fines poussières ; dans cet état l'oxyde grenu se tasse peu et n'est plus aussi hygrométrique; 2° par précipitation de la solution bouillante d'un de ses sels par la potasse, lavage et calcination; il retient des traces de potasse et est très-hygrométrique.

L'oxyde de cuivre est rouge-brun presque noir, assez hygrométrique, surtout s'il est très-divisé; au rouge vif il fond, perd de l'oxygène et donne une masse à fracture cristalline. En le chauffant au rouge naissant avec quatre ou cinq fois son poids de potasse dans un creuset d'argent, on l'a obtenu cristallisé en tétraèdres réguliers [Becquerel, *Ann. de Chim. et de Phys.*, t. LI, p. 122]. Jenzsch l'a trouvé dans les cavités d'un fourneau à Freiberg cristallisé dans le type orthorhombique : faces observées m, a^1, e^1, b^1. Inclinaison des faces $mm = 99°39'$; $me^1 = 113°58'$; $ma^1 = 122°58'$.

Le rouge blanc paraît le transformer dans l'oxyde salin, $(Cu^2O)^2CuO$ (voyez plus bas) ; l'hydrogène et le charbon le réduisent aisément, le premier à une température qui ne dépasse guère 350°; le sodium et le potassium le réduisent avec ignition presque à la température de leur fusion. Le cyanure de potassium donne avec lui du cyanate et du cuivre métallique (Liebig). Le phosphore, un phosphite et un phosphate, l'oxyde de phosphore, détonent quand on les frappe avec lui et donnent un phosphate et un phosphure (Leverrier).

Le soufre, selon qu'il est en excès, donne un sulfure ou un sulfate :

$$2CuO + S^2 = Cu^2S + SO^2,$$
$$\text{et } 7CuO + S = SO^4Cu + 3Cu^2O.$$

Le chlorure stanneux forme un chlorure cuivreux, Cu^2Cl^2, et de l'oxyde d'étain. L'hydrate ferreux le réduit aussi à l'état d'oxydule [Levol, *Ann. de Chim. et de Phys.*, t. LX, p. 320]. Il en est de même de beaucoup de substances organiques telles que l'essence de térébenthine; l'acide arsénieux en solution alcaline le transforme en oxydule et s'oxyde lui-même [Bonnet, *Poggend.*, t. XXXVII, p. 300]. Les divers acides donnent avec lui des sels qui sont chacun décrits ailleurs; l'oxyde de cuivre déplace l'acide carbonique du carbonate de potasse au rouge.

Hydrate d'oxyde de cuivre, CuO, $2H^2O$ (?). — Il se forme quand on ajoute peu à peu un grand excès de potasse à du sulfate de cuivre refroidi, puis qu'on dessèche dans le vide. Il a une couleur bleue, il est très-peu stable, il se déshydrate avant 100° même au sein de l'eau [Fremy, *Ann. de Chim. et de Phys.*, (3), t. XXIII, p. 161]. Il se dissout aisément dans l'ammoniaque, l'alcool ne le dissout ni ne le décompose (Proust).

SESQUIOXYDE DE CUIVRE, Cu^2O^3 (?) (acide cuivrique). — On ne le connaît pas à l'état isolé. En faisant passer du chlore à travers une solution de potasse tenant en suspension de l'oxyde de cuivre, on obtient un composé qui, quand on le dessèche, dégage de l'oxygène. Toutefois une combinaison de ce corps en petits cristaux rose-brun avec l'oxyde de calcium s'obtient en traitant à 0° le nitrate de cuivre par le chlorure de chaux. D'après Crum, le corps ainsi combiné a pour formule

$$Cu^2O^3,$$

mais le cuivrate de chaux ne peut être desséché sans qu'il se décompose [*Ann. der Chem. u. Pharm.*, t. LV, p. 213].

OXYDE SALIN DE CUIVRE, $Cu^5O^8 = (Cu^2O)^2CuO$ (Favre et Maumené). — Il a été préparé en calcinant longtemps l'oxyde CuO au rouge vif; traité par les acides, il donne des mélanges de sels d'oxydule et d'oxyde. Il absorbe l'oxygène au rouge-cerise (A. Gautier). A cet oxyde correspondrait un hydrate trouvé par M. Siewert [*Zeitsch. f. Chem.*, nouv. sér., t. II, p. 363]. En traitant le chlorure cuivreux par l'hyposulfite de soude, il obtient un sel bleu auquel il assigne une composition très-complexe, et qui, traité par la potasse, donne un hydrate dont la formule est

$$Cu^3H^2O^3, H^2O.$$

Celui-ci perd H^2O dans le vide et produit le composé

$$Cu^3H^2O^3 = (Cu^2O)(H^2O)CuO,$$

qui correspond à $(Cu^2O)^2CuO$ où un Cu^2O serait remplacé par H^2O.

PEROXYDE DE CUIVRE, CuO^2 (Thenard). — Il se forme par l'agitation de l'hydrate, de l'oxyde ou du nitrate, additionné de potasse avec l'eau oxygénée neutre à la température de 0°. Il se produit ainsi un précipité jaune, qu'on lave avec de l'eau froide et qu'on dessèche dans le vide. Poudre jaune, insoluble, qui dégage de l'oxygène à 100° et se transforme en CuO. Si elle est humide, elle se décompose peu à peu à l'air; les acides donnent avec ce composé des sels de CuO et de l'eau oxygénée. Le bioxyde de manganèse récemment produit précipite aussi l'oxyde de cuivre de ses sels à l'état de peroxyde.

Quand on ajoute du peroxyde d'hydrogène à une solution de sulfate de cuivre ammoniacale, il se forme un précipité vert olive dont la formule paraît être $H^2CuO^3 = CuO^2, H^2O$. L'acide chlorhydrique donne avec ce corps du chlorure cuivrique, du peroxyde d'hydrogène, de l'eau et un peu d'oxygène [Weltzien, *Poggend. Ann.*, t. CXXVII, p. 493].

OXYFLUORURES DE CUIVRE. — Voyez FLUORURES DE CUIVRE.

OXYSULFURES DE CUIVRE. — On a décrit des oxysulfures cuivreux et cuivrique.

a. La substance brune qui se forme tout d'abord quand on chauffe le cuivre avec l'acide sulfurique a la composition $2Cu^2S, CuO$ [Maumené, *Ann. de Chim. et de Phys.*, (3), t. XVIII, p. 311].

b. Par une action plus prolongée de l'acide sulfurique, le corps précédent se transforme dans le composé 2CuS, CuO.

c. Enfin, lorsqu'il s'est dégagé beaucoup d'acide sulfureux, le résidu noir qui reste insoluble dans l'eau a la formule CuS, CuO [Maumené, *loc. cit.*].

d. Le composé 5CuS, CuO s'obtient, d'après Pelouze, quand on verse goutte à goutte le sulfure de sodium dans une solution ammoniacale d'un sel cuivrique et qu'on chauffe à 80°, jusqu'à ce que la couleur bleue disparaisse. Si la température est de 100° environ pendant la précipitation, un nouvel oxysulfure cuivrique se produit qui, bouilli avec un sel cuivrique en présence de l'ammoniaque, se réduit à l'état de sel cuivreux.

Un oxysulfure se forme aussi quand on chauffe le sulfure de cuivre avec une solution alcaline de sel cuivrique.

PHOSPHURES DE CUIVRE. — Le cuivre et le phosphore s'unissent aisément en diverses proportions, soit pour donner des mélanges en parties quelconques, soit pour donner des composés définis. Le phosphore donne au cuivre de la fusibilité et de la dureté, et en diminue la conductibilité (Abel). H. Rose a spécialement étudié les phosphures de cuivre [voyez *Ann. Poggend.*, t. IV, p. 110; t. VI, p. 209; t. XIV, p. 188; t. XXIV, p. 328].

PHOSPHURE TRICUIVREUX, Cu^6P^2. — Il se produit en faisant passer l'hydrogène phosphoré sur le chlorure cuivreux chauffé :

$$3Cu^2Cl^2 + 2PH^3 = 6H^6 + Cu^6P^2,$$

ou bien en traitant le phosphure tricuivrique par l'hydrogène à une très-haute température :

$$2Cu^3P^2 + 6H = PH^3 + Cu^6P^2.$$

C'est une poudre noire ou gris clair, d'éclat métallique si elle a été fortement chauffée. Elle donne du phosphore au chalumeau. Elle est insoluble dans l'acide chlorhydrique, soluble dans l'acide nitrique ou l'eau régale en donnant du phosphate cuivrique.

PHOSPHURE TRICUIVRIQUE, Cu^3P^2. — On l'obtient en faisant passer l'hydrogène phosphoré sur le chlorure de cuivre chauffé ou bien à travers une solution cuivrique :

$$3CuCl^2 + 2PH^3 = 6HCl + Cu^3P^2.$$

Le premier procédé donne une poudre noire, le second des flocons noirs qui prennent, quand on les sèche, une couleur rouge-brun. Ils ne fondent pas au point de ramollissement du verre, mais ils sont plus fusibles que le cuivre [Landgrebe, *Schweigger's. Journ.*, 411, 464].

Ces deux variétés se dissolvent aisément dans l'acide nitrique avec production d'acide phosphorique. La seconde est facilement attaquée à chaud par l'acide sulfurique concentré, en dégageant de l'acide sulfureux, et par l'acide chlorhydrique avec dégagement d'hydrogène phosphoré spontanément inflammable (Buff.). Cette même variété se transforme à l'air humide en phosphate cuprique. La première donne une flamme phosphorée au chalumeau, la seconde n'en donne pas.

PHOSPHURE DICUIVRIQUE, Cu^2P^2. — On l'obtient en faisant passer le gaz hydrogène sur le phosphate de cuivre porté à une haute température. C'est une poudre grise cristalline. Un mélange de ce corps avec le chlorate de potasse et le sulfure cuivreux a été employé pour mettre le feu à la poudre par la décharge électrique [Abel, *Chem. Soc. Journ.*, t. XIV, p. 183].

SÉLÉNIURES DE CUIVRE. — SÉLÉNIURE CUIVREUX Cu^2Se (sous-séléniure de cuivre). — C'est la *berzeline* (voyez ce mot). On le produit artificiellement en chauffant le cuivre et le sélénium jusqu'au rouge en vaisseau clos. Au chalumeau, il dégage l'odeur du sélénium et donne du cuivre qui retient encore du sélénium.

SÉLÉNIURE CUIVRIQUE, CuSe. — On l'obtient en précipitant les sels cuivriques par l'hydrogène sélénié. Flocons noirs, vert noirâtre quand ils sont secs. Il se transforme dans le précédent, si on le distille (Berzelius).

Le séléniure de cuivre se combine au séléniure de plomb (voyez ce mot).

SILICIURES DE CUIVRE. — On obtient un siliciure contenant 12 p. de silicium pour 88 p. de cuivre en fondant 3 p. de silicofluoride de potassium avec 1 p. de sodium et 1 p. de tournure de cuivre jusqu'à ce que le métal fonde. C'est un composé blanc, cassant, plus fusible que l'argent. Un véritable alliage, d'une ténacité supérieure à celle du fer, a été obtenu par MM. Deville et Caron par le procédé précédent, en augmentant la quantité de cuivre (voyez ALLIAGES DE CUIVRE). Un autre siliciure de couleur blanche a été obtenu en faisant passer le chlorure de silicium sur un mélange chauffé de sodium et de cuivre.

En précipitant le sulfate de cuivre par l'hydrogène silicié on obtient un siliciure cuivrique de couleur cuivre brun et un peu translucide. Il est très-facilement oxydable et se transforme à l'air en un silicate cuprique jaune. L'acide nitrique étendu en précipite le cuivre métallique, l'acide chlorhydrique le dissout avec production d'hydrogène et de silice; il en est de même de la potasse et de l'ammoniaque.

Le silicium communique au cuivre de la dureté, de la ténacité, et diminue sa malléabilité.

SILICOARSÉNIURES DE CUIVRE. — En fondant dans un creuset du cuivre, du silicium et un excès d'arsenic, M. Winkler a obtenu un composé de ces 3 éléments auquel il attribue la formule

$$Cu^4As + Si^6As$$

[*Journ. für prakt. Chem.*, t. XCI, p. 193, et *Bull. de la Soc. chim.*, 1864, t. II, p. 35.]

SULFURES DE CUIVRE. — Le cuivre s'unit aisément au soufre et donne avec lui deux composés principaux :

Le sous-sulfure de cuivre, Cu^2S;

Le sulfure ordinaire de cuivre, CuS.

Il paraît exister aussi d'autres combinaisons peu étudiées encore de Cu avec 3, 4 et 5 atomes de soufre.

SULFURE CUIVREUX, Cu^2S (sous-sulfure de cuivre, sulfure de cuprosum, protosulfure de cuivre). — On le trouve à l'état natif. C'est la *chalcosine*, *redruthite* ou *cuivre vitreux*. — Voyez CHALCOSINE.

On l'obtient : 1° en chauffant au rouge blanc le sulfate de cuivre anhydre [Berthier, *Ann. de Phys.*, t. XXII, p. 286]. La masse contient des parcelles de cuivre. 2° En fondant ensemble 3 p. de soufre et 8 p. de cuivre en poudre [Mitscherlich, *Poggend. Ann.*, t. XXVIII, p. 157]; octaèdres réguliers. 3° En chauffant au rouge naissant dans un courant d'hydrogène le sulfure CuS (Brunner). 4° En triturant le cuivre et le soufre dans l'eau. 5° en chauffant l'oxyde de cuivre avec le soufre.

Le protosulfure de cuivre est gris jaunâtre, il s'oxyde très-aisément à l'air, l'acide nitrique le transforme en CuS. Poids spécifique de Cu^2S (naturel) 5,71, (artificiel) 5,9775 (Karsten). Il est assez fusible et se coupe au couteau.

L'hydrogène le réduit au rouge blanc [Regnault, *Ann. de Chim. et de Phys.*, t. LXII, p. 378), le chlore l'attaque difficilement même quand on le chauffe (Rose), l'acide chlorhydrique le détruit avec peine à chaud en dégageant de l'hydrogène sulfuré. La vapeur d'eau au rouge lui fait subir un commencement de décomposition, au rouge blanc elle le réduit (Regnault, *loc. cit.*); l'hydrogène phosphoré, au rouge, le transforme en phosphure Cu^3P (Rose); fondu au rouge avec le carbonate de soude, le sulfure cuivreux se réduit partiellement; la baryte, la chaux, le charbon le réduisent de même et donnent des sulfures [Berthier, *Ann. de Chim. et de Phys.*, t. XXXIII, p. 161). L'oxyde de plomb donne, quand on le chauffe avec lui, du cuivre métallique mêlé de plomb et un sulfure double. L'oxyde de cuivre donne naissance, selon sa quantité, à l'une des deux réactions :

$$Cu^2S + 2CuO = 4Cu + SO^2,$$
$$Cu^2S + 6CuO = 4Cu^2O + SO^2.$$

Le plomb métallique n'attaque pas le sulfure cuivreux quand on le fond avec lui. Le fer le réduit incomplétement et donne un mélange de cuivre ferreux et de sulfure double.

Le sulfure de cuivre donne avec les autres sulfures plusieurs composés doubles artificiels ou naturels :

Sulfure de cuivre et d'antimoine (*wolfsbergite*,

cuivre antimonié, chalcostibite). — Voyez ces mots. — Sa formule est Cu^2S,Sb^2S^3.

La *wölchite* et la *panabase* sont aussi des sulfoantimoniures de cuivre contenant en même temps du plomb et du fer (voyez PANABASE).

Sulfures de cuivre et d'arsenic. — Voyez SULFOARSÉNIATES.

Sulfure de cuivre et de bismuth (*tannenite, Kupferwismuth*). — Voyez TANNENITE, formule $Cu^2S;BiS^3$.

Wittichenite (voyez ce mot), $3Cu^25,Bi^2S^3$.

Sulfures de cuivre et de fer. — Ces sulfures, que l'on trouve dans la nature et dont on a reproduit quelques-uns artificiellement, sont :

La *chalcopyrite* (voyez ce mot) (*cuivre pyriteux, towanite, Kupferkies*), Cu^2S,Fe^2S^3. — Ces pyrites diffèrent des pyrites de fer en ce qu'elles sont plus tendres et d'un jaune ayant un reflet verdâtre.

Exposées à l'air et chauffées légèrement, elles donnent du sulfate, du carbonate, de l'oxyde de cuivre et de l'oxyde de fer. A la distillation elles donnent du soufre.

Cuivre panaché, cuivre pourpre, phillipsite, érubescite, bornite, Buntkupfererz, cuivre pyriteux hépatique (voyez PHILLIPSITE). — On comprend sous ces noms diverses combinaisons des sulfures de fer et de cuivre dont la teneur en uivre varie de 55 à 71 %.

Rammelsberg admet que ce sont diverses variétés isomorphes des composés $(Cu^2S)^3Fe^2S^3$ et $(Cu^2S)^nFeS$. Il les divise en trois classes : la première comprend les cuivres panachés qui s'éloignent peu de

$$Cu=57, \quad Fe=15, \quad S=26;$$

la deuxième ceux qui se rapprochent de

$$Cu=62, \quad Fe=13,5, \quad S=24;$$

la troisième celles qui ont environ

$$Cu=70, \quad Fe=7, \quad S=22,3\,\%.$$

La première variété répond à la première des formules ci-dessus. Le cuivre chauffé au rouge avec la pyrite de fer paraît reproduire le cuivre panaché (Anthon).

Le *cuban* est encore un sulfure double qui répond à la composition $Cu^2Fe^4S^6$ ou

$$Cu^2S,2FeS,Fe^2S^3$$

et qui cristallise dans le type cubique [Rammelsberg, *Chim. minér.*, p. 118].

Les *régules de cuivre* sont, d'après Field [*Chem. Soc. Journ.*, t. XV, p. 125], des variétés qui résultent de l'association d'une ou plusieurs molécules de sulfure Cu^2S avec 1 mol. FeS^3, 1 mol. Fe^2S, 2 mol. Fe^2S.

SULFURE DE CUIVRE, CuS (Protosulfure de cuivre, sulfure cuivrique, sulfure de cupricum). — On le trouve dans la nature. C'est la *covelline* (*cuivre indigo, cuivre bleu, chalcosine*) (voyez ces mots).

On l'obtient : 1° en broyant le sulfure cuivreux avec de l'acide nitrique froid, qui enlève la moitié du soufre; 2° en précipitant les sels cuivriques par le sulfure d'ammonium ou l'hydrogène sulfuré, lavant à l'eau additionnée de ce réactif, et séchant à l'abri de l'air.

C'est un corps presque noir quand il est humide, brun verdâtre quand il est sec. La chaleur le transforme en sulfure cuivreux, l'acide nitrique chaud le transforme en sulfate; l'acide chlorhydrique concentré en précipite à chaud du soufre, dégage de l'hydrogène sulfuré et donne du chlorure de cuivre. Le sulfure cuivrique décompose les sels d'argent, dont il précipite Ag^2S. Il est un peu soluble dans le sufure d'ammonium, insoluble dans l'eau, l'acide sulfureux, la potasse.

Le sulfure de cuivre produit avec l'oxyde divers composés. — Voyez OXYSULFURES DE CUIVRE.

POLYSULFURES DE CUIVRE. — Précipités par les polysulfures alcalins, les sels de cuivre donnent plusieurs polysulfures mal étudiés. Le pentasulfure de potassium donne un précipité brun noirâtre qui se dissout, quand il est récent, dans le carbonate de potasse aqueux (Berzelius). Les bi-, tri-, tétrasulfures de potassium agissent de même.

Peltzer a obtenu une combinaison CuS^3 et le sel double CuS^3,AzH^4S avec le polysulfure d'ammonium.

TELLURURE DE CUIVRE. — Berzelius, en chauffant le cuivre et le tellure, a obtenu un composé rouge pâle.

SELS OXYGÉNÉS DE CUIVRE.

ANTIMONIATE DE CUIVRE [Heffter, *Poggend. Ann.*, t. LXXXVI, p. 411]. — L'antimoniate de cuivre $(SbO^3)Cu'' + H^2O$ est une poudre verte cristalline qui se déshydrate quand on la chauffe en perdant 19,5 %, et que l'on obtient par double décomposition avec l'antimoniate de potasse et un sel cuivrique; à la flamme réductrice du chalumeau, il se transforme en antimoniure.

ARSÉNIATES DE CUIVRE. — L'*arséniate tricuivrique* $As^2O^5,3CuO$ ou $(AsO^4)^2,3Cu'' + nH^2O$ se précipite quand on traite un sel soluble de cuivre par un arséniate tribasique soluble. C'est un corps jaune pâle hydraté, qui fond, après perte d'eau, en une masse olive sans se décomposer. Il est insoluble dans l'eau, soluble dans les acides concentrés et l'ammoniaque. Cette dernière solution donne, quand on l'évapore, des cristaux permanents à l'air, mais qui, exposés au soleil ou à 300°, se décomposent. Leur formule est

$$As^2O^5,CuO,3AzH^4OH.$$

D'après M. Debray [*Ann. de Chim. et de Phys.*, (3), t. LXI, p. 439], l'arséniate $As^2O^5,3CuO,4H^2O$ s'obtient en versant une solution d'azotate de cuivre dans l'arséniate de chaux porté à 50° ou 60°. Précipité bleu amorphe. Chauffé avec l'eau ou mieux avec l'azotate de cuivre, il se transforme dans l'arséniate $AsO^4,CuOH$ identique avec l'olivénite.

D'après le même auteur (*loc. cit.*), l'arséniate $As^2O^5,2CuO,3H^2O$ se forme si l'on évapore à 70° une solution d'acide arsenique qui a séjourné sur un excès de carbonate cuivrique. Petites paillettes nacrées bleu pâle.

On connaît dans la nature plusieurs arséniates basiques presque toujours mélangés avec des phosphates isomorphes. Le plus important travail publié sur leur constitution est dû à M. Damour [*Ann. de Chim. et de Phys.*, (3), t. XIII, p. 404); il les a classés dans les cinq espèces suivantes :

Olivénite, $AsO^4Cu.CuOH$.

Erinite, $6CuO,As^2O^5,12H^2O$.

Liroconite ou *Linzenerz*,

$$12CuO,2Al^2O^3,3As^2O^5,36H^2O.$$

Aphanèse et *Strahlerz*, $6CuO,As^2O^5,3H^2O$.

Euchroïte, $4CuO,As^2O^5,7H^2O$.

Le *kupferschaum* et la *konichalcite* sont des arséniates de cuivre combinés ou unis au carbonate de chaux et pour la dernière à l'acide vanadique. La *lindackérite* serait, d'après Vogel, une combinaison de l'arséniate de cuivre avec le sulfate de nickel (voyez ces divers mots).

ARSÉNITE DE CUIVRE (*vert de Scheele, vert de Suède*). — On l'obtient en précipitant le sulfate de cuivre par l'arsénite de potasse ou en traitant le cuivre ammoniacal par une solution d'acide arsénieux. Poudre jaune clair qui, lorsqu'on la chauffe, dégage de l'acide arsénieux, de l'eau, et laisse de l'oxyde de cuivre, de l'arséniure et de l'arséniate. La potasse transforme l'arsénite de cuivre en arséniate, arsénite, oxyde et oxydule de cuivre. Il se dissout dans l'ammoniaque. L'arsénite de potassium, contenant un excès d'alcali, le dissout aisément en donnant une solution bleue facilement décomposable. On ne peut combiner directement l'acide arsénieux en vapeur avec l'oxyde de cuivre. Les divers produits commerciaux connus sous les noms de *vert perroquet*, *vert suisse*, *vert minéral*, ne sont que des variétés du vert de Scheele.

Arsénite acide de cuivre (?) [Berzelius, *Traité de Chim.*, 1831, t. IV, p. 353]. — On fait, pour l'obtenir, digérer le carbonate cuivrique dans une solution d'acide arsénieux; la solution évaporée donne un sel vert jaunâtre qui paraît contenir un excès d'acide; elle n'est précipitée ni par les alcalis ni par les acides.

AZOTATES DE CUIVRE. — On connaît plusieurs azotates cuivriques.

AZOTATE CUIVRIQUE $(AzO^3)^2Cu$. — On l'obtient en dissolvant le cuivre métallique, l'oxyde de cuivre ou son carbonate, dans l'acide nitrique; la solution, d'abord verte, devient ensuite bleue. Si la température à laquelle cristallise cette solution est de 20° à 25°, elle dépose un hydrate

$$Az^2O^6Cu, 3H^2O$$

suivant Graham, Gladstone et Ordway, et

$$Az^2O^6Cu, 4H^2O$$

suivant Gerhardt. Cet hydrate fond à 114°. Il se détruit à 170° en donnant de l'acide nitrique et laissant un sel basique pour résidu. A une température inférieure à 20°, l'azotate de cuivre laisse déposer des prismes bleu pâle dont la composition est $Az^2O^6Cu, 6H^2O$, efflorescents dans le vide sec.

AZOTATES BASIQUES DE CUIVRE. — Si l'on chauffe le sel précédent vers 200° à 300°, si l'on fait bouillir sa solution avec l'oxyde de cuivre ou une faible quantité d'un alcali, on obtient une poudre verte, insoluble dans l'eau, soluble dans les acides, à laquelle Graham [*Ann. Pharm.*. t. XXIX, p. 13] attribue la composition $(AzO^3)^2Cu, 2CuO, H^2O$, et Gerhardt $(AzO^3)^2Cu, 3CuO, 3H^2O$. Elle se décompose au rouge en laissant de l'oxyde de cuivre. D'après Vogel et Reischauer [*Jahresb.*, 1859, p. 216], on obtient un sel qui a la composition indiquée par Gerhardt en faisant bouillir la solution d'azotate cuivrique avec l'azotite de potassium ou en faisant passer du gaz nitreux dans de l'eau où l'on a suspendu de l'hydrate cuivrique. Reindel a confirmé la formule de Gerhardt (*Journ. für prakt. Chem.*, t. C., p. 106).

Azotate double de cuivre et d'ammonium,

$$(AzO^3)^2Cu, 2[(AzO^3; AzH^4].$$

— S'obtient par le mélange des solutions des deux sels qui le composent. Il cristallise aisément. Quand on évapore sa solution, elle fait explosion lorsqu'on arrive à un certain degré de concentration.

AZOTITE DE CUIVRE. — On précipite le sulfate de cuivre par l'azotite de plomb, on filtre, on obtient une liqueur verte qui s'oxyde peu à peu à l'air et donne de l'azotate cuivrique.

Hampe a préparé par double décomposition l'azotite $(AzO^2)^2Cu, CuO$. Il est peu stable et très-soluble. Le même chimiste a obtenu aussi le sel double $(AzO^2)^2Cu, 3AzO^2K + 1/2H^2O$. Ce sont des cristaux bleu foncé, inaltérables à l'air, très-solubles dans l'eau, solubles dans l'alcool. En solution, ils se décomposent promptement.

BORATES DE CUIVRE. — Ils ont été étudiés par H. Rose [*Pogg. Ann.*, t. LXXXVII, p. 470 et 587, et *Ann. de Chim. et de Phys.*, (3), t. XLII, p. 110]. En mélangeant des solutions concentrées et froides de sulfate de cuivre et de borate neutre de soude, on obtient un précipité qui a pour formule

$$5[(BoO^2)^2Cu, 2H^2O] + 4(CuO, H^2O),$$

mélangé de soude et de sulfate basique de cuivre; des solutions concentrées et chaudes donnent le corps $5[(BoO^2)^2Cu, 2H^2O] + 6(CuO, H^2O)$, mêlé de sulfate de soude et de sulfate tribasique de cuivre.

Une solution concentrée de borax précipite d'une solution concentrée et froide de sulfate de cuivre la combinaison

$$20[(BoO^2)Cu, H^2O] + 13(CuO, 2H^2O),$$

mélangée de sulfate de soude et de sulfate tribasique de cuivre. L'eau froide transforme ce précipité en $(BoO^2)Cu, H^2O + CuO, H^2O$. Avec des solutions chaudes et concentrées des mêmes sels, on obtient aussi un précipité qui a cette dernière composition.

Avec des solutions chaudes et étendues, on a, après lavage, le composé

$$BoO^2Cu, H^2O + 10CuO + 8H^2O;$$

en le faisant bouillir quelque temps au sein de l'eau, on lui enlève tout l'acide borique et l'on obtient l'hydrate $10CuO, 3H^2O$.

BROMATES DE CUIVRE. — a. *Bromate neutre*,

$$(BrO^3)^2Cu + 5H^2O.$$

— On l'obtient en dissolvant le carbonate de cuivre dans l'acide bromique. Cristaux bleu verdâtre. Ils perdent partiellement leur eau dans le vide sec et brunissent; ils se déshydratent entièrement à 200°, mais se décomposent partiellement; au rouge, ils donnent un oxybromure [Rammelsberg, *Poggend. Ann.*, t. LII, 92].

b. *Bromate hexacuivrique*,

$$(BrO^3)^2Cu, 5CuO + 10H^2O.$$

— On l'obtient en ajoutant de l'ammoniaque à la solution des cristaux précédents. Il se déshydrate à 200° et devient gris verdâtre [Rammelsberg, *Poggend. Ann.*, t. LV, p. 78]. Quand au bromate neutre mêlé d'ammoniaque on ajoute de l'alcool, il précipite le composé $(BrO^3)^2Cu, 4AzH^3$.

CARBONATES DE CUIVRE. — CARBONATE CUIVREUX (?). — Colin a décrit un carbonate cuivreux que l'on obtiendrait en traitant le chlorure cuivreux en solution chlorhydrique par le carbonate de soude ; mais d'après Gmelin [*Handbuch*, t. IV, p. 414], ce précipité est principalement formé d'hydrate d'oxydule de cuivre.

CARBONATES CUIVRIQUES. — a. *Carbonate neutre*, CO^3Cu. — On n'a pu l'obtenir artificiellement. Quand on traite un sel de cuivre par un carbonate alcalin il se précipite un carbonate dicuivrique, $CO^3Cu, CuO + H^2O$, mais il existe dans la nature, c'est la *mysorine* (voyez ce mot). Toutefois Dana pense que ce minéral n'est que de la malachite impure.

b. *Carbonate dicuivrique*. — En précipitant à froid un sel de cuivre par un carbonate soluble, on obtient une poudre bleuâtre, volumineuse, dont la formule est $CO^3Cu, CuO, 2H^2O$. C'est un hydrocarbonate de cuivre ou encore un ortho-carbonate $CO^4Cu^2 + 2H^2O$ correspondant à $C(OH)^4$. Quand on chauffe l'eau qui la tient en suspension, elle verdit et perd la moitié de son eau d'hydratation; elle devient alors $CO^3Cu, CuO H^2O$; c'est la composition de la *malachite*. Chauffés à 200° ou 220°, la malachite ou l'hydrocarbonate artificiel précédent perdent leur acide carbonique en conservant toutefois une certaine quantité d'eau. Rose et Field ont trouvé que l'ébullition avec l'eau leur fait subir la même décomposition [*Chem. Soc. quart. Journ.*, t. XIV, p. 71]. Mis en digestion à 50° avec du carbonate de soude, ils sont l'un et l'autre convertis en carbonate hexacuivrique,

$$CO^3Cu, 5CuO,$$

et aussi d'après M. Deville dans le composé

$$CO^3Cu, 7CuO + 5H^2O.$$

c. *Sesquicarbonate cuivrique*. — Le minéral

appelé *azurite*, *bleu de montagne*, *malachite bleue*, *chessylite* (voyez ce mot), a la composition $[2(CO^3)Cu, CuO]^2 + H^2O$, ou $2(CO^3, Cu), CuH^2O^2$ (c'est l'hydrocarbonate sesquicuivrique). On fabrique artificiellement en Angleterre par un procédé secret une substance appelée *cendres bleues artificielles*, qui a la même composition [*Ann. de Chim. et de Phys.*, t. VII, p. 44]. Exposée à l'air, l'azurite verdit; bouillie avec l'eau, elle se décompose comme la malachite, et avec une solution de bicarbonate de soude elle se dissout et dépose à froid un précipité vert de malachite.

Carbonate cupropotassique [Deville, *Ann. de Chim. et de Phys.*, (3), t. XXXIII, p. 102]. — Le nitrate cuivrique mêlé au bicarbonate de potasse donne un liquide bleu foncé, qui dépose de petites masses dont la composition est

$$5\,CuO,\ K^2O, 5\,CO^2 + 10\,H^2O.$$

Carbonate cuprosodique [Deville, *ibid.*]. — On l'obtient par l'action du bicarbonate de soude sur la malachite à 40° ou 50°. Prismes orthorhombiques, angles obtus de 123°14'. Sa composition est représentée par la formule

$$2\,CO^2, Na^2O, CuO, + 3\,H^2O.$$

Le carbonate de cuivre ne se combine pas avec celui d'ammoniaque dans lequel il se dissout en dégageant de l'acide carbonique.

CHLORATE DE CUIVRE, $(ClO^3)^2Cu, 6\,H^2O$. — Ce sel s'obtient en traitant le chlorate de baryte par le sulfate de cuivre, filtrant, évaporant dans le vide. Masse sirupeuse verte, qui finit par se prendre en cristaux.

Ce sel, très-soluble dans l'eau et déliquescent, fond à 65°; à 100° il dégage des bulles de gaz, suivies chacune d'une petite détonation; si on le laisse ainsi se décomposer un peu au-dessous de 100°, il reste un sous-sel insoluble, vert, qui ne se décompose qu'à 260° (Wechter).

PERCHLORATE DE CUIVRE. — La solution de l'oxyde de cuivre dans l'acide perchlorique aqueux évaporée doucement laisse déposer de beaux cristaux bleus déliquescents de perchlorate cuivrique; ils sont solubles dans l'alcool. Répandu sur du papier et desséché, ce sel détone [Serullas, *Ann. de Chim. et de Phys.*, t. XLVI, p. 306].

CHROMATE DE CUIVRE. — Voyez CHROMIQUE (ACIDE).

HYPOCHLORITE DE CUIVRE, $(ClO)^2Cu$. (?) — On dissout pour l'obtenir l'hydrate cuivrique dans l'acide hypochloreux; l'action de la chaleur décompose cette solution en donnant de l'acide hypochloreux et sans doute de l'oxygène, et un oxychlorure insoluble (Balard). Chenevix traite par le chlore l'hydrate cuivrique en suspension dans l'eau. La chaleur décompose cette solution comme la précédente.

HYPOPHOSPHITE DE CUIVRE. — En dissolvant l'hydrate de cuivre dans l'acide hypophosphoreux hydraté froid, et évaporant sa solution dans le vide, on l'obtient quelquefois cristallisé (Wurtz), mais cette solution ne peut être évaporée sans se décomposer; le plus souvent, dans le vide même, le cuivre est réduit à l'état métallique [Rose, *Poggend. Ann.*, t. XII, p. 294]. Quand on mêle un sel cuivrique à un grand excès d'acide hypophosphoreux ou à un hypophosphite, et qu'on chauffe à 70°, on obtient de l'hydrure de cuivre Cu^2H^2 [Wurtz, *Compt. rend.*, t. XVIII, p. 702]. — Voir ce mot, p. 1009.

HYPOSULFATES DE CUIVRE (dithionates de cuivre). — Ils ont été étudiés par Heeren, on en connaît deux:

a. HYPOSULFATE MONOCUIVRIQUE,

$$S^2O^6Cu + 2\,H^2O.$$

— On traite le sulfate de cuivre par l'hyposulfate de baryte, on évapore la liqueur. Petits prismes rhombiques très-solubles dans l'eau, insolubles dans l'alcool, légèrement efflorescents; ils décrépitent quand on les chauffe.

b. HYPOSULFATE CUIVRIQUE BASIQUE,

$$S^2O^6Cu, 3\,CuO + 2\,H^2O.$$

— En ajoutant de l'ammoniaque à la solution du sel précédent, on l'obtient sous forme d'un précipité vert bleuâtre, peu soluble dans l'eau, et que la chaleur fait passer au jaune ocre. Par l'action d'un excès d'ammoniaque sur ces deux sels, il se dépose un sel double en petits cristaux bleu foncé, inaltérables à l'air, difficilement solubles dans l'eau, et qui ont pour formule

$$S^2O^6Cu, 4\,AzH^3.$$

HYPOSULFITES DE CUIVRE. — On ne connaît à l'état libre ni l'hyposulfite cuivreux ni l'hyposulfite cuivrique, mais seulement des hyposulfites doubles.

D'après Rammelsberg, quand on traite par l'hyposulfite de potasse le sulfate ou l'acétate cuivrique, il se forme un dépôt jaune qui noircit bientôt; ce corps répond à la formule

$$K^2O, S^2O^2, Cu^2O, S^2O^2 + 2\,H^2O.$$

C'est l'hyposulfite double hydraté de cuprosum et de potassium.

Ce composé se dissout dans l'hyposulfite alcalin en excès; si on traite cette solution par l'alcool, il se sépare une liqueur huileuse qui cristallise bientôt en un sel incolore qui répond à la formule $3(K^2O, S^2O^2), Cu^2O, S^2O^2 + 3\,H^2O$.

Dans les mêmes conditions, d'après Lenz, l'hyposulfite de soude donne avec l'acétate cuivrique le sel $2(Na^2O, S^2O^2), 3(Cu^2O, SO^2) + 5\,H^2O$ qui, dissous dans un excès d'hyposulfite et traité par l'alcool, donne le composé

$$3(Na^2O, S^2O^2)Cu^2O, S^2O^2 + 2\,H^2O.$$

Le sel de Lenz dissous dans l'ammoniaque laisse, d'après Peltzer, déposer de petites aiguilles brillantes bleu foncé, dont la composition serait

$$Cu^2O, S^2O^2;\ CuO, S^2O^2;\ 2\,Na^2O, S^2O^2 + 2\,AzH^3.$$

IODATE DE CUIVRE. — Quand on mélange des solutions d'iodate de soude et de sulfate de cuivre, il se forme au bout d'un temps plus ou moins long, suivant la dilution des liqueurs, un précipité bleu verdâtre dont la formule est

$$[(IO^3)^2Cu]^3\,3\,H^2O$$

[Rammelsberg, *Poggend. Ann.*, t. XLIV, p. 569]. Il perd son eau vers 200°. Chauffé plus fortement, il dégage de l'oxygène et de l'iode. Ce sel se dissout dans l'acide chlorhydrique en dégageant du chlore. Il se dissout dans 302 p. d'eau froide et plus aisément dans l'ammoniaque en donnant un composé décrit ailleurs. D'après Millon, l'acide iodique versé dans la solution étendue d'un sel cuivrique forme au bout d'un certain temps un précipité cristallin bleu clair dont la formule est

$$(IO^3)^2Cu, H^2O;$$

il se déshydrate de 230° à 240° en prenant une teinte noire; le même sel peut s'obtenir en traitant l'oxyde de cuivre hydraté par l'acide iodique. Il est alors gris olivâtre. L'oxyde de cuivre anhydre se combine à l'acide iodique en donnant le sel basique $3[2(IO^3)^2Cu, CuO] + H^2O$. Celui-ci s'hydrate par son ébullition avec l'eau et donne le composé gris-olive ci-dessus.

Une solution d'iodate de cuivre saturée à chaud par l'ammoniaque laisse déposer le sel double $(IO^3)^2Cu, 4\,AzH^3, 3\,H^2O$ quand elle se refroidit, sous forme de prismes bleu foncé (Berzelius).

PERIODATE DE CUIVRE, $(IO^4)^2Cu, 3\,CuO, H^2O$.

— Ce sel, assez soluble, se précipite partiellement quand on mêle deux solutions de periodate de soude et de sulfate de cuivre [Benkiser, *Ann. der Chem. u. Pharm.*, t. XVII, p. 260] ou quand on dissout l'hydrocarbonate de cuivre en excès dans l'acide periodique (Langlois). Il est soluble dans l'acide nitrique dilué. Poudre verdâtre qui jaunit quand on la chauffe.

MANGANATE DE CUIVRE. — Voyez MANGANIQUE (ACIDE).

MOLYBDATE DE CUIVRE. — Voyez MOLYBDIQUE (ACIDE).

NITROPRUSSIATES DE CUIVRE. — Voyez NITROPRUSSIATES.

PHOSPHATES DE CUIVRE. — ORTHOPHOSPHATES ou PHOSPHATES ORDINAIRES DE CUIVRE. — a. *Orthophosphate tricuprique*, $(PO^4)^2 3Cu + nH^2O$. — On l'obtient en précipitant le sulfate de cuivre par une quantité insuffisante de phosphate disodique ordinaire ou en chauffant le pyrophosphate dicuprique avec l'eau à 280°. Par la première méthode, on obtient un précipité vert bleuâtre amorphe; par la seconde, des cristaux vert jaunâtre qui ont pour formule $(PO^4)^2 3Cu, 3H^2O$. Octaèdres faiblement aigus groupés en croix. A l'ignition, le charbon le réduit en phosphure Cu^8P^2.

D'après M. Debray [*Ann. de Chim. et de Phys.*, (3), t. LXI, p. 439], on obtient ce même phosphate $(PO^4)^2Cu^3, 3H^2O$ en traitant le carbonate de cuivre par l'acide phosphorique dilué. C'est une matière verte cristalline. Chauffé en présence de l'eau, il donne la réaction

$$4[(PO^4)^2Cu^3, 3H^2O]$$
$$= 2PO^4.H^3 + 3[(PO^4)^2 3Cu, CuO, H^2O] + 3H^2O.$$

Acide phosphorique ordinaire. — Phosphate basique de cuivre.

Ce phosphate basique est identique avec la *libéthénite* (voyez plus bas).

L'azotate de cuivre et le phosphate ordinaire de chaux donnent aussi naissance aux mêmes corps.

b. *Orthophosphate dicuprique*,

$$(PO^4)^2, 2Cu, H^2 + nH^2O.$$

— On l'obtient en ajoutant au sulfate de cuivre un excès de phosphate disodique ordinaire; il est insoluble dans l'eau, mais se dissout un peu en présence des sels ammoniacaux; il se dissout aussi dans les acides. Le charbon le réduit au rouge dans le phosphure Cu^2P^2.

c. *Orthophosphate monocuprique* ou *orthophosphate acide*. — En dissolvant l'orthophosphate tricuprique dans l'acide phosphorique, on obtient ce sel sous forme d'une masse gommeuse verte.

d. *Orthophosphates polybasiques*. — Il existe dans la nature divers phosphates de cuivre dont nous donnons ici les noms minéralogiques et la composition (voyez, pour plus de détails, les divers mots suivants) :

Libéthénite, $(PO^4)Cu; CuOH$.
Pseudolibéthénite,

$$(PO^4)^2 3Cu; CuO, H^2O + H^2O\ (?).$$

Tagilite, $(PO^4).Cu; CuOH + H^2O$.
Dihydrite, $(PO^4)^2 3Cu; 2(CuO, H^2O)$.
Ehlite, $(PO^4)^2, 3Cu; 2(CuO, H^2O) + 2H^2O$ (?).
Phosphocalcite, $(PO^4)^2 3Cu; 3(CuO, H^2O)$.

PYROPHOSPHATE CUIVRIQUE. — On connaît le sel neutre qui, desséché à 100°, a pour formule

$$P^2O^7.2Cu'' + H^2O.$$

On l'obtient sous forme d'une poudre vert pâle en traitant le sulfate de cuivre par le pyrophosphate sodique. Il devient bleu foncé à 100°, et a la composition précédente. Chauffé en présence de l'eau, il donne du phosphate acide et du phosphate tribasique ordinaire [Alv. Reynoso, *Ann. de Chim. et de Phys.*, (3), t. XLV, p. 110]. Les acides minéraux, l'ammoniaque, un excès de phosphate de soude, le dissolvent. La potasse le transforme à l'ébullition en phosphate potassique ordinaire et oxyde de cuivre. L'acide sulfureux ne le transforme pas en sel cuivreux; la chaleur lui fait seulement perdre son eau. Le phosphate de soude ordinaire le change en orthophosphate, tandis que la soude passe à l'état de pyrophosphate (Stromeyer). L'ammoniaque en excès en présence de l'alcool en sépare peu à peu un pyrophosphate cuproammoniacal (voyez CUIVRE, BASES AMMONIACALES) dont la formule est

$$3[(P^2O^7)Cu^2], 2\left[Az_2\left\{\begin{matrix}H^3\\C\\H^4\end{matrix}\right.\right]O + 4H^2O.$$

MÉTAPHOSPHATES CUPRIQUES. — On connaît un dimétaphosphate

$$P^2O^6.Cu'',$$

que l'on obtient en cristaux hydratés qui ont pour formule $P^2O^6Cu + 8H^2O$, en mêlant des solutions moyennement concentrées de chlorure cuprique et de dimétaphosphate sodique, puis ajoutant de l'alcool. Ce sel est bleu clair et peu soluble dans l'eau (Fleitmann).

On peut aussi obtenir ce dimétaphosphate en ajoutant à 4 molécules d'un sel cuivrique en solution 5 molécules d'acide phosphorique anhydre, évaporant et chauffant la masse à 350° jusqu'à ce qu'il commence à s'échapper des vapeurs d'acide phosphorique. Le métaphosphate cuprique se présente alors sous forme d'une poudre cristalline anhydre bleu pâle, presque insoluble dans l'eau, les acides et les alcalis; elle est soluble dans l'ammoniaque; ce sel se décompose par les sulfures alcalins et par l'acide sulfurique concentré et chaud.

Dimétaphosphate ammoniocuprique,

$$P^2O^6Cu'', P^2O^6(AzH^4)^2 + 4H^2O.$$

— On l'obtient en cristaux confusément groupés en mêlant des solutions moyennement concentrées de dimétaphosphate d'ammonium et de chlorure cuprique en excès, puis ajoutant de l'alcool. Cristaux bleus, un peu solubles dans l'eau, perdant de l'eau à la température ordinaire, en conservant encore 2 molécules à 100°. Souvent le précipité produit par l'alcool ne retient que 2 molécules d'eau, sans doute quand celui-ci est en grand excès et concentré (Fleitmann).

PHOSPHITES DE CUIVRE,

$$PHO^3.Cu'' + 2H^2O.$$

— On l'obtient pur à l'état de poudre cristalline grenue en mélangeant deux solutions d'acétate cuprique et d'acide phosphoreux, et sous forme d'un précipité blanc bleuâtre moins pur en ajoutant un phosphite alcalin au sulfate de cuivre. On peut le dessécher à une douce chaleur. A une température un peu élevée, il dégage de l'hydrogène et laisse du phosphate cuprique et du cuivre métallique. La solution d'acide phosphoreux le décompose aussi partiellement [Rose, *Ann. Poggend.*, t. XII, p. 292].

SÉLÉNIATE DE CUIVRE, $(SeO^4)Cu'' + 5H^2O$ [Mitscherlich, *Poggend. Ann.*, t. IX, p. 623; Wohlwill, *Ann. der Chem. u. Pharm.*, t. CXIV, p. 162]. — Ce sel se produit quand on dissout le cuivre ou son oxyde dans l'acide sélénique et quand on chauffe doucement le sélénite. Il est isomorphe avec le sulfate de cuivre (Mitscherlich). Le mélange des séléniates ferreux et cuivrique produit, d'après Wohlwill, les mêmes phénomènes cristallographiques que le mélange des sulfates correspondants.

Si on mêle du séléniate de magnésium au séléniate de cuivre, on obtient le séléniate double

$$SeO^4Cu'', 3SeO^4Mg + 28H^2O.$$

Avec le séléniate de zinc, on obtient le sel correspondant $SeO^4Cu'', 3SeO^4Zn + 28H^2O$.

SÉLÉNITES DE CUIVRE [Berzelius, *Traité de Chim.*, t. IV, p. 336 et 352; — Muspratt, *Chem. Soc. quart. Journ.*, t. II, p. 52].

SÉLÉNITE CUIVREUX. — On l'obtient en versant de l'acide sélénieux sur l'hydrate cuivreux. Sel blanc et insoluble.

SÉLÉNITES CUIVRIQUES. — *Sel neutre,*

$$SeO^3Cu'' + nH^2O.$$

— On l'obtient en ajoutant du sélénite acide d'ammonium à une solution chaude d'un sel cuivrique. Il est alors en flocons jaunes, que la chaleur transforme peu à peu en petits cristaux vert bleuâtre. Séchés, ils s'oxydent peu à peu sous l'influence d'une douce chaleur et donnent du séléniate. Calcinés, ils brunissent, fondent et dégagent l'acide sélénieux. Ce sel est insoluble dans l'eau et dans un excès d'acide sélénieux. L'hydrate séché sur l'huile de vitriol a, suivant Muspratt, la composition $3(SeO^3Cu)H^2O$.

Sel basique. — C'est une poudre vert-pistache qui se précipite quand on mêle du sélénite d'ammonium additionné d'un excès d'ammoniaque à un sel de cuivre. Elle est insoluble dans l'eau et soluble dans l'ammoniaque. Elle abandonne à la calcination d'abord de l'eau, puis de l'acide sélénieux.

SILICATES DE CUIVRE. — Les silicates de cuivre peuvent s'obtenir en chauffant au rouge la silice avec l'oxyde de cuivre. Le silicate d'oxydule est d'un beau rouge-pourpre, et s'emploie dans la peinture sur porcelaine et émaux. Les silicates de cuivre naturels sont plus connus; nous les citerons seulement ici en renvoyant pour chacun d'eux à l'article minéralogique :

Dioptase, $(SiO^3)Cu, H^2O$.

Chrysocolle, $(SiO^3)Cu, 2H^2O$.

Il existe plusieurs variétés de couleur bleue ou verte et d'autres d'un brun foncé qui renferment des quantités variables d'hydrate de sesquioxyde de fer.

STANNATE DE CUIVRE.— Voyez ÉTAIN.

SULFATES DE CUIVRE. — On doute de l'existence d'un sulfate cuivreux. Lorsqu'on attaque du cuivre par l'acide sulfurique concentré, il se dépose une poudre brune qui s'altère rapidement et que quelques chimistes considèrent comme un sulfate cuivreux. Lavée et séchée rapidement, puis traitée par l'eau régale, elle donne des vapeurs rutilantes. Nous n'aurons à décrire ici que les sulfates cuivriques.

SULFATE DE CUIVRE ORDINAIRE, $SO^4Cu'' + 5H^2O$ (vitriol bleu, couperose bleue, sulfate de cuivre, sulfate cuivrique). — Ce sel, le plus important des sels de cuivre par ses nombreux usages, se produit de plusieurs façons : 1° en grillant les pyrites de cuivre, les lessivant ensuite par l'eau, faisant cristalliser et séparant les sulfates de fer et de zinc (Funcke); 2° en arrosant le cuivre avec l'acide sulfurique faible au contact de l'air ou avec l'acide sulfureux (Bérard); 3° en chauffant le cuivre avec l'acide sulfurique concentré; 4° en le traitant par un mélange d'acides sulfurique et nitrique (Anthon) :

$$3Cu + 3SO^4H^2 + 2AzO^3H$$
$$= 3SO^4Cu + Az^2O^2 + 4H^2O;$$

5° on l'obtient encore dans l'opération de l'affinage en décomposant le sulfate d'argent par le cuivre.

Ce sel est d'un beau bleu; cristallisé à la température ordinaire, et dans l'eau qui en est saturée, il se présente sous forme de parallélipipèdes doublement obliques dont les faces font respectivement entre elles des angles de 109°32' — 128°37' — 124°2' (Haüy). Densité, 2,274 (Kopp). La table suivante indique sa solubilité dans l'eau; elle est due à Brandes et Firnhaber :

$t°$	Quantité d'eau à $t°$ qui dissout 1 p. de $SO^4Cu, 5H^2O$.
4°	3,32
19°	2,71
31°	1,84
37°,5	1,7
50°	1,14
62°,5	1,27 (?)
75°	1,07
87°	0,75
100°	0,55
104°	0,47

Le sulfate de cuivre est insoluble dans l'alcool. Il est précipité entièrement de sa solution aqueuse par l'acide acétique monohydraté (Persoz).

Exposés à l'air sec vers 15°, ses cristaux deviennent efflorescents et perdent 2 molécules d'eau. A 100° ils ne retiennent plus qu'une molécule d'eau, qu'ils perdent vers 230° en se transformant en une poudre blanche très-hygrométrique qui bleuit de nouveau en s'hydratant.

Le sulfate anhydre est soluble dans l'acide sulfurique concentré.

On connaît d'autres hydrates du sulfate de cuivre. Le composé SO^4Cu, H^2O s'obtient en desséchant le sulfate ordinaire en poudre dans le vide à 38°. C'est une masse vert blanchâtre, qui perd le reste de son eau et se décolore de 220° à 240°; le composé $SO^4Cu, 2H^2O$ s'obtient comme le précédent en laissant le sulfate ordinaire dans le vide à 20° environ [Graham, *Phil. Magaz.*, t. VI, p. 419].

Le composé $SO^4Cu, 6H^2O$ a été obtenu en octaèdres à base carrée, tronqués parallèlement à la base : ils se forment quand on ajoute à une solution sursaturée du sulfate ordinaire une trace de sulfate de nickel opaque. Ces cristaux se décomposent très-rapidement, souvent au sein du liquide en une masse pâteuse opaque, mais surtout au contact d'un corps sec; enfin l'hydrate, $SO^4Cu, 7H^2O$, se présente en prismes clinorhombiques et se forme en présence de cristaux de sulfate de fer ordinaire. Ces deux modifications sont détruites par le contact d'un cristal de sulfate cuivrique à cinq molécules d'eau [Lecoq de Boisbaudran, *Bull. de la Soc. chim.*, 1867, t. VIII, p. 3].

Les solutions de sulfate de cuivre ont un goût styptique très-désagréable, et sont très-vénéneuses; elles rougissent le tournesol. Chauffé avec l'eau à 250°, le sulfate ordinaire donne du sulfate quadribasique $(SO^4)Cu, 3CuO, 3H^2O$ (Friedel). Chauffé jusqu'au rouge, le sulfate de cuivre, après avoir perdu son eau, donne de l'acide sulfureux, de l'oxygène (Gay-Lussac), et de l'acide sulfurique anhydre (Bussy).

L'hydrogène à chaud en réduit le cuivre; il est réduit aussi par le charbon; doucement chauffé dans l'hydrogène phosphoré, il donne de l'eau, de l'acide sulfureux, du phosphure et des sulfures de cuivre (Rose). Sa solution aqueuse précipite par l'hydrogène sulfuré; le sulfure d'antimoine donne avec lui un sulfoantimoniure; l'acide chlorhydrique aqueux concentré le dissout en formant un liquide vert qui laisse du chlorure cuivrique par l'évaporation. Le sulfate anhydre ou à une molécule d'eau absorbe fortement le gaz chlorhydrique, en s'échauffant, et donnant une masse de couleur chocolat qui dégage tout son acide chlorhydrique par la chaleur, mais qui, dissoute dans l'eau, laisse du chlorure cuivrique et de l'acide sulfurique libre. Le sel à 5 molécules d'eau absorbe aussi l'acide chlorhydrique.

Les chlorures tels que le sel ammoniac, le sel marin, etc., les azotates tels que ceux de soude ou de potasse, etc., donnent avec le sulfate de cuivre des sels doubles, en même temps qu'il se produit du chlorure ou de l'azotate de cuivre. — Voyez plus loin.

Le sulfate de cuivre anhydre absorbe le gaz ammoniac sec (voyez Bases ammoniacales du cuivre). La potasse en quantité insuffisante ou en léger excès en précipite des sulfates basiques insolubles ou peu solubles (voyez plus loin).

Le zinc, le fer, le phosphore précipitent le cuivre de la solution de son sulfate ; le dernier forme en même temps un peu de phosphure de cuivre noir pulvérulent (Wœhler).

Usages. — Le sulfate de cuivre est employé en médecine comme vomitif et escharotique. Il sert à chauler les blés. Il sert à préparer certains sels de cuivre industriels. Il est employé dans la teinture en noir et en marron. On en fait usage dans la galvanoplastie, dans la préparation du *magistral* pour le traitement par amalgamation des minerais d'argent, dans l'affinage de l'argent.

Sulfates basiques de cuivre. — a. *Sulfate bibasique*, SO^4Cu, CuO. — On l'obtient, d'après Roucher, quand on chauffe plusieurs heures le sulfate de cuivre ordinaire dans un creuset de platine au rouge sombre. C'est un corps jaune-orangé, amorphe, pulvérulent. Il ne s'altère pas à l'air sec, il absorbe peu à peu l'humidité ambiante, et se transforme en un mélange de sulfate neutre et tribasique. Traité par l'eau, ce sulfate donnerait un sulfate quadribasique trihydraté et deux autres sels polybasiques.

b. *Sulfate tribasique*, $SO^4Cu, 2CuO + 2H^2O$. — D'après Smith, ce sel peut s'obtenir en faisant bouillir du sulfate de cuivre en léger excès avec l'oxyde, ou en traitant par l'oxyde de zinc ou de potasse en quantité insuffisante le sulfate cuprique et faisant bouillir. Il se présente sous la forme d'une poudre d'un vert pâle. Le sulfate tribasique que l'on obtiendrait en laissant le sulfate bibasique sec s'hydrater à l'air aurait pour formule $[(SO^4Cu)2CuO]^2 + 5H^2O$.

c. *Sulfate quadribasique*,

$$(SO^4Cu).3CuO + H^2O.$$

— On en connaît plusieurs modifications. On peut préparer le sulfate $(SO^4Cu)3CuO + 4H^2O$ en mêlant à froid une solution de sulfate neutre de cuivre avec de l'hydrate d'oxyde de cuivre exempt d'alcali, ou en décomposant par une longue ébullition le sulfate de cuivre ammoniacal (Smith). Ce sel perd 1 molécule d'eau quand on le porte à 240°.

Le précipité d'un bleu pâle qui se produit quand on traite une solution étendue de sulfate de cuivre par une solution également étendue de potasse en s'arrêtant au moment où la réaction devient alcaline, a pour formule $SO^4Cu, 3CuO, 5H^2O$.

Si la potasse est en quantité insuffisante pour que le papier de tournesol soit bleui, le précipité qui se forme est un sulfate intermédiaire ou tribasique ou quadribasique et très-probablement un mélange des deux [Berzelius, *Jahresb.*, t. XI, p. 176].

Il existe au Mexique et en Islande un sulfate quadribasique naturel : c'est la *brochantite* (voyez ce mot). Il a été étudié par Proust [*N. Behl.*, t. II, p. 54], Kühn [*Schweigger's*, t. LX, p. 343], Magnus [*Pogg.*, t. XIV, p. 141], Berthier [*Ann. de Chim. et de Phys.*, t. L, p. 360]. Les analyses qui en ont été faites varient entre les trois formules

$$SO^4Cu, 3CuO + 4H^2O,$$
$$SO^4Cu, 3CuO + 3H^2O,$$
$$SO^4Cu, 2CuO + 3H^2O,$$

cette dernière formule étant celle de la *langite* de M. Maskelyne.

Le sulfate de cuivre quadribasique se présente sous forme d'une poudre verte, insoluble dans l'eau et ne se combinant plus à l'acide sulfurique. Il ne se décompose pas à 100°. Il commence à se déshydrater vers 149°, puis plus haut complétement et devient alors vert-olive ; enfin il se transforme en sulfate neutre et oxyde de cuivre. M. Friedel, en chauffant à 250° le sulfate de cuivre avec l'eau, a obtenu le sulfate basique

$$(SO^4)Cu, 3CuO, 3H^2O$$

(c'est la *brochantite*) [*Bull. de la Soc. chim.*, 1860].

d. *Sulfate pentabasique*,

$$(SO^4Cu)4CuO + 5H^2O.$$

— D'après Smith, en précipitant du sulfate de cuivre par de la potasse caustique en léger excès, on peut obtenir un sulfate qui aurait cette composition.

e. *Sulfate octobasique*,

$$SO^4Cu, 8CuO + 12H^2O.$$

— D'après Kane, ce sulfate basique s'obtiendrait en faisant bouillir une solution de sulfate de cuivre avec la potasse en quantité insuffisante pour que la liqueur soit alcaline [*Ann. de Chim. et de Phys.*, t. LXXII, p. 269].

C'est une poudre vert-pomme qui commence à se déshydrater à 149° en devenant bleue. Le sel anhydre s'hydrate de nouveau avec l'eau.

f. Suivant Reindel [*Journ. für prakt. Chem.*, t. C, p. 1], le sulfate basique qui se forme quand on ajoute un peu de potasse à du sulfate de cuivre bouillant aurait pour formule

$$2SO^4Cu, 5CuO, 5H^2O.$$

Il résiste à 200° et perd à 250° 2 molécules d'eau. Par une plus forte calcination la molécule donne du sulfate de cuivre.

On a dit plus haut que dans ces mêmes conditions on pouvait obtenir un sulfate tribasique, un mélange de tribasique et tétrabasique : il est donc très-probable que les sulfates polybasiques ainsi obtenus sont des mélanges qui ne deviennent des composés bien définis que dans des conditions mal déterminées encore pour quelques-uns.

Sulfates doubles de cuivre. — *Sulfate de cuivre et d'ammoniaque*,

$$SO^4, (AzH^4)^2, SO^4Cu + 6H^2O.$$

— On l'obtient en mélangeant les deux sels et faisant cristalliser. Sel bleu, assez soluble. Forme du sulfate ammoniaco-magnésien. Ces cristaux efflorescents fondent par la chaleur en une liqueur bleue et donnent de l'eau et du sulfate ammonique.

Sulfate de cuivre et de potassium,

$$SO^4Cu, SO^4K^2 + 6H^2O.$$

— Pour l'obtenir, on dissout le carbonate ou l'oxyde de cuivre dans le bisulfate de potasse, on on mêle les deux sulfates. Cristaux isomorphes avec le sulfate double ammoniaco-magnésien, qui fondent par la chaleur en perdant un peu d'acide.

En faisant bouillir cette solution, on obtient une poudre verte cristalline, laquelle est un sulfate basique qui a pour formule

$$3(SO^4Cu), SO^4K^2, CuO + 4H^2O$$

Mais il paraîtrait que ce sel est un mélange de deux sulfates basiques [Brunner, *Poggend. Ann.*, t. XV, p. 476, et t. XXXII, p. 221].

Sulfate de cuivre et de sodium,

$$SO^4Cu, SO^4Na^2, 2H^2O.$$

— Il s'obtient en mêlant le bisulfate de soude au sulfate de cuivre et recueillant les petits cristaux bleus qui se déposent à la fin. Ce sel se déshydrate aisément, fond sans se décomposer. Il est efflorescent et se décompose peu à peu dans l'eau en ses deux sels [Graham, *Phil. Mag.*, t. IV, p. 470].

Sulfate de cuivre et de magnésium. — En présence d'un excès de sulfate de magnésie, le mélange des deux sels cristallise en un sulfate double ayant la forme du sulfate de fer et dont la formule est $SO^4Cu, SO^4Mg + 7H^2O$; en présence d'un excès de sulfate de cuivre, il se produit un sel double ayant la forme cristalline du sulfate de cuivre, $SO^4Cu, SO^4Mg + 5H^2O$ (Mitscherlich).

Sulfate de cuivre, de magnésium et d'ammonium,

$$[SO^4Cu, SO^4(AzH^4)^2 + 6H^2O]$$
$$[SO^4Mg, SO^4(AzH^4)^2 + 6H^2O].$$

— Cristaux bleu pâle qui se forment en mélangeant les deux sulfates ammoniaco-magnésien et ammoniaco-cuprique. Forme cristalline du sulfate ammoniaco-magnésien [Beste, *Ann. Pharm.*, t. XIV, p. 284].

Sulfate basique de cuivre et de calcium. — C'est la *lyellite* (voyez ce mot). Sa formule est

$$SO^4Ca, SO^4Cu, 4CuO + 6H^2O.$$

Sulfate de cuivre et de ferrosum. — On l'obtient en traitant par l'eau le résultat de la calcination des pyrites cuivreuses et ferrugineuses. Il a la forme cristalline et l'eau d'hydratation de celui des deux sulfates qui a été en excès pendant la cristallisation. Bleu ou vert selon l'excès de l'un ou de l'autre.

Sulfate de cuivre et de nickel. — Il se forme comme le précédent, et comme lui et dans les mêmes circonstances il se présente sous deux formes cristallines, correspondant à deux états d'hydratation. L'eau le dédouble peu à peu.

Sulfate de cuivre, de nickel et de potassium,

$$(SO^4Cu, SO^4K^2, 6H^2O)\ (SO^4Ni, SO^4K^2, 6H^2O)$$

[Bette, *loc. cit.*]. — Ce double sulfate double s'obtient en mélangeant et évaporant les deux sulfates doubles qui le forment. Il se dissout dans 4 p. d'eau.

SULFITES DE CUIVRE. — On ne connaît d'une manière certaine ni sulfites cuivreux, ni sulfites cuivriques, mais seulement des sels doubles cuivroso-cuivriques qui ont été particulièrement étudiés par Péan de Saint-Gilles [*Ann. de Chim. et de Phys.*, (3), t. XLII, p. 23].

SULFITE CUIVRIQUE. — Berthier, en traitant le carbonate cuivrique par une solution froide d'acide sulfureux, a obtenu une liqueur verte qui paraît contenir ce sel; si on l'évapore, elle se décompose en un mélange de sulfite cuivreux et de sulfate cuivrique.

SULFITES CUIVROSO-CUIVRIQUES. — a. *Sulfite jaune*, $SO^3Cu^2, SO^3Cu'' + 5H^2O$. — On obtient ce composé en versant goutte à goutte de l'acide sulfureux dans une solution d'acétate cuivrique.

Il est amorphe, jaune verdâtre, soluble dans les acides acétique et sulfureux étendus.

La potasse le transforme en un mélange de protoxyde et de deutoxyde de cuivre. L'ammoniaque le dissout en donnant une teinte bleu foncé.

b. *Sulfite rouge*, $SO^3Cu^2, SO^3Cu'', 2H^2O$. — Il a été découvert par Chevreul, analysé et étudié par Rammelsberg et Péan de Saint-Gilles. Il s'obtient quand le sel précédent est laissé longtemps au contact de l'acide sulfureux. Il est rouge-cochenille, cristallin, insoluble dans l'eau et les acides étendus. Les acides acétique et sulfureux en excès le dissolvent et le laissent déposer en aiguilles ou octaèdres.

La potasse le transforme en un mélange de deutoxyde et de protoxyde de cuivre.

COMBINAISONS DOUBLES DES SULFITES DE CUIVRE. — Ces composés, incolores et peu solubles, s'obtiennent par l'action des sulfites alcalins sur les sels cuivriques ou cuivreux. En s'altérant à l'air humide, ils donnent naissance aux composés précédents; ils sont très-oxydables.

a. $SO^3Cu^2, 7SO^3(AzH^4)^2 10H^2O$ [Péan de Saint-Gilles, *loc. cit.*]. — On l'obtient en traitant le chlorure cuivreux par le sulfite ammonique en grand excès. Il se précipite une masse de paillettes blanches. Prismes à 4 pans.

b. $SO^3Cu^2, SO^3(AzH^4)^2$ [Togojski, *Compt. rend. de l'Acad. des sciences*, 1851]. — Si, dans le sel précédent, on fait passer un courant d'acide sulfureux, on obtient un précipité blanc cristallin qui cristallise en prismes droits rhomboïdaux possédant la composition précédente.

Vohl [*Journ. für prakt. Chem.*, t. XCV, p. 218] obtiendrait un sel de même formule en dissolvant l'azotate ou le sulfate cuivrique dans un grand excès d'ammoniaque, puis ajoutant peu à peu du sulfate ammonique et faisant bouillir jusqu'à décoloration de la liqueur. On sursature alors par l'acide acétique et on laisse refroidir à l'abri de l'air. Le sel double $SO^3Cu^2, SO^3(AzH^4)^2$ se dépose par le refroidissement en belles lames hexagonales.

c et *d.* $SO^3Cu^2, 8SO^3K^2$ et SO^3Cu^2, SO^3K^2.

— Ces deux sels, analogues aux précédents, ont été obtenus, le premier par Rammelsberg, le second par Péan de Saint-Gilles, en remplaçant le sulfite ammonique par le sulfite de potasse dans la préparation des sels précédents. Ils sont plus difficiles à obtenir. Mêmes propriétés générales.

e. $SO^3Cu^2, SO^3Cu'' SO^3Cu^2, SO^3(AzH^4)^2 + 5H^2O$.

— Sel double obtenu par Péan de Saint-Gilles [*loc. cit.*] en mélangeant deux solutions de sulfite d'ammoniaque et de sulfate de cuivre saturées d'acide sulfureux. Cristaux vert clair qui se produisent au bout d'un certain temps. L'ébullition les décompose.

f. $SO^3Cu^2, SO^3K^2; SO^3Cu^2, SO^3K^2 + 5H^2O$.

— S'obtient comme le précédent, mais plus difficilement. Le sel de soude n'a pu être obtenu.

SULFOANTIMONIATE DE CUIVRE. — Voyez ANTIMOINE).

SULFOARSÉNITES DE CUIVRE [Berzelius, *Pogg. Ann.*, t. VII, p. 29; Anthon, *Répert.*, t. LXXVI, p. 125].

a. $2CuS, As^2S^3$. — On obtient ce composé en ajoutant du sulfoarsénite neutre de sodium à un sel de cuivre; c'est un précipité brun noirâtre qui, quand on le chauffe, dégage d'abord du soufre, puis du sulfure d'arsenic As^2S^3, et laisse une substance gris métallique spongieuse.

b. $3CuS, As^2S^3$. — S'obtient sous forme de flocons brun clair quand on ajoute de l'acide chlorhydrique aux eaux mères rouge-hyacinthe du sel suivant.

c. $12CuS, As^2S^3$. — Se produit quand on ajoute de l'hydrate de cuivre à une solution de sulfoarsénite de potasse tant que la teinte de la liqueur s'altère. Masse brune insoluble.

d. La *tennantite* (voyez ce mot) est un sulfoarsénite naturel qui a une composition analogue à celle de la panabase.

SULFOARSÉNIATE DE CUIVRE, $2CuS, As^2S^5$. — Précipité brun qui se forme quand on traite un sel de cuivre par le sulfoarséniate de soude ou quand on fait passer de l'hydrogène sulfuré à travers une solution acide d'arséniate de cuivre. En présence du persulfure d'arsenic, le sulfure de cuivre se dissout en assez grande quantité dans le sulfure ammonique. L'ammoniaque diluée en extrait en partie le sulfure arsénique; l'ammoniaque concentrée dissout aussi un peu du sulfure de cuivre.

SULFOCARBONATE DE CUIVRE. — Précipité brun presque noir, soluble dans un excès du précipitant. Sa formule est CS^3Cu. Il donne, quand on le soumet à la distillation, d'abord du sulfure de carbone, puis du soufre et du protosulfure de cuivre.

SULFOPHOSPHITES DE CUIVRE. — Ces combinaisons sont dues à Berzelius [*Ann. der Chem. u. Pharm.*, t. IV, p. 0].

Hyposulfophosphite cuivreux, P^2S, Cu^2S. — On l'obtient en portant au rouge l'hyposulfophosphite cuivrique P^2S, CuS (voyez plus loin). C'est une substance brun-marron. On peut l'obtenir aussi par l'action du sulfure P^2S sur le chlorure cuivreux ammoniacal.

Hyposulfophosphite dicuivreux, $P^2S, 2Cu^2S$. — On le produit en chauffant au rouge naissant le sulfophosphite dicuivreux $P^2S^3.2Cu^2S$. Poudre rouge-brun.

Sulfophosphite dicuivreux, $P^2S^3.2Cu^2S$. — On précipite du bisulfure de cuivre de son sulfate par le foie de soufre. On le sèche dans le vide et on le chauffe avec le sulfure de phosphore PS. On chasse l'excès de ce dernier par la chaleur au-dessous du rouge et l'hydrogène. On obtient une poudre jaune brunâtre qui se décompose au rouge naissant en donnant le corps précédent. Elle s'enflamme à l'air en donnant des acides phosphorique et sulfureux.

Hyposulfophosphite cuivrique, P^2S, CuS. — Le sulfure de cuivre sec CuS est chauffé avec le sulfure de phosphore. Quand la réaction commence, elle est si puissante que l'excès de sulfure de phosphore distille. Poudre brun noirâtre; elle brûle si on la chauffe à l'air. Chauffée au rouge, elle donne le corps ci-dessus décrit $P^2S.Cu^2S$. Elle semble se dissoudre un peu dans l'acide chlorhydrique concentré, mais l'eau en précipite des flocons bruns exempts de cuivre.

Sulfophosphate dicuivrique, $P^2S^5, 2CuS$. — On l'obtient en chauffant doucement 2 molécules $CuS.P^2S$ avec 4 atomes de soufre :

$$2(Cu''S, P^2S) + 4S = 2CuS.P^2S^5 + P^2S.$$

Le sulfure P^2S distille. Si on chauffe trop, on obtient la combinaison suivante.

Sulfophosphate octocuivrique, $P^2S^5, 8CuS$. — C'est une poudre jaune.

SULFOTUNGSTATE DE CUIVRE. — Voyez TUNGSTÈNE.

TELLURATE DE CUIVRE. — Le tellurate neutre TeO^4Cu s'obtient par double décomposition. Précipité volumineux, demi-transparent, verdâtre. Le tellurate acide $(TeO^4)^2Cu, H^2$ est aussi insoluble et s'obtient avec les bitellurates; il est vert pâle (Berzelius).

TELLURITE DE CUIVRE, $TeO^3Cu + nH^2O$. — On l'obtient par double décomposition; c'est une poudre d'un beau vert semblable au vert de Scheele. Il est insoluble dans l'eau. Si on le chauffe, il perd son eau, noircit, fond, et se solidifie en une masse noire à fracture vitreuse, à poussière grise. La flamme réductrice le transforme en tellurure de cuivre.

TUNGSTATE DE CUIVRE. — Voyez TUNGSTIQUE (ACIDE).

VANADATE DE CUIVRE. — Voyez VANADIQUE (ACIDE).

A. G.

CUIVRE (BASES AMMONIACALES DU). — La nombreuse série des bases ammoniacales du cuivre présente dans les diverses combinaisons qui y entrent une telle variété de composition qu'elle n'a pu encore être classée d'une manière rationnelle, chaque auteur s'étant tout d'abord avec raison plutôt astreint à décrire les sels qu'il a découverts qu'à les faire entrer dans une classification méthodique. Maintenant que le nombre de ces composés est devenu très-grand et que les idées de la saturation réciproque des éléments et de la loi qui préside à la complication des formules où entrent les corps polyatomiques nous sont désormais acquises, nous devons entreprendre de classer ces composés.

Il existe d'abord deux catégories répondant aux sels cuivreux et cuivriques; l'une et l'autre donnent avec l'ammoniaque des combinaisons analogues; elles ne présentent rien de distinct, sinon que, par les actions dissociantes (*chaleur, eau*), leurs composés reproduisent des sels cuivreux ou cuivriques. Le groupement diatomique

$$Cu^2 = (Cu\text{-}Cu)'',$$

qui représente le cuprosum, s'y conduit exactement comme l'atome Cu.

Si l'on prend l'une de ces deux catégories, celle des sels cuivriques par exemple, on voit que l'ammoniaque peut en général se combiner à ces sels anhydres ou hydratés en plusieurs proportions; ainsi, selon qu'on se place dans telles ou telles conditions que nous allons donner pour chacun d'eux, on obtient les composés :

$$CuR^2, AzH^3, \quad CuR^2, 2AzH^3, \quad CuR^2, 4AzH^3, \quad CuR^2, 6AzH^3;$$

ainsi, avec le sulfate

$$CuSO^4.AzH^3, \quad CuSO^4, 2AzH^3, \quad CuSO^4, 4AzH^3, \quad CuSO^4 5AzH^3;$$

1, 2, 3, 4, 5 molécules d'ammoniaque peuvent donc s'unir successivement à 1 molécule d'un sel de cuivre; or l'étude des combinaisons polyéthyléniques en particulier nous a appris que dans ce cas chaque reste diatomique (tel que $(Az^vH^3)''$) peut se surajouter à lui-même indéfiniment et conserver son atomicité primitive. Ainsi l'on a

$$(AzH^3)''; \quad (AzH^3\text{-}AzH^3)''; \quad (AzH^3\text{-}AzH^3\text{-}AzH^3)''.$$

L'ammoniaque s'unissant aux sels de cuivre en toutes proportions selon les conditions où l'on se place, il y a donc lieu de penser, et on le démontrera plus clairement encore tout à l'heure, que c'est d'après ce mécanisme que AzH^3 vient ainsi se surajouter successivement.

Or ces combinaisons polyammoniacales du cuivre ont ceci de remarquable que, lorsqu'on les chauffe, elles perdent aisément une portion de leur ammoniaque, qu'il reste 2 ou 1 molécule de AzH^3 pour 1 atome de cuivre. Soit le sulfate $5AzH^3, SO^4Cu$: si on le chauffe un peu au-dessous de 149°, il perd $3AzH^3$ pour donner $3AzH^3.SO^4Cu$, et au-dessus de cette température il laisse le corps

$$AzH^3, SO^4Cu;$$

à leur tour, tous ces corps, chauffés davantage encore, dégagent de l'azote et donnent du cuivre métallique; les diverses molécules supplémentaires AzH^3 sont donc faiblement unies entre elles, comme nous l'avons dit plus haut, mais la dernière ou les deux dernières sont plus directement unies au cuivre, et la première combinaison, sur laquelle s'édifient toutes les autres, dérive d'un radical cuproammoniacal

$$\left(Az^v \begin{matrix} H \\ H \\ H \\ Cu'' \end{matrix}\right)'' = \begin{matrix} \text{-Az-Cu-} \\ H^3 \end{matrix}$$

où l'ammonium est complété par $\frac{1}{2}Cu''$.

Son chlorure sera

$$\dot{Az}\left.\begin{matrix}H^3\\Cu\end{matrix}\right\}Cl^2$$

et son sulfate

$$\dot{Az}\left.\begin{matrix}H^3\\Cu\end{matrix}\right\}SO^4,$$

le corps avec $2\,AzH^3$ sera

$$\left(\begin{matrix}Az\left\{\begin{matrix}H^3\\Cu''\end{matrix}\right.\\Az\left\}H^3\right.\end{matrix}\right)''Cl^2 \text{ ou } \left.\begin{matrix}\left(\begin{matrix}AzH^3\\AzH^3\end{matrix}\right)''\\Cu\end{matrix}\right\}Cl^2 = 2\,AzH^3, CuCl^2$$

et les composés suivants deviendront

$$\left.\begin{matrix}(3\,AzH^3)''\\Cu\end{matrix}\right\}Cl^2; \quad \left.\begin{matrix}(4\,AzH^3)''\\Cu\end{matrix}\right\}Cl^2.$$

Mais là ne s'arrête pas la complication de ces corps; il existe des composés tels que

$$4\,AzH^3, 3\,CuO \quad \text{ou} \quad 4\,AzH^3, CuO, 2\,CuCl^2$$

où l'on ne s'expliquerait pas aisément l'union des molécules composantes sans admettre que, comme tous les sels ammoniacaux, les corps dont nous venons de parler peuvent former des combinaisons doubles. Dans cette manière de voir les deux formules précédentes deviennent

$$2\left(\begin{matrix}Az\left\}\begin{matrix}H^3\\Cu.O\end{matrix}\right.\\Az\left\}H^3\right.\end{matrix}\right)CuO \quad \text{et} \quad 2\left(\begin{matrix}Az\left|\begin{matrix}H^3\\Cu.Cl^2\end{matrix}\right.\\Az\left|H^3\right.\end{matrix}\right)CuO.$$

L'expérience a prouvé que tous ces sels peuvent se combiner à une quantité d'oxacide ou d'hydracide telle qu'elle sature la quantité d'ammoniaque qui y entre. Ainsi les composés

$$AzH^3, CuCl^2,$$
$$2\,AzH^3, CuCl^2,$$
$$4\,AzH^3, CuCl^2,$$

donnent les chlorhydrates

$$AzH^3, CuCl^2, HCl,$$
$$2\,AzH^3, CuCl^2, 2\,HCl,$$
$$4\,AzH^3, CuCl^2, 4\,HCl.$$

Mais remarquons que ces nouveaux composés ne sont plus de véritables combinaisons cuproammoniacales, mais bien de vraies combinaisons doubles de sels ammoniacaux et des sels de cuivre, et que nous devons les écrire :

$$AzH^4Cl, CuCl^2,$$
$$(AzH^4Cl)^2CuCl^2,$$
$$(AzH^4Cl)^4, CuCl^2,$$

car ces combinaisons correspondent par leurs propriétés aux sels doubles formés directement.

D'ailleurs, soit sous l'influence des hydracides soit sous celle des oxacides, soit même sous l'influence de l'eau, les combinaisons cuproammoniques tendent à se transformer soit en un sel double ammoniacal, soit en un mélange de deux sels .L'eau peut quelquefois les dissoudre, il est vrai, mais son action dissociante doit être balancée en général par un grand excès d'ammoniaque ou par le refroidissement. C'est ainsi que le composé $5\,AzH^3, CuBr^2$ se dissout entièrement dans l'eau et peut y cristalliser; mais si on ajoute une grande quantité de cette dernière, ou si l'on chauffe, la dissociation a lieu, et le corps se transformant d'abord en un mélange $CuBr^2 + 5\,AzH^3$, l'ammoniaque agit ensuite et donne du bromure d'ammonium et de l'hydrate de cuivre.

En divisant ces corps en classes naturelles, nous venons de dire les propriétés générales de ces classes; nous allons décrire maintenant successivement ces divers composés à l'état de bromures, chlorures, sulfates. L'ordre alphabétique facilitera les recherches.

Arséniate cuproammonique. — Quand on ajoute de l'ammoniaque à la liqueur où l'on a précipité l'arséniate de cuivre de façon à dissoudre tout le précipité et qu'on évapore ensuite doucement, on obtient des cristaux dont la composition répond à la formule

$$6\,AzH^3, H^4Cu(AsO^4)^2, 2\,H^2O.$$

Ces cristaux sont permanents à l'air, mais au soleil ou à la température de 300° ils se décomposent en dégageant de l'ammoniaque et donnent de l'arsénite d'ammoniaque.

Arsénite cuproammonique. — L'ammoniaque dissout l'arsénite de cuivre, la solution est d'un beau bleu, et laisse à la température ordinaire cristalliser, quand on ajoute de l'alcool, des prismes bleus, peu solubles, dont la composition est $(CuO)^3, Az^2O^3, 6\,AsH^3 + 4\,H^2O$ et dont la constitution est représentée par la formule

$$(2\,AsO^3)^{VI}\;3\left[\begin{matrix}\left(\begin{matrix}AzH^3\\AzH^3\end{matrix}\right)''\\Cu\end{matrix}\right]'' + 4\,H^2O.$$

Si on évapore à l'air libre, on obtient de l'arsénite (Girard).

Azotate cuproammonique. — On l'obtient en saturant par le gaz ammoniac une solution concentrée et chaude d'azotate de cuivre et laissant cristalliser la solution par refroidissement. La formule de ces cristaux est

$$4\,AzH^3, Cu\,2\,AzO^3 \quad \text{ou} \quad (AzO^3)^2\left(\begin{matrix}AzH^3\\AzH^3\\Cu\end{matrix}\right)'',$$

cristaux bleus qui dégagent de l'ammoniaque quand on les chauffe. Ils font explosion à une température un peu élevée. Ils se dissolvent aisément dans l'eau. Quelques gouttes d'acide en précipitent de l'azotate basique de cuivre. Ces cristaux, découverts par Kane, ont été depuis étudiés par Marignac [*Compt. rend*, t. XLV, p. 650]. Ils forment des cristaux orthorhombiques où dominent les faces m, h^1, a^1 avec les angles $mm = 122°35'$, a^1a^1 sur l'axe principal 115° 10'.

Bromures cuproammoniques [Rammelsberg, *Poggend. Ann.*, t. LV, p. 246]. — On en connaît deux. Le gaz ammoniac, en agissant sur le bromure cuprique, donne naissance à la combinaison

$$CuBr^2, 5\,AzH^3 + n\,H^2O \quad \text{ou} \quad \left.\begin{matrix}5\,AzH^3\\Cu\end{matrix}\right\}Br^2 + n\,H^2O,$$

poudre bleue qui dégage de l'ammoniaque quand on la chauffe. Elle peut se dissoudre dans une petite quantité d'eau; mais si on étend sa solution ou si on la chauffe, elle donne du bromure ammonique et de l'hydrate cuprique.

Le composé

$$CuBr^2, 3\,AzH^3 + n\,H^2O = \left.\begin{matrix}3\,AzH^3\\Cu\end{matrix}\right\}Br^2 + n\,H^2O$$

s'obtient en mélangeant de l'ammoniaque à une certaine quantité de bromure cuprique jusqu'à ce que la solution soit complète, puis ajoutant de l'alcool. Petits cristaux bleu sombre qui dégagent de l'ammoniaque quand on les chauffe, et se dédoublent par l'eau comme le précédent.

Bromate cuprammonique,

$$(BrO^3)^2Cu, 2\,AzH^3 = (BrO^3)^2\left(\begin{matrix}AzH^3\\AzH^3\\Cu''\end{matrix}\right).$$

Poudre cristalline bleu foncé qui se sépare quand on ajoute de l'alcool à une solution de bromate cuprique dans l'ammoniaque. Elle est un peu soluble dans l'eau qui la décompose, quand elle est en grand excès, en précipitant un bromate basique.

Carbonate cuproammonique. — On a obtenu un carbonate cuproammonique en dissolvant les carbonates de cuivre dans du carbonate d'ammoniaque ou en laissant le cuivre métallique ou bien son oxyde au contact de l'air et du carbonate ammonique et versant dans la solution une certaine quantité d'alcool [Bischoff, *Schw.*, t. LXIV, p. 72]. Favre donne à ce composé la composition

$$CO^3Cu, 2AzH^3 \text{ ou } (CO^3)'' \left\{ \begin{array}{l} AzH^3 \\ AzH^3 \\ Cu''. \end{array} \right.$$

Grandes aiguilles bleu foncé que l'eau décompose rapidement en carbonate ammonique et carbonates basiques de cuivre.

CHLORURES CUPROSOAMMONIQUES. — L'ammoniaque dissout aisément le chlorure cuivreux; la solution faite à l'abri de l'air est incolore; elle bleuit rapidement à l'air; c'est un désoxydant des plus énergiques; il réduit immédiatement tout l'argent de son azotate (Millon et Commaille). Ces combinaisons, observées depuis longtemps par Proust, Leblanc, Boettger, Arnould, ont été plus spécialement étudiées par M. Dehérain [*Compt. rend.*, t. LV, p. 807 ; *Bull. de la Soc. chim.*, p. 11].

Le gaz ammoniac sec forme, suivant la température, trois combinaisons en agissant sur le chlorure cuivreux.

Quand on chauffe légèrement, on obtient une combinaison noire non cristalline dont la formule est

$$Cu^2Cl^2AzH^3 \text{ ou } \left. \begin{array}{c} AzH^3 \\ (Cu^2)'' \end{array} \right\} Cl^2.$$

Celle-ci, dissoute dans l'acide chlorhydrique, donne le sel Cu^2Cl^2, AzH^3, HCl ou AzH^4Cl, Cu^2Cl^2. En agissant à froid, l'ammoniaque donne la combinaison

$$Cu^2Cl^2, 2AzH^3 \text{ ou } \left(\begin{array}{c} AzH^3 \\ AzH^3 \\ (Cu^2)'' \end{array} \right)'' Cl^2$$

(chlorure de cuprosodiammonium), qui, avec l'acide chlorhydrique, produit le sel

$$Cu^2Cl^2, 2AzH^3, 2HCl \text{ ou } 2AzH^4Cl, Cu^2Cl^2.$$

Ce sont de belles aiguilles blanches qu'on ne peut conserver que dans leurs eaux mères, tant elles s'altèrent aisément. En continuant longtemps l'action du gaz ammoniac, il se forme un composé très-peu stable dont la formule probable est

$$Cu^2Cl^2, 4AzH^3,$$

car, en le traitant par l'acide chlorhydrique, Arnould en a obtenu le sel chlorhydrique correspondant $Cu^2Cl^2, 4AzH^3, 4HCl + H^2O$.

Quand on fait bouillir le chlorhydrate d'ammoniaque avec l'oxyde de cuivre et le cuivre en excès, on obtient des paillettes incolores qui ont pour formule $Cu^2Cl^2, 2AzH^3, 2H^2O$ correspondant au composé décrit ci-dessus $Cu^2Cl^2, 2AzH^3, 2HCl$, composé qu'elles reproduisent quand on les traite par l'acide chlorhydrique. Il se forme en même temps dans cette préparation des paillettes violettes dont la composition est

$$Cu^2Cl^2, CuCl^2, 2AzH^3 + 2H^2O.$$

CHLORURES CUPRICOAMMONIQUES. — Quand on fait passer le gaz ammoniac sec sur le chlorure cuivrique sec à la température ordinaire, il se forme le composé bleu

$$CuCl^2, 6AzH^3 \text{ ou } \left(\begin{array}{c} 6AzH^3 \\ Cu \end{array} \right)'' Cl^2.$$

A l'air, ce composé perd une partie de son ammoniaque et redevient vert. Chauffé à 140°, il perd 2 molécules AzH^3 et laisse une poudre vert-pomme qui a pour formule

$$CuCl^2, 2AzH^3 \text{ ou } \left(\begin{array}{c} AzH^3 \\ AzH^3 \\ Cu'' \end{array} \right)'' Cl^2$$

(chlorure de cuprodiammonium); à une plus haute température, celui-ci donne du sel ammoniac, de l'azote et du chlorure cuivreux (H. Rose et R. Kane).

Quand on verse une solution concentrée de bichlorure de platine dans le protochlorure de cuivre ammoniacal, on obtient un précipité cristallin violet qui, séché, a pour formule

$$CuCl^2, 2AzH^3, PtCl^4, 2AzH^3$$

[Millon et Commaille, *Compt. rend.*, t. VII, p. 820].

Quand on fait passer du gaz ammoniac à travers du chlorure cuivrique jusqu'à ce que le précipité formé d'abord se redissolve, il se produit l'hydrate $CuCl^2, 6AzH^3, H^2O$. Il cristallise par refroidissement (Kane). On peut obtenir aussi le composé $Cu^2Cl^2, 4AzH^3 + nH^2O$ en faisant passer à refus le gaz ammoniac à travers une solution saturée de chlorure cuprique. La chaleur en chasse $2AzH^3$ à 149°. Octaèdres bleus.

HYPOSULFATE CUPRICOAMMONIQUE. — On obtient un composé qui a pour formule $(S^2O^6)Cu.4AzH^3$ en prismes tabulaires bleu violacé en sursaturant par l'ammoniaque la solution de l'hyposulfate de cuivre (Heeren).

HYPOSULFITE CUPRICOAMMONIQUE. — D'après Schütte [*Compt. rend.*, t. XLII, p. 1207], quand on ajoute de l'hyposulfite de soude à une solution ammoniacale d'un sel cuprique, on obtient de petites aiguilles violettes qui ont pour formule $(S^2O^3)^3[Na^2(Cu^2)''Cu'']AzH^3$. Ces cristaux sont permanents à l'air, mais la chaleur et l'eau chaude en excès en dégagent l'ammoniaque. Peltzer [*Ann. der Chem. u. Pharm.*, t. CXXVI, p. 351, et t. CXXVIII, p. 187], en mélangeant 5 volumes égaux de solutions ammoniacales saturées de sulfate de cuivre et d'hyposulfite de soude, a obtenu un sel en aiguilles bleu foncé ou en poudre violette, auquel il a trouvé la composition

$$(S^2O^3)^4[(Cu^2)''Cu'', Na^4]\ 2AzH^3.$$

Il se dissout dans l'ammoniaque et la solution d'hyposulfite de soude, mais l'eau pure et chaude le décompose. La potasse en précipite les oxydes cuivreux et cuivrique. L'alcool précipite de sa solution un composé jaune canari assez stable exempt d'ammoniaque. Le nitrate d'argent est réduit par lui; l'acide acétique donne avec ce composé une liqueur de couleur jaune verdâtre.

IODURE CUPRICOAMMONIQUE. — Quand on expose pendant quelque temps à l'air de l'iodure cuivreux mouillé d'ammoniaque, puis qu'on dissout dans l'eau et qu'on ajoute de l'alcool, il se précipite de petits tétraèdres bleu foncé qui ont pour formule $CuI^2, 4AzH^3, H^2O$ [Rammelsberg, *Poggend. Ann.*, t. XLVIII, p. 162]. Le même composé s'obtient, d'après Berthemot, quand on mêle une solution ammoniacale concentrée de chlorure cuprique avec l'iodure de potassium. Ce corps se dissout sans se décomposer dans l'ammoniaque et l'eau, mais une grande quantité de celle-ci le détruit et en sépare un oxyiodure vert, qui se produit aussi quand on laisse ce corps exposé à l'air. Si on le chauffe, il dégage de l'ammoniaque, de l'iodure d'ammonium, et détone en laissant un résidu rouge contenant de l'iodure cuivreux.

IODURE CUPROSOAMMONIQUE [Levol, *Journ. de Pharm.*, (3), t. IV, p. 328]. — Quand on agite fréquemment dans un flacon fermé un mélange de cuivre en copeaux, d'un sel cuivrique et d'ammoniaque en grand excès, le liquide se décolore; si on le verse alors dans une solution d'iodure de potassium, il se sépare de l'iodure cuprosoammonique sous forme de petites aiguilles ou de poudre cristalline blanche. Exposé à l'air ou desséché, ce corps dégage son ammoniaque. Il a pour formule $Cu^2I^2, 4AzH^3 + nH^2O$.

Iodate cupricoammonique. — Berzelius, en saturant à chaud par l'ammoniaque une solution concentrée d'iodate de cuivre, a obtenu le composé $(IO^3)^2Cu, 4AzH^3, 3H^2O$, en prismes bleu foncé. La chaleur le décompose en ammoniaque, iode, azote. L'eau le détruit, et le sel longtemps lavé ne contient plus d'acide iodique [Rammelsberg, *Poggend. Ann.*, t. XLIV, p. 569].

Oxydes cuprammoniques. — L'ammoniaque forme avec l'oxyde de cuivre divers composés; il paraît toutefois que la présence d'une faible quantité de sel ammoniac est nécessaire pour commencer la réaction. Ces composés, comme les précédents, perdent tous partiellement l'ammoniaque par la chaleur, puis dégagent de l'azote et donnent du cuivre réduit. Le cobalt, le fer, le zinc, le phosphore en précipitent le cuivre; elles dissolvent la cellulose, mais il paraîtrait que cette solution n'est pas réelle et consiste seulement en un gonflement comme pour l'amidon; les acides, le sucre, la gomme en reprécipitent la cellulose [Schweigger, *Journ. prakt. Chem.*, t. LXXII, p. 109, t. LXXVI, p. 344; Peligot, *Compt. rend.*, t. XLVII, p. 1034; Erdmann, *Journ. prakt. Chem.*, t. LXXVI, p. 344].

En traitant le chlorure cuivrique par l'ammoniaque, Kane a obtenu un précipité bleu qui commence à se décomposer à 149° et auquel il assigne la composition $4AzH^3, 3CuO, 6H^2O$ [*Ann. de Chim. et de Phys.*, t. LXXII, p. 283].

Malaguti et Sarzeau ont obtenu de beaux octaèdres bleus, auxquels ils donnent la formule $4AzH^3, CuO, 4H^2O$, en traitant le chromate basique de cuivre en solution aqueuse par l'ammoniaque, faisant cristalliser la majeure partie du chromate, puis laissant cristalliser ses eaux mères sous une grande cloche remplie de gaz ammoniac sec. Ces cristaux sont déliquescents et se décomposent déjà à l'air, même à la température ordinaire. Si on les chauffe, ils se décomposent, et quand un point a pris feu, l'incandescence se transmet de proche en proche, et il se forme des résidus vermiculaires contenant du cuivre [*Ann. de Chim. et de Phys.*,(3), t. IX, p. 431].

Oxychlorure cuprammonique. — En absorbant l'ammoniaque, l'oxychlorure de cuivre donne le composé $CuCl^2, 2CuO, 2AzH^3$. Par l'action de l'oxygène sur le protochlorure de cuivre ammoniacal, il se forme des aiguilles bleues, altérables à l'air, dont la composition est, d'après M. Dehérain, $2CuCl^2, 2CuO, 4AzH^3, 3H^2O$ [*Compt. rend.*, t. LV, p. 807]. C'est ce corps qui se forme quand le protochlorure de cuivre ammoniacal absorbe l'oxygène.

Pyrophosphate cuprammonique. — Quand on sursature avec l'ammoniaque du pyrophosphate cuivrique jusqu'à le dissoudre et qu'on ajoute à la surface de la solution une couche d'alcool, il se sépare des groupes de cristaux bleu d'outremer que l'on peut sécher dans une cloche contenant du gaz ammoniac sec et qui ont pour formule $3(P^2O^7Cu^2), 4AzH^3, 2CuO + 4H^2O$.

Sulfates cuprammoniques. — On en connaît plusieurs :

A. *Sulfate cuivrique monammonié,*

$$SO^4Cu, AzH^3 \quad \text{ou} \quad SO^4\begin{pmatrix}AzH^3\\Cu\end{pmatrix}''.$$

— C'est le résidu que l'on obtient quand on chauffe doucement le sulfate cuivrique anhydre saturé de gaz ammoniac, ou quand on décompose par une chaleur de 150° à 200° le composé C ci-dessous. Il est dû à Graham [voyez Gmelin, *Handbuch*, t. III, p. 421, édit. 1844].

B. *Sulfate de cuprodiammonium,*

$$SO^4Cu, 2AzH^3 \quad \text{ou} \quad SO^4\begin{pmatrix}AzH^3\\AzH^3\\Cu\end{pmatrix}''$$

— On l'obtient en chauffant le composé C ci-dessous à une température qui ne doit pas atteindre 149°. C'est une poudre verte qui, laissée à l'air, absorbe l'humidité et bleuit. Un excès d'eau la décompose immédiatement d'après l'équation

$$\underset{\text{Sulfate de cuprodiammonium.}}{5(SO^4Cu, 2AzH^3)} + 4H^2O$$
$$= \underset{\text{Sulfate d'ammonium.}}{3(SO^4, 2AzH^4)} + \underset{\text{Composé C ci-dessous.}}{SO^4Cu, 4AzH^3, H^2O}$$
$$+ \underset{\text{Sulfate basique de cuivre.}}{SO^4Cu, 3CuO.}$$

C. *Sulfate cuivrique tétrammonié,*

$$SO^4Cu, 4AzH^3, H^2O = SO^4\left\{\begin{matrix}(AzH^3)^4\\Cu\end{matrix}\right. + H^2O,$$

formule dans laquelle le groupe

$$\left\{\begin{matrix}(AzH^3)^4\\Cu\end{matrix}\right. = \begin{bmatrix}H^3\ H^3\ H^3\ H^3\\Az\text{-}Az\text{-}Az\text{-}Az\text{-}Cu\end{bmatrix}''$$

est diatomique (Syn., *Cuprosulfate d'ammoniaque, cuivre ammoniacal*) [Fischer, *Poggend. Ann.*, VIII, p. 492]. — On l'obtient en traitant par un excès d'ammoniaque le sulfate de cuivre cristallisé réduit en poudre ou dissous dans l'eau. Si on ajoute alors au mélange une couche d'alcool concentré, celle-ci absorbe peu à peu l'eau et il se forme de longues aiguilles transparentes, cristallisées, bleu foncé, appartenant au type orthorhombique. On peut les dessécher entre des feuilles de papier buvard; elles se dissolvent dans 1,5 partie d'eau froide. Lorsqu'on expose ce corps à l'air, il perd de l'ammoniaque et laisse une poudre verte qui paraît être un mélange de sulfate d'ammonium et de sulfate cuprique tétrabasique. Chauffé vers 140°, il donne le corps C, de 150° à 200° le corps A, enfin vers 260° il perd toute son ammoniaque et laisse du sulfate cuprique. Sa solution aqueuse, étendue de beaucoup d'eau, précipite du sulfate tétrabasique de cuivre. Le zinc, le cadmium décomposent ces corps en précipitant le cuivre. L'arsenic donne de l'arsénite cuprique.

D. *Sulfate cuivrique pentammonié*, $SO^4Cu, 5AzH^3$. [Rammelsberg, *Poggend. Ann.*, t. XX, p. 150]. — Quand on fait passer un courant de gaz ammoniac sur le sulfate de cuivre desséché, il se produit une rapide absorption avec élévation de température. Le produit de la réaction est une poudre bleue qui, au rouge, fond en dégageant beaucoup d'ammoniaque, de l'eau, du sulfate d'ammonium et laisse un mélange de cuivre et de sulfate de cuivre. Ce corps se dissout entièrement dans l'eau en donnant une solution bleu d'azur. A. G.

CUIVRE. Réactions du cuivre. — Les réactions des sels de cuivre sont différentes selon qu'on a affaire à un composé cuivreux renfermant $(Cu^2)''$, ou à un composé cuivrique renfermant Cu''. Toutefois l'on ne rencontre le plus souvent que des composés cuivriques qui sont les plus nombreux et les plus stables.

Réaction des sels cuivriques. — Ces composés, lorsqu'ils sont solubles dans l'eau, donnent des solutions vertes ou bleues et acides au papier de tournesol; anhydres, la plupart sont blancs; ils se décomposent au rouge faible, sauf le sulfate, qui résiste à une température un peu plus forte.

L'*hydrogène sulfuré* donne même dans les liqueurs acides un précipité noir de sulfure, CuS. Ce précipité est insoluble dans les sulfures de potassium et de sodium, mais un peu soluble dans le sulfhydrate d'ammoniaque, ce qui doit exclure ce dernier réactif des recherches quantitatives. Il est soluble dans l'acide azotique bouillant et concentré, plus facilement dans le cyanure de potassium. Il est à remarquer que les solutions de cuivre contenant un grand excès d'un acide concentré ne précipitent par l'hydrogène sulfuré qu'après dilution dans l'eau.

Sulfures alcalins et *sulfhydrate d'ammoniaque*. — Même précipité.

Potasse et *soude*. — Précipité bleu clair d'hydrate (CuH^2O^2), insoluble dans un excès. Si on abandonne la liqueur concentrée avec un excès du précipitant ou si on fait chauffer la solution étendue, le précipité se contracte et noircit; à l'ébullition il se transforme en oxyde presque anhydre.

Ammoniaque. — Une très-petite quantité de réactif donne dans les liqueurs neutres un précipité vert ou bleu verdâtre de sel basique qui se redissout dans un excès avec une magnifique coloration bleue caractéristique : dans les liqueurs acides le précipité primitif ne se forme pas. La liqueur bleue est décolorée par le cyanure de potassium.

Carbonate de potassium ou de sodium. — Précipité bleu verdâtre de sous-carbonate cuivrique insoluble dans un excès de réactif et noircissant par l'ébullition.

Carbonate d'ammoniaque. — Même précipité, mais se dissolvant avec une coloration bleu foncé dans le précipitant.

Carbonate de baryte.— Fait effervescence, précipite complétement à l'ébullition l'oxyde de cuivre.

Iodure de potassium. — Précipité blanc d'iodure cuivreux. La liqueur renferme de l'iode libre, à moins qu'il n'y ait dans la liqueur un réducteur tel que l'acide sulfureux ou le sulfate ferreux.

Cyanure de potassium. — Précipité jaune verdâtre, soluble dans un excès.

Ferrocyanure de potassium (prussiate jaune). — Précipité rouge marron de ferrocyanure de cuivre, $Cu^2 (Fe Cy^6)^{IV}$, caractéristique, insoluble dans les acides faibles, décomposé par la potasse. Dans les liqueurs très-étendues, coloration rouge, réaction très-sensible.

Ferricyanure (prussiate rouge). — Précipité jaune verdâtre.

Phosphate de soude— Précipité blanc bleuâtre, soluble dans l'ammoniaque.

L'*hyposulfite de soude*, ajouté à froid et peu à peu, décolore les solutions cuivriques, qui deviennent cuivreuses et précipitent en blanc par le ferrocyanure, en rouge marron par le ferricyanure.

Les *matières organiques*, telles que l'*acide tartrique*, empêchent la précipitation par la potasse.

Une *lame de fer*, une *aiguille* plongées dans une solution cuivrique un peu acidulée se recouvrent de cuivre.

La *glucose* et la *potasse* réduisent à chaud des solutions cuivriques avec précipitation d'oxyde cuivreux plus ou moins hydraté.

RÉACTIONS DES SELS CUIVREUX. — Ces sels se réduisent dans la pratique au protochlorure. Leurs solutions, qui n'existent qu'avec excès d'acide, précipitent en blanc (par saturation de l'acide) par la potasse, puis en jaune brunâtre. L'ammoniaque non aérée donne une liqueur incolore qui bleuit au contact de l'air et qui donne du sulfure cuivreux, Cu^2S, par le sulfhydrate d'ammoniaque.

L'*hydrogène sulfuré* donne le même précipité noir dans les solutions cuivreuses.

CARACTÈRES DES SELS DE CUIVRE AU CHALUMEAU. — Sur le charbon, avec le *carbonate de soude*, les sels de cuivre donnent à la flamme réductrice des globules de cuivre et point d'auréole. Pour reconnaître les globules, il est bon de gratter le charbon et d'en léviger la poudre. Avec le *borax* ou le *sel de phosphore* on obtient à la flamme oxydante des perles vertes à chaud et bleues ou presque incolores à froid. A la flamme réductrice, on obtient des perles qui deviennent rouges et opaques par le refroidissement, surtout si on a ajouté un peu d'étain métallique. Lorsqu'il y a peu de cuivre et que la perle n'est pas trop grosse et que l'on a soufflé longtemps, elle reste incolore après qu'on l'a retirée de la flamme réductrice. Elle devient rouge-rubis et transparente lorsqu'on la réchauffe doucement, mais la couleur disparaît lorsqu'on la chauffe trop fort.

Le cuivre métallique, ses alliages ou ses sels donnent une belle coloration verte à la flamme du chalumeau ou à celle de la lampe à gaz.

DOSAGE DU CUIVRE EN POIDS. — La combinaison du cuivre étant amenée à l'état de solution aqueuse, en employant au besoin l'acide chlorhydrique, nitrique, ou l'eau régale, on en précipite le cuivre sous forme de cuivre, d'oxyde cuivrique, de sulfure cuivreux ou cuivrique, de sulfocyanate.

Lorsqu'on a affaire à une combinaison organique, on doit obtenir la solution en calcinant jusqu'à destruction parfaite et reprenant par l'acide nitrique.

A. PRÉCIPITATION ET DOSAGE A L'ÉTAT D'OXYDE CUIVRIQUE. — On étend d'eau la liqueur *acide* si elle est concentrée et on la porte à une température voisine de l'ébullition dans une grande capsule, puis on ajoute, jusqu'à précipitation complète, de la potasse étendue en évitant un excès. On chauffe pendant quelques minutes, on laisse le précipité se rassembler et on filtre la liqueur surnageante. On la remplace sur le précipité par de l'eau qu'on fait bouillir, puis qu'on décante encore de la même façon. L'opération est répétée une ou deux fois, puis le précipité est jeté sur le filtre et lavé à l'eau chaude. Les liqueurs filtrées ne doivent pas se colorer par l'hydrogène sulfuré. L'oxyde de cuivre est alors séché à 100°, séparé du filtre et introduit dans un creuset de platine; le filtre est incinéré, ajouté à l'oxyde et le tout est porté au rouge vif. On laisse refroidir dans une cloche avec de l'acide sulfurique, car le précipité est très-hygrométrique : $CuO \times 0,7985 = Cu$.

Si la liqueur était *ammoniacale*, on opérerait de même, mais en filtrant rapidement. La liqueur filtrée ne doit pas être bleue.

Un sel de cuivre organique peut être détruit par la chaleur, le résidu chauffé avec l'acide nitrique, puis le nitrate décomposé au rouge vif dans le même creuset. Il reste de l'oxyde, CuO.

B. PRÉCIPITATION A L'ÉTAT DE SULFURE CUIVRIQUE. — On fait passer dans la liqueur (qui ne doit pas contenir un excès d'acide nitrique) un courant de gaz sulfhydrique. La précipitation étant complète, — ce dont on s'assure, lorsqu'en agitant la fiole dont on bouche l'ouverture avec le doigt, la pression est de l'intérieur à l'extérieur, — on recueille sur un filtre et on lave avec la solution d'hydrogène sulfuré, puis on place le précipité avec le filtre sur une capsule dans l'étuve; la dessiccation étant rapidement faite, on incinère le filtre et on ajoute ces cendres au sulfure dans la capsule. On chauffe alors avec de l'acide azotique moyennement concentré et un peu d'acide chlorhydrique, et lorsque le soufre séparé est devenu d'un jaune pur, on filtre et on précipite comme ci-dessus (A). On peut aussi transformer le sulfure cuivrique en sulfure cuivreux par fusion avec le soufre (C).

C. PRÉCIPITATION ET DOSAGE A L'ÉTAT DE SULFURE CUIVREUX. — On évapore à sec avec l'acide sulfurique pour chasser les acides chlorhydrique ou azotique, on étend d'eau et on porte à l'ébullition. On ajoute une solution d'hyposulfite de sodium jusqu'à ce que le précipité noir n'augmente plus (Flajolot). Le précipité de sulfure cuivreux se lave sans s'oxyder ; fondu dans un creuset fermé de porcelaine, il perd un excès de soufre et peut être pesé : $Cu^2S \times 0,7985 = Cu^2$. Rose recommande de faire passer par le couvercle percé du creuset un courant d'hydrogène.

D. Précipitation et dosage a l'état de sulfocyanate. — La liqueur cuivrique acide et ne contenant pas d'agents oxydants est réduite par l'acide sulfureux, puis précipitée par le sulfocyanate de potassium. Le précipité de sulfocyanate cuivreux, $(CAzS)^2Cu^2$, peut être desséché et pesé ; on peut aussi vérifier le résultat par la fusion simple ou réitérée avec un peu de soufre dans le creuset de porcelaine fermé (C), et peser à l'état de sulfure cuivreux (Rivot) : $(CAzS)^2Cu^2 \times 0,525 = Cu^2$.

E. Précipitation et dosage a l'état de cuivre. — La liqueur exempte d'acide azotique est traitée par un excès de zinc pur et un peu d'acide chlorhydrique dans un vase de platine, ou dans un creuset de porcelaine dans lequel il est bon de mettre une lame de platine; on dissout complétement le zinc en ajoutant de temps à autre de l'acide, puis on lave et l'on pèse sec. Le cuivre se dépose surtout sur le platine à l'état cohérent, ce qui permet le lavage par décantation.

F. Méthode indirecte. — On additionne la liqueur d'ammoniaque, on en remplit presque totalement un flacon bouché à l'émeri et on y plonge une lame de cuivre pur bien décapée et pesée. Au bout de trois à quatre jours, la liqueur est décolorée, on lave la lame, on la sèche, on la pèse; la perte de poids représente le cuivre qui existait dans la solution (Levol).

Dosage volumétrique du cuivre (voyez Analyse, p. 259 et 267). — On se sert beaucoup, dans l'industrie, d'une méthode approchée qui est applicable en présence du fer, de l'étain, de l'antimoine et de l'arsenic, mais non en présence de l'argent, du zinc, du nickel, du cobalt et du manganèse (Field). On pèse 5 ou 10 grammes de cuivre pur qu'on dissout dans l'acide nitrique. On chasse les vapeurs rouges par l'ébullition, on étend d'eau et l'on additionne d'un excès d'ammoniaque, puis on ajoute avec une burette une solution de cyanure de potassium. L'on s'arrête lorsque la teinte passe au lilas très-clair et l'on attend 20 minutes. Si la liqueur n'est pas devenue incolore, on ajoute encore une goutte de cyanure et l'on attend encore la décoloration, etc. On note le nombre de divisions employées et l'on procède de même avec une liqueur contenant du cuivre en quantité inconnue. Une simple proportion donne le cuivre (Parkes).

En présence du fer on agit directement sur la liqueur ammoniacale sans s'inquiéter de l'oxyde de fer.

On a reproché à cette méthode de donner des résultats différents selon la quantité d'ammoniaque et de ne pas donner d'indice net pour la fin de l'opération.

Fleck prend du carbonate d'ammoniaque au 1/10 au lieu d'ammoniaque, il chauffe à 60° et ajoute deux gouttes d'une solution de prussiate jaune au 1/20, puis il ajoute le cyanure de potassium. Aussitôt que tout le sel cupro-ammoniacal est décomposé, une coloration rouge de ferrocyanure de cuivre apparaît ; on la fait disparaître avec une goutte de cyanure. Cette méthode n'est qu'approchée comme la précédente.

Séparation du cuivre. G. Cuivre et tous les métaux. — On précipite la liqueur acidulée d'acide chlorhydrique par l'hydrogène sulfuré et l'on traite selon (I) et (J).

H. Cuivre et métaux des groupes 3 et 4 (voyez page 249).

La méthode générale par l'hydrogène sulfuré réussit bien (B), à condition qu'on acidule la liqueur et même, dans le cas du zinc, qu'on redissolve le précipité dans l'eau régale pour le reprécipiter. On emploie avec plus de succès la méthode de Flajolot (C) ou de Rivot (D).

I. Cuivre et métaux du groupe 1. — On ajoute au précipité de sulfure produit par l'hydrogène sulfuré du sulfure de sodium chargé de soufre, on laisse digérer à une douce chaleur, l'on décante et l'on répète l'opération. Après avoir lavé à l'eau additionnée de sulfure de sodium, le sulfure de cuivre reste sur le filtre. Si on veut y doser le cuivre à l'état de sulfure cuivreux, il faut le laver avec l'hydrogène sulfuré (B).

On peut effectuer la même opération par voie sèche en fondant la substance avec six fois son poids d'un mélange à parties égales de carbonate de soude sec et de soufre. L'eau chaude dissoudra les sulfures du groupe 1.

J. Cuivre et métaux du groupe 2. — Lorsque la liqueur cuivrique obtenue en redissolvant le précipité de sulfure insoluble dans le sulfure de sodium contient à la fois du plomb, du mercure, de l'argent, du bismuth et du cadmium, c'est-à-dire tous les métaux du groupe 2, on emploie la méthode suivante, qui permet de les séparer ultérieurement entre eux : 1° On mélange la solution étendue avec du carbonate de soude, puis avec un excès de cyanure de potassium ; on laisse digérer pendant quelque temps à une douce chaleur et l'on filtre pour séparer les carbonates de plomb et de bismuth ; 2° on ajoute alors un excès d'acide nitrique faible qui précipite du cyanure d'argent qu'on isole par le filtre ; 3° on neutralise la liqueur par le carbonate de soude et on l'additionne d'un excès de cyanure de potassium, et l'on fait passer l'hydrogène sulfuré jusqu'à refus. On ajoute encore un peu de cyanure après avoir chassé l'excès d'hydrogène sulfuré, pour être sûr d'avoir tout le cuivre en dissolution, puis on isole les sulfures de mercure et de cadmium par le filtre. On lave au cyanure, et dans la liqueur filtrée on précipite le cuivre par la potasse après avoir chassé l'acide cyanhydrique par une ébullition avec l'acide nitrique et une évaporation avec l'acide sulfurique.

K. Cuivre et plomb. — On ajoute à la solution nitrique de l'acide sulfurique en excès; on évapore jusqu'à ce qu'il commence à se volatiliser. On laisse refroidir, on additionne d'eau et l'on filtre. On lave le sulfate de plomb avec de l'eau acidulée d'acide sulfurique, puis avec de l'alcool ; on sèche, on calcine dans un creuset de porcelaine. Les eaux filtrées sont précipitées par la potasse (A).

L. Cuivre et argent. — On précipite l'argent par l'acide chlorhydrique.

M. Cuivre et mercure. — On neutralise à peu près par la potasse, on ajoute du cyanure de potassium comme dans le cas (J, 3°); ou bien l'on précipite le mercure par un formiate alcalin (voyez Mercure), ou enfin on chauffe les sulfures dans un courant de chlore. Le chlorure de cuivre est fixe.

N. Cuivre et bismuth. — On ajoute à la solution nitrique un excès de carbonate d'ammoniaque, et l'on laisse digérer dans un endroit chaud. Le bismuth reste insoluble à l'état de carbonate, mais comme il retient du cuivre et de l'acide, on doit redissoudre dans l'acide azotique le premier précipité après lavage au carbonate d'ammoniaque et le reprécipiter par le même réactif. On dose le cuivre en chauffant la liqueur filtrée pour chasser le carbonate d'ammoniaque, on additionne d'ammoniaque et on précipite à chaud par la potasse (A). — On peut aussi traiter les sulfures ou le précipité obtenu avec le carbonate de soude par le cyanure de potassium. Le composé de cuivre est soluble en totalité, tandis que celui de bismuth est tout à fait insoluble ; on détruit le cyanure double dans la liqueur filtrée par l'ébullition prolongée avec l'acide chlorhydrique et l'addition d'acide nitrique, puis on précipite par la potasse (A). La volatilité du chlorure de bismuth permet de faire au moyen du chlore une excellente séparation.

O. Cuivre et cadmium. — On neutralise presque par la potasse, puis on ajoute du cyanure de potassium comme dans le cas (J, 3°), ou bien l'on fait bouillir les sulfures avec de l'acide sulfurique étendu de 5 volumes d'eau. Le sulfure de cuivre reste insoluble.

P. Cuprosum et cupricum. — On additionne la solution chlorhydrique d'un excès d'ammoniaque, puis d'un excès de nitrate d'argent assez ammoniacal pour ne pas précipiter de chlorure d'argent. Il se dépose de l'argent, chaque atome correspond à $1/2 Cu^2Cl^2$. On doit opérer dans un flacon traversé par un courant d'hydrogène pur. G. S.

CUIVRE (Métallurgie). — Le cuivre métallique a été de temps immémorial l'objet d'une consommation considérable : il entrait comme partie principale dans l'alliage qui servait aux peuples les plus anciens pour fabriquer les instruments de guerre et les outils tranchants. Les Grecs et les Romains tiraient la majeure partie de leur cuivre de l'île de Chypre. De nos jours, l'extraction du cuivre se pratique dans un grand nombre de localités. Dans ce siècle, la fabrication de ce métal a cessé de s'exercer exclusivement dans le voisinage des gîtes métallifères pour se concentrer dans des fonderies, comme celles de Swansea et Liverpool, favorisées par l'abondance du combustible minéral. Cette concentration des fonderies, en amenant sur la halle de l'usine des minerais variés, parfois très-pauvres et très-impurs, a donné naissance à la méthode galloise qui se prête mieux que l'ancienne méthode continentale aux modifications presque journalières que les ouvriers doivent faire subir aux opérations.

Les usines versent annuellement dans le commerce plus de soixante mille tonnes de cuivre, réparties à peu près comme le tableau suivant l'indique :

Angleterre	35,000
Amérique du Nord	10,000
Suède et Norvége	3,000
Russie	5,000
Les autres États	7,000

Les minerais de cuivre, susceptibles d'exploitation par leur abondance, sont : le cuivre natif; les minerais oxydés, comprenant : le cuivre oxydulé, les carbonates, les silicates de cuivre et les eaux chargées de sulfate de cuivre; les minerais sulfurés, comprenant : le cuivre sulfuré, le cuivre pyriteux, les cuivres panachés et les cuivres gris.

Cuivre natif. — Le cuivre natif se rencontre dans les mines du lac Supérieur, au Chili, au Pérou, dans l'Oural, dans le Cornouailles et en Espagne. Le cuivre natif ne contient que des traces d'arsenic, et une préparation mécanique imparfaite en porte la teneur en cuivre à 60 et même 90 °/₀.

Minerais oxydés. — Les minerais oxydés sont généralement très-riches et très-purs.

L'Oural et l'Amérique du sud renferment de beaux gisements de cuivre oxydulé.

Le carbonate brun de cuivre a été signalé dans l'Indoustan.

Le carbonate bleu ou azurite a été exploité à Chessy.

Le carbonate vert ou malachite est abondant en Sibérie, sur la côte d'Afrique (au sud du Sénégal) et dans l'Amérique du Sud.

Des silicates de cuivre exploitables sont signalés dans l'Oural.

Le sulfate de cuivre existe en proportion notable dans les eaux qui s'écoulent des mines de cuivre de Rammelsberg, de Fahlun, de Rio-Tinto et d'Anglesea. Le cuivre s'extrait de ces eaux par le fer métallique ou par l'hydrogène sulfuré.

Minerais sulfurés. — Le cuivre sulfuré constitue un minerai toujours très-riche et très-pur, quand il n'est pas accompagné de cuivre gris et de pyrites arsenicales.

Le minerai de cuivre le plus abondant est le cuivre pyriteux disséminé sous forme de veines ou de mouches dans des gangues métalliques ou terreuses à Rio-Tinto, Huelva, Agordo, Fahlun, Christiania, Saint-Bel, Freyberg, etc. Ce minerai fournit les 3/5 du cuivre marchand.

Les cuivres panachés sont tous des sulfures de fer et de cuivre.

Les gisements les plus importants sont ceux de Toscane et de Californie.

Les cuivres gris peuvent être regardés comme des arséniosulfures ou des antimoniosulfures le plus souvent disséminés dans d'autres minerais de cuivre, de nickel, de cobalt, de plomb, de zinc. Les cuivres gris sont presque toujours argentifères; mais la difficulté du traitement métallurgique fait qu'ils ne sont exploités que dans un petit nombre de localités.

On partage les cuivres gris en trois groupes : 1° ceux qui renferment beaucoup d'arsenic; 2° ceux qui renferment beaucoup d'antimoine et pas de plomb; 3° ceux qui renferment à la fois de l'antimoine et du plomb.

La diversité des minerais du cuivre ne permet pas de suivre une méthode de traitement uniforme et simple. La description détaillée et complète des méthodes adaptées à la complexité et la pauvreté des minerais, ainsi qu'à toutes les exigences économiques, sera plus intelligible lorsque nous aurons esquissé un aperçu des opérations successives que doit subir un cuivre pyriteux de richesse moyenne dans la méthode continentale.

La pyrite de cuivre mélangée avec du sulfure de fer pour abaisser à 8 °/₀ sa teneur en cuivre est soumise à un grillage. La majeure partie du soufre brûle, et les métaux forment des sous-sulfates de cuivre et de fer, qui restent mêlés avec les matières terreuses et la portion du minerai sulfuré non oxydé. On fond ensuite le minerai grillé, en y ajoutant du charbon et un fondant. Le charbon réduit l'oxyde de cuivre, dont le métal s'unit aux sulfures intacts et régénérés par la réduction des sulfates. Il se produit du sulfure de cuivre, tandis que les terres et l'oxyde de fer se vitrifient et forment une scorie très-fluide qui permet, au milieu de la liquéfaction générale, au sulfure plus pesant de gagner les parties les plus déclives du four de fusion.

Le sulfure fondu qui contient encore beaucoup de sulfure de fer est appelé *matte*. Cette matte renfermant 20 °/₀ de soufre n'est en quelque sorte qu'un nouveau minerai de cuivre plus riche et surtout moins impur que le premier : plus riche par l'expulsion de la gangue et par le départ d'une partie considérable du fer qui passe à l'état d'oxyde dans les scories; enfin moins impur par l'élimination de l'arsenic et de l'antimoine que le grillage et la fusion ont chassés à peu près en totalité. On soumet la matte à plusieurs grillages successifs. Une nouvelle fusion de la matte grillée avec du charbon et de la silice amène le cuivre à l'état métallique, tandis que la silice s'empare de l'oxyde de fer et passe dans les scories. Le cuivre réduit renferme encore du fer et du soufre : c'est une matte un peu malléable, connue sous le nom de *cuivre noir*. On le purifie par une fusion dans une atmosphère oxydante.

Dans toutes ces opérations le soufre joue un rôle de premier ordre : la grande affinité du cuivre pour le soufre, supérieure à celle du fer et du plomb pour ce métalloïde, assure la concentration du métal dans les produits d'art appelés mattes. La facilité avec laquelle on expulse le soufre par une simple fonte oxydante permet de retarder cette purification jusqu'à l'élimination préalable des corps qui, comme le fer et l'arsenic, altèrent profondément les propriétés du cuivre.

La méthode de traitement suivie dans les usines qui ont à traiter des minerais présentant toutes les variations de richesse et de composition est connue sous le nom de méthode galloise; celle qui est suivie dans les usines ne recevant que des minerais à peu près constants dans leur richesse et leur nature est désignée sous le nom de méthode continentale.

Méthode galloise. — La méthode galloise emprunte son cachet aux conditions principales d'approvisionnement des usines anglaises en minerais et en combustible. Le prix peu élevé de la houille permet de réaliser tous les grillages et toutes les fusions dans des fours à réverbère. Les exigences du commerce et l'abondance plus ou moins grande de minerais impurs forcent très-fréquemment à multiplier et même à changer certaines opérations. Le travail en cuivre ordinaire comprend les six opérations suivantes :

1° Grillage des minerais mélangés d'une forte proportion de pyrite de fer et d'une teneur en cuivre de 3 à 15 %;

2° Fonte pour matte bronze des minerais grillés et des minerais sulfurés d'une teneur de 25 à 45 %;

3° Grillage de la matte bronze;

4° Fonte pour matte blanche des mattes grillées et des minerais oxydés très-riches à gangue quartzeuse;

5° Rôtissage de la matte blanche;

6° Affinage et raffinage du cuivre noir.

1° *Grillage des minerais au four à réverbère.* — On soumet les minerais à un grillage dans un grand four à réverbère. La sole de ce four est formée de briques réfractaires; le foyer, assez profond, garni d'une couche épaisse d'une houille presque menue, fournit des gaz incomplétement brûlés. L'air nécessaire à la combustion des gaz et à l'oxydation du minerai étendu sur la sole est introduit dans le four par une ouverture située dans l'angle ou sous l'arche du pont de chauffe. La nappe d'air rase la surface du minerai, par sa face supérieure brûle les gaz combustibles et prolonge la flamme jusqu'au rampant, par sa face inférieure oxyde le minerai porté à une température élevée par la réverbération de la voûte.

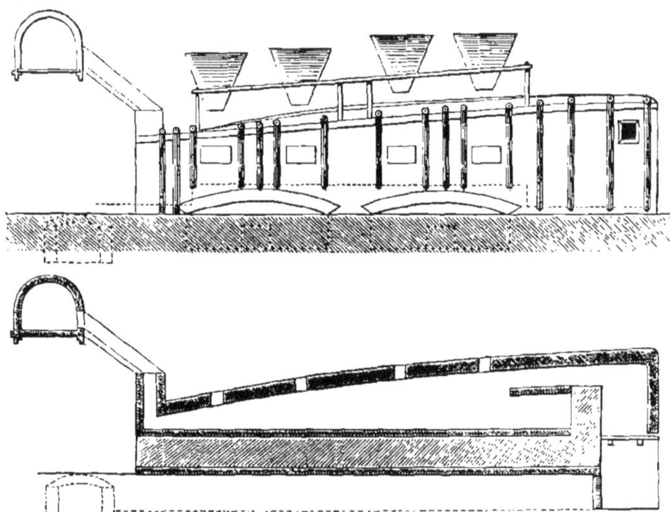

Fig. 199. — Four de grillage.

Le minerai en petits fragments ou en sable chargé dans les deux trémies de la voûte du four tombe sur la sole, où il est étendu uniformément au moyen de rables en fer. La charge d'un four est de trois tonnes environ. On ferme les portes latérales, on ouvre l'orifice à l'angle du pont, le minerai s'échauffe rapidement et se grille. On renouvelle les surfaces en remuant fréquemment pour aider la combustion du soufre et prévenir l'agglutination des fragments. Au bout de 12 heures, le grillage est habituellement assez avancé, on ferme l'orifice du pont de chauffe et on pique la grille pour obtenir une combustion très-active dans le foyer. Le coup de feu qu'on obtient ainsi décompose les sulfates formés pendant le grillage.

Cette méthode de grillage permet de pousser l'oxydation aussi loin que le demande la nature des minerais. On peut, en effet, n'y laisser qu'une proportion négligeable de soufre en pulvérisant le minerai en sable, en prolongeant le grillage à basse température et le coup de feu final. Le grillage au four à réverbère ne doit être complet que pour des minerais pyriteux purs. Le grillage des minerais contenant de l'arsenic et de l'antimoine doit être fait à basse température dans un air peu oxydant et en présence d'une grande quantité de pyrite de fer. L'excès de soufre de la pyrite distille peu à peu, entraîne à l'état de sulfure une certaine quantité d'arsenic; l'atmosphère alors peu oxydante du four fait passer l'arsenic et l'antimoine à l'état d'acide arsénieux et d'oxyde d'antimoine; mais dès que l'air rencontre peu de soufre à brûler et un minerai poreux, il se forme une proportion notable d'arséniates et d'antimoniates métalliques indécomposables par la chaleur et fixes, qu'on ne peut expulser du minerai que par une nouvelle opération.

2° *Fonte pour matte des minerais grillés.* — Cette fonte au four à réverbère donne deux produits : une matte renfermant une proportion notable d'arsenic, d'antimoine et d'étain, et environ 30 °/₀ de soufre; une scorie qui ne doit pas contenir d'oxydule de cuivre.

La fusion exige une température élevée suffisante pour fondre la matte et les scories. Le four de fusion pour matte présentera donc une surface de grille bien plus grande que celle des fours de grillage.

La sole construite en sable légèrement ferrugineux est elliptique et présente une pente régulière vers le trou de coulée placé au milieu de l'un des côtés du four. La porte de travail est placée à l'extrémité du four sous le rampant. Le chargement se fait par une trémie située au milieu de la voûte.

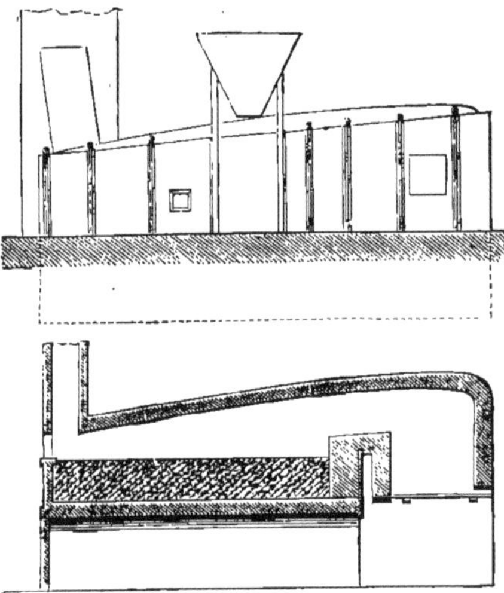

Fig. 200. — Four de fusion.

Le minerai grillé mélangé avec du spath fluor, en général avec les fondants nécessaires pour scorifier les gangues terreuses, est introduit dans ce four avec des scories riches des opérations antérieures.

Le feu est poussé assez activement pour obtenir la fusion de la charge en 4 heures. On facilite la réunion de la matte en donnant aux scories une grande fluidité par un vif coup de feu.

Les scories sont enlevées avec un rable par la porte de travail, et la matte est grenaillée en la faisant couler dans un bassin plein d'eau.

L'atmosphère des fours de fusion est sinon oxydante, du moins très-peu réductrice. La scorification des gangues et des oxydes métalliques est accompagnée d'un dégagement de gaz acide sulfureux. La masse devenue pâteuse, les réactions les plus importantes s'accomplissent : les sulfures de fer et de cuivre réduisent le peroxyde de fer et l'oxyde de cuivre libres ou combinés à la silice. La propriété que possède le sulfure de fer de décomposer les silicates de cuivre, même en présence d'un excès de silice, en sulfure de cuivre et silicate de protoxyde de fer, en fait le véritable et le meilleur agent de réduction de l'oxyde de cuivre. L'oxyde de cuivre réduit se combine aussitôt au soufre en excès dans le lit de fusion.

La matte et la scorie ne sont pas toujours les produits de la fusion : lorsque la proportion des sulfures est trop faible, il se forme en outre du cuivre noir dans lequel passent en grande partie l'arsenic, l'antimoine et l'étain, et des scories assez riches en oxyde de cuivre pour nécessiter un traitement métallurgique spécial. Ordinairement, une fusion pour matte de ces scories avec des minerais renfermant de 12 à 20 °/₀ de cuivre à gangue quartzeuse est assez riche en soufre pour transformer le cuivre du lit de fusion en sulfure.

Dans la fusion, l'arsenic et l'antimoine passent dans la matte, l'étain se divise entre la matte et les scories.

L'action réductrice des sulfures ne peut être remplacée par celle du charbon. Ce corps, employé en assez grande quantité pour réduire l'oxyde de cuivre avant la fusion, décompose les arséniates et les antimoniates, réduit l'oxyde d'étain et l'oxyde de fer. Le produit principal de l'opération est alors un cuivre noir, impur et très-ferreux.

Le charbon ne peut être employé que dans le traitement des minerais d'une grande pureté. Le minerai grillé aussi parfaitement que possible, mélangé avec une petite proportion de charbon, est fondu avec addition d'un fondant.

Le cuivre noir obtenu est alors très-peu chargé de fer et de soufre; mais il faut appauvrir les scories.

3° *Grillage de la matte bronze.* — La matte bronze grenaillée est grillée dans un four à réverbère disposé comme pour le grillage du minerai.

Le grillage se fait à température réduite et avec un très-léger excès d'air pour volatiliser une forte proportion de l'arsenic et de l'antimoine à l'état d'acide arsénieux et d'oxyde d'antimoine.

Ce grillage, devant être suivi d'une fonte pour matte, ne peut être à peu près complet que lorsqu'on possède des minerais sulfurés riches et purs à mélanger avec la matte grillée.

4° *Seconde fonte pour matte.* — La matte incomplétement grillée et des scories provenant de la fonte pour matte bronze en proportion assez grande pour scorifier l'oxyde de fer sont portées rapidement à la fusion sur la sole d'un four à réverbère. Les réactions sont les mêmes que lors de la première fusion, et c'est encore ici la proportion du sulfure de fer qu'on fait entrer dans la composition de la charge qui permet d'obtenir des scories plus ou moins pauvres, une matte riche seule ou accompagnée de cuivre noir. On cherche à produire du cuivre noir dans le traitement des mattes très-pures et dans celui des mattes impures : dans les fabriques anglaises le cuivre *best selected* destiné à la fabrication du laiton est obtenu au moyen de mattes purifiées par ce procédé (1).

La matte riche ou matte blanche contient ordinairement 21 à 22 °/₀ de soufre et une faible proportion de sulfure de fer. Cette matte est coulée dans des moules en sable qui lui donnent la forme de lingots pesant de 100 à 150 kilogrammes.

5° *Rôtissage de la matte.* — Cette opération est faite dans un four à réverbère percé de deux portes, l'une latérale pour le chargement, l'autre sous le rampant pour le travail. Le trou de coulée pour le cuivre brut est en face de la porte latérale. Le foyer est profond et la grille chargée de houille sur une épaisseur assez forte pour produire des flammes réductrices. Un orifice pour l'introduction de l'air est ménagé à l'angle du pont de chauffe.

Après avoir chargé une ou deux tonnes de matte riche en gros pains sur la sole, on lute les portes du four et on pousse le feu de manière à obtenir

(1) Les résidus métalliques sont appelés *fonds cuivreux*.

la fusion lente de la matte. Le contact des gouttelettes de matte avec l'air introduit par l'orifice du pont de chauffe produit des acides sulfureux et arsénieux, des oxydes d'antimoine, de fer, de cuivre et d'étain. La fusion terminée, les oxydes et les sulfures forment sur la sole une masse pâteuse; à ce moment on laisse tomber le feu. Le sulfure de cuivre, en réagissant sur les oxydes, amène à l'état métallique une grande partie du cuivre et donne lieu à un dégagement d'acide sulfureux qui traverse la masse pâteuse pendant son refroidissement, et lui conserve ainsi la porosité nécessaire aux oxydations ultérieures. Dès que la matte est solidifiée, on réchauffe le four, l'air oxyde la matte spongieuse comme dans la première période. La fusion pâteuse amène de nouveau une réaction entre les sulfures et les oxydes. Lorsque la réaction cesse de se produire après l'oxydation, on donne un coup de feu qui amène les matières en fusion liquide et tranquille. Le cuivre brut obtenu est d'autant mieux purifié que la matte étant plus sulfurée a permis de prolonger plus longtemps le rôtissage.

Les scories de rôtissage sont riches en cuivre et contiennent une forte proportion d'étain, d'arsenic et d'antimoine. Ces scories sont très-basiques; la silice est empruntée aux parois du four, à la sole et au sable adhérent aux lingots de matte.

On enlève les scories avec un rable et on fait couler le cuivre noir dans des moules en sable.

Lorsque le grillage de la matte bronze n'a pu, en raison des impuretés, être poussé assez loin, la matte blanche ordinaire est remplacée par une matte bleue qui subit un rôtissage donnant une matte blanche; le rôtissage de la matte blanche donne une matte régule qui fournit un cuivre noir par un troisième rôtissage rapide.

6° *Affinage et raffinage du cuivre brut au four à reverbère.* — L'affinage du cuivre noir se pratique sur la sole en sable d'un grand four à réverbère. Dès que les 6 à 8 tonnes de saumons de cuivre à purifier sont chargées, les portes du four sont fermées et le feu est poussé activement. L'air nécessaire à l'oxydation est introduit en piquant la grille. Le cuivre noir pendant sa fusion a perdu une notable quantité de soufre, une faible proportion d'arsenic et d'antimoine; le cuivre, le fer et le zinc se sont partiellement oxydés, et forment aux dépens de la sole siliceuse des scories que l'on enlève avec un rable. Le bain métallique maintenu dans le four au milieu d'une flamme oxydante se charge de plus en plus d'oxydule de cuivre, qui détruit rapidement les dernières traces de sulfure de fer et de sulfure de cuivre. On continue l'action oxydante jusqu'à ce que les essais indiquent la dissolution d'une proportion notable d'oxydule dans le métal.

Le cuivre affiné ou chargé d'oxydule est soumis dans le même four au raffinage. La surface du bain métallique fondu est recouverte de charbon de bois ou de houille maigre menue. La réduction de l'oxydule est hâtée en plongeant dans ce métal une perche de bois vert. Le carbure de cuivre comme l'oxydule se dissout dans le cuivre et lui enlève sa malléabilité. Le raffinage, qui a pour but la réduction de l'oxydule, demande une grande habileté de la part de l'ouvrier et la prise de nombreux essais dans de petits moules. Lorsque la cassure de l'essai est grenue, sa couleur très-rouge, le métal renferme encore de l'oxydule : la texture soyeuse et la couleur rosée sont les signes d'un cuivre amené au point convenable pour la coulée.

Traitement des scories riches au cubilot. — Le traitement des scories riches a pour but de réduire l'oxydule que renferment les scories et de réunir les grenailles disséminées. Le four est cylindrique, les parois sont en feuilles de tôle revêtues intérieurement de briques. Le four a 1 mètre de diamètre et 3 mètres au-dessus de la sole, construite en sable réfractaire, fortement inclinée vers le trou de coulée. Le vent est lancé par trois tuyères à 90° l'une de l'autre et toutes les trois à 4 centimètres au-dessus de la sole. On peut passer dans un cubilot 10 tonnes de scories par jour en brûlant 3 tonnes d'anthracite.

Le cuivre obtenu est ferreux, la réduction complète de l'oxyde de cuivre ne pouvant se réaliser sans qu'une partie de l'oxyde de fer soit amenée à l'état métallique.

Méthode continentale. — La méthode continentale, suivie depuis des siècles dans un grand nombre d'usines, est aussi désignée sous le nom de méthode allemande.

Elle comprend cinq opérations :

1° Grillage en grands tas et à l'air libre;
2° Fonte pour matte au four à manche;
3° Grillage de la matte dans des cases;
4° Fonte pour cuivre noir au four à manche;
5° Affinage et raffinage du cuivre brut.

1° *Grillage en tas.* — Les tas de grillage sont construits sur une aire en argile et sable élevée de 30 centimètres au-dessus du sol. Quelquefois ces tas sont placés sous de vastes toitures en planches pour éviter que les perturbations atmosphériques ne gênent la combustion.

Les tas ont souvent une longueur considérable. La quantité de minerais qui entre dans un tas peut aller jusqu'à 200 tonnes.

Un grillage régulier exige quelques soins particuliers de construction que je vais indiquer. On met sur le sol préparé deux lits de bois de corde bien sec : la quantité de bois dépend de la nature des minerais. Le lit de bois étant disposé, on charge les plus gros morceaux de minerais, puis on élève le tas avec des minerais de plus en plus menus en ménageant dans la longueur du tas trois à quatre cheminées qui communiquent avec des canaux horizontaux ménagés dans le lit du combustible. Enfin une couverte épaisse de 30 à 40 centimètres formée de minerais pulvérulents est fortement tassée sur les parois. La meule prête, on met le feu au combustible. Dès que le lit de combustible est enflammé, on bouche les cheminées avec des morceaux de minerais et des menus pour obtenir une combustion lente et un affaissement régulier et sans secousses du minerai à mesure que le combustible disparaît. Le combustible brûlé, la température se maintient par la combustion du soufre. On bouche avec soin les fissures qui se produisent dans la couverte pendant que le feu s'élève progressivement couches par couches jusqu'à la base supérieure du tas. La mine menue qui forme le sommet du tas en grillage ne tarde pas, si les minerais sont très-chargés de pyrites de fer, à être pénétrée par du soufre, qui se dépose sur la couverte supérieure et gagne les trous hémisphériques qu'on pratique dans la couverte pour en faciliter la récolte. La durée du grillage en tas est toujours longue et dépend de la grosseur des morceaux de minerai et de leur nature.

L'air extérieur pénètre dans le tas par les vides que laissent entre eux les gros morceaux de minerai qui en constituent la première assise et sur lesquels s'appuie la couverte. Les gaz sortent par les fissures de la couverte : le tirage peut donc être diminué à volonté par le tassement de la couverte. Le grillage en tas laisse encore dans les produits grillés plus de la moitié du soufre contenu dans les minerais. Une partie du soufre distille en entraînant du sulfure d'arsenic, une autre partie s'oxyde, forme de l'acide sulfureux et de l'acide sulfurique : ce dernier acide reste combiné aux oxydes de fer et de cuivre.

L'arsenic et l'antimoine sont expulsés à l'état d'acide arsénieux et d'oxyde d'antimoine dont on trouve parfois de belles cristallisations à la surface des tas. Il se forme toujours, au moment où la combustion du soufre est presque terminée, une certaine quantité d'acide arsénique et d'acide antimonique, composés très-nuisibles parce qu'ils restent dans les minerais grillés. Pour réduire la proportion de ces corps nuisibles, on mélange toujours les minerais qui contiennent de l'arsenic et de l'antimoine avec ceux qui renferment un excès de pyrite de fer.

2° *Fonte pour matte.* — La fonte pour matte au four à manche donne une matte et des scories très-pauvres.

Le four à manche employé dans les usines à cuivre est un four à tuyère de 2 à 3 mètres, dans lequel on charge le combustible contre la poitrine et le lit de fusion contre la warme. La tuyère est prolongée jusqu'au combustible par le nez. On fait couler à des intervalles réguliers la matte rassemblée dans le creuset en brasque, tandis que les scories coulent librement par-dessus la brasque de l'avant-creuset.

Le combustible est le coke, le charbon de bois ou l'anthracite.

Le lit de fusion est formé par le minerai grillé, un fondant approprié à la nature de la gangue et des scories de la fonte pour cuivre noir.

Dans la fonte pour matte dans un four à manche les réactions sont assez complexes : l'oxyde de carbone est l'agent principal de réduction; il ramène l'oxyde de cuivre à l'état métallique, le peroxyde de fer à l'état de protoxyde qui se combine avec la silice du lit de fusion. Les antimoniates et les arséniates, dans les points du four où la température est peu élevée et l'action réductive modérée, fournissent de l'oxyde d'antimoine et de l'acide arsénieux qui sont entraînés par le courant gazeux. Les sulfures passent dans le four de fusion sans altération, les sulfates sont transformés en sulfures. Ces sulfures s'emparent du cuivre métallique au fur et à mesure de sa réduction et appauvrissent assez les scories pour qu'elles puissent être rejetées.

La forme du four et la conduite de l'opération ont une grande influence sur la pureté de la matte. C'est ainsi que le traitement des minerais impurs

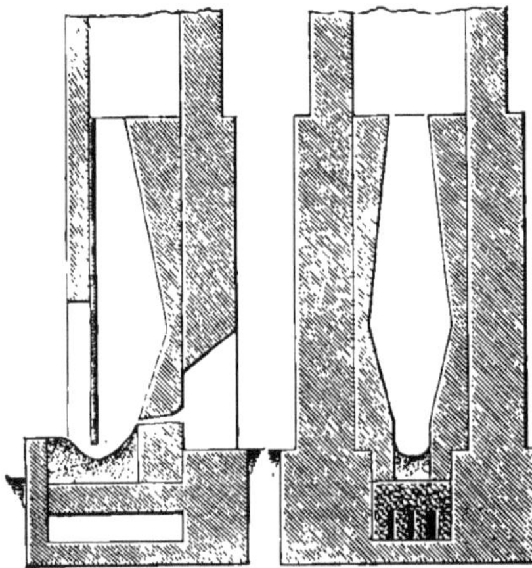

Fig. 201. — Demi-haut-fourneau.

exige des fours plus élevés que celui des minerais moins chargés d'arsenic et d'antimoine et une descente moins rapide des charges. Les parois des fours sont rapidement rongées : la durée moyenne d'une campagne est de quinze jours. Le four est réparé, séché, porté à une température élevée et le nez confectionné avec des scories. Le nez formé, on passe les charges et on augmente progressivement le vent jusqu'à ce qu'on ait atteint l'allure normale et régulière du four. C'est d'après l'aspect des scories que l'on juge de la bonne composition du lit de fusion. L'entretien du nez à la longueur convenable est le meilleur signe d'une allure régulière : un nez trop court annonce une allure trop chaude et un nez trop long une allure froide. La quantité de minerai qu'on peut faire passer par 24 heures dans un four à matte peut s'élever à 6 tonnes environ. On fait généralement plusieurs coulées dans les 24 heures. La matte est enlevée par rondelles de 2 à 3 centimètres d'épaisseur.

3° *Grillage de la matte dans des cases et à plusieurs feux.* — La matte cassée au marteau est soumise à un grillage dans des cases de $1^{m},50$ de largeur sur 3 mètres de profondeur.

La case la plus favorable à la régularité du travail est recouverte d'une voûte en communication avec une cheminée.

Le combustible et la matte reposent sur une grille. Le devant de la case est fermé après le chargement avec un mur en briques sèches.

La combustion d'une couche de bois porte la matte à la température favorable au grillage. La combustion gagne progressivement jusqu'à la partie supérieure, sans qu'on ait besoin d'interposer des lits de combustible dans la charge de la case, au moins lors du premier feu.

Dans le grillage en case la matte ne laisse pas distiller du soufre, l'oxydation ne peut se faire qu'à la surface des fragments en donnant de l'acide sulfureux, des oxydes métalliques, de l'acide arsénieux et de l'oxyde d'antimoine. La proportion des sulfates, arséniates et antimoniates qui prend naissance dans un tel grillage est faible pour les morceaux de matte et considérable pour les menus fragments.

Quand le grillage est terminé, la case se refroidit, on enlève le mur en briques, on soumet à un second feu tous les morceaux au centre desquels la matte n'est pas oxydée. Un troisième feu est rarement nécessaire.

4° *Fonte pour cuivre noir au four à manche.* — La fonte pour cuivre noir se fait dans un four à manche d'une faible élévation, disposé et conduit de manière à fondre d'autant plus lentement et de modérer le pouvoir réductif d'autant plus que la matte grillée est plus ferreuse, plus riche en arsenic et en antimoine.

On passe avec la matte grillée une proportion de scories siliceuses assez forte pour préserver le peroxyde de fer d'une réduction complète.

Les réactions de cette fonte sont les mêmes que celles de la fusion pour matte ; mais ici la faible proportion des sulfures nécessite une réduction complète de l'oxyde de cuivre avant la fusion des éléments siliceux.

5° *Affinage et raffinage du cuivre au petit foyer.* — Le cuivre noir n'exige plus que des traitements simples pour arriver à l'état de cuivre marchand. Il renferme du soufre et du fer en petite quantité et des traces de plomb, d'antimoine, de zinc et de nickel. Le soufre est facilement converti en acide sulfureux ; les métaux en oxydes scorifiables à l'aide d'un peu de quartz.

Le petit foyer d'affinage est une coupelle en brasque ayant en plan la forme d'une demi-ellipse ; une tuyère donne le vent, un rampant conduit les produits de combustion dans une cheminée.

Le cuivre noir moulé en lingots est placé en face de la tuyère sur des charbons embrasés. Sa fusion dans une atmosphère oxydante expulse du soufre, de l'arsenic, de l'antimoine. Cette oxydation est continuée après la fusion en dirigeant le vent à la surface du bain recouvert de charbons incandescents : les métaux étrangers sont oxydés par l'action du vent et par l'oxydule de cuivre, qui en se dissolvant dans le cuivre devient le véritable agent de purification. Il se produit alors des scories, l'oxydule de cuivre oxyde le fer, le

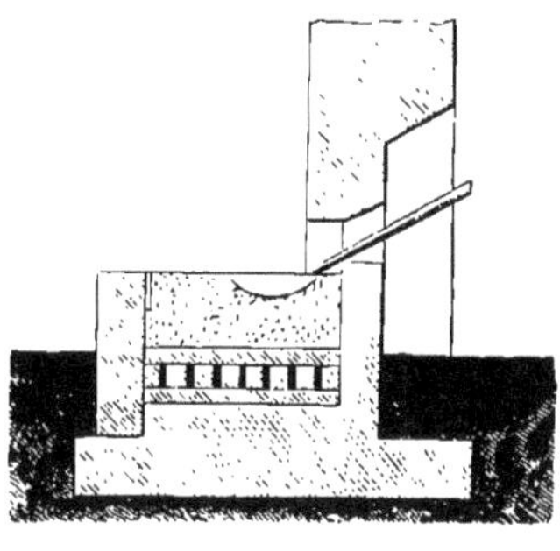

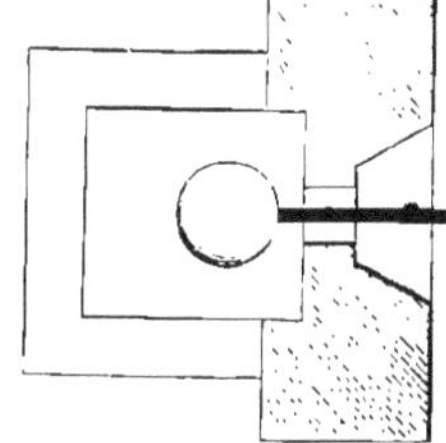

Fig. 202. — Affinage au petit foyer.

zinc et le nickel : les oxydes de ces métaux se combinent à la silice de la brasque. Les scories sont enlevées dès qu'elles se réunissent à la surface du bain. On porte le cuivre à une haute température sous l'action du vent jusqu'au moment où un bouillonnement indique que le métal fondu chargé de beaucoup d'oxydule de cuivre réagit sur le sulfure de cuivre.

L'oxydation continuée à partir de ce moment déterminerait l'oxydation lente du nickel, du zinc, de l'étain : pour oxyder l'arsenic et l'antimoine, s'il y en avait encore, il faudrait transformer en oxydule la majeure partie du cuivre.

Après le bouillonnement, on lance encore un peu d'air sur le bain, puis on écarte les charbons et on procède au moulage des lingots ou à l'enlèvement des rosettes.

Le raffinage se fait au petit foyer; il ramène le cuivre à l'état malléable.

On charge le foyer en brasque de charbon allumé et de charbon noir, on place les lingots ou les rosettes sur le bord du creuset, en face de la buse inclinée à 15°; on donne le vent dont on augmente la quantité à mesure que le charbon est mieux allumé. On maintient le cuivre couvert d'une épaisseur de 40 centimètres de charbon, et on tasse devant la buse le combustible pour rendre aussi complète que possible la transformation de l'acide carbonique en oxyde de carbone et pour réaliser la fusion du cuivre dans une atmosphère réductrice.

On avance les lingots ou les rosettes vers le bord du creuset jusqu'à fusion complète en maintenant toujours la couche de 40 centimètres de combustible. Dès que la fusion est complète, l'ouvrier écarte les charbons et prend un essai qui lui indique s'il doit laisser agir encore le combustible ou bien l'enlever, réoxyder le cuivre carburé en faisant plonger la buse assez pour que le vent frappe au centre du bain : oxydation qu'il fait suivre d'une nouvelle réduction ménagée en ramenant sur le cuivre fondu des charbons rouges.

Modifications introduites dans les méthodes précédentes. — La nature exceptionnelle des gangues et la proportion des impuretés d'un minerai de cuivre apportent dans les deux grandes méthodes décrites précédemment des modifications que nous allons successivement passer en revue.

I. *Traitement de minerais et scories par le fer métallique.* — Les minerais de cuivre contenant peu d'arsenic, les scories riches, les minerais oxydés ou pyriteux à gangue de pyrite ou d'oxyde de fer peuvent, en une seule fusion en présence du fer, donner une scorie pauvre et du cuivre assez pur pour être livré au commerce après un affinage.

Les minerais pyriteux sont grillés en tas, puis broyés en sable fin avant de les passer au four de grillage pour achever leur oxydation. Le minerai grillé, mélangé avec de la chaux, du sable et des scories d'une opération précédente en quantité convenable pour produire un bisilicate contenant 14 % de chaux, est chargé avec de la houille maigre sur la sole d'un four à réverbère porté au rouge vif. Dès que la charge est bien fondue, on plonge entièrement des barres de fer maintenues à 6 centimètres au-dessus du fond de la sole dans le bain en fusion, et on jette un peu de houille menue à la surface des scories pour empêcher la peroxydation du protoxyde de fer par les flammes du four.

On brasse avec des rables et une perche en bois. Après 3 ou 4 heures d'action des barres, la scorie est appauvrie et on procède à la coulée.

Dans une opération bien conduite et effectuée à la température strictement nécessaire pour la fusion du cuivre et de la scorie, la teneur en cuivre de la scorie est de 0,004 à 0,006, et le cuivre n'est pas du tout ferreux et contient moins de 0,008 de soufre.

Cette méthode, imaginée par MM. Rivot et Phillips, est basée sur la réduction de l'oxyde de cuivre contenu dans un silicate multiple en fusion par le fer métallique. Cette réduction est rapide, et le cuivre obtenu est pur toutes les fois que le fer métallique ne plonge pas jusqu'au culot de cuivre. La consommation de fer est toujours beaucoup plus grande que celle qui répond théoriquement à la réduction de l'oxyde de cuivre, le fer ramenant le peroxyde de fer à l'état de protoxyde avant de pouvoir agir sur l'oxyde de cuivre.

II. *Traitement des minerais à gangue quartzeuse dans l'usine de Stern.* — Les minerais sulfurés riches ne renfermant ni arsenic ni antimoine n'ont besoin de subir ni fonte crue ni fonte pour matte. Ils sont, après un broyage, grillés aussi complètement que possible dans un four à réverbère à soles superposées en même temps que les mattes provenant du traitement de minerais moins riches. On facilite, à la fin du grillage, la décomposition des sulfates en ajoutant une petite quantité de menu charbon.

Les minerais grillés sont fondus dans un four à manche. Le combustible est le coke, les fondants sont des scories de forge, du carbonate de chaux, des crasses du raffinage du cuivre noir. La composition du lit de fusion est établie de manière à obtenir environ 35 % du minerai traité en cuivre noir, une petite quantité de matte et des scories riches.

Le raffinage du cuivre noir s'exécute au petit foyer allemand. On sèche la brasque, on remplit le creuset de charbon de bois et de coke sur lesquels on charge 100 kilogrammes de cuivre noir que l'on recouvre de coke. On donne le vent, le cuivre noir fond, tombe dans le bassin où les métaux étrangers s'oxydent sous le vent de la tuyère et sous l'influence de l'oxydule de cuivre. Il se forme aux dépens des matériaux de la brasque et des cendres une scorie très-riche en cuivre. Dès que le cuivre est purifié, on arrête le vent, on écume et on jette de l'eau sur la surface du métal pour hâter le refroidissement de la couche superficielle qu'on enlève sous forme de rosette.

Les minerais sulfurés pauvres par la nature exclusivement quartzeuse de la gangue présentent les circonstances favorables au traitement par la voie humide.

Le traitement le plus convenable consiste en un grillage et en une dissolution des oxydes par l'acide sulfurique naissant. Les minerais d'une teneur de 4 à 12 °/₀ sont grillés au four à réverbère, ceux d'une teneur inférieure à 4 °/₀ sont grillés dans des fourneaux à cuve. Le minerai est passé dans le four à cuve de grillage en fragments de la grosseur d'une noix avec de la houille maigre. La consommation de la houille est d'environ 8 °/₀ du minerai grillé. La nature de la gangue et la grande dissémination des sulfures permettent de griller d'une manière très-satisfaisante dans le fourneau à cuve.

Les minerais grillés après un broyage sont soumis dans des bassins à l'action combinée de l'acide sulfureux, de la vapeur d'eau et de l'air; l'acide sulfurique formé se combine aux oxydes en donnant une solution de sulfates. Après trois semaines environ de cette action, on obtient par des lavages méthodiques une dissolution qui contient de 45 à 50 °/₀ de sulfate et qui est livrée à la cémentation.

La solution cuivreuse aussi chaude que possible est amenée dans des caisses dans lesquelles on a préalablement disposé des fragments de fonte ou de fer. La précipitation du cuivre exige ordinairement 24 heures. Après l'enlèvement de la solution épuisée, on introduit dans la caisse de nouvelles liqueurs à cémenter. Le cuivre de cément est sali par de l'oxyde de fer, du sulfate basique de fer et le graphite de la fonte. Le cuivre de cément est lavé aux caissons et fondu dans un réverbère ou passé au fourneau à manche avec les minerais sulfurés riches.

Les minerais oxydés pauvres d'une teneur de 1/2 à 3 1/2 sont soumis à l'action d'un acide chlorhydrique faible pendant 10 jours. La cémentation de la liqueur cuivreuse s'effectue comme précédemment (1).

III. *Traitement des minerais pyriteux extrêmement pauvres en cuivre et à gangue de pyrite de fer.* — En Espagne, à Huelva, à Rio-Tinto et à Agordo, ces minerais subissent une série d'opérations par la voie sèche et par la voie humide.

Les minerais les plus pauvres subissent un grillage conduit avec une grande lenteur, de manière à chasser une partie du soufre qu'on recueille et à concentrer le cuivre en une véritable matte au centre des fragments de minerai. Un cassage et un triage à la main des matières grillées permettent de séparer le noyau sulfuré du minerai complètement oxydé qui est terreux. La partie terreuse est soumise à une lixiviation méthodique qui fournit des eaux chargées de sulfates de fer et de cuivre. Après enrichissement de la dissolution par évaporation sur la sole d'un four à réverbère, on précipite à chaud le cuivre par le fer. Ce cuivre de cémentation, toujours souillé par du sous-sulfate de fer et de l'arséniate de fer et de petits morceaux de fer ou de fonte, repasse dans le traitement par la voie sèche. Les résidus de la lixiviation servent à faire la couverte de tas de grillage où ils subissent une nouvelle oxydation qui achève la décomposition des sulfures qu'ils peuvent encore contenir.

Le traitement par la voie sèche commence par une fonte pour matte dans un haut-fourneau des minerais riches, des noyaux sulfurés enrichis pendant le grillage, du cuivre de cément, des scories et des crasses des opérations ultérieures. La grande hauteur du four permet la volatilisation d'une proportion assez grande d'arsenic, la richesse en soufre des noyaux fait passer à l'état de sulfure la totalité du fer ramené à l'état métallique et appauvrit les scories. La matte est grillée à plusieurs feux afin d'expulser la majeure partie de l'arsenic. La fusion dans un four à manche très-élevé donne un cuivre noir assez pur pour passer directement au raffinage à la coupelle allemande.

On ne peut obtenir un cuivre noir pur par le traitement des mattes grillées très-ferreuses et des résidus cuivreux arsenifères qu'en faisant entrer dans le lit de fusion une forte proportion de silice et en opérant dans un fourneau incliné. Cette inclinaison permet de maintenir les matières du lit de fusion pendant longtemps à une température modérée, en présence d'une action réductive faible, car les gaz réducteurs suivent alors en grande partie la poitrine contre laquelle le charbon ne peut être pressé.

IV. *Traitement des minerais pauvres et argentifères dans le Mansfeld.* — Les minerais de cuivre dans le Mansfeld sont des cuivres pyriteux disséminés dans un schiste bitumineux contenant en moyenne de 3 à 5 °/₀ de cuivre, riches en argent et en métaux étrangers; des quartz imprégnés de sulfures pauvres en argent, mais rendant jusqu'à 12 °/₀ de cuivre; enfin des calcaires ne contenant pas plus de 2 °/₀ de cuivre employés comme fondants.

Les minerais schisteux et les minerais les plus impurs sont soumis séparément à un grillage en grand tas.

Les minerais schisteux grillés ainsi que les minerais réfractaires non grillés sont passés avec du spath-fluor et des scories des opérations précédentes dans un haut-fourneau par lits alternatifs avec un mélange de coke et de charbon de bois.

Les produits de ces fontes sont, avec les minerais schisteux, une matte contenant 45 °/₀ de cuivre et 300 grammes d'argent aux 100 kilogrammes; avec les minerais quartzeux, une matte contenant 50 à 52 °/₀ de cuivre et des scories difficilement fusibles à bases d'alumine et de chaux.

La fonte pour matte des minerais impurs grillés (contenant de la blende, de la galène, des arséniosulfures de nickel et de cobalt), devant oxyder et expulser les corps étrangers et nuisibles, est pratiquée dans un four à manche. La forte proportion des terres et la faible quantité d'oxyde de fer qui entrent dans la composition du lit de fusion donnent des scories trop peu fusibles, malgré l'addition d'une notable proportion de spath-fluor, pour qu'elles puissent s'écouler par un avant-creuset. On pratique alors dans l'argile qui ferme l'intervalle entre la poitrine et la dame du four deux ouvertures pour l'écoulement des scories.

Une première fusion fournit une matte pauvre qui est grillée en cases et à deux feux. Une se-

(1) M. Sterry Hunt a proposé une méthode ingénieuse qu'on peut rapprocher des précédentes pour le traitement des minerais sulfurés très-pauvres contenant peu ou point de carbonate de chaux.

Les minerais pulvérisés, après avoir été grillés, sont traités simultanément par une dissolution chaude de chlorures de calcium et de sodium, et du gaz acide sulfureux produit pendant le grillage. L'oxyde de cuivre, en réagissant sur le chlorure de calcium et l'acide sulfureux, donne du sulfate de chaux et du sous-chlorure de cuivre qui reste dissous dans le chlorure alcalin. La solution ne renferme pas de fer, car l'oxyde de cuivre, en réagissant sur le chlorure ferreux, donne du sesquioxyde de fer, du chlorure et du sous-chlorure de cuivre. La dissolution cuivreuse pure, traitée par un lait de chaux, régénère le chlorure de calcium et donne de l'oxyde cuivreux dont la réduction est très-facile.

conde fusion faite encore dans un four à manche concentre le cuivre et l'argent dans une matte riche et pure. Ce n'est que par des tâtonnements qu'on détermine le degré d'avancement du grillage, la forme du four et son allure pour fabriquer cette matte.

Les mattes argentifères soumises au traitement que nous avons décrit à l'article Argent laissent des résidus cuivreux qui contiennent du peroxyde de fer, de l'oxyde de cuivre, des arséniates et des sous-sulfates.

La fusion pour cuivre noir de ces résidus cuivreux entièrement oxydés doit être réalisée sans produire des scories trop riches pour être jetées. On ne peut expulser l'arsenic qu'en soumettant ces corps à une action réductive faible et prolongée à une température peu élevée. La proportion de sulfure de fer, agent ordinaire de l'appauvrissement des scories, étant très-faible dans le lit de fusion, les dimensions et l'allure du four doivent ne pas favoriser la formation des silicates de cuivre.

Le demi-haut-fourneau conduit comme un four à manche permet assez bien de vaincre les difficultés de ce traitement lorsqu'on prend le soin de ne passer dans les lits de fusion les résidus cuivreux que mélangés à 10 °/₀ d'argile et moulés en briquettes.

L'affinage du cuivre noir se fait dans un petit foyer allemand.

V. *Traitement, dans le Banat, des minerais complexes, très-pauvres en cuivre, ordinairement à gangue quartzeuse et d'une teneur moyenne de 30 à 40 kilogrammes de cuivre et 80 à 85 grammes d'argent par tonne.* — Les minerais sont séparés de leur gangue par une fonte de concentration au four à manche. La matte obtenue, après avoir été grillée en cases à 2 feux, est soumise à une fonte de purification avec des scories siliceuses dans un four à manche très-élevée dans lequel on évite la production des scories riches, qui expulseraient une trop grande quantité de soufre. Cette nouvelle matte est grillée partiellement en cases et à 3 feux et fondue au four à manche avec des scories de la fonte de concentration. On obtient une scorie pauvre, une matte qu'on repasse dans les fusions suivantes après un grillage et un cuivre noir argentifère renfermant du soufre, de l'arsenic et de l'antimoine.

Ce cuivre noir dans l'usine de Cziklova est désargenté par amalgamation. — Voyez à l'article Argent.

Le traitement des résidus cuivreux de l'amalgamation présente de grandes difficultés. On les mélange avec 25 °/₀ de pyrite de fer et 6 °/₀ de charbon et on fond ce mélange moulé en briquettes avec des scories siliceuses dans un four à manche très-étroit et très-élevé. On obtient un cuivre noir chargé d'arsenic et d'antimoine, qu'on affine au four hongrois, une matte qu'on grille en cases et à 11 feux avant de la fondre de nouveau. Le cuivre noir obtenu est alors assez pur pour être affiné au petit foyer allemand, et la matte de cette dernière opération fournit après des grillages et une nouvelle fonte un cuivre noir donnant à l'affinage un cuivre rosette de première qualité.

VI. *Traitement que l'on fait subir à la galène argentifère chargée d'une petite quantité de cuivre pyriteux pour en extraire le cuivre dans les usines du Harz.* — Le traitement de ces minerais fournit des mattes cuivreuses contenant encore 12 à 16 °/₀ de plomb, de l'argent, de l'arsenic, de l'antimoine, du zinc et trop peu de soufre pour permettre l'expulsion de tous ces corps. Ces mattes sont grillées en cases et à 8 feux; fondues avec des scories siliceuses au four à manche. Cette fusion donne un cuivre noir argentifère et une matte qu'on fond de nouveau au four à manche après un grillage. Les cuivres noirs sont désargentés par la liquation. Le ressuage fournit des carcasses de cuivre qu'on raffine au petit foyer allemand. Le cuivre marchand obtenu est de qualité un peu inférieure.

VII. *Traitement des minerais complexes de Freiberg.* — Voyez l'article Argent.

VIII. *Traitement des minerais oxydés.* — Le traitement des minerais oxydés riches se pratique au réverbère ou au four à manche.

Le choix entre ces deux méthodes est déterminé par le prix de la houille; les minerais les moins riches et les moins ferrugineux sont traités plus avantageusement au four à manche qu'au four à réverbère.

1° L'opération dans le four à réverbère est des plus simples : elle comprend la réduction et la fusion, l'affinage et le raffinage du cuivre.

Le minerai est chargé sur la sole avec les fondants que nécessite la nature des gangues et de la houille sèche exempte de pyrite arsenicale. L'oxyde de cuivre est amené à l'état métallique ainsi qu'une partie de l'oxyde de fer. Le fer métallique, en restant longtemps en mélange dans la masse à l'état pâteux, concourt avec la houille à appauvrir la scorie toujours chargée d'une forte proportion d'oxydule. Dans une opération bien conduite la proportion de fer métallique doit être assez faible pour qu'il n'en reste pas dans le cuivre. L'affinage et le raffinage commencent immédiatement après la fusion, que l'on termine par un fort coup de feu pour amener les scories à une fluidité suffisante pour les enlever facilement.

2° L'opération dans le four à manche est aussi simple que la précédente. On compose le lit de fusion de manière à produire des scories assez peu fluides pour ne laisser tomber que lentement le cuivre noir au fond du creuset, qui est plus profond que de coutume, afin que la petite quantité de fer réduit ait le temps d'appauvrir sensiblement les scories cuivreuses. Le cuivre noir est affiné et raffiné au petit foyer.

IX. *Traitement des minerais oxydés ou sulfurés pauvres ne renfermant pas la plus faible trace d'arsenic et d'antimoine.* — Ces minerais sont fondus avec de la dolomie et des scories dans un demi-haut-fourneau muni d'un avant creuset. Le lit de fusion est chargé contre la warme et le charbon de bois contre la poitrine. En allure normale, le pouvoir réductif doit être assez fort pour ramener à l'état métallique la totalité du cuivre et du fer. On trouve dans le creuset de la fonte et du cuivre noir. La coulée se fait dans un bassin en brasque. La scorie qui recouvre les métaux est enlevée, mise de côté et repassée dans le fourneau. La fonte est enlevée par rondelles. Le cuivre noir est moulé. La fonte contient à l'état de mélange une notable quantité de cuivre qu'on isole en la faisant fondre au cubilot. Les cuivres bruts sont affinés au four hongrois et raffinés au petit foyer.

L'affinage hongrois est le meilleur mode de purification des cuivres noirs très-impurs. On se sert pour cet affinage d'un four à réverbère sans cheminée, à voûte très-élevée au-dessus de la sole. La sole du four est en brasque et sous le vent de deux tuyères. Les lingots de cuivre noir introduits par une porte de travail sont placés en face des tuyères. La charge d'un four hongrois est de 3 tonnes environ. On la fait fondre lentement dans une atmosphère oxydante. On ajoute après la fusion des minerais pyriteux. On cesse de donner le vent pendant le brassage, le coup de feu de plusieurs heures et l'enlèvement des scories. On redonne le vent jusqu'à scorification à peu près complète du fer, et, aussitôt que le bouillonnement produit par le dégagement de l'acide sulfureux est apaisé, on prend des essais pour constater par l'aspect et la malléabilité du cuivre la quantité d'oxyde dissous dans le bain métallique.

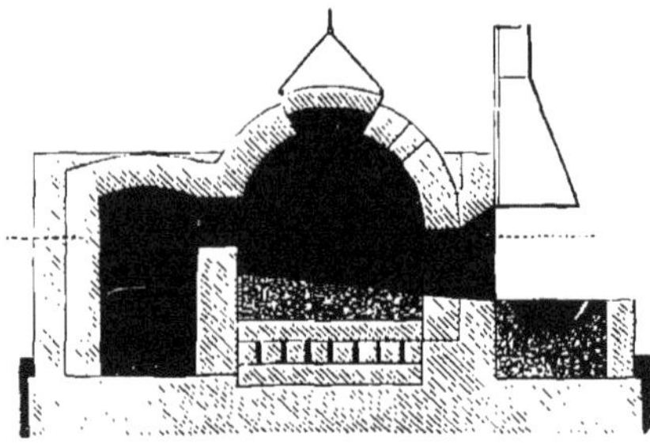

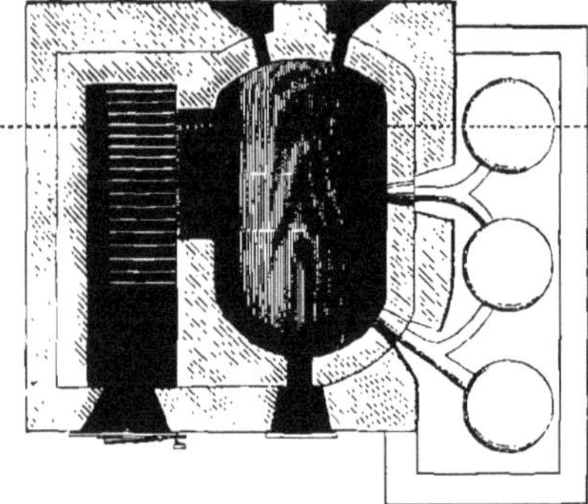

Fig. 203. — Four d'affinage hongrois.

X. *Traitement du cuivre natif.* — Toutes les usines qui traitent du cuivre natif emploient des fours à réverbère chauffés à la houille. L'opération est divisée en trois périodes : la fusion, l'affinage et le raffinage.

Le cuivre natif est presque toujours accompagné de minerais oxydés et sulfurés et quelquefois de pyrite arsenicale.

Les scories des opérations précédentes servent de fondants. La fusion se fait dans une atmosphère réductrice et produit un cuivre contenant la presque totalité du fer, du soufre et de l'arsenic des minerais et des silicates de fer et de cuivre, qu'on ne peut appauvrir dans le four qu'en employant le charbon ou le fer. Ces silicates sont habituellement enlevés par la porte placée sous le rampant, et le cuivre découvert est soumis à l'influence des flammes oxydantes. Il se forme de l'oxydule de cuivre, et cet oxydule devient l'agent principal de la purification. L'oxydule de cuivre porte d'abord son action sur le sulfure de fer, l'oxyde de fer produit se combine avec le sable de la sole et des parois du four, le sulfure de cuivre se dissout dans le bain et se décompose à son tour avec production d'acide sulfureux gazeux qui produit un bouillonnement véritable du bain métallique.

L'expulsion du fer et du soufre se fait avec facilité, mais celle de l'arsenic est impossible, l'expérience ayant appris que sous l'influence de l'oxydule de cuivre il ne se produit que très-peu d'arséniite d'oxydule de cuivre.

On arrête l'oxydation peu après le bouillonnement, dès que le métal contient de l'oxydule de cuivre, en rendant les flammes du four réductrices et en recouvrant de charbon la surface du bain pour commencer le raffinage.

Les phénomènes que l'on observe pendant le raffinage du cuivre ont donné à penser à M. Caron que ce métal devait, pendant sa fusion, jouir de la faculté d'absorber certains gaz, et que ses propriétés pouvaient être modifiées par cette absorption. L'expérience apprend que le cuivre en fusion absorbe du gaz hydrogène et que ce gaz est expulsé au moment de la solidification du métal, mais pas assez rapidement pour qu'il n'en reste emprisonnée dans l'intérieur une notable partie donnant lieu à de nombreuses soufflures dont la présence altère les propriétés du cuivre.

Le cuivre fondu dans l'oxyde de carbone, l'ammoniaque ou l'hydrogène carboné, après son refroidissement, a le même aspect spongieux, et la diminution de sa densité est sensible. P. H.

CUIVRE (Min.). — Cuivre métallique, Cu, renfermant souvent de l'argent disséminé dans sa masse. Cristaux octaédriques en chapelets, ou masses contournées, filiformes, réticulées, compactes, etc. Se trouve fréquemment dans les roches amygdaloïdes, trapps, etc., accompagné de zéolithes. Se rencontre aussi accidentellement avec les autres minerais de cuivre.

Dureté, 2,5 à 3. Densité, 8,94.

CUIVRE ARSENIATÉ. — Voyez APHANÈSE, OLIVÉNITE, LIROCONITE, ÉRINITE, CORNWALLITE.

CUIVRE ARSENICAL. — Voyez ALGODONITE et DOMEYKITE.

CUIVRE CARBONATÉ BLEU. — Voyez CHESSYLITHE.

CUIVRE CARBONATÉ VERT. — Voyez MALACHITE.

CUIVRE GRIS. — Voyez PANABASE.

CUIVRE HYDROSILICEUX. — Voyez CHRYSOCOLLE.

CUIVRE MICACÉ. — Voyez CHALCOPYRITE.

CUIVRE MURIATÉ. — Voyez ATACAMITE.

CUIVRE OXYDULÉ. — Voyez CUPRITE.

CUIVRE PANACHÉ. — Voyez PHILLIPSITE.

CUIVRE PHOSPHATÉ. — Voyez LUNNITE et LIBÉTHÉNITE.

CUIVRE PYRITEUX. — Voyez CHALCOPYRITE.

CUIVRE PYRITEUX HÉPATIQUE. — Voyez PHILLIPSITE.

CUIVRE ROUGE. — Voyez CUPRITE.

CUIVRE SÉLÉNIÉ. — Voyez BERZELINE.

CUIVRE SULFATÉ. — Voyez CYANOSE.

CUIVRE SULFURÉ. — Voyez CHALCOSINE.

CUIVRE SULFURÉ BLEU. — Voyez COVELLINE.

CUMÈNE (*cumol, hydrure de cuményle*), C^9H^{12} [Pelletier et Walter, 1837, *Ann. de Chim. et de Phys.*, t. LXVII, p. 285; — Gerhardt et Cahours, *ibid.*, (3), t. I, p. 87, 372; *Ann. der Chem. u. Pharm.*, t. XXXVIII, p. 88; — Gerhardt, *Ann. de Chim. et de Phys.*, (3), t. XIV, p. 107; — Abel, *Ann. der Chem. u. Pharm.*, t. LXXII, p. 150, et t. LXXIII, p. 308; *Mem. Chem. Soc.*, t. III, p. 441; *Phil. Mag.*, t. XXXII, p. 63; — Cahours, *Compt. rend.*, t. XXVI, p. 315; t. XXIV. p. 557; t. XXX, p. 321; — Mansfield, *Chem. Soc. quart. Journ.*, t. I, p. 244; *Ann. der Chem. u. Pharm.*, t. LXIX, p. 179; — Gerhardt et Liès-Bodart, *Compt. rend. des trav. de Chim.*, 1849, p. 385; *Compt. rend. de l'Acad.*, t. XXIX, p. 506; *Ann. der Chem. u. Pharm.*, t. LXXII, p. 293; — Ritthausen, *Journ. für prakt. Chem.*, t. LXI, p. 79; — Church, *Phil. Mag.*, (4), t. IX, p. 256; — Liès-Bodart, *Comp. rend.*, t. XLIII, p. 394; *Ann. der Chem. u. Pharm.*, t. C, p. 352; — Warren de la Rue et H. Müller, *Chem. Gaz.*, 1856; p. 375; *Journ. für prakt. Chem.*, t. LXX, p. 30; — F. Beilstein et A. Kögler, *Ann. der Chem. u. Pharm.*, t. CXXXVI, p. 317 (nouv. sér., t. LXI, mars 1866); *Ann. de Chim. et de Phys.*, (4), t. IX, p. 500].

Sous le nom de *cumène*, on confond plusieurs hydrocarbures répondant à la formule C^9H^{12}. L'un d'eux a été découvert par Gerhardt et Cahours qui l'ont préparé au moyen de l'acide cuminique; un second a été retiré du goudron de houille; un troisième, isomérique ou identique avec l'un des deux précédents, a été préparé par Gerhardt et Liès-Bodart au moyen de la phorone. Il existe un quatrième hydrocarbure C^9H^{12} qui est isomérique avec les précédents et qui a reçu le nom de *mésitylène;* Church a trouvé un autre isomère du cumène dans les produits de la distillation sèche de l'eugénate barytique. Enfin un hydrocarbure C^9H^{12} a été extrait des parties du naphte de Birmah qui sont entraînées à 200° avec la vapeur d'eau, et des produits de la distillation sèche de la résine du *Pinus maritima.*

L'esprit de bois brut, précipité par l'eau, donne une huile qui, agitée avec de l'acide sulfurique, puis avec de la potasse, lavée à l'eau, desséchée sur du chlorure de calcium et de l'anhydride phosphorique et soumise à la distillation fractionnée, donne un hydrocarbure passant entre 140° et 150°. On a décrit cet hydrocarbure comme du cumène, mais il est infiniment probable que c'est du xylène.

L'huile brune que l'on obtient lorsqu'on prépare le gaz de l'éclairage par la distillation sèche de la résine du *Pinus maritima* renferme un hydrocarbure C^9H^{12} (rétinyle) bouillant à 150°, que l'on en retire par la voie des distillations fractionnées et que l'on purifie en l'agitant à plusieurs reprises avec de l'acide sulfurique, puis avec de la potasse, puis en le distillant sur du potassium après l'avoir desséché (Pelletier et Walter).

Pendant longtemps on a considéré comme du cumène la partie de l'huile de houille qui distille à 140°. Mais récemment M. Beilstein a démontré que l'hydrocarbure volatil à 140° est du xylène C^8H^{10}. Quant au cumène, suivant le même chimiste, en collaboration avec M. Kögler, il passerait à 166°. Pour le préparer, ils soumettent à la distillation fractionnée sur du sodium une grande quantité d'huile de goudron de houille volatile au-dessus de 140°.

D'après les derniers travaux de Fittig, le cumène du goudron de houille, obtenu par M. Kögler et Beilstein, est un mélange de pseudocumène ou triméthylbenzine et de mésitylène. En effet, en traitant ce cumène par l'acide azotique, on obtient un produit solide qu'on sépare par cristallisations fractionnées en trinitropseudocumène identique avec celui que fournit la triméthylbenzine synthétique et en trinitromésitylène. Il y aurait donc trois carbures C^9H^{12}, bien distincts aujourd'hui :

1° Le cumène de l'acide cuminique ou propylbenzine : $C^9H^{12} = C^6H^5, C^3H^7$;

2° Le pseudocumène ou triméthylbenzine :

$$C^9H^{12} = C^6H^3(CH^3)^3;$$

3° Le mésitylène qui provient de l'action de l'acide sulfurique sur l'acétone, et qui forme la plus grande partie des portions du carbure de la houille bouillant à 166°. Il existe aussi dans les produits de l'action du chlorure de zinc sur le camphre (Fittig).

Nous décrirons ici les deux premiers, renvoyant pour le dernier à l'article MÉSITYLÈNE.

CUMÈNE.

Préparation. — On chauffe peu à peu dans une cornue un mélange intime d'acide cuminique et de baryte dans la proportion de 1 p. du premier corps pour 4 p. du second. Pour que l'opération réussisse bien, il ne faut pas opérer sur une quantité d'acide cuminique supérieure à 8 grammes. Lorsqu'on n'excède pas ces proportions, le cumène passe incolore à la distillation :

$$\underset{\text{Cuminate de baryum.}}{(C^{10}H^{11}O^2)^2Ba} + Ba(OH)^2 = 2\,CO^3Ba + \underset{\text{Cumène.}}{2\,C^9H^{12}}$$

(Gerhardt et Cahours).

Abel substitue la chaux à la baryte dans cette préparation et chauffe le mélange jusqu'au rouge sur un bain de sable. Le produit ainsi obtenu a une odeur désagréable qu'il conserve même après avoir été rectifié, mais dont on le débarrasse en le distillant sur de petites quantités d'acide chromique. On dessèche en dernier lieu le cumène sur du chlorure de calcium fondu, puis on le distille.

Propriétés. — Le *cumène de l'acide cuminique* est un liquide incolore, plus léger que l'eau, et dont l'odeur est forte et agréable. Il bout sans altération à 151°,4 suivant Gerhardt et Cahours, et à 148° suivant Abel. Sa densité de vapeur égale 3,96. Il est insoluble dans l'eau, fort soluble, au contraire, dans l'alcool, l'éther et les huiles essentielles. Il dissout les graisses ainsi que le soufre et les résines.

L'acide sulfurique fumant le transforme en un acide $C^9H^{11}(SO^2.OH)'$ auquel on a donné le nom d'acide cuményl-sulfureux.

Lorsqu'on fait bouillir le cumène avec de l'acide azotique concentré, cet hydrocarbure se convertit en nitrocumène. En continuant l'ébullition, on redissout presque complétement cette huile, qui se convertit en une masse cristalline, soluble dans l'ammoniaque d'où l'acide nitrique précipite ensuite de l'acide nitrobenzoïque. Lorsqu'on se sert d'acide azotique étendu, il se produit de l'acide benzoïque.

Un mélange d'acide sulfurique et d'acide azotique fumant convertit le cumène en dinitrocumène.

Le cumène laissé pendant quelque temps en contact avec du potassium attaque ce métal. Celui-ci se recouvre d'une poudre noire qui paraît être un carbure de potassium.

DÉRIVÉS DU CUMÈNE.—*Nitrocumène*, $C^9H^{11}(AzO^2)$ [Cahours, *loc. cit.;* — Ritthausen, *loc. cit.;* — Nicholson, *Chem. Soc. quart. Journ.*, t. I, p. 2]. — Le cumène se dissout dans l'acide azotique fumant avec élévation de température et dégagement de vapeurs nitreuses. L'addition de l'eau au liquide en précipite du nitrocumène sous la forme d'une huile pesante, jaunâtre et d'une odeur moins agréable que la nitrobenzine. En solution alcoolique, le nitrocumène est réduit par l'action du sulfhydrate d'ammonium et il se produit de la cumidine (voyez ce mot).

Binitrocumène, $C^9H^{10}(AzO^2)^2$. — Ce corps prend naissance lorsqu'on traite le cumène par un mélange d'acide azotique fumant et d'acide sulfurique de Nordhausen. L'action est lente à se produire et on ne peut la compléter qu'à la condition de renouveler les acides à plusieurs reprises.

Le binitrocumène cristallise de sa solution alcoolique en lames blanches. Il est insoluble dans les liqueurs alcalines. Il se dissout, au contraire, dans la potasse alcoolique qui le convertit en nitrotoluène.

Acide sulfocuménique,

$$S\overset{''}{O}\begin{cases} OC^9H^{11} \\ OH \end{cases}$$

[Gerhardt et Cahours, *Ann. de Chim. et de Phys.*, (3), t. I, p. 9]. — Cet acide résulte de l'action de l'acide sulfurique sur le cumène des cuminates. Pour le préparer, on verse dans un verre à pied environ 1 p. de cumène et 2 p. d'acide sulfurique de Nordhausen. On agite le tout avec une baguette de verre jusqu'à ce que le cumène se soit dissous dans l'acide. Lorsqu'on opère sur de grandes quantités, on peut abandonner le mélange dans un flacon bouché. La dissolution s'effectue alors peu à peu d'elle-même.

On étend cette dissolution de quatre fois son volume d'eau et le liquide, qui était coloré en brun foncé, devient alors tout à fait incolore. Quand le contact de l'acide sulfurique et du cumène a été suffisamment prolongé, il ne se sépare plus ou presque plus d'huile.

La liqueur est ensuite saturée par le carbonate de baryte, à une douce chaleur, si cela est nécessaire, puis filtrée, concentrée par l'ébullition et abandonnée au refroidissement. Il se dépose alors des cristaux de sulfocuménate de baryum d'un grand éclat. Si même le degré de concentration est considérable, la liqueur se prend en masse.

Le sulfocuménate de baryum se présente en lames nacrées semblables à des écailles de poisson. Il répond à la formule $(C^9H^{11}SO^3)^2Ba''$. Il est fort soluble dans l'eau et se dissout également dans l'alcool et l'éther. Les autres sulfocuménates sont également fort solubles.

Chlorure sulfocuménique et sulfhydrate de cumyle. — Le chlorure de sulfocuményle résulte de l'action du perchlorure de phosphore sur le sulfocuménate sodique. Il reste sous la forme d'une huile lorsqu'on lave à l'eau le produit de la réaction. Mis en contact avec le zinc et l'acide sulfurique étendu, ce corps se convertit en une substance solide, fusible à 86-87°, bouillant vers 235°, cristallisable en paillettes nacrées et présentant la composition du sulfhydrate de cumyle $C^9H^{12}S$.

Constitution. — Suivant la théorie de Kekulé sur la série aromatique [voir AROMATIQUE (série)], le cumène de l'acide cuminique ne renfermant qu'une seule chaîne latérale, puisqu'il fournit de l'acide benzoïque à l'oxydation, doit être considéré comme de la propylbenzine

$$C^9H^{12} = C^6H^5.C^3H^7.$$

PSEUDOCUMÈNE.

[Fittig et Ernst, *Ann. der Chem. u. Pharm.*, t. CXXXIX, p. 84, et *Bull. de la Soc. chim.*, 1867, t. VII, p. 167; — Fittig et Lubinger, *Zeits. für Chem.*, nouv. sér., t. IV, p. 577; — Fittig et Jamasch, *ibid.*; — Fittig et Wackenroder, *ibid.*]

Préparation. — Le pseudocumène ou triméthylbenzine a été préparé synthétiquement par MM. Fittig et Ernst. On l'obtient en décomposant par le sodium un mélange de xylène bromé et d'iodure de méthyle. On obtient ainsi un liquide qui bout entre 165° et 166°, et que les auteurs avaient d'abord regardé comme identique avec le cumène décrit par Beilstein et Kögler; mais Fittig et Wackenroder, en étudiant des échantillons de cumène préparés par Beilstein, y ont reconnu, ainsi que nous l'avons dit plus haut, outre le pseudocumène, le mésitylène en grande quantité. Le méthyltoluène $C^6H^4(CH^3)^2$ préparé synthétiquement par Fittig, et qui présente quelques différences dans ses produits nitrés avec le xylène tiré de la houille (quoique celui-ci soit aussi un méthyltoluène), fournit aussi du pseudocumène, si l'on traite par le sodium son dérivé bromé en présence de l'iodure de méthyle.

Propriétés. — Préparé par ces deux voies, le pseudocumène ou triméthylbenzine ne présente aucune différence (Fittig et Jamasch). Le pseudocumène pur bout entre 165° et 166°. Son odeur diffère de celle de la benzine et du toluène; il est insoluble dans l'eau, soluble dans l'éther et dans l'alcool.

En oxydant le cumène du goudron de houille par l'acide nitrique ordinaire étendu de deux fois son volume d'eau, Schaper a obtenu de l'acide xylilique $C^9H^{10}O^2$ et d'autres acides qu'il n'a pu séparer [*Zeits. f. Chem.*, nouv. sér., t. IV, p. 545]. Beilstein et Kögler avaient déjà obtenu de l'acide xylilique et deux autres acides $C^9H^8O^4$ et $C^9H^8O^6$. Mais le cumène du goudron de houille étant un mélange, Fittig a étudié les produits d'oxydation du pseudocumène synthétique. Il a obtenu ainsi trois acides, deux monobasiques, l'acide *xylique* et l'acide *paraxylique* $C^9H^{10}O^2$, et le troisième bibasique, l'acide *xylidique* $C^9H^8O^4$. — Voir XYLIQUE (ACIDE).

Le brome réagit d'une manière très-énergique sur le pseudocumène. En rectifiant le produit, on voit les parties qui passent entre 220° et 240° se solidifier dans le col de la cornue. En dissolvant cette matière dans l'alcool, on obtient un dérivé monobromé $C^9H^{11}Br$ sous forme de paillettes brillantes, fusibles entre 72° et 73°.

Le dérivé tribromé $C^9H^9Br^3$ cristallise dans l'alcool en aiguilles aciculaires fusibles à 225°.

Dérivés nitrés [Schaper, *Zeitsch. für Chem.*, nouv. sér., t. III, p. 12, et *Bull. de la Soc. chim.*, t. VIII, p. 9, 1867; — Fittig et Laubinger, *loc. cit.*]. — Le pseudocumène mononitré $C^9H^{11}(AzO^2)$ est en prismes fusibles à 71° et bouillant à 265°. Le *dérivé dinitré* n'a pu être obtenu pur. Le *trinitropseudocumène* $C^9H^9(AzO^2)^3$ se forme facilement par l'action d'un mélange d'acide sulfurique et d'acide nitrique. On l'obtient par la cristallisation de sa solution dans l'alcool bouillant sous forme d'aiguilles incolores, groupées en étoiles, fusibles à 185°.

Quand on prépare un dérivé trinitré du cumène extrait de la houille par Beilstein et Kögler, on obtient un produit fusible à 220°, mais que, par des cristallisations répétées, on sépare en trinitropseudocumène fusible à 185° et en trinitromésitylène fusible à 232° (Wackenroder). On a reconnu ainsi que ce cumène est un mélange de triméthylbenzine et de mésitylène.

Produit de réduction du trinitropseudocumol. — Traité par le sulfhydrate d'ammoniaque, il fournit l'*amidonitropseudocumène* $C^9H^{10}AzH^2,AzO^2$, base cristallisée en prismes d'un jaune d'or. Le sulfate est presque insoluble dans l'eau froide; il cristallise dans l'eau chaude en tables quadratiques.

Acide sulfopseudocuménique [Gerhardt et Cahours, *Ann. de Chim. et de Phys.*, (3), t. I, p. 93; — Beilstein et Kögler, *loc. cit.*]. — Pour le préparer, on dissout le pseudocumène dans un mélange d'acide sulfurique fumant et d'acide sulfurique ordinaire; on décante la couche non dissoute, on étend d'eau et l'on sature par du carbonate de baryum. La liqueur évaporée donne du pseudosulfocuménate barytique.

Ce sel diffère par ses propriétés du sulfocuménate. Il est blanc, grenu, beaucoup moins soluble dans l'eau froide et l'alcool anhydre que son isomère, et possède une molécule d'eau de cristallisation qu'il perd seulement à 180°. La formule du sel desséché à la température ordinaire est

$$(C^9H^{11}SO^3)^2Ba'' + H^2O.$$

L'acide pseudosulfocuménique séparé du sel de baryte se dédouble, par la distillation, en acide sulfurique et pseudocumène pur bouillant à 166°.

Le mode d'obtention du pseudocumène par la diméthylbenzine (également préparée par synthèse) et par l'iodure de méthyle, indique sa constitution :

$$C^6H^3\left\{\begin{matrix}Br\\CH^3\\CH^3\end{matrix}\right. + CH^3Br + Na^2$$

Diméthylbenzine monobromée. Bromure de méthyle. Sodium.

$$= 2NaBr + C^6H^3\left\{\begin{matrix}CH^3\\CH^3\\CH^3.\end{matrix}\right.$$

Bromure sodique. Triméthylbenzine.

A. N.

CUMIDINE, $C^9H^{11}.H^2Az$ [Cahours, *Compt. rend.*, t. XXVI, p. 315; t. XXX, p. 321; — Ed. Chambers Nicholson, *Ann. der Chem. u. Pharm.*, t. LXV, p. 58, et *Chem. Soc. quart. Journ.*, t. I, p. 2; — A. W. Hofmann, *Ann. der Chem. u. Pharm.*, t. LXVI, p. 145, et t. LXXIV, p. 15; — Ritthausen, *Journ. für prakt. Chem.*, t. LXI, p. 79; — Church, *Phil. Mag.*, (4), t. IX, p. 454].

Préparation. — La cumidine se produit lorsqu'on réduit le nitrocumène par le sulfure d'ammonium. Pour l'obtenir, on dissout le nitrocumène dans l'alcool, on place la solution dans un ballon que l'on met en communication avec un réfrigérant de Liebig, afin que les vapeurs condensées retombent sans cesse, et l'on dirige simultanément dans le ballon un courant de gaz ammoniac et de gaz sulfhydrique. Quand le liquide est saturé de sulfhydrate d'ammonium, on le chauffe en continuant le courant des deux gaz et l'on continue ainsi pendant assez longtemps pour que le liquide filtré et soumis de nouveau au traitement précédent ne donne plus de dépôt de soufre. (La plupart des auteurs conseillent d'abandonner à froid la solution alcoolique à elle-même après l'avoir saturée de sulfhydrate ammonique, de séparer le soufre après plusieurs jours, de saturer de nouveau le liquide d'acide sulfhydrique, de distiller et de recommencer la même opération sur le résidu jusqu'à décomposition complète du nitrocumène. Le procédé que nous indiquons est plus commode et plus rapide.)

Lorsque la réduction du nitrocumène est complète, on chasse l'alcool et le sulfhydrate d'ammonium par la distillation, on dissout le résidu dans l'acide chlorhydrique aqueux, on filtre pour séparer le soufre et l'on évapore assez pour que la solution se prenne en masse cristalline par le refroidissement. On presse les cristaux entre plusieurs doubles de papier buvard, on les redissout dans l'eau bouillante et l'on ajoute de la potasse à la liqueur; la cumidine vient surnager sous la forme d'une couche huileuse.

L'huile est rectifiée, puis dissoute dans une solution concentrée d'acide oxalique. La solution de l'oxalate de cumidine est évaporée à siccité et le résidu est repris par l'alcool bouillant et décoloré par le noir animal. La liqueur alcoolique filtrée dépose en se refroidissant des prismes incolores de ce sel parfaitement pur. On le redissout dans l'eau, on le décompose par la potasse, on recueille l'huile qui monte à la surface du liquide, on la dessèche sur du chlorure de calcium et on la rectifie.

Propriétés. — La cumidine est une huile très-réfringente, d'une odeur particulière et d'une saveur brûlante. Elle se solidifie, dans un mélange de glace et de sel marin, en tables carrées qui se liquéfient par une faible élévation de température. Elle est incolore ou jaunâtre, selon qu'elle vient d'être distillée ou qu'elle a été distillée depuis un certain temps. Son poids spécifique est 0,9526. Elle donne sur le papier des taches grasses qui ne tardent pas à disparaître. Lorsqu'on a soin de mettre des fils de platine au fond du vase distillatoire, elle bout d'une manière constante à 225° sous la pression de 0,761.

La cumidine se dissout très-facilement dans l'alcool, l'éther, l'esprit de bois, le sulfure de carbone et les huiles grasses. L'eau en dissout une petite quantité. La solution n'agit ni sur le tournesol ni sur le curcuma.

Réactions de la cumidine. — La cumidine jaunit à l'air et finit même par se transformer en une masse brune, surtout si l'on chauffe. Elle brûle avec une flamme fuligineuse. Un mélange de *chlorate de potassium* et d'*acide chlorhydrique* attaque vivement cet alcaloïde et le convertit en une masse visqueuse qui rappelle, par son odeur, l'acide trichlorophénique et qui se redissout partiellement dans l'alcool en laissant un résidu de chloranile. Le *brome* le transforme avec élévation de température en un corps solide, insoluble dans l'eau, soluble dans l'alcool et l'éther, cristallisable en aiguilles blanches, qui paraît être la tribromocumidine $C^9H^{10}Br^3.Az$.

L'*acide azotique concentré* dissout la cumidine en donnant une liqueur pourpre d'où l'eau précipite des flocons d'une substance qui semble acide(?). L'*anhydride chromique* s'échauffe fortement au contact de cet alcaloïde, mais sans devenir incandescent. Le *chlorure de carbonyle* le convertit en cristaux solubles dans l'alcool qui sont probablement de la dicuménylcarbamide,

$$\overset{''}{CO}.(C^9H^{11})^2H^2Az^2.$$

Une solution de cumidine dans le *sulfure de carbone* dégage beaucoup d'acide sulfhydrique. Si au bout de quelque temps on ajoute de l'eau à la liqueur, il se précipite un corps huileux qui ne tarde pas à se solidifier et qui se dissout dans l'alcool, d'où il se dépose en longues aiguilles. Ce corps est très-probablement de la dicuménylsulfocarbamide,

$$\overset{''}{CS}.(C^9H^{11})^2.H^2Az^2.$$

La cumidine se solidifie immédiatement lorsqu'on la traite par le cyanate de phényle en donnant, suivant toute apparence, de la phényl-cuménylurée

$$\left.\begin{matrix}\overset{''}{CO}\\ C^6H^5\\ C^9H^{11}\\ H^2\end{matrix}\right\} Az^2.$$

Le cyanogène gazeux, dirigé à travers une solution aqueuse de cumidine, transforme ce corps en cyanocumidine.

La cumidine colore le bois de pin à la manière de la toluidine et de l'aniline, mais ne présente pas avec les hypochlorites la réaction caractéristique de l'aniline.

La solution aqueuse de la cumidine précipite les persels de fer, mais ne précipite ni les sels de zinc, ni ceux d'aluminium.

Le potassium, chauffé dans la vapeur de cumidine, se convertit en cyanure.

Sels de cumidine. — La plupart de ces sels sont cristallisables, à l'exception de quelques sels doubles renfermant des chlorures métalliques; ils sont incolores, mais prennent peu à peu à l'air une teinte rougeâtre. L'eau les dissout et l'alcool les dissout mieux encore. Leur solution aqueuse est décomposée par la potasse qui met l'alcaloïde en liberté.

La cumidine étant une base faible, ses sels ont toujours une réaction acide. Ils sont anhydres, comme les sels d'aniline.

Chlorhydrate de cumidine, $C^9H^{13}Az.HCl$. — Il cristallise en gros prismes incolores. Il fond à une température élevée et peut être sublimé. Une température de 100° ne l'altère pas, mais il brunit à l'air lorsqu'il est humide.

On l'obtient en dissolvant la cumidine dans l'acide chlorhydrique. Ces deux corps se combinent avec dégagement de chaleur.

Chloroplatinate de cumidine,

$$(C^9H^{13}Az.HCl)^2PtCl^4.$$

— Ce sel se dépose en longues aiguilles jaunes lorsqu'on laisse refroidir une solution chaude de chlorhydrate de cumidine additionnée de bichlorure de platine. On les purifie par des lavages à l'eau chaude; cette eau ne doit cependant pas être bouillante, parce qu'à l'ébullition elle les décomposerait.

Chauffé à 100°, le chloroplatinate de cumidine

brunit sans s'altérer sensiblement. A une température plus élevée, il se décompose en chlorhydrate de cumidine et laisse un résidu de platine métallique.

Lorsqu'on ajoute quelques gouttes d'alcool à ce sel, celui-ci se dissout entièrement. Au bout de quelque temps toutefois, il se sépare de nouveau de la liqueur sous la forme de gouttes huileuses d'un rouge foncé qui, après l'évaporation de l'alcool, se concrètent en une masse cristalline de même couleur.

Chloropalladate de cumidine. — Ce sel ressemble au chloroplatinate. Il s'obtient de la même manière.

Le *sulfate de cuivre* donne, dans les solutions alcooliques de cumidine, un précipité vert.

Le *chlorure* et le *cyanure mercurique* déterminent, dans les mêmes solutions, des précipités cristallins blancs que l'eau bouillante décompose.

Le *trichlorure d'or* y fait naître un précipité violet soluble dans un grand excès d'alcool.

Iodhydrate de cumidine, $C^9H^{13}Az,HI$. — Ce sel cristallise facilement et paraît être le plus soluble de tous les sels de cumidine. Le *bromhydrate* et le *fluorhydrate* cristallisent aussi avec facilité.

Azotate de cumidine, $C^9H^{13}Az,HAzO^3$. — C'est un sel soluble dans l'eau et l'alcool, que l'on obtient en aiguilles entièrement incolores, en dissolvant la cumidine dans l'acide azotique étendu. Ce sel reste inaltéré à 100°.

L'*azotate d'argent* donne avec la cumidine un sel cristallisable en longues aiguilles.

Oxalates de cumidine. — On connaît un oxalate neutre et un oxalate acide de cumidine. Mais il est impossible de séparer ces deux sels l'un de l'autre. Leur mélange donne à la distillation une substance cristallisable, soluble dans l'alcool, possédant les réactions de l'oxycumidine (Nicholson) et que Gerhardt considère comme la cumyl-oxamide.

Sulfate de cumidine, $(C^9H^{13}Az)^2,H^2SO^4$. — Ce sel forme une masse cristalline soluble dans l'eau et dans l'alcool. Il n'a pas d'odeur, mais possède une saveur amère désagréable.

L'*acétate* et le *tartrate de cumidine* cristallisent aisément.

Dérivés nitriques de la cumidine. — *Nitrocumidine*, $C^9H^{12}(AzO^2)Az$ [Cahours, *loc. cit.*]. — Cet alcali résulte de la réduction du binitrocumène par le sulfhydrate d'ammonium.

Cette substance se présente en écailles cristallines jaunes. Elle fond au-dessous de 100° et se solidifie, par le refroidissement, en une masse cristalline formée d'aiguilles radiées. Elle est insoluble dans l'eau et facilement soluble dans l'alcool et l'éther. A la distillation elle passe en partie inaltérée, tandis qu'une autre partie se décompose. La réaction est alcaline, mais très-peu prononcée. Elle neutralise complétement les acides les plus énergiques.

Le *brome* agit énergiquement sur la nitrocumidine et la transforme en un produit cristallisable doué de propriétés alcalines. Le *chlorure de benzoyle* est sans action sur elle à la température ordinaire, mais entre 50° et 60° il donne lieu à une action violente : de l'acide chlorhydrique se dégage et il se forme de l'azoture de cuményle, de benzoyle et de nitryle $C^9H^{11},C^7H^5O,AzO^2Az$. On purifie ce corps en le dissolvant dans l'alcool après l'avoir lavé successivement avec une lessive alcaline, avec un acide étendu et finalement avec de l'eau pure. Il cristallise alors en aiguilles d'un blanc de neige. Les chlorures de cumyle et de cinnamyle donnent avec la nitrocumidine des produits analogues.

Les sels de nitrocumidine sont pour la plupart cristallisables; humides ou en dissolution, ils s'altèrent promptement en prenant une teinte bleu-verdâtre.

Le *chlorhydrate de nitrocumidine*,

$$C^9H^{10}(AzO^2)H^2Az,HCl+H^2O,$$

se dépose sous la forme d'aiguilles incolores et soyeuses par le refroidissement lent d'une solution saturée. Le *chloroplatinate* cristallise en aiguilles d'un jaune orangé qui sont très-altérables. L'*azotate* cristallise, lorsqu'il est pur, en aiguilles d'un blanc éclatant qui rappellent l'amiante. Le *sulfate*

$$[C^9H^{12}(AzO^2)Az]^2,H^2SO^4+H^2O$$

se dépose en longs prismes très-brillants, faciles à pulvériser, lorsqu'on fait refroidir très-lentement une solution saturée de nitrocumidine dans l'acide sulfurique affaibli. L'oxalate affecte la forme de fines aiguilles.

Dérivés cyaniques de la cumidine. — *Cyanocumidine*, $C^9H^{13}Az,CAz$ ou $(C^9H^{13}Az,CAz)^2$ [Hofmann, *loc. cit.*]. — Ce corps se dépose en longues aiguilles lorsqu'on dirige un courant de gaz cyanogène à travers une dissolution alcoolique de cumidine et qu'on abandonne ensuite pendant quelque temps le liquide à lui-même. On le purifie en le faisant recristalliser dans l'alcool. Il donne avec l'acide chlorhydrique un sel si peu soluble dans l'eau que la potasse ne trouble même pas ses solutions.

Constitution de la cumidine. — Dans le Dictionnaire de Chimie de Watts, la cumidine est décrite sous le nom de cuménylamine et assimilée par cela même à la benzylamine. Depuis les travaux de M. Mendius [*Ann. der Chem. u. Pharm.*, t. CXXI, p. 129 (nouv. sér., t. XLV), et en extrait, *Ann. de Chim. et de Phys.*, (3), t. LXV, p. 125, et *Répert. de Chim. pure*, 1862, t. IV, p. 318] et de M. Cannizzaro [*Bull. de la Soc. chim.*, nouv. sér., 1864, t. II, p. 126; *Compt. rend. de l'Acad. des sciences*, 1865, t. LX, p. 1207 et 1300, et *Bull. de la Soc. chim.*, nouv. sér., 1865, t. IV. p. 218], une telle confusion n'est plus possible. Nous savons en effet que la toluidine résultant de la réduction du nitrotoluène est la crésylamine, tandis que la benzylamine s'obtient par l'action de l'ammoniaque sur le chlorure de benzyle. La vraie cuménylamine résulterait donc de l'action du chlorure $C^9H^{11}Cl$, encore inconnu, sur l'ammoniaque, et la cumidine que l'on connaît est l'ammoniaque composée correspondante au phénol phlorétique $C^9H^{12}O$, isomère de l'alcool cuménylique inconnu.

Telles sont les raisons qui nous ont fait conserver le vieux nom de *cumidine* et rejeter le nom nouveau de *cuménylamine*.

Pseudocumidine. — La cumidine que nous venons de décrire correspond au cumène de l'acide cuminique; M. Schaper a préparé, par le nitropseudocumène, la *pseudocumidine*. Cette base se dépose de sa solution aqueuse bouillante en longues aiguilles soyeuses, fusibles à 60°. Le *chlorhydrate*, le *sulfate* et l'*oxalate* cristallisent en aiguilles. En réduisant le pseudonitrocumène par l'étain et l'acide chlorhydrique, on obtient la pseudocumidine à l'état de sel double

$$C^9H^{11}(AzH^2)HCl,SnCl^2$$

[Schaper, *loc. cit.*]. A. N.

CUMINAMIDE, $C^{10}H^{11}O.AzH^2$ [Field, 1848, *Ann. der Chem. u. Pharm.*, t. LXV, p. 45; et *Memoirs and proceedings of the chemical Society*, t. III, p. 408; — Cahours, 1848, *Ann. de Chim. et de Phys.*, (3), t. XXIII, p. 349; — Gerhardt, *ibid.*, (3), t. XXXVII, p. 331; — Gerhardt et Chiozza, *ibid.*, (3), t. XLVI, p. 151].

Préparation. — La méthode de préparation indiquée par Field consiste à chauffer du cuminate ammonique et à le maintenir pendant quelque temps en fusion à une température voisine de celle où l'huile entre en ébullition. Comme dans ces conditions une partie du sel perd de l'ammoniaque en régénérant de l'acide cuminique, il est nécessaire d'opérer en tube clos pour éviter ce dernier mode de décomposition. L'ammoniaque, ne pouvant plus se dégager, cesse de se produire. On peut cependant opérer à la pression ordinaire en n'élevant la température qu'au point où le sel ammonique devient semi-fluide et la prolongeant pendant longtemps :

$$C^{10}H^{11}O.OAzH^4 = H^2O + C^{10}H^{11}O.AzH^2$$

Cuminate d'ammonium. Eau. Cuminamide.

Lorsque la masse est refroidie, on la fait dissoudre dans de l'eau bouillante à laquelle on a eu soin d'ajouter un peu d'ammoniaque pour retenir l'acide cuminique qui a pu se former. Par le refroidissement, la cuminamide se dépose en cristaux. On l'obtient tout à fait pure en la faisant cristalliser une seconde fois dans une solution aqueuse bouillante d'ammoniaque.

La cuminamide se produit encore lorsqu'on traite l'anhydride cuminique par l'ammoniaque ou le chlorure de cumyle par le carbonate d'ammonium du commerce : on sépare la cuminamide du cuminate ou du chlorure d'ammonium au moyen de l'eau froide, qui dissout ces deux sels et ne la dissout pas sensiblement.

Propriétés. — Comme la benzamide, la cuminamide affecte deux formes cristallines différentes, selon les conditions dans lesquelles la cristallisation se fait. Lorsqu'elle cristallise rapidement au sein d'une solution très-concentrée, elle se dépose en tables très-brillantes; mais lorsqu'elle cristallise lentement au sein d'une liqueur étendue, elle se dépose en longues aiguilles opaques. La cuminamide est peu soluble dans l'eau et dans l'eau ammoniacale froide; elle se dissout au contraire très-bien dans l'eau chaude. L'alcool froid et l'éther la dissolvent en toutes proportions. Elle est très-difficilement attaquable par les acides et les alcalis. Elle se dépose d'une solution alcaline, intacte et cristallisée en larges tables. C'est à peine si, par une ébullition prolongée avec les réactifs, on parvient à la transformer en acide cuminique et en ammoniaque.

DÉRIVÉS DE LA CUMINAMIDE. — ***Phényl-cuminamide*** [Syn. *Cuminanilide, cumophénamide, azoture de phényle, de cumyle et d'hydrogène*],

$$C^{10}H^{11}O.Az.C^6H^5.H$$

[Cahours, *loc. cit.*]. — Ce corps prend naissance lorsqu'on soumet le chlorure de cumyle à l'action de l'aniline. La réaction se fait à froid avec un assez fort dégagement de chaleur. Le produit est purifié par des lavages à une eau alcaline et par une ou plusieurs cristallisations dans l'alcool, où il est peu soluble. Il se présente sous la forme de longues aiguilles saturées, analogues, par leur aspect, à l'acide benzoïque.

Cumosulfophénamide et dérivés. — Voir p. 538.

Cumosalycilamide ou *azoture de salicyle, de cumyle et d'hydrogène*, $C^{10}H^{11}O.C^7H^5O^2.H.Az$ [Gerhardt et Chiozza, *loc. cit.*, p. 141]. — Pour préparer cette amide, on fait un mélange de chlorure de cumyle et de salicylamide en proportions équivalentes, et l'on maintient ce mélange dans un bain d'huile à une température comprise entre 140° et 180° jusqu'à ce qu'il ne se dégage plus d'acide chlorhydrique. Cette substance cristallise en aiguilles légères et brillantes; elle fond à 200°. A une température plus élevée, elle devient pâteuse et conserve alors cet état en se refroidissant. A. N.

CUMINIQUE (ACIDE),

$$C^{10}H^{12}O^2 = C^{10}H^{11}O.OH$$

[Gerhardt et Cahours, 1841, *Ann. de Chim. et de Phys.*, (3), t. I, p. 70; — Gerhardt, 1852, *Ann. de Chim. et de Phys.*, (3), t. XXXVII, p. 304; — Cahours, *ibid.*, (3), t. XXV, p. 36; — Hofmann, *Ann. der Chem. u. Pharm.*, t. XLVII, p. 197 et *Ann. de Chim. et de Phys.*, t. LII, p. 104. (3); — Kraut, *Chem. Centr.*, 1850, p. 85; — Williamson et Scrugham, *Proc. Roy. Soc.*, t. VII, p. 18; — Kraut, *Dissertation über Cuminol und Cymen*, 1854; — Hofmann, *Ann. der Chem. u. Pharm.*, t. LXXIV, p. 342].

Préparation. — Cet acide résulte de l'oxydation de l'hydrure de cumyle. La manière la plus simple de le préparer consiste à faire tomber goutte à goutte de l'aldéhyde cuminique sur de la potasse en fusion; chaque goutte, en rencontrant la potasse, rougit et blanchit bientôt après en se concrétant et en dégageant de l'hydrogène. La masse est reprise par l'eau et précipitée par l'acide chlorhydrique. L'acide cuminique se dépose en flocons que l'on purifie en les faisant cristalliser dans l'alcool. La réaction qui donne naissance au cuminate potassique est la suivante :

$$C^{10}H^{11}O.H + KOH = C^{10}H^{11}O.OK + H^2.$$

Aldéhyde cuminique. Potasse. Cuminate de potasse. Hydrogène.

Propriétés. — L'acide cuminique cristallise en belles lames incolores, d'une saveur franchement acide et d'une odeur qui rappelle celle des punaises. Il fond à 92° et bout un peu au-dessus de 250°. Lorsqu'on le fait bouillir avec de l'eau, il est entraîné en partie par les vapeurs de ce liquide. Il est susceptible de se sublimer en belles aiguilles, sa vapeur est acide et suffocante. L'eau froide le dissout peu, l'eau bouillante le dissout avec plus de facilité, l'alcool et l'éther le dissolvent très-bien. Lorsqu'il est pur, il se dissout aussi dans l'acide sulfurique concentré sans le colorer.

RÉACTIONS. — *L'acide azotique fumant* transforme l'acide cuminique en acide nitrocuminique et le mélange d'*acide azotique* et d'*acide sulfurique* le transforme en acide binitrocuminique.

Distillé sur un excès de *chaux* ou de *baryte*, cet acide se résout en cumène et anhydride carbonique :

$$C^{10}H^{11}O.OH + BaO = CO^3Ba + C^9H^{12}.$$

Acide cuminique. Baryte. Carbonate de baryte. Cumène.

Le *perchlorure de phosphore* à une température de 50° à 60° donne du chlorure de cumyle, de l'acide chlorhydrique et de l'oxychlorure de phosphore. L'oxychlorure de phosphore donne de l'anhydride cuminique (Gerhardt).

Suivant Hofmann, un mélange d'*acide sulfurique* et de *bichromate de potassium* convertit l'acide cuminique en acide insolinique, $C^{10}H^{10}O^4$. L'existence de ce dernier corps a cependant été niée.

Le cuminate de potassium chauffé avec du bromure de cyanogène donne du bromure de potassium, de l'anhydride carbonique et du cumonitrile (voyez ce mot); le même sel chauffé avec des chlorures de cumyle, d'acétyle ou de benzoyle donne l'anhydride cuminique ou les anhydrides mixtes benzocuminique et acétocuminique (Gerhardt).

L'acide cuminique ne subit aucune modification dans l'organisme et passe inaltéré dans les urines (Hofmann).

DÉRIVÉS MÉTALLIQUES DE L'ACIDE CUMINIQUE. — CUMINATES. — L'acide cuminique étant monobasique ne forme, avec les métaux monatomiques, qu'une seule série de sels qui se représentent par la formule générale $C^{10}H^{11}O.OM'$.

Cuminate d'ammonium. — Il se présente en houppes soyeuses qui se ternissent à l'air. Sous l'influence de la chaleur, il perd une ou deux molécules d'eau et donne de la cuminamide ou du cumonitrile. Le *sel de potassium* est déliquescent et ne s'obtient pas sous forme régulière.

Cuminate de baryum, $(C^{10}H^{11}O^{2})^{2}Ba$. — On prépare ce corps en dissolvant du carbonate de baryte dans une solution aqueuse bouillante d'acide cuminique. Il se dépose, par le refroidissement, en paillettes nacrées d'une blancheur éclatante. Une dissolution bouillante et concentrée de ce sel cristallise déjà dans l'entonnoir lorsqu'on essaye de la filtrer. Chaque cristal, au moment où il se forme, réfléchit vivement la lumière et présente les diverses nuances du spectre. Le *sel de calcium* cristallise en petites aiguilles assez solubles dans l'eau. Le *sel de cuivre* est un précipité bleu clair insoluble dans l'eau, et le *sel de plomb* est un précipité blanc.

Cuminate d'argent, $C^{10}H^{11}O^{2}Ag$. — Ce sel se précipite lorsqu'on ajoute du cuminate d'ammonium à une solution aqueuse d'azotate d'argent. Il est blanc, caillebotté et noircit promptement à la lumière. Calciné, il laisse un résidu de carbure d'argent, CAg^{3}, de couleur jaune et mate. Par la distillation sèche, il donne de l'anhydride carbonique, de l'acide cuminique et du cumène.

DÉRIVÉS ALCOOLIQUES ET PHÉNIQUES DE L'ACIDE CUMINIQUE. — ÉTHERS CUMINIQUES. — On ne connaît que le cuminate d'éthyle et le cuminate de phényle.

Cuminate d'éthyle, $C^{10}H^{11}O.OC^{2}H^{5}$ (Gerhardt et Cahours). — Pour préparer ce corps on fait passer du gaz chlorhydrique sec à travers une dissolution d'acide cuminique dans l'alcool absolu. Le courant gazeux doit être continué jusqu'à saturation complète de la liqueur. Dès que le gaz cesse d'être absorbé, on chauffe le liquide au bain-marie, pour en chasser le chlorure d'éthyle et l'excès d'alcool, puis on le distille à feu nu, et, après avoir lavé le produit avec du carbonate de soude, on le rectifie sur du massicot.

Le cuminate d'éthyle est un liquide incolore, plus léger que l'eau et d'une odeur agréable de pommes de reinette. Il bout à 240°; sa vapeur s'enflamme facilement et brûle avec une flamme bleuâtre. Il est insoluble dans l'eau et se dissout en toutes proportions dans l'alcool et dans l'éther. La potasse aqueuse le saponifie facilement.

La densité de vapeur de l'éther cuminique est de 6,65, son indice de réfraction de 1,504.

Cuminate de phényle, $C^{10}H^{11}O.O.C^{6}H^{5}$. — Ce corps prend naissance dans l'action du chlorure de cumyle sur le phénate de potassium (Williamson et Scrugham) et dans la distillation sèche de l'anhydride cumosalicylique, ou d'un mélange de quantités équivalentes de chlorure de cumyle et de salicylate de sodium (Kraut). Il cristallise en longues aiguilles blanches qui fondent entre 57° et 58° et qui peuvent être distillées sans se décomposer. Son odeur est agréable et rappelle celle du benzoate de phényle, surtout à chaud; il est insoluble dans l'eau. L'alcool et l'éther le dissolvent facilement.

Chauffé avec un mélange d'*acide sulfurique* et d'*azotate de sodium*, cet éther donne de l'acide dinitrocuminique et probablement aussi de l'acide cuminique. L'*acide sulfurique* le résout en acides cuminique et sulfophénique. La potasse alcoolique le saponifie et le transforme en un mélange de cuminate et de phénate potassique.

Cuminate eugénique.—Voy. EUGÉNIQUE (PHÉNOL).

DÉRIVÉS NITRÉS DE L'ACIDE CUMINIQUE. — ACIDE NITROCUMINIQUE, $C^{10}H^{10}(AzO^{2})O.O.H$ (Gerhardt et Cahours). — Pour obtenir ce corps, on dissout, à l'aide d'une douce chaleur, l'acide cuminique dans l'acide azotique fumant. On fait bouillir pendant quelques minutes le mélange et on le traite ensuite par l'eau. Il se sépare ainsi une huile jaune pesante, qui ne tarde pas à se concréter. Le produit est ensuite broyé, lavé à plusieurs reprises à l'eau distillée et cristallisé dans l'alcool.

Il se présente en écailles d'un blanc jaunâtre, insolubles dans l'eau, solubles dans l'alcool et l'éther. Il se dissout très-bien aussi dans la potasse, la soude et l'ammoniaque, bases avec lesquelles il forme des sels cristallisables. Le *nitrocuminate d'argent* est insoluble et s'obtient par double décomposition; il est amorphe et d'un beau blanc; sa formule est $C^{10}H^{10}(AzO^{2})O^{2}Ag$. Le nitrocuminate de calcium, $[C^{10}H^{10}(AzO^{2})O^{2}]^{2}Ca$, cristallise en aiguilles jaunes groupées en étoiles; il devient brun à la lumière.

ACIDE DINITROCUMINIQUE (Cahours, Kraut). — Cet acide résulte de la substitution de deux azotyles (AzO^{2}) à 2H dans l'acide cuminique. Pour le préparer, on projette, par petits fragments, l'acide cuminique fondu dans un mélange d'acide azotique et d'acide sulfurique légèrement chauffé. La dissolution s'opère peu à peu sans dégagement de gaz et sans réaction violente. Mais si on porte la liqueur à l'ébullition, il se dégage des vapeurs rouges et il se dépose des petites paillettes brillantes. La réaction est alors complète. Les cristaux sont recueillis sur un filtre, lavés à l'eau, puis dissous dans l'alcool bouillant, qui les abandonne, en se refroidissant, sous la forme de lames douées de beaucoup d'éclat.

L'acide dinitrocuminique est très-soluble dans l'éther. L'acide azotique fumant n'exerce aucune action sur lui, même à l'ébullition. L'hydrogène naissant dégagé au moyen du fer et de l'acide acétique le convertit en acide dioxycuminamique ou diamidocuminique,

$$(C^{10}H^{9}O)'''\left\{\begin{array}{l}OH\\AzH^{2}\\AzH^{2}.\end{array}\right.$$

Suivant Cahours, l'acide dinitrocuminique est insoluble à chaud comme à froid dans l'ammoniaque et les solutions alcalines, qui seraient sans action sur lui. Kraut, d'autre part, affirme que ce corps réagit sur les bases en formant des sels jaunâtres qui brunissent à la lumière.

Le *sel de baryum*, $[C^{10}H^{9}(AzO^{2})^{2}O^{2}]^{2}Ba$, se prépare en dissolvant l'acide libre dans l'eau de baryte; on élimine l'excès de base par un courant de gaz carbonique, on filtre et l'on évapore. Il se sépare alors sous la forme d'une pellicule qui devient cristalline à la longue.

Le *sel de calcium*, $[C^{10}H^{9}(AzO^{2})^{2}O^{2}]^{2}Ca$, se prépare de la même manière. Il cristallise en aiguilles d'un jaune rougeâtre qui se dissolvent facilement dans l'eau bouillante en colorant ce liquide en rouge foncé.

Sel d'argent, $C^{10}H^{9}(AzO^{2})^{2}O^{2}.Ag + H^{2}O$. On l'obtient par double décomposition au moyen de l'azotate d'argent et du dinitrocuminate calcique. Le précipité doit être redissous dans l'eau bouillante, d'où il se dépose en cristaux par le refroidissement. Il forme des aiguilles légères de couleur jaune, qui ne sont pas très-altérables à la lumière et qui perdent 5 % d'eau lorsqu'on les chauffe.

CONSTITUTION DE L'ACIDE CUMINIQUE. — L'acide cuminique donnant, sous l'influence des alcalis, du cumène, $C^{6}H^{5}.C^{3}H^{7}$, et de l'anhydride carbonique, il est probable qu'il renferme deux chaînes latérales (voyez Série AROMATIQUE) et qu'il répond à la formule

$$C^{6}H^{4}\left\{\begin{array}{l}CO^{2}H\\C^{3}H^{7}.\end{array}\right.$$

Il pourrait encore, il est vrai, avoir pour formule $C^{6}H^{5}.(C^{3}H^{6}.CO^{2}H)$, mais les rapprochements nombreux qui existent entre ses propriétés et celles de l'acide benzoïque et du vrai acide toluique portent à croire que le groupe CO^2H y est directement lié au noyau central $(C^6)^{vi}$.

ACIDE AMIDOCUMINIQUE. $C^{10}H^{10}(AzH^2)O.OH$ [Cahours, *Ann. de Chim. et de Phys.*, (3), t. LIII, p. 331; — Boullet, *Compt. rend.*, t. XLIII, p. 399; — P. Griess, *Compt. rend.*, t. XLIX, p. 80]. — On donne le nom d'acide cuminamique, d'acide amidocuminique et d'acide oxycuminamique à un corps qui dérive, par réduction, de l'acide nitrocuminique. Ce corps est une monamide acide dérivée de l'acide oxycuminique. Sa formule est

$$(C^{10}H^{10}O)'' \left\{ \begin{matrix} OH \\ AzH^2. \end{matrix} \right.$$

Préparation. — On dissout l'acide nitrocuminique dans une solution aqueuse d'ammoniaque et l'on sature à froid la liqueur avec de l'acide sulfhydrique; puis on chauffe pendant quelque temps, enfin l'on porte à l'ébullition et l'on continue à faire bouillir jusqu'à ce que tout le sulfhydrate ammonique soit éliminé. On filtre alors pour séparer le soufre qui s'est déposé, et l'on ajoute de l'acide acétique à la liqueur. Il se forme un précipité d'acide amidocuminique qu'on lave à l'eau froide et qu'on fait cristalliser dans l'alcool après l'avoir desséché (Cahours).

M. Boullet préfère opérer la réduction de l'acide nitrocuminique au moyen du fer et de l'acide acétique. A cet effet, il mélange intimement l'acide nitrocuminique avec de la limaille de fer et il arrose le tout d'acide acétique. La masse s'échauffe. Lorsqu'elle est refroidie, il la met dans un bain-marie où il la laisse séjourner pendant plusieurs heures, puis il la reprend par un léger excès de carbonate sodique pur, à une douce chaleur, filtre et précipite la liqueur filtrée par l'acétate de plomb après l'avoir neutralisée par un léger excès d'acide acétique. Le précipité mis en suspension dans l'eau et décomposé par l'hydrogène sulfuré donne une solution d'acide amidocuminique.

L'acide amidocuminique se combine indifféremment avec les acides et avec les bases et forme avec ces deux classes de corps des combinaisons définies et cristallisables. Il se présente en cristaux incolores ou très-légèrement colorés en jaune, peu solubles dans l'eau froide, plus solubles dans l'eau bouillante, très-solubles dans l'alcool et l'éther. Par l'évaporation de ces derniers liquides l'acide amidocuminique se dépose en cristaux tabulaires qui rappellent ceux de l'acide cuminique. Distillé sur de la baryte anhydre ou sur des fragments de potasse caustique, l'acide cuminamique se décompose : il se forme un carbonate alcalin et de la cumidine :

$$(C^{10}H^{10}O)'' \left\{ \begin{matrix} OH \\ AzH^2 \end{matrix} \right. = CO^2 + \left. \begin{matrix} C^9H^{11} \\ H^2 \end{matrix} \right\} Az.$$

Acide amidocuminique. Anhydride carbonique. Cumidine.

En solution dans l'acide azotique, l'acide amidocuminique est décomposé par l'acide azoteux en eau, azote et acide oxycuminique (voyez plus loin). En solution alcoolique, il est transformé par le même réactif en acide diazocumin-amidocuminique (Griess). Ce nouvel acide est bibasique, répond à la formule $C^{10}H^{10}Az^2O^2.C^{10}H^{11}(AzH^2)O^2$, et forme des cristaux jaunes, insolubles dans l'eau et presque insolubles dans l'alcool et l'éther; la réaction qui lui donne naissance est la suivante :

$$2C^{10}H^{11}(AzH^2)O^2 + HAzO^2$$

Acide amidocuminique. Acide azoteux.

$$= 2H^2O + C^{10}H^{11}(AzH^2)O^2.C^{10}H^{10}Az^2O^2.$$

Eau. Acide diazocumin-amidocuminique.

COMBINAISONS DE L'ACIDE AMIDOCUMINIQUE. — Les combinaisons de l'acide amidocuminique avec les métaux ont été peu étudiées. Ses éthers et ses combinaisons avec les acides sont mieux connus.

Amidocuminate d'éthyle,

$$C^{10}H^{10}(AzH^2O^2)C^2H^5$$

(Cahours). — Cahours a obtenu ce corps en réduisant le nitrocuminate d'éthyle par le sulfure d'ammonium en solution alcoolique. Du soufre se dépose, on filtre et on évapore. L'huile qui se dépose est purifiée par des dissolutions dans l'alcool et des précipitations par l'eau.

L'amidocuminate éthylique est une huile pesante, soluble dans les acides chlorhydrique, sulfurique, bromhydrique et azotique avec lesquels il forme des combinaisons très-solubles et cristallisables. L'ammoniaque l'attaque en formant de l'oxycuminamide, envisagée mal à propos par Cahours comme de la cuménylurée.

Chlorhydrate d'acide amidocuminique,

$$C^{10}H^{13}AzO^2, HCl.$$

(Cahours). — Lorsqu'on fait bouillir l'acide amidocuminique avec de l'acide chlorhydrique et que l'on ajoute de l'alcool au mélange, il se forme du chlorhydrate amidocuminique qui se dissout dans l'alcool, et qui, par une évaporation convenable, se dépose de cette solution, en prismes minces et brillants. L'eau pure le dissout assez bien. L'acide chlorhydrique le précipite en partie de cette dissolution.

Le chlorhydrate amidocuminique se combine directement avec le chlorure de platine. Le *chloroplatinate* ainsi formé se présente sous la forme d'aiguilles rougeâtres, qui peuvent même être assez volumineuses lorsque la solution alcoolique de ce sel est évaporée très-lentement. La formule est $(C^{10}H^{13}AzO^2, HCl)^2PtCl^4$.

Sulfate amidocuminamique,

$$[C^{10}H^{13}AzO^2]^2, H^2SO^4.$$

— Ce sel se forme lorsqu'on mêle un léger excès d'acide amidocuminique avec de l'acide sulfurique étendu de son volume d'eau. Le mélange étant dissous dans l'alcool bouillant, il se dépose, par le refroidissement de la liqueur, des aiguilles blanches, minces et soyeuses qui ont une saveur sucrée, sont peu solubles dans l'eau froide et se dissolvent avec facilité dans l'eau bouillante.

L'*azotate amidocuminique* forme de beaux prismes.

ACIDE DIAMIDOCUMINIQUE,

$$(C^{10}H^9O)''' \left\{ \begin{matrix} OH \\ AzH^2 \\ AzH^2 \end{matrix} \right.$$

[Boullet, *loc. cit.*]. — Cet acide, que l'on a encore nommé acide dicuminamique et acide dioxycuminamique, peut être envisagé comme la diamide acide de l'acide dioxycuminique inconnu

$$C^{10}H^{12}O^3.$$

M. Boullet l'a obtenu en réduisant l'acide dinitrocuminique au moyen du fer et de l'acide acétique par un procédé analogue à celui que nous avons décrit pour l'acide amidocuminique.

ACIDE OXYCUMINIQUE.

$$(C^{10}H^{10}O)'' \left\{ \begin{matrix} OH \\ OH \end{matrix} \right.$$

(Cahours). — Pour préparer ce corps, on dissout l'acide amidocuminique dans de l'acide azotique de concentration moyenne et l'on fait traverser la liqueur par un courant de bioxyde d'azote. De l'azote se dégage graduellement, et l'on obtient, après un contact longtemps prolongé, un acide exempt d'azote qui n'est autre que l'acide oxycuminique.

Cet acide cristallise en petits prismes colorés en

jaune brunâtre. Il est peu soluble dans l'eau froide; l'eau bouillante le dissout en plus forte proportion; l'alcool le dissout mieux encore. Il fait la double décomposition avec les hydrates métalliques, et donne avec plusieurs d'entre eux des sels bien cristallisés.

M. Cahours n'a pas fait sur son acide oxycuminique des recherches suffisantes pour que l'on puisse décider dès aujourd'hui si cet acide est identique ou simplement isomérique avec l'acide phlorétique. — Voyez Phlorétique (acide). A. N.

CUMINIQUE (ALCOOL) [Syn. *Alcool cymylique, hydrate de cymyle*], $C^{10}H^{13}.O.H$ [Kraut, *Dissertation über die Derivate des Cuminols und des Cymens, Göttingen*, 1854, et *Ann. der Chem. u. Pharm.*, t. XCII, p. 66]. — Ce composé, isomérique avec le thymol ou phénol thymotique, se produit par l'action de la potasse alcoolique sur l'aldéhyde cuminique, par une réaction analogue à celle qui donne l'alcool benzylique :

$$2C^{10}H^{12}O + KHO = C^{10}H^{11}O^2K + C^{10}H^{14}O.$$

Aldéhyde cuminique. Potasse. Cuminate potassique. Alcool cuminique.

Pour le préparer, on fait bouillir pendant une heure environ l'aldéhyde cuminique avec plusieurs fois son volume d'une solution alcoolique concentrée de potasse, dans un appareil à reflux permettant aux vapeurs d'alcool de retomber sans cesse dans le ballon. On ajoute ensuite de l'eau au liquide. L'alcool et le cuminate potassique se dissolvent, et il se sépare une huile qui est un mélange d'alcool cuminique, de cymène résultant d'une réaction secondaire et d'hydrure de cumyle indécomposé. On agite à plusieurs reprises cette huile avec du bisulfite de soude pour la priver de l'hydrure de cumyle, et on la soumet ensuite à la distillation fractionnée pour séparer le cymène de l'hydrate de cymyle. Cette séparation est facile, le cymène bouillant à 175° et l'alcool cuminique à 243°.

L'alcool cuminique est un liquide incolore d'une odeur faible, mais aromatique. Il est insoluble dans l'eau et soluble en toutes proportions dans l'alcool et l'éther.

Chauffé avec du *potassium*, il dégage de l'hydrogène et se transforme en une masse granuleuse que l'eau décompose en potasse et alcool cymylique, et qui est probablement du cymylate de potassium $C^{10}H^{13}.OK$. L'*acide azotique* l'oxyde et le convertit en acide cuminique. L'*acide sulfurique concentré* le transforme en une substance cassante et résineuse qui devient semi-fluide dans l'eau bouillante. Enfin la potasse en solution alcoolique le détruit avec production de cuminate de potassium et de cymène :

$$3C^{10}H^{13}.OH + KHO$$

Alcool cuminique. Potasse.

$$= C^{10}H^{11}O^2K + 2H^2O + 2C^{10}H^{14}.$$

Cuminate de potassium. Eau. Cymène.

Il ne donne aucune combinaison avec les sulfites acides des métaux alcalins. A. N.

CUMINIQUE (ALDÉHYDE) [Syn. *Hydrure de cumyle, cuminol*], $C^{10}H^{12}O$ [Gerhardt et Cahours, 1841, *Ann. de Chim. et de Phys.*, (3), t. I, p. 60; — Bertagnini, *Ann. der Chem. u. Pharm.*, t. LXXXVI, p. 275; — Chiozza, *Ann. de Chim. et de Phys.*, t. XXXIX, p. 216; — Cahours, 1848, *Ann. de Chim. et de Phys.*, (3), t. XXIII, p. 345; *Compt. rend. de l'Acad.*, t. XXV, p. 459; — Kraut, *Dissertation über die Derivate des Cuminols und Cymens*, 1854; *Ann. der Chem. u. Pharm.*, t. XCVIII, p. 366; — Sieveking, *Ann. der Chem. u. Pharm.*, t. CVI, p. 357; — Hofmann, *Ann. der Chem. u. Pharm.* t. XCVII, p. 207, et *Ann. de Chim. et de Phys.*, (3), t. LII, p. 104; — Trapp, *Ann. der Chem. u. Pharm.*, t. CVIII, p. 386]. — L'aldéhyde cuminique existe toute formée dans l'essence du cumin qui la renferme mélangée avec un hydrocarbure $C^{10}H^{14}$, le cymène (Cahours et Gerhardt). Le même mélange constitue l'huile volatile des graines de ciguë vireuse (*Cicuta virosa*) (Trapp). Pour extraire l'aldéhyde cuminique de ce mélange, on soumet celui-ci à la distillation fractionnée et on recueille à part tout ce qui passe avant 200°. Ces parties sont surtout composées de cymène. Les portions volatiles au-dessus de 200° peuvent être purifiées par distillation dans un courant de gaz carbonique, mais il vaut mieux les agiter avec du bisulfite de potasse, qui les convertit en un composé cristallisable. Ce composé est recueilli sur un filtre, lavé à l'éther, qui dissout le cymène libre et les impuretés, et, lorsqu'il est d'une blancheur parfaite, décomposé par une solution alcaline. A cet effet, on le met dans un ballon renfermant de l'eau et du carbonate de potasse ou de soude et l'on chauffe au bain-marie. Au bout d'une demi-heure environ, l'essence devenue libre vient surnager le liquide. On la décante, on la dessèche sur du chlorure de calcium, et on la rectifie dans un courant de gaz carbonique.

Propriétés. — L'aldéhyde cuminique est un liquide incolore ou légèrement jaune, d'une odeur forte et persistante de cumin et d'une saveur âcre et brûlante. Elle bout à 220° (Gerhardt et Cahours), à 229° sur du fil de platine, ou, toutes corrections faites, à 236°,6 (Kopp). Sa densité à l'état liquide est de 0,9727 à 13°,4 et 0,9832 à 0° (Kopp). Sa densité de vapeur est de 5,24; le calcul exigerait 5,13. L'aldéhyde cuminique est isomérique avec les essences d'anis, d'estragon, de fenouil et de badiane.

Réactions. — Lorsqu'on maintient pendant longtemps l'aldéhyde cuminique en ébullition au contact de l'air, elle se résinifie et se transforme en partie en acide cuminique. La même altération se produit à la longue à la température ordinaire en présence de l'eau et surtout des alcalis.

Lorsqu'on fait tomber goutte à goutte de l'aldéhyde cuminique sur la potasse en fusion, de l'hydrogène se dégage, et il se produit du cuminate potassique. Si toutefois la potasse n'était pas suffisamment chaude, le dégagement d'hydrogène n'aurait pas lieu et une portion de l'aldéhyde se convertirait en cymène :

$$3C^{10}H^{12}O + 2KHO$$

Aldéhyde cuminique. Potasse.

$$= 2C^{10}H^{11}KO^2 + C^{10}H^{14} + H^2O.$$

Cuminate de potassium. Cymène. Eau.

La *potasse* transforme déjà partiellement l'aldéhyde cuminique en acide cuminique à la température de l'ébullition.

Lorsqu'on abandonne pendant 24 heures à la température ordinaire un mélange d'aldéhyde cuminique et de potasse en solution alcoolique concentrée, le liquide se remplit de cristaux de cuminate potassique et il reste de l'alcool cymylique en dissolution.

L'*acide chromique* et le *chlore* humide transforment l'aldéhyde cuminique en acide cuminique. Il en est de même de l'acide *azotique fumant* à froid. A chaud, cet acide même étendu donne de l'acide nitrocuminique. Avec l'acide chromique, il se produit de l'acide insolinique, si l'action est longtemps prolongée (Hofmann).

L'*acide sulfurique* dissout cette aldéhyde en se colorant en rouge. L'eau ajoutée à la liqueur en précipite une masse visqueuse.

Le *sulfure d'ammonium* attaque l'hydrure de cumyle, le produit de la réaction est l'hydrure de cumyle, ou aldéhyde cuminique dont l'oxygène est remplacé par du soufre.

Le *perchlorure de phosphore* agit sur ce corps comme sur toutes les autres aldéhydes, c'est-à-dire donne un dérivé dans lequel Cl^2 sont substitués à O : $C^{10}H^{12}Cl^2$ (voir p. 1049).

Le *chlore* et le *brome* transforment l'hydrure de cumyle en dérivés par substitution, dans lesquels ces éléments remplacent l'hydrogène.

Le *potassium* attaque à chaud l'hydrure de cumyle en dégageant de l'hydrogène et donne naissance à du cumylure potassique.

Le *gaz ammoniac sec* convertit à la longue le cuminol en un corps cristallin analogue à l'hydrobenzamide (Cahours et Gerhardt). Sieveking dit n'avoir pas pu obtenir cette substance.

Le chlorure de cumyle convertit l'aldéhyde cuminique en cumylure de cumyle (voyez CUMYLE) avec dégagement d'acide chlorhydrique.

Les bisulfites alcalins se combinent avec l'aldéhyde cuminique et forment des composés cristallisables.

DÉRIVÉS MÉTALLIQUES DE L'HYDRURE DE CUMYLE. — *Cumylure de potassium*, $C^{10}H^{11}OK$. — Ce corps prend naissance lorsqu'on chauffe de l'aldéhyde cuminique avec du potassium métallique; il se dégage alors de l'hydrogène. On l'obtient encore en chauffant de la potasse au sein de l'hydrure de cumyle. Dans ce dernier cas, il s'élimine de l'eau et la potasse se convertit en une masse gélatineuse. Il ne faut pas trop élever la température, sans quoi il se produirait du cuminate de potasse. Pour obtenir ce corps à l'état de pureté, on opère comme il est dit à l'article CUMYLE (voyez ce mot).

Le cumylure de potassium est une masse gélatineuse et amorphe qui absorbe promptement l'oxygène de l'air et se convertit en cuminate. L'eau le convertit en hydrure de cumyle et hydrate de potassium. Chauffé avec du chlorure de cumyle, il donne du cumyle et du chlorure de potassium. Le chlorure de benzoyle le transforme en une huile semblable au cumyle, qui donne ce dernier corps sous l'influence des alcalis et même de l'eau.

DÉRIVÉS CHLORÉS ET BROMÉS DE L'HYDRURE DE CUMYLE. — *Hydrure de chlorocumyle* (Gerhardt et Chiozza). — Ce corps a pour formule $C^{10}H^{11}ClO$. Il se produit lorsqu'on fait passer un courant de chlore sec à travers de l'aldéhyde cuminique, à la lumière diffuse. C'est une huile jaunâtre plus lourde que l'eau et d'une odeur très-forte. Exposé à l'air humide, il se convertit en acide chlorhydrique et acide cuminique. Distillé, il donne de l'acide chlorhydrique, une huile particulière et un léger résidu de carbone.

L'acide sulfurique concentré dissout l'hydrure de chlorocumyle. La solution est cramoisie, elle dégage de l'acide chlorhydrique. Exposée à l'humidité, elle donne des cristaux d'acide cuminique.

Récemment préparé, ce corps n'agit que très-peu sur l'ammoniaque. Cette propriété le distingue du chlorure de cumyle, qui donne immédiatement dans ce cas du chlorure d'ammonium et de la cuminamide.

Hydrure de bromocumyle, $C^{10}H^{11}BrO$ (Gerhardt Chiozza). — C'est une huile plus pesante que l'eau et semblable, par ses propriétés, au corps précédent. On l'obtient par l'action du brome sur l'hydrure de cumyle.

Nota. — L'hydrure de chlorocumyle et l'hydrure de bromocumyle ne paraissent pas offrir les caractères de corps bien définis. Ce sont probablement des mélanges. Au moins la transformation du composé chloré en acide cuminique sous l'influence de l'eau porterait à admettre dans cette substance la présence du chlorure de cumyle. Il est d'ailleurs naturel que le chlore, en agissant sur l'aldéhyde cuminique, se substitue à l'hydrogène tantôt à une place, tantôt à une autre, et fournisse à la fois de l'hydrure de chlorocumyle et du chlorure de cumyle.

DÉRIVÉS SULFURÉS DE L'HYDRURE DE CUMYLE. — *Hydrure de sulfocumyle*, $C^{10}H^{12}S$ (Cahours). — Ce corps résulte de l'action du sulfure d'ammonium sur l'hydrure de cumyle. C'est une matière résineuse difficile à purifier.

DÉRIVÉS SULFUREUX DE L'HYDRURE DE CUMYLE. — *Sulfite de cumyl-ammonium*. — C'est un sel cristallisé en aiguilles.

Sulfite de cumyl-potassium. — Lorsqu'on chauffe l'essence de cumin brute avec une dissolution moyennement concentrée de bisulfite de potassium, le liquide abandonne, en se refroidissant, des paillettes brillantes de sulfite de cumyl-potassium. Cette combinaison s'altère au contact de l'eau, à moins que ce liquide ne renferme du bisulfite potassique, auquel cas elle peut s'y dissoudre sans se décomposer.

Sulfite de cumyl-sodium. — On l'obtient comme le composé correspondant de potassium. Il cristallise en aiguilles incolores et inodores et jaunit à la longue lorsqu'on cherche à le conserver. Sa formule est

$$SO\left\{\begin{matrix}OC^{10}H^{11}\\ONa.\end{matrix}\right. + 2H^2O.$$

A. N.

CUMINIQUE (ANHYDRIDE) [*Acide cuminique anhydre, cuminate de cumyle*],

$$C^{10}H^{11}O.O.C^{10}H^{11}O$$

[Gerhardt, *Ann. de Chim. et de Phys.*, (3), t. XXXVII, p. 304]. — On obtient l'anhydride cuminique en chauffant un mélange de parties égales de chlorure de cumyle et de cuminate de soude desséché, jusqu'à disparition complète de l'odeur du chlorure de cumyle. Le produit consiste en une masse sirupeuse épaisse, à peine colorée et sans odeur. On la chauffe légèrement avec de l'eau pour dissoudre le sel marin qui a pris naissance dans la réaction; l'anhydride reste alors au fond du vase sous la forme d'une huile épaisse qu'on lave au carbonate de soude et à l'eau. Après avoir décanté la partie aqueuse, on agite l'huile avec de l'éther exempt d'alcool, on décante la solution éthérée et on la maintient dans une capsule pour expulser l'éther et l'humidité. Le résidu n'est point encore pur, il renferme un peu de chlorure de sodium que l'eau n'avait pas complétement enlevé et que l'éther humide avait pu dissoudre; il faut, pour avoir un produit tout à fait pur, reprendre ce résidu par l'éther et l'évaporer de nouveau.

Après l'expulsion de l'éther l'anhydride cuminique est une huile épaisse, incolore ou légèrement colorée, sans saveur, d'une odeur extrêmement faible rappelant celle des éthers gras. A la longue il se concrète : la matière huileuse se remplit de petits rhombes très-brillants qui au bout de 24 heures donnent déjà à la masse la consistance de l'huile d'olive figée. Abandonné à l'air humide, l'anhydride cuminique se dédouble lentement en acide cuminique hydraté qui cristallise en belles lames brillantes.

Lorsqu'on délaye dans l'ammoniaque l'anhydride cuminique huileux, il se concrète peu à peu et se convertit en cuminamide et probablement en cuminate d'ammonium.

ANHYDRIDE ACÉTOCUMINIQUE. — Voir t. I, p. 31.

ANHYDRIDE BENZOCUMINIQUE, $C^{10}H^{11}O.O.C^7H^5O$. — On le prépare en chauffant 20 p. de cuminate de sodium desséché avec 15 p. de chlorure de benzoyle jusqu'à ce que l'odeur de celui-ci ait disparu. On lave à l'eau pour enlever le chlorure de sodium, et l'anhydride benzocuminique reste sous forme d'une huile épaisse qu'on lave au carbonate de soude et à l'eau. Puis on agite avec de l'éther, on chasse l'éther par la distillation et on obtient ainsi l'anhydride sous forme d'une huile peu fluide, inodore, plus dense que l'eau, d'une densité de 1,115 à 23°. On ne peut la distiller sans l'altérer ; cependant elle paraît se volatiliser sans décomposition quand on la chauffe dans un vase ouvert [Gerhardt, *Mémoire cité*].

Anhydride cumino-œnanthylique,

$$C^{10}H^{11}O.O.C^7H^{13}O$$

[Chiozza et Malerba, *in* Gerhardt, *Traité de Chimie*, t. III, p. 601].— On obtient aisément ce corps par la réaction du chlorure de cumyle sur l'œnanthylate de potasse. C'est une huile plus pesante que l'eau et d'une légère odeur de pommes ; lorsqu'on le chauffe, il émet une vapeur qui irrite la gorge.

Anhydride cumo-méthyl-salicylique ou *Cuminate de méthylsalicyle,*

$$C^{10}H^{11}O.O.C^7H^4(CH^3)O^2$$

[Gerhardt, *Traité de Chimie*, t. III, p. 327]. — On prépare ce corps en faisant réagir le chlorure de cumyle sur le salicylate de méthyle. La réaction exige l'emploi de la chaleur :

$$\underset{\text{Chlorure de cumyle.}}{C^{10}H^{11}O.Cl} + \underset{\text{Salicylate de méthyle.}}{(C^7H^4O)''\left\{\begin{matrix}OCH^3\\OH\end{matrix}\right.}$$

$$= \underset{\text{Acide chlorhydrique.}}{HCl} + \underset{\text{Anhydride cumo-méthyl-salicylique.}}{(C^7H^4O)''\left\{\begin{matrix}OCH^3\\OC^{10}H^{11}O.\end{matrix}\right.}$$

Le produit est une huile qui peut se conserver pendant longtemps à l'état fluide, mais qui se concrète rapidement en une masse radiée si on la dissout dans l'éther et que l'on évapore la solution éthérée.

L'anhydride cumo-méthyl-salicylique cristallise dans l'alcool bouillant sous la forme de paillettes rhombes, très-brillantes. Il est insoluble dans l'eau, peu soluble dans l'alcool froid, plus soluble dans l'alcool bouillant, très-soluble dans l'éther. Ce dernier liquide l'abandonne cristallisé en prismes rhomboïdaux obliques, souvent très-gros. Lorsqu'on sature l'alcool bouillant de cette substance et qu'on abandonne la liqueur au refroidissement, celle-ci devient laiteuse et dépose une huile qui conserve longtemps l'état liquide.

Cumosalicyleux (anhydride),

$$C^{10}H^{11}O.O.C^7H^5O$$

[Cahours, *Ann. de Chim. et de Phys.*, (3), t. LII, p. 197]. — Lorsqu'on mélange du chlorure de cumyle avec de l'aldéhyde salicylique, l'action est nulle à froid. A chaud il se dégage de l'acide chlorhydrique et il se forme un produit solide, l'*anhydride cumosalicyleux* ou *cumosalicyle.* On le purifie par une expression entre des doubles de papier buvard et par des cristallisations réitérées dans l'alcool.

Le cumosalicyle se présente sous la forme de prismes incolores et brillants qui sont très-friables. Il est insoluble dans l'eau froide, peu soluble dans l'eau bouillante et très-soluble dans l'alcool, surtout à chaud. L'éther le dissout mieux encore. Sous l'influence de la chaleur, il fond en un liquide limpide qui, par le refroidissement, se prend en une masse cristalline.

La potasse caustique solide ne l'altère ni à froid ni à chaud. Le chlore, le brome et l'acide azotique fumant l'attaquent en donnant naissance à des produits cristallisés. A. N.

CUMINOL. — Voyez Cuminique (aldéhyde), p. 1045.

CUMINURIQUE (ACIDE),

$$(C^2H^2O)''\left\{\begin{matrix}OH\\(AzH.C^{10}H^{11}O)'\end{matrix}\right.$$

[Cahours, *Ann. de Chim. et de Phys.*, (3), t. LIII, p. 356]. — L'acide cuminurique est l'homologue de l'acide hippurique. On le prépare en faisant agir le chlorure de cumyle sur le glycocolle argentique. Il est probable que la réaction s'accomplit en deux phases (Wurtz) :

$$1^\circ\ \underset{\text{Glycocolle argentique.}}{(C^2H^2O)''\left\{\begin{matrix}OAg\\AzH^2\end{matrix}\right.} + \underset{\text{Chlorure de cumyle.}}{C^{10}H^{11}O.Cl}$$

$$= HCl + \underset{\text{Cuminurate d'argent.}}{(C^2H^2O)''\left\{\begin{matrix}OAg\\AzH.C^{10}H^{11}O;\end{matrix}\right.}$$

$$2^\circ\ \underset{\text{Cuminurate d'argent.}}{(C^2H^2O)''\left\{\begin{matrix}OAg\\AzH.C^{10}H^{11}O\end{matrix}\right.} + HCl$$

$$= \underset{\text{Chlorure d'argent.}}{AgCl} + \underset{\text{Acide cuminurique.}}{(C^2H^2O)''\left\{\begin{matrix}OH\\AzH.C^{10}H^{11}O.\end{matrix}\right.}$$

Le produit est soluble dans l'alcool, surtout à chaud. Par le refroidissement, ou mieux par une évaporation lente, il se sépare sous forme de prismes colorés en jaune brunâtre, qu'on purifie par une pression entre des doubles de papier buvard et de nouvelles cristallisations.

Bouilli avec de l'acide chlorhydrique, l'acide cuminurique se décompose en régénérant de l'acide cuminique avec formation de chlorhydrate de glycocolle :

$$\underset{\text{Acide cuminurique.}}{(C^2H^2O)''\left\{\begin{matrix}OH\\AzH.C^{10}H^{11}O\end{matrix}\right.} + HCl + H^2O$$

$$= \underset{\text{Chlorhydrate de glycocolle.}}{(C^2H^2O)''\left\{\begin{matrix}OH\\AzH^2\end{matrix}\right. HCl} + \underset{\text{Acide cuminique.}}{C^{10}H^{11}O.OH.}$$

Cette réaction est analogue à celle que subit, dans les mêmes conditions, l'acide hippurique, lequel se transforme en acide benzoïque et en glycocolle sous l'influence des agents hydratants. A. N.

CUMMINGTONITE. — Variété d'actinote en masses radiées, grisâtres.

CUMOL. — Synonyme de Cumène.

CUMONITRILE, $(C^{10}H^{11})'''Az$ [F. Field, *Ann. der Chem. u. Pharm.*, t. LXV, p. 51; *Memoirs and Proceedings of the chemical Society*, t. III, p. 408; — Gerhardt et Chiozza, *Ann. de Chim. et de Phys.*, (3), t. XLVI, p. 151; — Cahours, *Ann. de Chim. et de Phys.*, (3), t. LII, p. 201].

Le cumonitrile se produit : 1° dans la distillation sèche du cuminate d'ammonium (Field); 2° dans l'action du bromure de cyanogène sur le cuminate de potassium (Cahours); 3° dans l'action de la chaleur sur la cumosulfophénamide ou sur la cumosulfophénargentamide.

Lorsqu'on opère au moyen du bromure de cyanogène et du cuminate de potassium, il se dégage de l'anhydride carbonique :

$$\underset{\text{Cuminate potassique.}}{C^{10}H^{11}KO^2} + \underset{\text{Bromure de cyanogène.}}{CAzBr} = CO^2 + KBr + \underset{\text{Cumonitrile.}}{(C^{10}H^{11})Az}$$

Préparation. — On chauffe le cuminate d'ammonium de manière à le fondre et on porte la matière fondue à l'ébullition. Il passe à la distillation de l'eau et une huile jaune légère. Quand la quantité d'huile qui distille devient moindre, on arrête l'opération et on soumet l'huile à 6 ou 7 distillations successives. On la lave ensuite d'abord avec de l'ammoniaque, puis avec de l'acide chlorhydrique et avec de l'eau pure, enfin on la dessèche et on la distille.

Propriétés. — Le cumonitrile est un liquide incolore, très-réfringent, d'une odeur agréable et d'une saveur brûlante. Il est un peu soluble dans l'eau, qui devient trouble en le dissolvant; l'alcool et l'éther le dissolvent en toutes proportions. Sa densité est de 0,765 à 14°. Il bout à 239° d'une manière constante, en présence de fils de platine, sous la pression de 0,7585.

La vapeur du cumonitrile est très-inflammable et brûle avec une flamme brillante en déposant beaucoup de charbon.

Réactions. — L'*acide nitrique concentré* exerce peu d'action à froid sur le cumonitrile. Cependant à la longue et à l'ébullition il le transforme en acide cuminique. Le *potassium* noircit en présence de ce corps et donne de grandes quantités de cyanure de potassium. Les *solutions alcalines alcooliques* ne l'altèrent pas immédiatement, mais le convertissent au bout de quelques jours en une masse semi-cristalline qui est formée de cuminamide mêlée de cumonitrile légèrement jauni. Il est probable que par l'ébullition la totalité du cumonitrile se transformerait en cuminate potassique avec dégagement d'ammoniaque. A. N.

CUMYLE. — On a donné ce nom au radical $C^{10}H^{11}O$ qui fonctionne dans l'acide, l'aldéhyde et l'anhydride cuminiques, dans le chlorure de cumyle et dans le cumylure de cumyle.

CUMYLURE DE CUMYLE. — M. Chiozza a obtenu ce corps, qui présente vis-à-vis de l'aldéhyde cuminique les mêmes rapports que l'anhydride cuminique vis-à-vis de l'acide cuminique :

$$\left.\begin{matrix} C^{10}H^{11}O \\ H \end{matrix}\right\}O \qquad \left.\begin{matrix} C^{10}H^{11}O \\ C^{10}H^{11}O \end{matrix}\right\}O; \qquad \left.\begin{matrix} C^{10}H^{11}O \\ H \end{matrix}\right\} \qquad \left.\begin{matrix} C^{10}H^{11}O \\ C^{10}H^{11}O \end{matrix}\right\}.$$

Acide cuminique. — Anhydride cuminique. — Aldéhyde cuminique. — Cumylure de cumyle.

Preparation. — Le cumyle se produit avec dégagement d'acide chlorhydrique lorsqu'on fait agir le chlorure de cumyle sur l'aldéhyde cuminique, mais on obtient des résultats plus satisfaisants en recourant au cuminol potassé de Cahours et Gerhardt, que l'on obtient aisément en chauffant le cuminol avec du potassium dans un petit creuset de platine muni de son couvercle. On purifie le produit en le pressant entre des doubles de papier joseph et en le faisant ensuite séjourner pendant quelque temps dans le vide, sur de l'acide sulfurique concentré qui absorbe avidement le cuminol échappé à la réaction.

Le cumylure de potassium traité par le chlorure de cumyle s'échauffe, se liquéfie et laisse déposer du chlorure de potassium. Quand la masse est refroidie, on la lave avec une lessive alcaline faible pour enlever l'excès de chlorure de cumyle et l'anhydride cuminique qui pourrait s'être formé; on la dissout ensuite dans l'éther et l'on évapore la solution éthérée après l'avoir desséchée sur du chlorure de calcium fondu. Le cumyle reste comme résidu. La réaction qui lui donne naissance est la suivante :

$$\left.\begin{matrix} C^{10}H^{11}O \\ K \end{matrix}\right\} + \left.\begin{matrix} C^{10}H^{11}O \\ Cl \end{matrix}\right\} = \left.\begin{matrix} K \\ Cl \end{matrix}\right\} + \left.\begin{matrix} C^{10}H^{11}O \\ C^{10}H^{11}O \end{matrix}\right\}.$$

Cumylure de potassium. — Chlorure de cumyle. — Cumyle libre.

Propriétés. — Le cumyle est une huile très-épaisse, plus dense que l'eau. A froid, il n'a qu'une odeur très-faible, mais à chaud il répand une agréable odeur de géranium. Il s'enflamme facilement et brûle avec une flamme fuligineuse. Dans un mélange de glace et de sel marin il perd assez sa fluidité pour qu'on puisse retourner le vase qui le renferme sans qu'il s'écoule. Il est peu soluble dans l'alcool froid et plus soluble dans l'alcool bouillant.

Le cumyle bout à 300° en se décomposant en acide cuminique et en d'autres produits moins oxygénés, en même temps qu'il reste dans la cornue un résidu charbonneux. L'acide sulfurique le noircit déjà à froid, l'acide azotique le dissout sans dégagement de vapeurs nitreuses, et l'eau précipite de cette liqueur une résine neutre, qui est probablement du cumyle nitré.

Chauffé avec un petit fragment de potasse dans un tube fermé par un bout ou avec une solution alcoolique de la même base, il se transforme en cuminate potassique et hydrure de cumyle. Il ne faut pas employer un excès de potasse, sans quoi l'hydrure de cumyle formé serait détruit à son tour :

$$\left.\begin{matrix} C^{10}H^{11}O \\ C^{10}H^{11}O \end{matrix}\right\} + \left.\begin{matrix} K \\ H \end{matrix}\right\}O = \left.\begin{matrix} C^{10}H^{11}O \\ K \end{matrix}\right\}O + \left.\begin{matrix} C^{10}H^{11}O \\ H \end{matrix}\right\}.$$

Cumyle. — Potasse. — Cuminate potassique. — Hydrure de cumyle.

Le solutions aqueuses de potasse produisent la même transformation, mais avec beaucoup plus de lenteur.

DÉRIVÉS DU CUMYLURE DE CUMYLE. — M. Chiozza a essayé de préparer l'acétyl- et le benzoyl-cumyle

$$\left.\begin{matrix} C^{2}H^{3}O \\ C^{10}H^{11}O \end{matrix}\right\} \quad \text{et} \quad \left.\begin{matrix} C^{7}H^{5}O \\ C^{10}H^{11}O \end{matrix}\right\}$$

en faisant réagir les chlorures d'acétyle ou de benzoyle sur le cumylure de potassium. Avec le chlorure de benzoyle il a obtenu une huile incristallisable semblable au cumyle et qui se convertit en cette dernière substance lorsqu'on la chauffe avec de la potasse. Cette huile n'a pas pu être purifiée.

Constitution. — Dans la théorie de l'atomicité il est difficile de se rendre compte de la constitution du cumyle au moins d'une manière qui permette d'expliquer les propriétés de ce corps. Les deux radicaux semblent en effet ne pouvoir tenir que par le carbone, et alors on ne conçoit plus les dédoublements de cette substance. Il est possible que dans les aldéhydes l'atome d'oxygène que l'on dit substitué à H^2 ne tienne au carbone que par une seule atomicité, la molécule étant incomplète. Dans ce cas, on pourrait admettre que le cumyle et les corps analogues sont des corps non saturés résultant de la réunion de deux radicaux attachés l'un à l'autre par l'oxygène. Dans cette hypothèse, la formule atomique du cumyle serait :

$$\begin{matrix} (C^{6}H^{4}.C^{3}H^{7})'\text{-}\overset{''}{C}\text{-}O \\ | \\ (C^{6}H^{4}.C^{3}H^{7})'\text{-}\overset{''}{C}\text{-}O \end{matrix}$$

CHLORURE DE CUMYLE [Cahours, *Ann. de Chim. et de Phys.*, (3), t. XXIII, p. 347]. — Ce corps a pour formule $C^{10}H^{11}O.Cl$. On l'obtient en chauffant l'acide cuminique avec du perchlorure de phosphore à une température de 50° ou 60°. De l'acide chlorhydrique se dégage en abondance, et si l'on distille le mélange, on recueille dans le récipient un liquide complexe formé de chloroxyde de phosphore et de chlorure de cumyle. On purifie ce produit en recueillant à part ce qui passe entre 250° et 260°, traitant le liquide par l'eau froide, le séchant sur du chlorure de calcium récemment fondu et le distillant ensuite.

Le chlorure de cumyle est un liquide incolore très-mobile, dont la densité est de 1,070 à la température de 15°. Il bout entre 256° et 258°. Exposé à l'air humide, il se décompose en acide chlorhydrique et en acide cuminique; cette transformation est beaucoup plus rapide sous l'influence de la potasse bouillante.

Le chlorure de cumyle s'échauffe fortement avec l'alcool concentré. De l'eau ajoutée au mélange en sépare du cuminate d'éthyle.

Traité par le gaz ammoniac sec, ce chlorure

donne naissance à du sel ammoniac et à de la cuminamide.

L'aniline donne une réaction analogue dont les produits sont la phénylcuminamide et le chlorhydrate d'aniline. A. N.

CUMYLÈNE. — On donne ce nom au radical ($C^{10}H^{12}$)'' qui fonctionne dans l'aldéhyde cuminique et dans plusieurs corps qui dérivent de cette aldéhyde, tels que le chlorure, l'acétate et le benzoate de cumylène.

CHLORURE DE CUMYLÈNE ou CHLOROCUMOL, $C^{10}H^{12}Cl^2$ [Cahours, *Ann. de Chim. et de Phys.*, (3), t. XXIII, p. 345; — Sieveking, *Ann. der Chem. u. Pharm.*, t. CVI, p. 258; — Tüttscheff, *Journ. für prakt. Chem.*, t. LXXV, p. 370].

Ce corps se produit par l'action du perchlorure de phosphore sur l'aldéhyde cuminique. Il représente cette aldéhyde dont l'oxygène est remplacé par du chlore. Pour le préparer, on mêle le chlorure de phosphore avec l'aldéhyde cuminique et l'on distille le produit de la réaction pour séparer l'oxychlorure de phosphore qui s'est formé. On recueille à part ce qui passe entre 250° et 260°. L'huile ainsi obtenue est ensuite lavée à l'eau et à la potasse diluée, puis desséchée et rectifiée.

Le chlorocumol bout entre 255° et 260° (Cahours), à 255° avec une légère décomposition (Tüttscheff); il est plus dense que l'eau et ne se dissout pas dans ce liquide. La *potasse* ne l'attaque pas, au moins à la température ordinaire. Chauffé dans un tube scellé à la lampe avec une solution alcoolique d'*ammoniaque*, il donne une huile jaune et épaisse et du chlorure d'ammonium. Une solution alcoolique de *sulfhydrate de potassium* le transforme en chlorure de potassium et en un corps visqueux d'une odeur repoussante (Cahours). Le *sulfure d'ammonium* le convertit, par une action prolongée, en une résine rouge foncé soluble dans l'éther (Sieveking).

L'*oxyde d'argent humide* donne, avec le chlorocumol, du chlorure d'argent et de l'aldéhyde cuminique (Tüttscheff). Chauffé avec de l'éthylate de sodium dans la proportion de 2 molécules de ce corps pour 1 de chlorocumol, ce dernier donne du chlorure de sodium et un liquide rouge. Ce produit, soumis à la distillation, donne d'abord de l'alcool, puis une huile volatile entre 170° et 238°, qui paraît être de l'aldéhyde cuminique régénérée, ou tout au moins qui se comporte comme telle au contact des bisulfites alcalins (Sieveking).

L'*acétate* et le *benzoate d'argent* réagissent nettement sur le chlorure de cumylène et le transforment en acétate et en benzoate cumylénique. Ces deux réactions et celle de l'oxyde d'argent humide sont seules nettes.

ACÉTATE DE CUMYLÈNE,

$$C^{10}H^{12}\left\{\begin{matrix}OC^2H^3O\\OC^2H^3O\end{matrix}\right.$$

[Sieveking, *loc. cit.*]. — Ce corps a été improprement appelé acétate de cumoglycol. Il est en effet analogue à l'acétal et nullement aux éthers des alcools diatomiques. Si ces derniers étaient connus dans la série cuminique, l'acétate de cumoglycol serait isomère de l'acétate de cumylène.

Pour préparer l'acétate de cumylène, on mêle à froid le chlorocumol avec un excès d'acétate d'argent. La réaction commence déjà à froid. On chauffe légèrement pour la rendre complète. Le produit est épuisé par l'éther, la solution évaporée et le résidu lavé à l'eau chargée de carbonate de soude. Il reste une matière à demi solide que l'on fait cristalliser dans l'éther. On obtient ainsi des cristaux jaunâtres souillés par une huile dont on les débarrasse par expression entre des doubles de papier buvard et cristallisation nouvelle.

Pur, l'acétate de cumylène se présente en cristaux semblables au gypse et que l'on a comparés à des queues d'hirondelles. Il fond à une chaleur modérée et répand alors une odeur forte qui rappelle à la fois l'acide acétique et le cuminol.

BENZOATE DE CUMYLÈNE,

$$C^{10}H^{12}\left\{\begin{matrix}OC^7H^5O\\OC^7H^5O\end{matrix}\right.$$

[Tüttscheff, *loc. cit.*]. — Ce corps a été encore nommé improprement benzoate de cumoglycol.

Pour obtenir le benzoate de cumylène, on mêle 7 p. de chlorocumol avec 16 p. de benzoate d'argent et l'on chauffe légèrement. La masse ainsi formée est épuisée par l'éther, qui laisse le chlorure d'argent et dissout le benzoate de cumylène. La solution éthérée abandonnée à l'évaporation spontanée dépose une huile qui au bout de quelques jours se prend en cristaux. Ceux-ci sont exprimés entre des doubles de papier buvard et cristallisés de nouveau successivement dans un mélange d'alcool et d'éther et dans l'alcool absolu, après avoir été lavés à l'eau ammoniacale.

Le benzoate de cumylène se présente sous la forme d'aiguilles brillantes incolores, qui fondent à 88° et se solidifient, par le refroidissement, en une masse cristalline. L'alcool concentré le dissout surtout à chaud. Il en est de même de l'éther, de l'acétone et du chloroforme. L'eau ne le dissout pas et le précipite même de sa dissolution alcoolique.

Le benzoate de cumylène ne peut pas être volatilisé sans décomposition. Il se dissout dans l'*acide sulfurique froid*, qu'il colore en rouge foncé. Cette solution noircit par l'ébullition. L'*acide azotique* même bouillant est sans action sur lui. Il n'est pas non plus attaqué par l'*eau de baryte* ou l'*ammoniaque*. Distillé avec de la potasse caustique, il donne du benzoate de potassium et de l'aldéhyde cuminique. A. N.

CUPRAMIDES, CUPRAMMONIUMS. — Voyez CUIVRE, p. 1022.

CUPRITE (Min.) [Syn. *Cuivre oxydulé H*, *ziguéline*, Beudant, *Ziegelerz*, *Rothkupfererz*, *Kupferroth*]. — Oxyde cuivreux, Cu^2O. En beaux cristaux octaédriques, ou dodécaédriques, quelquefois cubiques; en filaments capillaires; en masses compactes ou terreuses d'un rouge foncé. L'éclat des cristaux est vif, ils sont souvent translucides et laissent passer une lumière rouge-cochenille.

Caractères. — Soluble avec effervescence dans l'acide nitrique ; la solution est verte. Colore la flamme du chalumeau en vert; fond en une matière noire au feu d'oxydation et donne un globule de cuivre au feu de réduction. Avec le borax au feu d'oxydation la perle est verte à chaud, bleue à froid; au feu de réduction elle est à peu près incolore, mais contient du cuivre métallique rouge-brique.

Dureté, 3,5 à 4. Poussière rouge-brique. Densité, 5,85 à 6,15.

Forme cristalline. — L'octaèdre régulier, le cubo-octaèdre, le dodécaèdre rhomboïdal et d'autres formes du type cubique.

Clivages : a^1. F. et S.

CUPROCYANURES. — Voyez CYANURES DE CUIVRE.

CUPROPLOMBITE (Min.) [Syn. *Kupferbleiglanz*]. — Sulfure de plomb et de cuivre,

$$Cu^2Pb^2S^3 = Cu^2S + 2PbS.$$

Masses granulaires d'un gris de plomb, à clivage cubique, trouvées au Chili.

CURARE. — Extrait du *Strychnos toxifera* dont les Indiens de l'Amérique du Sud font usage pour empoisonner leurs flèches. Il se présente sous forme d'un extrait noir, solide, d'un aspect résineux, qui arrive en Europe dans des calebasses; réduit en poudre, il est brun. Sa saveur est amère. L'éther ne paraît lui enlever qu'une matière grasse. L'alcool le dissout en partie, ainsi que l'eau, qui commence par le ramollir. La solution aqueuse est acide, très-amère et d'un rouge foncé; les alcalis ne la précipitent pas. Le tannin la précipite en blanc jaunâtre et le précipité est soluble dans l'alcool et les acides.

Le curare renferme un principe actif, la curarine, une matière grasse, une matière colorante rouge, une résine et des cendres silico-argileuses.

Le curare constitue un poison très-énergique lorsqu'il est introduit sous la peau par une piqûre, mais il peut être ingéré dans le tube digestif sans provoquer d'accidents; il faut pour cela qu'il soit en contact avec le sang. Il agit surtout en anéantissant les facultés du système nerveux. Ce qu'il y a de remarquable, c'est que, quoique provenant d'une strychnée, il agit d'une manière tout opposée à la strychnine, qui est un poison tétanique.

Les antidotes du curare, d'après Alv. Reynoso [*Compt. rend.*, t. XXXIX, p. 67], sont le chlore, le brome et l'iode, ainsi que les bromures et les iodures; l'acide azotique, qui a été aussi préconisé, est moins efficace; l'acide sulfurique, conseillé par Fontana, n'agit qu'en racornissant les tissus et en empêchant par là le poison d'être absorbé davantage. E. W.

CURARINE. — Pour retirer ce principe actif du curare d'après le procédé de Boussingault et Roulin, on fait bouillir le curare pulvérisé avec de l'alcool, on ajoute ensuite un peu d'eau et on distille l'alcool; le résidu aqueux, décanté et décoloré par du noir animal, est ensuite précipité par la noix de galle; le précipité, lavé et porté à l'ébullition avec un peu d'eau, est additionné d'acide oxalique jusqu'à dissolution; enfin le tannin est enlevé au précipité par un traitement à la magnésie; le curare restant en solution est ensuite évaporé à sec, repris par l'alcool, et la solution alcoolique à son tour est évaporée à sec et séchée dans le vide [*Ann. de Chim. et de Phys.*, t. XXXIX, p. 24].

Pelletier et Pétroz ont indiqué une autre marche: l'extrait alcoolique, privé de matière grasse par un traitement à l'éther, est redissous dans l'eau; la solution aqueuse est ensuite traitée par le sous-acétate de plomb, et la liqueur filtrée est privée de plomb par l'hydrogène sulfuré, décolorée, débarrassée d'acide acétique par une ébullition avec de l'acide sulfurique étendu d'alcool, débarrassée d'acide sulfurique par l'hydrate de baryte, puis de l'excès de ce dernier par un courant d'acide carbonique, et enfin évaporée à sec [*Ann. de Chim. et de Phys.*, t. XL, p. 213].

Enfin Preyer traite le curare par l'alcool bouillant, distille l'alcool, reprend le résidu par de l'eau et précipite la liqueur filtrée par du bichlorure de mercure; ce précipité, étant décomposé par l'hydrogène sulfuré, fournit le chlorhydrate de curarine, qu'on peut faire cristalliser [*Compt. rend.*, t. LX, p. 1346].

La curarine forme une masse non cristalline, jaunâtre, cornée et translucide en couches minces. Elle est déliquescente, très-soluble dans l'eau et l'alcool, insoluble dans l'éther, d'une saveur très-amère et d'une réaction alcaline. Chauffée, elle se charbonne et répand d'épaisses vapeurs qui se subliment en partie. L'acide azotique concentré la colore en rouge de sang; l'acide sulfurique lui communique une coloration bleue caractéristique.

La curarine s'unit aux acides pour former des sels à saveur très-amère, incristallisables ou cristallisant très-difficilement; ils n'ont pas été étudiés. Preyer [*loc. cit.*] représente sa composition par la formule $C^{10}H^{15}Az$. E. W.

CUSCONINE. — Synonyme d'ARICINE.

CUSPARINE. — Saladin [*Journ. de Chim. médicale*, t. IX, p. 388] l'a découverte dans l'écorce d'angusture vraie (*Cusparia febrifuga*). C'est une substance non azotée, soluble dans l'alcool, peu soluble dans l'eau, que Herzog n'a pas réussi à repréparer [*Arch. Pharm.*, (2), t. XCIII, p. 146].

CUTICULE et **CUTINE.** — MM. Fremy et Terreil désignent sous le nom de *cuticule ligneuse* la partie du bois qui est insoluble dans l'acide sulfurique SO^4H^2, H^2O, et qui constitue environ 20 °/₀ du bois de chêne. Elle est insoluble dans la potasse, mais se dissout sans résidu dans l'eau de chlore ou l'acide azotique, en se transformant d'abord en un acide jaune. Elle contient plus de carbone que la matière cellulosique des bois [*Compt. rend.*, t. LXVI, p. 457, 1868].

CUTINE. — C'est la cuticule de feuilles (Fremy). D'après ce savant, elle se distinguerait de la cellulose par son insolubilité dans la solution ammoniacale d'oxyde de cuivre. On l'obtient en faisant bouillir les feuilles dans l'acide chlorhydrique faible, lavant à l'eau, épuisant par la liqueur cuprammonique, puis par l'eau, l'acide chlorhydrique, la potasse, l'alcool et l'éther. Elle contient: carbone 73,66, hydrogène 11,37, oxygène 14,97. Elle n'est pas attaquée par l'acide sulfurique ni par l'acide chlorhydrique bouillant. Comme elle est oxydée par l'acide azotique en donnant les mêmes produits que les graisses (acide subérique, etc.), qu'elle forme un savon avec la potasse et que sa composition centésimale diffère peu de celle des graisses, Payen considère la cutine comme de la cellulose imprégnée de corps gras et de corps azotés, et non comme une modification de la cellulose [Fremy, *Compt. rend.*, t. XLVIII, p. 669; — Payen, *ibid.*, t. XLVIII, p. 893]. G. S.

CYAMÉLIDE [Syn. *Acide cyanique insoluble* ou *cyanurique insoluble*], $nCAzHO$ [Liebig, *Magas. f. Pharm.*, t. XXIX, p. 228; *Poggend. Ann.*, t. XV, p. 561 et t. XX, p. 384; — Weltzien, *Ann. der Chem. u. Pharm.*, t. CXXXII, p. 224]. — Corps amorphe dans lequel se transforme l'acide cyanurique libre par sa distillation, et même à froid au bout d'un certain temps. Plusieurs cyanates, tels que le cyanate de potasse, broyés avec de l'acide nitrique, sulfurique fumant, oxalique, tartrique cristallisé, oxalique, acétique concentré, donnent aussi de la cyamélide.

Substance blanche, amorphe, inodore, insoluble à froid et à chaud dans l'eau, l'alcool, l'éther et les acides étendus.

On ne peut douter de son isomérie avec l'acide cyanique; d'une part celui-ci peut se transformer intégralement en cyamélide, de l'autre la cyamélide distillée donne de l'acide cyanique. Enfin elle se dissout dans la potasse, la soude, l'ammoniaque, en donnant des cyanurates.

Elle se dissout dans l'acide sulfurique concentré, dont on peut la séparer par l'addition d'eau. En chauffant quelque temps, il se produit de l'acide carbonique et du sulfate d'ammoniaque. L'eau n'y produit plus alors de précipité, mais après quelques semaines la liqueur se remplit de cristaux d'acide cyanurique [Weltzien, *Bull. de la Soc. chim.*, 1865, t. III, p. 303, et *loc. cit.*].

Elle n'est pas altérée par l'ébullition avec les acides chlorhydrique et nitrique. A. G.

CYAMÉLURIQUE (ACIDE),

$$[C^6Az^7H^3O^3]^2 + 5H^2O$$

[Henneberg, *Ann. der Chem. u. Pharm.*, t. LXXIII, p. 228; — Liebig, *ibid.*, t. LXXXV, p. 281; *Ann. de Chim. et de Phys.*, (3), t. XLV, p. 338 et 365; — Gerhardt, *Compt. rend. des trav. de Chim.*, 1850, p. 104, et *Traité de Chimie organique*, t. IV, p. 892]. — Cet acide se produit à l'état de sel quand on fait longtemps bouillir l'hydromellon ou les mellonures avec une solution de potasse caustique (1 p. mellonure, 10 p. potasse de 1,2 densité et 20 p. eau). Le cyamélurate tripotassique se précipite par concentration et refroidissement en une bouillie cristalline. Henneberg et Liebig, qui l'ont étudié, se sont arrêtés à la formule $C^6Az^7H^3O^3$ qui satisfait aux analyses et aux lois de saturation réciproque des éléments :

$$C^6Az^7H^3O^3 = \left.\begin{matrix}(CAz)^3 \\ [Az(3CAz),H]'H^2\end{matrix}\right\} O^3$$
$$= Az(3CAz),(CAz)^3(OH)^3.$$

Ces formules concordent avec ses réactions générales et ses dédoublements.

Les équations suivantes expliquent son mode de production :

$$Az^3\left\{\begin{matrix}Cy^3 \\ Cy^3 \\ H^3\end{matrix}\right. + 3KHO$$
Hydromellon ou dicyanurotriamide.

$$= Az(3CAz),(CAz)^3(OK)^3 + 2AzH^3.$$
Cyamélurate tripotassique.

On a de même

$$2Az^4\left\{\begin{matrix}Cy^9 \\ K^3\end{matrix}\right. + 9H^2O$$
Mellonure tripotassique.

$$= 2[Az(3CAz),(CAz)^3(OK)]^3$$
Cyamélurate tripotassique.

$$+ \left\{\begin{matrix}(CAz)^3,(AzH^2)^2OH \\ (CAz)^3,(AzH^2)(OH)^2\end{matrix}\right. + 3AzH^3.$$
Ammélide.

On obtient l'acide libre en versant de l'acide chlorhydrique sur le cyamélurate tripotassique. L'acide forme un précipité blanc que l'on peut séparer et redissoudre dans l'eau bouillante acidulée d'où il se sépare à froid. Ce sont d'ordinaire des croûtes blanches contenant 17,47 % d'eau et présentant des rudiments de prismes à sommets pyramidés. Il se dissout dans 420 p. d'eau à 17°. Il est plus soluble à chaud; desséché, il déteint sur les doigts, rougit le tournesol et décompose les carbonates. Il perd à 100° toute son eau de cristallisation; à une température plus élevée, il donne des acides cyanique et cyanurique et un résidu d'hydromellon.

Cyamélurate tripotassique, $C^6Az^7K^3O^3 + H^2O$. — On l'obtient à l'état brut comme il a été dit plus haut. On le lave avec un peu de potasse, puis avec de l'alcool. Enfin on le fait recristalliser dans l'eau alcoolisée.

Cristaux vitreux prismatiques à réaction basique, de saveur alcaline, puis âcre et amère. Ils se dissolvent dans 7,4 p. d'eau à 18° et dans 1 à 2 p. d'eau bouillante, insolubles dans l'alcool, précipitant la plupart des oxydes métalliques.

Cyamélurate bipotassique, $C^6Az^7K^2HO^3 + 2H^2O$. — S'obtient dans une liqueur faiblement acidulée par l'acide acétique.

Cyamélurate monopotassique,

$$C^6Az^7KH^2O^3 + 4H^2O.$$

— Paillettes irisées et acides qui se séparent quand on ajoute de l'acide acétique au sel précédent; on obtient des mamelons concentriques aiguillés quand on opère à chaud. Sa calcination laisse du mellonure tripotassique mêlé à des matières brunes.

Cyamélurate trisodique. — S'obtient comme le sel correspondant de potasse; très-soluble.

Cyamélurate d'ammonium. — Cristaux agglomérés, très-solubles dans l'eau et tombant en poudre quand on les expose à l'air, en dégageant de l'ammoniaque et donnant un sel acide.

Cyamélurate tribarytique. — Précipité blanc cristallin que l'on produit par un mélange de chlorure de baryum et de cyamélurate tripotassique.

Cyamélurate de magnésium. — Précipité blanc, cristallin, soluble dans le sel ammoniac.

Cyamélurate de cuivre. — Précipité blanc, bleuâtre, prismes microscopiques pyramidés.

Cyamélurate de fer. — Précipité amorphe, jaune, que l'on produit avec le perchlorure neutre et le cyamélurate tripotassique.

Cyamélurate triargentique, $C^6Az^7Ag^3O^3 + H^2O$. — Précipité caillebotté, insoluble dans l'eau, peu soluble dans l'acide nitrique étendu.

Les cyamélurates donnent tous de l'acide cyamélurique libre quand on les traite par les acides puissants. A. G.

CYAMÉTHINE, CYANÉTHINE et CYAPHÉNINE. — Ces composés sont des polymères des éthers cyanhydriques.

CYAMÉTHINE, $C^6H^9Az^3$ [Cloëz, *Répert. de Chim. pure*, 1860, p. 186]. — Elle est polymérique avec le cyanure de méthyle,

$$3(C^2H^3Az) = C^6H^9Az^3,$$

et homologue avec la cyanéthine. On l'obtient par l'action du chlorure d'acétyle sur le cyanate de potassium. De l'anhydride carbonique se dégage dans cette réaction :

$$\underset{\text{Chlorure d'acétyle.}}{3(C^2H^3OCl)} + \underset{\text{Cyanate de potasse.}}{3CAzKO}$$
$$= \underset{\text{Chlorure potassique.}}{3KCl} + 3CO^2 + \underset{\text{Cyaméthine.}}{C^6H^9Az^3}.$$

La cyaméthine n'a point été analysée. Sa formule a été donnée par Cloëz d'après l'analogie qui existe entre la réaction qui lui donne naissance et celle qui donne naissance à la cyaphénine.

M. G. Bayer a obtenu une cyaméthine homologue de la cyanéthine par le procédé qui donne naissance à cette dernière; il fait tomber goutte à goutte de l'acétonitrile pur sur du sodium; il se produit du cyanure de sodium et une base $C^6H^9Az^3$, qui forme les deux tiers du poids de l'acétonitrile employé. Elle est volatile, sublimable sans altération; elle donne des sels cristallisables avec les acides, et la soude la reprécipite de ces solutions [Bayer, *Zeits. für Chem.*, nouv. sér., t. IV, p. 514, et *Bull. de la Soc. chim.*, 1868, t. X, p. 413].

CYANÉTHINE, $C^9H^{15}Az^3$ [Frankland et Kolbe, *Chem. Soc. quart. Journ.*, t. I, p. 69; *Ann. der Chem. u. Pharm.*, t. LXV, p. 288]. — La cyanéthine est un corps qui se produit en même temps que de l'hydrure d'éthyle et du cyanure de potassium lorsqu'on fait agir du potassium sur de l'éther éthyl-cyanhydrique humide. L'hydrure d'éthyle résulte de la réaction suivante :

$$\underset{\text{Cyanure d'éthyle.}}{C^3H^5Az} + \underset{\text{Eau.}}{H^2O} + \underset{\text{Potassium.}}{K^2} = \underset{\text{Cyanure potassique.}}{CAzK} + \underset{\text{Hydrure d'éthyle.}}{C^2H^6} + \underset{\text{Potasse.}}{KHO}.$$

Quant à la cyanéthine, elle dérive du cyanure d'éthyle par simple triplication. On n'en obtient jamais qu'une très-faible quantité.

C'est un corps solide qui, après avoir été purifié par cristallisation dans l'eau bouillante, fond à 190°, distille à 280° et se dissout en toutes proportions dans l'alcool, très-peu dans l'eau froide, facilement dans l'eau bouillante; ses propriétés sont celles d'une base capable de se dissoudre dans tous les acides en formant des sels souvent cristallisables. Elle peut être exprimée par la formule

$$\left.\begin{matrix}(C^3H^5)''' \\ (C^3H^5)''' \\ (C^3H^5)'''\end{matrix}\right\} Az^3.$$

La cyanéthine est précipitée de ses sels par la potasse, l'ammoniaque et les carbonates alcalins. Les solutions aqueuses de cette base bleuissent légèrement le tournesol. La potasse en fusion ne l'altère pas.

Les sels de cyanéthine ont une saveur âcre légèrement amère.

L'acétate de cyanéthine, le chlorhydrate et le sulfate sont incristallisables.

Le *chloroplatinate*, $[C^9H^{15}Az^3, HCl]^2PtCl^4$, s'obtient par précipitation sous la forme d'une poudre cristalline d'un jaune rougeâtre, peu soluble dans l'alcool et moins encore dans l'eau. Par l'évaporation spontanée de sa solution aqueuse, il cristallise en octaèdres volumineux couleur de rubis.

La solution alcoolique se décompose lorsqu'on l'évapore et donne du chloroplatinate d'ammonium.

L'azotate $C^9H^{15}Az^3, AzHO^3$ cristallise en gros prismes incolores entièrement neutres.

L'oxalate donne de beaux cristaux prismatiques.

Comme on le voit par l'étude des sels ci-dessus, la cyanéthine est une triamine monacide.

MM. Frankland et Kolbe ont vainement essayé d'obtenir ce corps par un procédé autre que l'action du potassium sur le cyanure d'éthyle, mais M. Cloëz l'a obtenu par l'action du chlorure d'acétyle sur le cyanure de potassium.

CYAPHÉNINE, $C^{21}H^{15}Az^3$ [Cloëz, *Mém. cité*.]. — Ce composé isomère du benzonitrile s'obtient en chauffant 20 gr. de cyanate de potasse fondu et pulvérisé avec 30 gr. de chlorure de benzoyle dans un matras scellé. On chauffe pendant un temps assez long à une température voisine du point de fusion du cyanate. On lave à l'eau pour enlever le chlorure de potassium, on sèche et on distille.

La cyaphénine est neutre, solide, dure, à cassure cristalline; elle fond à 224° et bout à 350°. Fort peu soluble, même à chaud, dans l'alcool absolu et dans l'éther, elle est complétement insoluble dans l'eau. La potasse en dégage de l'ammoniaque à chaud. Elle ne se dissout pas dans l'acide chlorhydrique et dans l'acide azotique ordinaire. Avec l'acide azotique fumant, elle donne un produit de substitution nitré,

$$C^{21}H^{12}(AzO^2)^3Az^3.$$

A. N.

CYANAMIDES. — *Classification*. — Suivant que dans une molécule d'ammoniaque 1, 2 ou 3 atomes d'hydrogène sont remplacés par le groupe CAz, on obtient des cyanamides *simples* ou *cyanomonamides primaire, secondaire* ou *tertiaire*. A leur tour chacune d'elles peut, en se doublant, triplant, donner les cyanodiamides, cyanotriamides. Voici le tableau des cyanamides connues et de quelques-uns de leurs dérivés :

CYANAMIDES.

PRIMAIRES.			SECONDAIRES.			TERTIAIRES.		
Monamides.	Diamides.	Triamides.	Monamides.	Diamides.	Triamides.	Monamides.	Diamides.	Triamides.
$Az \begin{cases} CAz \\ H^2 \end{cases}$ ou $CAz(AzH^2)$. cyanamide.	$Az^2 \begin{cases} 2CAz \\ H^4 \end{cases}$ ou $(CAz)^2(Az^2)^2$. dicyanodiamide.	$Az^3 \begin{cases} 3CAz \\ H^6 \end{cases}$ ou $(CAz)^3(AzH^2)^3$. cyanuramide ou mélamine.	»	»	$Az^5 \begin{cases} 3CAz \\ 3CAz \\ H^3 \end{cases}$ dicyanurodiamide ou hydromellon.	»	»	$Az^3 \begin{cases} 3CAz \\ 3CAz \\ 3CAz \end{cases}$ Cyanurotriamide (?).
DÉRIVÉS.								
	$Az^2 \begin{cases} 2CAz \\ H^4 \\ 2OH \end{cases}$ Dicyanodiamidine.	$(CAz)^3(AzH^2)^2OH$ Amméline. $(CAz)^3(AzH^2)(OH)^2$ Acide mélanuriq. $\begin{cases} (CAz)^3AzH^2)^2OH \\ (CAz)^3(AzH^2)(OH)^2 \end{cases}$ Ammélide, $(CAz)^3OH^3$ Ac. cyanuriq.			$Az^3 \begin{cases} 3CAz \\ 3CAz \end{cases}$ $Az \begin{cases} H^3 \\ 3CAz \end{cases}$ ou $Az^4 \begin{cases} 9CAz \\ H^3 \end{cases}$ Mellonures.			

CYANAMIDES PRIMAIRES.

CYANAMIDE (cyanomonamide primaire),

$$CAz^2H^2 = Az \begin{cases} CAz \\ H^2 \end{cases}$$

[Cloëz et Cannizzaro, *Compt. rend. de l'Acad. des sciences*, t. XXXII, p. 62; — Bineau, *Ann. de Chim. et de Phys.*, t. LXVII, p. 234; — Geuther et Beilstein, *Ann. der Chem. u. Pharm.*, t. CVIII, p. 193; — W. Henke, *ibid.*, t. CVI, p. 286; — Strecker, *Handw. der Chem.*, (3), t. II, p. 286]. — Découverte par Bineau, qui ne l'obtint que mélangée de sel ammoniac et en méconnut la vraie constitution, la cyanamide a été trouvée et étudiée par Cloëz et Cannizzaro en 1851. Elle se produit par l'action du chlorure de cyanogène gazeux sur le gaz ammoniac sec (Bineau) ou sur ce gaz dissous dans l'éther anhydre (Cloëz et Cannizzaro, Henke).

Le meilleur moyen de préparation consiste à faire passer un courant de chlorure de cyanogène gazeux dans de l'éther anhydre saturé de gaz ammoniac; on sépare par le filtre le chlorure ammonique qui se forme, et on évapore au bain-marie la liqueur filtrée; la cyanamide reste pour résidu. Elle est parfaitement pure. L'équation suivante exprime cette réaction :

$$CAzCl + 2AzH^3 = Az \begin{cases} CAz \\ H^2 \end{cases} + AzH^4Cl.$$

La cyanamide est en petits cristaux blancs, hygrométriques, fusibles à 40°; elle subit la surfusion. Si on la chauffe à 190°, elle se convertit subitement, avec émission de chaleur, en un isomère, la mélamine ou cyanuramide (voir ce mot plus loin),

$$3\,CAz \left. \begin{matrix} \\ H^3 \\ H^3 \end{matrix} \right\} Az^3,$$

qui se produit aussi dans d'autres conditions.

La cyanamide est soluble dans l'eau, l'alcool et l'éther. Conservée longtemps, elle se transforme en un isomère, le param (voir plus loin), bouillant vers 180°, soluble dans l'eau chaude et dans l'alcool bouillant. La solution de cyanamide dans l'eau se transforme aussi en param par l'évaporation du dissolvant. Elle paraît donner avec plusieurs acides des combinaisons directes cristallisables.

Quelques gouttes d'acide nitrique ajoutées à la solution éthérée de cyanamide donnent du nitrate d'urée; on a en effet

$$\underset{\text{Cyanamide.}}{CAz^2H^2} + H^2O = \underset{\text{Urée.}}{CAz^2H^4O.}$$

Sous l'influence des alcalis, la cyanamide donne de l'ammoniaque et les produits de la décomposition des cyanates (CO^2 et AzH^3). Traitée par une solution de nitrate d'argent ammoniacale, la cyanamide donne un précipité blanc qui répondrait à la formule

$$CAz^2Ag^2 = Az \left\{ \begin{matrix} CAz \\ Ag^2 \end{matrix} \right.$$

(Beilstein et Geuther). Ne serait-ce pas le composé que l'on obtient quand on ajoute de l'ammoniaque au sel d'argent formé avec la dicyanodiamide et le nitrate d'argent? — Voyez ce mot.

Mêlée à une solution aqueuse de glycocolle

$$C^2AzH^5O^2,$$

la cyanamide donne, au bout de quelques jours, une base cristalline, la glycocyamine, homologue de la créatine (Strecker). Sa formule $C^3Az^3H^7O^2$ répond à l'union directe du glycocolle avec la cyanamide. Heintz a obtenu dans la même réaction le corps $C^3H^5Az^3O$, qui ne diffère de celui de Strecker que par H^2O et est un homologue de la créatinine : il l'a nommé *glycocyamidine.*

L'aldéhyde s'unit à la cyanamide avec élimination d'eau pour donner le composé $C^9Az^6H^{14}O$ suivant l'équation

$$3\,CAz^2H^2 + 3\,C^2H^4O = C^9Az^6H^{14}O + H^2O.$$

Ce corps, soluble dans l'alcool, en est précipité par le sulfure de carbone, le chloroforme, l'aniline. Il se décompose tout à coup si on le chauffe. L'aldéhyde valérique agit comme l'aldéhyde ordinaire [Knopp, *Ann. der Chem. u. Pharm.*, t. CXXX, p. 253].

CYANAMIDES A RADICAUX ALCOOLIQUES [Cloëz et Cannizzaro, *Compt. rend. de l'Acad.*, t. XXXII, p. 62, et *Ann. der Chem. u. Pharm.*, t. LXXVII, p. 288]. — Le chlorure de cyanogène, en agissant sur les bases telles que la méthylamine, l'éthylamine, l'amylamine, etc., donne des cyanamides à radicaux alcooliques. L'étude de tous ces corps est incomplète; on ne connaît quelques faits que pour les composés suivants :

Cyanéthylamide,

$$C^3Az^2H^6 = Az \left\{ \begin{matrix} CAz \\ C^2H^5 \\ H. \end{matrix} \right.$$

— On l'obtient par l'action du chlorure gazeux de cyanogène sur l'éthylamine dissoute dans l'éther anhydre :

$$CAzCl + \left[\begin{matrix} 2\,C^2H^5 \\ H^2 \end{matrix} \right\} Az \Big] = \begin{matrix} C^2H^5 \\ H^2 \end{matrix} \Big\} Az,HCl + C^3H^6Az^2.$$

C'est une base faible qui donne des sels avec les acides puissants; l'eau les décompose partiellement. Chauffée à 180°, elle se dédouble en cyanodiéthylamide et en un composé solide jaune clair, volatil sans décomposition vers 300°, qui est une base faible et a pour formule $C^4Az^4H^8$. Voici l'équation :

$$3\,\underset{\text{Cyanéthylamide.}}{C^3H^6Az^2} = \underset{\text{Cyanodiéthylamide.}}{C^5Az^2H^{10}} + \underset{\text{Base volatile à 300°.}}{C^4Az^4H^8.}$$

La dernière se combine à l'acide chlorhydrique et donne un chloroplatinate cristallin soluble dans l'alcool.

Cyanodiéthylamide,

$$C^5Az^2H^{10} = Az \left\{ \begin{matrix} CAz \\ 2\,C^2H^5. \end{matrix} \right.$$

— Elle se produit, comme il vient d'être dit, par la décomposition de la cyanéthylamide ou par l'action du chlorure de cyanogène sur la diéthylamine.

C'est un liquide incolore, qui bout à 190°. Les bases alcalines et les acides la décomposent suivant l'équation

$$Az \left\{ \begin{matrix} CAz \\ 2\,C^2H^5 \end{matrix} \right. + 2\,H^2O = Az \left\{ \begin{matrix} 2\,C^2H^5 \\ H \end{matrix} \right. + CO^2 + AzH^3.$$

Des composés analogues s'obtiennent dans la série aromatique en faisant agir sur l'aniline, la toluidine, etc., les chlorures et bromures de cyanogène. — Voyez PHÉNYLAMINE.

PARAM [Beilstein et Geuther, *Ann. der Chem. u. Pharm.*, t. CVIII, p. 88]. — C'est un isomère de la cyanamide que l'on obtient en faisant passer de l'anhydride carbonique sur la monosodamide :

$$CO^2 + 2\,\underset{\text{Monosodamide.}}{Az \left\{ \begin{matrix} Na \\ H^2 \end{matrix} \right.} = \underset{\text{Param.}}{Az \left\{ \begin{matrix} CAz \\ H^2 \end{matrix} \right.} + 2\,NaHO.$$

La cyanamide conservée longtemps se transforme aussi en param.

Le param cristallise en prismes groupés concentriquement. Il est soluble dans l'eau et l'alcool. Il fond à 100° et bout vers 180°. Traité par les sels d'argent ou de cuivre en solutions alcalines, il ne donne pas avec eux les composés jaunes et noirs que donne la cyanamide.

Ses propriétés sembleraient indiquer que c'est une cyanamide condensée; toutefois elle ne se confond ni avec la cyanodiamide ni avec la mélamine.

Les cyanamides primaires que nous venons de décrire peuvent, en se doublant, triplant, donner des cyanodiamides, cyanotriamides primaires.

CYANODIAMIDES PRIMAIRES.

DICYANODIAMIDE PRIMAIRE,

$$C^2Az^4H^4 = Az^2 \left\{ \begin{matrix} 2\,CAz \\ H^4 \end{matrix} \right.$$

[Haag, *Ann. der Chem. u. Pharm.*, t. CXXIII, p. 22, et t. XLVI (avril 1862), et *Ann. de Chim. et de Phys.*, t. LXV, p. 356]. — Strecker avait vu que, quand on évapore lentement la cyanamide en présence d'un peu d'ammoniaque, on obtient une masse cristalline moins soluble dans l'eau que la cyanamide. Cette masse constitue la cyanodiamide.

C'est une substance neutre, soluble dans l'alcool, un peu dans l'éther. Elle se dépose de sa solution aqueuse en tables rhomboïdales minces. Elle fond à 200° et cristallise en se refroidissant.

Quand on évapore une solution aqueuse de cyanodiamide primaire en présence du nitrate d'argent, on obtient une combinaison de formule

$$Az^2 \left\{ \begin{matrix} 2\,CAz \\ H^4 \end{matrix} \right., \; AzO^3Ag.$$

Ce sont des cristaux solubles dans l'eau froide et l'acide nitrique, très-solubles à chaud. Si on les addidionne d'ammoniaque, leur solution donne un précipité blanc cristallin de formule

$$Az^2\left\{\begin{matrix}2\,CAz\\H^3\\Ag.\end{matrix}\right.$$

Dicyanodiamidine,

$$Az^2\left\{\begin{matrix}2\,CAz\\H^4\\H^2\\2\,OH.\end{matrix}\right.$$

— Lorsqu'on évapore la cyanodiamide précédente en présence des acides étendus, on obtient les sels d'une nouvelle base, la cyanodiamidine, qui n'est autre que l'hydrate de cyanodiamidammonium.

La cyanodiamidine s'obtient en décomposant son sulfate par l'eau de baryte. On filtre, on concentre la solution alcoolisée dans le vide.

Petits cristaux durs, incolores, nacrés. C'est une base à réaction alcaline.

Chlorhydrate. — Il s'obtient en évaporant la cyanodiamide en présence de l'acide chlorhydrique. Il a pour formule

$$C^2H^4Az^4,H^2O,HCl+H^2O=Az^2\left\{\begin{matrix}2\,CAz\\H^4\\H^2\\OH,Cl\end{matrix}\right.+H^2O.$$

Il donne avec le platine un chloroplatinate. La solution de ce sel additionnée de sulfate de cuivre, alcalisée par la soude et portée à l'ébullition, donne une coloration violette et par le refroidissement un précipité rose, $C^2H^8Cu''Az^4O$.

Nitrate. — On l'obtient en solution aqueuse en saturant exactement par l'acide chlorhydrique l'argent de la combinaison

$$Az^2\left\{\begin{matrix}2\,CAz\\H^4\end{matrix}\right.,\ AzO^3Ag.$$

Sa formule est

$$Az^2\left\{\begin{matrix}2\,CAz\\H^4\\H^2\\OH,AzO^3.\end{matrix}\right.$$

Oxalates. — Il s'obtient en évaporant la cyanodiamide en présence de l'acide oxalique. Grains cristallins ou lamelles fines. Formule

$$2\,[C^2H^6Az^4O],\,C^2H^2O^4.$$

CYANOTRIAMIDES PRIMAIRES.

Ce sont les triamides correspondant au chlorure solide de cyanogène et à l'acide cyanurique. Toutefois Liebig, en traitant le chlorure de cyanogène solide par l'ammoniaque, obtint en 1834, non la cyanodiamide, mais la chlorocyanamide, qui est du chlorure de cyanogène $(CAz)^3Cl^3$, où 2 atomes de chlore ont été remplacés par 2 amidogènes $(CAz)^3(AzH^2)^2Cl$. — Voyez ce mot.

Mélamine ou Cyanuramide (*cyanotriamide primaire*),

$$C^3H^6Az^6=Az^3\left\{\begin{matrix}3\,CAz\\3\,H^2\end{matrix}\right.$$

Liebig, *Ann. der Chem. u. Pharm.*, t. X, p. 18; t. XXVI, p. 187; — Cloëz et Cannizzaro, *Compt. rend. de l'Acad. des sciences*, t. XXXII, p. 62].

Cet alcali, découvert par Liebig en 1834, s'obtient lorsqu'on chauffe la cyanamide au-dessus de 150° (Cloëz et Cannizzaro), ou lorsqu'on fait bouillir le mellam, qui lui est isomère, avec de la potasse moyennement concentrée (Liebig).

Pour le préparer, on traite le résidu lavé à l'eau froide de la distillation sèche de 1 kilogr. de sel ammoniac et 500 grammes de sulfocyanate de potassium par une solution de 60 grammes d'hydrate de potasse dans 2 kilogr. d'eau. On fait bouillir jusqu'à clarification complète de la liqueur. On évapore jusqu'à production de paillettes brillantes, et on laisse refroidir et cristalliser.

La mélamine s'obtient en cristaux vitreux, brillants, incolores, formant des octaèdres à base rhombe. Angle des arêtes culminantes, 75°6 et 115°4; clivage parallèle à la face h^1. Ils sont inaltérables à l'air, anhydres, peu solubles dans l'eau froide, solubles dans l'alcool et l'éther.

Les alcalis étendus la dissolvent sans l'altérer. Les alcalis fondus la transforment en cyanate en la faisant sans doute successivement passer par les termes correspondant à l'amméline et à l'ammélide :

$$\underset{\text{Mélamine.}}{(CAz)^3(AzH^2)^3}+3\,KHO=3\,AzH^3+\underset{\text{Cyanate de potasse.}}{3\,[CAzOK]}$$

Les acides concentrés la transforment peu à peu par l'ébullition en amméline, ammélide, acide mélanurique et acide cyanurique :

$$\underset{\text{Mélamine.}}{(CAz)^3(AzH^2)^3}+H^2O$$

$$=\underset{\text{Amméline.}}{(CAz)^3(AzH^2)^2OH}+AzH^3;$$

$$\underset{\text{Mélamine.}}{(CAz)^3(AzH^2)^3}+2\,H^2O$$

$$=\underset{\text{Acide mélanurique.}}{(CAz)^3(AzH^2)(OH)^2}+2\,AzH^3$$

$$\underset{\text{Mélamine.}}{(CAz)^3(AzH^2)^3}+3\,H^2O=\underset{\text{Acide cyanurique.}}{(CAz)^3(OH)^3}+3\,AzH^3.$$

L'ammélide $C^6Az^9H^9O^3$ est le résultat de l'union de l'acide mélanurique à l'amméline. On peut la représenter par

$$\left\{\begin{matrix}(CAz)^3(AzH^2)^2OH\\(CAz)^3(AzH^2)(OH)^2.\end{matrix}\right.$$

Fondue avec le potassium, la mélamine donne, avec dégagement de lumière, un sel soluble (mellonure de potassium).

La mélamine est une véritable base; elle se combine aux divers acides étendus.

Nitrate de mélamine, $(CAz)^3(AzH^2)^3.AzO^3H$. — S'obtient en ajoutant de l'acide nitrique à la solution chaude de mélamine. Longues aiguilles soyeuses, inaltérables à l'air. En ajoutant une solution de nitrate d'argent à une solution chaude de mélamine, on obtient un précipité blanc et cristallin qui a pour composition :

$$(CAz)^3(AzH^2)^3AzO^3Ag.$$

Sulfate de mélamine. — Précipité cristallin peu soluble dans l'eau froide. Aiguilles raccourcies. S'obtient directement.

Phosphate de mélamine. — Fines aiguilles très-solubles dans l'eau bouillante.

Formiate de mélamine. — En feuillets très-solubles.

Acétate de mélamine. — Très-soluble. Larges lamelles rectangulaires, flexibles.

Oxalate de mélamine, $2\,[(CAz)^3(AzH^2)^3],C^2H^2O^4$. — Moins soluble que le nitrate; il s'obtient comme lui.

A la mélamine correspond un isomère dont les propriétés basiques sont moins prononcées que les siennes, mais qui possède les mêmes réactions générales; c'est le *poliène*.

Mélam, $C^6H^9Az^{11}$, et Poliène, $C^3H^6Az^6$ [Liebig, *Ann. der Chem. u. Pharm.*, t. X, p. 10; t. LIII, p. 330; t. LVIII, p. 248; — Knapp, *ibid.*, t. XXI, p. 242; — Wœhler, *Ann. de Poggend.*, t. LXI, p. 367; t. LXIII, p. 90]. — Liebig, en chauffant le sulfocyanate d'ammonium, ou mieux en chauffant longtemps vers 250° à 300° un mélange de 2 p. de sel ammoniac et de 1 p. de sulfocyanate de potassium, et lavant le résidu à l'eau, obtient un mélange qu'il appelle mélam brut. Pour préparer le mélam pur, on fait bouillir le mélam brut avec une lessive de potasse peu concentrée et pendant peu de temps; la plus grande partie s'étant dissoute, on filtre; le mélam se dépose à l'état de poudre blanche.

Les analyses de ce corps faites par Liebig répondent exactement à la formule $C^6H^9Az^{11}$.

D'un autre côté, Wœhler [*loc. cit.*], en chauffant peu à peu jusqu'à 300° le sulfocyanate d'ammonium, lavant à l'eau froide, reprenant par l'eau bouillante et filtrant, obtient par le refroidissement des dernières décoctions une poudre blanche à laquelle il donne le nom de poliène. Les analyses de ce corps répondent exactement à la formule brute $C^3H^6Az^6$.

Liebig a prétendu que ces deux corps sont identiques; Gerhardt [*Traité de Chim. organ.*, t. I, p. 464] le pense aussi; d'autres auteurs (Wœhler, Kekulé, etc.) pensent différemment.

Pour nous, nous croyons à la non-identité de ces deux corps. Le poliène est vraiment un isomère de la cyanuramide, et sa formule, construite d'après la saturation des éléments, répond à

$$Az^3 \left\{ \begin{matrix} 3\,CAz \\ 3\,H^2; \end{matrix} \right.$$

le mélam, $C^6H^9Az^{11}$, provient de l'union par l'azote du corps précédent au groupe

$$Az^3 \left\{ \begin{matrix} 3\,CAz \\ H^3. \end{matrix} \right.$$

Sous l'influence de la potasse le mélam se dédouble, les dérivés de

$$Az^3 \left\{ \begin{matrix} 3\,CAz \\ H^3 \end{matrix} \right.$$

se trouvent en effet en solution ou se précipitent dans les premières liqueurs sous forme d'une substance volumineuse, et le poliène se produit; mais à son tour, sous l'influence de l'action prolongée de la potasse, il se transforme en son isomère, la mélamine, et donne les dérivés de ce corps, amméline, ammélide, et acide cyanurique.

Suivant Vœlckel, le poliène absorbe l'acide chlorhydrique et donne la combinaison

$$C^3H^6Az^6,\ HCl.$$

CYANAMIDES SECONDAIRES.

On ne connaît dans les cyanamides secondaires que l'hydromellon, qui est la cyanuramide secondaire.

HYDROMELLON,

$$C^6Az^9H^3 = Az^3 \left\{ \begin{matrix} 3\,CAz \\ 3\,CAz \\ H^3 \end{matrix} \right.$$

[Liebig, *Ann. de Poggend*, t. XV, p. 557; *Ann. der Chem. u. Pharm.*, t. X, p. 4; t. XXX, p. 149; t. L, p. 337; t. LVII, p. 93; t. LVIII, p. 227; t. LXI, p. 262; — Gmelin, *Ann. der Chem. u. Pharm.*, t. XV, p. 252; — Vœlckel, *Ann. de Poggend.*, t. LVIII, p. 151; t. LXI, p. 375; — Gerhardt, *Compt. rend. des travaux de Chim.*, 1845, p. 24, et 1850, p. 104; — Laurent et Gerhardt, *Ann. de Chim. et de Phys.*, (3), t. XIX, p. 85; — Liebig, *Ann. der Chem. u. Pharm.*, t. XCV, p. 237, et *Ann. de Chim. et de Phys.*, t. XLV, p. 358]. — Liebig a découvert ce corps, qu'il nomma *mellon;* il y méconnut d'abord la présence de l'hydrogène. Les analyses de Vœlckel et surtout de Gerhardt et Laurent démontrent que ce corps est isomère ou identique avec la dicyanuramide.

La calcination du mélam, de la mélamine, de l'amméline, du sulfocyanate d'ammonium, de l'urée, de l'ammélide, de la chlorocyanamide, du persulfocyanogène, donne de l'hydromellon plus ou moins pur.

On l'obtient le plus aisément en chauffant la chlorocyanamide au-dessous du rouge, jusqu'à ce qu'il ne se dégage plus ni acide chlorhydrique ni sel ammoniac.

L'hydromellon est une poudre jaune insoluble dans l'eau, l'alcool, l'éther, les acides et les alcalis étendus. Au rouge sombre, il dégage de l'azote, de l'acide cyanhydrique, de l'ammoniaque et du cyanogène. Traité par le potassium, il donne un mellonure (voyez plus bas ACIDE HYDROMELLONIQUE et MELLONURES DE POTASSIUM).

L'équation de la formation des mellonures est la suivante :

$$2\left[Az^3 \left\{ \begin{matrix} 3\,CAz \\ 3\,CAz \\ H^3 \end{matrix} \right. \right] + 6K$$

Hydromellon.

$$= Az^4 \left\{ \begin{matrix} 9\,CAz \\ K^3 \end{matrix} \right. + 2AzH^3 + 3CAzK.$$

Mellonure tripotassique.

Le même sel se produit quand on chauffe au rouge l'hydromellon avec le cyanure de potassium.

La potasse concentrée et bouillante donne avec lui un cyamélurate :

$$C^6Az^9H^3 + 3H^2O = C^6Az^7H^3O^3 + 2AzH^3.$$

Hydromellon. — Acide cyamélurique.

L'acide sulfurique dissout l'hydromellon à chaud; il se produit, lorsqu'on ajoute de l'eau à cette solution, un précipité blanc qui paraît être de l'acide cyamélurique.

L'acide nitrique bouillant dissout aussi l'hydromellon et donne de l'acide cyanilique (Liebig, 1834).

Les propriétés négatives de l'hydromellon empêchent de s'assurer de sa pureté absolue; toutefois son existence en tant que dicyanuramide ne peut être niée. Le calcul, pour ce dernier corps, donne :

Carbone	35,82
Hydrogène	1,49
Azote	62,69
	100,00

Les analyses de Laurent et Gerhardt ont donné les résultats suivants :

	a.	*b.*	*c.*	*d.*
Carbone	35,73	35,8	36,4	36,0
Hydrogène	1,77	1,8	1,7	1,8
Azote	62,50	62,4	61,9	62,2

Les deux premières coïncident exactement avec le calcul; on remarquera dans les deux suivantes une augmentation dans le carbone et une diminution dans l'azote, ce qui doit être si les échantillons analysés ont été un peu trop surchauffés; on sait en effet que la chaleur dégage de l'azote, de l'ammoniaque et de l'acide cyanhydrique. On a du reste

$$3C^6Az^9H^3 - AzH^3 = 2(C^9Az^{13}H^3).$$

Hydromellon. — Mellonure d'hydrogène ou acide hydromellonique.

Et c'est en ce mellonure que la chaleur et les

actions dissociantes tendent à transformer l'hydromellon.

ACIDE HYDROMELLONIQUE et MELLONURES,

$$C^9Az^{13}H^3 = Az^4 \left\{ \begin{matrix} 9\,CAz \\ H^3 \end{matrix} \right.$$

[Syn. *Mellon, acide mellonhydrique, acide mellonique*] [Liebig, *Ann. der Chem. u. Pharm.*, t. XCV, p. 257, et *Ann. de Chim. et de Phys.*, (3), t. XLV, p. 358; — voyez aussi pour les mellonures les sources citées au mot HYDROMELLON]. — Quoique l'acide hydromellonique paraisse être le résultat de la condensation de plus de 3 molécules d'ammoniaque, nous le plaçons ici à cause de sa dérivation de l'hydromellon. L'acide hydromellonique s'obtient au moyen des mellonures. Pour produire le mellonure de potassium, on peut ou bien fondre le mélam (4 p.) avec le sulfocyanure de potassium (8 p.), en s'arrêtant quand le cyanogène se dégage, ou bien fondre le prussiate jaune avec du soufre. Mais le meilleur moyen consiste à verser peu à peu dans 7 p. de sulfocyanure de potassium fondu 3 p. de protochlorure d'antimoine. Il se dégage ainsi du sulfure de carbone et il reste une masse brune que l'on pulvérise et qu'on chauffe dans un plat de fer jusqu'à fusion du sulfure d'antimoine. On reprend par l'eau bouillante, on ajoute de l'hydrate de plomb, tant qu'il se forme un précipité noir, on filtre à chaud; le mellonure de potassium se précipite et on le purifie par recristallisations successives. Lorsqu'on ajoute du sublimé corrosif à la solution du mellonure précédent, on obtient un précipité blanc; on dissout celui-ci dans une solution d'acide cyanhydrique, on précipite le mercure par l'hydrogène sulfuré, on filtre, et en évaporant il reste une liqueur très-acide, qui, saturée par la potasse, donne encore un mellonure, mais qui, évaporée, laisse une masse blanche en partie décomposée.

On peut aussi obtenir cet acide avec le mellonure de plomb et l'hydrogène sulfuré.

L'acide hydromellonique ne paraît avoir de stabilité que dans ses sels.

MELLONURES. — Ce sont les sels de l'acide précédent où 1, 2 ou 3 atomes d'hydrogène ont été remplacés par un métal.

Mellonures de potassium. — Il en existe trois :

a. Mellonure tripotassique,

$$Az^4 \left\{ \begin{matrix} 9\,C\,Az \\ K^3 \end{matrix} \right. + 5H^2O.$$

— On l'obtient comme il a été dit plus haut. Cristaux blancs, brillants, efflorescents; ils perdent leur eau vers 200°. Solubles dans l'eau chaude, insolubles dans l'alcool.

Bouilli avec la potasse, le mellonure de potassium donne du cyamélurate de potasse, de l'ammélide et de l'ammoniaque :

$$\underset{\text{Mellonure de potassium.}}{2\,C^9Az^{13}K^3} + 9\,H^2O$$

$$= \underset{\text{Cyamélurate tripotassique.}}{2\,C^6Az^7K^3O^3} + \underset{\text{Ammélide.}}{C^6Az^9H^9O^3} + 3\,AzH^3.$$

Ils fondent au-dessus de 200° et donnent au rouge de l'azote, du cyanogène, du cyanure de potassium (Liebig), du carbonate et du cyanhydrate d'ammonium (L. Gmelin).

b. Mellonure bipotassique,

$$Az^4 \left\{ \begin{matrix} 9\,CAz \\ H,K^2 \end{matrix} \right. + 3\,H^2O.$$

— On l'obtient en mêlant la solution aqueuse chaude du corps précédent avec de l'acide acétique. Feuillets cristallins

c. Mellonure monopotassique,

$$Az^4 \left\{ \begin{matrix} 9\,C\,Az \\ H^2,K. \end{matrix} \right.$$

— Il se précipite quand on verse la solution aqueuse du mellonure tripotassique dans l'acide chlorhydrique chaud. Corps insoluble dans l'eau froide.

Mellonure de sodium. — Il s'obtient en traitant le sel de baryum par le carbonate de soude. Aiguilles blanches, soyeuses, solubles dans l'eau, insolubles dans l'alcool.

Mellonure d'ammonium. — S'obtient avec le carbonate d'ammoniaque et le mellonure de baryum. Il contient de l'eau de cristallisation.

Mellonure de baryum. — S'obtient en traitant le mellonure tripotassique par le chlorure de baryum. Précipité blanc, soluble dans une bonne quantité d'eau bouillante, d'où il se dépose en cristaux renfermant 20,9 d'eau de cristallisation qu'il dégage à 120°.

Mellonure de strontium. — S'obtient comme le précédent. Il est plus soluble que lui. Fines aiguilles.

Mellonure de calcium. — Se produit comme les précédents. Assez soluble dans l'eau chaude. Eau de cristallisation, 18 %.

Mellonure de magnésium. — S'obtient quand on mélange des solutions de sulfate de magnésie et de mellonure tripotassique. Petites aiguilles feutrées qui restent quelque temps sans se précipiter.

Mellonure de nickel. — Précipité blanc bleuâtre.

Mellonure de zinc, mellonure de cadmium. — Précipités blancs.

Mellonure de cobalt. — Précipité couleur fleur de pêcher.

Mellonure de cuivre. — Précipité vert produit avec le sulfate de cuivre.

Mellonure ferreux. — Précipité blanc à reflet verdâtre.

Mellonure ferrique. — Précipité jaune foncé.

Mellonure de manganèse. — Précipité blanc.

Mellonure de chrome. — Précipité blanc bleuâtre.

Mellonure de plomb. — Précipité blanc contenant 14,1 % d'eau de cristallisation.

Mellonure d'argent,

$$Az^4 \left\{ \begin{matrix} 9\,C\,Az \\ Ag^3. \end{matrix} \right.$$

— Précipité blanc gélatineux, anhydre à 120°, que l'on obtient en versant du nitrate d'argent dans le mellonure tripotassique. Calciné, il donne du cyanogène et laisse un paracyanure. La chaux sodée ne dégage pas tout son azote à l'état d'ammoniaque.

Mellonure mercureux. — Précipité épais, en flocons blancs.

Mellonure mercurique. — Précipité blanc gélatineux que l'on obtient avec le mellonure tripotassique et le sublimé corrosif. Ce précipité devient pulvérulent à chaud. Calciné, il donne de l'azote, du cyanogène, de l'acide cyanhydrique et plus tard 1 vol. d'azote pour 3 vol. de cyanogène.

Mellonure d'or. — Précipité blanc jaunâtre obtenu avec le chlorure d'or et le mellonure tripotassique.

Mellonure de platine. — Précipité jaune-brun.

CYANAMIDES TERTIAIRES.

On ne connaît encore d'une manière positive aucune cyanamide dérivant de l'ammoniaque où les 3 atomes d'hydrogène auraient été remplacés par le groupe CAz. Toutefois il est très-probable, à cause de la tendance générale des corps que nous venons de décrire à perdre de l'ammoniaque sous l'influence de la chaleur en se condensant de plus en plus, que le dernier terme de ces décompositions doit conduire au corps que Liebig avait supposé d'abord et qu'il appela *mellon*, lui attribuant la formule C^9Az^{12} :

$$Az^3\left\{\begin{matrix}(CAz)^3\\(CAz)^3\\(CAz)^3\end{matrix}\right. = C^9Az^{12},$$

ou à l'un de ses polymères. Les équations suivantes indiquent la production du mellon et des corps intermédiaires :

$$2C^3Az^6H^6 = C^6Az^{11}H^9 + AzH^3.$$

Cyanuramide primaire ou mélamine. — Mélam.

$$2C^3Az^6H^6 = C^6Az^9H^3 + 3AzH^3.$$

Mélamine. — Cyanuramide secondaire ou hydromellon.

$$3C^6Az^9H^3 = 2C^9Az^{13}H^3 + AzH^3.$$

Hydromellon. — Acide hydromellonique.

$$C^9Az^{13}H^3 = C^9Az^{12} + AzH^3.$$

Acide hydromellonique. — Cyanuramide tertiaire.

Suivant Liebig, on obtiendrait ce dernier corps en chauffant le mellonure de mercure jusqu'à ce que le mélange d'azote et de cyanogène qui se dégage soit aux trois quarts absorbé par la potasse.

A. G.

CYANÉTHOLINE. — Voyez CYANIQUES (ÉTHERS).

CYANHYDRIQUE (ACIDE) [Syn. *Acide prussique*], HCy = CAzH. — Ce corps a été découvert par Scheele en 1782 [*Opuscula*, t. II, p. 48]. Il a été ensuite étudié successivement par Berthollet, Proust et Ittner [Berthollet, *Mém. de l'Acad. des scienc. de Paris*, 1787, p. 148 ; — Proust, *Ann. de Chim.*, t. LX, p. 185 et 225 ; — F.-V. Ittner, *Beiträge zur Geschichte d. Blausäure*, 1809]. Enfin c'est Gay-Lussac, en 1811, qui l'a pour la première fois obtenu pur [*Ann. de Chim.*, t. LXXVII, p. 128 ; t. XCV, p. 136]. Suivant M. Hœfer, l'acide cyanhydrique aurait été connu des prêtres égyptiens, lesquels s'en seraient servis pour tuer les initiés qui trahissaient les secrets de l'art sacré [Hœfer, *Hist. de la Chim.*, 1re édit., t. I, p. 226, 2e édit., t. I, p. 232].

MODES DE FORMATION. — Le cyanogène et l'hydrogène libres ne se combinent jamais directement. L'acide cyanhydrique résulte généralement de l'action d'un acide minéral, comme l'acide sulfurique, l'acide chlorhydrique ou l'acide sulfhydrique, sur certains cyanures métalliques simples ou doubles. On rencontre cet acide dans le règne végétal. Les eaux distillées préparées avec les feuilles du laurier-cerise, du saule à feuilles de laurier, avec les feuilles ou les fleurs de pêcher, avec les amandes amères de l'amandier, du pêcher, de l'abricotier, du cerisier, du prunellier et des autres arbres à noyau, en renferment une certaine quantité. Le suc de la racine du *Jatropha Manihot* fournit aussi de l'acide cyanhydrique lorsqu'on le distille. C'est presque toujours par un dédoublement d'une substance neutre, l'amygdaline, contenue dans ces végétaux, que l'acide cyanhydrique prend naissance. Aussi est-ce par l'action de l'eau sur les parties végétales que la plus grande partie de cet acide se forme. L'amygdaline se transforme dans ce cas en glucose, acide cyanhydrique et essence d'amandes amères (voyez AMYGDALINE). Les feuilles et les fleurs de pêcher étaient souvent employées par les prêtres égyptiens dans les opérations de l'art sacré. Il est probable que c'est de là qu'ils retiraient le poison destiné à tuer les traîtres.

L'acide cyanhydrique se produit parfois dans la distillation des substances azotées, ou dans la réaction de l'acide azotique sur certaines substances organiques. On en observe la formation dans la préparation de l'azotite d'éthyle, par exemple ; l'acide cyanhydrique résulte aussi de la déshydratation du formiate d'ammonium [Dobereiner, *Buchner's Repert.*, t. XV, p. 425] :

$$COH.OAzH^4 = 2H^2O + CAzH.$$

Formiate ammonique. — Eau. — Acide cyanhydrique.

M. Berthelot a montré que, sous l'influence de l'étincelle électrique, l'acétylène s'unit à l'azote pour former de l'acide cyanhydrique. Si l'on opère dans un excès d'hydrogène, il n'y a aucun dépôt de charbon : $C^2H^2 + Az^2 = 2\,CAzH$ [*Compt. rend.*, t. LXVII, p. 1141, 1868].

L'acide cyanhydrique se forme enfin dans l'action du chloroforme sur l'ammoniaque :

$$AzH^3 + CHCl^3 = 3HCl + CHAz.$$

M. Hofmann a reconnu que l'addition d'une petite quantité de potasse au mélange facilite beaucoup cette réaction. La potasse doit être dissoute dans l'alcool.

PRÉPARATION. — C'est toujours par la décomposition des cyanures que l'on prépare l'acide cyanhydrique. Les procédés varient plus ou moins selon qu'on veut obtenir l'acide en solution aqueuse ou anhydre. Il faut, dans tous les cas, prendre de grandes précautions lorsqu'on prépare ce corps afin de ne pas respirer ses vapeurs, qui sont extrêmement toxiques.

Procédé de Gay-Lussac. — On chauffe dans un petit ballon de verre un mélange de cyanure de mercure et d'acide chlorhydrique. Il se forme du sublimé corrosif qui reste dans l'appareil et de l'acide cyanhydrique qui distille. On fait passer les vapeurs dans un long tube dont la première moitié est pleine de marbre concassé destiné à absorber les vapeurs d'acide chlorhydrique entraînées, et dont la deuxième moitié est remplie de chlorure de calcium pour dessécher le produit. Finalement on condense les vapeurs d'acide cyanhydrique dans un récipient placé dans un mélange réfrigérant (Gay-Lussac, *loc. cit.*).

Ce procédé laisse beaucoup à désirer sous le rapport du rendement. Il ne fournit guère que les deux tiers de la quantité de produit que la théorie indique. Cette perte considérable tient à ce que le sublimé corrosif formé dans la réaction s'unit à l'acide cyanhydrique en donnant une combinaison qui exige pour se détruire une température assez haute. MM. Bussy et Buignet sont parvenus à annuler l'affinité du sublimé corrosif pour l'acide cyanhydrique et à obtenir les 95/100 de la quantité d'acide indiquée par la théorie. Ils ajoutent pour cela au mélange d'acide chlorhydrique et de cyanure de mercure du chlorhydrate d'ammoniaque, qui s'unit au sublimé à mesure que ce corps se produit, et soustrait ainsi l'acide cyanhydrique à son action [Bussy et Buignet, *Ann. de Chim. et de Phys.*, (4), t. III, p. 232 ; *Journ. de Pharm. et de Chim.*, t. XLV, p. 202 ; *Bull. de la Soc. chim.*, 1864, t. I, p. 412].

Procédé de Vauquelin. — Vauquelin faisait passer un courant d'hydrogène sulfuré bien sec à travers un long tube rempli de cyanure de mercure desséché et renfermant du carbonate de plomb à l'extrémité pour arrêter l'excès d'hydrogène sulfuré. Ce tube était en communication avec un récipient refroidi par un mélange de glace et de sel marin. On arrêtait le passage de l'hydrogène sulfuré dès que le carbonate de plomb com mençait à noircir. Le tube qui renfermait le cyanure de mercure était maintenu dans du sable chauffé à 30° ou 40°.

Procédés de Trautwein, de Wœhler, de Gmelin et de Pessina [Trautwein, *Répert. f. d. Pharm.*, t. XI, p. 13; — Wœhler, *Ann. der Chem. u. Pharm.*, t. LXXIII, p. 218; — Gmelin, *Hand. d. Chem.*, t. IV, p. 314; — Pessina, voyez Soubeiran, *Traité de Pharm.*, t. II, p. 337]. — Tous ces procédés reposent sur l'action que l'acide sulfurique étendu d'eau exerce sur le cyanoferrure de potassium; il se produit de l'acide cyanhydrique, du sulfate de potasse et un ferrocyanure double de fer et de potassium $(FeCy^6)''K^2.Fe''$. La moitié seulement du cyanogène renfermé dans le ferrocyanure se dégage à l'état d'acide cyanhydrique, comme cela résulte de l'équation suivante :

$$2[(FeCy^6)^{IV}K^4] + 3(SO^4.H^2)$$

Ferrocyanure de potassium. — Acide sulfurique.

$$= 3(SO^4K^2) + 6HCy + (FeCy^6)^{IV}K^2.Fe''.$$

Sulfate de potasse. — Acide cyanhydrique. — Cyanoferrure double de potassium et de fer.

Les proportions de cyanoferrure, d'eau et d'acide sulfurique indiquées par les divers auteurs que nous avons cités varient un peu. Trautwein prescrit d'employer 15 p. de ferrocyanure jaune en poudre, 9 p. d'eau et 9. p. d'acide sulfurique concentré; suivant Wœhler, il serait préférable d'employer 10 p. de ferrocyanure, 7 p. d'acide sulfurique et 14 d'eau; enfin, d'après Pessina, les proportions les plus avantageuses sont 8 p. de ferrocyanure de potassium, 9 p. d'acide sulfurique concentré et 12 p. d'eau.

Quelle que soit la quantité d'acide, de ferrocyanure et d'eau que l'on emploie, il faut toujours piler le sel et ne le mêler avec l'acide sulfurique et l'eau que quand le mélange de ces deux derniers corps fait séparément est tout à fait refroidi.

Le procédé que nous venons d'exposer donne de l'acide cyanhydrique aqueux à divers degrés de concentration, mais il peut aussi donner de l'acide cyanhydrique anhydre. Il suffit pour cela d'introduire le mélange dans une cornue tubulée dont le col incliné en haut est mis en communication, à l'aide d'un tube recourbé, avec un matras renfermant des fragments de chlorure de calcium et communiquant avec un tube en U rempli lui-même de fragments de chlorure de calcium. Ces deux vases sont placés dans des bains d'eau à 30°. Les vapeurs d'acide prussique, desséchées par le chlorure de calcium, sont ensuite recueillies dans un récipient refroidi par un mélange de glace et de sel marin, où elles se condensent.

Cette méthode permet de préparer en très-peu de temps de très-grandes quantités d'acide cyanhydrique tout aussi anhydre que celui que l'on obtient par les procédés de Gay-Lussac ou de Vauquelin.

Le cyanoferrure de potassium pourrait être remplacé sans inconvénient par du cyanure de potassium. Au lieu de la moitié, on obtiendrait alors la totalité du cyanogène du sel à l'état d'acide prussique.

Procédé de Clarke. — Ce procédé donne de l'acide cyanhydrique aqueux sans que l'on soit obligé de distiller, ce qui peut être commode dans les pharmacies. A une solution de 9 p. d'acide tartrique dans 60 p. d'eau, placée dans une bouteille bien pleine, on ajoute 4 grammes de cyanure potassique pur et l'on bouche bien. Il se précipite de la crème de tartre, au bout de quelque temps on ouvre la bouteille et l'on décante le liquide qui renferme de l'acide prussique et des traces seulement de bitartrate potassique [Clarke, *Lond. Med. surg. Journ.*, t. VI, p. 524, et *Journ. Chim. Med.*, t. VII, p. 544].

Procédé d'Everitt [Everitt, *Phil. Mag.*, (3), t. VI, p. 100]. — On agite 200 p. de cyanure d'argent pur avec 240 p. d'acide chlorhydrique de 1,29 de densité, et quand la décomposition est complète, on sépare l'acide prussique du chlorure d'argent par décantation; l'acide ainsi préparé renferme une petite quantité d'acide chlorhydrique, mais il présente l'avantage d'avoir une concentration définie. On pourrait d'ailleurs éviter la présence de l'acide chlorhydrique en employant un léger excès de cyanure d'argent.

Procédé de Thomson. — On décompose du cyanure de plomb pur par une quantité équivalente d'acide sulfurique dilué. Mais comme le cyanure de plomb ne se laisse pas facilement dessécher, il est impossible de déterminer exactement la quantité d'acide sulfurique nécessaire; si l'on en met trop peu, il reste du plomb dans la liqueur [Soubeiran, *Nouv. Journ. Pharm.*, t. I, p. 121].

Procédé de Kuhlmann [*Ann. der Chem. u. Pharm.*, t. XXXVIII, p. 62]. — Ce procédé est intéressant au point de vue de la production de l'acide prussique. Il consiste à faire passer du gaz ammoniac sec dans un tube de verre rempli de petits fragments de charbon et chauffé au rouge; on fait passer le gaz produit dans un flacon laveur contenant de l'acide sulfurique dilué chauffé à 50°, et de là dans un récipient refroidi. Il se produit du cyanhydrate d'ammoniaque, lequel, au contact de l'acide sulfurique, donne du sulfate d'ammoniaque et de l'acide cyanhydrique.

PROPRIÉTÉS. — L'acide cyanhydrique anhydre est, à la température ordinaire, un liquide incolore. Sa densité = 0,7058 à 7° et 0,6969 à 18° (Gay-Lussac). A —15° il se solidifie en cristaux qui ont la forme de barbes de plumes. Il bout à 26°,5, sa densité de vapeur trouvée par l'expérience = 0,947, ou 13,68 si on la rapporte à l'hydrogène; la densité théorique serait par rapport à l'air de 0,9342 et par rapport à l'hydrogène de 13,50.

L'acide cyanhydrique et l'eau se mélangent en toutes proportions en formant une véritable combinaison. Lorsqu'on mêle des poids égaux de ces deux liquides, on observe une perte de 25 °/₀ dans la force élastique de la vapeur.

Lorsqu'on mêle de l'acide cyanhydrique anhydre et de l'eau, il se produit un abaissement de température qui varie avec les proportions d'acide et d'eau mises en expérience et qui a son maximum lorsqu'on opère avec des poids égaux d'eau et d'acide, ce qui correspond à 3 molécules d'eau = 54 pour 2 molécules d'acide = 54.

Contrairement à ce que l'on aurait pu penser, cet abaissement de température, au lieu de s'accompagner d'une dilatation, est accompagné d'une contraction de la masse, et les deux phénomènes sont si intimement liés que le maximum de contraction correspond encore au mélange qui renferme $(HCy)^2,3H^2O$. Cette diminution est considérable, elle ne forme pas moins de 6 centièmes du volume théorique total des deux liquides mis en présence.

MM. Bussy et Buignet [*loc. cit.*], qui ont découvert ce phénomène, se sont demandé si l'abaissement de température ne tiendrait pas à un changement survenu dans l'état moléculaire. Pour résoudre ce problème, ils ont pris l'indice de réfraction de l'acide cyanhydrique anhydre qui à 17° et pour la raie D = 1,263, et celui de divers mélanges d'acide cyanhydrique et d'eau. Ils ont trouvé que dans tous les cas les indices fournis par l'expérience pour ces mélanges se confondent sensiblement avec ceux que l'on peut calculer en prenant la moyenne entre l'indice de l'eau et l'indice de l'acide prussique. Ces chimistes en ont conclu qu'il n'y a aucun changement moléculaire, mais leur conclusion est peut-être hasardée, parce que M. Landolt a démontré que les indices de réfraction des combinaisons sont sensiblement les mêmes que ceux des mélanges qui ont la même composition [Landolt, *Poggendorff's Ann.*, t. CXXII, p. 545, et t. CXXIII, p. 595; *Ann. der Chem. u. Pharm.*, t. IV, *supp.*, p. 1; et en extrait, *Principes de Chimie fondée sur les théories modernes*, par A. Naquet, t. II, p. 537].

Quoi qu'il en soit, MM. Bussy et Buignet pensent que l'abaissement de température observé dans leur expérience tient à un phénomène de diffusion. — Voyez le mémoire original de ces auteurs.

L'acide cyanhydrique se dissout aussi dans l'alcool. Ses solutions rougissent le tournesol.

L'acide cyanhydrique anhydre et même ses solutions concentrées brûlent avec une flamme violacée; il a une odeur d'amandes amères.

L'acide prussique est le poison le plus violent et le plus prompt que l'on connaisse. Il suffit d'en respirer légèrement les vapeurs pour éprouver à l'instant même un mal de tête et parfois de fortes constrictions dans la poitrine suivies d'étourdissement et de nausées. Quelques gouttes de ce corps versées dans l'œil d'un chien amènent la mort dans un espace de 30 secondes environ, et il tue l'homme à la dose de 5 centigrammes pris en une seule fois. Une dose moindre peut occasionner la mort, quoique d'un autre côté on observe des cas de guérison après l'ingestion de 7 à 10 centigrammes.

On ne connaît pas de véritable contre-poison de l'acide prussique. On ne peut considérer comme tels l'ammoniaque et l'eau de chlore dont on a conseillé l'administration, car en supposant qu'ils pussent atteindre le poison dans l'organisme, ils n'en pourraient neutraliser les effets, le cyanhydrate d'ammoniaque et le chlorure de cyanogène étant presque aussi vénéneux que l'acide cyanhydrique lui-même. On a reconnu cependant que des inhalations de chlore ou d'ammoniaque produisent de bons effets en excitant le système nerveux.

L'acide prussique se décompose très-promptement, surtout à la lumière, en produisant de l'ammoniaque et un dépôt brun; étendu d'eau et mélangé avec de petites quantités d'un acide étranger, il se conserve mieux. MM. Bussy et Buignet ont observé que la décomposition de cet acide commencée à la lumière s'achève dans l'obscurité, mais ils ne disent pas si la décomposition commence même à l'obscurité, ou si, en l'absence de la lumière, l'acide non insolé ne serait pas stable [*Journ. de Pharm.*, décembre 1863, et *Bull. de la Soc. chim.*, 1864, t. I, p. 274]. Suivant M. Gautier, l'acide cyanhydrique absolument pur ne se décompose pas.

Réactions. — Suivant M. Pelouze, les *acides* énergiques convertissent l'acide cyanhydrique en acide formique et ammoniaque [Pelouze, *Ann. de Chim. et de Phys.*, t. XLVIII, p. 395]. Ainsi, un mélange à volumes égaux d'acide cyanhydrique et d'acide chlorhydrique fumant se convertit rapidement en une masse cristalline, formée d'acide formique et de sel ammoniac. L'acide sulfurique produit le même effet. Toutefois, si l'acide chlorhydrique est gazeux et l'acide cyanhydrique anhydre, ces corps se combinent directement et forment des cristaux d'une combinaison dont la formule est HCy.HCl (A. Gautier).

Les acides *bromhydrique et iodhydrique* s'unissent aussi à l'acide cyanhydrique en donnant un bromhydrate 2HCy,3HBr et un iodhydrate HCy,HI (A. Gautier).

Les *alcalis* font la double décomposition avec l'acide cyanhydrique, et il se forme des cyanures alcalins, sans cependant que l'odeur de l'acide puisse jamais être neutralisée complétement. Par l'ébullition, ils agissent comme les acides, c'est-à-dire donnent naissance à un formiate alcalin et à de l'ammoniaque. Ces réactions s'expliquent aisément, l'acide cyanhydrique ne différant du formiate d'ammonium que par les éléments de l'eau :

$$\underset{\text{Acide cyanhydrique.}}{CAzH} + \underset{\text{Eau.}}{2H^2O} = \underset{\text{Formiate ammonique.}}{CHO.OAzH^4}$$

Le *chlore* et le *brome* décomposent l'acide cyanhydrique avec production d'acide chlorhydrique ou bromhydrique et de chlorure ou de bromure de cyanogène.

Dirigé en vapeur sur du *potassium* légèrement chauffé, l'acide cyanhydrique échange un atome d'hydrogène contre ce métal et donne du cyanure potassique.

L'acide cyanhydrique se combine aisément avec un grand nombre de chlorures, tels que le perchlorure de fer, le perchlorure d'étain, le perchlorure de titane, le perchlorure d'antimoine, etc. Ces composés sont de même ordre que ceux qui résultent de l'action des hydracides sur l'acide prussique.

Sous l'influence de l'hydrogène naissant, l'acide cyanhydrique se transforme en méthylamine

$$\underset{\text{Acide cyanhydrique.}}{CAzH} + \underset{\text{Hydrogène.}}{2H^2} = \underset{\text{Méthylamine.}}{CH^3.H^2Az}$$

[Mendius, *Ann. der Chem. u. Pharm.*, t. CXXI, p. 129 (nouv. sér., t. XLV), et *Ann. de Chim. et de Phys.*, (3), t. LXV, p. 125].

Les vapeurs d'acide prussique se décomposent lorsqu'on les dirige à travers un tube chauffé au rouge avec production d'hydrogène, de cyanogène libre, d'une petite quantité d'azote, le tout accompagné d'un léger dépôt de charbon.

L'étincelle électrique éclatant dans un mélange d'acide cyanhydrique et d'hydrogène produit de l'acétylène et de l'azote. Cette réaction, pas plus que la réaction inverse, ne se complète [Berthelot, *Compt. rend.*, t. LXVII, p. 1141, 1868].

Le courant électrique ne décompose que très-peu les vapeurs d'acide prussique avec séparation d'une très-petite quantité de charbon, mais il décompose la solution aqueuse de cet acide à la manière des acides en général.

La vapeur d'acide cyanhydrique mêlée d'hydrogène est complétement absorbée par le *bioxyde de manganèse*.

Caractères distinctifs de l'acide cyanhydrique. — 1° On reconnaît aisément l'acide cyanhydrique au moyen des sels de fer. Seul, il ne fait éprouver aucun changement à ces sels, quel que soit leur degré d'oxydation, mais en présence des alcalis il les précipite toujours. Pour découvrir l'acide cyanhydrique par ce moyen, on ajoute un peu de potasse à la liqueur, puis quelques gouttes d'une solution d'un sel ferroso-ferrique, et l'on chauffe légèrement pour favoriser la formation du cyanoferrure de potassium. On ajoute ensuite de l'acide chlorhydrique qui dissout l'oxyde de fer précipité, et laisse apparaître le bleu de Prusse en suspension dans le liquide.

2° On ajoute un peu de potasse à la liqueur qui est censée contenir l'acide prussique, puis quelques gouttes d'une dissolution de sulfate de cuivre; il se précipite à la fois du cyanure et de l'hydrate cuivrique; en ajoutant de l'acide chlorhydrique, on dissout l'hydrate de cuivre, tandis que le cyanure de cuivre reste suspendu dans la liqueur avec une couleur blanche. Suivant M. Lassaigne, ce procédé indique jusqu'à 1/2000 d'acide prussique dans un liquide, mais il n'est applicable que si la matière est exempte d'iode, car les iodures solubles donnent exactement la même réaction.

3° M. Liebig et M. Taylor ont proposé chacun de leur côté la méthode suivante [Liebig, *Ann. der Chem. u. Pharm.*, t. LXI, p. 127; — Taylor, *ibid.*, t. LXV, p. 263] : On chauffe quelques gouttes de la solution sur un verre de montre avec du sulfhydrate ammonique jusqu'à décoloration du mélange. On obtient ainsi un produit assez chargé en sulfocyanate pour donner avec les persels de fer une coloration rouge intense, et avec les sels de cuivre, en présence de l'anhydride sulfureux, un précipité blanc de sulfocyanate cuivreux.

4° D'après M. C. D. Braun [*Zeitsch. für analyt. Chem.*, t. III, p. 464] l'acide picrique dissous dans l'eau donne, au contact du cyanure de potassium, une coloration rouge de sang très-intense et laisse bientôt déposer des cristaux de couleur foncée. Cette réaction fournit, suivant ce chimiste, un moyen précis de déceler la présence de l'acide cyanhydrique et des cyanures solubles, et d'en révéler même des traces.

Il est à remarquer que l'acide libre n'ayant aucune action sur l'acide picrique, il est absolument nécessaire de le saturer par un alcali caustique.

La solution d'acide picrique se prépare par la dissolution de 1 partie de cet acide dans 249 p. d'eau. Quand on veut découvrir un cyanure, on ajoute à la liqueur quelques gouttes de cette solution et l'on chauffe. La coloration rouge ne se produit pas immédiatement, on ne l'aperçoit souvent qu'après le refroidissement du liquide et son exposition à l'air.

DOSAGE DE L'ACIDE CYANHYDRIQUE. — L'acide cyanhydrique aqueux est quelquefois employé en médecine; et comme le plus souvent on le prépare non en dissolvant l'acide anhydre, mais au moyen de l'acide aqueux obtenu par l'un des procédés qui ont été indiqués, il est important de pouvoir doser l'acide anhydre que ces solutions renferment. Plusieurs procédés de dosage ont été indiqués :

1° *Dosage par l'oxyde mercurique.* — On ajoute par petites portions successives un poids connu d'oxyde rouge de mercure à une quantité connue d'acide prussique; on agite, on filtre quand l'odeur de l'acide a complétement disparu, on pèse l'oxyde de mercure resté indissous; de son poids on déduit celui de l'oxyde qui s'est dissous, et de ce dernier celui de l'acide. 4 p. d'oxyde mercurique dissous correspondent à 1 p. d'acide cyanhydrique anhydre. Cette méthode comporte une cause d'erreur, parce que l'oxyde de mercure se dissout dans le cyanure mercurique en formant le composé

$$HgCy^2, HgO.$$

Il en résulte que cette méthode donne un chiffre trop élevé, à moins qu'on n'ajoute l'oxyde mercurique par très-petites portions et qu'on ne s'arrête aussitôt que l'odeur prussique a disparu. Il faut aussi être certain que la liqueur examinée ne contient pas d'acide chlorhydrique libre. Si elle en contenait, on devrait d'abord le saturer au moyen du carbonate de chaux. Ce procédé de dosage n'est pas non plus applicable à l'analyse des eaux distillées de laurier-cerise ou d'amandes amères, parce que ces eaux renferment un acide organique capable de dissoudre l'oxyde de mercure [Duflos, *Kastn. Arch.*, t. XIV, p. 88].

2° *Dosage par l'azotate d'argent.* — Dans ce procédé, qui est dû à M. Liebig [*Ann. der Chem. u. Pharm.*, t. LXXVII, p. 102], on met à profit les propriétés du cyanure double d'argent et de potassium. Ce sel en effet est soluble dans l'eau et n'est pas décomposé par un excès d'alcali. On ajoute à la liqueur cyanhydrique assez de potasse pour la rendre très-alcaline, puis on y verse une solution titrée d'azotate d'argent jusqu'à ce que le trouble devienne persistant. Chaque atome d'argent qui entre ainsi en dissolution correspond à deux molécules d'acide cyanhydrique et la présence de l'acide formique ou chlorhydrique dans la liqueur à essayer ne modifie pas les résultats. Si l'on applique ce procédé à l'analyse d'une eau distillée et que celle-ci soit laiteuse, il faut commencer par l'étendre de trois ou quatre fois son volume d'eau afin de l'éclaircir parfaitement.

On peut aussi précipiter la solution qui renferme l'acide cyanhydrique par l'azotate d'argent ammoniacal, on ajoute ensuite goutte à goutte au mélange assez d'acide azotique pour lui communiquer une réaction acide persistante; on filtre, on dessèche et on pèse. 134 p. de cyanure d'argent correspondent à 27 p. d'acide prussique anhydre.

Si la liqueur renferme des chlorures, on la précipite comme dans le cas précédent, et l'on pèse, puis on fait bouillir le précipité avec de l'acide chlorhydrique de manière à tout transformer en chlorure et l'on pèse de nouveau. Le chlore en se substituant au cyanogène augmente le poids du produit : l'augmentation est égale à la différence entre le poids atomique du chlore 35,5, et le poids moléculaire du cyanogène 26; 35,5 — 26 = 9,5. Chaque augmentation de poids de 9,5 indique donc une molécule ou 27 d'acide cyanhydrique.

3° *Dosage au moyen d'une liqueur titrée d'iode* [Fordos et Gelis, *Journ. de Pharm.*, (3), t. XXIII, p. 18]. — Cette méthode est fondée sur la réaction de l'iode et du cyanure de potassium. Elle est surtout applicable au dosage du cyanure de potassium, mais on peut aussi la faire servir au dosage de l'acide cyanhydrique. A cet effet on sature la liqueur par une quantité de potasse suffisante pour la rendre légèrement alcaline et l'on y ajoute ensuite assez d'eau de Seltz pour faire passer l'excès d'alcali à l'état de bicarbonate. D'autre part, on fait une dissolution alcoolique d'iode renfermant 40 grammes d'iode par litre, et, avec une burette graduée divisée en centimètres cubes, on verse de cette liqueur d'épreuve dans la solution du cyanure jusqu'à ce qu'elle prenne une couleur jaune persistante. A ce point on lit sur la burette la quantité d'iode employée. 254 p. de ce métalloïde correspondent à 65 p. de cyanure potassique et à 27 p. d'acide cyanhydrique.

COMBINAISONS DE L'ACIDE CYANHYDRIQUE AVEC LES HYDRACIDES. — *Chlorhydrate d'acide cyanhydrique*,

$$CAzH.HCl = \left.\begin{matrix}(CH)''\\H\end{matrix}\right\} Az.Cl$$

[A. Gautier, *Compt. rend.*, t. LXV, p. 10-472]. — Pour préparer ce corps, on sature l'acide cyanhydrique de gaz chlorhydrique sec à — 10°. Dans ces conditions, les deux corps ne se combinent pas. On enferme le mélange dans un tube scellé, et l'on chauffe entre 35° et 40°. A un moment donné, il se manifeste une réaction violente, et par le refroidissement on voit se former des cristaux de chlorhydrate d'acide cyanhydrique. En répétant plusieurs fois la même opération, on peut ainsi transformer en chlorhydrate la majeure partie de l'acide cyanhydrique. Le chlorhydrate doit être maintenu pendant quelque temps à 40° ou 50° dans le matras même où il a été produit, puis pulvérisé et exposé pendant quelques minutes dans le vide, ce qui achève de le dessécher.

La formule du chlorhydrate d'acide cyanhydrique est CAzH. HCl. C'est un corps très-hygrométrique qui se dissocie très-promptement à l'air. Il est blanc, cristallin, sans odeur, d'une saveur saline et acide, soluble dans l'eau, l'alcool anhydre et l'acide acétique cristallisables, mais s'altérant rapidement dans chacun de ces dissolvants. Il es ttout à fait insoluble dans l'éther.

Dans le vide sec, le chlorhydrate d'acide cyanhydrique se dissocie peu à peu et fond au bout de quelques jours. Dissous dans l'eau, il se transforme en acide formique et sel ammoniac en absorbant $2H^2O$.

Dans l'alcool absolu à 30°, il donne le chlorure d'une nouvelle base CH^5Az^2Cl.

L'acide acétique dissout le chlorhydrate d'acide cyanhydrique et en chasse l'acide chlorhydrique. L'acétate qui se forme probablement se détruit de 160° à 230° avec production de formiamide et d'acétamide.

Le chlore et le brome réagissent par substitution sur le chlorhydrate; l'ammoniaque le transforme en chlorhydrate et en cyanhydrate d'ammoniaque.

Le *chloroplatinate* est un précipité cristallin insoluble dans l'alcool qui n'a jamais été obtenu exempt de chloroplatinate ammonique.

La base obtenue par l'action de l'alcool sur le chlorhydrate d'acide cyanhydrique pourrait être appelée *formodiamide*. Nous l'étudierons sous ce nom.

Bromhydrate d'acide cyanhydrique, $CAzH.HBr$ [Gal, *Bull. de la Soc. chim.*, 1865, t. IV, p. 431]. — Pour préparer ce corps, on dirige un courant de gaz bromhydrique sec et exempt de brome à travers de l'acide cyanhydrique bien refroidi. La liqueur devient opaline et au bout de quelque temps on obtient une masse solide très-légère, que l'on abandonne pendant quelque temps dans le vide pour la débarrasser de celui des deux acides qui a été employé en excès. D'après M. Gautier, l'analyse de ce corps ne répond pas à la formule $CAzH, HBr$, mais à la formule $2CAzH.3HBr$.

Iodhydrate d'acide cyanhydrique,

$$CAzH.HI = \left.\begin{matrix}(CH)''\\ H\end{matrix}\right\} Az.I$$

[A. Gautier, *Bull. de la Soc. chim.*, 1865, t. IV, p. 89]. — On l'obtient comme le chlorhydrate en substituant l'acide iodhydrique à l'acide chlorhydrique. C'est un corps blanc, cristallisé en petits mamelons. L'eau et la potasse lui font subir la même décomposition qu'au bromhydrate.

L'azotate d'argent précipite tout l'iode de ce composé. L'iodure d'argent est mélangé d'un composé blanc insoluble dans un excès d'eau.

COMBINAISONS DE L'ACIDE CYANHYDRIQUE AVEC LES CHLORURES. — *Cyanhydrate de perchlorure d'antimoine*, $SbCl^5,3HCy$. — L'acide cyanhydrique anhydre et le perchlorure d'antimoine se combinent avec énergie quand on mélange les deux liquides. Le produit est une masse cristalline. On peut obtenir ce composé en prismes limpides, en faisant arriver les vapeurs d'acide cyanhydrique dans le perchlorure chauffé à 30° environ. Ce corps se sublime entre 70° et 100° en subissant un commencement de décomposition, même dans une atmosphère de gaz carbonique. Il est déliquescent, mais ne fume pas à l'air. Sous l'influence de l'eau il donne de l'acide antimonique. L'ammoniaque le convertit en une masse pulvérulente d'un rouge-brun.

Cyanhydrate de perchlorure d'étain,

$$SnCl^4.2HCy$$

[Klein, *loc. cit.*]. — Lorsqu'on mélange l'acide cyanhydrique anhydre et le perchlorure d'étain, une réaction très-vive se manifeste. Cette réaction ne s'accompagne cependant pas d'un dégagement de chaleur considérable, probablement à cause de l'évaporation d'une certaine quantité d'acide cyanhydrique qui refroidit la masse. Si, au lieu de mêler les deux corps à l'état liquide, on fait arriver l'acide cyanhydrique en vapeurs dans le perchlorure d'étain, le composé se dépose en beaux cristaux, qui paraissent être aussi volatils que l'acide cyanhydrique anhydre. Ces cristaux ont un pouvoir réfringent considérable et paraissent être isomorphes avec le cyanhydrate de chlorure de titane. Ils fument à l'air humide et se décomposent en émettant de l'acide cyanhydrique. Dans l'eau, cette réaction est violente et s'accompagne d'un dégagement de chaleur.

Cyanhydrate de chlorure de titane,

$$TiCl^4.2HCy$$

[Wœhler, *Ann. de Chim. et de Phys.*, (3), t. XXIX, p. 184]. — Lorsqu'on verse de l'acide cyanhydrique anhydre dans du chlorure de titane, il se produit un bouillonnement, et les deux liquides s'unissent en produisant une masse pulvérulente jaune.

Le cyanhydrate de perchlorure de titane est très-volatil; il se sublime à une température inférieure à 100°. Sa vapeur se condense en petits cristaux jaune-citron, limpides, dont la forme est un octaèdre rhomboïdal soit simple soit modifié. Quoique cette matière se volatilise sans fondre, les cristaux ne s'agglomèrent pas moins en une masse cohérente, quand la sublimation est rapide, et cette masse se détache ensuite d'elle-même par le refroidissement.

Le cyanhydrate de chlorure titanique fume à l'air humide et s'y transforme en une masse transparente et visqueuse, en dégageant de l'acide cyanhydrique. L'eau produit la même réaction avec un fort dégagement de chaleur. Dirigé en vapeurs à travers un tube chauffé au rouge, il se décompose et recouvre le verre d'une couche d'azoture de titane, d'une couleur cuivrée un peu plus foncée que d'ordinaire à cause d'un peu de charbon déposé en même temps. A. N.

CYANHYDRIQUES (ÉTHERS). — On connaît deux classes d'éthers cyanhydriques. Tous deux dérivent des alcools par la substitution du groupe CAz à OH. Dans les uns le radical de l'alcool s'attache au carbone du cyanogène, tandis que dans les autres il s'attache à l'azote. Ces deux classes de cyanures sont isomériques, les premiers répondent à la formule

$$C^{iv}\left\{\begin{matrix}-R'\\ \equiv Az\end{matrix}\right.$$

et les seconds à la formule

$$Az'''\left\{\begin{matrix}-R'\\ =C''.\end{matrix}\right.$$

Ceux de la première classe les plus anciennement connus lorsqu'ils dérivent d'alcools monatomiques, ont été désignés sous le nom de *nitriles* ou d'*éthers cyanhydriques*. Ceux de la seconde classe ont été appelés par M. Gautier *carbylamines*.

ÉTHERS CYANHYDRIQUES DE LA PREMIÈRE CLASSE OU NITRILES.

Ces éthers ont un ensemble de propriétés générales qu'ils possèdent toujours, quelle que soit l'atomicité des alcools dont ils dérivent. Ces propriétés communes en font une des classes de corps les mieux définies qui existent en chimie.

1° Soumis à l'influence de l'hydrogène naissant, ils fixent 4 atomes de cet élément et se transforment en amines primaires :

$$(CH^3CAz = C^2H^3Az) + 2H^2 = C^2H^5.H^2Az.$$

Cyanure de méthyle. Hydrogène. Éthylamine.

2° Sous l'influence des agents d'hydratation ils

absorbent deux molécules d'eau et se convertissent en sels ammoniacaux d'acides contenant le même nombre d'atomes de carbone que l'éther cyanhydrique employé :

$$C^2H^3Az + 2H^2O = C^2H^3O.OAzH^4.$$

Cyanure de méthyle. Eau. Acétate d'ammonium.

Comme généralement les agents hydratants dont on fait usage sont des acides ou des alcalis, au lieu de sels ammoniacaux, on donne naissance aux produits de décomposition de ces sels par les réactifs employés.

Entre le nitrile et le sel ammoniacal, il existe un produit intermédiaire qui n'est autre qu'une amide et qui résulte de la fixation d'une seule molécule d'eau :

$$C^2H^3Az + H^2O = C^2H^3O.AzH^2.$$

Cyanure de méthyle. Eau. Acétamide.

3° M. Cahours a reconnu que les nitriles fixent aussi une molécule d'acide sulfhydrique en donnant des amides sulfurées :

$$C^7H^5Az + H^2S = C^7H^5S.AzH^2.$$

Cyanure de phényle. Acide sulfhydrique. Benzothiamide.

4° Les éthers cyanhydriques se combinent directement aux hydracides.

5° Ils forment également des combinaisons définies avec beaucoup de chlorures négatifs.

6° Ils se combinent directement avec 2 atomes de brome [Engler, *Ann. der Chem. u. Pharm.*, t. CXXXIII, p. 13, et *Bull. de la Soc. chim.*, 1865, t. IV, p. 149]. L'auteur a obtenu ces combinaisons avec l'acétonitrile, le propionitrile et le benzonitrile.

Les éthers cyanhydriques de la première classe dérivent d'alcools ou de phénols monatomiques ou polyatomiques. Nous n'étudierons ici que ceux qui correspondent aux alcools monatomiques de la série grasse, le cyanure d'allyle et le cyanure de naphtyle, renvoyant pour les autres à leurs alcools respectifs. Ce sont le cyanure de méthyle, le cyanure d'éthyle, le cyanure de propyle, le cyanure de butyle, le cyanure d'amyle, le cyanure de cétyle, le cyanure d'allyle et le cyanure de naphtyle, qui résultent tous de l'union du cyanogène avec un radical d'alcool.

CYANURE DE MÉTHYLE [Syn. *Acétonitrile*],

$$CH^3.CAz = (C^2H^3)''' Az$$

[Dumas, *Compt. rend. de l'Acad.*, t. XXV, p. 383, 1847; — Dumas, Malaguti et Leblanc, *ibid.*, t. XXV, p. 442 et 474; — Schlagdenhauffen, *Compt. rend. de l'Acad.*, t. XLVIII, p. 228, et *Répert. de Chim. pure*, 1856, p. 261 ; — O. Hesse, *Ann. der Chem. u. Pharm.*, t. CX, p. 202 (nouv. sér.), t. XXXIV, et *Répert. de Chim. pure*, 1860 p. 62 ; — Hermann Kopp, *Ann. de Chim. et de Phys.*, (3), t. LVIII, p. 508 ; — Buckton et Hofmann, *Chem. Soc. quart. Journ.*, t. IX, p. 242, et *Ann. de Chim. et de Phys.*, (3), t. XLVI, p. 366; — Henke, *Ann. der Chem. u. Pharm.*, t. CVI, p. 281; — A. Gautier, *Bull. de la Soc. chim.*, 1867, t. VIII, p. 284, et 1868, t. IX, p. 2]. — On obtient l'acétonitrile : 1° en distillant l'acétate d'ammoniaque cristallisé, sur de l'acide phosphorique anhydre. Le liquide qui distille doit être purifié, par digestion avec une solution saturée de chlorure de calcium, puis distillé sur du chlorure de calcium solide et de la magnésie (Dumas);

2° En faisant réagir le sulfate de méthyle sur le cyanure de potassium sec. Le produit ainsi obtenu est souillé de cyanhydrate et de formiate d'ammoniaque ; on le purifie en le faisant bouillir tout d'abord sur du bioxyde de mercure, puis sur de l'acide phosphorique anhydre (Dumas, Malaguti et Leblanc) ;

3° En distillant le sulfométhylate de potassium avec du cyanure de potassium (parties égales), saturant le produit brut de la distillation sèche par l'acide sulfurique étendu, agitant avec l'oxyde de mercure, distillant et traitant par le chlorure de calcium fondu tant que celui-ci se liquéfie, enfin rectifiant de 80° à 83° (Gautier);

4° Le cyanure de méthyle fait partie des produits de la distillation de la gélatine avec du bichromate de potasse et de l'acide sulfurique.

Le cyanure de méthyle est un liquide incolore, volatil à 77° (Dumas), entre 77° et 78° (Buckton et Hofmann), à 82° (Gautier), peu miscible à l'eau dont il se sépare en couche plus légère. Sa densité de vapeur égale 1,45 : le calcul exigerait 1,41. Sa densité à l'état liquide égale 0,8347 à 71-72° (H. Kopp), 0,8018 (Gautier). Son odeur est éthérée et ressemble un peu à celle du cyanogène, mais est plus piquante et plus aromatique. Il brûle avec une flamme bordée de rouge. La densité de la méthylcarbylamine isomère est de 0,7557.

La *potasse* en dissolution, et à la température de l'ébullition, attaque le cyanure de méthyle, dégage de l'ammoniaque et produit de l'acétate de potasse. Cette transformation est surtout facile avec les solutions alcooliques. Elle consiste dans la substitution de $O''(OK)'$ à Az''' :

$$C^2H^3Az + KHO + H^2O = AzH^3 + C^2H^3O.OK.$$

Cyanure de méthyle. Potasse. Eau. Ammoniaque. Acétate de potassium.

L'acide chromique et l'acide azotique bouillant sont sans action sur le cyanure de méthyle. Le potassium agit au contraire énergiquement sur ce corps en dégageant un mélange d'hydrogène et d'un hydrogène carboné gazeux.

L'acide bromhydrique et l'acide iodhydrique forment avec ce corps des combinaisons cristallines dont les formules sont :

$$2C^2H^3Az,3HBr \text{ et } 2C^2H^3Az,3HI$$

[A. Gautier, *Ann. de Chim. et de Phys.*, (4), t. XVII]. Ces combinaisons s'opèrent immédiatement à froid.

L'acide sulfurique fumant transforme le cyanure de méthyle en un mélange d'acide sulfacétique et d'acide disulfométholique. Il se produit en même temps du bisulfate d'ammonium :

$$C^2H^3Az + 3(SO^4.H^2)$$

Cyanure de méthyle. Acide sulfurique.

$$= CH^2\left\{\begin{matrix} SO^2.OH \\ SO^2.OH \end{matrix}\right. + CO^2 + SO^4.H.AzH^4,$$

Acide disulfométholique. Anhydride carbonique. Bisulfate ammonique.

$$C^2H^3Az + 2(SO^4.H^2) + H^2O$$

Cyanure de méthyle. Acide sulfurique. Eau.

$$= CH^2\left\{\begin{matrix} SO^2.OH \\ CO.OH \end{matrix}\right. + SO^4.H.AzH^4.$$

Acide sulfacétique. Bisulfate ammonique.

Les proportions relatives suivant lesquelles ces deux acides se produisent varient beaucoup avec la température. On observe surtout la production de l'acide sulfacétique lorsqu'on évite l'élévation de la température. Il ne se dégage alors presque pas d'anhydride carbonique. Lorsqu'au contraire on laisse le mélange s'échauffer, le dégagement de gaz carbonique est considérable et l'on obtient surtout de l'acide disulfométholique (Buckton et Hofmann).

Le *trichlorure de phosphore* s'unit au cyanure de méthyle, mais jusqu'ici on n'a point obtenu ce composé par l'union directe de ses éléments. C'est en faisant agir le perchlorure de phosphore sur l'acétamide qu'on le prépare.

C'est un liquide volatil d'odeur piquante qui bout à 72° et qui prend feu par l'approche de la flamme d'une lampe à alcool. Sa densité de vapeur égale 3,56 à 95°, 3,54 à 87° et 2,40 à 148°. Le nombre 3,54 répond à une condensation de 4 volumes. Cette anomalie tient selon toute apparence à ce que ce produit se dissocie par la chaleur en cyanure de méthyle et en trichlorure de phosphore (Henke).

On connaît également des combinaisons du cyanure de méthyle avec les chlorures d'antimoine, de titane, d'étain, d'or et de mercure (Henke).

Le *composé antimonieux* répond à la formule $C^2H^3Az.SbCl^3$; il se forme par l'union directe de ses éléments avec une élévation de température considérable. C'est un corps cristallin blanc, qui peut être sublimé sans subir d'altération.

Le *composé titanique*, $(C^2H^3Az)^2TiCl^4$, se présente en croûtes cohérentes, blanches, cristallines, qui peuvent être sublimées. Il se produit lorsqu'on fait agir le chlorure de titane sur l'acétonitrile.

Le *composé stannique*, $(C^2H^3Az)^2SnCl^4$, se prépare comme le composé titanique; il est blanc, cristallin et se sublime en cristaux arborescents.

Le *composé mercurique*, $C^2H^3Az.(Hg''Cy^2)^2$, prend naissance lorsqu'on fait agir l'acétonitrile en vapeurs sur du cyanure mercurique pulvérisé. C'est un composé instable qui perd son cyanure de méthyle lorsqu'on l'expose à l'action de l'air humide ou qu'on le dessèche sur de l'acide sulfurique. Lorsqu'on essaye de le sublimer, il se volatilise en partie tandis qu'une autre portion se décompose. On obtient un résidu noir et un sublimé blanc cristallin qui est mélangé avec du mercure métallique.

Cyanure de méthyle trichloré, C^2Cl^3Az. — Ce corps a été obtenu par MM. Dumas, Malaguti et Le Blanc qui l'ont préparé en distillant la trichloracétamide ou le trichloracétate ammonique avec de l'anhydride phosphorique. C'est un liquide volatil qui bout à 81° et dont la densité égale 1,444. Le potassium l'attaque violemment. Les alcalis le convertissent en ammoniaque et trichloracétate alcalin.

BROMURE D'ACÉTONITRILE [Engler, *loc. cit.*]. — Le bromure d'acétonitrile, $C^2H^4AzBr^2$, s'obtient lorsqu'on chauffe au bain-marie, en vases clos, pendant plusieurs jours 1 p. de cyanure de méthyle et 3 p. de brome. Il cristallise en beaux prismes, fume à l'air et est déliquescent. Il est soluble dans l'alcool et l'éther et se décompose à l'air humide en donnant de l'acide bromhydrique, du bromhydrate et de l'acétate d'ammoniaque, et de l'acétamide.

CYANURE D'ÉTHYLE, $C^2H^5.CAz = (C^3H^5)'''Az$ [Syn. *Propionitrile*] [Pelouze, 1834, *Journ. de Pharm.*, t. XX, p. 399; *Ann. der Chem. u. Pharm.*, t. X, p. 249; — Frankland et Kolbe, *ibid.*, t. LXV, p. 269 et 288; *Chem. Soc. mém.*, t. III, p. 386; *Chem. Soc. quart. Journ.*, t. I, p. 60; — Dumas, Malaguti et Le Blanc, *Compt. rend. de l'Acad.*, t. XXV, p. 657; *Ann. der Chem. u. Pharm.*, t. LXXIV, p. 329; — Williamson, *Phil. Mag.*, (4), t. VI, p. 205 et *Journ. für prakt. Chem.*, t. LXI, p. 60; — Schlagdenhauffen, *Répert. de Chim. pure*, 1859, p. 261; *Compt. rend. de l'Acad.*, t. XLVIII, p. 228; — Otto, *Ann. der Chem. u. Pharm.*, t. CVI, p. 195 (nouv. sér., t. XL), et *Répert. de Chim. pure*, 1861, p. 257; *Ann. der Chem. u. Pharm.*, t. CXXXII, p. 181 et *Bull. de la Soc. chim.*, 1865, t. III, p. 293; — Buckton et Hofmann, *Ann. der Chem. u. Pharm.*, t. C, p. 129 (nouv. sér., t. XXIV); *Ann. de Chim. et de Phys.*, (3), t. XLIX, p. 497; — Mendius, *Ann. der Chem. u. Pharm.*, t. CXXI, p. 129 (nouv. sér., t. XLV); *Ann. de Chim. et de Phys.*, (3), t. LXV, p. 125; *Répert. de Chim. pure*, 1862, p. 318; — Henke, *Ann. der Chem. u. Pharm.*, t. CVI, p. 280; — A. Gautier, *Bull. de la Soc. chim.*, t. VIII, p. 284, et t. IX, p. 2].

Préparation. — 1° On distille à une douce chaleur poids égaux d'éthylsulfate de baryum et de cyanure de potassium bien secs, pulvérisés et intimement mélangés. On lave le produit avec de l'eau saturée de chlorure de calcium pour le débarrasser de l'alcool et de l'acide cyanhydrique dont il est souillé, en dissolvant le moins possible d'éther cyanhydrique; on le maintient ensuite pendant quelque temps entre 60° et 70°, puis on le dessèche sur du chlorure de calcium et on le rectifie (Pelouze). D'après M. Gautier [*loc. cit.*], on doit pour l'obtenir pur traiter par un acide le produit brut de la distillation sèche, agiter ensuite longtemps avec l'oxyde de mercure, distiller et additionner d'une grande quantité de chlorure de calcium qui enlève une combinaison du nitrile avec l'alcool; le nitrile pur reste seul et on le rectifie.

2° On dissout de l'iodure d'éthyle dans quatre fois son volume d'alcool, on ajoute du cyanure de potassium en poudre à ce liquide, que l'on maintient ensuite en ébullition dans un appareil à reflux. Lorsque tout l'iodure d'éthyle est décomposé, on évapore à siccité le produit et l'on sépare l'alcool de l'excès de cyanure d'éthyle au moyen de la distillation fractionnée (Williamson). D'après Buckton et Hofmann le cyanure d'éthyle ainsi obtenu renferme toujours des quantités notables d'alcool dont il est impossible de le débarrasser, vu les points d'ébullition rapprochés de ces deux liquides. Mais, quoique impur, le cyanure ainsi obtenu est excellent pour la préparation de l'acide propionique.

3° On distille le propionate d'ammonium ou la propionamide sur de l'anhydride phosphorique (Dumas, Malaguti et Le Blanc). Buckton et Hofmann considèrent cette méthode comme celle qui fournit le cyanure d'éthyle le plus pur.

4° Le cyanure d'éthyle peut encore être préparé par la distillation d'un mélange de cyanure de potassium et d'oxalate d'éthyle (Löwig).

Propriétés. — Les propriétés physiques du cyanure d'éthyle ont présenté aux divers auteurs des divergences notables. C'est un liquide incolore; sa densité égale 0,78 d'après Pelouze et 0,7889 à 12°,6 d'après Frankland et Kolbe. Il bout à 82° (Pelouze) et à 88° (Frankland et Kolbe); d'après M. Gautier, qui l'a préparé pur, il bout à 96°,5. Son odeur est alliacée. L'eau le dissout beaucoup d'après Pelouze, un peu d'après Frankland et Kolbe; suivant ces derniers chimistes, le chlorure de sodium ou de calcium le sépare de sa solution dans l'eau. Il est miscible en toute proportion à l'alcool et à l'éther. Il ne paraît pas très-vénéneux.

On s'explique les divergences des chimistes relativement au cyanure d'éthyle par la difficulté de se procurer ce corps à l'état de pureté. Presque toujours on a opéré sur des mélanges en proportions variables de cyanure, d'isocyanure d'éthyle et d'alcool. M. Gautier me paraît être le premier qui l'ait eu absolument pur.

Réactions. — 1° Le *potassium* attaque vivement le cyanure d'éthyle. Il se dégage de l'hydrure d'éthyle et le résidu renferme du cyanure de potassium et un polymère de l'éther cyanhydrique, la *cyanéthine* $(C^3H^5Az)^3$ (Frankland et Kolbe). — Voyez CYANÉTHINE.

2° La potasse en solution bouillante le convertit en propionate potassique avec dégagement d'ammoniaque. Cette réaction s'accomplit surtout très-facilement lorsqu'on emploie la potasse en solution alcoolique. Elle consiste dans la substitution de O,OK à Az :

$$C^3H^5Az + KHO + H^2O = AzH^3 + C^3H^5O.OK.$$

Cyanure d'éthyle.	Potasse.	Eau.	Ammoniaque.	Propionate de potasse.

3° L'acide sulfurique étendu donne lieu à une réaction analogue. Il se forme de l'acide propionique et du bisulfate d'ammonium.

4° L'acide sulfurique fumant convertit le cyanure d'éthyle en acide disulféthＯlique avec dégagement d'anhydride carbonique. La réaction est analogue à celle qui fournit l'acide disulfométholique (Buckton et Hofmann) :

$$C^3H^5Az + 3SO^4H^2$$

Cyanure d'ethyle. Acide sulfurique.

$$= C^2H^4 \begin{cases} SO^2.OH \\ SO^2.OH \end{cases} + CO^2 + SO^4.H.AzH^4.$$

Acide disulféthＯlique.	Anhydride carbonique.	Bisulfate d'ammonium.

5° L'hydrogène naissant dégagé au moyen de l'acide sulfurique et du zinc se fixe sur le cyanure d'éthyle, qui se convertit en propylamine (Mendius) :

$$C^3H^5Az + 2H^2 = AzH^3 + C^3H^7.H^2.Az.$$

Cyanure d'éthyle.	Hydrogène.	Ammoniaque.	Propylamine.

Les hydracides et certains chlorures forment avec l'éther cyanhydrique des combinaisons cristallisables.

Combinaisons du cyanure d'éthyle avec les hydracides. — 1° *Chlorhydrate de cyanure d'éthyle*, $C^3H^5Az.HCl$ [Gautier, *Compt. rend. de l'Acad.*, t. LXIII, p. 921]. — Lorsqu'on fait passer un courant de gaz chlorhydrique sec à travers de l'éther éthylcyanhydrique pur, le gaz se dissout, mais sans contracter en apparence de combinaison, même quand on chauffe la solution en tubes scellés, à 100°. Toutefois, si on abandonne à elle-même, pendant un mois environ, dans un ballon scellé à la lampe, la solution de gaz chlorhydrique dans le cyanure d'éthyle, la masse finit par se prendre en cristaux, que l'on purifie en les redissolvant dans l'alcool ou l'eau bouillante et les laissant cristalliser de nouveau dans le vide.

Les cristaux de chlorhydrate d'éther cyanhydrique paraissent appartenir au système clinorhombique; ils sont très-peu solubles dans l'éther, mais très-solubles dans l'alcool, le chloroforme et l'eau. La solution aqueuse s'altère moins par l'ébullition que sous l'influence du temps. A la longue, il s'y forme du chlorure ammonique et de l'acide propionique. La matière fixe alors 2 molécules d'eau.

Le chlorhydrate d'éther cyanhydrique se ramollit à 95° et fond à 121°. L'action prolongée d'une température de 95° le détruit ; l'altération est plus rapide à la température de fusion : quelques minutes suffisent alors pour rendre le corps tout à fait incristallisable. Fortement chauffé, il brûle à l'air en laissant à peine une trace de charbon.

2° *Bromhydrate et iodhydrate de cyanure d'éthyle* [Gautier, *loc. cit.*]. — Les acides bromhydrique et iodhydrique anhydres se combinent spontanément au cyanure d'éthyle avec un dégagement de chaleur qui serait suffisant pour volatiliser et même pour altérer la matière si l'on ne refroidissait pas. La liqueur se prend en une masse cristalline blanche très-hygrométrique, qui brunit promptement à l'air. L'action des acides bromhydrique et iodhydrique paraît moins simple que celle de l'acide chlorhydrique ; malgré l'extrême analogie de ces trois corps, il paraît ici se former des mélanges de plusieurs bromhydrates ou iodhydrates.

Tous ces corps sont très-altérables. L'eau et l'alcool les dissolvent d'abord et les décomposent ensuite peu à peu. L'éther les dissout peu. Fortement chauffés, ils distillent en partie, tandis qu'une autre partie se décompose.

Combinaisons de l'éther cyanhydrique avec les chlorures. — Le cyanure d'éthyle forme des combinaisons solides avec le perchlorure d'antimoine, le chlorure d'or, le bichlorure de platine, le chlorure d'étain et le chlorure de titane. Il se combine aussi au chlorure de cyanogène et au chlorure de carbonyle (Henke). M. Gautier a observé une combinaison de ce corps avec le chlorure de bore. Enfin, le cyanure d'éthyle se combine aux bromure et chlorure d'acétyle.

Le *composé antimonique* répond à la formule $C^3H^5Az.SbCl^5$, le *composé aurique* à la formule $C^3H^5Az.AuCl^3$, le *composé platinique* à la formule $(C^3H^5Az)^2PtCl^4$, les *composés stannique et titanique* aux formules

$$(C^3H^5Az)^2SnCl^4 \text{ et } (C^3H^5Az)^2TiCl^4,$$

le *composé cyanique* à la formule

$$C^3H^5Az.CyCl,$$

le *composé carbonique* à la formule

$$(C^3H^5Az)COCl^2,$$

et le *composé borique* à la formule

$$C^3H^5Az.BoCl^3.$$

Ce dernier composé cristallise en prismes droits à base rhombe. Lorsqu'on le chauffe, il fond sans s'altérer sensiblement et peut même se volatiliser en grande partie. Il reste une faible portion de résidu fixe dû à un peu de substance décomposée. Si l'on pousse vivement la chaleur, il se dégage des vapeurs à odeur cyanique et la substance s'altère davantage. Traitée par l'eau, elle se détruit avec production d'acide borique et régénération de cyanure d'éthyle [Gautier, *loc. cit.*].

Des composés analogues s'obtiennent avec le bromure de bore et le trichlorure de phosphore.

Bromure de propionitrile [Engler, *loc. cit.*]. — Le brome se combine à la température ordinaire avec le propionitrile en donnant une combinaison déliquescente qui n'a pas été analysée.

Cyanure d'éthyle et d'argent [E. Meyer, *loc. cit.*]. — Ce corps se produit sous la forme d'une huile visqueuse, qui se solidifie par le refroidissement, lorsqu'on chauffe à 100° dans des tubes scellés à la lampe un mélange d'iodure d'éthyle et de cyanure d'argent. On l'obtient aussi en cristaux déliés lorsqu'on chauffe à 100° un mélange de cyanure d'argent, d'iodure d'éthyle et d'eau. Il ne donne pas de cyanure d'éthyle à la distillation sèche, comme l'avaient dit E. Meyer et Schlagdenhauffen [*Répert. de Chim. pure*, 1859, p. 201], mais un isocyanure d'éthyle (Gautier). Distillé avec de l'eau ou de la potasse, il donne du cyanure d'éthyle souillé d'un corps d'odeur forte dont on le débarrasse en le traitant par l'acide sulfurique. La liqueur acide renferme ensuite un sel d'éthylamine.

Action du chlore sur le cyanure d'éthyle [Otto, *Ann. der Chem. u. Pharm.*, t. CXVI, p. 195; t. CXXXII, p. 181 ; *Répert. de Chim. pure*, 1861, p. 257 ; *Bull. de la Soc. chim.*, 1865, t. III, p. 293]. — Le chlore sec agit sur le cyanure d'éthyle, à une douce chaleur, en donnant des cristaux de bichloropropionamide et un liquide renfermant du cyanure d'éthyle bichloré et un isomère ou polymère de celui-ci. Avec le chlore humide, il y a une vive réaction, il se dégage de l'acide chlorhydrique, il distille du cyanure d'éthyle entraînant du chlorhydrate de propionamide, et il reste une bouillie cristalline composée d'une huile et d'un corps solide. Celui-ci est soluble dans l'alcool absolu, d'où il se dépose en lamelles irisées; il a pour formule $C^9H^{15}Cl^5Az^2O^4$. Il fond vers 168° et peut être sublimé en partie. La matière huileuse placée dans le vide sec abandonne des cristaux fusibles à 151° : $C^9H^{14}Cl^6Az^2O^6$. L'amalgame de sodium agit sur cette huile en présence de l'eau, en fournissant un produit cristallisable, fusible à 163°, $C^9H^{28}Cl^8Az^2O^5$. Soumise à la distillation, la matière huileuse donne du cyanure d'éthyle bichloré et laisse deux corps : l'un, fusible à 190°, renferme $C^{18}H^{18}Cl^6Az^4O^4$; l'autre, fusible entre 156° et 158°, aurait pour composition $C^{18}H^{26}Cl^8Az^4O^7$. Enfin les eaux mères fourniraient de nouveaux cristaux fusibles à 214°, $C^{18}H^{25}Cl^7Az^4O^7$.

Saturé de chlore sec et abandonné pendant quelques mois, le cyanure d'éthyle abandonne des cristaux cubiques, $C^9H^{14}Cl^3Az^3O + 3\,HCl$.

Cyanure d'éthyle bichloré, $C^3H^3Cl^3Az$ (Otto). — Liquide limpide, sans odeur éthérée désagréable, constituant les portions qui passent entre 104° et 107° dans la distillation des produits liquides formés par le chlore sec sur le cyanure d'éthyle. Le résidu de la distillation présente la même composition $n(C^3H^3Cl^2Az)$. Ce sont de beaux cristaux fusibles à 74°,5, se sublimant avec décomposition partielle, insolubles dans l'eau, fusibles dans l'eau bouillante.

CYANURE DE PROPYLE [Syn. *Butyronitrile, cyanure de trityle*],

$$C^3H^7.CAz = (C^4H^7)''' Az$$

[Dumas, Malaguti et Le Blanc, *Compt. rend. de l'Acad.*, t. XXV, p. 442 et 658; — Laurent et Chancel, *ibid.*, t. XXV, p. 884]. — Le cyanure de propyle ou butyronitrile se produit toutes les fois qu'on distille le butyrate ammonique sec ou la butyramide sur de l'anhydride phosphorique. Il se produit aussi, mais en moindre quantité, lorsqu'on dirige la butyramide en vapeurs sur de la chaux chauffée au rouge.

C'est un liquide limpide, huileux, volatil à 118°,5, d'une densité de 0,795 à 12°,5, et d'une odeur aromatique agréable qui rappelle celle de l'essence d'amandes amères.

Les solutions bouillantes de potasse dissolvent le butyronitrile et le dédoublent en ammoniaque et butyrate de potassium.

Le potassium l'attaque énergiquement. Il se forme du cyanure de potassium et il se dégage un mélange d'hydrogène et d'un hydrocarbure gazeux. Cet hydrocarbure paraît plus dense que celui qui se forme lorsqu'on fait agir le potassium sur le cyanure de méthyle.

On connaît un composé qui renferme les éléments du protochlorure de phosphore et du cyanure de trityle; sa formule est $C^4H^7.Az, PCl^3$. On obtient ce corps en soumettant la butyramide à l'action du perchlorure de phosphore. C'est un liquide incolore très-réfringent, que l'eau décompose avec production de cyanure de trityle, d'acide chlorhydrique et d'acide phosphoreux [Henke, *Ann. der Chem. u. Pharm.*, t. CVI, p. 272].

CYANURE D'ISOPROPYLE. — Ce composé, isomère du précédent, a été obtenu par Morkownikoff en chauffant en tube scellé l'iodure d'isopropyle avec du cyanure de potassium et de l'alcool. Ce cyanure bout à 80°. Chauffé avec la potasse, il fournit de l'isobutyrate de potasse [*Zeitsch. für Chem.*, nouv. sér., t. I, p. 107, et *Bull. de la Soc. chim.*, 1866, t. V, p. 53].

CYANURE DE BUTYLE ou DE TÉTRYLE [Syn. *Valéronitrile*], $C^4H^9.CAz = C^5H^9Az$ [Dumas, Malaguti et Le Blanc, *Compt. rend. de l'Acad.*, t. XXV, p. 658; — Schlieper, *Ann. der Chem. u. Pharm.*, t. LIX, p. 15; — Guckelberger, *ibid.*, t. LXIV, p. 76; — Henke, *Ann. der Chem. u. Pharm.*, t. CVI, p. 272.]

1° On obtient le valéronitrile en distillant la valéramide sur de l'acide phosphorique anhydre, ou en faisant passer cette amide sur de la chaux chauffée au rouge; mais ce procédé donne moins de produit.

2° Le cyanure de butyle se produit encore lorsqu'on distille la gélatine avec de l'acide sulfurique étendu et du dichromate potassique. Le liquide distillé renferme de l'acide cyanhydrique et de l'acide formique, dont on le débarrasse par une distillation sur de l'oxyde mercurique. Les portions de liquide qui passent les premières à la distillation laissent déposer des gouttes huileuses que l'on recueille, que l'on dessèche et que l'on distille sur de la magnésie pour retenir l'acide benzoïque dont cette huile est souillée. L'huile est soumise ensuite à une série de distillations fractionnées. La partie qui passe entre 124° et 127° peut être considérée comme du cyanure de tétryle pur.

3° La caséine peut être substituée à la gélatine dans l'opération précédente.

Propriétés. — Le cyanure de butyle est un liquide incolore, transparent, léger et très-réfringent. Sa densité = 0,81 (Schlieper); 0,813 à 15° (Guckelberger). Il bout à 125° (Schlieper), de 125° à 128° (Guckelberger). Sa densité de vapeur = 2,892 (Guckelberger). Par son odeur aromatique il rappelle l'essence d'amandes amères et l'huile de gaulthéria; sa saveur est brûlante et amère. Il laisse sur le papier une tache grasse qui ne tarde pas à disparaître. L'eau en dissout le quart de son volume, l'alcool et l'éther le dissolvent en toutes proportions.

L'éther butylcyanhydrique brûle avec une flamme blanche très-lumineuse sans répandre de fumée. Le chlore et le brome le décomposent à la lumière directe du soleil avec formation d'acide chlorhydrique ou d'acide bromhydrique. Sous l'influence de l'acide sulfurique soit concentré, soit étendu, il absorbe les éléments de l'eau et se convertit en un mélange d'acide valérique et de sulfate d'ammonium :

$$C^5H^9Az + 2\,H^2O = AzH^3 + C^5H^{10}O^2.$$

Valéronitrile.	Eau.	Ammoniaque.	Acide valérique.

L'acide azotique, l'acide chlorhydrique et l'ammoniaque n'ont aucune action sur ce corps. Les alcalis en solution le transforment en ammoniaque et valérate alcalin, à la manière de l'acide sulfurique (Schlieper, Guckelberger).

Le potassium l'attaque à la température ordinaire, en donnant naissance à du cyanure de potassium, en même temps qu'il se dégage de l'hydrogène et un hydrocarbure particulier (Dumas, Malaguti et Le Blanc).

CYANURE D'AMYLE [Syn. *Capronitrile*],

$$C^5H^{11}.CAz = C^6H^{11}Az$$

[Balard, *Ann. de Chim. et de Phys.*, (3), t. XII, p. 294; — Frankland et Kolbe, *Ann. der Chem. u. Pharm.*, t. LXV, p. 288; — Brazier et Gossleth, *ibid.*, t. LXXV, p. 251; — Medlock, *ibid.*, LXIX, p. 229; — Wurtz, *Ann. de Chim. et de Phys.*, (3), t. LI, p. 358; — Schlagdenhauffen, *Répert. de Chim. pure*, 1859, p. 261; — Williamson, *Phil. Mag.*, t. VI, p. 205; *Journ. für prakt. Chem.*, t. LXI, p. 60].

On obtient le cyanure d'amyle soit en distillant l'amylsulfate de potassium avec du cyanure potassique, soit en faisant agir l'oxalate, le chlorure ou l'iodure d'amyle sur le cyanure de potassium. D'après M. Wurtz, la dernière méthode est la meilleure.

Le cyanure de potassium du commerce n'étant jamais pur, M. Wurtz lui substitue le produit de la calcination du ferrocyanure de potassium en vase clos; la masse noire qui renferme du cyanure de potassium pur est finement pulvérisée et introduite dans un ballon avec 4 à 5 fois son poids d'alcool. On porte à l'ébullition dans un appareil à reflux, puis on ajoute de l'iodure d'amyle en quantité suffisante pour décomposer tout le cyanure de potassium. On continue à faire bouillir jusqu'à ce qu'une portion du liquide alcoolique, étant précipitée par l'eau, donne un liquide éthéré qui surnage et qui ne renferme plus d'iode.

Dès que la décomposition est complète, on laisse refroidir, on filtre pour séparer les cristaux d'iodure de potassium et l'on précipite par l'eau le liquide filtré. La couche éthérée qui se forme est lavée à l'eau, déshydratée par le chlorure de calcium et purifiée par distillation.

Le cyanure d'amyle est une huile très-mobile, d'une densité de 0,8061 à 20°. Sa densité de vapeur = 3,335 par rapport à l'air et 48,19 par rapport à l'hydrogène; la théorie exigerait 3,3562 par rapport à l'air et 48,5 par rapport à l'hydrogène. Il bout à 146°; à 155° (Wurtz). L'eau le dissout moins que le cyanure d'éthyle et l'alcool le dissout en toutes proportions. La potasse bouillante le convertit en caproate de potassium et en ammoniaque :

$$C^6H^{11}Az + KOH + H^2O = AzH^3 + C^6H^{11}O.OK.$$

Capro-nitrile. Potasse. Eau. Ammoniaque. Caproate de potassium.

Le potassium le décompose avec dégagement de gaz et production d'un corps analogue à la cyanéthine.

Le cyanure d'amyle préparé par M. Wurtz exerçait le pouvoir rotatoire vers la droite et faisait éprouver au rayon rouge une déviation de 3°17 pour une longueur de 200 millimètres. Il est probable que cette propriété n'est pas constante; le cyanure d'amyle dérivé de l'alcool amylique gauche serait assurément lévogyre, et celui que l'on obtiendrait avec l'alcool amylique inactif serait lui-même inactif.

CYANURE DE CÉTYLE [Syn. *Margaronitrile*],

$$C^{16}H^{33}.CAz = C^{17}H^{33}Az$$

[Becker, *Ann. der Chem. u. Pharm.*, t. CII (nouv. sér., t. XXVI, p. 209), et *Ann. de Chim. et de Phys.*, (3), t. LII, p. 340].

Ce corps prend naissance lorsqu'on traite l'iodure de cétyle par une solution alcoolique de cyanure de potassium. Ses propriétés n'ont point été étudiées. On sait seulement qu'il se comporte comme les autres éthers cyanhydriques sous l'influence des alcalis. La potasse le dédouble en ammoniaque et margarate de potassium.

CYANURE D'ALLYLE, $C^3H^5.CAz = C^4H^5Az$ [Lieke, *Ann. der Chem. u. Pharm.*, t. CXII, p. 316 (nouv. sér., t. XXXVI); *Répert. de Chim. pure*, 1860, p. 123; — Will et Körner, *Ann. der Chem. u. Pharm.*, t. CXXV, p. 257; *Jahresb*, 1863, p. 495; — Claus, *Ann. der Chem. u. Pharm.*, t. CXXXI, p. 58 (nouv. sér., t. LV); *Ann. de Chim. et de Phys.*, (4), t. III, p. 461; *Bull. de la Soc. chim.*, 1865, t. III, p. 200].

Préparation. — 1° On l'obtient en chauffant du cyanure d'argent avec de l'iodure d'allyle. Il se forme une huile épaisse et brune qui se prend par le refroidissement en une masse visqueuse et qui est probablement un cyanure double d'argent et d'allyle ou une combinaison de cyanure d'allyle et d'iodure d'argent. En ajoutant de l'alcool et de l'éther à cette combinaison, on met le cyanure d'allyle en liberté. On peut aussi le séparer par distillation au bain d'huile après addition d'une petite quantité d'eau (Lieke).

2° Le cyanure de potassium peut être substitué dans cette opération au cyanure d'argent, contrairement aux assertions de Lieke et ainsi que l'a démontré Claus. On chauffe au bain-marie de l'iodure d'allyle, avec une solution alcoolique de cyanure de potassium. La réaction est terminée lorsqu'une portion du liquide alcoolique se mêle à l'eau sans donner de précipité d'iodure d'allyle.

3° D'après Will et Körner, le cyanure d'allyle s'obtient encore par la décomposition de l'acide myronique (voyez ce mot). A cet effet on précipite la solution aqueuse du myronate de potassium par de l'azotate d'argent, et l'on soumet le précipité, suspendu dans une grande quantité d'eau, à l'action d'un courant d'acide sulfhydrique. Le produit distillé à plusieurs reprises fournit une couche huileuse de cyanure d'allyle :

$$C^4H^5Ag^2AzS^2O^4 + H^2S$$

Précipité argentique. Hydrogène sulfuré.

$$= C^4H^5Az + Ag^2S + S + SH^2O^4.$$

Cyanure d'allyle. Sulfure d'argent. Soufre. Acide sulfurique.

Propriétés. — Les auteurs qui se sont occupés du cyanure d'allyle ne sont pas d'accord sur les propriétés de ce composé.

Suivant Lieke, le cyanure d'allyle bout entre 96° et 106°; c'est un liquide limpide et mobile, se colorant à la longue en jaune quand il reste exposé à l'air, un peu soluble dans l'eau et miscible en toutes proportions à l'alcool et à l'éther. Son odeur est pénétrante et désagréable; sa densité = 0,794 à 17°. L'analyse démontre que le cyanure examiné par M. Lieke renfermait encore des impuretés.

D'après MM. Will et Körner, le cyanure d'allyle préparé au moyen du myronate de potasse est une huile neutre incolore d'une odeur alliacée agréable et d'une saveur aromatique et brûlante. Sa densité = 0,8389 à 12°,8; sa densité de vapeur = 2,32 : la théorie exige 2,31. Il bout à 116° (118°,3 corrigé).

Le cyanure d'allyle préparé au moyen de l'acide myronique se résout en ammoniaque et crotonate de potassium lorsqu'on le fait bouillir avec une solution alcoolique de potasse. Il en est de même, d'après M. Claus, du cyanure d'allyle obtenu par l'iodure d'allyle et le cyanure de potassium; mais il n'en serait plus de même, suivant Lieke, de celui que l'on obtient par l'action de l'iodure d'allyle sur le cyanure d'argent. Ce dernier dégagerait de l'ammoniaque et donnerait du formiate de potasse en même temps qu'une huile dont la nature n'a pas pu être déterminée.

Ces faits tendent à démontrer que le corps obtenu par le cyanure d'argent est non le cyanure, mais l'isocyanure d'allyle, lequel en effet devrait, par les hydratants, se dédoubler en acide formique et allylamine. Ils réclament du reste une nouvelle étude.

CYANURE DE BENZYLE. — Voyez BENZYLIQUE (ALCOOL), p. 561.

CYANURE DE CRESYLE. — Voyez TOLUONITRILE.

CYANURE DE CUMÉNYLE. — Voyez CUMONITRILE, p. 1047.

CYANURE DE PHÉNYLE. — Voyez BENZONITRILE, p. 565.

CYANURE DE TOLLYLE. — Voyez TOLLYLIQUE (ALCOOL).

CYANURE DE NAPHTYLE.

$$C^{10}H^7.CAz = C^{iv}\left\{\begin{matrix}C^{10}H^7\\Az'''\end{matrix}\right.$$

[Hofmann, *Compt. rend. de l'Acad.*, t. LXIV, p. 387; *ibid.*, t. LXVI, p. 473; *ibid.*, t. LXVII, p. 547]. — Ce corps se produit lorsqu'on soumet à la distillation un mélange de naphtylamine et d'acide oxalique. La réaction s'opère en deux phases. Dans la première phase, l'acide oxalique se dédouble en eau, anhydride carbonique et oxyde de carbone, et ce dernier se fixe sur la naphtylamine qu'il transforme en naphtylformiamide. Dans la deuxième phase, par l'action de la chaleur, la naphtylformiamide perd H^2O et donne du cyanure de naphtyle :

1° $(C^2O^2)'' \left\{ \begin{array}{l} OH \\ OH \end{array} \right. + Az \left\{ \begin{array}{l} C^{10}H^7 \\ H \\ H \end{array} \right.$

Acide oxalique. Naphtylamine.

$= CO^2 + H^2O + Az \left\{ \begin{array}{l} C^{10}H^7 \\ COH \\ H \end{array} \right.$

Anhydride carbonique. Eau. Naphtylformiamide.

2° $Az \left\{ \begin{array}{l} C^{10}H^7 \\ COH \\ H \end{array} \right.$

Naphtylformiamide.

$= H^2O + C^{iv} \left\{ \begin{array}{l} C^{10}H^7 \\ Az''' \end{array} \right. = C^{10}H^7.Cy.$

Eau. Cyanure de naphtyle.

Telle est la méthode de préparation employée par Hofmann. M. Merz de son côté obtient ce corps très-facilement en distillant un mélange de sulfonaphtalate et de cyanure de potassium :

$(SO)'' \left\{ \begin{array}{l} OC^{10}H^7 \\ OK \end{array} \right. + KCy$

Sulfonaphtalate potassique. Cyanure potassique.

$= (SO)'' \left\{ \begin{array}{l} OK \\ OK \end{array} \right. + C^{10}H^7Cy$

Sulfite de potassium. Cyanure de naphtyle.

[Merz, *Bull. de la Soc. chim.*, t. IX, p. 335, et t. X, p. 47].

Le produit de la distillation de l'oxalate acide de naphtylamine est un mélange de cyanure de naphtyle, de naphtylformiamide, de naphtyloxamide, d'oxalate de naphtylamine, de naphtaline et d'eau. On le soumet à l'action d'un courant de vapeur d'eau, lequel entraîne des quantités notables d'une huile opaque et d'une couleur brune, ayant une densité plus forte que celle de l'eau. On sépare cette huile de l'eau en agitant celle-ci avec de l'éther, on laisse évaporer l'éther et l'on distille le résidu. Vers 218-220° il passe de la naphtaline. Le point d'ébullition monte ensuite jusqu'à 290-300°. Le produit qui distille alors est un liquide jaune clair qui se prend en une masse cristalline par un séjour prolongé dans une chambre froide et plus rapidement par l'action d'un mélange réfrigérant. Une fois solidifié, ce corps ne reprend pas l'état liquide à la température ordinaire. On peut l'obtenir à l'état de pureté parfaite en le faisant cristalliser à plusieurs reprises dans l'alcool, où il est très-soluble. La solution alcoolique est précipitée par l'eau, qui en sépare le cyanure de naphtyle à l'état huileux, et on le voit alors se solidifier au bout de quelques minutes.

Le cyanure de naphtyle fond à 35°,5 et bout à 296° (corrigé); sa densité est plus forte que celle de l'eau. Ce corps est dans la série naphtalique ce que le cyanure de phényle est dans la série benzoïque. Bouilli avec une solution alcoolique de soude, il ne dégage que des traces d'ammoniaque. Mais lorsqu'on ajoute de l'eau au mélange, on reconnaît de suite la transformation du nitrile en un nouveau composé. Les cristaux de ce nouveau corps ne sont autre chose qu'une amide provenant de la fixation de H^2O sur le nitrile. — Voyez Ménaphtoxylamide.

En même temps qu'il se forme de la *ménaphtoxylamide*, il se dégage de l'ammoniaque provenant de la décomposition de cette amide par la potasse. La solution alcaline privée d'alcool par ébullition et saturée par l'acide chlorhydrique donne un abondant précipité d'acide *ménaphtoxylique*, qui est à la naphtaline ce que l'acide benzoïque est à la benzine, c'est-à-dire qui dérive de la naphtaline par substitution du carbonyle CO^2H à l'hydrogène. La formation de la *ménaphtoxylamide* et de l'*acide ménaphtoxylique* est exprimée par les équations suivantes :

1° $C^{iv} \left\{ \begin{array}{l} C^{10}H^7 \\ Az''' \end{array} \right. + H^2O = C^{iv} \left\{ \begin{array}{l} C^{10}H^7 \\ O'' \\ AzH^2 \end{array} \right.$

Cyanure de naphtyle. Eau. Ménaphtoxylamide.

2° $C^{iv} \left\{ \begin{array}{l} C^{10}H^7 \\ O'' \\ AzH^2 \end{array} \right. + Na.OH = C^{iv} \left\{ \begin{array}{l} C^{10}H^7 \\ O'' \\ ONa \end{array} \right. + AzH^3$

Ménaphtoxylamide. Hydrate de sodium. Ménaphtoxylate sodique. Ammoniaque.

(voyez Ménaphtoxylique [acide]).

L'hydrogène naissant se combine difficilement avec le cyanure de naphtyle, mais l'acide sulfhydrique s'unit très-aisément avec ce corps qu'il transforme en ménaphtoxylamide sulfurée :

$C^{iv} \left\{ \begin{array}{l} C^{10}H^7 \\ S'' \\ AzH^2. \end{array} \right.$

Ce nouveau corps, soumis à l'action de l'hydrogène naissant, échange S contre H^2 et fournit une ammoniaque composée analogue à la benzylamine, la ménaphtoxylamine $C^{11}H^9.AzH^2$. — Voyez Ménaphtoxylamine.

ÉTHERS CYANHYDRIQUES DE LA DEUXIÈME CLASSE, CARBYLAMINES OU ÉTHERS ISOCYANHYDRIQUES.

M. E. Meyer constata le premier que quand on traite l'iodure d'éthyle par le cyanure d'argent, il se forme un sel double qui, à la distillation sèche, donne un liquide très-complexe, d'odeur repoussante, et qu'il prit pour du cyanure d'éthyle. M. Gautier constata et annonça le premier qu'il existe des isomères des éthers cyanhydriques anciennement connus, isomères qui se forment le mieux quand on soumet le sel double de Meyer à l'action du cyanure de potassium. Quelques mois après la découverte de M. A. Gautier, annoncée en divers lieux [voir *Compt. rend. de l'Acad. des sciences*, t. LXIII, p. 924, nov. 1866, et *Chimie* de A. Naquet, 2e édit., t. II, p. 421], M. Hofmann publia qu'il avait obtenu ces mêmes corps par la même méthode et par une méthode nouvelle, ainsi que leurs correspondants dans la série aromatique.

Les isocyanures se distinguent de leurs isomères par leur odeur, par leur point d'ébullition moins élevé, par leur propriété de se combiner énergiquement et directement aux acides, et enfin par l'action des agents d'hydratation et d'oxydation. Comme leurs isomères, ils se résolvent en deux produits, l'un fixe, l'autre variable, suivant l'éther sur lequel on opère. Seulement, tandis que les cyanures des radicaux alcooliques donnent pour produit fixe l'ammoniaque et pour produit variable un acide plus ou moins riche en carbone, les isocyanures donnent pour produit fixe un acide, l'acide formique, et pour produit variable une ammoniaque composée, la méthylamine, l'éthylamine, etc. [Hofmann, *Compt. rend. de l'Acad.*, t. LXV, p. 335, 389 et 448 ; — A. Gautier, *ibid.*, t. LXV, p. 468 et 862, et t. LXVI, p. 1214].

Méthyl-carbylamine ou isocyanure de méthyle [A. Gautier, *loc. cit.*],

$Az''' \left\{ \begin{array}{l} C'' \\ CH^3. \end{array} \right.$

— Pour le préparer, on chauffe en vase clos, entre 130° et 140°, 2 molécules de cyanure d'argent avec 1 molécule d'iodure de méthyle. Il se forme, au bout de quelques heures, une combinaison de cyanure d'argent et de méthylcarbylamine, corps cristallin que l'on dessèche. Bouilli avec une dissolution très-concentrée de cyanure potassique, ce corps donne un cyanure double potassico-argentique et de la méthylcarbylamine qui passe avec les vapeurs d'eau. On le recueille, on le dessèche sur du chlorure de calcium et on le rectifie. Il est alors tout à fait pur (Gautier).

Ce corps bout à la température de 58-59°, il est incolore, fluide et d'une odeur qui rappelle celle du phosphore et celle de l'artichaut; ses vapeurs sont âcres et fort délétères. Elles produisent presque immédiatement des nausées, des vertiges, de la céphalalgie, de l'abattement. Il est un peu soluble dans l'eau et plus léger qu'elle. Densité à 14°, 0,7557. Il se solidifie à — 45°.

Les acides parfaitement secs se combinent avec cet éther qui les sature instantanément à la manière de l'ammoniaque en donnant des sels cristallisables. Le chlorhydrate et le bromhydrate s'obtiennent surtout facilement par l'action de l'acide gazeux que l'on fait arriver à la surface du liquide bien refroidi. Les sels des oxacides sont plus difficiles à obtenir à cause de la violence de l'action.

L'eau décompose ces sels avec dégagement de chaleur, et il se produit de l'acide formique et de la méthylamine.

Les iodures alcooliques se combinent avec l'isocyanure de méthyle à la température ordinaire, tandis que le cyanure méthylique ne s'y combine pas de 0° à 200°.

ÉTHYLCARBYLAMINE OU ISOCYANURE D'ÉTHYLE [A. Gautier, *loc. cit.*]. — On le prépare comme le précédent. Il bout entre 78° et 79°. En présence des acides secs ou hydratés, il se comporte comme son homologue méthylique, c'est-à-dire qu'il donne des sels avec les acides. Densité à + 4°, 0,7588. Il ne se solidifie pas à — 68°.

M. Gautier a reconnu que si l'on hydrate l'éthylcarbylamine par l'eau pure ou par une solution alcaline à 180°, il ne se forme pas trace d'acide propionique, mais seulement de l'éthylamine et de l'acide formique. Le chlorhydrate d'éthylcarbylamine, traité par la potasse, donne seulement de l'éthylamine, de l'acide formique et de l'éthylformiamide sans acide propionique. Les mêmes considérations s'appliquent à la méthylcarbylamine, qui s'hydrate aussi sans se transformer isomériquement sous l'influence de l'eau et des solutions alcalines à 180°. L'isocyanure d'éthyle répond à la formule

$$Az''' \left\{ \begin{matrix} C'' \\ C^2H^5. \end{matrix} \right.$$

ISOPROPYLCARBYLAMINE,

$$C^4H^7Az = Az''' \left\{ \begin{matrix} C'' \\ (CH^3.CH.CH^3)' \end{matrix} \right.$$

[A. Gautier, *Compt. rend.*, t. LXVII, p. 723]. — Ce composé, doublement isomère avec le butyronitrile en tant que carbylamine et en tant que contenant le radical isopropyle, a été préparé comme toutes les autres carbylamines par l'action de l'iodure d'isopropyle sur le cyanure d'argent et la décomposition du sel double $C^4H^7Az, CAgAz$, qui se forme, par le cyanure de potassium.

C'est un liquide d'odeur tout à fait analogue aux autres carbylamines, très-peu soluble dans l'eau, soluble dans l'alcool et l'éther, bouillant à 87°, et ne se solidifiant pas à une température de — 68°. Sa densité à 0° est de 0,7596.

Il jouit de la propriété des autres carbylamines de s'unir vivement aux hydracides secs pour donner des sels cristallisables décomposables par l'eau.

Traitée par l'acide chlorhydrique aqueux, l'isopropylcarbylamine se transforme successivement par deux degrés d'hydratation successifs en isopropylformiamide et formiate d'isopropylamine, suivant les deux équations :

$$Az''' \left\{ \begin{matrix} C'' \\ C^3H^7 \end{matrix} \right. + H^2O = Az \left\{ \begin{matrix} H \\ CHO \\ C^3H^7 \end{matrix} \right.$$

Isopropylformiamide.

et

$$Az''' \left\{ \begin{matrix} C'' \\ C^3H^7 \end{matrix} \right. + 2H^2O = CH^2O^2.AzH^2C^3H^7.$$

Formiate d'isopropylamine

Traitée par l'eau, l'acide chlorhydrique et la potasse, l'isopropylcarbylamine donne du formiate de potasse et de l'isopropylamine; il ne se forme ni acide acétique, ni acide propionique, ni acide butyrique, ni ammoniaque, dans cette réaction.

BUTYLCARBYLAMINE,

$$C^5AzH^9 = Az''' \left\{ \begin{matrix} C'' \\ C^4H^9 \end{matrix} \right.$$

(A. Gautier). — On l'obtient en chauffant à 130° 2 parties d'iodure de butyle bouillant de 118° à 121° avec 3 parties de cyanure d'argent jusqu'à ce que le mélange ait pris une teinte jaune-serin et soit devenu poisseux; en l'additionnant alors d'eau et de cyanure de potassium, la butylcarbylamine vient surnager, on la distille, sèche et rectifie.

C'est un liquide incolore, presque insoluble dans l'eau, d'odeur repoussante, bouillant de 114° à 117°. Densité à 4° = 0,7833. Elle ne cristallise pas encore à — 66°, mais devient pâteuse et perd sa transparence.

L'eau et les acides minéraux agissent sur la butylcarbylamine avec moins de violence que sur les carbylamines ci-dessus. En absorbant sous l'influence de la chaleur et des acides 2 molécules d'eau, elle se transforme complétement en acide formique et butylamine, sans qu'il se forme trace d'acide valérique.

ISOCYANURE D'AMYLE (Hofmann). — *Préparation.* — 1° On distille une solution alcoolique d'amylamine avec du chloroforme et de la potasse. Il se forme de l'isocyanure d'amyle que l'on purifie par le procédé que nous indiquerons plus bas à l'occasion de l'isocyanure de phényle.

2° On opère comme pour les isocyanures de méthyle et d'éthyle. M. Hofmann n'a pas fait usage du cyanure potassique, et s'est contenté de distiller à sec le cyanure double, mais il a obtenu des produits secondaires, et il est probable que la réaction serait beaucoup facilitée si l'on faisait bouillir le sel double avec une solution concentrée de cyanure potassique, d'après la méthode de M. Gautier.

Propriétés. — L'isocyanure d'amyle bout à 137° sans se décomposer. Il bout donc à 8° plus bas que le cyanure du même radical. Sous l'influence des acides hydratés, il se décompose avec une violence presque explosive et se dédouble en acide formique et amylamine :

$$Az''' \left\{ \begin{matrix} C'' \\ C^5H^{11} \end{matrix} \right. + 2H^2O = CH^2O^2 + Az''' \left\{ \begin{matrix} H^2 \\ C^5H^{11}. \end{matrix} \right.$$

Isocyanure d'amyle. — Eau. — Acide formique. — Amylamine.

Du reste, cette transformation s'accomplit en plusieurs temps, et il se forme des combinaisons intermédiaires qui n'ont pas été étudiées et qui sont certainement analogues à celles qui prennent naissance avec l'isocyanure de phényle. L'isocyanure d'amyle a pour formule

$$Az''' \left\{ \begin{matrix} C'' \\ C^5H^{11}. \end{matrix} \right.$$

ISOCYANURE DE PHÉNYLE (Hofmann). — *Préparation.* — En distillant un mélange de chloroforme et d'aniline avec une dissolution alcoolique de potasse, on obtient un liquide à odeur pénétrante.

En distillant ce corps, on en retire d'abord de l'alcool et de l'eau, puis une huile qui renferme encore beaucoup d'aniline. On traite celle-ci par l'acide oxalique; l'aniline se transforme alors en oxalate et le corps odorant reste sous la forme d'un liquide brun et huileux. Desséché sur la potasse et rectifié, ce corps se présente à l'état d'une huile mobile d'une couleur verdâtre par transmission, et d'un beau bleu par réflexion. Cette coloration ne disparaît même pas après une distillation effectuée dans un courant d'hydrogène. Le produit ainsi obtenu est l'isocyanure de phényle

$$Az \left\{ \begin{matrix} C'' \\ C^6H^5. \end{matrix} \right.$$

La réaction où il prend naissance peut être exprimée par l'équation

$$\underset{\text{Aniline.}}{Az''' \left\{ \begin{matrix} C^6H^5 \\ H^2 \end{matrix} \right.} + \underset{\text{Chloroforme.}}{CHCl^3} = \underset{\text{Isocyanure de phényle.}}{Az''' \left\{ \begin{matrix} C^6H^5 \\ C'' \end{matrix} \right.} + \underset{\text{Acide chlorhydrique.}}{3HCl.}$$

Propriétés. — L'isocyanure de phényle n'est pas volatil sans décomposition. Quand on le distille, la température se maintient à 167°, puis s'élève brusquement à 230°. 167° peut être considéré comme son point d'ébullition.

Une des propriétés qui distinguent l'isocyanure de phényle du benzonitrile est l'extrême facilité avec laquelle il s'unit aux cyanures métalliques et particulièrement au cyanure d'argent. L'isocyanure de phényle est d'ailleurs caractérisé par l'action des agents hydratants. Ceux-ci, au lieu de le transformer comme son isomère en acide benzoïque et en ammoniaque, le transforment en aniline et en acide formique.

La métamorphose du benzonitrile en acide benzoïque ne s'opère pas d'un seul coup, il existe entre les deux termes extrêmes un produit intermédiaire, la benzamide, qui résulte de la fixation d'une seule molécule d'eau sur le benzonitrile; de même, l'isocyanure, avant de se dédoubler en acide formique et en aniline, donne un corps intermédiaire qui résulte de la fixation d'une seule molécule d'eau et qui n'est autre que la phénylformiamide (formianilide).

A côté de la phénylformiamide figure aussi un produit intermédiaire qui n'a pas d'analogue dans la série du benzonitrile. C'est la base déjà décrite par M. Hofmann sous le nom de méthényl-diphényl-diamine, et qu'on peut considérer comme une combinaison d'aniline et d'isocyanure de phényle. Les transformations que ce dernier corps éprouve sous l'influence de l'eau s'accomplissent donc par la succession exprimée au moyen des équations suivantes :

1° $$2\underset{\text{Isocyanure de phényle.}}{\left(Az''' \left\{ \begin{matrix} C'' \\ C^6H^5 \end{matrix} \right. \right)} + \underset{\text{Eau.}}{2H^2O}$$

$$= \underset{\text{Acide formique.}}{CH^2O^2} + \underset{\text{Méthényl-diphényl-diamine.}}{C^{13}H^{12}Az^2.}$$

2° $$\underset{\text{Méthényl-diphényl-diamine.}}{C^{13}H^{12}Az^2} + \underset{\text{Eau.}}{H^2O}$$

$$= \underset{\text{Aniline.}}{C^6H^5.AzH^2} + \underset{\text{Phényl-formiamide.}}{(CHO)(C^6H^5)H.Az.}$$

3° $$\underset{\text{Phényl-formiamide.}}{(CHO)(C^6H^5).HAz} + \underset{\text{Eau.}}{H^2O}$$

$$= \underset{\text{Acide formique.}}{CHO.OH} + \underset{\text{Aniline.}}{C^6H^5.H^2Az.}$$

A. N.

CYANILIQUE (ACIDE),

$$C^3Az^3H^3O^3 + 2H^2O = (CAz)^3(OH)^3 + 2H^2O$$

[Liebig, *Ann. der Chem. u. Pharm.*, t. X, p. 32].

Cet acide isomère de l'acide cyanurique a été obtenu en 1834 par Liebig en faisant bouillir l'hydromellon avec l'acide nitrique. Il se précipite par ébullition, concentration et refroidissement de la liqueur sous forme de prismes obliques rhomboïdaux (93° 36' environ, avec sommet dièdre de 83° 24'). Ces cristaux sont efflorescents. Ils ne diffèrent de l'acide cyanurique que par une plus grande solubilité dans l'eau. En les dissolvant dans l'acide sulfurique concentré, les reprécipitant par l'eau et les faisant recristalliser, on les transforme en acide cyanurique ordinaire. La distillation les transforme en acide cyanique.

Dissous dans l'ammoniaque et précipité par le nitrate d'argent, l'acide cyanilique donne un cyanilate monoargentique $(CAz)^3(OH)^2(OAg)$. Le cyanilate de potasse donne avec le nitrate d'argent un cyanilate ou cyanurate diargentique.

Les cyanilates alcalins et alcalino-terreux redonnent l'acide cyanilique libre quand on les traite par les acides puissants. A. G.

CYANINE. Matière colorante des fleurs. — Voyez FLEURS.

CYANINE (Bleu de quinoléine, iodure de pélamine). On a donné ce nom à la matière colorante bleue peu stable que l'on obtient en faisant agir l'iodure d'amyle sur les bases formées par la distillation de la cinchonine, de la quinine, de la strychnine, etc., avec de l'hydrate de potasse [Gr. Williams, *Repert. of Pat. invent.*, janvier 1860; *Chem. News*, t. II, p. 219; *Rép. de Ch. appl.*, t. II, 346; *Journ. of Chem. Soc.*, (2) t. I, p. 375).

La cinchonine, distillée avec un excès de potasse ou de soude caustique, produit environ 65 % de son poids de quinoléine brute (lépidine, cyptidine, dispoline, pyridine, etc.). On rectifie ce produit brut, pour utiliser tout ce qui distille au-dessus de 190°. Cette portion rectifiée est mise en ébullition pendant 10 minutes avec la moitié de son poids d'iodure d'amyle; le mélange se colore peu à peu en brun-rouge et se concrète, par le refroidissement, en une masse cristalline, qu'on fait bouillir avec 6 p. d'eau. Le liquide filtré est soumis à une ébullition lente pendant une heure, en l'additionnant peu à peu d'ammoniaque. Par le refroidissement, la matière colorante se précipite presque entièrement à l'état d'une masse résineuse, soluble dans l'alcool avec une belle coloration bleu-pourpre. On obtient un produit d'une nuance plus riche en remplaçant l'ammoniaque par de la potasse caustique dissoute dans 4 p. d'eau, en quantité équivalente aux trois quarts environ de l'iode contenu dans le produit. On filtre pour séparer une matière résineuse renfermant une matière colorante rouge, et la liqueur présente une coloration bleue très-riche. En ajoutant encore un quart de potasse, à l'ébullition, il se précipite une masse noire qui renferme toute la matière colorante rouge qui pouvait encore exister dans la liqueur. Quelquefois ce dernier précipité renferme une matière colorante verte qui se sépare lorsqu'on filtre la solution alcoolique du précipité.

La cyanine est cristallisable en prismes très-nets dont les faces sont douées de l'éclat métallique à reflets dorés; elle est presque insoluble dans l'éther, très-peu soluble dans l'eau, mais facilement soluble dans l'alcool. La solution alcoolique est d'un bleu magnifique, avec des reflets bronzés à la surface. Les acides altèrent la couleur de cette solution; l'ammoniaque et les alcalis fixes y produisent un précipité bleu foncé.

La composition de ces cristaux est celle d'un iodure $C^{30}H^{39}Az^2I$ mélangé d'une petite quantité d'un iodure homologue $C^{28}H^{35}Az^2I$. Ces deux iodures ne peuvent être séparés qu'après transformation en chlorures et précipitations fractionnées par le chlorure de platine. Le premier dérive de la *lépidine* $C^{10}H^9Az$, le second de la *quinoléine* C^9H^7Az. W. Hofmann, qui a établi ces relations (*C. rend.*, t. LV, p. 849), admet que la formation de ces composés a lieu en deux phases : formation d'iodure d'amyle-lépidylammonium $C^{15}H^{20}AzI$, puis condensation, sous l'influence de la potasse, de 2 molécules en une molécule unique. La cyanine se dissout dans l'acide iodhydrique étendu et bouillant, et la solution incolore laisse déposer, par le refroidissement, de belles aiguilles jaunâtres, $C^{30}H^{40}Az^2I^2 = C^{30}H^{39}Az^2I,HI$, constituant un composé diacide polymère de l'iodure d'amyle-lépidylammonium, soluble sans décomposition dans l'eau froide, mais reproduisant l'iodure primitif lorsqu'on les traite par l'eau bouillante ou par l'alcool.

La cyanine donne de même avec les acides chlorhydrique et bromhydrique des solutions incolores fournissant des sels cristallisés, renfermant du chlore ou du brome, en même temps que de l'iode. La solution chlorhydrique, traitée par le chlorure d'argent, fournit de l'iodure d'argent et une solution bleue qui donne, par une évaporation lente, des prismes verts à reflets métalliques, qui sont le chlorure $C^{30}H^{39}Az^2Cl$ correspondant à l'iodure primitif ou cyanine. Ces prismes dissous dans l'acide chlorhydrique fournissent un composé d'acide qui se sépare en aiguilles jaunes, déliquescentes, et qui forme un chloroplatinate $C^{30}H^{40}Az^2Cl^2, PtCl^4$ peu soluble et cristallisable en petites tables rhomboïdales.

W. Hofmann a obtenu de même un beau chlorAurate, et le bromure monacide $C^{30}H^{39}Az^2Br$ cristallisant en fines aiguilles, ainsi que le sulfate diacide formant des tables rhomboïdales incolores.

Chauffée, la cyanine fond en un liquide bleu, à surface cuivrée, puis se décompose en donnant à la distillation de la lépidine, de l'iodure d'amyle et de l'amylène avec un résidu de charbon très-faible si la chaleur est ménagée :

$$C^{30}H^{39}Az^2I = 2C^{10}H^9Az + C^5H^{11}I + C^5H^{10}.$$

La cyanine en solution alcoolique est décomposée par l'oxyde d'argent : il se forme de l'iodure d'argent et la base libre qui se sépare par l'évaporation en une masse confusément cristalline, d'un bleu foncé, soluble dans l'eau et l'alcool, insoluble dans l'éther et donnant à la distillation une base différente de la lépidine.

Gr. Williams a confirmé la formule de W. Hofmann pour la cyanine, qu'il a pu produire directement par l'action de l'iodure d'amyle sur la lépidine : il se forme ainsi un sirop brun, cristallisable, en partie soluble dans l'eau; la portion dissoute fournit la cyanine par son ébullition avec les alcalis, tandis que la portion insoluble distillée en présence de la potasse fournit une base oléagineuse

$$C^{20}H^{31}Az^2 = C^{10}H^{23}Az.C^{10}H^9Az$$

distillant à 275°. — Voyez Lépidine et Lépamine.

Schœnbein a fait connaître quelques réactions intéressantes de la cyanine [*Ann. de Phys.*, (4), t. VII, p. 462; *Bull. Soc. Chim.*, (2), t. V, p. 297]. La cyanine est très-sensible à l'action de l'ozone; elle devient d'un jaune bleuâtre, mais elle n'est pas détruite, car les agents réducteurs, tels que l'acide sulfureux, rétablissent sa couleur bleue d'une manière passagère ou permanente; l'alcool, l'aldéhyde, etc., ainsi que les alcalis, ramènent également la coloration bleue de la cyanine.

La teinture alcoolique de cyanine décolorée par l'ozone ne bleuit plus par l'action d'agents réducteurs si on la soumet d'abord à l'influence de la lumière. Mais lorsqu'on continue pendant quelque temps l'action de la lumière, la coloration bleue se rétablit d'elle-même, seulement la matière bleue formée n'est plus dissoute et peut être recueillie sur un filtre. Schœnbein la nomme *photocyanine*. Celle-ci se forme même lorsque l'ozone a agi assez longtemps pour que les corps réducteurs ne ramènent plus la coloration bleue.

Par l'action prolongée de la lumière sur la photocyanine elle-même, celle-ci se transforme en une matière colorante rouge-cerise, soluble dans l'eau, la *photérythrine*.

L'oxygène sec n'agit que lentement sur la cyanine, même au soleil, mais l'oxygène humide la décolore, et la coloration ne se reproduit plus par les agents réducteurs ; néanmoins elle peut produire la photocyanine.

Le chlore agit à peu près comme l'ozone.

La solution de cyanine se décolore en présence des acides, même les plus faibles, et la coloration apparaît de nouveau en présence d'une base. La solution décolorée par un acide se colore par l'ébullition, pour se décolorer de nouveau par le refroidissement; enfin si on la refroidit à — 25°, elle se congèle en se colorant également en bleu, coloration qui disparaît de nouveau par la fusion. Pour que ces expériences réussissent, il faut que la quantité d'acide employée soit juste suffisante pour opérer la décoloration. E. W.

CYANIQUE (ACIDE), $CHAzO = Az(C.OH)''$ [Wœhler, *Ann. d. Phys. d. Gilb.*, t. LXXI, p. 95, et t. LXXII, p. 157; *Ann. de Poggend.*, t. I, p. 117, et t. V, p. 335; — Liebig, *Archiv. f. d. gesammte naturl. von Kastner*, t. VI, p. 145; *Journ. f. Chem. u. Physik v. Schweigger*, t. XLVIII, p. 376; *Ann. der Chem. u. Pharm.*, t. XV, p. 561 et 619; — Liebig et Wœhler, *Ann. de Poggend.*, t. XX, p. 369; — Weltzien, *Ann. der Chem. u. Pharm.*, t. CXVII, p. 219; — Baeyer, *Ann. der Chem. u. Pharm.*, t. CXIV, p. 156; — Brüning, *ibid.*, t. CIV, p. 198].

Historique. — Entrevu par Vauquelin en 1818, qui lui donna son nom, l'acide cyanique, fut obtenu en 1822 à l'état de pureté par Wœhler et étudié par Wœhler et Liebig, qui firent l'histoire de ses transformations, de ses isoméries et de ses sels. L'étude de ses éthers est due à M. Wurtz et à M. Cloëz.

Conditions de production et préparation. — Les cyanures alcalins calcinés à l'air, ou mieux en présence d'un corps oxydant tel que CuO, PbO, MnO^2, se convertissent en cyanates; le cyanogène, en agissant sur le carbonate de potasse, sur les hydrates alcalins et alcalino-terreux, donne un mélange de cyanure et de cyanate [Gay-Lussac, *Ann. de Chim. et de Phys.*, t. X, p. 113]. La distillation de l'urée sur l'acide phosphorique anhydre donne de l'acide cyanique et de l'ammélide [Liebig, Weltzien, *Ann. de Chim. et de Phys.*, (3), t. LIV, p. 318]. On l'a obtenu encore par la distillation de la xanthamide (Debus); par l'action de la chaleur sur l'urate de mercure ou sur un mélange d'acides urique et sulfurique et de peroxyde de manganèse (Wœhler). Mais le meilleur procédé de préparation de cet acide consiste à distiller l'acide cyanurique qui se détriple en acide cyanique que l'on recueille dans un matras bien refroidi (Wœhler). On trouvera à l'article Isomérie quelques remarques intéressantes sur la transformation de l'acide cyanurique en acide cyanique.

Isomères. — L'acide cyanique a pour formule

$$CHAzO = C\left\{ \begin{matrix} -(OH)' \\ \equiv Az''' \end{matrix} \right. \text{ ou } Az(C,OH)''$$

Il n'est donc, d'après nous, qu'isomérique et non identique avec la carbimide

$$Az \left\{ \begin{matrix} CO \\ H \end{matrix} \right. = C \left\{ \begin{matrix} AzH \\ O \end{matrix} \right. \text{(1)}.$$

Il possède comme polymères les acides fulminurique, dicyanique, cyanurique, fulminique, cyanilique et la cyamélide.

L'acide cyanique est monatomique et monobasique.

Propriétés. — Liquide incolore, d'odeur vive rappelant celle des acides acétique et formique; sa vapeur irrite les yeux; c'est un vésicant douloureux pour la peau; il est soluble dans l'eau. Sa solution rougit le tournesol et se décompose bientôt en acide carbonique et ammoniaque; on a noté aussi l'urée.

Sa solution dans l'éther anhydre se conserve longtemps.

A l'état de liberté, il ne tarde pas, même à 0°, à se transformer en cyamélide; cette transformation dégage de la chaleur et souvent de la lumière.

Dissous dans l'alcool, l'acide cyanique se combine bientôt intégralement quand on échauffe cette solution. On obtient ainsi un corps dit éther allophanique, $C^4H^8Az^2O^3 = 2\,CHAzO + C^2H^6O$ (Liebig et Wœhler). Les alcools méthylique et amylique agissent de même.

Il se combine au glycol pour donner le corps $C^4H^8Az^2O^4 = 2\,CHAzO + C^2H^6O^2$, composé qui cristallise et fond à 160°; il se fixe aussi sur la glycérine et donne le corps $C^5H^{10}Az^2O^5$:

$$C^5H^{10}Az^2O^5 = 2\,CHAzO + C^3H^8O^3$$

[Baeyer, *Ann. de Chim. et de Phys.*, t. LIX, p. 473, et *Ann. der Chem. u. Pharm.*, t. CXIV, p. 156]. Il se combine encore à l'acide eugénique pour donner $C^{12}H^{14}Az^2O^2$:

$$C^{12}H^{14}Az^2O^2 = 2\,CAzO + C^{10}H^{12}O^2$$

[Baeyer, *loc. cit.*]. L'acide cyanique agit sur les aldéhydes; il y a départ d'acide carbonique et formation d'acides homologues de l'acide trigénique (Liebig et Wœhler; Bauer). Ainsi, avec l'aldéhyde valérique, on a

$$C^5H^{10}O + 3\,CHAzO = CO^2 + C^7H^{13}Az^3O^2.$$

L'instabilité de l'acide cyanique en présence de l'eau ne permet pas de l'extraire directement de ses sels; la plus grande partie de l'acide mis en liberté subit la réaction suivante :

$$CHAzO + H^2O = CO^2 + AzH^3,$$

qui montre qu'il subit aisément la transformation en carbimide sous l'influence de l'eau, à la manière du cyanate d'ammonium. — Voyez plus bas.

Quand on traite les cyanates bien secs, spécialement les cyanates de potasse et d'argent, par l'acide chlorhydrique, on obtient une combinaison des deux acides cyanique et chlorhydrique. Ce chlorhydrate

$$CH^2AzClO = C \left\{ \begin{matrix} OH, HCl \\ Az \end{matrix} \right.$$

est un liquide incolore, d'odeur vive, se décomposant à l'air humide,

$$CH^2AzClO + H^2O = CO^2 + AzH^4Cl,$$

et au bout d'un certain temps donnant, en tube scellé, des acides chlorhydrique et carbonique, ainsi que de la cyamélide. L'alcool absolu forme avec ce composé de l'acide chlorhydrique et de l'éther cyanurique.

(1) Pour la plupart des chimistes l'acide cyanique représente la carbimide, dont les cyanates sont les dérivés métalliques :

$$\left.\begin{matrix} (CO)'' \\ H \end{matrix}\right\} Az, \qquad \left.\begin{matrix} (CO)'' \\ K \end{matrix}\right\} Az.$$

Acide cyanique. Cyanate de potassium.

A. W.

CYANATES MÉTALLIQUES.

La formule générale des sels de l'acide cyanique est

$$C \left\{ \begin{matrix} OR' \\ Az \end{matrix} \right. \text{ ou } Az(C.OR)'' = O \left\{ \begin{matrix} CAz \\ R'. \end{matrix} \right.$$

Les cyanates métalliques sont le plus souvent solubles; les sels de plomb, de cuivre, de mercurosum, d'argent, sont peu solubles. Traités par les acides étendus, les cyanates donnent de l'acide cyanique, mais surtout de l'acide carbonique et de l'ammoniaque par l'absorption d'une molécule d'eau. Les acides sans eau (chlorhydrique, oxalique) donnent avec les cyanates de la cyamélide.

La plupart des cyanates secs, à l'exception de ceux d'argent, de mercure et de cuivre, sont assez stables et peuvent subir le rouge sans se décomposer; mais en présence d'un peu d'eau, ils donnent des carbonates et de l'ammoniaque suivant l'équation

$$2\,CAzR'O + 3\,H^2O = CO^3R^2 + 2\,AzH^3 + CO^2.$$

La plupart subissent, quand on les conserve quelque temps, une transformation isomérique. Les acides concentrés ou étendus les décomposent aisément en mettant l'acide cyanique en liberté, mais celui-ci se décompose à son tour comme il est dit ci-dessus.

Les cyanates solubles donnent, avec le nitrate d'argent, un précipité blanc très-soluble dans l'ammoniaque et l'acide nitrique dilué, un précipité brun verdâtre avec le nitrate de cuivre, et jaune brunâtre avec le chlorure d'or.

CYANATE D'AMMONIUM.

$$C \left\{ \begin{matrix} O.AzH^4 \\ Az. \end{matrix} \right.$$

— Il s'obtient soit en faisant arriver les vapeurs d'acide cyanique dans du gaz ammoniac sec [Liebig et Wœhler, *Ann. de Poggend.*, t. XX, p. 293], soit en faisant arriver les vapeurs du gaz alcalin dans une solution éthérée d'acide cyanique. Matière blanche, floconneuse, cristalline, très-soluble dans l'eau, très-peu dans l'alcool absolu; on peut aussi obtenir une solution de ce corps en traitant à une faible chaleur (30-35°) le cyanate de plomb par l'ammoniaque ou le cyanate d'argent par le chlorure ammonique; la solution de ce sel traitée par les alcalis étendus donne de l'ammoniaque, et par les acides affaiblis de l'acide cyanique.

Si l'on fond légèrement le cyanate sec, si l'on porte sa solution aqueuse à l'ébullition, ou si on l'abandonne quelques jours à elle-même, le cyanate d'ammoniaque se convertit en urée

$$C \left\{ \begin{matrix} O \\ Az.AzH^4 \end{matrix} \right.$$

qui, d'après moi, subissant ainsi une transposition de radical comparable à celle de l'acide cyanique, se transforme en carbamide.

La découverte de cette importante transformation est due à Wœhler.

CYANATE DE POTASSIUM.

$$C \left\{ \begin{matrix} OK \\ Az. \end{matrix} \right.$$

— Le cyanogène en passant sur du carbonate de potasse au rouge (Gay-Lussac), l'amméline, l'ammélide, la mellamine fondues avec la potasse (Liebig), donnent du cyanate de potassium. Ce corps se produit encore dans l'électrolyse du cyanure de potassium (Kolbe) et par l'action de la lessive de potasse sur le sulfocyanate d'éthyle (Brüning).

Méthodes avantageuses de préparation. — On

fond dans un bon creuset du cyanure de potassium auquel on ajoute par petites portions de la litharge en poudre, qui est réduite par le sel fondu. Le métal se sépare en un culot. On décante la masse fondue, et après l'avoir broyée on l'épuise par l'alcool [Liebig, *Ann. der Chem. u. Pharm.*, t. XXXVIII, p. 108, et t. XLI, p. 289]. Clemm ajoute par petites portions à 8 p. de ferrocyanure de potassium fondues avec 3 p. de carbonate de potasse, 15 p. de minium [*Ann. de Pharm.*, t. LXVI, p. 382]. Wurtz grille sur un plat de tôle peu profond un mélange intime de 2 p. de ferrocyanure jaune et de 1 p. de peroxyde de manganèse, en ayant soin de dessécher préalablement et séparément les deux poudres. La masse de grise devient brun noirâtre, on la brasse avec une tige de fer et on s'arrête lorsque sur un feu un peu vif elle a pris un état demi-pâteux; on la pulvérise alors et on l'épuise par des décantations successives à l'alcool à 80° centésimaux bouillant.

Le cyanate de potasse cristallise en lames transparentes; il est anhydre, soluble dans l'eau et l'alcool ordinaire; l'air humide et l'eau le décomposent peu à peu en carbonate potassique et ammoniaque.

Il fond par la chaleur en un liquide qui cristallise ensuite.

Le potassium se dissout peu à peu dans le cyanate fondu et donne du cyanure et de l'oxyde.

Les acides ajoutés en faible proportion à une solution très-concentrée de ce sel en précipitent un cyanurate acide.

Broyé avec lui, l'acide oxalique sec donne de la cyamélide.

CYANATE DE SODIUM. — Même préparation, mêmes propriétés générales que le précédent : il est cristallisable.

CYANATE DE THALLIUM,

$$C \left\{ \begin{matrix} OTl \\ Az \end{matrix} \right.$$

[Lamy, *Ann. de Chim. et de Phys.*, (3), t. LXVII, p. 434]. — Il s'obtient en mêlant une solution alcoolique de cyanate de potasse à l'acétate de thallium. Il se sépare ainsi des petites paillettes brillantes, très-solubles dans l'eau, très-peu dans l'alcool.

CYANATE DE BARYUM. — Il s'obtient soit en fondant le cyanurate de baryte (Berzelius), soit en ajoutant de l'alcool à un mélange de cyanate de potasse et d'acétate de baryte. Soluble dans l'eau, très-peu dans l'alcool absolu, il cristallise en aiguilles soyeuses.

CYANATE DE CALCIUM. — Il est incristallisable.

CYANATE DE PLOMB,

$$C^2O^2Az^2Pb = (C\,Az.O)^2Pb''.$$

— Il s'obtient en ajoutant de l'acétate de plomb à du cyanate de potasse. Précipité blanc, se prenant peu à peu en aiguilles, un peu soluble dans l'eau chaude. Calciné à l'air, il prend feu et se réduit partiellement. Fondu à l'abri de l'air, il devient d'abord rougeâtre, puis vert clair, et paraît donner un mélange de cyanure de plomb et de plomb métallique.

CYANATE D'ARGENT. — Il s'obtient par double décomposition. Précipité blanc, très-soluble dans l'ammoniaque et l'acide nitrique dilué. L'évaporation d'une solution d'urée et de nitrate d'argent laisse un résidu de nitrate d'ammoniaque et de cyanate d'argent.

Ce sel fait explosion par la chaleur en donnant un carbure d'argent. Il se forme aussi du gaz carbonique, de l'azote et de l'acide cyanique. Il se combine à l'ammoniaque avec laquelle il forme des cristaux incolores, qui perdent leur gaz alcalin et reproduisent le cyanate lorsqu'on les échauffe.

CYANATES ALCOOLIQUES.

Il en existe deux séries. La première, découverte par M. Wurtz en 1848, donne, par l'action de l'eau aidée des acides et des bases, de l'acide carbonique et un dérivé du type ammoniaque suivant l'équation générale

$$AzCOR' + H^2O = CO^2 + Az \left\{ \begin{matrix} R' \\ H^2. \end{matrix} \right.$$

Ces corps se conduisent comme les dérivés de la carbimide

$$Az \left\{ \begin{matrix} CO \\ H \end{matrix} \right.$$

dans laquelle un radical alcoolique R', tel que CH^3, C^2H^5, ... remplace H. On peut leur donner le nom d'*iso-* ou *pseudocyanates* ou *carbimides alcooliques* (*éthyl-, méthylcarbimides*). La seconde série de cyanates alcooliques, découverte par M. Cloëz en traitant les alcools sodés par le chlorure de cyanogène, sont les *vrais éthers cyaniques*, car ils reproduisent en s'hydratant l'acide cyanique ou cyanurique et l'alcool d'après l'équation générale

$$\underset{\text{Cyanate alcoolique à radical A.}}{Az\equiv(COA')'''} + H^2O = \underset{\text{Acide cyanique.}}{Az\equiv(COH)'''} + \underset{\text{Alcool.}}{AOH.}$$

M. Cloëz les a nommés *isocyanates.*

ÉTHERS CYANIQUES DE WURTZ OU CARBIMIDES ALCOOLIQUES.

CYANATE D'ÉTHYLE,

$$Az''' \left\{ \begin{matrix} CO \\ C^2H^5 \end{matrix} \right.$$

[Wurtz, *Ann. de Chim. et de Phys.*, (3), t. XLII, p. 43]. — Pour l'obtenir, on distille de 180° à 250° un mélange de 1 p. de cyanate de potasse *récent* et bien sec avec 2 p. de sulfovinate. Les vapeurs blanches, très-irritantes, qui se forment, sont soigneusement condensées. C'est un mélange d'éther cyanique et cyanurique. On redistille jusqu'à 100° le liquide recueilli, puis on le rectifie, en prenant ce qui passe vers 60°, après l'avoir desséché sur le chlorure de calcium. Liquide mobile incolore; densité, 0,898 ; bout à 60°, excite le larmoiement et la suffocation. Il est soluble dans l'éther sans altération. Densité de vapeur, 2,475.

L'eau décompose cet éther en acide carbonique et diéthylurée :

$$2\,Az \left\{ \begin{matrix} CO \\ C^2H^5 \end{matrix} \right. + H^2O = Az^2 \left\{ \begin{matrix} CO \\ H^2 \\ 2\,C^2H^5 \end{matrix} \right. + CO^2;$$

l'ammoniaque aqueuse le dissout instantanément. Il se forme ainsi de l'éthylurée :

$$Az \left\{ \begin{matrix} CO \\ C^2H^5 \end{matrix} \right. + AzH^3 = Az^2 \left\{ \begin{matrix} CO \\ C^2H^5 \\ H^3 \end{matrix} \right.$$

les amines donnent des urées composées :

$$\underset{\text{Éther cyanique.}}{Az \left\{ \begin{matrix} CO \\ C^2H^5 \end{matrix} \right.} + \underset{\text{Méthylamine.}}{Az \left\{ \begin{matrix} CH^3 \\ H^2 \end{matrix} \right.} = \underset{\text{Méthyl-éthylurée.}}{Az^2 \left\{ \begin{matrix} CO \\ H^2 \\ C^2H^5, CH^3 \end{matrix} \right.}$$

Les alcalis étendus agissent déjà à froid. Le mélange d'hydrate de potassium et de cyanate d'éthyle s'échauffe, et le liquide distillé donne l'éthylamine; c'est ainsi qu'ont été découvertes, par M. Wurtz, les ammoniaques composées

$$Az \left\{ \begin{matrix} C^2H^5 \\ CO \end{matrix} \right. + 2 \left. \begin{matrix} K \\ H \end{matrix} \right\} O = Az \left\{ \begin{matrix} C^2H^5 \\ H^2 \end{matrix} \right. + \left. \begin{matrix} K^2 \\ CO \end{matrix} \right\} O^2.$$

Le cyanate d'éthyle se combine de toute pièce à l'acide chlorhydrique [Habich et Limpricht, *Ann. der Chem. u. Pharm.*, t. CIX, p. 107], et donne

$$Az \left\{ \begin{matrix} C^2H^5.HCl \\ CO. \end{matrix} \right.$$

Cette combinaison s'obtient encore quand on distille la diéthylurée dans le gaz chlorhydrique. C'est un liquide bouillant vers 98°, doué d'une odeur pénétrante et qui donne avec l'eau de l'acide carbonique et du chlorhydrate d'éthylamine :

$$Az \left\{ \begin{matrix} C^2H^5 \\ CO)'' \\ H \\ Cl \end{matrix} \right. + H^2O = Az \left\{ \begin{matrix} C^2H^5 \\ H^2 \\ H \\ Cl \end{matrix} \right. + CO^2.$$

M. Gal a confirmé le travail précédent et combiné l'acide bromhydrique à l'éther cyanique. Ce bromhydrate se conduit comme le chlorhydrate [Gal, *Bull. de la Soc. chim. de Paris*, 1865, t. VI, p. 439].

L'alcool agit à 100°. Si, après avoir chauffé quelques heures volumes égaux des deux corps, on ajoute de l'eau, il se sépare une couche qu'on sépare, qu'on distille et rectifie de 170° à 180°. C'est l'éthyluréthane, $C^5H^{11}AzO^2$:

$$C^3H^5AzO + C^2H^6O = C^5H^{11}AzO^2.$$

Une réaction secondaire donne de l'éther carbonique et de la diéthylurée.

L'acide acétique réagit déjà à la température ordinaire; on obtient de l'éthylacétamide et il se dégage de l'acide carbonique :

$$Az \left\{ \begin{matrix} C^2H^5 \\ CO \end{matrix} \right. + \left. \begin{matrix} C^2H^3O \\ H \end{matrix} \right\} O = CO^2 + Az \left\{ \begin{matrix} C^2H^5 \\ C^2H^3O \\ H. \end{matrix} \right.$$

L'acide acétique anhydre chauffé avec l'éther cyanique vers 180° à 200° donne de l'éthyldiacétamide :

$$Az \left\{ \begin{matrix} C^2H^5 \\ CO \end{matrix} \right. + \left. \begin{matrix} C^2H^3O \\ C^2H^3O \end{matrix} \right\} O = CO^2 + Az \left\{ \begin{matrix} C^2H^5 \\ C^2H^3O \\ C^2H^3O. \end{matrix} \right.$$

L'acide formique donne de l'éthylformiamide.

L'éthylate de soude donne avec cet éther de la triéthylamine [A. W. Hofmann, *Ann. de Chim. et de Phys.*, (3), t. LII, p. 502] :

$$Az \left\{ \begin{matrix} C^2H^5 \\ CO \end{matrix} \right. + \left(\left. \begin{matrix} C^2H^5 \\ Na \end{matrix} \right\} O \right)^2 = CO^3Na^2 + Az \left\{ \begin{matrix} C^2H^5 \\ 2C^2H^5. \end{matrix} \right.$$

Sous l'influence de la diéthylphosphine, même à haute température, le cyanate d'éthyle se transforme simplement en cyanurate d'éthyle [Hofmann, *loc. cit.*].

CYANATE DE MÉTHYLE [Wurtz, *loc. cit.*]. — Même préparation et mêmes réactions générales que pour le corps précédent.

Liquide incolore, mobile, bouillant à 40°. Vapeurs très-suffocantes, la potasse donne avec lui de la méthylamine; l'ammoniaque de la méthylurée; l'eau de la diméthylurée et de l'acide carbonique. Il se transforme intégralement par le temps en cyanurate de méthyle.

CYANATE DE BUTYLE [Wurtz, *Ann. de Chim. et de Phys.*, (3), t. XLII, p. 164]. — En agissant comme dans les cas précédents, on obtient un produit distillé, pâteux, qui est un mélange de cyanurate et de cyanate de butyle. Le cyanate de butyle donne de la butylamine par la potasse.

CYANATE D'ALLYLE. — Voyez ALLYLIQUE (ALCOOL), p. 155.

CYANATE DE PHÉNYLE. — Voyez PHÉNYLIQUE (ALCOOL).

CYANATE DE NAPHTYLE. — Voyez NAPHTALIQUE (ALCOOL).

ÉTHERS CYANIQUES DE CLOËZ.

[Syn. *Éthers isocyaniques, cyanétholine, etc.*] [Cloëz, *Thèses de la Faculté des sciences de Paris*, août 1866].

Les vrais éthers cyaniques ont été découverts par M. Cloëz, qui donna d'abord à l'éther de l'alcool vinique le nom de cyanétholine. Ils s'obtiennent par l'action du chlorure de cyanogène liquide sur les méthylate, éthylate,... de sodium.

Ils sont isomériques avec les éthers cyaniques de M. Wurtz; mais tandis que ceux-ci se comportent comme des carbimides et donnent, sous l'influence de l'hydratation provoquée par les bases, des amines et de l'acide carbonique, les éthers de Cloëz se conduisent en présence des alcalis et des acides comme des éthers ordinaires: ils reproduisent de l'alcool et un cyanate ou cyanurate [Cloëz, *loc. cit.*]. Ce résultat a été confirmé par M. Gal [*Bull. de la Soc. chim.*, t. VI. p. 439].

Ce sont des liquides huileux, non volatils, insolubles dans l'eau. Leur densité de vapeur n'ayant pu être prise, leur poids moléculaire reste indéterminé. Leurs propriétés physiques paraîtraient indiquer toutefois qu'ils sont des polymères des vrais éthers cyaniques.

CYANATE DE MÉTHYLE [*Isocyanate de méthyle de Cloëz*],

$$C^2H^3AzO = \left. \begin{matrix} CAz \\ CH^3 \end{matrix} \right\} O.$$

— On ajoute à de l'alcool méthylique parfaitement pur extrait de l'éther méthyloxalique le double environ de son poids d'éther anhydre. On dissout dans ce mélange du sodium en petits morceaux (1 molécule de sodium Na^2 pour 5 molécules d'alcool) et on fait arriver lentement au fond de la cornue qui contient ce mélange un courant de chlorure de cyanogène gazeux en quantité très-légèrement supérieure à la quantité théorique. La réaction est immédiate, le liquide s'échauffe beaucoup et le chlorure de sodium se précipite. On le sépare par le filtre, on soumet le liquide clair à la distillation. Il reste dans le récipient une huile que l'on lave à plusieurs reprises à l'eau et que l'on dessèche ensuite dans le vide sec.

Le cyanate de méthyle est un liquide incolore, mais d'ordinaire légèrement coloré en jaune. Sa densité à 15° est de 1,1746.

La chaleur le décompose en une partie volatile et un résidu solide.

La potasse reproduit l'esprit de bois et donne du cyanurate de potassium; l'ammoniaque aqueuse agit de même.

L'acide chlorhydrique concentré ou sec donne de l'éther méthylchlorhydrique et un dépôt d'acide cyanurique cristallisé.

Lorsque l'esprit de bois employé n'est pas parfaitement anhydre, il se fait des produits secondaires. M. Cloëz a obtenu une fois une substance blanche, insoluble dans l'eau, se précipitant avec le chlorure de sodium pendant la préparation de l'éther. Privée de ce sel par l'eau et redissoute dans l'alcool bouillant, elle cristallise et donne à l'analyse des nombres correspondants à la formule $C^6H^{10}Az^4O^3$ qui serait un homologue supérieur de l'allantoïne $C^4H^6Az^4O^3$. Elle fond vers 225° et se modifie en s'échauffant considérablement au-dessus de 230°. L'eau de baryte en dégage de l'ammoniaque et donne un sel qui précipite en blanc le nitrate d'argent. M. Cloëz propose de l'appeler provisoirement *méthylallantoïne*.

CYANATE D'ÉTHYLE,

$$C^3H^5AzO = \left. \begin{matrix} CAz \\ C^2H^5 \end{matrix} \right\} O$$

[Syn. *Isocyanate d'éthyle ou cyanétholine de*

Cloëz]. — Ce composé se produit et se purifie comme le corps précédent.

C'est un liquide huileux, incolore, d'une densité de 1,1271 à 15°, d'une odeur d'huile douce de vin, d'une saveur d'abord éthérée et amère, puis âcre et persistante.

Soumis pendant plusieurs heures à l'action de la chaleur (120° à 150°), il passe, à la distillation de l'alcool, un liquide fluide qui se dissout et une partie huileuse qui se sépare. Il reste dans la cornue un résidu solide, jaunâtre, vitreux.

Ce résidu pulvérisé, repris par l'alcool chaud, laisse une partie insoluble qui a donné à l'analyse des nombres se rapportant à peu près à la composition de l'acide trigénique.

Quant au produit huileux, lavé et séché, il distille sans altération vers 195°. Son analyse a donné des nombres très-rapprochés de ceux qui correspondent à l'éther cyanique.

Ce corps intéressant, qui n'a pu être complétement étudié, nous paraît être le vrai éther cyanique. Comme les composés de cette série (chlorure de cyanogène, acide cyanique), il est susceptible de passer avec le temps à une modification solide isomérique, et de pouvoir alors, comme certains d'entre eux, revenir, par l'application de la chaleur, à son état primitif. Ce même produit condensé semble aussi s'obtenir en distillant longtemps de l'eau sur l'isocyanate d'éthyle.

Le cyanate d'éthyle de Cloëz ne s'altère pas à l'air; les acides en séparent peu à peu, à froid ou à chaud, la quantité théorique d'acide cyanurique.

La potasse hydratée donne avec lui de l'alcool et du cyanurate de potassium. On n'obtient pas trace d'éthylamine.

L'ammoniaque agit comme la potasse; elle ne donne pas d'éthylurée.

CYANATE D'AMYLE DE CLOEZ. — Il s'obtient comme les précédents. Il est difficile de l'obtenir à l'état de pureté. Ses réactions générales sont celles de ses homologues inférieurs. Il a été peu étudié. A. G.

CYANITE. — Voyez DISTHÈNE.

CYANOFERRURES. — Voyez CYANURES DE FER.

CYANOGÈNE,

$$\left.\begin{matrix}CAz\\CAz\end{matrix}\right\} = \left.\begin{matrix}Cy\\Cy\end{matrix}\right\}.$$

— A l'état de liberté le radical cyanogène a une molécule double de celle qu'il a dans ses combinaisons. C'est Gay-Lussac qui a découvert le cyanogène libre en 1815 [*Ann. de Chim.*, t. LXXVII, p. 128; t. XCV, p. 136]. Il le préparait par la décomposition des cyanures de mercure, d'argent ou d'or.

Depuis lors on a reconnu que ce corps prend naissance dans d'autres réactions. Ainsi l'oxalate d'ammoniaque qui représente du cyanogène plus de l'eau, donne du cyanogène lorsqu'on le soumet à la distillation sèche; l'oxamide peut être substituée à l'oxalate ammonique.

Le cyanogène libre a été rencontré en très-petite quantité (1,34 °/₀) parmi les gaz qui se dégagent par le traitement des minerais de fer par la houille dans les hauts-fourneaux [Bunsen et Playfair, *Journ. für prakt. Chem.*, t. XLII, p. 145]; ce gaz se forme lorsqu'on fait brûler un mélange de gaz de l'éclairage et de gaz ammoniac dans une lampe de Bunsen, mais cesse de se former si l'on enflamme le même mélange avec un bec d'Argant en porcelaine [M. C. Levoir, *Journ. für prakt. Chem.*, t. LXXVI, p. 445, et *Répert. de Chim. pure*, 1859, p. 559].

C'est ordinairement au procédé de Gay-Lussac que l'on a recours pour préparer le cyanogène; on chauffe du cyanure de mercure bien sec dans une petite cornue jusqu'au rouge sombre, et l'on recueille le gaz sur le mercure :

$$\underset{\text{Cyanure de mercure.}}{Hg''Cy^2} = \underset{\text{Cyanogène.}}{Cy^2} + \underset{\text{mercure.}}{Hg.}$$

Les vapeurs de mercure se condensent sur le col de la cornue et le cyanogène se dégage à l'état gazeux. Il se produit toujours dans cette préparation un léger résidu noir (paracyanogène) qui renferme les mêmes proportions de carbone et d'azote que le gaz (voyez plus bas).

Un autre mode de préparation, qui a été proposé par M. Kemp, consiste à distiller dans une cornue de verre un mélange intime de 2 p. de ferrocyanure jaune de potassium desséché et de 3 p. de bichlorure de mercure [Kemp, *Ann. der Chem. u. Pharm.*, t. XLVIII, p. 100]. Il reste pour résidu une matière foncée qui renferme du chlorure de potassium et du cyanure de fer. Il est infiniment probable que dans cette réaction il se produit d'abord du cyanure de mercure, qui se décompose ensuite. Berzelius conseille de remplacer le cyanoferrure par le cyanure de potassium, parce que, sous l'influence de la chaleur, le cyanoferrure potassique dégage toujours de l'azote.

Propriétés. — Le cyanogène est un gaz incolore d'une odeur piquante qui rappelle celle des amandes amères; sa densité est égale à 1,8064 par rapport à l'air et à 25,533 par rapport à l'hydrogène. L'eau en absorbe 4 fois 1/2 et l'alcool 23 fois son volume.

Le cyanogène n'est point un gaz permanent; sous une pression de plusieurs atmosphères ou par un froid de — 25° à — 30°, il se condense en un liquide incolore, et à une température plus basse il se prend en une masse solide radiée et cristalline qui ressemble à de la glace et qui fond à — 34°,4. Le cyanogène liquide a une densité de 0,866 à 17°,2. Son pouvoir réfringent est de 1,316; il conduit très-mal l'électricité [Davy et Faraday, *Phil. transact.*, 1823, p. 196].

MM. Bunsen d'un côté et Faraday de l'autre ont fait connaître la tension de la vapeur de cyanogène en atmosphères à diverses températures [Faraday, *Bibl. univ. de Genève* (nouv. sér.), t. LIX, p. 162; — Bunsen, *Poggend. Ann.*, t. XLVI, p. 101].

Suivant Nieman, une tension de 4 atmosphères correspondrait à la température de 12°,5.

Un mélange de cyanogène liquide et solide à — 34°,4 a une tension de vapeur inférieure à la pression atmosphérique. Lorsqu'on évapore à l'air du cyanogène liquide, on n'observe pas que les dernières portions se congèlent.

Suivant M. Hermann Kopp, le volume atomique du cyanogène déduit de l'étude des cyanures de méthyle ou de phényle est égal à 28 [*Ann. de Chim. et de Phys.*, (3), t. LI, p. 479].

Le cyanogène brûle avec une flamme pourprée sur les bords et se transforme en anhydride carbonique et azote. Quand on le mélange avec de l'oxygène, on peut le faire détoner par l'étincelle électrique. Si l'oxygène est en excès, 1 volume de cyanogène consomme 2 volumes d'oxygène et donne 2 volumes d'anhydride carbonique et 1 volume d'azote, de manière que le volume reste après ce qu'il était avant l'explosion.

Le mélange d'oxygène et de cyanogène prend feu sous l'influence de l'éponge de platine [Wœhler, *Poggend. Ann.*, t. XV, p. 627]. Incomplétement brûlé, le cyanogène donne de l'azote et un mélange d'anhydride carbonique et d'oxyde de carbone [Bunsen, *Ann. der Chem. u. Pharm.*, (2), t. IX, p. 137, et *Ann. de Chim. et de Phys.*, (3), t. XXXVIII, p. 357]. Il ne se décompose pas dans un tube chauffé au rouge.

Sous l'influence d'étincelles électriques répétées, le cyanogène se détruit avec dépôt de charbon, et mise en liberté d'azote, sans que le volume varie; la décomposition ne peut point être opérée par la décharge obscure de la pile, à cause de la résistance extrême que le cyanogène gazeux oppose au passage du courant [Th. Andrews et P. G. Tait, *Journ. of the Chem. Soc.*, t. XIV, p. 361, et *Ann. de Chim. et de Phys.*, (3), t. LXII, p. 110]. Le chlore sec et le cyanogène ne réagissent pas même au soleil; mais si les deux gaz sont humides, il se forme un produit huileux mêlé d'une matière solide, peu soluble dans l'alcool et l'éther et d'une odeur aromatique [Serullas, *Ann. de Chim. et de Phys.*, t. XXXV, p. 299].

La dissolution aqueuse du cyanogène brunit promptement à la lumière en déposant des flocons noirs qui ont reçu le nom d'acide azulmique et qui paraissent avoir pour composition $Cy^n(H^2O)^n$. D'après MM. Pelouze et Richardson, la formule de l'acide azulmique serait $C^2H^4Az^4O^2$ [*Ann. der Chem. u Pharm.*, t. XXVI, p. 63]. M. Wœhler a trouvé dans la liqueur d'où les flocons se sont déposés de l'anhydride carbonique, de l'acide cyanhydrique, de l'ammoniaque, de l'urée et de l'oxalate d'ammoniaque [Wœhler, *loc. cit.*].

Il est probable que ces divers produits appartiennent à des réactions différentes. On peut expliquer leur formation par les équations suivantes:

1° $C^2Az^2 + 4H^2O = C^2(AzH^4)^2O^4$.
Cyanogène. Eau. Oxalate ammonique.

2° $C^2Az^2 + H^2O = CAzHO + CAzH$.
Cyanogène. Eau. Acide cyanique. Acide cyanhydrique.

3° $CAzHO + H^2O = AzH^3 + CO^2$.
Acide cyanique. Eau. Ammoniaque.

4° $CAzHO + AzH^3 = CH^4Az^2O$.
Acide cyanique. Ammoniaque. Urée.

Les solutions alcooliques ou éthérées de cyanogène donnent naissance aux mêmes produits, mais la présence d'un acide protège le cyanogène et l'empêche de subir cette série de métamorphoses.

La potasse en solution aqueuse absorbe vivement le cyanogène. La liqueur jaunit, puis brunit, et renferme alors un sel brun (de l'azulmate potassique), du cyanure de potassium, du cyanate potassique et probablement aussi de l'oxalate de potasse.

Dirigé sur du carbonate de potasse chauffé au rouge, le cyanogène donne du cyanure et du cyanate de potassium. Dès qu'on dissout la masse refroidie dans l'eau, ce dernier sel se convertit en carbonate alcalin et ammoniaque.

La solution aqueuse d'ammoniaque transforme le cyanogène dans les mêmes produits que l'eau pure. Il n'en est plus de même lorsqu'on opère avec une solution aqueuse d'aldéhyde. Suivant M. Liebig, le cyanogène se transforme dans ces conditions en oxamide; on trouve en même temps dans le liquide des produits d'altération de l'aldéhyde, de l'oxalate d'ammoniaque et un corps cristallin qui paraissait avoir de l'analogie avec l'allantoïne, sans qu'on ait pu constater son identité avec cette dernière substance [Liebig, *Ann. der Chem. u. Pharm.*, t. CXIII (nouv. sér., t. XXXVII), p. 1 et 246; *Répert. de Chim. pure*, 1860, p. 128 et 181].

M. Berthelot a répété la même expérience dans des conditions un peu différentes; il a fait passer un courant de cyanogène à travers le produit brut chargé d'aldéhyde que l'on obtient par l'oxydation de l'alcool. Il ne s'est pas formé d'oxamide, mais bien un corps qui répond à la formule $C^6H^{10}Az^4O^4$ et qui paraît être formé d'une molécule d'aldéhyde et de deux molécules d'oxamide unies avec élimination de H^2O:

$$2C^2H^4Az^2O^2 + C^2H^4O = C^6H^{10}Az^4O^4 + H^2O$$

Oxamide. Aldéhyde. Nouveau corps. Eau.

[Berthelot, *Compt. rend. de l'Académie*, t. LVI, p. 1170].

Le cyanogène fixe l'hydrogène naissant et se convertit en éthylène diamine:

$$\begin{matrix} CAz \\ | \\ CAz \end{matrix} + 4H^2 = \begin{matrix} C \left\{ \begin{matrix} AzH^2 \\ H^2 \end{matrix} \right. \\ | \\ C \left\{ \begin{matrix} H^2 \\ AzH^2 \end{matrix} \right. \end{matrix}$$

Cyanogène libre. Hydrogène. Éthylène diamine.

L'opération réussit bien si l'on dégage l'hydrogène par la dissolution de l'étain dans l'acide chlorhydrique. On chasse ensuite le métal par l'hydrogène sulfuré, et après avoir concentré la liqueur, on y ajoute du chlorure de platine; le chloroplatinate d'éthylène diammonium se dépose alors en cristaux [Fairley, *Journ. of the Chem. Soc.*, t. XVII, p. 362, et *Bull. de la Soc. chim.*, 1865, t. VI, p. 478].

L'anhydride hypochloreux décompose lentement le cyanogène avec production d'anhydride carbonique, de chlore, d'azote et de chlorure de cyanogène gazeux. L'acide hypochloreux donne lieu à la production des mêmes gaz qui se dégagent avec effervescence. Le liquide renferme ensuite des acides chlorhydrique et cyanique et une couche de chlorure de cyanogène et de chlorure d'azote nage à sa surface.

Le cyanogène est décomposé par une solution de sulfate manganique; il se produit du sulfate manganeux en même temps qu'il se dégage de l'azote et de l'anhydride carbonique.

Quand on chauffe le potassium dans un courant de cyanogène, ce métal brûle et se convertit en cyanure. Le platine, l'or et le cuivre peuvent être chauffés dans le cyanogène sans se combiner avec lui. Le fer chauffé au rouge le décompose en s'emparant de son carbone et en mettant l'azote en liberté. Le fer devient cassant.

Le cyanogène ne s'unit directement ni à l'hydrogène ni au soufre, mais il forme avec l'acide sulfhydrique deux composés cristallisables.

Une solution de protochlorure de cuivre dans l'acide chlorhydrique absorbe le cyanogène avec formation d'un dépôt jaune de chrome dont la couleur se modifie rapidement à l'air.

L'oxyde de mercure absorbe aussi le gaz, mais avec lenteur.

Le cyanogène se fixe directement sur plusieurs alcalis organiques tels que l'aniline, la codéine, la toluidine, etc. Il forme alors de nouveaux alcalis cyanés, tels que la cyaniline, la cyanotoluidine et la cyanocodéine. On obtient toujours de l'acide oxalique ou ses dérivés lorsqu'on décompose ces alcaloïdes cyanés par les alcalis.

Combinaison du cyanogène avec l'acide sulfhydrique [Gay-Lussac, *Ann. de Chim.* (1815), t. XCV, p. 136; — Wœhler, *Ann. de Poggend.*, t. III, p. 177; — Liebig et Wœhler, *Ann. de Poggend.*, t. XXIV, p. 167; — Voelckel, *Ann. der Chem. u. Pharm.*, t. XXXVIII, p. 314; *Ann. de Poggend.*, t. LXII, p. 115, et t. LXIII, p. 96; — Laurent, *Compt. rend. des trav. de Chim.*, 1850, p. 373]. — Le cyanogène peut entrer en combinaison soit avec une, soit avec deux molécules d'hydrogène sulfuré, lorsqu'on fait réagir les deux gaz à l'état humide. A l'état sec, ils ne réagissent pas. On obtient le composé monosulfhydrique en employant un excès de cyanogène, et le produit bisulfhydrique en employant un excès d'hydrogène sulfuré. Bouillis avec des alcalis, ces composés se scindent en acide sulfhydrique qui fait la double décomposition avec l'alcali et en cyanogène qui fixe de l'eau et donne de l'oxalate ammonique. La combinaison sulfhydrique représente de l'oxamide dont l'oxygène est remplacé par du soufre :

$$C^2Az^2, 2H^2S = C^2H^4Az^2S^2 = \left.\begin{matrix} C^2S^2 \\ H^2 \\ H^2 \end{matrix}\right\} Az^2.$$

Bisulfhydrate de cyanogène. — Oxamide sulfurée.

Combinaison monosulfhydrique, $C^2Az^2.H^2S$. — Pour obtenir ce corps, on humecte les parois d'un grand ballon de verre dans lequel on fait arriver un courant de cyanogène et un courant d'hydrogène sulfuré, en ayant soin que le premier de ces gaz soit toujours en excès. Il ne tarde pas à se déposer sur les parois du ballon de longues aiguilles un peu jaunes, et dans la partie déclive un liquide qui bientôt se prend lui aussi en une masse cristalline. On lave le ballon avec de l'éther qui dissout les cristaux et on met la solution dans une capsule que l'on chauffe modérément pour hâter l'évaporation. Le liquide qui reste lorsque tout l'éther est évaporé cristallise par le refroidissement. On exprime les cristaux entre des doubles de papier buvard, puis on les redissout dans l'éther et l'on filtre pour éliminer une substance noire insoluble dans ce liquide. La solution éthérée rapidement évaporée à l'aide d'une douce chaleur et d'un fort courant d'air pour éviter l'élévation de la température, puis abandonnée à elle-même, se prend en une masse cristalline.

Le sulfhydrate de cyanogène se présente en aiguilles jaunes, inodores et d'une saveur très-mordicante d'abord, puis très-amère. Il est fort soluble dans l'éther; l'eau et l'alcool le dissolvent aussi. Sa solution aqueuse ne rougit pas la teinture de tournesol.

Dissous dans l'eau, il s'altère à la longue, acquiert l'odeur de l'acide cyanhydrique et dépose des flocons bruns. Les alcalis bouillants le transforment en acide oxalique, acide sulfhydrique et ammoniaque. Avec la potasse concentrée, il se forme en outre du sulfocyanate et du cyanure :

$$C^2Az^2H^2S = CAzH + CAzHS.$$

Monosulfhydrate de cyanogène. — Acide cyanhydrique. — Acide sulfocyanique.

L'azotate d'argent précipite immédiatement du sulfure d'argent dans une solution aqueuse de ce corps en même temps que du cyanogène se dégage; l'acétate de plomb y donne aussi un précipité de sulfure de plomb, mais cette précipitation n'est pas immédiate. Les sels de mercure, d'or, de palladium et de cuivre y font naître aussi des précipités bruns ou gris.

Combinaison bisulfhydrique, $C^2H^4Az^2S^2$. — On obtient ce corps en faisant arriver simultanément dans l'alcool un courant de cyanogène et d'acide sulfhydrique, ce dernier en excès. Le corps ne tarde pas à se séparer sous forme de cristaux orangés qu'on purifie par une nouvelle cristallisation dans l'alcool. On peut, dans cette opération, remplacer l'alcool par l'eau, mais alors la matière s'altère toujours un peu.

Le bisulfhydrate de cyanogène cristallise en petits cristaux orangés, brillants, opaques, solubles dans l'eau froide, plus solubles dans l'eau bouillante et très-solubles dans l'alcool et dans l'éther. Chauffés modérément, ils se subliment en partie et en partie se décomposent en dégageant du sulfhydrate ammonique et en laissant du charbon. La portion décomposée est toujours la plus considérable.

L'ammoniaque n'altère le bisulfhydrate de cyanogène ni à l'état liquide ni à l'état gazeux. L'acide sulfureux ne l'attaque pas non plus, et il en est de même du chlore à la température ordinaire. A chaud, ce dernier le détruit avec formation de chlorure de soufre.

A froid, la potasse caustique dissout ce corps sans l'altérer; à l'ébullition, elle le transforme en un mélange de cyanure, de sulfocyanate et de sulfure de potassium :

$$C^2H^4Az^2S^2 + 2KHO = CAzH + CAzHS + K^2S + 2H^2O.$$

Bisulfhydrate de cyanogène. — Potasse. — Acide cyanhydrique. — Acide sulfocyanique. — Sulfure de potassium. — Eau.

Si la potasse est étendue, il se forme de l'ammoniaque, de l'oxalate potassique et du sulfure de potassium :

$$C^2H^4Az^2S^2 + 4H^2O = 2AzH^3 + C^2H^2O^4 + 2H^2S.$$

Bisulfhydrate de cyanogène. — Eau. — Ammoniaque. — Acide oxalique. — Acide sulfhydrique.

La dissolution du bisulfhydrate de cyanogène ne s'altère pas lorsqu'on la fait bouillir avec le bioxyde de mercure. En cristaux, ce corps n'est point attaqué à 100° par l'acide chlorhydrique gazeux; mais si l'on fait intervenir l'eau et qu'on fasse bouillir le mélange, on obtient les mêmes produits d'hydratation qu'avec la potasse diluée.

L'acide sulfurique concentré dissout les cristaux sans les altérer, l'eau les précipite de cette solution. L'acide azotique bouillant les détruit avec formation d'acide sulfurique.

La solution aqueuse du bisulfhydrate de cyanogène précipite les sels d'argent, de plomb et de cuivre; le précipité argentique se décompose, à une douce chaleur, en sulfure d'argent et en cyanogène gazeux. Les sels de zinc et ceux de fer ne sont pas précipités.

Le précipité plombique répond à la formule

$$C^2H^2Pb''Az^2S^2.$$

On l'obtient en traitant une solution alcoolique des cristaux par de l'acétate de plomb. Ce sel ne doit point être employé en excès, sans quoi, surtout si l'on ne filtre pas rapidement, la combinaison éprouve un commencement de décomposition. Le produit doit être desséché dans le vide sur l'acide sulfurique. La chaleur l'altérerait. C'est une poudre d'un beau jaune qui rappelle la nuance du jaune de chrome. Bouilli avec de l'eau, ce corps se détruit avec dégagement de cyanogène, précipitation de sulfure de plomb et régénération d'une petite quantité de bisulfhydrate de cyanogène qui se dissout.

Quelle est la constitution des composés sulfhydriques du cyanogène? C'est ce qu'il serait difficile de décider aujourd'hui d'une manière absolue; mais on peut toutefois supposer que ces corps sont analogues aux chlorhydrates, bromhydrates et iodhydrates d'acide et d'éther cyanhydrique découverts par M. Gautier et par M. Gal. Le cyanogène libre renfermant deux fois le radical cyanogène, on conçoit qu'il puisse fixer deux molécules acides, alors que l'acide cyanhydrique et les éthers cyanhydriques qui ne renferment qu'une fois ce radical ne peuvent fixer qu'une seule molécule acide.

PARACYANOGÈNE, $(CAz)^n$ [Johnston, *Ann. der Chem. u. Pharm.*, t. XXII, p. 280; — Liebig, *ibid.*, t. L, p. 357; — Rammelsberg, *Poggend. Ann.*, t. LXXIII, p. 84; — Thaulow, *Journ. für prakt. Chem.*, t. XXXI, p. 226; — Delbruck, *ibid.*, t. XLI, p. 164; — Spencer, *ibid.*, t. XXX, p. 478; et *Annuaire de Chim. de Millon et Reiset*, 1845, p. 242; — Troost et Hautefeuille, *Compt. rend.*, t. LXVI, p. 735-795]. — On a donné le nom de paracyanogène à une substance polymérique ou isomérique avec le cyanogène qui reste en petite quantité comme résidu lorsqu'on prépare le cyanogène par la calcination du cyanure de mercure. Lorsqu'on veut avoir ce corps aussi pur que possible, il faut opérer avec du cyanure mercurique bien sec. La moindre trace d'humidité donne en effet de l'ammoniaque et du charbon. Ce dernier reste mêlé au paracyanogène.

Suivant Liebig, lorsqu'on chauffe le cyanure d'argent, ce sel fond d'abord sans se décomposer, mais si l'on continue à élever la température, il se dégage du cyanogène. Il arrive même un moment où ce dégagement devient extrêmement tumultueux et où une espèce d'ignition se répand dans la masse. Quand cette action a cessé, il reste un résidu gris clair doué de l'éclat métallique, dont le poids s'élève à 90 °/₀ du cyanure d'argent employé. Ce résidu, chauffé plus encore, se transforme en argent métallique dans lequel du paracyanogène est disséminé. L'acide azotique extrait de l'argent de ce mélange et laisse un résidu brun qui renferme encore plus de 40 °/₀ de ce métal. Le mélange primitif s'amalgame avec le mercure, ce qui prouve bien qu'une portion de l'argent s'y trouve à l'état métallique.

Spencer prétend avoir obtenu du paracyanogène en faisant arriver un courant de chlore dans une solution aqueuse de cyanure de potassium. Pendant cette opération, la température de la liqueur peut s'élever jusqu'à 87°, et il se forme un précipité qui se ramasse lentement, pendant que la liqueur surnageante se colore en rouge écarlate. Le précipité est recueilli sur un filtre et lavé. C'est lui qui, d'après Spencer, constituerait du paracyanogène tout à fait identique à celui qui est préparé à chaud, à cette différence près que ce dernier est un peu moins soluble dans l'eau. Dans ce mode de préparation, le brome et l'iode pourraient être substitués au chlore. Le corps ainsi obtenu est-il vraiment du paracyanogène? Le fait est fort possible; mais avec des corps noirs, presque insolubles, et ne présentant aucune garantie de pureté, une question d'identité est bien difficile à trancher.

Troost et Hautefeuille préparent le paracyanogène en chauffant le cyanure de mercure à 440° pendant 24 heures, et en faisant ensuite passer un courant de cyanogène à travers le tube maintenu à 440° pour entraîner le mercure.

Le paracyanogène se transforme intégralement en cyanogène, sans laisser de résidu de charbon lorsqu'on le calcine dans un gaz inerte, comme l'anhydride carbonique et l'azote.

Le chlore le transforme à chaud en une substance qui apparaît d'abord sous la forme de nuages blancs d'une odeur suffocante et qui se condense ensuite sous la forme d'un sublimé blanc soluble dans l'eau.

CHLORURES DE CYANOGÈNE.

On en connaît sûrement deux : un liquide qui répond à la formule CyCl, et un solide dont la composition est représentée par la formule Cy^3Cl^3. Le premier correspond à l'acide cyanique, et le second à l'acide cyanurique. On a constaté de fait que le chlorure liquide se transforme par la potasse en carbonate alcalin et ammoniaque, qui sont les produits de décomposition de l'acide cyanique par les alcalis, et que, dans les mêmes conditions, le chlorure solide donne un cyanurate alcalin.

Chlorure de cyanogène, CyCl. — Le corps CyCl est souvent décrit comme un gaz parce qu'il bout à une très-basse température. On a donc admis qu'il différait du chlorure liquide. Mais, comme toutes ses propriétés tendent à le confondre avec celui-ci, il est infiniment probable qu'il lui est identique, bien que l'isomérie soit possible dans les corps CAzX, ainsi que l'a montré M. Gautier pour les éthers cyanhydriques. Nous parlerons d'abord de ce que les auteurs appellent le chlorure de cyanogène gazeux [Berthollet, *Ann. de Chim.*, t. I, p. 35; — Gay-Lussac, *ibid.*, t. XC, p. 200; — Serullas, *Ann. de Chim. et de Phys.*, t. XXXV, p. 291, 337; *Journ. de Chim. médicale*, t. VII, p. 129; *Poggend. Ann.*, t. XXI, p. 495; — Wœhler, *Ann. de Chim. et de Pharm.*, t. LXXIII, p. 219; — Cahours et Cloëz, *ibid.*, t. XC, p. 97; *Compt. rend.*, t. XXXVIII, p. 354; *Journ. of the Chem. Soc.*, t. VII, p. 184; — Cloëz, *Ann. der Chem. u. Pharm.*, t. CII, p. 354; *Compt. rend. de l'Acad.*, t. XLIV p. 482; — Klein, *Ann. der Chem. u. Pharm.* t. LXXIV, p. 85; — Martius, *ibid.*, t. CIX, p. 79; — Langlois, *Ann. de Chim. et de Phys.*, (3), t. LXI, p. 481].

Préparation. — D'après Serullas, on le prépare par l'action du chlore sur le cyanure de mercure :

$$\overset{''}{Hg}Cy^2 + 4Cl = 2CyCl + \overset{''}{Hg}Cl^2.$$

Cyanure mercurique.	Chlore.	Chlorure de cyanogène.	Chlorure mercurique.

On place dans des flacons de deux ou trois litres, remplis de chlore et munis de bouchons à l'émeri, une quantité de cyanure de mercure humide et pulvérisé égale à 5 ou 6 grammes par litre de gaz, puis on abandonne les flacons pendant 24 heures dans l'obscurité après les avoir bien bouchés. Au bout de ce temps, la couleur jaune du chlore a complétement disparu. On place alors les flacons dans un mélange réfrigérant de glace et de sel marin, et l'on ne tarde pas à voir le chlorure de cyanogène se prendre en une masse cristalline. On verse alors dans chaque flacon 100 grammes d'eau et l'on remplit presque entièrement un ballon à long col avec la solution que l'on obtient. Ce ballon étant mis en communication avec un flacon desséchant, plein de chlorure de calcium, qui communique lui-même avec un second flacon bien refroidi, on le chauffe légèrement. Le chlorure de cyanogène se dégage à l'état gazeux et vient se condenser en cristaux dans le second flacon après avoir traversé le premier et s'y être desséché. Il faut alors boucher solidement ce flacon avec un bouchon à l'émeri; à la température ordinaire, les cristaux fondent et se réduisent en gaz. Si l'on verse un peu d'eau sur ces cristaux tant qu'ils sont placés dans le mélange réfrigérant, il se forme deux couches dont la supérieure est une solution aqueuse de chlorure de cyanogène.

Pour recueillir le chlorure de cyanogène pur et à l'état gazeux, Serullas conseille d'opérer comme il suit : On le dessèche dans le flacon même où il a pris naissance, on y ajoute du chlorure de calcium pendant qu'on le tient plongé dans le mélange réfrigérant, et on abandonne le tout pendant 3 ou 4 jours. Au bout de ce temps, on refroidit de nouveau, de manière que le chlorure de cyanogène se prenne en cristaux, puis on remplit le flacon de mercure sec, pour chasser tous les gaz; on y adapte un tube abducteur, on le retire du mélange de sel et de glace, et on le chauffe légèrement. Le chlorure de cyanogène passe à l'état gazeux, se dégage en bulles à travers le mercure, et peut être recueilli sous une cloche placée sur ce dernier liquide. Si pendant la préparation de ce corps on exposait les flacons au soleil ou qu'on laissât la température s'élever entre 30° et 40°, il se décomposerait.

Gay-Lussac faisait passer le chlore dans de l'acide prussique étendu et refroidi jusqu'à ce que le liquide commençât à décolorer la solution d'indigo, il agitait avec du mercure pour enlever l'excès de chlore, et chauffait légèrement le liquide pour faire dégager le gaz. Ainsi obtenu, le chlorure de cyanogène renferme toujours de l'anhydride carbonique.

Wœhler fait passer un courant de chlore à travers une solution aqueuse saturée de cyanure de mercure à laquelle il ajoute une certaine quantité de ce sel réduit en poudre fine. Il n'interrompt le passage du gaz que lorsque le liquide en est complétement saturé. On bouche alors le vase qui renferme la solution et on l'abandonne à l'obscurité jusqu'à ce que tout le cyanure de mercure soit dissous et tout le chlore fixé, ce qui exige de fréquentes agitations. On agite alors le liquide avec du mercure pour le débarrasser de l'excès de chlore, on le place dans un ballon qui communique avec un appareil à dessiccation et avec un récipient refroidi pour recueillir le chlorure de cyanogène suivant la méthode ordinaire.

D'après MM. Cahours et Cloëz, le meilleur procédé pour obtenir le chlorure de cyanogène gazeux consiste à introduire 100 grammes de cyanure de mercure avec 4 litres d'eau dans un flacon de 6 litres environ de capacité et à saturer la dissolution de chlore à la température de 0°. Il se produit alors une assez grande quantité d'hydrate de chlore. Celui-ci réagit entièrement dans l'espace de 24 heures sur le cyanure de mercure, lequel se convertit en chlorure mercurique et en chlorure de cyanogène qui restent dissous. Si l'on introduit la liqueur dans un ballon qu'on chauffe modérément, le gaz se dégage entraînant avec lui une petite quantité de chlore dont on le débarrasse en le faisant passer sur de la tournure de cuivre qui absorbe entièrement le chlore à la température ordinaire, sans toucher au chlorure de cyanogène. On fait ensuite passer ce dernier gaz sur du chlorure de calcium pour le dessécher complétement.

Langlois prépare le chlorure de cyanogène gazeux au moyen du cyanure de potassium. Il fait dissoudre 1 p. de ce sel dans 2 p. d'eau distillée, place la solution dans un ballon dont elle ne doit occuper que le quart environ, et dans lequel il fait arriver un courant de chlore. Le gaz qui sort de ce ballon est reçu dans un large tube rempli de chlorure de calcium fondu, terminé par un récipient de verre en forme d'U, plongeant dans un mélange de glace et de sel marin où la température s'abaisse jusqu'à — 18° et même jusqu'à — 20°. Au début de l'opération, on refroidit avec de la glace le ballon qui renferme la solution de cyanure potassique : si dans ces conditions on n'y fait pas arriver plus de chlore qu'il n'en faut pour décomposer ce sel, du chlorure de cyanogène se dégage entièrement exempt de chlore; toutefois on peut, pour plus de certitude, faire passer le gaz sur de la tournure de cuivre. Quand le gaz cesse de se dégager, il en reste encore dans le ballon, où il existe probablement à l'état de combinaison avec le chlorure de potassium. On retire alors la glace qui entoure le ballon et on la remplace par de l'eau chauffée à 45° environ. Le chlorure de cyanogène se dégage en totalité. Pendant ce dernier temps de l'opération, on interrompt le courant de chlore. Si on laissait la température s'élever à 80° ou 90°, on obtiendrait d'autres produits en même temps que le chlorure de cyanogène gazeux.

Propriétés. — Le chlorure de cyanogène est gazeux à la température ordinaire, incolore, vénéneux et d'une odeur insupportable qui excite rtement la toux. Sa densité = 2,124 par rapport à l'air, et 30 par rapport à l'hydrogène; le calcul exigerait 2,128 ou 30,08992. Il se condense entre — 12° et — 15°, ou à 0° sous la pression de 4 atmosphères. C'est alors un liquide incolore que l'on peut conserver dans des tubes scellés à la lampe. A — 18° il cristallise en longues aiguilles prismatiques transparentes. Abandonné pendant longtemps à lui-même dans des vases scellés, il finit par se convertir en chlorure solide Cy^3Cl^3; toutefois il est rare que cette transformation soit bien complète, et les cristaux sont presque toujours baignés de chlorure liquide.

L'eau à 20° dissout 25 fois son volume de chlorure de cyanogène gazeux, l'éther en dissout 50 fois et l'alcool 100 fois son volume. La solution aqueuse ne rougit pas le tournesol et ne précipite pas les sels d'argent. Elle paraît se décomposer peu à peu.

Réactions. — Le chlorure de cyanogène gazeux est absorbé par la potasse avec production de carbonate de potasse, de chlorure de potassium et d'ammoniaque. Cette réaction s'accomplit en deux phases. Le chlorure de cyanogène se transforme d'abord en chlorure et cyanate potassique, et ce dernier, au contact d'un excès d'alcali, donne de l'anhydride carbonique et de l'ammoniaque :

1° $CyCl + 2KOH = Cy.OK + KCl + H^2O$.

Chlorure de cyanogène gazeux.	Potasse.	Cyanate de potassium.	Chlorure de potassium.	Eau.

2° $Cy.OK + KOH + H^2O = CO^3.K^2 + AzH^3$.

Cyanate potassique.	Potasse.	Eau.	Carbonate potassique.	Ammoniaque.

Le *potassium* chauffé dans un courant de ce gaz donne du chlorure et du cyanure de potassium. Dans les mêmes conditions, l'*antimoine* donne du chlorure d'antimoine et du cyanogène libre.

En réagissant sur l'ammoniaque, le chlorure de cyanogène forme, d'après Cloëz et Cannizzaro (voyez CYANAMIDE), un mélange de cyanamide et de sel ammoniac :

$$CyCl + 2AzH^3 = AzH^4Cl + AzH^2Cy.$$

Chlorure de cyanogène.	Ammoniaque.	Sel ammoniac.	Cyanamide.

Une réaction analogue se produit lorsqu'on remplace l'ammoniaque par des ammoniaques composées primaires, telles que l'aniline et l'éthylamine, ou par des ammoniaques composées secondaires, comme la diéthylamine. Il se produit dans ce cas de la cyanamide dont 1 ou 2 atomes d'hydrogène sont remplacés par des radicaux alcooliques.

Avec les ammoniaques primaires il peut toutefois se produire une autre réaction si la température s'élève. Au lieu de l'alcalamide dont nous venons de parler, il se produit alors des combinaisons de l'alcalamide avec l'ammoniaque primaire elle-même. Ainsi l'aniline donne dans ce cas la mélaniline :

$$CyCl + 3C^6H^5.H^2.Az$$

Chlorure de cyanogène. — Phénylamine.

$$=(C^6H^5.H^3.Az)Cl$$

Chlorure de phényl-ammonium.

$$+\underbrace{(C^6H^5.H.Cy.Az, C^6H^5.H^2.Az)}_{\text{Mélaniline.}} = C^{13}H^{13}Az^3.$$

Ces derniers produits prennent naissance lorsqu'on chauffe les amines cyanées avec les amines primaires. Ainsi la mélaniline se produit par la réaction directe de l'aniline sur la phényl-cyanamide.

La solution du chlorure de cyanogène *dans l'alcool* se décompose au bout de quelques jours en un mélange d'acide chlorhydrique, de chlorure ammonique, de carbonate et de carbamate d'éthyle. Les alcools méthylique et amylique donnent lieu à des réactions semblables (Wurtz).

L'éthylate de soude réagit vivement sur le chlorure de cyanogène gazeux et donne un corps isomérique avec l'éther cyanique de M. Wurtz. Ce corps a reçu le nom de *cyanétholine* (Cloez).

COMBINAISONS DU CHLORURE DE CYANOGÈNE AVEC D'AUTRES CHLORURES [Wœhler, *loc. cit.*; — Klein, *loc. cit.*; — Martius, *loc. cit.*]. — On a décrit des combinaisons du chlorure de cyanogène avec les chlorures de bore, de titane, d'antimoine et de fer. Ce gaz se combine aussi avec le cyanure d'éthyle et l'acide cyanhydrique.

1° *Chlorure de bore et de cyanogène,*

$$BoCl^3.CyCl.$$

— Le chlorure de bore liquide absorbe vivement le chlorure de cyanogène gazeux avec développement de chaleur, et donne une masse cristalline blanche et molle qui a la composition indiquée. Si la saturation est incomplète, ce produit se dépose peu à peu en petits prismes incolores. Le chlorure double de bore et de cyanogène rappelle le chlorure de cyanogène par son odeur, fume à l'air, et est décomposé par l'eau en acide chlorhydrique, acide borique et chlorure de cyanogène gazeux; l'alcool lui fait subir la même décomposition. Fortement chauffé, il se sublime en laissant une substance blanche.

2° *Chlorure de cyanogène et de titane,*

$$TiCl^4.CyCl.$$

— Il se produit immédiatement avec dégagement de chaleur lorsqu'on fait arriver du chlorure de cyanogène dans du perchlorure de titane. La masse se solidifie et l'on est obligé de l'agiter en la faisant chauffer légèrement pour la saturer de chlorure cyanique. C'est un corps très-volatil, d'un jaune-citron, qui déjà au-dessous de 100° se vaporise et se sublime en petits cristaux jaunes et limpides, qui paraissent être des octaèdres rhomboïdaux.

Le chlorure double de titane et de cyanogène blanchit à l'air en répandant d'épaisses fumées, se dissout à chaud dans le perchlorure de titane bouillant qui l'abandonne cristallisé, par le refroidissement, et dans l'eau qui le détruit en mettant le chlorure de cyanogène en liberté. Il absorbe fortement l'ammoniaque. Le composé qui se forme est d'une couleur orangé foncé, elle blanchit à l'air et se dissout dans l'eau en abandonnant une certaine quantité d'acide titanique.

Le chlorure d'étain ne paraît pas s'unir au chlorure de cyanogène.

3° *Chlorure d'antimoine et de cyanogène,*

$$SbCl^5.CyCl.$$

— On obtient ce corps en petits cristaux déliés lorsqu'on fait arriver un courant de chlorure de cyanogène gazeux dans du perchlorure d'antimoine. La réaction s'accompagne d'un dégagement de chaleur. C'est un corps blanc qui, lorsqu'on le chauffe, se sublime en partie, et en partie se décompose avec évolution de chlorure de cyanogène gazeux. L'eau le décompose instantanément. Il absorbe l'ammoniaque en s'échauffant, et forme alors un corps jaune pulvérulent.

4° *Chlorure double de cyanogène et de fer,*

$$Fe^2Cl^6.2CyCl.$$

Lorsqu'on dirige un courant de chlorure de cyanogène gazeux sur du perchlorure de fer obtenu par voie sèche, ce gaz est absorbé avec un dégagement de chaleur tel, que la masse fond en un liquide noir; on n'obtient jamais cependant un produit complétement saturé de chlorure de cyanogène. Ce chlorure double fuse lorsqu'on le chauffe, se boursoufle et dégage du chlorure de cyanogène gazeux en même temps qu'une certaine quantité de chlorure de cyanogène solide qui se sublime en cristaux.

5° *Chlorure de cyanogène et cyanure d'éthyle* $C^3H^5Az.CyCl.$ — On obtient ce corps en saturant le cyanure d'éthyle avec du chlorure de cyanogène gazeux. Ce gaz est rapidement absorbé, et il se forme un composé liquide, incolore, volatil entre 60° et 68°, qui irrite fortement les yeux et les organes respiratoires. Abandonné à lui-même, ce composé se détruit en abandonnant la totalité de son chlorure de cyanogène à l'état de chlorure solide; l'eau le décompose immédiatement.

CHLORURE DE CYANOGÈNE LIQUIDE, CyCl [Wurtz, *Compt. rend. de l'Acad.*, t. XXIV, p. 436; *Ann. der Chem. u. Pharm.*, t. LXIV, p. 308, et *Journ. de Pharm.*, (3), t. XX, p. 14; *Ann. der Chem. u. Pharm.*, t. LXXIX, p. 280; — Salet, *Compt. rend. de l'Acad.*, t. LX, p. 535; *Bull. de la Soc. chim.*, 1865, t. IV, p. 105].

Préparation. — Pour préparer ce corps, on traite le chlorhydrure de cyanogène (voyez page 1080) par l'oxyde rouge de mercure. Pour éviter une réaction trop vive, il est bon de mélanger cet oxyde avec du chlorure de calcium fondu et pulvérisé, et de refroidir le mélange. Après quelques heures de contact on distille au bain-marie et l'on reçoit le produit dans un récipient bien refroidi.

Propriétés. — Le chlorure de cyanogène ainsi préparé constitue un liquide limpide qui irrite fortement les yeux et la muqueuse bronchique. Il est plus dense que l'eau, bout à 15°,5 (Wurtz, Salet), et se prend à — 5° en une masse solide cristalline, formée de longues lames transparentes. Sa vapeur est incombustible. Il tombe au fond de l'eau en s'y dissolvant cependant d'une manière sensible. Cette dissolution ne précipite pas l'azotate d'argent; mais elle acquiert la propriété de précipiter ce sel lorsqu'on y ajoute quelque peu de potasse et qu'on la neutralise ensuite par l'acide azotique. Cet acide détermine en outre, dans ces conditions, un dégagement de gaz carbonique. Ces réactions semblent indiquer que les alcalis transforment le chlorure de cyanogène liquide en chlorure et cyanate alcalins, le dernier de ces sels se décomposant ensuite avec formation d'anhydride carbonique et d'ammoniaque.

Pur, le chlorure de cyanogène liquide peut se conserver pendant plusieurs années dans des tubes scellés à la lampe sans donner de chlorure solide; mais si au contraire on le prépare en faisant passer un excès de chlore dans l'acide prussique, et en distillant le produit sans le laver au préalable et le soumettre à l'action de l'oxyde mercurique, le corps que l'on obtient se convertit en chlorure de cyanogène solide en moins de 24 heures.

Le chlorure de cyanogène préparé par le moyen du cyanure de mercure sec et du chlore, jouit aussi de la propriété de se transformer en chlorure solide dans l'espace de 24 heures, mais il la perd lorsqu'on le lave avec de l'eau (Wurtz).

L'ammoniaque convertit le chlorure de cyanogène liquide en cyanamide et sel ammoniac.

M. Wurtz, qui avait donné provisoirement à ce chlorure liquide la formule Cy^2Cl^2, a rétabli plus tard la formule CyCl [*Journ. de Pharm.*, (3), t. XX]. Cette dernière formule a été confirmée par M. Salet qui a trouvé la densité de vapeur du chlorure liquide égale à 2,13 par rapport à l'air, ou 30,1182 par rapport à l'hydrogène. Ces chiffres s'étant maintenus constants à des températures graduellement croissantes, de 10° en 10°, et se confondant avec ceux qu'exige la théorie pour la formule simple CyCl, la formule Cy^2Cl^2 devient inacceptable. La densité théorique pour CyCl serait 2,129 par rapport à l'air, et 30 par rapport à l'hydrogène.

Si l'on rapproche les réactions du chlorure de cyanogène gazeux de celles du chlorure liquide, on s'aperçoit que ces réactions sont les mêmes : mêmes transformations par les alcalis et par l'ammoniaque, même facilité de se conserver quand il est pur, même transformation en chlorure solide lorsqu'il renferme un excès de chlore. Si l'on ajoute à cela que les formules des deux corps sont les mêmes, on sera tenté de mettre en doute l'existence du chlorure gazeux. Ce que l'on a pris pour du chlorure gazeux ne serait-il pas simplement du chlorure liquide en vapeurs? Cette question ne peut pas être résolue aujourd'hui et réclame de nouvelles recherches.

Lorsqu'on fait passer du chlore dans de l'acide prussique aqueux refroidi à zéro, la réaction s'accompagne d'une légère élévation de température, et il se dégage une vapeur qui se dépose en gouttelettes sur les parties froides de l'appareil. Pour recueillir ce produit, on adapte à la cornue qui renferme l'acide prussique un tube à chlorure de calcium que l'on termine par un tube recourbé à angle droit et plongeant dans un ballon à long col refroidi à la glace. Il s'y condense un liquide très-volatil, limpide, fumant à l'air et doué d'une odeur très-irritante. M. Wurtz avait appelé chlorhydrure de cyanogène le produit ainsi obtenu qu'il considère comme un mélange ou une combinaison instable d'acide cyanhydrique et de chlorure de cyanogène. A l'état brut ce produit renferme de l'acide chlorhydrique et de l'acide cyanhydrique dont on le débarrasse en l'agitant avec deux ou trois fois son volume d'eau refroidie. On décante la couche liquide qui se sépare de l'eau, et on la soumet à une nouvelle distillation en faisant passer la vapeur à travers un tube à chlorure de calcium.

Le produit dont il s'agit est un liquide incolore, très-fluide. Il irrite vivement les yeux et les bronches. Il bout à + 20°. Sa vapeur brûle avec une flamme violette. Il se dissout un peu dans l'eau et donne une solution qui précipite en blanc par l'azotate d'argent. Mis en contact avec du chlore sec, il se transforme intégralement en chlorure de cyanogène solide et en acide chlorhydrique :

$$(CAzCl)^2.HCAz + Cl^2 = (CAz)^3Cl^3 + HCl.$$

Chlorhydrure de cyanogène.	Chlore.	Chlorure de cyanogène solide.	Acide chlorhydrique.

CHLORURE DE CYANOGÈNE SOLIDE, Cy^3Cl^3 [Serullas, *Ann. de Chim. et de Phys.*, t. XXXV, p. 291, 337; t. XXXVIII, p. 370; — Liebig et Wœhler, *Poggend. Ann.*, t. XX, p. 369; — Liebig, t. XXIV, p. 604; — Bineau, *Ann. de Chim. et de Phys.*, t. LXVIII, p. 424; t. LXX, p. 254; — Wurtz, *Compt. rend. de l'Acad.*, 1847, t. XXIV, p. 227; — A. Gautier, *Bull. de la Soc. chim.*, 1866, t. V, p. 403].

Préparation. — Plusieurs méthodes fournissent ce chlorure de cyanogène.

1° On fait agir un excès de chlore sur de l'acide cyanhydrique au soleil.

2° On décompose à chaud le sulfocyanate potassique (sulfocyanure) par le chlore sec. Il distille du chlorure de soufre et du chlorure de cyanogène solide qui, vers la fin de l'opération, se dépose en longues aiguilles transparentes dans le col de la cornue si l'on élève la température. Une portion de ce corps reste toujours dissoute dans le chlorure de soufre et l'on n'en obtient guère que 4 à 5 °/₀ du sulfocyanate employé. On le purifie en le sublimant dans un vase traversé par un courant de chlore sec (Liebig).

3° On expose aux rayons solaires un mélange de chlore et de cyanure de mercure, il se forme une huile qui se prend en cristaux de chlorure solide lorsqu'on la conserve dans un tube scellé à la lampe (Persoz).

4° On distille l'acide cyanurique avec du perchlorure de phosphore : le produit, qui consiste en un mélange de chlorure de cyanogène solide et de chloroxyde de phosphore, est traité par l'eau pour décomposer ce dernier corps. Le chlorure de cyanogène qui se dépose est recueilli sur un filtre et recristallisé dans l'éther. Il est tout à fait pur. Pour que cette opération réussisse bien, il faut agir sur une quantité un peu considérable d'acide. Au lieu de distiller, on pourrait chauffer en vase clos, de 150° à 200°, mais cette méthode est moins avantageuse (Beilstein).

5° Enfin nous avons vu que le chlorhydrure de cyanogène de M. Wurtz se transforme intégralement en chlorure de cyanogène solide sous l'influence d'un excès de chlore.

Historique. — Le chlorure de cyanogène solide a été découvert en 1827 par Serullas, qui l'envisagea comme un bichlorure de cyanogène. C'est à Liebig que nous devons la connaissance exacte de sa composition.

Propriétés. — Le chlorure de cyanogène solide se présente en aiguilles blanches, brillantes, de 1,320 de densité. Il fond à 140° en un liquide transparent et incolore, et bout à 190°. Sa densité de vapeur = 6,35 par rapport à l'air, et 89,789 par rapport à l'hydrogène. La théorie exige 6,385 par rapport à l'air, et 90,25 par rapport à l'hydrogène (Bineau). A froid, son odeur n'est pas très-forte, mais à chaud elle devient très-piquante, rappelle celle du chlore et provoque la toux. Sa saveur est légère, mais ressemble néanmoins à son odeur. Un lapin meurt instantanément si on lui injecte dans les veines 5 centigrammes de ce corps en solution alcoolique.

Le chlorure de cyanogène se dissout dans l'eau, à froid, en ne s'y décomposant que très-lentement; mais à chaud, et surtout sous l'action des alcalis, il se transforme en acide cyanurique et acide chlorhydrique, ou en cyanurate et chlorure métalliques :

$$Cy^3Cl^3 + 6KHO = 3KCl + Cy^3(OK)^3 + 3H^2O.$$

Chlorure de cyanogène solide.	Potasse.	Chlorure de potassium.	Cyanurate potassique.	Eau.

Le chlorure de cyanogène solide se convertit également en acide cyanurique et chlorure ammonique, lorsqu'on le fait bouillir avec une solution alcoolique d'ammoniaque; mais si l'on opère sans le secours de l'alcool, c'est de la chlorocyanamide qui prend naissance. La formation de la chlorocyanamide s'accompagne d'un dégagement de chaleur lorsqu'on fait absorber le gaz ammoniac par le chlorure de cyanogène sec pulvérisé.

L'alcool et l'éther le dissolvent facilement. Sa solution dans l'alcool absolu peut être conservée pendant longtemps sans s'altérer; mais si l'alcool est aqueux, il se développe de la chaleur, de l'acide chlorhydrique se dégage, et des cristaux d'acide cyanurique se déposent dans la liqueur.

Un mélange de chlorure de cyanogène solide et de potassium donne du cyanure et du chlorure de potassium. Cette réaction s'accompagne d'une production de chaleur et même de lumière.

L'aniline convertit le chlorure de cyanogène gazeux en chlorhydrate de phényl-ammonium et en phényl-chlorocyanamide (chlorocyanilide).

HUILES CHLOROCYANIQUES [Gay-Lussac, *Ann. de Chim.*, t. XCV, p. 200; — Serullas, *Ann. de Chim. et de Phys.*, t. XXXV, p. 300; t. XXXVIII, p. 391; — Bouis, *ibid.*, (3), t. XX, p. 446; Stenhouse, *Ann. der Chem. u. Pharm.*, t. XXXIII, p. 92].

Lorsqu'on fait agir du chlore au soleil sur une dissolution de cyanure de mercure, en renouvelant le chlore jusqu'à ce que la solution ne se décolore plus, on obtient une huile en même temps que de l'acide chlorhydrique, du chlorure de mercure, du chlorure de cyanogène gazeux, de l'azote et de l'anhydride carbonique. Ces produits sont mal connus.

Cristaux chlorocyaniques [Stenhouse, *Ann. der Chem. u. Pharm.*, t. XXXIII, p. 92]. — Pour obtenir ces cristaux, on fait passer du chlore à travers une solution alcoolique de cyanure de mercure ou d'acide cyanhydrique, et l'on chauffe la dissolution avec de l'eau. Le sel ammoniac et le chlorure de mercure formés dans la réaction se dissolvent, et le nouveau corps se dépose lentement en cristaux. 180 grammes de cyanure mercurique ont donné jusqu'à 30 grammes de ce produit. Il faut éviter l'échauffement du liquide pendant que le chlore passe, sans quoi il se forme des composés secondaires. Dans tous les cas, il se développe de l'anhydride carbonique dans cette réaction.

Le produit est neutre, inodore, insipide, fusible à 120°, température à laquelle il se sublime en partie; il cristallise en aiguilles incolores et brillantes. L'eau froide le dissout peu, l'alcool et l'éther le dissolvent facilement.

La potasse aqueuse le décompose avec dégagement d'ammoniaque et en brunissant. L'ammoniaque le dissout à chaud et le dépose inaltéré en se refroidissant; les acides sulfurique et azotique le dissolvent également.

M. Stenhouse représentait la composition de ce corps par les rapports

$$C^8H^7Cl(AzO^4)\ (C=6, O=8, H=1).$$

Gerhardt et Laurent ont fait une correction sur l'hydrogène et supposent que la formule de ce corps est $C^8H^6Az.ClO^4$, ou dans notre notation actuelle $C^4H^6Az.ClO^2$. L'anhydride carbonique qui se forme toujours pendant la préparation de ce corps proviendrait, selon eux, d'une réaction secondaire, et le produit prendrait naissance d'après l'équation

$$\underset{\text{Alcool.}}{C^2H^6O} + \underset{\text{Acide cyanhydrique.}}{2CAzH} + \underset{\text{Eau.}}{H^2O} + \underset{\text{Chlore.}}{Cl^2}$$

$$= \underset{\text{Nouveau corps.}}{C^4H^6AzClO^2} + \underset{\text{Chlorure d'ammonium.}}{AzH^4Cl.}$$

Les mêmes chimistes supposent, d'après la formule qu'ils proposent, pour les cristaux chlorocyaniques de Stenhouse, que ce corps doit pouvoir se dédoubler par l'eau en acide oxalique, alcool et chlorure d'ammonium:

$$\underset{\text{Nouveau corps.}}{C^4H^6Az.ClO^2} + \underset{\text{Eau.}}{3H^2O}$$

$$= \underset{\text{Acide oxalique.}}{C^2H^2O^4} + \underset{\text{Alcool.}}{C^2H^6O} + \underset{\text{Chlorure ammonique.}}{AzH^4Cl}$$

[Gerhardt, *Traité de Chimie organique*, t. I, p. 361].

Bromure de cyanogène, CyBr [Serullas, 1827, *Ann. de Chim. et de Phys.*, t. XXXV, p. 294 et 345; — Lœwig, *Das Brom u. sein chemisches Verhalten*, Heidelb., 1829, p. 69; — Mitscherlich, *Lehrbuch der Chem.*; — Bineau, *Ann. de Chim. et de Phys.*, t. LXVIII, p. 424; — Langlois, *ibid.*, (3), t. LXI, p. 482].

Préparation. — 1° D'après Serullas, on verse, pour préparer ce corps, 1 p. de brome sur 2 p. de cyanure de mercure, placé dans une cornue tubulée, refroidie avec de la glace; le bromure de cyanogène se sublime en petites aiguilles; il suffit alors de chauffer légèrement pour le faire passer du col de la cornue dans un récipient refroidi.

2° On verse du brome par petites portions successives sur de l'acide cyanhydrique aqueux placé dans un mélange réfrigérant et l'on continue les additions de brome tant que la solution se décolore; il se dépose des cristaux que l'on exprime entre des doubles de papier buvard à une température inférieure à 0° et que l'on achève de purifier en les sublimant par une chaleur modérée (Lœwig).

3° On fait d'une part une solution de brome dans l'eau et l'on place cette solution dans un tube bien refroidi; d'autre part on dissout du cyanure de mercure dans l'acide chlorhydrique et l'on ajoute goutte à goutte la seconde solution à la première jusqu'à ce que celle-ci soit tout à fait décolorée. On ferme ensuite la partie supérieure du tube à la lampe et l'on en plonge la partie inférieure dans l'eau chaude. Le bromure de cyanogène se sublime alors dans la partie supérieure; on n'a plus qu'à casser le tube par le milieu et à retirer les cristaux qu'il renferme (Mitscherlich).

4° On dissout 1 p. de cyanure de potassium pur dans 2 p. d'eau distillée et l'on met la liqueur dans une cornue tubulée placée au milieu d'un bain de glace. On ajoute ensuite du brome au liquide en le faisant tomber goutte à goutte après avoir eu soin de le refroidir à 0°. Lorsqu'on a employé la quantité de brome à peu près nécessaire pour décomposer tout le cyanure de potassium, on cesse d'en ajouter. Le liquide contient alors des cristaux qui paraissent provenir de l'union du bromure de cyanogène avec le bromure de potassium. On retire la cornue du bain de glace, on ferme la tubulure avec un bouchon à l'émeri et on la porte dans un vase contenant de l'eau chaude à la température de 60-65°. La combinaison cristalline dont nous venons de parler se décompose sous l'influence de la chaleur et du bromure de cyanogène, vient se condenser dans le col de la cornue partie en cubes, partie en longues aiguilles. Du col de la cornue on le fait passer dans un flacon refroidi, où il cristallise cette fois entièrement en aiguilles.

Propriétés. — Récemment sublimé, le bromure de cyanogène se présente sous la forme d'aiguilles qui finissent par se transformer en cubes incolores et transparents. Suivant Lœwig, il fond à 4°, à 10° suivant Serullas, et au-dessus de 40° suivant Bineau. Cette grande différence entre les résultats obtenus est inexplicable, à moins qu'il n'existe plusieurs bromures de cyanogène isomériques qui auraient été confondus.

M. Bineau a déterminé la densité de vapeur du bromure de cyanogène et l'a trouvée égale à 3,607 par rapport à l'air ou 51,003 par rapport à l'hydrogène. La théorie indique 3,6745 par rapport à l'air et 51,05 par rapport à l'hydrogène.

Le bromure de cyanogène a une odeur piquante qui provoque le larmoiement d'une manière abondante; sa saveur est très-amère, et il est assez toxique pour qu'il soit fort dangereux de le respirer. Il suffit d'en administrer à un lapin 5 centigrammes en solution aqueuse pour le tuer immédiatement.

Le bromure de cyanogène est soluble dans l'eau et l'alcool. Sa solution aqueuse ne rougit pas le tournesol, mais le décolore. Il forme avec l'eau un hydrate un peu moins fusible que le corps anhydre.

Réactions. — Le bromure de cyanogène se dissout sans altération dans les acides sulfurique, chlorhydrique et azotique concentrés. Avec les alcalis caustiques il donne du bromure, du bromate et du cyanate, ou plutôt les produits de décomposition de ce dernier sel, anhydride-carbonique et ammoniaque.

L'ammoniaque agit vivement sur le bromure de cyanogène en produisant un mélange de bromhydrate d'ammoniaque et de cyanamide. L'acide sulfureux transforme ce corps en acides bromhydrique et cyanhydrique en passant lui-même à l'état d'acide sulfurique :

$$SO\left\{\begin{matrix}OH\\OH\end{matrix}\right. + CyBr + H^2O$$

Acide sulfureux. Bromure de cyanogène. Eau.

$$= SO^2\left\{\begin{matrix}OH\\OH\end{matrix}\right. + CyH + HBr.$$

Acide sulfurique. Acide cyanhydrique. Acide bromhydrique.

Rapidement évaporée, la solution aqueuse du bromure de cyanogène donne de l'anhydride carbonique et du bromure d'ammonium :

$$CAzBr + 2H^2O = AzH^4Br + CO^2.$$

Bromure de cyanogène. Eau. Bromure d'ammonium. Anhydride carbonique.

Le bromure de cyanogène cède son brome à l'antimoine et donne du cyanogène libre lorsqu'on le fait passer en vapeur sur le métal chauffé ; le phosphore s'empare aussi d'une partie de son brome, mais la proportion du bromure décomposé n'est jamais considérable. En solution aqueuse, il est décomposé par le mercure avec formation de bromure mercurique et de cyanogène libre.

IODURE DE CYANOGÈNE, CyI [Davy, *Ann. de Gilb.*, t. LIV, p. 384 ; — Wœhler, *ibid.*, t. LXIX, p. 281 ; — Serullas, *Ann. de Chim. et de Phys.*, t. XXVII, p. 184 ; t. XXIX, p. 184 ; t. XXXIV, p. 100 ; t. XXXV, p. 293 et 344 ; — Herzog, *Arch. de Pharm.*, (2), t. LXI, p. 129 ; — Scanlan, *Mem. and Proceed. of the Chem. Soc. of London*, t. III, p. 321 ; — F. Meyer, *Arch. für Pharm.*, (2), t. LI, p. 29 ; — Klobach, *ibid.*, (2), t. LX, p. 34 ; — Van Dyk, *Répert. de Pharm.*, t. XXI, p. 223].

Préparation. — 1° On obtient ce corps, d'après Serullas, en mêlant rapidement 1 p. de cyanure de mercure avec 2 p. d'iode (ou un peu moins), chauffant le mélange et condensant le produit dans un récipient refroidi. Comme l'iodure de cyanogène ainsi obtenu renferme toujours un peu d'iodure mercurique entraîné, il faut le sublimer de nouveau à la température du bain-marie ou par l'action des rayons solaires, ce qui exige toujours un temps fort long. On peut le considérer comme pur lorsque, dissous dans la potasse, il ne donne pas de précipité d'iodure mercurique par l'acide azotique.

2° Wœhler conseille de chauffer 2 atomes d'iode = 254 p. avec une molécule de cyanure d'argent = 134 p. Le produit est alors tout à fait pur.

3° Mitscherlich le prépare en dissolvant de l'iode dans une solution concentrée de cyanure potassique. Il se forme un iodure de potassium et de cyanogène qui cristallise et qui abandonne de l'iodure de cyanogène parfaitement pur lorsqu'on le chauffe [Liebig, *Chim. org.*, t. I, p. 179 ; — Langlois, *Ann. de Chim. et de Phys.*, (3), t. LX, p. 224].

L'iode du commerce est quelquefois mélangé d'iodure de cyanogène (Scanlan, Klobach).

Propriétés. — L'iodure de cyanogène cristallise en longues aiguilles très-fines qui se groupent de manière à rappeler des barbes de plume ou des flocons neigeux. Ses solutions éthérées ou alcooliques l'abandonnent en petites tables à 4 pans ; si la solution était faite non avec de l'alcool absolu, mais avec de l'alcool de 80°, on obtiendrait des cristaux en forme de barbes de plume [Herzog, *Arch. de Pharm.*, (2), t. LXI, p. 129].

L'iodure de cyanogène est plus dense que l'acide sulfurique concentré, son odeur est pénétrante et excite le larmoiement ; il est très-vénéneux. Sa saveur est extrêmement âcre. Il se dissout aisément dans l'eau, l'alcool, l'éther et les essences. Sa solution aqueuse ne précipite pas les sels métalliques à base de cuivre, de fer, de zinc, de plomb, d'argent, d'or et de platine. Ne rougit pas le tournesol et ne bleuit pas l'amidon.

L'iodure de cyanogène bout au-dessus de 100° et émet des vapeurs à la température ordinaire. Il distille sans se décomposer.

Réactions. — Jeté sur des charbons ardents ou dirigé en vapeurs à travers un tube chauffé au rouge, l'iodure de cyanogène se détruit avec production de vapeurs violettes d'iode. L'acide sulfurique concentré le décompose lentement en précipitant l'iode ; cette décomposition exigerait l'action de la chaleur, suivant Herzog. L'acide azotique et l'acide chlorhydrique le dissolvent à froid sans l'altérer. A chaud, l'acide chlorhydrique l'altère. La solution aqueuse de ce corps abandonnée à elle-même pendant longtemps donne une teinte violette à l'air qui est au-dessus d'elle.

L'anhydride sulfureux est sans action sur l'iodure de cyanogène ; mais si l'eau intervient, l'iodure de cyanogène agit à la manière d'un agent oxydant, et il se forme de l'acide sulfurique, de l'acide cyanhydrique et de l'acide iodhydrique. Si la quantité de gaz sulfureux est insuffisante, il se dépose de l'iode :

$$CyI + SO\left\{\begin{matrix}OH\\OH\end{matrix}\right. + H^2O$$

Iodure de cyanogène. Acide sulfureux. Eau.

$$= SO^2\left\{\begin{matrix}OH\\OH\end{matrix}\right. + HCy + HI.$$

Acide sulfurique. Acide cyanhydrique. Acide iodhydrique.

Une solution d'hydrogène sulfuré le convertit en acide cyanhydrique, acide iodhydrique et soufre :

$$CyI + H^2S = HI + CyH + S.$$

Iodure de cyanogène. Acide sulfhydrique. Acide iodhydrique. Acide cyanhydrique. Soufre.

Si l'acide sulfhydrique est sec, il se forme de l'acide cyanhydrique et un iodure de soufre noir.

L'acide iodhydrique donne avec l'iodure de cyanogène la réaction $CyI + HI = CyH + I^2$ [A. Gautier, inédit].

La potasse dissout l'iodure de cyanogène et le transforme en cyanure, iodure et iodate potassiques :

$$3CyI + 6KHO$$

Iodure de Cyanogène. Potasse.

$$= 3H^2O + 3KCy + 2KI + IKO^3.$$

Eau. Cyanure de potassium. Iodure de potassium. Iodate potassique.

La solution aqueuse de l'iodure de cyanogène agitée avec du mercure dégage du cyanogène et donne de l'iodure de mercure d'abord jaune, puis rouge.

L'ammoniaque est lentement absorbée par ce corps, qui se transforme sous son influence en un mélange de cyanamide et d'iodhydrate d'ammoniaque.

Le phosphore s'échauffe fortement, souvent même avec émission de lumière, au contact de l'iodure de cyanogène. De l'iodure de phosphore et probablement aussi du cyanogène libre se produisent dans cette réaction (Wœhler, Van Dyk).

L'antimoine en poudre décompose aussi l'iodure de cyanogène avec bruit en produisant de l'iodure d'antimoine.

Le chlore sec est sans action sur l'iodure de cyanogène.

ACÉTATE DE CYANOGÈNE [Schützenberger, *Compt. rend. de l'Acad.*, t. LIV, p. 154; *Ann. der Chem. u. Pharm.*, t. CXXIII, p. 271; *Thèse pour le doctorat ès sciences*, Strasbourg, 1863].

L'acétate de cyanogène, qu'on peut considérer comme l'anhydride acétocyanique, répond à la formule $C^2H^3O.O.Cy$.

Il semble qu'on devrait obtenir ce corps en faisant agir l'iodure de cyanogène sur l'acétate d'argent :

$$C^2H^3O.O.Ag + CyI = C^2H^3O.O.Cy + AgI.$$

Acétate d'argent. Iodure de cyanogène. Acétate de cyanogène. Iodure d'argent.

Mais cette méthode ne fournit aucun résultat concluant. L'action du chlorure d'acétyle sur le cyanate d'argent conduit plus nettement au but. Ces deux corps réagissant avec beaucoup d'énergie, il est bon d'en opérer le mélange peu à peu et en refroidissant fortement.

Dans cette réaction on obtient toujours, en même temps que l'acétate de cyanogène, du cyanure de méthyle, qu'on ne peut pas séparer du premier de ces corps par la distillation fractionnée. M. Schützenberger suppose que d'abord il se forme un isomère de l'acétate de cyanogène, de l'anhydride acétocyanurique par exemple, et que ce corps se décompose ensuite lorsqu'on distille, une partie donnant de l'anhydride acétocyanique, tandis que l'autre donne de l'anhydride carbonique et de l'acétonitrile. On observe en effet un dégagement de gaz carbonique.

Le mélange d'acétate de cyanogène et d'acétonitrile bout à 80°, possède une odeur forte et piquante, brûle avec une flamme pourprée et brunit fortement à la longue en donnant des produits paracyaniques même dans un tube scellé à la lampe. L'eau et l'alcool le décomposent immédiatement avec production d'acétamide et d'éthylacétamide. La chaleur le dédouble en anhydride carbonique et cyanure de méthyle.

BENZOATE DE CYANOGÈNE, anhydride benzocyanique, $C^7H^5O.O.Cy$ [Schützenberger, *loc. cit.*].— L'action du chlorure de benzoyle sur le cyanate d'argent donne naissance à du chlorure d'argent. Mais dès qu'on chauffe le produit, il s'établit une violente réaction accompagnée d'un dégagement d'anhydride carbonique. En même temps il distille du cyanure de phényle. Le benzoate de cyanogène est donc encore plus instable que l'acétate correspondant. A. N.

CYANOGÉNÉES (COMBINAISONS). — On a donné le nom de combinaisons cyanogénées à tout un groupe de corps dans lesquels on a supposé à tort ou à raison l'existence du radical cyanogène CAz. Les isoméries découvertes parmi les composés de cet ordre tendent à établir que ce groupe renferme des corps dont la constitution est différente : les uns renfermant le radical CAz, les autres étant des imides à radical (CO)″ ou C″.

Pour concevoir la nature et les fonctions du cyanogène CAz, il faut remarquer d'abord que l'azote est pentatomique, mais que sur ses cinq atomicités, deux que nous appellerons, pour les distinguer, atomicités surnuméraires, sont de nature différente des trois autres, d'où il résulte que l'azote, dont l'atomicité réelle est égale à 5, peut cependant dans un grand nombre de cas fonctionner comme trivalent.

D'autre part, le carbone étant tétratomique, trois de ces atomicités peuvent être saturées par les trois atomicités ordinaires de l'azote, la quatrième restant libre ainsi que les deux atomicités surnuméraires de l'azote. Le composé ainsi produit CAz possède donc une atomicité vacante dépendant du carbone et deux atomicités vacantes dépendant de l'azote. Il est triatomique et fonctionne le plus souvent comme monovalent.

Cette constitution du cyanogène explique la plupart des propriétés de ce radical. Unit-on le cyanogène à un radical d'alcool, c'est par le carbone que les deux radicaux se soudent. Si ensuite on parvient à remplacer l'azote par d'autres éléments, par O^2H je suppose, on transforme le cyanure en un corps plus carboné que celui d'où l'on était parti.

D'autre part, les deux atomicités surnuméraires de l'azote ne pouvant être saturées que par les éléments d'une molécule acide, doivent conserver ce caractère dans le cyanogène. Ce corps doit donc fonctionner comme monovalent dans tous les cas, excepté ceux où on le met en présence d'une molécule acide, cas dans lesquels il manifestera son atomicité maxima, qui est égale à 3.

Mais, ainsi que nous le disions plus haut, on ne peut pas considérer tous les corps désignés sous le nom de cyanogénés comme renfermant véritablement le radical cyanogène. Beaucoup de ces corps ont une tout autre constitution.

Le carbone tétratomique peut se saturer à moitié en fixant un oxygène diatomique; il en résulte le radical carbonyle (CO)″. Il peut aussi, comme dans l'oxyde de carbone libre, n'agir que par deux de ses atomicités et fonctionner par suite comme bivalent, ce que l'on est convenu de représenter par le symbole C″.

Théoriquement le carbonyle et le carbone bivalent peuvent l'un et l'autre se substituer à l'hydrogène dans le type ammoniaque simple ou condensée en donnant des amides, des imides ou des amines. De tels corps auraient nécessairement une constitution tout à fait distincte de celle des composés cyanogénés véritables, dont ils partageraient la composition quantitative. Les formules suivantes indiquent ces relations :

$$C^2H^5\text{-}O\text{-}C\equiv Az.$$

Cyanétholine de M. Cloëz.

$$O=C=Az\text{-}C^2H^5.$$

Éther cyanique de M. Wurtz.

$$C^2H^5\text{-}C\equiv Az.$$

Cyanure d'éthyle de Pelouze.

$$C=Az\text{-}C^2H^5.$$

Éthyl-carbylamine de M. Gautier.

Ces isoméries ne sont plus aujourd'hui de simples conjectures. Les corps désignés jusqu'ici sous le nom d'éthers cyaniques ou d'acide cyanique sont évidemment de la carbimide ou en dérivent par la substitution d'un radical d'alcool à l'hydrogène. La cyanétholine de M. Cloëz, au contraire, renferme manifestement le radical CAz, et mériterait, à l'exclusion de son isomère, le nom d'éther cyanique.

De même le cyanure d'éthyle ordinaire renferme sûrement le radical cyanogène, et M. Gautier a récemment obtenu les isomères que nous désignons ici sous le nom de carbylamines.

Ces isomères oxydés donnent les carbimides ainsi que la théorie permettait de le prévoir (A. Gautier).

Ajoutons que la constitution d'un grand nombre de corps cyanogénés est encore douteuse et que, ne pouvant dès aujourd'hui les ranger tous avec certitude dans le groupe dont ils font partie, nous conserverons leur nom ordinaire, nous contentant de signaler les isoméries qui ont été reconnues.

Les composés dits cyanogénés, qu'ils renferment ou non le radical cyanogène, ont une propriété commune. Ils peuvent se condenser en donnant des corps dont la molécule est double ou triple des composés primitifs. Ainsi à côté du chlorure de cyanogène liquide CAz, il se trouve le chlorure solide $(CAz)^3.Cl^3$; à côté de l'acide cyanique

$$CO.H.Az$$

se trouvent l'acide dicyanique $(CO)''.(CO)''.H^2.Az^2$ et l'acide tricyanique ou cyanurique

$$(CO)''.(CO)''.(CO)''.H^3.Az^3;$$

à côté du cyanure d'éthyle $C^2H^5.CAz$ se trouve la cyanéthine $(C^2H^5)^3.(CAz)^3$, etc.

Dans tous les cas, cette propriété s'explique aisément : les corps qui renferment le radical (CO)'' ou C'', tout comme ceux qui renferment le radical $(CAz)'''$, ont pour base un radical polyatomique; or M. Wurtz a démontré que les radicaux polyatomiques ont la puissance de s'accumuler dans les molécules en donnant naissance à des produits condensés. Si les corps qui se transforment ainsi en produits condensés sont saturés, la condensation s'accompagne toujours d'une élimination de certains éléments, eau, hydrogène, anhydride carbonique, etc.; si, au contraire, la condensation s'opère sur des corps non saturés, elle résulte d'une simple complication moléculaire sans élimination d'aucun élément. On a un exemple de la première espèce de condensation dans les glycols polyéthyléniques, les composés cyanogénés offrent un exemple de la seconde.

La triatomicité du cyanogène, que nous prenons ici pour base de notre raisonnement, a été démontrée par les travaux de M. Gautier, qui a combiné l'acide cyanhydrique et ses éthers avec les hydracides du chlore, du brome et de l'iode; par ceux de MM. Limpricht et Habich, qui ont démontré que les éthers cyaniques de M. Wurtz se combinent aux hydracides, et par ceux de M. Cloëz, qui a uni les isocyanates aux mêmes hydracides (voyez Éthers cyaniques) [Gautier, *Bull. de la Soc. chim.*, 1865, t. IV, p. 88; *Compt. rend. de l'Acad.*, t. LXI, p. 380; t. LXIII, p. 920; — Gal, *Bull. de la Soc. chim.*, 1865, t. IV, p. 431; *Compt. rend. de l'Acad.*, t. LXI, p. 527, 643, et t. LXIII, p. 888. — *Nota*. Le mémoire que M. Gal a publié à la page 888 du tome LXIII des *Comptes rendus* ne contient pas d'autres faits que celui qui avait été publié par le même auteur à la page 527 du tome LXI, même recueil. A. N.

CYANOLITHE (Min.). — Nom donné par M. How à un silicate hydraté de chaux en masses arrondies amorphes, à cassure inégale ou conchoïde, enveloppé d'une substance radiée, à éclat nacré.

CYANOSE (Min.) [Syn. *Cyanosite, cuivre sulfaté, vitriol bleu, chalcanthite*]. — Sulfate de cuivre, $CuSO^4 + 5H^2O$. Prismes anorthiques : $pm = 109°32'$; $pt = 127°40'$; $mt = 123°10'$. Dureté, 2,5. Densité, 2,213.

CYANURES MÉTALLIQUES (Généralités sur les). — Les cyanures métalliques n'existent point tout formés dans la nature. Ils se produisent dans un grand nombre de réactions.

Modes de formation. — 1° Un petit nombre de cyanures, ceux des métaux alcalins, peuvent être obtenus par l'action directe du cyanogène sur le métal légèrement chauffé.

2° Les cyanures alcalins se produisent encore lorsqu'on chauffe le métal dans un courant d'acide cyanhydrique en vapeurs; de l'hydrogène se dégage en même temps.

3° Les hydrates et les carbonates alcalins absorbent le gaz cyanogène en se transformant en un mélange de cyanures et de cyanates, lorsqu'on les chauffe dans un courant de ce gaz; par voie humide, la réaction est la même, à cette différence près qu'il se produit un peu de paracyanogène.

4° L'acide cyanhydrique fait facilement la double décomposition avec les hydrates métalliques, en donnant naissance à de l'eau et à un cyanure métallique. Il faut toutefois, dans ces réactions, éviter soigneusement l'élévation de température, sans quoi il se produit du paracyanogène.

5° Le cyanure de potassium se forme lorsqu'on dirige un courant d'azote gazeux sur un mélange de charbon et d'hydrate, ou de carbonate de potassium chauffé au rouge blanc.

6° Les cyanures alcalins prennent surtout naissance lorsqu'on chauffe fortement les matières organiques azotées avec des alcalis caustiques (voyez Cyanures de potassium). C'est même par cette méthode que l'on prépare la majeure partie des cyanures employés dans l'industrie.

7° La calcination des nitrates ou des nitrites avec une matière organique isolée ou non fournit des cyanures métalliques. C'est ainsi que du cyanure de potassium prend toujours naissance lorsqu'on chauffe la crème de tartre avec de l'azotate potassique. Toutefois les cyanures qui se produisent dans ces conditions ne se forment jamais qu'en proportion très-faible.

8° Le cyanure d'ammonium se produit avec élimination d'hydrogène, ou, suivant Kuhlmann, de gaz des marais, lorsqu'on dirige un courant de gaz ammoniac sur du charbon chauffé au rouge. Il se produit aussi par la réaction de l'oxyde de carbone sur l'ammoniaque à la température rouge; l'oxygène de l'oxyde de carbone se sépare alors à l'état d'eau.

9° On obtient les cyanures des métaux pesants par double décomposition en précipitant les solutions salines de ces métaux par le cyanure de potassium ou même quelquefois par l'acide cyanhydrique.

10° Les cyanures des métaux dont les sulfures sont solubles dans l'eau peuvent être obtenus par la digestion du cyanure d'argent avec une solution aqueuse du sulfure métallique.

Propriétés et réactions. — 1° Les cyanures alcalins et terreux sont solubles dans l'eau; ils ne se décomposent pas par la chaleur, hors du contact de l'air; mais si on les calcine en présence de l'oxygène, ils se convertissent en cyanates. Les autres cyanures métalliques sont insolubles dans l'eau, à l'exception du cyanure de mercure; ils se décomposent par la chaleur en laissant le métal ou un carbure métallique, ou un mélange qui renferme du paracyanogène. Plusieurs d'entre eux, comme les cyanures d'argent et de mercure, abandonnent, lorsqu'on les chauffe, du cyanogène gazeux.

2° Les cyanures alcalins, le cyanure de mercure et plusieurs cyanures doubles sont solubles dans l'alcool. Aucun cyanure métallique n'est soluble dans l'éther.

3° Plusieurs cyanures métalliques sont cristallisables. Les uns sont incolores, les autres affectent des couleurs variées. Ceux à base de métaux alcalins ont en solution aqueuse une réaction fortement alcaline qu'ils conservent même lorsqu'on les additionne d'un grand excès d'acide cyanhydrique.

4° Chauffés en présence de l'eau, tous les cyanures se décomposent. Les uns, ceux des métaux pesants en général, donnent de l'oxyde de carbone, de l'anhydride carbonique et de l'ammoniaque, en laissant le métal libre ou mélangé avec un peu de charbon; les autres, ceux des métaux alcalins particulièrement, absorbent les éléments de 2 molécules d'eau et se convertissent en gaz ammoniac et en formiates alcalins :

$$\underset{\text{Cyanure potassique.}}{CAzK} + \underset{\text{Eau.}}{2H^2O} = \underset{\text{Ammoniaque.}}{AzH^3} + \underset{\text{Formiate potassique.}}{CHO^2K}.$$

5° Les cyanures détonent par la percussion lorsqu'ils sont mélangés avec du chlorate de potasse. Ce sont des corps réducteurs. Ainsi, quand on fond un cyanure alcalin avec des oxydes très-réductibles, comme les oxydes de plomb, de cuivre, d'antimoine ou d'étain, ces oxydes se réduisent à l'état métallique en même temps que le cyanure passe à l'état de cyanate. Cette propriété est utilisée dans l'analyse au chalumeau pour reconnaître certains métaux en les isolant de leurs oxydes.

6° Avec les acides minéraux, notamment avec l'acide sulfurique ou avec l'acide chlorhydrique, la plupart des cyanures dégagent de l'acide cyanhydrique, reconnaissable à son odeur.

7° L'azotate d'argent fait naître dans la solution des cyanures un précipité blanc caillebotté, soluble dans le cyanure de potassium, l'ammoniaque et l'hyposulfite de soude. L'acide nitrique étendu ne le dissout pas, mais l'acide azotique concentré et bouillant le dissout. Ce précipité ne noircit pas à l'air aussi facilement que le chlorure d'argent, il se décompose par la calcination en argent métallique, cyanogène et paracyanogène.

8° Lorsqu'on mélange du sulfate ferroso-ferrique avec la solution d'un cyanure, et qu'on ajoute ensuite de l'acide chlorhydrique à la liqueur, celle-ci devient bleue. Cette réaction, pas plus que la précédente, n'est applicable au cyanure de mercure. On ne peut reconnaître le cyanogène dans ce sel que si l'on en précipite d'abord le mercure. A cet effet on y ajoute de l'acide chlorhydrique et du fer, puis de la potasse et de l'acide chlorhydrique.

9° Le chlore convertit la plupart des cyanures en chlorures métalliques. Le cyanogène, ou bien se dégage à l'état de liberté, ou bien passe à l'état de paracyanogène, ou bien encore se transforme en chlorure de cyanogène ou en d'autres produits qui varient avec la température et suivant qu'on opère à la lumière ou à l'obscurité, par voie sèche ou par voie humide. — Voyez CHLORURE DE CYANOGÈNE.

10° L'iode agit sur les cyanures métalliques à peu près de la même manière que le chlore, c'est-à-dire qu'il s'empare du métal, tandis que le cyanogène passe à l'état d'iodure ou se dégage à l'état de liberté. C'est la première de ces réactions qui se réalise le plus souvent. — Voyez IODURE DE CYANOGÈNE.

11° L'acide azotique concentré et bouillant transforme tous les cyanures métalliques en azotates avec dégagement d'azote et d'anhydride carbonique.

12° L'acide sulfurique concentré décompose les cyanures métalliques. Il se forme un sulfate acide d'ammonium, de l'oxyde de carbone et un sulfate neutre du métal contenu dans le cyanure :

$$2CAzM + 3SO^4H^2 + 2H^2O$$
Cyanure métallique. Acide sulfurique. Eau.

$$= SO^4M^2 + 2(SO^4.AzH^4.H) + 2CO.$$
Sulfate. Sulfate acide d'ammonium. Oxyde de carbone.

13° Beaucoup d'oxydes des métaux lourds mis en digestion avec des solutions aqueuses de cyanures alcalins s'emparent d'une partie du cyanogène pour former un cyanure simple ou double, tandis que le métal alcalin passe en partie à l'état d'hydrate. C'est surtout l'oxyde de mercure qui jouit de cette propriété :

$$2KCy + Hg''O + H^2O = Hg''Cy^2 + 2KHO.$$
Cyanure potassique. Oxyde mercurique. Eau. Cyanure mercurique. Potasse caustique.

14° Les cyanures de certains métaux forment avec les oxydes des mêmes métaux des composés cristallisables.

Les cyanures peuvent aussi se combiner avec les iodures, les bromures, les chlorures métalliques, les azotates et les chromates.

CYANURES DOUBLES. — Les cyanures simples, insolubles dans l'eau, se dissolvent généralement dans les cyanures à base d'alcalis et produisent ainsi des sels doubles cristallisables et solubles dans l'eau. Ces cyanures doubles peuvent être rangés en deux classes, la classe de ceux qui sont *aisément décomposables* et la classe de ceux *qui résistent mieux aux agents de décomposition.*

Les cyanures doubles de la première classe se dédoublent facilement sous l'influence des acides minéraux dilués, de manière à précipiter le cyanure insoluble, et à dégager de l'acide cyanhydrique par l'effet d'une double décomposition entre l'acide minéral et le cyanure alcalin. C'est ainsi que se comportent les cyanures doubles d'argent et de potassium, de nickel et de potassium, etc.

Les cyanures de la seconde classe ne se scindent point par l'addition des acides dilués. Ces derniers déterminent simplement la substitution de l'hydrogène au potassium, et l'on obtient un cyanure double d'hydrogène et d'un métal lourd. C'est ce que l'on observe avec les cyanures doubles de fer et de potassium, de platine et de potassium, de cobalt et de potassium, de chrome et de potassium.

Les cyanures doubles stables comme les cyanures doubles instables font d'ailleurs la double décomposition avec les solutions salines de la plupart des métaux, contre lesquels ils échangent leur potassium ou leur sodium.

Seulement les précipités participent des propriétés des corps générateurs. Celui que l'on obtient avec le cyanure de nickel et de potassium, par exemple, se dédouble facilement par les acides dilués et celui que l'on obtient au moyen du cyanure de fer et de potassium ne se dédouble pas plus que ce dernier cyanure lui-même.

Les cyanures doubles stables peuvent se dédoubler en partie sous l'influence des acides minéraux. Toutefois le plus souvent, dans ce cas, le dédoublement est incomplet : lorsqu'on traite, par exemple, le cyanure double de potassium et de fer par l'acide sulfurique, on ne transforme pas intégralement ce cyanure en sulfate de fer, sulfate de potasse et acide cyanhydrique. La réaction qui s'accomplit est la suivante :

$$2(FeCy^2.4KCy) + 3SO^4H^2$$
Cyanure double de potassium et de fer (ferrocyanure de pot.). Acide sulfurique.

$$= 3SO^4.K^2 + Fe^2Cy^6K^2 + 6HCy.$$
Sulfate potassique. Ferrocyanure ferroso-potassique. Acide cyanhydrique.

A cause de la différence qui existe entre les deux classes de cyanures doubles dont nous venons de parler, on considère ceux de ces cyanures qui ont peu de stabilité comme de vrais cyanures doubles, c'est-à-dire comme formés par l'addition des deux cyanures simples; ceux dont la stabilité est plus grande, comme résultant de la combinaison du métal alcalin avec un radical composé, formé lui-même par l'union intime du cyanogène et du métal lourd. Dans cette hypothèse, le cyanure double de potassium et de fer serait un composé du potassium avec un radical composé, le ferrocyanogène $FeCy^6$, et au lieu de l'écrire $FeCy^2.4KCy$, on devrait l'écrire

$$(FeCy^6)^{iv}.K^4.$$

Cette manière d'envisager les cyanures doubles

difficilement décomposables n'est point absolument nécessaire. On peut admettre que les acides agissent sur eux comme sur les cyanures doubles de la première classe, à cette seule différence près que l'acide cyanhydrique reste uni avec le cyanure insoluble au lieu de se séparer à l'état de liberté. En un mot, les différences entre ces deux groupes de corps seraient une affaire de stabilité et non d'arrangement moléculaire. Telle était du moins l'opinion de Gerhardt. Il y a cependant un certain nombre de faits qui tendraient à faire admettre l'idée de radicaux complexes : le métal lourd qu'ils renferment ne peut point y être décelé par ses réactifs ordinaires. De plus, ces composés peuvent échanger leur métal alcalin contre de l'hydrogène : ils sont neutres et non vénéneux.

Au contraire, les vrais cyanures doubles ne renferment jamais d'hydrogène substitué à un métal, ils sont fortement alcalins, très-vénéneux et l'on peut y déceler les deux métaux qu'ils renferment sans être obligé de les détruire.

Quoi qu'il en soit, qu'ils résultent de l'addition de deux cyanures simples ou de l'union d'un métal alcalin avec un radical complexe, formé par la combinaison intime du cyanogène avec un métal lourd, il est toujours utile d'exprimer leur stabilité dans la nomenclature; c'est pourquoi tous les chimistes les désignent par des noms particuliers, tels que ferrocyanures de potassium, ferricyanure de potassium, cobalto-cyanure de sodium, chromi-cyanure d'argent, etc.

ANALYSE DES CYANURES. — **M.** Heisch a proposé, pour l'analyse des cyanures simples et de tous les cyanures doubles instables, une méthode d'une grande simplicité qui consiste à décomposer le sel par l'acide sulfurique et le zinc, et à recevoir dans une solution d'azotate d'argent l'acide cyanhydrique produit. Il se précipite du cyanure d'argent qu'on recueille, qu'on dessèche et qu'on pèse. Avec le cyanure mercurique il faut ajouter un peu d'acide azotique à l'acide sulfurique. A. N.

CYANURE DE CÉRIUM, $CeCy^2$. — Masse blanche, visqueuse, qui s'obtient par double décomposition et qui s'oxyde à l'air en développant de l'acide cyanhydrique.

CYANURES DE COBALT. — Le cyanure cobalteux $\overset{\prime\prime}{Cb}Cy^2$ se forme lorsqu'on ajoute une solution aqueuse de cyanure de potassium à la solution d'un sel de cobalt. C'est un précipité couleur de chair ou couleur cannelle qui se redissout facilement dans le cyanure de potassium, et donne, en absorbant l'oxygène de l'air, du cobalticyanure de potassium [Gmelin, *Handb. der Chem.*, t. IV, p. 397; — Zwenger, *Ann. der Chem. u. Pharm.*, t. LXII, p. 137].

Dans ce nouveau sel les réactions du cobalt sont masquées comme celles du fer dans les ferro- et dans les ferricyanures, sa composition est semblable à celle des ferricyanures et se représente par la formule $(Cb^2Cy^{12})^{vi}K^6$. Le potassium peut y être remplacé par d'autres métaux, ce qui donne naissance à toute une classe de cobalticyanures. Les cobalticyanures n'exercent aucune action toxique sur l'économie.

On ne connaît aucun composé de cobalt dont la composition corresponde à celle des ferrocyanures.

ACIDE COBALTICYANHYDRIQUE,

$$(Cb^2Cy^{12})^{vi}H^6 + H^2O.$$

On prépare ce corps en décomposant le cobalticyanure de cuivre par l'hydrogène sulfuré; la solution filtrée donne l'acide par l'évaporation. On peut aussi décomposer le cobalticyanure de potassium par l'acide sulfurique. Pour cela, on mélange une solution aqueuse de ce sel avec de l'acide sulfurique concentré et l'on chauffe pendant quelque temps; il se forme du sulfate de potasse que l'on précipite par l'alcool absolu, tandis que de l'acide cobalticyanhydrique reste dissous. On purifie ce dernier corps par des cristallisations répétées et par la pression entre des feuilles de papier buvard. On peut aussi employer l'acide azotique, dans cette préparation, au lieu de l'acide sulfurique.

L'acide cobalticyanhydrique cristallise en aiguilles transparentes, déliquescentes et incolores, qui ont une saveur acide très-prononcée; chauffées au-dessus de 100°, ces aiguilles perdent de l'eau, puis de l'acide cyanhydrique, puis du cyanure d'ammonium, et à 250° elles se trouvent converties en une poudre bleue qui, à une température plus élevée, se transforme elle-même en carbure de cobalt de couleur noire.

L'acide cobalticyanhydrique est fort soluble dans l'eau, il décompose les carbonates avec effervescence, neutralise les bases alcalines et dissout le fer et le zinc avec dégagement d'hydrogène.

L'acide chlorhydrique dissout l'acide cobalticyanhydrique sans l'altérer, même à l'ébullition; l'acide azotique concentré le dissout très-peu, la dissolution s'opère mieux en présence de l'eau. L'acide fumant et l'eau régale ne le décomposent pas non plus à l'ébullition.

L'acide sulfurique étendu dissout l'acide cobalticyanhydrique, mais l'acide sulfurique concentré ne le dissout pas; toutefois, lorsqu'on le chauffe avec ce dernier corps, il se décompose en oxyde de carbone, anhydrides sulfureux et carbonique, sulfate d'ammonium et sulfate de cobalt.

COBALTICYANURE DE POTASSIUM, $(Cb^2Cy^{12})^{vi}K^6$. — On prépare le cobalticyanure de potassium en dissolvant le cyanure cobalteux dans le cyanure potassique, ou en faisant agir l'oxyde ou le carbonate de cobalt sur une dissolution de potasse caustique que l'on sature d'acide cyanhydrique. Si l'on évite le contact de l'air, il se dégage de l'hydrogène en même temps que des traces d'ammoniaque, produit d'une réaction secondaire; si au contraire on laisse à l'air un libre accès, de l'oxygène est absorbé et il ne se fait aucun dégagement gazeux. Dans l'un et l'autre cas, le cobalticyanure qui se forme est accompagné d'une certaine quantité de potasse caustique qui prend naissance en même temps que lui :

$$8KCy + 2CbCy^2 + 2H^2O$$

Cyanure de potassium. — Cyanure de cobalt. — Eau.

$$= (Cb^2Cy^{12})^{vi}K^6 + 2KHO + H^2.$$

Cobalticyanure potassique. — Potasse. — Hydrogène.

$$8KCy + 2CbCy^2 + H^2O + O$$

Cyanure potassique. — Cyanure cobalteux. — Eau. — Oxygène.

$$= (Cb^2Cy^{12})^{vi}K^6 + 2KHO.$$

Cobalticyanure potassique. — Potasse.

On purifie le produit par une série de cristallisations, et s'il est souillé de cyanure ou de carbonate de potasse, on décompose ces sels par l'acide acétique et l'on précipite la solution aqueuse par l'alcool.

Les cristaux de cobalticyanure de potassium se présentent sous la forme de prismes aplatis, anhydres, transparents, légèrement jaunâtres, isomorphes avec le ferricyanure de potassium.

Ce sel est peu soluble dans l'eau et insoluble dans l'alcool; il fond, lorsqu'on le chauffe, en une masse vert olive foncé. Si on le calcine à l'abri de l'air, il donne de l'azote et du cyanogène et il finit par rester un résidu de cyanure de potassium et de carbure de cobalt, réaction entièrement analogue à celle qui se produit lorsqu'on calcine les ferro- et les ferricyanures.

Les acides sulfurique ou azotique ajoutés en excès à une solution concentrée de cobalticyanure de potassium en précipitent de l'acide cobalticyanhydrique. Le sel anhydre, chauffé avec de l'acide sulfurique concentré, donne lieu à un dégagement d'oxyde de carbone et d'anhydride carbonique et laisse pour résidu un mélange de sulfate de cobalt et de sulfate d'ammonium.

COBALTICYANURE DE SODIUM,

$$(Cb^2Cy^{12})^{vi}Na^6 + 4H^2O.$$

— Il forme des aiguilles transparentes, incolores et très-solubles dans l'eau bouillante : on le prépare en saturant le carbonate de soude par l'acide cobalticyanhydrique.

COBALTICYANURE D'AMMONIUM,

$$(Cb^2Cy^{12})^{vi}(AzH^4)^6 + H^2O.$$

— Ce sel cristallise en tables rhombes fort solubles dans l'eau et peu solubles dans l'alcool ; il se décompose à 230°. On l'obtient en neutralisant l'acide cobalticyanhydrique par l'ammoniaque.

COBALTICYANURE D'ARGENT,

$$(Cb^2C^{12})^{vi}Ag^6.$$

— On l'obtient en précipitant le cobalticyanure de potassium par l'azotate d'argent. C'est une masse blanche et caillebottée, insoluble dans l'eau et les acides, anhydre et inaltérable à la lumière. Il se dissout dans l'ammoniaque et donne, par l'évaporation, des prismes incolores de *cobalticyanure double d'argent et d'argent-ammonium*,

$$(Cb^2C^{12})^{vi}Ag^4.[AzH^3Ag]^2.$$

COBALTICYANURE DE BARYUM,

$$(Cb^2Cy^{12})^{vi}Ba^3 + 22H^2O.$$

— On le prépare en neutralisant l'acide cobalticyanhydrique par le carbonate de baryum ; il cristallise en prismes incolores, très-solubles dans l'eau et insolubles dans l'alcool. Les cristaux s'effleurissent à l'air chaud et plus rapidement encore à 100°.

COBALTICYANURE DE CADMIUM. — Il a été obtenu, mais il n'a pas été analysé ; il en est de même du *cobalticyanure de zinc.*

COBALTICYANURE DE CUIVRE,

$$(Cb^2Cy^{12})^{vi}Cu''^3 + 7H^2O.$$

— On le prépare en précipitant le sulfate de cuivre par le cobalticyanure de potassium. C'est un précipité amorphe, d'un bleu clair, qui se lave facilement et convient admirablement à la préparation de l'acide cobalticyanhydrique ; il est insoluble dans l'eau et les acides. Les solutions aqueuses chaudes de potasse en séparent de l'oxyde cuivrique et l'ammoniaque le dissout en donnant une liqueur bleue. Le cobalticyanure de cuivre se précipite lorsqu'on ajoute de l'acide cobalticyanhydrique à un sel cuivrique, tout comme lorsqu'on opère avec le cobalticyanure de potassium.

COBALTICYANURE DE CUIVRE ET DE CUPRO-DIAMMONIUM, $(Cb^2Cy^{12})^{vi}[Az^2H^6Cu'']''^2Cu'' + 3H^2O$. — Ce sel se dépose en cristaux lorsqu'on abandonne à une évaporation lente la liqueur bleue qui résulte de la dissolution du cobalticyanure de cuivre dans l'ammoniaque. Il cristallise en prismes à quatre faces terminés par un sommet à huit faces, brillants et d'un bleu d'azur. Si au lieu d'abandonner la liqueur à l'évaporation on la traite par l'alcool, le même sel se précipite sous la forme d'une poudre légèrement cristalline et d'un bleu plus clair. Ses cristaux sont insolubles dans l'eau, ils perdent de l'ammoniaque et deviennent opaques lorsqu'on les chauffe à 100°. Traités par la potasse, ils perdent les éléments de l'ammoniaque et mettent en liberté de l'oxyde de cuivre, tandis que du cobalticyanure potassique reste dissous.

COBALTICYANURES DE MERCURE ET D'ÉTAIN. — On les a obtenus, mais pas analysés.

COBALTICYANURE DE PLOMB,

$$(Cb^2Cy^{12})Pb^3 + 4H^2O.$$

— On le prépare en dissolvant la céruse dans une dissolution d'acide cobalticyanhydrique. Il est très-soluble dans l'eau où il cristallise en écailles nacrées. L'alcool ne le dissout pas ; l'ammoniaque ajoutée à sa solution aqueuse en précipite un sel blanc polyplombique qui répond à la formule

$$[(Cb^2Cy^{12})^{vi}Pb^3]^2, Pb''H^2O^2.6PbO \text{ (Zwenger)}.$$

COBALTICYANURES DE MANGANÈSE ET DE FER. — Ils n'ont pas été analysés.

COBALTICYANURE COBALTEUX, $(Cb^2Cy^{12})^{vi}Cb^3$. — Ce corps est entièrement semblable au bleu de Turnbull par sa composition ; on peut l'obtenir comme il suit :

On précipite le sulfate cobalteux par une dissolution de cobalticyanure de potassium ; on lave le précipité à grande eau pour le débarrasser de celui des deux précipitants qui est en excès et on le dessèche. On peut, au lieu de précipiter par le cobalticyanure de potassium, opérer la précipitation au moyen de l'acide cobalticyanhydrique.

Le cobalticyanure de cobalt renferme 14 molécules d'eau dont il perd une partie à 100° en devenant bleu, et le reste à une température plus élevée.

Le cobalticyanure de cobalt ne se dissout ni dans l'eau, ni dans les acides ; la potasse caustique le décompose et en sépare de l'hydrate cobalteux. Les acides concentrés le colorent en bleu en lui faisant perdre une partie de son eau. L'ammoniaque le dissout en partie en formant une liqueur rose et une poudre verte se précipite. L'oxyde mercurique est sans action sur lui.

Le cobalticyanure cobalteux anhydre a une coloration bleue foncée, mais il absorbe rapidement de l'humidité à l'air et reprend alors sa couleur rouge. Au contact de l'eau, il se combine à ce liquide avec dégagement de chaleur [Zwenger, *loc. cit.*].

COBALTICYANURE DE NICKEL,

$$(Cb^2Cy^{12})Ni^3 + 12H^2O.$$

— On peut le préparer en précipitant le cobalticyanure de potassium par un sel soluble de nickel, mais alors le précipité retient toujours une certaine quantité de cobalticyanure de potassium qu'on ne parvient point à enlever par les lavages. Pour avoir le corps pur, c'est par l'acide cobalticyanhydrique qu'il faut précipiter le sel de nickel ; le précipité ainsi obtenu est gélatineux, d'une légère couleur bleue, et, lorsqu'on le dessèche, il prend l'aspect d'une masse vitreuse et verdâtre qui possède une cassure conchoïdale. Il est tout à fait insoluble dans l'eau et les acides ; la potasse en sépare de l'hydrate de nickel, mais l'ammoniaque le dissout sans résidu. Desséché à 100°, il renferme 12 molécules d'eau qu'il perd à une température plus élevée en passant au gris. Exposé à l'air, le composé anhydre absorbe de nouveau une quantité d'eau égale à celle qu'il a perdue et reprend sa couleur première [Zwenger, *loc. cit.*].

Cobalticyanure de nickel ammoniacal,

$$(Cb^2Cy^{12})Ni^3(AzH^3)^4 + 7H^2O$$

— Le cobalticyanure de nickel récemment préparé se dissout dans l'ammoniaque ; la solution bleuâtre qui se forme abandonne le sel en écailles cristallines bleues lorsqu'on l'évapore lentement. On peut encore précipiter la dissolution par l'alcool ; le précipité est alors blanc au début, mais en l'abandonnant à lui-même pendant quelques heures, il acquiert une couleur bleue. Ce sel est insoluble dans l'eau. Les acides lui enlèvent les éléments de l'ammoniaque et laissent du cyanocobaltide de nickel sous la forme d'une poudre bleue. Il ne se décompose pas sous l'influence d'une température de 100°; à une température supérieure, il prend feu et brûle en se boursouflant beaucoup [Zwenger, *loc. cit.*]. A. N.

CYANURES D'ÉTAIN. — Ils ne sont pas connus à l'état de liberté. C'est de l'hydrate et non du cyanure stanneux qui se précipite lorsqu'on ajoute un sel stanneux à un cyanure alcalin; le cyanure alcalin retient toutefois en dissolution un peu d'étain. Le sulfure stanneux se dissout aussi en petite quantité dans le cyanure de potassium bouillant; l'acide chlorhydrique précipite la liqueur.

CYANURES DE FER [Scheele, *Opuscula*, t. II, p. 148; — Ittner, *Beiträge zur Geschichte der Blausäure*, 1809; — Proust, *Ann. de Chim.*, t. LX, p. 185 et 225; — Vauquelin, *Ann. de Chim. et de Phys.*, t. V, p. 113; — Berzelius, *ibid.*, t. XV, p. 144 et 225; *Poggend. Ann.*, t. XV, p. 385; — Robiquet, *Ann. de Chim. et de Phys.*, t. XII, p. 275; t. XVII, p. 196; t. XLIV, p. 279; — Gay-Lussac, *ibid.*, t. XLVI, p. 73; — L. Gmelin, *Journ. für Chem. u. Phys. von Schweigger*, t. XXXIV, p. 325; — Rammelsberg, *Poggendorf's Ann.*, t. XXXVIII, p. 364; t. XLII, p. 111; — Williamson, *Ann. der Chem. u. Pharm.*, t. LVII, p. 225; — Bunsen, *Poggend. Ann.*, t. XXXIV, p. 131; — Fresenius, *Ann. der Chem. u. Pharm.*, t. CVI, p. 210; — Porret, *Phil. Trans.*, 1814, p. 527; *Ann. Phil.*, t. XII, p. 214; t. XIV, p. 295; — Thomson, *Ann. Phil.*, t. XII, p. 202; t. XV, p. 392; t. XVI, p. 217; — Pelouze, *Ann. de Chim. et de Phys.*, t. LXIX, p. 40; — Berzelius, *Journ. für Chem. u. Phys. von Schweigger*, t. XXX, p. 35]. — On ne connaît qu'imparfaitement les cyanures de fer simples, à cause de l'extrême facilité avec laquelle ils se transforment en cyanures complexes. Deux toutefois ont été décrits, le cyanure ferreux $FeCy^2$ et le cyanure ferrique Fe^2Cy^6. A chacun d'eux correspond toute une classe de cyanures doubles. Au cyanure ferreux correspondent les ferrocyanures, et au cyanure ferrique les ferricyanures.

CYANURE FERREUX, $FeCy^2$. — Robiquet prétend que lorsqu'on soumet le bleu de Prusse (ferrocyanure ferrique) à l'action de l'hydrogène sulfuré, il se produit de l'acide cyanhydrique en même temps qu'une masse blanche qui serait constituée par du cyanure ferreux. Suivant Gerhardt, ce composé blanc, qui se forme encore lorsqu'on décompose l'acide ferrocyanhydrique ou le ferrocyanure d'ammonium par la chaleur, serait un cyanure multiple. Ce chimiste pense que la seule méthode qui fournisse le cyanure ferreux consiste à précipiter, par le cyanure de potassium, du sulfate ferreux bien exempt de sulfate ferrique. Encore ce produit n'est-il pas pur et renferme-t-il du potassium.

Le cyanure ferreux impur ainsi obtenu se dissout dans le cyanure de potassium et se convertit en ferrocyanure potassique. La potasse le convertit aussi en ferrocyanure avec séparation d'hydrate ferreux :

$$3FeCy^2 + 4KHO = FeCy^6K^4 + 2\left(Fe\begin{cases}OH\\OH\end{cases}\right).$$

Cyanure ferreux. — Potasse. — Cyanoferrure de potassium. — Hydrate ferreux.

Exposé à l'air, il absorbe l'oxygène et bleuit [Fresenius, *Ann. der Chem. u. Pharm.*, t. CVI, p. 210].

CYANURE FERRIQUE, Fe^2Cy^6. — Le percyanure de fer n'est point connu à l'état solide. Lorsqu'on verse du fluorure double silicoferrique (hydrofluosilicate ferrique) dans du ferricyanure de potassium jusqu'à ce que tout le potassium soit précipité à l'état de fluorure silicopotassique, on obtient un liquide brun-jaunâtre foncé qui paraît renfermer du percyanure de fer. Ce liquide a une saveur purement astringente; abandonné à l'évaporation spontanée, il se concentre peu à peu, mais devient bleu par la dessiccation, et se transforme alors presque en entier en bleu de Prusse.

On admet encore qu'il se produit du percyanure de fer soluble mêlé de chlorure de potassium lorsqu'on mêle des dissolutions de ferricyanure de potassium et de perchlorure de fer :

$$Fe^2Cy^{12}.K^6 + Fe^2Cl^6 = 6KCl + 2Fe^2Cy^6.$$

Ferricyanure potassique. — Chlorure ferrique. — Chlorure potassique. — Percyanure de fer.

La solution ainsi obtenue se recouvre d'une couche de bleu de Prusse lorsqu'on l'évapore, en abandonnant soit du chlore soit du cyanogène, suivant que c'est le cyanure ou le chlorure qui est en excès.

Le cyanure ferrique se formerait encore lorsqu'on fait bouillir à l'abri de l'air du ferricyanure potassique avec du cyanure d'argent. Le ferricyanure potassique pouvant être considéré comme une combinaison de cyanure ferrique et de cyanure de potassium, le rôle du cyanure d'argent consisterait à former un cyanure double en s'emparant du cyanure potassique. Dans cette opération il se forme un dépôt brun qui à la longue se convertit en hydrate ferrique. C'est ce dépôt qui constituerait le percyanure de fer. Ce mode de préparation donne donc des résultats peu concordants avec ceux que donnent les deux autres, puisque dans les deux premières méthodes le cyanure ferrique s'obtient en solution, tandis qu'ici il se produit sous la forme d'un précipité insoluble.

D'après M. Wyrouboff, qui a fait sur ce sujet des expériences précises, du cyanure ferrique hydraté se forme lorsqu'on fait bouillir du ferricyanure potassique avec du chlorhydrate d'ammoniaque.

Ce cyanure ferrique est une poudre verte qui se conserve desséchée à 100°, mais se convertit rapidement en bleu de Prusse au contact de l'air humide. Elle correspond, par ses propriétés, au corps qui avait été décrit par M. Pelouze comme un cyanure ferroso-ferrique (Wyrouboff).

Par la réaction du cyanure de potassium sur le perchlorure de fer, il se dégage de l'acide prussique en même temps qu'il se précipite de l'hydrate ferrique et que du chlorure de potassium reste dissous. Le cyanure ferrique ne se produit donc pas dans ces circonstances :

Les chimistes qui envisagent les ferricyanides comme des cyanures doubles admettent que ces corps renferment du cyanure ferrique uni à du cyanure de potassium :

$$Fe^2Cy^{12}.K^6 = Fe^2Cy^6.6KCy.$$

Ferricyanure potassique.

Cyanures de fer intermédiaires. — Le bleu de Prusse et le bleu de Turnbull pourraient être considérés comme des corps intermédiaires entre le cyanure ferreux et le cyanure ferrique. Mais leur mode de formation prouve que ces corps ne sont pas des cyanures simples, mais bien des cyanures doubles. Le bleu de Prusse est, comme nous le verrons plus loin, du ferrocyanure ferrique, et le bleu de Turnbull du ferricyanure ferreux.

FERROCYANURES.

[Syn. *Prussiates, ferrocyanhydrates.*]

Les ferrocyanures se représentent aujourd'hui par la formule $(Fe''Cy^6)^{iv}M'^4$. Avant l'époque où le poids atomique du fer a été doublé, on leur attribuait la formule moitié moindre $FeCy^3.K^2$. Toutefois, même si l'on avait conservé l'ancien poids atomique du fer, on aurait dû multiplier par 2 cette formule, attendu qu'on connaît des ferrocyanures qui renferment 3 atomes d'un métal pour un seul atome d'un autre métal, tels que le ferrocyanure potassico-ammonique

$$(Fe''Cy^6)^{iv}K^3.AzH^4.$$

D'ailleurs seulement avec la formule où l'on considère le ferrocyanogène comme tétratomique on peut montrer clairement les rapports qui existent entre les ferrocyanures et les ferricyanures.

On obtient les ferrocyanures alcalins soit en dissolvant les alcalis ou les carbonates alcalins dans l'acide ferrocyanhydrique, soit en dissolvant le protocyanure de fer, ou mieux le bleu de Prusse, dans les alcalis caustiques ou les cyanures alcalins. Quant aux ferrocyanures insolubles, on les prépare par voie de double décomposition.

Les ferrocyanures alcalins sont neutres, non vénéneux, jaunes lorsqu'ils sont hydratés et incolores lorsqu'ils sont anhydres. Leur odeur est faiblement salée et amère. Les ferrocyanures terreux sont blancs et insolubles; enfin les ferrocyanures des métaux lourds sont tantôt bleus, tantôt doués de couleurs assez vives qui servent dans l'analyse qualitative à reconnaître ces métaux. Les sels d'antimoine, de platine, de rhodium et d'iridium ne sont point précipités par les ferrocyanures solubles.

Lorsqu'on calcine un ferrocyanure préalablement bien desséché, le cyanure de fer que ce corps renferme se décompose en azote et carbure de fer. Le second cyanure tantôt reste indécomposé, comme c'est le cas avec le ferrocyanure potassique, tantôt se détruit avec dégagement d'azote et production d'un carbure métallique, comme on l'observe avec le ferrocyanure de plomb; tantôt enfin perd du cyanogène et laisse un résidu de métal, comme cela se voit avec le ferrocyanure d'argent.

Si la calcination porte sur un ferrocyanure humide, il se produit de l'acide cyanhydrique, de l'anhydride carbonique et de l'ammoniaque et les deux métaux restent à l'état de carbures.

Dans le circuit voltaïque les ferrocyanures se décomposent; le métal alcalin se rend au pôle négatif, tandis qu'il se produit de l'acide cyanhydrique et du bleu de Prusse au pôle positif (Porret). Si on se sert d'une électrode de cuivre au lieu de bleu de Prusse, c'est du ferrocyanure de cuivre qui se dépose au pôle positif, et si l'on fait usage d'une électrode de fer, la production du bleu de Prusse devient au contraire beaucoup plus facile. (Cette production de bleu de Prusse par l'action de la pile sur les ferrocyanures a été utilisée dans le télégraphe écrivant de l'abbé Caselli.)

Traités par l'acide sulfurique concentré à 100° environ, les ferrocyanures dégagent de l'oxyde de carbone (Bunsen) en même temps que des gaz sulfureux et carbonique et de l'azote provenant d'une réaction secondaire :

$$\underset{\text{Ferrocyanure de potassium.}}{(Fe''Cy^6)^{iv}K^4} + \underset{\text{Acide sulfurique.}}{6SO^4H^2} + \underset{\text{Eau.}}{6H^2O}$$
$$= \underset{\text{Sulfate ferreux.}}{SO^4Fe''} + \underset{\text{Sulfate de potassium.}}{2SO^4K^2} + \underset{\text{Sulfate d'ammonium.}}{3SO^4(AzH^4)^2} + \underset{\text{Oxyde de carbone.}}{6CO.}$$

Les acides étendus décomposent les ferrocyanures avec production d'acide ferrocyanhydrique. L'acide sulfhydrique agit de même lorsque le métal que renferme le ferrocyanure est précipitable à l'état de sulfure.

La plupart des ferrocyanures se combinent à froid avec l'acide sulfurique concentré en formant des composés que l'eau détruit en régénérant les constituants primitifs ou en donnant un sulfate métallique et de l'acide cyanhydrique.

ACIDE FERROCYANHYDRIQUE, $Fe''Cy^6H^4$ [Porret, *Phil. Trans.*, 1814, p. 527; — Posselt, *Ann. der Chem. u. Pharm.*, t. XLII, p. 163; — Reimann et Carius, *Ann. der Chem. u. Pharm.*, t. CXIII, p. 139]. — L'acide ferrocyanhydrique prend naissance dans l'action de l'acide sulfurique sur le ferrocyanure de baryum, dans l'action de l'acide chlorhydrique, tartrique, etc., sur le ferrocyanure de potassium, dans l'action de l'acide sulfhydrique sur les ferrocyanures de plomb ou de cuivre et dans l'action de l'acide chlorhydrique très-concentré sur le bleu de Prusse.

M. Posselt le prépare en décomposant le ferrocyanure de potassium par l'acide chlorhydrique. On dissout ce sel dans un peu d'eau, on fait bouillir la solution pendant quelque temps pour en chasser l'air, puis on la laisse refroidir dans un ballon bien bouché. Quand elle est froide, on la mélange avec un excès d'acide chlorhydrique privé d'air et l'on agite le tout avec de l'éther. L'acide ferrocyanhydrique se précipite alors sous forme de paillettes minces et blanches; on recueille le précipité sur un filtre, on le lave avec un mélange d'alcool et d'éther pour enlever l'eau, et, après l'avoir exprimé, on le dessèche rapidement dans le vide sur de l'acide sulfurique.

En mélangeant la solution aqueuse de ferrocyanure de potassium avec de l'éther avant d'y ajouter l'acide chlorhydrique, on obtient de l'acide ferrocyanhydrique tout à fait blanc qui se laisse sécher et cristalliser, sans prendre de coloration (Dollfus).

Kuhlmann prépare de l'acide ferrocyanhydrique liquide sur une grande échelle en décomposant le ferrocyanure de baryum par une quantité équivalente d'acide sulfurique étendu. La solution, devenue claire par le repos, est décantée dans des vases de grès bien bouchés et expédiée sur le marché dans cet état.

L'acide ferrocyanhydrique cristallise en grains blancs ou en petites aiguilles entrelacées. Il est soluble dans l'alcool et l'eau et insoluble dans l'éther.

Exposé à l'air, cet acide absorbe de l'oxygène, même à la température ordinaire, et beaucoup plus vite lorsqu'on le chauffe; il se produit ainsi de l'acide cyanhydrique et il se dépose du bleu de Prusse :

$$7\underset{\text{Acide ferrocyanhydrique.}}{(Fe''Cy^6)^{iv}H^4} + \underset{\text{Oxygène.}}{O^2}$$
$$= \underset{\text{Acide cyanhydrique.}}{24HCy} + \underset{\text{Eau.}}{2H^2O} + \underset{\text{Bleu de Prusse.}}{Fe^7Cy^{18}.}$$

L'acide ferrocyanhydrique est un acide fort qui rougit le tournesol, présente une saveur acide et décompose les carbonates, les acétates et même les tartrates et les oxalates à la température ordinaire. Il agit sur un grand nombre de solutions métalliques à la manière du ferrocyanure de potassium. Chauffé avec de l'oxyde mercurique, il donne du cyanure de mercure et du protocyanure de fer :

$$\underset{\text{Acide ferrocyanhydrique.}}{(Fe''Cy^6)^{iv}H^4} + \underset{\text{Oxyde mercurique.}}{2Hg''O}$$
$$= \underset{\text{Cyanure de mercure.}}{2Hg''Cy^2} + \underset{\text{Cyanure ferreux.}}{Fe''Cy^2} + \underset{\text{Eau.}}{2H^2O.}$$

Le protocyanure de fer ainsi formé s'oxyde, du reste, immédiatement sous l'influence de l'oxyde de mercure, avec séparation de mercure métallique.

L'acide ferrocyanhydrique, en réagissant sur

les hydrates et les carbonates métalliques, donne des ferrocyanures. C'est un acide tétrabasique.

FERROCYANURE D'ALUMINIUM. — C'est un corps incristallisable que l'on obtient en dissolvant l'alumine dans l'acide ferrocyanhydrique; il est incristallisable et se décompose lorsqu'on évapore sa solution.

Quand on ajoute du ferrocyanure de potassium à du sulfate d'alumine même très-acidulé, tout l'aluminium se précipite sous la forme d'une masse blanche qui fournit à l'analyse 14,87 °/₀ d'alumine et 22,36 °/₀ de fer. Ce corps peut être représenté par la formule

$$(Al^2Cy^6)^2 3Fe\,Cy^2, \text{ ou } (Al^2)^2Fe^3Cy^{18}.$$

Cette formule représente du bleu de Prusse

$$Fe^7Cy^{18}$$

dans lequel Al^4 remplacent Fe^4 [C. Tissier, *Compt. rend.*, t. XLV, p. 232].

FERROCYANURE D'AMMONIUM,

$$Fe''Cy^6(Az\,H^4)^4 + 3\,H^2O.$$

— On obtient ce sel en saturant l'acide ferrocyanhydrique par l'ammoniaque, ou en faisant digérer du bleu de Prusse avec un excès d'ammoniaque caustique. En livrant la dissolution à l'évaporation spontanée, elle dépose peu à peu des cristaux brillants d'un jaune pâle qui sont isomorphes avec le ferrocyanure de potassium. Quelquefois la couleur de ces cristaux est verte; d'autres fois encore le sel refuse absolument de cristalliser, ce qui résulte de l'impureté du bleu de Prusse que l'on a employé. Suivant Berzelius, une excellente méthode pour obtenir le ferrocyanure ammonique consiste à préparer d'abord du ferrocyanure de plomb par voie de double décomposition et à décomposer ensuite ce corps au moyen du carbonate d'ammonium. On peut d'ailleurs purifier le produit en le dissolvant dans l'eau et en le précipitant de la dissolution par l'alcool dans lequel il est insoluble ou peu soluble.

Évaporé à l'air, le cyanoferrure ammonique se dédouble en cyanhydrate d'ammoniaque qui se volatilise et cyanure de fer qui reste pour résidu et se transforme en bleu de Prusse aux dépens de l'air (voyez CYANURE FERRIQUE).

Si l'on conserve pendant longtemps le même sel sous forme sèche ou qu'on le chauffe à 40°, il éprouve le même changement et devient bleu; mais dans le vide sa dissolution peut être évaporée sans subir d'altération, parce que le cyanure ferreux ne trouve pas d'oxygène pour s'oxyder.

Chauffé dans un appareil distillatoire, le cyanoferrure d'ammonium donne du cyanure ammonique; le cyanure ferreux reste et se décompose à une température plus élevée en azote et carbure de fer.

FERROCYANURE AMMONIQUE ET CHLORURE D'AMMONIUM, $Fe''Cy^6.(AzH^4)^4, 2AzH^4Cl + 3H^2O$. — Le ferrocyanure ammonique et le chlorure d'ammonium s'unissent pour former un sel double que l'on obtient en faisant cristalliser ensemble un mélange des deux sels constituants. On peut l'obtenir aussi en faisant cristalliser ensemble du ferrocyanure potassique et du chlorure d'ammonium. Ce composé cristallise facilement en gros cristaux jaunes, réguliers, transparents, dont la forme fondamentale est un rhomboèdre aigu. Les cristaux affectent souvent cette forme, mais souvent aussi des formes secondaires dérivées. Le sel est inaltérable à l'air et très-soluble dans l'eau. Sa solution aqueuse se décompose par l'ébullition en déposant du cyanure de fer [Bunsen, *Poggend. Ann.*, t. XXXVI, p. 404]. Il ne cristallise que dans une eau mère contenant un excès de sel ammoniac.

FERROCYANURE AMMONIQUE ET BROMURE D'AMMONIUM,

$$Fe''Cy^6(Az\,H^4)^4.\ 2\,Az\,H^4Br + 3\,H^2O$$

[Himly et Bunsen, *Poggend. Ann.*, t. XXXVIII, p. 208]. — On obtient ce composé comme celui de cyanoferrure et de chlorure ammonique. Il cristallise comme ce dernier en rhomboèdres aigus inaltérables à l'air et fort solubles dans l'eau.

FERROCYANURE DOUBLE D'AMMONIUM ET DE POTASSIUM, $Fe''Cy^6K^3AzH^4$ [Reindel, *Journ. für prakt. Chem.*, t. LXV, p. 450]. — On obtient ce corps en soumettant le ferricyanure potassique à l'action simultanée de l'ammoniaque et d'un agent réducteur comme le sucre de raisin :

$$\underset{\text{Ferricyanure potassique.}}{Fe^2Cy^{12}K^6} + \underset{\text{Ammoniaque.}}{2\,Az\,H^3} + \underset{\text{Hydrogène.}}{H^2}$$
$$= \underset{\text{Ferrocyanure ammoniaco-potassique.}}{2\,Fe''Cy^6K^3Az\,H^4}$$

Ce composé est isomorphe avec le ferrocyanure potassique. Il est facilement soluble dans l'eau froide et plus soluble encore dans l'eau chaude. Chauffé, il donne de l'acide cyanhydrique et du cyanure d'ammonium. Avec les solutions des sels métalliques, il donne les mêmes précipités que le prussiate jaune. Lorsqu'on le chauffe avec un alcali fixe, autre que la potasse, il dégage de l'ammoniaque et produit un sel d'une constitution semblable à la sienne; sous l'influence de la potasse, il se convertit en prussiate jaune.

On connaît un autre ferrocyanure double ammoniaco-potassique, $Fe''Cy^6.K^2(AzH^4)^2$ [Reindel, *Journ. für prakt. Chem.*, t. LXXVI, p. 342]. — Ce sel se prépare par l'action du sulfate ammonique sur le ferrocyanure baryto-potassique, $Fe''Cy^6.K^2Ba''$, ou par l'action de l'ammoniaque sur le ferrocyanure de potassium et de fer qui reste comme résidu dans la préparation de l'acide cyanhydrique par la méthode de Pessina :

$$\underset{\text{Ferrocyanure ferroso-potassique.}}{(Fe''Cy^6)^{iv}K^2Fe''} + \underset{\text{Hydrate d'ammonium.}}{2\,Az\,H^4.O\,H}$$
$$= \underset{\text{Ferrocyanure ammonico-potassique.}}{Fe''Cy^6,K^2,(Az\,H^4)^2} + \underset{\text{Hydrate ferreux.}}{Fe''H^2O^2}.$$

FERROCYANURE D'ARGENT, $(Fe''Cy^6)^{iv}Ag^4$ [Glassford et Napier, *Phil. Mag.*, (3), t. XXV, p. 71]. — C'est un précipité blanc qui bleuit par l'action de l'air et qui est soluble dans l'ammoniaque et insoluble dans les sels ammoniacaux. Lorsqu'on le chauffe à un feu vif, il dégage un mélange d'azote et de cyanogène et laisse du carbure de fer mêlé d'argent métallique. L'acide azotique le convertit en ferricyanure d'argent jaune-orangé $Fe^2Cy^{12}Ag^6$. L'acide sulfurique concentré le décompose avec formation de sulfate d'argent; les autres acides ne le décomposent pas. Il est même remarquable que l'acide chlorhydrique soit sans action sur lui. Sous l'influence du cyanure potassique, il donne du ferrocyanure de potassium et du cyanure de potassium et d'argent :

$$\underset{\text{Ferrocyanure d'argent.}}{(Fe''Cy^6)^{iv}Ag^4} + \underset{\text{Cyanure de potassium.}}{8\,K\,Cy}$$
$$= \underset{\text{Cyanure double d'argent et de potassium.}}{4\,Ag\,Cy.K\,Cy} + \underset{\text{Ferrocyanure de potassium.}}{(Fe''Cy^6)^{iv}K^4}.$$

FERROCYANURE DE BARYUM,

$$Fe''Cy^6.Ba''^2 + 6\,H^2O.$$

— On obtient ce sel soit en saturant l'acide ferrocyanhydrique par la baryte, soit en décomposant le bleu de Prusse par l'eau de baryte bouillante filtrant à chaud, et abandonnant la liqueur au refroidissement pour qu'elle cristallise, soit enfin en décomposant le ferrocyanure de potassium par une solution bouillante de chlorure de baryum, ce dernier sel en grand excès pour éviter qu'il ne se produise un ferrocyanure double de potassium et de baryum.

On peut encore obtenir le cyanoferrure de baryum en faisant passer un courant d'air sur un mélange de charbon et de carbonate de baryte, lessivant ensuite la masse et ajoutant du sulfate ferreux à la lessive (voyez la méthode de MM. Margueritte et Sourdeval pour la préparation en grand du prussiate de potasse). Suivant les auteurs de ce procédé, le ferrocyanure de baryum ainsi préparé pourrait se substituer avantageusement, vu son bon marché, au prussiate jaune. Toutefois M. Hofmann, dans son Rapport sur l'Exposition universelle de 1862, exprime des doutes sur la réalisation de ce fait, parce que le cyanoferrure de baryum cristallise moins bien que le prussiate de potasse et donne, avec les composés ferriques, un bleu de Prusse qui ne présente pas le reflet rougeâtre qu'offre celui qui est préparé à l'aide de ce dernier sel.

Le ferrocyanure de baryum cristallise en prismes rectangulaires obliques aplatis qui appartiennent au système monoclinique. Il est jaune, inaltérable à l'air, soluble dans 584 p. d'eau froide et 116 p. d'eau bouillante (Duflos). Il perd les 11/12 de son eau de cristallisation à 40° en devenant blanc et opaque. Le douzième restant ne se dégage qu'à la température où le sel commence lui-même à se décomposer.

A la chaleur rouge, le ferrocyanure de baryum se détruit avec dégagement d'azote et laisse un résidu de carbure de fer et de carbure de baryum. Si la décomposition a lieu au contact de l'air, il se produit un mélange d'oxyde ferrique et de carbonate de baryum.

Ferrocyanure de baryum et de potassium, $Fe''Cy^6.K^2Ba'' + 3H^2O$ [Mosander, *Poggend. Ann.*, t. XXV, p. 390; — Duflos, *Journ. für Chem. u. Phys. von Schweigger*, t. LXV, p. 233; — Bunsen, *Poggend. Ann.*, t. XXXVI, p. 404; — Reindel, *Journ. für prakt. Chem.*, t. LXXVI, p. 342, et *Répert. de Chim. pure*, 1859, p. 411]. — Il cristalliserait avec $5H^2O$ selon une analyse encore inédite de Wyrouboff. On prépare ce sel en mélangeant des solutions bouillantes et concentrées de 2 p. de prussiate de potasse et de 1 p. de chlorure de baryum. Le sel double cristallise par le refroidissement en petits rhomboèdres d'un jaune pâle qui se dissolvent dans 38 p. d'eau froide et 9,5 p. d'eau bouillante :

Traité par un agent oxydant en présence du bisulfate de potasse, il donne du sulfate de baryte et du ferricyanure de potassium :

$$Fe''Cy^6.Ba''K^2 + 2SO^4KH + O$$
Ferrocyanure baryto-potassique. — Bisulfate de potassium. — Oxygène.

$$= Fe^2Cy^{12}.K^6 + 2SO^4Ba'' + H^2O.$$
Ferricyanure de potassium. — Sulfate de baryte. — Eau.

Sous l'influence des sulfates solubles, il donne du sulfate de baryte et des ferrocyanures doubles qui renferment, au lieu de baryum, le métal du sulfate employé :

$$Fe''Cy^6.Ba''K^2 + SO^4(AzH^4)^2$$
Ferrocyanure baryto-potassique. — Sulfate d'ammonium.

$$= SO^4Ba'' + Fe''Cy^6.K^2(AzH^4)^2.$$
Sulfate barytique. — Ferrocyanure ammoniaco-potassique.

Ferrocyanure de calcium,

$$Fe''Cy^6.Ca''^2 + 12H^2O.$$

— On le prépare en saturant l'acide ferrocyanhydrique par le carbonate de chaux, ou en décomposant le bleu de Prusse par l'hydrate calcique et l'eau [Berzelius, *Journ. für Chem. u. Phys. von Schweigger*, t. XXX, p. 12].

Le ferrocyanure de calcium se dissout dans 0,6 p. d'eau. Évaporée en consistance de sirop peu épais et livrée à elle-même dans un endroit chaud, la dissolution donne de gros cristaux d'un jaune pâle qui affectent la forme de prismes rhomboïdaux doublement obliques. A 40° ces cristaux s'effleurissent en conservant leur forme et perdent 39,61 % d'eau; mais de même que le sel barytique ils retiennent 1 molécule d'eau pour 2 de sel. La saveur de ce sel est amère; l'alcool ne le dissout pas.

Ferrocyanure double de potassium et de calcium, $Fe''Cy^6.Ca''K^2 + 3H^2O$. — Ce sel se précipite lorsqu'on ajoute du prussiate de potasse à la dissolution concentrée d'un sel calcique; la combinaison est assez lente à se former. Elle se présente sous la forme d'une poudre cristalline d'un blanc jaunâtre qui exige pour se dissoudre 795 p. d'eau à 15° et seulement 144,7 p. d'eau à 100° [Marchand, *Journ. de Chim. méd.*, t. XX, p. 558; — Berzelius, *Traité de Chimie*, édit. française, t. III, p. 540].

Ferrocyanure double de calcium et de sodium, $(Fe''Cy^6)^{iv}Ca''Na^2$. — On prépare ce sel en mélangeant à équivalents égaux les deux sels. Il se dépose d'abord du ferrocyanure de sodium, puis une certaine quantité de sel double sous forme de petits cristaux appartenant au prisme carré, enfin du ferrocyanure de calcium. C'est le seul de tous les ferrocyanures qui soit anhydre [Wyrouboff, *Expériences inédites*].

Ferrocyanure double de calcium et de strontium, $(Fe''Cy^6)^{iv}.Ca''Sr'' + 10H^2O$. — S'obtient en faisant cristalliser ensemble les deux sels dans le vide au-dessus de l'acide sulfurique. Ce sel se dissout dans 2 p. d'eau, s'effleurit à l'air et perd à 100° toute son eau de cristallisation. Sa forme cristalline est un prisme doublement oblique [Wyrouboff, *Expériences inédites*].

Ferrocyanure de cobalt, $(\overset{''}{Fe}Cy^6)^{iv}.\overset{''}{Co}^2$. — C'est un précipité vert jaunâtre qui, sous l'influence d'une douce chaleur, perd la plus grande partie de son eau et prend une couleur vert foncé; à 360° il devient d'un vert clair en dégageant de l'eau et de faibles quantités de cyanure d'ammonium; enfin, si on le porte, en vase clos, à une température beaucoup plus élevée, il perd de l'azote et laisse un mélange de carbure de fer et de cobalt qui brûle lorsqu'on le chauffe au contact de l'air.

Ferrocyanures de cuivre. — Il en existe deux : le ferrocyanure de cuivre au minimum et le ferrocyanure de cuivre au maximum. Chacun d'eux forme un certain nombre de sels doubles.

Ferrocyanure cuivreux, $(FeCy^6)^{iv}(Cu^2)''^2$. — Ce sel se précipite sous la forme de flocons blancs lorsqu'on ajoute du ferrocyanure de potassium à une solution chlorhydrique de chlorure cuivreux (Proust); il se produit aussi par l'action des acides sur le ferrocyanure potassico-cuivreux (Schulz). Suivant Wittstein, il est soluble dans l'ammoniaque et insoluble dans les sels ammoniacaux. D'après Proust, il se convertit en ferrocyanure cuprique d'un rouge pourpre lorsqu'on l'expose à l'air ou qu'on le soumet à l'action oxydante de l'eau de chlore (voyez les expériences de Kühn sur l'action que les ferro- et ferricyanures de potassium exercent sur les oxydes, sulfures et cyanures de cuivre [*Ann. der Chem. u. Pharm.*, t. LXXXVII, p. 84]).

Ferrocyanure potassico-cuivreux,

$$(Fe''Cy^6)^{iv}(Cu^2)''K^2 + 3H^2O$$

[C. Schulz, *Journ. für prakt. Chem.*, t. LXVIII, p. 257]. — On prépare ce composé en dissolvant du ferrocyanure cuivrique dans du cyanure de potassium; du cyanogène se dégage. Si le cyanure alcalin n'est pas en excès, il se forme un précipité d'un beau rouge qu'on sépare par le filtre; la liqueur filtrée abandonnée à elle-même laisse déposer des cristaux prismatiques à base carrée dont la couleur est d'un brun-rouge foncé et qui correspondent à la formule ci-dessus. Une autre méthode de préparation plus facile consiste à verser goutte à goutte du sulfate de cuivre dans une solution aqueuse d'un mélange de cyanure et de ferrocyanure de potassium. Le liquide chauffé et abandonné ensuite à lui-même laisse déposer des cristaux du sel double par le refroidissement. Ces cristaux perdent leur eau à 100° en noircissant. Ils sont insolubles dans l'eau, l'alcool et l'éther, mais se dissolvent dans l'eau à la faveur du cyanure de potassium. L'eau bouillante les décompose avec formation de prussiate jaune. Les acides les décomposent aussi et en séparent du ferrocyanure cuivreux.

Ferrocyanure potassico-cuivreux et cyanure de potassium,

$$(Fe''Cy^6)^{iv}(Cu^2)''K^2, KCy + 4H^2O$$

[Bolley et Moldenhauer, *Ann. der Chem. u. Pharm.*, t. CVI, p. 228; — W. Wonfor, *Journ. of the Chem. Soc.*, t. XV, p. 357]. — Ce sel double se dépose à la longue dans les solutions renfermant du fer, du cyanure de potassium et du sulfate de cuivre, qui servent pour déposer du cuivre par voie électrolytique. Il se présente en cristaux bruns un peu semblables à l'alun de chrome. W. Wonfor l'a également obtenu dans des bains galvaniques, mais sous forme de cristaux brun-rouge qui appartenaient au système cubique et étaient une combinaison du cube et de l'octaèdre.

Suivant Moldenhauer, ces cristaux contiendraient 4 molécules d'eau de cristallisation, mais d'après les analyses beaucoup plus complètes de W. Wonfor, ils en contiendraient 5.

Ferrocyanure cuivrique, $(FeCy^6)^{iv}\overset{''}{Cu}{}^2$. — Lorsqu'on verse du ferrocyanure de potassium dans un sel de cuivre au maximum, on obtient un précipité d'un rouge pourpre. La liqueur se prend en masse par l'agitation si elle est concentrée; si elle est plus étendue, le précipité se dépose sous forme de flocons, et si elle est très-diluée, elle se colore simplement en pourpre et ne donne naissance à un précipité que si on la porte à l'ébullition. Ce précipité entraîne toujours une grande quantité de prussiate jaune, quel que soit l'excès de sel cuivrique employé [Williamson, *Ann. der Chem. u. Pharm.*, t. LVII, p. 245].

Suivant Rammelsberg, il se produit du ferrocyanure cuivrique pur lorsqu'on précipite l'acétate ou le sulfate de cuivre par l'acide ferrocyanhydrique [Rammelsberg, *Poggend. Ann.*, t. LXXIV, p. 65]. Ce précipité aurait pour formule, d'après cet auteur, après dessiccation sur l'acide sulfurique, $(FeCy^6)\overset{''}{Cu}{}^2 + 7H^2O$. D'après Monthiers, il renfermerait 9 molécules d'eau au lieu de 7.

Ce sel perd seulement une partie de son eau lorsqu'on le chauffe à une température modérée; lorsqu'on le chauffe plus fortement, il perd à la fois de l'eau et de l'ammoniaque suivant Vauquelin; de l'eau, de l'ammoniaque, du carbonate d'ammoniaque et de l'azote d'après Berzelius. Si l'on chauffe plus fortement encore le résidu dans une cornue, il se manifeste un léger phénomène d'incandescence, et le produit qui reste est un mélange de bicarbure de fer et de monocarbure de cuivre dans la proportion de 1 molécule du premier à 1 molécule du second.

Suivant Ittner, le ferrocyanure cuivrique est décomposé par la potasse aqueuse avec régénération de ferrocyanure de potassium et formation d'hydrate cuivrique. D'après Brett et Wittstein, il est insoluble dans l'eau, les sels ammoniacaux et les acides, qui ne le décomposent pas; l'acide sulfurique concentré le dissout en formant une liqueur d'un jaune verdâtre. L'eau décompose cette solution et en reprécipite le ferrocyanure cuivrique avec sa nuance première (Berzelius).

Le ferrocyanure de cuivre au maximum se dissout dans l'ammoniaque. La solution est complétement incolore, mais lorsqu'on l'évapore elle laisse pour résidu le sel de cuivre avec la couleur première. Cette réaction donne le moyen de découvrir de très-faibles proportions de cuivre, même mélangé avec d'autres métaux.

Ferrocyanure de cuprammonium,

$$(Fe''Cy^6)^{iv}.(Az^2H^6Cu'')^2 + H^2O$$

[Monthiers, *Journ. de Pharm.*, (3), t. XI, p. 249; — Bunsen, *Poggend. Ann.*, t. XXXIV, p. 134]. — C'est un précipité cristallin d'un jaune pâle, soluble dans l'ammoniaque, insoluble dans l'eau, l'alcool et les sels ammoniacaux. On l'obtient en versant un ferrocyanure soluble dans la solution d'un sel de cuprammonium ou plus simplement dans une solution d'un sel de cuivre additionné d'assez d'ammoniaque pour redissoudre le précipité formé au début.

Le ferrocyanure de cuprammonium est décomposé par les acides. Ceux-ci s'emparent de l'ammoniaque et laissent un résidu de ferrocyanure cuivrique d'un rouge-brun.

Ferrocyanure d'ammocuprammonium,

$$(Fe''Cy^6)^{iv}(Az^2H^4[AzH^4]^2Cu'')''^2$$

[Monthiers, *loc. cit.*]. — Ce corps prend naissance lorsqu'on expose le ferrocyanure de cuivre ou le sel précédent humide à l'action de l'ammoniaque en vapeur. C'est une substance verte fort instable qui abandonne la moitié de son ammoniaque et vire au jaune par simple exposition à l'air.

Ferrocyanure cupripotassique,

$$(Fe''Cy^6)^{iv}K^2Cu''$$

[Rammelsberg, *Poggend. Ann.*, t. LXXIV, p. 65; *Ann. de Chim. de Millon et Reiset*, 1849, p. 301; *Jahresb. der Chem.*, 1847-1848; — Mosander, *loc. cit.*].

Le composé $(Fe''Cy^6)^{iv}K^2Cu''$ constituerait, d'après Schulz, le précipité rouge foncé dont nous avons mentionné la formation dans la préparation du ferrocyanure potassico-cuivreux et qui est surtout abondant lorsqu'on fait usage de quantités relativement faibles de cyanure potassique.

Les *sels de sodium et d'ammonium* correspondants se produisent dans les mêmes conditions. Le sel ammonique, $(Fe''Cy^6)^{iv}Cu''(AzH^4)^2$, est un corps cristallin écarlate qui brunit lorsqu'on le dessèche (Schulz).

Ferrocyanure de mercure et de mercurammonium,

$$(Fe''Cy^6)^{iv}(Az^2H^6Hg)''Hg'' + H^2O$$

[Bunsen, *Poggend. Ann.*, t. XXXIV, p. 139]. — On le prépare en faisant dissoudre l'azotate de mercurammonium (nitrate de mercure ammoniacal) dans une solution moyennement concentrée d'azotate ammonique additionnée d'ammoniaque caustique, et en précipitant la liqueur par une solution de ferrocyanure de potassium. On obtient ainsi des prismes rhomboïdaux couleur de vin blanc.

Ces cristaux exposés à l'air perdent de l'ammoniaque. L'eau les décompose en donnant du cyanure mercurique, de l'hydrate de fer au maximum et de l'ammoniaque.

FERROCYANURES DE FER. — Il y en a deux, le ferrocyanure ferrique et le ferrocyanure ferroso-potassique. Le premier est connu dans les arts sous le nom de bleu de Prusse.

FERROCYANURE FERRIQUE (bleu de Prusse),

$$(\overset{''}{Fe}Cy^6)^3[\overset{VI}{Fe^2}]^2 + 18\,H^2O = Fe^7Cy^{18} + 18\,H^2O$$

[Syn. *Bleu de Prusse*]. — Ce corps s'obtient en mélangeant du ferrocyanure de potassium avec un sel ferrique. Sa découverte, due au hasard, date de 1704 et a été faite à Berlin par Diesbach, fabricant de couleurs, et Dippel, pharmacien. En 1724, Woodward, de la Société royale de Londres, décrivit le premier procédé pour le préparer en grand. Ce procédé, à quelques modifications près, est encore suivi aujourd'hui par les fabricants, et consiste à précipiter une solution de ferrocyanure de potassium par du sulfate ferreux, à agiter le précipité pour qu'il bleuisse par le contact de l'air, à laisser déposer et à soutirer le liquide surnageant.

On peut encore obtenir le bleu de Prusse en précipitant un sel ferrique par le cyanoferrure de sodium ou de baryum, ou par l'acide ferrocyanhydrique, ou en faisant agir le cyanure de potassium sur la solution d'un sel ferroso-ferrique :

$$18\,KCy + 3\,\overset{''}{Fe}Cl^2 + 2\,Fe^2Cl^6$$

Cyanure potassique. — Chlorure ferreux. — Chlorure ferrique.

$$= 18\,KCl + Fe^7Cy^{18}.$$

Chlorure potassique. — Bleu de Prusse.

Un excès de sel ferrique dans la solution n'altère pas la nature du précipité, mais un excès de sel ferreux l'altère et le rapproche du bleu de Turnbull (ferricyanure ferreux).

Le bleu de Prusse se forme aussi par l'action de l'acide cyanhydrique sur l'hydrate ferroso-ferrique, et par le mélange d'un sel ferrique et du cyanure ferreux :

$$9\,FeCy^2 + 2\,Fe^2Cl^6 = 6\,FeCl^2 + Fe^7Cy^{18}.$$

Cyanure ferreux. — Chlorure ferrique. — Chlorure ferreux. — Bleu de Prusse.

Enfin, il se produit encore du bleu de Prusse lorsqu'on fait agir l'eau de chlore ou d'autres agents d'oxydation, soit sur le cyanure ferreux, soit sur l'acide ferrocyanhydrique, soit sur le cyanure ferroso-potassique :

$$9\,FeCy^2 + O^3 = Fe^2O^3 + Fe^7Cy^{18}.$$

Cyanure ferreux. — Oxygène. — Oxyde ferrique. — Bleu de Prusse

$$7\,FeCy^6H^4 + O^2 = Fe^7Cy^{18} + 24\,HCy + 2\,H^2O.$$

Acide ferrocyanhydrique. — Oxygène. — Bleu de Prusse. — Acide cyanhydrique. — Eau.

$$6\,(FeCy^6.\overset{''}{Fe}K^2) + O^3$$

Ferrocyanure ferroso-potassique. — Oxygène.

$$= Fe^7Cy^{18} + 3\,FeCy^6K^4 + Fe^2O^3.$$

Bleu de Prusse. — Ferrocyanure de potassium. — Sesquioxyde de fer.

On prépare avec avantage le bleu de Prusse en mélangeant 6 p. de sulfate de fer avec 6 p. de ferrocyanure de potassium, les deux sels étant dissous chacun dans 15 p. d'eau ; on ajoute ensuite au mélange, en l'agitant continuellement, 1 p. d'acide sulfurique concentré et 24 p. d'acide chlorhydrique fumant. Au bout de quelques heures on y verse, par petites portions, une dissolution clarifiée de chlorure de chaux. Après avoir laissé reposer le précipité pendant quelques heures, on le lave et on le dessèche. Toutefois, pour l'avoir tout à fait pur, il est toujours préférable d'ajouter un sel ferrique à la solution d'un ferrocyanure, et particulièrement du chlorure ferrique à de l'acide ferrocyanhydrique. En effet, lorsqu'on fait usage du cyanoferrure de potassium, le précipité renferme toujours de la potasse.

Dans l'industrie, c'est surtout par l'oxydation à l'air du cyanoferrure ferroso-potassique qu'on prépare le bleu de Prusse. Ce sel est obtenu en précipitant le sulfate ferreux par le cyanoferrure de potassium. Le précipité est ensuite oxydé, soit par un contact prolongé avec l'air, soit par l'action de l'acide azotique, de l'anhydride chromique, du chlore, des chlorures décolorants, etc. Le produit ainsi obtenu n'est jamais pur. Pendant l'oxydation du ferrocyanure ferroso-potassique une partie de ce sel, au lieu de se convertir en bleu de Prusse, se convertit en ferricyanure ferrico-potassique qui possède aussi une couleur bleue. Outre ce produit, le bleu de Prusse commercial renferme du sesquioxyde de fer et de l'alumine. Souvent même il est altéré par de l'amidon, de la craie ou du sulfate de chaux. On a recommandé, pour le purifier, de le réduire en poudre et de le laver à l'acide chlorhydrique et à l'eau. Cette purification est toutefois très-imparfaite, l'acide chlorhydrique ne dissolvant pas le ferricyanure ferroso-potassique ni le sulfate de chaux ou l'amidon, si tant est que le produit en contienne.

Propriétés. — Lorsqu'il est bien sec, le bleu de Prusse se présente en masses d'un bleu foncé, inodores et insipides, qui, de même que l'indigo, prennent un reflet cuivré lorsqu'on les frotte ou qu'on les casse. On ne peut pas le priver de ses 18 molécules d'eau par la chaleur sans le décomposer en partie au moins en acide cyanhydrique et oxyde ferrique. A l'air il brûle difficilement en répandant une odeur désagréable et finit par ne laisser que du peroxyde de fer.

Il est insoluble dans l'eau, l'alcool, l'éther, les acides faibles et les huiles. Il se dissout dans le tartrate d'ammonium avec une couleur violette et dans l'acide oxalique avec une couleur bleue. C'est cette dernière solution additionnée de gomme que l'on emploie comme encre bleue. Elle est décomposée par le carbonate de potasse, qui du bleu la fait virer au brun-rouge sans qu'il se sépare d'hydrate ferrique, à moins qu'on ne porte le liquide à l'ébullition ; la solution, filtrée après que l'hydrate ferrique s'est déposé, contient encore du fer et donne un précipité bleu par le cyanoferrure potassique.

Par la distillation sèche, le bleu de Prusse donne de l'eau, de l'anhydride carbonique, du carbonate et du cyanure d'ammonium.

Pulvérisé, mis en suspension dans l'eau et soumis à l'action du chlore, le bleu de Prusse se colore en beau vert et l'eau se charge, outre le chlore libre, d'une portion de chlorure ferrique. La masse verte conserve sa couleur après que l'eau mère a été égouttée, mais redevient bleue par le lavage. Si on se contente de la presser, elle reste verte plus longtemps, mais finit toujours par bleuir en se desséchant, même sous l'action de la chaleur. Le chlorure stanneux ou ferreux la fait aussi virer au bleu.

L'acide sulfurique concentré attaque le bleu de Prusse en formant une masse blanche poisseuse sans qu'il y ait aucun dégagement d'acide cyanhydrique ni formation de sulfate de fer. L'eau ajoutée au produit en reprécipite du bleu de Prusse inaltéré.

L'acide chlorhydrique décompose lentement le bleu de Prusse en s'emparant du fer pour former du chlorure ferrique. Si l'on renouvelle constamment l'acide, on finit par obtenir de l'acide ferrocyanhydrique :

$$(FeCy^6)^3.(\overset{vi}{Fe^2})^3 + 12HCl$$

Bleu de Prusse. — Acide chlorhydrique.

$$= 2Fe^2Cl^6 + 3(FeCy^6)^{iv}H^4.$$

Chlorure ferrique. — Acide ferrocyanhydrique.

L'acide azotique l'attaque à une douce chaleur en l'oxydant; il en est de même à chaud de l'acide sulfurique.

Traité par la potasse, le bleu de Prusse donne de l'hydrate ferrique et du ferrocyanure de potassium.

Le cyanure de mercure le convertit à l'ébullition en cyanure mercurique et oxyde ferroso-ferrique.

Les carbonates alcalins décomposent le bleu de Prusse à la manière des alcalis caustiques, mais plus difficilement.

La *chaux* bouillie avec le ferrocyanure ferrique donne un composé basique semblable dont la couleur est le jaune clair. L'acide *sulfhydrique* décompose le bleu de Prusse avec séparation de soufre et formation d'acide ferrocyanhydrique et de cyanure ferreux :

$$Fe^7Cy^{18} + 2H^2S = 6FeCy^2 + (FeCy^6)H^4 + S.$$

Bleu de Prusse. — Acide sulfhydrique. — Cyanure ferreux. — Acide ferrocyanhydrique. — Soufre.

Le fer et l'étain en fils ou en limaille mis en contact avec du bleu de Prusse en présence de l'eau enlèvent du cyanogène à ce corps et le convertissent en cyanure ferreux de couleur blanche. Le chlorure cuivreux exerce une action réductrice semblable.

Bouilli avec une solution de polysulfure de potassium, le bleu de Prusse fournit, suivant Porret, du sulfocyanate potassique, et probablement un sulfure de fer suivant l'équation

$$Fe^7Cy^{18} + 9K^2S^3 = 18CyKS + Fe^7S^9.$$

Bleu de Prusse. — Trisulfure potassique. — Sulfocyanate potassique. — Sulfure de fer.

Bleu de Prusse soluble. — Lorsqu'on précipite du chlorure ferrique par un excès de ferrocyanure de potassium, on obtient un précipité bleu qui se dissout en partie dans l'eau, quand on le lave, en communiquant au liquide une couleur bleue, mais qui ne se dissout pas dans les liqueurs chargées de cyanoferrure potassique. C'est à ce corps qu'on a donné le nom de *bleu de Prusse soluble.* Il renferme toujours du potassium, même après avoir subi un lavage assez prolongé pour en dissoudre une proportion notable. Les eaux de lavage renferment aussi du potassium. Cette expérience prouve que le potassium fait partie intégrante du composé. Aussi Berzelius et Robiquet l'ont-ils considéré comme formé de bleu de Prusse et de ferrocyanure de potassium [Gmelin, t. VII, p. 440]. Toutefois Kekulé combat cette opinion [*Lehrbuch der Org. Chem.*, t. I, p. 327]. Il s'appuie sur ce fait que la présence du ferrocyanure de potassium empêche le bleu de Prusse de se dissoudre, et considère par suite comme peu probable que ce corps soit constitué par du bleu de Prusse devant sa solubilité à un excès de prussiate jaune. D'après ce chimiste, on devrait envisager le bleu de Prusse soluble comme un ferricyanure de fer et de potassium

$$(F^2Cy^{12})^{vi}\begin{cases}\overset{''}{Fe^2}\\ K^2.\end{cases}$$

Les meilleures conditions pour obtenir ce corps avec le degré de solubilité le plus élevé consistent à précipiter une molécule de ferrocyanure de potassium par une solution d'iodure ferrique contenant un ou plusieurs atomes d'iode en plus de celui qui est combiné.

Ferrocyanure de ferricum et de ferricammonium,

$$(FeCy^6)^3\begin{cases}(Fe^2)^{vi}\\ (Az^6H^{18}[\overset{vi}{Fe^2}])^{vi}\end{cases} + 9H^2O$$

[Monthiers, *Journ. de Pharm.*, (3), t. IX, p. 26]. — Lorsqu'on traite le bleu de Prusse par l'ammoniaque, cet alcali s'unit d'abord avec lui, puis le décompose en un produit basique d'un brun grisâtre, qui donne du bleu de Prusse lorsqu'on le soumet à l'action des acides.

La meilleure méthode pour obtenir le composé ammoniacal est le suivant d'après M. Monthiers : Dans une dissolution de protochlorure de fer pur on verse un excès d'ammoniaque liquide et l'on jette le tout sur un filtre reposant sur un entonnoir dont la douille plonge dans une dissolution chaude de ferrocyanure de potassium. Au moment du mélange du ferrocyanure et de la liqueur filtrée, il se forme un précipité parfaitement blanc qui bleuit au contact de l'air; on traite ce précipité avec une solution aqueuse de tartrate d'ammonium pour dissoudre l'hydrate ferrique formé en même temps que le composé bleu; on maintient le tout entre 60° et 80° pendant quelques heures et on lave à l'eau distillée.

Le composé bleu peut être considéré comme un ferrocyanure de ferricum et de ferricammonium

$$[FeCy^6]^3\begin{cases}[Az^6H^{18}(\overset{vi}{Fe^2})]^{vi}\\ [Fe^2]^{vi}.\end{cases}$$

C'est du bleu de Prusse

$$[FeCy^6]^3\begin{cases}[Fe^2]^{vi}\\ [Fe^2]^{vi}\end{cases}$$

dans lequel un groupe $(Fe^2)^{vi}$ a été remplacé par le ferricammonium hexatomique

$$(Az^6H^{18}[Fe^2]^{vi})^{vi}.$$

Il est plus stable que le bleu de Prusse; le tartrate d'ammoniaque ne l'attaque ni à chaud ni à froid.

Le précipité blanc qui se forme d'abord est du cyanure de ferrosammonium qui se convertit en ferrocyanure de ferricum et de ferricammonium, et en oxyde ferrique sous l'influence de l'oxygène de l'air.

Ferrocyanure de ferricum et de potassium,

$$(FeCy^6)^2\begin{cases}(Fe^2)^{vi}\\ K^2\end{cases} + 4H^2O.$$

— C'est un sel bleu qui prend naissance lorsqu'on fait agir les agents d'oxydation sur le ferrocyanure de ferrosum et de potassium (voyez plus bas). On le prépare, suivant M. Williamson, en chauffant ce sel avec un mélange de 1 vol. d'acide azotique concentré et de 20 vol. d'eau. A une basse température aucune action ne se produit, mais sous l'influence de la chaleur il se dégage du bioxyde d'azote. On cesse de chauffer à ce moment et l'action se continue seule. On s'assure que l'opération a été bien conduite en traitant le produit par la potasse. Si l'oxydation a été complète, cet alcali ne produit plus d'hydrate ferreux, et si elle n'a pas été poussée trop loin, la liqueur alcaline filtrée ne renferme pas de prussiate rouge. On obtient ainsi un corps bleu violacé, et l'eau mère renferme de l'azotate potassique et pas de fer.

A l'état sec, le sel bleu n'a presque pas de reflet cuivré lorsqu'on le frotte. Les alcalis le convertissent en ferrocyanures et hydrate ferrique.

Chauffé avec du ferrocyanure de potassium, il donne du prussiate rouge de potasse et le même sel blanc que l'acide azotique convertit en sel bleu. Le ferrocyanure exerce donc dans ce cas une action simplement réductrice. Cette réaction donne un moyen, d'après M. Williamson, de préparer le prussiate rouge dans un état de pureté parfaite.

FERROCYANURE FERROSO-POTASSIQUE,

$$(FeCy^6)^{iv},\overset{''}{Fe}.K^2.$$

— C'est le corps blanc insoluble qui prend naissance lorsqu'on chauffe le prussiate de potasse avec l'acide sulfurique pour préparer l'acide cyanhydrique [Everitt, *Phil. Mag.*, (3), t. VI, p. 97]. Probablement le précipité blanc qui se forme par l'addition d'un ferrocyanure soluble à un sel ferreux présente la même composition.

Ce composé est blanc lorsqu'on a eu soin d'éviter complétement le contact de l'air dans sa préparation, mais sous l'influence de l'oxygène atmosphérique il bleuit rapidement. Le meilleur moyen pour l'obtenir tout à fait blanc consiste à précipiter le ferrocyanure potassique par le mélange de sulfite et d'hyposulfite de fer qui prend naissance lorsqu'on dissout des fils de fer en vase clos dans une solution d'acide sulfureux.

Les agents oxydants convertissent ce corps soit en bleu de Prusse et ferrocyanure potassique, soit en ferrocyanure de ferricum et de potassium.

FERROCYANURE DE LITHIUM,

$$(Fe''Cy^6)Li^4 + 9H^2O.$$

— Se prépare comme le précédent. Ce sel est excessivement déliquescent; sa forme appartient probablement au prisme oblique (Wyrouboff).

FERROCYANURE DOUBLE DE LITHIUM ET DE POTASSIUM, $(Fe''Cy^6)^{iv},K^2Li^2 + 6H^2O$. — On obtient ce sel en décomposant le bleu de Prusse du commerce par de la lithine caustique ou en mélangeant les solutions des deux sels. Il appartient au prisme oblique. Il se dissout dans environ son poids d'eau [Wyrouboff, *Expériences inédites*].

FERROCYANURE DE MAGNÉSIUM,

$$Fe''Cy^6.Mg''^2 + 12H^2O.$$

— On l'obtient sous la forme de petites aiguilles réunies en étoiles, d'un jaune pâle et inaltérables à l'air lorsqu'on traite l'acide ferrocyanhydrique par le carbonate de magnésie et qu'on évapore la solution filtrée [Bette, *Ann. der Chem. u. Pharm.*, t. XXII, p. 148, et *ibid.*, t. XXIII, p. 115].

FERROCYANURE DOUBLE DE MAGNÉSIUM ET D'AMMONIUM. — On le prépare en ajoutant du ferrocyanure de potassium ou de calcium à un sel de magnésie qui renferme un sel ammoniacal et de l'ammoniaque libre. Par l'ébullition du liquide, ce sel double se dépose à l'état impur sous la forme d'une poudre blanche qui ne se décompose pas à 100°.

FERROCYANURE DOUBLE DE MAGNÉSIUM ET DE POTASSIUM, $Fe''Cy^6.Mg''K^2$. — Ce sel se précipite lorsqu'on mêle des dissolutions concentrées de cyanoferrure de potassium et d'un sel de magnésium. Il se produit peu à peu un précipité blanc, grenu, qui donne, par la dessiccation, une poudre légère soluble dans 1575 p. d'eau à 15° et dans 238 p. d'eau à 100°. La dissolution aqueuse est jaune, verdit à l'air et ne se trouble pas en se refroidissant.

FERROCYANURE DE NICKEL, $(FeCy^6)^{iv}\overset{''}{Ni}^2$. — Le ferrocyanure de nickel est un précipité blanc tirant sur le vert, insoluble dans l'acide chlorhydrique; ce précipité est toujours souillé de cyanoferrure de potassium dont on le débarrasse très-difficilement par des lavages. On peut toutefois l'obtenir entièrement pur en décomposant le ferrocyanure de nickel ammoniacal par l'eau.

FERROCYANURE DE NICKEL DÉCAMMONIACAL, ou *ferrocyanure de triammo-nickel-diammonium*,

$$(Fe''Cy^6)^{iv}\left\{\begin{matrix}(Az^2.\overset{''}{Ni}.[AzH^4]^8.H^3)''\\(Az^2.\overset{''}{Ni}.[AzH^4]^8.H^3)''\end{matrix}\right. + 4H^2O$$

[Alvaro Reynoso, *Ann. de Chim. et de Phys.*, (3) t. XXX, p. 252]. — Lorsqu'on traite le cyanoferrure de nickel récemment précipité par l'ammoniaque, on le voit d'abord se dissoudre, changer de couleur et presque aussitôt produire un précipité composé d'une multitude d'aiguilles très-fines et d'une couleur violacée. Ce composé est si instable qu'il est impossible de le dessécher sans qu'il se décompose. Toutefois, si l'on en prépare une quantité relativement considérable et qu'on le laisse exposé à l'air sur un filtre, on trouve au bout de deux jours la partie qui était en contact avec l'air tout à fait décomposée, tandis qu'au centre du filtre il reste une portion de sel inaltéré et sec, sous forme d'aiguilles très-rapprochées les unes des autres, d'une couleur bleu-violacé.

Humide, le ferrocyanure de nickel ammoniacal se décompose à l'air en cyanoferrure de nickel et ammoniaque; sec, il ne se décompose plus à l'air, mais à la température de 100° à 150° il abandonne de l'eau et de l'ammoniaque.

Le résidu n'est point du cyanoferrure de nickel pur, car, par une plus grande élévation de température, il dégage de l'ammoniaque et du cyanhydrate d'ammoniaque, et laisse un résidu pyrophorique de carbures de nickel et de fer.

Le sel humide bouilli avec de l'eau se décompose en eau, ammoniaque et cyanoferrure de nickel absolument pur et exempt de cyanoferrure de potassium. La même décomposition s'opérerait à froid, mais exigerait un temps beaucoup plus long.

Les acides faibles s'emparent de l'ammoniaque sans attaquer le cyanoferrure de nickel, les acides concentrés décomposent au contraire le cyanoferrure de nickel à la manière ordinaire.

La potasse dégage de l'ammoniaque, produit un précipité d'oxyde de nickel et de cyanoferrure de potassium. Au lieu d'obtenir le cyanoferrure de nickel ammoniacal par l'action de l'ammoniaque sur le cyanoferrure de nickel, on peut aussi le préparer en versant du cyanoferrure de potassium dans une dissolution de nickel contenant beaucoup d'ammoniaque, ou en faisant agir le sel de nickel en dissolution sur un mélange d'ammoniaque et de cyanoferrure de potassium. Dans tous les cas, les aiguilles sont d'autant plus belles qu'elles se sont formées plus lentement, c'est-à-dire que la dissolution contenait beaucoup d'ammoniaque et était par conséquent plus étendue.

FERROCYANURE DE NICKEL BIAMMONIACAL,

$$(Fe''Cy^6)^{iv}[Az^2H^6.Ni'']^2 + 4H^2O$$

[Syn. *Cyanoferrure de nickel-diammonium*] [Reynoso, *loc. cit.*]. — En versant du cyanoferrure potassique dans une dissolution d'azotate de nickel ammoniacal, on obtient un précipité blanc verdâtre. Ce précipité, après avoir été bien desséché, se montre en masse verte très-foncée qui devient blanche par la pulvérisation. Il happe à la langue et est complétement insipide. L'eau ne le dissout ni ne l'altère. Les acides faibles agissent sur lui comme sur le sel précédent, mais le détruisent avec moins de facilité. L'ammoniaque le dissout et le transforme en cyanoferrure de nickel décammoniacal. La chaleur le décompose en ammoniaque et cyanhydrate d'ammoniaque. Il reste, comme résidu, un carbure qui brûle en fusant.

Ce sel se combine ou peut-être se mélange seulement avec le cyanoferrure de cuprammonium en produisant un précipité d'une belle couleur fleur de pêcher; la meilleure manière d'obtenir ce corps consiste à précipiter, par le cyanoferrure de potassium, un mélange d'azotates de nickel-ammonium et de cuprammonium.

On obtient d'autres ferrocyanures de nickel ammoniacaux en opérant comme il suit :

On ajoute à une solution saturée de sulfate de nickel dix fois sa valeur d'ammoniaque et à la liqueur bleue ainsi produite un volume égal d'eau. Cette solution est mélangée avec une solution saturée à froid de ferrocyanure de potassium et abandonnée à elle-même; au bout de vingt-quatre heures, il se dépose de gros cristaux couleur améthyste. Lorsqu'on soumet ces cristaux pendant quelques instants à une température ne dépassant pas 100°, ils se transforment à leur surface en une substance verte, et à leur intérieur en une substance d'un beau bleu; ce dernier résiste plus difficilement à la décomposition. Ces trois corps sont rapidement détruits sous l'influence des acides même faibles. Leurs formules sont :

Corps violet. $(\overset{''}{Fe}Cy^6)^{iv}Az12AzH^3, 2Ni + 9H^2O$.

Corps bleu.. $(\overset{''}{Fe}Cy^6)^{iv}8AzH^3, 2Ni + 4H^2O$.

Corps vert.. $(\overset{''}{Fe}Cy^6)^{iv}[Az^2H^6Ni]^2 + 9H^2O$.

FERROCYANURE DE PLOMB,

$$(\overset{''}{Fe}Cy^6)^{iv}\overset{''}{Pb}^2 + 3H^2O.$$

— C'est un précipité blanc que l'on obtient en mélangeant des solutions aqueuses d'azotate de plomb et de ferrocyanure de potassium. Il perd son eau à une douce chaleur. Une fois anhydre, il donne, si on le calcine, de l'azote qui se dégage et un résidu très-combustible formé de carbures de plomb et de fer. Si on expose brusquement le sel hydraté à l'action d'une haute température, il dégage de l'eau, de l'anhydride carbonique et du cyanure d'ammonium.

L'acide sulfurique dilué décompose le ferrocyanure de plomb en sulfate de plomb et acide ferrocyanhydrique. L'acide sulfhydrique le convertit en sulfure de plomb, sulfure de fer et acide cyanhydrique (Berzelius).

Suivant Wittstein, le ferrocyanure de plomb est insoluble dans l'eau. En partie soluble dans l'ammoniaque caustique, surtout à chaud, très-soluble dans les solutions chaudes de chlorure ou de succinate ammonique. Les autres sels ammoniacaux ne le dissolvent pas.

FERROCYANURE DE POTASSIUM [Syn. *Prussiate de potasse, prussiate jaune de potasse, ferrocyanhydrate de potasse, cyanoferrure de potassium*], $(\overset{''}{Fe}Cy^6)^{iv}K^4 + 3H^2O$ [Gentele, *Dingl. polytechn. Journ.*, t. LXI, p. 289; t. LXXVI, p. 352; t. XCIV, p. 197; t. CXVII, p. 414; — Liebig, *Ann. der Chem. u. Pharm.*, t. XXXVIII, p. 20; — Habich, *Dingl.*, t. CXL, p. 371; *Wagner's Jahresb. der Chem. technologie*, 1856, p. 111; — Brunnquell, *Dingl.*, t. CXL, p. 374; t. CXLI, p. 47; *Wagner's Jahresb.*, 1866, p. 102; — Kamrodt, *Dingl.*, t. CXLVI, p. 294; *Wagner's Jahresb.*, 1857, p. 139; — Wœhler, *Ann. der Chem. u. Pharm.*, t. CVIII, p. 8; *Wagner's Jahresb.*, 1858, p. 175; — R. Hoffmann, *Dingl.*, t. CLI, p. 63; *Wagner's Jahresb.*, 1858, p. 179; — Græger, *Polyt. Centralblatt*, 1858, p. 25, 33, 49; *Wagner's Jahresb.*, 1858, p. 183; *Handwörterbuch der Chem.* 2te *Aufl.*, t. II, (2), p. 184; — Gmelin, *Handbuch*, t. VII, p. 453; — A.-W. Hofmann, *Rapport sur les Produits chimiques industriels de l'Exposition internationale de Londres en 1862*, *Monit. scientif. du doct. Quesneville*, (2), t. I, p. 201, 1864; — Runge, *Poggend. Ann.*, t. LXVI, p. 96; — G. Wyrouboff, *Ann. de Chim. et de Phys.*, (4), 1869].

PRÉPARATION. — Nous examinerons la préparation en petit et la préparation industrielle.

En petit on obtient facilement du ferrocyanure potassique pur en faisant bouillir du bleu de Prusse avec de la potasse jusqu'à disparition complète de la couleur bleue; on filtre, on évapore et l'on fait cristalliser. Si l'on s'est servi du bleu de Prusse du commerce, le sel ainsi obtenu est impur; pour le purifier, il faut, suivant Berzelius, le dessécher avec soin à une douce chaleur, puis le fondre, le laisser refroidir et reprendre par l'eau. La liqueur est filtrée, additionnée d'acide acétique pour décomposer les carbonates et les cyanures alcalins, puis enfin précipitée par l'acétate de baryte pour éliminer l'acide sulfurique. Ce dernier sel ne doit pas être employé en excès. On filtre, on précipite le ferrocyanure de potassium par l'alcool et on le fait cristalliser de nouveau dans l'eau chaude.

Dans l'industrie on prépare surtout le ferrocyanure potassique en ajoutant des matières organiques et du fer à du carbonate de potasse en fusion. C'est là l'ancien procédé, qui est encore de beaucoup le plus employé. Depuis quelques années cependant on a fait connaître plusieurs procédés nouveaux qui semblent appelés à acquérir une importance réelle. Ce sont le procédé de M. Gauthier-Bouchard, qui utilise le cyanogène renfermé dans les produits de la distillation de la houille; le procédé de MM Possoz et Boissière, qui empruntent l'azote à l'atmosphère [*London Journ. of Arts*, 1845, p. 380; — Newton (*a*), *patent* n° 9985, 13 déc. 1843]; les procédés de M. Karmrodt et de M. Brunnquell, qui empruntent l'azote à l'ammoniaque; le procédé de MM. Margueritte et Sourdeval, qui substituent la baryte à la potasse dans la préparation du prussiate jaune, et le procédé de M. Gelis, qui fait intervenir le soufre.

ANCIEN PROCÉDÉ. — La préparation du ferrocyanure potassique par l'ancien procédé exige trois opérations successives :

1° La préparation de la masse fondue, qu'en terme d'atelier on appelle *le métal;* 2° la lixiviation; 3° la cristallisation.

1° *Préparation du métal.* — On calcine avec du carbonate de potasse un mélange de fer et de matières organiques diverses. Quelquefois on ne met pas de fer, se contentant de l'ajouter après et pendant la lixiviation. L'emploi du fer est cependant fort avantageux. Pendant la calcination il se fait du sulfure de potassium par suite de la réduction par le charbon du sulfate de potasse renfermé comme impureté dans la potasse du commerce. Le fer s'empare du soufre de ce sulfure et empêche ainsi ce métalloïde de se porter sur le cyanure formé pour donner du sulfocyanate, ce qui entraînerait une perte; en outre il se convertit lui-même en sulfure, corps très-propre à transformer pendant le lavage le cyanure potassique en cyanoferrure.

Les matières organiques que l'on emploie sont très-diverses: ce sont la corne, le sang desséché, les chiffons de laine, les cheveux, les poils de mouton ou de veau, les soies de cochon, les plumes, les morceaux de peau, les vieux souliers, etc. Ces diverses substances renferment des quantités d'azote qui varient de 2 à 17 %. Souvent, afin de mieux les utiliser, on les soumet d'abord à une distillation sèche pour retirer l'ammoniaque qui se produit ainsi, et l'on utilise pour la préparation des cyanures le charbon azoté qui reste comme résidu. Ce charbon renferme moins d'azote quand il a été préparé à une très-haute température que lorsqu'on l'a préparé à une température relativement plus basse, et de plus il est moins abondant dans le premier que dans le second cas. Il est donc très-important de ne pas trop élever la température lorsqu'on carbonise des substances qui doivent servir à la production du cyanure potassique.

Une précaution importante est aussi de n'employer que des matières qui ne donnent pas une grande quantité de cendres. Ces cendres auraient pour effet de rendre la masse moins fluide pendant la fusion et de donner des sels solubles qui se mêleraient au prussiate de potasse et en altéreraient la pureté.

La matière alcaline dont on fait usage est le carbonate de potasse du commerce.

Le fer dont on se sert et que l'on doit toujours mêler à la masse en fusion par les raisons développées plus haut est, soit du fer en fil, soit du fer en tournure, soit de l'oxyde des battitures, soit du fer spathique (carbonate de fer natif).

Voici comment on doit conduire la fusion : On place dans un vase de fer de la potasse ou un mélange de potasse et des résidus d'une opération précédente connus sous le nom de sel bleu ou potasse bleue, et l'on chauffe assez pour amener la potasse fondue à une température telle, que l'addition des matières organiques ne la refroidisse pas trop. On introduit alors par portions successives et à des intervalles d'abord très-courts, puis de plus en plus longs, les matières animales mélangées avec 6 à 8 °/₀ de fer. On peut remplacer les matières animales par une quantité équivalente de charbon animal ou simplement employer un mélange de ce charbon et de matières fraîches. Il faut employer de 100 à 125 p. de matières animales fraîches par 100 p. de potasse.

Chaque addition de matière organique occasionne une violente réaction et un dégagement considérable de gaz combustibles, tels qu'oxyde de carbone et carbures d'hydrogène, mêlés avec de l'eau et de l'anhydride carbonique. Cet abondant dégagement de gaz abaisse la température et a pour effet immédiat de diminuer la fluidité de la masse. On agite alors vivement pour bien mêler les substances réagissantes. Au bout de quelque temps, la masse redevient fluide et il se dégage de l'anhydride carbonique provenant de la réduction d'une partie du carbonate alcalin par le charbon. Au bout d'une heure et demie ou de deux heures, l'opération est terminée. On retire la masse en fusion au moyen de grandes cuillers et on la met dans des vases de fonte où on la laisse refroidir. En même temps on charge le fourneau avec une nouvelle quantité de potasse, de manière à pouvoir opérer 4 à 6 fusions par jour. Généralement plus la température est élevée, plus la réaction se fait facilement et plus la proportion de produit est grande. Si l'on ne chauffe pas assez, le carbonate de potasse n'est pas facilement réduit par le charbon, ce qui, ainsi que nous le verrons en nous occupant de la théorie de ce mode de fabrication, est une condition très-désavantageuse. Si toutefois on élevait par trop la température, il pourrait arriver qu'une portion du cyanure potassique se volatilisât et vînt se condenser dans la cheminée.

La vapeur d'eau est aussi une grande cause de perte de produit. C'est pourquoi Habich a conseillé de n'employer que des matières organiques privées d'eau. Il dessèche ces matières dans un courant de vapeur surchauffée jusqu'à ce qu'elles commencent à dégager de l'ammoniaque, ou, lorsqu'on fait usage de cornes ou de chiffons, jusqu'à ce qu'elles soient devenues friables.

2° *Lixiviation.* — Le *métal* obtenu, comme il vient d'être dit, renferme environ 16 °/₀ de ferrocyanure. On le broie et on le jette dans une cuve de fer pleine d'eau froide à laquelle on ajoute les lessives faibles qui proviennent des précédentes opérations. On élève ensuite la température entre 80° et 90°, et l'on agite pour hâter la dissolution du sel. Si la lixiviation durait pendant trop longtemps, on perdrait une partie du cyanure, lequel se convertirait en ammoniaque et en formiate potassique. On observe, en effet, toujours un dégagement d'ammoniaque pendant que la dissolution s'opère. Hofmann pense toutefois que l'ammoniaque qui se dégage ainsi était emprisonnée dans les pores du *métal* avant la lixiviation et ne fait que devenir libre. Brunnquell admet que la meilleure manière d'empêcher la décomposition du sel consiste à laisser la masse fondue macérer dans l'eau à 50° ou 60° pendant 24 heures et à porter ensuite le liquide à l'ébullition.

Dès que la lessive a atteint une densité de 1,16 à 1,22, on la laisse reposer sans la chauffer. Quand elle est claire, on la décante du résidu insoluble et on la transvase dans des cuves chauffées au moyen des gaz qui s'échappent des fourneaux de fusion. On continue ainsi l'évaporation jusqu'à ce que le liquide ait un poids spécifique de 1,27, puis on le verse dans des cristallisoirs dans lesquels il dépose le sel brut en se refroidissant. Ce sel brut renferme, suivant Hofmann, environ 1/6 de son poids de ferrocyanure pur.

3° *Cristallisation.* — On dissout le sel brut dans une quantité d'eau chaude suffisante pour donner une liqueur de 1,27 de densité, et, après clarification, on verse cette liqueur dans des cristallisoirs où elle dépose le sel avec une telle lenteur que la cristallisation dure parfois pendant une semaine. Les cristallisoirs que l'on emploie sont en bois ou en fonte. On préfère généralement ceux en fonte, parce que le bois agit par son tannin sur le produit et lui communique une couleur verte.

Le ferrocyanure se dépose sous la forme de croûtes dans les cristallisoirs. Pour l'obtenir en cristaux volumineux, on suspend dans la liqueur un cristal de ce sel maintenu par un fil. Le sel se dépose alors sur toute la longueur du fil et donne des groupes de cristaux qui, placés dans de nouvelles solutions, peuvent acquérir un assez grand volume. Le ferrocyanure de potassium est enfin purifié par une dernière cristallisation.

Quelquefois le ferrocyanure potassique a une nuance verte qu'il doit probablement à des traces de sulfure de fer ou de potassium. On le débarrasse de ces substances colorantes en le faisant cristalliser après avoir ajouté une petite quantité d'un agent oxydant à sa solution. L'agent oxydant qui convient le mieux à cet usage est le ferricyanure de potassium.

Le prussiate de potasse du commerce n'est pas pur ; il renferme toujours du sulfate de potasse. Dans les laboratoires, on le débarrasse de cette impureté en le dissolvant dans l'eau, précipitant sa solution par de l'acétate de baryte qui ne doit pas être employé en excès, filtrant pour séparer le sulfate de baryte, précipitant le ferrocyanure de la liqueur filtrée au moyen de l'alcool, recueillant le précipité sur un filtre, le lavant et le faisant recristalliser. Dans l'industrie, on dissout le sel dans l'eau et l'on concentre sa solution jusqu'à ce qu'elle ait une densité de 1,31. La plus grande partie du sulfate de potasse se sépare dans ces conditions. Dès que ce sel cesse de se déposer, on décante la liqueur claire, on y ajoute assez d'eau pour ramener sa densité à 1,27 et on laisse refroidir. Le ferrocyanure potassique se dépose alors à peu près pur. D'ailleurs le sulfate de potasse ne nuit en rien dans les emplois industriels du prussiate de potasse ; son seul inconvénient est de diminuer la proportion du sel utile.

4° *Imperfections de la méthode.* — Dans la fabrication que nous venons de décrire, il y a des pertes considérables. D'une part, une grande quantité de potasse reste dans les résidus ; d'autre part, tout l'azote est loin de se convertir en cyanogène : une portion considérable de cet élément se dégage à l'état d'ammoniaque et se trouve ainsi complétement perdue. Enfin, pendant la lixiviation, tout le cyanure potassique formé ne se combine pas au fer pour se transformer en cyanoferrure : une portion reste libre et demeure dans les eaux mères. On tire aujourd'hui parti de la potasse que les résidus renferment. On a cherché également à utiliser l'ammoniaque et à empêcher des déperditions de cyanure. Pour éviter la perte d'ammoniaque, on a conseillé de distiller d'abord les substances organiques et de ne faire servir que le charbon qu'elles laissent à la préparation des cyanures. Le bas prix de l'ammoniaque, depuis qu'on la retire des résidus de la fabrication des gaz et des eaux des fosses d'aisances, rend cette opération inutile, d'autant qu'elle entraîne une perte de prussiate, le charbon obtenu avec une certaine quantité de substance organique donnant moins de ce sel que la substance organique dont il provient.

Pour transformer sûrement la totalité du cyanure de potassium en ferrocyanure, Hofmann recommande d'abandonner les premières liqueurs dans de larges citernes sur du fer spathique pendant 24 heures. De cette façon, la transformation du cyanure en ferrocyanure serait complète.

Une autre cause de perte est la présence du soufre dans les matériaux dont on fait usage. Ce soufre fait passer une portion du cyanure à l'état de sulfocyanate, et si le fer n'est pas assez abondant, ce dernier sel ne se décompose point. Même quand le fer est en abondance, une portion échappe toujours à la décomposition dans les opérations en grand. Il faut, dans ce cas, suivant Habich, ajouter à la liqueur une quantité assez notable de carbonate de fer natif que l'on prive d'abord de carbonate de calcium ou de magnésium, en le faisant digérer pendant quelque temps avec une dissolution de perchlorure de fer. Le carbonate de fer transforme le sulfocyanate en cyanure et consécutivement en cyanoferrure potassique.

5° *Théorie de l'ancienne méthode.* — Lorsqu'on calcine les substances organiques en présence des alcalis, une portion du carbone s'unit à l'azote pour constituer du cyanogène. Comme la quantité de carbone contenue dans ces substances est bien supérieure à celle qui transformerait tout l'azote en cyanogène et que d'ailleurs une certaine quantité d'azote échappe à l'état d'ammoniaque, il reste un excès de carbone. Cet excès de carbone agit sur le carbonate alcalin et met en liberté le métal, lequel s'unit au cyanogène formé en même temps. Quand, après fusion et refroidissement, on lessive le métal, le cyanure potassique agit sur le fer que l'on a eu soin de mêler à la masse et donne naissance à du cyanoferrure.

Procédé de M. Gauthier-Bouchard au moyen des résidus de l'épuration du gaz de l'éclairage. — La compagnie parisienne emploie pour l'épuration du gaz un mélange d'hydrate ferrique et de sulfate de chaux, obtenu par la réaction de la chaux sur le sulfate de fer, et rendu poreux par de la sciure de bois. C'est aussi de ce mélange qu'on fait surtout usage en Angleterre. L'hydrate ferrique enlève l'acide sulfhydrique et les composés cyanogénés qui forment au plus les 2/7 des impuretés, tandis que le sulfate de calcium fixe les composés ammoniacaux à l'état de sulfate ammonique, qu'on retire par lixiviation, lorsque le mélange épurant en est suffisamment chargé.

C'est le résidu de ce lavage (mélange de carbonate de chaux, de soufre, de sulfure, de sulfocyanate, de cyanure de fer et de sciure de bois) que M. Gauthier-Bouchard prend comme matière première pour la fabrication du prussiate de potasse.

Après lui avoir fait subir un premier lavage pour lui enlever le sulfocyanate de fer (que l'on peut utiliser à son tour soit pour la fabrication du sulfocyanate d'ammonium employé en photographie, soit pour la fabrication des prussiates par le procédé de M. Gélis), on le mélange avec de la chaux dans la proportion de 30 kilogrammes par mètre cube, ou environ 1,600 kilogrammes de matières lessivées. Le tout est ensuite soumis à un lavage méthodique, dont le résidu est exposé pendant 3 ou 4 mois à l'action de l'air pour être après cela lessivé de nouveau. Les deux lessivages donnent des liqueurs chargées de prussiate de chaux, de petites quantités de sulfocyanate de fer et de sels ammoniacaux.

On concentre immédiatement les plus concentrées de ces solutions pour en retirer, par cristallisation, le prussiate de chaux, puis on transforme ce sel en prussiate de potasse au moyen du carbonate de potasse, dont le prix de revient est d'environ 2 fr. 75 c. Les liqueurs faibles sont immédiatement précipitées par des sels de fer et donnent du bleu de Prusse de qualité inférieure qui se vend 3 francs le kilogramme.

Le procédé de M. Gauthier-Bouchard est pratiqué à la fabrique d'Aubervillers.

Procédé de MM. Possoz et Boissière pour la préparation du prussiate de potasse au moyen de l'azote atmosphérique. — Le fait observé par M. Desfosses que l'azote s'unit directement au carbone pour produire du cyanogène lorsqu'on le fait passer, à une température rouge, sur un mélange de charbon et de carbonate de potasse, est devenu entre les mains de MM. Possoz et Boissière la base d'une nouvelle méthode de fabrication du prussiate de potasse. Malheureusement, la fabrication industrielle par ce procédé n'a pas pu se maintenir, et après avoir fondé des usines à Grenelle d'abord, puis en Angleterre, et avoir lutté avec une rare persévérance pendant une série d'années, après avoir fait des sacrifices considérables, ces chimistes ont été finalement obligés d'abandonner leur entreprise. La principale cause d'insuccès est que la quantité de produit est minime et le prix de revient par conséquent trop élevé.

Procédé de M. Karmrodt pour la préparation des cyanures au moyen de l'azote dérivé de l'ammoniaque. — Cette méthode consiste à transformer l'ammoniaque en cyanhydrate d'ammoniaque en la faisant passer sur du charbon potassique chauffé au rouge. Elle présente l'avantage de permettre, dans l'ancienne méthode, l'utilisation des produits ammoniacaux qui se dégagent lorsqu'on distille les matières organiques avant de les traiter.

Elle a été conseillée originairement par M. Karmrodt [*Preuss. Verhandlungen*, 1857, p. 153], M. Lucas l'a fait revivre, et M. J.-H. Johnson l'a brevetée en Angleterre [Johnson (J.-H.), *Patent*, n° 891, 9 avril 1859; *London Journ.*, févr. 1860, p. 81].

Procédé de M. Brunnquell. — M. Brunnquell supprime à la fois dans son procédé les matières animales et les sels de potasse qui constituent la source la plus considérable de perte. Sa méthode est basée sur ce fait découvert par MM. Langlois et Kuhlmann que le gaz ammoniac se transforme en gaz des marais et en cyanhydrate d'ammoniaque lorsqu'on le fait passer sur du charbon chauffé au rouge :

$$\underset{\text{Ammoniaque.}}{4\,AzH^3} + \underset{\text{Carbone.}}{3C} = \underset{\text{Cyanure d'ammonium.}}{2\,AzH^4.CAz} + \underset{\text{Gaz des marais.}}{CH^4}.$$

Si l'on parvenait à préparer de grandes quantités de cyanhydrate d'ammoniaque par cette méthode, il serait facile de le transformer ensuite en prussiate de potasse ou de soude. A cet effet, on précipiterait ce sel par du sulfate ferreux, de manière à obtenir du cyanure ferreux et du sulfate ammonique propre à entrer dans la fabrication. Le cyanure ferreux traité par le carbonate de potasse ou de soude donnerait le ferrocyanure de potassium ou de sodium.

Procédé de MM. Marguerite et Sourdeval. — Ce procédé est fondé sur la substitution de la baryte à la potasse dans la préparation des cyanures.

La baryte présente sur la potasse deux avantages : l'un est le bon marché, l'autre est sa propriété d'être infusible à des températures très-élevées. Ce second avantage est considérable lorsqu'on emploie les procédés destinés à utiliser l'azote atmosphérique. Avec la potasse, en effet, la formation du cyanogène n'a lieu qu'à la surface de la masse fondante, tandis qu'elle s'opère dans la masse tout entière, lorsqu'on se sert de la baryte; en outre, celle-ci est sans action sur les cornues de terre, qui peuvent servir un grand nombre de fois. Enfin, suivant MM. Margueritte et Sourdeval, le cyanure de baryum se forme à une température plus basse que le cyanure de potassium.

Le procédé de MM. Margueritte et Sourdeval peut être exécuté de différentes manières. On mélange le carbonate barytique avec des quantités variables (20 à 30 fois son volume) de goudron de houille, de résine, de sciure de bois, de charbon de bois ou de coke, et l'on porte le tout à une température élevée; il y a alors absorption de l'azote par le charbon barytique. On peut aussi faire passer un mélange d'azote et de gaz de l'éclairage sur le mélange de baryte et de charbon, ou bien encore ajouter à ce mélange des matières animales et opérer comme dans le procédé ordinaire de fabrication.

Les auteurs de ce procédé disent que la production du cyanogène par cette méthode est si facile, qu'au lieu d'employer l'ammoniaque pour engendrer le cyanogène, on pourrait se servir du cyanogène pour engendrer l'ammoniaque : il suffirait de faire passer de la vapeur d'eau, à une température même inférieure à 300°, dans les cylindres où le cyanure de baryum a pris naissance pour obtenir un torrent d'ammoniaque représentant la totalité de l'azote, tandis que la baryte retournerait à l'état de carbonate.

Procédé de M. Gélis pour la fabrication des prussiates par le sulfure de carbone et le sulfure ammonique. — On prépare d'abord du sulfocarbonate d'ammonium en mélangeant à froid et en vase clos du sulfure de carbone et du sulfure d'ammonium. Ce sulfocarbonate, chauffé à 100° dans un alambic en tôle avec du sulfure de potassium, donne du sulfocyanate potassique fixe, en même temps qu'il se volatilise du sulfhydrate d'ammonium et qu'il se dégage de l'hydrogène sulfuré :

$$2CS^3.(AzH^4)^2 + K^2S$$
Sulfocarbonate d'ammonium. — Sulfure potassique.

$$= 2CAz.SK + 2(AzH^4.H.S) + 3H^2S.$$
Sulfocyanate potassique. — Sulfhydrate ammonique. — Hydrogène sulfuré.

Les produits volatils de la réaction se rendent dans un cylindre en tôle plongé dans l'eau, qui reçoit également du gaz ammoniac fourni par un appareil adjacent. L'ammoniaque, en réagissant sur l'hydrogène sulfuré et le sulfhydrate ammonique, régénère du sulfure d'ammonium qui se condense dans le cylindre et qui rentre dans la fabrication.

Le sulfocyanate potassique qui reste dans l'alambic est évaporé à siccité et calciné dans une chaudière de fonte bien fermée, à la température du rouge sombre, avec du fer. Il se forme du sulfure de fer insoluble, du sulfure de potassium et du ferrocyanure potassique :

$$6CAz.SK + 6Fe''$$
Sulfocyanate de potassium. — Fer.

$$= (Fe[CAz]^6)^{iv}K^4 + 5FeS + K^2S.$$
Prussiate jaune. — Sulfure de fer. — Sulfure potassique.

On lessive le produit de la calcination après l'avoir bien laissé refroidir, et l'on obtient ainsi des liqueurs qui donnent du prussiate de potasse par la cristallisation. Le sulfure de potassium reste dans les eaux mères.

Théoriquement, on doit retrouver dans les produits secondaires la moitié du sulfure ammonique et le tiers du sulfure potassique primitivement employés.

M. Chandelon [*Monit. scientif. de Quesneville*, (2), 1864, t. I, p. 269] fait remarquer avec juste raison que la dernière partie de l'opération doit présenter des difficultés considérables, et que la théorie qu'en donne M. Gélis est erronée.

Il est démontré aujourd'hui que, dans l'ancien procédé de fabrication, il ne se fait pas de prussiate de potasse pendant la calcination du sulfocyanate de potassium et du fer, comme le croit M. Gélis. M. Chandelon pense qu'il se forme d'abord du cyanure de potassium et du sulfure de fer, et que pendant la lixiviation le sulfure de fer réagit sur le cyanure de potassium pour donner du prussiate jaune :

$$6CAzK + FeS = (Fe[CAz]^6)^{iv}K^4 + K^2S.$$
Cyanure de potassium. — Sulfure de fer. — Prussiate jaune. — Sulfure de potassium.

Seulement M. R. Hoffmann a démontré [*loc. cit.*] que cette transformation, facilement réalisable en petit, est extrêmement difficile en grand, ce qui doit nuire considérablement au succès de l'opération.

PROPRIÉTÉS DU FERROCYANURE DE POTASSIUM. — Le sel pur cristallise avec 3 molécules d'eau. Ces cristaux sont d'un jaune-citron, ils sont tendres, flexibles et transparents, leur éclat est vitreux, leur saveur à la fois salée et amère; ils appartiennent au type quadratique d'après Brook [*Ann. of Philosophy*, t. XXII, p. 41 ; — *Poggend. Ann.*, t. XXXVI, p. 404] (forme ordinaire p. $b^{1/2}$, quelquefois aussi avec a^1 et h^1), au type clinorhombique d'après Wyrouboff [*Ann. de Chim. et de Phys.*, (4), 1869 (formes ordinaires, m, g^1, e^1, a^1, quelquefois aussi o^1). Leur densité est égale à 1,83; ils sont inaltérables à l'air à la température ordinaire. A 60° leur eau de cristallisation commence à s'évaporer, mais elle ne s'en va complétement qu'à 100°, à moins que le sel ne soit réduit en poudre fine et continuellement agité au contact de l'air. Le ferrocyanure de potassium anhydre se présente sous la forme d'une poudre blanche.

Les cristaux du ferrocyanure potassique se dissolvent dans 2 p. d'eau bouillante et dans 4 p. d'eau froide. Leur solution aqueuse saturée à 15° a, suivant Michel et Kraft, une densité de 1,444 et renferme 258,77 grammes de sel et 885,34 grammes d'eau [*Ann. de Chim. et de Phys.*, (3), t. XLI, p. 471]. Ils sont insolubles dans l'alcool, qui les précipite même de leur solution aqueuse sous forme d'une poudre blanche.

RÉACTIONS. — 1° A l'abri de l'air, le ferrocyanure de potassium fond un peu au-dessous du rouge, et dégage de l'azote en laissant un mélange de cyanure potassique et de carbure de fer. S'il renferme de l'humidité, il dégage en outre de l'azote, de l'ammoniaque, de l'anhydride carbonique et de l'acide cyanhydrique.

Calciné avec de la potasse ou avec du carbonate potassique, il ne dégage pas d'azote. Tout le cyanogène se fixe à l'état de cyanure et de cyanate potassique, et le fer réduit à l'état métallique gagne le fond du vase. C'est sur cette réaction qu'est fondée la préparation du cyanure de potassium impur (voyez ce mot).

Quand on opère la calcination au contact de l'air, il se produit du cyanate de potassium et du peroxyde de fer. Les mêmes composés se produisent par la calcination du ferrocyanure de potassium avec une substance oxydante comme le peroxyde de manganèse. Ce dernier mélange prend même feu lorsqu'on le chauffe à l'air.

2° L'*oxygène* dans son état ordinaire est sans action sur le prussiate jaune de potasse, mais sous l'influence de l'ozone ce sel se convertit en ferricyanure (prussiate rouge), la décomposition allant de la periphérie au centre. En solution aqueuse, ce corps subit une transformation analogue sous l'influence du courant voltaïque. Il se forme du ferricyanure de potassium au pôle positif, et il se rend au pôle négatif du potassium qui, par l'action de l'eau, donne de l'hydrogène et de la potasse :

$$2(Fe''Cy^6)^{IV}K^4 = (Fe^2Cy^{12})^{VI}K^6 + K^2.$$

Ferrocyanure potassique. Ferricyanure potassique. Potassium.

3° Lorsqu'on fait passer du *chlore* dans la solution du ferrocyanure de potassium, il se produit du chlorure de potassium et du ferricyanure de potassium rouge :

$$2(Fe''Cy^6)^{IV}K^4 + Cl^2 = (Fe^2Cy^{12})^{VI}K^6 + 2KCl.$$

Ferrocyanure potassique. Chlore. Ferricyanure potassique. Chlorure potassique.

On obtient aussi du ferricyanure en traitant à chaud le prussiate jaune par l'*acide azotique* étendu; mais outre le ferricyanure il se produit alors du nitroferricyanure de potassium. L'acide azotique très-concentré donne du cyanogène, de l'azote, du bioxyde d'azote, de l'anhydride carbonique et des azotates de fer et de potassium. Le même acide d'une concentration moyenne donne une solution colorée qui renferme du nitroferrocyanure de potassium (voyez ce mot).

Le *brome* agit à la manière du chlore.

4° En solution aqueuse, ce sel se convertit en ferricyanure sous l'influence du *peroxyde de plomb* très-divisé. La réaction, faible à froid, devient plus vive lorsqu'on chauffe et elle se termine en quelques heures à la température de l'ébullition. Il se forme en même temps du sous-carbonate de plomb et du carbonate de potassium.

Le bioxyde de manganèse donne lieu à une réaction semblable, mais un peu plus difficilement, à moins que l'on n'ajoute de l'acide sulfurique au mélange, auquel cas la réaction devient très-vive. Le permanganate enfin convertit le ferrocyanure en ferricyanure de potassium; mais une petite quantité du sel se détruit plus complétement et fournit du nitrate de potasse.

5° L'acide chlorique, l'acide iodique et l'acide chromique [Schœnbein, *Journ. für prakt. Chem.*, t. XX, p. 145] ont une action analogue à celle des autres oxydants, c'est-à-dire donnent du ferricyanure potassique.

6° Lorsqu'on fait fondre le ferrocyanure de potassium avec du *soufre*, il s'y combine et se convertit en sulfocyanate potassique. Ce sel reste mêlé, suivant la température, avec du protocyanure de fer, ou avec du sulfocyanate de fer, ou avec des dérivés du mellon. Le *sélénium* donne dans les mêmes conditions du sélénіocyanate de potassium.

7° Chauffé avec de l'*acide sulfurique concentré*, le ferrocyanure jaune dégage de l'oxyde de carbone et laisse un résidu de sulfates de potassium, d'ammonium et de fer au minimum. La réaction s'accomplit conformément à l'équation que nous avons donnée dans les généralités sur les ferrocyanures.

L'oxyde de carbone ainsi produit est à peu près pur au début de la réaction; tout au plus renferme-t-il des traces de vapeur d'acide formique et d'une substance qui lui communique une odeur alliacée. Si l'on continue à chauffer après que l'oxyde de carbone s'est dégagé, il se dégage des quantités considérables d'anhydride sulfureux, et le sulfate ferreux converti en sulfate ferrique s'unit au sulfate de potassium pour former un alun de fer $SO^4K^2,(SO^4)^6.\overset{VI}{Fe^2}$ [Fownes, *Phil. Mag.*, (3), t. XXIV, p. 21; — Grimm et Ramdohr, *Ann. der Chem. u. Pharm.*, t. XCVIII, p. 127].

8° Sous l'influence de l'*acide sulfurique étendu*, il se produit du sulfate de potasse, un sel bleu insoluble qui n'est autre que du ferrocyanure double de potassium et de fer et de l'acide cyanhydrique. Lorsque le degré de dissolution des acides minéraux que l'on emploie est considérable, il se fait à froid une double décomposition qui donne naissance à de l'acide ferrocyanhydrique.

9° Quand on fait bouillir une solution de ferrocyanure de potassium avec du *cyanure d'argent*, il se produit un dépôt d'un bleu sale, en même temps que la liqueur devient fort alcaline. Le dépôt est du cyanure ferreux altéré par le contact de l'air, et la solution renferme du cyanure double d'argent et de potassium :

$$Fe''Cy^2.4KCy + 4AgCy$$

Ferrocyanure potassique. Cyanure d'argent.

$$= Fe''Cy^2 + 4[KCy.AgCy].$$

Cyanure ferreux. Cyanure double d'argent et de potassium.

On observe une réaction semblable lorsqu'on fait bouillir la solution du ferrocyanure de potassium avec du chlorure d'argent :

$$Fe''Cy^2.4KCy + 2AgCl$$

Ferrocyanure potassique. Chlorure d'argent.

$$= Fe''Cy^2 + 2KCl + 2[KCy.AgCy]$$

Cyanure ferreux. Chlorure de potassium. Cyanure double d'argent et de potassium.

Avec l'azotate d'argent il se produit aussi un précipité de cyanure ferreux impur et du cyanure double d'argent et de potassium. Une partie du potassium passe à l'état d'azotate de potasse :

$$Fe''Cy^2.4KCy + 2[AzO^3.Ag]$$

Ferrocyanure potassique. Azotate d'argent.

$$= Fe''Cy^2 + 2AzO^3K + 2[KCy.AgCy].$$

Cyanure ferreux. Azotate de potasse. Cyanure double d'argent et de potassium.

10° Bouilli avec de l'eau et de l'*oxyde mercurique*, le ferrocyanure de potassium se décompose lentement en cyanure de mercure et en carbonate de potassium, qui restent dissous, et en hydrate ferrique qui se précipite. Le carbonate alcalin résulte de l'action de l'anhydride carbonique de l'air et l'hydrate ferrique de l'absorption de l'oxygène atmosphérique [Vauquelin, *loc. cit.*] :

$$2Fe''Cy^6K^4 + 3H^2O + 6Hg''O + 4CO^2 + O$$

Ferrocyanure cristallisé. Oxyde mercurique. Anhydride carbonique. Oxygène.

$$= 6Hg''Cy^2 + 4CO^3K^2 + Fe^2H^6O^6 + 3H^2O.$$

Cyanure mercurique. Carbonate de potassium. Hydrate ferrique. Eau.

1 p. de ferrocyanure bouillie avec 2,5 p. de sulfate mercurique et 8 p. d'eau donne du cyanure de mercure et des sulfates potassique et ferrique. Du mercure métallique se précipite en même temps,

mêlé d'une petite quantité d'une poudre d'un blanc verdâtre :

$$2\,(Fe''Cy^6)^{IV}K^4 + 7\,SO^4Hg''$$
Ferrocyanure. Sulfate mercurique.

$$= 6\,Hg''Cy^2 + 4\,SO^4K^2 + (SO^4)^3\overset{VI}{Fe^2} + Hg.$$
Cyanure de mercure. Sulfate potassique. Sulfate ferrique. Mercure.

11° Bouilli avec de l'*azotate* ou du *chlorure mercurique*, le ferrocyanure de potassium forme un sel double $K^2Hg''Cy^4 + 2H^2O$ qui cristallise en lames blanches micacées (Desfosses). L'iodure de mercure se dissout abondamment dans les dissolutions chaudes de ferrocyanure, et donne aussi, par le refroidissement de la liqueur, un sel double qui cristallise en lames (Preuss).

12° Lorsqu'on chauffe à l'ébullition une solution aqueuse de ferrocyanure potassique avec quelques gouttes de *perchlorure de fer*, il se forme une petite quantité de ferricyanure. La liqueur acquiert en effet la propriété de précipiter les sels ferreux en beau bleu :

$$3\,Fe''Cy^6K^4 + Fe^2Cl^6$$
Ferrocyanure de potassium. Perchlorure de fer.

$$= (Fe^2Cy^{12})^{VI}K^6 + 3\,FeCy^2 + 6\,KCl.$$
Ferricyanure potassique. Cyanure ferreux. Chlorure potassique.

13° La solution aqueuse du ferrocyanure de potassium donne, avec la plupart des solutions métalliques, des précipités caractéristiques, et s'emploie à cause de cela dans les laboratoires comme réactif. Ces précipités sont constitués par des ferrocyanures des métaux qui ont donné lieu à la double décomposition. Ainsi avec les sels de cuivre, il se produit du ferrocyanure de cuivre; avec les sels de plomb, du ferrocyanure de plomb, etc. Presque toujours le précipité entraîne des traces de cyanoferrure potassique qu'il est très-difficile d'enlever par les lavages d'une manière complète.

Dans ces réactions, il faut éviter l'emploi de liqueurs trop acides qui décomposeraient le ferrocyanure de potassium, ainsi que celui de liqueurs alcalines, par exemple ammoniacales, qui ne produiraient pas de précipité.

Le fer est masqué dans le ferrocyanure de potassium; ni les alcalis caustiques ni les sulfures alcalins ne le décèlent.

FERROCYANURE DE RUBIDIUM,

$$(Fe''Cy^6)Rb^4 + 2H^2O.$$

— On le prépare en saturant l'acide ferrocyanhydrique par du carbonate de rubidium (Picard). Isomorphe avec le précédent. Soluble dans le tiers de son poids d'eau (Wyrouboff).

FERROCYANURE DE SODIUM,

$$(Fe''Cy^6)^{IV}Na^4 + 12\,H^2O.$$

On l'obtient ordinairement dans les laboratoires en décomposant le bleu de Prusse par la soude et faisant cristalliser la solution ainsi préparée, ou encore en saturant la soude par l'acide ferrocyanhydrique. Ce dernier procédé est préférable, parce que le bleu de Prusse renferme toujours ou presque toujours de la potasse et ne donne pas un sel pur. On peut d'ailleurs se le procurer industriellement par les diverses méthodes que nous avons décrites à l'occasion du ferrocyanure potassique. Il suffit pour cela de substituer la soude à la potasse.

On a proposé de substituer le ferrocyanure de sodium au ferrocyanure de potassium, parce que la soude est à la fois moins chère sous le même poids et a un équivalent moins élevé que la potasse. Mais il renferme beaucoup plus d'eau de cristallisation, ce qui en rend le transport plus coûteux. Cette raison empêchera probablement que son emploi ne devienne industriel.

Le ferrocyanure de sodium forme des prismes rhomboïdaux obliques d'un jaune clair, qui s'effleurissent à l'air chaud. Il se dissout dans 4 1/2 p. d'eau froide; l'alcool et l'éther ne le dissolvent pas. Les cristaux de ce sel appartiennent au type clinorhombique [Bunsen, *loc. cit.*].

FERROCYANURE DE SODIUM ET DE POTASSIUM.

$$(Fe''Cy^6)^{IV},K^3Na + 3\,H^2O.$$

— On le prépare en traitant un mélange de ferricyanure de potassium et de glucose par la soude caustique ou en faisant bouillir une solution du sel ammoniacal correspondant, $Fe''Cy^6AzH^4.K^3$, avec de la soude, ou encore en faisant passer un courant d'hydrogène sulfuré dans une solution de ferricyanure renfermant de la soude en excès (Reindel). On le purifie en le dissolvant dans l'eau, le précipitant par l'alcool et le faisant recristalliser.

Sa forme cristalline est exactement celle du ferrocyanure de potassium. L'eau le dissout facilement. Il ne perd son eau de cristallisation qu'à 200°. Le chlore paraît le convertir en ferricyanure sodico-potassique, $(Fe^2Cy^{12})^{VI}Na^2K^4$ [Reindel, *Journ. für prakt. Chem.*, t. LXV, p. 450].

FERROCYANURE DE STRONTIUM,

$$Fe''Cy^6.Sr''^2 + 15\,H^2O.$$

— Ce sel forme des prismes rhomboïdaux obliques d'un jaune pâle, solubles dans 2 p. d'eau froide et dans moins de 1 p. d'eau bouillante [Bette, *Ann. der Chem. u. Pharm.*, t. XXII, p. 148].

On l'obtient en saturant l'acide ferrocyanhydrique par du carbonate de strontium et en évaporant la solution. Il cristallise en cristaux très-confus par évaporation, et cristaux très-gros et très-nets lorsqu'on fait refroidir la solution à 8-10°. Ce sel s'effleurit à l'air en perdant 8 molécules de son eau de cristallisation, il en perd 6 autres molécules à 100° et n'en retient plus alors qu'une seule molécule.

On connaît un autre ferrocyanure de strontium,

$$(Fe''Cy^6)^{IV}Sr''^2 + 8H^2O,$$

qu'on obtient en faisant cristalliser le sel précédent dans une solution concentrée de ferrocyanure de lithium dans le vide à une température de 20-25°. Il appartient au prisme doublement oblique [Wyrouboff, *Ann. de Chim. et de Phys.*, 1868, (4), t. XV].

FERROCYANURE DOUBLE DE STRONTIUM ET DE POTASSIUM, $(Fe''Cy^6)^{IV}Sr''K^2 + 6\,H^2O$. — On obtient ce sel, comme le sel de lithium correspondant, en décomposant le bleu de Prusse du commerce par de l'hydrate de strontium ou en mélangeant les solutions des deux sels. Il est très-soluble dans l'eau froide, moins soluble dans l'eau chaude, peu soluble dans l'alcool; il appartient au prisme oblique. Les facettes des cristaux sont généralement courbes [Wyrouboff, *Expériences inédites*].

FERROCYANURE DE THALLIUM,

$$(Fe''Cy^6)Tl^4 + 2\,H^2O.$$

— Il se précipite sous forme de petits cristaux jaunes solubles dans un excès de réactif, lorsqu'on précipite une dissolution saturée de carbonate de thallium par une dissolution concentrée de ferrocyanure de potassium. Sa forme cristalline appartient au prisme doublement oblique [Lamy, *Ann. de Chim. et de Phys.*, (3), t. LXVII, p. 434].

FERROCYANURE DE ZINC,

$$(Fe''Cy^6)^{IV}Zn''^2 + 3\,H^2O$$

[Schindler, *Magaz. für Pharm.*, t. XXXV, p. 71].

— Ce sel se précipite sous la forme d'une poudre blanche lorsqu'on verse une solution de ferrocyanure potassique dans la dissolution d'un sel de zinc. Suivant M. Jonas, on peut encore le préparer en faisant digérer à une douce chaleur dans de l'acide chlorhydrique un mélange de zinc métallique et de bleu de Prusse pulvérisé. Il se dégage de l'hydrogène et le liquide se décolore peu à peu. Au bout de quelques jours la réaction est complète. Si le zinc renferme du plomb, celui-ci se dépose à l'état métallique.

FERROCYANURE DE ZINCODIAMMONIUM ET DE ZINC. — Ce corps se produit lorsqu'on mélange une solution étendue d'un sel de zinc saturée d'ammoniaque avec une solution de prussiate jaune de potasse. Le sel se dépose, au bout de quelques instants, sous la forme d'un précipité cristallin. Il répond à la formule

$$(Fe''Cy^6)^2Az^2H^6Zn''.Zn'' + 2H^2O$$

[Bunsen, *Poggend. Ann.*, t. XXXIV, p. 136; — Monthiers, *Journ. de Pharm.*, (3), t. XI, p. 253].

FERRICYANURES.

$$(Fe^2Cy^{12})^{vi}M^6.$$

Les ferricyanures sont des composés qui représentent une double molécule de ferrocyanure dont on aurait soustrait deux atomes de métal :

$$2(FeCy^6)^{iv}K^4 - K^2 = (Fe^2Cy^{12})^{vi}K^6.$$

Ferrocyanure potassique.	Potassium.	Ferricyanure de potassium.

On conçoit aisément ce mode de formation. Le radical ferrocyanogène ($FeCy^6$) tétratomique, s'ajoutant à lui-même en échangeant deux atomicités, se convertit dans le radical complexe ferricyanogène (Fe^2Cy^{12}), qui est hexatomique. Il y a entre les ferro- et les ferricyanures en un mot le même rapport qu'entre le gaz des marais et l'hydrure d'éthyle.

Les ferrocyanures se convertissent en ferricyanures lorsqu'on fait agir sur eux un agent d'oxydation, le chlore ou tout autre corps capable de s'emparer d'une partie de leur métal. Un de leurs quatre atomes de métal s'élimine et la molécule devenue incomplète s'ajoute à une autre molécule également privée de son métal, exactement comme l'éthyle s'ajoute à lui-même pour donner de l'hydrure de tétryle lorsqu'on décompose l'iodure d'éthyle par le sodium.

Par une action inverse de la précédente, les agents réducteurs ramènent les ferricyanures à l'état de ferrocyanures. Reindel a fait voir qu'il se régénère du prussiate jaune lorsqu'on fait bouillir le prussiate rouge avec de la potasse et du sucre de raisin, et que, lorsqu'on opère avec de l'ammoniaque ou de la soude, il se produit des prussiates sodo- et ammonico-potassiques.

Plusieurs chimistes considèrent les ferricyanures comme des cyanures doubles de fer au maximum et d'un autre métal. Le ferricyanure de potassium aurait pour formule dans cette hypothèse $Fe^2Cy^6.6KCy$. Toutefois les raisons qui nous ont empêché d'envisager les ferrocyanures comme des cyanures doubles et que nous avons exposées dans les généralités sur les ferrocyanures nous portent aussi à considérer les ferricyanures comme résultant de l'union d'un métal avec le radical complexe ferricyanogène Fe^2Cy^{12}.

Les ferricyanures alcalins sont solubles dans l'eau et cristallisent facilement. Leurs cristaux ont une couleur rouge et leurs solutions une couleur rouge verdâtre. Les ferricyanures alcalino-terreux sont également solubles dans l'eau. Parmi ceux des autres métaux beaucoup sont insolubles ou peu solubles et peuvent être préparés par voie de double décomposition.

ACIDE FERRICYANHYDRIQUE, $(Fe^2Cy^{12})^{vi}H^6$ [Gmelin, *Journ. für Chem. u. Phys. von Schweigger*, t. XXXIV, t. 325; — Posselt, *Ann. der Chem. u. Pharm.*, t. XLII, p. 163]. — On le prépare en décomposant le ferricyanure de plomb par une quantité exactement équivalente d'acide sulfurique dilué et en évaporant le liquide filtré à une douce chaleur. Il cristallise en aiguilles brunâtres qu'une chaleur un peu forte décompose facilement. Il a une réaction franchement acide et une saveur très-aigre. Il précipite en bleu les sels ferreux et ne précipite point les sels ferriques. Toutefois il communique une coloration brune aux solutions de ces derniers.

FERRICYANURE D'AMMONIUM,

$$(Fe^2Cy^{12})(AzH^4)^6 + 6H^2O.$$

— On l'obtient par l'action du chlore sur le ferrocyanure d'ammonium. Il se présente en prismes obliques à base rhombe d'une couleur rouge tendre. Il est inaltérable à l'air, extrêmement soluble dans l'eau, et soluble dans l'alcool, ce qui permet de le séparer du ferrocyanure d'ammonium [Bette, *Ann. der Chem. u. Pharm.*, t. XXII, p. 148, et t. XXIII, p. 115].

FERRICYANURE D'ARGENT. — Il se dépose sous la forme d'un précipité orangé, lorsqu'on mélange de l'azotate d'argent avec du ferricyanure de potassium.

FERRICYANURE DE BARYUM, $Fe^2Cy^{12}.\overset{''}{Ba}{}^3$. — Il se forme lorsqu'on sature le carbonate barytique par l'acide ferricyanhydrique. On ne l'a pas obtenu jusqu'à ce jour sous forme solide.

FERRICYANURE DE BARYUM ET DE POTASSIUM,

$Fe^2Cy^{12}.\overset{''}{Ba}{}^2.K^2 + 6H^2O$ [Bette, *loc. cit.*]. — On le prépare en soumettant le ferrocyanure correspondant à l'action d'un excès de chlore; on chasse l'excès de chlore par la chaleur, on ajoute un peu d'alcool qui précipite du bleu de Prusse, on filtre la liqueur et on l'abandonne à l'évaporation spontanée. Il cristallise en cristaux noirs mêlés d'aiguilles rouges de ferricyanure de potassium qu'on enlève soigneusement. On purifie ensuite le sel noir par une nouvelle cristallisation dans l'eau. Il se présente en lamelles qui se groupent en prismes courts hexagonaux. Ils sont noirs et opaques ou d'un rouge foncé lorsqu'on en regarde une lamelle très-mince devant la flamme d'une bougie. Leur poudre est d'un jaune-brun semblable à la poudre d'aloès. Ils sont inaltérables à l'air, solubles dans l'eau, d'où l'alcool les précipite. Ils se ramollissent par la chaleur et s'agglomèrent sans fondre; ils commencent alors à se décomposer.

FERRICYANURE DE CADMIUM. — C'est un précipité jaune, fort soluble dans l'ammoniaque et les sels ammoniacaux.

FERRICYANURE DE CALCIUM,

$$Fe^2Cy^{12}.\overset{''}{Ca}{}^3 + 12H^2O$$

[Berzelius, *Journ. für Chem. u. Phys. von Schweigger*, t. XXX, p. 12]. — Il constitue de fines aiguilles déliquescentes, couleur aurore. On le prépare de la même manière que le sel sodique. Les cristaux se conservent à l'air sec et donnent une poudre jaune-orangé très-déliquescente. Ils se dissolvent facilement dans l'eau, d'où l'alcool les précipite.

FERRICYANURE DE COBALT. — C'est un précipité d'un rouge foncé, insoluble dans l'acide chlorhydrique, mais soluble dans l'ammoniaque; la solution ammoniacale est d'un rouge foncé selon M. Alvaro Reynoso.

FERRICYANURE DE CUIVRE (CUIVRIQUE). — C'est un précipité jaunâtre, soluble dans l'ammoniaque; il retient toujours un peu de potasse.

FERRICYANURES DE FER. — On connaît un ferricyanure ferreux et un ferricyanure ferroso-ferrique.

Ferricyanure ferreux, $(Fe^2Cy^{12})^{vi}\overset{''}{Fe}{}^3 + xH^2O$. — Ce corps est d'un beau bleu. C'est lui qui est connu sous le nom de *bleu de Turnbull*. On l'obtient en précipitant un sel ferreux par une solution de prussiate rouge bien exempte de prussiate jaune. Il faut le laisser digérer pendant quelque temps avec un excès de sel de fer, si l'on tient à ce qu'il ne renferme pas de potasse. On le lave ensuite avec de l'eau bouillante.

Le bleu de Turnbull ne peut être complétement privé de son eau combinée sans qu'il s'altère en dégageant de l'acide cyanhydrique. Lorsqu'il est sec, il est d'un bleu plus beau que le bleu de Prusse. Il présente comme ce dernier des reflets violets lorsqu'on le frotte. Chauffé à l'air, il se convertit en un mélange de bleu de Prusse et d'oxyde ferrique :

$$6\overset{''}{Fe}{}^5Cy^{12} + O^3 = Fe^2O^3 + 4Fe^7Cy^{18}.$$

Bleu de Turnbull. — Oxygène. — Oxyde ferrique. — Bleu de Prusse.

Lorsqu'on le traite à chaud par la potasse caustique ou par le carbonate de potasse, il se sépare de l'hydrate ferroso-ferrique, et la liqueur retient du prussiate jaune en solution. Cette réaction distingue le bleu de Turnbull du bleu de Prusse. Dans les mêmes conditions, ce dernier donne de l'hydrate ferrique et non de l'hydrate ferroso-ferrique :

$$(Fe^2Cy^{12})\overset{''}{Fe}{}^3 + 8KHO$$

Bleu de Turnbull. — Potasse.

$$= 2\overset{''}{Fe}Cy^6.K^4 + (Fe^5)^{viii}.(OH)^8.$$

Ferrocyanure potassique. — Hydrate ferroso-ferrique.

Dans la teinture sur calicot, on fait souvent usage du bleu de Turnbull [*Éléments de Chimie* de Graham, 2e édit., t. II, p. 40; — Wœhler et Voelckel, *Ann. der Chem. u. Pharm.*, t. XXXV, p. 369; — Williamson, *ibid.*, t. LVII, p. 234].

Ferricyanure ferroso-ferrique,

$$Fe^{13}Cy^{36} + xH^2O = (Fe^2Cy^{12})^3\begin{cases}\overset{''}{Fe}{}^3\\ (\overset{vi}{Fe^2})^2\end{cases} + xH^2O.$$

— C'est le précipité vert qui se produit lorsqu'on fait passer un excès de chlore dans du prussiate jaune ou rouge. On le connaît généralement sous le nom de cyanure vert de Pelouze.

Pour obtenir ce composé à l'état de pureté, on fait passer un excès de chlore dans une dissolution de prussiate jaune ou rouge de potassium. La liqueur colorée en rouge vineux étant portée à l'ébullition laisse déposer une poudre verte insipide. On la recueille et on la fait bouillir avec huit ou dix fois son poids d'acide chlorhydrique concentré, afin de la débarrasser de l'oxyde ferrique et du bleu de Prusse qu'elle renferme. Lorsqu'une petite partie de la liqueur filtrée cesse de se colorer en bleu par l'eau, on jette le tout sur un filtre et on lave le résidu, qui présente alors la combinaison indiquée ci-dessus.

Abandonnée au contact de l'air, cette substance s'altère à la longue et donne du bleu de Prusse. La chaleur donne lieu à la même décomposition. Il est cependant, sous certains rapports, plus stable que le bleu de Prusse, puisque l'acide chlorhydrique ne le décompose que par une ébullition soutenue pendant des heures entières. La liqueur qui résulte de sa destruction par cet agent renferme un mélange de chlorures ferreux et ferrique.

Le chlore le détruit difficilement.

Une lessive de potasse l'altère subitement et le convertit en hydrate ferrique qui se précipite et en un mélange de cyanoferrure et de cyanoferride de potassium qui se dissolvent. L'ammoniaque agit de la même manière, mais son action exige un temps plus long.

Il pourrait se faire que le composé vert de M. Pelouze fût identique avec la matière obtenue par M. Williamson par l'action prolongée de l'acide azotique sur le ferrocyanure ferroso-potassique (p. 1098) [Pelouze, *Ann. de Chim. et de Phys.*, t. LXIX, p. 40].

Ferricyanure potassico-ferreux. — C'est le même corps que Williamson a obtenu en faisant agir l'acide azotique sur le ferrocyanure ferroso-potassique [*Ann. der Chem. u. Pharm.*, t. LVII, p. 228]. Ce corps étant envisagé par Gerhardt comme du ferrocyanure potassico-ferrique, c'est sous ce dernier nom que nous l'avons étudié (p. 1094).

Ferricyanure de magnésium,

$$(Fe^2Cy^{12}.\overset{''}{Mg}{}^3)^2 + 35H^2O.$$

— On le prépare comme le sel précédent. Au lieu de cristalliser, il se dessèche en une masse saline rouge-brun qui se redissout dans l'eau sans résidu. Soumis à l'action de la chaleur, il donne d'abord un peu d'acide prussique, puis s'allume et brûle comme de l'amadou.

Ferricyanure de nickel. — C'est un précipité vert jaunâtre, insoluble dans l'acide chlorhydrique.

Ferricyanure de nickel et de nickel-ammonium,

$$(Fe^2Cy^{12})^{vi}\begin{cases}[Az^2H^6\overset{''}{Ni}]''\\ [Az^2H^6\overset{''}{Ni}]''\\ \overset{''}{Ni}\end{cases} + 2H^2O.$$

— C'est un précipité d'un beau jaune soluble dans l'ammoniaque qui prend naissance lorsqu'on verse du ferricyanure de potassium dans de l'azotate de nickel ammoniacal [Alvaro Reynoso, *Ann. de Chim. et de Phys.*, (3), t. XXX, p. 254].

Ferricyanure de plomb, $(Fe^2Cy^{12})\overset{''}{Pb}{}^3$. — On l'obtient en mélangeant le ferricyanure de potassium avec un grand excès d'azotate de plomb. Il cristallise par évaporation sous forme de petits cristaux groupés en crête de coq et appartenant au type orthorhombique (Gmelin).

Ferricyanure double de plomb et de potassium,

$$(Fe^2Cy^{12})K^2Pb^2 + 6H^2O.$$

— Ce sel se dépose sous forme de gros cristaux translucides, de couleur rubis, lorsque le nitrate de plomb est mélangé à équivalents égaux avec le ferricyanure potassique. Ces cristaux appartiennent au prisme orthorhombique, et, par la disposition de leurs facettes et les angles qu'elles font entre elles, se rapprochent du prisme hexagonal.

Ferricyanure de potassium, $(Fe^2Cy^{12})K^6$ [Gmelin, *loc. cit.*; — Posselt, *loc. cit.*; — Bette, *loc. cit.*; — H. Kopp, *Einleit. in die Krystallog.*, p. 311; — Schabus, *Sitzungsb. der Acad. der Wissensch. zu Wien*, mai 1850, p. 582; — Boudault, *Journ. de Pharm.*, (3), t. VII, p. 437; — Mercer, *Phil. Mag.*, t. XXXI, p. 126; — Reindel, *loc. cit.*; — Liebig, *Ann. der Chem. u. Pharm.*, t. LVII, p. 237; — Williamson, *Ann. der Chem. u. Pharm.*, t. LVII, p. 237; — Monthiers, *loc. cit.*].

Préparation. — On le prépare généralement dans l'industrie par l'action du chlore sur le prussiate jaune, soit par voie sèche, soit par voie humide.

Par voie humide, on dissout le prussiate jaune dans l'eau et l'on dirige un courant de chlore à travers la solution jusqu'à ce que celle-ci ne précipite plus les sels ferriques. Il ne faut pas beaucoup de chlore pour arriver à ce point, et à la lueur d'une bougie il est très-facile de voir quand l'opération est terminée, parce que la liqueur qui paraît d'abord verdâtre devient alors rouge. Cependant, comme ce changement de couleur n'est perceptible que si la liqueur est étendue, il faut, si l'on opère sur des solutions concentrées, se tenir à l'essai avec un sel ferrique bien exempt de sel ferreux. Dès qu'il ne se forme plus de précipité bleu, on arrête l'opération.

Pendant que le courant de chlore passe, il faut constamment agiter la liqueur, sans quoi le ferricyanure déjà formé se détruirait dans les points du liquide où le chlore se trouverait en excès.

La liqueur filtrée est ensuite évaporée dans un vase à parois verticales jusqu'à ce qu'on voie apparaître des cristaux pendant l'évaporation. On la laisse alors refroidir. Le sel cristallise d'abord en aiguilles d'un jaune-orangé et d'un éclat considérable. On le redissout dans l'eau et on le fait cristalliser une seconde fois.

Dans la préparation du ferricyanure potassique il est toujours difficile de n'employer que la quantité de chlore exactement nécessaire. Or, si l'on en emploie trop peu, le produit renferme du ferrocyanure inaltéré, et si l'on en emploie trop, il se forme un cyanure vert qui s'oppose à la cristallisation du produit, et qu'il est difficile de séparer, quoiqu'il soit insoluble, parce qu'il passe à travers les filtres.

Pour purifier le sel lorsqu'il est souillé par cette substance verte, Posselt propose d'évaporer la liqueur sans filtration préalable jusqu'à ce qu'elle puisse cristalliser par le refroidissement, de la chauffer ensuite à l'ébullition, et d'y ajouter de l'hydrate potassique par petites portions jusqu'à ce que le cyanure vert soit redissous, enfin de la filtrer et de l'abandonner à la cristallisation. L'hydrate potassique forme, avec une partie du cyanure ferrique, de l'hydrate ferrique et du cyanure de potassium, qui s'unit à une autre portion du produit de manière à le transformer en ferricyanure. Berzelius se demandait s'il ne vaudrait pas mieux substituer le cyanure de potassium à la potasse. Si l'explication précédente est exacte, cela ne fait pas de doute.

Suivant Kramer, on peut obtenir le ferricyanure de potassium en faisant digérer du bleu de Prusse avec de l'hypochlorite de potassium. Suivant Rodgers, un bon procédé consiste à dissoudre dans l'eau 3 molécules de sulfate de potassium et 1 molécule de sulfate ferrique, ou ce qui revient au même, 2 molécules de sulfate de potassium et 1 molécule d'alun de fer, et à précipiter ensuite ce mélange soit par le cyanure de baryum, soit par le cyanure de strontium. On filtre et l'on évapore jusqu'à cristallisation. On a encore remarqué que le prussiate jaune s'oxyde et fournit du prussiate rouge sous l'influence des peroxydes de manganèse ou du plomb, de l'ozone et du courant électrique.

Ces diverses méthodes donnent difficilement un produit pur, soit à cause du chlorure de potassium dont la formation est nécessaire, soit à cause du cyanure vert, toutes substances dont il n'est pas facile de se débarrasser. Pour obvier à cet inconvénient, M. Williamson a imaginé de préparer le ferricyanure potassique par l'action du ferrocyanure potassique sur le ferrocyanure ferrico-potassique :

$$\underset{\text{Ferrocyanure ferrico-potassique.}}{(Fe'' Cy^6)^2 \left\{ \begin{matrix} (\overset{vi}{Fe^2}) \\ K^2 \end{matrix} \right.} + \underset{\text{Ferrocyanure potassique.}}{2(Fe Cy^6 . K^4)}$$

$$= \underset{\text{Ferricyanure potassique.}}{Fe^2 Cy^{12} . K^6} + \underset{\text{Ferrocyanure ferroso-potassique.}}{2 \left[(Fe Cy^6) \left\{ \begin{matrix} \overset{''}{Fe} \\ K^2 \end{matrix} \right. \right]}.$$

Ce procédé donne un produit absolument pur et ne présente aucune difficulté. Il suffit de faire digérer le ferrocyanure ferrico-potassique avec du prussiate jaune de potasse en mettant un léger excès du premier de ces deux corps. On filtre ensuite, on évapore et l'on fait cristalliser. Le résidu d'un bleu pâle qui reste sur le filtre est un mélange de cyanoferrure ferroso-potassique blanc et de l'excès du sel bleu employé. On peut le convertir de nouveau en sel bleu au moyen de l'acide azotique et le faire servir à la préparation d'une nouvelle quantité de prussiate rouge, de façon qu'une même quantité de sel bleu insoluble se régénérant sans cesse, pourrait servir indéfiniment si ce n'étaient les pertes que l'on éprouve forcément.

Propriétés. — Le ferricyanure de potassium forme des cristaux tantôt petits, tantôt grands, d'une couleur rouge, qui, d'après Kopp, appartiennent au type clinorhombique. Ces cristaux sont anhydres. Leur densité = 1,800 (Schabus), 1,845 (Wallace). Le sel a une saveur saline, et se dissout dans l'eau en donnant une solution d'un jaune brunâtre lorsqu'elle est concentrée et d'un jaune-orangé lorsqu'elle est étendue. La solubilité du sel est beaucoup plus grande à chaud qu'à froid, une partie du sel exigeant 3,03 p. d'eau pour se dissoudre à 4,4° en formant une solution dont la densité = 1,151, tandis qu'à 104°, température d'ébullition de la dissolution saturée, 1 p. du sel se dissout dans 1,22 p. d'eau en formant une solution dont la densité = 1,265. Le prussiate rouge de potasse est neutre aux réactifs colorés et donne une poudre jaune-orangé. L'alcool le précipite de sa solution aqueuse, quoiqu'il n'y soit pas absolument insoluble.

Réactions. — Chauffé dans un appareil distillatoire, le ferricyanure de potassium décrépite, puis donne de l'azote et du cyanogène; il reste dans l'appareil du cyanure et du cyanoferrure de potassium, du bleu de Prusse, une masse qui présente l'aspect du paracyanogène et du carbure de fer. Dans la flamme d'une bougie, il brûle avec vivacité et lance en pétillant des étincelles de fer.

La solution de ce sel peut être conservée longtemps à l'obscurité sans qu'elle s'altère; mais à la lumière directe du soleil ou par une ébullition lente, il s'y produit du prussiate jaune. Ce sel se transforme également en prussiate jaune par l'électrolyse. Le prussiate se forme au pôle négatif. Cette action est inverse de celle qui se produit lorsqu'on fait agir le courant sur le cyanoferrure jaune. Dans ce dernier cas nous avons vu qu'il se forme du ferricyanure au pôle positif. On s'explique ces faits en admettant que dans le premier cas le ferricyanure est réduit par l'hydrogène qui se dégage au pôle négatif, tandis que dans le second cas le ferrocyanure est oxydé par l'oxygène qui se dégage au pôle positif.

Chauffé avec de l'*oxyde de cuivre*, le ferricyanure de potassium devient incandescent. Avec l'azotate d'ammoniaque il détone fortement.

Le *chlore* décompose le prussiate rouge de potasse; il se produit de l'acide cyanhydrique, du chlorure de cyanogène et du cyanure ferrique vert. Ce dernier corps se précipite lorsqu'on étend d'eau la liqueur qui est d'une couleur rouge foncé et qu'on l'abandonne dans un vase ouvert, ou mieux quand on fait bouillir cette liqueur ou qu'on y ajoute un alcali. Le *brome* agit d'une manière analogue (Smée).

L'*acide azotique* dissout les cristaux de ferricyanure potassique à la température ordinaire en formant un liquide brun identique à celui qui se produit avec le prussiate jaune. Ce liquide renferme de l'azotate de potasse et du nitroferrocyanure de potassium (Playfair).

Le ferricyanure potassique réduit en poudre et traité par l'*acide sulfurique* concentré se colore en jaune pâle et se dissout en partie dans l'acide avec une coloration jaune. Au bout de quelque temps la masse devient visqueuse et d'un blanc bleuâtre. Par l'application de la chaleur, elle donne de l'oxyde de carbone, et finalement, si l'on élève encore la température, elle laisse un résidu de sulfate ferrico-potassique [Williamson, *loc. cit.*].

Lorsqu'on traite le ferricyanure de potassium par l'*acide sulfhydrique*, il se forme du cyanoferrure de potassium, de l'acide ferrocyanhydrique, et il se dépose du soufre [Williamson, *loc. cit.*; Boudault].

La solution de ferricyanure de potassium se transforme partiellement en cyanoferrure lorsqu'on la soumet à une ébullition prolongée avec de la potasse. La réduction s'accomplit facilement sur toute la masse lorsqu'on ajoute au mélange alcalin un corps réducteur, comme le sucre de raisin (Boudault).

Les *oxydes métalliques* tendent en général à se suroxyder sous l'influence du prussiate rouge; cette action est même quelquefois très-facile. C'est ainsi, par exemple, que l'*hydrate manganeux* précipité à l'abri de l'air se transforme instantanément à froid en peroxyde cristallisé sous l'influence d'un excès de ce sel.

Les *oxydes d'or et d'argent* ne donnent aucune réaction à froid. A chaud, ils donnent lieu à un dépôt d'hydrate ferrique, et la liqueur retient en dissolution du cyanoferrure potassique, ainsi qu'un cyanure double d'or ou d'argent et de sodium (Boudault).

L'*oxyde mercurique* précipite, à l'ébullition, tout le fer contenu dans le ferricyanure sous la forme d'hydrate ferrique pulvérulent et passe lui-même à l'état de cyanure mercurique (Gmelin).

Les solutions aqueuses du ferricyanure potassique sont décomposées par l'*acide chlorhydrique* avec dépôt de ferricyanure ferreux.

L'*acide sélénhydrique*, l'hydrogène phosphoré et même l'hydrogène arsénié, l'hydrogène antimonié et l'acide tellurhydrique communiquent aux solutions de ce sel la propriété de précipiter en bleu les sels ferriques, ce qui démontre la formation du ferrocyanure (Schönbein). L'ammoniaque le convertit en un mélange de ferrocyanure de potassium et d'ammonium, avec dégagement d'azote [Monthiers, *loc. cit.*].

Le *soufre* peut aussi s'oxyder sous cette influence et passer à l'état d'acide sulfurique; le phosphore agit peu. L'acide phosphoreux et les hypophosphites se transforment en acide phosphorique ou phosphate; l'acide sulfureux et les sulfites donnent de l'acide sulfurique et des sulfates.

L'*acide oxalique* et les oxalates, mis dans la dissolution alcaline de prussiate rouge, donnent presque instantanément des carbonates (Boudault). Le protoxyde d'azote n'exerce aucune action réductrice.

L'antimoine, l'arsenic, le bismuth, l'étain, le plomb, le fer, le zinc, et plus difficilement le cuivre, le cadmium, le mercure et l'argent donnent lieu à des réductions analogues. Suivant Schönbein, le zinc et le fer peuvent se conserver brillants pendant plusieurs semaines dans une solution de ferricyanure potassique, s'ils sont placés en vases clos. A l'air ils donnent du ferrocyanure de potassium et un ferrocyanure insoluble.

Beaucoup de substances organiques peuvent aussi produire des réactions semblables. Boudault a vu que les acides formique, acétique, citrique, tartrique et urique, la créosote, la cinchonine et la morphine sont dans ce cas, tandis que la strychnine et la quinine n'y sont pas. L'éther, l'alcool et le sucre exercent difficilement une action réductrice sur le prussiate rouge, s'ils sont seuls, mais cette action se manifeste avec une grande énergie en présence des sels ferriques. Sous l'influence de ces derniers, ils donnent du bleu de Prusse. L'acide oxalique en solution acide non-seulement ne réduit pas le prussiate rouge, mais préserve ce corps contre l'action décomposante du bioxyde d'azote, de l'hydrogène sulfuré, du sucre et de l'acide urique; il faut qu'il soit à l'état d'oxalate pour que son action réductrice se manifeste.

Toutes ces réductions sont surtout faciles dans les liqueurs alcalines. Sous leur influence, l'action réductrice du phosphore et du soufre devient très-intense, l'iode se convertit en iodate, le cyanure de potassium en cyanate, le sucre, la gomme, l'amidon, l'alcool, et même le papier en anhydride carbonique et en eau. Enfin l'indigo est blanchi immédiatement [Mercer, *loc. cit.*], fait que l'on a utilisé pour le blanchiment des étoffes teintes.

Les sels ferreux donnent, avec le ferricyanure potassique, un précipité de ferricyanure ferreux d'un beau bleu (bleu de Turnbull). Toutefois, si l'on ajoute du protochlorure de fer à une solution bouillante de prussiate rouge en solution insuffisante pour tout précipiter, il se forme du ferrocyanure et il se précipite du bleu de Prusse [Liebig, *loc. cit.*]:

$$\underset{\text{Ferricyanure potassique.}}{2(Fe^2Cy^{12}).K^6} + \underset{\text{Chlorure ferreux.}}{4\,FeCl^2}$$

$$= \underset{\text{Chlorure de potassium.}}{8\,KCl} + \underset{\text{Ferrocyanure potassique.}}{FeCy^6.K^4} + \underset{\text{Bleu de Prusse.}}{Fe^7Cy^{18}}.$$

FERRICYANURE POTASSIQUE ET IODURE POTASSIQUE, $Fe^2Cy^{12}K^6, 2\,KI$. — On l'obtient, suivant Preuss, en mêlant une solution chaude et concentrée de ferrocyanure de potassium avec de l'iode. Ce métalloïde se dissout abondamment, jusqu'à ce que la liqueur soit devenue d'un gris olive; pendant le refroidissement, le nouveau sel se dépose en cristaux jaunes déliés, d'un éclat soyeux, et l'eau mère devient brune. Après décantation de cette eau mère, on presse les cristaux entre des doubles de papier brouillard, et on les dessèche dans le vide.

FERRICYANURE DE SODIUM, $Fe^2Cy^{12}Na^6 + 2\,H^2O$ [Kramer, *Journ. de Pharm.*, t. XV, p. 98; — Bette, *Ann. der Chem. u. Pharm.*, t. XXIII, p. 117]. — Ce sont des prismes droits rouges et déliquescents, solubles dans 5,3 p. d'eau froide et dans 1,25 p. d'eau bouillante. On le prépare comme le sel potassique en substituant le ferrocyanure de sodium à celui de potassium. Le ferricyanure de sodium se dissout dans l'alcool, ce qui fournit un moyen facile de le purifier.

FERRICYANURE SODICO-POTASSIQUE.

$$Fe^2Cy^{12}.K^8Na^4$$

[Laurent, *Compt. rend. des trav. de Chim.*, 1849, p. 324]. — Ce sel se produit sous la forme de cubes anhydres d'un rouge grenat lorsqu'on fait dissoudre dans l'eau un mélange de ferricyanure de potassium et de ferricyanure de sodium et qu'on abandonne le tout à l'évaporation spontanée. Légèrement chauffé dans un tube, ce sel décrépite et se réduit en poudre.

Dans une opération, Laurent a obtenu le même sel en gros cristaux brun-noir ayant la forme d'un prisme à 6 pans de 120° environ et dont les bases étaient arrondies. Ces cristaux décrépitaient par la chaleur en abandonnant de l'eau. Redissous dans l'eau pour être purifiés par une deuxième cristallisation, ils donnèrent le sel cubique. Ils renfermaient 6 molécules d'eau de cristallisation.

FERRICYANURE DE ZINC. — C'est un précipité orangé fort soluble dans l'ammoniaque et les sels ammoniacaux.

NITROFERRICYANURES (NITROPRUSSIATES).

[Playfair, 1850, *Phil. Mag.* et *Journ. of Science*, . XXXVI, p. 197, 271 et 348; *Compt. rend. des trav. de Chim.*, 1850, p. 170 et 262; — Gerhardt, *Compt. rend. des trav. de Chim.*, 1850, p. 147; — Kyd, *Ann. der Chem. u. Pharm.*, t. LXXIV, p. 340; — Roussin, *Ann. de Chim. et de Phys.*, (3), t. LII, p. 285; — Oppenheim, *Journ. für prakt. Chem.*, t. LXXXI, p. 305.]

Considérations générales. — Ces composés prennent naissance par l'action de l'acide azotique sur les ferro- ou les ferricyanures et par l'action du bioxyde d'azote sur l'acide ferricyanhydrique ou ferrocyanhydrique. Ce dernier acide se convertit toutefois en acide ferricyanhydrique avant de passer à l'état d'acide nitroferricyanhydrique. Gerhardt pense que c'est toujours par l'action du bioxyde d'azote que ces corps se produisent. L'acide azotique ne servirait jamais qu'à fournir du bioxyde d'azote et à transformer les ferro- ou les ferricyanures alcalins en acide ferricyanhydrique. Suivant lui, la formule des nitroprussiates serait

$FeCy^5(AzO)\acute{M}^2$ ou $Fe^2Cy^{10}(AzO)^2\acute{M}^4$. C'est-à-dire que ces sels représenteraient des ferrocyanures non saturés dans lesquels AzO tiendrait la place de Cy, ou des ferricyanures dans lesquels 2 AzO tiendraient la place de 2MCy. Quoi qu'il en soit, si la formule de Gerhardt est exacte, la formation de ces sels est exprimée par l'équation suivante :

$$\underset{\text{Acide ferricyanhydrique.}}{Fe^2Cy^{12}H^6} + \underset{\text{Bioxyde d'azote.}}{2\,AzO}$$

$$= \underset{\text{Acide prussique.}}{2\,HCy} + \underbrace{Fe^2Cy^{10}(AzO)^2.H^4 \text{ ou } 2[FeCy^5(AzO)H^2]}_{\text{Acide nitroferricyanhydrique.}}$$

Cette équation s'appuie sur les faits observés. On remarque en effet un dégagement d'azote et d'acide cyanhydrique quand on traite le ferrocyanure de potassium par l'acide azotique. L'azote tient à une réaction secondaire. Il en est de même de l'anhydride carbonique, du cyanogène et de l'acide cyanique, qui se forment probablement aussi dans la réaction. Suivant Gerhardt, ces produits résulteraient de l'action de l'acide azotique sur l'acide cyanhydrique.

D'après M. Roussin, les nitroprussiates auraient une constitution analogue à celle des nitrosulfures et prendraient naissance par une double décomposition très-nette lorsqu'on fait agir le cyanure de mercure sur le nitrosulfure de fer et de sodium. Le cyanogène se substituerait simplement au soufre et *vice versa*. La transformation inverse serait d'ailleurs également facile; les nitroprussiates se convertiraient en nitrosulfures sous l'influence des sulfures alcalins. S'il en était ainsi, le soufre S se substituant à Cy^2, il faudrait admettre que les nitrosulfures répondent à la formule

$$Fe^2S^5(AzO)^2\acute{M}^4$$

et non à la formule $Fe^2S^4(AzO)^2\acute{M}^2 + H^2O$ donnée par M. Roussin, à moins toutefois que l'eau qui figure dans cette formule n'intervînt dans la réaction conformément à l'équation suivante :

$$\underset{\text{Nitrosulfure de fer et de sodium.}}{Fe^2S^4(AzO)^2Na^2} + H^2O + \underset{\text{Cyanure de mercure.}}{5\,Hg''Cy^2}$$

$$= \underset{\text{Nitroprussiate de sodium et d'hydrogène.}}{Fe^2Cy^{10}(AzO)^2Na^2H^2} + \underset{\text{Sulfure de mercure.}}{4\,Hg''S} + \underset{\text{Oxyde de mercure.}}{Hg''O}.$$

La transformation inverse serait alors représentée par l'équation

$$\underset{\text{Nitroprussiate de soude.}}{Fe^2Cy^{10}(AzO)^2Na^4} + \underset{\text{Sulfure de sodium.}}{4\,Na^2S} + \underset{\text{Eau.}}{4\,H^2O}$$

$$= \underset{\text{Nitrosulfure de fer et de sodium.}}{Fe^2S^4(AzO)^2Na^2} + H^2O + \underset{\text{Cyanure de potassium.}}{10\,NaCy}.$$

Préparation. — 1° Playfair prépare les nitroferricyanures de potassium et de sodium purs par la méthode suivante :

On ajoute d'un seul coup 850 p. d'acide azotique du commerce étendu de son volume d'eau à 422 p. de ferrocyanure potassique ou sodique (5 molécules d'acide commercial pour 2 de ferrocyanure). Un cinquième de cette quantité d'acide pourrait suffire; mais lorsqu'on en emploie un grand excès, la réaction marche mieux.

L'acide azotique, par son contact avec le prussiate jaune, produit assez de froid pour qu'on n'ait pas à craindre une réaction trop vive. Le mélange devient laiteux, puis le sel se dissout en prenant une couleur de café. A ce moment il commence à se dégager des produits gazeux dont nous avons indiqué la nature. Dès que la réaction paraît s'arrêter, on chauffe le liquide au bain-marie; le dégagement de gaz recommence alors et l'on continue à chauffer jusqu'à ce qu'il ait cessé de nouveau et que le liquide ne précipite plus les sels ferreux en bleu, mais bien en vert foncé. On retire alors le mélange du feu et on l'abandonne à lui-même. Par le refroidissement il laisse déposer des cristaux d'azotate de potasse ou de soude et un peu d'oxamide. On décante la liqueur, on la neutralise avec du carbonate de potasse ou de soude, selon que c'est le nitroferricyanure potassique ou sodique qu'on prépare, et on la porte à l'ébullition. Il se forme dans ces conditions un précipité vert que l'on sépare par le filtre. La solution filtrée et convenablement évaporée abandonne d'abord des cristaux de nitrate alcalin, puis en second lieu du nitroferricyanure de potassium ou de sodium que l'on purifie par une nouvelle cristallisation.

2° On fait une dissolution d'azotite de potasse et de perchlorure de fer, à laquelle on ajoute du cyanure de potassium, puis on fait bouillir le liquide et on le filtre. Il renferme alors des quantités considérables de nitroprussiate de potasse que l'on peut en extraire par des cristallisations répétées. Si, au lieu de cyanure potassique, on opérait avec du sulfhydrate d'ammoniaque, on obtiendrait un nitrosulfure au lieu d'un nitroferricyanure, ce qui est une preuve de plus en faveur de l'analogie qui existe entre ces deux classes de sels (Roussin).

3° On fait passer du bioxyde d'azote jusqu'à refus dans une solution de sulfate ferreux, on ajoute du cyanure de potassium et l'on filtre. La liqueur renferme beaucoup de nitroferricyanure potassique. Ici encore, si l'on remplace le cyanure par du sulfure de sodium, on obtient du nitrosulfure de fer et de sodium au lieu de nitroferricyanure (Roussin).

4° On prépare d'abord du nitrosulfure de fer et de sodium et l'on ajoute du cyanure de mercure à la solution de ce sel. Il se précipite du sulfure de mercure, et le cyanogène prenant la place du soufre transforme le nitrosulfure en nitroprussiate qui reste dans la liqueur et qu'on peut faire cristalliser. Si l'interprétation que nous avons donnée est exacte (ce qui ne peut être qu'à une condition, c'est que les formules proposées par Gerhardt pour les nitroprussiates et par M. Roussin pour les nitrosulfures le soient aussi), il doit se former dans cette réaction de l'oxyde en même temps que du sulfure de mercure.

5° Les nitroferricyanures insolubles, tels que ceux de zinc, de cuivre, de fer, d'argent, etc., doivent être préparés par double décomposition au moyen d'un nitroferricyanure alcalin et d'un sel métallique. Quant aux sels d'ammonium, de baryum, de strontium ou de calcium, qui sont solubles, on les obtient en traitant le nitroferricyanure de fer par l'ammoniaque, la chaux, la baryte ou la strontiane.

Propriétés. — Les nitroferricyanures sont en général très-fortement colorés. Ceux de sodium, de potassium, d'ammonium, de baryum, de calcium et de plomb sont d'un rouge foncé ou couleur rubis. Ils se dissolvent aisément dans l'eau, qu'ils colorent fortement en rouge et d'où l'alcool ne les précipite pas.

Les nitroferricyanures solubles donnent aisément des cristaux bien définis. Ceux à base de cuivre, d'argent, de zinc, de fer, de nickel et de cobalt sont complétement insolubles.

La réaction la plus caractéristique des nitroferricyanures est la splendide coloration pourpre qu'ils prennent en présence des sulfures alcalins. Cette réaction peut être utilisée dans l'analyse pour déceler des quantités même très-faibles d'un sulfure alcalin ou d'un nitroferrocyanure. M. Oppenheim [*loc. cit.*] recommande aussi cette réaction pour la recherche des alcalis et des terres alcalines libres. Il fait passer quelques bulles d'acide sulfhydrique dans la solution et y ajoute ensuite le nitroferrocyanure alcalin. La coloration pourpre se manifeste. Cette coloration pourpre est loin d'être permanente. Le composé se résout en d'autres produits tels que : acide cyanhydrique, ammoniaque, azote, oxyde de fer, ferrocyanure, sulfocyanate et peut-être azotate.

Lorsqu'on chauffe la solution de sulfure et de nitroferricyanure de sodium, elle perd sa couleur pourpre, prend une teinte vert-rougeâtre et finalement se transforme en nitrosulfure de fer et de sodium, que l'on peut isoler en évaporant à siccité la dissolution et reprenant le résidu par l'alcool, qui dissout le produit formé (Roussin).

Une réaction analogue s'obtient par l'action de l'hydrogène sulfuré sur le nitroprussiate sodique. Si l'on prolonge l'action de ce gaz jusqu'à ce que la liqueur ne se colore plus en pourpre par les sulfures alcalins, on remarque un dépôt de soufre et un précipité bleuâtre. En portant alors le liquide à l'ébullition, filtrant et évaporant à siccité, on obtient un résidu qui cède du nitrosulfure de fer et de sodium (Roussin). Cette réaction est inverse de celle qui a permis à M. Roussin de transformer le nitrosulfure de fer et de sodium en nitroferricyanure sodique.

Malgré son peu de stabilité, le composé pourpre qui résulte de l'action des sulfures alcalins sur les nitroferricyanures solubles peut être isolé si l'on opère sur des solutions alcooliques. Il est alors bleu et paraît résulter d'une simple combinaison des deux sels.

Les alcalis décomposent à l'ébullition les nitroferricyanures. Il se produit de l'oxyde de fer, de l'azote, un ferrocyanure et un nitrite. Un excès d'ammoniaque décompose peu à peu les nitroferricyanures même à froid. Il se dégage de l'azote et il reste finalement une matière noire incristallisable.

L'acide sulfureux, les sulfites et les hyposulfites n'agissent pas sensiblement sur les nitroferricyanures; mais ces sels sont décomposés par l'acide sulfurique concentré. Pendant cette décomposition, on remarque la coloration pourpre particulière due aux sulfures.

Le chlore n'agit pas sur la solution des nitroferricyanures.

Le bleu de Prusse se dissout dans quelques-uns de ces sels en colorant en bleu la dissolution.

Les solutions de plusieurs nitroferricyanures ne s'altèrent ni à l'air ni par la chaleur. Il en est d'autres au contraire, notamment l'acide nitroferricyanhydrique et les nitroferricyanures de calcium, de baryum et d'ammonium, qui se décomposent en partie à la longue lorsqu'on fait bouillir leurs solutions.

ACIDE NITROFERRICYANHYDRIQUE,

$$Fe^2Cy^{10}(AzO)^2H^4. + 2H^2O.$$

— On l'obtient en décomposant le sel d'argent par une quantité équivalente d'acide chlorhydrique, ou le sel barytique par une quantité équivalente d'acide sulfurique. Sa solution est très-acide. Par l'évaporation dans le vide, on l'obtient sous forme de prismes obliques, très-déliquescents, d'un rouge foncé. Une portion du corps se décompose toutefois en même temps en oxyde de fer et acide cyanhydrique. L'éther ne précipite pas la solution aqueuse de cet acide.

NITROFERRICYANURE D'AMMONIUM,

$$Fe^2Cy^{10}(AzO)^2.[AzH^4]^4.$$

— C'est un sel très-altérable dont la dissolution se détruit par l'ébullition en donnant du bleu de Prusse d'abord, puis, lorsqu'on la concentre, des cristaux rhombiques du sel inaltéré [Miller, *Mém. de Playfair*].

NITROFERRICYANURE D'ARGENT,

$$Fe^2Cy^{10}(AzO)^2Ag^4.$$

— C'est un précipité couleur de chair, insoluble dans l'eau, l'alcool et l'acide azotique. On le prépare par double décomposition.

NITROFERRICYANURE DE BARYUM,

$$Fe^2Cy^{10}(AzO)^2\overset{''}{Ba}{}^2 + 4H^2O.$$

— Ce sel cristallise dans le vide en beaux cristaux octaédriques d'un rouge foncé. Ces cristaux appartiennent au système dimétrique.

Quelquefois dans les solutions concentrées on l'obtient en prismes aplatis qui paraissent renfermer une quantité différente d'eau de cristallisation. Il est très-soluble dans l'eau. Sa solution donne un précipité brun lorsqu'on la fait bouillir.

NITROFERRICYANURE DE CALCIUM,

$$Fe^2Cy^{10}(AzO)^2\overset{''}{Ca}{}^2 + xH^2O.$$

Ce sel forme des prismes rouges brillants qui appartiennent au système monoclinique. A. N.

NITROFERRICYANURE DE POTASSIUM,

$$Fe^2Cy^{10}(AzO)^2K^4.$$

— Il forme des prismes obliques rouge foncé plus solubles et moins facilement cristallisables. Ces cristaux appartiennent au système monoclinique.

La solution de ce sel acquiert à la lumière une teinte verte et dépose du bleu de Prusse. Lorsqu'on ajoute à cette solution de la potasse caustique et le double de son volume d'alcool, il se forme un précipité caillebotté clair contenant

$$Fe^2Cy^{10}(AzO)^2K^4.4KHO.$$

NITROFERRICYANURE DE SODIUM,

$$Fe^2Cy^{10}(AzO)^2Na^4 + 4H^2O.$$

— Il se présente en cristaux d'un rouge-rubis qui ressemblent beaucoup à ceux du ferricyanure de potassium obtenus dans une liqueur alcaline. Il n'est pas déliquescent, se dissout dans 2 p. 1/2 d'eau à 15° et dans une plus petite quantité d'eau chaude. Il ne perd pas de son poids à 100°.

Ces cristaux appartiennent au type orthorhombique.

Une solution de ce sel se colore à la lumière du soleil, dépose du bleu de Prusse et dégage du bioxyde d'azote [Overbeck, *Pogg. Ann.*, t. LXXXVII, p. 110].

CYANURE D'IRIDIUM [Martius, *Ann. der Chem. u. Pharm.*, t. CXVII, p. 357 (nouv. sér., t. XLI), et *Répert. de Chim. pure*, 1862, p. 97]. —Le seul cyanure d'iridium connu est un percyanure Ir^2Cy^6 qui forme avec les cyanures basiques des sels doubles $Ir^2Cy^6,6\,M\,Cy\,(Ir^2Cy^{12})^{vi},M^6$ tout à fait analogues aux ferricyanures. Ces sels ont été surtout bien étudiés par Martius. Le cyanure iridique se produit par la décomposition de l'acide iridiocyanhydrique.

ACIDE IRIDIOCYANHYDRIQUE, $(Ir^2Cy^{12})^{vi}H^6$. — Ce corps s'obtient en croûtes cristallines lorsqu'on précipite l'iridiocyanure de baryum par l'acide sulfurique et qu'on reprend le résidu par l'éther. Il est assez soluble dans l'eau et l'alcool, peu soluble dans l'éther. Sa solution aqueuse additionnée d'acide chlorhydrique laisse peu à peu déposer un précipité vert de cyanure iridique. Il a une réaction franchement acide et une saveur nauséeuse. Il décompose les carbonates avec effervescence. Au-dessus de 300°, il prend une couleur qui varie du jaune au vert foncé et dégage de l'acide prussique.

IRIDIOCYANURE DE POTASSIUM, $(Ir^2Cy^{12})^{vi}K^6$ [Wœhler et Booth, *Poggend. Ann.*, t. XXXI, p. 161; — Claus, *Jahresb. der Chem.*, 1855, p. 445; — Martius, *loc. cit.*]. — On peut préparer ce sel en chauffant à une chaleur modérée de l'iridium métallique avec du ferrocyanure potassique; le produit repris par l'eau chaude abandonne à ce liquide du ferrocyanure et de l'iridiocyanure de potassium. La liqueur évaporée laisse déposer d'abord des cristaux de ferrocyanure, puis des cristaux d'iridiocyanure (Wœhler). Une autre méthode, conseillée par Claus, consiste à fondre du chloro-iridiate d'ammonium dans un creuset de porcelaine avec une fois et demie son poids de cyanure potassique et à reprendre le résidu par l'eau. Enfin Martius a obtenu ce sel en décomposant le sel de cuivre par une lessive de soude ou le sel de baryum par le sulfate de potassium.

L'iridiocyanure de potassium est anhydre, insoluble dans l'alcool et facilement soluble dans l'eau. Il cristallise de ses solutions aqueuses en beaux cristaux prismatiques incolores qui appartiennent au type quadratique. Il est très-stable et ne se décompose pas même quand on le chauffe dans un courant de chlore ou d'acide chlorhydrique.

IRIDIOCYANURE DE BARYUM,

$$(Ir^2Cy^{12})^{vi}\overset{''}{Ba}{}^3 + 18H^2O.$$

— Pour obtenir ce composé, on fond du chloroiridiate d'ammonium (contenant du ruthénium et du platine) avec 1 p. 1/2 de cyanure de potassium. La masse refroidie est reprise par l'eau, à laquelle on ajoute assez d'acide chlorhydrique étendu pour décomposer l'excès de cyanure alcalin et la liqueur précipitée par le sulfate de cuivre. Le précipité consiste en un mélange de platinocyanure et d'iridiocyanure de potassium. C'est lui qui a servi de point de départ à Martius pour préparer l'iridiocyanure de baryum. A cet effet il fait digérer ce mélange avec de l'eau de baryte, éloigne l'excès de baryte par un courant de gaz carbonique et abandonne la liqueur à elle-même après l'avoir filtrée pour la faire cristalliser. Il s'y dépose d'abord des cristaux de platinocyanure, puis des cristaux d'iridiocyanure de baryum.

L'iridiocyanure de baryum forme des cristaux durs et transparents qui appartiennent au système du prisme droit à base carrée et qui renferment 18 molécules d'eau de cristallisation. Abandonnés à l'air, ces cristaux s'effleurissent, mais même ainsi effleuris ils renferment encore 6 molécules d'eau. L'eau les dissout facilement; ils sont insolubles dans l'alcool et à peine décomposables par les acides. A. N.

CYANURE DE MAGNÉSIUM. — C'est un sel soluble qui se produit lorsqu'on dissout dans l'acide cyanhydrique l'hydrate de magnésium récemment précipité. Il est décomposé par l'anhydride carbonique de l'air. A. N.

CYANURES DE MANGANÈSE. — Il existe des mangano- et des manganicyanures analogues aux ferro- et ferricyanures.

MANGANOCYANURES [Eaton et Fittig, *Ann. der Chem. u Pharm.*, t. CXLV, p. 157; *Bull. de la Soc. chim.*, 1869, t. XI, p. 51; — Descamps, *Bull. de la Soc. chim.*, 1868, t. IX, p. 443]. — Ces sels renferment $(Mn\,Cy^6)^{iv}K^4$. Ils sont facilement altérés au contact de l'air en donnant naissance aux manganicyanures.

Manganocyanure de potassium,

$$Mn\,Cy^6K^4 + 3H^2O.$$

— M. Descamps obtient ce sel en mettant une dissolution concentrée de cyanure de potassium, chauffée à 40° ou 50°, en contact avec du protoxyde, du carbonate ou du cyanure de manganèse (précipité qu'on obtient en ajoutant une solution de cyanure de potassium à un sel manganeux). Au bout d'une heure, la liqueur filtrée abandonne par refroidissement des cristaux de manganocyanure de potassium. MM. Eaton et Fittig font digérer du cyanure de potassium solide dans une solution concentrée d'acétate de manganèse. Il se forme au commencement un composé $Mn\,Cy^2\,K\,Cy$, précipité vert qui disparaît peu à peu, et il se dépose à la surface du liquide une couche de cristaux bleu foncé de manganocyanure hydraté, qui perdent leur eau de cristallisation lorsqu'on les dessèche sur l'acide sulfurique.

Le manganocyanure de potassium est violet très-foncé, cristallise en tables carrées, et se décompose à l'air en manganicyanure et sesquioxyde de manganèse. Sous l'action de la chaleur et au contact de l'air, il donne du sesquioxyde de manganèse et du cyanate de potassium. Dissous dans le cyanure de potassium, il précipite en violet les sels de zinc, tandis que les manganicyanures les précipitent en rose.

Traité par l'eau, il donne le même précipité vert qui se produit d'abord lorsqu'on fait digérer le cyanure de potassium solide dans l'acétate de manganèse. Ce précipité vert prend aussi naissance lorsqu'on ajoute un sel de manganèse en excès à une solution concentrée de cyanure de potassium. Il renferme, avons-nous dit,

$$MnCy^2 + KCy.$$

Comme on l'obtient encore en ajoutant un sel de manganèse au manganocyanure de potassium, M. Descamps pense que c'est un *manganocyanure manganopotassique* $(Mn\,Cy^6)^{iv}Mn\,K^2$.

Manganocyanure de sodium,

$$(Mn\,Cy^6)^{iv},\,Na^4 + 8H^2O$$

(Eaton et Fittig).

— On n'a pas obtenu de *manganocyanure d'ammonium* cristallisé, analogue au sel de potassium, mais un précipité verdâtre qui renferme

$$Mn\,Cy^2 + AzH^4Cy,$$

et pourrait être le *manganocyanure de manganèse et d'ammonium* $(Mn\,Cy^6)^{iv}(AzH^4)^2Mn$ [Eaton et Fittig].

Le *sel de baryum* renferme $(Mn\,Cy^6)^{iv}Ba^2$; le *sel de calcium* $(Mn\,Cy^6)^{iv}Ca^2$.

MANGANICYANURES [Rammelsberg, *Ann. de Poggend.*, t. XLII, p. 117; — Haidlen et Fresenius, *Ann de Chem. u Pharm.*, t. XLIII, p. 232; — Balard, *Compt. rend. de l'Acad.*, t. XIX, p. 909; — Eaton et Fittig, *mém. cité*].

Les manganicyanures se produisent par l'action de l'air ou de la chaleur sur les manganocyanures : ils renferment $(Mn^2Cy^{12})^{vi}K^6$.

Manganicyanure de potassium,

$(Mn^2Cy^{12})^{vi}K^6$.

— On l'obtient en abandonnant au contact de l'air une solution de cyanure de manganèse dans le cyanure de potassium, ou une solution de manganocyanure. Il est en prismes ou en tables anhydres, d'un rouge-brun. Il se décompose promptement à l'air, ou par la dissolution dans l'eau ou l'acool : aussi doit-on le dissoudre dans le cyanure de potassium. Ses solutions précipitent en bleu les sels ferreux, en rose les sels de zinc et de cadmium ; ces précipités se décomposent promptement.

Le *manganicyanure de sodium* est, ou en octaèdres rouge-noirâtre, renfermant 4 ou 4 1/2 molécules d'eau de cristallisation, ou en prismes de couleur plus claire ne contenant que 2 molécules.

Le *sel de baryum* renferme $(Mn^2Cy^{12})^{n}$ Ba^3 ; le sel de calcium a la même formule. A. N.

CYANURE MERCURIQUE, $HgCy^2$ [Scheele, *Opusc.*, t. II, p. 159 ; — Desfosses, *Journ. de Chim. méd.*, t. VI, p. 261 ; — Serullas, *Ann. de Chim. et de Phys.*, t. XXXIV, p. 100 ; t. XXXV, p. 293 ; t. XXXI, p. 100 ; — De La Provostaye, *Ann. de Chim. et de Phys.*, (3), t. VI, p. 159 ; — Kopp, *Krystallographie*, p. 150 ; — Bouis, *Ann. de Chim. et de Phys.*, (3), t. XX, p. 446 ; *Jahresb. der Chem.*, 1847-1848, p. 486 ; — Liebig, *Poggend. Ann.*, t. XV, p. 571 ; — Cenedella, *Journ. de Pharm.*, t. XXI, p. 683]. — Le cyanure mercureux n'existe pas ; quand on verse de l'acide cyanhydrique sur de l'oxydule de mercure, il se forme du cyanure mercurique et la moitié du mercure se sépare à l'état métallique. Le cyanure mercurique est au contraire un corps stable et bien défini. Il a été découvert par Scheele. On l'obtient soit par l'action du sulfate mercurique sur le ferrocyanure de potassium, soit par l'action de l'acide prussique sur le bioxyde de mercure, soit enfin par l'action du bleu de Prusse sur le même oxyde.

Préparation. — 1° On fait bouillir, pendant un quart d'heure, 1 p. de ferrocyanure potassique avec 2 p. de sulfate mercurique et 8 p. d'eau ; on filtre pour séparer le dépôt qui se forme, et l'on évapore la liqueur jusqu'à une concentration suffisante pour qu'elle donne des cristaux en se refroidissant (Desfosses). La réaction peut être exprimée par l'équation suivante :

$$2(FeCy^6)^{iv}K^4 + 7SO^4Hg''$$

Ferrocyanure de potassium. — Sulfate mercurique.

$$= 6Hg''Cy^2 + 4SO^4K^2 + (Fe^2)^{vi}3SO^4 + Hg.$$

Cyanure mercurique. — Sulfate de potassium. — Sulfate ferrique. — Mercure.

2° On ajoute de l'oxyde mercurique à de l'acide cyanhydrique, de manière à faire presque disparaître l'odeur de cet acide, on évapore et l'on abandonne à la cristallisation. Il faut avoir soin de ne pas pousser la saturation de l'acide cyanhydrique jusqu'au bout, parce qu'immanquablement on la dépasserait, et alors au lieu de cyanure de mercure on aurait des oxycyanures.

3° On prend 3 p. de bioxyde de mercure, 40 p. de bleu de Prusse pur et 40 p. d'eau distillée. On réduit le bleu de Prusse et l'oxyde en poudre très-fine sur un porphyre ; on mélange les deux substances dans une capsule de porcelaine, on y ajoute 25 p. d'eau distillée et l'on fait bouillir.

Dès que la substance présente une couleur brune, on filtre, on ajoute 15 p. d'eau au résidu, on fait bouillir le tout pendant quelques minutes, on filtre et l'on concentre le mélange des deux dissolutions. Dès qu'il se forme une pellicule à la surface du liquide, on cesse de chauffer et l'on abandonne à la cristallisation dans une pièce froide. Ce procédé est celui de la pharmacopée française. Le nouveau Codex n'y a rien changé.

Propriétés. — Le cyanure de mercure cristallise en prismes à base carrée, incolores, tantôt transparents, tantôt opaques, inaltérables à l'air et très-vénéneux. Ces prismes sont anhydres et se dissolvent dans 8 p. d'eau ; l'alcool aqueux les dissout moins, l'alcool absolu ne les dissout pas du tout ; ils appartiennent au système diclinique.

Réactions. — 1° Lorsqu'on chauffe le cyanure de mercure sec, ce corps noircit, se ramollit et donne du cyanogène et du mercure. Il se forme toujours en même temps un peu de paracyanure, dont la proportion augmente avec la température à laquelle on opère ; une faible portion de cyanure se sublime inaltérée. A l'état humide, le cyanure de mercure donne, par la chaleur, du mercure, de l'acide cyanhydrique, de l'anhydride carbonique et de l'ammoniaque.

2° Les acides sulfurique et azotique étendus sont sans action sur le cyanure de mercure. L'acide sulfurique concentré décompose au contraire ce sel à chaud. Les acides chlorhydrique, bromhydrique, iodhydrique et sulfhydrique le décomposent aussi en donnant de l'acide cyanhydrique.

3° La solution aqueuse du cyanure de mercure dissout l'oxyde mercurique en quantité considérable ; le produit possède une réaction alcaline et donne de petites aiguilles d'oxycyanure de mercure peu solubles dans l'eau froide, assez solubles dans l'eau chaude, un peu solubles dans l'alcool aqueux. MM. Johnston et Schlieper admettent que ce composé répond à la formule $HgO.HgCy^2$ [Johnston, *Philos. Transact.*, 1839, p. 113 ; — Schlieper, *Ann. der Chem. u. Pharm.*, t. LIX, p. 10].

4° A l'ombre le chlore ne décompose pas le cyanure de mercure, mais il l'attaque sous l'influence des rayons solaires et donne, au bout de quelques jours, du chlorure de mercure et une huile qui a été examinée par M. Bouis et M. Stenhouse (voyez *Huile chlorocyanique*, p. 1080). En présence de l'eau, le chlore agit dans l'obscurité et donne du sublimé corrosif et du chlorure de cyanogène (Serullas) :

$$Hg''Cy^2 + 2Cl^2 = Hg''Cl^2 + 2CyCl.$$

Cyanure de mercure. — Chlore. — Sublimé corrosif. — Chlorure de cyanogène.

Un mélange de chlorure de chaux et de cyanure de mercure en solution aqueuse émet des fumées blanches au bout de quelques minutes et abandonne de l'azote, du gaz carbonique et un peu de cyanogène, qui se dégagent en déterminant une violente effervescence. Il ne se produit, dans cette réaction, ni acide cyanique ni acide cyanurique.

5° Le brome décompose le cyanure mercurique à la température ordinaire avec un dégagement de chaleur considérable, en donnant du bibromure de mercure et de cyanogène (Serullas).

6° L'iode agit comme le brome, même à froid, lorsqu'on le triture avec du cyanure mercurique (Davy et Porrett).

7° Distillé avec un cinquième de son poids de soufre, le cyanure de mercure donne de l'azote, du cyanogène et du sulfure de carbone. La masse devient ensuite visqueuse et déborde.

8° Chauffé avec le sel ammoniac, le cyanure de mercure donne du cyanhydrate d'ammoniaque et du sublimé corrosif, qui s'unissent l'un à l'autre.

9° Avec le protochlorure d'étain, il donne de l'acide prussique et une masse noire formée d'oxyde d'étain et de mercure.

10° Sous l'influence du fer et de l'acide sulfurique, il donne de l'acide prussique, du sulfate de fer et du mercure libre.

11° Avec les solutions aqueuses de K^2S^2, il

donne du sulfure de mercure et du sulfocyanate potassique.

12° Les alcalis ne l'altèrent pas même à l'ébullition.

Lorsqu'on remplit une cloche placée sur le mercure d'un gaz saturé de vapeurs d'acide cyanhydrique et qu'on introduit de l'oxyde de mercure dans ce mélange, la réaction est assez vive pour que l'eau formée soit réduite en vapeurs et vienne se condenser en gouttelettes sur les parois de la cloche. Cette expérience de cours prouve l'extrême affinité du cyanogène pour le mercure. Cette affinité est telle que l'oxyde de mercure décompose tous les cyanures, même celui de potassium, avec lequel il donne de la potasse caustique.

Combinaisons. — Le cyanure de mercure se combine avec un grand nombre d'autres sels, en formant des composés définis, cristallins, solubles, que l'on obtient en évaporant le mélange des solutions des deux sels constituants. La plupart de ces corps ont de l'analogie par leurs formules avec celui qui provient de l'union du chlorure de potassium avec le cyanure de mercure, et dont la formule est $Hg''Cy^2.KCl$. On peut encore les obtenir en dissolvant le chlorure mercurique, l'iodure mercurique, etc., dans une solution de cyanure double mercurico-potassique, sodicopotassique, etc. Ce mode de préparation a porté Geuther à les considérer comme des combinaisons d'un double cyanure avec un sel de mercure [Geuther, *Ann. der Chem. u. Pharm.*, t. CVI, p. 241]; ainsi le composé $Hg''Cy^2.KC$ l aurait une molécule double de la précédente et répondrait à la formule $Hg''Cy^4K^2, Hg''Cl^2$:

$$2Hg''Cy^2.KCl = Hg''Cy^4K^2, Hg''Cl^2.$$

Cette manière de voir est corroborée par la manière dont ces corps se comportent en présence des acides. Les acides les plus faibles les décomposent et en dégagent de l'acide cyanhydrique, alors que le cyanure de mercure n'est point décomposable par les acides faibles, ainsi que nous l'avons vu plus haut. Les principaux auteurs qui se soient occupés de ces combinaisons sont : Brett [*Phil. Mag.*, (3), t. XII, p. 235], Poggiale [*Compt. rend. de l'Acad.*, t. XXIII, p. 762], Caillot [*Ann. de Chim. et de Phys.*, (3), t. XII, p. 235; *Journ. de Pharm.*, t. XVII, p. 351], Custer [*Arch. de Pharm.*, (2), t. LVI, p. 1], Rammelsberg [*Poggend. Ann.*, t. XLII, p. 131; t. LXXXV, p. 145], Darby [*Chem. Soc. quart. Journ.*, t. L, p. 23], Gmelin [*Handbuch*, t. VIII, p. 17], Winckler [*Rép. de Pharm.*, t. XXXI, p. 459], Liebig [*Journ. f. Chem. u. Phys. von Schweigger*, t. XLIX, p. 253], Kane [*Phil. Mag.*, t. XVI, p. 128; *Ann. der Chem. u. Pharm.*, t. XXXV, p. 356].

COMBINAISONS DU CYANURE MERCURIQUE AVEC LES SELS.

1° *Avec l'acétate de sodium :*

$$HgCy^2.2C^2H^3O^2Na + 7H^2O.$$

Ce produit n'a été obtenu qu'une seule fois, par l'évaporation de l'eau mère de la solution des deux sels (Custer).

2° *Avec les formiates :*

Le *formiate ammonique* donne des prismes triangulaires qui renferment

$$Hg''Cy^2, 2CHO^2AzH^4$$

(Poggiale).

Le *formiate potassique* donne un corps cristallisé en écailles brillantes dont la formule est

$$Hg''Cy^2, 2CHO^2K$$

(Winckler).

3° *Avec les chlorures :*

Le *chlorure ammonique* forme la combinaison $Hg''Cy^2, AzH^4Cl$, qui cristallise en aiguilles soyeuses solubles dans l'eau et l'alcool, et la combinaison $Hg''Cy^2 4AzH^4Cl$, que l'on trouve dans l'eau mère du sel précédent et qui cristallise en lames triangulaires (Brett, Poggiale).

Le *chlorure de potassium* donne des écailles incolores, solubles dans l'eau et l'alcool, dont la formule est $Hg''Cy^2.KCl$ (L. Gmelin).

Le *chlorure de sodium* donne des aiguilles aplaties et soyeuses, solubles dans l'eau et l'alcool, et répondant à la formule $Hg''Cy^2.NaCl$ (Brett, Poggiale).

Le *chlorure de baryum* donne le produit

$$(Hg''Cy^2)^2, BaCl^2 + 4H^2O,$$

qui cristallise en prismes obliques très-solubles et efflorescents (Brett).

Le *chlorure de strontium* forme un sel double qui cristallise en aiguilles soyeuses très-solubles et qui répond à la formule

$$(Hg''Cy^2)^2, Sr''Cl^2 + 6H^2O$$

(Brett, Poggiale).

Le *chlorure de magnésium* produit des aiguilles très-solubles, un peu déliquescentes :

$$(Hg''Cy^2)^2, Mg''Cl^2 + 4H^2O$$

(Brett, Poggiale).

Le *chlorure de calcium* donne des aiguilles efflorescentes, très-solubles :

$$(Hg''Cy^2)^2, Ca''Cl^2 + 6H^2O$$

(Brett, Poggiale).

Le *chlorure de zinc* forme des prismes droits efflorescents et solubles dans l'eau :

$$(Hg''Cy^2)^2, Zn''Cl^2 + 6H^2O$$

(Poggiale).

Le *chlorure de manganèse* donne des prismes à quatre pans très-solubles :

$$(Hg''Cy^2)^2, Mn''Cl^2 + 6H^2O$$

(Poggiale).

Le *chlorure de cobalt* produit des groupes mamelonnés jaune-rougeâtre :

$$Hg''Cy^2, 2CoCl^2 + 4H^2O$$

(Poggiale).

Le *chlorure de nickel* forme un sel déliquescent d'un bleu verdâtre : $Hg''Cy^2, Ni''Cl^2 + 6H^2O$ (Poggiale).

Le *chlorure mercurique* donne des prismes à quatre pans inaltérables à l'air : $Hg''Cy^2, Hg''Cl^2$ (Liebig, Poggiale).

4° *Avec les bromures :*

Le *bromure de potassium* se combine avec le cyanure de mercure, en produisant des paillettes nacrées qui renferment $Hg''Cy^2.2KBr$ (Brett). Ces écailles se dissolvent dans 1,34 p. d'eau à 18° et dans moins de 1 p. d'eau bouillante (Caillot).

Le *bromure de sodium* donne de longues aiguilles aplaties très-solubles : $Hg''Cy^2, NaBr$ (Caillot).

Le *bromure de baryum* donne, avec le cyanure de mercure, des paillettes carrées très-brillantes et très-solubles, qui contiennent

$$(Hg''Cy^2)^2, Ba''Br^2 + 6H^2O$$

(Caillot).

Le *bromure de strontium* forme des paillettes blanches efflorescentes et solubles :

$$(Hg''Cy^2)^2, Sr''Br^2 + 6H^2O$$

(Caillot).

Le *bromure de calcium* forme un sel fort soluble dans l'eau et dans l'alcool. Ce sel répond à la formule $(Hg''Cy^2)^2, Ca''Br^2 + 5H^2O$ (Custer).

5° *Avec les iodures :*

L'iodure de potassium forme des paillettes incolores, nacrées, solubles : $Hg''Cy^2, KI$ (Caillot).

L'*iodure de sodium* donne des prismes soyeux très-solubles dans l'eau et l'alcool, et répondant à la formule $Hg''Cy^2, NaI + 2H^2O$. Ces cristaux perdent leur eau de cristallisation à + 100°. Les acides minéraux les décomposent avec précipitation d'iodure mercurique et dégagement d'acide cyanhydrique (Custer).

L'*iodure de baryum* donne naissance à un sel double cristallisé en tables carrées :

$$(Hg''Cy^2),^2Ba''I^2 + 4H^2O$$

(Custer).

L'*iodure de strontium* donne aussi des tables carrées : $(Hg''Cy^2)^2, Sr''I^2 + 6H^2O$ (Custer).

L'*iodure de calcium* donne des aigrettes soyeuses, fort solubles : $(Hg''Cy^2)^2, Ca''I^2 + 6H^2O$ (Poggiale).

6° *Avec les cyanures :*

Le *cyanure de potassium* forme avec le cyanure de mercure un sel double,

$$Hg''Cy^2, 2KCy = Hg''Cy^4K^2,$$

cristallisé en octaèdres incolores, inaltérable à l'air et soluble dans l'eau (L. Gmelin).

Le *cyanure de sodium* donne des octaèdres semblables.

Les *cyanures de mercure et de zinc, de mercure et de plomb,* s'obtiennent sous la forme de précipités blancs lorsqu'on ajoute un sel soluble de zinc ou de plomb à la solution aqueuse de cyanure double de zinc et de potassium.

7° *Avec les ferrocyanures :*

Le *ferrocyanure de potassium* donne, avec le cyanure mercurique, une combinaison qui répond à la formule

$$FeCy^6K^4, 3Hg''Cy^2 + 4H^2O.$$

Ce corps est d'un jaune pâle et cristallise en tables rhombiques. On l'obtient en mêlant des solutions modérément concentrées de ferrocyanure de potassium et de cyanure de mercure, et en agitant le mélange. Il se précipite de l'hydrate ferrique et du mercure, et la liqueur filtrée donne le sel double lorsqu'on l'évapore (Kane).

8° *Avec les sulfocyanates :*

Les sulfocyanates à bases de potassium, de baryum, de calcium et de magnésium se combinent avec le cyanure de mercure [Böckmann, *Ann. der Chem. u. Pharm.*, t. XXII, p. 153].

Le *sel potassique,* $Hg''Cy^2, 4CyKS$, s'obtient en évaporant la solution d'un mélange des deux sels constituants. Il cristallise en grosses lames ou en aiguilles. Il est incolore, peu soluble dans l'eau froide et très-soluble dans l'eau bouillante (Böckmann).

Le *sel de baryum,* $Hg''Cy^2, 2Cy^2Ba''S^2$, se présente en tablettes nacrées (Böckmann).

Le *sel de magnésium* est une poudre cristalline.

Le *sel de calcium,* $Hg''Cy^2, 2Cy^2Ca''S^2$, s'obtient en paillettes brillantes.

9° *Avec les azotates :*

L'*azotate d'argent* donne, avec le cyanure de mercure, un composé $Hg''Cy^2, AzO^3Ag + 2H^2O$. Ce composé cristallise en prismes incolores qui ont la forme de longues aiguilles déliées. Il est très-soluble dans l'eau chaude et peu soluble dans l'eau froide. Il fond au-dessus de 100° et détone lorsqu'on le chauffe plus fort [Wœhler, *Poggend. Ann.*, t. I, p. 231 ; — Geuther, *loc. cit.*].

L'*azotate mercurique* donne aussi une combinaison en paillettes nacrées ou en prismes incolores.

10° *Avec les chromates* [Caillot et Podevin, *Journ. de Pharm.*, t. XI, p. 246 ; — Rammelsberg, *Poggend. Ann.*, t. XLII, p. 131 ; t. LXXXV, p. 145 ; — Darby, *Ann. der Chem. u. Pharm.*, t. LXV, p. 209 ; — Poggiale, *loc. cit.*] :

Le *chromate neutre de potasse* donne, lorsqu'on le mélange à partie égale de cyanure de mercure en solution et qu'on évapore, de grosses lames d'un jaune peu intense et légèrement solubles (Poggiale, Caillot et Podevin). Le même sel se produit, d'après Geuther, lorsqu'on fait bouillir le chromate mercurique basique avec une quantité équivalente de cyanure mercurico-potassique en solution aqueuse. Il a pour formule

$$(Hg''Cy^2)^2, CrK^2O^4.$$

Un autre sel, $(Hg''Cy^2)^3, 2CrK^2O^4$, peut être obtenu en abandonnant à l'évaporation spontanée la solution d'un mélange de 1 p. de chromate de potassium et 3 p. de cyanure de mercure. Il se dépose d'abord des cristaux de cyanure de mercure, puis des cristaux rouges de sel double. Si l'on n'emploie que 2 p. de cyanure de mercure au lieu de 3, la quantité de ce sel qui cristallise au début devient beaucoup moindre (Darby, Rammelsberg).

Le *chromate d'argent* donne un sel double,

$$(Hg''Cy^2)^2, Cr^2O^7Ag^2,$$

cristallisé en magnifiques aiguilles rouges. Ce sel se produit lorsqu'on mêle la solution du sel précédent avec de l'azotate argentique aussi longtemps qu'il se forme un précipité. On porte ensuite le liquide à l'ébullition, on y ajoute assez d'acide azotique pour dissoudre le tout et on l'abandonne au refroidissement (Darby).

11° *Avec les hyposulfites :*

L'*hyposulfite de potassium,* dissous dans l'eau et mélangé avec une solution de cyanure de mercure en quantité équivalente, donne par évaporation dans le vide un sel double, $(Hg''Cy^2)^2, S^2O^3K^2$, cristallisé en gros prismes [Kessler, *Poggend. Ann.*, t. LXXIV, p. 274].

12° *Avec les alcaloïdes :*

Voyez chaque alcaloïde en particulier. A. N.

CYANURE DE NICKEL, $NiCy^2$. — On l'obtient en précipitant un sel de nickel par un cyanure soluble, ou, d'après Wœhler, en précipitant l'acétate de nickel par l'acide cyanhydrique. C'est un précipité vert-pomme pâle qui, après dessiccation, forme une masse d'un vert jaunâtre, cassante, très-dure, à cassure conchoïde, qui est du cyanure de nickel renfermant de l'eau combinée. Il contient, d'après Rammelsberg, 3 molécules d'eau pour 2 molécules de sel. Cette eau ne peut être éliminée qu'entre 180° et 200°. Il reste alors du cyanure de nickel d'un brun clair qui produit un phénomène d'incandescence très-vif quand on le chauffe en vase clos, et dégage en même temps un mélange d'azote et de cyanogène en laissant un mélange de nickel et de carbure de nickel.

Le cyanure de nickel récemment précipité se dissout aisément dans les cyanures alcalins et alcalino-terreux en formant des cyanures doubles. Ces cyanures doubles sont fort peu stables. Traités par un acide fort, ils dégagent de l'acide cyanhydrique et donnent un précipité de cyanure de nickel. En mêlant leurs dissolutions avec d'autres dissolutions métalliques, on obtient des précipités qui sont des cyanures doubles de nickel et d'autres métaux.

Cyanure double de nickel et de potassium, $NiCy^2, 2KCy + H^2O$ [Rammelsberg, *Pogg. Ann.*, t. XLII, p. 114 ; — Balard, *Compt. rend. de l'Acad.*, t. XIX, p. 909]. — On le prépare en dissolvant le cyanure ou le sulfure de nickel récemment précipité dans le cyanure de potassium, et évaporant la liqueur jusqu'au point de cristallisation. Il se forme aussi lorsqu'on expose pendant longtemps à une chaleur rouge peu intense, dans un creuset couvert, un mélange de cyanoferrure de potassium bien pulvérisé et de nickel métallique également en poudre très-fine. La masse est lessivée avec de l'eau chaude et jetée sur un filtre ; la liqueur filtrée abandonne des cristaux du cyanure double, après avoir été convenablement concentrée.

On observe que, pendant le traitement par l'eau, il se dégage une grande quantité d'hydrogène.

Le cyanure nickelico-potassique cristallise en prismes obliques rhomboïdaux transparents de couleur jaune. Ces cristaux renferment 1 molécule d'eau qu'ils perdent à 200°. Quelquefois le sel cristallise avec 1 molécule d'eau pour 2 molécules de sel. Il perd son eau à 100° en devenant pâle et opaque. Le sel anhydre entre en fusion au rouge et se décompose lentement.

Les solutions de cyanure double de nickel et de sodium précipitent du cyanure de nickel sous l'influence des acides dilués.

Cyanure double de nickel et de sodium,

$$NiCy^2, 2NaCy + 3H^2O.$$

— On l'obtient en précipitant le sel calcique par le carbonate de soude; il forme des prismes hexagonaux étroits, transparents et jaunes. A 100° il perd son eau de cristallisation, devient blanc, jaunâtre et opaque; si l'on augmente la chaleur, il se décompose plus facilement que le sel potassique.

Cyanure double de nickel et d'ammonium,

$$NiCy^2, 2AzH^4Cy.$$

— On le prépare en dissolvant le cyanure de nickel dans le cyanhydrate d'ammoniaque et en abandonnant la solution à l'évaporation spontanée. C'est un corps très-instable qui se décompose déjà, à une douce chaleur, en cyanure ammonique qui se volatilise, et en cyanure de nickel qui reste pour résidu.

Cyanure double de nickel et de baryum, $NiCy^2, BaCy^2$. — Il se présente en longs cristaux jaunes transparents qui perdent 20 centièmes d'eau quand on les chauffe, mais en retiennent encore une certaine quantité qu'ils ne perdent qu'en se décomposant.

Cyanure double de nickel et de calcium,

$$NiCy^2, CaCy^2.$$

— Il forme des cristaux d'un jaune foncé, qui, lorsqu'on les chauffe, perdent 30,60 % d'eau de cristallisation, mais en retiennent encore une certaine quantité qu'ils ne perdent qu'en se décomposant. A. N.

CYANURES D'OR. — On connaît un protocyanure d'or, AuCy, et des cyanures doubles qui renferment un tricyanure d'or, $\overset{'''}{Au}Cy^3$.

I. PROTOCYANURE D'OR, AuCy [Syn. *Cyanure aureux*]. — On obtient ce corps en mêlant une solution de cyanure double auroso-potassique (voir plus bas sa préparation) avec une quantité suffisante d'acide azotique ou d'acide chlorhydrique; on évapore la liqueur au bain-marie et on lave à l'eau le résidu à l'obscurité. Le cyanure aureux reste sous la forme de grains cristallins jaunes, insolubles dans l'eau, que l'on dessèche. Les sels potassiques, formés en même temps que lui, sont enlevés par les lavages.

Le cyanure aureux, lavé et desséché, est une poudre cristalline d'un beau jaune, inaltérable à l'air et même à la lumière directe du soleil, lorsqu'elle est bien sèche; il offre les nuances de l'arc-en-ciel et apparaît au microscope comme formé de petites tables hexagonales; il est insoluble dans l'eau, l'alcool et l'éther et n'a ni odeur ni saveur. Par la distillation sèche il donne du cyanogène qui se dégage et de l'or qui reste. Les acides les plus puissants, tels que l'acide azotique, l'acide chlorhydrique et l'acide sulfurique, sont sans action sur lui, mais l'eau régale le dissout facilement.

La potasse caustique ne l'attaque pas à la température ordinaire, mais l'attaque lentement à l'ébullition avec formation de cyanure auroso-potassique et précipitation d'or réduit.

L'acide sulfhydrique est sans action sur le cyanure aureux. Le sulfhydrate d'ammoniaque le dissout au contraire facilement en formant un liquide presque incolore d'où les acides précipitent du trisulfure d'or de couleur noire.

Le cyanure aureux se dissout dans l'ammoniaque et l'hyposulfite de sodium. Il se combine facilement avec les cyanures des autres métaux pour former des cyanures doubles.

Cyanure auroso-ammonique ou *aurocyanure ammonique*, $AuCy^2AzH^4 = AuCy, AzH^4Cy$ — On obtient ce corps en mêlant des solutions saturées de sulfate d'ammonium et de cyanure auroso-potassique. On ajoute une grande quantité d'alcool absolu au mélange pour précipiter le sulfate de potasse formé et l'excès de sulfate ammonique, on filtre et l'on fait évaporer. Le sel se dépose alors en cristaux incolores, anhydres, qui ont une saveur fortement métallique. Il est très-soluble dans l'eau et l'alcool et soluble dans l'éther; il se décompose entre 200° et 250° et ne renferme pas d'eau.

Cyanure auroso-potassique ou *aurocyanure de potassium,* $AuCy^2K$. — Ce composé prend naissance toutes les fois que l'on dissout le cyanure ou l'oxyde d'or ou l'or fulminant dans le cyanure de potassium. Dans le dernier cas, il se dégage de l'ammoniaque. Voici le mode de préparation le plus avantageux : On dissout 7 p. d'or dans l'eau régale, on précipite la solution par l'ammoniaque, on lave bien le précipité qui n'est autre que de l'or fulminant, et on l'introduit dans une solution chaude de 6 p. de cyanure de potassium pur sans le séparer du filtre. L'or fulminant se dissout sur-le-champ en un liquide incolore en même temps qu'il se dégage de l'ammoniaque. On filtre, et si la liqueur n'est pas trop étendue, le cyanure auroso-potassique se dépose en cristaux par le refroidissement; dans le cas contraire, il faut la concentrer par l'évaporation. L'eau mère qui reste après la cristallisation du sel contient du chlorure et du carbonate de potassium ; elle ne fournit plus de cristaux purs. On en sépare du cyanure aureux, comme il a été dit plus haut, et l'on dissout 77 p. de ce sel dans de l'eau chaude renfermant 23 p. de cyanure de potassium. La liqueur abandonnée à elle-même donne des cristaux que l'on purifie par une nouvelle cristallisation dans l'eau bouillante.

Suivant Bagration [*Journ. für prakt. Chem.*, t. XXXI, p. 367], l'or métallique très-divisé, tel qu'on l'obtient en précipitant le chlorure aurique par le sulfate ferreux, se dissout dans la solution aqueuse du cyanure potassique et même un peu dans celle du ferrocyanure, avec formation de cyanure auroso-potassique. D'après Elsner [*Ibid.*, t. XXXVII, p. 333], cette action exige la présence de l'air et s'accompagne de la production d'une certaine quantité de potasse caustique :

$$\underset{\text{Or.}}{Au^2} + \underset{\text{Cyanure potassique.}}{4KCy} + \underset{\text{Oxygène.}}{O} + \underset{\text{Eau.}}{H^2O} = \underset{\text{Aurocyanure potassique.}}{2AuCy^2K} + \underset{\text{Potasse.}}{2KHO}.$$

Le cyanure auroso-potassique cristallise sous la forme d'octaèdres rhomboïdaux allongés ou d'écailles nacrées. Ces cristaux sont anhydres et incolores. Ils ont une saveur salée, légèrement sucrée, d'un arrière-goût métallique; ils sont inaltérables à l'air, se dissolvent dans 7 p. d'eau froide et dans un peu moins de la moitié de leur poids d'eau bouillante; ils sont peu solubles dans l'alcool et insolubles dans l'éther. Leur dissolution, traitée par le cyanure mercurique, donne un précipité de cyanure aureux, et il ne reste dans la liqueur que du chlorure de potassium et du cyanure de mercure.

Chauffé en vase clos, le cyanure auroso-potassique dégage du cyanogène et laisse un résidu d'or et de cyanure de potassium. Les acides minéraux étendus décomposent sa solution en dégageant de l'acide cyanhydrique et précipitant du cyanure aureux. Les sulfures alcalins ne le décomposent pas.

Le cyanure auroso-potassique est très-employé dans la dorure galvanique. Ses solutions peuvent d'ailleurs déposer de l'or sur l'argent et sur le cuivre même sans le secours du courant voltaïque.

TRICYANURE D'OR [Syn. *Cyanure aurique*], $AuCy^3$. — Himly prétendait avoir obtenu ce cyanure en décomposant le cyanure aurico-potassique par les acides [*Ann. der Chem. u. Pharm.*, t. XLII, p. 340]. Mais, suivant Gmelin, la substance ainsi obtenue est le cyanure aurico-hydrique ou acide auricyanhydrique [*Handbuch*, t. VIII, p. 37] :

$$AuCy^4K + HCl = KCl + \overline{Au}Cy^4H.$$

Cyanure aurico-potassique.	Acide chlorhydrique.	Chlorure potassique.	Acide auricyanhydrique.

De fait Himly lui-même a observé que son composé dégage de l'acide cyanhydrique quand on le chauffe, et non du cyanogène, ce qui devrait être le cas s'il avait pour formule $\overline{Au}Cy^3$.

Le cyanure aurique fait partie de l'acide auricyanhydrique et de plusieurs cyanures doubles métalliques.

Acide auricyanhydrique [Himly, *loc. cit.*]. — Pour préparer cet acide, on précipite d'abord le cyanure aurico-potassique (dont nous verrons plus bas la préparation) par l'azotate d'argent. Le précipité est recueilli sur un filtre, lavé avec soin, mis en digestion dans l'eau et décomposé par l'acide chlorhydrique dont on a soin de n'employer qu'une quantité insuffisante. On aide à la réaction en agitant le mélange soit à froid, soit à une température peu élevée; à chaud le corps se transformerait en protocyanure d'or. Quand la liqueur ne renferme plus d'acide chlorhydrique libre, on la filtre et on l'évapore à siccité dans le vide audessus d'un vase rempli d'acide sulfurique.

On peut aussi précipiter le cyanure aurico-potassique par l'acide hydrofluosilicique, évaporer le liquide dans le vide et dissoudre le résidu dans l'alcool anhydre. La solution alcoolique filtrée donne de l'acide auricyanhydrique par l'évaporation spontanée. Toutefois le produit obtenu par cette deuxième méthode renferme toujours un peu de cyanure aureux qui lui communique une couleur jaune.

L'acide auricyanhydrique se présente en tables ou en lames incolores qui n'appartiennent pas au système cubique et qui renferment 6 molécules ou 12,26 % d'eau. Ces cristaux ne sont pas déliquescents, mais se dissolvent en toute proportion dans l'eau, et très-facilement dans l'alcool et l'éther. Ils fondent à 50° dans leur eau de cristallisation. A une température plus élevée, ils dégagent d'abord de l'acide cyanhydrique, puis du cyanogène libre et laissent de l'or plus ou moins mélangé avec du paracyanure d'or.

Les solutions aqueuses de cet acide donnent une partie de leur or sous forme d'un précipité métallique lorsqu'on les évapore au bain-marie.

Cyanure aurico-ammonique, $\overline{Au}Cy^4(AzH^4)$ [Syn. *Auricyanure d'ammonium*] [Himly, *loc. cit.*]. — Ce sel se produit lorsqu'on dissout, jusqu'à saturation complète, de l'hydrate aurique dans une solution de cyanhydrate d'ammoniaque. On obtient une liqueur incolore qui, après filtration et évaporation, se recouvre d'une pellicule jaune-rouille et laisse une masse saline; cette masse reprise par l'eau cristallise, par l'évaporation spontanée, en tables à 4 ou 6 côtés contenant 5,288 % ou 2 molécules d'eau de cristallisation.

Le cyanure aurico-ammonique est fort soluble dans l'eau et l'alcool, et insoluble dans l'éther. A 100° il devient d'un blanc laiteux; à une chaleur plus forte, il se décompose en dégageant du cyanure d'ammonium.

Le corps jaune-rouille qui se forme dans la préparation du cyanure aurico-potassique détone facilement par la chaleur; d'après Berzelius, il serait dû à la production d'acide cyanique aux dépens de l'oxygène de l'hydrate aurique.

Cyanure aurico-potassique [Syn. *Auricyanure de potassium*], $\overline{Au}Cy^4K$. — Pour préparer ce corps, on transforme 7 p. d'or en chlorure aussi neutre que possible, que l'on dissout dans l'eau chaude et auquel on ajoute une solution de 8 p. de cyanure de potassium pur. La liqueur parfaitement incolore dépose en se refroidissant des cristaux qu'on purifie par une nouvelle cristallisation. La seule condition de succès, c'est que les liqueurs soient très-concentrées [Himly, *loc. cit.*] :

$$AuCl^3 + 4KCy = 3KCl + AuCy^4K.$$

Trichlorure d'or.	Cyanure potassique.	Chlorure potassique.	Cyanure aurico-potassique.

Rammelsberg conseille aussi le même procédé de préparation [*Poggend. Ann.*, t. XLII, p. 133], mais d'un autre côté Glassford et Napier prétendent que le composé que l'on obtient ainsi est le cyanure auroso-potassique, et non le cyanure aurico-potassique.

Le cyanure aurico-potassique (?) se présente en grosses tables incolores qui s'effleurissent à l'air et deviennent promptement d'un blanc laiteux dans le vide ou à 100° en perdant leur eau de cristallisation. Le sel anhydre fond, lorsqu'on le chauffe, en un liquide qui dégage du cyanogène et abandonne de l'or métallique, d'après Rammelsberg. D'après Himly, au contraire, il abandonne simplement 2 molécules de cyanogène lorsqu'on le chauffe et se convertit en cyanure auroso-potassique :

$$AuCy^4K = Cy^2 + AuCy^2K.$$

Cyanure aurico-potassique.	Cyanogène.	Cyanure auroso-potassique.

Sous l'influence du chlore et de la chaleur, ce corps se décompose en donnant du chlorure de cyanogène, mais à froid le chlore n'agit pas sur lui (Rammelsberg). Suivant le même chimiste, les acides ne précipitent point ses solutions, mais les colorent en jaune en dégageant de l'acide cyanhydrique.

Le cyanure aurico-potassique ne se dissout pas dans l'alcool absolu (Himly). D'après Meillet, ses solutions sont le meilleur de tous les agents qui peuvent servir à la dorure galvanique. A. N.

CYANURES D'OSMIUM [Claus, *Beiträge zur Chem. der Platinmetalle*, Dorpat, 1854; — C.-A. Martius, *Inaugural Dissertation*, Göttingen, 1860; *Ann. der Chem. u. Pharm.*, t. CXVII, p. 357; *Jahresb. der Chem.*, 1860, p. 233; *Répert. de Chim. pure*, 1862, p. 98]. — On ne connaît qu'un protocyanure d'osmium, $OsCy^2$, analogue par sa composition au cyanure platineux et au cyanure palladeux. Martius l'a obtenu en chauffant un osmiocyanure avec de l'acide chlorhydrique concentré. C'est un précipité violet foncé très-stable. On doit prolonger l'ébullition de l'osmiocyanure avec l'acide chlorhydrique pendant longtemps pour avoir le cyanure d'osmium pur.

OSMIOCYANURES.

Le protocyanure d'osmium $OsCy^2$ se combine aux cyanures des métaux positifs et forme une classe de sels doubles $OsCy^2.4MCy$ ou mieux

$OsCy^6.M^4$. Ces sels sont des corps complétement semblables par leur constitution aux ferrocyanures $FeCy^6.M^4$, dont ils partagent même un certain nombre de propriétés.

ACIDE OSMIOCYANHYDRIQUE, $OsCy^6.H^4$. — Pour préparer cet acide, on fait une solution aqueuse saturée d'osmiocyanure de potassium et l'on ajoute à cette solution son volume d'acide chlorhydrique fumant. Il s'y dépose alors des lamelles blanches d'acide osmiocyanhydrique. Ces lamelles recueillies sur un filtre, lavées à l'acide chlorhydrique concentré, puis dissoutes dans l'alcool, se séparent en cristaux anhydres lorsqu'on ajoute de l'éther à la solution alcoolique. Ces cristaux sont transparents, incolores et brillants; ils ont la forme de prismes qui appartiennent au type hexagonal. Lorsqu'ils sont secs, ils se conservent à l'air; ils se décomposent, au contraire, lorsqu'ils sont humides, en acide cyanhydrique et protocyanure d'osmium. Ils sont solubles dans l'eau et l'alcool et insolubles dans l'éther; leur réaction est fortement acide. Dissous dans l'eau, ils décomposent les carbonates avec effervescence.

OSMIOCYANURE DE BARYUM, $OsCy^6.\overset{''}{Ba}{}^2 + 3H^2O$. — On l'obtient en traitant l'osmiocyanure ferrique par l'eau de baryte. Il cristallise en petits prismes rhombiques transparents, d'un jaune rougeâtre, facilement solubles dans l'alcool et l'eau. Ses cristaux se conservent inaltérés à l'air à la température ordinaire, mais entre 50° et 60° ils perdent leur eau de cristallisation.

OSMIOCYANURE DE BARYUM ET DE POTASSIUM, $OsCy^6.K^2Ba + 3H^2O$. — Ce sel se sépare par le refroidissement d'une solution bouillante des deux sels qui le constituent. Il se présente en petits cristaux qui ont la forme de rhomboèdres aigus et qui présentent une teinte jaune. Ces cristaux sont efflorescents et se dissolvent peu dans l'eau froide et facilement dans l'eau bouillante.

OSMIOCYANURES DE FER. — On connaît l'osmiocyanure ferreux et l'osmiocyanure ferrique. Le premier est un précipité bleu pâle qui se forme lorsqu'on verse une solution d'osmiocyanure potassique dans la solution d'un sel ferreux. Ce précipité prend une couleur de plus en plus foncée par l'exposition à l'air, et se convertit sous l'influence de l'acide azotique en un composé violet qui est analogue au bleu de Prusse, et qui répond à la formule $(OsCy^6)^2(\overset{VI}{Fe^2})$. De fait on obtient un osmiocyanure tout à fait semblable au corps précédent lorsqu'on précipite les osmiures solubles par les sels ferriques. L'*osmiocyanure ferrique* ainsi préparé a une magnifique couleur violette. L'eau bouillante ne l'altère pas. Par la dessiccation il se contracte et donne alors des masses cassantes qui ont une couleur cuivrée à la surface. Par l'ébullition avec les solutions alcalines, l'osmiocyanure ferrique se décompose à la manière du bleu de Prusse, en hydrate ferrique qui reste insoluble et osmiocyanure de potassium qui reste dissous. A. N.

OSMIOCYANURE DE POTASSIUM, $OsCy^6K^4 + 3H^2O$. — L'osmiocyanure de potassium déjà signalé par Claus a été surtout bien étudié par Martius. La manière la plus simple de le préparer consiste à dissoudre de l'osmiate de potasse dans une solution de cyanure de potassium. On évapore la solution et on chauffe le résidu sans le fondre dans un creuset de porcelaine. Quand la masse est blanche, on la reprend par l'eau bouillante, on filtre et on fait cristalliser.

L'osmiocyanure de potassium se produit encore lorsqu'on chauffe modérément un mélange d'osmium et de ferrocyanure potassique. Seulement l'osmiocyanure et le ferrocyanure ne peuvent pas être séparés l'un de l'autre.

L'osmiocyanure de potassium présente les plus grandes analogies avec le ferrocyanure du même métal, dont il se rapproche jusque dans les particularités de l'action de ses cristaux sur la lumière polarisée.

L'osmiocyanure de potassium est assez soluble dans l'eau bouillante, insoluble dans l'alcool et dans l'éther. Il cristallise en lames jaunes qui appartiennent au troisième système cristallin, ou en poussière jaune soyeuse. Anhydre, il est blanc. Il fond lorsqu'on le chauffe en vase clos, dégage des gaz et laisse un résidu d'osmium métallique. Si l'on opère la calcination au contact de l'air, c'est de l'acide osmique qui prend naissance.

Traité par l'acide chlorhydrique, l'osmiocyanure potassique donne de l'acide osmiocyanhydrique; mais si l'on porte le mélange à l'ébullition et qu'on maintienne pendant quelque temps cette température, il se dégage de l'acide cyanhydrique et il se précipite du protocyanure d'osmium.

CYANURES DE PALLADIUM [Berzelius, *Poggend. Ann.*, t. XIII, p. 460; — Fehling, *Ann. der Chem. u. Pharm.*, t. XXXIX, p. 119; — Rammelsberg, *Poggend. Ann.*, t. XLII, p. 130]. — On obtient un cyanure palladeux $PdCy^2$ sous la forme d'un précipité blanc jaunâtre en traitant les sels palladeux par le cyanure de mercure. Avec les sels palladiques il se forme un précipité floconneux rose pâle, qui se décompose facilement en dégageant de l'acide cyanhydrique.

L'ammoniaque caustique dissout le cyanure palladeux. La solution donne, par l'évaporation spontanée, d'abondants cristaux de cyanure de palladosammonium $(Az^2H^6\overset{''}{Pd})''Cy^2$.

Le cyanure palladeux se dissout dans le cyanure de potassium et donne un sel double

$$PdCy^2,2KCy + 6H^2O,$$

ou mieux $PdCy^4.K^2 + 6H^2O$, que nous désignerons sous le nom de *palladocyanure potassique* en le comparant au sel platinique correspondant. Ce sel se présente tantôt en prismes rhomboïdaux : c'est alors qu'il renferme 6 molécules d'eau; tantôt en paillettes : il n'en renferme alors que 2 molécules. A. N.

CYANURES DE PLATINE [Gmelin, *Handb. der theor. Chem.*, (2), t. II, p. 1692; — Döbereiner, *Ann. der Chem. u. Pharm.*, t. XVII, p. 250; — Knop, *ibid.*, t. XLIII, p. 111; — Knop et Schnedermann, *Journ. für prakt. Chem.*, t. XXXVII, p. 461; — Quadrat, *Ann. der Chem. u. Pharm.*, t. LXIII, p. 164; t. LXX, p. 300; — Gerhardt, *Compt. rend. des trav. de Chim.*, 1850, p. 145; *Traité de Chimie*, t. I, p. 362; — Schafarik, *Wien. akad. Ber.*, t. XVII, p. 57; — Gmelin, t. X, p. 506; — Weselsky, *Journ. für prakt. Chem.*, t. LXIX, p. 276; — Gmelin, t. XII, p. 499; — Buckton, *Quart. Journ. of the Chem. Soc.*, t. IV, p. 26; — Hadow, *ibid.*, t. XIII, p. 106; — C.-A. Martius, *Uber die Cyanverbindungen der Platinmetalle, Inaugural Dissertation*, Göttingen, 1860, *Ann. der Chem. u. Pharm.*, t. CXVII, p. 357; *Jahresb. der Chem.*, 1860, p. 230].

Il existe un cyanure de platine connu à l'état de liberté, le protocyanure $PtCy^2$, analogue au protochlorure; on a également admis l'existence de deux cyanures qui ne se rencontreraient qu'en combinaisons, le percyanure $Pt^{IV}Cy^4$, et le sesquicyanure Pt^2Cy^6. Chacun de ces cyanures donnerait des cyanures doubles que l'on considérerait comme les ferrocyanures, c'est-à-dire comme résultant de l'union d'un métal avec un radical complexe dont le platine et le cyanogène seraient les éléments constituants. L'existence du sesquicyanure est au moins douteuse, les sels (platinicyanures) dans lesquels on a admis sa présence ayant, comme nous le verrons plus loin, une tout autre constitution que celle qu'on leur attribuait.

PROTOCYANURE DE PLATINE, $PtCy^2$. — *Préparation*. — Döbereiner prépare ce corps en chauffant le platinocyanure de mercure à une douce chaleur dans une cornue de verre. Knop et Schnedermann préfèrent remplacer le platinocyanure de mercure par un mélange de sublimé corrosif et de platinocyanure de potassium. Le platinocyanure de mercure se forme et se détruit en même temps dans la réaction. A la fin on épuise le résidu par l'eau bouillante pour dissoudre le chlorure de potassium formé, puis on le calcine pour le débarrasser de l'excès de chlorure mercurique.

Knop et Schnedermann ont aussi fait connaître un autre procédé qui consiste à décomposer le platinocyanure de potassium par l'acide sulfurique. La masse s'échauffe, et quand la réaction est terminée, on l'épuise par l'eau pour dissoudre les parties solubles.

Enfin Schafarik a découvert deux autres modes de préparation du protocyanure de platine. Ils consistent, l'un à chauffer le platinocyanure d'ammonium aux environs de 300°, et l'autre à faire bouillir une solution d'acide platinocyanhydrique avec de l'acide azotique. Dans le premier cas, le platinocyanure se dédouble, sous l'influence de la chaleur, en cyanure de platine fixe qui reste, et cyanure d'ammonium volatil qui se dégage. Dans le second cas, les éléments de l'acide cyanhydrique sont brûlés par l'acide azotique, et le cyanure de platine reste inattaqué.

Propriétés. — Récemment préparé et encore humide, le cyanure platineux est jaune verdâtre ou jaune pur suivant la manière dont il a été préparé. Après dessiccation, il a une couleur de rouille. Lorsqu'il a été obtenu par l'action de l'acide azotique sur l'acide platinocyanhydrique, il se présente en cristaux d'un beau jaune, pseudomorphes avec le sel d'ammonium. Il est insoluble dans l'eau, les acides et les alcalis. Le produit précipité par l'eau se dissout dans les cyanures alcalins en donnant des platinocyanures.

Chauffé à l'air, ce corps brûle en laissant du platine métallique, qui affecte même l'état cristallin lorsque le cyanure platineux a été préparé par la méthode de Schafarik.

L'analyse du protocyanure de platine a donné des résultats très-variables, suivant les méthodes employées pour préparer ce corps. La quantité de platine en particulier a varié entre 71,7 °/₀ et et 79 °/₀; aussi n'est-on pas absolument d'accord sur la formule de ce composé, que beaucoup d'auteurs considèrent comme du cyanure platineux impur, et que d'autres, Gerhardt en particulier, considèrent comme du platinocyanure platinique

$$(PtCy^4)^2Pt^{iv} = Pt^3Cy^8.$$

PLATINOCYANURES.

$$(PtCy^4)''\acute{M}^2.$$

On peut envisager ces sels, soit comme des combinaisons du cyanure de platine avec un cyanure basique $PtCy^2 . 2\acute{M}Cy$, soit comme des combinaisons d'un métal avec le radical diatomique $\acute{P}tCy^4$. Cette dernière manière de voir paraît la plus vraisemblable, à cause de l'extrême stabilité du composé.

On obtient les platinocyanures solubles, soit en dissolvant le cyanure platineux dans un cyanure alcalin, soit en traitant le chlorure platineux par un cyanure alcalin, ou bien par la potasse ou la soude d'abord et l'acide cyanhydrique ensuite. Les platinocyanures insolubles se préparent par double décomposition. L'un d'eux, celui de cuivre, échange son métal contre de l'hydrogène lorsqu'on le soumet à l'action de l'hydrogène sulfuré, et donne un acide, l'acide platinocyanhydrique, lequel peut à son tour régénérer des platinocyanures en agissant sur les bases.

ACIDE PLATINOCYANHYDRIQUE, $(PtCy^4)H^2$. — On le prépare en décomposant par l'acide sulfhydrique, en présence de l'eau, le platinocyanure de mercure ou de cuivre. Le liquide filtré est évaporé à siccité. Le résidu, repris par un mélange d'alcool et d'éther, donne une solution qui abandonne des cristaux d'acide platinocyanhydrique par l'évaporation spontanée (Quadrat). On peut encore décomposer le sel de baryum par l'acide sulfurique étendu, évaporer à siccité le liquide, filtrer et achever l'opération comme précédemment (Weselsky).

L'acide platinocyanhydrique cristallise en prismes hydratés d'une couleur bleuâtre foncée si la cristallisation s'est faite lentement. Si, au contraire, elle s'est faite brusquement, il se présente sous la forme de cristaux d'un jaune verdâtre, d'un éclat tantôt cuivré, tantôt doré.

Weselsky, par sa méthode de préparation, l'a obtenu en longs cristaux prismatiques d'une couleur de vermillon, irisés sur les faces. Ces cristaux abandonnés à l'air y absorbent de l'humidité et prennent alors l'aspect du produit obtenu par les autres procédés. Les cristaux obtenus de la solution aqueuse ont des nuances moins riches que ceux qu'on a préparés au moyen de l'alcool.

L'acide platinocyanhydrique attire l'humidité atmosphérique en jaunissant et tombant en déliquescence. Il est soluble dans l'alcool, avec lequel il donne une solution incolore. Chauffé à 100°, il devient jaune, puis blanc et peut même supporter une température de 140° sans se détruire; mais au delà de cette température il se décompose avec élimination d'acide prussique et formation de protocyanure de platine.

L'acide platinocyanhydrique décompose les carbonates avec effervescence. Il se combine rapidement avec l'ammoniaque qui lui communique une coloration jaune. L'acide azotique le détruit aussi en mettant en liberté du protocyanure de platine.

PLATINOCYANURE D'AMMONIUM, $(PtCy^4)(AzH^4)^2$. — On obtient ce corps, soit en dissolvant du protocyanure de platine dans du cyanhydrate d'ammoniaque (Knop et Schnedermann); soit en soumettant l'acide platinocyanhydrique à l'action du gaz ammoniac, en ayant soin d'employer l'ammoniaque en excès (Quadrat); soit en décomposant le platinocyanure de potassium par le sulfate d'ammoniaque (Quadrat); soit enfin en précipitant une solution de platinocyanure de baryum par un mélange d'ammoniaque et de carbonate d'ammoniaque, filtrant et évaporant la liqueur filtrée (Schafarik).

Obtenu par cette dernière méthode, le platinocyanure ammonique cristallise en prismes déliés d'une couleur jaune-citron, qui présentent une phosphorescence bleue très-remarquable; ils renferment 2 molécules d'eau de cristallisation; lorsqu'on les abandonne sous une cloche avec de la chaux sur laquelle on fait tomber goutte à goutte de l'ammoniaque, ils perdent la moitié de leur eau en devenant blancs et opaques. Exposés à l'air, les cristaux blancs absorbent facilement l'humidité et reprennent leur nuance première. A 150° ils perdent la totalité de leur eau en devenant d'un blanc laiteux.

La solution alcoolique du platinocyanure ammonique évaporée sur l'acide sulfurique donne des cristaux qui grimpent le long des parois du cristallisoir d'où ils finissent par sortir. Ces cristaux sont d'un bleu d'acier, miroitants et très-solubles. A l'air ils prennent une teinte orangée. Le sel jaune se dissout dans son propre poids d'eau et dans très-peu d'alcool.

Le chlore le transforme en platinocyanure d'ammonium et platinicyanure de la même base.

PLATINOCYANURE D'ARGENT, $PtCy^4.Ag^2$. — C'est un précipité blanc que l'on obtient en versant une solution de platinocyanure de potassium dans une solution aqueuse d'azotate d'argent. Lorsque, au lieu de cette dernière liqueur, on emploie une solution de carbonate d'argent dans le carbonate ammonique, on obtient le *platinocyanure d'argent-ammonium*. Ce sel se présente en paillettes insolubles dans l'eau, mais solubles à l'ébullition dans l'eau très-ammoniacale. Il est incolore ou d'une légère couleur de chair. Si l'on précipite le platinocyanure potassique par l'azotate d'argent ammoniacal, on obtient au bout de quelques heures des aiguilles du même sel, mais celles-ci paraissent hydratées (Knop et Schnedermann).

PLATINOCYANURE DE BARYUM. — On peut obtenir ce sel par trois méthodes. La plus simple consiste à précipiter le sel de cuivre correspondant par l'eau de baryte, à éliminer l'excès de baryte par un courant de gaz carbonique, à filtrer et à évaporer à cristallisation (Quadrat). On réussit encore à préparer ce sel en décomposant le platinocyanure de potassium par une quantité équivalente d'acide sulfurique après avoir dissous le sel dans la plus petite quantité d'eau possible. La liqueur est ensuite traitée par un mélange d'alcool et d'éther qui précipite le sulfate de potasse. On évapore à sec la liqueur filtrée et on la sature par du carbonate de baryte à la température de l'ébullition (Schafarik). Enfin on obtient encore le platinocyanure de baryum en chauffant avec de l'eau un mélange de 2 p. de chlorure platineux et de 3 p. de carbonate barytique. La température doit être très-voisine de 100° sans y atteindre. On dirige un courant d'acide cyanhydrique à travers la liqueur jusqu'à ce que tout dégagement d'anhydride carbonique ait cessé, on filtre et l'on évapore.

Les cristaux de platinocyanure de baryum sont assez volumineux et présentent souvent un nombre de faces considérable. Ils appartiennent au type orthorhombique. La densité de ces cristaux = 3,054; ils sont verts lorsqu'on les regarde dans le sens de l'axe principal et paraissent jaune-citron lorsqu'on les regarde dans une direction perpendiculaire à cet axe. L'eau en dissout 1/33 de son poids à 16° et les dissout très-facilement à l'ébullition (Quadrat) [Schabus, *Zitzungsb. der Acad. der Wissensch. zu Wien*, mai 1850, p. 569].

PLATINOCYANURE DE BARYUM ET DE POTASSIUM, $(PtCy^4)^2.\overset{''}{Ba}K^2$. — Il s'obtient par le mélange des deux sels constituants, et présente une nuance bleue irisée comme le sel double potassico-calcique.

PLATINOCYANURE DE CADMIUM, $PtCy^4.\overset{''}{Cd}$. — C'est un précipité blanc qui se forme lorsqu'on verse une solution de chlorure de cadmium dans la solution d'un platinocyanure soluble. Lorsqu'il est sec, il est anhydre, d'un blanc jaunâtre, et présente quelques teintes irisées. Il brûle lorsqu'on le chauffe, et laisse pour résidu un alliage de cadmium et de platine (Martius).

PLATINOCYANURE DE CADMAMMONIUM,

$$PtCy^4.[Az^2H^6\overset{''}{Cd}]'' + 2H^2O.$$

— Ce composé se dépose en aiguilles blanches par l'évaporation d'une solution ammoniacale du sel précédent. Il retient son ammoniaque avec peu d'énergie.

PLATINOCYANURE DE CALCIUM, $PtCy^4.\overset{''}{Ca} + 5H^2O$. — On obtient ce sel en précipitant le sel de cuivre par la chaux caustique, séparant l'excès de chaux par un courant de gaz carbonique, filtrant et faisant cristalliser. Il se présente sous la forme de petites paillettes très-solubles dans l'eau, qui perdent 20,44 %, soit 5 molécules d'eau à 140°. Le platinocyanure de potassium est trichroïque. Il est jaune-orangé et vert par transmission et bleu par réflexion (Quadrat).

PLATINOCYANURE DE CALCIUM ET DE POTASSIUM, $(PtCy^4)^2.K^2\overset{''}{Ca}$. — On l'obtient par l'union directe de ses constituants. Il a une couleur dorée.

PLATINOCYANURE DE CÉRIUM, $PtCy^4.\overset{''}{Ce} + 6H^2O$. — Pour préparer ce sel, on mêle des dissolutions de sulfate céreux et de platinocyanure de baryum. On évapore à siccité la liqueur. Après l'avoir filtrée pour la débarrasser du sulfate de baryte, on reprend le résidu par l'alcool chaud, on filtre et l'on évapore de nouveau à siccité. Le résidu doit être purifié par une nouvelle cristallisation dans l'eau. Ce sel cristallise en prismes jaunes très-phosphorescents, dont la surface a un éclat bleu et les arêtes une teinte verte. Il se conserve à l'air, perd la moitié de son eau de cristallisation sur l'acide sulfurique et ne perd l'autre moitié de cette eau qu'à une température à laquelle il commence lui-même à se décomposer. Ses solutions alcooliques l'abandonnent en petits cristaux blancs qui renferment moins d'eau que ceux qui se sont déposés au sein d'une solution aqueuse. Ces derniers cristaux absorbent de l'eau et deviennent jaunes, soit lorsqu'on les expose à l'air libre, soit plus rapidement lorsqu'on souffle sur eux [Czudnowicz, *Journ. für prakt. Chem.*, t. LXXX, p. 16].

PLATINOCYANURE DE COBALTAMMONIUM,

$$PtCy^4.(Az^2H^6\overset{''}{Cb}).$$

— C'est une poudre cristalline couleur de chair qu'on obtient en précipitant le platinocyanure de potassium par du chlorure de cobalt dissous dans un mélange d'ammoniaque caustique et de carbonate d'ammonium (Knop et Schnedermann).

PLATINOCYANURE DE CUIVRE, $PtCy^4\overset{''}{Cu}$. — Il se précipite par l'addition du sel de potassium à une solution de sulfate de cuivre. C'est un précipité vert insoluble dans l'eau et les acides. L'ammoniaque le dissout facilement et donne une liqueur qui, par une évaporation lente, le dépose en cristaux d'un bleu d'azur. Récemment précipité, le sel est vert; il se contracte beaucoup par la dessiccation et donne des fragments qui présentent des arêtes pointues (Quadrat). Chauffé en vase clos, il dégage du cyanogène et laisse une poudre noire qui, d'après Schafarik, consisterait en un mélange de platine métallique et d'oxyde de cuivre.

PLATINOCYANURE DE CUPRAMMONIUM,

$$PtCy^4.(Az^2H^6\overset{''}{Cu})'' + H^2O$$

— On le prépare en dissolvant le sel précédent dans l'ammoniaque ou bien encore en dissolvant dans l'ammoniaque le nitrate de cuivre et en mélangeant la liqueur avec une solution de platinocyanure potassique. Le sel se sépare au bout de quelques heures en aiguilles bleu foncé qui renferment de l'eau de cristallisation. A 140°, il perd de l'ammoniaque en prenant une couleur verte (Knop et Schnedermann).

PLATINOCYANURE DE LANTHANE,

$$PtCy^4.\overset{''}{La} + 6H^2O.$$

— On prépare ce sel comme le sel de cérium, en se bornant à substituer le sulfate de lanthane au sulfate de cérium. Il se dépose de ses solutions aqueuses en cristaux brillants qui appartiennent au système du prisme rhombique. Ils sont dichroïques : vus par transmission, ils ont une couleur intermédiaire entre le jaune et le jaune-orangé, tandis que par réflexion leur surface paraît bleue. Sur l'acide sulfurique le platinocyanure de lanthane perd la moitié de son eau de cristallisation et acquiert une couleur écarlate; dans le vide, il perd $5 H^2O$ et devient d'une couleur jaune-brunâtre foncé. Ses solutions, dans l'alcool concentré, l'abandonnent en cristaux incolores, moins hydratés que ceux qui se forment au sein d'une solution aqueuse. Ces cristaux jaunissent rapidement en s'hydratant lorsqu'on les abandonne à l'air humide [Czudnowicz, *loc. cit.*].

Platinocyanure de magnésium, $PtCy^4.\overset{''}{Mg}$. — On le prépare en précipitant le platinocyanure de baryum par le sulfate de magnésie, filtrant, évaporant à siccité, reprenant par un mélange d'alcool et d'éther bouillants et laissant cristalliser. Il se dépose en beaux prismes à base carrée. On peut dans cette préparation remplacer le platinocyanure de baryum par le platinocyanure de potassium, le mode opératoire restant le même, à la filtration près, qui devient inutile.

Les cristaux de platinocyanure de magnésium sont souvent groupés en rosaces. Vus par transmission, ils paraissent rouges. Lorsqu'on les regarde par réflexion, les faces des prismes présentent une teinte verte très-brillante, tandis que les extrémités ont une teinte bleue ou pourpre [Haidinger, *Poggend. Ann.*, t. LXXVII, p. 89].

Le sel rouge renferme 7 molécules d'eau de cristallisation. Il en perd une entre 40° et 50°. Il se produit ainsi un hydrate à 6 molécules d'eau qui est d'un jaune brillant et qui se forme directement lorsqu'on fait cristalliser le sel dans une solution maintenue à 160°, ou encore lorsqu'on abandonne sur de l'acide sulfurique une solution hydroalcoolique du sel. A 212°, le platinocyanure de magnésium perd encore 4 molécules d'eau et devient tout à fait blanc. Enfin entre 300° et 400° il perd le reste de son eau et reprend une couleur jaune. Lorsqu'on place une certaine quantité de sel jaune anhydre en poudre sur du sel rouge également pulvérisé, ce dernier cède une portion de son eau au premier et il se forme une couche blanche placée entre deux couches jaunes dont l'une consiste en sel anhydre et l'autre en sel hexahydraté. La couche blanche est constituée par du sel à 2 molécules d'eau. Les cristaux de platinocyanure de magnésium sont fort solubles dans l'eau et donnent une solution presque incolore (Schafarik, Hadow).

Platinocyanure de magnésium et de potassium,

$$(PtCy^4)^2.\overset{''}{Mg}K^2 + 7H^2O.$$

— Ce sel a été obtenu une seule fois accidentellement dans la préparation du platinocyanure de magnésium.

Platinocyanure mercurique, $PtCy^4.\overset{''}{Hg}$. — C'est un précipité blanc qui se produit par le mélange d'une solution de chlorure mercurique avec une solution de platinocyanure de potassium.

Le nitrate mercureux forme avec le platinocyanure de potassium un précipité bleu qui, d'après l'analyse de Rammelsberg, serait un composé de nitrate mercureux et de platinocyanure mercurique (Schafarik, Döbereiner).

Platinocyanure de nickelammonium,

$$PtCy^4.(Az^2H^6\overset{''}{Ni}).$$

— Ce sel se présente en aiguilles violettes ou en poudre cristalline d'un violet pâle. On le prépare en ajoutant du platinocyanure de potassium à une solution ammoniacale de nitrate de nickel.

Platinocyanure platinique, $(PtCy^4)^2.\overset{IV}{Pt}$. — Ce corps ne serait autre, d'après Gerhardt, que le précipité que nous avons décrit sous le nom de cyanure platineux. Il est beaucoup plus probable que ce corps est du cyanure platineux impur.

Platinocyanure de platosodiammonium,

$$[Az^2.(Az^2H^6Pt'')''H^6]''PtCy^4 = Pt^2H^{12}Cy^4Az^6\ (1).$$

— Ce sel se précipite sous la forme d'une poudre blanche cristalline lorsqu'on verse une solution de platinocyanure de potassium dans une solution de chlorure de platosodiammonium (protochlorure de platine ammoniacal). Le même sel se précipite quand on dirige un courant de cyanogène gazeux à travers une solution de platosodiamine. La méthode de préparation qui donne les meilleurs résultats consiste à ajouter du cyanure de potassium au chlorure de platosodiammonium [Reiset, *Ann. de Chim. et de Phys.*, (3), t. XI, p. 426; — Buckton, *Quart. Journ. of the Chem. Soc.*, t. IV, p. 26, 1851]. Il suffit alors de deux ou trois cristallisations pour séparer le chlorure potassique, tandis que dans les autres méthodes la purification du produit est une opération fastidieuse.

La formation du platinocyanure par l'action du cyanogène sur la platosodiamine est facile à expliquer. Le produit brut renfermant toujours du carbonate d'ammonium et de platosodiammonium, il est évident que la première action consiste dans une décomposition de l'eau, qui transforme le cyanogène en un mélange d'acides cyanhydrique et cyanique. C'est ensuite le premier de ces acides qui réagit sur la platosamine pour donner le composé cristallisé; quant au second, il donne du cyanate de platosamine, qui, en absorbant les éléments de l'eau, se convertit en carbonate de cette base et en carbonate d'ammonium.

Le platinocyanure de platosodiammonium est une substance cristalline difficilement soluble dans l'eau froide, mais facilement soluble dans l'eau bouillante, d'où elle se dépose en cristaux par le refroidissement. Cristallisé dans l'eau, ce corps se présente sous la forme de petits cristaux incolores qui, vus au microscope, paraissent constitués par des lamelles hexagonales souvent groupées en étoiles régulières. Il est toutefois difficile de l'obtenir tout à fait exempt d'un produit qui provient de la décomposition du cyanogène et qui lui communique une teinte jaune. Chauffé à l'air, il prend feu et brûle comme de l'amadou en laissant du platine spongieux pour unique résidu; chauffé dans un tube fermé par un bout après dessiccation préalable, il dégage de l'ammoniaque. Il est soluble sans décomposition dans la potasse. L'acide chlorhydrique le dissout aussi sans l'altérer. Toutefois les cristaux qui se déposent au sein de la liqueur acide affectent une forme différente de ceux qui se déposent au sein de l'eau et une couleur jaune. L'acide sulfurique étendu peut aussi le dissoudre sans le décomposer, mais il se détruit sous l'influence de l'acide sulfurique ou de l'acide azotique concentré, avec formation de nouveaux produits dont l'étude n'a pas été faite.

Lorsqu'on ajoute de l'azotate d'argent à une solution aqueuse de platinocyanure de platosodiammonium, il se forme aussitôt un précipité blanc caillebotté soluble dans l'ammoniaque. Si l'on filtre et que l'on évapore le liquide à une douce chaleur, on voit se déposer de magnifiques cristaux transparents qui deviennent opaques si l'on pousse l'évaporation jusqu'à siccité. Ces cristaux une fois desséchés prennent facilement feu lorsqu'on les chauffe et laissent un résidu de platine pur; ils sont formés d'azotate de platosodiammonium pur. Quant au précipité blanc, c'est du platinocyanure d'argent $PtCy^4.Ag^2$. Cette double décomposition ne laisse aucun doute sur l'identité du sel obtenu par les deux derniers procédés avec celui que l'on obtient directement par le chlorure

(1) Le platosodiammonium est un diammonium dont H^2 sont remplacés par le platosammonium diatomique, $(Az^2H^6Pt'')''$.

de platosodiammonium et le platinocyanure potassique.

Cyanure de platosammonium, $Az^2H^6\overset{''}{Pt}.Cy^2$. — Ce corps présente la même composition centésimale que le sel précédent, qui en est un polymère. M. Buckton le prépare en faisant digérer plusieurs grammes de chlorure de platosammonium avec un excès de cyanure d'argent. Le produit se dépose en aiguilles fines et régulières de couleur jaune par l'évaporation de la liqueur filtrée. Il est beaucoup plus soluble dans l'eau et l'ammoniaque que son polymère, le platinocyanure de platosodiammonium, dont il se différencie aussi par la façon dont il se comporte avec les réactifs. La préparation de ce sel a jeté du jour sur la constitution du sel précédent en prouvant d'une manière péremptoire que ce dernier n'est pas du cyanure de platosammonium, comme Reiset l'avait cru d'abord.

Platinocyanure de plomb, $PtCy^4.\overset{''}{Pb}$. — C'est une poudre d'un blanc jaunâtre que l'on obtient par précipitation. Ce sel se comporte comme le platinocyanure de cadmium, lorsqu'on le chauffe. Il est soluble dans l'acide azotique chaud. Par le refroidissement de la liqueur, il se sépare un magma cristallin rouge de platino-sesquicyanure de plomb $2\overset{''}{Pb}PtCy^8+5H^2O$.

Platinocyanure de potassium,

$$(PtCy^4)K^2+3H^2O.$$

— Ce sel, découvert par Gmelin, prend naissance lorsqu'on chauffe au rouge du platine avec un cyanure ou un cyanoferrure alcalin, ce qui explique pourquoi les creusets de platine sont si facilement attaqués par les cyanures en fusion.

Préparation. — Gmelin prépare ce sel en mêlant du platine en éponge avec un poids égal au sien de ferrocyanure de potassium, et en chauffant le mélange jusqu'au rouge naissant, mais pas au delà. On épuise la masse par l'eau, et l'on fait cristalliser.

Knop chauffe le perchlorure de platine pour le transformer en protochlorure, dissout le produit dans une solution aqueuse de cyanure de potassium jusqu'à saturation, filtre, évapore et fait cristalliser. Comme une grande partie du sel de platine reste en dissolution dans la liqueur à la faveur du chlorure de potassium formé, Knop et Schnedermann ont proposé de l'en extraire comme il suit : Les eaux mères de la préparation précédente sont évaporées et le résidu est mélangé avec de l'acide sulfurique en excès. Il se dégage de l'acide chlorhydrique et il se forme un précipité gommeux de protocyanure de platine que l'on jette sur un filtre après l'avoir étendu d'eau. Ce précipité bien lavé est redissous dans une solution bouillante de cyanure de potassium et maintenu en ébullition jusqu'à ce qu'il ne se dégage plus d'ammoniaque, ce qui indique que tout le cyanate de potassium contenu dans le cyanure employé est détruit. On continue ensuite à évaporer la liqueur, et quand elle est suffisamment concentrée, on la laisse refroidir pour que le sel cristallise.

Suivant Meillet, une bonne méthode de préparation consiste à verser goutte à goutte une solution concentrée de perchlorure de platine dans une solution également concentrée de cyanure de potassium jusqu'à ce qu'il ne se forme plus de précipité. Quand on chauffe ensuite le mélange à l'ébullition, le chlorure platinique se réduit à l'état de chlorure platineux aux dépens d'une portion du cyanogène. Il se dégage de l'azote et du carbonate d'ammoniaque, et le précipité se dissout. Le platinocyanure potassique cristallise par le refroidissement de la liqueur.

Martius broie du chloroplatinate d'ammoniaque avec des morceaux de potasse caustique et dissout le mélange dans une solution concentrée et bouillante de cyanure de potassium. Il continue l'ébullition jusqu'à ce que tout dégagement d'ammoniaque ait cessé, filtre ensuite et abandonne le liquide filtré à la cristallisation. Le sel s'obtient ainsi en longues aiguilles d'une pureté parfaite. On ajoute de la potasse dans le but d'empêcher qu'il ne se forme du cyanhydrate d'ammoniaque, et consécutivement du platinocyanure d'ammonium et de potassium.

Propriétés. — Le platinocyanure potassique cristallise en longs prismes orthorhombiques qui sont jaunes par transparence et bleus par réflexion. D'après Gmelin, les facettes dominantes dans les cristaux sont celles du prisme vertical m et de l'octaèdre primitif $b^{1/2}$. Inclinaison des faces, $m : m = 97°$; $b^{1/2} : m = 122°$. Les cristaux s'effleurissent à l'air sec en devenant opaques et roses; ils renferment 12,4 % ou 3 molécules d'eau de cristallisation qu'ils ne perdent qu'à une température où ils se décomposent eux-mêmes.

Quand on chauffe le sel, il blanchit, puis jaunit et fond en se décomposant en une masse jaune grisâtre qui grimpe sur les parois des vases. Il est très-soluble dans l'eau chaude et y cristallise en partie par le refroidissement. L'alcool et l'éther le dissolvent aussi, mais à un moindre degré. Le sel anhydre ne se décompose pas avant 400-600°.

Traité par une quantité d'acide sulfurique suffisante pour dissoudre ce sel, le platinocyanure potassique donne une liqueur que la chaleur décompose en protocyanure de platine qui se précipite et en un gaz combustible qui n'est pas de l'acide cyanhydrique et qui est probablement de l'oxyde de carbone. Le cyanure de platine se dépose encore de cette solution sulfurique lorsqu'on y ajoute une petite quantité d'eau seulement suffisante pour produire une élévation considérable de température; si la quantité d'eau est plus grande, le cyanure platineux ne se dépose plus (Knop et Schnedermann).

Les agents d'oxydation tels que le chlorate ou le chromate de potassium en solutions aqueuses bouillantes convertissent le platinocyanure en platinicyanure de potassium. Le peroxyde de plomb donne le même produit avec formation de carbonates de potassium et de plomb. Il en est de même du chlore, du brome et de l'iode. Toutefois dans ce dernier cas le platinicyanure reste combiné avec le chlorure, le bromure ou l'iodure de potassium formé dans la proportion de 1 molécule du sel haloïde pour 5 du sel platinique.

Le platinocyanure de potassium précipite en blanc les sels mercureux et mercuriques à la condition que l'on n'emploie pas un excès de réactif. Mais si l'on emploie un excès d'azotate mercurique, le précipité est d'un beau bleu. Cette réaction est extrêmement sensible pour déceler la présence des platinocyanures.

Le platinocyanure de potassium s'unit directement à d'autres platinocyanures et donne des sels doubles dont la couleur est plus foncée que celle de chacun des éléments constituants. L'acide chlorhydrique décompose les platinocyanures à l'ébullition et les transforme en platinicyanures.

Platinocyanure potassico-sodique,

$$PtCy^4.NaK+6H^2O.$$

— On le prépare en faisant cristalliser dans l'eau un mélange fait en proportions équivalentes de platinocyanure de potassium et de platinocyanure de sodium. On peut aussi l'obtenir en décomposant le sel de cuivre par un mélange de carbonates de potassium et de sodium. Il forme des cristaux qui appartiennent au système monoclinique. Ces cristaux sont d'une couleur orangée lorsqu'on les regarde par transmission; vus par réflexion, ils ont une couleur bleue. Ils sont phosphorescents et donnent alors une lumière verte.

Platinocyanure de sodium, $PtCy^4.Na^2 + x\,H^2O$. — On obtient ce sel en faisant bouillir le platinocyanure de cuivre avec du carbonate de soude. Il forme de gros cristaux qui appartiennent au système monoclinique.

Platinocyanure de strontium,

$$PtCy^4.\overset{''}{Sr} + 5H^2O.$$

— On obtient ce corps soit en saturant l'acide platinocyanhydrique par du carbonate de strontium, soit en décomposant le platinocyanure de cuivre par l'eau de strontiane. On opère, dans ce dernier cas, de la même manière que pour les sels de calcium ou de baryum. Il se présente en cristaux tantôt transparents, tantôt opaques, qui acquièrent une teinte violette lorsqu'on les expose au contact de l'air. Abandonnés ensuite pendant quelque temps sous une cloche sur de l'acide sulfurique, ils acquièrent une belle nuance pourpre qui rappelle la couleur du permanganate de potasse en dissolution; leur surface prend en même temps des reflets dorés. Si on les retire de la cloche et qu'on les abandonne à l'air, ils reprennent au bout de quelques jours leur nuance première. On s'explique ainsi ces changements de coloration: A l'air, le sel perd une partie, mais une partie seulement de son eau de cristallisation et devient violet. Dans une atmosphère desséchée au moyen de l'acide sulfurique, il perd une nouvelle portion de son eau et prend une couleur pourpre. Enfin, exposé une seconde fois à l'air, il reprend l'eau qu'il avait perdue sur l'acide sulfurique et revient à la nuance violette. A 100°, les cristaux de platinocyanure strontique deviennent opaques dans toute leur épaisseur et prennent une couleur orangée plus prononcée que celle du sel de baryte. Leur surface perd en même temps la teinte dorée pour prendre des reflets bleus. Enfin à 150° le sel devient blanc et tout à fait anhydre. Il est alors très-sensible à l'humidité, la moindre trace d'eau lui communique une nuance noir-pourpre (Schafarik). Le platinocyanure de strontium, comme le sulfate de cuivre, peut donc, après dessiccation préalable, servir à déceler la présence de l'eau dans un liquide, l'alcool par exemple.

Platinocyanure de strontium et de potassium, $(PtCy^4)^2.\overset{''}{Sr}K^2$. — Ce corps se prépare par l'union directe de ses constituants. Il se présente en cristaux jaunes irisés à leur surface qui appartiennent au type clinorhombique.

Platinocyanure de zincammonium,

$$PtCy^4.(Az^2H^6\overset{''}{Zn})''.$$

— On le prépare en mélangeant le platinocyanure de potassium avec une solution ammoniacale de chlorure de zinc. Il forme de gros cristaux incolores.

Platinocyanure de cinchonine,

$$(C^{20}H^{24}Az^2O)^2PtCy^4.$$

— On obtient ce sel en précipitant le platinocyanure de baryum par le sulfate de cinchonine. On filtre et l'on évapore. Il cristallise en aiguilles incolores facilement solubles dans l'eau.

Platinocyanure d'éthyle,

$$PtCy^4(C^2H^5)^2 + 2H^2O$$

[C. Thann, *Ann. der Chem. u. Pharm.*, t. CVII, p. 315]. — Pour préparer ce corps, on dissout l'acide platinocyanhydrique dans l'alcool absolu et l'on dirige un courant d'acide chlorhydrique gazeux dans la liqueur. Ce gaz est absorbé, le liquide s'échauffe, et quand la réaction est terminée, il se dépose par le refroidissement de la liqueur une masse de petits cristaux rouge-aurore qui donnent à toute la masse l'apparence d'une pulpe cristalline. On recueille ces cristaux sur un filtre et on les dessèche sous une cloche sur de l'acide sulfurique. La filtration doit être faite promptement et avec de grandes précautions, si l'on veut éviter que le produit ne s'altère.

Les cristaux ainsi obtenus renferment 2 molécules d'eau de cristallisation dont on ne peut pas les débarrasser sans les décomposer. Ils appartiennent au type orthorhombique et paraissent isomorphes avec le platinocyanure de potassium.

A 100° ces cristaux se détruisent avec production d'alcool et d'acide platinocyanhydrique. L'eau de cristallisation intervient dans cette réaction :

$$PtCy^4(C^2H^5)^2 + 2H^2O = 2C^2H^5.OH + PtCy^4.H^2.$$

Platinocyanure d'éthyle hydraté. — Alcool. — Acide platinocyanhydrique.

Sous l'influence de l'eau, la même saponification se produit; mais si, au lieu de chauffer ce corps à 100°, on le porte brusquement à une température plus élevée, il se dégage du cyanure d'éthyle et de l'eau, tandis qu'il reste un résidu de cyanure platineux. L'ammoniaque, ajoutée à une solution alcoolique d'éther platinocyanhydrique mêlé de 4 fois son volume d'alcool, donne des groupes d'aiguilles qui ne sont autres que du platinocyanure de diplatosammonium. Lorsqu'on évapore l'eau mère à siccité, qu'on reprend le résidu par l'alcool et qu'on abandonne la solution dans un dessiccateur au-dessus de l'acide sulfurique, il se dépose des cristaux de platinocyanure d'ammonium hydraté et puis des aiguilles qui consistent probablement en platinocyanure d'éthylammonium. Ces produits résultent vraisemblablement de deux réactions concomitantes :

1° $$3PtCy^4(C^2H^5)^2 + 6AzH^3$$

Platinocyanure d'éthyle. — Ammoniaque.

$$= PtCy^4[Az^2.H^4(AzH^4)^2Pt]''$$

Platinocyanure de diplatosammonium.

$$+ PtCy^4[(C^2H^5)H^3Az]^2 + 4C^2H^5Cy;$$

Platinocyanure d'éthylammonium. — Cyanure d'éthyle.

2° $$3PtCy^4(C^2H^5)^2 + 2H^2O + 6AzH^3$$

Platinocyanure d'éthyle hydraté. — Ammoniaque.

$$= PtCy^4[Az^2H^4(AzH^4)^2Pt'']'' + PtCy^4(AzH^4)^2$$

Platinocyanure de diplatosammonium. — Platinocyanure d'ammonium.

$$+ 2C^2H^5.OH + 4C^2H^5.Cy.$$

Alcool. — Cyanure d'éthyle.

Le cyanure d'éthyle se décompose à mesure qu'il se forme sous l'influence de l'ammoniaque en donnant de l'éthylamine et du cyanhydrate d'ammoniaque :

$$C^2H^5Cy + 2AzH^3 = AzH^2(C^2H^5) + AzH^4Cy.$$

Cyanure d'éthyle. — Ammoniaque. — Éthylamine. — Cyanure ammonique.

Sous l'influence du gaz ammoniac sec le platinocyanure d'éthyle se convertit en platinocyanure d'ammonium et éthylamine :

$$PtCy^4(C^2H^5)^2 + 4AzH^3$$

Platinocyanure d'éthyle. — Ammoniaque.

$$= PtCy^4(AzH^4)^2 + 2[AzC^2H^5.H^2].$$

Platinocyanure d'ammonium. — Éthylamine.

Platinocyanure d'éthyl-ammonium,

$$PtCy^4,(AzC^2H^5.H^3)^2.$$

— Ce corps constitue les cristaux jaunes dont nous venons de décrire le mode de formation. Il se dissout facilement dans l'alcool et l'eau. Ses solutions évaporées à l'air abandonnent de longues aiguilles jaunes, qui acquièrent une teinte bleue irisée lorsqu'on les plonge dans leur eau mère.

PLATINICYANURES.

[Syn. *Platinosesquicyanures*.]

La formule des platinicyanures est encore douteuse. Weselsky admettait que ces sels ont pour composition $Pt^2Cy^{10}.M^4$. Comme ils prennent naissance dans la réaction de l'acide azotique, du chlore, du brome et des agents oxydants en général sur les platinocyanures, il représentait la réaction qui leur donne naissance par l'équation suivante :

$$6PtCy^4M^2 + 2O = 2Pt^2Cy^{10}M^4 + 2M^2O + 2PtCy^2.$$

Platino-cyanure. Oxygène. Platinicyanure. Oxyde. Cyanure platineux.

Cette formule avait été adoptée par Gerhardt; mais plus récemment, en 1862, M. Hadow l'a mise en doute dans un très-remarquable travail qui, par l'exactitude du raisonnement, nous paraît l'emporter sur les travaux antérieurs [Hadow, *Quart. Journ. of the Chem. Soc.*, t. XIV. p. 106, 1862].

M. Hadow fait remarquer que, si les platinicyanures ont la composition qu'on leur attribue généralement, le platine et l'autre métal s'y trouvent dans le même rapport que dans les platinocyanures, ce qui rend très-difficile de s'expliquer comment ils se produisent sous l'influence des agents d'oxydation. Lorsque les ferrocyanures se convertissent en ferricyanures sous l'influence du chlore, le chlore enlève deux atomes de métal alcalin au premier de ces sels, qui se trouve alors converti dans le second, et le rapport des deux métaux se modifie. Ici les choses se passeraient autrement si l'hypothèse de Weselsky était exacte : une certaine quantité de platine se séparerait en même temps qu'une portion du métal basique pendant l'action de l'agent d'oxydation. Ce fait paraît peu probable à M. Hadow à cause de l'extrême stabilité des platinocyanures. D'ailleurs, s'il était exact, il devrait se produire un cyanure alcalin lorsqu'on réduit les platinicyanures en platinocyanures en présence des alcalis, d'après l'équation

$$Pt^2Cy^{10}M^4 + K^2O + X$$

Platinicyanure supposé. Oxyde de potassium.

$$= 2PtCy^4.M^2 + XO + 2KCy,$$

Platino-cyanure. Oxyde. Cyanure potassique.

ce que l'on n'observe jamais. Enfin Hadow fait remarquer qu'il existe un sel qui est le produit ultime de l'action du chlore sur les platinocyanures et qu'on représente par la formule

$$PtCy^4.2KCl.$$

La formation de ce sel est difficile à expliquer et on ne se rend pas non plus compte de sa réduction facile à l'état de platinocyanure sous l'action des agents désoxydants.

Pour faire cesser toutes ces difficultés, M. Hadow propose de considérer les corps improprement appelés platinicyanures comme des combinaisons d'un platinocyanure avec le chlore, le brome, l'oxynitryle, etc., suivant la nature de l'agent dont on s'est servi pour les obtenir. Il les désigne en conséquence sous le nom de chloroplatinocyanures, nitroplatinocyanures, etc. Le sel

$$PtCy^4.2KCl$$

serait, d'après le même chimiste, un perchloroplatinocyanure potassique $PtCy^4K^2.Cl^2$, c'est-à-dire le résultat de la combinaison du platine avec la plus grande quantité de chlore possible.

Pour déterminer la proportion de chlore qui existe dans les chloroplatinocyanures (platinicyanures), Hadow a eu recours à un moyen détourné, le poids moléculaire très-élevé de ces corps rendant une telle détermination très-difficile. Il a cherché combien il fallait employer de chlore pour transformer en perchloroplatinocyanures des quantités de platinocyanures et de platinicyanures renfermant un même poids de platine. Les résultats ont été les suivants. Un poids de platinocyanure renfermant 3 atomes de platine exige 6 atomes de chlore pour sa conversion, tandis qu'un poids de platinicyanure renfermant également 3 atomes de platine n'exige que 5 atomes du métalloïde halogène pour arriver au même résultat. Le chimiste anglais en conclut que les platinicyanures résultent de l'union d'un atome de chlore avec 3 molécules d'un platinocyanure, et il représente la composition de ces sels par le rapport $(PtCy^4M^2)^3Cl$. On s'explique très-bien avec cette formule que la potasse puisse réduire les platinicyanures à l'état de platinocyanures sans qu'il se forme de cyanure alcalin, l'alcali se bornant à s'emparer du chlore. Enfin les platinicyanures jouissent de propriétés oxydantes dont on se rend également bien compte en admettant que ces propriétés sont dues à l'atome de chlore, qui se sépare facilement et agit pour son propre compte.

Mais la formule $(PtCy^4M^2)^3Cl$ n'est qu'une formule brute. Hadow pense qu'en réalité les corps dont nous nous occupons sont des composés de perchloroplatinocyanure et de platinocyanure. Le sel potassique répondrait ainsi à la formule

$$5PtCy^4.K^2,\ PtCy^4K^2Cl^2 = (PtCy^4K^2)^6Cl^2,$$

double des rapports ci-dessus. Les faits sur lesquels s'appuie cette manière de voir sont les suivants :

1° Lorsqu'on précipite la solution d'un platinicyanure alcalin par un sel de zinc soluble, il se précipite du platinocyanure de zinc et il reste un perchloroplatinocyanure en dissolution.

2° Lorsqu'on mêle la solution d'un perchloroplatinocyanure alcalin avec la solution d'un platinocyanure alcalin, toutes deux à peu près incolores, et qu'on concentre convenablement la liqueur, il se dépose une masse de cristaux de chloroplatinocyanure alcalin (platinicyanure) d'une couleur cuivrée.

Les composés correspondants bromés ou nitrés auraient une constitution semblable, à cette différence près que le chlore y serait remplacé par le brome ou le radical AzO^5. Il ne paraît pas exister d'iodoplatinocyanure, mais on obtiendrait un oxysulfoplatinocyanure potassique $(PtCy^4K^2)^6SO^4$ en chauffant, avec du peroxyde de plomb, une solution de platinocyanure potassique additionnée d'acide sulfurique. Le produit cristallise en cristaux rouge cuivré; il fait la double décomposition avec les sels de baryte solubles et donne d'autres sels dans lesquels le résidu halogénique de l'acide sulfurique est remplacé par le résidu halogénique d'autres acides.

Les chloro-, bromo- ou nitroplatinocyanures présentent toujours les réactions des deux sels dont ils renferment les éléments.

La plupart des auteurs, malgré les expériences de Hadow, représentent encore les platinicyanures par les formules de Weselsky; nous ne les suivrons pas dans cette voie, et nous adopterons au contraire les formules du chimiste anglais, qui nous paraissent mieux correspondre à leur vraie constitution.

CHLOROPLATINOCYANURE D'AMMONIUM,

$$[PtCy^4(AzH^4)^2]^5.PtCy^4(AzH^4)^2.Cl^2 = [PtCy^4(AzH^4)^2]^6, Cl^2.$$

— Ce sel renferme 15 molécules d'eau de cristallisation, d'après les analyses de Knop et Schnederman; il cristallise en aiguilles qui présentent un éclat doré. A 150°, les aiguilles prennent une teinte gris d'acier en se décomposant en partie. Entre 180° et 190°, elles deviennent jaunes (Weselsky).

CHLOROPLATINOCYANURE DE POTASSIUM,

$$(PtCy^4K^2)^5.PtCy^4K^2Cl^2 + 21\,H^2O = (PtCy^4K^2)^6.Cl^2 + 21\,H^2O.$$

— Généralement on prépare ce sel en faisant passer un courant de chlore à travers une solution chaude de platinocyanure de potassium assez concentrée pour que le sel se dépose en cristaux par le refroidissement. On le purifie par pression et cristallisation dans une liqueur acidulée par de l'acide chlorhydrique [Knop, *Ann. der Chem. u. Pharm.*, 1842, t. XLIII, p. 111; — Gerhardt, *Compt. rend. des trav. de Chim.*, 1850, p. 145].

Suivant Hadow, ce mode de préparation ne donne pas de bons résultats, parce que le sel se décompose toujours en partie pendant les cristallisations successives. Suivant ce dernier chimiste, le meilleur mode de préparation consiste à convertir la sixième partie d'une solution de platinocyanure de potassium en perchloroplatinocyanure au moyen d'un excès de chlore, à mêler ce sixième de la liqueur avec les 5/6 primitifs et à évaporer le mélange. Au bout de peu de temps, le sel double se dépose à l'état de pureté absolue.

Le chloroplatinocyanure de potassium est un des plus beaux sels que l'on connaisse. Il forme des prismes d'un éclat métallique cuivré, verts par transparence, qui renferment 21 molécules d'eau de cristallisation (6, si l'on adopte l'ancienne formule $Pt^2Cy^{10}K^4$). Vu en masse, il ressemble à un tissu composé de fines aiguilles de cuivre. Il se dissout aisément dans l'eau sans la colorer et est insoluble dans l'alcool.

La chaleur décompose facilement ce sel; il se dégage du cyanogène, et le résidu se colore d'abord en jaune brunâtre et fond ensuite en une masse brune (Knop). Suivant Weselsky, il verdit à 180° et jaunit à 200° sans perdre de son éclat. Abandonné dans le vide sur de l'acide sulfurique, il noircit en perdant une portion de son eau, et devient alors partiellement insoluble dans l'eau. Lorsqu'on le fait digérer avec une solution de potasse, il retourne à l'état de platinocyanure. Il perd, d'après Hadow, 18 molécules d'eau de cristallisation vers 100° et le reste à 180°.

BROMOPLATINOCYANURE DE POTASSIUM,

$$(PtCy^4K^2)^5, PtCy^4K^2Br^2 = (PtCy^4K^2)^6, Br^2.$$

— M. Hadow a obtenu ce corps par la même méthode que le chlorure correspondant en substituant le brome au chlore dans la préparation.

NITROPLATINOCYANURE DE PLOMB,

$$(PtCy^4\overset{''}{Pb})^5, PtCy^4\overset{''}{Pb}(AzO^3)^2 + 53\,H^2O,$$

($10\,H^2O$ avec l'ancienne formule $Pt^2Cy^{10}Pb^2$).

— Pour préparer ce sel, on dissout du platinocyanure de plomb dans de l'acide azotique dilué et on abandonne la liqueur au refroidissement. On peut aussi ajouter peu à peu de l'acide azotique de 1,2 de densité à un mélange de platinocyanure de potassium et d'acétate de plomb en solution concentrée. Par le refroidissement, le nouveau corps se sépare en cristaux qui ont la forme d'aiguilles souvent de deux pouces de long. Ces cristaux ont une couleur rouge éclatant dans leur masse et des reflets bleus à leur surface. Ils perdent 10,5 molécules d'eau de cristallisation à 40° en prenant une couleur de vermillon. Entre 50° et 60°, ils prennent une teinte rouge-cerise, et à une température plus élevée ils deviennent couleur de chair. A 200° ils sont tout à fait blancs et anhydres (Martius).

CHLOROPLATINOCYANURE DE LITHIUM,

$$(PtCy^4Li^2)^5, PtCy^4Li^2Cl^2 = (PtCy^4Li^2)^6Cl^2.$$

— C'est un sel fort soluble dans l'eau et l'alcool, qui contient environ 40 molécules d'eau de cristallisation (6 avec l'ancienne formule $Pt^2Cy^{10}Li^4$) (Weselsky).

CHLOROPLATINOCYANURE DE MAGNÉSIUM. — Ce sel se présente sous la forme d'une masse satinée d'un violet bleuâtre qui paraît formée d'aiguilles microscopiques (Weselsky).

PERCHLOROPLATINOCYANURE DE POTASSIUM,

$$PtCy^4K^2Cl^2 + 2\,H^2O.$$

— Ce corps, considéré jusqu'à ce jour comme un composé double de cyanure de potassium et de percyanure de platine, s'obtient par l'action du chlore sur le platinocyanure de potassium. On peut, ou bien, comme le recommande Hadow, diriger un courant de chlore à travers une solution chaude de ce sel jusqu'à saturation, ou bien faire bouillir le platinocyanure avec un mélange chlorurant, tel que l'eau régale ou le permanganate de potasse additionné d'acide chlorhydrique. On évapore ensuite la liqueur au bain-marie. Par le refroidissement, le nouveau sel se dépose, tandis que du chlorure de potassium reste dans les eaux mères.

Les cristaux du perchloroplatinocyanure de potassium appartiennent au type anorthique [Naumann, *Journ. für prakt. Chem.*, t. XXXVII, p. 463].

Ces cristaux s'effleurissent à l'air. Par l'échauffement ils dégagent du cyanogène, et, si on les calcine légèrement, ils laissent un mélange de cyanure platineux et de chlorure de potassium; si la chaleur est plus forte, il ne reste que du chlorure de potassium et du platine métallique. La solution de ce sel, soumise à l'action d'un courant de gaz sulfureux, puis abandonnée à l'évaporation spontanée, donne des cristaux de chloroplatinocyanure de potassium et de platinocyanure. L'ammoniaque produit le même effet. D'autres corps réducteurs, comme le zinc, produisent la même métamorphose (Knop et Schnedermann). Mêlé avec 5 molécules de platinocyanure de potassium, ce corps se convertit en chloroplatinocyanure (Hadow).

CYANURE PLATINIQUE, $PtCy^4$. — Ce corps n'est pas connu. On en a admis pendant longtemps l'existence dans le composé précédent, mais les expériences de M. Hadow tendant à faire considérer ce corps comme ayant une tout autre constitution que celle qu'on lui attribuait, on ne connaît plus aucun composé qui renferme du percyanure de platine, et ce dernier passe au nombre des composés qui ont dû être rayés des traités de chimie comme n'existant que dans l'imagination des chimistes. Toutefois, le platine étant tétratomique, on conçoit la possibilité de le découvrir un jour. A. N.

CYANURE DE PLOMB, $Pb''Cy^2$. — Ni l'azotate ni l'acétate de plomb, soit neutre, soit basique, ne sont précipités par l'acide cyanhydrique; mais le cyanure d'ammonium donne avec l'acétate neutre de plomb un précipité légèrement jaunâtre.

Si l'on ajoute de l'acide cyanhydrique à une solution ammoniacale de sous-acétate de plomb, il se produit un précipité blanc qui a pour formule

$$Pb''\left\{\begin{matrix}Cy\\OH\end{matrix}\right.$$

d'après Kugler [*Ann. der Chem. u. Pharm.*, t. LXVI, p. 63]. Suivant Erlenmeyer, cette formule ne concorderait pas avec les analyses, et l'oxycyanure de plomb serait $Pb''Cy^2.2PbO$ [*Journ. für prakt. Chem.*, t. XLVIII, p. 356]. A. N.

CYANURE DE POTASSIUM, KCy. — *Modes de formation.* — Nous avons déjà dit que le cyanure de potassium prend naissance : 1° quand on chauffe le métal dans un courant de gaz cyanogène ou d'acide cyanhydrique en vapeurs ; 2° quand on dirige de l'azote sur du charbon imprégné de carbonate potassique ; 3° lorsqu'on décompose les matières organiques azotées en les calcinant avec de la potasse ; 4° par la calcination du salpêtre avec une matière organique azotée ou non.

Aucun de ces procédés ne fournissant ce sel à l'état de pureté, on le prépare ordinairement par la décomposition du ferrocyanure de potassium ou par l'action de l'acide cyanhydrique sur la potasse.

Préparation au moyen du ferrocyanure potassique [Liebig, *Ann. der Chem. u. Pharm.*, t. XLI, p. 285 ; — Haidlen et Fresenius, *ibid.*, t. XLIII, p. 130 ; — Clemm, *ibid.*, t. LXI, p. 250 ; — Robiquet, *Journ. de Pharm.*, (3), t. XVII, p. 613 ; — Geiger, *Ann. der Chem. u. Pharm.*, t. I, p. 44 ; — F. et L. Rodgers, *Phil. Mag.*, (3), t. IV, p. 93]. — Pour préparer le cyanure de potassium au moyen du prussiate de potasse, on prive ce sel de son eau de cristallisation, puis on l'introduit dans une cornue de porcelaine et on le calcine jusqu'à ce qu'il ne se dégage plus d'azote ; il reste du cyanure potassique mêlé avec un carbure de fer. Il ne faut pas élever la température au point d'obtenir une chaleur blanche très-intense, parce qu'une partie du cyanure potassique se décomposerait à son tour en azote et carbure de potassium. Si cet accident se produit, on en est du reste facilement averti : le résidu refroidi dégage de l'hydrogène lorsqu'on l'arrose avec de l'eau. Dans l'opération qui vient d'être décrite, le carbure de fer se dépose contre les parois intérieures de la cornue ; quant au cyanure de potassium, il reste fondu au milieu et il cristallise en cubes par le refroidissement ; de sorte que, d'après Geiger, une quantité de cyanure potassique égale, en poids, au tiers ou au quart du sel mis en expérience, peut être obtenue à l'état de pureté parfaite sans autre purification ; on peut même séparer par décantation le sel fondu d'avec la portion infiltrée dans le carbure de fer. Du reste, on sépare le cyanure du carbure en reprenant le mélange par l'eau ou l'alcool et évaporant ensuite les liquides après les avoir filtrés ; l'emploi de l'alcool est supérieur à celui de l'eau, qui altère toujours un peu le cyanure de potassium : seulement, avec l'alcool, on doit faire la dissolution à chaud, ce qui n'empêche même pas celle-ci d'être très-lente à s'opérer, vu le peu de solubilité du cyanure de potassium dans ce véhicule ; quand on se sert de l'eau, il faut se hâter, sans quoi il se reforme du cyanoferrure.

Au lieu d'opérer dans une cornue, on peut se servir d'un creuset de porcelaine, de terre ou de fer, muni de son couvercle. Cette méthode est même supérieure, en ce qu'elle permet mieux de surveiller la décomposition. Au lieu de chauffer au rouge blanc, on peut ne chauffer qu'au rouge-cerise ; le cyanure de potassium reste alors mêlé au carbure de fer et on l'extrait par l'alcool.

Afin de ne pas perdre de cyanogène, M. Clemm fait fondre au rouge sombre, dans un creuset de fer muni de son couvercle, 3 p. de carbonate de potasse sec et 8 p. de ferrocyanure de potassium privé de son eau de cristallisation ; lorsque le produit est devenu limpide et paraît blanc, on retire le creuset du feu, le fer mis en liberté gagne le fond du vase et l'on décante facilement la majeure partie du cyanure fondu. M. Liebig a montré que l'avantage que l'on retire de cette méthode n'est qu'apparent : le cyanogène du cyanure de fer n'est pas entièrement converti en cyanure potassique. Une partie passe à l'état de cyanate, tandis qu'une autre partie se détruit en laissant un carbure de fer. On peut toutefois obtenir par ce procédé du cyanure tout à fait exempt de cyanate ; il suffit pour cela d'ajouter du charbon pilé au mélange. Le produit est alors souillé de charbon, mais dans la plupart des cas ce dernier ne nuit en rien. On peut du reste lessiver la masse avec de l'alcool bouillant ; dans tous les cas, le carbonate employé doit être tout à fait exempt de sulfate, sans quoi il se forme du sulfure de potassium.

MM. F. et E. Rodgers préparent le cyanure potassique en calcinant, dans un creuset couvert, 13 p. de carbonate de potasse et 10 p. de bleu de Prusse, et en épuisant le produit par l'alcool.

Préparation au moyen de l'acide cyanhydrique. — Pour obtenir le cyanure de potassium tout à fait pur, Wiggers conseille d'opérer la saturation de la potasse par l'acide cyanhydrique [Wiggers, *Ann. der Chem. u. Pharm.*, t. XXIX, t. 319]. A cet effet, il prépare l'acide cyanhydrique par le procédé de Pessina, et, au lieu de condenser simplement les vapeurs dans un récipient refroidi, il les fait arriver dans une solution alcoolique de potasse, dont la température doit être maintenue très-basse au moyen d'un mélange réfrigérant. La solution potassique doit renfermer environ 1 p. d'hydrate potassique pour 3 ou 4 p. d'alcool à 90 %. Le cyanure de potassium, étant peu soluble dans l'alcool, se précipite à mesure qu'il se forme et le liquide se prend en une masse pâteuse ; on filtre, on lave le sel avec de l'alcool froid, pour le débarrasser de l'hydrate dont il pourrait être souillé, on le comprime et on le dessèche rapidement à l'étuve.

Préparation au moyen de l'azote atmosphérique. — On sait depuis longtemps qu'il se produit des quantités considérables de cyanure de potassium dans les hauts-fourneaux où l'on chauffe des minerais de fer avec du charbon de bois ou du coke. M. Bunsen, en se fondant sur cette observation, a imaginé un haut-fourneau spécialement destiné à la préparation du cyanure de potassium ; ce fourneau étant rempli de charbon et de potasse en couches superposées, on chauffe le tout à une haute température au moyen d'un puissant ventilateur ; le cyanure produit s'écoule dans un récipient placé au fond du fourneau, il est impur et ne peut être utilisé que pour la préparation du cyanoferrure potassique [*Reports of the british Association*, 1845, p. 185].

Propriétés. — Le cyanure potassique a une saveur âcre, un peu alcaline et amère, qui laisse dans la gorge un arrière-goût prononcé d'acide cyanhydrique. La solution aqueuse l'abandonne en s'évaporant, sous forme de cristaux octaédriques anhydres qui appartiennent au système régulier. Ces cristaux sont très-fusibles, ils fondent avec une faible décrépitation en un liquide incolore qui cristallise en cubes par le refroidissement.

Le cyanure de potassium est très-soluble dans l'eau et même déliquescent ; l'alcool le précipite de ses solutions aqueuses concentrées. L'alcool bouillant de 0,94 en dissout à peine 0,01, l'alcool de 0,78 en dissout un peu plus ; à partir de ce terme sa faculté dissolvante augmente proportionnellement à l'eau qu'il renferme.

Le cyanure de potassium paraît se volatiliser sans subir de décomposition, à la chaleur blanche ; sa réaction est fortement alcaline ; c'est un corps excessivement vénéneux.

Réactions. — Dissous ou seulement à l'état

humide, le cyanure de potassium est attaqué par l'anhydride carbonique de l'air qui en dégage le cyanogène à l'état d'acide prussique et finit par le transformer en carbonate de potasse. Lorsqu'on fait bouillir sa dissolution à l'abri de l'air, il se produit du formiate de potasse et de l'ammoniaque par un simple phénomène d'hydratation; en prolongeant cette ébullition on peut même arriver à décomposer la totalité du cyanure.

Le cyanure de potassium est fort oxydable; calciné au contact de l'air ou avec du peroxyde de manganèse, il se convertit en cyanate. Cette propriété en fait un agent précieux pour la réduction et la séparation de quelques métaux; l'oxyde de fer fondu avec lui se réduit très-vite et le convertit en cyanate. Lorsqu'on saupoudre du cyanure de potassium fondu avec de l'oxyde de cuivre, celui-ci se réduit avec ignition; les oxydes de zinc, de plomb, d'étain, d'antimoine et l'anhydride arsénieux, se réduisent aussi fort aisément. Ces réductions s'accomplissent déjà à une chaleur rouge assez faible pour qu'on ne la voie pas le jour [Liebig, *Ann. der Chem. u. Pharm.*, t. XLI, p. 289]. Comme agent réducteur, le cyanure de potassium ne paraît supérieur, suivant Berzelius, ni au flux noir ni aux sels potassiques à acides végétaux, mais il a l'avantage de ne pas carburer le métal, car le sel se change en cyanate aux dépens de l'oxyde métallique; si l'oxyde métallique prédomine, l'excès de cet oxyde est réduit par le cyanate sans qu'il se sépare de carbone.

Le cyanure de potassium détone violemment lorsqu'on le chauffe avec du nitrate ou du chlorate potassique; fondu avec du sulfate de potassium, il donne du cyanate et du sulfure potassique (Liebig).

Le cyanure de potassium peut aussi exercer une action réductrice par voie humide. C'est ainsi que, lorsqu'on traite par ce sel une solution aqueuse d'alloxane, il se produit du dialurate de potasse (Liebig). Fondu avec du soufre, il se convertit en sulfocyanate (sulfocyanure) par addition directe (Porrett) : $KCy + S = KCyS$.

Le même composé se produit avec séparation de métal lorsqu'on substitue au soufre les sulfures d'antimoine ou d'étain (Liebig).

Le soufre ne se dissout point dans la solution aqueuse du cyanure potassique, mais le sélénium s'y dissout rapidement même à la température ordinaire [Wiggers, *Ann. der Chem. u. Pharm.*, t. XXIX, p. 319].

L'iode se dissout en grande quantité dans cette solution en produisant un liquide brun, puis incolore, qui se prend par le refroidissement en une bouillie de cristaux. Ces cristaux seraient constitués par de l'iodure de cyanogène suivant Liebig [*Ann. der Chem. u. Pharm.*, t. I, 355]; suivant Langlois, ils seraient constitués par un iodure double de cyanogène et de potassium [*Ann. de Chim. et de Phys.*, (3), t. LX, p. 220]. — Voyez Cyanogène (iodure de).

La solution aqueuse du cyanure de potassium dissout aussi l'iodure d'azote sans dégagement de gaz; la liqueur, évaporée dans le vide, donne une matière cristalline très-déliquescente, dont la solution a l'odeur de l'iodoforme et précipite en jaune le bichlorure de mercure [Millon, *Ann. de Chim. et de Phys.*, t. LXIX, p. 78].

Elle dissout plusieurs oxydes métalliques; elle dissout, même à l'abri de l'air, le zinc, le fer, le nickel et le cuivre métallique, en dégageant du gaz hydrogène; le cadmium, l'argent et l'or n'en sont dissous qu'avec le concours de l'air; elle est sans action sur le platine, le mercure et l'étain.

Elle dissout le chlorure d'argent en produisant un sel double cristallisable. — Voyez Cyanure d'argent.

L'électrolyse la convertit en cyanate.

Deux procédés de dosage ont été proposés : l'un par Glassford et Napier [*Phil. Mag.*, (3), t. XXV, p. 58], l'autre par Fordos et Gélis [*Journ. de Pharm.*, (3), t. XXIII, p. 48]; nous les avons décrits l'un et l'autre à l'article Cyanhydrique (acide). — Voyez ce mot. A. N.

CYANURE DE RHODIUM. — On connaît un cyanure rhodique, Rh^2Cy^6, qui se précipite sous la forme d'une poudre d'un rouge carmin pâle lorsqu'on décompose le cyanure rhodico-potassique par l'acide acétique; il se dissout dans les cyanures alcalins en formant de vrais cyanures doubles, faciles à détruire; lorsqu'on le calcine, il se décompose et laisse un résidu de rhodium difficilement attaquable par les acides (Martius).

Cyanure rhodico-potassique, $Rh^2Cy^6, 6KCy$. — Ce corps, par sa formule, ressemble aux ferricyanures, mais il s'éloigne de ces sels par la facilité avec laquelle les acides le décomposent. On peut le préparer par une des méthodes que nous avons exposées à l'occasion du sel d'iridium correspondant. Il ressemble au sel d'iridium, dont il se distingue par sa réaction sur l'acide acétique qui en précipite du cyanure rhodique, tandis que, dans les mêmes conditions, le sel d'iridium reste inaltéré. A. N.

CYANURE DE RUTHÉNIUM, *ruthéniocyanure de potassium*, $RuCy^6K^4 + 3H^2O$ (Claus, Martius). — On prépare ce sel comme le sel d'iridium correspondant en fondant le chlororuthéniate d'ammonium avec du cyanure potassique. Il cristallise en petites tables carrées transparentes et incolores, qui ont leurs arêtes tronquées par les faces de l'octaèdre. Ces cristaux sont isomorphes avec ceux de ferrocyanure potassique.

Les ruthéniocyanures solubles donnent, avec les solutions des sels métalliques, des réactions semblables à celles des ferro- et des osmiocyanures, c'est-à-dire qu'ils précipitent les sels ferreux en violet clair, les sels ferriques en violet foncé, les sels de cuivre en rouge brunâtre, les sels mercureux, plombiques et zinciques en blanc, et le bichlorure de platine en brun foncé.

Acide ruthéniocyanhydrique, $RuCy^6H^4$. — Cet acide se précipite en lames blanches nacrées, lorsqu'on verse à la fois de l'acide chlorhydrique et de l'éther dans la dissolution du sel précédent. Il a une réaction acide prononcée, sa saveur est astringente, il se dissout facilement dans l'eau et dans l'alcool et acquiert à peine une légère teinte bleue lorsqu'on l'expose à l'air (Claus). A. N.

CYANURE DE SODIUM, $NaCy$. — On l'obtient par les mêmes procédés que le sel de potassium. MM. F. et E. Rodgers calcinent 6 à 10 p. de bleu de Prusse avec 10 p. de carbonate de soude desséché, et épuisent le produit par l'alcool bouillant.

Rieger a trouvé du cyanure de sodium dans la soude du commerce [*Jahresb. f. prakt. Pharm.*, t. XX, p. 143].

Le cyanure de sodium ressemble beaucoup au cyanure de potassium, dont il partage en général les propriétés. Il est très-soluble dans l'eau, peu soluble dans l'alcool et très-difficile à obtenir en cristaux réguliers, parce que la liqueur évaporé se prend ordinairement en masse. A. N.

CYANURE DE THALLIUM [Crookes, *Proc. of the Roy. Soc.*, t. XII, p. 156; — Lamy, *Ann. de Chim. et de Phys.*, (3), t. LXVII, p. 385]. — Ce sel se précipite lorsqu'on ajoute avec précaution du cyanure de potassium à une solution saturée de carbonate de thallium. C'est une poudre cristalline blanche ou légèrement brune qui se dissout facilement dans un excès de cyanure alcalin, dans l'eau et dans l'alcool. On l'obtient encore en dissolvant l'hydrate de thallium dans l'acide cyanhydrique.

CYANURE DE TITANE. — D'après Fr. Weiss et Fr. Döbereiner il se produit du cyanure de titane en même temps que des cyanures de cuivre et de palladium, lorsqu'on traite par le cyanure de potassium le produit de l'action de l'eau régale sur le minerai brut de platine. Pour purifier le cyanure de titane et le séparer des autres cyanures, on calcine le précipité. Le cyanure de titane se sublime sous la forme d'une masse grise que l'on redissout dans l'eau; la nature de ce corps n'est pas suffisamment établie [Döbereiner, *Ann. der Chem. u. Pharm.*, t. XIV, p. 10].

AZOTOCYANURE DE TITANE, $TiCy^2.3Ti^3Az^2$ [Wœhler, *Ann. de Chim. et de Phys.*, (3), t. XXIX, p. 166; *Quart. Journ. of the Chem. Soc.*, t. II, p. 352]. — Ce composé, que l'on avait considéré à tort autrefois comme du titane métallique, se forme accidentellement dans les hauts-fourneaux; sa production paraît liée à celle du cyanure potassique. On l'obtient en effet en exposant dans un creuset couvert, à la température de fusion du nickel, un mélange d'acide titanique et de ferrocyanure de potassium desséché. Il se produit ainsi une masse brune poreuse, non fondue, qui ne cède à l'eau que des traces de potassium, et dans l'intérieur de laquelle on découvre, à l'aide du microscope, une multitude de petits cubes cuivrés qui se comportent avec les réactifs comme les cubes des hauts-fourneaux.

L'azotocyanure de titane cristallise en beaux cubes cuivrés; si on le chauffe au rouge dans un tube de porcelaine à travers lequel on dirige un courant de vapeur d'eau, il se produit une quantité considérable d'hydrogène libre en même temps que de l'ammoniaque et de l'acide cyanhydrique (Wœhler, Regnault). Si les cristaux sur lesquels on opère n'ont point été pulvérisés, le résidu de cette opération est de l'acide titanique, qui conserve en apparence la forme des cubes primitifs, mais qui en réalité est formé par une agrégation de petits cristaux microscopiques identiques avec ceux du minéral connu sous le nom d'*anatase*.

Réduit en poudre et chauffé avec de l'oxyde de cuivre, de plomb ou de mercure, l'azotocyanure de titane réduit ces métaux; la réduction s'accompagne d'un dégagement de lumière et d'un tel dégagement de chaleur que le cuivre réduit fond et prend la forme de globules.

Chauffés dans un courant de chlore sec, les cristaux d'azotocyanure de titane produisent du chlorure de titane liquide en même temps qu'un sublimé jaune, qui est un composé de chlorure de titane et de chlorure de cyanogène.

Réduits en poudre et chauffés avec de l'*hydrate potassique*, ils donnent du titanate de potassium et de l'ammoniaque. A. N.

CYANURE D'URANIUM. — Le cyanure de potassium précipite les sels uraniques en jaune; le précipité est soluble dans l'acide azotique; il se dissout aussi à chaud dans le cyanure de potassium. Les sels uraneux sont également précipités par les cyanures alcalins, mais le précipité n'est que de l'hydrate uraneux.

CYANURE DE ZINC, $Zn''Cy^2$. — C'est un corps blanc et insoluble dans l'eau et l'alcool; séché et distillé, il donne un résidu noir de carbure de zinc. Les cyanures alcalins le dissolvent aisément.

Wœhler conseille de le préparer en mêlant une dissolution d'acétate de zinc avec de l'acide cyanhydrique dilué, qui précipite tout le zinc. On peut substituer à l'acétate de zinc un mélange de sulfate de zinc et d'acétate potassique acidulé avec un peu d'acide acétique [C. Oppermann, *Journ. de Pharm.*, (3), t. XXXVIII, p. 320]. Le sulfate et le chlorure purs ne seraient pas décomposés par l'acide cyanhydrique.

On peut aussi préparer le cyanure de zinc par l'action de l'hydrate de zinc sur l'acide prussique. Enfin Bette a proposé de le préparer pour l'usage pharmaceutique en précipitant le cyanhydrate d'ammoniaque par du sulfate de zinc bien exempt de fer.

CYANURE DOUBLE DE ZINC ET D'AMMONIUM,

$$ZnCy^2.2AzH^4Cy$$

[Corriol et Berthemot, *Journ. de Pharm.*, t. XVI, p. 444]. — On l'obtient en dissolvant du cyanure zincique dans de l'ammoniaque caustique et en abandonnant la liqueur à l'évaporation spontanée. Le sel cristallise en prismes rhomboïdaux incolores et efflorescents. Il ne se dissout dans l'eau que d'une manière incomplète en séparant du cyanure du zinc. Son odeur rappelle à la fois l'acide cyanhydrique et l'ammoniaque.

CYANURE DOUBLE DE ZINC ET DE BARYUM,

$$(ZnCy^2)^2.BaCy^2.$$

— Il se précipite, suivant Rammelsberg, sous forme d'une poudre blanche, très-peu soluble dans l'eau, lorsqu'on mêle une solution aqueuse de cyanure double de zinc et de potassium avec une solution d'acétate de baryte. Ce précipité, d'après Berzelius, ne serait point un cyanure zincico-barytique, mais constituerait une combinaison de baryte avec le cyanure zincique; de l'acide cyanhydrique s'éliminerait dans la réaction. Quelle que soit sa composition, il est notoire qu'il retient toujours un peu de potasse.

CYANURE DOUBLE DE ZINC ET DE CALCIUM [Schindler, *Magaz. für Pharm.*, t. XXXVI, p. 70]. — C'est un sel assez soluble qu'on obtient en traitant le cyanure de zinc par le cyanure de calcium.

CYANURE DOUBLE DE ZINC ET DE PLOMB,

$$(ZnCy^2).PbCy^2.$$

— C'est un précipité blanc.

CYANURE DOUBLE DE ZINC ET DE POTASSIUM,

$$ZnCy^2.2KCy$$

[L. Gmelin, *Handb. der Chem.*, 4e édit., t. IV, p. 339]. — On l'obtient en dissolvant le cyanure de zinc dans le cyanure de potassium; après l'évaporation, le sel double cristallise en octaèdres réguliers, qui sont grands, incolores, presque transparents et anhydres; ils décrépitent quand on les chauffe, mais sans s'altérer, sont fusibles, ont une saveur sucrée et une légère réaction alcaline; de petites quantités d'acide sulfurique, chlorhydrique ou acétique en précipitent le cyanure de zinc, lequel se redissout dans un excès d'acide. Ce cyanure double est très-soluble dans l'eau froide. Comme il présente une composition très-constante et que les acides en déplacent aisément l'acide prussique, Gerhardt pensait qu'on pourrait l'employer avec avantage en médecine.

CYANURE DOUBLE DE ZINC ET DE SODIUM,

$$(ZnCy^2)^2, 2NaCy + 5H^2O$$

[Rammelsberg, *Poggend. Ann.*, t. XLII, p. 112]. — On l'obtient en dissolvant du cyanure de zinc dans du cyanure de sodium; la solution convenablement évaporée, puis abandonnée sous une cloche au-dessus de l'acide sulfurique, l'abandonne sous forme de lamelles brillantes qui renferment 21,23 %, soit 5 molécules, d'eau de cristallisation; cette eau ne s'en va complétement qu'à 200°. Ce sel est très-soluble dans l'eau. A. N.

CYANURINE. — Dépôt bleu observé dans certaines urines pathologiques. — Voyez URINE.

CYANURIQUE (ACIDE),

$$C^3H^3O^3Az^3 + 2H^2O$$

$$= \begin{array}{l} Az{\equiv}C\text{-}OH \\ Az{\equiv}C\text{-}OH + 2H^2O \\ Az{\equiv}C\text{-}OH \end{array}$$

[Scheele, *Opuscula*, t. II, p. 77; — Chevalier et Lassaigne, *Ann. de Chim. et de Phys.*, t. XIII, p. 155; — Serullas, *ibid.*, t. XXXVIII, p. 379; — Wœhler, *Ann. de Poggend.*, t. XV, p. 622; — Liebig et Wœhler, *ibid.*, t. XX, p. 369; — Liebig, *Ann. der Chem. u. Pharm.*, t. XXVI, p. 121 et 145; — Wurtz, *Compt. rend. de l'Acad. des sciences*, t. XXIV, p. 436; — De Vry, *Ann. der Chem. u. Pharm.*, t. LXI, p. 249; — Wœhler, *ibid.*, t. LXI, p. 244; Liebig, *Ann. de Chim. et de Phys.*, t. XLV, p. 358].

Historique. — Cet acide, découvert par Scheele en distillant l'acide urique, fut retrouvé en 1818 par Serullas en décomposant par l'eau le chlorure de cyanogène solide, et reproduit en 1829 par Wœhler en distillant l'urée. L'étude de ses sels minéraux est due à Liebig et Wœhler; celle de ses éthers à M. Wurtz.

Conditions de production et préparation. — Il se produit dans un très-grand nombre de conditions. Par la distillation sèche de l'acide urique (Scheele); par l'action de l'acide hypochloreux sur l'acide cyanhydrique (Balard), par l'action des alcalis sur le chlorure de cyanogène solide (Serullas), de l'acide sulfurique sur la mellamine, l'ammélide, l'amméline (voyez ces mots), et de l'acide chlorhydrique sur le mellonure de potassium [Liebig, *Ann. de Chim. et de Phys.*, t. XLV, p. 358], dans la déshydratation de l'urée par l'acide phosphorique [Welzien, *Ann. der Chem. u. Pharm.*, t. CXXXII, p. 219]; par l'action de l'acide sulfurique sur la cyamélide [Weltzien, *ibid.*, t. CXXXII, p. 224, et *Bull. de la Soc. chim. de Paris*, 1865, t. III, p. 303]. Mais les meilleurs moyens pour le préparer consistent à se servir de l'urée.

Wœhler surchauffe l'urée jusqu'à ce qu'elle se transforme en une masse grisâtre infusible; le résidu dissous dans l'acide sulfurique concentré est traité par l'acide nitrique jusqu'à décoloration. On ajoute de l'eau à la dissolution, et l'acide cyanurique se dépose par le refroidissement. De Vry chauffe le chlorhydrate d'urée jusqu'à 145°. Il se produit à cette température une vive décomposition; le résidu repris par l'eau bouillante donne des cristaux incolores d'acide cyanurique.

Le moyen le plus avantageux est dû à M. Wurtz. Il consiste à faire passer du chlore sec dans de l'urée fondue, à traiter le résidu par l'eau froide qui dissout le chlorure ammonique, puis à reprendre par l'eau bouillante qui, en se refroidissant, laisse déposer l'acide cyanurique.

Ainsi obtenu, l'acide cyanurique contient 2 molécules d'eau de cristallisation qu'il abandonne à l'air en s'effleurissant. Ces cristaux sont des prismes obliques à base rhombe. M. Schabus a observé les combinaisons : $p\ m$ et p, m, h^1. Le refroidissement d'une solution d'acide cyanurique dans les acides nitrique ou chlorhydrique concentrés et bouillants donne des cristaux exempts d'eau de cristallisation : octaèdres à base carrée.

L'acide cyanurique est triatomique et tribasique.

Substance solide, sans couleur ni odeur, saveur légèrement acide, rougissant facilement le tournesol, se dissolvant dans 40 p. d'eau froide et dans l'alcool bouillant, d'où il se précipite en petits grains, par refroidissement; il se dissout aussi dans les acides minéraux concentrés, d'où l'eau peut le reprécipiter. Vers 360°, l'acide cyanurique se volatilise et se transforme en acide cyanique.

Une longue ébullition avec les acides énergiques et concentrés le transforme en acide carbonique et ammoniaque.

Le perchlorure de phosphore le change en chlorure de cyanogène solide (Beilstein).

Une solution de cuivre ammoniacal donne avec cet acide un précipité violet.

Cyanurates métalliques [Wœhler, *Ann. der Chem. u. Pharm.*, t. LXII, p. 241]. — Cet acide étant à la fois triatomique et tribasique, on peut obtenir trois classes de sels mono-, bi- et trimétalliques représentés par les trois symboles

$$C^3Az^3O^3M^3,\quad C^3Az^3O^3M^2,H,\quad C^3Az^3O^3,M',H^2.$$

Ils sont presque tous peu solubles dans l'eau; les acides forts précipitent de ses sels l'acide cyanurique. Ils s'obtiennent en général en traitant l'acide par la base à combiner.

Ils fondent par la chaleur et se transforment en cyanate en dégageant de l'acide cyanique, du cyanate d'ammoniaque et de l'azote. Les acides en séparent l'acide cyanurique. Le perchlorure de phosphore donne avec eux du chlorure de cyanogène gazeux (Beilstein).

Cyanurate monoammonique,

$$C^3Az^3O^3,AzH^4,H^2 + H^2O.$$

— Prismes blancs, brillants, s'effleurissant à l'air. L'amide correspondant au cyanurate triammonique, s'il existait, serait la cyanuramide ou mélamine de M. Liebig (voyez ce mot) qui en diffère par $3H^2O$.

Cyanurate monopotassique,

$$C^3Az^3O^3,K,H^2.$$

— On l'obtient en ajoutant une quantité insuffisante de potasse à une solution aqueuse saturée à chaud d'acide cyanurique. On l'obtient aussi en ajoutant peu à peu de l'acide acétique ou nitrique à une solution concentrée de cyanate de potasse, ou enfin en grillant à l'air le ferrocyanure jaune, précipitant à froid la solution par de l'acide chlorhydrique, puis faisant recristalliser le précipité (Campbell).

Cubes blancs, brillants, peu solubles, à réaction acide.

Cyanurate bipotassique,

$$C^3Az^3O^3K^2H.$$

— S'obtient en ajoutant de la potasse à la solution du sel précédent et précipitant par l'alcool. Corps à réaction alcaline, cristallisé en aiguilles incolores. Sa dissolution se décompose à la longue en donnant du cyanurate monopotassique.

Cyanurate de soude. — Incristallisable, très-soluble dans l'eau.

Cyanurate monobarytique,

$$(C^3Az^3O^3)^2H^4Ba + 2H^2O.$$

— On produit ce sel en ajoutant goutte à goutte de l'eau de baryte à une solution chaude et trouble d'acide cyanurique jusqu'au moment où la liqueur ne s'éclaircit plus, laissant la liqueur à 60-70° pendant quelques heures, filtrant et évaporant.

Prismes transparents, se déshydratant à 200° et complétement vers 280°.

Cyanurate bibarytique,

$$(C^3Az^3O^3)^2H^2Ba^2 + 3H^2O.$$

— On obtient ce sel quand on ajoute de l'ammoniaque à un mélange d'une solution bouillante d'acide cyanurique au chlorure de baryum. La quantité d'eau de cristallisation démontre ici évidemment qu'il faut dériver ces sels et quelques-uns de ceux qui suivent d'une double molécule d'acide cyanurique.

Cyanurate de chaux. — Cristaux mamelonnés très-solubles, amers, fusibles.

Cyanurate triplombique,

$$(C^3Az^3O^3)^2Pb^3 + 3H^2O.$$

— On lui a aussi donné le nom de sous-cyanurate. C'est le seul connu. On l'obtient soit en traitant le carbonate de plomb récemment précipité par une solution bouillante et en excès d'acide cyanurique, soit en précipitant l'acétate de plomb par le cyanurate d'ammonium, soit en versant du sous-acétate de plomb dans une solution bouillante et en excès d'acide cyanurique. Ce procédé est le meilleur.

Précipité lourd, cristallin, commençant à se déshydrater vers 200°, mais ne perdant toute son eau de cristallisation que plus haut; l'hydrogène réduit ce sel à chaud avec dégagement d'urée et de cyanure ammonique.

Cyanurates cuivriques. — Composition peu constante. L'hydrate de cuivre et l'acide cyanurique paraissent donner un sous-sel. Précipité cristallin. Le cyanurate d'ammoniaque précipite le sulfate de cuivre. Poudre amorphe, verdâtre, exempte d'ammoniaque, contenant beaucoup de sulfate. Une solution bouillante d'acide cyanurique bouille avec de l'acétate de cuivre pendant longtemps donne un précipité vert cristallin contenant de l'acétate.

Cyanurate de cuprammonium,

$$C^3Az^3O^3.H, [Cu(AzH^3)^2]'' + H^2O.$$

— Il s'obtient en mélangeant une solution concentrée légèrement ammoniacale d'acide cyanurique à une solution étendue et ammoniacale de sulfate de cuivre. Cristaux violacés insolubles, en prismes à quatre pans, à sommet dièdre, à peine solubles dans l'ammoniaque, inaltérables; ce sel, chauffé à 230°, devient vert-olive, se déshydrate en partie et perd de l'ammoniaque. Plus haut, il devient jaune clair, prend feu et laisse CuO.

Un autre sel couleur fleur de pêcher, soluble dans l'ammoniaque, s'obtient quand on a produit la précipitation en présence d'un excès d'ammoniaque.

Un sel violet

$$\left.\begin{matrix} C^3Az^3O^3.H^2AzH^3 \\ C^3Az^3O^3.H^2AzH^3 \end{matrix}\right\} Cu''$$

s'obtient en ajoutant de l'acide cyanurique à une solution de cuivre ammoniacale.

Cyanurate biargentique,

$$C^3Az^3O^3, H, Ag^2.$$

— S'obtient en mélangeant une solution chaude d'acétate d'argent à une solution bouillante d'acide cyanurique. Sel incolore, composé de cristaux rhomboédriques microscopiques, se décomposant entièrement par l'acide nitrique étendu. Commence à se décomposer légèrement au-dessus de 200°. Plus haut il devient cannelle, puis violet foncé, en dégageant de l'acide cyanique, et finit par laisser de l'argent métallique.

Cyanurate triargentique,

$$C^3Az^3O^3Ag^3 + H^2O.$$

— On l'obtient en mélangeant des solutions bouillantes ammoniacales de nitrate d'argent et de cyanurate ammonique. Précipité blanc, formé de prismes microscopiques, insolubles dans l'eau, très-peu dans l'acide nitrique; il se déshydrate de 200° à 300°. D'après M. Wœhler et M. Debus, il paraît contenir

$$C^3Az^3O^3Ag^3 + AzH^3.$$

Cyanurates d'argent-ammonium. — Un sel de formule

$$C^3Az^3O^3Ag^3(AzH^3Ag)H^2$$

s'obtient en faisant digérer le cyanurate biargentique dans l'ammoniaque. Le produit perd son ammoniaque de 60° à 200° ou 300°. Un autre sel, auquel M. Wœhler attribue la formule

$$C^3Az^3O^3Ag^3 + C^3Az^3O^3 + H^2O,$$

se sépare par le refroidissement de la solution bouillante d'où s'est précipité le cyanurate triargentique.

Cyanurate d'argent et de potassium. — Il paraît se produire par l'ébullition du sel biargentique avec la potasse.

Cyanurate d'argent et de plomb,

$$C^3Az^3O^3Pb''Ag + H^2O.$$

— On l'obtient par l'ébullition d'un grand excès de nitrate d'argent avec du cyanurate triplombique.

CYANURATES ALCOOLIQUES OU ÉTHERS CYANURIQUES. — Ils ont été découverts et étudiés pour la plupart par M. Wurtz [Wurtz, *Ann. der Chem. et de Phys.*, (3), t. XLII, p. 57 et suiv.]. Nous ferons pour leur constitution la même remarque que pour celle des éthers cyaniques (voyez ce mot). Ils donnent en général, sous l'influence des agents chimiques, les mêmes réactions que les cyanates alcooliques correspondants.

Cyanurate de méthyle [Wurtz, *Ann. de Chim. et de Phys.*, (3), t. XLII, p. 62],

$$Az^3\left\{\begin{matrix}(CO)^3 \\ (CH)^3.\end{matrix}\right.$$

— C'est le produit cristallin et le corps plus abondant qui résulte de la distillation sèche du cyanate potassique avec le sulfométhylate de la même base. On peut aussi le produire avec le cyanurate de potasse et un sulfométhylate alcalin.

Prismes opaques, incolores, solubles dans l'alcool, très-peu dans l'eau bouillante, fusibles à 175°, bouillants vers 274°. Densité de vapeur, 5,98. La potasse donne avec lui de la méthylamine.

Cyanurate triéthylique [Wurtz, *loc. cit.*, p. 57],

$$Az^3\left\{\begin{matrix}(CO)^3 \\ (C^2H^5)^3.\end{matrix}\right.$$

— Résidu cristallin de la distillation du cyanate d'éthyle brut rectifié jusqu'à 100°. On l'obtient aussi en chauffant vers 200° un mélange de cyanurate et de sulfovinate d'éthyle. On purifie par des recristallisations dans l'alcool bouillant.

Prismes incolores, volumineux, fondant à 95° (Wurtz), 85° (Limpricht et Habich), bouillant vers 253° (Wurtz), à 276° (Limpricht et Habich). Neutres, solubles dans l'éther et dans l'alcool, en étant précipités par l'eau où ils sont cependant un peu solubles. Densité de vapeur, 7,37.

D'après M. Nicklès ces cristaux appartiendraient au type orthorhombique, combinaison du prisme vertical mm avec le prisme horizontal a^1, face modifiante g^1.

L'ammoniaque ne l'altère pas même à chaud; fondu avec la potasse, il donne de l'éthylamine (Wurtz).

L'acide nitrique concentré n'attaque pas le cyanurate d'éthyle, pas plus que le perchlorure de phosphore, même à chaud.

Le chlore agit sur lui vers 100° et donne une combinaison cristalline $C^9H^{11}Cl^4Az^3O^3$, résultat de substitution qui, traitée par une solution alcoolique de potasse précipite du chlorure et du carbonate potassique et donne une nouvelle substance soluble dans l'alcool $C^8H^{11}Cl^2Az^3O^2$.

La réaction finale des alcalis, qui transforment le cyanurate triéthylique en acide carbonique et éthylamine, est précédée de deux actions successives que l'on observe surtout bien en traitant le cyanurate triéthylique par l'eau de baryte; on a d'abord la réaction

$$\underset{\text{Éther cyanurique.}}{C^9H^{15}Az^3O^3} + H^2O = \underset{\text{Produit huileux.}}{C^8H^{17}Az^3O^2} + CO^2.$$

Le composé $C^8H^{17}Az^3O^3$ est un produit huileux, soluble dans l'alcool, distillant en partie sans altération vers 170°, qui se décompose en grande partie vers 200°, d'après l'équation suivante :

$$C^8H^{17}Az^3O^3 = C^3H^5AzO + C^5H^{12}Az^2O.$$

Corps huileux. Éther cyanique. Diéthylurée.

C'est l'éther cyanique qui, sous l'influence des bases, donne enfin l'éthylamine [Habich et Limpricht, *Ann. der Chem. u. Pharm.*, t. CIX, p. 104].

Cyanurate diéthylique (ou acide diéthylcyanurique [Limpricht, *Ann. der Chem. u. Pharm.*, t. LXXIV, p. 208, et Habich et Limpricht, *loc. cit.*],

$$Az^3 \begin{cases} (CO)^3 \\ H, (C^2H^5)^2. \end{cases}$$

— C'est un produit qui passe en combinaison avec de l'éthylamine vers la fin de la distillation du cyanurate triéthylique. On le sépare en faisant bouillir les eaux mères de ce cyanurate avec de la baryte étendue, saturant celle-ci par l'acide sulfurique et laissant cristalliser en liqueur.

Prismes hexagonaux à sommet trièdre assez solubles dans l'eau bouillante, l'alcool et l'éther, fondant vers 173° et pouvant se sublimer. Leur solution aqueuse est acide.

L'ammoniaque, le gaz chlorhydrique, la potasse et la baryte sont sans action sur ce corps. Une solution ammoniacale de nitrate d'argent précipite le composé $C^7H^{10}AgAz^3O^3$. Il en est de même des solutions de plomb, de cuivre, de mercurosum. Nous pensons pouvoir donner à ces combinaisons le symbole rationnel

$$Az^3 \begin{cases} (CO)^3 \\ R', (C^2H^5)^2. \end{cases}$$

La potasse en fusion dégage du cyanurate éthylique, de l'éthylamine et de l'ammoniaque.

Cyanurate tributylique [Wurtz, *Ann. de Chim. et de Phys.*, (3), t. XLII, p. 154]. — Le produit pâteux qui résulte de la distillation du sulfobutylate de potasse avec le cyanate de potasse est en très-grande partie formé de cyanurate tributylique que l'on purifie par des cristallisations successives dans l'alcool bouillant.

Mêmes réactions générales que les cyanurates trialcooliques précédents.

Cyanurate d'urée. — Dans la préparation de l'acide cyanique par l'urée et l'acide phosphorique (Weltzien), il se produit par une action secondaire du cyanurate d'urée. Sa constitution est la même que celle du cyanurate d'ammoniaque où les deux groupes AzH^3 sont remplacés par le groupe urée équivalent :

$$C^3Az^3O^3.H(AzH^3.H)^2 \qquad C^3Az^3O^3.H(COAz^2H^4.H^2)''$$

Cyanurate diammoniacal. Cyanurate d'urée de Weltzien.

Traité par un acide, ce corps reproduit l'acide cyanurique.

Il est soluble dans l'eau. Il cristallise en petites aiguilles du système clinorhombique; combinaison observée *m, p* [Weltzien, *Ann. der Chem. u. Pharm.*, t. CXXXII, p. 219].

Cyanurate de phényle. — Voyez PHÉNYLE. A. G.

CYCLOPITE (Min.). — Petits cristaux tabulaires du type anorthique et ressemblant à ceux de l'anorthite, ayant une composition qui les rapproche de la méionite. M. S. de Waltershausen les a trouvés dans une roche doléritique des îles Cyclopes.

CYMATINE (Min.). — Asbeste dure de Kuhusdorff (Saxe), ayant une composition intermédiaire entre celle de la trémolite et celle de l'actinote.

CYMÈNE ou **CYMOL**, $C^{10}H^{14}$ [Gerhardt et Cahours, *Ann. de Chim. et de Phys.*, (3), t. I, p. 102 et 372; *Ann. der Chem. u. Pharm.*, t. XXXVIII, p. 101 et 345; — Berzelius, *Compt. rend. ann.* (éd. franç.) 1843, p. 178; — Trapp, *Ann. der Chem. u. Pharm.*, t. CVIII, p. 386; — Delalande, *Ann. de Chim. et de Phys.*, (3), t. I, p. 368; — Kraut, *Dissertation uber Cuminol und Cymen*, Göttingen, 1854; *Ann. de Chim. et de Phys.*, (3), t. XLIII, p. 349; *Ann. der Chem. u. Pharm.*, t. CXII, p. 70; — Hermann Kopp, *ibid.*, (3), t. XLVII, p. 415; — Lallemand, *ibid.*, (3), t. XLIX, p. 156; — Haines, *Chem. Soc. quart. Journ.*, t. VII, p. 289; — Hirzel, *Zeitsch. Pharm.*, 1854, p. 23 et 67; 1855, p. 84 et 181; — Mansfield, *Chem. Soc. quart. Journ.*, t. I, p. 244; — Gr. Williams, *Phil. Mag.*, (4), t. XXXII, p. 15; *Memoires and Proceedings of the Chem. Soc. of London*, t. III, p. 421; — Deville, *Ann. de Chim. et de Phys.*, t. LXXV, p. 66; — Hofmann, *ibid.*, (3), p. 411 et 107; — Noad, *Phil. Mag.*, (3), t. XXXII, p. 15; — Barlow, *Ann. der Chem. u. Pharm.*, t. XCVIII, p. 245; — Kraut, *Ann. der Chem. u. Pharm.*, t. XCII, p. 70; — H. Beilstein et Kögler, *Ann. der Chem. u. Pharm.*, t. CXXXVII, p. 317; *Ann. de Chim. et de Phys.*, (4), t. IX, p. 500; — Fittig, t. I, p. 289; — Gerhardt, *Revue scient.*, t. XIV, p. 183; — Louguinine et Lippmann, *Bull. de la Soc. chim.*, 1867, t. VII, p. 374]. — On a confondu depuis longtemps sous le nom de *cymène* un hydrocarbure que Gerhardt et Cahours ont extrait de l'essence de cumin (*Cuminum cyminum*), et un autre hydrocarbure de même composition que M. Dumas, plus tard Gerhardt et plus tard encore M. Delalande ont obtenu en déshydratant le camphre des laurinées au moyen de l'anhydride phosphorique ou du chlorure de zinc. En outre, on a trouvé un hydrocarbure $C^{10}H^{14}$ dans l'huile de la ciguë vireuse, *Cicuta virosa* (Trapp), dans les parties les plus volatiles de l'essence de thym (Lallemand), dans l'huile volatile du *Ptychotis ajowan* (Haines; suivant Stenhouse, le ptychotis ajowan contiendrait non un hydrocarbure $C^{10}H^{14}$, mais un hydrocarbure $C^{10}H^{16}$), dans les produits qui résultent de l'action de l'iode ou de l'acide azotique sur l'essence de *Semen-contra* (Hirzel), dans les parties des huiles de houille passant entre 170° et 180° (Mansfield; suivant Beilstein, ce dernier serait un isomère de l'essence de térébenthine $C^{10}H^{16}$), par l'action alternative du brome et du sodium sur la caoutchine et sur l'essence de térébenthine (Gr. Williams), par l'action de l'anhydride carbonique gazeux sur l'essence de térébenthine à la température rouge (Deville), et par l'action successive de l'acide phosphorique anhydre et du potassium sur l'huile d'absinthe.

L'identité du cymène du camphre et du cymène de l'essence de cumin ne peut plus être admise aujourd'hui. Quant aux hydrocarbures extraits des diverses sources que nous venons d'indiquer, leur étude est encore trop incomplète pour que l'on sache s'ils sont identiques avec l'un des deux cymènes bien connus, ou s'ils constituent autant d'isomères nouveaux de ces corps. Nous désignerons, avec M. Fittig, le cymène de l'essence de cumin et ses dérivés, en ajoutant un α, et le cymène du camphre et ses dérivés, en ajoutant un β à leur nom.

CYMÈNE α.

Formation. — Le cymène α est tout formé dans l'essence de cumin. Il se produit dans l'action d'une solution alcoolique concentrée de potasse sur l'alcool cymylique :

$$3C^{10}H^{14}O = C^{10}H^{12}O^2 + H^2O + 2C^{10}H^{14}.$$

Alcool cymylique. Acide cuminique. Eau. Cymène.

Préparation. — C'est toujours de l'essence de

cumin qu'on l'extrait. A cet effet, on distille cette essence et l'on recueille à part tout ce qui passe avant 200°. C'est un mélange d'aldéhyde cuminique et de cymène, riche en cymène. On agite fortement ce liquide avec du bisulfite de sodium concentré au point de marquer au moins 30° à l'aréomètre de Baumé. L'aldéhyde cuminique forme un composé cristallisable et le cymène reste intact. On jette le tout sur un filtre et on lave les cristaux avec de l'éther. Le liquide qui filtre se divise en deux couches : l'une aqueuse, inférieure; l'autre supérieure, qui est une dissolution éthérée de cymène. Cette dernière, décantée, débarrassée de l'éther au bain-marie, desséchée sur du chlorure de calcium et enfin rectifiée, fournit le cymène pur.

Propriétés. — Le cymène α est une huile incolore très-réfringente, d'une agréable odeur de citron. Sa densité = 0,857 à 16° (Wood); 0,861 à 14° (Gerhardt); 0,8678 à 12° et 0,8778 à 0°,6 (Kopp); il bout à 171°,5 (Wood); à 175° (Gerhardt et Cahours); à 177°,5 (Kopp); entre 175° et 177° (Fittig), la densité de vapeur = 4,59 à 4,70 (Gerhardt et Cahours), le calcul exigerait 4,64; il est inaltérable à l'air, insoluble dans l'eau et facilement soluble dans l'alcool, l'éther, les huiles grasses et les essences.

RÉACTIONS. — L'*acide sulfurique* concentré n'attaque pas le cymène α : l'*acide de Nordhausen* le dissout avec une couleur rouge foncé et sans dégagement d'acide sulfureux, si l'on évite l'échauffement du mélange; il se produit alors de l'acide sulfocyménique (Gerhardt et Cahours). L'*acide azotique* ordinaire n'agit pas à froid sur cet hydrocarbure; à chaud il le transforme, par oxydation, en acides toluique et nitrotoluique (Wood). Avec l'*acide azotique fumant* l'action est très-violente et il se produit une résine jaune. Lorsqu'on opère à une très-basse température, on obtient du nitrocymène $C^{10}H^{13}(AzO^2)$ (Barlow). Un mélange d'*acide sulfurique* et d'*acide azotique* donne du binitrocymène (Kraut). La potasse caustique n'exerce aucune action sur le cymène.

L'acide chromique transforme le cymène en un acide bibasique qu'Hofmann a nommé *acide insolinique* et auquel le chimiste a donné la formule $C^{10}H^{10}O^4$; cet acide n'est probablement que l'acide téréphtalique $C^8H^6O^4$, lequel se produit, comme on sait, par l'action des oxydants sur l'acide toluique, premier degré d'oxydation du cymène.

NITROCYMÈNE α, $C^{10}H^{13}(AzO^2)$. — Lorsqu'on ajoute goutte à goutte de l'acide azotique fumant bien froid à du cymène placé dans un mélange réfrigérant de glace pilée et de sel marin, le liquide devient brun, puis vert et acquiert à la longue une consistance crémeuse. L'eau précipite du nitrocymène de ce mélange. On le purifie en le lavant avec une solution de carbonate de soude d'abord, avec de l'eau ensuite. La facilité avec laquelle le cymène s'oxyde est cause que l'on obtient toujours une proportion relativement faible de ce produit.

Le nitrocymène α est une huile d'un brun rougeâtre, plus dense que l'eau; il ne s'altère pas à l'air; lorsqu'on cherche à le distiller, il se décompose en fournissant une huile plus légère que l'eau. L'acétate ferreux le convertit en cymidine. Suivant Barlow, il se forme en même temps dans cette préparation une huile insoluble dans l'acide chlorhydrique et volatile à 175° qui a la composition du cymène. Cette huile différerait du cymène primitif en ce que l'acide azotique la convertirait en un produit nitré plus léger que l'eau. Ce dernier fait demanderait à être étudié de nouveau.

DINITROCYMÈNE α. — Ce corps se forme (Kraut) lorsqu'on ajoute goutte à goutte le cymène α à un mélange de 2 parties d'acide sulfurique concentré et de 1 p. d'acide sulfurique fumant, qu'on chauffe avec précaution à 50° et qu'on abandonne la liqueur pendant plusieurs jours à elle-même. En ajoutant de l'eau, on voit se précipiter une substance brune, d'abord liquide, et qui finit par se concréter. C'est le dinitrocymène

$$C^{10}H^{12}(AzO^2)^2.$$

On le purifie en le dissolvant dans l'alcool bouillant. Les matières étrangères se séparent par le refroidissement de la liqueur, tandis que le dinitrocymène reste dissous; il se dépose par l'évaporation à l'état de lamelles rhomboïdales irisées (Kraut), de feuilles et d'aiguilles longues et brillantes (Fittig). D'après Kraut, il fond à 54°. Mais Fittig a fait voir que son vrai point de fusion est fixé à 69°,5.

Fittig s'est assuré que, sous l'influence du mélange d'acide sulfurique et d'acide azotique fumant, le dinitrocymène α ne donne que très-difficilement un produit trinitré. Une seule fois il a pu obtenir ce produit en longues aiguilles moins solubles dans l'alcool que les cristaux du corps binitré, et fusibles à 107°.

CYMÈNE β.

Préparation. — On prépare ce corps en distillant le camphre sur de l'anhydride phosphorique, ou mieux sur du chlorure de zinc. On fait fondre du chlorure de zinc dans une cornue de grès tubulée, et par la tubulure on introduit de temps à autre des morceaux de camphre. Il distille une huile qui renferme encore beaucoup de camphre, on la rectifie une ou deux fois sur du chlorure de zinc ou sur de l'anhydride phosphorique, et finalement, si l'on veut avoir ce produit tout à fait pur, on le chauffe au bain d'huile avec du sodium dans des tubes scellés à la lampe. Une dernière distillation donne alors l'hydrocarbure tout à fait pur. Fittig affirme que même tout à fait privé de camphre il renferme encore des produits d'un point d'ébullition moins élevé que le sien et qui paraissent être des hydrocarbures analogues. En opérant comme il vient d'être dit, je n'ai jamais observé ce fait.

Un autre procédé, qui donne plus rapidement le cymène β à l'état de pureté, est celui qu'ont fait connaître MM. Lippmann et Louguinine. Ce procédé consiste à soumettre le camphre à l'action du perchlorure de phosphore et à distiller le produit; il se forme d'abord le corps $C^{10}H^{15}Cl$, qui perd ensuite HCl et se transforme en cymène.

On mélange d'abord dans une cornue le camphre concassé et le perchlorure de phosphore, la masse se liquéfie en dégageant de l'acide chlorhydrique; quand la réaction à froid paraît terminée, on distille lentement et on redistille le produit jusqu'à ce qu'il ne se dégage plus d'acide chlorhydrique. Une dernière rectification sur du sodium donne alors le cymène β tout à fait pur.

Propriétés. — Le cymène β bout entre 177° et 179°, c'est-à-dire un peu plus haut que le cymène α. Le brome le transforme en un produit bibromé $C^{10}H^{12}Br^2$ (Riche et Bérard). Ce produit est facilement cristallisable en aiguilles qui se réunissent pour former des groupes, ce qui n'a pas lieu avec le cymène α. Il est peu soluble dans l'alcool.

L'acide azotique monohydraté convertit le cymène β en un produit mononitré $C^{10}H^{13}(AzO^2)$, huileux comme celui qui provient du cymène α. L'acide sulfurique et l'acide azotique réunis le transforment en cymène dinitré β :

$$C^{10}H^{12}(AzO^2)^2.$$

Ce corps cristallise en petites tables incolores, fusibles à 90°. Par l'action prolongée du mélange nitrant il donne facilement du cymène trinitré β cristallisable dans l'alcool bouillant en prismes longs et épais, et fusible à 112°,5.

Par l'oxydation au moyen d'un mélange de dichromate de potassium et d'acide sulfurique, le cymène du camphre ne donne ni acide toluique, ni acide téréphtalique, mais un acide homologue de l'acide téréphtalique et répondant à la formule $C^9H^8O^4$. Cet acide diffère de l'acide téréphtalique en ce qu'il est plus soluble dans l'eau bouillante. Il cristallise en petites aiguilles, l'alcool le dissout; il fond et peut même être distillé sans se décomposer.

Le sel de baryum de cet acide cristallise difficilement vu sa grande solubilité dans l'eau, tandis que le téréphtalate de baryum exige 355 p. d'eau pour se dissoudre. Il en est de même du sel de chaux du nouvel acide. Ce sel se dissout facilement dans l'eau lorsqu'on a évaporé sa solution à une douce chaleur, ou mieux encore dans le vide sur de l'acide sulfurique. Si sa solution est évaporée à la température de l'ébullition, il se dépose des croûtes peu solubles.

Constitution des deux cymènes. — Le cymène de l'essence de cumin paraît être la méthylpropylbenzine

$$C^6H^4\left\{\begin{matrix}CH^3\\C^3H^7.\end{matrix}\right.$$

En effet, sous l'influence de l'oxydation, il échange d'abord une de ses chaînes latérales contre CO^2H et fournit de l'acide toluique, lequel renferme encore une chaîne méthyle, puis il échange sa seconde chaîne latérale contre CO^2H et se convertit en acide téréphtalique. Ces réactions ne sont explicables que si l'on admet pour ce corps la formule rationnelle ci-dessus.

Quant au cymène du camphre, la production de l'acide $C^9H^8O^4$, provenant de la substitution de deux CO^2H à deux chaînes latérales, prouve que ce corps renferme au moins trois chaînes latérales, sans quoi il ne pourrait donner l'acide en question; de plus, la formule $C^{10}H^{14}$ ne peut comporter trois chaînes latérales qu'autant qu'il y a un groupe éthyle et deux groupes méthyle; tout autre groupe donnerait une formule plus élevée que celle du cymène. Il est vrai que MM. Fittig et Ernst ont récemment préparé un corps

$$C^6H^3\left\{\begin{matrix}CH^3\\CH^3\\C^2H^5,\end{matrix}\right.$$

qu'ils ont appelé éthyl-xylène, en faisant agir le sodium sur une solution éthérée d'iodure d'éthyle et de bromoxylène renfermant le brome dans la chaîne principale

$$C^6H^3\left\{\begin{matrix}CH^3\\CH^3\\Br,\end{matrix}\right.$$

et que ce produit (voyez Éthylxylène) diffère du cymène du camphre, avec lequel il se confond toutefois par la propriété qu'il a de donner un acide $C^9H^8O^4$ lorsqu'on l'oxyde; mais les trois chaînes CH^3, CH^3 et C^2H^5 pouvant se grouper de diverses manières, on conçoit cette isomérie. A. N.

CYMIDINE,

$$C^{10}H^{15}Az = C^6H^3\left\{\begin{matrix}CH^3\\C^3H^7\\AzH^2.\end{matrix}\right.$$

— La cymidine est isomère de la cymylamine primaire; elle renferme le radical thymyle au lieu du radical cymyle, ce qui signifie que l'azote y est uni au carbone de la chaîne principale et non à celui des chaînes latérales. — Voyez Aromatique (série).

Barlow a obtenu cette base par la réduction du nitrocymène [*Phil. Magazine*, (4), t. X, p. 454; *Ann. der Chem. u. Pharm.*, t. XCVIII, p. 245]. A cet effet, il distille le nitrocymène avec des fils de fer et de l'acide acétique. Le liquide distillé est complexe; il est en partie insoluble et en partie soluble dans l'acide chlorhydrique. La partie dissoute donne, avec la soude, un précipité de cymidine qui, après agitation avec de l'éther et évaporation de la solution éthérée, se sépare sous la forme d'une huile brune qu'on ne peut pas distiller sans qu'elle s'altère, à moins que l'on n'opère dans une atmosphère d'hydrogène.

La cymidine est inodore, plus légère que l'eau, et sans action sur les papiers réactifs; elle entre en ébullition à 250°.

Le *chlorure de cyanogène* paraît former, avec la cymidine, une base analogue à la mélaniline. Le chlorure de benzoyle transforme cet alcaloïde en petits cristaux de thymyl-benzamide,

$$C^{10}H^{13}.C^7H^5O.H.Az.$$

Le *chlorhydrate de cymidine*, $C^{10}H^{15}Az.HCl$, se produit lorsqu'on dissout la cymidine dans l'acide chlorhydrique concentré. C'est une huile qui cristallise par l'agitation. Il colore en jaune le bois de sapin et la peau en rouge. A. N.

CYMOL. — Synonyme de Cymène.

CYMOPHANE (Min.) [Syn. *Chrysobéryl, chrysolite orientale, alexandrite*]. Aluminate de glucine, $Al^2O^3.GlO$. — Cristaux d'apparence hexagonale d'un éclat vitreux, transparents, d'un jaune verdâtre, souvent avec un aspect opalin, ou d'un beau vert de chrome. Dans les granites, les gneiss, les micaschistes ou les sables qui proviennent de la désagrégation de ces roches.

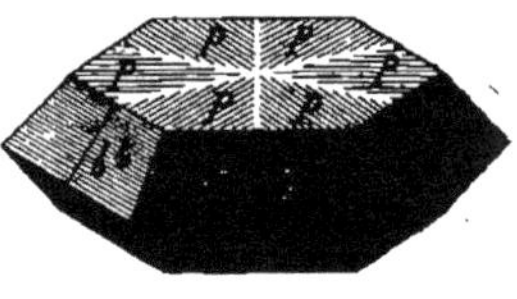

Fig. 204. — Cymophane.

Caractères. — Inattaquable aux acides. La poussière devient bleue lorsqu'on la chauffe après l'avoir humectée d'azotate de cobalt. Infusible au chalumeau. Dureté, 8,5. Densité, 3,7.

Forme cristalline. — Prisme orthorhombique $mm = 119°51'$; $b^{1/2}p = 137°5'$.

Clivages. — p, g^1 traces. Stries sur la base p parallèlement à la petite diagonale. Plan de mâcle m.

CYMYLAMINES [Rossi, *Compt. rend. de l'Acad.*, t. LI, p. 570, 1860, et *Répert. de Chim. pure*, 1860, p. 465]. — Les cymylamines sont les ammoniaques composées qui renferment le radical de l'alcool cymylique

$$(C^{10}H^{13})' = \left(C^6H^4\left\{\begin{matrix}CH^2\\C^3H^7\end{matrix}\right.\right)'.$$

On connaît la cymylamine primaire

$$\left.\begin{matrix}C^{10}H^{13}\\H\\H\end{matrix}\right\}Az,$$

la cymylamine secondaire

$$\left.\begin{matrix}C^{10}H^{13}\\C^{10}H^{13}\\H\end{matrix}\right\}Az$$

et la cymylamine tertiaire

$$\left.\begin{matrix}C^{10}H^{13}\\C^{10}H^{13}\\C^{10}H^{13}\end{matrix}\right\}Az.$$

Préparation. — On obtient ces trois alcaloïdes par l'action de l'éther cymylo-chlorhydrique sur l'ammoniaque en solution alcoolique concentrée.

La réaction commence à froid et on la rend complète en chauffant pendant quelques heures au bain-marie. Dans la liqueur alcoolique refroidie, il se fait un dépôt de sel ammoniac et il se sépare une petite quantité d'une huile qui est la portion de l'alcaloïde tertiaire qui ne peut pas rester dissoute dans l'alcool froid. On filtre et l'on évapore. On obtient un résidu cristallin, lequel est un mélange des chlorhydrates des alcaloïdes primaire et secondaire, souillé par une matière huileuse, qui est l'autre portion de l'alcaloïde tertiaire libre restée dissoute dans l'alcool. On lave ce dépôt cristallin avec de l'éther qui ne dissout pas les chlorhydrates et dissout l'alcaloïde tertiaire libre. Par l'évaporation de sa solution éthérée, ce dernier reste sous la forme d'une huile qui cristallise après quelques secousses et que l'on purifie en la pressant entre des doubles de papier buvard et en la faisant recristalliser dans l'alcool.

Pour séparer l'un de l'autre les chlorhydrates des deux autres bases, on profite de leur différence de solubilité dans l'eau, le sel de la dicymylamine étant bien moins soluble dans l'eau froide que celui de la monocymylamine. On dissout le résidu cristallin dans l'eau bouillante et on laisse refroidir. Le chlorhydrate de dicymylamine cristallise en aiguilles blanches. On filtre et on évapore à siccité. Le sel de monocymylamine cristallise à son tour.

De chacun de ces chlorhydrates, on extrait ensuite l'alcaloïde en dissolvant le sel dans la plus petite quantité d'eau possible, ajoutant de l'ammoniaque à la solution et agitant avec de l'éther. La liqueur éthérée, décantée et évaporée, laisse l'alcaloïde libre pour résidu.

Propriétés. — La monocymylamine,

$$C^{10}H^{13}.H^{2}Az = C^{10}H^{15}Az,$$

est un liquide huileux incolore qui s'épaissit sans se solidifier dans un mélange réfrigérant de glace et de sel marin. Elle paraît volatile à la température ordinaire. Elle entre en ébullition à 280°, mais se décompose alors en partie. Elle bleuit le papier de tournesol. L'eau la dissout à peine; l'alcool bouillant et l'éther la dissolvent facilement. C'est un alcaloïde puissant qui absorbe l'anhydride carbonique de l'air en formant un composé cristallisable qui est probablement le cymyl-carbamate de cymyl-ammonium :

$$CO \left\{ \begin{array}{l} AzH.C^{10}H^{13} \\ OAzC^{10}H^{13}.H^{3}. \end{array} \right.$$

Son chlorhydrate cristallise en lames rhomboïdales nacrées très-solubles dans l'eau et l'alcool. La solution de ce sel dans l'eau bouillante mélangée avec une solution aqueuse également bouillante de perchlorure de platine donne, par le refroidissement, de petites lames jaunes de chloroplatinate de monocymylamine peu solubles dans l'eau froide, assez solubles dans l'eau chaude et l'alcool.

La monocymylamine est isomère de la diéthylaniline de M. Hofmann et de la cymidine (voyez ce mot) de Barlow.

La *cymylamine secondaire,*

$$C^{10}H^{13}.C^{10}H^{13}.H.Az = C^{20}H^{27}Az,$$

est un liquide huileux incolore, plus dense que la cymylamine primaire; dans le mélange réfrigérant, elle devient visqueuse, mais ne se solidifie pas. Elle commence à bouillir au-dessus de 300° en se décomposant. L'eau ne la dissout pas; l'alcool et l'éther la dissolvent.

Le chlorhydrate de dicymylamine cristallise en aiguilles luisantes; il est très-peu soluble dans l'eau froide, un peu plus soluble dans l'eau bouillante et très-soluble dans l'alcool. Ses solutions aqueuses bouillantes, additionnées de perchlorure de platine, laissent déposer un chloroplatinate huileux qui, par le refroidissement, prend une apparence résineuse. Ce chloroplatinate est soluble dans l'alcool et peut être obtenu cristallisé en petites aiguilles roses par l'évaporation spontanée de sa solution alcoolique.

La *cymylamine tertiaire,*

$$(C^{10}H^{13})^{3}Az = C^{30}H^{39}Az,$$

est une matière cristallisée en lames blanches, luisantes, rhomboïdales, presque rectangulaires. Elle fond entre 81° et 82° en une huile incolore. Une fois fondue, elle reste liquide à la température ordinaire, et il lui faut quelques secousses pour cristalliser. Elle ne peut bouillir sans se décomposer; elle est très-soluble dans l'alcool bouillant et dans l'éther; l'alcool froid la dissout peu, l'eau pas du tout. Elle n'a pas de réaction alcaline sensible. Son chlorhydrate cristallise en aiguilles blanches, groupées en forme de croix. Il est très-soluble dans l'alcool et presque insoluble dans l'eau. Le chloroplatinate est difficilement cristallisable. Sa solution alcoolique le laisse, par évaporation, sous la forme d'une matière visqueuse qui se solidifie en séchant.

La tricymylamine est entièrement semblable, par ses propriétés et son mode de production, à la tribenzylamine de M. Cannizzaro. A. N.

CYNAPINE. — Alcaloïde vénéneux cristallisable de l'*Æthusa cynapium*) [Ficinus, *Mag. Pharm.*, t. XX, p. 357].

CYNÈNE, $C^{12}H^{18}$. — Nom donné par Voelckel à un hydrocarbure provenant de la distillation de l'huile oxygénée du *Semen-contra,* $C^{12}H^{20}O$, avec de l'anhydride phosphorique. En traitant par l'acide sulfurique le produit distillé, le cynène surnage. C'est une huile fluide, incolore, inaltérable à l'air, insoluble dans l'eau, soluble dans l'éther et bouillant à 173-175°. Densité à 16° = 0,825.

L'acide sulfurique fumant dissout le cynène en donnant un composé conjugué. L'acide azotique l'attaque à chaud en produisant une huile jaune plus dense que l'eau [*Ann. der Chem. u. Pharm.*, t. LXXXIX, p. 358].

CYNODINE. — Substance incristallisable tirée de la racine du *Cynodon dactylon* [Semmola, *Berz. Jahr.*, t. XXIV, p. 535].

CYPHOÏTE (Min.). — Lames cristallines d'un blanc jaunâtre, onctueuses au toucher, de Schwarzenberg (Saxe). Paraît être une variété de pholérite.

CYPRINE (Min.). — Variété cuprifère d'idocrase en prismes d'un bleu verdâtre striés longitudinalement.

CYTISINE. — Matière amère non azotée, extraite du *Cytisus laburnum* par Chevallier et Lassaigne [*Journ. de Pharm.*, t. IV, p. 340, t. VII, p. 235]. Les graines sont épuisées par l'alcool et l'extrait est repris par l'eau et précipité par l'acétate de plomb. On filtre, on débarrasse la liqueur du plomb par l'hydrogène sulfuré; on filtre et on évapore. Il reste un extrait jaune verdâtre, soluble dans l'eau et dans l'alcool, et précipitable par le sous-acétate de plomb et le nitrate d'argent. Prise à l'intérieur, la cytisine produit des étourdissements, des spasmes et des vomissements.

Peschier la considère comme identique avec la cathartine du séné [*Journ. de Chim. médicale,* t. VI, p. 65].

D

DADYLE. — Nom donné par Blanchet et Sell au camphène de Dumas (*terébène* de Soubeiran et Capitaine, *térébilène* de H. Deville).

DAGUERRÉOTYPE. — Voyez PHOTOGRAPHIE.

DAHLINE. — Voyez INULINE.

DALARNITE (Breithaupt). — Synonyme de mispickel.

DALEMINZITE (Breith) (Min.). — Sulfure d'argent isomorphe avec la chalcosine; présente les caractères physiques de l'argyrose.

Dureté, 2 à 2,5. Densité, 7.

DAMALURIQUE (ACIDE). — Cet acide a été retiré, avec l'acide damolique, de l'urine de vache (Stædeler, *Ann. der Chem. u. Pharm.*, t. XXVII, p. 27). D'après M. Werner, qui l'a obtenu récemment à l'état cristallisé, sa composition répond à la formule $C^6H^{10}O^2$. Il cristallise en aiguilles rhomboïdales fusibles à 50-53°. Dans le vide, on obtient des prismes fusibles à 39-40°, mais dont le point de fusion s'élève au-dessus de 50° par une exposition prolongée à l'air. La modification prismatique dévie, selon M. Werner, le plan de polarisation légèrement à gauche; la modification ordinaire serait au contraire légèrement dextrogyre.

L'acide damalurique et l'acide damolique s'obtiennent dans la même préparation que l'acide taurylique (voyez ce mot). Le mélange huileux de ces acides est agité avec le carbonate de soude, la solution saline est évaporée et distillée avec l'acide sulfurique et le produit de la distillation saturé par le carbonate de baryte. On filtre et il se dépose d'abord des cristaux de *damolate* de baryte, puis du *damalurate* (d'où l'on peut extraire l'acide pur), enfin des sels d'acides gras plus ou moins impurs. G. S.

DAMBONITE, $C^4H^8O^3$. — La dambonite est une matière cristalline, de saveur sucrée, mais qui se distingue, néanmoins, par des propriétés particulières, des sucres étudiés jusqu'à présent.

Elle a été retirée, par M. Aimé Girard, d'une espèce de caoutchouc originaire du Gabon, et qui présente lui-même des différences notables avec les variétés employées dans l'industrie. Ce caoutchouc ne provient pas des végétaux qui fournissent ordinairement cette substance, il s'écoule très-abondamment, par incision, de grandes lianes dont l'espèce botanique n'a pas encore été déterminée.

Les indigènes désignent ces plantes sous les noms de *atchimé*, *ibóa*, et la plus importante sous celui de *n'dambo*.

La dambonite a été observée pour la première fois en traitant le caoutchouc du Gabon par la chaleur pour le transformer en brai liquide. Cette matière était condensée dans des cheminées sous forme de fines aiguilles blanches et cristallisées.

La dambonite n'est pas un produit de décomposition du caoutchouc, elle y existe naturellement, et M. Aimé Girard a pu l'extraire du suc non encore épaissi, contenu dans l'intérieur des pains de caoutchouc récemment importés du Gabon. Le procédé consiste à faire évaporer le suc à une douce chaleur et à traiter, par de l'alcool, le produit desséché par l'évaporation; l'alcool abandonne la dambonite qui cristallise aisément; la proportion est environ de 5/1000.

La dambonite est une matière solide, blanche, très-soluble dans l'eau, soluble dans l'alcool ordinaire, peu soluble dans l'alcool absolu; elle fond vers 190° et se volatilise sans décomposition entre 200° et 210°, si l'opération est conduite avec soin. Par sublimation, la dambonite se présente sous la forme de longues aiguilles fines et brillantes. Obtenue par évaporation spontanée d'une solution dans l'alcool à 95°, elle cristallise en prismes hexagonaux terminés par un simple biseau, et dérivés du prisme droit à base rhombe; ces cristaux sont anhydres. Elle s'obtient difficilement cristallisée d'une solution aqueuse à cause de sa grande solubilité; obtenue dans ces conditions, elle contient 26,4 % d'eau qu'elle peut perdre à 100°, et les cristaux sont des prismes obliques très-surbaissés.

Elle est représentée par la formule brute $C^4H^8O^3$.

L'acide sulfurique étendu n'a pas d'action sur la dambonite; chaud et concentré, il la charbonne.

L'acide azotique à froid la dissout et ne l'attaque pas; à chaud, la dambonite est oxydée et il se forme les acides saccharique, oxalique et formique.

Les alcalis concentrés même à 100° n'ont pas d'action sur la dambonite, seulement en leur présence la solubilité de cette substance est tellement diminuée, qu'un mélange de deux solutions aqueuses et concentrées d'oxyde de potassium et de dambonite se prend en masse sans qu'il y ait combinaison, par le fait seul de la dambonite, qui se dépose à l'état cristallisé.

L'eau de chaux, l'eau de baryte, l'acétate de baryte, ne forment pas de précipité avec la dambonite. La liqueur cupro-potassique n'a pas d'action sur cette substance, même après qu'on l'a fait bouillir avec de l'acide sulfurique dilué. Elle ne subit ni la fermentation alcoolique, ni la fermentation lactique.

Elle forme, avec l'iodure de potassium, une belle cristallisation qui répond à la formule

$$(C^4H^8O^3)^2KI.$$

Action de l'acide iodhydrique. — Sous l'influence d'une solution concentrée d'acide iodhydrique, la dambonite subit une transformation remarquable; à froid, l'action se fait déjà sentir; à 100°, en vase clos, l'action est complète et terminée en une demi-heure; de l'éther méthyliodhydrique se produit et il reste en solution dans la liqueur acide une substance cristalline nouvelle, le *dambose*, qui répond à la formule $C^3H^6O^3$. Ce dédoublement s'opère, d'après M. Girard, selon l'équation suivante :

$$C^4H^8O^3 + HI = C^3H^6O^3 + CH^3I.$$

L'acide chlorhydrique produit le même dédoublement, mais avec moins de rapidité; il faut chauffer à 110°.

Le dambose est une substance blanche cristallisée, non volatile, neutre, aux réactifs colorés, et douée d'une saveur sucrée moins prononcée que celle de la dambonite. Elle cristallise en prismes à six pans dérivés d'un prisme clinorhombique. Le dambose est très-soluble dans l'eau, insoluble dans l'alcool, surtout lorsqu'il est absolu.

Ce corps est doué d'une stabilité remarquable, il peut être chauffé jusqu'à 230° sans être altéré; à ce moment il fond et se colore légèrement. La liqueur fondue peut cristalliser de nouveau par le refroidissement; au delà de 230° il se décompose.

Le dambose ne réduit pas la liqueur cupro-potassique.

Le brome à froid et même jusqu'à 160° n'a pas d'action sur le dambose; vers 180° il se forme un corps bromé, et de l'acide bromhydrique se dégage.

Le perchlorure de phosphore n'a d'action sur cette substance que vers 150°; il se produit, outre de l'acide chlorhydrique, un corps à odeur camphrée.

L'acide azotique fumant dissout à froid le dambose sans altération; l'acide azotique bouillant le transforme en acide saccharique et oxalique.

L'acide sulfurique monohydraté dissout facilement à froid le dambose sans le colorer; il se forme un acide soluble dans l'eau et dans l'alcool, altérable par la chaleur, qui décompose les carbonates, et désigné sous le nom d'acide *dambosulfurique*. Saturé par les carbonates de baryte ou de plomb, il donne des sels incristallisables, très-solubles dans l'eau, insolubles dans l'alcool, analogues aux glucoso-sulfates. Leur composition est représentée par les formules

$$C^9H^{16}O^8.BaO.2SO^3, \quad C^9H^{16}O^8.PbO.2SO^3.$$

L'acide dambosulfurique réduit immédiatement le tartrate cupro-potassique.

Les alcalis concentrés n'ont pas d'action sur le dambose, à moins qu'on n'opère à une température élevée.

L'acétate de plomb ammoniacal dissous dans l'alcool donne, avec une solution aqueuse de dambose, un précipité blanc, soluble dans l'eau.

La baryte, dissoute dans l'esprit de bois, donne aussi un précipité blanc.

Le dambose résiste à la fermentation alcoolique et à la fermentation lactique.

M. Aimé Girard pense que le produit naturel, la dambonite, ne doit pas être considéré comme un alcool polyatomique; il envisage cette substance comme l'éther méthylique d'un autre principe, le dambose, qui appartient par ses propriétés à la famille des glucoses, et qui pourrait, comme ceux-ci, jouer le rôle d'un alcool polyatomique.

Dans cette hypothèse, le dambose pourrait être considéré comme une glycérine dérivant d'un carbure d'hydrogène C^3H^6, comme la glycérine ordinaire dérive du carbure C^3H^8 : la dambonite serait le premier éther méthylique :

$$(C^3H^3)''' \left\{ \begin{array}{l} OH \\ OH \\ OH \end{array} \right. \qquad (C^3H^3)''' \left\{ \begin{array}{l} OH \\ OH \\ OCH^3 \end{array} \right.$$

Dambose. Dambonite.

[*Compt. rend. de l'Inst.*, t. LXVII, p. 820, 1868].

E. C.

DAMMARA (RÉSINE DE). 1° Dammara d'Australie (*Cowdie gum, Kouri resin*). — Produit d'un conifère très-élevé de la Nouvelle-Zélande. Se présente en masses blanches ou jaunes, difficiles à briser; cassure brillante; odeur de térébenthine. Suivant Thomson, l'alcool bouillant en extrait l'*acide dammarique* : il reste une matière neutre, la *dammarane*. La résine acide se dépose de la solution alcoolique en grains cristallins contenant

C... 72,69, H... 9,31, O... 18.

Le sel d'argent contient 14,60 à 14,75 d'oxyde d'argent. La résine neutre se rapproche, dans sa composition, de la résine acide; elle est un peu moins oxydée. La distillation de la résine dammara donne le *dammarol* : (C... 82,2, H... 11,1); avec la chaux la *dammarone*. Ces corps sont peu connus [Thomson, *Ann. de Chim. et de Phys.*, (3), t. IX, p. 499].

Dammara des Indes (*Dammara-Puti, Dammar batu, Cat's-eye resin*). — Produit du *Dammara alba*. Masses jaunâtres ou incolores, à cassure conchoïde, d'une densité de 1,04 à 1,09, fusibles à 150°; commençant à fondre à 73° (Dulk). Soluble dans les huiles, partiellement dans l'alcool absolu et dans l'éther, cette résine est complétement soluble dans l'acide sulfurique froid d'où l'eau la reprécipite.

Les alcalis l'attaquent difficilement. Chauffée avec la chaux, elle donne de l'hydrogène et un carbure; traitée en suspension dans l'eau par le chlore, elle en absorbe 26 % suivant Schrøtter [*Ann. Poggend.*, t. LIX, p. 37], et Dulk [*Journ. für prakt. Chem.*, t. XLV, p. 16]. La résine étant traitée par l'alcool faible, il se dissout 1/3 de la masse; c'est l'*acide dammarylique* fusible à 50°.

Le reste traité par l'alcool absolu abandonne l'*anhydride dammarylique* (?), fusible à 60° et donnant avec les bases les mêmes sels que le précédent.

L'éther extrait du résidu 1/7 du poids primitif, c'est l'hydrocarbure solide *dammaryle* $C^{40}H^{64}$ (?), poudre inodore qui fond à 190°. Traité par le chlore comme la résine, ce carbure en absorbe 34 %.

Il reste enfin l'*hémihydrate de dammaryle*, insoluble, verdâtre, fusible à 215°.

La résine dammara, dissoute dans 2 à 3 p. d'essence de térébenthine, constitue un vernis employé dans les arts.

Guibourt décrit une troisième résine sous le nom de *Dammar aromatique*. Elle est soluble dans l'éther et presque insoluble dans l'essence de térébenthine. G. S.

DAMOLIQUE (ACIDE). — Voyez Damaluriqur (acide).

DAMOURITE (Min.).— Mica alumino-potassique en nodules cristallins, blancs ou jaunâtres, à structure radiée; il renferme 5 à 6 % d'eau. Accompagne le disthène à Pontivy (Morbihan).

Dureté, 2 à 3. Densité, 2,79.

DANAÏTE (Min.). — Mispickel cobaltifère, renferme de 3 à 9 % de cobalt.

DANALITE (Min.). — Silicate de fer, de zinc, de glucinium, de manganèse, avec du sulfure de zinc :

$$(RO, GlO)\,SiO^2 + 1/3\,ZnS\ (?) \quad R = Fe, Zn, Mn.$$

Substance rose ou grise, translucide, à fracture conchoïdale, se présentant en petits octaèdres réguliers, avec les faces du dodécaèdre rhomboïdal, trouvée dans le granit de Rockport, Massachusets.

Dureté, 5,5 à 6. Densité, 3,43.

Caractères.— Avec l'acide chlorhydrique, dégage de l'hydrogène sulfuré, avec séparation de silice gélatineuse.

DANBURITE (Min.).— Silico-borate de chaux,

$$CaO, 2SiO^2, Bo^2O^3.$$

Ressemble à la chondrodite et se trouve dans une dolomie, à Danbury, Connecticut. Grains à forme cristalline indistincte, d'un jaune pâle, fragiles.

Caractères.— Fond au chalumeau en colorant la flamme en vert.

Dureté, 7. Densité, 2,95.

Forme cristalline.—Prisme anorthique dont les dimensions ne sont pas entièrement connues : $pm = 110°$; $pt = 93°$; $mt = 126°$; $df^1 = 135°$.

DANNEMORITE (Min.). — Amphibole ferro-manganésifère de Dannemora.

DAOURITE (Min.). — Tourmaline rouge de Sibérie.

DAPHNÉTINE, $C^{19}H^{14}O^9$. — La daphnétine est un produit de dédoublement de la daphnine. Cette substance cristallise en prismes obliques, elle est soluble dans l'eau et l'alcool chaud, insoluble dans l'éther. Elle possède une très-légère réaction acide et une saveur astringente. Elle fond au-dessus de 250° en un liquide jaunâtre qui se prend en masse cristalline par le refroidissement. Elle est volatile, on peut la sublimer dans un courant d'air à une température inférieure à son point de fusion.

L'acide azotique la colore en rouge, mais l'acide chlorhydrique et l'acide sulfurique la dissolvent, sous l'influence des alcalis, elle prend une coloration jaune. Elle réduit l'azotate d'argent, et même à froid une solution alcaline d'oxyde de cuivre. Elle forme avec les sels neutres de fer une coloration verte intense, qui disparaît lorsqu'on ajoute un excès de sel.

Le dédoublement de la daphnine est représenté par l'équation suivante :

$$C^{31}H^{34}O^{19} + 2H^2O = C^{19}H^{14}O^9 + 2\ C^6H^{12}O^6.$$

Daphnine. Daphnétine. Glucose.

La daphnétine s'obtient en faisant bouillir une solution de daphnine avec de l'acide sulfurique ou de l'acide chlorhydrique faible. La même réaction se produit sous l'influence de l'émulsine, la levûre de bière la provoque en partie lorsqu'on ajoute un peu de glucose à la solution. La daphnétine se produit encore par la distillation sèche de la daphnine. Le procédé le plus avantageux est de traiter l'extrait alcoolique de *Daphne mezereum*, soit par l'acide chlorhydrique concentré, soit par la distillation sèche. Par ce dernier procédé, il se forme une autre substance, l'*ombelliférone*, qu'on sépare facilement par l'acétate de plomb qui ne précipite pas cette dernière substance. On purifie la daphnétine en la dissolvant dans l'eau, on la soumet ensuite à l'action des sels de plomb, on traite par l'hydrogène sulfuré, enfin on achève la purification par plusieurs cristallisations [Zwenger, *Ann. der Chem. u. Pharm.*, t. CXV, p. 8 (nouv. sér., t. XXXIX), juillet 1860; — *Répert. de Chim. pure*, 1861, p. 77]. E. C.

DAPHNINE, $C^{31}H^{34}O^{19} + 2H^2O$. — Vauquelin a donné le nom de *daphnine* à un principe immédiat cristallisable qu'il avait retiré de l'écorce du *Daphne alpina*, et que MM. Gmelin et Baer ont retrouvé dans celle du bois gentil (*Daphne mezereum*), appelée aussi écorce de Garou.

On doit à M. Zwenger quelques recherches sur ce corps, dont les propriétés sont encore peu connues.

La daphnine cristallise facilement en beaux prismes triangulaires ou en aiguilles enchevêtrées; peu soluble dans l'eau froide, soluble dans l'eau chaude et très-soluble dans l'alcool froid. Ses dissolutions chaudes possèdent une réaction acide. Elle est insoluble dans l'éther; sa saveur est amère, puis astringente. Chauffée vers 100°, et même avant cette température, elle perd de l'eau de cristallisation; à une température plus élevée, elle dégage une odeur qui rappelle celle de la coumarine; à 200° elle fond et se décompose en donnant naissance à un sublimé cristallin qui constitue un corps nouveau désigné sous le nom d'*ombelliférone*. Sous l'influence des alcalis caustiques et carbonatés, la daphnine se colore en jaune d'or qui passe au brun-rouge par l'exposition à l'air. Elle réduit l'azotate d'argent en présence de l'ammoniaque. La daphnine n'est pas précipitée par l'acétate neutre de plomb, mais le sous-acétate forme avec elle un précipité jaune. Le perchlorure de fer neutre communique à cette substance une coloration bleuâtre qui devient jaune par l'ébullition, un précipité jaune foncé se dépose. Elle se dissout à froid dans l'acide azotique en prenant une couleur rouge; à chaud, il se forme de l'acide oxalique.

L'acide acétique dissout aussi la daphnine et la laisse cristalliser sans altération par l'évaporation.

Sous l'influence de l'acide sulfurique et chlorhydrique, la daphnine se dédouble en glucose et en une nouvelle substance cristallisée, la *daphnétine*.

La daphnine s'obtient en traitant l'extrait alcoolique de bois gentil par l'eau bouillante. On ajoute à la solution de l'acétate neutre de plomb, on filtre, et la liqueur, séparée de l'excès de plomb par l'hydrogène sulfuré, puis évaporée, laisse cristalliser la daphnine.

D'après M. Zwenger, on prend l'écorce fraîche de garou au commencement de la floraison, on la broie avec de l'alcool dans un mortier, puis on la soumet à une longue digestion dans l'alcool au bain-marie. On distille ce dernier, et le résidu est repris par l'eau bouillante qui enlève toute la daphnine, il reste une matière verte très-soluble dans l'alcool. La solution aqueuse est traitée par l'acétate neutre de plomb, et la solution filtrée est précipitée par le sous-acétate de plomb en excès qui enlève la daphnine; le précipité augmente par l'ébullition. On verse premièrement de l'acétate neutre de plomb dans la liqueur aqueuse, on filtre, puis on y ajoute du sous-acétate de plomb qui enlève la daphnine en formant avec elle un précipité jaune augmentant par l'ébullition. Le précipité recueilli, lavé, est ensuite décomposé par l'hydrogène sulfuré, et la liqueur, filtrée et évaporée en consistance sirupeuse, laisse déposer au bout de quelques jours des cristaux de daphnine qu'on lave à l'alcool froid et qui s'obtiennent purs par plusieurs cristallisations [Vauquelin, *Ann. de Chim.*, t. LXXXIV, p. 174; — L. G. Gmelin et Baer, *Diss. über die Seidelbastrinde*, Tubingue, 1822; — Zwenger, *Ann. der Chem. u. Pharm.*, (3), t. CXV, p. 1 (nouv. sér., t. XXXIX), juillet 1860; *Journ. de Pharm.*, t. XXXVIII, p. 237; *Répert. de Chim. pure*, 1861, p. 77]. E. C.

DARWINITE. — Voyez WITNEYITE.

DATHOLITE (Min.) [Syn. *Chaux boratée siliceuse*, *H.*]. — Silico-borate de chaux hydraté,

$$2CaO, 2SiO^2, Bo^2O^3, H^2O.$$

Beaux cristaux et masses cristallines transparentes ou translucides, d'un blanc tirant parfois sur le verdâtre, en veines, dans les cavités de différentes roches et principalement des trapps.

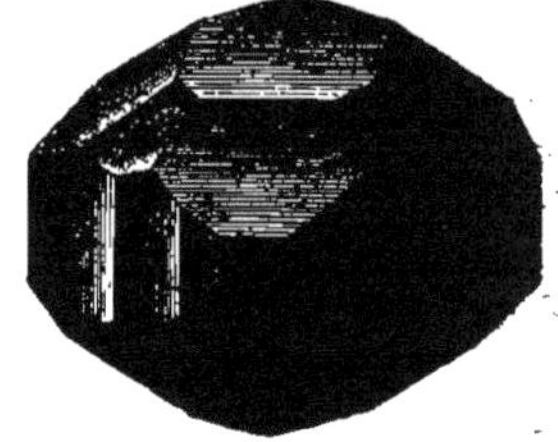

Fig. 205. — Datholite.

Caractères. — Attaquable par l'acide chlorhydrique avec séparation de silice gélatineuse. Dans le tube, donne de l'eau, fond facilement en se boursouflant et colore la flamme en vert.

Dureté, 5 à 5. Densité, 2,8 à 3.

Forme cristalline. — Prisme clinorhombique

$$mm = 76°38'; \ mp\ (\text{ant.}) = 90°4';$$
$$p\,d^{1/2} = 140°59'.$$

Clivages : h^1 net; m et p difficiles. F. et S.

DATISCÉTINE, $C^{15}H^{10}O^6$. [Stenhouse, *Ann. der Chim. u. Pharm.*, t. XCVIII, p. 166]. — Produit de dédoublement de la datiscine sous l'influence des acides faibles ou de la potasse concentrée. Il suffit de faire bouillir pendant quelques minutes la datiscine avec l'acide sulfurique faible pour qu'il se dépose des aiguilles incolores de datiscétine :

$$C^{21}H^{22}O^{12} = C^{15}H^{10}O^6 + C^6H^{12}O^6.$$

Datiscine. Datiscétine. Glucose.

On peut préparer le même corps dans des eaux mères de la datiscine en les précipitant par le sous-acétate de plomb, régénérant la datiscine avec l'hydrogène sulfuré, évaporant la solution filtrée et faisant bouillir avec l'acide sulfurique faible.

La datiscétine est presque insoluble dans l'eau; elle se dissout aisément dans les alcalis aqueux, dans l'alcool et en toute proportion dans l'éther. Elle peut être fondue et même partiellement sublimée. L'*acide nitrique* étendu de 10 % d'eau la transforme en acide nitrosalicylique : concentré, il l'attaque avec une violence extrême; il se dégage des vapeurs rouges et il se forme une huile qui finit par se dissoudre : on trouve dans le produit de l'acide picrique, mais pas d'acide oxalique.

La *potasse* fondante la transforme, avec dégagement d'hydrogène, en une masse rouge-orange qui, traitée par l'acide chlorhydrique, fournit une résine et de l'acide salicylique. Distillée avec le *dichromate de potasse* et l'acide sulfurique faible, elle donne un liquide aqueux qui colore les sels ferriques en rouge et présente l'odeur de l'acide salicyleux. La solution alcoolique de datiscétine additionnée d'*acétate neutre de plomb* donne un précipité jaune contenant $C^{15}H^{8}PbO^{6}$. G. S.

DATISCINE, $C^{21}H^{22}O^{12}$ [Braconnot (1810), *Ann. de Chim. et de Phys.*, t. III, p. 277; — Stenhouse, *Ann. der Chem. u. Pharm.*, t. XCVIII, 166]. — Ce glucoside, contenu dans les feuilles et les racines du *Datisca cannabina*, s'obtient en épuisant celles-ci par l'esprit de bois et l'alcool, évaporant à sirop et additionnant la liqueur de la moitié de son volume d'eau pour précipiter une résine. On décante et on fait cristalliser. Les cristaux exprimés subissent une seconde purification par des solutions dans l'alcool et par addition d'eau; ce sont des aiguilles ou des lamelles incolores et soyeuses, très-peu solubles dans l'eau froide, un peu plus dans l'eau chaude, légèrement solubles dans l'éther, très-solubles dans l'alcool froid et en toute proportion dans l'alcool chaud. Ils sont neutres et amers.

Ils fondent à 180° et peuvent être sublimés en très-petite quantité dans un courant d'air.

La datiscine se dédouble sous l'influence des *acides chlorhydrique* ou *sulfurique* faibles en datiscétine et en glucose. La *levûre* et l'*émulsine* ne paraissent pas agir. La *potasse* concentrée donne aussi de la datiscétine. L'*acide nitrique*, même affaibli, donne de l'acide picrique et de l'acide oxalique. La datiscine se dissout dans les alcalis, l'eau de chaux et l'eau de baryte; elle est précipitée de ces solutions par les acides; elle précipite les acétates de plomb et le chlorure stanneux en jaune clair, et divers sels métalliques. Elle donne avec l'iode, selon Braconnot, un composé jaune soluble dans l'eau chaude. G. S.

DATURINE. — Alcaloïde cristallisé en prismes bien nets, incolores et très-brillants, retiré par MM. Geiger et Hesse du *Datura Stramonium* (Solanées).

Il paraît isomère avec l'atropine. — Voyez ce mot, p. 480 [Geiger et Hesse, *Journ. de Pharm.*, t. XX, p. 92 et 94].

DAVYNE. — Variété de néphéline.

DÉCÉNYLÈNE, $C^{10}H^{18}$. — Carbure tétratomique obtenu par MM. Reboul et Truchot en chauffant en vase clos pendant 6 heures le décylène bromé $C^{10}H^{19}Br$ avec trois fois son volume de potasse alcoolique. On recueille en outre de l'éther mixte $C^{10}H^{19}.C^{2}H^{5}O$.

Le décénylène bout à 165°, à la pression de 0,741; sa densité à 10° est 0,784; sa densité de vapeur est 4,615 et, par rapport à l'hydrogène, 66,6 (1/2 $C^{10}H^{18} = 69$). Il a une légère odeur qui rappelle celle de l'oignon. Il fournit un dibromure et un tétrabromure.

Le bromure $C^{10}H^{16}Br$ (décylène bromé) a été obtenu en traitant par la potasse alcoolique le bromure de décylène, $C^{10}H^{20}Br^{2}$, préparé au moyen du pétrole par le procédé de Pelouze et Cahours. Le rutylène est un hydrocarbure isomère avec le décénylène, et obtenu antérieurement par M. Bauer en partant du diamylène. — Voyez RUTYLÈNE. G. S.

DÉCHENITE (Min.) [Syn. *Eusynchite, aréoxène*]. — Vanadate de plomb renfermant souvent du zinc.

Masses concrétionnées d'un brun rougeâtre, à poussière orange.

Dureté, 3 à 4. Densité, 5,6 à 5,8.

Se rapporte probablement à la descloizite.

DÉCYLIQUES (COMPOSÉS). — Le groupe décylique est celui qui se rattache à l'hydrocarbure saturé, $C^{10}H^{22}$. Son étude est assez peu avancée; on trouvera, à l'article DIAMYLE, ce qu'on sait sur l'hydrocarbure fondamental, $C^{10}H^{22}$.

Quant au décylène $C^{10}H^{20}$, on l'obtient par le procédé de MM. Pelouze et Cahours en traitant le dérivé monochloré $C^{10}H^{21}Cl$ du carbure pétroléen $C^{10}H^{22}$ par la potasse alcoolique; il bout à 160° et donne avec le brome un bibromure $C^{10}H^{20}Br^{2}$. Le décylène est isomérique avec le diamylène.

Dans la préparation du décylène, on obtient en outre l'éther mixte éthyl-décylique $C^{10}H^{21}.C^{2}H^{5}O$ bouillant à 200°. Densité à 18° : 0,796; densité de vapeur : 6,36 [Truchot, *Thèse présentée à la faculté de Besançon*, 1868]. G. S.

DÉGÉROÏTE. — Voyez HISINGÉRITE.

DÉHYDRACÉTIQUE (ACIDE), $C^{8}H^{8}O^{4}$. — M. Geuther a nommé ainsi un acide qui se forme par l'action de l'acide chlorhydrique ou de l'acide carbonique sur l'éthyldiacétate de sodium (voyez ÉTHYLDIACÉTIQUE (ACIDE)). Pour l'obtenir on reprend par l'eau le résidu brun qui reste lorsqu'on chauffe l'éthyldiacétate de sodium dans un courant de gaz carbonique, on agite cette solution avec de l'éther, puis on la sursature par l'acide chlorhydrique ou par l'acide acétique. Il se sépare des cristaux qu'on purifie par cristallisation dans l'éther puis dans l'eau. On obtient ainsi des cristaux en aiguilles ou en tables appartenant au type orthorhombique, c'est l'acide déhydracétique. Il fond de 108°,5 à 109°. Il bout à 269°,6. Il se dissout dans environ 1000 p. d'eau à 6°, plus abondamment dans l'eau bouillante, dans l'alcool et dans l'éther. Il est monobasique.

Son sel de sodium $C^{8}H^{7}O^{4}Na + 2H^{2}O$ forme de longues aiguilles solubles dans l'eau. Le sel de calcium $(C^{8}H^{7}O^{4})^{2}Ca$ forme des prismes rhomboïdaux, le sel de baryum $(C^{8}H^{7}O^{4})^{2}Ba + H^{2}O$ des tables rhomboïdales [Geuther, *Jahresb.*, 1865, p. 303].

L'acide déhydracétique prend aussi naissance pendant la rectification de l'acide méthyldiacétique et par l'action du gaz carbonique sur le méthyldiacétate de sodium à 170° [Geuther, *Jahresb.*, 1866, p. 307]. A. W.

DELANOUITE. — Voyez MONTMORILLONITE.

DELESSITE (Min.) [Syn. *Chlorite ferrugineux*, Delesse]. — Silicate alumino-magnésien et ferrique hydraté. Enduits concrétionnés, formés de lamelles d'un vert olive ou noirâtre, disposées en éventail.

Caractères. — Aisément attaquable par les acides avec dépôt de silice. Dans le tube, donne de l'eau et devient brun. Au chalumeau, fond difficilement sur les bords.

Dureté, 2,5. Poussière grise ou verte. Densité, 2,89.

DELPHINE. — La delphine est un alcaloïde retiré du *Delphinium Staphisagria* (Renonculacées) dont il représente en partie les propriétés actives. La delphine ne cristallise pas, elle se présente sous la forme d'une poudre jaunâtre presque blanche, d'apparence résineuse; elle possède une saveur âcre insupportable qui prend à la gorge et persiste longtemps; elle fond à 120° et n'est pas volatile.

Elle est à peine soluble dans l'eau, mais l'alcool et l'éther la dissolvent facilement. Cet alcaloïde a été isolé presque en même temps par MM. Lassaigne et Feneulle et par Brandes.

On l'obtient, d'après M. Couerbe, en épuisant par de l'alcool rectifié bouillant les semences de staphisaigre réduites en pâte; on filtre et on distille l'alcool, il reste un extrait brun de nature grasse et très-âcre qu'on fait bouillir avec de l'eau aiguisée par de l'acide sulfurique jusqu'à ce que celle-ci ne dissolve plus rien. Il se forme du sulfate de delphine impur d'où l'alcali est précipité par la potasse ou l'ammoniaque; on le dissout dans l'alcool auquel on ajoute du noir animal, et, par l'évaporation de l'alcool, la delphine se dépose. Pour la purifier, on la redissout dans l'acide sulfurique très-étendu, puis on y instille goutte à goutte de l'acide azotique étendu de la moitié de son poids d'eau; il se sépare une matière poisseuse et noirâtre; on laisse déposer pendant vingt-quatre heures, on décante, et la liqueur est ensuite précipitée par un alcali. Le précipité est repris par l'alcool absolu; on filtre et l'alcool est distillé. Il reste une matière formée de deux substances que l'éther parvient à séparer. Celle qui se dissout est la delphine pure, celle qui ne se dissout pas est un corps particulier que M. Couerbe a nommé *staphisain*. La delphine forme, avec les acides, des sels, la plupart déliquescents et incristallisables; ils sont peu connus.

La delphine est un poison violent dont les propriétés physiologiques se rapprochent de celles de la vératrine [Lassaigne et Feneulle, *Ann. de Chim. et de Phys.*, 1820, t. XII, p. 358; — Brandes, *Journ. v. Schweigger*, t. XXV, p. 369; — Couerbe, *Ann. de Chim. et de Phys.*, t. LII, p. 352; *Journ. de Pharm.*, t. XIX, p. 522]. E. C.

DELPHINITE. — Variété d'épidote du bourg d'Oisans.

DELVAUXITE (Min.) — Phosphate ferrique hydraté. — Voyez DUFRÉNITE.

DEMIDOFFITE. — Voyez CHRYSOCOLLE.

DENSITÉ. — On sait que le *poids* d'un corps varie avec l'intensité de la pesanteur, mais que sa *masse* ne varie pas. Sous l'influence de la même pesanteur, par exemple en un même lieu du globe, le poids est évidemment proportionnel à la masse, et le rapport des *poids* de deux substances sous le même volume sera précisément celui de leurs *masses* sous le même volume; de là la synonymie qui existe entre les mots *poids spécifique* et *densité* qui expriment ces rapports.

On peut appeler *poids spécifique vrai* le coefficient destiné à passer des évaluations en volume aux évaluations en poids; ce coefficient sera le poids de l'unité de volume, c'est-à-dire, en France, le poids du litre. Multipliez le volume d'un corps V par son poids spécifique vrai Δ et vous aurez son poids P. Telle est la signification de la formule générale $P = V\Delta$, qui exprime seulement ce fait évident que le volume croît proportionnellement au poids, toutes choses égales d'ailleurs.

On peut décomposer la quantité Δ en deux autres et lui substituer, par exemple, l'expression $D A$ dans laquelle A est le poids de l'unité de volume d'une substance étalon. D est alors le poids spécifique rapporté à celui de la substance étalon; comme il n'exprime qu'un rapport entre les poids spécifiques vrais, il est indépendant de l'unité de poids; c'est ce qui l'a fait adopter généralement dans les pays où cette unité n'est pas rattachée simplement à l'unité de volume et à l'unité de poids spécifique. Ainsi l'on prendra le poids spécifique de l'eau = 1, le poids spécifique du fer sera alors 7,5, et l'on exprimera ainsi seulement que le fer pèse 7,5 fois plus que l'eau sous volume égal; mais si l'on veut passer des évaluations en volume aux évaluations en poids, il faudra multiplier ce poids spécifique D par le poids de l'unité de volume de l'eau A et c'est ce produit qui, multiplié par le volume V, donnera le poids P. Lorsqu'on veut avoir le poids en grammes et que l'unité de volume est le litre, comme le litre est précisément le volume de 1000 grammes d'eau, il s'ensuit que $A = 1000$; on a donc, en France,

$$\Delta = D_e\, 1000.$$

Pour les gaz le poids spécifique est rapporté à l'air, dans les circonstances normales; le poids spécifique vrai ou le poids du litre sera donc donné par le produit du poids spécifique par le poids du litre d'air, c'est-à-dire par la formule

$$\Delta = D_a 1{,}2932.$$

Si, comme il est préférable de le faire, le poids spécifique est rapporté à l'hydrogène, la formule devient

$$\Delta = D_h\, 0{,}089578.$$

Il est clair que, le volume d'un corps variant avec la température et la pression, le poids spécifique doit être fonction de ces quantités; de là la nécessité de prendre comme unité de poids spécifique celui de la substance type dans des circonstances déterminées de température et de pression : en France, ce sera pour l'eau + 4° et la pression atmosphérique. De là aussi l'obligation d'indiquer les circonstances de température et de pression auxquelles se rapportent les poids spécifiques obtenus par l'expérience.

Si l'on connaît la variation du volume d'un corps de zéro à $t°$ et son poids spécifique à zéro, l'on aura son poids spécifique à $t°$ par la formule

$$D_t = \frac{V_0 D_0}{V_t}$$

qui n'est qu'une transformation de la proportion

$$\frac{V_0}{V_t} = \frac{D_t}{D_0}.$$

L'on aurait pour la même raison, entre les poids spécifiques et les volumes à des pressions diverses, la relation $D_{p'} = \frac{V_p D_p}{V_{p'}}$. L'on n'a guère à tenir compte que de la température lorsqu'il s'agit de solides ou de liquides, et dès lors, le coefficient de dilatation K étant connu, il suffit de remplacer V_t par $V_0 (1 + Kt)$ dans la formule, pour avoir le poids spécifique à une température donnée en fonction de cette température, de K et de D_0 seulement.

Pour les gaz, il faut tenir compte des variations de la température et de la pression et le problème est un peu compliqué. Sa simplification a entraîné à modifier la notion du poids spécifique, et nous croyons utile d'insister sur cette incorrection qui peut paraître quelquefois un peu choquante. Si nous dilatons un gaz par la chaleur ou si nous le comprimons, le poids du litre de ce gaz, c'est-à-dire son poids spécifique vrai, deviendra moindre ou plus grand; si nous rapportons le poids spécifique à celui de l'air à 0° et à 0,76 de pression, nous n'aurons fait que changer d'unité et le poids spécifique variera encore comme le poids du litre. Mais si nous comparons le poids d'un volume de gaz pris à une température et à une pression données au poids d'un égal volume d'air pris dans les mêmes circonstances, nous aurons un rapport qui ne variera avec la pression et la température que si la loi de dilatation et de compressibilité n'est pas la même pour l'air que pour le gaz. Or, dans un grand nombre de cas, les lois de Mariotte et de Gay-Lussac s'appliquant au gaz comme à l'air, ce rapport offrira le caractère d'une *constante* spécifique du gaz donné, et c'est lui qu'on trouve dans les ouvrages sous le nom de *poids spécifique à l'état de gaz*, de *densité gazeuse* ou de *densité de vapeur*. Cela revient à faire A variable et à rapporter le poids spécifique à celui de la substance type, non plus dans des circonstances *fixes*, comme pour l'eau, mais dans les circonstances mêmes de l'expérience. Il est clair que, si tous les corps aériformes suivaient les lois de Mariotte et de Gay-Lussac, la densité gazeuse ainsi définie serait d'un usage très-général et très-commode; celui-ci devient plus restreint dans le cas où le gaz ne suit pas, dans sa dilatation ou dans sa compressibilité, la même loi que la substance étalon. Toutes les fois que ce cas se présente et toutes les fois que l'on n'a effectué qu'une seule mesure de densité, l'on doit considérer la densité gazeuse comme ne représentant que le poids d'un volume du gaz pris à la pression et à la tempéraure indiquées, comparé au poids d'un égal volume d'air dans les mêmes circonstances; la densité gazeuse, à une autre température et à une autre pression, à 0° et à la pression 0,76, par exemple, est indéterminée.

Mais il est bon de faire ici une remarque : Si p grammes de gaz occupent un volume V_t à t^o et sous la pression de H millimètres de mercure, le même volume d'air pèsera $\dfrac{V_t\ 1{,}2932.H}{(1+\alpha t)\,760}$ dans les mêmes circonstances, et la densité gazeuse sera

$$\frac{p}{\dfrac{V_t\ 1{,}2932.H}{(1+\alpha t)\,760}}, \qquad \text{(A)}$$

or on arrive à la même formule en admettant que pour le gaz considéré les lois de Mariotte et de Gay-Lussac sont applicables, ramenant à l'aide de cette hypothèse le volume gazeux à 0° et à la pression 0,76 et comparant son poids à celui d'un égal volume d'air dans les mêmes circonstances.

Cette dernière manière de calculer semble donc faire intervenir deux hypothèses dont la densité gazeuse donnée par la formule (A) est absolument indépendante si l'on adopte, comme définition de la densité à la température t et à la pression H, « le rapport des poids de volumes égaux de gaz et d'air, à t^o et la pression H. »

Pour passer des volumes aux poids, la densité gazeuse doit être transformée en poids du litre ou en poids spécifique vrai. Deux cas peuvent se présenter. 1° On demande le poids du volume V à t^o et à la pression H, la densité gazeuse étant D à cette température et à cette pression. Il suffit de multiplier la densité gazeuse par le poids du litre d'air à t^o et à la pression H, c'est-à-dire par

$$\frac{1{,}2932.H}{(1+\alpha t)\,760}, \quad \text{d'où} \quad P = V\Delta = VD^a\,\frac{1{,}2932.H}{(1+\alpha t)\,760}.$$

2° On demande le poids du volume V à t^o et à la pression H, la densité gazeuse ayant été déterminée à t'^o et à la pression H'. Dans ce cas, il faut supposer que les lois de Mariotte et de Gay-Lussac sont applicables au gaz; on a alors la formule

$$P = V\Delta = V\,D_a\,\frac{1{,}2932.H}{(1+\alpha t)\,760},$$

qui, bien que semblable à la précédente, n'est point rigoureuse puisqu'elle repose sur deux hypothèses. Cette remarque est importante, car, dans le cas d'une dilatation anormale due à un phénomène de dissociation, les résultats expérimentaux et les nombres calculés par cette formule peuvent être entre eux comme 1 : 2 par exemple.

Si l'on fait usage de la densité par rapport à l'hydrogène, la formule devient

$$P = V\Delta = V\,D_h\,\frac{0{,}080578.H}{(1+\alpha t)\,760}.$$

DÉTERMINATION DU POIDS SPÉCIFIQUE DES SOLIDES. — Elle s'effectue à l'aide de la balance hydrostatique, de l'aréomètre de Nicholson ou par la méthode du flacon. On opère dans l'eau distillée, à moins que la solubilité de la substance n'oblige à employer la térébenthine, la benzine, etc., dont on aura déterminé la densité sur l'échantillon même. Il est bon de placer le flacon contenant l'eau et la substance dans le vide de la machine pneumatique, pour chasser l'air d'interposition. Si l'expérience était faite dans l'eau à + 4°, la perte de poids du corps donnerait directement le poids d'un égal volume d'eau dans les circonstances normales ; mais si la température était t^o, il faudrait se rappeler que la perte de poids à t^o est à celle que subirait un corps de même volume dans l'eau à + 4°, comme le poids spécifique de l'eau à t^o est au poids spécifique de l'eau à + 4°. On consultera dans ce cas la table de Despretz, que nous reproduisons ici [1].

POIDS SPÉCIFIQUE DE L'EAU A DIVERSES TEMPÉRATURES (*Despretz*).

Température.	Densité.	Température.	Densité.	Température.	Densité.
0	0,999873	11	0,999640	22	0,997784
1	0,999927	12	0,999527	23	0,997566
2	0,999966	13	0,999414	24	0,997297
3	0,999999	14	0,999285	25	0,997078
4	1,000000	15	0,999125	26	0,996800
5	0,999999	16	0,998979	27	0,9965[illegible]2
6	0,999969	17	0,998794	28	0,998274
7	0,999929	18	0,998612	29	0,995986
8	0,999878	19	0,998422	30	0,995688
9	0,999813	20	0,998213	»	»
10	0,999731	21	0,998004	100	0,958634

Pour une approximation grossière, on peut se contenter de mettre le solide pesé dans une burette préalablement remplie de liquide jusqu'à une division donnée; l'élévation du liquide dans le tube gradué donnera le volume du corps considéré.

DÉTERMINATION DU POIDS SPÉCIFIQUE DES LIQUIDES. — On se sert, pour les liquides de l'aréomètre (voyez ARÉOMÈTRE), de la balance hydrostatique et surtout du flacon. En France, l'on emplit le flacon à densité, soit d'eau, soit de liquide, à la température de la glace fondante, et l'on peut, dans une détermination précise, ramener le poids de l'eau à ce que serait le poids du même volume d'eau à + 4°. Pour cela, on se servira de la table de Despretz.

Lorsqu'il s'agit de faire pénétrer dans le flacon, par un tube capillaire, un liquide qu'on ne peut pas toujours porter à l'ébullition, on peut avoir recours à l'artifice suivant. On emplit de liquide la partie large qui reçoit le bouchon, et l'on fait pénétrer à la partie supérieure de la capacité du flacon l'extrémité effilée d'un tube de verre étiré à la lampe. Si on exerce par ce tube une aspiration, soit à la bouche et à l'aide d'un tube de caoutchouc, soit à l'aide d'une *poire* de la même substance, on voit aussitôt le liquide se précipiter dans le flacon. On achève de le remplir de la

(1) Formule complète : P, poids du corps ; P', poids d'un égal volume d'eau à t^o; δ, densité de l'eau à cette température; a, poids du centimètre cube d'air ; D, densité à t degrés. $D = \dfrac{P\delta}{P'} - \dfrac{P-P'}{P'}\,a.$

même manière, et l'on se sert du même tube soit pour faire disparaître les bulles d'air, soit pour amener le niveau à coïncider avec le repère.

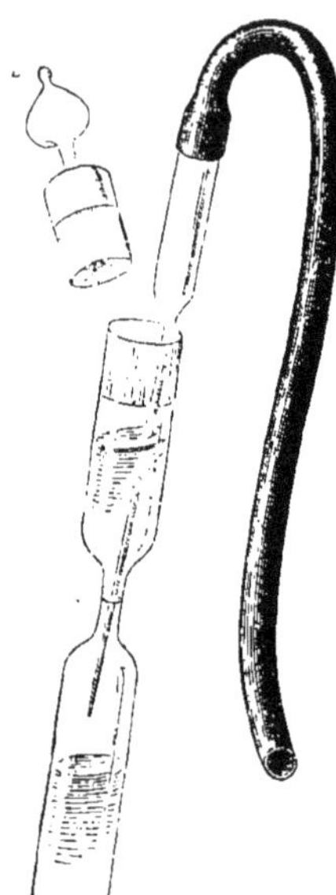

Fig. 206. Flacon de M. Regnault.

Si l'on possède une quantité un peu notable de liquide et si l'on ne tient pas à connaître son poids spécifique à zéro, on peut se servir avec avantage de l'appareil suivant, qui permet d'opérer très-rapidement.

Deux tubes de verre, du diamètre des tubes de dégagement, d'une longueur de $1^m,40$ environ, portent des traits gravés de décimètre en décimètre et numérotés depuis zéro. Il est bon de graver au-dessous du trait zéro de l'un des tubes, du tube A par exemple, quelques traits de millimètre en millimètre. On assujettit ces tubes verticalement à l'aide d'un support et on réunit leurs extrémités supérieures par un tube en T, dont la branche médiane porte un tube de caoutchouc muni d'un robinet-pince (Bertin). Les caoutchoucs doivent bien tenir; on les serrera au besoin sur les tubes à l'aide de cordons.

Veut-on, à l'aide de cet appareil, déterminer le poids spécifique d'un liquide, on en remplira un petit vase, dans lequel on plongera le tube A; le second tube plongera dans une large cuvette pleine d'eau distillée. Le robinet-pince étant ouvert, on fera monter et descendre les tubes jusqu'à ce que les ménisques des liquides coïncident dans chacun d'eux avec le trait zéro. L'on notera en même temps le trait α de l'échelle en millimètres où vient affleurer, à l'extérieur du tube A, le liquide en expérience. L'appareil étant ainsi réglé, on exerce une aspiration par le tube de caoutchouc et l'on ferme la pince lorsque le niveau du liquide en expérience coïncide avec la division 10. Mais pendant ce temps le niveau a baissé dans le vase, on abaisse le tube jusqu'à ce qu'il affleure de nouveau à la division α, puis on établit la coïncidence du ménisque supérieur avec la division 10. La colonne liquide, corrigée de la capillarité, a dès lors 1 mètre de hauteur. Dans ces conditions, la colonne d'eau qui lui fait équilibre indiquera directement le poids spécifique du liquide considéré à la température de l'observation, il suffira de lire sa hauteur avec un double décimètre appliqué sur le tube et dont on fera coïncider le zéro avec un des traits gravés; l'on n'a aucunement à se préoccuper de la variation du niveau de l'eau dans le vase extérieur, pourvu qu'il soit suffisamment large.

Pour être tout à fait exact, il faudrait que la hauteur donnée à la première colonne ne fût pas égale à 1 mètre, mais qu'elle fût proportionnelle au poids spécifique de l'eau à la température de l'observation, condition qu'il est facile de remplir lorsqu'on connaît la table de Despretz.

Détermination du poids spécifique des gaz et des vapeurs. — Cette détermination ayant aux yeux des chimistes un intérêt considérable, nous donnerons à ce sujet un peu plus de développement que nous n'en avons accordé au problème des poids spécifiques des solides ou des liquides. Nous ne décrirons pas cependant les appareils si parfaits imaginés par M. Regnault, parce que leur emploi suppose un expérimentateur spécialement adonné aux recherches physiques et entouré de tout un matériel perfectionné qui manque d'ordinaire au chimiste.

Poids spécifique des gaz. Méthode de M. Bunsen. — On prend un ballon de verre de 200 à 300 centimètres cubes de capacité, léger et terminé par un long col dont le diamètre intérieur ne doit guère être plus gros qu'un fétu de paille. Ce col est divisé en millimètres; il est fermé par un excellent bouchon de verre façonné à l'émeri fin et à la térébenthine. On a déterminé une fois pour toutes le volume du ballon jusqu'à chacun des traits de la graduation; pour cela on l'a taré, puis on a versé, à l'aide d'un entonnoir, du mercure jusqu'à chacun des traits, en notant à chaque fois le poids qu'il avait fallu ajouter dans l'autre plateau. D'après le poids du mercure, il est facile de passer au volume; chaque gramme de mercure correspondant à

$0^{cc},073551$, l'opération étant faite à zéro,
$0^{cc},073684$ — — à $+ 10°$
$0^{cc},073815$ — — à $+ 20°$
$0^{cc},073948$ — — à $+ 30°$.

Pour effectuer une détermination de poids spécifique, l'on retourne le ballon plein de mercure sur la cuve et on y introduit le gaz sec par un tube effilé. M. Bunsen préfère dessécher le gaz dans le ballon lui-même, en y faisant passer au préalable un peu de chlorure de calcium, qu'on fait fondre ensuite à l'aide de la chaleur dans une gouttelette d'eau et qui cristallise par le refroidissement en s'attachant aux parois. On cesse d'introduire le gaz lorsque le mercure ne s'élève plus qu'à quelques millimètres au-dessus du niveau extérieur de la cuve; on fixe alors le ballon dans la position verticale et on l'abandonne à lui-même. Au bout d'un certain temps on lit à distance, et à l'aide d'une lunette, le haut et le bas de la colonne de mercure qui est suspendue dans le col du flacon, et l'on en ferme l'ouverture avec le bouchon sans le toucher avec les doigts et à l'aide d'un levier dont l'extrémité porte un morceau de liége évidé dans lequel le bouchon est engagé à frottement. On assujettit alors le bouchon, on enlève l'appareil de la cuve, on le retourne, on essuie le ballon avec soin, on le porte dans la balance, où l'on ne le pèse qu'après un certain temps.

Cela fait, on remplace le bouchon par un tube à chlorure de calcium, on place tout l'appareil sous la cloche d'une machine pneumatique et l'on fait le vide à plusieurs reprises. Lorsque le ballon est plein d'air sec, on le bouche avec son bouchon et on le pèse de nouveau.

De ces deux pesées, ainsi que de l'observation du baromètre et du thermomètre lors de la mesure des gaz, on conclut le poids spécifique par la formule suivante:

V = volume du gaz d'après la table construite pour l'instrument (en cent. cubes).
H = hauteur du baromètre (en millim. et réduite à 0° pendant la lecture du volume gazeux.
h = colonne de mercure soulevée dans le col du ballon (en millim.).
t = température de l'air pendant la lecture.

$$A = \frac{V.0,0012932\,(H - h)}{(1 + 0,00367.t)\,760}$$ = poids d'un volume d'air égal au volume V dans les mêmes circonstances.

$A' = \dfrac{V.0{,}0000896\,(H - h)}{(1 + 0{,}00366.t)\,760}$ = poids d'un volume d'hydrogène égal au volume V dans les mêmes circonstances.

P = poids du ballon plein de gaz (en grammes).
p = poids du ballon plein d'air sec (en grammes).
H' = hauteur du baromètre (en millim., réduite à 0°) pendant l'introduction de l'air.
t' = température correspondante.

$\pi = \dfrac{V.0{,}0012932.H}{(1 + 0{,}00367.t')\,760}$ = poids de l'air contenu dans le ballon.

$B = p - \pi$ = poids du ballon vide.
$C = P - B = P - (p - \pi)$ = poids du gaz seul.

$D_a = \dfrac{C}{A}$ = poids spécifique par rapport à l'air.

$D_h = \dfrac{C}{A'}$ = poids spécifique par rapport à l'hydrogène.

Sans la présence d'une quantité variable de mercure et de chlorure de calcium dans l'appareil, on pourrait faire une fois pour toutes la pesée du ballon plein d'air et en conclure le poids du ballon *vide*, $B = p - \pi$. Lorsqu'on connaît ce poids et que le gaz a été introduit sec, il suffit de peser à part le mercure qui a pu rester dans l'appareil et de retrancher ce poids, plus le poids B, de celui du ballon plein de gaz. Le reste est évidemment le poids du gaz seul, c'est-à-dire C; quant au dénominateur A, on l'obtient sans pesées nouvelles; il est vrai que par ce dernier procédé on ne tient pas compte des variations de la poussée de l'air.

Poids spécifique des vapeurs. Méthode de Gay-Lussac. — Cette excellente méthode s'applique aux vapeurs dont on veut avoir la densité aux températures intermédiaires entre zéro et 200° environ. Elle permet de faire avec une même quantité de matière plusieurs déterminations de densité à des températures différentes; elle n'exige que peu de substance et donne réellement, lorsque le corps est souillé de quelques impuretés, la densité de vapeur moyenne du mélange. Nous verrons tout à l'heure que d'autres procédés donnent une densité de vapeur beaucoup plus rapprochée de celle de la substance la moins volatile, c'est-à-dire le plus souvent de l'impureté. Son seul inconvénient est de ne pouvoir s'appliquer aux températures élevées.

L'appareil consiste en une cloche graduée de 300 centimètres cubes environ, un manchon de verre, un agitateur, une marmite de fonte, une vis à deux pointes pour les lectures et un support pour maintenir les diverses pièces fixes sur un fourneau.

On commence par mettre du mercure dans la marmite et dans la cloche, puis on retourne celle-ci comme s'il s'agissait de recueillir un gaz. On fait alors passer sous cette cloche une ampoule contenant une quantité pesée du liquide à vaporiser; elle doit être assez mince et assez pleine pour éclater par la dilatation du liquide. L'on préfère souvent en casser la pointe en l'appuyant à porte à faux contre la paroi interne de la cloche avant de la laisser monter à la partie supérieure; mais il vaut encore mieux se servir des petits flacons que nous décrirons tout à l'heure avec l'appareil Hofmann. Cela fait, on rend la cloche bien verticale, puis on l'entoure du manchon, et l'on verse dans ce manchon reposant sur le mercure, soit de l'eau, soit de l'huile; on fixe alors la cloche et le manchon. On allume le fourneau et l'on chauffe graduellement en brassant sans cesse le liquide du manchon avec l'agitateur. Lorsque le contenu de l'ampoule est vaporisé et qu'on veut faire une lecture, on éteint le feu et l'on continue à agiter le liquide pendant qu'on y promène un thermomètre. Lorsque la température devient stationnaire, on note à la fois cette température et la division A de la cloche à laquelle correspond le niveau supérieur du mercure, puis on fait affleurer une des pointes de la vis de la surface du bain du mercure dans la terrine, et on lit, à l'aide d'une lunette bien horizontale ou d'un simple niveau, la division B de la cloche à laquelle correspond la pointe supérieure de la vis. Enfin l'on observe la hauteur barométrique.

A l'aide de ces données et de la formule suivante, on calcule facilement la densité demandée.

P = poids de la matière.
V = volume lu sur l'éprouvette supposée graduée à 0°.
K = coefficient de dilatation cubique du verre $= \begin{cases} 0{,}0000276 \text{ de } 0° \text{ à } 100° \\ 0{,}0000284 \text{ de } 0° \text{ à } 150°. \end{cases}$
T = température du bain.
h = distance mesurée entre la division A et la division B (1) + la longueur de la vis.
H = hauteur barométrique réduite à 0°.

$A = \dfrac{V\,(1 + KT)\;0{,}0012932.\left[H - h\,\dfrac{5550}{5550 + T}\right]}{(1 + 0{,}00367.T)\,760}$ = poids d'un volume d'air égal à celui de la vapeur dans les mêmes circonstances.

$A' = \dfrac{V\,(1 + KT)\;0{,}0000896\left[H - h\,\dfrac{5550}{5550 + T}\right]}{(1 + 0{,}00366.T)\,760}$ = poids d'un volume d'hydrogène égal à celui de la vapeur dans les mêmes circonstances.

$D_a = \dfrac{P}{A}$ = poids spécifique par rapport à l'air.

$D_h = \dfrac{P}{A'}$ = poids spécifique par rapport à l'hydrogène.

Lorsqu'on brise l'ampoule à l'avance, il se peut qu'il reste de la matière attachée aux parois et que la densité se trouve ainsi faussée; on peut alors chauffer assez fort pour que le niveau du mercure descende très-bas, on le fait ensuite remonter avant de faire la détermination.

Aux températures élevées l'influence de la vaporisation du mercure commence à se faire sentir, il faut alors dans le calcul retrancher de la pression H la tension de la vapeur mercurielle qu'on trouvera dans la table suivante.

FORCE ÉLASTIQUE DE LA VAPEUR DE MERCURE
(*Regnault*).

Degrés.	Millim.	Degrés.	Millim.	Degrés.	Millim.
0	0,02	190	14,84	330	450,91
»	»	200	19,90	340	548,35
50	0,113	210	26,35	350	663,18
»	»	220	34,70	360	797,74
90	0,514	230	45,35	370	954,65
100	0,746	240	58,82	380	1139,65
110	1,073	250	75,75	390	1346,71
120	1,534	260	96,73	400	1587,96
130	2,175	270	123,01	»	»
140	3,059	280	155,17	450	3384,35
150	4,266	290	194,46	»	»
160	5,900	300	242,15	500	3420,25
170	8,091	310	299,69		
180	11,000	320	368,73		

Méthode de M. Hofmann. — Cette méthode, qui est très-analogue à celle de Gay-Lussac, s'en distingue par la hauteur de la cloche, qui a près de 1 mètre de haut, et par le mode de chauffage. La cloche est graduée en millimètres linéaires et en centimètres cubes; on y introduit la substance dans de petites ampoules fermées à l'émeri, qui s'ouvrent généralement par la seule différence de pression. Il faut même avoir soin de tenir le tube très-incliné pendant l'ascension de l'ampoule, de peur qu'elle ne se débouche trop tôt et ne projette une colonne de mercure contre le fond du tube, qu'elle pourrait briser. On chauffe au moyen d'un courant de vapeur d'eau, d'alcool amylique ou d'aniline, et l'on condense les vapeurs dans un réfrigérant convenable. Grâce à la hauteur de la cloche, on opère à des pressions assez faibles

(1) Cette distance est mesurée avec un compas à la température ordinaire; on néglige la dilatation linéaire du verre.

pour abaisser considérablement le point d'ébullition, les décompositions sont moins à craindre et il est inutile de chauffer à 50° au-dessus du point d'ébullition dans l'air. M. Hofmann a pu prendre fort exactement la densité de la vapeur d'aniline dans un courant de vapeur d'aniline. La formule est la même que pour la méthode de Gay-Lussac.

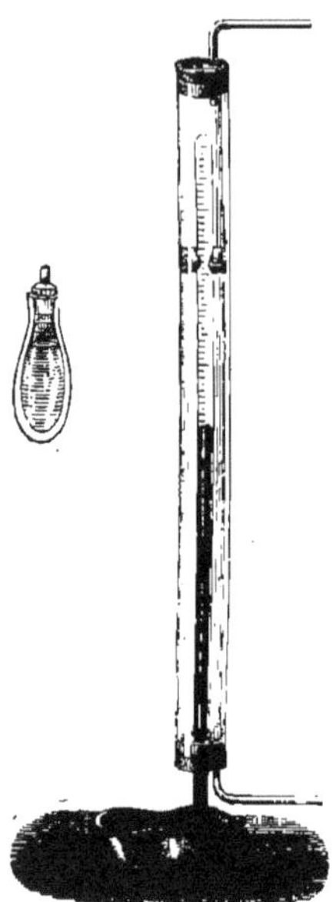

Fig. 207. — Méthode de M. Hofmann.

Méthode de M. Dumas.—Lorsqu'on veut déterminer une densité de vapeur à une haute température et que l'on a d'ailleurs une vingtaine de centimètres cubes de substance pure, on se sert toujours de cette méthode, qui n'exige que des instruments de chimiste et qui est cependant fort exacte.

On prend un ballon de verre bien propre et bien sec d'environ 300 centimètres cubes de capacité, on en étire le col à la lampe, comme le montre la figure, et on en prend la tare au moyen d'une bonne balance (1). On peut faire en sorte que le ballon soit, pendant la pesée, *plein d'air sec*, il suffit de le placer sous le récipient d'une machine pneumatique au-dessus de l'acide sulfurique, et

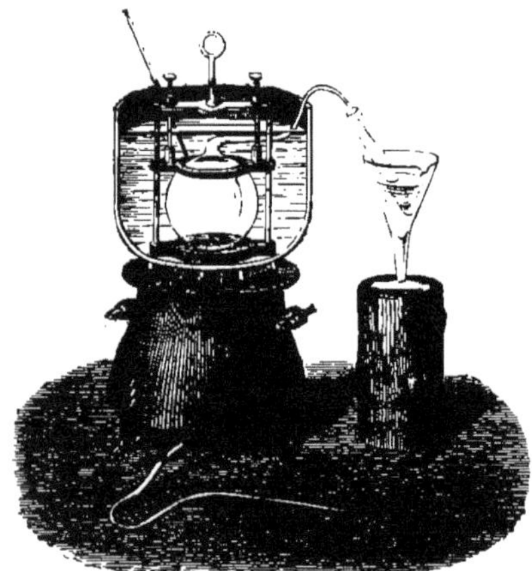

Fig. 208. — Méthode de M. Dumas.

de dessécher sur du chlorure de calcium l'air qu'on y laisse rentrer après avoir fait le vide pendant quelque temps. On introduit dans le ballon 10 à 20 centimètres cubes du liquide en expérience. Pour cela on chauffe le ballon et l'on

(1) Il est bon de l'équilibrer en partie avec un ballon scellé d'un volume à peu près égal.

plonge sa pointe dans le liquide; par le refroidissement, quelques gouttes de celui-ci montent dans le ballon; on chauffe de nouveau de façon à volatiliser cette petite quantité de matière et l'on plonge encore la pointe dans le liquide, qui, cette fois, grâce à la condensation de la vapeur, arrive dans le ballon en quantité suffisante (1).

On fixe alors le ballon dans un support en cuivre d'une forme particulière, on plonge le tout dans un bain d'huile et l'on chauffe.

Comme il importe le plus souvent de ne pas perdre le liquide en expérience, qui s'échappe en vapeur par le col effilé, on le condense dans un petit tube refroidi avec de l'eau, et l'on peut constater par l'analyse que la chaleur ne l'a pas altéré. On agite l'huile chaude avec un thermomètre et, lorsqu'on est arrivé à la température de laquelle on veut faire la détermination (50 degrés au moins au-dessus du point d'ébullition), on diminue le feu et on continue à brasser le bain d'huile. On chasse rapidement, à l'aide d'une flamme, les gouttelettes de liquide qui pourraient séjourner dans le tube, puis on cesse le feu, et, le thermomètre étant stationnaire, on ferme le ballon en fondant le plus près possible de la surface de l'huile la pointe effilée, soit à l'aide du chalumeau, soit avec une flamme de gaz, soit enfin avec la flamme d'une petite lampe philosophique. On observe alors le baromètre, on retire le support et le ballon du bain d'huile, et l'on laisse refroidir. Lorsque le ballon est tiède, on l'essuie avec soin et on le pèse froid avec la petite partie du tube effilé qu'on aura détachée.

La différence entre le poids du ballon plein d'air et celui du ballon plein de vapeur suffira pour donner la densité lorsqu'on connaîtra le volume du ballon. Pour cela, on portera celui-ci sur la cuve à mercure et l'on brisera l'extrémité de la pointe effilée sous le mercure. A cause de la condensation de la vapeur, le mercure envahira bientôt toute la capacité du ballon, quelquefois cependant il y restera, outre le liquide condensé, une petite bulle d'air dont on évaluera le volume en la faisant passer dans une petite cloche. Le ballon étant plein de mercure, on le videra dans une éprouvette graduée à zéro et l'on aura, par le volume du mercure, le volume du ballon à zéro. D'après ces données expérimentales, on calculera facilement la densité.

P = excès de poids du ballon plein de vapeur sur celui du ballon plein d'air sec (en grammes).
V = volume du ballon à 0° (en cent. cubes).
K = coefficient de dilatation cubique du verre (2).
t = température ambiante.
H = hauteur du baromètre (en millim. et réduite à 0°) pendant la première pesée.

$$p = \frac{V(1+Kt)\,0{,}0012932.H}{(1+0{,}00367.t)\,760}$$ = poids de l'air sec contenu dans le ballon.

B = P + p = poids de la vapeur seule (si P est négatif, il se retranche).
H′ = hauteur du baromètre (en millim. et réduite à 0°) lors de la fermeture du ballon.
T = température du bain d'huile (3).

$$A = \frac{V(1+KT)\,0{,}0012932.H'}{(1+0{,}00367.T)\,760}$$ = poids d'un volume d'air égal à celui de la vapeur dans les mêmes circonstances.

(1) Si le corps était solide, on introduirait une quantité pesée dans le ballon avant de l'effiler; puis on l'effilerait, on le pèserait, et, en retranchant de son poids celui de la substance, on aurait le poids du ballon plein d'air.

(2)

K = 0,0000276	entre	0° et	100°
0,0000284	—		150
0,0000291	—		200
0,0000298	—		250
0,0000306	—		300

(3) Ramenée aux indications d'un thermomètre à air. — Voyez Thermométrie.

$A' = \frac{V(1+KT)\,0{,}0000896.H'}{(1+0{,}00366.T)\,760}$ = poids d'un volume d'hydrogène égal à celui de la vapeur dans les mêmes circonstances.

$D_a = \frac{B}{A}$ = poids spécifique par rapport à l'air.

$= \frac{B}{A'}$ = poids spécifique par rapport à l'hydrogène.

Si l'on a constaté l'existence d'une bulle d'air occupant V centimètres cubes à t'' et à la pression H'' (1), son poids sera donné par la formule

$$\pi = \frac{V.0{,}0012932.H''}{(1+0{,}00367.t'')\,760},$$

et la densité cherchée deviendra

$$D_a = \frac{B-\pi}{A-\pi} \quad \text{ou} \quad D_h = \frac{\frac{B-\pi}{A'-\pi}}{14{,}44} \ (2).$$

Méthode de MM. H. Sainte-Claire Deville et Troost. — Ces savants ont modifié le procédé de M. Dumas, de façon à en étendre l'emploi à des températures que la fusibilité du verre ne permet pas d'atteindre. Ils ont réussi de plus à se procurer, dans ces conditions, des températures déterminées et parfaitement stationnaires, à l'aide du soufre et des métaux en ébullition.

L'appareil que l'on emploie est un ballon de verre à col effilé, lorsqu'on agit dans la vapeur de

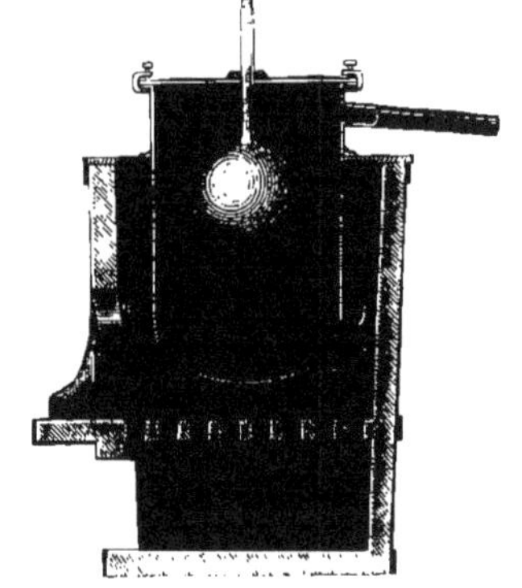

Fig. 209. — Méthode de MM. Sainte-Claire Deville et Troost.

mercure (qui bout à 350°) (3), et un ballon de porcelaine de Bayeux portant un petit bouchon conique, lorsqu'on opère aux températures plus élevées que donne l'ébullition du soufre (440°), du cadmium (860°) et du zinc (1040°). Ce ballon est renfermé dans un cylindre de fer fermé par en bas, et dont l'ouverture supérieure peut être bouchée par une plaque de tôle fixée par des vis. Ce cylindre est une bouteille à mercure dont on a coupé la portion supérieure et dont on a rabattu et dressé les bords. Le plus près possible de la plaque est adapté un tube de fer plus ou moins long; la plaque est percée d'un trou central; enfin, on a fait river des pointes de fer à 10 centimètres du fond et sur ces pointes s'appuie un écran cylindrique en fer destiné à garantir le ballon du rayonnement de l'enveloppe.

On chauffe l'appareil soit au gaz (pour le mercure), soit au charbon dans un fourneau ordinaire. Il n'est pas attaqué sensiblement, sauf par le zinc, et peut durer fort longtemps. Le tube distillatoire doit, dans le cas du cadmium et du zinc, être chauffé à l'aide d'une grille à analyse organique. Il est refroidi, au contraire, dans le cas du mercure.

On assujettit le ballon dans un vase de fer à l'aide d'un support annulaire ou seulement en fixant le col avec un bon lut dans l'orifice de la plaque de tôle; lorsqu'on veut le fermer, il suffit d'en fondre l'ouverture avec le chalumeau ordinaire, ou bien, lorsque le ballon est en porcelaine, d'en fondre sur place le petit bouchon conique avec le chalumeau aux deux gaz. Le reste de l'opération et le calcul de l'expérience se fait comme dans la méthode de M. Dumas, dont le principe est le même. Seulement il faut introduire le coefficient de dilatation de la porcelaine, qui est égal à 0,0000108 entre zéro et la température d'ébullition du cadmium.

Nous ne parlerons pas d'autres méthodes dues à Mitscherlich, Regnault, etc., et qui ne sont pas employées journellement comme les précédentes; elles n'exigent pas de bains de vapeur et la température est mesurée à l'aide d'un thermomètre à gaz soumis à un échauffement identique; pour obtenir ce résultat, on fait tourner autour d'un axe, au milieu du moufle chauffé, le vase à densité et le vase thermométrique. Comme ils ont les mêmes dimensions, ils prennent nécessairement la même température. D'autres fois on fait tourner autour de ces vases une sorte de gaîne de tôle cylindrique.

L'estimation du poids de la matière se fait par un dosage chimique. La température peut être évaluée de la même façon en se servant d'un peu d'iode ou de vapeur de mercure au lieu d'air dans l'appareil thermométrique et en dosant, ce qu'il est très-facile de faire, soit le mercure, soit l'iode qui est resté dans le vase. Lorsqu'on ne titre pas, il y a intérêt à se servir de mercure et surtout d'iode lorsque l'on atteint la température où la dilatation de ces vapeurs est normale, parce qu'elles pèsent beaucoup plus que l'air et permettent une approximation beaucoup plus grande. G. S.

DERMATINE (Min.). — Silicate magnésico-ferreux hydraté analogue à la cérolithe.

DESCLOIZITE (Min.). — Vanadate de plomb renfermant un peu de manganèse, de zinc et de fer, $2PbO, V^2O^5$. Petits cristaux orthorhombiques implantés sur une gangue siliceuse et associés à la pyromorphite. Noir ou brun-olive.

Caractères. — Soluble à froid dans l'acide azotique; donne un peu d'eau dans le tube. Sur le charbon, se réduit en fournissant un globule de plomb entouré d'une scorie noire. Avec le borax, verre vert au feu de réduction et violet au feu d'oxydation.

Dureté, 3,5. Densité, 5,84.

Forme cristalline. — Prisme orthorhombique $mm = 100° 28'$; $e^1 e^1$ au sommet 116° 25'.

DESMINE. — Voyez Stilbite.

DÉSOXALIQUE (ACIDE),

$$C^8H^6O^8 = C^8H^3O^5.(OH)^3$$

[Syn. *Acide racémocarbonique*] [Löwig, *Journ. für prakt. Chem.*, t. LXXIX, p. 455, t. LXXXIII, p. 129 et t. LXXXIV, p. 1; *Répert. de Chim. pure*, 1860, p. 334 et 1862, p. 116]. — Ce corps se produit dans l'action de l'amalgame du sodium sur l'éther oxalique. On agite avec l'éther oxalique un volume égal d'amalgame pâteux à 3 % environ de sodium, en empêchant le mélange de s'échauffer.

(1) Inutile de faire remarquer qu'on pourra prendre $t'' = t$, $H'' = H'$ ou H.

(2) Exactement, $D_h = \frac{\frac{B-\pi}{A'-\pi}\,(1+0{,}00367.T)}{14{,}44\,(1+0{,}00366.T)}$.

(3) 357,25, Regnault.

Quand la réaction est terminée, on reprend à plusieurs reprises par l'éther, en ayant soin de décanter l'éther d'une masse poisseuse qui se dépose. On agite ensuite la solution éthérée avec de petites quantités d'eau, jusqu'à ce qu'elle soit décolorée.

La masse, insoluble dans l'éther et soluble dans l'eau, est composée d'un sucre fermentescible et d'au moins deux sels de soude, parmi lesquels domine l'oxalate.

Quant à la liqueur éthérée, après distillation d'une partie de l'éther et évaporation spontanée du reste, elle laisse déposer de beaux cristaux baignés dans une eau mère sirupeuse. Ces cristaux constituent l'éther de l'acide désoxalique; ils renferment $C^{11}H^{18}O^8 = C^5H^3O^5(OC^2H^5)^3$. Ils sont solubles dans l'eau (10 p.), dans l'alcool et dans l'éther, inodores, d'une saveur amère, fusibles à 15°. Leur solution aqueuse réduit les liqueurs cupropotassiques. Chauffés à 140-150°, au bain d'huile, pendant un temps assez long, ils se transforment en une huile incristallisable. Ils sont saponifiables à chaud par une liqueur alcaline. La solution, légèrement sursaturée par l'acide azotique, donne des précipités blancs avec les azotates d'argent, de plomb et de protoxyde de mercure et avec les chlorures de baryum et de calcium.

Le sel d'argent renferme $C^5H^3O^5(OAg)^3$, un sel de plomb, $(C^5H^3O^8)^2Pb^3 + H^2O$, et un autre sel basique auquel on a assigné une formule compliquée. La composition des sels de baryte, de potasse et de soude s'accorde aussi avec la formule assignée à l'acide; il existe aussi un sel de potasse acide $C^5H^3O^5.(OK)^2OH + 1/2H^2O$ (?).

L'acide libre s'obtient en décomposant le sel de plomb par l'hydrogène sulfuré. La solution filtrée est évaporée au bain-marie, puis sur l'acide sulfurique; elle se prend en une masse cristalline, déliquescente, très-soluble dans l'alcool. Sa saveur est franchement acide et est analogue à celle de l'acide tartrique.

Chauffé en vase clos, pendant un temps prolongé, avec de l'acide sulfurique étendu, l'éther désoxalique en solution étendue se transforme intégralement en acide racémique et alcool, avec dégagement d'acide carbonique. L'acide libre en solution peu concentrée, chauffé seul à 160°, subit la même transformation. D'après cette réaction et d'après sa formule, l'acide désoxalique peut aussi être appelé *racémocarbonique*,

$$C^5H^6O^8 = C^4H^6O^6 + CO^2.$$

L'acide désoxalique se distingue facilement de l'acide racémique par la précipitation instantanée en flocons de son sel de chaux, quand on ajoute de l'ammoniaque à la solution chlorhydrique de ce sel. On sait que le racémate de chaux ne se sépare qu'après quelques instants et sous forme d'une poudre cristalline.

Quant à l'eau mère des cristaux d'éther désoxalique, elle paraît renfermer un éther incristallisable identique avec celui qui s'obtient en chauffant longtemps les cristaux d'éther désoxalique. C. F.

DEVILLINE. — Voyez Langite.

DEVONITE. — Voyez Wavellite.

DEWEYLITE (Min.). — Silicate magnésien et ferreux hydraté de Middelfield (Massachusetts). Ressemble à la gomme arabique.

Dureté, 2 à 3,5. Densité, 2,19 à 2,31.

DEXTRINE (*Leiocome, amidon grillé* ou *torréfié, gommeline, gomméine, gomme indigène*). — Sous ces divers noms on désigne diverses préparations industrielles employées comme épaississants ou agglutinants, qui dérivent d'une transformation de la matière amylacée et renferment toutes une forte proportion d'un principe spécial et défini connu sous le nom chimique de *dextrine*. Les produits industriels peuvent, suivant leur mode de préparation, contenir de l'amidon non modifié, de l'amidon soluble ou de la glucose.

Propriétés. — La dextrine est solide, incolore, amorphe, soluble dans l'eau en toutes proportions et formant des liquides épais, visqueux et transparents, connus sous le nom de sirop de dextrine; elle est soluble dans l'alcool dilué, insoluble dans l'alcool absolu qui la précipite de ses solutions aqueuses sous forme de flocons épais et visqueux qui adhèrent aux parois des vases. Pouvoir rotatoire à droite = + 138°,68 (Payen), 176° (Béchamp). Obtenue par la dessiccation de ses solutions aqueuses, elle offre l'apparence de la gomme arabique dont elle se distingue par l'action de l'acide azotique à chaud qui la transforme en acide oxalique sans production d'acide mucique. Préparée directement avec l'amidon ou la fécule, soumise à une température de 200°, ou à l'action d'une petite quantité d'acide azotique, elle est en poudre blanche ou jaunâtre. La dextrine prend, sous l'influence de l'iode, une coloration rouge vineux (distinction d'avec l'amidon ou la fécule solubles), la diastase vers 60° et l'acide sulfurique dilué à 100° la convertissent très-promptement en glucose avec fixation des éléments de l'eau :

$$\underset{\text{Dextrine.}}{C^6H^{10}O^5} + H^2O = \underset{\text{Glucose.}}{C^6H^{12}O^6}.$$

Les alcalis caustiques en présence de la dextrine donnent avec les sels de cuivre une solution bleue qui précipite de l'oxydule rouge de cuivre par la chaleur (85°).

Un mélange d'acide azotique fumant et d'acide sulfurique concentré convertit la dextrine en dinitro-dextrine soluble dans l'eau et précipitable par l'acide sulfurique [Flores Domonte et Mérard, *Compt. rend. de l'Acad.*, t. XXIX, p. 391; — Béchamp, *Compt. rend.*, t. LI, p. 256]. L'anhydride acétique dissout la dextrine à 150° en formant un dérivé triacétique

$$C^6H^{10}O^5 + 3(C^4H^6O^3)$$
$$= C^6H^7(C^2H^3O)^3O^5 + 3(C^2H^4O^2).$$

Ce même corps prend naissance dans l'action de l'anhydride acétique sur l'amidon à 160°. Il est insoluble dans l'eau, soluble dans l'acide acétique cristallisable, d'où l'eau le précipite en flocons blancs amorphes. La dextrine triacétique est facilement décomposée par les alcalis caustiques, en acétate et dextrine régénérée (Schützenberger). La dextrine donne avec une solution alcoolique et chaude de baryte un abondant précipité blanc insoluble dans l'alcool, soluble dans l'eau chaude contenant 46,7 % de baryte (Payen). Les solutions de dextrine précipitent par l'acétate de plomb ammoniacal et le chlorure stannique, mais non par l'acétate neutre ou basique.

Modes de formation. — La dextrine se forme aux dépens de la matière amylacée, par une simple transformation moléculaire :

1° Sous l'influence de la chaleur sèche à 160° environ. Dans l'eau surchauffée, l'amidon se convertit en dextrine à 150°;

2° Par l'action de l'acide sulfurique dilué sur l'amidon vers 90°. On prend 1 p. d'amidon, 3 p. d'eau et 1/4 p. acide sulfurique. Le mélange est maintenu à 90° jusqu'à ce qu'une goutte du liquide mélangée à une solution d'iode ne prenne plus qu'une coloration rouge vineux. Le liquide, neutralisé par du carbonate de chaux ou mieux de baryte, est filtré et concentré, puis précipité par l'alcool. Il est difficile d'obtenir ainsi la dextrine exempte de glucose;

3° D'après Payen, on obtient de la dextrine blanche en mélangeant 1,000 p. d'amidon sec avec 2 p. d'acide nitrique à 36° Baumé, étendu de 300 p. d'eau. La masse est progressivement séchée et maintenue pendant 1 heure 1/2 à une température de 110° à 120°;

4° La diastase ou l'infusion d'orge germée moulue transforment rapidement l'empois d'amidon en dextrine, puis en sucre, surtout entre 70° et 75°. Dès que la solution de l'amidon est effectuée, il faut se hâter de porter le liquide à l'ébullition pour éviter l'action saccharifiante ultérieure. Les meilleures proportions sont : eau, 400 p.; orge germée moulue, 5 p.; amidon ajouté peu à peu, 500 p. Le liquide filtré est concentré.

Les principales variétés commerciales de dextrine sont :

1° L'amidon grillé ou torréfié, obtenu en chauffant l'amidon vers 200°. Cette opération s'exécute dans des vases en métal munis d'agitateurs mécaniques et chauffés par l'intermédiaire d'un bain d'huile ou d'alliage. On se sert également de grands cylindres en fer tournant horizontalement autour d'un axe au-dessus d'un foyer, on règle la chaleur et la rapidité de la rotation d'après l'aspect du produit; les vapeurs s'échappent par des conduits pratiqués dans les tourillons. Cet appareil rappelle les torréfacteurs employés dans les ménages pour griller le café.

Malgré les perfectionnements introduits dans le mode de grillage, le produit obtenu offre toujours une couleur jaunâtre et ses solutions sont foncées en teinte. Il peut du reste être plus ou moins grillé, suivant les besoins de l'industrie qui le consomme, et renfermer, par conséquent, des quantités variables d'amidon intact. Son pouvoir épaississant est d'autant plus faible qu'il est plus parfaitement grillé.

2° Le leiocome ou fécule grillée se rapproche beaucoup de l'amidon grillé par ses qualités, mais elle est plus gommeuse.

3° Sous les noms de dextrine, gommeline, gomméine, gomme double, gomme indigène, etc., on trouve dans le commerce divers épaississants incolores ou d'une nuance plus claire que l'amidon grillé. Ces produits se préparent soit par le procédé Payen, soit par l'action désagrégeante de l'acide sulfurique étendu ou de la diastase. Ces deux procédés servent également à l'obtention du sirop de dextrine, qui se fabrique d'une limpidité parfaite et tout à fait incolore.

Usages. — La dextrine est employée comme épaississant des couleurs à imprimer sur étoffes, pour les apprêts; dans la confection de bandages inamovibles avec des bandelettes de papier superposées. En général elle peut remplacer la gomme arabique dans la plupart de ses applications.

Dosage. — Pour doser la dextrine dans une liqueur contenant en même temps de la glucose, Gentile proposa de doser les deux produits simultanément au moyen d'une solution titrée de tartrate cuivrico-potassique, puis on détermine la glucose isolément au moyen d'une solution titrée de cyanure rouge, en présence de la soude; ce dernier réactif n'agit pas sur la dextrine.

BIBLIOGRAPHIE. — Biot et Persoz, *Ann. de Chim. et de Phys.*, t. LII, p. 72; — Payen, *ibid.*, t. LV, p. 225, t. LXI, p. 372, t. LXV, p. 225, 234; — Guerin Varry, *ibid.*, t. LX, p. 68; — Jacquelain, *ibid.*, (3), t. VIII, p. 225; — Béchamp, *Compt. rend.*, t. LI, p. 256. P. S.

DEXTRORACÉMIQUE (ACIDE).— Voyez TARTRIQUE (ACIDE).

DIACÉTAMIDE,

$$C^4H^7AzO^2 = \left.\begin{matrix} C^2H^3O \\ C^2H^3O \\ H \end{matrix}\right\} Az.$$

— Ce corps se forme par l'action de l'acide chlorhydrique sur l'acétamide (page 17). Si l'on reprend par l'éther le produit cristallin qui passe à la distillation et qu'on dirige un courant de gaz chlorhydrique dans la solution éthérée, il se précipite du chlorhydrate d'acétamide et la diacétamide reste en solution. L'éther l'abandonne sous forme de longues aiguilles, solubles dans l'eau, l'alcool, l'éther. Les acides bouillants dédoublent la diacétamide en acide acétique et en ammoniaque [Strecker, *Ann. der Chem. u. Pharm.*, t. CIII, p. 321].

DIACÉTYLÈNE. — M. Berthelot suppose que ce corps, auquel il attribue la formule C^4H^4, est un des produits de la condensation de l'acétylène sous l'influence de la chaleur. Le liquide qui résulte de cette condensation et qui renferme, comme on sait, de la benzine, commence à bouillir à 50° et laisse dégager un carbure d'hydrogène liquide et très-volatil, doué d'une odeur d'ail pénétrante. L'acide sulfurique concentré l'absorbe et le détruit en se colorant en rouge [*Bull. de la Soc. chim.*, 1867, t. VII, p. 306].

DIACLASITE (Min.). — Silicate magnésien et ferreux hydraté avec un peu de chaux et d'alumine, RO, SiO^2. Renferme de 3 à 4 °/₀ d'eau. Cristaux quelquefois isolés, ou masses cristallines, souvent à grandes lames, d'un jaune de laiton tirant sur le vert, d'un éclat nacré, presque métallique, translucide.

Caractères. — Inattaquable aux acides. Au chalumeau, fond assez facilement en un émail vert brunâtre.

Dureté, 3,5 à 4. Poussière gris verdâtre. Densité, 3,05.

Forme cristalline. — Prisme orthorhombique de 93°, géométriquement isomorphe avec l'hypersthène. Clivages : g^1 facile; h^1 imparfait.

DIADOCHITE (Min.) [Syn. *Phosphoreisensinter*]. — Phosphate et sulfate ferrique hydraté, contenant Ph^2O^5, 15 °/₀; SO^3, 15 °/₀; Fe^2O^3, 40 °/₀, et H^2O, 30 °/₀. Masses jaunâtres concrétionnées à structure lamellaire, d'un éclat résineux.

Dureté, 3. Poussière blanche. Densité, 2,03.

DIAGONITE. — Voyez BREWSTÉRITE.

DIALLAGE. — Voyez PYROXÈNE.

DIALLOGITE (Min.) [Syn. *Rothspath, rodochrosite, Himbeerspath*]. — Carbonate manganeux, CO^3Mn, avec des quantités variables de chaux, de fer et de magnésie. Cristaux et masses saccharoïdes ou globulaires et concrétionnées d'un rose plus ou moins foncé, quelquefois tirant sur le brun. Éclat vitreux; translucide; cassure inégale.

Caractères. — Soluble avec effervescence dans les acides. Au chalumeau, devient noir, décrépite et ne fond pas. Réactions du manganèse.

Dureté, 3,5 à 4,5. Poussière blanche. Densité, 3,4 à 3,7.

Forme cristalline. — Rhomboèdre de 106° 51'. On trouve des prismes hexagonaux parfaits et de petits scalénoèdres.

DIALLYLE (*Allyle* ancien),

$$C^6H^{10} = (C^3H^5)^2.$$

— Le diallyle est un carbure d'hydrogène de la série C^nH^{2n-2} et résulte de la combinaison de deux groupes allyle soudés ensemble par le carbone. Il n'est pas le véritable homologue de l'acétylène et de l'allylène, car son point d'ébullition est supérieur au lieu d'être inférieur à celui de l'hexylène. Pour se saturer, il a besoin de quatre atomes monatomiques. Mais on connaît aussi des composés qui ne renferment que deux atomes d'éléments monatomiques. MM. Berthelot et de Luca l'ont obtenu pour la première fois en 1856, en traitant l'iodure d'allyle par le sodium. On verse sur 4 à 5 parties de sodium 10 parties d'iodure d'allyle, on chauffe jusqu'à ce que la réaction soit achevée et on distille après douze heures; on purifie en distillant sur du sodium [*Ann. de Chim. et de Phys.*, (3), t. XLVIII, p. 286]. On ajoute de l'étain sodé renfermant un tiers de sodium par petites portions à de l'iodure d'allyle, on fait refluer les vapeurs qui se dégagent par suite de l'échauffement du mélange, on chauffe et on distille lorsque la réaction a cessé. On purifie en faisant bouillir pendant plusieurs heures avec du sodium ou en chauffant avec du sodium à 100° en vase clos [Wurtz et Leclanché, *Ann. de Chim. et de Phys.*, (4), t. III, p. 129]. Le fer réduit décompose à chaud l'iodure d'allyle en formant du diallyle et l'iodure de fer [Linnemann, *Ann. de Chim. et de Pharm.*, t. suppl. III, p. 268]. Il se produit encore du diallyle lorsqu'on soumet l'iodure de mercurallyle à la distillation sèche:

$$2(C^3H^5.HgI) = C^6H^{10} + Hg + HgI^2$$

[Linnemann, *Bull. de la Soc. chim.*, 1867, t. VII, p. 424].

La trichlorhydrine, ainsi que le tribromure d'allyle traités par le sodium, fournissent du diallyle [Berthelot et de Luca, *Ann. de Chim. et de Phys.*, (4), t. LII, p. 443].

L'iodure d'allyle traité par le zinc-éthyle fournit, parmi ses produits de décomposition, du diallyle [Wurtz, *Compt. rend.*, t. LIV, p. 387 et t. LVI, p. 354].

Propriétés. — Liquide d'une odeur propre, éthérée et pénétrante, analogue à celle du raifort, bout à 59° (Berthelot et de Luca), à 58° (Wurtz, H.-L. Buff). Densité = 0,684 à 14° (Berthelot et de Luca); 0,681 à 0,688 à 17°; 0,6454 à 0,6459 à 58° [Buff, *Ann. der Chem. u. Pharm.*, supplém. t. IV, p. 145]. Densité de vapeur = 2,92 (calculée = 2,84).

Le diallyle brûle avec une flamme éclairante, il se dissout dans l'acide sulfurique en dégageant de la chaleur; après refroidissement il se sépare un carbure d'hydrogène différent du diallyle (Berthelot et de Luca). Schorlemmer [*Ann. der Chem. u. Pharm.*, t. CXXXIX, p. 249] obtient avec l'acide sulfurique une masse goudronneuse en même temps que des carbures de la série C^nH^{2n-2} analogues à ceux de la même série extraits du goudron de houille. L'acide azotique fumant forme avec le diallyle un composé nitré neutre liquide; le chlore produit une huile lourde chlorée, en même temps que de l'acide chlorhydrique est mis en liberté (Berthelot et de Luca).

Composés qui pour une molécule de diallyle renferment 2 atomes d'éléments monatomiques. — *Monochlorhydrate de diallyle*, C^6H^{10}, HCl. — Liquide plus dense que l'eau, doué d'une odeur faiblement aromatique, bouillant de 130° à 140°. Se forme en même temps que le dichlorhydrate par l'action de l'acide chlorhydrique sur le diallyle [Wurtz, *Ann. de Chim. et de Phys.*, (4), t. III, p. 129].

Monoïodhydrate de diallyle, C^6H^{10}, HI. — Il se produit par l'action: 1° de l'acide iodhydrique sur le diallyle (voir diiodhydrate); 2° de la potasse alcoolique sur le diiodhydrate. Liquide incolore; bout de 164° à 166°. Densité, 1,497 à 0°. L'oxyde d'argent en quantité équivalente, réagissant pendant 24 heures, détermine la formation: 1° de diallyle et d'hexylène; 2° d'un liquide bouillant de 130° à 140° et probablement identique avec le pseudo-alcool diallylénique; 3° d'un liquide bouillant à 180°, peut-être l'éther du pseudo-alcool, $C^6H^{12}O$ [Wurtz, *loc. cit.*].

Monoacétate de diallyle, $(C^6H^{10}.H)'C^2H^3O^2$. — Il se produit dans la préparation du diacétate et est renfermé dans le liquide distillant de 110° à 160°. On le purifie en le lavant avec du carbonate de soude, en desséchant et en fractionnant. Liquide incolore d'une odeur aromatique, insoluble dans l'eau, bout de 150° à 160°. Densité, 0,912 à 0°. Il est décomposé lentement par la potasse concentrée et bouillante, plus rapidement à la distillation avec de la potasse solide. Chauffé avec de l'acide acétique à 140°, il ne s'y combine pas [Wurtz, *loc. cit.*].

Monohydrate de diallyle, ou *pseudo-oxyde hexylique*, $(C^6H^{10}).H^2O = (C^6H^{12})''O$. — L'oxyde d'argent en réagissant sur le diiodhydrate régénère du diallyle et produit un peu de pseudo-alcool diallylénique, un liquide bouillant vers 180° qui probablement constitue l'éther $(C^6H^{10}, H)^2O$, enfin du monohydrate de diallyle. Liquide incolore mobile, insoluble dans l'eau, d'une odeur aromatique très-pénétrante, bout de 92° à 95°. Densité, 0,8387 à 0°. Densité de vapeur, 3,60. Théorie, 3,46. Il se combine énergiquement avec l'acide iodhydrique en solution aqueuse concentrée et produit un mélange de diiodhydrate et d'iodhydrine diallylénique

$$C^6H^{10}, H^2 \left\{ \begin{matrix} OH \\ I. \end{matrix} \right.$$

Chauffé avec l'acide acétique anhydre, il donne naissance à un peu de diacétate. Ces deux réactions permettent d'envisager le monohydrate comme le pseudo-oxyde hexylique. Chauffé avec l'acide chlorhydrique concentré, il fournit du chlorhydrate [Wurtz, *loc. cit.*].

Pseudo-alcool diallylénique, $(C^6H^{10}H)'OH$. — Liquide d'une odeur aromatique, insoluble dans l'eau, bout vers 140°, prend naissance lorsqu'on traite le monoacétate par la potasse solide ou le mono- et le diiodhydrate par l'oxyde d'argent humide. Densité, de 0,8604 à 0,8625 à 0°. Il s'échauffe avec une solution concentrée d'acide iodhydrique, en formant un mélange qui, chauffé à 100°, fournit du diiodhydrate de diallyle [Wurtz, *loc. cit.*].

Composés qui pour une molécule de diallyle renferment 4 atomes d'éléments monatomiques. — *Tétrabromure de diallyle*, ancien bibromure d'allyle, $C^6H^{10}Br^4$. — Lorsqu'on ajoute du brome à du diallyle jusqu'à ce qu'il y ait un léger excès de brome, il se dégage de la chaleur et il se produit du tétrabromure de diallyle. Le mélange, après avoir été traité par la potasse, se prend en masse; on comprime et on fait cristalliser dans l'éther. Ce composé est blanc et cristallin, d'une odeur analogue au bromure d'éthylène, mais plus faible; il fond à 37°; il ne se solidifie qu'à une basse température; il peut demeurer liquide à 6°; au moment de la solidification il y a dégagement de chaleur; il est volatil sans décomposition. Chauffé avec du sodium, il forme du diallyle, il est fort soluble dans l'éther, mais insoluble dans l'eau [Berthelot et de Luca, *Ann. de Chim. et de Phys.*, (3), t. XLVIII, p. 286].

Tétraïodure de diallyle, ancien biiodure d'allyle, $C^6H^{10}I^4$. — On ajoute 6 à 7 parties d'iode à 1 partie de diallyle; le mélange se prend en masse au bout de quelques minutes. On broie la masse avec de la potasse et on fait cristalliser dans l'éther bouillant. Cristaux incolores, se colorant rapidement à la lumière, d'une odeur analogue à celle de l'iodure d'éthylène, presque insolubles dans l'éther froid, peu solubles dans l'éther bouillant. Ce composé est fusible au-dessus de 100°, il se décompose à une température supérieure à 100° en fournissant de l'iode, une matière charbonneuse et un liquide neutre, insoluble dans la potasse et ne se comportant pas comme l'iodure d'allyle à l'égard de l'acide chlorhydrique et du mercure. Le sodium ne décompose le tétraïodure qu'à son point de fusion. Bouilli avec la potasse aqueuse, il ne développe que des traces de gaz inflammables; la potasse alcoolique le décompose à chaud avec formation d'un produit dont l'odeur rappelle le diallyle; il est à peine attaqué par un mélange d'acide chlorhydrique fumant et de mercure [Berthelot et de Luca, *loc. cit.*].

Dichlorhydrate de diallyle, $C^6H^{10}.H^2Cl^2$. —

Lorsqu'on chauffe du diallyle avec de l'acide chlorhydrique fumant au bain-marie, il se forme une couche qui surnage et qui laisse passer de 130° à 140° du monochlorhydrate et entre 170° et 180° du dichlorhydrate de diallyle. Ce dernier est un liquide lourd, incolore, ne se mélangeant pas avec l'eau. On l'obtient encore en faisant chauffer du monohydrate ou du dihydrate de diallyle avec de l'acide chlorhydrique fumant [Wurtz, *Ann. de Chim. et de Phys.*, (3), t. III, p. 129].

Diiodhydrate de diallyle, $C^6H^{10}.H^2I^2$. — Il se produit, lorsqu'on chauffe du diallyle avec de l'acide iodhydrique très-concentré à 100° en vase clos. On décolore le liquide séparé de l'acide iodhydrique en excès par de la lessive de soude faible, on dessèche d'abord sur du chlorure de calcium, ensuite dans le vide à 130°; il reste du diiodhydrate et il distille du monoiodhydrate ainsi que du diallyle. Le diiodhydrate est un liquide d'un jaune d'ambre, le plus souvent coloré par un peu d'iode. Densité, 2,024 à 0°. Il ne se décompose ni ne se volatilise dans le vide à 140°, mais abandonne de l'iode à une température plus élevée. Il est insoluble dans l'eau; chauffé avec l'amalgame de sodium et d'étain, il forme de l'iodure métallique, de l'hydrogène, d'abord du monoiodhydrate de diallyle, ensuite de l'hexylène et des carbures d'hydrogène bouillant à une haute température, parmi lesquels $C^{12}H^{22}$, qui bout à 165°. La potasse agit énergiquement en formant du diallyle et du monoiodhydrate; l'acétate d'argent produit de l'iodure d'argent et du diacétate de diallyle, il se forme en même temps du diallyle, de l'acide acétique libre et du monoacétate de diallyle. L'oxyde d'argent humide agit lentement à froid, et tumultueusement à chaud; en même temps il se produit du diallyle, de l'*oxyde de diallyle*, C^6H^{10},H^2O, bouillant à 180° et deux liquides de la composition du monohydrate de diallyle dont l'une, en plus grande quantité, bout de 90° à 100°, et l'autre de 130° à 140° [Wurtz, *loc. cit.*].

Diacétate de diallyle, $C^6H^{10}.H^2(C^2H^3O^2)^2$. — Lorsqu'on abandonne pendant vingt-quatre heures de l'acétate d'argent délayé dans de l'éther avec du diiodhydrate de diallyle, il se produit, en même temps que du diallyle et de l'acide acétique, du monoacétate de diallyle bouillant au-dessous de 180°, du *diallyle acétohydrique*,

$$C^6H^{10}.H^2 \left\{ \begin{matrix} C^2H^3O^2 \\ OH, \end{matrix} \right.$$

bouillant vers 210°, et du diacétate de diallyle bouillant de 225° à 230°. Ce dernier se produit également en petite quantité lorsqu'on chauffe du monohydrate de diallyle avec de l'acide acétique à 140°. C'est une huile épaisse, incolore, d'une odeur un peu aromatique, insoluble dans l'eau. Bout de 225° à 230°. Densité, 1,009 à 0°. Décomposé par l'hydrate de potasse, il produit du dihydrate de diallyle [Wurtz, *loc. cit.*].

Dihydrate de diallyle ou *pseudoglycol hexylique*, $(C^6H^{10}.H^2)''(OH)^2$. — On décompose du diacétate de diallyle ou le produit brut de la préparation de ce corps passant de 190° à 230°, par la quantité correspondante de potasse récemment calcinée et pulvérisée, qu'on ajoute par portions jusqu'à ce que le liquide, après échauffement, reste alcalin; on purifie par des rectifications sur un peu de potasse et on recueille ce qui passe de 210° à 220°. Le dihydrate de diallyle est un liquide incolore de la consistance d'un sirop épais. Densité, 0,9638 à 0° et 0,9202 à 65° (rapporté à l'eau à 0°); bout de 212° à 215°; ne se décompose pas lorsqu'on le chauffe dans la vapeur de mercure. Chauffé avec l'acide chlorhydrique fumant, il forme du dichlorhydrate de diallyle; il s'échauffe au contact de l'acide iodhydrique fumant en produisant du diiodhydrate de diallyle. Il est soluble dans l'eau, l'alcool et l'éther [Wurtz, *loc. cit.*].

Ph. de C.

DIALLYLURÉE. — Sinapoline. — Voyez Allyle, t. I, p. 159.

DIALURAMIDE [Syn. *Uramile*],

$$C^4H^5Az^3O^3 = C^4H^3Az^2O^3.H^2Az.$$

— Ce composé s'obtient par le mélange des solutions d'alloxantine et de sel ammoniac à l'abri de l'air; le produit cristallise et il reste dans la liqueur de l'acide chlorhydrique et de l'alloxane. — Voyez Alloxantine.

$$\underset{\text{Alloxantine.}}{C^8H^4Az^4O^7} + AzH^4Cl$$

$$= \underset{\text{Dialuramide.}}{C^4H^5Az^3O^3} + \underset{\text{Alloxane.}}{C^4H^2Az^2O^4} + HCl.$$

Il se forme aussi par la décomposition de l'acide thionurique; lorsqu'on fait bouillir avec de l'acide chlorhydrique ou de l'acide sulfurique une solution de ce corps, jusqu'à ce qu'elle commence à se troubler, on voit la liqueur se prendre en une masse cristalline de dialuramide :

$$\underset{\text{Acide thionurique}}{C^4H^5Az^3SO^6} + H^2O = \underset{\text{Dialuramide.}}{C^4H^5Az^3O^3} + SO^4H^2$$

Il se présente en aiguilles blanches soyeuses, rougissant au contact de l'ammoniaque. Il est peu soluble dans l'eau bouillante et s'en sépare par le refroidissement; l'acide sulfurique et la potasse le dissolvent à froid sans l'altérer.

La potasse, à chaud et au contact de l'air, le transforme en purpurate de potasse jaune d'or, qui cristallise, et en alloxanate et mésoxalate qui restent en solution.

L'ammoniaque à l'ébullition forme avec lui de la murexide; le même produit prend naissance par l'oxydation de la dialuramide à l'aide d'une petite quantité d'oxyde d'argent ou de mercure. Un excès du réactif décolore la liqueur en donnant naissance à de l'alloxanate d'ammoniaque :

$$2\underset{\text{Dialuramide.}}{C^4H^5Az^3O^3} + O = \underset{\text{Murexide.}}{C^8H^8Az^6O^6} + H^2O.$$

L'action de l'acide sulfurique étendu à l'ébullition transforme la dialuramide en acide *uramilique*, et celle du cyanate de potasse en dissolution aqueuse chaude, en acide *pseudo-urique* [Liebig et Wœhler, *Ann. der Chem. u. Pharm.*, t. XXVI, p. 274, 313, 323; — Schlieper et Baeyer, *Ann. der Chem. u. Pharm.*, t. CXXX, p. 172, etc.]. C. F.

DIALURIQUE (ACIDE),

$$C^4O^4H^4Az^2 = Az^2 \left\{ \begin{matrix} CO \\ C^3H(HO)O^2 \\ H^2. \end{matrix} \right.$$

— Ce corps, découvert par MM. Liebig et Wœhler, peut être considéré comme un produit intermédiaire entre l'alloxane $C^4O^4H^2Az^2$ et l'acide barbiturique $C^4O^3H^4Az^2$. Il dérive du premier par fixation de H^2 et du deuxième par fixation de O. Si l'on regarde l'alloxane comme une urée dans laquelle H^2 est remplacé par le radical mésoxalyle, et l'acide barbiturique comme une urée renfermant le radical malonyle, l'acide dialurique peut être rapporté au même type avec substitution du radical tartronyle aux radicaux mésoxalique ou malonique [Liebig et Wœhler, *Ann. der Chem. u. Pharm.*, t. XXVI, p. 276; — Baeyer, *ibid.*, t. CXXX, p. 161; — Strecker, *ibid.*, t. CXIII, p. 49].

L'acide dialurique s'obtient par l'action de l'hydrogène sulfuré sur une solution aqueuse bouillante d'alloxane. L'hydrogène se fixe sur l'alloxane, et du soufre en quantité correspondante se dépose; le soufre étant séparé par filtration et la liqueur saturée par le carbonate d'ammoniaque, on obtient du dialurate d'ammoniaque. Il suffit de dissoudre ce dernier dans l'acide chlorhydrique chaud, pour obtenir, par refroidissement, des cristaux d'acide dialurique.

Le dialurate d'ammoniaque peut aussi se préparer en traitant l'alloxane par le zinc et l'acide chlorhydrique, séparant l'alloxantine précipitée et ajoutant du carbonate d'ammoniaque.

L'acide dialurique prend encore naissance dans l'action des cyanures d'ammonium ou de potassium sur l'alloxane aqueuse, en même temps que l'*oxalane* et l'acide *oxalurique* :

$$2C^4H^2Az^2O^4 + AzH^3 + H^2O$$
Alloxane.
$$= C^4H^4Az^2O^4 + C^3H^3Az^3O^3 + CO^2;$$
Acide dialurique. Oxalane.

$$2C^4H^2Az^2O^4 + 2KHO$$
$$= C^4H^3KAz^2O^4 + C^3H^3KAz^2O^4 + CO^2.$$
Dialurate de potasse. Oxalurate de potasse.

L'acide dialurique se présente en aiguilles incolores, ressemblant à celles de l'alloxantine, peu solubles dans l'eau et rougissant le papier de tournesol bleu. Leur solution aqueuse bouillante se décompose avec formation d'acide oxalique. Exposée à l'air, elle fournit de l'alloxantine, une partie de l'acide se transformant en alloxane par oxydation, et celle-ci s'unissant à l'acide dialurique avec élimination d'eau pour former de l'alloxantine :

$$C^4H^4Az^2O^4 + C^4H^2Az^2O^4 = C^8H^4Az^4O^7 + H^2O.$$
Acide dialurique. Alloxane. Alloxantine.

Les dialurates sont neutres au papier réactif, peu solubles dans l'eau froide et stables lorsqu'ils sont desséchés. Ils réduisent les sels d'argent.

Le sel de baryum est blanc. Celui d'ammonium forme des aiguilles soyeuses qui sont colorées en rose lorsqu'elles sont séchées à la température ordinaire et en pourpre lorsqu'elles ont été portées à 100°. Dans ce dernier cas, elles sont changées en murexide avec fixation d'oxygène et élimination d'eau :

$$2C^4H^3(AzH^4)Az^2O^4 + O$$
$$= C^8H^4(AzH^4)Az^5O^6 + 3H^2O.$$

— Voyez les articles ALLOXANE et ALLOXANTINE.

C. F.

DIALYSE. — Séparation des substances colloïdes et cristalloïdes effectuée par diffusion au travers d'un diaphragme colloïde [Graham, *Journ. of the Chem. Soc.*, t. III, p. 60 et 257, t. IV, p. 83; t. XV, p. 216, (2), t. II, p. 218, et *Ann. de Chim. et de Phys.*, (3), t. XLV, p. 5, et t. XLV, p. 129]. — Voyez DIFFUSION.

Lorsqu'on veut *dialyser* un mélange de corps cristalloïdes et colloïdes, on place le liquide dans un vase plat de verre ou de gutta-percha, dont le fond est constitué par du papier parchemin ou même du papier à lettre, puis on fait flotter ce *dialyseur* sur de l'eau pure contenue dans une terrine (1); au bout d'un certain temps, surtout si le volume de l'eau extérieure est très-grand, la presque totalité des substances cristalloïdes s'y trouve répandue; les colloïdes restent sur le dialyseur. M. Graham a trouvé que, pour une couche liquide de 1 centimètre sur le dialyseur, le diaphragme étant fait d'un décimètre carré de papier parchemin, des dissolutions contenant 2 grammes de matière sèche ont laissé diffuser dans l'eau extérieure, en vingt-quatre heures et à + 12°, les quantités de matière sèche suivantes :

	gr.	Rapports.
Chlorure de sodium	1,657	1
Acide picrique (1)	1,690	1,020
Ammoniaque	1,404	0,847
Théine	1,166	0,703
Salicine	0,835	0,503
Sucre de canne	0,783	0,472
Amygdaline	0,517	0,311
Extrait de quercitron	0,305	0,184
Extrait de campêche	0,280	0,168
Cachou	0,265	0,159
Extrait de cochenille	0,086	0,051
Acide gallotannique	0,050	0,030
Extrait de tournesol	0,033	0,019
Caramel épuré	0,009	0,005

Cette inégale diffusibilité des corps explique suffisamment pourquoi un mélange de sel marin et de caramel, par exemple, se trouve presque absolument *analysé* dans l'appareil.

La dialyse a reçu entre les mains de M. Graham de très-importantes applications, soit à la séparation des poisons, soit à la préparation de certains colloïdes à l'état de pureté.

APPLICATIONS A LA TOXICOLOGIE. — Les expériences furent faites dans le petit dialyseur représenté par la figure 210. On mit d'abord dans le

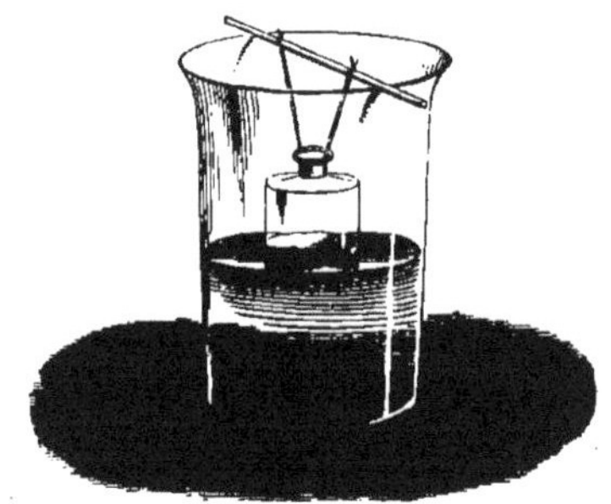

Fig. 210. — Dialyseur

vase intérieur, dont le diaphragme avait un décimètre carré de superficie, 50 centimètres cubes d'eau additionnée de 25 centigrammes d'*anhydride arsénieux;* on retrouva vingt-quatre heures après 241 milligrammes d'anhydride arsénieux dans le vase extérieur qui contenait 1 litre d'eau. On répéta l'expérience avec les liquides les plus divers, tels que la solution de gomme, d'ichthyocolle, d'albumine, avec de l'albumine coagulée en suspension, du lait, de la bière, du sang défibriné, de la macération d'intestins, on retrouva dans l'eau du vase extérieur, et parfaitement apte à subir l'action des réactifs, une forte proportion de l'anhydride arsénieux qu'on avait ajouté, alors même que cet anhydride ne constituait que 1/10000 du liquide soumis à la dialyse.

L'*émétique* et la *strychnine*, et plus tard la *digitaline*, furent de même séparées avec la plus grande facilité des matières organiques qui entravent la plupart des analyses. Il n'est pas douteux que l'expérience ne réussisse de même avec

(1) Il importe de vérifier d'abord la non-porosité du diaphragme; on passe une éponge mouillée sur une des faces et l'on ne doit voir apparaître aucune tache d'humidité sur la face opposée. On peut remédier à ce défaut, s'il se manifeste, en appliquant sur la tache de l'albumine liquide qu'on coagule par la chaleur.

(1) On a fait diffuser l'acide picrique et la théine à l'état de solution à 1 °/ₒ et on a doublé les résultats.

toutes les substances vénéneuses solubles qui sont, comme on sait, cristalloïdes.

Préparation des substances colloïdes. — Elle s'effectue dans le grand dialyseur (fig. 211) en renouvelant l'eau du vase extérieur.

Acide silicique soluble. — 112 grammes de silicate de sodium furent dissous et mêlés avec un grand excès d'acide chlorhydrique faible (contenant 67gr,2 d'HCl); la liqueur occupant 1 litre fut

Fig. 211. — Dialyseur.

dialysée dans le grand appareil; elle occupait au bout de quatre jours un volume de 1235 centimètres cubes par suite de l'endosmose et ne précipitait plus par le nitrate d'argent. Elle contenait alors 4,9 °/₀ de silice; il en avait passé 6gr,7 au travers du papier parchemin. On a pu la concentrer par évaporation dans une fiole jusqu'à ce qu'elle renfermât 14 °/₀ de silice; elle était encore limpide et sans aucune viscosité. On ne peut à la vérité la conserver dans cet état, car elle devient bientôt opaline et se coagule en une gelée transparente et ferme, insoluble dans l'eau. La transformation est immédiate au contact des carbonates alcalins ou terreux, des colloïdes solubles tels que la gélatine, l'alumine et le peroxyde de fer. — Voyez Silice.

Alumine soluble. — Une dissolution de 52 p. d'alumine dans 48 p. d'acide chlorhydrique fut dialysée pendant vingt-cinq jours; le nitrate d'argent n'y manifestait plus que des traces de chlore, la solution d'alumine se coagulait par le sulfate de potasse et sans doute par tous les autres sels, l'ammoniaque et les colloïdes. On ne pouvait la transvaser sans la coaguler, à moins que les récipients ne fussent parfaitement lavés à l'eau distillée. — Voyez Aluminium.

Peroxyde de fer soluble. — On dissout de l'hydrate ferrique dans un sel ferrique d'un acide monobasique tel que le chlorure, l'azotate, l'acétate, puis on dialyse. On obtient avec le perchlorure un liquide rouge qui ne contient plus que 1 équivalent d'acide pour plus de 30 de peroxyde. Le peracétate obtenu par double décomposition se décompose par la dialyse et laisse sur l'appareil un liquide qui ne contient que 6 p. d'acide acétique par 94 p. de peroxyde de fer. Ces solutions sont très-facilement coagulables par l'acide sulfurique, les sels neutres, les carbonates alcalins, les alcalis et même spontanément par le temps; elles ne sont pas coagulées par les acides chlorhydrique, nitrique, acétique, l'alcool et le sucre.

Ferrocyanures de cuivre et de fer. — Le ferrocyanure de cuivre gélatineux se dissout dans l'oxalate d'ammoniaque et le ferrocyanure de fer dans l'acide oxalique. Les solutions dialysées sont coagulées par les sels.

Oxyde de chrome soluble. — On dialysa une solution d'oxyde de chrome hydraté dans le chlorure; au bout de trente jours, elle ne contenait plus que 4,3 d'acide pour 95,7 d'oxyde. Huit jours après, elle ne contenait plus que 1,5 d'acide, mais elle se coagula en partie sur le dialyseur. La solution d'oxyde de chrome est coagulée par les sels et les autres réactifs qui agissent sur les solutions colloïdes.

Acide stannique soluble. — L'oxyde stannique dissous dans le chlorure stannique fut dialysé; il resta de l'acide stannique gélatineux. Cet acide, dissous dans une solution très-étendue de potasse et dialysé, donna l'acide stannique soluble. Un procédé identique donne, en partant de la solution de l'oxyde métastannique dans l'acide chlorhydrique faible, de l'acide métastannique soluble. — Voyez Étain.

La dialyse permet encore de préparer à l'état soluble les acides titanique et tungstique, les sucrates colloïdes, l'albumine et l'acide gummique. — Voyez ces mots.

Préparation des substances cristalloïdes. — L'urine dialysée cède au vase extérieur ses sels et son urée : si l'on évapore, on peut extraire directement celle-ci du résidu sec. On peut isoler l'urée de la même façon dans une foule de liquides où l'on se trouve en présence de colloïdes organiques. Lorsqu'on dialyse le produit d'une digestion artificielle effectuée à l'aide de la pepsine et de l'acide chlorhydrique, la pepsine est retenue, mais les *peptones* passent dans le vase extérieur. Le sucre peut être aussi obtenu par dialyse, mais au moyen d'un procédé particulier qui est décrit à l'article Diffusion. G. S.

DIAMANT (Min.) — Carbone cristallisé dans le type cubique.

Cristaux transparents, dans les sables; quelquefois dans les roches arénacées (*itacolumite*) ou dans les conglomérats récents (*cascalho*). Se trouve aussi en masses noires ou brunes (diamants carboniques). Incolore ou coloré en rose,

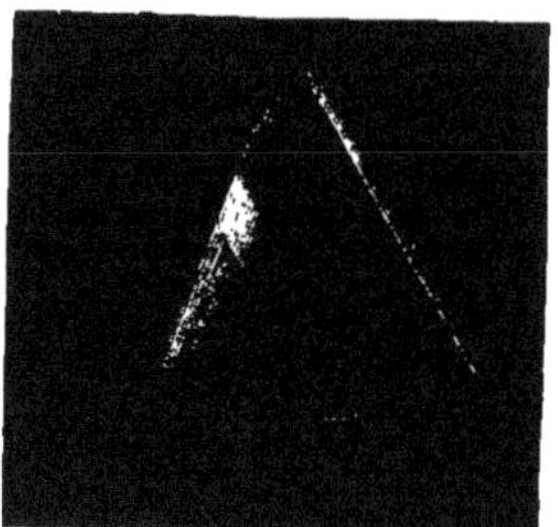

Fig. 212 — Diamant.

en bleu, en vert, en jaune, en brun et même en noir. Éclat extrêmement vif; cassure conchoïde

Caractères. — Le plus dur de tous les corps connus (dureté, 10), brûle à une haute température. Densité, 3,5 à 3,55.

Forme cristalline. — Toutes les formes du type cubique, principalement l'octaèdre, le dodécaèdre rhomboïdal et les solides à 48 faces (i) à faces arrondies. Hémitropie fréquente parallèlement à a^1.

Clivage a^1 parfait.

Certains diamants présentent, lorsqu'on les insole, une belle phosphorescence.

Coefficient de dilatation nul ou à peu près.

DIAMINES. — Voyez AMINES.

DIAMYLACÉTAL,

$$C^2H^4\begin{cases}O.C^5H^{11}\\O.C^5H^{11}.\end{cases}$$

— Ce corps se forme lorsqu'on chauffe à 80° un mélange d'un volume d'aldéhyde, de 5 vol. d'alcool amylique et de 1 vol. d'acide acétique cristallisable, ou mieux en faisant passer un courant de gaz carbonique à travers un mélange des deux premiers corps. C'est un corps insoluble dans l'eau, doué d'une odeur agréable de poires. Il bout à 210°,8 (corrigé). Sa densité est = 0,8347 à 15° [Alsberg, *Jahresbericht*, 1866, p. 485].

DIAMYLE, $C^{10}H^{22} = (C^5H^{11})^2$ [Syn. *Amyle*] [Frankland, *Chem. Soc. quart. Journ.*, 1850, p. 32; — Brazier et Gossleth, *Ann. der Chem. u. Pharm.*, t. LXXV, p. 249; — Wurtz, *Ann. de Chim. et de Phys.*, (3), t. XLIV, p. 275, t. LI, p. 361; *Bull. de la Soc. chim.*, 1863, p. 314; — Pelouze et Cahours, *Bull. de la Soc. chim.*, 1863, p. 236]. — Ce carbure saturé, qui est un *hydrure de décyle*, se produit par l'action de l'amalgame de zinc sur l'iodure d'amyle en vase clos (Frankland), ou plus facilement par l'action du sodium en léger excès sur l'iodure d'amyle contenu dans un ballon surmonté d'un réfrigérant en serpentin (Wurtz); on recueille ce qui passe vers 158°. On peut encore électrolyser le caproate de potassium, distiller les gouttelettes huileuses avec de la potasse alcoolique, laver à l'eau, sécher et rectifier (Brazier et Gossleth).

Lorsqu'on extrait par distillation le diamylène impur obtenu par l'action du chlorure de zinc sur l'alcool amylique, on peut en tirer une assez grande quantité d'hydrure de décyle avec lequel il est mélangé; il suffit de combiner le carbure diatomique au brome et de distiller; le carbure saturé passe dans le vide vers 80°. Cet hydrure de décyle bout vers 156° et possède une densité de 0,753 à 0°. Chloré à l'ébullition, il donne un chlorure $C^{10}H^{21}Cl$ bouillant de 190° à 200° (Wurtz). Ces caractères sont excessivement voisins de ceux du diamyle.

Greville Williams a obtenu un hydrure de décyle qui est peut-être identique avec le diamyle, en rectifiant le produit de la distillation du boghead. Ce qui passe entre 154° et 169° est additionné d'acide nitrique fumant, en évitant une élévation de température; la couche supérieure est agitée avec le même acide, puis ce qui reste inattaqué est lavé à la soude, à l'eau, séché sur la potasse et distillé sur du sodium; on recueille entre 157° et 160° [*Phil. Trans.*, 1857, p. 447]. Pelouze et Cahours ont fait voir que la partie du pétrole d'Amérique bouillant à 160-162° est de l'hydrure de décyle présentant les mêmes caractères que le corps précédent.

Le butyle-hexyle est aussi un hydrure de décyle. — Voyez HEXYLIQUES (COMPOSÉS).

Le diamyle est liquide, incolore, d'une odeur un peu aromatique, d'une saveur mordicante; il ne brûle que lorsqu'on le chauffe, il est insoluble dans l'eau, mais miscible à l'alcool et à l'éther. Il s'épaissit à — 30° sans cristalliser, bout à 158-160°, présente une densité de 0,77 à 11°, 0,757 à 15° (Pelouze et Cahours), 0,743 à 0° et 0,7282 à 20° (Wurtz), et une densité de vapeur de 4,90 — 4,956 (Wurtz), 5,04 (Pelouze et Cahours); ou par rapport à l'hydrogène 70,75 — 71,56 et 72,78 (1/2 $C^{10}H^{22}$ = 71). Il ne se dissout pas dans l'acide sulfurique fumant; l'acide nitrique fumant ne l'attaque que lentement à l'ébullition; on finit par avoir un acide particulier. Les perchlorures d'antimoine et de phosphore donnent des produits de substitution chlorés, mais avec difficulté. Au moyen de ce dernier agent, Wurtz a obtenu le diamyle bichloré, distillant vers 220°, et le diamyle tétrachloré, bouillant au-dessus de 270°. Le chlore donne des produits de substitution réguliers. Le corps $C^{10}H^{21}Cl$, obtenu par Cahours, traité par la potasse, donne un carbure bouillant à 160° (décylène), absorbable par le brome et donnant dans ces conditions le bibromure de décylène, $C^{10}H^{20}Br^2$. L'amyle provenant de l'alcool amylique actif optiquement est lui-même dextrogyre, le plus haut pouvoir rotatoire observé est de 9°,109; celui provenant de l'électrolyse de l'acide caproïque actif l'est également. Une colonne de 0^m,2 dévie le plan de polarisation des rayons rouges à 6°,39 vers la droite (Wurtz). G. S.

DIAMYLÈNE, $(C^{10}H^{20})^n$. — Ce corps, qui représente l'amylène doublé, a été découvert par M. Balard et appelé d'abord *paramylène*. Il se produit par l'action de l'acide sulfurique ou du chlorure de zinc, soit sur l'alcool amylique, soit sur l'amylène lui-même [Balard, *Ann. de Chim. et de Phys.*, (3), t. XII, p. 320; — Bauer, *Répert. de Chim. pure*, 1862, p. 3; — Berthelot, *Chimie fondée sur la synthèse*, t. II, p. 700, et *Compt. rend.*, t. LVI, p. 1242]. C'est un liquide bouillant à 165°, sa densité à zéro est de 0,7777.

Lorsqu'on le dissout dans son volume d'éther et qu'on y ajoute du brome en refroidissant, on obtient du *bromure de diamylène* $C^{10}H^{20}Br^2$, fort altérable par la chaleur et qu'on doit décolorer par la potasse, laver à l'eau, et dessécher sur la chlorure de calcium en refroidissant fortement le vase où se font ces diverses opérations.

La solution éthérée de ce corps étant ajoutée par petites portions à de l'acétate d'argent sec, additionnée d'acide acétique, puis chauffée au bain-marie, il se produit un mélange d'*acétine* et de *diacétine* du glycol diamylénique :

$$C^{10}H^{20}\begin{cases}O.C^2H^3O\\OH\end{cases} \quad \text{et} \quad C^{10}H^{20}\begin{cases}O.C^2H^3O\\O.C^2H^3O.\end{cases}$$

L'acétate ainsi obtenu par distillation, étant chauffé avec la potasse en poudre, donne un liquide léger, bouillant de 170° à 180°, qui est l'*oxyde de diamylène* $C^{10}H^{20}O$. Densité de vapeur, 5,361; calculée, 5,401. Ce corps, insoluble dans l'eau, soluble dans l'alcool et dans l'éther, réduit le nitrate d'argent ammoniacal; il possède l'odeur de la rue et est isomérique avec l'aldéhyde caprique [Bauer, *Bull. de la Soc. chim.*, 1863, p. 332].

Bauer a traité le diamylène refroidi à — 17° par un courant de chlore; l'action de ce gaz a été ensuite continuée en élevant peu à peu la température d'abord jusqu'à 11° et enfin jusqu'à 140°. Il arrive alors que la liqueur qui avait bruni se décolore, on la lave à l'eau alcaline et l'on distille. Il passe à 240-250° du *chlorure de diamylène chloré* $C^{10}H^{19}Cl.Cl^2$, soluble dans l'alcool et dans l'éther. Densité à zéro, 1,1638.

Ce chlorure, chauffé en vase clos avec la potasse alcoolique, donne du *rutylène chloré* $C^{10}H^{17}Cl$; si l'action de la potasse est répétée sur ce corps, il se sépare encore du chlorure de potassium, de sorte qu'il doit se produire un carbure $C^{10}H^{16}$ [Bauer, *Zeits. für Chem.*, nouv. sér., t. III, p. 393, et *Bull. de la Soc. chim.*, 1867, t. VIII, p. 341].

Le diamylène, traité directement par le brome, donne une huile peu stable renfermant

$$C^{10}H^{19}Br.Br^2 \text{ (Walz).}$$

Oxydé par le bichromate de potasse et l'acide sulfurique, il fournit une huile verte oxygénée, mais non acide, bouillant de 130° à 200°, un produit acide renfermant de l'acide acétique, un résidu de goudron paraissant contenir un acide

$$C^7H^{14}O^2,$$

bouillant vers 215-225° [*Zeits. für Chem.*, nouv, sér., t. IV, p. 315]. G. S.

DIAMYLÈNE (HYDRATE DE). — Voyez OXYDE PSEUDO-AMYLIQUE, t. I, p. 239.

DIAMYLOXALIQUE (ACIDE), $C^{12}H^{24}O^8$ [Frankland et Duppa, *Ann. der Chem. u. Pharm.*, t. CXLII, p. 1, et *Bull. de la Soc. chim.*, 1868, t. VIII, p. 399]. — Lorsqu'on fait digérer à 70° un mélange de quantités équivalentes d'oxalate d'éthyle et d'iodure d'amyle avec du zinc granulé, celui-ci se dissout peu à peu et il se dégage de l'hydrure d'amyle et de l'amylène. Le résidu distillé avec l'eau donne de l'alcool amylique, de l'iodure d'amyle et trois éthers, l'*amylhydroxalate d'éthyle*, $C^2(C^5H^{11})HO^2,OC^2H^5$, bouillant à 203° (1), l'*amyléthyloxalate d'éthyle*,

$$C^2(C^5H^{11})C^2H^5O^2,OC^2H^5,$$

bouillant à 224° (2), et le *diamyloxalate d'éthyle*, $C^2(C^5H^{11})^2O^2,OC^2H^5$, bouillant à 260°.

Ce dernier, saponifié par l'eau de baryte, donne le diamyloxalate de baryum, d'où l'on tire l'acide.

L'acide diamyloxalique forme des filaments soyeux et brillants, incolores, insolubles dans l'eau, solubles dans l'alcool et dans l'éther. Il fond à 122°, et à une température plus élevée se sublime en flocons neigeux blancs et cristallisés.

Le *sel de baryum* est en petites aiguilles élastiques, peu solubles dans l'eau froide, assez solubles dans l'eau bouillante.

Le *diamyloxalate d'éthyle* se produit aussi dans l'action du zinc sur un mélange d'iodure d'amyle et d'oxalate d'amyle; dans ce dernier cas, il se forme aussi du caproate d'amyle. Il est liquide, oléagineux, d'une odeur agréable, d'une saveur brûlante. Il bout à 260° environ. Sa densité est de 0,9137 à 13°. Densité de vapeur trouvée, 5,9; calculée, 6,4.

L'acide diamyloxalique est de l'acide oxalique, dont 1 atome d'oxygène est remplacé par 2 groupes C^5H^{11} :

CO,OH CO,OH Acide oxalique.	$C(C^5H^{11})^2,OH$ CO,OH.

E. G.

DIAMYLVALÉRAL,

$$C^5H^{10}\left\{\begin{matrix}O.C^5H^{11}\\O.C^5H^{11}.\end{matrix}\right.$$

— On l'obtient en chauffant un mélange de 1 vol. de valéral, de 3 vol. d'alcool amylique, 1 vol. d'acide acétique. Insoluble dans l'eau, doué d'une odeur désagréable, rappelant à la fois l'alcool amylique et le céleri. Point d'ébullition, 240-245°. Densité à 7° = 0,849.

M. Alsberg s'est assuré que les combinaisons analogues au diamylvaléral prennent aussi naissance par l'action des aldéhydes sur les alcoolates (éthylate, amylate de sodium) [*Jahresbericht*, 1866, p. 486].

(1) L'amylhydroxalate d'éthyle est liquide, un peu huileux, d'un jaune paille, d'une odeur agréable, d'une saveur brûlante. Il bout à 203°. Sa densité est de 0,9446 à 13°. Densité de vapeur trouvée, 5,4. Théorie, 6.

Il fournit par saponification l'acide amylhydroxalique qui est en petites feuilles cristallines, fusible à 60°,5, présentant le phénomène de la surfusion; gras au toucher, soluble dans l'alcool et dans l'éther.

(2) L'amyléthyloxalate d'éthyle est liquide, oléagineux, ressemblant à l'amylhydroxalate d'ethyle. Il bout de 224° à 225°; sa densité est de 0,9399 à 13°. Densité de vapeur trouvée, 6,29; théorie, 6,92. L'acide qu'il fournit par saponification se sépare à l'état d'une huile épaisse, qui finit par cristalliser peu à peu. Les sels de baryum et d'argent sont solubles dans l'eau.

DIANITE (Min.) [Syn. *Tantalite de Bodenmais*].— Ainsi nommée parce qu'on croyait y avoir trouvé un nouveau métal, le *dianium*. — Voyez TANTALITE.

DIASPORE (Min.). Hydrate d'alumine, $Al^2H^2O^4$. — Cristaux tabulaires et masses foliacées, blanches ou gris-verdâtre, brunes, etc., d'un éclat vif et nacré sur g^1. Accompagne quelquefois l'émeri dans la dolomie, les schistes chloriteux, etc.

Caractères. — Insoluble dans les acides, mais devient soluble après calcination. Dans le tube fermé décrépite fortement et donne de l'eau à une haute température.

Au chalumeau ne fond pas; avec le nitrate de cobalt belle coloration bleue.

Dureté, 6,5 à 7.

Densité, 3,3 à 3,5.

Forme cristalline. — Prismes orthorhombiques (*mm*) de 129° 47', ordinairement tronqués par g^1, et terminés par l'octaèdre b^1,

$$b^1b^1 = 151°34'.$$

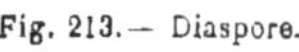

Fig. 213.— Diaspore.

Clivage parfait suivant g^1, moins parfait selon *m*.

La variété de Schemnitz est fortement trichroïque.

DIASTASE. — La diastase est un principe azoté qui se développe dans les grains et notamment dans l'orge, pendant la germination et surtout dans le voisinage du germe.

La propriété qui le caractérise le mieux est son action sur l'amidon et les matières amylacées; une faible proportion de diastase provoque rapidement, si les conditions de température sont convenables, la conversion de l'amidon en dextrine et de la dextrine en glucose. Tout porte à croire que pendant cette action la diastase elle-même ne subit aucun changement.

D'après Payen et Persoz, 1 p. de diastase peut modifier 2,000 p. d'amidon [*Ann. de Chim. et de Phys.*, t. LIII, p. 73; t. LVI, p. 237; t. LX, p. 441; t. LXI, p. 351]. Mais ces proportions sont inférieures à la vérité; la diastase de Payen et Persoz, obtenue en préparant à 30° environ une infusion d'orge germée moulue, coagulant l'albumine vers 70° et précipitant par l'alcool absolu, est, d'après ces caractères mêmes, un mélange du principe actif avec des matières albuminoïdes.

On obtient un produit plus pur, et partant plus énergique encore dans son action, soit en opérant des précipitations fractionnées par l'alcool, afin d'éliminer d'abord autant que possible les matières protéiques, soit mieux encore en utilisant la propriété que possède la diastase d'être mécaniquement entraînée par des précipités amorphes formés au sein de ses solutions. Ainsi, par exemple, une infusion faite à froid (0°) d'orge germée est additionnée d'acide phosphorique, puis on neutralise le liquide par l'eau de chaux; le précipité de phosphate tribasique de chaux est recueilli sur un filtre; après égouttage, on lave avec de l'eau légèrement acidulée avec de l'acide phosphorique. La diastase se dissout et peut être précipitée par l'alcool absolu; elle constitue alors, après dessiccation, une poudre blanche amorphe, légère, soluble dans l'eau, contenant de l'azote, mais n'offrant plus les caractères généraux des matières albuminoïdes. Elle est soluble dans l'eau et l'alcool faible, insoluble dans l'alcool concentré, neutre aux réactifs colorés et sans saveur. L'acétate basique de plomb ne la précipite pas. Son activité commence à se manifester vers 30°, mais à 70° elle est la plus intense. M. Bouchardat a étudié les circonstances qui entravent son action [*Ann. de Chim. et de Phys.*, (3), t. XIV, p 61].

Les acides nitrique, sulfurique, phosphorique, chlorhydrique, oxalique, tartrique et citrique, un peu concentrés, l'entravent entièrement; il en est de même de la potasse caustique, de la soude, de la chaux, des sels solubles de cuivre, d'argent, de fer, de l'alun. Elle est plus ou moins enrayée par la présence des acides formique, arsénieux, de la magnésie, de l'ammoniaque, des carbonates alcalins; l'alcool, l'éther, la créosote et les huiles essentielles sont sans influence.

La salive et le suc pancréatique renferment des principes azotés qui possèdent, comme la diastase, la propriété de dissoudre et de saccharifier l'amidon, mais leur pouvoir spécifique est complétement détruit avant 70° et se manifeste surtout à la température du corps humain (37°). On les isole par des méthodes analogues à celles qui sont décrites ci-dessus. P. S.

DIASTATITE (Min.). — Variété noire d'amphibole de Wermland (Suède).

DIAZOAMIDOANISIQUE (ACIDE),

$C^{16}H^{15}Az^{3}O^{6}$

[Griess, *Ann. de Chim. et de Phys.*, (3), t. LVII, p. 229]. — L'acide anisamique traité par un courant de gaz nitreux en solution alcoolique se comporte comme l'acide amidobenzoïque; de même que celui-ci fournit de l'acide diazoamidobenzoïque (voyez page 562), de même l'acide anisamique fournit un acide diazoamidoanisique

$$C^{16}H^{15}Az^{3}O^{6} = \left.\begin{matrix} C^{8}H^{7}O^{3}Az \\ C^{8}H^{7}O^{3}(AzH) \end{matrix}\right\} Az.$$

Poudre amorphe, d'une couleur jaune verdâtre, insoluble dans l'eau, presque insoluble dans l'alcool et l'éther.

DIAZOAMIDONAPHTOL. — Voyez NAPHTYLAMINE.

DIAZOAMIDONITRANISOL,

$C^{14}H^{13}Az^{5}O^{6}$.

[Griess, *Jour. of the Chem. Societ.*, 2e série, t. IV, p. 57, et *Bull. de la Soc. chim.*, 1866, t. VI, p. 234]. — Le phénate de méthyle ou anisol dinitré $C^{6}H^{3}(AzO^{2})^{2},OCH^{3}$ fournit par réduction la nitranisidine $C^{6}H^{3}(AzO^{2})AzH^{2},OCH^{3}$ (voyez ANISOL, p. 339). Lorsque, dans une solution alcoolique étendue de cette base, on dirige un courant d'acide nitreux, il se précipite de petites aiguilles jaunes de diazoamidonitranisol :

$$C^{14}H^{13}Az^{5}O^{6} = \left.\begin{matrix} C^{6}H^{3}(AzO^{2})(OCH^{3})AzH \\ C^{6}H^{3}(AzO^{2})(OCH^{3})Az \end{matrix}\right\} Az.$$

Ce corps est en aiguilles microscopiques jaunes, insolubles dans l'eau, peu solubles dans l'alcool chaud et dans l'éther. Secs, les cristaux deviennent très-électriques par le frottement. Sous l'influence de la chaleur ils fondent et par une température plus élevée se décomposent avec déflagration. E. G.

DIAZOAMIDOTOLUOL. — Voyez TOLUIDINE.

DIAZOBENZINE [Syn. *diazobenzol*] et DÉRIVÉS. — Voyez PHÉNYLAMINE.

DIAZOIQUES (COMBINAISONS). — On nomme composés *diazoïques* et plus généralement *azoïques*, des corps dérivés des composés amidés ou nitrés où un ou plusieurs atomes d'azote sont venus se substituer à l'hydrogène de l'amidogène ou à l'oxygène de la vapeur nitreuse.

La majeure partie des composés azoïques dérivent des corps de la série aromatique; ils ont été étudiés plus spécialement pour les composés de la benzine, de l'aniline, du phénol, de l'acide benzoïque; mais on connaît des azo-composés dérivés du toluol, du xylène, du cymène, de la toluidine, de la naphtaline, des anisols, et quelques corps de même constitution appartenant à la série grasse.

Historique. — Mitscherlich, en 1834, en soumettant la nitrobenzine, qu'il venait de découvrir, à l'action de la potasse alcoolique, obtint l'azobenzide $C^{12}H^{10}Az^{2}$; Zinin, en 1845, reconnut qu'il se forme en même temps dans cette réaction de l'azoxybenzide $C^{12}H^{10}Az^{2}O$ et de la benzidine $C^{12}H^{12}Az^{2}$; A.-W. Hofmann observa, en 1863, que la production de ce dernier corps était précédée de celle de son isomère l'hydrazobenzol. — Tous ces corps fournissent des composés de substitution nitrés que l'on peut, par les réducteurs, transformer en composés amidés correspondants, qui donnent de nouveaux composés azoïques.

Piria, en 1848, en traitant l'asparagine (diamide malique) par l'acide nitreux, montra que dans cette réaction, qu'il employa le premier, il y a oxydation des groupes AzH^{2} et qu'il se produit ainsi de l'acide malique, de l'azote et de l'eau. La même année, Strecker généralisa cette réaction en retirant l'acide glycollique du glycocolle et l'acide leucique de la leucine [*Ann. de Chim. et de Pharm.*, t. LXVIII, p. 55]. Cette réaction fut ensuite appliquée à l'acétamide, à la succinamide.... En 1849, Hunt trouva, et Hofmann le confirma l'année suivante, que lorsqu'on traite l'aniline en solution aqueuse par l'acide nitreux, il se produit du phénol. Griess, en 1862, examina avec plus de soin cette réaction. Il trouva que la production du phénol est précédée de celle de deux corps qu'il appela diazoamidobenzine et diazobenzine, ce dernier représentait d'après lui une molécule de benzine $C^{6}H^{6}$ où 2 Az remplaçent 2 H; la diazoamidobenzine résulte de l'union de la phénylamine avec la diazobenzine, la formule de ces deux corps est donc $C^{6}H^{4}Az^{2}$ et $C^{12}H^{11}Az^{3} = C^{6}H^{4}Az^{2}.C^{6}H^{7}Az$. Il obtint des composés analogues avec les anilines chlorées, bromées, nitrées, la toluidine... [voyez *Ann. der Chem. u. Pharm.*, t. CXXI, p. 257, t. CXXXVII, p. 39, et *Phil. Transact.*, (3), 1864, p. 667]. Ces travaux importants avaient été précédés d'ailleurs de recherches de même ordre, publiées dès 1858 sur les composés obtenus en faisant agir l'acide nitreux sur les amidonitrophénols, amidonitrochlorophénols, etc. [Griess, *Ann. der Chem. u. Pharm.*, t. CVI, p. 123; t. CXIII, p. 201]. Griess était parvenu à remplacer dans ces corps H^{3} par Az^{2}, et à obtenir les diazonitro-, diazochloro-, diazochloronitrophénols. En 1860, il obtint des composés analogues par l'action de l'acide nitreux sur les acides amidobenzoïques [*Ann. der Chem. u. Pharm.*, t. CXIII, p. 334; t. CXVII, p. 1; t. CXX, p. 125; t. CXXXV, p. 121], montrant ainsi la généralité de cette réaction qu'il a appliquée à une foule de corps amidés, aromatiques, de toutes fonctions.

Enfin Geuther et Kreutzhage, en 1863, ont fait voir que la réaction de Piria dans la série grasse, pouvait donner aussi naissance à des corps analogues à ceux de Griess, en ce sens que l'azote y est substitué partiellement à un H ammoniacal; ils ont obtenu par l'action de l'acide nitreux sur la diéthylamine un corps qu'ils nomment nitrosodiéthyline; dont la constitution est exprimée par la formule

$$Az \left\{\begin{matrix} C^{2}H^{5} \\ C^{2}H^{5} \\ -Az=O. \end{matrix}\right.$$

M. Heintz, en 1866, a montré que l'acide diglycolamidique, traité de même, donne l'acide nitrosodiglycolamidique où le groupe $(Az'''=O)'$ remplace aussi 1 atome d'hydrogène de l'amidogène.

Laissant de côté ces derniers corps appartenant à la série grasse et qui contiennent d'ailleurs le nitrosyle substitué et non l'azote, nous ne nous occuperons dans cet article que des dérivés azoïques de la série aromatique.

Mode général de production. — Les composés

azoïques ont deux origines. Les uns appelés plus particulièrement *diazoïques* dérivent par oxydation, au moyen de l'acide nitreux, des composés amidés, quel que soit d'ailleurs le rôle, alcalin, neutre ou acide, de ces composés. Les autres, appelés simplement *azoïques*, se forment quand on soumet les composés nitrés à l'action des réducteurs. Dans quelques cas les corps ainsi produits sont isomères, mais le plus souvent ils n'ont pas la même composition.

La majeure partie (il n'y a d'exception que pour le triamidophénol) des composés azoïques sont obtenus par l'oxydation ou la réduction des composés *mono-* et *diamidés, mono-* et *binitrés*. Pour les composés amidés que l'on soumet à l'action de l'acide nitreux, ce sont toujours les 2H de l'amidogène AzH^2 qui sont enlevés et remplacés par Az''', de telle sorte que du rapprochement ainsi effectué des 2 atomes d'azote provenant de l'amidogène et de l'acide nitreux, il résulte le groupement diatomique $(Az'''=Az''')''$ qui en définitive peut remplacer H^2; les deux atomes d'azote semblent alors se conduire chacun comme monatomiques. Prenons un exemple :

$$C^6H^5(AzH^2) + AzO^2H = 2H^2O + C^6H^4(Az'''=Az''')''.$$

Phénylamine ou amidobenzol. — Acide nitreux. — Diazobenzol.

Toutefois, dans certains cas, les 3 atomes H ou les 3/2 atomes O enlevés par la substitution de Az''' le sont à la fois dans deux molécules, des corps amidés ou nitrés, et, dans ce cas, il en résulte des corps dérivant de deux molécules réunies par l'azote. Il est nécessaire, pour pouvoir exposer avec quelques détails les réactions qui donnent naissance à ces corps, et déterminer leur composition et leurs propriétés, de dire comment les divers auteurs ont compris la constitution de ces remarquables composés.

Griess, en faisant réagir l'acide nitreux sur l'acide amidobenzoïque, observa la réaction suivante :

$$2[C^6H^4(AzH^2)CO.OH] + AzHO^2$$

Acide amidobenzoïque. — Acide nitreux.

$$= C^{14}H^7(AzH^2)Az^2(CO.OH)^2 + 2H^2O.$$

Acide diazoamidobenzoïque ou diazoïque.

C'est-à-dire que l'acide diazoamidobenzoïque serait de l'acide amidobenzoïque, uni à un acide benzoïque où H^3 aurait été remplacé par Az^2 :

$$C^6H^4(AzH^2)(CO.OH), C^6H^3Az^2(CO.OH).$$

Il en conclut que Az^2 se conduit dans ces corps comme H^2, et que Az y est monatomique. Plus tard, en traitant l'aniline par l'acide nitreux, ayant obtenu le diazobenzol $C^6H^4Az^2$, il tira de ce fait la même conclusion et considéra ce corps comme de la benzine où H^2 sont remplacés par Az^2, de là les noms qu'il adopta. Outre la constitution qu'il attribuait à ces corps, il donnait encore pour argument de la monatomicité de l'azote que les 2Az peuvent être éliminés de ces corps par l'eau, par la chaleur, par les acides et être remplacés par H + OH ou H + Br [Griess, *Ann. der Chem. u. Pharm.*, t. CXIII, p. 217]. Telle fut aussi la manière de voir de Kolbe [*Lehrb. der Chem.*, t. II, p. 94].

M. Wurtz, en 1859 [*Répert. de Chim. pure*, 1858-1859, t. I, p. 338], exprima le premier l'opinion que, dans les corps tant azoïques que diazoïques, chaque atome d'azote ainsi introduit était triatomique et formait un groupement $(Az^2)''$ en se saturant lui-même partiellement. Ce n'est qu'en 1861 que Erlenmeyer, et en 1863 que Boutlerow, exprimèrent la même opinion et représentèrent le groupement $(Az^2)''$ par le symbole

$$(Az = Az''')'',$$

donnant à la diazobenzine, par exemple, la constitution exprimée par la formule

$$(C^6H^4)\left\langle \begin{matrix} Az''' \\ \| \\ Az''' \end{matrix} \right.$$

C'est aussi à M. Wurtz qu'on doit la considération que le groupe $(Az'''=Az''')''$ peut dans certains cas servir, par sa substitution dans deux molécules à la fois, à former des corps tels que l'azobenzol

$$\begin{matrix} C^6H^5-Az''' \\ \| \\ C^6H^5-Az''' \end{matrix}$$

ou l'hydrazobenzol

$$\begin{matrix} C^6H^5-Az'''H \\ | \\ C^6H^5-Az'''H \end{matrix}$$

dérivant de deux molécules à la fois, comme le démontrent d'ailleurs leurs composés mononitrés, et la densité de vapeur de l'azobenzol. C'est aussi le groupement $(Az'''=Az''')''$ qui réunit les 2 membres du diazoamidobenzol auquel M. Kekulé, pour des raisons que nous exposons plus loin, donne la constitution

$$[C^6H^5-Az'''=Az'''-AzH-C^6H^5].$$

Telle est la théorie actuellement adoptée de la constitution de ces corps. Elle revient toujours à admettre: 1° que Az substitué à H^3 ou à 3/2 O dans les composés amidés ou nitrés est triatomique et que dans le groupement $Az'''=Az'''$ ces atomes se saturent l'un l'autre mutuellement par 2 atomicités; 2° que c'est toujours à H^2 de l'amidogène ou à O de la vapeur nitreuse que Az est substitué : le 3ᵉ atome H ou le restant de O étant pris soit à une deuxième molécule, pour donner des composés doublés, soit à la même molécule pour donner des corps tels que le diazobenzol.

On voit déjà que dans les corps ainsi produits il pourra y avoir des isoméries. C'est ainsi que le diazoamidobenzol $[C^6H^5-Az=Az-AzH-C^6H^5]$ dérivé par oxydation de l'aniline, se transforme en azoamidobenzol

$$[C^6H^5-Az=Az-(AzH^2-C^6H^4)']$$

qui est un dérivé de l'azobenzide produit de réduction de la nitrobenzine; la même isomérie se répète d'ailleurs pour toute la nombreuse classe des azoamidobenzols. C'est ainsi encore que l'hydrabenzol

$$\begin{matrix} C^6H^5-AzH \\ | \\ C^6H^5-AzH \end{matrix}$$

se transforme par les acides en benzidine que M. Fittig vient de démontrer être la diphénylènediamine

$$\begin{pmatrix} C^6H^4 \\ | \\ C^6H^4 \end{pmatrix}'' 2AzH^2.$$

Nous allons décrire successivement les composés azoïques de la benzine, du phénol, de l'acide benzoïque et des corps analogues.

En général, chacun de ces groupes comprend 2 classes :

1° Classe des *composés azoïques*, provenant de la réduction des composés nitrés ;

2° Classe des *composés diazoïques* proprement dits, provenant de l'oxydation par l'acide nitreux des composés amidés.

Les composés azoïques ou diazoïques étant obtenus, ils peuvent à leur tour être nitrés, puis amidés par les réducteurs, et donner naissance par l'acide nitreux à de nouveaux composés diazoïques qui en général ont été peu étudiés.

Nous n'avons pas à faire ici l'histoire de chacun de ces corps, mais à dire seulement les propriétés distinctives communes à chaque famille ;

nous donnerons en même temps, dans cet article général, le nom, la formule et la constitution de tous les corps connus jusqu'à ce jour appartenant à chacune des classes. On devra rechercher l'histoire particulière de chacun d'eux à leur article spécial (voyez BENZINE, ACIDE BENZOÏQUE, PHÉNYLAMINE, PHÉNOL, etc.).

DÉRIVÉS DE LA BENZINE
ET DE SES HOMOLOGUES ET ANALOGUES.

A. DÉRIVÉS AZOÏQUES. — a. *Dérivés de la nitrobenzine*, $C^6H^5(AzO^2)$. — Ce sont les corps azoïques les plus anciennement connus (dès 1834, voir plus haut). Ils s'obtiennent par l'action des réducteurs (fer et acide acétique, sulfhydrate ammonique, ou simplement potasse alcoolique) sur la nitrobenzine; on a observé la formation de l'un d'eux (l'azobenzol) dans l'oxydation directe de l'aniline par le permanganate de potasse. Nous rappellerons seulement ici leurs noms et leur constitution. On connaît :

L'azoxybenzol (Syn. Azoxybenzine, azoxybenzide)	$C^{12}H^{10}Az^2O$
L'azobenzol (Syn. Azobenzine, azobenzide)	$C^{12}H^{10}Az^2$
L'hydrazobenzol (Syn. Hydrazobenzine, hydrazobenzide)	$C^{12}H^{12}Az^2$

On en a fait l'histoire au mot *benzine* (voyez ce mot, t. I, p. 532 et suiv.). Nous reproduisons ici leur mode de formation et leur constitution rationnelle :

$$2C^6H^5(AzO^2)+3H^2=\begin{matrix}C^6H^5-Az\\ C^6H^5-Az\end{matrix}\!\!>O+3H^2O.$$

Nitrobenzine. Azoxybenzol.

$$\begin{matrix}C^6H^5-Az\\ C^6H^5-Az\end{matrix}\!\!>O+H^2=\begin{matrix}C^6H^5-Az\\ \Vert\\ C^6H^5-Az\end{matrix}+H^2O.$$

Azoxybenzol. Azobenzol.

$$\begin{matrix}C^6H^5-Az\\ \Vert\\ C^6H^5-Az\end{matrix}+H^2=\begin{matrix}C^6H^5-AzH\\ |\\ C^6H^5-AzH\end{matrix}$$

Azobenzol. Hydrazobenzol.

La raison de la duplication de ces formules dérive, non-seulement de la densité de vapeur de l'azobenzol, prise par W. Hofmann et qui correspond à $C^{12}H^{10}Az^2$, mais encore de l'existence de dérivés mononitrés de l'azobenzol et de l'hydrazobenzol.

A ce dernier corps correspond un isomère, la benzidine, trouvée par Zinin, qui n'est autre, comme on l'a déjà dit plus haut, que la diphénylène diamine

$$\left(\begin{matrix}C^6H^4\\ |\\ C^6H^4\end{matrix}\right)'' 2AzH^2.$$

b. *Dérivés du nitrotoluène*. — On ne connaît encore que l'azotoluol

$$C^{14}H^{14}Az^2=\begin{matrix}C^6H^4(CH^3)-Az\\ \Vert\\ C^6H^4(CH^3)-Az\end{matrix}$$

obtenu par MM. Verigo et Jaworsky en 1864, en traitant le nitrotoluène par l'amalgame de sodium en présence de l'acide acétique; toutefois l'action prolongée de ce réducteur leur a donné des cristaux qui paraissent être l'hydrazotoluol

$$\begin{matrix}C^6H^4(CH^3)-AzH\\ |\\ C^6H^4(CH^3)-AzH\end{matrix}$$

[*Zeitsch. für Chem.*, p. 481 et 722].

c. *Dérivés des nitroxylols*. — On connaît l'azoxylol $C^{16}H^{18}Az^2$, et très-probablement aussi l'hydrazoxylol $C^{16}H^{20}Az^2$, obtenu par le même procédé [mêmes auteurs, même lieu].

d. *Dérivés des nitrocumols*. — Ils n'ont pas été étudiés; on a obtenu seulement un corps cristallisable en agissant comme ci-dessus.

e. *Dérivés des nitrocymols*. — Le cymène de la camomille romaine, $C^6H^4(CH^3)(C^3H^7)$, donne des cristaux tabulaires d'azocymène

$$\begin{matrix}C^6H^3(CH^3)(C^3H^7)-Az\\ \Vert\\ C^6H^3(CH^3)(C^3H^7)-Az\end{matrix}$$

et un corps qui paraît être l'hydrazocymol [mêmes auteurs, même lieu].

Propriétés générales des corps azoïques. — Tous les composés azoïques sont dérivés de la nitrobenzine et des corps analogues par réduction; ils sont cristallisables, de couleur jaune ou rouge, très-peu solubles dans l'eau, solubles dans l'alcool.

Ils peuvent tous, en partant du premier, l'azoxybenzol, prendre 2 H pour se réduire de plus en plus et arriver enfin à l'amidobenzol (phénylamine),

$$\begin{matrix}C^6H^5-Az-H\\ |\\ C^6H^5-Az-H\end{matrix}+H^2=2[C^6H^5(AzH^2)].$$

Réciproquement, Glaser, en oxydant l'aniline par le permanganate de potasse, a obtenu l'azobenzide [*Ann. der Chem. u. Pharm.*, t. CXLII, p. 364, et *Bull. de la Soc. chim.*, 1867, t. IX, p. 374].

Tout en jouissant d'une stabilité assez grande, ces corps peuvent cependant se transformer aisément les uns dans les autres. C'est ainsi que la distillation sèche de l'azoxybenzide donne l'azobenzide, et que celle-ci produit à son tour de l'aniline en passant par l'hydrazobenzol, qui se transforme lui-même en benzidine.

Ils sont assez difficilement attaquables par les acides, les bases, le chlore.

Le brome et l'acide nitrique fumant donnent avec eux des produits de substitution bromés et bibromés, nitrés et binitrés.

Dérivés nitroazoïques et *amidoazoïques*. — L'azobenzide donne les dérivés nitrés suivants :

La nitroazobenzide.....	$C^{12}H^9(AzO^2)Az^2$
La dinitroazobenzide...	$C^{12}H^8(AzO^2)^2Az^2$.

La mononitroazobenzide devrait, par les réducteurs, donner l'amidoazobenzide ou azoamidobenzol

$$\begin{matrix}C^6H^5-Az\\ \Vert\\ C^6H^4(AzH^2)-Az\end{matrix}$$

on ne l'a pas encore obtenue ainsi, mais cette base paraît être un des produits d'oxydation de l'aniline avant qu'elle ne se transforme en matières colorantes :

$$3C^6H^7Az+3O=C^{12}H^{11}Az^3+C^6H^6O+2H^2O.$$

Aniline. Azoamidobenzol. Phénol.

Kekulé a trouvé que l'on peut la préparer en laissant son isomère, le diazoamidobenzol, au contact d'un sel d'aniline en solution alcoolique. L'explication de ce mode d'isomérie est donnée par l'équation

$$\begin{matrix}C^6H^5-Az\\ C^6H^5-AzH\end{matrix}\!\!>Az=\begin{matrix}C^6H^5-Az\\ C^6H^4(AzH^2)\end{matrix}\!\!>Az.$$

Diazoamidobenzol. Amidoazobenzol.

L'amidoazobenzol est une base faible monatomique à sels cristallisables rouges ou violets. La plupart de ces sels sont peu solubles dans l'eau. L'iodure d'éthyle forme avec une solution alcoolique de cette base la combinaison éthylique

$$C^{12}H^{10}(C^2H^5)Az^3.HI,$$

qui, lorsqu'on la chauffe, produit de l'éthylaniline. Les oxydants la transforment en quinone, l'hydrogène naissant en aniline et phénylène-diamine, $C^{12}H^{11}Az^3 + 2H^2 = C^6H^7Az + C^6H^8Az^2$.

La *binitroazobenzide*, par les agents réducteurs puissants, se transforme en phénylène-diamine. C'est la diphénine de Gerhardt.

B. Dérivés diazoïques. — *Dérivés de l'amidobenzol* (phénylamine) *et des bases analogues.* — Les corps de ce groupe se produisent par l'action de l'acide azoteux sur l'aniline, ou plutôt sur les anilines chlorées, bromées, nitrées... et sur les bases analogues, en traitant par l'acide nitreux les sels de ces bases, spécialement le nitrate, dissous dans l'alcool ou à l'état de pâte humide. L'action du nitrite d'argent sur le chlorhydrate d'aniline, ou l'action prolongée de l'acide nitreux en solution aqueuse, donnent le phénol [S. Hunt, *Sill. Am. Jour.*, 1849, (2), t. VIII, p. 372]. Ils ont presque tous été découverts et étudiés par Petter Griess (voyez les sources à l'historique). On a dit que, remarquant que dans tous ces corps 2 Az viennent toujours remplacer 2 H du benzol, Griess y considéra d'abord l'azote comme monatomique, et cette remarque peut être utile pour arriver à retrouver, par une considération facilement appliquable, la formule de ces corps complexes. De là le nom de corps diazoïques et de diazobenzols, que Griess leur donna. On a dit aussi que Wurtz le premier avait admis dans ces corps le groupe $(Az^2)''$ et que Griess s'est rangé à cette opinion [*Ann. der Chem. u. Pharm.*, 1866, t. CXXXI, p. 98]. Mais M. Kekulé pense que les 2 atomes d'azote, tout en formant bien le groupe $(Az'''=Az''')''$, ne tiennent que par un point d'attache au carbone du benzol, et, s'appuyant sur ce fait que l'on n'a pu obtenir que les sels du diazobenzol, et non la base libre, il leur donne une constitution analogue aux deux suivantes :

$$\underset{\text{Bromhydrate de diazobenzol.}}{C^6H^5\text{-}Az'''=Az'''\text{-}Br} \quad \text{ou} \quad \underset{\text{Azotate de diazobenzol.}}{C^6H^5\text{-}Az'''\text{-}AzO^3},$$

et non

$$(C^6H^4)''\langle{}^{Az'''}_{\underset{Az'''}{\|}}$$

comme le pensaient Erlenmeyer, Boutlerow et plusieurs autres.

Pour appuyer cette opinion, il fait remarquer que, lorsqu'on traite le bromhydrate de diazobenzol par l'acide iodhydrique, on obtient le benzol iodé, ce qui s'explique bien dans l'hypothèse d'Erlenmeyer en admettant que le groupe $(C^6H^4)''$ s'est uni à HI en perdant Az^2; mais, d'un autre côté, par l'iodure de méthyle on obtient la réaction

$$C^6H^5\text{-}Az'''=Az'''\text{-}Br + CH^3I = C^6H^5I + Az^2 + CH^3Br.$$

Or, si le groupe $(C^6H^4)''$ existait dans ces corps, Az^2 étant remplacés par CH^3I, il devrait en résulter le toluène iodé $C^6H^4I(CH^3)$. C'est ce qui n'a pas lieu [Kekulé, *Lehrb. der Org. Chem.*, 1866, t. II, p. 717]. J'ajouterai que les nombreuses combinaisons que le diazobenzol et les corps analogues donnent avec les amidobenzols, pour former les diazoamidobenzols, ne pourraient s'expliquer dans l'hypothèse

$$(C^6H^4)''\langle{}^{Az'''}_{\underset{Az'''}{\|}}$$

qu'à la condition que la chaîne fermée venant à s'ouvrir devînt

$$\left[(C^6H^4)\langle{}^{Az'''=Az'''}\right]$$

capable de donner le diazoamidobenzol

$$(C^6H^4)\langle{}^{Az'''=Az'''\text{-}AzH(C^6H^5)}_{H}$$

ce qui revient à l'hypothèse de Kekulé. Ce sont d'ailleurs toujours les dérivés de C^6H^5 et non de C^6H^4 que l'on obtient dans les diverses réactions de ces corps.

En même temps que par une action prolongée de l'acide nitreux sur l'amidobenzol il se forme le diazobenzol, par une action moins complète, sous l'influence d'un excès de sel d'aniline, ou enfin par l'action sur ces sels, combinaisons que donnent les azobenzols avec la potasse, il se produit la classe des azoamidobenzols suivant des équations analogues à celles qui suivent :

$$\underset{\text{Nitrate de diazobenzol.}}{C^6H^4Az^2,HAzO^3} + \underset{\text{Aniline.}}{2C^6H^7Az}$$
$$= \underset{\text{Nitrate d'aniline.}}{C^6H^7Az,HAzO^3} + \underset{\text{Diazoamidobenzol.}}{C^6H^4Az^2,C^6H^7Az};$$

$$\underset{\text{Diazobenzol potassique.}}{C^6H^4Az^2,KHO} + \underset{\text{Chlorhydrate d'aniline.}}{2C^6H^7Az,HCl}$$
$$= KCl + \underset{\text{Eau.}}{H^2O} + \underset{\text{Diazoamidobenzol.}}{C^6H^4Az^2,C^6H^7Az}.$$

La constitution du diazoamidobenzol étant

$$[C^6H^5\text{-}Az'''=Az'''\text{-}AzH.C^6H^5],$$

les composés analogues ont aussi une constitution analogue; ainsi le diazoamidodichlorobenzol sera

$$[C^6H^2Cl^2H\text{-}Az'''=Az'''\text{-}AzH.C^6H^3Cl^2].$$

On voit, comme on l'a dit plus haut, que le diazoamidobenzol n'est pas identique, mais isomère avec l'amidoazobenzol

$$[C^6H^5\text{-}Az'''=Az'''\text{-}C^6H^4\text{-}AzH^2]$$

provenant de l'azobenzide; mais il est remarquable que les premiers se transforment aisément en ceux-ci, comme on le verra bientôt.

Il est nécessaire d'avertir ici que les mots *diazobenzol* ou *diazobenzide* et *azophénylamine* se correspondent : les mots *diazoamidobenzol*, ou *diazoamidobenzide* et *azodiphényldiamine*, sont aussi parfaitement synonymes, cette dernière synonymie rappelant la constitution que certains auteurs donnent au diazoamidobenzol qu'ils représentent par le symbole

$$\left.\begin{matrix}(C^6H^5)^2\\ Az'''\\ H\end{matrix}\right\} Az^2.$$

Les composés appartenant à la série des diazobenzols que l'on connaît aujourd'hui (à l'état de sels) sont les suivants :

Diazobenzol...........	$C^6H^4Az^2$.
Diazobromobenzol......	$C^6H^3BrAz^2$
Diazobibromobenzol....	$C^6H^2Br^2Az^2$.
Diazochlorobenzol......	$C^6H^3ClAz^2$.
Diazodichlorobenzol....	$C^6H^2Cl^2Az^2$.
Diazoïodobenzol.	$C^6H^3IAz^2$.
Diazonitrobenzol.......	$C^6H^3(AzO^2)Az^2$

que l'on obtient en général en traitant par l'acide nitreux en excès les solutions alcooliques des phénylamines chlorées, bromées, nitrées correspondantes.

Par l'action des solutions de sels de diazobenzols sur les phénylamines chlorées, bromées, iodées, nitrées, on obtient des diazoamidobenzols tels que les diazoamidobenzol-amidochlorobenzol, diazoamidobromobenzol-amidonitrobenzol. Enfin, en traitant les phénylamines chlorées, nitrées... par l'acide nitreux sans pousser l'action à l'extrême, on obtient les diazoamidobenzols, diazoamidochlorobenzols, diazoamidonitrobenzols; on a obtenu aussi quelques composés correspondants avec la toluidine et la naphtaline. Nous donnons ici les noms et les formules de tous les composés connus jusqu'à ce jour, renvoyant pour leur constitution à ce qui a été dit plus haut.

Diazoamidobenzol....	$C^6H^4Az^2, C^6H^7Az$.
Diazoamidochlorobenzol..........	$C^6H^3ClAz^2, C^6H^6ClAz$.
Diazoamidobromobenzol..........	$C^6H^3BrAz^2, C^6H^6BrAz$.
Diazoamidoïodobenzol.	$C^6H^3IAz^2, C^6H^6IAz$.
Diazoamidodichlorobenzol...........	$C^6H^2Cl^2Az^2, C^6H^5Cl^2Az$.
Diazoamidodibromobenzol...........	$C^6H^2Br^2Az^2, C^6H^5Br^2Az$.
Diazoamidonitrobenzol	$C^6H^3(AzO^2)Az^2, C^6H^6(AzO^2)Az$.
Paradiazoamidonitrobenzol...........	$C^6H^3(AzO^2)Az^2, C^6H^6(AzO^2)Az$.
Diazoamidotoluol.....	$C^7H^6Az^2, C^7H^9Az$.
Diazoamidonaphtol...	$C^{10}H^6Az^2, C^{10}H^9Az$.
Diazobenzolamidobromobenzol..........	$C^6H^4Az^2, C^6H^6BrAz$.
Diazobromobenzolamidobenzol..........	$C^6H^3BrAz^2, C^6H^7Az$.
Diazobenzolamidotoluol	$C^6H^4Az^2, C^7H^9Az$.
Diazobenzolamidonaphtol...............	$C^6H^4Az^2, C^{10}H^9Az$.

PROPRIÉTÉS GÉNÉRALES DES COMPOSÉS DIAZOÏQUES. — On ne donnera ici que les propriétés communes aux corps de la classe des diazobenzols et de celle des diazoamidobenzols, renvoyant, pour l'étude de chaque corps en particulier, aux mots PHÉNYLAMINE, TOLUIDINE...

A. *Composés diazoïques.* — 1° Les composés diazoïques, tels que le diazobenzol, diazochlorobenzol, diazonitrobenzol, n'ont été obtenus qu'à l'état de sels; la plupart contiennent une molécule d'acide telle que HCl, HBr, AzO^3H; toutefois le sulfate de diazobenzol est $C^6H^4Az^2, H^2SO^4$. Le diazobenzol libre a été indiqué par Griess, mais sans qu'il en ait donné l'analyse.

2° Tous ces sels sont d'une très-grande instabilité au sein de l'eau, de l'alcool...; une température souvent inférieure à 100° suffit à les transformer; à l'état sec ils sont souvent explosibles.

3° Tous ces corps se conduisent comme des bases faibles, capables de s'unir aux acides et de donner des sels, mais en même temps plusieurs se combinent à l'hydrate de potassium; on a déjà mentionné plus haut le composé $C^6H^4Az^2, KHO$.

4° Bouillis quelque temps avec l'eau, ces sels donnent de l'azote libre et des phénols d'après une équation analogue aux suivantes :

$$C^6H^4Az^2, AzO^3H + H^2O$$
Nitrate de diazobenzol.
$$= C^6H^6O + Az^2 + AzO^3H;$$
Phénol.

$$C^6H^3ClAz^2, HCl + H^2O$$
Chlorhydrate de diazochlorobenzol.
$$= C^6H^5ClO + Az^2 + HCl;$$
Phénol chloré.

$$C^6H^3IAz^2, HBr + H^2O$$
Bromhydrate de diazoïodobenzol.
$$= C^6H^5IO + Az^2 + HBr.$$
Phénol iodé.

5° Si l'on chauffe les nitrates de ces bases avec l'acide sulfurique dilué, on conçoit qu'il se formera d'abord un sulfate et de l'acide nitrique libre, et en même temps le phénol correspondant qui à son tour pourra se nitrer. C'est ce qu'a observé Griess avec le diazobenzol.

6° Par l'action de l'alcool sur ces bases, on obtient de la benzine et de l'aldéhyde suivant une équation analogue à celle-ci :

$$C^6H^4Az^2, SO^4H^2 + C^2H^6O$$
Sulfate de diazobenzol. — Alcool.
$$= C^6H^6 + C^2H^4O + SO^4H^2 + Az^2.$$
Benzine. — Aldéhyde. — Acide sulfurique. — Azote.

7° Si l'on décompose par la chaleur ou par l'action de l'alcool le chloroplatinate de diazobenzol, on obtient la benzine chlorée; avec les chloroplatinates de diabenzols chlorés, bromés, on obtient les dichlorobenzines, chlorobromobenzines, chloroïodobenzines.

8° L'action des solutions alcalines aqueuses sur ces corps donne des produits complexes peu étudiés; l'ammoniaque agit de même. Parmi les corps qui se produisent avec le diazobenzol se trouve le diazoamidobenzol.

9° Tous ces composés s'unissent à 2Br pour donner des bibromures dont la constitution est analogue à celle des deux corps suivants :

$$C^6H^5\text{-}\underset{Br}{Az}\text{-}\underset{Br}{Az}\text{-}Br \quad \text{ou} \quad C^6H^4Cl\text{-}\underset{Br}{Az}\text{-}\underset{Br}{Az}\text{-}Br$$
Perbromure de bromhydrate de diazobenzol. — Perbromure de bromhydrate de diazochlorobenzol.

Si l'on chauffe ces nouveaux corps, soit seuls, soit avec la chaux, soit en solution alcoolique, ils donnent des benzines chlorobromées suivant une équation telle que

$$C^6H^3IAz^2, HBr.Br^2 = Az^2 + Br^2 + C^6H^4BrI.$$
Perbromure de bromhydrate de diazoïodobenzol. — Benzine iodobromée.

Traité par l'ammoniaque aqueuse, le perbromure de diazobenzol donne la *diazobenzolimide*

$$C^6H^5Az^3 = C^6H^5\text{-}Az''' \begin{cases} Az''' \\ \| \\ Az''' \end{cases}$$

qui elle-même, par l'hydrogène naissant, se transforme en aniline suivant l'équation

$$C^6H^5Az^3 + H^2 = C^6H^5(AzH^2) + 2Az.$$
Diazobenzolimide. — Phénylamine.

Griess donne à la diazobenzolimide la constitution

$$\left.\begin{matrix}(C^6H^4)'' \\ Az''' \\ H\end{matrix}\right\} Az^2;$$

de là le nom de azophénylène-diamine : on lui donne aussi le nom de diazodiamidobenzol.

On connaît aussi l'azobromobenzolimide obtenue d'une manière analogue.

10° Si l'on traite le diazobenzol par l'hydrogène sulfuré, on obtient une huile sulfurée qui paraît se produire suivant l'équation

$$C^6H^4Az^2 + H^2S = C^6H^6S + Az^2.$$
Diazobenzol. — Sulfophénol.

11° L'acide iodhydrique, en agissant sur le nitrate de diazobenzol ou de diazochlorobenzol et des corps de cette classe, donne une réaction telle que celles qui suivent :

$$C^6H^4Az^2 + HI = C^6H^5I + Az^2;$$
Diazobenzol. Benzine iodée.

$$C^6H^3IAz^2 + HI = C^6H^4I^2 + Az^2.$$
Diazoïodobenzol. Benzine biiodée.

12° On a dit déjà, dans le courant de cet article, que l'iodure de méthyle, et plus généralement les iodures alcooliques, donnent avec les diazobenzols une équation telle que la suivante :

$$C^6H^4Az^2,HBr + CH^3I$$
Bromhydrate de diazobenzol.

$$= Az^2 + CH^3Br + C^6H^5I.$$
Bromure de méthyle. Benzine iodée.

Les propriétés qui viennent d'être données pour les diazobenzols, diazobromobenzols, diazochlorobenzols, s'appliquent en général aussi aux diazonitrobenzols ; c'est ainsi que l'acide iodhydrique donne avec le diazonitrobenzol, l'iodonitrobenzine, et qu'il donne avec le paradiazonitrobenzol, l'iodoparanitrobenzine, et qu'en faisant bouillir les mêmes corps avec l'eau on obtient les phénols nitrés correspondants.

B. *Diazoamidobenzols.* — Leurs propriétés générales peuvent se déduire presque en entier de l'idée de Kekulé que ces corps peuvent être considérés comme résultant de l'union des phénylamines correspondantes avec les diazobenzols. En effet, sous les moindres influences ils se transforment en un mélange de sels de leurs deux composants. On a, par exemple :

$$C^6H^4Az^2, C^6H^7Az + 2AzO^3H$$
Diazoamidobenzol. Acide nitrique

$$= C^6H^4Az^2, AzO^3H + C^6H^7Az, AzO^3H.$$
Nitrate de diazobenzol. Nitrate d'aniline.

On a dit plus haut que ces corps peuvent, quand ils sont abandonnés à eux-mêmes en solution alcoolique, mais plus aisément au contact des sels d'aniline, se transformer dans les dérivés isomères de la nitrobenzine (azoamidobenzols). C'est au moins ce que Kekulé a observé pour le premier, le diazoamidobenzol.

Ces corps ne s'unissent pas directement aux acides, mais en solution alcoolique ils donnent des chlorosels doubles de platine et d'or, en général bien cristallisés, rouges ou rouge-orangé.

On comprend que se dédoublant en aniline et diazobenzols, les dérivés de ces derniers corps doivent se trouver dans les produits de décomposition des diazoamidobenzols.

DÉRIVÉS DU PHÉNOL ET DES CORPS ANALOGUES.

On doit encore l'étude des dérivés azoïques du phénol à P. Griess. — Pour les sources, voyez l'*Historique* au commencement de cet article.

A. *Dérivés azoïques.* — Les phénols nitrés et les corps analogues, tels que l'anisol (phénate de méthyle) nitré $C^6H^4(CH^3)(AzO^2)O$, traités par les réducteurs, donnent l'amidophénol, l'amidoanisol, mais pas de composés azoïques correspondant à l'azoxybenzide ou à l'azobenzide, tel que serait l'azophénol

$$\begin{matrix} C^6H^4.OH-Az''' \\ \| \\ C^6H^4.OH-Az''' \end{matrix}$$

B. *Dérivés diazoïques.* — On ne connaît que des dérivés diazoïques des phénols, encore n'a-t-on pu les obtenir qu'avec des corps amidonitrés, tels que l'amidonitrophénol, l'amidonitranisol... On les obtient en traitant ces corps amidés par l'acide nitreux. Exemples :

$$C^6H^4(AzO^2)(AzH^2)O + AzO^2H$$
Amidonitrophénol. Acide azoteux.

$$= 2H^2O + C^6H^3(AzO^2)Az^2O.$$
Diazonitrophénol.

$$C^6H^3Cl(AzO^2)(AzH^2)O + AzO^2H$$
Amidonitrochlorophénol.

$$= 2H^2O + C^6H^2Cl(AzO^2)Az^2O.$$
Diazonitrochlorophénol.

Avec le nitrate de nitranisine et l'acide nitreux on a obtenu le nitrate de diazonitranisol

$$C^6H^3(AzO^2)Az^2.OCH^3.AzO^3H$$

[Griess, *Proceed. roy. Soc.*, (3), 1867, p. 716]. Avec une solution alcoolique de la même base traitée par le même acide on a obtenu la diazoamidonitranisidine

$$C^6H^3(AzO^2)(O.CH^3)Az^2-AzH.C^6H^3(AzO^2).$$

La constitution des composés diazoïques du phénol ne doit pas être tout à fait rapprochée de la constitution de ceux que l'on obtient par la même réaction avec les sels de phénylamine. En effet, les corps diazoïques dérivés du phénol peuvent exister à l'état libre. Le diazophénol

$$C^6H^4Az^2O$$

a pour constitution

$$(C^6H^4)\begin{cases} Az''' \\ \| \\ O-Az''' \end{cases}$$

et le diazonitrophénol

$$[C^6H^3(AzO^2)]\begin{cases} Az''' \\ \| \\ O-Az''' \end{cases}$$

Les divers corps connus jusqu'à ce jour appartenant à cette classe sont les suivants :

Diazonitrophénol..........	$C^6H^3(AzO^2)Az^2O.$
Diazodinitrophénol..........	$C^6H^2(AzO^2)^2Az^2O.$
Diazonitrochlorophénol.....	$C^6H^2Cl(AzO^2)Az^2O.$
Diazonitranisol..............	$C^6H^2(CH^3)(AzO^2)Az^2O.$
Diazoamidonitranisol.	$[C^6H^3(CH^3)(AzO^2)Az^2O-AzH(C^6H^3)(AzO^2)].$

On ne connaît pas de composés diazoïques des phénols ou des anisols analogues, tels que crésol, xylol, phlorol, thymol...

Tous ces corps jouissent des propriétés générales des combinaisons diazoïques précédentes, mais ils ont été peu étudiés.

Ils peuvent exister à l'état de liberté. Ils sont en général cristallins, jaunes ou rougeâtres, facilement décomposables par la chaleur, souvent avec explosion avant 100°, fort peu solubles dans l'eau ; l'eau et l'alcool bouillants les détruisent et en précipitent des corps cristallisés encore mal étudiés. Ils sont solubles dans les acides sans décomposition, l'eau les en précipite. Par les carbonates alcalins le diazonitrophénol, en présence de l'alcool, donne du dinitrophénol, de l'aldéhyde et de l'azote (Griess). L'acide iodhydrique en agissant sur le même corps donne de l'iodobinitrophénol (Körner).

DÉRIVÉS AZOÏQUES DE L'ACIDE BENZOÏQUE ET DES CORPS ANALOGUES.

Les composés azoïques dérivés de l'acide benzoïque et des acides aromatiques analogues dérivent de deux sources : A, de la réduction des acides nitrés ; B, de l'oxydation des acides amidés.

A. *Composés azoïques.* — On ne connait guère que les composés benzoïques. Ces corps ont été obtenus en 1861 et 1863 par divers chimistes (Strecker, Zinin) en faisant agir l'amalgame de sodium sur l'acide nitrobenzoïque. On connait l'acide azobenzoïque $C^{14}H^{10}Az^2O^4$ et l'acide hydrazobenzoïque $C^{14}H^{12}Az^2O^4$.

M. Wurtz et M. Alexeyeff ont donné la vraie théorie de leur constitution en les comparant aux corps qui proviennent de la nitrobenzine par les actions réductrices. On peut établir en effet le parallèle suivant, qui permettra en même temps de se rendre compte de la constitution de ces composés :

$C^6H^5(AzO^2)$ Nitrobenzine.	$C^6H^4(CO.OH)-(AzO^2)$ Acide nitrobenzoïque.
C^6H^5-Az ⟩O C^6H^5-Az Azoxybenzide.	$C^6H^4(CO.OH)-Az$ ⟩O $C^6H^4(CO.OH.-Az$ Acide azoxybenzoïque (inconnu).
C^6H^5-Az ‖ C^6H^5-Az Azobenzide.	$C^6H^4(CO.OH)-Az$ ‖ $C^6H^4(CO.OH-Az$ Acide azobenzoïque.
C^6H^5-Az-H I C^6H^5-Az-H Hydrazobenzide.	$C^6H^4(CO.OH)-Az-H$ I $C^6H^4(CO.OH)-Az-H$ Acide hydrazobenzoïque.

[Alexeyeff, *Bull. de la Soc. chim.*, 1864, t. I, p. 324, et Wurtz, *ibid.*, 1865, t. IV, p. 280.]

Propriétés générales. — Ces corps sont des acides bibasiques donnant des sels et des éthers tels que l'azobenzoate diéthylique

$$\begin{matrix} C^6H^4(CO.OC^2H^5)-Az'' \\ \Vert \\ C^6H^4(CO.OC^2H^5)-Az'' \end{matrix}$$

Les acides peuvent en général mettre en liberté les azo-acides benzoïques. Ils sont en général peu solubles dans l'eau.

Par une action prolongée de l'hydrogène naissant ou du sulfate ferreux en présence de la potasse, on forme successivement les acides azobenzoïques, hydrazobenzoïques et amidobenzoïques.

Composés obtenus. — Parmi ces corps on connait seulement aujourd'hui

L'acide azobenzoïque...	$C^{14}H^{10}Az^2O^4$ (Strecker),
L'acide bêtaazobenzoïque	$C^{14}H^{10}Az^2O^4$ (Sokoloff).
L'acide azodracylique...	$C^{14}H^{10}Az^2O^4$ (Bilfinger).
L'acide azosalycilique...	$C^{14}H^{10}Az^2O^6$ (Bilfinger).

Le second est obtenu soit avec l'acide bêtanitrobenzoïque, soit par l'action de la potasse alcoolique sur le nitrobenzile [*Bull. de la Soc. chim.*, 1865, t. IV, p. 55]. L'acide azodracylique se produit quand on traite l'acide nitrodracylique de Beilstein et Wilbrand par l'amalgame de sodium [*Ann. der Chem. u. Pharm.*, t. CXXXV, p. 152, et *Bull. de la Soc. chim.*, 1866, t. V, p. 282].

D'après les dernières recherches de Zinin, l'acide bêta-nitrobenzoïque ne diffère pas de l'acide nitrodracylique, et l'acide bêta-azobenzoïque est identique avec l'acide azodracylique.

Parmi les composés hydrazoïques, on connait :

L'acide hydrazobenzoïque	$C^{14}H^{12}Az^2O^4$ (Zinin).
L'ac. hydrazodracylique.	$C^{14}H^{12}Az^2O^4$ (Bilfinger).
L'ac. hydrazosalicylique.	$C^{14}H^{12}Az^2O^6$ (Bilfinger).

On n'a pas obtenu de composés azoïques avec l'acide binitrobenzoïque. On n'a pas encore fait les composés correspondants des acides homologues ou analogues. — Pour les détails, voir les mots BENZOÏQUE, DRACYLIQUE (ACIDES).

B. *Composés diazoïques.* — Ils dérivent des acides amidobenzoïques traités par l'acide nitreux; ils ont été découverts par Griess. — Voyez l'*Historique* pour les sources.

Ces corps ont été encore peu étudiés, on ne connait avec quelque certitude que l'acide diazoamidobenzoïque $C^{14}H^{11}Az^3O^4$ (*acide diazoïque* de Griess), dont la constitution nous parait devoir être exprimée par la formule

$$[C^6H^4(CO.OH)]'-Az''=Az''-AzH[C^6H^4(CO.OH)]'$$

Ce corps est en effet diatomique et bibasique. On connait l'éther diéthylique

$$[C^6H^4(CO.OEt)]'-Az''=Az-AzH-[C^6H^4(CO.OEt)'].$$

Il n'est donc pas possible que l'azote substitué, pour former le groupe constant (Az''= Az'')'', l'ait été à l'un des hydrogènes basiques de CO.OH.

Ce corps (et on peut admettre que les composés semblables qui n'ont pas été étudiés auront des propriétés analogues) a les allures générales des diazoamidobenzols. Il est presque insoluble dans l'eau, soluble dans l'alcool. Il donne des sels et des éthers divers de peu de stabilité. L'acide chlorhydrique en dégage Az^2 et donne l'acide chlorobenzoïque au même titre qu'il donne avec le diazoamidobenzol de l'azote et de la benzine chlorée. — Pour les détails, voyez ce livre, t. I, p. 562.

On ne connait pas encore les composés correspondants des acides homologues. A. G.

DIAZONAPHTOL. — Voyez NAPHTYLAMINE.

DIAZONITROPHÉNOL. — Voyez PHÉNOL.

DIAZOPHÉNYLDIAMINE. — Voyez PHÉNYLAMINE.

DIAZOPHÉNYLSULFURIQUE (ACIDE). Voyez ACIDE SULFANILIQUE.

DIAZOTOLUOL. — Voyez TOLUIDINE.

DIAZOTOLUYL-DIAMINE. — Voyez TOLUIDINE.

DIBARBITURIQUE (ACIDE). — Voyez t. I, p. 502.

DIBENZYLE. — Voyez BENZYLE, t. I, p. 575.

DICHROÏTE. — Voyez CORDIÉRITE.

DICRÉSOL. — Voyez t. I, p. 571.

DICYANIQUE (ACIDE) [Syn. *dicarbimide*],

$$C^2Az^2H^2O^2 = Az^2\begin{cases} CO \\ CO. \\ H^2 \end{cases}$$

[Poensgen, *Ann. der Chem. u. Pharm.*, t. CXXVIII, p. 339, et *Bull. de la Soc. chim.*, 1864, t. I, p. 275]. — Ce corps, qui par toutes ses propriétés et par son origine est comparable à l'urée et non pas à l'acide cyanique, a été obtenu en 1863 en faisant agir l'acide nitreux sur la cyanurée. Celle-ci se comporte sous cette influence comme une amide, dégage de l'azote et fixe de l'oxygène suivant l'équation

$$Az^2\begin{cases} CO \\ CAz.H \\ H^2 \end{cases} + AzO^2H = Az^2\begin{cases} CO \\ CO \\ H^2 \end{cases} + Az^2 + H^2O.$$

Pour réussir, il faut faire arriver l'acide nitreux dans la cyanurée en suspension dans l'eau chaude, tant qu'il se dégage de l'azote, évaporer à sec et reprendre par l'alcool. En volatilisant celui-ci au bain-marie, on obtient l'acide dicyanique sous forme de beaux cristaux jaune clair du type clinorhombique.

Angle des faces $mm = 100°10'$. Angle des faces $pm = 103° 30'$.

Rapport de la diagonale inclinée à la diagonale horizontale :: 1 : 0,7720.

On peut obtenir aussi l'acide dicyanique en faisant agir directement l'eau de baryte à 140° sur la cyanurée et remplaçant ensuite le baryum par l'hydrogène.

La dicarbimide est peu soluble dans l'eau à froid et peu soluble à chaud. Elle cristallise avec $\frac{3}{2}$ molécules d'eau et se déshydrate par ébullition. Les acides oxygénés la dissolvent sans l'altérer; l'acide chlorhydrique lui fait subir une modification de nature incertaine; les alcalis démontrent bien son rôle d'amide, ils la dédoublent en ammoniaque et acide carbonique :

$$Az^2\begin{cases}CO\\CO\\H^2\end{cases} + 2KHO + H^2O$$
$$= 2AzH^3 + CO^2 + CO^3K^2.$$

La chaleur paraît toutefois donner avec ce corps de l'acide cyanique. Mais on sait que l'urée elle-même se transforme isomériquement en acide cyanique et ammoniaque dans plusieurs réactions. Les sels de cet acide sont comparables aux composés métalliques que donne l'urée, tels que l'*argent-urée* ou le *mercure-urée*. Leur constitution est représentée par les deux formules générales.

Sels acides :

$$Az^2\begin{cases}CO\\CO\\H.R\end{cases}$$

Sels neutres :

$$Az^2\begin{cases}CO\\CO\\R^2\end{cases}$$

Dicyanate d'ammonium.— Il s'obtient directement. La chaleur le décompose.

Dicyanate acide de baryum,

$$(C^2O^2Az^2H)^2Ba'' + H^2O.$$

— Il se forme quand on traite le sel précédent par la baryte. Cristaux clinorhombiques groupés en croix. Il se produit aussi quand on fait agir la baryte sur la cyanurée à 140°.

Dicyanate d'argent. — On connaît le dicyanate acide $(C^2O^2Az^2H)Ag$, poudre blanche, amorphe, insoluble dans l'eau, soluble dans l'acide nitrique et l'ammoniaque, et le dicyanate neutre

$$C^2O^2Az^2Ag^2,$$

précipité blanc amorphe complètement insoluble dans l'eau, soluble dans les deux dissolvants précédents, que l'on obtient en traitant par le nitrate d'argent la solution nitrique d'acide dicyanique et saturant par l'ammoniaque.

Dicyanate éthylique. — S'obtient en chauffant le dicyanate d'argent avec l'iodure d'éthyle. C'est un liquide épais que l'eau ne décompose pas. Avec le sel acide d'argent on obtient un éther acide. A. G.

DIDYME, Di = 96. — (De δίδυμοι, *jumeaux*, parce qu'il accompagne le cérium et le lanthane dans tous les minéraux cérifères, comme un frère jumeau.)

Histoire. — Après de longues recherches qui demeureront comme un modèle de patience et de sagacité, Mosander reconnut, entre 1839 et 1841, que le cérium est accompagné dans la cérite et les autres minéraux cérifères d'un métal nouveau, le *didyme*, excessivement voisin du lanthane qu'il avait déjà signalé en 1839. Cet habile chimiste fit connaître un procédé pour préparer l'oxyde de didyme dans un état de pureté approximative et il décrivit les propriétés de cet oxyde, de son sulfate et de son nitrate.

En 1853, Marignac publia une monographie du didyme et de ses principaux composés. Cette monographie fait, avec le travail de Mosander, la base principale de nos connaissances sur ce métal.

Plus récemment, Hermann et quelques autres chimistes ont publié des recherches partielles qui trouveront leur place dans cet article.

État naturel. — Le didyme se rencontre dans les minéraux qui ont été énumérés à l'état naturel du cérium. — Voyez Cérium.

Usages. — Absolument nuls par suite de la rareté et de la difficulté d'extraction du didyme.

Extraction. — On a dit, en parlant du cérium, comment le mélange calciné des oxydes céroso-cérique, lanthanique et didymique doit être traité pour que le cérium soit débarrassé de ses deux congénères. Il reste à exposer la marche à suivre pour séparer ces deux derniers l'un de l'autre.

Après leur avoir enlevé la magnésie, les alcalis, etc., qu'ils pourraient contenir, il faut amener les oxydes de lanthane et de didyme à l'état de nitrates, s'ils ne le sont déjà; calciner fortement ceux-ci et reprendre le résidu par de l'acide nitrique étendu d'au moins 200 fois son poids d'eau. Ce traitement a pour but d'éliminer une petite quantité de cérium qui aurait pu demeurer avec le lanthane et le didyme.

Le mélange des deux nitrates en solution très-étendue est ensuite concentré et transformé en sulfate. Le procédé de Mosander pour la séparation des deux oxydes repose sur la différence de solubilité de leurs sulfates à diverses températures. Tous deux sont très-solubles dans l'eau à 5° ou 6° et se précipitent en grande partie par une plus forte chaleur. Mais le sulfate de lanthane se précipite déjà d'une dissolution concentrée à une température inférieure à 30°, tandis que le sulfate de didyme reste alors presque en entier dans la liqueur et ne s'en sépare que sous l'influence d'une chaleur plus forte.

Il faut donc calciner au rouge sombre les sulfates mélangés pour les rendre anhydres, les pulvériser, puis les projeter peu à peu dans cinq à six fois leur poids d'eau, en ayant soin d'agiter continuellement le liquide, et de le maintenir plongé dans de l'eau à 0° pour éviter l'élévation considérable de température qui résulterait sans cela de l'hydratation des sels. La dissolution est ensuite filtrée, puis abandonnée pendant quelques heures à une température de 30° à 35° environ. Le sulfate lanthanique se précipite en petits cristaux incolores, que recouvre la dissolution rose du sulfate de didyme. La purification des cristaux sera indiquée à l'article Lanthane.

La liqueur didymique, soumise à une évaporation lente, à une température de 50° environ, donne naissance à des cristaux assez gros, d'un rose vif, de sulfate de didyme, mélangés d'une grande quantité de petits cristaux d'un rose plus clair, probablement plus souillés de lanthane. Il faut trier avec soin les cristaux les mieux caractérisés par leur forme et leur couleur, puis répéter un grand nombre de fois cette séparation par cristallisation. Ici, la patience et la quantité de matières sont indispensables. On peut espérer qu'à chaque cristallisation on obtient un produit plus pur, mais on n'a aucun moyen de constater cette pureté.

Marignac, à qui j'ai emprunté ce qui précède, a trouvé qu'il y a toujours de l'avantage, avant de procéder à la séparation des sulfates de lanthane et de didyme par cristallisation, à opérer une première séparation, très-imparfaite, il est vrai, de leurs oxydes en les dissolvant dans un assez grand excès d'acide azotique, et en déterminant plusieurs précipitations successives, dans cette dissolution, au moyen de l'acide oxalique. Les premiers précipités sont beaucoup plus colorés en rose et plus riches en didyme que les derniers : dès lors la séparation des sulfates s'exécute bien plus rapidement lorsque l'un des oxydes est déjà en grand excès par rapport à l'autre.

Les deux traitements suivants peuvent être utilement appliqués à un mélange où les deux oxydes sont dans des proportions relatives telles, que la cristallisation des sulfates ne donne plus aucun résultat.

Si, après avoir fortement calciné les oxydes, on les laisse en contact pendant fort longtemps avec une très-grande masse d'eau contenant une quantité d'acide nitrique insuffisante pour les dissoudre en totalité, on obtient une dissolution fort peu colorée, riche en lanthane, tandis que le didyme demeure pour la plus grande partie dans le résidu.

Le mélange des oxalates, obtenu en précipitant le sulfate lanthano-didymique par l'acide oxalique, peut se dissoudre dans une grande quantité d'acide chlorhydrique étendu de son volume d'eau; les sels dissous se précipiteront ensuite par l'évaporation de la liqueur; mais on observe alors que les premiers dépôts sont plus colorés en rose que les derniers, en sorte qu'en les fractionnant on peut obtenir un mélange riche en oxyde de didyme et un autre riche en oxyde de lanthane.

Ces deux procédés servent donc à obtenir des mélanges plus riches en oxyde de didyme et susceptibles d'être purifiés par la transformation en sulfate et la cristallisation [Marignac, *Bibl. univ. de Genève*, 1848-1849, et *Ann. de Chim. et de Phys.*, (3), t. XXXVIII, p. 148].

Damour et Deville [*Bull. de la Soc. chim.*, 1864, t. I, p. 339] ont suivi une méthode qui ne donne pas des résultats bien exacts, mais qui peut s'appliquer à de petites quantités de matière: ces chimistes ont dissous les oxydes de lanthane et de didyme dans l'acide nitrique, et évaporé à sec les azotates dans une capsule à fond plat. En exposant ce vase pendant quelques minutes à 400° ou 500°, la masse saline s'est fondue en dégageant des vapeurs nitreuses. La capsule ayant été retirée du feu avant que la décomposition fût complète, ils y ont versé de l'eau chaude. Une portion de la matière s'est dissoute, une autre partie est demeurée en flocons insolubles (sous-azotate de didyme). Ils ont laissé reposer pendant quelques heures, puis fait bouillir et filtrer. Après cette filtration, la liqueur présentait encore une faible teinte rose; il a fallu réitérer trois fois les mêmes opérations avant d'obtenir une liqueur incolore renfermant le nitrate de lanthane séparé du sous-sel didymique. Ce dernier, étant ensuite calciné, a laissé de l'oxyde de didyme. Cette méthode est fondée sur ce fait que le nitrate de didyme se décompose avant celui de lanthane et laisse un composé insoluble dont la formule est

$$4DiO, Az^2O^5 + 5H^2O.$$

Il faut éviter de chauffer trop fort le fond de la capsule contenant le mélange des deux sels et ne pas opérer sur de trop grandes quantités de matière.

On obtient ainsi un oxyde de didyme qui est encore lanthanifère, car son poids présente un excès de 5 à 6 %. L'oxyde de lanthane, à son tour, retient un peu de didyme, car, comme je m'en suis assuré, il n'a pas une couleur parfaitement blanche et ses dissolutions montrent au spectroscope les bandes d'absorption caractéristiques du didyme.

Hermann [*Journ. für prakt. Chem.*, t. LXXXII, p. 385] suit une méthode qui consiste à employer d'abord la séparation des sulfates par cristallisation de la manière que voici : Une solution concentrée des deux sels, préparée à froid, laisse déposer, lorsqu'on la chauffe, le sel de lanthane, comme il a été dit plus haut; la liqueur surnageante est ensuite évaporée à sec à la température ordinaire. En traitant par l'eau froide le mélange des cristaux, on dissout principalement le sulfate de didyme. En évaporant de nouveau la dissolution et en la traitant à plusieurs reprises de la même manière, on finit par obtenir séparément le sel didymique assez pur.

Pour achever la purification, on dissout le sel dans l'eau; on en précipite une partie par l'ammoniaque, on lave le précipité et on le mélange, encore humide, avec le reste de la solution; on laisse enfin digérer à une douce chaleur pendant plusieurs jours, en agitant fréquemment. Le précipité consistait en sous-sulfate de didyme et en sous-sulfate de lanthane; ce dernier, se redissolvant dans la liqueur, déplace une quantité équivalente de sous-sulfate de didyme qui s'ajoute à celui du précipité, lequel, d'après l'auteur, ne renferme plus que du sel didymique pur, dont il est facile de retirer ensuite l'oxyde.

Je ne suis pas certain que le produit obtenu par Hermann fût réellement aussi complétement débarrassé de lanthane que ce chimiste le pense; du moins, le poids atomique auquel ses matériaux l'ont conduit est-il un peu plus bas que celui de Marignac, dont j'ai eu l'occasion de contrôler les résultats au moyen d'un oxyde purifié avec le plus grand soin.

DIDYME MÉTALLIQUE. — Ce corps est très-peu connu; les seules données que nous possédions sur lui sont dues à Marignac.

Ce chimiste a préparé le didyme en chauffant dans un tube de porcelaine, fermé à l'une de ses extrémités, du potassium avec un excès de chlorure didymique préalablement fondu avec du sel ammoniac. La matière était scoriacée plutôt que fondue; bien que la calcination eût été assez forte, elle a laissé dissoudre du chlorure de potassium et du chlorure de didyme; il est resté une matière pulvérulente grisâtre, d'où se dégageait continuellement de l'hydrogène. C'était un mélange d'une poudre grise métallique et d'un poudre cristalline, probablement d'oxychlorure didymique; cette dernière ne se laisse pas complétement séparer par lévigation. Quand on la projette dans la flamme d'une lampe à alcool, poudre métallique produit de vives étincelles.

Il s'est trouvé dans un essai deux petites grenailles métalliques qui avaient probablement fondu au moment de la réaction; leur couleur était d'un gris de fer, avec un éclat assez vif dans la cassure, mais se ternissant bientôt; elles s'aplatissaient un peu sous le marteau, mais se brisaient ensuite en fragments. Un de ces fragments chauffé au chalumeau sur un charbon ne s'est pas fondu, mais, au bout de peu de temps, il s'est converti en une masse friable d'oxyde, sans avoir offert aucun phénomène particulier de combustion. Au contact de l'eau, ces fragments n'ont pas paru la décomposer sensiblement à froid; cependant le lendemain ils s'étaient convertis en une masse floconneuse d'oxyde.

D'après ce qui précède, le didyme paraît décomposer l'eau à froid quand il est pulvérulent, mais non lorsqu'il a été fondu; en tout cas, l'addition d'un acide détermine immédiatement un vif dégagement d'hydrogène.

Poids atomique du didyme. — Le poids atomique du didyme a été déterminé par Marignac et par Hermann.

Le premier de ces chimistes a déduit le nombre 598,2 de cinq analyses du sulfate anhydre, lequel s'est trouvé renfermer en moyenne 58,27 % d'oxyde; trois expériences faites sur le chlorure ont donné le nombre 600,2. On peut donc adopter les nombres 600 (O=100) ou 96 (H=1. O=16) pour le poids atomique du didyme. Hermann, opérant aussi sur le sulfate et sur le chlorure de didyme, a trouvé seulement 95 pour le poids atomique de ce métal. La différence est faible; toutefois j'ai lieu de croire le nombre de Marignac plus exact.

Protoxyde de didyme, DiO. — On l'obtient facilement par la calcination de l'oxalate, de l'azotate, du carbonate ou de l'hydrate. Il n'est brun que lorsqu'il est en partie suroxydé; par une forte calcination, il devient tout à fait blanc. L'hydrogène est sans action sur lui au rouge et n'altère en rien sa blancheur; une fois qu'il a été ramené par la calcination à l'état de protoxyde pur, il ne se suroxyde pas et ne brunit pas par une calcination modérée à l'air, ni même par la fusion avec du nitre; mais si l'on ajoute de l'acide nitrique et que l'on calcine de nouveau modérément, il prend une couleur brun foncé qui disparaît à une température plus élevée.

Le protoxyde de didyme est une base très-énergique, quoique un peu plus faible que l'oxyde de lanthane; même après une très-forte calcination, il se dissout avec la plus grande facilité dans les acides les plus étendus, avec une élévation de température considérable et sans dégager aucun gaz. Il se dissout aussi dans les sels ammoniacaux, à froid comme à chaud, en en chassant l'ammoniaque. Il attire assez rapidement l'acide carbonique de l'air; il s'hydrate dans l'eau chaude; toutefois la conversion n'est complète qu'au bout de deux ou trois jours (Marignac, Mosander); sa densité est de 6,64 (Hermann). — Pour l'oxyde de didyme cristallisé, voir **Borate de didyme**.

L'hydrate de protoxyde de didyme, précipité d'une dissolution de chlorure par un alcali en excès, est gélatineux et ressemble à de l'alumine, mais avec une teinte rose très-pâle. Il retient toujours une petite quantité de sous-sel; il se contracte beaucoup par la dessiccation et devient d'un gris rose. Desséché à 100°, il retient une molécule d'eau qui se dégage par une bonne calcination; sa formule est donc DiO, H^2O. Cet hydrate attire l'acide carbonique de l'air pendant les lavages et la dessiccation.

Suroxyde de didyme. — Comme on l'a dit plus haut, l'oxyde de didyme qui n'a pas été soumis à une calcination trop forte offre une couleur d'un brun rougeâtre plus ou moins foncé; il est alors suroxydé et ne se dissout dans les acides oxygénés qu'en perdant de l'oxygène, et dans l'acide chlorhydrique qu'en dégageant du chlore. Du reste, il se dissout encore à cet état dans les acides les plus étendus, attire l'acide carbonique de l'air et chasse l'ammoniaque de ses sels comme le protoxyde. Il se convertit aussi, mais plus lentement, en hydrate par l'ébullition avec de l'eau.

On peut l'obtenir en grillant l'oxalate ou le carbonate de didyme; mais alors il retient toujours de l'acide carbonique. Il vaut mieux recourir à la décomposition du nitrate. La composition de ce suroxyde n'est pas constante; cependant, sur quatre analyses, trois ont donné à Marignac un excès d'oxygène de 0,51 °/₀ en moyenne, ce qui conduit à peu près à la formule $Di^{28}O^{29}$. Hermann admet, d'après ses recherches, la formule $Di^{32}O^{33}$. On n'a pas pu arriver à une suroxydation plus avancée. Il est donc probable qu'on a eu affaire à un mélange de suroxyde de didyme avec un grand excès d'oxyde.

Le suroxyde de didyme est si facilement attaqué par les acides étendus que, lorsqu'il est souillé de carbonate, c'est celui-ci qui se dissout le dernier.

Chlorure de didyme, $DiCl^2 + 4H^2O$. — La dissolution de l'oxyde de didyme dans l'acide chlorhydrique est colorée en rose pur. Lorsqu'elle a été suffisamment concentrée par la chaleur, elle laisse déposer en se refroidissant des cristaux roses quelquefois assez gros, déliquescents, en prismes clinorhombiques dont les angles sont $m : m = 78°$, $p : m = 92°$. Ils sont très-solubles dans l'eau et dans l'alcool. La dissolution aqueuse de ce chlorure ne supporte pas l'évaporation à sec sans qu'il se dégage de l'acide chlorhydrique; la masse reprise par l'eau laisse un résidu blanc d'oxychlorure.

Le chlorure anhydre s'obtient en desséchant et en calcinant la dissolution du composé précédent avec un grand excès de sel ammoniac, à l'abri de l'air. C'est une masse rose fibro-cristalline, déliquescente, et qui contient toujours une quantité variable d'oxychlorure blanc cristallin, en lamelles nacrées. On peut diminuer beaucoup la proportion d'oxychlorure en chauffant le chlorure dans un courant d'acide chlorhydrique.

Oxychlorure de didyme. — Celui qui se forme par l'évaporation à siccité du chlorure est une poudre blanche dont la composition n'est pas constante, probablement par suite de la présence d'une petite quantité d'oxyde à l'état de mélange. Lorsqu'il a été longtemps exposé à l'air, cet oxychlorure acquiert la propriété de se dissoudre avec effervescence dans les acides, ce qui prouve qu'il a absorbé de l'acide carbonique. Il ne perd pas d'eau à 100°; mais, par la calcination, son poids diminue de 10 à 11 °/₀. Une calcination prolongée au contact de l'air ne paraît pas en chasser du chlore, et elle n'y détermine pas de coloration en brun. L'analyse conduit assez bien à la formule

$$DiCl^2 + 2DiO + 3H^2O.$$

Chlorure didymo-mercurique,

$$DiCl^2 + 3HgCl^2 + 8H^2O.$$

— Obtenu en concentrant une dissolution qui renfermait du chlorure de didyme et du bichlorure de mercure. Cubes rose pâle, très-solubles, un peu déliquescents, possédant la réfraction simple [Marignac, *Ann. des Mines*, (5), t. XV, p. 273].

Fluorure de didyme. — Le fluorure de sodium donne avec les dissolutions didymiques un précipité insoluble dans l'eau, très-peu soluble dans l'acide chlorhydrique (Hermann).

Fluosilicate de didyme. — Ce sel n'a pas pu être obtenu. Soit par l'action de l'acide fluosilicique sur l'oxyde de didyme, soit par celle du fluosilicate de zinc sur le sulfate didymique, il se forme un produit insoluble essentiellement composé de fluorure de didyme mêlé d'un peu de silice (Marignac).

Sulfure de didyme, DiS. — Il a été préparé en faisant passer de la vapeur de sulfure de carbone, entraînée par un courant d'hydrogène, sur l'oxyde de didyme chauffé au rouge dans un tube de porcelaine. Ce sulfure ne fond pas; il est pulvérulent, d'un vert brunâtre clair, insoluble dans l'eau, soluble dans les acides même très-étendus avec dégagement d'hydrogène sulfuré. Humecté d'eau, il exhale l'odeur de ce dernier gaz, sans cependant en dégager des bulles quand on le recouvre d'eau. Chauffé sur une lame de platine, il entre en ignition comme le protoxyde d'étain, et se convertit en oxyde mêlé de sous-sulfate.

Oxysulfure de didyme, DiS, 2DiO. — Si l'on calcine l'oxyde de didyme avec du carbonate de soude et du soufre en excès, et si l'on reprend par l'eau la masse fondue, il reste un résidu insoluble, d'un blanc grisâtre, qui, après dessiccation dans le vide, ne perd rien de son poids par la calcination dans l'hydrogène.

Ce résidu est un oxysulfure soluble sans résidu dans l'acide chlorhydrique étendu, avec un faible dégagement d'hydrogène sulfuré; il est un peu plus lentement attaqué que l'oxyde de didyme et ne semble point être séparé par ce traitement, en deux parties qui ne se dissoudraient que successivement.

Carbure de didyme. — L'oxalate ou le formiate de didyme, calciné en vase clos ou dans un courant d'hydrogène pur et sec, se transforme en une poudre noirâtre à laquelle les acides étendus enlèvent de l'oxyde de didyme en laissant un carbure dont les propriétés sont sensiblement les mêmes que celles du carbure de cérium.

OXYSELS DE DIDYME. — NITRATE DE DIDYME, $(AzO^3)^3Di + x H^2O$. — Ce sel est excessivement soluble dans l'eau. Sa dissolution, d'un rose pur quand elle est étendue, prend par la concentration des reflets violacés. Une dissolution sirupeuse se prend par le refroidissement en une masse cristalline, mais trop imprégnée d'eau mère et trop déliquescente pour que l'on ait pu en déterminer l'eau de cristallisation.

Le nitrate de didyme perd difficilement son eau et ne devient anhydre qu'en subissant la fusion ignée au delà de 300°. Si on l'a chauffé ainsi avec beaucoup de précaution, il n'a pas encore subi de décomposition, et peut ensuite se redissoudre entièrement dans l'eau; il renferme alors 50,0 % d'oxyde de didyme. Lorsqu'il est anhydre, il se dissout dans l'alcool à 96 % aussi bien que dans l'eau; on peut même ajouter beaucoup d'éther à cette dissolution sans qu'elle se trouble. Cependant il ne se dissout pas dans l'éther seul.

Si, après l'avoir fondu, on élève encore la température, le nitrate se décompose en dégageant d'abondantes vapeurs d'acide hypoazotique. Bientôt il devient pâteux, se boursoufle et laisse une masse blanche poreuse et légère qui se convertit plus tard en suroxyde brun.

Si l'on traite la matière par l'eau, lorsqu'elle n'a subi qu'un commencement de décomposition, il se dissout du nitrate neutre et il reste un résidu insoluble, blanc rosé. Ce résidu contient de l'acide nitrique sans acide nitreux, comme il est facile de s'en assurer en le traitant par l'acide sulfurique; sa formule est $4DiO + Az^2O^5 + 5H^2O$. C'est sur la production de ce sous-nitrate que Deville et Damour ont fondé leur procédé de séparation du lanthane et du didyme.

BROMATE DE DIDYME, $(BrO^3)^2Di + 6H^2O$.— Prismes hexagonaux réguliers roses, terminés par une pyramide à six faces; ils présentent un clivage très-net suivant la base, et un seul axe de double réfraction parallèle à l'axe; l'angle de m sur b^1 (face de la pyramide) est de 123°30'. Ce sel est aisément soluble dans l'eau. Il fond au-dessous de 100° et perd de l'eau, mais il ne laisse pas dégager toute celle qu'il renferme. Il se prépare par double décomposition au moyen du sulfate de didyme et du bromate de baryte [Marignac, *Ann. des Mines*, (5), t. XV, p. 273].

SULFATE DE DIDYME, $(SO^4Di)^3 + 8H^2O$.—Le sulfate de didyme est d'un rose pur et assez foncé. Il cristallise très-facilement, en cristaux très-brillants et quelquefois assez volumineux. La forme appartient au prisme clinorhombique. Il perd toute son eau avant 200° et il ne s'effleurit pas à l'air. Quand il a cristallisé à la température ordinaire, il renferme 2 atomes et 2/3 d'eau tout comme les sulfates d'yttria, d'erbine, de terbine et de cadmium, avec lesquels il est isomorphe. Quand il s'est déposé à la température de l'ébullition, il constitue un précipité cristallin à deux molécules d'eau.

Le sulfate de didyme résiste bien au rouge sombre, mais au blanc il se décompose. Après une violente calcination d'une heure dans un feu de charbon, on obtient un sous-sel $3DiO, SO^3$ d'un blanc mat, complétement insoluble dans l'eau même bouillante, difficilement soluble dans l'acide chlorhydrique étendu et chaud, se dissolvant bien dans les acides concentrés. Si la calcination a été moins forte, le résidu se dédouble sous l'influence de l'eau en sel neutre et en tribasique.

Hermann a obtenu un hydrate,

$$3DiO + SO^3 + 8H^2O,$$

en précipitant le sulfate neutre par l'ammoniaque caustique; c'est un dépôt rose-rouge, bleuâtre, qui se dessèche en morceaux roses à cassure terreuse.

Sulfate ammonico-didymique,

$$SO^4Am^2, 3SO^4Di + H^2O.$$

— Lorsqu'on mêle deux dissolutions de sulfate didymique et de sulfate ammonique, il se forme au bout d'un temps plus ou moins long, suivant leur degré de concentration, un précipité cristallin d'un rose pâle, soluble dans dix-huit fois son poids d'eau, un peu moins soluble dans une dissolution saturée de sulfate d'ammoniaque. La calcination au rouge sombre le convertit en sulfate de didyme. Ce sel double perd 6 molécules d'eau à 100°.

Sulfate sodico-didymique,

$$SO^4Na^2, 3SO^4Di + H^2O.$$

— Le mélange de sulfate de didyme avec celui de soude donne lieu, presque immédiatement, à un précipité pulvérulent, d'un blanc rosé, qui exige, pour se dissoudre, 200 fois son poids d'eau; il est encore moins soluble dans une eau chargée de sulfate de soude; il renferme une quantité d'eau variable, comprise entre 5 et 10 %, suivant la température à laquelle il s'est formé.

Sulfate didymo-potassique,

$$SO^4K^2, 3SO^4Di + H^2O.$$

— Le sel double, qui tend le plus à se former quand on mêle des solutions de sulfate de didyme et de sulfate de potasse, renferme 3 molécules du premier pour une du second. Ce sel constitue une poudre grenue, cristalline, blanche ou rosée, soluble dans 63 fois son poids d'eau. Il existe d'autres produits moins riches en didyme, mais qui perdent du sulfate de potasse par des lavages à l'eau bouillante.

SULFITE DE DIDYME, $SO^3Di + H^2O$. — L'oxyde de didyme fortement calciné, mis en suspension dans l'eau, est dissous facilement par un courant d'acide sulfureux. La dissolution est d'un rose pur. Dès qu'on la chauffe, elle se trouble abondamment en formant un précipité très-léger et volumineux, qui se dissout par le refroidissement de la liqueur. Mais si on la porte à l'ébullition de manière à chasser l'excès d'acide sulfureux, le précipité devient pulvérulent, d'un blanc rosé, et ne se redissout plus par le refroidissement. La liqueur ne retient plus que des traces de didyme. En présence de l'eau, le chlore transforme facilement le sulfite de didyme en sulfate. Par la calcination, ce sel perd de l'acide sulfureux et laisse un mélange d'oxyde de didyme avec un peu de sous-sulfate.

SÉLÉNIATE DE DIDYME, $SeO^4Di + 4H^2O$. — J'ai obtenu ce sel en dissolvant l'oxyde dans l'acide sélénique. Par l'évaporation dans le vide, la liqueur presque sirupeuse a laissé déposer des cristaux assez gros, semblables à ceux du sulfate, mais qui n'ont pas été analysés. A l'air libre, la dissolution de séléniate de didyme abandonne de petites aiguilles d'un rose pâle, soyeuses, disposées en houppes et qui renferment 4 molécules d'eau. Ce sel paraît plus soluble à froid qu'à chaud.

PHOSPHATE DE DIDYME, $(PhO^4)^2Di^3 + H^2O$.—Une dissolution concentrée d'acide phosphorique ne précipite pas immédiatement une dissolution concentrée de nitrate de didyme; mais, au bout d'une heure ou deux, il s'y forme un précipité blanc pulvérulent. L'addition d'une grande quantité d'eau détermine immédiatement ce précipité; l'ébullition de la liqueur rend aussi sa formation plus rapide. La majeure partie de l'oxyde de didyme finit par être entraînée dans le précipité, lequel est insoluble dans l'eau, peu soluble dans les acides étendus, mais se dissout bien dans les acides forts et concentrés. Ce phosphate ne perd pas son eau à 100°.

ARSÉNIATE DE DIDYME,

$$As^4O^{15}Di^8 + H^2O = 5DiO + 2As^2O^5 + H^2O.$$

— L'acide arsénique ne précipite pas à froid les dissolutions de didyme, même après un temps assez long. Mais si l'on porte la liqueur à l'ébullition, il s'y forme un abondant précipité, et il reste fort peu d'oxyde de didyme en dissolution. L'arséniate neutre de potasse précipite immédiatement à froid les sels didymiques. L'arséniate préparé par ces deux procédés présente la même composition. Seulement, quand il s'est précipité par l'ébullition, il est pulvérulent et demeure tel par la dessiccation ; précipité à froid, il est un peu gélatineux et conserve, après dessiccation, une certaine transparence et une couleur rose. Il est peu soluble dans les acides étendus; il se décompose peu à peu par le grillage après avoir perdu son eau. Quoique la composition de l'arséniate de didyme soit anormale, elle a été établie par cinq analyses faites sur des produits obtenus dans des conditions variées.

CARBONATE DE DIDYME, $CO^3Di + H^2O$. — Les carbonates et les bicarbonates alcalins produisent dans les sels de didyme des précipités volumineux, d'un blanc rosé, complétement insolubles dans un excès de ces réactifs et qui n'ont jamais pris, même par un séjour prolongé dans le liquide où ils se sont formés, l'aspect nacré et lamellaire des carbonates de cérium et de lanthane. Ce sel perd à 100° un peu plus de la moitié de son eau et un peu d'acide carbonique.

BORATE DE DIDYME. — Nordenskiöld (*Poggend. Ann.*, t. CXIV, p. 612) a fait fondre de l'oxyde de didyme avec du borax dans un four à porcelaine. La masse lessivée a laissé des prismes striés, passablement gros, d'un rouge de framboise, dont le poids spécifique était de 5,825 à + 14°C, et qui renfermaient 90,9 °/₀ d'oxyde de didyme, ce qui conduit à la formule $BO^9Di^6 = 6DiO, BO^3$. Le produit obtenu dans une autre expérience renfermait 87 °/₀ d'oxyde de didyme et consistait en une poudre cristalline d'un rouge grisâtre.

CARACTÈRES DES SELS DE DIDYME. — Les sels didymiques sont généralement colorés d'une teinte rose pur comme le sulfate, ou un peu violacée comme l'azotate en dissolution concentrée. Leur saveur est sucrée et astringente.

Les *alcalis caustiques* en excès en précipitent un hydrate gélatineux qui retient toujours un peu de sel basique et qui est insoluble dans un excès de réactif.

Les *carbonates neutres* et les *bicarbonates alcalins* précipitent du carbonate de didyme complétement insoluble dans un excès de réactif.

Le *sulfure d'ammonium* donne un précipité blanc d'oxyde hydraté.

Le *carbonate de baryte* précipite lentement, mais complétement, l'oxyde de didyme de ses sels, même à froid.

L'*oxalate d'ammoniaque* donne un précipité pulvérulent; si les liqueurs sont neutres, il ne reste pas de didyme en dissolution.

L'*acide oxalique* donne immédiatement un précipité blanc qui contient presque tout le didyme, si la liqueur ne renferme pas un grand excès d'un acide fort.

Les *sulfates de potasse, de soude* et *d'ammoniaque* forment immédiatement, dans des dissolutions concentrées, ou au bout de quelque temps dans des liqueurs étendues, des précipités de sulfates doubles, d'un blanc rosé, peu solubles dans l'eau, moins encore dans un excès de ces réactifs, sans y être cependant tout à fait insolubles : le sel didymo-sodique est le moins soluble des trois.

Les *acides phosphorique* et *arsénique* déterminent à l'aide de l'ébullition, dans les sels de didyme, des précipités peu solubles dans les acides.

Au chalumeau, l'oxyde de didyme communique au borax et au sel de phosphore une teinte rose très-pâle, comme celle produite par une très-petite quantité d'oxyde de manganèse. Il ne colore pas le carbonate de soude.

Les dissolutions de didyme, interposées sur le chemin d'un rayon lumineux capable de produire un spectre continu complet, montrent au spectroscope un spectre d'absorption remarquable par la beauté de ses bandes et de ses raies, au nombre d'une dizaine, les unes assez larges, les autres au contraire très-étroites. Ce spectre d'absorption a été figuré par Bunsen [*Ann. de Chim. et de Phys.*, (4), t. IX]. Étant donnée une échelle dans laquelle A de Fraunhofer soit à la 18ᵉ division, D à la 50ᵉ et F à la 80ᵉ, voici la position des principales bandes du spectre d'absorption du didyme :

$$\alpha = 49\text{-}56,\ \beta = 71\text{-}75,\ \delta = 27\text{-}31,\ \gamma = 91\text{-}93,$$
$$\beta' = 76\text{-}80.$$

Les autres occupent les divisions 21-23, 30-31, 41-42, 68-69, 96, 98-101, 114-119. Les bandes α, β, β', γ persistent le plus longtemps par la dilution. — Voyez la planche coloriée jointe à l'article ANALYSE SPECTRALE.

Bunsen [*Ann. der Chem. u. Pharm.*, t. CXXXI, p. 255] a aussi imaginé la jolie expérience suivante : En fondant une petite quantité d'oxyde didymique avec du sel de phosphore de manière à obtenir un verre transparent, améthyste, exempt de bulles, et en plaçant ce verre devant la fente du spectroscope, on constate l'apparition du spectre obscur. Si l'on prend comme source de lumière un fil de platine incandescent, de l'épaisseur d'un cheveu, dont on projette l'image sur la fente au moyen d'une lentille à court foyer, on verra les plus fortes bandes d'absorption du didyme, et en particulier Diα, devenir d'une netteté parfaite.

En chauffant graduellement le verre de didyme retenu dans une spirale de platine, au moyen d'une flamme obscure placée au-dessous, on voit que, aussi longtemps que le point d'incandescence n'a pas été atteint, la raie Diα s'élargit et devient de plus en plus obscure, puis, à partir du rouge vif, elle disparaît totalement; en éloignant alors le fil de platine servant de source de lumière, on observe à la place de Diα noire une bande semblable, mais lumineuse, sur un fond sombre. Des indices d'une inversion semblable peuvent être observés aussi pour les autres lignes du didyme.

Le spectre d'absorption des dissolutions didymiques a été découvert par Gladstone.

DOSAGE DU DIDYME. — Le didyme se dose dans ses sels, à l'état d'oxyde : la liqueur suffisamment étendue et exempte d'acide libre en grand excès est précipitée par l'acide oxalique; l'oxalate de didyme lavé, séché et fortement calciné laisse l'oxyde pur. La précipitation par les alcalis caustiques et surtout par l'ammoniaque donne des résultats moins exacts par suite de la formation de sels basiques.

On peut doser approximativement la quantité d'oxyde de didyme contenue dans un mélange, en pesant un décigramme de celui-ci, par exemple, le dissolvant dans un acide, plaçant la dissolution très-concentrée dans un tube à réaction, et recherchant jusqu'à quel volume il faut l'étendre d'eau pour qu'elle montre un spectre d'absorption identique en intensité à celui d'une liqueur contenant un décigramme d'oxyde de didyme pur par chaque 10 centimètres cubes, et placée dans un tube du même diamètre devant le même spectroscope. Il est facile ensuite d'établir une proportion pour calculer la quantité de didyme contenue dans le mélange, puisqu'il faudra d'autant moins étendre d'eau que la quantité de didyme sera plus faible (Bunsen).

Séparation du didyme et des oxydes alcalins

ou des *terres alcalines* (chaux, etc.). — Cette séparation s'effectue au moyen de l'ammoniaque caustique exempte d'acide carbonique, si la liqueur renferme des bases précipitables par l'acide oxalique; dans le cas contraire, il faut avoir recours à l'acide oxalique, en prenant garde de ne pas employer un excès de ce réactif en présence des alcalis, pour éviter la formation d'oxalates doubles insolubles.

L'oxyde de didyme se sépare de la *glucine* et de l'*alumine* au moyen de l'acide oxalique, et de la plupart des *oxydes métalliques* par l'emploi du sulfate de potasse ou de celui de soude, de la manière qui a été dite à l'article *cérium*. M. D.

DIÉTHACÉTIQUE (ACIDE). — Voyez ACIDE CAPROÏQUE, p. 735.

DIÉTHOXALIQUE (ACIDE), $C^6H^{12}O^6$ [Frankland, *Bull. de la Soc. chim.*, 1863, p. 70; — Frankland et Duppa, *Ann. der Chem. u. Pharm.*, t. CXXXV, p. 25, et *Bull. de la Soc. chim.*, 1866, t. VI, p. 139; — Geuther et Wackenroder, *Zeits. für Chem.*, nouv. sér., t. III, p. 705, et *Bull. de la Soc. chim.*, 1868, t. X, p. 34]. — Lorsqu'on ajoute de l'éther oxalique à un peu plus de son poids de zinc-éthyle, il y a une vive réaction et production d'éthylène et d'hydrure d'éthyle; on complète la réaction en chauffant doucement. En ajoutant de l'eau au résidu et distillant au bain de sable, on obtient un corps oléagineux, qui, séché et rectifié, bout à 174-176°. Ce corps renferme $C^8H^{16}O^3$; c'est un éther éthylique, qui, saponifié, fournit un acide $C^6H^{12}O^3$. Frankland avait appelé acide leucique (ou acide diéthoxalique) ce corps dont il représente la constitution par la formule

$$\begin{matrix} C(C^2H^5)^2OH \\ |\\ CO,OH, \end{matrix}$$

ce qui en fait de l'acide oxalique dont 1 atome d'oxygène est remplacé par 2 groupes *éthyle*. Tout en lui donnant le nom d'*acide leucique*, Frankland avait réservé la question d'identité de cet acide avec l'acide leucique que fournit la leucine. Geuther et Wackenroder ont montré que l'acide diéthoxalique se différencie par ses propriétés de l'acide leucique. — Voyez ce mot.

ACIDE DIÉTHOXALIQUE. — On l'obtient en saponifiant l'éther préparé, comme nous l'avons dit, par l'action du zinc-éthyle sur l'oxalate d'éthyle. Il est solide, cristallisé, fusible à 74°,5 et soluble dans 2 p. 85 d'eau à 17°. Il se dissout facilement dans l'alcool et dans l'éther. C'est un acide énergique, qui rougit le papier de tournesol et donne des sels bien définis, solubles dans l'eau.

Traité par le perchlorure de phosphore, qui réagit très-difficilement, il donne de l'acide chlorhydrique, de l'oxychlorure de phosphore et un liquide oléagineux qui, décomposé par l'eau, régénère l'acide diéthoxalique et est probablement le chlorure $C^6H^{11}O^2Cl$. Si l'on distille le produit de la réaction, il passe un corps qui, additionné d'eau, se prend en cristaux dont le point de fusion est à 41°,5; ce corps paraît être l'acide éthylcrotonique $C^6H^{10}O^2$, obtenu également dans l'action de l'acide chlorhydrique ou du perchlorure de phosphore sur le diéthoxalate d'éthyle (Geuther et Wackenroder).

DIÉTHOXALATE D'AMMONIUM. — Il cristallise en larges lames incolores; son isomère, le leucate correspondant, est sirupeux et incristallisable (Geuther et Wackenroder).

DIÉTHOXALATE D'ARGENT. — Suivant Geuther et Wackenroder, il renferme 1 molécule d'eau, qu'il ne perd pas à 100°. Suivant Frankland et Duppa, lorsqu'on saponifie le diéthoxalate de méthyle (voir plus bas sa préparation), l'acide qu'on obtient fournit un sel d'argent formé de cristaux soyeux, adhérents aux parois du vase où ils se produisent, anhydres, inaltérables à 100°. L'acide préparé par saponification du diéthoxalate d'éthyle donne un sel d'argent, cristallisant en aiguilles brillantes, non adhérentes aux parois, renfermant 1 ou 2 molécules d'eau qu'elles ne perdent pas à 100° et devenant rapidement opaques à cette température. Le leucate d'argent est anhydre.

DIÉTHOXALATE DE BARYUM, $(C^6H^{11}O^3)^2Ba$ (à 100°). — Il est cristallisé; on l'a obtenu en saponifiant le diéthoxalate d'éthyle par la baryte (Frankland et Duppa).

DIÉTHOXALATE DE CUIVRE. — Il est soluble et forme une masse incristallisable. Le leucate est peu soluble et est en flocons verts ou en cristaux grenus (Geuther et Wackenroder).

DIÉTHOXALATE DE ZINC. — Il est en écailles nacrées moins solubles que le leucate de zinc (Frankland et Duppa); en aiguilles blanches, groupées concentriquement, ne perdant pas d'eau à 100° ni à 125°, plus solubles dans l'eau à froid qu'à chaud, presque insolubles dans l'alcool absolu (Geuther et Wakenroder). Le leucate de zinc se dissout dans l'alcool bouillant; il perd toute son eau de cristallisation à 120°.

ÉTHERS DIÉTHOXALIQUES. — DIÉTHOXALATE D'AMYLE, $C^6H^{11}O^2,OC^5H^{11}$ [Frankland et Duppa, *Ann. der Chem. u. Pharm.*, t. CXLII, p. 1, et *Bull. de la Soc. chim.*, 1868, t. X, p. 401]. — Il se forme lorsqu'on met en digestion des quantités équivalentes d'oxalate d'amyle et d'iodure d'éthyle avec un excès de zinc granulé à une température comprise entre 50° et 60°; après quelque temps, on ajoute de l'eau, on distille, et on recueille un liquide huileux qui, distillé, fournit de l'alcool amylique et du diéthoxalate d'amyle.

Le *diéthoxalate d'amyle* est liquide, huileux, incolore, transparent, d'une odeur agréable, insoluble dans l'eau, miscible en toutes proportions avec l'alcool et l'éther. Il bout à 225°; sa densité est de 0,93227 à 13°.

DIÉTHOXALATE D'ÉTHYLE, $C^6H^{11}O^2,OC^2H^5$ [Frankland, *Bull. de la Soc. chim.*, 1863, p. 71]. — Nous avons dit en commençant comment on l'a obtenu par l'action du zinc-éthyle sur l'éther oxalique.

C'est un liquide incolore, transparent, d'une odeur éthérée particulière, pénétrante, d'une saveur âcre; il est insoluble dans l'eau, très-soluble dans l'alcool et dans l'éther. Il bout à 175° sans altération. Sa densité est de 0,9613 à 18°.

L'éther diéthoxalique réagit vivement sur le zinc-éthyle; il se dégage de l'hydrure d'éthyle et il se forme une masse blanche, fusible, d'*éther zincomonéthyl-diéthyloxalique*,

$$C^6H^{10}O\left\{\begin{matrix}OC^2H^5\\O(ZnC^2H^5).\end{matrix}\right.$$

L'acide diéthoxalique étant diatomique, le composé précédent représente cet acide dont les hydrogènes typiques sont remplacés, l'un par l'éthyle, l'autre par le groupe monatomique *zincmonéthyle* $Zn''C^2H^5$.

Cet éther est solide, incristallisable, incolore, soluble dans l'éther; il absorbe l'oxygène avec avidité, il décolore presque instantanément une solution d'iode en donnant de l'iodure d'éthyle, de l'iodure de zinc et de l'éther zincodiéthoxalique $(C^6H^{10}O^2,OC^2H^5)^2Zn$, qui reste combiné à l'oxyde de zinc. Avec l'eau, il produit une vive effervescence, il se dégage de l'hydrure d'éthyle, se précipite de l'hydrate de zinc et il se régénère de l'acide diéthoxalique [Frankland et Duppa, *Ann. der Chem. u. Pharm.*, t. CXXXV, p. 25, et *Bull de la Soc. chim.*, 1866, t. VI, p. 139].

Lorsqu'on chauffe l'éther diéthoxalique à 100° avec de l'acide chlorhydrique concentré, on n'obtient que de l'acide diéthoxalique et du chlorure d'éthyle. En chauffant à 130-150°, Geuther et Wackenroder n'ont observé la formation que d'une petite quantité d'acide diéthoxalique, mais il se produit de l'alcool, de l'acide carbonique, du chlorure d'éthyle et deux nouvelles combinaisons. L'une renferme $C^5H^{10}O$ et bout à 101°; c'est un liquide incolore, d'une odeur acétonique, d'une densité de 0,811 à 11°,5, soluble dans l'eau et ne se combinant pas aux bisulfites; ce corps paraît identique avec la propione. L'autre combinaison renferme $C^6H^{10}O^2$. C'est un acide cristallisé en longues aiguilles incolores, fusibles à 41°,5, très-peu solubles dans l'eau, solubles dans l'alcool, l'éther, l'ammoniaque, la baryte et la soude.

Frankland et Duppa, en traitant l'éther diéthoxalique par le perchlorure de phosphore, ont obtenu un acide de même formule, l'acide éthylcrotonique, fusible à 39°,5, et avec lequel l'acide précédent paraît identique.

Diéthoxalate de méthyle, $C^6H^{11}O^2,OC^2H^3$ [Frankland et Duppa, *Ann. der Chem. u. Pharm.*, t. CXXXV, p. 25, et *Bull. de la Soc. chim.*, 1866, t. VI, p. 39]. — On chauffe pendant longtemps à 50° un mélange de 2 molécules d'iodure d'éthyle, 1 molécule d'oxalate de méthyle, avec de l'amalgame de zinc; le tout finit par se prendre en une masse cristalline; on ajoute de l'eau, on distille, et on recueille un liquide éthéré qui, rectifié, donne le diéthoxalate de méthyle.

Cet éther est liquide, incolore, transparent, assez mobile, d'une odeur éthérée particulière, peu soluble dans l'eau, mais soluble dans l'alcool et dans l'éther. Il bout à 165°; sa densité est de 0,9896 à 16°,5. Les alcalis caustiques le saponifient, même à froid. E. G.

DIÉTHYLACÉTOCARBONATE D'ÉTHYLE. — Voyez Diéthylacétone.

DIÉTHYLACÉTONE, $C^7H^{14}O$ [Frankland et Duppa, *Proceed. of the Royal Society*, t. XIV, p. 198 et 458, et t. XV, p. 37; — *Jahresb. für* 1865, t. XVIII, p. 306]. — La diéthylacétone est un des nombreux produits obtenus par Frankland et Duppa dans l'action successive du sodium et de l'iodure d'éthyle sur l'éther acétique, réaction que nous décrirons ici.

On chauffe le sodium avec l'éther acétique à 130°, au bain d'huile, dans un appareil qui permet aux vapeurs de refluer; le liquide devient cristallin par le refroidissement : on le traite pendant quelques heures à 100°, par une quantité d'iodure d'éthyle correspondante à la quantité du sodium dissous, puis on ajoute de l'eau et on distille. On recueille un liquide d'un jaune-paille, plus léger que l'eau, et qui, desséché et distillé, se scinde en deux portions, l'une bouillant entre 204° et 208°, l'autre bouillant entre 120° et 160°. Cette dernière portion est un mélange d'éthacétate d'éthyle (identique ou isomérique avec le butyrate d'éthyle) et de diéthacétate d'éthyle (identique ou isomérique avec le caproate d'éthyle). — Voyez Caproïque (acide) et Butyrique (acide).

Les parties bouillant entre 204° et 208°, séchées et fractionnées, renferment deux composés qu'on sépare par distillation fractionnée, l'*éthylacétocarbonate d'éthyle*, $C^8H^{14}O^3$, et le *diéthylacétocarbonate d'éthyle*, $C^{10}H^{18}O^3$.

Éthylacétocarbonate d'éthyle, $C^8H^{14}O^3$. — Frankland et Duppa représentent la formation de ce corps par l'équation suivante :

$$4(C^2H^3O,OC^2H^5) + 2Na$$
Acétate d'éthyle.
$$= 2(C^6H^9NaO^3) + 2(C^2H^6O) + H^2;$$
Sodacétocarbonate d'éthyle. — Alcool.

$$C^6H^9NaO^3 + C^2H^5I = C^8H^{14}O^3 + NaI.$$
Sodacétocarbonate d'éthyle.	Iodure d'éthyle.	Éthylacétocarbonate d'éthyle.	Iodure de sodium.

Suivant Geuther, ce composé est identique avec l'éthyldiacétate d'éthyle $C^6H^9O^3,C^2H^5$. — Voyez Éthyldiacétique (acide).

L'*éthylacétocarbonate d'éthyle* est liquide, incolore, d'une odeur agréable, presque insoluble dans l'eau, soluble dans l'alcool et dans l'éther. Il bout à 195°; sa densité est de 0,9834 à 16°. Attaqué par une solution alcoolique de soude, il donne l'*éthylacétone* $C^3H^5(C^2H^5)O$, représentant l'acétone ordinaire dont 1 d'hydrogène est remplacé par un groupe *éthyle*.

Diéthylacétocarbonate d'éthyle, $C^{10}H^{18}O^3$. — Suivant Frankland et Duppa, il se forme en vertu des équations suivantes :

$$2(C^2H^3O,OC^2H^5) + 2Na$$
Acétate d'éthyle.
$$= C^6H^8Na^2O^3 + 2C^2H^6O + H^2;$$
Disodacétocarbonate d'éthyle. — Alcool.

$$C^6H^8Na^2O^3 + 2(C^2H^5I) = C^{10}H^{18}O^3 + 2NaI.$$
Disodacétocarbonate d'éthyle.	Iodure d'éthyle.	Diéthylacétocarbonate d'éthyle.	Iodure de sodium.

C'est un liquide huileux, d'une odeur agréable, d'une saveur brûlante, insoluble dans l'eau; il se mélange en toutes proportions à l'alcool et à l'éther; il bout de 210° à 212°. Sa densité est de 0,9738 à 20°; les solutions aqueuses de soude et de potasse agissent à peine sur lui; l'eau de baryte le décompose en acide carbonique, alcool et diéthylacétone $C^7H^{14}O$.

Éthylacétone,

$$C^5H^{10}O = CO\left\{\begin{matrix} CH^2(C^2H^5) \\ CH^3. \end{matrix}\right.$$

— L'éthylacétone obtenue par la décomposition de l'*éthylacétocarbonate d'éthyle* sous l'influence de la baryte ou d'une solution alcoolique de soude, se forme en vertu de la réaction suivante :

$$C^8H^{14}O^3 + H^2O = C^5H^{10}O + C^2H^6O + CO^2$$
Éthylacétocarbonate d'éthyle.		Éthylacétone.	Alcool.	Acide carbonique.

C'est un liquide incolore, d'une odeur camphrée; il se combine aux bisulfites. Il bout à 101°; sa densité est de 0,8132 à 13° et de 0,8040 à 22°.

Fittig a désigné sous le nom d'*éthylacétone* une acétone $C^5H^{10}O$, qu'il a obtenue dans la rectification d'acétones du commerce. Cette éthylacétone bout entre 90° et 95° et sa densité, à 19°, est de 0,842. C'est un liquide limpide, doué d'une faible odeur acétonique et se combinant aux bisulfites.

Les autres acétones isomères sont le méthylbutyryle, qui bout à 101°, la propione, obtenue par le butyrate de chaux, qui bout à 110°, la *diméthylacétone*, dont nous parlons plus loin et qui bout à 93°,5, enfin la propione obtenue tant par la distillation du propionate de baryte que par l'action du chlorure de propionyle sur le zinc-éthyle, et qui bout de 100° à 101° et ne se combine pas aux bisulfites. L'éthylacétone est de plus isomérique avec l'aldéhyde valérique.

Diéthylacétone, $C^7H^{14}O$. — Elle s'obtient, comme la précédente, dans la décomposition du diéthylacétocarbonate d'éthyle par la baryte. C'est un liquide incolore, mobile, d'une odeur et d'une saveur camphrée; elle se dissout peu dans l'eau, elle est soluble dans l'alcool et dans l'éther. Elle bout à 137-139°; sa densité est de 0,8171 à 22°; elle est inoxydable à l'air, ne réduit pas l'azotate d'argent ammoniacal et se combine aux bisulfites. Elle est isomérique avec la butyrone et avec l'acétone bouillant entre 161° et 164°, que Fittig a obtenue en traitant l'aldéhyde valérique par la chaux, acétone qui ne se combine pas aux bisulfites.

L'iodure de méthyle et l'iodure d'isopropyle donnent des résultats analogues. — Voyez DIMÉTHYLACÉTONE et ISOPROPYLACÉTONE. E. G.

DIÉTHYLSULFANE. — Voyez SULFURE D'ÉTHYLE.

DIFFLUAN. — Voyez t. I, p. 144 et 151, et URIQUE (DÉRIVÉS DE L'ACIDE).

DIFFUSION. — Mouvement moléculaire des fluides qui se mêlent spontanément.

I. DIFFUSION DES GAZ. — Il y a longtemps que les expériences classiques de Dalton et de Berthollet ont fait voir que deux capacités remplies de deux gaz différents et superposés de façon que le gaz le plus dense soit en bas finissent par ne plus contenir qu'un même mélange gazeux. M. Graham a étudié le phénomène de plus près. Il a vu que, dans le cas où les deux récipients seraient infinis, chaque gaz sortirait par l'ouverture qui établit la communication entre les deux fluides avec une vitesse inversement proportionnelle à la racine carrée de sa densité. C'est aussi la loi de l'entrée des gaz dans le vide [*Phil. Trans.*, 1834, 1846; *Elem. of Chem.*, t. I, p. 87].

Il suit de là que la pression tend à augmenter dans le récipient de dimension finie qui contient primitivement le gaz le plus dense; mais comme celui-ci peut *s'écouler* par l'ouverture de communication, il n'en résulte rien autre chose que la sortie d'un volume de gaz égal à celui qui est entré dans le récipient par *diffusion*. Ce genre de diffusion sans septum a été appliqué récemment à la mesure approximative de la densité de l'ozone par M. Soret [*Ann. de Chim. et de Phys.*, (4), t. XIII, p. 257].

Si l'ouverture est trop petite pour permettre l'écoulement facile des gaz sous l'influence de la pression, les molécules gazeuses la traverseront tout aussi bien par diffusion, mais les pressions varieront des deux côtés de l'ouverture; dans ce cas, on vérifiera facilement la loi de la racine carrée des densités. Si l'on prend un vase poreux, tels que ceux qui servent dans les piles, ou un cylindre fermé par une mince plaque de plâtre, de porcelaine dégourdie ou de graphite artificiel, les pores du septum formeront une série d'ouvertures telles que celles dont nous venons de parler, et il suffira de plonger l'appareil dans un gaz léger pour que celui-ci s'y accumule sous pression, car l'air qui l'emplissait ne pourra *s'écouler* et il se *diffusera* à l'extérieur avec une vitesse moindre que celle du gaz qui vient du dehors. On peut imaginer diverses dispositions expérimentales qui mettent cette pression en évidence. Il va sans dire que si le gaz léger était à l'intérieur, le changement de pression aurait lieu en sens inverse.

En faisant passer des gaz dans un tube en grès placé dans un foyer, Priestley avait déjà remarqué que ceux-ci s'échappaient partiellement et étaient remplacés par les gaz du foyer qui s'accumulaient dans le tube sous pression [*Des différentes espèces d'air*, t. III, p. 29]. M. Graham, en faisant passer de l'air dans un long tuyau de pipe, autour duquel il maintenait le vide, constata à la sortie que le gaz s'était légèrement enrichi d'oxygène, le gaz le plus léger s'étant diffusé par la terre poreuse d'une façon prépondérante [*Phil. Trans.*, 1863, 1866]. Un tampon d'asbeste permit de la même façon à M. Pébal de séparer partiellement l'ammoniaque de l'acide chlorhydrique dans un mélange qui contient ces gaz à l'état libre, c'est-à-dire dans la vapeur de chlorhydrate d'ammoniaque [*Ann. der Chem. u. Pharm.*, t. CXXIV].

Mais à mesure que les passages moléculaires deviennent plus ténus, les actions moléculaires, l'adhésion, etc., deviennent plus sensibles. Poussons les choses à l'extrême; supposons qu'une bulle de savon soit remplie d'acide carbonique; le gaz se dissout dans l'enveloppe aqueuse, la traverse par un phénomène de diffusion liquide, puis se répand dans l'atmosphère qui, peu riche en acide carbonique, n'est pas apte à la maintenir en solution par son contact. En somme, le gaz a passé de l'intérieur à l'extérieur au travers d'une paroi dans laquelle les passages sont réduits aux distances intermoléculaires elles-mêmes, et, dans ce cas, c'est la solubilité du gaz qui a eu une influence dominante sur la rapidité de sa sortie. Entre la diffusion à travers la porcelaine dégourdie et le passage à travers un dissolvant, on peut imaginer une foule de cas de *dialyse* gazeuse dans lesquels la nature de la paroi a une influence manifeste; nous allons en citer quelques-uns. MM. Deville et Troost ont fait circuler de l'hydrogène dans un tube d'acier fondu, assez pauvre en carbone pour ne plus se tremper, et de 3 à 4 millimètres d'épaisseur, placé dans un tube de porcelaine ouvert et chauffé à une haute température; lorsqu'ils eurent interrompu l'arrivée du gaz, un vide presque complet se fit dans le tube intérieur; la pression de l'hydrogène y fut réduite de $0^m,74$ [*Compt. rend.*, t. LVII]. M. Cailletet a vu un tube de fer aplati et fermé, de 2 millimètres d'épaisseur, reprendre la forme cylindrique et s'emplir d'hydrogène lorsqu'il le chauffa au blanc dans un foyer [*Compt. rend.*, t. LVIII]. Enfin un tube de platine chauffé vers 1100°, parcouru par un courant d'air et placé dans un tube où circulait de l'hydrogène, a fourni à M. Deville de l'azote mêlé d'eau sous une pression considérable, tandis que le tube extérieur continuait à ne contenir que de l'hydrogène [*Compt. rend.*, t. LVIII].

M. Graham a rencontré les mêmes propriétés dans le palladium dès la température de 265°. Un tube de palladium plongé dans la flamme du gaz d'éclairage, assez peu riche en hydrogène, en sépare cependant des quantités considérables de ce dernier gaz dans un état de pureté presque absolu.

M. Graham a rendu manifeste l'influence de la nature du septum en montrant que le palladium, le platine et le fer *absorbent* des quantités considérables d'hydrogène (voyez OCCLUSION). Le passage de ce métal gazeux à travers les métaux se rapproche donc du cas de *passage par dissolution* dont nous avons parlé [*Phil. Trans.*, 1867].

Le passage des gaz à travers le caoutchouc est aussi précédé d'une absorption et n'est pas soumis à la loi de la diffusion simple [Mittchell, *Journ. Roy. Inst.*, t. II]. Ainsi l'air atmosphérique, étant séparé d'un espace vide par un morceau de soie revêtu de caoutchouc noir, est *dialysé* par ce septum. Bien que l'oxygène soit plus lourd que l'azote, il passe plus facilement que celui-ci au travers du caoutchouc, de façon que le gaz dialysé contient plus de 41 % d'oxygène. Il suffit, pour faire l'expérience, de mettre en communication avec une trompe à mercure un sac de soie enduit de caoutchouc, contenant un morceau de flanelle pour empêcher l'adhérence des parois; l'extrémité inférieure de la trompe se recourbe dans un bain de mercure, ce qui permet de recueillir l'air suroxygéné qui s'en échappe continuellement [Graham, *Chem. Soc. quart. Journ.*, 1868].

Enfin MM. Deville et Troost ont signalé dans ces derniers temps un cas de dialyse gazeuse fort important : c'est le passage de l'oxyde de carbone provenant de la combustion au travers de la fonte des poêles chauffés au rouge. Ce gaz est fort vénéneux, et il importe de proscrire l'emploi d'apparelle qui en répandent des quantités notables dans l'atmosphère des lieux habités [*Compt. rend.*, t. LXVI].

II. Diffusion des liquides. — Nous devons distinguer, comme pour les gaz, le cas de la diffusion simple et celui de la diffusion à travers un septum.

Diffusion simple. — Elle a été principalement étudiée par M. Graham [*Phil. Trans.*, 1850, 1862]. Ce savant s'est servi d'appareils différents; l'un d'entre eux est composé d'une fiole immergée dans l'eau et contenant la solution saline à diffuser; au bout d'un certain temps, on la retire et l'on pèse séparément les résidus solides que donne l'évaporation du liquide de la fiole et du liquide extérieur (Phial-diffusion). Un autre se compose d'un simple cylindre de verre rempli d'eau, au fond duquel on amène, avec une pipette capillaire, le liquide en expérience. On peut, avec un siphon capillaire, prélever des échantillons de liquide à différentes époques et à diverses hauteurs.

Voici quelques nombres obtenus de cette manière par diffusion; la quantité de substance solide était de 10 grammes incorporés à 100 centimètres cubes d'eau, et le temps de diffusion était de 14 jours.

Ordre des couches. Haut.	Chlorure de sodium $t = 10^\circ$.	Sucre. 10°.	Gomme. 10°.	Tannin. 10°.	Sulfate de magnésie. 10°.	Albumine. 13-13°5.	Caramel. 10-11°.
1....	0,104	0,005	0,003	0,003	0,007	»	»
2....	0,129	0,008	0,003	0,003	0,011	»	»
3....	0,162	0,012	0,003	0,004	0,018	»	»
4....	0,198	0,016	0,004	0,003	0,027	»	»
5....	0,267	0,030	0,003	0,005	0,049	»	»
6....	0,340	0,059	0,004	0,007	0,085	»	0,003
7....	6,429	0,102	0,006	0,017	0,133	»	0,005
8....	0,535	0,180	0,031	0,031	0,218	0,010	0,010
9....	0,654	0,305	0,097	0,069	0,331	0,015	0,023
10....	0,766	0,495	0,215	0,145	0,499	0,047	0,033
11....	0,881	0,740	0,407	0,288	0,780	0,113	0,075
12....	0,991	1,075	0,734	0,556	1,022	0,343	0,215
13....	1,090	1,435	1,157	1,050	1,383	0,855	0,705
14....	1,187	1,758	1,731	1,719	1,803	1,892	1,725
15 et 16.	1,266	3,783	5,601	6,097	3,684	6,725	7,206

Le tableau suivant montre comment l'inégalité de diffusion peut permettre de séparer partiellement deux substances mélangées. Le temps est encore 14 jours et les quantités de chaque sel de 5 grammes.

Ordre des couches. Haut.	Mélange de parties égales de chlorure et de sulfate de sodium.		Mélange de parties egales de chlorures potassique et sodique.	
	Chlorure.	Sulfate.	Chlorure sodique.	Chlorure potassique.
1.......	0,077	0,005	0,018	0,014
2.......	0,089	0,009	0,025	0,015
3.......	0,105	0,014	0,044	0,014
4.......	0,130	0,026	0,075	0,017
5.......	0,161	0,044	0,101	0,034
6.......	0,199	0,072	0,141	0,063
7.......	0,240	0,111	0,185	0,104
8.......	0,289	0,173	0,252	0,151
9.......	0,837	0,241	0,330	0,212
10.......	0,392	0,334	0,359	0,351
11.......	0,433	0,433	0,418	0,458
12.......	0,487	0,539	0,511	0,559
13.......	0,525	0,646	0,552	0,684
14.......	0,555	0,745	0,615	0,772
15 et 16..	0,979	1,609	1,385	1,551

Il est évident que la séparation sera infiniment plus sensible si on prend l'albumine ou le caramel et un sel très-diffusible. C'est l'origine de la dialyse.

Une remarque importante a été faite par Graham, c'est que, lorsqu'on fait diffuser deux sels en proportion équivalente, la diffusion de chaque base n'est généralement pas modifiée suivant qu'elle était combinée primitivement à l'un ou à l'autre des acides.

Nous ne transcrivons pas ici les quantités de différents corps diffusées dans différents espaces de temps, nombres obtenus avec le premier appareil de Graham (diffusion-phial), mais nous résumerons les lois qui ressortent de la comparaison de ces nombres :

1° Pour des solutions d'une même substance à différents états de concentration, les quantités de matière diffusée (toutes choses égales d'ailleurs, et les solutions n'étant pas très-concentrées) *sont proportionnelles à la concentration*, c'est-à-dire que volumes égaux de substance dissoute (en prenant pour volume de la substance dissoute celui de la solution qui la renferme) se diffusent dans le même temps;

2° Des poids égaux de diverses substances se diffusent dans des temps très-différents; ainsi la diffusion d'un certain poids d'acide chlorhydrique s'accomplit en 3 jours, lorsque la même quantité de chlorure de sodium ne se diffuse qu'en 7 jours; mais des substances chimiquement analogues se diffusent presque de la même manière. Ainsi, les acides chlorhydrique, bromhydrique, iodhydrique, c'est-à-dire des substances les plus diffusibles que l'on connaisse, se diffusent presque dans le même temps; la même analogie se retrouve entre les chlorures, bromures, iodures, des métaux alcalins; les nitrates de baryum, de strontium et de calcium; les sulfates de magnésium et de zinc, etc.;

3° La diffusion augmente avec la température. Si la quantité d'acide chlorhydrique diffusée dans un certain temps est 1 à 15°,5, elle sera à peu près 1,35 à 27°, 1,77 à 38° et 2,18 à 49°;

4° La diffusion d'une substance donnée n'est généralement pas entravée par la présence dans le milieu liquide d'une autre substance, du moins dans des liqueurs diluées. Mais la présence dans ce milieu d'une certaine quantité de la même substance entrave la diffusion; la vitesse de diffusion d'un sel en solution concentrée dans une solution étendue du même sel paraît proportionnelle à la différence de concentration des deux couches contiguës [Fick, *Phil. Mag.*, (4), t. X, p. 30].

Si l'on fait diffuser certains sels instables, on remarque que la diffusion les décompose partiellement. Ainsi le sulfate de potasse se sépare du sulfate d'alumine lorsqu'on fait diffuser de l'alun; l'acide chlorhydrique ou l'acide acétique se séparent de l'alumine lorsqu'on fait diffuser le chlorure ou l'acétate d'aluminium, etc. Comme cette décomposition exige de la chaleur, il est évident que celle-ci est empruntée aux corps environnants pendant la diffusion. On observe en effet un abaissement de température lorsqu'un corps soluble se diffuse dans l'eau. En somme, ce refroidissement est un indice d'une accumulation d'énergie dans le corps diffusé, et la diffusion agit sur le corps diffusé comme une source de chaleur (H. Deville).

Graham a fait de curieuses expériences sur la diffusion d'un mélange de sels potassiques et d'eau de chaux dans de l'eau de chaux. Le produit diffusé contient de la potasse et l'on retrouve ici une application des lois de Berthollet dans lesquelles la diffusibilité joue le même rôle que l'insolubilité ou la volatilité dans les cas ordinaires. De semblables phénomènes paraissent se passer dans le sol; ils ont une importance réelle sur la distribution et la composition des sels qu'on y trouve.

Diffusion à travers un septum. — Dans ce cas la diffusion des liquides peut être plus ou moins modifiée par la nature même du septum, et de plus, comme celle-ci est imperméable par *filtration*, même sous une certaine pression, on remarque ces faits d'*endosmose* qui ont été si bien étudiés par Dutrochet [*Mémoires pour servir à l'histoire des végétaux*, etc., 1827, t. I].

La présence du septum, qui ne s'oppose presque aucunement au mouvement de diffusion, permet de mettre en rapport deux liquides dans des conditions très-dissemblables de concentration. De plus, le liquide le plus dense peut être placé au-dessus de l'autre; il est donc toujours en contact avec la couche la moins dense de celui-ci.

On se sert, pour l'étude de la diffusion à travers un septum, de l'appareil même de Dutrochet, c'est-à-dire d'une fiole dont le fond est constitué

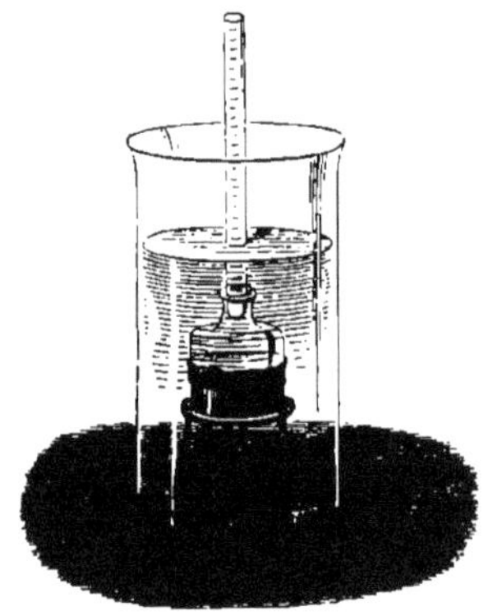

Fig. 214.

par le septum et dont le bouchon porte un tube gradué. Cette fiole contient le liquide le plus dense, elle est immergée dans le liquide léger. Lorsqu'on veut se mettre à l'abri de l'effet de la pression hydrostatique, on verse ou on enlève du liquide autour de l'endosmomètre de façon à en maintenir le niveau à la même hauteur que dans le tube intérieur (Graham).

Le septum est une membrane animale soigneusement disséquée, ou bien du papier parchemin ou du calicot imprégné d'albumine que l'on coagule par la vapeur d'eau bouillante, ou même enfin un vase poreux de pile comme pour les gaz. On observe très-facilement avec cet appareil le double courant qui porte la solution intérieure à l'extérieur et réciproquement, l'inégalité de ces courants se traduit par une élévation ou un abaissement du liquide dans le tube gradué.

Si l'on place à l'intérieur des solutions d'alcalis, de sels et d'acides à différents états de concentration et à l'extérieur de l'eau pure, on observe des résultats d'*endosmose* très-différents, suivant la nature du corps, sa concentration et selon la nature du septum (1); mais cela ne doit pas nous occuper. Au simple point de vue de la quantité diffusée, on obtient des nombres qui permettent de classer les corps de la nature en deux grandes classes : les cristalloïdes et les colloïdes. Les premiers se diffusant beaucoup plus vite au travers de la membrane que les seconds et cristallisant généralement bien, tandis que les autres affectent l'état amorphe. — Voyez DIALYSE.

Dans chacune de ces classes la différence de diffusibilité seule peut séparer partiellement deux corps qu'on aurait fait diffuser ensemble. Ce fut pour une semblable séparation que M. Dubrunfaut, le premier, mit à profit la diffusion avec septum d'un mélange liquide : nous devons dire quelques mots de son appareil qui est destiné à l'épuration des mélasses de betterave. Ces mélasses sont un mélange de sucre et de sels organiques et inorganiques, parmi lesquels dominent le nitrate et le chlorure de potassium. En les plaçant dans l'endosmomètre sans les diluer et en mettant l'appareil dans l'eau, on est témoin d'une endosmose très-énergique. Il entre beaucoup d'eau, mais il sort en même temps une grande portion des corps les plus diffusibles, c'est-à-dire des sels. Dans cet état la mélasse est devenue comestible, raffinée elle donne du sucre cristallisé. Si elle contenait 4 p. de sels pour 1 de sucre, elle ne contiendra plus, par exemple, que 1 de sels pour 4 de sucre.

M. Dubrunfaut (brevet pris en 1854) fait la même opération en grand. Des feuilles de papier parchemin sont tendues sur de nombreux cadres en bois et fixées verticalement dans une grande caisse qu'elles divisent en une quarantaine de compartiments. Les compartiments d'ordre pair sont traversés par un courant continu d'eau chaude; les compartiments d'ordre impair par un courant continu de mélasse. A la sortie l'eau est chargée de sels et la mélasse peut rentrer dans la fabrication du sucre. — Voyez SUCRE. G. S.

DIGÉNITE. — Variété de chalcosine.

DIGITALINE. — On a désigné jusqu'à présent sous le nom de *digitaline* un produit incristallisable, soluble dans l'eau, qu'on extrait de la digitale (*Digitalis purpurea*, Scrofulariées) et qui possède les propriétés actives de cette plante.

Cette matière a été obtenue pour la première fois par MM. Homolle et Quevenne, qui ont en outre établi, avec une grande netteté, par de laborieuses recherches, ses propriétés physiologiques et thérapeutiques. Elle a été aussi extraite par M. Kosmann d'une autre espèce de digitale : la digitale jaune (*Digitalis lutea*).

Néanmoins, malgré son énergie extrême, ce produit ne possède pas seul les propriétés actives de la digitale : d'après les travaux récents de M. Nativelle, la digitale renferme, outre la digitaline insoluble, deux autres substances *très-solubles dans l'eau*, douées d'une grande amertume, et dont l'une, d'après quelques essais physiologiques du docteur Vulpian, paraît être un poison du cœur aussi puissant que la digitaline de MM. Homolle et Quevenne. Il semble que ces faits pourraient expliquer la présence dans le commerce de deux variétés de digitaline : la première, connue sous le nom de digitaline d'Allemagne, parce qu'elle provient de ce pays, en grande partie soluble dans l'eau; la seconde insoluble dans ce liquide.

Cependant, dans un travail encore inédit, M. le docteur Homolle considère la digitaline dite d'Allemagne comme une matière complexe que l'on peut séparer en deux produits principaux : 1° produits amers insolubles dans l'eau et doués de propriétés toxiques très-énergiques ; 2° produits peu amers, solubles dans l'eau et doués d'une action beaucoup plus faible sur l'économie.

Tout récemment, la digitaline *insoluble dans*

(1) Si le passage à travers le septum n'est pas influencé par la nature de celui-ci, et si la diffusion s'y opère selon la première loi et en solutions étendues, chaque volume de solution, quelle que soit sa concentration, doit être remplacé par un volume proportionnel d'eau. De fait, dans une expérience de Graham à ce sujet, par chaque milligramme de carbonate de soude qui sortait de l'appareil, il entrait 550 milligrammes d'eau, et, dans une seconde, par chaque milligramme de même sel qui se diffusait à l'extérieur, il entrait 63 milligrammes d'eau seulement, c'est-à-dire près de dix fois moins. Mais le milligramme de carbonate occupait dans le premier cas 1 centimètre cube, et dans le second un volume dix fois moindre.

l'eau, pure, blanche et cristallisée, vient d'être obtenue à la fois et presque simultanément par le docteur Homolle et par M. Nativelle.

Le procédé du docteur Homolle consiste à épuiser la feuille sèche de digitale par l'eau, dans un appareil à déplacement. Les teintures aqueuses sont décolorées par une solution de sous-acétate de plomb, filtrées, puis additionnées successivement d'une solution de carbonate de sodium et d'une solution de phosphate de sodium ammoniacal. La liqueur, filtrée de nouveau, est précipitée par une solution de tannin qui entraîne toute la digitaline; le précipité formé est recueilli sur un filtre et mêlé encore humide avec de la litharge en poudre et du charbon animal. Ce mélange desséché est épuisé par l'alcool, qui enlève la digitaline encore impure : l'alcool est évaporé à siccité, et le résidu, lavé à l'eau distillée, est redissous de nouveau dans l'alcool; on filtre, on évapore à siccité, puis le résidu est repris par le chloroforme. La solution chloroformique filtrée est évaporée à son tour et le produit insoluble est traité : 1° par la benzine, qui dissout la digitalose et l'acide digitaléique; 2° par l'éther pur, qui enlève une matière résinoïde; 3° par l'alcool à 0,50, qui enlève encore quelques matières étrangères; 4° la partie insoluble est redissoute dans l'alcool à 95° et mélangée avec un peu de charbon animal; la solution, filtrée et abandonnée à l'évaporation spontanée, laisse alors déposer la digitaline en petits cristaux composés de fines aiguilles.

La digitaline ainsi obtenue est insoluble dans l'eau, blanche, très-amère, et prend, sous l'influence de l'acide chlorhydrique concentré, une couleur d'un beau vert-émeraude. Cette réaction est caractéristique.

Composition centésimale :

$$C = 62,08,$$
$$H = 8,23.$$

M. Nativelle est arrivé au même résultat à l'aide de procédés qui diffèrent un peu de celui-ci.

D'après ce chimiste, le traitement des feuilles de digitale par l'eau est loin de donner toute la digitaline insoluble, cristallisable, qui y est contenue. On obtient surtout la *digitaléine amorphe soluble*, tandis que la *digitaline insoluble* reste en grande partie dans les résidus d'où elle peut être retirée par un traitement convenable.

Voici le procédé : On prend 100 parties d'eau, 100 parties de feuilles de digitale en poudre grossière et 25 parties d'acétate de plomb cristallisé. Le sel dissous dans l'eau est mélangé à la poudre, et le tout laissé en contact pendant 12 heures dans un appareil à déplacement. On verse alors de l'eau, la solution qui s'écoule est très-chargée, on en recueille 500 parties environ; on y ajoute 6 parties de phosphate de sodium en solution (ce sel est préférable au carbonate, parce qu'il ne réagit pas comme lui par son alcalinité, et qu'il précipite les sels terreux), on filtre, puis on verse dans la liqueur claire une solution filtrée faite avec 12 parties de tannin et 36 parties d'eau. Il se forme immédiatement un précipité volumineux qui ne tarde pas à se réunir en une masse molle, homogène; on décante la liqueur, on lave trois ou quatre fois le précipité avec de l'eau chaude, on le sèche, puis on le mêle intimement avec un poids égal au sien d'oxyde rouge de mercure, réduit en poudre aussi fine que possible. On y ajoute 6 parties d'eau, et le tout est abandonné pendant 48 heures sous une cloche, afin que la dessiccation ne soit pas trop prompte et que la décomposition du tannate s'opère complétement. La masse est ensuite séchée à l'air libre, réduite en poudre grossière et placée dans un appareil à déplacement. On tasse légèrement et on verse dessus de l'alcool à 0,93; la liqueur qui s'écoule est peu colorée et d'une amertume excessive. On épuise complétement la masse à l'aide de l'alcool chaud, mais alors la solution est très-colorée, et, pour obtenir le principe actif incolore, il faut repasser par la série d'opérations qui viennent d'être décrites.

L'alcool obtenu par le traitement à froid, évaporé spontanément dans un lieu frais, donne au bout de quelques jours des cristaux blancs à aiguilles courtes et déliées. C'est la *digitaline insoluble*. Lorsque l'alcool est entièrement évaporé, le liquide sirupeux restant est dissous dans 10 parties d'eau distillée; on laisse déposer la partie cristallisable insoluble, puis le liquide aqueux décanté est abandonné dans un vase plat à l'évaporation spontanée. Il reste une laque transparente de teinte légèrement ambrée, d'une saveur âcre et amère, incristallisable, soluble en toute proportion dans l'eau et inaltérable à l'air : c'est la *digitaléine amorphe*. M. Nativelle obtient ainsi 1 °/₀ de digitaléine soluble et 1 pour mille de digitaline insoluble.

Ce procédé est donc utile surtout pour extraire la digitaléine soluble. La plus grande partie de la digitaline est restée dans les résidus. Pour l'obtenir, on prend 100 parties de résidus secs provenant de l'opération précédente, on les mêle avec un poids égal d'alcool à 0,50 et on laisse en contact pendant 12 heures. Le tout est mis ensuite dans un appareil à déplacement et épuisé par de l'alcool de même degré, on en recueille 300 parties environ. La liqueur est fortement colorée en jaune foncé et très-amère; on ajoute une solution faite avec 4 grammes d'acétate de plomb cristallisé, la liqueur filtrée est additionnée d'une solution contenant 2 grammes de phosphate de sodium; une partie de la matière colorante jaune est ainsi enlevée, ainsi que l'excès de plomb, et la liqueur filtrée est abandonnée à l'air libre.

Lorsque tout l'alcool est évaporé, on ajoute à la matière sirupeuse jaunâtre qui reste 1 partie 1/2 de tannin en solution filtrée. Le tannate formé est traité comme le précédent, avec cette différence qu'il faut cette fois se servir de litharge à la place de l'oxyde rouge de mercure, parce qu'elle enlève mieux la matière colorante jaune qui accompagne la digitaline dans cette opération, et dont on ne peut la débarrasser complétement qu'en la faisant cristalliser plusieurs fois.

Ce procédé donne 1 °/₀ de digitaline cristallisable insoluble.

M. Nativelle a constaté que toutes les parties de la digitale : pédoncules, nervures des feuilles, racines et fleurs, contiennent les mêmes principes; les semences seules font exception, la digitaline insoluble n'y existe pas, mais elles sont très-riches en digitaléine amorphe et renferment en outre une substance cristallisée très-soluble aussi dans l'eau, qui pourrait bien être, d'après M. Nativelle, un hydrate de la digitaline insoluble, et à laquelle il a donné le nom de *digitaléine cristallisée*.

D'après ce chimiste, la digitaline insoluble se présente sous la forme de petits cristaux légers, formés d'aiguilles courtes et déliées, groupées autour du même axe; sa saveur est d'une amertume excessive, persistante, qui rappelle celle de la plante. Chauffée dans une capsule de platine, la digitaline fond sans se colorer en gouttelettes parfaitement limpides, puis brunit, dégage d'abondantes vapeurs blanches et disparaît sans laisser de trace. Elle est à peine soluble dans l'eau, l'éther n'en dissout que des traces, mais l'alcool la dissout en grandes quantités, et d'autant qu'il est plus concentré; l'acide sulfurique la dissout en prenant une teinte brune verdâtre, qui vire au rouge-groseille sous l'influence de la vapeur de brome; étendue d'eau, la solution devient vert-émeraude.

L'acide chlorhydrique à 20° la dissout en prenant, quelques instants après, une belle teinte verte. La digitaline ne contient pas d'azote.

La digitaléine amorphe est incristallisable; elle forme une solution d'aspect gommeux qui, séchée en couches minces, forme des écailles translucides à peine colorées; pulvérisée, la digitaléine forme une poudre blanche très-âcre, amère et très-irritante. Chauffée, elle fond sans se colorer, puis elle brunit en toute proportion dans l'eau. L'alcool faible la dissout un peu; l'alcool concentré, très-difficilement.

L'éther ne la dissout pas; l'acide chlorhydrique a 20° la dissout en prenant une couleur brun verdâtre. Elle ne contient pas d'azote.

Composition élémentaire :

Carbone = 54,72,
Hydrogène = 9,22.

En résumé, quoique les faits connus jusqu'à présent sur le principe actif de la digitale ne concordent pas encore complétement, il est certain que cette plante renferme peut-être trois, mais sûrement deux matières amères très-différentes, et par leurs propriétés chimiques, et par leur composition centésimale; néanmoins elles paraissent posséder toutes les deux des propriétés toxiques d'une intensité à peu près égale; mais la digitaline insoluble étant la seule dont les propriétés physiologiques soient bien connues, on devra la préférer, dans la pratique médicale, à la digitaline soluble, jusqu'à ce que des expériences comparatives aient fait connaître sa valeur thérapeutique.

La digitaline est un toxique puissant, dont l'action énergique se porte spécialement sur le cœur.

La digitale renferme encore d'autres principes immédiats; ainsi MM. Homolle et Quevenne ont retiré la *digitalose*, substance cristalline d'un blanc de neige éclatant, inodore, insipide, insoluble dans l'eau, assez soluble dans l'éther et l'alcool à 90°, surtout bouillant.

Le *digitalin*, matière blanchâtre, d'apparence cristalline, inodore, insipide à l'état solide, insoluble dans l'eau froide, à peine soluble dans l'eau bouillante et lui communiquant alors une saveur amère, soluble dans l'alcool à 90° et insoluble dans l'éther.

M. Morin a isolé l'*acide digitalique*, acide qui cristallise en aiguilles et possède une odeur qui devient suffocante par la chaleur; sa saveur est franchement acide; il rougit le tournesol bleu; il est très-soluble dans l'eau, soluble dans l'alcool et un peu dans l'éther. Il se décompose à l'air avec une facilité remarquable, en se colorant en brun. La lumière, la chaleur, les alcalis, favorisent cette décomposition. Il chasse l'acide carbonique des carbonates et forme des sels qui se décomposent encore plus rapidement que l'acide libre.

L'*acide antirrhinique*, obtenu par la distillation des feuilles de digitale; acide volatil, d'apparence huileuse, d'une saveur désagréable et rappelant l'odeur de la digitale fraîche.

L'*acide digitaléique*, espèce d'acide gras, retiré par M. Kosmann des feuilles de la digitale pourprée. Cet acide cristallise en aiguilles fines groupées en étoiles et colorées en vert, sa saveur est âcre et amère, son odeur aromatique; fort peu soluble dans l'eau, mais très-soluble dans l'alcool et dans l'éther. Il forme des sels jaune verdâtre, la plupart incristallisables.

M. Walz a retiré de la digitale une substance amorphe, d'un blanc jaunâtre, qu'il a appelée *digitasoline*, qui, sous l'influence de l'acide sulfurique, se dédouble en glucose et en deux autres matières qu'il a désignées sous les noms de *digitalisétine* et *paradigitalétine*. D'après ce chimiste, la digitaline incristallisable, mise en suspension dans l'eau additionnée d'acide sulfurique, se décompose complétement : il se dépose de la digitalisétine et de la paradigitalétine; il reste en solution une matière glycosique qui réduit l'oxyde de cuivre de ses dissolutions alcalines. La digitalisétine a été aussi étudiée par M. Kosmann.

[Homolle et Quevenne, *Journ. de Pharm. et de Chim.*, 1845, t. VII, p. 57; *Répert. de Pharm.*, t. I, p. 103; *Ann. de Thérap. de M. Bouchardat*, 1845, p. 69; *Mémoire sur la digitaline*, Paris, 1851; en extrait : *Repert. f. Pharm.*, (3), t. IX, p. 2; *Arch. de Physiol. de M. Bouchardat*, janvier 1854; — P. Morin, *Journ. de Pharm. et de Chim.*, 1845, t. VII, p. 297 et 300; — Kosmann, *Journ. des Conn. méd.*, 1845, 1re sér., t. XIII, p. 67, et *Rev. scient.*, 1846, 2e série, t. IX, p. 123; *Journ. de Chim. méd.*, (3), t. II, p. 377; *Journ. des Conn. méd.*, 1845, 1re série, t. XII, p. 277; — Walz, *Jahresb. f. prakt. Pharm.*, t. XIV, p. 20; t. XXI, p. 32; t. XXIV, p. 86. — Natīvelle, *Monit. scientif.*, fév. 1867; *Répert. de Pharm.*, t. XXIII, p. 347]. E. C.

DIGLYCÉRINE. — Voyez GLYCÉRINE.

DIGLYCOLAMIDIQUE (ACIDE),

$$C^4H^7AzO^4 = Az\begin{cases} C^2H^2O.OH \\ C^2H^2O.OH \\ H \end{cases}$$

[Heintz, *Poggend. Ann.*, 1862, t. CXV, p. 165; *Ann. der Chem. u. Pharm.*, t. CXXIV, p. 297; nouv. sér., t. XLVIII, et même recueil, t. CXXXVI, p. 213, et t. CXLV, p. 214. — Voir aussi *Répert. de Chim. pure*, 1862, p. 314; *Bull. de la Soc. chim.*, Paris, 1863, p. 330, et même recueil, 1864, t. II, p. 145 et 1866, t. V, p. 377]. — Lorsqu'on fait bouillir de l'acide monochloracétique avec de l'ammoniaque, et qu'on traite ensuite par la chaux, ou mieux, si, après avoir débarrassé autant que possible le produit de l'action de l'ammoniaque sur l'acide monochloracétique de l'excès de sel ammoniac, on le fait bouillir avec de l'oxyde de plomb jusqu'à ce qu'il ne se dégage plus d'ammoniaque, on obtient un précipité et une solution; le précipité contient l'oxychlorure de plomb et le triglycolamidate de plomb (voyez ce mot), la solution renferme le glycolate et le diglycolamidate du même métal. Cette solution est décomposée par l'hydrogène sulfuré, filtrée, puis traitée par l'hydrocarbonate de zinc qui donne un diglycolamidate très-peu soluble, même dans l'eau bouillante, et que l'on sépare ainsi du glycolate. On peut alors, en traitant de nouveau le diglycolamidate de zinc par l'hydrogène sulfuré, obtenir l'acide diglycolamidique dont on évapore la solution dans le vide.

Cet acide donne alors de grands cristaux anhydres plus solubles dans l'eau que ceux de l'acide triglycolamidique, moins solubles que le glycocolle.

Il se dissout dans l'acide chlorhydrique étendu et donne avec lui une combinaison en lames quadrangulaires, minces, cristallisable dans l'alcool, insoluble dans l'éther. La solution alcoolique n'est pas précipitée par $PtCl^4$, sauf en présence de l'éther. Cet acide, ainsi que le glycocolle, peut être considéré comme une amine; le chlorhydrate de glycocolle est

$$HCl,Az\begin{cases} C^2H^2O.OH \\ H \\ H, \end{cases}$$

le chlorhydrate précédent est

$$HCl,Az\begin{cases} C^2H^2O.OH \\ C^2H^2O.OH \\ H. \end{cases}$$

On voit qu'aux atomes d'hydrogène des oxhydryles peut se substituer un métal monatomique et que ce corps peut jouer aussi le rôle d'acide bibasique; c'est un isomère de l'acide diglycolamique (voyez ce mot). Celui-ci en diffère en ce qu'il contient le noyau

$$\left(\begin{matrix} C^2H^2O \\ O \\ C^2H^2O \end{matrix}\right)''$$

de l'acide diglycolique dont il dérive; l'acide diglycolamique est en effet

$$Az \left\{ \begin{matrix} (C^2H^2O\text{-}O\text{-}C^2H^2O)OH \\ H \\ H. \end{matrix} \right.$$

Il a encore la constitution d'une amine, mais c'est un acide primaire.

L'acide *diglycolamidique* donne aussi une combinaison avec l'acide azotique; on l'obtient par le mélange et l'évaporation dans le vide sec de quantités équivalentes des deux corps. Masse incolore, cristallisée, transparente, déliquescente; la formule de ces cristaux est

$$AzO^3H, Az \left\{ \begin{matrix} C^2H^2O.OH \\ C^2H^2O.OH \\ H. \end{matrix} \right.$$

C'est un corps très-apte à cristalliser, se décomposant avant 100°, et dont l'acide est reprécipité par l'addition d'alcool.

Le sulfate neutre d'acide diglycolamidique s'obtient en dissolvant à chaud le second de ces acides dans le premier et laissant cristalliser par refroidissement. Ces cristaux sont décomposés par l'eau en sulfate acide et acide diglycolamidique libre; l'alcool dissocie peu à peu ces combinaisons.

Diglycolamidate ammonique,

$$C^4H^6AzO^4(AzH^4).$$

— Masse cristalline qu'on obtient en évaporant au bain-marie l'acide diglycolamidique sursaturé par l'ammoniaque aqueuse, très-soluble dans l'eau dont il se dépose en cristaux tabulaires; prismes droits de 95°42', terminés par une base insoluble dans l'alcool et l'éther; sa solution aqueuse est acide. C'est un polymère du glycocolle :

$$Az \left\{ \begin{matrix} C^2H^2O.OH \\ H \\ H, \end{matrix} \right. \qquad Az \left\{ \begin{matrix} C^2H^2O.OAzH^4 \\ C^2H^2O.OH \\ H. \end{matrix} \right.$$

Glycocolle. — Diglycolamidate d'ammonium.

Diglycolamidate barytique,

$$(C^4H^6AzO^4)^2Ba''.$$

— S'obtient aussi directement en partant de l'acide. Masse gommeuse incristallisable. On enlève l'excès de baryte par un courant d'acide carbonique ou une petite quantité d'acide sulfurique. Il paraît se former aussi un peu de diglycolamidate de baryum bibasique $C^4H^5Ba''AzO^4$.

Diglycolamidate de chaux. — Très-soluble dans l'eau bouillante, insoluble dans l'eau froide.

Diglycolamidate de zinc, $C^4H^5Zn''AzO^4$. — On en a donné plus haut la préparation. Très-peu soluble dans l'eau, même à chaud; on enlève l'excès d'hydrocarbonate de zinc par un peu d'acide acétique, on dissout dans beaucoup d'eau, on évapore; lames quadrangulaires microscopiques. Ce sel présente une faible réaction acide; il est insoluble dans l'alcool et l'éther.

Diglycolamidate de cuivre,

$$C^4H^5Cu''AzO^4 + 2H^2O.$$

— Sel très-peu soluble, d'un bleu foncé.

Diglycolamidate d'argent, $C^4H^5Ag^2AzO^4$. — — S'obtient en précipitant le sel correspondant d'ammonium par le nitrate d'argent dans une liqueur faiblement ammoniacale; poudre dense, incolore, brunissant lentement à l'air, insoluble dans l'eau, l'alcool et l'éther, jaunit sans se décomposer à 100°; plus haut il se décompose avec déflagration. En présence de l'iodure d'éthyle à 100° et de l'éther anhydre, ce corps se transforme en éther éthyl-diglycolamidique.

Acide éthyldiglycolamidique,

$$C^6H^{11}AzO^4 = Az \left\{ \begin{matrix} C^2H^2O.OH \\ C^2H^2O.OH \\ C^2H^5 \end{matrix} \right.$$

[Heintz, *Ann. der Chem. u. Pharm.*, t. CXXVIII, p. 129, et *Bull. de la Soc. chim.*, t. IV, p. 138]. — Cet acide s'obtient en traitant l'acide monochloracétique par l'éthylamine, et le résultat de la réaction par l'oxyde de plomb, comme il a été dit pour l'acide diglycolamidique. On obtient ainsi une solution d'éthylglycocolle et un précipité d'éthyldiglycolamidate de plomb. On fait bouillir ce précipité avec de l'eau, on ajoute une petite quantité d'acide sulfurique, on filtre et on traite par l'hydrogène sulfuré; on filtre encore, on sature par la baryte l'excès d'acide sulfurique, enfin on sature par la chaux; on sépare par le filtre un peu d'oxalate, on évapore à sec, on lave à l'alcool absolu, on reprend par l'eau, on élimine un peu de chlore par l'agitation avec l'oxyde d'argent; on traite par l'hydrogène sulfuré pour enlever cet argent, enfin on ajoute au sel de chaux de l'acide oxalique qui donne une liqueur acide difficilement cristallisable. On transforme cet acide en sel de cuivre, on filtre, on évapore, et il se dépose de petites tables rectangulaires bleues d'un sel cuivrique, qu'on lave, exprime, reprend par l'eau, et traite par l'hydrogène sulfuré; on évapore et on a ainsi l'acide éthyldiglycolamidique pur.

L'alcool absolu enlève aussi de l'éthyldiglycolamidate de chaux que l'on transforme en sel cuivrique, comme précédemment.

L'acide éthyldiglycolamidique est incolore, sans odeur, de saveur très-acide; prismes rhombiques courts de 100°30', terminés par des octaèdres dont les faces opposées forment un angle d'environ 90°. Cet acide est très-soluble dans l'eau, peu soluble dans l'alcool même chaud, insoluble dans l'éther. Par la chaleur, il fond, brunit et se boursoufle en dégageant des vapeurs ammoniacales.

Éthyldiglycolamidate de cuivre,

$$Az \left\{ \begin{matrix} C^2H^2O.O \\ C^2H^2O.O \\ C^2H^5. \end{matrix} \right\} Cu''$$

— On en a décrit plus haut la préparation. Il est peu soluble dans l'eau froide, moins encore dans l'alcool. Sa solution aqueuse, bouillante et concentrée, le dépose sous forme de petits grains amorphes; mais il peut cristalliser en lames quadratiques. Le bichlorure d'étain et l'azotate mercureux seuls le précipitent.

Éthyldiglycolamidate d'éthyle,

$$Az \left\{ \begin{matrix} C^2H^2O.OC^2H^5 \\ C^2H^2O.OC^2H^5 \\ C^2H^5. \end{matrix} \right.$$

— On obtient cet éther, comme il a été dit plus haut, en traitant le diglycolamidate d'argent par l'iodure d'éthyle mélangé avec de l'éther anhydre en chauffant à 100°. A. G.

DIGLYCOLAMIQUE (ACIDE),

$$C^4H^7AzO^4 = Az \left\{ \begin{matrix} (C^2H^2O.O.C^2H^2O)''.OH \\ H \\ H \end{matrix} \right.$$

[Heintz, *Ann. der Chem. u. Pharm.*, t. CXXVIII, nouv. sér., t. LII, p. 129, novembre 1863, et *Bull. de la Soc. chim.*, 1864, t. II, p. 143]. — Cet acide, isomère de l'acide diglycolamidique, du même auteur, se produit en saturant la solution aqueuse de diglycolimide par l'hydrate de baryte, enlevant l'excès de baryte par un courant d'acide carbonique et évaporant; il reste une masse gommeuse de diglycolamate impur, on réduit cette masse en poudre, on la traite par l'alcool bouillant qui enlève de la glycolimide et du diglycolamate d'ammonium, enfin on reprend par l'eau et on verse à la surface de cette solution une certaine quantité d'alcool; on obtient ainsi des cristaux de diglycolamate de baryum. Pour isoler de ce sel l'acide diglycolamique, on en précipite la baryte par une solution d'acide sulfurique, on évapore à siccité, on reprend par l'alcool absolu bouillant, on évapore cette solution alcoolique et on obtient un résidu très-soluble dans l'eau chaude et cristallisant par le refroidissement en prismes orthorhombiques de 84°15', modifiés par les faces g^1 et h^1 et par quatre faces appartenant à un octaèdre rhomboïdal hémiédrique.

Ces cristaux sont anhydres, leur composition est $C^4H^7AzO^4$.

Ils fondent à 150° en un liquide qui se solidifie difficilement.

L'acide diglycolamique est monobasique; il diffère de l'acide diglycolamidique en ce que celui-ci est bibasique et ne contient pas le radical diglycolyle $(C^2H^2O.O.C^2H^2O)''$, mais seulement deux fois le glycolyle uni à l'oxhydryle :

$$Az\left\{\begin{matrix}(C^2H^2O.O.C^2H^2O)''OH\\ H\\ H\end{matrix}\right.\qquad Az\left\{\begin{matrix}C^2H^2O.OH\\ C^2H^2O.OH\\ H.\end{matrix}\right.$$

Acide diglycolamique. Acide diglycolamidique.

L'acide diglycolamique dérive par la diglycolimide de l'acide diglycolique, tandis que l'acide diglycolamidique dérive par l'acide monochloracétique de l'acide glycolique. L'un et l'autre sont des acides capables, comme le glycocolle, de jouer le rôle d'amines.

Diglycolamate de baryum,

$$(C^4H^7AzO^4)^2Ba'' + H^2O.$$

— Il s'obtient comme il a été dit plus haut. Ces cristaux chauffés à 130° ne s'altèrent pas; la molécule d'eau qu'ils contiennent ne peut être chassée sans que le sel se décompose.

Le diglycolamate de baryte ne précipite pas l'azotate d'argent. A. G.

DIGLYCOLÉTHYLÉNIQUE (ACIDE),

$$C^6H^{10}O^6 = \left.\begin{matrix}(C^2H^4)''\\ (C^2H^2O)''_2\\ H^2\end{matrix}\right\} O^4$$

[A. Wurtz, *Ann. de Chim. et de Phys.*, 1863, (3), t. LXIX, p. 351]. — Cet acide est un produit d'oxydation de l'alcool triéthylénique.

Pour l'obtenir, on traite cet alcool par l'acide nitrique de 1,42 de densité et en excès. On chauffe doucement; une vive réaction se produit, on évapore au bain-marie, à siccité; on reprend de nouveau par l'acide nitrique, on évapore encore et on obtient une masse de cristaux qu'on dissout dans beaucoup d'eau; on neutralise par la chaux, on porte à l'ébullition et on filtre. Par refroidissement on obtient d'abord une petite quantité de diglycolate de calcium. On concentre après avoir séparé ce sel, et la liqueur se prend en une masse de fines aiguilles entrelacées semblables à de l'amiante. Voici l'équation de leur production :

$$\left.\begin{matrix}(C^2H^4O.C^2H^4.O.C^2H^4)''\\ H^2\end{matrix}\right\} O^2 + O^4$$

Alcool triéthylénique.

$$= \left.\begin{matrix}C^2H^2O.C^2H^2O.O.C^2H^4O)''\\ H^2\end{matrix}\right\} O^2 + 2H^2O.$$

Acide diglycoléthylénique.

Diglycoléthylénate acide de potasse,

$$\left.\begin{matrix}C^2H^4O.C^2H^2O.O.C^2H^2O)''\\ HK\end{matrix}\right\} O^2.$$

— On divise en deux parts égales une solution aqueuse d'acide diglycoléthylénique; on sature la première par du carbonate de potasse, on ajoute la seconde; on concentre; le sel se sépare par le refroidissement. Petits cristaux lamelleux assez solubles dans l'eau, à réaction acide. A. G.

DIGLYCOLIQUE (ACIDE).

$$C^4H^6O^5 + 2H^2O = \left.\begin{matrix}(C^2H^2O)^2\\ H^2\end{matrix}\right\} O^3 + 2H^2O$$

ou

$$= [C^2H^2O.O.C^2H^2O]''O,(OH)^2 + 2H^2O$$

[Syn. *Acide paramalique de Heintz*] [Heintz, *Pogg. Ann.*, 1859, t. CIX, p. 482; — A. Wurtz, *Ann. de Chim. et de Phys.*, 1863, (3), t. LXIX, p. 342]. — Cet acide bibasique est à l'alcool diéthylénique ce que l'acide glycolique est au glycol :

$$\left.\begin{matrix}(C^2H^4)^2\\ H^2\end{matrix}\right\} O^3,\qquad \left.\begin{matrix}(C^2H^2O)^2\\ H^2\end{matrix}\right\} O^3,$$

Alcool diéthylénique. Acide diglycolique.

$$\left.\begin{matrix}C^2H^4\\ H^2\end{matrix}\right\} O^2,\qquad \left.\begin{matrix}C^2H^2O\\ H^2\end{matrix}\right\} O^2.$$

Glycol. Acide glycolique.

Il a été obtenu d'abord par Heintz comme produit accessoire de la préparation de l'acide glycolique par l'acide monochloracétique; Wurtz l'a plus particulièrement étudié et en a établi la vraie constitution.

Pour le préparer, Heintz fait bouillir le monochloracétate de soude avec un excès d'hydrate de soude, évapore à sec, sature par l'acide sulfurique, reprend par l'alcool absolu. La partie dissoute est saturée par l'eau de baryte. On obtient ainsi deux sels : le glycolate de baryte facilement soluble, et le diglycolate très-peu soluble, que l'on sépare et avec lequel on peut aisément arriver à l'acide et à ses sels.

Wurtz mélange l'alcool diéthylénique avec un grand excès d'acide azotique de densité 1,42. A une douce chaleur, il se produit une oxydation énergique. Après disparition des vapeurs rutilantes, on évapore au bain-marie; la masse cristalline qui reste est un mélange d'acides oxalique, glycolique et diglycolique.

Elle est redissoute dans l'eau et neutralisée par un lait de chaux, on filtre bouillant; le diglycolate seul cristallise, le glycolate reste en solution, l'oxalate précipité reste sur le filtre. Le diglycolate de chaux est purifié par recristallisation, redissous dans l'eau bouillante, précipité par le nitrate d'argent, et le diglycolate argentique, délayé dans l'eau, est traité par l'hydrogène sulfuré. La liqueur, filtrée et évaporée dans le vide, laisse l'acide diglycolique cristallisé.

Gros prismes orthorhombiques de 107° 36' tronqués sur les arêtes et sur les angles aigus par les faces tangentes g^1 et e^1; celle-ci fait avec celles du prisme un angle de 69° 58' (Friedel). Plan des axes optiques parallèle à la petite diagonale de la base. L'acide diglycolique se dissout dans les 2/3 de son poids d'eau à 15°; il est aussi très-soluble dans l'alcool. Sa saveur a une acidité franche. Ses cristaux efflorescents perdent une partie de leur eau à 100° ou dans le vide, et le dernier quart environ vers 148°. Il se décompose vers 250° à 270°, en donnant de l'oxyde de carbone, de l'acide carbonique et un liquide épais qui distille et cristallise. C'est un mélange d'acides glycolique et diglycolique.

L'équation de leur formation est

$$\left.\begin{matrix}(C^2H^4)^2\\ H^2\end{matrix}\right\} O^3 + O^4 = \left.\begin{matrix}(C^2H^2O)^2\\ H^2\end{matrix}\right\} O^3 + 2H^2O.$$

Alcool diéthylénique. Acide diglycolique.

Isomère de l'acide isomalique [H. Kaemmerer, *Ann. de Chim. et de Pharm.*, nouv. sér., sept. 1864, t. LV] et de l'acide malique, cet acide a plusieurs des propriétés de ce dernier. Toutes ses solutions se recouvrent peu à peu de moisissures; comme lui, traité par la potasse fondue, il donne la réaction suivante :

$$\underset{\text{Acide diglycolique.}}{C^4H^6O^5} + H^2O = \underset{\text{Acide oxalique.}}{C^2H^2O^4} + \underset{\text{Acide acétique.}}{C^2H^4O^2} + H^2.$$

Chauffé avec un excès d'acide iodhydrique, il est réduit et donne entre autres produits de l'acide acétique :

$$\left.\begin{matrix}(C^2H^2O)^2\\ H^2\end{matrix}\right\}O^3 + 4HI = 2I^2 + 2C^2H^4O^2 + H^2O.$$

Il donne aussi de l'acide glycolique si l'acide diglycolique est en excès (Heintz). Chauffé de 130° à 140°, en vase clos, avec une solution d'acide chlorhydrique, l'acide diglycolique donne de l'acide glycolique [Heintz, *Ann. der Chem. u. Pharm.*, nouv. sér., juin 1864, t. LIV].

Diglycolate acide d'ammonium, $C^4H^5(AzH^4)O^5$. — On le prépare en traitant le sel barytique en solution bouillante, tel qu'on en a décrit la préparation dans le procédé de Heintz, par un excès d'ammoniaque et de carbonate d'ammoniaque; on filtre, on évapore, on dessèche à 120°. Gros cristaux prismatiques isomères du malate acide d'ammoniaque, dont ils diffèrent par une moindre solubilité dans l'eau; 100 p. d'eau à 16° en dissolvent 3,2 p. environ, tandis qu'elles dissolvent 32,1 de malate.

Diglycolate acide de potassium, $C^4H^5KO^5$. — Une solution d'acide diglycolique est séparée en deux parts égales; à la première, saturée par la potasse, on ajoute la seconde. On concentre; on laisse évaporer.

Cristaux transparents, inaltérables à l'air, anhydres, noircissant si on les chauffe et donnant une odeur de caramel.

Diglycolate neutre de baryum,

$$C^4H^4Ba''O^5 + 3/2\,H^2O.$$

— On en a décrit plus haut la préparation. Pour l'avoir pur, on traite le diglycolate d'ammonium précédent à chaud par le chlorure barytique. Il perd son eau de cristallisation vers 110°. Peu soluble dans l'eau, par une longue ébullition avec l'eau en présence du sel ammoniac, il a donné le sel $C^4H^6Ba''O^6$, qui diffère du précédent par H^2O.

Diglycolate neutre de calcium,

$$C^4H^4Ca''O^5 + 6H^2O.$$

— Préparation décrite plus haut (procédé de Wurtz). Aiguilles brillantes, très-peu solubles dans l'eau froide, plus solubles à chaud. Il ne perd en totalité son eau qu'à 160° ou 180°.

Diglycolate argentique, $C^4H^4Ag^2O^5$. — S'obtient par la précipitation du sel précédent par le nitrate d'argent. Poudre grenue, insoluble à froid. Il se colore lentement à la lumière.

ÉTHERS DIGLYCOLIQUES. — *Diglycolate d'éthyle*, $C^8H^{10}O^4$ [Heintz, *Ann. der Chem. u. Pharm.*, t. CXLIV, p. 95; nouv. sér., t. LXVIII, octobre]. — On obtient ce corps en traitant le monochloracétate d'éthyle par le carbonate de soude sec, à 180° ou 200°. On traite par l'éther; la liqueur éthérée est distillée, on recueille de 220° à 245°, puis on rectifie. C'est le diglycolate d'éthyle.

Le diglycolate d'éthyle, traité par l'eau et l'hydrate de baryte, donne du diglycolate de baryte et de l'alcool.

Le même produit s'obtient aussi quand on traite le diglycolate d'argent avec l'iodure d'éthyle au bain-marie.

Liquide incolore, peu épais, bouillant à 240°, non sans se décomposer partiellement. Doux et brûlant au goût; plus lourd que l'eau. Soluble dans l'eau chaude, qui prend une réaction acide. Il se décompose par les alcalis.

Traité par l'ammoniaque alcoolique, il donne le corps suivant :

DIGLYCOLYLDIAMIDE,

$$Az^2\left\{\begin{matrix}\left[O\left\{\begin{matrix}C^2H^2O\\ C^2H^2O\end{matrix}\right.\right]''\\ H^2\\ H^2\end{matrix}\right.$$

— On laisse en contact une solution alcoolique d'éther diglycolique et d'ammoniaque. Il se produit peu à peu des petits cristaux incolores de diglycoldiamide.

Elle cristallise en prismes rhombiques d'un angle de 81° environ.

Les cristaux fondent quand on les chauffe et recristallisent par refroidissement; en chauffant plus haut, il se dégage AzH^3 et il se produit la diglycolimide (voir plus bas) :

$$\underset{\text{Diglycolyldiamide.}}{Az^2\left\{\begin{matrix}\left[O\left\{\begin{matrix}C^2H^2O\\ C^2H^2O\end{matrix}\right.\right]\\ H^2\\ H^2\end{matrix}\right.} = AzH^3 + \underset{\text{Diglycolimide.}}{Az\left\{\begin{matrix}\left[O\left\{\begin{matrix}C^2H^2O\\ C^2H^2O\end{matrix}\right.\right]''\\ H\end{matrix}\right.}$$

Les alcalis caustiques la transforment en diglycolate; en chassant l'ammoniaque à 100°, donne de l'acide diglycolamique.

L'acide chlorhydrique étendu la dissout et donne un chlorhydrate très-instable même dans le vide.

DIGLYCOLIMIDE,

$$C^4H^5AzO^3 = \left.\begin{matrix}\left(\begin{matrix}C^2H^2O\\ C^2H^2O\end{matrix}\right\}O\right)''\\ H\end{matrix}\right\}Az$$

[Wurtz, *loc. cit.*; — Heintz, *Ann. der Chem. u. Pharm.*, nouv. sér., t. LII, et *Bull. de la Soc. chim.*, t. L, p. 143]. — Cette imide, où le radical diatomique

$$\left[\begin{matrix}C^2H^2O\\ C^2H^2O\end{matrix}\right\}O\Big]''$$

remplace 2 atomes d'hydrogène de AzH^3, s'obtient en chauffant au bain d'huile, au-dessus de 250°, le diglycolate d'ammonium. Il distille une liqueur incolore qui se prend par le refroidissement en masse cristalline; on dissout dans l'alcool absolu chaud, et on obtient de belles aiguilles incolores, opaques, qui sont la diglycolimide :

$$\underset{\text{Diglycolate acide d'ammonium.}}{\left[\begin{matrix}C^2H^2O\\ C^2H^2O\end{matrix}\right\}O\Big]''\begin{matrix}OH\\ OAzH^4\end{matrix}}$$

$$= 2H^2O + \underset{\text{Diglycolimide.}}{\left.\begin{matrix}\left.\begin{matrix}C^2H^2O\\ C^2H^2O\end{matrix}\right\}O\\ H\end{matrix}\right\}Az.}$$

Elle se dissout dans 57 fois son poids d'eau à 14°; elle est bien plus soluble à chaud, un peu soluble dans l'alcool et l'éther. Elle fond à 142°.

Elle diffère de l'asparagine par AzH^3 en moins.

Elle ne se combine pas à l'acide chlorhydrique.

Chauffée avec une solution concentrée de potasse, elle dégage de l'ammoniaque; avec un excès d'hydrate de chaux, elle donne du diglycolate calcique.

L'hydrate de baryte donne avec elle le diglycolamate de baryum (voyez ACIDE DIGLYCOLAMIQUE).

En additionnant d'ammoniaque, avec précaution, un mélange de solutions concentrées de diglycolimide et de nitrate d'argent, il se produit un précipité blanc, cristallin, représenté par la formule

$$\left.\begin{matrix}\left.\begin{matrix}C^2H^2O\\ C^2H^2O\end{matrix}\right\}O\\ Ag\end{matrix}\right\}Az.$$

C'est l'*argendiglycolimide*, qui, traité par l'hydrogène sulfuré, reproduit la diglycollmide. A. G.

DIHYDRITE (Min.). — Phosphate de cuivre hydraté renfermant, d'après Rammelsberg,

$$5CuO.Ph^2O^5.2H^2O.$$

— Voyez LUNNITE.

DIHYDROCARBOXYLIQUE (ACIDE). — Voyez ACIDE RHODIZONIQUE.

DILITURIQUE (ACIDE) [Syn. *Acide nitrobarbiturique*]. — Il est décrit parmi les dérivés de l'acide barbiturique. — Voyez t. I, p. 501.

DILITURATE D'AMMONIUM, $C^4H^2Az^3O^5.AzH^4$. — C'est le précipité blanc qui se forme quand on additionne l'acide diliturique d'ammoniaque ou d'un sel ammoniacal. Très-peu soluble dans l'eau froide, un peu plus dans l'eau chaude, il cristallise par le refroidissement en lamelles brillantes. Il n'est altéré ni par l'ammoniaque ni par l'acide nitrique. Il se dissout sans altération dans l'acide sulfurique concentré et est précipité par l'eau de cette solution. La potasse concentrée le colore en jaune sans le dissoudre; la potasse étendue le dissout en dégageant de l'ammoniaque. Le liquide contient du dialurate dipotassique. Il brûle en fumant.

DILITURATE D'ARGENT. — Le sel monobasique

$$C^4H^2Az^3O^5.Ag + 2H^2O$$

s'obtient en beaux cristaux prismatiques incolores lorsqu'on traite l'acide diliturique par le nitrate d'argent assez étendu. Il se dissout un peu dans l'eau, surtout à chaud; chauffé, il devient jaune et fait explosion. Le sel tribasique $C^4Az^3O^5.Ag^3$ est jaune, cristallise en petites aiguilles fort peu solubles, et se forme lorsqu'on ajoute de l'acide diliturique à un excès d'une solution chaude d'acétate d'argent. Il fait explosion par la chaleur, mais non par simple percussion. Il se dissout dans l'acide diliturique et forme le sel monobasique.

DILITURATE DE BARYUM. — Aiguilles déliées obtenues avec l'acide diliturique et l'acétate de baryum, décomposables par les sulfates solubles, mais non par l'acide sulfurique. Il donne avec le chlorure de baryum un beau sel ressemblant aux macles du gypse et qu'on obtient encore avec l'acide diliturique chaud et le chlorure de baryum. Il renferme $C^4H^2Az^3O^5(BaCl)' + 2H^2O$ et perd son eau à 140°.

DILITURATE DE CALCIUM,

$$(C^4H^2Az^3O^5)^2Ca'' + 8H^2O.$$

— S'obtient comme le sel de baryum; perd $4H^2O$ à 140°.

DILITURATE DE CUIVRE,

$$(C^4H^2Az^3O^5)^2Cu'' + 12H^2O.$$

— Fines aiguilles blanc-verdâtre, obtenues avec l'acide diliturique et un sel cuivrique soluble. Perdent leur eau à 100° et, à une plus haute température, détonent.

DILITURATE DE FER. — Le sel ferreux

$$(C^4H^2Az^3O^5)^2Fe'' + 16H^2O$$

est un précipité blanc cristallin, très-peu soluble dans l'eau, qui se forme avec le sulfate ferreux et l'acide diliturique. Il perd $12H^2O$ à 120°, en devenant brun; chauffé plus fort, il se détruit. Le sel ferrique $(C^4H^2Az^3O^5)^6[Fe^2]^{vi}$ se présente en petites aiguilles jaunes très-peu solubles dans l'eau, même à chaud. Il se prépare avec le chlorure ferrique. Il perd de l'eau vers 110-120°; chauffé plus haut, il détone.

DILITURATE DE POTASSIUM. — Le sel monobasique $C^4H^2Az^3O^5.K$ se dépose sous forme de poudre cristalline quand on ajoute de l'acide chlorhydrique à la solution d'acide diliturique dans la potasse; ou sous forme de cristaux ayant l'apparence de cubes, lorsqu'on additionne l'acide diliturique d'une solution d'un sel de potassium. Il est très-peu soluble. Le sel bibasique $C^4HAz^3O^5K_2$ se sépare en belles aiguilles jaunes par l'addition de l'alcool à la solution chaude d'acide diliturique dans la potasse. L'eau le détruit partiellement avec formation de sel monobasique. Lorsqu'on le chauffe, il détone légèrement et se convertit, selon Schlieper, en cyanate, acide carbonique, et sans doute acide cyanique :

$$C^4HK^2Az^3O^5 = 2CAzKO + CAzHO + CO^2.$$

Il détone au contact de l'acide sulfurique.

DILITURATE DE SODIUM,

$$C^4H^2Az^3O^5.Na\ (+\ 4H^2O?).$$

— Sel soluble efflorescent, qui se sépare en aiguilles soyeuses quand on laisse refroidir une solution d'acétate de soude mélangée d'acide diliturique. On l'obtient aussi avec le sulfate de sodium et le diliturate de baryum [Baeyer, *Ann. der Chem. u Pharm.*, t. CXXVII, p. 211, et *Bull. de la Soc. chim.*, 1864, t. I, p. 52]. G. S.

DILLENBURGITE. — Voyez CHRYSOCOLLE.

DILLNITE (Min.). — Silicate d'alumine hydraté, compacte et terreux, qui sert de gangue au diaspore de Schemnitz, $4Al^2O^3, 3SiO^2.9H^2O$.

DIMÉTHACÉTIQUE (ACIDE). — Voyez ACIDE BUTYRIQUE, p. 681.

DIMÉTHOXALIQUE (ACIDE), $C^4H^8O^3$ [Frankland et Duppa, *Proceed. of the Roy. Soc.*, t. XIII, p. 140, et *Bull. de la Soc. chim.*, 1864, t. III, p. 363]. — Il s'obtient par l'action du zinc sur un mélange d'oxalate de méthyle et d'iodure de méthyle.

Deux molécules d'iodure de méthyle ont été mélangées avec une molécule d'oxalate de méthyle, et le liquide a été chauffé pendant 24 heures au contact du zinc amalgamé, à une température de 70° à 100°. Le tout se convertit en une masse jaunâtre, résineuse, qui est distillée avec de l'eau. Il passe de l'alcool méthylique et le résidu renferme, outre de l'iodure et de l'oxalate de zinc, le sel de zinc du nouvel acide. On le délaye dans l'eau et on le fait bouillir avec un excès de baryte. Puis on précipite la baryte par un courant d'acide carbonique, on filtre et on sépare l'iode par l'oxyde d'argent humide. La liqueur filtrée et saturée de nouveau de baryte donne des aiguilles de diméthoxalate de baryte, d'où l'on extrait l'acide.

L'acide diméthoxalique est solide, blanc et cristallise en prismes, qui ressemblent à ceux de l'acide oxalique. Il fond à 75°,7 et se volatilise lentement, même à la température ordinaire. Il se sublime facilement à 50°, et distille à 212°, sans décomposition. C'est un acide puissant, dont plusieurs sels sont cristallisables.

Le sel d'argent renferme $C^4H^7O^3Ag$; il cristallise en paillettes nacrées de sa solution dans l'eau bouillante.

L'acide diméthoxalique représente de l'acide oxalique, dont 1 atome d'oxygène est remplacé par 2 groupes CH^3 :

CO,OH	C(CH³)²OH
CO,OH	C O, OH
Acide oxalique.	Acide diméthoxalique.

E. G.

DIMÉTHYLACÉTAL. — Voyez t. I, p. 6.

DIMÉTHYLACÉTOCARBONATE D'ÉTHYLE — Voyez DIMÉTHYLACÉTONE.

DIMÉTHYLACÉTONE [Frankland et Duppa, *Proceed. of the Roy. Soc.*, t. XIV, p. 198 et 458, et t. XV, p. 37; *Jahresb. für* 1865, t. XVIII, p. 306]. — En traitant successivement l'éther acétique par le sodium et l'iodure de méthyle, on obtient un liquide éthéré renfermant du *méthyl-*

acétocarbonate d'éthyle et du *diméthylacétocarbonate d'éthyle* (1). On opère comme avec l'iodure d'éthyle, et la formation de ce corps est analogue à celle des composés éthyliques. — Voyez DIÉTHYLACÉTONE.

On traite le mélange de méthyl- et de diméthylacétocarbonate d'éthyle par la soude aqueuse bouillante, qui détruit le premier en donnant de la méthylacétone et n'attaque pas le second; on les sépare par la distillation fractionnée.

DIMÉTHYLACÉTOCARBONATE D'ÉTHYLE, $C^8H^{14}O^3$. — Il est un peu huileux, incolore, d'une odeur particulière aromatique, très-peu soluble dans l'eau; il bout à 184°; densité, 0,9913 à 16°. A peine attaqué par la soude aqueuse, il donne, avec la baryte, la *diméthylacétone* $C^5H^{10}O$.

DIMÉTHYLACÉTONE,

$$C^5H^{10}O = CO\left\{\begin{matrix} CH(CH^3)^2 \\ CH^3. \end{matrix}\right.$$

— Elle est mobile, d'une odeur agréable, bout à 93°,5, et se combine difficilement aux bisulfites. Sa densité est de 0,8099 à 13°; elle est isomérique avec la propione, l'éthylacétone, le méthylbutyryle, l'aldéhyde valérique et le propionyléthyle.

MÉTHYLACÉTONE,

$$C^4H^8O = CO\left\{\begin{matrix} CH^2(CH^3) \\ CH^3. \end{matrix}\right.$$

— Nous avons vu plus haut qu'elle se produit par la décomposition que fait subir la soude aqueuse bouillante au méthylacétocarbonate d'éthyle. Elle bout à 81° et se combine aux bisulfites; son odeur rappelle celle du chloroforme. Elle paraît identique avec l'acétyléthyle que Freund et Pébal ont obtenu en traitant le chlorure d'acétyle par le zinc éthyle, et qui bout de 77°,5 à 78°,5 [*Répert. de Chim. pure*, 1861, p. 93]. E. G.

DIMORPHINE. — D'après quelques essais de Scacchi, ce serait un sulfure d'arsenic, As^4S^3. Petits cristaux jaune-orangé, d'un éclat adamantin, translucides, fragiles, trouvés dans une fumarole des champs Phlégréens. Soluble dans l'acide nitrique.

Forme cristalline. — Octaèdres orthorhombiques, $b^1b^1 = 98°6'$ et 132°.

DIMORPHISME. — Voyez POLYMORPHISME.

DINITE (Min.). — Petits cristaux transparents et légèrement jaunâtres, sans clivages : très-solubles dans l'éther, un peu dans l'alcool, insolubles dans l'eau, fusibles à la chaleur de la main et distillables. Dans un lignite à Lunigiana (Toscane).

DIOPSIDE. — Voyez PYROXÈNE.

DIOPTASE (Min.) [Syn. *Kupfersmaragd, achirite, smaragdo-chalcite*]. — Hydrosilicate de cuivre, $SiCuH^2O^4 = CuO.SiO^2,H^2O$. Cristaux transparents, d'un éclat vitreux et d'un beau vert, dans des cavités d'un calcaire (steppes des Kirghises).

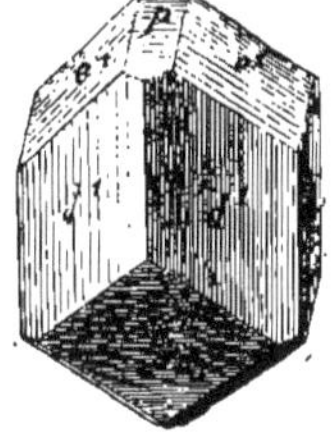

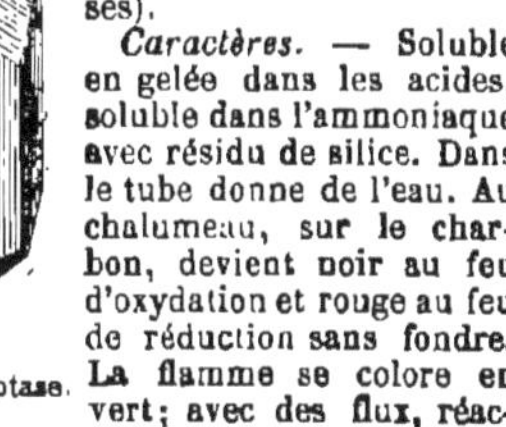

Fig. 215. — Dioptase.

Caractères. — Soluble en gelée dans les acides, soluble dans l'ammoniaque avec résidu de silice. Dans le tube donne de l'eau. Au chalumeau, sur le charbon, devient noir au feu d'oxydation et rouge au feu de réduction sans fondre. La flamme se colore en vert; avec des flux, réactions du cuivre.

Dureté, 5. Poussière verte; fragile. Densité, 3,27 à 3,35.

(1) Il se forme en même temps du diméthacétate d'éthyle, identique ou isomérique avec le butyrate d'éthyle, de même que dans l'action de l'iodure d'éthyle sur l'éther sodacétique il se forme du diéthacétate (caproate) d'éthyle. — Voyez DIÉTHYLACÉTONE.

Forme cristalline. — Rhomboèdres (*p*) de 126° 24', accompagnés du rhomboèdre e^1 et du prisme d^1.

Clivages parfaits : *p*. F. et S.

DIOXÉTHYLÈNE. — Voyez ÉTHYLÈNE (OXYDE D').

DIOXINDOL, $C^8H^7AzO^2$ [Syn. *acide hydrindique*]. Produit de la réduction de l'isatine par l'amalgame de sodium. — Voyez ISATINE.

DIOXYMÉTHYLÈNE. — Voyez FORMIQUE (ALDÉHYDE).

DIPHANITE. — Voyez MARGARITE.

DIPHÉNINE [Syn. *diamido-azobenzide*]. — Voyez t. I, p. 534.

DIPHÉNYLAMINE. — Voyez PHÉNYLAMINE.

DIPHÉNYLE. — Voyez PHÉNYLE.

DIPLOÏTE. — Voyez ANORTHITE.

DIPPEL (HUILE ANIMALE DE). — Produit de la distillation répétée de l'*huile d'os* ou *de corne de cerf*, obtenue elle-même par distillation de la corne, des os, etc. Elle est très-réfringente, jaunit à la lumière, possède une densité de 0,865, et présente une odeur qui n'est pas désagréable et ressemble à celle de la cannelle.

Sa composition varie avec les matières employées et la manière d'opérer.

En distillant l'huile d'os des manufactures de noir animal, M. Anderson a obtenu une huile et un liquide aqueux. Ce dernier contenant du sulfhydrate, du cyanhydrate et du carbonate d'ammoniaque. L'huile était soluble en petite quantité dans les acides et la portion soluble se composait de méthylamine, d'éthylamine, de propylamine, de pétinine, d'aniline, de picoline, de lutidine, de pyridine, de pyrrol, etc. La partie insoluble renfermait la benzine et ses homologues et vraisemblablement des nitriles, elle dégageait de l'ammoniaque par une ébullition prolongée avec la potasse [*Phil. Mag.*, t. XXVIII, p. 174 et *Ann. der Chem. u. Pharm.*, t. LXX, p. 32]. G. S.

DIPYRE. — Voyez WERNÉRITE.

DISCRASE (Min.) [Syn. *Argent antimonial*]. — Antimoniure d'argent de composition variable renfermant depuis 72 jusqu'à 84 °/₀ d'argent. Masses grenues ou cristaux d'un blanc d'argent, quelquefois noirs ou jaunes à la surface. Dans le calcaire, avec les minerais d'argent. Cassure inégale.

Caractères. — Soluble dans l'acide nitrique avec un résidu blanc; sur le charbon fond, donne des fumées d'antimoine et laisse un globule d'argent.

Dureté, 3,5 à 4. Densité, 9,4 à 9,8.

Forme cristalline. — Prisme orthorhombique (*mm*) de 119°59'. $b^1b^1 = 132°42'$.

Clivages : nets selon *p*, moins nets selon e^1, *m* imparfaits. F. et S.

DISOMOSE. — Voyez GERSDORFFITE.

DISPOLINE, $C^{11}H^{11}Az$. — Base isomère avec la cryptidine et obtenue par M. Greville Williams, avec la quinoléine, etc., dans la distillation de la cinchonine avec la potasse (portions bouillant entre 282° et 293°). On n'en connaît que le sel de platine $(C^{11}H^{11}AzHCl)^2.PtCl^4$.

Pour l'obtenir, on traite le produit brut par l'eau. Il se sépare du pyrrol; on ajoute quelques gouttes de chlorure de platine qui donnent un précipité jaune clair, on filtre et le chlorure de platine précipite dès lors une poudre grenue orange ne fondant pas à 100°. En la distillant, dissolvant dans l'acide chlorhydrique et précipitant par le chlorure de platine, on reconstitue le même chloroplatinate [*Zeitschrift f. Chem.*, t. III (nouv. sér.), p. 427]. G. S.

DISSOCIATION. — L'étude des circonstances physiques dans lesquelles la combinaison s'effectue ou se détruit a été, dans ces dernières années, l'objet d'importantes recherches. On savait depuis longtemps que la combinaison de deux corps susceptibles de s'unir directement ne s'effectue qu'à partir d'une certaine température, et inversement que cette combinaison peut se détruire à une température plus élevée; mais on était loin de supposer que des corps tels que l'eau, considérés comme indécomposables, commençaient à se décomposer bien au-dessous de la température qu'ils développent en se combinant, et par conséquent ne se combinaient qu'incomplétement à cette température. C'est cependant ce que démontrent avec évidence les travaux récents de M. H. Sainte-Claire Deville sur la dissociation.

Il y a plus de vingt ans que la possibilité de décomposer un corps à une température inférieure à celle où on le voit d'ordinaire se produire se trouvait établie par une expérience remarquable de M. Grove sur la décomposition de l'eau par le platine incandescent; mais, à cette époque, des chimistes éminents, comme Berzelius, attribuaient à la force catalytique du platine, véritable cause occulte, un phénomène dont l'explication est aujourd'hui très-simple, car elle n'est qu'un cas particulier du phénomène général de la dissociation.

Pour faire comprendre ce qu'il faut entendre par le mot de *dissociation*, j'indiquerai, en prenant l'eau comme exemple, de quelle manière la chaleur agit sur les corps formés comme elle par la combinaison de deux corps plus simples.

Lorsqu'on chauffe de l'eau à une température suffisamment élevée, à 1000°, par exemple, elle éprouve un commencement de décomposition, mais cette décomposition est limitée : elle cesse dès que la tension du mélange d'hydrogène et d'oxygène, provenant de l'eau décomposée, a atteint une certaine valeur de *f* millimètres. Si on élève la température au-dessus de 1000°, à 1200° par exemple, la décomposition partielle augmente, une proportion plus grande d'hydrogène et d'oxygène se trouve mélangée à la vapeur d'eau; mais cette proportion est encore limitée, parce que la nouvelle décomposition s'arrête quand la tension du mélange a acquis une valeur *f'* supérieure à *f*. Ainsi donc, en même temps que la température T, à laquelle on porte la vapeur d'eau, s'élève, la tension *f* du mélange des gaz oxygène et hydrogène provenant de la décomposition de cette eau, constante pour une même température, croît avec elle. C'est à ce mode de décomposition que M. H. Sainte-Claire Deville a donné le nom de *dissociation;* la tension *f* des gaz mis en liberté à la température T prend le nom de *tension de dissociation* pour cette température.

Si, au contraire, on refroidit la vapeur d'eau chauffée d'abord à T', jusqu'à la température T, la combinaison d'une partie des gaz séparés s'effectue de telle manière que la tension de ce mélange, c'est-à-dire la tension de dissociation qui était *f'*, devienne précisément égale à *f*, tension de dissociation correspondante à la température T; par conséquent, lorsque la vapeur d'eau est revenue, par suite d'un refroidissement convenable, à une température un peu inférieure à celle à laquelle commence sa dissociation, la partie de ses éléments préalablement séparée est recombinée en totalité. C'est pourquoi la vapeur d'eau ne paraît pas se décomposer lorsqu'on lui fait traverser un tube aussi fortement chauffé que possible, parce que la dissociation qui se produit dans les parties chaudes est suivie d'une recomposition dans les parties plus froides de l'appareil, dans lesquelles on recueille la vapeur à sa sortie.

La loi que nous venons d'énoncer n'est donc pas en contradiction avec le fait sur lequel on s'était appuyé pour admettre la non-décomposition de l'eau et de certains corps analogues dans les circonstances ordinaires, mais il nous reste à démontrer qu'elle est bien l'expression de la réalité.

DISSOCIATION DE QUELQUES CORPS CONSIDÉRÉS COMME INDÉCOMPOSABLES. — DISSOCIATION DE LA VAPEUR D'EAU. — Les expériences suivantes ne laissent aucun doute sur la possibilité de décomposer l'eau aux températures que nous atteignons facilement dans nos laboratoires.

I. On prend un appareil composé d'un tube de porcelaine vernissé, dans l'intérieur duquel se trouve un autre tube d'une substance poreuse; le système des deux tubes étant fortement chauffé, on fait arriver de la vapeur d'eau dans le tube intérieur en terre poreuse, et un courant d'acide carbonique dans l'espace annulaire compris entre le tube poreux et le tube de porcelaine; on reçoit les gaz sortant de l'appareil sur une cuve contenant de la lessive de potasse dans des éprouvettes de 1 centimètre carré de large sur 1 mètre de haut pour arrêter l'acide carbonique. Lorsque le fourneau est en activité, on recueille un mélange gazeux fortement explosif et composé des éléments de l'eau, hydrogène et oxygène. Ainsi une partie de la vapeur d'eau est décomposée spontanément ou dissociée dans le tube de terre poreuse; l'hydrogène, d'après les lois ordinaires de l'endosmose, a traversé la paroi perméable et s'est séparé, par l'action d'un simple filtre, de l'oxygène resté dans le tube intérieur; par contre, on trouve avec cet oxygène une quantité considérable d'acide carbonique venant de l'extérieur.

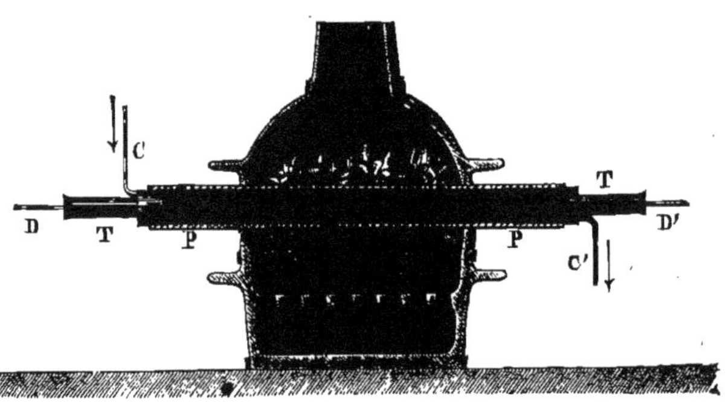

Fig. 216. — Dissociation de l'eau.

Dans ces expériences, M. Deville obtenait environ 1 centimètre cube de gaz tonnant par gramme d'eau employée (1) [*Leçons sur la dissociation*,

(1) Le phénomène est moins simple que nous ne l'avons indiqué. On trouve moins d'hydrogène que ne l'indique la proportion d'oxygène recueilli, parce qu'une partie de l'hydrogène venant de la décomposition de l'eau a réduit de l'acide carbonique et mis de l'oxyde de carbone en liberté. En réalité on recueille un mélange d'oxygène, d'hydrogène et d'oxyde de carbone avec un peu de l'azote venant soit de l'eau, soit de l'acide carbonique employé en grande quantité dans ces expériences.

professées devant la Société chimique, p. 56; 1864].

II. On fait passer un courant d'acide carbonique saturé de vapeur d'eau à travers un tube de porcelaine rempli de fragments de porcelaine bien propres et préalablement rougis. Le tube de porcelaine étant chauffé à la plus haute température possible dans un fourneau où la combustion est activée par le vent d'un ventilateur, on constate qu'une petite quantité de vapeur d'eau s'est décomposée en ses éléments. En effet, si l'on reçoit le gaz qui sort de l'appareil dans de longs tubes remplis d'une solution concentrée de potasse, on recueille un gaz (25 à 30 centimètres cubes après deux heures) très-explosif et dont la composition, dans deux des expériences de M. Deville, était :

Oxygène	46,1	46,6
Hydrogène	35,4	31,9
Oxyde de carbone	12,0	10,7
Azote	6,5	10,6
	100,0	100,0

L'azote provient, comme dans l'expérience précédente, de l'acide carbonique qu'on fait passer avec une vitesse considérable dans l'appareil pendant toute la durée de l'expérience.

« On peut donc sans tube poreux, dit M. Deville, réaliser l'expérience de la décomposition de l'eau; mais les quantités de gaz obtenues dans la deuxième expérience, dans le même temps et les mêmes circonstances, sont quatre fois moindres. Cela tient évidemment à ce qu'une proportion bien plus forte des gaz oxygène et hydrogène, qui se sont pas séparés l'un de l'autre par l'action d'un véritable filtre, le tube poreux, se recombine dans les espaces moins chauds de l'appareil.

« Mais pourquoi la totalité du mélange détonant ne se transforme-t-elle pas en eau pendant le refroidissement? Cela tient à deux causes. La première, toute physique, est aussi la cause d'un fait bien connu, l'incombustibilité d'un mélange explosif répandu dans une certaine quantité de gaz inerte (acide carbonique ou azote). Un pareil mélange, en effet, résiste à l'action de l'étincelle électrique et ne s'enflamme pas au contact d'une bougie allumée. Cependant il ne pourrait traverser lentement un tube rempli de fragments de porcelaine et porté au rouge sombre, sans que les éléments qui peuvent s'unir entrent intégralement en combinaison. Il y a donc une autre cause, et celle-ci est toute mécanique, c'est la vitesse des gaz qui traversent le tube de porcelaine chauffé à blanc et d'où dépend la rapidité du refroidissement ou du retour à la température à laquelle l'oxygène et l'hydrogène ne se combinent plus lorsqu'ils sont disséminés dans une grande masse d'acide carbonique.

« C'est aussi l'explication qu'il faut donner à l'expérience de M. Grove et aux expériences du même genre que M. Debray et moi avons réalisées. Le platine fondu (ou incandescent) amène d'abord autour de lui une petite quantité d'eau à l'état de vapeur. Cette vapeur, fortement chauffée, se décompose partiellement et en proportion de la tension de dissociation qui correspond à la température du platine; la portion dissociée, dont le volume est considérable par rapport à son poids, est brusquement refroidie parce qu'elle tend à monter à la surface de l'eau, tandis que le platine descend rapidement, et la vitesse de ce refroidissement est telle, qu'une portion des gaz échappe à la recomposition. Ceci implique seulement que, pour qu'une quantité finie d'un mélange explosif s'enflamme entièrement, il faut un temps fini, ce qui est démontré par l'action des toiles métalliques sur les gaz en combustion.

« De plus, dans les gaz obtenus par le procédé de M. Grove, on constate la présence d'une notable quantité d'azote. Il est probable que la vapeur d'eau dissociée résiste à la recomposition sous la double influence de la présence de ce gaz inerte et de la vitesse du refroidissement. C'est aussi la raison pour laquelle je n'ai pas réussi à dissocier l'eau pure transportée sous forme d'un courant très-rapide de vapeur dans un tube de platine violemment chauffé. L'eau s'est entièrement reconstituée, d'abord à cause de l'absence d'un gaz étranger, et ensuite parce que la chaleur latente de la vapeur d'eau, qui est considérable, met obstacle à un refroidissement très-rapide de la masse gazeuse. » [Deville, *Leçons sur la dissociation*, p. 59].

La décomposition *apparente* de l'eau par l'argent et la litharge est encore une preuve nouvelle de la dissociation de l'eau à une température relativement peu élevée.

III. M. Regnault, en faisant passer sur de l'argent fondu de la vapeur d'eau, a recueilli, comme on le sait, de l'hydrogène, tandis que l'oxygène était absorbé par l'argent, auquel il communiquait la propriété de *rocher*. Comme l'a fait remarquer le premier M. Deville, on ne peut faire intervenir aucune action chimique pour expliquer ce phénomène, car non-seulement l'argent ne se combine pas à l'oxygène à la température à laquelle opérait M. Regnault, mais l'oxyde d'argent serait décomposé vers 300° par la chaleur seule. Par conséquent, si l'argent a dissous de l'oxygène, il faut qu'il l'ait trouvé libre dans l'atmosphère ambiante. Afin d'ailleurs d'écarter toute objection de cette explication, M. Deville a substitué dans l'expérience de M. Regnault la litharge à l'argent.

« J'introduis une grande quantité de litharge bien pure dans une nacelle de platine chauffée à 1200° ou 1300° et placée dans un tube de porcelaine que traverse un courant de vapeur d'eau pure. A cet effet, à l'une des extrémités du tube de porcelaine, on place une petite cornue mêlée à un peu de sulfate d'alumine, qu'on chauffe à l'ébullition. La vapeur, en passant sur la litharge, la volatilise très-facilement. De nombreux flocons de litharge sont entraînés hors de l'appareil par le courant gazeux. Après avoir retiré l'oxyde de plomb resté après l'expérience dans la nacelle, on constate : 1° que cet oxyde ne contient pas trace de plomb métallique qui aurait altéré le platine; 2° qu'il a dû rocher. Si on brise ensuite le tube de porcelaine, on remarquera que, partout où la température a été considérable, la litharge volatilisée s'est combinée avec le vernis du tube. Enfin dans les parties les plus froides et les plus éloignées du fourneau on trouve de la litharge floconneuse; mais à un certain point où la chaleur quoique encore assez élevée, a été insuffisante pour fondre la litharge, on trouve une couronne *de plomb métallique*.

« L'eau s'est en effet décomposée spontanément dans les parties les plus chaudes de l'appareil et l'oxygène devenu libre s'est dissous dans la litharge en lui donnant la propriété de rocher, si nettement démontrée par M. F. Leblanc. Donc il y a eu de l'hydrogène devenu libre qui est transporté dans l'intérieur du tube en même temps que de la vapeur d'eau et même de l'eau décomposée. Tant que le mélange est ainsi constitué, il n'y a aucune raison pour que la litharge en présence de l'hydrogène et de l'oxygène libres se réduise par cet hydrogène, car le plomb produit brûlerait au contact de l'oxygène également libre. Mais quand l'eau s'est entièrement reformée et que la portion dissociée s'est recombinée, l'hydrogène agissant au milieu de la vapeur d'eau seule réduit l'oxyde de plomb au point précis où la température s'abaisse assez pour que la dissociation soit nulle. A ce point, il se forme une couronne de plomb métallique précédée et suivie de litharge condensée à l'état de poussière jaune. »

Mais l'eau n'est pas le seul corps dont on puisse démontrer la dissociation ; l'acide carbonique, l'oxyde de carbone, l'acide sulfureux et l'acide chlorhydrique se décomposent aussi partiellement lorsqu'on les porte à une température suffisamment élevée. Nous indiquerons rapidement les principales expériences de M. Deville sur ces diverses substances.

Dissociation de l'acide carbonique. — Il suffit de faire passer un courant d'acide carbonique bien pur dans un tube de porcelaine étroit rempli de fragments de porcelaine et chauffé dans un fourneau à réverbère à la plus haute température possible (1200° à 1300°). Les gaz à leur sortie du tube se rendent dans de longs tubes remplis d'une solution de potasse, où ils sont séparés de l'acide carbonique en excès.

Dans une expérience l'acide carbonique sortant de l'appareil avec une vitesse de 7 lit.,83 à l'heure, cessait d'être complétement absorbé ; il donnait dans ce temps de 20 à 30 centimètres cubes d'un gaz explosif dont la composition était, en moyenne :

Oxygène	30
Oxyde de carbone	62,3
Azote	7,7
	100,0 (1)

L'acide carbonique est donc décomposé par la chaleur en oxyde de carbone et oxygène, et si ces gaz ne se combinent pas en arrivant dans des parties plus froides de l'appareil, cela tient évidemment à la difficulté avec laquelle leur mélange s'enflamme lorsqu'il est disséminé dans une grande masse d'un gaz inerte tel que l'acide carbonique.

Dissociation de l'oxyde de carbone. — La décomposition partielle de l'oxyde de carbone en carbone solide et oxygène a été démontrée au moyen d'un appareil fort remarquable que nous allons décrire en empruntant en outre au travail de M. Deville sur la dissociation les considérations théoriques d'un grand intérêt qui l'ont conduit à imaginer cet appareil.

« On sait que l'étincelle électrique décompose un grand nombre de corps. Or, d'après toutes les probabilités, l'étincelle n'agit sur eux que par la chaleur énorme qu'elle développe ; il m'a donc semblé que si cette décomposition n'était pas toujours suivie d'une combinaison nouvelle des éléments séparés, cela peut tenir à ce que ceux-ci sont mis immédiatement avec une atmosphère en mouvement et relativement très-froide. En effet, la masse ou le nombre des molécules de gaz violemment chauffés, au moment de la décharge, est très-petit, à cause de la petitesse du trait de feu par rapport à la masse gazeuse ambiante dont la température varie à peine. On réalise toutes ces conditions, sans l'intervention de l'électricité, de la manière suivante :

« On prend un tube de porcelaine que l'on place dans un fourneau où l'on peut développer une température très-élevée, on ferme l'extrémité de

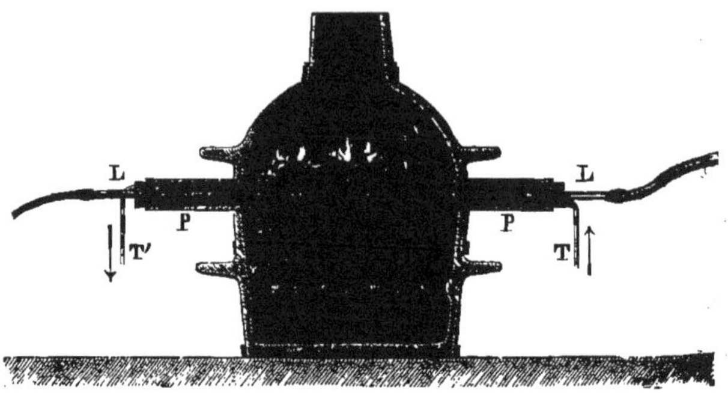

Fig. 217. — Dissociation de l'oxyde de carbone.

ce tube au moyen de bouchons de liége percés chacun de deux trous. Un des trous de chaque bouchon laisse passer un petit tube de verre qui sert d'un côté à amener le gaz dans le tube de porcelaine et de l'autre côté à le faire sortir de l'appareil. Les deux trous restants permettent de disposer, suivant l'axe du tube de porcelaine, un tube mince de 8 millimètres de diamètre, en laiton argenté, que traverse constamment un rapide courant d'eau froide. Enfin deux petits écrans en porcelaine dégourdie séparent intérieurement les parties du tube qui doivent être chauffées de celles qui, sortant du fourneau, restent à peu près froides.

« L'appareil étant ainsi disposé, on dirige dans le tube de porcelaine un courant d'oxyde de carbone pur et sec, provenant d'appareils qui en débitent régulièrement de 4 à 6 litres par heure (1). Le gaz sortant du tube de porcelaine passe dans un tube de Liebig ou dans de l'eau de baryte au moyen desquels on peut peser l'acide carbonique ou en démontrer la présence. L'acide carbonique devient apparent dès que le tube de porcelaine est chauffé au rouge vif. L'oxyde de carbone s'est donc décomposé en oxygène, dont une partie, sinon la totalité, a été employée à faire de l'acide carbonique, et en charbon qui se fixe à l'état de noir de fumée sur le tube de laiton qui traverse le tube de porcelaine de part en part. Ce tube de laiton, même dans les parties les plus chaudes, est refroidi à 10° environ par le courant d'eau continu. La vitesse de cette eau est telle, qu'en traversant le tube incandescent celui-ci ne l'échauffe pas sensiblement.

« On a donc ainsi, dans un espace restreint, une surface cylindrique de porcelaine violemment chauffée et une surface de laiton concentrique très-froide. Les molécules d'oxyde de carbone qui s'échauffent dans les parties inférieures du tube de porcelaine s'élèvent rapidement, après s'être décomposées partiellement en oxygène et charbon ; mais ce courant rencontre la paroi froide et rugueuse du tube de laiton et les particules de charbon s'y fixent mécaniquement. A partir de ce moment, refroidies comme elles le sont par l'eau qui circule dans le tube de métal, ces particules échappent désormais à l'action de l'oxygène ou de

(1) La même quantité d'acide carbonique arrivant dans les tubes à potasse semblables à ceux de l'expérience donnait, au bout du même temps, 1 lit.,4 de gaz contenant :

Oxygène	14
Azote	86
	100

Ce qui explique la présence de l'azote dans les gaz recueillis dans la première expérience.

(1) Voir pour ce détail à la page 65 des *Leçons sur la dissociation*.

l'acide carbonique que cet oxygène peut former aux dépens de l'oxyde de carbone en excès. On retrouve en effet le tube de laiton noirci par le charbon.

« Si ma manière de concevoir le phénomène est exacte, on ne doit trouver du charbon que sur les parties inférieures du tube de laiton, les seules qui reçoivent le choc des molécules gazeuses au moment où elles s'élèvent par suite de leur échauffement au contact de la paroi inférieure du tube de porcelaine. C'est en effet ce que j'ai toujours constaté dans les nombreuses expériences que j'ai faites avec cette sorte d'appareils. » [Deville, *Leçons sur la dissociation*, p. 318].

Dissociation de l'acide sulfureux. — M. Deville employait l'appareil précédent, seulement le tube traversé par l'eau froide était recouvert d'une couche épaisse d'argent pur. Ce métal est, comme on le sait, sans action sur l'acide sulfureux même à 300°, à plus forte raison à 10°, température à laquelle il était maintenu dans l'expérience. L'appareil chauffé à 1200°, on y faisait passer de l'acide sulfureux sec et pur pendant quelques heures, et l'on constatait à la fin de l'expérience que le tube d'argent était fortement noirci et sulfuré à la surface, et couvert en outre d'une couche d'acide sulfurique anhydre qui attirait immédiatement l'humidité de l'air et produisait un abondant précipité dans le chlorure de baryum.

L'acide sulfureux, considéré jusqu'alors comme indécomposable par la chaleur, se résout donc en soufre et oxygène qui, rencontrant de l'acide sulfureux en excès, donne naissance à de l'acide sulfurique anhydre.

Dissociation de l'acide chlorhydrique. — Dans une première expérience, M. Deville avait recouvert son tube refroidi de teinture de tournesol, que le chlore mis en liberté devait décolorer; mais comme l'action de ce gaz sur le tournesol sec est très-faible et que la quantité de chlore mise en liberté est elle-même très-minime, il n'obtint d'autre résultat que de rougir sa teinture par l'action de l'acide chlorhydrique. Au moins cette expérience montrait nettement la faible élévation de température éprouvée par le tube métallique au milieu de l'enceinte incandescente qui l'entourait, puisqu'une matière organique persistait à sa surface. En amalgamant légèrement la surface de son tube argenté, M. Deville put constater que, dans le passage de l'acide chlorhydrique, il s'était formé un peu de chlorure de mercure et d'argent; en effet, en mouillant le tube amalgamé avec de l'ammoniaque, le tube noircit et l'ammoniaque s'empara d'une petite quantité de chlorure d'argent. De plus on put recueillir quelques centimètres cubes d'un gaz inflammable principalement composé d'hydrogène.

Ainsi donc l'acide chlorhydrique est difficilement décomposable, il n'éprouve qu'une légère dissociation vers 1300°.

Il n'est pas inutile de remarquer que le passage de l'étincelle d'induction à travers les gaz carbonique, sulfureux et chlorhydrique produit bien les mêmes effets que l'appareil précédent, ce qui justifie bien l'idée que M. Deville s'était formée du mode d'action de l'étincelle sur les corps qu'elle décompose.

La tension de dissociation d'un corps augmente avec la température. — Dans les expériences qui viennent d'être décrites, on ne pouvait mesurer la tension de dissociation correspondant à une température donnée, parce que l'évaluation exacte de cette température, toujours élevée, était impossible, et ensuite parce qu'on ne pouvait pas apprécier la proportion des matières d'abord séparées dans les parties les plus chaudes des appareils et recombinées ensuite lors de leur passage dans les parties plus froides. On comprend en effet que le volume d'oxygène et d'oxyde de carbone recueillis dans la dissociation de l'acide carbonique puisse n'être qu'une proportion assez faible de ce qui a été réellement dissocié à la température des parties les plus chaudes.

On pouvait seulement constater que la tension de dissociation d'un même corps croît avec la température; il est facile, par exemple, de démontrer que le platine fondu et coulé liquide dans l'eau froide dégage bien plus de mélange explosif pour un même poids de métal que lorsqu'il est plongé à l'état solide dans ce liquide, comme dans l'expérience primitive de Grove. Mais les lois particulières du phénomène restent encore inconnues; nous ignorons si la tension de dissociation dépend seulement de la température, ou si elle varie avec la proportion de matière décomposée ou avec toute autre cause. Les expériences de M. H. Debray sur la décomposition du carbonate de chaux et sur l'efflorescence, celles de M. Isambert sur les chlorures ammoniacaux, et celles de M. Hautefeuille sur l'acide iodhydrique, nous donnent un certain nombre d'indications importantes à cet égard. Dans la plupart de ces décompositions, qui s'opèrent à des températures facilement mesurables, il se produit une matière fixe et un gaz ou une vapeur dont la tension, mesurée dans un espace vide d'air, donne immédiatement la tension de dissociation.

Expériences sur le carbonate de chaux. — On se servait de spath d'Islande bien pur, dont la moindre décomposition sous l'influence de la chaleur est accusée par une altération facilement appréciable de la surface des cristaux; celle-ci, ordinairement très-brillante, devient alors opaque comme celle des cristaux efflorescents des sels de soude qu'on expose à l'action de l'air sec.

Le spath contenu dans une nacelle de platine était introduit dans un tube de porcelaine vernissé que l'on chauffait à des températures variables, mais maintenues constantes pendant toute la durée d'une expérience. Pour réaliser cette condition importante, on se servait d'une bouteille en fer traversée par un tube en fer dans lequel s'engageait le tube de porcelaine; dans cette bouteille on faisait bouillir du mercure, du soufre ou du cadmium, dont les vapeurs se condensaient dans un tube de fer assez large adapté à son couvercle et retombaient continuellement dans le vase métallique. On pouvait ainsi maintenir ces corps en ébullition pendant des journées entières et obtenir dans la partie du tube de porcelaine engagée dans la bouteille une température constante de 350° (mercure), 440° (soufre) ou 860° (cadmium) (fig. 218).

Fig. 218. — Appareil pour opérer à la température de l'ébullition du mercure.

L'ébullition du zinc (1040°) ne peut s'obtenir dans ces appareils pendant un temps suffisant. Après quelques heures la bouteille de fer est complétement percée. On remplace alors le vase de fer par un cylindre en terre réfractaire traversé par un tube horizontal en terre, dont le couvercle bien luté est muni d'un long tube vertical pour la condensation des vapeurs. On ne peut pas chauffer cet appareil comme les précédents avec du gaz de l'éclairage, il faut employer le coke; le cylindre est donc placé dans l'axe d'un fourneau rond, recouvert de plaques circulaires en fonte épaisse, et l'on interpose entre les extrémités du tube de porcelaine qui sont au-dessus de ces plaques des écrans métalliques creux dans lesquels on faisait circuler de l'eau froide.

Les deux extrémités du tube de porcelaine étaient mastiquées à deux tubes de verre qui le mettaient en communication d'un côté avec un

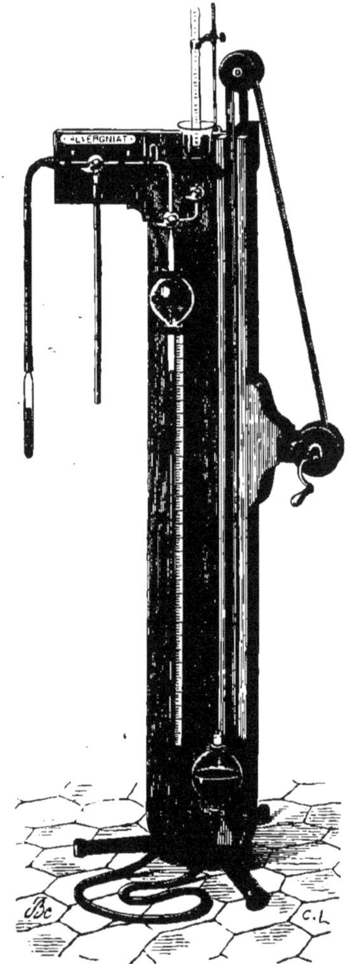

Fig. 219. — Machine pneumatique à mercure.

baromètre à siphon, par l'intermédiaire d'un tube de cuivre très-fin, de l'autre côté avec une machine à mercure, par l'intermédiaire d'un caoutchouc très-épais. La machine à mercure employée dans ces recherches permettait de faire le vide dans le tube, de recueillir à volonté le gaz que l'on en faisait sortir, ou d'y faire rentrer un gaz donné (fig. 219).

Résultats. — La décomposition du spath est nulle à 350°; à 440° elle est insensible, c'est à peine si la surface du spath se ternit lorsqu'on maintient cette substance dans un espace vide à cette température pendant 5 à 6 heures.

Dans la vapeur de cadmium, la décomposition est très-appréciable; elle s'arrête lorsque l'acide carbonique dégagé dans l'appareil y exerce une tension de 85 millimètres environ. En retirant de l'appareil de l'acide carbonique à plusieurs reprises, on peut s'assurer que le gaz est complétement absorbable par la potasse, et la pression qui avait momentanément diminué remonte rapidement à 85 millimètres.

La décomposition est bien plus considérable dans la vapeur de zinc (à 1040°); elle ne s'arrête qu'au moment où la tension de l'acide carbonique dégagé est de 520 millimètres environ. Comme dans l'expérience précédente on a retiré à trois reprises du gaz de l'appareil pour s'assurer qu'il était complétement absorbable, la pression est toujours remontée à 520 millimètres.

Inversement, en laissant refroidir lentement l'appareil, l'acide carbonique dégagé est absorbé peu à peu par la chaux vive et le vide se refait complétement dans l'appareil.

On voit donc que la tension de dissociation du carbonate de chaux augmente ou diminue avec la température.

Cette tension ne dépend pas d'ailleurs de l'état de décomposition plus ou moins avancée du carbonate de chaux; car, si l'on introduit dans l'appareil de la chaux vive et une quantité d'acide carbonique beaucoup plus faible que celle nécessitée par la saturation de la chaux, on voit, en chauffant le mélange à 860° ou à 1040°, la tension du gaz se fixer à 85 millimètres dans le premier cas, et à 520 millimètres dans le second (1).

On peut facilement vérifier avec les sels hydratés ou avec les chlorures ammoniacaux la constance de la tension de dissociation pour un *composé déterminé* à une température donnée et son accroissement plus ou moins rapide avec l'élévation de la température. Il est permis alors de conclure à la généralité du fait pour tous les composés formés par l'union directe de deux corps plus simples.

EXPÉRIENCES SUR L'EFFLORESCENCE. — On introduit dans un tube en verre une certaine quantité d'un sel efflorescent et un petit manomètre à mercure. Cela fait, on étrangle le tube à la partie supérieure et on le ferme à la lampe, après y avoir fait et maintenu un vide aussi parfait que possible pendant quelque temps. On employait à cet effet une machine à mercure (fig. 219), permettant d'obtenir le vide à moins de 1 dix-millimètre, et comme le sel s'effleurissait en partie dans ces conditions, en chassant de l'air du tube, on avait tout lieu de penser que la quantité d'air restée dans l'appareil était tout à fait insignifiante.

Le tube ainsi préparé était maintenu à une température constante dans un grand vase plein d'eau et dont les parois étaient munies d'une fe-

1. Dans une expérience on a mis en présence 11 grammes de chaux vive, provenant du spath, et 400 centimètres cubes environ de gaz carbonique mesurés à 753 millimètres et à 14°. En chauffant dans l'appareil à distiller le zinc, on a vu d'abord la pression du gaz augmenter de 17 centimètres environ, parce que la *chaux vive* n'absorbe pas l'*acide carbonique sec* à une température inférieure à 400° ou 500°. Lorsque la chaux est arrivée vers le rouge, la pression a diminué rapidement; à un moment même elle n'était plus que de 35 centimètres; mais, la température de la chaux continuant à s'élever, la pression a augmenté de nouveau pour se fixer à 520 millimètres pendant toute la durée de l'ébullition du zinc. Dans cette opération, la vingt-cinquième partie de la chaux seulement a été carbonatée, tandis que dans plusieurs expériences de décomposition un dixième tout au plus du spath était décomposé; dans ces limites étendues, la tension de dissociation est restée constante.

nêtre en verre permettant de viser au cathétomètre le niveau du mercure dans les deux branches du petit baromètre tronqué. On voyait de cette manière que la tension de la vapeur d'eau émise par un sel hydraté dans un espace vide de gaz croît avec la température, mais qu'elle est constante pour une température déterminée. Si, après avoir échauffé le sel, on le laissait revenir à une température inférieure, la tension de la vapeur diminuait, parce que le sel effleuri absorbait rapidement une partie de l'eau dégagée et reprenait la valeur qu'elle avait acquise dans la période d'échauffement pour cette même température.

Cette simple remarque donne la condition d'efflorescence ou d'hydratation d'un sel effleuri placé dans une atmosphère illimitée. La pression de l'air n'ayant pas d'influence sensible sur la tension des vapeurs qui s'y forment, un sel s'effleurit lorsque la tension de sa vapeur est supérieure à celle de la vapeur d'eau existant dans l'atmosphère, à la température de l'expérience; au contraire, un sel effleuri s'hydrate dans l'air si la force élastique de la vapeur contenue dans l'atmosphère est supérieure à celle qu'émet, à la même température, le sel effleuri.

Les sels hydratés qui ne s'effleurissent point dans l'air doivent donc cette propriété à cette circonstance que la tension de la vapeur qu'ils émettent aux températures ordinaires est toujours inférieure à celle que possède habituellement la vapeur d'eau contenue dans l'air; ces mêmes sels s'effleurissent dès qu'ils sont placés dans une atmosphère où la force élastique de la vapeur d'eau est plus faible que celle de la vapeur qu'ils émettent à la température de l'expérience.

Le spath d'Islande ne se comporte pas autrement que les sels hydratés dans des circonstances correspondantes; nous voyons en effet ce corps perdre d'abord sa transparence à la surface, puis profondément, comme les sels efflorescents, lorsqu'on le maintient à 1040° par exemple dans une atmosphère contenant de l'acide carbonique dont la tension est inférieure à 520 millimètres; mais ce même corps conserve tout son éclat et ne subit aucune espèce d'altération, à la même température, quand la tension de l'acide carbonique qui l'entoure est supérieure à 520 millimètres [1].

Dans l'efflorescence des sels, la tension de dissociation n'est pas à une température donnée indépendante de la proportion de matière décomposée, comme pour le carbonate de chaux. Voici sur un exemple particulier ce que l'on observe dans ce cas. Avec le phosphate de sodium du commerce $Na^2H.PhO^4 + 12H^2O$, on constate que la tension de la vapeur émise par le sel est d'abord indépendante de son état d'efflorescence. Ainsi un sel contenant toute son eau (62,8 °/₀) et un sel effleuri qui n'en contenait plus que 53 à 54 °/₀ ont donné exactement la même tension de vapeurs [2]. Mais si l'on descend au-dessous de 50 °/₀, ce qui correspond sensiblement à l'hydrate $Na^2H.PhO^4 + 7H^2O$ que l'on obtient en faisant cristalliser le sel au-dessus de 31°, la tension de la vapeur d'eau est beaucoup moindre. J'ai pu le constater avec un sel contenant 49,5 °/₀ d'eau que je comparais dans les mêmes conditions de température aux précédents.

Le tableau suivant montre la grandeur de ces différences.

Degrés de température.	Phosphate de sodium contenant de 7 à 12 H^2O. mm.	Phosphate de sodium contenant un peu moins de 7 H^2O. mm.
12,8	7,4	4,8
16,3	9,9	6,9
20,7	14.1	9,4
24,9	18,2	12,9
81,5	30,2	21,9
86,4 (le sel est fondu).	89,5	80,5
40,0 id.	50,0	41,2

Le phosphate de sodium ordinaire se comporte donc, dans la première phase de sa décomposition, comme une combinaison d'eau et de phosphate à 7 molécules d'eau d'hydratation. Cette combinaison se dissocie de la même manière que le carbonate de chaux, c'est-à-dire en émettant de la vapeur d'eau de tension constante à une température donnée, quelle que soit d'ailleurs la proportion d'eau et de phosphate à 7 molécules d'eau existant dans le sel effleuri. Cette première phase terminée, le sel à 7 molécules d'eau se dissocie à son tour, mais avec une tension moindre.

La différence existant entre la décomposition des sels hydratés et celle du carbonate de chaux tient donc à ce qu'il n'existe pas de combinaisons intermédiaires entre la chaux et le carbonate de chaux, comme il en existe entre le sel anhydre et le composé le plus hydraté. On voit ainsi qu'une étude approfondie de la tension des vapeurs des sels hydratés permettrait de reconnaître les divers hydrates qu'un même sel est susceptible de fournir [H. Debray, *Compt. rend. de l'Acad.*, 27 janvier 1868].

EXPÉRIENCES DE M. ISAMBERT SUR LES SELS AMMONIACAUX. — Le travail important de M. Isambert sur la dissociation des chlorures ammoniacaux (thèse présentée en juin 1868, à la Faculté de Paris) conduit pour ces composés à des conclusions identiques.

Le chlorure d'argent ammoniacal

$$(AgCl + 3AzH^3)$$

obtenu en fait absorber à 0° le gaz sec par du chlorure également bien desséché, possède une tension de dissociation assez considérable aux températures ordinaires, pour que l'on puisse lui enlever, avec une machine pneumatique, en quelques opérations, assez de gaz pour le transformer en un autre composé $(2AgCl + 3AzH^3)$ dont la tension de dissociation aux mêmes températures est beaucoup plus faible.

Ainsi à 21° par exemple, la tension du premier est de 801 millimètres; celle du second, qui contient juste moitié moins d'ammoniaque, est de 95 millimètres environ. On voit en effet que, tant que l'on n'a pas enlevé la moitié de l'ammoniaque du premier composé, la tension se fixe toujours à 801 millimètres; mais, arrivée à ce terme, elle diminue rapidement pour se fixer ensuite à 95 millimètres environ. Pour comprendre ce qui se passe alors, admettons pour un instant qu'il ne reste plus dans l'appareil à chlorure que le composé $(2AgCl, 3AzH^3)$ avec du gaz ammoniac remplissant cet appareil à la tension de 801 millimètres; si on aspire alors de l'ammoniaque, on diminuera nécessairement la tension de l'atmosphère qui entoure ce composé, mais sans rien enlever à celui-ci, tant que la pression qu'il supporte de la part de l'ammoniaque sera supérieure à 95 millimètres. Dans ces limites, c'est-à-dire entre 801 et 95, la variation de pression dans l'appareil ne dépendra donc que du rapport de l'espace où l'on fait le vide, à celui avec lequel on l'effectue. Mais si cette pression devenait pour un

1. On chauffait du spath d'Islande dans l'appareil à vapeur de zinc, en faisant passer un courant d'acide carbonique à la pression ordinaire; les cristaux ramenés ensuite à la température ordinaire n'avaient rien perdu de leurs propriétés habituelles.

2. On observait, à des températures variées, la tension des deux sels contenus dans deux tubes semblables où l'on avait fait simultanément le vide avec la machine de Geissler; on n'a pas constaté de différence appréciable entre les hauteurs mercurielles dans les deux tubes.

instant inférieure à 95 millimètres, le composé ($2AgCl, 3AzH^3$) se décomposerait partiellement et fournirait l'ammoniaque nécessaire pour rétablir cette pression.

On n'obtient jamais le composé ($AgCl, 3AzH^3$) lorsqu'on fait passer un courant de gaz ammoniac à la pression ordinaire sur du chlorure d'argent au-dessus de 20°, parce que la tension de dissociation de ce composé à cette température dépasse déjà 760°, mais on peut facilement le préparer à cette même température en augmentant suffisamment la pression de l'ammoniaque dans l'appareil où s'effectue l'absorption; à partir de 20° jusqu'à 65° environ, on ne peut obtenir que le composé ($2AgCl, 3AzH^3$) avec de l'ammoniaque à la pression ordinaire, parce que la tension de dissociation de ce composé ne dépasse pas entre ces limites la pression ordinaire.

Par des expériences du genre de celles que nous venons de relater, et exécutées sur un grand nombre de chlorures, M. Isambert est parvenu à fixer définitivement la composition et les circonstances de la production d'un certain nombre de composés sur lesquels les chimistes qui les avaient obtenus dans des conditions différentes étaient loin d'être d'accord. Pour donner un exemple de la facilité avec laquelle des divergences de cette nature se trouvent expliquées, nous prendrons la liquéfaction de l'ammoniaque au moyen du chlorure d'argent ammoniacal de Faraday.

La température à laquelle il faut chauffer le chlorure, pour arriver à la liquéfaction du gaz dans la branche du tube fermé, refroidi à zéro, varie suivant les auteurs; quelques-uns signalent en outre, comme circonstance particulière, la fusion du chlorure ammoniacal chauffé.

La température de décomposition du chlorure ammoniacal, dans ces conditions, peut facilement se déduire de la connaissance des tensions de dissociation du composé employé et de la tension de l'ammoniaque liquide à 0°; celle-ci étant de $3^{atm.}$,5, d'après Faraday, il est évident qu'il faudra, pour opérer la liquéfaction, chauffer le composé à une température telle, que sa tension de dissociation dépasse $3^{atm.}$,5. Pour le composé ($AgCl, 3AzH^3$), cette température est de 40°, pour le second

$$(2AgCl\,3AzH^3),$$

elle dépasse 90° et le produit entre en fusion en se décomposant.

Expériences de M. Hautefeuille sur le gaz iodhydrique. — Cet acide se dissocie à des températures qui se prêtent facilement à des déterminations thermométriques.

La tension de dissociation ne se mesure pas directement comme dans les expériences précédentes, mais on la déduit facilement du volume d'hydrogène mis en liberté par l'action de la chaleur sur l'acide renfermé dans des tubes fermés à des pressions différentes.

On voit ainsi que l'acide iodhydrique pur, chauffé progressivement, commence à se dissocier vers 180°; la proportion du gaz dissocié à 440° est de 2,6 °/₀ et de 3,4 °/₀ à 700°, le gaz étant sous la pression de 760 millimètres.

La proportion de gaz dissocié paraît augmenter rapidement avec la pression supportée par l'acide pour une température donnée; aussi la mousse de platine, qui agit d'ordinaire en condensant les gaz, produit-elle le même effet que la pression. A 180°, par exemple, température à laquelle la décomposition est trop faible pour être mesurée, la mousse de platine décompose 11 °/₀ du gaz; à 440°, la masse gazeuse dissociée est de 19 °/₀.

En faisant passer sur de la mousse de platine, maintenue à une température fixe, des volumes rigoureusement égaux d'hydrogène et de vapeur d'iode, la combinaison des deux gaz a lieu d'une manière partielle seulement; la proportion des éléments restés libres est égale à celle qui se sépare lorsqu'on fait passer de l'acide iodhydrique à la même température sur cette mousse de platine. Nous rentrons ici dans le cas ordinaire d'un corps qui se forme ou se détruit à la même température, suivant que la pression de ses éléments séparés est plus forte ou plus faible que la tension de dissociation *pour la température considérée.* C'est pour cette raison que nous avons rapproché les expériences de M. Hautefeuille des précédentes, quoique l'acide iodhydrique ne soit pas considéré d'ordinaire comme un corps formé directement.

Nous pourrions également rapprocher des phénomènes de dissociation ceux que MM. Troost et Hautefeuille ont fait connaître dans ces derniers temps sur les transformations isomériques de l'acide cyanique et du cyanogène. L'acide cyanurique, par exemple, se transforme en acide cyanique à une température T, et la transformation cesse lorsque la force élastique de l'acide cyanique dégagé a pris une valeur déterminée que ces savants ont appelée tension de transformation, pour la température T; mais ce sujet important et tout nouveau sera traité avec les détails qu'il comporte à l'article Polymérie.

De quelques conséquences du phénomène de la dissociation. — De la température de combustion. — Parmi les conséquences qui découlent de la découverte du phénomène de la dissociation, il en est une plus particulièrement importante que M. Deville a signalée et dont la vérification est une confirmation remarquable de sa théorie.

Il s'agit de la détermination des températures de combustion qu'on avait été conduit à évaluer beaucoup plus haut, parce qu'on ne tenait pas compte de la dissociation. Prenons, comme exemple, la combustion de l'hydrogène dans l'oxygène; si l'on admet que tout l'hydrogène et l'oxygène se combinent intégralement pour former de l'eau (1 gr. de H, 8 d'O pour former 9 gr. d'eau), et que la chaleur dégagée dans cette combustion soit entièrement employée à échauffer la vapeur d'eau formée, on obtiendra facilement la *température de combustion* de l'hydrogène dans l'oxygène, c'est-à-dire la température à laquelle serait portée la vapeur d'eau dans l'hypothèse précédente.

La combustion de 1 gramme d'hydrogène dégageant 34,500 calories environ (Favre et Silbermann), la chaleur spécifique de la vapeur d'eau étant 0°,475 et sa chaleur totale 637, on aura l'équation

$$637 + (x - 100)\,0{,}475 = \frac{34{,}500}{9},$$

$\frac{34{,}500}{9}$ exprimant évidemment la chaleur engendrée dans la production d'un gramme d'eau et le premier membre de l'équation exprimant que cette chaleur, appliquée à 1 gramme d'eau à 0°, l'a fait passer à l'état de vapeur à 100° (ce qui exige 637 calories) et a porté ensuite cette vapeur de 100° à x°, température de combustion (ce qui exige $(x-100)\,0{,}475$ calories); on trouve ainsi 6800° environ. Ce calcul, supposant que de la vapeur d'eau n'est pas même décomposée par une température de 6800°, est absolument inadmissible, et il faut de toute nécessité supposer que la combustion de l'hydrogène et de l'oxygène, s'effectuant dans un espace imperméable à la chaleur, est incomplète et produit par conséquent une température inférieure à celle que nous avons calculée. Cette température T, qui dépend de la température initiale des gaz, de leur pression et des circonstances, en un mot, que l'expérience doit nous faire connaître, est nécessairement liée à la proportion de gaz non combinés, par cette condition que la pression de ces gaz dans le mélange soit égale à la tension de dissociation de l'eau à cette même température T.

La détermination directe de cette température de combustion a un intérêt tout particulier ; nous avons essayé, M. Deville et moi, de la déterminer au moyen du platine fondu à la plus haute température possible, que l'on coulait ensuite dans l'eau froide afin de déterminer la quantité de chaleur qu'il avait fallu donner à l'unité de poids de platine pour l'amener à l'état sous lequel on le coulait ; il est évident que cette quantité de chaleur dépend de la chaleur spécifique du platine à l'état solide et à l'état liquide, de la température et de la chaleur latente de fusion du métal. On connaît d'une manière assez approchée la chaleur spécifique à l'état solide, la chaleur latente peut être calculée au moyen d'une formule empirique due à M. Person ; on admet comme approximation que la chaleur spécifique à l'état liquide est la même qu'à l'état solide, et l'on arrive ainsi à trouver pour cette température un nombre inférieur à 2500° que nous acceptions comme un maximum. Mais ces expériences, accompagnées d'explosions terribles dont nous faillîmes être victimes, ne furent pas suivies d'assez près pour être bien décisives.

Aussi, pour établir d'une manière indiscutable ce fait que la température réelle de combustion est bien inférieure à celle que fournit le calcul, M. Deville avait songé à mesurer directement, au moyen d'un thermomètre à air, la température développée dans la production de l'acide chlorhydrique, température insuffisante pour fondre le platine, quoique le calcul ordinaire indique plus de 3500°. Cette expérience, que nous devions exécuter ensemble, n'a pas pu être encore réalisée par nous, mais elle est devenue moins indispensable depuis que M. Bunsen a fait récemment connaître les résultats de ses recherches sur la combustion des mélanges gazeux dans l'eudiomètre.

L'eudiomètre dont cet éminent chimiste s'est servi portait une soupape que l'explosion tend à soulever, mais que l'on maintient fermée avec un poids réglé de telle façon qu'en le diminuant un peu la soupape puisse s'ouvrir. On juge d'ailleurs qu'elle reste fermée ou qu'elle s'ouvre en plaçant l'eudiomètre sous l'eau. La valeur du poids permet de déterminer, d'une manière assez approchée, la pression qui se manifeste au moment de l'explosion dans le mélange gazeux et qui varie suivant que l'on introduit du gaz tonnant, pur ou mélangé d'une certaine proportion de gaz inerte.

Cette pression, jointe à la connaissance des quantités de chaleur dégagées dans la combustion de l'hydrogène, permet de calculer la température réelle de combustion, c'est-à-dire la température produite par l'explosion et la proportion de gaz combinés.

Soit V le volume de l'eudiomètre, dans lequel nous supposerons, pour plus de simplicité, que l'on ait introduit du mélange tonnant pur et sec sous la pression 76 et à 0°, T la température de combustion, P la pression observée dans l'expérience estimée en colonne de mercure, x la fraction du volume total qui entre en combinaison.

Si le volume du gaz restait le même avant et après la combinaison, le volume V tendant à devenir $V(1+\alpha T)$ au moment de l'explosion (α est le coefficient de dilatation du gaz), la pression P serait égale à $76 \times (1+\alpha T)$; mais, comme au moment de l'explosion le volume de la partie du mélange entrée en combinaison diminue d'un tiers, le volume restant serait en réalité

$$V\left(1-\frac{1}{3}x\right)(1+\alpha T) ;$$

à T et à 76, par conséquent, la pression dans le volume V est

$$P = 76\,(1+\alpha T)\left(1-\frac{1}{3}x\right). \qquad [1]$$

On obtient une seconde relation entre x et T en écrivant que la chaleur développée dans la combustion de la fraction x du mélange sert à porter à T° le mélange non combiné et la vapeur d'eau formée ; on néglige le refroidissement causé par l'eudiomètre, parce que le phénomène est trop rapide pour que cette cause ait une influence appréciable.

Supposons que le volume V ait un poids égal à l'unité, x représentera alors le poids de vapeur d'eau formé et $(1-x)$ le poids du mélange restant, qui contiendra $\frac{(1-x)}{9}$ d'hydrogène et $\frac{8(1-x)}{9}$ d'oxygène. Si 3833 représente le nombre de calories dégagées dans la production de 1 gramme d'eau, $3833 \times x$ sera la quantité totale de chaleur dégagée dans l'opération. Comme cette quantité de chaleur est mesurée en condensant l'eau formée, il faut écrire qu'elle est employée : 1° à vaporiser l'eau formée, ce qui exige $x \times 637$ calories ; 2° à échauffer la vapeur d'eau qui en résulte de 100° à T, ce qui exige $c\,(T-100)$ calories, c étant la chaleur spécifique de la vapeur d'eau à volume constant et à pression variable ; 3° à porter de 0° à T° le mélange non combiné, ce qui absorbe une quantité de chaleur égale à $c'\,(1-x)\,T$ calories, la chaleur spécifique moyenne du mélange (à pression variable et à volume constant) étant égale à c' ; on a donc [1]

$$x \times 637 + c\,(T-100) + c'\,(1-x)\,T = 3833 \times x,$$

ou

$$[3833-637]\,x = c'\,(1-x)\,T + c\,(T-100). \qquad [2]$$

Les équations [1] et [2], légèrement modifiées quand l'hydrogène et l'oxygène sont mélangés un gaz inerte, déterminent donc T et x.

Les conclusions essentielles du travail de M. Bunsen sont les suivantes :

1° La température de combustion réelle d'un mélange d'hydrogène et d'oxygène pur et sec est d'environ 2800°. Ce résultat diffère peu de celui que nous avions trouvé, M. Deville et moi, en opérant la fusion du platine avec des gaz *humides*, ce qui devait abaisser la température de combustion. Pour cette température de 2800°, la proportion de gaz combinés est de 1/2 seulement.

2° La température de combustion réelle décroît à mesure que la proportion du gaz inerte augmente dans le mélange, mais la valeur de x croît en même temps, ce qui revient à dire que la tension de dissociation diminue avec la température à laquelle est portée la vapeur d'eau.

L'étude de la composition chimique de la flamme et de la distribution de la chaleur dans son intérieur avait également permis à M. Deville de démontrer, bien avant les recherches de M. Bunsen, que la combustion des gaz est d'autant plus incomplète qu'elle s'effectue dans les régions plus chaudes de la flamme [*Leçons sur la dissociation*, p. 45]. Je transcris ici l'exposé de sa méthode.

« Lorsqu'un mélange intime d'oxyde de carbone et d'oxygène (CO + O) s'échappe d'un chalumeau par une ouverture de 5 millimètres carrés de

1. La formule qui donne, d'une manière générale, la proportion des corps combinés à leurs éléments dans un mélange dont la température est T, est donnée par M. Deville dans ses *Leçons sur la dissociation*, p. 39.

section, sous une pression de 10 à 18 millimètres d'eau, le dard produit est une flamme des plus tranquilles, d'une couleur bleue très-intense à sa base, incolore ou à peine jaunâtre à sa partie supérieure; elle a environ 70 à 100 millimètres de longueur dans ses parties les plus visibles.

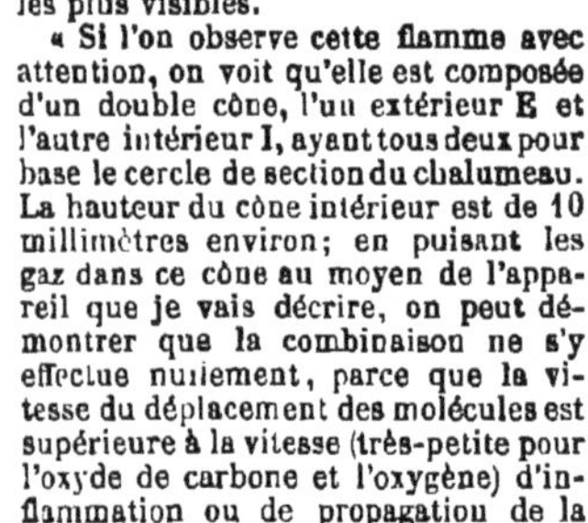

Fig. 220.

« Si l'on observe cette flamme avec attention, on voit qu'elle est composée d'un double cône, l'un extérieur E et l'autre intérieur I, ayant tous deux pour base le cercle de section du chalumeau. La hauteur du cône intérieur est de 10 millimètres environ; en puisant les gaz dans ce cône au moyen de l'appareil que je vais décrire, on peut démontrer que la combinaison ne s'y effectue nullement, parce que la vitesse du déplacement des molécules est supérieure à la vitesse (très-petite pour l'oxyde de carbone et l'oxygène) d'inflammation ou de propagation de la chaleur dans le mélange. Le cône extérieur E est formé par la flamme elle-même (figure 220).

« 1° *Distribution de la chaleur dans la flamme.* — Si on met un fil de platine à une hauteur de 5 à 6 centimètres au-dessus de l'orifice du chalumeau et au centre de la flamme, il ne fond pas; son éclat augmente d'autant plus qu'on le fait descendre et qu'on le rapproche davantage du cône intérieur. La fusion commence à 1 ou 2 centimètres au-dessus de ce cône; elle devient de plus en plus rapide au fur et à mesure qu'on s'en rapproche. Enfin, au sommet du cône, il y a une chaleur développée tellement forte, qu'un fil de 1 millimètre d'épaisseur se transforme en petites sphères qui se détachent rapidement et que des étincelles analogues à celles qui accompagnent la combustion du fer sont lancées dans tous les sens. C'est le caractère qui accompagne toujours la fusion du platine, quand on s'élève bien au-dessus de son point de fusion.

« Ainsi, le maximum de température est au sommet du cône intérieur, au plus bas de la flamme bleue, et cette température diminue au fur et à mesure que l'on s'élève dans la flamme.

2° *Composition de la flamme à diverses hauteurs.* — Pour résoudre cette question par l'expérience, je plonge dans la flamme à analyser un tube en argent, à parois minces, de 1 centimètre environ de diamètre et percé d'un trou de 2/10 de millimètre environ. Ce trou doit être tourné en bas et placé exactement dans l'axe de la flamme. Un courant d'eau froide commandé par un robinet R traverse le tube d'argent et s'échappe par un tube de verre V deux fois recourbé, long de 1^{m},50 environ dans sa partie verticale et plongeant dans une cuve à eau C. Au moyen du robinet on donne à l'eau une vitesse telle, que sa chute dans le tube vertical détermine une aspiration au travers du trou placé au milieu de la flamme. Celle-ci, sous l'influence de cette *trompe*, pénètre en partie dans le tube d'argent et subit, au contact de l'eau, un refroidissement aussi instantané que possible...

« Les gaz absorbés dans le milieu de la flamme sont entraînés avec l'eau dans la cuve C, et transportés immédiatement, par une sorte d'éprouvette tubulée E, dans une autre cuve K pleine de potasse où ils perdent leur acide carbonique, et sont recueillis dans de longs tubes D également remplis de lessive caustique.

« Pour connaître approximativement les quantités relatives d'oxyde de carbone et d'oxygène combinés ou non combinés, j'introduis dans ces gaz de 1 à 2 % d'azote... »

On comprend en effet que de la quantité d'azote existant dans le mélange d'oxyde de carbone et d'oxygène recueilli et de la quantité existant dans le mélange primitif, on puisse facilement déduire la proportion de gaz combinés. Mais cette méthode de calcul, ne tenant pas compte de l'azote de l'air extérieur diffusé dans la flamme, donne pour la proportion des gaz combinés des nombres trop forts, ou, ce qui revient au même, donne une tension de dissociation trop faible pour les diverses expériences.

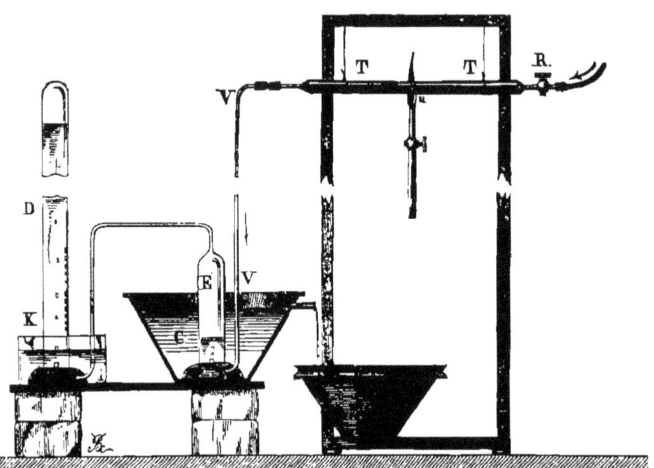

Fig. 221. — Appareil de M. Deville pour l'étude des flammes.

La hauteur de la flamme dans les expériences de M. Deville étant de 67 à 70 millimètres, on a trouvé :

Hauteur de la prise de gaz au-dessus de l'ouverture du chalumeau.	Composition des gaz.		Désignation des températures correspondant à diverses hauteurs.
67 millimètres........	CO.	0,2	Fusion de l'argent ou au-dessus.
	O..	21,3	
	Az.	78,5	
		100,0	
51 millimètres........	CO.	6,2	Fusion de l'or.
	O..	28,1	
	Az.	65,7	
		100,0	
44 millimètres........	CO.	10,0	Platine presque blanc.
	O..	20,0	
	Az.	70,0	
		100,0	

Hauteur de la prise de gaz au-dessus de l'ouverture du chalumeau.	Composition des gaz.		Désignation des températures correspondant à diverses hauteurs.
28 millimètres........	CO.	19,4	Platine très-blanc.
	O..	26,5	
	Az.	54,1	
		100,0	
15 millimètres........	CO.	40,0	Commencement de fusion du platine.
	O..	32,9	
	Az.	27,1	
		100,0	
12 millimètres........	CO.	47,0	Le platine fond.
	O..	36,0	
	A.	17,0	
		100,0	
10 mill. un peu au-dessus du cône intérieur.	CO.	55,3	Le platine fond très-vite, étincelles.
	O..	35,3	
	Az.	9,4	
		100,0	
A la sortie des gaz venant des réservoirs..	CO.	64,4	
	O..	33,3	
	Az.	2,3	
		100,0	

Il résulte bien de ces expériences que la proportion des gaz non combinés dans la flamme augmente avec la température des diverses parties de la flamme (1). M. Cailletet, qui a employé depuis un tube semblable à celui de M. Deville pour aspirer le gaz d'un haut-fourneau dans le voisinage de la tuyère, a constaté l'existence simultanée de gaz oxygène et oxyde de carbone dans les parties les plus chaudes du haut-fourneau; de plus, ces gaz étaient rendus presque opaques par une sorte de brouillard épais et brunâtre qui, au bout d'un temps très-long, se résout en un dépôt de charbon extrêmement divisé. La production de ce charbon est évidemment due à une dissociation partielle de l'oxyde de carbone.

La température réelle de combustion est donc bien inférieure à celle que fournit le calcul, et de plus elle paraît dépendre de la pression sous laquelle la combinaison a lieu. Dans des expériences récentes de M. Frankland, on voit la flamme du chalumeau à hydrogène et oxygène, assez peu éclairante quand la combustion a lieu sous la pression ordinaire, devenir éclatante lorsqu'elle s'effectue sous une pression considérable [*Compt. rend. de l'Acad.*, t. LXVIII, p. 736]. Ce phénomène, d'après M. Deville, serait dû à l'élévation de la température de combustion avec la pression [*Compt. rend. de l'Acad.*, t. LXVII, p. 1089].

On trouve encore une autre preuve de la réalité du phénomène de la dissociation dans la variation de densité de certaines vapeurs et en particulier du bromhydrate d'amylène étudié par M. Wurtz, avec la température, mais l'influence de la dissociation sur la densité de certaines vapeurs sera examinée avec détail à l'article VAPEUR.

Analogie des phénomènes de dissociation et de vaporisation. — Il existe entre ces deux ordres de phénomènes une analogie remarquable signalée pour la première fois par M. H. Sainte-Claire Deville, et qui peut servir très-souvent de guide lorsqu'on veut prévoir certaines particularités du phénomène général de la dissociation.

La tension de dissociation d'un composé, comme la tension maximum des vapeurs émises par un liquide contenu dans un espace limité, est constante à une température déterminée; elles croissent toutes les deux avec la température et d'autant plus rapidement que la température est plus élevée. C'est au moins ce que M. Isambert a constaté pour les composés ammoniacaux qu'il a étudiés; la forme des courbes des tensions de dissociation de ces corps est semblable à celle des tensions de la vapeur d'eau et de l'alcool, et ces courbes sont susceptibles de se superposer parfois dans une grande étendue. Un abaissement de température amène la condensation d'une partie de la vapeur d'un liquide dans l'espace où il est enfermé, ou l'absorption d'une partie du gaz dégagé dans la dissociation, de telle façon que la tension maximum d'une part, et de dissociation de l'autre, revienne à la valeur qui correspond à la nouvelle température.

On peut vaporiser totalement un liquide à une température donnée, en enlevant la vapeur qui presse le liquide à mesure qu'il se forme; on peut, à cette même température, condenser la vapeur, la ramener à l'état liquide, en la comprimant, car elle ne peut posséder une tension supérieure à la tension maxima pour cette température. Les mêmes particularités se retrouvent pour le composé que l'on détruit ou qu'on reforme suivant que l'on exerce sur le composé avec le gaz (ou les gaz) qui s'en dégagent une pression moindre ou supérieure à la tension de dissociation à cette température. Il n'y a donc pas, à proprement parler, de température de décomposition totale d'un corps; d'ordinaire, nous les décomposons à la pression ordinaire, mais ils continueraient d'exister à cette température si l'on exerçait sur eux, avec le gaz qui s'en dégage, une pression supérieure à 76 centimètres; de même qu'il n'y a de température d'ébullition d'un liquide que relativement à la pression que la vapeur qui s'en dégage exerce sur lui.

L'analogie se poursuit dans les phénomènes calorifiques qui accompagnent ces transformations : la condensation d'une vapeur est toujours accompagnée d'un dégagement de chaleur, de même que la combinaison directe, et réciproquement la vaporisation d'un liquide, nécessite une certaine absorption de chaleur, de même que la destruction d'un composé direct (1).

Nous renvoyons le lecteur qui désirerait plus de détails sur la ressemblance qui existe entre la vaporisation et la dissociation, aux leçons de M. Deville déjà citées (voir p. 52).

APPLICATION DU PHÉNOMÈNE DE DISSOCIATION A L'EXPLICATION DE QUELQUES RÉACTIONS CHIMIQUES. — La découverte de la dissociation a donné, comme nous l'avons vu, l'explication de l'expérience de Grove et de celle de M. Regnault sur la décomposition de l'eau par l'argent; la préparation du potassium par le procedé de Gay-Lussac et Thenard présente également des particularités inexplicables si l'on n'admet pas une dissociation partielle des éléments de la potasse à une haute température [*Leçons sur la dissocia-*

(1) Ces expériences faciles à répéter sont en contradiction complète avec la conséquence que M. Bunsen a cru pouvoir déduire de ses expériences eudiométriques. Pour lui la température de combustion varie d'une manière discontinue lorsque la composition du mélange varie d'une manière continue. Il en faut probablement conclure que le degré de précision de ses expériences n'est pas aussi considérable que M. Bunsen le pense.

1. Tout récemment M. Berthelot a énoncé un fait relatif au sulfure de carbone qu'il considère en opposition avec cette règle généralement admise par les chimistes. Le sulfure de carbone, qu'on peut former directement ou détruire, comme l'a montré M. Berthelot, à la température du rouge, se produirait avec absorption de chaleur, puisque la chaleur de combustion du sulfure de carbone est supérieure, d'après les expériences de Favre et Silbermann, à celle de ses éléments [*Compt. rend. de l'Acad.*, 21 déc. 1868]. Mais cette raison n'est pas suffisante : tout ce qu'il est permis de dire, « c'est que la chaleur absorbée par ces éléments pour prendre l'état qui leur permet de se combiner dépasse la quantité de chaleur qui se dégagerait par le fait seul de leur combinaison. » [Favre et Silbermann, *Ann. de Chim. et de Phys.*, t. XXXIV, p. 450.]

tion, p. 81]. Mais c'est surtout dans l'interprétation des réactions inverses attribuées autrefois par Berthollet à une réaction de masse qu'on voit toute l'importance pratique de la découverte de M. Deville.

Supposons qu'il s'agisse de la décomposition des sulfures par l'acide carbonique ou de la décomposition inverse des carbonates par l'acide sulfhydrique. Il est évident que si l'on fait passer un courant d'acide sulfhydrique dans une solution de carbonate, l'acide sulfhydrique déplaçant une certaine quantité de gaz carbonique, celui-ci se trouvera en présence d'une atmosphère *vide* de gaz carbonique et devra s'y diffuser en partie; mais si l'on renouvelle continuellement l'atmosphère d'hydrogène sulfuré, le même effet devra se reproduire jusqu'à décomposition complète du carbonate. « On peut dire que l'acide sulfhydrique dissous est fixe dans un milieu composé de sa propre substance et que l'acide carbonique y est volatil. Donc celui-ci doit être chassé par un acide fixe. » [Deville, *loc. cit.*, p. 88.]

Le même raisonnement explique la décomposition du sulfure par l'acide carbonique. Les expériences de M. Gernez sur la transformation des bicarbonates en carbonates neutres dans leur solution, lorsqu'on fait passer dans celle-ci un courant continu d'un gaz inerte quelconque, sont également une conséquence du phénomène de la dissociation. En effet, si les bicarbonates ont la moindre tension de dissociation à la température ordinaire, l'acide carbonique devra se diffuser continuellement dans l'atmosphère exempte de ce gaz qui se renouvelle continuellement au-dessus de la solution; les carbonates neutres ayant une tension de dissociation nulle à la température ordinaire, la décomposition s'arrêtera à ce terme.

L'existence d'une tension de dissociation de bicarbonates en dissolution dans l'eau n'est point une simple hypothèse. On peut facilement en constater l'existence par une expérience bien simple. Si l'on fait le vide sur une dissolution concentrée de bicarbonate de potasse en contact avec des cristaux de ce sel, on voit bientôt une véritable ébullition se produire dans le liquide; elle est causée par un dégagement abondant de gaz carbonique qui part de la surface des cristaux pour se répandre dans l'espace ambiant. Le bicarbonate de potasse sec a au contraire une tension de dissociation nulle à la température ordinaire : aussi peut-on le conserver sans altération dans l'air. Il n'en est pas de même du bicarbonate de soude (H. Debray).

M. Hautefeuille a constaté que si les iodures et les bromures peuvent être décomposés par l'acide chlorhydrique à une température élevée, inversement les chlorures peuvent à leur tour se transformer en bromures ou en iodures, sous l'influence des acides bromhydrique et iodhydrique à la même température; ces faits s'expliquent également bien quand on sait que les acides que nous venons de nommer sont susceptibles de dissocier d'une manière plus ou moins complète à partir d'une certaine température, ainsi que l'a fait remarquer M. Hautefeuille dans sa note du 2 avril 1867.

Il est inutile de multiplier ces exemples.

De la décomposition des composés indirects (1). — Je ne dirai que quelques mots de ce sujet. Il paraît résulter d'expériences encore inédites que j'ai faites sur les carbonates de magnésium et de plomb naturels que ces corps, portés à une température suffisante, se décomposent d'une manière continue et proportionnellement en quelque sorte au temps pendant lequel ils ont été maintenus à cette température. La pression n'aurait donc pas d'influence sensible dans le phénomène; c'est du moins ce que l'on constate avec le carbonate de plomb chauffé à 360°, depuis la pression 0 jusqu'à 6 atmosphères environ exercée par le gaz carbonique dégagé; mais il faudrait se garder de généraliser un tel fait : l'hydrogène et l'iode, qui ne se combinent pas sensiblement quand on les chauffe à la pression ordinaire, entrent en combinaison quand on les chauffe en vase clos sous pression (1); ce serait même là l'explication probable de la combinaison des deux gaz en présence de la mousse de platine. Il en est de même pour la combinaison de l'acide sulfureux et de l'oxygène sec qui s'effectue sous pression (Hautefeuille). Il est bon de se montrer très-réservé sur un sujet à peine effleuré. H. D.

(1) Par composés indirects, nous entendons les corps tels que le protoxyde d'azote, le carbonate de magnésie qu'on ne peut former en mettant l'azote et l'oxygène d'une part, l'acide carbonique et la magnésie de l'autre, en présence, à quelque température que ce soit. C'est par des réactions plus ou moins complexes que ces corps peuvent être obtenus.

(1) M. Hautefeuille, à qui l'on doit cette expérience, ne l'a pas publiée, parce qu'il a constaté une altération assez remarquable du verre qui pourrait conduire à une autre explication du phénomène de la production de l'acide iodhydrique. Le verre dont il se servait contenait du sulfate de soude que l'hydrogène avait ramené à l'état de sulfure, du moins à la surface; il est clair que ce sulfure et l'eau correspondante formée peuvent jouer un rôle dans la production de l'acide iodhydrique; sans nier l'influence de ce sulfate, je pense, néanmoins, que la pression seule déterminerait la combinaison.

DISTERRITE. — Voyez Brandisite.

DISTHÈNE (Min.) [Syn. *Cyanite, rétinite, sappare*]. — Silicate d'alumine avec un peu de fer,

$$Al^2SiO^5 = Al^2O^3.SiO^2.$$

Longs prismes aplatis ou masses cristallines souvent d'un bleu clair, quelquefois blanches, grises ou jaunes; translucides. Éclat vitreux ou nacré. Dans le gneiss, le micaschite, le granite, etc.

Caractères. — Inattaquable aux acides; infusible. Sa poudre, fortement chauffée avec le nitrate de cobalt, devient bleue.

Dureté, 5 sur *m*, 6 sur les autres faces; densité, 3,58 à 3,68.

Forme cristalline. — Prisme anorthique,

$$pm = 100°50; \quad pt = 93°15'; \quad mt = 106°15';$$

hémitropies autour d'un axe perpendiculaire à *m*, ou parallèle à l'arête $\frac{p}{m}$ ou encore à l'arête $\frac{m}{t}$.

Clivages : parfait selon *m*, moins parfait selon *t*, imparfait selon *p*.

DISTILLATION. — Cette opération est souvent employée en chimie et dans les arts pour la séparation et la purification des liquides.

On sait que, lorsqu'on chauffe une solution de sel dans l'eau, la vapeur qui s'en dégage ne contient que de l'eau, à moins que le sel ne soit volatil; en condensant cette vapeur, on aura donc de l'eau pure ou du moins privée de tout principe fixe. L'eau commune distillée est presque absolument pure si l'on rejette les premières portions et les dernières. L'acide carbonique et l'ammoniaque sont entraînés par les premières vapeurs, tandis que les dernières peuvent être souillées par de l'acide chlorhydrique, des produits empyreumatiques, etc. L'appareil qui sert dans les laboratoires à la préparation de l'eau distillée s'appelle *alambic;* il est trop connu pour que nous le décrivions en détail. Une excellente disposition consiste à joindre par un tuyau à robinet la *cucurbite* et la partie supérieure du *vase réfrigérant*. L'eau chauffée par la condensation de la vapeur peut ainsi être introduite directement dans le générateur. Il est encore utile d'adapter un robinet au chapiteau et d'en placer un autre pour fermer à la vapeur l'entrée du serpentin. En fermant celui-ci et en ouvrant le premier, on obtient un jet de vapeur qu'on peut diriger dans les appareils où l'on distille certains corps, la naphtaline par exemple.

On distille parfois les liquides pour observer simplement l'élévation ou la constance de leur température d'ébullition, et on peut ainsi reconnaître la nature et la pureté de ces liquides; mais on les distille surtout pour en extraire des portions plus ou moins volatiles. L'industrie a tiré un grand parti de cette sorte de distillation : il suffit pour s'en convaincre de jeter un coup d'œil sur les articles ALCOOLS et BENZINE. Quant à la chimie et spécialement à la chimie organique, elle fait un usage continuel de la distillation fractionnée; il nous importe donc de connaître un procédé qui, malgré certaines imperfections, rend chaque jour d'immenses services.

DISTILLATION FRACTIONNÉE. — Lorsqu'un mélange liquide homogène est soumis à la distillation dans une cornue, il arrive généralement que le liquide le plus volatil domine dans les premières portions distillées, et le liquide le moins volatil dans les dernières. Il peut néanmoins en être autrement, comme l'ont fait voir MM. Berthelot et Wanklyn. Si, par exemple, le liquide le moins volatil est en petite quantité, il est entraîné tout entier par l'ébullition d'une portion du liquide plus volatil, il n'en reste donc plus dans la cornue vers la fin de la distillation. Supposons qu'une bulle de vapeur émise par le liquide le plus volatil se sature complétement de la vapeur de l'autre liquide, le rapport en poids des quantités des deux vapeurs contenues dans la bulle sera celui de leurs densités multipliées par les tensions des deux liquides; d'où il suit que les liquides à faible tension, mais à poids moléculaires élevés, se mêleront en quantités notables aux liquides plus volatils, mais d'un poids moléculaire moindre. C'est ce qui rend si difficile la séparation des liquides organiques homologues pour lesquels la tension est d'autant plus forte que le poids moléculaire est plus petit. M. Wanklyn a mêlé 18^{gr} d'alcool méthylique bouillant à 66° avec 17^{gr} d'iodure d'éthyle bouillant à 72°; comme le dernier liquide a une densité de vapeur près de 5 fois plus forte que le premier, il domine dans le premier tiers du liquide distillé (celui-ci était formé à 6^{gr} d'alcool pour $8^{gr},7$ d'iodure). M. Berthelot, ayant distillé un mélange de 92 p. de sulfure de carbone pour 8 d'alcool, vit passer l'alcool dans les premières portions distillées, tandis qu'un mélange 91 p. de sulfure de carbone et de 9 d'alcool ne se séparait pas par distillation, et qu'un mélange de 88,6 de sulfure de carbone et 11,4 d'alcool, laissait vers la fin de l'opération dans la cornue un résidu riche en alcool.

Si l'on calcule la composition de la vapeur mixte émise par un mélange d'alcool et de sulfure de carbone en partant des densités et des tensions comme il a été dit tout à l'heure, l'on arrive à ce résultat que le mélange de 11,5 d'alcool pour 88,5 de sulfure de carbone émettrait des vapeurs où les deux corps se trouveraient dans les mêmes proportions que dans le liquide; or l'expérience prouve que dans ce cas il y a cependant séparation partielle. C'est que la tension des deux liquides qui se mêlent est très-différente de la somme des tensions des liquides mélangés; à vrai dire il n'y a plus de tension de vapeur pour les mélanges, du moins selon la définition ordinaire de ce mot, car il faut, pour évaluer la force élastique des vapeurs mixtes, tenir compte des *quantités* des liquides mélangés (voyez ÉBULLITION). La manière de calculer la composition des vapeurs mixtes que l'on vient de rappeler tout à l'heure ne s'applique donc exactement qu'aux liquides qui ne se dissolvent pas; pour ceux qui se dissolvent elle devient insuffisante et le calcul se complique singulièrement. Si elle était exacte, dans ce cas les vapeurs d'alcool aqueux contiendraient de l'alcool à 87°,5-88° centésimaux, et cette concentration ne pourrait être dépassée, tandis qu'en réalité on obtient des alcools beaucoup plus riches et que le mélange d'eau et d'alcool inséparable par distillation simple marque, selon M. Berthelot, 93°,5 centésimaux.

D'ailleurs, lorsqu'on distille un mélange de liquides, le point d'ébullition s'élève graduellement, c'est-à-dire que la tension de la vapeur mixte change continûment ainsi que la composition du liquide distillé. Nous donnerons comme exemple le résultat de la distillation de l'alcool ordinaire avec l'alcool amylique. Les nombres ont été obtenus par M. Landolt à l'aide d'une méthode fort originale, mais fort exacte, d'après ce qui résulte d'un contrôle synthétique, et que l'on trouvera décrite à l'article LUMIÈRE.

100 p. d'un mélange à parties égales d'alcool amylique et d'alcool méthylique ont donné à la distillation :

23p,5	entre	80°	et 90°	contenant	11,9	d'alcool amyl. °/°
22 ,5	—	90	100	—	18	—
12 ,5	—	100	110	—	38,5	—
7	—	110	120	—	47,6	—
9	—	120	130	—	82,5	—
5 ,5	—	130	131	—	95,5	—
18	—	131	132	—	99,8	—

On voit que la moitié environ de l'alcool amylique contenu dans le mélange passe avant 130°, mais aussi que dans l'intervalle de 80° à 90° il passe en moyenne 0p,27 d'alcool amylique par chaque degré, 0p,4 entre 90° et 100°, 0p,73 entre 120° et 130°, 5 p. entre 120° et 130° et 18 p. entre 130° et 131°.

Lorsqu'il s'agit de séparer des liquides par la distillation, on ne se contente pas de distiller un mélange dans une cornue, sans thermomètre et une seule fois; les distillations fractionnées s'effectuent en séparant des portions qui passent à des températures différentes; redistillant chaque portion de la même façon, réunissant entre elles les liqueurs qui passent à la même température, puis distillant encore celles-ci de la même façon. De plus pour ces opérations l'on se sert d'appareils spéciaux qui réalisent plus ou moins complétement les conditions d'un véritable déphlegmateur (voyez t. I, p. 125 et 544). L'on ne recueille pas directement la vapeur qui s'élève du mélange, mais on l'analyse par le refroidissement de façon à faire retomber dans le générateur la portion la moins volatile et à ne laisser arriver dans le réfrigérant que la vapeur qui aura pu résister à la condensation. Un des appareils les plus simples est celui de M. Wurtz : c'est un tube assez gros sur la longueur duquel on a soufflé deux boules et soudé une tige latérale; il s'adapte à une fiole qui sert de générateur et la vapeur qui le traverse se condense en partie à la surface des deux sphères pour retourner dans la fiole, tandis que la partie la plus volatile se dégage par le tube latéral et est condensée dans un réfrigérant de forme appropriée. Le thermomètre indique fort exactement la température de la vapeur qui passe dans le réfrigérant. Avec une seule distilla

Fig. 229 Appareil M. Wurt

tion, à l'aide de cet appareil, on peut fractionner un mélange beaucoup mieux qu'en le distillant dans une cornue, seulement il faut chauffer davantage, une grande partie du liquide retournant dans la fiole avant d'être définitivement distillée.

M. Warren a remplacé le tube de M. Wurtz par un véritable déphlegmateur analogue à celui de l'appareil Laugier (t. I, p. 127). C'est un serpentin chauffé par un bain d'huile à une température de 2 degrés inférieure à celle de l'ébullition du liquide qu'on veut obtenir par distillation; la partie la moins volátile de la vapeur s'y condense, tandis que la partie la plus volatile le franchit et va se condenser un peu plus loin dans un serpentin refroidi qui la conduit au récipient. On effectue avec cet appareil d'excellentes séparations.

Nous ne décrirons pas ici les réfrigérants adoptés dans les laboratoires. Un des meilleurs est un simple tube de verre maintenu dans un tube plus gros à l'aide de deux bouchons en caoutchouc; on fait passer un courant d'eau à l'intérieur du gros tube et par conséquent à l'extérieur du petit, qui se trouve ainsi refroidi dans toute sa longueur.

DISTILLATION DANS LE VIDE. — Il arrive souvent que le rapport des tensions de vapeur de deux liquides à une basse température est fort différent de celui de ces tensions à une température plus élevée. On donne généralement de ce fait l'exemple suivant :

Températures.	Tension de l'alcool.	Tension de l'éther.	Rapport entre les tensions.
+ 31°,7	103mm	760	0,103
0°	12,5	182	0,058
— 10°	6,4	113,5	0,056

L'on voit d'après ce qui a été dit sur la composition des vapeurs mixtes qu'il passe d'autant moins d'alcool à la distillation d'un mélange d'alcool et d'éther que celle-ci sera effectuée à une température plus basse. Or, on abaisse le point d'ébullition en diminuant la pression à laquelle le liquide en ébullition est soumis; de là l'utilité qu'il y a souvent de faire dans l'appareil distillatoire un vide plus ou moins parfait.

La distillation dans le vide a encore l'avantage de ne pas altérer certaines substances qui ne peuvent être distillées à la pression ordinaire sans se décomposer partiellement à cause de la haute température à laquelle il faut les soumettre; on abaisse de près de 100 degrés les points d'ébullition en opérant dans le vide.

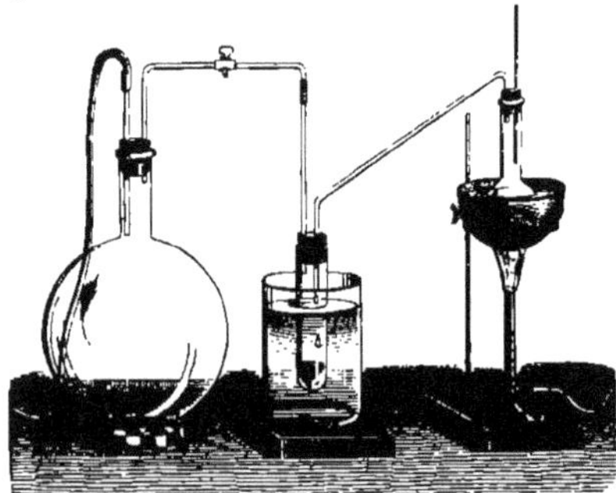

Fig. 223. — Appareil pour la distillation dans le vide.

On monte l'appareil distillatoire d'une façon analogue à celle qui est indiquée dans la figure. On se sert comme générateur d'un ballon (et non d'une fiole) qu'on chauffe au bain d'huile et qu'on ferme avec un bouchon de caoutchouc; on adapte le récipient avec un autre bouchon semblable, puis on relie l'appareil à la machine pneumatique en ne négligeant pas de le mettre en même temps en communication avec un récipient de large capacité afin de régulariser la pression. Si l'on se sert d'une simple pompe à air, un ballon tel que celui qui est représenté dans la figure sera suffisant. Pendant qu'on distille on doit maintenir la pression constante et la noter avec soin, car la fixité et l'élévation du point d'ébullition ne donneraient sans cela aucune indication.

Lorsqu'on doit fractionner dans le vide, on n'a qu'à fermer le robinet qui unit l'appareil distillatoire au gros ballon, puis à séparer le récipient et en vider le liquide. MM. Friedel et Crafts ont simplifié l'opération en étirant la partie inférieure du récipient en un tube auquel est fixé un tube de caoutchouc fermé par une pince et en pratiquant dans le ballon qui sert de générateur une tubulure latérale. On ouvre alors cette tubulure pour faire rentrer l'air, puis on ouvre la pince pour recueillir le liquide distillé; cela fait, on peut introduire de nouveau liquide par la tubulure du ballon, on la ferme à l'aide d'un caoutchouc et l'on met de nouveau l'appareil en communication avec le gros ballon dans lequel le vide s'est maintenu. G. S.

DISULFÉTHOLIQUE (ACIDE).—Voyez ÉTHYLÈNE DISULFONIQUE (ACIDE).

DISULFOMÉTHOLIQUE (ACIDE). — Voyez MÉTHYLÈNE DISULFONIQUE (ACIDE).

DISULFOPROPIOLIQUE (ACIDE). — Voyez PROPYLÈNE DISULFONIQUE (ACIDE).

DITÉTRYLE. — Nom donné par Berzelius au butylène.

DITOLYLE. — Voyez TOLYLE.

DOEGLIQUE (ACIDE). — L'huile de la baleine *Dögling* (*Balæna rostrata*) contient, avec une petite portion de divers corps gras connus, de spermacéti, un éther particulier, le *doeglate de doeglyle*, l'acide doeglique étant $C^{19}H^{36}O^2$ [Scharling, *Journ. für prakt. Chem.*, t. XLIII, p. 257]. obtient cet acide en saponifiant l'huile par l'oxyde de plomb et en dissolvant le produit dans l'éther. La partie soluble, traitée par les acides, donne l'acide doeglique. Il est fluide à 16° et il se solidifie vers zéro; on en connaît l'éther éthylique et le sel de baryte, qui cristallisent.

DOLOMIE (Min.) [Syn. *Spath magnésien, Bitterspath, miémite, spath perlé, calcaire lent, chaux carbonatée magnésifère, H.*]. — Carbo-

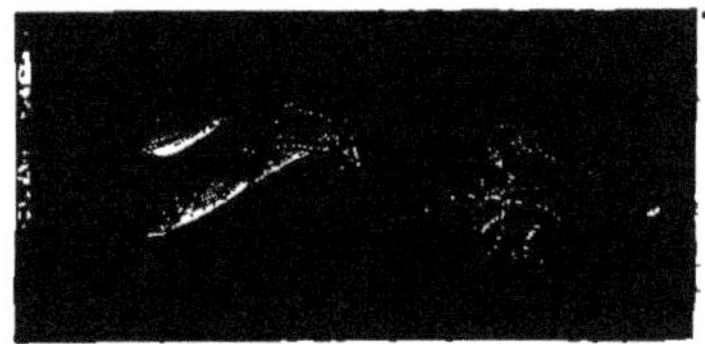

Fig. 224. — Dolomie contournée

nate calcico-magnésien $(CO^3)^2CaMg$, avec mélange isomorphique. Cristaux et masses granulaires ou concrétionnées, d'un éclat vitreux quelquefois perlé, translucides, d'une couleur blanche, gris-jaunâtre, rose, verte, etc.

Caractères. — Soluble lentement dans les acides avec effervescence. Infusible au chalumeau.

Dureté, 3,5 à 4; densité, 2,8 à 2,9.

Forme cristalline.— Rhomboèdres (*p*) de 106°15 La forme primitive est la plus fréquente. Les cristaux présentent souvent des faces courbes.

Clivage *p*. F. et S.

DOMEYKITE (Min.) [Syn. *Condurrite* (?), *Arsenikkupfer*]. — Arséniure de cuivre ($Cu^2)^3As^2$. Se présente en masses nodulaires ou compactes, d'un éclat métallique et d'un blanc d'étain; se ternit à la surface en prenant des teintes jaunes ou irisées. Cassure inégale.

Caractères. — Inattaquable à l'acide chlorhydrique, soluble dans l'acide azotique. Dans le tube ouvert fond et donne un sublimé d'acide arsénieux; sur le charbon avec la soude, fumées d'arsenic et globule de cuivre.

Dureté, 3 à 3,5; densité, 7 à 7,5.

La *condurrite* est une masse terreuse, noire, qui est peut-être un mélange d'arsénite de cuivre et de domeykite.

DOPPLÉRITE (Min.). — Masses trouvées dans des couches de tourbe à Aussée (Styrie), amorphes, élastiques et gélatineuses, d'un brun noir, d'un rouge-brun à la lumière transmise sous une faible épaisseur. Insoluble dans l'alcool et dans l'éther, soluble dans la potasse. Donne des nombres se rapprochant de la formule $C^{10}H^{12}O^6$.

DORANITE (Min.). — Variété probablement altérée de chabasie.

DORURE. — Voyez GALVANOPLASTIE et OR.

DRACYLIQUES (COMBINAISONS).— Sous le nom d'acides choro-, bromo-, nitro-, amidodracyliques, on désigne des composés isomères des produits de substitution du même ordre qu'on obtient avec l'acide benzoïque, mais ils ne dérivent pas d'un acide dracylique. Cet acide n'existe pas; et l'acide chlorodracylique, par substitution inverse, donne de l'acide benzoïque. Pourquoi ces corps ne sont-ils pas étudiés avec l'acide benzoïque? C'est qu'aucun d'eux ne dérive de cet acide.

Lorsqu'on oxyde le toluène par l'acide chromique, on le transforme en acide benzoïque; mais si l'on oxyde le toluène nitré, on obtient non l'acide nitrobenzoïque, qui dériverait de l'action de l'acide azotique sur l'acide benzoïque; mais un isomère, l'acide nitrodracylique; avec les toluènes chlorés, bromés, on obtient également des acides chloro-, bromodracyliques.

Si l'on traite le toluène par l'acide azotique, comme cela a lieu dans la préparation des nitrobenzines et nitrotoluènes du commerce, outre la formation de ces corps, deux ordres d'oxydation ont lieu simultanément. D'un côté le toluène s'oxyde, fournit de l'acide benzoïque, qui en présence de l'acide azotique se nitre, et le liquide renferme de l'acide nitrobenzoïque.

D'autre part le toluène se nitre, et le toluène nitré s'oxyde en fournissant l'acide nitrodracylique. Par conséquent, suivant que l'oxydation précède ou suit le remplacement de l'hydrogène par le groupe AzO^2, on obtient deux acides différents. Le second avait été obtenu par Blumenau dans l'oxydation du sang-dragon (*Calamus draco*) et par Glenard et Boudault dans l'action de l'acide azotique fumant sur le toluène recueilli à la distillation de cette résine; de là le nom d'*acide nitrodracylique* qu'ils lui donnèrent. Gerhardt le regardait comme identique avec l'acide nitrobenzoïque; c'est Beilstein qui en reconnut la nature, et étudia les combinaisons dracyliques.

Celles-ci dérivent donc de l'oxydation des produits de substitution du toluène. Quant à leur isomérie avec les acides nitro-, chloro-, bromo-, nitro-, amidobenzoïques, on peut l'expliquer en admettant des différences dans la position relative des éléments substitués, et du groupe CO^2H de l'acide benzoïque. Pour rappeler cette isomérie dans les formules, s'il était nécessaire, on pourrait écrire, par exemple, les acides nitrés ainsi :

$C^6(AzO^2)H^4CO^2H$,	$C^6H^4(AzO^2),CO^2H$.
Acide nitrobenzoïque.	Acide nitrodracylique.

ACIDE NITRODRACYLIQUE,

$$C^7H^5(AzO^2)O^2 = C^6H^4(AzO^2)CO^2H$$

[Beilstein et Wilbrand, *Ann. der Chem. u. Pharm.*, t. CXXVIII, p. 257, et *Bull. de la Soc. chim.*, 1864, t. I, p. 191; — Beilstein, Wilbrand et Reichenbach, *ibid.*, 1864, t. II, p. 15]. —Pour obtenir l'acide nitrodracylique, on verse le toluène dans de l'acide azotique fumant et refroidi, qui le transforme en nitrotoluène, puis on ajoute de nouvel acide azotique, on fait bouillir le mélange pendant plusieurs jours, et l'on distille. L'acide nitrodracylique reste dans la cornue. On l'extrait par l'ammoniaque, on le précipite de sa solution ammoniacale, et on le purifie par plusieurs précipitations successives, et par une ou deux cristallisations dans l'alcool. Il se forme en même temps de l'acide nitrobenzoïque qui reste dans les eaux mères, et qu'on sépare de l'acide nitrodracylique par plusieurs cristallisations dans l'eau bouillante, le premier étant plus soluble dans l'eau que le second.

M. Fischer, en traitant par la soude la nitrobenzine du commerce (mélange de nitrobenzine et de nitrotoluène), en a retiré un acide qu'il a appelé *paranitrobenzoïque*, et qui n'est autre que l'acide nitrodracylique [Fischer, *Ann. der Chem. u. Pharm.*, t. CXXVII, p. 137, et *Bull. de la Soc. chim.*, 1864, t. I, p. 144]. Pour se procurer de l'acide nitrodracylique, il suffit d'agiter les nitrobenzines brutes du commerce avec du carbonate de soude, et de précipiter la solution par l'acide azotique. Cet acide est alors fortement coloré en jaune. Pour le purifier, il faut le faire cristalliser plusieurs fois dans l'eau et employer le noir animal. Dans l'acide azotique qui a servi à préparer la nitrobenzine, il se dépose de l'acide nitrodracylique, que quelques cristallisations dans l'eau fournissent dans un état de pureté remarquable.

L'acide nitrodracylique se dépose de sa solution alcoolique bouillante en écailles brillantes; il fond à 240°, et est moins soluble dans l'eau que son isomère, l'acide nitrobenzoïque. Il se dissout dans l'éther.

Le *nitrodracylate d'ammoniaque*,

$$C^7H^4(AzO^2)O^2AzH^4 + 2H^2O,$$

forme des lamelles brillantes, légèrement rosées, efflorescentes.

Les *sels de soude, de plomb*, sont solubles et cristallisables.

Le *nitrodracylate de chaux*,

$$(C^7H^4(AzO^2)O^2)^2Ca + 4H^2O,$$

cristallise en larges tables régulières.

Les *nitrodracylates de baryte*, de *soude*, de *magnésie*, de *plomb*, sont solubles et cristallisables. Le *sel d'argent*, soluble à chaud, cristallise en aiguilles incolores.

Le *nitrodracylate de méthyle*,

$$C^7H^4(AzO^2)O^2CH^3,$$

est en paillettes nacrées, incolores, fusibles à 96°.

Le *nitrodracylate d'éthyle*,

$$C^7H^4(AzO^2)O^2,C^2H^5,$$

cristallise dans l'alcool en grandes lamelles fusibles à 57°.

NITRODRACYLAMIDE, $[C^7H^4(AzO^2)O]AzH^2$. — Elle s'obtient par l'action de l'ammoniaque sur l'éther nitrodracylique, mais il est plus avantageux de faire réagir sur l'ammoniaque le chlorure nitrodracylique. On chauffe 4 p. d'acide avec 5 p. de perchlorure de phosphore, on chasse l'oxychlorure par la distillation, et on introduit le chlorure nitrodracylique brut dans des flacons remplis d'ammoniaque concentrée. Le contenu se prend bientôt en une masse de nitrodracylamide qu'on lave à l'eau froide, et qu'on fait cristalliser dans l'eau bouillante. Elle fond de 197° à 198°. Traitée par le sulfhydrate d'ammoniaque, elle fournit l'amidodracylamide.

ACIDES CHLORO- ET BROMODRACYLIQUES. — ACIDE MONOCHLORODRACYLIQUE, $C^7H^5ClO^2$ [Beilstein, *Mém. cité*, et Beilstein et Schlun, *Ann. der Chem. u. Pharm.*, t. CXXXIII, p. 239; *Bull. de la Soc. chim.*, 1865, t. IV, p. 129]. — Il s'obtient soit en traitant par l'acide chlorhydrique l'acide azoamidodracylique (voir plus bas), soit en oxydant le toluène chloré, $C^6H^4ClCH^3$.

Cet acide isomère de l'acide chlorobenzoïque se sublime en écailles. Il fond à 236°. Il est soluble dans l'alcool, peu soluble dans l'eau bouillante. Son sel de chaux renferme

$$(C^7H^4ClO^2)^2Ca + 3H^2O.$$

L'amalgame de sodium le transforme en acide benzoïque.

ACIDE TRICHLORODRACYLIQUE, $C^7H^3Cl^3O^2$ [Janasch, *Ann. der Chem. u. Pharm.*, t. CXLII, p. 301, et *Bull. de la Soc. chim.*, 1868, t. IX, p. 229]. — Le toluène trichloré, décrit par Limpricht et fusible à 75°, oxydé par le bichromate de potasse et l'acide sulfurique concentré, donne l'acide trichlorodracylique. Celui-ci cristallise dans l'eau bouillante en petites aiguilles nacrées, fusibles à 160°, solubles dans l'alcool et l'éther, à peine solubles dans l'eau froide, peu solubles dans l'eau bouillante.

Le sel de baryum cristallise en longues aiguilles brillantes. Séché à 100°, il renferme

$$(C^7H^2Cl^3O^2)^2Ba.$$

ACIDE CHLORONITRODRACYLIQUE,

$$C^7H^4Cl(AzO^2)O^2$$

[Hübner et Schulze, *Zeitschr. für Chem.*, nouv. série, t. II, p. 614, et *Bull. de la Soc. chim.*, 1867, t. VII, p. 507]. — On l'obtient soit en traitant par l'acide azotique fumant l'acide chlorodracylique, soit en oxydant le toluène chloronitré,

$$C^6H^3Cl(AzO^2), CH^3.$$

Il est peu soluble dans l'eau froide et se dépose en petites aiguilles de sa solution bouillante. Il fond à 178-180°.

Le *sel de baryte*,

$$[C^7H^3Cl(AzO^2)O^2]^2Ba + H^2O,$$

est en aiguilles, peu solubles, efflorescentes; le *sel de magnésie* cristallise difficilement et renferme $5H^2O$. Le sel d'argent forme des aiguilles incolores.

Le *chloronitrodracylate d'éthyle* est en petites aiguilles, qui fondent à 59-61°.

L'acide chloronitrodracylique, soumis à l'action réductrice de l'étain et de l'acide chlorhydrique, fournit l'acide *chloramidodracylique*,

$$C^7H^4Cl(AzH^2)O^2,$$

en petites aiguilles incolores, solubles dans l'eau bouillante, peu solubles dans l'eau froide. Le sel de baryum est soluble; le sel de cuivre forme un précipité cristallin vert qui renferme

$$[C^7H^5Cl(AzH^2)O^2]^2Cu.$$

Le sel de plomb cristallise en longues aiguilles. Par l'amalgame de sodium, il donne un acide amidé qui diffère de l'acide amidodracylique, et cristallise en aiguilles groupées en mamelons durs, comme l'acide amidobenzoïque; il présente du reste le même point de fusion. Il fond entre 172° et 175°; l'acide amidobenzoïque à 175°, et l'acide amidodracylique à 187° [Hübner et Biedermann, *Zeits. für Chem.*, nouv. sér., t. III, p. 567, et *Bull. de la Soc. chim.*, 1868, t. X, p. 50].

ACIDE MONOBROMODRACYLIQUE, $C^7H^5BrO^2$ [Hübner, Ohly et Philipp, *Ann. der Chem. u. Pharm.*, t. CXLIII, p. 230, et *Bull. de la Soc. chim.*, 1868, t. IX, p. 488]. — On l'obtient en traitant le toluène bromé par l'acide chromique. Il cristallise en petites aiguilles fusibles à 251°, sublimables; il est presque insoluble dans l'eau froide, soluble dans l'eau bouillante et plus soluble dans l'alcool et dans l'éther.

Le *sel de baryum*, $(C^7H^4BrO^2)^2Ba$, est en petites lamelles blanches nacrées solubles dans l'eau.

Le *sel d'argent*, $C^7H^4BrO^2Ag$, est en petites aiguilles blanches peu solubles dans l'eau bouillante, mais solubles dans beaucoup d'alcool.

L'*éther bromodracylique* est un liquide d'une odeur agréable.

ACIDE BROMONITRODRACYLIQUE, $C^7H^4Br(AzO^2)O^2$ (Hübner, Ohly et Philipp). — Il se prépare en dissolvant l'acide bromodracylique dans l'acide azotique fumant, à chaud, et précipitant ensuite par l'eau. Il est cristallin, fusible à 199°, sublimable en aiguilles, soluble dans l'alcool et plus soluble dans l'eau à chaud qu'à froid.

Le *sel de baryum*,

$$[C^7H^3Br(AzO^2)O^2]^2Ba + 6H^2O,$$

est en aiguilles peu solubles.

Le *sel d'argent*, $[C^7H^3Br(AzO^2)O^2]Ag$, est un précipité gélatineux formé d'aiguilles microscopiques.

Le *sel de magnésium*,

$$[C^7H^3Br(AzO^2)O^2]^2Mg + 6H^2O,$$

est en petites aiguilles blanches.

L'*éther* constitue des prismes brillants, fusibles à 74°, solubles dans l'alcool et dans l'éther.

En oxydant le bromonitrotoluène, on obtient l'acide bromonitrodracylique fusible à 195°, c'est-à-dire à 4° au-dessous de celui que fournit l'expérimentation précédente; de même l'éther fond à 70°; mais les sels ne diffèrent pas et on doit admettre l'identité des deux acides.

ACIDE DIBROMODRACYLIQUE, $C^7H^4Br^2O^2$ [Beilstein et Geitner, *Ann. der Chem. u. Pharm.*, t. CXXXIX, p. 1, et *Bull. de la Soc. chim.*, 1867, t. VII, p. 180]. — Cet acide fusible à 209°, soluble dans l'alcool, peu soluble dans l'eau, sublimable en aiguilles d'un blanc éclatant, se produit lorsqu'on dirige un courant de gaz nitreux à travers une solution bouillante d'acide dibromoamidodracylique. L'amalgame de sodium le transforme en acide benzoïque.

ACIDE AMIDODRACYLIQUE, $C^7H^5(AzH^2)O^2$ (Beilstein, Wilbrand et Reichenbach). — L'acide nitrodracylique n'est pas attaqué par le zinc et l'acide chlorhydrique, mais il est réduit sous l'influence de l'étain et de l'acide chlorhydrique. La liqueur filtrée dépose après évaporation des lamelles ou des prismes incolores de chlorhydrate d'acide amidodracylique.

L'acide amidodracylique se présente en aiguilles groupées en étoiles ou en rhomboèdres. Il est soluble dans l'eau, l'alcool et l'éther, il fond à 186° (Beilstein), à 197° (Fischer).

L'*amidodracylamide* résulte de l'action du sulfhydrate d'ammoniaque sur la nitrodracylamide. Elle fond à 178-179°. Séchée à l'air, elle renferme $(C^7H^8Az^2O)^4 + H^2O$; à 170° elle perd son eau de cristallisation et est représentée alors par la formule

$$C^7H^8Az^2O = C^6H^4(AzH^2)CO.AzH^2.$$

Bouillie avec la potasse, elle se dédouble en ammoniaque et en acide amidodracylique.

L'éther azotique transforme l'acide amidodracylique en acide *azoamidodracylique*,

$$C^{14}H^{11}Az^3O^4,$$

poudre cristalline, jaune-orange, soluble dans l'alcool bouillant, peu soluble dans l'eau, et que l'acide chlorhydrique transforme en acide chlorodracylique. En solution étendue, l'acide azotique donne de l'acide paroxybenzoïque [Fischer, *loc. cit.*,]. Si dans la solution de l'acide amidodracylique on verse de l'eau de brome, il se forme un précipité qui est un mélange de tribromaniline et d'acide *dibromoamidodracylique*,

$$C^7H^3Br^2(AzH^2)O^2,$$

et ce dernier se sépare de sa solution alcoolique en belles aiguilles brillantes, peu solubles dans l'alcool, insolubles dans l'eau.

Acide azodracylique, $C^{14}H^{10}Az^2O^4$ [Beilstein et Wilbrand, Beilstein et Geitner, *Mém. cité*; — Bilfinger, *Ann. der Chem. u. Pharm.*, t. CXXXV, p. 152, et *Bull. de la Soc. chim.*, 1866, t. V, p. 282]. — Lorsqu'on traite le nitrodracylate de soude par l'amalgame de sodium, on obtient l'acide azodracylique, isomère de l'acide azobenzoïque, sous forme d'une poudre amorphe, rougeâtre, insoluble dans l'eau, l'alcool et l'éther. Il renferme de l'eau de cristallisation qu'il ne perd qu'à 170°. Il est très-stable; on peut le chauffer à 250° dans un courant de gaz chlorhydrique, sans l'attaquer. Chauffé avec du brome à 250°, il se dédouble en gaz carbonique et aniline pentabromée $C^6H^2Br^5Az$.

L'*azodracylate d'ammoniaque* est en petites aiguilles, d'un jaune orangé; il cristallise avec une 1/2 molécule d'eau.

L'*azodracylate de baryum*, $C^{14}H^8Az^2O^4Ba$, est amorphe, insoluble dans l'eau, anhydre.

L'*azodracylate de calcium* renferme

$$C^{14}H^8Az^2O^4Ca + 3H^2O.$$

L'acide azodracylique ne s'éthérifie pas par l'alcool et l'acide chlorhydrique. Son éther s'obtient par l'action de l'amalgame de sodium sur l'éther nitrodracylique.

L'azodracylate de sodium, dissous dans un excès de soude caustique et additionné d'une solution de sulfate ferreux, fixe une molécule d'hydrogène, et fournit l'*acide hydrazodracylique*,

$$C^{14}H^{12}Az^2O^4.$$

Quand le précipité d'oxyde de fer se forme, on filtre la liqueur à l'abri de l'air, dans de l'acide sulfurique dilué, et on obtient l'acide hydrazodracylique, sous forme d'un précipité blanc, qu'on fait cristalliser dans l'alcool. Il est en petites aiguiles blanches, ou en lamelles cristallines. Il a une grande tendance à repasser à l'état d'acide azodracylique. Les agents réducteurs puissants sont sans action sur lui, et sur l'acide azodracylique; on ne peut arriver en partant de ce terme à l'acide amidodracylique, tandis qu'on transforme facilement son isomère, l'acide azobenzoïque, en acide amidobenzoïque.

Ainsi que nous l'avons dit, les combinaisons dracyliques ont leurs isomères dans la série benzoïque. Pour leur constitution, voyez Acide benzoïque. E. G.

DRÉÉLITE (Min.). — Sulfate de baryte et de chaux, $CaSO^4, 3BaSO^4$. Petits cristaux rhomboédriques (?) de 93° environ, blancs et d'un éclat nacré.

DRUPOSE. — Produit obtenu par M. Erdmann en traitant par l'acide chlorhydrique bouillant et de concentration moyenne la *glycodrupose* qui constitue les concrétions qu'on rencontre dans les poires :

$$\underset{\text{Glycodrupose.}}{C^{24}H^{36}O^{18}} + 4H^2O = \underset{\text{Drupose.}}{C^{12}H^{20}O^8} + \underset{\text{Glucose.}}{2C^6H^{12}O^6}.$$

Il se forme en même temps un peu de matières humiques et d'acide oxalique. La drupose distillée donne une matière jaune acide et irritant les yeux; triturée avec l'acide sulfurique concentré et bouillie longtemps avec de l'eau, puis neutralisée, elle réduit la liqueur cupro-potassique. L'eau, l'alcool, l'éther, les acides, les alcalis, la benzine, etc., et même la liqueur cupro-ammonique, ne la dissolvent pas. Elle ne se colore pas par l'iode. L'acide azotique bouillant l'attaque vivement et la dissout en partie. G. S.

DUFRÉNITE (Min.). — Phosphate ferrique hydraté,

$$PO^4[Fe^2.3(OH)]''' = 1/2[P^2O^5.2Fe^2O^3.3H^2O].$$

Masses concrétionnées et fibreuses, d'un vert foncé, passant au jaune et au brun par altération.

Caractères. — Soluble dans les acides. Fond facilement en perdant de l'eau. Dureté, 3,5 à 4. Poussière vert clair. Densité, 3,2 à 3,4.

Forme cristalline. — Prismes orthorhombiques (mm) d'environ 123°. Clivable selon g^1.

DUFRÉNOYSITE (Min.) [Syn. *Arsenomélane, Skleroclase, plomb arsénio-sulfuré. Binnite* de Heusser et Naumann]. Pyro-sulfarsénite de plomb, avec traces d'argent, de fer et de cuivre :

$$As^2S^5.Pb^2 = 2PbS, As^2S^3.$$

— Petits cristaux ou masses compactes, d'un gris de plomb et d'un éclat métallique, fragiles. Dans la dolomie de Binnen.

Caractères. — Décrépite et fond aisément sur le charbon en donnant une odeur sulfureuse et arsenicale, une auréole jaune et un globule de plomb. Dans le tube, sublimé de sulfure d'arsenic.

Dureté, 3. Densité, 5,55 à 5,57.

Forme cristalline. — Prisme orthorhombique (mm) de 93°39'. pa^1 = 153°35'.

DULCITANE. — Voyez Dulcite.

DULCITE [Syn. *Dulcose, dulcine*]. — Matière sucrée, isomère de la mannite, extraite pour la première fois par Laurent [*Compt. rend.*, t. XXX, p. 41 et 339], d'une substance cristalline venue de Madagascar, mais dont l'origine est inconnue. Elle est identique avec la matière sucrée retirée par Huenefeld et par Eichler du *Melampyrum nemorosum* et nommée *mélampyrite*, ainsi que l'a démontré Gilmer, qui a aussi fait voir son identité avec l'*évonymite*, matière sucrée retirée par Kubel du cambium des grosses branches du fusain [*Journ. für prakt. Chem.*, t. LXXXV, p. 372].

La composition de la dulcite a été longtemps controversée. Laurent l'envisageait d'abord comme un homologue de la glucose, et lui assignait la formule $C^7H^{14}O^6$, tandis qu'à la même époque, Jacquelain [*Compt. rend.*, t. XXXI, p. 625] adoptait $C^5H^{12}O^5$, mais l'étude des dérivés de la dulcite a bientôt fait voir que cette substance possède la même composition que la mannite, avec laquelle elle présente du reste beaucoup d'analogie.

Préparation. — La substance qui a fourni à Laurent la dulcite se présentait en rognons à structure cristalline, il suffisait de l'épuiser par l'eau bouillante qui abandonnait la dulcite par le refroidissement; les dernières eaux mères de cette dulcite renfermaient un sirop incolore et incristallisable. Pour retirer la dulcite du *Melampyrum nemorosum*, on fait une décoction de cette herbe, à l'époque de la floraison, on y ajoute un lait de chaux et l'on concentre la liqueur filtrée; arrivé à un certain degré de concentration, on sature la chaux par un léger excès d'acide chlorhydrique, et, par le refroidissement, la matière sucrée cristallise. Eichler [*Jahresber.*, 1856, p. 665] précipite la décoction aqueuse par l'acétate neutre de plomb, fait bouillir la liqueur filtrée avec de l'oxyde de plomb, sature le plomb dissous par l'hydrogène sulfuré et fait concentrer la liqueur pour amener la dulcite à cristallisation. La dulcite se purifie facilement par plusieurs cristallisations dans l'eau bouillante.

Propriétés. — La dulcite cristallise en prismes clinorhombiques, incolores, offrant ordinairement, suivant Laurent, les combinaisons

$$m, h^1, p, b^{1/2}, d^{1/2}.$$

Inclinaison des faces *mm* en avant = 112°;

$$m\,h^1 = 146°;\ m\,d^{1/2} = 149°30';$$
$$p\,d^{1/2} = 140°;\ m\,b^{1/2} = 135°30';$$
$$p\,b^{1/2} = 115°.$$

Elle est très-peu soluble dans l'alcool bouillant; il faut 1360 p. d'alcool froid pour en dissoudre une partie; 100 p. d'eau à 16° dissolvent 3,3 p. de dulcite (Gilmer). La dulcite possède une saveur douce; sa solution n'a pas d'action sur la lumière polarisée. Elle ne précipite pas les solutions métalliques neutres et ne réduit pas les oxydes de cuivre ou de mercure dans des liqueurs alcalines; elle précipite les solutions ammoniacales de plomb et de cuivre.

La densité de la dulcite est égale à 1,466. Elle fond à 182° (Gilmer; 186° d'après Eichler) sans perdre de son poids; elle se prend par le refroidissement en une masse cristalline; à une température un peu plus élevée, elle se sublime en partie et se décompose à 275° sans se charbonner. Maintenue longtemps à 200°, la dulcite perd une molécule d'eau et se transforme en *dulcitane* $C^6H^{12}O^5$, dont il sera question plus bas. La dulcite n'est pas fermentescible au contact de la levûre de bière; abandonnée à elle-même à 40° pendant quelques semaines avec de l'eau, de la craie et du fromage, elle fournit de l'alcool, de l'acide lactique et de l'acide butyrique, mais cette fermentation est très-incomplète; elle est plus avancée que pour la mannite, moins que pour la glycérine [Berthelot, *Ann. de Chim. et de Phys.*, (3), t. L, p. 348].

ACTION DES ALCALIS SUR LA DULCITE. — La potasse aqueuse étendue dissout la dulcite à l'ébullition, sans l'altérer, mais en présence de la potasse concentrée et bouillante elle donne un sirop qui ne précipite pas par l'alcool. La potasse alcoolique la dissout à chaud; la liqueur abandonne par le repos des aiguilles déliquescentes, groupées concentriquement, qui constituent une combinaison potassique; la soude alcoolique se comporte de même. Lorsqu'on ajoute une solution bouillante de dulcite à de l'eau de baryte, on obtient, par l'évaporation de la solution à l'abri de l'air, de petits prismes rectangulaires terminés en pyramides, renfermant $C^6H^{12}O^6Ba + 8H^2O$, et perdant 27,4 % d'eau à 100°. Gilmer a décrit une combinaison barytique qui, séchée au-dessus de l'acide sulfurique, renfermait $2(C^6H^{12}O^6Ba) + 9H^2O$. Ces combinaisons barytiques sont peu solubles dans l'alcool. Lorsqu'on ajoute une solution de dulcite à une solution ammoniacale d'acétate de plomb, on obtient un précipité blanc qui, séché à 100°, renferme $C^6H^8Pb^3O^6.3H^2O$; on obtient de même une combinaison cuivrique $C^6H^8Cu^3O^6.3H^2O$ à l'état d'un précipité vert. Eichler, qui a décrit ces dérivés métalliques, les représente par les formules $6PbO.C^{12}H^{30}O^{18}$ et $6CuO.C^{12}H^{30}O^{18}$, la mélampyrite renfermant, selon lui, $C^{12}H^{30}O^{18}$, ou, en équivalents, $(C^{12}H^{15}O^{15})$.

A une haute température, l'hydrate de potasse détruit la dulcite en produisant de l'oxalate et du butyrate de potassium, en même temps que du gaz hydrogène.

ACTION DES ACIDES. — L'acide sulfurique étendu et bouillant n'attaque pas la dulcite. L'acide concentré la dissout peu à peu; si l'on chauffe la dissolution jusqu'à ce qu'elle commence à se colorer, et si l'on sature par de la baryte, on obtient une dissolution qui, évaporée à consistance sirupeuse, reprise par l'alcool et évaporée de nouveau, donne une masse gommeuse et amère d'un sel de baryum sulfoconjugué instable, dont la composition est représentée par les rapports $2(C^6H^{14}O^6),3BaO.6SO^3$ (Eichler). Jacquelain avait déjà entrevu cette classe de sels. L'acide chlorhydrique, à 100°, ne détruit pas la dulcite.

Chauffée vers 200° avec les acides butyrique, stéarique, etc., la dulcite donne des combinaisons analogues à celles que fournit la mannite.

Acide dulcitartrique. — Cet acide a été obtenu par Berthelot [*Ann. de Chim. et de Phys.*, (3), t. LIV, p. 77] en chauffant à 120° poids égaux d'acide tartrique et de dulcite, pendant un jour ou deux, en vase ouvert, saturant par du carbonate de calcium et décomposant le sel calcaire par de l'acide oxalique. L'acide dulcitartrique renferme $C^{14}H^{20}O^{15} = C^6H^{12}O^5 + (C^4H^6O^6)^2 - 2H^2O$. Le sel calcaire forme un précipité incolore, très-volumineux, sans apparence cristalline; il renferme $C^{14}H^{16}CaO^{15} + 4H^2O$. Berthelot représente cette combinaison en équivalents par une formule moitié de celle que nous donnons ici; envisagé de cette manière, l'acide dulcitartrique est un acide monobasique.

Dulcite butyrique. — Cette combinaison s'obtient en chauffant pendant quelques heures à 200° de l'acide butyrique avec de la dulcite. C'est un liquide neutre, oléagineux, peu fluide, incolore, inodore, d'une saveur amère et butyreuse; peu soluble dans l'eau, elle se dissout très-bien dans l'éther et l'alcool absolu. L'acide chlorhydrique, en présence de l'alcool, la décompose en éther chlorhydrique et dulcitane.

Dulcites stéariques. — On en connaît deux : la dulcite monostéarique résulte de l'action de la dulcite sur l'acide stéarique à 200°; c'est un corps neutre, solide, blanc, cristallisable. La dulcite distéarique s'obtient à 220° en présence d'un grand excès d'acide stéarique; elle est neutre et possède des caractères analogues à ceux des stéarines.

Dulcite benzoïque. — Elle est neutre, résineuse, insoluble dans l'eau et très-soluble dans l'éther; elle se comporte comme la dulcite butyrique sous l'influence de l'acide chlorhydrique. La chaux la décompose en produisant du benzoate de calcium et de la dulcitane mélangée de dulcite.

Dans toutes ces combinaisons, ce n'est pas la dulcite elle-même qui entre en combinaison et qui s'en sépare sous l'influence des bases ou des acides, mais de la dulcite moins une molécule d'eau, ce que Berthelot a nommé la *dulcitane*,

$$C^6H^{12}O^5 = C^6H^{14}O^6 - H^2O,$$

et qui est à la dulcite ce que la mannitane est à la mannite. Cette dulcitane se forme, comme nous l'avons vu, par l'action de la chaleur sur la dulcite; elle prend encore naissance lorsqu'on traite ses dérivés acides par l'eau, les acides ou les bases. C'est une substance neutre, sirupeuse, incristallisable, d'une saveur légèrement sucrée, sensiblement volatile à 120°; elle est très-soluble dans l'eau et dans l'alcool même absolu, mais insoluble dans l'éther. Traitée par la baryte à 100°, ou abandonnée longtemps à elle-même, la dulcitane reprend une molécule d'eau pour se transformer de nouveau en dulcite; mais cette transformation n'est jamais que partielle.

ACTION DE L'ACIDE AZOTIQUE. — L'acide azotique ordinaire attaque la dulcite en produisant beaucoup d'acide mucique et un peu d'acide oxalique. Parmi les produits de cette action, Carlet a signalé la présence d'une petite quantité d'acide paratartrique ou racémique [*Compt. rend.*, t. LI, p. 137]; la dulcite inactive se transforme donc en un acide tartrique inactif et il serait possible que la dulcite inactive fût le résultat de la combinaison d'une dulcite droite avec une dulcite gauche, de même que l'acide paratartrique inactif résulte de l'union de l'acide tartrique droit et de l'acide tartrique gauche.

Un mélange d'acides sulfurique et azotique concentrés paraît donner, suivant Eichler, des produits nitrés explosifs. Béchamp, par ce moyen, a obtenu une dulcite hexanitrée et une dulcite dinitrée [*Compt. rend.*, t. LI, p. 255]. On fait dissoudre 1 p. de dulcite dans 5 p. d'acide azotique mélangé de 10 p. d'acide sulfurique; en versant sur ce mélange 10 à 15 volumes d'eau, il se précipite une masse butyreuse qui, redissoute dans l'alcool, cristallise en aiguilles incolores et flexibles. C'est la dulcite nitrée, à laquelle Béchamp assigne la formule $C^6H^8O^2.3Az^2O^5$, qu'il nomme dulcite trinitrique et qu'on peut représenter comme un produit hexanitré $C^6H^8(AzO^2)^6O^6$; Béchamp y admet l'existence de l'acide azotique et non du groupe AzO^2. La dulcite hexanitrée fond à 85°,5; elle dégage peu à peu des vapeurs nitreuses, même à froid, et se transforme en dulcite tétranitrée $C^6H^{10}(AzO^2)^4O^6$, que Béchamp envisage comme de la dulcite dinitrique $C^6H^{10}O^4,2Az^2O^5$. Ce second produit nitré est plus stable que le précédent; il forme des cristaux plus durs et moins flexibles; on l'obtient en abandonnant pendant un mois la dulcite hexanitrée à une température de 30° à 40°. Elle fond à 120-130°. Les sels ferreux réduisent les dulcites nitrées en les transformant en une masse sirupeuse, constituant probablement de la dulcitane.

ACTION DU CHLORE.— Le chlore agit sur une solution de dulcite en produisant un acide particulier donnant un sel de baryum neutre, mais qui n'a pas été examiné davantage.

ACTION DE L'ACIDE IODHYDRIQUE. — Soumise à l'action de l'acide iodhydrique concentré, la dulcite éprouve la même modification que la mannite, c'est-à-dire qu'elle se transforme en iodure d'hexyle $C^6H^{13}I$, seulement cet hexyle paraît être isomérique avec l'hexyle normal :

$$C^6H^{14}O^6+11HI=C^6H^{13}I+6H^2O+5I^2.$$

E. W.

DUMASINE, $C^6H^{10}O$. — M. Kane a donné ce nom à un produit huileux qui se forme en même temps que l'acétone dans la distillation des acétates [*Poggend. Ann.*, t. XLIV, p. 494]. M. Heintz l'a étudié depuis et l'a considéré comme identique avec l'oxyde de mésityle, dont il a la composition [*Poggend. Ann.*, t. LXVIII, p. 277]. D'après M. Fittig, il n'y a pas identité entre ces deux corps, mais seulement isomérie [*Ann. der Chem. u. Pharm.*, t. CX, p. 21].

La dumasine constitue une huile incolore, devenant à la longue jaunâtre à l'air, d'une odeur particulière, mais pas désagréable. Elle est plus légère que l'eau et insoluble dans ce liquide, mais miscible en toute proportion avec l'alcool. Son point d'ébullition est situé entre 120° et 125°. Elle forme avec les bisulfites alcalins une combinaison cristallisée, ce qui la distingue de l'oxyde de mésityle; mais cette combinaison ne se produit qu'après un temps assez long; elle est soluble dans l'eau et décomposable par l'ébullition. M. Fittig lui attribue la formule $C^6H^9NaSO^3+3H^2O$.

L'acide azotique concentré transforme la dumasine en acide oxalique.

La distillation avec l'acide chlorhydrique et le peroxyde de manganèse la convertit en une huile incolore, plus lourde que l'eau, bouillant entre 150° et 155° et ne se combinant pas avec les bisulfites alcalins. Elle renferme $C^6H^8Cl^2O$. C. F.

DURETÉ (Min.). — Un minéral est plus *dur* qu'un autre lorsqu'il *raye* celui-ci. La dureté peut varier légèrement pour une même espèce, selon la face cristalline sur laquelle on opère, ou même selon le sens dans lequel on cherche à provoquer la rayure : elle est moindre dans le sens d'un clivage facile que transversalement. Les minéraux les plus durs sont d'ordinaire les combinaisons les plus stables.

Pour exprimer la dureté par un chiffre, on essaye de rayer avec le minéral donné les dix corps de l'échelle de Mohs pris en fragments de cristaux; si le minéral est rayé par le n° 4, mais raye le n° 3, sa dureté sera représentée par 3,5; si sa dureté est la même que celle du n° 6, elle sera représentée par le chiffre 6, etc.

ÉCHELLE DE MOHS.

1. Talc.	6. Feldspath orthose
2. Gypse.	7. Quartz.
3. Calcite.	8. Topaze.
4. Fluorine.	9. Corindon.
5. Apatite.	10. Diamant.

L'ongle raye les 2 premières substances, et la pointe d'un canif les 5 premières.

L'orthose commence donc la série des minéraux que Werner appelait *durs*, d'après l'essai à la pointe d'acier. G. S.

DYSCLASITE. — Voyez OKENITE.

DYSLUITE (Min.). — Spinelle zinco-ferro-manganeux (Zn, Mg, Fe) O $(Al^2,Fe^2)O^3$, d'un brun jaunâtre ou grisâtre, à Sterling (New-Jersey).

DYSLYSINE. — Voyez t. I, p. 601.

DYSODILE (Min.) [Syn. *Houille papyracée, lignite feuilleté*]. — Feuilles minces, flexibles, d'un jaune grisâtre, très-inflammables, brûlant en répandant une odeur d'asa fœtida.

Densité, 1,14 à 1,25.

DYSSNITE. — Rhodonite altérée de Franklin (New-Jersey).

DYSSYNTRIBITE. — Voyez GIESECKITE.

E

EAU (protoxyde d'hydrogène), H^2O. — *Historique.* — L'un des quatre éléments des anciens. Ce n'est qu'à la fin du dernier siècle que, à la même époque, 1781, Cavendish, en Angleterre, et Lavoisier, en France, arrivèrent à démontrer que l'eau est formée d'hydrogène et d'oxygène. Déjà, en 1770, Lavoisier s'était occupé de la nature de l'eau et avait détruit la croyance de sa transformation en terre. Cette opinion s'était établie sur les interprétations que Van Helmont avait données à ses expériences sur la végétation, et par ce fait que la distillation réitérée de l'eau dans un vase de verre laisse toujours un résidu fixe. Cavendish avait reconstitué de l'eau par la combustion du gaz inflammable ou hydrogène. Lavoisier avait tenté les premières expériences sur le même sujet en 1776 déjà [voyez *Mém. de l'Acad.*, 1781, p. 468, et *Œuvres de Lavoisier*, t. II, p. 331] mais il fit plus, il opéra avec Meusnier la décomposition de l'eau par le fer et détermina approximativement la composition de l'eau. Son expérience est restée classique ; elle consiste à faire passer de la vapeur d'eau sur du fer chauffé au rouge ; en pesant le fer employé avant et après l'expérience, ainsi que la quantité de vapeur d'eau décomposée, déduisant du poids de l'eau employée celle qui se condensait dans un serpentin à la suite du tube de fer, et mesurant la quantité d'hydrogène formée, il en a conclu la composition de l'eau. D'autres recherches sur le même sujet furent faites par Monge, Watt, Priestley, et plus tard, d'une manière plus exacte (1789), par Monge, Lavoisier, Lefèvre-Gineau, Meusnier, Fourcroy et Vauquelin, de la commission des poids et mesures. Mais les expériences les plus rigoureuses furent exécutées par Gay-Lussac et de Humboldt, qui démontrèrent par des analyses eudiométriques que l'eau est formée exactement de 2 volumes d'hydrogène et de 1 volume d'oxygène ; puis par Dumas en 1843, qui, opérant la synthèse de l'eau par la combustion de l'hydrogène par l'oxyde de cuivre, montra que l'eau renferme en poids 1 p. d'hydrogène et 8 p. d'oxygène. Les résultats pondéraux obtenus précédemment par Dulong et Berzelius différaient quelque peu de ces rapports ; ces chimistes avaient calculé ce rapport à l'aide de densités fautives des gaz oxygène et hydrogène.

COMPOSITION DE L'EAU. — *Expériences synthétiques.* — La combustion de l'hydrogène dans l'oxygène donne de la vapeur d'eau, et cette combustion peut être provoquée soit par l'inflammation directe, soit par l'étincelle électrique. En employant ce dernier agent on peut opérer dans des appareils clos, c'est-à-dire dans des eudiomètres, et mesurer exactement les gaz qui se sont combinés ainsi que le volume de la vapeur d'eau produite, si l'on a soin de se mettre dans des conditions telles que la vapeur ne puisse pas se condenser. Si, dans un eudiomètre ordinaire, on fait éclater l'étincelle électrique à travers un mélange à volumes égaux d'oxygène et d'hydrogène, on voit se produire une condensation des 3/4 ; le dernier 1/4 est de l'oxygène pur ; la moitié de l'oxygène s'est donc combinée à la totalité de l'hydrogène, c'est-à-dire que 1 volume d'oxygène s'est uni à 2 volumes d'hydrogène. Pour connaître le volume de la vapeur d'eau produite, introduisons de l'oxygène et de l'hydrogène parfaitement secs, dans ces proportions, dans un eudiomètre qu'on puisse porter à une température de 110° environ et faisons éclater l'étincelle à cette température ; il y aura encore contraction, mais elle ne sera que d'un tiers, car, pour 2 volumes d'hydrogène et 1 volume d'oxygène combinés, il se sera formé 2 volumes de vapeur d'eau, le volume de cette vapeur ainsi que celui des gaz primitifs étant, bien entendu, ramené aux mêmes conditions de température et de pression. L'expérience se fait facilement dans un eudiomètre entouré d'un manchon de verre dans lequel on fait circuler un courant de vapeur d'alcool amylique (132°).

On voit donc que 2 volumes de vapeur d'eau, ou 1 molécule, sont formés de l'union de 2 volumes (2 atomes) d'hydrogène et de 1 volume (1 atome) d'oxygène : ce qui est exprimé par la formule H^2O. Sachant que l'oxygène est 16 fois plus pesant que l'hydrogène, on peut facilement calculer la composition pondérale de l'eau, connaissant sa composition en volumes.

Quand on brûle l'hydrogène à l'air, il se forme de l'eau que l'on peut condenser, et c'est en évaluant la quantité d'hydrogène brûlé et la quantité d'eau formée que Cavendish, Lavoisier, Monge ont évalué la composition de l'eau. Mais si cette méthode est sujette à de grandes incertitudes, il en est une autre, imaginée par Berzelius et Dulong et perfectionnée par Dumas, qui a conduit à des résultats parfaitement rigoureux sur la composition pondérale de l'eau. Elle repose sur la réduction d'un poids connu d'oxyde de cuivre par l'hydrogène et la détermination du poids de l'eau formée :

$$CuO + H^2 = Cu + H^2O.$$

Voici comment a opéré Dumas [*Ann. de Chim. et de Phys.*, (3), t. VIII, p. 189].

L'hydrogène se dégage dans un grand flacon tubulé, par l'action du zinc sur l'acide sulfurique étendu d'eau ; cet hydrogène se purifie en traversant une série de tubes en U contenant diverses substances : 1° fragments de verre humectés de nitrate de plomb ; 2° fragments de verre humectés d'azotate d'argent, pour retenir l'hydrogène sulfuré, l'hydrogène arsénié et l'hydrogène phosphoré que peut contenir l'hydrogène ; 3° ponce imprégnée de potasse et potasse caustique solide pour retenir des combinaisons carbonées ; 4° ponce sulfurique et anhydride phosphorique pour dessécher l'hydrogène. Enfin, un dernier tube renfermant également de l'anhydride phosphorique, servait de témoin ; il ne devait pas augmenter de poids. L'hydrogène, ainsi dépouillé de matières étrangères, était dirigé à travers un ballon en verre dur, tubulé et renfermant un poids connu d'oxyde de cuivre, pesé avec l'appareil préalablement rempli d'hydrogène ; cet oxyde étant porté à une température élevée cède son oxygène à l'hydrogène pour former de l'eau qui se dégage à l'état de vapeur et sort du ballon avec l'hydrogène non brûlé. A ce premier ballon en est adapté un autre destiné à condenser la majeure partie de l'eau formée et suivi d'une série de tubes dessèchants dont le dernier, servant de témoin, ne devait pas changer de poids. On pèse l'eau formée, ainsi que le ballon à oxyde de cuivre, refroidi dans le courant d'hydrogène, et dont la perte de poids indique la quantité d'oxygène cédée par l'oxyde de cuivre. A l'aide de ces données, Dumas a conclu la composition de cette dernière ; il a trouvé que l'eau est formée de

Hydrogène....	11,111
Oxygène......	88,889
	100,000

EXPÉRIENCES ANALYTIQUES. — *Décomposition de l'eau par les corps simples.* — Certains métaux décomposent l'eau à la température ordinaire, tels sont les métaux alcalins, qui mettent immédiatement de l'hydrogène en liberté. Si l'on introduit, par exemple, un morceau de sodium sous une cloche remplie de mercure et renfermant un peu d'eau, on voit immédiatement la cloche se remplir d'un gaz qui est de l'hydrogène pur, en même temps qu'il se forme de la soude. Le fer possède également la propriété de décomposer l'eau à la température ordinaire, mais très-lentement ; si l'on opère comme pour le sodium, l'expérience dure plusieurs mois et il se forme de l'hydrogène et de l'oxyde de fer. Lavoisier avait même tenté d'analyser l'eau par ce procédé. A une température élevée, au contraire, la décomposition de l'eau par le fer se fait très-facilement. Cette expérience, due à Lavoisier, lui a servi, comme nous l'avons indiqué, pour établir la composition de l'eau. Dans cette expérience, il se forme de l'oxyde de fer magnétique Fe^3O^4 et l'hydrogène se dégage.

Enfin, on peut également décomposer l'eau en fixant sur un autre corps l'hydrogène qu'elle renferme : quand on fait passer un courant de chlore chargé de vapeur d'eau à travers un tube de porcelaine porté au rouge, il se dégage de l'oxygène ainsi que de l'acide chlorhydrique et un excès de chlore qu'on peut absorber par un flacon laveur renfermant de la potasse. Le fluor, sur lequel on a des connaissances si vagues, paraît décomposer l'eau de la même manière à la température ordinaire.

Électrolyse de l'eau. — L'eau pure est un très-mauvais conducteur de l'électricité, mais lorsqu'on la rend conductrice par l'addition d'un acide ou d'un sel, le courant qui la traverse la décompose en ses éléments, l'hydrogène se dégageant au pôle négatif et l'oxygène au pôle positif; on remarque que la quantité du premier gaz est exactement le double de celle de l'oxygène, au moins lorsqu'on se place dans des conditions telles qu'il n'y ait pas de causes perturbatrices. On emploie pour cela le petit appareil connu sous le nom de *voltamètre*, parce qu'il peut servir à déterminer l'intensité des courants voltaïques (fig. 225). Il consiste en un vase de verre dont le fond est traversé par deux fils de platine isolés l'un de l'autre et communiquant tous deux avec deux boutons auxquels on fixe les rhéophores d'une pile; on place de l'eau acidulée d'acide sulfurique dans le vase et l'on voit les gaz se dégager séparément aux deux fils de platine dès que le courant de la pile est fermé. On peut recueillir les deux gaz soit isolément, au moyen de deux cloches, soit ensemble en employant une seule cloche. Dans ce dernier cas, le gaz recueilli forme ce que l'on nomme le *gaz tonnant*, mélange fréquemment employé dans l'analyse eudiométrique; à cet effet, on se sert généralement du petit appareil qui se trouve décrit page 283, fig. 44.

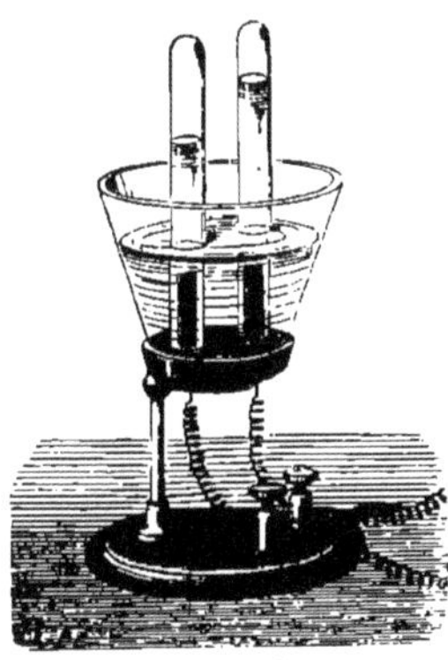

Fig. 225. — Voltamètre.

Généralement on trouve un peu moins d'oxygène que la quantité théorique : cela tient en partie à sa dissolution dans l'eau, en partie à la formation de peroxyde d'hydrogène; en outre, il peut s'en fixer un peu sur le conducteur de platine. Ces causes d'altération disparaissent en grande partie si l'on opère à chaud; en outre, dans ce dernier cas, la conductibilité est augmentée et la décomposition est plus active.

ACTION DE LA CHALEUR SUR L'EAU. — *Dissociation.* — L'eau peut aussi se décomposer en ses éléments sous l'influence de la chaleur, ainsi, lorsqu'on fait traverser des tubes de platine chauffés au blanc par un courant de vapeur d'eau, on recueille de l'hydrogène et de l'oxygène; on arrive au même résultat en plongeant dans l'eau une masse de platine chauffée au chalumeau à gaz oxygène et hydrogène. Deville [*Compt. rend.*, t. LVI, p. 195] est arrivé à opérer la décomposition de l'eau à une température beaucoup plus basse, vers 1100°, mais en se mettant dans des conditions telles que les gaz une fois séparés ne puissent pas se recombiner. C'est ce qui peut se faire en se basant sur la diffusibilité des gaz à travers les parois poreuses, celle de l'hydrogène étant beaucoup plus considérable que celle de l'oxygène.

Voici l'appareil de Deville : un tube en terre poreuse est introduit dans un tube plus large et plus court, de porcelaine vernie, auquel il est fixé par deux bouchons bien lutés, traversés en outre chacun par un tube de verre; l'espace annulaire étant rempli de fragments de porcelaine pour multiplier les surfaces de chauffe, on porte le tube au rouge blanc, puis on fait passer un courant de vapeur d'eau dans le tube intérieur et un courant de gaz carbonique dans l'espace annulaire; si l'on recueille les gaz qui sortent à l'autre extrémité des tubes, on voit qu'outre l'acide carbonique qu'on peut absorber par la potasse, ils renferment de l'oxygène et de l'hydrogène, ainsi que l'azote, provenant de l'air extérieur, et de l'oxyde de carbone résultant de la réduction de l'acide carbonique par l'hydrogène. L'oxygène est toujours en excès par rapport à l'hydrogène; cela tient en partie à l'action réductrice que ce dernier exerce sur l'acide carbonique, en partie à sa diffusibilité à travers le tube de porcelaine. Voici l'analyse de deux de ces mélanges gazeux, après l'absorption de l'acide carbonique :

	I	II
Oxygène	55,7	48,6
Hydrogène	24,3	13,1
Oxyde de carbone	0,0	25,3
Azote	24,0	13,0
	100,0	100,0

L'oxygène se dégage principalement à l'issue du tube poreux, tandis que l'hydrogène, qui, grâce à sa grande diffusibilité, a pu traverser la paroi de ce tube, se dégage par le tube de porcelaine.

On obtient environ 1 centimètre cube de ce gaz tonnant avec 1 gramme d'eau. Dans cette expérience les éléments de l'eau ont éprouvé une *dissociation* (voyez ce mot).

PROPRIÉTÉS PHYSIQUES DE L'EAU. — L'eau est un liquide transparent, inodore, sans saveur, incolore lorsqu'il est vu en petite quantité, mais présentant une belle couleur bleue lorsqu'il est vu sous une grande masse; l'eau de mer présente d'autres nuances, surtout le vert; on attribue cette dernière teinte à la présence d'une petite quantité de limon jaune. L'eau est légèrement compressible : soumise à une forte pression, elle diminue de 0,000047 de son volume par chaque augmentation de pression d'une atmosphère. L'eau se solidifie à une température constante qui a été prise pour le zéro des échelles thermométriques centigrade et Réaumur; dans certaines circonstances pourtant l'eau peut être refroidie au-dessous de cette température, à — 7 ou — 8°, sans qu'elle se congèle, mais l'agitation la fait immédiatement prendre en masse, en même temps que la température remonte brusquement à 0°; on a même pu obtenir de l'eau liquide à — 15°, en la refroidissant dans des tubes capillaires. La glace en se liquéfiant absorbe 79 calories, c'est-à-dire que la chaleur nécessaire pour transformer la glace à 0° en eau à 0° serait suffisante pour élever le même poids d'eau liquide de 0° à 79°.

En se solidifiant, l'eau éprouve une dilatation subite égale environ aux 0,07 de son volume. La glace est moins dense par conséquent que l'eau; la densité de l'eau à + 4° étant 1, celle de la glace est égale à 0,918. Par le refroidissement de la glace, celle-ci ne continue pas à se dilater, mais elle se contracte comme le ferait un autre corps. Si au contraire on observe les changements de volume que subit l'eau maintenue liquide au-dessous de 0°, on voit qu'elle se dilate par le refroidissement, au lieu de se contracter, et cette dilatation a lieu à partir de la température de + 4°; elle a été observée jusqu'à — 9°; à cette température la densité de l'eau *liquide* est égale à 0,998371. A partir également de + 4°, mais pour des augmentations de température, il y a également dilatation, comme pour tous les autres corps. Cette dilatation n'est pas régulière; la dilatation totale de 0° à 100 est égale à $\frac{1}{22} = 0,0429$. On voit donc que c'est à

+ 4° qu'une même quantité d'eau occupe le volume le plus petit, et qu'à cette température elle a un maximum de densité; c'est cette densité qui a été choisie pour unité de densité des liquides et des solides.

La propriété que possède l'eau d'avoir un maximum de densité joue un grand rôle dans la nature: par les froids de l'hiver, l'eau se refroidissant à la surface se contracte d'abord et vient occuper les parties inférieures, pour être remplacée par des couches plus chaudes; celles-ci se refroidissant à leur tour seront également remplacées, et ce phénomène se produira jusqu'à ce que la température de toute la masse ait atteint + 4°; une fois cette température atteinte, les couches supérieures se dilatent en se refroidissant, au lieu de se contracter, et restent par conséquent à la surface où elles finissent par se solidifier. La glace ainsi formée se refroidit davantage et augmente d'épaisseur, mais les couches inférieures se trouvent protégées contre un refroidissement considérable. En raison de ces phénomènes, la température des couches inférieures d'une grande masse d'eau s'abaisse rarement au-dessous de + 4°.

La glace est une masse cristalline formée d'un enchevêtrement de petits cristaux, qui se présentent quelquefois en individus isolés. Ces cristaux appartiennent au système rhomboédrique et sont généralement des prismes à six pans ou de doubles pyramides hexagonales. La neige, qui est due à la congélation de l'eau atmosphérique, présente des formes très-variées, qui sont représentées par la figure 226. D'après Nordenskiöld, la glace est

Fig. 226. *Cristaux de la neige.*

dimorphe et se présente quelquefois cristallisée dans le système rhomboïdal [*Poggend. Ann.*, t. CXIV, p. 612]. A 0°, la glace présente une certaine plasticité (Tyndall, Thomson).

De tous les corps liquides, l'eau est celui qui a la plus grande chaleur spécifique, aussi a-t-on choisi celle-ci comme unité; la chaleur spécifique de la glace est environ la moitié de celle de l'eau.

Le point d'ébullition de l'eau a été choisi comme point fixe pour toutes les échelles thermométriques : 100° pour l'échelle centigrade, 80° pour l'échelle Réaumur et 212° pour l'échelle Fahrenheit. Ce point d'ébullition varie avec la pression et avec certaines autres circonstances, comme la nature du vase dans lequel on la fait bouillir, la présence des matières en dissolution, etc.; dans des vases enduits de gomme laque, l'ébullition peut ne se produire qu'à 105°. Mais sous la pression normale de 0m,760 la température de la *vapeur* produite est toujours de 100° centigr.; on dit qu'à cette température la *tension* de la vapeur d'eau est de 1 atmosphère ou de 0m,760 de mercure. Cette tension augmente rapidement avec la température; ainsi, à 120°,6 elle est de 2 atmosphères, etc.; si au contraire on diminue la pression, l'ébullition se fait à une température inférieure à 100°; c'est ce qui arrive à mesure qu'on s'élève dans l'atmosphère, et l'on peut même, à l'aide d'un thermomètre très-sensible, mesurer l'altitude d'un lieu par le point d'ébullition de l'eau. Nous donnons dans un tableau séparé les points d'ébullition de l'eau pour les différentes variations barométriques.

Les tableaux suivants indiquent les tensions de la vapeur d'eau, c'est-à-dire la pression à laquelle cette vapeur d'eau fait équilibre à différentes températures. Ces tableaux ont été dressés avec un grand soin par V. Regnault [*Ann. de Chim. et de Phys.*, (3), t. XI, p. 334; t. XIV, p. 296].

TENSION DE LA VAPEUR D'EAU AUX TEMPÉRATURES COMPRISES ENTRE — 30° ET + 100° C.

Températures. Degrés.	Pression en millimètres de mercure.	Températures. Degrés.	Pression en millimètres de mercure.
— 30	0,365	20	17,391
— 25	0,553	21	18,495
— 20	0,841	22	19,659
— 15	1,284	23	20,888
— 10	1,963	24	22,184
— 5	3,004	25	23,550
0	4,600	26	24,988
1	4,940	27	26,505
2	5,302	28	28,101
3	5,687	29	29,782
4	6,097	30	31,548
5	6,534	35	41,827
6	6,998	40	54,906
7	7,492	45	71,391
8	8,017	50	91,982
9	8,574	55	117,478
10	9,165	60	148,791
11	9,792	65	186,945
12	10,457	70	233,093
13	11,162	75	288,517
14	11,908	80	354,643
15	12,699	85	433,041
16	13,536	90	525,450
17	14,421	95	633,778
18	5,357	100	760,000
19	116,346		

POINT D'ÉBULLITION DE L'EAU DANS LE VOISINAGE DE LA PRESSION ATMOSPHÉRIQUE NORMALE.

Point d'ébull. de l'eau.	Pression atmosphérique en millim. de mercure.	Point d'ébull. de l'eau.	Pression atmosphérique en millim. de mercure.
95,0	633,78	97,4	692,04
95,1	636,12	97,5	694,56
95,2	638,47	97,6	697,08
95,3	640,83	97,7	699,61
95,4	643,19	97,8	702,15
95,5	645,57	97,9	704,70
95,6	647,95	98,0	707,26
95,7	650,34	98,1	709,82
95,8	652,73	98,2	712,39
95,9	655,13	98,3	714,97
96,0	657,54	98,4	717,56
96,1	659,95	98,5	720,15
96,2	662,37	98,6	722,75
96,3	664,80	98,7	725,35
96,4	667,24	98,8	727,96
96,5	669,69	98,9	730,58
96,6	672,14	99,0	733,21
96,7	674,60	99,1	735,85
96,8	677,07	99,2	738,50
96,9	679,55	99,3	741,16
97,0	682,03	99,4	743,83
97,1	684,52	99,5	746,50
97,2	687,02	99,6	749,18
97,3	689,53	99,7	751,87

Point d'ébull. de l'eau.	Pression atmosphérique en millim. de mercure.	Point d'ébull. de l'eau.	Pression atmosphérique en millim. de mercure.
99,8	754,57	100,5	773,71
99,9	757,28	100,6	776,48
100,0	760,00	100,7	779,26
100,1	762,73	100,8	782,04
100,2	765,46	100,9	784,83
100,3	768,20	101,0	787,63
100,4	771,95		

NSIONS DE LA VAPEUR D'EAU DEPUIS 100° C. JUSQU'À 230°,9 C., EXPRIMÉES EN ATMOSPHÈRES (760mm).

Températures. Degrés.	Atmosphères.	Températures. Degrés.	Atmosphères.
100,0	1	198,8	15
120,6	2	201,9	16
133,9	3	204,9	17
144,0	4	207,7	18
152,2	5	210,4	19
159,2	6	213,0	20
165,3	7	215,5	21
170,8	8	217,9	22
175,8	9	220,3	23
180,3	10	222,5	24
184,5	11	224,7	25
188,4	12	226,8	26
192,1	13	228,9	27
195,5	14	230,9	28

Il n'est pas nécessaire que le phénomène de l'ébullition se produise pour qu'il y ait production de vapeur; celle-ci est émise à toutes les températures, et l'on a besoin de connaître la tension de la vapeur d'eau formée ainsi pour les corrections à apporter à la mesure des gaz sur l'eau. Le premier tableau indique ces tensions de degrés en degrés depuis 0° jusqu'à 30°, puis de 5° en 5°.

La chaleur latente de vaporisation de l'eau, c'est-à-dire celle qui est absorbée par l'eau liquide à 100° pour passer à l'état de vapeur à 100°, est de 537 calories; en d'autres termes, la chaleur nécessaire pour réduire en vapeur 1 kilogr. d'eau à 100° serait suffisante pour élever de 0° à 100° une quantité d'eau de 5k,37.

Nous avons dit que les matières en dissolution dans l'eau en changent le point d'ébullition. Les gaz dissous dans l'eau en facilitent l'ébullition; les sels dissous la retardent plus ou moins (voyez SOLUTIONS).

Nous disons que la présence des gaz, par exemple de l'air, dans l'eau en facilite l'ébullition : les petites bulles gazeuses qui s'y développent sont autant de petits espaces dans lesquels la vapeur peut se répandre. Quoique par l'ébullition on puisse expulser presque tout l'air contenu dans l'eau, il faut, pour en purger complètement cette dernière, la soumettre à une ébullition prolongée dans le vide. Donny ayant opéré de cette manière vit le point d'ébullition de l'eau atteindre la température de 182°, mais au moment où l'ébullition se produit alors, le dégagement de vapeur est tellement subit et considérable que l'appareil est brisé.

La densité de la vapeur d'eau, ramenée aux conditions normales de température et de pression, est égale à 9 par rapport à l'hydrogène, et à 0,622 par rapport à l'air.

La vapeur d'eau à 100° occupe un volume 1696 fois plus grand que le volume d'eau qui lui a donné naissance.

Janssen [*Compt. rend.*, t. LXIII, p. 289] a observé le spectre de la vapeur d'eau; ce spectre est caractérisé par cinq groupes de bandes d'absorption dans le rouge et le jaune, correspondant à des bandes d'absorption qu'on observe dans le spectre solaire et qui paraissent dues à l'atmosphère terrestre [Cooke; Angström, *Compt. rend.*, t. LXIII, p. 647]. La vapeur d'eau constitue un des éléments à peu près constants de l'air atmosphérique.—Voyez AIR.

PROPRIÉTÉS CHIMIQUES DE L'EAU. — Nous avons vu, en parlant de la composition de l'eau, que ce liquide peut être décomposé par la chaleur et par l'électricité, de même que sous l'influence de certains agents chimiques simples, tels que les métaux qui s'emparent de son oxygène pour mettre l'hydrogène en liberté, ou le chlore, qui se combine à l'hydrogène, tandis que l'oxygène devient libre. D'autres corps simples décomposent l'eau, mais beaucoup plus difficilement: ainsi, lorsqu'on fait bouillir du soufre avec de l'eau, on observe la production d'hydrogène sulfuré. Le charbon rouge décompose l'eau en produisant de l'hydrogène, de l'acide carbonique, ainsi qu'un peu d'oxyde de carbone et d'hydrogène carboné; on a tenté d'employer ce mélange gazeux pour l'éclairage, après l'avoir dépouillé de son acide carbonique. Le phosphore décompose lentement l'eau sous l'influence de la lumière.

L'eau est décomposée avec une grande facilité par beaucoup de corps composés, mais sans que l'un ou l'autre de ses éléments soit mis en liberté; ainsi les chlorures d'acides, traités par l'eau, donnent naissance à l'acide chlorhydrique et à l'acide correspondant :

$$PCl^3 + 3\,(H.OH) = 3\,HCl + P(OH)^3.$$

Trichlorure de phosphore. — Acide phosphoreux.

$$C^2H^3O.Cl + H.OH = HCl + C^2H^3O.OH.$$

Chlorure d'acétyle. — Acide acétique.

Ces réactions sont très-énergiques; il en est de même de celles qui se produisent au contact de l'eau et des anhydrides acides ou basiques. Ces dernières réactions s'opèrent différemment, selon que l'on a affaire à un anhydride à atomicité paire ou à atomicité impaire; dans ce dernier cas, la décomposition de l'eau est évidente; dans le premier cas, au contraire, la réaction se produit par union directe des éléments de l'eau et des éléments de l'anhydride :

1° *Eau et anhydrides à atomicité impaire :*

$$Cl^2O + H^2O = 2\,ClOH.$$

Anhydr. hypochloreux. — Acide hypochloreux.

$$P^2O^5 + H^2O = 2\,PO^3H.$$

Anhydr. phosphorique. — Acide métaphosphorique.

$$(C^2H^3O)^2O + H^2O = 2\,C^2H^3O.OH.$$

Anhydride acétique. — Acide acétique.

$$K^2O + H^2O = 2\,KHO.$$

Oxyde de potassium. — Hydrate de potassium.

2° *Eau et anhydrides à atomicité paire :*

$$SO^3 + H^2O = SO^4H^2.$$

Anhydr. sulfurique. — Acide sulfurique.

$$C^4H^4O^2.O + H^2O = C^4H^4O^2.O^2H^2.$$

Anhydride succinique. — Acide succinique.

$$BaO + H^2O = BaH^2O^2.$$

Oxyde de baryum. — Hydrate barytique.

L'action de l'eau sur tous ces corps est accompagnée d'une grande élévation de température; l'oxyde de baryum, arrosé d'un peu d'eau, peut être porté à l'incandescence. L'anhydride sulfurique, l'anhydride phosphorique et d'autres, produisent au contact de l'eau un sifflement semblable à celui que produirait un fer rouge.

Dans une foule d'autres réactions, simples ou complexes, l'eau intervient de même.

Formation de l'eau dans les réactions chi-

miques. — Nous avons vu comment l'eau détermine une foule de réactions; nous allons voir qu'elle prend également naissance dans un grand nombre de circonstances. Quand on fait réagir un acide sur un hydrate ou sur un oxyde, il y a production d'eau :

$$AzO^3H + KHO = AzO^3K + H^2O.$$
$$SO^4H^2 + CaH^2O^2 = SO^4Ca + 2H^2O.$$
$$PO^4H^3 + 3KHO = PO^4K^3 + 3H^2O.$$
$$ClH + KHO = KCl + H^2O, \text{ etc.}$$

Quand on opère avec des dissolutions aqueuses, on ne peut point constater la formation de cette eau; mais si l'on opère avec des corps secs, cette formation devient évidente; si l'on fait, par exemple, réagir du gaz acide chlorhydrique sec sur l'oxyde de mercure, il se forme du chlorure mercurique et de l'eau : $2HCl + HgO = HgCl^2 + H^2O$.

Dans la réduction des oxydes métalliques par l'hydrogène, il se forme de l'eau. Dans l'action de l'hydrogène sulfuré sur les oxydes, cette formation a encore lieu : $H^2S + PbO = PbS + H^2O$.

L'eau se forme par la calcination d'un grand nombre d'hydrates acides ou basiques :

$$PO^4H^3 = PO^3H + H^2O;$$

Acide phosphorique. — Acide métaphosphorique.

$$2TlHO = Tl^2O + H^2O;$$

Hydrate de thallium. — Oxyde de thallium.

$$CaH^2O^2 = CaO + H^2O.$$

Hydrate de calcium. — Oxyde de calcium.

La réduction des corps oxygénés par les corps hydrogénés, ou bien les oxydations de ces derniers, donnent également naissance à de l'eau :

$$C^6H^5AzO^2 + H^6 = C^6H^7Az + 2H^2O;$$

Nitrobenzine. — Aniline.

$$C^2H^6O + O = C^2H^4O + H^2O$$

Alcool. — Aldéhyde.

L'eau se fixe sur un grand nombre de corps, sans éprouver de décomposition, c'est-à-dire qu'elle existe à l'état d'eau dans la combinaison ou *hydrate* qui en résulte. Les hydrates d'acide sulfurique, par exemple

$$H^2SO^4.H^2O \text{ et } H^2SO^4.2H^2O,$$

se forment par l'action de l'eau sur l'acide sulfurique H^2SO^4; ces hydrates, qui se forment avec production de chaleur, diffèrent par quelques propriétés physiques, notamment le point de congélation, mais les propriétés chimiques de l'acide sulfurique n'ont pas changé, tandis qu'on remarque une différence très-tranchée entre l'anhydride et l'acide sulfuriques. Les combinaisons de l'eau avec le chlore, l'acide chlorhydrique, etc., sont de même ordre que les hydrates d'acide sulfurique. On conçoit qu'il y ait des cas où il soit difficile d'établir si l'eau qui entre dans une composition forme partie intégrante de la nouvelle molécule ou si elle y est seulement ajoutée à l'état d'eau.

Eau de cristallisation. — L'eau joue un grand rôle dans la constitution des sels; un grand nombre de ceux-ci, à l'état cristallisé, doivent une partie de leurs propriétés à l'eau qui y est combinée; il est des sels qui ne peuvent pas cristalliser quand ils sont anhydres, mais qui prennent une structure cristalline dès qu'on leur présente de l'eau; tel est le plâtre cuit, qui est anhydre et amorphe; traité par l'eau, il s'y combine en en prénant deux molécules et se prend alors en une masse formée de petits cristaux enchevêtrés, en même temps qu'il y a une élévation sensible de température. L'eau ainsi absorbée est de l'eau de cristallisation. La couleur est également une propriété qui dépend souvent de l'eau de cristallisation : le sulfate de cuivre cristallisé $SO^4Cu + 5H^2O$ étant soumis à la calcination perd son eau sans que la molécule du sulfate même soit modifiée; dans ces circonstances, le sel bleu devient blanc et perd en même temps son aspect cristallin; le sulfate anhydre ainsi obtenu est très-avide d'eau, et dès qu'il s'y combine de nouveau, ce qui a lieu avec échauffement, il reprend sa couleur bleue. A l'état anhydre, presque tous les sels susceptibles de cristalliser avec de l'eau absorbent celle-ci avec élévation de température; tel est le chlorure de calcium anhydre; lorsque, au contraire, les sels cristallisés, renfermant de l'eau de cristallisation, se dissolvent dans l'eau, il y a abaissement de température : cela tient à ce que l'eau de cristallisation existant dans les sels à l'état de glace est obligée de passer de l'état solide à l'état liquide, ce qu'elle ne peut faire sans absorber du calorique, c'est-à-dire sans produire du froid.

Les sels isomorphes cristallisent avec la même quantité d'eau : tels sont les aluns, qui renferment $24H^2O$; les sulfates de la série magnésienne (magnésium, fer, zinc, nickel, etc.), qui renferment $7H^2O$; les sulfates doubles de la série magnésienne cristallisent avec $6H^2O$; etc.

L'eau de cristallisation peut être remplacée quelquefois par des molécules d'un autre corps, d'un oxyde par exemple, qui donne naissance alors à des sels basiques particuliers; un grand nombre de sels basiques de plomb doivent être envisagés ainsi; il en est de même du sulfate basique de cuivre $SO^4Cu, 2CuO, 3H^2O$; l'ammoniaque AzH^3 joue aussi quelquefois le rôle d'eau de cristallisation : tels sont les divers sulfates de cuivre ammoniacaux

$$CuSO^4, 5AzH^3; \ CuSO^4, 4AzH^3, H^2O,$$

le sulfate de cuivre étant lui-même

$$CuSO^4, 5H^2O.$$

D'autres sels, les azotates alcalins, les chlorures alcalins, et beaucoup d'autres, cristallisent toujours à l'état anhydre.

Les sels perdent plus ou moins facilement leur eau de cristallisation; il en est qui en perdent déjà une partie par leur exposition à l'air; ils changent alors d'aspect, de transparents et brillants, ils deviennent opaques et mats; on dit qu'ils sont *efflorescents;* le sulfate de sodium

$$SO^4Na^2, 10H^2O$$

en est un exemple, car il peut perdre ainsi toute son eau; d'autres sels ne s'effleurissent que lorsqu'on les expose dans le vide sec; d'autres enfin ne perdent leur eau que par une élévation de température. Un même sel ne perd pas toujours toutes ses molécules d'eau avec la même facilité : le sulfate de magnésium, par exemple, et ses isomorphes, ne perdent leur dernière molécule d'eau que vers 200°. C'est cette eau, retenue plus énergiquement, que Graham distingue par le nom d'*eau de constitution* (voyez t. I, p. 1177).

Certains sels sont très-avides d'eau, tantôt parce qu'ils sont très-solubles, comme le chlorure de calcium, le chlorure de zinc, etc., tantôt parce qu'ils cherchent à reprendre l'eau de cristallisation qu'on leur avait fait perdre. Ces sels sont dits *déliquescents* ou *hygroscopiques*. D'autres corps, l'acide sulfurique, l'hydrate potassique, l'alcool, etc., se comportent de même.

Un même sel peut, suivant les circonstances, cristalliser avec des quantités variables d'eau, affectant alors des formes cristallines particulières. Ainsi le sulfate de sodium cristallise avec 8 ou avec 10 molécules d'eau; le borate acide de sodium (borax) avec 5 ou avec 10; déposé d'une solution bouillante saturée, il en renferme 5 et cristallise en octaèdres réguliers; déposé à une température plus basse, il renferme 10 molécules d'eau et se présente en prismes rectangulaires obliques; le phosphate de sodium cristallise avec 12 ou avec 7 molécules d'eau. En général un sel renferme d'autant plus d'eau de cristallisation qu'il s'est déposé à une température plus basse.

Eau comme dissolvant. — L'eau dissout, en quantité plus ou moins abondante, presque tous les corps solides, liquides ou gazeux; la dissolution d'un corps liquide est rarement accompagnée d'un changement de température, à moins qu'il n'en résulte une combinaison chimique, ou que l'eau ne joue dans le mélange un rôle analogue à celui de l'eau de cristallisation ; dans ce cas, il y a toujours contraction; le mélange occupe un volume moindre que la somme de liquides mélangés. Exemples : eau et acide sulfurique, eau et alcool.

La dissolution d'un corps solide, abstraction faite de l'action chimique qui peut se produire, a lieu avec abaissement de température, et la dissolution des gaz a toujours lieu, au contraire, avec élévation de température. Dans le premier cas, le composé, passant de l'état solide à l'état liquide, doit absorber de la chaleur latente; dans le second cas, il y a passage de l'état gazeux à l'état liquide, et par suite émission de chaleur. La dissolution des gaz a été traitée à l'article ABSORPTION, celle des solides sera traitée à l'article SOLUTION.

L'eau joue un grand rôle comme dissolvant dans la nature. Toutes les eaux telluriques, celles qui se trouvent à la surface de la terre, tiennent des corps solides en dissolution (voyez EAUX); les eaux météoriques provenant de l'évaporation des grandes masses d'eau à la surface de la terre ne sont pas exemptes de principes solides qu'elles enlèvent à l'atmosphère où elles sont tenues en suspension; ces principes sont du chlorure de sodium et des sels ammoniacaux. — Voyez EAUX MÉTÉORIQUES.

Pour débarrasser l'eau des principes solides qu'elle renferme, il faut la soumettre à la *distillation*, c'est-à-dire la réduire en vapeur et condenser de nouveau cette vapeur; il faut souvent opérer plusieurs distillations. Nous n'entrerons pas dans le détail des appareils qui servent à cet usage. La distillation se fait soit dans un appareil en verre, soit, le plus souvent, dans un appareil en cuivre nommé *alambic*, composé d'une chaudière, d'un *chapiteau*, ou espace dans lequel se répand la vapeur et où elle peut se débarrasser de principes fixes entraînés mécaniquement, enfin d'un serpentin entouré d'eau froide pour condenser la vapeur; l'eau ainsi condensée se rend dans un récipient et constitue l'eau distillée. Celle-ci, lorsqu'elle est pure, ne doit pas laisser de résidu sur la lame de platine ni produire de précipités avec les différents réactifs employés dans l'analyse des eaux. E. W.

EAU OXYGÉNÉE (*peroxyde* ou *bioxyde d'hydrogène*, H^2O^2). — *Historique.* — Thenard reconnut, en 1818, que l'hydrogène peut, comme le plomb, le mercure et la plupart des métaux, former plus d'un oxyde. C'est en étudiant l'action des bioxydes sur les acides étendus qu'il fut conduit à remarquer que tout l'oxygène du bioxyde restait dans la dissolution [Thenard, *Ann. de Chim. et de Phys.*, (2), t. IX, p. 314]. En poursuivant ses recherches, il arriva à démontrer qu'à côté de l'eau ou protoxyde d'hydrogène, il existe un bioxyde d'hydrogène ou eau oxygénée contenant deux fois plus d'oxygène que l'eau pour une même quantité d'hydrogène [Thenard, *Ann. de Chim. et de Phys.*, (2), t. IX, p. 441 et t. X, p. 114 et 335]. La difficulté que présentait cette découverte, l'importance et la singularité des propriétés de ce corps remarquable ont vivement excité l'attention des chimistes. Depuis cette époque, M. Schœnbein, après avoir découvert des réactifs capables de manifester la présence des moindres traces d'eau oxygénée, a pu s'assurer, avec leur aide, que si l'eau oxygénée ne s'obtient à un grand degré de concentration que par les procédés de Thenard, ce corps extraordinaire se produit en petites quantités dans un très-grand nombre de phénomènes où on était loin de soupçonner son existence.

Préparation. — La préparation de l'eau oxygénée paraît au premier abord extrêmement facile à réaliser. Il suffit de dissoudre du bioxyde de baryum dans l'acide chlorhydrique, d'ajouter ensuite de l'acide sulfurique pour précipiter la baryte et remettre l'acide chlorhydrique en liberté. En recommençant un certain nombre de fois la même opération, on obtient de l'eau de plus en plus chargée d'oxygène et on se débarrasse à la fin du chlorure de baryum par du sulfate d'argent qui donne du sulfate de baryte et du chlorure d'argent, de sorte qu'il reste de l'eau plus ou moins riche en oxygène, $BaO^2 + 2HCl = BaCl^2 + H^2O^2$.

Cette préparation, si facile en apparence, présente en réalité de sérieuses difficultés; c'est qu'il est presque impossible de se procurer du bioxyde de baryum pur. Celui du commerce renferme non-seulement de la silice et de l'alumine qu'il a empruntées aux vases où s'est faite la préparation de la baryte par la calcination de l'azotate de baryte, mais encore il contient de l'oxyde de fer et de l'oxyde de manganèse provenant de l'azotate de baryum pur; or ces oxydes décomposent par leur seule présence l'eau oxygénée sans lui rien prendre, sans lui rien céder, de sorte qu'il suffit de traces de ces corps pour décomposer de grandes quantités d'eau oxygénée.

De sorte que, s'il est aisé de préparer une eau oxygénée très-peu chargée d'oxygène, il est extrêmement difficile d'obtenir une eau oxygénée très-concentrée; c'est pourquoi nous décrivons ici la méthode employée par Thenard, avec tous les détails qu'il a donnés dans ses divers mémoires. Toutes les précautions qu'il indique doivent être rigoureusement suivies, si l'on veut avoir une réussite complète. La première opération consiste à préparer du bioxyde de baryum bien exempt d'oxyde de fer et d'oxyde de manganèse; cette préparation est suffisamment connue pour que nous n'ayons pas besoin d'y insister. Cela fait, « on prend d'une part une certaine quantité d'eau, par exemple 2 décilitres, à laquelle on ajoute assez d'acide chlorhydrique pur et fumant pour dissoudre environ 15 grammes de baryte. La liqueur acide est versée dans un verre à pied, et le verre entouré de glace que l'on renouvelle à mesure qu'elle fond. D'une autre part, l'on prend 12 grammes de bioxyde pur, on les humecte à peine et on les broie successivement dans un mortier d'agate ou de verre. A mesure qu'ils sont réduits en pâte fine, on les enlève avec un couteau de buis et on les verse dans la liqueur; bientôt ils s'y dissolvent sans effervescence, surtout par l'agitation. Lorsque la dissolution est opérée, tout en remuant avec une baguette de verre, on y fait tomber de l'acide sulfurique pur et concentré, goutte à goutte, jusqu'à ce qu'il y en ait un léger excès, lequel se manifeste par la propriété qu'a le sulfate de baryte qui se forme tout à coup de se déposer facilement en flocons. L'acide chlorhydrique est alors remis en liberté. Alors on dissout, comme la première fois, une nouvelle quantité de bioxyde de baryum dans la liqueur et de nouveau on en précipite la baryte par l'acide sulfurique. Il est important de mettre assez d'acide sulfurique pour précipiter toute la baryte et de ne pas en mettre trop si l'on veut que la filtration s'opère facilement. Lorsque celle-ci est faite, il faut verser sur le filtre une petite quantité d'eau distillée que l'on réunit à la liqueur primitive; de cette manière, celle-ci ne change pas sensiblement de volume.

« Cette opération étant terminée, on en fait une toute semblable, c'est-à-dire que l'on dissout du bioxyde de baryum dans la liqueur, puis qu'on ajoute de l'acide sulfurique pour précipiter la baryte. » On ne filtre qu'après avoir fait deux dissolutions et deux précipitations. On continue ainsi jusqu'à ce que la liqueur soit assez chargée d'oxygène.

En employant la quantité d'acide chlorhydrique indiquée, on peut traiter environ 90 à 100 grammes de bioxyde de baryum; il en résulte une liqueur chargée de 25 à 30 fois son volume d'oxygène. Si on voulait l'oxygéner d'avantage, il faudrait y ajouter de l'acide chlorhydrique pour remplacer celui qui a été entraîné par les précipités.

Thenard, en acidifiant de suite assez pour pouvoir dissoudre 30 grammes de bioxyde de baryum, est parvenu à charger la liqueur de 125 volumes d'oxygène; mais il a reconnu que quand la liqueur renferme à peu près 50 volumes d'oxygène, elle laisse dégager assez de gaz du jour au lendemain pour qu'il n'y ait pas d'avantage à continuer de l'oxygéner par le bioxyde.

Lorsque la liqueur est oxygénée au point que l'on désire, on y ajoute, pour 100 p. de bioxyde de baryum employé, 2 à 3 p. au plus d'acide phosphorique concentré, et on la sursature par le bioxyde hydraté et divisé en la tenant toujours dans la glace. Bientôt il s'en sépare d'abondants flocons de silice et d'alumine ordinairement colorés en jaune par un peu de phosphate de fer et de manganèse. Le tout doit être promptement jeté sur une toile; on y enveloppe la matière et on finit par l'y comprimer fortement. L'addition d'acide phosphorique a pour objet de prévenir le dégagement d'oxygène qu'opérerait le bioxyde de manganèse s'il était libre.

Comme, dans la liqueur filtrée à travers la toile, il serait possible qu'il restât encore un peu de silice, d'oxyde de fer, d'oxyde de manganèse et qu'il est nécessaire d'en précipiter toutes ces matières, on reprend la liqueur et on y verse en l'agitant, toujours entourée de glace, de l'eau de baryte goutte à goutte. Si, la baryte étant en léger excès, il ne se produit point de précipité, c'est une preuve que tout l'oxyde de fer et tout l'oxyde de manganèse sont séparés. S'ils ne l'avaient pas été précédemment, ils le seraient dans cette opération à l'état de phosphates.

Après avoir séparé la silice, l'alumine, l'oxyde de manganèse et l'oxyde de fer de la liqueur, il faut en précipiter la baryte et l'acide chlorhydrique; on y parvient aisément en y versant peu à peu du sulfate d'argent pur; il en résulte du chlorure d'argent et du sulfate de baryte, également insolubles. Quand la quantité de sulfate d'argent est assez grande pour que tout l'acide chlorhydrique soit précipité sans excès de sulfate d'argent, la liqueur, jusque-là trouble, devient tout à coup limpide. Si on a ajouté un petit excès de baryte, on le neutralise par quelques gouttes d'acide sulfurique.

Enfin on mettra la liqueur limpide dans un verre à pied, celui-ci sera placé dans une large capsule aux deux tiers pleine d'acide sulfurique concentré; on introduira le tout sous la cloche d'une machine pneumatique et on y fera le vide. L'eau pure, ayant beaucoup plus de tension que l'eau oxygénée, se vaporisera bien plus rapidement. Tant que la liqueur n'est pas très-concentrée, l'évaporation a lieu tranquillement; mais lorsque l'eau oxygénée ne contient presque plus d'eau, il se produit souvent des bulles qui ne se dégagent que très-difficilement.

On reconnaît que la liqueur est concentrée le plus possible lorsqu'elle donne 475 fois son volume de gaz (1). A cette époque elle ne se concentre plus, quel que soit le temps qu'on la tienne dans le vide [Thenard, *Ann. de Chim. et de Phys.*, (2), t. XI, p. 208 et 216]. On peut abréger la préparation de l'eau oxygénée en se fondant sur ce que le chlorure de baryum est très-peu soluble dans l'eau au-dessous de 0°. On opère alors dans un vase entouré d'un mélange de glace et de sel marin et l'on sépare de temps en temps le chlorure de baryum qui s'est déposé. Il faut dans ce cas ajouter dans la liqueur une petite quantité d'acide chlorhydrique concentré chaque fois que l'on veut y redissoudre du bioxyde de baryum.

M. Pelouze a proposé de remplacer l'acide chlorhydrique par l'acide fluorhydrique pour la préparation de l'eau oxygénée; l'avantage de cette substitution repose sur l'insolubilité du fluorure de baryum. Tous les acides qui forment avec la baryte des sels insolubles peuvent être en effet employés, tels sont l'acide phosphorique, l'acide hydrofluorisilicique, l'acide sulfurique ou même l'acide carbonique; il suffit alors de filtrer la liqueur. Ces divers acides permettent tous d'obtenir de l'eau oxygénée étendue, mais toujours très-impure. Les peroxydes alcalins donnent également de l'eau oxygénée au contact des acides, comme l'a constaté Thenard. Mais quand on veut avoir de l'eau oxygénée concentrée et pure, on est toujours obligé d'en revenir au procédé de Thenard, que l'on vient de voir exposé avec détails.

Réactifs de l'eau oxygénée. — La présence de traces d'eau oxygénée peut être reconnue en se fondant sur l'ensemble des réactions suivantes :

1° L'eau oxygénée pure agissant sur l'iodure de potassium donne de la potasse et de l'iode que l'on peut mettre en évidence par la coloration qu'il donne à l'empois d'amidon. L'action est lente quand les liqueurs que l'on mêle sont neutres; elle est plus rapide quand la solution est préalablement acidulée, ce qui peut tenir à ce que l'acide, décomposant l'iodure de potassium, a mis en liberté de l'acide iodhydrique sur lequel l'eau oxygénée agit plus rapidement que sur l'iodure de potassium. On obtient un réactif encore beaucoup plus sensible et permettant de reconnaître $\frac{1}{10000000}$ d'eau oxygénée dans une liqueur, quand on mêle à une dissolution d'amidon quelques gouttes d'iodure de potassium, puis une petite quantité d'eau oxygénée et enfin une goutte de sulfate de protoxyde de fer. L'addition de ce dernier sel provoque la formation immédiate de l'iodure d'amidon, s'il y a de l'eau oxygénée dans le mélange, en quelque petite quantité qu'elle soit [Schœnbein, *Ueber chemische Berührungswirkungen Baseler Abhandlungen*, (4), t. I, p. 467; *Journ. für prakt. Chem.*, t. LXXV, p. 70; *Baseler Verhandlungen*, (4), t. II, p. 420; *Journ. für prakt. Chem.*, t. LXXIX, p. 66; *Ann. de Chim. et de Phys.*, (3), t. LIX, p. 102; — Brodie, *Pogg. Ann.*, t. CXX, p. 296 et 300; — Weltzien, *Bull. de la Soc. chim.*, 1867, t. V, p. 262 et 267; — Meissner, *Untersuchungen uber den Sauerstoff*, Hanovre, 1863, p. 80].

(1) Pour reconnaître le degré de concentration de l'eau oxygénée, il suffit d'en introduire une petite quantité sous une éprouvette graduée pleine de mercure, de l'étendre ensuite d'eau et d'y faire passer un peu de bioxyde de manganèse. L'eau oxygénée sera immédiatement décomposée en eau et oxygène dont le volume fera connaître le degré de concentration de la liqueur.

2° Une dissolution rose de permanganate de potasse est décolorée par l'eau oxygénée même très-étendue avec dégagement d'oxygène et dépôt d'oxyde brun de manganèse. La réaction peut, suivant M. Weltzien, s'exprimer par la formule

$$Mn^2O^8K^2 + 2H^2O^2 = 2KHO + Mn^2O^4H^2 + 6O.$$

Le précipité paraît être en réalité formé d'un mélange d'hydrate de sesquioxyde et d'hydrate de bioxyde de manganèse; la concentration et l'acidité de l'eau oxygénée influent d'ailleurs sur la composition du précipité. Les oxydes ainsi formés sont sous la modification soluble et précipitable par un grand nombre de sels [Weltzien, *Bull. de la Soc. chim.*, 1867, t. V, p. 268; — Brodie, *Phil. Trans.*, 1850, t. II, p. 779; — *Poggend. Ann.*, t. CXX, p. 301; — Schœnbein, *Ann. der Chem. u. Pharm.*, t. CVIII, p. 157; — Swiontkowski, *Ann. der Chem. u. Pharm.*, t. CXLI, p. 205; nouv. sér., t. LXV].

3° M. Barreswil a montré qu'une dissolution d'acide chromique contenant 1/100 de cet acide passe du jaune orange au bleu quand on y ajoute une petite quantité d'eau oxygénée; il se forme dans ce cas de l'acide perchromique. Si la coloration est faible, ce qui tient à ce qu'il n'existe que des traces d'eau oxygénée dans la liqueur, on agite le mélange avec de l'éther, qui dissout l'acide perchromique et prend une coloration bleue intense [Barreswil, *Ann. de Chim. et de Phys.*, (3), t. XX, p. 364; — Aschoff, *Journ. für prakt. Chem.*, t. LXXXI, p. 401; — Brodie, *Pogg. Ann.*, t. CXX, p. 318].

4° Quand on verse une dissolution contenant de l'eau oxygénée dans de l'eau contenant un mélange d'un sel de peroxyde de fer et de ferricyanure de potassium, il se forme du bleu de Prusse par suite de la transformation du ferricyanure en ferrocyanure au contact de l'eau oxygénée [Weltzien, *Bull. de la Soc. chim.*, 1867, t. V, p. 271.

Schœnbein a encore proposé comme réactif de l'eau oxygénée une dissolution d'indigo décolorée par le bisulfure d'hydrogène et quelques gouttes de sulfate de protoxyde de fer; la liqueur se colore par des traces d'eau oxygénée; un excès de ce liquide détruirait de nouveau la coloration [Schœnbein, *Journ. für prakt. Chem.*, t. XCII, p. 150].

La teinture de gaïac mélangée avec des globules du sang ou de l'extrait de malt bleuit par l'eau oxygénée [Schœnbein, *Zeitschrift für Chem.*, nouv. sér., t. IV, p. 503].

Production de petites quantités d'eau oxygénée. — A l'aide des réactifs que nous venons d'énumérer, Schœnbein a pu démontrer que les oxydations qui se produisent à basse température sont généralement accompagnées de la production de traces d'eau oxygénée. Ainsi, lorsque des bâtons de phosphore sont abandonnés au contact de l'air humide, il se forme non-seulement de l'acide phosphoreux et de l'acide phosphorique, mais il se forme aussi de l'eau oxygénée qui, versée dans la dissolution d'acide chromique, lui donne une coloration verte. Cette liqueur, agitée avec de l'éther, donne une coloration bleue intense [Schœnbein, *Anzeigen der kœnigl. bayerisch. Akad. der Wiss.*, n°s 18 à 21; *Journ. für prakt. Chem.*, t. LXXVIII, p. 63; *Pogg. Ann.*, t, CVIII, p. 471; *Ann. de Chim. et de Phys.*, (3), t. LVIII, p. 479].

Du plomb amalgamé à sa surface s'oxyde quand on l'agite pendant 15 à 20 minutes avec de l'air et de l'eau acidulée par l'acide sulfurique; il se forme du sulfate de plomb, la liqueur filtrée présente les réactions caractéristiques de l'eau oxygénée. Le zinc et le cadmium, placés dans les mêmes conditions, offrent les mêmes phénomènes. Le bismuth, l'aluminium, les amalgames de nickel, de cobalt, etc., donnent de l'eau oxygénée quand on les agite avec de l'eau pure en présence de l'air. Les métaux nobles sont les seuls qui, dans ces conditions, ne donnent pas d'eau oxygénée [Schœnbein, *Ann. de Chim. et de Phys.*, (3), t. LIX, p. 102; *Journ. für prakt. Chem.*, t. LXXIX, p. 285]. L'oxydation lente de l'éther ordinaire, celle des alcools méthylique, éthylique ou amylique, à l'air humide et sous l'influence de la lumière, donnent de l'eau oxygénée; il en est de même de celle de l'indigo blanc.

L'essence de térébenthine, l'essence de genièvre et la plupart des autres essences hydrocarbonées, ainsi que le pétrole, donnent, en s'oxydant à l'air en présence de l'eau, de petites quantités d'eau oxygénée. On en obtient rapidement des quantités appréciables en agitant 75 grammes d'alcool absolu avec 25 grammes d'essence de térébenthine dans un grand flacon plein d'oxygène [Schœnbein, *Journ. für prakt. Chem.*, t. XCVIII, p. 257, et t. C, p. 469].

L'oxydation de l'acide pyrogallique au contact de l'air et des alcalis, celle enfin de toutes les matières organiques, produisent de petites quantités d'eau oxygénée.

D'après M. Schœnbein, la respiration des animaux et celle des végétaux donnent également naissance à de l'eau oxygénée; on a constaté la présence de ce corps dans plusieurs liquides de l'économie et en particulier dans l'urine [Schœnbein, *Journ. für prakt. Chem.*, t. XCII, p. 167]. La dissolution des peroxydes alcalins de potassium ou de sodium dans l'eau donne un protoxyde alcalin avec dégagement d'oxygène et formation d'une petite quantité d'eau oxygénée. Ce dernier composé ne se forme toujours qu'en très-petite quantité, parce que les alcalis détruisent l'eau oxygénée.

Propriétés. — L'eau oxygénée est liquide, incolore et sans odeur, elle a une saveur métallique et excite la salivation; appliquée sur la langue, elle la blanchit avec picotements et épaissit la salive [Thenard, *Ann. de Chim. et de Phys.*, t, X, p. 115]. Sa densité est 1,452; versée dans l'eau, elle traverse ce liquide comme un sirop, quoiqu'elle y soit très-soluble; elle n'a pu être solidifiée à —30°.

La chaleur décompose l'eau oxygénée pure à une température d'autant plus basse que cette eau est plus concentrée. Ainsi, l'eau saturée se décompose déjà sensiblement à 20°, tandis que l'eau qui ne peut dégager que 7 à 8 fois son volume d'oxygène résiste à la température de 50°. La présence des bases facilite la décomposition de l'eau oxygénée; la présence des acides énergiques, comme l'acide sulfurique, donne au contraire de la stabilité à l'eau oxygénée. Ainsi, on peut faire bouillir pendant quelques instants une dissolution acide d'eau oxygénée très-étendue sans qu'il y ait décomposition [Houzeau, *Compt. rend. de l'Acad. des sciences*, t. LXVI, p. 44]. M. Schœnbein a même démontré la production de l'eau oxygénée à la température d'ébullition de l'eau acidulée au contact des amalgames de plomb, de zinc, etc. [*Journ. für prakt. Chem.*, t. LXXXIX, p. 14]. Cette stabilité que les acides donnent à l'eau oxygénée et qui la fait mieux résister, non-seulement à l'action de la chaleur, mais à celle des différents corps, ne tiendrait-elle pas à ce que l'acide serait combiné à l'eau oxygénée, jouant le rôle de base? Telle était l'opinion de Thenard et telle est celle qui a été reproduite par M. Meissner [*Journ. für prakt. Chem.*, t. XCII, p. 85 et 255].

L'eau oxygénée émet à la température ordinaire des vapeurs dont la tension est plus faible que celle de la vapeur d'eau, aussi se concentre-t-elle dans le vide. A basse température, l'eau oxygénée peut être distillée sans décomposition sensible quand on la place dans une cornue communiquant avec un récipient où l'on fait le vide. C'est ce qu'avait déjà observé Thenard. Depuis, M. Houzeau [*loc. cit.*] a pu, en mettant de l'eau oxygénée acidulée dans une cornue en communication avec un récipient refroidi à — 20°, séparer l'eau des matières fixes et de la plus grande partie de l'eau acidulée avec laquelle elle était mêlée; il a pu, de cette façon, reconnaître $\frac{1}{50000000}$ d'eau oxygénée dans une liqueur. L'eau oxygénée est soluble dans l'éther et la dissolution peut distiller sans décomposition; l'eau enlève le bioxyde d'hydrogène à l'éther [Schœnbein, *Pogg. Ann.*, t. CIX, p. 134; *Journ. für prakt. Chem.*, t. LXXIX, p. 88].

L'eau oxygénée est décomposable par l'électricité; la lumière paraît sans action sur elle. L'eau oxygénée dégage de la chaleur en se décomposant, c'est donc un corps explosif comme le protoxyde d'azote [Fabre et Silbermann, *Ann. de Chim. et de Phys.*, (3), t. XXXVI, p. 22].

La décomposition de l'eau oxygénée concentrée se fait rapidement quand on l'agite avec de l'air ou un gaz inerte.

L'eau oxygénée est un corps neutre; mise en contact avec le papier de tournesol, elle le décolore.

L'action de l'eau oxygénée sur les divers corps simples ou composés peut se rapporter à l'un des quatre cas suivants :

1° Suivant Thenard, un certain nombre de corps, tels que le fer, l'étain, l'antimoine, le soufre et le tellure, n'ont pas d'action sensible sur l'eau oxygénée. M. Weltzien a depuis constaté que le fer pur et l'aluminium, abandonnés longtemps au contact de l'eau oxygénée, se transforment lentement en hydrates de sesquioxyde.

L'alumine, la silice, le sesquioxyde de chrome et le bioxyde d'étain paraissent également sans action sur l'eau oxygénée.

2° Plusieurs corps décomposent l'eau oxygénée par leur seule présence, sans subir eux-mêmes aucune altération. Thenard a signalé l'éponge de platine, l'osmium, le palladium, le rhodium, l'iridium, l'or, l'argent, le plomb, le bismuth et le carbone réduits en poudre très-fine, ainsi que le bioxyde de manganèse, le sesquioxyde de fer et le massicot [Thenard, *Ann. de Chim. et de Phys.*, t. IX, p. 314 et 441; t. X, p. 335]. Depuis, Schœnbein [*Naturforsch. Gesselsch. in Basel*, t. IV, p. 286] a constaté cette propriété à un très-haut degré dans le noir de platine, de rhodium, de ruthénium et d'iridium. La décomposition se fait rapidement et avec dégagement de chaleur si le bioxyde est concentré; elle se fait lentement et par suite sans dégagement de chaleur appréciable si l'eau oxygénée est très-étendue. L'action est encore plus lente et souvent nulle quand l'eau oxygénée est acidulée [Thenard, *Ann. de Chim. et de Phys.*, t. X, p. 335]. Lorsqu'au lieu d'employer les métaux à l'état de poudre impalpable, on les emploie en lames, l'action décomposante est extrêmement lente. M. Gernez explique l'action des corps pulvérulents par l'existence dans ces corps d'une atmosphère d'air qui permet le dégagement de l'oxygène exactement comme lorsqu'on agite l'eau oxygénée avec de l'air ou lorsqu'on fait passer dans l'eau oxygénée un courant de gaz azote. Les matières pulvérulentes qui produisent ainsi la décomposition de l'eau oxygénée perdent d'ailleurs peu à peu leur propriété de décomposer l'eau. C'est ce que Thenard avait déjà constaté et c'est ce que fait parfaitement comprendre l'observation de M. Gernez. Un fil de platine qui provoque la décomposition de l'eau oxygénée, quand il est aéré, ne la détermine plus s'il a été chauffé. La mousse de platine agit de même [Gernez, *Compt. rend. de l'Acad.*, t. LXIII, p. 880].

3° Un grand nombre de corps s'oxydent au contact de l'eau oxygénée en la décomposant. Tels sont, parmi les corps simples, le potassium, le sodium, le magnésium, le sélénium, l'arsenic, le tungstène et le molybdène. Avec ces quatre derniers corps, il se forme des acides qui donnent de la stabilité à l'eau oxygénée et ralentissent la rapidité de la décomposition. Celle-ci est d'ailleurs très-brusque quand l'eau oxygénée est concentrée et très-lente quand l'eau oxygénée est étendue. Le thallium donne avec l'eau oxygénée un mélange d'hydrate thalleux et thallique [Schœnbein, *Journ. für prakt. Chem.*, t. XCIII, p. 39]. Parmi les oxydes, les protoxydes de baryum, de strontium et de calcium, les hydrates de protoxyde de fer, de cobalt, d'étain et de cuivre s'oxydent en décomposant l'eau oxygénée et passent à l'état de peroxydes.

Les sulfures de plomb, de cuivre, de fer, d'antimoine et d'arsenic s'oxydent très-énergiquement. Le sulfure d'argent et le sulfure de mercure n'ont pas d'action sensible.

L'acide sulfureux, l'acide sulfhydrique et l'acide iodhydrique s'oxydent de même : l'acide sulfureux se transforme en acide sulfurique, l'acide sulfhydrique et l'acide iodhydrique donnent de l'eau avec un dépôt de soufre ou d'iode.

4° Certains composés présentent une propriété plus remarquable encore; ils décomposent l'eau oxygénée en se décomposant eux-mêmes et revenant à l'état métallique. Tels sont l'oxyde d'argent, le bioxyde de plomb, l'oxyde de mercure, l'oxyde de platine et l'oxyde d'or. L'hydrate thallique se réduit à l'état d'hydrate thalleux. L'oxyde d'argent décompose l'eau oxygénée si brusquement qu'il peut y avoir explosion (1) [Thenard, *Ann. de Chim. et de Phys.*, t. IX, p. 316 et 441; t. X, p. 114 et 335; — Brodie, *Philosoph. Trans.*, 1850, part. II, p. 759; *Ann. de Chim. et de Phys.*, (3), t. LX. p. 227; *Proceedings of the Royal Society*, t. XI, p. 442; *Ann. de Chim. et de Phys.*, (3), t. LXV, p. 505; — Weltzien, *Ann. de Chim. et de Phys.*, (3), t. LIX. p. 107; — Wœhler, *Ann. der Chem. u. Pharm.*, t. XCI, p. 128]. L'ozone décompose aussi l'eau oxygénée. C'est par l'action réciproque de ces deux corps que l'on explique comment ils ne peuvent exister en grande quantité, bien qu'ils se produisent dans presque tous les phénomènes d'oxydation que l'on observe à la surface de la terre.

Parmi les matières qui existent dans l'économie animale, l'albumine et la caséine, ainsi que l'urée et la gélatine, sont sans action sur l'eau oxygénée, tandis que la fibrine et les tissus du poumon, des reins ou de la rate, les vaisseaux veineux la décomposent sans subir d'altération [Thenard, *Ann. de Chim. et de Phys.*, 2e sér., t. XI, p. 86]. Aussi, quoiqu'il se produise constamment de l'eau oxygénée dans les phénomènes de la respiration, ce composé ne peut jamais exister qu'en très-petite quantité dans l'organisme.

L'action des sels sur l'eau oxygénée a été également étudiée par Thenard. Il a reconnu que ceux d'entre eux qui ne sont pas susceptibles d'absorber de l'oxygène n'ont en général pas d'action sur l'eau oxygénée. Au contraire, ceux qui peuvent se suroxyder décomposent l'eau oxygénée. C'est ainsi que le sulfate de protoxyde de fer donne au contact de l'eau oxygénée un sulfate

(1) Les décompositions réciproques du peroxyde d'hydrogène et des corps oxygénés, tels que l'oxyde d'argent, les acides permanganique, chromique, l'ozone, etc., ont été justement envisagées par M. Brodie comme des actions réductrices dans lesquelles 1 atome d'oxygène du peroxyde d'hydrogène se porte sur 1 atome d'oxygène de l'acide pour former 1 molécule d'oxygène libre :

$$H^2O^2 + Ag^2O = Ag^2 + H^2O + OO.$$
$$H^2O^2 + \underset{\text{Ozone.}}{O^2O} = H^2O + 2(OO).$$

A. W.

de sesquioxyde basique et un sulfate de sesquioxyde acide.

L'azotate neutre d'argent n'a pas d'action, mais l'azotate d'argent ammoniacal donne un dépôt d'argent métallique (Weltzien). Le sulfate de cuivre ammoniacal donne, avec l'eau oxygénée, un dégagement de gaz oxygène et un précipité vert-olive d'hydrate de peroxyde de cuivre [Weltzien, *Compt. rend.*, t. LXIII, p. 519].

Schœnbein a également étudié l'action des dissolutions salines sur l'eau oxygénée [*Poggend. Ann.*, t. CV, p. 258; *Ann. de Chim. et de Phys.*, (3), t. LV, p. 216].

Les conditions de concentration de l'eau oxygénée, ainsi que celles de neutralité, d'acidité ou d'alcalinité des liqueurs, apportent des changements complets dans les phénomènes observables. Ces influences expliquent un grand nombre de phénomènes en apparence contradictoires obtenus par différents chimistes et qui, faute de données suffisantes, n'ont pu être discutées dans ce résumé des propriétés bien constatées de l'eau oxygénée. Les hypothèses sur la polarité électrique de l'oxygène qui entre dans l'eau oxygénée ont dû être également écartées comme n'étant pas suffisamment établies. On trouvera tous les détails dans les mémoires cités [Brodie, *Journ. of the Chem. Society*, (2), t. I, p. 316; — Schœnbein, *Journ. de Pharm.*, (4), t. I, p. 75; — C. Hofmann, *Ann. der Chem. u. Pharm.*, t. CXXXV, p. 188].

Analyse de l'eau oxygénée. — Cette analyse repose sur ce fait que la chaleur décompose l'eau oxygénée en eau et en oxygène. Il ne faudrait pas tenter l'expérience sur de l'eau oxygénée au maximum de saturation; le dégagement du gaz serait si brusque et si considérable que l'expérience deviendrait dangereuse. Toute difficulté disparaît dès qu'on étend l'eau oxygénée d'une certaine quantité d'eau distillée. Voici comment l'opération fut faite :

Thenard prit une ampoule terminée par deux pointes et la pesa, puis il la remplit d'eau oxygénée pure et en ferma les pointes à la lampe. L'augmentation de poids donna exactement le poids de l'eau oxygénée. Cette eau oxygénée, étendue ensuite d'eau distillée, fut introduite dans un tube de verre rempli de mercure et renversé sur la cuve à mercure. Il chauffa ensuite la liqueur en l'entourant de charbons contenus dans une grille annulaire, jusqu'à ce que l'eau entrât en ébullition. Dans une autre expérience, la décomposition de l'eau oxygénée fut déterminée dans le tube à l'aide du bioxyde de manganèse. De ces analyses on dut conclure que l'eau oxygénée dont la densité est 1,452 est un bioxyde d'hydrogène, contenant par conséquent pour la même quantité d'hydrogène deux fois plus d'oxygène que l'eau ordinaire. L'eau oxygénée qui contient moins d'oxygène doit être regardée comme un mélange d'eau pure et de bioxyde d'hydrogène.

Aujourd'hui on fait cette analyse en mettant un poids déterminé d'eau oxygénée avec de l'eau distillée dans un petit ballon que l'on bouche avec un bouchon traversé par un tube quatre fois recourbé dont une extrémité vient aboutir dans une éprouvette graduée sur la cuve à mercure. On chauffe le ballon, l'oxygène se dégage et augmente le volume de gaz contenu dans l'appareil. L'augmentation de ce volume donne le poids de l'oxygène dégagé.

Usages. — Le bioxyde d'hydrogène a été employé pour restaurer de vieux dessins et des tableaux à l'huile dont les couleurs avaient été altérées par l'action lente de l'acide sulfhydrique sur le blanc de plomb. L'eau oxygénée, transformant ce sulfure de plomb noir en sulfate de plomb blanc, fait disparaître les taches noires. L'expérience doit toujours être faite avec de l'eau faiblement chargée d'oxygène. Un beau dessin de Raphaël endommagé par des taches noires qui se trouvaient dans les parties rehaussées de blanc fut nettoyé à l'aide d'eau oxygénée contenant au plus cinq à six fois son volume d'oxygène. Le papier coloré par une légère teinte de bistre n'a pas reçu la plus légère altération [Mérimé, *Ann. de Chim. et de Phys.*, t. XIV, p. 221]. L. T.

EAUX. — Les eaux que l'on rencontre à la surface de la terre sont rarement exemptes de matériaux minéraux ou gazeux en solution, et l'on peut tout d'abord les diviser, d'après la nature même et la proportion de ces matériaux et leurs usages, en trois grandes catégories: *eaux potables*, *eaux minérales* ou *médicinales* et *eaux de mer*. Nous allons étudier chacune de ces classes; nous donnerons plus loin (Analyse des eaux) les méthodes qui servent à reconnaître et à doser les substances dissoutes.

EAUX POTABLES.

Ce sont les eaux qui servent à la boisson de l'homme et des animaux. Elles sont de provenances diverses. On distingue : les eaux de pluie, de source, de puits artésiens, de rivière, de puits, de lacs. Toutes ces eaux pour être potables doivent présenter d'abord les caractères généraux suivants : être aérées et fraîches, ne pas contenir plus d'un demi-gramme de matières minérales composées elles-mêmes en très-grande partie de sels calcaires, et spécialement de carbonates; ne pas contenir de matières organiques odorantes ou colorantes et surtout organisées.

Si l'on entre plus avant dans la question, on doit se demander : 1° si les eaux employées à l'alimentation doivent contenir en solution des matières minérales; 2° quelles sont les matières utiles, s'il y en a; 3° dans quelles limites chacune d'elles peut varier sans qu'il y ait inconvénient pour la santé.

On peut donner de la première question une double solution. Les éléments minéraux des eaux employées comme boisson sont absorbés, partiellement au moins, par l'organisme animal, comme il résulte des expériences de Chossat sur les pigeons et de Boussingault sur l'ossification du porc. Celui-ci a prouvé qu'en 93 jours un porc a absorbé 52 gr. de chaux dans ses os et 12 gr. dans ses tissus, provenant exclusivement de l'eau [Chossat, *Compt. rend.*, t. XVI, p. 356; Boussingault, *ibid.*, t. XXIV, p. 486, et t. XXII, p. 356]. D'un autre côté, les eaux que boivent les populations de pays très-divers et non affligés de maladies endémiques spéciales ont toutes une grande analogie de composition; au contraire, si les eaux sont trop chargées de matériaux minéraux, et surtout de certains d'entre eux, ou si elles sont trop pures, on voit l'état de santé des populations s'altérer dans tel ou tel sens; c'est là une seconde preuve que les eaux destinées à l'alimentation doivent contenir des substances minérales, et nous pouvons prendre la moyenne de la composition des eaux des fleuves de l'Europe réputés fournir de bonne eau potable, comme représentant la composition nécessaire des matières minéralisatrices et leurs proportions relatives normales. Il est évident d'ailleurs que, puisque Chossat et Boussingault ont démontré que ces matériaux sont absorbés par l'organisme, *toute substance saline qui aura son représentant dans l'économie doit devenir par cela même utile, sinon nécessaire; que toute substance, au contraire, qui ne sera pas propre à entrer dans la composition de nos tissus sera inutile et quelquefois dangereuse.* Or c'est à cette règle très-simple et très-naturelle que répondent toutes les analyses des eaux réputées bonnes eaux potables.

L'*Annuaire des eaux de France*, ouvrage aussi considérable et précieux par la richesse de ses documents que par l'autorité de ses auteurs, donne des eaux potables les caractères suivants : « Une eau peut être considérée comme bonne et potable quand elle est fraîche, limpide, sans odeur ; quand sa saveur est très-faible, qu'elle n'est surtout ni désagréable, ni fade, ni salée, ni douceâtre ; quand elle contient peu de matières étrangères ; quand elle renferme suffisamment d'air en dissolution ; quand elle dissout le savon sans former de grumeaux, et qu'elle cuit bien les légumes. » Nous allons dire un mot de chacun de ces caractères :

1° *L'eau doit être limpide.* — Toute eau bourbeuse doit être, si on le peut, rejetée ; elle contient en général des matières organiques empruntées au sol, que la filtration ne lui enlève pas.

2° *Incolore.* — L'eau est, en grande masse, bleue ou bleu-verdâtre. La couleur verte ou vert-jaunâtre est due à des animaux microscopiques [H. Davy ; Bory Saint-Vincent ; Arago, *Annales du Bureau des Longitudes*, 1838, p. 483].

3° *Inodore.* — Tout au moins au moment où on la puise à la source ou au fleuve. Longtemps conservées en vase fermé, la plupart des eaux prennent une légère odeur d'*enfermé* due à la décomposition des matières organiques. Cette odeur ne doit rappeler ni l'acide sulfhydrique, ni surtout les produits de putréfaction des matières animales.

4° *Fraîche.* — De 8° à 15°. Les eaux trop fraîches produisent des engorgements glandulaires.

5° *D'une saveur légère et agréable.* — La saveur de l'eau potable est réelle ; l'eau distillée, même aérée, est désagréable au goût. Le bicarbonate de chaux, les sulfates et les chlorures alcalins ou alcalino-terreux, ainsi que les gaz, communiquent à l'eau sa saveur plus ou moins agréable.

6° *Aérée.* — Elle doit contenir, par litre, de 25 à 50 centimètres cubes de gaz formés de 8 à 10 % d'acide carbonique, le reste étant un mélange d'oxygène et d'azote dans la proportion de 30 à 33 du premier et 70 à 67 du second (Boussingault, de Saussure).

7° *Exempte le plus possible de matières organiques et surtout organisées.* — Toute eau contient des matières organiques, mais on doit rechercher celles où ces matières ne sont pas sujettes à se putréfier ou à s'organiser. De l'eau conservée quelque temps dans un vase fermé doit être ensuite examinée, spécialement à l'odorat et au microscope. Les substances organiques, si elles ont pour origine les matières de déjection de l'homme ou des animaux, ou les matières putrides, comme cela a lieu le plus souvent pour les eaux de puits, ou des fleuves après leur passage à travers les grandes villes, sont surtout dangereuses. On a constaté, à la suite de leur usage, non-seulement les dégénérescences scrofuleuses ou cancéreuses, mais la généralisation des maladies endémiques.

8° *Elle doit contenir une petite quantité de matières salines en solution.* — On en a donné plus haut les raisons. Dupasquier, qui a le premier formulé cette opinion, le congrès d'hygiène de Bruxelles de 1852, la commission des eaux de Paris (1862), enfin celle des eaux de Londres (1807), s'entendent parfaitement à ce sujet. Nous fondant sur l'analyse des eaux réputées bonnes à boire en Europe, nous pouvons dire que toute eau doit contenir de 0^{gr},13 à 0^{gr},50 de matières minérales par litre, formées de 0^{gr},04 à 0^{gr},17 de carbonate de chaux, de 0^{gr},004 à 0^{gr},015 de chlorures alcalins ou alcalino-terreux, spécialement de sodium, de 0^{gr},003 à 0^{gr},027 de sulfates, de 0^{gr},020 à 0^{gr},050 de silice ou de silicates, d'un peu d'alumine, de peroxyde de fer et de fluor [pour ce dernier élément, voir Mène, *Compt. rend. de l'Acad. des sciences*, t. L, p. 731]. — Voyez le tableau des eaux potables.

Toutes les fois que les eaux contiennent de plus grandes proportions de ces substances, elles sont dites *lourdes, crues*, si les sulfates et les carbonates dominent ; *salées*, si ce sont les chlorures ; *minérales*, si ce sont tous les matériaux minéraux ensemble qui sont en excès ; *séléniteuses*, si c'est le sulfate de chaux ou de magnésie.

Nous allons dire maintenant quelques mots de chacune des eaux d'origine différente.

EAUX DE PLUIE. — Elles se corrompent avec la plus grande facilité et sont dangereuses à boire surtout en été, à cause des matériaux organisés qu'elles entraînent dans l'atmosphère. Elles ren-

TABLEAU DE LA COMPOSITION DES EAUX MÉTÉORIQUES

(pour 1 litre).

NATURE DES EAUX.	Oxygène.	Azote.	Acide carbonique.	AzH^3.	AzO^3H.	CO^3AzH^4.	AzO^3AzH^4.	ClNa.	SO^4Na^2	SO^4Ca.	Matières organiques.	OBSERVATEURS.
	c. c.	c. c.	c. c.	gr.	gr.	gr.	gr.	gr.	gr.	gr.	gr.	
Eaux de pluie.	8,42	16,4	0,45	»	»	»	»	»	»	»	»	Baumert.
—	7,75	16,8	0,60	»	»	»	»	»	»	»	»	Peligot.
(Hiver)	»	»	»	0,0163	0,0003	»	»	»	»	»	»	Bineau à Lyon.
(Printemps) ...	»	»	»	0,0121	0,0010	»	»	»	»	»	»	id.
(Été)	»	»	»	0,0031	0,0020	»	»	»	»	»	»	id.
(Automne)	»	»	»	0,0040	0,0010	»	»	»	»	»	»	id.
id.	»	»	»	»	»	0,00174	0,00189	?	0,0107	0,00087	0,02486	Marchand à Fécamp, mars et avril 1852.
id.	»	»	»	0,00079	»	»	»	»	»	»	»	Boussingault, moyenne à la campagne.
id.	»	»	»	0,004	»	»	»	»	»	»	»	id. à Paris.
Eau de neige..	»	»	»	0,00017	»	»	»	»	»	»	»	Boussingault (neige récente).
id.	»	»	»	»	»	0,00129	0,00145	0,01701	0,01563	0,00088	0,02385	Marchand à Fécamp, mars et avril.

(Le signe » indique que la détermination qui lui correspond n'a pas été faite.)

ferment en outre de l'ammoniaque à l'état de carbonate, de l'acide azotique, sans doute à l'état d'azotate d'ammoniaque, du chlorure de sodium, du sulfate de soude et de chaux, de l'oxyde de fer et peut-être une trace d'iode, enfin les gaz de l'atmosphère variant avec la pression, l'altitude et les saisons. Les matières fixes varient aussi; d'après M. I. Pierre, un hectare de terre reçoit annuellement par les pluies, dans les environs de Caen, 59 kilogrammes de chlorures, dont 41 de sel marin (constaté pour la première fois par Dalton), 23 kilogrammes de sulfates et 26 kilogrammes de chaux; les quantités d'ammoniaque augmentent considérablement dans les villes, tandis que celles d'acide nitrique y diminuent; elles s'y accumulent par les temps orageux. Les chlorures augmentent par les vents de mer. M. Barral y a constaté les phosphates; d'après M. Chatin elles renfermeraient des traces d'iodures; d'après M. Schœnbein, des azotites (voyez le tableau).

EAUX POTABLES DE SOURCE. — Ces eaux varient avec les terrains d'où elles proviennent. Celles des terrains granitiques contiennent à peine quelques silicates, des traces de chlorures et de carbonates de chaux, de potasse ou de magnésie; celles qui sortent des terrains secondaires ont en général à peu près la composition des bonnes eaux potables. Celles qui proviennent de la filtration des pluies des terrains supérieurs couverts de plantes sont en général plus riches en bicarbonates, dissous à la faveur de l'acide carbonique qu'elles ont emprunté au terrain végétal. Enfin les sources qui sortent des couches gypseuses, anthraciteuses, pyriteuses, sont en général impotables (voyez le tableau). Marchand a démontré que la composition des eaux de source subit de légères variations.

EAUX DE PUITS ARTÉSIENS. — Tout ce qui vient d'être dit pour les eaux de source s'applique à ces eaux. On ne doit conclure que prudemment de la composition de l'eau d'un puits artésien à celle du puits voisin, à cause de l'inclinaison souvent brusque de la stratification des couches (voyez le tableau).

EAUX DE RIVIÈRES ET DE FLEUVES. — Elles proviennent des eaux de source et des eaux de la fonte des neiges et des glaciers. Elles se minéralisent en général peu à peu aux dépens des terrains qu'elles traversent; les petites rivières sortent d'ordinaire des terrains de transition et leurs eaux sont moins minéralisées que celles des grands fleuves. La composition des eaux de rivière varie du reste avec les pluies, les fontes des neiges, les grands changements de température, la longueur de leur trajet et la nature des couches traversées, enfin leur passage à travers les villes.

Les grandes pluies et la fonte des neiges diminuent les quantités de matières minérales dissoutes (Rhône, de $0^{m},18$ à $0^{m},10$ résidus fixes par litre); d'un autre côté, les débordements des fleuves entraînent dans leur lit une grande quantité de matières organiques ou minérales soit dissoutes, soit en suspension. L'élévation de température augmente le pouvoir dissolvant des eaux. M. Marchand a constaté une oscillation de composition à chaque oscillation thermométrique. Le glacement des rivières augmente la quantité des sels dissous dans la partie restante; Peligot a constaté que l'eau de Seine varie, sous l'influence de cette cause, de $0^{gr},254$ à $0^{gr},363$ de résidus fixes [*Compt. rend.*, t. XL, p. 1121].

Miller et après lui A. Smith [*Mem. philos. Soc. Glascow*, t. VI, p. 54 et suiv.] ont prouvé que l'oxygène disparaît peu à peu dans l'eau de la Tamise, en même temps que l'acide carbonique y augmente au fur et à mesure de son trajet à travers les villes.

D'après M. Boussingault, 1 mètre cube d'eau de Seine (pont de la Concorde) contient $0^{gr},12$ d'ammoniaque (AzH^3). M. Chatin y a démontré, après son passage à travers Paris, l'augmentation des chlorures et des sulfates; il y a trouvé des sels ammoniacaux, de l'urée, de l'hydrogène sulfuré, des traces d'urates, et, sur certains points, jusqu'à 1 à 2 décigrammes de phosphates et 1 gramme d'urée ou de matières organiques par litre.

En mettant de côté les eaux des rivières qui coulent sur les terrains de transition ou même secondaires, on ne peut que déplorer, en présence de la variation de composition, des débordements, de l'entraînement des matières organiques et minérales en suspension, et du passage des eaux de rivière à travers les lieux que l'homme habite, l'ignorance ou l'imprévoyance de ceux qui, plus spécialement chargés de cette branche de l'administration, fondent le choix des eaux à distribuer sur des considérations d'un tout autre ordre que celles de la santé et de la satisfaction publique, et laissent ou font distribuer, hors des cas d'absolue nécessité, les eaux de fleuve, comme boisson, aux villes de quelque importance.

On a dit plus haut quels sels se trouvent dans les eaux réputées bonnes à boire (voir *Caractères des eaux potables*, 8°). L'excès de ces matières, ou la présence de sels spéciaux, est souvent nuisible ou dangereux. Dans aucun cas, le *bicarbonate de chaux* ne doit dépasser par litre $0^{gr},5$; on a rencontré quelquefois le *phosphate de chaux* dissous à la faveur d'un excès d'acide carbonique dans les eaux de rivière. Ce sel n'a pas d'inconvénients. Le *sulfate* y existe en général; son poids ne doit pas dépasser 15 centigrammes par litre. L'*azotate* et le *chlorure de calcium* communiquent à l'eau des qualités nuisibles. De faibles quantités de sels magnésiens, bicarbonate, sulfate, chlorure, sont plutôt utiles que nuisibles, mais leur somme, additionnée à celle des sels de chaux (abstraction faite du bicarbonate), ne doit pas dépasser $0^{gr},20$ par litre. Les eaux séléniteuses ou magnésiennes grumellent le savon et durcissent les légumes en les cuisant imparfaitement. Il semble être démontré que l'excès des sels de ces deux bases prédispose aux affections cancéreuses, scrofuleuses et aux hypertrophies, mais ils ne peuvent à eux seuls déterminer l'affection goitreuse ou le crétinisme. Presque toutes les eaux potables renferment une petite quantité de *silice* (H. Deville) et de *fluor* (Marchand).

D'après ce qui a été dit ci-dessus, la constance de ces éléments semble en démontrer l'utilité. Le tableau général donne d'ailleurs un grand nombre d'indications sur la composition de ces eaux.

EAUX DE NEIGE, DE GLACIERS, DE LACS. — Ce sont les eaux des hautes régions. Elles ne sont exemptes ni de matières minérales qu'elles doivent au sol ou à l'atmosphère où elles dissolvent des traces de chlorures, de sulfates, d'iodures, de calcium et de sodium (Meyrac, Chatin, Grange, Marchand), ni de matières organiques, qu'elles enlèvent aussi au sol et à l'air. MM. Bobierre et Moride ont trouvé $0^{gr},0126$ de matières organiques par litre dans les eaux du lac de Grandlieu. Ces eaux sont en général peu aérées.

EAUX DE PUITS. — Elles ne sont potables que si les puits sont creusés loin de l'habitation de l'homme. Les diverses substances dissoutes dans ces eaux sont : la silice, l'alumine, les carbonates de chaux et de magnésie, souvent l'alun à base de potasse, les chlorures de calcium, magnésium, sodium; les sulfates de chaux et de magnésie, les carbonates de ces bases, les azotates provenant des sels ammoniacaux; les matières organiques. Si ces eaux contiennent $0^{gr},5$ des matières précédentes, elles peuvent encore servir à boire, à 1 gramme par litre elles ne peuvent plus servir au blanchissage et à la cuisson des légumes. On

ANALYSE DES EAUX DE SOURCES, DE TORRENTS, DE RIVIÈRES ET DE PUITS ARTÉSIENS.

(Pour 1 litre.)

ORIGINE.	RÉSIDU FIXE.	O	Az	CO³ libre.	Ca	Mg	Na	K	Al²O³	Fe²O³	Mn²O³	CO³	SO⁴	Cl	SiO³	AsO⁵	PO⁴	MAT. ORGAN.	
	gr.	c. c.	c. c.	c. c.	gr.	gr.	gr.	gr.	gr.	gr.	gr.	gr.	gr.	gr.	gr.	gr.	gr.	gr.	
Eau de torrent (fonte des neiges)	0,019	?	?	?	0,0073	»	»	»	»	»	»	0,0072	»	0,005	traces	»	»	»	(1)
Sce de la Mouillère, près Besançon (eau potable, type)	0,3085	?	?	?	0,1046	0,0008	0,0032	0,0011	0,0043	»	»	0,1544	0,0036	0,00165	0,025	0,0108	»	»	(2)
Torrent de la vallée de l'Isère	0,0201	?	?	?	0,0024	0,0018	0,0022	0,0007	»	»	»	0,0029	0,0034	0,0048	0,002	»	»	»	(3)
Même torrent après 2000 mètres environ de trajet	0,0753	?	?	?	»	»	»	»	»	»	»	»	»	»	»	»	»	»	(4)
Rhin à Bâle	0,1694	?	?	?	0,0555	0,0048	0,0006	»	»	»	»	0,0862	0,0154	0,0015	0,0021	»	»	0,0033	(5)
Id. à Strasbourg	0,2817	7,4	15,9	7,6	0,0586	0,0014	0,0051	»	0,0025	0,0058	»	0,0849	0,0195	0,0012	0,0488	0,0088	»	»	(6)
Id. à Emmerich	0,289	»	»	»	0,0484	0,0175	0,0028	»	0,0048	»	»	0,0817	0,0434	0,0087	»	traces	»	?	(7)
Rhône à Genève	0,182	8,0	18,4	8,4	0,0453	0,0027	0,0031	»	0,0039	»	»	0,0508	0,0429	0,001	0,0238	0,0085	»	»	(8)
Id. à Lyon	0,184	?	?	?	0,0659	0,0014	»	»	»	»	»	0,090	0,0197	»	0,007	»	»	»	(9)
Loire à Orléans	0,1346	7,0	13,2	1,8	0,0192	0,0017	0,0093	»	0,0071	0,0055	»	0,0415	0,0023	0,0029	0,0406	»	»	»	(10)
Garonne à Toulouse	0,1367	7,9	15,7	17,0	0,0258	0,0009	0,0058	0,0034	»	0,0031	0,003	0,0448	0,0078	0,0019	0,0401	»	»	»	(11)
Seine en amont de Paris	0,2544	3,9	12,0	16,2	0,0739	0,0048	0,0074	0,0022	0,00028	0,0017	»	0,1018	0,0219	0,0074	0,0244	»	»	?	(12)
Doubs	0,2251	9,5	18,2	17,8	0,0764	0,0098	0,0025	»	»	»	»	0,1162	0,0034	0,0018	0,0159	0,004	»	»	(13)
Vesle	0,1913	6,8	15,6	5,8	0,0637	»	0,0098	0,0028	0,0012	0,0042	»	0,0966	0,0015	0,005	0,0018	»	»	0,0089	(14)
Elbe près Hambourg	0,1269	?	?	?	0,0279	0,0011	»	»	»	0,0012	»	0,0447	0,0072	0,0394	0,0054	»	»	»	(15)
Danube près Vienne	0,1414	?	?	?	0,0343	0,007	»	»	»	0,002	»	0,0609	0,0181	0,002	0,0049	»	»	»	(16)
Sprée à Berlin	0,114	?	?	?	0,026	0,0026	0,0023	0,0015	?	»	»	0,0454	0,0086	0,0006	»	0,002	»	»	(17)
Tamise à Chelsea	0,304	?	?	0,46	0,0766	0,0044	0,0088	0,004	0,0041		»	0,0906	0,0566	0,0175	0,0101	»	»	0,034	(18)
Id. à London Bridge	0,4084	?	?	27,2	0,0821	»	0,0148	0,0017	»	»	»	0,0694	0,0322	0,0636	0,0018	»	»	0,100	(19)
Id. à Greenwich	0,3998	?	?	71,6	0,0905	0,0057	0,0181	0,0088	»	»	»	0,1282	0,0591	0,0269	0,0118	»	»	0,0528	(20)
Aar à Berne	0,2163	?	?	?	0,066	0,010	0,0003	»	»	»	»	0,1028	0,0337	0,0006	0,0087	»	»	»	(21)
Clyde avant Glascow	0,1161	?	?	?	0,0181	0,0047	0,0029	»	»	0,002	»	0,0518	0,0079	0,0082	0,003	»	»	0,0261	(22)
Source de Cosford-House (Surrey)	0,225	?	?	traces	0,0626	0,0085	0,0089	6,005	0,0013	»	»	traces	6,0331	0,0121	0,0104	»	traces	0,0136	(23)
Id. de Farnham (Surrey)	0,105	?	?	traces	0,0068	0,0027	0,0056	0,0028	0,0122	»	»	traces	0,0173	0,0081	0,0142	traces	traces	0,0254	(24)
Puits artésien de Grenelle	0,148	3,6	13,0	1,5	0,0272	0,004	»	0,0238	»	»	»	0,0605	0,0066	0,0052	0,006	»	»	0,002	(25)
Id. Trafalgar-Square	0,9915	?	?	30,4	0,0188	0,0091	0,2653	0,099	»	»	»	0,1971	0,1805	0,1742	0,0131	»	»	0,013	(26)
Id. Russel-Square	0,682	?	?	82,3	0,0128	0,0028	0,1762	0,0747	0,0038		»	0,319	0,1825	0,1111	0,0115	»	traces	0,011	(27)
Eau de Saint-Ouen	0,287	2,4	4,0	65,0	0,0108	0,0146	0,051	»	0,002	»	»	0,0526	0,0616	0,0834	0,086	»	»	0,004	(28)
Id. de Leyde	0,944	?	?	?	0,152	0,0292	0,1037	0,0328	0,010	»	»	0,1957	0,2478	0,1817	0,040	»	»	»	(29)
Id. de Copenhague	1,700	?	?	?	0,2311	0,0518	»	0,4108	»	»	»	0,3514	0,1616	0,3982	0,031	»	»	»	(30)
Source du Duc (Fontfroide, près Narbonne)	0,3438	6,20	15,40	2,02	0,1005	0,0062	0,0205	»	0,0007	0,0016	p. q.	0,2875	0,0458	0,0108	0,0060	p. q.	0,0004	f. q.	(31)

(1) Niepce. Vallée de l'Isère. Chalet du Compas, au pied du Grand-Charnies. — (2) H. Deville. Sort des terrains jurassiques du Doubs. — (3) Grange. Eau prise à 2250m de hauteur au glacier du Glezain. — (4) Même eau, à 678 mètres de hauteur. — (5) Pagenstecher. — (6) H. Deville, *Ann. de Chim. et de Phys.*, [3], t. XXIII, p. 32. — (7) Müller, *Arch. pharm.*, [2], t. XLIX, p. 10. — (8) H. Deville, *loc. cit.* — (9) ? (Cette analyse mérite révision). — (10) H. Deville. — (11) *Ibid.* — (12) *Ibid.*, Barcy, juin 1846. — (13) *Ibid.* — (14) Maumené, *Compt. rend.*, t. XXXI, p. 270. — (15) Bischoff. — (16) *Ibid.* — (17) Bauer. — (18) Graham, Miller et Hofmann, *Quart. Journ. Chem. Soc. Lond.*, t. IV, p. 376. — (19) Ashley, *ibid.*, t. II, p. 74. — (20) Bennett, *ibid.*, t. II, p. 195. — (21) Pagenstecher. — (22) Panny. — (23) Graham, Miller et Hofmann, *loc. cit.* — (24) *Ibid.* — (25) Payen, *Ann. de Chim. et de Phys.*, [3], t. I, p. 381. — (26) Abel et Rowney, *Quart. Journ. Chem. Soc. Lond.*, t. I, p. 97. — (27) Clark et Medlock, *Quart. Journ. Chem. Soc. Lond.*, t. IV, p. 20. — (28) Henry. — (29) Gunning. — (30) Johnstrug, *Arch. f. ph. og techn. Chem.* — (31) A. Gautier, *Étude des eaux potables*, 1862.

Nota. — Le signe » indique que la substance correspondante n'a pas été notée par l'auteur.

les dit alors *crues, séléniteuses*. On doit surtout les rejeter si elles contiennent 0gr,01 à 0gr,02 de substances organiques par litre.

EAUX MINÉRALES.

On a donné ce nom à toutes les eaux qui par leur richesse en composés salins dissous, par la nature de ces composés, ou par la température à laquelle elles sortent à la surface du sol, peuvent servir comme eaux médicamenteuses. On les divise généralement en *eaux minérales froides* et *eaux thermales*; celles-ci ont une température supérieure à 20°.

La constitution chimique des eaux minérales varie beaucoup; on y a rencontré, outre les éléments minéralisateurs généraux, presque toutes les substances appartenant aux formations géologiques qu'elles traversent et dont elles se chargent par leur action dissolvante propre, aidée de la pression, de la température, et de la présence de l'acide carbonique, qui leur permet de dissoudre jusqu'aux silicates les plus insolubles, comme l'a démontré Struve, en dissolvant la phonolite dans l'eau ordinaire fortement gazeuse. Parmi les gaz on a cité dans les eaux : l'*azote*, l'*oxygène*, l'*acide carbonique*, l'*acide sulfhydrique*, des *hydrogènes carbonés*, même l'*oxyde de carbone* et, selon M. Than, l'*oxysulfure de carbone*. Parmi les sels, au premier chef, les sels de soude, principalement le *bicarbonate*, le *chlorure*, le *sulfate*, le *sulfure*, quelquefois le *bromure* et l'*iodure*; les sels correspondants de potasse, mais plus rares et en moindre quantité. Parmi les sels calcaires et magnésiens, le *bicarbonate*, le *sulfate* et le *chlorure*. Parmi les sels de fer, le *bicarbonate*, le *sulfate*, le *crénate* et *apocrénate*. Enfin des silicates *alcalins* et *alcalino-terreux*, ceux-ci dissous à la faveur du gaz carbonique. On doit dire aussi que le *fluor*, souvent l'*acide phosphorique*, la *lithine* et le *cuivre* se retrouvent en très-faible quantité dans un très-grand nombre d'eaux minérales. Les autres éléments qui ont été notés dans les eaux sont nombreux, mais plus rares. Les sels de *césium* et de *rubidium* découverts dans les eaux de Dürckheim et de Kreuznach, par M. Bunsen, en 1860, ont été déjà retrouvés dans celles de Bourbonne, de Vichy, du Mont-Dore, par M. Grandeau, et se retrouveraient sans doute dans beaucoup d'autres. Les sels d'*alumine*, à l'état de traces dans beaucoup d'eaux, paraissent être à l'état de sulfate dans celles de Passy et d'Auteuil; on a signalé les sels de *baryte*, dans les eaux de Luxeuil; les sels de *strontiane*, dans celles de Vichy, de Sedlitz, de Carlsbad, d'Egra, de Louèche; les sels de *zinc* dans l'eau de Ronneby (Angleterre), dans celles de Rippolsdau, dans la Forêt-Noire (Will), d'Alexisbad, dans le Harz (Rammelsberg). Le *cuivre*, comme il résulte de nouvelles recherches, se trouve dans beaucoup d'eaux tant minérales que potables; mais il est un des éléments minéralisateurs les plus importants de l'eau de Balaruc, où le cuivre a pu être dosé pour la première fois (A. Béchamp et A. Gautier.) Il existe aussi, d'après les mêmes auteurs, dans les eaux de Bourbonne. M. Filhol l'a rencontré à l'état de traces dans certaines eaux ferrugineuses, M. Will dans les eaux de Rippolsdau associé à l'*étain*, au *plomb* et à l'*antimoine*, M. Büchner a trouvé des traces d'étain dans les eaux de Kissingen.

La *lithine*, signalée d'abord par Berzelius dans l'eau de Carlsbad, paraît être assez disséminée dans les eaux, on l'a signalée dans celles des Plombières, Marienbad, Saint-Honoré, Evaux, dosée dans celles de Pyrmont (Struve), Soulzmatt (Béchamp), Balaruc (Béchamp et A. Gautier).

Les *sels ammoniacaux* ont été trouvés dans certaines eaux sulfureuses, telles que celles d'Eaux-Bonnes, Labassère, Enghien (Bouis.) Elles n'en contiennent pas si elles sortent des terrains primitifs. Parmi les acides, l'*acide arsénieux* fait partie de presque toutes les eaux ferrugineuses, l'*acide borique* se trouve dans beaucoup d'eaux sulfureuses, dans l'eau de Vichy, l'eau de Soulzmatt, l'eau de Balaruc, l'*acide sulfurique* libre dans quelques eaux du Canada et de la Nouvelle-Orléans. La source de Tuscanora contient 4gr,289 d'acide libre par litre. L'*acide silicique* qui se rencontre dans beaucoup d'eaux se trouve pour 0gr,5 environ dans l'eau des geysers. Enfin on a signalé dans les eaux les matières organiques : les principales sont la *glairine* et la *barégine* découvertes par Anglada dans les eaux sulfureuses des Pyrénées, et les *acides crénique* et *apocrénique* des eaux ferrugineuses découvertes par Berzelius. On a récemment trouvé dans les eaux de Brückenau, en Bavière, les acides *butyrique* et *propionique*, que l'on vient encore de trouver dans quelques eaux minérales françaises.

Mais, mettant de côté les éléments rares ou en quantité très-faible que nous venons de citer, si l'on tient spécialement compte dans chacune de ces eaux soit de l'élément minéralisateur prédominant, soit de l'activité bien caractéristique de l'un d'entre eux, tel que le fer, l'arsenic, le cuivre, le brome, on arrive, avec la plupart des auteurs, à diviser ces diverses eaux dans les 5 types suivants :

Eaux acidules. — Eaux froides caractérisées par la présence de l'acide carbonique libre dissous, comme élément prédominant.

Eaux alcalines. — Quantité dominante de bicarbonates alcalins et alcalino-terreux.

Eaux chlorurées. — Présence d'une quantité prédominante de chlorures alcalins.

Eaux sulfatées. — Excès de sulfates alcalins et alcalino-terreux.

Eaux sulfureuses. — Hydrogène sulfuré avec sulfures alcalins.

Eaux ferrugineuses. — Le fer y est l'élément caractéristique; bicarbonate ferreux ou sulfate.

Eaux bromurées et *iodurées*. — Bromures et iodures alcalins en quantité notable.

Nous allons dire ce qu'il y a d'important pour ces diverses eaux, en renvoyant pour leur analyse au tableau général de la composition des eaux minérales.

EAUX ACIDULES. — L'acide carbonique libre en quantité variable de 0gr,5 à 2 grammes par litre (à peu près 250 centimètres à 1000 centimètres cubes par litre), uni à quelques bicarbonates et chlorures alcalins et alcalino-terreux, telle est la caractéristique de ces eaux. Elles sont froides et font effervescence à l'air. Leur saveur prédominante est légèrement acide avec un petit goût salin ou même alcalin. Les eaux de Seltz (Nassau), Soultzmatt (Alsace), Condillac, appartiennent à cette classe. Si à l'acide carbonique libre vient se joindre une quantité prédominante de sels de fer ou de bicarbonates alcalins, ce qui est souvent le cas, ces eaux entrent dans les classes des eaux ferrugineuses ou alcalines.

EAUX ALCALINES. — Eaux à réaction alcaline, surtout après le dégagement de l'acide carbonique libre. Cette alcalinité est due le plus souvent aux bicarbonates alcalins, principalement à celui de soude (Vichy, Cusset, Saint-Nectaire, Ems, Vals, Hauterive), rarement aux carbonates neutres, comme pour certaines eaux de Hongrie, d'Égypte et du Mexique, quelquefois aux silicates alcalins, comme celles de Plombières. La température de ces eaux dépasse en général 20°.

EAUX CHLORURÉES. — Caractérisées par la présence d'une quantité de chlorures de sodium, de potassium, de calcium ou de magnésium variant de 3 grammes à 15 grammes par litre, mais avec prédominance du premier de ces chlorures. L'eau de mer, qui pourrait être rangée dans ce groupe, contient de 25 grammes à 30 grammes de chlorure de sodium par litre. Ces eaux chlorurées, minéralisées souvent par leur passage à travers les terrains secondaires et tertiaires qui contiennent des amas de sel gemme d'origine neptunienne, contiennent en outre le plus souvent, comme les eaux de mer, des bromures et des iodures en petite quantité. Elles peuvent être froides ou chaudes, chargées ou non de gaz carbonique; enfin elles peuvent, comme celles d'Aix-la-Chapelle, contenir des sulfures, du fer comme celles de Hombourg, du cuivre comme celles de Balaruc, des sulfates comme celles de Bourbonne, des bromures et des iodures comme celles de Kreuznach.

On citera parmi ces eaux celles de Niederbronn (Alsace), Hombourg (Hesse), Nauheim, Kissingen, Balaruc, Bourbon-l'Archambault, Bourbonne, Kreuznach (voyez le tableau). Certaines d'entre elles, telles que celle de Salie (Béarn), Kreuznach, etc., sont exploitées pour l'extraction du sel commun. Toutes ces eaux sont purgatives.

Eaux sulfatées. — Remarquables en ce que les sulfates alcalins ou alcalino-terreux y sont l'élément minéralisateur principal. Elles sont *sulfatées sodiques*, *sulfatées magnésiennes*, ou *sulfatées calciques*, selon que les sels correspondants dominent. Parmi les premières on citera l'eau de Carlsbad (Bohême), de Marienbad (Bohême). Parmi les secondes, l'eau d'Epsom (Angleterre), de Sedlitz, Pullna, Saidschütz (Bohême). Elles sont froides ou chaudes; leur effet est purgatif.

Eaux sulfureuses. — Elles sont de deux espèces : les unes tiennent des sulfures alcalins, quelquefois des sulfures de fer, de manganèse en solution, avec une faible quantité (20 à 40 centigr. par litre) d'autres matériaux solides; elles sont presque toujours thermales, et sourdent le plus souvent des terrains de transition ou des terrains primitifs, ce sont les eaux *sulfureuses proprement dites* ou *naturelles;* les autres sont à proprement parler des eaux sulfatées, transformées en eaux sulfureuses par la réduction de leurs sulfates, par les matières organiques des couches relativement récentes du sol. Parmi les premières nous citerons un très-grand nombre d'eaux des Pyrénées : Barèges, Bagnères de Luchon, Eaux-Bonnes, Cauterets, Eaux-Chaudes, Gazost, Ax, Vernet, Amélie, Olette. On pense généralement avec Anglada que leur principe sulfureux est du monosulfure de sodium, car elles ne ternissent qu'au bout d'un long temps l'argent métallique.

Elles contiennent en outre du chlorure de sodium, du carbonate et, dans quelques cas, du silicate de soude et de magnésie, de la silice, et quelquefois un peu d'acide sulfhydrique en excès et de l'azote qui y produisent de l'effervescence; enfin deux matières organiques spéciales azotées, qui se déposent souvent sous forme amorphe, la *barégine* et la *glairine*.

La *barégine* est en solution dans l'eau et se présente quand on a évaporé celle-ci sous forme d'un résidu jaunâtre presque entièrement soluble, précipitant par les sels de plomb et d'argent. La *glairine* est le dépôt gélatineux quelquefois organisé qui se forme par l'évaporation à l'air des eaux sulfureuses, elle paraît provenir de l'action de l'oxygène sur la barégine, elle contient de 30 à 40 % de silice, 44 à 45 % de carbone, 6,5 à 8 % d'hydrogène, 5,5 à 8,1 d'azote. Enfin on a noté dans certaines sources dont la température est inférieure à 50° une conferve filamenteuse, la *sulfuraire*, qui a la même composition que la glairine. On a signalé aussi dans quelques eaux des Pyrénées la présence de l'iode et de l'acide borique. — Voyez les mots Barégine, Glairine, Sulfuraire.

A l'air, la plupart de ces eaux s'altèrent, soit que l'acide carbonique y déplace l'hydrogène sulfuré pour donner du carbonate sodique, soit, plus souvent, que le gaz sulfhydrique se dégage par la formation lente du silicate sodique au moyen de la silice tenue en solution. Plusieurs autres, telles que celles de Luchon et Ax, louchissent peu à peu par la mise en liberté du soufre déplacé sans doute par l'oxygène de l'air. Suivant M. Than, certaines eaux de Hongrie, celle de Harkamy en particulier, contiennent de l'oxysulfure de carbone. Ce gaz se décompose assez lentement au contact de l'eau en acide carbonique et hydrogène sulfuré. Il a pu être confondu avec ces deux corps dans l'analyse de plusieurs eaux sulfureuses.

Les eaux *sulfureuses accidentelles* peuvent contenir des sulfures de calcium ou de sodium, ou simplement de l'acide sulfhydrique, mais en même temps une quantité assez notable de sulfates et de chlorures. On a constaté pour plusieurs d'entre elles que l'origine de leurs éléments sulfureux était la réduction d'une partie de leurs sulfates dans les matières organiques des terrains secondaires ou tertiaires qu'elles traversent avant de surgir à la surface du sol. On citera parmi ces eaux les eaux d'Enghien, celles du Sandefjord de Norwége, d'Aix en Savoie, d'Uriage, de Bagnols, de Schinznach en Suisse, d'Aix-la-Chapelle.

Eaux ferrugineuses. — Les sels ferreux, contenus en quantités qui varient de 0gr,04 à 0gr,13 et plus par litre, donnent aux eaux des qualités spéciales qui en ont fait faire une classe à part. Toutes ces eaux laissent déposer à l'air une couche ocreuse. Elles sont en général froides. On les distingue en *eaux ferrugineuses carbonatées*, *ferrugineuses sulfatées*, et *eaux ferrugineuses crénatées*, selon que le fer y existe à l'état de bicarbonate, de sulfate ou de crénate. Les *acides crénique* et *apocrénique* que Berzelius a découverts dans l'eau de Porla (Suède) existent combinés au fer dans les eaux ferrugineuses crénatées. Ces acides sont, du reste, mal définis (voyez ces mots). Le manganèse accompagne souvent le fer, comme à Cransac (Aveyron). Quelques-unes contiennent de l'hydrogène sulfuré, ainsi à Silvanès (Aveyron). La plupart contiennent de l'arsenic souvent en quantité notable, comme celles de La Malou (Hérault).

Parmi les eaux ferrugineuses carbonatées, nous citerons celles de Spa, de Pyrmont, de Soultzbach, la source de Lardy et des Célestins de Vichy, de Schwalbach (Nassau), d'Orezza (Corse). Elles sont d'une conservation difficile. Parmi les eaux crenatées, celles de Porla (Suède), Forges, Bussang, Provins. Parmi les eaux ferrugineuses sulfatées, celles de Cransac (Aveyron), Passy, Auteuil. — Voyez le tableau.

Eaux bromurées et iodurées. — Presque toutes les eaux chlorurées contiennent du brome ou de l'iode, souvent ces deux éléments, mais dans les eaux bromo-iodurées, l'un ou l'autre ou les deux ensemble sont en quantité notable. L'eau de Challes renferme 0gr,1925 de bromure de sodium et 0gr,0138 d'iodure de potassium par litre. L'eau de Saxon, de composition du reste très-variable, bleuit souvent instantanément l'amidon, et sourd au milieu d'une roche qui émet des vapeurs d'iode.

Les eaux mères de Kreuznach (Prusse rhénane) de Nauheim, de Salins et de Montmorot, contiennent des quantités considérables de bromures alcalins et sont administrées comme eaux minérales. Les eaux de la mer Morte contiennent par litre 4gr,39 de bromure de magnésium.

1. — TABLEAU DE LA COMPOSITION DES PRINCIPALES EAUX MINÉRALES.

(Les poids sont exprimés en milligrammes et rapportés à 1000 gr. d'eau.)

	EAUX ACIDULES.			EAUX ALCALINES.									
	Niedersel-ters.	Soultzmatt.	Condillac. (Ste-Anastasie)	Vichy. (Gde-Grille.)	Vichy. (Puits Chomel.)	Vichy. (Hôpital.)	Vichy. (Célestins.)	Ems. (Krenschen.)	Ems. (Fursten-brunnen.)	Ems. (Kessel-brunnen.)	Plombières. (Dames.)	Plombières. (Crucifix.)
Température.	17°,5	10 à 11°	18°	41°,8	?	30°,8	?	29°,5	35°,25	46°,25	?	?
Densité...	1,0034	1,0018	?	?	?	?	?	1,0029	1,0031	1,0031	?	?
	millig.	millig.	millig.	millig.	millig.	millig.	millig.	millig.	millig.	millig.	millig.	millig.
Acide carboniq. libre.	1035	1946	1063	908	768	1067	1049	1084	902	884	12,6	8,3
Bicarbonate Na......	979	957	166	4883	5091	5029	5103	1932	2032	1979	11	21
— K......	»	»	»	352	371	440	315	»	»	»	1,9	2,8
— Ca......	551	431	1359	434	427	570	462	225	233	236	38	36
— Mg.. ..	209	313	35	303	338	200	328	196	200	187	6,7	traces.
— Sr.....	traces.	»	»	3	3	5	5	0,15	0,28	0,48	»	»
— Ba.....	»	»	»	»	»	»	»				»	»
— Li.....	»	20	»	»	»	»	»	traces.	traces.	traces.	»	»
— Fe''....	30	»	»	4	4	4	4	2	2,6	3,6	»	»
— Mn.....	»	»	»	traces.	traces.	traces.	traces.	0,94	0,8	0,6	»	»
Sulfate Na........	150	23	175	291	291	291	291	1,8	2,2	0,8	92,7	107
— K........	»	148	»	»	»	»	»	48	39	51	»	»
— Ca.........	»	»	53	»	»	»	»	»	»	»	»	»
— AzH⁴.......	»	»	»	»	»	»	»	»	»	»	traces.	traces.
Phosphate Na.......	40	»	»	130	70	46	91	»	»	»	»	»
— (Al²)ᵛᴵ....	»	»	»	»	»	»	»	0,42	0,44	0,12	»	»
Arséniate Na	»	»	»	2	2	2	2	»	»	»	»	»
Borate Na..........	»	65	»	traces	traces.	traces.	traces.	»	»	»	»	»
Chlorure Na........	2040	71	150	534	534	518	534	922	984	1012	6.7	traces.
— K.........	1	»	»	»	»	»	»	»	»	»	»	»
Iodure K............	»	»	traces.	»	»	»	»	»	»	»	»	»
— Na	»	»	»	»	»	»	»	traces.	traces.	traces.	»	»
Bromure Na........	traces.	»	»	»	»	»	»	?	?	?	»	»
Fluorure Ca........	»	»	»	»	»	»	»	»	»	»	9,2	10
Silicate Na.........	»	»	»	»	»	»	»	»	»	»	57	106
— Li..........	»	»	»	»	»	»	»	»	»	»	traces.	traces.
— Ca..........	»	»	245	»	»	»	»	»	»	»	»	»
— (Al²)ᵛᴵ......	»	»		»	»	»	»	»	»	»	»	»
Silice..............	50	63	»	70	70	50	60	49	49	47	27	7,5
Alumine............		»	»	»	»	»	»	»	»	»	»	»
Peroxyde de fer.....												
Oxyde de manganèse.	»	»	»	»	»	»	»	»	»	»	traces.	traces.
Azotate Na.........	»	»	traces.	»	»	»	»	»	»	»	»	»
Crénate Fe²........	»	»	10	»	»	»	»	»	»	»	»	»
— Na.........	traces.	»	»	»	»	»	»	»	»	»	»	»
— Ca.........	traces.	»	»	»	»	»	»	»	»	»	»	»
Barégine...........	»	»	»	»	»	»	»	»	»	»	traces.	traces.
Matières organiques.	traces.	»	»	traces.	traces.	traces.	traces.	»	»	»	»	»
Principes fixes......	4070	2091	2193	7006	6891	7155	7195	3378	3513	3518	240	290
AUTEURS des ANALYSES.	O. Henry.	A. Béchamp.	O. Henry.	Bouquet.	Bouquet.	Bouquet.	Bouquet.	Fresenius.	Fresenius.	Fresenius.	Jutier et Lefort.	Jutier et Lefort.

II. — TABLEAU DE LA COMPOSITION DES PRINCIPALES EAUX MINÉRALES

(Les poids sont exprimés en milligrammes et rapportés à 1000 gr. d'eau.)

	EAUX CHLORURÉES.					EAUX SULFATÉES.			
						SODIQUES.		MAGNÉSIENNES.	
	Niederbronn.	Hombourg. (Source Elisabeth.)	Hombourg. (Source Louis.)	Kissingen. (Source Rakoczy.)	Balaruc.	Carlsbad. (Sprudel.)	Marienbad. (Kreuzbrunnen.)	Saidschütz.	Pullna.
Température	?	10°	10°	11°	47°	73°	12°	?	?
Densité	?	1,0015	1,012	1,0073	1,008	1,0045	1,007	?	?
	millig.	millig.	millig.	millig.	millig.	millig.	millig.	millig.	millig.
Acide carbonique libre	19	2810	2399	1632	98	788	»	124	807
Acide carbonique libre et des bicarbonates	»	»	»	»	»	»	1830	»	»
Azote	17cc,66	»	»	»	13cc,42	»	»	»	»
Bicarbonate Ca	»	»	»	»	836	»	»	»	»
— Mg	»	»	»	»	217	»	»	»	»
Carbonate Na	»	»	»	»	»	1262	1154	»	»
— Ca	179	1431	1275	1061	»	309	3,6	»	100
— Li	»	»	»	»	»	»	6,3	»	»
— Sr	»	»	»	»	»	»	1,7	»	»
— Mg	6,5	262	6	17	»	»	463	139	834
— Fe''	10,3	60	51	31,6	»	»	45,3	»	»
— Mn	»	»	»	traces.	»	»	5	»	»
Sulfate Na	»	49,6	»	»	»	2587	4756	6494	16120
— K	»	»	»	»	146	»	65	533	625
— Ca	»	»	29	389	906	»	»	1312	338
— Mg	»	»	»	587	»	»	»	10939	12121
— Li	»	»	»	»	»	»	»	»	0,4
— Sr	»	»	»	traces.	»	»	»	»	2,8
— Ba	»	»	»	»	»	»	»	»	0,1
— Cu	»	»	»	»	0,75	»	»	»	»
Phosphate K	»	»	»	»	»	»	»	»	13,2
— Ca	»	»	»	5,6	»	0,22	2,4	»	»
— $(Al^2)^{vi}$	»	»	»	traces.	»	0,32	7,1	»	»
Borate Na	»	»	»	traces.	15	»	»	»	»
Chlorure Na	3089	10306	10997	5882	7045	1038	1451	»	»
— K	132	»	287	287	»	»	»	»	»
— Mg	312	1014	781	303	839	»	»	649	2260
— Li	4,8	»	»	200	7,2	»	»	»	»
— Ca	794	1010	1238	»	»	»	»	»	»
— AzH^4	traces.	»	»	»	»	»	»	»	»
Iodure K	»	»	»	»	»	»	»	traces.	»
— Na	74	traces.	traces.	traces.	»	»	»	»	»
Bromure Na	10,7	traces.	traces.	8,4	traces.	»	traces.	traces.	»
Fluorure Ca	»	»	»	traces.	»	8,2	traces.	»	»
Silice	1	41	16	13	23	75	»		
Alumine	traces.	»	traces.	»	traces.	»	»	282	23
Peroxyde de fer	15	»	»	»	1,2	3,6	»		
Oxyde de manganèse	Silicate ?	»	»	»	traces.	0,8	»		
Magnésie	»	»	»	»	»	179	»	»	»
Strontiane	»	»	»	»	»	0,96	»	»	»
Azotate Na	»	»	»	9,3	traces.	»	»	»	»
— Mg	»	»	»	»		»	»	»	»
Ammoniaque	»	»	»	0,9	»	»	»	»	»
Crénate Mg	»	»	»	»	»	»	»	278	»
Matières organiques	»	»	»	»	»	»	traces.	»	»
Principes fixes	4628	14175	14681	8735	10169	5459	8653	20647	32440
AUTEURS des ANALYSES.	—	Liebig.	Liebig.	Liebig.	A. Béchamp et A. Gautier.	Berzelius.	Berzelius.	Berzelius.	Struve.

III. — TABLEAU DE LA COMPOSITION DES PRINCIPALES EAUX MINÉRALES.

(Les poids sont exprimés en milligrammes et rapportés à 1000 gr. d'eau)

	EAUX SULFUREUSES.										
	Bagnères. (Source Reine.)	Bagnères. (Bayen.)	Bagnères. (Richard supérieure.)	Bagnères. (Source Blanche.)	Vernet. (Mercader.)	Vernet. (Ripbangs.)	Aix-la-Chapelle. (Cornelius.)	Aix-la-Chapelle. (Empereur.)	Uriage.	Aix (Savoie).	Enghien. (Source du Roi.)
Température	57°	68°	50°	47°	?	?	45°,4	55°	26°	45°	?
Densité	?	?	?	?	?	?	?	?	?	?	?
	millig.	millig.	millig.	millig.	millig.	millig.	millig.	millig.	millig.	millig.	millig.
Acide carbonique libre	»	»	»	»	»	»	»	»	indétᵉ.	25,7	120
— sulfhydrique	traces.	traces.	traces.	traces.	»	»	»	»	110cc	26cc,8	26
Azote	»	»	»	»	»	»	»	»	»	32cc	16cc
Carbonate Na	traces.	traces.	traces.	traces.	105	64	497	650		»	»
— K	»	»	»	»	9,9	8	»	»	»	»	»
— Ca	»	»	»	»	traces.	traces.	132	158	205	148	218
— Li	»	»	»	»	»	»	0,29	0,29	»	»	»
— Sr	»	»	»	»	»	»	0,19	0,22	»	traces.	»
— Mg	»	»	»	»	traces.	traces.	25	51	»	26	17
— Fe″	»	»	»	»	»	»	5,97	9,55	»	8,86	»
— Mn	»	»	»	»	»	»	traces.	traces.	»	»	50
Sulfate Na	31,2	traces.	10,1	6,1	18,3	28	287	283	1012	96	9
— K	9,2	traces.	8,8	3,8	»	»	107	154	»	»	»
— Ca	31,2	traces.	40	traces.	traces.	traces.	»	»	1246	16	319
— Mg	»	»	»	»	»	»	»	»	1429	35,3	91
— $(Al^2)^{vi}$	»	»	»	»	»	»	»	»	»	54,8	39
— Cu	traces.	traces.	traces	traces.	»	»	»	»	»	»	»
Phosphate Na	traces.	traces.	traces.	traces.	»	»	»	»	»	»	»
— Ca	»	»	»	»	»	»	»	»	»	249	»
— $(Al^2)^{vi}$	»	»	»	»	»	»	traces.	traces.	»	»	»
Sulfure Na	54	77,7	59,5	33,8	41,3	41,2	5,44	19,5	»	»	»
— Fe″	2,2	traces.	2,8	1,1	»	»	»	»	»	»	»
— Mg	2,8	traces.	1,8	traces.	»	»	»	»	»	»	»
Chlorure Na	62,4	82,9	65,9	50	15,1	9	2465	2639	7236	7,9	89
— Mg	»	»	»	»	»	»	»	»	»	17,2	»
Iodure Na	traces.	traces.	traces.	traces.	»	»	»	»	»	0,04	»
— Cu	»	»	»	»	»	»	»	»	1,14	»	»
Bromure Na	»	»	»	»	»	»	3,6	3,6	»	»	»
— Mg	»	»	»	»	»	»	0,48	0,51	»	»	»
Fluorure Ca	»	»	»	»	»	»	traces.	traces.	»	»	»
Silicate Na	traces.	traces.	traces.	traces.	»	»	»	»	»	»	»
— Mg	4,8	traces.	traces.	6,7	»	»	»	»	»	»	»
— Ca	10,2	22	traces	75,9	»	»	»	»	»	»	»
— $(Al^2)^{vi}$	25,5	traces.	29,2	10,1	»	»	»	»	»	»	»
Silice	20,9	44,4	32,8	10,5	49	50	59,7	66,1	Indétᵉ.	»	29
Alumine	»	»	»	»	10	traces.	»	»	»	»	»
Peroxyde de fer	»	»	»	»							
Ammoniaque	»	»	»	»	»	»	traces.	traces.	»	»	»
Glairine	»	»	»	»	14	20	»	»	»	indétᵉ.	»
Matières organiques	ptᵉ qtᵉ.	ptᵉ qtᵉ.	ptᵉ qtᵉ	ptᵉ qtᵉ.	»	»	92,8	75,2	»	»	traces.
Perte	»	»	»	»	»	»	»	»	»	12	»
Principes fixes	251	227	256	253	267	212	3730	4102	11129	430	1491
AUTEURS des ANALYSES.	Filhol.	Filhol.	Filhol.	Filhol.	Bouis.	Bouis.	J. Liebig.	J. Liebig.	V. Gerdy.	J. Bonjean.	De Puisaye et Leconte.

IV. — TABLEAU DE LA COMPOSITION DES PRINCIPALES EAUX MINÉRALES.

(Les poids sont exprimés en milligrammes et rapportés à 1000 gr. d'eau.)

	EAUX BROMURÉES ET IODURÉES.				EAUX FERRUGINEUSES.					
	Heilbrunn.	Kreuznach (eaux mères).	Tœplitz. (Hauptquelle.)	Bourbonne (bains civils).	Orezza. (Sottana.)	Schwalbach. (Stahlbrunn.)	Forges. (Source Cardinale.)	Passy.	Lamalou. (Capus.)	Rennes-les-Bains. (Bain fort.)
Température	?	?	?	57°,5	»	10°,1	?	?	?	51°
Densité	?	?	?	»	»	1,0007	?	?	?	»
	millig.	millig.	millig.	millig.	millig.	millig.	millig.	millig.	millig.	millig.
Acide carbonique libre	9	»	?	»	»	1920	445	traces.	133	90
Ac. carbon. libre et des bicarbonates.	»	»	»	»	2471	»	»	»	»	»
Hydrogène carboné	25	»	»	»	»	»	»	»	»	»
Azote	»	»	»	»	air 11cc	»	»	»	13cc2	»
Oxygène	»	»	»	»	»	»	»	»	1cc5	»
Bicarbonate Na	»	»	»	»	»	20,6	»	»	81	»
— K	»	»	»	»	»	»	»	»	77	»
— Ca	»	»	»	»	»	221	»	»	98	»
— Mg	»	»	»	»	»	212	76,1	»	76	»
— Li	»	»	»	»	»	»	»	»	traces.	»
— Fe″	»	»	»	»	»	83,8	»	»	78	»
— Mn	»	»	»	»	»	18,4	»	»	traces.	»
Carbonate Na	506	»	2844	»	»	»	»	»	»	»
— Ca	54	»	844	98	602	»	»	»	»	205
— Li	»	»	18	»	traces.	»	»	»	»	»
— Sr	»	»	20	»	»	»	»	»	»	»
— Mg	25	»	57	»	74	»	»	»	»	288
— Fe″	»	»	39	»	128	»	»	»	»	113
— Mn	»	»	84	»	traces.	»	»	»	»	»
Sulfate Na	48	»	»	»	»	7,8	6	»	»	»
— K	»	»	459	129	»	3,7	»	»	»	»
— Ca	»	»	»	879	21	»	40	2344	66	275
— Mg	»	»	»	»	»	»	»	597	»	»
— Fe″	»	»	»	»	»	»	»	607	»	»
— $(Al^2)^{vi}$	»	»	»	»	»	»	»	»	»	»
— Cu	»	»	»	»	»	»	»	»	traces.	»
Alun	»	»	»	»	»	»	»	407	»	»
Phosphate Na	»	»	»	»	»	traces.	»	»	»	»
— $(Al^2)^{vi}$	»	»	23	»	»	»	»	»	»	»
Arséniate Na	»	»	»	»	»	»	»	»	0,4	»
Borate Na	»	»	»	»	»	»	»	»	traces.	»
Chlorure Na	3928	7857	458	5771	6	6,7	12	858	2	63
— K	»	2252	110	»		»	»	»	»	»
— Mg	»	5005	»	381	»	»	8	»	»	559
— Ca	»	205430	»	»	»	»	»	»	»	107
Iodure Na	98	»	60	»	»	»	»	»	»	»
Bromure Na	32	8700	»	64	»	»	»	»	»	»
— Mg	»	2600	»	»	»	»	»	»	»	»
Fluorure Ca	»	»	»	»	traces.	»	»	»	»	»
Silicate Na	»	»	»	120	»	»	»	»	»	»
Silice	13	»	330	»	4	32	»	»	23	7
Alumine	»	»	»	29	traces.	»	33	»	»	»
Peroxyde de fer	8	»	»	»	»	»	»	»	»	»
Acide arsénique	»	»	»	»	traces.	»	»	»	»	»
Ammoniaque	»	»	»	»	»	»	traces.	»	»	»
Crénate Fe″	»	»	»	»	»	»	98	»	»	»
— Na	»	»	»	»	»	»	2	»	»	»
— K	»	»	»	»	»	»		»	»	»
— Mn	»	»	»	»	»	»	traces.	»	»	»
Matières organiques	traces.	»	95	»	indétᵉ.	traces.	indétᵉ.	traces.	traces.	»
Perte	»	»	2	»	»	»		»	»	18
Principes fixes	4710	»	4943	7471	849	606	270	5446	502	1702
AUTEURS des ANALYSES.	Barruel.	Osann.	Ficinus.	Mialhe et Figuier.	Poggiale.	Fresenius.	O. Henry.	Deyeux et Barruel.	Moitessier.	Julia et Reboul.

TABLEAU DE LA COMPOSITION DES EAUX DE MER
(RAPPORTÉE A 1 LITRE).
(On n'a indiqué ici que les substances qui y existent en quantité dosable dans 1 litre.)

MERS	POINTS où l'eau a été puisée.	Na	Cl	Mg	Ca	K	SO^4	Br	CO^3	Fe	Mn	(Al^2)	SiO^3	PO^4	Mat. organiq^{es}.	AzH^4	Résidu fixe.	AUTEURS.
		gr.	gr.	gr.	gr.	gr.	gr.	gr.	gr.	gr.	gr.	gr.	gr.	gr.	gr.	gr.	gr.	
Océan Atlantique	0°47'.S — 35°20'.O........	11,081	19,460	0,9568	0,4567	0,7604	2,577	0,4069	»	»	»	»	»	»	»	»	35,700	
—	20°54'.N — 40°44'.O......	10,464	19,012	1,2735	0,4684	0,7252	2,446	0,3102	»	»	»	»	»	»	»	»	34,700	Bibra, *Ann der Chem. u. Pharm.*, t. LXXVII, p. 90.
—	41°18'.N — 36°28'.O.......	11,719	20,840	1,1981	0,5568	0,6682	3,029	0,3878	»	»	»	»	»	»	»	»	38,400	
Océan, cap Horn	....	10,457	18,841	1,1763	0,5289	0,5916	2,878	0,3271	»	»	»	»	»	»	»	»	34,800	
Mer du Nord....	....	10,117	18,954	1,3141	0,4782	0,6811	2,563	0,2924	»	»	»	»	»	»	»	»	34,400	
—	entre Belgique et Angleterre	10,206	18,168	1,1582	0,8244	0,3536	2,590	?	»	»	»	»	»	»	»	»	32,800	Bischof, *C. géolog.*, t. I, p. 99.
Manche.........	à quelques milles du Havre	10,142	17,794	1,2305	0,4093	0,0425	2,882	0,1046	0,078	traces	traces	»	0,016	traces	»	»	32,700	Figuier et Mialhe, *Journ. de Pharm.*, (3), t. XIII, p. 406.
Méditerranée....	Marseille..................	10,688	21,090	3,0037	0,048	0,0041	5,716	?	0,142	»	»	»	»	»	»	»	40,700	Laurent, *J. de Pharm.*, t. XXI, p. 93.
—	Cette, à 3500 m. des côtes ..	11,706	20,527	1,3104	0,4411	0,2643	2,943	0,434	0,0670	0,0028	»	»	»	»	»	»	37,700	Usiglio, *Ann. de Chim. et de Phys.*, t. XXVII, p. 92 et 172.
—	Lagunes de Venise........	8,779	15,882	1,1646	0,1769	0,4356	2,662	?	»	»	»	»	»	»	»	»	29,100	Calamai, 1847.
Océan Pacifique.	à 3m,50 de la surface......	10,262	18,950	1,3151	0,4719	0,6038	2,786	0,3102	»	»	»	»	»	»	»	»	34,700	Bibra, *loc. cit.*
—	à 140 mètres de profondeur	10,233	19,321	1,4714	0,4752	0,6336	2,827	0,2394	»	»	»	»	»	»	»	»	35,200	
Baltique........	....	5,894	10,386	1,6115	0,0363	»	0,719	»	»	»	»	»	»	»	»	»	17,710	Pfaff, *Schweigger's Journ.*, t. XXII, p. 271.
Mer Noire.	Côte sud de Crimée.......	5,512	9,574	0,6622	0,1305	0,0975	1,2505	0,005	0,2475	0,1271	»	»	»	»	»	»	17,605	Göbel, *Poggendorff's Ann.*, suppl., t. I, p. 187.
Mer d'Azof......	entre Kertch et Mariapol...	3,997	6,585	0,4010	0,0908	0,0670	0,8045	0,004	0,0695	0,0358	»	»	»	»	»	»	11,900	*Ibid.*
Mer Caspienne ..	sud-ouest de Pischnol......	1,144	2,737	0,4098	0,1916	0,1397	1,337	?	0,0773	0,0401	»	»	»	»	»	»	6,296	*Ibid.*
Mer Morte......	puisée à la surface........	0,885	17,628	4,177	2,150	0,474	0,2424	0,167	traces	traces	traces	traces	0,006	traces	traces	traces	27,078	Terreil, *Comptes rendus*, t. LXII, p. 1329.
—	à 300 mètres de profondeur.	14,300	174,985	41,428	17,269	4,386	0,6276	7,093	traces	traces	traces	traces	traces	»	traces	traces	278,185	

EAU DE MER.

Prise à quelques milles des côtes, la composition de l'eau des diverses mers varie très-notablement, mais le chlorure de sodium y existe toujours en quantité très-supérieure à celle de tous les autres éléments minéralisateurs. C'est à lui qu'est dû le goût salé de cette eau ; le sulfate de magnésie lui donne son goût amer, c'est, après le chlorure de sodium, la substance qui existe dans ces eaux en plus grande quantité.

La somme des résidus fixes de l'eau de mer varie beaucoup : l'Atlantique contient de 32gr à 38gr de sels par litre, le Pacifique de 32gr à 34gr, la Méditerranée de 29gr à 40gr, mais les mers plus rapprochées des pôles, ou les mers intérieures, sont moins richement minéralisées : la mer Noire contient 18gr, la Baltique de 5gr à 18gr, la mer d'Azof 12gr, la mer Caspienne 6gr environ de sels par litre. Ces différences sont dues soit à l'évaporation plus rapide à l'équateur, soit aux courants marins, soit à l'afflux de fleuves plus ou moins puissants.

Outre le chlorure de sodium et les sulfates de magnésie et de chaux, l'eau de mer contient d'une manière constante des sels de potasse (1gr à 1gr,5 par litre) et des bromures (4 à 6 décigr.). On sait que, grâce aux beaux travaux de M. Balard, les plus importantes de ces substances sont retirées des eaux de mer sur une grande échelle dans les salines de la Méditerranée. Mais outre ces substances, une foule d'autres éléments y ont aussi été rencontrés.

Les derniers travaux à ce sujet sont de Forchhammer qui a signalé soit dans ces eaux, soit dans les cendres des végétaux qui y croissent, la présence de trente et un éléments [Forchhammer, *Phil. Trans.*, t. CLV, p. 203]. On y avait, avant lui, signalé la silice, l'acide phosphorique, les carbonates calcique et magnésien [Voelcker, *Chem. Gaz.*, t. VIII, p. 346], ces derniers surtout dans les eaux prises non loin des côtes (J. Davy). Le fer, l'argent, le cuivre, le plomb, l'arsenic, avaient été trouvés à l'état de traces, soit dans ces eaux, soit dans les plantes qui y vivent [Malaguti, Durocher et Sarzeau, *Ann. de Chim. et de Phys.*, (3), t. XXVIII, p. 122 ; — Daubrée, *Compt. rend.*, t. XXVII, p. 827 ; — Field, *Chem. Gaz.*, 1857, p. 93]. On sait aussi que l'iode y existe à l'état de traces, et que Wilson a trouvé du fluor dans les eaux des côtes de l'Écosse. Forchhammer y a trouvé encore le zinc, le cobalt, le nickel. Enfin on y a signalé en dernier lieu le lithium, le rubidium et le césium.

Les matériaux gazeux des eaux de mer sont l'azote, l'oxygène et l'acide carbonique. Ils varient à la surface de 10 à 30 centimètres cubes par litre. Ils augmentent d'abord avec la profondeur jusqu'à 600 à 800 mètres environ, mais à 1200 mètres, c'est à peine si l'eau en contient des traces. A la surface, leur proportion oscille entre 2 à 40 centim. cubes d'acide carbonique, 1 à 3 centim. cubes d'oxygène et 12 à 17 centim. cubes d'azote par litre.

ESSAI ET ANALYSE DES EAUX.

On ne dira rien ici du problème général de l'analyse des eaux, renvoyant à l'article ANALYSE de ce livre, ou aux traités spéciaux ; on décrira seulement très-succinctement ce que l'analyse des eaux minérales ou potables a de tout spécial.

Analyse rapide des eaux. — Il est facile de se rendre rapidement un compte assez exact de la nature d'une eau minérale ou potable, par les quelques essais suivants :

1° On évapore l'eau additionnée de 2/1000 environ de carbonate de potasse, on dessèche à 160° pendant quelques heures et on a le poids du résidu fixe (abstraction faite du poids du carbonate de potasse ajouté).

2° On calcine ce résidu au rouge, on l'additionne ensuite de carbonate d'ammoniaque ; on recalcine légèrement ; la différence donne le poids des matières organiques.

3° On prend de 500 à 3000 centimètres cubes, selon le cas, de l'eau primitive ; on la soumet, dans une fiole, à une ébullition de 2 à 3 heures, en renouvelant l'eau qui s'évapore. Il se forme un dépôt qu'on recueille, sèche et pèse ; ce sont des carbonates de chaux et de magnésie correspondant aux bicarbonates primitifs. Ce dépôt est lavé à l'eau acidulée d'acide sulfurique, la liqueur filtrée est évaporée ; on a ainsi la magnésie primitivement à l'état de carbonate.

4° On réduit à 1/10 de son volume primitif l'eau d'où l'on a extrait les bicarbonates ; on additionne alors le tout de son volume d'alcool à 80°. On obtient ainsi un résidu de sulfate de chaux et de magnésie qu'on lave avec l'alcool à 80° et qu'on sèche. Après l'avoir pesé, on le lave à l'eau quelques instants ; la différence de poids donne le sulfate de magnésie.

5° On n'a plus alors dans la liqueur claire d'où l'on a extrait les bicarbonates et les sulfates de chaux et de magnésie, que les chlorures de calcium et de magnésium et les sels alcalins. On l'additionne de carbonate d'ammoniaque ammoniacal, on fait bouillir, on filtre, on évapore la liqueur filtrée. On a alors sur le filtre le carbonate de magnésie et de chaux correspondant aux chlorures primitifs, et dans le résidu fixe de la liqueur le poids des sels alcalins.

Examen de la dureté des eaux. degré hydrotimétrique. — Un procédé plus expéditif encore pour juger de la nature d'une eau, principalement d'une eau potable, a été donné par M. Clark en 1847 et régularisé par MM. Boutron et Boudet. Il est fondé sur la propriété qu'ont les sels de chaux ou de magnésie soluble de donner des composés insolubles avec le savon, qui ne peut ainsi communiquer à l'eau la propriété de mousser.

Pour préparer la liqueur au savon dite *hydrotimétrique*, on dissout 20 grammes de carbonate de chaux pur dans l'acide chlorhydrique ; on évapore, calcine légèrement et redissout dans 1 litre d'eau distillée. On fait ensuite une solution de savon blanc dans l'alcool et on l'ajoute à de l'eau, en suffisante quantité pour que 100 centimètres cubes de cette solution savonneuse produisent par agitation une écume persistante avec 100 centimètres cubes de la liqueur chlorocalcique type, qui est dite avoir 20 degrés hydrotimétriques. Ayant dosé ainsi la liqueur savonneuse, on prendra 100 centimètres cubes de l'eau à examiner dans un flacon qu'on peut boucher ; on y ajoutera peu à peu, au moyen d'une pipette graduée, la liqueur hydrotimétrique, tant que par l'agitation il ne se produira pas d'écume persistante. Quand celle-ci aura lieu, on lira le nombre n de centimètres cubes de liqueur employés ; la fraction $\frac{100}{20} = \frac{n}{x}$ donnera en degrés hydrotimétriques la valeur de n. Ces degrés expriment à quelle quantité de chlorure de calcium dissous correspondent les sels alcalino-terreux contenus dans l'eau examinée. Le dosage hydrotimétrique de l'eau est certainement commode et rapide pour juger les eaux bonnes pour certains usages du ménage ou de l'industrie, mais il ne présente aucune sérieuse garantie, surtout si l'eau est très-riche en sels magnésiens, et l'on peut dire qu'on en a abusé dans ces derniers temps.

Dosage des matériaux gazeux. — On a proposé plusieurs méthodes pour doser les gaz de l'eau. Le meilleur moyen est le suivant : un ballon à col étroit de capacité connue est rempli complétement d'eau ; on adapte au col un fort caoutchouc qu'on serre en son milieu par une bonne pince à vis. Le ballon étant incliné alors à 45°, on le urmonte d'une boule de verre soufflée au milieu d'un tube et reliée d'un côté au caoutchouc 'u ballon, de l'autre au tube à dégagement qui se rend dans une cuve à mercure. De l'eau examiner ayant été placée dans la boule, et la pince étant serrée, on porte cette eau pendant quelques minutes à l'ébullition ; ses gaz remplissent bientôt le tube à dégagement; on les laisse s'échapper, puis on place l'éprouvette destinée à recueillir les gaz de l'eau mesurée; on ouvre la pince à vis et on fait bouillir pendant une demi-heure l'eau du ballon jaugé. On voit qu'avant comme après cette dernière partie de l'opération, la même quantité des mêmes gaz remplira le tube à dégagement et qu'on n'aura pas à en tenir compte.

Recherche des matières organiques. — On a proposé plusieurs méthodes pour les reconnaître ou les doser. A. Smith a proposé, pour comparer à ce point de vue les diverses eaux, l'emploi d'une liqueur titrée de permanganate de potasse qui se décolore par les matières organiques, quand l'eau qui les contient a été primitivement acidulée. Il admet que la décoloration produite pendant les 5 à 10 premières minutes est due aux matières plus éminemment oxydables et putrescibles. Cette méthode n'indique rien sur la nature des matières organiques. Elle ne donne aucune notion sur la quantité des substances azotées; enfin on sait que les nitrites réduisent aussi le permanganate.

Frankland et Armstrong ont proposé de doser le carbone et l'azote par la méthode d'analyse ordinaire des substances organiques. 1 litre d'eau est bouillie pendant quelques minutes avec 30 centimètres cubes d'une solution concentrée d'acide sulfureux, puis évaporée; on l'a privée ainsi de tous ses carbonates ; on soumet alors le résidu à la combustion avec l'oxyde de cuivre; on recueille l'acide carbonique et l'azote correspondants, si l'on y a, comme nous allons le dire tout à l'heure, fait un dosage d'ammoniaque; l'azote excédant correspond aux nitrites et aux nitrates [voyez pour plus de détails *Chem. Soc. Journ.*, t. XXI, p. 77 et suiv.].

Wanklyn, Chapman et Smith propose le procédé suivant :

1° A 1 litre d'eau ils ajoutent 2 grammes de carbonate sodique; ils distillent rapidement 200 à 300 grammes de cette eau; et dosent l'ammoniaque dans cette portion distillée. Ils admettent que c'est celle qui existait libre ou à l'état de sels dans la liqueur primitive.

2° La portion de l'eau restant est mélangée à 15 grammes de potasse caustique; ils dosent l'ammoniaque contenue dans les 300 premiers centimètres cubes d'eau ainsi distillée et admettent, ce qui laisse quelques doutes, qu'elle représente l'azote de l'urée, et des substances qui l'accompagnent dans l'urine.

3° A la partie de l'eau primitive restée dans la cornue, on ajoute 3 grammes environ de permanganate de potasse cristallisé et on distille la moitié du volume restant. Les auteurs admettent, d'après leurs expériences sur le blanc d'œuf, que l'ammoniaque qui passe ainsi dans le récipient correspond aux 2/3 de l'azote des substances albuminoïdes [*Chem. Soc. Journ.*, t. XX, p. 445 et 591]. — Voir aussi à ce sujet Peligot, *Ann. de Chim. et de Phys.*, (4), t. III, p. 213; — Heintz, *Zeitschrift für Chem.*, nouv. sér., t. II, p. 586 ; — Lœve, *ibid.*, t. I, p. 597, et *Bull. de la Soc. chim.*, 1867, t. VII, p. 406 et 497.

Dosage de l'ammoniaque. — 5 à 10 litres d'eau sont évaporés en présence d'un peu d'acide sulfurique; quand l'eau est réduite à un petit volume, on l'additionne de magnésie caustique en poudre fine, et l'on fait bouillir. On recueille les gaz et la vapeur dans de l'eau acidulée par l'acide chlorhydrique, on évapore et on précipite par le chlorure platinique.

Dosage des nitrates et des nitrites. — La présence de ces corps se reconnaît aisément. Si le résidu de l'eau évaporée en présence d'un peu de potasse, puis additionnée d'acide chlorhydrique, dissout aisément une feuille d'or battu, ou si, ajouté à un peu de sulfate ferreux broyé dans de l'acide sulfurique monohydraté, il rougit ce mélange, on peut assurer la présence des composés oxygénés de l'azote.

Leur dosage est très-délicat. On peut évaporer l'eau en présence du sulfate d'argent pour faire passer les chlorures à l'état de sulfate; placer ce résidu dans un fort matras préalablement rempli d'acide carbonique et contenant un peu de mercure, enfin ajouter un peu d'acide sulfurique, fermer avec soin par un bouchon revêtu de paraffine, agiter vivement et recueillir sur la cuve à mercure le bioxyde d'azote formé, qui donnera le poids de l'azote correspondant.

Acide phosphorique. — Une bonne quantité d'eau est concentrée. On ajoute un peu d'azotate d'alumine et d'ammoniaque. Le précipité formé contient tout l'acide phosphorique. On le dissout dans l'acide nitrique et on le précipite par une solution azotique de molybdate d'ammoniaque.

Arsenic. — On additionne de 5 à 10 litres d'eau d'un peu d'azotate de peroxyde de fer, on concentre, on précipite par l'ammoniaque. Ce précipité complexe contient tout l'arsenic; on opère alors, comme dans les cas ordinaires, par l'appareil de Marsh.

Brome et iode. — L'eau est évaporée en présence d'un à deux millièmes de carbonate de potasse. Le résidu est repris par l'alcool à 66°; cette solution alcoolique est évaporée. Le résidu contient le brome, l'iode, un peu de chlorures, et quelques autres sels sous un très-petit volume; on sépare alors et on dose par les procédés ordinaires.

Recherche des métaux proprement dits. — L'eau additionnée d'un peu de potasse est évaporée presque à sec. Le résidu est repris par l'eau mélangée d'une petite quantité d'acide chlorhydrique. On filtre et on traite la liqueur filtrée par l'ammoniaque et l'hydrogène sulfuré. Le précipité obtenu contient tous les métaux proprement dits. A. G.

ÉBULLITION. — 1. Lorsqu'on chauffe un liquide à la température pour laquelle la tension de sa vapeur est égale à la pression qu'il supporte, ce liquide entre généralement en *ébullition*; l'évaporation superficielle est alors accompagnée de l'émission de bulles de vapeur qui se forment dans le sein même du liquide et viennent crever à la surface. L'ébullition peut ne se produire qu'à une température beaucoup plus élevée, si le liquide est parfaitement purgé de gaz et si la surface du vase est elle-même parfaitement nette et exempte de couche gazeuse (Donny, Dufour). Mais on peut éviter ces retards de l'ébullition en immergeant dans le liquide un corps dont la surface condense toujours assez de gaz pour provoquer l'ébullition à la température minima, — un morceau de charbon ou une feuille de platine, par exemple. Les mêmes corps plongés dans un liquide surchauffé en détruisent immédiatement l'équilibre moléculaire instable. Ils font pénétrer une atmosphère gazeuse jusque dans le sein de la masse; dès lors les molécules voisines sont à la surface de séparation d'un liquide et d'un gaz, elles s'élancent dans l'espace qui leur est offert en prenant la forme gazeuse. La vapeur se dégage par une sorte d'explosion et la température du liquide descend à celle de l'ébullition normale.

2. Sous une même pression, les divers liquides entrent en ébullition à des températures différentes. Plus un composé a dégagé de chaleur en se formant (plus ses composants ont perdu d'énergie par conséquent) et plus son point d'ébullition est élevé, toutes choses égales d'ailleurs. L'eau n'est-elle pas liquide à une température où la combinaison correspondante du soufre *solide* avec l'hydrogène est un *gaz?* Mais aussi quelle différence entre la chaleur de combinaison de l'hydrogène avec l'oxygène et celle de l'hydrogène avec le soufre, et quelle stabilité, quel peu d'activité chimique dans l'eau! Les pseudo-alcools qui reproduisent si facilement leurs générateurs ne bouillent-ils pas tous au-dessous des alcools normaux? Il serait facile de multiplier les exemples et même d'étendre la règle aux familles des corps simples eux-mêmes. L'ordre de volatilité Cl, Br, I; O, Se, Te; K, Na, Li, représente dans chaque famille l'ordre d'énergie. La même règle s'applique encore au phosphore, à l'arsenic et au bismuth, c'est-à-dire à la famille de l'azote, si l'on convient d'excepter l'azote lui-même qui, à raison de sa condensation gazeuse particulière et deux fois moindre que celle du phosphore et de l'arsenic, doit évidemment avoir une volatilité anomale.

L'on a trouvé beaucoup de relations numériques entre les points d'ébullition des divers composés organiques. Une des plus certaines, c'est que l'addition de nCH^2 à un tel composé élève son point d'ébullition de $n\alpha°$, α étant un nombre qui varie légèrement avec la fonction du corps et est voisin de 20 (Kopp). Les représentations graphiques des pages 1214-1215 justifient cette loi et montrent aussi dans quels cas elle cesse d'être applicable. Par exemple, selon la loi, les points d'ébullition de tous les corps d'une série homologue devraient être sur une droite. Or l'on voit que la ligne correspondant aux carbures C^nH^{2n} est courbe (Favre et Silbermann). Il en est de même pour la série des éthers propres, des carbures C^nH^{2n+2}, etc.

Gerhardt a formulé cette règle que l'addition de C élève la température d'ébullition de 35° à 36°,5, et que l'addition de H^2 l'abaisse de 15°, ce qui fait $35 - 15 = 20°$ pour l'addition de CH^2.

Schröder admet que l'addition de CO^2 élève le point d'ébullition de 91°. Ce qui fait, en adoptant le nombre de Gerhardt relatif à l'addition de C, 28° pour l'addition de O. La substitution de O à H^2 élèverait donc le point d'ébullition de

$$28 + 15 = 43.$$

C'est à peu près la différence des points d'ébullition d'un alcool et de l'acide correspondant.

Mais toutes ces lois ne sont pas générales, car elles supposent le parallélisme des lignes qui dans notre tableau représentent les points d'ébullition des diverses séries homologues, parallélisme qui n'existe pas généralement, puisque l'addition de CH^2 n'élève le point d'ébullition des acides anhydres que d'environ 12°,5, tandis qu'elle élève celui des éthers chlorhydrique, bromhydrique et iodhydrique de 25 à 30°. De plus elles ne tiennent pas compte des différences de fonction et des isoméries; or l'éther méthylique, isomère de l'alcool ordinaire, bout à près de 100° plus bas que celui-ci.

Si l'on se contente d'une approximation, on peut formuler les règles suivantes qui sont utiles en pratique.

Substitution de :	Abaissement de la température d'ébullition de :
H à Cl	20 à 70° (1)
Cl à OH	50 à 70°
Br à OH	30 à 40°
I à OH	— 10 à + 10°
$C^2H^3O^2$ à OH	5°
Cl à Br	20 à 30°
Cl à I	40 à 60°
C^2H^5 à H	43°
Cl à C^2H^5O	20 à 30° (Berthelot)
CH^3 à C^6H^5	130 à 135
H à C^6H^5	150 à 155 (Grimaux)

Selon Persoz, le point d'ébullition d'un éther à acide organique est égal à la somme des points d'ébullition de l'alcool et de l'acide qui le constituent, moins 122° environ.

Lorsqu'on remplace dans deux acides organiques monobasiques A et B les deux groupes CO^2H par le radical diatomique CO, on obtient un corps unique C qui est une acétone normale si A = B, une acétone mixte si A est différent de B, et une aldéhyde si A est l'acide formique. Dans tous les cas, le point d'ébullition de C est à très-peu près égal à celui de A + celui de B — 180 (E. Grimaux).

Du reste, la représentation graphique (p. 1214-1215) permettra au lecteur de déterminer approximativement les points d'ébullition d'après telle règle que l'étude de notre tableau lui fera imaginer. Il est à remarquer que l'irrégularité des courbes provient autant des cas d'isomérie que de la différence de pression ou du mode d'observation.

3. Pour déterminer les points d'ébullition, le physicien mesure la tension de la vapeur et note la température pour laquelle elle fait équilibre à 0m,76 de mercure. Le chimiste se contente de plonger un thermomètre de faible masse dans la vapeur, en ayant soin de placer une feuille de platine au fond de l'appareil distillatoire. On doit s'arranger pour que le mercure du thermomètre soit tout entier dans la vapeur, car dans le cas contraire, il faudrait faire une correction pour la partie de la tige qui n'est pas à la température de la vapeur : correction qui comporte beaucoup d'incertitude et qui n'est pas toujours d'ailleurs négligeable. Voici, d'après Kopp, le nombre de degrés qu'il faut ajouter à celui T marqué par l'instrument, lorsque la température moyenne de la colonne de mercure sortant de l'appareil est *t*, et que le milieu du bouchon correspond au degré T — N (N mesurant ainsi en degrés la longueur dont la colonne mercurielle sort de l'appareil).

	T — *t*				
N.	20°.	50°.	80°.	100°.	120°.
20	0,06	0,15	0,25	0,31	0,37
40	0,12	0,31	0,50	0,62	0,74
60	0,18	0,46	0,74	0,92	1,11
80	0,25	0,62	0,99	1,23	1,48
100	0,31	0,77	1,23	1,54	1,85
120	0,37	0,92	1,48	1,85	2,26
140	0,43	1,08	1,72	2,16	2,59
160	0,49	1,23	1,97	2,46	2,96
180	0,56	1,39	2,22	2,77	3,33
200	0,62	1,54	2,46	3,08	3,70

Mais l'évaluation de *t* à l'aide d'un thermomètre touchant la tige du premier à la division T — 1/2 N ne paraît pas pratique.

(1) M. Jungfleisch a fait voir que, tandis que la substitution de Cl à H dans la benzine ou dans la benzine pentachlorée élève le point d'ébullition de 52,5 ou de 54 degrés, une semblable substitution n'élève le point d'ébullition des composés mono-, bi-, tri- et tétrachlorés que de 38, 35, 34 et 32 degrés. Généralement le premier ou le dernier atome de chlore, de brome, etc., qui se substitue apporte un changement particulier dans le point d'ébullition.

4. L'ébullition des mélanges liquides offre d'intéressantes particularités que nous allons signaler. Magnus [*Poggend. Ann.*, t. XXXVIII, p. 488] et Regnault [*Relation des expériences...*, t. II, *passim*] ont prouvé que la tension de vapeur d'un mélange mécanique de deux liquides qui ne se dissolvent pas est égale à la somme des tensions des liquides séparés, ou ne diffère de cette somme que de 2 ou 3 millimètres en moins(1).

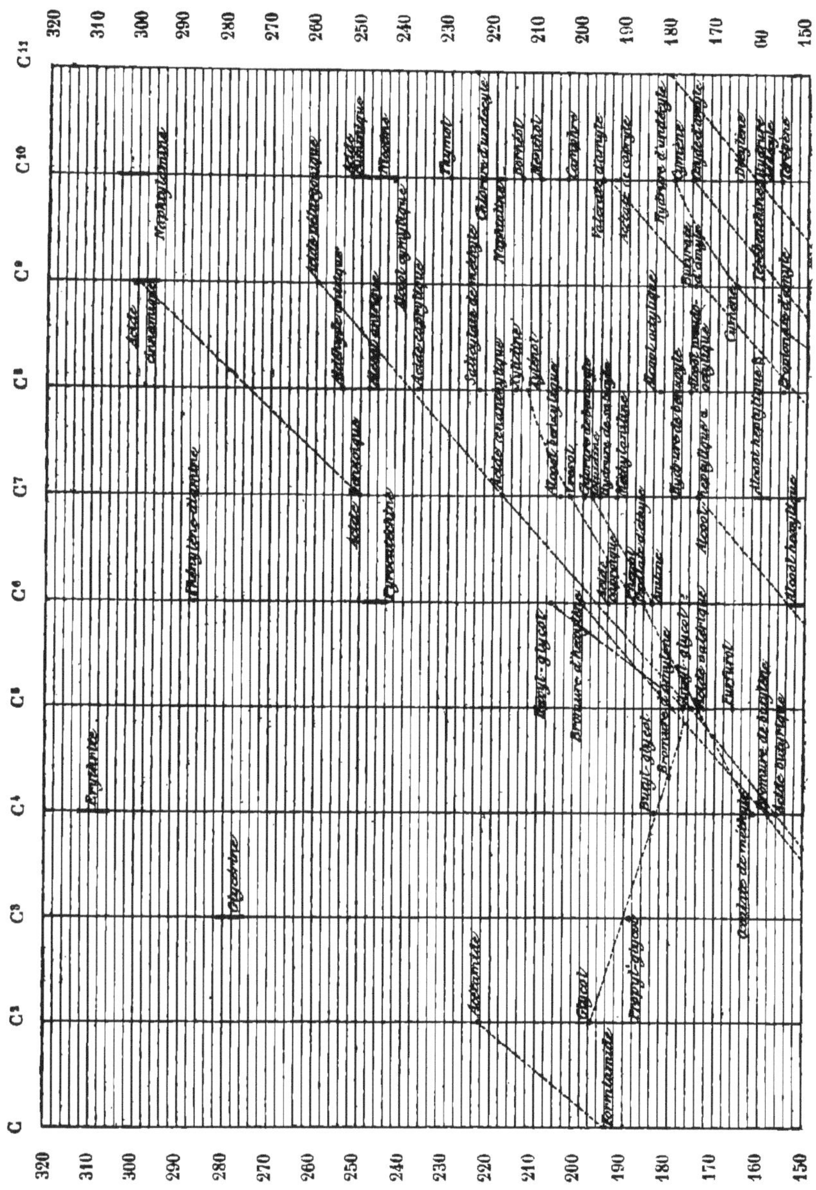

Si l'on fait bouillir un mélange de liquide qui ne se dissolve pas, le plus volatil étant au-dessous de l'autre, on remarque que la température d'ébullition correspond parfois à celle pour laquelle la somme des tensions est égale à la pression atmosphérique. Mais cela ne se produit que si l'ébullition est très-faible et si les bulles de vapeur du premier liquide peuvent se saturer de

(1) En plus pour l'eau et le chlorure de carbone; mais M. Regnault a des doutes sur la pureté du corps qu'il a employé.

celle du second. Plus on active l'ébullition, plus la température d'ébullition se rapproche de celle du liquide le plus volatil. La température varie du reste avec la position de la flamme. En opérant avec soin à la pression de 750mm,8, M. Regnault a vu un mélange de volumes égaux d'eau et de sulfure de carbone donner une vapeur mixte dont la température était de 43°. A cette température, la somme de tension est de 751mm,3. La différence en plus est fort petite; elle eût été plus grande

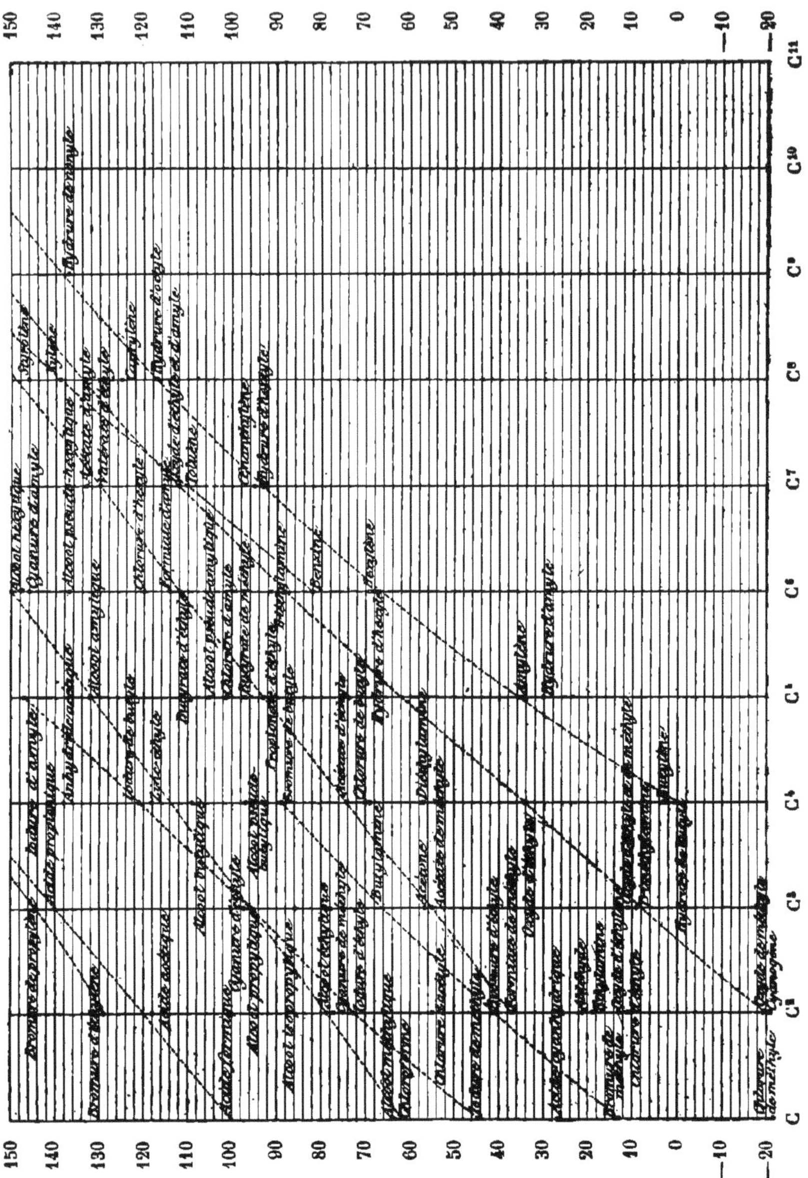

sous de faibles pressions et davantage encore sous des pressions très-fortes. Avec la térébenthine et l'eau, la température de la vapeur est de 99° sous la pression de 740mm,8; la somme des tensions est à 99° de 869,8 ; la différence est, comme on voit, considérable.

Lorsque les liquides se dissolvent c'est-à-dire dans le cas des distillations fractionnées, une loi aussi simple ne se vérifie pas. L'on sait en effet que le point d'ébullition d'un liquide ne s'abaisse généralement pas par l'addition d'un liquide bouillant plus haut : mais ici l'on ne doit plus parler seulement des tensions de vapeur, les *quantités* des deux liquides doivent intervenir et le problème se complique.

La tension totale est généralement inférieure à celle du liquide le plus volatil; on peut concevoir des cas où elle serait supérieure à celle-ci, mais jamais égale à la somme des tensions.

Un mélange de poids égaux d'éther et de sulfure de carbone a donné une tension égale à très-peu près à celle de l'éther (1). Avec 62 volumes de sulfure de carbone et 38 d'éther, la tension est plus faible (2). Ainsi la tension diminue à mesure que la proportion du liquide le moins volatil augmente, ce qui est une règle générale.

Lorsqu'on distille un mélange de volumes égaux d'éther et de sulfure de carbone, on observe que la température de la vapeur mixte n'est pas très-fixe et varie avec la position de la lampe; la pression A sous laquelle se fait l'ébullition est toujours plus faible que la somme B des tensions des liquides à la même température; le rapport $\frac{B}{A}$ est presque constant, bien qu'il semble augmenter avec la pression : il varie de 1,86 à 1,98 pour des pressions de 400^{mm} à 6700^{mm} (3). Si, au lieu de vapeurs saturés en contact avec leur liquide, on avait affaire à des gaz, la pression totale serait égale à la moyenne des pressions et $\frac{B}{A}$ serait égal à 2.

Mêmes observations sur la distillation de la benzine mêlée au sulfure de carbone (4).

La distillation du mélange de benzine et d'alcool s'effectue très-régulièrement, la tension totale est plus éloignée de la moyenne des tensions que dans les cas précédents (5) (Regnault).

M. Alluard a étudié, comme M. Regnault, la température d'ébullition d'un mélange de liquides solubles dont la composition est rendue constante par la condensation continuelle de la vapeur. Ses recherches ont eu surtout pour objet l'obtention de températures parfaitement invariables; et comme les chimistes ont parfois besoin d'une étuve à température fixe, nous devons donner quelques détails sur les résultats obtenus par M. Alluard [*Ann. de Chim. et de Pharm.*, (4), t. I, p. 243]. L'appareil se compose d'une sorte de cornue en cuivre dont l'orifice communique avec un serpentin refroidi par un courant d'eau : il est chauffé par une lampe à gaz et présente d'ailleurs la forme la plus convenable aux expériences qu'on veut entreprendre.

On trouvera dans les tables suivantes la température des diverses vapeurs mixtes sur lesquelles on a opéré.

(1) Tension totale : $274^{mm},02$ à $9°,07$. Tension de l'éther : 275^{mm} ; du sulfure de carbone : $191^{mm},3$.

(2) Tension totale : $772^{mm},49$ à $39°,49$; tension de l'éther : 927^{mm}; du sulfure de carbone : $607^{mm},2$. Autre expérience : tension totale : $288^{mm},9$ à $12°,6$; tension de l'éther : $319^{mm},5$; du sulfure de carbone : $221^{mm},8$.

(3) Tension totale A : $899^{mm},24$ à $20°,81$. Tension de l'éther : $448^{mm},1$; du sulfure de carbone : 308^{mm}. Somme $B = 756^{mm},1$. $\frac{B}{A} = 1,9$. Autre expérience : $A = 768^{mm},75$ à $37°,66$. Tension de l'éther : $837^{mm},8$; du sulfure de carbone : 571^{mm}. $B = 1408^{mm},8$. $\frac{B}{A} = 1,83$.

(4) $A = 225^{mm},19$ à $23°$. Tension de la benzine : $88^{mm},1$; du sulfure de carbone : $336^{mm},2$. $B = 424^{mm},3$. $\frac{B}{A} = 1,88$. Autre expérience : $A = 757^{mm},80$ à $57°,87$. Tension de la benzine : 362^{mm}; du sulfure de carbone : $1092^{mm},2$. $B = 1454^{mm}$. $\frac{B}{A} = 1,91$.

(5) $A = 748^{mm},74$ à $66°,45$. Tension de la benzine : $438^{mm},3$; de l'alcool : $462^{mm},5$. $B = 900^{mm},9$. $\frac{B}{A} = 1,29$.

MÉLANGES D'ÉTHER ET DE SULFURE DE CARBONE

Poids du sulfure de carbone pour 1 d'éther.	Température d'ébullition sous la pression 0,76.
0	35,5
2	38
3,8	39,8
5,4	41,7
10	43
20	45,5
Sulfure de carbone pur.	47,7

MÉLANGES D'ALCOOL ET DE SULFURE DE CARBONE.

Poids de l'alcool pour 1 de sulfure de carbone.	Température d'ébullition sous la pression 0,76.
0	47,7
2	48,1
4	51
5	57,2
6	61
8	64
12	67,5
20	71,5
30	74,1
60	77,0
Alcool pur.	78,6

MÉLANGES D'ALCOOL ET D'EAU.

Poids de l'eau pour 1 d'alcool.	Température d'ébullition sous la pression 0,76.
0	78,5
1,5	82,85
3	84,05
5	86,2
8	87,25
10	89,9
20	93,2
30	94,45
60	97,2
Eau pure.	100

G. S.

ECGONINE. — Voyez COCAÏNE.

ÉCOBUAGE. — On désigne sous ce nom une opération agricole qui a pour but de modifier les propriétés du sol arable et en même temps de débarrasser par l'action d'une température élevée les végétaux qu'il porte. Ce dernier résultat est peut-être le plus important à obtenir, aussi applique-t-on particulièrement l'écobuage aux vieilles prairies infestées de mousses, aux friches couvertes de plantes vivaces difficiles à extirper, genêts et joncs, bruyères, etc.

Le sol qui doit être modifié par l'écobuage est généralement divisé en plaquettes, au moyen d'une *écobue*, sorte de bêche légèrement courbée, plus large au tranchant qu'à la douille et à laquelle est adapté, à 45° environ, un manche de bois. Les plaquettes de terre dressées les unes contre les autres se dessèchent peu à peu, puis sont soumises en tas, ou même quelquefois dans un four, à un grillage modéré; les racines et les plantes sèches brûlent plus ou moins complétement, et l'argile se durcit en prenant une consistance analogue à celle de la brique; la matière ainsi obtenue est répandue sur le sol.

Il n'est pas de notre sujet de discuter l'avantage agricole de cette pratique, mais nous devons indiquer quelles sont les modifications qu'a subies le sol ainsi calciné et quelles sont les réactions qui peuvent y prendre naissance.

On sait, d'après les expériences de MM. Huxtable, Thompson, Way [*The journal of the royal agricultural Society of England*, t. IX, 1850, et t. XIII], et Brustlein [*Ann. de Chim. et de Phys.*, (3), t. LVI, p. 157, 1859], que la terre arable possède la propriété curieuse de retenir certains sels, tellement que, si on fait filtrer une dissolution de ces sels au travers d'une terre argileuse, on trouve que la richesse de la dissolution est singulièrement amoindrie. Ce résultat est particulièrement sensible sur les dissolutions de carbonates alcalins; il s'atténue considérablement quand les bases sont combinées à l'acide sulfurique [*Annales du Conservatoire des arts et métiers*, t. V, p. 463, 1864-1865; *Bull. de la Soc. chim.*, t. III, p. 165, 1865]. La propriété absorbante des argiles est due à leur constitution physique, car, lorsqu'elles sont calcinées, elles la perdent absolument ou presque absolument; on conçoit ainsi que par l'écobuage on modifie profondément l'état physique du sol, et que là où la diffusion des sels solubles, ou la circulation des dissolutions, étaient impossibles, elles deviennent au contraire faciles; on conçoit encore que l'accès de l'air, si important pour la germination, soit aussi rendu plus aisé.

Il est encore un autre ordre de considérations qui peut sans doute faire comprendre l'utilité de l'écobuage. Les plantes calcinées abandonnent à la terre brûlée les sels qu'elles avaient accumulés pendant leur végétation, c'est-à-dire des carbonates alcalins, des phosphates dont l'utilité peut être immédiate; enfin la combustion souvent incomplète des matières albuminoides qu'elles renferment occasionne vraisemblablement la formation de cyanures qui donnent bientôt des sels ammoniacaux particulièrement efficaces pour activer la végétation. Si on se reporte, enfin, aux expériences de M. Cloëz [*Leçons professées devant la Société chimique*, en 1861], on peut encore concevoir que l'écobuage favorise la nitrification. M. Cloëz a remarqué que, si on fait circuler de l'air sur de la brique pilée, imprégnée d'une dissolution étendue de carbonate de potasse, on peut reconnaître bientôt que des nitrates ont pris naissance. Il est vraisemblable que l'oxygène s'est modifié au contact des matières oxydables que renferme la brique, probablement des oxydes de fer, comme il se modifie au contact du phosphore, qu'il est passé à l'état d'ozone, et qu'il a pu ainsi se combiner à l'azote pour former l'acide nitrique, la présence du carbonate alcalin facilitant au reste l'opération. Cette interprétation ne peut être proposée sans réserve, bien qu'elle se trouve cependant appuyée par cette autre observation de M. Cloëz qui n'a pas vu de nitrates se produire quand il a fait passer l'air sur du biscuit de porcelaine encore imprégné de carbonate de potasse et qu'il n'y ait dans ces deux expériences, opposées dans leur résultat, d'autre différence marquée que la présence des oxydes de fer dans la brique et leur absence dans le biscuit de porcelaine.

Dans une terre écobuée, on trouve précisément réunies toutes les conditions favorables à la nitrification, puisque, comme dans l'expérience de M. Cloëz, de l'argile cuite est en présence de l'air et d'une dissolution alcaline provenant des cendres des plantes brûlées; or, l'effet des nitrates sur la végétation est tellement sensible, que favoriser leur formation dans le sol ne peut manquer d'être utile.

L'écobuage, en définitive, aurait donc non-seulement pour effet de modifier les propriétés physiques du sol, de l'enrichir des sels contenus dans les plantes brûlées, mais aussi d'y favoriser la nitrification; ce dernier effet n'est toutefois que probable, il n'a pas encore été vérifié par des expériences régulières.

La pratique de l'écobuage, beaucoup plus répandue dans les contrées peu peuplées que dans notre pays, est fort ancienne, puisque Virgile la mentionne déjà (*Géorgiques*, I, 84). P.-P. D.

ÉCUME DE MER. — Voyez Magnésite.

ÉDELFORSITE. — Voyez Ædelforsite.

ÉDELITHE. — Voyez Prehnite.

ÉDENITE (Min.). — Amphibole aluminifère Edenville (N. Y., États-Unis).

ÉDINGTONITE (Min.) [Syn. *Antiédrite tétragonale*, Breith]. — Hydrosilicate alumino-barytique, avec traces de chaux et de soude. Les rapports des quantités d'oxygène dans

$$SiO^2, Al^2O^3, BaO, H^2O = 7 : 4 : 1 : 4.$$

Petits cristaux blancs ou roses, translucides, d'un éclat vitreux, accompagnant l'analcime, l'harmotome, la calcite, etc.; dans les amygdaloïdes des Kilpatrick-Hills (Écosse).

Caractères. — Fait gelée avec l'acide chlorhydrique; dans le tube donne de l'eau en devenant opaque. Au chalumeau fond difficilement en un verre incolore.

Dureté, 4 à 4,5; densité, 2,7.

Forme cristalline. — Prisme quadratique avec modifications hémiédriques; angle $m\,b^1 = 133°34'$.

Clivages : *m* parfait.

EDWARDSITE. — Voyez Monazite.

ÉGÉRANE. — Voyez Idocrase.

EHLITE. — Voyez Lunnite.

EHRENBERGITE (Min.). — Argile rose, presque gélatineuse à l'état frais, se trouvant dans les fentes du trachyte à Steinchen et à la Wolkenburg, Siebengebirge.

EISENAPATITE. — Voyez Triplite.

EISENROSE. — Variété d'hématite, plus ou moins titanifère; en cristaux groupés en rosace, venant du Saint-Gothard.

EISSPATH. — Variété vitreuse d'orthose de la Somma.

EKEBERGITE. — Voyez Wernérite.

EKMANNITE (Min.). — Silicate hydraté de fer et de manganèse, avec un peu d'alumine et de magnésie, dans lequel les rapports d'oxygène des bases, de la silice et de l'eau, sont comme

4 : 6 : 3.

Masses foliacées ou fibreuses analogues à la chlorite par la dureté et l'éclat, d'un vert plus ou moins foncé.

Caractères. — Attaquable par l'acide chlorhydrique avec dépôt de silice.

ÉLAÈNE. — Voyez Nonylène.

ÉLAÉRINE. — M. Chevreul a ainsi nommé la partie la plus fusible des graisses du suint de mouton; elle se saponifie difficilement en fournissant l'acide éläérique. La nature particulière de ces deux substances n'est pas encore suffisamment établie.

ÉLAÏDINE. — Isomère de l'oléine, qui se produit par l'action de l'acide azotique chargé de vapeurs nitreuses, ou de l'azotate de mercure sur l'oléine qui devient ainsi solide, sans changer de composition. Elle a été découverte par Poutet, de Marseille, en 1819; Boudet admet que cette transformation est due aux vapeurs nitreuses contenues dans l'acide azotique ou dans l'azotate de mercure [*Ann. de Chim. et de Phys.*, t. L, p. 391]. L'huile d'olive, traitée par un de ces agents, se solidifie au bout de quelque temps; plus l'huile est impure et plus ce temps est considérable. L'élaïdine n'a pas été obtenue assez pure pour être soumise à l'analyse. Meyer la purifie en exposant sa solution éthérée à 0° et la séparant du dépôt qui se forme [*Ann. der Chem. u. Pharm.*, t. XXXV, p. 174]. L'élaïdine fond à 32°; presque insoluble dans l'alcool, elle est très-soluble dans l'éther. Les alcalis la saponifient en produisant de la glycérine et un élaïdate alcalin. Soumise à la distillation sèche, elle donne de l'acroléine, de l'acide élaïdique et des hydrocarbures. E. W.

ÉLAÏDIQUE (acide), $C^{18}H^{34}O^2$ [Boudet, *Ann. de Chim. et de Phys.*, (2), t. L, p. 391 (1832); — Laurent, *ibid.*, t. LXV, p. 149; — Meyer, *Ann. der Chem. u. Pharm.*, t. XXXV, p. 174]. — Isomère de l'acide oléique et dérivant de ce dernier par l'action de l'acide nitreux. Pour le préparer, on fait passer, pendant quelques minutes seulement, un courant d'acide azoteux dans de l'acide oléique purifié et maintenu froid. Il faut avoir soin de ne pas employer un excès d'acide azoteux. Quand l'acide c'est solidifié, on reprend par de l'eau bouillante pour enlever les acides nitreux et nitrique; on dissout ensuite la masse dans son poids d'alcool et on abandonne la solution au repos, il s'y produit ainsi des tables nacrées blanches; les eaux mères peuvent en fournir de nouveaux cristaux. On peut également l'obtenir par la saponification de l'élaïdine.

Enfin, on l'obtient rapidement en décomposant l'oléate de baryum, délayé dans de l'eau, par de l'acide nitrique, chargé de vapeurs nitreuses, en quantité nécessaire pour saturer le baryum; l'acide elaïdique se rassemble à la surface de la liqueur, et il ne reste plus qu'à le faire cristalliser dans l'alcool.

La transformation de l'acide oléique en un isomère solide, sous l'influence de l'acide nitreux, n'est pas encore expliquée; il est probable que l'acide nitreux exerce une action profonde sur une petite quantité d'acide oléique et que la majeure partie de cet acide en éprouve un ébranlement moléculaire qui le modifie. Gottlieb a remarqué, comme Pelouze et Boudet, qu'il se forme en même temps une petite quantité d'ammoniaque et d'un corps huileux neutre [*Ann. der Chem. u. Pharm.*, t. LVII, p. 40].

L'acide élaïdique fond à 44-45°; il est soluble dans l'alcool, moins bien dans l'éther, et insoluble dans l'eau. Il cristallise en lamelles nacrées. Chauffé à l'air à 65°, il absorbe lentement de l'oxygène et acquiert une odeur rance désagréable, en se liquéfiant. Cette oxydation est plus rapide que pour l'acide oléique.

Comme l'acide oléique, l'acide élaïdique se combine directement au brome sans production d'acide bromhydrique, en formant *l'acide dibromélaïdique*, $C^{18}H^{34}Br^2O^2$, qui se présente en masse cristalline blanche, fusible à 27° et soluble dans l'alcool et l'éther. Le sel barytique de cet acide, $(C^{18}H^{33}Br^2O^2)^2Ba$, est gommeux. Soumis à l'action de l'amalgame de sodium, cet acide bromé régénère l'acide élaïdique [Burg, *Berlin. Acad. Ber.*, 1864, p. 590; *Bull. de la Soc. chim.*, 1865, t. III, p. 191].

Les *élaïdates* ont la même composition que les oléates; les sels alcalins sont seuls solubles dans l'eau; un excès d'eau les décompose en précipitant des sels acides.

Les *élaïdates d'ammonium* et de *potassium* cristallisent en paillettes. Le *sel de sodium* cristallise dans l'alcool en feuillets larges et brillants; cette solution alcoolique laisse séparer de petits prismes d'un sel acide, lorsqu'on y ajoute de l'eau.

Les *sels de plomb* et de *baryum* sont des précipités blancs.

L'*élaïdate d'argent* forme de même un précipité blanc soluble dans l'ammoniaque chaude d'où il se dépose par le refroidissement en petits cristaux prismatiques; récemment précipité, ce sel se dissout assez bien dans l'eau, l'alcool et l'éther.

Élaïdate de méthyle, $C^{18}H^{33}O^2(CH^3)$. — Composé huileux, d'une densité égale à 0,872 à 18°; il se prépare comme le suivant.

Élaïdate d'éthyle, $C^{18}H^{33}O^2(C^2H^5)$. — Composé huileux incolore, inodore à froid; densité à 18° = 0,868, insoluble dans l'eau, soluble dans 8 p. d'alcool et en toutes proportions dans l'éther, il bout au-dessus de 310° et distille sans altération (Laurent); d'après Meyer, il se décompose; les alcalis le saponifient facilement. On prépare cet éther en saturant d'acide chlorhydrique la solution alcoolique de l'acide, ou en soumettant à une ébullition prolongée un mélange de 2 p. d'acide élaïdique, 1 p. d'acide sulfurique et 4 p. d'alcool [Laurent, *Ann. de Chim. et de Phys.*, t. LXV, p. 294; — Meyer, *loc. cit.*]. E. W.

ÉLAÏLE. — Berzelius donnait le nom d'élaïle au carbure d'hydrogène C^2H^4, aujourd'hui appelé éthylène.

ÉLASMOSE (Beudant). — Voyez NAGYAGITE.

ÉLASMOSE (Huot). — Voyez ALTAÏTE.

ÉLASTIQUE (TISSU). — On donne le nom de *tissu élastique* à la réunion plus ou moins compacte de fibres élémentaires douées de certains caractères physiques parmi lesquels domine une grande élasticité. Leurs propriétés chimiques permettent aussi de les distinguer nettement des fibres des tissus musculaires, nerveux, cellulaires, etc.

Ces fibres sont très-répandues dans l'organisme animal, mais on ne les rencontre pas souvent réunies en faisceaux assez étendus pour constituer des organes spéciaux. Tels sont les ligaments jaunes élastiques des vertèbres, les cordes vocales inférieures. Le fascia lata, la membrane moyenne des artères et des veines nous offrent encore des exemples de membranes formées en grande partie de cette variété de fibres. Le plus souvent elles se présentent comme de petits faisceaux isolés, enchevêtrés dans d'autres tissus.

L'élastine ou principe spécial du tissu élastique est insoluble à l'ébullition et même à 120° dans l'eau, qui ne la convertit pas en gélatine; elle résiste à l'action de l'acide acétique, de l'acide chlorhydrique concentré et froid, des alcalis étendus et chauds; elle se dissout dans une lessive caustique concentrée, dans l'acide sulfurique concentré et froid et dans l'acide nitrique concentré. Les deux premières solutions sont rouge-brun et ne précipitent plus par la neutralisation. L'élastine se gonfle d'abord dans l'acide nitrique, se colore en jaune et finit par donner une solution mucilagineuse que l'ammoniaque fait passer au rouge-orangé. Bouillie avec l'acide sulfurique étendu, elle ne donne que de la leucine sans traces de tyrosine. Sa composition centésimale est exprimée par les nombres suivants qui la rapprochent des albuminoïdes :

$$C = 55{,}5,\quad H = 7{,}4,\quad Az = 16{,}7,\quad O = 20{,}5.$$

M. Miller prépare l'élastine en soumettant les ligaments jaunes à l'action successive de l'alcool et de l'éther qui enlève la graisse, de l'eau à 100° (24 heures) ou de l'eau à 120° (1 heure) qui transforme en produits solubles les tissus à gélatine. Le résidu est ensuite bouilli avec de l'acide acétique concentré, lavé à l'eau, bouilli avec de la soude étendue, lavé de nouveau à l'acide acétique, puis à l'eau, et enfin digéré avec de l'acide chlorhydrique moyennement concentré et froid, puis lavé. Il reste, après dessiccation, une masse dure cassante, jaunâtre, qui se gonfle par l'eau en prenant l'apparence du tissu élastique frais. P. S.

ÉLATÉRINE [G. Zwenger, *Ann. der Chem. u. Pharm.*, t. XLIII, p. 359.] — Le concombre sauvage ou purgatif (*Momordica elaterium*), de la famille des Cucurbitacées, fournit un extrait purgatif, appelé *élaterium*, et qu'on obtient de la manière suivante : On coupe par tranches le concombre sauvage, on l'exprime en faisant tomber le suc sur un tamis serré, on laisse évaporer, on décante le liquide surnageant et on sèche à une douce chaleur le résidu féculent d'un vert pâle qui constitue l'élatérium. On extrait l'élatérine de celui-ci, en l'épuisant par l'alcool absolu et bouillant, jusqu'à ce qu'il ne se colore plus, réduisant la liqueur par l'évaporation à la moitié de son volume et précipitant par l'eau. Le précipité lavé à l'éther est purifié par des cristallisations dans l'alcool absolu et bouillant.

Sterhing prépare aisément l'élatérine en épuisant l'élatérium par l'alcool bouillant, concentrant la teinture jusqu'à ce qu'elle se trouble, et ajoutant alors une solution bouillante de potasse. L'élatérine cristallise par le refroidissement. On en obtient ainsi de 15 à 16 % du poids de l'élatérium.

L'élatérine cristallise en tables hexagonales, incolores et douées d'éclat. Elle est insoluble dans l'eau, peu soluble dans l'éther, fort soluble dans l'alcool; elle est neutre aux papiers réactifs. Elle fond à 200°, et ne cristallise plus par le refroidissement. Une chaleur plus élevée la décompose. Elle est insoluble dans les acides et les alcalis étendus. L'acide sulfurique concentré la dissout avec une teinte rouge. L'acide azotique fumant la dissout, et l'eau l'en reprécipite sans altération. L'élatérine est un violent purgatif, elle agit à la dose de 3 à 6 milligrammes. E. G.

ÉLATÉRITE (Min.) [Syn. *Caoutchouc fossile, bitume élastique*]. — Masses molles élastiques, quelquefois adhérentes aux doigts, d'un brun plus ou moins foncé, légèrement translucides sur les bords; trouvées dans une mine de plomb à Castleton (Derbyshire), etc. Partiellement soluble dans l'éther.

Densité, 0,9 à 1,23.

Analyses, d'après Johnston, de 86 à 83 % de carbone et de 12 à 13 % d'hydrogène.

ÉLECTRICITÉ. — ÉLECTRICITÉ STATIQUE. — L'étude de l'électricité statique n'offre jusqu'ici que peu de points de contact avec la chimie ; surtout si l'on admet que l'étincelle électrique n'agit que par sa température.

M. Perrot a cependant fait voir que l'étincelle d'une forte bobine de Ruhmkorff décompose la vapeur de l'eau bouillante par une électrolyse partielle. En effet, les gaz recueillis au-dessus de l'un ou de l'autre pôle contiennent, outre le mélange tonnant, soit de l'hydrogène, soit de l'oxygène en excès. Mais en général les effets de l'étincelle peuvent être reproduits par une forte élévation de température suivie d'un refroidissement brusque. — Voyez DISSOCIATION.

Nous ne pouvons indiquer ici toutes les réactions dans lesquelles intervient l'étincelle électrique. Une des plus remarquables a été signalée par M. Berthelot, qui a démontré la formation de l'acétylène aux dépens de tous les composés organiques, à l'état de gaz ou de vapeur, par l'étincelle électrique. L'action est très-nette et très-rapide quand on se sert d'hydrure de méthyle; si rapide même qu'on peut se procurer très-facilement de l'acétylène en faisant passer lentement du gaz de marais ou du gaz de l'éclairage à travers un tube étroit sillonné d'un courant d'étincelles. Les gaz qui sortent de l'appareil peuvent contenir jusqu'à 13 % d'acétylène, qu'on isole facilement à l'aide du réactif cuivreux. Lorsque l'action de l'étincelle sur le gaz de marais a été prolongée, on obtient presque uniquement du charbon, de l'hydrogène et de l'acétylène (sur l'influence de la pression sur cette réaction, voyez l'article PRESSION). Des vapeurs organiques très-diluées, comme de la vapeur de camphre répandue à la température ordinaire dans de l'hydrogène, subissent, sous l'influence de l'étincelle, la transformation acétylénique. Dans les mêmes conditions, l'acétylène lui-même s'unit à l'azote pour donner de l'acide cyanhydrique.

On sait depuis Cavendish que l'azote de l'air s'unit à l'oxygène sous l'influence de l'étincelle, mais il est possible de modifier la réaction et d'obtenir de l'ozone en substituant à la décharge lumineuse la décharge obscure. L'appareil de Babo permet d'établir que l'électrisation statique de l'oxygène suffit pour faire naître l'ozone. — Voyez OZONE.

ÉLECTRICITÉ DYNAMIQUE. — Nous devons nous occuper seulement des relations qui existent entre la chimie et la partie de la physique qui traite des courants. Ces relations sont étroites et nombreuses. L'affinité est, en effet, l'origine de la force électromotrice de nos piles, l'électrolyse est la plus curieuse de leurs opérations, et la galvanoplastie une de leurs applications les plus utiles. Nous ne reviendrons pas sur ce qui a été dit, à l'article AFFINITÉ (t. I, p. 81), de l'*énergie* des piles et des lois du *travail chimique;* nous devons seulement étudier avec plus de détails quelques expériences électrolytiques et électrothermiques importantes.

ÉLECTROLYSE. — I. *Corps simples.* — Le brome, qui ne conduit pas l'électricité (Balard), facilite cependant l'électrolyse de l'eau, en même temps il se dégage de l'acide bromhydrique avec l'hydrogène. L'eau de chlore est facilement traversée par le courant, elle donne de l'acide chlorhydrique avec l'hydrogène et un peu d'acide chlorique avec l'oxygène. Une solution d'iodure d'amidon, additionnée de brome, devient bleue au pôle — et orangée au pôle + (De la Rive).

II. *Composés binaires.* — Les alliages *fondus* soumis à l'électrolyse perdent leur homogénéité. La soudure des plombiers devient aigre au pôle + et malléable au pôle —. L'alliage de potassium et de sodium se solidifie aux deux pôles. L'amalgame de sodium perd son sodium au pôle + (Gérardin). L'oxyde de plomb, l'oxyde d'antimoine et le sulfure d'argent à l'état fondu, sont conducteurs et s'électrolysent.

M. Bunsen a préparé l'aluminium et le magnésium par l'électrolyse des chlorures fondus. Le même procédé a servi à M. Matthiessen pour obtenir le lithium, le calcium et le strontium. L'opération se fait dans un creuset cloisonné verticalement dans sa moitié supérieure de façon que le chlore ne soit pas en contact avec le métal mis en liberté; les électrodes sont en charbon de cornue; la négative porte des parties saillantes en forme de dents destinées à retenir les globules métalliques qui gagneraient, en vertu de leur densité, la surface du chlorure fondu et brûleraient à l'air.

Les chlorures de cuivre, de plomb, de mercure, d'argent et d'antimoine, ont été décomposés par Faraday, ainsi que les iodures de potassium et de plomb. L'antimoine obtenu par l'électrolyse de la solution du chlorure renferme un peu de chlore et possède des propriétés explosives. M. Deville a électrolysé la silice dissoute dans le fluorure de sodium et de potassium à l'état de fusion ignée. Il se dégage du silicium qui s'unit au platine lorsqu'on emploie un pôle négatif de cette substance, et de l'oxygène au pôle +.

Les hydracides et leurs sels, à l'état de *solution dans l'eau*, subissent très-facilement l'électrolyse.

L'acide iodhydrique donne de l'iode pur ou plus ou moins mélangé d'oxygène, selon la concentration de la solution. Ce n'est que lorsque l'acide chlorhydrique est très-étendu qu'on voit paraître l'oxygène avec le chlore au pôle +; il se forme alors à ce pôle de l'acide perchlorique (Riche).

M. Becquerel, en abandonnant une lame d'argent en contact avec de l'anthracite, purifiée par les acides, dans l'acide chlorhydrique, a vu cet acide se décomposer excessivement lentement et l'argent se recouvrir de chlorure d'argent cristallisé.

L'acide cyanhydrique, surtout additionné d'acide sulfurique, donne la quantité normale d'hydrogène au pôle —, pendant que le cyanogène se dissout dans le liquide au pôle + (Gay-Lussac). Les sels haloïdes alcalins et alcalino-terreux s'électrolysent très-bien. Si l'électrode — est formée par du mercure, celui-ci se charge du métal. L'amalgame de baryum qu'on obtient avec une pile faible forme une végétation métallique.

Une solution de chlorure ferreux donne de l'oxyde magnétique au pôle — (H. Davy); sous forme de grains (Becquerel). Les chlorures de cuivre et d'or en solution concentrée s'électrolysent sans émission d'hydrogène.

Le chlorure d'ammonium se décompose en chlore et en ammonium AzH^4, qui se résout immédiatement en $AzH^3 + H$, à moins qu'il ne s'amalgame immédiatement au mercure.

Les fluorures soumis à l'électrolyse donnent au pôle + du fluor qui attaque l'électrode.

Les chlorures de chrome et de manganèse, quoique en solutions aqueuses, ont donné à M. Bunsen du chrome et du manganèse métallique en employant comme électrode — un fil de platine, et comme pôle + une lame du même métal. Le courant étant très-fort, les couches métalliques qui se déposent rapidement sur le fil se protégent les uns les autres de l'oxydation.

Il ne paraît pas que l'eau absolument pure s'électrolyse. L'eau aérée donne de l'acide nitrique au pôle + et de l'ammoniaque au pôle —. L'eau pure placée dans une atmosphère d'hydrogène est cependant électrolysée selon Davy. On sait dans quelles conditions il se forme de l'ozone ou de l'eau oxygénée (voyez ces mots). Les lames d'or ou de platine qui transmettent le courant subissent une altération singulière. Elles fixent de l'oxygène au pôle + et même semblent s'oxyder, car, si on leur fait alors jouer le rôle de pôle —, leur surface devient bientôt terne et se couvre d'un dépôt pulvérulent de métal réduit (De la Rive). Le charbon employé dans l'électrolyse de l'eau acidulée s'oxyde aussi et dégage de l'oxyde de carbone et de l'acide carbonique (Faraday). Quant au mercure ayant servi de pôle —, dans l'électrolyse de l'eau acidulée d'acide sulfurique, il prend la propriété de s'amalgamer au platine et au fer (Grove). On ignore si le phénomène est dû à l'hydrogène ou à des traces de métaux alcalins. L'eau oxygénée s'électrolyse et dégage au pôle — le volume normal d'hydrogène (Thenard).

L'ammoniaque en solution aqueuse s'électrolyse avec difficulté, à moins qu'on n'y ajoute un peu d'acide sulfurique. Il se dégage au pôle — le volume normal d'hydrogène et au pôle + l'azote, mélangé d'oxygène si la solution n'est pas très-concentrée. L'azote s'oxyde aussi partiellement et l'on trouve de l'azotate d'ammoniaque dans la liqueur.

III. *Acides, bases et sels.* — L'acide sulfurique étendu donne de l'hydrogène et de l'oxygène, avec un peu d'ozone et d'eau oxygénée. Concentré, il donne du soufre au pôle —, sans hydrogène sulfuré.

En électrolysant l'acide sulfurique étendu, M. Bourgoin a vu que l'hydrogène, dégagé au pôle négatif, n'était pas dû uniquement à l'acide décomposé à ce pôle; l'eau est électrolysée en même temps que l'acide, et, à un certain degré de solution, l'on observe ce résultat curieux que pour chaque molécule d'acide sulfurique SO^4H^2, qui s'électrolyse, une double molécule d'eau subit la décomposition. M. Bourgoin interprète ce fait d'après une hypothèse soutenue d'abord par Graham, à savoir que les molécules liquides, celles sur lesquelles s'exerce l'action électrolytique, sont beaucoup plus complexes que les molécules gazeuses. D'après lui, c'est ici le composé

$$SO^4H^2,2H^2O$$

qui subit la décomposition. De telles combinaisons moléculaires et même des combinaisons infiniment plus complexes, se présentent dans les liquides et dans les solides. Cependant il faut remarquer que le composé dont on suppose l'électrolyse doit, selon cette hypothèse, changer de composition avec la dilution de la liqueur (puisque le rapport de l'hydrogène total à l'hydrogène dû à l'acide seul varie avec la dilution); ce rapport ne varie-t-il pas même avec la densité du courant? Dans ce cas, l'hypothèse ne suffirait plus pour rendre compte des faits.

La solution d'acide sulfureux donne de l'oxygène et de l'acide sulfurique au pôle + et de l'hydrogène avec du soufre au pôle —. La solution d'acide iodique donne de l'oxygène en quantité égale à celle de l'électrolyse de l'eau et de l'iode au pôle — sans hydrogène. Ce dépôt d'iode est dû à une action secondaire, car M. Buff ayant électrolysé de l'acide iodique séparé par une couche d'eau pure du pôle —, il ne s'est dégagé que de l'hydrogène à ce pôle sans dépôt d'iode à la surface de séparation.

La solution d'acide chlorique donne de l'hydrogène au pôle — et du chlore et de l'oxygène au pôle +, en même temps qu'il se forme de l'acide perchlorique.

L'acide phosphorique concentré donne un phosphure de cuivre ou de platine au pôle — constitué par ces métaux (Davy.)

L'acide nitrique donne de l'oxygène au pôle +, mais se réduit au pôle — en dégageant du bioxyde d'azote; étendu, il donne de l'hydrogène, dont la proportion augmente avec la dilution et avec la force du courant.

L'acide arsénique fondu ne conduit pas et ne s'électrolyse pas, bien que contenant de l'eau (Faraday).

La solution d'acide borique ne s'électrolyse pas non plus (Bourgoin).

L'acide arsénique en solution donne un dépôt abondant d'arsenic. La solution d'acide arsénieux donne de l'hydrogène arsénié.

L'acide molybdique fondu s'électrolyse et donne un oxyde salin (Buff).

La potasse ou la soude humide et soumise à l'action d'une pile très-puissante donne de l'oxygène au pôle + et de l'hydrogène avec le métal alcalin au pôle —. Celui-ci s'allume s'il est au contact de l'air. La décomposition est bien plus facile avec une électrode — en mercure. L'électrolyse des hydrates de baryte, de strontiane, de chaux et de magnésie ne paraît possible que par le moyen du mercure. La solution de potasse s'électrolyse avec concentration de l'alcali au pôle —.

D'après Gérardin, les sels alcalins fondus sont électrolysés de façon que l'oxygène (et le chlore dans le cas du chlorate) se rend au pôle +, le métal et le métalloïde de l'acide se rendant au pôle —. Dans l'électrolyse du borax, par exemple, le bore et le sodium vont au pôle —. Les sels étudiés sont les borates, les silicates, les manganates et autres sels à acides métalliques, les phosphates, les sulfates, les carbonates et les azotates. En solution aqueuse, ils donnent de l'oxygène et de l'hydrogène avec séparation de l'acide et de la base (et dépôt du métalloïde dans le cas des arséniates, etc.).

Le chlorhydrate d'ammoniaque en solution saturée donne au pôle + du chlorure d'azote qui, entraîné par l'oxygène vient faire de petites explosions à la surface du liquide, si on y a déposé de l'essence de térébenthine.

Les sels des métaux lourds se séparent en métal et en acide, plus de l'oxygène.

Les sels de manganèse donnent du peroxyde au pôle + (Balard). Le nitrate ou l'acétate de plomb donne au pôle + un dépôt brun de peroxyde de plomb, qui contient presque tout l'oxygène correspondant au plomb déposé sur l'autre pôle. Le même dépôt a lieu dans l'électrolyse de l'acétate de plomb fondu. Le nitrate d'argent fondu donne de l'argent au pôle — et de l'oxygène au pôle +, mais ce dernier pôle, dans le cas de la solution aqueuse, se couvre de peroxyde d'argent.

On obtient de l'hydrure cuivreux au pôle —, en électrolysant une solution faiblement acide de sulfate cuivrique.

M. Becquerel obtient le peroxyde de plomb hydraté et cristallisé en électrolysant une solution potassique de litharge séparée par un diaphragme poreux de l'acide azotique. Suivant ce savant, lorsqu'on soumet la solution de sulfate ferreux au courant d'une pile de 100 éléments, il se dépose de petits grains de fer métallique sur le fil de platine *positif*.

IV. *Substances organiques*. — Les sels des bases organiques sont décomposés par l'électrolyse. Pelletier a pu séparer par le courant l'acide méconique de la morphine dans l'opium, etc. Les sels d'aniline se colorent vivement au pôle + sous l'influence de l'oxygène. Les sels alcalins des acides organiques et ces acides eux-mêmes sont électrolysés, mais souvent avec de curieuses transformations de l'acide. Ainsi, l'électrolyse des benzoates alcalins donne au pôle — de l'hydrogène et au pôle + de l'oxygène et de l'acide benzoïque qui cristallise (Matteucci); tandis que l'acétate de potasse donne au pôle + de l'oxygène, de l'acide acétique s'il est neutre, mais donne surtout, s'il est légèrement alcalin, de l'hydrure d'éthyle, de l'oxyde de carbone et de l'acide carbonique. L'oxydation est plus avancée si le milieu est alcalin, à cause de la présence de l'oxygène provenant de l'électrolyse de l'alcali (Kolbe, Bourgoin). La présence de l'hydrure d'éthyle (méthyle libre) n'a pas lieu d'étonner, car un oxydant alcalin (bioxyde de baryum) transforme l'anhydride acétique en acide carbonique et hydrure d'éthyle (Schützenberger) :

$$\left.\begin{matrix} CH^3.CO \\ CH^3.CO \end{matrix}\right\} O + O = C^2H^6 + 2CO^2.$$

Le résidu suroxydé qui se porte au pôle +, c'est-à-dire $CH^3.CO.O$, doit donc se scinder aussi de la même façon, et en général les CO se dégageront à l'état d'acide carbonique.

M. Kolbe a préparé de même le dibutyle et le butylène (en partant des valérates). L'électrolyse de l'œnanthylate de potassium a donné à MM. Brazier et Gossleth l'hexyle libre (dihexyle), et M. Bouis a préparé de la même façon le dioctyle.

M. Wurtz a décomposé par la pile un mélange de valérate et d'œnanthylate de potassium, et il a isolé parmi des hydrocarbures qui se produisent un hydrure de décyle particulier, le butyle-hexyle $C^{10}H^{22} = C^4H^9.C^6H^{13}$.

L'acide chloracétique, sous l'influence de l'hydrogène électrolytique, a donné lieu à une substitution inverse. Il se forme de l'acide acétique (Kolbe).

M. Kekulé a électrolysé les sels des acides succinique, fumarique, maléique et bromomaléique. Le succinate de soude a donné de l'éthylène, par une réaction tout à fait analogue à celle qui a fourni du méthyle en partant de l'acide acétique, mais avec cette différence que C^2H^4 étant isolable ne se double pas.

Les sels des acides fumarique et maléique ont donné de l'acétylène par une réaction semblable. L'acide bromomaléique n'a donné que de l'acide bromhydrique et de l'oxyde de carbone, l'acétylène bromé s'étant détruit sans doute dans la réaction.

M. Berthelot a décomposé un acide tribasique, l'acide aconitique. Le radical C^3H^3 aurait dû se doubler et former la benzine; mais il ne s'est formé que de l'oxyde de carbone mêlé d'un peu d'acétylène. Les éléments du carbure étaient tous brûlés par l'oxygène naissant et, loin de se polymériser, ils se scindaient.

M. Bourgoin a électrolysé l'acide formique et les formiates. Il se forme uniquement de l'acide carbonique au pôle + et de l'hydrogène au pôle —, deux résidus électro-négatifs $H.CO^2$ s'unissant pour donner $H.CO^2H + CO^2$.

L'acide benzoïque ne fournit que de l'oxygène au pôle +. Les benzoates sont oxydés par électrolyse. Il se forme de l'oxyde de carbone, de l'acide carbonique et un peu d'acétylène. L'acide oxalique et les oxalates se décomposent en hydrogène et acide carbonique, il peut s'être formé dans l'expérience de l'acide glyoxylique au pôle —. Le succinate neutre de soude a donné un peu d'acide carbonique et d'oxyde de carbone avec l'oxygène. Lorsque la solution est très-concentrée et un peu alcaline, on obtient en outre des quantités notables d'éthylène et un peu d'acétylène. Le tartrate neutre de potasse donne de la crème de tartre au pôle + avec de l'acide carbonique, de l'oxyde de carbone et de l'oxygène. Dans le tartrate légèrement alcalin, on a trouvé en outre un peu d'hydrure d'éthyle, sans éthylène ni acétylène. L'hydrure d'éthyle se produit sans doute par l'action du courant sur l'acétate de potasse qui se forme au pôle +. L'acide acétique dérive en effet du résidu électro-négatif de tartrate $C^4H^4O^6$ par élimination de $2CO^2$. L'acide malique, qui diffère par ± O de l'acide tartrique et de l'acide succinique, dégage au pôle + de l'aldéhyde qui diffère elle-même par ± O de l'acide acétique et de l'éthylène, produits de l'électrolyse de ces acides. Le camphorate de potasse s'est électrolysé comme les benzoates, sauf une combustion partielle de l'acide au pôle +.

M. Friedel a électrolysé un mélange d'acétone et d'eau. Il se forme de l'acide acétique, de l'acide formique et de l'acide carbonique.

M. Riche a soumis à l'électrolyse deux volumes d'alcool additionnés d'un volume d'acide chlorhydrique. Il se forme par oxydation de l'aldéhyde, puis de l'acide acétique, enfin de l'acide chloracétique.

Un mélange d'alcool et d'acide azotique a donné à MM. D'Almeida et Dehérain de l'aldéhyde, de l'éther acétique, de l'ammoniaque et des ammoniaques composées.

L'alcool mélangé seulement de 1 % d'acide sulfurique ou de potasse donne avec dix éléments Bunsen de l'hydrogène au pôle — et de l'aldéhyde au pôle + (P. Jaillard).

CALORIMÉTRIE DES PHÉNOMÈNES ÉLECTROCHIMIQUES. — Cette branche nouvelle de la chimie physique a surtout été constituée par les expériences de M. Favre [*Ann. de Chim. et de Phys.*, (3), t. XXXVII, p. 505, et t. XL, p. 293, et *Compt. rend.*, t. XLV, p. 56, t. LXIII, p. 369, et t. LXVI, p. 252 et 1231]. Avant lui M. Joule avait établi la loi générale qui régit le dégagement de chaleur dû à un courant d'intensité connue dans un circuit de résistance déterminée (1), et il avait introduit la calorimétrie dans l'étude de l'électrolyse. M. Ed. Becquerel avait vérifié la loi de Joule et montré que, lorsqu'on introduit dans un circuit un voltamètre d'une résistance égale à celle d'un fil métallique, la chaleur dégagée dans les deux cas est égale, si l'on tient compte de celle qui est absorbée par la décomposition de l'eau; M. De la Rive avait même posé comme infiniment probable la loi suivante : « Quand on réunit les deux pôles d'une pile par un fil métallique très-résistant ou très-peu résistant, la chaleur totale dégagée dans la pile et dans le fil n'est pas changée, seulement elle se trouve surtout dans le fil dans le premier cas, et principalement dans la pile dans le se-

(1) La chaleur dégagée dans l'unité de temps par un courant d'intensité I dans un circuit de résistance R est proportionnelle à RI^2.

cond; » mais c'est à M. Favre que revient l'honneur d'avoir donné à la loi de la constance de la chaleur voltaïque une base expérimentale certaine.

Ce savant plaça la pile et son circuit dans le moufle de son calorimètre. Pour une même quantité de zinc dissous, il obtint toujours une même quantité de chaleur, quelle que fût, d'ailleurs, la résistance du circuit. Le circuit était-il placé au dehors, la chaleur recueillie dans le calorimètre était affaiblie, et elle l'était d'autant plus que le fil extérieur était plus résistant.

Ainsi, 33 grammes de zinc se dissolvant dans l'acide sulfurique donnaient $18^{cal},44$ lorsqu'on effectuait la dissolution sans transmission d'électricité, ils en donnaient 18, 11, c'est-à-dire à très-peu près autant, lorsqu'on faisait un élément de pile avec ces 33 grammes de zinc, de l'acide sulfurique et un fil de platine, et qu'on plongeait la pile avec un circuit de résistance quelconque dans le calorimètre. Mais la dissolution de la même quantité de zinc pouvait ne verser dans le calorimètre que 8 calories; il suffisait pour cela de mettre le conducteur, suffisamment résistant, à l'extérieur de l'appareil. Il se dégageait donc, dans ce conducteur, la quantité de chaleur complémentaire 10-8 calories par exemple.

Si l'on effectuait une décomposition chimique à l'aide du courant de la pile, la chaleur dégagée était diminuée de toute celle qu'il aurait fallu fournir à l'électrolyte pour le décomposer. Une partie de la chaleur de la pile était ainsi absorbée par les éléments de l'électrolyte, par le fait de leur ségrégation, et, lorsqu'on estimait à l'aide de données calorimétriques acquises d'une tout autre manière cette chaleur absorbée, on voyait qu'elle était complémentaire de celle qu'on recevait dans le calorimètre.

Faisait-on fonctionner un moteur électro-magnétique placé avec sa pile dans le moufle de l'appareil, on observait encore un dégagement de chaleur identique avec celui qu'aurait fourni l'attaque du zinc par l'acide dans les circonstances ordinaires. Mais si l'on venait à faire effectuer par le moteur un travail mécanique à l'extérieur du calorimètre, on constatait un déficit dans la chaleur reçue par celui-ci, et l'équivalent mécanique de cette chaleur perdue se retrouvait dans le travail effectué.

En résumé, la même réaction chimique était toujours accompagnée du même dégagement d'énergie, mais celle-ci se dissipait tout entière en chaleur, ou bien se transformait partiellement en énergie chimique ou encore en travail mécanique dans les appareils propres à effectuer cette métamorphose (voyez Affinité, p. 82, et Chaleur, p. 816).

Voici encore un fait extrêmement curieux qui a été découvert par M. Favre.

Lorsqu'on électrolyse la solution d'acide iodhydrique, l'iode s'accumule dans le voltamètre et réagit sur l'hydrogène dont le dégagement se ralentit sans cesse. On peut cependant prouver que l'électrolyse subsiste toujours et s'effectue régulièrement, car il y a toujours une même portion de l'énergie de la pile qui est absorbée dans le voltamètre et qui ne se retrouve pas dans le circuit. Il est naturel que cette énergie, qui sert à constituer les éléments de l'acide iodhydrique à l'état de liberté, soit restituée par la réunion de l'iode avec l'hydrogène : elle reparait à l'état de chaleur dans le voltamètre, qui s'échauffe d'autant plus qu'il s'y dégage moins d'hydrogène. Mais l'hydrogène finit par ne plus s'y dégager du tout, et, tandis qu'on pourrait croire que l'échauffement est alors maximum, on trouve qu'il est nul et qu'il ne disparaît dans le voltamètre aucune portion de l'énergie de la pile. C'est qu'on est en réalité dans le cas d'un voltamètre à lames d'iode, cas analogue à celui du voltamètre à sulfate de zinc et à lames de zinc. Dans ces conditions l'action de l'iode sur l'hydrogène qui se rend au pôle — produit un courant dans le sens même de celui de la pile et contre-balance directement l'emprunt d'énergie dû à l'électrolyse.

La détermination de l'énergie d'une pile se réduit à une détermination de la quantité d'électricité qu'elle donne et de sa force électromotrice : la quantité s'obtient aisément avec un voltamètre par la lecture d'un volume gazeux ou par une pesée; quant à la force électromotrice, la physique possède des méthodes très-simples pour l'évaluer avec une certaine approximation. La pile offre donc un moyen facile d'apprécier l'énergie dégagée par les réactions, malheureusement elle ne permet pas de varier celles-ci à volonté.

MM. Marié-Davy et Troost ont déterminé la force électromotrice développée par la combinaison des acides avec les bases. Pour cela ils ont mis les solutions en contact à l'aide d'un vase poreux et ils ont plongé une lame de platine dans l'acide et une lame de zinc dans la base. Ils ont fait ensuite passer dans le couple un courant inverse à celui qu'il aurait produit. La force électromotrice de ce courant qui était connue fut diminuée de la force électromotrice inverse due à la réaction complexe de l'acide sur la base et de la base sur le zinc. On fit la part de cette dernière et les nombres obtenus furent reconnus proportionnels avec ceux obtenus par Favre et Silbermann pour les quantités de chaleur dégagées par l'union des bases et des acides [*Ann. de Chim. et de Phys.*, (3), t. LIII, p. 426]. — Voyez Chaleur, p. 828.

M. Jules Regnauld, qui a imaginé une méthode très-précise pour la détermination des forces électromotrices, a découvert des faits fort intéressants relatifs à l'influence de l'amalgamation des métaux qui constituent la pile [*Ann. de Chim. et de Phys.*, (3), t. XLIV, p. 453]. Ces métaux dégagent-ils de la chaleur par l'amalgamation, la force électromotrice diminue, toutes choses égales d'ailleurs. Elle augmente au contraire si l'amalgamation a eu lieu avec dégagement de froid. Ainsi, comme la théorie de l'énergie permettait de le prévoir, l'énergie perdue à l'état de chaleur dans l'amalgamation faisait déficit dans la pile, et réciproquement celle que l'amalgamation ajoutait au métal venait augmenter d'autant son énergie électrique.

Cet exemple doit nous faire concevoir combien il importe de préciser l'état d'énergie des corps réagissant dans la pile ou mis en liberté dans le voltamètre. Il y a longtemps que MM. Ed. Becquerel, Favre et Silbermann découvrirent ce fait singulier que le voltamètre où s'effectue une électrolyse rapide s'échauffe, bien qu'il puisse présenter une résistance physique négligeable. En réalité, il peut y avoir dans le voltamètre une absorption d'énergie plus grande que celle qui correspond à la réaction définitive, et dont nous voyons les produits; mais les corps séparés par cette absorption d'énergie ne sont pas ceux-là mêmes qui existent lorsque la réaction a fini de s'accomplir, et ils doivent, pour passer à ce dernier état, abandonner une portion de leur énergie à l'état de chaleur locale et dans certains cas d'électricité. Il y a donc des *réactions secondaires* dans le voltamètre, et ces réactions secondaires peuvent être aussi bien des décompositions chimiques dans le sens ordinaire du mot que des changements allotropiques; il n'y a en effet aucune distinction essentielle à faire par exemple entre la réaction de l'iode sur l'hydrogène et celle de l'oxygène séparé à l'état naissant sur lui-même (Favre).

Une étude chimique des produits de l'électrolyse

doit donc compléter l'étude calorimétrique de ce phénomène; et puisque l'affinité, l'électricité et la chaleur agissent de concert dans le voltamètre, l'opération mystérieuse qui s'y exécute doit être étudiée à la fois avec les méthodes de la chimie et celles de la physique. Si cette étude rend les résultats qu'elle promet, on peut espérer qu'elle éclairera d'une vive lumière les problèmes les plus délicats et les plus importants de la mécanique des atomes. G. S.

ÉLECTRUM. — Voyez Succin.

ÉLECTRUM (Min.). — Alliage d'or et d'argent d'un blanc jaunâtre.

Densité, 12,5 à 15,5.

ÉLÉMI. — Résine extraite de l'*Amyris elemifera* (famille des Térébinthacées), arbuste de l'Amérique méridionale; elle est jaunâtre, transparente, molle et odoriférante. D=1,08. D'après Bonastre, la résine brute renferme 60 p. d'une résine amorphe, soluble dans l'alcool froid, à réaction acide; 24 p. d'une résine soluble dans l'alcool bouillant, d'où elle se dépose à l'état cristallin par le refroidissement; 12,5 d'une huile volatile, isomère, d'après M. H. Deville, avec les essences de térébenthine et de citron.

La résine cristallisée est blanche, neutre, et renferme, d'après Johnston, $C^{20}H^{32}O$; elle est isomérique ou peut être identique avec la résine animé et celle de l'arbre à brai appelée *amyrine* [*Ann. der Chem. u. Pharm.*, t. XLIV, p. 338]. La solution de cette résine, additionnée d'ammoniaque, se prend en une masse gélatineuse; elle n'est précipitée ni par l'acétate de plomb ni par le nitrate d'argent.

La résine amorphe, très-soluble dans l'alcool froid, renferme, d'après Johnston, $C^{20}H^{30}O^{2}$. — Voyez Amyrine, p. 248. E. W.

ÉLÉOLITHE. — Voyez Néphéline.

ÉLÉOPTÈNE. — Nom employé pour désigner les portions liquides et volatiles des huiles essentielles naturelles, par opposition au nom de stéaroptène (ou camphre) qui sert à désigner les portions solides.

ELHUYARITE (Min.). — Variété brune ou jaunâtre d'allophane.

Densité, 1,6.

ÉLIASITE (Min.). — Pechblende impure renfermant du sesquioxyde de fer, de la silice, de l'eau, etc. D'un aspect résineux et d'une couleur brune plus ou moins foncée.

Dureté, 4; densité, 4 à 5.

ELLAGIQUE (ACIDE). — Voyez Bézoardique (acide), p. 586.

ELLAGITE (Min.). — Masses cristallines d'un brun jaunâtre ou rougeâtre, clivables dans deux directions rectangulaires et paraissant être une scolésite ferrifère.

ELLÉBORINE. — L'elléborine est une substance azotée qui a quelque rapport avec la pipérine, et que M. Bastick a retirée de la racine d'ellébore noir (*Helleborus niger*, Renonculacées). La racine d'ellébore a été étudiée par Vauquelin, qui y a constaté la présence d'une huile âcre; par Gmelin, qui en a extrait une résine molle à laquelle il rapportait toute l'action de la plante; et par MM. Feneulle et Capron qui en ont isolé un acide volatil.

L'elléborine se présente sous la forme de cristaux incolores d'une saveur âcre et amère, solubles dans l'eau et l'alcool, très-solubles dans l'éther et ne possédant aucune action sur les réactifs colorés.

L'acétate de plomb, le bichlorure de mercure, l'iodure de potassium, ne forment aucun précipité dans ses solutions; l'acide azotique la dissout en l'oxydant, l'acide sulfurique concentré la décompose en formant une solution d'un rouge-brun. L'elléborine, chauffée avec de la potasse, dégage de l'ammoniaque.

On l'obtient en traitant la racine d'ellébore noir par l'alcool contenant 1/50 d'acide sulfurique. Lorsque la macération est terminée, on ajoute de la magnésie calcinée en excès; la liqueur filtrée est légèrement sursaturée par de l'acide sulfurique et filtrée de nouveau pour séparer le sulfate de magnésie formé. La solution alcoolique, mélangée avec deux fois son volume d'eau, est distillée; il se dépose une masse résineuse qu'on sépare par le filtre; on ajoute un grand excès de carbonate de potasse et l'on agite la liqueur avec deux fois son volume d'éther; on décante, et, par l'évaporation de l'éther, l'elléborine se dépose en cristaux blancs [Feneulle et Capron, *Journ. de Pharm.*, t. VII, p. 503; *Pharmaceutical journ. and. transactions*, t. LII, p. 174; *Journ. de Pharm. et de Chim.*, t. XXIII, p. 205, et t. XXIV, p. 159, (3). E. C.

ÉMAIL, EMAILLAGE. — On donne ordinairement le nom d'*émail* à une composition vitreuse, fusible, à laquelle on ajoute généralement de l'acide stannique, quelquefois de l'acide antimonique, pour lui donner de l'opacité. L'émail peut être blanc ou coloré; dans ce cas, la coloration lui est communiquée par les mêmes composés métalliques qui servent à produire la coloration du verre ou du cristal.

La fabrication des émaux colorés joue un rôle important dans l'émaillage des métaux. Les baguettes d'émaux colorés entrent dans la fabrication du verre *filigrané*, des objets dits *mille fiori*, à l'instar de la fabrication de Bohême ou de Venise. — Voyez Verre.

On donne souvent, et d'une manière assez générale, le nom d'émail à la couche vitrifiée, de nature très-variée, qui constitue la couverte ou la glaçure des diverses espèces de poteries (voyez ce mot), mais nous croyons devoir réserver le nom d'émail à la couverte vitrifiée formant glaçure à la surface des poteries, lorsque cette couverte présente de l'opacité, circonstance réalisée à dessein pour dissimuler la nature de la pâte souvent colorée après la cuisson, ainsi qu'il arrive pour les faïences communes, par exemple. La couverte de celles-ci diffère essentiellement, en effet, de celle des faïences fines, qui peut, sans inconvénient, présenter de la transparence et qui est toujours exempte d'acide stannique. A plus forte raison n'aurons-nous pas à parler de la glaçure de la porcelaine dure ou chinoise, due à la vitrification d'une mince couche feldspathique à la surface de la poterie.

Faisons remarquer encore que, dans le langage ordinaire, on a donné aussi le nom d'émail aux peintures transparentes exécutées sur plaques métalliques émaillées ou aux couleurs transparentes qui servent à peindre sur paillons. Aussi M. Salvetat, l'habile chimiste de la Manufacture impériale de Sèvres, qui a publié d'intéressants renseignements sur les émaux, a-t-il proposé de distinguer les émaux en *opémaux*, c'est-à-dire émaux opaques, et en *transémaux*, c'est-à-dire émaux transparents. Le même auteur adopte le nom de *parémaux* pour caractériser les émaux dans lesquels le principe colorant peut s'élever à une proportion très-forte sans qu'il y ait combinaison entre l'élément coloré et le principe fusible; dans ce cas, il n'y a qu'un simple mélange, et par conséquent hétérogénéité de la masse.

Le cadre de cet article, tel que nous l'avons tracé plus haut, ne nous permet pas de passer en revue les différentes classes d'émaux établies par M. Salvetat; cependant, après avoir parlé des émaux opaques (*opémaux*), nous donnerons succinctement, et en grande partie d'après l'auteur précité, quelques notions sur l'émaillage ou l'art de recouvrir les métaux de couleurs et de peintures brillantes, inaltérables et adhérentes par suite d'une vitrification à la surface du métal.

Émail blanc opaque. — Les recettes des fabricants d'émail sont assez variées; les uns emploient la potasse pour la base associée à l'oxyde de plomb, qui figure généralement dans la composition des émaux; les autres emploient la soude, d'autres une association de ces deux bases. La dose d'acide stannique peut varier dans d'assez larges limites.

Voici les résultats d'une analyse d'émail donnée par M. Dumas, il y a déjà un certain nombre d'années :

Silice	31,6
Acide stannique	9,8
Oxyde de plomb	50,3
Potasse	8,3

L'oxygène des bases est à peu près le quart de celui des acides.

On commence ordinairement par former du stannate de plomb par l'oxydation à l'air et au rouge d'un alliage d'étain et de plomb dans lequel ce dernier métal entre généralement pour les 75/100. Mais souvent aussi la *calcine*, ou stannate, résulte de proportions différentes de ces métaux.

La matière oxydée est ramassée, mise en poudre et délayée dans l'eau; on décante l'eau trouble et on recueille la poudre fine qui se dépose. Le stannate de plomb, dépouillé ainsi de toutes les parties métalliques non oxydées, est calciné dans un creuset avec un mélange de sable et de carbonate de potasse ou de soude. Voici un exemple de dosage :

Sable siliceux	100
Stannate de plomb ou *calcine*	200
Carbonate de potasse	80

On chauffe jusqu'à fritter la masse; cette fritte sert de base aux divers émaux.

On trouve dans les anciens auteurs une dose plus faible de matière alcaline, mais alors le talc figure dans le mélange; or celui-ci contient, outre l'alumine et la chaux, une proportion notable de potasse.

Lorsqu'on tient à produire un émail bien blanc, et à le priver par conséquent de toute coloration accidentelle, on mêle la fritte avec une quantité de peroxyde de manganèse, déterminée par tâtonnement, et on fond dans un creuset à un feu exempt de fumée; on coule la matière fondue et on la pulvérise. On peut répéter plusieurs fois ces opérations.

Lorsque la matière destinée à donner de l'opacité à l'émail est l'acide antimonique, on exclut l'emploi de l'oxyde de plomb. Voici une ancienne recette donnée par Clouet :

Verre blanc	300
Borax	100
Antimoine diaphorétique lavé	100

Cette composition paraît mieux convenir pour des émaux destinés à certaines natures de colorations.

La coloration des émaux se fait à l'aide des mêmes substances qui servent à colorer le cristal ou le strass; en général, la dose en est plus forte.

Nous avons énuméré plus haut les principales applications des émaux. L'émail destiné aux faïences ordinaires est appliqué par *immersion* de la pièce, cuite à l'état de biscuit absorbant, dans un liquide tenant en suspension l'émail en poudre. La vitrification de l'émail s'opère ensuite au four. — Voyez Poteries.

Les *émaux fusibles* pour fonds sont, après broyage à l'eau, appliqués à l'essence de térébenthine maigre sous une faible épaisseur, sans l'exagérer cependant si l'on veut éviter de noyer les détails d'une sculpture.

Quant aux *émaux durs* pour fonds, ils se rapportent à la composition des couleurs de grand feu. — Voyez Poteries (décoration des).

L'émail *ombrant*, qui n'est qu'une modification de l'invention appelée *lithophanie*, ne présente pas de composition particulière; il s'applique sur des pièces qui, au lieu d'être lisses, présentent de légers creux et reliefs. Cet émail doit satisfaire à la condition d'être légèrement coloré dans sa masse.

ÉMAILLAGE.

Fer émaillé, dit *controxydé, de M. Pâris.* — Cet émaillage est produit uniquement en vue de la préservation du fer de l'oxydation; il est destiné à recouvrir des tuyaux en tôle ou en fonte ou des ustensiles de ménage ou de laboratoires de chimie. Le nom de *fer émaillé* ne convient peut-être pas très-bien à cette glaçure qui présente de la transparence. Sa résistance et son inaltérabilité permettent de le substituer au fer étamé dans plusieurs usages domestiques. La composition destinée à fournir cet émail est :

Flint-glass (1)	130
Carbonate de soude	20,5
Acide borique	12

M. Salvetat a proposé de remplacer ces dosages par l'emploi des matières suivantes bien définies et dont l'ensemble équivaut au mélange précédent:

Sable	48
Minium	30
Carbonate de soude	30
Acide borique cristallisé	10

M. Jacquemin a substitué, le premier, le fer au cuivre pour la fabrication des cadrans émaillés pour horloges; à cet effet, il emploie deux couches de matière vitreuse; l'une est analogue au fondant de M. Pâris, l'autre est un véritable émail stannifère. Ce même procédé a été employé pour l'émaillage des plaques pour les rues, les routes, etc.

M. Lambert a été le premier qui, à Sèvres, s'est appliqué à reproduire les émaux colorés sur métal à l'instar des émaux de Venise. La peinture sur émail a été continuée avec succès par M. Gineston.

Nous ne pouvons donner ici les dosages qui conduisent aux diverses nuances en usage dans l'art de l'émaillage. Le fer, le cuivre ou l'or sont les seuls métaux que l'on émaille.

Pour les *transémaux* colorés, on ajoute au sable, au minium et au carbonate de potasse l'oxyde ou le mélange d'oxydes métalliques, ou l'or à l'état de pourpre de Cassius.

On a généralement pour l'émail, abstraction faite de l'oxyde colorant, la composition suivante:

Sable	825
Minium	500
Carbonate de potasse	400

L'addition d'un peu d'oxyde de cobalt donne les bleus; l'addition du manganèse au cobalt donne du violet; l'association des oxydes de cuivre et de chrome donne des verts bleuâtres ou jaunâtres, etc.

Les *couleurs sous fondants* ont pour objet de faire les ombres des émaux transparents qui précèdent; le même fondant devant recouvrir toute la peinture et par conséquent chacune des cou-

(1) Silice, 66; oxyde de plomb, 34; potasse, 9 %.

leurs, il s'ensuit que plusieurs oxydes colorants, qui peuvent être employés dans d'autres circonstances, doivent être rejetés. Les couleurs sous fondants sont donc plus limitées que celles sur pâte.

Dans la *peinture* dite sur *pâte*, il n'y a plus superposition de fondant; les couleurs ont par elles-mêmes la fusibilité voulue pour se *parfondre* complétement au feu de peinture. Quant à la peinture *par empâtement*, elle était très-anciennement employée pour la porcelaine *tendre* de Sèvres.

Pour étendre l'émail sur la plaque lorsqu'il est broyé, on le couche au moyen d'une petite spatule sur les parties qui doivent être recouvertes; une deuxième couche est appliquée de la même manière que la première : quelquefois on saupoudre au tamis après application d'une substance agglutinative.

Les couleurs, appelées *parémaux* par M. Salvetat, sont, après avoir été finement broyées, appliquées au pinceau, rendues adhésives par des huiles fixes ou par des essences grasses. La cuisson s'opère nécessairement dans des moufles, chauffés par conséquent à l'abri des vapeurs combustibles et à des températures déterminées. — Voyez POTERIES (DÉCORATION DES).

Émail photographique. — La production de la photographie émaillée qui, par suite de la vitrification, fournit des images inaltérables, est liée aux procédés dans lesquels l'image positive directe se développe en répandant sur la surface hygroscopique des couches impressionnées par la lumière, des poudres fines qui, adhérant inégalement aux parties humides, produisent le dessin. La substance sensible dans la préparation du collodion est le plus souvent le bichromate d'ammoniaque additionné de sucre, gomme, miel, etc. Après l'insolation de la glace préparée, on passe au blaireau une poudre fine d'émail qui remplace la poudre de charbon, par exemple. Cette poudre s'attache aux parties préservées de la lumière, parce que celles-ci restent hygrométriques; les parties influencées par la lumière prennent plus ou moins de poudre et donnent ainsi les demi-teintes et les blancs. On répète plusieurs fois le passage de la poudre. L'artifice des opérations, décrites avec soin par MM. Geymet et Alker (*Traité pratique du photographe émailleur*), consiste à détacher la pellicule collodionnée après l'adhérence de la poudre d'émail, à recueillir cette pellicule sur la pièce qui doit être portée au feu, et à détruire ensuite le collodion par l'action de l'acide sulfurique.

La plaque étant lavée et séchée, on développe au feu de moufle, et on obtient ainsi la photographie vitrifiée qui résiste aux agents atmosphériques.

Ainsi, comme le disent MM. Geymet et Alker, *l'image monochrome naît spontanément sous le blaireau du photographe.* Quant aux dessins coloriés, ils exigent le pinceau intelligent de l'artiste.

Cette application de l'émail à la photographie, qui paraît avoir été commencée en 1854 par M. Lafon de Camarsac, a fait depuis des progrès considérables. Le cadre de cet article ne nous permet pas de citer le principe du procédé de M. Poitevin et les noms de tous les photographes qui ont obtenu des succès dans cette voie.

Émailleur (lampe d'). — Pour fabriquer de petits objets d'émail, tels qu'yeux artificiels, etc., on se sert de la lampe d'émailleur, qui n'est autre chose qu'un bec de chalumeau alimenté par un soufflet. La flamme peut être celle d'une lampe à mèche baignée par une huile grasse ou celle du gaz. L'émail est alors travaillé de la même manière que le verre dans les laboratoires de chimie. FR L.

ÉMAIL DES DENTS. — Voyez Os.

EMBOLITE (Min.) [Syn. *Chlorobromure d'argent*]. — Chlorobromure d'argent,

$$AgCl, nAgBr.$$

Petits cristaux cubo-octaédriques ou masses compactes ou concrétionnées, d'un éclat vitreux, d'un vert grisâtre. Devient plus foncé à la lumière; se coupe au couteau.

Densité, 5,3 à 5,8.

EMBRYTHITE. — Voyez BOULANGÉRITE.

ÉMERALDNICKEL. — Voyez TEXASITE.

ÉMERAUDE (Min.) [Syn. *Beryl, aigue-marine, Davidsonite*]. — Silicate d'alumine et de glucine contenant un peu de fer ou de chrome :

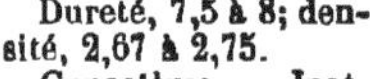

$$Al^2Gl^3Si^6O^{18} = Al^2O^3, 3GlO, 6SiO^2.$$

Prismes hexagonaux ou masses cristallines transparentes, translucides ou opaques, tantôt incolores, tantôt d'un vert pur (émeraude noble) ou d'un vert bleuâtre (aigue-marine), ou enfin bleues, jaunes, ou roses. Se trouve dans les granites, les schistes et dans un calcaire néocomien bitumineux, à Muso (Nouvelle-Grenade). Cassure conchoïde.

Fig. 227. — Émeraude.

Dureté, 7,5 à 8; densité, 2,67 à 2,75.

Caractères. — Inattaquable aux acides; au chalumeau fond difficilement sur les bords. La coloration des variétés foncées passe dans le verre de borax; avec le sel de phosphore se dissout lentement sans laisser de squelette siliceux.

Forme cristalline. — Prisme hexagonal (mm) avec la base (p) et des modifications assez nombreuses, mais peu étendues sur les angles ou les arêtes basales :

$$pa^1 = 135^\circ 4'; \quad pb^1 = 150^\circ 3'.$$

Clivage p assez facile; moins net selon m. Double réfraction faible à un axe négatif. F. et S.

ÉMERI. — Voyez CORINDON.

ÉMERYLITHE. — Voyez MARGARITE.

ÉMÉTINE. — L'émétine est un alcaloïde qui représente la partie active de l'ipécacuanha (*Cephaelis ipecacuanha*, Rubiacées); elle a été retirée de la racine de cette plante par Pelletier et Magendie, en 1817.

L'émétine se présente sous la forme d'une poudre blanche légèrement jaunâtre; elle est douée d'une saveur amère très-faible et ramène au bleu le papier de tournesol rougi par un acide. Elle est très-soluble dans l'alcool, à peine soluble dans l'eau froide, plus soluble dans l'eau chaude et insoluble dans l'éther et les huiles.

Elle est très-fusible et commence à fondre vers 50°. L'émétine se colore au contact de l'air. L'émétine contient de l'azote au nombre de ses principes constituants.

Sous l'influence de l'acide azotique, l'émétine se transforme en une matière jaune résineuse et en acide oxalique.

Les sels d'émétine sont incristallisables; les sels formés avec l'acide oxalique et l'acide tartrique sont très-solubles dans l'eau.

L'émétine s'obtient en traitant la racine d'ipécacuanha réduite en poudre fine : 1° par l'éther, qui enlève une matière grasse odorante; 2° par l'alcool bouillant. On filtre la dissolution, on y ajoute un peu d'eau et l'on distille l'alcool; il se dépose un peu de matière grasse qu'on sépare par le filtre et l'on fait bouillir la solution aqueuse avec de la magnésie : le dépôt magnésien est recueilli, séché et traité par de l'alcool bouillant qui dissout l'émétine. Celle-ci ainsi obtenue est colorée; on la purifie en la dissolvant dans de l'eau acidulée par de l'acide tartrique, et en agitant avec du charbon animal; la solution filtrée est ensuite traitée par un alcali qui précipite l'émétine.

L'émétine possède une action énergique sur l'économie animale : 0gr,003 suffisent pour provoquer des vomissements; 0gr,1 suffit pour tuer un chien.

[Pelletier et Magendie, *Ann. de Chim. et de Phys.*, t. IV, p. 172; — Buchner, *Répert. de Pharm.*, t. VII, p. 280; — Dumas et Pelletier, *Ann. de Chim. et de Phys.*, t. XXIV, p. 180]. E. G.

ÉMÉTIQUE. — Voyez Tartrates.

EMMONITE. — Variété calcarifère de strontianite.

ÉMODINE. — Substance cristallisable en prismes clinorhombiques, orangés, que MM. Warren de la Rue et H. Müller ont retirée de la racine de rhubarbe, en même temps que l'acide chrysophanique, à l'aide de la benzine [*Quart. Journ. of the Chem. Soc.*, t. X, p. 298].

EMPLECTITE. — Voyez Tannénite.

ÉMULSINE ou **SYNAPTASE.** — L'émulsine est un principe azoté appartenant à la classe des ferments solubles, analogue à la diastase et à la pepsine. Elle est surtout caractérisée par la propriété de dédoubler, en présence de l'eau, l'amygdaline en essence d'amandes amères, acide cyanhydrique et glucose. Ce produit accompagne l'amygdaline dans les amandes amères et se trouve également dans les amandes douces.

On prépare l'émulsine avec les amandes douces. Celles-ci sont émondées, broyées et exprimées fortement pour éliminer la plus grande partie de l'huile. Le tourteau, délayé dans trois fois son poids d'eau, est exprimé de nouveau. On obtient ainsi une émulsion qui, abandonnée dans un endroit chaud (25° à 30°), se sépare en deux couches; l'une claire et transparente, la supérieure coagulée et crémeuse. La couche aqueuse est précipitée par l'alcool, le précipité est lavé à l'alcool absolu et séché dans le vide. Ainsi préparée, l'émulsine se présente sous forme d'une masse blanche, opaque et friable, soluble dans l'eau, contenant des proportions plus ou moins fortes (22 à 35,8 %) de matières minérales et surtout de phosphates, dont il est difficile de la séparer. L'émulsine sèche peut être chauffée à 100° sans perdre son activité, mais en présence de l'eau elle devient impropre, dans ce cas, à modifier l'amygdaline. Sa solution aqueuse est acide et précipite par l'acétate de plomb; exposée à l'air, elle se putréfie en donnant entre autres produits de l'acide lactique. D'après Bull [*Ann. der Chem. u. Pharm.*, t. LXIX, p. 145], elle renferme : carbone, 43,5; hydrogène, 6,96; azote, 11,64; soufre, 1,25; oxygène, 36,56.

[Robiquet, *Journ. de Pharm.*, t. XXIV, p. 326; — Thomson et Richardson, *Ann. der Chem. u. Pharm.*, t. XXIX, p. 180; — Ortloff, *Arch. de Pharm.*, t. XLVIII, p. 16.] P. S.

ÉMYDINE [Fremy et Valenciennes, *Compt. rend. de l'Acad.*, t. XXXVIII, p. 472]. — Substance qui existe dans le jaune d'œuf des tortues; on l'extrait en laissant écouler le jaune dans une grande quantité d'eau distillée. On lave le dépôt à l'eau par décantation, puis on l'épuise par l'alcool et par l'éther. Le résidu constitue l'émydine sous forme de grains blancs, transparents, durs, très-solubles dans la potasse diluée. L'acide acétique la gonfle sans la dissoudre, l'acide chlorhydrique la dissout avec une coloration violette. Cette substance laisse à l'incinération un résidu de sels calcaires qui n'atteint pas un centième.

ENARGITE (Min.) [Syn. *Guyacanite*]. — Arséniosulfure de cuivre ferrifère et parfois argentifère et antimonifère (sulfarséniate),

$$(Cu^2)^3(AsS^4)^2 = 3Cu^2S + As^2S^5.$$

Petits cristaux et masses compactes à cassure inégale, d'un éclat métallique et d'un gris passant au noir de fer.

Densité, 4,36 à 4,45; dureté, 3. Fragile.

Caractères. — Soluble dans l'eau régale. Dans le tube décrépite et donne un sublimé de soufre et de sulfure d'arsenic.

Forme cristalline. — Prisme orthorhombique,

$$mm = 97°58', pa^1 = 136°37'.$$

ENCELADITE. — Voyez Warwickite.

ENCENS [Syn. *Oliban*]. — L'encens est une gomme résine provenant d'une espèce de *Balsamodendron*, de la famille des Térébinthacées. Il se présente sous la forme de lames jaunes ou rougeâtres, oblongues ou arrondies, non transparentes, à cassure terne et cireuse, et se ramollit peu. Sa saveur est aromatique et légèrement âcre. Il ne fond que difficilement et imparfaitement, et brûle avec une flamme blanche.

Il renferme :

Résine soluble dans l'alcool........	56,0
Gomme soluble dans l'eau..........	30,8
Résidu insoluble dans l'eau et l'alcool.	5,2
Huile essentielle perte.............	8,0
	100,0

[Braconnot, *Ann. de Chim. et de Phys.*, t. LVIII, p. 60].

L'encens se composerait pour la majeure partie, suivant Johnston, d'une résine acide dont les analyses conduisent à la formule $C^{20}H^{30}O^8$ [*Ann. der Chem. u. Pharm.*, t. XLIV, p. 338]. Par la distillation avec de l'eau, Stenhouse a retiré de l'encens une huile essentielle, incolore, d'une densité de 0,866 à 20°, bouillant à 162°; mais les nombres trouvés à l'analyse expriment, suivant Gerhardt, la composition d'un mélange [Stenhouse, *Ann. der Chem. u. Pharm.*, t. XXXV, p. 306]. E. G.

ENCRE. — On donne généralement le nom d'encre à toutes les préparations liquides ou demi-liquides destinées à produire sur papier, sur parchemin ou sur toute autre surface, soit des caractères, soit des dessins d'une couleur différente de celle du fond. La composition de l'encre varie nécessairement avec le but que l'on se propose et surtout avec le mode d'application. Nous pouvons donc les classer, en nous plaçant à ce dernier point de vue, en encres destinées à l'écriture à la plume, encres à écrire; à l'impression typographique, encres d'imprimerie, encres lithographiques; encres à marquer le linge, etc. Dans chaque groupe nous pouvons subdiviser les encres d'après la couleur, la composition chimique, le degré de résistance qu'elles offrent à l'action des agents chimiques (encres indélébiles).

Encres a écrire. — *Encres noires.* — L'encre noire est d'un usage si fréquent et si journalier pour tout le monde qu'il est inutile d'insister sur l'intérêt qu'il y a de connaître les détails d'une bonne préparation de ce produit. Les conditions auxquelles elle doit satisfaire sont multiples. Si les caractères tracés sont suffisamment foncés, d'une couleur noir franc ou bleuté, si la matière colorante peut, grâce à son état de solution ou de division extrême, pénétrer à une certaine profondeur dans le papier, tout en laissant aux traits une grande netteté, de manière à ne pas pouvoir s'enlever par un simple lavage à l'eau, si la teinte ne s'altère pas à l'air trop rapidement, si l'encre prend bien à la plume et se porte facilement sur le papier sans abandonner la plume en masse, si de plus l'encre ne s'altère pas en se couvrant de moisissure, on aura un produit satisfaisant.

Toutes les encres à écrire se composent : 1° d'un principe colorant qui en forme la base ; 2° d'un véhicule liquide dans lequel la couleur est dissoute ou mise en suspension dans un grand état de division. Le véhicule liquide est toujours l'eau épaissie plus ou moins, suivant les besoins, avec de la gomme. 3° On introduit souvent des corps destinés à préserver le liquide des altérations dues à la formation de végétation.

D'après Pline, Vitruve et Dioscoride, l'encre dont se servaient les Grecs et les Romains se rapprochait, quant à sa composition, de l'encre de Chine. La matière colorante noire était le noir de fumée délayé dans de l'eau gommée ; cependant l'analyse chimique a révélé la présence d'assez fortes proportions de fer dans beaucoup d'anciens manuscrits grecs et romains que l'on a pu restaurer, grâce à cette circonstance.

L'encre à écrire ordinaire est colorée par un composé résultant de l'action du vitriol vert ou sulfate ferreux sur les principes contenus dans la décoction ou l'infusion de noix de galle et particulièrement l'acide tannique et l'acide gallique; quelques recettes font intervenir en outre la décoction de campêche et le sulfate de cuivre. Les qualités de l'encre dépendent surtout des proportions du mélange; un excès de sel de fer donne une encre qui rougit rapidement; un excès de noix de galle favorise l'altération et le développement de moisissures, au moment du mélange l'encre est peu colorée et les caractères tracés sont extrêmement pâles, mais ils ne tardent pas à se foncer sous l'influence de l'oxydation. Ce phénomène se produit aussi sur l'encre conservée dans des vases où l'air a accès ; il ne doit pas être poussé trop loin ; une encre qui aurait avant de servir absorbé tout l'oxygène qu'elle est susceptible de prendre, ne serait plus bonne; elle deviendrait épaisse et laisserait rapidement déposer son principe colorant devenu tout à fait insoluble. En effet, dans l'encre une partie de la couleur noire toute formée se trouve bien en suspension, mais ce n'est pas la fraction la plus active. C'est le principe colorable qui joue le rôle le plus important. La base colorante de l'encre noire ordinaire n'est pas encore suffisamment connue scientifiquement pour que l'on puisse donner une théorie complète de ce qui se passe dans la préparation de ce produit. Il paraît assez prouvé que l'acide gallique joue un rôle important et que la coloration n'est pas uniquement due à l'acide tannique.

D'après Bostock [*Society of Arts*, 1830], on obtient de bons résultats et un liquide qui se conserve bien en abandonnant la décoction de noix de galles à elle-même, pendant plusieurs semaines, dans un vase ouvert, avant d'y ajouter le sulfate de fer. Elle se couvre de moisissures; le liquide clair filtré est ensuite additionné de la dose convenable de sulfate ferreux. Dans ces conditions le tannin s'est en grande partie converti en acide gallique.

Voici maintenant quelques recettes choisies parmi celles qui paraissent devoir inspirer le plus de confiance.

1° On prend : 10 kilogrammes de noix de galle d'Alep, 2^k,30 de vitriol vert, 2^k,500 de gomme du Sénégal et 225 kilogrammes d'eau.

Les noix de galle concassées sont épuisées à plusieurs reprises par l'eau bouillante ; le sel de fer et la gomme sont dissous à part et les deux liquides sont réunis ; le mélange est abandonné à lui-même pendant plusieurs semaines, puis on soutire à clair et on conserve dans des vases fermés. Il est bon d'ajouter quelques gouttes d'acide phénique pour empêcher la moisissure.

2° On prend : 6 kilogrammes de noix de galle d'Alep broyées, on fait bouillir pendant 3 heures avec 45 kilogrammes d'eau en restituant l'eau évaporée, on laisse refroidir et on filtre. D'un autre côté on dissout 2^k,500 de gomme du Sénégal dans aussi peu d'eau que possible, on passe au tamis et on ajoute ce liquide au premier ; enfin on y verse une dissolution concentrée de 2^k,500 de sulfate ferreux. Le mélange est abandonné à l'oxydation jusqu'à ce qu'il ait acquis une teinte moyenne, puis on le conserve en vase clos.

3° On fait une décoction de 8 p. de noix de galle d'Alep, 4 p. de copeaux de campêche avec 200 p. d'eau, pendant une heure, jusqu'à ce que le liquide soit réduit de moitié, on passe au tamis et on ajoute 4 p. de sulfate ferreux, 1 p. de sulfate de cuivre et 1 p. de sucre ; au bout de 24 heures, on décante et on conserve en vase clos.

Sous le nom d'encre alizarique, on prépare en Allemagne une encre qui, outre les substances précédentes, contient du carmin d'indigo et dans la fabrication de laquelle on fait intervenir la garance.

Voici une recette de ce genre : 42 p. de noix de galle et 3 p. de garance sont épuisées par l'eau bouillante employée en quantité suffisante pour fournir 120 p. de liquide; on filtre et on ajoute 1 p. 1/2 de solution d'indigo, 5 p. 1/5 de sulfate ferreux et 2 p. d'acétate ou de pyrolignite de fer. L'excès d'acide sulfurique qui résulte de l'introduction du sulfate d'indigo peut être éliminé en laissant digérer le mélange sur des copeaux de fer.

D'après Runge, on obtient une très-bonne encre noire en ajoutant du chromate neutre de potasse à une décoction de campêche. A cet effet, on fait bouillir des copeaux de campêche avec de l'eau dans le rapport de 1 p. de bois à 6 p. d'eau, et l'on ajoute à 1,000 p. de cette liqueur refroidie 1 p. de chromate neutre.

Pour des raisons d'économie on a cherché à remplacer la noix de galle par des extraits végétaux divers contenant également du tannin et de l'acide gallique (chêne, châtaignier, sumac, etc.), mais il est difficile d'arriver avec ces produits à une teinte noire convenable.

Sous le nom d'encres indélébiles, on comprend les encres qui résistent plus ou moins aux réactifs et agents chimiques capables de détruire et de décolorer l'encre ordinaire; mais il faut aussi, pour qu'elles méritent réellement ce nom, qu'elles fassent assez corps avec le papier pour ne pouvoir être entraînées par lavage ou mécaniquement; en d'autres termes, une encre réellement indélébile ne doit disparaître qu'avec le papier où elle est déposée. En introduisant dans l'encre ordinaire des couleurs très-résistantes, telles que l'indigo en poudre, le noir de fumée, le bleu de Prusse, on atteint en partie le but proposé.

Berzelius propose l'emploi d'un mélange de décoction de noix de galle et de vanadate d'ammoniaque; il se forme un liquide noir foncé, très-convenable comme encre à écrire et résistant dans une certaine mesure à l'action des acides et des alcalis.

L'encre vanadique est non-seulement plus stable que l'encre ordinaire, mais elle offre encore l'avantage de constituer un liquide clair et non une masse insoluble tenue simplement en suspension.

Sans entrer dans plus de détails sur cette question, on peut dire que les diverses recettes d'encres indélébiles reposent pour la plupart sur l'emploi du charbon très-divisé délayé dans des liquides aqueux plus ou moins épaissis. Dans cette catégorie nous pouvons ranger l'*encre de Chine*, qui est une encre indélébile solide.

L'encre chinoise est à base de charbon. La matière colorante, dans un grand état de division, est délayée dans de l'eau de gomme épaisse, de manière à former une pâte que l'on débite en prismes rectangulaires et que l'on dessèche; la pâte est aromatisée avec du musc et du camphre, de manière à lui donner une odeur caractéristique. Le noir employé par les Chinois est du noir de fumée d'une qualité supérieure, obtenu par la combustion incomplète de certaines huiles, telles que l'huile de sésame. On se sert aussi avec avantage du noir provenant de la combustion du camphre ou de noir d'ivoire réduit en poudre impalpable.

Il paraît également assez prouvé que la gomme ou la gélatine est remplacée dans l'encre de Chine véritable par des sucs végétaux, qui communiquent aux traits plus d'éclat et de résistance. Le noir de fumée, lavé avec de la potasse et délayé en pâte avec une solution de gélatine, puis séché, donne un produit de bonne qualité.

Encre à copier. — L'encre à copier possède la propriété de pouvoir se rappliquer sur une seconde feuille de papier humide, que l'on presse contre celle où la plume a tracé les caractères. Une simple addition de sucre et un excès de gomme communique à l'encre ordinaire ce caractère. L'encre alizarique dont il a été parlé plus haut peut également servir comme encre à copier.

Encre rouge. — On emploie comme encres rouges soit des décoctions de bois de Brésil additionnées d'acide acétique et d'alun, soit des solutions alcalines de cochenille. Voici quelques recettes :

1° Bois de Brésil, 200 p.; sel d'étain, 3 p.; gomme, 6 p.; eau, 3,200 p.; faire bouillir et réduire le liquide à la moitié de son volume primitif, filtrer.

2° Bois de Brésil, 2 p.; alun. 1/2 p.; crème de tartre, 1/2 p.; eau, 16 p.; faire bouillir et réduire à moitié, filtrer; ajouter 1/2 p. de gomme.

3° Beaucoup d'encres rouges se composent simplement d'une solution ammoniacale de carmin de cochenille.

A une solution ammoniacale de cochenille, on ajoute un mélange d'alun et de crème de tartre, jusqu'à ce que la teinte ait pris le ton voulu.

Encre bleue. — On obtient une encre bleue en dissolvant du bleu de Prusse dans l'acide oxalique; mais il convient auparavant de débarrasser le bleu de Prusse d'un excès de fer qu'il contient en le traitant par un acide minéral fort, puis en le lavant à grande eau. Le bleu de Prusse soluble fournit de l'encre bleue, par une simple solution dans l'eau.

Encre pourpre. — D'après Normandy, on prépare une belle encre pourpre en ajoutant, à une décoction de 12 p. de bois de campêche dans 120 p. d'eau, 1 p. de sous-acétate de cuivre, 14 p. d'alun et 4 p. de gomme arabique, et en abandonnant le tout à lui-même pendant 4 à 5 jours.

Encre verte. — La plupart de ces encres sont des mélanges en proportions convenables d'encres bleues et d'encres jaunes.

On peut obtenir une belle encre verte en calcinant à 350° environ l'acétonitrate de chrome, et en délayant la poudre vert clair ainsi obtenue dans une quantité suffisante d'eau.

Encres jaunes. — Ce sont généralement des décoctions de graine de Perse additionnées d'alun.

ENCRES POUR MARQUER LE LINGE. — Elles sont généralement à base d'oxyde d'argent, et c'est par la réduction, sur le tissu même, de l'oxyde à l'état métallique, que l'on provoque une coloration persistante. D'après certaines recettes, on prépare la place où l'on veut écrire avec une solution aqueuse de carbonate de soude, et l'on écrit avec une solution de nitrate d'argent épaissie à la gomme et colorée avec du vert de vessie.

La première liqueur se compose de 8 p. d'eau et 1 p. de carbonate de soude.

La deuxième liqueur se prépare avec 6 p. de nitrate d'argent, 7,2 p. de gomme, 1,2 p. de vert de vessie et 29 p. d'eau.

D'après d'autres recettes, on n'a besoin que d'un seul liquide; ce sont alors des dissolutions ammoniacales d'oxyde d'argent. Ainsi on prend :

Nitrate d'argent, 22 grammes; eau distillée, 90 grammes; ammoniaque caustique, quantité suffisante pour redissoudre le précipité formé d'abord; on ajoute de l'eau de gomme colorée avec du vert de vessie et on étend à 120 grammes. Après avoir écrit, la couleur se développe en passant un fer chaud sur le tissu.

ENCRES SYMPATHIQUES. — Ce sont des préparations incolores qui ne laissent aucune trace visible sur le papier, mais qui permettent de rendre les caractères apparents par diverses réactions chimiques, telles que l'action de l'eau, l'application d'une température suffisamment élevée ou d'un réactif approprié. On comprend facilement qu'en utilisant les nombreuses réactions colorées que nous offre la chimie, on peut varier presque à l'infini la nature de ces encres. Tels sont : l'acétate de plomb, qui noircit sous l'influence de l'hydrogène sulfuré; le chlorure de cobalt, qui bleuit à chaud et qui semble déjà avoir été connu du temps de Paracelse.

ENCRE D'IMPRIMERIE. — La composition de l'encre d'imprimerie est bien différente de celles que nous venons de passer en revue. Le véhicule est gras et la matière colorante noire est généralement formée de matériaux riches en carbone. Avant d'être employée, l'huile de lin subit une préparation importante; après avoir été traitée par quelques centièmes d'acide sulfurique concentré et lavée à l'eau, on la fait bouillir dans des chaudières en fonte, jusqu'à ce qu'il se dégage des vapeurs inflammables que l'on allume et qu'on laisse brûler quelques minutes, puis on éteint par l'application d'un couvercle; elle devient ainsi épaisse, visqueuse, elle pénètre moins facilement dans le papier et sèche beaucoup plus vite que l'huile primitive. On augmente la viscosité du produit en y dissolvant une certaine quantité de poix noire ou de colophane.

Comme matière colorante, on fait généralement usage de suie obtenue par la combustion du goudron, du naphte, de la résine, etc. Dans certains cas on ajoute diverses espèces de charbons réduits en poudres fines. La poix ou la résine sont dissoutes à chaud dans l'huile cuite et brûlée; la laque ainsi formée et chaude est mécaniquement mélangée avec le noir, d'abord dans des vases cylindriques armés d'agitateurs, puis le tout est broyé à la meule.

Suivant les soins apportés à ces diverses opérations, suivant la qualité des matières employées et les proportions respectives des mélanges, on obtient des encres plus ou moins bonnes et se prêtant aux besoins variés de la typographie. P. S.

ENDELLIONE. — Voyez BOURNONITE.

ENGELHARDITE. — Voyez ZIRCON.

ENGRAIS. — On désigne parfois sous ce nom toute matière ajoutée au sol dans le but de favoriser la végétation, mais plus habituellement on distingue l'*engrais* de l'*amendement;* celui-ci comprend les matières employées pour modifier l'état des substances que renferme la terre arable et les amener à une forme nouvelle, sous laquelle leur assimilation par les plantes est rendue plus facile, tandis que celui-là est appliqué aux matières qui servent directement à la nutrition des plantes. Le plâtre et la chaux seraient considérés, d'après cette définition, comme des amendements, tandis que le guano et les phosphates seraient des engrais.

L'expérience a démontré que si on ajoute à un sol cultivé une matière susceptible d'être assimilée par les plantes, mais existant déjà dans le sol en quantité suffisante pour subvenir aux besoins des végétaux qui s'y développent, on obtient peu ou pas d'effet; elle a démontré que telle matière assimilée par les plantes, quand elle était placée dans un certain sol déterminé, ne l'était pas dans une autre terre et qu'enfin telle matière qui était un engrais efficace pour une certaine plante, n'avait aucun effet quand il était appliqué à la culture d'une autre.

Il n'est pas douteux, en effet, que les phosphates soient nécessaires au développement des végétaux (1) et cependant dans nos départements du Nord, où la culture est très-avancée, ils ne présentent aucune utilité vraisemblablement parce que le sol en est fourni; ils exercent, au contraire, une action des plus marquées en Bretagne (2); les superphosphates utilisés en quantités énormes en Angleterre pour la culture des turneps ne produisent pas en France, et notamment en Bretagne, un effet aussi avantageux; les engrais azotés qui ont une influence marquée dans presque tous les sols, sur les céréales, n'exercent qu'une action très-médiocre sur les légumineuses.

On reconnait donc dès l'abord que la question des engrais est des plus complexes, puisqu'elle comprend trois termes différents :

1° Présence dans le sol d'un élément semblable à celui qu'on ajoute et qui enlève toute utilité à ce dernier;

2° Nature du sol qui favorise ou non, dans l'engrais ajouté, des métamorphoses favorables à son utilisation par les plantes;

3° Nature de la plante elle-même, sur laquelle l'engrais est ajouté.

Si on tient compte de ces trois conditions, on arrivera à préciser la définition de l'engrais en disant : *l'engrais est la matière utile à la plante qui manque au sol.* On voit, d'après cette définition, que la propriété que possède une matière d'être un engrais est, suivant l'idée développée depuis longtemps par M. Chevreul, essentiellement relative, et qu'il est impossible d'affirmer d'une façon absolue et générale que telle matière est ou n'est pas un engrais.

En étudiant les conditions du développement des plantes dans un sol stérile, on est arrivé depuis longtemps déjà à reconnaître quelles sont les matières indispensables à leur croissance, et bien que Th. de Saussure, Liebig, Lawes et Gilbert aient accumulé sur cette question importante des travaux remarquables, on peut dire que la démonstration complète de la nature des substances nécessaires aux plantes a été donnée par M. Boussingault [*Compt. rend.*, t. XLIV, p. 940], qui a montré que des *helianthus* cultivés dans du sable stérile se développaient comme dans une bonne terre, si le sable avait reçu du phosphate de chaux, du silicate de potasse et de l'azotate de potasse; on conçoit donc que, dans l'impossibilité où l'on se trouve aujourd'hui de formuler une théorie des engrais pour chaque plante et chaque sol, on détermine la valeur des engrais d'après la proportion qu'ils renferment de ces principes bien définis qu'on sait être indispensables au développement des végétaux; on se contente même en général de fixer la valeur des engrais, d'après leur teneur en azote assimilable et en acide phosphorique; il serait utile certainement d'ajouter à ces deux éléments la potasse, la chaux et la silice, qui se rencontraient aussi dans les matières employées par M. Boussingault, mais le sol est plus habituellement fourni de ces trois dernières matières que des deux premières, ce qui explique que pour fixer la richesse des engrais on ne tienne compte que des deux éléments qui font le plus souvent défaut dans le sol.

(1) Voyez l'article ASSIMILATION, p. 443.
(2) Voyez l'*Enquête sur les engrais industriels*, publiée par le ministère de l'Agriculture, t. I, p. 896.

Pour faciliter les comparaisons entre les différents engrais, MM. Payen et Boussingault les ont depuis longtemps classés d'après leur richesse en azote et plus récemment d'après leur teneur en acide phosphorique, en les comparant au fumier de ferme; on conçoit que, si on représente par 100 l'équivalent du fumier de ferme qui contient en moyenne 0,6 % d'azote, on pourra déterminer l'*équivalent* d'un engrais par un nombre obtenu par la proportion :

$$\frac{100}{0,6} = \frac{x}{a},$$

a étant le poids d'azote contenu dans 100 p. de l'engrais en question; on a fait un raisonnement analogue pour déterminer l'équivalent d'un engrais phosphaté par rapport au fumier de ferme.

Nous donnerons souvent dans le cours de cet article l'équivalent des engrais par rapport au fumier de ferme, parce que ces nombres indiquent jusqu'à un certain point dans quelles proportions il faut employer les engrais, et quels sont les poids suivant lesquels ils doivent, d'après cette manière de voir, produire des effets analogues.

Pour faciliter les recherches du lecteur, nous diviserons notre sujet en plusieurs paragraphes, comprenant :

Les engrais végétaux;
Les engrais animaux;
Les engrais mixtes (animaux et végétaux);
Les engrais minéraux.

Enfin la discussion qui se prolonge depuis quelque temps sur l'efficacité des *engrais chimiques* nous a engagé à traiter séparément cette dernière question.

Quand nous aurons ainsi passé en revue les principaux engrais, nous indiquerons rapidement comment on peut fixer leur valeur marchande et quelles sont les principales fraudes qu'on leur fait subir; après toutefois que nous aurons étudié une question importante, à savoir : l'influence qu'exercent les engrais sur le développement de certains principes immédiats dans les végétaux.

ENGRAIS VÉGÉTAUX.

Engrais verts. — Toute plante qui se développe sur le sol lui abandonne des débris de différentes natures, des racines, des feuilles qui se pourrissent peu à peu et restituent à la terre une partie des éléments qui lui ont été empruntés, ou même l'enrichissent des principes que la plante a organisés à l'aide des éléments atmosphériques. Les plantes comme les légumineuses qui enfoncent profondément leurs racines et qui vont saisir dans le sous-sol les éléments qui s'y rencontrent, et qui paraissent de plus capables de s'emparer de l'azote gazeux de l'atmosphère pour le faire pénétrer dans leurs tissus (1), seront celles qu'il sera le plus avantageux d'enfouir en vert. Cette pratique est très-répandue, et quand dans l'assolement quinquennal le second blé succède au

(1) Voyez à l'article ASSIMILATION la discussion de l'absorption de l'azote gazeux par les végétaux. Si les plantes s'emparent directement par leurs feuilles de l'azote gazeux, il est vraisemblable que c'est en fabriquant dans les feuilles mêmes de l'ammoniaque qui, en s'unissant aux matières hydrocarbonées, formerait les principes albuminoïdes, ou bien encore, en formant, à l'aide de l'azote et de l'oxygène naissant, de l'acide azotique qui, réduit ensuite par l'hydrogène, après sa fixation sur les matières carbonées, formerait encore des matières albuminoïdes. Il est tout à fait invraisemblable que l'azote gazeux se combine directement à des matières carbonées pour former de l'albumine.

trèfle, il est souvent plus beau que celui qui est venu après la betterave; habituellement on prélève deux récoltes de trèfle et on retourne la troisième coupe.

M. Boussingault a trouvé que le poids total des débris et racines de trèfle, supposés desséchés à 110°, pouvait être évalué à 1,547 kilogrammes par hectare; la quantité d'azote contenue dans ces débris, égale à 27 kilogrammes 9 dixièmes, représenterait 4,950 kilogrammes de fumier de ferme normal.

Si, au lieu d'enfouir seulement ces débris, on eût enfoui en même temps la seconde coupe, évaluée à 2,550 kilogrammes de foin desséché contenant 42 kilogrammes 3 dixièmes d'azote, on voit que l'abondance de l'engrais eût été plus que doublée, presque triplée.

M. de Gasparin a trouvé, pour le poids des débris et des racines d'une luzerne desséchée, 37,021 kilogrammes, contenant à l'état frais 800 grammes d'azote par 100 kilogrammes ou 296 kilogrammes pour la totalité. Leur enfouissement représenterait donc 49,350 kilogrammes de fumier de ferme à l'état frais.

Dans certaines contrées, on emploie comme engrais les feuilles mortes, mais il faut se rappeler que ces feuilles sont très-pauvres en azote, en phosphate et en potasse, car ces principes sont généralement résorbés avant que la feuille ne périsse. On emploie aussi parfois les feuilles de betteraves, les fanes de pommes de terre, etc.; les premières sont aussi données comme nourriture au bétail.

Dans les pays montagneux, où le transport des engrais est difficile, on cultive certaines plantes dans le seul but de les enfouir en vert; le lupin est employé à cet usage depuis un temps très-reculé, Pline fait mention de cette pratique; aujourd'hui encore, en Allemagne, on l'utilise comme engrais vert. Le lupin, desséché à 110°, contient 1k,870 d'azote pour 100 kilogrammes de fanes. Une récolte de lupin, venue dans de bonnes conditions, donne moyennement 5,000 kilogrammes de fanes sèches par hectare; par la quantité d'azote contenue dans cette récolte (93k,5), elle équivaudrait à 15,600 kilogrammes de fumier de ferme ordinaire.

Plantes marines. Goëmons. — Si on se rappelle les quantités énormes de principes utiles aux plantes entraînés à la mer par les torrents, les rivières et les fleuves; si on constate, avec M. Hervé-Mangon [*Ann. du Conserv. des arts et métiers*, t. IV, 1863], qu'une seule de nos rivières, la Durance, transporte chaque année onze millions de mètres cubes de limon, contenant autant d'azote assimilable que cent mille tonnes d'excellent guano, autant de carbone que pourrait en fournir par an une forêt de quarante-neuf mille hectares d'étendue (voyez l'article Terre arable), on reconnaîtra qu'il est naturel de considérer les plantes et les animaux de la mer comme destinés à réparer les pertes du sol des continents.

Les cultivateurs des bords de la mer emploient en effet des quantités considérables de *goëmons*, c'est-à-dire d'un mélange de différentes plantes de la famille des algues, et M. Hervé-Mangon a cité l'exemple curieux de l'île de Noirmoutiers, qui depuis des siècles maintient une fertilité moyenne par l'emploi exclusif du goëmon comme engrais, car les déjections du bétail y sont desséchées et utilisées comme combustibles [*Compt. rend.*, t. XLIX, 1859, p. 322]. D'après M. Hervé-Mangon, les habitants de Noirmoutiers recueillent avec le plus grand soin le *Rytiphlœa pinastroïdes*, plante malheureusement assez rare et qui ne renferme que 56 °/₀ d'eau et 1,08 °/₀ d'azote, tandis que le goëmon ordinaire renferme 73,3 °/₀ d'eau et seulement 0,16 °/₀ d'azote.

Le goëmon n'est utilisé qu'à peu de distance des côtes; on a essayé de comprimer les tourteaux après dessiccation incomplète, pour les enrichir au point qu'ils puissent supporter le transport. Le goëmon comprimé renfermerait, d'après M. Malaguti, 29 °/₀ d'eau, 1,28 d'azote; des goëmons soumis à l'action de la vapeur pour en extraire le sel, laissent un résidu renfermant 2 °/₀ d'azote, 1/2 de phosphate de chaux, 2 de sels alcalins et 75 de substances organiques [*Enquête sur les engrais indust.*, p. 902].

Enfin on a signalé, il y a quelques années, dans le Finistère, dans la baie de Téven, anse assez vaste de la commune de Kérouan, un gisement considérable de goëmon fossile, évalué à 100,000 hectolitres; il renferme 1,8 °/₀ d'azote.

Nous résumerons, dans le tableau suivant, la richesse en azote et le poids d'engrais équivalant à 100 kilogrammes de fumier de ferme, d'un certain nombre d'engrais verts.

Désignation des substances employées comme engrais.	Azote contenu dans 100 part. d'engrais.	Poids d'engrais équivalant à 100 kil. de fumier de ferme.
Fumier de ferme frais	0,60	100
Feuilles de bruyère séchées à l'air	1,74	34,5
Jeunes rameaux de buis	1,00	60
— — secs	3,63	13,5
Roseaux récemment fauchés	0,267	224,7
Roseaux desséchés	1,07	56
Fucus saccharinus desséché à l'air	1,30	46,6
— complètement desséché	2,29	26,2
— digitatus desséché à l'air	0,90	66,7
— complètement desséché	1,41	42,5
— vesiculosus frais	0,20	300
— complètement desséché	1,57	38,2
— ceramium rubrus frais	0,23	261
— complètement desséché	2,03	29,5
Rytiphlœa pinastroïdes frais	1,08	55
Goëmon brûlé, état ordinaire	0,38	158
Goëmon brûlé, complètement desséché	0,40	150
Goëmon fossile, complètement desséché	1,80	33,3
Genêt (tiges et feuilles séchées à l'air)	1,22	49,2
Genêt (tiges et feuilles complètement desséchées)	1,37	43,8

Tourteaux. — On sait qu'il se produit dans les végétaux herbacés, au moment de la formation de la graine, un véritable transport de toutes les matières azotées, des phosphates et de la potasse vers les graines (voyez l'article Migrations *des principes immédiats dans les végétaux*), et on conçoit que, si cette graine est traitée pour les matières grasses qu'elle renferme, elle constituera, après qu'elle aura subi la pression, un engrais des plus riches. Depuis longtemps on utilise les tourteaux, tantôt pour la nourriture du bétail et tantôt directement comme engrais.

Nous donnerons, dans le tableau suivant, la richesse en azote et acide phosphorique de 1 kilogramme de quelques tourteaux secs et privés d'huile.

Nature des tourteaux.	Azote.	Acide phosphorique.
Œillette	70,0	43
Arachide	60,7	6
Chènevis	62,0	41
Lin	60,0	23
Pavot blanc	60,0	40,6
Cameline	55,7	20
Sésame	55,7	15
Colza	55,5	2[illegible]
Faînes	45,0	1[illegible]

Autres matières végétales employées comme engrais. — Le marc de raisin est quelquefois employé comme engrais; il renferme, lorsqu'il a été séché à l'air, de 1,71 à 1,83 °/₀ d'azote. Le marc de pommes à cidre n'est pas avantageux lorsqu'il est employé directement comme engrais, parce qu'il devient facilement acide ; il renferme, à l'état normal, 0,59 °/₀ d'azote : il a donc une richesse analogue à celle du fumier de ferme ; en le mélangeant avec du fumier ou avec de la chaux éteinte, on peut utiliser ses principes fertilisants.

Quelques-unes des industries agricoles qui emploient des quantités d'eau considérables leur donnent une véritable richesse comme engrais en les chargeant des résidus de leur fabrication ; c'est ainsi qu'on a utilisé avec grand profit les eaux de distillerie et de féculerie [1], et on conçoit facilement qu'il en soit ainsi, puisque ces eaux renferment toutes les matières azotées qui existaient dans les betteraves et les pommes de terre.

Les eaux de rouissage du lin et du chanvre peuvent aussi être utilisées en irrigation, cet emploi est d'autant plus important que les eaux, chargées de matières putrescibles, se corrompent bientôt et donnent naissance à des émanations malsaines.

ENGRAIS ANIMAUX.

Déjections de l'homme. — L'importance de l'emploi agricole des déjections humaines est trop évidente pour qu'il soit nécessaire d'insister sur ce point, mais il peut être utile d'être fixé sur les quantités de matières qui sont aujourd'hui en grande partie perdues.

D'après des expériences de M. Barral, qui ont porté sur trois hommes, une femme et un enfant, la quantité moyenne de déjections solides et liquides a été de 1k,224 par jour et par tête. Elle serait donc, par année, de 446k,760. En ramenant ces chiffres au poids de l'homme moyen de France (45 kilogrammes), on aurait comme produit annuel, 428 kilogrammes, soit, pour nos 36 millions de compatriotes, 15,768,000 tonnes, qui contiendraient, au moment de l'émission, 209 millions de kilogrammes d'azote (à raison de 13,3 kilogrammes par tonne), et 40,445,000 kilogrammes d'acide phosphorique (à raison de 2k,665 par tonne).

Mais comme toute la population n'est pas aussi bien nourrie que les personnes sur lesquelles a porté l'expérience, on peut, en réduisant tout au minimum, diminuer ces évaluations d'un tiers. On évaluera alors la quantité d'azote à 140 millions de kilogrammes, et celle de l'acide phosphorique à 27 millions ; enfin, comme il y aura toujours perte d'azote par suite du séjour des matières dans les fosses, on peut réduire sa quantité à 100 millions de kilogrammes ; en portant l'azote à 2 fr. le kilogramme et l'acide phosphorique à 0 fr. 70, nous aurions, pour le prix total des matières fécales produites annuellement en France, 200 millions pour l'azote et $0{,}70 \times 27 = 18{,}9$ millions pour l'acide phosphorique.

On arrive à un chiffre à peu près analogue en attribuant, comme on le fait en Angleterre, le prix de la tonne d'engrais humain à 7 fr. ; on trouverait ainsi 252 millions pour la France [2].

On a essayé bien des modes d'emploi de cet engrais ; dans les Flandres on l'utilise déjà depuis des siècles sous le nom d'*engrais flamand*. On prépare celui-ci au moyen des déjections humaines qui, amenées de la ville, sont conservées dans des citernes ou réservoirs que l'on trouve dans le voisinage de tous les domaines un peu étendus. Les cuves en maçonnerie, qui présentent une capacité de 250 à 400 hectolitres, sont munies de deux ouvertures : l'une, qui passe par le milieu de la voûte, est destinée à l'introduction ou à l'extraction des matières ; l'autre, pratiquée dans le mur qui regarde le nord, permet l'accès de l'air jugé nécessaire pour leur fermentation.

La valeur de l'engrais flamand est assez variable, on la diminue souvent par des additions d'eau considérables ; d'après M. Girardin, cet engrais ne doit pas marquer au-dessous de 3° à l'aréomètre ; quand il ne marque que 2° et 1°, il a été fraudé.

Voici, au reste, d'après M. Girardin, la composition que présentent divers échantillons plus ou moins additionnés d'eau [*Compt. rend.*, 1860, t. LI, p. 751].

	Engrais pur nº 1.	Engrais additionné d'eau. de Lille nº 2.	Engrais additionné d'eau. du Quesnoy nº 3.
Eau	950gr,89	981gr,55	989gr,52
Matières solides	49gr,11	18gr,45	10gr,48
Azote total	8gr,888	6gr,537	1gr,835
Sous-phosphate de chaux	6gr,857	2gr,056	0gr,555
Potasse	2gr,075	1gr,503	3gr,157

M. Girardin attribue à l'azote et au phosphate de chaux les prix de 1 fr. 65 le kilogramme pour l'un et 0 fr. 15 le kilogramme pour l'autre, et il arrive aux prix suivants pour les 1000 kilogrammes [1] :

	Azote à 1 fr. 65 le kilog.		Phosphate de chaux à 15 c. le k.		Valeur totale des 1000 kil.
	Quantité.	Prix.	Quantité.	Prix.	
Engrais flamand pur, nº 1	8k,888	14fr,665	6k,857	1fr,028	15fr,693
Engrais additionné d'eau, nº 2.	6k,537	11fr,186	2k,054	0fr,308	11fr,494
Engrais additionné d'eau, nº 3.	1k,835	8fr,027	0k,555	0fr,083	6fr,110

L'engrais flamand, très-étendu d'eau, est généralement mélangé à des tourteaux qui s'y décomposent assez rapidement ; le liquide ainsi obtenu présente, comme l'engrais flamand pur, une forte odeur de sulfhydrate d'ammoniaque, car les sulfates existant dans les eaux ou dans les matières fécales elles-mêmes sont amenés bientôt à l'état de sulfures, qui réagissent sur le carbonate d'ammoniaque provenant de l'altération de l'urée. Les cultivateurs du Nord conduisent l'engrais liquide sur leurs terres dans des tonneaux qui sont vidés peu à peu dans un baquet placé sur l'un des coins du champ qu'il faut fumer ; l'engrais est alors lancé tout autour du baquet à l'aide d'écoppes munies de longs manches. On transporte ensuite le baquet en un autre point et on recommence la même opération.

Les cultivateurs chinois, qui n'emploient guère d'autre engrais que la matière fécale, ne le versent pas sur la terre nue, mais seulement sur les plantes déjà en voie de végétation, au pied desquelles ils disposent des rigoles dans lesquelles ils font couler l'engrais liquide.

Poudrette et eaux vannes. — On sait qu'à Paris

(1) D'après une déposition de M. Pluchet, agriculteur distingué de Trappes (Seine-et-Oise), devant la commission de l'enquête sur les engrais, les eaux de distillerie répandues en quantités notables sur des champs destinés à porter des betteraves auraient porté la récolte de 40,000 kilogrammes à 80,000. Les betteraves étaient très-grosses et médiocrement sucrées.

(2) Voyez, pour plus de détails sur cette question, un article de M. Moll dans les *Annales du Conservatoire des arts et métiers*, t. IV, p. 337, 1863.

(1) On voit que le prix de l'azote et des phosphates n'est pas fixé complétement. Nous discutons ces prix à la fin de l'article.

et dans quelques autres grandes villes, les matières fécales sont utilisées à la préparation d'un engrais solide, désigné sous le nom de *poudrette*. A Paris, les tonneaux des vidanges se vident au dépotoir de la Villette, puis une machine repousse par une longue conduite ces matières dans de grands bassins situés à Bondy ; là les matières solides se déposent, on décante les liquides, et on finit par séparer une matière noire qui se dessèche peu à peu à l'air et qui est vendue au cultivateur sous le nom de poudrette.

On doit à M. L'Hôte une analyse d'une poudrette prise à Bondy dans un tas dont on chargeait les bateaux qui vont au magasin de vente à la Villette. Cette poudrette avait été préparée avec des matières déposées en 1846, il y avait douze ans qu'elle était soumise aux influences atmosphériques ; elle était brune, très-humide et sans odeur [*Ann. de Chim. et de Phys.*, 1860, (3), t. LX, p. 197].

On a trouvé pour sa composition :

	A l'état normal.	Supposée sèche.
Matières organiques azotées....	32,81	47,00
Ammoniaque toute formée.....	0,59	0,85
Acide nitrique...............	0,30	0,43
Acide phosphorique..........	4,18 (1)	5,99 (2)
Acide sulfurique..	3,50	5,02
Acide carbonique............	2,87	4,11
Chlore.....................	0,36	0,52
Potasse et soude............	2,15	3,08
Chaux.....................	6,70	9,59
Magnésie et oxyde de fer......	2,72	3,90
Silice, sable, argile..........	12,62	19,51
Eau.......................	30,20	»
	100,00	100,00
Azote total.................	1,52	2,17

On voit que relativement à la proportion de phosphate de chaux, la quantité d'ammoniaque est faible ; cela vient de ce que la poudrette est restée pendant longtemps exposée à l'air, à la pluie. D'ailleurs, la poudrette subit dans sa préparation un échauffement assez considérable pour volatiliser le carbonate d'ammoniaque.

Les eaux vannes qui s'écoulent des bassins de Bondy n'ont pas précisément la même richesse que celles qui sortent directement des fosses ; on trouve dans ces dernières une moyenne de 3gr,74 d'azote par litre, tandis que l'eau vanne prise au débouché de Bondy donnait 4gr,42 d'azote par litre. Voici, au reste, l'analyse de ce liquide, que nous empruntons encore au mémoire de M. L'Hôte.

Dans un litre pesant 1,023 grammes on a trouvé :

	Grammes.
Matières organiques azotées........	12,80
Ammoniaque toute formée.........	5,24
Acide phosphorique...............	1,35 (3)
Chaux...........................	1,59
Silice et sable....................	0,79
Eau..............................	991,20

L'azote est presque entièrement à l'état de sel ammoniacal.

Ces liquides sont utilisés aujourd'hui par différentes méthodes ; une faible quantité d'eaux vannes est vendue directement au cultivateur ; M. Moll, professeur au Conservatoire des arts et métiers, a employé ces engrais à la ferme de Vaujours, où ils arrivaient dans un canal qui reliait la ferme au dépotoir. L'engrais était répandu sur les terres à l'aide de lances fixées sur des regards que portait une série de tuyaux souterrains dans lesquels circulait le liquide fécondant. M. Gargan a fait construire, il y a quelque temps, des wagons-citernes à l'aide desquels il transportait les engrais liquides à différentes gares du chemin de fer de l'Est, le seul qui ait accordé des diminutions de tarif suffisantes pour ne pas élever le prix de l'engrais à un taux hors de toute proportion avec sa valeur ; les cultivateurs champenois paraissent avoir employé cette matière avec grand profit ; malheureusement l'élévation du transport sur le chemin de ceinture et l'insuffisance des quantités livrées apportèrent des obstacles à l'entreprise, qui fut abandonnée.

Les usines de la Villette et de Bondy utilisent aujourd'hui les eaux vannes à la fabrication du sulfate d'ammoniaque ; tout le monde sait que, lorsqu'on distille une dissolution aqueuse d'ammoniaque, le gaz passe avant l'eau, et on conçoit qu'on ait pu tirer des eaux vannes l'ammoniaque qui s'y trouve et convertir celle-ci en sulfate d'ammoniaque, qui est vendu comme engrais en France et en Angleterre.

Engrais Chodsko. — M. Chodsko a songé, depuis plusieurs années, à préparer un engrais pulvérulent avec les matières contenues dans les eaux vannes ; il désinfecte celles-ci avec un mélange de sulfate de magnésie et de sulfate de fer. On opère de la façon suivante :

« On fait une dissolution saturée de sulfate brut de magnésie, soit seul, soit avec un sulfate de fer, en parties égales, on les dissout dans le liquide ammoniacal en question.

« Cinq à dix litres de cette préparation suffisent ordinairement pour désinfecter un mètre cube de matière ; pour que la désinfection soit complète, il est indispensable que les sels employés soient privés de la réaction acide ; dans ce but, après avoir versé la solution de sulfates dans la matière, on y ajoute un ou deux décilitres d'une dissolution saturée de carbonate de potasse, contenant cinq centièmes d'un mélange en parties égales de goudron et de benzine ou d'une huile empyreumatique (1). »

On fait alors couler les liquides désinfectés au travers de fascines disposées comme celles des bâtiments de graduation. En répétant l'arrosage des fagots deux ou trois fois par jour, suivant la saison, au bout de quinze jours à trois semaines en été, et deux mois en hiver, les fascines sont suffisamment chargées de la matière extractive, c'est-à-dire d'engrais, pour être abandonnées à la dessiccation ; quelques jours après on bat les fagots pour détacher le produit obtenu.

M. L'Hôte a analysé l'engrais Chodsko, il a trouvé :

	Pour 100 gr. d'engrais normal. Grammes.	Pour 100 gr d'engrais supposé sec. Grammes.
Matières organiques azotées..	53,58	65,13
Ammoniaque toute formée...	0,65	0,74
Acide nitrique.............	traces	traces
Acide phosphorique.........	4,48 (2)	5,44 (3)
Silice et sable..............	6,50	5,47
Chaux.....................	4,07	4,94
Eau.......................	17,75	»
Azote total................	4,20	5,10

Pour établir une comparaison entre l'engrais de M. Chodsko et la poudrette, il est nécessaire de mettre en parallèle dans ce tableau ce que 100 p.

(1) Correspondant à 9gr,05 de phosphate de chaux.
(2) Correspondant à 12gr,97 de phosphate de chaux.
(3) Correspondant à 2,92 de phosphate de chaux.

(1) Enquête sur les engrais industriels, publiée par ordre du ministère de l'agriculture, p. 824.
(2) Correspondant à 9,70 de phosphate de chaux.
(3) Correspondant à 11,78 de phosphate de chaux.

des deux engrais supposés secs renferment de principes fertilisants :

	Dans 100 gr. de poudrette sèche. Grammes.	Dans 100 gr. d'engrais sec de M. Chodzko. Grammes.
Matières organiques azotées.	47,00	63,13
Ammoniaque toute formée...	0,85	0,74
Acide nitrique..............	0,43	traces.
Acide phosphorique..........	5,99 (1)	5,44 (2)
Azote total.................	2,17	5,10

On peut voir par ces résultats comparatifs que l'engrais obtenu par le traitement des eaux vannes doit être supérieur à la poudrette, il contient une proportion d'azote plus que double, et les matières organiques azotées qu'il renferme en assez grande quantité deviendront plus tard une source constante d'ammoniaque par leur décomposition lente dans le sol.

Chaux animalisée.—Procédés de M. Mosselmann. — L'utilisation de l'engrais humain est d'autant plus importante, qu'elle se lie souvent avec la désinfection de ces matières, qui sont une cause parfois terrible d'insalubrité (3), et toujours de dégoût pour les habitants des villes.

M. Mosselmann avait pensé à mélanger les matières fécales et les urines avec de la chaux éteinte : il arrivait ainsi à une désinfection passable, car les matières qui viennent d'être émises ne renferment qu'une faible proportion de composés ammoniacaux capables d'être attaqués par la chaux avec dégagement de gaz ammoniac. D'après de nombreuses analyses de M. Hervé-Mangon, la chaux animalisée ne renfermait guère que 0,5 °/o d'azote, ce qui est évidemment trop faible pour que cet engrais puisse supporter facilement des frais de transport considérables.

Procédés de MM. Blanchard et Chateau. — Ces industriels préparent à l'aide des nodules et d'acide sulfurique du phosphate acide de chaux et de fer auxquels ils ajoutent du sulfate de magnésie; les liqueurs acides sont versées dans les fosses d'aisances; on conçoit que le sulfhydrate d'ammoniaque qui s'y trouve soit décomposé dans ces circonstances comme il le serait par tout autre sel de fer, le sulfate notamment, et qu'on obtienne ainsi une désinfection complète. Mais on comprend d'autre part que la formation et le dépôt du phosphate ammoniaco-magnésien que ces industriels désiraient obtenir ne puissent se faire qu'avec une grande lenteur et très-incomplétement, puisque ce sel est soluble dans les acides et par conséquent dans le liquide ajouté lui-même; il y aura donc, au moment de la filtration qui avait pour but de séparer le phosphate ammoniaco-magnésien des liquides des fosses, une perte considérable en acide phosphorique qui rend l'opération onéreuse.

Jusqu'à présent, il n'existe donc pas de procédé qui permette la transformation des matières fécales en un engrais inodore et commode à employer; on sait cependant que l'emploi d'un mélange d'acide phénique désinfectant, de sulfate d'alumine destiné à englober dans l'alumine précipité les matières solides, a été proposé pour traiter les eaux des égouts, mais il est plus vraisemblable qu'on adoptera simplement le projet mis à exécution aujourd'hui à Londres, dans lequel les eaux des égouts contenant toutes les matières fécales qui y arrivent directement, puisque les fosses sont supprimées, sont élevées à l'aide de puissantes machines jusqu'à un niveau suffisant pour qu'elles puissent gagner par la seule force de pesanteur des espaces stériles qui seront rapidement transformés en luxuriantes prairies.

Guano. — On désigne sous ce nom un engrais extrêmement actif qui se trouve dans plusieurs localités, mais particulièrement sur quelques îlots de la mer du Sud, entre le 2e et le 21e degré de latitude australe; les conditions dans lesquelles se sont déposées sur le littoral du Pérou les masses énormes de guano qu'emploie avec tant de profit l'agriculture européenne sont tout à fait particulières : 1° l'abondance extrême du poisson dans le courant d'eau relativement froide qui remonte du cap Horn tout le long de la côte du Chili et du Pérou, en se dirigeant d'abord du sud au nord, puis à partir de la baie d'Arica, du sud-sud-est au nord-nord-ouest (1), et 2° l'absence de pluie. On rencontre certainement du guano dans des localités où il pleut, mais il ne présente plus la même richesse que celui du Pérou, car il a perdu presque tous les éléments solubles.

« Nulle part au monde, dit M. Boussingault [*Chimie agricole, agronomie*, t. III], auquel nous empruntons en grande partie les détails qui suivent, le poisson n'est plus abondant que sur la côte péruvienne. Il arrive quelquefois pendant la nuit, comme j'en ai été témoin, qu'il vient échouer sur la plage en nombre prodigieux comme s'il voulait échapper à la poursuite d'un ennemi (les requins sont en effet fort communs dans ces eaux).

« Un des navigateurs espagnols qui accompagnèrent au XVIIIe siècle les académiciens français à l'Équateur, Antonio de Ulloa, rapporte que « les anchois sont en si grande abondance sur cette côte, qu'il n'y a pas d'expression qui puisse en représenter la quantité. Il suffit de dire qu'ils servent de nourriture à une infinité d'oiseaux qui leur font la guerre. Ces oiseaux sont communément appelés *guanaes*, parmi lesquels il y a beaucoup d'*alcatras*, espèce de cormoran. Quelquefois, en s'élevant des îles, ils forment comme un nuage qui obscurcit le soleil. Ils mettent une heure et demie à deux heures pour passer d'un endroit à un autre, sans qu'on voie diminuer leur multitude. Ils s'étendent au-dessus de la mer et occupent un grand espace; après quoi ils commencent leur pêche d'une manière fort divertissante; car, se soutenant dans l'air en tournoyant à une hauteur assez grande, mais proportionnée à leur vue, aussitôt qu'ils aperçoivent un poisson ils fondent dessus la tête en bas, serrant les ailes au corps et frappant avec tant de force qu'on aperçoit le bouillonnement de l'eau d'assez loin. Ils reprennent ensuite leur vol en avalant le poisson. Quelquefois ils demeurent longtemps sous l'eau et en sortent loin de l'endroit où ils s'y sont précipités, sans doute parce que le poisson fait effort pour échapper et qu'ils le poursuivent, disputant avec lui de légèreté à nager... On a observé au Callao que les oiseaux qui se gîtent entre les îles et les îlots situés au nord de ce port, vont, dès le matin, faire leur pêche du côté du sud, et reviennent le soir dans les lieux d'où ils sont partis. Quand ils commencent à traverser le port, on n'en voit ni le commencement ni la fin. »

On estime que la quantité de guano existant dans les îles du Pérou a dû être de 378 millions de quintaux métriques; les gisements sont telle-

(1) Correspondant à 12,97 de phosphate de chaux.
(2) Correspondant à 11,78 de phosphate de chaux.
(3) Voyez sur ce sujet une conférence de M. Frankland (*Revue des cours scientifiques*, 1868-1869, t. VI, p. 44), et un article de M. Blerzy dans l'*Annuaire scientifique de 1869* (Masson).

(1) Ce courant a été étudié par de Humboldt: il porte son nom [voyez *Cosmos*, t. I, p. 363]. Ce n'est pas seulement dans le Pacifique que le poisson affectionne les eaux froides : on assure que dans la mer du Nord les pêcheurs emploient souvent le thermomètre pour se guider dans la recherche du poisson.

ment considérables que l'on a douté qu'ils fussent bien réellement fournis par des déjections d'oiseaux appartenant à l'époque actuelle. Humboldt était très-enclin à les considérer comme antédiluvien, comme des amas de coprolithes ayant conservé leur matière organique originelle. Il reculait devant l'âge qu'il faudrait assigner à ces dépôts dont l'épaisseur atteint quelquefois 30 mètres, parce qu'il supposait qu'en trois siècles les déjections des oiseaux qui fréquentent les îles de Chincha ne dépasseraient pas une épaisseur de 1 centimètre.

M. F. de Rivero croit, au contraire, que cette prodigieuse accumulation de guano est tout naturellement expliquée par la multitude des guanaes; si aujourd'hui, dit-il, malgré la persécution qu'ont soufferte et que souffrent encore les guanaes, on en voit néanmoins des milliards sur les récifs et sur les sommets escarpés des îlots, qu'était-ce avant l'occupation du Pérou par les Européens, lorsqu'ils étaient pour ainsi dire les seuls habitants du littoral? Il ajoute que pour concevoir la formation du guano des îles Chincha, évalué à 500 millions de quintaux espagnols, il suffit d'admettre, ce qui n'a rien d'exagéré, qu'un oiseau rend chaque nuit une once d'excrément et que toutes les vingt-quatre heures, 264,000 de ces oiseaux fonctionnent dans les *huaneras*. En 6,000 ans, M. F. de Rivero ne va pas au delà par égard pour la date du déluge, le guano déposé pèserait 361 millions de quintaux et l'on ne doit pas oublier qu'aux déjections se sont ajoutées naturellement les dépouilles des oiseaux. 264,000 guanaes habitant à la fois les îles de Chincha est un nombre que l'on ne répugne aucunement à accepter quand on a vu se mouvoir ces nuées de volatiles. Ce nombre peut d'ailleurs subir une sorte de contrôle. Les guanaes ne pêchent que pendant la journée; la nuit ils se retirent dans les huaneras; dans l'hypothèse de M. de Rivero, les îles de Chincha en recevraient 264,000, et chacun d'eux pourrait y occuper une surface de 4 mètres carrés sur laquelle il se trouverait parfaitement à l'aise.

Les premières notions sur la composition du guano sont dues à Fourcroy et Vauquelin; dans un échantillon rapporté par de Humboldt des îles Chincha, ils ont trouvé [*Annales de Chimie*, t. LVI, p. 258] :

1° De l'acide urique, en partie saturé par de l'ammoniaque et par de la chaux;

2° De l'acide oxalique combiné à de l'ammoniaque et à de la potasse;

3° De l'acide phosphorique uni aux mêmes bases et à de la chaux;

4° De petites quantités de sulfate de potasse, de chlorure de potassium et de chlorhydrate d'ammoniaque;

5° Un peu de matières grasses;

6° Du sable en partie quartzeux, en partie ferrugineux.

Toutes les analyses ayant été faites depuis, en vue des applications agricoles, on s'est généralement borné à doser l'azote, l'ammoniaque, les phosphates et la matière organique. Nous donnons ci-joint un certain nombre d'analyses de guanos.

GUANOS AMMONIACAUX ET PHOSPHATÉS.

	Angam·s, sur la côte de Bolivie (guano blanco).		Iles de Chincha.	Lobos.	Pabellon de Pica (1).	Ile de Los Patos (2).	Bolivie.
Matières organiques	70,21	52,92	52,52	46,10	33,50	32,45	23,00
Phosphate de chaux	5,75	18,60	19,52	29,30	28,80	27,45	41,78
Acide phosphorique	3,48	1,08	3,12	3,71	2,70	3,37	3,17
Sels alcalins	9,37	8,99	7,56	11,54	14,45	7,38	11,71
Silice et sable	3,55	7,08	1,66	2,55	5,05	2,55	7,34
Eau	7,64	11,33	15,82	16,80	15,50	26,80	13,00
	100,00	100,00	100,00	100,00	100,00	100,00	100,00
Phosphate de chaux soluble	7,55	2,35	6,76	8,03	5,85	7,30	7,20
Phosphate de chaux insoluble	5,75	18,60	19,52				
Phosphate total	13,30	20,95	26,28				
Azote dosé	20,09	14,38	15,29	10,80	6,13	5,92	3,38
Ammoniaque toute formée							

GUANOS AMMONIACAUX ET PHOSPHATÉS (Analyses de M. Nesbit).

	Guano de l'île d'Élide, près de la côte de Californie (3).			Guano des îles Falkland (4).		
	I.	II.	III.	I.	II.	III.
Matières organiques	34,50	33,00	27,37	28,60	18,00	17,35
Phosphate de chaux tribasique	24,05	25,97	14,35	20,28	20,12	16,61
Acide phosphorique	2,19	2,00	»	»	»	»
Phosphate de fer et d'alumine	»	»	13,80	3,73	5,50	4,85
Sels alcalins	7,16	10,13	»	4,90	9,31	»
Sulfate de chaux hydraté	»	»	9,46	4,45	9,87	29,14
Carbonate de chaux	»	»	3,12	»	»	»
Silice et sable	3,60	3,80	25,90	23,93	26,60	28,65
Eau	28,50	25,00	6,00	19,00	10,60	3,40
	100,00	100,00	100,00	100,00	100,00	100,00
Phosphate de chaux soluble bibasique	4,75	5,45				
Azote dosé	6,98	5,71	1,34	2,26	0,56	0,63
Représentant ammoniaque	8,46	6,93	1,62	2,74	0,68	0,77

(1) Par 21° de latitude sud, sur la côte péruvienne (Nesbit).
(2) Près de la côte de Californie.
(3) Gisement plus au sud que l'embouchure du Rio Loa.
(4) Dans l'océan Atlantique méridional, par 62° 40′ longitude ouest et 51° 20′ latitude sud. On les appelle aussi es Malouines.

GUANOS DE DIVERSES LOCALITÉS
particulièrement
DE LA MER CARAÏBE (GOLFE DU MEXIQUE).

	Ilot de Pedro-Key, côte de Cuba.	Côte du Mexique. I.	Côte du Mexique. II.
Matières organiques	6,16	17,96	18,56
Phosphate de chaux tribasique	48,52	8,01	25,60
Sels alcalins	0,90	6,89	»
Chaux	0,85	»	»
Magnésie	1,09	»	»
Sulfate de chaux hydraté	1,92	9,51	10,86
Carbonate de chaux	21,71	1,82	46,14
Oxyde de fer et d'alumine	1,00	5,09	»
Silice et sable	0,45	38,38	0,60
Eau	17,40	12,34	3,24
	100,00	100,00	100,00
Azote dosé	0,28	3,45	0,21
Représentant ammoniaque	0,34	4,19	0,26

On a importé depuis quelques années en Europe un guano terreux provenant des îles Baker et Jervis dans l'océan Pacifique. D'après les analyses de M. Liebig, ces engrais présenteraient la composition suivante :

GUANO BAKER.

Phosphate de chaux tribasique ($P^2O^5.3CaO$)	78,798
Phosphate de magnésie	6,125
Phosphate de fer	0,126
Sulfate de chaux	0,131
Acide sulfurique, potasse, soude, chlore, matières organiques et eau	14,950
	100,133

GUANO JERVIS.

Phosphate de chaux tribasique ($P^2O^5.3CaO$)	17,397	33,43
Phosphate de chaux bibasique ($P^2O^5.2CaO$)	16,026	
Phosphate de magnésie	1,241	
Phosphate de fer	0,160	
Sulfate de chaux	44,549	
Acide sulfurique, potasse, soude, chlore, matières organiques et eau	20,886	
	102,259	

Il arrive habituellement que le guano renferme des nitrates qui ajoutent singulièrement à sa valeur comme engrais; aussi, quand on fait l'analyse d'un guano, faut-il non-seulement y doser l'azote par la chaux sodée, mais encore y rechercher les nitrates; M. Boussingault a trouvé, en effet, dans différents guanos, les quantités suivantes de nitrates qui sont loin d'être négligeables.

NITRATES EXPRIMÉS EN NITRATE DE POTASSE
dans 1 kilogramme de guano.

	Grammes.
Guano du Pérou	4,70
— des îles de Chincha	3,80
— des îles de Chincha	1,10
— blanco	2,75
— du Chili	6,0
— terreux des îles Jervis	5,0
— terreux des îles Baker	3,2
— du golfe du Mexique	0,1
— de chauves-souris, d'une grotte des Pyrénées	20,0

Quand le guano a été pendant la traversée plus ou moins mouillé, il perd de sa teneur en azote. Dans un même chargement M. Nesbit a dosé dans 100 p. de guano :

	Non altéré.	Altéré.	Très-altéré.	Mouillé.
Azote	14,8	11,8	9,9	8,4

Les quantités d'azote contenues dans le guano sont donc extrêmement variables, nous les résumerons dans le tableau suivant :

Origines.	Azote dans 100 p.	Autorités.
Angamos	17,2	Nesbit, moy. de 8 dosages.
Iles de Chincha	14,3	
—	14,0	Boussingault.
—	13,1	Boussingault.
Pérou, sans autre désignation	13,4	Payen et Boussingault.
Pérou, guano blanco	16,9	Girardin.
Huanera de Pabellon et Pica	6,0	Nesbit, moy. de 3 dosages
Pérou. Ile de Lobos	7,5	Nesbit, moy. de 2 dosages
Bolivie	8,7	Nesbit, moy. de 15 dosages
Chili	5,2	Nesbit.
Chili	3,8	Girardin, moy. de 4 dosages.
Patagonie	2,2	— —
— Iles Falkland	1,9	Nesbit, moy. de 10 dosages.
Californie	4,4	Nesbit, moy. de 6 dosages.
Afrique. Iles d'Ichaboe	4,0	— —
Afrique. Baie Saldanha	1,0	Nesbit, moy. de 5 dosages.
Océan Pacifiq. Ile Baker	0,6	Nesbit.
Océan Pacifiq. Ile Jervis	0,3	Barral.
Océan Pacifiq. Ile Jervis	0,4	Nesbit.
Océan Pacifiq. Ile Galapagos	0,7	Boussingault.
Antilles	0,2	Nesbit, moy. de 12 dosages.
Australie. Baie de Schark	0,6	Nesbit, moy. de 3 dosages.

Si le guano renferme des sels ammoniacaux solubles dans l'eau, il contient aussi une proportion notable de phosphate de chaux insoluble et on pourrait être étonné de son efficacité, puisqu'un seul des deux principes des engrais s'y rencontre à l'état assimilable, si on n'avait étudié les réactions qui se produisent entre les différents éléments qu'il renferme. — On sait que le phosphate de chaux est légèrement soluble dans le sulfate d'ammoniaque, ou au moins que, lorsqu'on agite du phosphate de chaux dans une dissolution de sulfate d'ammoniaque, il se dissout une certaine quantité d'acide phosphorique; mais cette réaction se trouve singulièrement activée par la présence de l'oxalate d'ammoniaque qui existe dans le guano; si, en effet, on commence par laver le guano de façon à lui enlever les sels solubles qu'il renferme et notamment l'oxalate d'ammoniaque qu'il est facile de faire cristalliser par l'évaporation de l'eau de lavage, puis qu'on laisse la matière ainsi modifiée en contact avec l'eau, on trouve qu'après vingt-cinq jours l'eau n'a dissous qu'une quantité d'acide phosphorique correspondant à 3 grammes de phosphate tribasique; tandis que, si on met le guano non lavé en contact avec l'eau, on trouve après le même temps que celle-ci s'est chargée d'une quantité d'acide phosphorique correspondant à 76 grammes de phosphate tribasique.

« Avant d'aller plus loin, ajoute M. Malaguti (1), à qui on doit ces intéressantes observations, qu'il me soit permis de rapprocher cette expérience de laboratoire de ce qui se passe en grand lorsqu'on emploie le guano comme engrais.

« On sait que le guano produit peu d'effet dans les années très-sèches, et que la condition la plus favorable au développement de l'action fertilisante de cet engrais, c'est une légère pluie succédant à son épandage. N'est-il pas évident que cette pluie contribue non-seulement à faire pénétrer dans le sol les principes naturellement solubles du guano, mais à rendre solubles d'autres principes qui ne le sont pas par eux-mêmes? »

Le guano du Pérou est l'objet de nombreuses falsifications, les acheteurs doivent exiger que les sacs dans lesquels il leur est livré portent des plombs à la marque des consignataires du guano péruvien; un de ces plombs porte les mots « guano du Pérou, » l'autre « gouvernement du Pérou, » avec une corne d'abondance.

(1) *Répert. de Chim. appl.*, 1862, t. IV, p. 113. — Voyez aussi, même recueil, même volume, p. 65, un mémoire de M. Liebig.

Le prix du guano du Pérou est de 35 francs les 100 kilogrammes en quantités plus grandes que 10,000 kilogrammes, et de 37 fr. 50 en quantités moindres que 10,000 kilogrammes.

Les quantités de guano importées en France ne sont pas très-considérables :

Années.	Nombre de kilog. exportés.
1857	51,85[illegible],698
1858	37,724,316
1859	32,978,130
1860	39,578,587
1861	38,234,337
1862	45,872,286
1863	67,783,303
1864	68,903,900
1865	47,412,541
1866	56,896,800

Colombine et poulaille. — On emploie souvent comme engrais la fiente des pigeons et des oiseaux de basse-cour. Ces matières sont très-riches en azote, ce qui est facile à comprendre puisque la partie blanche de la fiente de ces animaux est de l'acide urique presque pur.

La colombine renferme 8,3 % d'azote.

Engrais de poisson. — Les résidus des pêcheries sont des engrais actifs; ils sont malheureusement très-loin d'être utilisés complétement. Un industriel qui a rendu de grands services au commerce des engrais, M. de Molon, a indiqué un procédé d'une exécution facile pour utiliser les débris de poisson. Ceux-ci sont d'abord cuits, puis ensuite soumis à l'action d'une presse qui en fait écouler l'eau et l'huile qu'ils renferment; la matière desséchée est pulvérisée dans un moulin. Elle constitue un engrais d'une grande richesse, ainsi qu'il ressort de l'analyse suivante, due à M. Payen :

Eau	1,00
Matières organiques azotées	80,10
Sels solubles consistant principalement en carbonate d'ammoniaque et traces de sulfate et chlorure de sodium	4,50
Phosphate de chaux et de magnésie	14,10
Carbonate de chaux	0,06
Silice	0,02
Magnésie et perte	0,22
	100,00

En d'autres termes, les analyses indiquent dans la poudre de poisson desséché :

12,0 % d'azote;
16,1 % de phosphates.

C'est une richesse plus grande que celle du guano de bonne qualité, qui ne contient guère en moyenne que 10 % d'azote et 14 % de phosphates.

M. Moussette, qui a été employé pendant plusieurs années dans les fabriques d'engrais de poisson, a donné les nombres suivants :

	Azote p. 100.	Phosphate de chaux.
Chair de poisson en poudre (desséchée)	11,71	17,30
Os de poisson en poudre	3,84	53,70
Résidus de morue en poudre	8,73	28,75

Les usines de M. de Molon furent établies d'abord à Concarneau, puis à Terre-Neuve; ce dernier établissement a disparu par suite de la chute d'une compagnie financière à laquelle il avait été vendu.

M. Rohart, habile fabricant d'engrais, a repris récemment cette industrie, et il a installé aux îles Loffoden, en Norwége, une usine importante.

Les pêcheries de la Norwége produisent annuellement de vingt à vingt-cinq millions de morue; jusqu'ici les débris de ces poissons étaient jetés à la mer. M. Rohart, au contraire, les recueille et les fait d'abord sécher à l'air, il les soumet ensuite à l'action de la vapeur sous une pression de 7 ou 8 atmosphères, puis il les dessèche; les débris deviennent ainsi très-friables et, réduits en poudre dans des moulins, ils constituent un engrais très-actif, qui renferme 9 % d'azote et 30 % de phosphates; son prix est de 25 francs les 100 kilogrammes.

Quand on songe à l'immense quantité de poissons non comestibles que renferme la mer, on doit penser que le temps n'est pas loin où la pêche ayant pour but la fabrication des engrais prendra un grand développement.

Sang. — Le sang se corrompt si facilement que, pour l'employer comme engrais, il faut toujours lui faire subir une préparation. On le coagule soit à feu nu, soit à l'eau bouillante dans de grandes chaudières; on enlève à l'aide de larges écumoires la partie coagulée, puis on la soumet à une forte pression, pour en extraire la plus grande partie du liquide dont elle est imprégnée; les pains ainsi préparés sont desséchés à l'étuve; pour éviter la putréfaction du sang pendant les opérations, on l'additionne parfois d'une certaine quantité de chlorure de manganèse, résidu des fabriques de chlore. Le sang qui a subi ainsi l'action d'une température suffisante pour amener la coagulation de l'albumine est connu sous le nom de *sang sec insoluble*; celui qui, au contraire, a été desséché à une basse température et pourrait redevenir liquide si on le mélangeait à l'eau, est désigné sous le nom de *sang sec soluble*.

D'après M. Soubeiran, le sang préparé pour engrais dans l'usine d'Aubervilliers renferme :

Eau	170,0
Matières animales	780,0
Phosphate des os	3,3
Sels divers et matières terreuses	46,7
	1000,0

A l'état marchand, il contenait 150 millièmes d'azote; desséché, il en contenait 180 millièmes. Le sang liquide des clos d'équarrissage contient 27 millièmes d'azote; lorsqu'il a été coagulé par la chaleur et pressé, mais non desséché, il en contient 45 millièmes. Le sang liquide des abattoirs contient moyennement 29 millièmes 1/2 d'azote, et 148 millièmes lorsqu'il a été bien desséché.

Le sang provenant des abattoirs de Paris est en partie exporté vers les îles à sucre, où il est employé à la culture de la canne. Il est curieux qu'on n'ait pas songé jusqu'à présent à utiliser le sang des nombreux animaux abattus dans la Plata. D'après M. Schneff (1), les cendres d'os provenant des squelettes des animaux, seul combustible employé dans les usines du pays, absorbent très-bien le sang et forment avec lui une poudre presque inodore qui aurait une haute valeur comme engrais.

Chair musculaire. — On a proposé différents procédés pour transformer en engrais la chair musculaire; nous empruntons à M. Isidore Pierre la description d'opérations pratiquées à Aubervilliers [*Chimie agricole*, 3e édit., p. 344], où l'on abat un grand nombre d'animaux. On les saigne d'abord sur un sol dallé en pente, qui permet de recueillir tout le sang à part; on les dépouille et on les dépèce ensuite par gros morceaux, que l'on arrange dans de grandes caisses ou cuves en bois, qui peuvent contenir jusqu'à 30 et même 36 chevaux, puis on y fait arriver un jet de vapeur

(1) Lettre adressée au ministre de l'agriculture. — *Enquête sur les engrais industriels*, 1866, t. II, p. 249.

d'eau. Suivant la température de cette vapeur, la cuisson peut durer de 12 à 14 heures; mais on a reconnu quelques avantages à opérer la cuisson à une température peu élevée.

On trouve au fond de la cuve une masse liquide formée de trois parties superposées.

La couche supérieure est formée de graisse, que l'on enlève avec des cuillers et que l'on emploie à divers usages. Cette graisse est d'une qualité d'autant plus élevée que la cuisson s'est opérée à une température plus basse. La couche moyenne est une eau chargée de gélatine. La couche inférieure est un mélange de sang et de matières charnues; cette matière desséchée renferme encore 8 à 9 % d'eau, 13 % d'azote environ, et à peu près 2,4 de phosphate de chaux.

M. Robart a préparé pendant plusieurs années, sous le nom de *tourteaux de matières animales*, un engrais formé de menus déchets de boucherie et de détritus des abattoirs de la ville de Paris débarrassés des corps gras qu'ils renfermaient. Cette matière, assez difficile à broyer, contient en moyenne 5 % d'azote et 4,7 de phosphates [*Répert. de Chim. appliquée*, 1860, t. II, p. 41].

Tout récemment [*Ann. de Chim. et de Phys.*, 1868, (4), t. XIV, p. 199], M. le docteur Boucherie a imaginé un procédé nouveau pour transformer les chairs musculaires en un engrais puissant et facile à employer. Sous l'influence de l'acide chlorhydrique agissant à chaud, la désagrégation ou la dissolution des os, même les plus compactes, s'effectue promptement; la gélatine se dissout et perd ses propriétés collantes; la graisse est isolée, fondue, et les chairs elles-mêmes se dissolvent et se désagrégent. Lorsque la cuisson est terminée, la liqueur acide renferme, outre des matières animales désagrégées, du chlorhydrate et du phosphate d'ammoniaque, du phosphate de chaux tenu en dissolution par l'excès d'acide chlorhydrique; on sature par des os triturés ou par des phosphates fossiles en poudre; on sépare alors les parties solides des liquides, et les premières sont séchées à l'air: elles renferment 10 % d'azote. Les engrais solides ou liquides, ou mélangés au fumier de ferme, ont produit une augmentation sensible de récolte.

Les chiffons de laine, les débris de cornes, de sabots, griffes, ongles, etc., peuvent être encore considérés comme des engrais actifs.

Les chiffons de laine ont été particulièrement utilisés en Champagne, où ils ont donné les résultats les plus avantageux; on les emploie souvent mélangés au fumier.

Nous donnons dans le tableau suivant la composition de quelques matières animales employées comme engrais.

Désignation des engrais.	Azote contenu dans 1000 p. d'engrais.	Quantité équivalant à 100 kil. de fumier de ferme.
Chiffons de laine	179,8	3,3
Cornes, sabots	66,0	9,2
Râpure de corne	143,6	4,1
Bourre de poils de bœuf	137,8	4,4
Chair musculaire séchée à l'air	130,4	4,6
Sang insoluble séché en grand	148,7	4,0
Sang sec soluble (tel qu'on l'expédie)	121,8	4,9
Sang coagulé et pressé	45,1	13,3
Sang liquide des abattoirs de Paris	29,4	20,4
Pains de creton (à l'état marchand)	118,7	5,0
Rognures de cuir désagrégé	93,1	6,4
Marc de colle des fabriques (tel qu'on le trouve dans le commerce)	37,3	16,1
Résidus de colle d'os	5,3	112,0
Morue salée altérée	67,0	8,9
Colombine	83,9	7,1
Litière de vers à soie (5e et 6e âges)	32,8	18,8

FUMIER DE FERME.

Le fumier de ferme est le plus ancien et le plus important de tous les engrais; il est formé par le mélange, puis la combinaison des déjections des animaux avec diverses matières végétales employées comme litières. Avant d'examiner les matières qui résultent des réactions des substances ammoniacales sur les principes extractifs des litières, nous indiquerons quelle est la composition des matières employées à la fabrication du fumier.

COMPOSITION DE DIVERSES URINES.

Substances dosées.	Mouton, Bélier.	Cheval.	Vache, Bœuf.	Homme.	Chèvre.	Porc.	Veau.
Eau	894	905	914	952	982	982	994
Mat. organiq.	10	55	55	85	9	5	25
Mat. minérales	26	40	31	13	9	13	35
Azote (par kil.)	16,8	17,5	15,2	14,5	»	25	»
Acide phosphorique (par kil.)	0,005	trac.	trac.	0,26	»	0,05	»

On évalue à 3,000 kilogrammes la quantité d'urine rendue par une vache pendant une année; un cheval fournit au moins 1,200 kilogrammes d'urine par an; celle que fournit un homme est de 3 à 400 kilogrammes.

Les excréments solides du bétail sont un mélange de bile, de sécrétions intestinales, de matières ligneuses non digestibles, de substances nutritives échappées à la digestion et enfin d'eau en très-forte proportion.

D'après MM. Girardin, Payen et Boussingault, les excréments des animaux de la ferme présenteraient la composition suivante:

Nature des matières dosées.	Vache.	Cheval.	Porc.	Mouton.
Eau	79,724	78,36	75,00	68,71
Mat. organiques	16,046	19,10	20,15	23,16
Mat. minérales	4,230	2,54	4,85	8,13
Azote	0,32	0,55	0,70	0,73
Ac. phosphorique	0,74	1,22	3,37	1,59

Les excréments mixtes des animaux de la ferme présentent, d'après MM. Boussingault et Payen, la composition suivante, qui permet de fixer leur équivalent en fumier de ferme (renfermant 0,587 d'azote) représenté par 100.

		Azote.	Acide phosphorique.	Équivalents d'après l'azote en fumier de ferme
Excréments mixtes	de vache	0,41	0,55	143,0
	de cheval	0,74	1,12	79,2
	de porc	0,37	3,44	158,6
	de mouton	0,91	1,32	64,4

Les matières animales ne sont pas les seules sources d'azote ou d'acide phosphorique qui servent à la confection des fumiers; on utilise parfois aussi les eaux ammoniacales provenant des usines à gaz, et les phosphates fossiles.

Quelques cultivateurs reçoivent les excréments des animaux sur de la terre étendue dans les étables et les écuries en guise de litière; si cette pratique a le grave inconvénient d'augmenter les frais de transport, si elle ne permet pas la combinaison de l'ammoniaque avec la matière végétale qui caractérise le bon fumier, elle a l'avantage d'assurer la conservation des urines qui se perdent souvent en quantité notable dans les étables non pavées; elle absorbe aussi l'ammoniaque et atténue singulièrement l'odeur de cette base qui est souvent répandue en quantité si notable dans les bergeries. Il est à remarquer que les moutons particulièrement se trouvent très-bien des litières terreuses et qu'ils les préfèrent à la paille. Lorsque, dans une bergerie pavée, on lite une partie du sol avec une substance terreuse et le reste avec de la paille, les bêtes vont se coucher sur la première.

La plupart du temps on emploie comme litière les pailles de céréales qui présentent la composition suivante :

Matières dosées.	Paille de Blé.	Paille de Seigle.	Paille de Orge.
Albumine	31	15	19
Phosphate et autres sels	60	30	40
Matières organiques non azotées	786	769	799
Eau	123	186	144
	1000	1000	1000

On donne la préférence aux pailles des céréales non-seulement parce qu'elles sont abondantes dans les exploitations rurales, mais aussi parce que leur structure tubulaire leur permet de s'imbiber plus facilement des liquides des étables. On voit, en effet, d'après le tableau suivant dû à M. Boussingault, que les autres matières, employées comme litières, n'absorbent pas, à beaucoup près, autant de liquide que les pailles.

Noms des matières absorbantes.	Après 24 h. d'imbibition, 100 kilog. des matières ont retenu d'eau.	Nombre de kilog. de matières pour remplacer comme litière absorbante 100 kilog. de paille de blé.
Paille de blé	220 kilog.	» kilog.
— d'orge	285 —	77 —
— d'avoine	228 —	96 —
— de colza	200 —	110 —
Feuilles de chêne tombées	162 —	136 —
Bruyère	100 —	220 —
Sable quartzeux	25 —	880 —
Marne	40 —	550 —
Terre végétale séchée à l'air	50 —	440 —

Le tableau suivant donne la richesse en azote et en acide phosphorique des matières végétales, le plus habituellement employées comme litières ou ajoutées au fumier.

	Cendres sur 100.	Acide phosphorique sur 100.	Azote sur 100.	Équiv. en fumier de ferme.
Paille de blé récente	3,518	0,22	0,24	166,66
— — ancienne	»	0,21	0,49	81,60
— de seigle	2,793	0,15	0,17	235,29
— d'orge	5,244	0,20	0,23	178,90
— d'avoine	5,734	0,21	0,28	142,85
Balles de froment	»	0,57	0,85	47,05
Paille de millet	4,855	0,03	0,78	51,28
— de maïs	3,985	0,86	0,19	210,50
Fanes de colza	3,873	0,30	0,75	53,33
— de vesce	5,101	0,28	0,10	400,00
— de sarrazin	3,203	0,28	0,48	83,33
— de fèves	3,121	0,22	0,20	200,00
— de lentilles	3,899	0,48	1,01	39,60
— de pois	4,971	0,49	1,79	22,34
— de haricots	»	»	0,10	400,00
— de pomm. de terre	1,73	»	0,55	72,72
— de topinambours	2,76	»	0,37	108,10
— d'œillette	»	»	0,95	42,10

Il n'entre pas dans le cadre de cet article d'indiquer les dispositions variées qui sont données dans les fermes aux fosses à fumier (1), mais nous devons au contraire signaler les réactions qui se produisent entre les différents éléments mis en présence. Si l'on examine une tranche pratiquée dans un tas de fumier, où s'accumulent chaque jour les litières, on est bientôt frappé de reconnaître qu'à la partie supérieure, les pailles ont conservé leur aspect primitif, qu'elles ont singulièrement noirci vers le milieu, et qu'enfin à la partie inférieure du tas, dans la partie la plus ancienne par conséquent, ces pailles désagrégées sont à peine reconnaissables ; le fumier s'est là transformé en un produit brun connu sous le nom de *beurre noir*.

Les réactions qui se passent dans un tas de fumier sont certainement des plus complexes ; il s'y développe une combustion lente capable de maintenir toute la masse à une température voisine de 40°, et si on examine, comme nous l'avons fait à Grignon, la composition de l'air confiné dans le fumier, on y trouve peu ou pas d'oxygène, mais seulement de l'acide carbonique et de l'azote ; les actions réductrices y dominent au reste de la façon la plus évidente, puisqu'on trouve des cristaux de soufre dans les fumiers qui ont été plâtrés. La combustion lente qui se produit dans le tas de fumier explique la diminution de poids considérable qu'il éprouve peu à peu et l'utilité qu'il y a de la ralentir par des arrosements de *purin*, c'est-à-dire à l'aide du liquide qui s'écoule à la partie inférieure du tas et qui, dans les fosses à fumier bien faites, est reçu dans un réservoir inférieur, d'où il est remonté en temps utile à l'aide d'une pompe.

M. Paul Thenard a étudié, avec beaucoup de zèle et de persévérance, les métamorphoses qui prennent naissance dans les fumiers.

Si, d'après lui, on lessive un fumier âgé de plus de quinze jours et placé d'ailleurs dans des conditions de bonne fermentation et qu'on traite les eaux de lavage par l'acide chlorhydrique, il se précipite une matière brune, qui a toutes les propriétés de l'acide humique, mais non la composition, car elle contient 4,4 % d'azote, et l'acide humique n'est pas azoté.

Peu à peu cependant l'ammoniaque provenant de l'hydratation de l'urée se fixe sur la matière végétale de la litière, et les eaux de lavage du fumier sont de moins en moins colorées ; après deux mois elles sont encore brunes, mais, quand elles ont passé sur un fumier de quatre mois, elles restent incolores.

Cette première observation indique comment M. Thenard a pu distinguer trois groupes de corps azotés, qui se forment successivement et dans l'ordre suivant :

1° Le groupe des corps bruns solubles dans tous les réactifs, qui prend naissance au moment où les matières ammoniacales commencent à réagir sur la litière.

On obtient, quand on fait couler de l'ammoniaque en dissolution dans l'eau sur de la paille contenue dans une allonge, une liqueur assez fortement colorée qui renferme sans doute un de ces corps *fumiques*.

2° Le groupe des corps bruns insolubles dans les acides et dans tous les réactifs, sauf la potasse, la soude, l'ammoniaque, leurs carbonates et leurs phosphates.

3° Le groupe des corps bruns insolubles dans tous les réactifs, qu'ils soient acides, neutres ou alcalins.

Pour reconnaître plus aisément ce qui se passe dans ces réactions complexes, M. Paul Thenard a eu recours non-seulement à l'analyse, mais aussi à la synthèse ; il remarque d'abord que les corps existant dans le fumier, les corps fumiques, ne prennent naissance qu'autant que des matières végétales sont associées aux substances animales. En effet, quand on laisse putréfier de l'urine, tout l'azote passe très-rapidement à l'état de phosphate, de benzoate et de carbonate d'ammoniaque, mais on n'obtient jamais de corps *fumique*.

Quand on analyse les fumiers que les pauvres gens amoncellent péniblement en ramassant les excréments que les animaux sèment le long des

(1) Le lecteur consultera avec fruit sur ce sujet : *La fosse à fumier*, par M. Boussingault (Béchet, 1858) et l'ouvrage de M. Girardin intitulé : *Les fumiers* (Masson, 1864).

rentes, on y trouve relativement très-peu de corps fumiques et encore moins de sels ammoniacaux; il n'existe pas non plus d'acide fumique dans les terres des cimetières, d'où il faut conclure que les corps fumiques sont le résultat de la combinaison de la matière ammoniacale avec certains éléments végétaux qui existent dans les litières, mais non dans les déjections solides ou liquides des animaux. Or, comme, dans les déjections solides des herbivores, le ligneux et la cellulose sont très-abondants, ce ne sont donc pas eux qui constituent ces premiers éléments capables de fixer l'azote, et tout porte à penser qu'on doit les rencontrer parmi les matières des végétaux qui n'ont pas traversé le tube intestinal, c'est-à-dire dans les parties extractives des litières.

Guidé par ces observations, M. Paul Thenard a fait réagir l'ammoniaque sur la glucose, maintenue à 100°; à cette température, l'absorption de l'ammoniaque a lieu avec vivacité et il passe à la distillation de l'eau, tenant en dissolution du carbonate d'ammoniaque; le produit ainsi obtenu est nommé par M. Thenard *glucose azotée;* il renferme 9,72 % d'azote, il est soluble dans tous les réactifs, sauf dans l'alcool, qui le précipite de ses dissolutions; contrairement à la plupart des matières organiques azotées, il ne donne pas d'ammoniaque par l'ébullition dans une solution de potasse concentrée, et il faut une température de plus de 1000° pour en dégager tout l'azote; enfin chauffé avec de la potasse, il engendre une quantité de cyanure de potassium, correspondant à celle de son azote.

M. P. Thenard considère ce corps comme formé par l'union de 2 molécules de glucose, de 2 molécules d'ammoniaque avec élimination de 6 molécules d'eau.

Cette réaction capitale ne réussit pas avec la cellulose et le ligneux, mais elle prend encore naissance avec un extrait concentré de paille.

La glucose azotée est pour M. P. Thenard le produit caractéristique du premier groupe des corps fumiques. Pour faire comprendre la formation des corps du second groupe, le savant agronome met en contact pendant quinze ou vingt jours de l'humate d'ammoniaque et de la glucose azotée; celle-ci s'unit directement et donne un produit contenant 4,40 % d'azote et représentant, à peu de chose près, la combinaison de 1 équivalent d'acide humique avec 1 équivalent de glucose azotée; la matière ainsi obtenue est soluble dans les alcalis, aussi a-t-elle reçu le nom d'*acide fumique*. Elle prend naissance dans le fumier par une réaction analogue à celle que nous venons de décrire; on conçoit facilement, en effet, que les matières végétales donnent de l'acide humique qui, réagissant sur le carbonate d'ammoniaque, fournit de l'humate d'ammoniaque qui se combine ainsi à la glucose azotée pour fournir le produit caractérisant le second groupe des corps fumiques.

Quant au troisième groupe, bien que par suite de l'inertie des matières qui le composent il soit impossible de séparer les corps fumiques qu'il recèle des matières humiques et ligneuses qui les accompagnent, on reproduit si aisément par la synthèse des corps analogues, et on les reproduit dans des conditions si semblables, que son étude n'a rien de difficile.

Quand, en effet, on traite de la glucose azotée par un excès de glucose pur, on obtient rapidement un corps remarquable par son insolubilité dans tous les réactifs, qui peut être considéré comme le type azoté du troisième groupe; il est d'ailleurs le résultat de la combinaison de 1 équivalent de glucose azotée avec 5 équivalents de glucose ordinaire.

M. P. Thenard a non-seulement étudié les réactions qui se produisent dans le fumier de ferme ordinaire, mais il ajoute ce fait très-important, que des matières animales ou des sels ammoniacaux, ajoutés en abondance au fumier, y produisent des corps fumiques avec une grande netteté, et il cite, à l'appui de cette idée, des observations recueillies par plusieurs cultivateurs qui ont réussi, en employant cette méthode, à produire des fumiers d'une grande richesse.

Les produits insolubles obtenus par les réactions du carbonate d'ammoniaque sur les matières végétales ne persistent pas indéfiniment dans le sol sous cette forme. Quand on soumet, en effet, le fumate de chaux à l'action de l'oxygène ozoné, il présente les phénomènes suivants : A l'état pur, et même en présence de l'humidité, il résiste; mais en ajoutant du calcaire, il donne un acide plus azoté, soluble, et qui dissout une quantité de chaux double de celle qui était unie à l'acide fumique. Cette réaction prend encore naissance sous l'influence de corps poreux, tels que la mousse de platine, la terre arable, etc. Le dernier terme de cette oxydation est un nitrate.

En résumé, on voit que dans le fumier, le carbonate d'ammoniaque provenant de l'hydratation de l'urée s'unit à la matière végétale pour donner un composé analogue à la glucose azotée, celui-ci, réagissant sur l'humate d'ammoniaque formé par l'union de l'acide humique produit de l'oxydation des matières végétales avec l'ammoniaque du carbonate, forme l'acide fumique, encore très-azoté, mais moins riche cependant que la glucose azotée; enfin l'acide fumique réagit à son tour sur une nouvelle quantité de matière extractive provenant sans doute de l'altération des matières cellulosiques qui ont noirci peu à peu sous l'influence combinée de l'eau et de l'air, et ont fourni une nouvelle proportion de glucose; c'est ainsi que prend naissance le produit noir insoluble connu sous le nom de *beurre noir*.

Introduites dans la terre arable, ces diverses matières y séjournent plus ou moins longtemps; tandis que la glucose azotée serait vite entraînée par les eaux pluviales dans les terres légères, elle peut, dans une certaine mesure, être employée impunément dans les terres fortes dont l'argile la retient. L'acide fumique, le second produit, se combine facilement à la chaux et persiste sous cette forme à l'état insoluble, à moins que, soumis à des influences oxydantes en présence d'un excès de calcaire, il ne se transforme en un produit soluble que M. Thenard a nommé, au commencement de ses recherches, *acide perfumique*, produit intermédiaire entre l'acide fumique et l'acide azotique, qui est le dernier terme de l'oxydation.

Quant à la matière noire, la plus complexe des matières qui prennent naissance dans le fumier, elle convient surtout à cause de son insolubilité aux terres légères; là, en effet, la glucose azotée sera bien vite entraînée par la pluie, tandis que la matière noire, ne s'oxydant que lentement, ne donne que peu à peu aux végétaux les nitrates où ils puisent l'azote nécessaire à la formation de leur matière albuminoïde.

ENGRAIS MINÉRAUX.

Phosphates. — Les analyses qu'exécuta Th. de Saussure au commencement de ce siècle lui montrèrent que les phosphates existaient dans tous les végétaux, et dès 1804 il écrivait ces mémorables paroles qui auraient dû éveiller plus tôt l'attention sur l'importance des engrais minéraux : « Le phosphate de chaux contenu dans un animal ne fait peut-être pas la 5/100e partie de son poids, personne ne doute cependant que ce sel ne soit essentiel à la constitution de ses os. J'ai trouvé ce même sel dans les cendres de tous les végétaux où je l'ai recherché et nous n'avons aucune raison pour affirmer qu'ils puissent exister sans lui. »

L'emploi des phosphates comme engrais n'est guère signalé avant le commencement de ce siècle, et il ne se répandit qu'avec une extrême lenteur; cependant, dès 1822, on exportait d'Allemagne et d'Espagne des quantités d'os assez considérables pour les usines anglaises, où ils étaient broyés et livrés à l'agriculture; en 1822 également, M. Payen signalait déjà les bons effets obtenus du noir animal; mais à cette époque on ignorait encore à quel élément des os il fallait attribuer l'influence heureuse qu'ils exerçaient sur la culture. C'est ainsi qu'on trouve dans les *Annales de Roville* le passage suivant, qui montre combien était grande encore l'ignorance en chimie agricole : « Nous pouvons négliger (dans les os) un des composés terreux, c'est-à-dire le phosphate de chaux, parce qu'étant indestructible, insoluble, il ne peut servir d'engrais, lors même qu'il se trouverait placé dans un sol humide et dans une combinaison de circonstances douée d'une puissance analytique plus grande que tous les procédés de chimie organique. »

M. Payen disait encore, en 1832 [*Mém. de la Soc. royale d'agriculture*, t. LX, 1832] : « Les os ne renferment plus, après avoir fermenté pendant quelques jours, que 2/100es environ de gélatine et n'ont plus d'utilité sensible comme engrais. » Bientôt, cependant, l'opinion changea et on s'accorde généralement à reconnaître que c'est au duc de Richmond qu'il faut attribuer la découverte de l'influence heureuse du phosphate de chaux. Il démontra d'abord, par des expériences directes sur le sol, que l'action des os calcinés ou bouillis, privés de tout ou partie de leur matière grasse et de leur gélatine, n'est guère inférieure à celle des os crus, et il en conclut, contre l'opinion générale, que le principe fertilisant des os n'est ni la graisse ni la gélatine, mais bien le phosphate de chaux. Il alla même plus loin et pensa que la chaux n'était pas la partie la plus active des os, mais l'acide phosphorique qui cédait son phosphore aux céréales.

Des expériences nombreuses suivirent celles du célèbre agronome anglais, la justesse des vues du duc de Richmond fut reconnue, et on songea bientôt à utiliser les phosphates fossiles décrits par les géologues et employés seulement dans quelques localités.

En 1818, puis en 1820, P. Berthier avait signalé l'existence en France de nodules de phosphate de chaux, disséminés au milieu des galets sur la plage du Pas-de-Calais, près de Wissant, et au cap de la Hève, près du Havre. En 1822, M. le docteur Buckland annonça la présence de nombreux débris d'animaux, riches en phosphate de chaux, dans le Yorkshire. Plus tard, en 1829, ce savant annonça encore l'existence de coprolithes ou *fossil fæces* dans le lias de Lyme-Regis (Dorsetshire). M. Buckland avait encore trouvé ces mêmes coprolithes dans plusieurs couches du terrain oolithique, dans le grès vert, dans la craie et dans diverses couches sédimentaires (1).

Successivement, M. Nesbit découvrit plusieurs gisements de ces nodules, qu'il rencontra également en France dans les mêmes formations; M. Delanoüe également signala les nodules dans le département du Nord, en 1854, et quelques échantillons furent exposés au palais des Champs-Élysées en 1855. Enfin, M. de Molon signala l'existence des nodules sur un grand nombre de points de la France, à la limite du terrain jurassique et des grès verts du terrain crétacé. En commençant au bord de la mer, on trouve des nodules au cap de la Hève et sur toute la falaise du Havre à Fécamp (Seine-Inférieure), puis en se dirigeant au nord-est, dans tout le pourtour du Bray, Saint-Sulpice, Oniard, Saint-Martin-le-Nœud, Tuilerie-Tupié, Falaise-de-Wilsant, et tout le pourtour du mamelon jurassique du Boulonnais, Leubringhem, Moulin de Pernaulle, environs d'Hardinghem et de Piennes, glaisières des tuileries de Colembert, glaisières des tuileries de Brunnembert (Somme et Pas-de-Calais). Dans le département du Nord, c'est aux environs d'Annappes et de Lezennes que se rencontrent les nodules; à Grand-Pré, à Marcq, à Apremont dans les Ardennes, on rencontre les nodules à fleur de terre; on peut les ramasser sur le sol, dans les champs, où ils se trouvent disséminés. On peut encore exploiter un gîte abondant qui se trouve presque à la surface du sol, à une profondeur qui ne dépasse pas un mètre.

« C'est encore dans les grès verts que se trouvent, dans la Meuse, les gisements des Islettes, de Clermont en Argonne, de Froidos, de Brizeau, de Triaucourt, de Revigny, enfin de Sermaize, dans la Marne » [De Molon, *Compt. rend.*, 1856, t. XLIII, p. 1178].

Plus récemment, M. de Molon, chargé d'une mission d'exploration par le ministre de l'agriculture, a précisé, dans les conditions suivantes, le gisement des nodules : « S'il résulte de nos constatations antérieures qu'on rencontre des nodules de chaux phosphatée à tous les étages de la formation crétacée, savoir : dans le néocomien, dans le sable vert inférieur, dans le gault, dans le sable vert supérieur, dans la craie chloritée, dans la craie marneuse, et dans un banc qui, quelquefois, sépare ces deux étages; il reste néanmoins acquis que les gisements *susceptibles d'exploitation* n'ont jusqu'ici été découverts que dans les grès verts inférieurs, à leur *point de contact avec l'argile du gault*, c'est-à-dire à la base de la formation crétacée, immédiatement au-dessus de l'étage supérieur du terrain jurassique dans toutes les circonstances où le gault sépare ces deux formations » [*Enquête sur les engrais industriels*, 1865, t. I; *Dépositions*, p. 383].

Parmi les localités dans lesquelles se rencontrent les nodules, nous citerons plusieurs de nos départements du Midi, l'Isère, la Drôme et la Savoie. La phosphorite ne s'y trouve, d'après M. Lory, professeur à la Faculté des sciences de Grenoble, qu'en petite quantité, mais aussi à un niveau bien défini dans une couche assez mince et à peu près continue et qui appartient également à l'étage du gault. M. de Molon a ensuite constaté l'existence de ce même gisement dans le département des Alpes-maritimes, par exemple, aux environs de Grasse, et toujours au même niveau.

Aujourd'hui, la chaux phosphatée est reconnue en France dans trente-neuf départements au moins. L'École des mines possède une nombreuse série de rognons phosphatés de ces diverses régions provenant de l'Exposition universelle de 1867 et la situation géographique des gisements se trouve résumée sur une carte d'ensemble (1).

Les os, les nodules ne sont pas les seules sources où l'agriculture puisse rencontrer les phosphates. On sait que l'apatite est assez répandue à la surface du globe et qu'il en existe notamment un gisement important à Logrosan, en Estramadure (Espagne). Ces divers filons occupent une super-

(1) Buckland, *Reliquiæ diluvianæ*, 1823; *Geological transactions*, 2e série, t. III, p. 223; — Élie de Beaumont, *Étude sur l'utilité agricole et sur les gisements géologiques du phosphore* (*Mémoires de la Société d'agriculture*).

(1) Voyez, dans les *Annales des Mines*, t. XIII, p. 67, une notice de M. Daubrée sur la découverte et la mise en exploitation de nouveaux gisements de chaux phosphatée.

ficie d'environ 30 à 50 kilomètres carrés. Parmi les filons les plus importants, on cite 1° le filon de Cotanaza, 2° le filon d'Augustias, 3° le filon de Cerilli, 4° le filon de Palouras, 5° le filon de Singol, qui peuvent être, en général, exploités à ciel ouvert, au moyen de tranchées pratiquées à la base des collines qu'ils prennent en écharpe. Logrosan est à environ 60 kilomètres de Villanueva, sur le chemin de fer de Ciudad-Real à Badajoz, qui se continue de cette ville jusqu'à Lisbonne.

On a trouvé aussi récemment l'apatite en Portugal, dans la province d'Alemtejó. On a reconnu enfin dans ce même pays des rognons de phosphate de chaux auprès des sables bitumineux exploités à Granja, district de Leizia, paroisse de Monte-Real, à proximité de la mer.

Richesse des engrais phosphatés. — La composition du noir animal est assez variable, celle des nodules l'est également, aussi croyons-nous utile d'indiquer les résultats des nombreuses analyses qui ont été faites de ces diverses matières.

RICHESSE EN ACIDE PHOSPHORIQUE ET EN PHOSPHATE DE CHAUX DES OS ET DU NOIR ANIMAL.

	Quantité, dans 100 p. de matière sèche, de :			
Engrais.	Acide phosphorique.	Phosphate de chaux.	Azote pour 100.	Analystes.
Os frais.......	21,1	46,0	»	Way.
Os bouillis....	30,2	66,0	»	—
Cendres d'os...	39,0	84,5	»	Dehérain.
Noir fin neuf...	34,6	73,1	1,12	Moride et Bobierre.
Noir ayant servi une fois.....	30,6	66,6	1,95	—
Noir fin neuf...	33,1	72,2	1,22	—
Noir ayant servi une fois.....	24,7	53,7	2,83	—
Noir ayant servi deux fois....	21,1	46,0	3,59	—
Noir fin neuf...	36,7	75,6	1,61	—
Noir ayant servi une fois.....	23,1	52,6	2,54	—
Noir ayant servi deux fois....	19,7	47,3	3,18	—
Noir de raffinerie..........	27,5	61,3	»	Dehérain.

L'apatite présente une grande richesse en acide phosphorique; voici, d'après M. Rivot, quelle serait sa composition :

Phosphate tribasique de chaux..	81,15	95,00
Fluorure de calcium............	14,90	2,75
Peroxyde de fer................	3,14	traces.
Silice.........................	1,70	2,00
	99,99	99,75

Quant aux nodules, leur richesse est très-variable; d'après un très-grand nombre d'analyses qui ont été faites par l'auteur de cet article, ils renfermeraient en moyenne 18,7 d'acide phosphorique correspondant à 40,4 de phosphate de chaux [*Recherches sur l'emploi agricole des phosphates*, 1860, p. 45]. Le nombre le plus fort est de 28,5 et 29,6 °/₀ d'acide phosphorique correspondant à 64 et 65 de phosphate de chaux.

On doit à Rivot l'analyse suivante des nodules des environs de Lille :

Eau et acide carbonique..........	30,0
Argile	1,5
Chaux............................	50,0
Acide phosphorique...............	18,0
Oxyde de fer.....................	traces.
Perte............................	0,5
	100,0

Dehérain a trouvé à deux variétés de nodules la composition suivante :

	Islettes.	Ardennes.
Silice et argile..............	38,4	26,4
Acide phosphorique..........	20,8	21,3
Chaux.........................	22,5	30,8
Magnésie......................	3,0	1,7
Oxyde de fer..................	8,8	10,0
Eau...........................	1,0	1,0
Acide carbonique et perte....	15,5	5,8
	100,0	100,0

L'analyse de l'échantillon des Islettes présente cet intérêt qu'elle démontre clairement qu'une partie de l'acide phosphorique est combinée à de l'oxyde de fer, car la quantité de chaux trouvée est insuffisante pour former, avec l'acide phosphorique, du phosphate de chaux tribasique, et, de plus, les nodules de cette provenance faisaient effervescence avec les acides, ce qui annonçait la présence du carbonate de chaux.

De l'emploi et des traitements des engrais phosphatés. — Les engrais phosphatés, os, noir animal, ou nodules réduits en poudre, peuvent être employés à l'état naturel, et leur réussite est habituelle dans les terrains de défrichement. On sait, en effet, que le phosphate de chaux des os est soluble dans l'acide carbonique; ce fait a été démontré depuis longtemps par M. Dumas [*Compt. rend.*, 1846, t. XXIII, p. 1018], par M. Lassaigne [*ibid.*, 1846, t. XXIII, p. 1019] pour le phosphate des os; MM. Pelouze fils et Dusart [*ibid.*, 1868, t. LXVI, p. 1327] ont fait remarquer que l'acide carbonique n'agissait pas seulement comme dissolvant, mais qu'il enlevait au phosphate tribasique gélatineux avec lequel il était en contact une partie de base, et qu'on trouvait dans la liqueur filtrée du carbonate de chaux et du phosphate de chaux bibasique, qui se déposait par l'évaporation sous forme d'un corps blanc cristallin, légèrement soluble dans l'eau distillée (0,28 pour 1000), plus soluble dans l'eau chargée d'acide carbonique (0,66 pour 1000); il a pour formule :

$$(PO^4H)^2Ca^2 + 5H^2O.$$

M. Bobierre [*Compt. rend.*, 1857, t. XLIV, p. 467] a montré également que le phosphate de chaux contenu dans la poudre des nodules était soluble dans l'acide carbonique en dissolution concentrée, comme on l'obtient dans les appareils à eau de Seltz.

L'acide carbonique, sous la pression ordinaire, ne dissout pas le phosphate de chaux des nodules, mais la poudre de ceux-ci, quand elle est restée exposée à l'air pendant quelques mois, acquiert une grande solubilité dans l'eau de Seltz [*Recherches sur l'emploi agricole des phosphates*, p. 60]. Il est remarquable, au reste, que cette solubilité est encore plus grande dans l'eau chargée à la fois d'acide carbonique et d'acide acétique, quand la poudre est restée exposée à l'air pendant un certain temps; or il n'est pas difficile de montrer qu'il existe dans les terres de bruyère, dans lesquelles les phosphates réussissent particulièrement bien, un acide volatil qui distille en même temps que l'eau, quand ces terres sont soumises à l'action du bain d'huile à une température de 130° ou 140° et que l'acidité qu'elles manifestent est due à de l'acide acétique.

Il est vraisemblable que cet accroissement de solubilité qui suit l'exposition prolongée à l'air de la poudre des nodules est due à la suroxydation du fer que renferment les phosphates fossiles. La poudre grisâtre obtenue par la pulvérisation de ceux-ci devient, en effet, jaune à la surface quand elle est restée pendant quelque temps dans les magasins, et les nodules les plus riches en oxyde de fer sont précisément ceux qui abandonnent à l'eau chargée d'acide carbonique la plus grande quantité d'acide phosphorique.

Le phosphate de fer étant insoluble dans les acides faibles, on pourrait avoir quelque peine à comprendre que la présence du phosphate de fer dans les nodules fût favorable à la solubilité de l'acide phosphorique, si on ne savait que l'acide carbonique dissout du carbonate de chaux dont l'action décomposante sur le phosphate de fer au maximum est très-marquée. En examinant la solubilité dans l'eau de Seltz de deux poudres de nodules inégalement riches en phosphate de fer, mais renfermant toutes deux du carbonate de chaux, on a trouvé, en effet, que la plus riche en phosphate de fer est celle qui fournit le plus d'acide phosphorique en dissolution.

Beaucoup d'agriculteurs ont, au reste, aujourd'hui l'excellente habitude de stratifier la poudre de nodules dans le fumier; le carbonate d'ammoniaque agit sur les phosphates comme le carbonate de chaux, et M. P. Thenard a trouvé dans le purin provenant de fumier phosphaté une quantité notable d'acide phosphorique en dissolution.

Si en France on emploie habituellement les os, le noir animal ou les phosphates fossiles sans autre précaution qu'une pulvérisation très-complète, il n'en est pas de même en Angleterre, où ils sont habituellement transformés en *superphosphates* par l'action de l'acide sulfurique.

Le mélange de l'acide sulfurique à la poudre d'os ou à celle des nodules a pour but de transformer la plus grande quantité du phosphate de chaux qui y est contenu en phosphate acide $(PO^4H^2)^2Ca$ qui est soluble dans l'eau, et qui, au contact du carbonate de chaux contenu dans le sol, repasse facilement à l'état de phosphate neutre $(PO^4)^2Ca^3$, mais à un tel état de division que sa solubilité dans l'acide carbonique s'en trouve singulièrement augmentée.

Le mélange de la poudre de phosphate se fait à froid, on emploie généralement 90 kilogrammes d'acide pour 100 de poudre de phosphate bien fine, le mélange se fait dans un cylindre qui porte à l'intérieur un arbre muni de palettes qui brassent le mélange le plus complétement possible; la masse s'échauffe, de l'acide carbonique se dégage; la matière d'abord noire se sèche peu à peu et blanchit, la saturation de l'acide sulfurique ne se fait que graduellement, mais après quelques jours la poudre peut être maniée facilement, elle renferme cependant en général des acides libres. D'après Dehérain, la quantité de chaux trouvée dans l'eau de lavage des superphosphates est tout à fait insuffisante pour saturer l'acide sulfurique qu'on y rencontre et constituer avec l'acide phosphorique la combinaison $(PO^4H^2)^2Ca$. Il resterait donc une certaine quantité d'acide phosphorique libre.

D'après Way, cette acidité n'est pas à craindre, elle disparaît, en effet, par le contact avec le carbonate de chaux, assez rapidement; au reste il conseille, si on cultive un sol peu calcaire, d'ajouter la quantité de superphosphate de chaux qu'on doit employer, ou la plus grande partie de cette quantité, au fumier de ferme qui doit être employé en même temps. — Voyez pour plus de détails les articles insérés dans *The Journ. of the Royal agricultural Soc. of England*, par M. J. Thomas Way.

On a essayé, au commencement de l'emploi des nodules en France, d'en extraire du phosphate de chaux pur, en les traitant par un acide, puis en régénérant le phosphate tribasique par la saturation de l'acide chlorhydrique, employé à la dissolution, au moyen de la chaux. — La lenteur avec laquelle se dépose le phosphate de chaux gélatineux obtenu dans cette opération, l'énergie avec laquelle il retient le chlorure de calcium ont déterminé l'abandon de cette préparation.

Il est possible qu'on obtienne de meilleurs résultats en saturant la liqueur chlorhydrique chargée de phosphate de chaux par le carbonate de chaux; il se produirait ainsi, d'après MM. Pelouze fils et Dusart, un phosphate bibasique facile à obtenir industriellement à l'état de pureté [*Comptes rendus*, t. LXVI, 1868, p. 1327].

On avait aussi songé à attaquer la poudre des nodules par de l'acide chlorhydrique à chaud, puis à décanter les liquides, à les évaporer, et enfin à les soumettre à la calcination; l'acide dégagé pendant cette opération était recueilli dans des bombonnes remplies d'eau et pouvait servir à une nouvelle opération; il est certain cependant qu'on ne retrouve pas dans ce traitement tout l'acide employé, car celui qui a métamorphosé le carbonate de chaux en chlorure est irrévocablement perdu, et en outre il n'est pas certain que l'acide phosphorique régénère, sous l'influence d'une température élevée, du phosphate de chaux tribasique en décomposant le chlorure de calcium formé dans la première partie de l'opération.

Le produit obtenu par ce traitement présente la composition suivante :

Eau	4
Phosphate de chaux	74
Oxyde de fer	3
Chlorure de calcium	19
	100

Après un lavage à l'eau bouillante, 100 p. de ce produit contenaient encore 14 de chlorure de calcium qui est retenu avec une rare énergie [*Recherches sur l'emploi agricole des phosphates*].

Il n'est pas démontré qu'il soit nécessaire à l'agriculture d'avoir des produits immédiatement solubles dans l'eau, aussi nous ne citons que pour mémoire le procédé employé par M. Boblique pour transformer le phosphate de chaux des nodules en phosphate de soude destiné à l'agriculture [*Enquête sur les engrais. — Rapport*, p. 277. Imp. impériale, 1866]. Ce chimiste propose de transformer en phosphure de fer les nodules des Ardennes, en les fondant dans un haut-fourneau avec 60 % de leur poids de minerai de fer, puis de faire réagir ce phosphure sur le sulfate de soude à la température du rouge vif.

Lorsqu'on fond dans un four à soude un mélange de 100 p. de phosphure et de 200 p. de sulfate de soude, on obtient une masse noire, sulfureuse, qu'on laisse exposée à l'air pendant quelques jours : elle se délite et tombe en poussière; on lessive cette poussière, qui cède à l'eau du phosphate de soude qu'on retire par cristallisation.

SELS DE POTASSE.

La potasse se rencontre en quantités notables dans tous les végétaux; on en a conclu depuis longtemps que cette matière présente une haute importance agricole, et par suite qu'il est utile que les engrais renferment des sels de potasse qui sont eux-mêmes considérés comme des engrais énergiques. De ce que les cendres d'une plante renferment un principe minéral, on n'en peut pas cependant conclure avec certitude que ce principe minéral soit utile au développement du végétal, car son assimilation peut avoir été déterminée soit par l'évaporation de l'eau qui a circulé dans la plante, soit par la présence dans celle-ci d'un principe secondaire dont la sécrétion n'a pas d'intérêt pour le développement de la plante elle-même (voyez l'article CENDRES). Nous avons reconnu (*Assimilation des substances animales par les plantes, Ann. des Sc. nat.*, 4e sér., 1868) que la présence d'un acide dans une plante amenait forcément l'assimilation d'une quantité d'alcali capable de le saturer; mais si cet acide est lui-même un produit d'oxydation d'un des principes immédiats contenus dans la plante, sa sécrétion, puis sa saturation, peuvent ne pas avoir d'influence sur le développement de la plante elle-même. Il faut remarquer en outre que, si la potasse est utile au développement des plantes, les sels de cette base peuvent cependant n'être que des engrais peu efficaces, si les sols sont habituellement fournis de potasse ou si les engrais de ferme en contiennent déjà une quantité suffisante; aussi, pour s'assurer de l'utilité habituelle de cette matière, faut-il l'employer directement sur le sol.

D'après G. Ville [*Compt. rend.*, 1860, t. LI, p. 266, 437 et 876], le froment languit lorsqu'il est absolument privé de potasse; du froment semé dans un sol stérile, et amendé seulement avec une matière azotée et du phosphate de chaux, n'a donné qu'une récolte chétive, tandis que le rendement a quintuplé lorsqu'à ces deux matières est venue s'ajouter la potasse; celle-ci au reste ne saurait être remplacée par la soude.

Après l'importante découverte de la potasse dans le gisement de Stassfurt-Anhalt, les sels de cette base furent employés en Allemagne sur diverses cultures; on doit à M. Joulin un résumé des travaux publiés sur cette question en Allemagne [*Bull. de la Soc. chim.*, 1865, t. III, p. 303 et 401, et t. IV, p. 323], d'où l'on pouvait conclure que les engrais de potasse avaient en général donné des résultats favorables; malheureusement les expériences n'ont pas été présentées de telle sorte qu'il soit possible de voir si réellement l'emploi de la potasse a été avantageux, c'est-à-dire si l'excès de la récolte a été suffisant pour payer la dépense que leur achat a occasionnée.

Les engrais de potasse sont préparés en Allemagne par plusieurs fabricants. MM. Vorster et Gruneberg offrent aux agriculteurs deux engrais à bon marché; le premier, nommé *Kalisalz*, qu'on obtiendrait en calcinant les résidus de la dissolution des sels bruts avec la moitié de leur poids de *carnallite*, présenterait la composition suivante :

Sulfate de potasse	18 à 20 %
Sulfate de magnésie	15 à 20
Chlorure de sodium	50 à 55

Le deuxième produit, désigné sous le nom de *Kalidünger* (engrais de potasse), provient de la calcination d'un mélange du sel qui se dépose dans les chaudières d'évaporation et de kieserite brute; il renferme :

Sulfate de potasse	18 à 22 %
Sulfate de magnésie	14 à 18
Sulfate de chaux	20 à 24
Chlorure de sodium	12 à 18

Dehérain a analysé ce dernier sel à différentes reprises; il n'y trouve en moyenne que 8 % de potasse. Ce sel vaut, à Stassfurt, 4 fr. 25 les 100 kilog.

On peut aussi se procurer à Stassfurt des sels plus concentrés, notamment le sulfate de potasse raffiné, qui renferme 44 % d'alcalis, dont, d'après les analyses de Dehérain, 30 seulement seraient de la potasse et 14 de la soude. Ce sel vaudrait 31 fr. 75 à Stassfurt ou à Cologne.

Voici au reste, d'après les prix courants de MM. Vorster et Gruneberg et de M. Franck, la valeur vénale de ces différents engrais à la fin de l'année 1865.

Noms des engrais.	Prix des 100 kil.	Teneur en oxyde de potassium.
Rohes Schwefelsaüres-kali	8fr,75	10 à 11 %
Kalisalz	8fr,75	10 à 11
Kalidünger	4fr,25	10 à 11
Kalisalz trois fois concentré	15fr,25	30 à 33
Kalisalz cinq fois concentré	22fr,50	50 à 52
Sulfate de potasse raffiné	31fr,75	39 à 42
Kalisuperphosphat	28fr,15	19

Si l'on cherche à comparer les prix de la potasse contenue dans quelques-uns de ces engrais, on voit que dans le sulfate raffiné, le 1 % coûte 0 fr. 80, tandis que dans le rohes Schwefelsaüres-kali il ne revient qu'à 0 fr. 37, et l'on a gratuitement le sulfate de magnésie, le chlorure de sodium et le sulfate de chaux. On ne doit donc recommander l'emploi des sels concentrés que pour les pays éloignés de Stassfurt.

L'agriculture peut encore se procurer des engrais de potasse dans les salines du midi de la France. MM. H. Merle et Cie, d'Alais, vendent un produit qui répond assez exactement à la formule

$$(SO^4)^2K^2Mg, 6H^2O$$

au prix de 14 francs les 100 kilogrammes.

Enfin la potasse se rencontre dans toutes les cendres de bois et dans les salins de betteraves, mais à un prix plus élevé.

Il a été fait récemment trois séries d'essais sur les sels de potasse, qui ont été employés à l'école de Grignon pendant les années 1866, 1867 et 1868. Les expériences de 1868, établies sur un terrain crayeux d'une faible profondeur, nommée à Grignon la *Carrière*, ont été uniformément négatives; la récolte du froment, de l'orge ou des féveroles, n'a été augmentée par aucun des engrais employés; mais les récoltes de 1866 [Dehérain, *Bull. de la Soc. chim.*, 1867, t. VIII, p. 8 et 75] et de 1867 [*ibid.*, 1868, t. X, p. 91] ont donné des résultats qu'on peut résumer de la façon suivante :

1° On a fait treize essais d'emploi des sels de potasse sur trois terres très-différentes, et pendant deux saisons, sur la culture des betteraves, et dans *ces treize expériences l'emploi des sels de potasse a été désavantageux;*

2° On a fait encore treize essais d'emploi des sels de potasse sur la culture des pommes de terre, et *onze fois sur treize* on a été constitué en perte;

3° On a fait pendant les deux saisons 1866-1867, sur deux terres différentes, douze essais d'emploi des sels de potasse sur la culture du froment, et *dix fois sur douze* on a obtenu des bénéfices.

Ainsi, d'après ces expériences, on arriverait à ce résultat très-inattendu, que les betteraves et les pommes de terre, qui renferment des quantités notables de potasse, profitent moins de cet engrais que le froment.

Il est vraisemblable que les légumineuses profiteront des engrais de potasse d'une façon remarquable. Lawes et Gilbert ont obtenu des engrais alcalins des effets très-avantageux sur le trèfle pendant les premières années de sa culture, mais après quelque temps ces engrais ont cessé d'être aussi efficaces [*Report of experiments on the growth of red clower by different manures. — The Journal of the royal agricultural Society of England*, 1860, t. XXI, p. 1].

Sel marin. — Les agronomes ne sont pas encore fixés sur l'utilité du sel comme engrais; son emploi a été tour à tour préconisé et décrié, et il est difficile de se faire une opinion au milieu d'affirmations contradictoires; les travaux récents de M. Peligot (voyez l'article CENDRES) ont montré que la soude était beaucoup plus rare dans l'organisation végétale qu'on ne le supposait autrefois; le chlore n'y est pas non plus très-abondant; enfin nous avons insisté plusieurs fois sur l'erreur dans laquelle on se trouve, quand on suppose *a priori* que toutes les substances qui existent dans les cendres des végétaux ont une importance capitale pour leur développement, de telle sorte qu'il est très-vraisemblable que le sel, qui se rencontre dans certaines plantes et notamment dans les betteraves, n'a aucune utilité pour leur développement. Peligot pense que le sel est décidément nuisible à la végétation et il attribue la répugnance qu'ont certains cultivateurs à employer les liquides des vidanges au mauvais effet que produit le sel qu'elles renferment habituellement.

Le savant chimiste du Conservatoire a fait récemment quelques essais sur l'emploi du sel; il remarque que des haricots semés dans une terre salée ne se sont pas développés, tandis qu'ils ont donné une récolte convenable dans la terre normale.

Contrairement à ce qu'on avait cru observer, Peligot fait remarquer que le sel ne favorise pas la formation des azotates. D'après lui, la nitrification est intimement liée aux phénomènes de fermentation et de putréfaction qui accompagnent la destruction spontanée des matières organiques; or, l'agent le plus propre à entraver ces phénomènes, le corps antiseptique par excellence, est précisément le sel marin.

« Cette étude, ajoute Peligot, resserre entre des limites encore plus étroites la discussion des mérites du sel marin au point de vue de la production des récoltes. Cependant, tout en maintenant les doutes que j'ai énoncés à l'égard des propriétés fertilisantes qui lui seraient propres, je ne conteste pas qu'il puisse jouer quelquefois un rôle utile, soit en maintenant dans le sol un degré convenable d'humidité, soit en facilitant la dissolution de quelques principes fertilisants, soit en débarrassant la terre d'insectes tels que les chenilles et les limaces; peut-être même en retardant la décomposition de certains engrais; c'est peut-être à une action de ce genre qu'il faut attribuer cette pratique des cultivateurs anglais d'ajouter au guano qu'ils emploient en si grande quantité une certaine dose de sel marin [*Compt. rend.*, t LXXVIII, 1869, p. 502].

Azotate de soude. — L'azotate de soude est un engrais efficace, et les cultivateurs anglais l'emploient aujourd'hui en quantités considérables. D'après Vilmorin, les graminées profiteraient mieux de cette matière que les légumineuses; c'est aussi ce qui a été observé par Lawes et Gilbert, qui ont constaté une augmentation considérable dans le rendement des prairies naturelles. Kuhlmann a également trouvé, dès 1846, que le nitrate de soude favorisait le développement de l'herbe des prairies; il a récolté sur la partie qui n'avait pas reçu d'engrais 3,323 kilogrammes de foin, et 4,726 kilogrammes sur la partie qui avait reçu le nitrate de soude.

Voici les résultats d'autres cultures entreprises en Angleterre [Robart, *Guide du fabricant d'engrais*, 1858] :

Expérimentateurs.	Ancien engrais. — Kilog. de foin.	Nitrate de soude. — Kilog.	Kilog. de foin.
Turner	6,575	125	8,100
Wilson	4,215	152	5,829
Fleming	4,265	185	6,609
Maclau	1,980	187	5,725
Hannam	4,378	156	5,526

En comptant le foin à 40 francs les 1,000 kilogrammes, et le nitrate de soude à 50 francs les 100 kilogrammes, il y a perte dans tous les cas.

Voici les résultats obtenus sur le froment.

Expérimentateurs.	Ancien engrais. — Hectolitres de grain.	Nitrate de soude. — Kilog.	Hectolitres de grain.
Fleming	17,63	180	18,66
Wilson	45,00	120	49,50
Chartelay	19,32	124	22,58
Barclay	27,50	140	31,25
Hannam	27,58	172	31,97

Sels ammoniacaux. — Le seul sel ammoniacal qui paraît pouvoir être utilement employé comme engrais est le sulfate d'ammoniaque; les expérimentateurs qui ont essayé sur les prairies l'azotate de soude ont aussi donné sur l'accroissement de la récolte produit par l'emploi du sulfate d'ammoniaque les renseignements suivants :

Expérimentateurs.	Ancien engrais. — Kilogr. de foin.	Sulfate d'ammoniaque. — Kilogr.	Kilogr. de foin.
Fleming	3,500	125	4,050
Wilson	3,770	180	4,210
Maclau	1,980	125	3,310
Kuhlmann	4,000	266	5,233
Schattenmann	5,100	400	8,900

En comptant les 1,000 kilogrammes de foin à 40 francs et les 100 kilogrammes de sulfate à 40 francs également, il n'y a pas avantage à faire usage de ce sel.

Au moment où Lawes et Gilbert discutaient la théorie minérale de M. Liebig, ils firent un grand nombre d'expériences sur l'emploi des sels ammoniacaux; ils employaient habituellement un mélange de sulfate et de chlorhydrate d'ammoniaque, ils ont obtenu les résultats suivants :

Années.	Grain par acre (en livres). sans engrais.	Grain par acre (en livres). avec les sels ammoniacaux.	Paille par acre (en livres). sans engrais.	Paille par acre (en livres). avec les sels ammoniacaux seulement.
1844	923	1008	1120	1112
1845	1441	1980	2712	4266
1846	1207	1850	1513	2244
1847	1123	1702	1902	2891
1848	952	1331	1712	2367
1849	1227	2141	1614	2854
1850	1000	1721	1719	3089

L'augmentation a donc toujours été très-sensible.

Il est donc extrêmement probable, malgré l'opposition qu'ont faite à cette manière de voir quelques physiologistes, que les sels ammoniacaux peuvent servir directement d'engrais aux plantes, et que, si leur transformation en nitrate a lieu très-souvent, elle n'est pas indispensable à leur assimilation; toutefois nous rappellerons que M. Hellriegel qui avait exposé en 1867, dans le compartiment prussien du Champ de Mars, le résultat de ses expériences dans un sol de sable amendé avec différentes matières, concluait de ses essais sur la culture de l'orge que l'ammoniaque ne peut pas être considérée comme substance alimentaire de l'orge. Dans tous les cas, il est douteux que l'augmentation de la récolte due à l'emploi de ces sels soit suffisante pour payer la dépense qu'ils occasionnent.

DES PRODUITS CHIMIQUES EMPLOYÉS COMME ENGRAIS.

Théorie minérale de Justus de Liebig. — Il est peu d'hommes qui aient eu sur nos connaissances en chimie agricole une influence aussi marquée que le baron de Liebig, non pas que les idées qu'il a émises aient toujours été justes, mais elles ont suscité des recherches importantes d'où est peu à peu sortie la vérité.

Pour faire connaître comment s'est engagée la querelle fameuse des engrais minéraux qui semble renaître aujourd'hui, avec l'engouement dont les engrais chimiques sont l'objet, il importe de remonter presque à l'origine de nos connaissances précises en chimie agricole.

« Dans tous les temps les agriculteurs ont admis que les engrais les plus énergiques sont ceux qui dérivent des substances d'origine animale; cette opinion traditionnelle exprimée dans le langage de la science revient à dire que les fumiers les plus actifs sont précisément ceux qui renferment la plus forte proportion de principes azotés. On voit, en effet, par ce qui précède, que toutes les matières qui concourent à la production du fumier de ferme contiennent de l'azote et qu'il en est plusieurs, comme les acides urique et hippurique, l'urée, dans lesquelles cet élément entre pour une quantité très-élevée. »

M. Boussingault, à qui nous empruntons la citation précédente, rappelle en outre que, sur une grande étendue de la côte du Pérou, le sol, qui est d'une grande stérilité, est rendu fertile par l'emploi du guano presque exclusivement formé de sels ammoniacaux. « C'est en présence de ce fait, ajoute le savant agronome, qu'en 1832, époque à laquelle je me trouvais sur les côtes de la mer du Sud, j'adoptais l'opinion que je professe aujourd'hui sur l'utile intervention des sels à base d'ammoniaque sur la végétation. » Cette opinion a pénétré dans la science avec les travaux de M. Boussingault [*Économie rurale,* 1844, t. II, p. 46], mais elle avait été émise déjà par Th. de Saussure qui disait, en 1804 : « Si l'azote est un être simple, s'il n'est pas un élément de l'eau, on doit être forcé de reconnaître que les plantes ne se l'assimilent que dans les extraits végétaux et animaux et dans les vapeurs ammoniacales (1) ou d'autres composés solubles dans l'eau qu'elles peuvent absorber dans le sol et dans l'atmosphère. On doit admettre que, lorsqu'elles végètent dans une atmosphère non renouvelée, à l'aide d'une petite quantité d'eau pure, les parties qui se développent n'acquièrent de l'azote qu'aux dépens de celui que les autres parties du végétal contenaient antérieurement à l'expérience. »

Cette opinion de Th. de Saussure avait reçu d'une expérience célèbre de Davy une remarquable confirmation. Voulant prouver combien sont grandes les pertes que font les fumiers abandonnés à une décomposition trop vive, le célèbre chimiste anglais « remplit de fumier une cornue capable de contenir 3 pintes d'eau, et dirigea son bec sous les racines d'un gazon qui faisait partie de la bordure d'un jardin. En moins d'une semaine l'effet était devenu sensible; l'herbe contrastait fortement avec celle qui ne recevait aucune des émanations de la cornue et végétait avec une force extraordinaire. » Les gaz qui se dégageaient étaient de l'acide carbonique et de l'ammoniaque qui concourent l'un et l'autre, si l'humidité les retient, à la nutrition des plantes (1808).

L'opinion de l'influence prépondérante de l'azote dans la valeur des engrais paraissait établie, quand Liebig, frappé des énormes quantités d'azote dont l'analyse lui décelait la présence dans la terre arable, crut pouvoir affirmer que l'azote n'avait pas toute l'importance que tendaient à lui donner les opinions de M. Boussingault : que le sol en renfermait plus qu'il n'est nécessaire, et que les seules substances minérales devaient être fournies aux plantes avec abondance. — Liebig assurait donc que les engrais minéraux seuls doivent être employés et que si les fumiers sont efficaces, c'est tout simplement en raison des matières minérales qu'ils renferment.

Cette opinion fut désignée sous le nom de théorie minérale et bientôt attaquée en France par M. Boussingault, en Angleterre par MM. Lawes et Gilbert, elle occasionna des expériences multipliées d'un haut intérêt.

Les expériences de M. Boussingault ne furent ni longues ni compliquées ; si, disait-il, il faut en croire M. Liebig, si les parties fixes des engrais sont seules utiles, il est évident que tous les agriculteurs commettent une singulière faute en se donnant la peine de transporter les fumiers sur le domaine, il est bien plus simple de les brûler et d'en obtenir une petite quantité de cendres qui seront transportées sans difficultés. On fit l'essai comparatif du fumier et de cendres du fumier sur une terre appauvrie par la culture; on porta les cendres obtenues de 500 kilogrammes de fumier sur une are et on sema de l'avoine, on en sema également sur une surface égale qui reçut 500 kilogrammes de fumier. Le résultat ne se fit pas attendre; dans le champ qui avait reçu le fumier 1 de grains rendit 14, dans le champ voisin amendé avec les cendres 1 de grains rendit 4.

Les expériences entreprises en Angleterre par MM. Lawes et Gilbert ont une bien plus grande étendue, leur mémoire est inséré au XVIe vol., 2e partie du *Journal of the royal agricultural Society of England.* Après avoir montré les changements que subirent à différentes reprises les opinions de M. Liebig, ils résument comme suit leurs expériences sur la culture du blé, expériences qui ont duré onze années pour les plus longues, et trois pour les plus courtes.

« Le produit annuel moyen en blé et en paille par acre de terre sans engrais a été, pour les 27 parcelles en observations, de 2,864 livres. Le produit annuel moyen obtenu par des engrais minéraux variés, sans azote, dans 40 parcelles pendant 8 années différentes a été de 3,018 livres, l'accroissement moyen est donc seulement de 154 livres. La récolte moyenne sur 11 parcelles qui ont reçu du fumier de ferme, pendant onze années, est de 5,036 livres, l'accroissement sur la parcelle sans engrais est donc en moyenne de 2,172 livres, c'est-à-dire que le fumier a donné un accroissement supérieur de 2,000 livres à celui qu'ont fourni les engrais minéraux seulement. Quand on a employé des sels ammoniacaux seulement, la moyenne de la récolte de 36 parcelles cultivées pendant neuf années a été de 4,857 livres, et par suite l'accroissement sur la parcelle non fumée est de 1,993 livres. Quand on a employé des engrais minéraux en même temps que des sels ammoniacaux, la récolte est montée à 5,531 livres, et l'accroissement moyen sur les 117 parcelles cultivées pendant six ans a été de 2,667 livres supérieur à la parcelle non fumée. »

Sans insister sur le détail des autres expériences, nous traduisons le résumé de cette importante série d'essais. « On voit que les engrais minéraux employés seuls déterminent sur un champ appauvri un accroissement de récolte tellement faible qu'il est inadmissible dans la pratique agricole; que les engrais azotés purs ont déterminé un accroissement à peu près semblable à celui que donne le fumier de ferme, et qu'en réunissant les engrais azotés aux substances minérales on a eu un accroissement double de celui qu'a donné la parcelle sans engrais, et sensiblement plus élevé que celui de l'engrais de ferme. *Que les principes minéraux du blé ne peuvent par eux-mêmes augmenter la fertilité de la terre, et que le produit en grain et en paille est à peu près proportionnel à la quantité d'azote fourni au sol.* »

On trouve, en parcourant les mémoires de MM. Lawes et Gilbert, que, dans nombre d'expériences, ils ont reconnu l'influence des sels ammoniacaux ou des nitrates mêlés aux substances minérales, sulfate de potasse et de soude, sulfate de magnésie, de chaux, phosphate de chaux, etc., et on pourrait presque leur attribuer le mérite d'avoir formulé nettement la nature des substances indispensables au développement des plantes, s'ils n'avaient pas toujours opéré dans la terre

(1) On ne peut douter de la présence des vapeurs ammoniacales dans l'atmosphère lorsqu'on voit que le sulfate d'alumine par finit par se changer à l'air libre en sulfate ammoniacal d'alumine. La supériorité des engrais animaux sur les engrais végétaux ne semble devoir tenir en grande partie qu'à une plus grande quantité d'azote dans les premiers.

arable; en faisant des expériences analogues, mais sur du sable calciné, M. Boussingault a reconnu que la récolte obtenue en amendant ce sol absolument stérile avec des phosphates, des sels de potasse et du salpêtre, était tout à fait comparable à celle qu'on obtient dans la bonne terre, et il a ainsi fixé définitivement en 1857 la nature des éléments indispensables à la végétation.

Si MM. Lawes et Gilbert ont ainsi cultivé pendant nombre d'années des plantes variées en amendant les terres avec des produits chimiques, ils n'ont jamais eu l'idée d'employer ces matières dans la grande culture, et si depuis longtemps les fermiers anglais savent utiliser, comme engrais complémentaires, les superphosphates ou les guanos, ils n'ont pas songé à baser un nouveau système de culture sur l'emploi exclusif des produits chimiques comme engrais.

Cette idée singulière a été soutenue dans ces derniers temps par M. G. Ville dans une série de conférences faites à la Sorbonne et au champ d'expériences de Vincennes, et il ressort des publications de ce chimiste [voyez notamment le *Journal d'agriculture pratique*, pendant les années 1868 et 1869], que dans nombre de circonstances l'emploi des engrais chimiques, c'est-à-dire d'un mélange de sulfate d'ammoniaque ou d'azotate de soude, de phosphate de chaux traité par l'acide sulfurique et de carbonate de potasse, a augmenté la récolte; mais les résultats sont souvent présentés d'une façon incomplète, de telle sorte que, si on reconnaît que la récolte a été augmentée, on ne voit pas tout d'abord si la plus-value de récolte a non-seulement suffi à payer la dépense occasionnée par l'achat de l'engrais, mais a laissé entre les mains du cultivateur un bénéfice quelconque.

M. G. Ville cite dans ses publications nombre d'exemples favorables à son système [*Les Engrais chimiques*, Librairie agricole, 1868]. Mais si on obtient parfois aussi des résultats avantageux, il ne faut pas oublier que bien souvent les résultats sont moins favorables; c'est ainsi que, si, dans les expériences faites à Grignon, on a obtenu des avantages en cultivant le blé à l'aide des engrais chimiques, on a été constitué en perte dans la culture des betteraves et des pommes de terre à l'aide de ces mêmes engrais; enfin dans d'autres expériences encore inédites exécutées sur un très-mauvais terrain pendant la saison 1868, la récolte n'a été nullement augmentée par l'emploi des engrais chimiques.

D'après G. Ville, les engrais chimiques donneraient des résultats plus avantageux que le fumier de ferme, c'est-à-dire que le rendement serait plus élevé avec le premier de ces engrais qu'avec le second; mais ce n'est pas ce qui ressort d'une façon générale des nombreuses expériences de Lawes et Gilbert, et comme la fumure à l'aide des engrais chimiques est, contrairement à l'opinion de M. Ville, beaucoup plus coûteuse que la fumure au fumier de ferme, on ne saurait préconiser l'emploi de ces matières autrement que comme engrais complémentaires destinés à ajouter leur effet à celui des engrais ordinaires, qui restent d'autant plus forcément la base des exploitations agricoles, que, si les phosphates et les sels de potasse se trouvent dans divers gisements avec abondance, le nitrate de soude du Pérou ou le sulfate d'ammoniaque des usines à gaz et des dépotoirs des villes seraient bien vite épuisés si les cultivateurs en faisaient tous usage [voyez sur cette question, *Annuaire scientifique*, publié par P.-P. Dehérain, volume de 1869. — *Les Engrais chimiques*].

Si donc l'emploi des produits chimiques comme engrais a été utile au point de vue du développement de nos connaissances agricoles, il est complétement impossible de baser un système de culture régulier sur leur emploi exclusif, il faut les considérer, à la façon du guano, des phosphates, etc., comme des *engrais auxiliaires*.

L'emploi des engrais chimiques peut encore, d'après G. Ville, avoir une autre utilité, il peut servir à déterminer quel est l'agent de fertilité qui manque particulièrement au sol, et par conséquent celui qu'il y a intérêt à lui fournir. Supposons que le cultivateur hésite sur la nature de l'engrais qu'il convient de donner à telle ou telle plante qu'il veut placer sur un terrain déterminé, et il pourra savoir quelle est la nature de l'engrais qui convient en procédant de la façon suivante : Une partie du terrain sera transformée en un champ d'essai divisé en plusieurs portions, sur lesquelles on essayera, outre l'engrais complet, c'est-à-dire outre le mélange d'azotate de soude, de sel de potasse, de plâtre et de phosphate de chaux, un engrais auquel manquera un des éléments précédents, c'est-à-dire que si, par exemple, la parcelle n° 1 reçoit l'engrais complet, la parcelle n° 2 aura un engrais sans azote, la parcelle n° 3 recevra l'engrais sans phosphate, la parcelle n° 4 l'engrais sans chaux, le n° 5 l'engrais sans potasse; on reconnaîtra ainsi dans le sol la matière qui fait particulièrement défaut, et celle, par conséquent, qu'il y a intérêt à lui donner. Si on trouve, ce qui arrivera souvent, que le rendement de la parcelle qui reçoit l'engrais sans chaux est semblable au rendement du n° 1, on en pourra conclure que la chaux ne manque pas dans le sol ou qu'elle n'est pas utile pour la plante sur laquelle on fait l'essai, etc. Ces épreuves, en effet, devront varier non-seulement avec le sol cultivé, mais encore avec la plante dont on a entrepris la culture, et, bien qu'elles rencontrent sans doute quelques difficultés à être mises régulièrement en pratique, il est possible qu'elles puissent avoir quelque utilité.

DE L'INFLUENCE DES ENGRAIS SUR LE DÉVELOPPEMENT DES PRINCIPES IMMÉDIATS DES VÉGÉTAUX.

On conçoit de quelle importance il serait pour le cultivateur de savoir favoriser dans les végétaux la production des principes immédiats qu'il se propose d'en extraire; le problème est-il soluble? et, s'il l'est, trouvera-t-on la solution dans l'emploi de tels ou tels engrais particuliers? sera-t-il possible, en ajoutant au sol tel ou tel élément, d'agir sur les végétaux de façon à y accroître le développement d'un principe immédiat au détriment des autres? S'il ne paraît pas impossible d'y réussir, il faut avouer que les connaissances que nous avons actuellement sur ce sujet sont encore peu étendues.

Influence des engrais azotés. — Le froment développé sur un sol abondamment fumé avec des matières azotées paraît plus riche en gluten que celui qui s'est développé sur un sol pauvre.

En 1836, M. Boussingault a cultivé simultanément une même variété de blé en plein champ et dans une terre de jardin très-fortement fumée. Les grains récoltés ont été ensuite desséchés à 110°; les résultats obtenus ont été les suivants :

	Froment récolté en 1836.	
	En plein champ.	Dans une terre de jardin.
Carbone	46,10	45,51
Hydrogène	5,80	5,67
Oxygène	43,40	43,00
Azote	2,29	3,51
Cendres	2,41	2,31
	100,00	100,00

On doit d'autre part à Hermstadt quelques essais d'après lesquels on augmenterait singulièrement la proportion de gluten par des fumures très-riches; mais ces résultats paraissent singulièrement exagérées et ne semblent mériter que peu de confiance.

MM. Lawes et Gilbert ont donné le résultat de nombreuses analyses qu'ils ont exécutées sur du blé qu'ils ont cultivé pendant dix ans sur des terres non fumées, sur des terres qui avaient reçu des sels ammoniacaux, et sur des terres amendées avec des engrais minéraux seulement; on verra, d'après le tableau suivant, que la proportion d'azote dans le blé n'est pas beaucoup plus grande quand le blé s'est développé sous l'influence des sels ammoniacaux.

RICHESSE EN AZOTE DU GRAIN SEC DÉVELOPPÉ SUR UN SOL (1) :

Années.	Non fumé.	Amendé avec des sels ammoniacaux seulement.	Amendé avec des sels ammoniacaux et des engrais minéraux.
1845	2,28	2,23	»
1846	2,11	2,19	2,16
1847	2,16	2,34	2,40
1848	2,34	2,42	2,41
1849	1,86	1,95	2,02
1850	2,08	2,13	2,23
1851	1,80	2,15	1,98
1852	2,31	2,48	2,36
1853	2,32	2,43	2,30
1854	2,01	2,30	2,12
Moyenne.	2,13	2,26	2,22

Dans d'autres expériences, M. Lawes avait cru remarquer que la proportion d'azote contenu dans les grains de blé était en raison inverse de celle qui existait dans l'engrais, mais les nombres qu'il donne sur la composition des racines de turneps ne sont pas favorables à cette opinion.

RICHESSE EN AZOTE DE RACINES DE TURNEPS CULTIVÉS SOUS L'INFLUENCE DE DIFFÉRENTS ENGRAIS.

(*Les analyses ont été faites sur un produit sec.*)

Nombre des parcelles en expériences.	Nature des engrais minéraux.	Engrais minéraux seulement.	Engrais minéraux et tourteaux.	Engrais minéraux et sels ammoniacaux.	Engrais minéraux, tourteaux et sels ammoniacaux.
9	400 livr. de cendres d'os, et acide chlorhydriq. équivalant à 268 livres d'acide sulfurique	1,46	1,93	2,82	2,22
22	Superphosphate de chaux.....	1,58	1,89	2,89	2,44
	Moyenne	1,52	1,91	2,86	2,33

D'après M. Barral, la quantité d'azote contenu dans le blé s'accroîtrait en général avec celle qui est contenue dans l'engrais; il remarque particulièrement que la proportion d'azote dans le blé s'accroît à mesure qu'augmente le rendement à l'hectare. « Ainsi en prenant dans le tableau où il a résumé ses expériences [*Le Blé et le Pain*, 1863, p. 505] la moyenne des dosages en azote relatifs aux quatre parcelles où le rendement a été le plus petit, on ne trouve que 1,898 d'azote pour 100 de blé sec; par comparaison, en prenant la moyenne des dosages relatifs aux quatre parcelles où le rendement a été le plus fort, on obtient, pour 100 de blé sec, 2,055 d'azote.

La proportion de nicotine contenue dans le tabac n'augmente que faiblement avec la proportion des engrais azotés que reçoit celui-ci. M. Schlœsing, directeur de l'école d'application des manufactures de tabac de l'État, a fait des essais sur cette question pendant plusieurs années: en 1861, les tabacs d'Alsace, du Pas-de-Calais et de Havane, cultivés sans engrais, ont donné respectivement 3,73, 5,96, 5,31 de nicotine pour 100; quand ils ont reçu des engrais azotés, on a obtenu 4,01 et 3,71, 7,48 et 7,86, 6,71 et 7,29; donc il y a eu augmentation; le Havane, en 1862, sans engrais, a donné 6,92 de nicotine, et 7,45 quand il a reçu l'engrais azoté; en 1863, les tabacs sans engrais, 4,05, et 5,21 avec des engrais azotés [*Le Tabac*, Librairie agricole].

Influence de la silice; verse des blés. — On sait que le blé, au moment de sa maturité, est sujet à verser, et que c'est là une cause de pertes importantes; différentes opinions ont été émises au sujet de la cause à laquelle il faut attribuer la verse des blés, mais le plus souvent on l'a attribuée au manque de silice assimilable dans le sol. Cette opinion s'appuyait sur la présence dans les pailles de froment d'une quantité notable de silice et sur l'idée que cette silice contribuait à donner à la paille une rigidité qu'elle n'aurait pas atteinte sans cela.

M. Gueymard attribue notamment la verse du blé à l'absence de silice [*Compt. rend.*, 1859, t. XLIX, p. 546]. D'après M. Élie de Beaumont, les laitiers des fourneaux au coke pourraient fournir facilement aux sols qui en manquent toutes les proportions de silice nécessaires à la formation de la paille des céréales. M. Bouquet [*Compt. rend.*, 1859, t. XLIX, 857] remarque que dans le département de la Marne, où la verse est fréquente, on va chercher dans des localités éloignées des fumiers plus pauvres en matières azotées, mais probablement plus riches en silice que ceux du pays, parce qu'on a remarqué qu'en les employant la verse est moins fréquente.

M. Isidore Pierre a beaucoup contribué à faire abandonner cette opinion. Il a fait remarquer qu'à poids égal les feuilles du blé contiennent sept à huit fois plus de silice que les nœuds et quatre à cinq fois plus que les entre-nœuds; que les entre-nœuds les plus pauvres en silice sont ceux de la partie moyenne et de la partie inférieure de la tige.

C'est donc dans les feuilles surtout que se trouve accumulée la majeure partie de la silice de la paille, et non dans la tige proprement dite; on comprend alors comment on peut voir verser un blé dont la paille est plus riche en silice que celle d'un autre blé qui, dans des conditions analogues, ne verse pas.

Il est depuis longtemps reconnu que, toutes choses égales d'ailleurs, les blés exposés à verser sont ceux chez lesquels les feuilles ont acquis le plus grand développement. Si l'on fait un rapprochement entre ce fait et la plus grande accumulation de silice dans les feuilles, on ne sera plus surpris de voir que la paille d'un blé versé soit souvent plus siliceuse que celle d'un autre blé qui aura résisté aux causes de verse.

Les blés les plus feuillus sont plus sujets à la verse pour deux raisons principales: la première, c'est que le pied de la tige, moins aéré, reste plus longtemps mou; la seconde, c'est que les feuilles plus développées sont pour ces tiges molles un fardeau plus lourd à supporter, auquel viennent s'ajouter encore le poids de l'eau des pluies et la pression du vent.

Les feuilles du blé ont une forme particulière; elles se composent d'un *limbe* rubané qui flotte librement dans l'atmosphère, et d'une *gaîne* al-

(1) On some points in the composition of wheat grain etc by Lawes and Gilbert, 1857 [*Journ. of the Chem. Soc. London*, t. X, p. 1.

longée qui, partant du nœud correspondant, enveloppe la tige sur une longueur d'environ 10 à 12 centimètres; cette gaîne doit protéger la portion de la tige qu'elle entoure comme le fourreau d'une épée en protége la lame, et, à ce point de vue, la silice peut avoir dans la feuille où elle s'accumule une influence utile. Mais dans les blés exposés à la verse, le limbe qui surcharge la tige par son poids a subi un accroissement considérable, tandis que la gaîne protectrice de la tige n'a pas sensiblement varié dans ses dimensions; l'équilibre naturel tend donc à se rompre par suite de cette végétation luxuriante, malgré la présence d'une plus forte proportion de silice dans la plante. Il est remarquable, au reste, que le blé des terres pauvres ne verse presque jamais, et il est probable que, moins ombragé par ses feuilles, le pied de ses maigres tiges est mieux aéré, et par suite plus tôt dur et résistant [Isidore Pierre, *Mémoire sur le développement du blé,* 1867].

M. Velter, ex-répétiteur à Grignon, conclut aussi des recherches qu'il a poursuivies à cette école, que la verse du blé n'a aucune liaison avec la quantité de silice que cette plante rencontre dans le sol. Ce chimiste a essayé directement sur le blé de printemps l'action du silicate de potasse et celle du carbonate de la même base; le blé ainsi amendé a versé aussi bien que celui de parcelles qui n'avaient pas reçu d'engrais alcalin, tandis que la verse a été beaucoup moindre dans une dernière parcelle où le blé avait été éclairci et divisé en petits carrés de $0^{m},30$ de côté. Après la récolte, Velter a eu l'ingénieuse idée de déterminer par l'expérience la résistance à la rupture que présentent les tiges des diverses parcelles cultivées; un faisceau de dix tiges fut fixé par son extrémité et on détermina sa flexion, d'abord sous le poids de ses épis et ensuite sous celui de poids ajoutés régulièrement jusqu'à la rupture; celle-ci arriva, pour le blé silicaté, quand il porta 77 grammes, tandis que le blé éclairci ne fléchit que sous un poids de 104 grammes. Enfin Velter détermina la composition des cendres de diverses pailles : le blé silicaté le plus facile à rompre, celui qui avait versé le plus complétement, renfermait 70 de silice dans 100 de cendres, tandis que le blé éclairci en renfermait 65. Il ressort donc clairement de ce travail, comme des analyses d'Isidore Pierre, que la silice n'a pas, sur la verse des blés, l'influence que très-légèrement on lui avait attribuée.

Influence de la potasse sur la combustibilité du tabac. — D'après Schlœsing, les tabacs ne sont combustibles qu'autant qu'ils renferment une certaine quantité d'acides végétaux combinés à la potasse; il fait remarquer que les sels alcalins, malate, citrate, oxalate, pectate, tartrate, etc., exposés en vase clos à l'action de la chaleur, se boursouflent beaucoup, sans doute parce qu'ils fondent en se décomposant et produisent un charbon volumineux, peu agrégé, très-poreux; au contraire, les sels organiques de chaux, placés dans les mêmes conditions, ne changent pas de volume et donnent un charbon plus compacte, plus agrégé. Or, tout le monde sait qu'un charbon peu agrégé s'enflamme plus aisément et demeure plus longtemps en ignition qu'un charbon doué d'une agrégation plus grande, de telle sorte qu'un cigare formé de feuilles riches en sels organiques, à base de potasse, se boursouflera en brûlant et gardera le feu; un cigare, au contraire, formé de feuilles dans lesquelles les acides organiques sont combinés à la chaux, charbonnera et ne gardera pas le feu. Les études analytiques qui conduisirent à ces conclusions furent appuyées par des essais synthétiques; du tabac fut cultivé sur un sol pauvre en potasse, fumé avec du terreau lavé et de la chair musculaire, des sels de potasse, de chaux et de magnésie; le tabac fut séché après la récolte et servit à faire des cigares. On reconnut que les sols qui ne reçurent pas de potasse produisirent des tabacs incombustibles, tandis que ceux, au contraire, qui reçurent des sels de potasse, donnèrent des tabacs combustibles à différents degrés [*Compt. rend.*, 1860, t. L, p. 642 et 1027].

Influence de la potasse sur la sécrétion du sucre dans les betteraves. — Les chimistes allemands, à la suite de Liebig, ont toujours attribué une grande importance agricole à la potasse, et, après la découverte du gisement de Stassfurt, on fit en Allemagne des expériences assez nombreuses sur l'emploi des sels de potasse. Comme les betteraves laissent des cendres très-alcalines, on crut que la potasse qu'elles renferment avait une grande influence sur leur développement, et, par suite, sur la sécrétion du sucre.

Dans des expériences faites en 1864 sur les champs dépendant de la fabrique de sucre de Waldau, on remarqua que la quantité de sucre contenue dans les betteraves était plus considérable quand la terre avait reçu les engrais de potasse, et la production moyenne du sucre se trouva augmentée, dans une expérience, de 930 kilogrammes par hectare; dans deux autres, de 356 kilogrammes, et dans une dernière, de 270 kilogrammes. D'après les expériences faites à l'école d'agriculture de Cœthen, en 1865, les betteraves amendées avec les sels de potasse étaient aussi plus riches en sucre, tandis que dans le champ non fumé les sucs renfermait 13,5 % de sucre; le jus extrait des betteraves qui avaient reçu les sels de potasse renfermait 14 ou 15 % de sucre; toutefois, les betteraves étant moins abondantes, la quantité de sucre n'avait pas sensiblement augmenté à l'hectare, et il est douteux qu'il y ait eu bénéfice à employer ces engrais.

Les résultats obtenus en Allemagne, qui tendaient à établir une certaine relation entre les quantités de sucre contenues dans les betteraves et la richesse en potasse des engrais qu'on leur fournit, n'ont pas été confirmés par les recherches entreprises en France. Corenwinder a fait notamment plusieurs essais à l'aide de différentes matières salines et il a trouvé que, la richesse saccharine moyenne des betteraves étant 8,59 quand elles n'avaient pas reçu d'engrais alcalin, elle était de 8,37 quand on leur donnait du salin brut de betteraves; de 8,57 quand on leur donnait du chlorure de potassium; de 8,50 et 8,07 quand elles avaient été amendées avec du sulfate de potasse et du carbonate de potasse. « Il résulte de ces essais, ajoute Corenwinder, que l'addition des sels de potasse dans les terres de l'arrondissement de Lille, où l'on cultive les betteraves, ne semble pas accroître la richesse en sucre de ces racines. Nous ajouterons que, d'après les pesées qu'on a faites, ces matières salines n'ont eu aucune influence sur le poids des récoltes.

« Du reste, les terres de cet arrondissement se prêtent mal à de semblables expériences. Abondamment pourvues de sels minéraux, de phosphates, etc., par suite des nombreuses fumures et des amendements qui leur sont prodigués depuis des siècles, un supplément de matières minérales n'ajoute rien à leur fertilité, et les plantes (les betteraves au moins) n'en ressentent pas l'influence. Ce n'est qu'en ajoutant aux matières salines des corps azotés ou des sels ammoniacaux et réciproquement, c'est-à-dire en utilisant des engrais complets, qu'on améliore le sol » [*L'Agriculture flamande à l'Exposition universelle de 1867*, p. 75. — Lille, 1868].

On est aussi arrivé aux mêmes résultats dans les expériences qui ont été faites à l'école de Grignon [Dehérain, *Bull. de la Soc. chim.*, 1867, t. VIII, p. 22].

Les expériences de 1861 peuvent être résumées de la façon suivante : « On reconnaîtra que les engrais de potasse n'ont été en aucune façon favorables à la sécrétion du sucre. Ainsi, des quatre parcelles établies à la terre de *la Défonce,* on a obtenu des betteraves qui, lorsqu'elles ont reçu des engrais de potasse, ont accusé 10,1 — 9,1 — 10,0 de sucre pour 100 de jus, tandis que celles qui n'avaient pas reçu d'engrais alcalin ont donné 11,0 de sucre pour 100 de jus.

« Dans les terres de *la 7e division,* les trois parcelles amendées avec les sels de potasse ont donné des betteraves renfermant pour 100 de jus, 10,6 — 11,1 — 10,8 de sucre, et la parcelle où l'on n'avait pas mis d'engrais a porté des betteraves renfermant 10,8 de sucre pour 100 de jus. Les betteraves venues sur les engrais de potasse étaient plus riches en cendres que celles qui n'avaient pas reçu ces engrais; or, l'on sait que c'est là une condition défavorable à l'extraction du sucre.

« Les cultures de 1867, établies sur une autre terre, celle des *26 arpents,* ont donné des résultats à peu près semblables; la moyenne des parcelles qui ont reçu les engrais minéraux est de 10,1 de sucre pour 100 de jus, celle des *témoins* de 9,7, et il paraît impossible d'affirmer que ces 0,4 de différence sont dus à l'emploi des engrais alcalins. Si on réunissait les expériences des deux années 1866 et 1867, on trouverait que les parcelles qui n'ont pas reçu d'engrais de potasse donnent une richesse moyenne en sucre de 10,3, tandis que les betteraves amendées avec les engrais chimiques donnent 10,15. On conclura donc aisément que les sels de potasse n'ont eu aucune influence sur la production du sucre (Dehérain). »

Dans les expériences faites à Grignon, on n'a pas trouvé non plus que les engrais de potasse aient eu de l'influence sur la sécrétion de la fécule dans les pommes de terre.

Les agronomes allemands avaient cru trouver un remède à la terrible maladie qui ravage les cultures des pommes de terre, dans l'emploi des engrais de potasse [voyez notamment *les Lois naturelles de l'agriculture,* par le baron Justus de Liebig], mais les expériences faites à Grignon ne sont pas venues confirmer cette manière de voir. Après la récolte de 1866, les silos disposés à la fin d'octobre, et ouverts le 20 février 1867, ont donné sur 100 kilog. de tubercules, pour les lots provenant des parcelles amendées avec les engrais de potasse, 2kil,8; 2kil,5; 2kil,2; 3kil,3; 2kil,5; 2kil,6 atteints de la maladie; tandis que les lots provenant des parcelles qui n'avaient pas reçu d'engrais accusaient, pour 100 kilog., 2 kilog. et 2kil,2 de pommes de terre malades.

En 1867, on avait cultivé la variété Marjolin, précoce et sujette à la maladie; mais la maladie ne se déclara dans aucun des silos, de façon qu'il fut impossible de reconnaître l'influence qu'auraient exercée les engrais de potasse.

ANALYSE ET VALEUR COMMERCIALE DES ENGRAIS.

Nous n'avons pas l'intention de décrire ici tous les procédés employés pour doser les matières utiles contenues dans les engrais, nous renverrons le lecteur aux mots Azote, Ammoniaque, etc., pour trouver le détail des opérations; nous voulons simplement indiquer ici quelques-unes des méthodes particulièrement employées dans l'analyse des engrais.

Un des dosages les plus importants est celui de l'eau; il arrive souvent que les marchands d'engrais falsifient les produits qu'ils vendent en y ajoutant une quantité d'eau notable et il est bon de se méfier de cette fraude.

Le dosage des phosphates dans les engrais se fait souvent en attaquant par l'acide chlorhydrique, filtrant et ajoutant de l'ammoniaque; ce mode de dosage peut être employé et donne un nombre assez exact quand on analyse des os ou du noir animal, car le précipité dans ce cas présente bien la composition $(PO^4)^2Ca^3$; mais il n'en est plus de même quand on fait l'analyse des nodules, qui renferment toujours de l'oxyde de fer; en effet, Dehérain a montré que le précipité obtenu dans ce cas renfermait, outre le phosphate de chaux tribasique, tout l'oxyde de fer contenu dans la matière. Il en résulte que ce mode de dosage est tout à fait au détriment de l'acheteur, qui est exposé à payer comme phosphate de l'oxyde de fer qui n'a pas de valeur agricole.

On peut arriver à un résultat assez exact et rapide en divisant la liqueur chlorhydrique en deux parties égales. En saturant l'une par de l'acétate de soude qui donne naissance à un précipité de phosphate de fer $3P^2O^5,2Fe^2O^3$, on déduit du poids de ce précipité celui de l'oxyde de fer qu'il renferme, et on retranche ce poids de celui qu'on obtient en traitant par l'ammoniaque la seconde partie de la liqueur, puisque ce précipité renferme, ainsi qu'il a été dit, outre le phosphate de chaux, tout l'oxyde de fer contenu dans la liqueur.

Les chimistes anglais ont souvent une méthode défectueuse de compter dans leurs analyses les phosphates solubles, c'est-à-dire ceux qu'ils obtiennent en attaquant les nodules par l'acide sulfurique. Le phosphate de chaux soluble a pour formule $(PO^4H^2)^2Ca$; pour le précipiter, on ajoute de l'eau de chaux à la liqueur filtrée, et on obtient un précipité $(PO^4)^2Ca^3$, qu'on compte parfois comme phosphate soluble. Il est évident que le nombre donné est dans ce cas trop fort, puisqu'on a remplacé 4 d'hydrogène par 80 de calcium.

Le lecteur trouvera à l'article Potasse les méthodes employées pour doser cet alcali.

Rien n'est plus difficile à établir que la valeur commerciale d'un engrais. Telle substance, qui dans un sol déterminé présente une valeur remarquable, n'en a aucune dans une autre terre de plus, telle substance, qui présente un haut degré d'utilité pour telle culture, n'en a aucune pour telle autre, de telle sorte que le cultivateur peut être fort embarrassé pour fixer la valeur de l'engrais qu'il achète.

Voyons cependant comment il est possible d'établir approximativement le prix d'un engrais en tenant compte de la valeur des différents éléments qu'il renferme. Le prix du phosphate de chaux peut être établi en admettant pour valeur des 100 kilog. de nodules valant 5 francs, la teneur de 40 %; on en déduit que 40 kilog. de phosphate valent 5 francs, ou que 1 kilo vaut

$$\frac{5}{40} = 0^{fr},12;$$

ce chiffre est peut-être un peu bas, et généralement on prend pour prix du kilogramme de phosphate 15 centimes; dans les engrais allemands le kilogramme de potasse revient à peu près à 1 franc; c'est en nous appuyant sur ces nombres que nous pourrons calculer approximativement la valeur du kilogramme d'azote. Or, d'après Gasparin, Mathieu de Dombasle, on peut estimer à 6fr,80 le prix des 1,000 kilog. de fumier; si nous négligeons la potasse contenue en petite quantité dans le fumier, nous trouvons qu'il renferme en moyenne, dans 1,000 kilog., 7kil,88 de phosphate de chaux, dont la valeur comptée à 0fr,15 le kilog. fait 1fr,18; d'où, le retranchant du prix de 6fr,80, nous trouvons pour le prix de l'azote 6,80 — 1,18 = 5fr,62; or, en moyenne, y a 5 kilog. d'azote dans 1,000 kilog. de fumier, d'où on conclut que l'azote ne vaut guère dans ce fumier plus de 1 franc. Toutefois, ce prix est généralement considéré comme trop faible pour les engrais commerciaux, dans lesquels on estime habituellement le prix de l'azote à 2 francs. L'écart peut paraître considérable, mais il faut remarquer que les prix de transport sont singulièrement diminués dans les engrais concentrés, ce qui explique la plus grande valeur à laquelle l'azote y est coté.

Nous avons vu plus haut, p. 1236, que le prix du guano est généralement de 35 francs les 100 kilog.; or, le guano péruvien renferme en moyenne 15 °/₀ d'azote, dont le prix serait de 30 francs, et 20 kilog. de phosphate qui, évalué à $0^{fr},15$, vaudraient 3 francs; on aurait 33 francs pour le prix des 100 kilog., et si on remarque que les phosphates y sont peu à peu solubles dans l'eau, grâce à l'oxalate d'ammoniaque contenu dans le guano, on reconnaîtra que cet engrais n'est pas d'un prix trop élevé et qu'il mérite la faveur dont il jouit parmi les cultivateurs. On reconnaîtra, en appliquant le même mode de calcul, que le phosphate de chaux est dans le noir animal à un prix beaucoup plus élevé que dans les phosphates fossiles; puisque l'hectolitre de 80 kilog. vaut 16 francs, les 100 kilos valent 20 francs; ils renferment 75 kilog. de phosphate, le prix du kilo est donc

$$\frac{20}{75} = 0^{fr},26.$$

En appliquant les trois chiffres précédents, il sera toujours facile de calculer *approximativement* la valeur commerciale d'un engrais.

P.-P. D.

ENSTATITE (Min.) [Syn. *Chladnite* (Shepard)]. Silicate de magnésie $MgSiO^3$ avec un peu de fer (pas au-dessus de 10 °/₀), d'alumine, de manganèse et de chaux. Masses fibreuses ou lamelleuses, facilement clivables, semi-transparentes, d'un éclat perlé et d'un gris jaunâtre ou verdâtre allant jusqu'au brun ou au vert-olive.

Densité, 3,19; poussière grise. Dureté, 5,5.

Caractères. — Inattaquable aux acides, presque infusible au chalumeau.

Forme cristalline. — Prisme orthorhombique de 92° à 93°.

Clivages: faciles *m*, moins faciles h^1, g^1.

EOÏDINE. — Matière colorante rouge, extraite du bois d'asperge, dont l'analyse conduit à la formule douteuse $C^{24}H^{44}O^8$ (Kerndt).

ÉPHÉSITE. — Voyez MARGARITE.

ÉPICHLORITE. — Silicate hydraté alumino-magnésique avec du fer et du calcium. Masses à structure bacillaire, semblables à la ripidolite, d'un éclat gras, translucides et d'un vert foncé.

Densité, 2,76; dureté, 2 à 2,5.

Caractères.—Imparfaitement attaqué par l'acide chlorhydrique, difficile à fondre; avec les flux donne les réactions de la silice et du fer.

ÉPIDERMOSE. — Substance contenant moins de carbone et plus d'azote et de soufre que les matières albuminoïdes proprement dites et formant la majeure partie des soies, des plumes, de la corne, des ongles, de la laine, de l'épiderme, etc. L'épithelium et la partie de la fibrine qui ne se dissout pas dans l'acide chlorhydrique au demi-millième présentent avec cette substance les plus grandes analogies de composition et de propriétés.

Les analyses de l'épidermose se rapportent à un produit divisé finement et épuisé par l'eau, l'alcool et l'éther bouillants. Il n'est pas probable que ce produit, où l'on distingue encore des couches d'agrégation et de compacité différentes, soit une substance unique. Il donne environ 1 °/₀ de cendre. Composition moyenne d'après Scherer :

Carbone	50 °/₀	(de 49 à 52).
Hydrogène	6,8	(de 6,4 à 7,2).
Azote	17	(de 16,5 à 18).
Soufre	3 à 5.	
Oxygène	indéterminé.	

[*Ann. der Chem. u. Pharm.*, t. XL, p. 55; — Kemp, *ibid.*, t. XLIII, p. 115; — Mulder, *Chem. Outers.*, n° 2, p. 270; — Fremy, *Ann. de Chim. et de Phys.*, (3), t. XLVIII, p. 47.]

Chauffée, la matière cornée fond et brûle avec une flamme éclairante. Elle se dissout peu à peu dans l'eau chauffée sous pression; mais l'extrait ne se prend pas en gelée par le refroidissement.

Fondue avec la potasse, elle donne de la tyrosine et de la leucine, de l'hydrogène, des acides gras, etc. La leucine se détruit dans l'opération et fournit de l'amylamine (près de 5 °/₀ du poids de la corne).

La solution de potasse, à chaud et même à froid, dissout l'épidermose avec dégagement d'ammoniaque. La liqueur devient jaune et précipite en blanc par les acides avec dégagement d'hydrogène sulfuré.

L'ammoniaque même à chaud n'a que peu d'action; l'acide sulfurique concentré gonfle l'épidermose et la dissout en grande partie à chaud : la solution étendue et neutralisée se trouble. L'ébullition prolongée avec l'acide sulfurique faible donne la tyrosine et la leucine (voyez ces mots).

L'acide azotique colore la matière cornée en jaune surtout à chaud et finit par la dissoudre. La couleur de la solution devient orange par l'addition de l'ammoniaque. D'après Van Laer [*Ann. der Chem. u. Pharm.*, t. XLV, p. 156 et 167], il se produit d'abord de l'acide xanthoprotéique, puis de l'acide saccharique, enfin de l'acide oxalique.

L'acide chlorhydrique fumant colore l'épidermose en bleu violacé et la dissout peu à peu à l'ébullition.

L'acide acétique gonfle la corne sans la dissoudre. Un mélange de 3 litres d'acide azotique, 2 litres d'acide pyroligneux, 5 kilog. de tannin, 2 de crème de tartre, 2,5 de sulfate de zinc, avec de l'eau donne à la corne de buffle qu'on y plonge une souplesse et une élasticité inaltérables [Damé, *Brevets d'invent.*, t. XXXVII].

Lorsqu'on traite l'épidermose des cheveux, en suspension dans l'eau, par un courant de chlore, on obtient une matière qui n'a pas changé d'aspect, mais se dissout entièrement dans l'ammoniaque en dégageant de l'azote. Les divers sels métalliques colorent la corne et sont employés à cet usage. Le chlorure mercurique n'a pas d'action, le nitrate d'argent donne une couleur noire ou pourpre. L'azotate mercureux une couleur grise, le chlorure platinique une couleur jaune. On recouvre souvent la corne, macérée d'abord dans un acide, avec une couche de chaux éteinte et de minium. Elle brunit par la formation de sulfure de plomb. Manu, en traitant cette corne noircie par l'acide chlorhydrique concentré, en chasse de l'acide sulfhydrique et lui donne une apparence laiteuse due au chlorure de plomb. La corne ainsi préparée se polit très-bien; si l'acide chlorhydrique est employé à l'état de dilution, la masse cornée présente des reflets, dus sans doute à des cristaux de chlorure de plomb, et rappelant ceux de l'écaille.

En faisant macérer la corne contenant du chlorure de plomb dans le bichromate de potasse, elle se colore en jaune par la formation dans ses pores de jaune de chrome [*Würtemberg. Gewerbebl.*, cité dans le *Répert. de Chim. appliq.*, 1862, p. 19].

G. S.

ÉPIDOTE (Min.) [Syn. *Thallite, schorl vert, akanticone, arendalite, pistazite, puschkinite, bucklandite*]. — Orthosilicate d'alumine et de chaux, avec sesquioxyde de fer remplaçant une partie de l'alumine, et protoxyde de fer, magnésie, remplaçant une partie de la chaux. L'épidote renferme constamment environ 2 °/₀ d'eau dont on ne tient généralement pas compte; si l'on introduit cette proportion d'eau dans la formule, en la considérant comme saturant une partie de l'alumine, les rapports théoriques s'accordent beaucoup mieux avec les analyses : on a alors

$$6SiO^2, 3Al^2O^3, 4CaO, H^2O,$$

formule que l'on peut écrire

$$6(SiO^4)^{iv}.4Ca'', [Al^2]^{vi}, 2(Al^2OH)^v$$

qui dérive de celle de l'orthosilicate $(SiO^4)^{iv}H^4$.

Cristaux souvent d'une assez grande dimension, masses cristallines granulaires ou fibreuses, masses

Fig. 228. — Épidote.

compactes d'un vert pistache, olive, passant au brun ou au jaune; d'un éclat vitreux; transparent, translucide ou opaque; fragile, cassure inégale.

Les cristaux se présentent d'ordinaire en prismes clinorhombiques allongés dans le sens de la diagonale horizontale de la base. Ils se trouvent dans beaucoup de roches cristallines, syénites, granites, micaschistes, calcaires cristallins, etc.; souvent en filons avec albite, axinite, etc.

Caractères. — Inattaquable aux acides; attaquable après ignition en faisant gelée; donne de l'eau dans le tube. Au chalumeau, fond en se boursouflant en une masse brun-noir magnétique.

Dureté, 6,7 ; densité, 3,25 à 3,5. Poussière blanche ou grisâtre.

Forme cristalline. — Prisme clinorhombique $mm = 69°56'$; les faces les plus fréquentes sont $m, h^1, p, a^1, b^{1/2}$; $ph^1 = 115°27'$, $pa^1 = 116°8'$, $b^{1/2}h^1 = 69°3'$.

Clivages : p parfait, h^1 imparfait; macles fréquentes parallèlement à h^1, rares parallèlement à p.

Certaines variétés sont assez fortement dichroïques. Double réfraction énergique, plan des axes parallèles à g^1 avec écartement variable des axes.

F. et S.

ÉPIPHOSPHORITE (Min.). — Phosphate de chaux et de fer réniforme, accompagnant des grenats et du graphite dans une roche cristalline.

ÉPISTILBITE (Min.). — Hydrosilicate d'alumine et de chaux dans lequel les rapports d'oxygène de $H^2O, CaO, Al^2O^3, SiO^2 = 5 : 1 : 3 : 12$.

Cristaux blancs ou rougeâtres, transparents ou translucides, d'un éclat vitreux sur les faces g^1; fragile, cassure inégale. Se trouve avec la scolésite dans les amygdaloïdes d'Islande et de la Nouvelle-Écosse.

Caractères. — Soluble dans l'acide chlorhydrique concentré, avec dépôt de silice pulvérulente; au chalumeau fond en un émail bulleux

Dureté, 4 à 4,5; densité, 2,25 à 2,36.

Forme cristalline. — Prisme orthorhombique

$$mm = 135°10', \quad a^1a^1 = 109°46'.$$

Clivage g^1 très-facile. Macles très-fréquentes parallèlement à m.

ÉPONGES. — La matière organique qui forme le tissu des éponges a d'abord été confondue avec l'épidermose jusqu'aux recherches de Posselt [*Ann. der Chem. u. Pharm.*, t. XLV, p. 192] et de Crookewit [*ibid.*, t. XLVIII, p. 43] qui firent voir qu'elle doit être rapprochée de la *fibroïne* de la soie. Mais Staedeler conclut à la non-identité de ces substances, d'après ce fait que l'acide sulfurique donne avec la matière de la soie de la tyrosine et de la leucine, tandis qu'avec celle de l'éponge elle donne de la leucine et du glycocolle, sans trace de tyrosine; il a donc créé pour cett dernière le nom de *Spongine* [*ibid.*, t. CXI p. 12].

Schlossberger a fait voir de plus que l'oxyde de cuivre ammoniacal et l'oxyde de nickel ammoniacal, qui dissolvent la soie, sont sans action sur la matière de l'éponge débarrassée par l'acide chlorhydrique de la plus grande partie des matières minérales qu'elle contient [*Ann. der Chem. u. Pharm.*, t. CVIII, p. 62; et *Révert. de Chim. pure*, 1850, p. 195].

Quoi qu'il en soit, les éponges laissent environ 3,5 °/₀ de cendres constituées par de la silice, du sulfate, du carbonate et du phosphate de chaux, de l'iodure de potassium (1,16 à 2,14 par 100 p. de cendre), du bromure de potassium ou de sodium (0,75 environ) et des traces de cuivre. Ces cendres sont employées en médecine; elles ne doivent pas être trop calcinées pour cet usage, car elles perdraient de l'iode. La matière organique possède à peu près la composition de l'épidermose.

Les éponges traitées par l'acide sulfurique concentré ne donnent pas de combinaison soluble dans l'eau. L'acide azotique les dissout partiellement, il reste une matière gluante insoluble dans l'eau, mais se dissolvant avec une coloration roug dans la potasse, avec une coloration jaune dans l'ammoniaque.

Les éponges sont dissoutes par l'acide chlorhydrique à l'ébullition, la liqueur est brune. Elles ne sont pas attaquées par l'ammoniaque; mais se dissolvent dans l'eau de baryte bouillante. La solution neutralisée par l'acide acétique donne un précipité gélatineux soluble dans un excès d'acide acétique avec dégagement d'hydrogène sulfuré.

G. S.

EPSOMITE (Min.). — Sulfate de magnésie

$$MgSO^4 + 7H^2O.$$

Cristaux et fibres déliées, qui se rencontrent dans diverses mines.

Forme cristalline. — Prismes orthorhombiques, avec des modifications ayant l'apparence hémiédrique : $mm = 90°34'$, $a^1a^1 = 59°56'$.

Clivage g^1 parfait.

ÉPUISEMENT. — On appelle ainsi l'action prolongée d'un dissolvant sur un corps partiellement insoluble.

Pour rendre cette opération moins fastidieuse et plus efficace, on emploie souvent le dissolvant à la température de l'ébullition, et l'on fait refluer ses vapeurs dans le ballon où la dissolution s'effectue; on peut ainsi *épuiser* diverses substances en peu de temps et sans autre soin que d'entretenir l'ébullition et de maintenir froid le réfrigérant qui produit le reflux des vapeurs. Si l'on dispose du gaz et d'un courant d'eau continu, l'opération se fera d'elle-même.

M. Payen a imaginé un appareil nommé *digesteur*, qui permet d'opérer l'épuisement dans des conditions meilleures encore. Dans cet appareil le dissolvant, généralement l'éther, arrive à l'état de vapeur jusque dans une capacité où il se condense, puis il traverse une longue colonne de la matière à épuiser et retourne au générateur chargé des principes solubles. On voit facilement que l'action dissolvante du liquide incessamment purifié par la distillation doit être rapide et com-

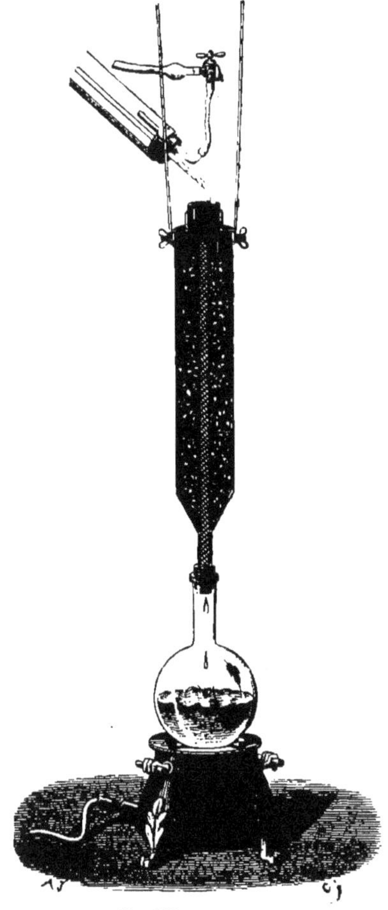

Fig. 229. — Digesteur.

plète. M. Cloëz a perfectionné le digesteur en lui donnant la forme suivante. Une allonge de verre ou de métal s'adapte au ballon où bout le liquide; elle est traversée selon son axe par un tube de toile métallique. Autour de ce tube se trouve la substance à épuiser. La vapeur qui monte dans le tube est préservée du refroidissement par la couche de matière qui l'environne, elle se condense principalement dans un réfrigérant de Liebig. Quant au liquide condensé, il traverse la colonne dans toute son étendue et retourne au ballon par les ouvertures de la toile métallique.

G. S.

ÉQUISÉTIQUE (ACIDE). — Voyez Aconitique.

ÉQUIVALENTS. — Voyez Discours préliminaire, p. XIII, XXII et LIX, et Atomique (théorie), t. I, p. 458. — Les équivalents sont les proportions pondérales selon lesquelles les corps se combinent ou se remplacent. Comme certains corps peuvent se combiner ou se remplacer en plusieurs proportions, il faut admettre pour ceux-ci plusieurs équivalents ou bien s'appuyer sur des considérations particulières pour en adopter un plutôt qu'un autre. L'on a rejeté les équivalents multiples et l'on est convenu de choisir pour l'équivalent de chaque substance le *nombre proportionnel* qui s'accorde le mieux avec la loi de l'isomorphisme ou celle des volumes, avec certaines simplifications ou certaines analogies dans les formules. L'on a dressé ainsi la table suivante :

Al..........	13,75	Mb..........	46
Sb..........	122	Ni..........	29,54
Ag..........	108	Au..........	98,18
As..........	75	O..........	8
Az..........	14	Os..........	99,4
Ba..........	68,6	Pd..........	53,23
Bi..........	105	Ph ou P......	32
Bo..........	11	Pt..........	98,58
Br..........	80	Pb..........	103,56
Cd..........	56	K..........	39,1
Ca..........	20	Rh..........	52,1
C..........	6	Rb..........	85,36
Ce..........	47,25	Ru..........	52,1
Cs..........	13,3	Se..........	39,61
Cl..........	35,5	Si (1)........	21
Cr..........	26,2	Si (2)........	14
Cb ou Co....	29,49	Na..........	23
Cu..........	31,78	S..........	16
Di..........	48	Sr..........	43,84
Sn..........	58,8	Ta..........	92,29
Fe..........	28	Te..........	64
Fl..........	19	Th..........	59,5
Gl..........	6,96	Ti..........	25,1
H..........	1	Tl..........	204
I..........	127	W ou Tu....	92
Ir..........	98,57	U..........	60
La..........	46	Va (3)........	68,46
Li..........	7	V (4)........	52,46
Mg..........	12	Y..........	32,18
Mn..........	27,87	Zn..........	33
Hg..........	100	Zr..........	33,58

Ces nombres s'accordent-ils avec la définition que l'on vient de donner de l'équivalent? On peut répondre négativement pour quelques-uns. Les rapports 8 : 1 : 35,5 sont bien ceux selon lesquels l'oxygène, l'hydrogène et le chlore se combinent et se remplacent. Mais l'azote se combine et se substitue à l'hydrogène dans le rapport de 14 à 3 et non de 14 à 1, l'aluminium ne se combine pas à l'oxygène dans le rapport de 13,75 à 8, mais dans le rapport de 27,5 à 24, il ne remplace pas le potassium dans le rapport de 13,75 à 39,1, mais dans celui de 27,5 à 117,3; le bismuth ne se combine pas au chlore dans la proportion de 105 à 35,5, mais dans la proportion de 210 à 106,5, etc.

Pourquoi ces exceptions et ces irrégularités? L'on ne connaît qu'un degré d'oxydation de l'aluminium, pourquoi ne pas écrire l'alumine AlO? C'est que dans les déterminations des équivalents on accordait plus d'importance à la simplicité d'une formule, à son analogie avec une autre, qu'à des considérations d'un ordre purement chimique. Pourquoi, par exemple, a-t-on écrit pendant si longtemps la silice SiO^3? Pour arriver à donner au feldspath orthose une formule analogue à celle de l'alun anhydre.

De telles raisons suffisaient parfois au début de

(1) SiO^3 = Silice.
(2) SiO^2 = Silice.
(3) VaO^3 = Acide vanadique (= $VO^2.O^3$).
(4) VO^5 = Acide vanadique.

la chimie pour fixer un équivalent, contre lequel une immense série de travaux et de découvertes peut à peine aujourd'hui faire prévaloir un poids atomique rationnel.

Il est à regretter que l'on ait été conduit à fausser la notion de l'équivalence, parce qu'elle menait logiquement à admettre plusieurs équivalents pour une substance unique. Si l'on avait formulé l'acide chlorhydrique HCl, l'eau Ho, l'ammoniaque Haz, comme Dalton le proposait, on aurait véritablement exprimé par les symboles H, *o*, *az* les quantités de matières qui se combinent et qui s'échangent, en un mot qui s'équivalent, et de plus on aurait pu passer très-facilement de ce système au système atomique actuel en remarquant que deux équivalents d'oxygène 2*o* ou trois équivalents d'azote 3*az*, se transportent toujours dans les réactions, sans se séparer, de façon qu'ils semblent former un groupe $o, o = O''$ biéquivalent ou diatomique, ou bien un groupe $az, az, az = Az'''$, triéquivalent ou triatomique. C'est ainsi que M. Wurtz, en 1855, expliquait la constitution de l'acide phosphoreux en le considérant comme dérivant de trois molécules d'eau par substitution dans chacune d'elle, d'un équivalent de phosphore *p* à un équivalent d'hydrogène.

$$P''' = ppp \qquad \left.\begin{matrix} H \\ p \end{matrix}\right\} O \quad \left.\begin{matrix} H \\ p \end{matrix}\right\} O \quad \left.\begin{matrix} H \\ p \end{matrix}\right\} O$$

1 atome de phosphore. — 1 molécule d'acide phosphoreux.

[*Ann. de Chim. et de Phys.*, (3), t. XLIV, p. 307]. G. S.

ERBIUM (*nom tiré des quatre dernières lettres du mot Ytterby*). — Radical métallique d'un oxyde terreux appelé *erbine*. L'erbium n'ayant jamais été isolé, ses propriétés à l'état libre nous sont inconnues.

Histoire. — A la suite de patientes et sagaces recherches, Mosander montra, en 1843, que l'yttria renfermait à l'état de mélange deux terres nouvelles, bases salifiables puissantes qu'il nomma *terbine* et *erbine*. Scheerer et Berzelius confirmèrent les résultats de Mosander. Plus récemment Popp a nié l'existence de l'erbine, tandis que, au contraire, Berlin et Delafontaine l'ont reconnue. Bunsen et Bahr ont décrit sous le nom d'erbine une terre rose qui s'éloigne positivement de celle de Mosander, mais qui paraît être la terbine (voyez ce mot) à l'état de pureté.

Nos connaissances sur les combinaisons de l'erbium sont encore peu avancées; nous allons consigner ici ce que les travaux de Mosander, de Berlin et Delafontaine nous en ont appris : avant que cet ouvrage soit terminé, de nouvelles recherches auront probablement paru dont nous donnerons les résultats à l'article *yttrium*.

État naturel. — L'erbium paraît toujours accompagner l'yttrium dans ses combinaisons naturelles dont les principales sont les gadolinites d'Ytterby et d'Hitteroë, la fergusonite, l'yttrotantalite, l'euxénite et l'orthite.

Extraction. — Elle sera indiquée à l'article Yttrium.

Combinaisons de l'erbium. — *Oxyde d'erbium* ou *erbine*, ErO. — L'erbine est une base puissante qui s'unit aisément avec les acides même étendus. Sa couleur est jaune, mais avec des nuances variables : obtenue par la calcination de son oxalate, elle est assez pâle; si on la jette alors dans de l'eau, les portions qui demeurent en suspension et restent quelquefois plus de 12 heures avant de se déposer sont encore plus claires. L'hydrate est blanc, semblable à l'alumine; il ne change pas de couleur à l'air, mais en absorbe l'acide carbonique, ce qui le rend pulvérulent à la longue; il perd toute son eau au rouge et laisse alors des fragments d'un beau jaune foncé; lourds, durs, cohérents, dont l'apparence rappelle d'une manière frappante la gomme-gutte en morceaux. En chauffant l'erbine au rouge dans un courant d'hydrogène, on la rend blanche avec production d'une petite quantité d'eau; si elle est douée d'une teinte rose, c'est qu'elle retient de la terbine. Cette expérience montre que la couleur jaune de la terre qui nous occupe est due à une suroxydation partielle, semblable à celle dont est susceptible l'oxyde de didyme.

Après avoir été réduite par l'hydrogène, l'erbine n'absorbe pas l'oxygène de l'air à la température ordinaire et elle ne redevient jaune que par une calcination au rouge. Les acides nitrique et sulfurique étendus de 50 fois leur volume d'eau dissolvent lentement et complétement l'erbine, même celle qui provient de la calcination du nitrate, et les portions attaquées les dernières ne diffèrent pas des autres. Arrosée avec de l'acide sulfurique concentré, elle ne donne pas une liqueur rouge comme le fait l'oxyde céroso-cérique. Ses dissolutions sont incolores ou faiblement rosées.

Seule, au chalumeau et dans le dard le plus chaud, l'erbine devient incandescente en rayonnant une vive lumière *blanche*; avec le borax elle donne une perle incolore. Le carbonate de baryte la précipite soit à froid, soit à chaud, mais d'une manière incomplète.

Le poids atomique de cette terre n'est pas fixé avec certitude; il paraît voisin de 76 (O = 16).

Le meilleur précipitant de l'erbine est l'acide oxalique ou l'oxalate d'ammoniaque; toutefois, dans les liqueurs qui renferment en outre des alcalis fixes, il vaut mieux avoir recours à l'ammoniaque caustique en excès.

L'erbine en suspension dans l'eau est intégralement dissoute par le chlore. Ses dissolutions dans les acides ont une saveur sucrée et astringente.

Nitrate d'erbium. — Le sel neutre se dépose de sa dissolution très-concentrée en cristaux nets et bien conformés, déliquescents. Concentré lentement et évaporé à sec, il forme une masse blanche peu déliquescente; à une température plus élevée cette masse fond en un liquide limpide, jaune foncé, que le refroidissement fait prendre en un verre transparent qui ne tarde pas à se fendiller de toutes parts. Quand on pousse la chaleur plus fort encore, la décomposition commence en produisant un sel basique jaunâtre, puis de l'oxyde pur.

Un sous-sel cristallisé en aiguilles presque microscopiques prend naissance quand, dans une dissolution concentrée bouillante de nitrate neutre, on ajoute une quantité d'ammoniaque suffisante pour précipiter seulement une proportion pas trop considérable de la base; le précipité ne tarde pas à se redissoudre par l'ébullition : si à ce moment-là on laisse refroidir, il se produit une cristallisation de sous-nitrate. Ce composé est dédoublé par l'eau pure en sel neutre et en sel plus basique encore.

Sulfate d'erbium, $SO^4Er + H^2O$. — L'erbine se dissout facilement dans l'acide sulfurique étendu même de 100 fois son volume d'eau. La liqueur concentrée à l'aide d'une douce chaleur abandonne des petits grains cristallins plus solubles à froid qu'à chaud; si la liqueur est acide et l'évaporation conduite lentement à l'aide d'une petite lampe à alcool, le sulfate se dépose en cristaux déterminables isomorphes avec le sulfate de didyme. Le sel qui nous occupe se dissout avec une grande lenteur dans l'eau; il se déshydrate complétement au-dessous de 250°; chauffé fortement au rouge, il perd les deux tiers de son acide et laisse un résidu ayant pour formule SO^6Er^3. Le sulfate anhydre d'erbium se dissout rapidement dans l'eau froide pourvu qu'on l'empêche de s'agglomérer au fond du vase.

Sulfate erbico-potassique. — Ce sel double forme de petits grains cristallins blancs dont la forme est indiscernable à l'œil nu. Il se dissout facilement et rapidement dans l'eau froide, sans déshydratation préalable; sa dissolution le dépose en grande partie quand on la porte à l'ébullition. Il est assez soluble dans une liqueur saturée de sulfate de potasse: cette propriété le distingue du sel céroso-potassique.

Carbure d'erbium, ErC^2. — C'est une poudre noire inattaquable aux acides, qui brûle comme l'amadou quand on la chauffe à l'air et donne naissance à de l'erbine. On l'obtient en calcinant à l'abri de l'air l'oxalate ou le formiate d'erbium; le résidu traité par l'acide chlorhydrique affaibli consiste essentiellement en carbure.

Bibliographie. — Berzelius, *Compte rendu annuel*, 4e et 5e années, pour les recherches de Scheerer, de Mosander et de Berzelius; — Popp, *Ann. der Chem. u. Pharm.*, t. CXXXI, p. 179; — Delafontaine, *Archiv. des scienc. phys. et nat.*, t. XXI (1864), XXII (1865) et XXV (1866); — Bahr et Bunsen, *Ann. der Chem. u. Pharm.*, t. CXXXVII (1866). M. D.

ERDMANNITE (Min.). — Ce nom a été donné à trois minéraux différents, entre autres à une variété d'orthite des environs de Brevig et à un zircon de la même localité.

ÉRÉMITE. — Voyez Monazite.

ERGOTINE. — On désigne sous le nom d'*ergotine* des produits complexes, mal définis, incristallisables, qu'on retire de l'ergot de seigle et dont les propriétés varient suivant les procédés qui servent à les extraire.

L'origine et la nature de l'ergot de seigle, auquel on a donné ce nom à cause de sa forme qui l'a fait comparer à l'ergot du coq, n'est pas encore bien connue; pendant longtemps on l'a considéré comme un produit d'altération du grain de seigle. Actuellement, l'opinion la plus généralement adoptée est celle de M. Tulasne. Ce botaniste envisage l'ergot de seigle comme un champignon (*sphacélie*) qui se développe d'abord en dehors de l'ovaire, puis l'envahit et finit par le remplacer complétement. Cette végétation parasite semble se produire surtout pendant les années humides.

L'ergot de seigle a été étudié en premier par Vauquelin et Maas qui crurent entrevoir une matière de nature alcaline; plus tard, en 1831, Wiggers en retira un produit de nature complexe qu'il désigna sous le nom d'*ergotine*.

Cette substance se présente sous la forme d'une poudre d'un rouge-brun, soluble dans l'alcool, dans la potasse caustique, dans l'acide acétique concentré; insoluble dans l'eau, dans l'éther et dans les alcalis carbonatés.

Elle possède une saveur âcre et amère et n'a pas d'action sur les réactifs colorés; elle est infusible et répand à l'air lorsqu'on la brûle une odeur particulière, nauséabonde.

L'acide azotique la décompose à chaud en prenant une coloration jaune; l'acide sulfurique la dissout en se colorant en rouge-brun; l'eau précipite des flocons grisâtres de cette solution.

Wiggers obtient cette substance de la manière suivante: On traite la poudre de seigle ergoté par l'éther qui enlève toutes les matières grasses, puis on épuise la masse par l'alcool bouillant, on filtre, on distille l'alcool, enfin on ajoute à la solution alcoolique concentrée de l'eau froide qui précipite l'ergotine.

Il existe dans le commerce une préparation pharmaceutique connue sous le nom d'*ergotine Bonjean*, désignation tout à fait impropre, car ce produit n'est pas un principe immédiat, mais simplement l'extrait aqueux du seigle ergoté. Il se présente sous forme d'un extrait brun foncé, presque solide, d'une odeur particulière qui rappelle celle de la viande rôtie; insoluble dans l'alcool rectifié et l'éther, soluble dans l'eau et formant avec elle une dissolution d'un beau rouge.

On l'obtient en épuisant par l'eau, dans un appareil à déplacement, la poudre de seigle ergoté, puis on évapore la solution au bain-marie et on la concentre jusqu'en consistance de sirop clair; on y ajoute alors un grand excès d'alcool qui précipite des matières gommeuses, on laisse reposer, on décante et l'on fait évaporer jusqu'en consistance d'extrait.

Quelquefois la solution aqueuse d'ergot de seigle contient des matières albuminoïdes qui se coagulent par la chaleur; on sépare alors le coagulum par le filtre et l'on continue l'opération comme elle vient d'être indiquée.

M. Manassewitz a fait quelques essais sur l'ergotine préparée par la méthode de Wenzell; il pense lui assigner la formule $C^{50}H^{52}Az^2O^3$. Elle forme, avec le bichlorure de mercure, avec l'acide gallique, des précipités blancs; avec l'acide phosphomolybdique un précipité jaune; avec le bichlorure de platine un précipité blanc jaunâtre que ce chimiste représente par la formule

$$(C^{50}H^{52}Az^2O^3, HCl)^2, PtCl^4.$$

Le seigle ergoté renferme, outre les matières désignées sous le nom d'ergotine, une huile non saponifiable, inoffensive selon certains auteurs lorsqu'on l'obtient par expression; toxique selon les autres lorsqu'on l'extrait à l'aide de l'éther; de la triméthylamine, une résine, une matière colorante qui contient du fer, enfin du phosphate acide de magnésium.

En résumé, l'histoire de l'ergot de seigle et du principe actif qu'il renferme exige de nouvelles recherches, et les connaissances contradictoires que l'on possède sur ce sujet peuvent se résumer de la manière suivante:

1° Une résine soluble dans l'éther et dont les propriétés sont tout à fait inoffensives.

2° Une huile obtenue par expression, dénuée d'action toxique.

3° Une huile obtenue par M. Bonjean à l'aide de l'éther, toxique d'après ce chimiste, à peu près inoffensive d'après d'autres expérimentateurs.

4° L'ergotine de Wiggers, regardée comme vénéneuse et hyposthénisante, propriétés niées par M. Bonjean.

5° L'ergotine de M. Manassewitz.

6° L'ergotine de Bonjean, qui n'est que l'extrait aqueux de l'ergot de seigle.

Le seigle ergoté est d'un usage fréquent en médecine, on l'emploie à l'extérieur comme hémostatique; mais sa propriété médicale la plus importante est de provoquer, dans la pratique des accouchements, les contractions de l'utérus et d'arrêter les hémorrhagies sanguines.

Dans le premier cas, on emploie une solution aqueuse qui contient 10 grammes d'extrait aqueux pour 100 à 200 grammes d'eau distillée; dans le second cas, les praticiens donnent la préférence à la poudre de seigle pulvérisée au moment de s'en servir [Vauquelin, *Ann. de Chim. et de Phys.*, t. III, p. 202 et 337; — Wiggers, *Ann. der Chem. u. Pharm.*, t. I, p. 171, et *Journ. Pharm.*, t. XVIII, p. 525; — Manassewitz, *Zeitschrift für Chem.*, nouv. sér., t. IV, p. 154, et *Bull. de la Soc. chim.*, 1868, t. X, p. 205]. E. C.

ÉRICINOL, $C^{10}H^{16}O$. — C'est une huile volatile que l'on obtient dans la distillation avec de l'eau des diverses plantes de la famille des Éricinées, qui fournissent de l'éricoline (voyez ce mot). Elle prend aussi naissance lorsqu'on distille l'éricoline ou la pinipicrine avec de l'acide sulfurique étendu ou de l'acide chlorhydrique; il se produit en même temps du glucose.

Fröhde a étudié l'huile volatile du *Ledon à feuilles étroites* (*Ledum palustre*); traitée par une solution concentrée de potasse, elle se sépare en deux couches; la supérieure renferme l'éricinol $C^{10}H^{16}O$, bouillant entre 240° et 242°, et un produit bouillant vers 160°, mélange d'éricinol et d'un hydrocarbure isomérique avec l'essence de térébenthine. La partie soluble dans la potasse renferme de petites quantités d'acide acétique, butyrique, valérique, et un acide nouveau qui se présente sous la forme d'une huile brune, visqueuse, d'une odeur pénétrante, que Fröhde appelle *acide lédonique*, et qu'il représente par la formule $C^8H^{10}O^4$? [*Journ. für prakt. Chem.*, t. LXXXII, p. 181, et *Répert. de Chim. pure*, 1861, p. 485].

L'éricinol est une huile d'un bleu verdâtre, d'une odeur désagréable, d'une saveur amère et nauséeuse; ce corps bout entre 240° et 242°. L'ébullition avec un excès de potasse transforme ce corps en un hydrocarbure $C^{10}H^{16}$ (Fröhde). E. G.

ÉRICINONE. — M. Uloth avait donné ce nom à une substance cristalline obtenue par la distillation sèche des extraits aqueux de plantes de la famille des Éricinées; mais C. Zwenger et C. Himmelman ont reconnu, ainsi que l'avait présumé Hesse, l'identité de l'éricinone et de l'hydroquinone (voyez ce mot) [*Ann. der Chem. u. Pharm.*, t. CXXIX, p. 203, et *Bull. de la Soc. chim.*, 1864, t. II, p. 376].

ÉRICOLINE, $C^{34}H^{56}O^{21}$ [Rochleder et Schwarz, *Ann. der Chem. u. Pharm.*, t. LXXXIV, p. 368; — Rochleder, *ibid.*, p. 354; — Schwarz, *ibid.*, p. 361; — Kawalier, *Wien. acad. Ber.*, t. IX, p. 29]. — L'éricoline est une poudre résineuse, d'un jaune-brun, d'une saveur amère, fusible vers 100°; elle se trouve dans plusieurs plantes de la famille des Éricinées, *Ledum palustre, Calluna vulgaris, Rhododendron ferrugineum, Arctostaphylos Uva ursi* (busserolle).

Rochleder et Schwarz l'extraient du *Ledum palustre* en soumettant les feuilles hachées à l'ébullition avec de l'eau pendant plusieurs heures, concentrant la liqueur, précipitant par le sous-acétate de plomb, filtrant et réduisant le liquide par l'évaporation au tiers de son volume; on sépare alors l'excès de plomb par l'acide sulfurique, on évapore à consistance d'extrait et on reprend par un mélange d'alcool et d'éther.

Kawalier sépare l'éricoline des eaux mères de la préparation de l'arbutine en les chauffant avec l'acide sulfurique ou l'acide chlorhydrique; il se dépose une matière résineuse qu'on purifie en la dissolvant dans l'alcool et précipitant la solution par l'eau.

L'éricoline, chauffée avec de l'acide sulfurique étendu, se dédouble en *éricinol* et en glucose :

$$C^{34}H^{56}O^{21} + 4H^2O = C^{10}H^{16}O + 4C^6H^{12}O^6.$$

E. G.

ÉRINITE (Damour) (Min.) [Syn. *Cuivre arséniaté rhomboédrique, cuivre micacé, Kupferglimmer, tamarite* (Brooke et Miller), *chalkophyllite*, Breit]. — Arséniate de cuivre hydraté

$$6CuO, As^2O^5, 12H^2O;$$

une partie de l'acide arsénique est remplacée par de l'acide phosphorique. Petites lames très-minces, hexagonales, facilement clivables parallèlement à la base, formées par un rhomboèdre fortement basé. D'un beau vert-émeraude; transparent à translucide.

Caractères. — Soluble dans l'acide azotique et dans l'ammoniaque. Dans le tube fermé, décrépite, donne de l'eau et se divise en petites écailles légères. Au chalumeau, montre les réactions de l'arsenic et du cuivre.

Dureté, 2; poussière vert pâle : densité, 2,4 à 2,66.

Forme cristalline. — Rhomboèdre p de 69°48'. Clivage a^1 parfait. F. et S.

ÉRINITE (Haidinger) (Min.). — Arséniate de cuivre hydraté,

$$5CuO, As^2O^5, 2H^2O = 4(CuOH)Cu(AsO^4)^2.$$

Petites touffes fibreuses, à structure concentrique dont l'extérieur est rendu rugueux par les sommets de très-petits cristaux. D'un beau vert d'herbe; presque opaque.

Caractères. — Soluble dans l'acide azotique; dans le tube fermé, décrépite et donne de l'eau. Au chalumeau, réactions de l'arsenic et du cuivre.

Dureté, 4,5 à 5; poussière vert clair. Densité, 4,04.

Trace de clivage dans une direction.

ÉRITANNIQUE (ACIDE), $C^{14}H^{16}O^7$. — Tannin de l'*Erica herbacea*. Il colore les sels ferriques en vert; traité par l'acide sulfurique, il donne une matière jaune appelée *éricanthine*.

ERSBYITE (Min.). — Cette substance paraît être une scapolite d'Ersby, près de Pargas.

ÉRUCIQUE (ACIDE), $C^{22}H^{42}O^2$ [Darby, *Ann. der Chem. u. Pharm.*, t. LXIX, p. 1]. — Cet acide gras s'obtient par la saponification de l'huile grasse de la graine de moutarde blanche (*Sinapis alba*), qui en fournit environ 36 %. Il se forme en même temps un acide liquide. Pour les séparer, on traite au bain-marie le mélange des deux acides par le massicot, et on reprend le produit par l'éther, qui dissout le sel de plomb de l'acide huileux. Le résidu est repris par l'acide chlorhydrique et l'alcool; le chlorure de plomb est séparé par le filtre, l'alcool évaporé, et l'acide gras ainsi obtenu lavé à l'eau bouillante pour enlever les dernières traces d'acide chlorhydrique. On le purifie en le faisant cristalliser dans l'alcool jusqu'à ce que son point de fusion soit constant. Staedeler admet l'identité de l'acide érucique et de l'acide brassique (voyez ce mot) retiré de l'huile de colza, et le regarde comme appartenant à la série de l'acide oléique; mais les expériences d'Otto, si elles ne démontrent pas la non-identité des deux acides, font voir que l'acide érucique n'appartient pas à la série oléique [Otto, *Ann. der Chem. u. Pharm.*, t. CXXVII, p. 182, et *Bull. de la Soc. chim.*, 1864, t. I, p. 148].

L'acide érucique cristallise en aiguilles brillantes, fusibles à 33° (comme l'acide brassique). Il est soluble dans l'alcool et l'éther, insoluble dans l'eau; traité par la potasse, il donne de l'hydrogène, mais non pas de l'acide acétique et de l'acide arachique, comme cela devrait avoir lieu s'il appartenait à la série oléique. Sa solution alcoolique, saturée d'acide chlorhydrique, fournit un liquide oléagineux, cristallisant entre — 10° et 0°, mais dont l'analyse n'a pas donné de chiffres satisfaisants.

Le *sel de soude* est soluble dans l'alcool. Le *sel de baryte*, $(C^{22}H^{41}O^2)^2Ba$, est en flocons blancs. Le *sel de plomb* renferme $(C^{22}H^{41}O^2)^2Pb$. Le *sel d'argent* est un précipité caillebotté, qui se colore promptement à la lumière; il renferme

$$C^{22}H^{41}O^2Ag.$$

ACIDE BROMÉRUCIQUE, $C^{22}H^{42}Br^2O^2$ [Otto, *Zeitsch. für Chem.*, nouv. sér., t. I, p. 275, et *Bull. de la Soc. chim.*, 1866, t. V, p. 453]. — L'acide érucique s'unit au brome, en donnant l'acide bromérucique cristallisable, soluble dans l'éther et dans l'alcool, insoluble dans l'eau, fusible à 42-43°. Il cristallise de sa solution alcoolique en petits cristaux mamelonnés. Soumis à l'action de l'amalgame de sodium, il régénère l'acide érucique.

Le *sel de baryte* est un précipité blanc, qui renferme $(C^{22}H^{41}Br^2O^2)^2Ba$.

Le *sel de plomb*, $(C^{22}H^{41}Br^2O^2)^2Pb$, cristallise dans l'alcool bouillant. E. G.

ÉRYTHRARSINE. — Nom donné par Bunsen à un produit rouge qui se forme par la combustion incomplète du cacodyle. Le même produit prend naissance dans l'action de l'étain et de l'acide chlorhydrique, ou par celle de l'acide phosphoreux sur le cacodyle, ou bien lorsqu'on dirige des vapeurs de cacodyle à travers des tubes chauffés. Elle est rouge, amorphe, insoluble dans l'eau et l'alcool. Bunsen lui assigne la composition

$$C^4H^{12}As^6O^3.$$

— Voyez t. I, p. 425.

ÉRYTHRINE (acide érythrique), $C^{20}H^{22}O^{10}$. — Cette substance fut découverte par Heeren dans la *Roccella tinctoria* et paraît être contenue dans tous les lichens à orseille [*Schweiggers's Journ. für Chem. u. Phys.*, t. LIX, p. 313]. Elle a été étudiée par Schunck [*Ann. der Chem. u. Pharm.*, t. LXI, p. 69], par Stenhouse [*ibid.*, t. LXVIII, p. 72; t. CXXV, p. 353, et *Bull. de la Soc. chim.*, 1866, t. V, p. 503], par Hesse [*Ann. der Chem. u. Pharm.*, t. CVII, p. 297, et t. CXXXIX, p. 22; *Répert. de Chim. pure*, t. IV, p. 121; *Bull. de la Soc. chim.*, t. VII, p. 263]; mais c'est à de Luynes qu'on doit d'avoir fixé la véritable nature de ce corps, qui est analogue aux glucosides ou aux glycérides. Sa formule, qui a été représentée par $C^{16}H^{16}O^8$ et par $C^{28}H^{30}O^{14}$, a été fixée par des travaux plus récents à $C^{20}H^{22}O^{10}$. Cette formule exprime très-exactement sa composition en même temps que son dédoublement sous certaines influences [*Ann. de Chim. et de Phys.*, (4), t. II]. Soumise à l'action des bases, l'érythrine se dédouble en un sucre particulier, l'érythrite, et en acide orsellique, ou plutôt, un produit de dédoublement de ce dernier, l'orcine.

Schunck traite les lichens par l'eau bouillante, d'où elle se dépose en poudre cristalline qu'on lave à l'alcool bouillant; la liqueur aqueuse renferme de la picroérythrine et de l'orcine. Stenhouse préfère traiter les lichens par un lait de chaux à froid; la liqueur filtrée, étant traitée par un courant d'acide carbonique, laisse déposer du carbonate de calcium en même temps que l'érythrine; on retire celle-ci en traitant le dépôt par de l'alcool chaud et décolorant par du noir animal. Ce procédé, également suivi par Hesse, en fournit environ 12 %. Les lichens, traités par l'ammoniaque, en fournissent moins et il est moins pur, car il est accompagné d'acide roccellique et d'une matière brune; on en sépare l'acide roccellique, en précipitant par l'acide chlorhydrique et traitant le précipité par l'eau bouillante qui ne dissout que l'érythrine.

L'érythrine cristallise de sa solution alcoolique bouillante en aiguilles groupées en étoiles; l'eau l'en précipite à l'état de gelée; elle est incolore, inodore et sans saveur. Séchée à l'air, elle renferme 1 molécule et demie d'eau qu'elle perd à 100°. Elle est soluble dans 328 p. d'éther à 20°, dans 240 p. d'eau bouillante et dans une plus petite quantité d'alcool. D'après Stenhouse, elle possède une réaction acide; d'après Hesse, elle est neutre. Les alcalis la dissolvent, mais elle s'en sépare après neutralisation à l'état de gelée; les acides la dissolvent également. Sa solution ammoniacale se colore peu à peu en pourpre à l'air. Cette solution donne, avec l'azotate d'argent, un précipité noir qui se réduit à l'ébullition; le chlorure d'or n'est pas altéré par l'érythrine; celle-ci n'est pas précipitée par l'acétate neutre de plomb, mais par le sous-acétate. La magnésie dissout l'érythrine et sa solution donne, avec l'acétate neutre de plomb, un précipité qui renferme $(C^{20}H^{18}O^{10})^2Pb^3 + 3H^2O$ (Hesse).

Le perchlorure de fer communique à l'érythrine une teinte pourpre que l'addition d'ammoniaque fait passer au jaune sans précipiter d'hydrate ferrique, si ce n'est par l'ébullition.

Dissoute dans l'éther aqueux, elle se combine au brome sans formation d'acide bromhydrique, en formant de l'érythrine tribromée

$$C^{20}H^{19}Br^3O^{10} + 1\,1/2\,H^2O,$$

qui s'obtient en petites aiguilles groupées sphériquement. L'érythrine tribromée se décompose par l'alcool bouillant en picroérythrine bromée et orsellate d'éthyle.

Le dédoublement que subit l'érythrine sous l'influence de l'eau, de l'alcool, des alcalis, est comparable au dédoublement des glycérides; il se forme de l'érythrite, qui est un alcool tétratomique, et de l'acide orsellique qui, lui-même, se décompose en orcine et acide carbonique :

$$\underset{\text{Érythrine.}}{C^{20}H^{22}O^{10}} + 2H^2O$$

$$= \underset{\text{Érythrite.}}{C^4H^{10}O^4} + \underset{\text{Acide orsellique.}}{2C^8H^8O^4} \text{ ou } \underset{\text{Orcine.}}{2C^7H^8O^2} + 2CO^2.$$

L'érythrine est donc de *l'érythrite diorsellique*, c'est-à-dire de l'érythrite $C^4H^6(HO)^4$ dont 2HO sont remplacées par $2(C^8H^7O^4)$; seulement, dans bien des cas, on n'enlève que la moitié de l'acide orsellique, l'autre moitié restant unie à l'érythrite pour former *l'érythrite monorsellique* ou *picroérythrine*.

$$C^{20}H^{22}O^{10} + H^2O$$

$$= \underset{\text{Picroérythrine.}}{C^{12}H^{16}O^7} + \underset{\text{Orcine.}}{C^7H^8O^7} + CO^2.$$

La picroérythrine elle-même donne 1 molécule d'acide orsellique et 1 molécule d'érythrite en fixant 1 molécule d'eau.

On peut représenter l'érythrine et la picroérythrine par les formules rationnelles :

$$\underset{\text{Érythrite diorsellique.}}{\left.\begin{matrix}(C^4H^6)^{iv}\\ 2(C^8H^7O^3)\\ H^2\end{matrix}\right\}O^4,} \qquad \underset{\text{Érythrite monorsellique.}}{\left.\begin{matrix}(C^4H^6)^{iv}\\ C^8H^7O^3\\ H^3\end{matrix}\right\}O^4,}$$

si l'on envisage l'acide orsellique comme monobasique.

E. Grimaux [*Bull. de la Soc. chim.*, 1865, t. III, p. 410], qui considère l'acide orsellique comme monobasique et triatomique, représente les composés érythriques par les formules

$$\left.\begin{matrix}(C^4H^6)^{iv}\\ 2(C^8H^5O)'''\\ H^6\end{matrix}\right\}O^8, \qquad \left.\begin{matrix}(C^4H^6)^{iv}\\ (C^8H^5O)'''\\ H^3\end{matrix}\right\}O^6.$$

Stenhouse, qui envisage l'érythrine comme renfermant $C^{28}H^{30}O^{14}$, représente ainsi sa décomposition par les alcalis :

$$C^{28}H^{30}O^{14} + H^2O = \underset{\text{Picroérythrine.}}{C^{12}H^{16}O^7} + \underset{\text{Acide orsellique.}}{2C^8H^8O^4},$$

et admet que, par une action ultérieure, la picroérythrine se dédouble suivant l'équation précédente; d'après lui, l'érythrine serait donc de l'érythrite triorsellique, plus 1 molécule d'eau.

L'eau bouillante transforme l'érythrine en picroérythrine. La baryte donne d'abord de la picroérythrine, puis, par une ébullition prolongée, de de l'érythrite et de l'orcine.

L'esprit de bois, l'alcool ordinaire, l'alcool amylique, transforment l'érythrine, à l'ébullition, en éthers orselliques correspondants et en picroérythrine.

L'acide iodhydrique donne de l'iodhydrate de butylène, en agissant sur l'érythrine aussi bien que sur l'érythrite, ce qui indique que l'érythrine est comparable à un éther composé et que le radical C^4H^6 de l'érythrite y préexiste, comme celui de la glycérine, par exemple, dans les corps gras.

Chauffée doucement, l'érythrine donne un sublimé d'orcine.

Picroérythrine, $C^{12}H^{16}O^7$ ou monoorsellate d'érythrite. — Ce composé se forme par une saponification incomplète de l'érythrine sous l'influence de la chaux et de la baryte. Elle est cristallisable, incolore, amère, peu soluble dans l'eau froide, très-soluble dans l'eau bouillante; elle se dissout dans les alcalis, et cette solution se colore peu à peu à l'air. Le chlorure ferrique la colore en rouge; sa solution aqueuse, qui est légèrement acide, précipite par le sous-acétate de plomb; elle réduit le chlorure d'or et l'azotate d'argent ammoniacal.

Chauffée, elle donne un sublimé d'orcine.

L'eau bouillante ne l'altère pas, pas plus que l'alcool bouillant; la baryte la transforme en érythrite, orcine et acide carbonique.

Elle cristallise avec $3H^2O$; ses cristaux s'effleurissent à l'air et laissent alors une poudre blanche.

Le brome la transforme en picroérythrine bromée qui se forme aussi par le dédoublement de l'érythrine tribromée (Hesse).

On prépare la picroérythrine en faisant bouillir l'érythrine avec de l'eau; elle se dissout peu à peu et la liqueur donne, par l'évaporation, une masse visqueuse brune qui, traitée par l'eau froide, laisse un résidu de picroérythrine pure (Stenhouse et Schunck).

On peut aussi faire bouillir l'érythrine avec de l'alcool amylique, distiller l'excès d'alcool et l'orsellate d'amyle formé; le résidu, filtré à 40°, laisse déposer la picroérythrine en prismes soyeux renfermant $3H^2O$ (Hesse).

Béta-érythrine, $C^{21}H^{24}O^{10}$. — Principe découvert par Menschutkine dans une variété rabougrie de *Roccella fuciformis* [*Bull. de la Soc. chim.*, 1864, t. II, p. 424]. On l'extrait en faisant macérer le lichen avec un lait de chaux tiède pendant une demi-heure; on précipite la liqueur filtrée par l'acide chlorhydrique, on lave à l'eau le précipité gélatineux qui s'est formé et on redissout dans de l'alcool tiède en ajoutant du noir animal (la température ne doit pas atteindre 50°); la solution filtrée laisse déposer des cristaux de bèta-érythrine renfermant H^2O.

La béta-érythrine est soluble dans l'alcool et l'éther, à peu près insoluble dans l'eau froide; L'alcool bouillant et l'eau bouillante la décomposent. C'est un acide très-faible. Pure, elle est inaltérable à l'air; elle se dissout dans les alcalis qui la décomposent. La solution ammoniacale donne, avec l'azotate d'argent, un précipité rougeâtre qui se réduit très-facilement. Le sous-acétate de plomb donne un précipité qui renferme

$$C^{21}H^{20}Pb''^2O^{10}.$$

L'alcool bouillant dédouble la béta-érythrine en éther orsellique et *béta-picroérythrine* :

$$C^{21}H^{24}O^{10} + C^2H^6O$$
$$= C^8H^7(C^2H^5)O^4 + \underset{\text{Béta-picro-érythrine.}}{C^{15}H^{18}O^6} + H^2O;$$

la réaction est complète après quatre ou cinq heures; après distillation, l'éther orsellique cristallise dans le résidu et ses eaux mères fournissent la béta-picroérythrine, qui se dépose en aiguilles groupées concentriquement, très-solubles dans l'eau et dans l'alcool, insolubles dans l'éther, fusibles à 115-116°; elle est soluble dans les alcalis et dans l'eau de baryte; sa solution ammoniacale réduit facilement l'azotate d'argent. Le chlorure de chaux colore la béta-picroérythrine comme la béta-érythrine, en rouge, mais cette coloration est passagère.

La baryte concentrée et bouillante décompose la béta-picroérythrine en produisant de la bétaorcine, de l'érythrite et du carbonate de baryte.

$$\underset{\text{Béta-picro-érythrine.}}{C^{18}H^{18}O^6} + 2H^2O$$
$$= \underset{\text{Béta-orcine.}}{C^8H^{10}O^2} + \underset{\text{Érythrite.}}{C^4H^{10}O^4} + CO^2.$$

Si l'on examine la composition de la béta-érythrine, on voit qu'elle constitue un homologue de l'érythrine, mais on n'en peut pas dire autant de la béta-picroérythrine $C^{15}H^{18}O^6$ à laquelle il manque H^2O pour constituer un homologue de la picroérythrine $C^{12}H^{16}O^7$; c'est donc un anhydride de cet homologue, aussi exige-t-elle 2 molécules d'eau pour se dédoubler. La béta-érythrine, comme l'érythrine elle-même, donne de l'acide orsellique, mais la béta-picroérythrine fournit, outre de l'érythrite, de la béta-orcine $C^8H^{10}O^2$, l'homologue de l'orcine $C^7H^8O^2$ que fournit la picroérythrine.

La béta-picroérythrine est donc du monobétaorsellate d'érythrite et la béta-érythrine un composé mixte renfermant à la fois de l'acide orsellique et un homologue, l'acide béta-orsellique isomère ou identique avec l'*acide évernique*

$$C^{10}H^{10}O^4.$$

L'érythrine et la béta-érythrine, la picroérythrine et la béta-picroérythrine sont ce que Berthelot nomme des *érythrides*. E. W.

ÉRYTHRINE (Beudant) (Min.) [Syn. *Érythrite, Cobaltblüthe, cobalt arséniaté*]. — Arséniate de cobalt hydraté

$$3CoO, As^2O^5, 8H^2O = Co^3(AsO^4)^2 + 8H^2O.$$

Une partie du cobalt est souvent remplacée par du nickel, du fer, du calcium. Cristaux, fibres cristallines ou mamelons rayonnés ou quelquefois poudre terreuse, d'un rouge fleur de pêcher plus ou moins vif. Transparent à presque opaque.

Caractères. — Soluble dans l'acide chlorhydrique en donnant une solution rose. Dans le tube bouché donne de l'eau et devient bleu; à une plus haute température, perd de l'acide arsénieux et noircit. Sur le charbon donne une odeur d'arsenic et un arséniure qui offre, avec le borax, la coloration bleue caractéristique du cobalt.

Dureté, 1,5 à 2,5; poussière rose clair. Densité, 2,95.

Forme cristalline. — Prismes clinorhombiques $mm = 111°16'$; $b^{1/2}b^{1/2} = 118°24'$; $b^{1/2}g^1 = 120°48'$.

Clivage g^1 parfait, h^1 indistinct, o^1 indistinct. F. et S.

ÉRYTHRITE (*Érythroglucine, érythromannite, phycite, pseudo-orcine*), $C^4H^{10}O^4$. — Substance découverte, en 1848, par Stenhouse dans les lichens et résultant du dédoublement de l'érythrine [*Phil. Trans.*, 1848, p. 76]. Stenhouse, qui l'avait nommée *érythroglucine*, lui assignait la formule $C^{10}H^{26}O^{10}$, tandis que Strecker la représentait par $C^6H^{20}O^8$, qui est le double de la formule actuellement admise [*Ann. der Chem. u. Pharm.*,

t. LXVIII, p. 111]; Gerhardt l'envisageait comme un homologue de la mannite, c'est-à-dire

$$C^7H^{16}O^6.$$

La véritable constitution de ce corps a été fixée par de Luynes, qui l'a transformé très-nettement en hydrate de butylène. D'après le travail de cet auteur [*Ann. de Chim. et de Phys.*, (4), t. II, p. 385], l'érythrite constitue un alcool tétratomique, qui existe dans les lichens à l'état de diorsellate (érythrine), fait prévu par les recherches antérieures de Berthelot, qui plaçait l'érythrite entre la glycérine (alcool triatomique), et la mannite (alcool hexatomique). La formule rationnelle de l'érythrite est

$$(C^4H^6)^{IV}(HO)^4 = \left.\begin{matrix}(C^4H^6)^{IV}\\ H^4\end{matrix}\right\}O^4.$$

Soumise à l'action de l'acide iodhydrique, elle donne, ainsi que l'a fait voir de Luynes, de l'iodhydrate de butylène, isomère de l'iodure de butyle :

$$C^4H^{10}O^4 + 7IH = C^4H^8.IH + 4H^2O + 3I^2,$$

de même que la mannite fournit de l'iodhydrate d'hexylène $C^6H^{12}.IH$ (Erlenmeyer). Elle donne avec les acides, par élimination d'eau, des combinaisons que Berthelot nomme *érythrides* [*Chimie organique fondée sur la synthèse*, t. II, p. 222]; les acides stéarique, benzoïque, malique, tartrique, s'y combinent vers 200°; ces combinaisons ne sont encore guère étudiées. En combinaison avec l'acide orsellique, elle forme l'érythrine et la picroérythrine; combinée à l'acide béta-orsellique, elle constitue la béta-picroérythrine.

L'érythrite est identique avec la matière sucrée que Lamy a découverte dans une algue, le *Protococcus vulgaris*, et qu'il avait nommée *phycite* avant d'avoir établi cette identité [*Ann. de Chim. et de Phys.*, (3), t. XXXV, p. 138, et t. LI, p. 232]. Il traite par l'alcool le résidu sirupeux obtenu par l'évaporation de la décoction aqueuse de la plante; la liqueur alcoolique filtrée laisse déposer les cristaux d'érythrite par l'évaporation lente.

Pour retirer l'érythrite des lichens (*Roccella montagnei*), on les traite par un lait de chaux et on fait bouillir pendant quelques heures, puis, après concentration, on fait passer un courant d'acide carbonique, on filtre pour séparer le carbonate de chaux et on évapore au bain-marie, à consistance sirupeuse. Ce sirop renferme de l'orcine, de l'érythrite et une matière colorante mélangée de résine; on traite par l'éther, qui dissout l'orcine et la matière colorante, et qui laisse l'érythrite; il ne reste plus qu'à purifier celle-ci par cristallisation.

De Luynes [*loc. cit.*] préfère isoler d'abord l'érythrine et décomposer ensuite celle-ci par de la chaux, en vase clos à 150° pour éviter l'action de l'air; l'érythrine se décompose ainsi en érythrite, orcine et carbonate de chaux :

$$C^{20}H^{22}O^{10} + 2CaH^2O^2$$
$$= C^4H^{10}O^4 + 2C^7H^8O^2 + 2CaCO^3.$$

On fait macérer les lichens (*Roccella montagnei*) avec de l'eau pendant une heure, on les saupoudre alors de chaux et, après un quart d'heure, on filtre et on exprime le lichen qu'on traite une seconde fois par un lait de chaux; la liqueur filtrée étant additionnée d'acide chlorhydrique, laisse déposer l'érythrine en gelée, qu'on introduit, après lavage et dessiccation, dans une chaudière à pression avec une quantité de chaux éteinte, un peu inférieure à la quantité théorique. Après deux heures de chauffe à 150°, on fait sortir le liquide, qui a la saveur de l'orcine et qu'on filtre pour séparer le carbonate de chaux; s'il y avait un peu de chaux dissoute, il faudrait la précipiter par un courant d'acide carbonique. La majeure partie de l'orcine se dépose par le refroidissement et l'érythrite se concentre dans les eaux mères qui, par l'évaporation, se prennent en masse; on en sépare le restant d'orcine par un traitement à l'éther qui dissout cette dernière.

L'érythrite cristallise en prismes volumineux droits, à base carrée, très-solubles dans l'eau et dans l'alcool absolu bouillant; elle possède une saveur faiblement sucrée. Sa solution est inactive sur la lumière polarisée et non fermentescible. La densité des cristaux est 1,59; ils fondent à 120° et se décomposent en partie vers 300° en donnant une odeur de caramel; une partie se sublime sans décomposition.

La solution d'érythrite dissout des quantités notables de chaux; cette solution se coagule par la chaleur ou par l'addition d'alcool. Elle ne réduit pas le tartrate cupropotassique. Les acides sulfurique et nitrique s'y combinent à froid; l'acide chlorhydrique fumant ne l'attaque pas à 100°.

En traitant l'érythrite à 60° par 20 à 30 parties d'acide sulfurique et saturant la liqueur étendue d'eau par du carbonate de plomb, on obtient un sel sirupeux amorphe, cristallisant en aiguilles lorsqu'on y ajoute de l'alcool et renfermant

$$(C^8H^{11}S^3O^{14})^2Pb^3 + 6H^2O,$$

c'est l'érythroglucisulfate de plomb. L'acide *érythroglucisulfurique* $C^8H^{14}S^3O^{14}$ prend naissance suivant l'équation

$$2C^4H^{10}O^4 + 3H^2SO^4 = C^8H^{14}S^3O^{14} + 6H^2O.$$

Ses sels de calcium et de baryum sont incristallisables [Hesse, *Ann. der Chem. u. Pharm.*, t. CVII, p. 297].

L'hydrate de potasse décompose l'érythrite à 220° avec production d'acide acétique et d'hydrogène (Hesse) : $C^4H^{10}O^4 = 2C^2H^4O^2 + H^2$. D'après de Luynes, il se forme en même temps de l'acide oxalique.

Sous l'influence du noir de platine, une solution concentrée d'érythrite absorbe vivement l'oxygène; il se forme de l'acide oxalique et un acide particulier, l'acide *érythroglucique* (de Luynes). Cet acide a été étudié par Sell [*Compt. rend.*, t. LXI, p. 741], et par Lamparter [*Ann. der Chem. u. Pharm.*, t. CXXXIV, p. 143], qui l'a obtenu par l'action de l'acide nitrique fumant; le précipité jaune que forme cet acide avec le sous-acétate de plomb renferme, d'après Sell, $(C^8H^{13}O^{11})^2Pb^5$ on peut admettre qu'il constitue le sel basique de l'acide érythroglucique

$$\left.\begin{matrix}C^4H^4O\\ H^4\end{matrix}\right\}O^4,\quad \text{soit } 4\left(\left.\begin{matrix}C^4H^4O\\ H^2Pb\end{matrix}\right\}O^4\right) + PbH^2O^2.$$

L'acide lui-même est incristallisable.

La formation de l'acide erythroglucique n'est pas accompagnée d'acide oxalique si l'on oxyde une solution étendue d'érythrite sous l'influence du noir de platine. Ses sels sont presque tous solubles; celui d'argent noircit très-vite. Le même acide se forme par l'action de l'acide nitrique fumant sur une solution concentrée et chaude d'érythrite; avec les mêmes liquides étendus, on n'obtient presque que de l'acide oxalique.

Le chlore et le perchlorure de phosphore attaquent l'érythrite en produisant l'acide chlorhydrique et une matière incristallisable.

L'iodure de phosphore produit une matière huileuse, différente de l'éther allyliodhydrique et correspondant probablement au propylène iodé dans la série du butylène. L'acide iodhydrique transforme l'érythrite en iodhydrate de butylène $C^4H^8.IH$, isomère de l'iodure de butyle (Stenhouse, de Luynes).

Suivant Stenhouse, l'érythrite se dissout à froid

dans l'acide azotique fumant, et l'acide sulfurique précipite de cette solution des cristaux insolubles dans l'eau froide, cristallisables dans l'alcool bouillant; ce corps est de l'*érythrite tétranitrique*

$$C^4H^6(AzO^2)^4O^4,$$

fusible à 61° et détonant par le choc après avoir été mélangé de sable sec. Ce composé n'est pas un dérivé nitré, c'est l'éther azotique normal de l'érythrite

$$\left.\begin{matrix}(C^4H^6)^{iv} \\ 4(AzO^2)'\end{matrix}\right\} O^4,$$

car le sulfhydrate d'ammoniaque l'attaque en régénérant l'érythrite [*Journ. Chem. Soc.*, (2), t. I, p. 209].

ÉRYTHRITE DICHLORHYDRIQUE, $C^4H^8Cl^2O^2$. — Ce corps, qui est la dichlorhydrine de l'érythrite

$$C^4H^6(HO)^2Cl^2 = \left.\begin{matrix}(C^4H^6)^{iv} \\ H^2 \\ Cl^2\end{matrix}\right\} O^2$$

s'obtient, d'après de Luynes [*loc. cit.*, p. 406], en traitant pendant plusieurs jours à 100° de l'érythrite avec 15 fois son poids d'acide chlorhydrique concentré; on évapore le produit sur de la chaux et on reprend le résidu par de l'éther bouillant qui laisse déposer le chlorhydrate par le refroidissement. Il cristallise en petits cristaux blancs très-nets, solubles dans l'eau, l'alcool et l'éther; l'eau l'abandonne en cristaux volumineux. Ce corps fond à 145°, puis émet des vapeurs blanches en se décomposant. E. W.

ÉRYTHRITE (Min.). — Thompson a donné ce nom à une orthose rouge de chair, de la chaussée des Géants (Irlande).

ÉRYTHROBENZINE. — Matière colorante rouge obtenue directement à l'aide de la nitrobenzine. On laisse digérer pendant 24 heures, à la température ordinaire, 12 p. de nitrobenzine avec 21 p. de limaille de fer et 6 p. d'acide chlorhydrique concentré. On broie ensuite la masse solide, on l'épuise par l'eau et on précipite la solution aqueuse par du sel marin; on purifie cette matière en renouvelant ce dernier traitement [Laurent et Casthelaz, *Répert. of pat. Invent.*, octobre 1862].

ÉRYTHROCENTAURINE. — Matière analogue à la santonine, renfermée dans la centaurée rouge. On la prépare en agitant l'extrait alcoolique de la plante avec de l'éther; la solution éthérée laisse un résidu brun semi-fluide qui abandonne peu à peu des cristaux d'érythrocentaurine impure; on fait recristalliser dans l'eau et on décolore par du noir animal.

L'érythrocentaurine n'a pas de saveur, elle est neutre, fusible à 136° et cristallise par le refroidissement de sa solution aqueuse. Ses solutions sont inactives. Elle se dissout dans 35 p. d'eau bouillante et dans 1,600 p. d'eau froide, dans 48 p. d'alcool, dans 13 p. de chloroforme, dans 245 p. d'éther. Les acides augmentent sa solubilité sans s'y combiner. L'acide sulfurique fumant la dissout et l'eau l'en reprécipite inaltérée. Elle se colore en rouge vif à la lumière; ainsi colorée, elle donne des solutions incolores qui fournissent l'érythrocentaurine incolore et inaltérée. Cette coloration disparaît aussi à 130°. La composition de l'érythrocentaurine est exprimée par les rapports $C^{27}H^{24}O^8$ [C. Méhu, *Journ. de Pharm.*, (4), t. III, p. 265]. E. W.

ÉRYTHROGÈNE. — Voyez FLEURS (matières colorantes).

ÉRYTHROGLUCINE. — Synonyme d'érythrite (voyez ce mot).

ÉRYTHROGLUCIQUE, ÉRYTHROGLUCISULFURIQUE (ACIDES). — Voyez ÉRYTHRITE, p. 1258.

ÉRYTHROLÉINE. — Voyez TOURNESOL.

ÉRYTHROLITHMINE. — Voyez TOURNESOL.

ÉRYTHROMANNITE. — Synonyme d'érythrite (voyez ce mot).

ÉRYTHROPHYLLE. — On a désigné sous ce nom la matière colorante rouge des feuilles [E. Morren, *Dissertation sur les feuilles vertes et colorées, etc.*, Gand, 1854; *Jahresb.*, 1859, p. 561].

M. Filhol admet que la matière colorante rouge qui existe dans les couches superficielles des feuilles d'automne est de la cyanine (voyez FLEURS). Ces feuilles ne sont rouges qu'à la surface; elles sont jaunes en dessous [*Ann. de Chim. et de Phys.*, 4e série, t. XIV, p. 345].

ÉRYTHROPROTIDE. — Matière extractive produite, suivant Mulder, en même temps que la leucine et d'autres corps, par l'action de la potasse concentrée sur les matières albuminoïdes.

ERYTHRORÉTINE. — Résine jaune foncé de la racine de rhubarbe, fusible au-dessous de 100°, soluble dans l'alcool, peu soluble dans l'eau et l'éther. Les alcalis la dissolvent avec une belle coloration pourpre.

ERYTHROSINE. — Matière rouge se formant, d'après Staedeler [*Ann. der Chem. u. Pharm.*, t. CXVI, p. 57; *Répert. de Chim. pure*, 1861, p. 111], par l'action de l'acide nitrique sur la tyrosine (elle ne se forme point avec la nitrotyrosine). Elle est peut-être identique avec l'hématoïdine de Robin, à laquelle Staedeler assigne la formule $C^{18}H^{18}Az^2O^8$, et se forme par oxydation :

$$\underset{\text{Tyrosine.}}{2\,C^9H^{11}AzO^3} + O$$
$$= CO^2 + C^2H^4O^2 + \underset{\text{Érythrosine.}}{C^{18}H^{16}Az^2O^8}.$$

C'est un corps amorphe rouge, soluble dans l'alcool renfermant de l'acide sulfurique et dans les alcalis; sa solution acide est partiellement précipitée par l'ammoniaque et la liqueur filtrée est alors dichroïque. E. W.

ÉRYTHROZYME. — Matière azotée particulière brune, contenue, suivant Schunck, dans la racine de garance, et agissant comme un ferment sur le rubian, en donnant naissance à l'alizarine. On peut l'extraire de la garance en délayant celle-ci dans de l'eau chauffée à 38° et précipitant la solution par l'alcool. Si l'on ajoute cette matière à une solution de rubian, on obtient après quelques heures une gelée d'un brun clair renfermant l'alizarine et d'autres produits. — Voyez GARANCE.

ESCHERITE. — Voyez ÉPIDOTE.

ESCULINE. — Cette substance a été retirée de l'écorce du marronnier d'Inde (*Æsculus hippocastanum*). Comme les fruits de cet arbre fournissent diverses autres substances congénères de l'esculine, nous les étudierons après l'esculine et le produit de dédoublement de celle-ci, l'*esculétine*.

ESCULINE [Syn. *Polychrome*], $C^{21}H^{24}O^{13}$ [Minor, *Arch. de Pharm.* de Brandes, t. XXXVIII, p. 130; — Kalkbrunner, *Répert. de Pharm.* de Buchner, t. XLIV, p. 211; *Ann. der Chem. u. Pharm.*, t. VIII, p. 201; — Trommsdorff, *Ann. der Chem. u. Pharm.*, t. XIV, p. 189; — Jonas, *ibid.*, t. XV, p. 206; — Rochleder et Schwarz, *ibid.*, t. LXXXVII, p. 186; t. LXXXVIII, p. 256, et *Ann. de Chim. et de Phys.*, (3), t. XXXVIII, p. 373; — C. Zwenger, *Ann. der Chem. u. Pharm.*, t. XC, p. 63]. — On précipite la solution de l'extrait aqueux de l'écorce de marron d'Inde par l'acétate de plomb, on filtre, on sépare l'excès de plomb par l'hydrogène sulfuré et on évapore à consistance de sirop. Au bout de quelques jours l'esculine cristallise, et on la purifie en la faisant cristalliser d'abord dans l'alcool bouillant, à 40° centésimaux, puis dans l'eau bouillante.

L'esculine est en cristaux prismatiques, d'un blanc éclatant, souvent réunis en aigrettes; elle est inodore, d'une saveur amère et présente une légère réaction acide. Elle est peu soluble dans l'eau froide, facilement soluble dans l'eau bouillante, soluble dans 24 p. d'alcool bouillant, très-peu soluble dans l'éther.

Sa solution aqueuse est incolore par transmission et bleue par réflexion; cet effet est tellement sensible qu'on l'observe avec une solution de 1 p. d'esculine dans 1,500 p. d'eau. Il est augmenté par l'addition des alcalis et disparaît par les acides.

L'esculine fond à 160° et ne cristallise pas par le refroidissement. Une chaleur plus forte la décompose. Elle ne précipite pas les sels métalliques, excepté le sous-acétate de plomb, en donnant un précipité jaunâtre, que les lavages décomposent.

Traitée à l'ébullition par les acides sulfurique ou chlorhydrique étendus, elle se dédouble en glucose et en esculétine (Rochleder et Schwarz). Cette même réaction a lieu sous l'influence de l'émulsine :

$$\underset{\text{Esculine.}}{C^{21}H^{24}O^{13}} + 3H^2O = \underset{\text{Esculétine.}}{C^9H^6O^4} + 2\,\underset{\text{Glucose.}}{(C^6H^{12}O^6}$$

En solution aqueuse, l'esculine rougit et est décomposée par le chlore.

ESCULÉTINE, $C^9H^6O^4$ [Rochleder et Schwarz, *loc. cit.*; — C. Zwenger, *loc. cit.*; — Rochleder, *Zeitsch. für Chem.*, nouv. sér., t. III, p. 528, et *Bull. de la Soc. chim.*, 1868, t. IX, p. 383]. — Ce corps, découvert par Rochleder et Schwarz, se forme lorsqu'on chauffe l'esculine au bain-marie avec une quantité d'eau suffisante pour la dissoudre, et à laquelle on a ajouté 1/8 de son volume d'acide sulfurique; la liqueur se colore en jaune et au bout de quelque temps il se dépose sur les bords de la capsule des aiguilles dont la quantité augmente peu à peu. Quand la liqueur est suffisamment concentrée, on l'abandonne au repos. On filtre pour séparer l'esculétine, et la liqueur filtrée renferme le glucose. On purifie l'esculétine en la dissolvant dans l'eau bouillante et décolorant la solution par le noir animal.

Zwenger dissout l'esculine dans l'acide chlorhydrique concentré et fait bouillir pendant quelque temps. Les cristaux d'esculétine qui se forment par le refroidissement sont lavés, dissous dans l'alcool chaud et traités par l'acétate de plomb; il se précipite de l'esculétate de plomb, qu'on lave et qu'on décompose dans sa solution aqueuse bouillante par l'hydrogène sulfuré.

L'esculétine forme à l'état de pureté des lamelles et des aiguilles semblables aux cristaux d'acide benzoïque. Peu soluble dans l'eau froide, elle se dissout dans l'eau bouillante et très-facilement dans l'alcool bouillant. Elle est, comme l'esculine, presque insoluble dans l'éther. Sa solution aqueuse est dichroïque, jaune par transmission, bleuâtre par réflexion, mais à un degré bien moindre que celle de l'esculine. Séchée à 100°, elle perd 6,64 à 6,77 °/o d'eau et renferme alors $C^9H^6O^4$; elle fond à une température supérieure à 270° et se détruit par la distillation. Elle possède les caractères d'un acide faible, car elle se dissout facilement dans l'eau légèrement alcaline et est alors précipitée par les acides sous forme d'aiguilles minces et soyeuses. Elle forme avec l'ammoniaque une combinaison cristallisable, qui perd toute son ammoniaque à l'air.

L'acide azotique la transforme à chaud en acide oxalique; l'acide sulfurique concentré la décompose à chaud; l'acide chlorhydrique la dissout sans l'altérer. La potasse concentrée bouillante la décompose en acide formique, oxalique et un nouveau corps, l'*acide escioxalique*, isomère de l'acide protocatéchique. Cet acide,

$$C^7H^6O^4 + H^2O,$$

est en cristaux microscopiques incolores; sa solution n'est pas modifiée par le sulfate ferreux, mais si au mélange on ajoute du carbonate de soude, la liqueur devient bleu foncé. Avec le chlorure ferrique, elle devient d'un rouge-brun, que la soude fait virer au violet (Rochleder).

L'esculétine se combine avec le sulfite de soude la combinaison a pour formule

$$(C^9H^6O^4 + SO^3NaH)^2 + H^2O.$$

On ne peut plus en retirer l'esculétine, mais un composé $2(C^9H^6O^4) + 5H^2O$, la *paraesculétine*, cristallisant confusément dans le vide, peu soluble dans l'éther, plus soluble dans l'alcool, très-soluble dans l'eau, qui, dans une atmosphère d'ammoniaque, se colore en rouge, puis en violet, et finit par produire un liquide bleu d'azur, qui perd son ammoniaque en présence de l'acide sulfurique et redevient rouge. Ce composé ammoniacal fournit un sel de plomb d'un rouge cuivré,

$$6(C^9H^7AzO^5), 3(H^2O) + 10PbO.$$

La substance bleue renfermerait $C^9H^7AzO^5$; l'auteur l'appelle *escorcéine* (Rochleder).

L'esculétine se combine à l'hydrogène naissant; on opère avec l'amalgame de sodium, en solution acide, et on obtient une substance amorphe, soluble dans l'éther et dans l'eau, dont la solution aqueuse est précipitée par l'acétate de plomb. M. Rochleder appelle ce corps $C^9H^8O^4$ de l'*escorcine*, et le considère comme de l'orcine dont 2 atomes d'hydrogène sont remplacés par deux groupes *formyle* COH. L'escorcine exposée humide à l'action du gaz ammoniac se colore en rouge, en se transformant en *escorcéine*.

L'esculétine réduit facilement à chaud l'azotate d'argent, et les produits d'oxydation se composent d'une résine brune et d'un composé isomère de l'esculétine, difficilement cristallisable. Elle réduit aussi l'oxyde puce de plomb, le bioxyde de manganèse, l'oxyde de mercure. Les sels ferriques la colorent en vert foncé.

Elle précipite l'acétate de plomb, en donnant une substance jaune clair, gélatineuse. L'esculétate de plomb séché à 100° renferme $C^9H^4O^4Pb$.

Outre l'esculine, on trouve dans l'écorce du marronnier d'Inde, la *fraxine*, qu'on avait déjà extraite de l'écorce de frêne (voyez FRAXINE), de l'*hydrate d'esculétine*, $(C^9H^6O^4)^4H^2O$, en cristaux grenus, fusibles à 250°, dont les solutions sont fluorescentes, et qui réduit le tartrate cupropotassique, un peu d'*esculétine* libre et une très-petite quantité d'un corps $C^{22}H^{28}O^{15}$, en cristaux microscopiques jaune-citron, qui, sous l'influence des acides, donne de la fraxétine et du glucose [Rochleder, *Journ. für prakt. Chem.*, t. XC, p. 433, et *Bull. de la Soc. chim.*, 1864, t. II, p. 215].

A la suite de ces composés nous étudierons divers corps extraits par Rochleder des cotylédons des marrons d'Inde, et qui semblent se rattacher à l'esculine.

Ce sont l'*argyrescine*, l'*aphrodescine* et leurs dérivés sous l'influence des réactifs.

ARGYRESCINE, $C^{54}H^{86}O^{24}$ [Rochleder, *Journ. für prakt. Chem.*, t. LXXXVII, p. 1 et *Bull. de la Soc. chim.*, 1863, p. 219]. — L'*argyrescine* est un principe amer, contenu dans l'extrait alcoolique des cotylédons du marron d'Inde; l'éther la précipite de sa solution dans l'alcool absolu. Elle est aussi soluble dans l'eau, mais sa solution aqueuse l'abandonne à l'état d'une masse gommeuse; de sa solution dans l'alcool faible, elle se sépare en cristaux microscopiques d'un blanc argentin.

Elle est fusible et brûle avec une flamme très-fuligineuse. Elle se dissout dans l'acide sulfurique concentré, et sa dissolution devient rouge par l'addition de l'eau.

Les acides la transforment en glucose et *argyrénétine* :

$$\underset{\text{Argyrescine.}}{C^{54}H^{86}O^{24}} = \underset{\text{Argyrénétine.}}{C^{42}H^{62}O^{12}} + 2(C^6H^{12}O^6).$$

Les alcalis la dissolvent en donnant de l'acide propionique et de l'*acide escinique* :

$$C^{54}H^{86}O^{24} + 3H^2O = \underset{\text{A. escinique.}}{C^{48}H^{80}O^{23}} + 2(C^3H^6O^2).$$

APHRODESCINE, $C^{52}H^{84}O^{23}$ [Rochleder, *loc. cit.*]. — M. Fremy, qui avait retiré cette substance, l'avait considérée comme identique avec la saponine. Suivant Rochleder, elle diffère de la saponine par sa solubilité dans l'alcool et par l'action des alcalis, qui transforment l'aphrodescine en acide butyrique et acide escinique :

$$C^{52}H^{84}O^{23} + 2H^2O = C^{48}H^{80}O^{23} + C^4H^8O^2.$$

ACIDE ESCINIQUE, $C^{48}H^{80}O^{23}$. — Masse gélatineuse qui devient pulvérulente en se desséchant. Bouilli avec une quantité d'alcool suffisante pour le dissoudre, il devient en partie cristallin. Le *sel de potasse* est cristallisable et renferme 1 atome de potassium. Le *sel de baryte* renferme 1 atome de baryum diatomique.

L'argyrescine, l'aphrodescine et l'acide escinique traités à chaud par l'acide chlorhydrique donnent du sucre, et une matière amorphe, la *télescine* $C^{36}H^{62}O^{14}$; mais la formation de ce corps n'est pas constante. L'acide escinique ou la télescine étant dissous dans l'alcool additionné d'acide chlorhydrique, et soumis à l'ébullition jusqu'à formation d'une coloration rouge, l'eau précipite de la solution des flocons que l'auteur appelle *escigénine* et représente par la formule $C^{12}H^{20}O^2$. L'escigénine desséchée est une poudre blanche, que l'acide sulfurique dissout, et si l'on ajoute du sucre, il se produit une coloration rouge comme avec les acides de la bile.

ACIDE ESCULOTANNIQUE ou *tannin du marronnier d'Inde*, $C^{26}H^{24}O^{12}$ [Rochleder, *Journ. für prakt. Chem.*, t. C, p. 349, et *Bull. de la Soc. chim.*, 1867, t. VIII, p. 115]. — Ce tannin existe dans toutes les parties de l'arbre. Il est soluble dans l'eau, l'alcool et l'éther. Le chlorure ferrique le colore en vert intense; sa solution chauffée à 100° avec de l'acide chlorhydrique devient rouge-cerise. A l'air ou sous l'influence des oxydants, il devient brun. Il ne paraît pas former de combinaisons définies avec les bases. La potasse en fusion le transforme en phloroglucine et acide protocatéchique.

CONSTITUTION DE CES COMPOSÉS. — M. Rochleder a posé les deux séries parallèles suivantes ; nous marquons dans la seconde série, par un astérisque, les corps qui n'ont pas été isolés.

Glycol.........	$C^2H^6O^2$	Esciglycol......	$C^7H^{10}O^2$*
Glycolal........	$C^2H^4O^2$	Esciglycolal....	$C^7H^8O^2$*
Acide glycolique	$C^2H^4O^3$	Acide esciglycolique.........	$C^7H^8O^3$
Glyoxal...	$C^2H^2O^2$	Esciglyoxal.....	$C^7H^6O^2$*
Acide glyoxalique.........	$C^2H^2O^3$	Acide esciglyoxalique.........	$C^7H^6O^3$*
Acide oxalique..	$C^2O^4H^2$	Acide escioxalique..........	$C^7H^6O^4$

L'escigénine $C^{12}H^{20}O^2$ serait un alcool diatomique homologue de l'esciglycol inconnu; l'esciglyoxal n'est pas isolé, mais l'esculétine en dériverait, 2 atomes d'hydrogène étant remplacés par deux radicaux *formyle* COH :

$$\underset{\text{Esciglyoxal.}}{C^7H^6O^2}, \quad \underset{\text{Esculétine.}}{C^7H^4(COH)^2O^2}.$$

L'acide esciglyoxalique existerait dans l'acide esculotannique, qu'il constituerait en combinaison avec la phloroglucine.

L'acide esciglycolique a été obtenu par M. Hlasiwetz dans l'action de l'amalgame de sodium sur la quercétine. Enfin l'escorcine est l'esciglycolal, dont 2 atomes d'hydrogène seront remplacés par deux groupes formyle COH :

$$\underset{\text{Esciglyoxal.}}{C^7H^8O^2}, \quad \underset{\text{Escorcine ou esciglyoxal diformylique.}}{C^7H^6(COH)^2O^2}$$

[Rochleder, *Zeitsch. für. Chem.*, nouv. sér., t. III, p. 528, et *Bull. de la Soc. chim.*, 1868, t. IX, p. 383]. E. G.

ESCULIQUE (ACIDE) [Fremy, *Ann. de Chim. et de Phys.*, t. LVIII, p. 101]. — M. Fremy a donné le nom d'acide esculique à un acide qu'il avait obtenu par l'action des acides ou des alcalis sur la saponine des marrons d'Inde, et il crut obtenir le même acide en soumettant aux mêmes réactifs la saponine de la saponaire d'Égypte. Suivant Rochleder, le principe extrait des marrons d'Inde, par Fremy, n'étant pas de la saponine, mais de l'aphrodescine, l'acide esculique de Fremy ne dérive plus de la saponine, et doit être distingué du produit de dédoublement de cette dernière, produit appelé aussi *acide saponique, sapogénine*, et que Rochleder et Schwarz considèrent comme de l'acide quinovatique (voyez SAPONINE).

L'acide esculique de Fremy s'obtient facilement en traitant la saponine du marron d'Inde (aphrodescine) par la potasse à chaud; il se forme une combinaison potassique, facilement soluble dans l'alcool faible; on la sépare ainsi des matières colorantes dont la combinaison avec la potasse est insoluble dans ce solvant. Ensuite on dissout l'esculate dans l'eau et on précipite par un acide.

Cet acide est sans saveur, à peine soluble dans l'eau bouillante, insoluble dans l'éther; très-soluble dans l'alcool, d'où il se sépare en petits cristaux grenus ; il fond en se décomposant. Il est déplacé de ses sels par l'acide carbonique; il renferme, suivant Fremy, $C^{26}H^{46}O^{12}$.

L'acide azotique le transforme en une résine jaune.

Les seuls esculates solubles sont ceux de potasse, de soude et d'ammoniaque. Ils ne cristallisent pas dans l'eau; mais dissous dans un mélange de 2 p. d'alcool et 1 p. d'eau, ils cristallisent en belles paillettes nacrées. Les autres sels se dissolvent dans l'alcool faible. E. G.

ESMARKITE (Min.). — Plusieurs minéraux ont été confondus sous ce nom : une variété de *cordiérite* altérée, une *datholithe* et enfin une variété d'*anorthite*; cette dernière paraît être la véritable esmarkite.

ESSAIS. — ESSAIS D'ARGENT. — Il est indispensable de pouvoir déterminer rapidement et avec une grande précision le titre d'un alliage d'argent, c'est-à-dire la proportion de ce métal qui entre dans les alliages commerciaux, tels que les monnaies, les médailles et les divers objets d'argenterie et d'orfévrerie. La valeur intrinsèque considérable de ce métal donne une grande importance à l'exactitude du procédé, et le nombre considérable des essais qu'on est obligé d'effectuer chaque jour dans les ateliers d'affinage, dans les hôtels de monnaies et dans d'autres établissements où l'on détermine le titre des alliages d'argent, a fait rechercher depuis longtemps les moyens les plus rapides d'opérer cette opération.

Avant 1832 on employait exclusivement la coupellation ou procédé de voie sèche ; mais depuis cette époque à laquelle Gay-Lussac, pour remédier aux inconvénients qu'il présente, fit connaître le procédé dit de voie humide, la coupellation n'a plus que des applications restreintes. Nous la décrirons cependant avec quelques détails.

Essai d'argent par la coupellation. — Cette opération, connue des alchimistes, repose sur les faits suivants : l'argent est inoxydable à la température de sa fusion; tous les métaux communs s'oxydent au-dessous de cette température et sont plus ou moins solubles dans la litharge (oxyde de plomb), qui fond au rouge.

Si donc on met dans une petite capsule poreuse

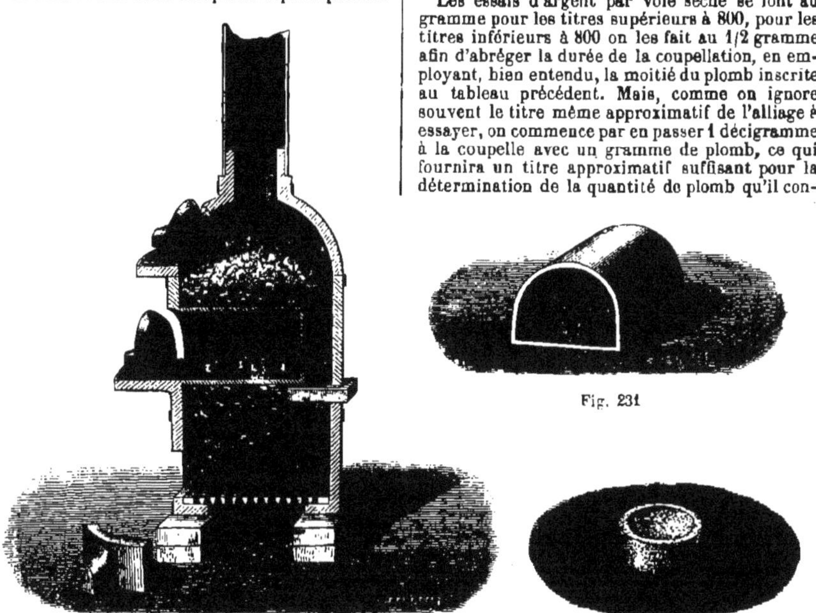

Fig. 230. — Fourneau de coupelle.

Fig. 231

Fig. 232.

en poudre d'os, c'est-à-dire dans une coupelle, un alliage d'argent et de cuivre en contact avec une quantité suffisante de plomb, à une température suffisamment élevée et sous l'influence oxydante de l'air, il se produit de la litharge et de l'oxyde de cuivre. Celui-ci se dissout dans la litharge, qui, mouillant la coupelle, pénètre peu à peu dans ses pores, tandis que l'argent se rassemble en un bouton métallique et reste à la surface. Il est clair que, suivant la teneur de l'alliage en cuivre, la proportion de plomb ajoutée à l'alliage doit varier : elle augmente notablement avec la quantité de cuivre, mais sans qu'il y ait de relation simple entre ces deux quantités. La table suivante, due à d'Arcet, nouvellement admise par les essayeurs, indique le poids de plomb qu'il convient d'employer dans chaque cas.

Titre de l'argent.	Poids du cuivre.	Poids du plomb nécessaire à la coupellation.	Rapport existant entre les poids du plomb et du cuivre.
1,000	0	3/10	» »
950	50	3	60 à 1
900	100	7	70 à 1
800	200	10	50 à 1
700	300	12	40 à 1
600	400	14	35 à 1
500	500	de 16 à 17	32 à 1
400	600	id.	26,6 à 1
300	700	id.	22,8 à 1
200	800	id.	20 à 1
100	900	id.	17,8 à 1
1	999	id.	16 à 1
0	1,000	id.	id.

Pour les titres intermédiaires, on déduit la quantité de plomb des nombres précédents par un simple calcul de proportion arithmétique; ainsi, par exemple, l'argent à 850 exigerait 8,5 de plomb.

$$\left(\frac{10+7}{2}\right).$$

Les essais d'argent par voie sèche se font au gramme pour les titres supérieurs à 800, pour les titres inférieurs à 800 on les fait au 1/2 gramme afin d'abréger la durée de la coupellation, en employant, bien entendu, la moitié du plomb inscrite au tableau précédent. Mais, comme on ignore souvent le titre même approximatif de l'alliage à essayer, on commence par en passer 1 décigramme à la coupelle avec un gramme de plomb, ce qui fournira un titre approximatif suffisant pour la détermination de la quantité de plomb qu'il convient d'ajouter à l'alliage pour en obtenir le titre véritable.

Description du procédé. — La coupelle est chauffée dans un moufle, c'est-à-dire dans un demi-cylindre en terre réfractaire entouré de charbon incandescent. Ce moufle, fermé à l'une de ses extrémités, porte quelques ouvertures étroites qui empêchent le combustible de pénétrer dans son intérieur, tout en permettant à l'air d'y circuler et de s'échapper dans le fourneau. Le fourneau où l'on fait cette opération a reçu le nom de *fourneau de coupelle* (fig. 230-232).

La coupelle étant suffisamment chaude, on y porte le plomb *pur*. Ce métal ne tarde pas à fondre et se couvre d'abord d'une pellicule grisâtre d'oxyde de plomb qui fond à son tour en rendant brillante la surface du bain. On dit alors que le plomb est *découvert;* avec une pince on dépose à sa surface l'alliage entouré d'un petit morceau de papier qui fournit en brûlant assez de gaz réducteurs pour réduire tout l'oxyde de plomb formé; l'alliage d'argent pénètre rapidement dans le plomb métallique et forme avec lui un alliage ternaire, qui s'oxyde comme nous l'avons dit plus haut. En regardant avec soin la marche de cette oxydation, on commence à apercevoir à la surface du bain de petits points plus lumineux que le reste, qui se meuvent à sa surface et grossissent en augmentant de nombre à mesure que l'opération approche de sa fin.

Lorsqu'on juge que l'opération tire à sa fin, on rapproche la coupelle de l'ouverture du moufle et on tient la porte assez ouverte pour suivre facilement les dernières phases de la réaction. Le bouton se débarrasse des points lumineux qui couraient à sa surface et devient terne, mais aussitôt il se recouvre de bandes irisées qui se meuvent dans tous les sens avec rapidité. Ce phénomène de l'iris est dû à ce que le bouton d'argent n'est plus recouvert que par une pellicule extrêmement mince de litharge, produisant le phénomène connu des lames minces. Cette irisation disparaît à son tour et le bouton redevient terne; on rapproche alors la porte du moufle afin de le maintenir à une température suffisante pour permettre aux dernières traces d'oxyde qui recouvrent le bouton de pénétrer dans la coupelle : ce phénomène s'accomplit rapidement; l'essai se découvre, c'est-à-dire que l'argent apparaît avec un vif éclat; cette illumination subite constitue le phénomène de l'éclair.

L'essai ayant fait l'éclair, il faut le laisser refroidir lentement si l'on veut éviter la végétation ou rochage, c'est-à-dire la projection d'une certaine partie de l'argent hors du bouton; on reconnaît que la végétation a eu lieu quand la surface du bouton, au lieu d'être unie et brillante, est surmontée en certains points d'aiguilles ou de dentelures irrégulières d'un aspect mat. La cause de la végétation a été longtemps attribuée à la dilatation qu'éprouvait l'argent en se solidifiant rapidement à l'extérieur; la couche ainsi formée, comprimée au moment de la solidification de l'intérieur, se déchirait en certains points et laissait jaillir au dehors une partie du métal, mais on sait, depuis les expériences de Samuel Lucas, essayeur à la monnaie de Londres [*Ann. de Chim. et de Phys.*, t. XII, p. 402], que cette projection de matière est due à l'oxygène que l'argent fondu dissout en assez grande quantité. D'après Gay-Lussac, ce métal en dissoudrait environ 22 fois son volume. Il faut donc permettre à ce gaz de se dégager lentement par une solidification également lente; on pourrait aussi éviter le rochage en couvrant la coupelle au moment où l'éclair apparaît d'une rondelle de charbon allumé qu'on laisse éteindre dessus : l'oxygène est absorbé par les gaz réducteurs qui recouvrent le bouton, mais alors l'essai est toujours d'un blanc terne. Cette dernière pratique est peu usitée; il vaut mieux agiter très-légèrement l'essai en prenant la coupelle avec la pince au moment où l'éclair va apparaître jusqu'à ce que le métal soit figé (1).

La théorie de l'éclair est moins bien connue. On croyait que ce phénomène était dû à un dégagement de chaleur produit au moment de la solidification; on ne s'explique pas alors pourquoi l'éclair n'a plus lieu avec de l'argent fin ou des alliages à très-haut titre, ni pourquoi les deux phénomènes ne sont pas toujours simultanés.

Levol pense que l'argent abandonnant en se solidifiant l'oxygène qu'il avait dissous, celui-ci est absorbé par le sous-oxyde de cuivre contenu dans la coupelle sur laquelle repose l'argent. Cette combinaison, accompagnée d'un vif dégagement de chaleur, déterminerait l'élévation subite de température du bouton. On comprend alors la nécessité du cuivre dans la coupellation pour obtenir l'éclair.

Lorsqu'on est parvenu à éviter le rochage, l'essai n'est pas nécessairement réussi. Si la coupellation a lieu à une température trop élevée, il y a perte d'argent par suite de la volatilisation et de sa pénétration dans la coupelle; si elle a eu lieu à une température trop basse, le bouton d'argent retient de l'alliage. Il y a donc une double cause d'erreur dont on diminue l'influence avec beaucoup d'habitude; mais, quoi qu'on fasse, le poids d'argent obtenu ne donne jamais le titre véritable, il donne ordinairement un titre plus faible. Chaque essayeur peut déterminer expérimentalement la grandeur de l'erreur qu'il commet avec sa manière d'opérer au moyen de synthèses, c'est-à-dire en déterminant le titre qu'il obtient dans la coupellation d'un mélange d'argent et de cuivre pris à poids connus. En faisant varier ces poids d'argent et de cuivre, il peut construire une table de compensation pour les divers titres; quoique cette table varie d'un essayeur à l'autre par suite de la marche de son fourneau, nous donnerons ici celle que l'on adopte au laboratoire des essais de la commission des monnaies :

Titres exacts.	Titres trouvés par coupellation.	Correction à ajouter aux titres obtenus.
1,000	998,97	1,03
975	973,24	1,76
950	947,50	2,50
925	921,75	3,25
900	896,00	4,00
875	870,93	4,07
850	845,85	4,15
825	820,78	4,22
800	795,80	4,20
775	770,79	4,41
750	745,48	4,52
725	720,36	4,64
700	695,25	4,75
675	670,27	4,73
650	645,29	4,71
625	620,30	4,70
600	595,32	4,68
575	570,32	4,68
550	545,32	4,68
525	520,32	4,68
500	495,32	4,68
475	470,50	4,50
450	445,69	4,31
425	420,87	4,13
400	396,05	3,95
375	371,39	3,61
350	346,73	3,27
325	322,06	2,94
300	297,40	2,60
275	272,42	2,58
250	247,44	2,56
225	222,45	2,55
200	197,47	2,53
175	172,88	2,12
150	148,30	1,70
125	123,71	1,29
100	99,12	0,88
75	74,34	0,66
50	49,56	0,44
25	24,78	0,22

En résumé, il est indispensable, lorsqu'on veut obtenir quelque précision dans la détermination du titre, de faire d'abord un essai approximatif, pour déterminer le poids de plomb à employer, puis de conduire en même temps que l'essai véritable un autre essai avec la même quantité de plomb auquel on a ajouté la quantité d'argent et de cuivre résultant du titre approximatif; la perte éprouvée par le bouton d'argent de cette synthèse donnera avec une précision assez grande la correction qu'il convient de faire subir à l'essai véritable.

ESSAI D'ARGENT PAR VOIE HUMIDE. — Ce procédé est d'une précision beaucoup plus grande; il suppose que l'on connaisse le titre approximatif de la pièce à essayer.

Voici le principe de la méthode. Les dissolutions d'argent donnent par leur mélange avec une dissolution de sel marin un précipité blanc caillebotté qui se rassemble facilement au fond du vase par l'agitation, en laissant au-dessus de lui une liqueur limpide. Si la quantité de chlorure

(1) Chaudet, *Art de l'essayeur*, p. 81. Pour plus de détails consulter cet excellent livre, ainsi que le mémoire de Vauquelin sur l'art de l'essayeur; ce travail, ainsi que l'instruction de Gay-Lussac sur la voie humide, ont été réunis dans un des manuels de Roret (*Manuel de l'essayeur*).

ajouté est insuffisante pour précipiter tout l'argent, l'addition dans la liqueur d'une petite quantité de dissolution de sel y déterminera un trouble facilement appréciable lors même qu'elle ne contiendrait plus qu'une fraction assez petite de milligramme (1/10 par exemple) d'argent dissous. Le même phénomène se manifesterait dans une liqueur contenant un petit excès de sel marin, si on ajoutait un peu de dissolution d'argent.

Cela posé, soit à vérifier, comme on le fait dans les bureaux de garantie, le titre d'une pièce d'orfévrerie du premier titre. Ce titre étant légalement de 950 milligrammes avec une tolérance de 5 milligrammes en dessous, on se borne à constater que l'alliage est à 945, ou à un titre supérieur.

On pèse $1058^{mm},25$ de l'alliage qui contiendrait exactement 1 gramme d'argent, si le titre de la pièce était exactement de 945 milligrammes, et on introduit cet alliage dans un flacon à l'émeri où l'on ajoute 10 centimètres cubes d'acide azotique à 32° bien exempt de chlorure; le flacon est chauffé au bain-marie. La dissolution du métal effectuée, on introduit, au moyen d'une pipette, 100 centimètres cubes d'une liqueur salée que nous supposerons contenir la quantité de sel marin qui précipite 1 gramme d'argent. On agite le flacon bien bouché durant quelques minutes, le précipité se rassemble au fond et, dans la liqueur éclaircie, on laisse tomber doucement un centimètre cube d'une liqueur salée dix fois moins riche en sel que la précédente, contenant par conséquent, par chaque centimètre cube, la quantité de sel capable de précipiter 1 milligramme d'argent; si le titre de l'alliage est supérieur à 945, l'addition de la *liqueur décime* détermine à la surface du liquide un trouble plus ou moins prononcé suivant qu'elle contient encore une quantité plus ou moins grande d'argent. Dans ce cas, l'essai est bon; mais si l'addition du sel marin n'a déterminé aucun précipité, il faudra d'abord précipiter le sel marin de la liqueur décuple par 1 centimètre cube d'une liqueur d'argent contenant 1 gramme d'argent par litre (liqueur décime d'argent), et après avoir éclairci cette liqueur, on ajoutera encore 1 centimètre cube de la liqueur d'argent; s'il détermine une nouvelle précipitation, c'est que le titre de l'alliage était inférieur à 945.

Mais il est souvent essentiel d'obtenir le titre exact de l'alliage que l'on essaye: c'est en effet ce qui a lieu pour les monnaies, les médailles et les lingots. Dans ce cas on éclaircit la liqueur après chaque addition d'un centimètre cube de liqueur décime de sel ou d'argent, jusqu'au moment où l'addition d'un nouveau centimètre cube de ces liqueurs ne détermine plus de précipité.

Supposons, par exemple, qu'il ait fallu ajouter successivement 4 centimètres cubes de liqueur décime salée pour arriver à la précipitation complète; puisque le dernier centimètre n'a pas produit de trouble, il est clair que la quantité d'argent précipitée par la liqueur décime ne dépasse pas 3 milligrammes, mais elle peut être inférieure à 3 milligrammes; le troisième centimètre cube d'eau salée a pu en effet ne pas être employé en totalité : on prend alors comme approximation suffisante $2^{mm},5$, mais un essayeur exercé apprécie facilement à l'intensité du dernier précipité la fraction de 1/10 de milligramme correspondant à ce précipité.

Le titre de l'alliage x s'obtient alors par une propportion, puisque, $1058^{mm},2$ contenant en réalité $1002^{mm},5$ d'argent, par exemple, 1 gramme en contient une quantité x donnée par l'expression $\frac{1058,2}{1002,5} = \frac{1000}{x}$.

S'il avait fallu reprendre la liqueur par la dissolution décime d'argent, et que la précipitation ait cessé lors de l'addition de ce cinquième centimètre cube, comme on ne peut compter ni le premier centimètre cube d'argent destiné seulement à neutraliser le centimètre de liqueur décime salée ajouté pour juger de l'état de la liqueur, ni le dernier qui n'a rien produit, on comptera seulement les 3 millièmes intermédiaires, et il sera même plus exact de ne compter l'avant-dernier que pour un demi, car il n'est pas évident qu'il ait été employé en totalité. Dans ce cas la liqueur essayée ne contenait que 1000^{mm}, $2^{mm},5$ d'argent pur, et le titre de l'alliage sera donné par la proportion $\frac{1058,2}{997,5} = \frac{1000}{x}$.

Remarques.— I. L'expérience a montré qu'une solution d'argent presque saturée par le sel marin pouvant être indifféremment troublée par l'addition de la liqueur décime de sel ou d'argent, il convient, afin de rendre comparables tous les essais, de les terminer par le sel, c'est-à-dire de reprendre la liqueur où l'on ajoute un excès de solution décime d'argent par la liqueur décime salée et d'évaluer ainsi l'argent en excès. De cette manière les essais d'argent deviennent d'une précision pour ainsi dire absolue.

II. On ne peut s'astreindre à se servir d'une liqueur normale salée précipitant juste 1 gramme d'argent pur; la moindre variation dans la température du liquide ayant pour effet d'en abaisser ou d'en élever le titre, puisqu'on en prend toujours un volume constant, il faudrait maintenir cette liqueur à une température constante. On dissout donc 1 gramme d'argent *chimiquement pur* et on le précipite par 100 centimètres cubes de liqueur normale salée, qu'on prend ordinairement un peu faible. Il faut donc, pour compléter la précipitation, ajouter 1 centimètre cube de liqueur décime salée, je suppose; on en conclura que la liqueur normale ne précipite que 999 milligrammes d'argent fin; on retranche alors 1 millième des titres précédemment obtenus.

DÉTAILS DE LA MÉTHODE. — *Préparation de l'argent pur.* — Divers procédés de préparation de l'argent pur ont été décrits à l'article ARGENT. Nous n'indiquerons donc ici que celui que M. Stas, dans ses nouvelles recherches sur les lois des proportions multiples, indique comme fournissant l'argent le plus pur.

Cette méthode repose sur la réduction complète qu'éprouvent les solutions ammoniacales des composés d'argent par le sulfite cuivreux ammoniacal ou bien par un mélange de sulfite d'ammonium et d'un sel de cuivre ammoniacal quelconque.

On dissout de l'argent monnayé dans l'acide azotique dilué et bouillant; on évapore la solution d'azotate d'argent et de cuivre jusqu'à siccité et l'on amène la masse saline à fusion. Cette fusion est nécessaire *pour détruire le nitrate de platine, qui se forme souvent par la dissolution de l'argent monnayé.*

Après le refroidissement, les azotates sont repris par l'eau ammoniacale en excès. La solution ammoniacale est abandonnée pendant 48 heures au repos. Le liquide limpide est filtré au travers d'un double filtre de papier et dilué ensuite d'eau distillée au point de ne plus contenir au delà de 2 % de son poids d'argent.

On y ajoute la solution de sulfite d'ammonium et on abandonne le mélange à lui-même pendant 48 heures dans un vase fermé, une partie de l'argent se réduit à la température ordinaire et se précipite sous forme de pluie d'argent cristallisé blanc grisâtre, très-brillant.

On chauffe ensuite la liqueur à 60° ou 70°; le temps nécessaire à cette élévation de température a été parfaitement suffisant pour la réduction complète de l'argent existant en solution et pour la réduction du sulfite cuivrique à l'état de sulfite cuivreux incolore, surtout si l'on prend un excès suffisant de sulfite, ce dont on s'assure facilement en faisant chauffer une petite portion de la liqueur qui se décolore complétement avec précipitation absolue de l'argent dans le cas où le sulfite est en quantité suffisante.

On lave l'argent à l'eau ammoniacale jusqu'au moment où le liquide exposé à l'air ne se colore plus en bleu, on le fond après l'avoir séché avec 5 °/₀ de son poids de borax contenant 10 °/₀ d'azotate de soude. On peut également le fondre dans un creuset de porcelaine ou de chaux au gaz oxhydrique ou au chalumeau à oxygène. On le coule dans une lingotière enduite de kaolin, on met ensuite le lingot en contact avec une solution chaude de potasse qui dissout le kaolin resté adhérent au métal, on lamine ensuite et on le découpe en petites lames qu'il est bon de traiter par l'acide chlorhydrique afin d'enlever les traces de fer que le laminoir ou la cisaille ont pu laisser sur le métal, on lave à l'eau distillée et on sèche ensuite.

Préparation de la liqueur normale de sel. — Pour précipiter 1 gramme d'argent, il faut 0gr,5414 de sel marin *pur et sec* par conséquent il suffirait de faire avec 5gr,414 de sel et de l'eau distillée une solution occupant 1 volume de 1 litre à une température pour que 1 décilitre de cette liqueur mesurée à cette même température pût précipiter 1 gramme d'argent.

Mais le procédé suivant est bien plus pratique à cause de la difficulté de se procurer du sel absolument pur et de le peser à l'état sec. On prend une solution saturée de sel de cuisine à froid qui contient en moyenne 25 °/₀ de son poids de chlorure de sodium, on mélange 2kil,165 (1) de cette dissolution avec assez d'eau ordinaire pour obtenir 100 litres d'une liqueur, dont 1 décilitre précipite à peu près 1 gramme d'argent. On rectifie la liqueur de la manière suivante : on en verse 1 décilitre dans un flacon contenant 1 gramme d'argent fin dissous, et on éclaircit la liqueur que nous supposerons contenir encore un petit excès d'argent, on détermine combien de centimètres de liqueur décime il faut ajouter pour terminer la précipitation de l'argent, soit 6 ce nombre; il en résultera que 2165 grammes de dissolution salée ne précipitaient en réalité que 994 grammes d'argent; pour précipiter les 6 grammes manquants, il faudrait donc ajouter un poids x de liqueur salée donné par l'expression

$$\frac{2165}{994} = \frac{x}{6}, \text{ d'où } x.$$

Si, la liqueur étant trop forte, il avait fallu ajouter 6 milligrammes d'argent, on y ajouterait une quantité d'eau donnée par la proportion

$$\frac{1000}{1006} = \frac{x}{6}, \text{ d'où } x.$$

Comme ces pesées ne se font pas en général avec une grande précision, il est nécessaire de faire un nouvel essai de la liqueur et d'en corriger le titre s'il est nécessaire; si la liqueur est exacte à 1/2 millième près en dessous, c'est-à-dire si elle précipite au moins 999mgr,5 par décilitre, elle se prêtera facilement à toutes les expériences.

Préparation des liqueurs décimes. — Pour la liqueur salée on introduit dans un flacon gradué de 1 litre, 1 décilitre de la liqueur normale, on complète le litre avec de l'eau distillée. On peut également l'obtenir, et c'est ce que l'on fait pour la première fois, en dissolvant 0gr,5414 de sel pur dans 1 litre d'eau.

Pour la liqueur décime d'argent, on dissout 1 gramme d'argent fin dans un ballon de 1 litre, en y ajoutant 5 à 6cc d'acide azotique pur à 32°,

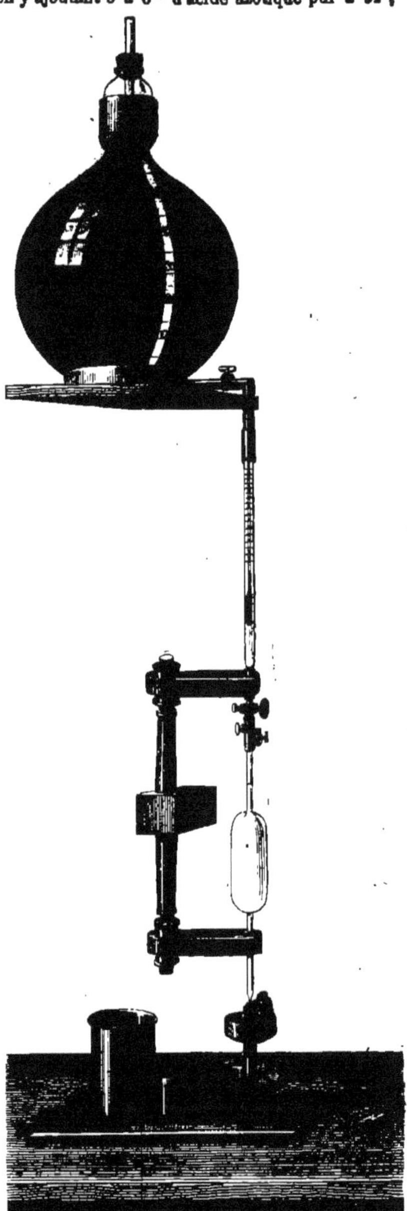

Fig. 233. — Appareil de Gay-Lussac.

on achève ensuite de remplir le ballon avec de l'eau distillée, jusqu'au trait limitant la capacité du litre.

Appareil de Gay-Lussac. — La liqueur normale

(1) D'après ce qui vient d'être dit, 100 litres de liquide doivent contenir 541gr,4 de sel pour que 1 décilitre précipite 1 gramme d'argent. On aura 541gr,4 de sel en prenant un poids quadruple de dissolution concentrée, puisque celle-ci contient environ le quart de son poids de chlorure de sodium.

est contenue dans un vase en cuivre rouge enduit intérieurement d'un vernis pour prévenir l'oxydation du métal ou bien dans un grand ballon de verre (fig. 233). Sa partie supérieure porte une ouverture fermant à vis, fermée par un bou-

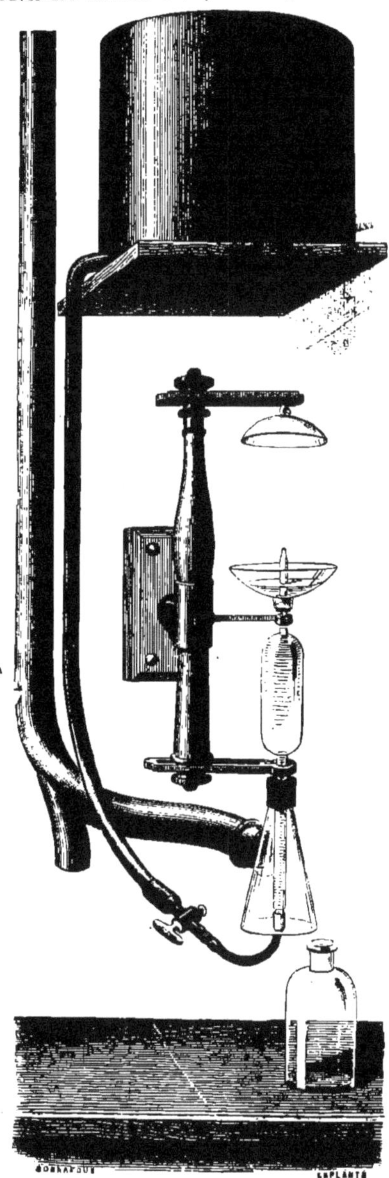

Fig. 234. — Pipette de M. Stas.

chon que traverse un tube en cuivre d'un diamètre assez petit également verni; le tube arrive à quelques centimètres du fond, il est destiné à déterminer un écoulement constant de la liqueur. Le vase en cuivre porte une tubulure latérale, à laquelle est mastiqué un tube de verre assez large, dans l'intérieur duquel se trouvait un thermomètre qui donne la température de la liqueur (1); ce tube était relié lui-même à la garniture métallique de la pipette destinée à mesurer le liquide La garniture métallique porte un robinet pour faire écouler la liqueur dans la pipette; elle y pénètre par un tube d'argent d'un diamètre plus petit que celui du tube de verre de cette pipette, et si l'on en bouche la partie inférieure avec le doigt, l'air intérieur s'échappe par un robinet latéral. Le liquide arrivé un peu au-dessus du trait de repère qui limite le volume de 100cc, on ferme ce robinet, on détermine l'écoulement de la liqueur salée d'une manière très-lente, de manière à saisir le moment où le ménisque arrive au trait de repère, au moyen d'une vis fermant plus ou moins imparfaitement une autre tubulure latérale.

A ce moment on fait arriver le flacon contenant la solution d'argent au-dessous de l'extrémité de la pipette, on ouvre le robinet latéral et la dissolution de sel s'écoule dans le flacon; il est bien entendu que la pipette a été graduée de telle façon que le liquide qui s'écoule ainsi représente exactement 100cc. On voit dans la figure que le flacon est contenu dans un chariot en fer-blanc qui glisse dans une rainure entre deux points fixés de manière que l'on puisse, par un mouvement rapide, faire arriver l'ouverture du goulot du flacon juste au-dessous de l'ouverture de la pipette. A l'autre extrémité le chariot porte une petite éponge, destinée à enlever le liquide qui pourrait rester adhérent à l'extérieur de la pipette; le vase intermédiaire sert à recevoir le liquide qu'on fait écouler dans la pipette pour la laver chaque fois qu'on va s'en servir et enlever la liqueur salée qui peut se concentrer dans son intérieur dans l'intervalle d'un jour à l'autre.

On doit à M. Stas une modification assez importante de la pipette de Gay-Lussac. La pipette de M. Stas (fig. 234), ouverte aux deux extrémités, reçoit le liquide par la partie inférieure au moyen d'un tube de caoutchouc adapté à l'extrémité du tube vertical qui amène la liqueur; ce tube porte un robinet que l'on ferme lorsque la pipette est remplie, un godet placé à sa partie supérieure reçoit l'excédant de liquide. On bouche avec le doigt l'extrémité supérieure de la pipette et l'on retire le caoutchouc; la pipette se trouve ainsi exactement remplie sans qu'il soit nécessaire d'avoir recours à un affleurement, qui exige toujours quelque précaution.

On opère ordinairement sur dix essais à la fois. L'éclaircie des liqueurs se fait en ajoutant à l'extrémité d'un ressort un panier à dix compartiments dans lesquels on place les dix flacons dont les bouchons sont maintenus en place au moyen d'un couvercle composé de deux parties mobiles autour d'une charnière (fig. 235).

De l'essai des alliages d'argent contenant du mercure ou du soufre. — L'argent provenant de l'amalgamation, lorsqu'il n'a pas été porté à une température suffisamment élevée ou maintenue pendant un temps assez long, peut retenir du mercure. L'essai par voie humide donne alors des *surcharges* qui sont à peu près égales à la quantité de mercure contenue dans l'alliage, c'est-à-dire que de l'argent à 995, contenant en outre 5 millièmes de mercure, paraîtrait à peu près à 1000 millièmes. Ce fait est d'autant plus singulier que le mercure, dans la dissolution très-acide contenant

(1) L'emploi d'un étalon, formé avec 1 gramme d'argent, dont on compare la précipitation à celle des essais a rendu inutile la connaissance de la température et l'usage des tables de corrections que Gay-Lussac avait établies en supposant la liqueur normale titrée exactement pour la température de 15°.

l'argent, est à l'état de sel de bioxyde de mercure et que ce sel isolé ne précipite pas par le chlorure de sodium. Il n'en est plus de même lorsque l'azotate de bioxyde de mercure est en présence de l'azotate d'argent, le précipité de chlorure d'argent entraîne avec lui du chlorure de mercure.

Fig. 285. — Agitateur.

On peut reconnaître les essais contenant du mercure à la difficulté avec laquelle l'*éclaircie* a lieu quand on a précipité par le sel, et à ce caractère qu'à partir de 5 millièmes et au-dessus, le chlorure d'argent n'est plus altéré quand on expose le flacon qui le contient à la lumière, et à 20 millièmes il est impossible de les éclaircir.

Au-dessous de 5 millièmes le chlorure d'argent se colore très-lentement, même pour 1 millième; on le voit facilement en plaçant à côté des essais mercuriés un essai ordinaire.

On peut néanmoins déterminer le titre exact d'un pareil essai en dissolvant le chlorure dans l'ammoniaque caustique et saturant ensuite par l'acide acétique, le mercure reste en dissolution et il devient facile de déterminer la quantité de chlore excédante entraînée primitivement par le mercure au moyen de la liqueur décime salée [Levol, *Ann. de Chim. et de Phys.*, 3e série, t. XVI].

Si l'on savait à l'avance que l'essai contient du mercure, on pourrait, comme l'indique Levol, saturer d'abord la dissolution nitrique d'argent par 25 centimètres cubes d'ammoniaque caustique, puis sursaturer l'ammoniaque par 20 centimètres cubes d'acide acétique ordinaire (exempt de chlorures); ou bien saturer cette même dissolution d'argent par l'acétate de soude comme l'a recommandé Gay-Lussac. L'essai se continue ensuite de la manière ordinaire, et le chlorure précipité noircit à la lumière comme en l'absence du mercure.

Lorsque l'alliage contient un peu de soufre (dans ce cas il est ordinairement cassant), la dissolution dans l'acide azotique n'est pas complète, il reste un précipité brun ou noir, ténu et difficile à rassembler, qu'on ne peut confondre avec l'or qui existe parfois dans ces alliages et qui se rassemble facilement en flocons noirs plus ou moins volumineux au fond du flacon. On ajoute alors à la dissolution d'argent 8 à 10 centimètres cubes d'acide sulfurique concentré et l'on maintient le mélange dans le bain-marie d'eau bouillante pendant un quart d'heure environ. Le sulfure se dissout peu à peu et l'essai se fait comme à l'ordinaire.

ESSAIS D'OR. — On ne détermine pas le titre des alliages d'or et de cuivre par une simple coupellation comme on le fait pour ceux d'argent, parce qu'il est rare que ces alliages ne contiennent pas une petite quantité de ce métal difficile à séparer, dans l'industrie, d'une manière absolue de l'or. On obtient donc par cette opération un bouton d'un alliage d'or et d'argent.

Mais comme on sait depuis longtemps que l'acide azotique attaque facilement les alliages d'or et d'argent contenant au moins 3 p. de ce métal pour 1 d'or et laisse celui-ci dans un état de pureté parfaite, il suffit d'ajouter aux alliages qui ne contiennent que des traces d'argent 3 fois autant de ce métal que l'alliage contient d'or, de coupeller le mélange et d'attaquer le bouton de retour par l'acide azotique. L'addition d'argent constitue l'opération importante de l'*inquartation*; la séparation de l'or et de l'argent par l'acide azotique a reçu le nom de *départ*.

Marche de l'opération. — On détermine d'abord le titre approximatif de l'alliage, en en coupellant 1 décigramme avec 2,5 à 3 décigrammes d'argent et 1 gramme de plomb; le bouton de retour, aplati, laminé, mis au contact de 5 à 6 centimètres cubes d'acide azotique bouillant pendant dix minutes, donne l'or suffisamment pur pour un premier essai (1).

Coupellation. — On pèse alors très-exactement 0gr,500 de l'alliage (2) et on l'introduit dans un petit morceau de papier avec la quantité d'argent nécessaire. On met le plomb dans une coupelle bien rouge, et lorsque ce métal est découvert, c'est-à-dire que sa surface est nette et brillante, on porte avec la pincette le papier contenant l'alliage et l'argent dans la coupelle; les métaux entrent en dissolution dans le plomb et la coupellation marche comme pour l'argent, avec cette différence qu'on a moins à craindre le rochage et que l'on peut chauffer davantage à cause du peu de volatilité de l'or.

(1) Souvent on détermine le titre approximatif avec la pierre de touche, par la densité de l'alliage, etc.

(2) On se sert d'une boîte de poids, dont le poids principal, égal à 0gr,5, est divisé en 1,000 parties, comme un gramme ordinaire; 100 de ces parties valent 50 milligrammes. Cette division a l'avantage de donner immédiatement le titre en millièmes.

La quantité de plomb à employer dépend du titre de l'alliage ou plus exactement de la quantité de cuivre qu'il contient; nous donnons ici le dosage adopté au laboratoire de la commission des monnaies.

Titre de l'or allié au cuivre.	Plomb nécessaire pour enlever le cuivre d'une partie d'alliage par la coupellation.
1000 millièmes.	1 partie.
900 —	10 —
800 —	16 —
700 —	22 —
600 —	24 —
500 —	26 —
400 —	34 —
300 —	
200 —	
100 —	

Ainsi la monnaie d'or, dont le titre est 900, exige la coupellation 10 fois son poids de plomb. On pèsera donc 5 grammes de plomb pour 0gr,5 d'alliage monétaire. Pour l'alliage des bijoux, qui est à 750 millièmes, on prendra environ 10 grammes de plomb pour 0gr,5 d'alliage, et ainsi de suite.

Départ. — La coupellation terminée, on enlève le bouton de retour, on l'aplatit sur un tas d'acier et on le recuit; on le lamine et on le recuit de nouveau. On enroule en spirale la lame que l'on a obtenue, en ayant soin que les spires ne soient pas trop serrées; on obtient ainsi le *cornet* que l'on va traiter par l'acide azotique.

Pour cela on l'introduit dans un matras d'essayeur avec 30 à 35 grammes d'acide azotique à 22° de Baumé, et l'on fait bouillir jusqu'au moment où les vapeurs rutilantes ont disparu. Un acide trop concentré au début ferait déchirer le cornet. On décante et l'on ajoute à deux reprises différentes 25 à 30 grammes d'acide à 32°, avec lequel on fait bouillir le cornet pendant 10 minutes [1].

Après avoir décanté le troisième acide, on lave 'eau distillée à deux reprises, puis on renverse matras rempli d'eau dans un petit creuset d'argile, où le cornet, devenu très-fragile, tombe doucement sans se briser; on décante l'eau contenue dans ce creuset, que l'on porte ensuite dans le moufle pour faire rougir l'or. Le cornet se resserre sous l'action de la chaleur et de friable qu'il était devient malléable et facile à manier. On le pèse lorsqu'il est refroidi.

Remarques. — I. L'or ainsi obtenu n'est pas bsolument pur, il retient des traces d'argent dont n peut constater la présence en dissolvant l'or dans l'eau régale. Dans la coupellation, un peu d'or pénètre dans les pores de la coupelle; si la coupellation a exigé peu de plomb, la quantité d'argent alliée à l'or dépasse la perte due à la pénétration de l'or dans la coupelle, il y a donc une légère *surcharge;* au contraire, pour les alliages contenant beaucoup de cuivre et qu'on a coupellé avec une grande quantité de plomb, la perte d'or dépasse le gain dû à l'argent.

Voici ce que des expériences synthétiques ont donné pour la valeur des erreurs que l'on commet dans l'essai des alliages à divers titres.

Titres réels.	Titres trouvés.	Différences.	Titres réels.	Titres trouvés.	Différences.
900	900,25	+ 0,25	400	399,50	— 0,50
800	800,50	0,50	300	299,50	0,50
700	700,00	0,00	200	199,50	0,50
600	600,00	0,00	100	99,50	0,50
500	499,50	— 0,50			

Les essais d'or fin donnent un bouton de retour aigre, qui ne supporte pas toujours bien l'action du laminoir; on évite cet inconvénient en ajoutant à la prise d'essai 25 millièmes de cuivre et coupellant avec 1 gramme de plomb. C'est surtout dans ce cas que le recuit après l'aplatissement du bouton et le laminage doit être fait avec beaucoup de soin, sans cela le cornet donne une surcharge qui peut s'élever à 1 ou même 2 millièmes.

[1] On évite les soubresauts qui pourraient déterminer la rupture du cornet en introduisant dans le matras un petit morceau de charbon autour duquel l'ébullition se produit.

ESSAIS D'OR TENANT ARGENT. — Il s'agit ici des alliages contenant de l'or, de l'argent et du cuivre, dans lesquels l'argent entre dans une proportion bien différente de celle qui répond à l'inquartation, tel est le cas des bijoux en or jaune, contenant 750 d'or et environ 125 d'argent et 125 de cuivre; tel est celui des dorés, où l'argent domine, l'or n'entrant que pour une proportion de 30 ou de 50 millièmes, par exemple.

ESSAI DES BIJOUX CONTENANT DE L'ARGENT. — On détermine d'une manière approximative le titre de l'alliage en or et argent en coupellant 1 décigramme avec 1 gramme de plomb; cette opération donne le poids du cuivre et sert à trouver la proportion de plomb qu'il convient d'ajouter à l'alliage pour le coupeller. On détermine également le titre approché de l'or. Ces nombres connus, on fait l'opération au 1/2 gramme comme l'essai d'or, à une température un peu supérieure à celle des essais d'argent, et l'on pèse le bouton de retour, ce qui donne l'or et l'argent. On pourrait repasser ce bouton à la coupelle en lui ajoutant la quantité d'argent nécessaire à l'inquartation, mais dans cette double opération il y aurait une perte sensible d'or; il est préférable et en même temps plus expéditif d'ajouter immédiatement à une autre prise d'essai cette quantité d'argent, et de coupeller pour obtenir un bouton inquarté qu'on traitera par l'acide azotique après l'avoir mis sous forme de cornet. Les deux essais se feront simultanément; le premier donnera l'or et l'argent, le second l'or seul, on aura l'argent par différence.

ESSAI DU DORÉ. — La détermination de l'or se fait en coupellant un poids de 2 à 5 grammes d'alliage et traitant le bouton de retour laminé et recuit par l'acide azotique à 22° d'abord, à 32° ensuite; on obtient ainsi de l'or divisé qu'on recueille par décantation dans les petits creusets servant à chauffer les cornets d'or; cet or, séché et porté au rouge, peut facilement être pesé.

La coupellation se fait comme celle de l'argent, le bouton de retour éprouve le rochage comme ceux d'argent fin s'il n'est pas refroidi lentement.

Ordinairement on détermine le titre d'argent de ces alliages par la voie humide; tant que la proportion d'or ne dépasse pas 300 millièmes, l'acide azotique concentré peut dissoudre tout l'argent qui y est contenu, si l'on a soin de les mettre en lames minces; le poids de la prise d'essai dépend du titre de l'argent.

Les essais d'or tenant platine ou palladium seront traités à propos de ces métaux.

ESSAIS A LA PIERRE DE TOUCHE. — ESSAI DE L'OR. — L'essai des bijoux et des objets qu'on ne veut pas détériorer se fait à la pierre de touche, avec une approximation de 8 à 9 millièmes environ, lorsqu'on a acquis une grande habitude de ce genre d'essai.

La pierre de touche est une pierre siliceuse noire très-dure, inattaquable par les acides, qui venait autrefois de Lydie, mais que l'on tire aujourd'hui de la Saxe, de la Bohême et de la Silésie. Elle doit être assez rugueuse pour qu'en frottant un alliage d'or à sa surface celui-ci y laisse une trace; mais pour que la pierre soit de bonne qualité, il faut que cette trace soit bien fournie et que le frottement d'un linge ne l'enlève pas.

Pour essayer un bijou à la pierre de touche, on le frotte sur la pierre en un de ses points, de manière à y laisser une trace de 1 centimètre de longueur et de 2 à 3 millimètres de largeur; à côté de celle-ci on en fait une semblable avec un alliage à 750 millièmes de même couleur que le bijou et l'on mouille ces deux traces avec une baguette que l'on a trempée dans un acide, qui les attaque légèrement en affaiblissant leur éclat. Si le bijou est à un titre bien inférieur à 750 millièmes, on voit sa trace noircir rapidement, l'autre conservant à peu près son éclat; en frottant ensuite avec un linge, on enlève à peu près la trace du bijou et l'autre persiste. Si le bijou est à 750 millièmes ou à un titre très-voisin, les deux traces conservent la même égalité d'éclat après ces opérations.

L'acide des touchaux pour l'essai des bijoux d'or contient, d'après Vauquelin, 98 p. d'acide azotique à 37° de Baumé ($D = 1,340$) et 2 p. d'acide chlorhydrique à 21° de Baumé ($D = 1,173$); pour les autres alliages, il faut diminuer la proportion d'acide chlorhydrique si le titre est inférieur à 750 millièmes, et l'augmenter s'il est supérieur, pour que son action ne soit pas trop forte ou trop faible. On arrive d'ailleurs facilement à déterminer par tâtonnement la proportion d'acide chlorhydrique qu'il convient d'ajouter à l'acide azotique pour les divers alliages.

L'alliage auquel on compare les bijoux a reçu le nom de touchau; il contient 750 millièmes d'or et le reste en argent et cuivre, dont la proportion varie suivant la nuance que l'on veut obtenir; on doit avoir un certain nombre de ces alliages pour les comparer aux bijoux de diverses couleurs. Si l'on comparait en effet la trace d'un touchau en or rouge à 750 avec celle de l'or jaune au même titre, qui contient 125 millièmes d'argent et 125 de cuivre au lieu de 250 de cuivre, on verrait la teinte de l'or rouge s'affaiblir sous l'action de l'acide bien plus que celle de l'or jaune.

Le touchau a la forme d'une lame de 2 millimètres d'épaisseur environ sur 4 à 5 de largeur, soudée à l'extrémité d'une lame de laiton que l'on tient solidement dans la main lorsqu'on frotte l'alliage par sa tranche contre la pierre de touche. On obtient facilement ces alliages à un titre connu en fondant au moufle, dans un petit creuset de charbon de cornue muni d'un couvercle également en charbon, les métaux qui le composent en poids convenable. La fusion s'opère facilement en quelques minutes et le poids du bouton d'alliage ainsi obtenu ne diffère pas sensiblement de celui des métaux employés si le cuivre était bien décapé. Il y a cependant une petite perte qui représente au plus 1/2 millième du poids de l'alliage dans ces sortes de fusion; comme cette perte ne se reproduit plus quand on refond le bouton, il faut vraisemblablement l'attribuer à la destruction de traces de matières étrangères qui recouvrent la surface des métaux que l'on a maniés avec les mains dans le travail ou dans la pesée de ces corps. Cette perte n'empêche pas d'ailleurs de connaître exactement le titre de l'alliage.

Il n'est pas nécessaire de protéger les creusets de charbon contre l'oxydation de l'air du moufle; ils s'altèrent avec trop de lenteur à cette température pour que l'on ait à se préoccuper de leur usure d'une manière sérieuse.

Essai de l'argent. — L'essai de l'argent au touchau se fait en comparant la couleur de la trace laissée par un objet de ce métal sur une pierre de touche, à celle que donnent des alliages à titres connus. Cet essai donne entre des mains exercées une approximation de 10 à 15 millièmes.

On reconnaît également avec rapidité l'argent à titre élevé (de 950 millièmes) de ceux qui sont à un titre inférieur, par l'action qu'exerce sur eux la dissolution du sulfate d'argent. Cette dissolution ne ternit qu'à la longue l'argent du premier titre (à 950), elle noircit rapidement celui du deuxième (800). On peut donc également, par l'action plus ou moins rapide de ce réactif, juger du titre de l'argent; mais on l'emploie surtout dans les bureaux de garantie, pour distinguer l'argent au second titre de celui du premier. H. D.

ESSENCES (1). — Le nom d'*essences* ou *huiles essentielles* s'applique à une série de corps qui ne sont pas groupés par leurs propriétés chimiques, mais qui sont réunis par un ensemble de caractères physiques et par leur mode d'obtention, car elles peuvent toutes s'extraire des plantes par la distillation de celles-ci avec l'eau. Les essences sont des substances odorantes, huileuses, volatiles, peu solubles dans l'eau, plus ou moins solubles dans l'alcool et dans l'éther, incolores ou jaunâtres, inflammables, s'altérant facilement à l'air en se résinifiant.

Elles se trouvent, pour la plus grande partie, toutes formées dans les plantes; mais il en est qui ne prennent naissance qu'au moment où les parties végétales sont mises au contact de l'eau. Telle est l'essence d'amandes amères, qui résulte de l'action de l'émulsine sur l'amygdaline, en présence de l'eau, ces deux principes non volatils existant dans les amandes amères. Telle est aussi l'essence de moutarde.

Les essences ne sont pas des corps purs; presque toutes constituent des mélanges; on le reconnaît à l'inconstance de leur point d'ébullition. Sous le rapport de la composition, on les rangeait autrefois en trois classes, les essences hydrocarbonées, les essences oxygénées et les essences sulfurées. Ces dernières forment un groupe assez naturel, mais il n'en est pas de même des autres. Ainsi beaucoup d'essences sont un mélange d'hydrocarbures et de substances oxygénées, et quant à celles-ci, aucun lien ne les rattache, car dans les essences oxygénées on trouve les fonctions chimiques les plus différentes : des aldéhydes, essence de cumin, de cannelle, etc.; des acétones, essence de rue, etc.; des phénols, essence de girofle; des éthers, essence de gaulthéria, etc., etc.

Il n'est donc pas possible de classer convenablement les essences; tous les principes oxygénés, du reste, dont la fonction est connue, sont étudiés dans ce livre sous leurs noms respectifs; nous avons à faire connaître les propriétés et la composition de ces mélanges, qui constituent les huiles volatiles fournies par les végétaux.

Elles sont en plus grand nombre, avons-nous dit, formées d'un principe hydrocarboné et d'un principe oxygéné; elles sont généralement moins denses que l'eau, mais quand le contraire a lieu, cela indique une plus forte proportion d'oxygène dans l'un des constituants.

Leur point d'ébullition est très-variable; il varie entre 160° et 240°. On peut souvent par la simple distillation fractionnée isoler les deux principes; d'autres fois on est obligé ou de détruire l'un d'eux ou de le faire entrer dans une combinaison pour retirer l'autre à l'état de pureté. C'est ainsi qu'en agitant avec du bisulfite de soude une essence qui renferme une aldéhyde, cette dernière s'y combine, tandis que l'hydrocarbure se sépare et surnage le mélange.

Souvent le principe oxygéné est solide, on lui donnait autrefois le nom de *camphre* ou de *stéaroptène*, et il reste en dissolution dans la partie liquide, qu'on appelait *éléoptène*. Quoiqu'on définisse les essences, des liquides huileux, il est cependant des corps analogues dans lesquels le *stéaroptène* domine à ce point qu'ils sont entiè-

(1) Nous devons beaucoup de renseignements pour l'industrie des essences à l'obligeance de MM. Chardin et Massignon, fabricants à Paris. Nous avons aussi trouvé de nombreuses indications dans l'*Officine* de Dorvault.

rement solides à la température ordinaire ; on leur a conservé le nom d'essences, telles sont : l'essence de menthe concrète, l'essence de cèdre concrète. D'autre part, il y a là un grand inconvénient de classification, car si le produit solide de la menthe est une essence, il faudrait aussi ranger le camphre et ses congénères dans la classe des essences ; aussi vaudrait-il mieux ne réserver ce nom qu'aux substances liquides, en reconnaissant toutefois ce qu'il y a là d'arbitraire, puisque tel corps peut être un camphre à 25° et une essence à 50°.

L'odeur des essences dépend souvent de l'altération que l'air leur fait subir ; ainsi, qu'on distille certaines essences dans le vide ou dans un courant d'acide carbonique sur de la chaux vive, on ne pourra reconnaître l'essence de citron de celle de genièvre ou de térébenthine ; mais si on les expose à l'air, chacune reprendra bientôt son odeur caractéristique. Par une plus longue exposition à l'air elles s'épaississent, deviennent visqueuses, souvent acides, et finissent par se transformer en résines. Th. de Saussure a ainsi constaté que l'essence d'anis absorbe en 2 ans 150 fois son volume d'oxygène et produit 56 volumes d'acide carbonique. La solubilité des essences dans l'eau est souvent assez considérable pour communiquer à celle-ci leurs odeurs et leurs propriétés thérapeutiques ; ces solutions aqueuses constituent les eaux distillées employées en médecine. On sépare les

PROPRIÉTÉS OPTIQUES ET DENSITÉ DES ESSENCES.

ESSENCES.	DENSITÉ à 15°,5.	INDICES DE RÉFRACTION. Température.	A	D	H	ROTATION du plan de polarisation pour une colonne de 254 millim.
		Degrés.				Degrés.
Absinthe	0,9122	18	1,4631	1,4688	1,4756 F	»
Acore (Calamus acorus)	0,9388	10	1,4065	1,5031	1,5204 G	+ 43,5
— de Hambourg	0,9416	11	1,4848	1,4911	1,5144	+ 42 ?
Anis	0,9852	16,5	1,5433	1,5566	1,6118	— 1
Atherosperma moschatum	1,0425	14	1,5172	1,5274	1,5628	+ 7
Bergamote	0,8825	22	1,4559	1,4625	1,4779 G	+ 23
Bois rose	0,9064	17	1,4843	1,4903	1,5113	— 16
Bouleau	0,9003	8	1,4851	1,4921	1,5172	+ 38
Cajeput	0,9203	25,5	1,4561	1,4611	1,4778	0
Carvi	0,8843	19	1,4601	1,4671	1,4886	+ 63
— de Hambourg (1re distillation)	0,9121	10	1,4829	1,4903	1,5142	»
— — (2e distillation)	0,8832	10,5	»	1,4704	»	»
Cascarille	0,8956	10	1,4844	1,4918	1,5158	+ 26
Cannelle	1,0297	19,5	1,5602	1,5748	1,6243 G	0
Cèdre (bois de)	0,9622	23	1,4978	1,5035	1,5238	+ 3
Cédrat	0,8584	18	1,4671	1,4731	1,4952	+ 156
Citronnelle	0,8908	21	1,4599	1,4659	1,4866	— 4
— de Penang	0,8847	15,5	1,4604	1,4665	1,4875	— 1
Coriandre	0,8775	10	1,4592	1,4652	1,4805 G	+ 21 ?
Cubèbe	0,9414	10	1,4953	1,5011	1,5160 G	»
Eucalyptus amygdalina	0,8812	13,5	1,4717	1,4788	1,5021	— 136
— oleosa	0,9322	13,5	1,4661	1,4718	1,4909	+ 4
Fenouil (aneth)	9,8922	11,5	1,4764	1,4834	1,5072	+ 203
Géranium de l'Inde	0,9043	21,5	1,4653	1,4714	1,4868 G	— 4
Girofle	1,0475	17	1,5213	1,5312	1,5666	— 4
Lavande	0,8903	20	1,4586	1,4648	1,4862	— 20
Limon (Citrus medica)	0,8498	16,5	1,4667	1,4727	1,4946	+ 164
Limon grass	0,89[illegible]2	24	»	1,4705	»	— 3 ?
— de Penang	0,8766	13,5	1,4756	1,4837	1,5042	6
Melaleuca ericifolia (1)	0,9030	9	1,4655	1,4712	1,4901	+ 26
— linarifolia (1)	0,9016	9	1,4716	1,4772	1,4971	+ 11
Menthe	0,9342	19	1,4767	1,4840	1,5015 G	— 116
—	0,9105	14,5	1,4756	1,4822	1,5037	— 13
— poivrée	0,9028	14,5	1,4612	1,4670	1,4854	— 72
— de Florence	0,9116	14	1,4628	1,4682	1,4867	— 44
Muscades	0,8826	24	1,4644	1,4709	1,4934	+ 44
— de Penang	0,9069	16	1,4749	1,4818	1,5053	+ 9
Myrrhe	1,1189	7,5	1,5196	1,5278	1,5472 G	— 136
Myrthe	0,8911	14	1,4623	1,4680	1,4879	+ 22
Néroli	0,8789	18	1,4614	1,4676	1,4835 G	+ 15
—	0,8743	10	1,4673	1,4741	1,4831 F	+ 28
Orange (écorce)	0,8509	20	1,4633	1,4699	1,4916	+ 32 ?
— de Florence	0,8864	20	1,4707	1,4774	1,4980	+ 216
Orangettes (petits grains)	0,8765	21	1,4536	1,4600	1,4808	+ 26
Patchouli	0,9554	21	1,4990	1,5050	1,5194 G	»
— de Penang	0,9592	21	1,4980	1,5046	1,5183 G	— 120
— de France	1,0119	14	1,5074	1,5132	1,5202 F	± 9
Persil	0,9926	8,5	1,5068	1,5162	1,5417 G	»
Romarin	0,9080	16,5	1,4632	1,4688	1,4867	+ 17
Rose	0,8912	25	1,4567	1,4627	1,4835	— 7
Santal (bois de)	0,9750	24	1,4959	1,5021	1,5227	— 50
Sureau	0,8584	8,5	1,4686	1,4749	1,4965	+ 14,5
Verveine	0,8812	20	1,4791	1,4870	1,5059 G	— 6
Wintergreen	1,1423	15	1,5163	1,5278	1,5737	+ 3

(1) Les *Melaleuca ericifolia* et *linarifolia* sont des espèces voisines du *Melaleuca leucodendrum*, qui fournit l'essence de cajeput.

essences dissoutes dans les eaux distillées en saturant l'eau de sel marin, et agitant avec une huile grasse ou avec de l'éther.

Les essences sont pour la plupart incolores ou jaunâtres; il y en a aussi qui sont bleues, vertes ou jaunes. M. Piesse a constaté que les essences bleues donnent par la distillation fractionnée un produit bleu qu'il a appelé *azulène*. L'azulène bout à 302°; sa vapeur est dense et bleue; sa densité est de 0,910. Sa composition serait représentée par la formule $C^{10}H^{26}O$.

Certaines essences jaunes renferment de l'azulène, dont la couleur est masquée par la matière jaune; celle-ci est une substance résineuse. Quelques essences vertes se dédoublent en jaune et en bleu. La séparation de l'azulène demande souvent un grand nombre de fractionnements; il faut onze distillations fractionnées pour retirer l'azulène de l'essence de patchouli. Celle-ci en donne 6 °/₀; l'essence d'absinthe en donne 3 °/₀, et l'essence de camomille 1 °/₀ seulement [Piesse, *Traité des odeurs, des essences et des cosmétiques*, p. 32 et suiv.; — *Bull. de la Soc. chim.*, 1865, t. III, p. 291].

Suivant M. Gladstone, cette matière bleue, qu'il a appelée *céruléine*, passe avec les dernières portions des huiles qui la renferment, mais ne peut être isolée à l'état de pureté, et à chaque distillation il s'en détruit une petite quantité qui se transforme en résine. Ce liquide bleu n'est pas attaqué par le sodium. Il est neutre et se dissout dans l'alcool; calciné avec la chaux sodée, il dégage de l'ammoniaque ou un autre alcali volatil. Les acides et les alcalis le font passer au vert. Il est soluble dans l'acide acétique cristallisable, le sulfure de carbone, et n'est décoloré ni par l'acide sulfureux, ni par l'hydrogène sulfuré, ni par l'eau de brome. Il ne peut se fixer sur le charbon animal et ne peut teindre ni la laine, ni la soie, ni le coton. La solution de ce principe dans l'huile ou l'alcool présente un spectre caractéristique [Gladstone, *Journ. of the Chem. Soc.*, t. XVII, p. 3 (1864); en extrait : *Bull. de la Soc. chim.*, 1864, t. II, p. 288].

Les essences possèdent un grand pouvoir dispersif et offrent une grande différence d'action sur la lumière polarisée; elles sont dextrogyres ou lévogyres à des degrés variables; quelques-unes sont inactives. M. Gladstone a déterminé pour un grand nombre d'essences la densité, le point d'ébullition, le pouvoir rotatoire et l'indice de réfraction pour les raies A, D et H. Le pouvoir rotatoire est déterminé pour une colonne de liquide de 10 pouces anglais (254 millimètres). La même longueur d'une solution de parties égales de sucre de canne et d'eau produit une déviation de + 105°. — Voyez le tableau de la page précédente.

M. Buignet a déterminé les caractères physiques de quelques essences, et a obtenu les résultats suivants [*Journ. de Pharm. et de Chim.*, (3), 1861, t. XL, p. 261, 264 et 331].

ESSENCES.	TEMPÉRATURE	DENSITÉS.	POUVOIR ROTATOIRE.	INDICE DE RÉFRACTION
Amandes amères	+ 12°	1,059	(α) j = 0	1,550
Aspic pure	+ 12°	»	+ 3,30	»
Bergamote	+ 12°	0,863	+ 18,45	1,468
Camomille	+ 12°	0,881	+ 48,80	1,482
Cannelle de Chine	+ 12°	1,064	0	1,593
Cannelle de Ceylan	+ 12°	1,033	»	1,543
Carvi	+ 12°	0,916	+ 87,83	1,493
Cédrat	+ 12°	0,855	+ 88,88	1,478
Citron	+ 12°	0,851	+ 87,65	1,479
Copahu	+ 12°	»	— 17,33	»
Fenouil	+ 12°	0,984	+ 8,13	1,555
Genièvre	+ 12°	0,879	— 14,79	1,495
Girofle	+ 12°	1,542	0	1,061
Lavande	+ 12°	0,886	— 21,20	1,467
Menthe poivrée anglaise	»	0,904	— 34,29	1,469
id. française	»		— 14,80	
id. Pouliot	»	»	+ 25,07	»
Muscades	»	0,874	+ 34,28	1,483
Néroli	»	»	+ 10,25	»
Fleurs d'oranger (de Paris)	»	0,887	»	1,482
id. id. (du Midi)	»	0,878	»	1,478
Orange	»	0,847	»	1,477
Petits grains	»	»	+ 20,47	»
Romarin	»	0,896	+ 14,67	1,475
Santal citrin	»	0,975	— 21,30	1,514
Sassafras	+ 12°	1,087	+ 2,45	1,541
Sauge	»	0,896	— 8,93	1,473
Térébenthine	»	0,867	— 43,50	1,476
Thym	»	0,890	— 11,23	1,483

Nous avons dit qu'un grand nombre d'essences renferment des hydrocarbures presque purs ou mélangés à des principes oxygénés. Presque toujours le carbure est un carbure $C^{10}H^{16}$ ou un polymère de celui-ci. Ces hydrocarbures $n\,C^{10}H^{16}$ sont tous plus légers que l'eau et peuvent, d'après leurs propriétés physiques, se subdiviser en plusieurs groupes. Les uns ont une densité comprise entre 0,8466 et 0,8664, et leur point d'ébullition varie entre 160° et 175°; les autres ont une densité qui varie de 0,9641 à 0,9391, et leur point d'ébullition est compris entre 246° et 260°; il est probable que les premiers répondent à la formule $C^{10}H^{16}$, et les seconds à la formule $C^{15}H^{24}$. Le premier groupe est le plus nombreux et peut être subdivisé en nouveaux groupes d'hydrocarbures très-voisins, parmi lesquels plusieurs paraissent identiques. Ainsi le gaulthérilène, le carvène et l'hydrocarbure de la noix muscade sont très-rapprochés par leurs propriétés et peut-être sont-ils identiques; les hydrocarbures de l'anis, du thym, de l'absinthe se placent près de la térébenthine ordinaire, etc., etc. Nous donnons, d'après M. Gladstone, le point d'ébullition, la densité et le pouvoir rotatoire de ces hydrocarbures.

DENSITÉ, POINT D'ÉBULLITION ET POUVOIR ROTATOIRE DES HYDROCARBURES FOURNIS PAR LES ESSENCES.

Hydrocarbures des essences de:	Densité.	Point d'ébull.	Rotation pour 254 mill.
Orange (écorce de).........	0,8460	174°	+154°
— de Florence.......	0,8468	174	+260
Cédrat....................	0,8466	173	+180
Citron....................	0,8468	173	+172
Bergamote	0,8466	175	+ 76
— de Florence.....	0,8464	176	+ 82
Néroli	0,8466	173	+ 76
Orangettes................	0,8470	174	+ 60
Carvi de Hambourg (1re distillation)................	0,8466	176	+180
Fenouil...................	0,8467	173	+242
Cascarille................	0,8467	172	0
Sureau....................	0,8468	172	+ 15
Laurier (baies de)	0,8508	171	— 22
Gaultheria (gaulthérilène)..	0,8510	168	»
Noix muscades............	0,8518	167	+ 49
— de Penang..	0,8527	166	+ 4
Carvi (carvène)............	0,8530	166	— 90
— de Hambourg (2e distillation)	0,8545	»	+ 86
Absinthe..................	0,8565	160	+ 46
Térébène..................	0,8583	160	0
Anis......................	0,8580	160	»
Menthe....................	0,8600	160	+ 40
— poivrée...........	0,8602	175	— 60
Térébenthine de laurier....	0,8618	160	+ 94
Thym......................	0,8635	160	— 75
Térébenthine I............	0,8644	160	+ 48
— II..........	0,8555	160	— 87
— III..........	0,8614	160	— 90
— IV..........	0,8600	160	— 88
Eucalyptus amygdalina.....	0,8642	171	—142
Myrte	0,8690	163	+ 64
Persil....................	0,8732	160	— 44
Romarin	0,8805	168	+ 8
Girofle...................	0,9041	249	»
Bois rose	0,9042	249	— 11
Cubèbe....................	0,9062	260	+ 59
Acore.....................	0,9180	260	+ 55
— de Hambourg.........	0,9275	260	+ 22
Cascarille................	0,9212	254	+ 72
Patchouli	0,9211	254	»
— de Penang.......	0,9278	257	— 90
— de France	0,9255	260	»
Colophène	0,9391	315	0

Propriétés chimiques. — Les essences ne peuvent avoir des propriétés chimiques caractéristiques, puisque les principes oxygénés représentent des fonctions si diverses (alcools, phénols, aldéhydes, acétones, éthers). Cependant, comme le plus grand nombre renferme une certaine proportion d'hydrocarbures $n\ C^{10}H^{16}$, il est un certain ordre de réactions qui leur sont communes et qui dépendent de la présence de ces hydrocarbures. Ces propriétés communes aux essences se rapprochent encore plus ou moins de celles de l'essence de térébenthine; telle est leur facile résinification au contact de l'air, leur transformation en résine par une foule d'agents; elles absorbent le chlore, le brome avec dégagement de chaleur, en fournissant des acides chlorhydrique et bromhydrique; l'iode agit énergiquement sur elles, et sa réaction est assez violente pour être explosive; il se produit beaucoup de chaleur et il se forme des vapeurs violettes et jaunes; le résidu est une huile épaisse ou une résine acide brune; c'est ainsi que se comportent avec l'iode les essences de térébenthine, de genièvre, de sabine, de citron, de romarin et de lavande. Elles perdent en vieillissant la propriété de faire explosion avec l'iode, etc., etc. — Voyez pour plus de détails, TÉRÉBENTHINE (ESSENCE DE).

Falsifications. — Il n'est pas de substances commerciales qui soient plus falsifiées que les essences; quand elles sont livrées pures par le producteur, elles sont adultérées par les intermédiaires qui les livrent aux consommateurs. Les falsifications des essences se font par l'addition d'alcool, d'huiles fixes ou d'essences de qualité inférieure, et surtout de l'essence de térébenthine.

L'addition de l'alcool se reconnaît par les procédés suivants : 1° On prend un petit tube gradué, on y verse volumes égaux d'essence et d'eau, on agite et on laisse reposer; la diminution du volume de l'essence indique à peu près la proportion d'alcool qu'elle renfermait. 2° On ajoute à l'essence, dans un petit tube, du chlorure de calcium sec ou de l'acétate de potasse, et l'on chauffe pendant quelques minutes au bain-marie. Si l'essence renferme de l'alcool, il se formera une solution du sel, qui occupera la partie inférieure (Borsarelli, Westein). 3° Béral a proposé d'ajouter un morceau de potassium (ou de sodium) pour essayer les essences hydrocarbonées, dans lesquelles le métal reste brillant, tandis qu'il dégage de l'hydrogène avec l'alcool; mais comme l'essence peut retenir un peu d'humidité et par suite oxyder le métal, même en étant pure, ce procédé ne semble pas applicable. 4° Suivant Puscher, la fuchsine est insoluble dans les essences, tandis qu'elle se dissout dans l'alcool, et elle permettrait ainsi de reconnaître 1 °/₀ d'alcool. Ce procédé n'est pas général; la fuchsine se dissout dans quelques essences, comme celles de géranium, de cannelle, etc. [Massignon, *Communication particulière*]. 5° Righini agite l'essence avec son volume d'huile d'olive; si l'essence renferme de l'alcool, celui-ci se sépare immédiatement [*Journ. de Chim. méd.*, t. XX, p. 351]. 6° Enfin le procédé le plus simple consiste à distiller l'essence avec de l'eau; les premières portions distillées renfermeront tout l'alcool, qu'on reconnaîtra à son odeur, son goût, et qu'on pourra caractériser par ses propriétés chimiques; ainsi on chauffera ces premières portions avec de l'acétate de potasse et de l'acide sulfurique et on percevra l'odeur de l'éther acétique. Enfin, quand l'essence renferme une grande quantité d'alcool, elle devient laiteuse par l'addition de l'eau.

La falsification des essences par les huiles fixes est facile à reconnaître; il suffit de jeter un peu d'essence sur un papier sans colle, et la présence de l'huile fixe sera accusée par une tache persistante, que ni le temps ni la chaleur ne pourront faire disparaître. Il vaut mieux distiller le mélange avec de l'eau, l'huile volatile distillera seule, tandis que l'huile grasse qui restera dans le résidu pourra être caractérisée par la saponification.

On reconnaît encore la présence des huiles grasses dans les essences en agitant celles-ci avec de l'alcool, qui ne dissoudra pas le corps gras.

Lorsque l'essence de térébenthine est en proportion considérable, on peut en reconnaître la présence à l'odeur. Pour la chercher on a recours aux moyens suivants : 1° L'huile pure de térébenthine est moins soluble dans l'alcool que les autres essences; si on agite l'essence suspectée avec son volume d'alcool à 80°, la solution sera incomplète si elle renferme de l'essence de térébenthine, d'anis ou de fenouil. 2° Mero introduit dans un petit tube 3 grammes d'huile d'œillette et 3 grammes de l'essence soupçonnée; après agitation, le mélange est laiteux si l'essence est pure, et transparent si elle est falsifiée. Cette épreuve est applicable surtout aux essences des Labiées et à l'essence d'absinthe; elle n'est pas applicable aux essences de thym et de romarin. 3° Quelques essences dissolvent la matière colorante du bois de santal, insoluble dans l'essence de térébenthine; l'addition de celle-ci diminue le pouvoir dissolvant de l'essence [Vogel, *Ann. der Chem. u. Pharm.*, t. VI, p. 42]. 4° L'essence de térébenthine s'échauffe et détone par l'iode; d'autres essences ne partagent pas cette propriété, qu'elles acquièrent par leur mélange avec l'essence de térébenthine (Tuchen).

Ces réactions ne peuvent être généralisées, parce qu'un grand nombre d'essences renferment des hydrocarbures possédant les propriétés de l'essence de térébenthine; ainsi l'essence de lavande, celle de bergamote détonent avec l'iode et ne dissolvent pas la matière colorante du santal.

Pour reconnaître la falsification des essences, de nouvelles recherches sont nécessaires, tant les fraudeurs s'ingénient à varier la nature de leurs tromperies; c'est ainsi qu'on a falsifié l'essence de rose avec l'essence de copahu, l'essence d'anis avec un mélange d'alcool, de gélatine et de savon amniat, etc. (voyez à chaque essence en particulier les caractères qui lui sont assignés et les falsifications spéciales dont elles ont été l'objet). La nitrobenzine ou mirbane est employée à falsifier l'essence d'amandes amères.—Voyez plus loin ESSENCE D'AMANDES AMÈRES.

EXTRACTION DES ESSENCES. — La majeure partie des essences s'obtient par la distillation avec l'eau des organes végétaux; quelques-unes s'extraient par simple incision de la plante qui les renferme; telles sont l'essence du laurier de la Guyane et l'essence du *Dryabalanops camphora*. D'autres peuvent s'obtenir également par distillation et par expression; on se procure par expression les essences que fournissent les écorces des Hespéridées (cédrat, citron, limette, orange, bergamote).

La distillation s'opère dans des alambics d'une contenance de 500 litres environ, dans lesquels on charge les substances végétales bien divisées, et s'effectue à l'aide d'un courant de vapeur d'eau, qui arrive par la partie latérale et inférieure de l'alambic; un robinet permet de régler l'arrivée de la vapeur et par suite la marche de la distillation.

Pour les essences plus lourdes que l'eau, comme l'essence d'amandes amères, le produit de la distillation est recueilli dans un vase cylindrique, muni à sa partie supérieure d'un tube latéral (fig. 236) par lequel l'eau s'écoule, tandis que l'es-

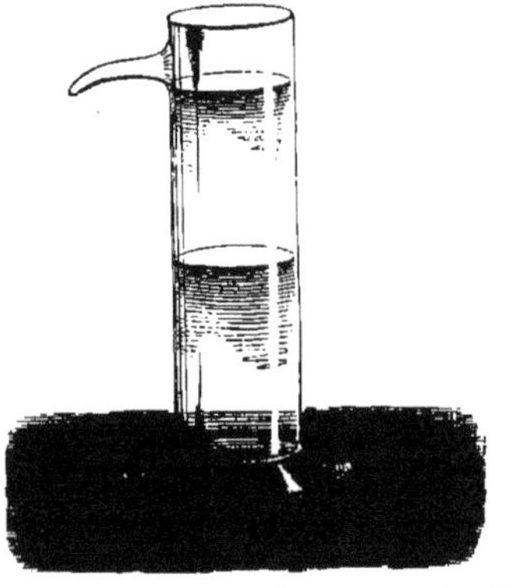

Fig. 236. — Récipient pour les essences plus denses que l'eau.

sence s'accumule à la partie inférieure. L'eau qui a entraîné l'essence, et qui en est souvent chargée au point d'être laiteuse, est soigneusement recueillie et remise de nouveau dans l'alambic, lorsqu'on opère une nouvelle distillation. De cette manière, la distillation s'effectue toujours avec une même quantité d'eau saturée d'essence, ce qui évite une cause notable de perte. Ces eaux trouvent en outre leur emploi, car elles constituent les eaux distillées employées par la pharmacie. — Voyez plus loin ESSENCE D'AMANDES AMÈRES.

Pour les essences plus légères que l'eau, ce qui est le cas général, on peut les recueillir dans le récipient florentin (fig. 237). Quand le liquide a

Fig. 237. — Récipient florentin.

atteint un certain niveau, l'eau rassemblée à la partie inférieure s'écoule par le tube recourbé fixé à la partie inférieure du récipient. Une modification avantageuse a été apportée au récipient florentin par l'addition d'une tubulure latérale à la partie supérieure (fig. 238). L'eau distillée s'échappe

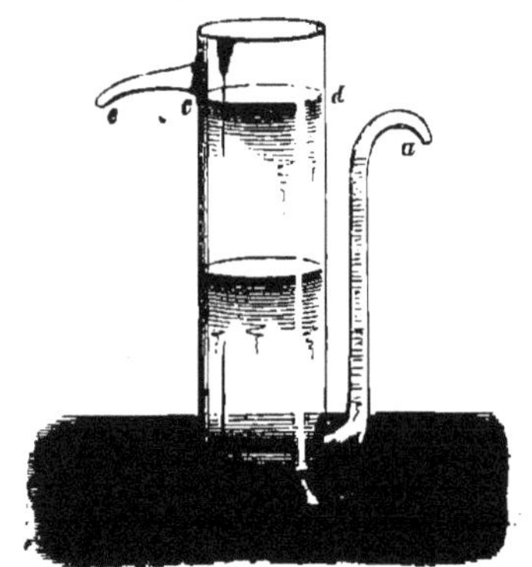

Fig. 238. — Récipient florentin modifié.

par le tube *ab*, tandis que l'essence s'accumule dans le vase à la surface de l'eau, et, quand elle a atteint le niveau *cd*, s'échappe par la tubulure latérale *ed*. Dans le courant de la distillation, si l'on veut recueillir l'essence, il suffit de boucher avec le doigt l'orifice du tube *ab*, l'eau s'accumule alors dans le vase et fait monter l'huile essentielle jusqu'au tube *de* de déversement. Ce récipient a entièrement remplacé dans la pratique le récipient florentin.

On rectifie les essences en les redistillant avec de l'eau chargée de sel marin.

L'alambic représenté par la figure 239, et breveté par Dress, Heywood et Barron, permet de distiller d'une manière continue avec une même quantité d'eau. La cucurbite est double, et il existe entre la coque intérieure et la coque extérieure, appelée chemise, un espace vide où arrive de la vapeur d'eau amenée par le tube V. La partie supérieure du chapiteau porte un tube en siphon S; l'eau et les substances aromatiques étant introduites dans la cucurbite, et le courant de vapeur étant dirigé dans le double fond de l'alambic, la distillation de l'essence et de l'eau a lieu tôt lieu. L'une et l'autre se condensent dans le serpentin R et se rassemblent dans le réservoir E. Si l'essence est plus dense que l'eau, elle gagne le fond du réservoir et l'eau se déverse par la tubulure supérieure dans le siphon S et retourne

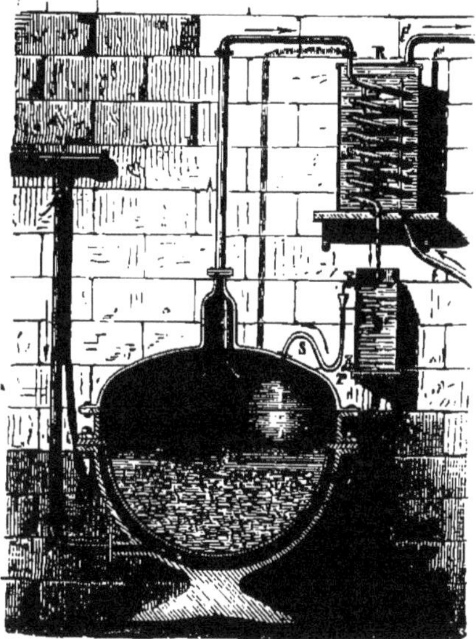

Fig. 239. — Alambic à siphon à effet continu.

ainsi dans l'alambic. Si l'essence était plus légère que l'eau, c'est avec la tubulure inférieure du réservoir qu'on mettrait le siphon en communication. Cette disposition ingénieuse permet d'opérer la distillation d'une grande quantité de substances aromatiques avec une masse d'eau relativement peu considérable. L'alambic est en outre muni d'un agitateur qui est mis en mouvement par une manivelle extérieure et qui sert à remuer les substances pendant la distillation.

Les essences des Hespéridées obtenues par expression sont d'une odeur plus agréable que lorsqu'elles ont été préparées par distillation. Leur mode d'obtention est très-simple : on râpe l'écorce des fruits, on place la pulpe dans des sacs en crin et on soumet à une pression énergique.

Le rendement des végétaux en essences varie considérablement avec la provenance, l'état de maturation ou de conservation de la plante; c'est ainsi que les plantes fraîches en fournissent plus que les plantes desséchées. Le climat, le sol, sont des causes qui influent sur la qualité des essences; l'essence de rose de France est plus estimée que les essences de Turquie; l'essence de menthe anglaise, provenant de plants cultivés dans le delta de la Tamise, est supérieure à l'essence de menthe française, etc.

Les différences de rendement sont telles qu'on ne peut donner que des chiffres approchés. Nous empruntons à l'*Officine* de M. Dorvault le tableau suivant des quantités d'huiles essentielles fournies par 50 kilogrammes de diverses plantes, tableau dressé par M. Raybaud.

	Gr.		Gr.
Absinthe grande....	60	Angélique (racine d')	140
— petite....	19	Anis..........	590
Amandes amères (tourteaux).......	90	Badiane..........	560
		Camomille sèche..	42

	Gr.		Gr.
Cannelle de Ceylan	375	Fleurs d'oranger de Paris...........	27
— de Chine.	375	Fleurs d'oranger de Provence........	150
Cerfeuil...........	14	Piment de la Jamaïque.............	387
Cochléaria.........	15	Poivre noir........	560
Coriandre..........	68	— blanc.......	530
Cubèbe............	605	— de Guinée..	2
Estragon..........	195	Roses.............	2
Genièvre...........	242	Roses de Provence.	8
Laurier (feuilles récentes).........	160	Rue...............	20
Laurier-cerise......	64	Sabine............	480
Macis..............	30	Sassafras..........	32
Matricaire.........	30	Tanaisie...........	150
Menthe............	56		
Muscades..........	515		

Suivant M. Roze, il faudrait de 548 kilogrammes à 630 kilogrammes de menthe pour fournir 1 kilogramme d'essence.

Les écorces des Hespéridées fournissent pour 100 fruits :

Fruit de Nice.	Pulpe.	Essence par expression.	Essence par distillation.
Bergamote......	3,550 gr.	80	»
Cédrat.........	»	50	72
Citron..........	3,580	60	44
Limette.........	3,500	80	84
Orange.........	2,600	80	80
Curaçao sec du commerce, par kilog.			198

[Dorvault, *Officine*, 7e édition, p. 548].

Piesse donne le tableau suivant du rendement des substances aromatiques en essences; nous avons ramené tous les chiffres qu'il donne à 50 kilogrammes de plantes :

Écorce d'orange............	3120
Marjolaine sèche...........	467
id. fraîche..........	93
Menthe poivrée fraîche.....	93 à 123
id. sèche.......	370 à 498
Origan sec................	259 à 374
Thym sec.................	154 à 230
Acore....................	370 à 498
Anis.....................	1120 à 1485
Carvi d'Allemagne.........	1995
Girofle..................	7800
Cannelle.................	370
Cassie...................	370
Bois de cèdre.............	445
Macis....................	4650
Muscade..................	4650 à 7150
Mélisse fraîche............	51 à 75
Amandes amères............	220
Racines d'iris.............	446 ?
Feuilles de géranium.......	56
Fleurs de lavande..........	836 à 892
Feuilles de myrte..........	139
Patchouly................	780
Roses de Provence..........	2,60 à 3,45
Bois de Rhodes............	83 à 111
Bois de santal.............	386
Vétyver..................	418

MM. Chardin et Massignon nous ont communiqué le tableau suivant du rendement moyen des parties végétales en huiles essentielles; les chiffres sont rapportés à 50 kilogrammes de plantes.

	Gr.		Gr.
Écorces d'orange..	400	Bois de cèdre.....	650
Patchouly.........	950	Gingembre........	550
Sauge verte.......	175	Bois de rose......	375
Estragon vert.....	150	Artemisia annua verte..........	990
Moutarde noire...	190	Hysope verte......	450
Absinthe pet. verte.	50	Amandes amères...	450
Marjolaine cultivée verte...........	67	Fleurs d'oranger...	50
Menthe poiv. verte.	85	Vétyver..........	75
Houblon sec......	150	Iris..............	50
Angélique verte...	65	Genièvre (baie de).	410
Absinthe grande verte...........	90	Poivre alépy......	1025
Ail sec...........	32	Tanaisie..........	450
Calamus aromat...	600	Cassis (bois de) (*Ribes nigra*)......	17

Beaucoup de plantes d'une odeur très-forte et très-agréable ne renferment pas une quantité suffisante d'essences pour qu'on puisse extraire celles-ci; cependant on arrive par le procédé de l'enfleurage à obtenir leurs parfums dissous dans l'alcool, et ce sont ces alcoolés qui constituent les extraits de fleurs ou bouquets employés dans la parfumerie.

L'enfleurage consiste essentiellement à saturer les matières grasses des parfums des plantes soit à froid, soit à chaud, et à agiter la matière grasse avec de l'alcool, qui dissout tous les principes odorants.

L'enfleurage à froid se fait dans les fabriques du midi de la France, en imbibant des toiles de coton d'huile grasse et laissant les fleurs en contact avec les toiles pendant 24 heures. Au bout de ce temps, les fleurs sont renouvelées et l'opération répétée jusqu'à ce que l'huile soit suffisamment chargée de principes odorants. Après quoi les toiles sont soumises à une forte expression.

Le procédé employé dans l'Inde est analogue au précédent. On dispose des couches successives de fleurs et de semences de sésame, on recouvre le tout d'une toile et on presse légèrement. Au bout de quelque temps on change les fleurs en employant les mêmes semences; celles-ci finissent par se gonfler et sont soumises à l'expression, qui en retire l'huile chargée des principes odorants.

Ce mode primitif d'obtention du parfum des fleurs présente de nombreux inconvénients à cause de la longue durée de l'opération, pendant laquelle les graisses peuvent rancir et les végétaux entrer

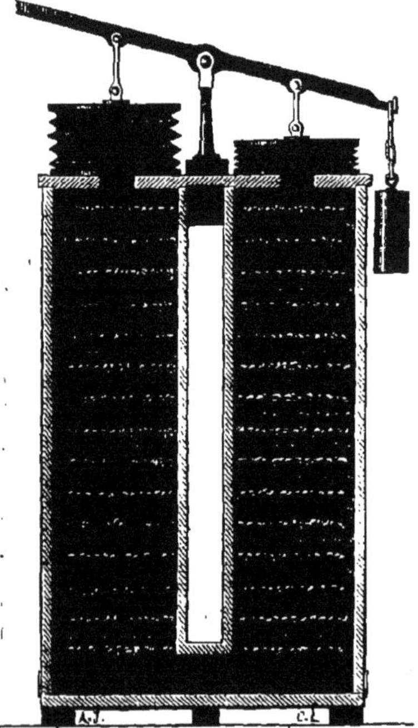

Fig. 240. — Appareil d'enfleurage Piver.

en fermentation. M. Piver emploie l'appareil suivant pour opérer l'enfleurage à froid dans un court espace de temps (fig. 240). « L'appareil se compose d'un coffre à deux cavités communiquant entre elles et haut de 3 mètres environ sur 2 de large; des claies en toile métallique reçoivent les fleurs; entre chaque claie, une lame de verre ou de cuivre argenté, fixée d'un seul côté, mais libre sur les trois autres bords, reçoit la graisse, non pas étalée horizontalement, mais exprimée en cylindres excessivement fins, au moyen d'une presse qui la force à passer au travers d'une plaque criblée de petits trous. Deux soufflets, combinés de manière que l'un se lève quand l'autre se baisse, établissent un courant permanent qui passe et repasse de haut en bas et de bas en haut, de chaque côté du diaphragme, qui partage le coffre et force ainsi l'air contenu et non renouvelé à saturer les graisses, qui sont bientôt suffisamment parfumées. » [Turgan, *Grandes usines de France*, (4), p. 132.]

Cet appareil peut également servir pour parfumer les poudres. L'enfleurage à froid est employé pour le jasmin et la tubéreuse.

L'extraction des parfums par l'huile chaude est employée pour les fleurs d'oranger, la cassie (*Acacia farnesiana*), etc. Elle se fait par infusion des plantes dans de l'huile chauffée au bain-marie.

On fait infuser les plantes par petites portions pendant 1/4 d'heure, on les retire de l'huile, on les exprime fortement et l'huile retirée par expression est réunie au bain primitif, et on continue l'infusion jusqu'à ce que l'huile soit saturée, ce qui varie avec les plantes et exige de 2 à 6 kilogrammes de celles-ci pour 1 kilogramme d'huile.

M. Piver emploie un appareil de son invention (fig. 241) pour l'enfleurage à chaud. « Cet appareil, nommé *saturateur rationnel*, permet de parfumer en un seul jour 800 kilogrammes de graisse contenue dans sept compartiments, d'où elle déborde par un trop-plein qui l'amène de l'un dans l'autre par leur fond; la graisse ou les huiles chauffées au bain-marie sont maintenues liquides et marchent assez rapidement de gauche à droite, du compartiment n° 1, jusqu'au compartiment n° 7. Des caisses en toile métallique contiennent les fleurs et suivent une marche inverse de celle du liquide qu'on veut saturer; chaque panier passe d'abord dans le n° 7, et sort du premier complétement dépouillé de parfum. Cette marche inverse permet de tout recueillir; en effet, la graisse du compartiment n° 1, étant absolument vierge, s'empare avidement des dernières traces, tandis que celle du n° 7, déjà saturée, dissout très-bien le parfum en excès des fleurs fraîches, et ne retiendrait pas les dernières traces des pétales épuisées. » [Turgan, *loc. cit.*]

Les matières grasses, chargées soit à froid, soit à chaud, des principes odorants, sont placées avec de l'alcool dans des cylindres bien fermés, qu'un moteur anime d'un mouvement circulaire. Par cette agitation de l'huile avec l'alcool, celui-ci au bout de 24 heures a enlevé tout le principe odorant; ce sont ces alcoolés qui, avons-nous dit, entrent directement dans la consommation de la parfumerie.

MM. Chardin et Massignon ont isolé quelques essences dont la quantité est si faible dans les plantes qu'on ne peut parvenir à les recueillir en distillant celles-ci avec de l'eau. Le procédé consiste à distiller avec une petite quantité d'eau les huiles grasses chargées de principes odorants par l'enfleurage; l'eau distillée est saturée de sel et agitée avec de l'éther. Celui-ci est évaporé et l'essence incolore reste après l'évaporation. MM. Chardin et Massignon ont obtenu ainsi de petites quantités d'essences de fraises, de framboises, de tubéreuse, de jasmin et de muguet. Ce sont de véritables raretés chimiques, dont l'extraction a exigé beaucoup de peine et de dépense.

Les essences ainsi obtenues ont une odeur très-forte de la plante qui les a fournies, mais quelques-unes présentent cependant une très-légère odeur d'acide gras. Il se peut en effet qu'en distillant avec l'eau la matière grasse, une petite quantité de celle-ci se soit saponifiée et qu'il ait passé à la distillation des traces d'acides gras.

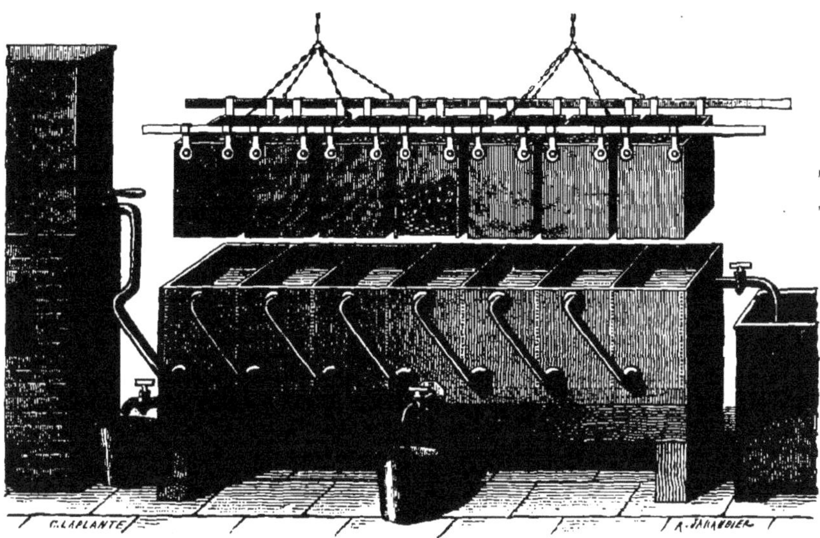

Fig. 241. — Saturateur rationnel de M. Piver.

MM. Chardin et Massignon ont fait breveter récemment un nouveau procédé d'enfleurage qui paraît fort avantageux et qui consiste à remplacer dans l'enfleurage les matières grasses par la paraffine. La paraffine, chargée de matières odorantes, est coulée en plaquettes qui se conservent sans aucune altération jusqu'à ce qu'on les utilise. On en retire le parfum à l'aide de l'alcool, comme on fait pour les matières grasses.

En 1857, M. Millon a proposé, pour remplacer l'enfleurage, d'extraire les essences par le sulfure de carbone; en traitant les plantes par déplacement avec le sulfure de carbone, celui-ci se charge des matières grasses et cireuses et du parfum de la plante, qu'on recueille en chassant le véhicule au bain-marie. Ce procédé a été employé dans l'industrie, mais ne s'est pas généralisé; il paraît que le parfum ainsi obtenu garde toujours un peu de l'odeur du sulfure de carbone. Cependant, d'après le rapport du jury de l'Exposition de 1862, M. Piver emploierait avec avantage le sulfure de carbone bien purifié par distillation.

Le procédé Millon est usité surtout pour l'extraction des parfums de la racine d'iris, de l'héliotrope, de la tubéreuse.

Déjà en 1835, Robiquet avait proposé l'emploi de l'éther, et à l'aide de ce solvant avait isolé le principe odorant de la jonquille [*Journ. de Pharm.*, 1835, t. XXI, p. 335]. On pourrait essayer la benzine cristallisable et les pétroles légers, bouillant avant 60°.

Les gommes-résines, comme la myrrhe, se boursouflent considérablement lorsqu'on veut les distiller avec l'eau, et on n'obtient que très-peu d'huile volatile. Suivant Bonastre, la gomme empêcherait la distillation de s'opérer. Aussi, conseille-t-il de faire à froid une solution alcoolique de la résine, d'évaporer l'alcool à une basse température (ou mieux dans le vide), et de distiller avec l'eau la résine liquide ainsi obtenue [Bonastre, *Journ. de Pharm.*, 1831, t. XVII, p. 108].

Essence d'absinthe. — Voyez Absinthe, p. 2.

Essence d'acore ou de roseau. — La racine d'acore vrai (*Acorus calamus*) contient une huile essentielle composée d'un hydrocarbure et d'un principe oxygéné, bouillant à 260°, et d'une densité de 0,979 [Schnedermann, *Ann. der Chem. u. Pharm.*, t. XLI, p. 374]. Suivant Gladstone, la partie de l'essence d'acore qui bout à 260° est un hydrocarbure $nC^{10}H^{16}$.

Essence d'ail. — Voyez Allyle, p. 156.

Essences d'amandes amères. — L'essence d'amandes amères est un mélange d'acide cyanhydrique et d'hydrure de benzoyle. Nous avons fait l'histoire chimique de ce dernier, et indiqué la réaction en vertu de laquelle l'essence d'amandes amères est fournie (voyez Benzoyle, p. 570).

L'essence d'amandes amères s'obtient de la manière suivante :

Les amandes sont triées et les plus belles sont mises à part et livrées aux confiseurs pour la fabrication du sirop d'orgeat, puis elles sont broyées à l'aide d'un moulin, analogue à ceux qui servent à broyer le café, et soumises à la presse hydraulique pour retirer l'huile grasse qu'elles renferment. Les tourteaux privés d'huile sont pulvérisés par une meule verticale, la poudre est tamisée, et est alors prête à être chargée dans les alambics. Chaque alambic, d'une contenance de 500 litres environ, reçoit 40 kilogrammes de tourteaux pulvérisés et l'eau distillée d'amandes des opérations antérieures; la distillation se fait à l'aide de la vapeur d'eau, qui barbote dans le mélange et dure une 1/2 journée, pour 40 kilogrammes de tourteaux. L'essence d'amandes amères, étant plus lourde que l'eau, est recueillie dans un vase de verre cylindrique d'une capacité de plusieurs litres et munis d'une tubulure latérale à la partie supérieure. M. Pettenkofer a indiqué le procédé suivant comme avantageux et permettant d'obtenir le dédoublement de toute l'amygdaline que renferment les amandes. Les amandes sont concassées, puis soumises à l'action de la presse afin de les débarrasser de l'huile qui s'opposerait à leur pénétration par l'eau. Les gâteaux obtenus sont broyés et traités par l'eau bouillante, sauf le 1/8 en poids, qu'on ajoute seulement lorsque la matière a été traitée par l'eau bouillante. Cette petite quantité fournit l'émulsine nécessaire pour opérer la transformation de l'amygdaline. On laisse reposer le mélange pendant 12 heures et on procède à la distillation [Pettenkofer, *Ann. der Chem. u. Pharm.*, t. CXXII, p. 77, et *Répert. de Chim. appl.*, 1862, p. 105].

L'essence d'amandes amères est souvent falsifiée par la nitrobenzine (essence de mirbane). La présence de cette dernière est indiquée par plusieurs réactions : l'une d'elles consiste à traiter l'essence précipitée par un mélange réducteur, qui transforme la nitrobenzine en aniline et toluidine, qu'on convertit ensuite en rosaniline par les agents oxydants. Ce procédé ne peut être quantitatif et de plus ne pourrait servir si l'on avait employé pour la falsification une nitrobenzine pure, ne renfermant aucune trace de nitrotoluène.

L'action du bisulfite de soude est bien préférable et permet facilement de doser la nitrobenzine ajoutée par fraude. On sait en effet que l'hydrure de benzoyle se combine avec les bisulfites alcalins, en donnant une combinaison soluble dans l'eau, et que la nitrobenzine ne partage pas cette propriété.

Voici le mode opératoire : on introduit 5 centimètres cubes d'essence pesés, dans une fiole, on ajoute 35 à 40 centimètres cubes de solution de bisulfite de soude ayant une densité d'au moins 1,225 (28° Baumé); on agite fortement, on ajoute assez d'eau pour faire 50 centimètres cubes et l'on verse le tout dans une burette graduée, où l'on abandonne le liquide jusqu'à ce que l'essence de mirbane se soit séparée, à la surface de la solution plus dense, à l'état d'une couche huileuse dont on détermine le volume. En déterminant le volume avec une pipette graduée en dixièmes de centimètres cubes, on peut évaluer la falsification à 1 ou 2 centièmes près. Pour que l'essence de mirbane se rassemble plus facilement à la surface du mélange, on peut, après l'agitation avec le bisulfite, ajouter 5 centimètres cubes de benzine, dont on tient compte. Ce procédé doit être très-exact.

On peut aussi après avoir reconnu la présence de la mirbane dans l'essence d'amandes amères, la doser approximativement par l'examen de la densité. L'essence pure renfermant encore l'acide cyanhydrique a une densité de 1,040 à 1,044. La mirbane possède une densité de 1,180 à 1,201. On mesure 5 centimètres cubes d'essence qui, si elle est pure, doivent peser 5gr,205 à 5gr,220 à la température de 12°,5; si ce n'était que de la mirbane, les 5 centimètres cubes pèseraient de 5gr,9 à 6 grammes. Le poids de 5 centimètres cubes permet donc un dosage approximatif; en effet :

5 cent. cubes d'essence pure pèsent.........	5gr,20
5 cent. cubes de 75 hydrure de benzoyle et 25 mirbane pèsent........................	5gr,39
5 cent. cubes de 50 hydrure et 50 mirbane pèsent....................................	5gr,57
5 cent. cubes de 25 hydrure et 75 mirbane pèsent....................................	5gr,75
5 cent. cubes de mirbane pure enfin pèsent............................	5gr,9 à 6gr,00

Le meilleur procédé consiste dans l'emploi du bisulfite de soude. Ces indications sur l'essai des huiles volatiles d'amandes amères sont dues à M. R. Wagner [*Bull. de la Soc. chim.*, 1867, t. VII, p. 419].

M. Dusart obtient une essence d'amandes amères, applicable à la parfumerie, en faisant réagir sur l'hydrure de benzoyle artificiel de l'acide cyanhydrique en solution; on maintient pendant quelques heures le mélange à une douce chaleur dans un appareil muni d'un réfrigérant de Liebig, disposé en sens inverse; on lave à l'eau, puis avec une solution alcaline faible, et on rectifie. L'essence ainsi obtenue est identique à l'essence naturelle [Dusart, *Bull. de la Soc. chim.*, 1865, t. VIII, p. 459].

Essence d'anis. — Voyez Anis, p. 329.

Essence d'asa fœtida. — Voyez Asa fœtida, p. 42.

Essence d'aspic. — Voyez plus loin Essence de lavande.

Essence d'athamante [Schnedermann et Winckler, *Ann. der Chem. u. Pharm.*, t. LI, p. 336]. — Elle est fournie par les feuilles fraîches d'*Athamanta oreoselinum*, elle bout à 163°, sa densité est de 0,843; elle renferme $C^{10}H^{16}$, et, saturée d'acide chlorhydrique, se transforme en un chlorhydrate liquide.

Essence de badiane. — Voyez Anis, p. 329.

Essence de basilic (Dumas et Peligot). — Elle est fournie par les feuilles de basilic (*Ocymum Basilicum*); elle est formée d'une partie liquide qui n'a pas été examinée, et d'une partie solide qui se dépose à la longue en cristaux prismatiques, présentant la composition d'un hydrate d'essence de térébenthine.

Essence de bergamote. — Voyez p. 584.

Essence de bois rose ou bois de Rhodes. — Le bois du *Convolvulus scoparius* fournit une essence formée pour les quatre cinquièmes d'hydrocarbure $C^{10}H^{16}$, ne distillant qu'à 240° (Gladstone). Elle sert à falsifier l'essence de rose. — Voyez plus loin.

Dans le commerce, il existe un bois rouge, destiné à l'ébénisterie, appelé aussi bois de Rhodes; son origine est inconnue. Il fournit à la parfumerie une essence appelée essence de bois de Rhodes, et qu'il ne faut pas confondre avec l'essence de bois rose. Cette essence n'a encore été le sujet d'aucun travail.

Essence de Bornéo. — Suivant M. Lallemand, le composé appelé jusqu'à présent *essence de Bornéo* ou *bornéène* (voyez Bornéène, p. 657) ne provient pas, comme on le croyait, du *Dryabalanops aromatica*. L'essence fournie par ce dernier est un mélange de deux hydrocarbures présentant la composition de l'essence de térébenthine $C^{10}H^{16}$. L'une est fluide, d'une odeur forte, bout à 180°, d'une densité de 0,86 à la température de 15°. Elle est dextrogyre, et donne pour la teinte sensible une déviation de 13° dans un tube de 1 décimètre. Elle se combine avec l'acide chlorhydrique. L'autre est visqueuse, peu soluble dans l'alcool ordinaire; elle n'a pas un point d'ébullition complet et distille entre 255° et 275°. Les premières portions sont lévogyres, les dernières sont optiquement inactives. Ce carbure se combine avec l'acide chlorhydrique, en donnant un chlorhydrate

$$C^{15}H^{24}\,(HCl)^2$$

peu soluble dans l'alcool, fusible à 125°. Il est lévogyre, et se décompose à 100° par l'action de l'oxyde de plomb ou de l'oxyde de mercure, en régénérant le carbure. Celui-ci ainsi obtenu est très-pur; il bout à 260°, sa densité est de 0,90 à 25°. Il agit énergiquement sur la lumière polarisée et la dévie toujours à gauche, comme le chlorhydrate dont il provient. L'essence de *Dryabalanops aromatica* renferme encore une résine presque incolore, dextrogyre, et ne se combinant pas aux bases. On n'y rencontre pas de bornéol, comme on aurait pu le supposer [Lallemand, *Ann. de Chim. et de Phys.*, (3), t. LVII, p. 404].

Essence de bouleau. — Par la combustion incomplète de l'écorce de bouleau on obtient un goudron liquide, qui donne par la distillation une huile très-odorante et acide qui constitue l'essence de bouleau. Cette essence, soumise à la distillation fractionnée, fournit plusieurs corps différents. M. Sobrero a étudié un de ces corps, bouillant à 156°, présentant la composition de l'essence de térébenthine, et d'une densité de 0,847 à 0°. La densité de vapeur est égale à 5,28. Elle absorbe le gaz chlorhydrique en se colorant en noir, et sans donner de chlorhydrate cristallisé [Sobrero, *Journ. de Pharm.*, (3), t. II, p. 207]. Suivant M. Gladstone, on extrait d'abord du cymène, passant à 171°, et à une température plus élevée un liquide oxygéné, odorant, dont le point d'ébullition n'est pas fixe [Gladstone, *Mém. cité*].

ESSENCE DE CABARET. — Outre l'asarine ou asarone (voyez ASARINE, p. 428), l'essence de cabaret (*Asarum europæum*) fournit une huile essentielle jaunâtre, âcre, épaisse, plus légère que l'eau, un peu soluble dans ce liquide, fort soluble dans l'alcool. Elle n'a pas été obtenue pure, et renferme en dissolution une grande quantité d'asarine [Blanchet et Sell, *Ann. der Chem. u. Pharm.*, t. VI, p. 296].

ESSENCE DE CAJEPUT. — Voyez CAJEPUT, p. 698.

Elle est souvent falsifiée par de l'essence de romarin distillée avec du camphre, des semences de cardamome et de l'eau. Elle se dissout complétement dans l'alcool, ce qui n'a pas lieu lorsqu'elle est additionnée d'essence de térébenthine. La véritable essence de cajéput brûle sans résidu.

ESSENCE DE CAMOMILLE COMMUNE. — La camomille commune (*Matricaria Chamomilla*) fournit une huile essentielle épaisse, d'une belle couleur bleue, se solidifiant à 0° ou au-dessous. Analysée par M. Borntrâger, elle a fourni des nombres se rapprochant de la formule $C^{10}H^{16}O$. M. Bizio a soumis cette substance à un examen approfondi. L'essence de camomille commune est d'un beau bleu d'azur, devenant verte au contact des acides azotique ou chlorhydrique étendus, et jaune-rougeâtre par l'acide sulfurique. Traitée par l'iode, elle s'épaissit avec élévation de température; avec le brome, elle se transforme en une masse brune. Elle n'a pas de point d'ébullition constant et distille entre 240° et 300°, en laissant un résidu abondant formé de matières résineuses. Elle ne se combine pas aux bisulfites alcalins, et n'est attaquée ni par l'acide chlorhydrique ni par la potasse en fusion. Avec l'acide phosphorique anhydre, elle donne un liquide auquel l'analyse assigne la composition $C^{10}H^{16}$, mais qui paraît être un mélange de plusieurs polymères; en effet, ce liquide n'a pas un point d'ébullition fixe, et donne un chlorhydrate de la formule $5C^{10}H^{16}, 3HCl$. Quant à l'essence elle-même, elle paraît être un hydrate d'un camphène, et M. Bizio la représente par la formule $5C^{10}H^{16}, 3H^2O$ [Bizio, *Répert. de Chim. pure*, 1861, p. 457].

ESSENCE DE CAMOMILLE ROMAINE. — Voyez groupe ANGÉLIQUE, p. 299.

ESSENCE DE CANNELLE. — Voyez p. 725.

ESSENCE DE CAPUCINE. — Cloëz a isolé l'essence de capucine (*Tropæolum majus*), huile âcre, plus dense que l'eau, bouillant entre 120° et 130°, et renfermant du soufre au nombre de ses éléments [Cloëz, *Soc. d'Émulation pour les sciences pharm.*, janvier 1847, p. 36].

ESSENCE DE CARDAMOME. — Voyez p. 768.

ESSENCE DE CARVI. — Voyez p. 773.

ESSENCE DE CASCARILLE. — La cascarille (*Croton Eluteria*, Euphorbiacées) fournit une essence jaune, quelquefois verte ou bleue, plus légère que l'eau, d'une saveur aromatique et âcre; elle paraît être un mélange d'un hydrocarbure et d'une huile oxygénée moins volatile [Vœlckel, *Ann. der Chem. u. Pharm.*, t. XXXV, p. 306].

ESSENCE DE CASSIA. — Voyez p. 725.

ESSENCE DE CÈDRE. — Voyez p. 778.

ESSENCE DE CIGUË [J. Trapp, *Répert. de Chim. pure*, 1859, p. 140]. — La semence de ciguë, recueillie et séchée en automne, donne, par la distillation avec l'eau, une essence qui renferme, comme l'essence de cumin, de l'hydrure de cumyle et du cymène. 6 kilogrammes de graines fournissent 60 grammes d'huile.

ESSENCE DE CITRON. — Voyez p. 935.

ESSENCE DE COCHLÉARIA. — Elle est constituée par du sulfocyanate d'allyle. — Voyez p. 155.

ESSENCE DE COPAHU. — Comme l'essence de copahu n'a pas d'odeur saillante, elle sert à falsifier les essences d'un prix élevé, et notamment l'essence de rose. Elle n'est pas soluble dans l'alcool. — Voyez p. 975.

ESSENCE DE CORIANDRE. — Voyez p. 977.

ESSENCE DE CRESSON. — Elle est sulfurée et paraît être du sulfure d'allyle.

ESSENCE DE CRISTE MARINE [Hérouard, *Journ. de Pharm.*, 1866]. — Les fruits de la criste marine ou bacille (*Crithmum maritimum*, Ombellifères) fournissent par kilogramme 15 à 16 grammes d'une huile volatile.

L'essence de criste marine récemment distillée est incolore, limpide, mobile, d'une saveur agréable, d'une saveur âcre et aromatique. Elle bout entre 175° et 178°, et sa densité est de 0,980 à 13°. Elle est insoluble dans l'eau, soluble dans l'alcool et dans l'éther; elle brûle avec une flamme fuligineuse. Elle s'oxyde à l'air en fournissant un acide cristallisé, l'*acide crithmique*. Cet acide se produit en même temps que de l'*hydrure de crithmyle*, par l'action de l'acide azotique sur l'essence. Avec l'acide azotique concentré, la réaction est violente et produit une masse résineuse jaunâtre. Par l'action du chlore sur l'hydrure de crithmyle, il se forme du chlorure de crithmyle, liquide épais, d'une odeur irritante, qui, par l'action de l'air humide, se transforme en acide crithmique et en acide chlorhydrique. Le brome donne du bromure de crithmyle, solide, blanc et amorphe.

Le chlore et le brome donnent les mêmes produits avec l'essence elle-même.

L'essence de criste marine se comporte avec l'acide sulfurique comme l'essence d'anis, en fournissant de la *crithsoïne*, blanche, cristallisée, inodore, insipide, insoluble dans l'eau, peu soluble dans l'alcool. Les propriétés de la crithsoïne sont celles de l'anisoïne.

L'hydrure de crithmyle est un liquide huileux d'une densité de 1,07, d'une saveur âcre et brûlante, insoluble dans l'eau, soluble dans l'alcool et dans l'éther. Le chlore et le brome le convertissent en chlorure et en bromure. L'acide azotique étendu l'oxyde en fournissant de l'acide crithmique. L'acide crithmique forme des aiguilles prismatiques incolores, brillantes, qui ressemblent à l'acide benzoïque; il est volatil sans décomposition, peu soluble dans l'eau froide, plus soluble dans l'eau à 100°, soluble dans l'alcool, très-soluble dans l'éther.

Ces recherches très-intéressantes montrent que l'essence de criste marine peut être le point de départ d'une nombreuse série de composés; malheureusement elles n'ont pas été appuyées d'analyses, et l'histoire de l'essence de criste marine nécessite de nouvelles expériences.

ESSENCE DE CUBÈBE. — Voyez p. 1000.

ESSENCE DE CUMIN. — Voyez p. 1045.

ESSENCE DE DAHLIA [Payen, *Journ. de Pharm.*, t. IX, p. 384]. — On retire des tubercules du *Dahlia pinnata*, une essence plus légère que l'eau, qui s'y concrète à la longue, en déposant des cristaux d'acide benzoïque.

ESSENCE D'ÉLÉMI. — La résine élémi distillée avec de l'eau donne jusqu'à 13 % d'une essence qui bout à 174°, et renferme $C^{10}H^{16}$. Sa densité à 11°,5 est égale à 0,849; elle dévie fortement à gauche le plan de polarisation de la lumière; elle donne avec le gaz chlorhydrique deux bichlorhydrates, l'un liquide, l'autre solide [Stenhouse, *Ann. der Chem. u. Pharm.*, t. XXXV, p. 304; — Deville, *Ann. der Chem. u. Pharm. et de Phys.*, (3), t. XXVII, p. 88].

Essence d'erysimum. — La racine d'*Erysimum Alliaria* donne 0,03 % d'une essence qui est du sulfocyanate d'allyle; les feuilles donnent du sulfure d'allyle. Enfin le sulfure et le sulfocyanate se trouvent en même temps dans l'huile que fournissent les graines.

Essence d'estragon. — Voyez Anis, p. 330.

Essence de fenouil amer. — Voyez Anis, p. 330.

Essence de gaulthéria. — L'essence de *Gaultheria procumbens* (Éricacées) est un mélange de salicylate de méthyle [voyez Salicylique (acide)], et d'une très-petite quantité d'un hydrocarbure, bouillant à 160°, de la formule $C^{10}H^{16}$, d'une odeur assez agréable; cet hydrocarbure a été appelé *gaulthérilène* [Cahours, *Ann. de Chim. et de Phys.*, (3), t. X, p. 358].

L'écorce du *Betula lenta*, qui croît dans l'Amérique du Nord, fournit, par distillation avec l'eau, une essence identique à celle du *Gaultheria*. Elle n'est pas toute formée dans l'écorce, mais paraît se produire par l'action d'un ferment sur la gaulthérine analogue à l'amygdaline. En effet, lorsque l'écorce a été épuisée par l'alcool, elle ne donne pas de salicylate de méthyle par la distillation avec l'eau; mais si l'on évapore la solution alcoolique et qu'on traite par l'eau, l'odeur de l'essence de gaulthéria se développe [Procter, *Journ. de Pharm.*, (3), t. III, p. 175].

Essence de genièvre. — Elle est fournie par le bois du genévrier (*Juniperus communis*); elle renferme $C^{10}H^{16}$, bout à 160°, et dévie à gauche les rayons de lumière polarisée; elle est peu soluble dans l'alcool ordinaire; elle donne avec l'acide chlorhydrique un chlorhydrate liquide $3C^{10}H^{16}, 2HCl$.

Essence de géranium ou pélargonium. — Plusieurs *pélargonium* de la famille des Géraniacées donnent une essence d'une odeur suave de roses; cette essence est liquide, et renferme un stéaroptène, fusible à 18°, et cristallisé en aiguilles. L'essence de géranium, appelée aussi essence de roses d'Afrique, sert souvent à falsifier l'essence de roses. — Voyez plus bas Essence de roses.

Essence de gingembre. — Le *Zingiber officinale* donne par la distillation avec de l'eau une huile essentielle bouillant vers 146°, d'une odeur forte, d'une saveur brûlante et aromatique; sa densité est de 0,893. L'analyse conduit à la formule $C^{10}H^{16}, 5H^2O$, qui indique un mélange; cohobée sur l'acide phosphorique anhydre, elle donne une huile jaunâtre, de la composition de l'essence de térébenthine [Papousek, *Ann. der Chem. u. Pharm.*, t. LXXXIV, p. 352].

Essence de girofle. — Elle est un mélange d'*eugénol* (voyez ce mot) et d'un hydrocarbure $C^{10}H^{16}$, très-réfringent, d'une densité de 0,918 à 18°, et bouillant à 142° ou 143°. Il ne donne pas de combinaison cristallisable avec l'acide chlorhydrique [Ettling, *Ann. der Chem. u. Pharm.*, t. IX, p. 68].

Essence de gomart. — La résine du gomart des Antilles (*Bursera gummifera*), distillée avec de l'eau, fournit 4,7 % d'une huile incolore, renfermant $C^{10}H^{16}$, et qui se combine avec l'acide chlorhydrique, en donnant un chlorhydrate liquide, et un bichlorhydrate solide, cristallisé en aiguilles soyeuses [Deville, *Ann. de Chim. et de Phys.*, (3), t. XXVII, p. 90].

Essence d'hedwigia. — La résine d'*Hedwigia balsamifera* donne par la distillation avec l'eau une huile plus pesante que celle-ci, d'une saveur brûlante, d'une odeur semblable à celle de l'essence de térébenthine [Bonastre, *Journ. Pharm.*, t. XII, p. 489].

Essence d'heracleum sphondylium [Zincke, *Zeitsch. für Chem.*, nouv. sér., t. V, p. 55]. — Les semences de l'*Heracleum Sphondylium* fournissent une essence plus légère que l'eau, qui est en plus grande partie composée d'acétate d'octyle

$$C^8H^{17}, C^2H^3O^2.$$

40 kilogrammes de semences ont produit 120 grammes d'essence qui, par de nombreuses distillations fractionnées, ont donné 38 grammes d'acétate d'octyle distillant entre 206° et 208°.

Essence d'hysope. — Elle est incolore et jaunit à l'air; moins dense que l'eau, elle commence à bouillir à 160° et son point d'ébullition s'élève à 180°, en même temps que l'essence brunit. Elle est un mélange et renferme de l'oxygène [Stenhouse, *Ann. der Chem. u. Pharm.*, t. XLIV, p. 310].

Essence de houblon. — Suivant Wagner, l'essence de houblon est moins dense que l'eau, quelquefois d'une belle couleur verte, qu'elle perd par la rectification; elle dévie à droite le plan de polarisation de la lumière; elle entre en ébullition à 140°, mais la température de distillation s'élève rapidement au-dessus de 300° [*Journ. für prakt. Chem.*, t. LVIII, p. 35]. — D'après M. Personne, c'est un mélange d'un hydrocarbure $C^{10}H^{16}$ et de valérol; on isole l'hydrocarbure en faisant tomber l'essence goutte à goutte sur de la potasse fondante; il se produit en même temps du carbonate et du valérate de potasse [*Compt. rend. de l'Acad.*, t. XXXVIII, p. 311].

Essence d'impératoire. — L'essence qu'on extrait de la racine de l'impératoire (*Imperatoria Ostruthium*) paraît être un mélange d'un hydrocarbure et d'une huile oxygénée. Elle commence à bouillir à 170° [Hirzel, *Journ. für prakt. Chem.*, t. XLVI, p. 292].

Essence de jasmin. — On l'extrait par le procédé de l'enfleurage. Elle renferme un stéaroptène blanc, cristallisé en lamelles brillantes, inodores, d'une saveur camphrée, fusibles à 11°,5, plus légères que l'eau, peu solubles dans ce liquide, très-solubles dans l'alcool, l'éther et les huiles.

Essence de laurier. — L'essence de laurier, extraite du *Laurus nobilis*, est, d'après Gladstone, un mélange d'un hydrocarbure $C^{10}H^{16}$, bouillant à 171°, et d'eugénol bouillant à 252° environ. M. Blas est arrivé à d'autres résultats. Il a examiné une essence de laurier d'une grande pureté; à l'état brut, elle est épaisse, jaune verdâtre, tachant le papier et faiblement acide, et d'une densité de 0,932 à 15°. Traitée par la potasse, et soumise à des distillations fractionnées, elle a donné de l'acide laurique, fusible à 42°, et deux hydrocarbures. L'un bout à 164°, et renferme $C^{10}H^{16}$. Sa densité est de 0,908 à 15°. Son odeur rappelle celle de l'essence de térébenthine; son pouvoir rotatoire égale 23°35 à 16°. L'autre bout à 250°, et renferme $C^{15}H^{24}$; sa densité est de 0,925 à 15°, et son pouvoir rotatoire à la même température de 15° est égal à 7,22. M. Blas n'a pas trouvé d'acide eugénique dans l'essence de laurier [Blas, *Ann. der Chem. u. Pharm.*, t. CXXXIV, p. 1, et *Bull. de la Soc. chim.*, 1865, t. IV, p. 371].

On désigne sous le nom d'essence de laurier de la Guyane, une essence qui s'extrait par incision d'une espèce d'*Ocotea* (Laurinées). Sa densité est de 0,864 à 13°. Elle a une odeur plus agréable que l'essence de térébenthine, dont elle présente la composition; elle fournit également avec l'acide nitrique et l'alcool un hydrate cristallisé en prismes rhomboïdaux, et fusible à 150°, et de la composition $C^{10}H^{16}, 3H^2O$.

Essence de lavande. — L'essence de lavande cultivée (*Lavandula vera*, Labiées), est lévogyre, elle renferme un hydrocarbure $nC^{10}H^{16}$, dont le point d'ébullition s'élève jusqu'à 210°. Son chlorhydrate est liquide. L'essence renferme en outre de l'acide acétique et très-probablement de l'acide valérique.

La grande lavande (*Lavandula spica*) fournit l'essence de spic ou d'aspic; celle-ci est dextrogyre, elle renferme un hydrocarbure $C^{10}H^{16}$ qui bout à 175°, et vers 205°, du camphre de Japon passe à la distillation. Mais ce camphre ne possède pas de pouvoir rotatoire (Bouet) [Lallemand, *Ann. de Chim. et de Phys.*, (3), t. LVII, p. 414, et *Répert. de Chim. pure*, 1860, p. 89].

Essence de lédon. — L'essence du lédon à feuilles étroites (*Ledum palustre*, Rhodoracées), est d'une couleur jaune rougeâtre, elle présente une réaction acide, elle est peu soluble dans l'eau, très-soluble dans l'alcool et dans l'éther; elle a une saveur amère et brûlante. Elle renferme de l'éricinol $C^{10}H^{16}O$ (voyez Éricinol) bouillant de 240° à 242°, un produit liquide bouillant à 160° qui paraît être un mélange d'éricinol et d'un hydrocarbure isomérique avec l'essence de térébenthine, et une portion soluble dans la potasse, composée d'acides acétique, butyrique, valérique, et d'un nouvel acide huileux, brun, d'une odeur pénétrante, et dont la composition s'approche de la formule $C^8H^{10}O^4$ (*acide lédonique*) [Frœhde, *Journ. für prakt. Chem.*, t. LXXXII, p. 181, et *Répert. de Chim. pure*, 1861, p. 483].

Essence de macis. — L'essence de macis est obtenue par la distillation avec l'eau de l'arille ou macis qui enveloppe les noix du muscadier (*Myristica moschata*). Sa densité est d'environ 0,92. Elle se compose d'une huile légère et d'une matière camphrée, plus dense que l'eau. Cette matière renferme : carbone, 62,1; hydrogène, 10,6. Elle fond au-dessous de 100°, se sublime à 112° sous forme de fines aiguilles. Elle est soluble dans l'eau bouillante, l'alcool, l'éther, la potasse caustique et l'acide azotique. Elle se colore en beau rouge avec l'acide sulfurique [Mulder, *Ann. der Chem. u. Pharm.*, t. XXXI, p. 67].

Essence de marjolaine. — La marjolaine (*Origanum majorana*, Labiées) fournit une essence qui renferme une grande quantité de matière camphrée; celle-ci est dure, incolore, sans odeur, plus pesante que l'eau. Elle fond par la chaleur, et se sublime sans résidu ; elle se dissout dans l'eau bouillante, l'alcool et l'éther; elle a fourni à l'analyse : carbone, 60,0; hydrogène, 10,7 (Mulder).

L'essence d'origan ou marjolaine sauvage (*Origanum vulgare*) renferme une matière camphrée, et un hydrocarbure qui bout à 161°, et paraît un isomère de l'essence de térébenthine [Kane, *Ann. der Chem. u. Pharm.*, t. XXXII, p. 285]. Suivant Proust, la matière camphrée a la même composition que le camphre du Japon, mais elle n'agit pas sur la lumière polarisée.

Essence de matricaire. — L'essence de matricaire (*Matricaria Parthenium*) bout entre 160° et 220°; elle renferme un hydrocarbure, et une matière camphrée, qui présente les mêmes propriétés chimiques que le camphre des laurinées ; mais elle est lévogyre, et possède en sens contraire un pouvoir rotatoire rigoureusement égal à celui du camphre. Oxydée par l'acide azotique, elle donne de l'acide camphorique gauche [Dessaignes et Chautard, *Journ. de Pharm.* (3), t. XIII, p. 241].

Essence de menthe. — L'essence de menthe du commerce est fournie par la menthe poivrée (*Mentha piperita*). L'essence anglaise est d'une odeur plus forte que les autres, et est par suite plus estimée et plus chère. On ne peut attribuer cette différence de propriétés qu'à l'influence du sol, et peut-être du climat. Il n'a pas été fait d'études chimiques sur les essences de menthe; on connaît seulement une matière cristallisée (camphre de menthe), qui se sépare par le froid des essences d'Amérique, et qui a été envoyée du Japon en Europe, sous le nom d'essence de menthe concrète. Ce produit a été étudié par Walter et par Oppenheim (voyez Menthol).

Les essences de menthe verte et de menthe pouliot ne donnent pas de matière cristallisée par le froid.

La composition et les propriétés des parties liquides des essences de menthe ne sont pas encore connues.

Voyez sur la culture de la menthe et la préparation industrielle de l'essence un article intéressant de M. Roze, dans les *Études sur l'Exposition universelle de 1867*, de Turgan, p. 126.

Essence de moutarde. — Voyez Allyle.

Essence de muscade. — D'après Gladstone, l'essence fournie par la noix muscade est composée d'un hydrocarbure $C^{10}H^{16}$, bouillant à 160°, et d'une huile oxygénée bouillant à 224°.

M. Cloëz obtient l'essence de muscade en réduisant la noix muscade en poudre grossière, l'épuisant avec le sulfure de carbone ou l'éther, et distillant le résidu butyreux avec la vapeur d'eau. Rectifiée par une ou deux distillations sur de la potasse, elle bout à 165°. Sa densité est de 0,853 à 15°. L'analyse et la densité de vapeur conduisent à la formule $C^{10}H^{16}$. Elle est lévogyre, et son pouvoir rotatoire est égal à 13°5; elle est incolore, très-fluide, d'une odeur de muscade, d'une saveur âcre et brûlante. Elle ne donne pas d'hydrate avec l'alcool et l'acide azotique; avec l'acide chlorhydrique elle ne fournit qu'un chlorhydrate liquide, d'une densité de 0,982 à 15°, sans action sur la lumière polarisée, et distillant à 194° sans décomposition. M. Cloëz ne signale pas la présence d'autre principe dans l'essence de muscade [Cloëz, *Compt. rend. de l'Acad.*, t. LVIII, p. 133, et *Bull. de la Soc. chim.*, 1864, t. I, p. 481].

Essence de myrrhe. — L'essence obtenue en distillant avec de l'eau l'extrait alcoolique de la myrrhe (gomme résine fournie par le *Balsamodendron myrrha*, Térébenthacées) est épaisse, jaunâtre, d'une saveur âcre, d'une odeur forte, moins dense que l'eau. Elle a donné à l'analyse : carbone, 79,61; hydrogène, 10,43 [Ruickholdt, *Arch. der Pharm.*, t. XLI, p. 1].

Essence de myrte. — L'essence de myrte (*Myrtus communis*) distille aux trois quarts entre 160° et 176°; l'hydrocarbure distillé a pour formule $C^{10}H^{16}$, le résidu brun dégage de l'hydrogène sulfuré.

L'essence du *Myrtus pimenta* est visqueuse, d'un brun clair, d'une odeur semblable à celle de l'essence de girofle, d'une densité de 1,03 à 8°.

Elle renferme de l'acide eugénique et un hydrocarbure, isomère de l'essence de térébenthine, mais dont la molécule doit, suivant M. Œser, être représentée par la formule $C^{15}H^{24}$. Cet hydrocarbure bout à 255°. Sa densité est de 0,98 à 8°; il est incolore, épais et faiblement lévogyre [Œser, *Ann. der Chem. u. Pharm.*, t. CXXXI, p. 277, et *Bull. de la Soc. chim.*, 1865, t. III, p. 434].

Essence de néroli. — On donne ce nom à l'essence qu'on obtient avec les fleurs d'oranger. Elle peut être séparée en deux liquides, l'un est un hydrocarbure volatil à 173°; l'autre est une huile oxygénée, sans point d'ébullition fixe et à laquelle est due l'odeur de l'essence (Gladstone).

Suivant Boullay et Plisson, elle renfermerait un hydrocarbure solide, fusible à 50°, insoluble dans l'eau, peu soluble dans l'alcool absolu et bouillant, très-soluble dans l'éther.

Essence d'orange. — Elle est identique avec l'essence de citron (voyez Citron).

Essence d'osmitopsis. — Elle s'extrait de l'*Osmitopsis astericoides* (Composées), qui croît aux environs de la ville du Cap. Elle est jaune verdâtre, d'une odeur pénétrante et camphrée, d'une saveur brûlante; sa densité est de 0,931. Elle distille de 130° à 208°, mais les 2/3 de l'essence passent de 178° à 188°. Les portions passant entre 178° et 182° ont donné à l'analyse des chiffres qui concordent avec la formule $C^{10}H^{18}O$ [Gorup-Besanez, *Ann. der Chem. u. Pharm.*, (nouv. sér.), t. XIII, p. 215, et *Ann. de Chim. et de Phys.*, (3), t. XLII, p. 121].

Essence de persil. — Suivant Blanchet et Sell, l'essence de persil se compose de deux huiles volatiles, l'une moins dense, l'autre plus dense que l'eau. L'huile pesante se concrète au bout de quelques jours en cristaux qu'on purifie par solution dans l'alcool. Ils se déposent en prismes ou en aiguilles à 6 faces, fusibles à 30°, se concrétant à 21° et bouillant à 300°. Ils renferment :

Carbone..........	65,0	64,2
Hydrogène........	6,3	6,4

[Blanchet et Sell, *Ann. der Chem. u. Pharm.*, t. VI, p. 301]. Gerhardt a conservé pendant plus d'un an de l'essence de persil sous l'eau, sans la voir se solidifier.

D'après Lœwig et Wendmani [*Ann. der Chem. u. Pharm.*, t. XXXII, p. 283], l'huile légère de persil bout à 160° et présente la composition de l'essence de térébenthine.

Essence de peuplier. — Elle vient des fleurs non épanouies du *Populus nigra*. Elle est incolore, d'une odeur agréable, plus dense que l'eau [Pellerin, *Journ. de Pharm.*, t. VIII, p. 428].

Essence de pin. — Voyez Térébenthine (essence de).

Essence de poivre. — L'essence du poivre noir (*Piper nigrum*) bout à 167°,5; c'est un hydrocarbure $C^{10}H^{16}$, d'une densité de 0,864. Elle donne un chlorhydrate liquide avec le gaz chlorhydrique [Dumas, *Journ. de Chim. méd.*, juin 1835; — Soubeiran et Capitaine, *Journ. de Pharm.*, 1840, p. 65].

Essence de ptychotis [Stenhouse, *Ann. der Chem. u. Pharm.*, t. XCIII, p. 269]. — On extrait aux Indes orientales une essence concrète des graines du *Ptychotis Ajowan* (Ombellifères). Cette essence est en prismes clinorhombiques, d'une odeur forte semblable à celle de l'essence de thym.

Ils fondent à 42° et peuvent être distillés dans un courant d'acide carbonique. Ils renferment, suivant Stenhouse :

			$C^{22}H^{34}O^{4}$	$C^{9}H^{14}O^{2}$
Carbone....	69,46	69,86	69,84	70,1
Hydrogène.	9,45	9,47	8,99	9,1
Oxygène...	»	»	21,17	20,7
			100,00	100,0

L'acide chlorhydrique attaque peu ce corps; l'acide azotique, par une digestion prolongée, le transforme en cristaux incolores, différents de l'acide oxalique. Avec l'acide phosphorique anhydre, il donne une substance verte incristallisable. Le brome ne donne pas de composé cristallin; mais avec le chlore, on obtient une substance jaune, cristallisant en belles aiguilles et qui, d'après Stenhouse, renfermerait $C^{22}H^{26}Cl^{8}O^{4}$. Suivant Haines, ce serait du thymol, $C^{10}H^{14}O^{2}$, qui fond à 44° (voyez Thymol).

Essence de radis et de raifort. — Ce sont des mélanges de sulfure et de sulfocyanate d'allyle (voyez p. 156).

Essence de reine des prés. — L'essence d'ulmaire ou de reine des prés (*Spiræa Ulmaria*) renferme un hydrogène carboné, ayant la composition de l'essence de térébenthine, une matière cristalline camphrée et de l'hydrure de salicyle (voyez Salicyle).

Essence de romarin [Lallemand, *Ann. de Chim. et de Phys.*, (3), t. LVII, p. 404]. — L'essence de romarin (*Rosmarinus officinalis*, Labiées) est dextrogyre. Elle renferme un hydrocarbure $C^{10}H^{16}$ déviant vers la gauche, et une grande quantité de camphre de Japon, différant du camphre ordinaire par un pouvoir dextrogyre moins élevé. L'hydrocarbure bout à 165°; il est remarquable par la facilité avec laquelle il absorbe l'oxygène humide sous l'influence de la lumière solaire, en donnant naissance à des cristaux d'hydrate semblables à ceux que fournit l'essence de térébenthine. Le camphre se sépare, lorsqu'on soumet au froid les portions de l'essence qui distillent entre 200° et 210°. Suivant Kane, l'acide sulfurique concentré noircit l'essence, et si on distille le mélange d'essence et d'acide sulfurique, il se produit une huile empyreumatique, présentant une odeur alliacée, bouillant à 173°, d'une densité de 0,807, et offrant la composition de l'essence de térébenthine [Kane, *Ann. der Chem. u. Pharm.*, t. XXXII, p. 284].

Essence de rose. — Elle est extraite de plusieurs espèces de roses très-odorantes. Elle contient deux corps différents, un principe liquide et un principe solide. Par le froid, elle se prend en une masse butyreuse, composée de feuillets transparents; la proportion des deux principes qu'elle renferme est variable, aussi son point de fusion n'est-il pas fixe. Celles du sud de l'Angleterre et du nord de la France fondent entre 29° et 32°, et renferment 50 à 68 °/₀ de principe solide. Les essences du sud de la France en contiennent de 35 à 42 °/₀, et fondent entre 21° et 23°. Les essences de Turquie fournissent de 6 à 7 °/₀ de stéaroptène et fondent entre 16° et 18° [Hauburg, *Répert. de Chim. appl.*, 1860, p. 177]. L'essence de rose a une odeur agréable, mais qui, respirée en masse, cause des maux de tête; sa densité est environ de 0,837. Le principe liquide est une huile oxygénée; le principe solide analysé par Th. de Saussure et Blanchet ne renferme que du carbone et de l'hydrogène dans les proportions de CH^{2}. Ce corps fond à 35°, et se dissout fort peu dans l'alcool froid, d'une densité de 0,838; il est également soluble dans l'éther, le chloroforme, l'huile d'olive; il est insoluble dans la potasse et l'ammoniaque.

L'essence de rose du commerce est souvent falsifiée avec l'essence de pélargonium ou géranium appelée aussi essence de rose d'Afrique, et avec l'essence de bois rose. Guibourt a indiqué les réactifs suivants pour reconnaître l'addition frauduleuse de ces corps [*Journ. de Pharm.*, (3), t. XV, p. 345] :

	ESSENCES.		
	ROSES.	GÉRANIUM.	BOIS ROSE.
Acide sulfurique concentré.	N'altère pas l'odeur ni la couleur.	Développe une odeur forte et désagréable et une couleur brune.	id.
Vapeurs d'iode.	Pas de coloration.	Coul. brune très-intense.	Coul. brune.
Vapeur nitreuse.	Couleur jaune foncé.	Couleur vert-pomme.	Couleur jaune foncé.

MM. Chardin et Massignon ont bien voulu nous communiquer les renseignements suivants sur la production et les falsifications de l'essence de rose en Orient, renseignements qui leur ont été transmis par leur correspondant de Constantinople, M. Christo Magnoglu.

La fabrication de l'essence de rose en Orient n'est pas concentrée dans les mains de quelques grands producteurs; chaque paysan transforme en essence sa récolte de roses, et les procédés employés sont des plus primitifs. La distillation s'opère dans des alambics recouverts de chapiteaux bombés, et les vapeurs se condensent non dans un serpentin, mais dans un simple tube droit traversant obliquement une cuve d'eau, qui sert de réfrigérant. Chaque alambic est d'une contenance de 100 kilogrammes d'eau environ; on le remplit aux trois quarts, on y ajoute environ 10 kilogrammes de roses fraîches, on lute et on distille. On arrête la distillation lorsqu'il a passé environ 20 à 25 kilogrammes d'eau de rose. L'eau restant dans l'alambic est séparée des fleurs épuisées et réservée pour une nouvelle distillation (les fleurs épuisées sont utilisées comme engrais et comme nourriture pour les bestiaux).

Pour obtenir l'essence de l'eau qui la renferme, on met dans un alambic environ 120 kilogrammes de l'eau de rose obtenue comme il est dit plus haut, et on procède à la distillation. On recueille le produit de la distillation dans un flacon à col étroit; il se sépare une petite couche huileuse, qui surnage la couche aqueuse, et qui n'est autre que l'essence de rose. Quant à l'eau qui, dans cette opération, reste dans l'alambic, on la réserve pour la distiller avec des fleurs fraîches.

L'essence de rose se produit surtout dans les districts de Kézanlek, de Sélimna, de Zaara et de Karlova. Le centre du commerce est à Kézanlek: les meilleurs produits sont ceux de Kézanlek même, et des villages Beuïoug-Oba et Issova. Les essences de rose, même pures, provenant de sources différentes, n'ont pas en effet la même qualité.

Le paysan turc ne fraude pas la marchandise, mais les maisons étrangères qui l'achètent sur les lieux de production sont des plus ingénieuses à adultérer l'essence. On se sert, pour reconnaître la pureté de l'essence de rose, de la propriété qu'elle a de se congeler; l'essence pure doit se solidifier à 12° Réaumur. L'essai se fait dans des petits flacons de 15 grammes, qu'on plonge dans l'eau ramenée au degré voulu. Au bout de dix minutes, l'essence doit être solidifiée, de manière qu'on puisse retourner le flacon.

La fraude la plus commune consiste dans l'addition d'essence de géranium, et, pour mieux dissimuler la tromperie, on soumet l'essence de géranium à des manipulations diverses, qui permettent de la mélanger plus facilement à l'essence de rose. Ainsi on l'agite fortement et à plusieurs reprises avec de l'eau; par ce moyen on lui enlève en partie une odeur désagréable, qui ne permettrait pas de la confondre avec l'essence de rose. D'autres fois, on la redistille avec des fleurs et de l'eau de rose.

L'addition d'essence de géranium à l'essence de rose peut être reconnue, simplement à l'odorat, par les gens du pays, qui sont fort habiles à distinguer une marchandise fraudée, mais il est un moyen plus précis de dévoiler la tromperie. On fait congeler l'essence, qui doit être transparente après solidification, puis on la laisse se liquéfier à la chaleur de la main. Si l'essence est pure, elle se liquéfie lentement, et les parties solides ont jusqu'à la fin l'aspect de paillettes cristallisées. Si elle est mélangée d'essence de géranium, dès qu'elle commence à se liquéfier, elle s'empâte, et présente l'aspect d'une bouillie épaisse, et non de paillettes cristallisées.

Les personnes habituées à ces essais reconnaissent à l'apparence du produit les proportions approximatives dans lesquelles le mélange a été effectué. Quelquefois on ajoute à l'essence de l'acide stéarique, pour qu'elle se congèle facilement; cette fraude se reconnaît également à l'aspect que prend l'essence quand elle se liquéfie; elle n'offre pas de paillettes cristallisées. Quant aux procédés indiqués par Guibourt pour distinguer l'essence de géranium de celle de rose, ils n'auraient aucune valeur pratique.

Essence de rue. — Voyez Aldéhyde caprique, et Rue (essence de).

Essence de sabine. — L'essence de sabine (*Juniperus Sabina*) présente la composition, les propriétés et le point d'ébullition de l'essence de térébenthine.

Essence de safran. — Fournie par les stigmates du *Crocus Sativa*, elle est plus dense que l'eau, jaune, très-fluide, d'une saveur âcre et amère [Bouillon-Lagrange et Vogel, *Ann. de Chim.*, t. LXXX, p. 195].

Essence de sassafras. — Elle est extraite du *Laurus Sassafras*.

Elle dissout l'iode en passant au rouge clair; 2 p. mêlées à 1 p. d'acide sulfurique donnent une couleur verte qui devient rouge par la chaleur. Avec l'acide azotique, l'essence devient rouge, et il se produit de l'acide oxalique. M. Saint-Èvre a étudié l'essence de sassafras et est arrivé aux résultats suivants: l'essence de sassafras a une densité de 1,09 et distille presque entièrement à 228°. Traitée par le brome, elle fournit des cristaux $C^{10}H^2Br^8O^4$. Le perchlorure de phosphore l'attaque en donnant un liquide huileux, bouillant à 238°, et renfermant $C^{10}HCl^9O^2$ (?). Soumise à un courant d'acide sulfureux, elle donne une huile distillant à 235°, $C^{10}H^{10}O^3$ (?). Soumise à l'action du froid produit par 12 p. de glace, 5 p. de sel marin et 5 p. d'azotate d'ammoniaque, elle se remplit de cristaux volumineux $C^{10}H^{10}O^2$ [Saint-Èvre, *Ann. de Chim. et de Phys.*, (3), t. XII, p. 10].

D'après E. Grimaux et J. Ruotte, l'essence de sassafras a une densité de 1,0815 à 0°, un pouvoir rotatoire de + 3° 5 pour une colonne de 10 centimètres. Elle renferme une petite quantité d'un hydrocarbure (*safrène*) $C^{10}H^{16}$, bouillant à 155-157°; densité de 0,8345 à 0°, et dont le pouvoir rotatoire est de + 17° 5 pour une longueur de 10 centimètres. Elle est en plus grande partie constituée par un corps oxygéné (*safrol*) distillant entre 231° et 235°, en se résinifiant un peu. Ce corps renferme $C^{10}H^{10}O^2$; il a une densité de 1,1141 et ne possède pas de pouvoir rotatoire. Il donne avec le brome un composé cristallin fusible à 169-170°, renfermant $C^{10}H^5Br^5O^2$. Avec les autres réactifs, il n'a fourni que des produits résineux. Le perchlorure de phosphore donne un dérivé monochloré, épais, non distillable, et passe entièrement à l'état de protochlorure; chauffé avec l'acide iodhydrique bouillant à 127°, en tubes scellés à une température de 130°, le corps $C^{10}H^{10}O^2$ donne une huile épaisse iodée. Avec l'acide nitrique fumant, il se produit une résine jaune, soluble en rouge foncé dans la potasse, sans acide oxalique; ce dernier acide prend naissance lorsqu'on oxyde le safrol par de l'acide nitrique très-faible. L'acide sulfurique résinifie le safrol; versé goutte à goutte sur de la potasse fondue, il ne paraît pas s'altérer. Chauffé en vase clos, à 180°, avec de la potasse alcoolique, il finit par s'y dissoudre en donnant une matière noire, non entièrement soluble dans la potasse aqueuse. Cette réaction ne se fait pas à 100°.

L'essence de sassafras renferme en outre moins de 1/2 % d'une huile qui paraît être un phénol, et qu'on enlève en agitant l'essence avec de la potasse. L'huile brune qu'on en précipite colore les sels ferriques en vert; elle n'a pu être obtenue en quantité suffisante pour l'étude. Elle renferme

$$C = 74{,}43$$
$$H = 6{,}46$$

[E. Grimaux et J. Ruotte, *Comp. rend. de l'Acad.*, t. LXVIII, p. 928].

Essence de sauge. — Suivant Rochleder, elle renferme un hydrocarbure et un principe oxygéné qui est du camphre des laurinées [*Ann. der Chem. u. Pharm.*, t. LXIV, p. 4].

Essence de semen-contra. — L'essence de semen-contra est oxygénée; elle renferme principalement une huile bouillant à 175°, mêlée d'une seconde huile plus fixe et altérable par la chaleur. La première, rectifiée sur l'hydrate de potasse, a une densité de 0,919 à 20°. Les analyses conduisent à la formule non contrôlée $C^{12}H^{20}O$. L'acide azotique la résinifie, l'acide chlorhydrique gazeux est absorbé et donne des cristaux qui tombent promptement en déliquescence à l'air humide. — La seconde huile renferme moins de carbone et moins d'hydrogène. — L'acide phosphorique anhydre fournit avec l'essence de semen-contra un hydrocarbure, le cynène $C^{12}H^{18}$ (voyez Cynène) [Vœlckel, *Ann. der Chem u. Pharm.*., t. XXXVIII, p. 110; t. LXXXVII, p. 312; t. LXXXIX, p. 358].

Suivant Kraut et Wahlforst, l'essence de semen-contra est un mélange d'un hydrocarbure $C^{10}H^{16}$ et d'un corps oxygéné $C^{10}H^{18}O$. Lorsqu'on distille l'essence après l'avoir desséchée, elle est toujours un peu laiteuse, à cause de la production d'une petite quantité d'eau due à la décomposition partielle du principe oxygéné.

L'essence de semen-contra, débarrassée par une ébullition prolongée avec la potasse de ses principes résineux, possède un pouvoir rotatoire de 2°,1, pour une longueur de 100 millimètres. Traitée par l'iodure iodurée de potassium, elle se prend en une bouillie cristalline, d'aiguilles vertes et brillantes, altérables à l'air, et renfermant $C^{10}H^{18}O, H^{2}O + I$ [*Ann. der Chem. u. Pharm.*, t. CXXVIII, p. 293, et *Bull. de la Soc. chim.*, 1864, t. I, p. 282].

Essence de tanaisie. — La tanaisie (*Tanacetum vulgare*) donne une essence jaune pâle ou verte, d'une odeur forte et nauséabonde, d'une saveur âcre et amère; sa densité est de 0,931. Traitée par l'acide chromique, elle donne une matière camphrée, identique au camphre des laurinées [Persoz, *Compt. rend. de l'Acad.*, t. XIII, p. 433].

Essence de thé. — Cette essence n'a pas encore été étudiée; on sait seulement qu'elle est plus légère que l'eau, d'une odeur de thé, étourdissante, et à une certaine dose elle peut agir comme poison [Mulder, *Ann. der Chem. u. Pharm.*, t. XXVIII, p. 318].

Essence de thuya [Schweizer, *Journ. für prakt. Chem.*, t. XXX, p. 376, et *Annuaire de Chim.*, de Millon et Reiset, 1845, p. 375]. — L'essence de *Thuya occidentalis* est incolore, récemment préparée, mais se colore bientôt en jaune. Elle a une saveur âcre; elle est plus légère que l'eau. Elle commence à bouillir à 190°, mais le point d'ébullition s'élève à 206°. Les analyses des différentes portions indiquent un mélange de deux huiles oxygénées. Si l'on distille l'essence sur de la potasse, il reste une matière résineuse et une liqueur alcaline renfermant du *Carvacrol*. L'iode en se dissolvant dans l'essence de thuya donne entre autres produits deux hydrocarbures, dont l'un (*thuyène*) est incolore, d'une saveur âcre, plus léger que l'eau, et bout entre 165° et 175°.

Essence de thym. — Voyez Thymène et Thymol.

Essence de tolu. — Le baume de tolu distillé avec l'eau a fourni à M. Deville une petite quantité d'un hydrocarbure, le *tolène*, renfermant $C^{10}H^{16}$, bouillant à 160°, et devenant visqueux et résineux à l'air, 4 kilogrammes de baume n'en ont fourni que 8 grammes [Deville, *Ann. de Chim. et de Phys.*, (3), t. III, p. 152].

Essence de valériane. — Voyez Valérol.

Essence de vétyver. — Le vétyver est la racine de plusieurs espèces d'*Andropogon* (Graminées). D'après Stenhouse, l'essence de vétyver est plus légère que l'eau, d'une odeur agréable; elle commence à bouillir à 147°, puis le point d'ébullition s'élève à 160°, où il reste quelque temps stationnaire, pour s'élever ensuite. Elle renferme un hydrocarbure $C^{10}H^{16}$, et une huile oxygénée [Stenhouse, *Ann. der Chem. u. Pharm.*, t. L, p. 157].

Essence de victoria sassafras. — Cette essence désignée aussi sous le nom d'*Atherosperma moschata*, laisse passer à 224° une huile oxygénée dont la densité est de 1,0386 à 20° (Gladstone).

Essence de zédoaire. — Elle est fournie par la racine du *Curcuma Zedoaria*. Elle se compose de deux huiles, dont l'une est plus pesante, et l'autre plus légère que l'eau.

ESSENCES DE FRUITS.

NOMS des ESSENCES.	Chaque chiffre représente, en cent. cubes, la quantité qui devra être ajoutée à 100 cent. cubes d'alcool.																			
	Chloroforme.	Éther nitrique.	Aldéhyde.	Acétate d'éthyle.	Formiate d'éthyle.	Butyrate d'éthyle.	Valérianate d'éthyle.	Benzoate d'éthyle.	Œnanthylate d'éthyle.	Sébate d'éthyle.	Salicylate de méthyle.	Acétate d'amyle.	Butyrate d'amyle.	Valérianate d'amyle.	Essence d'orange.	Solutions alcooliques saturées à froid de — Acide tartrique.	Acide oxalique.	Acide succinique.	Acide benzoïque.	Glycérine.
Ananas...	1	»	1	»	»	5	»	»	»	»	»	»	10	»	»	»	»	»	»	3
Melon....	»	»	2	»	1	4	5	»	»	10	»	»	»	»	»	»	»	»	»	3
Fraise....	»	1	»	5	1	5	»	»	»	»	1	8	2	»	»	»	»	»	»	2
Framboise	»	1	1	5	1	1	»	1	1	1	1	1	1	»	»	5	»	1	»	4
Groseille..	»	»	1	5	»	»	»	1	1	»	»	»	»	»	»	5	»	1	1	»
Raisin....	2	»	2	»	2	»	»	»	10	»	1	»	»	»	»	5	»	3	»	10
Pomme...	1	1	2	1	»	»	»	»	»	»	»	»	»	10	»	»	1	»	»	4
Orange...	2	»	2	5	1	1	»	1	»	»	1	10	»	»	10	1	»	»	»	10
Poire.....	»	»	»	5	»	»	»	»	»	»	»	10	»	»	»	»	»	»	»	10
Citron....	1	1	2	10	»	»	»	»	»	»	»	»	»	10	»	10	»	1	»	5
Griotte...	»	»	»	10	»	»	»	5	2	»	»	»	»	»	»	»	1	»	2	»
Cerise....	»	»	»	5	»	»	»	5	1	»	»	»	»	»	»	»	»	»	1	3
Prune....	»	»	5	5	1	2	»	»	4	»	»	»	»	»	»	»	»	»	»	8
Abricot...	1	»	»	»	»	10	5	»	1	»	2	»	1	»	»	1	»	»	»	4
Pêche.....	»	»	2	5	5	5	5	»	5	1	2	»	»	»	»	»	»	»	»	5

ESSENCES DE FRUITS.

Les essences de fruits ou essences artificielles sont des solutions alcooliques de différents éthers, quelquefois mélangés d'essences naturelles; elles sont employées dans la parfumerie, dans la confiserie, pour aromatiser les liqueurs et les bonbons. Les formules en sont données dans le tableau de la page précédente et qui a été dressé par M. Kletzinski [*Dinglers' polytech. Journ.*, t. CLXXX, p. 407, et *Bull. de la Soc. chim.*, 1866, t. VI, p. 427].

La glycérine entre dans toutes ces recettes, elle doit être chimiquement pure, ainsi que l'alcool et les éthers employés.

L'essence, dite de rhum, qui sert à aromatiser les trois-six et à fabriquer des rhums de toutes pièces, s'obtient avec le formiate d'éthyle qu'on prépare en grand pour cet usage (voir ACIDE FORMIQUE), et avec le butyrate d'éthyle. On vend aussi dans le commerce une teinture, dite *essence de cognac*, mélange de différents éthers des acides gras, mais dans lesquels prédomine l'éther pélargonique. On oxyde les corps gras par l'acide azotique, on soumet à la distillation et on recueille les acides volatils (butyrique, valérique, caprique, caproïque, œnanthylique, pélargonique), et c'est le mélange de ces acides qu'on éthérifie en les dissolvant dans l'alcool et traitant la solution par un courant d'acide chlorhydrique.

On prépare aussi une essence de cognac en éthérifiant les acides gras obtenus par la saponification du beurre de coco; suivant Oudemans, ces acides sont l'acide laurique, l'acide palmitique, l'acide myristique, l'acide caproïque et l'acide caprylique. Le mélange des éthers obtenus est dissous dans 10 fois son poids d'alcool.

Pour faire l'essence artificielle de coing, M. Wagner emploie le pélargonate d'éthyle, qu'il obtient en oxydant l'essence de rue par 2 fois son poids d'acide azotique très-étendu et chauffant le mélange jusqu'à ce qu'il commence à bouillir. Il se forme deux couches; on décante l'inférieure, on la lave pour enlever l'excès d'acide azotique, on la filtre pour séparer les acides gras solides qui ont pu se former, et on éthérifie l'acide ainsi obtenu en le faisant digérer longtemps avec de l'alcool à une douce chaleur. L'éther obtenu possède au plus haut degré l'odeur du coing; on le purifie par une distillation. Ce produit paraît être un mélange de pélargonate et de rutate d'éthyle. E. G.

ESTRAGON (ESSENCE DE) — Voyez p. 330.

ÉTAIN. Sn (*Stannum*) = 118. — C'est un des métaux le plus anciennement connus. Il se trouve rarement dans la nature à l'état natif; néanmoins on l'a rencontré en Bolivie, en même temps que l'oxyde stannique, renfermant 79 % d'étain, 20 de plomb et le reste de fer, arsenic et gangue (Forbes). Damour l'a également rencontré dans des dépôts aurifères de la Guyane française. L'étain se rencontre généralement à l'état d'oxyde stannique (cassitérite), souvent cristallisé, dans les terrains primitifs; il est ordinairement accompagné d'arsenic, de tungstène, d'antimoine, de cuivre et de zinc. — Voyez ÉTAIN (MÉTALLURGIE).

Purification. — L'étain du commerce n'est pas parfaitement pur; c'est celui de Banca et de Malacca qui l'est le plus. Pour l'obtenir à l'état de pureté, on dissout l'étain du commerce dans de l'acide chlorhydrique qui laisse insolubles le cuivre, l'antimoine, le plomb et une partie de l'étain, tandis que l'étain et le zinc se dissolvent à l'état de chlorures; quant au reste de l'arsenic, il se dégage à l'état d'hydrogène arsénié. On précipite la solution bouillante par le carbonate de soude et l'on transforme l'hydrate stanneux ainsi précipité en hydrate stannique insoluble, par l'action de l'acide azotique, tandis que le zinc reste dissous. Il ne reste plus qu'à réduire l'oxyde stannique par du flux noir après l'avoir bien lavé.

Propriétés physiques. — L'étain pur est d'un blanc d'argent; s'il tire sur le bleu ou sur le gris, avec un aspect plus mat, il renferme les métaux ci-dessus. C'est un métal mou et très-malléable, il occupe le 4e rang parmi les métaux pour la malléabilité et le 8e pour la ductilité; il est d'une texture cristalline, faisant entendre un son particulier qu'on appelle le *cri de l'étain* lorsqu'on le plie; le plomb, le cuivre et le fer le rendent plus cassant. L'étain peut être réduit en feuilles de $0^{mm},00027$ d'épaisseur et même moins, ces feuilles, nommées *tain*, servent à l'étamage des glaces. Il est peu tenace, un fil d'étain de 2 millimètres se rompt sous un poids de 24 kilogrammes; lorsqu'on frotte l'étain, il répand une odeur caractéristique qu'on retrouve dans plusieurs de ses combinaisons. L'étain est sonore (Levol).

L'étain fond à 228° et se solidifie à 225°. Il ne se volatilise pas sensiblement. Sa chaleur spécifique est égale à 0,05623 (Regnault); coefficient de dilatation = 0,002193 (Calvert et Johnson). Conductibilité électrique à 21° = 11,45, celle de l'argent étant 100 (Matthiessen). Conductibilité calorifique = 14,5, celle de l'argent étant 100 (Wiedemann et Franz). Densité de l'étain fondu = 7,285 et de l'étain laminé = 7,293; d'après Mille, la densité de l'étain en cristaux est égale seulement à 7,1.

L'étain fondu cristallise par un refroidissement lent en cristaux appartenant au système régulier (Frankenheim); ce sont des tables quadrangulaires striées et ne présentant pas de clivage (Stolba); l'étain impur cristallise difficilement. Millet a obtenu l'étain en prismes à huit pans appartenant au type quadratique. On obtient des cristaux d'étain qui se déposent au pôle négatif, par l'électrolyse d'une solution étendue de chlorure stanneux.

Il est possible que l'étain soit dimorphe.

Le spectre de l'étincelle électrique éclatant dans l'air entre deux pôles d'étain est caractérisé par une série de bandes dont une très-forte dans le rouge, deux fortes dans le jaune et trois dans le vert [Masson, *Ann. de Chim. et de Phys.*, (3), t. XXXI, p. 305].

On peut réduire l'étain en poudre en le versant fondu dans une boîte en bois, enduite de craie, que l'on agite vivement pendant le refroidissement.

Propriétés chimiques. — L'étain ne s'altère pas sensiblement à l'air à la température ordinaire, mais à une température élevée il se transforme en oxyde stanneux, puis en oxyde stannique; lorsqu'il est allié au plomb, cette oxydation est encore plus rapide. Il ne s'oxyde que très-lentement dans l'eau, plus rapidement dans l'eau salée, mais sans se dissoudre; s'il est plombifère, il peut se dissoudre un peu de plomb. L'étain chauffé au rouge décompose la vapeur d'eau en se transformant en oxyde stannique.

A froid, l'acide sulfurique n'attaque pas l'étain, mais à 150° il l'oxyde plus ou moins vite, suivant sa concentration; si l'acide est concentré, il se dégage de l'acide sulfureux et il y a dépôt de soufre; s'il est étendu de 2, 3 ou 4 molécules d'eau, il se dégage surtout de l'hydrogène sulfuré (Calvert et Johnson).

L'acide chlorhydrique concentré dissout rapidement l'étain en produisant du chlorure stanneux et de l'hydrogène; l'acide étendu l'attaque très-lentement à froid.

L'acide azotique ordinaire transforme l'étain en acide métastannique insoluble, en même temps qu'il se forme de l'azotate d'ammonium; l'acide normal ou fumant n'attaque pas l'étain, mais dès que l'on y ajoute quelques gouttes d'eau, l'action s'établit avec une grande énergie; l'acide azotique très-étendu n'attaque l'étain qu'avec une grande lenteur.

L'eau régale transforme l'étain en tétrachlorure, ou, si l'acide azotique prédomine, en acide métastannique.

Les lessives alcalines dissolvent l'étain à chaud en produisant des métastannates et en dégageant de l'hydrogène. Calciné avec du nitre, il se transforme également en métastannate.

L'étain s'unit directement au chlore, au brome, à l'iode, au soufre, au phosphore, à l'arsenic et à un grand nombre de métaux.

Atomicité. — L'étain forme deux classes de combinaisons; dans les premières il joue le rôle d'élément diatomique, ce sont les combinaisons *stanneuses* ou de *stannosum*, tels sont le chlorure $Sn''Cl^2$, l'oxyde $Sn''O$, etc.; dans les autres, qui constituent les combinaisons *stanniques* ou de *stannicum*, l'étain est tétratomique, Ex.: $Sn^{iv}Cl^4$, $Sn^{iv}O^2$, $Sn^{iv}S^2$. Le caractère tétratomique de l'étain le rapproche du carbone, du silicium, du titane, du zirconium et du thorium (?) et même du plomb qui peut aussi être regardé comme tétratomique. L'atomicité de l'étain est surtout mise en évidence par la densité de vapeur de son tétrachlorure $SnCl^4$ et de ses dérivés alcooliques.

Usages. — L'étain est d'un grand usage pour la fabrication d'ustensiles de ménage, et est employé soit isolé, soit à l'état d'alliage (voyez plus bas). Il sert à étamer le cuivre et le fer-blanc, à la fabrication des glaces; réduit en feuilles, il sert à préserver un grand nombre de substances alimentaires de l'action de l'air et de l'humidité. Ses combinaisons les plus usitées sont les chlorures qui sont employés comme mordants, dans la teinture; le bisulfure ou or massif qui sert à bronzer le bois; quelques autres sont employées comme couleurs, telles que la pourpre de Cassius, la laque minérale, le pink-color, etc.

Alliages de l'étain. — L'étain se combine avec la plupart des métaux dont il diminue la malléabilité; la densité de ces alliages est en général plus forte que celle du métal le plus dense. Un grand nombre d'entre eux sont très-usuels, quelques-uns renferment 3 ou 4 métaux, tels sont les alliages fusibles, le métal anglais, etc.

Étain et aluminium. — Ces deux métaux s'allient en toutes proportions. Les alliages qui renferment 30 °/₀ et plus d'aluminium sont d'un blanc d'argent, mais poreux et cassants; ceux qui renferment 19 °/₀ et 7 °/₀ d'aluminium sont ductiles. Les alliages suivants, faits en proportions atomiques, ont pour densité

$Al^6Sn = 3,583$; $Al^4Sn = 4,025$; $Al^2Sn = 4,744$; $AlSn = 5,454$; $AlSn^2 = 6,536$ (Hirzel).

Étain et antimoine. — Alliage blanc, dur et sonore; celui qui correspond à la formule SnSb a pour densité 7,07 (Boedeker). Le *pewter* des Anglais, qui sert à faire des brocs et des vases à boire, renferme environ 8 °/₀ d'antimoine, 1 de bismuth et 4 de cuivre; le plomb diminue son éclat et sa ductilité. Un alliage de 1 p. d'antimoine et de 3 p. d'étain peut être forgé, mais il se gerce sur les bords. L'alliage suivant a été recommandé pour robinets par Vigouroux : 78 p. 5 d'étain, 19 p. 5 d'antimoine et 2 p. de nickel.

Étain et bismuth. — L'alliage de ces deux métaux est plus fusible que chacun d'eux séparément; l'alliage le plus fusible, 143°, correspond à la formule Bi^2Sn^3; cet alliage tend à se former même lorsque les métaux sont mélangés dans d'autres proportions; lorsqu'on laisse refroidir le mélange, la partie liquide, une fois que la solidification a commencé, se maintient toujours à 143°; cet alliage constitue donc une vraie combinaison. Il est dur et cassant; l'acide chlorhydrique l'attaque en dissolvant l'étain et laissant le bismuth. (Chaudet.)

Une petite quantité de bismuth augmente l'éclat, la dureté et la sonorité de l'étain. — Voyez en outre les *alliages fusibles*, p. 606.

Étain et cadmium. — Ces alliages sont très-ductiles et facilement fusibles; l'alliage de Wood, p. 606, renferme ces deux métaux associés au plomb et au bismuth.

Étain et cuivre. — Voyez Bronze, p. 670.

Étain et fer. — Voyez Fer (Alliages).

Étamage du cuivre. — L'étamage a pour but de recouvrir le cuivre d'une couche moins oxydable que lui-même. Pour étamer le cuivre, on frotte celui-ci à chaud avec du sel ammoniac sur les surfaces à étamer, afin de le décaper; l'oxyde qui se trouve à sa surface et qui empêcherait l'adhérence de l'étain se transforme ainsi en chlorure que le frottement enlève facilement; l'emploi du chlorure double de zinc et d'ammoniaque, dans le même but, présente un grand avantage, car il facilite singulièrement l'étamage (Golfier-Besseyre). Quand le décapage est achevé, on promène de l'étain fondu sur toute la surface du cuivre chauffée; on n'obtient ainsi qu'une couche assez mince d'étain qui ne résiste pas à un long usage. Pour avoir une couche plus épaisse, on allie souvent l'étain avec 1/4 à 1/10 de plomb, mais l'emploi de cet alliage n'est pas sans danger. L'alliage polychrome de Biberel est plus résistant que ce dernier, il est formé de 6 p. d'étain et de 1 p. de fer, mais il a l'inconvénient d'être peu malléable à froid et cassant à chaud; en outre, son application sur le cuivre est plus difficile et nécessite une température plus élevée. On l'obtient en projetant des rognures de fer dans de l'étain fondu et chauffant ensuite au rouge. Richardson et Motte ont proposé de substituer à cet alliage un autre alliage renfermant 4k,534 d'étain, 0k,283 de nickel et 0gr,198 de fer qu'on fait fondre avec un flux de borax et de verre. On obtient avec cet alliage un étamage plus blanc et plus résistant.

Étain et magnésium. — L'alliage de 85 p. d'étain et de 15 p. de magnésium est bleuâtre, dur et cassant; il décompose l'eau.

Étain et mercure. — L'étain s'unit très-facilement au mercure; l'amalgame que l'on obtient ainsi est liquide s'il renferme 10 p. de mercure pour 1 p. d'étain; un amalgame de 3 p. de mercure et de 1 p. d'étain cristallise en cubes. Ces amalgames sont très-brillants et inaltérables à l'air; ils servent à l'étamage des glaces. Pour passer celles-ci au *tain*, comme on dit, on nettoie soigneusement leur surface et on les frotte avec un morceau de cuir et un peu d'amalgame, pour enlever toute poussière; on étend alors une feuille d'étain sur une table horizontale et on la recouvre de mercure, puis on glisse la glace sur l'amalgame ainsi formé, de telle sorte qu'il ne puisse pas s'interposer d'air, qui formerait des bulles; cela fait, on charge la glace de poids de manière à expulser l'excédant de mercure, et après quelques jours la glace est recouverte d'un amalgame adhérent qui renferme 4 p. d'étain et 1 p. de mercure.

Pour amalgamer des globes de verre, on promène à leur intérieur un amalgame d'étain auquel on associe du plomb et du bismuth; cet amalgame s'attache facilement au verre et le recouvre sur toute sa surface d'une couche mince qui durcit après quelque temps.

Étain et plomb, platine et métaux du platine. — Voyez ces métaux.

Étain et potassium, étain et sodium. — Ces alliages, qui s'obtiennent par la calcination des tartrates alcalins avec de l'étain, sont moins fusibles que l'étain lui-même; ils peuvent s'enflammer à l'air et décomposent l'eau. Lœwig [*Ann. de Chim. et de Phys.*, (3), t. XXXVII, p. 343] prépare un alliage d'étain et de sodium en faisant fondre de l'étain (6 p.) dans un creuset de terre et y ajoutant 1 p. de sodium par petites portions; par le refroidissement on obtient un alliage d'un blanc d'argent, cristallin, qui se conserve facilement dans un flacon bien bouché. L'alliage obtenu par l'emploi de 3 à 4 p. d'étain pour 1 p. de sodium se dilate considérablement en se solidifiant. Ces alliages se prêtent très-bien à la préparation des radicaux organo-métalliques de l'étain.

Étain et or. — Ces alliages sont durs et cassants; ceux qui renferment $SnAu^2$ jusqu'à celui qui renferme Sn^3Au ne sont pas cristallins, mais possèdent un aspect vitreux; l'alliage Sn^4Au a une tendance cristalline et une cassure grenue; les alliages plus riches en étain ont une grande tendance à cristalliser. Ces alliages se font avec contraction; ainsi, l'alliage SnAu a pour densité 14,243 au lieu de 14,028 qui est la densité calculée. Matthiesen et de Bose ont obtenu des cristaux volumineux renfermant 41 % d'or, soit Au^2Sn^5, ayant la couleur de l'étain, mais prenant facilement une teinte bronzée par suite d'une oxydation; ces cristaux appartenaient au système du prisme droit à base carrée [*Poggend.*, *Ann.*, t. CX, p. 21; *Lond. Roy. Soc. Proceed.*, t. XI, p. 433].

Étain et tungstène. — Voyez Tungstène.

Étain et zinc. — Voyez Zinc.

COMBINAISONS DE L'ÉTAIN AVEC LES ÉLÉMENTS MONATOMIQUES.

Il existe deux chlorures d'étain, le chlorure stanneux et le chlorure stannique.

Chlorure stanneux (protochlorure, sel d'étain) $Sn''Cl^2$. — Ce chlorure s'obtient à l'état anhydre par l'action du gaz chlorhydrique sec sur l'étain, ou bien en distillant du bichlorure de mercure avec de l'étain en excès. A l'état hydraté, il s'obtient par la dissolution de l'étain dans l'acide chlorhydrique, dissolution qui a lieu avec dégagement d'hydrogène, dont l'odeur est toujours alliacée; on évapore jusqu'à cristallisation. Pour hâter la dissolution de l'étain, on ajoute quelques gouttes d'acide azotique; tant qu'il y a de l'étain il ne peut pas se former de tétrachlorure, puisque celui-ci est réduit par l'étain et par l'hydrogène qui se dégage.

Le chlorure stanneux se produit par un grand nombre de réactions réductrices sur le chlorure stannique; c'est ainsi que l'oxyde stanneux ajouté à du tétrachlorure d'étain donne de l'oxyde stannique et du chlorure stanneux, indépendamment d'oxychlorures qui peuvent se former :

$$SnCl^4 + 2SnO = SnO^2 + 2SnCl^2$$

(Scheurer-Kestner).

Le chlorure stanneux employé dans l'industrie sous le nom de *sel d'étain* se prépare par l'action de l'acide chlorhydrique sur l'étain granulé; la dissolution se fait dans une chaudière de cuivre chauffée à la vapeur; le cuivre n'est pas attaqué tant qu'il reste de l'étain, et pour se maintenir dans de bonnes conditions il faut employer environ 2 p. d'acide ordinaire pour 1 p. d'étain; quand la dissolution marque 45°B, l'attaque de l'étain ne se fait plus à froid, on chauffe alors vers 70° et, quand la solution marque 75 à 78° B, on l'abandonne à cristallisation dans des vases de grès; la cristallisation terminée, on fait égoutter les cristaux et on les fait dessécher à l'abri du soleil, sans quoi le produit se recouvrirait d'un oxychlorure insoluble.

Le chlorure stanneux anhydre est brillant, à cassure vitreuse; il est fusible et volatil au rouge blanc. Fondu avec du cyanure de potassium, il est facilement réduit.

Le chlorure stanneux se dépose de ses solutions en prismes blancs, devenant facilement jaunâtres, renfermant $SnCl^2,2H^2O$; il peut aussi cristalliser en octaèdres; ces cristaux appartiennent au prisme rhomboïdal oblique (Marignac). Obtenu par l'action de l'oxyde stanneux sur le chlorure stannique, il cristallise avec $4H^2O$ et est fusible à 50° (Scheurer-Kestner). Quand on chauffe le chlorure stanneux hydraté, il perd son eau et donne un produit blanc, à cassure cristalline; mais une partie se décompose, et il se dégage de l'acide chlorhydrique. Il est très-soluble dans l'eau et s'y dissout en produisant un abaissement de température; si la quantité d'eau que l'on ajoute est plus de trois fois la quantité du chlorure, ou si l'on étend d'eau une solution aqueuse de ce corps, la solution se trouble par suite de la formation d'un oxychlorure d'étain, $SnCl^2,SnO$, tandis que c'est du chlorhydrate de chlorure qui reste dissous; l'addition d'acide chlorhydrique empêche cette précipitation, ainsi que la présence du sel ammoniac ou du chlorure de potassium.

Tous les agents chlorurants et les agents oxydants transforment le chlorure stanneux en chlorure stannique; le chlore, l'acide azotique, l'acide chromique, l'acide permanganique produisent cette transformation qui, pour être intégrale, doit avoir lieu en présence d'acide chlorhydrique. Le bichlorure de mercure, traité par du chlorure stanneux, donne du chlorure stannique et du calomel, ou bien du mercure métallique qui se précipite; c'est là un des caractères des sels mercuriques. De même, le chlorure cuivrique est transformé en chlorure cuivreux, le chlorure ferrique en chlorure ferreux, etc. L'acide sulfureux lui-même, en présence de l'acide chlorhydrique, se trouve réduit et transformé en hydrogène sulfuré qui se dégage en partie et se porte en partie sur le chlorure stannique formé.

Exposé à l'air humide, le chlorure stanneux ne tarde pas à en absorber l'oxygène pour se transformer en un mélange de tétrachlorure et d'oxychlorure stanniques. Cette oxydation est plus rapide avec une solution étendue qu'avec une solution concentrée (Scheurer-Kestner).

L'acide azotique en présence de l'acide chlorhydrique transforme le chlorure stanneux en chlorure stannique, en produisant en même temps du chlorure d'ammonium

$$4SnCl^2 + 9HCl + HAzO^3$$
$$= 4SnCl^4 + AzH^4Cl + 3H^2O.$$

S'il n'y a pas d'acide chlorhydrique, il y a simplement oxydation, la moitié de l'étain se transformant en tétrachlorure et l'autre moitié en acide stannique; on arrive à des résultats analogues par l'action du chlorate de potassium ou de l'acide chromique [Scheurer-Kestner, *Compt. rend.*, t. L, p. 50].

La facilité avec laquelle le chlorure stanneux fixe du chlore l'a fait employer comme réactif dans l'analyse volumétrique; on l'a recommandé pour le dosage de l'acide chromique, de l'acide permanganique, etc. Inversement, il se prête très-bien au dosage de l'étain; seulement ses solutions peuvent s'altérer sous l'influence de l'oxygène qui se dissout dans l'eau. — Voir plus loin Dosage de l'étain, p. 1295.

Une dissolution de chlorure stanneux additionnée d'acide tartrique n'est pas précipitée par la soude ou le carbonate de soude, et les liqueurs alcalines qui en résultent sont douées d'un grand pouvoir réducteur; c'est ainsi qu'avec une solution préparée par le carbonate de soude et une liqueur cupro-alcaline, on obtient un dépôt orangé contenant de l'oxyde cuivreux en même temps que les oxydes d'étain. En employant la liqueur préparée avec la soude caustique, on obtient, en en employant un excès, une liqueur jaunâtre qui laisse déposer à la longue de l'oxyde cuivreux; si l'on chauffe, il se dépose une poudre noire renfermant $Cu^2O,3SnO, SnO^2 + 5H^2O$. Si l'on traite par un sel de cuivre la même liqueur alcaline d'étain étendue et qu'on chauffe, il se dépose un précipité noir qui est un alliage de cuivre et d'étain [Lenssen, *Journ. für prakt. Chem.*, t. LXXIV, p. 90].

Le chlorure stanneux se combine au gaz ammoniac.

Il forme des sels doubles avec les chlorures alcalins; on connaît les suivants :

$$\left.\begin{array}{l} SnCl^2, 4KCl + 3H^2O \\ SnCl^2(AzH^4Cl)^4 + 3H^2O \end{array}\right\} \text{(Poggiale).}$$

$$\left.\begin{array}{l} SnCl^2, 2KCl + H^2O \\ SnCl^2, BaCl^2 + 4H^2O \end{array}\right\} \text{(Marignac).}$$

Chlorure stannique, $SnCl^4$ (tétrachlorure, ou bichlorure, dans l'ancienne notation : liqueur fumante de Libavius). — Il se forme, à l'état anhydre, par l'action du chlore sec, en excès, sur l'étain légèrement chauffé; la combinaison a lieu avec production de lumière; on dispose l'étain dans une cornue de verre munie d'un récipient dans lequel vient se condenser le chlorure liquide. On peut aussi distiller un mélange de sulfate d'étain anhydre et de sel marin. S'il renferme un excès de chlore, il suffit de le redistiller sur de l'étain qui n'attaque pas le tétrachlorure anhydre et lui enlève le chlore libre.

Le tétrachlorure d'étain est un liquide incolore ou jaunâtre s'il retient du chlore libre; il répand d'abondantes fumées blanches à l'air, par suite de la formation d'un hydrate. Sa densité est égale à 2,28; sa densité de vapeur a été trouvée égale à 132,5 (soit 9,18, par rapport à l'air; densité théorique par rapport à H, correspondant à la formule $SnCl^4 = 130$) (Dumas).

Le tétrachlorure d'étain ne s'électrolyse pas, à cause de son manque de conductibilité.

Le tétrachlorure d'étain peut agir comme dissolvant sur un grand nombre de corps; il dissout à chaud le soufre cristallisé, l'iode, le phosphore ordinaire, mais non le phosphore rouge. Par le refroidissement, ces corps cristallisent. Il ne dissout pas le silicium, le tellure, l'antimoine, le bismuth, l'étain, ni les oxydes ou chlorures métalliques [Gérardin, *Compt. rend.*, t. LI, p. 1097].

Combinaisons du chlorure stannique anhydre. — Suivant Kuhlmann, le chlorure stannique anhydre absorbe le bioxyde d'azote et s'y combine. Weber a fait voir que la combinaison solide, jaune, obtenue par Kuhlmann ne renferme pas de bioxyde d'azote, mais un oxyde supérieur; en effet, le chlorure stannique absorbe le peroxyde d'azote en formant des croûtes jaunes, déliquescentes, ayant pour composition $SnCl^4, Az^2O^3$; l'eau décompose cette combinaison avec dégagement de bioxyde d'azote. Chauffée en vase clos, elle donne des composés volatils et laisse un résidu d'oxyde stannique.

En faisant passer des vapeurs d'eau régale, renfermant du chlorure de nitrosyle, desséchées par du chlorure de calcium, dans du chlorure stannique, on obtient un composé sublimable en octaèdres brillants, d'un jaune clair, volatil sans décomposition, fumant à l'air et décomposable par l'eau avec dégagement de bioxyde d'azote; ce composé renferme $SnCl^4, 2AzOCl$ [R. Weber, *Poggend. Ann.*, t. CXVIII, p. 471, et t. CXXIII, p. 347]. D'après Hampe, cette combinaison aurait pour composition $3SnCl^4, 4AzOCl$ [*Ann. der Chem. u. Pharm.*, t. CXXVI, p. 43].

Chlorure stannique et pentachlorure de phosphore, $2SnCl^4, PCl^5$. — Cette combinaison se forme soit directement, soit par l'action du trichlorure de phosphore, sur la combinaison du chlorure stannique avec le tétrachlorure de soufre. Ce composé se sublime entre 200° et 220° en cristaux incolores et brillants; son odeur est particulière et pénétrante; il répand des fumées blanches à l'air et se transforme, sous l'influence de l'humidité, en cristaux transparents et incolores. L'eau le décompose en dissolvant du chlorure stannique et de l'acide phosphorique; l'addition d'une grande quantité d'eau occasionne dans cette solution un précipité gélatineux de phosphate stannique [Casselmann, *Ann. de Chim. et de Phys.*, (3), t. XXXVIII, p. 104].

Chlorure stannique et tétrachlorure de soufre, $SnCl^4.2SCl^4$. — Cette combinaison, décrite par H. Rose [*Poggend. Ann.*, t. XLII, p. 517], se forme par l'action du chlore sur le bisulfure d'étain; on obtient une liqueur jaunâtre qui distille et se concrète en cristaux brillants d'un jaune d'or, fusibles par les chaleurs de l'été et décomposables par une température plus élevée, en dégageant du chlore; l'eau les décompose également [Casselmann, *loc. cit.*].

Chlorure stannique et ammoniaque. — Le chlorure stannique absorbe le gaz ammoniac en donnant une poudre sublimable et hygrométrique; avant d'avoir été sublimée, cette combinaison ne se dissout pas entièrement dans l'eau, tandis qu'après la sublimation, elle fournit une solution limpide qui devient gélatineuse après quelques jours, ou, immédiatement, par l'action de la chaleur; évaporée dans le vide, cette solution laisse une masse cristalline qui peut se sublimer de nouveau.

Le chlorure stannique se combine de même à l'hydrogène phosphoré, $SnCl^4, H^3P$.

L'anhydride sulfurique s'y combine également. Il en est de même de l'acide cyanhydrique, qui donne un composé cristallin blanc, volatil et fumant, qui paraît renfermer $SnCl^2.HCy$.

Le tétrachlorure d'étain absorbe l'hydrogène sulfuré, en produisant de l'acide chlorhydrique et du bisulfure d'étain qui reste uni à du tétrachlorure d'étain, pour former la combinaison liquide $SnS^2.2SnCl^4$.

Enfin le tétrachlorure d'étain s'unit à certains composés organiques, par exemple à l'éther :

$$(C^4H^{10}O)^2SnCl^4 \text{ (Kuhlmann et Lewy).}$$

Le tétrachlorure d'étain anhydre est le premier agent qui ait été employé pour la préparation du rouge d'aniline. — Voyez Aniline, p. 314.

Hydrates de tétrachlorure d'étain. — Le tétrachlorure d'étain se combine à l'eau avec une grande énergie en dégageant beaucoup de chaleur et en produisant divers hydrates solubles dans l'eau. Cette combinaison offre certaines particularités : lorsqu'on ajoute l'eau peu à peu, il arrive un moment où la partie aqueuse est plus dense que le chlorure non attaqué; il y a donc une contraction considérable. Une solution, par exemple, renfermant 70 % de tétrachlorure a pour densité 1,973 et occupe seulement les 82 centièmes du volume total de l'eau et du chlorure; l'hydrate, $SnCl^4.3H^2O$, qui renferme 82,8 % de tétrachlorure anhydre, est plus dense que ce dernier (Gerlach).

L'hydrate qui renferme le moins d'eau est celui qui correspond à cette dernière formule; il se forme même en présence d'un excès de chlorure stannique. Il prend naissance lorsqu'on abandonne ce dernier à l'air dans un tube ouvert; les parois du tube se recouvrent alors de cristaux rhomboédriques isolés et brillants. C'est le même hydrate qui se forme à la longue dans les flacons où l'on conserve le chlorure anhydre; il se dépose soit au fond du liquide, soit sous le bouchon (Casselmann).

Une solution renfermant $SnCl^4$ pour $4H^2O$ fournit, au-dessous de 30°, des cristaux renfermant cette proportion d'eau.

Le plus stable des hydrates de chlorure stannique renferme $SnCl^4.5H^2O$; il se dépose d'une solution concentrée en cristaux un peu opaques, déliquescents et fusibles dans leur eau de cristallisation. D'après Lewy, ils perdent $3H^2O$ dans le vide [*Ann. de Chim. et de Phys.*, (3), t. XVI, p. 300].

Enfin Gerlach a obtenu un hydrate avec $8H^2O$ en cristaux volumineux, incolores, se formant à une très-basse température, dans une solution moyennement concentrée; exposés sur de l'acide sulfurique, ces cristaux perdent $3H^2O$ [*Dingler's polyt. Journ.*, t. CLVIII, p. 49].

Le chlorure stannique hydraté est employé dans les arts sous le nom d'*oxymuriate d'étain*; on l'obtient par l'action du chlore sur le chlorure stanneux, en utilisant les eaux mères qui ont laissé déposer ce chlorure, ou bien par l'action de l'acide azotique, en présence de l'acide chlorhydrique; chaque addition d'acide azotique produit un vif dégagement de vapeurs nitreuses. On s'aperçoit que la réaction est terminée lorsque la liqueur, primitivement grisâtre, devient subitement jaune et limpide. Par le refroidissement, la liqueur s'épaissit, et si elle marque 70° Baumé, elle laisse déposer des cristaux avec $5H^2O$ [Roesler, *Dingler's polyt. Journ.*, t. CXXXVI, p. 38]. Dans cette réaction il se forme également du chlorure d'ammonium. Si l'on opère cette transformation par l'action d'acide azotique, sans faire intervenir d'acide chlorhydrique, il se forme en même temps de l'oxyde stannique, mais point de sel ammoniac; les solutions concentrées fournissent alors l'hydrate $SnCl^4,3H^2O$, qui perd $2H^2O$ par la dessiccation dans le vide. La liqueur séparée de ces cristaux renferme de l'oxyde stannique dissous dans du tétrachlorure. Le chlorate de potasse agit de même [Scheurer-Kestner, *Compt. rend.*, t. L, p. 50].

DENSITÉ DES SOLUTIONS AQUEUSES DU TÉTRACHLORURE D'ÉTAIN.

Quantité p. 100 de $SnCl^4.5H^2O$.	Densité.	Quantité p. 100 de $SnCl^4.5H^2O$.	Densité.
10	1,0593	60	1,4684
20	1,1236	70	1,5873
30	1,1947	75	1,6543
40	1,2755	80	1,7271
50	1,3561	90	1,8067
55	1,4154	95	1,9881

La solution de tétrachlorure d'étain dissout l'étain et est ramenée à l'état de chlorure stanneux. Elle dissout également l'oxyde ou l'hydrate stanneux en donnant un liquide épais qui fournit des cristaux de chlorure stanneux avec $4H^2O$, et si l'on ajoute assez d'oxyde stanneux, tout le tétrachlorure est réduit et l'on obtient de l'acide stannique qui se dépose avec l'excès d'oxyde stanneux ajouté (Scheurer-Kestner). Si l'addition a lieu en proportions équivalentes, on obtient un oxychlorure soluble.

Il existe deux modifications de tétrachlorure d'étain hydraté, correspondant l'une à l'acide stannique, l'autre à l'acide métastannique. Les hydrates dont nous venons de parler appartiennent à la première modification; leurs solutions, soumises à la distillation, donnent d'abord un peu d'acide chlorhydrique, puis de l'eau et du tétrachlorure d'étain, et il ne reste qu'un faible résidu d'oxyde stannique [H. Rose, *Poggend. Ann.*, t. CV, p. 564]. Mais si l'on dissout l'acide métastannique (voir plus loin) dans de l'acide chlorhydrique, on obtient une solution qui se trouble et qui ne laisse distiller que fort peu de tétrachlorure vers la fin de l'opération. Si l'on ajoute de l'acide sulfurique à la solution métastannique, il se forme un épais précipité et par la distillation il passe de l'acide chlorhydrique, de l'eau et de l'acide sulfurique, et il reste un résidu de sulfate stannique (H. Rose). On obtient de semblables solutions lorsqu'on transforme en tétrachlorure d'anciennes eaux mères de protochlorure ou qu'on abandonne longtemps à elle-même une solution de tétrachlorure. Ce chlorure métastannique se reconnaît en ce que, additionné de chlorure stanneux, il prend une coloration jaune sale et une consistance épaisse qui ne disparaît que par l'addition d'acide chlorhydrique.

Lorsqu'on sature une solution de chlorure stanneux par du chlore et qu'on fait bouillir pour chasser l'excès de chlore, on obtient une solution qui, évaporée, laisse dégager de l'acide chlorhydrique et donne un résidu soluble dans l'eau. Si l'on répète plusieurs fois cette dessiccation, on perd chaque fois de l'acide chlorhydrique et l'on finit par obtenir de l'hydrate stannique. Il paraît donc d'abord se former un oxychlorure soluble (Casselmann).

Thomson avait signalé l'existence d'une combinaison de tétrachlorure et de bichlorure d'étain; d'après Geraldi elle n'existe pas, et ces deux chlorures cristallisent séparément.

Oxychlorures. — Le précipité qui se forme lorsqu'on ajoute un excès d'eau à une solution de chlorure stanneux renferme Sn^2OCl^2.

On obtient également un oxychlorure, renfermant à peu près $Sn^4O^6Cl^4 = SnCl^4.3SnO^2$, lorsqu'on soumet à l'évaporation lente une solution de chlorure métastannique; enfin, il se forme des oxychlorures solubles lorsqu'on dissout l'acide stannique dans une solution de tétrachlorure stannique.

Si l'on ajoute de l'acide stannique récemment précipité à une solution chaude et acide de chlorure stanneux, il s'y dissout immédiatement et la liqueur brune obtenue se prend par le refroidissement en une masse de petits cristaux nacrés, solubles dans l'eau et dans l'alcool, peu stables et renfermant $Sn^8Cl^{14}O^8 + 10H^2O$. Leur solution se trouble par l'ébullition en laissant déposer de l'hydrate stannique [Tschermak, *Bull. de la Soc. chim.*, 1863, p. 256].

Les solutions obtenues par l'action de l'acide azotique en présence de sel ammoniac renferment probablement aussi des oxychlorures complexes; lorsqu'on les traite par du carbonate de potassium on obtient de l'oxyde d'étain jaune (voyez p. 1281) et une liqueur incolore [Ordway, *Sill. Amer. J.*, (2), t. XXIII, p. 220].

Lorsqu'on ajoute une molécule de chlorate de potassium à 12 mol. de chlorure stanneux dissous dans son poids d'eau bouillante, on obtient une liqueur analogue, limpide et très-colorée, donnant par l'addition d'azotate de plomb une liqueur rouge renfermant de l'azotate d'étain. Si l'on emploie deux fois plus de chlorate, on obtient une solution incolore qu'une addition de chlorure stanneux colore en rouge, ces combinaisons renferment très-probablement des combinaisons stannoso-stanniques à l'état d'oxychlorures (Ordway).

En général, il se produit des oxychlorures, dont beaucoup sont solubles quand les chlorures d'étain se trouvent en présence des oxydes, soit à l'état naissant, soit par addition directe.

Chlorures stanniques doubles ou *chlorostannates*. Le chlorure stannique forme avec les autres chlorures des composés solubles et cristallisables, analogues aux chloroplatinates (Lewy, de la Provostaye).

Chlorostannate de potassium, $SnCl^4.2KCl$ ou $SnCl^6K^2$. Octaèdres réguliers.

Chlorostannate de sodium, $SnCl^6Na^2 + 5H^2O$. Ce sel, qui constitue souvent le chlorure stannique du commerce, s'obtient en ajoutant peu à peu 2 kilogrammes de chlorure de sodium à 3k,500 d'une solution de tétrachlorure marquant 70° B et chauffée vers son point d'ébullition; par le refroidissement, le tout se prend en une masse cristalline blanche, formée de petits prismes, très-solubles dans l'eau et déliquescents (Rœsler).

Chlorostannate d'ammonium, $SnCl^4.2AzH^4Cl$. Octaèdres réguliers, modifiés par les faces du cube. Ce composé souvent utilisé dans l'impression des toiles peintes, sous le nom de *sel pinck*, s'obtient par le mélange de solutions concentrées des deux chlorures; il se dépose à l'état d'un précipité cristallin blanc soluble à 18° dans 3 p. d'eau. Si l'on fait bouillir sa solution en l'étendant d'eau, elle laisse déposer de l'hydrate stannique, ce qui semble indiquer que ce composé renferme le chlorure métastannique.

Chlorostannate de césium, $SnCl^6Cs^2$. — Précipité blanc, peu soluble dans l'eau, insoluble dans l'acide chlorhydrique. Caractéristique pour le césium [Sharples, *Sill. Amer. Journ.*, t. XLVII, p. 178].

Chlorostannate de strontium, $SnCl^6Sr + 5H^2O$; prismes allongés et cannelés.

Chlorostannate de baryum,

$$SnCl^4, BaCl^2 + 5H^2O;$$

forme indéterminée.

Chlorostannate de calcium, $SnCl^6Ca + 5H^2O$; cristaux rhomboédriques.

Chlorostannate de magnésium,

$$SnCl^6Mg + 5H^2O;$$

rhomboèdres de 125°.

Bromure stanneux. $SnBr^2$. — Prismes hexagonaux (Nicklès) se formant par réduction de bromure stannique, et par l'action de l'acide bromhydrique sur l'étain.

Bromure stannique (tétrabromure), $SnBr^4$. — Se forme par l'action du brome sur l'étain; la combinaison a lieu avec production de lumière, le tétrabromure qui se forme est solide et incolore, fusible à 39°, d'une densité égale à 3,322 (Boedeker), volatil et soluble dans l'eau.

Il se combine à l'éther formant des prismes déliquescents qui renferment $SnBr^4, C^4H^{10}O$, et qui se décomposent facilement en produisant du bromure stanneux cristallisé (Nicklès).

Iodure stanneux, SnI^2. — On l'obtient en chauffant 1 atome d'étain avec 2 atomes d'iode; il se produit, par voie humide, en traitant l'étain en poudre par l'acide iodhydrique, ou par l'action de l'iode sur l'étain placé sous l'eau ou sous une solution de chlorure de potassium auquel l'iodure reste combiné.

Distillé à la température de fusion du verre, l'iodure stanneux forme une masse cristalline d'un rouge vif; il est un peu soluble dans l'eau qui l'abandonne en belles aiguilles rouges renfermant $2H^2O$. Chauffé au contact de l'air, il se transforme en tétraiodure qui se sublime et en oxyde stannique qui reste.

Il absorbe le gaz ammoniac, en formant une combinaison pulvérulente blanche, $SnI^2, 4AzH^3$ (P. Boullay).

Il forme avec les iodures alcalins des iodures doubles cristallisables. Le composé ammoniacal renferme $2(SnI^2.AzH^4I) + 3H^2O$.

L'*iodure stannoso-potassique*,

$$(SnI^2, KI)^2 + 3H^2O,$$

se précipite en aiguilles soyeuses, jaunâtres, lorsqu'on ajoute une solution d'iodure de potassium à une solution de chlorure stanneux; l'eau pure le décompose.

L'*iodure stannoso-sodique* se forme de même, mais est beaucoup plus soluble; l'eau le décompose également.

Les *iodures stannoso-barytique* et *stannoso-strontique*, $2SnI^2, BaI^2$ et SrI^2, sont jaunes et cristallisables; ils s'obtiennent de même [Personne, *Compt. rend.*, t. LIV, p. 216].

L'iodure stanneux forme avec le chlorure stannique une combinaison $SnCl^4 SnI^2$, en prismes d'un jaune orangé, lorsqu'on traite le chlorure stanneux anhydre par le chlorure d'iode (Kane).

L'iodure stanneux et les iodures doubles sont décomposés par l'eau en produisant des oxyiodures pulvérulents, jaunes ou orangés, décomposables par un excès d'eau.

Personne a ainsi obtenu :

$$Sn^4I^6O = 3SnI^2. SnO,$$
$$Sn^5I^6O^2 = 3SnI^2.2SnO,$$
$$Sn^2I^2O = SnI^2. SnO,$$
$$Sn^3I^2O^2 = SnI^2.2SnO.$$

On obtient un *iodosulfure* en chauffant dans du gaz carbonique un mélange intime de 1 molécule de bisulfure d'étain et de 4 atomes d'iode; le mélange fond en un liquide brun qui se prend par le refroidissement en une masse cristalline; en chauffant plus fort on obtient un sublimé qui renferme $SnS^2I^4 = SnSI^2.SI^2$. Ce composé, soluble dans le chloroforme et le sulfure de carbone se dépose de ce dernier en cristaux rhomboïdaux. L'eau, l'alcool, les alcalis et les acides le décomposent [R. Schneider, *Pogg. Ann.*, t. CXI, p. 249].

Iodure stannique, SnI^4. — Lorsqu'on chauffe à 50° de l'étain avec 4 atomes d'iode, il y a production de lumière et il se forme du tétraiodure d'étain; on obtient le même produit plus facilement et à l'état cristallisé en ajoutant de l'iode à de la limaille d'étain placée dans du sulfure de carbone. La combinaison a lieu avec élévation de température et par l'évaporation du sulfure de carbone, qui dissout à la température ordinaire 1gr,45 d'iodure stanneux, celui-ci cristallise (Personne, R. Schneider.)

L'iodure stannique cristallise en octaèdres rouge-orangé, fusibles à 146° et se solidifiant à 142° et bouillant à 295°. Sa densité = 4,696 (Boedeker); il est soluble dans la benzine, l'alcool et l'éther, avec lesquels il paraît se combiner. L'eau le décompose en hydrate stannique et acide iodhydrique; il ne se combine ni aux iodures alcalins ni aux oxydes d'étain.

Il forme trois combinaisons avec le gaz ammoniac :

$$SnI^4. 3AzH^3,$$
$$SnI^4. 4AzH^3,$$
$$SnI^4. 6AzH^3.$$

La première est jaune, les deux autres sont blanches; elles sont volatiles, décomposables par l'eau; on les obtient par l'action du gaz ammoniac sur l'iodure stannique dissous dans l'alcool ou dans le sulfure de carbone [Personne, *Compt. rend.*, t. LIV, p. 216].

Fluorure stanneux, $SnFl^2$. — Ce fluorure s'obtient par l'action de l'acide fluorhydrique sur l'étain ou sur l'oxyde stanneux; il cristallise très-facilement en prismes rhomboïdaux obliques blancs et brillants [Marignac, *Ann. des Mines*, (5), t. XII — Fremy, *Ann. de Chim. et de Phys.*, (3), t. XLVII p. 37]. Si l'on emploie un excès d'acide, il se forme du fluorhydrate de fluorure stanneux. L'air le transforme en fluorure stannique basique.

Fluorure stannique, $SnFl^4$. — Composé incristallisable, se coagulant lorsqu'on chauffe sa dissolution (Berzelius). Il forme avec les fluorures des combinaisons isomorphes avec les fluosilicates et qui ont été étudiées par Marignac (voyez FLUOSTANNATE) [*Compt. rend.*, t. XLVI, p. 854; *Ann. des Mines*, (5), t. XII].

FLUOSILICATE STANNIQUE, $SnFl^4.SiFl^4$. — Composé très-soluble, cristallisant en longs cristaux prismatiques; il se décompose facilement en produisant du silicate stannique (Berzelius).

OXYDES D'ÉTAIN.

L'étain forme avec l'oxygène deux combinaisons : l'oxyde stanneux $Sn''O$ et l'oxyde stannique $Sn^{IV}O^2$, correspondant aux chlorures $SnCl^2$ et $SnCl^4$; on connaît en outre plusieurs oxydes intermédiaires. A l'oxyde stannique correspondent des hydrates jouant le rôle d'acides. Il existe au moins deux de ces hydrates, et probablement davantage : l'hydrate stannique H^2SnO^3, et l'hydrate métastannique, qui est un acide polystannique $H^2Sn^5O^{11}$, analogue aux acides polysiliciques. L'acide orthostannique H^4SnO^4 a également été décrit.

OXYDE STANNEUX, SnO. — Il paraît en exister plusieurs modifications, car, suivant son mode de préparation, il est brun-olive, noir ou rouge. On obtient l'oxyde brun-olive en faisant bouillir l'hydrate stanneux avec de l'ammoniaque en excès (Chevreul). Quand on fait bouillir de l'hydrate stanneux avec de la potasse, de la chaux, etc., en quantité insuffisante pour le dissoudre, ou qu'on évapore dans le vide une solution potassique d'hydrate stanneux, on obtient des cristaux noirs, durs et brillants d'oxyde stanneux; ces cristaux appartiennent au système cubique, leur densité est égale à 6,04-6,17. Quand on chauffe l'oxyde stanneux noir et cristallisé à l'abri de l'air, il éprouve une sorte de décomposition et se transforme en petites lames douces au toucher, ressemblant à l'oxyde olive obtenu par l'ammoniaque [Fremy, *Ann. de Chim. et de Phys.*, (3), t. XII, p. 460]. On obtient encore un oxyde noir bleuâtre en fondant un mélange de 4 p. de chlorure stanneux et de 7 p. de carbonate de sodium (Boettger). En chauffant l'oxalate stanneux, on obtient l'oxyde olive (Wœhler). L'ébullition avec de l'eau pure déshydrate également l'hydrate stanneux, mais avec une grande lenteur

On obtient l'oxyde rouge en précipitant le chlorure stanneux par l'ammoniaque, faisant bouillir la liqueur avec le précipité et desséchant celui-ci à une douce chaleur en présence du sel ammoniac formé. Cet oxyde se transforme dans la modification olive, qui est la plus stable, lorsqu'on le frotte avec un corps dur (Fremy).

Sa dissolution dans l'acide acétique de 1,06 de densité, chauffée vers 56°, laisse déposer de l'oxyde stanneux rouge en petits grains cristallins, lourds et compactes.

L'oxyde stanneux anhydre est insoluble dans l'eau et dans les solutions alcalines étendues; il se dissout dans les acides. Chauffé au contact de l'air, il brûle comme de l'amadou et se transforme en oxyde stannique; il est moins oxydable quand il est cristallisé.

Chauffé dans du chlore, l'oxyde stanneux se transforme en oxyde stannique et chlorure stannique.

HYDRATE STANNEUX, H^2SnO^2. — Il s'obtient en précipitant une solution de chlorure stanneux par l'ammoniaque ou par un carbonate alcalin; dans ce dernier cas, il y a dégagement d'acide carbonique. L'hydrate stanneux est blanc, insoluble dans l'eau; il se déshydrate par l'action de la chaleur.

L'hydrate stanneux se dissout dans les alcalis, la chaux, la baryte, mais ces solutions sont instables, car, surtout sous l'influence de la chaleur, elles abandonnent de l'oxyde anhydre; aussi n'a-t-on pas pu isoler de combinaison alcaline, c'est-à-dire de *stannite*.

Lorsqu'on évapore rapidement une solution d'hydrate stanneux dans la potasse, il ne se sépare pas d'oxyde stanneux, mais il se produit de l'étain et du stannate de potassium :

$$2SnO + 2KHO = Sn + K^2SnO^3 + H^2O.$$

L'hydrate stanneux se dissout facilement dans les acides.

OXYDE STANNIQUE (bioxyde d'étain), SnO^2. — Cet oxyde, qui constitue le principal minerai d'étain, se rencontre dans la nature en cristaux quadratiques ou en masses stalactitiques, il est généralement coloré en brun; c'est la *cassitérite*. On obtient cet oxyde : 1° par la calcination de l'étain ou de ses oxydes inférieurs à l'air. Par la calcination de l'étain on obtient une masse grisâtre qu'on lave par décantation; il porte alors le nom de *potée d'étain* et est employé à la confection des émaux et de quelques couleurs. On active souvent son oxydation en l'alliant à un peu de plomb; dans ce cas, en effet, l'étain s'oxyde plus vite, car l'oxyde de plomb qui se forme en même temps est immédiatement réduit par la portion de l'étain qui n'est pas en contact immédiat avec l'air;

2° Par la calcination des hydrates stanniques;

3° Par la décomposition au rouge du tétrachlorure d'étain par la vapeur d'eau.

L'oxyde obtenu par ce dernier moyen présente une forme dérivée du prisme orthorhombique, il est isomorphe avec la brookite (oxyde de titane); cette forme n'est pas la même que celle de l'oxyde naturel, qui est isomorphe avec une autre variété de l'oxyde de titane, le rutile. Le bioxyde d'étain est donc dimorphe (Daubrée).

On obtient au contraire de l'oxyde ayant la forme de la cassitérite lorsqu'on calcine l'oxyde stannique amorphe dans un courant d'acide chlorhydrique (H. Deville).

L'oxyde d'étain obtenu par la calcination des hydrates est jaune et très-dur.

HYDRATES STANNIQUES. — Ces hydrates constituent de véritables acides. Il en existe au moins deux modifications qui ont été décrites par Fremy [*Ann. de Chim. et de Phys.*, (3), t. XII, p. 466, et t. XXIII, p. 393], et signalées d'abord par Berzelius, et à peu près à la même époque par Moberg, qui a surtout étudié leurs sels. Ces deux hydrates sont désignés sous les noms d'*acide stannique* et d'*acide métastannique*; le premier renferme H^2SnO^3, le second $H^2Sn^5O^{11} + 4H^2O$; le second est donc un acide pentastannique et on peut les représenter par les formules

$$\left.\begin{matrix}Sn^{IV}\\H^2\end{matrix}\right\}O^3 \text{ et } \left.\begin{matrix}5Sn^{IV}\\H^2\end{matrix}\right\}O^{11} + 4H^2O.$$

Musculus, plus récemment [*Ann. de Chim. et de Phys.*, (4), t. XIII, p. 85], a décrit deux autres acides stanniques $H^4Sn^2O^6$ et $H^6Sn^3O^9$ ou

$$\left.\begin{matrix}2Sn^{IV}\\H^2\end{matrix}\right\}O^5 + H^2O \text{ et } H^2Sn^3O^7, 2H^2O.$$

Tous ces acides, comme on voit, ont une grande analogie avec les acides polysiliciques.

ACIDE STANNIQUE, H^2SnO^3. — On l'obtient en précipitant une solution de chlorure stannique par de l'ammoniaque, un carbonate alcalin ou du carbonate de calcium, ou bien en précipitant une solution de stannate potassique par de l'acide chlorhydrique. C'est une masse gélatineuse blanche qui, séchée à l'air, à la température ordinaire, renferme H^4SnO^4 (acide orthostannique); mais lorsqu'on le sèche à 100° ou dans le vide, sa composition est exprimée par la formule H^2SnO^3. Par cette dessiccation il se modifie déjà en partie. L'hydrate récemment précipité est soluble dans les acides concentrés, dans la potasse étendue et dans l'ammoniaque; après la dessiccation, il ne se dissout plus dans l'acide azotique. Cette transformation a même lieu en présence de l'eau, après quelques jours; elle est complète à 140°. Traité par une grande quantité de potasse, il fournit un précipité cristallin; après avoir été légèrement modifié, il suffit d'un petit excès de potasse pour produire un abondant précipité non cristallin.

ACIDE MÉTASTANNIQUE, $H^2Sn^5O^{11}+4H^2O$.— Cet hydrate se forme par l'action de l'acide azotique concentré sur l'étain; desséché à l'air, sa composition présente les mêmes rapports que l'acide orthostannique, c'est-à-dire H^4SnO^4, ou $H^{20}Sn^5O^{20}$, mais à 100° sa composition devient $H^{10}Sn^5O^{15}$. On voit que cette composition est la même que celle de l'acide stannique, seulement l'acide métastannique ne renferme que 2 atomes d'hydrogène remplaçables par un métal et la composition des métastannates est exprimée par la formule

$$M^2H^8Sn^5O^{15},$$

tandis que les stannates renferment M^2SnO^3.

L'acide métastannique se produit très-facilement, comme on l'a vu, par la transformation de l'acide stannique.

L'acide métastannique constitue une poudre cristalline blanche insoluble dans l'eau et dans les acides étendus, même dans l'acide chlorhydrique étendu; l'acide sulfurique le dissout sans que sa solution soit précipitée par l'eau ou l'alcool, mais l'ébullition la précipite. Il est insoluble dans l'ammoniaque, mais si on le dissout dans la potasse et qu'on le précipite par un acide, il devient gélatineux et soluble dans l'ammoniaque; dans cet état, il renferme plus d'eau et il suffit d'une légère ébullition pour régénérer l'acide métastannique primitif. En somme, l'acide métastannique, qui est plus stable que l'acide stannique, est caractérisé par son peu de solubilité dans les acides et par sa faible capacité de saturation.

L'acide métastannique, comme l'acide stannique, se dissout dans l'acide chlorhydrique concentré, mais sa solution est beaucoup plus instable que celle de l'acide stannique (voyez p. 1290). L'acide métastannique traité par du chlorure stanneux se colore en jaune, ce qui permet de le distinguer de l'acide stannique (Lœwenthal).

D'après Lœwenthal [*Journ. für prakt. Chem.*, t. LXXVII, p. 321], par une ébullition, ou une digestion prolongée de l'acide métastannique avec de l'acide chlorhydrique concentré, il se transforme en acide stannique. Cette transformation, d'après Ordway, est empêchée par la présence de l'acide tartrique.

La potasse fondue transforme l'acide métastannique en acide stannique ordinaire, mais si l'on fait agir sur l'acide métastannique la potasse bouillante, on obtient des stannates correspondants à des hydrates intermédiaires entre ces deux acides.

Stannates et métastannates. — Les stannates ont pour formule générale M^2SnO^3. Les stannates alcalins, qui sont les seuls solubles, cristallisent facilement; ils peuvent être obtenus anhydres. On les obtient en dissolvant l'acide stannique par un alcali ou en fondant un hydrate stannique quelconque avec un alcali. Les autres stannates sont insolubles et s'obtiennent par double décomposition. Additionnés d'acide sulfurique, ils ne laissent précipiter d'acide stannique que si la solution est très-étendue.

Les métastannates renferment

$$M^2Sn^5O^{11}+4H^2O=M^2H^8Sn^5O^{15}.$$

Les métastannates alcalins, qui s'obtiennent directement, se transforment en stannates par la fusion avec un excès d'alcali; ils ne peuvent pas être obtenus anhydres. Ils sont solubles et incristallisables, tandis que les autres métastannates sont insolubles. L'acide sulfurique étendu en précipite immédiatement l'acide métastannique.

AUTRES HYDRATES STANNIQUES. — Musculus [*loc. cit.*] a fait voir qu'on obtient des hydrates intermédiaires par l'action de la potasse bouillante et de l'acide chlorhydrique concentré et bouillant sur l'acide métastannique. Dans ce dernier cas, on obtient une solution qu'un plus grand excès d'acide précipite en partie; si dans la liqueur on fait passer un courant d'acide chlorhydrique jusqu'à saturation, on obtient un nouveau précipité qui renferme $Sn^3H^6O^9$; en évaporant la solution décantée, il reste une masse cristalline déliquescente dont une partie se dissout dans l'éther, tandis que la partie insoluble dans l'eau, soluble dans l'acide chlorhydrique concentré, renferme $H^4Sn^2O^6$. Les sels formés par ces hydrates manquent de stabilité.

Il paraît aussi exister un acide hexastannique et un acide heptastannique. On obtient un heptastannate potassique (Rose, Weber) lorsqu'on ajoute de la potasse à une solution chlorhydrique d'acide métastannique jusqu'à redissolution complète du précipité, et ajoutant ensuite de l'alcool; il se dépose alors un sel qui renferme

$$K^2H^8Sn^7O^{19}.$$

Acide stannique colloïdal. — Lorsqu'on soumet à la dialyse une solution de chlorure stannique additionnée de potasse, ou une solution de stannate de sodium additionnée d'acide chlorhydrique, on obtient sur le dialyseur une gelée incolore qui se pectise de nouveau, grâce à la petite quantité d'alcali libre, et si l'on fait dialyser ce dernier complétement en l'additionnant de quelques gouttes de teinture d'iode, le dialyseur ne renferme plus que de l'acide stannique liquide. Cette solution se coagule sous l'influence de très-petites quantités d'acide chlorhydrique ou d'un grand nombre de sels. La chaleur convertit l'acide stannique soluble en acide métastannique également soluble [Graham, *Compt. rend.*, t. LIX, p. 174].

Stannate d'ammonium, $(AzH^4)^2SnO^3$.—Se précipite lorsqu'on ajoute du sel ammoniac à du stannate de potassium; on le lave avec de l'ammoniaque. Il est soluble dans l'eau, mais peu soluble dans les solutions salines et dans l'ammoniaque. Desséché à l'air, il perd de l'ammoniaque et laisse une masse gommeuse, jaunâtre, qui est un stannate acide $(AzH^4)^2SnO^3.SnO$ ou probablement $(AzH^4)HSnO^3$.

Stannate de baryum, $BaSnO^3$. — Précipité blanc, dense et grenu, renfermant $3H^2O$ (Moberg).

Stannate de calcium, $CaSnO^3+H^2O$. — Se précipite difficilement, quoique peu soluble. Il s'obtient en petites aiguilles roses lorsqu'on fond l'oxyde stannique avec de la chaux (Tschermak).

Stannate de chrome. — La couleur rose, connue sous le nom de *pink-colour*, employée dans la peinture de la faïence et donnant après la cuisson une couleur rouge de sang, peut être envisagée comme un stannate de chrome, de chaux et de potasse. On l'obtient en calcinant au rouge un mélange de 100 p. d'acide métastannique, de 30 p. de craie et de 3 à 4 p. de chromate de potasse et de 1 à 1 1/2 p. d'oxyde de chrome; on lave la masse calcinée avec de l'acide chlorhydrique étendu. Lorsqu'on supprime la craie et qu'on calcine à la température d'un four à porcelaine, on obtient une masse violette qui est la *laque minérale* et qui peut être appliquée à l'impression des papiers peints aussi bien qu'à la décoration de la porcelaine (Malaguti).

Stannate de cobalt. — Précipité bleuâtre, devenant rouge clair par le lavage; calciné au rouge blanc, il devient bleu clair (Berzelius). La couleur bleue connue sous le nom de *cœruleum*, paraît renfermer un stannate cobalteux. Il contient :

SnO^2...............	49,66,
CoO...............	18,66,
SO^4Ca et silice......	31,68.

Ce composé est bleu, même à la lumière artificielle; il est soluble à chaud dans l'acide chlorhydrique; l'acide azotique ne lui enlève guère que le cobalt; l'acide sulfurique étendu le décompose en partie.

Stannate de cuivre, $CuSnO^3$. — Précipité vert, renfermant $3H^2O$ (Moberg).

Stannate de fer. — Précipité blanc, jaunissant à l'air.

Stannate de magnésium. — Précipité gélatineux difficile à filtrer.

Stannate manganeux, $MnSnO^3$. — Se précipite en flocons blancs qui brunissent rapidement et se transforment en sel manganique.

Stannate de plomb, $PbSnO^3$. — Poudre blanche, anhydre, insoluble dans l'eau. On l'obtient par double décomposition ou par la calcination complète d'un alliage de plomb.

Stannate de potassium, $K^2SnO^3,3H^2O$. — On obtient ce sel en dissolvant l'acide stannique dans la potasse ou en calcinant un hydrate stannique quelconque avec de la potasse. Il se forme encore lorsqu'on fait bouillir de l'étain avec une lessive de potasse, ou, à l'état impur, lorsqu'on fond ce métal avec du nitre. Pour obtenir le stannate cristallisé, on ajoute peu à peu 30 grammes d'acide métastannique (préparé par l'acide azotique et l'étain), à 80 grammes d'hydrate de potasse fondu dans un creuset d'argent; on chauffe la masse jusqu'à ce qu'il se produise une sorte d'ébullition, on dissout ensuite dans l'eau et on fait cristalliser.

Les cristaux que l'on obtient ainsi renferment 3 molécules d'eau; ils sont rhomboédriques, à facettes courbes, clivables et souvent maclés [Marignac, *Ann. des Mines*, (5), t. XV, p. 277]. C'est un sel blanc, très-soluble dans l'eau. 100 p. d'eau à 20° dissolvent 110,5 p. de ce sel (Ordway). Il est insoluble dans l'alcool. Il est très-caustique et très-alcalin. Il paraît se transformer à la longue en métastannate. Sa solution est précipitée par un grand nombre de sels solubles, y compris les sels alcalins; sous l'influence de la chaleur, il se déshydrate et se dissout alors dans l'eau avec élévation de température.

Stannate de sodium, $Na^2SnO^3,3H^2O$. — Ce sel s'obtient comme le stannate de potassium avec lequel il est isomorphe (Marignac). Il est blanc, cristallisé en tables hexagonales, plus soluble dans l'eau froide que dans l'eau bouillante, 100 p. d'eau à 0° en dissolvent 67,4 p., et seulement 61,3 p. à 20° (Ordway); il est insoluble dans l'alcool. Ce sel est employé dans l'impression des toiles peintes comme mordant pour les couleurs-vapeur. On peut le préparer rapidement en traitant l'étain par une lessive bouillante de soude à laquelle on ajoute un peu d'azotite de sodium (Robert et Dale).

Haeffely prépare le stannate de sodium en faisant bouillir de l'étain avec du plombite de sodium; on peut à cet effet utiliser les rognures de fer-blanc. La liqueur concentrée à 1,3 de densité fournit par l'ébullition des lamelles nacrées de stannate de sodium à $3H^2O$ qui se redissolvent par le refroidissement pour se déposer alors lentement avec 8 molécules d'eau. La solution de ces cristaux, abandonnée longtemps à elle-même, laisse déposer du métastannate $Na^2H^8Sn^5O^{15}+4H^2O$ [*Bull. de la Soc. indust. de Mulhouse*, 1856, n° 136].

Stannate de zinc, $ZnSnO^3,2H^2O$. — Précipité blanc.

Métastannate de potassium, $K^2H^8Sn^5O^{15}$. — Il s'obtient en dissolvant à froid de l'acide métastannique dans de la potasse; par l'addition de potasse solide, le métastannate devient insoluble et se précipite; on le dessèche sur une plaque de porcelaine dégourdie, et finalement à l'étuve. On l'obtient facilement en ajoutant de l'acide azotique étendu à une solution de stannate de potassium, de manière à lui enlever les 3/4 de la potasse; en ajoutant ensuite de l'alcool, on obtient un précipité floconneux donnant par la dessiccation une masse gommeuse transparente (Ordway). Il est incristallisable; chauffé au rouge, il se décompose, et la masse calcinée reprise par l'eau dissout de la potasse et laisse de l'acide métastannique insoluble.

Métastannate de sodium, $Na^2H^8Sn^5O^{15}$. — Se prépare comme le sel potassique. Il est blanc, cristallin, à réaction alcaline; il se dissout lentement dans l'eau et s'en sépare par l'addition de soude; il se décompose très-facilement en perdant de l'eau et en donnant de l'acide métastannique insoluble; l'eau bouillante opère immédiatement cette décomposition.

OXYDES STANNIQUES INTERMÉDIAIRES. — Il en existe au moins deux, qu'on peut envisager comme du stannate stanneux $Sn''Sn^{iv}O^3 = Sn^2O^3$ et comme du métastannate stanneux

$$H^8SnSn^5O^{15} = Sn^6O^{11}.4H^2O.$$

Stannate stanneux. — Cet oxyde a été obtenu par Fuchs par l'action de l'hydrate ferrique sur le chlorure stanneux

$$H^2FeO^4 + 2SnCl^2 = Sn^2O^3 + H^2O + 2FeCl^2.$$

On l'obtient plus pur en ajoutant à une solution de chlorure stanneux saturée d'ammoniaque une dissolution de chlorure ferrique que l'on a additionnée de potasse aussi longtemps que le précipité se redissout; on fait digérer le mélange à 50-60° dans un flacon bien bouché. Ainsi obtenu, il est presque blanc, mucilagineux et difficile à filtrer; desséché, il forme une masse grenue jaune et transparente; calciné à l'abri de l'air, il est noir après refroidissement; humide, il se dissout dans l'ammoniaque ainsi que dans l'acide chlorhydrique. Cette dernière solution donne un très-beau pourpre avec le chlorure d'or.

Métastannate stanneux. — On l'obtient en faisant agir l'acide métastannique sur le chlorure stanneux; de l'acide chlorhydrique est mis en liberté et l'oxyde stanneux s'unit à l'anhydride métastannique (Fremy). Ce composé, qui est jaune, se forme très-facilement, et cette réaction est d'une grande sensibilité pour reconnaître l'acide métastannique ou le chlorure stanneux. On l'obtient aussi, mais beaucoup moins pur, en chauffant doucement l'oxyde stanneux à l'air.

Le métastannate stanneux est jaune. Desséché à 140° dans un courant d'azote ou d'acide carbonique, il se déshydrate et devient d'un brun noirâtre; d'après Tschermak, il renferme alors Sn^6O^{15}. Il est soluble dans la potasse avec une coloration jaune qui disparaît par l'ébullition de la liqueur; si l'on concentre celle-ci, elle se comporte comme une solution de métastannate de potassium et de stannite de potassium; à un certain moment il se dépose de l'étain métallique provenant évidemment de la décomposition du stannite.

H. Schiff donne à l'oxyde obtenu dans ces circonstances la formule $Sn^7O^{13}.4H^2O$, qui serait le sel stanneux d'un hydrate stannique $H^{10}Sn^6O^{17}$. Si l'on emploie de l'anhydride stannique au lieu d'acide métastannique, on obtient un composé différent, d'abord gris, puis brun, et renfermant

$$Sn^{21}O^{41} = SnO(SnO^2)^{20}$$

[*Ann. der Chem. u. Pharm.*, t. CXX, p. 47].

D'après Tschermak, lorsque l'on ajoute de l'hydrate stannique à du chlorure stanneux, le mélange devient vert et par le dépôt il se forme deux couches, l'une bleue et l'autre jaune. Le produit bleu n'a pas été obtenu à l'état de pureté; quant au composé jaune, c'est l'oxyde intermédiaire de Fremy. L'un et l'autre produit donnent de l'hydrate stannique blanc par l'action de l'acide azotique. La combinaison jaune se forme aussi lorsqu'on arrose des lames d'étain avec de l'acide azotique [*Journ. für prakt. Chem.*, t. LXXXVI, p. 334].

SELS STANNEUX ET STANNIQUES.

L'étain forme des sels stanneux et des sels stanniques, mais ces derniers doivent être, d'après Fremy, envisagés comme des acides ou plutôt comme des anhydrides mixtes.

Azotate stanneux, $Sn''(AzO^3)^2$. — On l'obtient en dissolvant l'hydrate stanneux dans l'acide azotique; mais lorsqu'on veut concentrer cette solution, même à froid, elle laisse déposer de l'acide métastannique. Il se forme encore, en même temps que de l'azotate d'ammonium et de l'acide métastannique, lorsqu'on traite l'étain par de l'acide azotique de 1,12 de densité; cette solution se décompose également par la concentration.

Azotate stannique,

$$Sn^{IV}(AzO^3)^4 = SnO^2, 2Az^2O^5.$$

— Se prépare en dissolvant à froid, jusqu'à saturation, de l'hydrate stannique précipité dans de l'acide azotique concentré; par la chaleur, l'hydrate stannique s'en sépare de nouveau. D'après Weber, quand on traite l'étain par de l'acide azotique de 1,35 de densité, il se forme, outre l'acide métastannique, un peu d'azotate stannique qui, lorsqu'on l'étend d'eau et qu'on le chauffe, abandonne tout son étain à l'état d'acide métastannique.

Chlorate stanneux. — Ne s'obtient qu'en solution, à une basse température; il est très-instable et se décompose en produisant des détonations au sein du liquide (Waechter).

Iodate stanneux, $Sn(IO^3)^2$. — Se précipite à l'état d'une poudre blanche lorsqu'on verse goutte à goutte du chlorure stanneux dans une solution d'iodate de sodium; si l'on opère inversement, le précipité se redissout avec une couleur jaune. Ce sel se décompose peu à peu en donnant de l'iode et de l'acide stannique (Rammelsberg).

Carbonate stanneux. — Lorsqu'on ajoute un carbonate alcalin à une solution stanneuse, il se précipite de l'hydrate stanneux et il se dégage de l'acide carbonique; mais on obtient un carbonate stanneux basique, $Sn^2CO^4 = SnCO^3.SnO$ en faisant digérer du chlorure stanneux cristallisé avec une solution concentrée de bicarbonate sodique, dans un flacon fermé; on obtient ainsi une poudre cristalline dense. Ce sel s'altère rapidement à l'air en devenant jaune.

Si l'on remplace le bicarbonate de sodium par le bicarbonate potassique ou ammonique, on obtient des sels doubles cristallisés en aiguilles soyeuses et renfermant :

Carbonate stannoso-potassique	$Sn^2K^2(CO^3)^3, 2H^2O$,
Carbonate stannoso-ammonique	$Sn^2(AzH^4)^2(CO^3)^3, 3H^2O$

[H. Deville, *Ann. de Chim. et de Phys.*, (3), t. XXXV, p. 448, 456].

Sulfocarbonates. — Le sulfocarbonate stanneux, $SnCS^3$, est un précipité brun foncé, inaltérable par la dessiccation. — Le sel stannique, $Sn^{IV}(CS^3)^2$, est un précipité orange pâle devenant rouge foncé par la dessiccation.

Sulfate stanneux, $SnSO^4$. — Berthollet a obtenu ce sel en chauffant le chlorure stanneux avec de l'acide sulfurique. On le prépare en dissolvant à chaud, jusqu'à saturation, de l'hydrate stanneux récemment précipité dans de l'acide sulfurique étendu. Par le refroidissement, il se dépose des lamelles nacrées (Bouquet). Le sulfate stanneux se décompose sous l'influence de la chaleur en anhydride sulfureux et bioxyde d'étain. Il paraît être plus soluble à chaud qu'à froid; en effet, 1 p. de ce sel exige 5,3 p. d'eau à 10° pour se dissoudre, et 5,5 p. à 100° (Marignac). Évaporée dans le vide, la solution abandonne le sel anhydre en cristaux grenus, microscopiques. On obtient encore un sulfate stanneux très-stable en distillant un mélange de sulfure stanneux et d'oxyde de mercure.

Le sulfate stanneux forme des sels doubles avec les sulfates alcalins. La combinaison potassique cristallise en aiguilles soyeuses. Marignac en a obtenu deux, renfermant

$$SnK^2(SO^4)^2 \text{ et } Sn^2K^2(SO^4)^3.$$

On obtient une solution de sulfate stannoso-potassique et de chlorure stanneux,

$$4SnK^2(SO^4)^2 + SnCl^2,$$

en petits cristaux hexagonaux brillants, lorsqu'on fait cristalliser un mélange de ces deux sels [*Ann. des Mines*, (5), t. XII].

Sulfate stannique, $Sn^{IV}(SO^4)^2 = SnO^2, 2SO^3$. — Se prépare à l'état anhydre par la dissolution de la limaille d'étain dans trois fois son poids d'acide sulfurique concentré bouillant et chassant l'excès d'acide à une douce chaleur. On l'obtient en solution en traitant l'hydrate stannique par l'acide sulfurique.

Sulfite stanneux, $SnSO^3$. — On l'obtient par dissolution de l'étain dans l'acide sulfureux; celui-ci se réduit en partie; il se forme en même temps un peu d'hyposulfite et du sulfure d'étain noir. On l'obtient sous forme d'un précipité pulvérulent blanc par l'addition de sulfite de sodium à du chlorure stanneux; ce précipité, chauffé au sein de la liqueur, se change en un sous-sel. La chaleur le jaunit, mais ne le noircit pas.

Hyposulfite stanneux, SnS^2O^3. — Se forme en petite quantité en même temps que le sulfite; il est soluble dans l'eau et n'a pas été isolé (Berzelius).

Sélénite stannique, $Sn^{IV}(SeO^3)^2$. — Sel blanc, pulvérulent, insoluble dans l'eau, soluble dans l'acide chlorhydrique, qui l'abandonne de nouveau lorsqu'on l'étend d'eau. Calciné, il donne de l'eau, de l'anhydride sélénieux, et laisse un résidu d'oxyde stannique (Berzelius).

Phosphate stanneux. — Le phosphate de soude, légèrement acidulé d'acide acétique, donne avec le chlorure stanneux un précipité blanc, volumineux, devenant peu à peu cristallin et dont la composition varie suivant le sel qui est en excès; si l'on ajoute le chlorure en excès, le sel renferme $Sn^3(PO^4)^2, SnCl^2 + 2H^2O$; il n'est pas décomposé par l'eau, même bouillante. Si le phosphate de soude est en excès, il se forme du phosphate stanneux, $Sn^5H^2(PO^4)^4 + 3H^2O$, soit

$$Sn^3(PO^4)^2 + 2SnHPO^4 + 3H^2O.$$

Ce sel est insoluble, indécomposable à 100°. Au rouge il se décompose en acide phosphorique, oxyde stannique et étain métallique [Lenssen, *Ann. der Chem. u. Pharm.*, t. CXIV, p. 113].

Phosphite stanneux, $HSn''PO^3$. — Se précipite sous forme de poudre blanche insoluble dans l'eau, soluble dans l'acide chlorhydrique. Cette dernière solution est un réducteur énergique.

PHOSPHITE STANNIQUE. — Poudre blanche insoluble, se transformant en phosphate stanneux par la calcination.

ARSÉNITES, ARSÉNIATES et SULFARSÉNIATES. — Voyez p. 400, 403, 408, 409.

ANTIMONIATE STANNEUX. — Voyez p. 349.

BORATE STANNEUX. — Poudre blanche insoluble se précipitant quelquefois en grains cristallins. Fond difficilement en un verre opaque.

SULFURES D'ÉTAIN. — SULFURE STANNEUX (protosulfure), SnS. — On peut le préparer par voie sèche en unissant directement le soufre et l'étain en fondant le mélange. Par voie humide, on l'obtient en précipitant une solution stanneuse acide par l'hydrogène sulfuré; on obtient ainsi un précipité brun. On peut l'obtenir cristallisé en introduisant le sulfure précipité et bien desséché dans du chlorure stanneux anhydre et en fusion; il s'y dissout avec une coloration brune et se sépare par le refroidissement en lamelles cristallines, qu'on isole par un lavage à l'acide chlorhydrique faible. Ce sulfure se forme encore lorsqu'on fait agir le soufre sur le chlorure stanneux fondu, qu'il transforme en chlorure stannique et en sulfure stanneux, celui-ci reste dissous dans l'excès de protochlorure et s'en sépare à l'état cristallin par le refroidissement.

Le sulfure stanneux cristallisé est en lamelles douces au toucher, d'un gris de plomb; leur densité est égale à 4,973. Amorphe, il est brun ou noir. Il est insoluble dans l'eau; l'acide chlorhydrique concentré le dissout avec dégagement d'hydrogène sulfuré; l'acide azotique le transforme en acide stannique, mais celui qui est cristallin s'attaque très-difficilement. Le sulfure stanneux s'unit à d'autres sulfures jouant le rôle d'anhydrides acides formant ainsi les sulfocarbonate, sulfarséniate d'étain, etc. Il se dissout aussi dans les polysulfures alcalins en formant des sulfostannates.

SESQUISULFURE, Sn^2S^3. — Ce sulfure, qui correspond à l'oxyde intermédiaire Sn^2O^3, s'obtient en chauffant le protosulfure au rouge sombre avec un excès de soufre; il perd de nouveau ce dernier au rouge blanc. Le sesquisulfure est une masse jaune grisâtre, à aspect métallique. L'acide chlorhydrique l'attaque, mais seulement en partie, il se dégage de l'hydrogène sulfuré et il reste du bisulfure SnS^2.

SULFURE STANNIQUE (bisulfure), SnS^2. — Préparé par voie sèche, ce composé porte le nom d'*or mussif*. Pour l'obtenir, on broie un amalgame formé de 12 p. d'étain et de 6 p. de mercure, avec 7 p. de soufre et 6 p. de sel ammoniac. On chauffe le mélange lentement jusqu'au rouge sombre, au bain de sable, dans un matras en verre peu fusible, et on maintient la chaleur jusqu'à ce qu'il ne se produise plus de vapeurs blanches. Il se forme des composés multiples, du sulfure de mercure, des chlorures de mercure et d'étain, qui se subliment en même temps que du sel ammoniac, tandis qu'au fond du matras se trouve une couche cristalline de bisulfure d'étain. La présence du sel ammoniac n'a d'autre but que d'empêcher par sa volatilisation que la température ne s'élève trop, ce qui décomposerait le bisulfure formé; en même temps il favorise le départ des autres produits sublimables.

On obtient encore du sulfure stannique cristallisé en dirigeant à travers un tube chauffé au rouge des vapeurs de chlorure stannique mélangées d'hydrogène sulfuré.

Par voie humide, on obtient le sulfure stannique, soit en précipitant une solution de tétrachlorure par l'hydrogène sulfuré, soit en décomposant un sulfostannate alcalin par l'acide chlorhydrique.

Ainsi obtenu, il est d'un jaune sale, insoluble dans l'eau, soluble dans les alcalis et reprécipitable par un acide. Quant à l'*or mussif*, il est d'un jaune d'or, en paillettes hexagonales douces au toucher. L'acide chlorhydrique bouillant ne l'attaque pas, quoiqu'il dissolve facilement le sulfure précipité; il n'est attaqué que par l'eau régale. Chauffé au rouge avec son poids de nitre, il produit une vive déflagration et se transforme en sulfate et stannate de potassium. Chauffé au rouge, le sulfure stannique se transforme en sesquisulfure, en perdant du soufre.

L'iode, en réagissant sur le bisulfure d'étain, donne naissance à un iodosulfure cristallisé, $SnSI^2$ (voyez p. 1289) (Schneider).

L'or mussif sert à bronzer le bois et à enduire les coussins des machines électriques.

Le bisulfure d'étain est soluble dans les alcalis et dans les sulfures alcalins formant des sulfostannates, correspondants aux oxystannates. En employant de la potasse caustique, une partie du sulfure donne du stannate de potassium et du sulfure de potassium qui reste uni à un excès de bisulfure d'étain. Bouilli avec du carbonate de potassium, il déplace l'acide carbonique.

Sulfostannate de potassium, K^2SnS^3. — Lorsqu'on évapore dans le vide une solution de bisulfure d'étain dans le sulfure de potassium, le sulfostannate se dépose en cristaux incolores ou jaunâtres, fort solubles dans l'eau. En présence d'un excès de sulfure stannique, ce sel se décompose en produisant du sesquisulfure d'étain et du polysulfure de potassium.

Les autres sulfostannates n'ont point été isolés, mais ceux de sodium et d'ammonium s'obtiennent facilement en solution.

SÉLÉNIURES D'ÉTAIN, SnSe. — On calcine un mélange de 3 p. d'étain et de 2 p. de sélénium et l'on dissout ensuite la masse dans le chlorure stanneux en fusion qui, par le refroidissement, abandonne le protoséléniure d'étain à l'état cristallisé; on traite cette masse par l'acide chlorhydrique étendu qui dissout l'étain en même temps que le chlorure stanneux. Si l'on introduit du sélénium dans le chlorure fondu, on produit du tétrachlorure d'étain en même temps que du protoséléniure.

Le séléniure stanneux cristallise en lamelles prismatiques brillantes, d'un gris d'acier. Sa densité à 13° est égale à 5,24. L'acide chlorhydrique bouillant ne l'attaque que difficilement; l'acide azotique met du sélénium en liberté et produit de l'oxyde stannique; l'eau régale l'attaque, mais non les alcalis. Il se dissout dans les sulfures et les séléniures alcalins en fusion. L'iode, dissous dans le sulfure de carbone, le transforme en tétraiodure et biséléniure d'étain; le brome se comporte de même [R. Schneider, *Pogg. Ann.*, t. CXXVII, p. 624].

SÉLÉNIURE STANNIQUE (biséléniure), $SnSe^2$. — Ce composé, décrit d'abord par Little [*Ann. de Chim. et de Pharm.*, t. CXII, p. 211] se forme, suivant cet auteur, soit par l'action de l'hydrogène sélénié sur le chlorure stannique, soit par l'action des vapeurs de sélénium sur l'étain fondu; mais, d'après Schneider, ce dernier procédé doit fournir du protoséléniure, car le biséléniure ne peut subsister à la température de l'expérience. Pour l'obtenir, on broie 5 p. d'iode avec 8 à 10 p. de tétraiodure d'étain et 4 p. de séléniure stanneux, puis on lave le produit au sulfure de carbone dans lequel le biséléniure d'étain est insoluble. C'est une poudre d'un brun-rouge, confusément cristalline. Sa densité est égale à 4,85. Les acides étendus, et même l'acide chlorhydrique concentré ne l'attaquent pas. L'acide azotique le transforme en acide sélénieux et bioxyde d'étain. L'acide sulfurique concentré le dissout en partie à chaud en donnant une dissolution d'un vert-olive qui abandonne du sélénium lorsqu'on l'étend d'eau et qui retient du sulfate stannique. Les alcalis le dissolvent avec une coloration rouge, et la dissolution abandonne de nouveau du séléniure d'étain rouge lorsqu'on y ajoute un acide; il est probable qu'il se forme dans ce cas du stannate et du sélénio-stannate alcalins. L'iode décompose le séléniure stannique en produisant du tétraïodure d'étain et du sélénium libre,

$$SnSe^2 + I^4 = SnI^4 + Se^2.$$

Le brome agit de même (R. Schneider).

TELLURURES D'ÉTAIN. — Inconnus. Le tellure et l'étain se combinent difficilement par fusion.

PHOSPHURES D'ÉTAIN. — L'étain, chauffé dans la vapeur de phosphore, s'y combine facilement et l'on obtient ainsi une masse de cristaux brillants et enchevêtrés (Vigier). Le phosphure d'étain, obtenu en chauffant de l'étain avec un excès de phosphore, renferme, d'après Pelletier, environ 15 °/₀ de phosphore, ce qui correspond à la formule Sn^3P^2. Ce dernier phosphure est d'un blanc d'argent, moins fusible que l'étain, mou, malléable et d'une texture lamelleuse. Projeté en poudre sur des charbons ardents, il s'enflamme.

On obtient un autre phosphure d'étain en saturant le tétrachlorure d'étain anhydre par de l'hydrogène phosphoré, et arrosant la combinaison avec de l'eau qui laisse le phosphure d'étain sous forme d'une poudre jaune renfermant 44,5 °/₀ de phosphore, ce qui correspond à la formule SnP^3 (H. Rose).

Le phosphure d'étain, chauffé dans un courant d'hydrogène, laisse un résidu d'étain métallique, tandis que le phosphore distille.

ARSÉNIURES D'ÉTAIN. — L'étain et l'arsenic se combinent, par voie sèche, presque en toutes proportions et l'on obtient ainsi des alliages métalliques plus blancs, plus durs et plus sonores que l'étain lui-même. Il suffit d'une petite quantité d'arsenic pour communiquer une partie de ces propriétés à l'étain. L'alliage renfermant 15 p. d'étain et 1 p. d'arsenic cristallise en larges lames, comme le bismuth, il est moins fusible que l'étain; ces arséniures sont facilement oxydés par le grillage; ils perdent l'arsenic par la distillation. L'acide chlorhydrique les attaque en dégageant de l'hydrogène et de l'hydrogène arsénié, et en laissant un résidu d'arsenic (Berzelius).

SILICIURE D'ÉTAIN. — Le silicium se combine à l'étain auquel il fait perdre sa ductilité et sa couleur blanche. Ce siliciure, traité par l'acide chlorhydrique, lui cède tout son étain et laisse le silicium pur et cristallisé; cependant une partie du silicium se transforme en silice (Winckler). E. W.

ÉTAIN (RÉACTIONS ET DOSAGE).

RÉACTIONS DES SELS D'ÉTAIN. — Toutes les combinaisons d'étain, chauffées avec du carbonate de soude et un peu de borax sur le charbon, dans la flamme réductrice, donnent un globule métallique d'étain, *sans que le charbon se recouvre d'aucun enduit*; comme la réduction est assez difficile, il convient d'ajouter un peu de cyanure de potassium au mélange. Pour reconnaître avec certitude la nature du globule métallique, on le dissout dans de l'acide chlorhydrique; la solution doit donner les caractères des sels stanneux.

Les composés d'étain donnent avec le borax et le sel de phosphore une perle incolore dans les deux flammes.

Sels stanneux. — Les sels stanneux solubles ont une réaction acide, leur saveur est styptique et persistante et ils communiquent aux doigts une odeur désagréable. Une grande quantité d'eau les décompose en sous-sel qui se précipite et en sel acide qui reste dissous. Voici leurs réactions:

Potasse, soude. — Précipité blanc d'hydrate stanneux soluble dans un excès d'alcali; la solution, soumise à l'ébullition, se décompose en étain métallique et stannate alcalin qui reste dissous. Le précipité bouilli avec une quantité d'alcali insuffisante pour le dissoudre se transforme en protoxyde noir anhydre.

Ammoniaque. — Précipité d'hydrate stanneux insoluble dans un excès de réactif et se transformant par l'ébullition en oxyde cristallin brun-olive.

Carbonates alcalins. — Précipité d'hydrate stanneux insoluble dans un excès de carbonate, et dégagement d'acide carbonique.

Hydrogène sulfuré. — Précipité brun foncé de sulfure stanneux SnS dans les solutions neutres ou acides, soluble dans la potasse et dans les sulfures alcalins, surtout lorsqu'ils sont polysulfurés, soluble également dans l'acide chlorhydrique bouillant.

Sulfures ammonique et potassique. — Précipité brun de protosulfure, difficilement soluble dans un excès de réactif lorsque celui-ci ne renferme pas un excès de soufre; dans ce cas il se forme du bisulfure qui se dissout et qui est reprécipité par les acides à l'état de sulfure stannique jaune.

Chlorure mercurique. — Réduction du réactif, d'abord à l'état de chlorure mercureux (calomel), puis à l'état de mercure très-divisé. Réaction caractéristique.

Les sels stanneux réduisent également les *sels ferriques* et les *sels cuivriques*, ces derniers notamment en solutions alcalines (tartrate cupropotassique).

Chlorure d'or. — Le chlorure d'or ajouté à une solution de chlorure stanneux additionnée d'un peu d'acide azotique donne une coloration pourpre ou un précipité brun nommé *pourpre de Cassius*. Cette réaction ne se produit qu'avec un mélange de sel (chlorure) stanneux et de sel stannique, c'est pourquoi il faut ajouter un peu d'acide azotique au sel stanneux.

Cyanure jaune. — Précipité gélatineux brun.

Cyanure rouge. — Précipité blanc.

Tannin. — Précipité jaune-brun.

Acide oxalique. — Précipité blanc d'oxalate d'étain.

Le *zinc* plongé dans une solution stanneuse se recouvre rapidement d'un dépôt spongieux d'étain métallique.

Le *plomb* précipite également l'étain.

Sels stanniques. — Les seules combinaisons stanniques solubles sont les combinaisons haloïdes et les stannates alcalins; il suffit de sursaturer ces derniers par de l'acide chlorhydrique pour être ramenés au même cas.

Potasse. — Précipité blanc, gélatineux, soluble dans un excès d'alcali et fort soluble dans les acides. — Voyez ACIDES STANNIQUE et MÉTASTANNIQUE, p. 1290.

Ammoniaque. — Précipité blanc, soluble dans un excès de réactif.

Carbonates alcalins. — Même précipité, accompagné d'un dégagement d'acide carbonique; difficilement soluble dans un excès.

Hydrogène sulfuré. — Précipité jaune se formant plus facilement à chaud qu'à froid. Le précipité est soluble dans les alcalis et les sulfures alcalins, aussi ne se produit-il pas dans une liqueur alcaline; l'acide chlorhydrique bouillant le dissout également.

Sulfure ammonique. — Même précipité, très-soluble dans un excès de réactif d'où il est reprécipité par un acide.

Hyposulfite de sodium. — Précipité de sulfure jaune, à chaud.

Cyanure jaune. — Précipité blanc gélatineux.

Cyanure rouge. — Rien.

Tannin. — Précipité gélatineux blanc, ne se produisant que lentement.

DOSAGE DE L'ÉTAIN. — On dose généralement l'étain à l'état d'oxyde stannique SnO^2. Dans certains cas (azotate, sulfate), il suffit de soumettre le composé à une forte calcination ou à un grillage pour avoir un résidu d'oxyde stannique. Mais lorsque l'étain se rencontre à l'état de chlorure, ce procédé n'est pas applicable, car une partie plus ou moins forte de l'étain serait entraînée par la vapeur d'eau : on a recours alors à la précipitation de l'étain par l'hydrogène sulfuré ou à son dosage par des procédés volumétriques fondés sur la puissance de réduction du chlorure stanneux.

Lorsque l'étain se trouve à l'état d'alliage, on attaque celui-ci par l'acide azotique qui transforme l'étain en hydrate stannique. Pour cela, l'alliage réduit en menus morceaux et pesé est introduit dans un ballon où on l'arrose avec de l'acide azotique de 1,3 de densité; quand, après un contact à une douce chaleur, il ne se dégage plus de vapeurs nitreuses, on étend d'eau, on chauffe, puis on recueille le dépôt sur un filtre, on le lave à l'eau bouillante, on le dessèche, puis on le calcine dans un creuset de porcelaine après l'avoir détaché du filtre qu'on incinère au-dessus du creuset et dont on ajoute les cendres au contenu du creuset : comme une petite quantité d'oxyde stannique restée attachée au filtre a pu être réduite par l'incinération, il faut arroser les cendres d'une goutte d'acide azotique, chauffer légèrement pour expulser celui-ci et enfin calciner de nouveau; il ne reste plus qu'à peser. Le poids de l'oxyde d'étain, multiplié par le rapport constant $\frac{Sn}{SnO^2}=0,7867$, donne le poids de l'étain. Cette méthode s'applique à l'analyse des alliages renfermant du cuivre, du plomb, du bismuth, de l'argent, du cadmium, du zinc, du nickel, du cobalt, du fer, du manganèse et de l'arsenic. Dans le cas de la présence de l'antimoine, celui-ci donne de l'oxyde d'antimoine, insoluble comme l'oxyde stannique, et il faut en opérer la séparation par les procédés indiqués p. 356 (séparation de l'antimoine).

On peut aussi dissoudre l'alliage dans l'eau régale; tous les métaux se trouvant ainsi amenés à l'état de chlorures, on ajoute de l'eau et on traite la solution par l'hydrogène sulfuré. Cette méthode est d'un usage général et s'applique au dosage de l'étain existant dans une solution acide quelconque. Si l'étain se trouve seul en dissolution, ou s'il est seul précipité par l'hydrogène sulfuré, on recueille le sulfure et on le transforme en oxyde stannique soit par le grillage, soit par l'action de l'acide azotique. Cette méthode permet de séparer immédiatement l'étain des métaux des autres groupes analytiques (fer, cobalt, zinc, etc.).

Lorsque l'étain se trouve dans une solution alcaline, à l'état de stannate, il faut ajouter de l'acide chlorhydrique, de manière à redissoudre tout l'acide stannique, filtrer s'il le faut, et traiter la liqueur filtrée par l'hydrogène sulfuré.

Lorsque la précipitation par l'hydrogène sulfuré est achevée, ce qui prend un certain temps, on chasse l'excès d'hydrogène sulfuré par un courant d'air ou par une exposition prolongée à l'air; cette opération est nécessaire, car l'hydrogène sulfuré retient en dissolution une certaine quantité de sulfure stannique. On recueille alors le sulfure sur un filtre, on le lave et on l'introduit, encore légèrement humide, dans un creuset de porcelaine qu'on chauffe d'abord très-modérément, puis un peu plus fort. Une chaleur trop forte pourrait volatiliser une portion du sulfure. Par cette opération, si l'on a soin d'incliner le creuset de manière que l'air puisse y circuler, le soufre brûle et l'étain se transforme en bioxyde; on incinère ensuite le filtre et l'on pèse le résidu.

Les solutions stanniques renfermant de l'acide chlorhydrique ne doivent jamais être portées à l'ébullition, car on perdrait ainsi une certaine quantité de chlorure stannique.

SÉPARATION DE L'ÉTAIN. — La séparation de l'étain des métaux appartenant aux autres groupes se fait sans difficulté par l'hydrogène sulfuré; il n'y aurait donc à considérer ici que la séparation des métaux faisant partie du même groupe analytique : antimoine, arsenic, or, platine, dont les sulfures sont solubles dans les sulfures alcalins; mais la séparation de l'arsenic et de l'étain (p. 416, 417) et celle de l'antimoine et de l'étain (p. 356) ayant déjà été traitées, nous ne dirons que quelques mots de la séparation de l'étain, de l'or et du platine.

La séparation de l'étain et de l'or s'effectue facilement en traitant la solution chlorhydrique par un corps réducteur tel que le sulfate ferreux ou l'acide oxalique et précipitant ensuite, dans la liqueur filtrée, l'étain par l'hydrogène sulfuré, à l'état de sulfure stanneux. Quant au platine, on le sépare facilement à l'état de chloroplatinate ammonique ou potassique.

Quant à la séparation de l'étain d'avec le tungstène, le molybdène, etc., voyez ces métaux.

ESSAI DES ÉTAINS ET DES COMPOSÉS D'ÉTAIN DU COMMERCE. — Nous avons déjà vu que la pureté d'un étain se reconnaît assez facilement à ses propriétés physiques. Les moyens chimiques y feront facilement reconnaître la présence des métaux étrangers. On peut traiter l'étain par de l'acide azotique et rechercher par les réactifs appropriés la présence des métaux qui accompagnent ordinairement l'étain. Quant à l'antimoine, on peut le trouver en dissolvant le métal dans de l'eau régale, étendant d'eau et faisant digérer la solution avec du fer qui précipite tout l'antimoine tandis que l'étain reste dissous.

On retrouve facilement de très-petites quantités de plomb dans l'étain en traitant 1/2 gramme de métal par de l'acide azotique étendu de 1/3 de son volume d'eau et bouillant; la liqueur filtrée, additionnée d'iodure de potassium, donne un précipité jaune, même si l'étain ne renferme que 1/10000 de plomb.

Millon et Morin font l'essai de l'étain en faisant agir sur le métal de l'acide chlorhydrique concentré et froid; l'attaque est terminée après 24 heures et l'étain, ainsi que le plomb, le fer et le zinc, se trouvent dans la dissolution, tandis que le cuivre, le bismuth et l'antimoine, en même temps qu'un peu de fer et une partie de l'arsenic, restent dans le résidu; l'autre portion de l'arsenic s'est dégagée à l'état d'hydrogène arsénié qu'on peut retenir par une dissolution de chlorure d'or ou d'azotate d'argent. Ces différents métaux peuvent ensuite être séparés et dosés par les procédés ordinaires.

Essai du sel d'étain. — Le chlorure stanneux est souvent falsifié par du sulfate de soude ou du sulfate de zinc, en outre il peut être plus ou moins transformé en tétrachlorure, il est donc bon de pouvoir déterminer sa richesse; cette opération se fait aisément, par liqueurs titrées, à l'aide du permanganate de potasse ou du bichromate de potasse; la méthode par le bichromate a été indiquée p. 263. Quant au permanganate, on peut le faire agir directement sur le chlorure stanneux, additionné d'acide chlorhydrique qu'il transforme en chlorure stannique; on titre le permanganate soit par du chlorure d'étain pur, soit par du fer. Scheurer-Kestner a fait voir que la quantité de permanganate à ajouter à la solution stanneuse varie avec la concentration de cette dernière, car si celle-ci est étendue, le permanganate n'agit que lentement sur le chlorure stanneux; on opère avec plus de certitude si l'on ajoute à l'essai un excès de permanganate de manière à être sûr de transformer tout le chlorure stanneux, et si l'on détermine ensuite l'excès de permanganate par du chlorure ferreux d'un titre connu [*Compt. rend.*, t. LII, p. 531].

Lenssen [*Journ. für prakt. Chem.*, t. LXVIII, p. 193] a proposé de doser l'étain, en solution stanneuse, par une solution titrée d'iode; à cet effet, on dissout le sel d'étain dans l'acide chlorhydrique et dans 250 centigrammes, par exemple, d'eau; on prend alors 10 centigrammes de cette solution qu'on additionne d'un peu d'amidon, de sel de Seignette et de carbonate de soude, celui-ci ne précipite pas l'oxyde stanneux en présence de l'acide tartrique et n'empêche pas la réaction de l'iode sur l'amidon; on titre alors avec la solution d'iode qu'on ajoute jusqu'à ce que la coloration bleue de l'iodure d'amidon se produise.

Enfin, Terreil traite la solution de sel d'étain par la potasse, de manière à redissoudre le précipité, puis il dose l'étain par une liqueur cupro-alcaline; celle-ci est réduite et laisse déposer de l'oxydule de cuivre dont le poids indique la quantité de sel d'étain : $1^{gr}Cu^2O$ correspond à $0^{gr},825$ d'étain et à $1^{gr},3214$ de sel d'étain.

Essai du stannate de sodium. — Le procédé suivant, qui repose sur la volatilité du chlorure stannique, est très-expéditif; on calcine et on pulvérise le stannate, puis on en mélange un poids connu avec 5 p. environ de sel ammoniac, dans un creuset de porcelaine; on chauffe et on mélange de nouveau le résidu avec du sel ammoniac; on recommence cette opération jusqu'à ce que le résidu n'éprouve plus de perte de poids; tout l'étain a alors été entraîné à l'état de chlorure et l'alcali se trouve dans le résidu à l'état de chlorure; la calcination doit se faire sans que le résidu entre en fusion, ce qui empêcherait son mélange avec le sel ammoniac.

Goldschmidt dose l'étain dans un stannate en précipitant sa solution aqueuse chaude par de l'acide sulfurique étendu, décantant après 24 heures l'acide métastannique qui s'est déposé, le lavant, séchant, calcinant et pesant [*Dinglers polytechn. Journ.*, t. CLXII, p. 76].

Le stannate de sodium est souvent mélangé d'arséniate; pour en faire l'essai, on le dissout dans l'acide chlorhydrique, on en précipite l'arsenic par le cuivre, puis l'étain par le zinc; on redissout alors l'étain dans l'acide chlorhydrique et on le dose par liqueur titrée (Wakefield).

Essais des minerais d'étain. — L'oxyde stannique naturel, comme celui qui a subi une forte calcination, est insoluble dans les acides. Pour en faire l'analyse, il faut le transformer en stannate de potasse par la fusion avec de la potasse, au creuset d'argent. On peut aussi le réduire en poudre impalpable et le chauffer dans un creuset de porcelaine avec un mélange de 3 p. de carbonate de soude sec et 3 p. de soufre; on ferme le creuset et on le chauffe jusqu'à ce que l'excès de soufre se soit volatilisé et que le résidu soit en fusion; on laisse alors refroidir et l'on plonge le creuset dans de l'eau. Si l'oxyde d'étain est pur, tout se dissout, sinon il reste des sulfures insolubles que l'on filtre, puis l'on traite la liqueur filtrée par l'acide chlorhydrique qui précipite le sulfure d'étain (en même temps que des sulfures d'arsenic et d'antimoine, s'il y en a, dont il faut opérer la séparation); il ne reste plus qu'à transformer le sulfure en oxyde et à peser ce dernier.

Levol attaque 5 grammes de minerai par l'eau régale, lave le résidu sur un filtre et le calcine avec 1 gramme de charbon de sucre pendant un quart d'heure, dans un petit creuset de porcelaine, recouvert d'une couche de charbon; la masse refroidie est parsemée de globules d'étain qu'on redissout dans l'eau régale pour précipiter ensuite l'étain par une lame de zinc dans la liqueur filtrée; on lave cet étain et on le fond en un culot métallique, sous une couche de cyanure de potassium; le résidu de ce second traitement par l'eau régale représente la partie insoluble de la gangue. Quant aux liqueurs provenant du premier traitement par l'eau régale, on y dose les différentes substances par les procédés ordinaires [Levol, *Ann. de Chim. et de Phys.*, (3), t. XLIX, p. 87].

On peut aussi, après le premier traitement par l'eau régale, calciner le résidu avec du charbon et du cyanure de potassium; on obtient ainsi immédiatement un culot d'étain métallique que l'on pèse.

Moissenet traite également le minerai par l'eau régale, calcine le résidu avec du charbon, dissout dans l'acide chlorhydrique l'étain réduit, le précipite par du zinc et le fond sous une couche de stéarine [*Compt. rend.*, t. LI, p. 205].

Gibbs attaque le minerai en le fondant avec 3 à 4 p. de fluorhydrate de fluorure de potassium; si l'on décompose ensuite la masse par de l'acide sulfurique, jusqu'à élimination de tout l'acide fluorhydrique et si l'on fait bouillir la liqueur filtrée avec de l'eau, tout l'étain se précipite à l'état d'oxyde stannique qui ne renferme que des traces de fer [*Sill. Amer. Journ.*, (2), t. XXXVII, p. 355].

Nous citerons encore le procédé de Cl. Winkler [*Berg. u. Hüttenm. Zeitung*, t. III (1864)]. On grille le minerai d'abord seul, puis avec du charbon, pour éliminer le soufre, l'arsenic, l'antimoine; le résidu est ensuite fondu avec du bisulfate de potassium, puis repris par l'acide chlorhydrique qui enlève le fer, le manganèse et le cuivre; le résidu, mis en digestion avec de l'ammoniaque ou de la potasse caustique, cède l'acide tungstique qu'il peut renfermer. Le nouveau résidu (SnO^2 et SiO^2) est ensuite chauffé au creuset avec son poids d'oxyde de cuivre, 2 p. de carbonate de soude anhydre, 1 p. de fécule et $0^p,25$ de borax, le tout recouvert d'une couche de sel marin. On chauffe d'abord au rouge, puis au blanc naissant, pendant une heure; après le refroidissement, on trouve un bouton métallique renfermant tout l'étain et le cuivre ajouté, dont on déduit le poids. Sans l'addition d'oxyde de cuivre, il y a toujours une perte d'étain. E. W.

ÉTAIN (MÉTALLURGIE DE L'). — L'oxyde d'étain est le seul minerai de ce métal; le sulfure d'étain est rare. L'oxyde d'étain (cassitérite) se trouve dans les terrains anciens, granites, porphyres, schistes, etc., quelquefois dans les terrains de transition; il est presque toujours accompagné de wolfram, de molybdène sulfuré et de pyrites arsenicales, ainsi que de galène et de blende; la gangue est généralement formée de quartz, de spath fluor, de micas, etc. Les gisements stannifères les plus abondants sont : dans le comté de Cornouailles, en Espagne, en Saxe et en Bohême; au Chili, au Mexique et aux Indes. On en a également rencontré en France, dans le Morbihan.

L'extraction de l'étain est très-simple, à cause de la facilité avec laquelle le minerai est réduit par le charbon. Le minerai cru est trié, bocardé et lavé pour en séparer les gangues pierreuses, puis, lorsqu'il provient de filons, soumis à un grillage qui a pour but d'en séparer le soufre et l'arsenic. Un nouveau lavage enlève alors facilement l'oxyde de fer et les autres matières altérées par le grillage. Cette opération, qui dure généralement sept heures, se fait dans un four à réverbère. Le minerai d'alluvion, qui est beaucoup plus pur, n'a pas besoin de ce grillage.

Saxe. — Le minerai grillé est fondu sans addition, ou avec un peu de quartz quand il est très-ferrifère et avec 2 à 4 % de chaux quand il contient du wolfram et du molybdène sulfuré. La fusion se fait dans un four à manche. La figure 242 représente la coupe verticale et le plan de ce fourneau. L'étain s'écoule dans deux bassins

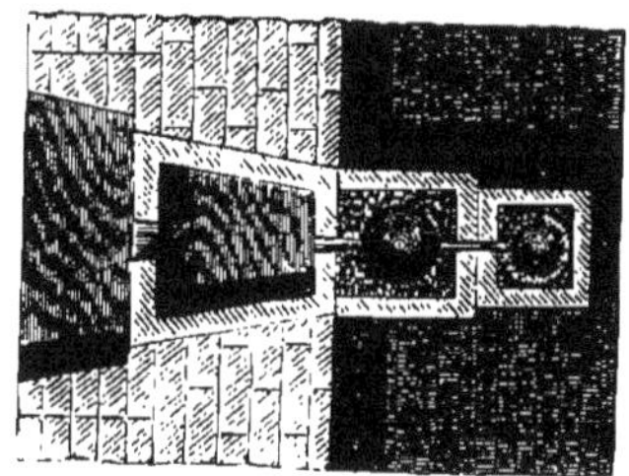

Fig. 242. — Four à manche pour la fusion de l'étain.

de réception, le premier étant destiné à retenir les scories. La hauteur du fourneau au-dessus de la sole est de 4 mètres; la charge ordinaire est de 6 kilogrammes de schlich grillé et de 1 litre 1/2 de charbon de bois léger. On passe 52 kilogrammes de minerai par heure, et la campagne dure cinq à six jours. Le four est surmonté d'une cheminée à laquelle arrivent les produits gazeux, après avoir traversé une série de compartiments de condensation.

Les scories de la fonte du minerai renferment encore 25 % environ d'étain, on y ajoute les crasses d'affinage obtenues comme on le verra plus loin, et on les fond avec parties égales de scories de forge dans un fourneau à manche de 1m,60 de hauteur; le fer tend à se réduire à l'état métallique et exerce alors une action réductrice sur les scories d'étain.

Bohême. — L'exploitation de l'étain a lieu principalement à Zinnwald et à Schlaggenwald; elle comprend le grillage du minerai qui se fait dans des fours à réverbère à sole elliptique, et la fonte s'opère dans des fours à manche analogues au précédent.

Le raffinage de l'étain se fait sur une aire de liquation, inclinée de 1/12 et ayant sur trois de ses côtés un rebord de 0m,15; on allume de petits morceaux de bois sur cette aire et l'on y pose des pains d'étain ; celui-ci coule peu à peu sur l'aire et se rend à sa partie inférieure dans une cavité en granit de 0m,25 de diamètre; là on le puise et on le coule en feuilles sur des tables en fonte ou, mieux, en cuivre; on roule ensuite ces feuilles qui portent le nom de balles d'étain et on les soumet à une nouvelle liquation. Les crasses provenant de ces liquations, jointes à la grenaille d'étain résultant du bocardage des scories, sont ensuite fondues dans des pots en terre, avec de la poix minérale et du charbon de bois. Après deux heures de chauffe, ces pots étant retirés du feu, on remue leur intérieur avec des tiges de bois vert qui achèvent la réduction et produisent d'abondantes fumées dues à des vapeurs d'acide arsénieux, d'oxyde d'antimoine, d'oxyde de zinc entraînés par les gaz que dégage le bois vert ; l'étain se rassemble alors en une masse fondue qui ne se ternit guère au contact de l'air si l'étain est suffisamment purifié. Cet étain enfin est raffiné avec l'étain en pains obtenu par l'opération principale.

Cornouailles. — Les minerais de Cornouailles sont de deux sortes: le minerai des filons et le minerai d'alluvion qu'on retire par lavage des sables d'alluvion. Ces minerais sont généralement traités dans des fours à réverbère alimentés à la houille. On ne soumet à la fonte au charbon de bois, dans des fours à tuyère, que les meilleurs minerais d'alluvion, dans le but d'obtenir un métal très-pur. Ce dernier procédé est semblable à ceux suivis en Saxe et en Bohême.

La fonte au four à réverbère se fait dans des fours à voûte très-surbaissée, à une seule chauffe (fig. 243 et 244).

Fig. 243. — Four à réverbère.

Ces fours sont munis de trois portes, l'une pour la charge, une pour la chauffe et une troisième pour brasser la masse et faire sortir les scories. La sole est légèrement concave; de sa partie la plus basse part un conduit qui amène l'étain dans des bassins de réception. Ce conduit est fermé pendant la fonte par un tampon d'argile. On mélange le minerai avec de la houille et quelquefois avec de la chaux pour faciliter la fusion de la gangue. Le point essentiel est que la réduction de l'étain ait lieu avant la fusion de la gangue, sans quoi il se formerait un émail d'une réduction difficile. Pour cela, après six à sept heures, on jette sur la masse quelques pelletées de houille sèche et en poudre, ce qui rend les scories moins fusibles. L'étain qu'on a fait couler dans les réservoirs est puisé avec des poches et coulé dans des moules en fonte pour le soumettre ensuite au raffinage. La liquation s'opère dans un four à réverbère semblable au précédent, et que l'on chauffe modérément; l'étain fond alors et coule dans les bassins d'affinage, où on l'agite avec des bûches de bois vert.

Les saumons d'étain laissent sur la sole du fourneau des crasses formées d'un alliage très-ferrugineux, on en réunit toutes les portions qu'on soumet à un nouvel affinage.

Inde. — On rencontre dans la presqu'île de Malacca, l'île de Banca et quelques autres, des minerais d'étain d'alluvion très-riches et très-purs; on les fond, sans grillage préalable, dans

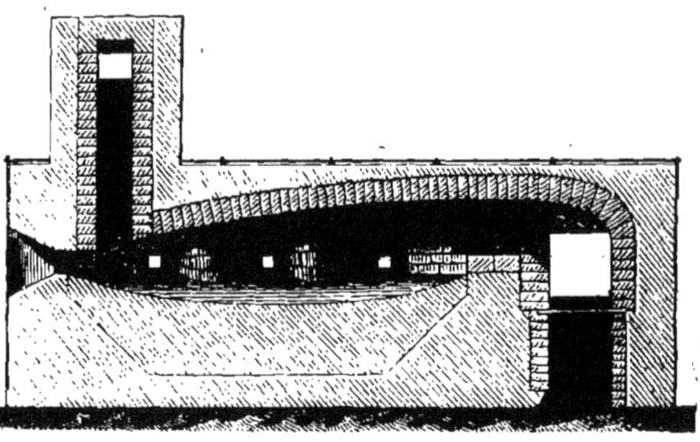

Fig. 244. — Four à réverbère.

de petits fours à manche analogues à ceux de Bohême.

La production annuelle de l'étain est d'environ 75,630 qm. L'Angleterre en fournit 40,000 qm; l'Inde 34,000; la Saxe 1,200.

Voici la composition des étains du commerce :

	Banca (Mulder).	Angleterre (Berthier).		Piriac (Loire-Inf.) Berthier.			Saxe.	Bohême (ordinaire).		Pérou.
Étain	99,961	99,76	98,64	99,5	97,0	95,0	98,11	99,9	97,05	95,66
Fer	0,019	traces.	traces.	traces.	2,8	1,2	0,71	»	0,63	0,07
Plomb	0,014	»	0,20	0,2	»	3,0	»	»	»	1,93
Cuivre	0,006	0,24	1,16	»	»	»	»	»	2,32	traces.
Bismuth	»	»	»	»	»	»	»	0,1	»	»
Antimoine	»	»	»	»	»	»	»	»	»	2,34
Arsenic	»	»	»	»	»	»	0,90	»	»	»
	100,000	100,00	100,00	99,7	99,8	99,2	99,72	100,00	100,00	100,00

E. W.

ÉTAIN OXYDÉ. — Voyez CASSITÉRITE.

ÉTAIN SULFURÉ. — Voyez STANNINE.

ÉTHACÉTIQUE (ACIDE). — Cet acide appelé aussi *éthylacétique* a été obtenu par Frankland et Duppa, en même temps que d'autres produits, par l'action successive du sodium et de l'iodure d'éthyle sur l'éther acétique. Il présente la composition de l'acide butyrique, mais la question de l'identité ou de la non-identité n'est pas encore résolue. (Voyez DIÉTHYLACÉTONE, p. 1162, et ACIDE BUTYRIQUE.) L'acide diméthacétique obtenu par les mêmes auteurs dans l'action de l'iodure de méthyle sur l'éther sodacétique présente la même composition. On ne sait s'il est identique avec le précédent ou avec l'acide butyrique. Geuther pense qu'ils ne sont pas identiques. — Voyez ACIDE ÉTHYLDIACÉTIQUE, p. 1312.

ÉTHAL. — Voyez CÉTYLIQUE (ALCOOL).

ÉTHÉNYLE-DIAMINE,

$$\left.\begin{matrix}(C^2H^3)'''\\ H^3\end{matrix}\right\}Az^2.$$

— Nom donné par Hofmann à l'acédiamine de Strecker. — Voyez t. I, p. 4.

ÉTHÉNYLE-DIPHÉNYLE-DIAMINE. — Hofmann obtient le dérivé diphénylique de l'éthényle-diamine en mêlant avec précaution du trichlorure de phosphore avec de l'aniline et de l'acide acétique ou du chlorure d'acétyle, ou encore de la phénylacétamide, et chauffant à 160° pendant 2 heures :

$$2PCl^3 + 6C^6H^7Az + 3C^2H^4O^2$$
$$= 6HCl + 2H^3PO^3 + 3[C^2H^3.(C^6H^5)^2.H.Az^2];$$
$$PCl^3 + 6C^6H^7Az + 3C^2H^3O.Cl$$
$$= 6HCl + H^3PO^3 + 3[C^2H^3.(C^6H^5)^2.H.Az^2];$$
$$PCl^3 + 3C^6H^7Az + 3\left.\begin{matrix}C^6H^5\\ C^2H^3O\\ H\end{matrix}\right\}Az$$
$$= 3HCl + H^3PO^3 + 3[C^2H^3.(C^6H^5)^2.H.Az^2].$$

On dissout la masse résineuse produite, dans de l'eau bouillante, on laisse refroidir et l'on ajoute de la soude qui précipite la base sous forme de paillettes blanches fusibles à 137°, volatiles sans décomposition, insolubles dans l'eau, solubles dans l'éther et dans l'alcool chaud.

Ce corps, qui est l'*éthényle-diphényle-diamine* n'a pas de réaction alcaline, il est très-stable, il est cependant attaqué par l'acide sulfurique concentré qui en dégage de l'acide acétique et forme de l'acide sulfanilique :

$$\left.\begin{matrix}(C^2H^3)'''\\ (C^6H^5)^2\\ H\end{matrix}\right\}Az^2 + 2H^2SO^4$$
$$= C^2H^4O^2 + 2C^6H^7AzSO^3$$

[*Compt. rend.*, t. LXII, p. 729; et *Bull. de la Soc. chim.*, 1866, t. VI, p. 162].

ÉTHÉNYLE-ÉTHYLE-DIPHÉNYLE-DIAMINE. — On peut substituer le groupe éthyle à un atome d'hydrogène de l'éthényle-diphényle-diamine : pour cela on chauffe ce dernier composé avec de l'iodure d'éthyle à 150° pendant cinq à six heures; on transforme l'iodure en chlorure à l'aide du chlorure d'argent et l'on précipite par le chlorure platinique. On obtient ainsi l'*éthényle-éthyle-diphényle-diamine*

$$\left.\begin{matrix}(C^2H^3)'''\\ (C^6H^5)^2\\ C^2H^5\end{matrix}\right\}Az^2.$$

Ce composé est à son tour attaqué par l'iodure de méthyle et donne un iodure qui, traité par l'oxyde d'argent, fournit une base à réaction très-alcaline :

$$\left.\begin{array}{r}(C^2H^3)'''\\(C^6H^5)^2\\C^2H^5\\C^2H^5\end{array}\right\}(Az^2)^{viii}.OH.$$

La formule que nous donnons à cet hydrate montre que nous y considérons les deux atomes d'azote comme liés entre eux et perdant chacun par ce fait une atomicité : l'analyse du chloroplatinate et de l'azotate d'éthényle-diphényle-diamine prouve en effet que ce dernier corps aussi bien que l'acédiamine et que la formodiamine constitue, comme l'a fait remarquer M. Gautier, une diamine-monacide. Il se combine à HCl, à $HAzO^3$, etc. (Voyez FORMODIAMINE.) De plus M. Hofmann, en substituant, dans la préparation de l'éthényle-diphényle-diamine, la méthylaniline à l'aniline, a obtenu entre autres produits un chlorure dont la base est soluble dans l'eau et dont l'hydrate a pour formule

$$\left.\begin{array}{r}(C^2H^3)'''\\(C^6H^5)^2\\(CH^3)^2\end{array}\right\}(Az^2).OH.$$

ÉTHÉNYLE-DINAPHTYLE-DIAMINE,

$$\left.\begin{array}{r}(C^2H^3)'''\\(C^{10}H^7)^2\\H\end{array}\right\}Az^2.$$

— Ce corps se produit avec la naphtylamine, comme l'éthényle-diphényle-diamine avec l'aniline. La réaction n'est pas fort nette et le produit est résineux. L'analyse du sel de platine conduit à la formule ci-dessus.

ÉTHÉNYLE-TRIPHÉNYLE-DIAMINE,

$$\left.\begin{array}{r}(C^2H^3)'''\\(C^6H^5)^3\end{array}\right\}Az^2.$$

— Base non cristallisée dont on a analysé le sel de platine et qui se produit comme les précédents en employant la diphénylamine au lieu d'aniline. G. S.

ÉTHER. — Voyez ÉTHYLE (OXYDE D').

ÉTHÉRIFICATION. — On appelle éthérification le phénomène de la transformation d'un alcool en éther. De même qu'il faut distinguer, parmi les composés portant le nom générique d'éthers, deux classes nettement séparées, dont l'une renferme les corps ressemblant à l'éther ordinaire (improprement appelé éther sulfurique) et dont l'autre réunit ceux qui ressemblent à l'éther acétique ; il est nécessaire aussi de distinguer deux réactions qui ont reçu toutes deux le nom d'éthérification. Nous parlerons d'abord de celle qui fournit les corps analogues à l'éther, ou oxydes des radicaux alcooliques.

I. La transformation de l'alcool en éther par l'action de l'acide sulfurique a été remarquée depuis fort longtemps ; la théorie de cette réaction a exercé la sagacité d'un grand nombre de chimistes et donné lieu à des interprétations très-diverses. Vauquelin et Fourcroy l'attribuèrent d'abord à une action déshydratante de l'acide sulfurique ; pourtant ils avaient bien reconnu la mise en liberté simultanée de l'eau et de l'éther, et ils avaient ainsi fourni d'avance un argument frappant contre leur manière de voir [*Ann. de Chim.*, t. XXIII, p. 203]. Les analyses de Saussure et de Gay-Lussac, en montrant que l'alcool

$$C^4H^6O^2 \ (C = 6, H = 1, O = 8)$$

ne diffère de l'éther C^4H^5O que par HO en plus, semblèrent donner une confirmation éclatante à l'opinion de leurs prédécesseurs [*Ann. de Chim.*, t. LXII, p. 226, t. LXXXIX, p. 273, et t. XCV, p. 311]. Toutefois, en y regardant de plus près, puisque l'acide sulfurique abandonnait l'eau séparée de l'alcool, il était difficile d'admettre que ce fût l'avidité de l'acide pour l'eau qui causât l'éthérification. On eut recours alors à l'hypothèse d'une action de présence, classant ainsi la production de l'éther à côté de bien d'autres phénomènes divers dont on ignorait les causes. (Mitscherlich, Graham).

M. Liebig fut le premier à apercevoir le rôle important que joue, dans la réaction qui nous occupe, la formation de l'acide sulfovinique, dont, d'après lui, la destruction fournit de l'éther, de l'eau et de l'acide sulfurique [*Ann. de Chim. et de Phys.*, t. LV, p. 147].

M. Graham avait reconnu que l'acide sulfovinique ou éthylsulfurique, chauffé seul à la température où son mélange avec l'alcool fournit de l'éther, n'est pas susceptible d'en donner [*Journ. de Pharm. et de Chim.*, t. XVIII, p. 124]. La théorie de M. Liebig n'était donc plus soutenable.

Mais c'est à M. Williamson que l'on doit d'avoir élucidé complétement la question en mettant hors de doute la série de transformations par lesquelles passe l'alcool avant d'arriver à l'état d'éther.

Le premier fait important mis en évidence par ce chimiste éminent est celui-ci : deux molécules d'alcool sont nécessaires pour former une molécule d'éther. C'est ce qui résulte d'une manière incontestable de la production de l'éther par l'action de l'iodure d'éthyle sur l'alcoolate de soude, et surtout de la production de l'éther mixte méthyléthylique, par l'action de l'iodure de méthyle sur le même alcoolate :

$$C^2H^5.O.Na + CH^3I = C^2H^5.O.CH^3 + NaI.$$

Il ne pouvait donc plus être question d'une simple déshydratation de l'alcool.

D'autre part, le mécanisme de l'éthérification par l'acide sulfurique était comme pris sur le fait dans l'expérience suivante : De l'alcool ayant été chauffé avec de l'acide amylsulfurique, en proportions équivalentes, on a obtenu l'éther mixte éthylamylique. Le même éther s'est formé par l'action de l'acide sulfurique sur un mélange des alcools éthylique et amylique.

Enfin, en faisant arriver un courant d'alcool dans de l'acide amylsulfurique chauffé, on a obtenu d'abord de l'éther éthylamylique, et puis, en continuant l'opération assez longtemps, de l'éther ordinaire ; à ce moment le liquide ne renfermait plus que de l'acide sulfovinique. Il devenait évident que les alcools, en réagissant sur l'acide sulfurique, étaient d'abord transformés en acides viniques avec élimination d'eau, et qu'une partie encore libre de l'alcool, réagissant sur l'acide formé, régénérait de l'acide sulfurique avec mise en liberté d'éther :

$$C^2H^5OH + SO^2(OH)^2 = SO^2(OH)(OC^2H^5) + H^2O;$$

$$SO^2(OH)(OC^2H^5) + C^2H^5OH = SO^2(OH)^2 + C^2H^5OC^2H^5$$

[*Journ. of the Chem. Soc.*, t. IV, p. 166, 229, 350 ; *Phil. Mag.*, t. XXXVIII, p. 350 ; *Ann. de Chim. et de Phys.*, (3), t. XL, p. 98].

Il résultait de là qu'une même portion d'acide sulfurique pouvait éthérifier une quantité indéfinie d'alcool, et c'est ce qu'avait déjà démontré l'expérience de Boullay, dans laquelle un filet continu d'alcool arrivant dans un mélange de 9 p. d'acide sulfurique concentré et de 5 p. d'alcool à 90°, maintenu à 140°, est transformé intégralement en éther et eau qui distillent.

La plupart des sulfates, chauffés à une température suffisante, en vases clos, avec de l'alcool, déterminent son éthérification [Reynoso, *Ann. de*

Chim. et de Phys., (3), t. XLVIII, p. 385]. Il y a là décomposition du sulfate par l'alcool, qui dans certains cas est permanente, et qui dans d'autres cas n'a lieu que d'une manière temporaire, mais qui suffit à fournir la petite quantité d'acide nécessaire pour éthérifier l'alcool.

Mais l'acide sulfurique et les sulfates ne sont pas seuls capables de transformer l'alcool en éther : l'acide phosphorique, l'acide arsénique, l'acide perchlorique, etc., agissent d'une manière analogue. Il en est de même des chlorures, bromures et iodures métalliques, des chlorures, bromures et iodures des radicaux organiques, et par conséquent des acides chlorhydrique, bromhydrique et iodhydrique. M. Reynoso a fait un grand nombre d'expériences relatives à l'action de ces divers corps sur l'alcool ; il admet qu'il y a décomposition des chlorures, par exemple, avec formation d'une petite quantité d'éther chlorhydrique. C'est ce dernier qui produit l'éther en réagissant sur l'alcool en excès par une réaction de tout point semblable à celle indiquée par M. Williamson. L'acide mis en liberté reproduit une quantité correspondante de chlorure d'éthyle, qui à son tour se transforme en éther et ainsi de proche en proche. M. Reynoso a d'ailleurs montré directement qu'il y a bien réaction réciproque entre l'alcool et le chlorure d'éthyle, avec formation d'éther. Cette action a été mise hors de doute par les expériences de MM. Friedel et Crafts, qui en chauffant ensemble de l'iodure d'éthyle et de l'alcool amylique, ou de l'iodure d'amyle et de l'alcool ordinaire, ont obtenu de l'éther mixte éthylamylique. Ils ont constaté en même temps la mise en liberté d'une certaine quantité d'acide iodhydrique [*Bull. de la Soc. chim.*, 1863, p. 597, et 1864, t. II, p. 100]. L'action de présence attribuée à toute la série des corps éthérifiants est donc ramenée à une simple action chimique s'exerçant, dans la plupart des cas, successivement, et laissant après sa terminaison, en raison d'une sorte d'équilibre qui s'établit entre les divers produits de la réaction, une quantité du corps éthérifiant qui ne diffère pas sensiblement de la quantité primitive.

II. La production des éthers salins simples ou composés se fait par diverses méthodes dont nous allons énumérer les principales :

1° Action des iodures ou bromures des radicaux alcooliques sur les sels d'argent, de plomb, de potasse, etc., des divers acides :

$$\underset{\text{Iodure d'éthyle.}}{C^2H^5I} + \underset{\text{Acétate d'argent.}}{C^2H^3O.OAg} = AgI + \underset{\text{Acétate d'éthyle.}}{C^2H^3O.OC^2H^5}.$$

Cette méthode a été employée pour la première fois par M. Wurtz. Souvent la réaction a lieu par le simple mélange des deux produits; quelquefois il faut la faciliter en chauffant plus ou moins dans un appareil à reflux ou même en vase clos. Lorsqu'on veut préparer un éther d'un acide liquide, comme l'acide acétique par exemple, il est bon d'ajouter une certaine proportion d'acide au mélange, pour rendre ce dernier moins épais. On peut aussi employer pour cet usage l'éther ou l'alcool. Ce dernier liquide est d'un usage avantageux lorsqu'on se sert de sels de potasse, les sels des acides organiques y étant en général solubles et le chlorure l'étant fort peu. Il ne faut toutefois employer l'alcool vinique que lorsqu'il s'agit de préparer des éthers de ce même alcool; les alcools exerçant une action décomposante sur les éthers composés, ainsi que l'ont fait voir MM. Friedel et Crafts, on obtiendrait des mélanges d'éthers qui pourraient être difficiles à séparer. Pour éviter cet inconvénient, il suffirait d'employer comme dissolvant l'alcool renfermant le même radical que l'on veut introduire dans l'éther. Il importe toujours d'éviter autant que possible la présence de l'eau, qui exerce sur les éthers une action décomposante plus ou moins énergique.

2° Action du chlorure du radical acide sur l'alcool :

$$\underset{\text{Chlorure d'acétyle.}}{C^2H^3OCl} + \underset{\text{Alcool.}}{C^2H^5.OH}$$

$$= HCl + \underset{\text{Acétate d'éthyle.}}{C^2H^3O.OC^2H^5}.$$

3° Action de l'acide chlorhydrique sur un mélange de l'acide et de l'alcool.

$$\underset{\text{Acide acétique.}}{C^2H^3O.OH} + \underset{\text{Alcool.}}{C^2H^5OH} + HCl$$

$$= \underset{\text{Acétate d'éthyle.}}{C^2H^3O.OC^2H^5} + H^2O + HCl.$$

Cette méthode d'éthérification est très-employée. Elle se pratique d'ordinaire en saturant de gaz chlorhydrique le mélange et en distillant ensuite. On peut supposer qu'il se forme, dans ce cas, d'une manière transitoire le chlorure du radical acide, et que celui-ci par sa réaction sur l'alcool fournit l'éther, avec dégagement d'acide chlorhydrique. C'est ce que semblent démontrer les expériences de M. Friedel, qui a obtenu du chlorure de benzoyle ou du chlorure d'acétyle en faisant passer un courant d'acide chlorhydrique dans un mélange d'acide phosphorique anhydre et d'acide benzoïque ou acétique, maintenu vers 200°. L'acide phosphorique a pour but d'absorber l'eau et d'empêcher une réaction inverse entre ce corps et le chlorure acide [Friedel, *Compt. rend. de l'Acad.*, t. LXVIII, p. 1557 (1869)].

4° Action de l'acide sulfurique sur un mélange de l'alcool et de l'acide. Ici encore l'acide sulfurique exerce en apparence une simple action de présence ; il est extrêmement probable que cette action est analogue à celle qui a lieu dans la production de l'oxyde d'éthyle, et qu'il y a d'abord formation d'acide éthylsulfurique, puis réaction de l'acide éthylsulfurique sur l'acide organique, avec régénération de l'acide sulfurique et formation d'éther :

$$\underset{\text{Acide éthylsulfurique.}}{SO^2.OC^2H^5.OH} + \underset{\text{Acide acétique.}}{C^2H^3O.OH}$$

$$= \underset{\text{Acétate d'éthyle.}}{C^2H^3O.OC^2H^5} + SO^2(OH)^2.$$

5° Action d'un sel de l'acide sulfoconjugué de l'alcool sur un sel de l'acide. En distillant, par exemple, de l'éthylsulfate de potasse avec du cyanate de potasse, on obtient l'éther cyanique :

$$\underset{\text{Éthylsulfate de potassium.}}{SO^2OC^2H^5.OK} + \underset{\text{Cyanate.}}{CAzOK}$$

$$= \underset{\text{Cyanate d'éthyle.}}{CAzO.C^2H^5} + SO^2(OK)^2.$$

6° Il ne nous reste plus à parler que de l'action directe de l'acide sur l'alcool.

On sait depuis longtemps qu'en chauffant ensemble un acide et un alcool, on obtient un éther avec élimination d'eau. La même réaction se produit plus lentement par le simple contact à froid.

Cette action a été étudiée avec soin par MM. Berthelot et Péan de Saint-Gilles et nous devons indiquer les résultats principaux de leur travail [*Ann. de Chim. et de Phys.*, (3), t. LXV, p. 385; t. LXVI, p. 5 et 111, et t. LXVIII, p. 225].

Ces chimistes ont démontré d'abord ce fait capital qu'il existe une limite à la combinaison, limite qui n'est atteinte qu'après un temps plus ou moins long, dépendant principalement de la température, la limite étant elle-même indépendante de cette condition. Ils ont fait voir en outre qu'un système éther composé et eau est exactement équivalent à un système alcool et acide de même composition brute; de telle façon qu'en chauffant pendant un temps suffisant deux pareils mélanges, on arrive finalement à des mélanges renfermant mêmes proportions d'alcool, d'acide, d'éther et d'eau.

Il est facile de comprendre quelle est la cause de l'existence de cette limite : l'eau qui se forme par la réaction de l'acide sur l'alcool exerce sur l'éther produit en même temps une action décomposante qui régénère l'alcool et l'acide. Il y a antagonisme entre ces deux réactions, et lorsque les quantités respectives d'alcool, d'acide, d'eau et d'éther sont telles qu'à chaque instant la quantité d'éther formée est égale à celle que l'eau décompose, on a évidemment atteint l'état limite. Cela résulte de l'action que l'eau exerce sur un éther; et cela ressort encore de l'expérience suivante : lorsqu'on chauffe un mélange d'alcool et d'acide stéarique dans un tube placé au milieu d'un matras scellé dont le fond renferme de la baryte, on peut constater, au bout d'un temps suffisant, que l'éthérification du mélange est complète. L'eau étant éliminée par l'action de la baryte, rien ne s'oppose à une combinaison totale.

La limite d'éthérification est indépendante, ou à peu près indépendante de la température et de la pression, dans un système liquide. Lorsqu'une grande partie du mélange peut prendre l'état gazeux, la limite change de façon que les quantités susceptibles de se combiner croissent à mesure que la pression diminue; c'est-à-dire que l'action décomposante de l'eau décroît plus rapidement que la réaction de l'alcool sur l'acide.

La présence d'un dissolvant neutre, c'est-à-dire incapable de réagir sur l'un ou l'autre des composants du système, ne change pas sensiblement la valeur de la limite.

Cette valeur est, au contraire, ainsi qu'il était facile de le prévoir, changée par l'addition d'un excès d'alcool, d'acide, d'éther ou d'eau.

En ne considérant d'abord que les mélanges formés de quantités équivalentes d'un acide organique et d'un alcool monatomique, on reconnaît que la limite est à peu près indépendante de la nature des alcools et des acides mis en jeu, de leurs équivalents, de leur volatilité, de leur solubilité, etc. Les proportions d'alcool et d'acide éthérifiées sont toujours de 60 à 70 °/₀ de la quantité employée.

La même relation s'étend aux corps polyatomiques; la quantité d'acide neutralisée dans la réaction d'un équivalent d'un acide monatomique sur un équivalent d'un alcool polyatomique (glycol, 1/2 molécule; glycérine, 1/3 de molécule; érythrite, 1/4 de molécule) demeure comprise dans les limites indiquées plus haut.

Il en est de même des acides polybasiques, en comptant une molécule d'un acide bibasique comme équivalant à 2 molécules d'un acide monatomique, etc.

Dans le cas plus général où l'on a un mélange en proportions quelconques d'un ou plusieurs acides, d'alcools, d'éthers et d'eau, la limite de la réaction dépend presque exclusivement des rapports existant dans le mélange entre le nombre des équivalents de ces divers corps : elle est à peu près indépendante de leur nature.

Lorsqu'on mélange un équivalent d'acide et plusieurs équivalents d'alcool, la quantité d'éther formé croît à peu près proportionnellement au nombre d'équivalents d'alcool ajouté. La même loi s'observe dans des mélanges renfermant un équivalent d'alcool et plusieurs équivalents d'acide : la quantité d'éther formé est à peu près proportionnelle à la quantité d'acide.

La présence d'un excès d'éther ou d'eau diminue au contraire les quantités éthérifiées : l'influence d'un certain excès d'éther (jusqu'à un demi-équivalent) ne diffère pas beaucoup de celle d'un excès correspondant d'eau. La diminution de la proportion d'éther formée lorsqu'on mélange un équivalent d'acide et un équivalent d'alcool avec des quantités croissantes d'eau varie beaucoup plus lentement que les quantités d'eau.

Dans un système où la proportion d'alcool et d'eau est constante et où l'eau domine, l'acide étant en proportion inférieure à l'alcool, les quantités d'acide éthérifiées seront proportionnelles aux quantités totales d'acide.

L'action de l'eau sur les éthers composés s'exerce d'une manière exactement correspondante et peut être déduite des diverses lois précédentes. Des quantités croissantes d'eau décomposent des quantités croissantes d'éther, sans pouvoir toutefois provoquer une décomposition totale. L'action est relativement plus grande quand la proportion d'eau est plus faible et pour une quantité très-petite, la proportion d'éther décomposé est à peu près équivalente à celle de l'eau.

La réaction de l'eau sur l'éther est diminuée par la présence d'un excès d'alcool, ou d'un excès d'acide.

Outre ces résultats relatifs à l'état limite, MM. Berthelot et Péan de Saint-Gilles en ont fait connaître d'autres relatifs à l'état variable des divers systèmes. M. Berthelot a même cherché à représenter ces résultats par une formule.

Les nombreuses expériences faites prouvent :

Que la combinaison s'opère d'une manière lente, avec une vitesse dépendant des diverses circonstances dans lesquelles se trouve le système.

La température est, parmi ces circonstances, l'une des plus importantes, et son élévation accélère notablement l'éthérification.

La dilution dans un dissolvant inerte ralentit la combinaison.

L'éthérification pour les acides de la série $C^nH^{2n}O^2$ est d'autant plus rapide que l'équivalent de l'acide est moindre. Quant aux acides de diverses séries, et particulièrement aux acides polybasiques, pareilles relations ne semblent pas exister; les acides polybasiques semblent se combiner plus rapidement que les autres.

Les divers alcools de la série grasse ne présentent pas des différences qui correspondent à celles des acides. Les proportions des divers alcools combinés en même temps avec un même acide sont à peu près égales.

Il n'en est plus de même pour les alcools de séries différentes.

M. Berthelot a représenté les résultats relatifs à un système formé initialement d'un équivalent d'acide et d'un équivalent d'alcool au moyen de l'équation

$$dy = K\left(1-\frac{y}{l}\right)^2 dx,$$

dans laquelle y est la proportion (fraction d'équivalent) d'acide ou d'alcool combiné après le temps x, et l la valeur limitée de y. $1-y$ est alors la proportion d'acide ou d'alcool libre. K est une constante dépendant de la nature du liquide et de la température de l'expérience. Le facteur $\left(1-\frac{y}{l}\right)^2$ satisfait aux conditions données par l'expérience, puisqu'il s'annule pour $y=l$, moment où la vitesse de combinaison est nulle aussi. De plus, puisqu'il y a équilibre lorsque les masses Al et Bl d'acide et d'alcool sont éthérifiées, la liqueur contient encore des masses $A(1-l)$ et $B(1-l)$ d'acide et d'alcool neutralisées par la présence de l'éther formé. On peut donc admettre qu'à chaque instant une portion y d'éther formée neutralise une portion x d'acide ou d'alcool donnée par la relation

$$\frac{y}{x} = \frac{l}{1-l}, \text{ d'où } x = y\left(\frac{1}{l} - 1\right).$$

La quantité d'acide neutralisée étant $Ay\left(\frac{1}{l} - 1\right)$, la quantité active sera

$$A(1-y) - Ay\left(\frac{1}{l} - 1\right) \quad \text{ou} \quad A\left(1 - \frac{y}{l}\right).$$

La quantité active d'alcool sera de même $B\left(1 - \frac{y}{l}\right)$. On voit que l'équation exprime que la quantité d'éther produite est à chaque instant proportionnelle aux masses actives en présence.

En intégrant l'équation différentielle, et en déterminant la constante par la condition que la quantité combinée soit nulle au commencement de l'expérience, on trouve

$$1 = \left(\frac{k}{l}x + 1\right)\left(1 - \frac{y}{l}\right),$$

équation qui représente une hyperbole équilatère rapportée à des axes parallèles à ses asymptotes. Avec une donnée numérique fournie par l'expérience, on pourra, dans chaque cas, calculer la courbe et la comparer avec celle fournie par la réunion des divers points trouvés par l'expérience. Ces vérifications s'accordent en général d'une manière suffisante, et l'équation représente par conséquent le phénomène. C. F.

ÉTHERS. — On confond sous ce nom deux classes différentes de composés, dont les uns peuvent être considérés comme les oxydes des radicaux des alcools monatomiques et dont les autres sont les combinaisons des divers radicaux alcooliques avec les acides (1). Les propriétés de ces deux ordres de composés sont fort éloignées ; les éthers oxydes sont extrêmement stables et ne sont que difficilement décomposés, avec séparation des deux radicaux alcooliques qu'ils renferment, par le perchlorure de phosphore, l'acide chlorhydrique ou l'acide iodhydrique. Les éthers qu'on pourrait appeler salins, puisqu'ils présentent une grande analogie avec les sels, se décomposent au contraire en général assez facilement. Les alcalis et les terres alcalines les saponifient, c'est-à-dire régénèrent l'alcool primitif, en s'emparant de l'acide; l'eau seule suffit souvent pour cela, surtout à une température élevée. Les acides minéraux et organiques produisent le même effet. Il en est de même en une certaine mesure des alcools. Les éthers peuvent même faire la double décomposition entre eux [Friedel et Crafts, *Bull. de la Soc. chim.*, 1864, t. II, p. 105], non pas d'une manière complète, mais en restant assujettis à ces lois de limites que MM. Berthelot et Péan de Saint-Gilles ont montré s'appliquer à toutes les réactions éthérées. — Voyez Éthérification.

Les deux classes d'éthers n'ont guère de commun que leur dérivation des alcools et par conséquent la présence de radicaux alcooliques, et certaines réactions génératrices analogues, comme celles qui fournissent l'oxyde d'éthyle, par exemple, et l'acétate d'éthyle, par l'action du chlorure d'éthyle sur l'alcoolate de soude et du chlorure d'acétyle sur le même composé :

$$C^2H^5Cl + C^2H^5ONa = NaCl + C^2H^5OC^2H^5,$$

et

$$C^2H^3OCl + C^2H^5ONa = NaCl + C^2H^3O.OC^2H^5.$$

Nous n'énumérerons pas ici les divers éthers connus, dont le nombre est aujourd'hui extrêmement grand et dont on trouvera les principales propriétés dans les articles traitant du radical alcoolique qu'ils renferment, ou dans ceux qui traitent de leurs acides, quand ce seront des acides organiques. Nous rappellerons seulement quelle est l'importance d'une série de corps dans laquelle il faut classer, à côté des matières grasses, certaines huiles éthérées, et suivant toute probabilité, les composés qu'on appelle glucosides.

Les éthers salins, étant des acides dont l'hydrogène basique a été remplacé par un groupe alcoolique, peuvent être partagés en autant de classes qu'on a distingué de classes d'acides. Ainsi les éthers qui dérivent des hydracides et qu'on nomme *éthers simples* ont été distingués des éthers qui dérivent des oxacides et qu'on nomme *éthers composés*. Ces derniers présentent eux-mêmes des différences suivant la basicité des acides auxquels ils se rapportent. Aux acides monobasiques, dibasiques, tribasiques, correspondent des éthers monoalcooliques, dialcooliques, trialcooliques. Il est à remarquer aussi que les atomes d'hydrogène basique d'un acide polybasique peuvent être remplacés totalement ou isolément par des groupes alcooliques. Dans le premier cas l'éther composé est *neutre*, dans le second cas il est *acide*. Ainsi, l'acide sulfurique étant bibasique forme deux espèces d'éthers, comme il forme deux espèces de sels, suivant que les 2 atomes d'hydrogène basique, ou un seul atome d'hydrogène basique, ont été remplacés par des radicaux alcooliques. C. F.

ÉTHIONIQUE (ACIDE),

$$C^2H^6S^2O^7 = (C^2H^4)''\left\{\begin{matrix} O\text{-}SO^3H \\ SO^3H \end{matrix}\right.$$

[Magnus, *Poggend. Ann.*, t. XXVIII, p. 378; *ibid.* t. XLVII, p. 514; — Marchand, *ibid.*, t. XXXII, p. 466]. — Ce corps se produit par l'action de l'eau ou de l'alcool sur l'anhydride éthionique. Il se produit aussi en même temps que l'acide éthylsulfurique et l'anhydride éthionique par l'action prolongée de l'anhydride sulfurique en excès sur l'éther anhydre ou sur le sulfate d'éthyle suivant l'équation

$$\underset{\text{Sulfate éthylique.}}{2SO^4(C^2H^5)^2} + 5SO^3$$

$$= \underset{\text{Acide éthylsulfurique.}}{C^2H^6S^2O^4} + \underset{\text{Acide éthionique.}}{C^2H^6S^2O^7} + \underset{\text{Anhydride éthionique.}}{2C^2H^4S^2O^6}.$$

Le produit de la réaction traité par l'eau donne les deux acides éthylsulfurique et éthionique, et plus tard l'acide iséthionique par l'action prolongée de l'eau, Liebig donnait à ce mélange le nom d'*acide méthionique*, qu'il croyait être un isomère de l'acide éthionique [Liebig, *Ann. der Chem. u. Pharm.*, t. XIII, p. 35 ; — Redtenbacher, *ibid.*, t. XXXIII, p. 356 ; — Wetherill, *ibid.*, t. LXVI, p. 122]. Wetherill a démontré dans cette réaction la formation de l'acide éthylsulfurique et iséthionique.

Pour obtenir l'acide éthionique en solution, on ajoute un excès d'eau à froid au mélange d'anhydride éthionique et d'alcool ou d'eau, on additionne d'eau de baryte ou de carbonate, on filtre et on décompose le sel barytique par une quantité convenable d'acide sulfurique.

L'acide éthionique ne peut être obtenu pur ; sa solution, chauffée à 100°, se dédouble en acide

(1) On a encore appelé éthers les oxydes des radicaux des alcools diatomiques, tels que l'oxyde d'éthylène, mais ces corps dérivent des alcools correspondants par simple déshydratation et diffèrent par leur constitution et par leurs propriétés des oxydes des radicaux d'alcools monatomiques. Il vaut donc mieux ne pas les rapprocher de ces derniers.

iséthionique et acide sulfurique suivant l'équation

$$H.OH + C^2H^4 \begin{cases} O.SO^3H \\ SO^3H \end{cases}$$

Acide éthionique.

$$= SO^4H^2 + C^2H^4 \begin{cases} OH \\ SO^3H. \end{cases}$$

Acide sulfurique. Acide iséthionique.

L'acide éthionique est bibasique ; les éthionates neutres paraissent avoir pour formule générale

$$C^2H^4S^2O^7.(R')^2.$$

Ils sont le plus souvent solubles dans l'eau et précipités de leur solution par l'alcool. Ils se décomposent à la distillation en laissant de l'acide sulfurique. Ils se préparent en traitant le sel de baryte par le sulfate de la base dont on veut le sel.

Éthionate d'ammonium. — Bien cristallisé.

Éthionate de potassium,

$$[C^2H^4S^2O^7K + 1/2\,H^2O.$$

— Il ne perd pas d'eau dans le vide sec. Il est bien cristallisé ; il donne du soufre quand on le surchauffe.

Éthionate de sodium,

$$[C^2H^4S^2O^7]Na^2 + H^2O.$$

— Il ne peut encore perdre son eau sans s'altérer ; il ne la cède pas dans le vide sec ni à 156° (Magnus).

Éthionate de baryum,

$$[C^2H^4S^2O^7]Ba'' + 1/2\,H^2O.$$

— Il s'obtient en saturant l'acide brut par le carbonate barytique, évaporant au-dessous de 100° et précipitant par addition d'alcool. Ce sel contient toujours un peu d'iséthionate ; il perd son eau dans le vide et se décompose à 100°. Il est soluble en 10 p. d'eau à 20°.

Les éthionates de calcium, de plomb et de cuivre sont difficilement cristallisables. A. G.

ÉTHIONIQUE (ANHYDRIDE),

$$(C^2H^4)2SO^3 = [SO^2\text{-}O\text{-}C^2H^4\text{-}SO^2\text{-}O]$$

[Syn. *Sulfate de carbyle*] [Regnault, *Ann. de Chim. et de Phys.*, t. LXV, p. 98 ; — Magnus, *Poggend. Ann.*, t. XLVII, p. 509]. — Le gaz éthylène que l'on fait passer à travers l'anhydride sulfurique se combine à lui en s'échauffant. L'alcool absolu, laissé quelque temps au contact de l'acide sulfurique anhydre, produit, d'après Magnus, la même combinaison. Il se forme ainsi des cristaux fusibles à 80°, déliquescents et s'unissant à l'humidité de l'air, dont la formule brute est $C^2H^4,2SO^3$.

L'anhydride sulfurique peut être considéré, dans plusieurs de ses composés, comme un radical diatomique ; on connaît, en effet, les corps $(AzOCl)''SO^3$ et $HCl.SO^3$. On peut donc, dans ces cas, indiquer sa constitution par la formule $[SO^2\text{-}O]''$, et, à ce titre, on comprend qu'il puisse s'unir à l'éthylène pour donner l'anhydride éthionique $[SO^2\text{-}O\text{-}C^2H^4\text{-}SO^2\text{-}O]''$. Ce corps, traité par l'eau, s'échauffe beaucoup et donne ainsi une solution d'acide éthionique suivant l'équation

$$[SO^2\text{-}O\text{-}C^2H^4\text{-}SO^2\text{-}O]'' + H^2O$$

Anhydride éthionique.

$$= [SO^2.O\text{-}C^2H^4\text{-}SO^2]''2OH.$$

Acide éthionique.

ÉTHOMÉTHOXALIQUE (ACIDE), $C^5H^{10}O^3$ [Frankland et Duppa, *Ann. der Chem. u. Pharm.*, t. CXXXV, p. 25, et *Bull. de la Soc. chim.*, 1866, t. VI, p. 141]. — Le dérivé éthylique de cet acide s'obtient lorsqu'on fait réagir pendant quelques jours, à une température de 35° à 40°, du zinc granulé sur un mélange d'oxalate d'éthyle et d'iodures de méthyle et d'éthyle, à molécules égales. Il se forme une masse cristalline à laquelle on ajoute de l'eau, puis on distille, et on recueille l'*éthométhoxalate d'éthyle* vers 165°. Saponifié par la baryte, il donne l'acide éthométhoxalique.

Cet acide est cristallisé, blanc, fusible à 63°, et se sublimant facilement vers 100°. Il est très-soluble dans l'eau, l'alcool et l'éther. Sa dissolution aqueuse a une forte réaction acide ; il décompose les carbonates.

Le *sel de baryum* est une belle masse cristalline, soyeuse, très-soluble dans l'eau.

Le *sel d'argent* cristallise en masses mamelonnées brillantes, d'un demi-pouce de diamètre, assez solubles dans l'eau.

L'*éther éthylique,* $C^5H^9O^3,C^2H^5$, obtenu comme nous l'avons dit plus haut, est un liquide mobile, incolore, limpide, d'une odeur pénétrante. Il est très-soluble dans l'eau, l'alcool et l'éther. Il bout à 165°,5 ; sa densité est de 0,9768 à 13°. Il se saponifie facilement.

Les formules suivantes montrent les rapports de l'acide éthométhoxalique avec l'acide oxalique.

CO,OH	$C(CH^3C^2H^5),OH$
$\dot{C}O,OH$	$\dot{C}O,OH$
Acide oxalique.	Acide éthométhoxalique.

E. G.

ÉTHYLACÉTOCARBONATE D'ÉTHYLE. — Voyez DIÉTHYLACÉTONE, p. 1162.

ÉTHYLACÉTONE. — Voyez DIÉTHYLACÉTONE.

ÉTHYLAMINES [Syn. *Azotures d'éthyle*]. — Les éthylamines sont les ammoniaques composées de l'éthyle ; elles représentent de l'ammoniaque dont 1, 2 ou 3 atomes d'hydrogène sont remplacés par le groupe éthyle C^2H^5, ou de l'hydrate d'ammonium $AzH^4.OH$, dans lequel le même groupe éthyle s'est substitué aux 4 atomes d'hydrogène de l'ammonium.

M. Wurtz, auquel est due la découverte des ammoniaques composées, a obtenu la monoéthylamine en traitant le cyanate ou le cyanurate d'éthyle par la potasse. Comme nous le verrons plus bas, cette base se produit encore dans une foule de réactions. La diéthylamine, la triéthylamine et l'hydrate de tétréthylammonium prennent naissance en même temps que la monoéthylamine, par l'action du chlorure, du bromure, et mieux de l'iodure d'éthyle sur l'ammoniaque, ainsi que l'a montré M. Hofmann. M. Carey Lea obtient les trois éthylamines par l'action de l'azotate d'éthyle sur l'ammoniaque.

ÉTHYLAMINE,

$$C^2H^5.H^2Az = Az \begin{cases} C^2H^5 \\ H^2 \end{cases}$$

[Wurtz, *Compt. rend. de l'Acad.*, t. XXVIII, p. 223 et 323 ; *Ann. de Chim. et de Phys.*, (3), t. XXX, p. 467].

Préparation et mode de production. — L'éthylamine se produit dans un grand nombre de réactions. On la prépare :

1° Par l'action de la potasse sur l'éther cyanique (Wurtz) :

$$Az \begin{cases} CO \\ C^2H^5 \end{cases} + 2KHO = Az \begin{cases} C^2H^5 \\ H^2 \end{cases} + CO^3K^2.$$

Cyanate d'éthyle.

On distille 2 p. d'éthylsulfate de potasse et 1 p. de cyanate de potasse. Le produit est un mélange d'éther cyanique et d'éther cyanurique. On l'introduit dans un appareil distillatoire avec une solution concentrée de potasse, puis on chauffe légèrement, en élevant la température à la fin de l'opération jusqu'à ce que le contenu du ballon soit réduit à siccité. On condense les vapeurs qui se dégagent dans de l'eau acidulée d'acide chlorhydrique. On évapore la solution ; le chlorhydrate d'éthylamine parfaitement desséché est mélangé avec 2 fois son poids de chaux vive, et le mélange est introduit dans un long tube fermé par un bout, de manière qu'il en occupe la moitié, l'autre moitié étant remplie avec des fragments de potasse caustique ; on chauffe et on recueille l'éthylamine dans un matras placé dans un mélange réfrigérant.

2° Par l'action des éthers halogènes de l'éthyle sur l'ammoniaque :

$$C^2H^5.I + AzH^3 = AzH^3.C^2H^5,HI$$

Iodure d'éthyle. — Iodhydrate d'éthylamine.

[Hofmann, *Ann. de Chim. et de Phys.*, (3), t. XXX, p. 109]. Le bromure d'éthyle n'agit que lentement à froid sur une solution aqueuse d'ammoniaque ; au bout de 8 ou 10 jours, on a cependant un mélange de bromhydrate d'ammoniaque et de bromhydrate d'éthylamine. La réaction se fait mieux en chauffant à 100° une solution alcoolique d'ammoniaque et du bromure d'éthyle en excès dans des tubes scellés à la lampe ; on prend des tubes très-longs, dont la moitié seulement est immergée dans l'eau du bain-marie. Au bout de 24 heures, on a un abondant précipité de bromhydrate d'éthylamine.

Depuis, M. Hofmann a remplacé le bromure d'éthyle par l'iodure d'éthyle ; dans l'action de l'iodure d'éthyle, la réaction est plus complexe, et il se forme en même temps les iodhydrates des trois éthylamines et l'iodure de tétréthylammonium. M. Hofmann a donné le procédé suivant pour les isoler [*Proceed. of the Royal Society*, t. XI, p. 66, et *Ann. de Chim. et de Phys.*, (3), t. LXII, p. 246].

Le mélange des iodures est traité par la potasse, l'éthylamine, la diéthylamine et la triéthylamine passent à la distillation, et l'hydrate de tétréthylammonium mis en liberté se dédouble par la chaleur en éthylène, en eau et en triéthylamine. Les trois ammoniaques éthylées ne peuvent être séparées par la distillation. M. Carey Lea a constaté en effet que dans un mélange des trois ammoniaques d'éthyle, lorsque la triéthylamine est en plus grande proportion dans le mélange, c'est elle qui passe la première à la distillation, et les dernières parties, riches en éthylamine et en diéthylamine, renferment à peine des traces de triéthylamine [Carey Lea, *Chem. News*, 1864, n° 240, p. 15, et *Bull. de la Soc. chim.*, 1864, t. II, p. 355].

On les soumet à l'action de l'éther oxalique. L'éthylamine se transforme en *diéthyloxamide*, la diéthylamine en *diéthyloxamate d'éthyle*, tandis que la triéthylamine reste inaltérée.

La formation de la diéthyloxamide et celle de l'éthyloxamate d'éthyle sont représentées par les équations suivantes :

$$\left.\begin{matrix}C^2O^2\\(C^2H^5)^2\end{matrix}\right\}O^2 + 2\left[\left.\begin{matrix}C^2H^5\\H^2\end{matrix}\right\}Az\right]$$

Éther oxalique. — Éthylamine.

$$= \left.\begin{matrix}C^2O^2\\(C^2H^5)^2\\H^2\end{matrix}\right\}Az^2 + 2(C^2H^5.OH);$$

Diéthyloxamide. — Alcool.

$$\left.\begin{matrix}C^2O^2\\(C^2H^5)^2\end{matrix}\right\}O^2 + \left.\begin{matrix}C^2H^5\\C^2H^5\\H\end{matrix}\right\}Az$$

Éther oxalique. — Diéthylamine.

$$= \left.\begin{matrix}(C^2O^2)''(C^2H^5)^2Az\\C^2H^5\end{matrix}\right\}O + C^2H^5.OH.$$

Diéthyloxamate d'éthyle. — Alcool.

Il suffit donc de distiller au bain-marie le produit de la réaction de l'éther oxalique sur les bases, pour recueillir la triéthylamine pure. Le résidu est un mélange de diéthyloxamide cristallisée et de diéthyloxamate d'éthyle huileux. On sépare la portion cristallisée, on la purifie par cristallisation dans l'eau bouillante, et on la distille avec de la potasse ; on obtient ainsi l'éthylamine pure. Quant au diéthyloxamate d'éthyle, on le refroidit à 0°, température à laquelle il laisse déposer encore quelques cristaux de diéthyloxamide, puis on termine sa purification en le distillant. Les portions qui passent à 260° donnent avec la potasse de la diéthylamine pure.

Suivant M. Heintz, cette méthode présente un léger inconvénient, parce qu'il se forme en même temps que la diéthyloxamide des acides éthyl- et diéthyloxamiques, ce qui occasionne des pertes d'éthylamine et de diéthylamine, et peut amener à méconnaître la présence de ces bases lorsqu'elles n'existent qu'en petite quantité [Heintz, *Ann. der Chem. u. Pharm.*, t. CXXVII, p. 43, et *Bull. de la Soc. chim.*, 1864, t. I, p. 31].

3° Par l'action de l'azotate d'éthyle sur l'ammoniaque. On emploie de l'alcool ammoniacal et on chauffe le mélange 1 ou 2 jours au bain-marie, dans un tube de verre épais [Juncadella, *Compt. rend.*, t. XLVIII, p. 342, et *Rép. de Chim. pure*, 1859, p. 273]. M. Carey Lea, qui a étudié avec soin l'action de l'azotate d'éthyle sur l'ammoniaque, a obtenu les trois ammoniaques éthylées ; en opérant comme il suit, il prépare l'éthylamine et la diéthylamine et une très-petite quantité de triéthylamine. Pour avoir cette dernière en quantité notable, on doit modifier le procédé. — Voyez plus loin TRIÉTHYLAMINE.

L'azotate d'éthyle et l'ammoniaque aqueuse sont placés dans des tubes scellés très-résistants et chauffés au bain-marie. Le produit de la réaction est distillé avec un alcali caustique, et les ammoniaques neutralisées exactement par l'acide sulfurique. Les sulfates évaporés à sec sont repris par l'alcool. On met ensuite les bases en liberté par un alcali et on les sature par l'acide picrique. On sépare les picrates par cristallisation, le picrate d'éthylamine étant le moins soluble des deux. Il suffit ensuite de décomposer chaque picrate par l'acide chlorhydrique pour avoir à l'état de pureté le chlorhydrate d'éthylamine et celui de diéthylamine [Carey Lea, *Chem. News*, mars et août 1862, et *Rép. de Chim. pure*, 1862, p. 238].

4° L'éthylamine se forme lorsqu'on fixe sur le cyanure de méthyle l'hydrogène naissant dégagé par le zinc et l'acide sulfurique :

$$C\left\{\begin{matrix}CH^3\\Az\end{matrix}\right. + H^4 = C^2H^5.H^2Az.$$

Cyanure de méthyle. — Éthylamine.

Ce procédé est général et tous les nitriles se transforment ainsi en amines.

On ajoute 25 grammes de cyanure de méthyle à 900 grammes d'eau et 100 grammes d'acide sulfurique, et l'on verse la solution sur du zinc. Quand le dégagement d'hydrogène s'arrête, on distille à moitié la liqueur, et le produit de la distillation mêlé à 150 grammes d'eau et 80 grammes d'acide sulfurique est traité de nouveau par le zinc. Les liqueurs sont réunies et évaporées de manière à isoler la plus grande partie du sel de zinc par cristallisation. On lave les cristaux à l'alcool, on réunit les eaux de lavage aux eaux mères, on additionne d'acétate de plomb, on sépare le précipité de sulfate de plomb par le filtre et on se débarrasse du zinc que renferme la liqueur par un courant d'hydrogène sulfuré. La liqueur filtrée est distillée avec un excès de soude caustique, et l'éthylamine est reçue dans l'acide chlorhydrique [Mendius, *Ann. der Chem. u.*

Pharm., t. CXXI, p. 129; *Ann. de Chim. et de Phys.*, (3), t. LXV, p. 127, et *Répert. de Chim. pure*, 1862, p. 318].

L'éthylamine prend encore naissance dans plusieurs réactions :

1° Dans l'action de plusieurs éthers éthyliques sur l'ammoniaque; du chlorure [Groves, *Quart. Journ. of the Chem. Soc.*, t. XIII, p. 331, et *Répert. de Chim. pure*, 1861, p. 234]; du phosphate [De Clermont, *Ann. de Chim. et de Phys.*, (3), t. XLIV, p. 335]; du sulfite [Carius, *Ann. de Chim. et de Phys.*, (3), t. XXXVII, p. 63];

2° Quand on chauffe le chlorhydrate, le bromhydrate ou l'iodhydrate d'ammoniaque avec de l'alcool en tubes scellés, à une haute température [Berthelot, *Ann. de Chim. et de Phys.*, (3), t. XXXVIII, p. 64];

3° Quand on décompose l'acide sulféthamique ou le sulféthamate de baryte par la potasse [Strecker, *Ann. der Chem. u. Pharm.*, t. LXXV, p. 46]. On fait absorber les vapeurs de l'acide sulfurique anhydre par de l'éther maintenu dans un mélange réfrigérant; on agite avec de l'eau pour enlever l'excès d'acide, puis avec de l'éther, et enfin on fait passer de l'ammoniaque sèche dans le produit séparé de l'éther; on obtient ainsi du sulféthamate d'ammoniaque qu'on transforme en sel de baryte par l'ébullition avec du carbonate de baryte, et on décompose le sel de baryum par la potasse. On obtient ainsi l'éthylamine et il se forme probablement en même temps de l'alcool et de l'acide iséthionique :

$$C^8H^{23}AzS^2O^8 + 2H^2O$$

Acide sulféthamique.

$$= C^4H^7Az + SO^4H^2 + 2C^2H^6O + C^2H^6SO^4;$$

Éthylamine. Acide sulfurique. Alcool. Acide iséthionique.

4° Par l'action de la potasse sur l'éthylurée (Wurtz) :

$$Az\left\{\begin{matrix}(CO)''\\C^2H^5\\H^3\end{matrix}\right. + 2KHO$$

$$= Az\left\{\begin{matrix}C^2H^5\\H^2\end{matrix}\right. + AzH^3 + CO^3K^2.$$

Cette décomposition de l'éthylurée par la potasse est analogue à la décomposition de l'éther cyanique.

Suivant Tuttle, on peut obtenir l'éthylamine sans préparer d'abord l'éthylurée ou le cyanate d'éthyle; il suffit de distiller un mélange d'urée, de sulfovinate de chaux et de chaux éteinte ou un mélange de cyanate de potasse, de sulfovinate de chaux et de chaux éteinte [Tuttle, *Ann. der Chem. u. Pharm.*, t. CI, p. 288, et *Ann. de Chim. et de Phys.*, (3), t. LII, p. 110];

5° Quand on chauffe du sulfite d'aldéhyde-ammoniaque avec de la chaux :

$$C^2H^7AzSO^3 + CaO = SO^4Ca + C^2H^7Az$$

Sulfite d'aldéhyde-ammoniaque. Éthylamine.

[Gössmann, *Ann. der Chem. u. Pharm.*, (nouv. sér.), t. XV, p. 122, et *Ann. de Chim. et de Phys.*, (3), t. XVII, p. 246];

6° Par la distillation sèche de l'alanine (acide amido-propionique) qui se dédouble en acide carbonique et éthylamine :

$$C^3H^5(AzH^2)O^2 = C^2H^7Az + CO^2$$

Alanine. Éthylamine.

[Limpricht, *Ann. der Chem. u. Pharm.*, t. CI, p. 295, et *Ann. de Chim. et de Phys.*, (3), t. LII, p. 111];

7° Par la décomposition de l'éthylcarbylamine :

$$Az\left\{\begin{matrix}C\\C^2H^5\end{matrix}\right. + 2H^2O = CH^2O^2 + C^2H^7Az$$

Éthyl-carbylamine. Acide formique. Éthylamine.

[Gautier, *Bull. de la Soc. chim.*, 1867, t. VII, p. 218];

8° Quand on chauffe à 250° de l'ammoniaque et du sulfovinate de baryte [Berthelot, *Ann. de Chim. et de Phys.*, (3), t. XXXIX, p. 404].

Propriétés [Wurtz, *Mém. cité*]. — L'éthylamine pure est un liquide léger, mobile et parfaitement limpide; elle bout à 18°,7. Elle ne se solidifie pas dans un mélange d'acide carbonique et d'éther; à 8° la densité est de 0,6964. Sa densité de vapeur prise à 27° est égale à 1,5940 (Izarn).

L'éthylamine est douée d'une odeur ammoniacale très-pénétrante; elle est aussi caustique que l'ammoniaque. Au contact de l'acide chlorhydrique, elle répand d'abondantes vapeurs blanches, bleuit le papier de tournesol et neutralise les acides avec autant d'énergie que l'ammoniaque. A l'approche d'un corps en combustion, elle prend feu et brûle avec une flamme jaunâtre.

Elle se mêle à l'eau en toutes proportions, avec dégagement de chaleur et donne une solution un peu visqueuse, d'où l'ébullition la chasse tout entière. L'éthylamine déplace l'ammoniaque de ses combinaisons salines; si l'on ajoute un grand excès d'éthylamine à du sel ammoniac et qu'on évapore à siccité, il ne reste que du chlorhydrate d'éthylamine.

Elle précipite les solutions métalliques et mêm les sels de magnésie. Elle dissout l'alumine précipitée comme le ferait la potasse; l'hydrate de cuivre y est moins soluble que dans l'ammoniaque (Wurtz). Elle dissout également les précipités qu'elle forme dans les solutions d'or, de ruthénium et d'aluminium, ce que ne fait pas l'ammoniaque, mais elle ne dissout pas les précipités formés dans les solutions de cobalt, de nickel et de cadmium; le précipité formé par l'éthylamine dans les sels d'or n'offre aucune analogie avec l'or fulminant; le bichlorure d'étain traité par l'ammoniaque donne un précipité à peine soluble dans un excès de ce réactif, tandis que le précipité formé par l'éthylamine y est très-soluble [Carey Lea, *mém. cité*]. L'éthylamine ne précipite pas immédiatement le chlorure de platine (Wurtz). Elle donne un précipité avec l'acide phosphomolybdique (Meyer). La vapeur d'éthylamine dirigée dans un tube de porcelaine chauffé, se décompose en fournissant de l'acide cyanhydrique et de l'ammoniaque, ainsi qu'un peu d'hydrogène et d'un gaz carburé. Avec le chlore, le brome, l'iode, elle donne des dérivés chlorés, bromés, etc. (Voyez plus loin.)

L'acide azoteux la décompose en donnant de l'azotite d'éthyle et de l'azote

$$C^2H^5.H^2Az + Az^2O^3$$

Éthylamine.

$$= C^2H^5AzO^2 + H^2O + Az^2$$

Azotite d'éthyle.

[Hofmann, *Ann. der Chem. u. Pharm.*, t. XXV, p. 362].

Il suffit, pour observer la formation d'azotite d'éthyle et le dégagement d'azote, de jeter un cristal d'azotite de potasse dans une solution de chlorhydrate d'éthylamine additionnée d'acide chlorhydrique. Si l'on distille avec du nitrate de potasse une solution de chlorhydrate d'éthylamine, il passe du nitrite d'éthyle et une très-petite quantité d'une huile aromatique, âcre, plus légère que l'eau. Avec l'acide cyanique et l'éther cyanique, l'éthylamine se comporte comme l'ammoniaque;

avec le premier, elle donne de l'éthylurée, et avec le second de la diéthylurée (Wurtz) :

$$\mathrm{CO\,Az\,H} + \mathrm{C^2H^5.H^2Az} = \left.\begin{matrix}\mathrm{(CO)''}\\ \mathrm{C^2H^5}\\ \mathrm{H^3}\end{matrix}\right\}\mathrm{Az^2};$$

Acide cyanique. Éthylamine. Éthylurée.

$$\mathrm{CO\,Az\,C^2H^5} + \mathrm{C^2H^5.H^2Az} = \left.\begin{matrix}\mathrm{(CO)''}\\ \mathrm{(C^2H^5)^2}\\ \mathrm{H^2}\end{matrix}\right\}\mathrm{Az^2}.$$

Cyanate d'éthyle. Éthylamine. Diéthylurée.

Avec l'oxalate d'éthyle, l'éthylamine donne la diéthyloxamide (Wurtz).

L'essence de moutarde (sulfocyanate d'allyle) absorbe la vapeur d'éthylamine en produisant une base, la *thiosinéthylamine*, dont le chloroplatinate renferme $(\mathrm{C^8H^{12}Az^2S, HCl})^2\,\mathrm{PtCl^4}$ [Husterberger, *Ann. der Chem. u. Pharm.*, (nouv. sér.), t. VIII, p. 346, et *Ann. de Chim. et de Phys.*, (3), t. XXXVIII, p. 107].

SELS D'ÉTHYLAMINE.

Les sels d'éthylamine représentent les sels correspondants d'ammoniaque, dont 1 atome d'hydrogène est remplacé par le groupe éthyle $\mathrm{C^2H^5}$. Ils sont solubles dans l'alcool absolu ; en conséquence, pour séparer les sels d'éthylamine de ceux d'ammoniaque, on les transforme en chlorures ou en sulfates, et on traite par l'alcool absolu, qui ne dissout pas le chlorhydrate ou le sulfate ammonique.

ACÉTATE D'ÉTHYLAMINE [Wurtz, *mém. cité*, p. 490]. — C'est une masse cristalline blanche, très-déliquescente, qui se produit lorsqu'on fait arriver des vapeurs d'éthylamine dans un ballon renfermant de l'acide acétique cristallisable et entouré de glace. L'acide phosphorique réagit vivement sur l'acétate d'éthylamine en le charbonnant.

AZOTATE D'ÉTHYLAMINE (Wurtz). — Ce sel est déliquescent et incristallisable ; il se décompose à la distillation sèche, en donnant beaucoup de gaz inflammables, ainsi qu'un liquide aqueux, brun, sur lequel nagent quelques gouttelettes d'un liquide huileux, d'une odeur désagréable.

CARBONATE D'ÉTHYLAMINE. — Sous le nom de carbonate anhydre, on avait d'abord désigné l'*éthylcarbamate d'éthylamine* (voyez p. 745).

CHLORHYDRATE D'ÉTHYLAMINE (*chlorure d'éthylammonium*), $\mathrm{C^2H^7Az, Cl}$ (Wurtz). — On l'obtient en recueillant dans l'eau les vapeurs d'éthylamine, saturant la solution par l'acide chlorhydrique, évaporant à siccité, et reprenant le résidu par l'alcool concentré et bouillant. Le chlorhydrate se dépose sous la forme de larges feuilles, fusibles à 76°. Par le refroidissement, le sel fondu se prend en une masse cristalline, demi-transparente et fendillée. Il entre en ébullition entre 315° et 320°. Après avoir été porté à cette température, il constitue une masse d'un blanc laiteux, qui n'est pas cristallisé, et ainsi modifié ne fond plus que vers 260°.

Il est très-déliquescent et se dépose de sa solution aqueuse sous forme de beaux prismes striés.

On obtient une combinaison de *cyanure de mercure et de chlohydrate d'éthylamine*, en concentrant au bain-marie une solution de chlorhydrate d'éthylamine mélangée à une solution de cyanure de mercure. Cette combinaison renferme $(\mathrm{C^2H^7Az, HCl})^2, (\mathrm{Hg''Cy^2})$; elle est en gros feuillets incolores, fort solubles dans l'eau, peu solubles à froid dans l'alcool [Kohl et Swoboda, *Ann. der Chem. u. Pharm.*, t. LXXXIII, p. 342].

Chloraurate d'éthylamine, $\mathrm{C^2H^7Az, HCl.AuCl^3}$. (Wurtz). — On l'obtient en mélangeant du chlorure d'or et du chlorhydrate d'éthylamine ; il forme de beaux cristaux prismatiques, d'un jaune d'or, solubles dans l'eau, l'alcool et l'éther.

Chloromercurate d'éthylamine,

$$(\mathrm{C^2H^7Az, HCl})^2, \mathrm{HgCl^2}$$

(Wurtz). — On l'obtient en mélangeant le chlorure mercurique et le chlorhydrate d'éthylamine. Il se dépose en paillettes blanches de sa solution alcoolique.

Chloropalladite d'éthylamine,

$$(\mathrm{C^2H^7Az, HCl})^2, \mathrm{PdCl^2}$$

[Reckenshuss, *Journ. für prakt. Chem.*, t. LVIII, p. 271, et *Ann. de Chim. et de Phys.*, (3), t. XL, p. 233]. — Lorsqu'on évapore au bain-marie une solution aqueuse de chlorhydrate d'éthylamine avec un excès de chlorure de palladium, on obtient un sel double fournissant des cristaux volumineux, noirs par réflexion et d'un beau rouge par transmission. Ils conservent leur éclat à 100° ; la poudre est d'un rouge-brun.

L'éthylamine mélangée avec une solution de chlorure de palladium donne un sel de palladéthylamine. — Voyez PALLADIUM.

Chloroplatinate d'éthylamine,

$$(\mathrm{C^2H^7Az, HCl})^2, \mathrm{PtCl^4}$$

(Wurtz). — On le prépare en mélangeant des solutions concentrées de chlorure de platine et de chlorhydrate d'éthylamine, et y ajoutant de l'alcool. Le précipité jaune est exprimé et redissous dans l'eau bouillante. Le chloroplatinate se sépare par le refroidissement en belles tables d'un jaune orangé foncé. (Pour les autres composés de platine et d'éthylamine, voyez PLATINE.)

MOLYBDATE D'ÉTHYLAMINE, $(\mathrm{C^2H^7Az})^2, \mathrm{H^2Mo^4O^{7}}$ [Meyer, *Journ. für prakt. Chem.*, t. LXVII, p. 151]. — L'acide molybdique se dissout dans l'éthylamine, et la solution donne par évaporation des paillettes blanches, qui jaunissent en se desséchant ; ce sel abandonne de l'éthylamine à l'air et se transforme en un sel acide.

OXALATE D'ÉTHYLAMINE, $(\mathrm{C^2H^7Az})^2\,\mathrm{C^2O^4H^2}$ (Wurtz). — Ce sel est en prismes droits rhomboïdaux, dont les sommets sont modifiés par les facettes. Chauffé, il perd 1 molécule d'eau, et se transforme en diéthyloxamide.

PHOSPHATE ÉTHYLAMMONIO-MAGNÉSIEN,

$$(\mathrm{C^2H^8Az})^2\,\mathrm{Mg(PO^4)^2} + 5\,\mathrm{H^2O}$$

[Meyer, *loc. cit.*]. — On l'obtient comme le phosphate ammoniaco-magnésien. C'est un précipité blanc, floconneux, qui devient cristallin ; il est plus soluble que le sel d'ammoniaque.

SULFATE D'ÉTHYLAMINE (Wurtz). — Ce sel est déliquescent, incristallisable et très-soluble dans l'alcool. Sa solubilité dans l'alcool permet de séparer l'éthylamine de la méthylamine, dont le sulfate est insoluble dans l'alcool.

Carey Lea a obtenu un *sulfate double d'éthylamine et de zinc* et l'*alun d'éthylamine*.

Suivant Kenner et Sthamer, et suivant Meyer, l'*alun d'éthylamine* obtenu en mêlant des solutions de sulfate d'alumine et de sulfate d'éthylamine renferme

$$(\mathrm{SO^4})^3(\mathrm{Al^2})^{\mathrm{vi}}, \mathrm{SO^4}(\mathrm{C^2H^8Az})^2, 24\,\mathrm{H^2O}.$$

Il cristallise en octaèdres réguliers, ou en prismes, qui donnent des octaèdres par recristallisation [Kenner et Sthamer, *Ann. der Chem. u. Pharm.*, t. XCI, p. 172]. Meyer a obtenu en outre des combinaisons cristallisées du sulfate d'éthylamine avec le chlorure de cuivre, le sulfate de cuivre et le sulfate de magnésium. Cette dernière renfermerait $\mathrm{SO^4(C^2H^8Az)^2, SO^4Mg} + \mathrm{H^2O}$.

SULFHYDRATE D'ÉTHYLAMINE (Wurtz). — Dans un ballon entouré de glace, renfermant de l'éthylamine anhydre, et au préalable rempli d'hydrogène, on fait arriver de l'hydrogène sulfuré; il se forme du sulfhydrate d'éthylamine en cristaux très-volatils et très-fusibles; le sel fondu se prend par le refroidissement en très-beaux cristaux qui paraissent être des prismes obliques à base rectangulaire, terminés par des pointements à quatre faces. Ce sel s'altère à l'air, sa vapeur est inflammable.

DÉRIVÉS CHLORÉS, BROMÉS, IODÉS DE L'ÉTHYLAMINE.

Ces dérivés ont été étudiés par M. Wurtz [*Mém. cité*, p. 474 et suivantes].

ÉTHYLAMINE BICHLORÉE, $C^4H^5Cl^2Az$. — Le chlore réagit vivement sur l'éthylamine en donnant de l'éthylamine bichlorée et du chlorhydrate d'éthylamine. On fait arriver du chlore lavé dans un tube large de 3 centimètres, auquel se trouve soudé à la partie inférieure un tube de 1 centimètre seulement de diamètre. La réaction est très-vive, et on est obligé de plonger le tube dans la glace pour la modérer. L'éthylamine bichlorée tombe en grosses gouttes au fond de la solution et se rassemble dans le tube étroit, où elle se soustrait à l'action ultérieure du chlore, qui la décomposerait. Pour purifier l'éthylamine bichlorée, on l'agite avec de l'eau pure et on la rectifie sur du chlorure de calcium.

C'est un liquide très-fluide, d'un jaune clair, d'une odeur qui provoque la toux et le larmoiement. Il bout à 91°, et sa vapeur, surchauffée dans un tube, détone sans cependant le briser. Un excès de chlore transforme l'éthylamine bichlorée en un composé cristallisant en petites paillettes. L'ammoniaque décompose l'éthylamine bichlorée; avec la potasse, elle donne du chlorure de potassium, de l'acétate de potasse et de l'ammoniaque; il se forme en même temps de petites quantités d'un gaz chloré, qui n'est pas l'éther chlorhydrique, et d'un liquide huileux d'une odeur désagréable :

$$\underset{\text{Éthylamine bichlorée.}}{C^4H^5Cl^2Az} + 3KHO$$

$$= \underset{\text{Acétate de potasse.}}{C^4H^3O^4K} + 2KCl + AzH^3 + H^2O.$$

L'éthylamine bichlorée ne se combine pas aux acides.

ÉTHYLAMINE BIBROMÉE. — Le brome se décolore dans la solution d'éthylamine et fournit de l'éthylamine bibromée, qui se dissout en plus grande partie dans le bromhydrate d'éthylamine formé en même temps. La réaction est très-vive, et on doit la modérer en refroidissant la solution avec de la glace.

Quand le brome ne se décolore plus, on agite le liquide avec de l'éther, qui s'empare de l'éthylamine bibromée, on lave avec une solution faible de potasse, on laisse évaporer la solution éthérée. L'éthylamine bibromée est liquide, plus dense que l'eau; son odeur rappelle celle du dérivé bichloré. Ce corps n'a pas été analysé.

ÉTHYLAMINE BIIODÉE, $C^4H^5I^2Az$. — L'iode réagit immédiatement sur la solution d'éthylamine; il se forme un liquide fort épais, opaque, coloré en bleu-noir, en même temps que de l'iodhydrate d'éthylamine. Ce corps décompose à la distillation; l'alcool et l'éther le dissolvent. Il n'est pas possible de le purifier complétement, cependant les analyses se rapprochent suffisamment de la formule $C^4H^5I^2Az$.

La potasse caustique décompose l'éthylamine biiodée, en donnant de l'iodure de potassium, un peu d'iodate de potasse, et une quantité assez notable d'un corps iodé jaune, cristallin, peu soluble dans l'eau, soluble dans l'alcool, mais ne cristallisant pas de cette dissolution. Cette substance iodée paraît être un mélange de plusieurs matières.

DIÉTHYLAMINE.

$$C^8H^{11}Az = Az \left\{ \begin{array}{l} C^4H^5 \\ C^4H^5 \\ H \end{array} \right.$$

[Hofmann, *Ann. de Chim. et de Phys.*, (3), t. XXX, p. 87; *Ann. der Chem. u. Pharm.*, t. LXXXVIII, p. 283]. — Nous avons dit, en parlant de la préparation de l'éthylamine par l'iodure d'éthyle, comment on sépare à l'état de pureté la diéthylamine qui se forme en même temps. Carey Lea obtient l'éthylamine et la diéthylamine par l'action de l'azotate d'éthyle sur l'ammoniaque, et sépare les bases obtenues par la cristallisation de leurs picrates, le picrate de diéthylamine étant le plus soluble des deux [*Chem. News*, mars et avril 1862, et *Répert. de Chim. pure*, 1862, p. 239].

La diéthylamine est liquide, inflammable, très-soluble dans l'eau; elle bout à 57°.

Elle ressemble beaucoup à l'éthylamine dans la plupart de ses réactions. Suivant Carey Lea, on peut la distinguer de l'éthylamine par les trois réactions suivantes. Elle ne précipite pas le chlorure de palladium, ce que fait l'éthylamine; elle ne redissout pas l'oxyde de zinc précipité; enfin, lorsqu'on traite le bichlorure de mercure par la diéthylamine, on obtient un précipité qui ne s'y redissout pas, tandis que l'ammoniaque et l'éthylamine le redissolvent.

Avec l'iode, la diéthylamine fournit un produit de substitution iodé, sous forme d'une matière huileuse (Carey Lea).

Lorsqu'on traite le chlorhydrate de diéthylamine par l'azotite de potasse, il se forme un produit volatil $C^8H^{10}Az^2O^2$, la *nitrosodiéthyline*. Sa production est accompagnée d'un dégagement d'azote et de protoxyde d'azote, mais il ne se forme pas d'azotate d'éthyle. La réaction doit se faire dans une grande cornue; au commencement de l'opération, il faut chauffer légèrement, puis le dégagement des gaz devenant très-tumultueux, il faut refroidir de temps à autre. La nitrosodiéthyline se condense dans le récipient en partie dissoute dans l'eau; on la sépare de la solution aqueuse en ajoutant du chlorure de calcium, décantant l'huile surnageante, la desséchant et la rectifiant dans un courant d'hydrogène.

La *nitrosodiéthyline* est un liquide oléagineux, d'une densité de 0,951 à 17°,5; elle bout à 176°,9. Sa saveur est brûlante, son odeur aromatique. Traitée par un courant d'acide chlorhydrique, ou distillée avec la soude, elle régénère de la diéthylamine [Geuther et Kreutzhage, *Ann. der Chem. u. Pharm.*, t. CXXVIII, p. 151, et *Bull. de la Soc. chim.*, 1864, t. I, p. 382].

Le *chloroplatinate de diéthylamine* est cristallisé en grains rouges, et renferme

$$(C^8H^{11}Az, HCl)^2.PtCl^4$$

(Hofmann). Suivant Weltzien, on peut l'obtenir en beaux cristaux jaune-orange, qui appartiennent au type orthorhombique.

TRIÉTHYLAMINE, $C^{12}H^{15}Az = Az(C^4H^5)^3$ [Hofmann, *Mém. cités*]. — La triéthylamine se produit lorsqu'on chauffe le bromure d'éthyle avec la diéthylamine, et qu'on distille le nouveau bromure avec la potasse. Elle se produit aussi dans l'action de l'iodure d'éthyle sur l'ammoniaque, et nous avons vu, à l'article ÉTHYLAMINE, comment s'effectue la séparation des éthylamines par l'éther oxalique; il est donc inutile d'y revenir.

La triéthylamine se produit dans la distillation de l'hydrate de tétréthylammonium.

M. Hofmann l'a aussi obtenue en traitant le cyanate d'éthyle par l'éthylate de soude :

$$CAzOC^2H^5 + 2(C^2H^5ONa)$$
Cyanate d'éthyle.
$$= Az(C^2H^5)^3 + CO^3Na^2$$
Triéthylamine.

[Hofmann, *Ann. de Chim. et de Phys.*, (3), t. LII, p. 502].

M. Carey Lea obtient la triéthylamine par l'action de l'azotate d'éthyle sur l'ammoniaque dans les conditions suivantes : On prend 3 volumes d'azotate d'éthyle, 3 volumes d'ammoniaque aqueuse, et 2 volumes d'alcool absolu ; on introduit le mélange dans des tubes qu'on scelle, et qu'on chauffe à 100° pendant quatre heures. Les tubes étant alors ouverts, on en sature exactement le contenu par l'acide azotique, on évapore au bain-marie, on reprend la masse pâteuse par 4 volumes d'alcool absolu, on ajoute à la solution alcoolique une quantité convenable de soude; les produits de la distillation sont dirigés dans un mélange de 3 volumes d'azotate d'éthyle et de 2 volumes d'alcool absolu placés dans un mélange réfrigérant. Ce liquide est introduit dans de nouveaux tubes scellés, et chauffé une seconde fois au bain-marie.

En opérant ainsi on n'obtient que très-peu d'éthylamine ; la diéthylamine représente les 3 quarts, et la triéthylamine le quart du mélange des bases éthyliques. Lorsqu'on sature par l'acide picrique, le picrate de diéthylamine se sépare sous forme d'une huile lourde, tandis qu'auparavant les picrates d'éthylamine et de triéthylamine cristallisent en aiguilles jaunes. On décompose ces deux picrates par un alcali, on distille, on recueille les bases dans l'eau, et on agite la solution avec de l'éther. Celui-ci dissout la triéthylamine, tandis que l'éthylamine reste en solution dans l'eau [Carey Lea, *Chem. News*, août 1862, et *Répert. de Chim. pure*, 1862, p. 446].

La triéthylamine est un liquide incolore plus léger que l'eau, dans laquelle elle est peu soluble; elle est très-alcaline, d'une odeur ammoniacale agréable; elle est inflammable. Elle bout à 91°.

Carey Lea [*Mém. cité*] a étudié les réactions qu'elle fournit avec les sels métalliques. Sa solution aqueuse précipite les sels de nickel en vert, ceux de cobalt en bleu verdâtre, les protosels d'étain en blanc, l'azotate d'argent en brun, le perchlorure d'antimoine en brun rougeâtre, les sels d'urane en jaune, ceux de mercure en blanc jaunâtre, ceux de fer en vert grisâtre, ceux de cuivre en bleu, ceux de manganèse en blanc brunâtre, ceux de magnésie, de cérium, de zircone, de glucine, de cadmium, de zinc en blanc, et tous ces précipités sont insolubles dans un excès de triéthylamine; elle redissout le précipité qu'elle donne avec les sels d'alumine, et avec le bichlorure d'étain. Elle ne précipite pas les sels de platine et de palladium ; sa réaction la plus caractéristique est celle qu'elle fournit avec le chlorure d'or; le précipité formé noircit promptement : il se forme du protoxyde d'or, et il se dégage de l'aldéhyde.

La triéthylamine chauffée avec l'éther chloracétique fournit une nouvelle base, que nous décrirons plus loin.

Suivant Geuther et Schultze, le chlorhydrate de triéthylamine chauffé avec une solution neutre d'azotate de potasse donne de la nitrosodiéthyline [*Zeitsch. für Chem.*, nouv. sér., t. I, p. 121, et *Bull. de la Soc. chim.*, 1866, t. V, p. 133].

D'après Heintz, le chlorhydrate de triéthylamine ne fournit pas de nitrosodiéthyline, et la production de cette dernière doit être attribuée à l'emploi d'un chlorhydrate de triéthylamine impur, renfermant du chlorhydrate de diéthylamine [*Ann. der Chem. u. Pharm.*, t. CXXXVIII, p. 319, et *Bull. de la Soc. chim.*, 1868, t. VI, p. 232].

BROMHYDRATE DE TRIÉTHYLAMINE,

$$C^6H^{15}Az, HBr$$

(Hofmann). — Il est en beaux cristaux fibreux, quelquefois longs de plusieurs pouces.

CHLORHYDRATE DE TRIÉTHYLAMINE,

$$C^6H^{15}Az, HCl$$

(Carey Lea). — Il cristallise aisément en lamelles blanches, il n'est pas déliquescent.

CHLOROPLATINATE DE TRIÉTHYLAMINE,

$$(C^6H^{15}Az, HCl)^2, PtCl^4$$

(Hofmann). — Il cristallise en beaux rhombes orangés, très-réguliers, d'une grande dimension. Il est fort soluble dans l'eau.

Le *sulfate* et l'*azotate* sont déliquescents; le premier évaporé dans le vide donne une masse cristalline non définie, le second reste sous la forme d'un sirop épais (Carey Lea).

(Pour les azotures tertiaires, dans lesquels l'éthyle remplace 1 ou 2 atomes d'hydrogène, tandis que le reste est remplacé par d'autres radicaux, voyez à l'histoire de ceux-ci : ainsi pour la *diéthylamylamine*, la *méthyléthylamylamine*, voyez p. 243, dérivés AMYLIQUES. Pour l'*éthylaniline* ou *éthylphénylamine*, voyez PHÉNYLAMINE.)

TÉTRÉTHYLAMMONIUM. — Dans les sels ammoniacaux et l'hydrate d'ammoniaque, on peut admettre le groupe AzH^4, *ammonium*. Par le remplacement des 4 atomes d'hydrogène par 4 groupes éthyle, on obtient le tétréthylammonium

$$Az(C^2H^5)^4,$$

qui pas plus que l'ammonium ne peut être isolé, mais qui existe à l'état de sels et à l'état d'hydrate. Les composés de tétréthylammonium représentent les sels ammoniacaux, dans lesquels 4 groupes éthyle ont pris la place de 4 atomes d'hydrogène.

Ces composés ont été découverts par Hofmann ; ils se préparent par double décomposition en partant de l'iodure, qui se forme par l'action de l'iodure d'éthyle sur la triéthylamine [Hofmann, *Philos. Transact.*, 1re partie, 1850, p. 93, et *Ann. de Chim. et de Phys.*, (3), t. XXXIII, p. 108].

L'iodure d'éthyle réagit à la température ordinaire sur la triéthylamine, et le mélange se prend bientôt en masse cristallisée d'iodure de tétréthylammonium. On rend la réaction plus rapide et plus complète en introduisant les deux corps dans des tubes qu'on scelle à la lampe. On chauffe au bain-marie, et au bout de quelques minutes, on obtient l'iodure qu'on fait cristalliser dans l'eau. Les autres composés de tétréthylammonium s'obtiennent par l'action des combinaisons argentiques sur l'iodure. Nous décrirons d'abord l'hydrate, puis les sels, suivant leur ordre alphabétique.

HYDRATE DE TÉTRÉTHYLAMMONIUM,

$$(C^2H^5)^4Az, OH.$$

— Lorsqu'on ajoute par petites portions de l'oxyde d'argent récemment précipité à une solution doucement chauffée d'iodure de tétréthylammonium, il se précipite de l'iodure d'argent, et il reste en solution de l'hydrate de tétréthylammonium. Cette solution peut être portée à l'ébullition sans s'altérer; évaporée dans le vide sec, elle dépose au bout de quelques jours des aiguilles capillaires, très-déliquescentes, et attirant vivement l'acide carbonique de l'air.

La solution d'hydrate de tétréthylammonium possède les principaux caractères et les réactions de la potasse. Elle est fort alcaline, d'une saveur très-amère et très-caustique; elle agit sur l'épiderme comme la potasse; elle saponifie les corps gras; elle transforme la furfuramide en furfurine; elle chasse même à froid l'ammoniaque des sels ammoniacaux; elle décompose l'éther oxalique avec production d'oxalate et d'alcool. Chauffée avec du glucose et un sel de cuivre, elle amène instantanément la réduction de celui-ci et la formation de protoxyde de cuivre. Avec les sels métalliques, elle donne les mêmes précipités que la potasse. Elle déplace même celle-ci de ses sels, car si l'on ajoute à une solution alcaline d'iodure de potassium une solution d'hydrate de tétréthylammonium, on obtient un précipité cristallin d'iodure de tétréthylammonium insoluble dans les liqueurs alcalines.

Lorsque sa solution est distillée à siccité, l'hydrate de tétréthylammonium se décompose alors par la chaleur, en éthylène, triéthylamine et eau :

$$(C^2H^5)^4 Az, OH = C^2H^4 + (C^2H^5)^3Az + H^2O.$$

Le chlore, le brome et l'iode donnent des dérivés par substitution, dérivés qui n'ont plus de caractères alcalins. La combinaison bromée cristallise dans l'alcool en magnifiques aiguilles orangées.

L'acide cyanique donne avec l'hydrate de tétréthylammonium un composé cristallin, qui paraît être de la tétréthylurée.

Chlorure et bromure de tétréthylammonium (Hofmann). — Ils sont cristallisables et déliquescents.

Chloromercurate, $(C^8H^{20}Az, Cl)^2$, 5 $HgCl^2$. — Il est en paillettes blanches, aisément solubles, surtout à chaud, dans l'eau et dans l'acide chlorhydrique; on l'obtient en mélangeant des solutions de chlorure mercurique et de chlorure de tétréthylammonium (Hofmann).

Il existe un autre chloromercurate,

$$(C^8H^{20}AzCl)^2HgCl^2,$$

qu'on obtient en décomposant par l'oxyde d'argent la combinaison $C^{32}H^{78}Az^4I^{18}Hg^8$ (voyez plus loin Iodomercurates), et neutralisant la liqueur par l'acide chlorhydrique et évaporant [Sonnenschein, *Ann. der Chem. u. Pharm.*, t. CI, p. 20].

Chloroplatinate, $(C^8H^{20}AzCl)^2PtCl^4$ (Hofmann). — Il est cristallin, de couleur orangée, et se produit par le mélange des solutions des sels constituants. Il cristallise dans l'eau en beaux octaèdres. Il est à peine soluble dans l'alcool.

Chloraurate, $C^8H^{20}AzCl, AuCl^3$ (Hofmann). — C'est une poudre cristalline, jaune, peu soluble dans l'eau froide et l'acide chlorhydrique; on peut le faire cristalliser dans l'eau bouillante.

Iodures de tétréthylammonium. — *Protoïodure.* — Nous avons vu plus haut comment il s'obtient. En le dissolvant dans l'eau froide et l'abandonnant à l'évaporation spontanée, on obtient de magnifiques cristaux, qu'on peut séparer d'une petite quantité de composés iodés bruns, formés par l'action de l'air; comme ces composés se forment surtout avec l'aide de la chaleur, il faut éviter l'emploi de l'eau bouillante pour la cristallisation de l'iodure.

Il forme de gros cristaux solubles dans l'eau et dans l'alcool, insolubles dans l'éther; il est complétement insoluble dans les liqueurs alcalines. Par l'addition de la potasse à la solution, celle-ci se prend en une masse cristalline; à la distillation il se décompose en iodure d'éthyle et triéthylamine, qui distillent séparément, mais qui se recombinent dans le récipient.

Triiodure, $(C^2H^5)^4Az, I^3$ [Weltzien, *Ann. der Chem. u. Pharm.*, t. XCI, p. 33]. — On obtient ce corps en abandonnant pendant quelques mois un mélange d'iodure d'éthyle et d'une solution alcoolique d'ammoniaque; on l'obtient plus rapidement en chauffant avec de l'iode le produit de la réaction de l'ammoniaque et de l'iodure d'éthyle.

Le triiodure de tétréthylammonium est peu soluble dans l'alcool froid, mais très-soluble dans l'alcool bouillant; il se dépose en gros cristaux de ses solutions dans l'iodure d'ammonium et de potassium, et dans les iodhydrates des éthylamines. Il forme des cristaux d'un noir bleuâtre; ils sont brun-rougeâtre par transmission, et bleu azuré par réflexion. M. Hardinger a déterminé leur forme cristalline. Ce sont des prismes quadratiques aplatis selon la base $f^{1/2} f^{1/2}$ (culmin) $= 121°40'$.

Bouilli avec de la potasse, ce triiodure donne de l'iodure de potassium, de l'iodate de potasse et de l'iodoforme.

Pentaïodure, $(C^2H^5)^4Az, I^5$ (Weltzien). — Il se prépare par l'addition de l'iode à une solution chaude d'iodure de tétréthylammonium; il est en aiguilles douées de l'éclat métallique. L'ébullition avec l'eau le décompose. La solution alcoolique bouillante dissout de l'iode en donnant un nouveau produit, qui, suivant Weltzien, paraît renfermer $(C^2H^5)^4Az, I^{10}$.

Chloroïodure, $(C^2H^5)^4Az.Cl^2$. — Cristaux cubiques obtenus en chauffant légèrement du chlorure d'iode avec du chlorure de tétréthylammonium en solution acide (Tilden).

Iodomercurates. — On en connaît plusieurs : l'un d'eux, $[(C^2H^5)^4AzI]^2 5HgI^2$, a été préparé par Hofmann en faisant bouillir le biiodure de mercure avec une dissolution d'iodure de tétréthylammonium. L'iodure mercurique perd de suite sa couleur rouge et est converti en un composé jaune, qui fond et se rassemble au fond du vase en une couche transparente, qui par le refroidissement se prend en une masse cassante à structure cristalline d'iodomercurate $[(C^2H^5)^4AzI]^2 5HgI^2$. Cet iodomercurate s'obtient aussi par l'addition d'un grand excès de bichlorure de mercure à l'iodure de tétréthylammonium. Il se forme un mélange d'iodomercurate et de chloromercurate et l'on enlève ce dernier par l'eau bouillante [Hofmann, *Mém. cité*, p. 127].

R. Muller a préparé un iodomercurate

$$[(C^2H^5)^4AzI]^2 3HgI^2$$

en traitant la trimercuramine par l'iodure d'éthyle [*Ann. der Chem. u. Pharm.*, t. CVII, p. 6].

Risse a obtenu l'iodomercurate

$$[(C^2H^5)^4AzI]^2 HgI^2$$

par l'action du mercure métallique sur le triiodure de tétréthylammonium [*Ann. der Chem. u. Pharm.*, t. CVII, p. 224].

Sonnenschein a décrit une combinaison d'iodure mercurique, d'iodure de mercure-tétréthylammonium et d'iodure de tétréthylammonium :

$$C^{32}H^{78}Az^4I^{18}Hg^8$$
$$= (C^8H^{20}AzI)^2, (C^8H^{19}AzI)^2Hg, 7HgI^2.$$

Il l'obtient en chauffant au bain-marie pendant plusieurs jours, avec de l'iodure d'éthyle, le chlorure de mercurammonium AzH^2HgCl pulvérisé et trituré avec de l'eau. Le composé se dépose sous forme de cristaux jaunes, qu'on purifie en les lavant avec de l'alcool absolu. Ils sont décomposés par la lumière et fondent à 150°. Ils sont insolubles dans l'eau, l'alcool et l'éther. Le chlore et le brome en déplacent l'iode en donnant des cristaux, dont l'aspect rappelle ceux de la naphtaline. Traités par l'oxyde d'argent, ils donnent une solution alcaline qui renferme de l'hydrate de tétréthylammonium, quand l'excès d'argent a été séparé par l'hydrogène sulfuré. Mais si avant l'action de celui-ci on neutralise la liqueur alcaline par l'acide chlorhydrique, on obtient un chloromercurate de tétréthylammonium

$$[(C^2H^5)^4AzCl]^2, HgCl^2$$

[Sonnenschein, *Ann. der Chem. u. Pharm.*, t. CI, p. 20].

L'*azotate*, le *carbonate*, le *phosphate* et le *sulfate* de tétréthylammonium sont tous déliquescents et cristallisables. On connaît aussi les sels suivants : tungstate, molybdate, antimoniate (déliquescents), stannates (insolubles et quadratiques), arséniate cristallin, dichromate (cristallin et explosif), chromate (non cristallin) [Clarsen, *Journ. für prackt. Chem.*, t. CXIII, p. 446].

Pour le *triéthylamylammonium*, le *méthyldiéthylamylammonium*, voyez, p. 243, Combinaisons amyliques. Pour les dérivés qui avec l'éthyle renferment du méthyle ou du phényle, voyez Méthylamines et Phénylamines.

APPENDICE AUX ÉTHYLAMINES.

Nous décrirons ici trois azotures renfermant des groupes éthyle et qui se rattachent plus ou moins directement aux éthylamines. Deux ont été obtenues par l'action de l'éther chloracétique sur la triéthylamine; le troisième, la triéthylcarbotriamine, n'a pas été isolé, mais existe à l'état d'hydrate et à l'état de sel. L'hydrate de triéthylcarbotriamine se forme par l'action de l'éthylate de soude sur l'éther cyanique; les sels représentent les sels de carbotriamine (guanidine), dont 3 atomes d'hydrogène sont remplacés par $3C^2H^5$; mais ce composé n'a pas été préparé par la guanidine et nous le rattachons aux éthylamines.

Triéthyloxacétyléthylammonium,

$$C^{10}H^{22}O^2Az = Az\left\{\begin{matrix}(C^2H^5)^3\\(C^2H^2O^2.C^2H^5)'\end{matrix}\right.$$

[Hofmann, *Compt. rend. de l'Acad.*, t. LIV, p. 252, et *Répert. de Chim. pure*, 1862, p. 196]. — Il n'est connu qu'à l'état de chlorure. Lorsqu'on chauffe pendant plusieurs heures à 100° un mélange de triéthylamine et d'éther chloracétique, on obtient le chlorure d'un ammonium contenant à la place de l'hydrogène 3 groupes C^2H^5, et un groupe monatomique $C^2H^2O^2.C^2H^5$, formé par la réunion des éléments de l'éther chloracétique moins le chlore. Il se forme en même temps du chlorure de tétréthylammonium. On les sépare en transformant les chlorures en chloroplatinates; celui de tétréthylammonium est très-soluble, tandis que l'autre l'est peu. On prépare le chlorure pur en soumettant le chloroplatinate à l'action de l'hydrogène sulfuré. Le chloraurate cristallise en aiguilles fusibles à 100°.

Quand on traite le chlorure par l'oxyde d'argent, il se forme, outre le chlorure d'argent, de l'alcool et une substance cristallisée, qui forme des sels définis. Cette substance n'est pas l'hydrate de triéthyloxacétyléthylammonium; un groupe éthyle a été remplacé par de l'hydrogène, et elle est probablement

$$C^8H^{19}AzO^3 = Az\left\{\begin{matrix}(C^2H^5)^3\\C^2H^3O^2\\OH,\end{matrix}\right.$$

hydrate de triéthyloxacétylammonium.

Triéthyloxacétylammonium. — Nous venons de voir dans quelles conditions se produit l'hydrate de cet ammonium. On obtient les sels en combinant aux acides la substance cristallisée

$$C^8H^{19}AzO^3.$$

L'*azotate* est en belles aiguilles. Le *sel de platine* orme de magnifiques prismes rhomboïdaux

$$[(C^2H^5)^3(C^2H^3O^2)AzCl]^2PtCl^4.$$

Le *sel d'or* est en aiguilles assez solubles dans l'eau bouillante.

L'*iodure* est en cristaux très-solubles dans l'eau; il renferme $(C^2H^5)^3(C^2H^3O^2)AzI$, $C^8H^{17}AzO^2$. M. Hofmann suppose que le corps $C^8H^{17}AzO^2$, qui s'unit à l'iodure, dérive de l'hydrate de triéthyloxacétylammonium, par perte des éléments de l'eau, il serait

$$Az\left\{\begin{matrix}(C^2H^5)^3\\(C^2H^2O^2).\end{matrix}\right.$$

Ce serait du glycocolle triéthylique.

Triéthylcarbotriamine,

$$C^7H^{17}Az^3 = Az^3\left\{\begin{matrix}C^{iv}\\(C^2H^5)^3\\H^2\end{matrix}\right.$$

[Hofmann, *Proceed. of the Roy. Soc.*, t. XI, p. 282]. — Cette base est connue à l'état d'hydrate et à l'état de sel; l'hydrate se forme lorsqu'on traite l'éther cyanurique par l'éthylate de sodium. C'est une huile alcaline qui donne des sels bien définis.

Le *chloroplatinate* renferme

$$(C^7H^{17}Az^3,HCl)^2PtCl^4.$$

Le *chloraurate* renferme $C^7H^{17}Az^3,HCl,AuCl^3$. L'*iodure* est en beaux cristaux. La triéthylcarbotriamine est un des termes de la série suivante :

$Az^3\left\{\begin{matrix}C^{iv}\\H^5\end{matrix}\right.$	$Az^3\left\{\begin{matrix}C^{iv}\\CH^3\\H^4\end{matrix}\right.$	$Az^3\left\{\begin{matrix}C^{iv}\\C^6H^5\\H^4\end{matrix}\right.$
Carbotriamine (guanidine).	Méthylcarbotriamine (méthyluramine).	Carbophényltriamine (mélaniline).

$Az^3\left\{\begin{matrix}C^{iv}\\(C^6H^5)^3\\H^2\end{matrix}\right.$	$Az^3\left\{\begin{matrix}C^{iv}\\(C^2H^5)^3\\H^2\end{matrix}\right.$
Carbotriphényltriamine.	Carbotriéthyltriamine.

[Hofmann, *Journ. für prakt. Chem.*, t. XCVIII, p. 86, et *Bull. de la Soc. chim.*, 1866, t. VI, p. 236].

Le rapprochement de la triéthylcarbotriamine et de la guanidine est fondé sur l'analogie de décomposition de ces corps. En effet, l'hydrate de triéthylcarbotriamine donne par la distillation de l'éthylamine et de la diéthylurée, de même que la guanidine, dans certaines circonstances, fournit de l'ammoniaque et de l'urée :

$$Az^3\left\{\begin{matrix}C^{iv}\\(C^2H^5)^3,H^2O\\H^2\end{matrix}\right. = Az\left\{\begin{matrix}C^2H^5\\H^2\end{matrix}\right. + CO\left\{\begin{matrix}AzHC^2H^5\\AzHC^2H^5\end{matrix}\right.$$

Hydrate de triéthylcarbotriamine. — Éthylamine. — Diéthylurée.

$$Az^3\left\{\begin{matrix}C^{iv}\\H^5\end{matrix}\right. + H^2O = AzH^3 + COAz^2H^4$$

Guanidine. — Ammoniaque. — Urée.

E. G.

ÉTHYLCROTONIQUE (ACIDE). — En traitant l'éther diéthoxalique par le perchlorure de phosphore (voyez Acide diéthoxalique) Frankland et Duppa ont obtenu un acide cristallisé en longues aiguilles incolores, très-peu solubles dans l'eau, solubles dans l'alcool et l'éther, et fusibles à 39°,5. Ils ont appelé cet acide *éthylcrotonique* $C^6H^{10}O^2$. Son sel barytique est savonneux.

Geuther et Wackenroder ont obtenu un acide de même formule et de même propriété, en traitant l'acide diéthoxalique par l'acide chlorhydrique, ou par le perchlorure de phosphore; seulement son point de fusion est à 41°,5, et son sel de baryte est en beaux cristaux incolores [Geuther et Wackenroder, *Zeitschr. für Chem.*, nouv. sér., t. III, p. 705; et *Bull. de la Soc. chim.*, 1868, t. X, p. 36.]

E. G.

ÉTHYLDIACÉTIQUE (ACIDE), $C^6H^{10}O^3$ [Geuther, *Jahresb.*, 1863, p. 323; *Zeitsch. für Chem.*, nouv. sér., t. II, p. 5; *Bull. de la Soc. chim.*, 1866, t. VI, p. 224]. — L'éther acétique pur chauffé dans un courant d'hydrogène dissout du sodium et forme une masse cristalline.

mélange, suivant Geuther, d'éthylate de soude et du sel d'un nouvel acide qu'il appelle éthyldiacétique. Il représente cette formation par l'équation suivante :

$$2(C^2H^3O^2.C^2H^5) + 2Na$$
$$= C^6H^3O^3Na + C^2H^5ONa + H^2.$$

Geuther isole l'acide éthyldiacétique $C^6H^{10}O^3$, en traitant le sel de soude, lavé à l'éther, par un courant de gaz chlorhydrique sec, lavant, séchant le produit de la distillation et le rectifiant; on en sépare ainsi de l'éther acétique et un acide cristallisable, l'*acide déhydracétique*, $C^8H^8O^4$, qui ne bout qu'au-dessus de 260°.— Voyez plus bas ACIDE DÉHYDRACÉTIQUE.

L'acide éthyldiacétique bout à 180°,8 (corrigé) ; sa densité est de 1,03 à 5°; sa solution colore le chlorure ferrique en violet; son odeur agréable rappelle celle de la fraise. L'eau à 150°, les alcalis et les acides forts le décomposent en acide carbonique, acétone et alcool.

L'*éthyldiacétate de baryte*, obtenu à l'aide de l'acide libre, forme une masse incolore et transparente.

Le *sel de cuivre* s'obtient avec le sel précédent, et forme de petites aiguilles microscopiques d'un vert pâle, brillantes, insolubles dans l'eau; il se décompose par l'ébullition avec l'eau.

Le *sel d'argent* est très-altérable.

Le composé appelé *éthyldiacétate de soude*, qui est obtenu par l'action du sodium sur l'éther acétique semble être un mélange, car on ne comprend pas comment, outre l'acide éthyldiacétique, il fournirait l'acide déhydracétique.

Ce sel de soude, traité par l'iodure de méthyle ou l'iodure d'éthyle, donne cependant les éthers de l'acide éthyldiacétique.

L'*éthyldiacétate de méthyle*, $C^7H^{12}O^3$, s'obtient en chauffant le sel de soude pendant deux jours, à 160°, avec l'iodure de méthyle; il bout à 186°,8.

L'*éthyldiacétate d'éthyle*, $C^8H^{14}O^3$, s'obtient de même; il bout entre 175° et 196°.

Frankland et Duppa ont aussi obtenu ces deux corps en faisant réagir le sodium sur l'éther acétique en présence de l'iodure de méthyle. Ils les représentent par les formules

$$\left.\begin{matrix} CO'' \\ C^4H^7 \\ C^2H^5 \end{matrix}\right\} O^2 \quad \text{et} \quad \left.\begin{matrix} CO'' \\ C^5H^9 \\ C^2H^5 \end{matrix}\right\} O^2.$$

Traités par l'eau de baryte, ces corps donnent du carbonate de baryte, de l'alcool, et les composés C^4H^8O, et $C^5H^{10}O$. Geuther envisage le corps C^4H^8O comme de la *méthylacétone*, et le corps $C^5H^{10}O$, comme de la *diméthylacétone* (voyez ce mot).

L'éthyldiacétate d'éthyle forme deux combinaisons avec l'ammoniaque; l'une, soluble dans l'eau, $C^6H^{11}AzO^2$, est l'amide de l'acide éthyldiacétique. Elle est inodore, soluble dans l'eau, l'alcool et l'éther, fusible à 90°, et sublimable à 100° en longues aiguilles. L'autre combinaison renferme $C^8H^{15}AzO^2$; elle est insoluble dans l'eau, soluble dans l'alcool et dans l'éther, cristallisable en tables du système monoclinique; elle fond à 59°,5; c'est l'amide éthylée de l'acide éthyldiacétique.

ACIDE DÉHYDRACÉTIQUE, $C^8H^8O^4$ [Geuther, *Mém. cité*;— Brandes, *Zeitsch. für Chem.*, nouv. sér., t. II, p. 454, et *Bull. de la Soc. chim.*, 1867, t. VII, p. 503]. — L'éthyldiacétate de soude, chauffé dans un courant de gaz carbonique sec à 180°, fournit de l'acide éthyldiacétique et de l'acide déhydracétique. Le produit de la distillation est traité par l'eau, qui dissout l'acide déhydracétique; la solution aqueuse est d'abord agitée avec de l'éther qui s'empare de la matière colorante, puis additionnée avec précaution d'acide acétique. Il se sépare des cristaux. On agite de nouveau avec l'éther, qui s'empare de la matière cristalline avec un reste de résine; on chasse l'éther par l'évaporation, et on purifie l'acide par plusieurs cristallisations dans l'eau.

L'acide déhydracétique se forme aussi, suivant Brandes, dans la préparation de l'acide méthyldiacétique par l'action du sodium sur l'acétate de méthyle. — Voyez MÉTHYLDIACÉTIQUE (ACIDE).

L'acide déhydracétique cristallise de sa solution aqueuse bouillante ou par sublimation, en aiguilles ou en tables rhomboïdales; il se dissout à 6° dans 100 p. d'eau; il est plus soluble dans l'eau bouillante, facilement soluble dans l'éther et dans l'alcool, surtout à l'ébullition. Il fond à 109° et distille à 269°,6, en émettant des vapeurs irritantes.

Le *déhydracétate de baryte*,

$$(C^8H^7O^4)^2Ba + 2H^2O,$$

est en tables rhomboïdales; sa solution se décompose à l'ébullition en fournissant du carbonate de baryte.

Le *sel de soude*, $C^8H^7O^4Na + 2H^2O$, est en longues aiguilles très-solubles.

Le *sel de chaux*, $(C^8H^7O^4)^2Ca$, présente la forme de gros prismes rhomboïdaux.

Frankland et Duppa sont arrivés à d'autres résultats; en étudiant l'action du sodium sur l'acétate d'éthyle, ils obtiennent de l'éther sodacétique et de l'éther disodacétique. En traitant le premier par l'iodure d'éthyle ils ont obtenu un liquide éthéré, bouillant à 119°, et qui présente les propriétés et la composition de l'éther butyrique. Ils l'appellent *éther éthacétique*, réservant la question d'identité de l'*acide éthacétique* et de l'acide butyrique. L'éther disodacétique traité par l'iodure de méthyle donne l'éther *diméthacétique*, identique ou isomérique avec le premier et avec l'acide butyrique; traité par l'iodure d'éthyle, il fournit l'éther *diéthacétique*, qui possède la composition et les propriétés de l'éther caproïque, sans qu'on puisse encore savoir s'ils sont identiques.

Suivant Geuther, il y aurait seulement isomérie et les éthers obtenus par Frankland et Duppa dériveraient de l'acide éthyldiacétique.

L'action du sodium sur l'acétate d'éthyle et sur les dérivés méthylés et éthylés nécessite évidemment de nouvelles recherches. Geuther, d'une part, et Frankland et Duppa, de l'autre, ont dû opérer dans des conditions différentes. E. G.

ÉTHYLDIMÉTHYLCARBINOL, $C^5H^{12}O$ [Popoff, *Zeitsch. für Chem.*, nouv. sér., t. III, p. 686; et *Bull. de la Soc. chim.*, 1868, t. IX, p. 471]. — Cet alcool tertiaire s'obtient en mélangeant 1 molécule de chlorure de propionyle et 2 molécules de zinc-méthyle. Ce mélange, abandonné à lui même à froid, se prend peu à peu en cristaux prismatiques, transparents et incolores, qui décomposés par l'eau donnent l'éthyldiméthylcarbinol

$$C^5H^{12}O = C\left\{\begin{matrix} (CH^3)^2 \\ C^2H^5 \\ OH. \end{matrix}\right.$$

Pour purifier cet alcool, on l'agite avec un peu de bisulfite de soude, qui enlève l'acétone; on dessèche avec de la potasse, puis avec de la baryte. Il distille entre 98°,5 et 102°. Oxydé par l'acide chromique, il ne donne que de l'acide acétique. E. G.

ÉTHYLDIVALÉRIQUE (ACIDE), $C^{12}H^{22}O^3$ [Geuther et Greiner, *Zeitsch. für Chem.*, nouv. sér., t. II, p. 10; *Bull. de la Soc. chim.*, 1866, t. VI, 218; — Greiner, *Zeitsch. für Chem.*, nouv. sér., t. II, p. 480, et *Bull. de la Soc. chim.*, 1867, t. VII, p. 504]. — Cet acide, obtenu par l'action du sodium sur le valérate d'éthyle, correspond à l'acide éthyldiacétique; sa production est accompagnée de celle d'un acide cristallisable, correspondant à l'acide déhydracétique, et que les auteurs appellent *divalérylène-divalérique*. Le valérate d'éthyle seul, ou additionné d'éther sec, dissout le sodium avec un faible dégagement d'hydrogène. Quand l'action est terminée, on épuise le produit brut par l'éther, on chasse l'éther par l'évaporation, on reprend par l'alcool bouillant, qui dépose l'acide cristallisable, et garde en solution l'acide éthyldivalérique liquide et un autre produit oléagineux.

L'acide éthyldivalérique est à peine fluide à la température ordinaire, jaunâtre, d'une odeur valérique désagréable, insoluble dans l'eau, soluble dans l'alcool et dans l'éther. Son sel de soude constitue une masse résineuse jaune, soluble dans l'alcool.

Acide divalérylène-divalérique, $C^{20}H^{34}O^{8}$. — Il cristallise en tables rhomboïdales transparentes; fusibles entre 125°,5 et 128°,5. Il distille à 295°. Il est insoluble dans l'eau, peu soluble dans l'alcool froid, soluble dans l'alcool bouillant et dans l'éther; fondu, il ne cristallise pas, mais se concrète en une masse amorphe. Son sel de baryte est incristallisable.

Le *sel de soude*, soluble dans l'eau et dans l'alcool, est décomposé par l'acide carbonique.

Le *dérivé éthylé*, obtenu par l'action à 180° de l'iodure d'éthyle sur le sel de soude, bout entre 250° et 280°.

Outre ces deux acides, on obtient divers produits dans l'action du sodium sur le valérate d'éthyle. — Voyez ACIDE VALÉRIQUE. E. G.

ÉTHYLE. — Le groupe monatomique

$$C^2H^5 = CH^2,CH^3,$$

qui existe dans l'alcool ordinaire (hydrate d'éthyle), et dans les dérivés, éthers, azotures, chlorures, etc., constitue le radical alcoolique éthyle. Par l'oxydation, il échange H^2 contre O'', et donne le groupe acétyle CO,CH^3. Lorsque le groupe éthyle est mis en liberté, il se double en fournissant le diéthyle ou éthylure d'éthyle $C^2H^5,C^2H^5 = C^4H^{10}$.

Le diéthyle est identique avec l'hydrure de butyle que M. Berthelot a obtenu par réduction de l'acide butyrique. Carius, par l'action du brome sur ce corps, a obtenu un bromure de butylène $C^4H^{8}Br^2$, et Schöyen, par l'action du chlore, a préparé un chlorure de butyle, à l'aide duquel il a fait de l'acide butyrique.

Le diéthyle a été obtenu par Frankland en traitant l'iodure d'éthyle par le zinc [Frankland, *Ann. der Chem. u. Pharm.*, t. LXXI, p. 171]; il se rencontre dans les parties les plus volatiles des pétroles d'Amérique [Cahours et Pelouze, *Bull. de la Soc. chim.*, 1863, p. 231]; il se produit en même temps que le butylène dans l'action du chlorure de zinc sur l'alcool butylique [Wurtz, *Ann. de Chim. et de Phys.*, (3), t. CXLII, p. 138].

Frankland décompose l'iodure d'éthyle par le zinc granulé en chauffant le mélange à 150° dans un tube de Bohême scellé et très-résistant, dans lequel on fait le vide par l'ébullition de l'iodure avant de sceller l'extrémité du tube à la lampe. Quand la réaction est terminée, on recueille le gaz sur l'eau, en l'y laissant séjourner pendant 24 heures de manière à absorber les vapeurs d'iodure d'éthyle qui n'auraient pas été décomposées. Il se forme en outre, dans la réaction, de l'éthylène et de l'hydrure d'éthyle; comme ceux-ci sont plus volatils que le diéthyle, on laisse perdre les premières portions de gaz qui se dégagent après l'ouverture du tube.

Le diéthyle est un gaz incolore; il brûle avec une flamme très-éclairante; sa densité est de 2,00394. Il ne se liquéfie pas à — 18° à la pression ordinaire, mais il est liquide à + 3° sous une pression de 2 atmosphères 1,2. Insoluble dans l'eau, il est très-soluble dans l'alcool; à une température de 14°,2, et sous une pression de 744mm,8, 1 volume d'alcool absolu en absorbe 18,13 volumes.

L'acide sulfurique concentré, l'acide azotique, l'acide chromique ne l'attaquent pas. Traité par le chlore, il donne du chlorure de butyle $C^4H^{11}Cl$ (Schöyen), transformable en acide butyrique ordinaire [*Ann. der Chem. u. Pharm.*, t. CXXX, p. 233].

Avec le brome, il donne naissance à un bromure $C^4H^8Br^2$, qui bout de 155° à 162° (le bromure de butylène de Wurtz bout à 158°) [Carius, *Ann. der Chem. u. Pharm.*, t. CXXVI, p. 195, et *Ann. de Chim. et de Phys.*, (3), t. LXIX, p. 120]. Peut-être est-ce du bromure de butyle bromé. E. G.

ÉTHYLE-ALLYLE, $(C^5H^{10})'' = C^3H^5,C^2H^5$. — Cet isomère de l'amylène a été obtenu par M. Wurtz en chauffant au bain-marie de l'iodure d'allyle avec une quantité équivalente de zinc-éthyle [*Bull. de la Soc. chim.*, 1863, p. 52].

L'opération se fait dans des tubes scellés très-résistants, dont le mélange liquide n'occupe que 1/5 au plus du volume. Il se forme, dans la réaction, de l'éthylène, du propylène et une assez grande quantité d'éthyle-allyle et de son hydrure, qui distillent ensemble vers 30-40°; au-dessus de 50°, il passe un liquide iodé contenant du diallyle, et qu'on chauffe avec du sodium, traitement qui fournit une nouvelle quantité d'éthyle-allyle. Il reste, au-dessus de 100°, des carbures condensés parmi lesquels on peut noter un diamylène et des carbures moins hydrogénés. Le mélange passant au-dessous de 50° s'unit au brome à froid pour donner un bibromure $C^5H^{10}Br^2$, volatil vers 180°; il reste de l'hydrure inattaqué.

Le bromure d'éthyle-allyle, traité par l'acétate d'argent de la même façon que le bromure d'amylène, donne un acétate qui, saponifié par la potasse en poudre, fournit un isomère de l'amylglycol $C^5H^{12}O^2$. Le même corps est décomposé immédiatement par la potasse alcoolique; il se forme du bromure de potassium et un isomère de l'amylène bromé C^5H^9Br; enfin chauffé avec le sodium, il régénère l'éthyle-allyle.

L'hydrocarbure passant au-dessous de 40° se combine à l'acide iodhydrique lorsqu'on le chauffe en vase clos avec cet agent, et il donne un iodhydrate $C^5H^{11}I$, isomère de l'iodhydrate d'amylène et de l'iodure d'amyle, bouillant vers 146° sous la pression de 0,763, c'est-à-dire 17° plus haut que l'iodhydrate d'amylène. La densité de l'iodhydrate d'éthyle-allyle à zéro est de 1,537; elle est égale à 1,5219 à 11° [A. Wurtz, *Compt. rend.*, 1868, t. LXVI, p. 1179].

Tandis que l'iodhydrate d'amylène est attaqué à froid par l'oxyde d'argent humide avec formation d'alcool pseudo-amylique, l'iodhydrate d'éthyle-allyle est imparfaitement décomposé comme l'iodure d'amyle lui-même. A la distillation du produit de cette réaction, il passe un liquide iodé qui exhale l'odeur de l'alcool amylique.

Si l'on additionne l'iodhydrate d'éthyle-allyle d'une quantité équivalente d'acétate d'argent délayé dans l'éther anhydre et qu'on distille au bout de vingt-quatre heures, il se dégage un peu d'éthyle-allyle, et l'on recueille au-dessus de 100° un liquide acide contenant l'isomère de l'acétate d'amyle. Ce composé, isolé par lavage avec une solution de carbonate de soude et séché au chlorure de calcium, passe à la distillation à 133-135° il possède une odeur agréable différente de celle de l'acétate d'amyle; sa densité à zéro est de 0,9222. La potasse très-concentrée et même en partie solide le dédouble complétement à 120° en acétate de potasse et en un alcool $C^5H^{12}O$, isomère de l'alcool amylique et de l'alcool pseudo-amylique (hydrate d'amylène), et peut-être identique avec l'alcool isoamylique de M. Friedel. Cet alcool bout à 120° sous la pression de 0,759, il est insoluble dans l'eau : densité à zéro, 0,8249-0,826. Oxydé par le permanganate de potasse, il donne une acétone $C^8H^{10}O$, bouillant vers 103° et isomère du méthyle-butyryle, et un mélange d'acides acétique et propionique.

D'après la constitution probable de l'allyle, M. Wurtz est amené à représenter l'éthyle-allyle par la formule de constitution suivante :

$$CH^3.CH^2.CH^2.CH.CH^2,$$

et l'alcool correspondant par celle-ci :

$$CH^2.CH^2.CH^2.CH(OH).CH^3.$$

G. S.

ÉTHYLE-AMYLE, $C^7H^{16} = C^2H^5,C^5H^{11}$ [Wurtz, *Ann. de Chim. et de Phys.*, (3), t. XLIV, p. 288]. — M. Wurtz a obtenu cet hydrocarbure en faisant agir le sodium sur un mélange équimoléculaire d'iodure d'éthyle et d'iodure d'amyle. L'éthylamyle bout entre 87°,5 et 89°,5, la majeure partie passant à 88°. D'après les recherches de M. Schorlemmer, l'éthylamyle soumis à l'action du chlore, fournit un chlorure identique à celui que donne l'hydrure d'heptyle, et se transformant en dérivés heptyliques (voyez HEPTYLE). L'éthyle-amyle et l'hydrure d'heptyle ne sont donc pas chimiquement différents ; l'éthyle-amyle préparé avec l'iodure d'amyle dévie à droite le plan de polarisation de la lumière; la déviation imprimée à la teinte de passage sur une longueur de 100 millimètres a été trouvée égale à 0°,920.

ÉTHYLE-BUTYLE, $C^6H^{14} = C^2H^5,C^4H^9$ [Wurtz, *Ann. de Chim. et de Phys.*, (3), t. XLIV, p. 286]. — L'iodure de butyle et l'iodure d'éthyle étant ajoutés à du sodium, la réaction commence d'elle-même, mais bientôt il est nécessaire de chauffer le mélange. Au bout de troisjours d'ébullition du mélange, on distille, et outre le dibutyle C^8H^{18}, on recueille l'éthyle-butyle, liquide léger, mobile, d'une densité de 0,7011 à 0°, et bouillant à 62°.

E. G.

ÉTHYLE (COMPOSÉS DE L'). — Parmi les combinaisons éthyliques, nous décrirons ici :

1° Les combinaisons de l'éthyle avec le brome, le chlore, l'oxygène, etc. (éthers simples).

2° Les combinaisons de l'éthyle avec les acides oxygénés (éthers composés).

3° Les combinaisons de l'éthyle avec les métaux.

ÉTHERS ÉTHYLIQUES SIMPLES.

BROMURE D'ÉTHYLE, C^2H^5Br [Sérullas, 1829, *Ann. de Chim. et de Phys.*, (2), t. XXXIV, p. 99; — Pierre, *ibid.*, (3), t. XV, p. 366; — Löwig, *Ann. der Chem. u. Pharm.*, t. III, p. 391; — Berthelot, 1857, *Compt. rend. de l'Acad.*, t. XLIV, p. 1352; *Ann. de Chim. et de Phys.*, (3), t. LI, p. 81; *Ann. der Chem. u. Pharm.*, t. XCII, p. 351; — Personne, *Compt. rend.*, t. LII, p. 468; *Répert. de Chim. pure*, 1861, p. 188; — E. Caventou, *Compt. rend.*, t. LII, p. 1330; *Rép. de Chim. pure*, 1861, p. 403; — Marchand, *Journ. für prakt. Chem.*, p. 188]. — Le bromure d'éthyle prend naissance par l'action du brome, de l'acide bromhydrique et du bromure de phosphore sur l'alcool. Naquet a également reconnu (exp. inédites) qu'il se forme dans l'action des vapeurs de brome sur l'éthylate de soude. Enfin, Berthelot a vu qu'il prend naissance lorsqu'on chauffe l'éthylène avec l'acide bromhydrique.

Préparation. — La meilleure méthode de préparation est celle de M. Personne, lequel a substitué dans cette opération le phosphore rouge au phosphore ordinaire. On place 40 grammes de phosphore amorphe et 150 ou 160 grammes d'alcool absolu dans un appareil distillatoire, et l'on ajoute au mélange environ 100 grammes de brome. L'addition du brome doit être lente et l'appareil refroidi à cause de l'énergie de la réaction. On surmonte l'appareil où l'on opère le mélange d'un bouchon dans lequel passe un long tube, de manière que les vapeurs qui se forment refluent dans l'appareil. On distille ensuite, on recueille le produit dans un récipient refroidi et on le traite par l'eau, qui dissout l'alcool et précipite le bromure d'éthyle. Cet éther est finalement décanté, desséché sur du chlorure de calcium et rectifié.

Suivant M. de Vrij, on obtiendrait facilement ce corps en distillant 4 p. de bromure de potassium en poudre avec 5 p. d'un mélange formé lui-même de 2 p. d'acide sulfurique et d'une partie d'alcool.

Propriétés. — Le bromure d'éthyle est un liquide incolore, transparent, plus lourd que l'eau (Serullas). Sa densité = 1,40 (Löwig); 1,4733 à 0° (Pierre). Sa densité de vapeur = 3,754 (54,19 par rapport à H) (Marchand). Il bout à 40°,7 sous la pression de 757 millimètres (Pierre). Son odeur est éthérée, sa saveur sucrée et désagréable au premier abord devient ensuite brûlante. En vapeurs, il jouit de propriétés anesthésiques [Robin, *Compt. rend.*, t. XXXII, p. 649]. L'eau le dissout peu. L'alcool et l'éther le dissolvent en toutes proportions.

A la température du rouge sombre les vapeurs du bromure d'éthyle se décomposent en donnant naissance à de l'éthylène et à du gaz bromhydrique. Si la chaleur est plus considérable, l'éthylène se détruit à son tour et il se dépose du charbon (Löwig). Il brûle difficilement, mais avec une belle flamme verte non fuligineuse, en répandant une forte odeur d'acide bromhydrique; l'acide azotique, l'acide sulfurique concentré et le potassium sont sans action sur lui (Löwig). Avec l'ammoniaque il donne du bromhydrate d'éthylamine, de diéthylamine, de triéthylamine et du bromure de tétréthyl-ammonium (Hofmann, voyez ÉTHYLAMINE). Avec l'aniline il donne du bromhydrate d'éthyl-phénylamine (Hofmann). Une solution alcoolique de potasse le saponifie et donne du bromure de potassium et de l'alcool :

$$C^2H^5Br + KOH = KBr + C^2H^5.OH.$$

Bromure d'éthyle.	Potasse.	Bromure de potassium.	Alcool.

DÉRIVÉS BROMÉS DU BROMURE D'ÉTHYLE [Hofmann; Caventou; Wurtz et Frapolli, *Ann. der Chem. u. Pharm.*, t. CVIII, p. 225]. — On prépare ces corps en chauffant à 170°, dans des tubes scellés à la lampe, du bromure d'éthyle avec du brome. Parmi ces dérivés un seul doit être traité ici, le bromure d'éthyle bromé $C^2H^4Br.Br$, isomérique avec le bromure d'éthylène. Le composé bibromé et les suivants sont identiques avec les bromures d'éthylène, bromé, bibromé, etc., et seront étudiés à l'article ÉTHYLÈNE (Bromure).

Bromure d'éthyle bromé. — En soumettant à la distillation fractionnée le produit de l'action du brome à 170° sur l'éther bromhydrique, on obtient ce corps sous la forme d'un liquide volatil entre 110° et 112°. Reboul (comm. verbale) l'a également obtenu en faisant agir l'éthylène bromé sur l'acide bromhydrique dans des tubes scellés à la lampe. C'est un liquide dont la densité = 2,155. Il se transforme à la longue en un isomère solide. M. Caventou a reconnu que dans l'action d'une solution alcoolique d'acétate potassique sur ce corps il se forme un peu de glycol diacétique. Il est probable que dans cette réaction une portion de bromure d'éthyle bromé se transforme au préalable en bromure d'éthylène, sans quoi cette réaction serait inexplicable.

Le bromure d'éthyle bromé est probablement

identique au bromure d'éthylidène (voyez ce mot) qui résulte de l'action du perbromure de phosphore sur l'aldéhyde. Sa formule rationnelle est, par suite,

$$\begin{matrix} CHBr^2 \\ \dot{C}H^3, \end{matrix}$$

tandis que celle du bromure d'éthylène est

$$\begin{matrix} CH^2Br \\ \dot{C}H^2Br. \end{matrix}$$

On conçoit comment l'éthylène bromé donne du bromure d'éthyle bromé au lieu de régénérer du bromure d'éthylène sous l'influence de l'acide bromhydrique. Les équations suivantes en rendent compte :

$$\underset{\text{Bromure d'éthylène.}}{\begin{matrix} CH^2Br \\ \dot{C}H^2Br, \end{matrix}} \qquad \underset{\text{Ethylène bromé.}}{\begin{matrix} CH^2 \\ \dot{C}HBr. \end{matrix}}$$

$$\underset{\text{Éthylène bromé.}}{\begin{matrix} CH^2 \\ \dot{C}HBr \end{matrix}} + \underset{\text{Acide bromhydrique.}}{HBr} = \underset{\text{Bromure d'éthyle bromé.}}{\begin{matrix} CH^3 \\ \dot{C}HBr^2. \end{matrix}}$$

Elles montrent que dans la transformation du bromure d'éthylène en éthylène bromé, la perte d'acide bromhydrique a lieu aux dépens des deux demi-molécules et non aux dépens d'une seule. A. N.

CHLORURE D'ÉTHYLE, C^2H^5Cl [Syn. *Éther chlorhydrique*] [Gehlen, *Neues allgem. Journ. der Chem.*, de Gehlen, t. II, p. 206; — Thenard, *Mém. de la Soc. d'Arcueil*, t. I, p. 115, 140 et 337; *Ann. de Chim.*, t. LXIII, p. 49; — P. F. Boullay, *Ann. de Chim.*, LXIII, p. 90; *Bull. de Pharm.*, t. I, p. 147; — Robiquet et Colin, *Ann. de Chim. et de Phys.*, t. I, p. 343; — Kuhlmann, *Ann. der Chem. u. Pharm.*, t. XXXIII, p. 108; — Löwig, *Ann. de Poggend.*, t. XLV, p. 346; — Laurent, *Ann. de Chim. et de Phys.*, (2), t. LXIV, p. 328; — Regnault, *ibid.*, t. LXXI, p. 355; — Dumas et Stas, *Ann. de Chim. et de Phys.*, t. LXXIII, p. 154; — Stas, *Lehrbuch von Kekulé*, t. I, p. 455; — Isidore Pierre, *Ann. de Chim. et de Phys.*, (3), t. XV, p. 362; — Williamson, *Chem. Soc. quart. Journ.*, t. X, p. 100; — Groves, *Chem. Soc. quart. Journ.*, t. XIII, p. 331; *Bull. de la Soc. chim.*, 1865, t. III, p. 234; — Beilstein, *Compt. rend. de l'Acad.*, t. XLIX, p. 134; *Bull. de la Soc. chim. de Paris*, séance du 22 juillet 1859, p. 60; *Rép. de Chim. pure*, 1859, p. 505; — Meyer, *Ann. der Chem. u. Pharm.*, t. CXXXIX, p. 282, septembre 1866; — Schorlemmer, *Proc. of the roy. Soc.*, t. XIII, p. 225; *Compt. rend. de l'Acad.*, t. LVIII, p. 703; *Chem. Soc. Journ.*, t. XVII, p. 262; *Bull. de la Soc. chim.*, 1864, t. I, p. 461; — Balard, *Ann. de Chim. et de Phys.*, (3), t. XII, p. 302].

L'éther chlorhydrique impur était connu des anciens chimistes, mais Robiquet et Colin ont les premiers fait connaître exactement la composition de ce corps.

Il prend naissance : 1° dans l'action de l'acide chlorhydrique sur l'alcool :

$$\underset{\text{Alcool.}}{C^2H^5.OH} + \underset{\text{Acide chlorhydrique.}}{HCl} = \underset{\text{Chlorure d'éthyle.}}{C^2H^5Cl} + \underset{\text{Eau.}}{H^2O};$$

2° Dans l'action du perchlorure de phosphore sur l'alcool :

$$\underset{\text{Alcool.}}{C^2H^5.OH} + \underset{\text{Perchlorure de phosphore.}}{PCl^3.Cl^2} = \underset{\text{Acide chlorhydrique.}}{HCl} + \underset{\text{Oxychlorure de phosphore.}}{PCl^3O} + \underset{\text{Chlorure d'éthyle.}}{C^2H^5Cl}$$

ou sur le sulfovinate de potasse. Dans ce dernier cas il se produit en même temps du chlorure de sulfuryle (Naquet, exp. inédites) :

$$\underset{\text{Sulfovinate de potasse.}}{SO^2\left\{\begin{matrix} OC^2H^5 \\ OK \end{matrix}\right.} + \underset{\text{Perchlorure de phosphore.}}{2(PCl^3Cl^2)}$$

$$= \underset{\text{Oxychlorure de phosphore.}}{2(PCl^3O)} + \underset{\text{Chlorure de potassium.}}{KCl} + \underset{\text{Chlorure d'éthyle.}}{C^2H^5Cl} + \underset{\text{Chlorure de sulfuryle.}}{SO^2\left\{\begin{matrix} Cl \\ Cl. \end{matrix}\right.}$$

3° Dans l'action d'un grand nombre de chlorures sur l'alcool (chlorures de soufre, d'aluminium, de bismuth, de zinc, chlorures antimonicaux, antimonique, stannique, ferrique, platineux, platinique, etc.), le chlorure d'éthyle que l'on obtient ainsi est toujours mêlé d'oxyde d'éthyle;

3° Dans l'action du chlore sur l'iodure d'éthyle, il y a simple déplacement de l'iode par le chlore;

4° Dans l'action de l'acide chlorhydrique sur l'acétate d'éthyle : de l'acide acétique devient libre :

$$\underset{\text{Acétate d'éthyle.}}{C^2H^3O.OC^2H^5} + \underset{\text{Acide chlorhydrique.}}{HCl} = \underset{\text{Acide acétique.}}{C^2H^3O.OH} + \underset{\text{Chlorure d'éthyle.}}{C^2H^5Cl};$$

5° Dans l'action du chlore sur l'hydrure d'éthyle C^2H^6, que ce dernier ait été obtenu par l'alcool méthylique (ancien méthyle) ou par l'alcool ordinaire (Schorlemmer) :

$$\underset{\text{Hydrure d'éthyle.}}{C^2H^6} + \underset{\text{Chlore.}}{Cl^2} = \underset{\text{Acide chlorhydrique.}}{HCl} + \underset{\text{Chlorure d'éthyle.}}{C^2H^5.Cl.}$$

Préparation. — On le prépare, soit en saturant l'alcool absolu ou tout au moins très-concentré par du gaz chlorhydrique, soit en distillant un mélange de 5 p. d'alcool, 5 p. d'acide sulfurique concentré et 12 p. de sel marin, soit aussi en distillant l'alcool avec le perchlorure de phosphore.

Une excellente méthode consiste à saturer de l'alcool par l'acide chlorhydrique et à distiller au bain-marie. On fait arriver la vapeur dans un flacon laveur renfermant de l'eau à 20° ou 25°, et de là dans un autre récipient entouré de glace. On lave le produit avec de l'eau salée et on le rectifie sur de la magnésie.

Lorsqu'on opère par le mélange d'alcool, de sel marin et d'acide sulfurique, la purification doit être faite par la même méthode.

Lorsqu'on opère par le perchlorure de phosphore, on place ce perchlorure dans un flacon surmonté d'un entonnoir à robinet plein d'alcool concentré, et on laisse tomber l'alcool goutte à goutte en attendant, pour en introduire une nouvelle quantité, que la quantité préalablement introduite ait fini de réagir. Le gaz doit passer d'abord à travers un tube plein de perchlorure de phosphore destiné à décomposer la vapeur d'alcool entraînée, puis à travers un flacon plein d'eau légèrement alcaline, destinée à arrêter l'acide chlorhydrique et les quelques vapeurs d'oxychlorure de phosphore; enfin dans des tubes en U pleins de chlorure de calcium pour le dessécher. Les vapeurs passent de là dans un récipient refroidi au moyen d'un mélange réfrigérant, où elles se condensent.

Lorsqu'on veut préparer le chlorure d'éthyle au moyen de l'hydrure d'éthyle, on expose à l'ombre des flacons pleins d'un mélange à volumes égaux de chlore et d'hydrure d'éthyle. Quand la réaction est complète, on déplace les vapeurs contenues dans chaque vase par de l'eau salée ayant une température de 20° à 25°, on les purifie et on les condense comme dans les procédés qui précèdent. Seulement le produit ainsi obtenu n'est pas tout à fait pur, il renferme toujours un peu de chlorure d'éthyle chloré dont on doit le débarrasser par une distillation fractionnée. On n'obtient pas tout à fait 1 gramme de chlorure d'éthyle pur par litre d'hydrure d'éthyle.

Propriétés. — Le chlorure d'éthyle est un liquide incolore, d'une odeur aromatique assez forte, d'une saveur douceâtre et un peu alliacée. Sa densité = 0,874 à + 5° (Thenard), 0,920 à 0° (Pierre). Il bout à 11° et ne se solidifie pas à — 29° (Thenard), il se solidifierait au contraire à — 18° (Löwig). Sa densité de vapeur = 2,219 (32,03 par rapport à H); le calcul exigerait 2,235 (32,16 par rapport à H). Il est très combustible et brûle avec un flamme bordée de vert en dégageant de l'acide chlorhydrique.

L'éther chlorhydrique dissout *le soufre, le phosphore, les huiles grasses, les essences, les résines* et *beaucoup d'autres corps*. Lorsqu'on le fait passer à travers un tube chauffé au rouge, il se décompose en éthylène et acide chlorhydrique. Si le tube renferme de la chaux sodée, il se forme du gaz oléfiant (Dumas et Stas), du gaz des marais (Meyer). L'acide sulfurique concentré le détruit à chaud. Il se produit de l'acide chlorhydrique, de l'anhydride sulfureux et la masse se charbonne.

Le perchlorure d'antimoine absorbe les vapeurs d'éther chlorhydrique avec dégagement de chaleur en donnant naissance à un liquide qui fume à l'air et qui, dans une atmosphère sèche, se prend en une masse cristalline. Cette masse toutefois se liquéfie peu à peu, brunit et dépose des cristaux de protochlorure d'antimoine. L'eau précipite une huile brune de la liqueur mère primitive (Kuhlmann). Le perchlorure d'étain se comporte de même. Le produit est un liquide fumant qui cristallise à l'air sec. L'eau le décompose en séparant du chlorure d'éthyle inaltéré et, s'il est préparé depuis longtemps, un corps blanc solide qui est probablement de l'anhydride stannique (Kuhlmann).

A l'air sec, le *perchlorure de fer* se combine avec le chlorure d'éthyle en formant un composé qui cristallise distinctement et dont l'eau précipite de l'hydrate ferrique et sépare l'éther chlorhydrique inaltéré (Kuhlmann).

L'acide sulfurique anhydre absorbe en grande quantité la vapeur de chlorure d'éthyle en donnant un liquide fumant, volatil à 130°, qui passe en partie sans altération, tandis que le résidu brunit et dégage du gaz sulfureux. L'eau sépare du liquide fumant une huile un peu plus dense qu'elle, d'une odeur alliacée, et qui excite le larmoiement; peu soluble dans l'eau froide, cette huile s'y dissout beaucoup à chaud. La liqueur d'où cette huile s'est séparée renferme un acide dont le sel de baryum est soluble et cristallise en aiguilles soyeuses (Kuhlmann). D'après Williamson, le produit de l'action de l'anhydride sulfurique est une éthyl-chlorhydrine sulfurique

$$(SO^2)'' \left\} \begin{matrix} OC^2H^5 \\ Cl \end{matrix} \right. = SO^3C^2H^5Cl.$$

Williamson a déterminé sa composition en notant l'augmentation de poids que subit une quantité connue d'anhydride sulfurique en se saturant de chlorure d'éthyle.

Lorsqu'on dirige les vapeurs d'éther chlorhydrique dans de l'acide azotique bouillant, il se produit de l'acide chlorhydrique et un peu d'éther nitreux.

Le chlorure d'éthyle ne précipite pas au début l'azotate d'argent, à la longue il n'y forme même qu'un précipité très-faible. Il agirait de la même manière, suivant Thenard, sur l'azotate mercureux, tandis que, suivant Boullay, il précipiterait abondamment et immédiatement ce dernier sel. D'ailleurs l'azotate d'argent qui n'est point précipité à froid, l'est complétement à 100° dans des tubes scellés à la lampe (Foster).

L'ammoniaque convertit le chlorure d'éthyle en chlorhydrate d'éthylamine. S'il est exempt d'aldéhyde, la potasse aqueuse ne le brunit pas, tout en l'attaquant cependant un peu. A 100° dans des tubes scellés la potasse alcoolique réagit sur lui à la manière de l'éthylate de sodium et le transforme en oxyde d'éthyle :

$$\underset{\text{Chlorure d'éthyle.}}{C^2H^5Cl} + \underset{\text{Éthylate de potassium.}}{C^2H^5.OK} = \underset{\text{Oxyde d'éthyle.}}{(C^2H^5)^2O} + \underset{\text{Chlorure de potassium.}}{KCl.}$$

Une solution alcoolique de sulfhydrate potassique convertit le chlorure d'éthyle en mercaptan et chlorure de potassium. Lorsqu'au lieu de sulfhydrate on emploie du monosulfure de potassium, c'est du sulfure d'éthyle qui se forme. D'après Boullay, lorsqu'on fait passer du chlorure d'éthyle en vapeurs dans une solution aqueuse de potasse chauffée dans une cornue, il distille de l'alcool.

Le potassium réagit énergiquement sur le chlorure d'éthyle avec un vif dégagement de chaleur. Il se produit une substance blanche sans dégagement d'aucun gaz. Cette substance est un mélange de chlorure de potassium et d'un composé organique renfermant le même métal, peut-être le kaliéthyle? Au contact de l'eau, elle donne de l'hydrogène. En même temps le liquide renferme un corps organique liquide qu'on peut en extraire en l'agitant avec de l'éther. Ce corps brûle facilement. Il pourrait bien n'être autre chose que de l'alcool.

L'éther chlorhydrique est employé en médecine aux mêmes usages que l'éther proprement dit. On l'a recommandé dans les affections catarrhales. Comme toutefois sa grande volatilité en rendrait l'usage difficile, on l'emploie mêlé à son poids d'alcool. C'est ce mélange qui constitue l'éther muriatique alcoolisé des pharmacies.

DÉRIVÉS CHLORÉS DU CHLORURE D'ÉTHYLE.

Le chlore n'agit pas sur le chlorure d'éthyle dans l'obscurité et n'y agit que très-lentement à la lumière diffuse. Sous l'influence des rayons directs du soleil, la réaction est très-vive, si bien que quelquefois le liquide s'enflamme en déposant du charbon. Si l'on commence l'opération au soleil, qu'on la continue à la lumière diffuse et qu'on l'achève ensuite au soleil, on obtient la série de produits suivants : chlorure d'éthyle chloré $C^2H^4Cl^2$, chlorure d'éthyle bichloré $C^2H^3Cl^3$, chlorure d'éthyle trichloré $C^2H^2Cl^4$, chlorure d'éthyle quadrichloré C^2HCl^5 et chlorure d'éthyle perchloré ou hexachlorure dicarbonique C^2Cl^6. Les dérivés chlorés du chlorure d'éthyle ont été proposés comme anesthésiques [Aran, *Compt. rend.*, t. XXXI, p. 845; — Mialhe, *ibid.*, p. 848; — Wiggers, *Ann. der Chem. u. Pharm.*, t. LXXXII, p. 218].

L'hexachlorure dicarbonique est identique au produit de même composition que l'on obtient en partant de la liqueur des Hollandais. Les autres sont simplement isomériques avec les corps ayant mêmes formules qui proviennent de l'action du chlore sur l'éthylène.

CHLORURE D'ÉTHYLE MONOCHLORÉ, $C^2H^4Cl^2$ [Regnault, Beilstein]. — Ce corps est isomérique avec le chlorure d'éthylène.

Préparation. — Voici comment M. Regnault prépare ce corps : On fait arriver un courant de chlorure d'éthyle bien sec dans un grand ballon, dans lequel on dirige en même temps un courant de chlore. Le ballon doit être à 2 tubulures et à pointe. La pointe est engagée dans un flacon où se rend une partie du produit, tandis que l'autre partie passe dans un flacon à moitié rempli d'eau et bien refroidi qui retient en même temps l'acide chlorhydrique dont il se forme des quantités considérables dans la réaction. Au commencement de l'opération on expose l'appareil au soleil pour mettre la réaction en train, mais lorsque celle-ci est commencée, on peut le ramener à l'ombre où elle se continue sans difficulté. Il faut toujours que l'éther chlorhydrique soit en excès par rapport au chlore; d'ailleurs la petite quantité de chlorure d'éthyle bichloré qui prend naissance s'arrête presque complétement dans le premier flacon à cause de sa volatilité moindre.

La liqueur condensée dans le deuxième flacon est lavée plusieurs fois à l'eau et distillée ensuite au bain-marie sur de la chaux. On rejette les premières portions qui renferment un peu d'éther chlorhydrique. Il en est de même du dernier quart qui contient des produits plus chlorés. On peut obtenir environ 250 grammes de produit pur en 7 ou 8 heures.

Propriétés. — Le chlorure d'éthyle monochloré est un liquide incolore, transparent, très-limpide, d'une densité de 1,174 à 17°. Il bout à 64°. Sa densité de vapeur expérimentale = 3,478 (50,20 par rapport à H), la théorie exigerait 3,42 (49,37 par rapport à H). Il est insoluble dans l'eau; l'alcool et l'éther le dissolvent en toutes proportions; sa saveur est douce et poivrée, son odeur rappelle celle de la liqueur des Hollandais.

La solution alcoolique de potasse l'attaque à peine même à chaud, ce qui le distingue du chlorure d'éthylène. Toutefois, le résidu de la distillation d'un tel mélange renferme un peu de chlorure de potassium et laisse déposer une substance résineuse brune. On peut le distiller sur du potassium métallique sans qu'il s'altère.

D'après M. Beilstein, le chlorure d'éthyle chloré est identique avec le chlorure d'éthylidène de M. Wurtz et de M. Geuther (voyez ce mot). En effet, la densité est à peu près la même ainsi que le point d'ébullition, les petites différences s'expliquant aisément par la présence, dans le chlorure d'éthyle chloré, de traces de produits de substitution plus élevée. De plus, l'éthylate de sodium transforme le chlorure d'éthyle chloré comme le chlorure d'éthylidène en chlorure d'aldéhydène, en même temps qu'une petite quantité d'acétal prend naissance.

M. Beilstein s'est également assuré que sous pression la potasse alcoolique transforme ce corps en chlorure d'aldéhydène.

Chlorure d'éthyle bichloré, $C^2H^3Cl^3$. — Lorsqu'on sature de chlore à l'obscurité le chlorure d'éthyle chloré, aucune réaction n'a lieu. En exposant ensuite la liqueur au soleil, la réaction se produit, et si intense qu'il se dégage des torrents d'acide chlorhydrique et que la liqueur est quelquefois projetée hors du vase. Si l'on fait tomber du chlorure d'éthyle chloré dans un grand flacon plein de chlore exposé au soleil, il se forme des cristaux de chlorure de carbone C^2Cl^6. Mais avant ce produit final, il se forme tous les composés intermédiaires qui sont fort difficiles à préparer. Voici comment M. Regnault conseille d'opérer :

Six à sept cents grammes d'éther chlorhydrique monochloré sont placés dans une grande éprouvette à pied et recouverts d'une couche d'eau; on fait arriver un courant de chlore au fond de cette éprouvette, que l'on met en communication avec un récipient refroidi destiné à condenser le liquide qui peut distiller par suite de l'élévation de température due à la réaction. L'éprouvette étant ensuite portée au soleil, ou tout au moins dans un lieu bien éclairé, la réaction s'établit et s'exerce de préférence sur le produit le moins chloré. Quand le chlore a agi pendant environ deux jours, on distille le liquide et on le fractionne en deux parties; la première moitié est soumise de nouveau pendant un certain temps à l'action du chlore, puis réunie à la seconde. On distille ensuite le tout; on rejette le premier et le dernier quart et l'on recueille le produit du milieu qui bout à une température à peu près constante. On peut d'ailleurs lui faire subir encore quelques fractionnements afin d'obtenir un produit plus pur.

Toutes les fractions supérieures qui bouillent plus haut ou même plus bas que l'éther chlorhydrique bichloré servent à la préparation des produits plus chlorés. On les verse successivement dans l'éprouvette pour être de nouveau soumis à l'action du chlore, en commençant par les moins chlorés.

Le liquide qui se volatilise pendant l'action du chlore et qui vient se condenser dans le récipient refroidi doit être conservé pour la préparation de l'hexachlorure dicarbonique. Ce liquide, ayant en effet distillé dans une atmosphère de chlore, est composé de produits à différents degrés de chloruration.

Les premiers produits chlorés s'obtiennent facilement, les derniers beaucoup plus difficilement.

L'éther chlorhydrique bichloré a une odeur semblable à celle de l'éther monochloré. Sa densité = 1,372 à 16°, il bout à 75°. Sa densité de vapeur = 4,530 (65,30 par rapport à H), la théorie exigerait 4,406 (66,48 par rapport à H). La potasse alcoolique l'attaque à peine, même à la température de l'ébullition; pourtant après des distillations répétées, on obtient du chlorure de potassium et une certaine quantité d'acétate de potasse :

$$C^2H^3Cl^2.Cl + 4(KHO)$$

Chlorure d'éthyle bichloré. — Potasse.

$$= 3KCl + C^2H^3O.OK + 2H^2O.$$

Chlorure potassique. — Acétate de potassium. — Eau.

Il est probable que cette réaction serait plus facile si l'on chauffait sous pression. Elle est identique à celle dans laquelle le chloroforme se transforme en formiate alcalin. Le chlorure d'éthyle bichloré est en effet l'homologue du chloroforme. Une solution alcoolique de sulfhydrate de potassium ne l'attaque pas.

Chlorure d'éthyle trichloré, $C^2H^2Cl^4$. — Ce produit ressemble, par ses caractères extérieurs, aux éthers chlorhydriques, mono- et bichloré. Sa densité = 1,530 à 17°. Il bout vers 102°. Sa densité de vapeur = 5,709 (83,708 par rapport à H), le calcul exigerait 5,792 (83,61 par rapport à H). Traité par une solution alcoolique bouillante de potasse, il donne un peu de chlorure de potassium, mais il ne se forme rien de net dans cette réaction. Le sulfhydrate potassique ne le décompose pas.

Chlorure d'éthyle tétrachloré, C^2HCl^5. — Ce corps est fort difficile à obtenir pur. Un produit à peu près pur a une densité égale à 1,644, il bout à 146°. Sa densité de vapeur = 6,975 (100,68 par rapport à H); la théorie indiquerait 6,972 (100,64 par rapport à H). La potasse alcoolique l'attaque plus facilement que les produits précédents : il se dégage de la chaleur et du chlorure de potassium se dépose. Le produit distillé étendu d'eau laisse déposer une substance huileuse. Le potassium n'agit pas à froid sur le chlorure d'éthyle tétrachloré, mais à chaud il se produit une violente explosion et du charbon se dépose.

Chlorure d'éthyle perchloré, C^2Cl^6. — Il est identique au sesqui-chlorure de carbone (voyez Carbone, p. 758).

Éther chlorhydrique lourd. — C'est le produit que l'on obtient en faisant passer du chlore dans l'alcool absolu, sans pousser l'opération jusqu'au point de donner du chloral, et qu'on lave le liquide ainsi préparé à l'eau et à la potasse. On peut aussi le préparer en distillant sur du peroxyde de manganèse de l'alcool saturé d'acide chlorhydrique gazeux; c'est un mélange de plusieurs corps, tels que l'acétate d'éthyle, l'aldéhyde, le chloral, le chlorure d'éthyle, et peut-être aussi le chlorure d'éthylène. A. N.

FLUORURE D'ÉTHYLE. — Voyez FLUOR.

IODURE D'ÉTHYLE, C^2H^5I [Gay-Lussac, 1815, *Ann. de Chim.*, t. XCI, p. 89; — Serullas, *Ann. de Chim. et de Phys.*, t. XXV, p. 323; t. XLII, p. 119; — E. Kopp, *Journ. de Pharm.*, (3), t. VI, p. 109; — R.-F. Marchand, *Journ. für prakt. Chem.*, t. XXXIII, 186; — Frankland, *Ann. der Chem. u. Pharm.*, t. LXXI, p. 131; — Schuler, *Ann. der Chem. u. Pharm.*, t. LXXXVII, p. 55; — Frankland, *Chem. Soc. quart. Journ.*, t. II, p. 263; t. III, 322; — Lautemann, *Ann. der Chem. u. Pharm.*, t. CXIII, p. 241; — Hofmann, *Chem. Soc. quart. Journ.*, t. XIV, p. 69; — Frankland, *Chem. Soc. quart. Journ.*, t. VI, p. 57; — Cahours, *Ann. de Chim. et de Phys.*, (3), t. LVIII, p. 5; — Löwig, *Journ. für prakt. Chem.*, t. LXXV, p. 385; *Jahresb. de Chem.*, 1852, p. 577; — Hallwachs et Schafarik, *Ann. der Chem. u. Pharm.*, t. CIX, p. 206, (nouv. sér., t. XXXIII); *Rép. de Chim. pure*, 1859, p. 334; — Sonnenscheim, *Ann. der Chem. u. Pharm.*, t. CI, p. 20; — Görsmann, *Ann. der Chem. u. Pharm.*, t. CI, p. 218; — Natanson, *Ann. der Chem. u. Pharm.*, t. CIV, p. 126; — Schlagdenhauffen, *Ann. der Chem. u. Pharm.*, t. CVII, p. 234; *ibid.*, t. CX, p. 256; *Compt. rend. de l'Acad.*, t. XLVII, p. 740; *Rép. de Chim. pure*, 1859, p. 138; — Weltzien, *Ann. der Chem. u. Pharm.*, t. LXXXVI, p. 202; — E.-T. Chapman, *Chem. Soc. Journ.*, t. XIX, (nouv. sér., t. V), p. 486; — Frankland et Duppa, *Chem. Soc. Journ.*, t. XVI (nouv. sér., t. II), p. 418; — T. Andrews, *Chem. Soc. quart. Journ.*, t. I, p. 36; — Œfele, Cahours (voyez SULFURE D'ÉTHYLE); — Personne, *Compt. rend. de l'Acad.*, t. LII, p. 486; *Rép. de Chim. pure*, 1861, p. 188; — Berthelot, *Compt. rend. de l'Acad.*, t. L, p. 612; *Répert. de Chim. pure*, 1860, p. 174; — Juncadella, *Compt. rend. de l'Acad.*, t. XLVIII, p. 345; *Répert. de Chim. pure*, 1859, p. 306; Rieth et Beilstein, *Ann. der Chem. u. Pharm.*, t. CXXVI, (nouv. sér., t. L), p. 250; *Bull. de la Soc. chim.*, 1863, p. 468; — Boutlerow, *Zeitsch. für Chem.*, (nouv. sér.), t. III, p. 367; *Bull. de la Soc. chim.*, 1867, t. VIII, p. 268; — de Vrij, *Journ. de Pharm.*, (3), t. XXXI, p. 169].

Modes de formation. — L'iodure d'éthyle prend naissance : 1° lorsqu'on distille l'alcool absolu avec de l'acide iodhydrique renfermant de l'iode libre; 2° par l'action de l'iode et du phosphore sur l'alcool :

$$\underset{\text{Phosphore.}}{P} + \underset{\text{Iode.}}{5I} + \underset{\text{Alcool.}}{5[C^2H^5(OH)]}$$

$$= \underset{\text{Iodure d'éthyle.}}{5C^2H^5I} + \underset{\text{Acide phosphorique.}}{PO(OH)^3} + \underset{\text{Eau.}}{H^2O};$$

l'acide phosphorique formé agit au moment de sa formation sur une sixième molécule d'alcool qu'il transforme en acide éthyl-phosphorique; 3° par l'action de l'éthylène sur l'acide iodhydrique (Berthelot) :

$$\underset{\text{Éthylène.}}{C^2H^4} + \underset{\text{Acide iodhydriq.}}{HI} = \underset{\text{Iodure d'éthyle.}}{C^2H^5I}.$$

On opère cette réaction, avec de l'acide iodhydrique concentré, dans de grands ballons pleins d'éthylène que l'on chauffe à 100°. L'éther iodhydrique se forme encore par l'action d'un courant d'acide chlorhydrique gazeux sur un mélange d'alcool et d'iodure de potassium.

Préparation. — C'est ordinairement par l'action de l'alcool sur le mélange d'iode et de phosphore que l'on prépare l'iodure d'éthyle. Ou bien on introduit chaque substance dans l'alcool par petites quantités successives, u bien on introduit dans ce liquide la totalité de l'une d'elles, et l'autre ensuite par petites portions. Quelquefois on substitue le phosphore amorphe au phosphore ordinaire pour rendre la réaction moins vive. Les divers chimistes qui se sont occupés de la préparation de l'iodure d'éthyle ayant modifié les procédés chacun à sa manière, nous décrirons en détail chacun des procédés qui ont été conseillés, d'autant que la préparation de l'iodure d'éthyle a acquis une importance considérable depuis que la fabrication des couleurs d'aniline en a fait une opération industrielle.

1° M. Frankland place 35 p. d'alcool absolu et 7 p. de phosphore dans un vase refroidi au moyen d'eau glacée, et il ajoute graduellement 32 p. d'iode au liquide. Lorsque la réaction est terminée, il décante la liqueur pour la séparer de l'excès de phosphore, puis il la distille au bain-marie. Le produit doit être lavé à l'eau, puis additionné d'une quantité d'iode suffisante pour lui donner une couleur faible, puis abandonné sur un mélange de chlorure de calcium, d'oxyde de plomb et de mercure destiné à absorber l'eau, l'excès d'iode et l'acide iodhydrique.

2° Lautemann procède d'une manière analogue, seulement, au lieu des proportions précédentes, il emploie 10 p. d'alcool à 95°, 10 p. d'iode et 1 p. de phosphore qu'il ajoute tout à fait graduellement.

3° Hofmann propose de préférence la méthode suivante, qui a selon lui l'avantage de faire perdre moins de produit et de ne jamais occasionner d'explosion.

On introduit la totalité du phosphore avec le quart environ de l'alcool dans une cornue tubulée dont le col est en communication avec un récipient refroidi. Dans la tubulure de la cornue est engagée une boule de verre ouverte des deux côtés, pourvue d'un long tube à la partie inférieure et munie d'un robinet en bas et d'un bouchon à l'émeri en haut. On met les 3/4 restant de l'alcool sur l'iode et l'on introduit la solution saturée dans la boule de verre. La cornue de verre est en même temps chauffée au bain-marie et l'on fait tomber la solution alcoolique d'iode dans la cornue par petites portions. Comme l'iode est peu soluble dans l'alcool et beaucoup plus soluble dans l'iodure d'éthyle, il faut dissoudre la portion d'iode qui reste dans les premières portions de liquide qui distillent et introduire la solution dans l'appareil comme précédemment Si même on veut préparer l'iodure d'éthyle sur une grande échelle, il vaut mieux dès l'abord dissoudre la totalité de l'iode dans de l'alcool auquel on a ajouté une certaine quantité d'iodure d'éthyle provenant d'une opération précédente pour faciliter la dissolution de ce métalloïde. Cette méthode fournit une grande quantité de produit en peu de temps et n'exige pas grande attention, car si le robinet est ouvert de manière à laisser tomber goutte à goutte la solution iodique, on n'est presque pas obligé de surveiller l'opération. L'iodure d'éthyle qui se forme distille incolore et il suffit généralement de le laver à l'eau pour le débarrasser des traces d'alcool qu'il renferme. Comme l'éther iodhydrique distille à mesure qu'il se forme et que la cornue ne renferme jamais à la fois qu'une faible portion du mélange primitif, l'on peut opérer dans une cornue de très-petite dimension. Les proportions d'alcool, de phosphore et d'iode les plus convenables sont : 1000 grammes d'iode, 700 grammes d'alcool de 83° et 50 grammes de phosphore. On obtient jusqu'à 98 % de la quantité théorique d'iodure d'éthyle.

4° Au laboratoire de M. Wurtz on place ordinairement le phosphore et l'alcool dans un grand ballon. Dans le col de ce ballon on introduit la partie inférieure d'une allonge contenant dans sa panse la quantité voulue d'iode mêlé avec du verre concassé. Par sa partie supérieure l'allonge est mise en communication avec un réfrigérant de Liebig renversé qui permet aux vapeurs de se condenser et de refluer dans l'allonge d'abord, dans le ballon ensuite. Le ballon étant chauffé au bain-marie, l'alcool distille, se condense dans le réfrigérant et dissout de l'iode en refluant dans le ballon. Lorsque le liquide qui descend de l'allonge est incolore, on arrête l'opération, on retire l'allonge, on distille et l'on purifie le produit comme précédemment. Il faut chauffer de manière à avoir une ébullition lente et opérer dans un vase relativement spacieux.

5° M. Personne a proposé d'opérer avec le phosphore rouge. Dans une cornue tubulée il introduit 30 grammes de ce phosphore, 120 p. d'alcool absolu et 100 p. d'iode en deux fois à quelques minutes d'intervalle. Il distille ensuite, lave le produit d'abord avec une solution alcaline, puis avec un peu d'eau. Suivant ce chimiste cette méthode permettrait d'obtenir sans danger un kilogramme d'éther iodhydrique en moins d'une heure.

6° MM. Rieth et Beilstein ont adopté le procédé de M. Personne. Seulement au lieu des proportions indiquées par ce chimiste ils emploient 10 p. de phosphore rouge, 50 p. d'alcool à 90° et 100 p. d'iode. Ils ont trouvé utile au point de vue du rendement d'abandonner le mélange à lui-même pendant vingt-quatre heures avant de le distiller.

7° M. Juncadella obtient l'iodure d'éthyle en chauffant à 100° dans des tubes scellés à la lampe des équivalents égaux d'iodure de potasssium et d'éther nitrique, mêlés à leur volume d'alcool. Il se forme en même temps un peu d'éther ordinaire et d'iode libre. Ce procédé est peu avantageux.

8° De Vrij et depuis Wanklyn ont essayé aussi de se passer du phosphore pour préparer l'iodure d'éthyle. De Vrij sature de l'alcool avec du gaz chlorhydrique sec à une très-basse température. Il verse ensuite le liquide dans une cornue tubulée renfermant de l'iodure de potassium en poudre de manière que la quantité d'acide chlorhydrique soit exactement suffisante à la transformation de l'iodure en chlorure de potassium. Au bout de vingt-quatre heures on distille le contenu de la cornue et on lave l'iodure d'éthyle ainsi obtenu; après quoi on le dessèche et on le rectifie de nouveau.

Propriétés. — L'iodure d'éthyle est un liquide incolore d'une odeur éthérée particulière très-forte. Sa densité = 1,9206 à 23° (Gay-Lussac), 1,97546 à 0° (Pierre), 1,9464 à 16° (Frankland). Il bout à 70° (Pierre), sous une pression de 751 millimètres et à 72°,2 (Frankland) sous une pression de 746,5 millimètres. Sa densité de vapeur a été trouvée égale à 5,475 (79,001 par rapport à H); la théorie exigerait 5,405 (77,99 par rapport à H).

Réactions. — L'iodure d'éthyle brûle difficilement; lorsqu'on le verse sur des charbons ardents, il répand des vapeurs violettes sans prendre feu. Il se colore légèrement à l'air par de l'iode mis en liberté. Cette décomposition est surtout rapide sous l'influence des rayons solaires directs.

La vapeur de cet éther dirigée à travers un tube de porcelaine chauffé au rouge sombre se décompose avec formation d'hydrogène, d'éthylène, d'iodure d'éthylène et d'un peu d'iode libre (Kopp).

Au soleil l'iodure d'éthyle est décomposé à la longue par le mercure. Il se dégage de l'éthylène et de l'hydrure d'éthyle et il se produit de l'iodure mercurique :

$$2C^4H^5I + Hg = HgI^2 + C^4H^4 + C^4H^6.$$

Iodure d'éthyle. Mercure. Iodure mercurique. Éthylène. Hydrure d'éthyle.

A la lumière diffuse l'action du mercure donne au contraire pour principal produit de l'iodure de mercuréthyle $C^4H^5Hg''I$.

Lorsqu'on fait passer bulle à bulle du chlore gazeux à travers de l'iodure d'éthyle, il se dépose de l'iode et l'on obtient du chlorure d'éthyle. Si le courant de chlore est prolongé pendant longtemps, il se produit du chlorure d'iode.

L'acide azotique en sépare immédiatement de l'iode, l'acide sulfurique concentré le brunit rapidement; l'acide iodhydrique n'exerce aucune action sur lui à froid. A 100° il se forme de l'iode et de l'hydrure d'éthyle (Boutlerow) :

$$C^4H^5I + HI = C^4H^6 + I^2.$$

Iodure d'éthyle. Acide iodhydrique. Hydrure d'éthyle. Iode.

La potasse aqueuse ne l'attaque pas immédiatement. La chaux sodée chauffée au rouge le décompose au contraire d'une manière instantanée avec formation d'éthylène pur, d'eau et d'iodure de sodium.

L'acide chromique l'oxyde facilement et le transforme en iode libre et en acide acétique (Chapman). Bouilli avec de l'oxyde d'argent et de l'eau, il se convertit en iodure d'argent et en alcool (Hofmann).

Les divers métaux décomposent l'iodure d'éthyle sous l'influence de la lumière ou de la chaleur, avec une facilité plus ou moins grande. Généralement le métal s'unit en partie à l'iode, en partie à l'éthyle. Quelquefois, cependant, le composé organo-métallique formé agit secondairement sur l'iodure métallique ou sur une quantité d'iodure d'éthyle indécomposé en fournissant de nouveaux produits.

Chauffé à 150° avec du zinc métallique dans un tube scellé à la lampe, il donne de l'iodure de zinc et de l'hydrure de butyle C^8H^{10} (dit éthyle libre). Le cadmium métallique agit de même. Si au lieu de zinc et d'iodure d'éthyle pur on fait agir le zinc sur une solution éthérée d'iodure d'éthyle, on obtient de l'iodure d'éthyle et du zinc-éthyle (voyez plus loin, p. 1300). En présence de l'eau ou de l'alcool à 150°, le zinc transforme l'iodure d'éthyle en hydrure d'éthyle. Dans le cas de l'alcool, il se forme en outre de l'oxyde d'éthyle et du sous-iodure de zinc.

Le plomb n'attaque pas l'iodure d'éthyle (suivant MM. Cahours et Riche, ce métal le décomposerait, au contraire, avec facilité. Le plomb dont ils se sont servis était-il bien pur?). L'alliage de plomb et de sodium donne de l'iodure de plomb triéthyle $Pb(C^4H^5)^3I$. Le fer et le cuivre n'agissent pas sur l'iodure d'éthyle entre 150° et 200°. Le mercure qui décompose ce corps au soleil ne le décompose pas à 200°. Mais si l'on remplace le mercure par un amalgame de sodium et qu'on étende le mélange d'éther acétique, il se forme de l'iodure de sodium et du mercure-éthyle (Frankland et Duppa) (voyez plus loin, p. 1353). L'arsenic décompose facilement cet éther à 160° en produisant un liquide rouge qui se prend, par le refroidissement, en beaux cristaux (d'iodure d'arsenic probablement); il ne se dégage pas de gaz et la masse n'en développe pas non plus au contact de l'eau. Avec l'arséniure de sodium on obtient de l'iodure sodique et les produits

$$[As(C^4H^5)^2]^2, \quad As(C^4H^5)^3 \text{ et } [As(C^4H^5)^4]^2.$$

L'étain décompose aussi l'iodure d'éthyle à 160° en donnant de l'iodure d'étain et de l'iodure de distannéthyle $(C^2H^5)^2Sn^{IV}I^2$ (Frankland). En remplaçant l'étain par un alliage d'étain et de sodium on obtient aussi de l'iodure de tristannéthyle $Sn^{IV}(C^2H^5)^3I$ et du tétrastannéthyle $Sn^{IV}(C^2H^5)^4$.

L'antimoine et l'antimoniure de sodium donnent de la triéthyl-stibine $Sb(C^2H^5)^3$ et de l'iodure d'antimoine ou de sodium. Les arséniures de cadmium ou de zinc donnent de l'iodure de cadmium ou de zinc et un iodure double d'iodure de cadmium ou de zinc et de tétréthyl-arsonium. Le phosphure de zinc donne des composés semblables où l'arsenic est remplacé par le phosphore. Le bismuthure de sodium donne du bismuth triéthyle $Bi(C^2H^5)^3$.

L'*aluminium*, chauffé avec de l'iodure d'éthyle, donne naissance à un iodo-éthylure aluminique $(Al^2)^{VI}(C^2H^5)^3I^3$.

Le *glucinium* se comporte à peu près comme l'aluminium (Cahours).

Le *magnésium* en fils agit à froid sur l'iodure d'éthyle avec dégagement de chaleur. Si après refroidissement on scelle le tube, qu'on le chauffe à 120-130° et qu'on distille ensuite la masse blanche qu'il renferme, on obtient du magnésium-éthyle. — Voyez p. 1353.

Le *vanadium* donne dans les mêmes conditions un liquide rouge qui n'a point été étudié à fond (Hallwachs et Schafarik).

Le *sodium* et le *potassium* décomposent l'iodure d'éthyle à 100° en donnant les mêmes produits que le zinc.

Le *phosphore* l'attaque aussi, mais sans donner lieu à la formation d'aucun produit gazeux. Le *phosphure d'étain* donne des *stannures d'éthyle*.

Le *phosphure de cuivre* n'est pas attaqué.

Lorsqu'on chauffe pendant plusieurs jours à 100° de l'iodure d'éthyle avec du chloroamidure de mercure $Hg''AgH^2,Cl$, il se forme un *iodure triple de mercure*, de *mercurotétréthyl-ammonium* et de *tétréthyl-ammonium*, en même temps que des iodures d'*éthyl-ammonium*, de *diéthyl-ammonium* et de *triéthyl-ammonium*.

L'iodure d'éthyle, soit seul, soit en solution alcoolique, réagit facilement sur une foule de sels d'argent en donnant de l'iodure d'argent et un éther éthylique. C'est même là le moyen le plus convenable pour préparer certains éthers, tels que arséniate, phosphates, cyanures, sulfocyanates... d'éthyle. Suivant Gösmann, dans l'action de l'iodure d'éthyle sur le tungstate d'argent, il se forme de l'iodure d'argent, de l'oxyde d'éthyle et de l'anhydride tungstique; avec le molybdate d'argent, il se produit encore de l'iodure d'argent, mais l'anhydride molybdique est réduit à l'état de composés bleus moins oxygénés (Naquet et Louguinine, exp. inédites). Avec le dichromate d'argent, il fournit un peu d'aldéhyde. Suivant Natanson, il ne donnerait pas d'arséniate d'éthyle, mais bien de l'oxyde d'éthyle et de l'anhydride arsénique en agissant sur l'arséniate d'argent; mais les expériences de Crafts prouvent qu'il se produit dans ce cas de l'arséniate d'éthyle. — Voyez Éthyle (arséniate d').

L'iodure d'éthyle chauffé dans des tubes scellés à la lampe avec les *cyanures* de *potassium*, de *baryum* ou de *mercure*, fait la double décomposition avec ces sels; mais il ne paraît pas agir sur le cyanure de zinc à la température de 140-160°.

Les *sulfocyanates* métalliques chauffés avec l'iodure d'éthyle donnent aussi naissance à du sulfocyanate d'éthyle. Avec le sulfocyanate de mercure néanmoins, la réaction est plus compliquée et n'a point été complètement étudiée. Les *acétates*, *formiates* et *oxalates de potassium*, de *baryum*, de *plomb*, de *mercure* et d'*argent*, sont décomposés à 200° par l'iodure d'éthyle, surtout en présence de l'alcool. Dans le cas de l'oxalate, l'éther produit se détruit avec production d'oxyde de carbone et d'anhydride carbonique qui peuvent briser le tube.

Lorsqu'on agite de l'amalgame de sodium avec un mélange de 8 p. d'iodure d'éthyle et de 1 p. de sulfure de carbone, on obtient un liquide fétide qui répond à la formule $(C^3H^5)^2S^3$ du trisulfure d'allyle. La densité de ce liquide $= 1{,}012$ à 15°; il bout à 188°; il est insoluble dans l'eau, mais miscible en toutes proportions avec l'alcool, l'éther et le sulfure de carbone. L'acide azotique fumant, le chlore, le brome et le chlorure de chaux le décomposent avec violence. Le sodium, la potasse, les sulfures alcalins et l'oxyde mercurique ne le décomposent pas. Avec les solutions alcooliques de sublimé corrosif, il donne un précipité blanc qui répond à la formule $(C^3H^5)^2S^3.6Hg''Cl^2$.

Chauffé avec une solution alcoolique d'ammoniaque, l'iodure d'éthyle donne des iodures d'éthyl, de diéthyl-, de triéthyl- et de tétréthyl-ammonium (voyez Éthylamine). Avec la triéthylamine il se transforme en iodure de tétréthyl-ammonium.

Le sulfure d'éthyle se combine directement à l'iodure d'éthyle en donnant de l'iodure de triéthyl-sulfine $(C^2H^5)^3SI$ (Œfele, Cahours). — Voyez Éthyle (Sulfure d'). A. N.

Oxyde d'éthyle, $C^4H^{10}O = (C^2H^5)^2O$ [Syn. *Éther sulfurique*, *éther*]. — La découverte de ce composé est attribuée à Val. Cordus, qui le décrivit en 1540 sous le nom d'*oleum vini dulce*. Son mode de formation et ses propriétés ont été étudiés par Hennel, Boullay, Gay-Lussac, Dumas, Liebig, Williamson, etc. (voyez Éthérification); Malaguti, Lieben, Bauer ont fait connaître quelques-uns de ses dérivés.

La formation de l'éther et sa constitution sont traitées à l'article Éthérification, nous ne nous occuperons donc ici que de sa préparation, de ses propriétés et de ses dérivés immédiats.

Préparation. — On prépare l'éther par l'action de l'acide sulfurique sur l'alcool, mélangés en proportions telles que le point d'ébullition ne s'écarte pas notablement de la température de 140°; comme le mélange s'appauvrit en alcool, son point d'ébullition tend à s'élever; on le ramène à 140° en rajoutant de l'alcool au fur et à mesure que l'éther distille, et l'on peut ainsi, théoriquement, transformer en éther une quantité indéfinie d'alcool avec une quantité donnée d'acide sulfurique, car il distille de l'eau en même temps que de l'éther.

On fait un mélange de 5 p. d'alcool à 90 centièmes et de 9 p. d'acide sulfurique concentré dans un vase entouré d'eau froide et l'on introduit ce mélange dans une cornue tubulée disposée sur un bain de sable; la tubulure de cette cornue porte un thermomètre plongeant dans le mélange éthérifiant et un tube effilé à sa partie inférieure descendant jusqu'au milieu du liquide, et destiné à introduire de nouvel alcool lorsqu'il s'est formé une certaine quantité d'éther; le col de la cornue est en communication avec un bon appareil réfrigérant, pour condenser les vapeurs d'éther. On chauffe le mélange à l'ébullition et l'on règle l'arrivée de l'alcool de manière à maintenir la température constante, ou si l'on ne se sert point de thermomètre, de manière à conserver le même volume de mélange bouillant. Il est important que le tube qui amène l'alcool soit effilé et plonge dans le liquide, afin que le mélange se fasse lentement et qu'il n'y ait pas de refroidissement brusque.

Le liquide distillé renferme, outre l'éther, de l'eau et de l'alcool; on peut, ou bien le laver à l'eau et rectifier l'éther qui se sépare, ou bien soumettre immédiatement à une distillation fractionnée; l'éther passe en premier, entraînant encore un peu d'alcool dont on le débarrasse par un lavage à l'eau, puis on le met en contact avec 1/6 environ de son poids de chaux ou de carbonate de potasse pour le dessécher, et on le rectifie au bain-marie.

Comme, dans la formation de l'éther, il se produit toujours des quantités plus ou moins considérables d'acide sulfureux, il faut enlever ce dernier à l'éther; on y arrive facilement en agitant le produit brut avec du peroxyde de manganèse pulvérisé, qu'il ne faut ajouter que peu à peu, à cause de l'élévation de température qui se produit; le peroxyde de manganèse se transforme ainsi en sulfate et hyposulfate.

On peut, dans toute cette série d'opérations, remplacer les vases de verre par des alambics en plomb.

Dans les laboratoires, lorsqu'on veut avoir de l'éther parfaitement anhydre, il faut encore traiter par le sodium l'éther déjà déshydraté et rectifié et le soumettre à une nouvelle distillation sur ce métal.

Propriétés. — L'éther pur est un liquide incolore, très-réfringent, limpide et d'une grande mobilité; sa saveur est d'abord âcre et brûlante, puis fraîche. Il est parfaitement neutre. Sa densité à l'état liquide est égale à 0,723 à 12°,5 (Gay-Lussac); à 0°, cette densité est égale à 0,7364, à 99°,8 elle est de 0,6091; son coefficient de dilatation est donc très-élevé (Mendelejeff). Sa densité de vapeur est égale à 37 (2,565 par rapport à l'air pris pour unité); cette densité de vapeur répond à la formule $C^4H^{10}O$ (2 volumes). Il bout à 34°,5 sous la pression de 0m,760, (35°,6 Gay-Lussac). Refroidi à — 31°, il cristallise en lames blanches et brillantes. Grâce à la grande volatilité de l'éther, ce liquide produit un refroidissement considérable en s'évaporant. Regnault a déterminé sa tension de vapeur de 10 en 10 degrés, depuis — 20° jusqu'à 120° [*Compt. rend.*, t. L, p. 1063]. Voici le tableau de ces tensions en millimètres de mercure et en atmosphères.

Température.	Millim.	Atm.
— 20°..........	67,49	
— 10°..........	113,35	
0°..........	183,34	
+ 10°..........	286,40	
20°..........	433,26	
30°..........	636,33	
35°,6..........	760,00	1 (Gay-Lussac).
40°..........	909,59	1,25
+ 50°..........	1271,12	1,68
60°..........	1728,52	2,27
70°..........	2307,81	3,03
80°..........	3024,41	3,98
90°..........	3898,05	5,13
100°..........	4950,81	6,51
110°..........	6208,37	8,17
120°..........	7702,20	10,13

L'éther, et surtout sa vapeur, est extrêmement inflammable; aussi ne faut-il manier ce liquide qu'avec beaucoup de précaution dans le voisinage d'un corps en combustion. Sa vapeur, mélangée à l'air, produit un mélange détonant d'une grande violence.

L'eau dissout environ 1/9 de son poids d'éther. La densité d'une solution aqueuse saturée d'éther à 12° est égale à 0,983 (H. Schiff), à une température plus élevée, l'eau dissout moins d'éther.

L'alcool se mélange à l'éther en toutes proportions; la densité de ces mélanges est donnée par la formule d'interpolation

$$D = 0,729 + 0,000066\,p - 0,00000222\,p^2$$

dans laquelle p indique la proportion centésimale de l'alcool [Schiff, *Ann. de Chim. et de Pharm.*, t. CXI, p. 373].

L'éther est un excellent dissolvant pour un grand nombre de matières organiques, notamment les résines, les graisses, etc. Certaines substances se dissolvent dans l'éther aqueux et sont tout à fait insolubles dans l'éther anhydre; tel est l'acide gallique que l'éther anhydre laisse tout à fait intact. Un grand nombre de substances minérales sont également solubles dans l'éther; tels sont, le soufre qui exige environ 180 p. d'éther pour se dissoudre, le phosphore qui en exige 37 (Zeise); le brome, l'iode, le chlorure ferrique, le chlorure d'or, le bichlorure de mercure s'y dissolvent en abondance; le nitrosulfure de fer de Roussin est extrêmement soluble dans ce liquide, car il est même déliquescent dans la vapeur d'éther.

Soumis à l'action de la chaleur rouge, l'éther donne naissance à un mélange gazeux renfermant beaucoup d'acétylène; cet hydrocarbure se forme aussi en abondance dans la combustion incomplète de l'éther (Berthelot).

L'éther se mélange à l'acide sulfurique, en produisant une élévation de température, qui peut aller jusqu'à 70°; si l'on chauffe à 120°, il ne se dégage rien, et lorsqu'on ajoute de l'eau au mélange, il ne se sépare qu'une petite quantité d'un liquide huileux, et la solution renferme de l'acide éthylsulfurique. D'après Liès-Bodart et Jacquemin, pourtant, la chaleur ou l'eau décomposent la combinaison formée, en remettant de l'éther en liberté [*Compt. rend.*, t. XLVI, p. 990].

L'anhydride sulfurique se combine à l'éther pour former du sulfate d'éthyle. Si l'on chauffe le mélange au delà de 120° il entre en ébullition, dégage l'odeur de l'huile douce de vin, puis à 150°, de l'acide sulfureux; le résidu qui se charbonne considérablement vers 180° renferme les acides éthionique et iséthionique.

Le chlore, en agissant sur l'éther, donne des produits de substitution (voir plus loin) en même temps que du chloral, de l'aldéhyde et du chlorure d'éthyle.

L'acide azotique transforme à chaud l'éther en acide carbonique, acide acétique et acide oxalique.

Agité à l'air, l'éther donne une petite quantité d'acide acétique; cette oxydation est accompagnée de la formation d'ozone; la formation d'acide acétique est augmentée en présence de la potasse. En présence d'un fil de platine incandescent, la vapeur d'éther s'oxyde beaucoup plus vite en produisant beaucoup d'aldéhyde et d'acide acétique; en même temps, le fil de platine reste incandescent par suite de la chaleur produite par cette combustion de l'éther.

Saturé de gaz chlorhydrique, l'éther donne à la distillation du chlorure d'éthyle.

Le potassium et le sodium l'attaquent lentement en dégageant de l'hydrogène. D'après Blondeau, il se forme dans cette action une combinaison potassée $C^4H^8K^2O$ qui, distillée avec de l'acide sulfurique, fournit un hydrocarbure bouillant à 28°, d'une densité de vapeur égale à 56,25 (3,6 par rapport à l'air), qu'il a nommé *éthène*, et qui paraît être un polymère de l'éthylène [*Journ. de Pharm.*, t. XXIX, p. 424].

L'éther peut absorber beaucoup de gaz ammoniac; chauffé en vase clos avec de l'iodure d'ammonium, il donne des iodures éthylammoniques (Berthelot).

L'éther forme des combinaisons définies avec un grand nombre de chlorures (Kuhlman, Nicklès).

Usages de l'éther. — L'éther est employé dans l'analyse immédiate et pour l'extraction d'un grand nombre de composés organiques naturels, tels que les alcaloïdes, les matières grasses, etc. On s'en sert en médecine comme antispasmodique et comme anesthésique.

L'éther est d'un grand emploi en photographie, pour la préparation des collodions.

COMBINAISONS DE L'ÉTHER AVEC LES CHLORURES ET BROMURES MÉTALLIQUES.

L'éther se combine à certains chlorures et bromures métalliques en donnant des composés cristallisables, décomposables par l'eau et par la chaleur, faisant effervescence avec les carbonates. Les combinaisons bromurées ont été décrites par Nicklès. On les obtient en faisant agir du brome sur le métal, en présence d'éther [*Ann. de Chim. et de Phys.*, (3), t. LXII, p. 230, 351; — *Compt. rend.*, t. LII, p. 396].

Éther bromo-aluminique. — S'obtient en traitant l'éther par du brome et de la limaille d'aluminium, en ayant soin de refroidir : il se forme deux couches dont l'inférieure renferme la combinaison éthérée. Celle-ci est volatile sans décomposition et forme un sublimé jaune, très-fusible et très-déliquescent, imparfaitement soluble dans l'eau. Il renferme $Al^2Br^6, 2C^4H^{10}O$. Ce composé attaque vivement la cellulose. On peut obtenir de même un *éther iodo-aluminique.*

Éther bromo-antimonieux. — Il se forme par l'action du brome sur l'antimoine en poudre, en présence de l'éther; c'est un liquide huileux, jaune foncé, commençant à bouillir à 91° en perdant du brome, de l'éther et de l'acide bromhydrique, en même temps qu'une partie du produit passe inaltérée; le résidu est formé de bromure d'antimoine. Il renferme $SbBr^3.C^4H^{10}O$.

Le *trichlorure d'antimoine* se combine également à l'éther, mais non *l'iodure.*

Éther bromo-arsénieux. — Plus volatil que le précédent, mais se décomposant déjà à la température ordinaire. Exposé sous une cloche en présence de l'acide sulfurique, il laisse un résidu de bromure d'arsenic cristallisé en longs prismes brillants. Il se volatilise sous l'influence de la chaleur, en se décomposant en grande partie. Il n'est pas attaqué par le zinc.

Le *chlorure d'arsenic* se comporte comme le bromure.

Éther bromobismuthique. — Voyez BISMUTH, p. 608.

Éthers bromocadmique et bromozincique. — Peu stables, fumant à l'air et solubles dans l'eau en paraissant se décomposer.

Éther bromoferrique. — Composé d'un rouge intense, décomposable par la chaleur.

Éther bromomercurique. $HgBr^2, 3C^4H^{10}O$. — Le mercure attaqué par le brome en présence de l'éther donne deux couches dont l'inférieure renferme la combinaison mercurique ; il s'en dépose d'abord du bromure de mercure dont la liqueur mère a la composition indiquée.

Éther bromostannique. — S'obtient en cristaux déliquescents, se sublimant dans les flacons où on le conserve; il se décompose très-facilement par la chaleur. Il est soluble dans l'eau.

Éther chlorothallique. — On l'obtient par l'action du chlore sur du chlorure thalleux ou du thallium placé sous de l'éther; la couche inférieure, qui fume à l'air, étant soumise à la distillation, laisse un résidu qui renferme

$$TlCl^3.C^4H^{10}O.HCl + H^2O.$$

C'est un composé très-acide, qui se réduit par l'acide sulfureux en donnant du protochlorure de thallium [Nicklès, *Compt. rend.*, t. LVIII, p. 537].

L'*éther bromothallique* se prépare comme le précédent et jouit des mêmes propriétés.

Éther chloroborique. — En chauffant une solution alcoolique d'acide borique saturée d'acide chlorhydrique on obtient un liquide volatil qui renferme, d'après Nicklès,

$$2BoCl^3, 5C^4H^{10}O + 9H^2O$$

[*Compt. rend.* t. LX, p. 800].

Éther chloromanganique. — Nicklès a obtenu ce composé, qui renferme le manganèse à l'état de *tétrachlorure* $MnCl^4$, en faisant arriver du gaz chlorhydrique dans un vase refroidi par de la glace et renfermant du peroxyde de manganèse et de l'éther anhydre. On obtient un produit vert très-altérable, soluble dans l'éther, insoluble dans le sulfure de carbone. Les métaux, les sulfures, etc., le réduisent très-facilement en donnant du chlorure manganeux. Nicklès attribue à cette combinaison éthérée la formule

$$MnCl^4, 12(C^4H^{10}O) + 2H^2O$$

[*Compt. rend.*, t. LX, p. 479].

ACTION DU CHLORE SUR L'ÉTHER.

Le chlore, en agissant sur l'éther en présence de l'eau, donne naissance à des produits d'oxydation tels que l'aldéhyde et l'acide acétique, ainsi qu'à du chloral. Mais le chlore sec donne lieu à des produits de substitution, qui ont été étudiés par Malaguti, Regnault, Lieben.

ÉTHER BICHLORÉ (ancienn. monochloré),

$$C^4H^8Cl^2O = \left.\begin{matrix}C^2H^3Cl^2\\C^2H^5\end{matrix}\right\}O.$$

— Le composé décrit par d'Arcet sous le nom de *chloréthéral* (voyez ce mot) ne paraît être autre chose que de l'éther bichloré. On obtient celui-ci, d'après Lieben [*Compt. rend.*, t. XLVIII, p. 647], en dirigeant un courant de chlore sec dans de l'éther bien refroidi, et distillant après saturation; il se forme ainsi un liquide bouillant à 140-147°, en se décomposant partiellement, incolore, limpide, d'une odeur âcre, et brûlant avec une flamme éclairante bordée de vert. Sa densité à 23° est égale à 1,174. Dans cette action du chlore, il ne se forme pas d'autre produit, si ce n'est un peu d'éther tétrachloré.

L'eau agit sur l'éther bichloré en produisant un corps probablement isomérique avec l'aldéhyde ; la potasse le transforme en alcool et acide acétique.

D'après les recherches de Lieben, le chlore n'est pas placé symétriquement dans les deux radicaux éthyle, mais se trouve substitué seulement dans l'un d'eux, et la formule de l'éther bichloré est, non pas

$$\left.\begin{matrix}C^2H^4Cl\\C^2H^4Cl\end{matrix}\right\}O, \quad \text{mais} \quad \left.\begin{matrix}C^2H^3Cl^2\\C^2H^5\end{matrix}\right\}O,$$

et cette constitution se poursuit dans les dérivés éthylés et méthylés de l'éther bichloré.

Action du zinc-éthyle sur l'éther bichloré. — Lieben et Bauer ont soumis cet éther chloré à l'action du zinc-éthyle et du zinc-méthyle [*Ann. der Chem. u. Pharm.*, t. CXXIII, p. 130, et t. CXLI, p. 236; t. CL, p. 87; *Répert. de Chim. pure*, t. V, p. 28; et *Bull. de la Soc. chim.*, 1867, t. VIII, p. 429]. Avec le zinc-éthyle, qu'il faut employer en solution éthérée refroidie à —15°, on obtient un liquide bouillant à 137° et renfermant

$$C^6H^{13}ClO = \left.\begin{matrix}C^2H^3.Cl.C^2H^5\\C^2H^5\end{matrix}\right\}O.$$

Il prend naissance en vertu de la réaction suivante :

$$2\left[\left.\begin{matrix}C^2H^3.Cl^2\\C^2H^5\end{matrix}\right\}O\right] + \left.\begin{matrix}C^2H^5\\C^2H^5\end{matrix}\right\}Zn$$
$$= ZnCl^2 + 2\left[\left.\begin{matrix}C^2H^3.Cl.C^2H^5\\C^2H^5\end{matrix}\right\}O\right].$$

Sa densité de vapeur a été trouvée égale à 69,3 (théor. = 68,25). Densité à 0° = 0,9735 ; c'est un liquide d'une odeur éthérée agréable, insoluble dans l'eau, miscible en toutes proportions avec l'alcool et l'éther.

En faisant ensuite agir le zinc-éthyle à chaud sur ce dérivé chloré, on lui enlève le reste du chlore et on obtient un composé qui renferme

$$\left.\begin{matrix} C^4H^3.C^4H^5.C^2H^5 \\ C^2H^5 \end{matrix}\right\} O = C^8H^{18}O$$

et qui est isomérique avec l'éther butylique.

Avec le zinc-méthyle, on obtient le composé chloré

$$\left.\begin{matrix} C^2H^3.Cl.CH^3 \\ C^2H^5 \end{matrix}\right\} O.$$

C'est un liquide incolore, doué d'une odeur aromatique, miscible à l'alcool et l'éther, d'une densité de 0,9842 à 0°. Densité de vapeur = 63 (densité théorique = 62,25).

En faisant agir l'acide iodhydrique sur le composé chloré

$$\left.\begin{matrix} C^2H^3.Cl.C^2H^5 \\ C^2H^5 \end{matrix}\right\} O,$$

on obtient une certaine quantité d'un iodure qui a la composition de l'iodure de butyle, et qui est de l'*iodure d'éthyle-éthyle*. Cet iodure, en réagissant sur l'acétate d'argent, donne l'*acétate d'éthyle-éthyle* qui, saponifié par la potasse, fournit un alcool isomérique de l'alcool butylique, l'*éthyl-méthyl-carbinol*

$$C\left\{\begin{matrix} C^2H^5 \\ CH^3 \\ H \\ OH \end{matrix}\right. = \begin{matrix} C^2H^5 \\ \dot{C}H.OH \\ \dot{C}H^3 \end{matrix}$$

bouillant à 99° sous une pression de 938mm,8, d'une densité de 0,827 à 0°. Cet alcool fournit, lorsqu'on l'oxyde par l'acide chromique, une *acétone* C^4H^8O et de l'acide acétique, peut-être mélangé d'un peu d'acide propionique [Lieben, *Ann. der Chem. u. Pharm.*, t. CL, p. 87].

Action de la potasse alcoolique sur l'éther bichloré. — L'action de la potasse alcoolique ou de l'alcool sodé sur l'éther bichloré donne naissance à un dérivé oxéthylé

$$\left.\begin{matrix} C^2H^5 \\ C^2H^3Cl.C^2H^5O \end{matrix}\right\} O$$

qui constitue une huile dense, d'une odeur agréable, bouillant à 159°. Ce produit se forme d'après l'équation

$$\left.\begin{matrix} C^2H^3Cl^2 \\ C^2H^5 \end{matrix}\right\} O + C^2H^5ONa$$
$$= \left.\begin{matrix} C^2H^3.Cl.C^2H^5O \\ C^2H^5. \end{matrix}\right\} O + NaCl.$$

Si l'on prolonge l'action de l'éthylate de sodium, en opérant en vase clos, on obtient le second dérivé oxéthylé

$$\left.\begin{matrix} C^2H^5 \\ C^2H^3.(C^2H^5O)^2 \end{matrix}\right\} O,$$

qui bout à 168°.

Enfin, on obtient le dérivé éthyle-oxéthylé

$$\left.\begin{matrix} C^2H^5 \\ C^2H^3.C^2H^5.C^2H^5O \end{matrix}\right\} O$$

par l'action de la potasse alcoolique sur le composé chloré

$$\left.\begin{matrix} C^2H^5 \\ C^2H^3Cl.C^2H^5 \end{matrix}\right\} O$$

[Lieben, *Compt. rend.*, t. LIX, p. 465].

ÉTHER TÉTRACHLORÉ (ancienn. bichloré),

$$C^4H^6Cl^4O = (C^2H^3Cl^2)^2O.$$

— Malaguti [*Ann. de Chim. et de Phys.*, (2), t. LXX, p. 338] a obtenu ce dérivé par l'action prolongée du chlore sur l'éther, en élevant la température à 30°, à l'état d'un liquide jaune, acide et fumant, qu'on lave à l'eau et qu'on dessèche dans le vide. Sa densité est égale à 1,5008 ; il a une odeur et une saveur de fenouil. Il se décompose avant de bouillir; l'acide sulfurique concentré le décompose. Traité par la potasse alcoolique, il fournit de l'acétate de potassium :

$$C^4H^6Cl^4O + 6KHO$$
$$= 2C^2H^3KO^2 + 4KCl + 3H^2O.$$

L'eau seule produit à la longue cette transformation.

L'ammoniaque altère également ce produit, surtout en présence de l'eau. Le potassium l'attaque en produisant un gaz chloré que Gerhardt pense être de l'éthylène chloré C^2H^3Cl [*Traité de Chim.*, t. II, 277].

Action de l'hydrogène sulfuré sur l'éther tétrachloré. — Ces deux corps peuvent réagir l'un sur l'autre avec une légère élévation de température; il se dégage de l'acide chlorhydrique et il distille un liquide qui se sépare en deux couches, l'une huileuse, pesante et insoluble dans l'eau, l'autre soluble et très-fétide. La première se prend après quelques jours en une masse molle et cristalline qui fournit, par cristallisation dans l'alcool bouillant des aiguilles prismatiques qui renferment $C^4H^6S^2O$, et que Gerhardt envisage comme de l'oxyde de sulfacétyle $(C^2H^3S)^2O$; Malaguti a nommé ce composé *éther sulfuré*. Ces cristaux ont une légère odeur de chlorure de soufre, ils fondent à 120-123°, sont insolubles dans l'eau, solubles dans l'alcool et l'éther. La potasse le décompose en produisant du sulfure et de l'acétate.

Les eaux mères alcooliques qui ont fourni ces aiguilles abandonnent des paillettes grasses au toucher, d'une odeur fétide, fusibles entre 70° et 72°, insolubles dans l'eau, solubles dans l'alcool et l'éther et renfermant $C^4H^6Cl^2SO$; c'est l'*éther chlorosulfuré* de Malaguti, ou l'oxyde de sulfochloracétyle suivant Gerhardt,

$$\left.\begin{matrix} C^2H^3Cl^2 \\ C^2H^3S \end{matrix}\right\} O.$$

ÉTHER PERCHLORÉ, $C^4Cl^{10}O = (C^2Cl^5)^2O$. — Il se forme par l'action prolongée du chlore, au soleil, sur l'éther anhydre ou sur ses dérivés chlorés [Regnault, *Ann. de Chim. et de Phys.*, (2), t. LXXI, p. 392 ; — Malaguti, *ibid.*, (3), t. XVI, p. 5] ; on obtient finalement une masse cristalline ressemblant au sesquichlorure de carbone, mais plus fusible. Il faut, dans cette préparation, permettre au liquide de s'échauffer pour que le chlorure d'éthyle qui se forme puisse se dégager, sans quoi il donnerait des produits de substitution, notamment du sesquichlorure de carbone.

L'éther perchloré cristallise en octaèdres à base carrée, très-voisins de l'octaèdre régulier. Longueur de l'axe principal = 0,952 ; inclinaison des faces formant les arêtes latérales de $b^{1/2} = 106°\,46'$; clivage parallèle à *p*. La densité des cristaux à 14°,5 est égale 1,9 [Nicklès, *Ann. de Chim. et de Phys.*, (3), t. XXII, p. 28].

L'éther perchloré fond à 69° et se dédouble vers 300° en chlorure de carbone et chlorure de trichloracétyle :

$$C^4Cl^{10}O = C^2Cl^6 + C^2Cl^4O.$$

Le potassium l'attaque violemment à chaud. L'acide sulfurique l'attaque, mais très-lentement; à 210° il se dégage des vapeurs qui, condensées dans l'eau, produisent une dissolution qui renferme de l'acide trichloracétique et les acides chlorhydrique et sulfurique :

$$C^4Cl^{10}O + H^2SO^4 = C^4Cl^8O^2 + 2HCl + SO^2,$$
$$C^4Cl^8O^2 + 2H^2O = 2HCl + 2C^2HCl^3O^2.$$

Une solution alcoolique de sulfure de potassium

donne du *chloroxéthose* (voyez de mot) qui régénère l'éther perchloré par l'action du chlore.

Chauffé avec un formiate alcalin, l'éther perchloré donne de l'éthylène perchloré, de l'acide carbonique, de l'eau et du chlorure alcalin :

$$C^4Cl^{10}O + 2\,CHO^2.M$$
$$= C^2O^4 + H^2O + 2\,C^2Cl^4 + 2\,MCl.$$

Avec l'acétate de soude, on obtient en outre de l'oxyde de carbone et de l'acide acétique. En général, l'éther perchloré, en agissant sur un sel organique à acide volatil, se transforme en éthylène perchloré, tandis que les éléments restants se groupent de manière à produire l'acide hydraté, de l'acide carbonique et des gaz combustibles [Malaguti, *Compt. rend.*, t. XLI, p. 625].

ÉTHER PERCHLOROBROMÉ ou bromure de chloroxéthose, $C^4Cl^6Br^4O$. — S'obtient par l'action du brome sur le chloroxéthose, au soleil. Il cristallise en octaèdres isomorphes avec ceux de l'éther perchloré [Nicklès, *loc. cit.*]; sa densité à $18° = 2{,}5$; il est inodore, incolore, fusible à 96° et se décompose à 180° en brome et chloroxéthose. Le sulfure de potassium produit le même dédoublement.

OXYDE D'ÉTHYLE ET DE MÉTHYLE,

$$C^3H^8O = \left.\begin{matrix} C^2H^5 \\ CH^3 \end{matrix}\right\} O.$$

— Cet éther, important au point de vue théorique, parce qu'il indique la présence de deux groupes alcooliques dans l'éther, se produit par l'action de l'iodure de méthyle sur l'éthylate de sodium C^2H^5NaO ou de l'iodure d'éthyle sur le méthylate de sodium C^2H^3NaO. C'est un liquide bouillant à +11°; sa densité de vapeur est égale à 31 (2,151 par rapport à l'air) [Williamson, *Ann. der Chem. u. Pharm.*, t. LXXXI, 77].

OXYDE D'ÉTHYLE ET D'AMYLE. — Voyez p. 242.

E. W.

SÉLÉNIURES D'ÉTHYLE. — On connaît deux composés séléniés de l'éthyle; ils représentent l'un de l'alcool, l'autre de l'éther dont l'oxygène a été remplacé par du sélénium.

SÉLÉNHYDRATE D'ÉTHYLE, C^2H^5SeH [Syn. *Mercaptan sélénié*] [Wœhler et Siemens, *Ann. der Chem. u. Pharm.*, t. LXI, p. 360].

Préparation. — On distille le sulfovinate de calcium avec une solution de sélénhydrate potassique. Il passe, à la distillation, un liquide jaune, fétide, qu'on dessèche sur du chlorure de calcium et que l'on rectifie ensuite. On peut, par la distillation fractionnée, diviser ce produit en deux liquides dont le plus volatil constitue le mercaptan sélénié, tandis que le moins volatil est formé de séléniure d'éthyle. Autant que possible il faut éviter le contact de l'air dans ces distillations.

Le sélénhydrate d'éthyle est un liquide clair, transparent, incolore, plus lourd que l'eau dans laquelle il est insoluble et soluble dans l'alcool. Il bout bien au-dessus de 100°. Son odeur est très-repoussante et rappelle celle du cacodyle.

Le mercaptan sélénié brûle avec une flamme bleue brillante, en répandant d'épaisses fumées blanches d'acide sélénieux et des vapeurs rouges de sélénium.

Un mélange de sélénhydrate d'éthyle et de chlorate de potasse prend feu par l'addition de l'acide chlorhydrique et fait explosion.

L'acide azotique et le chlore humide paraissent exercer sur le sélénhydrate d'éthyle une action oxydante complète. Le cuivre chauffé au rouge décompose complètement les vapeurs de ce corps en donnant un séléniure de cuivre cristallisé, en répandant une odeur semblable à celle de la benzine, et en donnant lieu à un léger dépôt de charbon.

Au contact de l'oxyde mercurique, le mercaptan sélénié s'échauffe en faisant entendre un sifflement. Il se forme une substance jaune facilement fusible qui se dissout dans l'alcool bouillant et s'en sépare à l'état amorphe par le refroidissement. La solution alcoolique du mercaptan sélénié précipite en jaune le chlorure mercurique.

SÉLÉNIURE D'ÉTHYLE, $(C^2H^5)^2Se$ [Syn. *Sélénéthyle, éther sélénhydrique*] [Löwig, *Ann. de Poggend.*, 1836, t. XXXVII, p. 552; *Chem. der org. Verbindungen, Aufb.*, (2), t. XI, p. 432; — Siemens, *Ann. der Chem. u. Pharm.*, t. LXI, p. 360; — Joy, *Ann. der Chem. u. Pharm.*, t. LXXXVI, p. 35; *Chem. Soc. quart. Journ.*, t. VII, p. 93].

Préparation. — Löwig prépare le séléniure d'éthyle en distillant lentement dans une cornue un mélange de séléniure de potassium en poudre fine et d'éther oxalique. Joy fait agir de préférence le monoséléniure de potassium sur le sulfovinate de potassium. Voici comment il opère :

Il dissout de l'hydrate potassique dans quatre fois son volume d'eau et il divise la solution en deux parties égales. Il sursature l'une par un courant d'acide sélénhydrique et y ajoute ensuite l'autre. Le gaz sélénhydrique est obtenu par l'action de l'acide chlorhydrique sur le séléniure de fer, obtenu lui-même par la fusion de parties égales de fer et de sélénium dans une cornue de verre. Comme le gaz sélénhydrique se décompose à l'air, il est bon de faire d'abord passer un courant d'hydrogène à travers l'appareil où on le prépare. Pour 1 p. de sélénium il faut 2 p. d'hydrate potassique et 4 de sulfovinate. La dissolution de séléniure de potassium étant ainsi obtenue, on la mélange avec une solution concentrée de sulfovinate de potassium, et on distille rapidement le mélange en continuant la distillation tant qu'il passe avec l'eau des gouttes huileuses de séléniure d'éthyle.

Le sélénéthyle se forme encore en petite quantité en même temps que le mercaptan sélénié lorsqu'on distille un mélange de sulfovinate de calcium et de sélénhydrate potassique.

Propriétés. — Le sélénéthyle est un liquide clair, d'un jaune pâle et d'une odeur insupportable. Il est beaucoup plus pesant que l'eau et ne se mêle pas avec ce liquide. Lorsqu'on l'enflamme il brûle en répandant des vapeurs rouges de sélénium.

Suivant les expériences de M. Joy, le séléniure d'éthyle se comporte comme un radical composé diatomique. Ce fait, uni à celui de l'existence d'un chlorure de sélénium $SeCl^4$, démontre que le sélénium est tétratomique.

Composés du sélénéthyle. — On connaît l'azotate, le chlorure, l'oxychlorure, le bromure et l'iodure de sélénéthyle.

Azotate de sélénéthyle,

$$Se^{IV}\left\{\begin{matrix} OAzO^2 \\ (C^2H^5)^2 \\ OAzO^2 \end{matrix}\right. = (C^2H^5)^2\,Se\,(AzO^3)^2.$$

— On le prépare en dissolvant le séléniure d'éthyle dans l'acide azotique modérément concentré. Il se dégage une quantité considérable de vapeurs nitreuses. On n'a point obtenu ce sel à l'état sec, mais seulement à l'état de solution concentrée qui se décompose lorsqu'on cherche à pousser plus loin l'évaporation.

Chlorure de sélénéthyle,

$$Se^{IV}\left\{\begin{matrix} Cl \\ (C^2H^5)^2 \\ Cl \end{matrix}\right. = (C^2H^5)^2\,SeCl^2.$$

— Lorsqu'on traite la solution d'azotate de sélénéthyle par l'acide chlorhydrique, la liqueur devient laiteuse et il ne tarde pas à se déposer des gouttes huileuses de chlorure de sélénéthyle.

Cette nouvelle substance est un liquide transparent, d'un jaune clair, qui va au fond de l'eau. Pure, elle paraît être inodore. L'eau la dissout un peu, l'acide chlorhydrique mieux encore, ce qui rend nécessaire de prendre certaines précautions en la préparant. Elle renferme 33,87 % de chlore, la formule exigerait 34,0.

Abandonné pendant quelque temps dans la liqueur chargée d'acide chlorhydrique et d'acide azotique où il a pris naissance, le chlorure de sélénéthyle donne naissance à un corps bien cristallisé, dont il a été impossible de déterminer la nature. Ce corps renferme 13,68 % de carbone, 4,298 % d'hydrogène et 20,05 % de chlore. Il renferme donc C^4 pour Cl^2. Il paraît être doué de propriétés acides parce qu'il forme avec l'ammoniaque une masse cristalline d'où l'ammoniaque est chassée par la potasse, et d'où l'acide chlorhydrique ne précipite pas de chlorure de sélénéthyle, preuve évidente que l'action de l'ammoniaque n'a pas donné naissance à de l'oxychlorure de sélénéthyle. Ces cristaux se dissolvent facilement dans l'eau et l'alcool qui ne les altèrent pas.

Oxychlorure de sélénéthyle,

$$Se^2(C^2H^5)^4Cl^2O = \begin{matrix} Se^{iv}\left\{\begin{matrix}Cl\\(C^2H^5)^2\end{matrix}\right. \\ O'' \\ Se^{iv}\left\{\begin{matrix}(C^2H^5)^2\\Cl.\end{matrix}\right.\end{matrix}$$

— Le chlorure de sélénéthyle se dissout facilement dans l'ammoniaque avec production de chlorure d'ammonium et d'oxychlorure de sélénéthyle. Après avoir évaporé à siccité la liqueur, on peut extraire l'oxychlorure de sélénéthyle par l'alcool absolu qui le dissout et ne dissout pas sensiblement le chlorure ammonique. Il cristallise en cubes incolores d'un grand éclat qui se groupent souvent sous forme d'étoiles. L'acide chlorhydrique ajouté à leur solution aqueuse en précipite du chlorure de sélénéthyle huileux; et l'acide sulfureux en précipite un mélange fétide de sélénéthyle et de chlorure de sélénéthyle :

$$\underset{\text{Oxychlorure de sélénéthyle.}}{Se(C^2H^5)^2Cl^2,\ Se(C^2H^5)^2O} + \underset{\text{Acide sulfureux.}}{SO^3H^2}$$

$$= \underset{\text{Acide sulfurique.}}{SO^4H^2} + \underset{\text{Sélénéthyle.}}{Se(C^2H^5)^2} + \underset{\text{Chlorure de sélénéthyle.}}{Se(C^2H^5)^2Cl^2}.$$

Bromure de sélénéthyle. — Ce corps se sépare sous la forme d'une huile d'un jaune-citron, lorsqu'on ajoute de l'acide bromhydrique à une solution d'azotate de sélénéthyle.

Iodure de sélénéthyle,

$$Se(C^2H^5)^2I^2 = Se^{iv}\left\{\begin{matrix}I\\(C^2H^5)^2\\I.\end{matrix}\right.$$

— On le prépare en mélangeant une solution de nitrate ou même de chlorure de sélénéthyle avec de l'acide iodhydrique. C'est un liquide noir, d'un éclat semi-métallique. Il va au fond de l'eau. Il ressemble au brome. Il est inodore et ne se solidifie pas à 0°.

Ces deux composés se dissolvent facilement dans l'ammoniaque, et forment un oxybromure et un oxyiodure de sélénéthyle, qui n'ont pas été étudiés. A. N.

SULFURES D'ÉTHYLE. — Les sulfures d'éthyle sont le sulfhydrate $C^2H^5.SH$, le sulfure $(C^2H^5)^2S$, le bisulfure $(C^2H^5)^2S^2$ et le trisulfure $(C^2H^5)^2S^3$.

SULFHYDRATE D'ÉTHYLE, $C^2H^5.SH$ [Syn. *Mercaptan éthylique*] [Zeise, *Ann. de Poggend.*, 1833, t. XXXI, p. 369; — Liebig, *Ann. der Chem. u. Pharm.*, t. XI, p. 10, et t. XIV, XXIII, p. 34; — Regnault, *Ann. de Chim. et de Phys.*, t. LXXI, p. 390; — Debus, *Ann. der Chem. u. Pharm.*, t. LXXII, p. 18; — Carius, *Ann. der Chem. u. Pharm.*, t. CXII, p. 190; — Baudrimont, *Compt. rend. de l'Acad.*, t. LIV, p. 616; *Répert. de Chim. pure*, 1860, p. 176]. — Le sulfhydrate d'éthyle est connu généralement sous le nom de mercaptan (*corpus mercurium captans*) à cause de son action sur le mercure, avec lequel il a une grande tendance à s'unir. Il représente de l'alcool C^2H^5OH, dont l'oxygène serait remplacé par du soufre. Le sulfure d'éthyle $(C^2H^5)^2S$ peut donc être considéré comme étant l'éther proprement dit du mercaptan.

Le mercaptan prend naissance dans une foule de réactions. C'est ainsi qu'il se produit dans la réaction du sulfhydrate de baryum sur l'éthylsulfate de baryum; dans la réaction du chlorure d'éthyle sur les sulfhydrates alcalins; dans la réaction de l'azotate d'éthyle sur le sulfhydrate ammonique, et enfin par la distillation du xanthate de potasse avec de la potasse (voyez XANTHIQUE ACIDE) :

$$\underset{\text{Xanthate potassique.}}{CO\left\{\begin{matrix}SC^2H^5\\SK\end{matrix}\right.} + \underset{\text{Potasse.}}{2KHO}$$

$$= \underset{\text{Carbonate potassique.}}{CO\left\{\begin{matrix}OK\\OK\end{matrix}\right.} + \underset{\text{Sulfhydrate de potassium.}}{KSH} + \underset{\text{Sulfhydrate d'éthyle.}}{C^2H^5SH.}$$

Préparation. — D'après M. Wœhler, le procédé le plus expéditif pour le préparer consiste à traiter l'alcool par l'acide sulfurique, comme s'il s'agissait de préparer de l'acide sulfovinique, à additionner ce mélange brut d'un excès de potasse, à séparer le sulfate potassique qui se dépose, à saturer la liqueur par l'acide sulfhydrique et à distiller.

M. Zeise préfère distiller l'éthyl-sulfate de chaux avec du sulfhydrate barytique, tous deux dissous dans l'eau. On reçoit le produit dans un récipient bien refroidi, on décante l'huile, on la distille sur une petite quantité d'oxyde de mercure et on la dessèche sur du chlorure de calcium.

M. Regnault sature par l'acide sulfhydrique une solution alcoolique de potasse, puis il place la liqueur dans une cornue tubulée et y fait arriver un courant de chlorure d'éthyle en vapeurs jusqu'à refus. Il distille ensuite et achève la purification comme précédemment.

Enfin, M. Baudrimont a proposé de substituer l'iodure au chlorure d'éthyle, parce qu'on peut l'employer à l'état liquide, ce qui est plus commode. Les meilleures conditions, selon lui, sont les suivantes : On dissout 100 grammes de potasse foudue dans 5 fois son poids d'alcool à 88° et l'on fait passer un courant de gaz sulfhydrique dans la liqueur jusqu'à refus. On l'introduit ensuite dans une cornue tubulée de plus d'un litre que l'on tient plongée dans de l'eau froide et l'on y ajoute par petites portions successives 200 grammes d'iodure d'éthyle, en ayant soin d'attendre que la réaction produite par une première addition de cet éther soit calmée avant d'en faire une seconde. On distille enfin en refroidissant fortement le récipient, et l'on purifie le produit comme nous l'avons déjà dit.

Propriétés. — Le mercaptan est un liquide incolore très-mobile, d'une odeur d'ail désagréable. Sa densité = 0,8325 à 21°; il bout entre 61° et 63°, sa densité de vapeur = 2,11 (30,45 par rapport à H); la densité théorique est de 2,148 (31,00 par rapport à H). Il est très-facile à enflammer et brûle avec une flamme bleue. Lorsqu'on en prend une goutte au bout d'une baguette de verre et qu'on agite vivement celle-ci, il se solidifie par le froid que produit sa propre évaporation. Il est neutre aux couleurs végétales; il se dissout à peine dans l'eau et est très-soluble dans l'alcool et l'éther; il dissout lui-même le soufre, l'iode et le phosphore.

Le *potassium* et le *sodium* agissent sur le mercaptan comme sur l'alcool, c'est-à-dire qu'ils donnent lieu à un dégagement d'hydrogène et à une formation de mercaptide de potassium ou de sodium, C^2H^5SK ou C^2H^5SNa.

Lorsqu'on le fait bouillir pendant quelque temps avec de l'*acide azotique* concentré, il se colore en rouge et il se précipite une huile particulière; si l'on continue l'ébullition, cette huile se dissout et le produit définitif de la réaction est l'acide éthylsulfureux.

Chauffé en tube fermé avec du *disulfophosphate triéthylique*, le mercaptan donne du sulfure d'éthyle et du disulfophosphate diéthylique :

$$(PS)'''\left\{\begin{array}{l}SC^2H^5\\OC^2H^5\\OC^2H^5\end{array}\right. + C^2H^5.SH$$

Disulfophosphate triéthylique. — Mercaptan.

$$= (PS)'''\left\{\begin{array}{l}SC^2H^5\\OC^2H^5\\OH\end{array}\right. + (C^2H^5)^2S.$$

Disulfophosphate diéthylique. — Sulfure d'éthyle.

Le *pentasulfure de phosphore* le transforme en tétrasulfophosphates diéthylique et triéthylique (Carius) :

$$\left.\begin{array}{l}(PS)'''\\(PS)'''\end{array}\right\}S^3 + 5(C^2H^5.SH)$$

Pentasulfure de phosphore. — Mercaptan.

$$= (PS)'''\left\{\begin{array}{l}SC^2H^5\\SC^2H^5\\SC^2H^5\end{array}\right. + (PS)'''\left\{\begin{array}{l}SC^2H^5\\SC^2H^5\\SH\end{array}\right. + 2H^2S.$$

Tétrasulfophosphate triéthylique. — Tétrasulfophosphate diéthylique. — Hydrogène sulfuré.

Les solutions alcooliques de mercaptan précipitent en blanc l'acétate cuivrique, les sels mercuriques et le chlorure d'or. Ces précipités, nommés *éthyl-sulfures, sulféthylates* ou *mercaptides*, représentent du mercaptan dont l'hydrogène typique est remplacé par une quantité équivalente de métal. Quelques auteurs rangent parmi les éthylsulfures, les sulfures doubles éthyl-méthylique et éthylamylique. Mais comme il n'y a pas plus de raison de considérer le sulfure éthylamylique comme de l'éthyl-sulfure d'amyle que comme de l'amyl-sulfure d'éthyle, nous avons mieux aimé étudier ces corps comme des éthers mixtes du mercaptan, à la suite de l'éther proprement dit de ce corps ou sulfure d'éthyle.

SULFÉTHYLATES OU MERCAPTIDES. — *Sulféthylate potassique*, C^2H^5SK. — On obtient directement ce corps comme l'éthylate correspondant en dissolvant le potassium dans le mercaptan. Il se dégage de l'hydrogène. C'est une masse blanche, grenue, sans éclat, qui se dissout fort bien dans l'eau et qui est insoluble dans l'alcool. On peut le chauffer bien au delà de 100° sans le décomposer; toutefois, si la chaleur devient trop énergique, elle le charbonne. Sa solution aqueuse s'altère promptement à l'air en se carbonatant. Sous l'influence de l'acide sulfurique ou de l'acide chlorhydrique dilué, le sulféthylate de potassium se décompose avec une vive effervescence. Ses solutions aqueuses récentes précipitent les sels de plomb en jaune à chaud, en blanc à froid. Lorsqu'elles ont subi une décomposition partielle par suite de leur exposition à l'air, elles donnent avec l'azotate d'argent un précipité rouge-brique.

Sulféthylate de sodium, C^2H^5SNa. — On le prépare comme le sel potassique. Il se dissout facilement dans l'eau en formant un liquide alcalin.

Sulféthylate d'argent. — Lorsqu'on précipite l'azotate d'argent par le mercaptan, on obtient un précipité blanc qui a été considéré comme l'éthylsulfate d'argent, mais qui paraît encore retenir de l'azotate argentique.

Sulféthylate de cuivre. — C'est un précipité gélatineux que l'on obtient en mélangeant des solutions alcooliques de mercaptan et d'acétate cuivrique. On peut aussi le préparer en faisant digérer de l'oxyde cuivrique en poudre fine avec du mercaptan dans un vase clos. C'est alors une masse presque incolore. Après avoir été desséché, ce sel brûle dans la flamme d'une bougie en donnant une couleur d'un vert bleuâtre à la flamme. La potasse bouillante ne le décompose pas; l'acide chlorhydrique concentré le dissout en donnant une solution incolore; l'alcool le dissout également.

Sulféthylate mercurique, $(C^2H^5S)^2Hg$. — On le prépare facilement en mettant de l'oxyde de mercure en contact avec du mercaptan huileux ou dissous dans l'alcool. C'est une masse grasse au toucher, cristalline et fusible à 85°; il se dissout dans 12 ou 15 p. d'alcool de 85° et s'en sépare par le refroidissement en écailles blanches d'un éclat soyeux. Chauffé au-dessus de son point de fusion, il devient jaune, répand une odeur nuisible et dégage des vapeurs mercurielles. A 130° il donne une huile qui paraît être du sulfure d'éthyle.

L'acide chlorhydrique concentré dissout complétement le sulféthylate de mercure à chaud en donnant un liquide que la potasse rend laiteux; le même acide étendu, mis en digestion avec ce sel, donne un liquide qui dépose, par le froid ou par l'addition de la potasse, des cristaux très-brillants.

La potasse bouillante ne décompose pas le sulféthylate de mercure; mais le sulfure de potassium en solution aqueuse en sépare du sulfure de mercure, et la liqueur retient en solution un sel qui paraît être un sulféthylate double de mercure et de potassium. Cette solution concentrée par l'ébullition donne un précipité blanc; les sels de plomb la précipitent en jaune et le sulfure de potassium y fait naître un précipité gris.

L'acide sulfhydrique décompose complétement le sulféthylate mercurique avec formation de sulfure de mercure et de sulfhydrate d'éthyle.

L'acide azotique concentré le décompose en dégageant beaucoup de vapeurs nitreuses et en donnant une solution d'où l'eau précipite une huile incolore. Un morceau de plomb plongé dans le sel fondu donne un dépôt de mercure qui s'amalgame avec le plomb en même temps que du sulfure d'éthyle et du sulfure de plomb prennent naissance.

Fondu avec du sublimé corrosif, le sulféthylate de mercure dégage un liquide éthéré, incolore, dont l'odeur ne rappelle ni le mercaptan ni le sulfure d'éthyle.

Lorsqu'on mélange des solutions alcooliques de mercaptan et de chlorure mercurique, on obtient un précipité blanc volumineux qui répond à la formule $(C^2H^5S)^2Hg''.Hg''Cl^2$. Ce corps se transforme au bout d'un certain temps en une masse de petites lames cristallines; il est peu soluble dans l'eau et l'éther; l'alcool bouillant le dissout un peu mieux et l'abandonne ensuite en se refroidissant sous la forme de lames cristallines minces.

Sulféthylate d'or, C^2H^5AuS. — Lorsqu'on dissout 1 p. de mercaptan dans 70 p. d'alcool et 1 p. de chlorure aurique dans 20 p. du même liquide et qu'on mélange les solutions, on obtient un précipité qui a la composition indiquée. Le chlorure d'or solide est également attaqué avec violence par le mercaptan. La masse devient très-chaude et abandonne beaucoup d'acide chlorhydrique. Enfin, l'oxyde d'or est attaqué avec plus de violence encore. L'énergie de la réaction est telle, que quelquefois le mercaptan prend feu et qu'on obtient un produit noir, au lieu d'un produit blanc. Comme l'or est triatomique dans le chlorure aurique et seulement monatomique dans le mercaptide d'or, il est évident que de l'oxygène ou du chlore (suivant qu'on opère avec l'oxyde ou le chlorure) doit se dégager dans la réaction :

$$AuCl^3 + C^2H^5SH$$
Chlorure aurique. Mercaptan.

$$= C^2H^5SAu + HCl + 2Cl.$$
Mercaptide d'or. Ac. chlorhydrique. Chlore.

C'est probablement le chlore qui, en agissant sur une autre partie du mercaptan, donne naissance au grand dégagement de chaleur qui se produit lorsqu'on opère avec les réactifs secs. Le sulféthylate d'or ne s'altère pas jusqu'à 190° ; à partir de 225° il brunit et dégage un liquide jaunâtre (probablement du bisulfure d'éthyle) sans gaz, en laissant un résidu d'or métallique. La potasse, l'acide sulfurique et l'acide chlorhydrique sont sans action sur lui. L'acide azotique le décompose en dégageant beaucoup de gaz.

Sulféthylate de plomb. — Ce corps se précipite lorsqu'on mélange des solutions alcooliques de mercaptan et d'acétate de plomb. C'est un précipité jaune cristallin, soluble dans un excès d'acétate de plomb. Ce précipité noircit lorsqu'on le chauffe. Il ne paraît pas s'altérer sous l'influence de la potasse. Le mercaptan ne précipite pas l'azotate de plomb.

Sulféthylate de platine, $(C^2H^5S)^2Pt''$. — C'est un précipité boueux, d'un jaune clair, que l'on obtient en ajoutant une solution alcoolique de perchlorure de platine à une solution également alcoolique de mercaptan. Le sel de platine ne doit pas être employé en excès. Ici encore comme pour le sulféthylate d'or, il doit se dégager du chlore puisque le platine n'est que diatomique dans le mercaptide de platine, tandis qu'il est tétratomique dans le chlorure platinique :

$$2(C^2H^5.SH) + PtCl^4$$
Mercaptan. Chlorure platinique.

$$= (C^2H^5S)^2Pt'' + 2HCl + 2Cl.$$
Mercaptide de platine. Ac. chlorhydrique. Chlore.

APPENDICE AU MERCAPTAN.

Huile sulfurée indifférente de Zeise. — Plusieurs fois, dans la préparation des composés sulfurés de l'éthyle, Zeise a obtenu une huile indifférente qui se distingue du mercaptan, ainsi que du monosulfure et du bisulfure d'éthyle.

Cette huile se forme en petite quantité, en même temps que le mercaptan ou le bisulfure d'éthyle, lorsqu'on distille le sulfovinate de baryum avec le sulfhydrate ou avec le disulfure du même métal. Mais on l'obtient en très-grande quantité et seulement mélangée d'un onzième environ de son poids de mercaptan en distillant des quantités équivalentes de sulfovinate et de monosulfure de baryum en dissolution concentrée. Le mélange se trouble à 60°, puis il prend une consistance gommeuse, se recouvre d'écume, et à la fin il ne reste dans le vase distillatoire que du sulfate de baryum. Le mélange de mercaptan et d'huile indifférente ainsi obtenu ne renferme pas d'alcool. Il commence à bouillir à 70°, mais son point d'ébullition s'élève peu à peu jusqu'à 102° ; par la distillation fractionnée, on le divise en mercaptan qui a le point d'ébullition le plus bas et en huile indifférente dont le point d'ébullition est plus élevé. Pour débarrasser celle-ci des dernières traces de mercaptan, on l'agite avec de l'eau et de l'hydrate plombique, puis on la décante et on la dessèche sur du chlorure de calcium.

Ce produit est une huile neutre, incolore, dont la densité est 0,8449 à 18°. Son odeur, semblable à celle du mercaptan, est cependant plus faible et plus éthérée. Il brûle avec une flamme plus rouge que le mercaptan, en répandant beaucoup de gaz sulfureux. L'eau le dissout mieux que le mercaptan. Ses solutions alcooliques ne troublent ni les sels de plomb, ni les sels de mercure. Il renferme 22,3 °/₀ de carbone, 10,8 °/₀ d'hydrogène et 28,0 °/₀ de soufre. Ces nombres s'accordent à peu près avec la formule $C^8H^{12}SO^3$, qui représente une molécule de mercaptan unie à trois molécules d'eau.

PROTOSULFURE D'ÉTHYLE,

$$\left.\begin{matrix} C^2H^5 \\ C^2H^5 \end{matrix}\right\} S$$

[Döbereiner, *Journ. de Schweigger,* 1831, t. LXI, p. 377 ; — Regnault, *Ann. de Chim. et de Phys.*, (2), t. LXXI, p. 387 ; — Loir, *Compt. rend. de l'Acad.*, t. XXXVI, p. 1095 ; — Riche, *Ann. de Chim. et de Phys.*, (3), t. XLIII, p. 297 ; — Œfele, *Ann. der Chem. u. Pharm.*, nov. 1863, t. CXXVII, p. 370 ; nouv. sér., t. LI ; *ibid.*, octobre 1864, t. CXXXII, p. 82 ; nouv. sér., t. LVI ; *Journ. of the Chem. Soc,* mars 1864, t. XVII, p. 105 ; nouv. sér., t. III ; *Ann. de Chim. et de Phys.*, déc. 1864, (4), t. III, p. 4731 ; *Bull. de la Soc. chim.*, 1864, t. I, p. 187 ; *ibid.*, 1864, t. II, p. 212 ; — Cahours, *Compt. rend.*, 1865, t. LX, p. 620 et 1147 ; *Bull. de la Soc. chim.*, 1865, t. IV, p. 40 ; — Baudrimont, *Compt. rend.*, t. LIV, p. 616 ; — Saytzeff, *Zeitsch. fur Chem.*, nouv. sér., t. II, p. 65, et t. III, p. 358 et 361 ; *Bull. de la Soc. chim.*, 1866, t. VI, p. 334, et 1867, t. VIII, p. 272 et 353 ; — Carius, *Ann. der Chem. u. Pharm.*, t. CXIX, p. 313 ; nouv. sér., t. XLIII ; *Répert. de Chim. pure,* 1862, p. 172 ; — Guthrie, *Chem. Soc. quart. Journ.*, t. XIV, p. 41].

Préparation. — On prépare le sulfure d'éthyle soit par l'action du chlorure, soit par l'action de l'iodure d'éthyle sur le monosulfure de potassium. Dans l'un comme dans l'autre cas, on se procure le monosulfure alcalin en divisant en deux parties une solution alcoolique de potasse, sursaturant la moitié par l'acide sulfhydrique et ajoutant ensuite la seconde moitié. Veut-on opérer au moyen du chlorure d'éthyle, on fait passer les vapeurs de cet éther, jusqu'à saturation, dans la solution du sulfure potassique, qu'on a eu soin de placer dans une cornue tubulée ; on distille ensuite le contenu de la cornue à une douce chaleur en continuant à faire passer les vapeurs du chlorure d'éthyle jusqu'à la fin de la distillation. Le produit distillé est précipité par l'eau ; l'huile qui se précipite est lavée à l'eau, desséchée sur du chlorure de calcium et rectifiée. Lorsqu'on veut faire usage de l'iodure d'éthyle, on se contente de distiller un mélange d'iodure d'éthyle et de monosulfure de potassium en solution alcoolique, et l'on achève l'opération comme dans le cas précédent. Löwig distille le monosulfure de potassium sec avec de l'éthylsulfate barytique également desséché.

Propriétés. — Le monosulfure d'éthyle est un liquide incolore, d'une odeur alliacée, très-pénétrante et désagréable. Sa densité à 20° est de 0,825, il bout à 73° ; sa densité de vapeur calculée = 3,12 (45,03 par rapport à l'hydrogène). M. Regnault a trouvé par l'expérience cette densité égale à 3,0 (43,3 par rapport à H). Il est insoluble dans l'eau et soluble dans l'alcool. Lorsqu'on l'enflamme, il brûle à l'air avec une flamme bleue en dégageant de l'anhydride sulfureux. Il prend feu lorsqu'on le projette dans un flacon rempli de chlore. Lorsqu'au contraire on le fait traverser lentement par un courant du même gaz, il se dégage de l'acide chlorhydrique et il se produit des corps dérivés par substitution (Riche). Il se produit aussi du chlorure d'éthyle dans cette réaction.

La potasse en solution aqueuse n'attaque pas le sulfure d'éthyle même à l'ébullition, mais lorsqu'on distille cet éther sur de l'hydrate de potassium solide, il se forme du sulfure potassique et il passe à la distillation un mélange d'alcool et de sulfure d'éthyle inaltéré. L'oxyde mercurique ne l'altère pas; l'acétate de plomb le précipite en jaune.

L'acide azotique fumant attaque rapidement le monosulfure d'éthyle; il se dégage des vapeurs rutilantes, il ne se produit que des traces d'acide sulfurique, et, après évaporation de la liqueur acide en consistance sirupeuse, celle-ci se prend par le refroidissement en une masse cristalline de diéthylsulfane

$$SO^2 \left\{ \begin{matrix} C^2H^5 \\ C^2H^5. \end{matrix} \right.$$

L'action de l'acide azotique de 1,2 de densité diffère de celle de l'acide azotique fumant; le sulfure d'éthyle s'y dissout à la température ordinaire, sans dégagement de gaz sensible. En même temps, l'odeur pénétrante de l'éther sulfhydrique disparaît. M. Œfele avait supposé qu'il se formait dans ce cas un composé $(C^2H^5)^2S.HAzO^3$, c'est-à-dire un azotate de sulfure d'éthyle. En réalité, d'après M. Saytzeff, c'est un oxysulfure d'éthyle $(C^2H^5)^2SO$ qui prend naissance. La liqueur azotique évaporée au bain-marie ne cristallise pas et continue à dégager de l'acide azotique. Chauffée doucement avec du ferricyanure de potassium et avec un alcali libre, elle fournit des cristaux de diéthyl-sulfane. Le perchlorure de fer y détermine la séparation de gouttelettes jaunes, qui se solidifient et cristallisent par le refroidissement. Ce produit paraît être du chlorosulfure d'éthyle $(C^2H^5)^2SCl^2$; il n'a pas été analysé (Œfele). Parmi les produits d'oxydation qui résultent de l'action de l'acide azotique sur le sulfure d'éthyle, M. Saytzeff a signalé également l'acide éthyl-sulfureux

$$SO^2 \left\{ \begin{matrix} C^2H^5 \\ OH. \end{matrix} \right.$$

Combinaison du sulfure d'éthyle avec les chlorures et les iodures métalliques. — D'après M. Loir, le sulfure d'éthyle s'unit au bichlorure de mercure et au bichlorure de platine.

Composé chloro-mercurique,

$$(C^2H^5)^2S.HgCl^2.$$

— On obtient ce corps sous la forme de fines aiguilles, en ajoutant du sulfure d'éthyle à une dissolution alcoolique de bichlorure de mercure. Le précipité serait visqueux si l'on mettait une trop forte proportion d'éther sulfhydrique, mais une addition de bichlorure de mercure suffirait alors pour lui rendre sa texture cristalline. On purifie ce corps en le faisant recristalliser dans l'alcool, et on l'obtient en cristaux bien déterminés par l'évaporation de sa solution dans l'éther ou l'esprit de bois. Il cristallise en prismes clinorhombiques

$$(mm = 103°40'; \ mp = 73°10').$$

Ce composé est plus lourd que l'eau, il a une odeur fort désagréable, devient opaque et abandonne du sulfure d'éthyle lorsqu'on l'expose à l'air; il fond à 90° en un liquide incolore qui se solidifie, par le refroidissement, en une masse cristalline; une chaleur plus forte le décompose et en dégage des vapeurs fétides qui renferment du mercure métallique; il reste un résidu de charbon.

L'acide sulfhydrique décompose ces cristaux en mettant le sulfure d'éthyle en liberté. L'acide azotique les attaque avec dégagement de vapeurs nitreuses; l'acide sulfurique les charbonne; la potasse et la chaux les jaunissent. Leur dissolution éthérée donne du chloramidure de mercure sous l'influence de l'ammoniaque.

Composé iodo-mercurique [Loir, *Ann. de Chim. et de Phys.*, (3), t. LIV, p. 42; *Répert. de Chim. pure*, 1859, p. 62]. — Ce composé répond à la formule $(C^2H^5)^2S.HgI^2$. On l'obtient par double décomposition, soit en attaquant la combinaison chlorée précédente par de l'iodure d'éthyle en solution alcoolique, soit en décomposant le sulfure de mercure par le même réactif. Dans l'un et l'autre cas, il faut chauffer la matière à 100° dans des tubes scellés et purifier le produit par des lavages à l'alcool bouillant.

Le composé iodo-mercuro-sulfo-éthylique est d'un jaune de soufre; il se dépose de sa solution alcoolique en petites aiguilles, mais il est fort peu soluble dans l'alcool, l'esprit de bois, l'éther et le chloroforme. Il fond à 110° et se décompose vers 180° en répandant une odeur infecte et en dégageant des vapeurs inflammables qui brûlent avec une flamme livide.

Composé chloro-platinique,

$$[(C^2H^5)^2S]^2PtCl^4.$$

— On prépare ce corps comme le précédent. Il forme de petites aiguilles jaune-orangé et jouit de propriétés semblables à celles du composé mercurique; il fond à 108°, brûle avec une flamme fuligineuse lorsqu'on le chauffe à l'air, en laissant un résidu de platine métallique. Les sels de potasse sont précipités par sa dissolution alcoolique.

DÉRIVÉS DE SUBSTITUTION CHLORÉS DU SULFURE D'ÉTHYLE.

Lorsqu'on fait arriver du chlore dans un vase refroidi et placé dans l'obscurité, qui renferme du sulfure d'éthyle, en ayant soin qu'au début de l'expérience le tube qui amène le chlore ne plonge pas dans l'éther, il se dégage d'abondantes vapeurs chlorhydriques et il se forme des produits de substitution; il faut environ quatre heures pour achever l'opération avec 15 grammes de sulfure d'éthyle, à la lumière diffuse.

On chauffe ensuite le liquide entre 70° et 80° en le faisant traverser par un courant de gaz carbonique pour chasser l'acide chlorhydrique qu'il contient, après quoi on le distille. Il commence à bouillir vers 150°; la plus grande portion passe entre 163° et 173°, et le point d'ébullition s'élève ensuite vers 230°; mais à ce moment le produit commence à se décomposer en dégageant de l'acide chlorhydrique et en laissant un résidu charbonneux.

M. Riche a pu obtenir ainsi le sulfure d'éthyle tétrachloré $(C^2H^3Cl^2)^2S$, analogue à l'oxyde d'éthyle tétrachloré de M. Malaguti, le sulfure d'éthyle hexachloré $(C^2H^2Cl^3)^2S$, le sulfure d'éthyle octochloré $(C^2HCl^4)^2S$ et le sulfure d'éthyle perchloré $(C^2Cl^5)^2S$.

Sulfure d'éthyle tétrachloré (bichloré de Riche). $(C^2H^3Cl^2)^2S$. — Ce produit bout entre 167° et 172°; on peut le purifier en le distillant. C'est un liquide d'une légère couleur jaune, dont la densité = 1,547. Il a une odeur désagréable; l'hydrogène et le protosulfure de potassium le décomposent en donnant naissance à des produits visqueux.

Sulfure d'éthyle hexachloré (trichloré de Riche), $(C^2H^2Cl^3)^2S$. — Ce corps se forme lorsqu'on fait passer le chlore dans le sulfure d'éthyle à la lumière diffuse, sans refroidir. C'est une huile d'un jaune foncé, qui bout entre 189° et 192°.

Sulfure d'éthyle octochloré (tétrachloré de Riche), $(C^2HCl^4)^2S$. — Ce composé, déjà obtenu par Regnault, distille entre 217° et 222°; on peut le préparer facilement en faisant passer un grand excès de chlore à travers le sulfure d'éthyle et en chauffant à la fin de l'opération entre 60° et 80°. C'est un liquide jaune, d'une odeur insupportable; sa densité = 1,673 à 24°.

Sulfure d'éthyle perchloré $(C^2Cl^5)^2S$. — Au soleil, l'action du chlore sur le sulfure d'éthyle engendre de l'hexachlorure dicarbonique C^2Cl^6 et un liquide auquel M. Riche attribue la formule ci-dessus, sans cependant l'avoir analysé.

PRODUITS D'OXYDATION DU SULFURE D'ÉTHYLE.

Nous avons déjà vu que l'acide azotique fumant transforme le sulfure d'éthyle en un produit qui répond à la formule $(C^2H^5)^2SO^2$, et auquel M. Œfele a donné le nom de *diéthyl-sulfane*.

Diéthyl-sulfane. — Pour préparer ce corps, on laisse tomber du sulfure d'éthyle goutte à goutte dans de l'acide azotique fumant, en ayant soin de placer ce dernier dans une cornue tubulée dont le col soit incliné en haut; le dégagement de chaleur est tel qu'il est inutile de chauffer. La liqueur acide, évaporée au bain-marie en consistance sirupeuse, se prend en cristaux par le refroidissement; on purifie ces derniers par une nouvelle cristallisation dans l'eau.

La diéthyl-sulfane se dissout dans 0,4 p. d'eau à 16°; elle se dissout aisément dans l'alcool et s'en sépare sous forme de tables minces et larges, qui appartiennent au type orthorhombique. Elle fond à 70°, et la masse fondue ne se solidifie plus qu'à 50°.

La diéthyl-sulfane bout à 248° et distille sans altération; l'iode, l'acide iodhydrique, le perchlorure de phosphore et le zinc-éthyle, sont sans action sur elle; l'hydrogène naissant lui enlève son oxygène et la convertit en sulfure d'éthyle.

M. Œfele considère la diéthyl-sulfane comme étant, par rapport à l'acide éthylsulfureux, ce que l'acétone propionique est à l'acide propionique :

$$(C^{iv}O)''\left\{\begin{matrix}OH\\C^2H^5\end{matrix}\right. \qquad (C^{iv}O)''\left\{\begin{matrix}C^2H^5\\C^2H^5\end{matrix}\right.$$

Acide propionique. — Propione.

$$[S^{iv}(O^2)'']''\left\{\begin{matrix}OH\\C^2H^5\end{matrix}\right. \qquad [S^{iv}(O^2)'']''\left\{\begin{matrix}C^2H^5\\C^2H^5.\end{matrix}\right.$$

Acide éthylsulfureux. — Diéthyl-sulfane.

Dans cette manière de voir, le soufre est considéré comme tétratomique, ce qui concorde très-bien avec l'existence des produits d'addition du sulfure d'éthyle que nous étudierons plus loin.

Oxysulfure d'éthyle, $(C^2H^5)^2SO$ [Saytzeff, *loc. cit.*]. — Pour préparer ce corps, on fait tomber goutte à goutte du sulfure d'éthyle dans de l'acide azotique à 1,2 de densité. Il s'y dissout; on étend d'eau et on évapore au bain-marie pour chasser la majeure partie de l'acide, en renouvelant l'eau de temps en temps pour que l'acide ne se concentre pas trop. On neutralise alors par le carbonate de baryte, on évapore à siccité et l'on reprend par l'alcool.

La solution alcoolique est additionnée d'éther qui précipite l'éthylsulfite de baryte formé en même temps que l'oxysulfure d'éthyle; on évapore à siccité la liqueur éthérée, on chauffe le résidu pendant quelque temps à 160° avec l'eau pour détruire les dernières traces de sel barytique, et on laisse évaporer la solution, l'oxysulfure d'éthyle reste pour résidu. C'est un liquide sirupeux, incolore, se concrétant par le froid, ne se volatilisant pas sans décomposition; les agents réducteurs le transforment en sulfure d'éthyle, et les agents oxydants en diéthyl-sulfane; il est en effet intermédiaire entre ces deux corps.

COMPOSÉS D'ADDITION DU SULFURE D'ÉTHYLE.

M. Œfele, en chauffant le sulfure avec de l'iodure d'éthyle, a observé que les deux corps s'unissent directement en donnant naissance à l'iodure d'un radical auquel l'auteur a donné le nom de *triéthyl-sulfine* et qui répond à la formule $S(C^2H^5)^3$:

$$S\left\{\begin{matrix}C^2H^5\\C^2H^5\end{matrix}\right. + C^2H^5I = S(C^2H^5)^3I.$$

Sulfure d'éthyle. — Iodure d'éthyle. — Iodure de triéthyl-sulfine.

Triéthyl-sulfine, $S(C^2H^5)^3$. — Ce radical n'est point connu à l'état isolé, mais on en a préparé un grand nombre de composés. Ainsi, lorsqu'on traite la solution aqueuse et l'iodure ci-dessus par l'azotate d'argent, on obtient de l'iodure d'argent qui se précipite, et il se forme de l'azotate de triéthylsulfine $S(C^2H^5)^3AzO^3$ qui reste en solution. Par digestion avec l'oxyde d'argent humide, l'iodure de triéthyl-sulfine se convertit en hydrate de triéthyl-sulfine $S(C^2H^5)^3.OH$ et iodure d'argent. Ce dernier hydrate peut être obtenu cristallisé par l'évaporation de sa solution. L'hydrate de triéthyl-sulfine est une base puissante et non volatile; ses solutions aqueuses ont une forte réaction alcaline. Il précipite les métaux à l'état d'hydrate de leurs dissolutions salines, à la manière de la potasse, et il fait la double décomposition avec les acides en donnant des sels neutres. Le *sulfate* et le *chlorure* obtenus par l'action des acides sulfurique et chlorhydrique sont cristallins et fort déliquescents; le *chloroplatinate*

$$[S(C^2H^5)^3Cl]^2PtCl^4$$

cristallise facilement par l'évaporation de ses solutions aqueuses, en longs prismes qui appartiennent probablement au système quadratique. M. Œfele pense que par l'oxydation l'hydrate de triéthyl-sulfine se convertit en un hydrate oxygéné $(SO)(C^2H^5)^3.OH$, mais il n'est pas affirmatif sur ce point.

M. Cahours [*loc. cit.*] a reconnu de son côté que l'iodure de triéthyl-sulfine prend naissance, soit dans l'action de l'acide iodhydrique sur le sulfure d'éthyle, soit dans l'action de l'iodure d'éthyle sur le mercaptan éthylique; dans ce dernier cas, il se sépare de l'acide iodhydrique, et dans le premier du mercaptan :

$$2(C^2H^5)^2S + HI = (C^2H^5)^3SI + C^2H^5.SH;$$

Sulfure d'éthyle. — Acide iodhydrique. — Iodure de triéthyl-sulfine. — Mercaptan éthylique.

$$C^2H^5.HS + 2C^2H^5I = S(C^2H^5)^3I + HI.$$

Mercaptan. — Iodure d'éthyle. — Iodure de triéthyl-sulfine. — Acide iodhydrique.

Le bromure d'éthyle se comporte avec le sulfure d'éthyle comme l'iodure, seulement d'une manière plus lente; il donne un bromure cristallisable en aiguilles déliquescentes qui forme, avec le bichlorure de platine, de beaux cristaux rouge-orangé. Le chlorure d'éthyle, au contraire, après avoir été chauffé pendant soixante heures au bain-marie avec du sulfure d'éthyle, n'a fourni que des traces de triéthyl-sulfine.

Enfin M. Cahours a reconnu encore que les iodures de méthyle et d'amyle, chauffés en vase clos avec le sulfure d'éthyle, s'y combinent en donnant des iodures de méthyl-diéthyl ou d'amyl-diéthyl-sulfine. Ces composés cristallisent très-facilement.

Les iodures des radicaux diatomiques, qui se combinent facilement avec le sulfure de méthyle, sont sans action, ou à peu près, sur le sulfure d'éthyle.

BISULFURE D'ÉTHYLE, $(C^2H^5)^2S^2$ [Zeise, *Ann. de Pogg.*, t. XXXI, p. 371; — Pyr. Morin, *Biblioth. univers. de Genève*, 1839, nov. 1850, traduit dans *Ann. de Poggend.*, t. XLVIII, p. 483; *Journ. für prakt. Chem.*, t. XIX, p. 417; — Löwig, *Ann. de Poggend.*, t. XXVII, p. 550; — Löwig et Weidmann, *ibid.*, t. XLIX, p. 326; — Cahours, *Ann. de Chim. et de Phys.*, (3), t. XVIII, p. 263, et *Compt. rend. de l'Acad.*, t. XXII, p. 362, et t. XXIII, p. 821; — Muspratt, *Chem. Soc. quart. Journ.*, t. III, p. 10]. — Ce corps résulte de l'action de l'éthyl-sulfate potassique sur le bisulfure de potassium. On l'a également obtenu en distillant l'oxalate d'éthyle avec le bisulfure de potassium, en décomposant par la potasse le sulfosulfite d'éthyle, produit d'oxydation imparfaite du mercaptan par l'acide azotique [voyez ÉTHYLE (SULFITE DE)], et enfin par la distillation sèche de l'éthyl-sulfocarbonate de potassium (Zeise). Dans la réaction de l'éthyl-sulfate sur le bisulfure alcalin, il se forme un peu de trisulfure d'éthyle lorsque ce réactif renferme un peu de trisulfure alcalin. Néanmoins, la plus grande partie du trisulfure potassique fournit du disulfure d'éthyle, une portion du soufre devenant libre.

Préparation. — On distille dans une cornue un mélange de 1 p. d'éthyl-sulfate et de 2 p. de bisulfure de potassium (ou de 3 p. d'éthyl-sulfate avec 2 p. de foie de soufre ordinaire) avec 5 p. d'eau; quand la masse commence à s'épaissir, on ajoute une nouvelle quantité d'eau et l'on recommence à distiller. On répète cette opération aussi longtemps qu'il passe une huile avec les vapeurs d'eau. On sépare ensuite à l'aide d'un entonnoir le bisulfure d'éthyle impur; on l'agite à diverses reprises avec de nouvelles quantités d'eau et on le dessèche pendant plusieurs jours sur du chlorure de calcium, et enfin on le soumet à la distillation fractionnée en recueillant une première fois ce qui passe avant 190°, puis ce qui passe avant 180°, puis enfin ce qui passe à 151°. La proportion du produit pur ainsi obtenue s'élève à peu près à la moitié du produit brut. D'après Muspratt, il est préférable de distiller dans une cornue spacieuse un mélange de trisulfure de potassium et de sulfovinate de chaux en quantité égale, de laver à plusieurs reprises le produit huileux avec de l'eau, et de le rectifier après avoir déshydraté sur du chlorure de calcium.

Propriétés. — Le bisulfure d'éthyle est un liquide incolore, d'une odeur alliacée fort désagréable. Il est peu soluble dans l'eau, très-soluble dans l'alcool et l'éther, n'agit pas sur les couleurs végétales et est inaltérable à l'air. Il bout à 151° environ. Sa densité est à peu près égale à celle de l'eau; sa densité de vapeur = 4,27 (61,64 par rapport à l'hydrogène).

Il brûle avec une flamme bleue en dégageant du gaz sulfureux. Inhalé, il produit un violent mal de tête; dix gouttes administrées à un lapin occasionnent à cet animal des mouvements convulsifs dont il guérit très-vite.

Au contact du bisulfure d'éthyle, l'oxyde mercurique se convertit rapidement en une masse jaune; l'acétate de plomb précipite la solution alcoolique de ce corps en jaune et le sublimé corrosif en blanc.

L'acide sulfurique attaque le bisulfure d'éthyle à chaud en dégageant de l'anhydride sulfureux; une lessive alcaline concentrée l'attaque également.

L'acide azotique concentré le transforme en acide éthyl-sulfureux; une petite quantité d'acide sulfurique prend naissance en même temps, mais il résulte d'une réaction secondaire.

Le chlore le décompose rapidement, à la lumière solaire surtout; le brome se combine avec lui et donne un composé cristallisable. Ce composé, soumis à la distillation, abandonne de l'acide bromhydrique et un liquide aromatique.

TRISULFURE D'ÉTHYLE, $(C^2H^5)^2S^3$ [Cahours, *loc. cit.*]. — On l'obtient en même temps que le corps précédent lorsqu'on distille un mélange d'éthyl-sulfate et de pentasulfure de potassium. On le sépare du bisulfure par la distillation fractionnée, il passe après ce dernier produit. C'est un liquide lourd et huileux, sur lequel le chlore et l'acide azotique agissent de la même manière que sur le composé précédent.

PENTASULFURE D'ÉTHYLE, $(C^2H^5)^2S^5$? [Löwig, *Chem. der organisch. Verdinbungen*, t. I, 464]. — Lorsqu'on mélange une solution alcoolique d'oxalate d'éthyle avec une solution alcoolique de pentasulfure de potassium, il se précipite une substance blanche, fusible, très-soluble dans l'alcool, d'une saveur âcre et qui brûle avec une flamme bleue en répandant des vapeurs sulfureuses. C'est ce corps que M. Löwig suppose être du pentasulfure d'éthyle, sans cependant l'avoir analysé, ce qui rend sa formule douteuse.

APPENDICE AUX SULFURES D'ÉTHYLE.

SULFURE DOUBLE D'ÉTHYLE ET DE MÉTHYLE,

$$\left.\begin{matrix} CH^3 \\ C^2H^5 \end{matrix}\right\} S$$

[Carius, *loc. cit.*]. — Ce corps correspond à l'éther mixte

$$\left.\begin{matrix} CH^3 \\ C^2H^5 \end{matrix}\right\} O$$

de M. Williamson. Pour le préparer, on chauffe à 150°, dans un tube fermé à la lampe, un mélange de disulfo-phosphate d'éthyle avec 1 volume d'alcool méthylique pur; la température de 150° ne doit pas être dépassée. Au bout de quelques heures, la réaction est terminée; le tube renferme alors un liquide éthéré brunâtre et une masse vitreuse presque incolore et soluble dans l'eau.

La couche éthérée est le sulfure d'éthyle et de méthyle presque pur. C'est un liquide incolore, très-fluide, dont l'odeur très-désagréable rappelle plutôt celle du sulfure de méthyle que celle du sulfure d'éthyle; il bout entre 58° et 59°,5 (corrigé) sous la pression de 0,757; sa densité de vapeur = 2,609 (37,66 par rapport à H), la théorie exigerait 2,6258 (37,9 par rapport à H). La réaction qui lui donne naissance est représentée par l'équation

$$(PS)''' \left\{\begin{matrix} OC^2H^5 \\ OC^2H^5 \\ SC^2H^5 \end{matrix}\right. + \left.\begin{matrix} CH^3 \\ H \end{matrix}\right\} O$$

Disulfophosphate d'éthyle. — Alcool méthylique.

$$= (PS''') \left\{\begin{matrix} OC^2H^5 \\ OC^2H^5 \\ OH \end{matrix}\right. + \left.\begin{matrix} C^2H^5 \\ CH^3 \end{matrix}\right\} S.$$

Acide diéthyl-sulfophosphorique. — Sulf. d'éthyle et de méthyle.

Il se forme toujours en même temps des produits secondaires résultant de la décomposition de l'acide diéthyl-sulfophosphorique.

Le sulfure double d'éthyle et de méthyle donne, comme les sulfures simples des radicaux alcooliques, des combinaisons cristallines avec les chlorures métalliques. Sa solution alcoolique donne, avec le sublimé corrosif, de petites paillettes qui répondent à la formule

$$S \left\{\begin{matrix} C^2H^5 \\ CH^3 \end{matrix}\right. . HgCl^2.$$

SULFURE D'ÉTHYLE ET D'AMYLE,

$$\left.\begin{matrix} C^2H^5 \\ C^5H^{11} \end{matrix}\right\} S.$$

— Ce corps a été préparé par M. Carius [*loc. cit.*] et par M. Saytzeff [*loc. cit.*] qui ne sont point d'accord sur ses propriétés. M. Carius le prépare par l'action de l'alcool amylique sur le disulfophosphate d'éthyle; la réaction est calquée sur la précédente. M. Saytzeff, au contraire, a recours à l'action de l'iodure d'éthyle sur l'amyl-mercaptide de sodium :

$$\left.\begin{matrix} C^5H^{11} \\ Na \end{matrix}\right\} S + C^2H^5I = \left.\begin{matrix} C^5H^{11} \\ C^2H^5 \end{matrix}\right\} S + NaI.$$

Amyl-mercaptide de sodium.	Iodure d'éthyle.	Sulfure éthyle-amylique.	Iodure de sodium.

D'après M. Carius, le sulfure éthyle-amylique est un liquide incolore possédant l'odeur du sulfure d'éthyle et du sulfure d'amyle; il bout de 132° à 133°,5 (corrigé) sous la pression de 0m,758. Sa densité de vapeur a été trouvée égale à 4,4954 (64,89 par rapport à H), la densité théorique étant 4,5606 (65,8 par rapport à H). La solution alcoolique précipite en blanc le bichlorure de mercure.

D'après M. Saytzeff, le sulfure d'éthyle et d'amyle est un liquide limpide, d'une odeur alliacée, insoluble dans l'eau. Sa densité = 0,852 à 0°; il bout à 158°.

Ajoutons que, selon M. Carius, cet éther, traité par l'acide azotique, ne fournirait que de l'acide éthyl-sulfureux, tandis qu'au contraire, d'après M. Saytzeff, on n'obtiendrait que des traces de cet acide, le produit principal étant de l'oxysulfure d'éthyl-amyle.

L'iodure de méthyle, chauffé pendant dix heures à 100° avec le sulfure éthyl-amylique, ne s'y combine pas comme on aurait pu s'y attendre; il se forme de l'iodure de triméthyl-sulfine.

OXYSULFURE D'ÉTHYLE ET D'AMYLE,

$$\left.\begin{matrix} C^2H^5 \\ C^5H^{11} \end{matrix}\right\} SO$$

(Saytzeff). — Ce corps se produit dans l'action de l'acide azotique sur le sulfure éthylamylique. C'est un liquide visqueux, insoluble dans l'eau, soluble dans l'alcool et dans l'éther. Il se concrète vers — 16° en une masse cristalline et se décompose lorsqu'on essaye de le distiller.

L'oxysulfure d'éthyle et d'amyle ne peut pas être oxydé au delà; en présence de l'hydrogène naissant il régénère le sulfure dont il provient. A. N.

TELLURURES D'ÉTHYLE [Wœhler, *Ann. der Chem. u. Pharm.*, t. XXXV, p. 111; t. LXXXIV, p. 69; — Mallet, *ibid.*, t. LXXIX, p. 223, et *Chem. Soc. quart. Journ.*, 1853, t. V, p. 71]. — On connaît deux tellurures d'éthyle, le monotellurure $(C^2H^5)^2Te$ et le bitellurure $(C^2H^5)^2Te^2$; le premier seul est bien connu. M. Mallet a vainement cherché à préparer le tellurhydrate d'éthyle ou mercaptan telluré, en distillant une solution de sulfovinate de baryum avec une solution de tellurhydrate potassique dans un courant d'hydrogène; il n'a obtenu, comme produit de la réaction, qu'un mélange de mono- et de ditellurure d'éthyle.

MONOTELLURURE D'ÉTHYLE, $(C^2H^5)^2Te$ [Syn. *Éther tellurhydrique, telluréthyle*]. — *Préparation.* — On l'obtient par la distillation d'un mélange de tellurure et d'éthyl-sulfate de potassium. Pour obtenir le tellurure, on calcine ensemble 1 p. de tellure et le produit de la calcination de 10 p. de crème de tartre. On opère dans une cornue de porcelaine au col de laquelle on adapte un long tube de verre recourbé, à angle droit; on ne peut, en effet, opérer dans un creuset, le tellurure potassique préparé par cette méthode étant pyrophorique; on maintient la cornue au rouge pendant trois ou quatre heures, jusqu'à ce qu'il ne se dégage plus d'oxyde de carbone. Quand on s'aperçoit que l'opération est terminée, on laisse refroidir la cornue, en ayant soin toutefois de faire plonger le tube de verre, fixé à son col dans un grand flacon plein d'acide carbonique afin que ce soit le gaz au lieu de l'air qui s'introduise dans l'appareil à mesure que sa température s'abaisse. Quand le refroidissement est complet, on verse dans la cornue la plus grande partie de la solution d'éthyl-sulfate potassique, on la bouche et on la chauffe pendant quelque temps entre 40° et 50° en ayant soin d'agiter de temps à autre. La solution d'éthyl-sulfate doit être concentrée et privée d'air par l'ébullition; il faut employer environ 4 p. de ce sel pour 1 p. de tellure.

Quand on a laissé suffisamment digérer le mélange, on l'introduit dans un ballon plein d'acide carbonique et l'on distille dans un courant de ce gaz, après y avoir introduit en outre le restant de la solution du sulfovinate potassique dont on s'est servi pour rincer la cornue.

La distillation doit être faite lentement; le récipient se remplit de vapeurs jaunes qui se condensent sous l'eau à l'état d'une huile pesante; les dernières portions paraissent contenir du bitellurure d'éthyle.

Propriétés. — Le telluréthyle est un liquide d'un rouge jaunâtre foncé, plus lourd que l'eau et bouillant au-dessous de 100°; il a une odeur forte, très-persistante et excessivement désagréable, qui ressemble à celle du sulfure d'éthyle ou de l'hydrogène telluré. Il paraît être fort vénéneux. Sa vapeur possède une couleur jaune. Il n'est que peu soluble dans l'eau.

Réactions. — Le telluréthyle est très-inflammable et brûle avec une flamme blanche brillante bordée de bleu, en répandant d'abondantes fumées blanches d'anhydride tellureux. Il ne s'altère pas sous l'eau. A l'air, il commence par se recouvrir d'une pellicule d'abord jaunâtre, puis blanche, et il finit par se transformer intégralement en une masse blanche solide. A la lumière solaire, cette oxydation est un peu plus rapide et s'accompagne d'un dégagement de fumée, mais le telluréthyle ne prend pas feu spontanément, à moins que ce ne soit dans l'oxygène pur. L'acide azotique le dissout en donnant un abondant dégagement de vapeurs rutilantes; il se forme, dans ce cas, de l'azotate de telluréthyle.

Le telluréthyle possède la propriété de s'unir à Cl^2, Br^2, S'', O'', etc., à la manière d'un radical diatomique. Cette propriété, jointe à l'existence d'un chlorure $TeCl^4$, démontre la tétratomicité du tellure.

Oxyde de telluréthyle. — On ne l'a jamais obtenu tout à fait pur, parce qu'il se décompose en partie pendant que l'on cherche à l'isoler. On peut le préparer : 1° en traitant le chlorure correspondant par de l'oxyde d'argent humide récemment précipité; le liquide s'échauffe et il se dépose du chlorure d'argent; on filtre et l'on évapore à siccité à une douce chaleur; l'oxyde de telluréthyle reste sous la forme d'une masse cristalline incolore (Mallet). 2° On peut encore donner naissance à l'oxyde de telluréthyle en oxydant directement à l'air une solution alcoolique de tellurure d'éthyle; toutefois cette méthode exige trop de temps pour pouvoir devenir pratique (Mallet). 3° Wœhler a observé qu'il se produit du chlorure d'argent d'une manière immédiate lorsqu'on ajoute de l'oxyde d'argent à une solution aqueuse d'oxychlorure de telluréthyle; malheureusement la solution filtre trouble, et, lorsqu'on l'évapore à consistance sirupeuse, elle dégage l'odeur du telluréthyle, et la matière qu'elle tient en suspension noircit. Si l'on étend d'eau le sirop, on obtient une dissolution qui filtre limpide, mais qui, lorsqu'on l'évapore, répand une odeur de telluréthyle dès qu'elle arrive à la consistance sirupeuse et qui dégage alors tout d'un coup un gaz avec effervescence (ce gaz paraît être de l'anhydride carbonique absorbé à l'air). 4° On décompose le sulfate de telluréthyle par l'eau de baryte en excès; on fait passer un courant de gaz carbonique dans la liqueur pour éliminer l'excès de baryte, on filtre et l'on concentre jusqu'à consistance sirupeuse. Pendant toute la durée de l'évaporation, on sent distinctement l'odeur du telluréthyle, et, dès que le liquide a acquis la consistance d'un sirop épais, il dégage du gaz carbonique avec effervescence. Il peut continuer à dégager ce gaz à froid par l'agitation. Le résidu sirupeux montre quelques traces de cristallisation (Wœhler).

Azotate de telluréthyle,

$$Te(C^2H^5)^2(AzO^3)^2 = Te^{iv}\left\{\begin{matrix}OAzO^2\\(C^2H^5)^2\\OAzO^2.\end{matrix}\right.$$

— C'est une masse cristalline blanche, qui reste comme résidu lorsqu'on évapore à siccité le produit de la dissolution du telluréthyle dans l'acide azotique. Ce corps se dissout parfaitement dans l'eau; lorsqu'on le chauffe, il déflagre à la manière de la poudre à canon. Les alcalis ne font naître aucun précipité dans sa solution, parce que l'hydrate de telluréthyle est soluble dans l'eau. L'acide sulfureux, au contraire, exerce sur ce sel une action réductrice et met en liberté le radical qui se précipite en gouttes rouge foncé. L'hydrogène sulfuré y détermine un précipité de couleur orange qui, lorsqu'on chauffe le liquide, fond en gouttes noires, pesantes, qui ne sont autre chose probablement que du sulfure de telluréthyle

$$Te(C^2H^5)^2S$$

(Mallet).

L'oxyde de telluréthyle préparé par la première méthode de Mallet se décompose lorsqu'on le chauffe dans un tube en donnant du tellure libre et une huile d'une odeur irritante; à l'air il brûle avec une flamme bleue, comme le tellure lui-même. Sa solution est alcaline au papier de curcuma. L'anhydride sulfureux la décompose et en sépare le tellurure d'éthyle en gouttes rouges. L'acide chlorhydrique en précipite du chlorure de telluréthyle sous la forme d'une huile incolore.

Le chlorure de platine précipite en jaune et le bichlorure de mercure précipite en blanc cette solution. Le chlorure d'ammonium, modérément concentré, perd de l'ammoniaque sous l'influence de cet oxyde et donne un chlorure double d'ammonium et de telluréthyle (Mallet). L'acide azotique transforme l'oxyde de telluréthyle en un sel cristallin (Wœhler).

Oxalate de telluréthyle,

$$2\left[Te(C^2H^5)^2\right]\left.\begin{matrix}(C^2O^2)''\\ \\H^2\end{matrix}\right\}O^4.$$

— On le prépare en faisant digérer l'oxychlorure avec de l'eau et avec un excès d'oxalate d'argent. Il forme des prismes courts, transparents, peu solubles dans l'eau et doués d'une réaction acide. Il fond lorsqu'on le chauffe et bout en donnant du telluréthyle, un sublimé cristallin et un résidu de tellure libre.

Sulfate de telluréthyle,

$$2\left[Te(C^2H^5)^2\right]\left.\begin{matrix}(SO^2)''\\ \\H^2\end{matrix}\right\}O^2.$$

— On l'obtient en ajoutant une solution neutre, concentrée et bouillante, de sulfate d'argent, à une solution d'oxychlorure de telluréthyle jusqu'à ce que la totalité du chlore soit précipitée. Il cristallise en groupes de petits prismes courts et incolores, facilement solubles dans l'eau. L'anhydride sulfureux précipite de sa solution un corps huileux d'une odeur très-désagréable; le chlorure de baryum en précipite du sulfate barytique et régénère l'oxychlorure.

Suivant Mallet, on obtient encore le sulfate de telluréthyle en chauffant un mélange de tellurure d'éthyle, de peroxyde de plomb et d'acide sulfurique étendu.

Sulfure de telluréthyle, $(C^2H^5)^2TeS$. — C'est le corps rouge qui se précipite lorsqu'on fait passer un courant d'acide sulfhydrique à travers une solution d'oxyde de telluréthyle, et qui fond par la chaleur en un liquide noir. — Voyez plus haut *Oxyde de telluréthyle* (Mallet).

Chlorure de telluréthyle,

$$Te^{iv}\left\{\begin{matrix}Cl\\(C^2H^5)^2\\Cl.\end{matrix}\right. = Te(C^2H^5)^2Cl^2.$$

— Il se sépare sous la forme d'une huile incolore lorsqu'on ajoute de l'acide chlorhydrique à une solution pas trop acide d'azotate de telluréthyle. Le liquide devient d'abord laiteux, puis il s'y forme de grosses gouttes transparentes qui gagnent le fond du vase. On peut laver ce liquide à l'eau, quoiqu'il y soit un peu soluble, ainsi que dans l'acide chlorhydrique concentré. Sa solution chlorhydrique l'abandonne en gouttes huileuses lorsqu'on l'évapore à une douce chaleur (Mallet). D'après Wœhler, ce chlorure se précipite encore par l'addition de l'acide chlorhydrique à une dissolution de sulfate ou d'oxychlorure. Le chlorure de telluréthyle a une odeur désagréable; il peut être distillé sans se décomposer, mais son point d'ébullition paraît être fort élevé; en effet, lorsqu'on le distille avec l'eau, les vapeurs d'eau ne l'entraînent que très-lentement. L'oxyde d'argent le décompose et le convertit en oxyde de telluréthyle.

Le chlorure de telluréthyle a donné à l'analyse 50,55 % de tellure et 27,07 % de chlore; la formule exige 49,81 du premier et 27,63 du second.

Oxychlorure de telluréthyle,

$$(Te(C^2H^5)^2)^2OCl^2 = \begin{matrix}Te^{iv}\left\{\begin{matrix}Cl\\(C^2H^5)^2\end{matrix}\right.\\ \quad O''\\Te^{iv}\left\{\begin{matrix}(C^2H^5)^2\\Cl.\end{matrix}\right.\end{matrix}$$

— Ce corps prend naissance par l'action de l'ammoniaque ou de la potasse caustique sur le chlorure de telluréthyle. L'emploi de l'ammoniaque est le plus avantageux, parce qu'un excès de ce réactif ne décompose pas le produit. Quand la liqueur est convenablement évaporée, l'oxychlorure cristallise sous la forme de prismes incolores à six faces, brillants et peu solubles dans l'eau froide; l'eau mère retient en dissolution du chlorure de sodium ou d'ammonium.

L'oxychlorure de telluréthyle est beaucoup plus soluble dans l'ammoniaque que dans l'eau pure. Il se dissout également dans l'alcool bouillant, d'où il se dépose en beaux cristaux par le refroidissement. Lorsqu'on le fait fondre, il se décompose en bouillonnant vivement et en dégageant un gaz inflammable et fétide qui renferme du tellure, une huile consistant en telluréthyle, et un résidu de tellure libre.

La solution aqueuse de ce corps précipite du chlorure de telluréthyle huileux sous l'influence de l'acide chlorhydrique. L'acide sulfurique y fait naître le même précipité, tandis que du sulfate de telluréthyle reste dissous dans la liqueur. L'anhydride sulfureux en précipite une huile lourde et jaune qui est un mélange de chlorure de telluréthyle et de telluréthyle libre (Wœhler).

Bromure de telluréthyle, $Te^{IV}(C^2H^5)^2Br^2$. — C'est une huile inodore, jaune et très-dense, qui se sépare lorsqu'on ajoute de l'acide bromhydrique à une dissolution d'azotate ou d'oxychlorure de telluréthyle.

Oxybromure de telluréthyle,

$$[Te^{IV}(C^2H^5)^2]^2OBr^2.$$

— On l'obtient en dissolvant le bromure dans l'ammoniaque; il cristallise en prismes incolores brillants; il est isomorphe avec l'oxychlorure.

Iodure de telluréthyle, $Te^{IV}(C^2H^5)^2I^2$. — On l'obtient en ajoutant de l'acide iodhydrique à la solution des sels solubles de telluréthyle, tels qu'oxychlorure, oxybromure ou azotate, ou encore en faisant agir l'acide iodhydrique sur le chlorure.

C'est un précipité jaune-orangé. Il fond sous l'eau à 50° en un liquide rouge-jaunâtre et pesant, qui se prend, par le refroidissement, en une masse cristalline jaune-rougeâtre, opaque, composée de petits feuillets et facile à cliver comme le mica. Il se dissout dans l'alcool bouillant, d'où il se dépose, par le refroidissement de la liqueur, en prismes orangés minces. Si l'on sature la liqueur à l'ébullition, une partie du sel se sépare d'abord à l'état de gouttes; l'eau le dissout aussi en petite quantité.

Chauffé au-dessus de son point de fusion, il se décompose en donnant une huile jaune-rougeâtre et un sublimé noir, et il laisse un résidu de tellure fondu.

Lorsqu'on emploie, pour préparer l'iodure de telluréthyle, de l'acide iodhydrique déjà devenu brun par l'exposition à l'air, le précipité est presque d'un rouge de sang; il fond alors en un liquide rouge-noir, qui se fige, par le refroidissement, en une masse cristalline formée de larges feuillets; celle-ci paraît être mélangée d'une combinaison plus riche en iode.

Oxyiodure de telluréthyle,

$$[Te^{IV}(C^2H^5)^2]^2OI^2.$$

— On l'obtient en dissolvant l'iodure dans l'ammoniaque et en abandonnant la solution à l'évaporation spontanée; à mesure que l'ammoniaque s'évapore, il cristallise en prismes transparents, d'un jaune pâle, isomorphes avec les composés chloré et bromé correspondants. Exposés à l'air chargé de vapeurs acides, ces cristaux prennent une teinte jaune-orangé à leur surface. Ils ne sont que peu solubles dans l'eau pure, mais se dissolvent dans l'eau chargée d'ammoniaque. L'acide chlorhydrique, ajouté à leur solution aqueuse, en précipite une huile rouge-jaunâtre très-dense qui est un mélange de chlorure et d'iodure de telluréthyle. L'acide sulfurique en précipite de l'iodure rouge-orangé solide. La liqueur retient en dissolution du sulfate de telluréthyle. L'anhydride sulfureux précipite de la solution d'oxyiodure de telluréthyle un mélange d'iodure de telluréthyle et de telluréthyle libre, semi-solide et facilement fusible.

Fluorure de telluréthyle. — On l'obtient en précipitant les solutions aqueuses d'oxychlorure de telluréthyle par l'acide fluorhydrique; la liqueur séparée du chlorure de telluréthyle qui se précipite retient en dissolution un composé fluoré qui cristallise par l'évaporation de la liqueur. Le même composé peut s'obtenir par l'action de l'acide fluorhydrique sur l'oxyde de telluréthyle.

Cyanure de telluréthyle. — Il ne se produit ni par l'action de l'acide cyanhydrique sur l'oxyde, ni par son action sur l'oxychlorure de telluréthyle.

Bitellurure d'éthyle ou tellurure de telluréthyle, $(C^2H^5)^2Te^2$ ou $Te^{IV}(C^2H^5)^2Te''$. — Ce composé a d'abord été obtenu accidentellement par Mallet, lequel cherchait à obtenir le mercaptan telluré en saturant d'hydrogène telluré une solution d'éthyl-sulfate et de tellurure de potassium et en distillant. D'abord il n'a passé à la distillation que du tellurure d'éthyle, mais par l'action d'une chaleur plus forte, un second liquide moins volatil a distillé. Ce nouveau corps a une densité beaucoup plus forte que le tellurure d'éthyle; sa couleur est d'un rouge si foncé que, même lorsqu'il est en petite quantité, il paraît noir et opaque comme le brome. Son odeur est très-désagréable. Le même produit prend naissance, en petite quantité, dans la préparation ordinaire du tellurure d'éthyle; lorsqu'on a recueilli environ les 5/6 du produit total, il commence à passer du bitellurure d'éthyle impur, que l'on distingue à sa coloration rouge foncé. L'étude de ce corps est, comme on le voit, fort incomplète jusqu'ici. A. N.

ÉTHERS ÉTHYLIQUES A OXACIDES (ÉTHERS COMPOSÉS).

ARSÉNIATE D'ÉTHYLE,

$$(AsO)''' \begin{cases} OC^2H^5 \\ OC^2H^5 \\ OC^2H^5 \end{cases}$$

[Syn. *Éther arsénique*] [D'Arcet, *Journ. de Chim.*, t. XII, p. 11, et *Ann. der Chem. u. Pharm.*, t. XIX, p. 202; — Crafts, *Compt. rend. de l'Acad.*, t. LXIV, p. 700 (2 avril 1867) et *Bull. de la Soc. chim.*, 1867, t. VIII, p. 206]. — D'Arcet, en étudiant les éthers arséniques, en 1836, avait obtenu un acide résultant de l'action de l'acide arsénique sur l'alcool et qu'il avait considéré comme de l'acide diéthyl-arsénique, sans que ses analyses concordassent le moins du monde avec cette formule. Là se bornaient nos connaissances sur ce sujet, lorsque, en 1867, M. Crafts a fait connaître le véritable arséniate d'éthyle

$$(AsO)''' \begin{cases} OC^2H^5 \\ OC^2H^5 \\ OC^2H^5. \end{cases}$$

Les acides arséniovíniques ne sont point encore connus.

Pour préparer l'éther arsénique, on chauffe pendant 20 heures à 110° un petit excès d'arséniate d'argent avec de l'iodure d'éthyle, mélangé à deux volumes d'éther ordinaire rectifié. On sépare l'arséniate d'éthyle formé de l'iodure d'argent, par des lavages à l'éther, et, après avoir chassé complétement l'éther en chauffant à 100° dans un courant d'anhydride carbonique, on distille sous une pression plus faible que celle de l'atmosphère.

L'éther arsénique bout à 148-153° sans décomposition sous la pression de 60 millimètres. A la pression ordinaire, il passe entre 235° et 238°; mais vers la fin de la distillation, il se décompose alors toujours un peu, et on trouve un résidu d'acide arsénique dans le vase distillatoire. Sa densité est 1,3264 à 0° et 1,3161 à 8°,8. Il se mélange avec l'eau en toute proportion, en donnant une dissolution claire, qui se comporte avec les réactifs comme celle de l'acide arsénique. A. N.

ARSÉNITE D'ÉTHYLE,

$$As''' \left\{ \begin{array}{l} OC^2H^5 \\ OC^2H^5 \\ OC^2H^5 \end{array} \right. = As\,(C^2H^5)^3O^3$$

[Syn. *Éther arsénieux*] [Crafts, *Compt. rend. de l'Acad.*, t. LXIV, p. 703, 2 avril 1867]. — L'anhydride arsénieux réagit sur le silicate d'éthyle à la température de 220° et déplace la silice. C'est sur cette réaction que M. Crafts a fondé une méthode de préparation de l'éther arsénieux.

On chauffe à 220°, dans des tubes scellés à la lampe, du silicate d'éthyle avec un léger excès d'acide arsénieux. On obtient ainsi presque la quantité théorique d'éther arsénieux qu'on sépare par la distillation de la silice et du léger excès d'anhydride arsénieux.

L'arsénite d'éthyle bout sans décomposition entre 166° et 168°. Sa densité de vapeur = 7,615 à 209°,5; 7,608 à 213°; 7,197 à 233°; 7,389 à 267° (par rapport à H, 109,92 à 209°,5; 109,81 à 213°; 103,89 à 233°; 106,66 à 267°). La théorie exige 7,267 (104,89 par rapport à H). La densité du liquide à 0° = 1,224.

L'arsénite d'éthyle se décompose immédiatement avec l'eau en donnant un précipité d'acide arsénieux.

L'éther arsénieux se forme aussi par la réaction de l'arsénite d'argent sur l'iodure d'éthyle, et il est à remarquer que l'arsénite jaune d'argent à 2 atomes de métal

$$As''' \left\{ \begin{array}{l} OH \\ O\,Ag \\ O\,Ag \end{array} \right.$$

donne l'éther normal à 3 atomes d'éthyle.

La combinaison du chlorure d'arsénic avec l'alcool, traitée par l'éthylate de sodium, ne fournit pas d'éther arsénieux; et on ne réussit pas non plus à obtenir cet éther en chauffant l'anhydride arsénieux soit avec l'alcool, soit avec un mélange d'oxyde et d'acétate d'éthyle. A. N.

AZOTATE D'ÉTHYLE, $C^2H^5.O.AzO^2$ [Millon, 1843, *Ann. de Chim. et de Phys.*, (3), t. VIII, p. 233; — Sobrero et Selmi, 1851, *Compt. rend. de l'Acad.*, t. XXXIII, p. 67; — Gerhardt, *Revue scientifique*, janvier 1852, p. 29; — Werther, *Journ. für prakt. Chem.*, t. LV, p. 253; — Carey Lea, *Silliman's Americ. Journ.*, (2), t. XXXII, p. 25 et 178; — Heintz, *Ann. der Chem. u. Pharm.*, t. CXXVII, p. 43; *Bull. de la Soc. chim.*, 1864, t. I, p. 31; *Jahresber.*, 1863, p. 482; — Persoz, *Compt. rend. de l'Acad.*, t. LV, p. 571; *Bull. de la Soc. chim.*, 1863, p. 30; — Juncadella, *Compt. rend. de l'Acad.*, t. XLVIII, p. 345; *Répert. de Chim. pure*, 1859, p. 306; — Berthelot, *Compt. rend. de l'Acad.*, XLIX, p. 212; *Répert. de Chim. pure*, 1859, p. 559; — E.-T. Chapman et M. H. Smith, *Chem. Soc. Journ.*, t. XX, p. 584; — E.-T. Chapman et W. Thorp, *Chem. Soc. Journ.*, t. XIX, p. 480; — Playfair et Wanklyn, *ibid.*, t. XV, p. 153; — G. Nadler, *Ann. der Chem. u. Pharm.*, t. CXIV, p. 173; *Répert. de Chim. pure*, 1861, p. 256; — E. Kopp, *Journ. de Pharm.*, (3), t. XI, p. 321].

Préparation. — 1° D'après Millon, on obtient l'éther nitrique en distillant 1 vol. d'acide azotique à 1,40 de densité avec 2 vol. d'alcool à 35° Baumé. On y ajoute 2 grammes d'azotate d'urée pour détruire les vapeurs nitreuses contenues dans l'acide azotique ou qui pourraient s'y former. Dès que l'alcool qui passe d'abord à la distillation est remplacé par l'éther nitrique, on change de récipient et l'on arrête la distillation quand le résidu de la cornue est réduit au tiers du mélange primitif. On lave le produit d'abord avec une lessive alcaline, puis avec de l'eau pure, on le laisse pendant quelques jours en contact avec du chlorure de calcium, on le décante et on le rectifie. D'après Carey Lea, il vaut mieux mettre une plus forte proportion d'azotate d'urée, 8 grammes au lieu de 2 grammes. Avec cette précaution on pourrait, suivant lui, distiller une beaucoup plus grande quantité de mélange à la fois.

2° Suivant Persoz, on obtient facilement l'azotate d'éthyle, sans qu'il soit nécessaire d'employer l'urée. Ce chimiste fait arriver 10 grammes d'alcool absolu goutte à goutte dans 20 grammes d'acide azotique concentré tout à fait incolore, contenu dans un vase de platine bien refroidi par un mélange de glace et de sel marin. L'éther nitrique se forme au moment même où le mélange s'opère. Quand tout l'alcool est introduit, on met un morceau de glace dans le liquide, ce qui permet d'étendre l'acide sans que la température s'élève. La moindre élévation de température se traduit en effet par un dégagement de vapeurs nitreuses. Si ce fait se produit par suite d'une addition trop rapide d'alcool, il faut immédiatement jeter un morceau de glace dans le mélange pour sauver l'éther nitrique déjà formé, et recommencer l'opération.

3° MM. Chapman et Smith n'ont pas trouvé cette méthode avantageuse. Ils en ont proposé une autre qui, suivant eux, réussit aussi bien pour l'azotate d'éthyle que pour l'azotate d'amyle.

Cette méthode est la suivante : On mêle 2 vol. d'acide sulfurique concentré ordinaire avec 1 vol. d'acide azotique de 1,36 de densité, débarrassé de vapeurs nitreuses au moyen de l'urée. Quand le mélange est froid, on y fait dissoudre quelques grammes d'azotate d'urée et l'on en prend 150 centimètres cubes que l'on place dans un vase maintenu à quelques degrés au-dessous de 0° par un mélange de sel, de glace et d'eau. Au moyen d'un entonnoir très-effilé, on fait ensuite arriver lentement 50 centimètres cubes d'alcool au fond du mélange et l'on agite tout le temps avec l'extrémité effilée de l'entonnoir. Quand tout l'alcool est introduit, on trouve à la surface du liquide une couche huileuse d'azotate d'éthyle qu'on sépare au moyen d'un entonnoir à robinet.

On lave cet éther avec l'eau, on le dessèche sur du chlorure de calcium et on le rectifie.

Propriétés. — L'éther nitrique est liquide, sa densité = 1,112 à 17°. Il bout à 85-86°. Sa densité de vapeur = 3,112 à 85°5; 3,094 à 90°; 3,055 à 70°3; 3,079 à 64°9 (par rapport à H, 44,9-44,66-44,24-44,44), la théorie exigerait 3,144 (45,37 par rapport à H); son odeur est bien différente de celle de l'éther nitreux, il a une saveur très-sucrée avec un arrière-goût amer. Il est insoluble dans l'eau, mais il se mélange en toutes proportions avec l'alcool et l'éther. Il brûle avec une flamme blanche. Sa vapeur surchauffée détone violemment lorsqu'on l'enflamme.

Chauffé à 100° avec une solution alcoolique d'ammoniaque, l'azotate d'éthyle donne de l'azotate d'éthylamine (Juncadella) :

$$\underset{\text{Azotate d'éthyle.}}{C^2H^5O.AzO^2} + \underset{\text{Ammoniaque.}}{AzH^3} = \underset{\text{Azotate d'éthyl-ammonium.}}{C^2H^5H^3AzAzO^3}$$

D'après Carey Lea, il se forme en même temps des azotates de diéthyl- et de triéthyl-ammonium. Quand il y a excès d'ammoniaque, l'éther nitrique peut être décomposé, même sans la présence de l'alcool, qui cependant facilite la réaction en dissolvant les deux corps réagissants.

Le sulfure d'ammonium en solution alcoolique réduit l'éther nitrique et donne naissance à du mercaptan (E. Kopp) :

$$\underset{\text{Éther nitrique.}}{C^2H^5O.AzO^2} + \underset{\text{Acide sulfhydrique.}}{5H^2S}$$

$$= \underset{\text{Mercaptan.}}{C^2H^5.SH} + \underset{\text{Ammoniaque.}}{AzH^3} + \underset{\text{Eau.}}{3H^2O} + \underset{\text{Soufre}}{S^4}.$$

L'acétate ferreux le réduit également; les produits sont alors de l'azote libre, de l'ammoniaque et un peu d'éther nitreux.

La potasse en solution aqueuse décompose l'éther nitrique à la manière des éthers en général, avec formation d'azotate potassique et d'alcool; mais la potasse alcoolique et la potasse solide fournissent de l'éther (Berthelot, Chapman et Smith). Lorsqu'on l'oxyde par l'acide chromique, il se résout en acide acétique et en acide azotique (Chapman et Thorp).

Les acides acétique, formique, oxalique et chlorhydrique sont sans action sur lui. Il en est de même du protochlorure et du perchlorure de phosphore. L'oxychlorure l'attaque un peu, mais pas énergiquement. Cet éther dissout le soufre et le phosphore assez bien, quoiqu'il soit loin d'être pour ces corps un aussi bon dissolvant que l'azotate d'amyle. L'acétate potassique en solution dans l'alcool réagit sur l'éther nitrique. Il se forme du nitrate de potasse et de l'acétate d'éthyle. Le sodium n'agit que très-peu sur l'azotate d'éthyle qu'on peut même distiller sur ce métal. Néanmoins il arrive quelquefois que, lorsqu'on arrive à la fin de la distillation, il se produit une réaction énergique accompagnée d'une explosion violente. Si l'on enferme une solution éthérée d'éther nitrique dans un tube scellé à la lampe avec du sodium et qu'on chauffe à 100°, la réaction se fait avec calme. Le produit distillé laisse une masse solide qui donne de l'alcool lorsqu'on la traite par l'eau. La liqueur aqueuse renferme en outre de la soude et de l'azotite de sodium. La réaction s'accomplit en deux phases, dans une première phase il se forme de l'azotite potassique et de l'éthylate de sodium, et dans la seconde phase, l'éthylate de sodium agit sur l'eau en donnant de la soude et de l'alcool.

1° $C^4H^5O.AzO^5 + 2Na$
Azotate d'éthyle. Sodium.
$= AzO^4Na + C^4H^5O\,Na;$
Azotite de sodium. Éthylate de sodium.

2° $C^4H^5O\,Na + H^2O$
Éthylate de sodium. Eau.
$= NaHO + C^4H^5.OH$
Soude. Alcool.

(Chapman et Smith).

Azotate éthylo-mercurique,

$C^2Hg''^3Az^2O^6 = 1/2\,(C^4Hg''^3Az^2O^6.Hg''Az^2O^6)$.

— Ce composé, découvert par Sobrero et Selmi, peut être considéré comme un composé d'azotate mercurique et d'azotate d'un éthyle dont l'hydrogène serait remplacé par du mercure. Il a été étudié par Gerhardt. On l'obtient en versant de l'alcool dans une solution très-concentrée d'azotate trimercurique; à froid il ne se forme aucun précipité, mais si l'on chauffe, il se dépose une masse cristalline blanche même avant que le liquide ne soit entré en ébullition. Dès ce moment il est inutile de chauffer, la réaction se continue d'elle-même :

$Hg''^3Az^2O^8 + C^2H^6O = C^2Hg''^3Az^2O^6 + 3H^2O.$
Azotate trimercurique. Alcool. Azotate éthylo-mercurique. Eau.

La liqueur mère alcoolique renferme une forte proportion d'azotate mercureux. Ce sel est probablement le résultat d'une action secondaire. Il se sépare souvent en cristaux après que l'azotate éthylo-mercurique s'est déposé.

L'azotate éthylo-mercurique est un sel blanc cristallin. Vu au microscope, il présente une forme très-caractéristique. Il constitue des étoiles à six pointes ou des tables hexagones, ombrées sur les bords, de manière à figurer intérieurement de semblables étoiles dont les pointes viennent aboutir aux six angles des tables. Lorsqu'on le chauffe dans un petit tube, il se décompose brusquement avec explosion sans pourtant détoner. Les cristaux donnent à l'analyse 2,9 % de carbone, 0,3 d'hydrogène, 78,4 de mercure et 3,6 d'azote (Gerhardt).

Ces nombres s'accordent bien avec la formule que nous avons donnée en admettant dans le sel une molécule d'eau de cristallisation. Cette formule exige en effet 3,1 de carbone, 0,3 d'hydrogène, 78,3 de mercure, 3,3 d'azote et 15,0 d'oxygène.

L'azotate éthylo-mercurique est insoluble dans l'eau et dans l'alcool. L'acide chlorhydrique le dissout complétement, sans laisser la moindre trace de calomel. Ce corps est donc un sel mercurique et non point un sel mercureux. La potasse précipite en jaune la solution chlorhydrique. L'acide sulfhydrique décompose ce sel, les produits de la réaction sont du sulfure de mercure et une substance qui a l'odeur du mercaptan. A froid, une solution aqueuse concentrée de potasse le colore en gris. A l'ébullition elle le noircit, mais sans le décomposer complétement, quelque long que puisse être le temps pendant lequel on prolonge l'ébullition. La substance noire ainsi formée ne se dissout pas dans l'acide chlorhydrique, quoique, par l'action de cet acide, il se forme de très-petites quantités de calomel. Il paraît, par conséquent, que le sel subit une modification profonde sous l'influence de la potasse. L'ammoniaque agit sur lui d'une manière analogue. A. N.

Azotite d'éthyle, $C^2H^5.OAzO$ [Navier et Geoffroy, *Mémoires de l'Acad. de Paris*, 1742, p. 515; — Thenard, *Mém. de la Soc. d'Arcueil*, t. I, p. 75 et 358; — Dumas et P. Boullay, *Ann. de Chim. et de Phys.*, t. XXXVII, p. 15; — Liebig, *Ann. der Chem. u. Pharm.*, t. XXX, p. 142; — E. Kopp, *Journ. de Pharm.*, (3), t. XI, p. 320; *Revue scientifique*, t. XXVII, p. 273; — J. Grant, *Pharm. Journ. Trans.*, t. X, p. 244; — Reich, *Arch. der Pharm.*, t. LXII, p. 148, et, en extrait, *Ann. der Chem. u. Pharm.*, t. LXXVI, p. 280; — John Miller, *Pharm. Journ.*, t. VIII, p. 57; *Bull. de la Soc. chim.*, 1867, t. VII, p. 417; — Carey Lea, *Silliman's American Journ. of Science*, (2), t. XXXII, p. 178; *Journ. für prakt. Chem.*, t. LXXXVI, p. 61; *Bull. de la Soc. chim.*, 1863, p. 31]. — L'éther azoteux a été découvert en 1681 par Kunkel; MM. Boullay et Dumas, les premiers, ont exactement déterminé sa composition. Il prend naissance dans l'action de l'acide azoteux ou de l'acide azotique sur l'alcool. Dans ce dernier cas, une portion de l'acide azotique oxyde l'alcool en donnant naissance à de l'aldéhyde et se réduit lui-même à l'état d'acide azoteux qui éthérifie une autre portion de l'alcool. On avait cru que l'éther nitreux se produisait lorsqu'on soumet la brucine à l'action de l'acide azotique, mais M. Strecker a démontré que c'est de l'azotite de méthyle qui prend naissance dans cette réaction [Gerhardt, *Traité de Chimie organ.*, t. III, p. 961].

Préparation. — 1° D'après Thenard, on fait un mélange d'alcool à 35° B. et d'acide azotique à 32°. On distille ce mélange dans une cornue dont le col est en communication avec une série de flacons de Woolf à moitié remplis d'eau salée. On n'applique le feu que pour commencer l'opération et on le retire dès que la réaction marche. L'éther azoteux se réunit alors à la surface de l'eau salée sous la forme d'une couche huileuse que l'on décante, que l'on rectifie et qu'on abandonne ensuite pendant un certain temps sur de la chaux vive.

2° Berzelius, suivant les recommandations faites d'abord par Block, préfère introduire l'un après l'autre dans un vase cylindrique de verre 8 p. d'acide azotique fumant, 4 p. d'eau et 9 p. d'alcool, en opérant de manière que ces trois liquides se superposent sans se mélanger, l'acide occupant le fond du vase et l'eau tenant le milieu entre l'acide et l'alcool. On abandonne le tout pendant deux ou trois jours de manière que le mélange ne s'opère que par une diffusion lente. On retire ensuite la couche supérieure et on la purifie comme dans la méthode de Thenard.

3° M. Liebig, considérant que, dans les modes de préparation que nous venons d'indiquer, il y a une perte considérable d'alcool puisqu'une partie de ce liquide est obligé de s'oxyder pour amener la réduction d'une quantité équivalente d'acide azotique, a pensé qu'on pourrait éviter cette perte en faisant usage de matières capables de déterminer la même réduction de l'acide azotique, comme le sucre ou l'amidon; il produit l'acide azoteux en chauffant ensemble les vapeurs d'amidon et d'acide azotique, reçoit les vapeurs qui se dégagent dans de l'alcool étendu bien refroidi, et condense ce qui distille dans un récipient refroidi. On peut remplacer l'amidon par la glucose (Grant), ou la tournure de cuivre (Kopp). J. Grant a proposé de modifier la méthode précédente en chauffant ensemble l'alcool, l'acide azotique et l'amidon, au lieu de produire séparément l'acide azoteux. Il donne les proportions suivantes : 22 p. d'acide azotique de 1,36 de densité, 17 p. d'alcool rectifié et 32 p. d'amidon. La réaction s'établit souvent sans qu'il soit nécessaire de chauffer et se maintient pendant quelque temps; si elle devient trop tumultueuse, on plonge dans l'eau froide la cornue qui contient le mélange.

4° M. Carey Lea substitue le sulfate ferreux aux agents réducteurs proposés par Liebig, Grant et Kopp. Voici comment il conseille d'opérer : On mélange 90 centim. cubes d'acide azotique d'une densité de 1,37 avec 150 centim. cubes d'alcool à 90° centés., et 45 grammes de sulfate ferreux. Le produit renferme un peu d'aldéhyde, mais pas plus que dans le procédé ordinaire.

Propriétés. — L'azotite d'éthyle est un liquide jaunâtre d'une agréable odeur de pomme de reinette. L'eau le dissout fort peu (48 p. d'eau en dissolvent 1 p.), mais il se mêle en toutes proportions à l'alcool. Il bout à 18°. Il se décompose à la longue en devenant acide surtout en présence de l'eau; dans cette réaction, il se développe du bioxyde d'azote quelquefois en assez grande quantité pour briser les vases qui renferment le produit. Sa densité = 0,947 à 15°. Il est très-inflammable et brûle avec une flamme blanche. Sa densité de vapeur = 2,627 (37,02 par rapport à H). Il produit, en s'évaporant à l'air, un froid si considérable que, lorsqu'on le verse sur un volume d'eau égal au sien et qu'on souffle légèrement sur sa surface, l'eau se congèle. Il colore en noir la solution du sulfate ferreux.

Les alcalis décomposent l'azotite d'éthyle avec plus de rapidité encore que l'eau. La liqueur renferme ensuite, d'après Berzelius, des malates alcalins et des azotates, mais pas la plus légère trace d'acétate. Ces résultats ont été confirmés par Reich, qui est même parvenu à transformer en acide succinique le malate de chaux provenant des résidus de la fabrication de l'éther nitreux, mais outre l'acide malique, il a trouvé dans ces résidus de l'acide oxalique et de l'acide saccharique.

Dirigé en vapeurs à travers un tube de porcelaine chauffé au rouge, il donne de l'azote, du bioxyde d'azote, de l'oxyde de carbone, des hydrogènes carbonés, de l'eau, du cyanure et du carbonate d'ammonium, une matière huileuse indéterminée et un résidu de charbon.

Cette même vapeur dirigée sur de l'éponge de platine à 400° donne du bioxyde d'azote. Si la température est plus élevée, il se forme du gaz des marais, de l'oxyde de carbone, de l'acide cyanhydrique, de l'ammoniaque et du charbon.

L'acide sulfurique attaque vivement l'azotite d'éthyle avec effervescence. L'acide sulfhydrique et les sulfures alcalins le décomposent avec production d'alcool, d'ammoniaque, d'eau et de soufre, sans qu'il se forme la moindre trace d'ammoniaque composée (Kopp, Carey Lea) :

$$\underset{\text{Éther azoteux.}}{C^2H^5.OAzO} + \underset{\text{Acide sulfhydrique.}}{3H^2S}$$

$$= \underset{\text{Alcool.}}{C^2H^5.OH} + \underset{\text{Ammoniaque.}}{AzH^3} + \underset{\text{Eau.}}{H^2O} + \underset{\text{Soufre.}}{3S}.$$

Le fer, l'acide azotique et l'alcool décomposent l'éther azoteux en donnant lieu à un dégagement de bioxyde d'azote (Carey Lea).

Distillé sur du chlorure de calcium, cet éther donne une certaine quantité d'éther chlorhydrique [Duflos, *Traité de Chim. organ. de Gerhardt*, t. II, p. 347]. Il dissout le soufre et le phosphore en petite quantité.

L'éther nitrique alcoolisé ou *liqueur anodine nitreuse des pharmacies* n'est pas autre chose qu'une solution alcoolique d'azotite d'éthyle. On emploie cette liqueur comme excitant et diurétique et contre le hoquet et la colique flatulante.

BORATES D'ÉTHYLE [Ebelmen et Bouquet, *Ann. de Chim. et de Phys.*, 1846, (3), t. XVII, p. 55; *ibid.*, (3) t. XVI, p. 129; *Compt. rend. de l'Acad.*, t. XIX, p. 1202; — Hugo Schiff et E. Bechi, *Compt. rend.*, 1865, t. LXI, p. 697; *Bull. de la Soc. chim.*, t. V, p. 372].

D'après Ebelmen et Bouquet, il existerait un borate triéthylique

$$B'''\left\{\begin{matrix}OC^2H^5\\OC^2H^5\\OC^2H^5\end{matrix}\right.$$

et un tétraborate diéthylique, qui répondrait à la formule

$$(B''')^4(OC^2H^5)^2O^5.$$

MM. Schiff et Bechi ont obtenu l'éther trialcoolique d'Ebelmen et Bouquet par une méthode nouvelle et plus commode; ils ont en outre obtenu un éther borique monalcoolique

$$B\left\{\begin{matrix}O''\\OC^2H^5,\end{matrix}\right.$$

et un triborate monalcoolique $B^3(C^2H^5)O^5$, mais ils n'ont point obtenu le tétraborate diéthylique.

BORATE TRIÉTHYLIQUE. — *Préparation : 1° par la méthode d'Ebelmen et Bouquet.* — On fait passer un courant lent de chlore à travers un tube de porcelaine chauffé au rouge, renfermant un mélange d'anhydride borique et de charbon, et l'on reçoit dans l'alcool absolu refroidi par un courant extérieur d'eau froide, le mélange d'anhydride carbonique et de chlorure de bore qui sort du tube. Au bout d'un certain temps, la liqueur se sépare en deux couches. On décante la couche supérieure, on y ajoute quelques gouttes d'alcool absolu et on la soumet à la distillation; la température ne tarde pas à s'élever à 115°. On change alors de récipient, on recueille à part ce qui passe de 115° à 125°, et on le soumet à la distillation fractionnée. On obtient ainsi du borate triéthylique bouillant d'une manière constante à 119°.

2° *Méthode de MM. Schiff et Bechi.* — On fait agir à 120°, dans un digesteur, un excès d'alcool sur l'anhydride borique et l'on sépare l'éther borique de l'alcool au moyen de la distillation fractionnée. En traitant les différentes fractions par l'acide sulfurique concentré, on obtient deux couches dont la supérieure renferme l'éther mélangé d'un peu d'alcool et d'une trace d'acide sulfurique.

Les réactions qui donnent naissance au borate triéthylique, dans ces deux modes de préparation, sont exprimées par les équations suivantes :

$$B''' \begin{cases} Cl \\ Cl \\ Cl \end{cases} + 3(C^2H^5O.H) = 3HCl + B''' \begin{cases} OC^2H^5 \\ OC^2H^5 \\ OC^2H^5; \end{cases}$$

Chlorure de bore. — Alcool. — Acide chlorhydrique. — Borate triéthylique.

$$B^2O^3 + 3(C^2H^5.OH)$$

Anhydride borique. — Alcool.

$$= B''' \begin{cases} OH \\ OH \\ OH \end{cases} + B''' \begin{cases} OC^2H^5 \\ OC^2H^5 \\ OC^2H^5. \end{cases}$$

Acide borique. — Borate triéthylique.

3° Suivant MM. Friedel et Crafts, on obtient du borate d'éthyle des polysilicates éthyliques, et en chauffant de l'anhydride borique et du silicate d'éthyle [*Ann. de Chim. et de Phys.*, (4), t. IX, p. 5].

Propriétés. — Le borate triéthylique est un liquide très-mobile, tout à fait incolore, ayant une odeur particulière assez agréable, une saveur chaude et amère ; sa densité = 0,8849 à 0°. L'eau le dissout immédiatement, mais elle le saponifie et, au bout de quelque temps, la liqueur dépose de l'acide borique. Il se dissout en toutes proportions dans l'alcool et dans l'éther ; à l'air humide il se convertit en acide borique. Il brûle au contact des corps en combustion avec une flamme verte, accompagnée d'épaisses fumées d'acide borique, mais sans laisser de résidu fixe. Sa densité de vapeur = 5,14 (74,196 par rapport à H).

Chauffé avec l'anhydride borique, il s'y combine et se transforme en borate monéthylique (Schiff) :

$$B''' \begin{cases} OC^2H^5 \\ OC^2H^5 \\ OC^2H^5 \end{cases} + B^2O^3 = 3\left(B''' \begin{cases} O'' \\ OC^2H^5 \end{cases}\right)$$

Borate triéthylique. — Anhydride borique. — Borate monéthylique.

BORATE MONÉTHYLIQUE. — On obtient cet éther en chauffant dans le digesteur 1 molécule d'éther borique avec 1 molécule d'acide borique ; la transformation est complète. Souvent, dans la préparation de l'éther trialcoolique, on emploie un excès d'anhydride ; il se forme alors un mélange d'éther tri- et monoéthylique. On enlève l'alcool et l'éther triéthylique par la distillation, et on poursuit cette dernière jusqu'à ce que le liquide ait atteint la température de 140° à 150°. Le résidu consiste en éther monalcoolique mêlé d'acide borique. On les sépare par l'éther, qui ne dissout que le borate d'éthyle.

Le borate monéthylique est un liquide dense qui ne peut pas être distillé ; à une température élevée, il se dédouble en borate trialcoolique et triborate monalcoolique :

$$4\left(B''' \begin{cases} O'' \\ OC^2H^5 \end{cases}\right) = B''' \begin{cases} O^2CH^5 \\ O^2CH^5 \\ O^2CH^5 \end{cases} + B'''^3(C^2H^5)O^5.$$

Borate monéthylique. — Borate trialcoolique. — Triborate monéthylique.

Ce dédoublement n'est complet qu'entre 250° et 290°.

L'alcool agit rapidement sur le borate monéthylique et le transforme en borate triéthylique ; en faisant agir l'hydrate de méthyle au lieu de l'alcool ordinaire, on obtient un borate mixte éthylméthylique.

TRIBORATE MONÉTHYLIQUE, $B'''^3(C^2H^5)O^5$. — C'est une substance vitreuse qui se décompose à une température très-élevée en laissant de l'anhydride borique. Avec les alcools, il fournit soit du borate triéthylique, soit des borates mixtes.

TÉTRABORATE DIÉTHYLIQUE, $B'''^4(C^2H^5)^2O^7$. — Ce corps, décrit par Ebelmen et Bouquet, ne paraît pas exister. D'après MM. Schiff et Bechi, ce serait un mélange de mono- et de triborates monéthyliques. En effet, selon ces chimistes, c'est toujours de tels mélanges que l'on obtient lorsqu'on ne chauffe pas le borate monéthylique à 200° seulement, comme le faisait Ebelmen, au lieu de le chauffer entre 250° et 290°, parce qu'alors la décomposition de cet éther est incomplète. D'ailleurs, Ebelmen et Bouquet avaient décrit ce corps sous toute réserve.

Pour l'obtenir, ils chauffaient jusqu'à 110° le liquide obtenu par l'action du chlorure de bore sur l'alcool, puis ils laissaient refroidir, traitaient le résidu par l'éther, évaporaient la solution éthérée et en chauffaient le résidu à 200°. C'est ce produit qu'ils considéraient comme du tétraborate diéthylique. C'est un liquide visqueux qui, en se refroidissant, finit par se solidifier. Ce produit se ramollit déjà à 40° ou 50° ; il présente une saveur mordicante et une odeur éthérée. L'eau le décompose avec dégagement de chaleur en alcool et acide borique. A 300°, il donne de l'alcool, de l'éthylène, de l'eau et de l'acide borique, sans charbon.

IODATE D'ÉTHYLE. — S'obtient à l'état impur par l'action à 10° de l'iodate d'argent sur l'iodure d'éthyle dissous dans l'éther. La liqueur éthérée, mêlée avec de l'eau et traversée par un courant d'air jusqu'à volatilisation de l'éther, abandonne un liquide dense, bouillant à 75° non sans se décomposer ; il se sépare de l'iode et des cristaux incolores, probablement de l'acide iodique.

Lorsqu'au lieu d'ajouter de l'eau au liquide éthéré on l'évapore doucement, il laisse un liquide d'une odeur pénétrante agréable [Lissenko, *Zeitsch. für Chem.*, (2), t. IV, p. 455].

PERCHLORATE D'ÉTHYLE, $ClO^4(C^2H^5)$ [Liebig, *Ann. der Chem. u. Pharm.*, t. XXXIII, p. 12 ; — Malaguti, *Ann. de Chim. et de Phys.*, t. LXX, p. 403 ; — Clark Hare et Boyle, *Philosoph. Magaz.*, t. XIX, p. 370 ; — Roscoe, *Chem. Soc. Journ. of London*, t. XV, p. 213, et *Bull. de la Soc. chim.*, 1863, p. 136 ; — Weppen, *Ann. der Chem. u. Pharm.*, t. XXXIX, p. 317]. — Le perchlorate d'éthyle ne se produit ni par l'action de l'iodure d'éthyle sur les solutions alcooliques de perchlorate d'argent, même à la température de — 10°, ni lorsqu'on fait agir l'acide perchlorique sur l'alcool ou l'éther, eût-on soin de refroidir le liquide jusqu'à — 20° (Roscoe). La seule méthode qui permette de l'obtenir consiste à distiller un mélange de perchlorate potassique et d'éthyl-sulfate de baryum ou de calcium. Le sel de baryum est toutefois préférable.

D'après M. Roscoe, les meilleures conditions de préparation sont les suivantes : On place 10 grammes de chacun des deux sels cristallisés dans une petite cornue dont le col est recourbé en bas, et on chauffe lentement celle-ci dans un bain d'huile, et l'on reçoit le produit dans un large tube qui contient une petite quantité d'eau, mais qu'on ne refroidit pas autrement. Entre 140° et 160°, il distille une assez grande quantité d'une huile incolore plus lourde que l'eau. Vers 170°, il commence à se produire des vapeurs blanches d'acide perchlorique. On arrête alors l'opération. On obtient ainsi environ 2 centigrammes de produit. On décante la couche aqueuse au moyen d'une pipette, on lave plusieurs fois l'huile avec de l'eau jusqu'à ce que l'eau de lavage n'ait plus la moindre réaction acide. On sépare ensuite complétement l'éther perchlorique de l'eau et on le filtre à deux ou trois reprises sur un filtre en papier bien sec pour le dessécher. Dans toutes ces opérations, il faut avoir bien soin d'agiter le moins possible pour éviter les explosions, et, même en observant ces précautions, il faut se garantir les mains et le visage au moyen de gants solides et d'un bon masque muni de verres épais. Le perchlorate d'éthyle est en effet un des corps les plus explosibles que l'on connaisse.

L'éther perchlorique est un liquide huileux, plus pesant que l'eau, d'une odeur agréable, d'une saveur d'abord sucrée, puis mordicante comme la cannelle. D'après Boyle, il ne bout ni ne fait explosion à 100° ; d'après Roscoe, au contraire, il bout à 74° lorsqu'on le distille sous l'eau, ce qui serait nécessaire pour éviter l'explosion, et cela sous une pression de 755 millimètres. Il est insoluble dans l'eau et soluble dans l'alcool.

Le perchlorate d'éthyle détone très-fortement par le choc, le frottement, la chaleur, souvent même sans cause apparente. Il se conserve mieux en solution alcoolique que pur. Cette solution peut être maniée sans danger. Si l'on fait détoner une goutte de cet éther au moyen d'un corps chaud dans une capsule, la plus petite goutte suffit pour réduire la capsule en morceaux.

La solution alcoolique d'éther perchlorique est complétement saponifiée par la potasse. C'est en dosant le perchlorate potassique formé dans cette réaction que M. Roscoe est parvenu à analyser cet éther.

La même solution alcoolique s'enflamme par l'approche d'un corps en ignition et brûle sans explosion.

PHOSPHATES D'ÉTHYLE. — On connaît actuellement quatre phosphates d'éthyle, ainsi que des dérivés de ces corps par substitution du soufre ou du sélénium à l'oxygène. Ce sont l'acide éthyl-phosphorique et l'acide éthyl-sulfophosphorique ; l'acide diéthyl-phosphorique, l'acide diéthyl-sulfophosphorique, l'acide diéthyl-disulfophosphorique et l'acide diéthyl-tétrasulfophosphorique ; le phosphate triéthylique, le disulfophosphate triéthylique, le tétrasulfophosphate triéthylique et le sélénio-phosphate triéthylique ; le pyrophosphate tétréthylique.

ACIDE ÉTHYL-PHOSPHORIQUE [Syn. *Acide phosphéthylique* ou *phosphovinique*],

$$(PO)''' \begin{cases} OC^2H^5 \\ OH \\ OH \end{cases}$$

[Lassaigne, *Ann. de Chim. et de Phys.*, t. XIII, p. 294 (1820) ; — Pelouze, *ibid.*, t. LII, p. 37 ; — Liebig, *Ann. der Chem. u. Pharm.*, t. VI, p. 149 ; — Church, *Proced. of the Roy. Soc.*, t. XIII, p. 520]. — Cet acide prend naissance dans l'action de l'acide phosphorique sur l'éther ou mieux sur l'alcool. Il se produit aussi dans l'action de l'alcool aqueux sur l'oxychlorure de phosphore (Schiff).

Préparation. — On l'obtient, d'après M. Pelouze, en chauffant un mélange de 100 grammes d'alcool de 95 centièmes, et de 100 grammes d'acide phosphorique vitreux de manière à produire un sirop épais que l'on abandonne pendant 24 heures. On étend ensuite le mélange de 7 à 8 fois son volume d'eau, on le sature par du carbonate de baryum et l'on fait bouillir pour chasser l'excès d'alcool. On laisse ensuite refroidir à 70° et l'on filtre. Le liquide filtré en se refroidissant tout à fait dépose un sel barytique qu'on décompose par l'acide sulfurique après l'avoir redissous dans l'eau. Pour 100 p. de sel il faut 25 p. 1/3 d'acide concentré. On filtre, on évapore d'abord au bain de sable et l'on achève l'évaporation dans le vide.

Au lieu de décomposer le sel de baryte par l'acide sulfurique, on peut aussi décomposer le sel de plomb par l'acide sulfhydrique.

M. Vœgeli préfère agiter l'acide phosphorique sirupeux avec de l'éther pur en refroidissant le vase où la combinaison s'effectue, sans quoi il se dégage assez de chaleur pour que le produit noircisse. On achève ensuite l'opération comme précédemment.

Propriétés. — L'acide éthyl-phosphorique concentré est un corps épais, incolore, inodore, qui rougit le tournesol et dont la saveur est à la fois amère et aigre. A 22° il dépose de petits cristaux brillants qui toutefois ne s'accroissent jamais beaucoup. Lorsqu'on le soumet à l'ébullition, il donne d'abord un mélange d'alcool et d'éther, puis de l'éthylène avec des traces d'huile de vin, et il laisse pour résidu un mélange d'acide phosphorique et de charbon (Pelouze).

D'après Liebig, il donne de l'acétate d'éthyle pur lorsqu'on le distille avec de l'acétate potassique [*Ann. der Chem. u. Pharm.*, t. XIII, p. 32].

L'acide phosphovinique se mêle en toutes proportions avec l'eau, l'alcool et l'éther. Ses solutions peuvent être amenées à un certain degré de concentration sans se décomposer.

ÉTHYL-PHOSPHATES. — L'acide éthyl-phosphorique est bibasique. Les sels neutres répondent à la formule générale

$$(PO)''' \begin{cases} OM' \\ OM' \\ OC^2H^5 \end{cases}$$

où M' représente un métal monatomique. Ces sels sont tous plus ou moins solubles dans l'eau et cristallisables. Le sel de plomb est le moins soluble, beaucoup d'entre eux ont un maximum de solubilité entre 40° et 60°.

Éthyl-phosphate d'ammonium. — On le prépare directement en saturant l'acide par l'ammoniaque. Ses solutions aqueuses s'acidifient lorsqu'on les évapore, mais dans le vide le sel peut être obtenu sous la forme d'une masse solide à structure cristalline. Lorsqu'on le chauffe légèrement au bain d'huile, il dégage de l'eau, de l'ammoniaque et laisse, entre autres produits, de l'acide éthyl-phosphamique

$$(PO)''' \begin{cases} OC^2H^5 \\ OH \\ AzH^2. \end{cases}$$

Éthyl-phosphate de tétréthyl-ammonium,

$$(PO)''' \begin{cases} OC^2H^5 \\ O.Az(C^2H^5)^4 \\ O.Az(C^2H^5)^4. \end{cases}$$

— On l'obtient par double décomposition au moyen de l'éthyl-phosphate d'argent et de l'iodure de tétréthyl-ammonium. On évapore la solution à 100° d'abord, puis dans le vide. Il se présente en une masse de cristaux confus qui perdent leur transparence par la dessiccation, sont très-solubles dans l'eau froide et même déliquescents. Il commence à se décomposer à 100°, et se résout complétement en triéthylamine et phosphate triéthylique à une plus haute température :

$$\underset{\text{Éthyl-phosphate de tétréthyl-ammonium.}}{(PO)''' \begin{cases} O.C^2H^5 \\ O.Az(C^2H^5)^4 \\ O.Az(C^2H^5)^4 \end{cases}}$$

$$= 2\,\underset{\text{Triéthylamine.}}{[(C^2H^5)^3Az]} + \underset{\text{Phosphate triéthylique.}}{(PO)''' \begin{cases} OC^2H^5 \\ OC^2H^5 \\ OC^2H^5. \end{cases}}$$

Éthyl-phosphates de potassium et de sodium. — On obtient ces sels en précipitant le sel de baryum par le sulfate de potassium ou de sodium. Ils sont déliquescents et cristallisent avec difficulté.

Éthyl-phosphate d'argent,

$$(PO)'''(OC^2H^5)(OAg)^2.$$

— C'est un sel cristallin peu soluble dans l'eau.

Éthyl-phosphate de baryum,

$$(PO)'''(OC^2H^5)(O^2Ba'') + 6H^2O.$$

— Nous avons vu comment on l'obtient en nous occupant de la préparation de l'acide; il forme des prismes incolores très-courts qui appartiennent au type orthorhombique, passant à des tables à 6 côtés par la troncature des arêtes latérales aigues. Sa saveur est salée et amère, mais non désagréable. Il s'effleurit très-peu à l'air, et il ne perd complétement son eau de cristallisation qu'à 120° en prenant un éclat nacré. Les cristaux hydratés prennent tout à coup cet éclat nacré lorsqu'on les plonge dans une solution saturée et bouillante du même sel. Si on les retire alors et qu'on les analyse après les avoir desséchés dans le vide, on s'aperçoit qu'ils ne renferment plus qu'une seule molécule d'eau de cristallisation. Ce monohydrate reproduit immédiatement le sel à 6 molécules d'eau lorsqu'on le traite par l'eau froide. Une solution saturée de ce sel, évaporée lentement entre 50° et 60°, abandonne des plaques nacrées d'un hydrate intermédiaire entre les deux précédents, hydrate qui renferme 7 molécules d'eau pour 2 molécules de sel.

Lorsqu'on calcine l'éthyl-phosphate anhydre de baryum, il donne des hydrogènes carbonés, de l'eau, un peu d'alcool et d'éther, et il laisse un résidu de charbon et de pyrophosphate de baryum. Si on le mêle avec du carbonate potassique avant de le calciner, il fournit les mêmes produits, à l'exception toutefois de l'alcool. Sa solution aqueuse additionnée d'acide azotique donne par l'alcool un précipité d'azotate barytique. Il reste de l'acide éthyl-phosphorique en dissolution.

L'éthyl-phosphate de baryum a son maximum de solubilité à 40°, de sorte que sa dissolution saturée à cette température se prend en une bouillie cristalline par l'ébullition. 1 p. de ce sel exige, pour se dissoudre, 29,4 p. d'eau à 0°; 30,3 à 5°; 14,9 à 20°; 10,7 à 40°; 12,5 à 50°; 11,2 à 55°; 12,4 à 60°; 22,3 à 80° et 35 à 100°. Il est insoluble dans l'alcool et l'éther. Il précipite les sels de plomb, d'argent et de mercure, mais ne précipite pas les sels de fer, de nickel, de cuivre, d'or et de platine.

Éthyl-phosphate de calcium. — Il forme de petites paillettes micacées, peu solubles dans l'eau pure.

Éthyl-phosphate de strontium. — Il cristallise difficilement en cristaux hydratés moins solubles dans l'eau chaude que dans l'eau froide. L'alcool le précipite de ses solutions aqueuses.

Éthyl-phosphate mercureux. — On l'obtient en plaques couleur de perle, lorsqu'on précipite le sel de baryum par l'azotate mercureux moyennement concentré. L'alcool ne le dissout pas, l'eau froide le dissout un peu en le décomposant en partie.

Éthyl-phosphate de plomb,

$$(PO)'''(OC^2H^5)O^2Pb + H^2O.$$

— On le prépare en précipitant par l'acétate de plomb une solution à peu près saturée à 70° d'éthyl-phosphate de baryum. Il est tout à fait insoluble dans l'eau froide, mais un peu soluble dans l'eau chaude, dont il peut se séparer en cristaux. Il devient anhydre entre 130° et 150° (Church).

Éthyl-phosphate ferrique,

$$(PO)^2\overset{VI}{Fe^2}(C^2H^5)^2O^6 + 3H^2O.$$

— On l'obtient en précipitant une solution bouillante du sel d'argent par une solution également bouillante de chlorure ferrique et filtrant. Il se sépare, lorsqu'on évapore la dissolution, en pellicules d'un jaune-paille (Church).

En remplaçant, dans cette préparation, le chlorure ferrique par le chlorure aluminique, on a obtenu un éthyl-phosphate ferrico-aluminique, qui prend encore naissance lorsqu'on évapore ou qu'on précipite par l'alcool la solution des 2 sels mélangés. En variant les proportions employées de chacun des sels constituants, on obtient les 3 sels

$$(PO)^{12}(Al^2)^3Fe^2(C^2H^5)^{12}O^{36} + 12H^2O,$$
$$(PO)^{12}(Al^2)^2(Fe^2)^2(C^2H^5)^{12}O^{36} + 12H^2O,$$
$$(PO)^{12}(Al^2)(Fe^2)^3(C^2H^5)^{12}O^{36} + 12H^2O.$$

L'existence de ces sels tendrait à prouver que la formule du sel ferrique doit être quadruplée.

Éthyl-phosphate ferroso-ferrique,

$$(PO)^6[\overset{VI}{Fe^2}]Fe^3O^{18}(C^2H^5)^6 + 6H^2O.$$

— On le prépare en précipitant par l'alcool un mélange de sulfate ferreux, de sulfate ferrique et d'éthyl-phosphate de baryum.

Éthyl-phosphate arsénieux,

$$(PO)^3(OC^2H^5)^3\overset{VI}{As^2}O^6.$$

— Pour l'obtenir, on dissout l'anhydride arsénieux dans la solution aqueuse bouillante de l'acide éthylphosphorique et l'on évapore. On peut aussi chauffer un mélange de chlorure d'arsenic et d'éthyl-phosphate de plomb ou d'argent, épuiser la masse par l'eau, filtrer et évaporer. La première méthode est toutefois préférable, parce que l'eau décompose partiellement ce sel en anhydride arsénieux et acide éthyl-phosphorique. Il cristallise en beaux cristaux plumeux.

Éthyl-phosphate uranique,

$$(PO)'''\left\{\begin{matrix} OC^2H^5 \\ O(UO)'.H^2O. \\ O(UO)' \end{matrix}\right.$$

— On le prépare en dissolvant l'oxyde uranique dans l'acide éthyl-phosphorique. La solution, filtrée et évaporée, l'abandonne sous la forme d'une masse amorphe cassante, d'un jaune citron. Il se dissout plus facilement dans l'eau entre 60° et 70° que dans l'eau bouillante.

ACIDE ÉTHYL-SULFOPHOSPHORIQUE,

$$(PS)'''\left\{\begin{matrix} OC^2H^5 \\ OH \\ OH \end{matrix}\right. = C^2H^7PSO^3$$

[Cloëz, *Compt. rend. de l'Acad.*, t. XXIV, p. 388]. — Cet acide n'a été obtenu qu'à l'état de dissolution ou de combinaison métallique. Les sels *potassique* et *sodique* peuvent être facilement préparés par l'action d'une solution alcoolique de potasse ou de soude sur le sulfochlorure de phosphore.

$$\underset{\text{Alcool.}}{C^2H^5.OH} + \underset{\text{Potasse.}}{5KHO} + \underset{\text{Sulfochlorure de phosphore.}}{PSCl^3}$$

$$= \underset{\text{Chlorure de potassium.}}{3KCl} + \underset{\text{Eau.}}{3H^2O} + \underset{\text{Éthyl-sulfophosphate potassique.}}{(PS)'''\left\{\begin{matrix} OC^2H^5 \\ OK \\ OK. \end{matrix}\right.}$$

Ils sont facilement solubles dans l'eau et l'alcool.

Les sels de baryum, de strontium et de calcium peuvent être obtenus en saturant la solution aqueuse de l'acide libre par les carbonates correspondants. Ils sont cristallisables. Le sel de baryum répond à la formule

$$PSC^2H^5Ba''O^3 + H^2O.$$

ACIDE DIÉTHYL-PHOSPHORIQUE,

$$C^4H^{11}PO^4 = (PO)''\left\{\begin{matrix}OC^2H^5\\OC^2H^5\\OH\end{matrix}\right.$$

[Vögeli, *Ann. der Chem. u. Pharm.*, t. LXIX, p. 180; *Ann. de Poggend.*, 1849, t. LXXV, p. 282; *Compt. rend.* de Laurent et Gerhardt, 1849, p. 85].

Préparation. — On obtient cet acide en faisant agir l'anhydride phosphorique sur l'alcool ou sur l'éther. L'anhydride phosphorique s'échauffe en produisant un bruissement considérable et se réduit peu à peu en un sirop. Étendu d'eau et saturé par du carbonate de plomb, ce produit donne du phosphate et du phosphovinate de plomb insoluble, et la liqueur retient en dissolution du diéthyl-phosphate de plomb. Par la concentration, elle abandonne une nouvelle quantité de phosphovinate de plomb en paillettes nacrées et devient acide. On la sature de nouveau par du carbonate plombique, et le liquide dépose alors, par la concentration, des groupes cristallins de diéthyl-phosphate de plomb qui ressemblent à la caféine.

En décomposant ce sel de plomb par l'acide sulfhydrique, après l'avoir suspendu dans l'eau, on obtient l'acide libre. Celui-ci, évaporé dans le vide, se présente sous la forme d'un sirop qui se décompose par la chaleur et ne cristallise pas.

DIÉTHYL-PHOSPHATES. — L'acide diéthyl-phosphorique est monobasique; la formule des sels est

$$(PO)'''(OC^2H^5)^2OM'$$

ou

$$(P\overset{\frown}{O})^2(OC^2H^5)^4O^2M'',$$

suivant l'atomicité du métal. Ils paraissent être tous solubles dans l'eau.

Sel de baryum. — On le prépare en saturant l'acide aqueux par le carbonate barytique. Il se dissout facilement dans l'eau et l'alcool étendu. On peut l'obtenir en aiguilles et en lames.

Sel de calcium, $(PO)^2(OC^2H^5)^4O^2Ca''$. — Pour l'obtenir, on sature par la chaux éteinte ou la craie le produit de l'action de l'alcool ou de l'éther sur l'anhydride phosphorique. On peut aussi saturer l'acide pur par le carbonate de chaux, en décomposant le sel plombique par une solution de chlorure de calcium.

Il est très-soluble dans l'eau, peu soluble dans l'alcool absolu, plus soluble dans l'alcool faible. Par le refroidissement de ces solutions aqueuses concentrées, il cristallise en groupes de cristaux soyeux semblables à ceux du sel de plomb. De sa solution dans l'alcool faible, il cristallise en aiguilles. Lorsqu'on le chauffe, il ne fuse pas et ne dégage pas d'eau. Mais il se décompose en noircissant et en dégageant des vapeurs de phosphate triéthylique.

Sel de cuivre. — On le prépare en décomposant le sel de plomb par le sulfate de cuivre, il est très-soluble dans l'eau.

Sel de plomb, $(P\overset{\frown}{O})^2(OC^2H^5)^4O^2Pb''$. — On le prépare comme nous l'avons dit plus haut. Il est très-soluble dans l'eau, très-soluble dans l'alcool à chaud, peu à froid. Il fond à 180° et se prend, par le refroidissement, en une masse cristalline. A une température plus élevée, il se décompose en donnant du phosphate triéthylique qui distille et un résidu de phosphovinate de plomb. La décomposition est très-nette lorsqu'on ne dépasse pas la température de 190°. Elle peut être représentée par l'équation suivante :

$$(P\overset{\frown}{O})^2(OC^2H^5)^4O^2Pb''$$

Diéthyl-phosphate de plomb.

$$= (PO''')(OC^2H^5)O^2Pb'' + (PO''')(OC^2H^5)^3.$$

Phosphovinate de plomb. Phosphate triéthylique.

Les autres diéthyl-phosphates subissent la même décomposition par la chaleur, mais d'une manière moins nette.

Sels de magnésium et de nickel. — Ils sont très-solubles dans l'eau. Le dernier cristallise en lames groupées.

ACIDE DIÉTHYL-SULFOPHOSPHORIQUE,

$$(PS''')\left\{\begin{matrix}OC^2H^5\\OC^2H^5\\OH\end{matrix}\right.$$

[Carius, *Ann. der Chem. u. Pharm.*, t. CXII, p. 190; *Jahresbericht*, 1859, p. 442; *Répert. de Chim. pure*, 1860, p. 50]. M. Carius a obtenu cet acide en même temps que le disulfophosphate triéthylique en faisant réagir le persulfure de phosphore P^2S^5 sur l'alcool. L'équation suivante exprime cette réaction :

$$5(C^2H^5.OH) + P^2S^5$$

Alcool. Persulfure de phosphore.

$$= (PS''')\left\{\begin{matrix}OC^2H^5\\OC^2H^5\\OH\end{matrix}\right. + (PS''')\left\{\begin{matrix}OC^2H^5\\OC^2H^5\\SC^2H^5\end{matrix}\right. + 2H^2S.$$

Acide diéthyl-sulfophosphorique. Disulfophosphate triéthylique. Hydrogène sulfuré.

Cet acide constitue un liquide visqueux possédant une saveur acide et un peu amère; il est soluble dans l'eau et dans l'alcool. Lorsqu'elles sont étendues, ces solutions peuvent être portées à l'ébullition sans que l'acide se décompose; mais, par la distillation sèche, celui-ci se détruit et donne du mercaptan.

L'acide diéthyl-sulfophosphorique forme des sels très-stables dont la plupart se dissolvent dans l'eau, dans l'alcool et même dans l'éther; tels sont les sels *d'ammonium*, de *potassium*, de *sodium*, *de baryum*, *de calcium et de plomb*. Le sel d'argent est à peine soluble dans l'eau, mais il se dissout facilement dans l'alcool et dans l'éther. Les *sels d'argent*, *de plomb* et *de zinc* se séparent de leurs solutions rapidement évaporées en gouttes huileuses qui demeurent longtemps visqueuses, mais se solidifient à l'instant lorsqu'on les touche avec une baguette.

ACIDE DIÉTHYL-DISULFOPHOSPHORIQUE,

$$(PS)'''\left\{\begin{matrix}OC^2H^5\\OC^2H^5\\SH\end{matrix}\right. = P(C^2H^5)^2HS^2O^2$$

[Carius, *loc. cit.*]. — Cet acide prend naissance lorsqu'on traite le disulfophosphate triéthylique (voir plus bas) par une solution alcoolique de *sulfhydrate de potassium* ou *d'ammonium*. La réaction est exprimée par l'équation suivante :

$$(PS)'''\left\{\begin{matrix}OC^2H^5\\OC^2H^5\\SC^2H^5\end{matrix}\right. + \left.\begin{matrix}K\\H\end{matrix}\right\}S$$

Éther disulfophosphorique. Sulfhydrate de potassium.

$$= (PS''')\left\{\begin{matrix}OC^2H^5\\OC^2H^5\\SK\end{matrix}\right. + \left.\begin{matrix}C^2H^5\\H\end{matrix}\right\}S.$$

Diéthyl-disulfophosphate de potassium. Mercaptan.

C'est une double décomposition.

Ce nouvel acide ressemble beaucoup, quant à ses propriétés physiques, sa solubilité et celle de ses sels, à l'acide diéthyl-sulfophosphorique. Il se forme à l'état de liberté par l'action du disulfophosphate triéthylique sur le mercaptan :

$$(PS)''' \left\{ \begin{matrix} OC^2H^5 \\ OC^2H^5 \\ SC^2H^5 \end{matrix} \right. + \begin{matrix} C^2H^5 \\ H \end{matrix} \Big\} S$$

Disulfophosphate triéthylique. Mercaptan.

$$= \begin{matrix} C^2H^5 \\ C^2H^5 \end{matrix} \Big\} S + (PS)''' \left\{ \begin{matrix} OC^2H^5 \\ OC^2H^5 \\ SH. \end{matrix} \right.$$

Sulfure d'éthyle. Acide diéthyl-disulfophosphorique.

Les deux corps doivent être chauffés dans un tube fermé. L'acide ainsi produit se présente sous la forme d'une masse transparente et amorphe.

Acide diéthyl-tétrasulfophosphorique,

$$(PS)''' \left\{ \begin{matrix} SC^2H^5 \\ SC^2H^5 \\ SH \end{matrix} \right. = P(C^2H^5)^2HS^4$$

[Carius, *loc. cit.*]. — Le sel de mercure de cet acide prend naissance en même temps que le tétrasulfophosphate triéthylique par l'action du persulfure de phosphore sur le mercaptide de mercure. Son sel potassique se forme lorsqu'on traite le tétrasulfophosphate triéthylique par une solution alcoolique de sulfhydrate de potassium :

$$5 \left(\begin{matrix} C^2H^5.S \\ C^2H^5.S \end{matrix} \Big\} Hg'' \right) + 2 \left(\begin{matrix} (PS)''' \\ (PS)''' \end{matrix} \Big\} S^3 \right)$$

Mercaptide de mercure. Persulfure de phosphore.

$$= (Hg''S)^4 + P^2S^8(C^2H^5)^4Hg'' + 2 \left((PS)''' \left\{ \begin{matrix} SC^2H^5 \\ SC^2H^5 \\ SC^2H^5 \end{matrix} \right. \right)$$

Sulfure de mercure. Diéthyl-tétrasulfophosphate mercurique. Persulfophosphate triéthylique.

Le *diéthyl-tétrasulfophosphate de mercure* constitue de petits prismes brillants qu'on ne peut pas séparer, sans les décomposer, du sulfure de mercure formé en même temps. L'alcool absolu bouillant le dissout en le décomposant. Il se dégage du mercaptan, et par le refroidissement il se sépare du diéthyl-disulfophosphate de mercure cristallisé en aiguilles d'un blanc d'argent.

Phosphate triéthylique,

$$(PO)''' \left\{ \begin{matrix} OC^2H^5 \\ OC^2H^5 \\ OC^2H^5 \end{matrix} \right.$$

[Vögeli, *loc. cit.*; — de Clermont, *Ann. de Chim. et de Phys.*, (3), t. XLIV, p. 330; *Ann. der Chem. u. Pharm.*, t. XCI, p. 376; — Limpricht, *Ann. der Chem. u. Pharm.*, t. CXXXIV, p. 347; *Bull. de la Soc. chim.*, 1866, t. V, p. 372; — Carius, *Ann. der Chem. u. Pharm.*, t. CXXXVII, p. 121; *Bull. de la Soc. chim.*, 1866, t. VI, p. 36]. — Vögeli a obtenu le phosphate d'éthyle en chauffant le diéthyl-phosphate de plomb à 190° (voir plus haut Acide diéthyl-phosphorique, p. 1340). Il l'a également obtenu en petite quantité en même temps que l'acide diéthyl-phosphorique par l'action de l'anhydride phosphorique sur l'alcool.

M. de Clermont prépare le phosphate d'éthyle en soumettant le phosphate d'argent tribasique à l'action de l'iodure d'éthyle. La réaction commence à froid. On la complète en chauffant au bain-marie. Le mélange qui a réagi est épuisé par l'éther. On filtre et l'on distille. On chauffe à 160° le liquide distillé pour chasser tout l'éther et l'excès d'iodure d'éthyle. Puis on distille le résidu dans le vide et l'on recueille ce qui passe avant 140°. On peut aussi distiller ce résidu à la pression ordinaire. L'éther phosphorique passe alors vers 210°.

Limpricht prépare l'éther phosphorique en faisant réagir l'oxychlorure de phosphore sur l'éthylate sodique :

$$(PO)'''Cl^3 + 3(C^2H^5O.Na)$$

Oxychlorure de phosphore. Éthylate sodique.

$$= (PO''') \left\{ \begin{matrix} OC^2H^5 \\ OC^2H^5 \\ OC^2H^5 \end{matrix} \right. + 3KCl.$$

Phosphate d'éthyle. Chlorure de sodium.

La chaleur du bain-marie suffit pour déterminer la réaction.

Schiff remplace dans cette réaction l'éthylate de sodium par l'alcool. Enfin Carius a recours au procédé primitif de Vögeli : il ajoute à de l'anhydride phosphorique, trois ou quatre fois son volume d'éther anhydre, puis la moitié de la quantité d'alcool que la théorie indique. Il se forme un mélange d'acide diéthyl-phosphorique et de phosphate d'éthyle. Ce dernier passe seul lorsqu'on distille.

L'éther phosphorique est un liquide incolore, fluide, tachant le papier à la manière d'une huile, d'une odeur particulière, d'une saveur brûlante. Il est miscible à l'eau, mais prend alors une réaction acide (de Clermont) et se transforme en acide diéthyl-phosphorique (Carius). D'après Limpricht toutefois cette décomposition est fort lente.

Chauffé sur une lame de platine, il s'enflamme et brûle avec une flamme blanchâtre en répandant des fumées blanches. Sa densité = 1,086 à 0° (de Clermont), 1,072 à + 12° (Limpricht). Il bout à 215° (Limpricht, Carius), mais à la fin le thermomètre s'élève jusqu'à 240-250°. Le produit se charbonne alors et laisse un résidu acide.

Sa densité de vapeur = 8,013 (115, 67 par rapport à H), la théorie exigerait 6,302 (90,07 par rapport à H). Ce grand écart n'a rien d'étonnant si l'on songe que ce corps se décompose en bouillant.

Une solution alcoolique d'ammoniaque décompose l'éther phosphorique à 250° ; il se forme du diéthyl-phosphate d'ammonium et de l'éthylamine.

L'éther phosphorique se dissout facilement dans l'alcool et l'éther.

Disulfophosphate triéthylique,

$$(PS)''' \left\{ \begin{matrix} OC^2H^5 \\ OC^2H^5 \\ SC^2H^5 \end{matrix} \right. = P(C^2H^5)^3S^2O^2$$

[Carius, *loc. cit.*]. — Il prend naissance, comme nous l'avons vu plus haut, dans la réaction du persulfure de phosphore sur l'alcool. Il se forme en même temps que l'acide diéthyl-sulfophosphorique.

C'est un liquide oléagineux d'une odeur à la fois aromatique et alliacée. Il peut être distillé sans altération avec les vapeurs d'eau. Sous l'influence d'une solution alcoolique de *sulfhydrate de potassium, de sodium ou d'ammonium*, il donne des diéthyl-disulfophosphates alcalins et du mercaptan. Avec les alcools il produit du mercaptan et du sulfure d'éthyle ou du sulfure double d'éthyle et d'un autre radical alcoolique, si l'alcool employé n'est pas l'alcool ordinaire.

Tétrasulfophosphate triéthylique,

$$(PS''') \left\{ \begin{matrix} SC^2H^5 \\ SC^2H^5 \\ SC^2H^5 \end{matrix} \right. = P(C^2H^5)^3S^4$$

[Carius, *loc. cit.*]. — Cet éther, qui constitue l'éther phosphorique normal dont tout l'oxygène a été remplacé par le soufre, se forme en quantité notable par l'action du persulfure de phosphore sur le mercaptan ou le mercaptide de mercure, d'après une équation que nous avons donnée plus haut. — Voyez ACIDE DIÉTHYL-TÉTRASULFOPHOSPHORIQUE.

Il constitue un liquide oléagineux jaune clair qui ressemble beaucoup à l'éther disulfophosphorique, mais qui se décompose plus facilement que ce dernier éther. Lorsqu'on le traite par une solution alcoolique de sulfhydrate potassique, il donne du diéthyl-sulfophosphate de potassium. Lorsqu'on substitue l'hydrate au sulfhydrate potassique, on obtient le sel d'un autre acide qui n'a point été étudié, mais qui constitue probablement l'acide diéthyl-trisulfophosphorique

$$(PS''')(OC^2H^5)(SC^2H^5)^2.$$

DISÉLÉNIOPHOSPHATE TRIÉTHYLIQUE,

$$(PSe)''' \left\{ \begin{matrix} SC^2H^5 \\ OC^2H^5 \\ OC^2H^5 \end{matrix} \right. = P(C^2H^5)^3Se^2O^2$$

[W. Bogen, *Ann. der Chim. u. Pharm.*, t. CXXIV p. 57; *Bull. de la Soc. chim.*, 1863, p. 135]. — On obtient ce corps en traitant l'alcool absolu par le séléniure de phosphore à froid. Il se dégage de l'acide sélénhydrique et la liqueur filtrée étendue d'eau laisse déposer un liquide oléagineux qu'on dessèche dans le vide et qui n'est autre que le disséléniophosphate d'éthyle.

Cet éther est visqueux, d'un rouge pâle, d'une odeur d'acide sélenhydrique, plus dense que l'eau. Celle-ci le décompose à chaud avec dépôt de sélénium. La liqueur acide qui résulte de cette décomposition dépose encore du sélénium à l'air et précipite les oxydes de mercure, de cuivre, de plomb et d'argent.

La réaction est identique à celle qui se produit avec le persulfure de phosphore et peut être représentée par une équation semblable. Il doit donc, en même temps que le diséléniophosphate triéthylique, se produire de l'*acide diéthyl-diséléniophosphorique*. M. Bogen a cherché à isoler cet acide, mais la grande altérabilité de ce corps l'a empêché de réussir. Ses sels sont aussi très-instables, même le sel de chaux, qui est soluble dans l'eau.

ÉTHERS DE L'ACIDE PYROPHOSPHORIQUE. — On n'en connaît qu'un, le pyrophosphate tétréthylique.

PYROPHOSPHATE TÉTRÉTHYLIQUE, $(C^2H^5)^4P^2O^7$ [De Clermont, *loc. cit.*]. — M. de Clermont obtient cet éther en traitant le pyrophosphate d'argent par l'iodure d'éthyle, les deux corps étant bien secs l'un et l'autre. Le mélange s'échauffe et la masse jaunit et devient compacte. Pour achever la réaction, il est nécessaire de chauffer les matières au bain-marie dans un matras scellé à la lampe. Il est important de mettre le sel d'argent en excès, sans quoi on obtient un produit acide imprégné d'iode dont on se débarrasse difficilement.

Quand la réaction est achevée, on épuise le produit par l'éther et l'on filtre. On distille le liquide éthéré au bain-marie et l'on obtient ainsi un liquide visqueux dans lequel on dirige un courant d'air sec à 130°. Enfin on chauffe à 140° dans le vide pour enlever les dernières traces d'éther et d'iodure d'éthyle.

Le pyrophosphate tétréthylique a une densité égale à 1,191 à 0°, à 1,175 à 17°. C'est un liquide visqueux, d'une saveur brûlante, d'une odeur particulière. Il se dissout dans l'eau, l'alcool et l'éther. A l'air humide, il s'acidifie promptement. Il dissout un peu d'iodure d'argent qu'il laisse déposer à la longue sous forme de petits cristaux. La potasse le décompose. Les produits de cette réaction n'ont pas été analysés, mais il est probable qu'il se forme de l'éthyl-phosphate de potassium. Quand on l'expose à la flamme d'une lampe à alcool, il brûle avec une flamme blanchâtre et en répandant des vapeurs blanches. Il n'est pas volatil sans décomposition. Entre 200° et 210°, il se charbonne et devient acide, en même temps il distille de l'éther phosphorique triéthylique. A. N.

PHOSPHITES D'ÉTHYLE. — L'acide phosphoreux $P(OH)^3$ est un acide triatomique et bibasique, il peut d'après cela former théoriquement 4 éthers éthyliques : 1° l'acide monéthylique bibasique

$$P(OH^2)(OC^2H^5)$$

provenant de la substitution de l'éthyle à l'hydrogène typique non basique de l'acide phosphoreux ; 2° l'acide diéthylique monobasique

$$P(OH)(OC^2H^5)^2$$

provenant du remplacement de l'atome d'hydrogène non basique et d'un atome d'hydrogène basique de l'acide phosphoreux par de l'éthyle ; 3° l'éther diéthylique neutre provenant de la substitution de deux radicaux éthyle aux deux atomes d'hydrogène basique de l'acide phosphoreux ; 4° l'éther triéthylique neutre $P(OC^2H^5)^3$. Le troisième de ces éthers est le seul qui soit bien connu à l'état de liberté, mais on connaît des sels de l'acide éthyl-phosphoreux monobasique, de l'acide éthyl-phosphoreux bibasique et de l'acide diéthyl-phosphoreux monobasique.

ACIDE ÉTHYL-PHOSPHOREUX MONOBASIQUE,

$$P(OH)^2(OC^2H^5)$$

[Wurtz, *Ann. de Chim. et de Phys.*, (3), t. XVI p. 218, 1846]. — Ce composé correspond à l'acid phosphovinique et résulte de l'action du proto chlorure de phosphore sur l'alcool. Comme tou les acides viniques, il est peu stable et se dédouble facilement en acide phosphoreux et alcool. Il en résulte qu'il est peu connu à l'état de liberté. On connaît mieux ses sels qui sont plus stables.

Éthyl-phosphite de baryum,

$$\left. \begin{matrix} P(OC^2H^5.OH)O \\ P(OC^2H^5.OH)O \end{matrix} \right\} Ba''$$

(Wurtz). — Pour préparer ce sel, on verse peu à peu du protochlorure de phosphore dans un excès d'alcool à 36° (l'eau intervient dans la réaction, ce qui fait qu'on ne doit pas employer d'alcool absolu). On n'opère le mélange que goutte à goutte et en refroidissant l'alcool, car la réaction est très-violente et dégage beaucoup de chaleur. Il se forme de l'acide éthyl-phosphoreux, de l'acide chlorhydrique, du chlorure d'éthyle et un peu d'acide phosphoreux :

$$\underset{\text{Alcool.}}{2[C^2H^5.OH]} + \underset{\text{Eau.}}{H^2O} + \underset{\text{Protochlorure de phosphore.}}{PCl^3}$$

$$= \underset{\text{Acide éthyl-phosphoreux.}}{P(OH)^2(OC^2H^5)} + \underset{\text{Chlorure d'éthyle.}}{C^2H^5Cl} + \underset{\text{Acide chlorhydrique.}}{HCl.}$$

On concentre le liquide à une douce chaleur dans le vide pour se débarrasser de l'acide chlorhydrique. La liqueur acide et sirupeuse qui reste est saturée par du carbonate de baryum. On la filtre pour séparer le précipité de phosphite barytique et on l'évapore à siccité dans le vide. Le résidu est redissous dans l'alcool qui laisse des traces de chlorure de baryum et la liqueur alcoolique filtrée fournit, par une nouvelle évaporation dans le vide, l'éthyl-phosphite monobarytique pur.

Ce sel est incristallisable et se présente sous

la forme d'une masse blanche friable et déliquescente. Il est très-soluble dans l'eau et l'alcool, insoluble dans l'éther qui le précipite de sa dissolution dans l'alcool.

A l'état sec, l'éthyl-phosphite monobarytique est inaltérable à l'air, mais sa solution aqueuse s'acidifie promptement; si elle est concentrée, elle laisse déposer peu à peu des cristaux de phosphite acide de baryum en même temps qu'il se forme de l'alcool.

A une température élevée, ce sel se décompose complétement en se boursouflant; il se dégage d'abord des produits inflammables provenant de la décomposition de l'éther, puis de l'hydrogène phosphoré, et il reste un résidu rouge qui renferme une substance phosphorée rouge (oxyde de phosphore ou phosphore rouge) et du phosphate de baryum.

Éthyl-phosphite monopotassique (Wurtz). — On l'obtient en précipitant le sel de baryum par le sulfate potassique.

La dissolution concentrée dans le vide finit par se prendre en un sirop très-épais qui refuse de cristalliser.

Éthyl-phosphite monoplombique,

$$\left.\begin{matrix} P(OC^2H^5.OH)O \\ P(OC^2H^5.OH)O \end{matrix}\right\} Pb''$$

(Wurtz). — Pour l'obtenir, on décompose le sel de baryum par l'acide sulfurique, on filtre pour séparer le sulfate de baryum et l'on neutralise la liqueur filtrée au moyen du carbonate de plomb. On filtre une seconde fois et l'on évapore dans le vide.

Ce sel se présente sous la forme de paillettes brillantes, grasses au toucher, inaltérables à l'air et dans le vide sec, solubles dans l'eau et dans l'alcool, insolubles dans l'éther; sa dissolution se décompose à la longue en déposant du phosphite.

Éthyl-phosphite monocuivrique. — Ce sel s'obtient par double décomposition comme le sel de potassium. Il ne cristallise pas et se dessèche dans le vide en une masse bleue, molle et déliquescente, qui se réduit peu à peu en donnant du cuivre métallique.

Acide éthyl-phosphoreux dibasique,

$$P(OC^2H^5)(OH)^2$$

[Railton, *Chem. Soc. quart. Journ.*, t. VII, p. 216]. — Cet acide n'est point connu à l'état de liberté, mais M. Railton a obtenu son sel de baryum par l'action de la baryte hydratée sur le phosphite triéthylique.

Éthyl-phosphite dibarytique,

$$P(OC^2H^5)(O^2Ba'').$$

— Pour préparer ce sel, on dissout 1 molécule d'hydrate de baryum $Ba''(OH)^2$ dans de l'eau chaude, on y ajoute 1 molécule de phosphite triéthylique et l'on chauffe le tout modérément. Il se sépare de l'alcool et le sel dibarytique prend naissance.

$$\underset{\text{Phosphite triéthylique.}}{P(OC^2H^5)^3} + \underset{\text{Hydrate de baryum.}}{Ba''(OH)^2}$$
$$= \underset{\text{Alcool.}}{2(C^2H^5.OH)} + \underset{\text{Éthyl-phosphite dibarytique.}}{P(OC^2H^5)(O^2Ba'')}.$$

Ce sel ne cristallise pas, non plus que les divers autres sels que l'on peut préparer par double décomposition en précipitant sa solution aqueuse par les sulfates solubles. Il est assez stable pour qu'on puisse évaporer sa solution dans le vide. Mais à l'ébullition celle-ci se décompose avec production d'alcool et de phosphite neutre de baryum :

$$\underset{\text{Éthyl-phosphite dibarytique.}}{P(OC^2H^5)(O^2Ba'')} + \underset{\text{Eau.}}{H^2O}$$
$$= \underset{\text{Alcool.}}{C^2H^5.OH} + \underset{\text{Phosphite neutre de baryum.}}{P(OH)(O^2Ba'')}.$$

Acide diéthyl-phosphoreux,

$$P(OC^2H^5)^2(OH).$$

— Cet éther n'est point connu à l'état de liberté, mais on connaît un certain nombre de ses sels qui ont été préparés par M. Railton [*loc. cit.*].

Diéthyl-phosphite de baryum,

$$\left.\begin{matrix} P(OC^2H^5)^2O \\ P(OC^2H^5)^2O \end{matrix}\right\} Ba''$$

(Railton). — On obtient ce sel en traitant 2 molécules de phosphite triéthylique par une molécule d'hydrate de baryum en dissolution dans l'eau chaude, et en chauffant le mélange pendant quelques minutes. Il se dégage de l'alcool dans la réaction :

$$\underset{\text{Phosphite triéthylique.}}{2[P(OC^2H^5)^3]} + \underset{\text{Hydrate barytique.}}{Ba''(OH)^2}$$
$$= \underset{\text{Diéthyl-phosphite de baryum.}}{P^2(OC^2H^5)^4(O^2Ba'')} + \underset{\text{Alcool.}}{2C^2H^5.OH}.$$

Le liquide devient neutre, et si on l'évapore au bain-marie, il abandonne le sel barytique sous forme d'une masse cristalline confuse. C'est un sel extrêmement soluble dans l'eau, soluble dans l'alcool étendu, mais peu dans l'alcool absolu; recristallisé et desséché dans le vide d'abord, puis à 108°, il est anhydre. Mais il est si déliquescent qu'il absorbe toujours de l'eau pendant les analyses.

Diéthyl-phosphite de potassium. — On obtient ce sel par double décomposition au moyen du sel précédent et du sulfate potassique; il cristallise avec difficulté en plaques minces formées de rayons groupés autour d'un centre. L'alcool le dissout; il est insoluble dans l'éther et déliquescent (Railton).

Diéthyl-phosphite de sodium. — On l'obtient comme le sel de potassium, et les propriétés sont les mêmes, sauf qu'il ne cristallise pas (Railton).

Les *diéthyl-phosphites de nickel*, de *zinc*, de *fer* et de *magnésium*, se forment aussi par double décomposition au moyen des sulfates de ces métaux. Aucun d'entre eux ne cristallise, tous sont extrêmement solubles dans l'eau, mais paraissent être insolubles dans l'alcool. Lorsqu'on essaye de préparer le sel de *cuivre*, le cuivre est réduit même si l'on évapore dans le vide.

Phosphite diéthylique neutre,

$$P(OC^2H^5)^2(OH-).$$

— Cet éther n'a point été obtenu jusqu'à ce jour, on l'obtiendrait peut-être par l'action de l'iodure d'éthyle sur le phosphite neutre d'argent.

Phosphite triéthylique, $P(OC^2H^5)^3$ [Railton, *loc. cit.*]. — On obtient le phosphite triéthylique en faisant réagir le protochlorure de phosphore sur l'éthylate de sodium bien sec :

$$\underset{\text{Éthylate de sodium.}}{3[C^2H^5.ONa]} + \underset{\text{Protochlorure de phosphore.}}{PCl^3} = \underset{\text{Chlorure sodique.}}{3NaCl} + \underset{\text{Phosphite triéthylique.}}{P(OC^2H^5)^3}.$$

Pour le préparer, on dissout d'une part 137 p. 1/2 de protochlorure de phosphore dans 5 fois son volume d'éther bien sec, et d'autre part on dissout 69 p. de sodium (3 atomes) dans de l'alcool absolu, dont on chasse l'excès en maintenant le produit à 120° pendant quelque temps. L'éthylate de sodium est ensuite pulvérisé et introduit dans une cornue tubulée d'une capacité d'environ 3 fois le volume de ce corps. Cette cornue est disposée dans un bain-marie et mise en communication avec un réfrigérant qui permette aux vapeurs de se condenser et de refluer dans l'appareil. La tubulure est munie d'un entonnoir à robinet, par lequel on introduit goutte à goutte le mélange de trichlorure et d'éther. Pendant tout le temps qu'on met à introduire le mélange, on chauffe de manière que l'éther soit en ébullition. Quand tout le mélange est introduit, on le maintient en ébullition jusqu'à ce qu'il ne se dégage plus de vapeurs acides; après quoi l'on distille le contenu de la cornue à 100°, d'abord pour chasser l'éther, à 200° ensuite. Il ne reste presque aucun résidu à l'exception du chlorure de sodium et l'on obtient une quantité de produit fort approchée de la quantité théorique.

Pour achever la purification du phosphite triéthylique, on le distille de nouveau dans un courant d'hydrogène, parce qu'il s'oxyde à l'air; la portion qui passe vers 188° est soumise à une nouvelle rectification. Vers la fin de chaque distillation, lorsqu'il ne reste plus que très-peu de matière dans le vase distillatoire, le liquide mousse, le thermomètre descend, de l'hydrogène phosphoré se dégage, et, pour peu que l'appareil soit ouvert, les gaz s'enflamment spontanément en déterminant une violente explosion.

Le phosphite d'éthyle est un liquide neutre, huileux, d'une odeur particulière désagréable. Il est soluble dans l'eau, l'alcool et l'éther. Son point d'ébullition, qui est à 191° dans l'air, n'est plus qu'à 188° dans l'hydrogène. Sa densité $=1,075$ à 15°,5. Il brûle avec une flamme bleuâtre; sa densité de vapeur déterminée dans une atmosphère d'hydrogène $= 5,800 - 5,877$ ($83,723 - 84,834$ par rapport à H); la théorie exigerait 5,763 (83,189 par rapport à H).

Traité par l'hydrate de baryum, le phosphite triéthylique échange deux groupes éthyle contre du baryum en donnant de l'alcool, mais il ne perd jamais son troisième radical éthyle, fait qui s'accorde avec l'idée que l'acide phosphoreux est triatomique et seulement bibasique, et qui rappelle le mode de décomposition du lactate diéthylique sous l'influence des alcalis.

ACIDE DIÉTHYL-PYROPHOSPHOREUX [G. Dilling, *Zeits. fur Chem.*, nouv. sér., t. III, p. 266; *Bull. de la Soc. chim.*, 1867, t. VIII, p. 98]. — Cet éther, auquel son auteur donne improprement le nom d'*acide éthyl-pyrophosphorique*, répond à la formule $P^2(C^2H^5)^2H^2O^6$ et constitue en réalité l'acide diéthyl-pyrophosphoreux ayant pour formule rationnelle

$$\begin{array}{l} P''' \left\{ \begin{array}{l} OC^2H^5 \\ OH \end{array} \right. \\ \quad O'' \\ P''' \left\{ \begin{array}{l} OH \\ OC^2H^5. \end{array} \right. \end{array}$$

On l'obtient en traitant l'anhydride phosphorique par le zinc-éthyle. Ces deux corps ne réagissent pas à la température ordinaire, mais, lorsqu'on les chauffe à 140° dans des matras scellés à la lampe, ils donnent, entre autres produits, le *diéthyl-pyrophosphite de zinc;* le *diéthyl-pyrophosphite de baryum* a été également analysé.

SILICATES D'ÉTHYLE [Ebelmen, *Ann. de Chim. et de Phys.*, 1846, (3), t. XVI, p. 144; — Friedel et Crafts, *ibid.*, 1866, (4), t. IX, p. 5; *Compt. rend. de l'Acad.*, 1863, t. LVI, p. 590; *Bull. de la Soc. chim.*, 1863, p. 238]. — L'acide silicique normal répond à la formule $Si(OH)^4$; à cet acide correspond un premier anhydride faisant encore fonction d'acide, et duquel dérivent les métasilicates de M. Odling. Cet anhydride répond à la formule $(SiO)''(OH)^2$; ses sels correspondent aux carbonates neutres par leur constitution.

Outre ces acides, qui renferment une seule molécule de silicium, il existe des produits condensés renfermant plusieurs atomes de silicium unis par l'oxygène; tel est l'acide disilicique

$$\begin{array}{l} Si(OH)^3 \\ \,O \\ Si(OH)^3. \end{array}$$

A cet acide disilicique peuvent correspondre deux anhydrides faisant fonction d'acide, un premier anhydride répondant à la formule

$$\begin{array}{l} Si{}^{OH}_{O''} \\ O \\ Si(OH)^3 \end{array}$$

et un deuxième anhydride répondant à la formule

$$\begin{array}{l} Si{}^{OH}_{O} \\ O \\ Si{}^{O}_{OH.} \end{array}$$

MM. Friedel et Crafts ont mis en doute l'existence du premier de ces anhydrides, parce qu'ils l'ont représenté par la formule symétrique

$$\begin{array}{l} Si^{iv} \left\{ \begin{array}{l} (OH)^2 \\ O'' \end{array} \right. \\ Si^{iv} \left\{ \begin{array}{l} O'' \\ (OH)^2, \end{array} \right. \end{array}$$

dans laquelle on ne voit pas, en effet, comment les deux molécules pourraient tenir ensemble; seulement ils n'ont pas remarqué que cette symétrie peut ne pas exister, et qu'avec la formule que nous avons donnée, le premier anhydride disilicique est possible. Je dirai même que cet anhydride doit rationnellement avoir une constitution disymétrique. Il est rationnel, en effet, que la déshydratation se fasse successivement aux dépens de chaque demi-molécule au lieu de se faire sur les deux demi-molécules à la fois.

Au-dessus de l'acide disilicique et de ses anhydrides, on conçoit une foule d'autres hydrates plus condensés, ayant aussi leurs anhydrides. Tels seraient l'acide trisilicique $Si^3H^8O^{10}$, l'acide tétrasilicique $Si^4H^{10}O^{13}$, etc.

On connaît actuellement quatre éthers siliciques correspondant aux formules brutes

$$Si(C^2H^5)^4O^4, \quad Si(C^2H^5)^2O^3, \quad Si^2(C^2H^5)^6O^7$$
et
$$Si^2(C^2H^5)^2O^2.$$

Le premier et le troisième ont seuls été étudiés d'une manière assez complète pour que leur poids moléculaire soit connu avec certitude et corresponde en effet à la formule $Si(C^2H^5O)^4$ du silicate normal éthylique pour le premier, et à la formule $Si^2(C^2H^5)^6O^7$ du disilicate hexéthyliqu pour le troisième. Quant au second et au quatrième, leur poids moléculaire est inconnu; il se pourrait donc que leur vraie formule fût représentée par un multiple des rapports ci-dessus, mais en attendant des expériences qui nous fixent sur ce point, nous les exprimerons par les rapparts les plus simples. Les quatre silicates d'éthyle connus recevront, d'après ces données, les formules rationnelles :

$$Si^{IV}\left\{\begin{array}{l}OC^2H^5\\OC^2H^5\\OC^2H^5\\OC^2H^5,\end{array}\right.$$

Silicate d'éthyle normal.

$$Si^{IV}\left\{\begin{array}{l}OC^2H^5\\O''\\OC^2H^5,\end{array}\right.$$

Bisilicate d'Ebelmen (métasilicate d'Odling).

$$\begin{array}{l}Si^{IV}\left\{\begin{array}{l}OC^2H^5\\OC^2H^5\\OC^2H^5\end{array}\right.\\O\\Si^{IV}\left\{\begin{array}{l}OC^2H^5\\OC^2H^5\\OC^2H^5,\end{array}\right.\end{array}$$

Disilicate hexéthylique (Friedel et Crafts).

$$\begin{array}{l}Si^{IV}\left\{\begin{array}{l}OC^2H^5\\O''\end{array}\right.\\O\\Si^{IV}\left\{\begin{array}{l}O''\\OC^2H^5.\end{array}\right.\end{array}$$

Tétrasilicate d'éthyle d'Ebelmen.

Silicate d'éthyle normal, $Si(OC^2H^5)^4$. — *Préparation.* — D'après Ebelmen, on prépare l'éther silicique en versant peu à peu de l'alcool absolu dans du chlorure de silicium. Lorsque le poids de l'alcool ajouté est devenu à peu près égal à celui du chlorure de silicium, la température s'élève et il se dégage de l'acide chlorhydrique en quantité notable; on ajoute alors une quantité d'alcool égale à 1/10 de celle déjà introduite et l'on distille. Il se dégage des masses d'acide chlorhydrique, puis un produit fort acide qui passe vers 90°. La température s'élève ensuite rapidement; on recueille à part ce qui passe entre 160° et 170° et on le soumet à la distillation fractionnée. La réaction qui donne naissance à cet éther peut être exprimée par l'équation suivante :

$$SiCl^4 + 4(C^2H^5OH) = 4(HCl) + Si(C^2H^5O)^4.$$

Chlorure de silicium. — Alcool. — Acide chlorhydrique. — Silicate d'éthyle.

Propriétés. — Le silicate éthylique est un liquide limpide et incolore, d'une odeur éthérée assez agréable, d'une saveur forte et poivrée. Sa densité = 0,9676 à 0° (Friedel et Crafts), 0,933 à 20° (Ebelmen). Sa densité de vapeur, d'après Ebelmen, = 7,18-7,46 (103,64-107,6 par rapport à H). Il bout entre 165° et 166° (Ebelmen), à 165°,5 (Friedel et Crafts). Il se décompose à l'air humide; une petite quantité de cet éther, que MM. Friedel et Crafts ont conservée pendant trois ans dans un flacon mal bouché, s'est transformée intégralement en silice assez dure pour rayer le verre. L'eau ne le dissout pas; il nage à sa surface et peut même être distillé avec elle sans donner autre chose que des traces de silice. Cela tient sans doute à son insolubilité, car l'alcool aqueux le décompose rapidement en le transformant en polysilicate. Toutefois la totalité de l'eau de l'alcool ne réagit pas immédiatement, car, en distillant un mélange de silicate d'éthyle et d'alcool aqueux, on obtient moins d'éther polysilicique qu'en chauffant un mélange sous pression. L'alcool absolu dissout l'éther silicique en toutes proportions; l'eau le précipite de ces dissolutions.

L'éther silicique est combustible et brûle avec une flamme éclatante en déposant une poussière blanche très-fine de silice, dans la modification insoluble dans les alcalis.

L'acide sulfurique décompose instantanément le silicate tétréthylique avec dépôt de silice et formation d'acide sulfovinique. L'acide fluorhydrique le décompose rapidement, avec formation de fluorure de silicium. Le chlore le transforme en dérivés de substitution incomplétement étudiés. Les alcalis et l'ammoniaque le saponifient rapidement. Le chlorure de silicium réagit à chaud sur le silicate d'éthyle, et, suivant la proportion des matières en présence, il se produit une substitution de 1, de 2 ou de 3 oxéthyles C^2H^5O par du chlore. On obtient ainsi trois chlorhydrines éthylsiliciques. Cette substitution par quarts de l'oxéthyle de cet éther prouve que sa vraie formule est bien celle que nous avons donnée et qui concorde avec la densité de vapeur; elle établit définitivement le poids atomique 28 du silicium (Friedel et Crafts).

L'anhydride acétique à chaud transforme le silicate d'éthyle en un mélange d'acétate d'éthyle et de monoacétine éthyl-silicique (Friedel et Crafts) :

$$Si^{IV}\left\{\begin{array}{l}OC^2H^5\\OC^2H^5\\OC^2H^5\\OC^2H^5\end{array}\right. + O\left\{\begin{array}{l}C^2H^3O\\C^2H^3O\end{array}\right.$$

Silicate d'éthyle. — Anhydride acétique.

$$Si^{IV}\left\{\begin{array}{l}OC^2H^3O\\OC^2H^5\\OC^2H^5\\OC^2H^5\end{array}\right. + C^2H^3O.OC^2H^5.$$

Acétine triéthyl-silicique. — Acétate d'éthyle.

L'anhydride borique déplace complétement à chaud la silice de l'éther silicique et donne naissance à du borate d'éthyle (Friedel et Crafts); l'acide arsénieux se comporte de même (Crafts). — Voyez Éthyle (arsénite d').

Dérivés du silicate d'éthyle normal. — *Monochlorhydrine éthylsilicique*, $Si(C^2H^5O)^3Cl$. — On l'obtient en chauffant en vase clos, pendant une heure, à 150°, 1 molécule de chlorure de silicium avec 3 molécules d'éther silicique (43 et 44 grammes) :

$$3\left(Si^{IV}\left\{\begin{array}{l}OC^2H^5\\OC^2H^5\\OC^2H^5\\OC^2H^5\end{array}\right.\right) + Si^{IV}\left\{\begin{array}{l}Cl\\Cl\\Cl\\Cl\end{array}\right.$$

Ether silicique. — Chlorure de silicium.

$$= 4\left(Si^{IV}\left\{\begin{array}{l}Cl\\OC^2H^5\\OC^2H^5\\OC^2H^5\end{array}\right.\right)$$

Monochlorhydrine éthylsilicique.

Le produit, purifié par distillation fractionnée, bout entre 155°,7 et 157°. C'est un liquide limpide qui ne fume pas à l'air, mais qui à l'humidité se décompose rapidement avec formation de silice et d'acide chlorhydrique. L'alcool le transforme en acide chlorhydrique et en silicate tétréthylique. Il brûle avec une flamme bordée de vert en répandant des fumées blanches de silice. Sa densité à 0° = 1,0483. Sa densité de vapeur = 7,05 à 230° (101,77 par rapport à H). Sa théorie exigerait 6,87 (99,17 par rapport à H).

La monochlorhydrine éthylsilicique se produit encore dans l'action du chlorure d'acétyle ou du perchlorure de phosphore sur le silicate d'éthyle. Dans le premier cas il se forme en même temps de l'acétate d'éthyle, et, dans le second, du chlorure d'éthyle, de l'oxychlorure de phosphore et d'autres composés plus volatils.

Dichlorhydrine éthylsilicique,

$$Si(C^2H^5O)^2Cl^2.$$

— La dichlorhydrine s'obtient par la même réaction que la monochlorhydrine en chauffant 1 molécule d'éther silicique avec 1 molécule de chlorure de silicium :

$$Si(OC^2H^5)^4 + SiCl^4 = 2[Si(OC^2H^5)^2Cl^2].$$

Éther silicique. — Chlorure de silicium. — Dichlorhydrine-éthylsilicique.

On peut aussi la préparer en chauffant 1 molécule de chlorure de silicium avec 2 molécules de monochlorhydrine. Il faut chauffer plus longtemps que pour préparer la monochlorhydrine. Dans l'intervalle des distillations fractionnées qui sont assez longues, on doit renfermer le liquide dans des vases bien secs.

La dichlorhydrine bout entre 136° et 138°. Sa densité à 0° = 1,144. Sa densité de vapeur à 213° = 6,76 (97,61 par rapport à H). La théorie exigerait 6,545 (94,47 par rapport à H). Les caractères extérieurs de ce corps ont la plus grande analogie avec ceux de la monochlorhydrine.

Trichlorhydrine éthylsilicique, $Si(OC^2H^5)Cl^3$. On l'obtient en chauffant pendant longtemps, avec un excès de chlorure de silicium, l'éther silicique ou une des deux chlorhydrines précédentes, et en fractionnant un grand nombre de fois à la distillation. Elle bout entre 103° et 105°. Sa densité à 0° = 1,291. Sa densité de vapeur = 6,378 (92,07 par rapport à H). La théorie exigerait 6,216 (89,73 par rapport à H).

Éther mixte triéthylamylique,

$$Si(OC^2H^5)^3(OC^5H^{11}).$$

— On l'obtient par l'action de la monochlorhydrine éthylsilicique sur l'alcool amylique (1 molécule de chaque corps); la réaction est immédiate (Friedel et Crafts) :

$$\underset{\text{Monochlorhydrine éthylsilicique.}}{Si(OC^2H^5)^3Cl} + \underset{\text{Alcool amylique.}}{C^5H^{11}O.H}$$
$$= \underset{\text{Acide chlorhydrique.}}{HCl} + \underset{\text{Silicate triéthylamylique.}}{Si(OC^2H^5)^3(OC^5H^{11})}.$$

L'éther triéthylamylique est un liquide limpide un peu huileux, d'une odeur faible rappelant celle des composés amyliques. Il est plus difficilement décomposable par l'ammoniaque que le silicate d'éthyle. Lorsqu'on le distille à plusieurs reprises, même dans le vide, il se transforme partiellement en disilicate hexamylique sans doute avec production simultanée de silicate d'éthyle. Il bout entre 100° et 110° sous une pression de 3 à 5 millimètres de mercure.

Silicate mixte éthylamylique,

$$Si(OC^2H^5)^2(OC^5H^{11})^2.$$

— On l'obtient comme le précédent, en substituant, dans sa préparation, la dichlorhydrine à la monochlorhydrine éthylsilicique. La réaction est la même. Les propriétés du produit sont aussi très-analogues. Il bout entre 245° et 250°. Sa densité = 0,915 à 0°.

Silicate éthyltriamylique. — On le prépare comme les deux précédents au moyen de la trichlorhydrine éthylsilicique. Il bout de 280° à 285°. Ses propriétés se rapprochent de celles du silicate d'amyle. Sa densité = 0,913 à 0°.

Silicate triéthylacétique,

$$Si(OC^2H^5)^3(OC^2H^3O).$$

— Ce corps prend naissance lorsqu'on chauffe à 180° pendant quatorze heures 25 p. d'éther silicique avec 13 p. d'anhydride acétique. Il se forme en même temps de l'acétate d'éthyle. On sépare ces deux corps par la méthode des distillations fractionnées. Le silicate triéthylacétique bout aux environs de 190°. La potasse le saponifie avec production d'acétate de potassium. C'est un liquide limpide, légèrement huileux, d'une odeur agréable faiblement acétique qui devient plus prononcée lorsqu'il a été exposé pendant quelque temps à l'humidité, sans doute par suite d'une saponification partielle. Il brûle en répandant des fumées de silice.

Nota. Pour les silicates mixtes d'éthyle et de méthyle, voyez SILICATE DE MÉTHYLE.

MÉTASILICATE D'ÉTHYLE (*disilicate d'Ebelmen*),

$$Si(C^2H^5)^2O^3 = (SiO)''(OC^2H^5)^2.$$

— Ce corps, d'après Ebelmen, se produirait par l'action du chlorure de silicium sur l'alcool aqueux. C'est un liquide aqueux bouillant à 350°, d'une densité de 1,070 et d'une odeur faible. L'eau le décompose en mettant de la silice en liberté. A l'air humide, il subit la même décomposition. L'existence de cet éther n'est pas hors de doute, bien qu'elle soit compatible avec la théorie. En effet, MM. Friedel et Crafts ne sont pas parvenus à le préparer.

DISILICATE HEXÉTHYLIQUE $(Si^2O)^{vi}(OC^2H^5)^6$. — Ce corps résulte de l'action de l'alcool aqueux sur le chlorure de silicium. MM. Friedel et Crafts l'ont extrait d'abord de résidus qu'ils avaient obtenus en préparant du silicate d'éthyle avec de l'alcool qui n'était pas entièrement anhydre. Ils ont soumis ces résidus à la distillation fractionnée, à la pression ordinaire de l'atmosphère d'abord, puis dans le vide. La portion qui avait passé entre 230° et 250° à la pression ordinaire, redistillée plusieurs fois sous une pression de 3-5 millimètres de mercure, s'est résolue en un liquide passant entre 125° et 130° qui distillait à l'air entre 233° et 238°. Ce produit n'était autre que le disilicate hexéthylique.

Le disilicate hexéthylique est un liquide limpide, légèrement huileux, d'une odeur assez agréable, ne différant pas beaucoup de celle du silicate éthylique normal. Il brûle avec flamme en répandant des fumées blanches de silice pure. Il bout entre 233° et 234° à la pression ordinaire de l'atmosphère sans s'altérer autrement que par l'action de l'humidité. Sa densité de vapeur = 12,025 (173,58 par rapport à H), la théorie exigerait 11,86 (171,2 par rapport à H). Sa densité à l'état liquide = 1,0196 à 0°; à 19°,2, elle n'est plus que de 1,0019.

L'alcool aqueux transforme cet éther en produits bouillant plus haut.

DISILICATE DIÉTHYLIQUE (*quadrisilicate d'Ebelmen*), $(Si^2O)^{vi}O^2(OC^2H^5)^2$. — Ce corps prend naissance, selon Ebelmen, lorsqu'on ajoute un peu d'eau au métasilicate ou aux produits intermédiaires qui bouillent entre 200° et 250° et qui restent comme résidu de la préparation du silicate normal lorsqu'on n'a pas soin d'employer, pour cette préparation, de l'alcool entièrement anhydre. On distille et l'on arrête la distillation au moment où le mélange contenu dans la cornue devient un peu visqueux. Le liquide se solidifie alors par le refroidissement en une masse transparente, à cassure vitreuse, d'une couleur un peu ambrée : c'est le disilicate diéthylique.

Ce corps paraît inaltérable à l'air. Il se ramollit à peine à 100°. A une température plus élevée, il fond, se boursoufle et donne des vapeurs de métasilicate avec un résidu de silice. Cette décomposition paraît s'opérer à une température qui n'est pas très-supérieure à celle qui est nécessaire pour la distillation du métasilicate, ce qui rend difficile d'obtenir le produit vitreux.

Cet éther se dissout dans l'éther, l'alcool anhydre et les autres éthers siliciques.

Bien que les propriétés de ce corps démontrent qu'il renferme une proportion de silice plus forte que les éthers précédents, il ne possède aucun caractère d'un corps nettement défini. Ce qui a porté M. Ebelmen à le considérer comme tel, c'est qu'il a pu le reproduire un assez grand nombre de fois et toujours avec une composition à peu près constante, que d'ailleurs les plus légères différences dans sa composition modifient sensiblement ses propriétés.

SULFATES D'ÉTHYLE. — L'acide sulfurique étant bibasique peut échanger 2 atomes d'hydrogène contre 1 ou 2 molécules d'éthyle; de là deux éthers sulfuriques, savoir : le sulfate acide d'éthyle ou acide sulfovinique

$$(SO^2)'' \left\{ \begin{matrix} OC^2H^5 \\ OH \end{matrix} \right.$$

et le sulfate neutre d'éthyle ou éther sulfurique normal

$$(SO^2)'' \left\{ \begin{matrix} OC^2H^5 \\ OC^2H^5. \end{matrix} \right.$$

ACIDE ÉTHYLSULFURIQUE,

$$(SO^2)'' \left\{ \begin{matrix} OC^2H^5 \\ OH \end{matrix} \right.$$

[Syn. *Acide sulfovinique, acide sulféthylique*] [Dabit, 1808, *Ann. de Chim.*, (1), t. XXXIV, p. 300; t. XLIII, p. 101; — Sertürner, *Ann. de Gilbert*, t. LX, p. 55; t. LXIV, p. 67; — A. Vogel, *ibid.*, t. LXIII, p. 81; — Gay-Lussac, *Ann. de Chim. et de Phys.*, t. XIII, p. 76; — Hennel, *Philos. Transact.*, pour 1826, p. 240; pour 1828, p. 365; — Dumas et Boullay, *Ann. de Chim. et de Phys.*, t. XXXVI, p. 300; — Serullas, *ibid.*, t. XXXIX, p. 153; — Liebig et Wöhler, *ibid.*, t. XLVII, p. 421; *Ann. der Chem. u. Pharm.*, t. I, p. 37; — Liebig, *ibid.*, t. XIII, p. 27; — Magnus, *ibid.*, t. VI, p. 52; *Ann. de Chim. et de Phys.*, t. LII, p. 139; — R.-F. Marchand, *Ann. de Poggend.*, t. XXVIII, p. 454; t. XXXII, p. 345; t. XLI, p. 595; *Journ. d'Erdmann.*, t. XIV, p. 1; *Ann. de Chim. et de Phys.*, t. LXIX, p. 259; — Schabus, *Bestimm. der Krystalgest. in Chem. laborat. erzeuger Producte*, Wien, 1855; — Berthelot, *Compt. rend. de l'Acad.*, t. XXXVI, p. 1099; t. XXXVII, p. 1; *Ann. de Chim. et de Phys.*, (3), t. XXXIX, p. 404, 1853; t. XLII, p. 391, 1855; *Chem. Soc. quart. Journ.*, t. IX, p. 131, 1857]. — L'acide éthylsulfurique prend naissance soit dans l'action de l'acide sulfurique concentré sur l'alcool, soit dans l'action de l'acide sulfurique concentré sur le gaz oléfiant :

$$\underset{\text{Alcool.}}{C^2H^5.OH} + \underset{\text{Acide sulfurique}}{(SO^2)'' \left\{ \begin{matrix} OH \\ OH \end{matrix} \right.}$$

$$= \underset{\text{Acide éthylsulfurique.}}{(SO^2)'' \left\{ \begin{matrix} OC^2H^5 \\ OH \end{matrix} \right.} + \underset{\text{Eau.}}{H^2O.}$$

$$\underset{\text{Gaz oléfiant.}}{C^2H^4} + \underset{\text{Acide sulfurique.}}{(SO^2)'' \left\{ \begin{matrix} OH \\ OH \end{matrix} \right.} = \underset{\text{Acide éthylsulfurique.}}{(SO^2)'' \left\{ \begin{matrix} OC^2H^5 \\ OH. \end{matrix} \right.}$$

Pour préparer l'acide éthylsulfurique au moyen de l'alcool, ce qui est le procédé ordinaire, on fait tomber lentement de l'acide sulfurique dans un volume égal d'alcool, en mélangeant à mesure et en plaçant dans l'eau le vase où se fait le mélange pour éviter un trop grand échauffement. On porte ensuite le mélange dans un bain-marie où on le laisse pendant quelques minutes, puis on l'étend d'eau, on le sature par du carbonate de chaux, de baryte ou de plomb. On filtre pour séparer le sulfate insoluble et l'on évapore à une douce chaleur. Le sulfovinate métallique cristallise par le refroidissement de la liqueur. Si l'on veut avoir l'acide libre, on précipite le sulfovinate barytique par une quantité exactement équivalente d'acide sulfurique, ou le sulfovinate de plomb par un courant d'hydrogène sulfuré.

Dans cette réaction la totalité de l'alcool ne se transforme jamais en acide éthylsulfurique. La cause en est que dans la réaction il se produit de l'eau, et que l'acide sulfurique cesse de transformer l'alcool en acide éthylsulfurique, lorsqu'il est combiné à une molécule d'eau, de manière à former l'hydrate

$$SO^4H^2 + H^2O.$$

A une basse température, l'acide sulfurique concentré et l'alcool ne réagissent pas l'un sur l'autre; à 100° la réaction est immédiate; à la température de 10° à 15° elle se fait après un temps plus ou moins long, et si l'on a mélangé 1 molécule d'alcool avec 1 molécule d'acide sulfurique, le mélange finit par renfermer, à l'état d'acide éthylsulfurique, les 77/100 de l'acide sulfurique employé. Lorsque, pour une seule molécule d'acide sulfurique, on met 2 molécules d'alcool, il est plus facile d'éviter la réaction en refroidissant, mais le mélange se comporte de la même manière que lorsqu'il renferme une seule molécule d'alcool. Enfin, s'il renferme 2 molécules d'acide, il se produit toujours de l'acide éthylsulfurique correspondant aux 54/100 de l'acide employé; cette proportion restant invariable de quelque manière qu'on opère, soit qu'on abandonne le mélange à la température ordinaire, soit qu'on le chauffe à 100°.

La préparation de l'acide éthylsulfurique au moyen de l'éthylène et de l'acide sulfurique concentré a été exécutée par M. Berthelot, dans le but d'obtenir synthétiquement l'alcool. Voici comment opère ce chimiste : il remplit de gaz oléfiant pur un ballon vide de 31 à 32 litres de capacité, il y verse ensuite, en plusieurs fois, 900 grammes d'acide sulfurique pur et bouilli et quelques kilogrammes de mercure, et il soumet le tout à une agitation violente et continue. Après 5,300 secousses environ, l'absorption est à peu près terminée. On retire alors le contenu du ballon, on l'étend d'eau, on sature la liqueur par du carbonate de chaux de baryte ou de plomb, et l'on achève l'opération comme dans le mode de préparation qui précède.

On peut encore obtenir de l'acide éthylsulfurique en faisant absorber des vapeurs d'éther par de l'acide sulfurique concentré, chauffant au bain-marie, étendant d'eau et terminant comme ci-dessus :

$$\underset{\text{Éther.}}{\left.\begin{matrix} C^2H^5 \\ C^2H^5 \end{matrix}\right\} O} + 2\Big[\underset{\text{Acide sulfurique.}}{(SO^2)'' \begin{matrix} OH \\ OH \end{matrix}}\Big]$$

$$= 2\Big[\underset{\text{Acide éthylsulfurique.}}{(SO^2)'' \left\{ \begin{matrix} OC^2H^5 \\ OH \end{matrix} \right.}\Big] + \underset{\text{Eau.}}{H^2O.}$$

L'acide éthylsulfurique concentré dans le vide forme un liquide sirupeux, incolore et fort aigre. L'eau et l'alcool le dissolvent en toutes proportions; il est insoluble dans l'éther.

A la longue cet acide s'altère. Sous l'influence de la chaleur, il donne de l'éther et de l'acide sulfurique étendu; à une température plus élevée, il dégage du gaz oléfiant, du gaz sulfureux et laisse un résidu de charbon. Lorsqu'on le porte à l'ébullition après l'avoir étendu d'eau, il se saponifie et donne de l'alcool et de l'acide sulfurique régénéré. C'est en se fondant sur cette réaction que M. Berthelot a fait la synthèse de l'alcool :

$$\underset{\text{Acide éthylsulfurique.}}{(SO^2)'' \left\{ \begin{matrix} OC^2H^5 \\ OH \end{matrix} \right.} + \underset{\text{Eau.}}{H^2O} = SO^4H^2 + C^2H^6O.$$

L'acide azotique et l'acide sulfurique le décomposent à chaud.

Éthylsulfates. — L'acide éthylsulfurique dérivant de l'acide sulfurique bibasique par substitution de C^2H^5 à H ne renferme plus qu'un seul atome d'hydrogène remplaçable par les métaux.

Il est donc monobasique et ses sels répondent à la formule générale

$$(SO^2)''\begin{cases} OC^2H^5 \\ OM', \end{cases}$$

M' représentant un métal monatomique.

Les éthylsulfates sont nacrés, gras au toucher et solubles dans l'eau. A la distillation sèche ils se décomposent en donnant de l'éthylène, de l'huile lourde de vin (mélange de sulfate d'éthyle et d'hydrocarbures huileux), de l'eau, de l'acide carbonique, de l'anhydride sulfureux, et laissent un résidu de sulfate mélangé de charbon. Distillés avec un hydrate alcalin sec ou avec un acide étendu, ils fournissent de l'alcool; distillés avec de l'acide sulfurique étendu d'un quart d'eau, ils donnent un mélange d'alcool et d'éther.

Leur solution aqueuse se décompose par l'ébullition. Mais M. Kolbe a observé qu'il suffit d'ajouter quelques gouttes de potasse à une solution d'éthylsulfate potassique pour empêcher cette décomposition.

Distillés avec divers sels alcalins tels que les sulfures, les oxalates, les cyanures, les éthylsulfates donnent un sulfate neutre et un éther éthylique nouveau. Ainsi, en distillant un mélange d'éthylsulfate et de cyanure potassique, on obtient un cyanure d'éthyle qui distille et un résidu de sulfate de potassium. M. Berthelot a observé que l'éthylsulfate de baryum chauffé à 250° avec de l'ammoniaque fournit de l'éthylamine :

$$\underset{\text{Éthylsulfate de baryum.}}{(SO^4C^2H^5)^2Ba} + \underset{\text{Ammoniaque.}}{4AzH^3}$$

$$= \underset{\text{Éthylamine.}}{2(C^2H^8Az)} + \underset{\text{Sulfate d'ammonium.}}{SO^4(AzH^4)^2} + \underset{\text{Sulfate de baryum.}}{SO^4Ba.}$$

M. Guthrie a reconnu que lorsqu'on électrolyse l'éthylsulfate de potassium à l'aide d'une pile de 4 éléments Bunsen, en prenant des fils de platine pour électrodes et en séparant les électrodes par une cloison poreuse, il se dégage au pôle positif de l'anhydride carbonique et de l'oxygène qui entraînent un corps possédant l'odeur de l'aldéhyde, en même temps que de l'acide sulfurique devient libre dans la liqueur; au pôle négatif se porte le potassium, qui donne lieu à la formation de potasse et à un dégagement d'hydrogène. Lorsqu'aux électrodes de platine on substitue, au moins pour le pôle positif, une électrode de zinc amalgamé, il se dépose de l'éthylsulfate de zinc sur cette électrode, sans qu'il s'y dégage aucun gaz sentant l'aldéhyde; au pôle négatif il se dégage de l'hydrogène et il se forme du carbonate potassique.

Éthylsulfate d'ammonium,

$$(SO^2)''\begin{cases} OC^2H^5 \\ OAzH^4. \end{cases}$$

— Ce sel se présente en cristaux anhydres, fusibles à 62°, déliquescents et très-solubles dans l'eau, l'alcool et l'éther. On l'obtient soit en précipitant l'éthylsulfate de baryte par le carbonate d'ammoniaque, soit en précipitant l'éthylsulfate de chaux par l'oxalate d'ammoniaque.

Éthylsulfate d'argent,

$$(SO^2)''\begin{cases} OC^2H^5 \\ OAg \end{cases} + H^2O.$$

— Il forme de petites paillettes brillantes, solubles dans l'eau et dans l'alcool. Il ne perd son eau de cristallisation qu'à une température où il se détruit.

Éthylsulfate de lithium,

$$(SO^2)''\begin{cases} OC^2H^5 \\ OLi \end{cases} + H^2O.$$

— Il se présente sous la forme de cristaux déliquescents.

Éthylsulfate de potassium,

$$(SO^2)''\begin{cases} OC^2H^5 \\ OK. \end{cases}$$

— Il est anhydre, d'une saveur à la fois salée et sucrée. Il est insoluble dans l'alcool absolu et l'éther. Il ne s'altère pas à l'air, se dissout dans 0,8 p. d'eau à 17°, et tombe en déliquescence au contact de l'air humide. Il cristallise, d'après Schabus, dans le système clinorhombique avec les faces m, p, e^1. Valeurs des axes a, axe principal, : b, diagonale oblique, : c, diagonale horizontale, :: 1 : 0,6149 : 0,5730. Angle de a et b = 80°,27'. Inclinaison des faces dans le plan de la diagonale oblique et de l'axe principal, $m : m$ = 86°,53', e^1e^1 = 60°,30'; $p : m$: 96°,33'. Clivage parfait parallèle à p.

Éthylsulfate de sodium,

$$(SO^2)''\begin{cases} OC^2H^5 \\ ONa \end{cases} + H^2O.$$

— Ce sel renferme 10,78 °/₀ d'eau de cristallisation. Il cristallise en tables hexagones qui s'effleurissent dans l'air chaud, et qui fondent à + 86° en un liquide incolore. Anhydre, ce sel ne fond pas et se décompose au-dessus de 100°. Il se dissout alors dans 0,61 p. d'eau à 17°, et est encore plus déliquescent que le sel de potasse.

Éthylsulfate de baryum,

$$(SO^4C^2H^5)^2Ba + H^2O.$$

— Ce sel cristallise dans le système clinorhombique avec les faces $m, h^1, p, b^{1/2}, o^1$. Valeurs des axes, $a : b : c$ :: 1 : 0,9790 : 0,8229. Angle de a et b = 84°,38'. Inclinaison des faces dans le plan de la diagonale oblique et de l'axe principal, $m:m$ = 80°,20', $b^{1/2}b^{1/2}$ = 96°,44'; $m:p$ = 93°,26'; $h^1 : o^1$ = 121°,18'. Clivage parfait parallèle à h^1. Ces cristaux sont isomorphes avec ceux du méthylsulfate barytique.

Les cristaux d'éthylsulfate de baryum renferment 8,48 °/₀ d'eau qu'ils perdent dans le vide. Le sel anhydre ne s'altère pas à 100°, mais le sel hydraté se décompose légèrement à cette température. Ce dernier se dissout dans 0,92 p. d'eau à 17°. Il se dissout aussi dans l'alcool ordinaire.

Lorsqu'on fait bouillir la dissolution d'éthylsulfate de baryum, elle se trouble et devient acide. Si alors on la sature par du carbonate de baryte, qu'on la filtre et qu'on l'évapore, on obtient un sel que Gerhardt considère comme un isomère de l'éthylsulfate de baryum, et auquel il donne le nom de *parathionate barytique* (Gerhardt, *Compt. rend. des trav. de Chim.*, 1845, p. 176; *Traité de Chim. organique*, t. II, p. 296). M. Berthelot considère ce sel comme une simple modification plus stable de l'éthylsulfate barytique. D'après ce chimiste, le sulfovinate qu'on obtient au moyen du gaz oléfiant se présente toujours sous cette modification [Berthelot, *loc. cit.*].

Éthylsulfate de calcium,

$$(SO^4C^2H^5)^2Ca + H^2O.$$

— Comme ses congénères les sels de baryum et de potassium, ce sel cristallise en tables hexagones allongées et minces qui appartiennent au système clinorhombique Il paraît être isomorphe avec le sel barytique. Faces dominantes, $m : h^1$. Inclinaison de $h^1 : m$ dans le plan de la diagonale oblique et de l'axe principal = 80° 8'. Il renferme 11,0 °/₀ d'eau de cristallisation qu'il perd à 80°. Il se dissout dans son poids d'eau à 8°, dans 0,8 de son poids du même liquide à 17° et dans 0,63 à 30°. L'eau bouillante le dissout en toutes proportions. Il est moins soluble dans l'alcool que dans l'eau, et est tout à fait insoluble dans l'éther. Anhydre, il commence à se décomposer vers 120°.

Le sel de calcium obtenu par M. Berthelot au moyen du gaz oléfiant est plus stable que le précédent et se trouve vis-à-vis de ce dernier dans la même relation que l'éthylsulfate stable de baryum par rapport à l'éthylsulfate ordinaire du même métal. M. Berthelot a encore obtenu le même sel au moyen des résidus de la préparation du gaz oléfiant. Il le considère comme probablement identique à l'althionate de chaux de M. Regnault. Il a cherché à transformer l'éthylsulfate stable de baryum en éthylsulfate stable de chaux sans y réussir.

Éthylsulfate de cadmium,

$$(SO^4C^2H^5)^2Cd + H^2O.$$

— Il cristallise en grosses tables incolores, très-solubles dans l'eau et l'alcool et insolubles dans l'éther.

Éthylsulfate de cuivre,

$$(SO^4C^2H^5)^2Cu + 2H^2O.$$

— Il se présente en prismes droits à base rectangle ou en lames d'un beau bleu. L'eau et l'alcool le dissolvent très-facilement; l'éther ne le dissout pas.

Éthylsulfate de magnésium,

$$(SO^4C^2H^5)^2Mg + 2H^2O.$$

— Ce sel forme des cristaux très-solubles dans l'eau, insolubles dans l'alcool et l'éther. Ces cristaux renferment 20,8 °/₀ d'eau de cristallisation, dont la moitié se dégage à 80°, et l'autre moitié à 90°.

Éthylsulfate mercurique. — C'est un sel déliquescent fort altérable.

Éthylsulfate de strontium,

$$(SO^4C^2H^5)^2Sr.$$

— Il forme de gros cristaux anhydres très-solubles dans l'eau.

Éthylsulfate de zinc,

$$(SO^4C^2H^5)^2Zn + H^2O.$$

— Ce sel est très-soluble dans l'eau et dans l'alcool et insoluble dans l'éther. Il constitue de grosses tables incolores.

Éthylsulfate d'aluminium. — C'est un sel gommeux et déliquescent.

Éthylsulfate de cobalt,

$$(SO^4C^2H^5)^2Co + H^2O.$$

— L'éthylsulfate de cobalt cristallise en cristaux d'un rouge foncé qui sont inaltérables à l'air. L'eau et l'alcool le dissolvent très-facilement; l'éther ne le dissout pas.

Éthylsulfate ferreux. — Il peut être préparé par la dissolution du fer dans l'acide étendu. Il cristallise en prismes verdâtres fort altérables.

Éthylsulfate ferrique. — On l'obtient en dissolvant l'hydrate ferrique dans l'acide étendu. Il cristallise difficilement en tables jaunes déliquescentes, solubles dans l'eau et l'alcool, insolubles dans l'éther.

Éthylsulfate manganeux,

$$(SO^4C^2H^5)^2Mn + 2H^2O.$$

— Il se présente en tables de couleur aurore, ne s'altère point à l'air, se dissout très-facilement dans l'eau et l'alcool, et ne se dissout pas dans l'éther.

Éthylsulfate de nickel,

$$(SO^4C^2H^5)^2Ni + H^2O.$$

— Il est très-soluble et donne des cristaux grenus de couleur verte.

Éthylsulfate de plomb,

$$(SO^4C^2H^5)^2Pb + H^2O.$$

— Ce sel possède une réaction acide. Il cristallise en tables incolores et transparentes. L'eau et l'alcool le dissolvent facilement. Il renferme 7,28 d'eau de cristallisation qu'il perd soit par l'action du vide, soit par celle de la chaleur. Ses cristaux s'altèrent à la longue.

Mise en digestion avec de l'hydrate plombique, la solution de ce sel donne un sous-sel incristallisable soluble dans l'eau et l'alcool

Lorsqu'on sature par l'ammoniaque la solution de l'éthylsulfate neutre de plomb, qu'on évapore la liqueur et qu'on reprend le résidu par l'eau, on obtient une solution qui, évaporée, donne des paillettes contenant du plomb et de l'ammoniaque.

Éthylsulfate d'urane. — Ce sel est déliquescent et cristallise difficilement. Le sel d'uranyle forme une matière jaune qui se décompose déjà à 60° ou 70°.

Sulfate neutre d'éthyle,

$$(SO^2)'' \left\{ \begin{matrix} OC^2H^5 \\ OC^2H^5 \end{matrix} \right.$$

[Wetherill, *Ann. der Chem. u. Pharm.*, 1848, t. LXVI, p. 117]. — Le sulfate neutre d'éthyle prend naissance lorsqu'on fait arriver des vapeurs d'anhydride sulfurique dans de l'éther anhydre. Les deux corps se combinent directement. Pour le préparer, on prend de l'éther distillé à plusieurs reprises sur du sodium, et l'on y fait arriver les vapeurs d'anhydride sulfurique que dégage, sous l'influence de la chaleur, l'acide sulfurique de Saxe. Il faut refroidir énergiquement l'éther pendant cette opération. Lorsque le liquide a pris une consistance sirupeuse, on l'agite avec quatre fois son volume d'eau et une fois son volume d'éther. Il se sépare en deux couches : l'inférieure, aqueuse, renferme de l'acide sulfurique et quelques produits de décomposition du sulfate d'éthyle; l'autre, éthérée, renferme le sulfate d'éthyle. On la décante, on l'agite d'abord avec un lait de chaux, pour saturer l'acide sulfureux qu'elle renferme et pour la décolorer, puis avec un peu d'eau. Cela fait, on l'évapore au bain-marie pour en chasser l'éther, on lave le résidu à plusieurs reprises avec de l'eau; on enlève cette eau aussi complétement que possible au moyen de bandelettes de papier, et l'on dessèche le sulfate d'éthyle dans le vide.

Le sulfate d'éthyle possède une consistance oléagineuse; sa saveur est âcre et brûlante; son odeur rappelle la menthe poivrée. Il forme sur le papier des taches qui disparaissent au bout de quelque temps. Sa densité = 1,20. Il est incolore lorsqu'il est pur, mais le plus souvent il présente une couleur jaune qu'il doit à quelques impuretés. Il est fort difficile de le distiller sans qu'il s'altère, car il noircit déjà entre 130° et 140° en dégageant de l'anhydride sulfureux, de l'alcool et plus tard de l'éthylène.

Le *potassium* attaque le sulfate d'éthyle à chaud avec ignition. Parmi les produits de cette réaction, on a signalé le sulfhydrate d'éthyle.

Le *chlore* est absorbé par cet éther, mais ne le décompose pas à froid. L'acide sulfhydrique n'agit pas non plus à froid; le sulfhydrate de potassium le convertit en sulfhydrate d'éthyle et en sulfate de potassium.

L'acide azotique fumant dissout le sulfate d'éthyle sans l'altérer; l'eau précipite cet éther de la solution nitrique. Si l'on sature presque complétement celle-ci par la potasse et qu'on la chauffe ensuite, il s'y produit de l'acide azoteux; en remplaçant, dans cette réaction, l'acide azotique par l'acide chlorhydrique, on obtient une huile d'une odeur de pomme et plus pesante que l'eau.

L'eau décompose le sulfate d'éthyle à froid au bout de quelque temps et instantanément à chaud. La liqueur qui provient de cette réaction dégage de l'alcool lorsqu'on la chauffe. Saturée ensuite par du carbonate de baryte, elle donne un sel qui se dépose en paillettes par l'évaporation, surtout si l'on y ajoute de l'alcool. Ce sel paraît être du méthionate de baryum. L'eau mère alcoolique évaporée donne de fines aiguilles solubles dans l'alcool, qui offrent la même composition que l'éthylsulfate ou l'iséthionate barytique.

Le gaz ammoniac est absorbé par le sulfate d'éthyle sans qu'il se forme ni alcool ni eau. Le produit, soluble dans l'eau et l'alcool, donne facilement des cristaux feuilletés, du sel ammoniacal d'un nouvel acide auquel on a donné le nom d'*acide sulféthamique*, et qui répond à la formule $C^8H^{13}AzS^2O^8$:

$$\underset{\text{Sulfate d'éthyle.}}{2C^4H^{10}SO^4} + \underset{\text{Ammoniaque.}}{2AzH^3} = \underset{\text{Sulféthamate ammonique.}}{C^8H^{12}(AzH^4)AzSO^8}.$$

La constitution de l'acide sulféthamique est encore complétement inconnue; elle paraît être assez compliquée, si l'on en juge par la décomposition qu'éprouve sa solution sous l'influence de la chaleur.

SULFITES D'ÉTHYLE. — On peut représenter l'acide sulfureux par la formule

$$S''\left\{\begin{matrix}O^3H\\H\end{matrix}\right. \quad \text{ou} \quad S''\left\{\begin{matrix}O^2H\\OH.\end{matrix}\right.$$

Nous adopterons de préférence la deuxième. Mais, quelle que soit celle que l'on adopte, il est évident que les deux atomes d'hydrogène doivent jouir de propriétés différentes. Dans la première formule, en effet, 1 atome d'hydrogène est uni directement au soufre, tandis que le second atome lui est uni par l'intermédiaire de 3 atomes d'oxygène. Dans la deuxième, 1 atome d'hydrogène est uni au soufre par l'intermédiaire d'un seul, et l'autre par l'intermédiaire de 2 atomes d'oxygène.

Il résulte de là qu'en remplaçant l'hydrogène de l'acide sulfureux par de l'éthyle, on doit avoir trois éthers sulfureux : le sulfite neutre d'éthyle

$$S''\left\{\begin{matrix}O^2C^2H^5\\OC^2H^5,\end{matrix}\right.$$

l'acide éthylsulfureux

$$S''\left\{\begin{matrix}O^2H\\OC^2H^5,\end{matrix}\right.$$

et un autre acide éthyl-sulfureux jouissant de propriétés acides moins prononcées et isomère du précédent,

$$S''\left\{\begin{matrix}O^2C^2H^5\\OH.\end{matrix}\right.$$

Ce dernier éther a été découvert par M. Warlitz, qui le nomme *acide éther-sulfureux*; les deux autres sont, l'un le *sulfite d'éthyle*, et l'autre l'*acide éthylsulfureux*.

ACIDE ÉTHYLSULFUREUX [Syn. *Acide hyposulféthylique, acide éthylsulfonique*],

$$S''\left\{\begin{matrix}O^2H\\OC^2H^5\end{matrix}\right.$$

[Löwig et Weidmann, *Ann. de Poggend.*, 1839, t. XLVII, p. 153; t. XLIX, p. 329; — H. Kopp, *Ann. der Chem. u. Pharm.*, t. XXXV, p. 346; — Muspratt, *ibid.*, t. LXV, p. 251; avec les observations de Gerhardt, *Compt. rend. des trav. de Chim.*, 1848, p. 110; *The quart. Journ. of the Chem. Soc.*, t. I, p. 45; — Carius, *Ann. der Chem. u. Pharm.*, t. CXIV, p. 140; nouv. sér., t. XXXVIII; *Répert. de Chim. pure*, 1860, p. 256; — H. Endemann, *Ann. der Chem. u. Pharm.*, t. CXL, p. 333; nouv. sér., déc. 1866, t. LXIV; *Bull. de la Soc. chim.*, 1867, t. VII, p. 505]. — Cet acide prend naissance dans l'oxydation du mercaptan, du bisulfure d'éthyle et du sulfocyanate d'éthyle par l'acide azotique :

$$\underset{\text{Mercaptan.}}{C^2H^5.SH} + \underset{\text{Oxygène.}}{O^3} = \underset{\text{Acide éthylsulfureux.}}{S''\left\{\begin{matrix}O^2H\\OC^2H^5,\end{matrix}\right.}$$

$$\underset{\text{Bisulfure d'éthyle.}}{\left.\begin{matrix}C^2H^5\\C^2H^5\end{matrix}\right\}S^2} + \underset{\text{Oxygène.}}{O^5} + \underset{\text{Eau.}}{H^2O} = 2\left(\underset{\text{Acide éthylsulfureux.}}{S''\left\{\begin{matrix}O^2H\\OC^2H^5\end{matrix}\right.}\right)$$

$$\underset{\text{Sulfocyanate d'éthyle.}}{\left.\begin{matrix}(CS)''\\C^2H^5\end{matrix}\right\}Az} + \underset{\text{Eau.}}{2H^2O} + \underset{\text{Oxygène.}}{O^3}$$

$$= \underset{\text{Acide carbonique.}}{CO^2} + \underset{\text{Ammoniaque.}}{AzH^3} + \underset{\text{Acide éthylsulfureux.}}{S''\left\{\begin{matrix}O^2H\\OC^2H^5.\end{matrix}\right.}$$

Récemment M. Bender, appliquant un procédé général indiqué par M. Strecker, a préparé l'éthylsulfite de sodium en faisant chauffer de l'iodure d'éthyle à 130° avec une solution concentrée de sulfite de soude :

$$C^2H^5I + SO^3Na^2 = \underset{\text{Éthylsulfite de sodium.}}{C^2H^5.SO^3Na} + NaI.$$

Préparation. — 1° *Au moyen du mercaptan ou du bisulfite d'éthyle.* — On chauffe légèrement le bisulfite d'éthyle, ou mieux le mercaptan, avec de l'acide azotique d'une densité de 1,23. Il se dégage des vapeurs nitreuses en même temps qu'une huile plus pesante que l'eau, sur laquelle on continue à faire agir l'acide azotique tant qu'elle est attaquée (cette huile possède une densité de 1,24, bout entre 130° et 140°, distille sans altération avec l'eau, mais s'altère lorsqu'on la distille seule, en laissant un charbon poreux. Les analyses qu'en ont faites MM. Löwig, Weidmann et H. Kopp, n'ont pas donné de résultats concordants; mise en digestion avec la potasse, elle donne du bisulfure d'éthyle, de l'alcool et un sel que MM. Löwig et Weidmann appellent *sulfacéthylate potassique*. (Les auteurs donnent à ce sel la formule

$$C^4H^6S^2K^2O^4,$$

qui manque de contrôle. On a également proposé pour l'huile la formule $C^4H^{10}S^2O^2$, qui ne paraît pas bien établie.)

On évapore au bain-marie pour chasser l'excès d'acide azotique, on étend d'eau, on sature le liquide par du carbonate de plomb, on le filtre et on le concentre. L'éthylsulfite de plomb cristallise par le refroidissement; on le décompose par l'acide sulfhydrique en présence de l'eau pour obtenir l'acide éthylsulfureux libre; on filtre de nouveau et l'on concentre au bain-marie. Le traitement au carbonate de plomb a pour but d'éliminer l'acide sulfurique formé dans la réaction en même temps que l'acide éthylsulfureux; la proportion d'acide sulfurique qui prend naissance est toujours d'autant plus grande que l'on opère avec de l'acide azotique moins étendu.

2° *Au moyen du sulfocyanate d'éthyle* (Muspratt). — On introduit parties égales d'acide azotique assez étendu et de sulfocyanate d'éthyle dans un ballon surmonté d'un réfrigérant de Liebig ascendant (appareil à reflux); on chauffe ensuite très-lentement. Au début, la réaction est fort vive et s'accompagne d'un dégagement de vapeurs nitreuses, de bioxyde d'azote et d'anhydride carbonique (il ne se dégage point d'ammoniaque, parce que celle qui devrait se produire se détruit au fur et à mesure de sa formation). Il se forme en même temps un peu d'acide sulfurique dont la quantité est d'autant plus considérable qu'on a employé l'acide azotique plus concentré. Quand cet acide est très-étendu, il ne se forme que des traces d'acide sulfurique. Quand le sulfocyanate d'éthyle est complétement oxydé, on évapore le liquide au bain-marie dans une capsule de porcelaine, jusqu'à ce que tout l'excès d'acide azotique soit expulsé. Il reste un liquide qui offre la consistance de l'acide sulfurique et qui possède une légère odeur alliacée. On étend d'eau ce liquide, on le sature par du carbonate de baryte, on le filtre et on l'évapore; par le refroidissement il se dépose de gros cristaux d'éthylsulfite de baryum que l'on purifie en les dissolvant dans l'eau, les précipitant par l'alcool et les faisant cristalliser de nouveau. Pour préparer l'acide libre, on précipite la solution aqueuse de ce sel par un léger excès d'acide sulfurique, on filtre, on sature le liquide filtré par du carbonate de plomb, on filtre de nouveau et et l'on achève l'opération comme dans le procédé précédent.

On peut encore, pour oxyder le sulfocyanate d'éthyle, remplacer l'acide azotique par un mélange d'acide chlorhydrique et de chlorate potassique.

Propriétés. — L'acide éthylsulfureux est liquide, d'une consistance huileuse ; sa densité = 1,30. Par le froid, il s'y forme des cristaux limpides. Il est sans odeur; sa saveur est acide, il a en outre un arrière-goût désagréable. L'eau et l'alcool le dissolvent en toutes proportions; il attire l'humidité atmosphérique.

Fondu avec l'hydrate de potassium, il donne une masse d'où l'acide chlorhydrique dégage de grandes quantités d'anhydride sulfureux; il supporte une température élevée sans se décomposer. Si cependant on chauffe très-fortement, il se dégage d'abord des vapeurs d'acide sulfurique, puis de l'anhydride sulfureux.

L'oxychlorure de phosphore attaque les éthylsulfites avec production de chlorure éthyl-sulfureux.

Éthylsulfites. — Ces sels répondent à la formule générale

$$SO^3C^2H^5,M = S''\left\{\begin{matrix}O^2M'\\OC^2H^5\end{matrix}\right.;$$

ceux d'entre eux qui sont solubles ont une saveur désagréable, tout à fait semblable à celle de l'acide libre. Ils ne se décomposent que par une forte chaleur en dégageant du gaz sulfureux ainsi que des vapeurs sulfurées fétides, brûlant avec une flamme violette.

Éthylsulfite d'ammonium. — On le prépare en saturant l'acide libre par l'ammoniaque et en concentrant la solution. Il cristallise en tables déliquescentes. L'alcool le dissout facilement.

Éthylsulfite de potassium,

$$S''\left\{\begin{matrix}O^2K\\OC^2H^5\end{matrix}\right.$$

(à 120°). — On le prépare soit en saturant l'acide libre par le carbonate potassique, soit par double décomposition, au moyen du sel de baryte et du sulfate de potassium. La dissolution saturée bouillante l'abandonne, par le refroidissement, en cristaux déliquescents, incolores, lamellaires et opaques que l'alcool dissout difficilement à froid, un peu plus facilement à l'ébullition. Chauffé à 120° dans un courant d'air sec, ce sel perd 6,75 °/₀ d'eau; à une plus forte chaleur il fond, puis se décompose en répandant des vapeurs fétides et en laissant pour résidu un mélange de sulfure et de sulfate potassique.

Éthylsulfite de sodium,

$$S''\left\{\begin{matrix}O^2Na\\OC^2H^5\end{matrix}\right. + xH^2O.$$

— Ce sel forme des cristaux peu solubles dans l'alcool froid, plus solubles dans l'alcool bouillant. On ne peut pas le fondre sans le décomposer.

Éthylsulfite d'argent,

$$S''\left\{\begin{matrix}O^2Ag\\OC^2H^5.\end{matrix}\right.$$

— On le prépare en saturant la solution aqueuse bouillante de l'acide libre par du carbonate d'argent. Il cristallise, par le refroidissement, en lames incolores solubles dans l'eau et dans l'alcool.

Éthylsulfite de baryum,

$$(SO^3C^2H^5)^2Ba + H^2O.$$

— Ce sel est tellement soluble dans l'eau qu'on ne peut l'obtenir en cristaux qu'en évaporant lentement une solution concentrée. Il cristallise en petits prismes rhomboédriques. Il se dissout aussi très-facilement dans l'alcool étendu et l'éther, mais il est insoluble dans l'alcool absolu qui le précipite de ses solutions aqueuses concentrées en beaux cristaux satinés. Il renferme 5,0 °/₀ d'eau de cristallisation qu'il perd à 100°. A la distillation sèche il donne des produits fétides et un résidu charbonneux pyrophorique. Fondu avec l'hydrate de potassium et traité ensuite par les acides, il dégage du gaz sulfureux et il se précipite du sulfate barytique.

Éthylsulfite de calcium,

$$(SO^3C^2H^5)^2Ca$$

(à 100°). — On l'obtient en saturant l'acide aqueux par du carbonate de calcium. Il forme des cristaux limpides très-semblables à ceux du sel barytique. Ces cristaux se dissolvent très-facilement dans l'eau et dans l'alcool.

Éthylsulfite de magnésium. — Ce sel cristallise, par le refroidissement de sa solution, en prismes qui perdent leur eau de cristallisation lorsqu'on les chauffe. Il se dissout facilement dans l'eau et dans l'alcool.

Éthylsulfite de zinc,

$$(SO^3C^2H^5)^2Zn + 8H^2O.$$

— On le prépare en saturant à chaud l'acide libre par du carbonate de zinc. Il cristallise en cristaux confus réunis en espèces de dendrites, efflorescents à l'air sec et déliquescents à l'air humide. Le sel cristallisé fond par la chaleur et se prend en une masse cristalline par le refroidissement. Il est fort soluble dans l'eau et dans l'alcool. A 120° il perd 8,72 °/₀ d'eau et à 180° en tout 22,90 °/₀, ce qui équivaut à 5 molécules d'eau. Ce sel desséché à 180° contient encore $3H^2O$.

Éthylsulfite de cuivre. — Il est très-difficile à obtenir en cristaux bien définis à cause de son extrême solubilité dans l'eau et dans l'alcool. Chauffé dans un tube, il se boursoufle, noircit et répand une odeur désagréable. Sa formule est

$$(SO^3C^2H^5)^2Cu + 5H^2O.$$

Il perd 3 de ces 5 molécules d'eau de cristallisation lorsqu'on le chauffe à 120°.

Éthylsulfite de plomb (à 100°),

$$(SO^3C^2H^5)^2Pb.$$

— On le prépare en saturant l'acide libre par du carbonate de plomb. Il cristallise, dans une dissolution chaude et concentrée, en belles tables incolores, très-solubles dans l'eau et l'alcool. Il se boursoufle par la distillation sèche et laisse un résidu de sulfure et de sulfate plombiques.

Éthylsulfite manganeux. — On le prépare en

saturant la solution aqueuse chaude de l'acide libre par du carbonate de manganèse. Il se présente sous la forme d'aiguilles incolores fort solubles dans l'eau et dans l'alcool.

Éthylsulfite ferreux. — On l'obtient en dissolvant du fer métallique dans une solution aqueuse concentrée et bouillante d'acide éthylsulfureux. Il se prend, par le refroidissement, en prismes incolores très-solubles dans l'eau et l'alcool.

CHLORURE ÉTHYLSULFUREUX,

$$S''\begin{cases}OCl\\OC^2H^5\end{cases}$$

[Gerhardt et Chancel, *Compt. rend. de l'Acad.*, 1852, t. XXXV, p. 691]. — On l'obtient facilement en distillant l'éthylsulfite de sodium avec un excès d'oxychlorure de phosphore. C'est un liquide incolore, légèrement fumant, insoluble dans l'eau et fort soluble dans l'alcool. Sa densité = 1,357 à 22°,5; il bout à 171°. La potasse caustique le transforme en un mélange d'éthylsulfite et de chlorure de potassium.

ACIDE ÉTHER-SULFUREUX,

$$S''\begin{cases}O^2C^2H^5\\OH\end{cases}$$

[Warlitz, *Ann. der Chem. u. Pharm.*, juill. 1867, t. CXLIII, p. 72; nouv. sér., t. LXVII; *Ann. de Chim. et de Phys.*, (4), t. XII, p. 492; — Wurtz, *ibid.*, p. 493, note au bas de la page].

M. Warlitz obtient ce corps en décomposant à froid le sulfite neutre d'éthyle par une quantité calculée de potasse caustique dissoute dans cinq fois son poids d'eau. On commence par refroidir le mélange à 0°, puis on l'abandonne pendant quelques jours à la température ordinaire en l'agitant de temps en temps, jusqu'à ce que la couche éthérée de sulfite d'éthyle ait complétement disparu. On sature alors la liqueur par l'acide carbonique, on l'évapore à siccité. Après avoir épuisé le résidu par de l'alcool à 90°, on évapore à siccité la solution alcoolique, et on fait cristalliser de nouveau le produit dans l'alcool. Le rendement est peu considérable, car, même en opérant à froid avec une quantité de potasse calculée, on obtient beaucoup de sulfite de potasse.

L'éther-sulfite de potassium isomère avec l'éthylsulfite de même métal est soluble dans l'eau et dans l'alcool à 90°. Il est peu soluble dans l'alcool absolu même à chaud. Il se sépare, par le refroidissement, de la solution alcoolique saturée à chaud en écailles fines soyeuses. Récemment préparé, il est parfaitement inodore, mais au bout de quelque temps, il commence à répandre l'odeur du sulfite d'éthyle et la liqueur renferme ensuite un sulfate.

Chauffé dans un tube, l'éther-sulfate se charbonne beaucoup plus aisément que son isomère. Chauffé avec l'acide sulfurique concentré, à une température où l'éthylsulfite se maintient inaltérée, il se trouble en laissant déposer des gouttes oléagineuses, et en répandant une odeur de mercaptan.

Ainsi que le fait remarquer M. Wurtz (*loc. cit.*) il serait intéressant d'étudier l'action de la potasse bouillante sur ce sel qui probablement doit se saponifier dans des conditions où son isomère résiste. Du reste, cette moindre résistance à l'action des alcalis paraît démontrée par la difficulté même avec laquelle ce corps s'obtient et par la forte proportion de sulfite alcalin qui se produit lorsqu'on soumet le sulfite d'éthyle à l'action de la potasse. C'est à cette cause sans doute qu'il faut attribuer ce fait que la découverture de l'acide éther-sulfureux a échappé à M. Carius et à M. Endemann, qui tous deux ont étudié l'action de la potasse sur l'éther sulfureux [Carius, *loc. cit.*; Endemann, *loc. cit.*].

SULFITE D'ÉTHYLE,

$$S''\begin{cases}O^2C^2H^5\\OC^2H^5\end{cases}$$

[Ebelmen, *Compt. rend. de l'Acad.*, t. XXI, p. 1592; — Ebelmen et Bouquet, *Ann. de Chim. et de Phys.*, (3), 1846, t. XVII, p. 66; — Warlitz, *loc. cit.*]. — Pour préparer le sulfite d'éthyle, on introduit 500 grammes de sous-chlorure de soufre (SCl) dans une cornue tubulée munie d'un réfrigérant de Liebig ascendant, et, après avoir chauffé à 60°, on y fait arriver, en mince filet, 180 grammes d'alcool absolu. Il se dépose du soufre, et, lorsque les dernières portions de l'alcool ont été ajoutées, ce dépôt cesse et la liqueur ne possède plus qu'une légère odeur de chlorure de soufre. On la maintient pendant une heure encore à 60°, puis on distille. Ce qui passe à 150° est du sulfite d'éthyle pur.

Le sulfite d'éthyle est un liquide limpide et incolore, d'une odeur éthérée particulière un peu analogue à celle de la menthe, d'une saveur fraîche d'abord, brûlante ensuite, et qui laisse un arrière-goût sulfureux. Il bout à 160° (Bouquet et Ebelmen), à 150° (Warlitz).

La densité du sulfite d'éthyle = 1,085 à 16° et elle = 1,106 à 0° d'après M. Pierre (Pierre, cité dans le Mém. d'Ebelmen et Bouquet). Il est soluble en toutes proportions dans l'alcool. L'eau précipite ces dissolutions et ne redissout le dépôt que très-lentement en se chargeant d'une odeur d'acide sulfureux.

L'éther sulfureux ne brûle au contact d'un corps en ignition qu'autant qu'il a été préalablement chauffé. Sa flamme est bleuâtre et accompagnée d'une forte odeur sulfureuse.

La potasse en excès saponifie l'éther sulfureux en donnant un sulfite alcalin et de l'alcool [Ebelmen et Bouquet, *loc. cit.*; — Carius, *loc. cit.*; — Endemann, *loc. cit.*]. Lorsqu'on ne prend qu'une quantité de potasse égale à la moitié de celle qui serait nécessaire pour opérer la saponification complète, la saponification ne se fait qu'à moitié et il se produit de l'alcool (une seule molécule) et de l'éther-sulfite de potasse [Warlitz, *loc. cit.*]. Voyez ci-dessus.

Le chlore attaque vivement le sulfite d'éthyle, sous l'influence d'une forte insolation, on obtient des cristaux d'hexachlorure dicarbonique C^2Cl^6, ainsi qu'un liquide très-fumant qui renferme du chlorure de sulfuryle SO^2Cl^2, et du chlorure de trichloracétyle ou aldéhyde perchloré C^2Cl^4O (Ebelmen et Bouquet). A. N.

DÉRIVÉS MÉTALLIQUES DE L'ÉTHYLE.

ALUMINIUM-ÉTHYLE, $Al(C^2H^5)^3$ ou $Al^2(C^2H^5)^6$. — Ce composé s'obtient par l'action de l'aluminium en feuilles minces sur l'iodure d'éthyle [Hallwachs et Schafarik, *Ann. der Chem. u. Pharm.*, t. CIX, p. 206; *Répert. de Chim. pure*, 1859, p. 334; — Cahours, *Ann. de Chim. et de Phys.*, (3), t. LVIII, p. 20, et *Répert. de Chim. pure*, 1860, p. 169]. L'attaque, qui se fait en tubes scellés, commence à 100° et est complète à 130°. On obtient ainsi un liquide visqueux bouillant entre 340° et 350°, qui est incolore après une distillation dans un courant d'hydrogène; ce liquide possède une odeur désagréable d'essence de térébenthine altérée; il fume à l'air et décompose l'eau avec explosion, en produisant de l'alumine, de l'acide iodhydrique et un gaz inflammable; c'est de l'iodaluminéthyle

$$Al^2(C^2H^5)^3I^3 \text{ ou } Al^2I^6, Al^2(C^2H^5)^6.$$

Traité par le zinc-éthyle, ce composé s'attaque vivement et fournit l'aluminium-éthyle.

On prépare plus facilement l'aluminium-éthyle par l'action de l'aluminium en excès, sur le mercure-éthyle [Buckton et Odling, *Roy. Soc. Proceed.*, t. XIV, p. 19]. On chauffe à 100° dans des tubes scellés jusqu'à ce que tout le mercure ait été déplacé; on rectifie le produit sur de l'aluminium dans un courant d'hydrogène :

$$Al^2 + 3Hg(C^2H^5)^2 = 3Hg + 2[Al(C^2H^5)^3]$$

ou $[Al^2(C^2H^5)^6]$.

L'aluminium-éthyle est un liquide mobile, incolore, très-inflammable à l'air et brûlant avec une flamme bleuâtre bordée de vert. Il ne se solidifie pas à — 18°; il bout d'une manière constante à 194°. Sa densité de vapeur prise à 234° a été trouvée égale à 65 (4,5 par rapport à l'air); la densité théorique, pour la formule $Al(C^2H^5)^3$, est 57,25, tandis que pour la formule $Al^2(C^2H^5)^6$, elle est égale à 114,5; si donc cette densité est une densité normale, l'aluminium-éthyle doit être formulé $Al(C^2H^5)^3$. — Voyez en outre MÉTHYL-ALUMINIUM.

L'eau décompose violemment l'aluminium-éthyle; l'iode forme avec lui des composés iodés et de l'iodure d'éthyle. L'oxygène sec, en s'y combinant lentement, donne des produits probablement analogues à ceux que fournit le boréthyle (voyez p. 657) (Buckton et Odling). E. W.

BISMUTH-ÉTHYLE. — Voyez ce mot.

CADMIUM-ÉTHYLE. — Ce composé, quoique paraissant se former avec assez de facilité, n'a pas encore été isolé. Il se forme notamment par l'action du cadmium sur le mercuréthyle, mais on ne peut pas le séparer de ce dernier dont l'attaque n'est pas complète [Frankland et Duppa, *Journ. of Chem. Soc.*, (2), t. I, p. 415]. Il ne se forme pas par l'action du cadmium sur le zinc-éthyle (Buckton). E. W.

GLUCINIUM-ÉTHYLE. — Le glucinium réagit audessus de 100° sur l'iodure d'éthyle; il se forme un produit solide qui fournit par la distillation un liquide décomposant l'eau avec explosion. Le glucinium-éthyle libre n'a pas encore été isolé (Cahours, *Ann. de Chim. et de Phys.*, (3), t. LVIII, p. 22]. E. W.

MAGNÉSIUM-ÉTHYLE, $Mg(C^2H^5)^2$. — Le magnésium n'agit que lentement, à froid, sur l'iodure d'éthyle, mais d'une manière complète. Le produit se prend en une masse blanche, d'une odeur alliacée. Il répand des fumées blanches à l'air et s'enflamme même spontanément. Dans cette réaction il se forme beaucoup de gaz qui entraînent du magnésium-éthyle, tandis qu'une autre partie reste unie à l'iodure de magnésium [Hallwachs et Schafarik, *Ann. der Chem. u. Pharm.*, CIX, p. 206].

Suivant Cahours [*Ann. de Chim. et de Phys.*, (3), t. LVIII, p. 17], la réaction est très-vive et doit être modérée par de l'eau froide, on l'achève ensuite à 120°. En distillant dans un courant d'hydrogène le produit de la réaction, il passe de l'iodure d'éthyle et du magnésium-éthyle. Celui-ci constitue un liquide volatil, d'une odeur alliacée, bouillant à une température plus élevée que l'iodure d'éthyle; il s'enflamme à l'air et décompose l'eau avec violence. Sa composition est à peu près exprimée par les rapports $Mg''(C^2H^5)^2$. Wanklyn a observé la formation du magnésium-éthyle par l'action du mercure, en présence du magnésium sur la combinaison de sodium éthyle et de zinc-éthyle [*Ann. de Chim. et de Pharm.*, t. CXL, p. 353]. E. W.

MERCURÉTHYLES. — Le mercure forme deux dérivés éthylés, le mercure-éthyle $Hg(C^2H^5)^2$, correspondant au bichlorure $HgCl^2$, et le mercurosethyle $Hg^2(C^2H^5)^2$, correspondant au chlorure mercureux Hg^2Cl^2. Il est à remarquer toutefois que ce dernier corps n'a pas été isolé et que ses combinaisons peuvent être rapportées au type du mercure-éthyle:

$Hg''\left\{\begin{matrix}C^2H^5\\C^2H^5\end{matrix}\right.$	$Hg''\left\{\begin{matrix}C^2H^5\\Cl\end{matrix}\right.$	$Hg''\left\{\begin{matrix}C^2H^5\\I\end{matrix}\right.$
Mercure-éthyle.	Chlorure de mercurosethyle.	Iodure de mercurosethyle.

MERCURÉTHYLE (*éthylure* ou *éthide mercurique*), $Hg(C^2H^5)^2$. — Ce composé se prépare de différentes manières : il prend naissance par l'action du zinc-éthyle sur le bichlorure de mercure; la réaction est très-énergique : il est donc nécessaire de refroidir. Le résultat est le même si l'on remplace le chlorure mercurique par le chlorure mercureux, avec cette différence qu'il y a du mercure métallique mis en liberté; en distillant le produit de la réaction on met le mercuréthyle en liberté [Buckton, *Chem. Gaz. Nov.*, 1858; *Report. de Chim. pure*, t. X, p. 459].

Frankland et Duppa préparent le mercuréthyle en faisant agir l'amalgame de sodium (500 grammes), renfermant 2 % de sodium, sur l'iodure d'éthyle (10 grammes) mélangé d'acétate d'éthyle (1 gramme) qui facilite la réaction ; il faut refroidir aussi longtemps que le mélange tend à s'échauffer et jusqu'à ce qu'une goutte du liquide clair ne donne plus d'iode par l'ébullition avec de l'acide azotique. On distille alors au bain-marie et on traite le liquide distillé par de nouvel amalgame; on mélange ensuite le produit de la réaction avec de l'eau, on distille au bain d'huile et on lave à la potasse, puis à l'eau [*Journ. of the Chem. Soc.*, (2), t. I, p. 415].

Enfin, le mercuréthyle se forme par l'action du zinc-éthyle dissous dans l'éther sur les dérivés du mercurosethyle, par exemple l'iodure : il se forme ainsi de l'iodure de zinc et du mercuréthyle qui distille quand on chauffe. Il est bon d'opérer dans des vases remplis d'acide carbonique pour éviter la combustion du zinc-éthyle [Frankland, *Ann. der Chem. u. Pharm.*, t. CXI, p. 44].

On peut remplacer l'iodure par le bromure d'éthyle (Chapman).

Le mercuréthyle se présente sous forme d'un liquide pesant, incolore, presque sans odeur; il bout à 158-160° (159°, Frankland); il est presque insoluble dans l'eau, plus soluble dans l'alcool et miscible à l'éther en toutes proportions. Sa densité est égale à 2,444, et sa densité de vapeur, 139,7 (au lieu de 129), correspond à la formule $Hg(C^2H^5)^2$. Chauffé à 205°, il se décompose avec explosion. Il est légèrement inflammable et brûle avec une flamme brillante. Il s'enflamme au contact du chlore; mélangé lentement sous l'eau au brome et à l'iode, il donne du bromure ou de l'iodure d'éthyle et de mercurosethyle. Les acides concentrés enlèvent également de l'éthyle qui se dégage à l'état d'hydrure (Buckton) :

$$2Hg(C^2H^5)^2 + SO^4H^2 = 2C^2H^5H + Hg^2(C^2H^5)^2SO^4.$$

Le sodium décompose le mercuréthyle en produisant une masse spongieuse spontanément inflammable, renfermant du sodium-éthyle; lorsque l'on chauffe, il se dégage beaucoup de gaz, éthylène et hydrure d'éthyle (Buckton). Le zinc à 100° déplace le mercure et se transforme en zinc-éthyle; le fer et le cuivre le décomposent avec dégagement de gaz, mais sans produire de dérivés éthylés; avec le cadmium, il se forme du cadmium-éthyle (Frankland).

Le chlorure mercurique transforme le mercuréthyle en chlorure de mercurosethyle :

$$Hg(C^2H^5)^2 + HgCl^2 = 2[Hg(C^2H^5)Cl].$$

Le mercuréthyle est très-vénéneux.

MERCUROSÉTHYLE, $Hg^2(C^2H^5)^2$ (*éthylure mercureux*). — Ce radical, qui n'a pas été isolé, se forme à l'état d'*iodure* lorsqu'on expose à la lumière du mercure avec de l'iodure d'éthyle; après quelques semaines, il se forme des cristaux brillants d'iodure de mercuroséthyle. Ces cristaux sont à peine solubles dans l'eau, mais aisément solubles dans un mélange d'alcool et d'éther d'où ils se déposent en lamelles irisées. Leur odeur est désagréable et très-tenace; ils se subliment lentement à 100°, fondent à une température plus élevée et distillent sans altération. Ils se dissolvent à chaud dans la potasse et l'ammoniaque qui les abandonnent de nouveau par le refroidissement; la potasse les décompose pourtant à la longue. Ils renferment $Hg(C^2H^5)I$ ou $Hg^2(C^2H^5)^2I^2$ [Strecker, *Ann. der Chem. u. Pharm.*, t. XCII, p. 75].

Le même iodure se forme en exposant à la lumière un mélange de zinc-éthyle et d'iodure mercurique :

$$Zn(C^2H^5)^2 + 2HgI^2 = ZnI^2 + 2Hg(C^2H^5)I$$

(Buckton).

On obtient également des combinaisons de mercuroséthyle par l'action des acides concentrés, du brome, de l'iode, etc., sur le mercuréthyle; le chlorure mercurique agit de même. Inversement on transforme les combinaisons de mercuroséthyle en mercuréthyle, par l'action du zinc-éthyle en excès.

Chlorure de mercuroséthyle, $Hg(C^2H^5)Cl$. — Se forme par l'action du chlorure mercurique sur le mercuréthyle. Pour le préparer, on ajoute le chlorure mercurique pulvérisé à du zinc-éthyle dissous dans l'éther; on décante la couche inférieure qui est du mercuréthyle qu'on débarrasse de l'excès de zinc-éthyle par un lavage à l'acide acétique étendu, on le dissout alors dans 20 p. d'alcool, on ajoute une quantité de chlorure mercurique égale à la première, et l'on fait bouillir : la liqueur filtrée fournit les cristaux de chlorure de mercuroséthyle en lamelles d'un blanc d'argent, peu solubles dans l'alcool froid et dans l'éther, presque insolubles dans l'eau, mais solubles dans l'alcool bouillant. Ils se subliment déjà à 40°. Chauffés au bain-marie, ces cristaux fondent en un liquide clair qui se volatilise sans résidu (Frankland).

On obtient aussi ce chlorure par l'action du bichlorure de mercure sur le bismuth-triéthyle : on verse peu à peu une solution alcoolique faible et chaude de sublimé-corrosif dans une solution alcoolique de bismuthéthyle; le précipité d'abord formé se redissout à l'ébullition; on décante la liqueur qui, par le refroidissement, fournit des paillettes argentines qui sont du chlorure de mercuroséthyle; la réaction s'accomplit suivant l'équation

$$2HgCl^2 + (C^2H^5)^3Bi$$
$$= 2[Hg(C^2H^5)Cl] + (C^2H^5)Bi,Cl^2$$

[Dunhaupt, *Journ. für prakt. Chem.*, t. LXI, p. 415].

Bromure de mercuroséthyle, $Hg(C^2H^5)Br$. — S'obtient comme le précédent, auquel il ressemble beaucoup. On l'obtient encore par l'action de l'acide bromhydrique ou du brome sur l'hydrate de mercuroséthyle; le brome, dans ce cas, donne en même temps du bromate. Enfin, il se forme dans l'action du mercuréthyle sur l'éther monobromacétique à 150°; il se dégage de l'éthylène et de l'acétate d'éthyle, et par le refroidissement, le bromure cristallise en lamelles blanches (Sell et Lippmann).

Iodure. — Ce sel a été décrit plus haut.

Cyanure de mercuroséthyle. — S'obtient à l'état cristallin par l'action de l'acide cyanhydrique sur l'hydrate de mercuroséthyle.

Hydrate de mercuroséthyle, $Hg(C^2H^5).OH$. — Se prépare par l'action de l'hydrate d'oxyde d'argent sur une solution alcoolique d'iodure; on filtre; on distille l'alcool et l'on expose le résidu dans le vide; l'hydrate reste à l'état huileux, presque incolore, inodore, très-soluble dans l'eau et dans l'alcool, d'une réaction alcaline énergique; il est caustique et exerce sur la peau une action vésicante. Il déplace l'ammoniaque et précipite beaucoup d'oxydes métalliques. Le zinc le décompose en produisant du zinc-éthyle. Il réduit à chaud le chlorure d'or; il donne avec le chlorure platinique un précipité jaune, soluble à chaud; par le refroidissement, il se dépose des paillettes cristallines, et si l'on fait bouillir il se dépose une poudre noire (Dunhaupt).

Sulfure de mercuroséthyle, $Hg^2(C^2H^5)^2S$. — Précipité blanc-jaunâtre obtenu par l'action de l'hydrogène sulfuré sur l'hydrate précédent, ou du sulfure d'ammonium sur le chlorure éthylmercureux. Ce précipité est fort peu soluble dans l'éther, l'alcool et le sulfure d'ammonium. Par l'évaporation de sa solution alcoolique, il se décompose avec séparation de sulfure de mercure; la solution éthérée le dépose à l'état cristallisé, mais toujours mélangé d'un peu de sulfure de mercure (Dunhaupt).

Azotate de mercuroséthyle, $Hg(C^2H^5)AzO^3$. — S'obtient en décomposant l'iodure par l'azotate d'argent (Strecker) ou par dissolution de l'hydrate dans l'acide azotique (Dunhaupt). Strecker l'a obtenu en prismes incolores, solubles dans l'alcool, moins solubles dans l'eau et donnant par l'acide chlorhydrique des gouttelettes oléagineuses de chlorure (?). Dunhaupt l'a obtenu à l'état d'une masse butyreuse soluble dans l'eau et l'alcool et se décomposant avec déflagration par la chaleur.

Sulfate de mercuroséthyle, $Hg^2(C^2H^5)^2,SO^4$. — Cristallise en lames argentées.

Phosphate. — Peu soluble; sa solution, évaporée dans le vide, laisse une masse visqueuse.

Carbonate. — Très-soluble dans l'eau et l'alcool; cristallise difficilement.

L'*oxalate* est cristallisable, ainsi que l'acétate.

Toutes les combinaisons de mercuroséthyle se transforment en mercuréthyle par l'action du zinc-éthyle.

ÉTHYLO-MÉTHYLURE DE MERCURE,

$$Hg\left\{\begin{matrix}C^2H^5\\CH^3.\end{matrix}\right.$$

— Cette combinaison paraît se former par l'action du zinc-méthyle sur le chlorure éthylmercureux; il y a élévation de température et il distille, entre 127° et 137°, un produit qui est sans doute le radical mixte, mais celui-ci n'a pas pu être obtenu pur parce qu'il se décompose, par des distillations réitérées, en éthylure et méthylure mercuriques [Frankland, *Ann. der Chem. u. Pharm.*, t. CXI, p. 44]. E. W.

PLOMBÉTHYLE. — Le plomb forme avec l'éthyle deux combinaisons qui correspondent au stannotriéthyle et au stannotétréthyle; c'est le *plombotriéthyle* $(PbEt^3)^2$ qui joue le rôle de radical monatomique, et le *plombotétréthyle* $PbEt^4$ qui est une combinaison saturée. Comme on le voit, le plomb joue dans ces combinaisons le rôle d'élément tétratomique, comme l'étain. On n'a pas obtenu de plombéthyle correspondant au chlorure $PbCl^2$ [Lœwig, *Journ. für prakt. Chem.*, t. LX, p. 304; — Buckton, *Ann. der Chem. u. Pharm.*, t. CIX, p. 218; t. CXII, p. 220, et *Répert. de Chim. pure*, 1859, p. 134, 459; — Klippel, *Journ. für prakt. Chem.*, t. LXXXI, p. 287; — Cahours, *Ann. de Chim. et de Phys.*, (3), t. LXII, p. 282].

PLOMBOTÉTRÉTHYLE, $Pb(C^2H^5)^4$ (*plombodiéthyle* (ancien), *éthide* ou *tétréthylure plombique*). — On l'obtient, accompagné de plombotriéthyle, par l'action d'un alliage de plomb et de sodium, riche en sodium, sur l'iodure d'éthyle (Lœwig), ou bien par l'action du zinc-éthyle sur le chlorure de plomb sec, d'après l'équation

$$2PbCl^2 + 2Zn(C^2H^5)^2$$
$$= ZnCl^2 + Pb + Pb(C^2H^5)^4;$$

on isole le plombotétréthyle en distillant dans le vide le produit de la réaction (Buckton).

C'est un liquide limpide, incolore, peu odorant, insoluble dans l'eau, soluble dans l'éther. Sa densité est égale à 1,62. Il bout vers 200°, mais en se décomposant. Il brûle avec une flamme orangée bordée de vert pâle. L'acide chlorhydrique le transforme en chlorure triéthylplombique, avec dégagement d'hydrure d'éthyle :

$$Pb(C^2H^5)^4 + HCl = C^2H^5H + Pb(C^2H^5)^3Cl$$

(Buckton). L'iode le transforme de même en iodure d'éthyle et iodure de plombotriéthyle (Cahours).

PLOMBOTRIÉTHYLE, $[Pb(C^2H^5)^3]^2$ (ancien *sesquiplombéthyle; méthplombéthyle*). — On l'obtient en faisant agir sur l'iodure d'éthyle un alliage de plomb et de sodium se rapprochant de la composition $PbNa^2$. On réduit cet alliage en poudre, dans un mortier chaud, avec du sable fin; on l'introduit ensuite dans de petits ballons munis de réfrigérants ascendants et on l'arrose d'iodure d'éthyle; la réaction est très-vive. On reprend le contenu des ballons, débarrassé de l'excès d'iodure d'éthyle, par de l'éther qui dissout le plombéthyle. On ajoute alors de l'eau à la solution éthérée, on distille l'éther et l'on voit le plombotriéthyle se séparer sous l'eau en une huile jaunâtre.

Le plombotriéthyle se décompose par la distillation; sa densité à 10° est égale à 1,471; il est insoluble dans l'eau, peu soluble dans l'alcool, soluble dans l'éther. Une ébullition prolongée avec de l'eau le décompose. La lumière agit de même : il se sépare du plomb. Sa solution éthérée s'oxyde et se carbonate à l'air (Lœwig, Klippel). Il s'enflamme au contact de l'acide azotique concentré.

Le plombotriéthyle se combine au chlore, au brome, à l'iode, à l'oxygène, et forme des combinaisons qu'on obtient également par l'action des acides concentrés sur le plombotétréthyle qui abandonne, dans ces réactions, de l'hydrure d'éthyle. On les obtient aussi en traitant par un acide l'hydrate de plombotriéthyle. Tous ces sels sont volatils et irritent fortement les yeux et la muqueuse du gosier.

Chlorure de plombotriéthyle, $Pb(C^2H^5)^3Cl$. — On l'obtient par l'action de l'acide chlorhydrique sur le plombotétréthyle. Il cristallise en aiguilles enchevêtrées, solubles dans l'éther, fusibles à une douce chaleur; il est assez inflammable et se décompose facilement en laissant du plomb métallique.

Ce chlorure forme un *chloromercurate*

$$Pb(C^2H^5)^3Cl, HgCl^2,$$

qui s'obtient en écailles nacrées blanches quand on mélange des solutions alcooliques des deux chlorures. Il forme également un chloroplatinate

$$[Pb(C^2H^5)^3Cl]^2PtCl^4,$$

en cristaux d'un rouge de cuivre, peu solubles dans l'eau, plus solubles dans l'alcool et l'éther.

Bromure de plombotriéthyle, $Pb(C^2H^5)^3Br$. — Cristallise en longues aiguilles.

Iodure de plombotriéthyle, $Pb(C^2H^5)^3I$. — S'obtient en ajoutant de l'iode au plombotétréthyle; c'est un composé très-instable.

Cyanure de plombotriéthyle, $Pb(C^2H^5)^3Cy$. — S'obtient en cristaux prismatiques lorsqu'on chauffe longtemps au bain-marie du cyanure de potassium avec une solution éthérée de chlorure de plombotriéthyle; il se forme une liqueur rouge qui donne un précipité avec l'eau; ce précipité est soluble dans l'éther qui l'abandonne en cristaux par l'évaporation.

Hydrate de plombotriéthyle, $Pb(C^2H^5)^3.OH$. — S'obtient par l'action de l'oxyde d'argent sur l'iodure ou le chlorure de plombotriéthyle, ou en distillant le chlorure sur de l'hydrate de potassium. Il se sépare sous forme d'un liquide huileux presque incolore, peu soluble dans l'eau, soluble dans l'alcool et dans l'éther. Son odeur est très-forte et provoque l'éternument. Il est volatil déjà à la température ordinaire. Distillé, il se concrète par le refroidissement en une masse d'aiguilles entre-croisées. C'est un composé très-alcalin, saponifiant les corps gras, déplaçant l'ammoniaque et précipitant beaucoup d'oxydes métalliques; ajouté en excès à un sel de zinc ou d'alumine, il redissout le précipité formé (Klippel).

Sulfure de plombotriéthyle. — L'hydrate de plombotriéthyle ou ses sels donnent, avec l'hydrogène sulfuré ou le sulfure d'ammonium, un précipité blanc presque insoluble dans l'eau, l'alcool et l'éther, et noircissant rapidement.

Azotate de plombotriéthyle, $Pb(C^2H^5)^3AzO^3$. — S'obtient par double décomposition, à l'état d'un liquide épais, se prenant peu à peu en une masse cristalline, grasse au toucher, d'une odeur butyreuse, soluble dans l'alcool et l'éther et se décomposant facilement par la chaleur avec une légère explosion (Lœwig).

Carbonate de plombotriéthyle,

$$[Pb(C^2H^5)^3]^2CO^3.$$

— Petits cristaux durs et brillants, obtenus par l'exposition à l'air de l'hydrate de plombotriéthyle; il est presque insoluble dans l'eau, l'alcool et l'éther. On l'obtient aussi par double décomposition avec le carbonate d'ammonium et un sel soluble de plombotriéthyle; un excès de carbonate ammonique le redissout à l'état de sel double soluble (Lœwig, Klippel).

Sulfate de plombotriéthyle, $[Pb(C^2H^5)^3]^2SO^4$. — Précipité cristallin blanc presque insoluble dans l'eau, l'alcool et l'éther, mais se dissolvant assez facilement dans de l'eau aiguisée d'acide sulfurique ou chlorhydrique. Il cristallise dans une liqueur acide en octaèdres durs et brillants, assez volumineux (Lœwig).

Phosphate de plombotriéthyle,

$$Pb(C^2H^5)^3H^2PO^4.$$

— Cristaux étoilés, solubles dans l'eau, l'alcool et l'éther.

Le *formiate*, l'*acétate*, le *butyrate* et le *benzoate* forment des aiguilles solubles dans l'eau, l'alcool et l'éther.

L'*oxalate neutre*, $[Pb(C^2H^5)^3]^2C^2O^4$, s'obtient en lamelles cristallines, ainsi que le *tartrate acide*

$$Pb(C^2H^5)^3, C^4H^5O^6.$$

Le *sulfocyanate de plombotriéthyle* s'obtient en traitant au bain-marie une solution alcoolique du chlorure par le sulfocyanate d'argent; il est soluble dans l'eau, l'alcool et l'éther, et cristallise comme le sulfocyanate de potassium (Klippel). E. W.

POTASSIUM-ÉTHYLE. — Le potassium réagit très-énergiquement sur le zinc-éthyle en produisant une combininaison cristallisée de potassium-éthyle et de zinc-éthyle. Il se produit souvent des explosions dans cette préparation (Wanklyn).

Le *lithium* se comporte comme le potassium. E. W.

SODIUM-ÉTHYLE, NaC^2H^5. — Le sodium, en réagissant sur l'iodure d'éthyle, ne donne jamais de sodium-éthyle, ce qui tient, d'après Frankland, à ce que le sodium-éthyle décompose l'iodure d'éthyle en produisant de l'iodure de sodium et les gaz éthylène et hydrure d'éthyle; ces gaz se produisent en effet lorsqu'on chauffe à 100-130°. A une température inférieure, il se forme un corps bleu, qui est probablement un composé de sodium, d'iode et d'un hydrocarbure.

Pour préparer le sodium-éthyle, on fait réagir le sodium sur le zinc-éthyle dans des tubes préalablement remplis de gaz d'éclairage, puis scellés à la lampe et maintenus dans de l'eau froide pendant plusieurs jours; le sodium se dissout peu à peu et il se sépare du zinc. Après quelques jours, le liquide contient l'excès de zinc-éthyle tenant en dissolution une combinaison de zinc-éthyle et de sodium-éthyle qui se sépare par le refroidissement en belles tables rhomboïdales. En chauffant le liquide dans de l'hydrogène, il distille du zinc-éthyle et il reste un résidu cristallin, fusible à 27°, et dégageant de l'hydrure d'éthyle par l'action de l'eau, en quantité correspondant à la formule $Zn(C^2H^5)^2, NaC^2H^5$.

Cette combinaison est très-oxydable, elle s'enflamme à l'air. On n'en a pas pu isoler le sodium-éthyle. Soumise à l'action de la chaleur, elle laisse un résidu de sodium et de zinc, sans mélange de charbon. Elle absorbe l'acide carbonique en produisant du propionate de sodium; elle absorbe le cyanogène, en formant une solution brune. L'oxyde de carbone réagit aussi sur cette combinaison.

Le sodium-éthyle est attaqué par le mercure en présence du zinc, avec production de zinc-éthyle et d'amalgame de sodium; on peut produire de même du magnésium-éthyle. Le mercure, en présence du fer, du cuivre, de l'argent, attaque également la combinaison de zinc-éthyle et de sodium-éthyle, mais ces métaux ne paraissent pas entrer en réaction [Wanklyn, *Ann. der Chem. u. Pharm.*, t. CVIII, p. 67, t. CXL, p. 353; et *Répert. de Chim. pure*, t. I, p. 256; *Bull. de la Soc. chim.*, 1866, t. VI, p. 213]. E. W.

STANNÉTHYLES. — L'étain forme avec l'éthyle une série de radicaux dont le premier a été signalé par Frankland [*Ann. der Chem. u. Pharm.*, t. LXXI, p. 213; t. LXXXV, p. 329], qui a montré que le radical $Sn(C^2H^5)^2$ peut former un oxyde, un chlorure, etc., et des sels. En effet, ce stannéthyle n'est pas une combinaison saturée, l'étain étant tétratomique, le stannodiéthyle doit être diatomique. Ces combinaisons ont été décrites par Frankland, ainsi que par Cahours et Riche [*Compt. rend.*, t. XXXV, p. 91, et t. XXXVI, p. 1001]; — et par Lœwig [*Ann. der Chem. u. Pharm.*, t. LXXXIV, p. 308, et *Ann. de Chim. et de Phys.*, (3), XXXVII, p. 343]. Le travail le plus complet sur ce sujet est dû à Cahours [*Ann. de Chim. et de Phys.*, t. LVIII, p. 22, et t. LXII, 257].

Les trois combinaisons de l'étain sont le *stannodiéthyle* $Sn(C^2H^5)^2$, le *stannotriéthyle* $Sn(C^2H^5)^3$ ou $Sn^2(C^2H^5)^6$ et le *stannotétréthyle* $Sn^{iv}(C^2H^5)^4$. Ce dernier est une combinaison saturée, car les quatre atomicités de l'étain y sont satisfaites par de l'éthyle. Lœwig avait admis l'existence d'une série plus étendue de ces radicaux pour lesquels il avait adopté la classification suivante, empruntée à celle des hydrocarbures CH^2, C^2H^4, C^2H^3, etc.

		Anciennes formules.
Stannéthyle	$Sn^{1/2}(C^2H^5)$	$Sn(C^4H^5)$
Méthylène-stannéthyle.	$Sn(C^2H^5)^2$	$Sn^2(C^4H^5)^2$
Élaïle-stannéthyle.....	$Sn^2(C^2H^5)^4$	$Sn^4(C^4H^5)^4$
Acéstannéthyle.........	$Sn^2(C^2H^5)^3$	$Sn^4(C^4H^5)^3$
Méthyl-stannéthyle....	$Sn(C^2H^5)^3$	$Sn^2(C^4H^5)^3$
Éthyl-stannéthyle.....	$Sn^2(C^2H^5)^5$	$Sn^4(C^4H^5)^5$
Et le radical..........	$Sn^3(C^2H^5)^4$	$Sn^6(C^4H^5)^4$

L'existence de ce grand nombre de stannéthyles a été mise en doute par Gerhardt [*Traité de Chim. org.*, t. II, p. 382], par Wurtz [*Rép. de Chim. pure*, 1861, p. 62], et par Strecker qui a montré par exemple que l'iodure d'élaïle-stannéthyle de Lœwig $Sn^2(C^2H^5)^4I$ est un oxyiodure

$$Sn^4(C^2H^5)^8O^3I^2 = Sn(C^2H^5)^2I^2 + 3Sn(C^2H^5)^2O$$

dont le radical n'est autre que le stannodiéthyle [*Ann. der Chem. u. Pharm.*, t. CV, p. 306, et t. CXXIII, p. 365]. Néanmoins, ainsi que l'a fait remarquer Kekulé [*Ann. der Chem. u. Pharm.*, t. CVI, p. 140], l'existence de ces radicaux n'est pas impossible, car si, dans les stannéthyles connus, l'on suppose un ou plusieurs groupes éthyle remplacés par autant d'atomes iode, on obtient des iodures de radicaux parmi lesquels se trouvent ceux de Lœwig; ainsi :

$$\underset{\text{Stanno-triéthyle.}}{Sn^2(C^2H^5)^6} + I^2 = C^2H^5I + \underset{\text{Iodure d'éthyl-stannéthyle.}}{Sn^2(C^2H^5)^5I.}$$

Frankland a obtenu le stannéthyle, à l'état d'iodure, en faisant agir l'étain métallique sur l'iodure d'éthyle, dans des tubes scellés chauffés vers 150°; Lœwig a substitué à l'étain un alliage de sodium et d'étain qui a été également employé par Cahours. Pour la préparation de cet alliage, voyez à l'article ÉTAIN.

L'étain en feuilles agit sur l'iodure d'éthyle sous l'influence de la chaleur (180°), ou de la lumière, à la température ordinaire; il se dissout peu à peu et la liqueur prend une teinte jaune-paille; à l'ouverture des tubes il se dégage de l'hydrure d'éthyle et de l'éthylène. Le contenu, débarrassé de l'excès d'iodure d'éthyle, est formé d'iodure stanneux rouge et d'iodure de stannéthyle qu'on sépare par l'alcool dans lequel il cristallise en longues aiguilles. On peut aussi opérer la séparation par distillation; après que l'excès d'iodure s'est dégagé, le thermomètre monte à 230° où il reste stationnaire durant quelque temps, et il passe un liquide ambré d'une odeur irritante qui est l'iodure de stannotriéthyle; le thermomètre s'élève ensuite à 245° et le produit qui distille à cette température se concrète en une masse blanche formée d'aiguilles enchevêtrées qui sont l'iodure de stannodiéthyle; le résidu de la distillation est de l'iodure stanneux (Frankland).

Lorsqu'on substitue à l'étain un alliage de sodium et d'étain, on obtient, outre l'iodure de stannéthyle $Sn(C^2H^5)^2I^2$, l'iodure de stannotriéthyle $Sn(C^2H^5)^3I$, qui se forme aussi, mais en plus petite quantité, dans l'opération précédente, et dont la présence se reconnaît à l'odeur très-irritante d'essence de moutarde qui se manifeste. L'alliage employé par Lœwig était formé de 6 p. d'étain et de 1 p. de sodium. Cahours a tenté l'expérience avec toute une série d'alliages renfermant depuis 2 jusqu'à 12 et même 20 °/₀ de sodium; les produits varient suivant la proportion de ce métal; il se forme toujours plus d'iodure de stannotriéthyle $Sn(C^2H^5)^3I$ qu'avec l'étain seul. L'iodure d'éthyle n'agit à froid que sur les alliages renfermant au moins 5 °/₀ de sodium; dans ce cas, la réaction étant terminée à froid, on l'achève en chauffant dans des tubes scellés à 120-140°, après avoir ajouté assez d'iodure d'éthyle pour former une bouillie claire. Plus l'alliage est riche en sodium, plus il se forme d'iodure de stannotriéthyle, et lorsque l'alliage renferme 14 à 20 °/₀ de ce métal, on n'obtient plus les iodures des radicaux stannéthylés, mais ces radicaux eux-mêmes.

Voici comment il convient d'opérer : on introduit l'alliage pulvérisé dans un ballon, avec un excès d'iodure d'éthyle; la réaction s'établit à froid et est très-énergique; on l'achève à 120°, en ajoutant une nouvelle quantité d'iodure d'éthyle. On fait digérer le produit de la réaction, qui est d'un noir verdâtre, pulvérulent et d'une odeur très-forte, avec de l'éther rectifié; on filtre après 24 heures dans une atmosphère d'acide carbonique. Après un certain temps de repos, la solution éthérée laisse encore déposer une matière floconneuse blanche qu'on filtre. On distille ensuite les 7/8 de l'éther et on ajoute au résidu la moitié de son volume d'alcool ordinaire, puis on concentre de nouveau. On obtient ainsi deux couches; la couche inférieure est jaunâtre et huileuse; elle renferme le *stannotriéthyle* $Sn^2(C^2H^5)^6$, tandis que la couche supérieure est visqueuse et laisse déposer, par l'addition d'eau, une huile épaisse et incolore qui est le *stannodiéthyle* $Sn(C^2H^5)^2$.

L'huile jaune, qui est peu soluble dans l'alcool, c'est-à-dire celle qui renferme le stannotriéthyle, étant soumise à la distillation, donne à 180° une huile limpide, à odeur éthérée, qui est le *stannotétréthyle* $Sn(C^2H^5)^4$.

Les stannéthyles, à la température ordinaire, sont oléagineux, solubles dans l'éther, peu solubles dans l'alcool absolu, insolubles dans l'eau. Leur odeur, qui est peu prononcée, est celle de certains fruits pourris; ils communiquent aux doigts une odeur désagréable d'étain. Ils brûlent, non spontanément, avec une flamme éclairante répandant beaucoup de fumée. Soumises à l'évaporation, leurs solutions alcooliques absorbent l'oxygène de l'air et abandonnent de l'oxyde. Leur solution, ajoutée à une solution alcoolique de nitrate d'argent, en sépare immédiatement de l'argent métallique.

Humectés d'acide azotique fumant, les stannéthyles s'enflamment avec explosion; avec l'acide azotique étendu, il se forme des azotates. Les corps halogènes s'y combinent avec énergie; leurs iodures sont solubles dans l'alcool. Enfin, ils décomposent les acides étendus, avec dégagement d'hydrogène et formation de sels.

Le *stannodiéthyle* $Sn(C^2H^5)^2$ est diatomique, le *stannotriéthyle* $Sn(C^2H^5)^3$, dont il faut doubler la formule à l'état de liberté, est monatomique, tandis que le *stannotétréthyle* $Sn(C^2H^5)^4$ est un composé saturé qui ne peut fixer un autre élément sans perdre une quantité équivalente d'éthyle, car les 4 atomicités de l'étain sont déjà satisfaites.

Nous passerons en revue ces trois radicaux et leurs dérivés et nous ne rappellerons que pour mémoire les autres stannéthyles signalés par Lœwig et mis en doute par les autres auteurs ; c'est vainement que Cahours a tenté de les reproduire. Nous renverrons donc pour ces composés douteux au mémoire de Lœwig cité plus haut. Strecker a fait voir qu'ils renferment de l'oxygène et qu'ils constituent en réalité des combinaisons basiques de stannéthyle. En effet, les combinaisons de meth-stannéthyle et d'éthylène-stannéthyle donnent toutes de l'oxyde de *stannéthyle* par l'action de l'ammoniaque.

STANNÉTHYLE, $Sn(C^2H^5)^2$ (*stannodiéthyle*, *éthylure* ou *éthide stanneux, diéthylure d'étain*). — Ce corps se forme directement par l'action d'un alliage d'étain riche en sodium sur l'iodure d'éthyle. On l'obtient aussi en traitant par le zinc une solution d'un sel de stannéthyle, tel que le chlorure; dans ce cas il se dépose à l'état de gouttes huileuses jaunes qui se rassemblent au fond du liquide, et qu'on lave à l'eau, par décantation. Son odeur est extrêmement irritante, il est insoluble dans l'eau, soluble dans l'alcool et dans l'éther. Sa densité est égale à 1,558 à 15°. Il ne se solidifie pas à —12°; il bout à 150° en se décomposant en étain et en un liquide incolore qui est probablement le stannotétréthyle, car il renferme encore de l'étain et ne se combine ni au brome ni à l'iode.

Le stannéthyle s'oxyde à l'air en produisant une poudre blanche qui est l'oxyde de stannéthyle. Il forme de même facilement des combinaisons halogénées.

Les combinaisons du stannéthyle donnent avec l'ammoniaque un précipité insoluble d'oxyde de stannéthyle.

Chlorure de stannéthyle, $Sn(C^2H^5)^2Cl^2$. — S'obtient tantôt en longues aiguilles satinées, tantôt en prismes ou en tables incolores. Il fond à 60°, se volatilise à 220°. Assez soluble dans l'eau, il est très-soluble dans l'alcool ou dans l'éther. Densité de vapeur = 124,4 (densité théorique = 123,5).

Bromure de stannéthyle, $Sn(C^2H^5)^2Br^2$. — Longues aiguilles blanches, inodores, solubles dans l'eau, l'alcool et l'éther, distillant à 232-233°. Densité de vapeur = 168,1 (Cahours).

Iodure de stannéthyle, $Sn(C^2H^5)^2I^2$. — S'obtient, comme on l'a vu, par l'action de l'étain sur l'iodure d'éthyle, ou bien ajoutant de l'iode à la solution éthérée de stannéthyle. Il fond à 42° et bout à 240° en se décomposant en partie. Il cristallise en prismes droits rectangulaires, d'un jaune-paille, souvent longs de 6 à 8 centimètres. L'alcool bouillant et l'éther le dissolvent très-facilement, tandis qu'il est peu soluble dans l'alcool froid et dans l'eau.

Sa solution alcoolique est décomposée par les sels d'argent; il se forme de l'iodure d'argent et les sels correspondants de stannéthyle. Avec le cyanure d'argent, on obtient de l'iodocyanure de stannéthyle qui cristallise par l'évaporation de l'alcool. Traité par l'iode en tubes scellés, il se décompose en donnant de l'iodure stannique et de l'éther iodhydrique :

$$Sn(C^2H^5)^2I^2 + 2I^2 = SnI^4 + 2C^2H^5I.$$

Sa solution aqueuse se décompose par l'ébullition en donnant un dépôt d'oxyde de stannéthyle et de l'acide iodhydrique.

Oxyiodures et oxychlorures de stannéthyle. — Lorsqu'on précipite par l'ammoniaque les trois quarts d'une solution alcoolique d'iodure de stannéthyle et qu'on fait digérer avec le dernier quart le précipité ainsi obtenu, on obtient une solution qui donne par l'évaporation des cristaux aciculaires qui ont pour composition $[Sn(C^2H^5)^2]^4I^2O^3$ et qui sont identiques avec l'iodure d'éthylène-stannéthyle de Lœwig. On obtient de même cet oxyiodure en ajoutant goutte à goutte de l'ammoniaque à une solution chaude d'iodure de stannéthyle jusqu'à ce que celle-ci se trouble.

On obtient d'une manière analogue un oxychlorure $[Sn(C^2H^5)^2]^2Cl^2O$ en lamelles blanches. Ce sont de semblables combinaisons qu'a obtenues Lœwig parce qu'il n'évitait pas le contact de l'air.

L'oxychlorure de stannéthyle, traité par l'azotate d'argent, donne un *azotate basique* qui renferme $Sn(C^2H^5)^2(AzO^3)^2$, $Sn(C^2H^5)^2H^2O^2$ et qui forme des cristaux presque insolubles dans l'eau, solubles dans l'alcool [Strecker, *Ann. der Chem. u. Pharm.*, t. CXXIII, p. 365].

Fluorure de stannéthyle, $Sn(C^2H^5)^2Fl^2$. — Beaux prismes obtenus par l'évaporation d'une solution d'oxyde de stannéthyle dans l'acide fluorhydrique.

Oxyde de stannéthyle, $Sn(C^2H^5)^2O$. — Cet oxyde s'obtient soit par l'exposition du stannéthyle à l'air, soit en précipitant la solution d'une combinaison de stannéthyle, par exemple de l'iodure, par l'ammoniaque; il se précipite une matière gélatineuse qu'on lave à l'eau chaude et à l'alcool bouillant, et qu'on dessèche ensuite dans le vide. L'oxyde ainsi obtenu forme une poudre blanche amorphe, insoluble dans l'eau, l'alcool et l'éther. Il possède une légère odeur éthérée et une saveur amère. Il est soluble dans les acides et dans les alcalis fixes. Distillé avec de la potasse, il donne du stannate de potassium et de l'oxyde de stannotriéthyle :

$$3Sn(C^2H^5)^2O + 2KHO = SnO^3K^2 + H^2O + \left.\begin{matrix} Sn(C^2H^5)^3 \\ Sn(C^2H^5)^3 \end{matrix}\right\} O.$$

Traité par le perchlorure de phosphore, il donne du chlorure de stannéthyle et de l'oxychlorure de phosphore (Cahours).

Sulfure de stannéthyle, $Sn(C^2H^5)^2S$. — Poudre blanche amorphe, d'une odeur âcre de raifort pourri, qui se forme par l'action de l'hydrogène sulfuré sur un sel de stannéthyle. Insoluble dans les acides étendus et dans l'ammoniaque, il se dissout dans l'acide chlorhydrique concentré et dans les alcalis ou les sulfures alcalins ; l'addition d'un acide à ces dernières solutions le précipite de nouveau inaltéré (Lœwig). D'après Cahours et Riche, ce sulfure s'obtient en gouttelettes limpides, se solidifiant lentement, insolubles dans l'eau, solubles dans l'alcool, par l'action de l'hydrogène sulfuré sur l'iodure de stannéthyle.

Iodocyanure de stannéthyle, $Sn(C^2H^5)^2ICy$. — S'obtient en chauffant au bain-marie, en vase clos, une bouillie alcoolique d'iodure de stannéthyle et de cyanure d'argent; la solution alcoolique donne par l'évaporation une poudre cristalline.

Azotate de stannéthyle, $Sn(C^2H^5)^2(AzO^3)^2$. — Ce sel, comme les suivants, s'obtient soit par double décomposition avec l'iodure de stannéthyle et l'azotate d'argent, soit par dissolution de l'oxyde dans l'acide étendu. Il forme des prismes assez volumineux, solubles dans l'alcool et dans l'eau. Chauffé, il fond, puis se décompose avec déflagration.

Sulfate de stannéthyle, $Sn(C^2H^5)^2SO^4$. — Belles paillettes cristallines solubles dans l'eau et dans l'alcool. La distillation le décompose en donnant des produits d'une odeur irritante.

Le *carbonate* et le *phosphate* sont insolubles dans l'eau.

Cyanate de stannéthyle. — S'obtient à l'état cristallisé, par double décomposition.

Sulfocyanate de stannéthyle,

$$Sn(C^2H^5)^2(CAzS)^2.$$

— S'obtient par double décomposition, avec des solutions alcooliques; se sépare par l'évaporation en beaux prismes incolores, d'une odeur alliacée, solubles dans l'alcool et dans l'éther. La chaleur décompose ce sel en donnant des produits fétides.

Oxalate de stannéthyle, $Sn(C^2H^5)^2.C^2O^4$. — Précipité amorphe, d'un blanc éclatant.

Formiate de stannéthyle, $Sn(C^2H^5)^2(CHO^2)^2$. — Cristaux prismatiques incolores, peu solubles dans l'eau froide, solubles dans l'alcool.

Acétate de stannéthyle, $Sn(C^2H^5)^2(C^2H^3O^2)^2$. — Tables ou prismes transparents peu solubles dans l'eau, très-solubles dans l'alcool et dans l'éther. Soumis à l'action de la chaleur, il se décompose en grande partie, une autre portion se sublimant inaltérée.

Les sels de stannéthyle ont été particulièrement étudiés par Cahours [*Ann. de Chim. et de Phys.*, (3), t. LVIII, p. 41, et t. LXII, p. 257].

Les *acides tartrique* et *citrique* dissolvent à chaud l'oxyde de stannéthyle, et par le refroidissement on obtient de petits prismes durs.

STANNOTRIÉTHYLE, $Sn(C^2H^5)^3$, ou mieux,

$$Sn^2(C^2H^5)^6$$

(ancien *sesquistannéthyle*). — Ce radical se forme, ainsi qu'on l'a vu, en même temps que le stannodiéthyle, lorsqu'on fait agir un alliage d'étain avec 20 °/₀ de sodium sur l'iodure d'éthyle; il se forme également, à l'état d'iodure, par l'action de l'étain sur l'iodure d'éthyle; il se distingue de l'iodure de stannéthyle par son odeur très-prononcée d'essence de moutarde. — Voyez p. 1356.

Le stannotriéthyle est un liquide huileux, pesant, qu'on débarrasse de stannéthyle par un lavage à l'alcool ordinaire, dans lequel il est insoluble; il distille sans décomposition. Il s'unit directement au chlore, à l'iode, etc., en donnant des composés liquides. Il agit comme un réducteur énergique.

Le stannotriéthyle donne des sels solubles, cristallisables, d'une odeur irritante, qu'on obtient par double décomposition ou par solution de l'hydrate dans les acides [Lœwig; Cahours, *loc. cit.*; Kulmitz, *Journ. für prakt. Chem.*, t. LXXX, p. 60].

Chlorure de stannotriéthyle, $Sn(C^2H^5)^3Cl$. — Huile limpide, à odeur de moutarde, bouillant à 209°, soluble dans l'eau, l'alcool et l'éther. Densité = 1,428 à 8°; densité de vapeur = 121,7 (densité théorique = 118,25).

Il forme deux *chloroplatinates*, l'un en cristaux rouge foncé, $Sn(C^2H^5)^3ClPtCl^4$, l'autre en octaèdres jaunes qui se déposent dans les eaux mères du précédent, et qui renferment $[Sn(C^2H^5)^3Cl]^2PtCl^4$. Il paraît aussi se combiner au chlorure d'or et au bichlorure de mercure (Kulmitz).

Bromure de stannotriéthyle, $Sn(C^2H^5)^3Br$. — Liquide incolore, d'une odeur très-forte, bouillant à 222-224°. Densité = 1,630. Densité de vapeur = 143,3. Peu soluble dans l'eau, soluble dans l'alcool et dans l'éther.

Iodure de stannotriéthyle, $Sn(C^2H^5)^3I$. — Cet iodure constitue l'huile d'une odeur irritante qui se forme en même temps que les cristaux d'iodure de stannéthyle par l'action de l'étain ou d'un alliage d'étain avec 5 à 10 °/₀ de sodium, sur l'éther iodhydrique. Purifiée par rectification, cette huile est un liquide pesant, incolore ou légèrement ambré, bouillant sans décomposition de 235° à 238°. Sa densité à 22° est égale à 1,833. Ce corps est très-peu soluble dans l'eau, soluble dans l'alcool et dans l'éther, d'où l'eau le précipite.

L'iodure de stannotriéthyle dissout à froid l'iode sans s'altérer, mais à chaud, la solution se décolore et donne par le refroidissement des prismes d'iodure de stannéthyle; en même temps, il s'est formé de l'iodure d'éthyle

$$Sn(C^2H^5)^3I + I^2 = Sn(C^2H^5)^2I^2 + C^2H^5I.$$

Lorsqu'on ajoute de l'iode à du stannotriéthyle, on obtient l'iodure correspondant ainsi qu'un liquide bouillant entre 240° et 250°, et qui renferme $Sn^2(C^2H^5)^4I^2$ (Cahours et Riche).

L'iodure de stannotriéthyle absorbe le gaz ammoniac sec en s'échauffant; il se produit une masse blanche, amorphe et friable, qui renferme $Sn(C^2H^5)^3I, 2AzH^3$. On obtient le même corps en prismes déliés en remplaçant le gaz ammoniac par sa solution alcoolique. Ce composé fond à une douce chaleur et se sublime en beaux cristaux. Il est soluble dans l'eau froide, mais se décompose par l'ébullition; il est soluble dans l'alcool, peu soluble dans l'éther (Cahours). En chauffant dans un tube scellé une solution alcoolique d'iodure saturé d'ammoniaque, Kulmitz a obtenu des cristaux aciculaires qu'il regarde comme l'*iodure de stannotriéthylammonium* $Az[Sn(C^2H^5)^3H^3]I$.

L'éthylamine et l'amylamine se comportent comme l'ammoniaque; avec l'amylamine on obtient une masse cristalline blanche, cristallisable dans l'alcool. Ce composé est fusible et sublimable; il renferme $Sn(C^2H^5)^3I, 2C^5H^{13}Az$.

On obtient de même une combinaison anilidée

$$Sn(C^2H^5)^3I.2C^6H^7Az,$$

cristallisable dans l'alcool en belles tables jaunâtres, solubles dans l'alcool, l'éther et dans l'eau, surtout à chaud [Cahours, *Ann. de Chim. et de Phys.*, t. LXII, p. 266].

Cyanure de stannotriéthyle, $Sn(C^2H^5)^3CAz$. — On le prépare par l'action du cyanure d'argent sec sur l'iodure de stannotriéthyle; par une douce chaleur il se produit des vapeurs blanches qui se condensent en une masse cristallisée. Il fond par la chaleur et se concrète en une masse d'aiguilles enchevêtrées.

Hydrate de stannotriéthyle, $Sn(C^2H^5)^3OH$. — Se forme en traitant l'iodure précédent par l'hydrate de potassium; par la distillation, il passe de l'eau et de l'hydrate de stannotriéthyle qui se concrète en prismes incolores et brillants, fusibles à 44-45° et distillant à 272°. Il est soluble dans l'eau, l'alcool, l'éther et l'acétone. Il possède une réaction très-alcaline, déplace l'ammoniaque de ses sels et précipite les oxydes métalliques (Cahours).

L'*oxyde*

$$\left.\begin{matrix}Sn(C^2H^5)^3\\Sn(C^2H^5)^3\end{matrix}\right\}O$$

s'obtient en maintenant pendant quelque temps l'hydrate dans le voisinage de son point d'ébullition; il constitue une huile limpide qui, arrosée d'eau, reproduit immédiatement l'hydrate cristallisé.

Sulfhydrate de stannotriéthyle, $Sn(C^2H^5)^3SH$. — On l'obtient en saturant d'hydrogène sulfuré une solution alcoolique de l'hydrate précédent; par l'évaporation on obtient des aiguilles incolores, d'une odeur irritante et fétide (Cahours, Kulmitz).

Le *sulfure*

$$\left.\begin{matrix}Sn(C^2H^5)^3\\Sn(C^2H^5)^3\end{matrix}\right\}S$$

constitue une huile pesante qu'on obtient en traitant le sulfhydrate par une quantité d'hydrate égale à celle qui lui a donné naissance.

Azotate de stannotriéthyle. — Liqueur sirupeuse ne présentant que des traces de cristallisation.

Sulfate de stannotriéthyle, $[Sn(C^2H^5)^3]^2SO^4$. — Prismes incolores très-brillants, peu solubles dans l'eau, très-solubles dans l'alcool (Cahours).

Le sulfate de stannotriéthyle dissout l'oxyde de stannéthyle, et l'on obtient des cristaux incolores, peu solubles dans l'eau, qui renferment

$$Sn^3(C^2H^5)^8SO^5$$
$$= [Sn(C^2H^5)^3]^2SO^4 + Sn(C^2H^5)^2O.$$

L'existence de ce sel peut faire penser que les combinaisons d'éthylstannéthyle de Lœwig sont du même ordre et renferment à la fois du stannodiéthyle et du stannotriéthyle (Strecker).

Iodate et bromate de stannotriéthyle. — Petits cristaux qui se forment en même temps que l'iodure et le bromure par l'action de l'iode ou du brome sur l'hydrate de stannotriéthyle (Kulmitz).

Carbonate de stannotriéthyle,

$$[Sn(C^2H^5)^3]^2CO^3.$$

— Les solutions d'hydrate de stannotriéthyle absorbent l'acide carbonique de l'air, et l'on obtient avec une solution alcoolique de petits cristaux brillants de carbonate. On l'obtient par double décomposition sous forme d'une poudre blanche, cristallisant dans l'éther en prismes obliques (Kulmitz).

Phosphate de stannotriéthyle,

$$H^2[Sn(C^2H^5)^3]PO^4.$$

— Il forme une poudre cristalline soluble dans l'alcool étendu.

L'*arséniate*, $H^2[Sn(C^2H^5)^3]AsO^4$, a également été analysé (Kulmitz).

Formiate de stannotriéthyle, $Sn(C^2H^5)^3CHO^2$. — Prismes déliés, d'un aspect soyeux après dessiccation. Il est fusible à une douce chaleur et peut être sublimé. Soluble dans l'alcool.

Acétate de stannotriéthyle, $Sn(C^2H^5)^3C^2H^3O^2$. — Longues aiguilles fusibles, peu solubles dans l'eau froide, très-solubles dans l'alcool. Bout à 230° (Cahours).

Butyrate de stannotriéthyle,

$$Sn(C^2H^5)^3C^4H^7O^2.$$

— Comme l'acétate, volatil sans décomposition et se sublimant en aiguilles très-fines (Cahours).

Benzoate, $Sn(C^2H^5)^3C^7H^5O^2$. — Prismes limpides, peu solubles dans l'eau, très-solubles dans l'alcool étendu, fusibles à 80° (Kulmitz).

Cyanate de stannotriéthyle, $Sn(C^2H^5)^3CAzO$. — Se forme par l'action du cyanate d'argent, en tubes scellés, sur l'iodure de stannotriéthyle étendu d'éther. Il constitue des prismes minces, soyeux, groupés en faisceaux, décomposables à l'air en laissant du carbonate.

Stannotriéthylurée, $Az^2H^3[Sn(C^2H^5)^3]CO$. — Le cyanate en solution alcoolique, traité par l'ammoniaque, donne des cristaux qui constituent de l'urée Az^2H^4CO, dans laquelle un atome d'hydrogène est remplacé par le stannotriéthyle. La solution alcoolique de ces cristaux donne avec l'acide oxalique des prismes limpides (Kulmitz).

Sulfocyanate de stannotriéthyle,

$$Sn(C^2H^5)^3CAzS.$$

— Obtenu par le sulfocyanate d'argent et l'iodure de stannotriéthyle dissous dans l'alcool. Par l'évaporation de l'alcool, il reste une masse sirupeuse qui se concrète peu à peu en prismes incolores et transparents (Cahours).

Oxalate de stannotriéthyle, $[Sn(C^2H^5)^3]^2C^2O^4$. — Prismes brillants, incolores et transparents, solubles dans l'eau, l'alcool et l'éther.

Tartrate de stannotriéthyle. — Le sel neutre

$$[Sn(C^2H^5)^3]^2C^4H^4O^6$$

cristallise en cubes; le sel acide

$$Sn(C^2H^5)^3C^4H^5O^6$$

forme des cristaux rhombiques assez solubles dans l'eau, très-solubles dans l'alcool étendu.

STANNOTÉTRÉTHYLE, $Sn(C^2H^5)^4$ (*éthide stannique, tétréthylure d'étain*, ancien *distannéthyle*). — Ce composé, qui se forme, ainsi qu'on l'a vu (p. 1357), par la distillation du produit brut de l'action d'un alliage d'étain riche en sodium sur l'iodure d'éthyle, se produit également par l'action du zinc-éthyle sur l'iodure de stannéthyle [Buckton, *Chem. Gaz.*, 1858, p. 415; — Frankland, *Proceed. Roy. Soc.*, t. IX, p. 672; — voir aussi *Rép. de Chim. pure*, 1859, p. 136, 416, 458].

On ajoute peu à peu de l'iodure de stannéthyle cristallisé à du zinc-éthyle en excès, dissous dans l'éther, en ayant soin de refroidir. A la distillation, la majeure partie du produit passe entre 180° et 200°, et il reste de l'iodure d'étain pour résidu. On lave le produit à l'acide acétique étendu, on le sèche sur du chlorure de calcium et on le rectifie, la plus grande partie passe alors à 181° et est formée de tétréthylure d'étain :

$$Sn(C^2H^5)^2I^2 + Zn(C^2H^5)^2 = ZnI^2 + Sn(C^2H^5)^4.$$

Ce produit constitue un liquide incolore et limpide, ne se solidifiant pas à — 13°, d'une faible odeur éthérée et d'une saveur métallique. Densité à 23° = 1,187 (Frankland; 1,192, Buckton). Sa densité de vapeur est égale à 115,8 (D. théoriq. = 117). Il bout à 181° sans décomposition, tandis que le stannodiéthyle se décompose à 150° en étain et stannotétréthyle. Il est insoluble dans l'eau, soluble dans l'éther. Il est très-inflammable et brûle avec une flamme bleue accompagnée de fumées blanches d'oxyde d'étain.

L'iode et le brome ne se combinent pas au stannotétréthyle, qui est un composé saturé, mais ils le décomposent en iodure ou bromure d'éthyle et iodure ou bromure de stannotriéthyle. Le sodium ne l'attaque pas, même à l'ébullition.

L'acide chlorhydrique le décompose à chaud en donnant de l'hydrure d'éthyle et du chlorure de stannotriéthyle :

$$Sn(C^2H^5)^4 + HCl = C^2H^5H + Sn(C^2H^5)^3Cl;$$

la réaction peut même aller plus loin et produire du chlorure de stannéthyle $Sn(C^2H^5)^2C$

Les autres acides concentrés se comportent de même.

Le stannotétréthyle traité par le tétrachlorure d'étain donne les chlorures de stannéthyle et de stannotriéthyle :

$$Sn(C^2H^5)^4 + SnCl^4 = 2Sn(C^2H^5)^2Cl^2$$

et

$$3Sn(C^2H^5)^4 + SnCl^4 = 4Sn(C^2H^5)^3Cl$$

(Cahours).

Avec le tétrachlorure de titane, il se forme du sesquichlorure de titane Ti^2Cl^6, du chlorure d'éthyle et du chlorure de stannotriéthyle (Buckton).

Le stannotétréthyle dissout le chlorure et l'iodure de mercuroséthyle et l'abandonne de nouveau par la distillation.

STANNOTRIÉTHYLE-MÉTHYLE, $Sn(C^2H^5)^3(CH^3)$. — Ce composé, analogue au précédent par sa constitution, s'obtient par l'action du zinc-méthyle sur l'iodure de stannotriéthyle :

$$2Sn(C^2H^5)^3I + Zn(CH^3)^2 = ZnI^2 + 2Sn(C^2H^5)^3(CH^3).$$

C'est une huile incolore, d'une odeur faiblement éthérée, bouillant vers 162-163°. L'iode le décompose en iodures de méthyle et de stannotriéthyle (Cahours).

Stannodiéthyle-diméthyle, $Sn(C^2H^5)^2(CH^3)^2$. — On l'obtient par l'action du zinc-méthyle en excès sur l'iodure de stannéthyle ou du zinc-éthyle sur l'iodure de stanméthyle; ces deux produits sont identiques, ainsi que l'a constaté Morgunoff [*Zeitsch. für Chem.*, t. III, p. 369]. C'est un liquide éthéré, ne se solidifiant pas à — 13°, bouillant entre 144° et 146° (175° d'après Morgunoff). Sa densité à 19° est égale à 1,2319 (1,26, Morgunoff). Sa densité de vapeur est égale à 98,7 (densité théorique=103). L'iode lui enlève le méthyle (Frankland).

Parmi les produits de cette dernière réaction, Frankland a observé l'iodure $Sn^2(C^2H^5)^4I^2$, aussi décrit par Cahours et Riche, à l'état d'une huile irritante, liquide encore à — 13°, d'une densité égale à 2,0329, bouillant à 208°, et se décomposant à 130°, ce qui a sans doute empêché d'en déterminer la densité de vapeur. La nature de cet iodure n'est pas encore bien établie, Strecker a fait voir qu'il n'est pas identique avec l'iodure de méthylène-stannéthyle de Lœwig.

Stannotriméthyle-éthyle, $Sn(C^2H^5)(CH^3)^3$. — Se forme par l'action du zinc-éthyle sur l'iodure de stannotriméthyle. C'est une huile pesante qu'on lave à l'eau, qu'on sèche et qu'on rectifie. Pur il constitue un liquide incolore, d'une odeur éthérée et piquante. Densité = 1,243; il bout à 125-128°; sa densité de vapeur est égale à 97. L'iode le décompose en iodures d'éthyle et de stannotriméthyle (Cahours). E. W.

TITANÉTHYLE. — Ce radical n'a pas encore pu être obtenu; on a tenté de le préparer par l'action des sels de titane sur le zinc-éthyle ou sur le stannéthyle [Buckton, *Journ. of Chem. Soc.*, (2), t. I, p. 17], ainsi que par l'action du titane sur l'iodure d'éthyle. Dans cette dernière réaction, il se produit de l'iodure de titane qui reste combiné à l'éther à l'état de combinaison cristallisée décrite par Kuhlmann [Cahours, *Ann. de Chim. et de Phys.*, (3), t. LXII, p. 280]. E. W.

VANADIUMÉTHYLE. — Hallwachs et Schaffarik ont essayé de le produire par l'action du vanadium sur l'iodure d'éthyle, à 180°. Il se forme un liquide rouge foncé qui n'a pas été étudié [*Ann. der Chem. u. Pharm.*, t. CIX, p. 206]. E. W.

ZINC-ÉTHYLE (*éthylure de zinc*),

$$Zn'' \left\{ \begin{matrix} C^2H^5 \\ C^2H^5 \end{matrix} \right.$$

[Frankland, *Ann. der Chem. u. Pharm.*, t. LXXI, p. 213; t. LXXV, p. 360, 1849; nouv. sér., t. IX, p. 329, 1859; et extrait *Ann. de Chim. et de Phys.*, (3), t. XXXIX, p. 224; *Chem. Soc. quart. Journ.*, 1850, t. II, p. 293-297; *Ann. der Chem. u. Pharm.*, t. XCV, p. 28; *Ann. de Chim. et de Phys.*, (3), t. XLV, p. 114; *Journ. für prakt. Chem.*, t. LXV, p. 22; *Chem. Soc. quart. Journ.*, 1854, t. VI, p. 64; — Beilstein et Rieth, *Ann. der Chem. u. Pharm.*, 1862, t. CXXIII, p. 245; *Bull. de la Soc. chim.*, 1863, p. 88 et p. 242; — Frankland et Duppa, *Journ. of the Chem. Soc.*, 1864, t. XVII, p. 29; *Bull. de la Soc. chim.*, 1864, t. II, p. 282; — Wanklyn, *Journ. of the Soc. Chem.*, avril 1866, t. XIX, p. 128; *Ann. de Chim. et de Phys.*, (4), t. VIII, p. 474. — Grabowski, *Ann. der Chem. u. Pharm.*, mai 1866, t. CXXXVIII, p. 165; *Ann. de Chim. et de Phys.*, (4), t. VIII, p. 487].

Préparation. — M. Frankland obtint pour la première fois, en 1849, le zinc-éthyle en chauffant, dans des tubes scellés à la lampe, du zinc et de l'iodure d'éthyle; à l'ouverture des tubes, il se dégage de l'hydrure de butyle gazeux (éthyle libre) et il reste un résidu solide qui, distillé dans un courant d'hydrogène, fournit le zinc-éthyle. Ce procédé donne fort peu de produit à la fois.

En 1854, M. Frankland apporta à sa méthode une modification que l'on trouvera décrite dans le *Traité de Chimie* de Gerhardt, t. IV, p. 932, et que nous ne décrirons pas, quoiqu'elle ait été en effet un progrès considérable sur la méthode première; cette méthode a été beaucoup dépassée par celle qu'ont proposée, en 1862, MM. Rieth et Beilstein, la seule dont on se serve aujourd'hui dans les laboratoires. La modification apportée par M. Frankland à son procédé primitif consistait, du reste, uniquement à remplacer le tube de verre par un digesteur en cuivre renfermant une quantité plus considérable de liquide et permettant par conséquent de recueillir une plus grande quantité de zinc-éthyle dans une seule opération.

En 1862, MM. Rieth et Beilstein firent connaître une méthode de préparation du zinc-éthyle fort avantageuse, qui consiste à décomposer l'iodure d'éthyle non plus par le zinc, mais par un alliage de zinc et de sodium. On opère ainsi qu'il suit :

On fait chauffer 4 p. de zinc dans un creuset de Hesse, jusqu'à ce que le métal commence à distiller vivement, puis on y projette peu à peu 1 p. de sodium; après le refroidissement, on pulvérise l'alliage, qui se conserve indéfiniment dans des vases bouchés.

1 p. de cet alliage est introduite dans un ballon avec 1 p. 1/2 d'iodure d'éthyle; le ballon est mis en communication d'un côté avec un ballon ascendant, de l'autre avec un appareil propre à dégager du gaz carbonique sec. Quand le ballon est plein de ce gaz, on bouche le tube qui l'amène et l'on chauffe doucement au bain-marie. Au bout de quelques heures la réaction est terminée, et il suffit alors de distiller le produit après avoir changé en sens inverse la direction du réfrigérant. On reçoit le zinc-éthyle dans un récipient rempli d'acide carbonique et on le rectifie au besoin. La quantité de zinc-éthyle obtenue répond presque à la quantité théorique, bien qu'il se dégage des gaz pendant toute la durée de la réaction.

Cette méthode, déjà si simple, a été simplifiée encore dans le laboratoire de M. Wurtz. Au lieu de n'employer que de l'alliage zinco-sodique, on met une petite quantité de cet alliage et une quantité considérable de copeaux de zinc, l'alliage servant seulement à commencer la réaction. On supprime le courant de gaz carbonique même pendant la distillation, la petite quantité d'oxygène étant absorbée par les premières portions de zinc-éthyle et n'étant pas sensiblement remplacée par l'air ambiant.

A côté des méthodes de préparation du zinc-éthyle qui précèdent, il nous reste à faire connaître deux modes de formation de ce corps, importants en ce sens qu'ils sont généraux et peuvent servir à préparer des composés semblables au zinc-éthyle lorsqu'on substitue un autre métal au zinc.

L'un de ces modes de formation a été découvert, en 1864, par MM. Frankland et Duppa; il consiste à faire agir le zinc sur le mercure éthyle :

$$Hg'' \left\{ \begin{matrix} C^2H^5 \\ C^2H^5 \end{matrix} \right. + Zn'' = Zn'' \left\{ \begin{matrix} C^2H^5 \\ C^2H^5 \end{matrix} \right. + Hg''.$$

Mercure éthyle. Zinc. Zinc éthyle. Mercure.

Lorsqu'on veut faire usage de ce procédé, on prend une cornue non tubulée que l'on remplit de zinc en grenaille fine, et l'on ajoute du mercuréthyle en ayant soin qu'il n'y ait pas plus que la moitié du zinc qui en soit mouillé; on effile à la lampe le col de la cornue, on chauffe au bain-marie jusqu'à ce que tout l'air soit chassé et l'on ferme alors d'un coup de chalumeau. On chauffe la cornue au bain-marie pendant 36 heures, en en ouvrant 2 ou 3 fois la pointe dans le cours de l'opération, et recueillant une goutte du produit sur un verre de montre pour juger du point où est parvenue la réaction, et savoir si la cornue renferme encore des composés mercuriques. Quand la décomposition est complète, il ne reste plus qu'à distiller.

L'autre mode de formation donné par M. Wanklyn, en 1866, repose sur ce fait que les composés organo-métalliques renfermant des métaux positifs comme le potassium et le sodium sont attaqués par les amalgames avec formation d'un amalgame du métal positif et d'un nouveau composé organo-métallique. Ainsi, lorsqu'on fait agir le sodium-éthyle sur un amalgame de zinc, il se forme un amalgame de sodium et du zinc-éthyle :

$$2C^2H^5Na + Zn''Hg'' = Hg''Na^2 + Zn''(C^2H^5)^2.$$

Sodium-éthyle. Amalgame de zinc. Amalgame de sodium. Zinc-éthyle.

Cette méthode n'est pas applicable à la préparation du zinc-éthyle, puisque c'est au moyen de ce dernier corps que l'on prépare l'éthylure de sodium. Mais elle peut servir à la préparation du magnésium-éthyle et de quelques autres composés organo-métalliques, et c'est ce qui en fait l'intérêt.

Propriétés. — Le zinc-éthyle est un liquide incolore et transparent qui réfracte fortement la lumière, et présente une odeur pénétrante particulière. Il bout à 118° lorsqu'il est pur. La densité de vapeur = 4,259 (61,48 par rapport à H), la théorie exigerait 4,251 (61,36 par rapport à H). Au contact de l'oxygène ou de l'air atmosphérique, le zinc-éthyle s'enflamme et brûle avec une belle flamme bordée de vert, en répandant des fumées blanches; un corps froid que l'on tient dans la flamme se recouvre de taches noires bordées de blanc.

Lorsqu'on délaye quelques gouttes de zinc-éthyle dans de l'éther pour prévenir l'inflammation, et qu'on place le liquide dans un tube rempli d'air et placé sur la cuve à mercure, l'oxygène est rapidement absorbé et il se forme une masse blanche d'éthylate de zinc, $Zn(OC^2H^5)^2$, qui renferme aussi de petites quantités d'acétate et d'hydrate de zinc. Traitée par l'eau, cette masse donne de l'hydrate de zinc et de l'alcool :

$$Zn'' \left\{ \begin{matrix} OC^2H^5 \\ OC^2H^5 \end{matrix} \right. + 2H^2O$$

Éthylate de zinc. Eau.

$$= 2C^2H^5.OH + Zn'' \left\{ \begin{matrix} OH \\ OH \end{matrix} \right. .$$

Alcool. Hydrate de zinc.

La fleur de soufre réagit à une douce chaleur sur le zinc-éthyle en donnant de l'éthylsulfure de zinc et du sulfure d'éthyle.

L'iode exerce une action très-vive sur ce corps en donnant de l'iodure d'éthyle et de l'iodure de zinc. Le brome agit d'une manière semblable. Dans le gaz chlore, le zinc-éthyle s'enflamme en produisant du chlorure de zinc, de l'acide chlorhydrique et un dépôt de charbon.

L'eau et les acides dilués décomposent le zinc-éthyle en donnant de l'hydrate ou un sel de zinc et en dégageant de l'hydrure d'éthyle :

$$Zn'' \left\{ \begin{matrix} C^2H^5 \\ C^2H^5 \end{matrix} \right. + 2H^2O$$

Zinc-éthyle.

$$= 2C^2H^6 + Zn'' \left\{ \begin{matrix} OH \\ OH. \end{matrix} \right.$$

Hydrure d'éthyle. Hydrate de zinc.

$$Zn'' \left\{ \begin{matrix} C^2H^5 \\ C^2H^5 \end{matrix} \right. + 2HCl = ZnCl^2 + 2C^2H^6.$$

Zinc-éthyle. Acide chlorhydrique. Chlorure de zinc. Hydrure d'éthyle.

Le *protochlorure de phosphore*, le *chlorure d'arsenic* et le *chlorure de silicium* réagissent sur le *zinc-éthyle* en donnant de la *triéthyl-phosphine* (Hofmann et Cahours), de la *triéthyl-arsine* et du *silicium-éthyle* (Friedel et Crafts). Les chlorures métalliques donnent également des réactions analogues. C'est ainsi que l'on obtient du *plomb-éthyle* en faisant réagir le *chlorure de plomb* sur le *zinc-éthyle*, du *mercuréthyle* en faisant réagir sur le même corps le chlorure de *mercurosééthyle* $Hg''C^2H^5Cl$, du *tétrastannéthyle* en faisant réagir sur le zinc-éthyle l'*iodure de tristannéthyle*, etc

Le zinc-éthyle sert aussi à fixer de l'éthyle sur les molécules organiques. En effet, lorsqu'on le fait agir sur les corps chlorés ou bromés, le métal s'empare du chlore et du brome qui est remplacé par l'éthyle. Comme exemple de ce genre de réactions nous citerons : la préparation de l'acétyle-éthyle au moyen du zinc-éthyle et du chlorure d'acétyle (Freund et Pebal) :

$$Zn'' \left\{ \begin{matrix} C^2H^5 \\ C^2H^5 \end{matrix} \right. + 2C^2H^3O.Cl$$

Zinc-éthyle. Chlorure d'acétyle.

$$= Zn'' \left\{ \begin{matrix} Cl \\ Cl \end{matrix} \right. + 2(C^2H^3O, C^2H^5);$$

Chlorure de zinc. Acétyle-éthyle.

la préparation par MM. Friedel et Ladenburg de l'hydrocarbure $C(CH^3)^2(C^2H^5)^2$, par l'action du zinc-éthyle sur le chlorure $C(CH^3)^2Cl^2$, que l'on obtient en soumettant l'acétone à l'action du perchlorure de phosphore :

$$C(CH^3)^2Cl^2 + Zn'' \left\{ \begin{matrix} C^2H^5 \\ C^2H^5 \end{matrix} \right.$$

Méthylchloracétol. Zinc-éthyle.

$$= Zn''Cl^2 + C(CH^3)^2(C^2H^5)^2$$

Chlorure de zinc.

et la préparation du toluène-diéthyle que MM. Lippmann et Louguinine ont obtenu en faisant agir le zinc-éthyle sur le chlorobenzol :

$$Zn'' \left\{ \begin{matrix} C^2H^5 \\ C^2H^5 \end{matrix} \right. + C^6H^5.CHCl^2$$

Zinc-éthyle. Chlorobenzol.

$$= Zn'' \left\{ \begin{matrix} Cl \\ Cl \end{matrix} \right. + C^6H^5.CH(C^2H^5)^2.$$

Chlorure de zinc. Toluène-diéthyle.

D'ailleurs les réactions sont loin d'être aussi simples que les équations ci-dessus semblent l'indiquer. Il se forme toujours beaucoup de produits secondaires.

D'après M. Grabowski, le zinc-éthyle se combine au sulfure de carbone en donnant un composé $C^5H^{10}S^2Zn''$. A la distillation sèche ou sous l'influence de l'acide chlorhydrique, ce composé donne un corps isomérique ou identique au sulfure d'amylène $C^5H^{10}S$.

Le nitrite d'amyle agit avec trop d'énergie sur le zinc-éthyle pour qu'on puisse étudier la réaction. Si l'on mélange de l'éther au zinc-éthyle, la réaction se modère assez pour pouvoir être étudiée. Elle est différente suivant qu'on ajoute peu ou beaucoup d'éther, et, dans ce dernier cas, suivant qu'on emploie en excès le nitrite d'amyle ou le zinc-éthyle.

Met-on peu d'éther, il se produit de l'oxyde et de l'amylate de zinc et de la triéthylamine :

$$2\left(Az'''\left\{\begin{matrix}O''\\OC^5H^{11}\end{matrix}\right.\right) + 3\left(Zn''\left\{\begin{matrix}C^2H^5\\C^2H^5\end{matrix}\right.\right)$$

Nitrite d'amyle. Zinc-éthyle.

$$= 2ZnO + Zn''\left\{\begin{matrix}OC^5H^{11}\\OC^5H^{11}\end{matrix}\right. + 2\left(Az\left\{\begin{matrix}C^2H^5\\C^2H^5\\C^2H^5\end{matrix}\right.\right)$$

Oxyde de zinc. Amylate de zinc. Triéthylamine.

Lorsqu'on emploie beaucoup d'éther et un excès de nitrite d'amyle, il se dégage du bioxyde d'azote et il se produit une masse solide ayant la consistance du miel. Cette masse, traitée par l'eau, donne de l'hydrure d'éthyle, de l'alcool ordinaire et de l'alcool amylique. Elle paraît être un mélange d'oxyde éthyl-amylique et d'oxyamyléthylure de zinc (?) :

$$Zn''\left\{\begin{matrix}C^2H^5\\C^2H^5\end{matrix}\right. + 2\left(Az'''\left\{\begin{matrix}O''\\OC^5H^{11}\end{matrix}\right.\right)$$

Zinc-éthyle. Nitrite d'amyle.

Masse solide.

$$= Zn\left\{\begin{matrix}C^2H^5\\OC^5H^{11}\end{matrix}\right. + \left.\begin{matrix}C^2H^5\\C^5H^{11}\end{matrix}\right\}O + 2AzO.$$

Oxyamyl-éthylure de zinc. Oxyde d'éthyl-amyle. Bioxyde d'azote.

Si le zinc-éthyle est en excès, il ne se dégage plus de bioxyde d'azote, parce que ce gaz est absorbé par l'excès de zinc-éthyle et forme le composé $Az^2O^2Zn''(C^2H^5)$:

$$Zn''\left\{\begin{matrix}C^2H^5\\(Az^2O^2C^2H^5).\end{matrix}\right.$$

A. N.

ÉTHYLE (HYDRURE D'), C^2H^6 [Syn. *Acétène, hydrure d'éthylène, deutylène*] — [Frankland et Kolbe, *Ann. der Chem. u. Pharm.*, 1848, t. LXV, p. 269; — *Chem. Soc. quart Journ.*, t. I, p. 60; — Kolbe, *Ann. der Chem. u. Pharm.*, 1849, t. LXIX, p. 279; *Chem. Soc. quart. Journ.*, t. II, p. 173; — Frankland, *Ann. der Chem. u. Pharm.*, 1850, t. LXXI, p. 203 et 213; *Chem. Soc. quart. Journ.*, t. II, p. 296, et t. III, p. 50 et 337; — Schorlemmer, *Compt. rend.*, 1864, t. LVIII, p. 703; *Bull. de la Soc. chim.*, 1864, t. I, p. 461; *Proc. of the Roy. Soc.*, t. XIII, p. 225; *Chem. Soc. Journ.*, t. XVII, p. 262; — Bunsen, *Phil. Mag.*, (4), t. IX, p. 128; — Schickendanz, *Ann. der Chem. u. Pharm.*, t. CIX, p. 106.]

Historique. — L'hydrure d'éthyle a été obtenu pour la première fois en 1848 par Frankland et Kolbe, qui le préparèrent en faisant agir le potassium sur le cyanure d'éthyle. En 1849, Kolbe obtint le même gaz par l'électrolyse de l'acétate potassique; en 1850, Frankland l'obtient de son côté par deux méthodes dont l'une consistait à soumettre l'iodure de méthyle en vase clos et à 150° à l'action du potassium, et la seconde à soumettre à l'action d'une température de 180° un mélange d'iodure d'éthyle, de zinc et d'eau, ou, ce qui revient au même, à décomposer le zinc-éthyle par l'eau. Enfin en 1864 M. Schorlemmer a obtenu ce gaz par l'action de l'acide sulfurique sur le mercuréthyle.

Ajoutons que l'hydrure d'éthyle existe dans les pétroles d'Amérique [Edmond Bonalds, *Chem. Soc. Journ.*, t. XVIII, p. 54].

Toutefois pendant longtemps on a admis que les gaz obtenus par ces différentes méthodes n'étaient point identiques. On pensait que le composé préparé soit au moyen du zinc-éthyle et de l'eau, soit au moyen de l'action du potassium sur le cyanure d'éthyle, était de l'hydrure d'éthyle C^2H^5H et différait du produit de l'électrolyse de l'acétate de potassium ou du zinc sur l'iodure de méthyle, produit que l'on considérait comme du méthylure de méthyle $CH^3.CH^3$.

Depuis les progrès de la théorie atomique, cette isomérie était devenue inexplicable. On n'aurait pu s'en rendre compte qu'en admettant une différence entre les diverses atomicités d'un même atome de carbone, ce qu'aucun autre fait ne faisait prévoir. Il était donc rationnel que cette isomérie fût révoquée en doute, et M. Schorlemmer a été assez heureux pour démontrer qu'elle n'existe pas. Les faits d'après lesquels l'isomérie avait été admise étaient les suivants : D'abord, d'après Frankland, le chlore en agissant sur l'hydrure d'éthyle aurait donné un produit de substitution liquide non solidifiable à —18°, ce qui tendait à le distinguer du chlorure d'éthyle dont il avait la composition, tandis que le même gaz, dans son action sur le méthyle, aurait fourni un produit gazeux. En outre, des expériences ayant été faites, par Bunsen d'une part et par Schickendanz d'autre part, sur les coefficients d'absorption par l'eau de ces deux gaz, on aurait observé une plus faible solubilité pour le méthyle que pour l'éthyle.

M. Schorlemmer a fait agir le chlore soit en présence de l'eau soit à sec sur le méthyle et sur l'hydrure d'éthyle. Dans l'un et l'autre cas il a obtenu un produit de substitution répondant à la formule C^2H^5Cl et entièrement identique avec le chlorure d'éthyle.

Quant aux différences de solubilité entre les deux gaz, il les explique par ce fait que Bunsen a préparé son méthyle par l'action du zinc sur l'iodure de méthyle, méthode qui donne le composé le moins pur. Il fait remarquer justement que la présence d'un gaz étranger peut suffisamment modifier les résultats pour expliquer les légères différences observées.

Enfin il montre que le méthyle et l'hydrure d'éthyle sont également solubles dans l'alcool, 1 volume de ce liquide absorbant indistinctement 1,13 volume de l'un et de l'autre gaz.

La théorie et l'expérience s'accordent donc pour considérer comme identiques les gaz décrits sous les noms de méthyle et d'hydrure d'éthyle.

Préparation. — 1° *Au moyen du cyanure d'éthyle.* — Frankland et Kolbe conseillent d'opérer comme il suit : Dans un flacon en verre on place des fragments de potassium et l'on bouche le flacon avec un bouchon de liége percé de deux trous dont l'un renferme un tube abducteur et l'autre l'extrémité inférieure d'un tube à boule effilé et plein de cyanure d'éthyle. Ce tube est fermé en haut par un robinet pour qu'on puisse régler l'écoulement du liquide qu'il contient. Les premières gouttes produisent un dégagement de gaz abondant; à la fin il faut aider la réaction en chauffant légèrement. Dès qu'on voit le dégagement gazeux s'arrêter, on interrompt l'opération. Le potassium a alors disparu et est remplacé par une masse tenace qui n'est autre que de la cyanéthine (voyez ce mot).

On ne recueille le gaz que lorsque tout l'air est expulsé de l'appareil. Pour le débarrasser des vapeurs de cyanure d'éthyle qu'il entraîne toujours, il est bon de le laisser séjourner sur l'eau pendant 24 heures, en ayant soin toutefois de faire arriver à la surface de l'eau une couche d'huile, afin d'éviter que l'air extérieur ne s'introduise dans la cloche par diffusion.

La réaction qui se produit dans l'action du potassium sur le cyanure d'éthyle est imparfaitement connue, et ne peut pas jusqu'ici être exprimée par une équation.

2° *Électrolyse de l'acétate de potassium.*— Lorsqu'on décompose l'acétate de potassium en solution moyennement concentrée par une pile de 4 éléments Bunsen, il se dégage de l'hydrure d'éthyle et de l'acide carbonique au pôle positif et de l'hydrogène au pôle négatif. Il reste un résidu de carbonate potassique. L'hydrure d'éthyle est toujours accompagné de quelques traces d'acétate et d'oxyde de méthyle. La réaction est exprimée par l'équation suivante :

$$\left.\begin{matrix} CH^3.CO.OK \\ CH^3.CO.OK \end{matrix}\right\} + \left.\begin{matrix} H \\ H \end{matrix}\right\} O$$

2 molécules d'acétate de potassium. Eau.

$$= (CO)''\left\{\begin{matrix} OK \\ OK \end{matrix}\right. + CO^2 + H^2 + \begin{matrix} CH^3 \\ | \\ CH^3 \end{matrix}$$

Carbonate potassique. Hydrure d'éthyle.

L'oxyde et l'acétate de méthyle sont des produits secondaires.

Pour obtenir l'hydrure d'éthyle pur sans aucun mélange d'hydrogène, Kolbe dispose son appareil de la manière suivante : Il prend un vase peu profond de terre poreuse auquel il adapte, au moyen d'un caoutchouc, un cylindre de verre de même diamètre, et il place dans ce vase une dissolution d'acétate de potassium montant un peu au-dessus de la ligne de jonction du vase poreux et du cylindre de verre. Ce cylindre est fermé par un bouchon percé de deux trous. Dans l'un de ces trous s'engage un tube qui descend au fond du liquide et dans lequel passe un fil de cuivre auquel est attachée, à la partie inférieure, une lame de platine servant d'électrode positive ; dans l'autre trou passe le tube abducteur. Tout le système repose dans un vase de verre de plus grand diamètre qui renferme une solution d'acétate potassique, au même niveau que dans le cylindre intérieur. Dans le second vase et tout autour du premier se trouve une lame de cuivre cylindrique en communication avec le pôle positif de la pile. Dès que le courant de 4 éléments Bunsen passe à travers ce système, un abondant dégagement gazeux a lieu par le tube abducteur. On fait passer le gaz, d'abord à travers un tube à boules rempli d'une dissolution de potasse destinée à absorber l'acide carbonique, puis à travers un tube à boules renfermant de l'acide sulfurique fumant pour retenir les petites quantités d'acétate de méthyle et d'oxyde de méthyle, puis un troisième tube plein de potasse pour arrêter les vapeurs d'acide sulfurique entraînées, enfin une série de tubes en U pour dessécher le gaz. L'hydrure de méthyle ainsi obtenu et recueilli sur le mercure est absolument pur.

3° *Préparation au moyen de l'iodure de méthyle et du zinc.* — On chauffe à 150° environ, dans un tube scellé à la lampe, un mélange d'iodure de méthyle et de zinc en grenailles. Les produits de cette réaction sont : l'iodure de zinc, le zinc-méthyle et le méthyle qui se comprime dans le tube fermé ; lorsqu'on ouvre celui-ci, le méthyle prend l'état gazeux et peut être recueilli sur le mercure. Il est toutefois préférable de le recueillir d'abord sur l'eau et de l'y laisser reposer pendant 24 heures afin que les vapeurs d'iodure de méthyle entraînées aient le temps de s'absorber. Néanmoins l'hydrure d'éthyle ainsi préparé n'est jamais bien pur. La réaction s'accomplit en deux phases : il se forme d'abord du zinc-méthyle et de l'iodure de zinc, puis une seconde molécule d'iodure de méthyle réagit sur le zinc-méthyle formé d'abord et donne de l'iodure de zinc et de l'hydrure d'éthyle :

$$1^\circ \quad 2CH^3I + 2Zn'' = Zn''I^2 + Zn''\left\{\begin{matrix} CH^3 \\ CH^3 \end{matrix}\right.$$

Iodure de méthyle. Zinc. Iodure de zinc. Zinc-méthyle.

$$2^\circ \quad Zn''\left\{\begin{matrix} CH^3 \\ CH^3 \end{matrix}\right. + 2CH^3I = 2C^2H^6 + Zn''I^2.$$

Zinc-méthyle. Iodure de méthyle. Hydrure d'éthyle. Iodure de zinc.

4° *Préparation au moyen de l'eau et du zinc-éthyle.*— Lorsqu'on fait arriver du zinc-éthyle dans l'eau, une double décomposition a lieu, il se forme de l'hydrate de zinc et de l'hydrure d'éthyle :

$$Zn''\left\{\begin{matrix} C^2H^5 \\ C^2H^5 \end{matrix}\right. + 2H^2O = Zn''\left\{\begin{matrix} OH \\ OH \end{matrix}\right. + 2C^2H^6.$$

Zinc-éthyle. Eau. Hydrate de zinc. Hydrure d'éthyle.

Ordinairement on dispose l'opération de manière que le zinc-éthyle se détruise à mesure qu'il se forme. On met dans des tubes scellés à la lampe, de l'eau, du zinc et de l'iodure d'éthyle, et l'on chauffe au bain d'huile à 180°. Le zinc disparaît, le liquide s'épaissit et finit par se prendre en une masse blanche d'iodure de zinc. 3 grammes 1/2 d'iodure d'éthyle suffisent pour un tube de grandeur ordinaire et fournissent 300 centimètres cubes d'hydrure d'éthyle qui se dégage à l'ouverture du tube (Frankland). On laisse reposer le gaz sur l'eau pendant 24 heures pour que l'eau absorbe les vapeurs d'iodure d'éthyle que ce gaz a pu entraîner.

5° *Préparation par le mercure-éthyle et l'acide sulfurique.* — Ce procédé, employé par Schorlemmer, est celui qui fournit l'hydrure d'éthyle le plus pur. Il se forme du sulfate mercurique en même temps que l'hydrure de d'éthyle :

$$Hg''\left\{\begin{matrix} C^2H^5 \\ C^2H^5 \end{matrix}\right. + SO^4H^2$$

Mercure-éthyle. Ac. sulfurique.

$$= SO^4Hg + 2C^2H^6.$$

Sulfate mercurique. Hydrure d'éthyle

Propriétés. — L'hydrure d'éthyle est un gaz incolore presque insoluble dans l'eau, mais assez soluble dans l'alcool qui, à la température de 8°,8 et sous la pression de 665^{mm},5 en dissout 1,22 de son propre volume. La densité = 1,755 (25,33 par rapport à l'hydrogène) ; le calcul exigerait 1,039 (15,54 par rapport à l'hydrogène). Comme cette densité a été prise avec de l'hydrure d'éthyle obtenu par la décomposition du cyanure éthylique, on peut supposer qu'il renfermait encore des vapeurs de ce dernier corps et qu'à ces vapeurs est dû l'écart qui sépare la densité trouvée de la densité calculée. D'une agréable odeur éthérée lorsqu'il vient d'être préparé, l'hydrure d'éthyle devient tout à fait inodore après avoir subi l'action de l'alcool et de l'acide sulfurique fumant.

L'acide sulfurique, le soufre et l'iode sont sans action sur ce corps. Le chlore n'agit pas non plus sur lui à l'obscurité. Mais à la lumière du soleil il donne de l'acide chlorhydrique et des produits de substitution dont le premier est le chlorure d'éthyle C^2H^5Cl et le dernier l'hexachlorure decarbonique C^2Cl^6. Tel est au moins le dernier résultat obtenu par M. Schorlemmer, qui a pu faire par ce moyen la synthèse de l'alcool, et dont les expériences ont été faites avec une précision qui ne laisse subsister aucun doute dans l'esprit.

Les expériences de Schorlemmer ont démontré non-seulement l'identité de l'hydrure d'éthyle et du méthyle, mais encore des radicaux alcooliques supérieurs avec les hydrures homologues de l'hydrure d'éthyle. Ainsi l'éthyle libre qu'on écrivait jadis $C^2H^5.C^2H^5$ n'est autre que l'hydrure de butyle C^4H^{10} et ainsi de suite.

A. N.

ÉTHYLÈNE,

$$(C^2H^4)'' = \begin{array}{l} CH^2 \\ | \\ CH^2 \end{array}$$

[Syn. *Gaz oléfiant, hydrogène bicarboné, éthène, éthérine, élayle*]. — Bibliographie : Découverte et analyse : Deiman, Paets van Troostwyk, Bondt et Lauwerenburgh, *Chem. Ann. von Crell*, 1795, t. II, p. 195, 310, 430; *Ann. von Gilbert*, t. II, p. 201; *Ann. de Chim.*, t. XXI, p. 48; — Berthollet, *Mém. de l'Inst.*, t. IV, p. 269; — Th. de Saussure, *Ann. de Chim.*, t. LXXVIII, p. 57; — Faraday, *Biblioth. de Genève*, nouv. sér., t. LIX, p. 144; — Marchand, *Journ. für prakt. Chem.*, t. XXVI, p. 478.

Production et préparation : Bischoff, *Journ. für Chem. u. Phys. von Schweigger*, t. XLI, p. 319; — Erdmann et Marchand, *Journ. für prakt. Chem.*, t. XV, p. 13; — Lose, *Poggend. Ann.*, t. XLVII, p. 619; — Erdmann, *Journ. für prakt. Chem.*, t. XXI, p. 291; — Mitscherlich, *Ann. de Chim. et de Phys.*, (3), t. VII, p. 12; — Ebelmen, *ibid.*, t. XVI, p. 136; — Frankland, *Ann. der Chem. u. Pharm.*, t. LXXXII, p. 1. — (Les diverses indications bibliographiques qui se rapportent à la synthèse, aux transformations, à l'action de la chaleur, aux propriétés physiques et aux combinaisons de ce corps, seront données à chacun de ces articles.)

Historique. — Le gaz éthylène a été découvert, en 1795, par quatre chimistes hollandais, Deiman, Paets van Troostwyk, Bondt et Lauwerenburg, en chauffant l'alcool avec un excès d'acide sulfurique ordinaire. Ils lui donnèrent le nom de *gaz oléfiant* à cause de l'apparence huileuse de son chlorure qu'ils découvrirent. Après eux, Berthollet, Th. de Saussure, Faraday, Marchand, etc., continuèrent l'étude de sa constitution, de sa composition et de ses propriétés.

Production. — Ce corps se forme dans beaucoup de circonstances : par l'action des déshydratants (acide sulfurique, acide borique, chlorure de zinc) sur l'alcool et l'éther; par la distillation sèche des corps gras, des résines, du caoutchouc, du bois et surtout de la houille (voyez Gaz de l'éclairage). Sa production synthétique directe, en partant des éléments inorganiques, est spécialement due à Berthelot.

Synthèse de l'éthylène. — 1° Le sulfure de carbone sec, traité par le chlore à la température ordinaire ou au rouge sombre, donne les divers chlorures CCl^4, C^2Cl^6, C^2Cl^4 [Kolbe, *Ann. der Chem. u. Pharm.*, 1845, t. LIV, p. 146]. L'hydrogène libre, en agissant sur les deux derniers, soit à froid en présence de l'eau (Melsens), soit au rouge sombre [Berthelot, *Ann. de Chim. et de Phys.*, (3), t. LIII, p. 154 et suiv.], donne à la fois les deux hydrocarbures C^2H^4 et C^2H^6.

2° Un mélange gazeux de sulfure de carbone, d'hydrogène sulfuré et d'oxyde de carbone, en passant sur du fer ou du cuivre au rouge sombre, donne aussi les carbures C^2H^4 et C^2H^6 mêlés d'un peu d'acide carbonique [Berthelot, *loc. cit.*, p. 133].

Dans les mêmes conditions, le mélange de vapeur de sulfure de carbone et de gaz sulfhydrique en produit une moindre quantité. Les chlorures C^2Cl^6 et C^2Cl^4, chauffés longtemps avec de la potasse alcoolique, donnent un mélange d'éthylène et d'hydrogène [Berthelot, *Ann. de Chim. et de Phys.*, (3), t. LIV, p. 89].

3° L'acétylène C^2H^2, chauffé au rouge sombre en présence de l'hydrogène, donne du gaz oléfiant [Berthelot, *Bull. de la Soc. chim.*, 1866, t. V, p. 410].

L'acétylure cuivreux donne aussi, avec l'hydrogène naissant dégagé par le zinc et l'ammoniaque, du gaz éthylène à la température ordinaire [Berthelot, *Ann. de Chim. et de Phys.*, (3), t. LXVII, p. 53].

4° La distillation sèche du formiate de baryum, obtenue directement par l'oxyde de carbone et l'hydrate barytique, donne une faible quantité d'éthylène mêlé au gaz des marais CH^4 [Berthelot, *Ann. de Chim. et de Phys.*, (3), t. LIII, p. 94].

Préparation. — On peut le préparer soit en chauffant un mélange de 1 p. d'alcool (80° à 90°) avec 5 p. d'acide sulfurique ordinaire, soit en faisant passer les vapeurs d'alcool ou d'éther dans un mélange maintenu bouillant de 10 p. d'acide sulfurique concentré et de 3 p. d'eau [Mitscherlich, *Ann. de Chim. et de Phys.*, (3), t. VII, p. 12], soit en faisant bouillir un mélange de 4 p. d'acide borique fondu et 1 p. d'alcool à 96° ou 97° [Ebelmen *ibid.*, (3), t. XVI, p. 136]. Dans les deux premiers procédés, le gaz doit être lavé à l'eau de chaux pour enlever les parties acides, ainsi qu'à l'acide sulfurique concentré qui absorbe l'alcool et l'éther.

Propriétés physiques. — Le gaz éthylène est incolore, d'une légère odeur éthérée; il est irrespirable, sans saveur, combustible avec une flamme éclairante. Sa densité a été trouvée par Th. de Saussure égale à 0,9784 (théorie, 0,9702). Faraday l'a liquéfié en le soumettant à une forte pression et à une température de −110°; le liquide condensé est limpide et ne bout plus alors à −110° sous la pression ordinaire, toutefois il est probable que son point d'ébullition est très-supérieur à cette température, car, parmi les échantillons liquéfiés, le plus pur contenait 1/10 environ de gaz des marais ou de gaz analogues; aussi ne donnons-nous pas ici les tables de cette tension. — Voyez Faraday, *Nouv. Bibliothèque de Genève*, t. LIX, p. 144.

Le gaz éthylène est peu soluble dans l'eau (voir les tables de sa solubilité dans ce liquide privé d'air sous la pression de 760 millimètres [*Ann. de Chim. et de Phys.*, (3), t. XLIII, p. 502, et *Ann. der Chem. u. Pharm.*, 1855, t. XCIII, p. 1], ainsi que dans ce dictionnaire au mot Absorption).

La formule générale qui donne les quantités a absorbées aux diverses températures t est

$$a = 0,25629 - 0,00913831\, t + 0,000188108\, t^2.$$

Il est plus soluble dans l'éther et l'alcool; Carius a trouvé pour son coefficient d'absorption dans l'alcool absolu :

$$a = 3,594984 - 0,0577167\, t + 0,0006812\, t^2$$

[*Ann. der Chem. u. Pharm.*, t. XCIV, p. 129].

L'éthylène est fort peu soluble dans l'acide sulfurique monohydraté, avec lequel il se combine par agitation pour donner de l'acide sulfovinique (Berthelot) et dans les liquides organiques inflammables, tels que l'essence de térébenthine, il se dissout peu dans le protochlorure de cuivre; il se dégage de ces solutions par la chaleur.

Action de la chaleur et de l'électricité. — Soumis pendant une heure à la température du rouge sombre, le gaz éthylène donne de l'acétylène, de l'hydrure d'éthyle et quelques carbures goudronneux, du charbon et de l'hydrure de méthyle [Berthelot, *Bull. de la Soc. chim.*, 1866, t. V,

p. 412, et *Ann. de Chim. et de Phys.*, (3), t. LXVII, p. 53].

L'étincelle d'induction transforme l'éthylène d'abord en hydrogène et acétylène, puis en charbon et hydrogène [De Wilde, *Bull. de la Soc. chim.*, 1866, t. VI, p. 267].

Action de divers corps. — Mêlé à de l'air ozonisé, l'éthylène produit des vapeurs blanches, irritant fortement les yeux, bleuissant le papier ozonométrique, assez solubles dans l'eau, à laquelle elles communiquent la même propriété. Cette eau s'acidifie bientôt et contient de l'acide formique [Schœnbein, *Ann. de Chim. et de Phys.*, (3), t. LVIII, p. 483] (1).

L'éthylène, mêlé à l'oxygène, brûle avec explosion au contact d'un corps enflammé ; 1 volume d'hydrocarbure exige 3 volumes d'oxygène et donne 2 volumes d'acide carbonique. Agité avec du permanganate de potasse; il donne des acides formique et carbonique [Truchot, *Compt. rend.*, t. LXIII, p. 271]. M. Berthelot a prouvé en outre que la réaction d'une solution alcaline de permanganate de potasse sur l'éthylène donne de l'acide oxalique :

$$\underset{\text{Éthylène.}}{C^2H^4} + O^5 = \underset{\text{Acide oxalique.}}{C^2H^2O^4} + H^2O.$$

[Berthelot, *Bull. de la Soc. chim.*, 1867, t. VII, p. 126]. En chauffant l'éthylène avec l'acide chromique, le même auteur a obtenu de l'aldéhyde.

Un mélange de 2 volumes de chlore et de 1 volume de gaz oléfiant brûle au contact d'un corps enflammé, avec une couleur rougeâtre et un abondant dépôt de charbon; ce mélange, exposé au soleil ou au contact de feuilles d'or faux (cuivre battu), s'enflamme et donne du charbon, de l'acide chlorhydrique et des produits de substitution avancée. A la lumière diffuse, un mélange humide de volumes égaux des deux gaz se combine peu à peu et donne le bichlorure $C^2H^4Cl^2$.

Le brome absorbe directement l'éthylène et l'iode se combine avec lui par l'action de la chaleur ou de la lumière : il se forme des corps analogues au bichlorure.

Le protochlorure d'iode l'absorbe en produisant un liquide solidifiable à 0°, c'est le chloroiodure d'éthylène.

Le protochlorure de soufre S^2Cl^2 donne, avec le gaz oléfiant, un liquide visqueux et fétide [Despretz, *Ann. de Chim. et de Phys.*, t. XXI, p. 438]. Il en est de même du chlorure SCl^2. Ces composés sont les sulfochlorures $2(C^2H^4)S^2Cl^2$ et C^2H^4,SCl^2. — Voyez plus loin ces divers composés.

L'hydrogène réagit sur le gaz éthylène vers la température du rouge naissant et le transforme partiellement en hydrure d'éthylène (hydrure d'éthyle, C^2H^6) [Berthelot, *Bull. de la Soc. chim.*, 1866, t. V, p. 405]. Il se forme en même temps de l'acétylène et du goudron.

En faisant passer au rouge sombre, dans un tube de porcelaine, un mélange de 20 volumes d'hydrogène, 10 volumes d'éthylène et 1 volume d'oxygène, on obtient dans les parties froides du tube, et spécialement au commencement de l'opération, des cristaux légers, brillants, fusibles, solubles dans l'alcool, dont l'eau les précipite ; serait-ce la naphtaline? [Bérard, *Ann. de Chim. et de Phys.*, t. V, p. 297.]

L'éthylène se combine à la vapeur nitreuse et donne le glycol dinitreux

$$\left.\begin{matrix} C^2H^4 \\ 2(AzO)^2 \end{matrix}\right\} O^2.$$

(1) Toutefois, suivant Dœbereiner, le noir de platine transforme en acide acétique un mélange de gaz éthylène et d'oxygène.

Au rouge sombre, les métaux décomposent l'éthylène ; le nickel et le cuivre se recouvrent d'une suie charbonneuse, dont les parties adhérentes contiennent du métal (Marchand). Le platine en fil se gonfle beaucoup dans les mêmes conditions et donne aussi une sorte de carbure où l'on a trouvé 11,5 % de métal.

L'acide sulfurique fumant se combine à l'éthylène pour produire l'anhydride éthionique

$$C^2H^4(SO^3)^2$$

[Regnault, *Ann. de Chim. et de Phys.*, t. LXV, p. 98].

L'éthylène est absorbé aisément par l'acide sulfurique fumant et donne avec lui de l'acide iséthionique :

$$SO^3.\left.\begin{matrix} H^2 \\ C^2H^4 \end{matrix}\right\} O^2 = C^2H^4 \left\{\begin{matrix} OH \\ SO^3H \end{matrix}\right.$$

[Regnault, *Ann. de Chim. et de Phys.*, (3) t. XLIII, p. 396]. Il se dissout par une longue agitation dans l'acide sulfurique ordinaire et forme de l'acide sulfovinique

$$SO^2 \left\{\begin{matrix} C^2H^5 \\ OH \end{matrix}\right.$$

[Berthelot, *Ann. de Chim. et de Phys.*, 1855, (3), t. XLIII, p. 385].

Les acides bromhydrique et iodhydrique se combinent directement à 100° avec l'éthylène pour donner le bromure et l'iodure d'éthyle [Berthelot, *Ann. de Chim. et de Phys.*, t. LI, p. 83, et t. LXI, p. 48; *Répert. de Chim. pure*, 1860, p. 174].

L'eau oxygénée chlorhydrique paraît absorber peu à peu l'éthylène et former du glycol [Carius, *Ann. der Chem. u. Pharm.*, t. CXXVI, p. 195, et *Bull. de la Soc. chim.*, 1863, p. 514].

L'acide hypochloreux, dissous dans l'eau, se combine directement à l'éthylène et donne la monochlorhydrine :

$$C^2H^4 \left\{\begin{matrix} OH \\ Cl \end{matrix}\right.$$

[Carius, *Ann. der Chem. u. Pharm.*, t. CXXIII, p. 363 ; *Ann. de Chim. et de Phys.*, (3), t. LXVII, p. 370].

L'anhydride acétohypochloreux (acétate de chlore de M. Schützenberger)

$$\left.\begin{matrix} C^2H^3O \\ Cl \end{matrix}\right\} O$$

se combine directement à l'éthylène et donne du glycol acétochlorhydrique :

$$\left.\begin{matrix} C^2H^3O \\ Cl \end{matrix}\right\} O + C^2H^4 = C^2H^4 \left\{\begin{matrix} O.C^2H^3O \\ Cl \end{matrix}\right.$$

[Schützenberger et Lippmann, *Bull. de la Soc. chim.*, 1865, t. IV, p. 438].

D'après M. Berthelot, l'éthylène ou ses restes peuvent déplacer au rouge sombre certains hydrocarbures assez simples de la molécule d'hydrocarbures plus compliqués; ce chimiste donne les équations suivantes :

$$\underset{\text{Phényle.}}{C^{12}H^{10}} + \underset{\text{Éthylène.}}{C^2H^4} = \underset{\text{Benzine.}}{C^6H^6} + \underset{\text{Styrolène.}}{C^8H^8},$$

$$\underset{\text{Chrysène.}}{C^{18}H^{12}} + \underset{\text{Éthylène.}}{C^2H^4} = \underset{\text{Anthracène.}}{C^{14}H^{10}} + \underset{\text{Benzine.}}{C^6H^6},$$

$$\underset{\text{Anthracène.}}{C^{14}H^{10}} + \underset{\text{Éthylène.}}{C^2H^4} = \underset{\text{Naphtaline.}}{C^{10}H^8} + \underset{\text{Benzine.}}{C^6H^6}.$$

Une partie de l'hydrocarbure complexe primitif échappe à la réaction, une autre forme des produits goudronneux, et il y a en même temps des réactions secondaires [Berthelot, *Bull. de la Soc chim.*, 1867, t. VII, p. 291].

DÉRIVÉS CHLORÉS DE L'ÉTHYLÈNE.

En agissant sur l'éthylène, le chlore donne naissance à deux séries de combinaisons. Les corps qui composent la première série résultent de la saturation totale du carbone par les éléments hydrogène et chlore, ce sont le chlorure d'éthylène $C^2H^4Cl^2$ et les chlorures d'éthylène chlorés, savoir :

$$C^2H^3Cl, Cl^2;\ C^2H^2Cl^2, Cl^2;\ C^2HCl^3, Cl^2;\ C^2Cl^6.$$

La seconde série comprend les radicaux diatomiques chlorés, dont les précédents sont les chlorures, ce sont les éthylènes chlorés :

$$C^2H^3Cl;\ C^2H^2Cl^2;\ C^2HCl^3;\ C^2Cl^4.$$

Ils dérivent des premiers par la perte de HCl. Chacun des chlorures d'éthylène chlorés a son correspondant isomérique dans les chlorures d'éthyle chlorés obtenus par l'action du chlore sur le chlorure d'éthyle. Toutefois cette isomérie, démontrée par Beilstein, pour le chlorure d'éthyle chloré et le bichlorure d'éthylène, et annoncée il y a longtemps par Regnault, demanderait à être établie par de nouvelles études. C'est par la découverte et l'étude de la plupart de ces corps que Regnault appliqua largement le premier, en 1835, la loi de la substitution de Dumas.

BICHLORURE D'ÉTHYLÈNE,

$$C^2H^4Cl^2 = \left\{ \begin{matrix} CH^2Cl \\ CH^2Cl \end{matrix} \right.$$

[Syn. *Liqueur des Hollandais, dichlorhydrine glycolique*]. — Sources : Deiman, Troostwyk, etc., *Ann. v. Crell*, t. II, p. 200; — Liebig, *Ann. der Chem. u. Pharm.*, t. I, p. 213, et t. IX, p. 20; — Dumas, *Ann. de Chim. et de Phys.*, t. XLVIII, p. 185; — Laurent, *ibid.*, t. LXIII, p. 377; — Regnault, *ibid.*, t. LVIII, p. 301; t. LXIX, p. 201; t. LXXI, p. 371; — Malaguti, *Ann. de Chim. et de Phys.*, (3), t. XVI, p. 6 et 11; — L. Pierre, *Compt. rend.*, t. XXV, p. 130, et *Ann. de Chim. et de Phys.*, (3), t. XXXI, p. 138; — Wœhler, *Poggendorff's Ann.*, t. XIII, p. 297; — Limpricht, *Ann. der Chem. u. Pharm.*, t. XCIV, p. 245, et *Ann. de Chim. et de Phys.*, (3), t. XLV, p. 376].

Le bichlorure d'éthylène a été découvert par les quatre chimistes hollandais Deiman, Troostwyck, Bond et Lauwerenburgh, en 1795.

Préparation. — Ce chlorure se produit soit quand le chlore humide est mêlé à de l'éthylène (Regnault), soit quand on fait passer un courant d'éthylène à travers l'acide chlorochromique ou le perchlorure d'antimoine maintenus en fusion, et distillant tant que, par l'addition d'eau, il se sépare une huile de la liqueur distillée, soit encore quand on fait agir le perchlorure de phosphore sur le glycol (Wurtz).

Mais le meilleur mode de préparation consiste à faire passer du gaz éthylène à travers un mélange dégageant du chlore (bioxyde de manganèse, 2 p.; chlorure de sodium, 3 p.; eau, 4 p.; acide sulfurique, 5 p.). Le produit distillé est lavé d'abord à la lessive de potasse, puis à l'eau, enfin rectifié. On recueille le liquide passant de 82° à 85°. On peut, pour cette préparation, employer certains gaz d'éclairage.

Propriétés. — Le bichlorure d'éthylène est un corps huileux, incolore, de saveur douceâtre, d'odeur éthérée, presque insoluble dans l'eau, soluble dans l'alcool et l'éther. Il bout à 82°,5 à la pression de 765 millimètres (Regnault), à 85° à la pression de 770 millimètres (Dumas). Sa densité est de 1,256 à 12° (Regnault), de 1,247 à 18° (Liebig); sa densité de vapeur de 3,4434 (Gay-Lussac), de 3,46 (Dumas), de 3,478 (Regnault); calcul, 3,4303. Il est inflammable et brûle avec une flamme verte, fuligineuse, en répandant à l'air de l'acide chlorhydrique.

En passant à l'état de vapeur, à travers un tube chauffé au rouge naissant, le chlorure d'éthylène donne du charbon, du chlorure de carbone, du gaz chlorhydrique et de la naphtaline.

Le chlorure d'éthylène dissout, surtout à chaud, beaucoup de phosphore. Le chlore l'attaque peu à peu sous l'influence de la lumière ou de la chaleur et forme les divers chlorures d'éthylène chlorés.

Le potassium le décompose vivement à chaud et donne une masse poreuse; il se dégage en même temps de l'éthylène chloré et du gaz hydrogène.

Chauffé à 275° avec un mélange de cuivre, d'eau et d'iodure de potassium, le composé $C^2H^4Cl^2$ régénère C^2H^4 et une certaine quantité de C^2H^5Cl; l'action est difficile (Berthelot). — Voyez BIBROMURE D'ÉTHYLÈNE.

Exposé sous l'eau au soleil, le bichlorure d'éthylène donne de l'acétate d'éthyle :

$$2C^2H^4Cl^2 + 2H^2O = \underset{\text{Acétate d'éthyle.}}{C^2H^5.C^2H^3O^2} + 4HCl.$$

L'acide sulfurique ne l'altère pas, même quand on le distille avec lui.

Le gaz ammoniac n'agit pas sur le chlorure d'éthylène liquide à la température ordinaire; mélangé à sa vapeur, il donne du chlorhydrate d'ammoniaque et un corps inflammable, sans doute une des bases éthyléniques d'Hofmann [Robiquet et Colin, *Ann. de Chim. et de Phys.*, t. I, p. 213, et t. II, p. 206]. Mais à chaud et en tubes scellés, l'ammoniaque aqueuse ou alcoolique donne les bases mono-, di-, triéthylénique, selon que le chlorure ou l'ammoniaque est en excès (voyez BASES ÉTHYLÉNIQUES). On a les équations

$$C^2H^4Cl^2 + 4AzH^3 = Az^2 \left\{ \begin{matrix} C^2H^4 \\ H^2 \\ H^2 \end{matrix} \right. + 2AzH^4Cl$$

Éthylène-diamine.

$$2C^2H^4Cl^2 + 6AzH^3 = Az^2 \left\{ \begin{matrix} C^2H^4 \\ C^2H^4 \\ H^2 \end{matrix} \right. + 4AzH^4Cl$$

Diéthylène-diamine.

L'aniline produit d'une manière analogue de l'éthylène-diphénylamine.

La potasse aqueuse l'attaque peu, mais en solution alcoolique, elle transforme aisément le chlorure d'éthylène en éthylène chloré C^2H^3Cl :

$$C^2H^4Cl^2 + KHO = H^2O + 2KCl + C^2H^3Cl.$$

L'éthylate de soude agit de même [Wurtz et Frapolli, *Ann. de Chim. et de Phys.*, (3), t. LVI, p. 142].

Chauffé avec une solution alcoolique de sulfure ou de sulfhydrate de potassium, le chlorure d'éthylène donne les sulfures et le sulfhydrate d'éthylène, ainsi que du chlorure de potassium.

Le chlorure d'éthylène est la dichlorhydrine du glycol; on peut en effet le produire en traitant le glycol par le perchlorure de phosphore. Réciproquement cet éther chlorhydrique, ou le corps bromé correspondant, traité par l'acétate d'argent, donne la diacétine du glycol

$$C^2H^4 \left\{ \begin{matrix} O.C^2H^3O \\ O.C^2H^3O \end{matrix} \right.$$

qui, par l'hydrate de baryte, produit le glycol (Wurtz).

Le bichlorure d'éthylidène et le chlorure d'éthyle chloré sont isomériques avec le bichlorure d'éthylène; Wurtz et Beilstein ont démontré l'identité des deux premiers; mais tandis que eux-ci doivent être représentés par le symbole

$$\begin{cases} CH^3 \\ CHCl^2 \end{cases}$$

Le second correspond au symbole

$$\begin{cases} CH^2Cl \\ CH^2Cl. \end{cases}$$

ÉTHYLÈNE CHLORÉ,

$$(C^2H^3Cl)'' = \begin{cases} CH^2 \\ CHCl \end{cases}$$

[Syn. *Chlorure de vinyle, chlorure d'aldéhydène*, cette synonymie est défectueuse] [Regnault, *Ann. de Chim. et de Phys.*, 1835, t. LVIII, p. 308]. — On le prépare en faisant agir une solution alcoolique de potasse sur le composé précédent; on distille le mélange au bain-marie, les gaz qui passent vers 25° sont lavés à l'acide sulfurique concentré et desséchés sur la potasse, refroidis dans un mélange à — 13° pour en séparer des traces de chlorure d'éthylène, enfin condensés dans la glace et le chlorure de calcium.

L'éthylène chloré est un gaz liquéfiable à — 15° ou — 18°, d'odeur alliacée, brûlant avec une flamme bordée de vert, insoluble dans l'eau, soluble en toutes proportions dans l'alcool et l'éther. Densité du gaz, 2,166. Le chlore et le perchlorure d'antimoine donnent avec lui du chlorure d'éthylène chloré $C^2H^3Cl^3$. Le potassium, à l'aide d'une douce chaleur, agit vivement, le mélange prend feu, et l'on obtient du charbon et un peu de naphtaline. La solution alcoolique de potasse concentrée tend à lui enlever une molécule d'acide chlorhydrique et à donner ainsi de l'acétylène C^2H^2. C'est un isomère du *chloracétène* C^2H^3Cl de Harnitz-Harnitzki.

CHLORURE D'ÉTHYLÈNE CHLORÉ,

$$C^2H^3Cl^3 = \begin{cases} CH^2Cl \\ CHCl^2 \end{cases}$$

[Regnault, *Ann. de Chim. et de Phys.*, t. LXIX, p. 151, t. LXXI, p. 355, t. LXXI, p. 355; — Is. Pierre, *Ann. de Chim. et de Phys.*, (3), t. XXXI, p. 138]. — On l'obtient en faisant passer un courant de vapeurs du corps précédent dans du perchlorure d'antimoine; le gaz est absorbé, on distille ensuite ce mélange.

Liquide huileux, bouillant à 115°. Densité, 1,427 à 17°. Densité de vapeur, 4,695. Calcul, 4,591.

Versé dans une solution concentrée et alcoolique de potasse, il donne du chlorure de potassium et il se produit de l'éthylène bichloré avec un peu d'acétylène et de chloracétylène.

C'est un isomère du chlorure d'éthyle bichloré.

ÉTHYLÈNE BICHLORÉ,

$$(C^2H^2Cl^2)'' = \begin{cases} CHCl \\ CHCl \end{cases}$$

[V. Regnault, *loc. cit.*]. — Il se produit, comme on vient de le dire; on distille le mélange au bain-marie et on lave les gaz qui se dégagent dans la solution de protochlorure de cuivre ammoniacal et dans l'eau. On recueille les gaz dans un mélange réfrigérant.

Ce corps bout vers 35° ou 40°. Densité à l'état liquide, 1,250 à 15°. Densité de vapeur, 3,321; calculée, 3,36. En tube scellé, il se transforme en une modification isomérique cristalline.

En présence du chlore et au soleil, sa vapeur s'enflamme et dépose du charbon; à la lumière diffuse, elle donne peu à peu, avec le chlore en excès, du sesquichlorure de carbone C^2Cl^6.

CHLORURE D'ÉTHYLÈNE BICHLORÉ,

$$C^2H^2Cl^4 = \begin{cases} CHCl^2 \\ CHCl^2 \end{cases}$$

[Laurent, *Ann. de Chim. et de Phys.*, t. LXIII, p. 377; — V. Regnault, *loc. cit.*; — Is. Pierre, *Ann. de Chim. et de Phys.*, t. XXXIII, p. 223]. — Ce corps se produit par l'action prolongée du chlore sur le chlorure d'éthylène ou sur le chlorure d'éthylène chloré.

Liquide bouillant à 135°. Densité, 1,576 à 19°. Densité de vapeur, 5,796. Calcul, 5,821. Odeur analogue à celle des corps précédents. Une solution alcoolique de potasse paraît le décomposer en éthylène trichloré et acide chlorhydrique.

C'est un isomère du chlorure d'éthyle trichloré.

ÉTHYLÈNE TRICHLORÉ,

$$(C^2HCl^3)'' = \begin{cases} CCl^2 \\ CHCl. \end{cases}$$

— Corps qui paraît se former à l'aide du précédent, comme il vient d'être dit; c'est un liquide huileux qui se décompose quand on le distille et donne de l'acide chlorhydrique.

CHLORURE D'ÉTHYLÈNE TRICHLORÉ,

$$C^2HCl = \begin{cases} CCl^3 \\ CHCl^2 \end{cases}$$

[Is. Pierre, 1848, *Compt. rend. de l'Acad. des scienc.*, t. XXV, p. 430; *Ann. de Chim. et de Phys.*, (3), t. XXXIII, p. 227]. — Il se produit dans l'action du chlore sur le chlorure d'éthylène. Substance liquide à 0°, d'odeur agréable, de goût sucré et chaud, bouillant à 153°,8 sous la pression de 763^{mm},35. Densité à 0° = 1,66267. Densité de vapeur exp. 7,087. Calcul, 7,016.

La potasse alcoolique le décompose avec violence en donnant du chlorure de potassium et de l'éthylène perchloré C^2Cl^4. Ce corps est isomère ou identique avec le chlorure d'éthyle tétrachloré.

ÉTHYLÈNE PERCHLORÉ, C^2Cl^4, et CHLORURE D'ÉTHYLÈNE PERCHLORÉ, C^2Cl^6. — Ces deux composés se produisent dans beaucoup de circonstances, comme dérivés non-seulement de l'éthylène, mais du chlorure d'éthyle et d'autres corps. On en trouve la description au mot CARBONE, t. I, p. 757.

DÉRIVÉS BROMÉS DE L'ÉTHYLÈNE.

BIBROMURE D'ÉTHYLÈNE,

$$C^2H^4Br^2 \text{ ou } \begin{cases} CH^2Br \\ CH^2Br \end{cases}$$

[Balard, *Ann. de Chim. et de Phys.*, t. XXXII, p. 375; — Lœwig, *Das Brom. u. s. chem., Verhalten (Heidelberg)*, p. 47; — Serullas, *Ann. de Chim. et de Phys.*, t. XXXIX, p. 228; — Darcet, *l'Institut*, 1825, n° 105; — Regnault, *Ann. de Chim. et de Phys.*, t. LIX, p. 358; — Hofmann, *Chem. Soc. quart. Journ.*, t. XIII, p. 67].

Ce composé a été découvert par Balard, en 1826.

Préparation. — On fait tomber goutte à goutte du brome dans des flacons de gaz oléfiant; la décoloration est presque instantanée. Mais il vaut mieux faire passer un courant de gaz éthylène lavé à l'eau et à la potasse dans un flacon refroidi que l'on agite continuellement et qui contient une couche de brome au-dessous d'une couche d'eau. L'éthylène est ainsi rapidement absorbé. On place à la suite deux flacons vides et un flacon à potasse pour retenir le bromure entraîné et l'excès de brome.

Pour purifier le bromure, on le lave à l'eau alcaline ou à l'eau pure et on le sèche sur le chlorure de calcium; on peut le rectifier sur l'acide sulfurique.

C'est un liquide incolore, d'odeur agréable, de saveur sucrée. Densité, 2,163 à 21°. Il bout à 129°,5 à la pression de 752 millimètres. Densité de vapeur exp., 6,485 (Regnault); théorique, 6,564. Il se congèle aisément vers 0°

en lamelles cristallines fusibles à 8° (A. Gautier). Il est insoluble dans l'eau, soluble dans l'alcool et l'éther.

Le bibromure d'éthylène est isomérique avec le bromure d'éthyle bromé et avec le bromure d'éthylidène. Celui-ci, traité par l'éthylate de soude, donne de l'acétal et de l'éthylène bromé, le bromure d'éthyle bromé et le bromure d'éthylène ne donnent pas d'acétal. Ces derniers, traités tous les deux par l'acétate d'argent, donnent du glycol diacétique, mais ils diffèrent entre eux par leurs propriétés physiques [Caventou, *Compt. rend.*, t. LII, p. 1330].

Action des corps simples. — Le bromure d'éthylène est attaqué par le chlore au soleil. Il ne paraît pas être altéré par un long contact avec un excès de brome.

Le sodium, le fer, le mercure, le zinc, chauffés de 200° à 300° avec le bibromure d'éthylène, l'altèrent à peine en régénérant un peu de gaz oléfiant.

Le zinc en présence de l'eau à 300°, c'est-à-dire l'hydrogène naissant, régénère l'éthylène mêlé d'hydrogène libre ; le mercure et l'eau le charbonnent ; l'étain, le plomb, le cuivre et l'eau acidulée ou alcalisée à la température de 200° à 300° ne produisent que des actions douteuses. Mais en présence du cuivre, de l'eau et de l'iodure de potassium, chauffé à 275° pendant 30 à 40 heures, l'éthylène est régénéré de son bibromure : il est mêlé seulement d'un peu d'hydrure d'éthyle et d'hydrogène libre. L'eau et l'iodure de potassium agissent aussi seuls, quoique plus difficilement ; il se forme de l'iode libre et de l'acide carbonique [Berthelot, *Ann. de Chim. et de Phys.*, (3), t. LI, p. 52].

Le potassium attaque le bromure d'éthylène à une douce chaleur et le charbonne si l'on chauffe plus fort. Les acides sulfurique, chlorhydrique, bromhydrique n'ont aucune action sur lui. La potasse alcoolique décompose le bibromure d'éthylène et donne avec lui de l'éthylène monobromé :

$$C^2H^4Br^2 = HBr + C^2H^3Br.$$

Le sulfhydrate de potassium forme avec $C^2H^4Br^2$ du sulfhydrate d'éthylène C^2H^4, H^2S^2 ; les mono-, di-,... sulfures de potassium, donnent les sulfures C^2H^4S et $C^2H^4S^2$ correspondants.

L'acétate de potassium en solution alcoolique donne le monoacétate d'éthylène.

L'acétate d'argent, dissous dans l'acide acétique ou dans l'eau, produit le diacétate d'éthylène (voyez GLYCOL) ; le cyanure de potassium donne le cyanure d'éthylène $C^2H^4, 2CAz$ (Max. Simpson).

L'ammoniaque, l'aniline, les phosphines agissent sur le bromure d'éthylène pour donner naissance à des monamines, diamines, polyamines, phosphines (voyez BASES ÉTHYLÉNIQUES, p. 1376).

En agissant sur le glycol, le bibromure d'éthylène donne un composé identique ou isomérique avec le dioxéthylène de M. Wurtz $(C^2H^4)^2O^2$ et des alcools polyéthyléniques (Wurtz, Lourenço) ; par l'action du sulfure de potassium, le bromure d'éthylène se transforme en sulfure C^2H^4S (Crafts).

Dérivés bromés du bromure d'éthylène. — En traitant le bromure d'éthylène par la potasse alcoolique, on obtient l'éthylène bromé C^2H^3Br, qui peut se combiner à son tour au brome et être de nouveau attaqué par la potasse ; de là naissent les deux séries de corps bromés suivantes :

Série non saturée.

Éthylène bromé	C^2H^3Br
— bibromé	$C^2H^2Br^2$
— tribromé	C^2HBr^3
— tétrabromé	C^2Br^4

Série saturée.

Bibromure d'éthylène bromé	C^2H^3Br, Br^2
— bibromé	$C^2H^2Br^2, Br^2$
— tribromé	C^2HBr^3, Br^2
— tétrabromé	C^2Br^4, Br^2

Chacun de ces corps peut posséder un ou plusieurs isomères dans les séries correspondantes de l'éthylidène et de l'éthyle bromé. Nous indiquerons, pour chacun d'eux, ces isoméries quand elles auront été déterminées.

ÉTHYLÈNE BROMÉ,

$$(C^2H^3Br)'' = \begin{cases} CH^2 \\ CHBr \end{cases}$$

[Syn. *Bromêthylène*] [Regnault, *Ann. de Chim. et de Phys.*, t. LIX, p. 358 ; *Ann. de Chim. et de Phys.*, (3), t. XXXVIII, p. 90, et t. LI, p. 84].

Ce corps se produit par l'enlèvement du groupe HBr, au bibromure d'éthylène, par la potasse alcoolique.

On fait tomber peu à peu sur le bromure d'éthylène $C^2H^4Br^2$ une solution alcoolique concentrée de potasse en chauffant au bain-marie à 40°. Un second ballon contenant une solution de potasse à 100° est destiné à empêcher que des traces du bibromure échappent à la décomposition. Les vapeurs qui se dégagent sont lavées à la potasse aqueuse, desséchées sur le chlorure de calcium et recueillies dans un mélange réfrigérant. Il se forme en même temps un peu d'acétylène.

Liquide très-fluide, incolore, d'odeur éthérée et alliacée. Densité, 1,52. Il bout vers 18°. Densité de vapeur, 3,691. Conservé en tube scellé, il se transforme quelquefois en une substance solide amorphe, isomère, d'apparence porcelainée, insoluble dans l'eau, l'alcool et l'éther, et qui, si on la chauffe, se carbonise et dégage de l'acide bromhydrique [Hofmann, *Chem. Soc. quart. Journ.*, t. XIII, p. 68].

Le chlore, au soleil surtout, l'attaque en donnant un corps huileux chloré (Regnault). Le potassium le décompose à chaud avec ignition ; une solution alcoolique de potasse à 100° ne l'attaque pas, même par un contact prolongé (Cahours).

L'éthylate ou l'amylate de sodium donnent, quand on les chauffe avec l'éthylène bromé, l'alcool correspondant et l'acétylène [Sawitsch, *Bull. de la Soc. chim.*, 1861, p. 7] :

$$C^2H^3Br + C^2H^5, ONa = NaBr + C^2H^5, OH + C^2H^2.$$

Pareille transformation se produit quand on fait passer l'éthylène bromé à travers une solution ammoniacale de nitrate d'argent : il se forme de l'acétylure d'argent [Miasnikoff, *Bull. de la Soc. chim.*, 1861, p. 12].

BROMURE D'ÉTHYLÈNE BROMÉ,

$$C^2H^3Br, Br^2 = \begin{cases} CH^2Br \\ CHBrBr \end{cases}$$

[Wurtz, *Ann. de Chim. et de Phys.*, (3), t. LI, p. 85]. — Le bromure précédent placé dans un mélange réfrigérant absorbe avec avidité le brome qu'on ajoute goutte à goutte. Le produit de la réaction est lavé à l'eau alcalisée, puis à l'eau pure, et déshydraté sur le chlorure de calcium, enfin rectifié.

C'est un liquide incolore, d'une odeur rappelant celle du chloroforme. Densité = 2,620 à 23°. Point d'ébullition, 186°,5.

La potasse alcoolique décompose ce corps en donnant du bibrométhylène et du monobrométhylène, mais en même temps aussi de l'acétylène (Sawitsch) et de l'acétylène bromé (Reboul). Pour obtenir ce dernier, on ajoute goutte à goutte le bromure de brométhylène à une solution concentrée de potasse alcoolique. Après avoir chassé par l'ébullition l'air du flacon qui la contient, on lave dans deux ou trois flacons laveurs, pleins d'acide carbonique, qui enlèvent les vapeurs alcooliques, et le bromure d'éthylène bromé, on traite le gaz par la potasse pour enlever l'acide carbonique, et on recueille ainsi un mélange d'acétylène C^2H^2 et de bromacétylène C^2HBr [Reboul, *Compt. rend.*, t. LV, p. 130, et *Répert. de Chim. pure*, 1862, p. 348].

Le bromure d'éthylène bromé est identique avec le bromure d'éthyle bibromé [Caventou, *loc. cit.*]. Ainsi, dans la série des corps bromés l'identité des produits dérivés de l'éthylène et de ceux dérivés de l'éthyle a lieu dès ce second terme, tandis que pour les corps chlorés l'identité n'aurait lieu que pour le dernier, l'éthylène perchloré C^4Cl^6. Preuve que des changements moléculaires peuvent s'opérer ou non par l'acte de la substitution selon les conditions où l'on se place, la nature et le poids atomique du corps substitué.

Éthylène bibromé, $C^4H^2Br^2$ [Sawitsch, *Jahresbericht*, 1860, p. 430]. — C'est le produit principal qui se forme quand on traite le précédent composé par le sodium, l'hydrate solide de potasse ou la potasse alcoolique concentrée. L'action de la potasse solide est très-puissante; il vaut mieux faire tomber goutte à goutte le bromure d'éthylène bromé dans la potasse alcoolique bouillante; on recueille l'éthylène bibromé comme le corps précédent.

Liquide incolore. Densité à 14°,5 = 3,053. Il est insoluble dans l'eau, l'alcool et l'éther, presque insoluble dans le sulfure de carbone, inattaquable par les acides minéraux à la température ordinaire, décomposable par l'ammoniaque aqueuse qui donne du bromure d'ammonium et une substance charbonnée. Ce composé est identique avec le bromure d'acétylène $C^4H^2Br^2$ (Reboul). Il se transforme à l'air en une substance blanche qui paraît être un isomère (Sawitsch).

Bibromure d'éthylène bibromé, $C^4H^2Br^2, Br^2$. [Lennox, *Chem. Soc. quart. Journ.*, t. XIII, p. 206; — Reboul, *loc. cit.*]. — Le brome s'unit avec énergie au précédent composé et donne le corps $C^4H^2Br^2, Br^2$. En passant rapidement à travers le brome, l'acétylène absorbe 4 atomes de brome, pourvu que la réaction ait lieu avec élévation de température; on le purifie par des lavages à l'eau alcalisée, on le sèche, on le rectifie.

Liquide bouillant vers 200°, en se décomposant partiellement. Ses vapeurs attaquent les yeux. Il est insoluble dans l'eau, facilement soluble dans l'alcool et l'éther. Poids spécifique, 2,88 à 22°. Il se solidifie dans un mélange réfrigérant.

Éthylène tribromé, C^4HBr^3 [Lennox, *loc. cit.*]. — On l'obtient en traitant le précédent composé par la potasse alcoolique, et précipitant par l'eau. Liquide huileux bouillant à 130°. Soluble dans l'alcool et l'éther.

Si on évapore doucement ces solutions, il se produit une modification isomérique solide, soluble aussi dans l'alcool et l'éther d'où elle cristallise en plaques incolores; cette modification se produit aussi spontanément.

Bibromure d'éthylène tribromé, C^4HBr^3, Br^2 [Lennox, *loc. cit.*]. — On l'obtient en laissant arriver doucement dans le brome les vapeurs du corps précédent. Il se fait une réaction énergique; on lave à la potasse et à l'eau : il reste un liquide jaune orangé, soluble dans l'alcool et l'éther et solidifiable à froid.

On a vu plus haut qu'en traitant le *bromure d'éthylène bromé* par la potasse alcoolique, Reboul obtient un mélange d'acétylène et d'acétylène bromé. Il fait passer très-doucement ce mélange à travers le brome froid placé au-dessous d'une couche d'eau, et produit ainsi les deux composés

$$C^4H^2Br^2, Br^2 \quad \text{et} \quad C^4HBr^3, Br^2;$$

ce dernier se sépare en cristallisant.

Le bibromure d'éthylène tribromé est insoluble dans l'eau, soluble dans l'alcool et dans l'éther; il cristallise par le refroidissement de sa solution alcoolique en très-beaux prismes. Son odeur est camphrée. Il fond de 48° à 50°. Il ne peut distiller.

Éthylène tétrabromé, C^4Br^4 [Lennox, *loc. cit.*; — Lœwig, *Das Brom. u. s. Verhalten*; *Heidelberg*, 1829, et *Ann. der Chem. u. Pharm.*, t. III, p. 292]. — L'éthylène tétrabromé se produit par l'action de la potasse alcoolique sur le composé précédent, et par l'action du brome sur l'alcool ou l'éther (voyez Bromures de carbone). En se combinant au brome il donne le bromure d'éthylène tétrabromé C^4Br^6.

Dérivés iodés de l'éthylène.

On ne connaît que l'iodure d'éthylène et l'éthylène iodé.

Iodure d'éthylène,

$$C^4H^4I^2 = \begin{cases} CH^2I \\ CH^2I \end{cases}$$

[Faraday, *Ann. Phil.*, t. XVIII, p. 118; *Quart. Journ. of Sc.*, t. XIII, p. 429; — Regnault, *Ann. de Chim. et de Phys.*, t. LIX, p. 367; — Darcet, *l'Institut.*, 1835, n° 105; — E. Kopp, *Journ. de Pharm.*, (3), t. VI, p. 110]. — Ce corps a été découvert par Faraday, en 1821, qui l'a obtenu en exposant au soleil des flacons remplis de gaz oléfiant où l'on introduit de l'iode pulvérisé; celui-ci disparaît peu à peu. On lave à la potasse et à l'eau, et l'on fait cristalliser dans l'alcool. Regnault fait arriver le gaz éthylène dans l'iode à 0°, en élevant graduellement la température jusqu'à le fondre. E. Kopp décompose par la chaleur rouge l'iodure d'éthyle. Maxwell Simpson a vu se former l'iodure d'éthylène dans l'action de l'acide iodhydrique sur le glycol quand on laisse le mélange s'échauffer.

L'iodure d'éthylène forme de longues aiguilles incolores, des prismes, des tables. Son odeur est éthérée et pénétrante, sa saveur douceâtre. Il fond à 75° et peut se sublimer dans une atmosphère d'hydrogène ou de gaz oléfiant sans se décomposer. Il est insoluble dans l'eau, soluble dans l'alcool bouillant et l'éther.

A l'air, et plus rapidement vers 85°, il se décompose et donne de l'iode et du gaz oléfiant. La lumière l'altère. Il se dissocie dans le vide.

Porté dans la flamme de l'alcool, il y brûle en dégageant de l'iode et de l'acide iodhydrique; le chlore et le brome donnent avec lui du chlorure ou du bromure d'éthylène et du chlorure ou du bromure d'iode cristallisés.

Le potassium l'attaque à une assez basse température.

L'acide sulfurique le détruit vers 150° ou 200°. L'acide nitrique concentré en sépare à froid l'iode.

La potasse aqueuse ou mieux la potasse alcoolique le dédoublent par l'ébullition en éthylène, éthylène iodé, iode, acide iodhydrique et acétylène.

Traité par le mercure, l'iodure d'éthylène donne du gaz oléfiant et de l'iodure de mercure. En présence de l'eau et du cuivre chauffés vers 180°, l'iodure d'éthylène reproduit aisément le gaz éthylène (Berthelot).

Traité par les sels d'argent, l'iodure d'éthylène reproduit, généralement, les éthers correspondants du glycol [Wurtz, *Ann. de Chim. et de Phys.*, (3), t. LV, p. 403].

Le chlorure d'iode chauffé avec l'iodure d'éthylène donne du chloroiodure d'éthylène. — Voyez plus loin.

Traité par les amines ou les phosphines, il donne des iodures d'amines, de phosphines éthyléniques.

D'après E. Kopp, l'iodure d'éthylène traité par le cyanure de mercure donne de l'iodure de mercure, de l'iodure de cyanogène et des gaz combustibles. Une solution alcoolique de ces deux corps produit des aiguilles blanches, qui se décomposent au-dessus de 100° en iodure de mercure, iodure de cyanogène, gaz oléfiant, et paraissent résulter de la combinaison du cyanure de mercure avec l'iodure de l'éthylène $C^2H^4I^2, (CAz)^2Hg$.

ÉTHYLÈNE IODÉ, C^2H^3I [Regnault, *loc. cit.*; — E. Kopp, *Compt. rend. de l'Acad.*, t. XVIII, p. 871]. — On le prépare en distillant le corps précédent avec une solution alcoolique de potasse, en refroidissant le récipient avec grand soin. L'addition d'eau à la liqueur distillée en sépare l'éthylène iodé qu'on dessèche : on n'en obtient jamais qu'une faible quantité.

C'est un liquide incolore, d'odeur alliacée, insoluble dans l'eau, très-soluble dans l'alcool et l'éther, bouillant à 56°. Densité = 1,98. Les acides chlorhydrique, nitrique, sulfurique, ne l'attaquent pas à froid. L'acide nitrique fumant en sépare de l'iode. Ce corps est isomérique avec l'iodhydrate d'acétylène C^2H^2, HI de Berthelot.

Il est très-probable qu'on pourrait pousser plus loin la substitution de l'iode à l'hydrogène dans le gaz oléfiant. Si, comme on peut le croire, les cas d'isomérie et d'identité des composés bromés se reproduisent pour les composés iodés, l'iodure d'acétylène $C^2H^2I^2$ de Berthelot doit correspondre à l'éthylène biiodé. — Voyez ACÉTYLÈNE.

CHLOROIODURE D'ÉTHYLÈNE,

$$C^2H^4ICl = \left\{\begin{matrix} CH^2Cl \\ CH^2I \end{matrix}\right.$$

[Max. Simpson, *Proc. of the roy. Soc.*, t. XII, p. 278, et *Ann. de Chim. et de Phys.*, t. XLV, p. 366; t. LXVIII, p. 219, et t. LXV, p. 366; *Bull. de la Soc. chim.*, 1863, p. 500]. — Ce corps, qui peut s'obtenir en faisant réagir le chlorure d'iode sur l'iodure d'éthylène, se prépare plus aisément en faisant passer le gaz éthylène à travers le chlorure d'iode en solution aqueuse. Il se sépare bientôt une huile rougeâtre, qu'on lave à la potasse étendue et qu'on distille; on recueille ce qui passe entre 145° et 147°.

C'est un liquide incolore, d'une saveur douce, un peu soluble dans l'eau; sa densité est 2,151. Traité par la potasse aqueuse concentrée ou alcoolique, il donne un gaz qui brûle avec une flamme verte et qui paraît être l'éthylène monochloré.

DICYANURE D'ÉTHYLÈNE.

$$C^2H^4(CAz)^2 = \begin{matrix} CH^2CAz \\ | \\ CH^2CAz \end{matrix}$$

[Max. Simpson, *Proc. roy. Soc.*, t. X, p. 574, et *Philosoph. Transact. of the Roy. Soc. London*, 1861, p. 61; — Geuther, *Ann. der Chem. u. Pharm.*, t. CXX, p. 268]. — Ce corps important est le premier cyanure connu d'un radical diatomique. Il a été découvert par M. Simpson en 1860.

Pour l'obtenir, on mélange des solutions alcooliques étendues de 2 molécules de cyanure de potassium et de 1 molécule de bromure d'éthylène, et on chauffe le tout en tube scellé au bain-marie pendant seize heures; on sépare alors et on distille la solution alcoolique; on obtient ainsi un résidu semi-fluide et noirâtre que l'on filtre à 100°. La partie filtrée est fortement refroidie et pressée entre des doubles de papier-Joseph. Il reste une masse presque blanche qu'on lave avec un peu d'éther, et que l'on fait cristalliser ensuite dans ce dissolvant. C'est le cyanure d'éthylène.

Substance cristalline, un peu brune, solide à 37°, devenant une huile fluide au-dessus de cette température. Elle ne peut être distillée. Sa densité à 45° = 1,023; elle est très-soluble dans l'eau et l'alcool, peu soluble dans l'éther, neutre aux papiers, d'un goût âcre et désagréable. Sa solution n'est pas précipitée par le nitrate d'argent.

Le brome détruit la molécule du cyanure d'éthylène.

Le potassium la décompose en donnant le cyanure de ce métal.

L'hydrogène naissant paraît le transformer en butylène-diamine :

$$C^2H^4(CAz)^2 + H^8 = Az^2 \left\{\begin{matrix} (C^4H^8)'' \\ H^2 \\ H^2 \end{matrix}\right.$$

[Fairley, *Journ. of the chem. Soc.*, 1864, p. 362, et *Bull. de la Soc. chim.*, 1866, t. VI, p. 478].

La potasse alcoolique dégage à 100° de l'ammoniaque et forme du succinate de potassium (Simpson) :

$$\underset{\text{Cyanure d'éthylène.}}{C^2H^4\left\{\begin{matrix} CAz \\ CAz \end{matrix}\right.} + 2KOH + 2H^2O$$

$$= \underset{\text{Succinate de potassium.}}{C^2H^4\left\{\begin{matrix} CO^2K \\ CO^2K \end{matrix}\right.} + 2AzH^3.$$

L'acide nitrique ordinaire et l'acide chlorhydrique lui font subir la même transformation.

Le nitrate d'argent, broyé dans un mortier avec le cyanure d'éthylène mélangé d'éther, s'y combine pour donner le composé

$$C^2H^4(CAz)^2, 4AzO^3Ag,$$

soluble dans l'eau et dans l'alcool (dont on peut le faire cristalliser), insoluble dans l'éther. Ce corps détone quand on le chauffe.

OXYDE D'ÉTHYLÈNE ET DÉRIVÉS.

OXYDE D'ÉTHYLÈNE, C^2H^4O [Wurtz, *Ann. de Chim. et de Phys.*, (3), t. LV, p. 427, et t. LXIX, p. 317; *Compt. rend.*, t. XLVIII, p. 101; *Ann. der Chem. u. Pharm.*, t. CX, p. 125; *Répert. de Chim. pure*, 1859, p. 222; *Compt. rend.*, t. XLIX, p. 398; *Ann. der Chem. u. Pharm.*, t. CXIV, p. 51, et t. CXVI, p. 249; *Compt. rend.*, t. L, p. 1195; *Répert. de Chim. pure*, 1860, p. 340 et 342; *Compt. rend*, t. LIII, p. 378, et t. LIV, p. 277; *Répert. de Chim. pure*, 1862, p. 16 et 176; *Chem. Soc. Journ.*, t. XV, p. 387]. — Ce corps remarquable, découvert en 1859 par M. Wurtz, se prépare en versant peu à peu, par un tube de sûreté, une solution de potasse caustique sur la monochlorhydrine du glycol; à chaque addition de potasse, la vapeur d'oxyde d'éthylène se dégage abondamment, on lui fait traverser un tube contenant des fragments de potasse et on la condense dans un long matras maintenu dans un mélange réfrigérant. A la fin de l'opération, on chauffe un peu le ballon où a lieu la réaction.

Propriétés. — C'est un liquide transparent, incolore, bouillant à 13°,5 sous la pression de 746 millimètres. Densité expér. à 0° = 0,8945 et 0,8981.

Son coefficient de dilatation paraît très-grand à cette température. Densité de vapeur observée, 1,422; calculée, 1,525.

Il se mêle à l'eau en toutes proportions, mais semble, vers 0°, former avec elle un hydrate.

Isomérique avec l'aldéhyde, il a plusieurs de ses propriétés : il réduit le nitrate argentique, il s'oxyde sous l'influence du noir de platine, mais en donnant l'acide glycolique. Il donne de l'alcool sous l'influence de l'hydrogène naissant développé par l'amalgame de sodium, et s'unit aux sulfites alcalins [*Bull. Soc. chim.*, t. X, p. 259].

Sous l'influence de l'amalgame de sodium et de

l'eau, en même temps que l'alcool, il paraît former des produits polyéthyléniques.

Le brome s'y combine directement pour donner du bibromure de dioxéthylène. — Voyez plus bas.

Le perchlorure de phosphore donne, avec l'oxyde d'éthylène, du chlorure d'éthylène

$$C^2H^4O + PCl^5 = POCl^3 + C^2H^4Cl^2.$$

L'eau s'unit directement à 100°, en tube scellé, à l'oxyde d'éthylène pour former le glycol. Ces deux réactions démontrent que l'oxyde d'éthylène est l'éther ou anhydride du glycol, dont la liqueur des Hollandais est la dichlorhydrine.

L'oxyde d'éthylène s'unit directement à l'acide chlorhydrique pour donner un chlorhydrate, la monochlorhydrine du glycol (Wurtz), à l'acide sulfhydrique pour donner la monosulfhydrine du glycol et des oxysulfhydrates polyéthyléniques [Foster, *Dictionnaire de Watts*, t. II, p. 582]. Enfin il s'unit directement à l'ammoniaque pour donner les hydroxéthylénamines. — Voyez Bases éthyléniques et hydroxéthyléniques.

L'oxyde d'éthylène se comporte comme une base puissante; il s'unit directement aux acides chlorhydrique, acétique, acétique anhydre, et forme ainsi la monochlorhydrine $(C^2H^4)''Cl, OH$, la monacétine $(C^2H^4)''C^2H^3O^2, OH$, la diacétine

$$(C^2H^4)''(C^2H^3O^2)^2,$$

et les diverses chlorhydrines et acétines polyéthyléniques. L'oxyde d'éthylène précipite à l'état d'hydrate l'alumine, la magnésie, les oxydes de fer, de cuivre, de leurs solutions salines. Le chlorure de magnésium donne avec lui, en tube scellé, la double décomposition suivante :

$$\underset{\text{Oxyde d'éthylène.}}{2C^2H^4O} + MgCl^2 + 2H^2O$$

$$= \underset{\text{Monochlorhydrine du glycol.}}{2[(C^2H^4)OH.Cl]} + \underset{\text{Hydrate de magnésium.}}{Mg(OH)^2}.$$

COMPOSÉS POLYMÈRES DE L'OXYDE D'ÉTHYLÈNE.

On en connaît deux : le dioxyéthylène et l'oxyde d'éthylène-éthylidène.

Dioxyéthylène. — On a dit plus haut qu'en versant goutte à goutte le brome dans l'oxyde d'éthylène refroidi, il se produit des cristaux rouges, baignés d'un liquide de même couleur; on les égoutte et on obtient des prismes rouge-rubis, fondant à 65°, bouillant à 95°, insolubles dans l'eau, solubles dans l'alcool et dans l'éther, qui sont du bromure de dioxyéthylène,

$$(C^2H^4O)^2Br^2.$$

Ces cristaux perdent leur brome avec la plus grande facilité; chauffés avec un peu de mercure, ils donnent du bromure et un liquide qui est le dioxyéthylène,

$$\left.\begin{matrix}C^2H^4O\\C^2H^4O\end{matrix}\right\}.$$

Le dioxyéthylène est un corps incolore, d'une odeur faible et agréable; fusible à +9°; bouillant à 102°. Densité, 1,0482. Densité de vapeur observée, 3,10 et 2,990; calculée, 3,047. Il est insoluble dans l'alcool et dans l'éther; il s'unit à 120° à l'anhydride acétique, difficilement à l'acide acétique ordinaire. Il ne se combine pas à l'ammoniaque.

On peut aussi obtenir le dioxyéthylène en traitant son bromure par l'hydrogène sulfuré :

$$(C^2H^4O)^2Br^2 + H^2S = S + 2HBr + \left.\begin{matrix}C^2H^4O\\C^2H^4O\end{matrix}\right\}.$$

Ce corps paraîtrait être l'éther ou anhydride du glycol diéthylénique; il aurait pour constitution la formule $(C^2H^4\text{-}O\text{-}C^2H^4)''O$. Il offre la composition d'une substance obtenue d'abord par M. Lourenço en faisant réagir sur le glycol le bibromure d'éthylène et qui y est peut-être identique [*Ann. de Chim. et de Phys.*, (3), t. LXVII, p. 288] (voyez Alcool diéthylénique). Point d'ébullition du corps de M. Lourenço, 90° à 98°. Le liquide rouge qui baigne les cristaux de bromure de dioxyéthylène paraît être un oxyde d'éthylène bromé C^2H^3BrO; il donne par la potasse de l'acide acétique :

$$C^2H^3BrO + 2KHO = BrK + C^2H^3O^2K + H^2O.$$

Oxyde d'éthylène-éthylidène, $C^4H^8O^2$ [Wurtz, *Répert. de Chim. pure*, 1862, p. 16]. — On obtient ce corps en chauffant pendant une semaine à 100° un excès de glycol avec l'aldéhyde, puis distillant, fractionnant et recueillant ce qui passe au-dessous de 100°.

C'est un liquide incolore, d'odeur agréable, puis piquante. Densité = 1,0002 à 0°. Il bout à 82°,5. Densité de vapeur observée, 3,192; calculée, 3,047.

Il est soluble dans une fois et demie son volume d'eau; le chlorure de calcium et la potasse le séparent de cette solution. L'acide nitrique l'attaque vivement en donnant divers produits et des acides glycolique et oxalique. La potasse caustique ne l'altère pas. Chauffé avec l'acide acétique, il donne du diacétate d'éthylène et des produits plus volatils.

Ce corps réduit partiellement le nitrate d'argent; on peut le considérer comme l'oxyde double d'éthylène et d'éthylidène; toutefois on ne peut obtenir directement l'union de ces deux oxydes.

SULFURES D'ÉTHYLÈNE.

Ces composés s'obtiennent en général par l'action des sulfures de potassium sur le chlorure ou mieux le bromure d'éthylène.

Monosulfure d'éthylène, C^2H^4S [Löwig et Weidmann, *Poggend. Ann.*, t. XLIX, p. 123, et t. XLVI, p. 84; — Crafts, *Bull. de la Soc. chim.*, 1862, p. 39 et 90, et *Ann. der Chem. u. Pharm.*, t. CXXIV, p. 110]. Le monosulfure d'éthylène a été obtenu d'abord par Löwig et Weidmann, en 1840, à l'état amorphe et impur, en traitant le chlorure d'éthylène par le sulfure de potassium K^2S, et à l'état pur et cristallisé par Crafts, en faisant agir le sulfure de potassium alcoolique sur le bibromure d'éthylène. Cette dernière réaction marche très-aisément. Le sulfure d'éthylène distille vers 200°, on le lave à l'éther qui enlève une matière huileuse.

C'est une substance cristalline, incolore, un peu volatile à la température ordinaire, distillable sans décomposition à 200°, fusible à 112°, soluble dans l'alcool, l'éther, et mieux encore dans le sulfure carbonique, dont il se sépare en prismes tabulaires clinorhombiques de 69°,44.

Le chlore le décompose avec production d'acide chlorhydrique, le brome s'y unit en donnant le sulfobromure C^2H^4S, Br^2.

L'ammoniaque ne se combine pas au sulfure d'éthylène.

L'acide nitrique fumant donne avec lui, à la température de 100° de l'oxysulfure d'éthylène C^2H^4SO, et vers 200° le composé $C^2H^4SO^2$, dioxysulfure d'éthylène (Crafts).

Le protosulfure d'éthylène est isomérique avec le sulfure d'éthylidène obtenu par Carius en faisant agir l'acide sulfhydrique sur l'aldéhyde (voyez Éthylidène).

Bisulfure d'éthylène (?), $C^2H^4S^2$ [Löwig et Weidmann, *loc. cit.*, et Gmelin, *Handw.*, t. VIII, p. 355]. — Poudre d'un blanc jaunâtre, obtenue par l'action prolongée du bisulfure de potassium sur le chlorure d'éthylène. Ce produit peu soluble dans l'alcool, de saveur douce, fond un peu au-dessus de 100°. Il se décompose par la distillation. La potasse concentrée ne l'attaque pas, même à chaud.

Ce composé correspondrait à l'oxybromure $C^2H^4OBr^2$, à l'oxysulfure C^2H^4OS et au chlorosulfure $C^2H^4Cl^2S$. Serait-ce le sulfhydrate d'éthyle sulfuré

$$\left.\begin{matrix}C^2H^3S\\H\end{matrix}\right\}S,$$

de même que le chlorosulfure paraît être le sulfhydrate d'éthyle bichloré?

Quintisulfure d'éthylène, $C^2H^4S^5$ (?). — Produit obtenu par Löwig et Weidmann (*loc. cit.*) en traitant la liqueur des Hollandais par le persulfure de potassium alcoolique. Poudre amorphe blanche, presque inattaquable par la potasse, qui fond vers 100° et se décompose un peu plus haut.

OXYSULFURES D'ÉTHYLÈNE.

Oxysulfure d'éthylène, C^2H^4SO [Crafts, *Bull. de la Soc. chim.*, 1862, p. 90; — Carius, *Ann. de Chim. et de Pharm.*, t. CXXIV, p. 113 et 123]. — Il se produit: 1° par l'action de l'eau et de l'oxyde d'argent sur le sulfobromure d'éthylène $C^2H^4SBr^2$; 2° par l'action au-dessous de 100° de l'acide nitrique fumant sur le sulfure d'éthylène C^2H^4S. Pour l'obtenir pur, on ajoute le sulfure C^2H^4S par petites proportions à l'acide, l'excès d'acide est évaporé au bain-marie, et les cristaux lavés à l'eau, puis à l'alcool.

Il peut cristalliser dans l'eau, d'où il se dépose en prismes aigus rhomboédriques de 73°. Il n'est pas attaqué par l'ammoniaque. La potasse en sépare du sulfure d'éthylène et un résidu brun résineux. Il ne s'unit pas aux acides.

Dioxysulfure d'éthylène, $C^2H^4SO^2$ [Crafts, *loc. cit.*]. — On l'obtient en chauffant en tube scellé à 150° le sulfure d'éthylène avec l'acide nitrique fumant, en ayant soin de ne pas dépasser cette température, et de s'arrêter avant que tout le sulfure soit transformé; le dioxysulfure se dépose alors en petits cristaux. On verse dans l'eau le contenu des tubes, on lave le dioxysulfure qui se précipite à l'eau bouillante pour enlever l'oxysulfure C^2H^4SO et on le purifie en le redissolvant dans l'acide nitrique fort et le reprécipitant par l'eau.

Ainsi produit, ce corps se présente sous forme de petits cristaux microscopiques, prismatiques à sommets obtus, insolubles dans l'eau, un peu solubles dans l'acide nitrique ordinaire. La potasse caustique les dissout et les change en une substance qui a quelques propriétés acides, mais que les acides ordinaires ne précipitent pas.

Oxydisulfure d'éthylène (*hydrate*) [Guthrie, *Chem. Soc. quart. Journ.*, t. XIV, p. 132]. — En traitant le dichlorodisulfure d'éthylène par la potasse caustique, Guthrie a obtenu l'hydrate

$$C^2H^4S^2O,H^2O.$$

— Voyez plus loin Dichlorodisulfure d'éthylène.

Le dioxysulfure d'éthylène $C^2H^4SO^2$ répondrait à la composition de l'acide sulfoglycolique

$$\left.\begin{matrix}C^2H^2S\\H^2\end{matrix}\right\}O^2 \quad ou \quad \left.\begin{matrix}C^2H^2O\\H^2\end{matrix}\right\}SO,$$

l'oxysulfure serait le composé sulfuré correspondant à l'acide thiacétique

$$\left.\begin{matrix}C^2H^3S\\H\end{matrix}\right\}O \quad ou \quad \left.\begin{matrix}C^2H^3O\\H\end{matrix}\right\}S.$$

Mais les propriétés de ces corps répondent peu à cette constitution.

SULFOCHLORURES D'ÉTHYLÈNE.

On connaît quatre composés de l'éthylène ou de ses dérivés chlorés avec les chlorures de soufre. Ils ont été étudiés spécialement par Guthrie [*Chem. Soc. quart. Journ.*, t. XII, p. 100; t. XIII, p. 35 et 134; t. XIV, p. 128; *Jahresbericht*, 1859, p. 479, et 1860, p. 433; *Ann. der Chem. u. Pharm.*, t. CXIII, p. 266, et nouv. sér., t. XXXVII, mars 1860; *Ann. de Chim. et de Phys.*, (3), t. LIX, p. 462].

Dichlorosulfure d'éthylène, C^2H^4,Cl^2S. — En passant bulle à bulle à travers le chlorure rouge de soufre, le gaz éthylène est absorbé avec dégagement de chaleur. Quand le tout a pris une teinte jaune, on le porte à 100°, on fait passer un rapide courant d'éthylène, on lave à l'eau à 80° qui détruit le chlorure de soufre restant, on laisse au contact d'une lessive de soude, qui enlève les composés acides, on dissout le liquide dans l'éther qui le prive du soufre, enfin on évapore l'éther, puis on chasse complétement ce dernier dans le vide.

Le dichlorosulfure d'éthylène est un liquide jaune, d'odeur de moutarde, de saveur astringente vésicant, ses vapeurs irritent l'épiderme; on ne peut le soumettre à la distillation sans le décomposer en chlore, acide sulfureux et composés sulfocarburés.

Il est insoluble dans l'eau, presque insoluble dans l'alcool froid, un peu plus à chaud; soluble dans 50 fois environ son volume d'éther chaud. Densité à 13° = 1,408.

Chlorosulfure d'éthylène, C^2H^4ClS [voyez sources précédentes, et Niemann, *Ann. der Chem. u. Pharm.*, t. CXIII, p. 288, et *Ann. de Chim. et de Phys.*, t. LX, p. 383]. — Ce composé, d'abord entrevu par Guthrie, dans l'opération précédente, puis obtenu impur par Niemann, en faisant passer l'éthylène dans le dichlorure SCl^2, puis traitant par la soude pour enlever le soufre, et séparant le produit volatil par un courant de vapeur d'eau, a été enfin préparé à l'état de pureté par Guthrie. Ce chimiste le produit en faisant passer l'éthylène sur le chlorure rouge de soufre SCl^2 exposé au soleil ou porté à 100°. Il le purifie par digestion avec de l'eau à 80°, dessiccation, solution dans l'éther, dessèchement dans le vide. C'est un liquide de couleur jaune pâle, doué d'une saveur douce et astringente, d'une odeur peu désagréable, mais qui n'en agit pas moins péniblement sur la membrane pituitaire; il est insoluble dans l'eau, soluble dans l'alcool, très-soluble dans l'éther. Densité à 19° = 1,346. On ne peut le distiller.

La potasse caustique le transforme en hydrate d'oxysulfure d'éthylène

$$\left.\begin{matrix}C^2H^4S\\C^2H^4O\end{matrix}\right\},H^2O.$$

Sa solution alcoolique précipite en couleur ocre par le chlorure d'or et donne des flocons blancs avec le sublimé corrosif.

Chlorosulfure de chloréthylène, C^2H^3Cl,ClS. — Cette substance se produit en même temps que la précédente d'après l'équation

$$2C^2H^4 + 3Cl^2S^2 = 2(C^2H^3Cl,ClS) + 2HCl + 2S^2$$

Pour la préparer on fait passer un rapide courant d'éthylène à travers du chlorure de soufre contenu dans un ballon à reflux; quand le liquide est devenu jaune clair, on le chauffe jusqu'à 180° pour chasser le chlorure de soufre inattaqué et l'acide chlorydrique, puis on le traite par de l'eau à 80°, enfin par une solution de soude; après avoir lavé de nouveau et desséché, on le reprend par l'éther et l'on agit comme dans le cas précédent.

C'est un liquide jaune-paille, à la fois doux et

astringent, d'une odeur rappelant le citron et la menthe poivrée, causant des douleurs de tête. Densité à 11°, 1,509. Il est soluble dans l'éther et l'alcool, insoluble dans l'eau. — On ne peut le distiller. Le chlore le convertit en un composé $C^2H^2Cl^2, ClS$.

Chlorosulfure de dichloréthylène,

$$C^2H^2Cl^2, ClS.$$

— On le produit en faisant passer le chlore dans le composé précédent maintenu dans l'obscurité, puis à la lumière diffuse, enfin à 100°. — Il se produit aussi par l'action du chlore sur le disulfure d'éthyle

$$\left.\begin{matrix} C^2H^5 \\ C^2H^5 \end{matrix}\right\} S^2.$$

On le purifie en le lavant par un courant d'acide carbonique, le reprenant par l'éther, et ainsi de suite comme ci-dessus. Liquide jaune clair, d'odeur suffocante, soluble dans l'acool et l'éther, insoluble dans l'eau. Densité, 1,219. Quoique non distillable, il est entraîné complétement à chaud par un courant d'acide carbonique.

Constitution des composés précédents. — La densité de vapeur du disulfure d'éthyle lui assigne la formule $(C^2H^5)^2S^2$, et non la moitié C^2H^5S. Il s'ensuit que le *chlorosulfure de dichloréthylène*, qui en dérive par substitution du chlore à l'hydrogène, paraît être le *disulfure de trichloréthyle*

$$\left.\begin{matrix} C^2H^2Cl^3 \\ C^2H^2Cl^3 \end{matrix}\right\} S^2.$$

Le chlorosulfure de chloréthylène, dont il dérive en même temps, devient donc le *disulfure de dichloréthylène*

$$\left.\begin{matrix} C^2H^3Cl^2 \\ C^2H^3Cl^2 \end{matrix}\right\} S^2$$

qui à son tour, étant un dérivé du chlorosulfure d'éthylène, permet d'assigner à celui-ci la formule du *disulfure de chloréthylène*

$$\left.\begin{matrix} C^2H^4Cl \\ C^2H^4Cl \end{matrix}\right\} S^2.$$

— En admettant que le *dichlorosulfure d'éthylène* eût une constitution comparable, sa formule deviendrait celle du *sulfhydrate de dichloréthyle*

$$\left.\begin{matrix} C^2H^3Cl^2 \\ H \end{matrix}\right\} S.$$

Mais ce dernier point reste plus douteux.

Pour les Sulfhydrates et Oxysulfhydrates d'éthylène (voyez Glycol).

Bromosulfure d'éthylène, $C^2H^4S.Br^2$ [Crafts, *Répert. de Chim. pure*, t. IV, p. 296]. — Ce composé, qui correspond à l'oxybromure d'éthylène de M. Wurtz, s'obtient par l'union directe du brome au sulfure d'éthylène. — Substance solide jaune, un peu soluble dans l'eau, presque insoluble dans l'éther et le sulfure de carbone; l'eau et l'air humide en séparent du brome; la solution aqueuse traitée par l'oxyde d'argent, pour compléter la réaction, donne l'oxysulfure d'éthylène. A. G.

ÉTHYLÈNE-DISULFUREUX (ACIDE) [Syn. *Acide disulfétholique, acide éthyléno-disulfonique, acide éthyléno-sulfureux, acide éthylène-disulfonique*],

$$C^2H^6S^2O^6 = \begin{matrix} SO^2\text{-}OH \\ C^2H^4 \\ SO^2\text{-}OH \end{matrix}$$

[Buckton et Hofmann, *Chem. Soc. quart. Journ.*, t. IX, p. 250; et *Ann. de Chim. et de Phys.*, (3), t. XLIX, p. 500; — Husemann, *Ann. der Chem. u. Pharm.*, t. CXXVI, p. 269; — Buff, *Ann. der Chem. u. Pharm.*, t. XCVI, p. 302].

Cet acide, découvert en 1856 par MM. Buckton et Hofmann en faisant agir l'acide sulfurique fumant sur la propionamide ou le propionitrile, a été obtenu quelque temps après par M. Buff en traitant le sulfocyanate d'éthylène par l'acide nitrique dilué, et en 1862 par M. Husemann en faisant agir l'acide sulfurique fumant sur le di- et le trisulfocarbonate éthylénique.

Dans l'action de l'acide sulfurique fumant sur le propionitrile, en même temps que l'acide éthylène-disulfureux il se forme de l'acide sulfopropionique, suivant les équations

$$\underset{\text{Propionitrile.}}{C^3H^5Az} + \underset{\text{Acide sulfurique.}}{3(SO^4.H^2)}$$

$$= CO^2 + \underset{\text{Sulfate acide d'ammonium.}}{SO^4AzH^4.H} + \underset{\text{Acide éthylène-disulfureux.}}{C^2H^4\left\{\begin{matrix} SO^2.OH \\ SO^2.OH \end{matrix}\right.}$$

et

$$\underset{\text{Propionitrile.}}{C^3H^5Az} + H^2O + \underset{\text{Acide sulfurique.}}{2(SO^4.H^2)}$$

$$= \underset{\text{Sulfate acide d'ammonium.}}{SO^4AzH^4.H} + \underset{\text{Acide sulfopropionique.}}{SO^2\left\{\begin{matrix} O.C^3H^5O \\ OH. \end{matrix}\right.}$$

MM. Buckton et Hofmann mélangent volumes égaux de propionamide et d'acide sulfurique fumant, et chauffent tant qu'il se dégage de l'acide carbonique. Il reste un résidu solide qu'on reprend par l'eau et qu'on neutralise par du carbonate de baryte. On filtre et on traite le liquide clair par une solution de carbonate d'ammoniaque tant que la liqueur contient un sel de baryte; une deuxième filtration et une évaporation donnent deux sels ammoniacaux dont l'un est incristallisable (sulfopropionate), tandis que l'autre donne des cubes ou des prismes à 4 pans. C'est l'éthylène-disulfite d'ammonium.

Husemann dissout le sulfocarbonate éthylénique dans l'acide azotique fumant en petit excès et chauffe au bain-marie tant qu'il se dégage des vapeurs rouges; la liqueur acide est saturée par du carbonate de plomb; le sulfate et l'azotate de plomb sont séparés par cristallisation : il reste des cristaux mamelonnés d'éthylène-disulfite.

Pour obtenir l'acide libre, on traite le sel de plomb obtenu par l'une ou l'autre de ces méthodes par un courant d'hydrogène sulfuré; on filtre, et l'on obtient une masse cristalline rayonnée en abandonnant la solution dans le vide sec. L'acide séché en présence de l'acide sulfurique renferme une molécule d'eau qu'il perd à 100°.

L'acide éthylène-disulfureux est très-hygrométrique. Il fond à 94°. Il est aisément soluble dans l'eau et l'alcool.

Cet acide est bibasique; il donne des sels neutres et des sels acides; tous sont solubles et cristallisables, leur formule générale est

$$C^2H^4\left\{\begin{matrix} SO^2.OR \\ SO^2.OR \end{matrix}\right. = (C^2H^4S^2O^6)'' \, 2\,R.$$

L'éthylène-disulfite neutre d'ammonium

$$(C^2H^4S^2O^6)(AzH^4)^2$$

est en longs prismes monocliniques. — *Éthylène-disulfite neutre de potassium* $(C^2H^4S^2O^6)''K^2$, gros prismes monocliniques à 6 pans. — *L'éthylène-disulfite acide de potassium*

$$(C^2H^4S^2O^6)''HK, 3H^2O$$

forme des croûtes cristallines dures, incolores. — *L'éthylène-disulfite neutre de sodium*

$$(C^2H^4S^2O^6)''Na^2$$

appartient au système orthorhombique. Il est bien cristallisé. — *L'éthylène-disulfite de baryum* préparé par l'action de l'eau de baryte sur le sel d'ammonium a pour formule $(C^2H^4S^2O^6)''Ba'', H^2O$.

Il cristallise en groupes étoilés d'aiguilles à 6 pans. Il devient anhydre à 180° (Buckton et Hofmann). Suivant Husemann, le sel que l'on obtient en saturant l'acide obtenu par son procédé, au moyen du carbonate de baryte, a la formule

$$(C^2H^4S^2O^6)\,Ba + 2H^2O.$$

Petits octaèdres rhombiques.— Enfin, en saturant l'acide pur par la baryte, on obtient le sel anhydre

$$(C^2H^4S^2O^6)\,Ba.$$

— *L'éthylène-disulfite de magnésium*

$$(C^2H^4S^2O^6)\,Mg + 6H^2O$$

est en longs prismes et tables monocliniques, qui ne perdent à 100° que la moitié de leur eau, le reste à 180° seulement. Il est très-soluble. — *L'éthylène-disulfite de zinc*

$$(C^2H^4S^2O^6)\,Zn + 6H^2O$$

cristallise en plaques monocliniques; il ne se déshydrate complétement qu'à 180°. — *L'éthylène-disulfite neutre d'argent* $(C^2H^4S^2O^6)\,Ag$ cristallise en tables monoclyniques. On a obtenu aussi un *éthylène-disulfite d'argent* ayant la formule

$$C^2H^4S^2O^6Ag^2, C^2H^5S^2O^6Ag + 12H^2O.$$

groupes sphériques de cristaux blancs. Le sel cuprique a pour formule

$$(C^2H^4S^2O^6)\,Cu'' + 4H^2O,$$

prismes monocliniques bleu clair perdant à 100° les 5/8 de leur eau, le reste à 170°. — *L'éthylène-disulfite de plomb* $[(C^2H^4S^2O^6)Pb]^2, 3H^2O$ donne des plaques cristallisées assez solubles, et quelquefois des prismes à 4 pans; dans certains cas il cristallise difficilement. — *L'éthylène-disulfite mercurique*

$$(C^2H^4S^2O^6)\,Hg + 6H^2O$$

forme de longs prismes clinorhombiques. *L'éthylène-disulfite mercureux* $(C^2H^4S^2O^6)\,(Hg^2)$ donne des croûtes blanches qui, chauffées avec l'eau, se dédoublent en un sel basique et un sel acide.

A. G.

ÉTHYLÉNIQUE (ALCOOL).—Voyez GLYCOL.

ÉTHYLÉNIQUES (ALCOOLS POLY-) [Wurtz, *Ann. de Chim. et de Phys.*, (3), t. LXIX, p. 330; — Lourenço, même recueil, t. LXVII, p. 275; — Wurtz, *Compt. rend. de l'Acad. des sc.*, t. XLIX, p. 813, nov. 1859]. — Les alcools polyéthyléniques, découverts simultanément en 1859 par Wurtz en faisant réagir l'oxyde d'éthylène sur l'eau et les acides, et par Lourenço en étudiant l'action des éthers du glycol sur l'oxyde d'éthylène [1], peuvent être considérés comme des anhydrides successivement condensés du glycol. Les alcools diatomiques, et en général les composés à radicaux polyatomiques, peuvent, à cause même de la polyatomicité de ces radicaux, donner des combinaisons de plus en plus complexes. La diatomicité de C^2H^4 et celle de l'oxygène expliquent en effet et suffisamment la réaction :

$$\left.\begin{matrix}H\\C^2H^4\\H\end{matrix}\right\}\begin{matrix}O\\ \\O\end{matrix} + C^2H^4O = \left.\begin{matrix}H\\C^2H^4\\C^2H^4\\H\end{matrix}\right\}O^3.$$

Glycol. Oxyde d'éthylène. Alcool diéthylénique.

L'alcool diéthylénique qui correspond à la condensation en une molécule de $3H^2O$ que l'on peut mettre sous la forme

$$\left.\begin{matrix}H\\H^2\\H^2\\H\end{matrix}\right\}O^3$$

correspondante.

On conçoit aussi que l'on puisse avoir

$$\left.\begin{matrix}C^2H^4\\H^2\end{matrix}\right\}O^2 + 2C^2H^4O = \left.\begin{matrix}H\\C^2H^4\\C^2H^4\\C^2H^4\\H\end{matrix}\right\}O^4,$$

Glycol. Oxyde d'éthylène. Alcool triéthylénique.

et ainsi de suite, de telle façon qu'on obtienne une série d'alcools polyéthyléniques (pouvant du reste avoir chacun un anhydride), série d'alcools comprise dans la formule générale $nR''H^2O^{n+1}$. Dans ces alcools polyéthyléniques les groupes éthylène sont joints l'un à l'autre par l'intermédiaire d'atomes d'oxygène :

$$HO\text{-}C^2H^4\text{-}O\text{-}C^2H^4\text{-}OH.$$

Alcool diéthylénique.

Tous ces dérivés peuvent être considérés comme des anhydrides successifs de plusieurs molécules condensées de glycol, comme l'indiquent les équations suivantes :

$$C^2H^6O^2 - HO^2 = C^2H^4O.$$

Glycol. Oxyde d'éthylène.

$$2\,C^2H^6O^2 - H^2O = \left.\begin{matrix}(C^2H^4)^2\\H^2\end{matrix}\right\}O^3.$$

Alcool diéthylénique.

$$2\,C^2H^6O^2 - 2\,H^2O = \left.\begin{matrix}C^2H^4\\C^2H^4\end{matrix}\right\}O^2.$$

Dioxyéthylène.

$$3\,C^2H^6O^2 - 2\,H^2O = \left.\begin{matrix}(C^2H^4)^3\\H^2\end{matrix}\right\}O^4.$$

Alcool triéthylénique,

$$4\,C^2H^6O^2 - 2\,H^2O = \left.\begin{matrix}(C^2H^4)^4\\H^2\end{matrix}\right\}O^5.$$

Alcool tétréthylénique.

Tous ces composés ou leurs dérivés ont été obtenus par plusieurs méthodes :

a. En chauffant l'oxyde d'éthylène en tubes scellés avec de l'eau à 100°;

b. En faisant réagir l'oxyde d'éthylène sur le glycol;

c. En chauffant l'oxyde d'éthylène avec les acides hydratés ou anhydres;

d. En faisant réagir les éthers chlorhydriques, bromhydriques, du glycol sur le glycol lui-même;

e. Enfin, en petite proportion, dans l'action de l'hydrogène naissant sur l'oxyde d'éthylène.

La différence des points d'ébullition des alcools polyéthyléniques successifs est d'environ 45°.

Nous décrirons, pour chacun des corps en particulier, son meilleur mode de production.

ALCOOL DIÉTHYLÉNIQUE.

$$\left.\begin{matrix}(C^2H^4)^2\\H^2\end{matrix}\right\}O^3.$$

— Ce composé a été obtenu pour la première fois par Lourenço, en faisant réagir de 115° à 120°, pendant 4 ou 5 jours, sans dépasser cette température, dans un matras scellé, le bromure d'éthylène sur le glycol, puis séparant et fractionnant les produits qui passent de 240° à 250°. Il se forme aussi par l'action du glycol sur la mono-

1. Le mémoire des deux auteurs a été publié le même jour.

bromhydrine glycolique. Les deux équations suivantes expriment ces réactions :

$$3\left.\begin{matrix}C^2H^4\\H^2\end{matrix}\right\}O^2 + C^2H^4Br^2$$

Glycol. Dibromure d'éthylène.

$$=2C^2H^4\left\{\begin{matrix}OH\\Br\end{matrix}\right. + \left.\begin{matrix}(C^2H^4)^2\\H^2\end{matrix}\right\}O^3 + H^2O;$$

Monobromhydrine du glycol. Alcool diéthylénique.

$$\left.\begin{matrix}C^2H^4\\H^2\end{matrix}\right\}O^2 + C^2H^4\left\{\begin{matrix}OH\\Br\end{matrix}\right. = \left.\begin{matrix}(C^2H^4)^2\\H^2\end{matrix}\right\}O^3 + BrH.$$

Wurtz l'obtient en faisant agir l'oxyde d'éthylène sur le glycol anhydre. Le mélange placé dans un matras scellé est chauffé 15 jours à 100°. On distille et on recueille et fractionne le liquide qui passe de 245° à 255°. Vers 285° il passe de l'alcool triéthylénique.

La réaction de l'eau sur l'oxyde d'éthylène en tube scellé donne aussi des alcools diéthyléniques (Wurtz).

Liquide épais, soluble dans l'eau et dans l'alcool en toutes proportions, et dans 10 fois son volume d'éther. Densité à 0° = 1,132; il bout à 250° (Wurtz). Densité de vapeur, 3,70; théorie, 3,66 (Lourenço); sa saveur, d'abord douceâtre, laisse un arrière-goût amer.

L'acide nitrique convertit rapidement l'alcool diéthylénique en acides glycolique, oxalique et diglycolique (voyez ce mot).

Les acides bromhydrique et chlorhydrique le transforment dans les éthers diéthyléniques correspondants (Lourenço).

L'acide iodhydrique concentré chauffé plusieurs jours avec lui donne de l'iodure d'éthylène :

$$\left.\begin{matrix}(C^2H^4)^2\\H^2\end{matrix}\right\}O^3 + 4HI = 3H^2O + 2C^2H^4I^2.$$

L'oxyde d'éthylène en agissant sur l'alcool diéthylénique donne des produits plus condensés.

L'éther ou anhydride de cet alcool paraît être le dioxyéthylène (voyez OXYDE D'ÉTHYLÈNE), qui traité par l'acide acétique anhydre donne le diacétate diéthylénique.

Monochlorhydrine diéthylénique,

$$\left.\begin{matrix}(C^2H^4)^2\\H\end{matrix}\right\}\begin{matrix}O^2\\Cl\end{matrix} \quad \text{ou} \quad \begin{matrix}C^2H^4.OH\\O\\C^2H^4.Cl\end{matrix}$$

— On l'obtient en faisant agir le glycol monochlorhydrique à 140° pendant 32 heures sur 2 molécules de glycol, saturant par le gaz chlorhydrique, chassant l'excès de ce gaz au bain-marie, neutralisant par le carbonate de soude, desséchant la couche supérieure sur le chlorure de calcium, enfin fractionnant et séparant de 180° à 185° (Lourenço).

Wurtz fait passer un courant d'acide chlorhydrique sec dans l'oxyde d'éthylène refroidi; il sépare la petite quantité de chlorhydrine polyéthylénique qui bout de 190° à 200°. On l'obtient aussi en faisant agir l'oxyde d'éthylène sur la monochlorhydrine du glycol. Il se forme en même temps des chlorhydrines plus condensées.

Ce composé bout de 180° à 185° (Lourenço), de 190° à 200° (Wurtz).

Monobromhydrine diéthylénique,

$$\left.\begin{matrix}(C^2H^4)^2\\H\end{matrix}\right\}\begin{matrix}O\\Br\end{matrix}$$

[Lourenço, *loc. cit.*]. — C'est un des produits de l'action de 115° à 120° du bromure d'éthylène sur le glycol. Pour l'obtenir en plus grande quantité, on doit chauffer moins longtemps que pour l'alcool diéthylénique, et se servir d'un excès de bromure d'éthylène. On sépare les produits bouillant de 195° à 210°. On rectifie.

Liquide limpide, aromatique, ambré, bouillant avec une flamme bordée de vert, soluble dans l'eau, l'alcool et l'éther.

Oxysulfhydrate diéthylénique,

$$\left.\begin{matrix}(C^2H^4)^2\\H^2\end{matrix}\right\}\begin{matrix}O^2\\S\end{matrix}$$

[Carius, *Ann. der Chem. u. Pharm.*, t. CXXIV, p. 257]. — Ce composé n'est autre que l'alcool diéthylénique ou 1 atome d'oxygène est remplacé par 1 atome de soufre. On l'obtient en faisant bouillir une solution alcoolique de monosulfhydrine du glycol (voyez ce mot), après séparation du chlorure de potassium et neutralisation de l'acide chlorhydrique. On évapore alors tout doucement, le liquide huileux qui reste se solidifie bientôt en cristaux blancs qu'on purifie d'un peu de monosulfhydrine qu'ils emprisonnent en les lavant à l'alcool froid très-étendu, et faisant recristalliser dans l'alcool chaud. Voici la réaction :

$$2\left(\begin{matrix}C^2H^4\\H\end{matrix}\right.\left.\begin{matrix}S\\O\end{matrix}\right\} = \left.\begin{matrix}2C^2H^4\\H^2\end{matrix}\right\}\begin{matrix}S\\O^2\end{matrix} + H^2S.$$

Monosulfhydrine du glycol. Oxysulfhydrate diéthylénique.

L'oxysulfhydrate diéthylénique cristallise en aiguilles microscopiques, il fond à 60°. Insoluble dans l'eau, soluble dans l'alcool. Sa solution précipite par divers sels.

L'acide nitrique l'oxyde aisément et donne ainsi l'acide bibasique (?)

$$\left.\begin{matrix}2C^2H^4\\SO\\H^2\end{matrix}\right\}O^4 = \begin{matrix}C^2H^4.OH\\O\\C^2H^4.SO^3H\end{matrix}$$

dont les sels plombiques et barytiques sont solubles et cristallisables. Dans la réaction de l'acide sulfhydrique sec sur l'oxyde d'éthylène il paraît se former aussi le composé précédent et des composés plus condensés (Foster).

Diacétate diéthylénique,

$$\left.\begin{matrix}(C^2H^4)^2\\(C^2H^3O)^2\end{matrix}\right\}O^3$$

[Wurtz, *loc. cit.*]. — Il a été obtenu en chauffant au bain-marie en vase clos l'oxyde d'éthylène avec l'acide acétique cristallisable. Le produit de la réaction est un mélange d'acétate d'éthylène et d'acétates polyéthyléniques. En recueillant de 245° à 255° on obtient encore un diacétate diéthylénique mélangé d'acétate monoéthylénique. Il vaut mieux, pour l'obtenir, combiner directement l'oxyde d'éthylène à l'acide acétique anhydre avec lequel on le chauffe quelques jours au bain-marie (Wurtz). On a la réaction

$$2C^2H^4O + \left.\begin{matrix}C^2H^3O\\C^2H^3O\end{matrix}\right\}O = \left.\begin{matrix}(C^2H^4)^2\\(C^2H^3O)^2\end{matrix}\right\}O^3.$$

Traité par la baryte, cet acétate se saponifie et donne l'alcool diéthylénique.

Monoacétate diéthylénique,

$$\left.\begin{matrix}(C^2H^4)^2\\H.C^2H^3O\end{matrix}\right\}O^3.$$

— Il paraît se former en petite quantité en même temps que le précédent.

ALCOOL TRIÉTHYLÉNIQUE,

$$\left.\begin{matrix}3C^2H^4\\H^2\end{matrix}\right\}O^4.$$

— Il se forme en même temps que l'alcool diéthylénique et dans les mêmes réactions, seulement on recueille, pour l'obtenir pur, le liquide qui passe à la distillation de 285° à 295°.

C'est un liquide incolore épais, très-soluble dans l'eau et l'alcool, mais moins soluble dans l'éther. Il bout vers 290°. Densité, 1,138. Il commence à se décomposer à 350° (Wurtz).

Traité par l'acide nitrique il donne l'acide diglycoléthylénique (voyez ce mot) (Wurtz) :

$$\left.\begin{matrix}(C^2H^4)^3\\H^2\end{matrix}\right\} O^4 + O^4 = 2H^2O + \left.\begin{matrix}C^2H^4\\2C^2H^2O\\H^2\end{matrix}\right\} O^4.$$

Alcool triéthylénique. Acide diglycoléthylénique.

Monochlorhydrine triéthylénique,

$$\left.\begin{matrix}3C^2H^4\\H\end{matrix}\right\} \begin{matrix}O^3\\Cl\end{matrix}$$

[Lourenço, *loc. cit.*]. — On l'obtient en même temps que la monochlorhydrine diéthylénique, seulement on sépare la portion qui distille de 222° à 232°. Liquide visqueux, limpide, aromatique, soluble dans l'eau, l'alcool et l'éther, bouillant avec une flamme bordée de vert.

Monobromhydrine triéthylénique,

$$\left.\begin{matrix}3C^2H^4\\H\end{matrix}\right\} \begin{matrix}O^3\\Br\end{matrix}$$

(Lourenço). — On l'obtient en même temps que la monobromhydrine diéthylénique en séparant le produit qui distille de 245° à 255°. C'est un liquide légèrement jaunâtre, visqueux, soluble dans l'alcool, l'éther et l'eau, dont le carbonate de potasse ne le sépare pas. Il se décompose partiellement par la distillation.

Dibromhydrine triéthylénique,

$$3C^2H^4 \left\{ \begin{matrix}O^2\\Br^2\end{matrix}\right.$$

[Wurtz, *loc. cit.*]. — On l'obtient en traitant une molécule d'oxyde d'éthylène par une molécule de bromure d'éthylène, et chauffant en vase clos 8 jours à 150°. Une bonne partie des deux corps ne réagit pas, mais au-dessus de 200°, on obtient un corps qui se rapproche de la composition de l'oxybromure dont nous parlons.

Exp. $C = 24{,}112$; $H = 4{,}24$; $Br = 59{,}9$.
Théorie : $C = 26{,}08$; $H = 4{,}34$; $Br = 57{,}9$.

Diacétate triéthylénique,

$$\left.\begin{matrix}(C^2H^4)^3\\(C^2H^3O)^2\end{matrix}\right\} O^4$$

[Wurtz, *loc. cit.*]. — C'est le produit bouillant vers 300° et qui résulte de l'action de l'acide acétique sur l'oxyde d'éthylène. Le diacétate triéthylénique se mêle en toutes proportions à l'eau, l'alcool et l'éther. Il donne, comme le suivant, l'alcool triéthylénique quand on le saponifie par la baryte.

Monoacétate triéthylénique,

$$\left.\begin{matrix}3C^2H^4\\C^2H^3O\\H\end{matrix}\right\} O^4$$

(Wurtz). — Il se forme aussi quand on traite le glycol monoacétique par l'oxyde d'éthylène.

ALCOOL TÉTRÉTHYLÉNIQUE,

$$\left.\begin{matrix}4C^2H^4\\H^2\end{matrix}\right\} O^5.$$

— Il se forme avec les alcools di- et triéthylénique et dans les mêmes réactions (voyez ALCOOL DIÉTHYLÉNIQUE). Lourenço, pour l'obtenir, distille sous faible pression le résidu, bouillant au-dessus de 300°, qui résulte de la réaction du bromure d'éthylène sur le glycol; il fractionne dans le vide partiel à 230° et sous la pression de 25 millimètres. Le liquide présente la composition de l'alcool tétréthylénique. Wurtz saponifie par la baryte le diacétate tétréthylénique (voyez plus loin). Il chasse l'excès de baryte par l'acide carbonique, évapore au bain-marie, reprend par l'alcool absolu, distille l'alcool et la liqueur jusques à atteindre 300°, puis enfin fractionne dans le vide.

C'est un liquide incolore et visqueux.

Monochlorhydrine tétréthylénique,

$$\left.\begin{matrix}4C^2H^4\\H\end{matrix}\right\} \begin{matrix}O^4\\Cl\end{matrix}$$

[Lourenço, *loc. cit.*]. — Elle s'obtient en même temps que les monochlorhydrines diétriéthyléniques. On recueille le liquide qui passe de 262° à 272°. Liquide très-visqueux, soluble dans l'eau, l'alcool et l'éther, brûlant avec une flamme bordée de vert.

Diacétate tétréthylénique,

$$\left.\begin{matrix}4C^2H^4\\2C^2H^3O\end{matrix}\right\} O^5$$

[Wurtz, *loc. cit.*]. — Ce composé se trouve dans les dernières portions qui passent à la distillation du liquide qui résulte de l'action de l'acide acétique sur l'oxyde d'éthylène. On enlève d'abord tout ce qui bout avant 320°, puis on rectifie dans le vide. Le diacétate tétréthylénique saponifié par la baryte donne l'alcool correspondant.

ALCOOL PENTÉTHYLÉNIQUE,

$$\left.\begin{matrix}5C^2H^4\\H^2\end{matrix}\right\} O^6$$

[Lourenço, *loc. cit.*]. — Liquide que l'on obtient en même temps que les alcools polyéthyléniques précédents et que l'on en sépare en recueillant dans le vide partiel sous la pression de 25 millimètres la portion qui distille vers 281°.

Liquide visqueux comme la glycérine, soluble dans l'eau, l'alcool et l'éther.

ALCOOL HEXÉTHYLÉNIQUE.

$$\left.\begin{matrix}6C^2H^4\\H^2\end{matrix}\right\} O^7$$

[Lourenço, *loc. cit.*]. — S'obtient comme le précédent. Il bout vers 325° sous la pression de 25 millimètres. Sa viscosité dépasse encore celle de l'alcool pentéthylénique. A. G.

ÉTHYLÉNIQUES et **HYDROXÉTHYLÉNIQUES (BASES)**. — *Historique*. — Les premières amines éthyléniques ont été obtenues en 1853 par Cloëz et en 1854 par M. Natanson, en faisant agir l'ammoniaque sur le chlorure ou le bromure d'éthylène. Ils ne reconnurent pas leur nature [Cloëz, *l'Institut*, 1853, p. 213; — Natanson, *Ann. Chim. Pharm.*, t. XCII, p. 48, et t. XCVIII, p. 20]. W. Hofmann établit en 1858 leur formule et leur vraie constitution. Il a depuis développé et considérablement généralisé leur étude en produisant les composés correspondants du phosphore et de l'arsenic. M. Wurtz découvrit, en 1859, les bases hydroxéthyléniques. Ce sont les premiers alcaloïdes artificiels oxygénés connus. Depuis W. Hofmann a, par une autre méthode, trouvé de nombreuses *monamines* azotées, phosphorées, arséniées, dérivées de l'éthylène et que l'on doit rapprocher des hydroxéthylénamines.

Classification. — Nous diviserons les bases éthyléniques en quatre classes : 1° *bases azotées* ou *éthylénamines*; 2° *bases phosphorées* ou *éthylène-phosphines*; 3° *bases arseniées* ou *éthylénarsines*; 4° *bases mixtes*; *éthylène-phosphamines*, *éthylénarsénamines*, *éthylène-phospharsines*.

BASES AZOTÉES DÉRIVÉES DE L'ÉTHYLÈNE.

Division des amines éthyléniques. — On a à étudier successivement les monamines, diamines, triamines, tétramines... : classification justifiée non-seulement en ce que les amines éthyléniques qui composent chacun de ces groupes dérivent de 1, 2, 3, 4... molécules d'ammoniaque, mais encore en ce que dans chacun d'eux les corps qui le composent jouissent d'un système de réactions générales communes, et que l'on ne sait pas encore passer d'un de ces groupes au groupe atomique qui contient une quantité d'azote inférieure d'une unité. C'est ce qui justifie notre classification; l'histoire des corps de chacun des groupes sera précédée des notions théoriques qui se rapportent à leur ensemble.

MONAMINES A RADICAUX ÉTHYLÉNIQUES.

On conçoit que le reste monatomique du glycol $(C^2H^4.OH)'$ ou de la dibromhydrine $(C^2H^4.Br)'$ puisse se substituer dans AzH^3 à 1 atome d'hydrogène et donner la monamine

$$AzH^2(C^2H^4.OH)$$

ainsi que la monamine AzH^2 $(C^2H^4.Br)$ qui peut être considérée comme la bromhydrine de la première; de là dériveront les sels d'ammoniums tels que

$$\left(Az\left\{\begin{matrix}C^2H^4.OH\\H^2\end{matrix}\right.\right), HCl, \quad \left(Az\left\{\begin{matrix}C^2H^4.Br\\H^2\end{matrix}\right.\right), HCl.$$

Ces mêmes restes monatomiques peuvent donner des sels d'ammoniums dérivés des amines tertiaires tels que

$$Az\left\{\begin{matrix}C^2H^4.OH\\(C^2H^5)^3\\Br\end{matrix}\right. \quad et \quad Az\left\{\begin{matrix}C^2H^4.Br\\(C^2H^5)^3\\Br.\end{matrix}\right.$$

Bien plus, on conçoit que le reste monatomique du glycol ordinaire $(C^2H^4.OH)'$ puisse être remplacé par un autre radical monatomique, mais dérivé d'un alcool polyéthylénique. Le glycol diéthylénique, par exemple, peut, en perdant OH, donner le reste monatomique

$$(C^2H^4\text{-}O\text{-}C^2H^4.OH)',$$

le glycol triéthylénique donnera le reste

$$(C^2H^4\text{-}O\text{-}C^2H^4\text{-}O\text{-}C^2H^4.OH)'$$

et ces chaînes monatomiques pourront remplacer 1 atome d'hydrogène de l'ammoniaque.

L'expérience réalise ces conceptions; l'on peut même dire qu'elle a devancé ici et servi à généraliser les notions théoriques.

Procédés de préparation des monamines dérivées de l'éthylène. — On en connaît quatre :

1° On traite une solution aqueuse d'ammoniaque par l'anhydride du glycol. La réaction commence à la température ordinaire, l'anhydride se combine directement à l'ammoniaque (Wurtz). Exemple :

$$C^2H^4O + AzH^3 = Az\left\{\begin{matrix}C^2H^4.OH\\H^2.\end{matrix}\right.$$

Oxyde d'éthylène. Hydroxéthylénamine.

Cette première amine, en agissant sur une nouvelle quantité d'oxyde d'éthylène, donnera successivement la dihydroxéthylénamine, la trihydroxéthylénamine.

2° On fait agir à chaud la monochlorydrine ou monobromhydrine du glycol sur l'ammoniaque (Wurtz). Exemple :

$$C^2H^4\left\{\begin{matrix}OH\\Br\end{matrix}\right. + AzH^3 = Az\left\{\begin{matrix}C^2H^4.OH\\H^3\\Br.\end{matrix}\right.$$

Monobromhydrine du glycol. Bromure d'hydroxéthylène-ammonium.

Traité par la potasse, ce bromure donnera la base libre, qui avec une nouvelle molécule de monobromhydrine produira le bromure de dihydroxéthylénamine, etc...

3° On peut dans certains cas, et spécialement avec des amines tertiaires, obtenir des ammoniums qui ont, comme nous allons le démontrer bientôt, la constitution des bases précédentes, en traitant ces amines par le bibromure d'éthylène en excès (W. Hofmann).

La réaction de premier jet qui se produit par le contact à 100° de ces deux corps se passe toujours d'après une équation analogue à celle qui suit :

$$Az(CH^3)^3 + C^2H^4Br^2 = Az\left\{\begin{matrix}C^2H^4Br\\(CH^3)^3\\Br.\end{matrix}\right.$$

Triméthylamine. Bromure de brométhylène triméthylammonium.

4° On a obtenu aussi les mêmes composés en traitant les amines tertiaires par le chlorure ou le bromure d'éthyle chloré ou bromé, ainsi :

$$Az(C^2H^5)^3 + C^2H^4Br, Br = Az\left\{\begin{matrix}C^2H^4Br\\(C^2H^5)^3\\Br.\end{matrix}\right.$$

Triéthylamine. Bromure d'éthyle bromé. Bromure de brométhylène-triéthyl-ammonium.

Nous indiquerons, quand il sera nécessaire, pour chacun des corps décrits, les procédés spéciaux de préparation.

Réactions générales. — On peut aisément passer des corps bromés de ce groupe aux corps hydroxydés et réciproquement. Ainsi, si l'on traite le bromure de brométhylène-triéthylammonium

$$Az\left\{\begin{matrix}C^2H^4Br\\(C^2H^5)^3\end{matrix}\right., Br$$

par l'oxyde d'argent et l'eau, dans certaines conditions, il se produit l'hydrate d'hydroxéthylène-triéthylammonium

$$Az\left\{\begin{matrix}C^2H^4.OH\\(C^2H^5)^3\\OH\end{matrix}\right.$$

que l'on peut transformer en bromure

$$Az\left\{\begin{matrix}C^2H^4.OH\\(C^2H^5)^3\\Br\end{matrix}\right.$$

par l'acide bromhydrique; réciproquement, si l'on prend ce dernier bromure, on peut, en le traitant par le perbromure de phosphore, obtenir le bromure de brométhylène-triéthylammonium primitif

$$Az\left\{\begin{matrix}C^2H^4Br\\(C^2H^5)^3\\Br.\end{matrix}\right.$$

Ce remplacement du brome du brométhylène $C^2H^4.Br$ par l'hydroxyle sous l'influence de l'oxyde d'argent et de l'eau, qui ne se produit dans la série de l'azote que malaisément et corollairement à d'autres réactions dont nous allons parler, se produit mieux dans la série du phosphore et est la réaction principale dans la série des bases de l'arsenic.

Ces réactions, et le mode de formation des hydroxéthylénamines avec la monobromhydrine du glycol et des brométhylénamines avec la dibromhydrine prouvent suffisamment que les monamines hydroxéthyléniques de Wurtz et les monamines brométhyléniques de W. Hofmann se correspondent exactement, les unes et les autres contenant un ou plusieurs radicaux monatomiques dérivés du glycol.

Traités par l'hydrogène naissant, les bromures de ce groupe donnent des monamines à radicaux monatomiques (Hofmann) :

$$Az\left\{\begin{matrix}C^2H^4Br\\(CH^3)^3\\Br\end{matrix}\right. + H^2 = HBr + Az\left\{\begin{matrix}C^2H^5\\(CH^3)^3\\Br.\end{matrix}\right.$$

Bromure de brométhylène-triméthylammonium. Bromure d'éthyltriméthylammonium.

Sous l'influence de l'ammoniaque ou des amines alcooliques, de l'oxyde d'argent et de l'eau en tube scellé et au-dessus de 100°, il se produit un groupe de bases nouvelles où le radical vinyle (C^2H^3) se comporte comme monatomique. Exemple :

$$Az\left\{\begin{matrix}C^2H^4I\\(CH^3)^3\\I\end{matrix}\right. + AzH^3 = AzH^4I + Az\left\{\begin{matrix}(C^2H^3)'\\(CH^3)^3\\I.\end{matrix}\right.$$

Iodure d'iodéthylène-triméthylammonium. — Iodure de vinyl-triméthylammonium.

Nous verrons qu'avec les composés correspondants du phosphore cette réaction n'est que très-secondaire, mais qu'il se forme plus spécialement dans ce cas des diamines dans les mêmes conditions. C'est ce qui n'arrive pas avec l'azote.

Les sels solubles d'argent n'enlèvent, même à l'ébullition, aux bromures des composés bromé-thyléniques que la moitié de leur brome, l'autre étant substituée ne peut être enlevée qu'à 100° avec l'eau et l'oxyde d'argent. Ainsi on a

$$Az\left\{\begin{matrix}C^2H^4Br\\(CH^3)^3\\Br\end{matrix}\right. + AzO^3Ag = AgBr + Az\left\{\begin{matrix}C^2H^4Br\\(CH^3)^3\\AzO^3.\end{matrix}\right.$$

Bromure de brom-éthylène-triméthyl-ammonium. — Nitrate d'argent. — Nitrate de brométhylène-triméthylammonium.

Toutes ces bases donnent des sels bien définis et neutres; les chloroplatinates et les chloraurates sont en général peu solubles et bien cristallisés. Les bases hydroxéthyléniques libres sont solubles et fortement alcalines.

Nous décrirons successivement les composés des bases contenant le radical ($C^2H^4.OH$) ou *hydroxéthylénamines*, ceux des bases correspondantes où le brome remplace l'oxhydryle ou *brométhylénamines*, enfin les composés où entre le vinyle.

HYDROXÉTHYLÉNAMINES.

M. Wurtz, qui a découvert ces corps en 1859, les nomma *Oxyéthylénamines;* Kekulé leur a donné le nom d'*Éthylène-hydoramines* [Wurtz, *Compt. rend.*, XLIX, 898; LIII, 338; *Répert. de Chim. pure*, 1860, p. 67, 1861, p. 41; *Zeitsch. der Chem. u. Pharm.*, 1860, 188; *Ann. der Chem. u. Pharm.*, CXIV, 51].

Le radical monatomique $C^2H^4.OH$, en remplaçant dans AzH^3 un, deux, trois atomes d'hydrogène, donne la mono-, di-, trihydroxéthylénamine; bien plus, on conçoit que 2, 3 molécules d'oxyde d'éthylène puissent se souder l'une à l'autre en perdant ainsi deux de leurs quatre points d'attraction, et donner des chaînes

$$C^2H^4O\text{-}C^2H^4O \quad \text{et} \quad C^2H^4O\text{-}C^2H^4O\text{-}C^2H^4O$$

diatomiques et par conséquent pouvant se conduire comme chacune des molécules d'oxyde d'éthylène qui les composent; ces agglomérations diatomiques, en jouant le rôle d'une seule molécule d'oxyde d'éthylène, donneront lieu à des hydroxéthylénamines pouvant contenir plus de 3 molécules d'oxyde d'éthylène.

HYDROXÉTHYLÉNAMINE,

$$Az\left\{\begin{matrix}C^2H^4.OH\\H^2.\end{matrix}\right.$$

— On place dans un matras assez fort de l'ammoniaque aqueuse peu concentrée. On ajoute de l'oxyde d'éthylène, on scelle et on laisse quelques heures en contact, enfin on évapore à une douce chaleur. On obtient une matière sirupeuse, très-alcaline, qu'on sature exactement par l'acide chlorhydrique. Il s'est ainsi formé un mélange de chlorhydrates de trois bases mono-, di- et trihydroxéthylénamiques. On évapore à siccité au bain-marie, et on reprend par l'alcool *absolu*. Le chlorhydrate de la *trihydroxéthylénamine* reste seul insoluble. A la solution alcoolique on ajoute tant qu'il se forme un précipité, une solution aqueuse concentrée de chlorure platinique, on réunit ainsi la plus grande partie de la *dihydroxéthylénamine* à l'état de chloroplatinate. Pour la séparer entièrement de la dernière base, on ajoute alors peu à peu de l'éther; le précipité, qui formait d'abord des prismes jaune-orangé, se présente bientôt sous la forme de paillettes jaune d'or légères que l'on sépare; elles constituent le *chloroplatinate d'hydroxéthylénamine*

$$\left(Az\left\{\begin{matrix}C^2H^4.OH\\H^2\end{matrix}\right., HCl\right)^2, PtCl^4.$$

La *base libre*

$$Az\left\{\begin{matrix}C^2H^4.OH\\H^2\end{matrix}\right.$$

peut s'obtenir soit au moyen de ce chloroplatinate en le traitant par l'hydrogène sulfuré, filtrant, concentrant et faisant digérer sur de l'oxyde d'argent humide, soit au moyen du chlorhydrate et de l'oxyde d'argent.

Chlorhydrate,

$$Az\left\{\begin{matrix}C^2H^4.OH\\H^2\end{matrix}\right., HCl.$$

— Il se sépare spontanément de la solution sirupeuse alcoolique des trois chlorhydrates, quand on la laisse à l'air sec, à l'état de petits cristaux qu'on peut laver rapidement à l'alcool et sécher. — On obtient aussi ce chlorhydrate ainsi que celui de la dihydroxéthylénamine en faisant chauffer quelques heures à 100° dans un fort matras un mélange d'ammoniaque aqueuse et de monochlorhydrine glycolique. On a

$$C^2H^4\left\{\begin{matrix}Cl\\OH\end{matrix}\right. + AzH^3 = Az\left\{\begin{matrix}C^2H^4.OH\\H^2\end{matrix}\right., HCl.$$

Monochlorhydrine glycolique. — Chlorhydrate d'hydroxéthylénamine.

On évapore à siccité, on reprend par l'alcool absolu pour enlever un peu de chlorhydrate d'ammoniaque, et on sépare les deux chlorhydrates de mono- et de dihydroxéthylénamine comme il a été dit ci-dessus.

Le chlorhydrate d'hydroxéthylénamine se présente en petits cristaux incolores, fusibles au-dessous de 100°.

DIHYDROXÉTHYLÉNAMINE. — Son chlorydrate et son chloroplatinate s'obtiennent comme il vient d'être dit. La base libre se produit aussi comme la précédente.

Chloroplatinate,

$$\left(Az\left\{\begin{matrix}C^2H^4.OH\\C^2H^4.OH, HCl\\H\end{matrix}\right.\right)^2 PtCl^4.$$

Prismes rhomboïdaux d'un très-beau rouge-orangé, ressemblant au bichromate de potasse. Il est peu soluble dans l'eau et l'alcool, insoluble dans l'éther.

Chlorhydrate,

$$Az\left\{\begin{matrix}C^2H^4.OH\\C^2H^4.OH, HCl\\H,\end{matrix}\right.$$

très-soluble dans l'eau et dans l'alcool même absolu.

TRIHYDROXÉTHYLÉNAMINE,

$$Az\left\{\begin{matrix}C^2H^4.OH\\C^2H^4.OH\\C^2H^4.OH.\end{matrix}\right.$$

— On obtient le *chlorhydrate* de cette base comme il a été dit ci-dessus; on peut le séparer des deux autres soit en évaporant le mélange des trois chlorhydrates à siccité et reprenant par l'alcool absolu, soit en concentrant dans l'air sec la solution aqueuse alcoolisée. On l'obtient alors sous forme de magnifiques rhomboèdres brillants, incolores et pouvant arriver à de grandes dimensions.

La *base libre*

$$Az \left\{ \begin{array}{l} C^2H^4.OH \\ C^2H^4.OH \\ C^2H^4.OH \end{array} \right.$$

s'obtient en traitant le chlorhydrate en solution aqueuse par la quantité exactement équivalente d'oxyde d'argent; son hydrate constitue un sirop épais, auquel on enlève entièrement l'eau en le portant quelque temps à 100° dans le vide. Cette base se combine directement avec une et plusieurs molécules d'oxyde d'éthylène pour donner les bases suivantes :

TÉTRHYDROXÉTHYLÉNAMINE et HYDROXÉTHYLÉNAMINES PLUS CONDENSÉES. — Si l'on traite la base précédente par l'oxyde d'éthylène, et qu'on sature ensuite par l'acide chlorhydrique, ou bien si l'on chauffe le glycol monochlorhydrique avec la trihydroxéthylénamine, on obtient, dans le premier cas, des chlorhydrates de *tétrhydroxéthylénamine* et de quelques autres bases, penthydroxéthylénamine, hexhydroxéthylénamine, et dans le second cas, du chlorhydrate de tétrhydroxéthylénamine.

Les chlorures de ces diverses bases sont en général sirupeux, incristallisables et difficiles à séparer.

En traitant leur mélange en solution dans l'alcool par un excès de chlorure platinique alcoolique, on obtient encore un chloroplatinate

$$\left[Az \left\{ \begin{array}{l} C^2H^4O\text{-}C^2H^4O.OH \\ C^2H^4.OH \\ C^2H^4.OH \end{array} \right. , HCl \right]^2 PtCl^4$$

(chloroplatinate de tétrhydroxéthylénamine) cristallisé en paillettes jaune d'or foncé.

Les bases contenant plus d'oxyde d'éthylène donnent encore des chloroplatinates, mais incristallisables, solubles dans l'eau et dans l'alcool et insolubles dans l'éther.

BROMÉTHYLÉNAMINES ET COMPOSÉS.

TRIMÉTHYLBROMÉTHYLÈNE-AMMONIUM.

Bromure,

$$Az \left\{ \begin{array}{l} C^2H^4Br \\ (CH^3)^3 \\ Br \end{array} \right.$$

[Hofmann, *Compt. rend.*, t. XLVII, p. 588; *Ann. de Chim. et de Phys.*, (3), t. LIV, p. 356; *Chem. Gaz.*, 1858, p. 434; *Chem. cent.*, 1858, p. 913]. — On dissout la triméthylamine dans l'eau ou l'alcool, on ajoute un excès de bibromure d'éthylène, et on laisse le mélange 5 à 6 jours à 50° ou 60° dans un matras scellé. Il se forme un dépôt cristallin et la liqueur devient acide. On évapore le tout pour chasser le bromure d'éthylène, on lave à l'alcool et on fait recristalliser dans l'alcool bouillant.

Aiguilles blanches très-solubles dans l'alcool bouillant, moins solubles à froid; insolubles dans l'éther.

Le nitrate d'argent, même à l'ébullition, n'enlève pas le brome du groupe C^2H^4Br.

L'oxyde d'argent en sépare tout le brome par l'ébullition avec l'eau et donne le composé vinylique

$$Az \left\{ \begin{array}{l} (C^2H^3)' \\ (CH^3)^3. \\ OH. \end{array} \right.$$

L'ébullition avec la potasse n'en dégage pas trace de vapeurs alcalines.

Chloroplatinate de triméthylbrométhylène-ammonium,

$$\left(Az \left\{ \begin{array}{l} C^2H^4Br \\ (CH^3)^3 \\ Cl \end{array} \right. \right)^2 PtCl^4.$$

— Il s'obtient en traitant le bromure primitif par l'azotate d'argent, séparant le bromure d'argent, enlevant l'excès de sel d'argent par l'acide chlorhydrique et ajoutant du chlorure platinique. Cristaux octaédriques difficiles à dissoudre dans l'eau froide, plus solubles à chaud.

Chloraurate,

$$Az \left\{ \begin{array}{l} C^2H^4Br \\ (CH^3)^3 \\ Cl. \end{array} \right. , AuCl^3$$

— Aiguilles jaune d'or.

TRIÉTHYLBROMÉTHYLÈNE-AMMONIUM.

Bromure,

$$Az \left\{ \begin{array}{l} C^2H^4Br \\ (C^2H^5)^3 \\ Br \end{array} \right.$$

[Hofmann, *Compt. rend.*, t. XLIX, p. 880; *Répert. de Chim. pure*, 1860, p. 97; *Chem. centr.*, 1860, p. 168]. — On l'obtient en traitant la triéthylamine par le bibromure d'éthylène dans les conditions ci-dessus. Son *chloroplatinate* et son *chloraurate* sont analogues aux précédents. Il en est de même de l'action des divers réactifs.

VINYLAMINES ET COMPOSÉS.

Ils s'obtiennent, comme nous l'avons dit, par l'action de l'ammoniaque, des amines ou de l'oxyde d'argent à l'ébullition sur les brométhylénamines précédentes.

TRIMÉTHYLVINYLAMMONIUM.

Hydrate,

$$Az \left\{ \begin{array}{l} (C^2H^3)' \\ (CH^3)^3 \\ OH \end{array} \right.$$

[Hofmann, *Compt. rend.*, t. XLVII, p. 558]. — On l'obtient en soumettant le bromure de brométhylène-triméthylammonium à une longue ébullition avec de l'oxyde d'argent, tant qu'il se forme du bromure. On a

$$Az \left\{ \begin{array}{l} C^2H^4Br \\ (CH^3)^3 \\ Br \end{array} \right. + Ag^2O = 2AgBr + Az \left\{ \begin{array}{l} (C^2H^3)' \\ (CH^3)^3 \\ OH. \end{array} \right.$$

Bromure de brométhylène-triméthylammonium. — Hydrate de vinyltriéthylammonium.

Cet hydrate est soluble dans l'eau et fortement alcalin.

Bromure. — Lorsque, dans la préparation du bromure de triméthylbrométhylammonium, on chauffe trop le mélange de méthylamine et de bibromure, la réaction secondaire suivante donne naissance au bromure de vinyltriméthylammonium :

$$Az \left\{ \begin{array}{l} C^2H^4Br \\ (CH^3)^3 \\ Br \end{array} \right. + Az(CH^3)^3$$

Bromure de brométhylène-triméthylammonium. — Triméthylamine.

$$= Az \left\{ \begin{array}{l} C^2H^3 \\ (CH^3)^3 \\ Br \end{array} \right. + Az \left\{ \begin{array}{l} (CH^3)^3 \\ H \\ Br. \end{array} \right.$$

Bromure de vinyltriméthylammonium. — Bromure de triméthylammonium.

Chloroplatinate. — On l'obtient en saturant l'hydrate par l'acide chlorhydrique, en ajoutant $PtCl^4$. Octaèdres très-solubles dans l'eau, peu solubles dans l'alcool. Ils ont pour formule

$$\left[Az\left\{\begin{matrix}C^2H^3\\(CH^3)^3\\Cl\end{matrix}\right.\right]^2 PtCl^4.$$

Chloraurate,

$$Az\left\{\begin{matrix}(C^2H^3)'\\(CH^3)^3,\ AuCl^3.\\Cl\end{matrix}\right.$$

ÉTHYLÈNE-DIAMINES.

De la même manière que le radical diatomique éthylène $(C^2H^4)''$ peut unir les deux restes monatomiques $(OH)'$ pour former le glycol, de même on conçoit qu'il puisse unir les deux restes monatomiques $(AzH^2)'$ pour donner l'éthylène-diamine

$$C^2H^4(AzH^2)^2 = \begin{matrix}Az\\ \\Az\end{matrix}\left\{\begin{matrix}H^2\\C^2H^4\\H^2.\end{matrix}\right.$$

Cette diamine pourra agir à son tour comme l'ammoniaque et donner, par une série de substitutions successives de C^2H^4 à H^2, la diéthylène-diamine $Az^2H^2(C^2H^4)^2$ et la triéthylène-diamine

$$Az^2(C^2H^4)^3.$$

Enfin chacun de ces composés, comme les 2 molécules d'ammoniaque dont ils dérivent, pourra, par addition d'une nouvelle molécule de bibromure d'éthylène, donner des corps répondant à des bromures de diammoniums, tels que

$$Az^2H^2(C^2H^4)^2C^2H^4Br^2$$

et

$$Az^2(C^2H^4)^3C^2H^4Br^2.$$

Mode de production. — On obtient tous ces composés par l'action du chlorure ou mieux du bromure d'éthylène sur une solution alcoolique ou même aqueuse d'ammoniaque.

La réaction est très-complexe, outre les composés vinyliques, ou dérivant du type ammoniaque 3 et 4 fois condensé, on a successivement les trois réactions dont voici les équations :

$$2AzH^3 + C^2H^4Br^2 = \begin{matrix}Az\\ \\Az\end{matrix}\left\{\begin{matrix}H^2\\C^2H^4,\ 2HBr;\\H^2\end{matrix}\right.$$

Bibromure d'éthylène-diamine.

$$4AzH^3 + 2C^2H^4Br^2 = 2AzH^4Br + \begin{matrix}Az\\ \\Az\end{matrix}\left\{\begin{matrix}C^2H^4\\C^2H^4,\ 2HBr;\\H^2\end{matrix}\right.$$

Bromure d'ammonium. Bibromure de diéthylène-diamine.

$$6AzH^3 + 3C^2H^4Br^2 = 4AzH^4Br + \begin{matrix}Az\\ \\Az\end{matrix}\left\{\begin{matrix}C^2H^4\\C^2H^4,\ 2HBr.\\C^2H^4\end{matrix}\right.$$

Bromure d'ammonium. Bibromure de triéthylène-diamine.

Les amines correspondant à ces divers sels s'obtiennent ensuite en distillant les bromures avec une solution concentrée de potasse, et en déshydratant, par un contact souvent prolongé sur la baryte caustique et le sodium, l'hydrate ainsi formé.

Propriétés générales. — Elles ont été encore peu étudiées.

Les amines libres et leurs hydrates sont tous solubles et fortement alcalins.

Tous se comportent comme 2 molécules d'ammoniaque et peuvent se combiner en les saturant parfaitement soit à 2 molécules d'acide bromhydrique ou iodhydrique, soit à un bibromure glycolique.

Lorsque l'on fait réagir les iodures alcooliques monatomiques sur celles de ces diamines qui contiennent encore de l'hydrogène ammoniacal, on peut successivement substituer, par 2 et 4 radicaux alcooliques, 2 et 4 atomes d'hydrogène. Ainsi l'on a

$$\begin{matrix}Az\\ \\Az\end{matrix}\left\{\begin{matrix}H^2\\C^2H^4\\H^2\end{matrix}\right. + 2C^2H^5I = \begin{matrix}Az\\ \\Az\end{matrix}\left\{\begin{matrix}(C^2H^5)^2\\C^2H^4,\ 2HI.\\H^2\end{matrix}\right.$$

Diiodure d'éthylène-diéthyldiammonium.

On aurait de même le diiodure d'éthylène-tétréthyldiammonium.

Chacun de ces composés, traité par l'oxyde d'argent et l'eau ou par la potasse, donne une nouvelle amine à radicaux mixtes mono- et diatomique, par exemple, la diéthylène-diéthylamine.

$$\begin{matrix}Az\\ \\Az\end{matrix}\left\{\begin{matrix}C^2H^4\\C^2H^4\\(C^2H^5)^2.\end{matrix}\right.$$

On n'est pas parvenu à remplacer dans les éthylénamines l'*hydrogène restant des* 2 AzH^3 *autrement qu'en nombre pair;* mais on peut, quand tout cet hydrogène a été remplacé par des radicaux alcooliques, obtenir alors des dérivés du type dibromure d'ammonium, contenant des nombres impairs d'éthyle ou de méthyle. Ainsi l'action de l'iodure d'éthyle sur l'éthylène-tétréthyldiamine donne lieu à la fois à *l'iodure d'éthylène-pentéthylammonium*

$$Az^2\left\{\begin{matrix}C^2H^4\\(C^2H^5)^5\\H\\I^2\end{matrix}\right.$$

et à *l'iodure d'éthylène-hexéthylammonium*

$$Az^2\left\{\begin{matrix}C^2H^4\\(C^2H^5)^6\\I^2.\end{matrix}\right.$$

Cette dernière considération est capitale pour établir que les diamines dont nous parlons dérivent bien réellement de 2 molécules d'ammoniaque. Du reste, l'analyse, les différences des points d'ébullition des bases formées successivement, et dont la moyenne est de 40° à 45°, enfin les densités de vapeurs des amines anhydres, prouvent péremptoirement le même fait. Toutes ces bases à l'état libre sont liquides ou solides, solubles dans l'eau, très-alcalines; elles saturent les acides puissants et donnent de beaux sels, des chloroplatinates et chloraurates peu solubles. Traitées par l'acide azoteux, elles donnent l'oxyde d'éthylène :

$$\begin{matrix}Az\\ \\Az\end{matrix}\left\{\begin{matrix}H^2\\C^2H^4\\H^2\end{matrix}\right. + Az^2O^3 = C^2H^4O + Az^2 + 2H^2O$$

Éthylène diamine. Oxyde d'éthylène.

(Hofmann). Traitées par les éthers cyaniques, elles donnent des urées éthyléniques (Volhard):

$$2Az\left\{\begin{matrix}CO\\C^2H^5\end{matrix}\right. + Az^2\left\{\begin{matrix}C^2H^4\\H^4\end{matrix}\right. = Az^4\left\{\begin{matrix}(CO)^2\\C^2H^4\\(C^2H^5)^2\\H^4.\end{matrix}\right.$$

Éthylène diéthylcarbimide.

Avant d'entrer dans l'étude de chacune de ces diamines, nous ferons remarquer avec W. Hofmann que la plupart d'entre elles sont susceptibles d'isomérie. Ainsi il peut exister deux corps distincts répondant à la formule brute $C^6H^{16}Az^2$, l'un qui dériverait de l'action du bromure d'éthylène sur 2 molécules d'éthylamine :

$$2\,Az\left\{\begin{matrix}C^2H^5\\H^2\end{matrix}\right. + C^2H^4Br^2 = \begin{matrix}Az\\ \\Az\end{matrix}\left\{\begin{matrix}C^2H^5\\H\\C^2H^4,\ 2\,HBr,\\H\\C^2H^5\end{matrix}\right.$$

l'autre qui dériverait de l'action du bromure d'éthylène sur 1 molécule d'ammoniaque et 1 molécule de diéthylamine :

$$AzH^3 + Az\left\{\begin{matrix}C^2H^5\\C^2H^5\\H\end{matrix}\right. + C^2H^4Br^2$$

$$= \begin{matrix}Az\\ \\Az\end{matrix}\left\{\begin{matrix}H\\H\\C^2H^4,\ 2\,HBr.\\C^2H^5\\C^2H^5\end{matrix}\right.$$

Ces corps seraient en général isomères, quoique très-rapprochés de propriétés, mais non identiques. Il faut donc tenir compte dans leur formule graphique de leur mode de production; c'est ce que nous ferons quand il y aura lieu en plaçant l'un au-dessous de l'autre les deux restes des molécules entrées en réaction et les unissant par le radical diatomique C^2H^4. La même observation s'applique aux composés du phosphore et de l'arsenic.

ÉTHYLÈNE-DIAMINE,

$$Az^2\left\{\begin{matrix}C^2H^4\\H^4\end{matrix}\right.$$

[Cloëz, *l'Institut*, 1853, p. 213; — A. W. Hofmann, *Compt. rend.*, 1859, t. XLIX, p. 781; *Répert. de Chim. pure*, 1860, p. 97; *Lond. R. Soc. proc.*, t. X, p. 224]. — Elle a été découverte, en 1853, par Cloëz, qui lui donna le nom de forméniaque ou formylamine et lui attribua la constitution

$$Az\left\{\begin{matrix}(CH)'\\H^2.\end{matrix}\right.$$

Son étude a été reprise par A. W. Hofmann, qui fixa sa constitution et prouva par l'analyse et la densité de vapeur qu'elle est en réalité plus riche en hydrogène et qu'elle représente une diamine

$$Az^2\left\{\begin{matrix}C^2H^4\\H^4\end{matrix}\right.$$

(voir plus haut : *Réactions générales*). Elle se produit en même temps que la diéthylène-diamine, la triéthylène-diamine (*acéténamiaque* et *propéniaque* de Cloëz) et une série d'autres bases dérivant de 3 et 4 molécules d'ammoniaque, dans l'action du bromure d'éthylène sur l'ammoniaque alcoolique à la température ordinaire, ou sur l'ammoniaque aqueuse à 100°. On obtient les bromures des trois bases ci-dessus mentionnées; on transforme le mélange de bromures en hydrates par l'ébullition avec la potasse ou l'oxyde d'argent en présence de l'eau, et on déshydrate ces derniers par un contact prolongé avec un excès de baryte caustique et finalement de sodium. On sépare ensuite les trois amines par distillation fractionnée.

Quand on traite le cyanogène en présence de l'eau par l'étain et l'acide chlorhydrique, il paraît se former aussi le chlorhydrate de la même base. On sépare l'étain par l'hydrogène sulfuré, et on précipite par le chlorure platinique pour obtenir le chloroplatinate, que l'on purifie par recristallisation. L'équation suivante indique cette transformation :

$$C^2Az^2 + H^8 = Az^2\left\{\begin{matrix}C^2H^4\\H^4,\end{matrix}\right.$$

réaction comparable à l'hydrogénation des nitriles par Mendius [Fairley, *Journ. of the Chem. Soc.*, 1864, p. 362].

L'éthylène-diamine est un liquide sirupeux, incolore, très-soluble dans l'eau, très-alcalin, bouillant à 117° sans décomposition. Densité théorique de vapeur, 2,07; densité expérimentale, 2,00 (Hofmann).

Elle donne avec les acides des sels neutres et incristallisables; traitée par le bromure d'éthylène, l'éthylène-diamine donne les diéthylène et triéthylène-diamine, et de nombreux composés plus condensés lorsque l'on chauffe leur mélange au-dessus de 100°, si la diamine est en excès (voyez plus loin *Triamines* et *Tétramines éthyléniques*); traitée par l'acide nitreux, l'éthylène-diamine donne de l'oxyde d'éthylène, de l'azote et de l'eau, suivant l'équation

$$\underset{\text{Éthylène-diamine.}}{Az^2(C^2H^4)''H^4} + \underset{\text{Acide nitreux.}}{Az^2O^3} = Az^4 + 2\,H^2O + \underset{\text{Oxyde d'éthylène.}}{C^2H^4O}$$

(Hofmann). Il se produit en même temps un corps intermédiaire et de l'acide oxalique.

En soumettant l'éthylène-diamine à l'action successive de l'iodure d'éthyle et de l'oxyde d'argent, on obtient les diamines éthyléthyléniques (voir plus bas).

En traitant l'éthylène-diamine par l'oxalate d'éthyle en solution alcoolique, W. Hofmann a obtenu un corps cristallisé en longues aiguilles qui n'est autre que l'oxaméthane de l'éthylène-diamine :

$$\left.\begin{matrix}[(C^2O^2)^2,\ Az^2(C^2H^4)''H^4]'\\2C^2H^5\end{matrix}\right\}O^2$$

[Hofmann, *Compt. rend.*, t. LII, p. 906]. C'est un acide amidé sur lequel agissent les monamines et la diamines.

Hydrate d'éthylène-diamine,

$$Az^2\left\{\begin{matrix}C^2H^4\\H^4\end{matrix}\right.,\ 2\,OH.$$

— Il se produit, comme nous l'avons dit, par l'action de la potasse ou de l'oxyde d'argent et de l'eau sur le bromure. Quoique excessivement rebelle à la déshydratation, ce corps semble se dédoubler par la vaporisation, sa densité de vapeur expérimentale correspond en effet à 4 vol., et Hofmann a prouvé, en introduisant de la baryte caustique dans cette vapeur, que la moitié de son volume disparaît, et que l'hydrate paraît ainsi, en se volatilisant, se décomposer en 2 vol. de diamine et 2 vol. de vapeur d'eau.

DIÉTHYLÈNE-DIAMINE,

$$Az^2\left\{\begin{matrix}2\,C^2H^4\\H^2\end{matrix}\right.$$

[Syn. *Acéténamine* ou *acétyliaque* de Cloëz] [Cloëz et Hofmann, mêmes sources; — Natanson, *Ann. der Chem. u. Pharm.*, t. XCII, p. 48; t. XCVIII, p. 20]. — Elle s'obtient en même temps que la base précédente comme il est dit plus haut.

Il paraît en exister deux modifications, l'une liquide (Cloëz), l'autre cristallisée (Natanson). Celle-ci est solide, soluble dans l'eau et l'alcool; elle donne de beaux cristaux pouvant arriver à une grande dimension. La base liquide bout à 170°. Densité de vapeur, 2,7; théorie, 2,9. Elle donne, comme la précédente, de nombreux composés polyatomiques quand on la traite par $C^2H^4Br^2$ en présence d'un excès de diamine libre. Elle donne aussi, avec les iodures d'éthyle et de méthyle, des composés éthyliques (voyez plus bas).

Hydrate. — Mêmes observations que pour le précédent.

TRIÉTHYLÈNE-DIAMINE, $Az^2(C^2H^4)^3$ [Syn. *Propéniaque* ou *propyliaque* de Cloëz] [Cloëz et Hofmann, mêmes sources]. — On l'obtient en même temps que les deux précédentes. On la déshydrate par la baryte et le sodium; on la sépare par fractionnement. Elle bout à 210°. Sa densité de vapeur correspond à 2 vol. Elle est très-soluble dans l'eau, très-alcaline et a les réactions générales des deux précédentes.

Elle se combine à 2 molécules d'iodure d'éthyle pour donner le diiodure de triéthylène-diéthylammonium :

$$Az^2 \left\{ \begin{array}{l} (C^2H^4)^3 \\ (C^2H^5)^2 \end{array} \right., I^2.$$

ÉTHYLÈNE-DIAMINES A RADICAUX MIXTES. — Ces amines à radicaux mono- et diatomiques s'obtiennent soit en traitant les éthylène-diamines précédentes par les iodures alcooliques monatomiques, soit en faisant réagir le bromure d'éthylène sur les monamines éthyliques, méthyliques, etc.

ÉTHYLÈNE-DIÉTHYLDIAMINE. — *Bromhydrate,*

$$\begin{array}{l} Az \left\{ \begin{array}{l} C^2H^5 \\ H \end{array} \right. \\ \quad C^2H^4, 2HBr \\ Az \left\{ \begin{array}{l} H \\ C^2H^5 \end{array} \right. \end{array}$$

[Hofmann, *Lond. Roy. Soc. proc.*, t. X, p. 104; *Phil. Magaz.*, (4), t. XIX, p. 232; *Compt. rend.*, t. XLVIII, p. 1085; *Répert. de Chim. pure*, 1859, p. 511; *Chem. centr.*, 1860, p. 17]. — On obtient ce bromure en même temps que celui de diéthylène-diéthyldiamine, en traitant l'éthylamine par le bromure d'éthylène. Il forme de beaux cristaux incolores.

Hydrate. — Il s'obtient en distillant le bromure précédent avec l'oxyde d'argent et l'eau et concentrant dans le vide. Densité de vapeur correspondant à 4 vol. Sa formule est

$$\begin{array}{l} Az \left\{ \begin{array}{l} C^2H^5 \\ H \end{array} \right. \\ \quad C^2H^4, (OH)^2, \\ Az \left\{ \begin{array}{l} H \\ C^2H^5 \end{array} \right. \end{array}$$

Les autres sels s'obtiennent en traitant cet hydrate par les divers acides. Ils sont en général bien cristallisés.

Diamine libre. — La base libre s'obtient par la déshydratation du corps précédent sur la baryte caustique. Elle est solide, soluble dans l'eau, très-caustique, d'odeur ammoniacale. Elle ressemble à l'acide stéarique. Formule :

$$\begin{array}{l} Az \left\{ \begin{array}{l} C^2H^5 \\ H \end{array} \right. \\ \quad C^2H^4. \\ Az \left\{ \begin{array}{l} H \\ C^2H^5 \end{array} \right. \end{array}$$

DIÉTHYLÈNE-DIÉTHYLDIAMINE.

Hydrate. — Il s'obtient comme l'hydrate de la base précédente. Liquide visqueux, bouillant à 185°. Sels en général très-solubles. Sa formule est

$$\begin{array}{l} Az \left\{ C^2H^5 \right. \\ \quad (C^2H^4)^2, (OH)^2. \\ Az \left\{ C^2H^5 \right. \end{array}$$

Chloroplatinate. — Peu soluble dans l'eau froide, et bien cristallisé. On l'obtient, comme tous les chloroplatinates de ces bases, en traitant l'hydrate dissous dans l'eau par l'acide chlorhydrique et le chlorure platinique, ou en faisant bouillir le bromure avec le chlorure d'argent, filtrant et ajoutant le chlorure platinique.

ÉTHYLÈNE-TÉTRÉTHYLDIAMINE. — *Iodhydrate,*

$$\begin{array}{l} Az \left\{ (C^2H^5)^2 \right. \\ \quad C^2H^4, H^2I^2 \\ Az \left\{ (C^2H^5)^2 \right. \end{array}$$

et ÉTHYLÈNE-HEXÉTHYLDIAMINE. — *Iodure,*

$$\begin{array}{l} Az \left\{ (C^2H^5)^2 \right. \\ \quad C^2H^4, 2C^2H^5I \\ Az \left\{ (C^2H^5)^2 \right. \end{array}$$

[W. Hofmann, *Compt. rend.*, t. XLIX, p. 781]. — Ces deux sels s'obtiennent en même temps en soumettant l'éthylène-diamine à l'action successive de l'iodure d'éthyle et de l'oxyde d'argent. On a, par exemple :

$$\begin{array}{l} Az \left\{ \begin{array}{l} C^2H^5 \\ H \end{array} \right. \\ \quad C^2H^4 \\ Az \left\{ \begin{array}{l} H \\ C^2H^5 \end{array} \right. \end{array} + 4C^2H^5I = \begin{array}{l} Az \left\{ 2C^2H^5 \right. \\ \quad C^2H^4, H^2I^2, \\ Az \left\{ 2C^2H^5 \right. \end{array}$$

Éthylène diéthyldiamine. — Iodhydrate d'éthylène-tétréthyldiamine.

$$\begin{array}{l} Az \left\{ 2C^2H^5 \right. \\ \quad C^2H^4, H^2I^2 \\ Az \left\{ 2C^2H^5 \right. \end{array} + Ag^2O$$

$$= 2AgI + \begin{array}{l} Az \left\{ 2C^2H^5 \right. \\ \quad C^2H^4, (OH)^2, \\ Az \left\{ 2C^2H^5 \right. \end{array}$$

Hydrate d'éthylène tétréthyldiamine.

et cette dernière, traitée par la baryte, donnera l'éthylène-tétréthyldiamine libre, qui se combinera avec l'iodure d'éthyle pour donner le diiodure d'éthylène hexéthyldiammonium.

MÉTHYLÉTHYLÉNAMINES. — En agissant avec l'iodure de méthyle sur l'éthylène et la diéthylène-diamine, on obtient les méthyléthylénamines correspondant aux bases éthylées précédentes. Ces corps ont été simplement entrevus. Mais il est digne de remarque que l'iodure de méthyle agit sur l'éthylène-diamine pour donner plus particulièrement et d'emblée l'iodure saturé d'éthylène-hexaméthyldiammonium :

$$\begin{array}{l} Az \left\{ 2CH^3 \right. \\ \quad C^2H^4, 2CH^3I. \\ Az \left\{ 2CH^3 \right. \end{array}$$

TRIAMINES ET TÉTRAMINES ÉTHYLÉNIQUES.

On conçoit que non-seulement 2, mais 3, 4.... molécules d'ammoniaque puissent être soudées entre elles par la substitution du radical diatomique C^2H^4 à 2 atomes d'hydrogène pris dans deux groupes consécutifs de AzH^3. Les chaînes suivantes :

$$\begin{array}{l} Az \left\{ H^2 \right. \\ \quad C^2H^4 \\ Az \left\{ H^2 \right. \end{array} ; \quad \begin{array}{l} Az \left\{ H^2 \right. \\ \quad C^2H^4 \\ Az \left\{ H \right. \\ \quad C^2H^4 \\ Az \left\{ H^2 \right. \end{array} ; \quad \begin{array}{l} Az \left\{ H^2 \right. \\ \quad C^2H^4 \\ Az \left\{ H \right. \\ \quad C^2H^4, \ldots\ldots \\ Az \left\{ H \right. \\ \quad C^2H^4 \\ Az \left\{ H^2 \right. \end{array}$$

sont indéfinies; en représentant par R'' l'éthylène ou un radical diatomique quelconque, l'équation

$$nR''Br^2 + 2nAzH^3$$
$$= (R''^n H^{2n+4} Az^{n+1}) Br^{n+1} + (n+1) AzH^4Br,$$

donnée par W. Hofmann, exprime les diverses combinaisons possibles de ce radical dans le type ammoniaque.

W. Hofmann a constaté en effet que l'action du bromure d'éthylène sur l'ammoniaque donne non-seulement des diamines, mais des triamines et des tétramines. Ce sont, dans le type ammoniaque, les représentants des alcools polyéthyléniques.

Propriétés générales. — Les bromures de ces polyamines se produisent surtout lorsqu'on fait agir le bromure d'éthylène sur un excès d'ammoniaque ou de monamine contenant un seul radical alcoolique et que l'on porte la température au delà de 100°.

Après avoir traité ces bromures par la potasse, puis par la baryte, pour obtenir le mélange des diverses amines anhydres, et distillé celles qui passent au-dessous de 200°, il reste un liquide oléagineux, soluble dans l'eau, fortement alcalin, soluble dans l'alcool, attirant l'acide carbonique de l'air, liquide composé des polyamines supérieures. Ce liquide, mêlé aux divers acides, donne des sels neutres, souvent bien cristallisés. Il paraît en exister diverses séries, dont le nombre est au maximum égal au nombre d'atomes d'azote et qui correspondent aux divers chlorhydrates dont nous allons parler. Ils sont en général solubles dans l'eau, moins solubles dans l'alcool et insolubles dans l'éther.

Leurs chloroplatinates et leurs chloraurates sont en général bien cristallisés, peu solubles, et sont précieux pour la séparation des diverses polyamines.

En traitant la base ou son hydrate par l'acide chlorhydrique en grand excès ou en moindre quantité, on parvient à obtenir divers chlorhydrates; ainsi on connaît, pour la diéthylène-triamine $Az^3(C^2H^4)^2H^5$, le chlorhydrate normal

$$Az^3(C^2H^4)^2H^5,\ 3HCl,$$

le dichlorhydrate $Az^3(C^2H^4)^2H^5, 2HCl$, et peut-être le chlorhydrate $Az^3(C^2H^4)^2H^5, HCl$.

Non-seulement à chacun de ces chlorhydrates correspond un chloroplatinate normal, tel que

$$2\,[Az^3(C^2H^4)^2H^5,\ 3HCl],\ 3PtCl^4,$$

et

$$Az^3(C^2H^4)^2H^5,\ 2HCl,\ PtCl^4,$$

mais encore chacun de ces chlorhydrates peut avoir plusieurs chloroplatinates, tels que

$$2\,[Az^3(C^2H^4)^2H^5,\ 3HCl]\ 3PtCl^4,$$
$$Az^3(C^2H^4)^2H^5,\ 3HCl,\ PtCl^4,$$
$$2\,[Az^3(C^2H^4)^2H^5,\ 3HCl]\ PtCl^4.$$

Ces complications rendent très-difficile l'étude de ces divers composés.

En traitant les polyamines anhydres par les iodures alcooliques monatomiques, on peut remplacer tout ou partie de l'hydrogène ammoniacal par des radicaux monatomiques en nombre pair ou impair, comme le prescrit la théorie.

DIÉTHYLÈNE-TRIAMINE,

$$Az^3\left\{\begin{array}{l}2C^2H^4\\ H^5\end{array}\right.$$

[W. Hofmann, *Lond. Roy. Soc. proc.*, t. XI, p. 271; *Compt. rend.*, t. LII, p. 904; *Zeitschr. Chem. Pharm.*, 1861, p. 348; *Répert. de Chim. pure*, 1861, p. 252]. — Elle se trouve dans les produits supérieurs provenant de l'action du bromure d'éthylène sur l'ammoniaque (partie bouillant de 200° à 230°).

On la sépare de ses sels par la distillation avec l'hydrate de potasse et la baryte caustique.

C'est un liquide huileux, bouillant à 208°, mais s'altérant partiellement par la distillation. Elle est soluble dans l'eau et l'alcool; elle attire l'acide carbonique de l'air, elle neutralise les acides et donne avec eux des sels bien définis et bien cristallisés.

On connaît un *trichlorhydrate*, un *tribromhydrate*, un *triiodhydrate* :

$$Az^3\left\{\begin{array}{l}2C^2H^4\\ H^5\end{array}\right.,\ 3HI.$$

Chloroplatinate,

$$2\left[Az^3\left\{\begin{array}{l}2C^2H^4\\ H^5\end{array}\right.,3HCl\right]3PtCl^4.$$

— Magnifiques aiguilles jaune d'or. Il se décompose par la solution et la recristallisation en donnant un chloroplatinate

$$Az^3\left\{\begin{array}{l}2C^2H^4\\ H^5\end{array}\right.,\ 3HCl,\ 2PtCl^2$$

et des composés de substitution du platine.

TRIÉTHYLÈNE TRIAMINE,

$$Az^3\left\{\begin{array}{l}3C^2H^4\\ H^3\end{array}\right.$$

[mêmes sources]. — Liquide huileux que l'on obtient dans les mêmes conditions que le précédent et qui a les mêmes propriétés générales. Il bout vers 216°, en s'altérant légèrement. La potasse caustique la sépare de ses sels. Elle donne plusieurs séries de sels, des triatomiques, diatomiques et peut-être monatomiques.

Les premiers s'obtiennent en présence d'un grand excès d'acide; leurs solutions rougissent fortement le papier réactif bleu. On connaît

$$Az^3\left\{\begin{array}{l}3C^2H^4\\ H^3\end{array}\right.,3HBr \quad \text{et} \quad Az^3\left\{\begin{array}{l}3C^2H^4\\ H^3\end{array}\right.,3HI.$$

Tribromhydrate. Triiodhydrate.

Les seconds se déposent dans une solution faiblement acidifiée. On connaît

$$Az^3\left\{\begin{array}{l}3C^2H^4\\ H^3\end{array}\right.,2HBr \quad \text{et} \quad Az^3\left\{\begin{array}{l}3C^2H^4\\ H^3\end{array}\right.,2HI.$$

Les sels à 1 seul équivalent d'acide paraissent se produire quand on ajoute un excès de base libre à une solution de ces derniers.

Chloroplatinate,

$$2\left[Az^3\left\{\begin{array}{l}3C^2H^4\\ H^3\end{array}\right.,3HCl\right]3PtCl^4.$$

— Beau corps en longues aiguilles jaune d'or, assez solubles dans l'eau. Il se décompose par recristallisation.

Au contact d'un excès de trichlorhydrate, le sel triplatinique précédent donne des prismes qui paraissent être

$$2\left[Az\left\{\begin{array}{l}3C^2H^4\\ H^3\end{array}\right.,3HCl\right]PtCl^4.$$

Chloraurate,

$$Az^3\left\{\begin{array}{l}3C^2H^4\\ H^3\end{array}\right.,\ 3HCl,\ AuCl^3.$$

— Lamelles jaunes, solubles dans l'eau, l'alcool et l'éther.

DIÉTHYLÈNE-DIÉTHYLTRIAMINE,

$$Az^3\left\{\begin{array}{l}2C^2H^4\\ 2C^2H^5\\ H^3.\end{array}\right.$$

— Il se produit par l'action du bromure d'éthylène sur l'éthylamine (bases à point d'ébullition surpassant 200°). On le sépare très-aisément de tous les autres, car son chlorhydrate

$$Az^3\left\{\begin{array}{l}2C^2H^4\\ 2C^2H^5,3HCl\\ H^3\end{array}\right.$$

est la seule de ces polyamines supérieures qui soit insoluble dans l'alcool.

Iodhydrates. — Plus solubles dans l'alcool. On en connaît deux :

$$Az^3\left\{\begin{array}{l}2C^2H^4\\ 2C^2H^5,3HI\\ H^3\end{array}\right. \quad \text{et} \quad Az^3\left\{\begin{array}{l}2C^2H^4\\ 2C^2H^5\ 2HI.\\ H^3\end{array}\right.$$

Nitrate. — Modérément soluble dans l'eau froide, larges tables rectangulaires :

$$Az^3 \left\{ \begin{array}{l} 2\,C^2H^4 \\ 2\,C^2H^5,\ 3\,(AzO^3H). \\ H^3 \end{array} \right.$$

Diéthylène-triéthyltriamine. — *Bromhydrate,*

$$Az^3 \left\{ \begin{array}{l} 2\,C^2H^4 \\ 3\,C^2H^5,\ 3\,HBr \\ H^2 \end{array} \right.$$

et Triéthylène-triéthyltriamine.—*Bromhydrate,*

$$Az^3 \left\{ \begin{array}{l} 3\,C^2H^4 \\ 3\,C^2H^5 \end{array} \right.,\ 3\,HBr.$$

— Ces deux sels s'obtiennent avec beaucoup d'autres mono-, di- et triamines, quand on fait agir l'iodure d'éthyle sur les triamines éthyléniques. Les composés correspondants se produisent avec l'iodure de méthyle. Leurs points d'ébullition sont compris entre 220° et 250°. Tous deux donnent des sels neutres, cristallisés, très-solubles dans l'eau, moins dans l'alcool. Leurs sels platiniques et auriques ont les formules suivantes :

Sels de diéthylène-triéthyltriamine,

$$2 \left[Az^3 \left\{ \begin{array}{l} 2\,C^2H^4 \\ 3\,C^2H^5,\ 3\,HCl \\ H^2 \end{array} \right. \right] 3\,PtCl^4$$

et

$$Az^3 \left\{ \begin{array}{l} 2\,C^2H^4 \\ 3\,C^2H^5,\ 3\,HCl,\ AuCl^3; \\ H^2 \end{array} \right.$$

Sels de triéthylène-triéthyltriamine,

$$2 \left[Az^3 \left\{ \begin{array}{l} 3\,C^2H^4 \\ 3\,C^2H^5 \end{array} \right.,\ 3\,HCl \right] 3\,PtCl^4$$

et

$$Az^3 \left\{ \begin{array}{l} 3\,C^2H^4 \\ 3\,C^2H^5 \end{array} \right.,\ 3\,HCl,\ AuCl^3.$$

Mais ces sels sont très-solubles et ne cristallisent que quand les liqueurs sont très-concentrées.

Triéthylène-tétramine,

$$Az^4 \left\{ \begin{array}{l} 3\,C^2H^4 \\ H^6 \end{array} \right.$$

[Hofmann, *Répert. de Chim. pure,* 1862, p. 32 et *Compt. rend.*, t. LIII, p. 307]. — Cette base se trouve à l'état de bromure parmi celles qui proviennent de l'action du bibromure d'éthylène sur l'ammoniaque. Mais, pour l'obtenir, Hofmann a fait agir ce bromure sur l'éthylène-diamine; on a l'équation

$$2 \left(Az^2 \left\{ \begin{array}{l} C^2H^4 \\ H^4 \end{array} \right. \right) + C^2H^4Br^2 + 2\,HBr$$
$$= Az^4 \left\{ \begin{array}{l} 3\,C^2H^4 \\ H^6 \end{array} \right.,\ 4\,HBr.$$

L'acide bromhydrique provient de réactions secondaires.

La *base libre* se sépare du bromhydrate par l'ébullition avec l'oxyde d'argent.

Le *chloroplatinate* a pour formule

$$Az^4 \left\{ \begin{array}{l} 3\,C^2H^4 \\ H^6 \end{array} \right.,\ 4\,HCl,\ 2\,PtCl^4.$$

Triéthylène-octéthyle-tétrammonium.— *Tétrabromure,*

$$Az^4 \left\{ \begin{array}{l} 3\,C^2H^4 \\ 8\,C^2H^5,\ Br^4 \\ H^2 \end{array} \right.$$

Hofmann, *Répert. de Chim. pure,* 1862, p. 34; *Compt. rend.,* t. LIII, p. 307]. — On obtient ce corps en faisant agir le bromure d'éthylène sur la diéthylamine :

$$8\,Az \left\{ \begin{array}{l} C^2H^5 \\ C^2H^5 \\ H \end{array} \right. + 4\,C^2H^4Br^2$$

$$= Az^2 \left\{ \begin{array}{l} C^2H^4 \\ 4\,C^2H^5,\ Br^2 \\ H^2 \end{array} \right. + 2\,Az \left\{ \begin{array}{l} C^2H^5 \\ C^2H^5,\ Br \\ H^2 \end{array} \right.$$

Bromure d'éthylène-tétréthylammonium. — Bromhydrate de diéthylamine.

$$+ Az^4 \left\{ \begin{array}{l} 3\,C^2H^4 \\ 8\,C^2H^5,\ Br^4 \\ H^2. \end{array} \right.$$

Bromure de triéthylène-octéthylammonium.

On met les bases en liberté par l'oxyde d'argent; on sépare les deux premières, qui sont les plus volatiles, par distillation avec de la vapeur d'eau.

Sels encore cristallisables.

Chloroplatinate,

$$Az^4 \left\{ \begin{array}{l} 3\,C^2H^4 \\ 8\,C^2H^5,\ Cl^4,\ 2\,PtCl^4 \\ H^2. \end{array} \right.$$

— Presque insoluble dans l'eau.

Chloraurate,

$$Az^4 \left\{ \begin{array}{l} 3\,C^2H^4 \\ 8\,C^2H^5,\ Cl^4,\ 4\,AuCl^3 \\ H^2. \end{array} \right.$$

Iodure,

$$Az^4 \left\{ \begin{array}{l} 3\,C^2H^4 \\ 8\,C^2H^5,\ I^4 \\ H^2. \end{array} \right.$$

— Beaux cristaux, très-solubles dans l'eau, moins solubles dans l'alcool.

Triéthylène-monéthyle-tétrammonium. — *Iodure,*

$$Az^4 \left\{ \begin{array}{l} 3\,C^2H^4 \\ 9\,C^2H^4,\ I^4 \\ H \end{array} \right.$$

[*loc. cit.*]. — Obtenu en soumettant la base libre précédente à l'action de l'iodure d'éthyle.

Pentéthylène - tétréthyle - tétrammonium. — *Bromure,*

$$Az^4 \left\{ \begin{array}{l} 5\,C^2H^4 \\ 4\,C^2H^4,\ Br^4 \\ H^2 \end{array} \right.$$

et Hexéthylène - tétréthyle - tétrammonium. — *Bromure,*

$$Az^4 \left\{ \begin{array}{l} 6\,C^2H^4 \\ 4\,C^2H^5 \end{array} \right. Br^4.$$

— Ces deux sels s'obtiennent avec quelques autres bases plus volatiles, quand on fait réagir le bromure d'éthylène sur l'éthylamine ; la partie fixe des bases mises en liberté par l'oxyde d'argent, non entraînées à la distillation par la vapeur d'eau, se compose spécialement de la première. Ses sels sont très-solubles.

Le *chloroplatinate*

$$Az^4 \left\{ \begin{array}{l} 5\,C^2H^4 \\ 4\,C^2H^5\ Cl^4,\ 2\,Pt\,Cl^4 \\ H^2 \end{array} \right.$$

et le *chloraurate*

$$Az^4 \left\{ \begin{array}{l} 5\,C^2H^4 \\ 4\,C^2H^5\ Cl^4,\ 4\,AuCl^3 \\ H^2, \end{array} \right.$$

sont des précipités jaunes amorphes.

Traitée par l'iodure d'éthyle, la base libre donne les tétrammoniums *pentéthylique* et *hexéthylique.*

Le bromure d'hexéthylène-tétréthylammonium

$$Az^4 \left\{ \begin{array}{l} 6\,C^2H^4 \\ 4\,C^2H^5 \end{array} \right. Br^4$$

s'obtient aussi en faisant agir le bibromure d'éthylène sur les diamines éthylène-diéthylique et diéthylène-diéthylique.

BASES PHOSPHORÉES DÉRIVÉES DE L'ÉTHYLÈNE.

Les phosphines comme les amines donnent, quand on les traite par les bromures, iodures, éthyléniques, des bases phosphorées contenant l'éthylène C^2H^4 ou le brométhylène C^2H^4Br, bases dérivant de 1 ou plusieurs molécules d'hydrure de phosphore PH^3; elles s'obtiennent d'une manière analogue aux bases azotées correspondantes. Celles qui contiennent un seul atome de phosphore se produisent quand les phosphines sont mises au contact d'un grand excès de bromure ou d'iodure éthylénique, les autres s'obtiennent quand les phosphines sont en excès sur le bromure alcoolique.

L'histoire de ces bases doit être presque entièrement calquée sur celle des bases de l'azote; ainsi les monophosphines se composent comme celles-ci de trois séries distinctes : les bases hydroxyéthyléniques contenant le radical

$$C^2H^4, OH,$$

les bromo- ou iodéthyléniques contenant le groupement C^2H^4Br, et les bases vinyliques où C^2H^3 fonctionne comme monatomique. Toutes ces bases sont mises en liberté quand on traite leurs sels par la potasse ou l'oxyde d'argent.

Il existe cependant quelques différences dans la manière d'être des diverses séries de ces corps, vis-à-vis des séries correspondantes de l'azote.

Les divers composés du groupe des brométhylène-phosphines, traités par l'ammoniaque ou par un excès d'amine ou de phosphine primaire, secondaire ou tertiaire, tendent, non, comme pour les bases azotées correspondantes, à perdre 1 molécule d'acide bromhydrique pour se transformer en composés vinyliques, mais à se combiner à cette amine ou à cette phosphine pour donner des composés di- ou triatomiques condensés.

Dans ce même groupe, les bromo- ou iodéthylène-phosphines, traitées par l'oxyde d'argent et l'eau, ne donnent pas, ainsi que les brométhylène-amines, des composés vinyliques, mais l'hydrate de l'hydroxéthylène-phosphine correspondante; ainsi l'on a

$$P\left\{\begin{matrix}3C^2H^5\\C^2H^4Br\\Br\end{matrix}\right. + Ag^2O + H^2O$$

Bromure de brométhylène-triéthylphosphine.

$$= 2AgBr + P\left\{\begin{matrix}3C^2H^5\\C^2H^4,OH\\OH.\end{matrix}\right.$$

Hydrate d'hydroxéthylène-triéthylphosphine.

Les sels d'argent tendent à enlever bien plus aisément le brome du radical C^2H^4Br que pour les bases correspondantes de l'azote où le brome extérieur à l'ammonium est seul attaqué; enfin, sous l'influence de la chaleur, les bases monatomiques ont bien moins de stabilité que celles de l'azote.

Le perbromure de phosphore transforme aisément les composés hydroxéthyléniques en composés brométhyléniques correspondants.

Sauf ces particularités, les moyens de production et les réactions générales des phosphines éthyléniques sont entièrement les analogues des correspondants de l'azote.

La facilité des phosphines éthyléniques monatomiques à se combiner avec l'ammoniaque, les amines alcooliques et les corps analogues tels que les arsines, donne lieu à de nombreux composés mixtes où le phosphore et l'azote, le phosphore et l'arsenic entrent à la fois comme radicaux polyatomiques.

Nous décrirons successivement les phosphines dérivées de 1, 2, 3 molécules d'hydrogène phosphoré.

MONOPHOSPHINES A RADICAUX ÉTHYLÉNIQUES. — *Préparation.* — Toutes ces bases s'obtiennent par la réaction d'un excès de phosphine sur le bromure d'éthylène. On dissout la triéthyle- ou la triméthylphosphine dans trois fois son volume d'éther anhydre, et on fait réagir les deux corps soit en tube scellé à une température qui dépasse rarement 100°, soit au bain-marie dans un ballon muni d'un réfrigérant de Liebig ascendant, et au sein d'un courant continu d'acide carbonique sec.

BROMÉTHYLÈNE-TRIMÉTHYLPHOSPHONIUM. — *Bromure,*

$$P\left\{\begin{matrix}C^2H^4Br\\3CH^3\end{matrix}\right., Br.$$

[Hofmann, *Phil. Trans.*, 1860, p. 497 et 590; *Ann. der Chem. u. Pharm.*, suppl., t. I, p. 275; *Ann. de Chim. et de Phys.*, (3), t. LXIV, p. 110]. — On chauffe au-dessous de 100°, dans des tubes scellés, préalablement remplis d'acide carbonique, la triméthylphosphine et le bromure d'éthylène en excès dissous dans l'alcool ou l'éther anhydre; on obtient une masse cristalline qui est un mélange du corps en question avec le bromure d'éthylène-triméthyldiphosphonium. Le premier corps cristallise très-bien de l'alcool absolu chaud.

Chloroplatinate,

$$2\left[P\left\{\begin{matrix}C^2H^4Br\\3CH^3,\end{matrix}\right. Cl\right]PtCl^4.$$

— On l'obtient en faisant bouillir le sel précédent avec le chlorure d'argent et traitant ensuite par le chlorure platinique. Aiguilles jaune-orangé; type orthorhombique :

$$mg^1 = 60^\circ\ 24'$$
$$pe^1 = 22^\circ\ 9'.$$

CHLORÉTHYLÈNE-TRIÉTHYLPHOSPHONIUM. — *Chlorure,*

$$P\left\{\begin{matrix}C^2H^4Cl\\3C^2H^5\end{matrix}\right., Cl$$

[Hofmann, *Roy. Soc. proc.*, t. X, p. 613]. — Il se produit lorsque le chlorure d'éthylène est laissé plusieurs jours au contact de la triéthylphosphine; il se forme une masse blanche cristalline qui contient en même temps du chlorure d'éthylène-hexéthylphosphonium; on dissout dans l'eau, on ajoute du chlorure platinique en excès. Au bout de quelques heures, une cristallisation orangée de chloroplatinate de monophosphonium se produit, on le sépare mécaniquement; sa formule est

$$2\left(P\left\{\begin{matrix}C^2H^4Cl\\3C^2H^5\end{matrix}\right. Cl\right)PtCl^4.$$

Le même chlorure se produit quand on traite le chlorure de méthyle-triéthylphosphonium par le perchlorure de phosphore. — Voyez plus loin.

BROMÉTHYLÈNE-TRIÉTHYLPHOSPHONIUM. — *Bromure,*

$$P\left\{\begin{matrix}C^2H^4Br\\3C^2H^5\\Br\end{matrix}\right.$$

[Hofmann, *Phil. Mag.*, (4), t. XVIII, p. 148; *Chem. Gaz.*, 1859, p. 234 et 377; *Chem. centr.*, 1859, p. 497; *Compt. rend.*, t. XLIII, p. 787; *Répert. de Chim. pure*, 1859, p. 347]. On l'obtient en chauffant 24 heures à 50° ou 60° un mélange éthéré de bromure d'éthylène en très-grand excès et de triéthylphosphine. On le fait plusieurs fois recristalliser dans l'alcool. Dodécaèdres rhomboïdaux, solubles dans l'eau et dans l'alcool absolu, insolubles dans l'éther; ce corps fond à 235°.

Traité par l'hydrogène, ce sel donne le bromure de tétréthylphosphonium :

$$P\left\{\begin{matrix}C^2H^4Br\\3C^2H^5\\Br\end{matrix}\right. + H^2 = P\left\{\begin{matrix}C^2H^5\\3C^2H^5\\Br\end{matrix}\right. + HBr.$$

La chaleur tend à faire perdre l'acide bromhydrique au bromhydrate et à donner sans doute du bromure de vinyltriéthylphosphonium.

Les sels d'argent ne lui enlèvent à froid que le brome en dehors du phosphonium et donnent ainsi les divers sels du phosphonium bromé :

$$P\left\{\begin{matrix}C^2H^4Br\\3C^2H^5.\end{matrix}\right.$$

Ces sels tendent à former des combinaisons doubles avec ceux d'argent.

L'oxyde d'argent donne avec lui l'hydrate d'hydroxéthylène-triéthylphosphonium.

Chlorure,

$$P\left\{\begin{matrix}C^2H^4Br\\3C^2H^5\end{matrix}\right., Cl.$$

— On l'obtient en faisant bouillir le bromure avec le chlorure d'argent. Soluble dans l'eau et l'alcool, difficile à cristalliser.

Chloroplatinate,

$$2\left[P\left\{\begin{matrix}C^2H^4Br\\3C^2H^5\end{matrix}\right., Cl\right] PtCl^4.$$

— S'obtient en ajoutant le chlorure platinique au sel précédent. Prismes d'un éclat vitreux, orangés. Peu solubles dans l'eau froide.

Chloraurate,

$$P\left\{\begin{matrix}C^2H^4Br\\3C^2H^5\end{matrix}\right., Cl, AuCl^3.$$

— Cristallise de la solution chaude en longues aiguilles jaune pâle peu solubles dans l'eau froide.

Iodure,

$$P\left\{\begin{matrix}C^2H^4Br\\3C^2H^5\end{matrix}\right., I.$$

— S'obtient en traitant le sulfate correspondant par l'iodure de baryum.

Nitrate. — Très-soluble.

Sulfate,

$$2P\left\{\begin{matrix}C^2H^4Br\\3C^2H^5\end{matrix}\right., SO^4.$$

— On l'obtient à l'état de sel double argentique en traitant le bromure par le sulfate d'argent; on enlève le sel d'argent par l'hydrogène sulfuré. Longues aiguilles blanches, très-solubles dans l'eau et l'alcool.

Hydrate. — On a fait des essais inutiles pour le préparer.

HYDROXÉTHYLÈNE-TRIMÉTHYLPHOSPHONIUM. — *Hydrate*,

$$P\left\{\begin{matrix}C^2H^4,OH\\3CH^3\end{matrix}\right., OH$$

[W. Hofmann, mêmes sources que pour le bromure de brométhylène-triméthylphosphonium; voyez plus haut]. — Il se produit par l'action de l'oxyde d'argent et de l'eau sur le bromure de brométhylène-triméthylphosphonium.

Chloroplatinate,

$$2\left[P\left\{\begin{matrix}C^2H^4,OH\\3CH^3\end{matrix}\right., Cl\right] PtCl^4.$$

— Se forme en octaèdres quand on ajoute à la solution du corps précédent de l'acide chlorhydrique et du chlorure platinique.

Chlorure,

$$P\left\{\begin{matrix}C^2H^4,OH\\3CH^3\end{matrix}\right., Cl.$$

— Très-soluble dans l'eau.

HYDROXÉTHYLÈNE-TRIÉTHYLPHOSPHONIUM. — *Hydrate*,

$$P\left\{\begin{matrix}C^2H^4OH\\3C^2H^5\end{matrix}\right., OH$$

[W. Hofmann, mêmes sources que pour le bromure de brométhylène-triéthylphosphonium]. — On l'obtient lorsqu'on traite par l'oxyde d'argent et l'eau de bromure de brométhylène-triéthylphosphonium. On le déshydrate sous une cloche sèche. Chauffé, il se décompose suivant l'équation

$$P\left\{\begin{matrix}C^2H^4OH\\3C^2H^5\end{matrix}\right., OH = H^2O + C^2H^4 + P(C^2H^5)^3.$$

Hydrate d'hydroxéthylène-triéthylphosphonium. — Triéthylphosphine.

En dissolvant l'hydrate dans les acides on obtient les divers sels.

Iodure,

$$P\left\{\begin{matrix}C^2H^4OH\\3C^2H^5\end{matrix}\right., I.$$

— Prismes microscopiques, solubles dans l'eau et l'alcool, insolubles dans les acides.

Chlorure et *bromure*,

$$P\left\{\begin{matrix}C^2H^4OH\\3C^2H^5\end{matrix}\right., Cl \text{ et } P\left\{\begin{matrix}C^2H^4OH\\3C^2H^5\end{matrix}\right., Br.$$

— Très-solubles dans l'eau et l'alcool; mal cristallisés; donnant des sels doubles avec les chlorure et bromure de zinc. Le perchlorure de phosphore les transforme en chlorure ou bromure de chloréthylène-triéthylphosphonium. Traité par un excès de triéthylphosphine, le bromure donne le bromure d'éthylène-triéthyl-diphosphonium.

Chloroplatinate,

$$\left[P\left\{\begin{matrix}C^2H^4.OH\\(C^2H^5)^3\end{matrix}\right. . Cl\right]^2 PtCl^4.$$

— Beaux octaèdres quadratiques de couleur jaune ($b^{1/2} : b^{1/2} = 70°7'$), assez solubles dans l'eau.

Chloraurate,

$$P\left\{\begin{matrix}C^2H^4.OH\\(C^2H^5)^3\end{matrix}\right. Cl, AuCl^3.$$

— Aiguilles jaune d'or, assez peu solubles dans l'eau à froid.

Perchlorate. — Lamelles peu solubles.

VINYL-TRIÉTHYLPHOSPHONIUM. — *Acétate*,

$$P\left\{\begin{matrix}(C^2H^3)'\\(C^2H^5)^3\end{matrix}\right. . C^2H^3O^2$$

[Hofmann, *Ann. de Chim. et de Phys.*, (3), t. LIII, p. 289; mêmes sources, en outre, que pour le bromure de brométhylène-triéthylphosphonium]. — On l'obtient en traitant le bromure de brométhylène-triéthylphosphonium par l'acétate d'argent et l'eau à 100°.

On obtient aussi son *hydrate*,

$$P\left\{\begin{matrix}(C^2H^3)'\\(C^2H^5)^3\end{matrix}\right. . OH,$$

en faisant bouillir longtemps le même bromure avec l'oxyde d'argent et l'eau.

Il tend encore à se former quand on chauffe le bromure de brométhylène-triéthylphosphonium.

Enfin, si on chauffe l'hydroxéthylène-triéthylphosphine, on a aussi

$$P\left\{\begin{matrix}C^2H^4.OH\\(C^2H^5)^3\end{matrix}\right. . OH = P\left\{\begin{matrix}(C^2H^3)'\\(C^2H^5)^3\end{matrix}\right. . OH + H^2O.$$

Hydrate d'hydroxéthylène-triéthylphosphonium. — Hydrate de vinyl triéthylphosphonium.

Chloroplatinate. — L'hydrate, traité par l'acide chlorhydrique et le chlorure platinique, donne par concentration des cristaux octaédriques de chloroplatinate,

$$\left[P\left\{\begin{matrix}(C^2H^3)^2\\(C^2H^5)^3\end{matrix}\right. Cl,\right]^2 PtCl^4.$$

DIPHOSPHINES ÉTHYLÉNIQUES.

On ne connaît encore que des sels de diphosphoniums à un seul radical éthylénique. On a essayé vainement de faire réagir le bromure d'éthylène sur l'hydrogène phosphoré, aussi ne connaît-on pas encore les dérivés de 2 molécules de ce corps réunies par C^2H^4 avec perte de H^2. Outre des composés méthyliques, éthyliques,... ordinaires, il paraît exister toute une classe d'isomères parallèles à ceux-ci, et qu'Hofmann a nommés *sels de paradiphosphonium.* Les diphosphines ordinaires s'obtiennent comme les diamines correspondantes en traitant le bromure d'éthylène par les phosphines en excès en solution dans l'éther ou l'alcool anhydre.

ÉTHYLÈNE-HEXAMÉTHYLE-DIPHOSPHONIUM. — *Dibromure,*

$$\begin{matrix}P\{(CH^3)^3\\ \quad C^2H^4, Br^2\\P\{(CH^3)^3\end{matrix}$$

[W. Hofmann, *Philos. Trans.*, 1860, p. 533 et *Ann. de Chim. et de Phys.*, (3), t. LXIII, p. 292]. — Ce sel s'obtient en chauffant à 100° dans un tube scellé une solution éthérée de triméthylphosphine en excès avec le dibromure d'éthylène. Il est quelquefois cristallisé (type clinorhombique $mm = 83°13'$; $pm = 121°38'$; $mo^1 = 99°8'$). Ce sel est très-soluble.

Hydrate,

$$\begin{matrix}P\{(CH^3)^3\\ \quad C^2H^4.(OH)^2.\\P\{(CH^3)^3\end{matrix}$$

— S'obtient en traitant le bromure par l'oxyde d'argent et l'eau.

Iodure,

$$\begin{matrix}P\{(CH^3)^3\\ \quad C^2H^4.I^2.\\P\{(CH^3)^3\end{matrix}$$

— L'hydrate précédent, traité par l'acide iodhydrique, donne l'iodure. Belles aiguilles peu solubles dans l'eau.

Chloroplatinate,

$$\begin{matrix}P\{(CH^3)^3\\ \quad C^2H^4.Cl^2, PtCl^4.\\P\{(CH^3)^3\end{matrix}$$

— Précipité amorphe, presque insoluble dans l'eau, mais que l'on peut dissoudre dans l'acide chlorhydrique bouillant d'où il cristallise en lamelles jaunes d'or.

ÉTHYLÈNE-HEXÉTHYLE-DIPHOSPHONIUM. — *Bibromure,*

$$\begin{matrix}P\{(C^2H^5)^3\\ \quad C^2H^4 .Br^2\\P\{(C^2H^5)^3\end{matrix}$$

[W. Hofmann, *Ann. de Chim. et de Phys.*, (3), t. LXIII, p. 292]. — On l'obtient en traitant le bromure de brométhylène-triéthylphosphonium par un excès de triéthylphosphine dissous dans l'alcool et porté quelques secondes à 100°; on a

$$P\left\{\begin{matrix}C^2H^4Br\\(C^2H^5)^3\end{matrix}\right..Br + P(C^2H^5)^3 = \begin{matrix}P\{(C^2H^5)^3\\ \quad C^2H^4, Br^2.\\P\{(C^2H^5)^3\end{matrix}$$

Le bibromhydrate traité par un excès d'oxyde d'argent et d'eau donne l'hydrate qui peut servir à former tous les autres sels.

Hydrate,

$$\begin{matrix}P\{(C^2H^5)^3\\ \quad C^2H^4 .(OH)^2.\\P\{(C^2H^5)^3\end{matrix}$$

— On l'obtient comme il vient d'être dit ou mieux au moyen du biiodhydrate qui peut être préparé plus pur. Un excès d'oxyde d'argent est nécessaire pour empêcher la production d'un sel double. On filtre, on évapore dans le vide et on ajoute de la potasse caustique. Il se sépare ainsi un liquide huileux très-caustique, presque inodore, très-amer, attirant l'humidité et l'acide carbonique de l'air.

Sa solution n'est pas altérée à 150°. Sa décomposition à 250° est complète. Voici son équation :

$$\begin{matrix}P\{(C^2H^5)^3\\ \quad C^2H^4 (OH)^2\\P\{(C^2H^5)^3\end{matrix}$$
$$= P(C^2H^5)^3 + PO(C^2H^5)^3 + C^2H^4 + H^2O.$$

La solution de cet hydrate jouit de presque toutes les propriétés de la solution d'hydrate de potasse. L'aniline, l'ammoniaque, la triéthylphosphine et plusieurs autres amines sont déplacées de leurs sels par cette puissante base.

Les précipités d'hydrates qu'il donne avec les sels métalliques sont à très-peu près les mêmes que ceux de la potasse. Il y a deux exceptions : l'hydrate de zinc précipité est insoluble dans un excès d'hydrate d'hexéthyle-éthylène-diphosphonium et ce corps forme des composés doubles insolubles quand on l'ajoute au chlorure stannique ou antimonieux.

Disulfhydrate,

$$P^2\left\{\begin{matrix}C^2H^4\\(C^2H^5)^6\end{matrix}\right.(SH)^2.$$

— S'obtient avec l'hydrate et l'hydrogène sulfuré. Exposé à l'air, il se transforme en sulfate.

Dichlorure,

$$P^2\left\{\begin{matrix}C^2H^4\\(C^2H^5)^6\end{matrix}\right.Cl^2.$$

— Il s'obtient soit par l'action de l'acide chlorhydrique sur l'hydrate, soit par celle du bichlorure d'éthylène sur la triéthylphosphine en excès, soit enfin par celle du chlorure d'éthyle chloré sur la même base. Masse cristalline très-soluble dans l'eau et l'alcool, insoluble dans l'éther.

Fluorure. — Sirop transparent insoluble dans l'éther, soluble dans l'eau.

Cyanure,

$$P^2\left\{\begin{matrix}C^2H^4\\(C^2H^5)^6\end{matrix}\right.(CAz)^2.$$

— Il s'obtient comme tous les autres sels en mêlant l'acide cyanhydrique à l'hydrate; il est alcalin. Hofmann l'a aussi obtenu en traitant le disulfocyanate d'éthylène par la triéthylphosphine dissoute dans l'éther anhydre. On opère à froid. La réaction très-vive se passe d'après l'équation

$$\underset{\text{Sulfocyanate d'éthylène.}}{\left.\begin{matrix}(CAz)^2\\C^2H^4\end{matrix}\right\}S^2} + \underset{\text{Triéthylphosphine.}}{3P(C^2H^5)^3}$$
$$= \underset{\text{Sulfure de triéthylphosphine.}}{P(C^2H^5)^3S} + \underset{\text{Dicyanure d'éthylène-hexéthyle-diphosphonium.}}{P^2\left\{\begin{matrix}C^2H^4\\(C^2H^5)^6\end{matrix}\right.(CAz)^2}.$$

Iodure. — Longues et belles aiguilles appartenant au type orthorhombique, incolores, solubles dans l'eau et un peu dans l'alcool absolu, insolubles dans l'éther; il fond sans se décomposer à 231°. La potasse le précipite de ses solutions sans l'altérer. Traité par le cyanure d'argent, il donne un composé double, probablement un double cyanure.

Silicofluorure. — Sirop incristallisable.

Sulfate. — Traces de cristallisation radiée. Très-déliquescent. Il ne donne pas d'aluns.

Perchlorate. — Moins soluble que beaucoup de ces sels. Belles aiguilles finement cristallisées. On peut le sécher à 100°. Plus haut il fait explosion.

Iodate. — Masse cristalline très-déliquescente.

Nitrate. — Cristaux laminaires, peu déliquescents, très-solubles dans l'eau, beaucoup moins dans l'alcool, insolubles dans l'éther.

Phosphate. — On l'obtient en faisant bouillir l'iodure avec le phosphate d'argent; sel légèrement cristallin.

Carbonate. — Masse à structure cristalline, déliquescente, bleuit les papiers.

Tartrate et *oxalate.* — Ils sont très-solubles et difficiles à faire cristalliser.

Picrate. — L'acide picrique donne dans les solutions modérément concentrées de la base un précipité jaune cristallin.

Chromate. — Aiguilles radiées, extrêmement solubles.

Sels doubles. — On connait des sels doubles très-nombreux que forment le chlorure, le bromure et l'iodure d'éthylène-hexéthyldiphosphonium avec les chlorures de platine, de palladium, d'or, d'argent, le chlorure stannique et l'iodure de zinc.

Chloroplatinate,

$$P^2 \left\{ \begin{matrix} C^2H^4 \\ (C^2H^5)^6 \end{matrix} \right. Cl^2, PtCl^4.$$

— Il s'obtient en saturant l'hydrate par l'acide chlorhydrique et ajoutant du perchlorure de platine. Précipité jaune pâle assez insoluble, que l'on peut faire cristalliser en prismes clinorhombiques en le dissolvant dans l'acide chlorhydrique bouillant. Inclinaison des faces $p : h^1 = 82° 36'$.

Chloraurate,

$$P^2 \left\{ \begin{matrix} C^2H^4 \\ (C^2H^5)^6 \end{matrix} \right. . Cl^2, 2AuCl^3.$$

— Aiguilles jaune d'or, solubles dans l'alcool bouillant, peu solubles dans l'eau froide.

ÉTHYLÈNE-TRIMÉTHYLTRIÉTHYLE-DIPHOSPHONIUM. — *Bromure,*

$$\begin{matrix} P \left\{ (C^2H^5)^3 \right. \\ \quad C^2H^4, Br^2 \\ P \left\{ (CH^3)^3 \right. \end{matrix}$$

[Hofmann, *Compt. rend.*, t. XLIX, p. 880; *Répert. de Chim. pure*, 1860, p. 97; *Chem. centr.*, 1860, p. 168; *Ann. de Chim. et de Phys.*, (3), t. LXIV, p. 116]. — On l'obtient par l'action de la triméthylphosphine sur le bromure de brométhylène triéthylphosphonium. On porte le mélange éthéré de 50° à 60°.

Les *sels* sont en général un peu plus solubles que ceux de la base précédente. On les obtient aussi au moyen de son hydrate et des divers acides.

Hydrate. — Il se produit par l'action de l'oxyde d'argent sur le bromure. Cet hydrate est très-caustique. Mêmes réactions générales que pour l'hydrate de la diphosphine précédente.

Chloroplatinate,

$$P^2 \left\{ \begin{matrix} C^2H^4 \\ (CH^3)^3 \\ (C^2H^5)^3 \end{matrix} \right. Cl^2, PtCl^4.$$

— Précipité en écailles jaune pâle.

COMPOSÉS DU PARADIPHOSPHONIUM [W. Hofmann, *Phil. Trans.*, 1860, p. 533, et *Ann. de Chim. et de Phys.*, (3), t. LXIII]. — Si, dans un courant d'hydrogène, on distille l'hydrate d'éthylène-hexéthyldiphosphonium, en s'arrêtant à 190°, et que dans le résidu alcalin saturé par l'acide chlorhydrique on ajoute peu à peu du chlorure platinique, on obtient bientôt un précipité jaune pâle qui perd l'apparence cristalline, devient tout à fait amorphe et se dissout aisément dans l'acide chlorhydrique. Le même précipité s'obtient quand on soumet au même traitement l'hydrate d'hydroxéthylène-triéthylphosphine d'abord chauffé. Enfin on peut passer encore dans la série du paradiphosphonium en chauffant de 150° à 180° un mélange de triéthylphosphine et de bromure de vinyle C^2H^3Br; il se forme ainsi un bromure d'hexéthyle-paradiphosphonium.

Tous ces sels, traités comme les sels correspondants de diphosphonium, donnent un hydrate qui, dissous dans les divers acides, produit une série de sels parallèle à la série du diphosphonium qui vient d'être décrite.

Les *chlorure, bromure, iodure, chloroplatinate,* ne diffèrent guère de ceux du diphosphonium ordinaire qu'en ce qu'ils sont complétement amorphes. Du reste, tous ces composés se transforment dans les correspondants cristallins quand on les conserve longtemps à la température ordinaire.

BASES ARSÉNIÉES DÉRIVÉES DE L'ÉTHYLÈNE.

L'étude des bases éthyléniques de l'arsenic est beaucoup moins avancée que celle des bases correspondantes du phosphore et de l'azote. Toutefois le sens des réactions générales et les propriétés des corps qui en résultent sont très-analogues. On doit observer toutefois que, traités par l'oxyde d'argent et l'eau, les corps où entre le brométhylène $(C^2H^4Br)'$ donnent plus spécialement des composés vinyliques.

MONARSINES DÉRIVÉES DE L'ÉTHYLÈNE.

On connait des composés brométhyléniques, hydroxéthyléniques et vinyliques.

BROMÉTHYLÈNE-TRIÉTHYLARSONIUM. — *Bromure,*

$$As \left\{ \begin{matrix} C^2H^4Br \\ (C^2H^5)^3 \end{matrix} \right. Br$$

[W. Hofmann, *Proc. Roy. Soc.*, t. XI, p. 62 et *Ann. de Chim. et de Phys.*, (3), t. LXIV; *Compt. rend.*, t. LII, p. 501 et 947]. — On obtient ce corps en chauffant quelques heures à 50° un grand excès de bromure d'éthylène avec la triéthylarsine. Il se produit en même temps un peu de bromure d'éthylène-triéthylarsonium. On redissout ce bromure dans l'eau, on évapore et on fait recristalliser dans l'alcool bouillant. Corps très-soluble dans l'eau, soluble dans l'alcool absolu. Il cristallise en dodécaèdres rhomboïdaux ressemblant à ceux de la base correspondante du phosphore.

Les sels d'argent lui enlèvent seulement la moitié du brome et donnent les sels de la base.

Chloroplatinate,

$$\left(As \left\{ \begin{matrix} C^2H^4Br \\ (C^2H^5)^3 \end{matrix} \right. . Cl \right)^2 PtCl^4.$$

— On fait bouillir le bromure primitif avec le chlorure d'argent; on filtre et on ajoute du chlorure platinique. Il cristallise en belles aiguilles, très-peu solubles dans l'eau, même bouillante.

VINYLTRIÉTHYLARSONIUM. — *Hydrate,*

$$As \left\{ \begin{matrix} (C^2H^3)' \\ (C^2H^5)^3 \end{matrix} \right. OH$$

[Hofmann, *loc. cit.*]. — Ce sel s'obtient en traitant le composé précédent par l'oxyde d'argent. Soluble dans l'eau et alcalin.

Chloroplatinate. — Beaux octaèdres assez solubles. Formule :

$$\left(As \left\{ \begin{matrix} (C^2H^3)' \\ (C^2H^5)^3 \end{matrix} \right. . Cl\right)^2 PtCl^4.$$

Chloraurate. — Précipité jaune cristallin, peu soluble.

Hydroxéthylène-triéthylarsonium. — *Bromure*,

$$As \left\{ \begin{matrix} C^2H^4OH \\ (C^2H^5)^3 \end{matrix} \right. Br$$

[Hofmann, *loc. cit.*]. — Ce composé s'obtient dans des conditions qui ont été mal étudiées, en traitant le bromure de brométhylène-triéthylarsonium par l'oxyde d'argent.

DIARSINES ÉTHYLÉNIQUES.

On n'en connaît encore qu'une.

Éthylène-hexéthyldiarsonium. — *Dibromure*,

$$\begin{matrix} As \\ \\ As \end{matrix} \left\{ \begin{matrix} (C^2H^5)^3 \\ C^2H^4 \\ (C^2H^5)^3 \end{matrix} \right. Br^2$$

[Hofmann, *loc. cit.*]. — Ce corps se produit par l'action du bromure d'éthylène sur la triéthylarsine en excès; on chauffe le mélange pendant deux heures à 150°.

Hydrate. — Bouilli avec l'oxyde d'argent et l'eau, le bromure précédent donne l'hydrate

$$As^2 \left\{ \begin{matrix} C^2H^4 \\ (C^2H^5)^6 \end{matrix} \right. (OH)^2.$$

C'est un puissant alcali, qui, traité par les acides, donne les divers sels correspondants; ils sont en général bien cristallisés.

Biiodure. — Très-beau sel.

Chloroplatinate,

$$As^2 \left\{ \begin{matrix} C^2H^4 \\ (C^2H^5)^6 \end{matrix} \right. Cl^2, PtCl^4.$$

— Précipité jaune pâle, peu soluble dans l'eau, soluble dans l'acide chlorhydrique bouillant, d'où il cristallise par refroidissement.

Chloraurate,

$$As^2 \left\{ \begin{matrix} C^2H^4 \\ (C^2H^5)^6 \end{matrix} \right. Cl^2, 2AuCl^3.$$

— Précipité jaune peu soluble; traces de cristallisation.

Bases stibiées de l'éthylène. — Ces bases, que prévoit la théorie, n'ont été qu'entrevues; des réactions analogues à celles des composés phosphorés et arséniés correspondants paraissent se produire, mais il y a émission de beaucoup de gaz. Rien de précis n'a été indiqué.

BASES ÉTHYLÉNIQUES MIXTES.

De même qu'en faisant agir sur le bromure de brométhylène-triéthylphosphine la triéthylphosphine ou la triméthylphosphine, on obtient des diphosphines, de même, si l'on fait agir sur une monamine ou une monophosphine éthylénique la triéthylphosphine ou la triéthylarsine, on pourra obtenir des diamines mixtes où le second atome d'azote ou de phosphore sera remplacé par un atome d'arsenic, par exemple.

Les composés ainsi obtenus ressemblent beaucoup aux composés diphosphoniques, ou diammoniques; leurs propriétés et leur forme cristalline se correspondent, mais ils sont en général moins stables qu'eux. Ainsi, par l'ébullition avec l'eau, les composés phospharsoniques tendent à se dédoubler dans leurs composants. On a, par exemple

$$\begin{matrix} P \\ \\ As \end{matrix} \left\{ \begin{matrix} (C^2H^5)^3 \\ C^2H^4 \\ (C^2H^5)^3 \end{matrix} \right. .Br^2 = P \left\{ \begin{matrix} (C^2H^5)^3 \\ C^2H^4Br \end{matrix} \right. . Br + As(C^2H^5)^3.$$

Bromure d'éthylène-hexéthylephospharsonium.	Bromure de bromméthylène-triéthylephosphonium.	Triéthylarsine.

COMPOSÉS DE L'ÉTHYLÈNE-PHOSPHAMMONIUM.

Éthylène-triméthyltriéthyle-phosphammonium. — *Bibromure,*

$$\begin{matrix} P \\ \\ A \end{matrix} \left\{ \begin{matrix} (C^2H^5)^3 \\ C^2H^4 \\ (CH^3)^3 \end{matrix} \right. . Br^2$$

[W. Hofmann, *Compt. rend.*, t. XLVIII, p. 787; *Répert. de Chim. pure*, 1859, p. 347; *Phil. Mag.*, (4), t. XVIII, p. 148; *Chem. Gaz.*, 1859, p. 234 et 377; *Chem. centr.*, 1859, p. 497]. — Ce composé s'obtient en traitant le bromure de brométhylène-triéthylphosphine par la triéthylamine en solution alcoolique; il est cristallin.

Hydrate. — En ajoutant à la solution aqueuse du corps précédent de l'oxyde d'argent et faisant bouillir, on obtient l'hydrate

$$\begin{matrix} P \\ \\ Az \end{matrix} \left\{ \begin{matrix} (C^2H^5)^3 \\ C^2H^4 \\ (CH^3)^3 \end{matrix} \right. . (OH)^2.$$

C'est un corps huileux, très-alcalin. Cet hydrate, saturé par les acides, donne les divers sels.

Chloroplatinate,

$$\begin{matrix} P \\ \\ Az \end{matrix} \left\{ \begin{matrix} (C^2H^5)^3 \\ C^2H^4 \\ (CH^3)^3 \end{matrix} \right. . Cl^2, PtCl^4.$$

— Magnifiques prismes fasciculés, jaune d'or.

Éthylène-hexéthyle-phosphammonium. — *Bromure,*

$$\begin{matrix} P \\ Az \end{matrix} \left\{ \begin{matrix} C^2H^4 \\ (C^2H^5)^6 \end{matrix} \right. . Br^2$$

[W. Hofmann, *Compt. rend.*, t. XLIX, p. 880; *Répert. de Chim. pure*, 1860, p. 97; *Chem. centr.*, 1860, p. 168]. — Il se produit quand on attaque le bromure de brométhylène-triéthylphosphonium par une solution alcoolique d'ammoniaque, à la température ordinaire.

Hydrate,

$$\begin{matrix} P \\ Az \end{matrix} \left\{ \begin{matrix} C^2H^4 \\ (C^2H^5)^6 \end{matrix} \right. (OH)^2.$$

— S'obtient à la manière ordinaire. Très-soluble, très-caustique.

Chloroplatinate,

$$\begin{matrix} P \\ Az \end{matrix} \left\{ \begin{matrix} C^2H^4 \\ (C^2H^5)^6 \end{matrix} \right. Cl^2, PtCl^4.$$

— Précipité volumineux, jaune pâle, peu soluble dans l'eau bouillante, qui se produit lorsqu'on sature l'hydrate par l'acide chlorhydrique et qu'on ajoute du chlorure platinique.

Chloraurate. — Belles aiguilles peu solubles.

La chaleur décompose le bromure d'éthylène-hexéthyle-phosphonium en donnant du bromhydrate d'ammoniaque et du bromure de vinyltriéthyle-phosphonium.

Éthylène-méthyltriéthyl-phosphammonium. — *Bromure,*

$$\begin{matrix} P \\ \\ Az \\ \end{matrix} \left\{ \begin{matrix} (C^2H^5)^3 \\ C^2H^4 \\ CH^3 \\ H^2 \end{matrix} \right. Br^2$$

[W. Hofmann, *loc. cit.*]. — Ce composé se forme par l'action de la méthylamine sur le bromure de brométhylène-triéthyle-phosphonium.

Hydrate. — S'obtient par l'oxyde d'argent :

$$\begin{matrix} P \\ \\ Az \end{matrix}\left\{\begin{matrix} CH^3 \\ (C^2H^5)^3 \\ C^2H^4 \\ H^2 \end{matrix}\right. (OH)^2.$$

Corps huileux, très-caustique.

Chloroplatinate. — Très-peu soluble dans l'eau, même à chaud.

ÉTHYLÈNE-TÉTRÉTHYLE-PHOSPHAMMONIUM,

$$\begin{matrix} P \\ \\ Az \end{matrix}\left\{\begin{matrix} (C^2H^5)^3 \\ C^2H^4 \\ C^2H^5 \\ H^2 \end{matrix}\right. Br^2$$

[W. Hofmann, *loc. cit.*]. — Composé obtenu par l'action de l'éthylamine sur le bromure de bromêthylène-triéthylphosphonium.

Hydrate. — Corps huileux, très-caustique, très-soluble dans l'eau et l'alcool. Ses divers sels s'obtiennent en le saturant par les acides.

Iodure. — Cristaux blancs aciculaires. Très-solubles dans l'eau, moins solubles dans l'alcool, insolubles dans l'éther.

Chloroplatinate,

$$\begin{matrix} P \\ \\ Az \end{matrix}\left\{\begin{matrix} (C^2H^5)^3 \\ C^2H^4 \\ C^2H^5 \\ H^2 \end{matrix}\right. Cl^2, PtCl^4.$$

— Précipité jaune orangé, peu soluble.

Chloraurate. — Aiguilles jaune d'or.

ÉTHYLÈNE-PENTÉTHYLE-PHOSPHAMMONIUM. — *Bibromure,*

$$\begin{matrix} P \\ \\ Az \end{matrix}\left\{\begin{matrix} (C^2H^5)^3 \\ C^2H^4 \\ (C^2H^5)^2 \\ H \end{matrix}\right. Br^2$$

[Hofmann, *loc. cit.*]. — Ce corps s'obtient en faisant agir la diéthylamine sur le bromure de bromêthylène-triéthylphosphonium.

Chloroplatinate,

$$\begin{matrix} P \\ \\ Az \end{matrix}\left\{\begin{matrix} C^2H^4 \\ (C^2H^5)^5. \; Cl^2. PtCl^4. \\ H \end{matrix}\right.$$

— Beau sel cristallisé en lames rectangulaires.

DÉRIVÉS DE L'ÉTHYLÈNE-ARSAMMONIUM.

ÉTHYLÈNE-TRIÉTHYLARSAMMONIUM. — *Bromure,*

$$\begin{matrix} As \\ \\ Az \end{matrix}\left\{\begin{matrix} (C^2H^5)^3 \\ C^2H^4 \\ H^3 \end{matrix}\right. . Br^2.$$

— Il se produit à 100° par l'action, prolongée pendant deux heures, d'une solution alcoolique d'ammoniaque sur le bromure de bromêthylène-triéthylarsonium.

Hydrate,

$$\begin{matrix} As \\ \\ Az \end{matrix}\left\{\begin{matrix} (C^2H^5)^3 \\ C^2H^4. \\ H^3 \end{matrix}\right. (OH)^2.$$

— Base caustique stable, obtenue par l'action de l'oxyde d'argent sur le bromure précédent.

Chloroplatinate,

$$\begin{matrix} As \\ \\ Az \end{matrix}\left\{\begin{matrix} (C^2H^5)^3 \\ C^2H^4. \\ H^3 \end{matrix}\right. Cl^2. PtCl^4.$$

— Aiguilles difficilement solubles dans l'eau, cristallisant dans l'acide chlorhydrique bouillant.

Chloraurate.

$$\begin{matrix} As \\ \\ Az \end{matrix}\left\{\begin{matrix} (C^2H^5)^3 \\ C^2H^4. \\ H^3 \end{matrix}\right. Cl^2. 2AuCl^3.$$

— Lamelles jaune d'or.

COMPOSÉS DE L'ÉTHYLÈNE-PHOSPHARSONIUM.

ÉTHYLÈNE - HEXÉTHYLE-PHOSPHARSONIUM. — *Bromure,*

$$\begin{matrix} P \\ \\ As \end{matrix}\left\{\begin{matrix} (C^2H^5)^3 \\ C^2H^4 \\ (C^2H^5)^3 \end{matrix}\right. . Br^2.$$

— Ce composé s'obtient quand on fait agir la triéthylamine sur le bromure de bromêthylène-triéthylphosphonium, c'est une masse cristalline soluble dans l'eau.

Hydrate,

$$\begin{matrix} P \\ As \end{matrix}\left\{\begin{matrix} C^2H^4 \\ (C^2H^5)^6 \end{matrix}\right. . (OH)^2.$$

— Se produit par la réaction à 100° de l'oxyde d'argent et de l'eau sur le corps précédent. Il a tous les caractères de l'hydrate de diphosphonium correspondant. Les sels sont aussi très-analogues. Le *bichlorure* et le *biiodure* forment de belles aiguilles et donnent des sels doubles avec les chlorures stannique et zincique.

Chloroplatinate,

$$\begin{matrix} P \\ As \end{matrix}\left\{\begin{matrix} C^2H^4 \\ (C^2H^5)^6 \end{matrix}\right. Cl^2, PtCl^4.$$

— Cristaux du type anorthique.

COMPOSÉS DE L'ÉTHYLÈNE-PHOSPHOSTIBONIUM.

Rien de précis n'a été donné sur cette série. La triéthylstibine ne réagit qu'à une température assez haute sur le bromure de bromêthylène-triéthylphosphonium. Mais il se forme des produits complexes qui n'ont point été séparés, et des sels de platine peu solubles. A. G.

ÉTHYLGLYOXYLIQUE (ACIDE), $C^8H^{12}O^6$. — Il prend naissance à l'état de sel de sodium, en même temps que le dichloracétate d'éthyle, et d'autres composés, par l'action de l'éthylate de sodium sur le chlorure de carbone C^2Cl^4, chauffé à 100° ou 120° pendant 12 heures. Mis en liberté de son sel de sodium, il constitue un liquide assez instable.

L'*éthylglyoxylate de sodium,* $C^8H^{11}O^6Na$, est un sel déliquescent, difficilement cristallisable et se dédoublant, sous l'influence de l'acide chlorhydrique bouillant en chlorure de sodium, alcool et acide glyoxylique :

$$C^8H^{11}NaO^6 + HCl + 2H^2O$$
$$= 2C^2H^6O + C^2H^4O^6 + NaCl.$$

Il ne produit pas de précipité avec les solutions métalliques.

Le *sel de baryum* $(C^8H^{11}O^6)^2Ba$ est amorphe et déliquescent [E. Fischer et Geuther, *Jénasche Zeitsch.*, t. I, p. 47; *Zeitsch. Chem. Pharm.*, 1864, p. 269]. E. W.

ÉTHYLIDÈNE (1). — M. Lieben a donné le nom d'éthylidène au groupement C^2H^4, qui se trouve dans l'aldéhyde C^2H^4O. A ce point de vue l'aldéhyde serait l'oxyde d'éthylidène. Nous l'avons étudiée au mot ACÉTYLE (HYDRURE D'), t. I, p. 40. Nous décrirons ici quelques composés dans lesquels le groupement C^2H^4 est conservé, et qui n'ont pas été étudiés avec l'aldéhyde; les formules suivantes rendent compte de cette isomérie et de celle de leurs dérivés :

CH $\mid$ CH^3	CH^2 $\mid$ CH^2
Éthylidène.	Éthylène.

C'est ainsi que l'acide lactique obtenu avec l'aldéhyde et l'acide cyanhydrique (identique à celui de la fermentation) renferme le groupe

(1) L'éthylidène et l'éthylène sont isomères.

éthylidène, tandis que celui qu'on prépare avec la cyanhydrine du glycol (acide sarcolactique) renferme le groupe éthylène. Tous les essais tentés pour retirer l'éthylidène de ses combinaisons ont été infructueux; on n'obtient jamais que de l'éthylène.

BROMURE D'ÉTHYLIDÈNE,

$$C^2H^4Br^2 = \left\{\begin{array}{l}CH^3\\ \dot{C}HBr^2\end{array}\right.$$

(Wurtz et Frapolli). — Il prend naissance lorsqu'on fait arriver des vapeurs d'aldéhyde dans du pentabromure de phosphore refroidi. On ne peut le séparer par la distillation du bromoxyde de phosphore. Pour éloigner celui-ci, on ajoute au mélange des morceaux de glace qu'on renouvelle à mesure qu'ils fondent. On obtient ainsi un liquide jaune, dense, insoluble dans l'eau, décomposé par l'eau si la température s'élève; il est peu stable et se décompose spontanément au bout de quelques jours. Ainsi préparé, le bromure d'éthylidène renferme encore du bromoxyde de phosphore et un composé plus riche en carbone. Ajouté par petites portions à de l'éthylate de soude dans un ballon refroidi à — 12°, il donne une petite quantité d'acétal.

CHLORURE D'ÉTHYLIDÈNE,

$$C^2H^4Cl^2 = \left\{\begin{array}{l}CH^3\\ \dot{C}HCl^2\end{array}\right.$$

(Wurtz, Wurtz et Frapolli). — Ce composé, découvert par Wurtz, résulte de l'action du perchlorure de phosphore sur l'aldéhyde. On fait arriver l'aldéhyde en vapeur sur le perchlorure refroidi (21 p. d'aldéhyde pour 100 p. de perchlorure). Lorsque toute l'aldéhyde a réagi, on abandonne le mélange à lui-même pendant quelques heures, puis on distille, on recueille avant 100° et on lave le produit avec de l'eau. Le chlorure d'éthylidène est un liquide incolore, plus dense que l'eau, bouillant à 58° (Wurtz), à 60° (Geuther), d'une densité de 1,189 à 4° 3. Il ne réagit pas sur l'acétate d'argent à 100°. Avec l'acétate de potasse au bain d'huile, il donne de l'éthylène chloré. Chauffé en vase clos à 100° pendant quelques heures avec un grand excès d'éthylate de soude, il donne de l'éthylène chloré, avec une très-petite quantité d'acétal.

Beilstein a démontré l'identité du chlorure d'éthylidène et du chlorure d'éthyle chloré; la théorie confirme ses expériences, car on ne conçoit que deux isomères de la formule $C^2H^4Cl^2$.

L'un est

$$\begin{array}{l}CH^3\\ \dot{C}HCl^2;\end{array}$$

l'autre,

$$\begin{array}{l}CH^2Cl\\ \dot{C}H^2Cl.\end{array}$$

Ce dernier est le chlorure d'éthylène [Beilstein, *Bull. de la Soc. chim.*, 1858-1860, p. 62].

M. Maxwell-Simpson a transformé le chlorure d'éthylidène en cyanure, espérant, par l'action de la potasse sur celui-ci, obtenir un isomère de l'acide succinique; mais l'acide obtenu est identique avec l'acide succinique du glycol, et renferme le groupe éthylène [*Compt. rend.*, t. LIV, p. 351 (1867)].

M. Tollens, dans le but d'isoler l'éthylidène, a fait chauffer entre 180° et 200°, dans des tubes scellés, du chlorure d'éthyle chloré avec du sodium. Il n'a pu obtenir d'éthylidène, mais un mélange d'acétylène, d'éthylène et d'éthylène chloré, d'hydrure d'éthyle et probablement d'hydrogène. Il y a 4 % d'acétylène et 15,5 % d'éthylène. Le chlorure d'éthylidène chauffé à 218° ne se transforme pas en chlorure d'éthylène [*Ann. der Chem. u. Pharm.*, t. CXXXVII, p. 311, et *Bull. de la Soc. chim.*, 1866, t. VI, p. 331].

SULFURE D'ÉTHYLIDÈNE,

$$C^2H^4S = \left\{\begin{array}{l}CH^3\\ \dot{C}S\\ \dot{H}\end{array}\right.$$

[Syn. *Hydrure de sulfacétyle*] [Weidenbusch, *Ann. der Chem. u. Pharm.*, t. LXVI, p. 316; — Crafts, *Compt. rend.*, t. LIV, p. 1279]. — Lorsque l'on dirige un courant de gaz sulfhydrique dans un mélange d'eau et d'aldéhyde, celui-ci finit par déposer une huile épaisse, limpide, combinaison d'acide sulfhydrique et de sulfure d'éthylidène, qu'on décante et dessèche dans le vide; cette combinaison a pour formule $6C^2H^4S,H^2S$. Sa densité est de 1,134; elle est peu soluble dans l'eau, fort soluble dans l'alcool et l'éther. Elle bout à 180° en se décomposant et laissant une masse onctueuse de sulfure d'éthylidène; mais elle se vaporise néanmoins rapidement à la température ordinaire en répandant une odeur d'ail excessivement forte et persistante. Si on y ajoute quelques gouttes d'acide chlorhydrique ou sulfurique, elle dégage de l'hydrogène sulfuré, et se prend en une masse cristalline de sulfure d'éthylidène. Celui-ci se forme encore par la simple exposition à l'air de la combinaison sulfhydrique.

Le sulfure d'éthylidène se dissout dans l'alcool, dans l'éther et un peu dans l'eau; il est plus léger que celle-ci et distille avec ses vapeurs. Il cristallise en aiguilles brillantes, blanches, d'une odeur alliacée désagréable qui sont des prismes orthorhombiques non terminés $mm = 95°$. Clivage p facile. Il commence à se sublimer à 45° sous forme de flocons légers. Il se combine avec l'azotate d'argent en donnant le composé $3C^2H^4S, 2AzO^3Ag$.

Les autres dérivés de l'aldéhyde dans lesquels on peut admettre le groupement éthylidène, le *diacétate*, l'*acétochlorhydrine*, l'*oxychlorure*, la *chloréthyline*, etc., ont été décrits à l'article ACÉTYLE (HYDRURE D'). — Voyez t. I, p. 41. E. G.

ÉTHYLIQUE ÉTHYLE (ALCOOL). — Isomère de l'alcool butylique, obtenu à l'état d'iodure par l'action de l'acide iodhydrique sur l'éther chloréthylique. — Voyez OXYDE D'ÉTHYLE (dérivés chlorés).

ÉTHYLIRISINE. — Corps basique d'un bleu indigo, obtenu par l'action du sulfate d'éthyle sur la quinoléine [Babo, *Journ. für prakt. Chem.*, t. LXXII, p. 73; *Journ. de Pharm.*, (3), t. XXXIII p. 77.]

ÉTHYLTRITHIONIQUE (ACIDE),

$$S^3O^6(C^2H^5)^2H^2.$$

— Cet acide, qui se forme par l'action de l'anhydride sulfureux sur le zinc-éthyle, représente un acide trisulfureux dont un atome d'oxygène est remplacé par 2 groupes monatomiques éthyle. Il s'obtient à l'état de liberté lorsqu'on décompose la solution de son sel barytique par de l'acide sulfurique étendu. Par la concentration au bain-marie, on obtient une liqueur oléagineuse, d'une saveur très-acide et agréable, miscible à l'eau et à l'alcool et qui constitue une solution concentrée d'acide éthyltrithionique.

Le *sel de zinc* $S^3O^6(C^2H^5)^2Zn + H^2O$ s'obtient par l'addition de 3 molécules d'anhydride sulfureux à 1 molécule de zinc-éthyle; l'absorption du gaz a lieu avec énergie, et il faut refroidir l'appareil qui se remplit finalement d'une masse cristalline blanche d'éthyltrithionate de zinc. Ce sel cristallise dans l'eau et dans l'alcool bouillant, avec 1 molécule d'eau, en petites aiguilles incolores, d'une odeur particulière. Il est soluble dans l'éther, presque insoluble dans l'alcool froid.

Comme le produit brut de la réaction retient du zinc-éthyle emprisonné, la solution aqueuse renferme d'abord un sel basique.

L'éthyltrithionate de baryum,

$$S^3O^6(C^2H^5)^2Ba + H^2O,$$

obtenu par l'action de la baryte sur le sel de zinc, forme des pellicules cristallines, perdant H^2O à 100°, résistant à une température de 170° sans se décomposer.

Le *sel d'argent*, $S^3O^6(C^2H^5)^2Ag^2$, est déliquescent, inaltérable à l'air et à 100°.

Le *sel de cuivre*, $S^3O^6(C^2H^5)^2Cu$, cristallise en aiguilles bleu-verdâtre, déliquescentes, solubles dans l'alcool, anhydres à 100°.

Le *sel de sodium*, $S^3O^6(C^2H^5)^2Na^2 + H^2O$, cristallise en petites aiguilles incolores par l'évaporation de sa solution alcoolique dans le vide.

L'*éther éthyltrithionique*, $S^3O^6(C^2H^5)^2(C^2H^5)^2$, obtenu par distillation d'un mélange de sel barytique et d'éthylsulfate de potassium, forme un liquide oléagineux jaune, d'une odeur désagréable [Hobson, *Chem. Soc. quart. Journ.*, t. X, p. 55; *Ann. de Chim. et de Phys.*, (3), t. LII, p. 216]. E. W.

EUCALYNE, $C^6H^{12}O^6$ [Berthelot, *Ann. de Chim. et de Phys.*, (3), t. XLVI, p. 72]. — L'eucalyne est une substance sucrée que fournit la fermentation de la mélitose, sucre extrait de la *manne d'Australie* (celle-ci est fournie par plusieurs espèces d'*Eucalyptus*).

Elle est sirupeuse, faiblement sucrée; chauffée à 110°, elle se colore, et vers 200° se change en une matière noire insoluble. Elle est dextrogyre ($[\alpha] = +50°$ environ); elle réduit le tartrate cupropotassique, et se transforme par l'acide azotique en acide oxalique. Elle n'est pas fermentescible; par l'ensemble de ses propriétés, elle se rapproche de la sorbine.

EUCAMPTITE (Kenngott) (Min.). — Silicate d'alumine, de protoxyde de fer, de magnésie, avec un peu de manganèse et d'eau. Les rapports de l'oxygène dans RO, R^2O^3, SiO^2, H^2O, sont à peu près 1 : 1 : 2 : 1/3.

Substance feuilletée ressemblant à la fois au mica et au clinochlore, d'un éclat nacré; transparente, en lames minces et laissant alors passer une lumière rouge ou brunâtre; vert foncé en masse. Poussière vert grisâtre.

Dureté, 2 à 2,5; densité, 2,73.

EUCHROÏTE (Min.). — Arséniate hydraté de cuivre, $4CuO, As^2O^5 + 7H^2O$. Cristaux d'un très-beau vert-émeraude foncé, transparents ou translucides, d'un éclat vitreux, qui se trouvent sur un grès micacé, à Libethen (Hongrie).

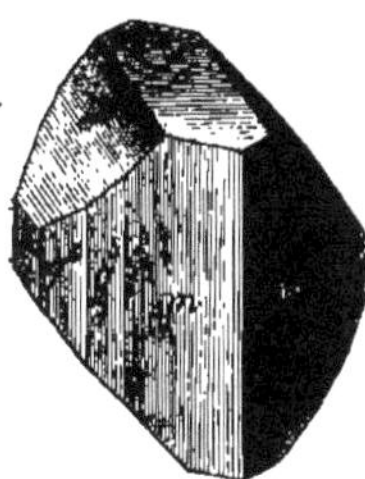

Fig. 245. — Euchroïte.

Caractères. — Dans le tube donne beaucoup d'eau; au chalumeau, réactions des arséniates de cuivre.

Dureté, 3,5 à 4; poussière verte.

Densité, 3,39.

Forme cristalline. — Prisme orthorhombique $mm = 117°20'$; e^1 sur $e^1 = 87°52'$.

Clivages : m, e^1.

EUCLASE (Min.). — Silicate de glucinium et d'aluminium hydraté, avec de petites quantités d'oxyde ferreux, de chaux et de fluor,

$$2GlO, Al^2O^3, 2SiO^2, H^2O.$$

Cette formule peut s'écrire $(SiO^4)^2Gl^2(Al^2O^2H^2)^{IV}$, en considérant l'aluminium comme saturé partiellement par 2OH, ce qui rend la constitution de l'euclase comparable à celle d'un orthosilicate.

Cristaux transparents, incolores, verdâtres ou bleuâtres; d'un vif éclat vitreux, un peu nacré sur la face de clivage. Fragile. Se trouve dans un schiste chloriteux au Brésil, avec la topaze, et dans des sables aurifères de l'Oural.

Fig. 246. — Euclase.

Caractères. — Inattaquable aux acides. Dans le tube bouché donne de l'eau quand on le chauffe au chalumeau; fond difficilement en un émail blanc. Soluble avec effervescence dans le borax et dans le sel de phosphore.

Dureté, 7,5; poussière blanche. Densité, 3,09 à 3,1.

Forme cristalline. — Prisme clinorhombique

$mm = 144°40'$;
$ph^1 = 100°16'$;
$a^1h^1 = 130°51'$.

Clivages : g^1, très-facile, p, h^1 moins faciles. F. et S.

EUCOLITHE ou **EUKOLITHE**. — Voyez Eudialyte.

EUDIALYTE (Min.). — Silico-zirconate de chaux, de protoxyde de fer et de manganèse, renfermant du tantale, du lanthane, du cérium (eucolithe), du chlore et de l'eau; le rapport de l'oxygène dans RO, $RO^2 = 1 : 4$.

Se trouve en cristaux ou en masses réniformes, d'une couleur rose ou rouge-brun (eucolithe); au Groënland dans une roche renfermant de l'arfvedsonite, de la sodalite et du feldspath blanc compacte, et en Norwége dans la syénite zirconienne.

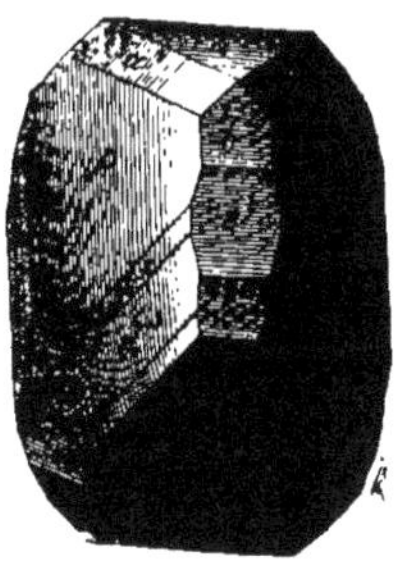

Fig. 247. — Eudialyte.

Caractères. — Fait gelée avec l'acide chlorhydrique. Dans le tube fermé donne de l'eau; au chalumeau fond facilement en un verre opaque vert clair et colore la flamme en jaune; avec les flux, réactions du fer et du manganèse.

Dureté, 5,5; poussière incolore. Densité, 2,9 à 3,01.

Forme cristalline. — Rhomboèdres de 126°25, souvent basés, avec clivage basal a^1 parfait, clivage p imparfait. Dans l'eucolithe, clivage parfait parallèle au prisme d^1. F. et S.

EUDNOPHITE (Min.). — Silicate d'alumine et de soude hydraté, ayant la composition de l'analcime, avec une forme orthorhombique :

$$Na^2O, Al^2O^3, 4SiO^2, 2H^2O.$$

Petites masses cristallines blanches ou grises, clivables, accompagnant le leucophane, etc.; dans la syénite de Brevig (Norwége). Translucide.

Caractères. — Fait gelée avec l'acide chlorhydrique; fond en un verre incolore.

Dureté, 5,5; densité, 2,27.

Forme cristalline. — Prisme orthorhombique $mm = 120°$; $a^1m = 130°$.

Clivage : p, très-net; h^1, g^1 moins nets.

EUGÉNALLOPHANIQUE (ACIDE). — Voyez Allophanate d'eugényle, t. I, p. 148.

EUGÉNÉSITE (Min.) [Syn. *Sélenpalladite*, Zinken]. — Palladium auro-argentifère en petites tables hexagonales, avec des clivages parallèles aux côtés; grenu, blanc d'argent, à Tilkerode (Harz).

EUGÉNÉTHYLE,

$$C^{12}H^{16}O^{2} = C^{10}H^{11}O^{2}(C^{2}H^{5}).$$

— Se forme par l'action, en vase clos, de l'iodure d'éthyle sur l'eugénate potassique. Lavé à l'eau alcaline, séché sur du chlorure de calcium et distillé, il constitue un liquide incolore, limpide, neutre, doué d'une odeur aromatique et bouillant à 240°. Insoluble dans l'eau, il se dissout facilement dans l'alcool et l'éther. Le chlore, le brome et l'acide nitrique l'attaquent profondément [Cahours, *Ann. de Chim. et de Phys.*, (3), t. LII, p. 206].

EUGÉNINE. — Substance se déposant en paillettes nacrées dans l'eau distillée de girofle; elle constitue probablement un isomère de l'acide eugénique (C = 71,2; H = 7,64 %); elle est sans saveur, d'une odeur de girofle, fort soluble dans l'alcool et dans l'éther. L'acide nitrique la colore en rouge de sang [Dumas, *Ann. de Chim. et de Phys.*, t. LIII, p. 164; — Bonastre, *Ann. de Chim. et de Phys.*, t. XXXV].

EUGÉNIQUE (ACIDE) (*Eugénol, essence de girofle oxygénée*), $C^{10}H^{12}O^{2}$. — Cet acide constitue la partie oxygénée des essences de girofle et de piment de la Jamaïque, qui contiennent en même temps un hydrocarbure isomère de l'essence de térébenthine $C^{10}H^{16}$ [Bonastre, *Ann. de Chim. et de Phys.*, (2), t. XXXV, p. 274; — Dumas, *ibid.*, (2), t. LIII, p. 164; — Ettling, *Ann. der Chem. u. Pharm.*, t. IX, p. 68; — Boekmann, *ibid.*, t. XXVII, p. 155]. L'huile essentielle de *Myrtus Pimenta* est également formée d'une partie oxygénée qui est de l'acide eugénique et d'un hydrocarbure polymère de l'essence de térébenthine $C^{15}H^{24}$, bouillant à 255° [C. Oeser, *Ann. der Chem. u. Pharm.*, t. CXXXI, p. 277; *Bull. de la Soc. chim.*, (2), t. III, p. 434, 1865].

D'après Gladstone, l'huile de laurier (*Laurus nobilis*) renferme également de l'acide eugénique, ainsi que l'essence dite de feuilles de cannelle (Stenhouse).

L'huile essentielle de girofle rectifiée est incolore et ne se solidifie pas à — 18°. D = 1,055 à 1,060. Pour en retirer l'acide eugénique, on traite l'huile par une lessive de potasse; il se forme ainsi une masse cristalline butyreuse qu'on soumet à l'ébullition avec de l'eau, de manière à faire distiller l'hydrocarbure qui se condense dans le récipient à l'état d'une huile incolore; le résidu se prend par le refroidissement en une masse cristalline d'où l'on met l'acide eugénique en liberté par l'action d'un acide minéral; on le purifie par distillation. D'après Scheuch [*Ann. der Chem. u. Pharm.*, t. CXXV, p. 14], l'acide eugénique de l'essence de girofle renferme de l'acide salicylique qu'on enlève en l'agitant avec du carbonate ammonique jusqu'à ce que la solution aqueuse ne colore plus en violet le chlorure ferrique. Il se présente alors sous forme d'un liquide incolore et oléagineux, d'une densité de 1,079 (1,0684 à 14° d'après G. Williams); il bout à 243° (Ettling; à 248°, Bruning; à 251°, G. Williams; à 252°, Gladstone). Sa densité de vapeur a été trouvée par Dumas égale à 6,4; Calvi a également trouvé 6,4 — 6,6; la densité théorique est 5,7; Calvi attribue cette grande différence à ce que l'acide eugénique éprouve une décomposition à une haute température; d'après G. Williams, en effet, il paraît se décomposer par la distillation. Chauffé à l'air, il s'altère en se colorant, aussi faut-il le rectifier dans un courant d'acide carbonique. L'acide eugénique a une réaction acide, une saveur épicée et brûlante de girofle.

La composition assignée par Gerhardt [t. IV, p. 764] à l'acide eugénique en fait un isomère de l'acide cuminique. Cette formule a été confirmée par les travaux de G. Williams, Baeyer, Calvi, Bruning, Cahours, etc. Dumas lui avait attribué la formule $C^{20}H^{24}O^{5}$, appuyée par la densité de vapeur, et Ettling avait adopté $C^{24}H^{30}O^{5}$, rapports également admis par Stenhouse [*Ann. der Chim. u. Pharm.*, t. XCV, p. 103].

Les réactions produites par l'acide eugénique ne sont pas très-nettes; le chlore le colore et le résinifie; l'acide sulfurique le colore en rouge en le résinifiant.

L'acide nitrique l'attaque vivement en produisant une matière résineuse et beaucoup d'acide oxalique. Traité par le perchlorure de phosphore, il donne un gaz brûlant comme le chlorure de méthyle, et l'acide est complétement détruit. Avec le protochlorure de phosphore, la réaction paraît être plus nette. C. Oeser a obtenu ainsi l'*anhydride eugénique* et l'*acide eugényle-phosphoreux*, mais ces produits ont encore besoin d'être étudiés.

Soumis à l'action de la potasse en fusion, l'acide eugénique donne de l'acide protocatéchique et de l'acide acétique, provenant sans doute de la décomposition de l'acide propionique qui devrait prendre naissance :

$$C^{10}H^{12}O^{2} + 7O$$
$$= C^{7}H^{6}O^{4} + C^{2}H^{4}O^{2} + CO^{2} + H^{2}O$$

[Hlasiwetz et Grabowski, *Ann. der Chem. u. Pharm.*, t. CXXXIX, p. 95].

Erlenmeyer [*Zeitsch. für Chem.*, (2), t. II, p. 430], en faisant agir l'acide iodhydrique sur l'acide eugénique, a obtenu de l'iodure de méthyle et une masse résineuse rouge dont la composition se rapproche de la formule $C^{9}H^{10}O^{2}$.

L'acide phosphorique anhydre transforme l'acide eugénique en une résine dont la composition est placée entre $C^{10}H^{11}O^{2}$ et $C^{10}H^{12}O^{3}$; elle est inodore, d'une saveur aromatique et amère; sa solution alcoolique est dichroïque. Distillée, elle donne un liquide analogue à la créosote et colorant le chlorure ferrique en vert [Hlasiwetz et Barth., *Ann. der Chem. u. Pharm.*, t. CXXXIX, p. 93; *Bull. de la Soc. chim.*, 1867, t. VII, p. 432].

Le sodium, en présence de l'acide carbonique, attaque l'acide eugénique en produisant les sels de soude de deux acides isomériques, les *acides eugénoxycarbonique* et *eugétique*.

Avec l'acide cyanique, l'acide eugénique se comporte comme un alcool, en donnant naissance à de l'allophanate d'eugényle

$$C^{2}H^{3}(C^{10}H^{11}O)Az^{2}O^{3}$$

(voyez ce mot, p. 148).

Action des chlorures d'acides. — A l'égard de ces chlorures, l'acide eugénique se comporte comme l'hydrure de salicyle et comme les alcools; il y a combinaison directe, avec élimination d'acide chlorhydrique; à froid, le mélange a lieu sans réaction, mais si l'on chauffe, l'action s'établit aussitôt et il se forme un produit visqueux qui se solidifie par l'action de la potasse. Le produit se purifie généralement par des lavages à l'eau, dissolution dans l'alcool bouillant d'où il se sépare par l'évaporation en beaux cristaux. Cahours a ainsi préparé les produits suivants [*Ann. de Chim. et de Phys.*, (3), t. LII, p. 201] :

Benzeugényle. — S'obtient par l'action du chlorure de benzoyle sur l'acide eugénique; c'est une substance neutre, analogue aux éthers, se présentant en cristaux aciculaires, de couleur ambrée, mais qu'on peut obtenir incolores par distillation ou par cristallisation. Insoluble dans l'eau froide, il se dissout dans l'alcool bouillant et dans l'éther; la potasse caustique en solution ne l'attaque ni à froid ni à chaud; mais la potasse solide l'attaque facilement en produisant de l'eugénate et du benzoate. Le brome et l'acide nitrique l'attaquent énergiquement en donnant sans doute des produits de substitution. Le benzeugényle a pour composition $C^{17}H^{16}O^{3} = (C^{10}H^{11}O)(C^{7}H^{5}O)O$.

Tolueugényle,

$$C^{18}H^{18}O^{3} = (C^{10}H^{11}O)(C^{8}H^{7}O)O.$$

— S'obtient et se comporte comme le précédent auquel il ressemble aussi par son aspect.

Cumeugényle,

$$C^{20}H^{22}O^{3} = (C^{10}H^{11}O)(C^{10}H^{11}O)O.$$

— Tables incolores et brillantes, fusibles à une basse température et volatiles au-dessus de 400°; se comporte comme les précédents avec la potasse caustique. L'acide nitrique l'attaque vivement en produisant une masse visqueuse rougeâtre renfermant des cristaux. Ce produit est isomérique avec l'acide cuminique anhydre et avec l'acide eugénique anhydre.

Le *chlorure d'anisyle* donne avec l'acide eugénique un produit analogue.

On obtient un dérivé éthylé de l'acide eugénique, l'*eugénéthyle*, par l'action de l'iodure d'éthyle sur l'eugénate de sodium. On ne peut pas l'obtenir, comme son isomère l'éther cuminique, par l'action de l'acide chlorhydrique sur une solution alcoolique de l'acide.

L'acide eugénique donne des sels dont quelques-uns sont cristallisables. Il absorbe l'ammoniaque pour former de l'*eugénate d'ammonium* qui renferme $C^{10}H^{11}(AzH^{4})O^{2}$; l'acide s'épaissit et se convertit en une substance cristalline (Dumas). L'ammoniaque liquide donne également des cristaux qui se déposent à l'état grenu.

D'après Bruning [*Ann. de Chim. et de Pharm.*, t. CIV, p. 202], le sel d'ammonium fond peu au-dessus de 0° et perd facilement de l'ammoniaque.

Eugénate de potassium. — Il se présente en cristaux nacrés doués d'une saveur alcaline et brûlante; il cristallise dans l'alcool; il se dissout dans l'eau en mettant en liberté une partie de l'acide eugénique. Ce sel renferme, d'après Bruning, $C^{10}H^{11}KO^{2} + C^{10}H^{12}O^{2} + H^{2}O$ (10,14 °/₀ de potassium); c'est la formule que lui assignait Gerhardt.

Eugénate de sodium. — Fibres soyeuses et mamelonnées.

Eugénate de baryum, $(C^{10}H^{11}O^{2})^{2}Ba$. — S'obtient en faisant bouillir l'acide eugénique avec de l'eau de baryte; il se dépose en aiguilles aplaties et nacrées. On les purifie par cristallisation dans l'alcool; il renferme alors 26,7 °/₀ de baryum (Ettling). On obtient le même sel en lamelles cristallines en ajoutant de l'eau de baryte à une solution alcoolique d'acide eugénique. Ettling a décrit un autre sel barytique ne renfermant que 14,6 °/₀ de baryum; il correspondait à peu près au sel potassique acide.

Eugénate de strontium. — Comme le sel barytique.

Eugénate de calcium. — Plaques minces, micacées et jaunâtres.

Eugénate de magnésium. — Incristallisable et insoluble dans l'eau.

Eugénate de plomb. — Masse jaunâtre emplastique obtenue par précipitation avec le sous-acétate de plomb, renferme 58,11 °/₀ de plomb.

Les eugénates solubles précipitent le sulfate de cuivre en bleu ou en vert de gris; ils colorent le sulfate ferreux en lilas et le sulfate ferrique en rouge, puis en violet et même en bleu. E. W.

EUGÉNIQUE (ANHYDRIDE), $(C^{10}H^{11}O)^{2}O$. — Un des produits de l'action du protochlorure de phosphore sur l'acide eugénique. Cette action a lieu lentement à froid; à 60° elle est plus vive et la température s'élève d'elle-même à 120°; il se dégage de l'acide chlorhydrique et un gaz brûlant avec une flamme verte, probablement du chlorure de méthyle provenant d'une action secondaire. Le résidu de la réaction, chauffé à 130° pour le débarrasser des parties volatiles, est jaune et renferme deux produits, dont l'un, soluble dans l'éther, est, d'après ces caractères, de l'anhydride eugénique; c'est un liquide visqueux, qui ne distille pas sans décomposition; la potasse le dissout en produisant de l'eugénate de potasse. L'autre produit, insoluble dans l'éther, constitue l'acide eugényle-phosphoreux. E. W.

EUGÉNOXYCARBONIQUE (ACIDE),

$$C^{10}H^{12}O^{2}.CO^{2}.$$

— Se forme en même temps que son isomère, l'acide eugétique, à l'état de sel de sodium, dont la solution chaude se décompose par l'acide chlorhydrique, avec dégagement d'acide carbonique et d'acide eugénique en même temps que d'acide eugétique.

EUGÉNYLE-PHOSPHOREUX (ACIDE),

$$C^{10}H^{13}PO^{4} = \left.\begin{matrix} P''' \\ C^{10}H^{11}O \\ H^{2} \end{matrix}\right\} O^{3}.$$

— Il est analogue à l'acide éthyle-phosphoreux

$$H^{2}(C^{2}H^{5})PO^{3}$$

par sa formation et ses propriétés; c'est une poudre amorphe, jaune, soluble dans l'alcool; l'eau en dissout une partie en devenant acide. Soumis à l'action de la chaleur, il se boursoufle sans fondre. Il se dissout dans les alcalis avec une coloration brun-clair; il précipite l'acétate de plomb en jaune, colore les sels ferriques en vert et les réduit à l'état de sels ferreux; il réduit de même les sels de mercure et d'argent. Il se forme, en même temps que l'anhydride eugénique, suivant l'équation

$$5C^{10}H^{12}O^{2} + PCl^{3}$$
$$= 3HCl + (C^{10}H^{11}O)H^{2}PO^{3} + 2(C^{10}H^{11}O^{2})^{2}O$$

[Oeser, *Ann. der Chem. u. Pharm.*, t. CXXXI, p. 277, et *Bull. de la Soc. chim.*, 1865, t. III, p. 484]. E. W.

EUGÉTIQUE (ACIDE), $C^{11}H^{12}O^{4}$. — Composé qui se forme, à l'état de sel de sodium, par l'action de l'acide carbonique sur de l'acide eugénique dans lequel on a fait dissoudre du sodium; la masse renferme, après refroidissement, de l'acide eugénique non attaqué et de l'*eugénoxycarbonate* ainsi que son isomère l'*eugétate de sodium*. Pour obtenir l'acide eugétique, on traite la masse par de l'acide chlorhydrique; il se sépare une huile renfermant les acides eugénique et eugétique; on agite à plusieurs reprises cette huile avec du carbonate d'ammoniaque qui dissout l'acide eugétique, on évapore avec addition de carbonate d'ammoniaque; on ajoute de l'acide chlorhydrique, on reprend par de l'éther et l'on fait cristalliser dans l'eau bouillante le résidu cristallin restant après l'évaporation de l'éther.

L'acide eugétique cristallise par le refroidissement de sa solution aqueuse bouillante en longs prismes incolores, fusibles à 124°, très-solubles dans l'alcool et dans l'éther; il a une réaction acide. Soumis à l'action de la chaleur, il se dédouble en acide carbonique et acide eugénique, à la manière de l'acide thymotique de Kolbe et Lautemann, produit dans les mêmes circonstances avec l'hydrate de thymyle [H. Scheuch, *Ann. der Chem. u. Pharm.*, t. CXXV, p. 14; *Bull. de la Soc. chim.*, 1863, p. 335]. E. W.

EUKAÏRITE (Min.) [Syn. *Cuivre sélénié argental*]. — Séléniure de cuivre et d'argent,

$$Cu^{2}Se + xAg^{2}Se.$$

Masses compactes d'un gris de plomb, très-tendres, engagées dans un calcaire à Skrikerum (Suède); se trouve aussi dans quelques autres gisements, au Chili, etc.

Caractères. — Soluble dans l'acide azotique bouillant; au chalumeau fond et donne des fumées de sélénium ; avec le borax, réactions du cuivre. D'après M. Nordenskiold, il renferme des traces de thallium.

Une variété, découverte par ce savant, contient jusqu'à 18 °/₀ de thallium et a reçu le nom de *crookesite*.

Densité, 6,9 ; dureté, 2,5 à 3.

Colore fortement la flamme en vert. F. et S.

EULYTINE (Min.) [Syn. *Bismuth silicaté, Arsenikwismuth, W.*]. — Silicate de bismuth,

$$4(Bi^2O^3)\,9(SiO^2),$$

avec un peu d'acide phosphorique, de peroxyde de fer, de manganèse, de fluor et d'eau (?).

Petits cristaux en tétraèdres pyramidés, d'un éclat adamantin, d'un brun de girofle rougeâtre ou d'un jaune de miel. Cassure conchoïdale. Dans les cavités d'un quartz cristallin, avec bismuth natif et bismuth oxydé, à Schneeberg et à Freiberg.

Caractères. — Fait gelée avec l'acide chlorhydrique. Dans le matras décrépite et donne de l'eau ; sur le charbon colore la flamme en vert bleuâtre, fond en une perle entourée d'une auréole jaune ; avec la soude donne du bismuth métallique.

Dureté, 4,5 ; poussière gris-jaunâtre. Densité, 6.

Forme cristalline. — Tétraèdre pyramidé (hémi-icositétraèdre) a^2, seul ou combiné au tétraèdre a^1.

Clivage : b^1 imparfait ; macles parallèles à b^1. F. et S.

EUMANNITE (Min.). — Petits cristaux trouvés dans l'albite de Chesterfield et paraissant se rapporter à la brookite.

EUOSMITE (Min.). — Résine fossile d'un jaune-brun trouvée à Bayershof, près Thumsenreuth, Fichtelgebirge. Fond à 77° ; se dissout dans l'alcool froid et dans l'éther. Possède une agréable odeur camphrée ; sa composition répond à peu près à 34 C, 29 H, 2 O.

EUPHORBE (RÉSINE D'). — Suc concrété de diverses espèces d'euphorbes (Égypte, Arabie, Canaries, etc.). Le produit brut contient, outre plusieurs résines dont nous parlerons tout à l'heure, de la cire, du caoutchouc, des sels et des impuretés diverses. La résine d'euphorbe, épuisée par l'alcool froid, fournit une solution jaune pâle, laissant pour résidu à l'évaporation une masse brun-rouge, friable, insoluble dans les alcalis, soluble dans l'acide sulfurique concentré et précipitable par l'eau de cette solution renfermant ($C^{20}H^{30}O^3$). La partie insoluble dans l'alcool froid cède à l'alcool bouillant un principe résineux qui se dépose par refroidissement en cristaux indistincts ($C^{20}H^{32}O^2$). La solution alcoolique de ce second produit n'est pas précipitée par l'ammoniaque, l'acétate de plomb, le nitrate d'argent et la potasse alcoolique. Berzelius signale en outre l'existence d'une résine soluble dans les alcalis et précipitable par l'acétate de plomb de ses solutions alcooliques.

L'euphorbe a une action purgative et vomitive à petite dose ; elle agit comme poison à dose plus élevée ; appliquée sur la peau, elle détermine la vésication [Buchner et Herberger, *Buchner's Repert.*, t. XI, p. 145 ; — Johnston, *Journ. für prakt. Chem.*, t. XXVI, p. 145 ; — H. Rose, *Pogg. Ann.*, t. XXXIII, p. 33 ; t. LIII, p. 365]. P. S.

EUPHYLLITE (Min.). — Variété de mica renfermant beaucoup d'eau, d'Unionville (Pennsylvanie).

EUPIONE. — Reichenbach a donné ce nom à un hydrocarbure qu'on obtient par la distillation sèche du bois, de la houille, des résines, du caoutchouc. Suivant Hesse, il ne se formerait que dans l'action de l'acide sulfurique sur les produits de ces distillations sèches. D'après Frankland, l'eupione serait un mélange de divers hydrocarbures, mélange dont la partie essentielle serait constituée par l'hydrure d'amyle C^8H^{12}. Wœlkel n'a pu isoler aucun principe à point d'ébullition constant, dans les huiles légères, désignées sous le nom d'*eupione*, et que fournit la distillation sèche du bois.

EUSYNCHITE. — Voyez DESCLOIZITE.

EUTHIOCHRONIQUE (ACIDE). — Voyez QUINONE.

EUXANTHIQUE (ACIDE) [Syn. *Acide purréique*], $C^{21}H^{18}O^{11}$ [Stenhouse, *Ann. der Chem. u. Pharm.*, t. LI, p. 423 ; — Erdmann, *Journ. für prakt. Chem.*, t. XXXIII, p. 100, et t. XXXVII, p. 385]. — L'acide euxanthique, découvert presque en même temps par Stenhouse et Erdmann, et dont les dérivés ont été étudiés par ce dernier, se trouve à l'état de sel de magnésie dans le *jaune indien* ou *purrée*, matière colorante jaune ou brunâtre, qui se trouve dans le commerce et qui vient de l'Inde. On ne connaît pas l'origine du jaune indien ; suivant les uns, ce serait une concrétion intestinale, suivant d'autres, ce serait un dépôt formé dans l'urine de chameau, d'éléphant ou de buffle. Stenhouse le regarde cependant comme d'origine végétale et suppose que c'est le suc d'un arbre saturé par la magnésie. Pour se procurer l'acide euxanthique, on épuise le jaune indien par l'eau bouillante, qui se colore en brun ; la solution aqueuse, additionnée d'acide chlorhydrique, renferme du chlorure de potassium et précipite une matière poisseuse d'une odeur fétide ; d'autres fois, au lieu de cette substance, l'eau extrait de l'acide benzoïque. Après ce traitement par l'eau, le résidu est constitué par l'euxanthate de magnésie insoluble ; on le soumet à l'action de l'acide chlorhydrique étendu et bouillant, qui le dissout entièrement, et la solution donne par le refroidissement des aiguilles jaune pâle d'acide euxanthique.

L'acide euxanthique, desséché à 130°, renferme $C^{21}H^{18}O^{11}$. Il est peu soluble dans l'eau froide, assez soluble dans ce liquide à l'ébullition, facilement soluble dans l'alcool bouillant ; cristallisé dans l'alcool aqueux, il renferme 1 molécule d'eau, qu'il perd à 130°. Chauffé dans un petit tube, il fond et se décompose en donnant un sublimé d'*euxanthone* $C^{20}H^{12}O^4$ (voyez EUXANTHONE). Traité par l'acide sulfurique, il fournit de l'euxanthone et l'*acide homathionique* (voir plus bas) ; avec l'acide azotique, il fournit de l'acide *nitreuxanthique*, et, si l'action est prolongée, de l'*acide coccinonique*, et finalement de l'*acide oxypicrique* (voir plus loin). Avec le chlore et le brome, il donne des produits de substitution. Les alcalis le dissolvent et le colorent en jaune ; dissous dans l'alcool absolu et traité par un courant de gaz chlorhydrique, il donne de l'euxanthone.

EUXANTHATES (Erdmann). — Les sels neutres renferment $C^{21}H^{17}O^{11},M$. On obtient les sels de potassium, de sodium et d'ammonium, en chauffant doucement l'acide avec le bicarbonate alcalin ; l'acide se dissout, et, par le refroidissement, on obtient les euxanthates cristallisés, fort solubles dans l'eau pure, mais insolubles dans les solutions concentrées des carbonates alcalins.

L'*euxanthate d'ammonium*, $C^{21}H^{17}O^{11}AzH^4$, est en petites aiguilles aplaties, très-brillantes, d'un jaune pâle, insolubles dans l'alcool.

L'*euxanthate de potasse*, $C^{21}H^{17}O^{11}K$, est en paillettes jaune clair.

Les sels de *baryum*, de *calcium*, de *cuivre*, d'*argent*, de *plomb*, de *zinc*, de *nickel*, sont des précipités jaunes plus ou moins gélatineux.

Le *sel de magnésium neutre* paraît soluble dans l'eau ; si à un mélange de sulfate de magnésie et de sel ammoniac on ajoute de l'euxanthate d'ammoniaque additionné de quelques gouttes d'ammoniaque libre, il se forme bientôt une gelée jaune-rougeâtre, qui finit par devenir cristalline et se convertir en petites aiguilles plates et brillantes. C'est un *sous-sel de magnésie*, qui renferme de 9,20 à 9,75 °/₀ de magnésie, et 13,95 °/₀ d'eau, qu'il perd à 150°. Ce sous-sel constitue la partie essentielle du jaune indien; on trouve, il est vrai, beaucoup plus de magnésie dans celui-ci, mais une grande partie y est contenue à l'état de carbonate.

DÉRIVÉS BROMÉS ET CHLORÉS (Erdmann). — ACIDE BIBROMEUXANTHIQUE, $C^{21}H^{16}Br^2O^{11}$. — Il se forme lorsqu'on agite avec un excès de brome l'acide euxanthique en suspension dans l'eau. On dissout la poudre jaune ainsi obtenue dans l'alcool bouillant; la plus grande partie cristallise par le refroidissement, une autre portion se sépare par l'évaporation à l'état amorphe. Ces deux modifications présentent la même composition et se comportent d'une façon identique avec les réactifs. Presque insoluble dans l'eau et dans l'alcool froid, il ne se dissout qu'en petite quantité dans l'alcool bouillant; ses sels sont gélatineux.

ACIDE BICHLOREUXANTHIQUE, $C^{21}H^{16}Cl^2O^{11}$. — Il prend naissance lorsqu'on fait passer du chlore dans de l'acide euxanthique délayé dans l'eau, jusqu'à ce qu'il perde son aspect cristallin et paraisse floconneux. Il est insoluble dans l'eau, facilement soluble dans l'alcool bouillant, d'où il cristallise en paillettes dorées.

DÉRIVÉS NITRIQUES (Erdmann). — ACIDE NITREUXANTHIQUE, $C^{21}H^{17}(AzO^4)O^{11}$. — On délaye l'acide euxanthique dans l'acide azotique froid, d'une densité de 1,31; au bout de vingt-quatre heures, on obtient une masse grenue, qu'on purifie par cristallisation dans l'alcool bouillant.

C'est une poudre cristalline d'un jaune pâle, très-peu soluble dans l'eau, un peu plus soluble dans l'alcool. Il se dissout dans les alcalis en se colorant en jaune. Le *sel d'ammoniaque* et le *sel de potasse* s'obtiennent sous forme de gelées, qui finissent par devenir cristallines. Les autres sels sont gélatineux.

ACIDE COCCINONIQUE. — Lorsqu'on chauffe l'acide euxanthique avec l'acide azotique, il se forme de l'acide oxalique, et il se sépare des grains jaunes, cristallins, d'*acide coccinonique*. Ce corps donne avec les alcalis des sels écarlates; sa composition n'est pas connue, car on n'a pas obtenu de chiffres concordants à l'analyse.

L'action prolongée de l'acide azotique bouillant sur l'acide euxanthique le transforme en acide oxypicrique.

DÉRIVÉ SULFURIQUE (Erdmann). — ACIDE HOMATHIONIQUE, $C^{14}H^{14}O^{12},SO^3$? — L'acide euxanthique se dissout à froid dans l'acide sulfurique concentré; la solution étendue d'eau précipite de l'euxanthone; filtrée et saturée par la baryte, elle fournit du sulfate barytique et un sel de baryte soluble, gommeux, acide, et jaune-brunâtre. Le sel de baryte, traité par le sous-acétate de plomb, donne un sel jaune qui, décomposé par l'hydrogène sulfuré, fournit l'acide homathionique. C'est une masse sirupeuse, incristallisable, qui se décompose par l'ébullition avec l'eau en donnant de l'acide sulfurique. E. G.

EUXANTHONE, $C^{26}H^{12}O^6$ [Stenhouse, Erdmann, *Mém. cités* à EUXANTHIQUE (ACIDE)]. — Ce composé se produit sous forme d'un sublimé jaune, lorsqu'on chauffe l'acide euxanthique à 160° ou 180°. L'acide fond, émet de l'eau et de l'acide carbonique et se décompose sans se charbonner. On traite le produit par l'ammoniaque, pour enlever ce qu'il y aurait d'acide non décomposé, et on fait cristalliser le résidu dans l'alcool. L'euxanthone prend naissance quand on dissout l'acide euxanthique dans l'acide sulfurique concentré et qu'on précipite la solution par l'eau; elle se forme aussi par l'action d'un courant de gaz chlorhydrique dirigé à travers une solution d'acide euxanthique dans l'alcool absolu.

L'euxanthone est jaune, cristallisable en aiguilles ou en lamelles, sublimable, peu soluble dans l'eau, l'alcool froid et l'éther, facilement soluble dans l'alcool bouillant. Elle se dissout dans la potasse et l'ammoniaque avec une couleur jaune; elle se sépare sans altération de sa solution ammoniacale par l'évaporation.

Erdmann a isolé l'*euxanthone trichlorée*,

$$C^{26}H^9Cl^3O^6,$$

et l'*euxanthone tribromée*, $C^{26}H^9Br^3O^6$, sous forme de poudres cristallines jaunes, en dissolvant l'acide bichloreuxanthique ou l'acide bibromeuxanthique dans l'acide sulfurique concentré et ajoutant de l'eau à la solution. Il est probable qu'il a dû analyser des mélanges, car on ne voit pas comment l'acide bichloreuxanthique peut donner de l'euxanthone trichlorée.

DÉRIVÉS NITRIQUES (Erdmann, ACIDE PORPHYRIQUE), $C^{20}H^4(AzO^4)^2O^6$ (à 120°)? — L'acide azotique froid réagit au bout de quelque temps sur l'euxanthone, et le mélange dépose une poudre jaune et cristalline (*acide porphyrique*). Cet acide est insoluble dans l'eau chargée d'acide et se dissout en petite quantité dans l'eau pure. Insoluble dans l'alcool froid, il se dissout dans l'alcool bouillant.

Les *porphyrates* sont rouges et font explosion par la chaleur.

Le *sel d'ammoniaque* est rouge de sang, très-peu soluble dans l'eau, insoluble dans le carbonate d'ammoniaque. Chauffé à 130°, il perd de l'ammoniaque et donne un sel acide, se déposant de sa solution dans l'eau bouillante en cristaux plumeux.

Les *sels de calcium, de baryum, de plomb*, sont des précipités rouges solubles dans beaucoup d'eau.

Le *sel de cuivre* est en flocons rouges, qui deviennent cristallins et se présentent sous la forme d'octaèdres aigus.

Le *sel d'argent* est un précipité rouge.

L'action prolongée de l'acide azotique transforme l'acide porphyrique en acide oxalique et en acide oxypicrique.

ACIDE OXYPORPHYRIQUE. — Il se forme par l'action de l'acide azotique bouillant sur l'euxanthone, en même temps que de l'acide oxypicrique. Il est en cristaux microscopiques de couleur jaune. — Le sel d'ammoniaque s'obtient en grains cristallins d'un rouge foncé. Il a donné à l'analyse :

C =	42,95,	42,55,	42,77
H =	1,34,	1,44,	1,36
Az =	11,80,	»	12,10

E. G.

EUXÉNITE (Min.). — Niobo-titanate d'yttria et d'urane, hydraté, renfermant de l'alumine, du fer, du cérium, du thorium, de la magnésie, de la chaux, etc. Substance compacte d'un noir brillant, d'un éclat vitreux prononcé. On en connaît quelques cristaux orthorhombiques $mm = 126°$. Cassure conchoïde.

Caractères. — Inattaquable à l'acide chlorhydrique. Au chalumeau, infusible; avec le borax et le sel de phosphore, se dissout et donne un verre jaune à chaud, et verdâtre par le refroidissement.

Dureté, 6,5; poussière brun-jaune à brun-rouge. Densité, 4,6 à 4,9.

EUZÉOLITHE. — Voyez HEULANDITE.

ÉVANSITE (Min.). — Phosphate hydraté d'alumine $(Al^2O^3)^3Ph^2O^5,18H^2O$, de Zsetcznick.

Massif, réniforme ou botryoïde, d'un éclat vitreux ou cireux, blanc, jaunâtre ou bleuâtre. Soluble dans les acides. Humecté d'acide sulfurique, colore la flamme en vert; dans le tube, décrépite, donne de l'eau et laisse une poudre blanche infusible.

Dureté, 3,5 à 4; densité, 1,94.

ÉVERNIINE, substance analogue aux sucres, extraite par Stude de l'*Évernia Prunastri* [*Ann. de Chim. et de Pharm.*, t. CXXXI, p. 241; *Bull. de la Soc. chim.*, (2), t. III, p. 199, 1865]. — On fait macérer la plante avec de la soude étendue jusqu'à coloration verte, puis on mélange la liqueur filtrée avec de l'alcool; on reprend par de l'eau les flocons bruns qui se précipitent et on les purifie par une série de précipitations et par décoloration avec du charbon.

L'éverniine est une poudre amorphe, jaunâtre, sans saveur, qui se gonfle dans l'eau froide et se dissout aisément à chaud; elle est insoluble dans l'alcool et l'éther, soluble dans les alcalis et les acides étendus. Sa solution aqueuse donne avec le sous-acétate de plomb un précipité soluble dans l'acide acétique. L'acide acétique cristallisable en grand excès la précipite. Elle possède la propriété d'empêcher la précipitation du sulfure et du sulfate de plomb. Cette propriété est partagée par le glycogène, l'inuline, la lichénine, la gomme. Les acides étendus la transforment facilement en glucose. Stude lui assigne la formule $C^6H^{14}O^7$. On trouve dans le *Borrera ciliaris* une substance analogue à l'éverniine et peut-être identique. E. W.

ÉVERNIQUE, ÉVERNINIQUE et **ÉVERNITIQUE (ACIDES)**. — L'acide évernique $C^{17}H^{16}O^7$, homologue de l'acide lécanorique, a été extrait par Stenhouse, en 1848, du lichen *Évernia Prunastri*, en faisant macérer ce lichen avec de l'eau, ajoutant un lait de chaux et précipitant la liqueur par de l'acide chlorhydrique; on reprend le dépôt floconneux jaune par de l'alcool bouillant, de manière à n'en dissoudre que les deux tiers, et on laisse refroidir : l'acide évernique se dépose alors en petits cristaux jaunâtres (le dernier tiers du précipité floconneux est de l'acide usnique moins soluble). La même méthode a été suivie par Hesse, qui a confirmé la formule de Stenhouse [*Ann. de Chim. et de Pharm.*, t. CXVII, p. 797; *Répert. de Chim. pure*, t. IV, p. 121, 1862]. L'acide évernique se présente en petites sphères cristallines fusibles à 164°; à peine soluble dans l'eau bouillante, il est soluble dans l'alcool et dans l'éther avec une réaction acide; il est sans saveur. Il donne par la distillation sèche de l'orcine et une huile empyreumatique. Sa solution ammoniacale se colore en rouge à l'air. L'*évernate de potasse*, $C^{17}H^{15}O^7K$, cristallise dans l'alcool faible en petits cristaux soyeux; le *sel barytique*, $(C^{17}H^{15}O^7)^2Ba + H^2O$, est peu soluble dans l'eau, soluble dans l'alcool faible d'où il se dépose en petits prismes.

Soumis à l'action de la baryte bouillante, l'acide évernique donne de l'orcine et de l'*acide éverninique* :

$$\underset{\text{Acide évernique.}}{C^{17}H^{16}O^7} + H^2O = CO^2 + \underset{\text{Acide éverninique.}}{C^9H^{10}O^4} + \underset{\text{Orcine.}}{C^7H^8O^2}.$$

On peut retirer directement l'acide éverninique du lichen en concentrant l'extrait aqueux, séparant les matières brunes qui se déposent, et ajoutant de l'acide chlorhydrique; la liqueur se trouble, puis s'éclaircit de nouveau en laissant déposer un sédiment brun cristallin d'acide éverninique impur qu'on purifie par cristallisation dans l'alcool et en décolorant sa solution ammoniacale par le charbon.

L'acide éverninique cristallise en lamelles nacrées fusibles à 157°, solubles dans l'eau bouillante, l'alcool et l'éther. Sa solution est acide; le perchlorure de fer la colore en violet. L'acide azotique le dissout à chaud et le transforme en un acide nitré que Hesse nomme *acide évernitique* et qui se précipite par l'addition d'eau; il ressemble à l'acide styphnique (oxypicrique) et cristallise en longues aiguilles jaunes. Il est plus soluble à chaud qu'à froid; sa solution est jaune et astringente; l'alcool et l'éther le dissolvent. Son sel potassique détone par la chaleur et cristallise en aiguilles rouge-orange, renfermant

$$C^9H^5(AzO^2)^3K^2O^4 + 2H^2O.$$

C'est peut-être l'acide éverninique qui existe dans la picroérythrine (voyez ÉRYTHRINE), combiné à l'érythrite :

$$\left.\begin{matrix}(C^4H^6)^{iv}\\(C^9H^9O^3)''\\H^3\end{matrix}\right\}O^4$$

(Menschutkine). Il constitue un homologue de l'acide orsellique.

L'*éverninate d'argent*, $C^9H^9O^4Ag$, forme un précipité blanc; le sel barytique cristallise en cristaux durs hydratés.

L'*éverninate d'éthyle*, $C^9H^9O^4(C^2H^5)$, s'obtient en faisant bouillir une solution alcoolique d'acide éverninique; par la concentration, l'éther se dépose en petits prismes qu'on lave à l'eau et qu'on fait recristalliser. Il fond à 56°, il est insoluble dans l'ammoniaque qui ne le transforme pas en matière colorante rouge. Traité par la potasse caustique, il ne donne pas d'orcine. E. W.

ÉVODYLE. — Greville-Williams a donné ce nom au groupement $C^{11}H^{21}O$, homologue de l'acétyle et dont l'hydrure, l'aldéhyde évodique $C^{11}H^{22}O$, constituerait la partie essentielle de l'essence de rue. — Voyez RUE (ESSENCE DE).

ÉVONYMINE [Rœderer, *Répert. de Pharm.*, t. XIV. p. 1. — Grundner, *ibid.*, t. XCVII, p. 315]. — Substance amère, cristalline, insoluble dans l'eau, soluble dans l'alcool et dans l'éther, extraite des baies de fusain (*Evonymus Europœus*).

ÉVONYMITE, $C^6H^{14}O^6$ [Kubel, *Journ. für prakt. Chem.*, t. LXXXV, p. 372]. — L'évonymite est un sucre retiré du cambium des branches de fusain. Isomérique avec la mannite, elle lui ressemble par ses propriétés, mais elle s'en distingue par la forme de ses cristaux, qui appartiennent au système monoclinique, et par son point de fusion situé à 182°. La mannite cristallise dans le système orthorhombique et fond à 166°. Suivant Gilmer, l'évonymite est identique avec la dulcite [Gilmer, *Ann. der Chem. u. Pharm.*, t. CXXIII, p. 375].

EXCRÉMENTS. — Les matières fécales destinées à être expulsées par l'orifice inférieur du tube digestif ont une composition forcément variable. Elles sont formées, en effet, du résidu de la masse alimentaire qui n'a pu être absorbé, ainsi que des produits sécrétés par diverses glandes et déversés dans le tube digestif. Les matériaux élaborés par ces glandes peuvent eux-mêmes être partiellement résorbés, mais il en échappe toujours une portion qui, plus ou moins modifiée, se retrouve dans les excréments. Ceci est surtout vrai pour les produits biliaires.

La réaction des excréments est tantôt acide, tantôt alcaline ou neutre. D'après Wehsarg (*Microsc. u. Chem. Unters. der Fæces gesunder. erwachs. Menschen, Giessen*, 1853), un adulte émet en moyenne en 24 heures 131 grammes de matières fécales contenant 26,7 % de matière solide. Le résidu solide se compose : 1° des débris insolubles des aliments non digérés, de sels insolubles et de silice; 2° d'une partie soluble dans l'eau et les dissolvants neutres contenant de l'acide lactique, de l'acide acétique, de l'acide butyrique, du sucre, de la taurine, ainsi que les produits d'altération des acides biliaires, des pigments biliaires, de la graisse, de l'excrétine, de quelques sels solubles (phosphates, chlorures, sulfates alcalins).

Voici du reste le détail de ses analyses :

	1000 p. excréments.
Eau	733
Parties solides	267
contenant :	
Matières solubles dans l'eau	53,4
Ext. alcoolique	41,6
Ext. éthéré	30,7
Résidu insoluble	80
Sels minéraux précipitables par l'ammoniaque	10,65

D'après Porter [*Ann. der Chem. u. Pharm.*, t. LXXI, p. 109], les cendres contiennent pour cent :

Potasse	6,10
Soude	5,07
Sel marin	1,33
Chaux	26,46
Magnésie	10,54
Oxyde de fer	2,50
Acide phosphorique	36,03
Acide sulfurique	3,13
Acide carbonique	5,07

D'après Wehsarg, les excréments renferment de grandes quantités de phosphate de magnésie et peu de phosphate de chaux; ce résultat ne s'accorde pas avec ceux de Porter, qui a trouvé plus de chaux que de magnésie. La proportion de sels solubles augmente beaucoup dans les affections du tube digestif accompagnées d'évacuations alvines.

Le docteur Marcet [*Phil. Trans.*, 1854, p. 265, et 1857, p. 403] épuise les excréments humains par l'alcool; il obtient ainsi un résidu insoluble dans l'éther, et d'où l'eau ne retire rien que du phosphate ammoniaco-magnésien.

La solution alcoolique dépose une substance granuleuse colorée en olive et formée d'un acide gras fusible à 25° (acide excret-oléique). Le liquide filtré traité par un lait de chaux donne un précipité brun qui, séché, cède à l'éther une matière cristallisable, l'excrétine. Le résidu de l'épuisement à l'éther décomposé par l'acide chlorhydrique fournit de l'acide margarique.

Les excréments de carnivores ne renferment pas d'excrétine, mais un principe analogue, accompagné d'acide butyrique. Ceux des herbivores sont riches en excrétine et en acide butyrique. Les excréments de boa sont presque entièrement formés d'urates.

L'*excrétine*, $C^{78}H^{156}SO^2$, cristallise de sa solution alcoolique en aiguilles soyeuses, solubles dans l'éther, insolubles dans l'eau. Elle fond à 95°; sa réaction est alcaline.

L'*acide excret-oléique* a une odeur de fécule, fond à 25-26°; chauffé sur une lame de platine, il brûle avec une flamme brillante. Insoluble dans l'eau, soluble dans l'éther et l'alcool chaud, peu soluble dans l'alcool froid; sa réaction est acide.

Tout récemment on a signalé dans les excréments humains la présence de la naphtylamine. P.S.

EXITÈLE. — Voyez VALENTINITE.

F

FAGINE. — Alcaloïde douteux trouvé dans les faînes de hêtre (Zanon, Buchner et Herberger).

FAHLERZ. — Voyez PANABASE.

FAHLUNITE (Min.). — Variété altérée de cordiérite. Cristaux imparfaits rappelant les formes de la cordiérite, à structure intérieure amorphe, cassure écailleuse, couleur verte, brune, noirâtre.

Dureté, 3,5 à 4,5. Densité, 2,62 à 2,79.

Inattaquable par les acides. Au chalumeau, fond sur les bords en un verre bulleux.

FAHLUNITE DURE. — Voyez CORDIÉRITE.

FARINE. — On donne plus spécialement le nom de *farine* au grain de blé ou de froment débarrassé mécaniquement de ses enveloppes externes et réduit en poudre. Lorsque l'on veut désigner une autre variété de graine réduite en poudre, on fait suivre le mot farine du nom de la graine; farines de maïs, de graine de lin, etc. De même on dit : farine de blé, de froment, d'avoine, etc.

Le grain de blé se compose d'une enveloppe externe qui, déchirée par la meule, est éliminée pendant les opérations de mouture, et d'une partie interne ou noyau farineux qui enveloppe l'embryon. D'après les récents travaux de M. Mège-Mouriès, confirmés par Trécul, l'enveloppe externe ou péricarpe se compose de trois couches superposées; de plus le noyau farineux est lui-même recouvert de deux enveloppes spéciales, comme le montre la coupe ci-jointe d'un grain considérablement grossi.

La partie interne du noyau est la plus tendre elle donne une farine très-blanche et très-fine (fleur), mais pauvre en gluten et partant peu nourrissante. La zone qui enveloppe le noyau est plus dure; elle donne à la mouture le gruau blanc. Ce gruau, réduit en poudre et mélangé à la fleur constitue la farine ordinaire pour pain blanc. La zone externe du noyau à farine est encore plus dure et constitue le gruau gris. Comme il est mélangé à plus ou moins de son, il fournit, par les procédés ordinaires de panification, du pain noir. Quant aux enveloppes 6 à 1, elles sont rejetées avec le son.

La farine de céréales est un mélange d'un grand nombre de principes immédiats dont le tableau suivant nous donnera le nom et la proportion :

Farine de blé.	Farine fine.	Farine grossière.
Eau	14,540	14,250
Albumine	1,340	1,457
Glutine	0,70	0,470
Caséine	0,370	0,280
Gluten ou fibrine	8,693	11,641
Sucre	2,335	2,350
Gomme	6,250	6,500
Graisse	1,070	1,258
Amidon	63,642	61,794
Azote	1,780	2,015

La membrane embryonnaire renferme un ferment spécial découvert par M. Mège-Mouriès et étudié par lui. Ce ferment, qu'il nomme *céréaline*, possède la propriété de saccharifier rapidement l'amidon et même de l'acidifier, en même temps le gluten s'altère et produit des matières brunes. Ceci explique la coloration foncée et l'acidité du pain préparé avec de la farine contenant du son ; car la céréaline se retrouve dans le son et non ailleurs.

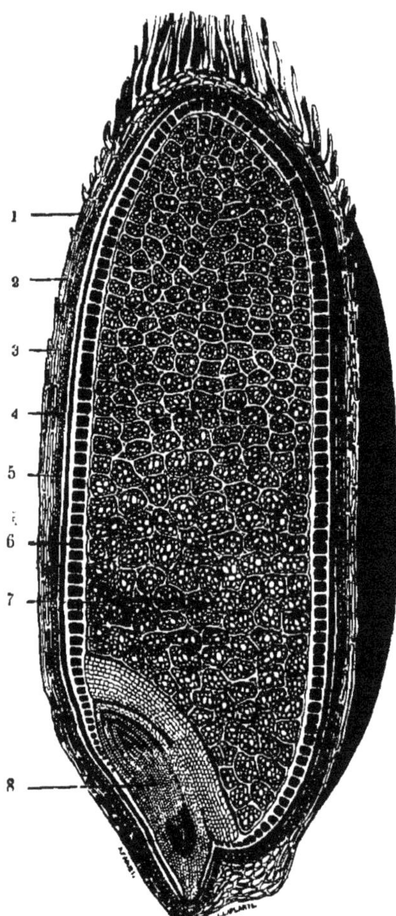

Fig. 243.

Péricarpe.
- 1 et 2. — Épicarpe, incolore et sans apparence de cellules.
- 3. Sarcocarpe, formé de cellules colorées en jaune.
- 4. Endocarpe, également composé de cellules.

Noyau à farine.
- 5. Testa ou première enveloppe du noyau plus ou moins colorée en jaune.
- 6. Albumen, périsperme ou membrane embryonnaire formé de grosses cellules sans amidon.
- 7. Noyau farineux.
- 8 Embryon.

L'action de la céréaline est annulée par le sel marin. On peut fonder sur ce fait une nouvelle méthode de panification qui permet d'obtenir du pain blanc avec les farines qui, dans les conditions ordinaires, ne fournissent que du pain noir. Chacun des principes contenus dans la farine a sa signification dans la panification, et notamment le gluten, l'amidon et le sucre. L'analyse immédiate de la farine s'exécute facilement en malaxant la pâte de farine sous un filet d'eau, au-dessus d'un tamis de soie. L'eau entraîne l'amidon et une portion (1/3 environ) du gluten, tandis que le reste du gluten forme une masse molle et élastique. L'albumine, le sucre, la gomme et la caséine se trouvent en solution. La farine sert à la préparation du pain, des pâtes alimentaires, du gluten, de l'amidon. Elle est employée aussi comme épaississant. — Voyez PAIN et TEINTURE. P. S.

FASERKIESEL. — Voyez FIBROLITE.

FASER-ZEOLITHE. — Voyez MÉSOTYPE.

FASSAÏTE (Min.). — Variété de Diopside.

FAUJASITE (Min.) (Damour). — Hydrosilicate d'alumine, de chaux et de soude, dans lequel les rapports d'oxygène dans les bases à 1 atome d'oxygène, l'alumine, la silice et l'eau sont :

$$1 : 3 : 9 : 9.$$

Petits cristaux octaédriques réguliers, d'un éclat vitreux, incolores, mais souvent bruns à l'extérieur, trouvés dans les cavités d'un basalte du Kaiserstuhl (Bade).

Caractères. — Décomposable par l'acide chlorhydrique, sans faire gelée.

Au chalumeau, donne de l'eau, puis fond en un émail blanc bulleux.

Perd de l'eau dans l'air sec (15 °/₀ environ), et reprend cette même quantité à l'air humide. Dureté, 4,5. Densité, 1,92. F. et S.

FAUSÉRITE (Min.). — Sulfate de magnésie et de manganèse, $SO^4Mg + 2SO^4Mn + 15H^2O$. — Cristaux groupés en formes stalactitiques, d'un blanc rosé, translucides ou transparents, trouvés à Herrengrund (Hongrie).

Caractères. — Soluble dans l'eau, amer et astringent.

Dureté, 2 à 2,5. Densité, 1,89.

Forme cristalline. — Prisme orthorhombique *mm* de 88°18'. Clivages, g^1 distinct, *m* traces, *p* assez distinct.

FAYALITE (Min.). — Silicate de fer anhydre, péridot de fer, $SiO^4Fe^2 = 2FeO, SiO^2$. Masses cristallines appartenant au type orthorhombique clivables dans deux directions rectangulaires noires, d'un éclat semi-métallique ou résineux

Cassure imparfaitement conchoïdale.

Caractères. — Fait gelée avec les acides ; au chalumeau fond en un globule noir magnétique.

Avec les flux donne les réactions du fer, du manganèse et parfois du cuivre ; est attirable à l'aimant.

Dureté, 6,5. Densité, 4,0 à 4,1.

Les cristaux qui se forment souvent dans les feux d'affinage ont la composition de la fayalite et une forme voisine de celle du péridot. F. et S.

FEDERERZ. — Voyez PLUMOSITE.

FEIJAO (Min.). — On donne ce nom, au Brésil, à un minéral noir, en grains roulés, que M. Damour a reconnu être de la tourmaline.

FELDSPATHS (groupe des) (Min.). — Ce groupe important de silicates peut se subdiviser en six espèces, dont cinq, anorthite, labradorite, andésine, oligoclase, albite, se distinguent par leur composition chimique, et dont une sixième, l'orthose, rapprochée par sa composition de l'albite, s'en éloigne par sa forme cristalline. Les cinq premières espèces énumérées appartiennent au type anorthique et la dernière au type clinorhombique. Leur composition présente des rapports remarquables : ce sont tous des silicates d'alumine et d'alcalis, comme la soude et la potasse, ou de terres alcalines, comme la chaux et parfois la baryte. Le rapport de l'oxygène de l'alumine, à celui des autres bases est toujours de 3 à 1. Quant à l'oxygène de la silice, sa proportion est ce qui caractérise essentiellement les diverses espèces : elle va en croissant régulièrement depuis l'anorthite jusqu'à l'albite, et l'on peut admettre que tous les feldspaths constituent une série de polysilicates, dont chaque terme diffère du précédent par l'addition d'une molécule de silice. En faisant cette hypothèse, on arrive à assigner à l'oligoclase des rapports qui ne sont pas ceux généralement adoptés; mais ces nouveaux rapports s'accordent aussi bien que les autres avec les analyses.

	Rapports d'oxygène.		
	R^2O ou RO	Al^2O^3	SiO^3
Anorthite	1	3	4
Labradorite	1	3	6
Andésine	1	3	8
Oligoclase	1	3	10
Albite	1	3	12

On pourrait peut-être ajouter à ce tableau la pétalite dont les rapports d'oxygène se rapprochent de 1 : 3 : 16.

Toutes les espèces du groupe des feldspaths sont caractérisées par une dureté de 6 à 7, une densité comprise entre 2,4 et 2,85, une fusibilité moindre que celle du grenat almandin, deux clivages faciles, rectangulaires ou voisins de 90°, un éclat vitreux; leurs formes cristallines sont très-voisines, qu'elles appartiennent au type anorthique ou au type clinorhombique. Ils sont inattaquables par les acides, sauf les espèces renfermant de la chaux, qui le sont difficilement. Ils forment pour la plupart une partie importante d'un grand nombre de roches (granites, syénites, gneiss, porphyres, phonolites, trachytes, etc.). Ils ont la propriété de se transformer en kaolin en perdant leur alcali.

Anorthite,

$$CaO, Al^2O^3, 2SiO^2 = \left.\begin{matrix}2Si\\Al^2\\Ca\end{matrix}\right\} O^8.$$

Silicate d'alumine et de chaux.

— Voyez t. I, p. 340.

Labradorite. — Silicate d'alumine et de chaux, avec un peu de soude (de 1 à 5 %) et des traces de potasse, de magnésie et de fer :

$$CaO, Al^2O^3, 3SiO^2 = \left.\begin{matrix}3Si\\Al^2\\Ca\end{matrix}\right\} O^{10}.$$

Masses cristallines et rarement cristaux; translucide, blanc, gris, verdâtre, bleuâtre, et présentant souvent un chatoiement irisé très-vif. Des stries très-marquées indiquent des hémitropies parallèles à g^1. Se trouve comme partie constituante dans les hypérites, les diabases, les amphibolites, les euphotides, les dolérites, etc. Les plus beaux échantillons viennent de la côte du Labrador, où ils constituent une roche avec l'hypersthène et l'amphibole.

Caractères. — Difficilement décomposé par l'acide chlorhydrique. Fond assez facilement au chalumeau en un verre incolore. Densité, 2,67 à 2,76.

Forme cristalline. — Prisme anorthique $mt = 121°,37'$, $pm = 110°,50'$, $pa^{1/2} = 98°,58'$. Hémitropies autour d'un axe perpendiculaire à g^1, ou autour d'un axe parallèle à la zone $pa^{1/2}$, avec assemblage parallèle à p.

Clivages : p facile, g^1 moins facile, m traces.

Andésine. — Silicate d'alumine, de chaux et de soude avec un peu de potassium et de magnésium :

$$RO.Al^2O^3, 4SiO^2 = \left.\begin{matrix}4Si\\Al^2\\R\end{matrix}\right\} O^{12}, \quad R = Ca, Na^2.$$

Cette espèce, distinguée de l'albite par M. Abich, a été souvent regardée comme douteuse et comme constituée par des mélanges d'albite et de labradorite; cependant son existence est rendue probable par la place qu'elle occupe dans la série des feldspaths.

Elle offre des clivages moins nets que l'albite, dont elle a d'ailleurs la forme cristalline et les macles. Elle se trouve en cristaux ou en grains cristallins d'un éclat vitreux légèrement gras, dans des porphyres, des syénites, etc.

Caractères. — Incomplètement attaquable par les acides. Au chalumeau, fond assez difficilement sur les bords en un verre laiteux.

Dureté, 5 à 6. Densité, 2,65 à 2,74.

Forme cristalline. — Prisme anorthique $mt = 119°$ à $120°$; $pg^1 = 86°10$; $pt = 115°$. Clivages : p, g^1. Macles : simples avec axe de rotation perpendiculaire à g^1; il existe aussi des macles doubles.

Oligoclase [Syn. *Natron-spodumen*, Berz.]. Silicate d'alumine, de soude, avec un peu de chaux, de potasse, de magnésie, etc.:

$$Na^2O. Al^2O^3, 5SiO^2 = \left.\begin{matrix}5Si\\Al^2\\Na^2\end{matrix}\right\} O^{14}.$$

— On adopte d'ordinaire pour ce feldspath les rapports d'oxygène dans RO : Al^2O^3 : SiO^2 = 1 : 3 : 9; ces nombres ne s'accordent pas mieux avec les analyses que les rapports 1 : 3 : 10, que nous employons ici et qui font rentrer la formule de l'oligoclase dans une série régulière.

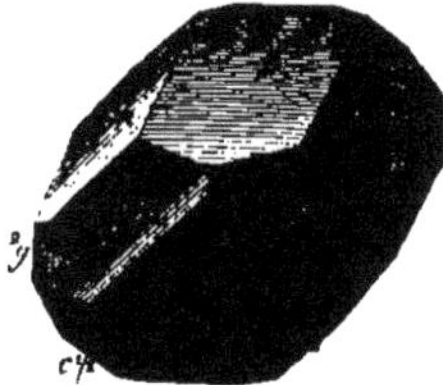

Fig. 249. — Oligoclase.

Cristaux et plus souvent masses finement striées, qui se trouvent dans les granites, les syénites, les porphyres, les basaltes, etc. Sa couleur est d'ordinaire blanche, avec nuances de vert, de rouge ou de gris. La variété appelée *pierre de soleil* doit ses reflets rouges et dorés à la présence de lamelles de fer oligiste.

Caractères. — Presque inattaquable aux acides. Fond assez difficilement en un verre transparent, ou en un émail, en colorant la flamme du chalumeau en jaune.

Dureté, 6. Densité, 2,63 à 2,73.

Forme cristalline. — Prisme anorthique

$$mt = 120°42'; \; tg^1 = 120°24'; \; pt = 114°40'; \; pg^1 = 86°10'.$$

Clivages : p parfait, g^1 moins net. Macles semblables à celles de l'albite.

Albite [Syn. *Schorl blanc*, Romé de l'Isle; *Cleavelandite*; *Péricline*; *Tétartine*, etc.]. Silicate d'alumine et de soude, avec un peu de potasse, de chaux, de magnésie, etc. :

$$Na^2O, Al^2O^3, 6SiO^2 = \left.\begin{matrix}6Si\\Al^2\\Na^2\end{matrix}\right\} O^{16}.$$

— Ce feldspath se présente souvent en beaux cristaux d'un éclat vitreux, d'un blanc plus ou moins laiteux, presque toujours maclés et présentant une gouttière caractéristique, formée par le rapprochement de deux faces p inclinées en sens inverse; ils sont en général développés parallèlement à g^1; la variété péricline fait exception. Il se trouve fréquemment en filons dans les granites, les gneiss, les diorites, etc.

Caractères. — Inattaquable aux acides. Au chalumeau fond difficilement sur les bords en un verre bulbeux. La flamme se colore fortement en jaune.

Dureté, 6 à 6,5. Densité, 2,54 à 2,64.

Forme cristalline. — Prisme anorthique $mt = 120°47'$; $pm = 110°50'$; $pt = 114°52'$; $pg^1 = 86°24'$. Clivages : p, g^1. Macles : 1° plan d'assemblage parallèle à g^1, et axe de rotation normal à g^1; ces macles s'unissent souvent, de manière à constituer des macles quadruples, l'un de

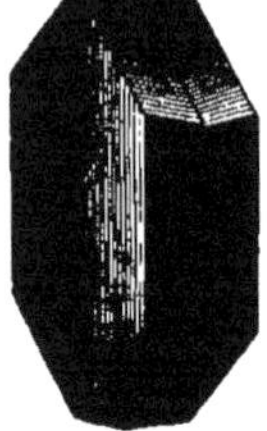

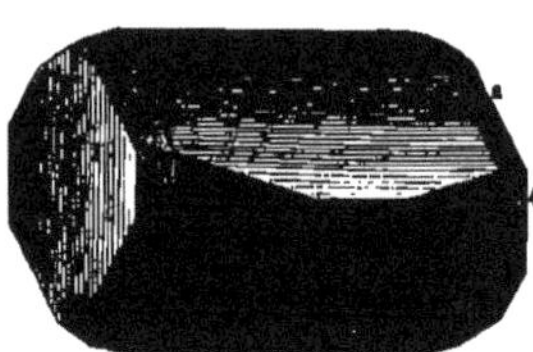

Fig. 250.—Albite. Fig. 251. — Albite (Péricline).

ces deux groupes primitifs ayant tourné de 180° autour d'un axe perpendiculaire à g^1; 2° plan de macle parallèle à g^1, et axe de rotation parallèle à l'arête mt; ce groupement est assez rare; 3° plan d'assemblage parallèle à p et axe de rotation parallèle à l'arête pa^1; ce groupement est fréquent dans la péricline. Il existe encore des macles suivant d'autres lois.

Orthose [Syn. *Feldspath,* Werner et Haüy; *Orthoclase; Adulaire*]. Silicate d'alumine et de potasse, avec des quantités souvent notables de soude et des traces de chaux, de magnésie; celui de Carlsbad renferme du rubidium et quelques autres de la lithine, etc. :

$$K^2O, Al^2O^3, 6SiO^2 = \left.\begin{matrix} 6\,Si \\ Al^2 \\ K^2 \end{matrix}\right\} O^{16}.$$

— Ce feldspath a la même composition atomique que l'albite, mais sa forme cristalline est orthorhombique. Il se trouve en cristaux souvent d'une grande dimension et en masses lamelleuses ou granulaires, blanches, rosées, verdâtres, etc., d'un éclat vitreux, quelquefois nacré sur les faces de clivage. Il forme l'un des éléments essentiels de certaines roches, telles que granites, pegmatites, syénites, gneiss, porphyres, etc.

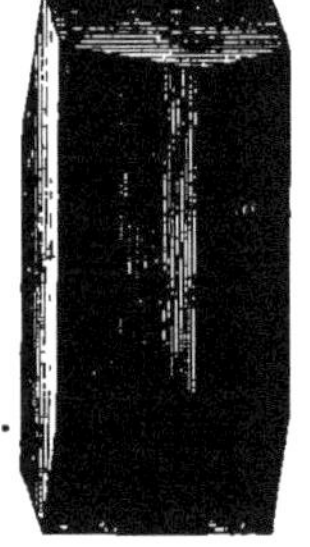

Fig. 252. — Orthose (Adulaire). Fig. 253. — Orthose.

Quelquefois des cristaux d'albite sont déposés régulièrement sur ceux d'orthose, ou réciproquement. Beaucoup de variétés d'orthose ont reçu des noms particuliers; c'est ainsi qu'on appelle *pierre des amazones* des cristaux ou des masses lamellaires d'une couleur verte; *sanidine,* la variété vitreuse qui se trouve dans les trachytes, dans certaines laves, etc.; *pierre de lune,* des masses lamelleuses à reflet nacré, etc.

L'orthose éprouve facilement une décomposition dont les autres feldspaths sont également susceptibles et qui le transforme en kaolin avec perte d'un silicate de potasse soluble dans l'eau. — Voyez Kaolin.

Caractères. — Inattaquable aux acides. Fond difficilement en un verre bulbeux.

Dureté, 6 à 6,5. Densité, 2,44 à 2,62.

Forme cristalline. — Prisme clinorhombique $mm = 118°48'$; $pa^1 = 129°40'$.

Clivages : p, g^1 faciles; h^1 traces. Macles : 1° plan d'assemblage parallèle et axe de rotation perpendiculaire à g^1; 2° même plan d'assemblage et axe

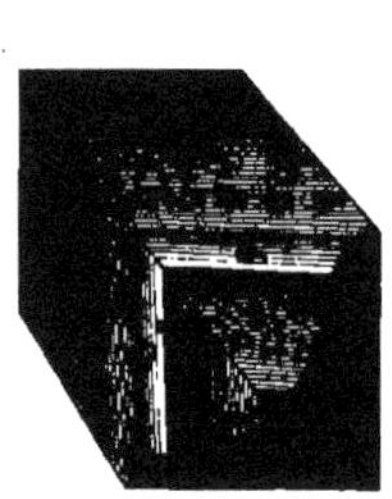

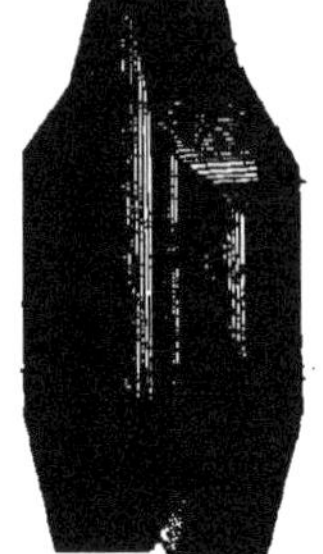

Fig. 254. — Orthose (macle n° 4). Fig. 255. — Orthose (macle n° 2).

de révolution parallèle à l'arête mm; 3° plan d'assemblage parallèle et axe de révolution perpendiculaire à p; 4° plan d'assemblage parallèle et axe de révolution perpendiculaire à $e^{1/2}$. F. et S.

FENOUIL (ESSENCE DE). — Voyez p. 330.

FER. Poids atomique Fe = 56; équiv. = 28. — Ce métal, le plus important par ses applications, est aussi celui qui est le plus répandu dans la croûte terrestre; il n'est presque aucun terrain qui en soit complétement exempt; il s'y trouve à différents états, oxyde, carbonate, sulfure, silicate, suivant la nature de la roche dans laquelle il est engagé. C'est de ces roches, riches en fer, que l'on retire le métal, par des procédés qui sont décrits à l'article Fer (métallurgie).

Le fer se rencontre dans certaines eaux telluriques, le plus souvent à l'état de bicarbonate, et communique à ces eaux des propriétés thérapeutiques très-prononcées qui s'expliquent par la présence constante du fer dans le sang, dont il constitue un principe essentiel.

Le fer se rencontre souvent à l'état natif dans les pierres météoriques qui en renferment en moyenne environ 90 % et où il est toujours accompagné de nickel et de cobalt. M. Graham y signale encore de l'hydrogène occlus (voyez Météorites). Quelquefois ces météorites sont assez volumineuses pour être exploitées.

Propriétés physiques. — Le fer est gris-bleuâtre, doué de l'éclat métallique; il a une légère odeur et une saveur faiblement métallique. C'est le plus tenace de tous les métaux: un fil de fer de 2 millimètres de diamètre ne se rompt que par une traction de 249,659 kilogr. Sa cassure est grenue, et plus il est pur, plus son grain est fin et brillant; du reste le martelage lui fait changer de texture. L'écrouissage le rend cassant, mais on peut lui rendre sa ténacité en le faisant *recuire;* le fer est ductile et malléable; réduit en feuilles plus ou moins épaisses par le laminoir, il porte le nom de tôle. La densité du fer fondu est égale à 7,25; forgé, sa densité varie entre 7,4 et 7,9. Le fer *doux,* c'est le nom qu'on donne au fer pur, ne fond qu'à une température évaluée à 1500° (rouge-blanc); uni à une petite quantité de carbone, 2 à 5 %, il constitue la *fonte,* dont le point de fusion est moins élevé, 1250°; uni à une portion plus faible de carbone (0,7 à 2 %), il constitue l'*acier* (voyez ces mots). Le fer possède la propriété précieuse de se souder sur lui-même bien au-dessous de son point de fusion et de se laisser forger. Sous le rapport de la dureté, le fer occupe le premier rang parmi les métaux usuels; il est rayé par le verre.

La conductibilité calorifique du fer est représentée par 119, celle de l'argent étant=1000; sa capacité calorifique = 0,1138; sa conductibilité électrique (celle de l'argent à 0° étant égale à 1000) est égale à 14,44 à 20° (Matthiessen).

Le fer fondu cristallise en cubes ou en octaèdres; pour l'empêcher de cristalliser, ce qui le rend cassant, il faut le marteler à chaud. Le fer forgé peut prendre peu à peu, sous l'influence de vibrations répétées, une structure cristalline; ce phénomène s'observe surtout dans les essieux de voitures, dans les ponts suspendus, etc.; le fer qui a acquis cette structure devient très-cassant; pour lui rendre sa ténacité, il faut le forger.

Le fer est magnétique; le fer *doux* est attiré à l'aimant et se comporte comme un aimant aussi longtemps qu'il est sous cette influence, mais il perd cette propriété aussitôt qu'il y est soustrait; l'acier au contraire conserve cette propriété, en vertu de ce qu'on a appelé la *force coercitive;* il acquiert un magnétisme permanent qui ne se perd qu'à une haute température. Certaines combinaisons du fer sont également magnétiques; d'après Greiss [*Pogg. Ann.*, t. XCVIII, p. 478], toutes les combinaisons du fer, naturelles ou artificielles, agissent sur un système astatique; l'oxyde Fe^3O^4 (oxyde des battitures), le fer oligiste, le fer titané et quelques autres, dévient même l'aiguille aimantée ordinaire, et sont susceptibles de polarité. Cailletet, au contraire [*Compt. rend.*, t. XLVIII, p. 1113], a observé que le fer, en s'alliant ou se combinant à un autre corps simple, perd toutes ses propriétés magnétiques, ou seulement une partie; dans ce dernier cas, la combinaison possède une force coercitive plus ou moins prononcée.

L'état cristallin du fer n'oppose pas une résistance notable à la recomposition du fluide magnétique.

Voici, d'après Calvert et R. Johnson, quel est le coefficient de la dilatation du fer:

Fer forgé............	0,001187
Fonte................	0,001117
Acier dur............	0,001402
Acier tendre.........	0,001038

Chauffé au rouge, le fer est perméable aux gaz, notamment à l'hydrogène, ainsi que l'ont fait voir Cailletet, Deville et Troost, Graham.

Le fer est susceptible d'absorber les gaz en quantités assez notables. Il renferme toujours, par suite de sa fabrication, environ 12 fois son volume de gaz qu'il perd peu à peu lorsqu'on le chauffe au rouge dans le vide; ainsi privé de gaz, il peut absorber environ 1/2 volume d'hydrogène et plus de 4 volumes d'oxyde de carbone, ce qui n'est pas sans intérêt au point de vue de la métallurgie, tant par suite du pouvoir réducteur de ce gaz que par la facilité avec laquelle il peut céder du carbone au fer à une température élevée [Graham, *Phil. Trans.*, 1866].

Propriétés chimiques. — Le fer est inaltérable à l'air sec, à la température ordinaire; au rouge, il absorbe l'oxygène et se convertit en oxyde magnétique Fe^3O^4; cette combustion se fait avec vivacité dans l'oxygène pur. Lorsque le fer est très-divisé, tel qu'on l'obtient par la réduction de l'oxyde de fer par l'hydrogène, il est pyrophorique. A l'air humide, le fer compacte éprouve une oxydation lente, il se couvre de *rouille* qui est un hydrate ferrique. Cette oxydation est lente à s'établir, mais dès qu'il s'est formé une couche d'hydrate, celui-ci formant avec le fer un couple voltaïque, l'oxydation se propage rapidement par suite de la décomposition de l'eau dont l'oxygène se porte sur le fer, tandis que son hydrogène, rencontrant, à l'état naissant, l'azote de l'air, produit de l'ammoniaque; celle-ci accompagne en effet toujours la rouille à l'état de carbonate ou d'azotate. Kuhlmann explique cette propagation de la rouille sur un morceau de fer en admettant que le fer métallique enlève une partie de l'oxygène au sesquioxyde formé et que la rouille ainsi ramenée à un degré inférieur d'oxydation enlève à l'air une nouvelle quantité d'oxygène.

On préserve le fer de la rouille en le recouvrant d'un corps gras ou d'un vernis, ou mieux en protégeant sa surface par un autre métal.

Le fer recouvert de zinc porte le nom de *fer galvanisé;* recouvert d'étain, il constitue le fer-blanc. Enfin on peut recouvrir le fer d'un émail.

Le fer décompose l'eau au rouge en mettant l'hydrogène en liberté et en se transformant en oxyde Fe^3O^4.

Le fer s'unit à un grand nombre de corps simples; il forme des alliages avec les métaux. Les métalloïdes de la famille du chlore l'attaquent à la température ordinaire, le brome surtout l'attaque très-énergiquement. Le soufre s'y combine à une température élevée en formant un sulfure plus fusible que le fer; en présence de l'eau, cette sulfuration a lieu à une basse température. Le fer s'unit également à l'azote; c'est ainsi qu'il décompose l'ammoniaque au rouge en produisant un azoture de fer Fe^5Az^2. Il se combine au carbone pour constituer les fontes et les aciers (voyez ces mots).

Le fer décompose un grand nombre d'acides, en dégageant de l'hydrogène et en produisant un sel de fer correspondant. L'acide chlorhydrique, l'acide sulfurique étendu, quelques acides organiques énergiques, sont dans ce cas. A chaud, il décompose l'acide sulfurique concentré en produisant du gaz sulfureux. L'action du fer sur l'acide azotique varie beaucoup selon le degré de concentration de l'acide. L'acide azotique fumant n'est pas attaqué par le fer; l'acide ordinaire du commerce est au contraire décomposé très-énergiquement; l'acide azotique très-étendu enfin dissout le fer sans dégagement de gaz; dans ce cas, il se produit de l'hydrogène à l'état naissant qui, rencontrant un excès d'acide azotique, le réduit pour former de l'ammoniaque qui reste dans la solution à l'état d'azotate. Le contact de l'acide azotique fumant rend le fer *passif* (voyez p. 492), c'est-à-dire inattaquable par un acide moins concentré qui, dans les circonstances ordinaires, l'attaque.

L'acier et le fer doux ne se comportent pas de même vis-à-vis de l'acide azotique. L'acide ordinaire attaque le fer doux d'une manière continue, tandis que l'attaque de l'acier cesse après une vingtaine de secondes; l'acier devient alors passif. Il conserve sa passivité dans des circonstances où elle est détruite dans le fer : il reste passif dans l'acide bouillant, tandis que le fer perd déjà sa passivité à 40° (Saint-Edme).

L'acide acétique cristallisable, l'ammoniaque, la potasse et le sulfure de potassium, l'alcool, rendent également le fer passif; c'est pourquoi le fer ne décompose ni une solution alcoolique d'azotate de cuivre, ni une solution cupro-ammonique.

L'acide carbonique dissous dans l'eau n'est pas sans action sur le fer, surtout lorsque celui-ci est très-divisé : il se forme du carbonate ferreux et de l'hydrogène (Golfier-Besseyres, de Hauer).

Le fer décompose également les sels ammoniacaux, en dégageant de l'hydrogène et de l'ammoniaque et en s'unissant au radical électro-négatif du sel (Lorin, *Compt. rend.*, t. LX, p. 745].

Atomicité du fer. — Le fer peut manifester au moins deux capacités de combinaison, donnant ainsi naissance à deux classes de composés renfermant, l'une le fer diatomique Fe'' qu'on désigne sous le nom de *ferrosum*, l'autre le fer hexatomique ou *ferricum* qu'on représente par les simboles Ffe^{vi} ou $(Fe^2)^{vi}$. La diatomicité du ferrosum n'a pas besoin de développement, elle est suffisamment démontrée par la composition du chlorure *ferreux* $Fe''Cl^2$; le fer y est combiné à 2 atomes d'un élément monatomique. Quant à l'hexatomicité du ferricum, elle a besoin de quelques explications; le ferricum représente un atome double de fer (Fe^2) et son poids atomique est égal à 2 fois 56 ou 112: or on peut se demander si l'on ne devrait pas, gardant le poids atomique simple, 56, envisager le ferricum comme triatomique Fe'''. Cette question est résolue par les faits relatifs au poids moléculaire 325 du chlorure ferrique, tel qu'il est indiqué par sa densité de vapeur 162,5, par rapport à l'hydrogène (Deville et Troost ont trouvé 164,5). Ce nombre correspond à la formule

$$(Fe^2)^{vi}\ Cl^6$$

et non à $Fe'''Cl^3$; ce fait montre suffisamment que le chlorure ferrique, et par suite les autres combinaisons du ferricum, renferment bien l'atome double de fer. Les combinaisons mixtes (acétonitrates, acétochlorures de fer) décrites par Scheurer-Kestner (voyez ACÉTATES, p. 14) sont également une preuve de l'hexatomicité du ferricum.

Reste à expliquer comment 2 atomes de fer en se soudant peuvent former un groupe hexatomique. Dans la pyrite ou bisulfure de fer FeS^2, le fer joue le rôle d'un élément tétratomique, et si l'on admet qu'il y possède en réalité cette atomicité (1), on se rend facilement compte de l'hexatomicité d'un atome double de fer : en effet, 2 atomes de fer, en se soudant, échangent deux atomicités pour donner un groupe hexatomique $(Fe^{iv}\text{-}Fe^{iv})^{vi}$, tout comme le carbone tétratomique devient hexatomique en se doublant (hydrure de méthyle $= C^{iv}H^4$; hydrure d'éthyle $= (C^2)^{vi}H^6$. Le chlorure ferrique devient ainsi

$$\left.\begin{matrix}Fe^{iv}\\ \vert\\ Fe^{iv}\end{matrix}\right\}Cl^6 = (Fe^2)^{vi}\ Cl^6.$$

De Cizancourt [*Compt. rend.*, t. LXI, p. 803] explique la différence de propriétés qui existe entre le fer doux, la fonte et l'acier en admettant deux modifications allotropiques du fer à l'état métallique : le *ferrosum*, qui constitue la fonte grise et qui est produit principalement par les minerais de protoxyde de fer, et le *ferricum*, qui résulte du traitement des minerais de sesquioxyde; le fer magnétique renfermerait du ferrosum et du ferricum dans le rapport de leurs poids atomiques.

Gerhardt admettait pour le fer deux équivalents distincts qu'il représentait par les symboles Fe $= 28$ (*ferrosum*) et fe $= Fe^{2/3}$ (*ferricum*). Le chlorure ferreux était ainsi FeCl et le chlorure ferrique, feCl $= (Fe^{2/3}Cl)$.

Préparation du fer pur. — Nous ne parlerons ici que de la préparation du fer pur dans les laboratoires, laissant à une plume plus autorisée le soin de décrire les opérations si nombreuses et si intéressantes qui constituent le traitement des divers minerais de fer pour l'extraction de ce métal (voir p. 1434). Le fer le plus pur du commerce renferme toujours un peu de matières étrangères, notamment du carbone et du silicium. Pour obtenir du fer chimiquement pur, on peut traiter au feu de forge le fer commercial (le fil de clavecin) par de l'oxyde de fer et un fondant, tel que le verre, dans un creuset réfractaire; l'oxyde de fer agit sur le carbone, le silicium, le phosphore, comme oxydant. On obtient ainsi un culot métallique d'un blanc d'argent. Mais il est plus facile de soumettre de l'oxyde ou du chlorure de fer à la réduction par l'hydrogène.

Lorsqu'on calcine du protochlorure de fer anhydre dans un courant d'hydrogène, il se dégage de l'acide chlorhydrique et il reste du fer métallique sous forme de cristaux cubiques (Peligot). Comme le protochlorure de fer s'obtient aisément à l'état de pureté, on peut préparer ainsi facilement du fer compacte pur. Par la réduction du peroxyde de fer dans un courant d'hydrogène, on obtient du fer amorphe, très-divisé et qui est très-pyrophorique, si l'on a eu soin de ne pas trop élever la température, ce qui donnerait au fer plus de cohérence et diminuerait par conséquent son affinité pour l'oxygène. Si l'oxyde de fer est mélangé d'une matière inerte telle que l'alumine qui écarte les molécules de fer réduit, celui-ci est encore plus pyrophorique. On peut rendre pyrophorique le fer réduit par l'hydrogène sous l'influence d'une température trop élevée pour que cette propriété puisse se manifester spontanément; il suffit pour cela de le soumettre à l'action d'un aimant puissant; la moindre étincelle se propage aussitôt dans toute la houppe de fer attachée à l'aimant : cette curieuse expérience est due à Magnus.

Si la réduction a lieu au rouge vif, le fer possède l'éclat métallique et est d'un blanc d'argent.

On obtient encore facilement du fer pur pyrophorique en soumettant l'oxalate ferreux précipité à l'action de la chaleur : ce sel se dédouble en acide carbonique et fer métallique :

$$C^2O^4Fe = Fe + 2CO^2.$$

Le fer réduit par l'hydrogène est employé en médecine; il est préparé à l'aide de l'oxyde de fer obtenu en précipitant le chlorure ferrique par l'ammoniaque et chauffé au rouge obscur dans un tube de porcelaine ou de fer traversé par un courant d'hydrogène pur. Ce fer ne doit pas être pyrophorique, ce qui arriverait si l'on chauffait audessous du rouge; il ne doit pas non plus être chauffé assez fort pour s'agglutiner.

Dans l'étude des combinaisons du fer, nous passerons d'abord en revue ses alliages, puis ses combinaisons avec les éléments monatomiques, et les éléments polyatomiques, enfin ses combinaisons ternaires ou ses sels, à radicaux monatomiques et polyatomiques, en étudiant chaque fois le composé *ferreux* et le composé *ferrique*.

ALLIAGES DU FER. — Le fer peut s'allier à la plupart des autres métaux, mais ces alliages ne sont pas usuels. Leur préparation est difficile, à cause du peu de fusibilité du fer. Le fer, introduit dans un alliage, lui donne plus de dureté et de ténacité : on peut améliorer ainsi plusieurs alliages, notamment le maillechort.

FER ET ALUMINIUM. — On obtient un alliage renfermant $AlFe^4$ en chauffant au rouge blanc 20 atomes de fer en limaille fine, avec 4 molécules de chlorure d'aluminium et 4 molécules de chaux cet alliage se dépose en culot métallique renfermant 12 °/ₒ d'aluminium et 88 de fer. Il est très-dur et se rouille à l'air humide; il peut se souder sur lui-même et être forgé. On peut au mélange

(1) Il n'est pas sûr, en effet, que le fer soit tétratomique dans la pyrite, car il est uni à 2 atomes diatomiques de soufre qui peuvent être unis entre eux par l'échange d'une atomicité

$$\left.\begin{matrix}S\\ \vert\\ S\end{matrix}\right> Fe.$$

Cette tétratomicité ne serait démontrée que s'il existait une combinaison de 1 atome de fer avec 4 atomes d'un élément monatomique [Wurtz, *Leçons de philosophie chimique*, p. 158].

précédent ajouter du charbon; la scorie renferme alors des grains métalliques de la grosseur d'un pois, non altérables à l'air humide et renfermant

Aluminium........	24,55
Fer...............	75,45

ce qui correspond à la formule Al^2Fe^3. Cet alliage est attaqué par l'acide sulfurique qui dissout le fer et laisse l'aluminium [Crace Calvert et R. Johnson, *Ann. de Chim. et de Phys.*, (3), t. XLV, p. 459]. En fondant 10 grammes d'aluminium avec 5 grammes de chlorure ferreux et 20 grammes de chlorure sodico-potassique, on obtient un régule cristallin qui, traité par l'acide chlorhydrique étendu, laisse des prismes hexagonaux déliés, ayant la couleur du fer, attaquables par l'acide chlorhydrique concentré et par la potasse. La composition de ces cristaux correspond sensiblement à la formule $FeAl^3$ [Wœhler et Michel, *Ann. Chem. Pharm.*, t. CXV, p. 102].

Fer et antimoine. — Voyez Antimoine, p. 344.

Fer et arsenic. — Voyez plus loin Arséniure de fer, p. 1417.

Fer et barytum. — On obtient un alliage de ces deux métaux en chauffant au blanc 1 p. de baryte avec 1 p. de fer et 1/4 de poussier de charbon. Cet alliage métallique est très-oxydable (Lampadius).

En portant à une haute température 2 p. de baryum et 1 de fer, on obtient un alliage de la couleur du plomb (Clarke).

Fer et cuivre. — Voyez Cuivre (alliage), p. 1008.

Fer et étain. — Les alliages très-nombreux d'étain et de fer sont cassants. Le fer diminue la malléabilité de l'étain, ternit sa couleur et le durcit. L'alliage de 6 p. d'étain et de 1 p. de fer est dur et cassant; il possède le grain de l'acier. Cet alliage, connu sous le nom de *polychrome*, fut découvert par Biberel à la fin du siècle dernier, il a été employé à l'étamage du cuivre et peut s'appliquer en couches plus épaisses que l'étain lui-même.

L'alliage *Budi*, qui renferme 89 d'étain, 6 de nickel et 5 de fer, possède la propriété d'adhérer très-facilement à la fonte.

On trouve quelquefois dans l'étain des Indes orientales un résidu presque insoluble dans les acides chlorhydrique et azotique, et qui constitue un alliage $FeSn^2$, dont la densité = 7,446 (Nœllner).

Fer-blanc. — C'est du fer étamé, c'est-à-dire recouvert d'une couche d'étain qui est allié avec lui à sa surface et le protége ainsi contre l'action oxydante de l'air humide; la condition essentielle est que cet étamage ne présente aucune solution de continuité; s'il en était autrement, le fer, électro-positif par rapport à l'étain, s'oxyderait plus rapidement que du fer non étamé, c'est ce que l'on remarque aisément en faisant une entame à une lame de fer-blanc.

Pour obtenir l'étamage du fer, on plonge dans un bain d'étain, pendant une heure et demie, des lames de fer bien décapées immergées préalablement dans de la graisse fondue, le bain d'étain lui-même est recouvert d'une couche de graisse destinée à protéger le fer et l'étain du contact de l'oxygène. En sortant de ce bain, le fer est recouvert d'un excès d'étain qu'il faut enlever par le lavage, opération qui consiste à le plonger dans un second bain d'étain pur et à le retirer immédiatement pour le plonger ensuite dans de la graisse; on le nettoie finalement avec du son.

La surface du fer-blanc présente une structure cristalline, à grandes lames, qu'on met facilement en évidence en enlevant la couche d'étain qui la masque; cet aspect cristallin, qui porte le nom de *moiré métallique*, est dû à l'alliage de fer et d'étain qui se forme à la surface de séparation. Pour la faire apparaître, on plonge le morceau de fer-blanc dans un acide qui est généralement de l'eau régale étendue de deux fois son volume d'eau; le fer-blanc doit d'abord être chauffé jusqu'à ce qu'il prenne une teinte jaune, puis plongée dans un mélange d'acide sulfurique (1 p.) et d'eau (2 p.); on la frotte alors avec une éponge ou une brosse trempée dans l'eau régale faible. On peut, par certains artifices, communiquer au moiré un aspect particulier; ainsi, en saupoudrant de sel ammoniac une feuille de fer-blanc chauffée assez pour fondre l'étain et en la plongeant alors immédiatement dans l'eau, elle prend un aspect granitique; le moiré étoilé se produit en projetant des gouttes d'eau sur la lame chauffée. Enfin, pour protéger le moiré contre l'action de l'air, on le recouvre d'un vernis au copal (Alard).

Fer et magnésium. — On obtient, suivant Berzelius, un alliage de ces deux métaux en portant à une température très-élevée un mélange de fer et de magnésie.

Fer et manganèse. — Le fer forme avec le manganèse un alliage plus dur que le fer et dont le magnétisme diminue à mesure que la quantité de manganèse augmente.

Fer et mercure. — Ces deux métaux ne s'unissent pas directement, mais, sous l'influence d'un métal étranger, il y a amalgamation; ainsi, si l'on plonge une lame de fer dans de l'amalgame de potassium, il se combine au mercure, mais d'une manière très-instable. En faisant digérer du fer étamé avec du mercure bouillant, on obtient un amalgame solide, tenace, blanc et magnétique, renfermant de l'étain et du fer.

Lorsqu'on traite un amalgame de zinc par du fer métallique et par une solution de chlorure de fer en triturant le mélange et le chauffant après dessiccation sous une couche de suif jusqu'à ce que celui-ci soit carbonisé, on obtient un amalgame de fer très-dur, inaltérable à l'air et non magnétique.

On obtient, au contraire, un amalgame très-magnétique en broyant 2 p. de sublimé corrosif avec 1 p. de fer pyrophorique et 2 p. d'eau, et ajoutant quelques gouttes de mercure au moment où le mélange s'échauffe [Bœttger, *Journ. für prakt. Chem.*, t. LXX, p. 436]. Schœnbein prépare un amalgame de fer en broyant un amalgame de sodium (1 p. Na et 99 p. Hg) avec une solution concentrée de chlorure ferreux.

Enfin Joule [*Journ. of Chem. Soc.*, (2), t. I, p. 378] a obtenu des amalgames de fer par voie électrolytique; selon l'intensité et la durée du courant, l'amalgame est liquide ou solide et cristallin; l'un de ces amalgames, dur et friable, avait pour densité 10,11 et renfermait 127,6 de fer pour 100 de mercure; un autre (1.0 Hg; 14,74 Fe) était en cristaux blancs, d'un éclat métallique. Tous ces amalgames sont magnétiques, ils sont électro-négatifs par rapport au fer. Soumis à la distillation, ils laissent un fer pyrophorique.

Fer et nickel. — On trouve souvent le nickel allié au fer, dans la proportion de 3 à 10 %, dans les météorites. On peut également produire ces alliages artificiellement; ils sont ductiles, s'ils ne contiennent pas 1/10 de nickel, et se rouillent moins facilement que le fer. Allié à l'acier, au contraire, le nickel rend celui-ci plus oxydable, ainsi que l'ont constaté Faraday et Stodart.

Le fer s'allie également au cobalt.

Fer et or. — L'alliage de ces deux métaux se fait aisément. Celui qui renferme 1/12 de fer et 11/12 d'or est d'un jaune pâle, très-ductile, d'une densité égale à 16,885, inférieure à la moyenne de la densité des métaux alliés; il y a pendant l'opération de l'alliage une dilatation de 1,47 % du volume des deux métaux.

L'alliage connu sous le nom d'*or gris* renferme 1/5 à 1/6 de fer, il est d'un jaune gris. Enfin un alliage de 3 à 4 p. de fer pour 1 p. d'or est d'un gris blanc, très-dur et magnétique. Tous ces alliages durcissent par la trempe.

Fer et platine. — A parties égales, ces deux métaux forment un alliage susceptible d'un beau poli, inaltérable à l'air et pouvant servir à faire d'excellents miroirs. Sa densité égale 9,862.

L'alliage de 2 1/4 p. d'acier et 1 p. de platine est ductile; D=15,88. La présence du platine dans l'acier donne à celui-ci plus de dureté. On peut braser ensemble le fer et le platine (Faraday et Stodart). Le fer est, comme on sait, un des métaux qui accompagnent toujours le platine.

Fer et plomb. — Cet alliage se fait difficilement; les deux métaux, fondus ensemble, se séparent en deux couches distinctes retenant chacune un peu de l'autre métal. On peut recouvrir le fer d'une couche de plomb, comme on le fait avec l'étain.

Sonnenschein a observé dans un haut-fourneau un alliage cristallisé, en cubes ou en aiguilles déliées, d'un jaune de laiton, avec des reflets bleuâtres. Sa densité était égale à 10,560; il était magnétique et sa composition répondait à la formule Pb^3Fe [*Journ. für prakt. Chem.*, 1856, t. LXVII, p. 168].

Fer et potassium. — Le fer s'unit au potassium, ainsi qu'au sodium; ces alliages sont plus fusibles que le fer pur; ils sont décomposés par l'eau. Crace-Calvert et Johnson [*Ann. de Chim. et de Phys.*, (3), t. XLV, p. 456], en chauffant de la limaille de fer avec du bitartrate de potasse, ont obtenu un alliage Fe^4K^2, ayant l'apparence du fer malléable, mais remarquable par sa dureté, ainsi que par sa nature électro-positive. Lorsqu'on expose cet alliage à l'air ou à l'eau, le fer qu'il contient s'oxyde très-rapidement. Ils ont également obtenu un alliage Fe^6K^2 analogue au précédent.

Fer et molybdène. — A parties égales, ces deux métaux forment un alliage fusible au chalumeau, dur, à cassure grenue, d'un gris bleuâtre. 1 p. de fer et 2 p. de molybdène forment un alliage infusible au chalumeau, d'un gris bleuâtre et magnétique.

Fer et tungstène. — Alliage d'un brun clair, dur et cassant.

Fer et tantale. — Alliage qui s'obtient en faisant fondre de la limaille de fer avec de l'acide tantalique; il raye le verre, est difficile à casser et n'est pas ductile.

Fer et zinc. — Le fer et le zinc ne peuvent pas être combinés par fusion, à cause de la volatilité de ce dernier métal; cependant le zinc fondu peut dissoudre du fer. Malouin avait déjà remarqué que le fer peut être recouvert d'une couche de zinc lorsqu'on l'introduit dans un bain de zinc fondu; il se forme un alliage à la surface.

En faisant rougir pendant quelque temps un mélange de fonte pulvérisée et de zinc dans un vase fermé, on obtient une masse métallique blanche et cassante. L'alliage qui se forme par l'immersion du fer dans un bain de zinc est cristallisé et correspond à la formule $FeZn^{12}$. Distillé, cet alliage perd du zinc et laisse comme résidu un alliage fondu $FeZn^6$ recouvert de cristaux $FeZn^3$ (Fremy). Calvert et Johnson ont décrit un alliage $FeZn^{12}$, d'une grande dureté.

Oudemans a décrit un alliage $FeZn^{18}$ qui s'était formé à la longue dans un vase de fer servant à la fusion du zinc; c'était une masse lamelleuse, à cassure brillante, plus blanche que le zinc [*Journ. für prakt. Chem.*, t. CVI, p. 56].

Le fer recouvert d'une couche de zinc porte le nom de *fer zingué* ou *fer galvanisé*, il remplace avec avantage le fer étamé ou fer-blanc, car il protége le fer d'une manière bien plus efficace; le fer-blanc, en effet, se rouille très-rapidement lorsqu'il se trouve une très-petite surface de fer à nu; le fer galvanisé, au contraire, est inoxydable; si l'oxygène de l'air agit sur lui, c'est sur le zinc qu'il se porte et non sur le fer qui est électro-négatif par rapport au zinc, tandis qu'il est électro-positif par rapport à l'étain.

L'opération du *zincage* est tout à fait semblable à celle de l'étamage: la lame de fer est d'abord décapée par de l'acide sulfurique étendu, puis saupoudrée de sel ammoniac et plongée pendant quelques instants dans un bain de zinc; la couche de sel ammoniac est destinée à entretenir le décapage; au sortir du bain de zinc, le fer est zingué et on le nettoye avec de la sciure de bois pour enlever mécaniquement la couche d'oxyde de zinc qui s'est formée à la surface au moment de la sortie du bain. Le zinc qui s'est déposé sur le fer s'y est allié intimement; il le rend plus cassant, en même temps qu'il déforme les lames minces de fer. Ce sont là les inconvénients du zincage; ils disparaissent si le dépôt du zinc sur le fer, au lieu d'être fait par immersion, a lieu par voie galvanique.

Influence des métaux étrangers sur les qualités de l'acier, de la fonte et du fer. — L'acier, comme le fer pur, peut s'allier à un grand nombre de métaux dont la présence, en petites quantités, n'est pas sans influence sur les qualités de l'acier. Le chrome, le manganèse, le tungstène, l'argent sont dans ce cas.

L'acier uni à 1 ou 1 1/2 % de *chrome* est très-bon pour les instruments tranchants; il se damasquine facilement lorsqu'on traite sa surface polie par de l'acide sulfurique étendu (Berthier). On obtient cet acier chromé en fondant, en proportions convenables, de l'acier avec un alliage de fer et de chrome produit par la fusion, dans un creuset brasqué, de 10 p. de fer chromé naturel avec 6 p. de battitures de fer et 10 p. de verre.

Le tungstène ou wolfram communique également une grande dureté et une grande ténacité à l'acier; les outils faits avec de l'acier au wolfram trempé entament l'acier fondu et trempé. L'acier au wolfram est supérieur à l'acier ordinaire pour la confection des canons de fusil. Les recherches de Caron [*Ann. de Chim. et de Phys.*, (3), t. LXVIII, p. 143] et de Leguen [*Ann. de Chim. et de Phys.*, (3), t. LXIX, p. 280], ont mis ces qualités en évidence.

L'acier et *l'argent* se mélangent par la fusion mais se séparent de nouveau en se solidifiant; il n'y a combinaison que lorsqu'on fait fondre 500 p. d'acier avec 1 p. d'argent; l'acier est alors d'une qualité bien supérieure à celle du meilleur acier fondu. Faraday et Stodart ont essayé de combiner l'acier avec l'argent en recouvrant le premier de feuilles d'argent et le cémentant ensuite, mais il n'y eut pas pénétration de l'acier par l'argent.

L'acier *platiné* est moins dur, mais plus tenace que l'acier argenté.

Le fer et l'acier s'allient au *rhodium* et à *l'iridium*. L'acier fondu avec 1 ou 2 % de rhodium devient plus dur que le meilleur acier Wootz. L'acier au rhodium paraît être le plus parfait de tous les aciers, pour les applications aux instruments tranchants. Il est susceptible d'un très-beau damasquinage (Faraday et Stodart).

Enfin le *manganèse* rend le fer plus blanc, en même temps que plus dur et plus cassant, aussi le fer manganésifère est-il le plus propre à la fabrication de l'acier.

COMBINAISONS DU FER AVEC LES ÉLÉMENTS MONATOMIQUES.

Hydrure de fer, FeH^2 (?). — Ce composé s'obtient par l'action du zinc-éthyle sur l'iodure ferreux :

$$FeI^2 + Zn(C^2H^5)^2 = ZnI^2 + FeH^2 + 2C^2H^4.$$

On opère la réaction dans de l'éther refroidi par de la glace, il se dégage beaucoup de gaz, qui est principalement de l'éthylène, et il reste une poudre noire ressemblant au fer métallique, qui est l'hydrure de fer; ce produit dégage de l'hydrogène pur à une douce chaleur; il est inaltérable à l'air sec, mais lorsqu'on le traite par l'eau, il se dégage immédiatement de l'hydrogène pur et il se forme de l'oxyde ferreux. L'acide chlorhydrique le décompose en produisant de l'hydrogène qui provient tant de l'hydrure que de l'acide chlorhydrique et il se forme du chlorure ferreux.

La composition de cet hydrure n'est pas exactement déterminée [Wanklyn et Carius, *Ann. der Chem. u. Pharm.*, t. CXX, p. 69].

CHLORURES DE FER. — On en connaît deux, le chlorure ferreux $FeCl^2$ et le chlorure ferrique

$$Ffe Cl^6 = (Fe)^2 Cl^6.$$

CHLORURE FERREUX, $FeCl^2$ (protochlorure de fer). — Cette combinaison se produit à l'état anhydre lorsqu'on fait passer un courant de gaz chlorhydrique sec sur du fer porté au rouge; il se dégage de l'hydrogène et il se dépose dans les parties froides de l'appareil de petites paillettes blanches et brillantes, légèrement jaunâtres de chlorure ferreux; ce chlorure est volatil, très-soluble dans l'eau, soluble aussi dans l'alcool. Lorsqu'on le soumet au rouge à l'action d'un courant d'hydrogène, il est réduit de nouveau en donnant de l'acide chlorhydrique et du fer cristallisé en cubes (Peligot). En chauffant le chlorure ferrique sublimé dans un courant d'hydrogène, on obtient du chlorure ferreux bien cristallisé (Wœhler).

On obtient également le chlorure ferreux anhydre en chauffant du sel ammoniac avec de la limaille fine de fer.

Sa forme cristalline est celle de tables hexagonales à un axe optique (de Senarmont).

Le chlorure ferreux hydraté, $FeCl^2, 4H^2O$, s'obtient par la dissolution du chlorure anhydre dans l'eau ou du fer dans l'acide chlorhydrique; par la concentration, le sel se dépose en cristaux volumineux verdâtres, dérivant d'un prisme clinorhombique. Chauffé fortement, il fond dans son eau de cristallisation qu'il perd peu à peu en laissant une masse blanche, si la calcination a lieu à l'abri de l'air; au contact de l'air il se forme du chlorure ferrique qui est entraîné avec la vapeur d'eau et il reste une masse saline verte, fusible, qui est probablement un oxychlorure, car, traitée par l'eau, elle lui cède du chlorure ferreux et il reste de l'oxyde ferreux qui se transforme rapidement en oxyde ferrique. Exposée à l'air, la solution neutre de chlorure ferreux laisse déposer un oxychlorure jaune rougeâtre, et se colore en jaune par suite de la formation de perchlorure.

Le chlorure ferreux anhydre absorbe à froid le gaz ammoniac pour produire une combinaison $FeCl^2, 6AzH^3$, qui constitue une poudre blanche perdant de l'ammoniaque par l'action de la chaleur, et s'oxydant en partie à l'air.

Le gaz ammoniac sec agit sur le chlorure ferreux chauffé au rouge en produisant du chlorure d'ammonium et de l'*azoture* de fer Fe^8Az^2.

Le chlorure ferreux en dissolution absorbe le bioxyde d'azote (10,7 %).

Chlorure ferroso-potassique,

$$FeCl^2, 2KCl = K^2FeCl^4.$$

— S'obtient en cristaux vert clair, hydratés, en laissant refroidir un mélange bouillant de solutions concentrées de chlorure ferreux et de chlorure de potassium.

Le *chlorure ferroso-ammonique*,

$$(AzH^4)^2 FeCl^4 (?),$$

qui ressemble au sel potassique, s'obtient en faisant cristalliser ensemble du chlorure ferreux et du chlorure d'ammonium ou en faisant bouillir ce dernier avec de la limaille de fer; il se dégage de l'hydrogène et de l'ammoniaque. Ce sel double se décompose lorsqu'on fait bouillir sa solution avec du zinc; ce dernier se recouvre de fer métallique (Bœttger).

Le chlorure ferreux forme avec l'*éthylène* une combinaison cristallisée assez instable, qu'on obtient en chauffant en tubes scellés du chlorure ferrique avec de l'éther [Kachler, *Journ. für prakt. Chem.*, t. CVI, p. 254].

CHLORURE FERRIQUE (sesquichlorure, perchlorure de fer), Fe^2Cl^6. Poids moléculaire = 325; densité de vapeur théorique (par rapport à l'hydrogène) = 162,5; densité trouvée = 164,4. — On prépare le chlorure ferrique anhydre en faisant passer du chlore sec en excès sur du fer chauffé au rouge dans un tube de porcelaine terminé par une allonge de verre dans laquelle vient se sublimer le chlorure; la combinaison a lieu avec incandescence.

Le chlorure ferrique anhydre qui se sublime ainsi est solide et volatil, très-déliquescent; il se présente en lames violettes qui, lorsqu'elles ont été obtenues par une condensation lente de sa vapeur, constituent des tables hexagonales, d'un rouge grenat par transparence, et douées des reflets verts de la cantharide. La densité de vapeur de ce composé a été prise par Deville et Troost, à la température de 460°, et a été trouvée égale à 164,4 (H = 1), chiffre très-rapproché de la densité exprimée par la formule Fe^2Cl^6 (2 volumes).

Le chlorure ferrique est soluble dans l'eau, en donnant une solution jaune à réaction acide, ainsi que dans l'alcool et dans l'éther; ces deux dernières solutions se décomposent sous l'influence de la lumière en chlorure ferreux et chlore libre qui agit sur le dissolvant. Si l'on agite une solution aqueuse de chlorure ferrique avec de l'éther, ce dernier l'enlève à l'eau et se colore en jaune. L'acide tartrique agit comme l'alcool et l'éther; cette réaction a été utilisée dans la photographie.

La solution aqueuse de chlorure ferrique se colore fortement sous l'influence de la chaleur, en prenant la teinte rouge des chlorures ferriques basiques; ceux-ci néanmoins n'ont pu se former, car il ne se dégage pas d'acide chlorhydrique, et l'on peut opérer en tubes scellés aussi bien qu'à l'air libre. Par le refroidissement, si la solution employée était très-étendue, la coloration persiste et les propriétés du sel dissous sont profondément modifiées; ainsi, tandis que la liqueur primitive donne un précipité intense de bleu de Prusse avec le cyanure jaune, la liqueur modifiée ne donne qu'un précipité bleuâtre. Les solutions salines, de sel marin, par exemple, y produisent un précipité d'hydrate ferrique *modifié*, soluble dans l'eau. Dialysée, la solution modifiée se dédouble en acide chlorhydrique et hydrate ferrique soluble (voir plus loin). Ces phénomènes s'expliquent en admettant que la solution ferrique s'est transformée par la chaleur en une dissolution chlorhydrique d'hydrate de fer modifié [Debray, *Compt. rend.*, t. LXVIII, p. 915]. Si l'on chauffe longtemps à 100° une solution de chlorure ferrique, l'oxyde soluble se transforme peu à peu en hydrate ferrique insoluble dans les acides étendus, et donnant avec l'eau une liqueur transparente par transmission et trouble par réflexion.

Le chlorure ferrique est décomposé au rouge par la vapeur d'eau; il se forme de l'acide chlorhydrique et du peroxyde de fer qui se dépose en paillettes miroitantes semblables au fer spéculaire qui se rencontre dans les cratères des volcans et qui a peut-être la même origine (Gay-Lussac). Cette décomposition a aussi lieu en vase clos, sous pression (de Senarmont).

Le chlorure ferrique anhydre se combine à l'ammoniaque en formant une masse rouge, soluble dans l'eau. La chaleur décompose cette combinaison en chlorure double qui se sublime et en chlorure ferreux qui reste. Elle renferme 9,66 °/₀ d'ammoniaque, soit $Fe^2Cl^6, 2AzH^3$.

Il se combine au perchlorure de phosphore en donnant une masse brune, fusible, moins volatile que les chlorures constituants, et renfermant

$$Fe^2Cl^6, 2PCl^5.$$

Il forme également une combinaison foncée et déliquescente avec le chlorure de nitrosyle :

$$Fe^2Cl^6, 2AzOCl$$

(R. Weber).

Le *chlorure ferrique hydraté* s'obtient : 1° par l'action de l'eau sur le chlorure anhydre; 2° en traitant par le chlore une solution de chlorure ferreux jusqu'à ce que celle-ci, étendue d'eau ne donne plus de précipité bleu avec le ferricyanure rouge de potassium. On peut aussi traiter le chlorure ferreux par l'acide azotique, ou, mieux, par l'eau régale; 3° en attaquant le fer par l'eau régale; 4° en dissolvant de l'hydrate de sesquioxyde de fer dans l'acide chlorhydrique. Par ce dernier moyen, on obtient généralement, ainsi qu'on le verra plus loin, un chlorure tenant en dissolution une quantité plus ou moins considérable de sesquioxyde de fer.

Par l'évaporation de la solution du chlorure ferrique, on obtient ce dernier à l'état de lames rhomboédriques d'un beau jaune, renfermant 6 molécules d'eau de cristallisation, quelquefois seulement 4 : $Fe^2Cl^6, 6H^2O$ ou $Fe^2Cl^6, 4H^2O$.

Le premier fond à 31°, le second ne fond qu'à 35°,5 (Ordway).

Le chlorure ferrique est ramené à l'état de chlorure ferreux par la plupart des agents réducteurs; l'hydrogène naissant, le fer, le zinc, le platine même, sont dans ce cas. Ce dernier métal se trouve assez facilement attaqué par une solution de chlorure ferrique; suivant Béchamp et Saint-Pierre, le platine agit là comme réducteur, suivant Personne, au contraire, il n'est attaqué que par le chlore qui se dégage toujours lorsqu'on soumet à l'ébullition une solution de chlorure ferrique d'une certaine concentration.

Une solution de chlorure ferrique, projetée en poussière dans la flamme d'une lampe Bunsen, produit des gerbes d'étincelles dues à la combustion du fer résultant de la décomposition du chlorure ferrique. En même temps, il se forme de l'acide chlorhydrique (Salet).

Le chlorure ferrique est beaucoup employé comme hémostatique et peut être administré à l'intérieur ou à l'extérieur sans aucun danger; on l'a également préconisé contre le croup et les angines couenneuses.

On connaît des chlorures doubles ferrico-alcalins. Le *chlorure ferrico-potassique*,

$$Fe^2Cl^6, 4KCl + 2H^2O,$$

et le chlorure ferrico-ammonique,

$$Fe^2Cl^6, 4AzH^4Cl + 2H^2O,$$

constituent de beaux cristaux rouges qui se déposent du sein d'une solution des deux chlorures; lorsqu'on les redissout dans l'eau, ils se décomposent, car lorsqu'on soumet la liqueur à l'évaporation, il cristallise d'abord du chlorure alcalin, puis un peu de sel double, tandis que le chlorure ferrique reste dans les eaux mères. Le chlorhydrate d'ammoniaque. cristallisant au sein d'une eau mère renfermant du chlorure ferrique, se dépose en beaux cristaux cubiques fortement colorés, quoique ne renfermant que 2 °/₀ environ de ce dernier (Fritzsche).

D'après Gesth, les cristaux de chlorure ferrico-ammonique qui se déposent de 15° à 20° sont en octaèdres réguliers, d'un rouge grenat, se transformant brusquement, vers 40°, en aiguilles jaunes qui reproduisent le sel primitif après un abaissement de température; ce changement est dû sans doute à des quantités différentes d'eau de cristallisation.

Le *chlorure ferrico-sodique* est fusible à 200° (Deville).

Le chlorure ferrique forme, avec les acétates ferriques, des composés mixtes qui ont été décrits par Scheurer-Kestner(voyez Acétates, p. 14).

Oxychlorures de fer ou *chlorures ferriques basiques*. — Il existe un très-grand nombre d'oxychlorures de fer, représentant une combinaison d'oxyde ferrique et de chlorure ferrique; quelques-uns sont insolubles, d'autres sont très-solubles dans l'eau.

Lorsqu'on abandonne longtemps à l'air une solution de chlorure ferreux, il s'y dépose peu à peu une poudre jaune-rouge ressemblant à l'hydrate ferrique, mais constituant un oxychlorure dont la composition n'a pas été établie.

Le chlorure ferrique lui-même laisse précipiter à la longue une poudre brune qui renferme

$$Fe^2Cl^6, 6Fe^2O^3 + 9H^2O.$$

Soumis à une légère calcination à l'air, il se transforme en $Fe^2Cl^6, 3Fe^2O^3 + H^2O$.

Mais les oxychlorures les plus nombreux s'obtiennent par la digestion de l'hydrate ferrique récemment précipité avec une solution de chlorure ferrique.

Les oxychlorures ont surtout été étudiés par Béchamp [*Ann. de Chim. et de Phys.*, (3), t. LVI, p. 306, et t. LVII, p. 296], et par Ordway [*Sill. Amer. Journ.*, (2), t. XXVI, p. 197, et *Journ. für prakt. Chem.*, t. LXXVI, p. 19]. Dans la préparation du chlorure ferrique par l'action de l'acide azotique et de l'acide chlorhydrique sur le chlorure ferreux, il arrive, lorsque la quantité d'acide chlorhydrique est trop faible, qu'on obtient un dépôt insoluble jaune, remarquable par l'énergie avec laquelle il retient le chlore; ce composé, qui est difficilement soluble dans l'acide chlorhydrique, renferme $Fe^2Cl^6, 12Fe^2O^3$.

Mis en digestion avec de l'eau, il se transforme en un oxychlorure encore plus basique,

$$Fe^2Cl^6, 17Fe^2O^3.$$

L'hydrate ferrique gélatineux, récemment précipité, se dissout facilement dans une solution neutre de chlorure ferrique; la dissolution, qui se fait d'abord rapidement, se ralentit peu à peu, et il arrive un moment où la liqueur se prend en une gelée foncée, soluble dans un excès d'eau, et qui renferme alors $Fe^2Cl^6, 12Fe^2O^3$; si alors on ajoute de l'eau, puis de l'hydrate ferrique, celui-ci continue à se dissoudre et l'on peut arriver à avoir ainsi une solution renfermant $Fe^2Cl^6, 20Fe^2O^3$. Ordway a même pu dissoudre $23Fe^2O^3$ pour 1 molécule de chlorure, mais on a alors affaire à une gelée presque insoluble.

Les combinaisons qui renferment 5 à 10 molécules d'oxyde ferrique pour 1 molécule de chlorure peuvent être amenées à dessiccation sans perdre leur solubilité; mais celles qui renferment $12Fe^2O^3$ et plus deviennent par là insolubles.

Les dissolutions des oxychlorures ferriques conservent une réaction acide; elles ne se troublent pas par l'addition d'eau ou d'alcool, ni par l'ébullition ; mais l'addition d'un sel ou d'acide chlorhydrique occasionne immédiatement un précipité.

Béchamp a de même obtenu une combinaison soluble de chlorure ferrique et d'oxyde de chrome par une digestion de plusieurs mois d'hydrate chromique récemment précipité avec une solution de chlorure ferrique. La solution obtenue, qui renfermait $Fe^2Cl^6,4Cr^2O^3$, était d'un vert brunâtre.

Il existe également des combinaisons de chlorure chromique et d'oxyde ferrique [Béchamp, *loc. cit.*, p. 311].

Le chlorure ferrique, traité de même par l'alumine récemment précipitée, la dissout, mais, en même temps, il se précipite de l'hydrate ferrique qui est simplement déplacé par l'alumine.

L'existence de ces oxychlorures rend compte de l'action des oxydes alcalins et de certains oxydes métalliques sur le chlorure ferrique : lorsqu'à une dissolution de ce dernier on ajoute de la potasse en petite quantité, on obtient un précipité qui se redissout. De même, lorsqu'on y ajoute de la magnésie ou une autre base insoluble dans l'eau, elle s'y dissout en certaine quantité; quand on a ajouté 15 molécules d'oxyde (MgO, ZnO...) pour 6 molécules de chlorure ferrique (la solution renferme alors $15MgCl^2$ et $Fe^2Cl^6,5Fe^2O^3$), l'oxyde cesse de se dissoudre et il commence à se précipiter de l'hydrate ferrique. On ne peut pas obtenir ainsi plus de $5Fe^2O^3$ en dissolution, parce que l'addition des chlorures de magnésium, de zinc, etc., décompose l'oxychlorure formé.

BROMURES DE FER. — Il en existe deux qui s'obtiennent dans des circonstances analogues à celles qui produisent les chlorures.

BROMURE FERREUX, $FeBr^2$. — Il s'obtient en traitant le fer *en excès* par du brome. Obtenu à l'état anhydre, il constitue une masse lamelleuse, très-fusible, d'un jaune clair, donnant avec l'eau une solution verdâtre. Soumise à l'action de l'air, cette solution laisse déposer un oxybromure jaune, insoluble.

BROMURE FERRIQUE, Fe^2Br^6. — On l'obtient à l'état anhydre par l'action de la vapeur de brome sur du fer chauffé. Il se sublime en cristaux d'un rouge foncé. On l'obtient en dissolution en faisant agir un excès de brome sur de la limaille de fer placée sous l'eau.

OXYBROMURES FERRIQUES. — Ces combinaisons se forment dans les mêmes conditions que les oxychlorures. La solution de bromure ferrique dissout l'hydrate ferrique en donnant des solutions d'un rouge foncé douées des propriétés générales des oxychlorures. Béchamp a obtenu en solution $Fe^2Br^6,14Fe^2O^3$ [Béchamp, *Ann. de Chim. et de Phys.*, (3), t. LVII, p. 313].

FLUORURES DE FER. — FLUORURE FERREUX, $FeFl^2$. — Se prépare par l'action du fer sur l'acide fluorhydrique; le fluorure se dépose en petits cristaux blancs peu solubles dans l'eau, mais plus solubles dans un excès d'acide. En employant un acide fluorhydrique de 1,07 de densité on obtient après quelques jours une solution verte qui fournit, par l'évaporation, des prismes verts fortement adhérents à la capsule. Ces cristaux renferment

$$FeFl^2 + 8H^2O.$$

Exposés à l'air, ils deviennent d'un jaune pâle. Chauffés, ils fondent dans leur eau, puis se dessèchent en laissant une masse saline blanche si l'on a opéré à l'abri de l'air; au contact de l'air il se dégage de l'acide fluorhydrique et il reste un mélange d'oxyde et de fluorure ferriques. L'acide azotique ajouté à sa solution neutre transforme le fluorure ferreux en une masse cristalline blanche, hygroscopique, mélange d'azotate et de fluorure ferriques [Scheurer-Kestner, *Ann. de Chim. et de Phys.*, (3), t. LXVIII, p. 490].

Fluorure ferroso-potassique, K^2FeFl^4. — Sel soluble, cristallisable en cristaux grenus légèrement verdâtres.

Fluosilicate ferreux, $FeSiFl^6 = FeFl^2,SiFl^4$. — S'obtient par dissolution du fer dans l'acide hydrofluosilicique; il cristallise très-difficilement à cause de sa grande solubilité. Prismes hexagonaux réguliers, d'un vert bleuâtre.

FLUORURE FERRIQUE, Fe^2Fl^6. — Il s'obtient à l'état anhydre en traitant l'oxyde de fer calciné par l'acide fluorhydrique liquide ajouté en excès; la dissolution a lieu avec élévation de température.

On introduit la matière dans un creuset de platine, dont on chauffe la partie inférieure au blanc. La masse devenue liquide est souvent recouverte de fluorure non fondu sur lequel sont déposés des cristaux cubiques sublimés de fluorure ferrique; la masse fondue est rouge et renferme probablement de l'oxyde ferrique. Le fluorure ferrique est isomorphe avec le fluorure d'aluminium, plus fusible et aussi volatil que ce dernier [H. Deville, *Ann. de Chim. et de Phys.*, (3), t. XLIX, p. 85].

Le fluorure ferrique hydraté se prépare en dissolvant de l'hydrate ferrique dans de l'acide fluorhydrique; il y a échauffement et l'on obtient une solution incolore qui fournit des cristaux jaunes renfermant $Fe^2Fl^6 + 9H^2O$, peu solubles dans l'eau, insolubles dans l'alcool. On obtient les mêmes cristaux en traitant le fluorure ferreux par l'acide fluorhydrique et l'acide azotique. Ces cristaux perdent $3H^2O$ à 100°; chauffés plus fort, ils se décomposent et laissent un résidu d'oxyde ferrique.

Les alcalis ne décomposent pas complétement le fluorure ferrique, l'ammoniaque produit dans sa solution un précipité jaune de fluorure basique auquel la potasse n'enlève pas tout le fluor, même à l'ébullition. Ce précipité a une composition constante, correspondant à la formule d'une fluorhydrine,

$$(Fe^2)H^3FlO^4 = \left.\begin{matrix}(Fe^2)^{vi}\\ H^3\\ Fl\end{matrix}\right\} O^4.$$

Ce composé donne, en se desséchant, une poudre d'un jaune rouge qui, sous l'influence de la chaleur, se décompose complétement en laissant un résidu d'oxyde ferrique [Scheurer-Kestner, *Ann. de Chim. et de Phys.*, (2), t. LXVIII, p. 491].

Fluorures ferriques doubles. — Berzelius a décrit deux *fluorures ferrico-potassiques*; ce sont des composés solubles et cristallins.

Le sel $Fe^2Fl^6,6KFl$ se forme en présence d'un excès de fluorure de potassium, tandis qu'en opérant avec un excès de fluorure ferrique, on obtient le composé $Fe^2Fl^6,4KFl$.

M. Marignac a décrit un fluorure ferrico-ammonique $Fe^2Fl^6,6AzH^4Fl$, se présentant en petits cristaux incolores, très-brillants, solubles et ne perdant rien à 100° [*Ann. de Chim. et de Phys.*, (3), t, LX, p. 306].

Fluosilicate ferrique, $Fe^2Fl^6,3SiFl^4$. — S'obtient par la dissolution de l'hydrate ferrique dans l'acide hydrofluosilicique; la solution peu colorée fournit par l'évaporation une gelée jaunâtre, se transformant par la dessiccation en une masse gommeuse soluble dans l'eau.

IODURES DE FER. — IODURE FERREUX, FeI^2. — On obtient ce composé en ajoutant peu à peu de l'iode à de la limaille de fer en excès placée sous de l'eau légèrement chauffée; au premier moment, la liqueur est brune parce qu'il se forme d'abord de l'iodure ferrique; mais par l'agitation avec le fer cette coloration disparaît, et lorsque la liqueur est très-chargée d'iodure ferreux elle est d'un vert pâle. Cette solution est très-oxydable, et pour la concentrer il faut l'évaporer dans un courant d'hydrogène.

Wanklyn et Carius préparent l'iodure ferreux anhydre en chauffant rapidement au rouge de la limaille de fer dans un creuset, y projetant un peu d'iode pour empêcher l'oxydation, puis une quantité plus considérable lorsque la température rouge a été atteinte ; ce n'est qu'à cette température qu'il y a combinaison. On maintient la chaleur jusqu'à cessation de dégagement de vapeurs d'iode, puis on laisse refroidir. La masse fondue renferme un periodure et présente à un certain moment de son refroidissement un phénomène remarquable : il se dégage brusquement de l'iode et il reste alors une masse lamelleuse grise d'iodure ferreux pur [*Ann. der Chem. u. Pharm.*, t. CXX, p. 69].

A l'état de pureté et anhydre, l'iodure ferreux est pulvérulent et blanc, mais pour peu qu'il contienne des traces d'eau, il devient verdâtre et cristallin.

Chauffé à l'air, il perd de l'iode et laisse un résidu fortement magnétique. Exposé à l'air humide, il devient déliquescent et se colore davantage [de Luca et Favilli, *Compt. rend.*, t. LV, p. 615].

L'iodure ferreux se dépose de sa solution concentrée en cristaux verdâtres renfermant $4H^2O$ et dont la densité $= 2{,}873$ (Bœdecker). Il est employé en pharmacie et sert à la préparation des iodures alcalins purs; il suffit pour les obtenir de traiter sa solution par un carbonate alcalin.

Iodure ferrique, Fe^2I^6. — Composé incristallisable obtenu, à l'état de solution brune, en traitant l'hydrate ferrique par l'acide iodhydrique ou le fer par un excès d'iode.

Cyanures de fer. — Voyez t. I, p. 1088.

COMBINAISONS DU FER AVEC LES ÉLÉMENTS DIATOMIQUES.

Oxydes de fer. — Outre les *oxydes ferreux* et *ferrique* FeO et Fe^2O^3, on connaît des oxydes intermédiaires, représentant des combinaisons de ces deux oxydes : l'*oxyde magnétique*

$$Fe^3O^4 = FeO, Fe^2O^3$$

et les *oxydes des battitures*

$$Fe^6O^7 = 4FeO, Fe^2O^3 \text{ et } Fe^8O^9 = 6FeO, Fe^2O^3;$$

et un anhydride ferrique FeO^3. Enfin, on a aussi décrit un sous-oxyde Fe^4O. Dans la description de ces différents oxydes nous ferons rentrer l'histoire des hydrates correspondants, ainsi que celle des combinaisons auxquelles donnent lieu l'oxyde ferrique et l'acide ferrique.

Sous-oxyde de fer. — C'est le produit qui se forme, suivant Marchand, lorsqu'on fait fondre un fil de fer au chalumeau aérhydrique; il est noir, s'aplatit sous le marteau, et se dissout difficilement, avec dégagement d'hydrogène, dans l'acide sulfurique ou chlorhydrique étendu. Traité au rouge par l'hydrogène, il donne de l'eau et du fer métallique.

Oxyde ferreux (protoxyde de fer), FeO. — Il n'existe dans la nature ni à l'état d'hydrate ni à l'état anhydre. M. Debray l'a obtenu dans ce dernier état en faisant passer sur du peroxyde, chauffé au rouge, un mélange de volumes égaux d'oxyde de carbone et d'acide carbonique. Lorsqu'on cherche à dessécher l'hydrate ferreux, il y a décomposition de l'eau d'hydratation dont l'oxygène transforme l'oxyde ferreux en oxyde magnétique et dont l'hydrogène se dégage ou s'unit à l'azote de l'air pour former de l'ammoniaque. Lorsqu'on ajoute un alcali à un sel ferreux en dissolution, c'est toujours de l'hydrate ferreux qui se précipite. Cet hydrate est d'un blanc verdâtre, s'oxydant promptement à l'air en donnant d'abord de l'hydrate magnétique vert, puis de l'hydrate de sesquioxyde jaune. Il est soluble dans l'ammoniaque et cette solution s'altère très-rapidement à l'air en laissant déposer de l'hydrate ferrique. Il se dissout aussi un peu dans l'eau qui en prend $\frac{1}{150{,}000}$; cette solution a une saveur ferrugineuse très-prononcée, une réaction alcaline, et se trouble rapidement à l'air (Bineau).

Traité à l'ébullition par de la potasse, l'hydrate ferreux devient noir en se transformant en partie en oxyde magnétique, tandis qu'il se dégage de l'hydrogène.

Oxyde ferrique (sesquioxyde ou peroxyde de fer), Fe^2O^3. — Ce composé, souvent désigné sous le nom de *colcothar*, s'obtient dans diverses circonstances. Il se rencontre dans la nature et constitue alors les différentes variétés de *fer oligiste*, le *fer spéculaire*, l'*hématite rouge*, qui sont de l'oxyde ferrique anhydre, tandis que l'*hématite brune*, la *limonite*, la *gœthite* et d'autres minéraux constituent des hydrates ferriques plus ou moins purs, donnant de l'oxyde anhydre par la calcination. C'est l'oxyde de fer qui colore les argiles et les ocres en jaune.

L'oxyde ferrique se forme par la calcination des hydrates obtenus en précipitant les sels ferriques par un alcali ; il est également fourni par la calcination des azotates de fer et par celle du sulfate ferreux. Cette dernière opération se fait industriellement pour la fabrication de l'acide sulfurique fumant. Le sulfate de fer, en effet, étant calciné, donne de l'anhydride sulfurique, en même temps que de l'anhydride sulfureux :

$$2SO^4Fe = SO^3 + SO^2 + Fe^2O^3,$$

et laisse un résidu rouge d'oxyde ferrique ; c'est cet oxyde qui est employé à différents usages sous le nom de colcothar. Si l'on mélange le sulfate ferreux avec du sel marin, on obtient un oxyde cristallin, se présentant en paillettes presque noires; le sel marin n'agit que mécaniquement, car il se volatilise pendant la calcination.

On obtient un oxyde ferrique par le grillage du sulfure de fer à une température élevée.

Quand on précipite un sel ferrique par un alcali, on obtient toujours un hydrate ferrique et jamais d'oxyde anhydre. Les propriétés de ces hydrates et de l'oxyde qui résulte de leur calcination varient suivant les circonstances de leur production, et ces différences sont tellement considérables qu'il faut admettre l'existence de plusieurs oxydes et hydrates allotropiques dont nous parlerons plus loin.

C'est également de l'hydrate ferrique qui se forme par l'oxydation du fer sur l'influence de l'air et de l'eau (rouille) et par l'oxydation de l'hydrate ou du carbonate ferreux obtenus par l'addition d'un alcali caustique ou carbonaté à un sel ferreux.

Chauffé au rouge blanc, l'oxyde ferrique perd de l'oxygène et se transforme en oxyde magnétique Fe^3O^4, c'est ce qui explique pourquoi la combustion du fer dans l'oxygène ne donne pas naissance à du sesquioxyde. L'oxyde ferrique, dans sa modification ordinaire, présente, lorsqu'on chauffe au rouge, un phénomène curieux d'incandescence; l'oxyde éprouve en même temps une modification moléculaire, car il est d'un rouge plus vif, devient plus dur et se dissout alors beaucoup plus difficilement dans les acides; il est insoluble dans l'acide nitrique concentré. Le meilleur dissolvant de l'oxyde calciné est un mélange bouillant de 8 p. d'acide sulfurique et de 3 p. d'eau (Siewert). La chaleur spécifique de l'oxyde calciné est plus faible qu'avant la calcination, ce qui doit être en relation avec le phénomène d'incandescence (Regnault). D'après Elsner, l'oxyde ferrique se volatilise en petite quantité à la température d'un four à porcelaine (2500-3000°).

De Senarmont a fait voir que l'hydrate ferrique

devient anhydre lorsqu'on le porte à 160-180°, pendant plusieurs jours, dans des tubes scellés avec des solutions de chlorure de calcium et de chlorure de sodium, ou même avec de l'eau pure.

Traité par l'hydrogène, à une température peu élevée, l'oxyde ferrique est réduit et donne du fer pyrophorique. Suivant Siewert, l'hydrogène est sans action entre 270° et 280°; entre 280° et 300° l'oxyde ferrique augmente de volume et se transforme en oxyde ferreux noir; au delà de 300°, la réduction est totale.

Si l'on fait agir un volume de vapeur d'eau avec 1 ou 2 volumes d'hydrogène sur de l'oxyde ferrique chauffé au rouge, il y a formation d'oxyde ferreux, tandis que, avec 4 volumes d'hydrogène pour 1 volume de vapeur d'eau, il y a réduction complète. Un mélange d'acide carbonique et d'oxyde de carbone, qui est sans action sur le fer, réduit l'oxyde ferrique à l'état d'oxyde ferreux. L'oxyde de carbone seul, ainsi que le charbon, réduisent facilement l'oxyde ferrique, ainsi que le montrent les opérations métallurgiques du fer.

Le chlore attaque lentement l'oxyde ferrique à une haute température, en produisant du chlorure ferrique qui se sublime en fines lamelles.

Lorsqu'on fait agir le gaz acide chlorhydrique sur l'oxyde ferrique chauffé, il n'y a pas production de chlorure, mais l'oxyde amorphe se transforme en oxyde cristallisé, semblable au fer oligiste [Deville, *Compt. rend.*, t. LII, p. 1264].

Les acides dissolvent facilement l'oxyde de fer non calciné ; il se dissout aussi dans certains sels, notamment dans le chlorure ferrique pour former des sels basiques. En suspension dans une eau alcaline, il donne du *ferrate* de potasse lorsqu'on le traite par un courant de chlore.

Traité à chaud par du gaz ammoniac, il donne de l'eau et un azoture de fer.

HYDRATES FERRIQUES. — L'hydrate ferrique normal renferme $(Fe^2)^{VI}H^6O^6 = Fe^2O^3, 3H^2O$; c'est probablement lui qui se précipite lorsqu'on ajoute un alcali à du chlorure ferrique; seulement cet hydrate perd facilement de l'eau ; séché dans le vide, il a pour composition

$$(Fe^2)^2H^6O^9 = 2Fe^2O^3, 3H^2O$$

(14,5 °/₀ d'eau), composition qui est aussi celle de la rouille. Mais dans cet état il paraît déjà avoir perdu de l'eau, car il en reprend à l'air avec une grande facilité [Péan de Saint-Gilles, *Ann. de Chim. et de Phys.*, (3), t. XLVI, p. 49]. Porté à l'ébullition, pendant quelques minutes, cet hydrate se modifie, il perd de l'eau et devient

$$(Fe^2)H^2O^4 = Fe^2O^3.H^2O$$

(10,2 °/₀ d'eau); enfin, par une ébullition plus prolongée, il perd encore de l'eau et peut même, ainsi que l'a fait voir de Senarmont [*Ann. de Chim. et de Phys.*, (3), t. XXXII, p. 144], devenir tout à fait anhydre lorsqu'on le chauffe à 160° en vase clos, avec de l'eau [voir aussi Davies, *Journ. of Chem. Society*, (2), t. IV, p. 69]. L'hydrate ferrique, précipité à l'ébullition par l'addition d'un mélange de carbonate et d'hypochlorite de sodium dans une solution de sulfate ferreux, renferme Fe^2O^3, H^2O, tandis que si la précipitation a lieu à froid, il renferme

$$(Fe^2)H^4O^5 = Fe^2O^3, 2H^2O ;$$

à des températures intermédiaires, on obtient des hydrates intermédiaires ou des mélanges de ces deux hydrates [Muck, *Zeitsch. für Chem.*, (2), t. IV, p. 41].

Enfin Muck a obtenu un hydrate

$$(Fe^2)^3H^{10}O^{14} = 3Fe^2O^3, 5H^2O$$

en ajoutant du sulfate ferrique basique à de la potasse en fusion.

Parmi les hydrates ferriques naturels nous citerons les suivants qui présentent la composition des hydrates artificiels les mieux définis.

Turgite, hydrohématite......	$2Fe^2O^3, H^2O$.
Gœthite....................	$2Fe^2O^3, 2H^2O$ ou Fe^2O^3, H^2O.
Limonite (rouille)...........	$2Fe^2O^3, 3H^2O$.
Minerai brun de Huttenrode (Murray)................	$2Fe^2O^3, 4H^2O$ ou $Fe^2O^3, 2H^2O$.

L'hydrate obtenu par l'oxydation du fer, c'est-à-dire la rouille, ainsi que celui qu'on obtient par précipitation à froid, possède une couleur variant entre le jaune et le brun ocreux. On l'obtient à l'état de pureté en précipitant du chlorure ferrique (1 ou 2 grammes) par de l'ammoniaque et lavant bien le précipité ; celui-ci doit se dissoudre entièrement à l'ébullition dans l'acide acétique ; cette solution est rouge foncé et présente tous les caractères des sels ferriques. Mis en présence de l'acide acétique et du ferrocyanure de potassium, cet hydrate donne immédiatement du bleu de Prusse. Chauffé jusqu'au rouge sombre, il présente le phénomène d'incandescence déjà signalé.

Hydrate ferrique modifié. — Chauffé pendant sept à huit heures avec de l'eau à 100°, l'hydrate précédent, que nous appellerons hydrate ordinaire, acquiert des propriétés bien différentes. Nous avons déjà vu que sa composition change même au bout de quelques minutes, car de

$$2Fe^2O^3, 3H^2O \quad \text{ou} \quad (Fe^2)^2H^6O^9,$$

il devient $(Fe^2)H^2O^4$. De jaune ocreux, sa couleur devient rouge-brique, comme l'oxyde calciné; il est à peine attaqué par l'acide nitrique bouillant; l'acide chlorhydrique ne le dissout qu'à l'ébullition ou par un contact prolongé. En contact avec l'acide acétique et le cyanure jaune, il ne donne plus de bleu de Prusse; chauffé au rouge, il ne devient pas incandescent [Péan de Saint-Gilles, *loc. cit.*]. On obtient directement cet hydrate modifié en traitant l'hydrate ferreux ou le carbonate ferreux par le chlorate de potasse ou par un hypochlorite alcalin, en opérant à l'ébullition; desséché, l'hydrate modifié est *pulvérulent*, tandis que l'hydrate ordinaire se dessèche en fragments durs et cassants; chaque fois qu'on a affaire à un hydrate pulvérulent, celui-ci ne présente pas le phénomène d'incandescence lorsqu'on le calcine (Muck). La nature nous offre également les deux variétés d'hydrates ferriques : l'une renferme les espèces cristallisées donnant une poussière brune, rappelant celle de l'hydrate modifié et renfermant 10 °/₀ d'eau ; l'autre comprend les hydrates amorphes donnant une poudre jaune et renfermant 14 °/₀ d'eau.

L'hydrate modifié, étant bien lavé, disparaît au contact d'une solution étendue d'acide acétique ou d'acide azotique, et l'on obtient un liquide limpide par transparence et qui paraît trouble par réflexion, qui ne présente aucun des caractères des combinaisons ferriques; additionné d'un peu de sulfate alcalin, ou d'un acide concentré, il donne un précipité rouge soluble dans un excès d'eau. On obtient des liqueurs présentant les mêmes caractères en maintenant à 100° dans des tubes bouchés les solutions d'acétate de fer (Péan de Saint-Gilles, voyez Acétates, p. 14], ou d'azotates ferriques basiques (Scheurer-Kestner); les solutions que l'on obtient ainsi sont troubles par réflexion et donnent immédiatement l'hydrate modifié lorsqu'on les précipite soit par un acide, soit par un sel.

Les liqueurs singulières que l'on obtient ainsi ne peuvent être envisagées comme des combinaisons véritables d'acide acétique ou azotique et d'oxyde ferrique, car on ne s'expliquerait pas pourquoi l'hydrate modifié se dissout dans un acide étendu, tandis que les acides concentrés le précipitent; il faut admettre que les acides étendus agissent mécaniquement en divisant à l'extrême les particules d'hydrate de manière à simuler une dissolution et ne formant en réalité qu'une émulsion (Péan de Saint-Gilles).

L'hydrate qui se précipite de la liqueur obtenue par l'azotate ferrique forme après dessiccation de petites plaques noires insolubles dans les acides et solubles dans l'eau pure en reproduisant une liqueur trouble par réflexion. Scheurer-Kestner a observé que la lumière exerce sur l'azotate ferrique la même action que la chaleur; après trois mois d'exposition au soleil, on obtient la même liqueur.

Ce sont évidemment des phénomènes du même ordre qu'on observe avec la dissolution du chlorure ferrique soumise à l'action de la chaleur; cette solution, ainsi qu'on l'a vu, possède des caractères particuliers : elle précipite notamment par le chlorure de sodium. Il paraît évident que cette solution modifiée ne renferme plus de chlorure ferrique proprement dit, mais qu'elle représente une solution chlorhydrique d'hydrate modifié (Debray).

Lorsqu'on soumet à la dialyse le liquide rouge obtenu en dissolvant l'hydrate ferrique dans le chlorure ferrique (voyez p. 1407), ou bien l'acétate ferrique, ces solutions perdent presque tout leur acide par diffusion et il reste dans le dialyseur un liquide fortement chargé d'hydrate ferrique. Une semblable solution, renfermant 1 % d'hydrate ferrique présente la couleur rouge sombre du sang veineux; on peut la concentrer par l'ébullition jusqu'à un certain degré au delà duquel elle se coagule; elle est coagulée à froid par une trace d'acide sulfurique, par un alcali et par un grand nombre de sels, tandis que les acides azotique, chlorhydrique et acétique ne la troublent pas, non plus que l'alcool et le sucre. Le coagulum forme une gelée d'un rouge foncé, ressemblant beaucoup au coagulum du sang; il ne se redissout pas dans l'eau, mais assez facilement dans les acides étendus. Th. Graham, qui a observé ces phénomènes, admet que l'hydrate de fer colloïdal est l'hydrate ordinaire qui se présente sous deux états, soluble et insoluble. On n'a pas déterminé la composition de l'hydrate ainsi coagulé [Graham, *Phil. Trans.*, 1861; *Ann. de Chim. et de Phys.*, (3), t. LXV, p. 177]. La solution dialytique d'hydrate de fer, soumise à l'action d'un courant électrique, donne au pôle négatif un dépôt d'hydrate gélatineux [Becquerel, *Compt. rend.*, t. LVI, 237].

On voit dans tous les cas qu'il existe au moins deux modifications allotropiques de l'hydrate ferrique. Toutefois ce n'est pas, à proprement parler, une allotropie, puisque la composition des deux hydrates n'est pas la même, l'un renfermant

$$(Fe^2O^3)^2(H^2O)^3,$$

tandis que l'hydrate modifié paraît renfermer toujours Fe^2O^3, H^2O.

Sesquioxyde de fer magnétique. — L'oxyde ferrique lui-même présente deux modifications allotropiques caractérisées par l'action de l'aimant; l'une des modifications est attirable à l'aimant, l'autre ne l'est pas, mais ces deux modifications sont indépendantes de celles de l'hydrate ferrique. L'oxyde ferrique attirable à l'aimant a surtout été étudié par Malaguti, qui a déterminé les conditions dans lesquelles il prend naissance [*Ann. de Chim. et de Phys.*, (3), t. LXIX, p. 214].

Quand on calcine l'hydrate ferrique obtenu par précipitation, on obtient toujours un oxyde non magnétique; il en est de même du sesquioxyde obtenu par l'oxydation d'un sel ferreux à acide minéral, tandis que la calcination à l'air de sels ferreux organiques, du carbonate ferreux oxydé spontanément à l'air, donne un résidu attirable à l'aimant; on obtient de même du sesquioxyde magnétique lorsqu'on calcine légèrement l'hydrate ferrique obtenu par l'oxydation de l'hydrate ferreux précipité par un alcali, ou lorsqu'on chauffe la rouille purifiée préalablement par l'action d'un aimant. Enfin, et ce fait est connu depuis longtemps, la calcination à l'air des dépôts ocracés des eaux ferrugineuses carbonatées ou de certains carbonates de fers naturels, hydratés et amorphes, donne également un résidu magnétique.

Lorsqu'on fait déflagrer l'oxyde magnétique ferroso-ferrique avec du chlorate de potasse, il se transforme en oxyde ferrique également magnétique.

Le magnétisme du sesquioxyde de fer obtenu par des différents procédés n'est pas dû, comme l'avait pensé de Luca, à la présence d'oxyde ferreux; Lallemand [*Ann. de Chim. et de Phys.*, (3), t. LXIX, p. 223], a déterminé le magnétisme d'un sesquioxyde de fer très-pur qui s'est trouvé presque égal à celui de l'oxyde magnétique proprement dit, Fe^2O^3, FeO ou Fe^3O^4 : on ne s'expliquerait pas l'égalité d'action si cette propriété était due à des traces d'oxyde ferreux dans les oxydes ferriques observés. Il existe en outre d'autres propriétés physiques qui distinguent le sesquioxyde magnétique du sesquioxyde ordinaire. Chauffés tous deux vers 300°, le sesquioxyde inerte offre la couleur du phosphore amorphe très-divisé, tandis que l'oxyde attirable présente une teinte rouge-brique clair. La densité moyenne de l'oxyde inerte est égale à 4,781 à 15°, celle de l'oxyde magnétique est égale à 4,686; par une forte calcination, cette densité, dans les deux cas, devient 5,141, et l'oxyde magnétique perd sa propriété. Il existe également une différence dans la chaleur spécifique : celle de l'oxyde non magnétique est égale à 0,1794; celle de l'oxyde magnétique, à 0,1863, et après une forte calcination elle est pour tous deux égale à 0,1730-1734. Le sesquioxyde attirable à l'aimant perd cette propriété par une forte calcination.

Il faut ajouter enfin que, d'après les observations de Beudant et Delesse, le fer oligiste pur est magnétique.

Oxyde ferrique envisagé comme oxydant. — L'oxyde ferrique facilite l'incinération des matières organiques [Græger, *Ann. der Chem. u. Pharm.*, t. CXI, p. 124], et son pouvoir oxydant présente ceci de particulier qu'il est pour ainsi dire indéfini, parce que cédant de l'oxygène au charbon, et en général aux substances oxydables, il devient immédiatement apte à reprendre l'oxygène de l'air pour repasser à l'état d'oxyde ferrique qui peut ainsi céder une nouvelle quantité d'oxygène. Il peut opérer de même des oxydations lentes; c'est ainsi que les parties en bois des navires qui sont en contact avec des chevilles de fer se détériorent très-vite et sont comme brûlées. Cette propriété comburante rend compte de certaines opérations industrielles et de certains accidents qui se produisent dans la teinture et l'impression [F. Kuhlmann, *Compt. rend.*, t. XLIX, p. 257, 428]. La décoloration des jus sucrés par l'hydrate ferrique, préconisée par E. Rousseau, en est une conséquence. Les tissus qui portent des taches de rouille sont rapidement percés. Certaines teintures colorées étant agitées avec de l'hydrate ferrique forment des laques qui renferment le fer à l'état de protoxyde, c'est ce qui arrive avec la teinture de campêche, de curcuma, de cochenille, mais non avec l'indigo ou le tournesol. Lorsqu'on agite de l'essence d'amandes amères avec de l'hydrate ferrique, elle s'oxyde et fournit du benzoate ferreux. P. Thenard, qui a publié quelques observations à ce sujet [*Compt. rend.*, t. XLIX, p. 289], attribue à l'oxyde ferrique un rôle important dans la végétation; c'est cet oxyde qui paraît amener l'azote des matières organiques en décomposition dans le sol à l'état d'azotates; H. Mangon attribue ce rôle dans le sol non à l'oxyde ferrique, mais à un sel ferrique qui se transforme ainsi en un sel ferreux soluble et oxydable [*Compt. rend.*, t. XLIX, p. 429].

Usages de l'oxyde ferrique. — L'oxyde ferrique est un composé assez dur qui sert à polir le verre et les métaux, mais il faut pour cela qu'il soit amené à l'état d'une poudre impalpable. Il est également employé comme couleur. Il est utilisé encore dans les raffineries de sucre, comme décolorant.

L'hydrate ferrique est employé comme antidote de l'acide arsénieux, mais pour être efficace, il doit être récemment précipité, autrement il se transforme dans la modification insoluble.

Le sesquioxyde de fer se combine à certains oxydes métalliques, notamment à la chaux, à la potasse, à la magnésie, à l'oxyde de zinc. Combiné à l'oxyde ferreux, il constitue un oxyde intermédiaire du fer qu'on nomme oxyde magnétique.

Ferrite de calcium, $(CaO)^4Fe^2O^3 = (Fe^2)Ca^4O^7$. — S'obtient par l'addition de potasse à un mélange de 1 molécule de chlorure ferrique et de 4 molécules de chlorure de calcium; le précipité qui, au premier moment, est jaune-chamois, devient peu à peu blanc, si l'on a soin de le préserver du contact de l'acide carbonique qui le décompose. A l'ébullition, le précipité est immédiatement blanc. C'est une poudre légère, amorphe, insoluble, décomposable par les acides même les plus faibles. L'eau pure et l'eau sucrée ne lui enlèvent pas de chaux [Pelouze, *Ann. de Chim. et de Phys.*, (3), t. XXXIII, p. 5].

Ferrite de magnésium,

$$MgO, Fe^2O^3 = (Fe^2)O^4Mg.$$

— Lorsqu'on fait passer à chaud un courant de gaz chlorhydrique sec sur un mélange de magnésie et d'oxyde ferrique, on obtient, outre la magnésie cristallisée, des cristaux brillants, noirs, qui sont des octaèdres réguliers dont les arêtes sont modifiées par les faces du dodécaèdre rhomboïdal, et dont la composition est exprimée par la formule ci-dessus (H. Deville). En versant dans de la potasse un mélange de 6 molécules de chlorure de magnésium et 1 molécule de chlorure ferrique, on obtient un précipité blanc qui, séché à 120°, renferme

$$Fe^2O^3, 6MgO + 9H^2O;$$

il absorbe l'acide carbonique de l'air et n'est pas altéré par l'ammoniaque [Kraut, *Arch. der Pharm.*, t. CXVI, p. 36].

Ferrites de potassium et de sodium. — Ces combinaisons s'obtiennent par la calcination des oxalates ferrico-potassique et ferrico-sodique à l'air; elles sont d'un jaune verdâtre et décomposables par l'eau qui leur enlève de l'alcali (Mitscherlich). Fremy a obtenu une semblable combinaison en chauffant au rouge un mélange de 1 p. de fer et de 2 p. d'azotate potassique. Wœhler a observé que la potasse caustique concentrée peut dissoudre un peu d'hydrate ferrique.

Ferrite de zinc, $ZnO, Fe^2O^3 = (Fe^2)ZnO^4$. — On l'obtient, suivant Ebelmen [*Ann. de Chim. et de Phys.*, (3), t. XXXIII, p. 47], en chauffant au rouge blanc, pendant plusieurs jours, un mélange de 1 p. d'oxyde ferrique, 2 p. d'oxyde de zinc et 2 p. d'acide borique. La masse reprise par de l'acide chlorhydrique étendu et froid lui cède du borate de zinc et laisse déposer une poudre cristalline noire de ferrite de zinc soluble dans l'acide chlorhydrique concentré et bouillant. Il est cristallisé en octaèdres réguliers et ressemble à la franklinite qui paraît renfermer en outre du ferrite de manganèse.

Oxyde de fer magnétique (*oxyde ferroso-ferrique*), $Fe^2O^3.FeO = Fe^3O^4$ ou $(Fe^2)^{vi}Fe''O^4$. — Cet oxyde intermédiaire se rencontre dans la nature, cristallisé en octaèdres ou amorphe; il est caractérisé par son pouvoir magnétique; c'est le meilleur minerai de fer; il constitue l'*aimant naturel* qui est très-abondant en Suède et en Norvége, où il est en masses compactes douées de l'éclat métallique. D = 5,09. Il se produit artificiellement dans un grand nombre de circonstances.

Le fer très-divisé, suspendu à un aimant, donne par sa combustion, qui est ainsi rendue très-facile, de l'oxyde magnétique (C. Bley, Magnus). Le même oxyde se forme par l'action de la vapeur d'eau sur le fer chauffé au rouge. Il prend naissance par le grillage du fer à l'air, ainsi que par la calcination du sesquioxyde de fer à une température élevée. On l'obtient encore :

Par la calcination d'un mélange de chlorure ferreux et de carbonate de sodium;

Par l'action de l'eau bouillante sur l'hydrate ferreux; il se dégage de l'hydrogène;

Par l'action de la limaille de fer sur l'hydrate ferrique, en suspension dans l'eau bouillante; il y a également dégagement d'hydrogène;

En exposant à l'air de la limaille de fer humectée d'eau : il y a élévation de température et le fer s'oxyde en partie aux dépens de l'eau, qui abandonne de l'hydrogène, en partie aux dépens de l'oxygène de l'air; la préparation ainsi obtenue est l'*éthiops martial* des pharmacies;

En précipitant par la potasse certains sels ferreux, tels que l'arséniate ou le phosphate, soumis préalablement à l'oxydation par l'air;

Enfin, on obtient de l'hydrate d'oxyde magnétique en précipitant un mélange équimoléculaire de sulfate ferreux et de sulfate ferrique par l'ammoniaque, en ayant soin de verser le mélange des sels de fer dans l'ammoniaque, sans quoi tout l'hydrate ferrique serait précipité avant l'hydrate ferreux, et l'on aurait un mélange et non une combinaison des deux hydrates.

Obtenu par ce dernier moyen, l'*hydrate ferroso-ferrique* est d'un vert foncé donnant par la dessiccation une poudre noire. Cet hydrate est magnétique comme l'oxyde ferroso-ferrique anhydre. Obtenu par l'action du fer sur l'hydrate de sesquioxyde, il est également hydraté et forme une masse pulvérulente noire.

Soumis à l'action des acides, l'oxyde ferroso-ferrique donne un mélange de sels ferreux et ferriques, qui, ajouté à un alcali, reproduit l'hydrate ferroso-ferrique. Si la quantité d'acide est insuffisante pour dissoudre tout l'hydrate, il reste de l'hydrate de sesquioxyde tandis qu'il se forme un sel ferreux.

Oxydes des battitures. — On donne ce nom à des oxydes intermédiaires beaucoup plus riches que le précédent en protoxyde de fer, et qui se forment lorsqu'on bat avec un marteau une barre de fer rougie. On a décrit plusieurs de ces oxydes, notamment $4FeO, Fe^2O^3 = (Fe^2)Fe^4O^7$ (Berthier), et $6FeO, Fe^2O^3 = (Fe^2)Fe^6O^9$ (Mosander).

Ces oxydes n'ayant pas une structure homogène ne peuvent être envisagés comme des combinaisons définies. Ils sont bruns ou noirs, plus ou moins attirables à l'aimant. On obtient ces oxydes à l'état hydraté en précipitant par un alcali des mélanges de sels ferreux et ferriques en proportions convenables (Lefort).

Anhydride ferrique, FeO^3. — Ce composé n'est pas connu à l'état de liberté, pas plus que son hydrate, l'*acide ferrique*, H^2FeO^4, mais sa combinaison potassique K^2FeO^4, a été étudiée par Fremy [*Ann. de Chim. et de Phys.*, (3), t. XII, p. 365], et par D. Smith [*Ann. de Chim. et de*

Phys., (3), t. X, p. 120]; ce composé correspond au manganate de potassium K^2MnO^4. Si l'on cherche à mettre l'acide ferrique en liberté, il se décompose :

$$2H^2FeO^4 = Fe^2O^3 + 2H^2O + O^2;$$

c'est cette réaction qui a permis d'en déterminer la composition.

On peut préparer le *ferrate de potassium :* 1° par l'action de l'azotate de potassium sur l'oxyde de fer; 2° par l'action du chlore sur l'hydrate ferrique en suspension dans l'eau :

$$Fe^2O^3 + 10KHO + 6Cl$$
$$= 2K^2FeO^4 + 6KCl + 5H^2O;$$

3° par l'action de la pile sur une solution de potasse renfermée dans un vase en fonte (Poggendorff); 4° par l'action du peroxyde de potassium sur le fer métallique; 5° lorsqu'on sature d'iode une solution de potasse et qu'on calcine le résidu salin dans un creuset de fer pour décomposer l'iodure potassique (Walz).

1° On projette par petites portions, dans un creuset de Hesse, un mélange de limaille fine de fer (de préférence du fer réduit) ou d'oxyde ferrique pur avec un excès d'azotate de potassium (4 p.); quand la déflagration est terminée, on laisse refroidir la masse poreuse, fortement colorée, sous une cloche en présence d'acide sulfurique. Si on dissout cette masse dans l'eau froide, on obtient une solution rouge qui se décompose très-rapidement avec dégagement d'oxygène et dépôt de sesquioxyde de fer et l'on finit par obtenir une solution incolore.

2° On fait passer un courant de chlore dans 30 p. de potasse dissoute dans 50 p. d'eau dans laquelle on a délayé 1 p. d'hydrate ferrique récemment précipité; on ajoute à plusieurs reprises dans la liqueur des fragments de potasse pour la maintenir en grand excès, on finit par obtenir une poudre noire insoluble dans la potasse concentrée et qui est le ferrate de potassium qui doit se dissoudre dans l'eau en rose, sans résidu.

G. Merz recommande de faire passer un courant rapide de chlore à travers une solution de 5 p. de potasse, dans 8 p. d'eau à laquelle on a ajouté son volume d'une solution de chlorure ferrique marquant 15° Baumé. Il faut agiter fréquemment et empêcher que la température ne dépasse 50°. On filtre sur de l'amiante [*Journ. für prakt. Chem.*, t. CI, p. 269].

3° Si l'on fait passer le courant d'une forte pile dans de la potasse renfermée dans un vase de fonte, elle se colore peu à peu en rouge. Il est essentiel d'employer un vase de fonte, et non de fer forgé ou d'acier. Il est probable que le carbone de la fonte, en s'oxydant, laisse à l'état naissant le fer qui s'oxyde alors plus facilement. Pour que le ferrate ne se décompose pas immédiatement par le courant, il faut séparer les deux pôles par un diaphragme poreux.

Le ferrate de potassium est assez stable lorsqu'il est solide ou en solution concentrée, mais il se décompose très-rapidement lorsqu'on l'étend d'eau, en abandonnant l'oxygène et en déposant de l'hydrate ferrique. Sa solution concentrée supporte l'ébullition, surtout si elle contient un sel minéral, le chlorure de potassium par exemple. L'addition d'un acide produit une décomposition immédiate; les sels ammoniacaux et les corps réducteurs ramènent l'acide ferrique à l'état d'hydrate de sesquioxyde.

Le *ferrate de sodium* est soluble dans l'eau et ne peut être préparé que par voie humide.

Le *ferrate de baryum*, $BaFeO^4$, s'obtient par double décomposition, car il est insoluble; il est beaucoup plus stable que les ferrates alcalins. Il forme avec l'acide acétique une solution d'un beau rouge qui se décolore lorsqu'on chauffe.

On obtient de même les ferrates de strontium et de calcium insolubles.

Les ferrates solubles sont décomposés par l'ammoniaque qui les réduit :

$$2K^2FeO^4 + 2AzH^3$$
$$= Az^2 + Fe^2O^3 + 4KHO + H^2O.$$

SULFURES DE FER. — Les sulfures de fer sont plus nombreux que les oxydes, voici la liste de ceux qui sont connus :

Sous-sulfure	Fe^8S.
id.	Fe^2S.
Protosulfure	FeS.
Sesquisulfure	Fe^2S^3.
Bisulfure (pyrite martiale)	FeS^2.
Sulfure magnétique	Fe^3S^4 (?).
Pyrite magnétique	Fe^7S^8.
Per- ou trisulfure	FeS^3.

SOUS-SULFURE DE FER, Fe^8S. — On l'obtient en réduisant le sous-sulfate ferrique par l'hydrogène. Il se dissout dans les acides en dégageant un mélange d'hydrogène et d'hydrogène sulfuré.

SOUS-SULFURE, Fe^2S. — Obtenu en réduisant le sulfate ferreux anhydre par l'hydrogène. Il a le même aspect que le précédent. Traités à chaud par un courant d'hydrogène sulfuré, ils se transforment tous deux en pyrite magnétique. Kopp [*Ann. de Chim. et de Phys.*, (3), t. XLVIII, p. 97] a signalé un sulfure double qui renferme

$$Fe^4Na^2S^3 = Fe^4S^2, Na^2S,$$

qui se forme par la calcination d'un mélange de sulfate de sodium, de sesquioxyde de fer et de charbon.

SULFURE FERREUX, FeS (protosulfure de fer). — On regarde comme du protosulfure de fer le sulfure obtenu en mélangeant 60 p. de fer en limaille avec 40 p. de soufre et une quantité d'eau chaude nécessaire pour former une pâte; il y a combinaison avec production de chaleur. Ce mélange est connu sous le nom de *volcan de Lémery*. Le sulfure ainsi obtenu est extrêmement oxydable. Quand on chauffe du soufre avec des lames de fer, celles-ci se recouvrent d'une croûte métallique cassante qui, chauffée dans un creuset brasqué, perd un excès de soufre et laisse un culot de protosulfure de fer.

Les sulfures supérieurs du fer, chauffés au rouge vif, perdent du soufre et se transforment en protosulfure; il en est de même, à plus forte raison, lorsqu'on opère la calcination dans un courant d'hydrogène.

On obtient du sulfure ferreux cristallisé par l'action de l'hydrogène sulfuré sur l'oxyde de fer magnétique; il se dégage de l'eau et de l'acide sulfurique; cette réaction terminée, si l'on chauffe plus fort, il se dégage du soufre et il reste des cristaux hexagonaux noirs ou jaunes [Sidot, *Compt. rend.*, t. LXVI, p. 1297].

On obtient du sulfure de fer, par voie humide, en traitant un sel ferreux par un sulfure alcalin :

$$FeCl^2 + K^2S = FeS + 2KCl;$$

l'action d'un sulfhydrate donne également du sulfure ferreux, en même temps que de l'hydrogène sulfuré qui se dégage :

$$FeCl^2 + 2KHS = FeS + 2KCl + H^2S.$$

C'est également du sulfure ferreux qui se forme par l'action des sulfures alcalins sur les sels ferriques, mais alors il y a dépôt de soufre :

$$Fe^2Cl^6 + 3K^2S = 6KCl + 2FeS + S.$$

Le sulfure ferreux précipité est noir, insoluble dans l'eau, soluble dans les acides sans dépôt de soufre et sans production d'hydrogène libre. Il se dissout dans les alcalis et dans les sulfures alcalins en formant une solution d'un beau vert. Le sulfure précipité est très-oxydable, il devient gris par le mélange du soufre mis en liberté, tandis que le fer s'oxyde; il se forme en même temps du sulfate ferreux. Il se dissout dans le carbonate de soude en fusion (Berthier).

Le sulfure de fer préparé par voie sèche est jaune, métallique, fusible, cassant et magnétique. Il est indécomposable par la chaleur seule, ainsi que par l'hydrogène et le charbon. Fondu avec du fer, il s'en sépare de nouveau par le refroidissement et l'on obtient un double culot qui se sépare aisément par le choc (Berthier).

Chauffé avec du charbon et des carbonates terreux, des silicates, notamment celui de manganèse, le sulfure de fer est décomposé; c'est pourquoi on peut empêcher le soufre du combustible de se porter sur le fer, dans le traitement du haut-fourneau, en employant beaucoup de castine (chaux) qui fixe le soufre.

Le protosulfure de fer est assez rare dans la nature; il existe quelquefois dans les houillères où il est dangereux à cause de son oxydabilité qui par l'élévation de température produite peut provoquer la combustion de la houille. Berthier a fait l'analyse d'une pyrite du Brésil presque entièrement formée de protosulfure.

Il est associé au sulfure de cuivre dans le cuivre panaché.

Sesquisulfure de fer, Fe^2S^3. — Ce sulfure se forme par l'action de la chaleur rouge sombre sur le bisulfure FeS^2. Il prend également naissance par l'action à 100° de l'hydrogène sulfuré sur le sesquioxyde de fer. La même décomposition a lieu lorsqu'on emploie l'hydrate ferrique, mais alors le sulfure obtenu est très-oxydable.

Anhydre, il est inaltérable à l'air, d'un gris jaunâtre, non magnétique, soluble en partie dans les acides, en dégageant de l'hydrogène sulfuré et en laissant un résidu de persulfure de fer. D=4,41. Il se trouve dans la nature, associé au sulfure de cuivre, formant la pyrite cuivreuse dont la composition peut être représentée par $CuS.Fe^2S^3$; quelquefois le sulfure de cuivre y est dans la proportion $3CuS,Fe^2S^3$.

Lorsqu'on calcine vivement de l'oxyde ferrique avec un excès de soufre, on obtient un sulfure légèrement magnétique, qui retient toujours de l'oxyde. Si l'on fait agir l'hydrogène sulfuré, entre 100° et le rouge, sur l'oxyde ferrique, on obtient un *oxysulfure* $Fe^2O^3,3Fe^2S^3 = Fe^8O^3S^9$ que l'hydrogène transforme en sulfure FeS et en fer. Au rouge vif, l'hydrogène agit en produisant un sulfure exempt d'oxygène, dont la composition est intermédiaire entre Fe^5S^6 et Fe^6S^7 [Rammelsberg, *Poggend. Ann.*, t. CXXI, p. 337].

Sulfoferrite de potassium.— D'après R. Schneider, le sulfure ferrique peut produire des sulfures doubles, comparables aux ferrites décrits plus haut. Le sulfoferrite de potassium $Fe^2K^2S^4$, le seul décrit jusqu'à présent, s'obtient lorsqu'on chauffe 1 p. de fer en poudre, 6 p. de carbonate de potassium sec et 6 p. de soufre, dans un creuset spacieux; en lavant le produit à l'eau, on dissout du sulfure et de l'hyposulfite de potassium, tandis que le sulfoferrite reste à l'état d'aiguilles brillantes, de couleur pourpre, longues et flexibles, réunies en une masse feutrée; on les obtient plus beaux lorsqu'on mélange 1/6 de carbonate de sodium au carbonate de potassium.

Chauffé à l'air, le sulfoferrite de potassium brûle, avec production d'anhydride sulfureux, en laissant un résidu d'oxyde ferrique et de sulfate de potassium. Chauffé à l'abri de l'air, il ne s'altère pas. Les acides, même très-étendus, l'attaquent rapidement avec dégagement d'hydrogène et dépôt de soufre. Calciné dans un courant d'hydrogène, il donne de l'hydrogène sulfuré et un résidu noir $K^2Fe^2S^3$ soluble dans les acides, sans dépôt de soufre [*Poggend. Annal.*, t. CXXXVI, p. 461, 1869].

La pyrite cuivreuse paraît également être un sulfoferrite.

Bisulfure de fer, FeS^2 (*pyrite martiale*). — C'est le plus important des sulfures de fer. Il se rencontre dans la nature sous deux modifications dimorphes; l'une, la *pyrite jaune* ou *cubique*, est très-fréquente, tandis que l'autre est moins commune, c'est la *pyrite prismatique blanche*. La pyrite dite *magnétique* est un autre sulfure, renfermant Fe^7S^8. La pyrite cubique est d'un jaune de laiton; elle est si dure qu'elle fait feu au briquet. Sa densité =5,9, tandis que celle de la pyrite prismatique =4,74. Wœhler a fait la remarque que le rapport entre ces densités est le même qu'entre celles du soufre octaédrique et du soufre prismatique, 2,066-1,962.

La pyrite prismatique est très-oxydable et se transforme à l'air en sulfate ferreux et acide sulfurique.

La composition des pyrites naturelles est assez variable, car elles renferment des métaux étrangers et de la gangue. Voici la composition de quelques pyrites, d'après Pattison [*Rép. Br. Assoc.*, t. XXXIII, p. 49].

	Algarve (Portugal).	Theux.	Westphalie.	Pyrite carbonifère de Cornouailles.
Soufre......	49,30	45,01	45,60	38,10
Fer.........	41,41	39,68	38,52	34,44
Cuivre......	5,81	»	»	traces
Plomb......	0,66	0,97	0,64	»
Zinc...... ..	traces	1,80	6,00	»
Thallium....	traces	traces	traces	»
Chaux......	0,14	0;25	0,11	4,96
Magnésie...	traces	»	»	0,33
Ac. carboniq.	»	»	»	5,11
Arsenic.....	0,31	traces	traces	traces
Oxygène....	0,25	0,32	0,37	0,31
Carbone et pertes.	»	»	»	14,45
Gangue.....	2,00	12,23	8,70	1,40
Humidité ...	0.05	0,25	0,36	0,90
	99,93	99,91	100,30	100,00

H. Ludwig a trouvé de l'or dans des pyrites cubiques de Californie; certains échantillons en contenaient jusqu'à 0,426 %.

On peut produire la pyrite artificiellement par un grand nombre de réactions.

Le fer chauffé doucement avec un excès de soufre donne du bisulfure, celui-ci perd 1/20 de son soufre au rouge sombre; chauffé plus fort, il donne du sesquisulfure (Rammelsberg). Wœhler a obtenu de la pyrite jaune, cristallisée en octaèdres, en chauffant au bain de sable un mélange d'oxyde de fer, de soufre et de sel ammoniac. Quand on traite, au-dessus de 100°, du peroxyde de fer par l'hydrogène sulfuré, on obtient un bisulfure ayant la forme de l'oxyde; cette forme *épigénique* s'observe quelquefois dans la nature. La pyrite se forme encore artificiellement par l'action du sulfure de carbone en vapeurs sur l'oxyde de fer chauffé (Schlagdenhaufen) ou par l'action de l'acide sulfureux sur le fer avec production simultanée de sulfite et de sulfate ferreux (Geitner). H. Deville l'a obtenue en jolis cristaux en maintenant en fusion un mélange de sulfure de fer avec du sulfure de potassium et du soufre en excès. Enfin Becquerel a pu reproduire de la pyrite cristallisée au moyen de décompositions lentes produites par la pile.

La pyrite ne peut pas être regardée comme un minerai de fer, mais elle est utilisée avec avantage pour la fabrication de l'acide sulfurique. Grillée à l'air, elle se transforme en effet en acide sulfureux et sesquioxyde de fer. Lorsqu'on la soumet à la distillation, elle abandonne du soufre et laisse un résidu de pyrite magnétique qui par l'exposition à l'air se transforme en sulfate ferreux.

Pyrite magnétique, Fe^7S^8. — Cette pyrite peut être envisagée comme un sulfure salin résultant de l'union du sesquisulfure ou du bisulfure de fer avec du protosulfure de fer,

$$FeS^2, 6FeS \text{ ou } Fe^2S^3, 5FeS.$$

On la rencontre dans la nature en prismes hexagonaux; elle est magnétique, d'un aspect bronzé. On l'obtient artificiellement par la calcination du bisulfure; en chauffant un oxyde de fer avec un excès de soufre; en traitant le fer chauffé à blanc par du soufre, soit en appliquant un canon de soufre sur une barre de fer rougie, soit en plongeant cette barre dans un creuset contenant du soufre fondu; dans ce dernier cas, le sulfure formé coule au fond du creuset où il forme un culot métallique. Enfin on peut faire tomber du soufre dans un creuset rouge rempli de tournure de fer, cette dernière brûle alors dans la vapeur de soufre. Ces derniers procédés sont avantageux pour obtenir le sulfure de fer destiné à la préparation de l'hydrogène sulfuré. Il contient le plus souvent un excès de fer.

On connaît des pyrites magnétiques qui ont une autre composition; l'une d'elles renferme Fe^3S^4 et correspond à l'oxyde magnétique (Stromeyer). Rammelsberg a décrit un sulfure Fe^5S^6 obtenu en projetant du soufre sur du fer incandescent, ce sulfure forme une masse poreuse, d'une densité égale à 5,067; pulvérisé et chauffé avec un excès de soufre, il se transforme en Fe^2S^3 (densité = 4,41).

Calcinée dans un courant d'acide carbonique, la pyrite ordinaire se transforme toujours en pyrite magnétique pulvérulente.

Persulfure de fer, FeS^3. — Ce sulfure, correspondant à l'anhydride ferrique, s'obtient par l'action de l'hydrogène sulfuré sur une solution de ferrate de potassium; on obtient ainsi une solution verte renfermant une combinaison soluble avec le sulfure de potassium. Quand on cherche à isoler le persulfure, il éprouve un dédoublement, comme l'anhydride ferrique, et il se forme du sesquisulfure et du soufre libre. La solution concentrée de sulfoferrate de potassium se décompose par l'ébullition en polysulfure de potassium et sulfure noir de fer.

Nitrosulfures de fer. — Ces combinaisons intéressantes ont été découvertes et étudiées par Z. Roussin [*Ann. de Chim. et de Phys.*, (3), t. LII, p. 285; *Bull. de la Soc. chim.*, séance du 24 février 1860]. Lorsqu'on ajoute goutte à goutte, en remuant fréquemment, du sulfate ferrique à un mélange de sulfure d'ammonium et d'azotite de potassium en dissolution aqueuse, puis que l'on fait bouillir le tout, le précipité d'abord formé se redissout; la liqueur très-colorée étant filtrée, après quelques minutes d'ébullition, pour séparer le soufre qui s'est déposé, donne par le refroidissement des cristaux noirs, en même temps qu'il y a décoloration. Si l'on emploie un sel ferreux, les choses se passent de même, seulement il n'y a pas de soufre mis en liberté. Voici les proportions qu'il convient d'employer : 350 p. de sulfate ferreux dissous dans 2 litres d'eau à ajouter peu à peu à une solution de 210 grammes d'azotite de potassium et de 150 grammes de sulfure de sodium dissous dans 2 litres d'eau.

Porczinsky obtient la même combinaison en ajoutant, jusqu'à neutralisation, du sulfhydrate de sodium à une solution de sulfate ferreux saturée de bioxyde d'azote, chauffant à 100° et évaporant la liqueur filtrée [*Ann. der Chem. u. Pharm.*, t. CXXV, p. 302].

Les cristaux noirs ainsi obtenus ont, d'après Roussin, qui leur donne le nom de *dinitrosulfure de fer* et que nous appellerons *tétranitrososulfure*, la composition exprimée par

$$Fe^3S^5H^2(AzO)^4 = Fe^2S^3(AzO)^2 + FeS(AzO)^2 + H^2S$$
$$\text{ou } FeS\,AzO.Fe^2S^3(AzO)^3.H^2S.$$

Porczinsky leur attribue une formule très-différente :

$$Fe^3S^3(AzO)^4.2H^2O = FeS.Fe^2S^2(AzO)^4 + 2H^2O.$$

Les cristaux de ce composé forment de longues aiguilles noires, appartenant au type clinorhombique; ils ont l'aspect de l'iode, sont très-denses, solubles dans deux fois leur poids d'eau bouillante et s'en déposent en grande partie par le refroidissement; ils sont très-solubles dans l'alcool, l'esprit de bois, l'alcool amylique, l'acide acétique cristallisable; ils se distinguent par une affinité particulière pour l'éther, dans la vapeur duquel ils tombent presque instantanément en déliquescence, en donnant un liquide noir; ils sont insolubles dans le chloroforme et dans le sulfure de carbone, mais il suffit d'un millième d'éther mélangé au chloroforme pour que celui-ci dissolve le nitrosulfure en se colorant. La saveur de ce composé est d'abord styptique, puis très-amère.

Le tétranitrososulfure de fer est inaltérable à l'air s'il n'est pas acide, auquel cas il finit par remplir de vapeurs rutilantes le flacon où il se trouve. Il se décompose par la chaleur entre 115° et 140°; il se forme du sulfite et de l'azotate d'ammonium, quelquefois du sulfate; il se produit en même temps un peu de vapeurs rutilantes au commencement et d'ammoniaque vers la fin de la décomposition; le résidu est composé de soufre et de fer. Si l'on chauffe brusquement, la décomposition a lieu avec une vive déflagration. Les acides minéraux le décomposent vivement, les acides oxalique, tartrique, acétique paraissent être sans action.

L'ammoniaque précipite ce corps de sa solution, mais après qu'on a fait dégager de nouveau cette ammoniaque, il se redissout dans l'eau. Le chlore et l'iode le décomposent ainsi que les agents oxydants métalliques. Les réactifs ordinaires du fer ne décèlent pas ce métal dans sa solution, car le fer y est masqué comme dans les composés de ferrocyanogène. Les solutions métalliques le décomposent en dégageant du bioxyde d'azote et en produisant le sulfure métallique correspondant. Avec l'azotate de plomb, seulement, il se précipite des prismes rhomboïdaux obliques peu solubles dans l'eau, déliquescents dans la vapeur d'éther et renfermant du plomb, du soufre, du fer et du bioxyde d'azote. Le sulfate ferreux est sans action.

La potasse ou la soude concentrée n'agissent pas à froid sur le tétranitrososulfure de fer, mais par une ébullition prolongée, il se dégage de l'ammoniaque, il se dépose de l'hydrate de sesquioxyde de fer à l'état d'une poudre cristalline rouge, $Fe^2H^2O^4$, et l'on obtient une liqueur moins colorée qui, concentrée, laisse déposer des cristaux volumineux noirs, très-nets, disposés en trémies et paraissant appartenir au système régulier. Roussin représente leur composition par la formule $Fe^2S^2(AzO)^2, 3Na^2S$ et les nomme *nitrosulfure sulfuré de fer et de sodium*. Porczinsky assigne à ces mêmes cristaux, ayant perdu à 100° 10,5 % d'eau, la formule

$$Na^2S, Fe^2S^2(AzO)^4.$$

Ils se comportent sous l'influence de la chaleur (120°) comme le composé précédent. Ils sont fort solubles dans l'eau et insolubles dans l'éther.

L'azotate de plomb donne avec une solution de ce composé un précipité rougeâtre soluble dans la potasse. Le sulfate de zinc donne un précipité brun renfermant du zinc, du soufre, du fer et du bioxyde d'azote; le sulfate de cuivre donne un précipité noir et un dégagement de AzO; le perchlorure de fer donne un précipité noir. Le tannin, le sulfure d'ammonium, le ferrocyanure de potassium ne produisent rien; le ferricyanure y produit un précipité de bleu de Prusse et un dégagement de bioxyde d'azote.

Traitée par les acides, la solution de ce composé donne un précipité floconneux rougeâtre qui perd facilement de l'hydrogène sulfuré et qui a pour composition $Fe^2S^3(AzO)^2 4H^2S$; Roussin nomme ce nouveau corps *nitrosulfure sulfuré de fer*. Ce composé perd peu à peu du bioxyde d'azote et de l'ammoniaque, et laisse un résidu de sulfure de fer. Il est soluble dans l'alcool et dans l'éther; il se dissout dans les alcalis; avec la soude il reproduit le composé précédent.

Si, au lieu d'opérer à froid dans la préparation de ce corps, on fait agir un acide étendu sur la solution bouillante du nitrosulfure sulfuré de fer et de sodium, il se dégage de l'hydrogène sulfuré, et il se sépare un corps noir, dense, insoluble dans l'eau, l'alcool et l'éther et qui renferme

$$Fe^2S^3(AzO)^2;$$

c'est le *nitrososulfure de fer*. Ce composé est très-inflammable; sec, il se décompose peu à peu. Il se dissout dans les alcalis en laissant déposer un peu d'oxyde ferrique, et dans les sulfures alcalins, en donnant de nouvelles combinaisons. Ainsi, avec le sulfure de sodium, il fournit de grands prismes, rouges par transparence et noirs par réflexion, solubles dans l'eau, l'alcool et l'éther, insolubles dans le sulfure de carbone et le chloroforme. Ces cristaux renferment

$$Fe^2S^3(AzO)^2, Na^2S.H^2O.$$

Les solutions très-colorées de ce sel, traitées par un acide, reproduisent le nitrosulfure de fer; elles donnent lieu à des doubles décompositions avec les solutions métalliques, le métal de ces dernières prenant la place de l'hydrogène; seulement tous les sels ainsi produits sont instables, la combinaison argentique se décompose rapidement en dégageant du bioxyde d'azote; celles de zinc, de plomb, de cobalt présentent plus de stabilité.

Les combinaisons nitrososulfurées de fer sont comparables aux nitroprussiates, dans lesquels elles peuvent se transformer en échangeant leur soufre contre du cyanogène, par l'action du cyanure de mercure ou du cyanure de potassium, par exemple, sur le nitrososulfure de fer et de sodium. Inversement les nitroprussiates se transforment en nitrosulfures, par l'action de l'hydrogène sulfuré ou d'un sulfure alcalin en excès.

SÉLÉNIURE DE FER. — On obtient un séléniure Fe^2Se^3 en faisant passer des vapeurs de sélénium sur du fer chauffé au rouge et fondant le produit avec un excès de sélénium et du borax. Ce séléniure a l'aspect métallique, sa densité $= 6,38$; il est très-fusible et se décompose à l'air.

COMBINAISONS AVEC LES ÉLÉMENTS TRIATOMIQUES OU PENTATOMIQUES.

AZOTURE DE FER. — La composition de ce corps n'est pas établie avec certitude. Tandis que Fremy lui assigne la formule Fe^8Az^2, Rogstadius admet Fe^6Az^2, et Stahlschmid, Fe^4Az^2. Enfin, Rogstadius admet l'existence d'un autre azoture Fe^3Az^2. Toutes ces formules correspondent-elles à autant de combinaisons définies ou bien se rapportent-elles à des mélanges d'un azoture avec un excès de fer? C'est ce qui n'est pas établi [Fremy, *Compt. rend.*, t. LII, p. 321; — Briegleb et Geuther, *Ann. der Chem. u. Pharm.*, t. CXXIII, p. 228; — Rogstadius, *Journ. für prakt. Chem.*, t. LXXXVI, p. 307; — Stahlschmid, *Poggend. Ann.*, t. CXXV, p. 37].

Le fer et l'azote ne s'unissent directement qu'avec difficulté; il faut que le fer ou l'azote soient à l'état naissant. D'après Briegleb et Geuther, le fer très-divisé obtenu par la réduction de l'oxalate absorbe environ 2 % d'azote. Rogstadius a également observé une absorption d'azote par le fer réduit par l'hydrogène.

Le fer, soumis au rouge à l'action du gaz ammoniac, devient blanc, cassant et peut augmenter de 12 à 13 % de son poids (ce qui correspond à la formule Fe^4Az^2). L'oxyde de fer, soumis à l'action du gaz ammoniac, donne également de l'azoture de fer.

La meilleure manière de préparer l'azoture de fer repose sur l'action du gaz ammoniac sec sur le chlorure ferreux anhydre chauffé au rouge sombre dans un tube de porcelaine; il se dégage du chlorure d'ammonium, il se sublime un corps que l'eau décompose en ammoniaque et oxyde ferrique, et il reste dans le tube une masse boursouflée, demi-fondue, grisâtre et brillante, souvent magnétique, qui est l'azoture de fer dont les propriétés sont les mêmes que celles de l'azoture obtenu par le fer et l'ammoniaque. Lorsqu'on chauffe avec précaution dans du gaz ammoniac le fer réduit de l'oxalate, on obtient, suivant Rogstadius, une masse noire, mate, qui renferme Fe^3Az^2 et qui, par une plus forte chaleur, abandonne de l'azote et devient Fe^6Az^2.

Réduit en poudre, l'azoture de fer brûle facilement, avec éclat. Calciné à une température élevée, il perd peu à peu tout son azote, dont les dernières portions ne se dégagent que très-difficilement; cette décomposition a également lieu lorsque la calcination s'opère dans une atmosphère d'azote ou d'ammoniaque (Stahlschmid). Chauffé dans un courant d'hydrogène, il donne du fer métallique et du gaz ammoniac; cette réaction permet de déterminer la composition des azotures de fer. L'azote qui, suivant Fremy, est toujours contenu dans l'acier ne donne pas d'ammoniaque dans ce cas.

La vapeur d'eau décompose l'azoture de fer, au rouge, en produisant de l'oxyde Fe^3O^4 et de l'ammoniaque. L'eau bouillante n'agit que lentement. L'acide azotique l'attaque lentement, avec dégagement d'azote; les acides sulfurique et chlorhydrique le dissolvent avec dégagement d'hydrogène et production de sel ferreux et de sel ammoniacal.

L'acier, suivant Fremy, renferme toujours de l'azote; ce savant l'envisage comme un *carbazoture de fer*; telle n'est pas l'opinion de la plupart des autres chimistes qui se sont occupés de la question et qui n'envisagent pas la présence de l'azote comme une condition essentielle de l'aciération [Caron, *Compt. rend.*, t. LI, p. 564, 938; — Fremy, *ibid.*, t. LI, p. 567; t. LII, p. 321, 415, 424, 626; — Chevreul, *ibid.*, t. LII, p. 423; — Caron, *ibid.*, t. LII, p. 615; — Stahlschmid, *loc. cit.*; — Gr. Stuart et Baker, *Journ. of Chem. Soc.*, (2), t. II, p. 390].

AMMONIURE DE FER. — Par l'électrolyse d'une solution d'un sel ferreux et de sel ammoniac, on obtient un dépôt métallique, ressemblant à l'acier poli, formant une couche adhérente si elle est faible, s'écaillant facilement lorsqu'elle devient plus épaisse; si le courant est très-énergique, il se dégage beaucoup d'hydrogène et le dépôt est spongieux.

Séché, ce dépôt répand l'odeur de l'ammoniaque, odeur qui se manifeste plus fortement lorsqu'on chauffe et qui finit par disparaître; pulvérisé et traité par l'eau bouillante, il se décompose en dégageant de l'hydrogène. Meidinger [*Dingl. pol. Journ.*, t. CLXIII, p. 283] envisage ce dépôt comme une combinaison de fer et d'ammonium. D'après Kraemer [*Archiv. Pharm.*, (2), t. CV, p. 284], c'est un azoture de fer renfermant 1,5 % d'azote.

PHOSPHURES DE FER. — Le phosphore est fréquemment contenu dans le fer, la fonte et l'acier, auxquels il communique des qualités nuisibles. La météorite de Zacatecas renferme, suivant Bergemann, du phosphure de fer. Il en est de même de beaucoup d'autres.

On a décrit un grand nombre de phosphures de fer; mais, d'après les dernières recherches de C. Freese [*Poggend. Ann.*, t. CXXXII, p. 225], on ne peut considérer comme combinaisons définies que les phosphures Fe^3P^4, Fe^2P^2 et Fe^4P^2. Tous ces phosphures se dissolvent dans l'eau régale et dans l'acide azotique, en donnant de l'acide phosphorique; les acides chlorhydrique et sulfurique étendus ne les dissolvent que très-lentement, en faisant passer les 3/8 du phosphore à l'état d'acide phosphorique, et les 5/8 à l'état d'hydrogène phosphoré. Ils sont très-peu fusibles; chauffés à l'air, ils donnent les phosphates de fer correspondants; le phosphure Fe^3P^4 commence par perdre du phosphore et fournit alors le même phosphate que Fe^2P^2.

Phosphure Fe^3P^4. — Obtenu par H. Rose, en chauffant de la pyrite dans un courant d'hydrogène phosphoré. Poudre noire soluble dans l'eau régale, insoluble dans l'acide chlorhydrique.

Fe^2P^2. — S'obtient en dirigeant de la vapeur de phosphore, entraînée par un courant d'hydrogène, sur du fer réduit par l'hydrogène et chauffé au rouge sombre; la combinaison a lieu avec incandescence et donne lieu à une masse boursouflée grise, non magnétique. Chauffé, ce phosphure brûle avec flamme; l'iode ne l'attaque pas, ainsi que les acides chlorhydrique et azotique. Au rouge blanc il se transforme en Fe^6P^2 [Hvoslef, *Ann. der Chem. u. Pharm.*, t. C, p. 99].

Schrœtter a déjà décrit ce phosphure, obtenu d'une manière analogue [*Wien. Akad. Ber.*, 1849, p. 301]. Struve l'a également obtenu [*Bull. de l'Acad. de Saint-Pétersbourg*, t. I, p. 453; *Répert. de Chim. appl.*, 1860, p. 208], mais a constaté qu'il se dissout à la longue dans l'acide chlorhydrique bouillant.

Fe^3P^6. — H. Struve [*loc. cit.*] a obtenu ce phosphure en réduisant le phosphate ferrique $(PO^4)^2(Fe^2)^{vi}$ par un courant d'hydrogène; il se forme d'abord du pyrophosphate ferreux $P^2O^7Fe^2$, puis à la chaleur blanche, celui-ci se décompose, il se dégage de l'eau, du phosphore et de l'hydrogène phosphoré, tandis que le phosphure reste à l'état d'une masse non fondue, grise, métallique, non magnétique, attaquable par l'acide azotique. L'acide chlorhydrique bouillant le dissout à la longue, en faisant passer la moitié du fer à l'état d'hydrogène phosphoré, et l'autre moitié à l'état d'acide phosphorique.

Fe^4P^2. — Ce phosphure, qui n'est soluble que dans l'acide azotique ou l'eau régale, a été obtenu par Berzelius en réduisant le phosphate ferreux par du noir de fumée. On l'obtient encore en projetant du phosphore sur de la limaille de fer incandescente, ou en chauffant au fourneau à vent 8 p. de limaille de fer, 10 p. de cendres d'os, 5 p. de sable et 2 p. de charbon. Ce phosphure est gris, plus clair que l'acier, très-dur et cassant. Il peut être obtenu cristallisé en longs prismes. Chauffé à l'air, il brûle et se transforme en phosphate. Il n'est attaqué que difficilement par les acides (Berzelius, Struve).

Fe^5P^2. — Percy l'a obtenu en traitant par l'acide azotique étendu un cuivre renfermant 2,4 % de fer et autant de phosphore; il est resté après la dissolution dans l'acide à l'état d'une poudre noire. On obtient un phosphure ayant à peu près cette composition (15 à 20 % de phosphore), en fondant au haut-fourneau du minerai de fer avec du phosphate de chaux fossile. Ainsi obtenu, il est cristallisé en prismes et doué de l'éclat métallique. Il est employé pour la fabrication du phosphate de sodium : on le traite par du sulfate de sodium et du charbon, dans un four à soude [Boblique, *Bull. de la Soc. chim.*, 1866, t. V, p. 248].

Fe^6P^2. — Ce phosphure se forme lorsqu'on fond le phosphure Fe^2P^2 sous une couche de borax, à la température de la fusion de la fonte; il se dégage du phosphore et il reste un culot métallique bien fondu, cassant, magnétique, ayant la couleur du fer; sa densité est égale à 6,28 [Hvoslef, *loc. cit.*]. On obtient un phosphure ayant à peu près la même composition en chauffant au feu de forge un mélange de vivianite pulvérisée (phosphate ferreux) avec de l'oxyde de fer; le produit obtenu renferme 14,25 % de phosphore, il est blanc, très-dur, magnétique et se dissout très-lentement dans les acides.

ARSÉNIURES DE FER. — L'arsenic se combine au fer en plusieurs proportions, formant des alliages, plus durs, plus cassants et plus fusibles que le fer. Le fer renferme très-fréquemment de petites quantités d'arsenic. On rencontre dans la nature du diarséniure $FeAs^2$, du sesquiarséniure Fe^2As^3 *(fer arsenical)*, $D=7,0$; et un tétrarséniure $FeAs^4$. Le minerai connu sous le nom de mispickel (voyez ce mot), est un sulfoarséniure de fer $FeAs^2S$.

Les arséniures de fer donnent un sublimé d'arsenic quand on les chauffe; grillés au contact de l'air, ils donnent de l'anhydride arsénieux et laissent un résidu magnétique. L'acide azotique les dissout avec production d'acide arsénieux; l'eau régale les dissout également.

BORURE DE FER. — S'obtient en réduisant le borate de fer par l'hydrogène. Il est blanc, très-dur et présente l'aspect de l'argent. Il se dissout dans les acides avec dégagement d'hydrogène et production d'acide borique et d'un sel ferreux. L'eau bouillante le transforme en acide borique et fer métallique (Arfvedson).

Fremy a préparé du borure de fer cristallisé en faisant passer un courant de chlorure de bore sur du fer cristallisé.

COMBINAISONS DU FER AVEC LES ÉLÉMENTS TÉTRATOMIQUES.

CARBURES DE FER. — Le carbone a une grande tendance à s'unir au fer et constitue alors les fontes et les aciers (voyez ces mots). Lorsqu'on cherche à combiner au fer une proportion de carbone plus forte que n'en contient la fonte, celle-ci dissout bien du charbon quand elle est fondue, mais par le refroidissement cet élément se sépare à l'état de graphite cristallisé qui reste engagé dans la masse de fer et qu'on isole en dissolvant celui-ci dans un acide.

Mais on obtient un carbure de fer mieux défini que la fonte, et qui renferme C^2Fe, par la calcination du ferrocyanure de potassium :

$$FeCy^6K^4 = 4CyK + C^2Fe + Az.$$

C'est une poudre noire, s'enflammant très-facilement. On l'obtient, dans un état de plus grande pureté, par la calcination du ferrocyanure d'ammonium; calciné fortement, à la fin de l'opération, il présente un phénomène d'incandescence comme le sesquioxyde de fer.

On obtient un autre carbure, Fe^2C^3 en calcinant le bleu de Prusse.

SILICIURE DE FER. — Le silicium se dissout dans le fer fondu et y reste combiné par le refroidissement (Deville et Caron). Le silicium existe dans presque tous les fers du commerce dont il ne parait pas altérer la ductilité. On obtient du siliciure de fer en chauffant du fer avec un mélange de silice et de charbon.

Le fer chauffé au rouge décompose le chlorure de silicium : il se forme du siliciure et du chlorure de fer; la quantité de silicium qui se fixe sur le fer varie avec la durée de l'opération. Le fer devient d'abord cassant et cristallin, il renferme alors 10 % de silicium; en prolongeant l'opération, le fer devient plus fusible et forme alors une fonte siliceuse renfermant 20 % de silicium; enfin si l'on fait passer un excès de chlorure de silicium, tout le fer se transforme en siliciure cristallisé qui est entraîné par les vapeurs et se dépose en cristaux très-nets renfermant 33 de silicium et 67 de fer, ce qui correspond à la formule FeSi. Le siliciure de fer cristallise en octaèdres réguliers, d'un jaune gris, à reflets métalliques; il est très-dur et insoluble même dans l'eau régale. La potasse fondue l'attaque avec dégagement d'hydrogène (Fremy).

SELS DE FER.

AZOTATE FERREUX, $(AzO^3)^2Fe''$. — On le prépare soit par double décomposition entre l'azotate de baryum et le sulfate ferreux, soit en dissolvant le protosulfure de fer dans l'acide azotique étendu et froid. On l'obtient encore, combiné à l'azotate d'ammonium, par la dissolution du fer dans l'acide azotique étendu; il se forme en même temps de l'azotate ferrique.

Les solutions, aussi neutres que possible, évaporées à une basse température, fournissent par les froids de l'hiver des cristaux renfermant $6H^2O$ [Ordway, *Sillim. Amer. Journ.*, (2), t. XL, p. 325].

L'azotate ferreux est un sel peu stable, verdâtre, se transformant à l'ébullition en azotate ferrique basique et insoluble; lorsqu'il est acide, il est encore plus altérable. Cristallisé et sec, il se transforme rapidement en azotate ferrique basique rouge. Il se dissout dans 1/2 p. d'eau à 0° et dans 1/3 p. à 25°; cette dernière solution a pour densité 1,50.

AZOTATES FERRIQUES. — AZOTATE NORMAL, $(AzO^3)^6(Fe^2)^{vi}$. — On l'obtient en dissolvant le fer ou l'hydrate ferrique dans l'acide azotique. L'acide, d'une densité de 1,034, attaque le fer sans dégagement de gaz et en produisant seulement de l'azotate ferreux; avec un acide un peu moins étendu on obtient un mélange d'azotates ferreux et ferrique, et avec un acide de 1,115 de densité, on n'obtient que de l'azotate ferrique formant une solution brune se décolorant par l'addition d'eau acidulée, sans former de précipité, mais donnant un précipité ocreux par une ébullition prolongée. Refroidie au-dessous de 0°, la liqueur fournit des cristaux si elle ne renferme pas trop d'azotate basique, qui empêche la cristallisation; on arrive le mieux à cette condition en dissolvant du fer dans un acide de 1,332 de densité jusqu'à ce que la solution marque 1,500; cette solution fournit par le refroidissement des cristaux limpides et incolores, lorsqu'ils sont débarrassés de leurs eaux mères.

L'azotate ferrique normal cristallise avec diverses proportions d'eau de cristallisation, suivant les circonstances [Grouvelle, Ordway, *Sillim. Amer. Journ.*, (2), t. XL, p. 225, et t. XXVII, p. 14; — Scheurer-Kestner, *Ann. de Chim. et de Phys.*, (3), t. LV, p. 331; t. LVII, p. 231 et t. LXV, p. 110; — Wildenstein, *Journ. für prakt. Chem.*, t. LXXXIV, p. 243].

L'évaporation lente ou le refroidissement d'une solution concentrée d'azotate ferrique abandonne ce sel en cristaux clinorhombiques renfermant $18H^2O$. Suivant Ordway, le sel doit être en dissolution dans une liqueur acide renfermant $3H^2O$ pour $2AzO^3H$; si, au contraire, la solution renferme $(AzO^3)^6Fe^2$ dans $2(AzO^3H + H^2O)$, on obtient des cristaux cubiques renfermant $12H^2O$. Ordway a même observé ce sel avec $6H^2O$. Lorsqu'on ajoute au sel cubique 6 molécules d'eau, il se dissout avec élévation de température, et, par le refroidissement, la solution se prend en cristaux rhomboïdaux; inversement, ceux-ci se transforment en cristaux cubiques par l'addition d'acide azotique.

L'azotate ferrique avec $18H^2O$ fond à 47°,2 et bout à 125° en se décomposant; la densité des cristaux est égale à 1,6835, celle du sel fondu, 1,6712. Il est caustique; mélangé au sulfate de sodium, il produit un abaissement de température en se dissolvant dans l'eau.

L'azotate avec $12H^2O$ se forme surtout, suivant Scheurer-Kestner, lorsqu'on évapore la solution d'azotate au bain-marie, ce qui produit une sursaturation; par le refroidissement au-dessous de 0° on obtient alors une masse cristalline renfermant $2H^2O$, dont les eaux mères fournissent de petits cristaux incolores renfermant $12H^2O$. Wildenstein a obtenu des cristaux cubiques, limpides, d'azotate à $12H^2O$, en faisant cristalliser l'azotate de fer du commerce, servant de mordant en teinture, concentré à 50° Baumé.

On prépare cet azotate pour mordant en ajoutant par petites portions, en remuant bien, 16k,500 de sulfate ferreux à un mélange de 5 lit. d'eau, 3 kilogrammes d'acide azotique à 36° Baumé, et 1k,500 d'acide chlorhydrique; vers la fin de cette addition, qui a lieu avec dégagement de vapeurs nitreuses, il faut chauffer au bain-marie; il se forme un dépôt jaune qui est principalement du sous-sulfate ferrique. La solution est d'un rouge brunâtre. On peut aussi verser un mélange de 2 p. d'acide azotique à 36° Baumé et de 1 p. d'eau sur de la tournure de fer, en évitant que la température ne s'élève trop; la liqueur, en contact pendant longtemps avec un excès de fer, finit par marquer 38° à 40° Baumé [Rœsler, *Dingl. polyt. Journ.*, t. CLXXXV, p. 147].

AZOTATES BASIQUES. — Les azotates basiques, qui sont nombreux, sont tous incristallisables et leur présence empêche même la cristallisation de l'azotate normal.

Les sels basiques se forment toujours quand on dissout à saturation du fer dans de l'acide azotique. Pour obtenir l'azotate normal, les proportions doivent être celles de l'équation

$$8AzO^3H + 2Fe$$
$$= (AzO^3)^6Fe^2 + 2AzO + 4H^2O.$$

On obtient le sous-azotate

$$Fe^2O^3, 2Az^2O^5 \quad \text{ou} \quad 2(AzO^3)^6(Fe^2), Fe^2O^3,$$

en ajoutant à de l'azotate neutre un carbonate alcalin ou en dissolvant de l'hydrate ferrique, provenant de la précipitation de 1 p. d'azotate neutre par la potasse, dans une solution de 2 p. de ce même azotate. Ce sous-azotate est soluble dans l'eau et dans l'alcool, et sa solution, comme celle de tous les sous-azotates, est précipitée par l'acide azotique, qui finit par transformer le précipité en azotate normal qui se dissout.

Le sous-azotate

$$Fe^2O^3, Az^2O^5 \quad \text{ou} \quad (AzO^3)^6Fe^2, 2Fe^2O^3$$

représente l'orthoazotate $(AzO^4)^2(Fe^2)^{vi}$, dérivant de l'acide orthoazotique $(AzO^4)'''H^3$, analogue à l'acide phosphorique $(PO^4)'''H^3$; il s'obtient en dissolvant dans 2 p. d'azotate normal l'hydrate ferrique précipité de 1 p. du même sel. Il est soluble et incristallisable.

L'eau bouillante, en agissant sur l'azotate normal et sur ces deux azotates basiques, donne les azotates :

$$2\,Fe^2O^3.Az^2O^5 + H^2O$$
ou $$(AzO^3)^6(Fe^2),\ 5\,Fe^2O^3 + 3\,H^2O,$$

$$3\,Fe^2O^3,Az^2O^5 + 2\,H^2O$$
ou $$(AzO^3)^6(Fe^2),\ 8\,Fe^2O^3 + 6\,H^2O,$$

$$4\,Fe^2O^3,Az^2O^5 + 3\,H^2O$$
ou $$(AzO^3)^6(Fe)^2,\ 11\,Fe^2O^3 + 9\,H^2O.$$

Lorsqu'on fait bouillir une solution d'un azotate ferrique, elle perd de l'acide azotique et laisse déposer un azotate plus basique. Finalement, il reste de l'azotate normal en solution et le dépôt est formé d'hydrate ferrique. Si l'on chauffe à 100° les azotates basiques dans des tubes scellés, la liqueur d'abord brune devient rouge-brique, et si l'on vient à y ajouter de l'acide sulfurique étendu ou un sulfate, il s'y produit un précipité d'hydrate ferrique modifié (voyez p. 1410), seulement cet hydrate ferrique retient de petites quantités d'azotate basique. La lumière produit le même effet que la chaleur (Scheurer-Kestner).

On arrive à un résultat analogue par la dialyse de l'azotate ferrique; il passe à travers la membrane un mélange d'acide et d'azotate, tandis qu'il reste comme substance colloïdale un azotate très-basique, qui se rapproche beaucoup de l'hydrate, car il renferme environ $(AzO^3)^6Fe^2 + 7\,Fe^2O^3$ (Scheurer-Kestner).

Scheurer-Kestner a fait connaître des acéto-azotates ferriques (voyez ACÉTATES, p. 14).

BROMATE FERREUX, (BrO^3) Fe. — Obtenu par dissolution du carbonate ferreux dans l'acide bromique. Cristallise par évaporation dans le vide en octaèdres réguliers. Ce sel se décompose facilement avec production d'un sous-sel ferrique.

BROMATE FERRIQUE, $(BrO^3)^6(Fe^2)^{VI}$. — Sel incristallisable, se décomposant facilement en donnant un sel brun basique (Rammelsberg).

CHLORATE FERREUX, $(ClO^3)^2$Fe. — Se prépare par double décomposition entre le chlorate de baryum et le sulfate ferreux. Sa solution se décompose à l'ébullition en produisant du chlorure ferrique et du chlorate ferrique.

CHLORATE FERRIQUE, $(ClO^3)^6(Fe^2)^{VI}$. — Se forme dans la décomposition du sel précédent et paraît aussi se produire par l'action du chlore sur l'hydrate ferreux en suspension dans l'eau. On obtient ainsi une liqueur rouge jaunâtre.

PERCHLORATE FERREUX, $(ClO^4)^2$Fe. — S'obtient par dissolution du fer dans l'acide perchlorique, ou par double décomposition. Cristallise en petits cristaux verdâtres très-déliquescents se colorant peu à peu à l'air. Sa solution s'oxyde à l'air en laissant déposer un perchlorate ferrique basique. Ses cristaux renferment 6 molécules d'eau (Roscoe) qu'ils ne perdent pas à 100°. A une température plus élevée, le sel se décompose.

PERCHLORATE FERRIQUE, $(ClO^4)^6(Fe^2)^{VI}$. — N'a pas été obtenu cristallisé.

IODATE FERREUX, $(IO^3)^2$Fe. — Précipité rouge clair légèrement soluble, obtenu par double décomposition (Geiger et Walter).

IODATE FERRIQUE, $(IO^3)^6(Fe^2)^{VI}$. — Précipité blanc, soluble dans 500 p. d'eau; sa solution se décompose à l'ébullition en donnant un sel basique et de l'acide libre. On obtient également un sel basique en ajoutant un sel ferrique à de l'iodate de soude; ce sel basique forme un précipité rougeâtre renfermant $2(IO^3)^6Fe^2,Fe^2O^3 + 24\,H^2O$.

Lorsqu'on fait bouillir un sel ferreux avec un excès d'iodate de sodium, le précipité formé se décompose, le sel ferreux passant à l'état de sel ferrique basique aux dépens d'une portion d'acide iodique qui abandonne son iode en partie à l'état de liberté, en partie à l'état d'acide iodhydrique. Le sel ferrique ainsi obtenu renferme environ

$$(IO^3)^6(Fe^2) + Fe^2O^3 + 7\,H^2O.$$

SÉLÉNITE FERREUX, (SeO^3)Fe. — Précipité blanc obtenu par double décomposition, devenant gris, puis jaune, en s'oxydant à l'air. L'acide sélénieux ne dissout pas le fer, à cause de la couche de sélénium dont le métal se recouvre.

CARBONATE FERREUX, CO^3Fe. — Ce sel se rencontre dans la nature à l'état cristallisé, sous le nom de *fer spathique* ou de *sidérose* qu'on peut reproduire artificiellement en chauffant à 150°, dans un tube fermé, un mélange de carbonate, de calcium et de chlorure ferreux. On le rencontre également à l'état amorphe, en rognons ou en amas, dans les terrains houillers; il constitue un des meilleurs minerais de fer.

Le carbonate de fer cristallisé n'est attaqué que lentement par les acides.

On obtient le carbonate ferreux hydraté par double décomposition sous forme d'un précipité blanc, rougissant facilement à l'air et se transformant alors en hydrate ferrique, quand cette oxydation a commencé, et aussi longtemps qu'il reste du carbonate ferreux, l'hydrate ainsi obtenu est magnétique [de Luca et Favilli, *Compt. rend.*, t. LV, p. 615].

Le carbonate ferreux est insoluble dans l'eau pure, mais il se dissout dans une eau chargée d'acide carbonique; la meilleure manière d'obtenir une semblable solution consiste à faire passer un courant de gaz carbonique dans de l'eau tenant en suspension du fer réduit par l'hydrogène; on obtient après quelques heures, à la pression ordinaire, une solution renfermant 0gr,91 de carbonate ferreux par litre [de Hauer, *Journ. für prakt. Chem.*, t. LXXXI, p. 391]. Cette solubilité est diminuée par la présence des carbonates alcalins; lorsqu'on chasse l'acide carbonique, tout le carbonate ferreux se précipite.

Soumis à la calcination, le carbonate ferreux dégage de l'oxyde de carbone et de l'acide carbonique et laisse un résidu d'oxyde intermédiaire, magnétique.

CARBONATE FERRIQUE. — On ne connaît pas le carbonate ferrique normal; quand on ajoute un carbonate alcalin à du chlorure ferrique, il se dégage de l'acide carbonique et on obtient un hydrate ferrique retenant plus ou moins d'acide carbonique, ou, en d'autres termes, un carbonate ferrique plus ou moins basique. Le précipité ainsi obtenu, lavé et séché à 100°, renferme, suivant Langlois [*Ann. de Chim. et de Phys.*, (3), t. XLVIII, p. 506], 10,17 % d'eau et 1,36 d'anhydride carbonique se dégageant entièrement à 165°. D'après Wallace et d'après Barratt [*Chem. News*, t. I, p. 110], le précipité formé par le carbonate d'ammoniaque présente les rapports

$$3\,Fe^2O^3,CO^2 + 8\,H^2O,$$

à 100°, il ne reste que $4\,H^2O$. Le précipité produit dans une solution d'azotate ferrique renferme

$$9\,F^2O^3,CO^2 + 12\,H^2O$$

(Wallace).

Il paraît exister des carbonates ferriques doubles : les bicarbonates alcalins dissolvent l'hydrate ferrique en produisant une solution rouge qui ne précipite pas par l'ébullition et dont les alcalis séparent de l'hydrate ferrique.

SULFOCARBONATE FERREUX, CS^3Fe. — Quand on ajoute un sulfocarbonate alcalin à du sulfate ferreux, on obtient un liquide rouge qui devient peu à peu presque noir; un excès de sulfocarbonate fonce la couleur de la solution, tandis qu'un excès de sel ferreux précipite la combinaison sous forme d'une poudre noire.

Nitrososulfocarbonate de fer,

$$CS^2(AzO)^6Fe^4 + 3H^2O$$
$$= Fe^4S(AzO)^6,CS^2 + 3H^2O.$$

— Cette combinaison, découverte par O. Lœw, se rattache aux combinaisons nitrosulfurées décrites par Roussin. On l'obtient en ajoutant peu à peu, en remuant, un mélange de sulfocarbonate et de nitrite de sodium en solution à une solution de sulfate ferreux, on élève ensuite lentement la température jusqu'à l'ébullition et l'on filtre bouillant; par le refroidissement de la liqueur noire, on obtient des aiguilles noires qu'on purifie par cristallisation dans l'eau et dans l'éther. Ces cristaux ont la composition indiquée par la formule ci-dessus. Ils sont solubles dans l'eau et dans l'alcool, déliquescents dans la vapeur d'éther; leur solution aqueuse est noire et cède le sel à l'éther par son agitation avec ce liquide.

Chauffés entre 80° et 90°, les cristaux de nitrososulfocarbonate de fer perdent de l'eau, puis un peu d'oxyde azotique; chauffés dans un tube, ils déflagrent en dégageant un mélange d'azote et de bioxyde ainsi que du carbonate et du sulfite d'ammonium, tandis qu'ils laissent un résidu d'oxyde ferrique et de sulfure FeS^2. Conservés longtemps, ils perdent de l'eau et du bioxyde d'azote. A froid, les acides et les alcalis n'ont guère d'action sur la solution de ce sel; à chaud, les alcalis en dégagent de l'ammoniaque, précipitent de l'hydrate ferrique, et donnent lieu à une nouvelle classe de sels alcalins. Le chlore en sépare des corps bruns; l'amalgame de sodium produit un dégagement d'ammoniaque. Les sels mercureux et cuivriques ainsi que le chlorure ferrique y occasionnent des précipités qui se décomposent facilement avec dégagement de bioxyde d'azote; le sulfate ferreux est sans action.

Le cyanure de potassium transforme le nitrososulfocarbonate de fer en nitroprussiate alcalin. O. Lœw envisage le nitrososulfocarbonate comme le dérivé nitrosé d'un sulfocarbonate hypothétique $Fe^4S^4.CS^2$ [*Vierteljahresber. f. Pharm.*, t. XIV, p. 375, 1865].

[On peut remplacer le sulfocarbonate de sodium par un autre sulfosel, par exemple le sulfoantimoniate, et l'on obtient ainsi de nouvelles combinaisons sulfurées. Avec le sulfoantimoniate on obtient probablement $Fe^4S(AzO)^6, Sb^2S^3$ (?).]

Sulfocarbonate ferrique. — Précipité brun foncé, se réunissant en grumeaux, insoluble dans l'eau. Chauffé, il perd du soufre et du sulfure de carbone et laisse un résidu de sulfure ferreux.

Sulfate ferreux,

$$SO^4Fe + 7H^2O.$$

— Ce sel, désigné autrefois sous les noms de *vitriol vert, couperose verte*, est le sel de fer le plus important. On le prépare en attaquant le fer par l'acide sulfurique étendu ou, plus généralement dans l'industrie, par l'oxydation à l'air des pyrites efflorescentes ou des pyrites préalablement grillées ou chauffées en vase clos; dans ce dernier cas, elles abandonnent du soufre et laissent un résidu de sulfure magnétique très-oxydable. En exposant à l'air des schistes pyriteux, ceux-ci se sulfatisent et comme la quantité d'acide sulfurique est plus que suffisante pour produire du sulfate ferreux, il se porte en partie sur l'alumine (voyez Alun, p. 177); lorsque l'oxydation est terminée, on lessive la masse à l'eau et l'on porte la solution dans de grands cristallisoirs. A Fahlun, on traite par du fer les eaux des mines, renfermant du sulfate de fer et du sulfate de cuivre, ce dernier laisse déposer tout son cuivre qui est remplacé par du fer.

Le sulfate de fer du commerce n'est pas pur, il renferme ordinairement du sulfate de cuivre, de zinc, de manganèse et de magnésie; le sulfate de cuivre est facilement éliminé par du fer métallique qui déplace le cuivre; les autres sulfates s'éliminent plus difficilement, car, étant isomorphes avec le sulfate de fer, ils cristallisent avec lui, ce qui généralement n'a pas d'inconvénient.

Le sulfate ferreux pur est d'une conservation assez difficile, car il se suroxyde au contact de l'air en donnant des sulfates ferriques basiques, comme nous le verrons plus bas. Pour le préserver de cette oxydation, on ajoute généralement de la glucose ou de la gomme à la solution que l'on fait cristalliser; l'oxygène alors se porte sur la matière organique, probablement en suroxydant d'abord le sulfate ferreux et l'abandonnant ensuite de nouveau. C'est là encore un exemple de la facilité avec laquelle les sels ferreux peuvent servir de véhicule à l'oxygène. Welborn recommande, pour conserver les cristaux de sulfate de fer, d'y ajouter un fragment de camphre enveloppé dans du papier.

Pour avoir du sulfate ferreux pur, il faut dissoudre du fer dans l'acide sulfurique et faire bouillir la solution avec un excès de limaille de fer qui ramène au minimum d'oxydation le sulfate qui a pu se suroxyder à l'air. On peut aussi agiter une solution de sulfate ferreux du commerce avec du sulfure de fer précipité.

Tous les agents oxydants transforment le sulfate ferreux en sulfate ferrique.

Le sulfate ferreux cristallise ordinairement avec 7 molécules d'eau, $SO^4Fe,7H^2O$, et il est isomorphe avec les sulfates dits de la série magnésienne. Mais on peut obtenir ce sel avec des quantités différentes d'eau de cristallisation. Bonsdorf avait déjà indiqué qu'une solution acide de sulfate ferreux abandonne ce sel avec 4 et même avec 2 molécules d'eau; suivant Regnault, le sel qui cristallise à 80° renferme également $4H^2O$. Marignac, en évaporant dans le vide une solution acidulée de sulfate ferreux, a obtenu d'abord ce sel avec $7H^2O$ et les cristaux qui se déposèrent ensuite renfermèrent $5H^2O$ et $4H^2O$.

Les cristaux à 7 molécules d'eau sont en prismes rhomboïdaux obliques; leur densité est égale à 1,884 (H. Schiff); le sel avec $5H^2O$ est en cristaux tricliniques, enfin celui avec $4H^2O$, qui est d'un vert pâle, cristallise dans le système monoclinique; on doit à Marignac des déterminations cristallographiques de ces différents sels [*Ann. des Mines*, (5), t. IX, p. 1].

Le sulfate de fer a une saveur styptique, il se dissout dans l'eau avec une couleur verte, légèrement bleuâtre. Voici sa solubilité dans l'eau :

100 p. de sulfate cristallisé se dissolvent à............				
	10°	dans	164	p. d'eau.
—	15°	—	143	—
—	24°	—	87	—
—	43°	—	66	—
—	60°	—	38	—
—	90°	—	27	—
—	100°	—	30	—

Il est à peu près insoluble dans l'alcool : une solution aqueuse froide, additionnée de son volume environ d'alcool ne retient en solution que 0,3 % de sulfate (H. Schiff).

Le sulfate de fer cristallisé perd $6H^2O$ à 100°, la dernière molécule n'est dégagée que vers 300°. Le sel anhydre est d'un blanc grisâtre; il reprend sa couleur verte lorsqu'on le met en présence d'eau. Une solution de sulfate ferreux que l'on additionne d'alcool ou d'acide sulfurique concentré laisse déposer une poudre cristalline blanche qui est du sulfate ferreux avec une molécule d'eau.

Chauffé au rouge sombre, le sulfate anhydre se décompose en donnant de l'oxyde ferrique, de l'anhydride sulfurique et de l'anhydride sulfureux :

$$2SO^4Fe = Fe^2O^3 + SO^3 + SO^2.$$

C'est la réaction qui donne lieu à l'acide sulfurique de Nordhausen, car l'anhydride sulfurique est toujours accompagné d'acide sulfurique lorsque, ce qui a lieu généralement, le sulfate ferreux n'est pas tout à fait anhydre.

On ne connaît pas de sulfate ferreux basique ou acide.

Sulfate ferreux et bioxyde d'azote. — Le sulfate ferreux dissous possède la propriété d'absorber le bioxyde d'azote en formant avec lui une combinaison ; la liqueur prend rapidement une teinte brun foncé ; la coloration brune qu'on observe lorsqu'on met des cristaux de sulfate ferreux dans de l'acide azotique ou dans une solution d'un azotate additionnée d'acide sulfurique est due à cette propriété : l'acide azotique décomposé par une portion de sulfate donne du bioxyde d'azote qui agit sur le reste du sel de fer. Cette propriété est du reste commune à tous les sels ferreux ; elle a été découverve par Peligot [*Ann. de Chim. et de Phys.*, t. LIV, p. 17]. Lorsqu'on évapore dans le vide la solution de sulfate ferreux saturée de bioxyde d'azote, ce gaz se dégage de nouveau ; mais si l'on chauffe la même solution, elle dégage du protoxyde d'azote et retient du sulfate ferrique. Traitée à chaud par un alcali, elle donne de l'ammoniaque. Lorsque l'on ajoute de l'alcool anhydre et privé d'air à une solution brune de bioxyde d'azote dans le sulfate ferreux, jusqu'à ce que le précipité cesse de se redissoudre, on obtient, en refroidissant le mélange dans un flacon bien fermé, de petits cristaux bruns avides d'eau et d'oxygène. En ajoutant un excès d'alcool, on obtient un précipité brun qui est plus stable que les cristaux.

Le sulfate ferreux donne lieu, avec les sulfates alcalins, à des sels doubles isomorphes avec les sulfates doubles magnésiens, et renfermant 6 molécules d'eau.

Sulfate ferroso-potassique, $(SO^4)^2K^2Fe + 6H^2O$. — Cristallise en prismes clinorhombiques [Marignac, *loc. cit.*]. Densité = 2,189 (H. Schiff). Le même sel double cristallise avec $4H^2O$ d'une solution acidulée d'acide sulfurique ; cristallisé à 60°, il forme des croûtes cristallines qui ne renferment que $2H^2O$.

Sulfate ferroso-sodique. — Ce sel double, obtenu par l'union des deux sulfates, cristallise à 35° et au delà en cristaux clinorhombiques renfermant $4H^2O$; au-dessous de cette température, les deux sulfates cristallisent séparément (Marignac).

Sulfate ferroso-ammonique. — Ce sel cristallise en prismes volumineux d'un vert pâle, renfermant $6H^2O$. Densité = 1,813 (H. Schiff). Ce sel est beaucoup moins altérable à l'air que le sulfate ferreux, aussi est-il fréquemment usité dans les laboratoires.

Sulfate ferroso-thalleux. — Voyez Thallium.

Le sulfate ferreux forme encore d'autres sels doubles, notamment avec les sulfates isomorphes de cuivre, de zinc, de magnésie, etc., ainsi qu'avec les sulfates isomorphes du sulfate d'alumine. Parmi les premiers nous citerons les sulfates doubles de fer et de zinc, de fer et de nickel, de fer et de cuivre. Les sulfates doubles de fer et de cuivre présentent cette particularité qu'ils cristallisent avec $5H^2O$ ou avec $7H^2O$ en affectant la forme du sulfate de cuivre ou celle du sulfate de fer suivant que c'est l'un ou l'autre de ces sulfates qui prédomine. On les considère souvent comme de simples mélanges de sels isomorphes.

Le sulfate ferreux est susceptible de former des sels appartenant à la classe des aluns, tel est le sulfate ferroso-ferrique et l'alun ferroso-magnésien

$$(SO^4)^4(Mg, Fe)''\overline{Al}^2 + 24H^2O.$$

Ce dernier sel a été observé par Bouis dans les cavités des roches d'où jaillissent les eaux sulfureuses d'Aix en Savoie.

Usages. — Le sulfate ferreux est employé à la fabrication de l'acide sulfurique fumant et du *colcothar* ; il est d'un grand usage en teinture où il est utilisé comme réducteur de l'indigo (cuve au vitriol vert). Il entre dans la composition d'un grand nombre de mordants et de couleurs ferrugineuses. Il sert à la fabrication du bleu de Prusse.

On l'emploie dans les essais d'or pour précipiter ce métal de sa solution.

Enfin le sulfate de fer est utilisé comme désinfectant ; il agit dans ce cas en fixant l'ammoniaque et le sulfhydrate d'ammonium.

Sulfates ferriques. — Ces sulfates sont assez nombreux ; ils prennent naissance par l'oxydation du sulfate ferreux sous l'influence de l'air, du chlore, de l'acide azotique, etc.

Action de l'air sur le sulfate ferreux. — Les cristaux de ce sel, exposés à l'air, perdent leur limpidité et se recouvrent d'une couche ocreuse qui est un sulfate ferrique basique :

$$(SO^4)^3(Fe^2).5Fe^2O^3 \text{ ou } (Fe^2O^3)^2SO^3 \text{ ou } (Fe^2)^2\left\{\begin{matrix}SO^4\\O^3\end{matrix}\right.$$

C'est le sel ainsi oxydé qui sert à la préparation de l'acide sulfurique fumant. Ce sel prend également naissance lorsqu'on soumet une solution neutre de sulfate ferreux à l'action de l'air, il se dépose alors sous forme d'une poudre ocreuse renfermant $3H^2O$ pour $(Fe^2O^3)^2SO^3$: la composition de ce précipité n'est du reste pas constante, elle varie avec la concentration de la solution et avec la durée de l'action de l'air [Muck, *Journ. prakt. Chem.*, t. XCX, p. 103]. La solution d'où s'est déposé ce sel basique renferme, outre du sulfate ferreux, les éléments du sulfate ferrique normal $(SO^4)^3Fe^2$ et du sulfate basique

$$(SO^4)^3(Fe^2) + Fe^2O^3.$$

Si l'on y ajoute de l'eau, il s'y forme un précipité jaune qui est un sous-sulfate complexe, tandis qu'il reste en dissolution du sulfate ferroso-ferrique (Muck). Tous ces sulfates ferriques sont ramenés à l'état de sulfate ferreux par l'action des agents réducteurs, notamment de l'acide sulfureux, du fer, du zinc, de l'hydrogène sulfuré.

Action du chlore, etc. — Le chlore agit sur le sulfate ferreux comme l'oxygène de l'air, seulement, dans ce cas, il n'y a pas de sels basiques formés, le chlore étant un radical d'acide :

$$6SO^4Fe + 3Cl^2 = Fe^2Cl^6 + 2(SO^4)^3(Fe^2).$$

L'acide azotique agit de même.

Sulfate ferrique normal, $(SO^4)^3(Fe^2)$. — On prépare ce sel en dissolvant l'oxyde ferrique dans l'acide sulfurique, dissolution qui est d'autant plus difficile que l'oxyde a été plus fortement calciné ; la présence du sulfate ferreux facilite cette dissolution ; on évapore la solution à sec pour chasser l'excès d'acide.

On l'obtient également en traitant une solution ferreuse par de l'acide azotique et l'évaporant ensuite après l'avoir additionnée d'une molécule d'acide sulfurique pour 2 molécules de sulfate ferreux :

$$2SO^4Fe + O + SO^4H^2 = (SO^4)^3(Fe^2) + H^2O.$$

On obtient ainsi un résidu blanc jaunâtre qui est le sulfate ferrique normal. On rencontre au Chili le même sel à l'état naturel, avec 9 molécules d'eau (H. Rose).

F. Ulrich a trouvé dans de l'acide sulfurique sortant de la chaudière de platine un sel ayant la composition du sulfate ferrique, sous forme de paillettes couleur fleur de pêcher, cristallisées en pyramides rhomboïdales tronquées, presque insolubles dans l'eau et dans l'acide chlorhydrique [*Dingler's pol. Journ.*, t. CLII, p. 395].

Le sulfate ferrique est une poudre blanche ou jaunâtre se décomposant par la chaleur en anhydride sulfurique et sesquioxyde de fer. Sa solution dissout un grand nombre de métaux et est alors ramenée à l'état de sel ferreux. Soumise à l'ébullition, elle se décompose en partie en laissant précipiter un sel basique hydraté. Lorsqu'on ajoute un carbonate alcalin à sa solution, il se forme un précipité qui paraît être un carbonate ferrique, car il se redissout avec effervescence par l'agitation; la liqueur fortement colorée laisse déposer au bout de quelque temps un précipité jaune qui est un sous-sulfate :

$$(Fe^2O^3)^3SO^3 + 6H^2O = (Fe^2)^3 \left\{ \begin{matrix} SO^4 \\ O^8 \end{matrix} \right. + 6H^2O\ ;$$

une nouvelle addition de carbonate alcalin précipite un autre sel plus basique qui se transforme lui-même en hydrate ferrique par un excès de carbonate.

Lorsqu'on ajoute de l'alcool à une solution de sulfate ferrique additionnée d'un peu de carbonate alcalin, le sulfate ferrique normal reste en solution, tandis qu'il se sépare une masse saline d'un jaune rougeâtre soluble dans l'eau pure, mais très-instable, qui est un sulfate ferrico-potassique complexe qui se décompose avec le temps ou par l'ébullition, en abandonnant un sulfate ferrique basique et insoluble.

Sulfates basiques. — Le *sulfate*

$$Fe^2O^3, 2SO^3 = (Fe^2) \left\{ \begin{matrix} (SO^4)^2 \\ O \end{matrix} \right.$$

ou $$2(SO^4)^3(Fe^2) + Fe^2O^3$$

s'obtient en faisant digérer le sulfate normal avec de l'hydrate ferrique. Il forme une solution rouge foncé donnant par la dessiccation une masse gommeuse incristallisable; il se décompose lorsqu'on étend d'eau sa solution ou qu'on la fait bouillir en un sel basique qui se précipite et en sel normal qui reste en solution.

Le *sulfate*

$$(Fe^2O^3)^3(SO^3)^5 = (Fe^2)^3 \left\{ \begin{matrix} (SO^4)^5 \\ O^4 \end{matrix} \right.$$

ou $$5(SO^4)^3(Fe^2) + 4Fe^2O^3$$

se prépare en versant peu à peu de l'acide azotique dans une solution de sulfate ferreux dans l'acide sulfurique étendu; quand les vapeurs rutilantes ont cessé, on ajoute à la solution du sulfate ferreux pulvérisé. On obtient ainsi une solution d'un rouge-brun foncé se décomposant par un excès d'eau en sel normal et en un sel basique qui se précipite. Un excès d'acide sulfurique décolore la solution et la fait prendre en une masse blanche. La solution de ce sel évaporée donne une masse sirupeuse qui se dessèche en écailles rougeâtres devenant d'un vert jaunâtre par une dessiccation à feu nu (Monsel).

On obtient le sulfate

$$Fe^2O^3.SO^3 = (Fe^2) \left\{ \begin{matrix} SO^4 \\ O^2 \end{matrix} \right. \text{ ou } (SO^4)^3(Fe^2) + 2Fe^2O^3,$$

à l'état d'un précipité floconneux rouge, par l'ébullition d'une solution de sous-sulfate ferrico-potassique (Soubeiran); il renferme $3H^2O$.

Le *sulfate*

$$(Fe^2O^3)^2SO^3 = (Fe^2)^2 \left\{ \begin{matrix} SO^4 \\ O^5 \end{matrix} \right.$$

ou $$(SO^4)^3(Fe^2) + 5Fe^2O^3$$

se forme par l'action de l'air sur la solution de sulfate ferreux ou par une précipitation incomplète du sulfate ferrique normal par un alcali; il renferme $3H^2O$. Il se produit encore par l'action de la chaleur seule sur une solution du sulfate normal; plus la solution est étendue, plus cette décomposition est facile; le précipité est rouge et devient jaune par la dessiccation; chauffé de manière à devenir anhydre, il est brun. Ce sous-sulfate est employé dans la peinture sur verre et sur porcelaine.

Le *sulfate*

$$(Fe^2O^3)^4, SO^3 = (Fe^2)^4 \left\{ \begin{matrix} SO^4 \\ O^{11} \end{matrix} \right.$$

ou $$(SO^4)^3Fe^2 + 11Fe^2O^3$$

se précipite à l'état d'une poudre brune volumineuse, lorsqu'on ajoute de l'acétate de baryum à une solution de sous-sulfate ferrique (Anthon).

Le *sulfate*

$$2(Fe^2O^3)^7SO^3 + 21H^2O$$

ou $$(SO^4)^3Fe^2 + 20Fe^2O^3 + 31\ 1/2\ H^2O$$

a été trouvé sous la forme d'une masse amorphe brune près de Modum (Norvége).

Enfin, lorsqu'on fait agir du zinc pendant plusieurs semaines sur une solution concentrée de sulfate de fer, on obtient un dépôt jaune d'ocre qui est un sulfate encore plus basique (Muck).

Aluns de fer. — Le sulfate ferrique, étant isomorphe avec le sulfate aluminique, peut remplacer celui-ci dans les aluns, et les sels doubles ainsi obtenus sont isomorphes avec l'alun ordinaire; on connaît les aluns ferriques de potassium, d'ammonium, de thallium.

Alun ferrico-potassique,

$$(SO^4)^4(Fe^2)K^2 + 24H^2O.$$

— On obtient ce sel en ajoutant de l'acide azotique à une solution renfermant 2 molécules de sulfate ferreux, 1 molécule de sulfate de potassium et 1 molécule d'acide sulfurique; le sulfate ferrique qui se forme ainsi s'unit au sulfate de potassium et donne par l'évaporation des cristaux octaédriques volumineux, colorés en violet améthyste et isomorphes avec l'alun ordinaire. On peut aussi traiter par l'acide sulfurique un mélange d'azotate de potassium et de sulfate ferreux.

On obtient de même l'*alun ferrico-ammonique.*

Alun ferrico-thalleux. — Voyez Thallium.

Outre les aluns de fer, le sulfate ferrique produit d'autres sels doubles avec les sulfates alcalins. Lorsqu'on ajoute un alcali à une solution d'alun ferrique tant que le précipité se redissout, on obtient par l'évaporation des cristaux qui renferment

$$2(SO^4K^2) \text{ ou } 2SO^4(AzH^4)^2 + Fe^2O^3, 2SO^3 + 6H^2O.$$

Ou bien on obtient des pyramides hexagonales, d'un rouge-brun, qui, suivant Richter et Scheerer, renferment

$$5(SO^4K^2) + (Fe^2O^3)^3(SO^3)^7 + 21H^2O\ ;$$

Rammelsberg a trouvé pour ce sel $20H^2O$ et Marignac seulement $18H^2O$; on obtient un semblable sel basique avec l'alun ferrico-ammonique.

On rencontre, dans le lignite de Kaloforuk (Bohême), une masse ocreuse insoluble qui est un sulfate ferrico-potassique renfermant

$$SO^4K^2 + 4Fe^2O^3.SO^3 + 9H^2O$$

(Rammelsberg). Le sel de sodium correspondant à ce dernier sel double a été trouvé dans le schiste alumineux de Modum (Norvége) où il se présente en masses semblables à des stalactites, d'un jaune clair.

Sulfates ferroso-ferriques. — Le sulfate ferreux et le sulfate ferrique forment entre eux des sels doubles bien définis. Lorsqu'on abandonne à l'air une solution acide de sulfate ferrique ou qu'on dissout l'hydrate magnétique de fer dans l'acide sulfurique étendu, on obtient une solution rougeâtre qui donne avec la potasse un précipité d'hydrate d'oxyde de fer magnétique.

En ajoutant de l'acide sulfurique concentré à une solution maintenue froide de 3 molécules de sulfate ferreux et de 2 molécules de sulfate ferrique, on obtient un précipité qui renferme

$$(SO^4)^9 Fe^3 (Fe^2)^2 + 4H^2O;$$

ce composé est très-instable (Barreswil).

On obtient une combinaison analogue formant des cristaux noirs, qui sont des octaèdres modifiés par les faces de l'hexaèdre, lorsqu'on ajoute de l'acide azotique et une solution concentrée d'alun à un mélange bouillant de sulfate ferreux et d'acide sulfurique concentré; en évaporant au bain-marie, à 70°, on obtient une poudre cristalline qu'on redissout dans l'eau additionnée d'acide sulfurique pour la faire recristalliser. Ce sel ne se forme que si une portion du sulfate ferrique est remplacée par du sulfate d'aluminium.

En ajoutant 5 à 6 fois leur poids d'eau à un mélange de sulfates ferreux et ferrique, la température s'élève de 25°, et par le refroidissement, il se dépose de longs prismes d'un vert pâle qui renferment $SO^4Fe + 6(SO^4)^3(Fe^2) + 10H^2O$ (Poumarède).

Le tuf ponceux de Bourboule (Puy-de-Dôme) est coloré en noir par du sulfure de fer; lorsqu'il est soumis à l'influence de l'air humide, le sulfure s'oxyde, se dissout et s'infiltre dans les couches sablonneuses du tuf pour abandonner du sulfate ferroso-ferrique renfermant environ 40 % d'eau et correspondant à la formule

$$3SO^4Fe + 2(SO^4)^3(Fe^2).$$

Berzelius a trouvé dans un minerai de cuivre de Fahlun de petits cristaux rouges renfermant

$$3SO^4Fe + (Fe^2O^3)^3(SO^3)^5 + 36H^2O.$$

SULFITE FERREUX, SO^3Fe. — Le fer se dissout dans une solution d'acide sulfureux, sans dégagement de gaz, en produisant un mélange de sulfite et d'hyposulfite ferreux ; si l'on opère au contact de l'air, ce dernier se transforme en tétrathionate. En évaporant la solution dans le vide, le sulfite ferreux cristallise en aiguilles verdâtres renfermant 3 molécules d'eau. Ce sel, très-altérable à l'air, est peu soluble dans l'eau pure, mais l'acide sulfureux facilite sa dissolution.

SULFITE FERRIQUE, $(SO^3)^3(Fe^2)$. — Ce composé, très-instable, n'est pas connu à l'état solide; on l'obtient en solution par l'action de l'acide sulfureux sur l'hydrate ferrique ou par l'action du sulfite de sodium sur le chlorure ferrique; on obtient ainsi une solution rouge. Exposé à l'air, ce sel se transforme en sulfate ferrique. Lorsqu'à du chlorure ferrique neutre on ajoute du sulfite de sodium, il se produit au moment même une coloration rouge intense qui disparaît presque aussitôt pour faire place à la couleur verte des sels ferreux. Cette disparition de la couleur rouge est beaucoup retardée par l'addition d'acide chlorhydrique.

Le sulfite ferrique, en se décolorant, se transforme en un mélange de sulfite et de sulfate ferreux : $(SO^3)^3(Fe^2) = SO^4Fe + SO^3Fe + SO^2$ [Buignet, *Compt. rend.*, t. XLIX, p. 587].

Si l'on ajoute le sulfite alcalin au chlorure ferrique dans un mélange réfrigérant, on peut constater que la solution rouge qui se produit ne renferme ni acide sulfureux, ni sel ferreux.

Quand on fait bouillir la solution de sulfite ferrique, il se dépose une poudre ocreuse insoluble, qui est un sulfite ferrique basique renfermant

$$(Fe^2O^3)^3SO^2 + 7H^2O$$
$$= (SO^3)^3(Fe^2) + 8Fe^2O^3 + 21H^2O.$$

On obtient un autre sous-sel, d'un jaune-brun, par l'addition d'alcool à sa solution (Kœhne). Il existe un sulfite ferrico-potassique

$$SO^3K^2 + Fe^2O^2(SO^2)^2$$

qui se précipite lorsqu'on ajoute de la potasse à la solution du sulfite ferrique.

HYPOSULFITE FERREUX, S^2O^3Fe. — S'obtient en faisant digérer du soufre avec du sulfite ferreux, ou par double décomposition entre l'hyposulfite de baryum et le sulfate ferreux; par l'évaporation il se dépose de petites aiguilles verdâtres accompagnées d'une poudre jaune résultant d'une altération.

Ce sel est soluble dans l'alcool; sa solution aqueuse s'oxyde peu à peu, en déposant des cristaux de sulfite ferreux (Kœhne).

HYPOSULFATE FERREUX, $S^2O^6Fe + 5H^2O$. — S'obtient par double décomposition; il cristallise de sa solution en prismes verts, oxydables à l'air.

HYPOSULFATE FERRIQUE, $(S^2O^6)^3(Fe^2)$. — On obtient ce sel par double décomposition, à l'état d'une solution rouge. L'hydrate ferrique ne neutralise pas l'acide hyposulfurique, mais donne lieu à un hyposulfate très-basique.

TÉTRATHIONATE FERREUX, S^4O^6Fe. — Lorsqu'on ajoute goutte à goutte de l'hyposulfite ferreux dans une solution de chlorure ferrique, on donne lieu à du tétrathionate :

$$Fe^2Cl^6 + 2S^2O^3Fe = 3Cl^2Fe + S^4O^6Fe.$$

Ce sel est très-instable; il se dédouble facilement suivant l'équation

$$S^4O^6Fe = SO^4Fe + SO^2 + S.$$

SÉLÉNITE FERRIQUE, $(SeO^3)^3(Fe^2)$. — Poudre blanche, jaunâtre après dessiccation, qui s'obtient par double décomposition. Chauffé, il perd de l'eau, puis à une température élevée, de l'anhydride sélénieux et il reste du sesquioxyde de fer.

Berzelius a décrit un sélénite acide

$$(SeO^3)^3Fe^2.3SeO^2,$$

en dissolvant du fer dans un excès d'acide sélénieux additionné d'acide azotique; le sel se dépose par le refroidissement en cristaux lamelleux, vert-pistache. En traitant un de ces deux sels par de l'ammoniaque, on obtient un sel basique qui forme un précipité jaune passant à travers les filtres.

SÉLÉNIATE FERREUX, $SeO^4Fe + 7H^2O$ (?). — S'obtient par dissolution du fer dans l'acide sélénique étendu; il se dégage de l'hydrogène et l'on obtient un sel qui cristallise à 0° comme le sulfate ferreux; à une température plus élevée il cristallise comme le sulfate de cuivre. Il perd facilement son eau et devient opaque [Wohlwill, *Ann. der Chem. u. Pharm.*, t. CXIV, p. 169].

SÉLÉNIATE FERRIQUE, $(SeO^4)^3(Fe^2)$. — Le sel neutre et les sels basiques ressemblent aux sulfates ferriques.

TELLURATES. — Le *tellurate ferreux* forme un précipité blanc devenant rapidement gris, puis couleur de rouille.

Le *tellurate ferrique* est un précipité floconneux, jaune pâle, présentant peu de stabilité.

BORATE FERREUX. — Ce sel est peu stable, celui qu'on obtient par double décomposition est un précipité qui paraît renfermer $(BO^2)^2Fe$, mais il perd de l'acide borique par les lavages.

Le *borate ferrique* forme une poudre jaune, insoluble, devenant brune par la calcination et se vitrifiant au rouge vif.

ANTIMONIATES DE FER. — Voyez p. 349.

Arséniates et **sulfarséniates**, etc. — Voyez p. 400, 404, 407, 409.

Phosphates ferreux. — *Phosphate*, $(PO^4)^2Fe^3$. — Ce sel s'obtient à l'état d'un précipité volumineux blanc, prenant peu à peu un aspect gélatineux, lorsqu'on ajoute goutte à goutte du phosphate de sodium à un sel ferreux. Recueilli et lavé sur un filtre, il s'oxyde rapidement en se colorant en bleu. On rencontre le phosphate ferreux dans la nature; c'est un minéral connu sous le nom de *vivianite* et renfermant $8H^2O$; ce minéral se colore rapidement au contact de l'air et est généralement plus ou moins altéré, il contient alors du phosphate ferrique. La *triplite* est également du phosphate ferreux renfermant plus ou moins de phosphate manganeux.

On obtient aussi le phosphate triferreux par l'action de l'eau à 250° sur le phosphate diferreux; il renferme alors 1 molécule d'eau et se présente en petits grains cristallins, d'un vert foncé [Debray, *Ann. de Chim. et de Phys.*, (3), t. LXI, p. 437].

On a rencontré le phosphate ferreux colorable en bleu dans l'économie animale; Friedreich l'a trouvé dans le poumon d'un phthisique; Schlossberger a également constaté sa présence dans d'autres circonstances, et lui attribue la coloration bleue que prend souvent le pus. Nicklès en a trouvé dans des os ayant séjourné longtemps sous terre.

Deville et Caron ont obtenu un chlorophosphate ferreux (wagnérite de fer), qui a pour composition

$$Fe''^2 \left\{ \begin{matrix} PO^4 \\ Cl, \end{matrix} \right.$$

sauf qu'une partie du fer y est remplacée par du manganèse.

Le phosphate de fer est insoluble dans l'eau pure; l'eau chargée d'acide carbonique en dissout environ 1/1000 et cette solubilité est augmentée par la présence de 1/500 d'acide acétique, tandis que l'acétate d'ammonium diminue cette solubilité. Ces faits peuvent avoir une grande importance pour les engrais désinfectés par le sulfate de fer [Isid. Pierre, *Ann. de Chim. et de Phys.*, (3), t. XXXVI, p. 76].

Le *phosphate ferreux*, $(PO^4)HFe$, s'obtient sous forme d'une poudre blanche demi-transparente lorsqu'on précipite incomplétement le sulfate ferreux par du phosphate disodique. Il se forme également lorsqu'on fait bouillir de l'acide phosphorique avec du fer; il se précipite de petites aiguilles incolores, bleuissant à l'air, qui renferment

$$(PO^4)FeH + H^2O;$$

ou bien en faisant bouillir du sulfate de fer avec du phosphate magnésien précipité à froid (Debray).

Pyrophosphate ferreux, $P^2O^7Fe''^2$. — Ce sel se forme par l'action de la chaleur sur le sel précédent, par l'action de l'hydrogène sur le phosphate ferrique, ou par double décomposition; il est soluble dans un excès de sel ferreux et dans un excès de pyrophosphate alcalin.

Pyrophosphate ammoniacal, $P^2O^7Fe''^2 + AzH^3$. — Lorsqu'on agite avec de l'ammoniaque un mélange de sulfate ferreux et de phosphate de soude, il se produit un précipité floconneux se changeant en paillettes cristallines qui, séchées dans le vide, sont blanches, mais qui prennent une teinte verdâtre en s'oxydant.

Pyrophosphate et *oxyde azotique*,

$$P^2O^7Fe^2 + AzO.$$

— Précipité brun obtenu en traitant un sel ferreux saturé de bioxyde d'azote par du phosphate de soude. Ce précipité absorbe l'oxygène de l'air en devenant blanc et se transformant en un mélange de phosphate et d'azotate ferriques (Peligot).

Phosphates ferriques. — *Phosphate*

$$(PO^4)^2(Fe^2)^{vi}.$$

— Ce phosphate se précipite, avec $4H^2O$, lorsqu'on ajoute un phosphate alcalin à du chlorure ferrique. Il perd un peu d'acide phosphorique et d'oxyde de fer par les lavages. Il se forme aussi à l'état de mamelons cristallins blancs par l'action de l'air sur la solution du fer dans un excès d'acide phosphorique (Debray). Le phosphate ferrique précipité est soluble dans les acides chlorhydrique et azotique, ainsi que dans les acides citrique et tartrique; il est insoluble dans l'acide phosphorique et dans le phosphate de soude [Heydenreich, *Chem. News*, t. IV, p. 158]. Il se dissout dans 12,500 fois son poids d'eau chargée d'acide carbonique (Isid. Pierre).

Chauffé au rouge, le phosphate ferrique se déshydrate et devient brun; chauffé dans un courant d'hydrogène, il se transforme d'abord en pyrophosphate ferreux, puis en phosphure de fer.

Lorsqu'on dissout ce phosphate dans de l'acide chlorhydrique et qu'on ajoute de l'ammoniaque à la solution, le phosphate qui se précipite renferme $2(PO^4)^2(Fe^2) + Fe^2O^3$. — On rencontre à Berneau, en France, et à l'île Maurice, un phosphate basique naturel qui forme une masse résineuse brune renfermant

$$(PO^4)^2(Fe^2) + Fe^2O^3 + 24 \text{ ou } 12H^2O.$$

Le phosphate bleu obtenu en traitant le sulfate ferreux bleu par du phosphate de soude renferme, d'après Rammelsberg :

$$2(PO^4)^2\overset{''}{Fe}{}^3 + 3(PO^4)^2(\overset{vi}{Fe^2}) + 16H^2O.$$

La vivianite altérée, bleue et cristallisée offre une composition analogue.

Pyrophosphate ferrique. — Ce composé se précipite par l'addition du pyrophosphate de sodium à du chlorure ferrique; le précipité est soluble à chaud dans un excès de pyrophosphate et la solution fournit, par l'évaporation, des écailles dures et transparentes qui sont un pyrophosphate double ferrico-sodique

$$(P^2O^7)^3(Fe^2)^2 + (P^2O^7)^2Na^8 + 20H^2O.$$

La solution de ce sel est légèrement acide, précipitable par le chlorure de sodium. Les acides en précipitent du pyrophosphate de fer. Cette solution est remarquable en ce qu'elle ne donne point de réaction avec les cyanures jaune et rouge; le sulfocyanate y produit un précipité gélatineux blanc. L'ammoniaque la colore en rouge et lorsqu'on évapore ensuite à siccité, on obtient un pyrophosphate ferrico-sodique ammoniacal [Milke, *Zeitschrift für Chem.*, 1856]. Le pyrophosphate ferrique a été préconisé en médecine.

Phosphite ferreux, $FeH(PO^3)$. — Se précipite sous forme d'une poudre blanche presque insoluble dans l'eau. La chaleur le décompose avec dégagement d'hydrogène et production de lumière.

Phosphite ferrique, $H^3(Fe^2)(PO^3)^3$. — Se précipite à l'état d'un sel blanc, pulvérulent, qui se décompose par la distillation sèche avec production de lumière. Il renferme $9H^2O$.

Hypophosphites. — *L'hypophosphite ferreux* se forme par la dissolution du fer dans l'acide hypophosphoreux; la solution évaporée dans le vide laisse une masse cristalline verdâtre qui renferme

$$FeH^4(PO^2)^2.$$

L'hypophosphite ferrique, $(Fe^2)^{vi}H^{12}(PO^2)^6$, est un sel blanc peu soluble.

Silicates de fer. — Les silicates de fer sont très-nombreux dans la nature et constituent une foule de minéraux.

Le *silicate ferreux normal*, SiO^4Fe^2, est un produit qui se forme pendant l'affinage de la fonte; il est très-fusible, attaquable par les acides et se présente soit en masses amorphes, soit en cristaux gris, d'un aspect métallique.

On rencontre quelquefois dans l'intérieur des laves un silicate d'un blanc grisâtre noircissant à l'air en s'oxydant; ce silicate, nommé *chlorophéite*, renferme $SiO^3Fe + 6H^2O$, et se transforme au contact de l'air en un silicate ayant la composition de l'*hisingérite* (voyez ce mot).

Les silicates de fer sont très-nombreux dans la nature. — Voyez à cet égard CRONSTEDTITE, HÉDENBERGITE, STILPNOMÉLANE, LIÉVRITE, HYALOSIDÉRITE, etc.

Lorsqu'on introduit un cristal de sulfate ferreux dans une solution de silicate potassique, en partie carbonatée, il se recouvre d'une végétation grise (*arbre de Mars*), qui renferme du silicate ferreux basique et du carbonate de potassium, dans la proportion $3Fe''^2SiO^4, 6FeO + 2K^2CO^3$; ce produit est insoluble dans l'eau; au contact de l'air, il s'oxyde et se tranforme en silicate ferrique $(Fe^2)^2(SiO^4)^3 + 4Fe^2O^3$. E. W.

FER (RÉACTIONS, DOSAGE ET SÉPARATION).

RÉACTIONS DES SELS DE FER. — Les sels ferreux et les sels ferriques offrent des réactions très-distinctes. Les seules réactions qui soient communes aux deux classes de sels sont celles du chalumeau, car quel que soit le sel auquel on ait affaire, il est toujours ramené au même état lorsqu'on opère avec une même flamme; la flamme réductrice donnera dans tous les cas les caractères des sels ferreux; la flamme oxydante ceux des sels ferriques. Les combinaisons du fer, chauffées avec du borax dans la flamme oxydante, donnent une perle rouge foncé à chaud, jaune à froid, et dans la flamme réductrice une perle verte qui devient plus pâle par le refroidissement. Avec le sel de phosphore la réaction est la même dans la flamme d'oxydation, mais dans la flamme de réduction on obtient une perle rouge.

SELS FERREUX. — Les sels ferreux possèdent une réaction acide; à l'état anhydre ils sont incolores, à l'état hydraté ou en solution ils sont d'un vert pâle; leur saveur est astringente et métallique. Ils s'oxydent rapidement à l'air en se transformant en sels ferriques basiques.

Pour avoir un sel ferreux tout à fait exempt de sel ferrique, il faut dissoudre de la limaille de fer, ou du fil de clavecin dans de l'acide chlorhydrique ou sulfurique étendu et bouillant, filtrer bouillant dans un flacon rempli d'eau bouillie; lorsque cette dernière est complétement remplacée par la solution plus dense du sel ferreux, on bouche le flacon et on le conserve, le goulot renversé dans un verre contenant du mercure. Il faut, chaque fois qu'on en sort une partie, la remplacer par de l'eau bouillie. Un sel ferreux qui s'est suroxydé à l'air est facilement ramené au minimum d'oxydation, soit par une ébullition avec du fer ou du zinc métallique, soit par l'action de l'hydrogène sulfuré. Voici maintenant les caractères que présentent ces sels avec les réactifs.

Potasse. — Précipité blanc-verdâtre d'hydrate ferreux insoluble dans un excès, se colorant rapidement à l'air en vert (hydrate ferroso-ferrique), ou en rouge-brun (hydrate ferrique).

Ammoniaque. — Précipité verdâtre soluble dans un excès; la présence des sels ammoniacaux empêche la précipitation par l'ammoniaque. La solution ammoniacale est très-oxydable.

Carbonates alcalins. — Précipité blanc, verdissant à l'air.

Hydrogène sulfuré. — Ne précipite pas les solutions acides; précipitation partielle de sulfure si l'acide est un acide faible (acide acétique).

Sulfhydrate d'ammonium. — Précipité noir de sulfure ferreux, insoluble dans un excès, soluble dans les acides.

Ferrocyanure de potassium (cyanure jaune). — Précipité blanc (ferrocyanure ferreux), bleuissant rapidement à l'air et encore plus rapidement par le chlore.

Ferricyanure de potassium (cyanure rouge). — Précipité bleu (ferricyanure ferreux), insoluble dans l'acide chlorhydrique, soluble dans la potasse.

Sulfocyanate de potassium. — Rien. On peut par ce réactif retrouver des traces très-faibles de sels ferreux; il suffit d'agiter le mélange avec de l'éther (qui détermine la formation d'eau oxygénée) pour provoquer une coloration rouge très-sensible.

Tannin. — Pas de précipité; la solution se colore en noir-bleuâtre à l'air.

Acide oxalique. — Précipité jaune d'oxalate ferreux, se formant lentement, soluble dans l'acide chlorhydrique.

Succinate et benzoate d'ammonium. — Pas de précipité.

Les sels ferreux agissent en outre, dans beaucoup de réactions, comme agents réducteurs, en se transformant en sels ferriques. Ils se combinent au bioxyde d'azote en se colorant en brun; cette coloration se produit toujours par l'action d'un sel ferreux sur l'acide azotique. Ils réduisent le chlorure d'or, en mettant de l'or métallique en liberté.

SELS FERRIQUES. — Les sels ferriques ont une réaction acide; ils sont jaunes.

Potasse, soude, ammoniaque. — Précipité volumineux rouge-brun d'hydrate ferrique, insoluble dans un excès de réactif; tant que tout le fer n'est pas précipité, l'hydrate peut se redissoudre dans l'excès de sel ferrique, en formant des sels basiques. Les sels ammoniacaux n'empêchent pas cette précipitation qui peut ne pas avoir lieu en présence de l'acide tartrique et d'autres matières organiques.

Carbonates alcalins. — Précipité d'hydrate ferrique et dégagement d'acide carbonique.

Hydrogène sulfuré. — Dépôt laiteux de soufre; le sel ferrique est ramené à l'état de sel ferreux.

Sulfhydrate d'ammonium. — Précipité noir de sulfure ferreux. La précipitation n'est pas immédiate s'il y a très-peu de fer et beaucoup de réactif.

Ferrocyanure de potassium. — Précipité de bleu de Prusse (ferrocyanure ferrique), insoluble dans l'acide chlorhydrique, soluble dans la potasse.

Ferricyanure de potassium. — Pas de précipité; les liqueurs deviennent seulement plus foncées.

Sulfocyanate de potassium. — Coloration intense, d'un rouge de sang. Réaction extrêmement sensible, mais qui peut être masquée par la présence des acides tartrique, citrique, etc.

Tannin. — Précipité noir-bleuâtre (encre).

L'*hyposulfite de sodium* ne précipite pas les sels ferriques.

Acide oxalique. — Pas de précipité; coloration rouge. L'*acétate de sodium* colore la solution de sels ferriques en rouge; cette solution laisse déposer par l'ébullition de l'acétate ferrique très-basique.

Succinate et benzoate d'ammonium. — Précipité brun.

DOSAGE DU FER. — Le fer, quel que soit l'état dans lequel il se trouve dans une combinaison, est toujours dosé à l'état de sesquioxyde; car il est toujours possible de ramener le fer à l'état de combinaison ferrique donnant avec les alcalis un précipité d'hydrate ferrique qui se transforme en oxyde ferrique anhydre par la calcination. On peut aussi doser le fer par liqueurs titrées ou par des méthodes indirectes.

Précipitation par les alcalis. — La solution doit contenir tout le fer au maximum, c'est-à-dire à l'état de sel ferrique; s'il n'en était pas ainsi, il faudrait traiter la solution par l'acide azotique ou par le chlore pour peroxyder le fer. On fait agir l'acide azotique aussi longtemps qu'il se forme des vapeurs nitreuses, et jusqu'à ce que la liqueur, d'abord brune, devienne d'un jaune foncé; on peut aussi opérer cette oxydation par l'acide chlorydrique et le chlorate de potassium. Quand ce but est atteint, on ajoute à la solution de l'ammoniaque ou de la potasse caustique et l'on fait bouillir; on recueille sur un filtre le précipité volumineux rouge-brun d'hydrate ferrique, on le lave à l'eau bouillante et on le dessèche. Par la dessiccation, il diminue considérablement de volume; on le détache alors du filtre, on le calcine et on incinère le filtre. La calcination du précipité doit être faite avec ménagement, car il décrépite et l'on peut ainsi éprouver des pertes. Après la calcination, on pèse l'oxyde; le poids de celui-ci, multiplié par le rapport $\frac{Fe^2O^3}{Fe}$ =0,700, donne le poids de fer.

Quand on opère la précipitation par l'ammoniaque, il importe que les lavages soient bien effectués, car s'il restait du sel ammoniac, on pourrait, par la calcination, avoir une perte de fer par suite de la formation de chlorure ferrique. Lorsqu'on a été obligé de faire la précipitation par la potasse, l'hydrate ferrique entraîne toujours de l'alcali que les lavages n'enlèvent jamais complétement; il faut alors redissoudre le précipité dans l'acide chlorydrique et le précipiter de nouveau par l'ammoniaque.

Ce procédé est toujours immédiatement applicable lorsque l'ammoniaque ne peut occasionner la précipitation d'aucun autre oxyde et d'aucun sel. Il est à remarquer, en outre, que la présence de l'acide tartrique et d'autres matières organiques empêche la précipitation de l'hydrate ferrique; il faut, dans ce cas, détruire la matière organique par la calcination et redissoudre le résidu dans l'acide chlorydrique ou dans l'eau régale.

Précipitation par le succinate d'ammonium. — Ce mode de précipitation, qui est employé pour certaines séparations, notamment celle du manganèse, exige également que le fer soit au maximum; on neutralise d'abord par de l'ammoniaque jusqu'à ce qu'il commence à se former un précipité permanent à chaud, puis on ajoute à la liqueur jaune et chaude une solution neutre de succinate d'ammonium; on recueille le précipité sur un filtre et on le lave d'abord à l'eau froide, puis à l'eau chaude additionnée d'ammoniaque, qui a pour but d'enlever tout l'acide succinique au précipité, on dessèche ensuite celui-ci et on le calcine en incinérant en même temps le filtre.

Précipitation par le sulfhydrate d'ammonium. — Cette précipitation s'effectue fréquemment pour séparer l'oxyde de fer des oxydes non précipitables par ce réactif (alcalis et terres alcalines) ou lorsque la présence de matières organiques empêcherait la précipitation du fer par l'ammoniaque. Le fer peut alors être au maximum ou au minimum. On ajoute un peu d'ammoniaque à la solution, puis du sulfhydrate; on obtient ainsi un précipité noir de sulfure de fer qu'on recueille sur un filtre; si la liqueur était verdâtre, ce serait un indice d'une précipitation incomplète; dans ce cas il faut chauffer à l'abri de l'air jusqu'à ce que la solution soit devenue jaune. Le précipité doit être recueilli et lavé rapidement, avec de l'eau chargée de sulfure ammonique, parce qu'il tend à s'oxyder à l'air et à se transformer en sulfate qui, passant dans les eaux du lavage, occasionnerait des pertes. Après que le précipité a été bien lavé, on le met dans une capsule et on le dissout dans de l'acide chlorhydrique; on filtre, on fait bouillir pour chasser tout l'hydrogène sulfuré, puis on peroxyde le fer et on le précipite par l'ammoniaque.

On peut aussi calciner le sulfure avec du soufre, dans un courant d'hydrogène sulfuré, au rouge vif, et peser le sulfure FeS ainsi obtenu.

Dosage par calcination. — Certains sels à oxacides volatils laissent par la calcination à l'air un résidu d'oxyde ferrique; on peut dans ce cas doser le fer de cette manière, en faisant plusieurs pesées jusqu'à ce que le poids du résidu soit constant.

Précipitation par l'acétate de sodium. — Lorsqu'on fait bouillir la solution d'un sel ferrique avec de l'acide acétique, ou mieux, avec de l'acétate de sodium, l'acétate ferrique formé se décompose et il se précipite de l'hydrate ou un acétate ferrique très-basique, et il ne reste pas de fer en dissolution. Pour opérer rapidement cette précipitation d'une manière complète, il faut neutraliser la solution par de la soude, puis ajouter des cristaux d'acétate de sodium et faire bouillir. On remplace avec avantage l'acétate par le formiate (Schulze). Comme il peut y avoir de l'alcali entraîné dans la précipitation, il est bon de redissoudre l'hydrate ferrique dans de l'acide chlorhydrique et de le reprécipiter par l'ammoniaque. Ce mode de précipitation est fréquemment employé pour séparer le fer d'autres métaux.

Lorsqu'il y a de l'acide phosphorique dans la liqueur, il est entièrement précipité à l'état de phosphate ferrique et l'on précipite souvent cet acide par ce procédé. Pour séparer ensuite le fer de l'acide phosphorique, on fait digérer le précipité avec du sulfure ammonique qui donne du sulfure de fer et du phosphate d'ammonium.

MÉTHODES INDIRECTES. — *Procédé de Fuchs.* — Ce procédé repose sur l'action réductrice qu'exerce le cuivre sur le chlorure ferrique suivant l'équation

$$Fe^2Cl^6 + 2Cu = 2FeCl^2 + Cu^2Cl^2,$$

tandis que le cuivre n'attaque pas l'acide chlorhydrique. La substance à analyser est attaquée dans un ballon par de l'acide chlorhydrique bouillant, on transforme le chlorure ferreux en chlorure ferrique par le chlore ou par le chlorate de potassium, mais pas par l'acide azotique. On étend d'eau bouillante, de manière à remplir la moitié du ballon, sans qu'il soit nécessaire de filtrer, puis on introduit dans la solution du cuivre bien décapé, exempt de fer et pesé; on en prend six à sept fois le poids présumé du fer. Le cuivre doit être complétement immergé dans le liquide. On fait alors bouillir la solution en adaptant un tube effilé au ballon et en inclinant celui-ci. La couleur de la solution devient d'abord brun foncé, puis elle s'éclaircit et devient d'un vert pâle. On ferme ensuite le tube avec un tampon de cire et quand le ballon est un peu refroidi on le remplit d'eau chaude, on décante le liquide qu'on remplace par d'autre eau chaude, puis on retire les lames de cuivre qu'on lave à l'acide chlorhydrique faible et finalement avec de l'eau; enfin, après les avoir laissées sécher sans les frotter, on les pèse; la perte de poids indique la quantité de fer, car par chaque atome de cuivre entré en dissolution, il y a un atome de fer: 1 partie de cuivre correspond à 0,883 de fer.

Procédé de Delffs. — L'hydrogène sulfuré réduit l'oxyde ferrique suivant l'équation

$$Fe^2O^3 + H^2S = 2FeO + H^2O + S.$$

En séchant le soufre ainsi obtenu et le pesant on peut facilement calculer le poids du fer, car à chaque atome (32) de soufre correspond une molécule d'oxyde ferrique ou deux atomes de fer (112). Il faut pour ce procédé, non-seulement que tout le fer soit au maximum, mais aussi que la liqueur ne renferme aucune substance susceptible de décomposer l'hydrogène sulfuré avec dépôt de soufre, comme le chlore, l'acide azotique, etc.

MÉTHODES VOLUMÉTRIQUES. — *Procédé de Marguerite par le permanganate.* — Voyez t. I, p. 204.

Procédé Fr. Mohr. — Ce procédé est fondé sur l'action réductrice du chlorure stanneux sur les sels ferriques. Le fer amené en solution chlorhydrique et complétement transformé en chlorure, sans excès de chlore, est additionné de quelques gouttes de sulfocyanate de potassium qui colore la solution en rouge; quand on ajoute ensuite une solution titrée de chlorure stanneux, il arrive un moment où la liqueur se décolore : à ce moment tout le chlorure ferrique est ramené à l'état de chlorure ferreux. On titre le chlorure stanneux par le bichromate de potassium (t. I, p. 263).

On peut remplacer le chlorure stanneux par de l'hyposulfite de sodium en solution, dont on établit le titre par le bichromate ou par l'iode (voyez t. I, p. 261), mais ce procédé n'est pas très-fidèle à cause de l'action décomposante qu'exerce l'acide chlorhydrique sur l'hyposulfite.

Enfin, Mohr emploie aussi le chlorure stanneux, en se servant, comme témoin, d'iodure de potassium et d'amidon; ces corps réagissent l'un sur l'autre en présence du chlorure ferrique; lorsque ce dernier se trouve entièrement réduit par le chlorure stanneux, la couleur bleue de l'iodure d'amidon disparaît. On opère vers 50-60° [*Ann. der Chem. u. Pharm.*, t. CXIII, p. 257].

Procédé Landolt. — On peut titrer une solution de chlorure ferrique par l'hyposulfite de soude si l'on opère dans une solution acétique ou bien dans une solution chlorhydrique, l'acide acétique n'exerçant pas d'action sur l'hyposulfite : on ajoute de l'acétate de soude à la solution de chlorure ferrique, puis assez d'acide chlorhydrique étendu pour faire disparaître la coloration rouge de l'acétate de fer. On verse ensuite dans la liqueur un excès d'hyposulfite qui colore la solution en violet, puis on titre cet excès par l'iode (t. I, p. 261). Ce procédé est exact si les liqueurs ne sont pas trop étendues; la quantité minimum de fer qui doit être contenue dans 1 centimètre cube est de 0gr,00012. Une molécule de chlorure ferrique décompose 2 molécules d'hyposulfite :

$$Fe^2Cl^6 + 2S^2O^3Na^2$$
$$= 2FeCl^2 + S^4O^6Na^2 + 2NaCl$$

[*Journ. für prakt. Chem.*, t. LXXXIV, p. 339].

Procédé Cl. Winkler. — Ce procédé est basé sur l'action du chlorure cuivreux sur le chlorure ferrique :

$$Fe^2Cl^6 + Cu^2Cl^2 = 2FeCl^2 + 2CuCl^2.$$

On colore la solution ferrique par quelques gouttes de sulfocyanate de potassium, puis on y ajoute la liqueur titrée de Cu^2Cl^2 jusqu'à décoloration et production d'un trouble produit par du sulfocyanate de cuivre. La liqueur cuivreuse se prépare en dissolvant du chlorure cuivrique dans de l'acide chlorhydrique, avec son poids à peu près de chlorure de sodium pur, puis on fait bouillir cette solution avec du cuivre jusqu'à ce qu'elle soit presque incolore; on laisse alors refroidir à l'abri de l'air et on étend d'acide chlorhydrique faible jusqu'à ce que 1 centimètre cube de solution corresponde à peu près à 0gr,006 de fer. Cette liqueur se conserve longtemps si l'on y maintient une tige de cuivre; néanmoins il faut la titrer de temps à autre [*Journ. für prakt. Chem.*, t. XCV, p. 417]. L'exactitude de ce procédé a été contestée par Hoch et Clemm [*Zeitsch. analyt. Chem.*, t. V, p. 325]; il paraît cependant donner des résultats constants si l'on opère toujours dans des conditions semblables de concentration.

SÉPARATION DU FER. — *Fer au minimum (ferrosum) et fer au maximum (ferricum).* — Cette séparation, qui est souvent très-difficile, est surtout nécessaire pour les analyses minéralogiques. Elle se fait par plusieurs procédés, les uns conduisant à une séparation directe des deux oxydes, les autres à une détermination indirecte.

Séparation directe par le carbonate de baryum — On neutralise d'abord la solution par du carbonate de sodium, puis on ajoute un excès de carbonate de baryum précipité et en suspension dans l'eau; tout l'hydrate ferrique se précipite ainsi; mais pour que la séparation soit exacte, il faut l'opérer dans un courant d'acide carbonique : on emploie un ballon muni d'un bouchon dans lequel s'engagent trois tubes; l'un, recourbé à angle droit, communique avec l'appareil à acide carbonique et plonge dans le liquide; le second est un tube à entonnoir par lequel on ajoute le lait de carbonate de baryum, et plus tard de l'eau purgée d'air pour laver le dépôt; le troisième tube est recourbé en siphon et doit pouvoir être enfoncé ou soulevé facilement, il sert à l'écoulement du liquide éclairci par le dépôt qu'on peut ainsi laver par décantation, à l'abri de l'air. La précipitation de l'hydrate doit être faite à froid. Quand le lavage est terminé, on redissout le dépôt dans de l'acide chlorhydrique; on sépare la baryte par de l'acide sulfurique et on précipite le fer par l'ammoniaque. Quant à la liqueur filtrée qui contient le sel ferreux et de la baryte, on la traite par l'acide sulfurique pour séparer cette dernière, on peroxyde par l'acide nitrique et on précipite par l'ammoniaque; du poids de ce dernier précipité on conclut la quantité de fer au minimum.

Précipitation par l'ammoniaque. — La liqueur chlorhydrique, additionnée de sel ammoniac de manière à donner un sel ferreux double, plus stable que le sel ferreux seul, est traitée par l'ammoniaque en excès, qui précipite l'hydrate ferrique, tandis que l'hydrate ferreux reste dissous; la liqueur filtrée, soumise à l'ébullition, neutralisée par l'acide chlorhydrique, oxydée par le chlorate de potassium ou l'acide azotique, est précipitée de nouveau par l'ammoniaque. Ce procédé, très-expéditif, n'est pas bien rigoureux à cause de la facilité avec laquelle s'oxyde la solution ammoniacale d'oxyde ferreux.

Enfin, on peut employer pour faire cette séparation la précipitation de l'acétate ferrique par la chaleur, tandis que le sel ferreux reste dissous (Reichardt).

Séparation indirecte. — Procédé Rivot. — Ce procédé, applicable à toutes les combinaisons de fer (oxyde magnétique, oxyde des battitures, etc.), qui ne renferment pas d'autres substances réductibles par l'hydrogène, consiste à doser la quantité d'oxygène unie au fer. On commence par doser la quantité totale de fer par les procédés ordinaires. Puis une autre portion est placée dans une nacelle de porcelaine tarée, que l'on introduit dans un tube en porcelaine chauffé dans un fourneau à réverbère et sur laquelle on fait passer un courant d'hydrogène sec. Quand l'appareil est rempli d'hydrogène, on chauffe peu à peu le tube au rouge et l'on maintient le courant d'hydrogène jusqu'à ce qu'il ne se dégage plus de vapeur d'eau, après quoi on laisse refroidir le tube dans le courant d'hydrogène et l'on pèse la nacelle; la perte de poids indique la quantité d'oxygène. Comme contrôle, on peut doser l'eau formée en la recueillant dans des appareils desséchants préalablement pesés. Connaissant la quantité totale de fer et celle de l'hydrogène, on en déduit facilement la proportion des oxydes ferreux et ferrique.

Procédé Ebelmen. — Le procédé d'Ebelmen est fondé sur l'absorption du chlore par le chlorure ferreux. On porphyrise la substance à analyser et on la mêle avec un excès de peroxyde de manganèse pur, exactement pesé, puis on opère comme pour un titrage de manganèse, c'est-à-dire que l'on traite le mélange par l'acide chlorhydrique et l'on recueille le chlore dégagé; pour finir, il faut faire bouillir le mélange. On dose le chlore soit par la chlorométrie, soit en le recevant dans une solution d'acide sulfureux qu'il transforme en acide sulfurique facile à doser par la baryte. Plus la substance à analyser renferme de combinaisons ferreuses, moins il y aura de chlore dégagé et, par conséquent, de sulfate de baryte formé. La différence entre ce poids de sulfate et celui qui aurait été produit par le peroxyde de manganèse seul fait connaître la proportion de fer au minimum ; 1 gramme de sulfate de baryte représente 0gr,618 d'oxyde ferreux.

Cette méthode est d'une application très-générale dans l'essai des minéraux de fer, car le chlore naissant est en même temps un moyen d'attaque très-énergique.

Procédé de H. Rose. — Il est fondé sur la réduction du chlorure d'or par les sels ferreux :

$$6FeCl^2 + 2AuCl^3 = 3Fe^2Cl^6 + Au^2.$$

Chaque atome d'or, 197, représente 3 atomes de ferrosum, 168. On dissout la substance dans l'acide chlorhydrique, dans une atmosphère d'acide carbonique, puis on ajoute une solution de chlorure double d'or et de sodium qu'on laisse agir pendant quelque temps à la température ordinaire; puis on filtre l'or déposé et on en détermine le poids.

Procédés par liqueurs titrées. — Beaucoup de liqueurs titrées peuvent servir à doser le fer au minimum et le fer au maximum.—Voyez t. I, p. 265.

SÉPARATION DU FER ET DES AUTRES MÉTAUX. — Tous les métaux précipitables par l'hydrogène sulfuré dans des solutions acides se séparent facilement du fer par ce réactif. Chaque fois qu'on a employé l'hydrogène sulfuré pour effectuer une de ces séparations, il ne faut pas perdre de vue que le fer se trouve toujours ramené au minimum et qu'il faut ensuite le peroxyder pour en opérer la précipitation par l'ammoniaque, par le succinate ou par l'acétate. Cette opération est inutile si la précipitation du fer doit se faire par le sulfhydrate d'ammonium dans le but de séparer les oxydes non précipitables par ce dernier réactif (chaux, baryte, strontiane, magnésie, oxydes alcalins).

La séparation de ces dernières bases peut se faire en outre par un grand nombre d'autres procédés : précipitation du fer par le succinate d'ammonium, par la décomposition de l'acétate ferrique, etc. La magnésie peut encore être précipitée à l'état de phosphate ammoniaco-magnésien, après que l'on a additionné la solution d'acide tartrique pour empêcher la précipitation du fer. La baryte, la chaux et la strontiane peuvent être précipitées à l'état de sulfates; il en est de même du plomb. Toutes ces séparations se font sans difficultés sérieuses. Elles peuvent du reste être modifiées suivant les circonstances, en tenant compte de ce qui est dit pour le dosage du fer et des divers autres métaux.

Un grand nombre de métaux peuvent être séparés du fer par l'ammoniaque; tels sont le cuivre, le zinc, l'argent, etc., dont les oxydes sont solubles dans un excès d'ammoniaque.

La séparation du fer des métaux du même groupe (manganèse, alumine, chrome, nickel, cobalt et zinc), est quelquefois plus difficile, au moins lorsqu'on tient à arriver à une séparation rigoureuse.

FER ET MANGANÈSE. — Dans toutes ces séparations le fer doit toujours être au maximum et le manganèse au minimum; on remplit cette dernière condition en faisant bouillir la solution avec l'acide chlorhydrique qui ramène au minimum toutes les combinaisons du manganèse.

1° *Séparation par l'ammoniaque.* — Si une solution renferme beaucoup de sesquioxyde de fer et seulement un peu de protoxyde de manganèse, on peut en opérer la séparation par l'ammoniaque, en présence du sel ammoniac, après avoir fait bouillir avec l'acide chlorhydrique pour ramener tout le manganèse à l'état de protochlorure. Par une ébullition prolongée, jusqu'à ce que la liqueur ne dégage plus l'odeur de l'ammoniaque, tout le manganèse est redissous, tandis que le sesquioxyde de fer est précipité.

Lorsque le manganèse est en proportion plus considérable, il est en partie précipité avec l'hydrate ferrique; on redissout ensuite celui-ci et on répète l'opération.

2° *Séparation par le succinate d'ammonium.* — Par ce réactif, tout le sesquioxyde de fer est précipité, tandis que le manganèse reste en dissolution (voyez plus haut). Cette séparation est difficile lorsque le fer n'existe qu'en petite quantité dans la liqueur.

3° *Par le carbonate de baryum.* — Ce réactif précipite à froid tout le fer à l'état d'hydrate ferrique qu'on traite comme il a été dit (séparation du ferrosum et du ferricum); la liqueur filtrée, débarrassée de baryte, renferme tout le manganèse, qu'on dose comme à l'ordinaire. On peut remplacer le carbonate de baryum par celui de plomb.

4° *Par l'acétate de sodium.* — On neutralise la solution par un léger excès d'ammoniaque, on ajoute ensuite de l'acide acétique et de l'acétate d'ammonium ou de sodium et l'on porte la liqueur à l'ébullition; tout le fer est précipité, et le manganèse reste en solution et peut, après son oxydation, en être précipité par l'ammoniaque à l'état d'hydrate manganeux.

Si les solutions renfermaient de l'oxyde ferreux, celui-ci, dans toutes ces séparations, accompagnerait le protoxyde de manganèse et devrait en être séparé postérieurement, en commençant par le peroxyder.

Fer et aluminium. — Cette séparation est une de celles qui se présentent le plus fréquemment. La méthode la plus simple est basée sur la précipitation de l'hydrate ferrique par la potasse et la solubilité de l'alumine dans un excès de ce réactif. La solution, amenée à un petit volume par la concentration, est additionnée d'un excès de potasse qu'on laisse agir à chaud pendant quelque temps; l'alumine se redissout et l'hydrate ferrique forme un précipité brun qu'on recueille et qu'on lave à l'eau bouillante. Souvent l'hydrate ferrique retient un peu d'alumine; il faut alors le redissoudre dans l'acide chlorhydrique et le reprécipiter par la potasse. Dans bien des cas, ce traitement doit être renouvelé deux ou trois fois. Enfin, pour calciner l'hydrate ferrique, il est encore bon de le redissoudre et de le précipiter par l'ammoniaque. L'alumine qui se trouve dans la solution potassique est ensuite précipitée par le carbonate d'ammonium, après avoir saturé la solution par de l'acide chlorhydrique.

On arrive encore à une séparation rigoureuse en précipitant l'hydrate ferrique et l'hydrate d'alumine par l'ammoniaque, lavant le précipité, le calcinant et le pesant. On reprend ensuite le mélange d'hydrate, on le réduit en poudre et on en fond un poids déterminé avec de la potasse, au creuset d'argent; la masse fondue, reprise par l'eau, lui cède l'alumine, tandis que l'oxyde de fer reste indissous; on le redissout dans l'acide chlorhydrique et on le précipite par l'ammoniaque. On peut aussi, après avoir déterminé le poids du mélange d'oxydes, doser volumétriquement le fer sur un autre essai.

Procédé Rivot. — Le mélange d'oxydes calcinés obtenu comme on vient de le voir est pesé et calciné dans un courant d'hydrogène qui réduit l'oxyde ferrique; après refroidissement dans un courant de ce gaz, on pèse de nouveau; la perte du poids éprouvée par le mélange donne l'oxygène uni à l'oxyde ferrique et par conséquent permet de calculer facilement le poids de ce dernier. On peut aussi redissoudre le fer réduit dans de l'acide azotique étendu, qui n'attaque pas l'alumine calcinée, et précipiter de nouveau ce fer; quant au résidu d'alumine, on le pèse directement.

Deville recommande, après la réduction de l'oxyde de fer, de faire passer dans le tube un courant d'acide chlorhydrique sec qui transforme le fer en chlorure ferreux volatil. On pèse le résidu d'alumine et on en déduit le fer par différence.

Procédé Chancel. — L'hyposulfite de soude précipite complétement l'alumine, à l'ébullition, tandis que le fer est ramené au minimum et reste en solution. Cette réaction peut servir à séparer le fer de l'alumine, amenés en solution chlorhydrique ou sulfurique; on neutralise exactement la solution par du carbonate de sodium, puis on étend avec une quantité d'eau suffisante pour que la liqueur ne renferme pas plus de 1 décigramme environ des deux oxydes par 50 centimètres cubes d'eau. On ajoute à cette solution froide de l'hyposulfite de sodium et l'on attend que la liqueur soit entièrement décolorée, après quoi on la porte à l'ébullition jusqu'à ce qu'il ne se dégage plus d'acide sulfureux. La séparation est alors complète, toute l'alumine est précipitée, avec le soufre mis en liberté; on la recueille sur un filtre, on la lave, on la sèche et on la calcine. Quant au fer qui se trouve dans la liqueur filtrée et dans les eaux de lavage, on le retrouve en ajoutant de l'acide chlorhydrique à la liqueur concentrée, faisant bouillir en ajoutant de temps en temps un peu de chlorate de potasse, filtrant ensuite pour séparer le soufre en suspension, et précipitant par l'ammoniaque.

Fer, cobalt et nickel. — Cette séparation s'effectue facilement par le carbonate de baryum, qui ne déplace pas le nickel et le cobalt; néanmoins l'hydrate ferrique entraîne un peu de cobalt. Le succinate (ou benzoate d'ammonium) donne également de bons résultats.

H. Rose a fait connaître un procédé de séparation fondé sur la différence de solubilité des sulfures de ces trois métaux dans l'acide chlorhydrique. On rend la liqueur légèrement ammoniacale, puis on la précipite par le sulfhydrate d'ammonium en très-léger excès; on ajoute ensuite quel-ques gouttes d'acide chlorhydrique jusqu'à ce que le mélange ait une légère réaction acide. Le sulfure de fer se redissout en totalité, on filtre et on lave le résidu de sulfures de cobalt et de nickel avec de l'eau additionnée de quelques gouttes d'acide chlorhydrique et chargée d'hydrogène sulfuré. La liqueur filtrée renferme, outre le fer, des traces de nickel et de cobalt qu'on sépare par une nouvelle opération.

On peut séparer le fer du cobalt en ajoutant de l'oxalate acide de potassium à la solution métallique neutralisée; l'on abandonne le tout à lui-même pendant quelques jours, à l'abri de la lumière; l'oxalate de cobalt finit par se précipiter complétement, sans entraîner de fer; on le filtre, on le lave, on le calcine dans un courant d'hydrogène, et on pèse le résidu de cobalt métallique.

Fer et glucinium. — Cette séparation peut se faire par le carbonate de baryum. On peut aussi traiter la solution chlorhydrique par de l'ammoniaque et laisser digérer le précipité avec du carbonate d'ammonium qui redissout la glucine; seulement il se dissout en même temps un peu de fer qu'on précipite dans la liqueur par une goutte de sulfure d'ammonium.

Fer et zinc. — Ces deux métaux peuvent être séparés par le carbonate barytique ou par le succinate d'ammonium. On peut encore les séparer en se fondant sur la volatilité du zinc; on opère en chauffant la matière à analyser dans un tube de porcelaine rouge traversé par un courant d'hydrogène.

Le plus souvent on peut se contenter de précipiter le fer par l'ammoniaque en excès; l'hydrate de zinc se redissout et peut ensuite être traité dans la solution ammoniacale par l'hydrogène sulfuré.

Pour les autres séparations du fer, voyez les différents métaux.

ANALYSE DES MINERAIS, SCORIES, ETC., PAR VOIE HUMIDE.

L'essai des minerais de fer se fait généralement par la voie sèche; cette méthode a l'avantage de réaliser en petit le traitement métallurgique du minerai et de fournir immédiatement des indications non-seulement sur la richesse du minerai, mais aussi sur la nature de la fonte qu'on en obtient. Voyez pour ces essais, page 1432. Si l'on veut faire les essais par voie humide, on procède en suivant les principes que nous venons d'exposer concernant le dosage et la séparation du fer; il nous reste seulement à faire connaître le mode d'attaque de ces minerais. Quant à la recherche du soufre, du phosphore, etc., qu'ils peuvent renfermer, on suit les procédés que nous indiquerons pour la recherche et le dosage de ces éléments dans les fers, fontes et aciers.

Fer météorique. — On choisit des échantillons moyens, on en pèse 5 à 6 grammes qu'on attaque par l'acide chlorhydrique; il se dégage de l'hydrogène qui entraîne du soufre, du phosphore et de l'arsenic, et qui peut être dirigé dans une solution ammoniacale de cuivre si l'on veut retenir l'hydrogène sulfuré; puis on traite la solution par les différents réactifs employés pour la séparation des oxydes métalliques.

On peut, si l'échantillon s'attaque trop difficilement par l'acide chlorhydrique, employer un des moyens d'attaque que nous ferons connaître pour les fontes.

Les *minerais oxydés* s'attaquent soit par l'acide chlorhydrique, soit par l'eau régale, ou encore par le chlorate de potassium en présence de l'acide chlorhydrique.

Ou bien on les soumet à la calcination dans un courant d'hydrogène, après les avoir calcinés en vase clos pour les priver d'eau et d'acide carbonique.

Les *fers pyriteux*, principalement exploités pour leur soufre, sont attaqués par l'eau régale; une partie du soufre reste non dissous; on le recueille, on le sèche et on le pèse; une autre portion se transforme en acide sulfurique qu'on dose à l'état de sulfate de baryum.

Les *minerais phosphatés et carbonatés* s'attaquent facilement par les acides. Les minerais silicatés sont plus difficilement attaquables, et l'on est souvent obligé d'avoir recours à l'acide fluorhydrique. Voyez analyse des SILICATES.

Les scories de forges sont des silicates plus ou moins basiques renfermant de 12 à 30 % de silice, 40 à 75 % de fer, de manganèse et d'autres métaux à l'état d'oxydes. Il est souvent très-utile d'en faire l'analyse, car on peut les utiliser en les repassant dans les hauts-fourneaux, ou en les employant dans les fours à puddler.

Les scories renferment les acides sulfurique, phosphorique, arsénique, en quantités plus ou moins fortes, ou seulement des traces; on les dose facilement par les procédés ordinaires d'analyse. Elles renferment ensuite des silicates de fer, de manganèse, de chaux et de magnésie, dont la séparation n'offre pas de difficultés particulières. L'attaque des scories se fait facilement par l'acide chlorhydrique.

Dans tous ces essais, lorsqu'on n'a besoin que de connaître la quantité de fer, les méthodes volumétriques sont les plus expéditives.

ANALYSE DES FERS, FONTES ET ACIERS.

L'analyse d'une fonte a généralement pour but d'y déterminer les quantités de carbone, de soufre, d'arsenic, etc. Souvent on se contente d'en constater la présence. L'analyse des fers et des aciers a le même but et s'effectue de même.

ATTAQUE DE LA FONTE : 1° *par le chlore*. — On réduit la fonte en petits fragments qu'on traite par de l'eau de chlore : les métaux se dissolvent à l'état de chlorures; le soufre, le phosphore, l'arsenic, le silicium, se transforment en acides sulfurique, phosphorique, etc.; quant au carbone, il se dégage en partie à l'état d'hydrocarbure, tandis qu'une autre portion reste dans le résidu.

Au lieu de faire agir le chlore libre sur la fonte, on peut mélanger celle-ci avec du peroxyde de manganèse pur (lorsqu'on ne recherche pas le manganèse) et traiter le mélange par l'acide chlorhydrique; l'attaque est ainsi plus rapide. On emploie dans le même but le chlorate de potassium.

2° *Par le brome*. — Cette action, très-analogue à celle du chlore, se fait également en présence de l'eau; l'attaque est plus rapide et ne se complique pas de l'action de l'eau, qui ne touche pas au fer. Par cette attaque le carbone paraît rester en totalité comme résidu.

3° *Par l'iode*. — On réduit le fer ou la fonte en limaille ou en poudre; pour la fonte grise qui renferme du graphite, il vaut mieux la réduire en copeaux que l'on broie ensuite. On en introduit 1 gramme dans une fiole avec 5 grammes d'iode et 5 centimètres cubes d'eau; on abandonne le tout pendant 20 heures, en remuant de temps en temps; la solution se fait sans dégagement d'hydrogène carboné; le carbone reste insoluble avec de la silice et peut être ainsi facilement dosé [Eggertz, *Dingl. polyt. Journ.*, t. CLXX, p. 350]. Ce procédé a été également recommandé par Morfitt [*Chem. Gaz.*, 1853, p. 368], et antérieurement par Berthier [*Ann. des Mines*, (3), t. III, p. 209 et 215].

4° *Par l'oxygène*. — La fonte très-divisée est brûlée dans un courant d'oxygène; le carbone brûle et peut être dosé à l'état d'acide carbonique, on reprend ensuite le résidu par l'eau régale.

5° *Par le gaz acide chlorhydrique*. — La fonte en poudre est placée dans une nacelle en platine qu'on dispose dans un tube du même métal; on chauffe celui-ci au rouge et on y fait passer un courant de gaz chlorhydrique sec, après avoir préalablement rempli l'appareil d'hydrogène. La fonte est attaquée rapidement, les chlorures métalliques se volatilisent et il ne reste que du carbone. L'acide chlorhydrique doit être privé d'air par un passage sur de la braise chauffée au rouge. Ce même procédé peut servir pour le silicium, mais il faut alors que l'acide chlorhydrique soit mélangé d'air pour que le silicium se transforme en résidu fixe [H. Deville; Caron, *Compt. rend.*, t. LI, p. 938].

Enfin l'attaque peut se faire par l'acide azotique, l'eau régale, l'acide sulfurique, le chlorure cuivrique. W. Weyl a fait connaître une méthode qui consiste à dissoudre le fer dans l'acide chlorhydrique avec le secours d'un courant électrique, le fer servant d'électrode positive [*Poggend. Ann.*, t. CXIV, p. 507].

DOSAGE DU CARBONE. — Le carbone peut exister dans les fontes à deux états : on le trouve à l'état libre, constituant le graphite, et à l'état combiné, constituant ce que l'on a nommé le *carbone de trempe* ou de *cémentation*; ce dernier existe seul dans l'acier. Il est bon de pouvoir doser le carbone existant sous ces deux états. Pour avoir le carbone de cémentation, on déduit du poids de carbone total celui du graphite trouvé dans une autre expérience.

Dosage du carbone total. — Les méthodes employées sont de deux espèces; dans les unes, on attaque la fonte de manière à laisser le carbone pour résidu; dans les autres, on oxyde la fonte de manière à transformer le carbone en acide carbonique et à le doser à cet état.

On arrive au premier résultat en attaquant la fonte par le brome ou par l'iode. Dans ce dernier cas, il reste un résidu qui, d'après Eggertz [*loc. cit.*], offre une composition constante, car il renferme 59,69 de carbone uni à de l'iode, de l'eau, de l'azote et du soufre; ce résidu, lavé à l'acide chlorhydrique et à l'eau, puis séché à 100° et pesé, donne le poids de carbone. On peut du reste toujours doser le carbone dans ce dépôt en le traitant par du bichromate de potasse et de l'acide sulfurique et recueillant dans de la potasse l'acide carbonique dégagé (Lœw).

L'attaque de la fonte par le bichlorure de cuivre laisse également le carbone pour résidu; mais ce procédé, d'après Rivot, ne donne pas de résultats constants.

Le carbone est encore donné directement par le traitement de la fonte par l'acide chlorhydrique sec privé d'air.

Le dosage du carbone à l'état d'acide carbonique peut se faire par divers procédés : 1° on peut brûler la fonte pulvérisée avec un mélange de chromate de plomb et de chlorate de potasse (Regnault); par l'oxyde de cuivre, par l'oxygène sec, ou, mieux, par ces deux agents simultanément: l'acide carbonique produit est dirigé dans des tubes à potasse comme pour le dosage du carbone dans les matières organiques. Mulder opère la combustion de la fonte, mélangée de pierre ponce pulvérisée, dans un courant d'oxygène chauffé par son passage sur du sable chauffé au rouge; les gaz passent sur de l'oxyde de cuivre pour oxyder l'oxyde de carbone s'il y en avait de formé. Gay-Lussac mélangeait la fonte pulvérisée avec de l'oxyde de mercure dans une nacelle de platine et chauffait le mélange dans un courant d'oxygène.

Ullgren [*Ann. der Chem. u. Pharm.*, t. CXXIV, p. 59] dose le carbone en oxydant la fonte par un mélange d'acide chromique et d'acide sulfurique; il est bon de dissoudre d'abord la fonte dans du sulfate de cuivre et d'oxyder le résidu insoluble; l'opération se fait dans un ballon qu'on peut chauffer au bain-marie et qui communique avec des tubes absorbants; pour chaque gramme de substance, il faut employer 16gr,6 d'acide chromique et 25 grammes d'acide sulfurique.

M. Boussingault attaque le fer par un chlorurant. Voici le procédé de ce savant : On triture la fonte, le fer ou l'acier réduits en poudre, avec 15 à 20 p. de bichlorure de mercure et un peu d'eau, pendant 1/2 heure, dans un mortier d'agate; on chauffe ensuite pendant 1 heure à 80-100° en présence d'un peu d'acide chlorhydrique, on jette le précipité composé de carbone et de calomel sur un filtre et on le lave à l'eau chaude, puis, après dessiccation on le chauffe graduellement au rouge dans une nacelle de platine placée dans un tube traversé par un courant d'hydrogène; on purifie ce gaz en le faisant passer sur de la mousse de platine chauffée à une température voisine du rouge. Le chlorure mercureux est volatilisé et il reste du charbon qu'on pèse; ce charbon brûle ordinairement comme de l'amadou, en laissant une cendre qu'on calcine dans un courant d'hydrogène, qu'on pèse et dont on retranche le poids de celui du charbon. Cette cendre, qui est siliceuse, ne renferme pas tout le silicium contenu dans l'essai. Le graphite extrait des fontes blanches ne brûle que dans l'oxygène; de là un moyen d'en apprécier approximativement la quantité par une double combustion d'abord dans l'air, puis dans l'oxygène [*Ann. de Chim. et de Phys.*, (4), t. XIX, p. 80 (1870)].

Enfin, il est un dernier moyen, très-différent des précédents, qui consiste à dissoudre le fer par voie galvanique ; ce procédé dispense de réduire la fonte en poussière, en même temps qu'il n'occasionne aucun dégagement de carbone à l'état d'hydrocarbure gazeux. A cet effet, on plonge le barreau à analyser, suspendu à un fil de platine qui ne plonge pas dans la liqueur, dans de l'acide chlorhydrique étendu et on le fait communiquer avec le pôle positif d'une pile faible. Si le courant était trop énergique, le fer pourrait devenir passif, ce qui arrêterait la dissolution et pourrait donner lieu à des pertes de carbone à l'état d'hydrocarbures. On n'a pas besoin d'attendre que tout le fer soit dissous, on peut le sortir et le peser après avoir enlevé le carbone déposé à sa surface. Ce carbone contient encore du fer ; il faut le brûler pour déterminer sa composition [W. Weyl, *Poggend. Ann.*, t. CXIV, p. 507].

Dosage du graphite. — Le graphite reste lorsqu'on dissout la fonte dans l'acide sulfurique ou chlorhydrique, tandis que le carbone combiné se dégage à l'état d'hydrocarbure ; le graphite qui se dépose est accompagné de silice ; on peut en déterminer le poids en le brûlant et pesant le résidu. Quelquefois ce dépôt se détache difficilement du filtre ; on calcine alors celui-ci à l'abri de l'air avec le dépôt, en ayant soin de déterminer par des essais préalables quelle est la quantité de charbon laissée par un filtre de même dimension ; après la calcination à l'air il reste à faire la déduction des cendres du filtre (Rivot).

Dosage du carbone combiné. — Ce dosage est encore plus délicat et moins certain que les précédents. Fresenius l'opère en dirigeant sur une colonne d'oxyde de cuivre chauffé au rouge les gaz qui se dégagent par l'action de l'acide sulfurique sur le fer ; on brûle ainsi le carbone dégagé à l'état d'hydrocarbure et l'on reçoit l'acide carbonique dans de la potasse pesée ; il est bon de faire passer les gaz de la combustion dans des solutions métalliques pour les priver d'hydrogène sulfuré.

V. Eggertz a proposé une méthode colorimétrique pour doser le carbone combiné ; cette méthode, dont nous n'indiquerons que le principe, est basée sur la couleur que prend la dissolution de la fonte dans l'acide azotique ; cette coloration est d'autant plus foncée que la fonte est plus carburée ; l'on compare la coloration de cette solution étendue d'eau avec celle d'une solution type. Le graphite n'agissant pas sur l'acide azotique, on n'apprécie ainsi que le carbone combiné.

Dosage du soufre. — On peut doser le soufre, dans les fontes, soit à l'état d'acide sulfurique, soit à l'état d'hydrogène sulfuré. Pour le doser à l'état d'acide sulfurique, on attaque la fonte par de l'eau régale, on évapore à sec, on reprend par un peu d'eau acidulée, on précipite le fer par l'ammoniaque et dans la liqueur filtrée, saturée par de l'acide azotique, on précipite l'acide sulfurique par de l'azotate de baryum ; on recueille le sulfate barytique et on en détermine le poids comme d'habitude.

Calvert et Johnson évaporent à consistance sirupeuse la solution dans l'eau régale (4 p. acide azotique, 1 p. acide chlorhydrique), ajoutent alors avec précaution du carbonate sodico-potassique (4 fois le poids du fer) et chauffent le tout au rouge dans un creuset de platine pendant une heure. La masse fondue est reprise par l'eau acidulée pour y trouver la silice qu'on sépare comme d'habitude, puis l'acide sulfurique, qu'on précipite par un sel de baryum.

V. Eggertz traite la fonte réduite en limaille par une solution concentrée et bouillante de chlorate de potassium à laquelle il ajoute avec précaution de l'acide chlorhydrique. Le carbone et une partie de la silice restent insolubles ; on évapore à sec, on reprend par l'acide chlorhydrique étendu ; on filtre et on précipite la liqueur filtrée, bouillante, par du chlorure de baryum. La même méthode peut servir pour doser le soufre (sulfure ou sulfate) dans les minerais.

Pour doser le soufre à l'état de sulfure, on dissout la fonte dans de l'acide chlorhydrique concentré et froid, et l'on dirige les gaz qui se dégagent dans une solution acidulée d'acétate de plomb ; il se produit du sulfure de plomb qu'on recueille, et qu'on transforme, après lavage, en sulfate, dont on détermine le poids (Abel).

On peut connaître approximativement la teneur d'un fer en soufre en introduisant $0^{gr},1$ de fer en limaille dans $1^{cc},5$ d'acide sulfurique concentré (1,23 de densité), contenu dans un tube, et suspendant au-dessus du mélange une lame d'argent ; celle-ci se colore en prenant des nuances qui varient du jaune de laiton au bleu-gris suivant la richesse en soufre [*Dingl. polyt. Journ.*, t. CLXIV, p. 180]. On peut remplacer la lame d'argent par un papier imprégné d'acétate de plomb qui se colore également plus ou moins (Forey). Ces dernières méthodes, très-expéditives, donnent souvent une appréciation suffisante.

Dosage du phosphore. — On dissout la fonte dans l'eau régale, on évapore à sec pour séparer la silice, on reprend par l'eau acidulée et on précipite la solution par du carbonate de potassium ; l'acide phosphorique se précipite avec l'hydrate de fer ; on retrouve l'acide phosphorique en calcinant le précipité avec de la potasse au creuset d'argent, reprenant par l'eau, neutralisant par un acide et précipitant par le sulfate de magnésie et l'ammoniaque. Le poids de phosphate ammoniaco-magnésien calciné donne le poids de phosphore. On peut suivre toute autre marche indiquée pour doser l'acide phosphorique dans une solution.

Si la fonte renferme de l'arsenic, celui-ci se transforme en acide arsénique qui peut se retrouver dans le pyrophosphate de magnésium.

On peut encore dissoudre 1 gramme de fonte dans de l'acide azotique d'une densité de 1,2. On évapore à sec, on humecte le résidu avec une goutte d'eau régale, on ajoute 4 centim. cubes d'eau, on filtre et on lave de manière à avoir 15 centim. cubes de liqueur qu'on précipite par le molybdate d'ammoniaque ; le précipité est recueilli sur un filtre taré et pesé après dessiccation à 95°. Ce précipité renferme 3,74 % d'acide phosphorique [*Répert. de Chim. pure*, t. II, p. 328 (1860)].

Dosage de l'azote. — L'azote qui se trouve dans les fontes et les aciers y existe sous deux états différents ; une portion de cet azote se transforme en ammoniaque lorsqu'on dissout la fonte dans l'acide chlorhydrique, l'autre portion reste combinée à la masse charbonneuse. Pour connaître la première portion, on neutralise la solution chlorhydrique par de la chaux et on en chasse l'ammoniaque qu'on dose par les moyens ordinaires. Quant à l'azote contenu dans le résidu charbonneux, on peut, comme le fait Boussingault, l'obtenir à l'état d'ammoniaque en le calcinant avec de la chaux sodée ; mais d'après Ullgren [*Ann. de Chim. et de Pharm.*, t. CXXIV, p. 70], il vaut mieux opérer la combustion du résidu par de l'oxyde de cuivre ou plutôt avec du sulfate mercurique et doser l'azote en volume.

On obtient l'azote total par différents procédés : lorsqu'on traite la fonte par du chlorure cuivrique, il ne se dégage pas d'ammoniaque et tout l'azote reste avec la masse principale et peut alors en être retiré et dosé à l'état d'ammoniaque.

Le meilleur procédé consiste à brûler le fer très-divisé avec de l'oxyde de cuivre, comme pour le dosage de l'azote dans une matière organique, et à doser l'azote en volume (Fremy). Boussingault fait ce dosage en calcinant le fer avec du cinabre et recueillant l'azote dégagé; ou bien il fait passer de la vapeur d'eau sur le fer chauffé au rouge, tout l'azote se dégage à l'état d'ammoniaque et peut être dosé par liqueurs titrées [*Compt. rend.*, t. LII, p. 1008].

La calcination du fer dans de l'hydrogène donne également de l'azote, mais comme l'a fait voir Bouis, ce procédé ne donne tout l'azote que si l'on prolonge très-longtemps l'opération.

Dosage du silicium. — On dissout la fonte dans de l'eau régale avec excès d'acide azotique, on évapore à sec et on calcine le résidu avec 3 ou 4 p. de carbonate sodico-potassique, on reprend par l'acide chlorhydrique, on évapore de nouveau à sec et après une légère calcination on reprend par l'eau; la silice reste insoluble.

On fait passer sur la fonte ou l'acier chauffé au rouge un courant de gaz acide chlorhydrique mêlé d'air atmosphérique; le perchlorure de fer se volatilise, le carbone se dégage à l'état d'acide carbonique et la silice reste, mélangée d'oxyde de titane, d'alumine, de chaux, qu'on sépare par les procédés ordinaires [Caron, *Compt. rend.*, t. LI, p. 938].

Dosage de l'arsenic. — Lorsqu'on dissout la fonte dans de l'acide chlorhydrique ou sulfurique étendu, l'arsenic ne se dégage pas avec l'hydrogène; si l'on a opéré à froid, on le retrouve dans la liqueur où il se dépose par l'ébullition à l'état d'arséniate de fer, en flocons blancs; si l'on a opéré à chaud, l'arsenic se trouve dans le dépôt, d'où on peut le retirer par l'action de la potasse ou du sulfhydrate ammoniaque. Il vaut mieux dissoudre la fonte dans l'eau régale avec excès d'acide azotique, évaporer à sec, reprendre par l'eau, réduire par l'acide sulfureux l'acide arsénique à l'état d'acide arsénieux et précipiter celui-ci par l'hydrogène sulfuré.

Dosage du manganèse. — Pour reconnaître la présence du manganèse, on dissout 10 à 12 grammes de fonte dans l'acide azotique, on étend d'eau, on sature par du carbonate de soude, on évapore à sec et on fait fondre le résidu dans un creuset d'argent; s'il y a du manganèse, celui-ci passe à l'état de manganate dont on reconnaît la présence à la couleur verte que prend la solution de la masse fondue.

Pour le doser, on attaque 5 à 6 grammes de fonte par l'eau régale, on étend d'eau, on précipite la liqueur filtrée par de l'ammoniaque et on calcine le précipité lavé et desséché; par cette calcination le manganèse passe à l'état d'oxyde rouge, tandis que le fer est à l'état de sesquioxyde. On porphyrise ensuite la masse et on la traite par l'acide chlorhydrique; il se dégage du chlore que l'on dose soit par la chlorométrie, soit en le recueillant dans de l'acide sulfureux qu'il fait passer à l'état d'acide sulfurique (Rivot).

On peut aussi attaquer la fonte par l'acide chlorhydrique et le chlorate de potasse, neutraliser par de l'ammoniaque, précipiter le fer par addition d'acide acétique, suroxyder le manganèse par le brome dans la liqueur filtrée et froide, puis précipiter par l'ammoniaque l'hydrate manganique qui par la calcination se transforme en Mn^3O^4 qu'on pèse (Abel).

Enfin, on peut encore utiliser les autres méthodes de séparation et de dosage du manganèse.

Dosage du chrome. — On attaque par l'eau régale et l'on sépare le chrome par les méthodes indiquées p. 897.

Les fontes et aciers renferment en outre de l'aluminium, du titane, du tungstène et quelquefois du molybdène et du vanadium. Le dosage de ces métaux n'est guère possible et il faut se contenter de constater leur présence. Pour rechercher ces trois premiers métaux, on attaque par l'acide azotique, on évapore à sec et on reprend par l'acide chlorhydrique; on recherche l'alumine dans la solution, le titane et le tungstène dans la partie insoluble. On traite ce résidu par de l'ammoniaque qui ne dissout que l'acide tungstique, puis par l'acide sulfurique qui dissout l'acide titanique et qui l'abandonne de nouveau lorsqu'on ajoute de l'ammoniaque (Rivot).

H. Deville a fait connaître une autre méthode pour rechercher le tungstène dans l'acier; on dissout 10 à 15 grammes d'acier dans l'acide azotique, on évapore à sec, on reprend le résidu par de l'eau régale avec laquelle on le fait bouillir pendant plusieurs heures, puis on étend d'eau et on laisse déposer; tout l'acide tungstique se dépose, entraînant un peu d'oxyde de fer; on recommence le traitement à l'eau régale, et on dissout finalement l'acide tungstique dans l'ammoniaque. — Voyez TUNGSTÈNE, MOLYBDÈNE, VANADIUM.

Enfin, il faut aussi rechercher le cuivre qui existe souvent dans les fers; sa recherche n'offre pas de difficulté. On attaque le fer par l'acide azotique, on évapore à sec, on reprend par l'eau et on traite la solution par l'hydrogène sulfuré qui précipite le cuivre à l'état de sulfure dont on constate la nature par les différents réactifs du cuivre.

Nous donnons ici, pour terminer, et comme exemple, la composition de quelques fontes, d'après Rivot. E. W.

	FONTES BLANCHES lamellaires.			FONTES BLANCHES par surcharge.			FONTES GRISES ET NOIRES de 1re fusion de l'usine de Saint-Gervais.			FONTE GRISE de 2e fusion de l'usine de Saint-Gervais.		FINE-METAL.	
	La Nouvelle.	Suède.	Vordern-berg.	Eurville.	Algérie.	Asturies.						Firminy (Loire).	Tamaris (Alais).
Fer	88,54	91,00	93,10	94,05	83,10	82,65	94,61	95,52	93,36	95,49	94,84	98,26	96,95
Manganèse	4,30	4,60	2,10	»	»	»	»	»	»	»	»	»	»
Silicium	0,56	0,50	0,20	1,25	1,60	11,60	0,47	0,24	0,84	0,21	0,52	0,20	0,80
Carbone combiné	6,50	3,90	4,50	3,60	2,20	1,25	0,64	0,32	0,84	0,35	0,77	1,12	1,30
Graphite	0,10	»	»	»	»	»	4,00	3,50	4,80	3,50	3,70	»	»
Cuivre	»	»	0,10	»	»	»	»	»	»	»	»	»	»
Phosphore	traces.	»	»	0,75	0,60	1,50	0,28	0,42	0,16	0,42	0,17	0,17	0,10
Arsenic			»	0,15	10,00	0,75	»	»	»	»	»	traces.	0,40
Soufre	»	»	traces.	traces.	2,60	2,25	»	»	»	»	»	0,25	0,45
	100,00	100,00	100,00	100,00	100,00	100,00	100,00	100,00	100,00	100,00	100,00	100,00	100,00

FER (ESSAIS DE) PAR LA VOIE SÈCHE. — Les essais par la voie sèche sont applicables aux minerais qui doivent être traités dans les hauts-fourneaux. Le culot de fer des essais pratiqués par la voie sèche contient toujours du carbone.

Les essais se font dans des creusets brasqués ou dans des creusets nus :

1° Dans les creusets brasqués, l'oxyde de fer est réduit par la brasque. Le culot contiendra le maximum de carbone, et, si le flux est bien choisi, la scorie sera entièrement exempte de fer, le métal pourra fournir des indications sur la qualité des fontes qui seront produites dans le haut-fourneau. On pourra obtenir le poids de la fonte et celui de la scorie.

2° Dans les creusets nus (1), le minerai doit être mélangé avec du charbon. Les scories retiennent d'ordinaire une petite quantité de fer. Il est impossible de peser les scories, car elles adhèrent fortement aux creusets de terre; les creusets de plombagine permettent cependant d'obtenir une scorie qui se détache d'une manière assez nette.

On emploie comme fondants les matières terreuses qui sont passées dans le haut-fourneau ou du calcaire pur, de l'argile à porcelaine, de la dolomie et du sable.

Le choix des fondants dépend de la nature de la gangue. Il doit être choisi de façon à obtenir une scorie bien fondue et en quantité assez grande pour recouvrir bien complètement le culot de fonte. La composition de la scorie ne doit pas s'écarter beaucoup de celle d'un laitier de haut fourneau, c'est-à-dire qu'elle doit contenir 2 p. 1/2 de silice, 1 p. d'alumine et 3 p. de chaux. Lorsqu'on ne peut déterminer par l'examen minéralogique et par l'analyse chimique la nature des gangues, on fait trois essais simultanés du même minerai en employant pour 1 p. de minerai les trois proportions suivantes : 4 de verre et 1/2 de chaux, 2 1/2 de verre et 2 1/2 de chaux, 1 de verre et 4 de chaux. Ce premier mélange convient surtout aux hématites calcaires, au fer spathique; le second aux minerais contenant de la silice et de l'alumine, aux minerais argileux ; le troisième aux minerais siliceux.

L'essai ne peut porter sur plus de 20 grammes de minerai; il peut se faire dans des creusets brasqués secs ou encore humides de 15 centimètres de hauteur. La brasque doit avoir une épaisseur de 1 centimètre environ et la cavité conique dans laquelle se place le minerai doit se trouver à 2c,5 de fond du creuset de terre. Après avoir déterminé exactement la quantité de matières fixes qui sont contenues dans 20 grammes du minerai moyen, on met dans la cavité du creuset le mélange intime du minerai avec le flux; on tasse la matière avec un pilon, on rend la surface un peu convexe et on achève de remplir avec de la brasque. On lute le couvercle au creuset

On dispose le creuset sur la grille d'un bon fourneau à vent qu'on remplit entièrement de charbon noir ; on place par-dessus quelques charbons enflammés et on laisse le feu s'allumer très-lentement afin d'obtenir une réduction bien complète de l'oxyde de fer. La combustion ne doit devenir active qu'après une demi-heure et s'élever graduellement jusqu'au blanc très-vif. L'opération ne doit pas durer plus de deux heures; le creuset refroidi, on le casse et l'on retire un culot métallique adhérant faiblement à une scorie bien fondue. On prend le poids du culot et de la scorie; le culot de fer, débarrassé de la scorie, est pesé avec les grenailles disséminées presque toujours dans la scorie.

(1) Les creusets nus ne résistent pas aussi bien au feu que les creusets brasqués, parce que la brasque soutient les parois au moment où elles se ramollissent.

La scorie ressemble à de la porcelaine ou à de l'émail; lorsqu'elle est verte, l'essai doit être recommencé avec une proportion plus grande de flux calcaire.

La couleur du culot dépend beaucoup de la conduite du feu pendant l'essai; les fontes grises, noires ou truitées qui résistent bien au choc du marteau, sont les plus pures. Les fontes blanches renferment fréquemment du silicium, du soufre, du phosphore et de l'arsenic.

Un tel essai bien conduit fait acquérir sur la nature des minerais des connaissances essentielles et tellement précises qu'elles équivalent à une analyse par la voie humide. On fait presque toujours subir à la matière ferrugineuse quelques opérations très-simples avant de la fondre. Ces opérations se réduisent à une calcination ou un grillage pour chasser les substances volatiles ou combustibles, et à un traitement par les acides pour doser les matières insolubles, et, par différence, celles qui se dissolvent.

Lorsque dans un essai de fer on veut se borner à déterminer la teneur en fer d'un minerai, on se sert des flux généraux; en effet, quelle que soit la nature d'un minerai de fer, on peut toujours le fondre à l'aide du borax.

Les plus pauvres minerais fondent avec une addition de 0,20 à 0,30 de ce flux; les plus riches exigent seulement 0,1 de ce fondant. Le borax a l'inconvénient de communiquer à la fonte des caractères différents de ceux qu'elle aurait eus si l'on eût fait l'essai, comme précédemment, avec les flux mêmes du haut-fourneau.

On peut employer aussi le verre blanc ou le verre terreux; mais ces flux doivent être employés en proportion plus considérable, 1 partie pour les minerais riches et 2 parties pour les minerais pauvres.

Influence des diverses substances qui se trouvent le plus souvent associées à l'oxyde de fer dans les minerais. — Les scories renferment nécessairement les éléments terreux du minerai et quelques-uns de ces éléments ne peuvent dépasser certaines limites sans produire soit une fusion incomplète, soit une fonte de mauvaise qualité. Les éléments normaux de la scorie doivent d'abord être compris entre les limites suivantes : 0,45 à 0,60 de silice, 0,20 à 0,35 de chaux et 0,12 à 0,25 des autres bases. La nature des bases influe d'ailleurs beaucoup sur la fusibilité de la scorie de l'essai.

L'alumine étant la moins fondante de ces bases, il ne faut pas qu'elle dépasse la proportion de 0,15.

La magnésie donne de la fusibilité et peut atteindre la proportion de 0,25 sans inconvénient. Les scories magnésiennes ont l'aspect pierreux et la texture cristalline.

Le manganèse est plus fondant encore que la magnésie; mais, dès que la proportion de manganèse dépasse 0,15 dans la scorie, la fonte est manganésifère et l'on obtient alors une évaluation exagérée de la richesse du minerai en fer.

On doit ajouter autant de chaux que les laitiers en peuvent prendre sans cesser d'avoir la fusibilité convenable lorsqu'on traite des minerais mélangés à du phosphate de chaux ou à de la pyrite.

La fonte obtenue en présence du phosphate de chaux renferme toujours du phosphore; elle est cristalline et cassante. Les scories sont opaques.

La fonte obtenue en traitant des minerais sulfurés est cassante, grise ou blanche.

Les scories qui contiennent du sulfure de calcium présentent des veines et des taches d'un blanc de lait.

Enfin l'arsenic des minerais passe en totalité dans la fonte de l'essai; la scorie ne présente rien de particulier. P. H.

FER (MÉTALLURGIE DU). — Il serait inutile aujourd'hui de faire ressortir l'importance de la sidérurgie; l'accroissement continu dans la production du fer et de ses dérivés, la fonte et l'acier, prouve assez que ces métaux se prêtent admirablement à toutes les formes que l'homme veut leur donner. Le fer se place au premier rang, parmi les agents créateurs de la richesse : de là l'intérêt qui s'attache à l'industrie du fer et aux efforts que font les nations modernes pour en étendre l'action.

Le moulage, l'étirage, le martelage, le laminage permettent de donner à ces métaux les formes réclamées par les détails et la diversité du travail humain, de construire les machines qui ménagent les forces de l'ouvrier en allégeant ses fatigues, de réaliser les formidables engins de guerre et les gigantesques machines de notre marine.

La métallurgie du fer est si compliquée, que l'on doit chercher à s'en faire une idée générale et précise, avant de pénétrer dans les détails. Nous allons donc résumer ici les faits principaux.

En principe, toute fabrication de fer, si compliquée qu'elle soit, se résume essentiellement en deux opérations distinctes : — réduire le minerai au contact du charbon de bois ou de combustible minéral, dans un four à une température élevée; — éliminer les matières étrangères et l'excès de carbone dans un travail subséquent qui constitue les différentes méthodes de travail, variant suivant les pays, la différence et la nature des produits que l'on doit obtenir.

Les appareils de fondage les plus puissants, dépouillés de tous les emprunts faits aux arts mécaniques, se réduisent à un foyer pour la fusion, un soufflet pour injecter le vent, enfin une loupe, c'est-à-dire une masse de fer aussi volumineuse que pourra la forger la main de l'homme.

La puissance de l'outillage moderne et la précision des forces mécaniques permettent d'accroître la force productive de tous ces appareils rudimentaires.

Voici comment l'on procède pour extraire le fer de ses minerais.

Les minerais très-riches, chauffés avec du charbon, se réduisent à une température élevée; le métal réduit possède, à la haute température, développée dans le four, la propriété de se souder directement et sans intermédiaire; le forgeron réunit les portions isolées de métal pour les souder entre elles. C'est là le cas le plus simple et le plus expéditif.

Quand les minerais sont moins riches, on ne peut plus souder les molécules de fer tant qu'elles sont disséminées dans la gangue. Il faut alors donner naissance à un produit d'art intermédiaire, il faut conduire la réduction de façon à carburer le fer : le métal carburé fondu et les gangues vitrifiées se séparent alors selon leurs densités respectives. Le métal carburé obtenu dans cette opération est un produit d'art susceptible d'applications variées et fort importantes : c'est la fonte.

La fonte peut être considérée comme un nouveau minerai de fer qu'il suffit de chauffer au contact de l'air, à une température élevée, pour déterminer la combustion du carbone qu'elle renferme. Le fer ainsi obtenu peut alors se souder sans difficulté, car ses parcelles ne sont plus disséminées dans une grande masse de gangue.

DES MINERAIS DE FER. — Les minéraux qui contiennent du fer en quantité assez grande, et dans un état tel qu'on puisse avec avantage l'extraire et le purifier, sont appelés minerais de fer; les minerais de fer renferment toujours le métal à l'état d'oxyde. Ils consistent en oxyde magnétique, en sesquioxyde, en hydrate de sesquioxyde et en carbonate de protoxyde de fer.

Oxyde magnétique de fer. — L'oxyde magnétique constitue l'un des minerais les plus importants, et celui qui produit les plus belles qualités d'acier. Il est très-répandu dans les roches ignées et métamorphiques. On le rencontre en abondance en Laponie, en Norvége, en Suède, dans le Canada.

Hématite rouge, sesquioxyde de fer. — Il existe à l'état cristallisé, plus généralement à l'état terreux : c'est le minerai rouge.

L'île d'Elbe et le Devonshire fournissent du sesquioxyde cristallisé.

Les variétés terreuses sont très-répandues.

Hématite brune, sesquioxyde de fer hydraté. — L'hématite peut être fibreuse, elle est alors d'un beau brun foncé. La plus grande partie du sesquioxyde de fer hydraté est ocreux, d'un jaune brun : la désignation de *limonite* s'applique à cette variété.

Carbonate spathique. — Il contient, en général, une proportion considérable de carbonate de manganèse. Le gisement le plus renommé est celui du Erzberg, en Styrie; le minerai est souillé par une petite quantité de pyrite de cuivre. Ce minerai devra être grillé avec soin avant d'être fondu.

Minerais de fer argileux. — Ils sont terreux, d'une couleur variant du brun clair au noir. Lorsqu'ils sont bruns et qu'ils contiennent de 10 à 15 % environ de matière charbonneuse, on les désigne sous le nom de *black band.*

Le métallurgiste attache bien plus d'importance à l'état d'agrégation des minerais de fer, et aux matières accidentelles qu'ils peuvent contenir, qu'à leur nature chimique.

PRÉPARATION DES MINERAIS. — Les minerais de fer ne sont jamais soumis qu'à des préparations mécaniques fort simples.

Les mines terreuses sont lavées dans un courant d'eau, en les remuant à la pelle ou au moyen de patouillets. Lorsque la gangue résiste à l'action des patouillets, on bocarde le minerai.

Les mines en roches ne sont soumises à aucun lavage.

GRILLAGE DES MINERAIS. — Les mines terreuses ne sont généralement pas grillées.

Les mines en roche sont souvent grillées. Cette opération a pour but de rendre le minerai moins dur, plus poreux, et d'expulser l'eau et l'acide carbonique qu'il renferme, de brûler le charbon contenu dans les minerais de la formation houillère, et d'oxyder la pyrite associée au minerai.

Généralement, on grille les minerais de fer, qui ne contiennent pas de substances nuisibles, lorsque le traitement se fait dans de petits hauts-fourneaux. Les minerais poreux et friables font seuls exception à cette règle.

Le grillage s'effectue en tas, en stalle, en fosse, ou dans des fourneaux à cuve. Il faut éviter avec le plus grand soin que la température soit assez élevée pour produire pendant le grillage toute agglutination.

L'élimination de l'eau d'hydratation et de l'acide carbonique n'exige qu'une température peu élevée. Le grillage doit se faire avec beaucoup de soin lorsque les minerais contiennent des substances préjudiciables à la qualité de la fonte. Il faut dans ce cas obtenir l'oxydation complète des sulfures.

Lorsque le minerai grillé doit être soumis à l'efflorescence et au lavage, il est toujours désirable que le grillage soit conduit de façon que la pyrite soit dépouillée d'une partie de son soufre. Le sulfure de fer, qui souille le minerai, ramené par l'influence de la chaleur à un état inférieur de sulfuration, se transforme aisément en sulfate sous l'influence de l'air humide. On mouille les minerais grillés encore chauds, l'efflorescence se produit rapidement. Le lessivage des minerais peut se faire par l'action spontanée des pluies. L'une des conditions essentielles de l'enlèvement complet du soufre contenu dans le minerai est l'exécution soigneuse du lavage. Il se forme toujours du sulfate basique insoluble dans l'eau qui lors du lessivage se sépare du minerai et forme une masse boueuse jaune-brunâtre.

EXTRACTION DIRECTE DU FER A L'ÉTAT MALLÉABLE DE SON MINERAI. — Autrefois le fer s'extrayait des minerais à l'état de fer malléable seulement par la méthode désignée sous le nom de *méthode directe*, afin de la distinguer de la *méthode moderne ou indirecte*, par laquelle on obtient d'abord de la fonte.

Les procédés employés pour obtenir le fer directement de ses minerais se rangent en deux classes, qui peuvent se désigner sous les noms de *méthode catalane* et de *méthode allemande*.

MÉTHODE CATALANE. — Cette méthode est en faveur en Catalogne et dans le midi de la France. Les minerais sont grillés et fortement torréfiés avant la fusion. L'hématite brune est le minerai préféré. Les minerais doivent toujours être très-fusibles et très-riches. Le combustible est invariablement le charbon de bois.

Fig. 256. — Feu catalan.

Les fourneaux catalans sont des creusets rectangulaires. Le fond du creuset est formé par une pierre réfractaire en granit, grès ou même pierre à chaux. La pierre du fond repose sur un lit de scories pilées et d'argile brasquée. La paroi dans laquelle est placée la tuyère se nomme les *porges*; elle se compose, au-dessous de la tuyère, de pièces rectangulaires en fer placées de champ les unes sur les autres. La tuyère est une épaisse feuille de cuivre rouge, elle est inclinée sous un angle de 30° à 40°. La paroi qui fait face à la tuyère porte le nom de *contrevent*. Sa surface est courbée et fortement renversée vers le dehors, surtout au sommet. Elle est formée de plusieurs pièces de fer. Sa partie supérieure vient aboutir à un plan incliné qui rejoint le sol de l'usine. Une des faces latérales porte le nom de *chio* et offre une ouverture que l'on débouche pour faire écouler de temps en temps les scories. Enfin, la paroi opposée, la *cave*, est toujours inclinée vers l'arrière.

Pour faire une opération, on passe au crible le minerai écrasé sous le marteau de la forge, on mouille la poussière ou *greillade* après avoir nettoyé le feu, on y rejette les charbons enflammés, puis de nouveaux charbons menus que l'on tasse fortement par-dessus. Quand le foyer est rempli jusqu'à la tuyère, on partage le feu parallèlement aux porges en deux parties. On charge le minerai du côté du contrevent, et le charbon du côté des porges : ce charbon est recouvert complétement de brasque humectée, sur cette brasque on entasse des menus charbons, puis par-dessus de la brasque mouillée. Le chargement terminé, on donne le vent, une infinité de petites flammes s'échappent de tous les points du tas de minerai. S'il paraît des flammes sur le talus de charbon, on répand du menu charbon mouillé que l'on tasse fortement. On maintient le contenu du feu à un niveau constant, en ajoutant du charbon et du minerai à l'état de greillade. Au bout de 2 heures, cette greillade a donné une certaine quantité de fer. On donne alors la mine jusqu'à la fin de l'opération, cette manœuvre qui consiste à pousser le minerai vers la tuyère est toujours précédée du percement du chio; ce percement se fait lorsqu'on s'aperçoit que la flamme manque d'activité.

Enfin au bout de 4 heures environ on procède à l'ensemble des opérations qui ont pour but la formation de la loupe et qu'on appelle la *baléjade*.

La durée moyenne d'une chauffe est de six heures.

Théorie de l'opération. — Sous l'influence du vent lancé par la tuyère, le charbon se brûle à l'état d'acide carbonique, dans l'espace qui avoisine la tuyère; mais, plus loin, l'acide carbonique est changé par le charbon en oxyde de carbone. Cet oxyde de carbone, traverse le tas de minerai qui, se composant de morceaux détachés, n'oppose au passage de ce gaz aucun obstacle.

Cet oxyde de carbone réduit le minerai chauffé avant que ce dernier tombe au fond du creuset. Quand le minerai descend dans le creuset, il est exposé à une température assez élevée pour faire entrer la silice en combinaison avec les bases de la gangue et avec le protoxyde de fer. Le silicate multiple qui prend naissance est très-fusible, on le fait couler hors du foyer. Les parcelles de fer réduit s'agglutinent en une masse spongieuse qu'on retire du feu et qu'on porte sous le marteau pour en exprimer la scorie.

Quoique la réduction et la fusion de la greillade soient plus rapides que pour le minerai en gros fragments, l'élaboration y est incomplète, il en résulte la formation d'une scorie fortement basique : cette scorie produit toujours une action décarburante sur le fer. La greillade a presque uniquement pour but de protéger les noyaux de fer déjà réduits et carburés contre l'oxydation et la décarburation, lorsque le fondeur amène successivement ces noyaux sous le nez de la tuyère, afin de les souder.

Caractères du fer produit dans le procédé catalan. — Le fer est en général nerveux, dur, très-malléable et surtout tenace, mais il manque d'homogénéité. Ces fers ne sont pas bons pour les ouvrages délicats; mais ils sont préférés pour les instruments d'agriculture.

On classe le fer obtenu dans ce procédé en deux qualités : le fer doux et le fer fort ou aciéreux. (Voir, à l'article ACIER, les circonstances qui facilitent la production du fer aciéreux.)

La charge d'un feu est d'environ 12 quintaux. En bon roulement 100 parties en poids de minerai doivent donner 31 parties de fer en barres et 41 en scories, contenant 30 °/₀ de fer.

MÉTHODE ALLEMANDE. — *Stückofen* ou *fourneau à loupe*. — Ce fourneau n'est qu'un creuset catalan développé en hauteur; c'est le rudiment du haut-fourneau moderne. Les minerais y sont soumis à une véritable fusion et on obtient un produit intermédiaire entre la fonte et l'acier. On soumet cette masse à une seconde opération pour purifier le fer. Ce procédé est complétement abandonné à cause de la grande quantité de combustible qu'il consommait.

Les méthodes franc-comtoise, wallone et du Lancashire diffèrent peu des deux précédentes. Du reste, l'affinage au bas-foyer tend à disparaître devant les nouveaux procédés d'élaboration du fer; on peut prévoir le temps où il ne sera plus usité que pour la fabrication de quelques produits spéciaux.

EXTRACTION INDIRECTE DU FER A L'ÉTAT DE FONTE DE SON MINERAI. — Le plus grand progrès de la fabrication du fer a été réalisé par la découverte de la fonte et l'invention du haut-fourneau.

Voici comment on procède pour fabriquer la fonte.

Fig. 257. — Haut-fourneau.

On commence par griller les minerais, puis on mêle plusieurs de ces minerais ensemble, suivant qu'on a trouvé par expérience qu'un pareil mélange est plus fusible, et donne une meilleure fonte; cet assortiment des minerais est souvent d'une haute importance, soit par rapport à la qualité de la fonte, soit par rapport à sa quantité. Pour assortir les minerais d'une manière convenable, il faut avoir une connaissance exacte de leur composition et des corps qui constituent leurs gangues. On ajoute généralement de la pierre calcaire ou *castine* à l'assortiment des minerais, tant dans la vue d'avoir un fondant que pour séparer diverses matières qui nuisent à la qualité de la fonte. Car il faut que la silice de la gangue soit convertie en un silicate de chaux, d'alumine, de manganèse ou de magnésie, qui prend le nom de *laitier*, tandis que le fer s'unissant au carbone et au silicium donne naissance à la fonte.

Lorsque les gangues des minerais renferment beaucoup de calcaire, on ajoute à ces minerais des substances argileuses ou *erbues*.

On distingue dans ce traitement deux époques bien caractérisées, celle où s'exécute la réduction du minerai et celle où s'opère sa fusion; c'est pendant la dernière que la carburation du fer et sa conversion en fonte se réalisent. Ce traitement est rapide, susceptible de s'exécuter sur une échelle très-grande, et si parfait, que le fer peut être exactement séparé des terres, comme il le serait dans une analyse.

On dispose le mélange des minerais et du fondant par couches, avec du charbon, dans un fourneau très-élevé, qui prend le nom de haut-fourneau. Sous ce nom, on désigne un grand fourneau de fusion, dont la forme intérieure représente celle de deux creusets VO, VG superposés, renversés l'un sur l'autre et dont le supérieur n'a point de fond. C'est à la partie inférieure du fourneau que s'effectue la fusion; c'est là que s'accumule le métal fondu, ainsi que les scories dans ce qu'on appelle le *creuset* H. Au fond de ce creuset est pratiquée une ouverture qui permet à la fonte de s'écouler. Un peu au-dessus du creuset, on ménage dans la partie du four qu'on appelle l'ouvrage O des ouvertures, par lesquelles passent des tuyères. Le haut-fourneau est chauffé lentement, et quand il a atteint la température convenable, qu'il est en feu, on jette par le haut le mélange des minerais, alternativement avec des couches de charbon, de sorte que l'intérieur soit maintenu plein à peu près jusqu'au *gueulard* G; après quoi on fait fonctionner les soufflets sans interruption. Les laitiers et la fonte s'accumulent au fond du creuset; les premiers s'écoulent par-dessus la paroi du creuset qu'on appelle *dame* A, et la dernière sort par intervalles, lorsqu'on perce le trou de coulée.

Les combustibles généralement employés dans les hauts-fourneaux sont le charbon de bois, le bois et le coke. Certaines variétés de houille sont employées directement dans les hauts-fourneaux.

On peut injecter de l'air froid dans un haut-fourneau pour alimenter la combustion; mais l'injection de l'air chauffé à une haute température permet de réaliser une grande économie de combustible et de donner à la fonte des qualités recherchées. L'efficacité de l'air chaud est d'autant plus marquée que le combustible est plus difficile à brûler, comme le coke. L'expérience apprend que c'est avec le charbon de bois que l'économie de combustible due à l'emploi de l'air chaud est la plus faible. Il faut donc dans un haut-fourneau à air froid consommer une bien plus grande quantité de combustible que dans celui soufflé à l'air chaud. Quelques degrés de plus ou de moins dans la température de la zone de la carburation du fer et des réactions chimiques concomitantes suffisent pour causer toute la différence.

Quand les minerais sont purs et destinés à produire des fontes de forge, la température du vent doit être comprise entre 70° et 200°. Quand on veut produire des fontes de moulage, on chauffe le vent à 400° ou 500°. Les appareils qui servent à chauffer l'air sont composés de tubes en fonte : la combustion des gaz du haut-fourneau s'effectue dans un four qui les renferme. On peut aussi faire passer alternativement l'air à échauffer et les flammes dans une chambre contenant des briques. C'est une des applications du gaz des hauts-fourneaux. Des appareils de prise de gaz peuvent être appliqués au gueulard sans nuire à la régularité de l'allure du fourneau : ces gaz, riches en hydrogène et en oxyde de carbone, constituent un excellent combustible gazeux.

La réduction des minerais s'opère avec lenteur dans la partie supérieure du haut-fourneau ; le peroxyde de fer y perd tout au plus les 0,20 de son oxygène (le peroxyde de fer perd les 0,11 de l'oxygène qu'il renferme en passant à l'état d'oxyde magnétique, et les 0,25 en se transformant en oxyde des battitures). Au contraire, dans la zone du fourneau très-resserrée en hauteur et qui se trouve un peu au-dessus du raccordement de la cuve et des étalages, en deux heures au plus, la quantité d'oxygène abandonnée s'élève à près de la moitié de celle qui est renfermée dans le peroxyde de fer. La cause de cette variation si subite dans la vitesse de réduction des minerais paraît devoir être attribuée au dégagement de l'acide carbonique de la castine.

Dans la zone du fourneau qui se trouve entre la cuve et les étalages, la presque totalité de l'argile contenu dans les gangues se combine avec tout le fer qui reste encore à l'état de protoxyde, et forme un silicate fusible dans lequel sont disséminées avec le fer métallique l'argile et l'alumine non attaquées. La fusibilité de ce silicate diminue continuellement à mesure que la proportion de fer métallique augmente. La réduction du protoxyde de fer devient, d'un autre côté, d'autant plus difficile qu'il en reste moins dans le silicate [1], à moins qu'une autre base forte ne vienne la favoriser en s'unissant à la silice. Cette dernière condition est réalisée par l'adhérence que contractent les grains de minerai arrivés à l'état pâteux, avec les morceaux de castine. Il importe, pour le bon roulement du haut-fourneau, que le silicate formé ne devienne jamais assez fluide pour couler, à travers les charbons, jusque dans l'ouvrage. On atteindra ce but, si le silicate contient déjà, au moment où il se ramollit, assez de fer métallique pour l'empêcher d'entrer en fusion complète. La présence de l'alumine dans le silicate de fer tend à en diminuer la fusibilité : aussi les minerais très-alumineux se réduisent-ils complétement sans changer de forme.

On peut comparer ce qui se passe dans ces grands appareils avec les phénomènes que présente l'élaboration des minerais par la méthode catalane. On voit se reproduire au contrevent du foyer catalan les mêmes circonstances de vaporisation de l'eau, de réduction et de scorification que dans la cuve du haut-fourneau. Dans le foyer catalan, le fer se forme au milieu d'une masse de scories chargées de protoxyde de fer, et cette circonstance s'oppose à la cémentation. Dans le haut-fourneau, au contraire, le silicate de [illegible] s'est ramolli, est décomposé à peu près [illegible]ment sous l'influence de la chaux et du charbon, et le fer réduit, ne se trouvant plus en contact qu'avec un silicate terreux, se carbure avec facilité.

Les travaux d'Ebelmen ont montré que l'oxygène contenu dans l'air injecté se change très-rapidement en acide carbonique, puis en oxyde de carbone ; que ces deux transformations s'opèrent successivement à une faible distance de la tuyère, et déterminent les limites de la zone que les métallurgistes appellent la zone de fusion. Cette concentration de la chaleur dans la partie inférieure de l'appareil me paraît caractériser les fourneaux à cuve. La zone où s'opère la fusion est fort peu étendue, et la température s'abaisse d'une manière brusque à une petite distance de l'endroit où le maximum a lieu.

L'addition du manganèse oxydé dans la charge des hauts-fourneaux permet d'entraîner dans les laitiers une partie considérable du soufre et du silicium qui sont contenus soit dans le charbon, soit dans les minerais, et que les fontes s'assimilent toujours trop facilement et en trop grande quantité. Le manganèse n'a pas d'action sensible dans le même sens à l'égard du phosphore. La plupart du temps, les minerais phosphoreux exploités pour la fabrication des fontes contiennent le phosphore à l'état de phosphate de fer, d'alumine ou de chaux ; pour contre-balancer l'action nuisible de l'acide phosphorique, on a l'habitude de mélanger ces minerais avec de la chaux, qui seule jusqu'ici a paru capable d'enlever le phosphore au fer. Malheureusement ces phosphates additionnés de chaux sont peu ou point fusibles, et il devient indispensable d'y ajouter en même temps une assez forte proportion de silice, afin de donner aux laitiers une fluidité suffisante. Que se passe-t-il alors ? Trois substances se trouvent en présence, des phosphates, de la silice et du charbon, absolument comme dans le procédé indiqué par Wöhler, pour la préparation du phosphore ; on a donc, d'une part, un laitier siliceux, et, d'autre part, du fer, du charbon et du phosphore libre qui, naturellement, s'unissent pour former une fonte phosphoreuse. Cette réaction est certaine, car si l'on analyse les laitiers des hauts-fourneaux alimentés par des minerais phosphatés, on n'y trouve pas de phosphore, tandis que la fonte en contient toujours et en quantité rarement inoffensive. En admettant que la chaux enlève l'acide phosphorique à l'oxyde de fer, il s'agissait de trouver une matière fusible, autre que la silice, et capable de dissoudre le phosphate de chaux sans le décomposer. M. Caron a trouvé que le fluorure de calcium remplit ces deux conditions.

CONVERSION DE LA FONTE DE FER EN FER DUCTILE. — La conversion de la fonte en fer ne se faisait autrefois que dans des foyers d'affinerie, où le métal cru était fondu au contact du combustible solide et exposé à l'action oxydante d'un jet d'air. Le charbon de bois est le seul combustible employé, parce qu'il est exempt du sulfure de fer qui existe dans tous les cokes. Dans le procédé moderne ou puddlage, on peut employer la houille parce que la conversion s'opère sur la sole d'un fourneau à réverbère et qu'il n'y a pas contact entre le combustible et le métal.

AFFINAGE DE LA FONTE AU CHARBON DE BOIS. — On ne traite pour fonte dans quelques usines que les fontes mazées. Pour mazer la fonte, on la soumet à la fusion dans un foyer de forge, on la coule en plaques minces, et on la brise en morceaux. Le mazéage soumet la fonte en fusion à l'action de l'air et à celle des scories et des battitures. Ce grillage, arrêté à temps, n'altère pas la proportion de carbone et élimine du phosphore, du soufre et

(1) Deux seulement des équivalents de protoxyde de fer dans le silicate tribasique peuvent se réduire par le charbon seul.

du silicium. Le travail de l'affinage a tant de rapport avec celui des forges catalanes qu'il suffit d'indiquer les différences.

La disposition du foyer est la même. La profondeur du foyer est réglée par la nature des fontes.

Dans le pays de Galles, on fait passer à l'état liquide le métal mazé dans une finerie au coke; dans le foyer d'affinage au bois, on jette dans le foyer du charbon de bois sur la fonte en fusion et on lance en plein le vent froid. Le métal devenu très-granuleux, s'étant plus ou moins aggloméré, est divisé avec un ringard, mêlé avec le charbon et réuni autour de la tuyère. Pendant que ce métal fond, on le travaille en face de la tuyère; c'est ce qu'on appelle la réduction de la loupe.

En Suède, on charge dans le foyer la fonte en gueuse de façon que le métal fondu, en tombant devant la tuyère, s'oxyde en partie sous l'action

Fig. 208. — Feu de finerie.

du vent. Après cette fusion commence l'affinage proprement dit qui consiste à diviser le métal avec un ringard et à porter à la tuyère les parties les plus carburées.

L'affinage comtois ressemble beaucoup au procédé suivi en Suède.

Après la fusion de la gueuse, le forgeron favorise l'épuration du métal en jetant à plusieurs reprises dans le feu de l'embrecelat ou des déchets de martelage et en travaillant le métal avec le ringard. Vers la fin de l'opération la masse ferreuse qui va former la loupe est presque à découvert. L'affinage se termine par l'avalage ou réunion avec le ringard de toutes les parties ferreuses pour former la loupe.

En France et en Belgique, c'est cette méthode qui a prévalu dans l'affinage au charbon de bois.

Dans tous ces procédés, c'est donc l'air qui débarrasse la fonte de son carbone, de son silicium. Les produits de l'oxydation en se combinant produisent une scorie. Celle-ci enveloppe bientôt la fonte et la préserve du contact de l'air. Mais la scorie elle-même est un agent essentiel et énergique de l'affinage. Tant qu'elle n'est pas ramenée à l'état de silicate neutre, l'oxyde de fer qu'elle renferme est décomposé par le carbone et le silicium. En jetant des battitures dans le creuset, on maintient à l'état basique la scorie et la réaction est continue. Le manganèse contenu dans la fonte joue un rôle fort important; car ce métal a la propriété fort intéressante d'entraîner, en se scorifiant, la plus grande partie du soufre et du silicium.

Affinage a la houille ou par la méthode anglaise. — Dans cet affinage, on a substitué aux feux d'affinerie les fours à réverbère, dans lesquels le foyer est distinct de la sole. La fonte, très-grise, s'affinant difficilement dans les fours à réverbère et y subissant un trop grand déchet, on a divisé l'affinage en trois opérations. La première s'exécute dans des fineries; la seconde dans le four à réverbère: la troisième dans un four à réchauffer.

Les fineries sont des fourneaux analogues aux affineries ordinaires munies de trois à six tuyères. Pour procéder au finage de la fonte, on remplit de coke le creuset, puis on charge 1,000 kilogrammes de fonte en morceaux et on recouvre avec du coke. Dès que le feu s'est communiqué partout, on donne le vent. Quand la quantité de vent est convenable, l'opération marche bien, la fonte se boursoufle en dégageant de l'oxyde de carbone. Au bout de deux heures toute la fonte est en pleine fusion et bonne à couler. On refroidit rapidement afin de rendre la fonte cassante. Cette nouvelle fonte est le *fine-métal*, elle est devenue très-blanche, souvent caverneuse, elle a subi une première épuration, on admet qu'elle s'est débarrassée du phosphore qu'elle renfermerait. Berthier a établi que le phosphore était un des premiers corps qui s'oxydaient dans le procédé de l'affinage. Sa tendance à se convertir en phosphate de protoxyde de fer explique assez cette prompte oxydation, qui s'opère toujours au moment où la fonte coule en gouttes, au travers du courant d'air embrasé du foyer de finerie.

La seconde et principale opération de l'affinage à la houille est appelée puddlage. Le puddlage a été découvert en 1786, par l'Anglais Henri Cort.

Le puddlage s'exécute toujours dans un fourneau à réverbère, désigné sous le nom de four à puddler.

Le four à puddler est pourvu, comparativement à la surface de la sole, d'une très-grande chauffe. La sole du four imaginé par Cort était en sable. On remplace ces soles avec grand avantage par des soles en fonte, car les soles en sable étaient soumises à une corrosion rapide par l'oxyde de fer formé pendant l'opération.

Le tirage est déterminé par une cheminée de 10 à 15 mètres de hauteur, munie d'un registre. Les parois de la sole sont formées en partie de taques massives et, en partie, de taques creuses en fonte, où l'eau circule.

Le puddlage réalisé sur des fonds de sable constitue le puddlage sec ou maigre, le puddlage sur une sole revêtue d'oxydes de fer compactes et d'une couche de laitiers liquides est le puddlage humide ou gras. L'application du puddlage humide ou bouillonnement est due à Joseph Hall.

Voici la description du puddlage moderne pratiqué sur une sole revêtue d'oxyde de fer et de scories. Le fourneau étant au rouge, on charge sur la sole 50 kilogrammes de fonte finée, 150 kilogrammes de fonte de forge et 50 kilogrammes de pailles et battitures. On ferme la porte et l'on ouvre le registre, afin de donner un coup de feu très-fort; de telle sorte que la charge parvienne en 20 minutes au rouge blanc, commence à entrer en fusion et laisse couler des gouttelettes de fonte sur la sole. On ouvre la porte, on brise les morceaux de fonte avec un ringard. Quand la fonte est parvenue à l'état pâteux convenable, on la remue continuellement. Le métal semble alors en complète ébullition; on dit qu'il bouillonne; des jets de flamme bleue s'échappent de toute sa surface. Le métal affine peu à peu et devient moins fusible; on continue à brasser, une partie du fer a *pris nature* et forme des masses pâteuses dans la scorie liquide. On donne un coup de feu, pour porter le fer au blanc soudant, le puddleur prend alors un noyau de métal et le roule sur la sole; il ramasse ainsi d'autres grains de fer qui s'y collent. Il s'arrête quand il a rassemblé une balle de 30 à 35 kilogrammes, place cette première balle dans la partie la plus chaude du four et continue à transformer en balles toute la charge. Les balles, au nombre de six à huit, sont soumises à l'action du marteau à cingler.

Le but du puddlage est l'élimination du carbone et des impuretés de la fonte. Les réactions chimiques sont les mêmes que dans l'affinage au charbon de bois. L'élimination du carbone et la purification s'opèrent, en partie, par l'action directe de l'oxygène de l'air, et en partie par l'oxygène contenu dans la scorie qui se forme. Le silicate tribasique de fer, agent de cette purification, n'a point d'action sur le fer métallique à de hautes températures; aussi, dès qu'il cesse d'être utile pour l'affinage proprement dit, il préserve la surface de l'oxydation et maintient le fer brillant. C'est pourquoi on désigne ce silicate sous le nom de *laitier soudant*.

La troisième opération s'exécute dans des fourneaux à réverbère, connus sous le nom de fours à réchauffer.

Pour terminer l'affinage du fer, on le coupe lorsqu'il est encore rouge; on en forme des paquets que l'on porte au blanc soudant dans le four à réchauffer. Le paquet est soumis au corroyage.

MÉTHODES D'AFFINAGE RAPIDE.

Le type de ces méthodes est le procédé Bessemer. Le but de son emploi étant plus spécialement la production de l'acier fondu, nous renvoyons à l'article ACIER la description de cette intéressante méthode.

M. Émile Martin réalise un affinage rapide de la fonte dans un four à réverbère, par l'action des minerais de fer ou du fer lui-même sur la fonte, protégée par une couche de laitiers. Cette méthode exige des fontes pures et des minerais de choix; mais elle est plus facile à diriger que celle de Bessemer. P. H.

FER (Min.). — Le fer à l'état métallique est extrêmement rare dans la nature et ne paraît guère exister que sous forme de masses tombées du ciel. Ces masses (fers météoriques), qui présentent dans leur structure et leurs associations tous les degrés de passage allant jusqu'aux pierres météoriques, possèdent des caractères communs, qui permettent de les distinguer aisément des fers d'une autre origine. Ils contiennent tous une quantité très-notable de nickel, pouvant s'élever jusqu'à 20 °/₀; et en outre du chrome, du cobalt, du silicium, du phosphore, etc. La structure des fers météoriques est manifestement cristalline; ils présentent quelquefois des clivages conduisant à l'octaèdre régulier. Souvent des lames de phosphure de fer, plus difficilement attaquable aux

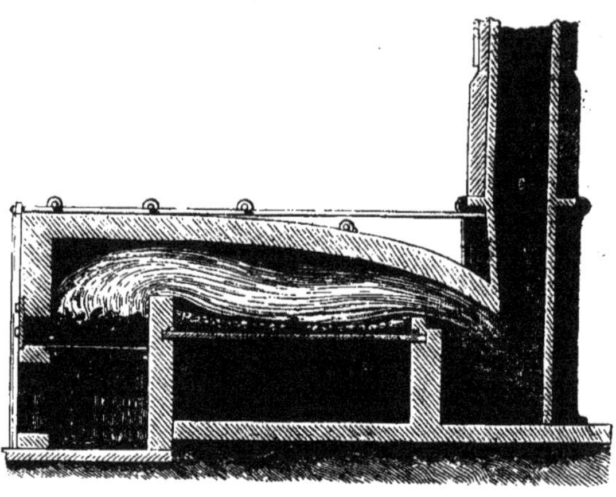

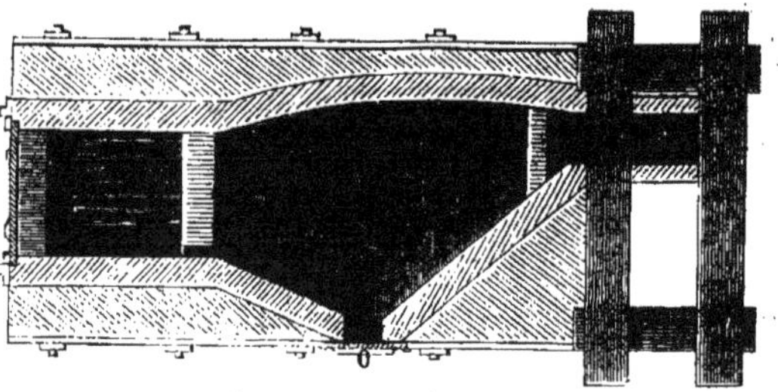

Fig. 259. — Four à puddler.

acides que le fer lui-même, s'interposent régulièrement entre les lames de fer. C'est cette disposition qui est mise en évidence par l'attaque à l'aide d'un acide, d'une surface polie, et produit ce qu'on appelle des *figures de Widmanstaetten*.

Graham a trouvé dans le fer météorique une notable quantité d'hydrogène occlus.

Les fers météoriques sont souvent assez ductiles pour pouvoir être forgés.

Dureté, 4,5. Densité, 7,3 à 7,8. F. et S.

FER ARSÉNIATÉ. — Voyez PHARMACOSIDÉRITE.

FER ARSENICAL. — Voyez MISPICKEL.

FER AZURÉ. — Voyez VIVIANITE.

FER CALCARÉOSILICEUX. — Voyez LIÉVRITE.

FER CARBONATÉ. — Voyez SIDÉROSE.

FER CHROMATÉ. — Voyez CHROMITE.

FER HYDROXYDÉ. — Voyez LIMONITE et GOETHITE.

FER MAGNÉTIQUE. — Voyez MAGNÉTITE.

FER OLIGISTE. — Voyez HÉMATITE.

FER OXYDÉ. — Voyez HÉMATITE.

FER OXYDULÉ. — Voyez MAGNÉTITE.

FER PHOSPHATÉ. — Voyez VIVIANITE.

FER SPÉCULAIRE. — Voyez HÉMATITE.

FER SULFATÉ. — Voyez MÉLANTÉRITE, FIBROFERRITE, COPIAPITE, BOTRYOGÈNE.

FER SULFURÉ. — Voyez PYRITE, MARCASSITE.

FER SULFURÉ MAGNÉTIQUE. — Voyez PYRRHOTINE.

FERBÉRITE (Min.). — On a donné ce nom à un tungstate de fer et de manganèse noir, granulaire, de la Sierra Almagrera (Espagne).

Il différerait du Wolfram par sa composition qui est exprimée par la formule

$$4RO, 3WO^3; \ R = Fe, Mn.$$

Dureté, 4 à 4,5. Poussière brun-noir. Densité, 6,8 à 7,1.

FERGUSONITE (Min.) [Syn. *Tyrite, Bragite*]. — Niobate d'yttria, de cérium, avec zircone, étain, fer, tungstène, etc. Le rapport d'oxygène, entre l'acide niobique et les bases, en regardant la zircone comme telle, est à peu près 1 : 1.

Petits cristaux, ou grains cristallins d'un brun-noir, d'un brun roux, en lames minces; fragiles, à cassure conchoïdale, engagés dans du quartz au cap Farewell (Groenland), dans une roche feldspathique à Brewig et à Ytterby (Norvége).

Caractères. — Chauffée avec l'acide sulfurique à l'ébullition, elle donne un résidu blanc qui, traité par l'acide chlorhydrique et le zinc, fournit une coloration vert-bleuâtre. Infusible au chalumeau; sur le charbon, sa couleur devient jaune pâle. Soluble lentement dans le sel de phosphore en laissant un résidu blanc; au feu d'oxydation, la perle devient jaune. Avec le carbonate de soude, sur le charbon, donne un globule d'étain métallique.

Dureté, 5,5 à 6. Poussière brun-pâle. Densité, 5,8.

Forme cristalline. — Octaèdre quadratique avec faces hémièdres

$mb^1 = 169° 17$, $ps = 115° 46'$, $s = [h^1 b^{1/2} b^{1/3}]$. Les faces *s* sont hémièdres à faces parallèles. Clivages : *s* traces. F. et S.

FERMENTATIONS. — Il n'existe plus aujourd'hui qu'un lien très-indirect entre les phénomènes chimiques désignés par ce nom et le sens étymologique du mot. Fermentation dérive de *fervere* (bouillir). A l'origine on appelait fermentation tout phénomène où l'on voyait une masse liquide ou pâteuse se soulever, se boursoufler, en dégageant un gaz, sans cause apparente et susceptible d'être prévue d'avance. En chauffant de l'eau, le liquide entre en ébullition; dès que l'on soustrait l'influence du calorique, il retombe au repos; de même en versant un acide sur de la craie, il se développe une vive effervescence, un bouillonnement qui cesse lorsque l'acide est épuisé et recommence après de nouvelles additions. Ici la cause du mouvement intestin de la masse est facile à saisir et les réactions de ce genre n'ont jamais été rangées parmi les fermentations.

Le moût de raisin limpide, abandonné à lui-même dans un endroit chaud, ne tarde pas à se troubler; bientôt on voit se développer dans son intérieur une foule de petites bulles gazeuses qui deviennent de plus en plus abondantes, forment peu à peu une mousse épaisse tendant à déborder par-dessus le vase; le liquide paraît entrer spontanément en ébullition, en effervescence, et la cause de ce mouvement resta longtemps obscure et problématique. On comprend qu'un phénomène de ce genre a d'autant plus excité l'attention et la curiosité des savants qu'il sortait davantage de l'ordre de ceux que l'on était habitué à voir se produire par l'action mutuelle des corps.

En appelant fermentation la réaction offerte par le moût de bière et la pâte de pain additionnée de levain, on a donc cherché par un terme spécial à isoler ce fait d'autres réactions d'une origine moins obscure, et à rappeler en même temps un des caractères du phénomène, l'effervescence, le dégagement de gaz. Plus tard, on observa des transformations chimiques d'un autre genre, où des corps se modifiaient aussi spontanément en apparence, mais sans production de gaz, de mousse, sans boursouflement, et par extension on leur donna le nom de fermentations. On arriva ainsi à appeler fermentation toute modification chimique éprouvée par un corps d'origine organique sous l'influence d'une cause occulte, mal définie.

La cause déterminante de la réaction n'était cependant pas restée absolument inconnue. On savait qu'à côté du principe modifié, du sucre par exemple, il devait y avoir toujours un principe modificateur également organique qui semblait jouer un rôle de présence. C'est sur la nature de ce second principe appelé *ferment* et sur son mode d'agir que les discussions et les recherches ont particulièrement porté.

En général, plus une question est difficile, obscure et énigmatique, plus sa bibliographie est vaste et chargée. Sous ce rapport celle des fermentations ne laisse rien à désirer, aussi mérite-t-elle d'être traitée à deux points de vue :

1° Nous chercherons d'abord à mettre le lecteur au courant de l'état actuel de la question, telle qu'elle résulte des travaux les plus récents, et notamment des belles recherches de M. Pasteur;

2° Nous jetterons ensuite un coup d'œil rapide sur les idées qui, à diverses époques, ont prévalu sur la nature du ferment et sur son mode d'action.

État actuel de la question. — Que doit-on entendre par fermentation? Une fermentation est une réaction chimique dans laquelle un composé organique (la matière fermentescible) se modifie dans un sens déterminé sous l'influence d'un autre composé organique (le ferment) qui ne fournit rien de sa propre substance aux produits de la réaction, ceux-ci étant formés uniquement aux dépens de la matière fermentescible. Il en résulte qu'une quantité relativement très-petite de ferment peut opérer la transformation d'une quantité considérable du premier corps.

La nature, l'espèce de la fermentation dépend 1° de la nature du corps qui fermente (glucose, sucre de canne, alcool, acide lactique, salicine, amidon, etc.); 2° de la nature de la réaction et des produits résultants (fermentations alcoolique, gommeuse, lactique, etc.); 3° de l'espèce du ferment.

La nature du ferment et la réaction produite sont généralement conjuguées entre elles comme les foyers d'un miroir; tel ferment, telle réaction. En nous appuyant sur les travaux de M. Pasteur nous pouvons diviser les fermentations en deux classes bien distinctes d'après l'espèce du ferment.

Dans certains cas, en effet (fermentations alcoolique, acétique, gommeuse, lactique, butyrique, urique, putride, etc.), le ferment est non-seulement organique, mais organisé. Il doit être considéré comme un être vivant animal (doué de mouvements), ou végétal, et c'est à l'accomplissement de ses fonctions physiologiques que l'on doit attribuer la modification inévitable qu'il fait éprouver au corps qui fermente. Ainsi la levûre de bière serait un être vivant, un végétal d'un ordre inférieur qui ne naît et ne se développe que dans les liquides sucrés, et dont le développement entraîne fatalement le dédoublement du sucre en alcool, acide succinique, glycérine et acide carbonique. Nous pouvons appeler les phénomènes de ce genre des fermentations vraies à ferments organisés.

D'autres fois, au contraire, nous voyons un corps tel que l'amidon se modifier, se changer, par exemple, en dextrine, puis en glucose dans un liquide qui n'offre au microscope aucune trace de substance organique; la cause déterminante est un principe azoté soluble agissant en petites masses et par sa seule présence. Nous trouvons des analogues de réactions de cet ordre dans l'action de certains produits minéraux sur les corps organiques. Ainsi la diastase de l'orge germée (ferment) peut être remplacée par l'acide sulfurique étendu aidé du concours de la chaleur. La diastase elle-même n'opère bien son action qu'à une température élevée (70°).

Nous désignerons les fermentations de cet ordre sous le nom de fausses fermentations ou de fermentations à ferments solubles non organisés.

Les fermentations à ferments organisés sont donc des réactions chimiques dont les conditions sont liées aux phénomènes encore si mal débrouillés et si peu connus qui se passent dans les êtres vivants organisés. Quand on connaîtra le mécanisme intime de la synthèse des composés organiques dans les plantes ou de leur destruction progressive dans les animaux, on pourra probablement comprendre comment la levûre alcoolique dédouble le sucre en alcool et acide carbonique. Pour le moment nous ne pouvons que constater la simultanéité constante de deux phénomènes, altération d'un composé organique et développement d'un organisme spécial; naturellement nous considérons l'un comme la conséquence immédiate de l'autre.

Quant aux fermentations fausses ou à ferments solubles comme nous pouvons les produire, la plupart du moins, par l'influence de corps minéraux dont l'action remplace celle des ferments, elles paraissent plus simples et plus abordables à l'analyse. Ainsi, nous savons que toute transformation chimique ou permanente d'un corps est accompagnée d'absorption ou de dégagement de chaleur; les substances qui, par leur seule présence, semblent déterminer une action chimique sans intervenir par leurs éléments, peuvent donc être considérées comme des causes déterminant des changements d'état, c'est-à-dire des absorptions ou des dégagements de calorique. En raison de cette simplicité relative, nous parlerons d'abord des fermentations à ferments solubles.

Comme pour les autres, du reste, nous avons à examiner : 1° la matière qui fermente; 2° la réaction chimique provoquée et accomplie; 3° le ferment.

Au point de vue chimique, les *ferments solubles* ne se distinguent nettement que par l'action spécifique qu'ils sont capables d'exercer sur tels ou tels groupes de corps. Quant au reste de leurs propriétés, elles sont à peu de chose près les mêmes.

Ce sont des corps azotés et oxygénés se rapprochant des matières albuminoïdes, mais cependant distincts de ces dernières. Ainsi, ils ne contiennent pas de soufre et ne se colorent pas en jaune par l'acide nitrique. Ils sont remarquables par la facilité avec laquelle ils sont entraînés de leurs solutions par des précipités amorphes formés au sein de la liqueur. Ainsi, en ajoutant à une solution de diastase de l'acide phosphorique et en neutralisant par l'eau de chaux, les flocons de phosphate de chaux entraînent la totalité de la matière active. Le précipité recueilli sur un filtre et lavé avec un peu d'eau, cède de nouveau la diastase. Cette opération a pour avantage d'éliminer les matières protéiques ou albuminoïdes qui accompagnent souvent le ferment soluble et qui sont retenus plus énergiquement par le phosphate. La séparation par l'alcool, le sublimé corrosif, l'acétate de plomb ne donne que des résultats imparfaits, les précipités formés par ces réactifs étant mélangés d'une forte proportion de matière protéique.

De la même façon, on isole dans un assez grand état de pureté la ptyaline ou diastase salivaire en acidulant la salive avec un peu d'acide phosphorique normal, puis en ajoutant assez d'eau de chaux pour rendre la liqueur alcaline. On filtre le liquide débarrassé ainsi d'albumine et de ferment, puis on lave avec un peu d'eau. La première eau de lavage donne avec l'alcool un précipité floconneux très-léger, blanc, qui se dessèche dans le vide sec sous forme d'une poudre jaunâtre que l'on peut purifier davantage en la dissolvant dans l'eau et en reprécipitant par l'alcool. Cette opération, répétée plusieurs fois, donne un produit non albuminoïde et brûlant avec une odeur cornée sans résidu minéral.

Pour isoler la pepsine (ferment soluble du suc gastrique), on procédera d'une manière analogue, seulement comme cette dernière adhère plus énergiquement au phosphate tribasique, il est nécessaire, pour la redissoudre, de le transformer préalablement en phosphate bibasique par addition d'un peu d'acide phosphorique. L'eau redissout alors la pepsine que l'on purifie en laissant couler dans la liqueur une solution éthérée et alcoolique de cholestérine. La cholestérine, en se séparant par le mélange avec le liquide aqueux, entraîne une seconde fois la pepsine plus pure. Cette cholestérine pepsique est séchée et épuisée par l'éther qui laisse le ferment. Quelques-uns de ces corps peuvent aussi être séparés par le collodion versé dans leur solution aqueuse.

Ces méthodes peuvent être généralisées pour l'obtention des ferments solubles purs, ou au moins débarrassés des matières protéiques qui les accompagnent avec persistance.

Ainsi préparés ils sont incolores, solides, amorphes, précipitables par l'alcool fort, les acétates neutre et basiques de plomb. Ils ne précipitent pas par le tannin et le sublimé corrosif et ne se colorent pas en jaune par l'acide azotique. Pour ce qui est de leur action spécifique, elle paraît considérable. De très-petites quantités de ferment peuvent modifier des proportions presque indéfinies de matière fermentescible pourvu que l'on ait la précaution d'éloigner les produits de la réaction dont la présence enraye souvent la transformation. Les conditions de température où leur influence est la plus marquée varient d'un ferment à l'autre, mais une température trop élevée, toujours inférieure à 100°, détruit les propriétés spécifiques du ferment à tout jamais.

Nous passerons maintenant en revue ce que chaque espèce de fermentation offre de particulier :

1° *Transformation de l'amidon en dextrine et de la dextrine en sucre.* — Ces deux transformations sont toujours consécutives; le même agent produisant d'abord de la dextrine aux dépens de l'amidon, puis de la glucose aux dépens de la dextrine. On sait que l'action de la chaleur seule, 150-200°, peut convertir l'amidon en dextrine. Les acides étendus produisent le même effet à chaud et font également passer la dextrine à l'état de glucose [Kirchhoff, *Journ. de Phys. et de Chim.*, t. LXXIV, p. 199 (1812); — Th. de Saussure, *Ann. de Chim. et de Phys.*, (2), t. XI, p. 379; — Payen et Persoz, *Ann. de Chim. et de Phys.*, (2), t. LIII, p. 73; t. LVI, p. 327; — Bouchardat, *ibid.*, (3), t. XIV, p. 61]. D'après Musculus [*Ann. de Chim. et de Phys.*, (3), t. LX, p. 203], la transformation de l'amidon sous l'influence de la diastase serait un véritable dédoublement que l'on peut représenter par l'équation

$$3(C^6H^{10}O^5) + H^2O = \underset{\text{Glucose.}}{C^6H^{12}O^6} + \underset{\text{Dextrine}}{2(C^6H^{10}O^5)}$$

— Voyez DIASTASE.

Dès les premiers instants, il y aurait de la glucose dans la liqueur. La dextrine fixerait à son tour les éléments de l'eau pour donner de la maltose. Cette manière d'interpréter le phénomène n'est pas suffisamment fondée. Selon Payen [*Compt. rend.*, t. LIII, p. 1217], la diastase seule, agissant sur l'amidon réduit en empois, ne saccharifie que 0,53 de la masse; mais en faisant agir simultanément la levûre, qui détruit le sucre à mesure qu'il se forme, on peut arriver à la transformation complète de l'amidon en alcool et acide carbonique. On arrive au même résultat par l'intervention de divers ferments solubles tels que la diastase de l'orge germée, l'émulsine des amandes, la ptyaline de la salive, un principe spécial contenu dans le suc pancréatique, enfin presque tous les tissus animaux abandonnés à eux-mêmes pendant quelque temps cèdent à l'eau un principe actif sur l'amidon. Ces divers ferments, bien que semblables en apparence, se distinguent néanmoins les uns des autres par quelques caractères. Ainsi la diastase est la plus active vers 66°, la ptyaline au contraire perd déjà complétement son énergie à 60°; l'émulsine possède en outre la propriété de dédoubler l'amygdaline en glucose et en acide cyanhydrique et hydrure de benzoyle, et la salicine, en saligénine et sucre. La transformation de l'amidon peut s'opérer aussi bien dans une liqueur neutre que dans un milieu faiblement alcalin (salive), ou faiblement acide (salive neutralisée par le suc gastrique); elle est enrayée par un excès d'acide ou d'alcali.

D'après les observations de MM. Biot et Dubrunfaut, le sucre formé par l'action de la diastase sur l'amidon, bien que très-voisin de la glucose de raisin, en diffère cependant par quelques caractères tels qu'une moindre solubilité dans l'alcool, mais surtout par un pouvoir rotatoire dextrogyre triple de celui de la glucose ordinaire. On donne à ce sucre le nom de maltose ou glucose de malt. La maltose soumise à une action prolongée des acides étendus se change en glucose ordinaire.

Les fermentations de cet ordre jouent un rôle important dans la fabrication de la bière et dans la digestion des matières amylacées.

Nous pouvons y rattacher la conversion physiologique (pendant la vie) et la transformation *post mortem* du glycogène du foie en glucose. Cette conversion est certainement provoquée par un ferment soluble contenu soit dans le tissu du foie lui-même, soit dans le sang.

2° *Interversion du sucre de canne.* — Le sucre de canne se dédouble, sous l'influence des acides étendus, en glucose et en lévulose :

$$C^{12}H^{22}O^{11} + H^2O = C^6H^6O^6 + C^6H^6O^6.$$

Saccharose. — Glucose (dextrogyre). — Lévulose (lévogyre).

Toutes les fois qu'une solution de sucre de canne est mise en présence de la levûre, elle subit, comme l'ont observé MM. Dubrunfaut et Persoz, avant de fermenter alcooliquement, le phénomène de l'interversion formulé plus haut. On avait attribué cette interversion préalable à l'acidité normale de la levûre et à l'action de l'acide succinique qui accompagne la formation de l'alcool. M. Berthelot [*Chimie organique fondée sur la synthèse*, t. II, p. 619] a prouvé que l'interversion dans ce cas est indépendante de l'acidité des liqueurs et n'est pas due à la présence de l'acide succinique. En effet, la liqueur sucrée rendue alcaline par du bicarbonate de soude ne fermente pas moins sous l'influence de la levûre en subissant la conversion préalable en sucre interverti; cette transformation exige environ 40 heures à 20° de température. La levûre de bière remplit un double rôle vis-à-vis du sucre de canne; elle représente deux ferments distincts et successifs et il y a lieu de chercher si son action interversive réside dans son ensemble ou dans l'une quelconque de ses parties. M. Berthelot a reconnu que la fermentation glucosique du sucre de canne était due à un ferment soluble analogue à la diastase et contenu dans la levûre. Celle-ci, délayée dans deux fois son poids d'eau et filtrée, donne une solution limpide et active qui par l'alcool fournit un précipité floconneux blanc. Une partie de ce corps suffit pour intervertir de 50 à 100 p. de sucre de canne. Ce ferment soluble semble se reproduire aux dépens de la levûre, en étant sécrété par elle. En effet, quels que soient les lavages que l'on fasse subir à la levûre, sur un filtre ou par décantation, tant qu'elle n'est pas altérée, il suffit de la laisser digérer quelque temps avec une petite proportion d'eau pour voir apparaître dans cette eau le ferment glucosique.

3° *Dédoublement des glucosides sous l'influence de ferments solubles.* — Ces fermentations d'un ordre spécial peuvent se classer, d'après la nature du ferment et d'après celle du glucoside. Elles présentent toutes le caractère général d'une décomposition avec hydratation en glucose ou analogues et en nouveaux principes.

Ainsi, l'amygdaline donne de la glucose, de l'hydrure de benzoyle et de l'acide cyanhydrique :

$$C^{20}H^{27}AzO^{11} + 2H^2O$$
$$= 2C^6H^{12}O^6 + C^7H^6O + CAzH.$$

L'acide formique que l'on rencontre dans les produits de cette réaction doit être considéré comme un produit d'une métamorphose secondaire de l'acide cyanhydrique. La salicine, principe cristallisable de l'écorce des saules et de la fleur de *Spiræa ulmaria*, se change en glucose et saligénine :

$$C^{13}H^{18}O^7 + H^2O = C^6H^{12}O^6 + C^7H^8O^2$$

Salicine. — Glucose. — Saligénine.

[Piria, *Comp. rend.*, t. XVII, p. 180; *Ann. de Chim. et de Phys.*, (3), t. XIX, p. 257]. La chlorosalicine donne également du sucre et de la chlorosaligénine.

L'arbutine des feuilles de busserole se dédouble en glucose et hydroquinone :

$$C^{12}H^{16}O^7 + H^2O = C^6H^{12}O^6 + C^6H^6O^2.$$

L'hélicine, produit d'oxydation de la salicine, fournit, outre la glucose, de l'hydrure de salicyle, produit d'oxydation de la saligénine :

$$C^{13}H^{16}O^7 + H^2O = C^6H^{12}O^6 + C^7H^6O^2$$

[Piria, *Ann. de Chim. et de Phys.*, (3), t. XIV, p. 287]. L'hélicoïdine donne de la glucose, de la saligénine et de l'hydrure de salicyle.

La phlorizine extraite de l'écorce de pommier, de poirier, etc., se dédouble en glucose et phlorétine :

$$C^{21}H^{24}O^{10} + H^2O = C^6H^{12}O^6 + C^{15}H^{14}O^5.$$

L'esculine de l'écorce de marronnier d'Inde fournit de la glucose et de l'esculétine :

$$C^{21}H^{24}O^{13} + 3H^2O = 2C^6H^{12}O^6 + C^9H^6O^4$$

[Rochleder et Schwarz, *Ann. der Chem. u. Pharm.*, t. LXXXVII, p. 186; — Zwenger, *ibid.*, t. XC, p. 63].

La daphnine de l'écorce de garou donne de la glucose et la daphnétine :

$$C^{31}H^{34}O^{19} + 2H^2O = 2C^6H^{12}O^6 + C^{19}H^{14}O^9$$

[Zwenger, *Ann. de Chim. et de Pharm.*, t. CXV, p. 1].

Ces diverses réactions sont provoquées par l'émulsine, ferment soluble de l'amande douce ou amère; quelques-unes se produisent aussi sous l'influence de la levûre de bière ou des ferments solubles de l'organisme animal (fermentation de la salicine, de l'hélicine, de la daphnine). L'action des acides provoque des phénomènes du même ordre, excepté pourtant en ce qui concerne l'amygdaline. — Voyez ÉMULSINE.

La production de l'essence de moutarde (sulfocyanate d'allyle) pendant le contact de la moutarde broyée avec de l'eau est aussi le résultat d'une fermentation du 1er ordre. On sait par les travaux de Fauré [*Journ. de Pharm.*, (2), t. XVII, p. 299, et t. XXI, p. 464], et de MM. Boutron et Robiquet [*Journ. de Pharm.*, (2), t. XVII, p. 294], que la moutarde noire ne renferme pas d'huile essentielle toute formée et que celle-ci prend naissance par le contact de l'eau. La substance qui opère la production de ce corps se trouve dans les graines de moutardes noire et blanche. MM. Robiquet et Bussy lui ont donné le nom de myrosine. On l'extrait par les mêmes procédés que tous les ferments solubles et ses caractères sont ceux des corps de cette classe; elle est sans action immédiate sur l'amygdaline. Quant au principe fermentescible, c'est le *myronate* de potasse étudié par Robiquet et Bussy, Boutron et Fremy, Simon, Armann [*Ann. de Poggend.*, t. XLIII, p. 651; t. LI, p. 383; *Jahresb. für prakt. Pharm.*, t. III, p. 93; *Journ. de Chim. et de Méd.*, t. XXII, p. 171; *Jahresb. für prakt. Pharm.*, t. XV, p. 167 et 210; — Cassebaum, *Arch. der Pharm.*, t. LIV, p. 301; *Thielau Vittsteins Vierte, Jahresber. Schrift*, t. VII, p. 161]; — Ludwig et Lange [*Zeitschr. für Chem. u. Pharm.*, t. III, p. 430 et 577, (1860); — H. Will, *Ann. der Chem. u. Pharm.*, t. CXIX, p. 376].

Le myronate de potasse paraît avoir une composition représentée par la formule

$$C^{10}H^{16}KAzS^2O^9.$$

Il se dédoublerait d'après l'équation

$$C^{10}H^{16}KAzS^2O^9 + H^2O$$
$$= C^6H^{12}O^6 + \underset{\text{Sulfocyanure d'allyle.}}{C^4H^5AzS} + \underset{\text{Bisulfate de potasse.}}{SO^4KH.}$$

Le tannin de la noix de galle peut dans certaines circonstances se dédoubler en glucose et acide gallique. Strecker représente la réaction par l'équation

$$\underset{\text{Tannin.}}{C^{27}H^{22}O^{17}} + 4H^2O = \underset{\text{Sucre.}}{C^6H^{12}O^6} + \underset{\text{Acide gallique.}}{3C^7H^6O^5.}$$

Il est à remarquer, comme l'a fait observer Chevreul, que la production d'acide gallique est accompagnée de celle d'acide ellagique $C^{14}H^6O^8$.

En tenant compte de ce fait, l'équation et la formule du tannin devraient être modifiées. Quant au ferment, qui n'agit comme tous les autres, qu'en présence de l'eau, il est contenu dans la noix de galle et peut être assimilé à la pectase [Robiquet, *Journ. de Pharm.*, (3), t. XXIII, p. 241; *Ann. de Phys. et de Chim.*, (3), t. XXXIX, p. 453].

Beaucoup de matières colorantes végétales existent naturellement sous forme de glucosides; quelques-unes d'entre elles se dédoublent rapidement en présence de l'eau, sous l'influence de ferments solubles contenus dans la plante. Ainsi les glucosides colorants et solubles de la racine de garance (rubian de Schunck, acide rubérythrique de Rochleder), donnent du sucre et de l'alizarine ou de la purpurine. On a donné au ferment le nom d'érythrozyme; il existerait dans des cellules distinctes de celles qui contiennent le rubian.

Fermentation pancréatique. — Le suc pancréatique, comme l'ont démontré les recherches de M. Cl. Bernard [*Ann. de Phys. et de Chim.*, (3), t. XLI, p. 272; — Berthelot, *Journ. de Pharm.*, (3), t. XXVII, p. 20], est remarquable parmi tous les liquides de l'organisme par la propriété de dédoubler les corps gras neutres en glycérine et acide gras, c'est-à-dire de saponifier les graisses sans le secours des alcalis. Ce dédoublement est comparable à celui des glucosides, il se fait avec absorption d'eau, comme le montre l'équation suivante, qui peut être prise comme type de ce genre de réactions :

$$\underset{\text{Trimargarine.}}{(C^3H^5)(C^{17}H^{33}O)^3.O^3} + 3H^2O$$
$$= \underset{\text{Acide margarique.}}{3C^{17}H^{34}O^2} + \underset{\text{Glycérine.}}{C^3H^5(HO)^3.}$$

Tous les corps gras neutres naturels ou artificiels sont aptes à subir cette altération. Elle est due à l'intervention d'un ferment soluble contenu dans le suc pancréatique et dans l'extrait de la glande. La pancréatine ne diffère des ferments solubles en général que par son action spécifique. Il n'est pas encore prouvé que le principe qui saponifie les graisses est le même que celui qui transforme l'amidon. L'expérience se fait facilement en abandonnant quelques heures dans un endroit chaud un mélange de graisse *neutre* et de suc pancréatique; on reconnaît que l'extrait alcoolique est devenu acide, tandis que les produits employés sont ou alcalins ou neutres. Il faut un poids fixe de ferment pour opérer la transformation d'une quantité déterminée de corps gras et l'activité du ferment semble s'épuiser par le fait même de son exercice.

Un ferment analogue paraît exister dans les graines oléagineuses; celles-ci, en effet, étant broyées de façon à mettre le ferment en contact avec le corps gras et étant abandonnées dans un endroit chaud, le corps gras neutre s'acidifie.

Le rancissement du suif, du beurre, de l'huile de palme est un phénomène du même genre dû à l'intervention d'un ferment né par l'altération de matières albuminoïdes.

Fermentation protéique. — On peut donner ce nom aux transformations que subissent toutes les matières albuminoïdes sous l'influence du suc gastrique ou de la pepsine. Le suc pancréatique possède également le pouvoir de digérer les matières protéiques, et cette action est due à un ferment soluble distinct de la pancréatine. Pour tout ce qui concerne les caractères et le mode de préparation de la pepsine, ainsi que les détails sur les modifications que la digestion fait subir aux matières albuminoïdes, nous renvoyons aux articles spéciaux *pepsine*, *peptone*, *suc gastrique*, nous contentant de donner ici un rapide aperçu du phénomène.

La pepsine ou ferment soluble du suc gastrique n'agit qu'en présence d'un acide libre (acides chlorhydrique, lactique, phosphorique). Le meilleur procédé pour mettre son activité en évidence consiste à faire digérer à une douce température de la fibrine du sang avec de l'acide chlorhydrique contenant 5 p. 1000 d'acide. La fibrine se gonfle sans se dissoudre, même après un contact prolongé; mais vient-on à ajouter au mélange, maintenu à 35° environ, une petite quantité de pepsine dissoute, on voit la liquéfaction s'opérer en quelques minutes. Toutes les matières protéiques solubles ou insolubles commencent par se convertir en syntonine précipitable par la neutralisation de l'acide, mais au bout d'un temps plus ou moins long cette syntonine se convertit elle-même en peptone soluble, non coagulable, facilement diffusible, ne précipitant ni par le sulfate de cuivre, ni par le perchlorure de fer, les acides minéraux, les sels alcalins, précipitable par le chlore, le tannin, le sublimé, le nitrate d'argent et l'acétate neutre ou basique de plomb.

Fermentations vraies ou fermentations a ferments organisés.— Elles constituent, comme nous l'avons déjà dit, une classe toute spéciale de phénomènes chimiques qui semblent liés aux fonctions physiologiques des organismes sous l'influence desquels elles se produisent. Les réactions que nous allons décrire, excepté pourtant l'acétification de l'alcool, n'ont pas encore pu être opérées nettement sans le concours de ces organismes. Ainsi, la transformation de la glucose en alcool, en acide lactique, en acide butyrique, en gomme et mannite, sont des phénomènes complexes dont les conditions n'ont pas encore été réalisées en dehors de la vie. Nous parlerons d'abord de la fermentation alcoolique, c'est-à-dire de la fermentation par excellence, celle qui a été le mieux étudiée.

Fermentation alcoolique. — Ce phénomène, connu depuis longtemps, se définit nettement par le principe fermentescible, la glucose, par les produits qui en dérivent (acide carbonique, alcools éthylique, propylique, butylique, amylique, glycérine, acide succinique, cellulose, acide acétique (?)), enfin et surtout par la nature du ferment, la levûre alcoolique ou levûre de bière.

1° *Substances capables de subir la fermentation alcoolique.*— *a.* Immédiatement : glucose, lévulose, maltose, lactose.

b. Médiatement, en se transformant préalablement en glucose, sous l'influence du ferment soluble contenu dans la levûre, ou par une hydratation provoquée par les acides ou la diastase : saccharose (sucre de canne), mélitose, tréhalose, mélézitose, lactine, amidon, dextrine, gomme, glycogène.

2° *Produits de la fermentation.* — L'alcool et l'acide carbonique sont les produits dominants de l'altération de la glucose sous l'influence de la levûre. Ainsi, d'après M. Pasteur, 100 p. de sucre de canne équivalant à 105,36 de glucose donnent :

Acide carbonique	48,89
Alcool	51,11
	100,00

Il n'est donc pas étonnant que l'on ait négligé la perte minime de 5,36 % et que l'on ait, d'après les expériences de Lavoisier et de Gay-Lussac, admis longtemps que le dédoublement du sucre était nettement formulé par l'équation

$$C^6H^{12}O^6 = 2CO^2 + 2C^2H^6O.$$

Glucose. Acide carbonique. Alcool.

Les effets de la fermentation vineuse, dit Lavoisier [*Traité élémentaire de Chimie*, t. I, p. 150, 1789], se réduisent à séparer en deux portions le sucre, qui est un oxyde; à oxygéner l'une aux dépens de l'autre pour former de l'acide carbonique; à désoxygéner l'autre aux dépens de la première, pour en former une substance combustible qui est l'alcool; en sorte que s'il était possible de recombiner ces deux substances, l'alcool et l'acide carbonique, on formerait du sucre.

En 1815, alors que l'analyse élémentaire avait permis de fixer la composition du sucre et de l'alcool, Gay-Lussac s'exprimait ainsi [*Ann. de Chim.*, t. XCV, p. 318] : « Si l'on suppose que les produits fournis par le ferment puissent être négligés relativement à l'alcool et à l'acide carbonique, qui sont *les seuls résultats* sensibles de la fermentation, on trouvera qu'étant données 100 p. de sucre, il s'en convertit pendant la fermentation 51,34 en alcool et 48,66 en acide carbonique, ou, en nombres ronds, que le sucre se change par la fermentation en parties égales d'alcool et d'acide carbonique. »

Cette manière de voir n'était appuyée que sur les expériences de Lavoisier et la formule connue du sucre et de l'alcool.

Dès 1847, le docteur Ch. Schmidt [*Hand-Woerterb. der Chem.*, V. Liebig, 1re édit., t. III, p. 224] signala la présence de l'acide succinique dans tous les liquides fermentés. Les observations de Schmidt avaient peu éveillé l'attention et étaient tombées dans l'oubli, lorsque M. Pasteur retrouva l'acide succinique parmi les produits de la fermentation alcoolique; en même temps ce chimiste éminent signalait la présence d'un nouveau corps méconnu jusqu'à lui, la glycérine. Enfin, les globules de levûre en se multipliant forment de la cellulose et des principes extractifs évidemment aux dépens du sucre qui *peut* être le seul composé organique existant dans le liquide. D'après cela, le sucre se dédoublerait comme il suit :

100 p. saccharose = 105,36 glucose donnent :

Alcool	51,11	
Acide carbonique	48,89	+ 0,53 (acide de la fermentation succinique).
Acide succinique	0,67	
Glycérine	3,16	
Cellulose, graisse et extractif	1,00	
	105,36	

Les proportions indiquées ci-dessus varient dans des limites peu étendues, suivant les conditions de la fermentation. Il se forme d'autant plus de glycérine et d'acide succinique que la fermentation est plus longue et se fait avec de la levûre plus épuisée ou bien que le milieu est moins acide.

Voici comment M. Pasteur représente la fermentation : sur 100 p. de sucre de canne interverti, 95 p. suivent l'équation de Gay-Lussac.

Des 5 p. restantes 4 environ (4,21 sucre interverti) fourniraient de l'acide succinique, de la glycérine et de l'acide carbonique, d'après l'équation :

$$49\,C^{12}H^{11}O^{11} + 109\,HO$$

Saccharose.

$$= 12\,C^8H^6O^8 + 72\,C^6H^8O^6 + 30\,C^2O^4$$

Acide succinique. Acide carbonique.

(ancienne notation C=6 O=8). Le reste du sucre fournit la cellulose, la matière grasse et les substances extractives.

M. Monoyer propose l'équation plus simple

$$4\,C^6H^{12}O^6 + 3\,H^2O$$
$$= C^4H^6O^4 + 6\,C^3H^8O^3 + 2\,CO^2 + O$$

qui donne le même rapport entre l'acide succinique, la glycérine et l'acide carbonique. Quant à l'oxygène en excès, il servirait à la respiration des globules.

Dans la fermentation de la plupart des jus sucrés naturels (jus de betteraves, de marc de raisins, etc.), lorsqu'on opère sur de grandes masses, on observe la production de petites quantités d'alcools homologues de l'alcool éthylique, savoir : alcool propylique [Chancel, *Compt. rend.*, t. XXXVII, p. 410]; alcool butylique [Wurtz, *Compt. rend.*, t. XXXV, p. 310]; alcool amylique [Pelletan, *Ann. de Chim. et de Phys.*, t. XXX, p. 221]; alcool caproïque [Faget, *Comp. rend.*, t. XXXVII, p. 730]. Ces alcools sont ou des produits secondaires de la fermentation alcoolique ordinaire, prenant naissance dans des conditions spéciales de température, ou bien leur formation est due à des fermentations spéciales du sucre ou d'autres principes qui l'accompagnent dans les jus.

On retrouve aussi d'une manière constante, parmi les produits de la fermentation alcoolique, une très-petite quantité d'acides volatils de la série des acides gras (acides acétique, butyrique); mais rien ne prouve que les acides dérivent directement du sucre et ne sont pas le résultat d'une altération de la levûre.

M. Pasteur analyse comme il suit les produits de la fermentation. Le liquide sucré fermenté (sucre, levûre, cendres de levûre) est distillé jusqu'au tiers de son volume; on obtient ainsi l'alcool et l'acide acétique. Le résidu est évaporé à consistance de sirop et repris par un mélange d'alcool et d'éther, qui dissout la glycérine et l'acide succinique. La solution éthérée et alcoolique est évaporée et le résidu est traité par l'éther qui ne dissout que l'acide succinique, tandis que la glycérine reste sous forme d'un sirop. La solution éthérée abandonnée à l'évaporation laisse déposer de beaux cristaux d'acide succinique.

La partie insoluble représente les globules de levûre et l'extractif.

Du ferment alcoolique et des conditions de son activité. — La décomposition si remarquable du sucre dont nous venons d'étudier les termes est provoquée par une substance insoluble qui se dépose dans le moût de bière fermenté. Comme le remarqua déjà Leuwenhoeck en 1680, cette levûre se compose de très-petits globules sphériques ou ovoïdes. Les globules sont susceptibles de se reproduire par bourgeonnement; ils sont formés d'une enveloppe et d'un contenu liquide [Cagniard de Latour, *Ann. de Chim. et de Phys.*, 1837, t. LXVIII, p. 206]. Thenard avait observé que lorsque les jus sucrés naturels se mettent en fermentation *spontanée, ils donnent* toujours un dépôt qui a l'aspect de la levûre de bière et qui possède comme elle le pouvoir de faire fermenter l'eau sucrée pure [*Ann. de Chim.*, 1803, t. XLVI, p. 294]. Gay-Lussac remarque en outre que ce phénomène de fermentation spontanée ne se produit qu'autant que les jus ont reçu, ne fût-ce qu'un instant, le contact de l'air [*Ann. de Chimie*, 1810, t. LXXVI, p. 245]. Ces résultats, confirmés par les recherches de Schwann à Iéna [*Poggend. Ann.*, 1837, t. XLI, p. 184; — de Kützing à Berlin, *Journ. für prakt. Chem.*, t. XI, p. 385; — de Quevenne, *Journ. de Pharm.*, (2), 1838, t. XXIV, p. 30 et 265; — de Turpin, *Compt. rend.*, t. IV, p. 369; — de Mitscherlich, *Lehrb. de Chem.*, 4ᵉ édit., t. I, p. 370; — de Ch. Schmidt, à Dorpat, *Ann. der Chem. u. Pharm.*, t. LXI, p. 168], établirent avec assez de certitude que toutes les fermentations alcooliques spontanées ou artificielles sont accompagnées de la formation ou du développement, ou exigent au moins la présence d'un organisme végétal qui reçut les noms de *Cryptococcus cerevisiæ* et de *Torula cerevisiæ*.

En même temps MM. Marcet, Dumas [*Essais de Statique chimique*, 2ᵉ édit., 1842; — Mitscherlich, *Lehrb. de Chimie*, 4ᵉ édit., 1844, t. I, p. 370; — Schlossberger, *Ann. der Chem. u. Pharm.*, t. LI, p. 193; — Wagner, *Journ. für prakt. Chem.*, t. XLV, p. 241; — Payen, *Mém. des Sav. étrang.*, 1846, t. IX, p. 32], établissaient la composition élémentaire de la levûre. D'après Payen la levûre est formée de matière azotée 62,73, cellulose 29,37, matières grasses 2,10, matière minérale 5,80.

M. Schlossberger a séparé chimiquement la matière azotée de la cellulose et lui a reconnu la composition élémentaire des matières protéiques. Les cendres se composent principalement de phosphates de soude et de magnésie, avec un peu de chaux. On avait également observé que beaucoup de substances animales azotées, mises en digestion avec de l'eau sucrée pure, peuvent développer la fermentation, mais il faut le contact de l'air et un temps assez long pour qu'elle commence; une fois commencée, elle donne également un dépôt qui a tous les caractères de la levûre. Malgré ces observations toutes antérieures aux travaux de M. Pasteur, observations qui devaient attirer l'attention sur la nature organisée du ferment, beaucoup de chimistes n'ont voulu voir dans cette production évidente d'un être vivant qu'un phénomène secondaire, indépendant de la réaction principale. On a cherché à expliquer le dédoublement du sucre soit par une simple action de contact (Berzelius), soit par une théorie mécanique assez séduisante. D'après Liebig, le ferment est une substance azotée, éminemment altérable et en voie continuelle de transformation et de mouvement moléculaire; ce mouvement se transmet au sucre et détermine sa décomposition. Ces interprétations, comme le fait observer M. Pasteur, étaient surtout nées de l'étude d'autres fermentations (lactique, butyrique), où l'on n'avait pu démêler de ferment organisé.

Toutes les fois que l'on ajoute de la levûre de bière dans un milieu convenable, tel qu'une décoction d'orge germée, contenant du sucre, des sels et des matières azotées solubles, on voit cette levûre augmenter en quantité, il y a multiplication des globules et cette multiplication se fait par bourgeonnement. Le globule mère présente d'abord une simple proéminence qui augmente progressivement jusqu'à ce qu'elle ait acquis la grosseur du globule primitif. Pendant tout ce temps elle reste soudée et ne se détache qu'à ce moment. Les globules sont tantôt translucides, sans granulations intérieures; ce sont les plus propres au bourgeonnement. Tantôt leur contenu est granuleux; ces granulations apparaissent surtout dans les anciennes cellules.

Les globules adultes tels qu'on les trouve dans la levûre fraîche sont légèrement allongés, libres, de même grandeur (0 millimètre, 01 de diamètre environ). Leurs contours sont nettement accusés et les granulations internes peu distinctes.

Placés dans des conditions convenables, ces globules bourgeonnent, de sorte qu'au bout d'un certain temps on voit des paquets rameux de globules en chapelets. Les globules nouvellement formés sont allongés, translucides, à contours nets. Ce sont les jeunes globules qui, en raison de leur légèreté, montent à la surface et constituent la levûre supérieure. Lorsqu'ils ont acquis leur entier développement, ils se disjoignent et tombent peu à peu au fond. Leurs contours deviennent moins distincts, leur contenu devient de plus en plus granuleux (levûre inférieure).

En même temps que se produisent ces changements de forme, on voit survenir des modifications chimiques. En se développant ils prennent au sucre de quoi former de la cellulose et de la graisse, à la matière azotée (albuminoïde ou ammoniaque) de l'azote qui se fixe sous forme de matière azotée insoluble en même temps que les globules se remplissent d'une solution de matière protéique.

Dans les fermentations sans présence d'une matière azotée, la multiplication se fait aux dépens de la matière azotée soluble contenue dans les globules ajoutés. Lorsque celle-ci est toute transformée en principes insolubles, la fermentation s'arrête.

M. Pasteur est très-absolu dans ses vues; il admet comme un fait irréfutable que la décomposition du sucre est liée intimement au développement et aux fonctions physiologiques de la levûre, en d'autres termes, que la fermentation alcoolique est la conséquence de la vie du globule lui-même, que celui-ci n'agit pas en raison des matières protéiques qu'il renferme, comme le ferait toute autre substance azotée, mais par lui-même, qu'il n'est pas un accident fortuit de la fermentation, mais qu'il en est la cause réelle.

On savait déjà, du reste, que l'eau de lavage de la levûre est sans action sur le sucre et qu'il faut le contact direct de la cellule avec la glucose, d'où il résulte tout au moins que le ferment de la levûre est insoluble.

Nous parlerons avec quelques détails de l'expérience capitale par laquelle M. Pasteur démontre ses idées. Il a cherché à se placer dans des conditions telles que la fermentation et le développement des globules ne puissent être attribuées à une matière organique en voie de décomposition. Il prend à cet effet une liqueur composée de :

Sucre candi pur................	10 gr.
Eau distillée..................	100 gr.
Cendres de 15 gr. de levûre.	
Tartrate droit d'ammoniaque....	0 100
Traces de levûre de la grosseur d'une tête d'épingle à l'état humide.	

Le vase étant rempli jusque dans le goulot et muni d'un tube de dégagement plongeant dans l'eau, la fermentation ne tarde pas à se déclarer ; après vingt-quatre heures la liqueur commence à donner des signes sensibles d'un dégagement d'acide carbonique, en même temps elle se trouble. Le trouble augmente les jours suivants, et un dépôt couvre peu à peu le fond du flacon. Ce dépôt examiné au microscope offre l'apparence d'une belle levûre ramifiée, jeune d'aspect. On y distingue les anciens globules par leur enveloppe épaisse et leur contenu granuleux. Au bout d'un mois, il avait disparu 4gr,5 de sucre, 0gr,0062 d'ammoniaque, et il s'était formé 0gr,043 de levûre supposée sèche. La signification de ces résultats est bien nette. La très-petite quantité de levûre ajoutée s'est comportée comme une semence qu'on met dans un milieu propre à son développement ; elle a bourgeonné en empruntant à l'ammoniaque l'azote dont elle a besoin pour la synthèse de ses composés protéiques, au sucre le carbone, et ses sels minéraux à la cendre de levûre, et pendant ces évolutions elle a déterminé la décomposition du sucre en alcool et acide carbonique.

Le sel ammoniacal de cette expérience peut, avec avantage, être remplacé par une matière albuminoïde appropriée, telle qu'on la trouve dans les sucs végétaux, l'infusion d'orge germée et les parties solubles de la levûre elle-même. Avec l'albumine de blanc d'œuf, les cellules ensemencées ne commencent à se multiplier en entraînant la fermentation qu'au bout d'un temps assez long. Cette matière azotée ne présente pas à l'état frais les conditions nécessaires à la nutrition des globules et doit subir une altération préalable au contact de l'air. Dans toutes ces expériences, on voit la décomposition du sucre *commencer* avec les manifestations de la vie dans les globules, s'arrêter, se ralentir avec elles ; il y a donc corrélation évidente entre ces deux phénomènes. Nous savons déjà que les sucs végétaux sucrés peuvent fermenter spontanément avec production de levûre, pourvu qu'ils reçoivent le contact de l'air, ne fût-ce que quelques instants, tandis que d'autres milieux fermentescibles, celui de l'expérience précédente par exemple, exigent impérieusement l'addition de traces de levûre. D'où vient cette différence et comment le ferment naît-il dans les sucs des plantes? M. Pasteur, qui combat avec énergie les doctrines de la génération spontanée qu'il ne nous appartient pas de discuter ici, admet que les germes du ferment se trouvent dans l'air qui les apporte aux liquides; si le milieu est très-favorable à la multiplication de ces germes toujours peu nombreux, il y aura fermentation ; c'est le cas du suc de raisin. Si, au contraire, les conditions sont moins bonnes, ces germes resteront inutiles.

La levûre semée dans une liqueur sucrée et azotée, mais complétement privée d'oxygène, se multiplie, augmente de poids et détermine la fermentation alcoolique. En présence de l'air, elle se développe également, mieux même que dans le premier cas; mais alors elle n'a qu'une activité relativement faible comme ferment, bien qu'elle agisse énergiquement sur le sucre si on la met ultérieurement en contact avec de l'eau sucrée, à l'abri de l'oxygène. Il semble donc y avoir corrélation entre le caractère ferment et le fait de la vie sans oxygène libre. D'après M. Pasteur, le mode de nutrition du ferment végétal reste le même en présence ou en l'absence de l'oxygène; dans le second cas il respire avec l'oxygène emprunté à la matière fermentescible et provoque ainsi la rupture d'équilibre de la molécule sucrée. L'expérience et l'observation tendent à établir que les levûres spontanées ne sont pas identiques par leur forme, leur nature et l'énergie de leur action ; il y aurait aussi à établir une différence de même ordre entre la levûre de bière et celle du suc de raisin. Les brasseurs distinguent aussi deux levûres : celle qu'ils appellent levûre supérieure, qui agit au-dessus de 15°, provoque une fermentation tumultueuse et beaucoup de mousse; la levûre inférieure agit à une basse température, son action est lente; il paraît que les qualités de la bière et la faculté de se conserver plus ou moins longtemps dépendent de la nature de la levûre employée.

On peut déterminer la fermentation alcoolique en ajoutant de la levûre à un liquide sucré pur; dans ce cas elle ne produit que la décomposition d'une quantité limitée de sucre, et quand cette limite est atteinte, elle a perdu toute son activité; son développement se fait comme dans le cas de la présence de matières azotées; mais les globules se nourrissent en usant leur propre substance, c'est-à-dire leurs principes azotés solubles; ils les transforment en composés insolubles; après cela, l'évolution s'arrête et la fermentation aussi. Thenard avait montré que la levûre devient moins riche en azote dans ces conditions, et Dœbereiner supposait que l'azote éliminé se change en ammoniaque.

Cette manière de voir est erronée ; non-seulement il ne se forme pas d'ammoniaque pendant la fermentation, mais celle qu'on ajoute peut disparaître. Que devient l'azote?

D'une part le poids absolu de la levûre augmente par l'addition d'une substance hydrocarbonée (cellulose), et de l'autre une partie des principes azotés de la levûre se dissout dans le liquide et se retrouve dans l'extrait filtré.

Les fermentations avec grand excès de levûre présentent une particularité intéressante. La production d'alcool et d'acide carbonique continue quelque temps avec assez d'activité lorsque tout le sucre est déjà transformé ; en fin de compte on recueille une proportion de ces deux corps de beaucoup supérieure à celle que peut donner la glucose seule. Nous voyons, d'après cela, l'activité du ferment s'exercer sur ses propres éléments avec une énergie et une rapidité extraordinaires.

Dans tout ce qui précède nous avons résumé en grande partie les travaux de M. Pasteur. M. Berthelot (*Chimie organique fondée sur la synthèse*, t. II, p. 605) distingue plusieurs groupes de fermentations alcooliques, savoir : 1° la fermentation alcoolique des glucoses, du sucre de canne et de la mélitose provoqués par la levûre de bière. Pour opérer avec la glucose, on prend 1 partie de ce corps, 4 parties au moins d'eau et 1/50 de levûre de bière, et on maintient le tout à 30°. Le sucre de canne subit d'abord l'interversion, puis les phénomènes se continuent comme avec la glucose. Quant à la mélitose, elle donne de l'alcool et une substance sucrée non fermentescible, l'eucalyne. Dans tous ces phénomènes nous voyons le développement d'un organisme coïncidant avec la transformation alcoolique et nous reconnaissens que ce développement exige le concours simultané d'un liquide sucré, de matières minérales et de substances azotées. La levûre possède une forme spéciale, une nature chimique particulière; elle renferme des matières azotées qui se transforment chimiquement, elle emprunte au sucre une faible portion de ses éléments. On peut attribuer la fermentation à une action de contact déterminée par la forme spéciale des globules de la levûre [Berzelius, *Ann. de Chim. et de Phys.*, t. LXI, p. 146]. On peut rapporter cette action à la nature chimique de quelqu'un des principes insolubles que la levûre a la propriété de sécréter, c'est-à-dire la rapprocher de l'action des ferments solubles [Berthelot, *Ann. de Chim. et de Phys.*, (3), t. L, p. 320]. On peut l'expliquer par un certain mouvement de décomposition communiqué au sucre par la métamorphose simultanée des principes immédiats de la levûre [Stahl, *Fund. chim.*, pars II, p. 50; — Cohn, *Ann. de Chim. et de Phys.*, (2), t. XXVIII, p. 128, t. XXX, p. 42; — Liebig, *Ann. de Chim. et de Phys.*, t. LXXI, p. 147].

Enfin, d'après une autre hypothèse, les germes qui constituent la levûre se développent et se reproduisent aux dépens du sucre et de la matière azotée; ils s'en nourrissent en assimilant ces corps à leur propre substance et les transforment en ligneux, graisse. — L'alcool et l'acide carbonique seraient alors des résidus, des produits excrétés. Cette explication, proposée et soutenue par Cagniard de Latour, Turpin, Schwann, Kützing, Quevenne et enfin par Pasteur, est loin de donner la solution définitive de la question; car rapporter une métamorphose à un acte vital, ce n'est pas l'expliquer; au contraire, tous les efforts de la chimie physiologique ont pour but d'analyser les changements matériels qui se font dans les êtres vivants et de les ramener à une succession connue d'actes chimiques déterminés.

Passant à un autre ordre d'idées, M. Berthelot cherche à montrer que les globules de levûre de bière ne sont point nécessaires pour provoquer la formation de l'alcool par la fermentation du sucre. D'après ses expériences, toute matière azotée analogue à l'albumine peut jouer le rôle de ferment alcoolique, si l'on se place dans des circonstances convenables, sans qu'il se développe nécessairement des globules de levûre.

Si l'on abandonne à elle-même une dissolution sucrée contenant une matière azotée d'origine animale, albumine, gluten, fibrine, gélatine, etc., le sucre entre peu à peu en fermentation alcoolique (Colin); mais au lieu de disparaître dans l'espace de quelques heures comme dans le cas de la levûre, il exige pour se détruire quelques semaines ou même des mois. D'ailleurs une portion du sucre échappe à la réaction, restant intacte en subissant des altérations d'un autre ordre. La matière azotée elle-même se décompose autrement qu'elle ne le ferait en présence de l'eau seule; elle se détruit sans pourrir. L'influence de la matière sucrée et de la matière azotée est donc ici réciproque. Ceci posé, il est nécessaire d'envisager deux cas essentiellement distincts: ou bien la fermentation a lieu avec le concours de l'air, ou bien l'air est exclu pendant le cours des expériences. Dans le premier cas le liquide se remplit de globules de levûre de bière en même temps que la fermentation se développe, et il semble que ces globules sont nécessaires à l'accomplissement de la fermentation alcoolique. Si, au contraire, on abandonne le sucre de canne ou la glucose dans une étuve avec du carbonate de chaux et une matière azotée d'origine animale, en excluant l'air atmosphérique, on voit se développer la fermentation alcoolique, et cependant à *aucun moment de l'expérience les globules de levûre ne se manifestent* [Berthelot, *Ann. de Chim. et de Phys.*, (3), t. L, p. 322]. On rend les résultats plus évidents en employant la gélatine et en opérant uniquement avec des liquides limpides et des substances solubles.

Ainsi, un mélange de 1 p. gélatine, 10 p. glucose, 5 p. bicarbonate de soude et 100 p. d'eau, privé d'air par un courant d'acide carbonique et maintenu à 40°, entre en fermentation au bout de quelques semaines et donne une proportion considérable d'alcool. En même temps il se forme un léger dépôt insoluble constitué de fines granulations moléculaires amorphes. D'après ces faits, les globules de levûre ne sont point nécessaires pour provoquer la formation de l'alcool; le même effet pouvant être produit soit avec leur concours, soit sans leur concours, on doit recourir à une interprétation plus générale.

En résumé, les deux opinions de M. Pasteur et de M. Berthelot représentent l'état actuel de la question. Les expériences faites par l'un et l'autre de ces éminents chimistes montrent qu'il reste encore des points douteux à éclaircir; d'après M. Pasteur, la fermentation alcoolique est liée à la production de levûre; selon M. Berthelot, cette dernière réalise en effet les meilleures conditions d'une transformation prompte et complète, mais elle n'est pas indispensable.

Fermentation alcoolique du sucre de lait. — Dès la plus haute antiquité on préparait des liqueurs fermentées alcooliques avec le lait, et les Tartares en ont conservé l'usage. La levûre de bière ne fait fermenter le sucre de lait qu'autant qu'il a été transformé en glucose par les acides. Cependant, dans certaines conditions et en présence d'une matière azotée, la lactine peut fournir directement de l'alcool. C'est ce qui a lieu, par exemple, lorsqu'on abandonne le lait dans des vases en bois au sein desquels s'est déjà effectuée une fermentation analogue. La caséine du lait fournit au ferment la matière première. Ce ferment semble résider dans un être organisé adhérent aux parois du vase. Ce qu'il y a de plus difficile, c'est de provoquer la première fermentation. On obtient des résultats assurés en présence du carbonate de chaux et d'une matière azotée animale; le sucre de lait se change directement en alcool, sans passer par un état intermédiaire.

Fermentation alcoolique de l'amidon et de la gomme. — On sait que ces deux corps peuvent, sous certaines influences, être transformés en glucose fermentescible capable de donner de l'alcool. Mais la fermentation alcoolique de l'amidon et de la gomme peut être directe, sans qu'à aucun moment de l'expérience on observe la présence d'une trace de glucose. Il suffit, à cet effet, d'abandonner ces corps avec du carbonate de chaux et une matière animale à une température voisine de 40°, durant quelques semaines (Berthelot). Il en est de même pour la sorbine, qui cependant n'est pas transformable par les acides en glucose directement fermentescible au contact de la levûre de bière.

Dans les mêmes conditions, la mannite, la dulcite et la glycérine fournissent également de faibles proportions d'alcool, sans production de globules de levûre. La fermentation est accompagnée d'un dégagement d'hydrogène.

Conditions de l'action du ferment alcoolique. — Le ferment alcoolique, qu'il soit un ou multiple, nécessairement organisé, comme le veut M. Pasteur, ou non organisé, exige toujours pour agir la réunion d'un certain nombre de conditions physico-chimiques. De plus, son action peut être entravée, annulée par certains corps mis en présence. Les conditions essentielles pour qu'il y ait fermentation sont: 1° la présence simultanée de sucre ou d'un congénère, de matière azotée d'origine protéique ou de levûre et d'eau, de plus une température convenable. Les proportions qui conviennent le mieux à une fermentation rapide opérée en l'absence de matières albuminoïdes sont : sucre, 16; eau, 80; levûre en pâte, 4. En présence de matières albuminoïdes, on peut diminuer beaucoup la quantité de levûre. La température peut varier de + 5° à + 50°; la plus favorable à la fermentation, avec levûre, est comprise entre 20° et 25°. Une température de 100° altère le ferment, tandis que le froid ne fait qu'enrayer son activité. Tous les agents qui coagulent l'albumine ou détruisent les matières organiques s'opposent à la fermentation : chlore, iode, acides et alcalis puissants, nitrate d'argent, sels ferriques, sels de cuivre, de plomb, tannin, phénol, créosote, alcool concentré. Un trop grand excès de sucre est aussi défavorable. La présence d'un acide ou d'un alcali solubles, organiques ou minéraux est défavorable à des degrés divers. Un milieu neutre convient le mieux à une marche rapide. Cependant, en pratique, il est préférable, pour éviter le développement d'autres fermentations secondaires, de maintenir le liquide acide. Les substances neutres très-solubles arrêtent également la fermentation, lorsqu'elles sont en grandes quantités (chlorure de sodium sulfate de soude, sucre, glycérine). On doit attribuer ce résultat, comme l'a fait Mandl [*Répert. de Chim. appliquée*, t. II, p. 126, 1860], au grand pouvoir *osmotique* de ces corps qui empêchent le développement des êtres organisés. L'oxyde de mercure, le calomel, le peroxyde de manganèse entravent la fermentation. Il en est de même des sulfites, bisulfites, des essences de citron, de térébenthine. D'après Dœbereiner, la fermentation s'arrête à une pression de 28 atmosphères environ.

Fermentation lactique. — Les développements que nous avons donnés à propos de la fermentation alcoolique nous permettent d'être beaucoup plus courts dans l'exposé de faits analogues. On appelle fermentation lactique la transformation d'une matière organique en acide lactique, sous l'influence d'un ferment.

Les glucoses et les substances susceptibles d'en fournir sont aptes à fermenter lactiquement. La lactine se convertit très-facilement, comme le démontre la rapidité avec laquelle le lait devient aigre; il en est de même de la sorbine, de la mannite, de la dulcite; le malate de chaux se change également en lactate. L'acide lactique est le seul produit jusqu'à présent reconnu de cette fermentation; la composition centésimale étant la même que celle de la glucose, nous n'avons affaire qu'à une transposition moléculaire, en tant qu'il s'agit des glucoses :

$$C^6H^{12}O^6 = 2(C^3H^6O^3).$$

L'acide malique donne en outre un dégagement d'acide carbonique. La lactine fixe préalablement de l'eau; la mannite dégage de l'hydrogène. En réunissant dans une même liqueur du sucre, une matière azotée convenable et de la craie, la réaction est complète au bout d'un certain temps; le sucre a disparu et se trouve remplacé par du lactate de chaux. Sans l'intervention de la craie, le liquide neutre au début deviendrait promptement acide et la fermentation s'arrêterait; c'est ce qui arrive lorsque le lait tourne à l'aigre; le sucre de lait ne s'acidifie que partiellement; mais si l'on a soin de neutraliser avec du carbonate de soude ou de la craie, la transformation reprend de nouveau. Les proportions les plus convenables sont :

Eau	100 p.
Sucre, glucose ou mannite	10 p.
Caséine	1 p.
Carbonate de chaux	10 p.

M. Pasteur, préoccupé de ses idées sur la fermentation en général, a cherché et trouvé le ferment lactique signalé déjà par Remuk et Blondeau. Cette substance est formée de très-petits globules ou d'articles très-courts, isolés ou en amas, de 1mm,67 de diamètre. Ensemencée dans un milieu convenable (eau, sucre, matière azotée, sels et craie), elle se multiplie, augmente de volume et détermine la transformation du sucre. D'après lui on peut, dans toutes les fermentations lactiques, en reconnaître la présence par un examen attentif. Si la fermentation alcoolique se complique, ce qui arrive souvent, de la production d'acide lactique, on voit toujours la levûre lactique apparaître à côté du ferment principal. Lorsqu'on n'ensemence pas la levûre lactique, sa présence est due à des germes apportés par l'air.

Le ferment lactique ne peut pas agir dans une liqueur acide, quelque faible que soit l'acidité. La température la plus favorable paraît être de 35°. Le jus d'oignons brut est l'aliment azoté le plus convenable, car il s'oppose, par son huile essentielle, au développement d'autres ferments (alcoolique, butyrique). M. Berthelot fait aux vues de M. Pasteur, sur la fermentation lactique, les mêmes objections que pour la fermentation alcoolique.

Le lait, l'eau de fermentation des amidonniers, la jusée des tanneurs, l'extrait de riz fermenté, le suc fermenté des betteraves et des haricots cuits, la choucroute et même le vin (Balard), peuvent renfermer de l'acide lactique.

[Boutron-Charlard et Fremy, *Compt. rend.*, t. XII, p. 728; *Ann. de Chim. et de Phys.*, (3), t. II, p. 257 et 271; — Remak, *Canstads Jahresb.*, 1841, t. I, p. 7; — Blondeau, *Journ. de Pharm.*, (3), t. XII, p. 244, 336; — Pasteur, *Compt. rend.*, t. XLV, p. 913; t. XLVII, p. 224; *Ann. de Chim. et de Phys.*, (3), t. LII, p. 404; — Lubolt, *Journ. für prakt. Chem.*, t. LXXVII, p. 282; — Balard, *Compt. rend.*, t. LIII, p. 1226; — Fremy, *Compt. rend.*, t. IX, p. 165; t. VIII, p. 960; — Berthelot, *Ann. de Phys. et de Chim.*, (3), t. L, p. 322; — Proust, *Ann. de Chim. et de Phys.*, t. X, p. 29; — Kohl, *Arch. f. Pharm.*, (2), t. LXV, p. 17; — Scheele, *Opuscula*, II, p. 201, 1793.]

Fermentation visqueuse des sucres. — Dans certaines conditions les jus sucrés s'altèrent en fournissant une substance mucilagineuse et de la mannite. Aussi, lorsque l'on ajoute à une dissolution sucrée une décoction aqueuse de levûre de bière faite à chaud et filtrée et qu'on abandonne dans un endroit chaud (30°), le liquide devient visqueux et filant; en même temps il se forme des globules organisés qui semblent constituer un ferment spécifique.

La matière visqueuse a la même composition que la gomme ou la dextrine ($C^6H^{10}O^5$). En même temps il se forme de la mannite et de l'acide carbonique.

M. Pasteur représente la réaction par l'équation

$$\underset{\text{Sucre.}}{25C^{12}H^{11}O^{11}} + 25HO$$

$$= \underset{\text{Gomme.}}{12C^{12}H^{10}O^{10}} + \underset{\text{Mannite.}}{12C^{12}H^{14}O^{12}} + 12CO^2 + 12HO$$

(anc. notat. $C = 6$, $O = 8$).

M. Monoyer (thèse pour le doctorat en médecine, Strasbourg, n° 624, (2), 1862), propose de regarder la formation de la mannite et celle de la matière gommeuse comme deux phénomènes distincts et indépendants. On aurait alors

$$13C^{12}H^{12}O^{12} + 6H^2O^2 = 12C^{12}H^{14}O^6 + 6C^2O^4$$

$$12C^{12}H^{12}O^{12} = 12C^{12}H^{10}O^{10} + 12H^2O^2$$

(anc. notat. $C = 6$, $O = 8$).

Cette équation n'est qu'une traduction très-approchée des résultats de l'expérience. On trouve, en effet, pour 100 de sucre, 51,09 p. de mannite et 45,5 de gomme.

Tous les sucres susceptibles de fermenter alcooliquement peuvent éprouver ce genre d'altération.

Le ferment gommo-mannique, auquel M. Pasteur attribue le rôle actif, est constitué par de petites cellules réunies en chapelet et d'un diamètre variant entre 1mmm,2 et 1mmm,4. Semé dans un liquide albumineux sucré, il y détermine la transformation gommeuse-mannique. Quelquefois la proportion de matière gommeuse est supérieure à celle de la mannite, dans ce cas, on observe la présence de globules plus gros que les précédents et d'une nature différente. La température la plus convenable paraît être de 30°; les matières albuminoïdes qui favorisent le développement du ferment gommeux sont la décoction filtrée de levûre (Desfosse), l'eau de farine, d'orge, de riz.

Les jus de betteraves, de carottes, d'oignons et les vins blancs y sont très-sujets. L'absence du tannin dans les vins blancs semble expliquer cette tendance que l'on corrige en effet par une addition de ce corps [Pasteur, *Bull. de la Soc. chim. de Paris*, (2), p. 30; — Peligot, *Traité de Chim. de Dumas*, t. VI, p. 335; — Berthelot, *Ann. de Chim. et de Phys.*, (3), t. L, p. 352; — Desfosse, *Journ. de Pharm.*, t. XV, p. 604; — François, *Ann. de Chim. et de Phys.*, (2), t. XLVI, p. 212; — Braconnot, *Ann. de Chim.*, (1), t. LXXXVI, p. 97; — Pelouze et J. Gay-Lussac, *Ann. de Chim. et de Phys.*, (2), t. LII, p. 410; — Kiercher, *Ann. der Chem. u. Pharm.*, t. XXXI, p. 337; — Tilley et Maclagan, *Philos. Mag.*, t. XXVIII, p. 12; — Boutron-Charlard et Fremy, *Compt. rend.*, t. XII, p. 708].

Fermentation acétique. — La fermentation acétique est caractérisée par la transformation de l'alcool en acide acétique. Cette réaction est très-nette et peut se réaliser en dehors de toute intervention de ferment. Ainsi il suffit d'exposer des vapeurs alcooliques à l'action simultanée de l'air et du noir de platine pour déterminer la production d'acide acétique. Beaucoup d'agents oxydants produisent le même phénomène exprimé par l'équation

$$C^2H^6O + O^2 = C^2H^4O^2 + H^2O$$

Cette oxydation, due à une action de contact, se reproduit exactement dans certains liquides alcooliques, le vin par exemple, sans l'intervention du platine. Le métal poreux est remplacé dans ce cas par des végétaux particuliers (mycodermes) dont les germes apportés par l'air se développent sous forme de pellicules lisses ou ridées à la surface de tous les liquides fermentés; on les nomme *fleurs*.

La fleur de vinaigre est particulièrement apte à déterminer l'acétification de l'alcool, tant qu'elle reste à la surface et en contact avec l'air. Une fois immergée, elle ne produit plus d'effet. La fleur de vin détruit l'alcool, mais sans former d'acide. Il y a plus, celui qu'on ajoute disparaît au bout de quelque temps. Ce résultat est encore le fait d'une combustion, mais plus active que la première et poussée jusqu'à ses dernières limites. Quant à l'explication du phénomène, elle ne peut être cherchée que dans un état physique propre à la plante, analogue à celui du platine divisé, lui permettant de transporter comme lui l'oxygène à l'alcool; cet état physique est étroitement lié à la vie du végétal. Le vin exposé au contact de l'air met toujours un certain temps pour s'acidifier; le phénomène ne commence que lorsque l'on voit se développer la mère de vinaigre, mais il se poursuit alors avec rapidité. Ainsi il ne suffit pas de verser le vin ou le liquide alcoolique sur des copeaux de hêtre ou tout autre corps poreux pour arriver à l'acétification rapide, il faut en outre que ces copeaux soient recouverts du ferment spécifique. Les conditions de température les plus favorables sont 30° à 40°.

Fermentation ammoniacale. — L'urine, naturellement acide, prend assez vite, lorsqu'elle reste exposée à l'air, une réaction fortement alcaline et une odeur ammoniacale des plus prononcées; en même temps l'urée a disparu en totalité et se trouve remplacée par du carbonate d'ammoniaque. On a, en effet,

$$CH^4Az^2O + 2H^2O = CO^3(AzH^4)^2.$$

Tous les composés du groupe urique peuvent subir des transformations analogues. On sait, du reste, que ces composés fournissent facilement de l'urée par des réactions nettes.

La transformation de l'urée en carbonate d'ammoniaque est provoquée par un ferment organisé découvert par A. Muller [*Journ. für prakt. Chem.*, t. LXXXI, p. 467] et étudié par M. Pasteur [*Compt. rend.*, t. L, p. 849]; il est constitué par des chapelets de globules très-semblables à ceux de la levûre, mais beaucoup plus petits. Leur diamètre est de 1mmm,5 environ. Ce ferment se trouve dans le dépôt blanc qui se forme dans les vases où l'on conserve l'urine. Ajouté à de l'urine fraîche, il en détermine rapidement l'altération, surtout vers 37°.

L'urine paraît réunir les conditions les plus favorables au développement du ferment; une certaine alcalinité est convenable. Le ferment ne préexiste pas dans l'urine, mais il est apporté par l'air [Dumas, *Traité de Chimie*, t. VI, p. 380; — Jaquemart, *Ann. de Chim. et de Phys.*, (3), t. VII, p. 149; — Liebig et Wœhler, *Ann. der Chem. u. Pharm.*, t. CXXI, p. 80 et t. LXXXVIII, p. 100].

Les fermentations étudiées jusqu'à présent sont provoquées par des organismes qui tous paraissent appartenir au règne végétal; dans ce qui va suivre nous verrons intervenir des organismes doués de mouvement et pouvant se placer sur les derniers échelons du règne animal. Comme type d'un phénomène de ce genre nous prendrons la *fermentation butyrique* du sucre.

Fermentation butyrique. — Les composés qui, placés dans des conditions convenables, peuvent se changer en acide butyrique, sont : l'acide lactique et les corps aptes à fermenter lactiquement, l'acide malique, l'acide tartrique, l'acide citrique, l'acide mucique, les substances albuminoïdes.

La fermentation butyrique des sucres a seule été étudiée avec soin au point de vue du ferment; elle est précédée toujours de la transformation lactique. On a

$$\underset{\text{Glucose.}}{C^6H^{12}O^6} = \underset{\text{Acide lactique.}}{2C^3H^6O^3} = \underset{\text{Acide butyrique.}}{C^4H^8O^2} + 2CO^2 + 4H.$$

L'acide malique se change probablement aussi en acide lactique :

$$2C^4H^6O^5 = 2C^3H^6O^3 + 2CO^2$$
$$= C^4H^8O^2 + 4CO^2 + 2H^2.$$

L'acide tartrique donne

$$2C^4H^6O^6 = C^4H^8O^2 + 4CO^2 + 2H^2O,$$

ou bien

$$\underset{\text{Acide tartrique.}}{3C^4H^6O^6} = \underset{\text{Acide lactique.}}{2C^3H^6O^3} + 6CO^2 + 3H^2.$$

L'acide citrique se transformerait d'abord, d'après M. Personne, en acide lactique et acide acétique :

$$4C^6H^8O^7 + 2H^2O$$
$$= 3C^2H^4O^2 + 4C^3H^6O^3 + 6CO^2.$$

Enfin l'acide mucique donnerait

$$3C^6H^{10}O^8 = 3C^2H^4O^2 + C^4H^8O^2 + 8CO^2 + 5H^2.$$

Le ferment butyrique et sa nature ont été découverts par M. Pasteur [*Compt. rend.*, t. LII, p. 344]. « Il est constitué par de petites baguettes cylindriques arrondies à leurs extrémités, ordinairement droites, isolées ou réunies par chaînes de 2, 3, 4 articles. Leur largeur moyenne est de 2mmm et leur longueur varie de 2 à 20mmm. Ces organismes s'avancent en glissant. Pendant ce mouvement, leur corps reste rigide ou éprouve de légères ondulations. Ils pirouettent, se balancent ou font trembler leurs extrémités; souvent ils sont recourbés. Ces êtres singuliers se reproduisent par fissiparité. Le ferment butyrique est donc une infusoire du genre vibrion. » Placé en faible proportion dans un milieu composé de sucre, d'eau, d'ammoniaque et de phosphate, il se reproduit et détermine la fermentation butyrique. Ce ferment vibrion est surtout remarquable par les conditions de son existence, il vit sans oxygène et même l'oxygène le tue; aussi ne prend-il naissance que lorsque ce gaz est éliminé du liquide par des végétations antérieures; une température de 40° est la plus convenable; le milieu doit être neutre ou alcalin (légèrement) et les matières albuminoïdes qui servent de nourriture au ferment doivent être dans un état plus avancé d'altération que pour le développement du ferment lactique.

La fermentation butyrique accompagne très-souvent les fermentations visqueuse et lactique, ce qui s'explique facilement par l'analogie des conditions; mais, dans ces cas complexes, on trouve toujours simultanément les trois ferments spécifiques [Pelouze et Gélis, *Ann. de Chim. et de Phys.* (3), t. X, p. 434; — Pasteur, *Compt. rend.*, t. LII, p. 344; — Balard, *ibid.*, t. LIII, p. 1226].

Ces premières observations d'infusoires ferments, vivant sans gaz oxygène libre, ont trouvé une confirmation importante dans les circonstances de la transformation du tartrate de chaux en acide propionique, homologue inférieur de l'acide butyrique.

La fermentation de l'acide tartrique a été observée pour la première fois par M. Nœllner, fabricant de produits chimiques. Le tartrate de chaux brut accompagné de matières azotées fermente lorsqu'on l'abandonne sous l'eau pendant les chaleurs de l'été et il se convertit en acide propionique ou en isomère, d'après l'équation

$$2C^4H^6O^6 = C^3H^6O^2 + 5CO^2 + 3H^2.$$

Dans une expérience faite sur du tartre brut sans addition de chaux, M. Nœllner n'obtint que de l'acide acétique :

$$C^4H^6O^6 = C^2H^4O^2 + 2CO^2 + H^2.$$

Ces réactions sont déterminées, selon M. Pasteur, par un ferment organisé assez semblable au ferment butyrique. Ce chimiste a également observé que le tartrate droit subit seul la fermentation, tandis que le tartrate gauche reste inaltéré; ce phénomène très-curieux de fermentation élective permet de préparer facilement l'acide gauche avec l'acide paratartrique [Nœllner, *Ann. der Chem. u. Pharm.*, t. XXXVIII, p. 299; — Nicklès, *ibid.*, t. LXI, p. 343; — Dumas, Malaguti et Leblanc, *Compt. rend.*, t. XXV, p. 781; — Limpricht et Von Uslar, *Ann. der Chem. u. Pharm.*, t. XCIV, p. 321; — Pasteur, *Compt. rend.*, t. XLVI, p. 615].

FERMENTATION SUCCINIQUE. — L'asparagine, l'acide malique, les acides maléique, fumarique, aconitique et aspartique, placés dans des conditions convenables, peuvent subir une fermentation spéciale qui transforme ces corps en acide succinique. M. Piria observa le premier que le jus de féveroles abandonné à lui-même fermente peu à peu et donne lieu à la production du succinate d'ammoniaque, tandis que l'asparagine disparaît. Le liquide se recouvre d'une pellicule blanche mucilagineuse renfermant une foule d'infusoires; en même temps il acquiert l'odeur des substances animales putréfiées.

Ces infusoires, placés dans une solution d'asparagine pure, en opèrent la fermentation succinique et se multiplient. Ils semblent donc représenter le véritable ferment succinique. En abandonnant à lui-même dans un endroit chaud un mélange de malate de chaux, d'eau et d'une matière azotée (fromage pourri ou levûre de bière), on voit se dégager de l'acide carbonique, de l'hydrogène, en même temps qu'il se forme de l'acide succinique, et de l'acide acétique. Cette fermentation peut se représenter par l'équation

$$\underset{\text{Acide malique.}}{3C^4H^6O^5} = \underset{\text{Acide succinique.}}{2C^4H^6O^4} + \underset{\text{Acide acétique.}}{C^2H^4O^2} + 2CO^2 + H^2O,$$

d'après laquelle la production de l'hydrogène serait le résultat d'une fermentation secondaire.

On peut aussi admettre, avec M. Monoyer, l'équation

$$2C^4H^6O^5 = C^4H^6O^4 + C^2H^4O^2 + 2CO^2 + H^2$$

plus simple que la précédente et dans laquelle la somme des trois derniers termes du second membre représente de l'acide tartrique. La fermentation succinique se composerait d'après cela de deux réactions; la première aurait pour effet d'oxyder une molécule d'acide malique aux dépens de l'autre, de manière à transformer ces deux molécules en acides succinique et tartrique; la seconde réaction ne serait que la fermentation acétique de l'acide tartrique. Quelquefois il se forme de l'acide maléique [Gehling, *Ann. der Chem. u. Pharm.*, t. LXVII, p. 300]. La production de cet acide peut s'expliquer par une modification subséquente de l'acide succinique :

$$2C^4H^6O^4 = C^5H^{10}O^2 + 3CO^2 + H^2.$$

L'asparagine, l'acide fumarique, l'acide aconitique et l'acide aspartique ne diffèrent de l'acide malique ou du malate d'ammoniaque que par les éléments de l'eau [Dessaignes, *Compt. rend.*, t. XXXI, p. 432, et t. L, p. 759; *Ann. de Chim. et de Phys.*, (3), t. XXV, p. 253].

FERMENTATION MUCIQUE. — Sous l'influence d'un ferment vibrion analogue aux précédents, l'acide mucique subit la fermentation acétique :

$$C^6H^{10}O^8 = 2C^2H^4O^2 + 2CO^2 + H^2.$$

Aux fermentations proprement dites on peut rattacher les phénomènes de putréfaction et de combustion lente; cependant, vu leur importance, nous renvoyons, pour les détails concernant ces manifestations, à l'article spécial PUTRÉFACTION.

Nous nous contentons de faire observer que, d'après les recherches de M. Pasteur, la combustion lente et la putréfaction des matières organisées soustraites à la vie sont également provoquées par le développement d'infusoires [Pasteur, *Compt. rend.*, juin 1863] qui vivent aux dépens du principe azoté dont ils déterminent l'altération. De même que le ferment butyrique, les infusoires de la putréfaction meurent au contact de l'oxygène. P. S.

FERNAMBOUC. — Voyez Bois de teinture.

FEROELITE [Syn. *Mésole*]. — Voyez Thomsonite.

FERRO-TANTALITE. — Voyez Tantalite.

FERRO-TITANITE (Min.). — Variété du grenat mélanite titanifère.

FEUERBLENDE (Min.). — Antimonio-sulfure d'argent, renfermant 62,3 % d'argent. Petites lamelles cristallines fasciculées, d'un beau rouge.

Caractères de l'argyrythrose.

Dureté, 2. Densité, 4,2 à 4,25.

Forme cristalline. — Prismes clinorhombiques $mm = 139°12'$; $e^2e^2 = 74$.

Clivage : g^1. Les cristaux sont aplatis parallèlement à g^1.

FEUILLES. — Il n'entre pas dans notre sujet de décrire la forme des feuilles ni leur distribution sur les rameaux des plantes, nous passerons également sous silence tout ce qui est relatif à l'anatomie de ces importants organes ; mais il est au contraire de notre devoir d'indiquer la composition des feuilles, leurs fonctions et leurs usages.

Composition des feuilles. — Les feuilles sont essentiellement formées d'un parenchyme gorgé d'un liquide tenant en suspension ou en dissolution diverses matières que nous allons décrire ; elles sont recouvertes par une membrane particulière facile à isoler par l'action des acides bouillants et étendus, le réactif cupro-ammonique, l'acide chlorhydrique, puis la potasse étendue. Cette matière, désignée sous le nom de *cutine*, a été étudiée par M. Fremy [*Compt. rend.*, t. XLVIII, p. 670, 1859].

La quantité d'eau que renferme les feuilles est considérable. Dans les feuilles de betteraves on rencontre parfois 90 % d'eau, mais habituellement cette quantité descend à 88. La quantité d'eau contenue dans les feuilles de pommes de terre varie avec l'âge de ces feuilles, au moins c'est là ce qui ressort des dosages qui ont été faits, en 1867, à l'école de Grignon et qui sont publiés ici pour la première fois.

EAU DANS LES FEUILLES DE POMMES DE TERRE
(pour 100 parties).

28 juin	88,7
3 juillet	85,0
10 juillet	81,1
18 juillet	81
25 juillet	75
1er août	77,50
8 août	71,25

Au mois d'avril on a trouvé seulement 71 % d'eau dans les feuilles de lilas. Cette quantité est plus considérable dans les jeunes feuilles de blé et de maïs qui renferment en moyenne 82,5 % d'eau.

La variation de la quantité d'eau contenue dans les feuilles à mesure qu'elles avancent en âge a été encore démontrée nettement par des travaux assez nombreux et particulièrement par ceux du Dr Zoeller que nous reproduirons d'après J. de Liebig [*Les lois naturelles de l'agriculture* (appendice)].

Les expériences ont porté sur les feuilles d'un hêtre (*Fagus sylvatica*) qui se trouve au jardin botanique de Munich. Les feuilles désignées comme appartenant à la première période furent enlevées de l'arbre le 16 mai 1861, elles étaient de quatre dimensions différentes. Les plus petites feuilles *a* venaient de sortir des bourgeons, tandis que les feuilles *d* correspondaient pour la grandeur à des feuilles complétement développées. Par rapport à leur développement, *a* et *d* différaient de 4 jours. Les deux autres qualités de feuilles *b* et *c* étaient intermédiaires pour la grandeur entre *a* et *d*. Les feuilles de la première période étaient très-tendres et leur couleur d'un vert jaunâtre.

Les cueillettes des feuilles suivantes se firent au 18 juillet (2e période) et au 15 octobre 1861 (3e période). Les feuilles de chacune de ces périodes étaient très-analogues pour la grandeur et la densité de leur texture ; les feuilles de juillet étaient d'un vert foncé et celles d'octobre un peu plus claires.

Les feuilles de la quatrième période provenaient du même sujet, mais elles furent cueillies à la fin de novembre 1860 ; elles s'étaient fanées sur l'arbre et étaient parfaitement sèches.

100 p. de feuilles de hêtre fraîches renfermaient :

	Période I.					
	a.	b.	c.	d.	II.	III.
Substance sèche	30,29	22,04	21,53	21,52	44,13	43,23
Eau	69,71	77,96	78,47	78,46	55,87	56,77
Cendres dans 100 p. de feuill. sèch.	4,65	5,40	5,62	5,76	7,57	10,15

Les feuilles de la quatrième période, dans leur état de dessiccation naturelle, renfermaient 11,89 % d'eau ; la cendre des feuilles desséchées s'élevait à 8,70 %.

Les feuilles qui se sont développées dans l'obscurité sont blanches, elles ne verdissent que sous l'influence de la lumière, et son influence est tout à fait locale. D'après Sachs [*Physiologie végétale*, traduction Michell, p. 12], si l'on fixe une petite lame de plomb sur une feuille étiolée, le reste de la feuille se colorera, tandis que la partie protégée par la lamelle restera jaune. Mais il faut que l'écran soit exactement appliqué : s'il peut pénétrer la moindre lumière par dessous, la partie protégée se verdira, même avant les autres, à cause de la température plus élevée de la lamelle de plomb. La lumière artificielle suffit pour verdir de la chlorophylle étiolée. De Candolle a vu des germes de *Lepidium sativum*, *Sinapis alba*, *Myagrum sativum* verdir à la lumière de six lampes (d'Argand). Hervé-Mangon produisit le même effet sur des feuilles de seigle avec la lumière électrique.

L'influence de lumières diversement colorées sur la production de la chlorophylle a été étudiée par divers savants, notamment Daubeny, Gardner, Hunt, Guillemin et Sachs ; il résulte de leurs recherches que les rayons lumineux qui agissent sur les papiers photographiques ne sont pas ceux qui exercent sur la production de la chlorophylle l'action la plus intense ; tandis que la lumière jaune verdit facilement les plantes blanches, elle n'agit pas sur le papier imprégné de chlorure d'argent ; au contraire, la lumière bleue qui noircissait ce chlorure n'avait pas verdi les feuilles.

Nous verrons plus loin que la production de la matière verte est intimement liée avec la fonction la plus importante des feuilles, la décomposition de l'acide carbonique.

Il résulte des observations de Gris, vérifiées par Decaisne [*Revue horticole*, 1868, p. 221], que le sulfate de fer à la dose de 1 gramme par litre a une action manifeste sur les feuilles atteintes de chlorose ; sous l'influence de ce traitement, elles reprennent, dans un grand nombre d'espèces, leur couleur verte et deviennent aptes à nourrir le végétal.

Les feuilles renferment souvent au printemps une quantité notable de glucose, l'amidon souvent signalé par les auteurs ne s'y rencontre que beaucoup plus rarement, ce glucose disparaît au reste assez rapidement ; tandis que dans les feuilles de betteraves récoltées au mois de juin on caractérisait facilement le glucose, il devenait difficile de découvrir sa présence vers le milieu de juillet; dans le blé, au mois de mars le glucose est la seule matière sucrée qu'on puisse constater, mais en été on a trouvé 1,5 °/₀ de glucose, et 1 °/₀ de sucre de canne; dans le maïs, à cette même époque, on trouve 1,27 de glucose, le sucre y est en moindre quantité, mais on le trouve au contraire en notable proportion dans le bas de la tige (voyez MIGRATIONS *des principes immédiats*).

L'albumine est très-abondante dans les feuilles au printemps, il suffit de couper des feuilles et de les faire macérer dans l'eau pour avoir un liquide qui donne par la chaleur un abondant précipité gélatineux d'albumine coagulée. On sait que les feuilles renferment en outre plusieurs composés azotés importants, notamment la nicotine et la théine, elles renferment encore de l'indigo, etc.

La quantité des cendres contenues dans les feuilles varie avec l'époque à laquelle ces plantes ont été incinérées. On conçoit au reste facilement que les feuilles étant des appareils d'évaporation, la quantité de matières minérales s'y accroisse à mesure que ces appareils auront fonctionné plus longtemps, mais nous avons vu cependant plus haut (voyez ASSIMILATION) que l'explication complète de l'augmentation des cendres dans les feuilles âgées exige une analyse du phénomène plus minutieuse qu'on ne l'aurait cru d'abord. Le fait, au reste, n'est pas douteux. D'abord établi par Th. de Saussure, il a été pleinement confirmé par des incinérations dues à M. L. Garreau [*Ann. des sciences natur.*, t. XIII, 4ᵉ sér., 1860, p. 163]. Ce naturaliste a incinéré, dans dix-sept espèces végétales différentes, les deux premières feuilles du bourgeon, puis quinze jours après l'épanouissement les deux premières feuilles de l'axe, puis enfin les deux premières feuilles de l'axe prises le 1ᵉʳ juillet et le 30 septembre; il a vu dans les feuilles supposées complétement sèches les quantités de cendres passer de 7,115 à 7,875, à 8,790 et enfin à 10,08; les mêmes faits ressortent encore très-nettement du dosage des matières minérales fixes contenues dans chaque feuille d'une pousse de l'année recueillie le 30 septembre; on trouve toujours que les feuilles les plus anciennes sont les plus riches en matières minérales; ainsi, dans un tilleul, la première feuille, prise à la base du rameau, renfermait, après dessiccation, 9,60 de cendres, et la huitième, la plus jeune, prise au sommet, 7,60. Dans un orme, la feuille la plus ancienne renfermait 16,00 et la plus jeune 9,50 de cendres; dans un abricotier, la différence a été encore plus considérable, puisque les cendres ont passé de 7,65 à 14,38. M. le docteur Zoeller, de son côté, a analysé des feuilles de hêtre provenant du jardin botanique de Munich, à différentes périodes de leur développement; tandis que les feuilles cueillies le 16 mai renfermaient, après dessiccation, une quantité de cendres variant de 4,65 à 5,76, les feuilles prises le 18 juillet en renfermaient 7,57, et le 15 octobre 10,15 [*Les lois naturelles de l'agriculture*, par M. Justus de Liebig, t. II (appendice)].

M. Garreau a signalé aussi ce fait très-intéressant que, dans les végétaux aquatiques submergés, où par conséquent il n'y a pas d'évaporation, les feuilles les plus anciennes sont encore les plus chargées de sel; la différence est souvent considérable, habituellement de moitié entre les feuilles de la région moyenne de l'axe et celles de la partie supérieure; elle peut être parfois du triple.

Th. de Saussure avait montré que les feuilles des arbres verts, qui évaporent moins que celles des arbres à feuilles caduques, renferment moins de cendres; toutefois cette quantité va en augmentant avec l'âge, et cela dans une proportion assez considérable.

Les bases qu'on rencontre dans les cendres des feuilles s'y trouvent souvent combinées à des acides végétaux; on extrait l'oxalate de potasse des feuilles des oxalis. M. Payen, dans son mémoire sur les concrétions et incrustations minérales dans les végétaux [*Mém. des Sav. étrang.*], a reconnu l'oxalate de chaux dans un certain nombre de plantes. « On le rencontre ordinairement, dit-il, en cristaux transparents irradiés ou groupés en sphéroïdes hérissées de pointes appartenant en apparence à des rhomboèdres, des octaèdres ou des prismes rectangulaires et terminés soit par des pyramides à quatre faces, soit par des faces irrégulières ou gradins anguleux. Ces cristaux ne sont pas régulièrement déterminables. » L'oxalate de chaux a été reconnu dans les feuilles des *Citrus* et *Limonia*, dans celles du *Juglans regia*, du *Juglans nigra* et du *Juglans cinerea*; M. Payen assure avoir trouvé dans un *Cactus* desséché 70 °/₀ du poids net en oxalate de chaux.

Si la chaux se trouve ainsi combinée avec les acides sécrétés par l'organisation végétale, elle existe souvent aussi à l'état de carbonate et simplement déposée par évaporation; en effet, si on lave des feuilles avec de l'acide chlorhydrique étendu, on finit non-seulement par leur enlever toute la chaux qu'elles renferment, mais encore si l'on opère, comme l'a fait M. Payen, sous le champ du microscope, on peut observer le dégagement de l'acide carbonique. « On coupe en tranches très-minces le parenchyme vert par un plan perpendiculaire aux faces de la feuille, ou les nervures par un plan parallèle à leur axe. On remarque alors, en observant au microscope, des incrustations brunes dans les coins entre les cellules et même irrégulièrement étendues autour de leurs parois. Les cellules ainsi incrustées se montrent en nombre plus ou moins considérable suivant l'âge des feuilles et l'espèce de la plante, sans doute aussi suivant la nature du sol.

« Quoi qu'il en soit, il suffit parfois de mettre de l'acide chlorhydrique étendu de 10 volumes d'eau en contact avec ces tranches pour voir le carbonate de chaux se dissoudre et le gaz enfermé dans les méats presser et entourer les cellules. »

Cette observation de M. Payen, exécutée sur les feuilles de *Mesembrianthemum cristallinum*, de *Maclura aurantiaca*, de *Forskalea tenacissima* (nervures), de *Juglans regia*, sur les feuilles du *Solanum tuberosum*, de *Sorocea*, de *Polygonum Fagopyrum*, cette observation, disons-nous, est importante, car elle montre que si les carbonates qu'on rencontre avec abondance dans les cendres peuvent provenir de la décomposition ignée de sels à acides organiques, ils existent souvent aussi tout formés dans les végétaux.

La silice est assez abondante dans les feuilles de certaines plantes, elle se rencontre surtout dans la paroi extérieure des cellules épidermiques, quelquefois seulement sur la face supérieure de la feuille, quelquefois aussi sur l'inférieure, mais toujours en moindre quantité; quelquefois les poils des feuilles seuls sont silicifiés; M. Boussingault cite un arbre des steppes de l'Amérique méridionale, le *Chapparal*, dont les feuilles sont tellement siliceuses qu'on les emploie pour polir les métaux; nous connaissons également dans nos marais la prêle ou queue de cheval dont la feuille est assez dure pour polir facilement le bois [voir Sachs, *Physiologie végétale*, p. 168, et Mohl, *Sur le Squelette siliceux des cellules végétales vivantes. Bot. Zeitg.*, 1861, nᵒˢ 30 à 32 et 49].

En général la silice augmente dans les feuilles à mesure qu'elles avancent en âge. D'après Isidore Pierre, dans le blé « on trouve que les premières feuilles à partir du sommet renferment pour 100 de cendres, 68 de silice, les deuxièmes 60, les troisièmes 63, les quatrièmes 67, les cinquièmes 75. Quantités considérables, on le voit, et qui s'accroissent régulièrement à une exception près.

D'après Dehérain, la silice ne se trouve pas dans toutes les feuilles au même état, tantôt, elle se dissout facilement dans une lessive de soude étendue et bouillante, dans d'autres cas, elle ne se dissout que partiellement. Il pense que dans ce cas la silice est engagée en combinaison avec les principes végétaux eux-mêmes [voir *Annales des sciences naturelles, botanique*, 1868; *Assimilation des substances minérales*].

Les phosphates assez abondants dans les jeunes feuilles disparaissent en même temps que les matières azotées. Ce fait, démontré clairement par un grand nombre d'auteurs et notamment par I. Pierre dans ses recherches sur le colza [*Ann. de Chim. et de Phys.*, 3e série, 1860, t. LX, p. 129], apparaît aussi avec une grande netteté dans les analyses de Zoeller citées par Liebig.

Les analyses ont porté sur les feuilles du hêtre du jardin de Munich dans lesquelles on avait déterminé l'eau.

Les cendres de la première période soumises à l'analyse furent préparées avec un nombre égal de chacune des feuilles *b*, *c* et *d*.

COMPOSITION DE 100 PARTIES DE CENDRES DE FEUILLES.

	Périodes			
	I. 16 mai 1861.	II. 18 juillet 1861.	III. 14 octobre 1861.	IV. Fin nov. 1860.
Soude	2,30	2,34	1,01	indét.
Potasse	29,95	10,72	4,85	0,99
Magnésie	3,10	3,52	2,79	7,18
Chaux	9,83	26,46	34,05	34,13
Oxyde de fer	0,59	0,91	0,94	1,10
Acide sulfurique	indét.	indét.	indét.	4,98
Ac. phosphorique	24,21	5,18	3,48	1,95
Acide silicique	1,19	18,87	20,68	24,37
Ac. carbonique et mat. indétermin.	28,33	37,50	32,20	25,85
Total	100,00	100,00	100,00	100,00

Puissance évaporatoire des feuilles. — Les feuilles sont des organes d'évaporation, la faculté qu'elles ont d'émettre de la vapeur d'eau est une de leurs propriétés les plus importantes et c'est aussi celle de leurs fonctions qui a été d'abord régulièrement étudiée. Les premières expériences datent en effet du XVIIe siècle, elles sont dues au Dr Woodward qui les publia dans le 20e volume des *Philosophical Transactions*.

Des bouteilles d'eau pesées recevaient la tige d'une plante, qui pénétrait par une ouverture étroite, mais suffisante pour ne pas nuire à sa croissance; on ajoutait de l'eau de temps à autre pour combler le vide qu'avait déterminé l'évaporation; les plantes furent rangées sur une fenêtre où elles recevaient également la lumière du soleil, et les expériences furent continuées du 20 juillet 1691 au 5 octobre de la même année. On obtint dans une des séries d'essais les résultats suivants :

Noms des plantes et de l'eau qu'elles ont reçue.	Poids primitif. Grains.	Poids final. Grains.	Eau évapor. Grains.
Menthe dans l'eau de source	27	42	2558
— dans l'eau de pluie	28	45	3004
— dans l'eau de la Tamise	28	54	2493
Morelle des jardins dans l'eau de source	69	106	3708
Lathyris dans l'eau de source	98	101	2501

Le Dr Woodward fait remarquer que l'accroissement de poids des trois menthes est à l'eau évaporée dans le rapport de 1 à 170, à 171 et à 95; tandis que pour la morelle il est comme 1 à 65 et pour le lathyris comme 1 à 714. Plusieurs expériences exécutées par des méthodes variées conduisirent aux mêmes résultats. Un des points les plus curieux étudiés dans ce travail est relatif à l'influence qu'exercent différentes eaux sur la croissance et la puissance évaporatoire de la même plante; dans cet essai six plants de menthe furent laissés, pendant huit semaines, dans des flacons d'eau préalablement pesée; on constata les résultats suivants :

Menthe dans :	Poids primitif. Grains.	Augmentation. Grains.	Eau évaporée. Grains.	Rapport de l'accroissem. à l'évaporation.
Eau d'Hyde Park	127	128	14,190	1 à 139
id.	110	139	13,140	1 à 94
Id. avec une demi-once de terre	76	168	10,731	1 à 63
Id. avec une demi-once de terre de jardin	92	184	14,950	1 à 52
Eau distillée	114	41	8,803	1 à 214
Eau d'Hyde Park concentrée par évaporation	81	91	4,344	1 à 46

On croyait, au moment où furent faites ces expériences, que l'accroissement en poids des plantes était proportionnel à la quantité d'eau qui les traversait, ou mieux à celle qui restait fixée dans leurs organes, pendant le trajet qu'elle faisait des racines aux feuilles. Dans les expériences précédentes, le no 6 est celui qui a manifesté le plus grand accroissement pour la quantité d'eau évaporée, mais le quatrième présentait la végétation la plus luxuriante et c'est aussi celle qui a absorbé la plus grande quantité d'eau par rapport à son poids. La plante qui reçut de l'eau distillée s'accrut très-médiocrement, tandis que celle qui avait reçu la terre du jardin présenta au contraire une croissance plus brillante (1).

On doit aussi à Hales de nombreuses et intéressantes observations sur la puissance évaporatoire des feuilles des plantes, qu'il publia en 1727, dans le premier volume de ses célèbres *Essais statiques*. Ceux qui ont plus particulièrement trait au sujet que nous traitons se trouvent dans le premier chapitre intitulé : « Sur la quantité d'humidité absorbée et évaporée par les plantes et les arbres. » La plus célèbre expérience de Hales fut faite en 1724 sur un beau pied d'hélianthus arrivé à toute sa croissance, qui avait plus d'un mètre de haut et qui avait été planté encore jeune dans un pot de fleur précisément pour servir aux expériences.

La terre était recouverte d'une lame métallique portant une ouverture par laquelle on pouvait faire couler l'eau d'arrosement, deux pesées faites chaque jour indiquaient quelles étaient les quantités d'eau évaporées; on tenait compte, au reste, en pesant un pot de fleur renfermant de la terre humide semblable à celle employée dans l'expérience, de la quantité d'eau perdue par évaporation. On trouva que la plante perdait en moyenne 220 grammes d'eau par jour de douze heures, le maximum fut de 330 grammes. Cette expérience est remarquable par la précision des détails dans lesquels est entré l'auteur, qui a donné la surface des feuilles, la longueur des racines, etc. Les expériences de Hales portèrent également sur un chou,

(1) Nous empruntons ces détails à M. Lawes qui les a publiés dans son mémoire de 1851 sur l'évaporation comparée des arbres à feuilles persistantes et à feuilles caduques [*The Rothamsted Mem. in Journ. of the horticultural Soc. of London*, vol. VI, part. III et IV].

une vigne, un jeune pommier et un oranger. Le résultat de ces expériences est réuni dans le tableau suivant :

	Surface entière des feuilles. Cent. carrés.	Eau évaporée en 12 h. Grammes.	Rapport de l'évaporation à la surface de la plante.
Hélianthus....	35 100	220	$\frac{1}{165}$
Chou.........	17 100	209	$\frac{1}{08}$
Vigne.........	11 375	60,5	$\frac{1}{191}$
Pommier......	98 33	99	$\frac{1}{109}$
Oranger......	15 974	113,3	$\frac{1}{248}$ (1)

La conclusion pratique tirée de ces expériences fut que le chou évapora la plus grande quantité d'eau et l'oranger la plus petite. En répétant ces observations sur d'autres plantes, Hales trouva que dans tous les cas les arbres verts évaporent moins d'eau que les arbres qui perdent leurs feuilles pendant l'hiver.

Une autre série d'expériences fut faite par Miller, en 1726, au jardin botanique de Chelsea. A l'instigation du Dr Hales, elles portèrent sur un bananier, sur un aloès et un jeune pommier; on trouva que les plantes évaporaient plus le matin que dans l'après-midi, qu'elles absorbaient très-souvent de l'humidité par les feuilles pendant la nuit, et que la quantité d'eau évaporée était en général proportionnelle à la température du jour.

Bien que Bonnet et Duhamel du Monceau aient publié au XVIIIe siècle des volumes qui ont trait aux fonctions des feuilles, on ne trouve ni dans les mémoires sur les *usages des feuilles*, ni sur la *physique des arbres*, des travaux dignes d'être mentionnés au point de vue de la puissance d'évaporation de ces organes.

Il n'en est pas de même des travaux de Gueltard insérés dans les *Mémoires* de l'Académie des sciences, 1748, 1749; ce naturaliste introduisait une branche garnie de feuilles dans un ballon de verre et déterminait la quantité d'eau ainsi émise, pendant le jour et pendant la nuit; il reconnut ainsi très-nettement que la lumière a sur l'évaporation une influence décisive ; ces travaux sont loin d'avoir eu le retentissement qu'ils méritent, cependant l'auteur de cet article a reconnu récemment, ainsi qu'on le verra plus loin, la justesse des observations de Gueltard, qui remarqua encore que l'endroit des feuilles évapore mieux que l'envers ; cette observation a été également vérifiée récemment [*Compt. rend.*, 1869, t. LXIX, p. 381].

En 1836, le Dr Daubeny publia, dans les *Philosophical Transactions*, un mémoire important sur l'action de la lumière sur les plantes, dans lequel il a étudié l'influence qu'exercent divers agents chimiques sur l'évaporation par les feuilles.

Son procédé de recherche consistait à faire pénétrer un rameau sous une cloche de verre où il avait placé des vases renfermant de l'acide sulfurique qui étaient pesés au commencement de l'expérience; il soumit les plantes non-seulement à l'action de la lumière blanche, mais encore à celle de diverses lumières colorées; ses conclusions manquent de netteté : d'après lui, « l'évaporation est due à l'action combinée de la lumière et de la chaleur, et aussi à ces influences mécaniques, qui s'exercent aussi bien sur l'organisme pendant sa vie qu'après sa mort ».

On doit à Lawes une importante série d'expériences qui portèrent sur de jeunes arbres appartenant aux espèces suivantes : frêne, mélèze et sycomore qui avaient une touffe de petites branches, tandis que les deux épines-vinettes, les lauriers et l'if étaient en buissons. Les plantes furent placées dans des pots, qu'on pesa régulièrement de façon à déterminer la quantité d'eau évaporée pendant une période d'une semaine; on arrosait autant qu'il était nécessaire.

Les résultats obtenus sont insérés dans le tableau suivant.

Noms des plantes.	Poids des plantes. Grammes.	Eau évaporée: du 22 déc. au 24 avril. Grammes.	du 24 avril au 22 août. Grammes.	du 22 août au 31 déc. Grammes.	Totale. Grammes.	Rapport de l'eau évaporée au poids de l'arbre.
Sapin	166	2710	3981	2037	8728	52
Laurier de Portugal	198	2781	7282	3711	13874	69
Épine-vinette	34	1715	5964	3283	10962	322
If	245	3878	7182	5144	16484	77
Houx	176	1666	2352	1414	5432	30
Laurier commun	265	3038	9058	2982	15078	56
Chêne vert	46	812	210	98	1120	26
Mélèze	45	805	2675	3514	6994	177
Chêne	25	595	2450	2590	5635	226
Épine-vinette à feuille caduque	79	819	7147	4620	12586	159
Frêne	44	553	5738	1778	8064	183
Sycomore	22	679	5281	3381	9332	455

On voit facilement, en résumant ce tableau, que les arbres à feuilles persistantes donnent beaucoup moins d'eau que les arbres à feuilles caduques. Bien qu'en général les résultats obtenus par Lawes fussent à peu près ceux qu'on pouvait supposer, il fait remarquer qu'on y rencontre quelques irrégularités. On observe, par exemple, entre les diverses plantes, des différences notables dans l'influence qu'exerce la température sur l'énergie de l'évaporation, indépendamment de la sécheresse ou de l'humidité de l'air. En comparant les tableaux dont nous avons donné un résumé, on trouve que dans le cas du laurier de Portugal, du houx, du mélèze et du sycomore, le maximum d'évaporation se produit en même temps que le maximum de température, c'est-à-dire entre le 23 juillet et le 22 août. Ceci, cependant, ne se reproduit pas pour les autres plantes. Dans le cas du chêne et de l'épine-vinette à feuilles caduques, le maximum de l'évaporation se rencontre après la plus grande chaleur : la plus grande quantité d'eau a été, en effet, évaporée par ces plantes, du 22 août au 21 septembre, bien que la température moyenne ait été de 4° inférieure à ce qu'elle était dans les semaines précédentes. C'est exactement l'inverse qui a eu lieu pour les autres plantes, le sapin, l'épine-vinette toujours verte, l'if, le

(1) Nous avons pris les rapports donnés par l'auteur anglais, ceux qu'on trouverait en calculant les nombres inscrits dans le tableau sont un peu différents, à cause des petites inexactitudes résultant des conversions des mesures anglaises et françaises.

laurier et le frêne, chez lesquels le maximum de l'évaporation a précédé le maximum de chaleur. On voit, en effet, en consultant les nombres donnés par Lawes, que l'épine-vinette toujours verte a donné par jour une perte de poids de 70 gr., du 23 juin au 23 juillet, la température étant en moyenne au-dessous de 16°,4, tandis que le mois suivant, où la température fut en moyenne supérieure à 16°,4, l'évaporation ne fut plus que de 56 grammes par jour. On observa un fait analogue pour le houx. En juillet, avec une température au-dessous de 16°,4, la perte par jour fut de 84 grammes, et en août, avec une température supérieure à 16°,4, la perte journalière fut seulement de 56 grammes.

Ces résultats, qui paraissaient singuliers quand on attribuait l'évaporation à la chaleur à laquelle la plante était soumise, ou au degré d'humidité auquel elle était exposée, ne nous étonnent plus aujourd'hui que nous savons que l'évaporation est due surtout à l'action de la lumière.

Dans un autre travail, inséré au *Journal de la Société d'horticulture de Londres* (vol. V, p. 1, 1850), et qu'il a reproduit dans la collection de ses Mémoires (*the Rothamsted Memoirs*), Lawes a encore déterminé la quantité d'eau évaporée par quelques-unes des plantes habituellement cultivées durant leur croissance.

Voici les résultats auxquels il est arrivé :

		Perte d'eau totale du 19 mars au 7 sept.
Blé......	Cultivé sans engrais...........	7945 gr.
	Avec des engrais minéraux seulement........................	6860
	Avec des engrais minéraux et des sels ammoniacaux............	3913
Orge. ...	Sans engrais....................	8400
	Engrais minéraux	8981
	Engrais minéraux et sels ammoniacaux	4357
Haricots.	Sans engrais....................	7854
	Engrais minéraux	8246
	Engrais minéraux et sels ammoniacaux.......................	mort.
Pois.	Sans engrais....................	7630
	Engrais minéraux	6768
	Engrais minéraux et sels ammoniacaux.......................	mort.
Trèfle....	Sans engrais....................	8850
	Engrais minéraux	3759
	Engrais minéraux et sels ammoniacaux.......................	953

On doit à Sachs (*Physiologie végétale, traduite par Marc Micheli*, 1868, p. 250), quelques expériences sur l'influence de la lumière sur la transpiration. « La lumière, dit-il, est un des agents qui agissent le plus efficacement sur la transpiration.

Mais on ne peut pas dire si elle agit par elle-même ou par son union intime avec une élévation de température. Il est facile de constater qu'une plante exposée alternativement au soleil et à l'ombre, transpire beaucoup plus dans la première de ces positions: l'effet est visible après quelques minutes, mais est peut-être dû à l'échauffement des tissus. »

Voici, au reste, les nombres trouvés par Sachs, en opérant sur des plantes développées dans des vases de verre, qui étaient pesées au commencement et à la fin de l'expérience.

Brassica oleracea (*novembre 1859*).

Temps.		Éclairage.	Tempér. de l'air en degrés Réaumur.	Évaporation par heure.
De 5 h. avant midi	à 8 h. avant m.	Obscurité.	14° — 6°,8	1,1 gr.
De 8 h. avant midi	à 9 h. avant m.	Lumière diffuse.	14° — 5°	4,5
De 9 h. avant midi	à 10 h. avant m.	Id.	14° — 5°	4,5
De 10 h. avant midi	à 11 h. avant m.	Insolation.	18° — 5°	19,0
De 11 h. avant midi	à 12 h.	Id.	16° — 6°	17,0
De 12 h.	à 1 h. 1/2 après m.	Lumière diffuse.	15° — 2°	7,6
De 1 h. 1/2 après midi	à 2 h. 1/2 après m.	Id.	15° — 0°	8,0
De 2 h. 1/2 après midi	à 4 h. après m.	Id.	4° — 3°,5	1,66
De 4 h. après midi	à 5 h. après m.	Crépuscule.	11° — 8°	1,5

Nicotiana tabacum (*novembre 1859*).

Temps.		Éclairage.	Tempér. de l'air en degrés Réaumur.	Évaporation par heure.
De 8 h. 1/4 avant midi	à 9 h. 1/4 avant m.	Lumière diffuse.	12° — 9°	0,30 gr.
De 9 h. 1/4 avant midi	à 10 h. 1/4 avant m.	Insolation.	15° — 5°	0,50
De 10 h. 1/4 avant midi	à 11 h. 1/4 avant m.	Id.	18° — 5°	0,75
De 11 h. 1/4 avant midi	à 11 h. 3/4 avant m.	Id.	16° — 5°	1,50
De 11 h. 3/4 avant midi	à 12 h. 1/4 après m.	Lumière diffuse.	15°	0,60
De 12 h. 1/4 après midi	à 1 h. 1/2 après m.	Id.	15°	0,24
De 1 h. 1/2 après midi	à 3 h. après m.	Id.	15°	0,20
De 3 h. après midi	à 4 h. après m.	Id.	12° — 5°	0,20
De 4 h. après midi	à 5 h. après m.	Crépuscule.	11° — 8°	0,10

Le mode d'opérer employé par Sachs ne lui permettait guère d'aller au delà de ce qu'indique le tableau précédent, c'est-à-dire de donner autre chose qu'une vérification du fait observé depuis longtemps de l'influence des rayons solaires sur l'évaporation.

L'auteur de cet article a repris récemment cette question à propos de recherches depuis longtemps poursuivies sur les migrations des principes immédiats dans les végétaux; mais au lieu d'étudier l'évaporation d'une plante entière, il a toujours déterminé l'évaporation de feuilles séparées.

L'organe à étudier était tout simplement fixé dans un tube d'essai ordinaire, à l'aide d'un bouchon fendu. On opérait de préférence sur des plantes venues en pot, mais un certain nombre d'essais eurent lieu cependant sur des plantes de pleine terre. Nous rapporterons d'abord les expériences comparatives exécutées au soleil, à la lumière diffuse et dans l'obscurité.

En opérant ainsi, on fut tout d'abord frappé d'un fait important, c'est que l'évaporation se continuait dans une atmosphère saturée; dès les premiers moments où la feuille est placée dans le tube de verre, on voit l'eau ruisseler sur les parois, et si on laisse le tube, la quantité d'eau s'accroît rapidement, de façon à donner les nombres relativement considérables qu'on a constatés dans les expériences suivantes.

L'évaporation de l'eau par les feuilles n'a donc pas le caractère d'un simple phénomène physique, elle n'est pas comparable à la dessiccation d'une surface humide dans une atmosphère sèche, l'eau semble être poussée en dehors des feuilles éclairées et l'état d'humidité ou de sécheresse de l'atmosphère dans laquelle la vapeur se répand n'a qu'une influence médiocre sur le résultat final de l'expérience.

Les expériences réunies dans le tableau suivant ont été exécutées au mois de juin 1869, au laboratoire de l'école de Grignon; celles qui sont marquées comme ayant eu lieu à l'obscurité ont été faites dans une chambre noire, dans une armoire, ou tout simplement en couvrant de plusieurs doubles de papier le tube de verre et la feuille, la température était donnée par un thermomètre placé à côté des feuilles, soit au soleil, soit à l'ombre.

QUANTITÉ D'EAU ÉVAPORÉE PAR LES FEUILLES EN UNE HEURE.

Circonstance de l'expérience.	Température.	Poids de la feuille. Gr.	Poids de l'eau recueillie. Gr.	Poids d'eau pour 100 de feuilles. Gr.
Expérience n° 1. — Blé.				
Soleil...........	28°	2,410	2,015	88,2
Lumière diffuse..	22°	1,920	0,340	17,7
Obscurité.......	22°	3,012	0,012	1,1
Expérience n° 2. — Orge.				
Soleil...........	19°	1,510	1.120	74,2
Lumière diffuse..	16°	1,215	0.210	18,0
Obscurité.......	16°	1,342	0,032	2,3
Expérience n° 3. — Blé.				
Soleil...........	22°	1,850	1,330	71,8
Obscurité.......	16°	2,470	0,070	2,8
Expérience n° 4. — Blé.				
Soleil...........	25°	1,750	1,320	70,3
Lumière diffuse..	22°	1 810	0,110	6,0
Obscurité.......	22°	1,882	0,015	0,7

Il est difficile de ne pas reconnaître l'influence de la lumière sur l'évaporation de l'eau par les feuilles quand on remarque qu'une différence de quelques degrés fait passer le dégagement d'eau de 88 à 1, de 74 à 2, de 71 à 2 et de 70 à 0,7; on remarquera que, dans l'expérience n° 3, la température au soleil n'était que 22°, précisément celle de la température à l'ombre dans l'expérience n° 4, et cependant, dans un cas, 100 de feuilles donnaient 71 d'eau, et dans l'autre 0,7.

Au reste, pour reconnaître plus complétement encore l'influence de la lumière dépouillée dans une certaine mesure de ses rayons calorifiques, on a placé le tube renfermant la feuille dans un manchon où circulait un courant d'eau à la température de 15°.

Dans ces conditions, une feuille de blé pesant 0gr,171 a donné en une heure 0gr,168 d'eau, c'est-à-dire à peu près son poids, quand elle a été exposée au soleil, et seulement 0gr,001 quand elle a été plongée dans l'obscurité. — Une autre feuille de blé pesant 0gr,182 a donné en une heure, dans le tube entouré du courant d'eau à 15°, 0gr,171 d'eau, et 0gr,003 quand elle a été plongée dans l'obscurité.

Dans une autre expérience, la feuille fut placée dans un manchon enveloppé de glace, on obtint ainsi une température de 4° environ, la feuille pesait 0gr,178, on obtint 0gr,185 d'eau. Ainsi, quand on refroidit le tube dans lequel la feuille est placée, on obtient plus d'eau que lorsque la feuille a été exposée à la fois à l'action de la chaleur et de la lumière, non pas que la chaleur soit nuisible à l'évaporation, mais parce qu'en refroidissant l'appareil on condense mieux la vapeur, et on récolte plus d'eau que lorsque la vapeur peut se dégager.

On peut donc considérer comme un fait acquis que les rayons lumineux ont sur l'évaporation de l'eau par les feuilles une action aussi puissante que celle qu'ils exercent sur la décomposition de l'acide carbonique, et on est naturellement conduit à rechercher si les rayons lumineux les plus efficaces pour démontrer cette décomposition sont aussi les plus actifs pour déterminer l'évaporation.

Il serait certainement à désirer que cette expérience pût être réalisée à l'aide des rayons du spectre convenablement séparés, mais en attendant cette opération précise, on peut déjà esquisser l'ensemble du phénomène en employant des dissolutions colorées.

Cette question a déjà été ébauchée par le Dr Daubeny (*Philosophical Transactions*, 1836), qui s'exprime avec beaucoup de réserve sur les conclusions qu'on doit tirer de ses expériences.

Celles qui ont été faites à Grignon sont au contraire très-probantes; on a employé successivement, dans une première série d'essais, une dissolution jaune de chromate neutre de potasse, une dissolution bleue de sulfate de cuivre ammoniacal, enfin une dissolution violette d'iode dans le sulfure de carbone.

Voici les résultats obtenus avec des feuilles de blé :

	Poids de la feuille en expérience.	Poids de la feuille en expérience.
Le manchon renfermait :	0,425	0,175
	Eau condensée	en une heure
Chromate de potasse (jaune)...........	0,220	0,111
Sulfate de cuivre ammoniacal (bleu)....	0,092	0,011
Iode dans le sulfure de carbone (violet).	0,001	0,001

On sait que les rayons jaunes agissent bien sur la décomposition de l'acide carbonique, que les rayons bleus sont beaucoup moins efficaces, enfin que les rayons qui passent au travers de la dissolution d'iode dans le sulfure de carbone sont complétement impuissants à décomposer l'acide carbonique (voyez plus loin les expériences de M. Cailletet).

Dans une seconde série d'essais on a étudié comparativement l'action de divers rayons lumineux sur l'évaporation de l'eau par les feuilles et la décomposition de l'acide carbonique.

Le manchon renfermait :	Quantité d'ac. carb. décomposée en 1 heure par une feuille de blé pesant 0gr.,180 (L'atmosphère renfermait 38,8 d'ac. carb. p. 100 de gaz[1].	Quantité d'eau évaporée en 1 heure par une feuille de blé pesant 0gr.,175	
Dissolution jaune de chromate de potasse..........	7gr,7	0gr,111	d'eau.
Dissolution bleue de sulfate de cuivre ammoniacal.....	9gr,5	0gr,011	—
Dissolution violette d'iode dans le sulfure de carbone.	0gr,3	0gr,001	—
	Température 37°	Température 38°	
	La feuille pesait 0gr,172 L'atmosphère renfermait 22,2 d'ac. carb.	La feuille pesait 0gr,172	
Dissolution rouge de carmin dans l'ammoniaque...	15gr,1	0gr,161	
Dissolution verte de chlorure de cuivre.............	La feuille a émis 0gr,9 d'ac. carb. (1)	0gr,010	

(1) A la fin de l'expérience on trouva, au lieu de 22,2 d'acide carbonique, 23,1 de ce gaz.

Il semble, d'après ces premiers résultats, qu'il y ait une liaison entre ces deux fonctions capitales des feuilles, évaporation et décomposition de l'acide carbonique ; toutefois, avant d'admettre cette relation, il faut encore la soumettre à un sérieux contrôle expérimental.

Absorption de l'eau par les feuilles. — S'il n'est pas douteux que les feuilles soient des organes d'évaporation, il n'est plus aussi certain que toutes soient des organes d'absorption ; il est bien probable cependant que les plantes aériennes non fixées au sol par des racines, comme les orchidées, doivent absorber de l'eau par leurs feuilles. Cependant, pour que l'eau puisse pénétrer dans un organe, il est nécessaire qu'elle le mouille. Les parties de plantes qui sont recouvertes d'une couche de cire ou de graisse sur laquelle l'eau se rassemble en gouttelettes, et qui paraissent sèches lorsqu'on les a trempées, ne peuvent pas servir à l'absorption ; les feuilles sont souvent encore revêtues d'une couche d'air fortement adhérente qui empêche le contact de l'eau ; si, par exemple, d'après Sachs, on plonge une feuille de maïs fraîche dans l'eau pure, le limbe tout entier paraît recouvert d'une couche d'air argentée, à l'exception de la nervure médiane qui est mouillée.

D'après Duchartre, les feuilles ne seraient pas douées du pouvoir d'absorber directement l'eau. Des pieds vigoureux de *Fuchsia globosa*, de *Veronica lindleyana*, une *reine Marguerite* et un *Phlox*, exposés à la pluie pendant dix-huit heures dans un appareil bien clos qui empêchait l'eau d'arriver à la terre, n'ont subi aucune augmentation de poids, quelquefois même elles ont plutôt éprouvé pendant le temps de l'expérience une légère déperdition [*Compt. rend.*, t. L, p. 360, 1860].

Nous avons vu plus haut que des feuilles atteintes de chlorose, lavées avec une dissolution de sulfate de fer, n'ont pas tardé à reverdir ; on en conclut nécessairement que, dans ce cas, il s'est fait une absorption du liquide par ces organes.

Sur la décomposition de l'acide carbonique par les feuilles. — Nous avons résumé dans l'article Assimilation les travaux les plus importants publiés sur cette question ; toutefois, depuis l'époque où cet article a été écrit (1866), un certain nombre de mémoires nouveaux ont été publiés, et nous les signalons ici. Enfin, nous n'avions pu comprendre dans cet article tous les travaux relatifs à l'action variée de la lumière sur la décomposition de l'acide carbonique, et nous les résumons dans ce dernier paragraphe.

Boussingault a reconnu récemment que si des feuilles sont conservées pendant vingt-quatre heures à l'air libre, le pétiole dans l'eau, ou dans un volume limité d'air atmosphérique, soit au soleil, soit à l'ombre, soit à l'obscurité, elles ne perdent pas la faculté de décomposer l'acide carbonique, mais que cette faculté diminue quand la feuille est partiellement desséchée et cesse complétement quand la dessiccation est complète. Jodin a observé le même fait. « La cellule végétale, ajoute Boussingault, offrirait donc un contraste frappant avec la cellule animale, puisque les infusoires devenus immobiles par la dessiccation viendraient de l'état d'inertie à l'état de mouvement par l'humectation » [*Ann. de Chim. et de Phys.*, t. XIII, mars 1868, 4ᵉ série, p. 282].

Action différente des deux côtés de la feuille. — Dans ce même mémoire, Boussingault étudie l'action qu'exerce sur l'acide carbonique chacun des deux côtés de la plante ; en général, les stomates ne sont pas distribuées également des deux côtés de la feuille. Les feuilles nageant sur l'eau n'ont de stomates qu'à leur face supérieure en contact avec l'air ; toutes celles qui sont complétement immergées, comme les potamogeton, ont un épiderme qui en est dépourvu. La plupart des feuilles affectant une situation horizontale n'ont de stomates qu'à la face inférieure ; enfin, les feuilles à situation verticale, comme celle des graminées, ont des stomates sur les deux faces.

Si l'absorption des gaz et des vapeurs avait lieu par les stomates, on serait naturellement porté à conclure que le côté du limbe où se trouvent les stomates agit plus énergiquement sur l'atmosphère que le côté opposé où il n'y en a pas. L'expérience enseigne cependant qu'il est douteux que les stomates aient l'influence qu'on serait tenté d'abord de leur accorder.

Ingenhousz croyait avoir remarqué que, lorsqu'elles sont plongées dans de l'eau de source, les feuilles fournissent un air plus pur, si le soleil donne sur leur surface vernissée, que lorsque leur surface inférieure reçoit l'influence directe du soleil ; mais cette observation était évidemment faite dans de mauvaises conditions. Boussingault, pour constater comment se comporterait un seul côté du limbe que l'on exposerait au soleil dans un milieu gazeux renfermant de l'acide carbonique, mit le côté opposé à l'abri de l'action de la lumière, soit en collant à l'aide d'une très-légère couche d'empois, sur l'une des faces de la feuille, une couche de papier noirci et absolument opaque, ainsi qu'on s'en était assuré par un procédé photographique, soit en prenant deux feuilles de même dimension dont on réunissait les surfaces similaires avec de la colle d'amidon. Dans les deux cas, les feuilles étaient préparées au moment où on allait les introduire dans les appareils contenant les mélanges gazeux.

Les résultats obtenus peuvent être considérés comme comparables, car des expériences préalables ont montré qu'on pouvait admettre, avec Th. de Saussure, que la quantité d'acide carbonique décomposée par une feuille exposée au soleil est proportionnée à sa surface et non à son volume.

Boussingault résume ainsi ses expériences : « On voit que la face supérieure, l'endroit des feuilles épaisses, rigides des lauriers, a décomposé plus de gaz acide carbonique que la face inférieure, l'envers. Au soleil, la plus grande différence a été dans le rapport de 4 à 1, la plus faible :: 1 1/2 : 1. Le rapport moyen serait celui de 102 : 46. A l'ombre, la différence n'a pas dépassé 2 : 1, et dans une des expériences il y a eu égalité ; les trois observations faites à la lumière diffuse donneraient en moyenne et approximativement le rapport 4 : 3.

« Pour les feuilles de laurier, soit au soleil, soit à l'ombre, dans la moitié des observations, la somme des volumes du gaz acide carbonique décomposé par chacune des faces du limbe agissant séparément a excédé le volume de l'acide carbonique décomposé par les deux faces du limbe fonctionnant simultanément ; dans l'autre moitié, la somme des volumes d'acide décomposé séparément par chacun des côtés de feuilles placées dans des appareils distincts a été égale au volume d'acide décomposé par les deux côtés d'une seule et même feuille...

« Le volume d'acide carbonique décomposé par l'endroit et par l'envers de la feuille de framboisier a été :: 2 : 1. Pour la feuille du *Populus alba*, on trouve le rapport de 6 à 1, ce qui n'a pas lieu de surprendre, puisque, à cause de l'enduit cotonneux blanc dont elle est revêtue, la partie inférieure est en quelque sorte à l'abri de la lumière. On remarquera que, pour le framboisier de même que pour les lauriers, la somme des volumes du gaz acide décomposé séparément par la face supérieure et par la face inférieure a excédé de beaucoup le volume d'acide carbonique que les deux faces ont décomposé quand elles appartenaient à une feuille unique.

« Les feuilles à parenchyme très-mince, comme les précédentes, mais ne présentant de différence de teinte sensible que sur les deux faces, n'ont pas réduit sensiblement plus d'acide carbonique par leur partie supérieure que par leur partie inférieure. C'est surtout vrai pour les feuilles de maïs dont la structure anatomique, la nuance sont les mêmes pour les deux côtés du limbe. »

Pour expliquer cette différence des actions qu'exercent souvent les deux limbes des feuilles, Barthélemy fait remarquer qu'on peut avoir recours aux observations importantes de Graham sur la diffusion colloïdale [*Compt. rend.*, t. LXVII, p. 250, 1868; — voyez aussi *Annales des sciences naturelles*]. L'illustre savant anglais a montré que la vitesse de pénétration des gaz au travers d'une membrane colloïdale, comme le caoutchouc, était très-variable. Tandis que la vitesse de pénétration de l'azote est représentée par 1, celle de l'acide carbonique est 13,5; on sait qu'au contraire, les gaz passent au travers de membranes poreuses avec une vitesse qui diminue à mesure qu'ils sont plus denses; Graham a trouvé que cette vitesse est en raison inverse de la racine carrée de la densité. On conçoit donc que l'acide carbonique pénètre moins bien au travers de l'envers de la feuille, surface poreuse percée de stomates, qu'au travers de la cuticule qui couvre l'endroit et que Barthélemy considère comme ayant plutôt une structure colloïdale comparable à celle du caoutchouc; on trouve enfin dans ces considérations ingénieuses l'explication du fait observé par Boussingault, à savoir qu'en général l'envers des feuilles dégage moins d'oxygène que l'endroit.

Dehérain, confirmant une ancienne observation de Gueltard, a observé récemment que l'endroit des feuilles, la partie lisse et dense, évapore plus d'eau que l'envers; c'est donc encore là une liaison entre les deux portions importantes des feuilles : évaporation de l'eau et décomposition de l'acide carbonique.

D'après Draper [*Ann. de Chim. et de Phys.*, 3ᵉ série, t. XI], les plantes peuvent décomposer l'acide carbonique d'un bicarbonate et même l'acide carbonique d'un carbonate neutre (?). Corenwinder a remarqué également que les plantes décomposent l'acide carbonique du bicarbonate de chaux [*Ann. des sciences naturelles*, 5ᵉ série, t. VII].

Influence de l'obscurité. — On sait, depuis longtemps, qu'à l'obscurité les plantes consomment de l'oxygène et dégagent de l'acide carbonique; le fait est particulièrement sensible pour les plantes marécageuses, qui périssent bientôt après avoir absorbé tout l'oxygène qui se trouvait en dissolution. Dehérain a eu occasion d'observer ce fait dans l'étang de l'école de Grignon qui, pendant l'été de 1868, s'est entièrement couvert de lentilles d'eau, de telle sorte que les plantes marécageuses constamment submergées, telles que le *Potamogeton pectinatum*, le *Ceratophyllum submersum*, ont été plongées dans l'obscurité et ont par suite absorbé tout l'oxygène dissous; en puisant, en effet, dans des flacons remplis d'azote, l'eau de l'étang sous la couche de lentilles et en extrayant les gaz par l'ébullition, il a été impossible d'y découvrir la moindre trace d'oxygène; une grande quantité de poisson avait péri par suite de ce manque d'oxygène [*Compt. rend.*, t. LXVIII, 1868, p. 178].

Il ne faudrait pas croire cependant que les plantes marécageuses perdent la faculté de décomposer l'acide carbonique aussitôt qu'elles sont plongées dans l'obscurité; elles jouissent, au contraire, de la propriété extrêmement curieuse de conserver cette action décomposante pendant plusieurs heures après qu'elles ont été plongées dans l'obscurité.

D'après Van Tieghem [*Comptes rendus*, 1867, t. LXV, p. 867], la lumière diffuse de l'atmosphère est impuissante à provoquer chez les plantes aquatiques une réduction sensible d'acide carbonique; Boussingault a reconnu, au contraire, que les plantes aériennes ont parfois décomposé à la lumière diffuse la même quantité d'acide carbonique qu'à la lumière directe du soleil. Dans ses expériences qui ont eu lieu sur l'*Elodea*, Van Tieghem plongeait les plantes dans de l'eau tenant en dissolution de l'acide carbonique; dans l'une d'entre elles, l'Elodea avait été soustraite à la lumière directe à 11 ʰ 30; à 2 heures, le courant de gaz continuait avec la même vitesse; à 5 heures, son activité s'était à peine affaiblie, les bulles se succédaient encore en chapelets serrés; à 5ʰ 30 (on opérait en février), le jour tomba sans que le dégagement de gaz en fût affecté; à 6 heures, les courants de gaz persistaient visiblement ralentis; à 7 heures, ils dégageaient encore de quinze à vingt bulles par minute; à 8ʰ 30, enfin, tout était terminé. Le dégagement de gaz n'a donc cessé que neuf heures après la fin de l'insolation. Pendant ce temps, aucune bulle ne s'est montrée dans le bocal placé comme témoin à côté du premier. Cette expérience, répétée plusieurs fois, a toujours donné les mêmes résultats, et on peut en conclure que la lumière diffuse de l'atmosphère, incapable de provoquer par elle-même la décomposition de l'acide carbonique dans les plantes submergées, peut cependant prolonger le phénomène respiratoire pendant un temps considérable, une fois qu'il a été commencé par la lumière solaire directe.

En effet, bien que dans l'obscurité complète le dégagement continue encore pendant quelque temps, il est loin de se prolonger aussi longtemps que sous l'influence de la lumière diffuse. Dans une de ses expériences, Van Tieghem a remarqué, en effet, qu'après trois heures d'obscurité l'Elodea dégageait encore une quantité sensible d'oxygène, mais que toute apparition de gaz avait cessé après quatre heures; quand le courant d'oxygène a été singulièrement affaibli par un séjour de quelques heures dans l'obscurité, puis qu'on remet la plante à la lumière diffuse, on voit aussitôt le courant reprendre une nouvelle énergie et on peut légitimement en conclure que la lumière diffuse possède réellement un pouvoir continuateur remarquable, encore qu'elle soit trop pauvre en radiations actives pour provoquer le phénomène.

D'après quelques expériences de vérification encore inédites, exécutées par l'auteur de cet article, la quantité de gaz émise par une plante aquatique soumise après l'insolation à l'action de la lumière diffuse est beaucoup plus faible que celle qu'elle avait à la lumière intense. Le gaz émis est au reste riche en oxygène.

La force vive de la lumière solaire peut donc se fixer, s'emmagasiner dans les plantes vivantes, pour agir après coup dans l'obscurité complète et s'épuiser peu à peu en se transformant en un travail chimique équivalent, comme elle se fixe et s'emmagasine dans les sulfures phosphorescents ou comme elle se fixe sur du papier, de l'amidon ou de la porcelaine, pour impressionner encore après plusieurs mois les sels d'argent, ainsi que l'a montré M. Niepce de Saint-Victor. « La propriété dont se montrent revêtues les cellules vertes des plantes aquatiques n'est donc pas isolée, ajoute M. Van Tieghem, elle n'est qu'un cas particulier de la propriété générale que possède la matière de fixer dans sa masse, sous une forme inconnue, une partie des vibrations incidentes et de les conserver en les transformant pour les émettre plus tard, soit sous forme de radiations moins réfrangibles, soit sous forme de travail chimique ou mécanique équivalent. Le phénomène étudié est donc une véritable phosphorescence. »

Influence des divers rayons du spectre. — On a vu plus haut que la chlorophylle ne prend pas naissance sous l'influence de tous les rayons lumineux; il résulte des travaux de M. Draper, professeur à l'université de New-York, que des végétaux soumis à l'action directe de chacun des rayons de la lumière solaire, décomposée par un prisme convenable, n'ont pas décomposé des quantités égales d'acide carbonique. Les tubes-éprouvettes, remplis d'eau distillée et chargée d'acide carbonique, recevaient des plantes de même espèce, assez identiques pour décomposer sensiblement la même quantité de gaz dans le même temps, sous l'influence de la lumière solaire ordinaire. En exposant ensuite ces éprouvettes aux divers rayons de la lumière dispersée, il a pu s'assurer que c'est entre le *jaune* et le vert qu'il faut placer les rayons lumineux qui déterminent avec le plus d'énergie l'action réductrice des végétaux. C'est ce que montrent les résultats suivants :

Noms des rayons.	Volume gazeux dégagé en même temps. 1re expérience.	2e expér.
Rouge intense	0,33	»
Rouge et orangé	20,00	24,75
Jaune et vert	36,00	43,75
Vert et bleu	0,13	4,10
Bleu	»	1,00
Indigo	»	»
Violet	»	

Louis Cailletet est arrivé récemment à des résultats analogues [*Ann. de Chim. et de Phys.*, (4), t. XIV, p. 325, 1868]. Il employait, au lieu des divers rayons du spectre, des verres diversement colorés; les feuilles placées dans une éprouvette en verre étaient disposées dans une lanterne où circulait constamment un courant d'air froid. L'auteur a constaté d'abord que les feuilles d'une même plante et de surfaces égales décomposent sensiblement les mêmes volumes d'acide carbonique lorsqu'elles agissent sur des mélanges gazeux identiques exposés à une même source lumineuse.

Après plusieurs heures d'exposition au soleil, on a trouvé non décomposées les quantités d'acide carbonique qui figurent au tableau suivant :

Acide carbonique mélangé à l'air		18 %	22 %	30 %	
La plante reçoit la lumière au travers de	Iode dissous dans le sulfure de carbone	18	31	30	Le papier photographique ne noircit pas
	Verre vert	20	30	37	Le chlorure d'argent se colore lentement.
	— violet	18	19	28	Le papier noircit très-rapidement.
	— bleu	17	16,50	27	Le papier se colore très-rapidement.
	— rouge	7	5,50	23	Ni le papier, ni le chlorure d'argent, additionnés de nitrate, ne noircissent.
	— jaune	5	1	18	Le papier ne noircit pas.
	— dépoli	0	0	2	Le papier se colore très-rapidement.

On voit que les couleurs les plus actives au point de vue chimique sont celles qui favorisent le moins la décomposition de l'acide carbonique. La lumière verte ne provoque aucune décomposition, elle semble même, au contraire, favoriser le dégagement de l'acide carbonique. En plaçant, en effet, sous une cloche en verre vert éclairée par les rayons directs du soleil une éprouvette contenant de l'air pur et une feuille, on obtient après plusieurs heures une quantité d'acide carbonique peu inférieure à celle qui serait produite par les mêmes feuilles dans l'obscurité absolue.

C'est probablement, ajoute l'auteur, en raison de cette singulière propriété de la lumière verte, qui doit produire après un temps assez court l'étiolement des plantes sur lesquelles elle agit, que la végétation est généralement languissante et chétive sous les grands arbres, quoique l'ombre qu'ils portent soit souvent peu intense.

Pour que les végétaux puissent décomposer l'acide carbonique, il est nécessaire qu'ils renferment de la chlorophylle. D'après Cailletet [*loc. cit.*], les parties entièrement blanches des feuilles de l'*Aspidistra elatior*, de l'érable panaché et de plusieurs autres plantes sont sans action décomposante. Elles ne dégagent à l'obscurité qu'une quantité d'acide carbonique beaucoup plus faible que les feuilles vertes.

On avait cru que la présence de la matière verte dans les feuilles n'était pas indispensable à la décomposition de l'acide carbonique; mais Cloëz a montré, au contraire, que toutes les feuilles qui donnent de l'oxygène renferment de la matière verte, et que celles qui sont franchement rouges ne décomposent pas l'acide carbonique.

Les principes immédiats fabriqués dans les feuilles n'y persistent pas; les vieilles feuilles sont presque complètement dépourvues de glucose, d'albumine; la potasse et l'acide phosphorique ont également disparu. Cette importante question sera traitée à l'article MIGRATIONS *des principes immédiats dans les végétaux*. P.-P. D.

FEUILLINE. — Principe amer brun, incristallisable, précipitable par le sous-acétate de plomb et par le tannin, contenu dans les graines du *Fevillea cordifolia*, qui en renferment environ 2 1/2 %. Ces graines renferment en outre 32,5 de matière grasse, une substance cristallisable, un tannin, etc. [Peckolt, *Archiv. de Pharm.*, (2), t. CIX, p 219].

FIBRINE. — La fibrine est cette matière albuminoïde qui se sépare du sang peu de temps après que ce liquide est sorti de la veine. Son apparence varie selon les conditions dans lesquelles la formation a eu lieu. Ainsi le sang battu avec des baguettes fournit une fibrine en filaments blancs et élastiques; tandis que le plasma (sang moins les globules), abandonné à lui-même, se coagule sous forme d'une masse d'abord presque gélatineuse, tremblotante, qui se contracte peu à peu en exprimant le sérum et qui est formée d'un feutrage ou d'un réseau de filaments élastiques très-fins.

La fibrine est une substance protéique remarquable par son élasticité tant qu'elle est humide; elle est blanche et opaque lorsqu'on la débarrasse par lavage de la matière colorante du sang. Quelques soins que l'on apporte à sa préparation, elle retient toujours des matières minérales formées principalement de phosphates de chaux et de magnésie.

100 p. de fibrine sèche renferment :

Carbone, 52,6 ; hydrogène, 7,0 ; azote, 17,4 ; oxygène, 21,8 ; soufre, 1,2.

Dissolvants. — La fibrine est insoluble dans l'eau ; d'une manière générale on peut dire qu'elle est plus soluble dans divers dissolvants que les matières albuminoïdes coagulées par la chaleur et moins soluble que la syntonine ou l'albumine précipitée d'une solution alcaline d'albumine modifiée par les alcalis.

L'acide chlorhydrique faible (1 à 5 p. d'acide pour 1000 p. d'eau) transforme la fibrine en une gelée transparente, mais sans provoquer de véritable solution, car il suffit de laver à l'eau et de neutraliser l'acide pour revenir à l'état initial. L'acide chlorhydrique à 1/1000 dissout la fibrine plus ou moins rapidement suivant la température (le phénomène exige plusieurs jours à 20° et quelques heures seulement entre 40° et 60°) ; elle est alors modifiée et convertie en syntonine précipitable en flocons gélatineux par la neutralisation. Les alcalis caustiques étendus et l'ammoniaque dissolvent facilement la fibrine à une douce chaleur avec production d'albuminate alcalin. Les solutions chlorhydrique et alcalines ne coagulent pas par la chaleur. La fibrine se dissout vers 40° dans des solutions de certains sels neutres (salpêtre, sel marin, sulfate de soude à 10 %).

Ces liqueurs se coagulent par la chaleur (60°). Le coagulum n'est plus soluble dans les mêmes dissolvants.

Un caractère très-remarquable de la fibrine est son action sur l'eau oxygénée qu'elle décompose par le seul contact en oxygène et eau. Il suffit pour rendre le phénomène sensible d'employer une eau oxygénée étendue. Sous ce rapport, elle se distingue nettement de tous les principes protéiques insolubles qui sont loin d'avoir une influence aussi marquée.

Chauffée vers 72°, la fibrine fraîche se contracte, perd son pouvoir de décomposer l'eau oxygénée, ainsi que sa solubilité dans l'acide chlorhydrique et les solutions des sels neutres ; ses caractères sont alors très-voisins de ceux de l'albumine coagulée.

M. Brücke prépare une fibrine artificielle appelée pseudo-fibrine, qui possède tous les caractères de la fibrine vraie, voire même son action sur H^2O^2, quoique à un moindre degré. Il suffit, à cet effet, de laver pendant longtemps la gelée d'albuminate de potasse obtenue en versant une solution concentrée de potasse dans une solution concentrée d'albumine ; la pseudo-fibrine reste, lorsque le lavage a entraîné les dernières traces d'alcali, sous forme d'une matière fibreuse difficile à distinguer de la fibrine naturelle.

État naturel. — La fibrine se forme par la coagulation spontanée du sang ou plutôt du plasma du sang, de la lymphe et de quelques liquides pathologiques (liquide de l'hydrocèle, du péricarde, liquide de la cavité péritonéale), ces derniers ne se coagulent que dans certaines conditions que nous examinerons tout à l'heure. Les exsudations croupales, les fausses membranes sont aussi dues à la formation et à la sécrétion, à la surface des muqueuses, de liquides riches en matière fibrinogène. 1000 p. de sang renferment environ 2,7 p. de fibrine.

Pour les autres caractères de la fibrine, voyez Matières albuminoïdes.

Pourquoi le sang dépose-t-il la fibrine après être sorti de la veine ? L'idée la plus simple que l'on puisse se former en étudiant attentivement les phénomènes qui accompagnent la coagulation du sang, c'est que ce liquide renferme en solution un principe spécial qui ne serait pas encore la fibrine, mais qui, sous certaines influences, peut se convertir en fibrine insoluble et partant se séparer spontanément. Il est d'abord évident que ce principe est réellement dissous dans le plasma et non en simple suspension comme l'ont prétendu quelques savants.

En effet, d'après une célèbre expérience de J. Müller, le sang de la grenouille versé au sortir de la veine dans de l'eau sucrée, peut être filtré et séparé de ses globules ; le liquide limpide et clair se coagule au bout d'un certain temps. De même, en recevant dans des vases étroits et profonds, refroidis à la glace, du sang de cheval, celui-ci peut être conservé assez longtemps sans coagulation pour que les globules se déposent au fond ; le plasma surnageant est clair et limpide et cependant il est apte à se coaguler dans des conditions convenables.

Denis a réussi à isoler du sang humain un principe soluble et dont les solutions se coagulent spontanément à la manière du plasma. Il reçoit le sang au sortir de la veine dans une solution concentrée de sulfate de soude. Le mélange peut être conservé sans coagulation ; en filtrant ou par le repos on sépare les globules. Le liquide clair additionné de sel marin en poudre donne un précipité floconneux blanc ; celui-ci lavé avec du sel marin en solution saturée, puis dissous dans une solution étendue de sel marin, donne un liquide spontanément coagulable.

Virchow émet l'opinion que le sang ne contient pas de fibrine toute faite, mais bien une substance capable d'en fournir, une matière *fibrinogène*. Les expériences de Brücke prouvent du reste que la matière fibrinogène est coagulable par la chaleur ; en effet, un poids donné de plasma coagulé par la chaleur, après neutralisation par l'acide acétique, fournit un dépôt dont le poids est égal à la somme du poids de l'albumine et de la fibrine.

Les expériences de Ch. Schmidt ont jeté un nouveau jour sur la question de la formation de la fibrine, sans toutefois l'éclaircir entièrement.

Voici les faits généralement admis aujourd'hui :

Le plasma, le sérum du sang, la plupart des liquides et des tissus de l'organisme contiennent un principe soluble dans l'eau, non spontanément coagulable, précipitable de ses solutions aqueuses étendues par un courant d'acide carbonique en flocons légers. Ce principe est remarquable par la singulière propriété de déterminer en quelques instants la prise en masse ou la coagulation de certains liquides de l'organisme qui ne sont pas spontanément coagulables (liquide de l'hydrocèle, liquide péritonéal, péricardial, de la plèvre, etc.). Il a reçu pour cette raison le nom de matière *fibrino-plastique* ou encore de *paraglobuline*, vu ses analogies avec la globuline du cristallin.

Si dans du plasma de cheval, que l'on se procure par le procédé indiqué plus haut, et qu'on a étendu d'environ 10 fois son volume d'eau froide, on fait passer un courant d'acide carbonique jusqu'à formation de flocons, le liquide filtré ne se coagule plus spontanément et ne fournit plus de fibrine, à moins que l'on ne rajoute le précipité après l'avoir dissous dans l'eau aérée.

Il est plus facile d'extraire cette substance du sérum en procédant absolument de la même manière. Le dépôt floconneux est recueilli sur un filtre et lavé à l'eau chargée d'acide carbonique. La paraglobuline ainsi préparée est insoluble dans l'eau purgée d'air, soluble dans l'eau aérée ou en présence de l'oxygène ; la solution est opalescente et précipite par l'acide carbonique.

Elle se dissout facilement dans les alcalis caustiques et carbonatés très-étendus, dans les solutions de sel marin et les acides étendus. En neutralisant exactement le liquide on la reprécipite de nouveau. La chaleur ne coagule pas ses solutions. Cependant la matière précipitée par l'acide carbonique, étant chauffée vers 60° avec de l'eau, perd sa solubilité dans l'eau aérée et les acides faibles. L'alcool ne lui enlève rien de ces propriétés. Avec les acides concentrés et les sels alcalins, elle se comporte comme les matières protéiques en général. Les seules différences qu'elle présente avec la globuline sont sa non-précipitation par la chaleur et l'alcool.

La paraglobuline ne détermine pas la coagulation de toutes les solutions albumineuses; elle ne provoque ce phénomène que sur un nombre restreint de liquides organiques et notamment sur le plasma sanguin. On peut en conclure que la séparation de la fibrine exige le concours d'un second produit que l'on a pu isoler et qui a reçu le nom de *fibrinogène*. La matière première la plus commode pour l'obtention du fibrinogène est l'un des liquides mentionnés plus haut et qui s'accumulent souvent en grande quantité dans certains cas pathologiques. Le liquide de l'hydrocèle, par exemple, étendu de beaucoup d'eau, est soumis à un courant prolongé d'acide carbonique ou neutralisé exactement par l'acide acétique; le précipité se distingue nettement de celui de la paraglobuline; au lieu d'être floconneux il est gluant et adhère sous forme de masses visqueuses aux parois du vase. On le lave par décantation avec de l'eau chargée d'acide carbonique. On peut aussi précipiter le fibrinogène par un mélange de 3 p. d'alcool et de 1 p. d'éther. Quant aux autres propriétés, elles sont celles de la paraglobuline. Les deux corps décomposent l'eau oxygénée aussi facilement que la fibrine.

L'expérience suivante due à Hoppe-Seyler montre avec évidence l'influence réciproque des deux corps dans la production de la fibrine. Ce chimiste délaye l'un d'eux dans de l'eau, il précipite la solution aqueuse du second par addition de sel marin en poudre, puis il filtre et ajoute le contenu du filtre au premier liquide. Il obtient ainsi une solution sous l'influence de l'eau salée étendue; mais le liquide limpide se coagule au bout de quelque temps, comme le ferait le plasma lui-même. La coagulation de la fibrine exige relativement beaucoup moins de fibrinogène que de matière fibro-plastique.

Pour plus de détails sur les causes qui activent ou ralentissent la coagulation du sang, voyez SANG.

Le plasma privé de paraglobuline ne se coagule plus, à moins que l'on n'ajoute la paraglobuline enlevée; privé de fibrinogène, il ne se coagule plus, même après addition de paraglobuline. P. S.

FIBRINOGÈNE (MATIÈRE). — Voyez FIBRINE.

FIBRINOPLASTIQUE (MATIÈRE). — Voyez FIBRINE.

FIBROFERRITE (Min.) [Syn. *Stypticite*]. — Sous-sulfate ferrique hydraté,

$$3Fe^2O^3, 5SO^3 + 27H^2O.$$

Masses ou enduits fibreux d'un jaune clair ou d'un jaune verdâtre, d'un éclat soyeux. Translucide. Les fibres se détachent facilement les unes des autres.

Caractères. — Insoluble dans l'eau. Dans le tube, donne de l'eau, et à une plus haute température, de l'acide sulfurique, et laisse un résidu de peroxyde de fer.

FIBROÏNE. — On donne le nom de fibroïne à la partie centrale de la soie débarrassée, par des dissolvants convenables, de l'albumine, de la graisse, des résines et des matières colorantes qui l'accompagnent dans le fil de cocon. La soie est successivement traitée par l'eau, l'alcool, l'éther et l'acide acétique concentré et bouillant. Le résidu représente la fibroïne pure qui constitue les 54/100 environ du fil.

Elle a la même apparence que la soie, mais elle est plus tendre, plus souple et moins résistante. Chauffée sur une lame de platine, elle se boursoufle, brûle avec une flamme bleu-clair en répandant une odeur de corne brûlée et en laissant beaucoup de charbon poreux. Elle est insoluble dans les dissolvants neutres et dans l'acide acétique.

Elle se dissout dans le réactif de Schweizer comme le coton et résiste comme lui à la solution de l'oxyde cuivrique dans le carbonate d'ammoniaque. La solution de fibroïne dans l'oxyde de cuivre ammoniacal n'est précipitée ni par les sels neutres, ni par le sucre; les acides faibles la précipitent en flocons. D'après Schlossberger, l'oxyde de nickel ammoniacal dissout aussi la fibroïne, mais n'attaque pas le coton. On considérait autrefois la substance organique des éponges comme identique avec la fibroïne; mais comme elle ne se dissout pas dans les oxydes ammoniacaux de cuivre et de nickel, il est évident que les deux substances sont distinctes. Le chlorure de zinc basique à 60° de l'aréomètre Baumé dissout à froid et plus rapidement à chaud des quantités considérables de soie. La liqueur devient visqueuse et filante comme un sirop; soumise à la dialyse, après avoir été étendue d'eau acidulée à l'acide chlorhydrique, elle se prend en une gelée opaline semblable à de l'empois d'amidon, lorsque la plus grande partie du sel a passé à travers le septum. Une solution plus étendue donne à la dialyse un liquide limpide qui, par l'évaporation, fournit un vernis couleur d'or et cassant. Ce produit desséché supporte une température voisine du rouge sombre (?). Avant de se décomposer entièrement et auparavant il prend une belle teinte rouge-groseille fugace [J. Persoz fils, *Compt. rend.*, t. LV, p. 810].

Avec l'acide sulfurique concentré et froid, la soie donne un liquide visqueux, brun clair, devenant rouge puis brun à chaud; l'addition d'eau ne trouble pas la solution sulfurique; mais la liqueur ainsi étendue précipite par une solution de tannin. Les acides chlorhydrique et azotique dissolvent également la soie; les alcalis la précipitent de nouveau de ces solutions. L'acide azotique chaud la convertit en acide oxalique. Une dissolution étendue de potasse ou de soude caustique est sans action; néanmoins l'intervention des alcalis, même à petite dose, est très-préjudiciable en pratique, car ils énervent la soie, lui ôtent son brillant et la rendent pâteuse. Les alcalis caustiques concentrés dissolvent la fibroïne; l'eau et l'acide sulfurique étendu la précipitent de nouveau, mais altérée. Chauffée avec de l'hydrate de potasse, la fibroïne se convertit en acide oxalique. Les carbonates alcalins et l'ammoniaque ne la dissolvent pas.

Sa composition centésimale est à peu de chose près celle de la gélatine.

Vogel jeune lui assigne la formule $C^{48}H^{76}Az^{16}O^{17}$ qui manque de contrôle. Après dissolution dans l'acide nitrique et précipitation par l'ammoniaque, sa composition a changé et serait représentée par

$$C^{48}H^{76}Az^{12}O^{9} = C^{48}H^{76}Az^{16}O^{17} - 4(AzO^2).$$

Elle ne contient pas de soufre, mais laisse à l'incinération une quantité assez notable de cendres (0,3 °/₀ environ), composées de sulfates, chlorures, phosphates alcalins, chaux, magnésie, oxydes de fer, d'aluminium et de manganèse [Vogel, *Buchners Neues Repertorium*, t. VIII, p. 1; — Schlossberger, *Ann. der Chem. u. Pharm.*, t. CVIII, p. 62; — Schweizer, *Journ. für prakt. Chem.*, t. LXXVI, p. 344]. P. S.

FIBROLITE. — Voyez SILLIMANITE.

FICARINE. — Substance analogue à la saponine, mais s'en distinguant en ce qu'elle n'est pas colorée par le chlorure ferrique. On l'obtient en traitant par l'alcool l'extrait aqueux de la ficaire (*Ficaria ranunculoïdes*) et évaporant la solution à siccité; elle est surtout contenue dans la racine. Cette plante renferme en outre un acide volatil, décomposable par la chaleur, très-âcre (*acide ficarique*), qui paraît se trouver dans toutes les renonculacées [Saint-Martin, *Répert. de Chim. appl.*, 1859, p. 425].

FICHTELITE (Min.). — Hydrocarbure solide $nC^{10}H^{16}$, fusible à 36°, soluble dans l'éther, moins soluble dans l'alcool, et distillant sans décomposition. Se trouve sur des lignites à Redwitz, dans le Fichtelgebirge.

Dureté, 1.

Forme cristalline. — Prisme clinorhombique $mm = 83°$, $ph^3 = 127°$.

FICINITE (Min.). — Phosphate ferreux hydraté, avec acide sulfurique, manganèse, etc. Cristaux noirs, subtranslucides, à éclat cireux, trouvés à Bodenmais avec cordiérite, etc.

Caractères. — Faiblement attaqué aux acides. Au chalumeau, fond en une scorie magnétique.

Dureté, 5 à 5,5. Densité, 3,1 à 3,5.

Forme cristalline. — Clinorhombique, avec deux clivages inégaux inclinés de 129°

FIELDITE (Min.). — Variété de panabase de Coquimbo, ayant une composition qui se rapproche de celle de l'enargite.

FILICIQUE (ACIDE) [Luck, *Jahresb. der Chem.*, 1851, p. 558]. — L'extrait éthéré de la racine de fougère mâle (*Aspidium Filix mas*) concentré à consistance huileuse dépose au bout de quelques jours l'acide filicique sous forme d'une poudre vert-jaunâtre. On purifie l'acide filicique en le lavant à l'eau, puis à l'alcool éthéré, et le faisant cristalliser dans l'éther.

L'acide filicique est une poudre cristalline, d'un jaune clair, insoluble dans l'eau, l'alcool ordinaire, peu soluble dans l'alcool concentré, plus soluble dans l'éther, se dissolvant facilement dans les huiles grasses, l'essence de térébenthine et le sulfure de carbone. Il fond à 161°, et reste amorphe par le refroidissement.

Luck le représente par la formule $C^{26}H^{36}O^{9}$ (en équivalents), Grabowski le considère comme étant de la dibutyryl-phloroglucine, $C^{14}H^{18}O^{5}$, à cause de l'action qu'exerce sur lui la potasse en fusion.

Les sels sont amorphes. L'acide filicique fournit, soit en s'altérant au contact de l'air, soit sous l'influence des réactifs (chlore, acide sulfurique), plusieurs dérivés non cristallins, dont les formules manquent de contrôle. De plus, suivant Luck, l'extrait éthéré de fougère fournirait par la saponification deux acides, l'*acide filixolinique*, non volatil, et l'*acide filosmylique*, volatil.

L'acide filicique fondu avec la potasse donne du butyrate de potasse et de la phloroglucine $C^{6}H^{6}O^{3}$; si l'action est ménagée, on obtient en outre de la monobutyryl-phloroglucine $C^{10}H^{12}O^{4}$. D'après sa décomposition, l'acide filicique peut être considéré comme de la dibutyryl-phloroglucine $C^{14}H^{18}O^{5}$; néanmoins, lorsqu'on fait agir le chlorure de butyryle sur la phloroglucine, on obtient un produit différent de l'acide filicique [Grabowski, *Zeitsch. für Chem.*, nouv. sér., t. III, p. 460, et *Bull. de la Soc. chim.*, 1868, t. IX, p. 390].

M. Malin a en outre trouvé dans la racine de fougère un *acide filicitannique* ressemblant à l'acide quinotannique, et se dédoublant par l'acide sulfurique en sucre et en flocons rouges analogues au rouge cinchonique. Traité par la potasse fondue, cet acide tannique donne de l'acide protocatéchique et de la phloroglucine [*Zeitsch. für Chem.*, nouv. sér., t. III, p. 459, et *Bull. de la Soc. chim.*, 1868, IX, p. 391]. E. G.

FILTRATION. — Cette utile opération s'effectue de diverses manières, selon le but qu'on se propose d'atteindre.

Si l'on ne cherche qu'à faire une filtration grossière et rapide, le filtre peut être remplacé par une simple toile fixée sur un châssis; si l'on a affaire à une substance corrosive, on se sert d'un entonnoir où l'on a disposé une couche de verre pilé ou de pierre ponce ou encore d'asbeste; enfin dans l'immense majorité des cas on emploie un filtre d'un papier spécial dit *papier à filtre*.

Pour faire un filtre de papier suffisant pour les opérations qualitatives et filtrant très-rapidement, on prendra un carré de papier et on le pliera en deux. Le point A' sera ensuite amené sur A, et l'on déterminera ainsi un pli OB; c'est autour du point O que doivent rayonner tous les autres plis du filtre, qui seront obtenus d'ailleurs, comme les premiers, par une bissection d'angles.

OA	amené sur	OB	donnera le pli	OC
OA'	—	OB	—	OC'
OA	—	OC	—	OD
OA	—	OC'	—	OE
OA'	—	OC'	—	OD'
OA'	—	OC	—	OE'

L'on aura ainsi sept plis dans le même sens qu'il s'agit de séparer par huit plis inverses. Pour cela on portera OA sur OC, puis on le repliera

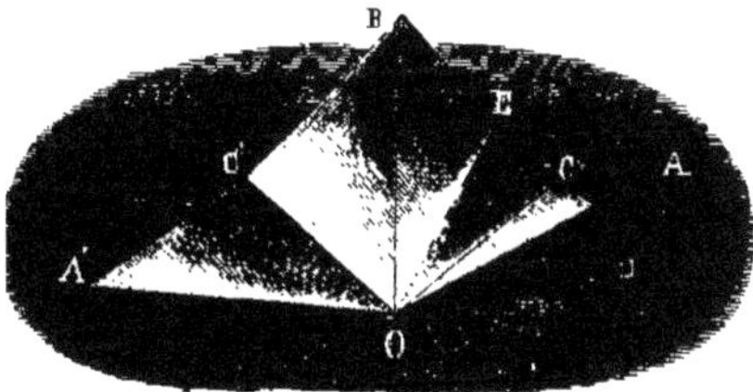

Fig. 260 — Fabrication d'un filtre à plis.

sur OD de façon à partager le secteur AOD par un premier pli inverse. Laissant OA sur OD on portera OD sur OE et on le ramènera sur OC; on déterminera ainsi un second pli inverse au milieu du secteur DOC. De la même façon, laissant OA et OD sur OC, on portera OC sur OB et on le ramènera sur OE; puis laissant OA, OD, OC avec OE, on portera OE sur OE' et on le ramènera sur OB; enfin on répétera des opérations identiques sur le quadrant A'OB, on régularisera les contours avec un coup de ciseau et on obtiendra le filtre tel que le représente la figure 261. Les plis

Fig. 261. — Filtre à plis.

de ce filtre seront alternativement dans un sens et dans l'autre, sauf les plis extrêmes de droite et de gauche, qui correspondent aux côtés OA et OA'. Il y aura donc deux secteurs qui seront adjacents à des plis concordants; on les bissectera par de petits plis inverses et le filtre sera terminé.

Les filtres à plis se font en papier blanc ou gris; ils filtrent très-rapidement, mais sont d'un mauvais usage dans l'analyse quantitative, parce que les précipités ne s'y rassemblent pas bien. Dans cette branche de la chimie l'on ne fait usage que de filtres simples, sortes de cornets qu'on fabrique en pliant un rond de papier en quatre et en isolant un des quadrants des trois autres (fig. 262). On les fait d'ailleurs avec le *papier Berzelius* qui donne fort peu de cendres, et l'on sait par des opérations préliminaires combien en fournit un filtre d'une dimension déterminée.

Comme ces filtres fonctionnent excessivement lentement, on a proposé différents systèmes soit pour accélérer la filtration, soit pour rendre automatique le lavage des précipités. Un des moyens les plus simples pour augmenter la vitesse de la filtration consiste à adapter à la douille de l'entonnoir un tube étroit d'une assez grande longueur et présentant une courbure à sa partie supérieure comme le représente la figure 262. Le liquide filtré forme bientôt un chapelet de petites colonnes dont le poids détermine une aspiration au-dessous du filtre. Dans ce système comme dans le suivant, il faut façonner de telle sorte les plis du filtre que l'air ne passe que le moins possible entre celui-ci et l'entonnoir.

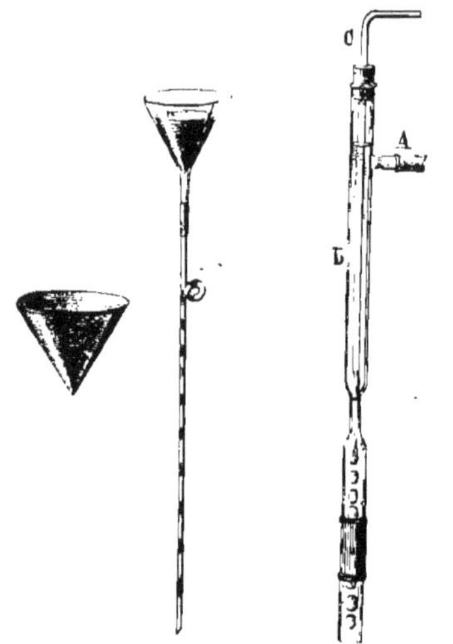

Fig. 262. Fig. 263.
Appareils pour la filtration rapide.

L'aspiration peut être produite à l'aide d'une *trompe* de verre facile à construire et représentée par la figure 263. C'est un tube de la grosseur des tubes à analyse organique (B) étiré en bas et soudé à un tube latéral (A) par lequel arrive un courant d'eau. Le tube vertical est relié par du caoutchouc à un tube de verre ou de plomb de même diamètre et de 2 à 3 mètres de longueur; ce tube vertical plonge dans un vase plein d'eau. Un tube plus étroit (C), qui sert de tube d'aspiration, est assujetti dans le tube vertical avec un bouchon de caoutchouc; il est en communication avec le flacon qui doit recevoir la liqueur filtrée. La douille de l'entonnoir est fixée à l'orifice de ce flacon par un bouchon en caoutchouc; on a soin de placer sous la pointe du filtre un petit cornet de platine ou de clinquant pour la consolider.

L'air est notablement raréfié au-dessous du filtre par l'action de la trompe, et le temps de la filtration est considérablement abrégé. L'on commence avec une aspiration d'un ou deux centimètres de mercure; on peut aller plus loin lorsque le précipité est presque sec.

Le lavage automatique des précipités s'effectue à l'aide d'un flacon à siphon et à niveau constant. Dans cet appareil, représenté par la figure 264, on doit s'arranger pour que l'ouverture du siphon qui plonge dans l'entonnoir soit un peu au-dessous de l'extrémité inférieure du tube de Mariotte. Le niveau du liquide dans l'entonnoir sera maintenu à la hauteur de cette extrémité. Il n'est pas inutile de faire remarquer qu'un lavage continu n'est pas aussi efficace qu'un lavage intermittent

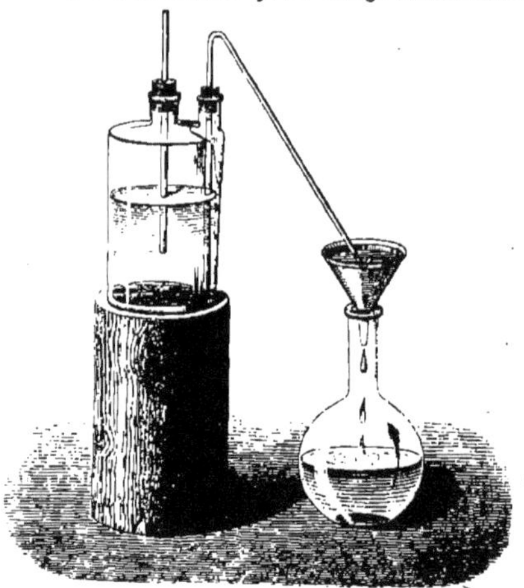

Fig. 264. — Lavage automatique des précipités.

effectué en remplissant l'entonnoir chaque fois qu'il est presque entièrement vidé.

On a parfois besoin d'effectuer les filtrations à une température déterminée. On peut alors enfoncer la douille de l'entonnoir dans celle d'un entonnoir plus grand et mettre dans l'espace compris entre les deux cônes de la glace ou de l'eau chaude. Mais lorsque l'opération doit être prolongée assez longtemps, il faut se servir d'entonnoirs métalliques à doubles parois dans lesquels l'espace interconique est clos. On fait circuler dans cet espace un courant de vapeur d'eau ou bien l'on y chauffe de l'eau ou de l'huile. Il est bon dans ce cas d'adapter en bas de l'entonnoir métallique un tube de cuivre (fig. 265). C'est ce tube que l'on chauffe au moyen d'une lampe à gaz. G. S.

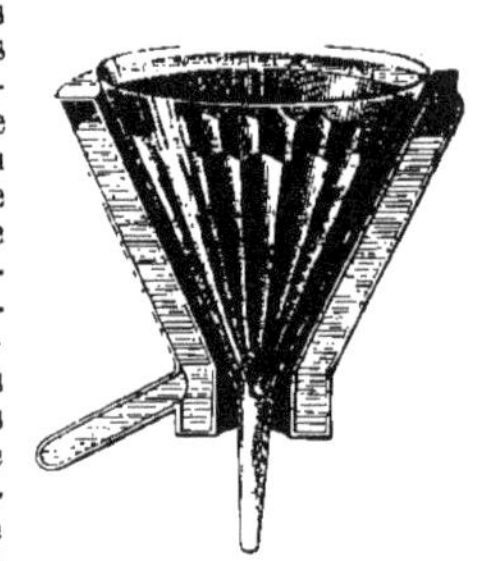

Fig. 265. — Appareil pour la filtration à chaud.

FIORITE. — Voyez Opale.

FISCHERITE (Min.). — Phosphate hydraté d'alumine, $2Al^2O^3, Ph^2O^5 + 8 H^2O$. Petits prismes à six pans, ou masses cristallines d'une couleur verte et d'un éclat vitreux. Translucide.

Caractères. — Soluble dans l'acide sulfurique. Au chalumeau, devient blanc et opaque. Dans le tube, donne de l'eau, mais pas de fluor.

Dureté, 5. Densité, 2,46.

Forme cristalline. — Prisme orthorhombique $mm = 118° 32$.

FISÉTINE. — Matière colorante jaune, cristallisable, trouvée par Chevreul dans le bois de fustet (*Rhus cotinus*, sumac à perruque). Bolley et Mylius ont démontré son identité avec la quercétine [Schwartz, *Polyt. Journ.*, t. IX, p. 22; *Bull. de la Soc. chim.*, 1864, t. II, p. 479].

FLAMME. — Une flamme est un gaz à l'état

de combustion. Nous étudierons ici la forme, la composition, la température et la lumière des différentes flammes.

I. Lorsqu'un courant de gaz combustible est allumé, la flamme produite possède un aspect fusiforme bien connu. Elle se dresse verticalement parce que, à la température qu'elle possède, le mélange gazeux qui la constitue est plus léger que le gaz environnant; elle se termine en pointe parce que la matière combustible diminue à mesure qu'on s'éloigne de l'orifice; elle possède d'ailleurs un aspect très-différent selon les gaz employés; elle peut être plus ou moins lumineuse et différemment colorée. Son axe est presque uniquement composé de gaz non brûlé et froid. Autour de cet axe on rencontre des zones concentriques contenant des quantités de plus en plus grandes du gaz extérieur qui est froid également; la température des couches intermédiaires varie donc de façon à présenter un maximum. Varie-t-elle régulièrement? Dans la flamme des gaz simples cela est très-vraisemblable, mais elle varie par sauts plus ou moins brusques dans le cas des gaz ou des vapeurs complexes. La marche des molécules du gaz extérieur est indiquée par celle des poussières qui s'illuminent dans une flamme incolore. L'on remarquera, à l'inspection de la figure 266, que les parties supérieures doivent être de plus en plus riches en gaz brûlés ou incombustibles.

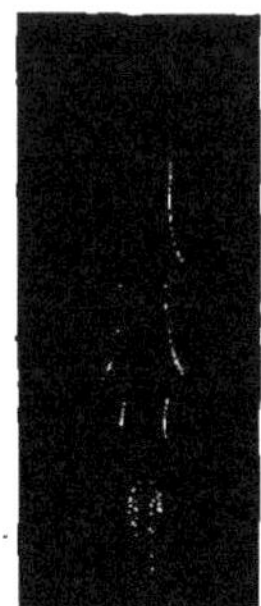
Fig. 266. Marche des poussières dans une flamme.

Nous n'avons pas à insister sur la configuration de la flamme de mélanges détonants, elle a été étudiée à l'article DISSOCIATION; mais nous voulons décrire une jolie expérience de MM. Schlœsing et de Demondésir sur l'inflammation des mélanges détonants à la limite d'inflammabilité. Dans une grande cloche ouverte à sa partie inférieure on fait arriver par un tube vertical un courant d'air qu'on peut additionner à volonté d'une certaine quantité d'hydrogène. Une succession d'étincelles électriques allume ce mélange à la sortie du tube, mais elles ne réussissent pas à produire une flamme. Il se forme une série de bulles enflammées tout à fait isolées, qui sont entraînées par le courant d'air et volent dans la cloche. L'expérience est surtout brillante si l'on additionne l'hydrogène d'un peu d'hydrogène phosphoré.

Rien de plus simple que la structure de la flamme dans laquelle on injecte le gaz comburant. Il n'y a qu'à se représenter deux flammes dans l'une desquelles le rôle des gaz est interverti, et à introduire celle-ci à l'intérieur de l'autre. Si par la disposition du jet intérieur celui-ci brasse énergiquement la flamme, il lui donne l'apparence et les propriétés de celle d'un mélange détonant. Lorsque le gaz injecté n'est pas comburant et si le jet est extrêmement fort, il ne fait pour ainsi dire que pratiquer une trouée dans la flamme; s'il est plus modéré, il allonge la flamme et augmente sa surface de façon à favoriser jusqu'à un certain point la combustion.

II. La composition chimique des diverses parties d'une flamme varie aussi bien que leur éclat et leur température. Dans les flammes simples, comme nous venons de le dire, il y a une progression régulière entre la composition du noyau et celle de l'atmosphère extérieure; mais il ne faut pas oublier qu'en chaque point la quantité des gaz *combinés* ou simplement *mélangés* est en relation directe avec la température (H. Deville voyez DISSOCIATION). Dans les flammes composées les phénomènes sont bien autrement complexes, et le gaz combustible, avant d'être réduit aux produits ultimes de sa combustion, subit souvent une très-longue suite de métamorphoses.

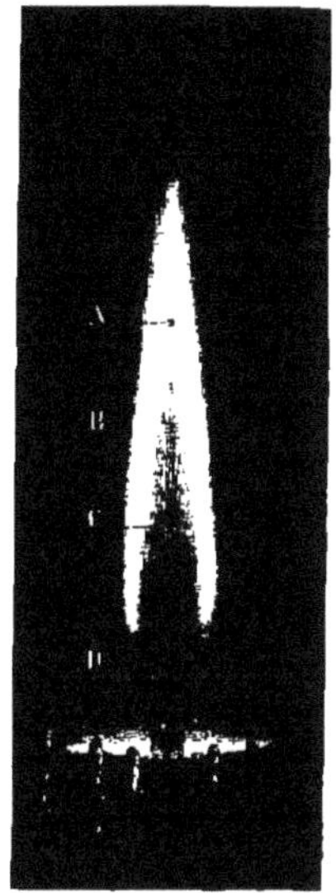
Fig. 267. — Flamme d'une bougie.

Prenons comme exemple la flamme d'une bougie (figure 267). La vapeur d'acide stéarique occupe le centre obscur de la flamme (C), la température est peu élevée, car toute la chaleur fournie par l'enveloppe incandescente est absorbée par la volatilisation du combustible. On peut y introduire un grain de poudre sans qu'il prenne feu. Autour de ce noyau froid et non lumineux, la combustion détermine une énorme élévation de température; l'acide stéarique subit alors les transformations pyrogénées qu'il subirait dans un tube chauffé au rouge-blanc; il se forme une série de carbures très-condensés et très-peu hydrogénés jusqu'au carbone lui-même, en même temps il se produit de l'hydrogène et divers gaz, parmi lesquels on peut facilement déceler l'acétylène. Tous ces produits transitoires atteignent bientôt des zones où l'oxygène de l'air pénètre de plus en plus abondamment, ils brûlent partiellement en formant de l'oxyde de carbone, de l'acide carbonique et de l'eau, et se résolvent partiellement en carbone et hydrogène qui subissent eux-mêmes la combustion. Le carbone est porté à l'incandescence au moment de sa séparation (A) et produit une vive lumière, l'hydrogène entoure la flamme lumineuse d'une gaîne presque obscure mais excessivement chaude (B) (H. Davy). Nous verrons bientôt que Frankland a prouvé que la présence du charbon incandescent dans la zone lumineuse n'est pas indispensable pour expliquer son éclat; mais le dépôt de noir de fumée qui se forme à la surface des objets qu'on plonge, et l'étude de toutes les réactions pyrogénées semblent prouver jusqu'à l'évidence la séparation réelle du charbon dans cette partie de la flamme. D'ailleurs, si l'on fait pénétrer dans la flamme peu lumineuse de l'alcool un gaz capable de provoquer un dépôt de charbon, un peu de chlore par exemple, celle-ci devient instantanément éclairante. L'on reconnaît aisément les diverses couches dont nous venons de parler dans la flamme d'une bougie; il suffit pour cela de la couper en son milieu sur une toile métallique. Il existe à la base de la flamme une sorte de ca-

Fig. 268. — Coupe de la flamme.

lotte d'un bleu pur D dont nous n'avons pas tenu compte; elle correspond à la réaction d'un excès d'air pur sur le gaz hydrocarboné. L'analyse spectrale y décèle la présence de la vapeur de carbone. On obtient la même flamme bleue à l'aide du chalumeau, et c'est elle qu'on a pris pendant longtemps pour le feu *réducteur*; en réalité le feu réducteur, d'après l'observation fort juste de Berzelius, se trouve dans la zone éclairante. — (Voyez t. I, p. 835.)

L'on peut aspirer les gaz de la flamme à diverses hauteurs à l'aide d'un tube de platine ou de laiton; mais les gaz ainsi obtenus ne représentent pas exactement ceux qui existent dans la flamme, et le procédé est inférieur en précision à celui indiqué par M. H. Deville. — Voyez t. I, p. 1181.

Le tableau suivant indique les résultats obtenus ainsi par Hilgart [*Ann. der Chem. u. Pharm.*, t. XCII, p. 120], et Landolt [*Poggend. Ann.*, t. XCIX, p. 389].

COMPOSITION DE LA FLAMME D'UNE BOUGIE DE CIRE, D'APRÈS HILGART.

Hauteur au-dessus de l'extrémité de la mèche.	X	En volumes pour cent.					
		Az	CO^2	CO	C^nH^{2n}	CH^4	H
+ 10 millimètres.	0,12	76,62	11,70	5,16	3,70	0,85	1,97
+ 8 —	0,15	73,96	11,46	5,73	5,15	0,88	2,81
+ 6 —	0,18	76,34	10,53	5,50	9,21	1,70	2,71
+ 4 —	0,32	64,15	9,99	5,86	14,29	2,93	2,78
+ 2 —	0,48	64,09	10,07	5,62	14,89	2,62	2,73
0 —	1,00	65,36	10,00	5,42	14,23	2,31	2,69
— 3 —	1,57	63,61	10,78	5,70	14,29	3,08	2,54

X, matières liquides ou solides condensables dans un litre de gaz.

COMPOSITION DE LA FLAMME DU GAZ DE L'ÉCLAIRAGE, D'APRÈS LANDOLT.

Le bec se compose d'une fente annulaire de 7 millimètres de diamètre.

Hauteur au-dessus du bec.		H^2O	CO^2	Az	O	C^4H^8	C^2H^4	CO	CH^4	H
50 millimètres.	A....	»	»	5,43	»	4,34	5,00	5,57	38,30	41,37
	B....	16,39	7,01	66,59	»	0,58	0,60	5,45	0,79	2,59
40 —	A....	»	»	5,43	»	4,34	5,00	5,56	38,30	41,37
	B....	17,19	5,62	64,01	»	0,77	0,90	5,26	2,82	3,42
30 —	A....	»	0,37	4,23	»	3,14	4,13	5,73	38,40	44,00
	B....	16,87	4,81	59,18	»	1,00	1,55	4,68	6,92	4,99
20 —	A....	»	0,37	4,23	»	3,14	4,13	5,78	38,40	44,00
	B....	15,79	4,11	57,25	0,19	1,34	1,86	5,71	11,52	2,23
10 —	A....	»	0,58	2,75	»	2,18	5,10	7,64	40,71	41,04
	B....	9,66	1,95	32,20	0,65	2,65	3,59	11,71	25,14	12,45
0 —	A....	»	»	8,00	»	3,15	4,04	4,95	40,56	39,30
	B....	7,48	1,74	26,40	0,59	2,75	3,80	6,59	30,81	20,34

A, composition du gaz employé. — B, composition de la flamme à la hauteur considérée.

Faraday a imaginé une jolie expérience propre à démontrer la présence des gaz combustibles dans le noyau obscur de la flamme d'une bougie. Le bout

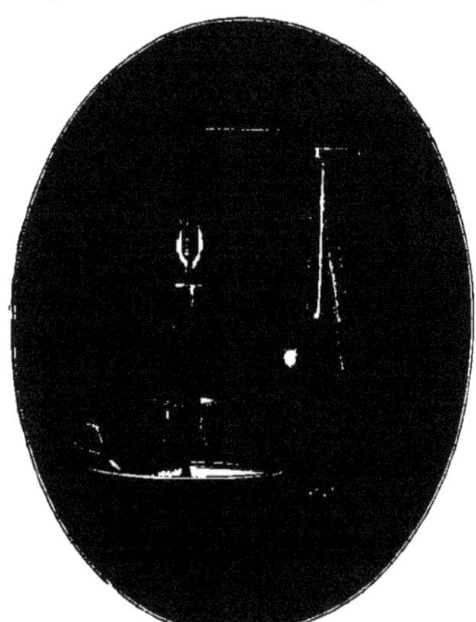

Fig. 269. — Expérience de Faraday.

d'un tube de verre recourbé, comme l'indique la figure, d'un diamètre intérieur de 7 millimètres environ et assez mince pour ne pas se briser par la chaleur, est plongé dans la flamme : diverses substances qui sont volatilisées s'élèvent dans le tube, se refroidissent dans la branche descendante et tombent dans la fiole sous forme d'un courant de fumées très-denses, blanches et inflammables si l'orifice du tube est à quelques millimètres de la mèche. Elles sont noires, non inflammables et mêlées de charbon si l'orifice est plongé dans la partie éclairante, et presque uniquement constituées d'acide stéarique s'il est en contact avec la mèche. La plupart des autres flammes composées sont le siége de phénomènes chimiques complexes. L'on sait, par exemple, que la flamme de l'hydrogène arsénié renferme de l'arsenic dans son noyau, mais qui brûle à sa surface. De même, si l'on fait brûler de l'hydrogène au contact d'un composé oxydé de soufre, celui-ci sera réduit dans les parties froides où l'hydrogène domine, et le soufre brûlera à son tour dans sa partie extérieure où l'oxygène a libre accès. Du reste, dans les flammes composées, la différence d'éclat et de coloration de leurs diverses parties indique manifestement de notables variations de composition et de température.

L'oxygène ou l'air atmosphérique qui entretiennent la combustion d'une flamme subissent aussi des réactions chimiques. Ainsi ils ne s'unissent pas directement au carbone et à l'hydrogène des flammes hydrocarbonées, l'acide carbonique peut être réduit, puis reformé un peu plus loin, enfin l'on peut déceler la présence d'un composé nitreux et de l'ozone dans l'atmosphère extérieure de ces flammes. — Voyez OZONE.

III. La chaleur est très-inégalement répartie dans les diverses parties des flammes composées. Il suffit de plonger un fil de platine fin dans la flamme d'une bougie pour remarquer que le maximum de température existe dans l'enveloppe extérieure peu éclairante et à l'endroit où les produits de la combustion et l'azote de l'air ne sont pas encore venus diluer le gaz comburant et le gaz combustible, c'est-à-dire en B.

Lorsqu'on plonge une flamme dans l'oxygène pur, sa température s'élève notablement, parce que la même quantité de chaleur est communiquée à une moindre quantité de matière, l'azote n'en prenant pas sa part. La flamme est d'ailleurs très-raccourcie, ce qui contribue au même résultat, car dans le chalumeau et dans la lampe de Bunsen, la diminution seule du volume de la flamme est accompagnée d'un accroissement notable dans sa température. On obtient aussi un accroissement de température lorsqu'on comprime l'air où brûle la flamme (Deville, Bunsen), on observe correspondamment une diminution dans son volume et une augmentation dans son éclat (Frankland). Pour l'utilisation de la température de la flamme, voyez GAZ, *appareils pour la combustion*.

Les recherches classiques de H. Davy ont montré que la flamme disparaît toutes les fois qu'on réussit à la refroidir. Tandis qu'un fil métallique fin et isolé est porté au rouge vif dans la flamme des lampes, une toile métallique est à peine échauffée jusqu'au rouge sombre. Elle refroidit donc la flamme d'une manière continue, et l'éteint complétement au-dessus d'elle. Par la même raison, si un mélange détonant s'écoule par une ouverture fermée par une toile métallique suffisamment serrée (1), on pourra bien l'enflammer au delà de l'ouverture, mais la flamme ne saurait rétrograder en deçà. Sur cette propriété est fondée la lampe de sûreté ou lampe de Davy,

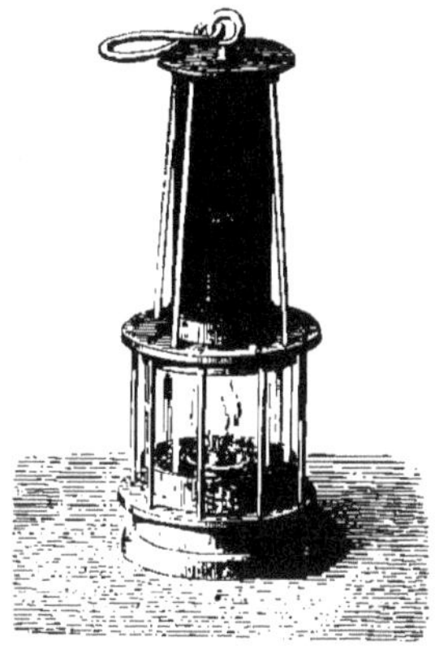

Fig. 270. — Lampe de sûreté.

à l'aide de laquelle on peut pénétrer dans les mines de houille sans craindre d'allumer le grisou. Lorsque la proportion de gaz combustible devient un peu forte, on voit une faible flamme entourer celle de la lampe, c'est cette flamme qui, si elle n'était confinée dans la lampe, se propagerait dans toute la galerie et causerait une formidable explosion. Parfois l'atmosphère devient assez riche en grisou pour n'être plus comburante et la lampe s'éteint; mais alors un fil de platine porté au rouge par la flamme continue à briller après son extinction, sous l'influence de la combustion lente du gaz explosif, et l'ouvrier peut se guider à sa faible lumière. M. Combes a perfectionné la lanterne de Davy qui éclairait fort peu et ne pouvait être frappée par un violent courant d'air sans s'éteindre, en lui adaptant une cheminée de verre. Les lampes les plus employées aujourd'hui sont construites sur ce principe.

(1) 144 ouvertures par centimètre carré, le fil ayant 1/4 à 1/6 de millimètre de diamètre.

IV. L'éclat et la couleur des flammes varient avec leur composition, la pression et la température. On ne peut plus poser aujourd'hui comme règle générale que les particules solides incandescentes soient indispensables pour rendre une flamme lumineuse et que celles-ci donnent un spectre continu, tandis que la flamme de gaz en donne un sillonné de raies lumineuses. En effet, lorsqu'on fait brûler de l'hydrogène pur dans l'oxygène sous pression, on obtient une flamme très-lumineuse fournissant un spectre continu (Frankland); et inversement certains oxydes métalliques chauffés donnent un spectre qui présente des bandes lumineuses distinctes (Bahr et Bunsen; voyez t. I, p. 296).

D'un autre côté, MM. Plücker et Hittorf ont fait voir que les gaz peuvent avoir plusieurs spectres selon la température, et que les lignes lumineuses s'épaississent à mesure que l'on chauffe de façon à conduire au spectre continu. On voit que la question de la lumière des flammes, qui semblait épuisée depuis Davy et Kirchhoff, est aujourd'hui à l'étude. — Voyez LUMIÈRE.

Il est certain que la pression agit sur les flammes pour restreindre leur volume et élever leur température et qu'on s'explique ainsi l'influence de l'accroissement de la pression sur celui de leur éclat : mais elle paraît agir d'une façon un peu différente sur certaines flammes, celle de l'alcool par exemple, puisqu'elle la rend non-seulement lumineuse, mais même fuligineuse (Frankland). Les réactions transitoires qui précèdent la combustion complète sont ici modifiées par la pression.

L'examen spectroscopique de la couleur des flammes a conduit à des résultats importants et variés qui sont exposés à l'article ANALYSE SPECTRALE, t. I, p. 294, et à l'article LUMIÈRE. Quant à la coloration de la flamme du chalumeau par diverses substances, elle est décrite à l'article CHALUMEAU, t. I, p. 838. G. S.

FLAVINDINE. — Ce corps prend naissance, en même temps que l'hydrindine par l'action de l'hydrate de potasse sur l'indine ou la disulphisatide. On le trouve dans l'eau mère alcaline d'où s'est séparée l'hydindrine. Les acides l'en précipitent sous forme de flocons jaunes légers, en mélange avec de l'hydrindine, du soufre et un peu d'indine. On le purifie par dissolution dans l'eau légèrement ammoniacale et précipitation par l'acide chlorhydrique.

La flavindine est jaune pâle, l'alcool bouillant la dissout un peu et l'abandonne par refroidissement sous forme de fines aiguilles radiées.

Chauffée, elle devient blanche et donne des aiguilles semblables à l'acide benzoïque.

Son analyse élémentaire tend à en faire un isomère de l'indigotine. — Voyez INDIGOTINE et ses dérivés. P. S.

FLAVINE. — On donne ce nom à des produits tinctoriaux qui se trouvent dans le commerce, et qui sont préparés avec le quercitron (voyez ce mot).

FLAVINE. — On avait désigné sous le nom de flavine, et considéré à tort comme de la diphénylurée, la base obtenue en réduisant la dinitrobenzophénone. Ce n'est donc que la diamidobenzophénone, et elle a été décrite avec la benzophénone (voyez p. 567).

FLEURS (MATIÈRES COLORANTES DES). — MATIÈRES COLORANTES ROSES, ROUGES, BLEUES ET JAUNES. — Elles sont extrêmement fugaces et altérables et ne sont accumulées dans les cellules des pétales qu'en quantités très-petites. Leur étude offre donc de grandes difficultés et leurs applications sont nulles.

MM. Fremy et Cloëz [*Compt. rend.*, t. XXXIX, p. 194] admettent l'existence de trois principes : 1° la cyanine ou matière bleue ; 2° la matière colorante rose : elle serait identique avec la cyanine et n'en différerait que par un effet de virage acide, dû à la composition du suc de la fleur ; 3° deux principes jaunes dont l'un insoluble, la xanthine ; l'autre soluble, la xanthéine.

Cyanine. — Pour l'obtenir, on traite par l'alcool bouillant les pétales de bluet, de violette ou d'iris. La fleur se décolore et le liquide prend une belle teinte bleue. Cette solution passe peu à peu au jaune sale, par suite d'une véritable réduction ; en effet, l'agitation au contact de l'air rétablit la nuance.

Cependant cette réaction ne pourrait être répétée plusieurs fois sans amener la destruction de la cyanine. La liqueur alcoolique est évaporée et le résidu est traité par l'eau qui dissout les substances bleues en laissant la graisse et la résine ; on précipite par l'acétate neutre de promb. Le précipité, d'un beau vert, est lavé et décomposé par l'hydrogène sulfuré, on filtre, on évapore ; on reprend par l'alcool absolu et on précipite par l'éther.

Ainsi préparée, la cyanine est amorphe, soluble dans l'eau et l'alcool, insoluble dans l'éther ; elle vire au rouge sous l'influence des acides et au vert par les alcalis. Les agents réducteurs la décolorent, l'oxygène rétablit la nuance.

La matière rouge des fleurs s'extrait par les mêmes procédés, et une fois isolée elle possède tous les caractères de la cyanine. D'après MM. Cloëz et Fremy, toutes les fleurs rouges ou roses sont à réactions acides, tandis que les fleurs bleues sont neutres. Certaines fleurs rouges prennent en se flétrissant une coloration bleue, puis verte. Cet effet s'explique si l'on admet une décomposition partielle d'une matière azotée, qui développerait des traces d'ammoniaque. Une dessiccation très-rapide, qui élimine de l'acide carbonique, peut aussi donner lieu au passage du rouge au violet. Il résulte de ces observations que les fleurs roses, bleues et violettes doivent leur teinte à une seule et même substance influencée par la réaction des sucs végétaux. Les fleurs d'un rouge écarlate contiennent, outre la cyanine, des matières jaunes. Certaines fleurs rouges, celles de l'aloès par exemple, renferment, au lieu de cyanine, une matière peu soluble dans l'eau, insoluble dans l'éther, soluble dans l'alcool et ne virant pas sous l'influence des acides et des bases. La cyanine paraît se rapprocher par ses caractères et son peu de stabilité de la roséocyanine formée par l'action de l'acide borique sur la curcumine. La paracarthamine obtenue par M. Stein, par l'action d'un amalgame de sodium sur la quercétine et la mélétine, offre aussi des analogies avec la cyanine.

Les pétales de l'*Althœa rosea* ou mauve noire, plante de la famille des malvacées, renferment un principe colorant, soluble dans l'eau et l'alcool, peu soluble dans l'éther. La solution aqueuse préparée avec les pétales est rouge violacé ; elle vire au rouge cramoisi par les acides et au vert par les alcalis. L'extrait alcoolique est rouge pourpre et laisse après évaporation un résidu foncé, exempt d'azote. Cette matière colorante, employée autrefois pour la coloration artificielle du vin, a été introduite depuis quelques années dans la teinture et l'impression, surtout en Bavière.

Le carthame (voir ce mot) contient dans ses fleurs un principe rouge spécial, la carthamine [*Bull. de la Soc. d'Enc.*, t. LVIII, p. 332 ; *Répert. de Chim. appl.*, 1859, p. 340 ; *Dinglers polyt. Journ.*, t. CLI, p. 468].

Selon MM. Cloëz et Fremy, les pétales des fleurs renferment deux principes jaunes, l'un soluble dans l'eau (xanthéine), l'autre insoluble (xanthine). Le grand soleil (*Helianthus annuus*) se prête le mieux à l'extraction de la xanthine. On épuise la fleur par l'alcool bouillant. Le principe jaune se dépose par refroidissement, en mélange avec de la graisse, dont on le débarrasse par saponification. Le savon étant décomposé par un acide, on traite l'acide gras coloré en jaune par de l'alcool froid. La xanthine reste comme résidu. Elle est soluble dans l'alcool et l'éther, incristallisable et résineuse. Peut-être est-elle identique avec la curcumine.

La xanthéine se trouve principalement dans les pétales de dahlias jaunes ; on épuise ceux-ci par l'alcool, on évapore à sec, on reprend par l'eau, on évapore encore à sec et on reprend par l'alcool absolu. La dissolution étendue d'eau est précipitée par l'acétate de plomb. Le précipité lavé est mis en suspension dans l'eau et décomposé par l'acide sulfurique ; on filtre et on évapore. Elle est soluble dans l'eau, l'alcool et l'éther.

Les alcalis la colorent en brun foncé ; les acides ramènent la nuance au jaune. Elle forme des laques colorées avec la plupart des oxydes métalliques et peut teindre les tissus mordancés en des tons jaunes assez vifs.

On ne sait rien sur les propriétés chimiques, la composition et la constitution intime de ces deux produits.

D'après M. Filhol [*Compt. rend.*, t. L, p. 545], presque toutes les fleurs renferment une substance qui forme avec les acides des solutions incolores et qui est colorée en jaune par les alcalis. Il nomme cette substance *xanthogène* (voyez ce mot). P. S.

FLOS FERRI. — Voyez Arragonite.

FLUAVITE. — Voyez Gutta-percha.

FLUELLITE (Min.). — Fluorure d'aluminium, en petites croûtes cristallines blanches, d'un éclat vitreux, formées d'octaèdres orthorhombiques, trouvé sur du quartz à Stenna-Gwyn, Cornouailles. Dureté, 3.

Forme cristalline. — Octaèdres orthorhombiques $a^1a^1 = 109°\ 6'$ et $82°\ 12'$.

FLUOCÉRINE (Min.) [Syn. *Flucérine* et *Fluocérite*]. — Fluorure de cérium avec un peu d'yttria, Ce^3Fl^3.

Cristaux prismatiques ou tabulaires, ou masses compactes, d'un rouge-brique foncé ou jaunes, trouvés à Finbo, dans une gangue de quartz et d'albite. Opaque ou subtranslucide.

Caractères. — Dans le tube fermé donne un peu d'eau, en attaquant le verre ; en même temps devient blanc. Au chalumeau, infusible ; devient plus foncé.

Dureté, 4 à 5. Poussière blanche ou jaunâtre. Densité, 4,7.

Forme cristalline. — Prisme hexagonal avec clivage basique.

On connaît un autre fluorure de cérium, contenant de l'eau, de l'oxygène et du fluor et qui a reçu le nom de *basicérine*. F. et S.

FLUOLITE (Min.). — Variété de feldspath résinite d'Islande.

FLUOR (anciennement *phthore*), F ou Fl = 19. — Les chimistes donnent ce nom à un radical, considéré comme un corps simple, non encore isolé, qui existe dans les composés appelés *acide fluorhydrique* et *fluorures* (anciennement *acide fluorique* et *fluates*).

Les analogies de ses combinaisons placent le fluor dans le voisinage du chlore, du brome et de l'iode, tout en le rapprochant cependant, à certains égards, de l'oxygène. Ses affinités sont si énergiques qu'elles n'ont pas permis encore de l'obtenir dégagé de toute combinaison. Comme le fluor se combine directement avec tous les métaux, même avec l'or, le platine et l'argent, et comme aussi il attaque le verre, la porcelaine, l'acide silicique, il en résulte que la grande difficulté de l'isolement de ce radical consiste à savoir dans quels vases on peut opérer et le recueillir.

Toutefois on ne peut douter de la parenté du fluor avec le chlore. Les propriétés de l'acide fluorhydrique sont telles qu'il est impossible de ne pas le ranger avec les hydracides connus. Les analogies des fluorures simples avec les chlorures sont frappantes.

On n'a pas réussi à combiner le fluor avec l'oxygène, le chlore, le brome, l'iode ou l'azote.

État naturel. — Le fluor existe dans la nature à l'état de fluorure de calcium (fluorine), de fluorure et d'oxyfluorure de cérium (fluocérine et basicérine), de fluorure d'yttrium (yttrocérite), de fluorures aluminico-sodiques (cryolithe, chiolite, chodneffite), on le trouve également, mais en proportion souvent très-faible, dans un assez grand nombre d'autres minéraux, tels que la topaze, l'apatite, les tourmalines, les micas, etc.

Usages. — Quelques composés du fluor sont employés industriellement; ce sont surtout l'acide fluorhydrique, la fluorine et la cryolithe.

Malgré l'insuccès des tentatives faites jusqu'à ce jour pour isoler le fluor, nous allons mentionner les principales parmi celles qui ont été publiées.

H. Davy a exposé dans un vase de verre du fluorure d'argent à l'action du chlore gazeux. Le chlore s'est combiné avec l'argent, mais le fluor a été absorbé par le verre et à sa place de l'oxygène a été mis en liberté, provenant de la silice et de la soude du verre. Lorsque Davy tenta cette même expérience dans un vase de platine, le métal se couvrit de fluorure de platine. Ce chimiste se proposa aussi de faire brûler dans des vases de fluorine du fluorure de phosphore avec de l'oxygène : on n'a jamais su si cette expérience a été exécutée.

Aimé a cherché à dégager le fluor de sa combinaison avec l'argent, en soumettant le fluorure d'argent à l'action du chlore dans un vase de verre recouvert intérieurement de caoutchouc. Il se forma du chlorure d'argent, mais le caoutchouc fut privé de son hydrogène par le fluor et se carbonisa autour du chlorure d'argent. Les frères Knox tentèrent d'isoler le fluor dans un vase de fluorine : tout ce que l'on sait du produit qu'ils obtinrent, c'est qu'il était gazeux et incolore.

Fremy a soumis à l'électrolyse des fluorures métalliques fondus : celui de calcium est difficilement fusible et il attaque les vases de platine; ceux d'étain, de plomb et d'argent sont difficiles à obtenir dans un état de pureté suffisante, et leur métal mis en liberté par le courant s'allie au platine. Le fluorure de potassium, amené au point de fusion dans une cornue de platine reliée au pôle négatif, tandis qu'un fil de platine constituait le pôle positif, a laissé dégager un gaz odorant, qui rongeait le conducteur, décomposait l'eau avec production d'acide fluorhydrique, décomposait les iodures avec élimination d'iode. Fremy considère ce gaz comme du fluor libre [*Ann. de Chim. et de Phys.*, (3), t. XLVII, p. 5].

En chauffant ensemble, dans une cornue de verre, un mélange de cryolithe, d'acide plombique et de bisulfate de potasse desséché, Reinsch a obtenu un gaz formé essentiellement d'oxygène [*N. Jahrb. d. Pharm.*, t. XII, p. 1].

Kämmerer [*Journ. für prakt. Chem.*, t. LXXXV, p. 452] a renfermé dans un tube de verre complétement desséché de l'iode également sec et un petit cylindre de verre fermé contenant du fluorure d'argent. Après avoir chauffé le tube pour que l'iode réduit en vapeur en expulse l'air, il l'a scellé et secoué pour briser le cylindre; l'appareil a ensuite été exposé à une température de 70-80°. Au bout de 24 heures, l'iode avait disparu, le verre était demeuré transparent, et le contenu gazeux du tube était incolore. Après l'ouverture du tube sous du mercure bien sec, le gaz a été rapidement absorbé par de la potasse : le produit analysé ne renfermait ni silice, ni iode. L'oxygène éliminé de la potasse s'était combiné avec l'eau et l'excès d'alcali avec formation de suroxyde de potassium et d'eau oxygénée. Les recherches de Pfaundler ont donné des résultats différents de ceux-là [*Wiener Akad. Ber.*, t. XLVI, p. 258]; ce qui provient peut-être de la moindre dessiccation de son fluorure d'argent, lequel chauffé dans un tube de verre s'est décomposé en argent, oxygène et fluorure de silicium.

Prat, chauffant du fluorure de calcium avec du chlorate de potasse, croit avoir obtenu du vrai fluor libre et démontré la nature composée du radical appelé jusqu'à présent *fluor*. Ses expériences n'ont trouvé aucun crédit, et Cillis a montré qu'on ne peut faire fond sur tout cela.

Le symbole du fluor est F ou Fl; son poids atomique est

$$19 (H = 1, O = 16) \text{ ou } 118,7 \ (O = 100).$$

Ces nombres sont ceux de Louyet. Berzelius avait trouvé 235,7 pour l'équivalent et 117,8 pour le poids atomique (O = 100). M. D.

FLUORHYDRIQUE (ACIDE), HFl. — Avant de le connaître comme une espèce distincte, on savait se servir de cet acide pour graver sur le verre. Schwankhard, négociant à Nüremberg, en avait fait usage en 1670. Pauli, à Dresde, corroda du verre avec ce gaz en 1725. Gessler, Puymarin, en France, employèrent cet acide avec la même intention. Mais c'est Scheele qui, ayant fait le premier une analyse exacte du spath fluor (fluorure de calcium), reconnut que le gaz qui s'en dégage sous l'influence de l'acide sulfurique est un *acide* particulier auquel il appliqua le nom de *fluorique*. Comme il se servait de vases en verre dans ses opérations, il n'obtenait pas un produit pur, et il ne se rendait pas compte de la production de silice qui avait lieu quand il faisait dégager son acide dans de l'eau. Wiegleb montra que la silice provenait du verre de la cornue, et Scopoli, Wenzel et Meyer s'étant servis de cornues en argent, en plomb ou en étain, on connut dès lors l'acide fluorhydrique presque pur. Gay-Lussac et Thenard ont donné, en 1810, la première histoire exacte de ce corps.

Composition. — Elle est hypothétique. Cependant on est porté à admettre que cet acide est formé de volumes égaux de fluor et d'hydrogène; voici pour quels motifs :

On n'a jamais pu démontrer dans ce corps la présence de l'oxygène, tandis que celle de l'hydrogène se constate avec la plus grande facilité, par l'action des métaux.

En réagissant sur les acides borique, silicique, chromique, manganique, arsénieux, etc., l'acide fluorhydrique ne peut que se combiner avec eux ou bien donner naissance à de l'eau et à des fluorures de leurs radicaux. Or, les composés que l'on obtient ressemblent tellement, soit par leurs propriétés physiques, soit par leurs propriétés chimiques, aux chlorures correspondants, qu'on ne peut douter que la dernière supposition ne soit fondée.

Un certain nombre de fluorures métalliques sont isomorphes avec les chlorures, les bromures et les iodures correspondants.

Les combinaisons de l'ammoniaque avec les hydracides sont privées d'eau, tandis que ses combinaisons avec les oxydes retiennent toujours au moins 1 molécule d'eau de constitution. Or, on n'a pu, en aucune manière, mettre en évidence l'existence de l'eau dans le fluorhydrate d'ammoniaque. D'après H. Davy, à qui l'on doit cette remarque, on obtient, en traitant le sel que je viens de nommer par le potassium, un produit solide qui n'est autre que du fluorure du potassium et un produit gazeux formé de 1 vol. d'hydrogène et de 2 vol. d'ammoniaque. Or, la réaction du potassium sur le chlorhydrate d'ammoniaque donnerait évidemment naissance aux mêmes produits, car ce dernier sel contient :

1/2 vol. d'hydrogène 1/2 vol. de chlore	1 vol. d'acide chlorhydrique.
1/2 vol. d'azote 3/2 vol. d'hydrogène	1 vol. d'ammoniaque.

Le potassium s'emparant du chlore, il reste 1/2 vol. d'hydrogène et 1 vol. d'ammoniaque, ou bien 1 vol. hydrogène et 2 vol. ammoniaque.

Cette expérience remarquable autorise la supposition admise par tous les chimistes, que l'acide fluorhydrique renferme 1 atome de fluor et 1 atome d'hydrogène.

L'étude des fluosels, faite surtout par Berzelius et par Marignac, montre que la composition et le mode de formation de ces corps s'explique parfaitement bien dans l'hypothèse que je viens de développer. Cependant, à certains égards, l'acide fluorhydrique se rapproche beaucoup des oxacides [voyez le mémoire de Fremy, *loc. cit.*].

Propriétés. — L'acide fluorhydrique est un liquide incolore, très-acide, d'une odeur piquante et pénétrante, d'une saveur insupportable ; il est extrêmement corrosif. Il est très-volatil et répand des fumées épaisses à l'air. Son point d'ébullition n'est pas connu d'une manière précise, mais il paraît compris entre 15° et 30° ; sa vapeur condensée reproduit le liquide primitif doué de toutes ses propriétés. Il ne se congèle pas même au-dessous de — 40°. Sa densité est de 1,06.

Une de ses propriétés les plus remarquables est d'attaquer le verre. Lorsqu'on place un vase métallique contenant de l'acide concentré sous une cloche de verre, on trouve celle-ci, au bout de quelque temps, tellement corrodée, qu'elle a perdu sa transparence. Si l'on fait tomber une goutte d'acide sur du verre, il s'échauffe, entre tout de suite en ébullition, se volatilise sous la forme d'une fumée épaisse, et laisse l'endroit avec lequel il était en contact corrodé et couvert d'une poudre blanche, qui est composée des éléments de l'acide et du verre. Tous ces effets dépendent de l'affinité puissante du fluor pour le silicium. On ne peut donc pas employer des vaisseaux de verre pour préparer ou conserver l'acide fluorhydrique; on se sert de vases en plomb, en fonte ou en platine pour la préparation, et de flacons en platine, en argent ou en gutta-percha pour la conservation de cet acide. Pour découvrir la présence du fluorure de silicium dans l'acide fluorhydrique, on mêle une petite portion du produit à examiner avec un sel potassique exempt de silice, par exemple avec de l'acétate, et l'on dessèche le mélange à une douce chaleur. Si le résidu est entièrement soluble dans l'eau, c'est une preuve que l'acide ne contient point de silice; dans le cas contraire il reste du fluo-silicate de potassium insoluble.

Pour certains usages, la présence d'une petite quantité de silicium n'offre aucun inconvénient ; on n'a pas besoin alors de purifier l'acide : il suffit que quelques gouttes évaporées dans une cuiller ne laissent pas de résidu. Dans les cas où la présence du fluorure de silicium est nuisible, on peut éliminer ce dernier en versant dans l'acide, goutte à goutte, une dissolution de fluorure de potassium, jusqu'à ce qu'il ne se forme plus de précipité gélatineux. On peut aussi ajouter du fluorhydrate de fluorure potassique sous forme solide jusqu'à ce qu'il cesse de se dissoudre et de se convertir par l'agitation en une matière d'apparence gélatineuse, semblable à la précédente. Dès que le fluosilicate potassique s'est déposé, on décante le liquide et on le distille.

L'acide fluorhydrique est sans action sur la plupart des métalloïdes. Avec les métaux, il se comporte à la manière des oxacides et dégage du gaz hydrogène; même des métaux qui ne dégagent pas d'hydrogène sous l'influence des acides, comme le cuivre et l'argent, sont dissous par l'acide fluorhydrique. Lorsqu'il est très-concentré, la réaction est d'une grande violence; avec du potassium, par exemple, il se fait une explosion avec dégagement de lumière.

Mais cet acide attaque aussi divers corps simples qui ne sont point dissous par les acides, même par l'eau régale. Ainsi, il dissout avec dégagement d'hydrogène, le silicium, le bore, le zirconium, le tantale pulvérulent (1). Et quand on le mélange avec de l'acide nitrique, il dissout le silicium rougi au feu; mais ce mélange est sans action sur l'or et le platine. Divers composés oxygénés que ne dissolvent point les acides sulfurique, nitrique ou chlorhydrique, sont dissous avec facilité par l'acide fluorhydrique : tels sont la silice, les acides titanique, tantalique, niobique, antimonique, molybdique, tungstique. Les sels de ces acides métalliques sont également dissous et donnent naissance à des fluosels. — Voyez FLUOSELS.

Mis en contact avec l'eau, l'acide fluorhydrique s'en empare avec une telle énergie, qu'il produit un bruit analogue à celui d'un fer rouge qu'on plonge dans ce liquide. Du reste une addition convenable d'eau en atténue les propriétés ; il cesse de fumer à l'air, il perd sa volatilité, il n'agit plus sur la peau avec autant de force, mais il conserve son action sur les métaux, ainsi que celle qu'il exerce sur la silice et sur quelques autres corps. A la vérité, cette action est moins prompte.

On conçoit, d'après ce qui vient d'être dit de l'action de l'acide fluorhydrique sur l'eau, que ce mélange doit être fait à petites doses, si l'on veut éviter que le liquide ne soit projeté vivement. Aussi la meilleure manière de se procurer l'acide fluorhydrique faible consiste-t-elle à placer de l'eau dans le récipient où les vapeurs viennent se condenser pendant sa préparation; le mélange s'opère ainsi peu à peu et l'on évite tous les inconvénients du maniement de l'acide fluorhydrique concentré.

Il faut soigneusement éviter son contact avec la peau, car cet acide exerce une action qui, même pour de petites quantités, est extrêmement violente, occasionne des douleurs insupportables et engendre des ulcères difficiles à guérir. Il suffit de toucher la peau avec la pointe d'une aiguille trempée dans l'acide pour s'attirer un sommeil agité et parfois même un accès de fièvre. Il suffit même de tenir les doigts exposés aux vapeurs de l'acide pendant quelques instants, pour être atteint de maux graves qui peuvent durer plusieurs semaines. L'effet ordinaire de l'acide est de causer d'abord une violente douleur dans la partie qu'il touche; puis celles qui l'entourent deviennent blanches et douloureuses et il se forme au-dessus une ampoule, avec une pellicule blanche épaisse remplie de pus. Un lavage avec de la potasse apaise bien la douleur, mais ne la fait pas disparaître; il en est de même lorsqu'on ouvre l'ampoule le plus tôt possible. Quand l'acide est étendu, la présence de l'eau s'oppose à cet effet de sa part.

Néanmoins, il faut prendre garde, même en employant l'acide étendu, d'en mettre aux mains, et

(1) Ou plutôt leurs hydrures, car ces corps retiennent de l'hydrogène quand ils sont préparés comme Berzélius les préparait.

si cela arrivait, il faudrait laver tout de suite la place touchée. En effet, par l'évaporation de l'eau, l'acide se concentre insensiblement, et s'il pénétrait sous les ongles, ceux-ci deviendraient le siége d'une inflammation douloureuse et persistante.

Quand on soumet à la distillation de l'acide fluorhydrique aqueux, le point d'ébullition s'élève jusqu'à 120°; l'acide qui passe alors a pour formule $HFl + 2H^2O$; sa densité est 1,15; il contient 35,37 °/₀ d'acide pur [Bineau, *Ann. de Chim. et de Phys.*, (3), t. VII, p. 266]. Concentré ou non, l'acide fluorhydrique que l'on fait bouillir dans un vase ouvert change de composition jusqu'à ce que le résidu renferme de 36 à 38 °/₀ d'acide; par l'évaporation à la température ordinaire sur de la chaux vive, l'acide fort ou l'acide dilué s'affaiblit ou se concentre selon le cas, jusqu'à ce qu'il renferme 32,5 °/₀ de HFl. Ces données sont donc en désaccord avec l'existence de l'hydrate défini annoncé par Bineau [Roscoe, *Chem. Soc. quart. Journ.*, t. XIII, p. 146].

Toutes les propriétés attribuées ci-dessus à l'acide fluorhydrique se rapportent à un composé renfermant de l'eau. Fremy a décrit l'acide anhydre comme un corps gazeux à la température ordinaire, condensable, par un mélange de glace et de sel, en un liquide très-fluide, agissant sur l'eau avec une grande énergie, répandant à l'air des fumées blanches dont l'intensité ne peut être comparée qu'à celle du fluorure de bore, et attaquant rapidement le verre. Ce chimiste prépare l'acide fluorhydrique anhydre en chauffant dans un appareil distillatoire du fluorhydrate de fluorure potassique ($HFl + KFl$) *pur et parfaitement desséché*; le résidu consiste en fluorure neutre de potassium; on peut aussi décomposer dans un tube de platine du fluorure de plomb par un courant d'hydrogène [*Ann. de Chim. et de Phys.*, (3), t. XLVII].

G. Gore a soumis dernièrement les propriétés de l'acide fluorhydrique anhydre à un nouvel examen [*Berichte der Deutsch. Chem. Gesell.*, 1869, p. 82].

L'acide a été obtenu en chauffant le fluorhydrate de fluorure potassique. Il attire puissamment l'humidité; à l'état de pureté, son action sur le verre est nulle; par l'électrolyse, il ne donne point d'oxygène, tandis que s'il est hydraté il se manifeste immédiatement une odeur sensible d'ozone. Le platine et l'or sont les seuls métaux qu'il n'attaque pas. Il décompose facilement la plupart des sels, les carbonates, les cyanures, les borates, les bromates et les sulfures (les sulfures alcalins exceptés). L'essence de térébenthine donne avec une réaction explosive une liqueur rouge. La paraffine n'est pas attaquée. Il s'unit avec les acides phosphorique et fluorhydrique anhydres.

Préparation de l'acide fluorhydrique hydraté. — Le produit le plus pur est obtenu en calcinant dans une cornue en platine du fluorhydrate de fluorure potassique et recueillant les vapeurs dans l'eau : il faut éviter seulement de faire plonger complétement le col de la cornue dans l'eau du récipient, sinon on s'expose à des absorptions. On a indiqué aussi plus haut un moyen de débarrasser l'acide brut du fluorure de silicium qu'il peut renfermer.

Quant à l'acide ordinaire, il se prépare en décomposant à chaud le fluorure de calcium (spath fluor) ou la cryolithe (fluorure aluminico-sodique), par l'acide sulfurique concentré en excès. Dans le premier cas, on a :

$$CaFl^2 + SO^4H^2 = SO^4Ca + 2HFl.$$

Pour des quantités un peu fortes, on se sert d'un appareil en plomb ou en fonte; mais si l'on a besoin d'une petite quantité seulement de produit, une cornue en platine suffit.

L'appareil en plomb, comme celui en platine, se compose d'une cornue pouvant se démonter en deux parties par le milieu de sa panse. On y introduit du spath fluor en poudre fine que l'on arrose de trois fois son poids d'acide sulfurique concentré. Si le mélange ne laisse pas dégager un gaz sur-le-champ et avec effervescence, c'est un signe que le spath fluor ne renferme pas de com-

Fig. 271. — Préparation de l'acide fluorhydrique.

posés siliciques — fait assez rare — et alors on pourra passer au chauffage de l'appareil. Mais en général il se manifeste une production plus ou moins abondante de fluorure de silicium : on doit dans ce cas abandonner la masse à elle-même pendant plusieurs heures en la remuant de temps à autre avec une spatule de platine ou une tige de fer. De cette manière on élimine la plus grande partie du silicium.

Après ces préliminaires, on recouvre le fond de la cornue de son chapiteau, et l'on y adapte un récipient qu'il faut avoir soin de maintenir refroidi. Ce récipient consiste en un tube de plomb ayant la forme d'un U, ou simplement en un vase en platine ou en plomb contenant de l'eau dans laquelle plonge *très-peu* le col de la cornue; dans ce dernier cas, le récipient doit pouvoir s'élever et s'abaisser à volonté à cause de l'augmentation de volume que subit le liquide par le fait de la dissolution du gaz fluorhydrique (1).

En élevant la température jusqu'à 300° au moins, sans atteindre pourtant le point d'ébullition de l'acide sulfurique, on détermine la décomposition du fluorure de calcium par l'acide. Dès que l'eau contenue dans le récipient commence à répandre de faibles fumées, elle est plus que saturée.

Quand l'opération est finie et l'appareil refroidi, le résidu est une bouillie formée de gypse et d'acide sulfurique libre. C'est à dessein que l'on met un si grand excès d'acide, afin d'éviter que le gypse ne forme en durcissant une masse qui ad-

(1) Le récipient en U s'emploie quand on veut simplement condenser les vapeurs fluorhydriques par le refroidissement pour avoir l'acide au maximum de concentration.

hérerait si fortement au vase qu'il serait difficile de l'enlever.

Une marmite cylindrique en fonte, à parois épaisses et dont le couvercle est percé d'un trou auquel s'adapte un tube de plomb pour le dégagement des vapeurs, peut également servir à la préparation de l'acide fluorhydrique.

La cryolithe donne un produit habituellement plus pur que le spath fluor, mais elle offre l'inconvénient de se boursoufler considérablement quand on y verse l'acide sulfurique, en sorte que si la quantité en est un peu forte et que l'appareil n'offre pas une profondeur suffisante, la matière passe facilement dans le récipient.

L'acide fluorhydrique obtenu au moyen du spath fluor est habituellement laiteux et il exhale une odeur d'acide sulfhydrique, cela tient à ce que du soufre est entraîné et de l'hydrogène sulfuré formé aux dépens des sulfures métalliques dont le minéral est accompagné. Dans la plupart des cas un repos suivi d'une décantation et d'une distillation suffit pour rendre l'acide propre à presque tous les usages du laboratoire. Dans le cas contraire, il faut le transformer en fluorhydrate de fluorure potassique que l'on purifie par cristallisation et que l'on décompose ensuite par l'acide sulfurique.

Usages. — Comme on l'a dit plus haut, l'acide fluorhydrique est employé pour graver sur le verre. Dans l'analyse chimique, on s'en sert pour doser, par différence, la silice de certains silicates. Un petit nombre de fluorures sont usités pour attaquer des minéraux silicatés (Zircons, etc.).

Pour graver sur le verre, on recouvre celui-ci d'une cire ou d'un vernis propre à cette opération (4 p. de cire jaune et 1 p. de térébenthine ordinaire, par exemple), et l'on dessine sur cet enduit, de manière à pénétrer jusqu'au verre; on expose ensuite la pièce à l'acide soit aqueux, soit gazeux. Dans le premier cas, on élève tout autour de la feuille de verre un rebord en cire, et on verse dans l'espèce d'auge ainsi faite de l'acide fluorhydrique étendu d'eau; dans le second cas, on mêle ensemble du fluorure de calcium et de l'acide sulfurique en fort excès dans un vase en plomb que l'on recouvre avec la plaque de verre à graver; après quoi on chauffe faiblement, de manière à ne pas faire fondre la cire. Quand on emploie de l'acide liquide et étendu, le dessin est poli, tandis que lorsqu'on s'est servi d'acide gazeux, il est mat et plus apparent.

On profite de cette propriété qu'a l'acide fluorhydrique pour découvrir la présence du fluor dans les corps que l'on veut analyser. On détermine la réaction en chauffant un morceau de verre assez pour qu'en le frottant avec de la cire, il se couvre d'une couche légère de cette substance; après le refroidissement de la cire, on y dessine, avec la pointe d'une épingle de cuivre jaune, ou mieux avec une pointe de plomb ou d'étain.

La substance à examiner est réduite en poudre fine et mêlée avec de l'acide sulfurique, dans un creuset de platine que l'on recouvre avec le verre gravé et qu'on chauffe en ayant soin que la cire ne fonde pas. Au bout d'une demi-heure on retire le verre pour en enlever la cire au moyen de la chaleur ou d'un dissolvant. Si le corps mis à l'épreuve contient du fluor, le dessin s'aperçoit sur le verre; si la quantité de fluor est faible, la gravure ne paraît pas immédiatement, mais elle devient visible en passant l'haleine sur le verre. Cependant, si l'on avait dessiné sur la cire avec un corps dur, tel qu'une pointe d'acier, le dessin pourrait être rendu apparent par l'haleine sans qu'il y eût eu action d'acide fluorhydrique. Souvent aussi, il n'y a point de réaction, quand la substance qu'on examine renferme de l'acide silicique; on la place alors dans un tube de verre long de huit à dix pouces et ouvert aux deux bouts, soit près d'une des ouvertures, soit sur une petite lame de platine glissée dans le tube; on incline cette extrémité du tube en bas et l'on chauffe l'échantillon à la flamme du chalumeau, jusqu'à ce qu'il soit rouge, en donnant à la flamme une direction telle que les produits de la calcination soient poussés dans le tube. La chaleur expulse du fluorure de silicium qui se condense sur le verre, avec l'eau formée par la flamme, et dépose de l'acide silicique; lequel, quand l'eau vient à s'évaporer ensuite par l'échauffement du tube, reste sous la forme de taches blanches de la grandeur des gouttes. D'après les recherches de Nicklès, il serait préférable de se servir de lames de quartz au lieu de verre, parce que ce dernier peut être corrodé par les vapeurs d'acide sulfurique. L'acide sulfurique contiendrait souvent de l'acide fluorhydrique qui peut induire en erreur; aussi l'acide sulfurique destiné à la recherche du fluor doit-il être soumis à l'opération préalable que voici:

Dans une capsule en porcelaine on introduit l'acide impur étendu de deux fois son volume d'eau. Le vase est chauffé au bain de sable jusqu'à ce que la main ne puisse plus supporter le contact de la partie du vase qui sort du bain. On remplace l'eau à mesure qu'elle s'évapore et on ne laisse le liquide se concentrer que quand on juge que l'opération est terminée, ce qui exige ordinairement deux jours. Cet acide ne peut être considéré comme bon qu'après avoir été essayé de la manière qui a été décrite plus haut [Nicklès, *Compt. rend. de l'Acad. des scienc.*, t. LXV, p. 250].

Dosage de l'acide fluorhydrique. — Cet acide étendu colore en jaune le papier de fernambouc, et si l'on humecte avec de l'eau un papier de fernambouc qui a été exposé aux vapeurs de l'acide fumant, il devient immédiatement jaune. La réaction de l'acide fluorhydrique étendu sur ce papier le distingue de quelques autres acides, comme l'acide sulfurique étendu, l'acide azotique, l'acide arsénique et l'acide borique; mais les acides phosphorique et oxalique présentent la même réaction.

La manière de reconnaître la présence de l'acide fluorhydrique au moyen du verre a été décrite en détail, ci-dessus.

Le fluor dans les fluorures alcalins solubles et l'acide fluorhydrique libre dans une liqueur se dosent sous la forme de fluorure de calcium. Dans ce but on mélange à la solution un excès suffisant de carbonate de soude, puis on ajoute du chlorure de calcium ou du nitrate de chaux; on laisse déposer le précipité qui est formé de fluorure de calcium et de carbonate de chaux; on le recueille sur un filtre et on le lave. Il se laisse filtrer et laver bien mieux que s'il consistait en fluorure seulement. Après dessiccation, calcination, combustion du filtre, on traite ce précipité dans une capsule de platine par l'acide acétique qui décompose le carbonate de chaux et attaque fort peu le fluorure de calcium; on évapore le tout au bain-marie jusqu'à siccité, en continuant à chauffer aussi longtemps que l'on observe une odeur d'acide acétique libre. Le résidu est traité par l'eau chaude et filtré pour recueillir le fluorure de calcium.

Quand la chose est possible, on dose le fluor par différence, en traitant le fluorure à analyser par l'acide sulfurique et pesant le sulfate obtenu pour en déduire le poids du corps associé au fluor. M. D.

FLUORINE (Min.) [Syn. *Spath fluor*, *chaux fluatée*]. — Fluorure de calcium $CaFl^2$. Substance très-répandue, surtout dans les filons métallifères, et s'y trouvant en beaux cristaux, le plus ordinairement cubiques, en masses lamelleuses ou fibreuses, quelquefois grenues ou compactes, des couleurs les plus variées : violet, jaune, vert, bleuâtre, rose, incolore.

Caractères. — Avec l'acide sulfurique, dégage de l'acide fluorhydrique. Dans le tube ouvert, décrépite et devient phosphorescente; la variété appelée *chlorophane* émet une lumière d'un beau vert.

Sur le charbon fond facilement en un émail à réaction alcaline, et colore la flamme en rouge. Avec le gypse, fond en un globule transparent, qui devient opaque par le refroidissement. Avec le sel de phosphore, réaction du fluor.

Dureté, 4. Poussière blanche. Densité, 3,18.

Forme cristalline. — Cubes ou cubes modifiés par les facettes de l'octaèdre, de l'hexatétraèdre b^3, ou de l'hexoctaèdre (b^1, $b^{1/3}$, $b^{1/4}$). Rarement en octaèdres ou en hexatétraèdres complets.

Clivage octaédrique (a^1) très-net. Macles fréquentes, plan d'assemblage a^1.

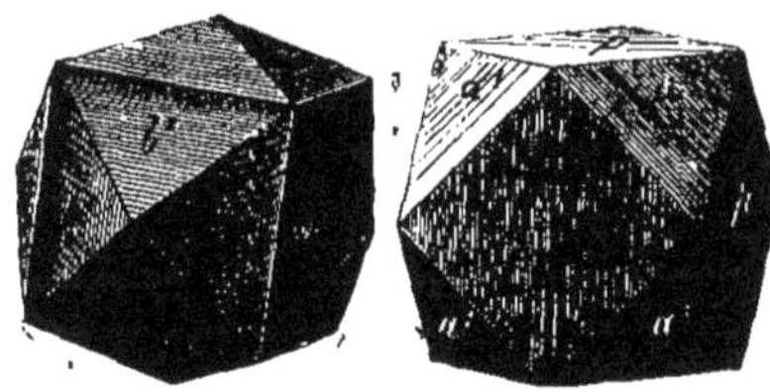

Fig. 272 e. 273. — Fluorine.

La coloration et les propriétés dichroïques de certaines variétés ont été attribuées à la présence de petites quantités d'hydrocarbures. La fluorine de Welsendorf (Bavière) dégage, lorsqu'on la brise ou la réduit en poudre, une odeur rappelant celle de l'acide hypochloreux. M. Schœnbein attribuait cette odeur à l'antozone. F. et S.

FLUORURES. — Ce sont les combinaisons du fluor avec les autres éléments.

Les fluorures métalliques sont généralement solubles dans l'eau, cependant quelques-uns y sont insolubles, par exemple ceux de plomb, de baryum, de strontium, de calcium, d'aluminium, de cérium, lanthane, didyme, etc.; d'autres ne se maintiennent dissous qu'en faveur d'un excès d'acide fluorhydrique, sinon ils sont décomposés par l'eau. Leurs dissolutions neutres, même celles des fluorures de potassium et de sodium, ne peuvent pas être évaporées, ni même conservées, dans des vases de verre, sans que ceux-ci soient attaqués; les cristaux des fluorures très-solubles ou riches en eau de cristallisation corrodent même plus ou moins rapidement les parois des flacons dans lesquels on les renferme. Les fluorures anhydres supportent en général assez bien la calcination à l'abri de l'air humide; mais en présence de la vapeur d'eau, il n'est pas rare que l'on puisse constater un dégagement d'acide fluorhydrique.

Les fluorures se distinguent des chlorures en ce que l'acide sulfurique en dégage des vapeurs qui corrodent le verre (voyez Acide fluorhydrique), que le nitrate d'argent ne précipite pas leur dissolution, tandis que les chlorures de calcium, de magnésium et de baryum les précipitent. Avec le chlorure de calcium, on obtient seulement une forte teinte opaline ou une masse gélatineuse si transparente qu'on croit d'abord n'avoir obtenu qu'un précipité insignifiant; mais si l'on chauffe la liqueur, le précipité se rassemble.

L'acide nitrique paraît avoir très-peu d'action sur les fluorures, tandis que l'acide chlorhydrique les décompose au moins en partie.

Les fluorures alcalins se combinent molécule pour molécule avec l'acide fluorhydrique et forment des corps appelés *fluorhydrates de fluorures* : le composé potassique a pour formule

$$KFl + HFl \text{ ou } \left.\begin{matrix}K\\H\end{matrix}\right\} Fl^2.$$

Outre les fluorures, on connaît aussi des oxyfluorures.

Généralement les fluorures correspondent aux chlorures, cependant les caractères de basicité et d'acidité sont plus accentués dans cette classe de composés que dans les autres sels haloïdes, et les fluosels forment une série qui, à bien des égards, se rapproche incontestablement des oxysels et établit une transition entre ces derniers et les chlorures doubles, tels que les chloro-stannates, les chloro-platinates, etc.

Les fluorures sont peu employés dans les arts et dans les laboratoires.

On obtient les fluorures solubles en dissolvant les oxydes anhydres ou hydratés dans l'acide fluorhydrique. Les fluorhydrates de fluorures se préparent en partageant en deux moitiés égales 1 vol. d'acide fluorhydrique, neutralisant l'une et ajoutant ensuite l'autre à la première. M. D.

FLUOSELS. — Un certain nombre d'oxysels, principalement ceux qui sont formés par les acides métalliques, échangent tout ou partie de leur oxygène contre du fluor quand on les traite par l'acide fluorhydrique et donnent ainsi naissance à des combinaisons définies qui sont les *fluosels*.

Nos connaissances sur ces corps sont dues principalement aux recherches de Berzelius, de Marignac, de Carrington Bolton et de Delafontaine. Le second de ces chimistes surtout est arrivé, par une suite de beaux travaux, à des résultats du plus haut intérêt qui lui ont permis de fixer la formule de la silice et de la zircone, d'élucider l'histoire du niobium et du tantale, singulièrement embrouillée par H. Rose, et enfin d'établir le remplacement, équivalent pour équivalent, de l'oxygène par le fluor, sans que la forme cristalline soit changée.

Voici ce qui découle de plus général des travaux de ces chimistes :

Les fluosels qui correspondent aux borates, aux silicates, aux titanates, aux stannates, aux zirconates et aux tantalates ne renferment pas d'oxygène. Suivant que l'acide fluorhydrique dans lequel on les dissout est en excès plus ou moins considérable, les niobates donnent des fluoniobates ou des fluoxyniobates, c'est-à-dire que la substitution du fluor à l'oxygène est totale dans le premier cas, et partielle seulement dans le second; les antimoniates et les arséniates se comportent de même.

Quant aux tungstates, aux molybdates et aux uranates, ils n'ont donné jusqu'à présent que des composés contenant à la fois de l'oxygène et du fluor.

Sous le rapport de leur constitution, les fluosels sont parfaitement comparables aux oxysels, et les formules qui ont été proposées pour ces derniers sont applicables aux premiers. La plupart des fluosels sont neutres, cependant on en connaît de basiques et d'acides; il en a été décrit qui sont doubles.

A l'état cristallisé, ces corps attaquent le verre tout aussi bien que les fluorures ordinaires ; ils dégagent de l'acide fluorhydrique sous l'influence de l'acide sulfurique. Un grand nombre d'entre eux se transforment en oxysels lorsqu'on les soumet à un grillage prolongé ; quelquefois une forte chaleur brusquement appliquée les dédouble, au moins partiellement, en fluobase qui reste et en fluacide qui se volatilise. Les métaux dont le fluorure basique est soluble donnent aisément des fluosels. Les fluosels à base de baryum, de strontium, de calcium, de cérium, de lanthane, de plomb, etc., au contraire, n'existent souvent pas, ou sont très-difficiles à obtenir.

La présence d'un petit excès d'acide fluorhydrique augmente la stabilité des fluosels en dissolution.

Les fluosels se préparent soit en dissolvant les oxysels correspondants dans l'acide fluorhydrique, soit en ajoutant successivement à cet acide l'acide métallique et la base dont les radicaux sont destinés à fournir le composé que l'on désire.

Comme exemple de remplacement isomorphe d'un atome d'oxygène par deux de fluor, je citerai les sels de zinc suivants :

$$ZnZrFl^6 + 6H^2O,$$
$$ZnMoFl^4O + 6H^2O,$$

dont les cristaux sont des prismes hexagonaux réguliers terminés par un rhomboèdre de 127-128°.

FLUANTIMONIATES. — Le fluorure d'antimoine $SbFl^3$ s'unit aux fluo-bases pour former des combinaisons dont Flückiger a décrit quelques-unes sous le nom impropre de *fluoantimoniates*, qui doit être remplacé par celui de *fluoantimonites*. — Voyez ANTIMOINE, p. 353.

Marignac a décrit de véritables *fluoantimoniates* ou *fluantimoniates*, et aussi des *fluoxyantimoniates* dont nous allons dire quelques mots [Marignac, *Arch. des scienc. phys. et nat.*, janvier 1867]. Une propriété curieuse des fluantimoniates, qu'ils partagent cependant avec le fluorure $SbFl^5$, c'est de résister presque complétement à l'action de l'acide sulfhydrique. Au bout de 24 heures, leur dissolution, saturée d'hydrogène sulfuré, ne présente encore aucun trouble. Ce n'est qu'après le second jour qu'un léger précipité commence à se manifester et il ne s'accroît que fort lentement.

La dissolution de fluorure antimonique $SbFl^5$ devient sirupeuse, puis gommeuse par l'évaporation dans le vide; concentrée par la chaleur, elle se décompose en abandonnant un dépôt blanc, insoluble, qui est sans doute un oxyfluorure. Si l'on ajoute de l'ammoniaque, de la potasse ou de la soude à la dissolution acide de ce fluorure, on obtient par l'évaporation poussée jusqu'à consistance sirupeuse des fluosels cristallisés.

Les fluantimoniates sont très-solubles, presque tous même plus ou moins déliquescents dès que l'air n'est pas très-sec. Leur dissolution n'est troublée ni par les acides, ni par l'hydrogène sulfuré, ni par les alcalis caustiques ou carbonatés, du moins au premier moment. En présence des carbonates alcalins, le précipité se produit au bout de quelque temps, et rapidement si l'on porte à l'ébullition. A l'état cristallisé, ils peuvent se conserver sans décomposition; mais leur dissolution exhale l'odeur d'acide fluorhydrique. Les fluantimoniates alcalins ont été seuls décrits; ceux de zinc et de cuivre se prennent en une masse cristalline visqueuse comme du miel concrété.

Fluantimoniate monopotassique, $KSbFl^6$. — Lames rhomboïdales très-minces, très-solubles, mais non déliquescentes, qui s'obtiennent en dissolvant l'antimoniate de potasse gommeux dans l'acide fluorhydrique et concentrant la dissolution.

Fluantimoniate bipotassique,

$$K^2SbFl^7 + 2H^2O.$$

— Si à la dissolution du sel précédent on ajoute un excès de fluorure de potassium, on obtient par cristallisation de beaux prismes obliques, très-éclatants, et se conservant bien, à moins que l'air ne soit fort humide. C'est le sel bipotassique. Il fond vers 90° dans son eau de cristallisation, puis se dessèche avec perte d'acide fluorhydrique; après cette opération, il n'est plus intégralement soluble dans l'eau.

Fluoxyantimoniate monosodique,

$$NaSbFl^4O + H^2O.$$

— Petits prismes hexagonaux terminés par un rhomboèdre ou par une pyramide à 6 pans. Très-déliquescent, très-soluble dans l'eau qui ne le décompose pas, ce sel se prépare en ajoutant du carbonate de soude à une dissolution de fluorure antimonique renfermant un excès d'acide fluorhydrique.

Fluantimoniate monosodique, $NaSbFl^6$. — On l'obtient en dissolvant le sel précédent dans l'acide fluorhydrique. Il se dépose par l'évaporation en cristaux d'apparence cubique, mais jouissant de la double réfraction. Les angles diffèrent à peine de 90°. Déliquescent à l'air humide, il dégage alors de l'acide fluorhydrique et régénère le fluoxyantimoniate.

Fluantimoniate monammonique,

$$(AzH^4)SbFl^6.$$

— Petits cristaux aciculaires qui sont un peu déliquescents et dont la forme est celle d'un prisme hexagonal terminé par un rhomboèdre de 96°. En ajoutant du fluorure d'ammonium à la dissolution de ce sel, on obtient par l'évaporation des cristaux de

Fluantimoniate biammonique,

$$(AzH^4)^2SbFl^7 + 1/2\,H^2O.$$

— Lames rectangulaires dérivant d'un prisme rhomboïdal droit de 91°.

FLUARSÉNIATES. — Marignac [*loc. cit.*] n'a étudié que quelques fluarséniates de potassium. Ils sont encore plus solubles que les fluantimoniates et plus difficiles à obtenir cristallisés. Ceux d'ammonium existent probablement, mais leur solubilité est si grande qu'ils se prennent en masse gommeuse par l'évaporation. Les fluarséniates ne résistent pas à l'action de l'hydrogène sulfuré comme les fluantimoniates; mais la séparation de l'arsenic ne se fait que très-lentement. Ces sels peuvent bien se conserver à l'état sec, mais leur dissolution laisse facilement dégager de l'acide fluorhydrique.

Fluarséniate monopotassique,

$$KAsFl^6 + 1/2\,H^2O.$$

— On l'obtient facilement en dissolvant l'arséniate de potasse dans un excès d'acide fluorhydrique. Il cristallise lorsque la dissolution est très-concentrée. Ses cristaux sont petits, ils dérivent d'un prisme orthorhombique de 99° 57'. Lorsqu'on le chauffe dans un tube, il fond facilement et dégage de l'eau et d'abondantes vapeurs d'acide fluorhydrique.

Fluoxyarséniate monopotassique,

$$KAsFl^4O + H^2O.$$

— Ce sel prend naissance quand on a dissous l'arséniate de potasse dans une quantité insuffisante d'acide fluorhydrique. Il peut aussi résulter de la transformation du sel précédent lorsqu'on le fait à plusieurs reprises redissoudre dans l'eau et cristalliser par évaporation. Il forme des lames rhomboïdales très-aiguës.

Fluarséniate bipotassique, $K^2AsFl^7 + H^2O$. — Il s'obtient quand on ajoute à la dissolution des précédents un excès de fluorure de potassium et d'acide fluorhydrique. Ce sont des cristaux assez gros, éclatants, se conservant bien à l'air, formés par un prisme orthorhombique de 97°.

Fluoxyarséniate bipotassique,

$$K^4As^2Fl^{12}O + 3H^2O = K^2AsFl^5O + K^2AsFl^7 + 3H^2O.$$

— On le prépare soit en ajoutant du fluorure neutre de potassium au fluoxyarséniate monopotassique, soit en soumettant le sel précédent à des dissolutions et évaporations répétées. Cristaux très-éclatants, mais fortement enchevêtrés ou groupés en mamelons.

FLUOBORATES. — Ce sont les sels de l'acide *hydrofluoborique*, $HBoFl^4 = HFl, BoFl^3$ (p. 656). On sait que cet acide prend naissance lorsqu'on sature l'eau avec du gaz fluoborique et qu'on expose la solution à une basse température : elle laisse alors déposer de l'acide borique, et de l'acide hydrofluoborique reste en dissolution.

On peut préparer les fluoborates en faisant réagir cet acide sur les oxydes, ou en dissolvant dans l'acide fluorhydrique un oxyde et de l'acide borique, ou en dissolvant ce dernier acide dans la solution d'un fluorure. Dans ce cas la liqueur devient alcaline.

Un grand nombre de fluoborates sont solubles et cristallins. Chauffés au rouge, ils se dédoublent en fluorure de bore qui se dégage et en un fluorure basique qui reste. Lorsqu'on les chauffe avec de l'acide sulfurique, ils dégagent du fluorure de bore et de l'acide fluorhydrique; mais cette décomposition s'accomplit difficilement.

Fluoborate de potassium, $KBoFl^4$. — Pour le préparer, il suffit d'ajouter de l'acide hydrofluoborique à une solution concentrée d'un sel de potasse soluble : le fluoborate se dépose sous forme d'un précipité gélatineux transparent. On peut aussi l'obtenir en dissolvant dans un excès d'acide fluorhydrique 124 p. d'acide borique cristallisé BoO^3H^3 et 138 p. de carbonate de potasse. Le précipité gélatineux qui se dépose présente des reflets irisés et forme une poudre blanche après la dessiccation. Il ne se dissout que dans 70 fois son poids d'eau froide et est plus soluble dans l'eau bouillante qui le laisse déposer sous forme de prismes à 6 pans, brillants et anhydres. Le fluoborate de potassium se dissout dans l'alcool bouillant. Il possède une saveur un peu amère. Il est neutre au papier. Chauffé au rouge, à l'état sec, il dégage du fluorure de bore et abandonne du fluorure de potassium. L'acide sulfurique concentré l'attaque lentement, même à chaud.

Fluoborate de sodium, $NaBoFl^4$. — Prismes rectangulaires courts, très-solubles dans l'eau, moins solubles dans l'alcool. Les cristaux sont anhydres; ils fondent au-dessous du rouge.

Fluoborate d'ammonium, $(AzH^4)BoFl^4$. — On peut l'obtenir en sublimant un mélange de sel ammoniac et de fluoborate de potassium, ou encore en dissolvant de l'acide borique dans une solution de fluorure d'ammonium. Prismes hexagonaux terminés par des sommets dièdres, très-solubles dans l'eau, un peu moins solubles dans l'alcool. La solution aqueuse rougit le tournesol.

Fluoborate de lithium, $LiBoFl^4$. — On le prépare par double décomposition avec le sulfate de lithine et le fluoborate de baryum. La liqueur filtrée, évaporée à la température de 40°, laisse déposer des prismes volumineux, déliquescents.

Fluoborate de baryum, $Ba''(BoFl^4)^2 + H^2O$. — S'obtient en neutralisant exactement l'acide hydrofluoborique avec du carbonate de baryum. Cristallise en longues aiguilles par le refroidissement de sa solution aqueuse chaude, en prismes rectangulaires, souvent arrangés en trémies, par l'évaporation spontanée. Très-soluble dans l'eau; déliquescent à l'air humide; efflorescent à 40°. L'alcool le décompose.

Fluoborate de zinc, $Zn''(BoFl^4)^2$. — On l'obtient en dissolvant du zinc dans l'acide hydrofluoborique. La solution sirupeuse se concrète à une basse température en une masse déliquescente.

Fluoborate de plomb, $Pb''(BoFl^4)^2$. — On peut le préparer en neutralisant exactement l'acide hydrofluoborique par le carbonate de plomb. Par l'évaporation spontanée de la solution, il cristallise, mais difficilement, en prismes à 4 faces.

Fluoborate de cuivre, $Cu''(BoFl^4)^2$. — On prépare ce sel par double décomposition avec le fluoborate de baryum et le sulfate de cuivre. Il cristallise en aiguilles d'un bleu clair.

FLUOXYBORATES. — La solution qu'on obtient en saturant à 0° de l'eau avec du gaz fluoborique renferme un acide que Gay-Lussac et Thenard ont fait connaître sous le nom d'acide *fluoborique*. C'est un liquide oléagineux, d'une densité de 1,77. On lui attribue généralement la formule $Bo^2O^3, 6HFl$ ou $2BoFl^3 + 3H^2O$ (p. 650). Lorsqu'on le chauffe, un cinquième du fluorure de bore qu'il renferme se dégage, et reste un liquide acide qui présente une densité de 1,584. C'est l'acide *fluoxyborique*,

$$BoO^2H, 3HFl = Bo'''\left\{\begin{matrix}O''\\OH\end{matrix}\right., 3HFl.$$

Cette formule semble découler de l'analyse des sels de sodium qui vont être décrits.

Fluoxyborate de sodium,

$$NaBoO^2, 3NaFl + 1/2H^2O.$$

— On l'obtient en saturant l'acide fluoxyborique par la soude. Il cristallise en petits prismes rectangulaires terminés par des troncatures obliques, et qui perdent leur eau à 40°. Il fond à une température plus élevée et se concrète par un refroidissement rapide en une masse transparente : en se refroidissant lentement il se trouble par suite de la cristallisation d'une certaine quantité de fluorure de sodium, qui se sépare au milieu de la masse vitreuse.

Lorsqu'on soumet à l'évaporation lente une solution de borax (1 molécule), mélangée avec une solution de fluorure de sodium (6 molécules), il se dépose de petits prismes rectangulaires qui se troublent à 40° en perdant de l'eau et qui renferment

$$NaHBo^2O^4, 6NaFl + 10H^2O = NaBoO^2, 3NaFl + HBoO^2, 3NaFl + 10H^2O.$$

La composition de ce sel semblerait indiquer que la formule du fluoxyborate de sodium précédemment décrit doit être doublée. S'il en était ainsi, le dernier fluoxyborate apparaîtrait comme un sel acide :

$Na^2Bo^2O^4, 6NaFl + H^2O$, fluoxyborate disodique;

$\left.\begin{matrix}H\\Na\end{matrix}\right\} Bo^2O^4, 6NaFl + 10H^2O$, fluoxyborate monosodique.

FLUONIOBATES. — Fluosels que l'on peut comparer à des niobates dans lesquels tout l'oxygène aurait été remplacé par du fluor. Ils ont été découverts par Marignac, mais ce chimiste n'en a décrit qu'un très-petit nombre [*Arch. des scienc. phys. et nat. de Genève*, t. XXIII, p. 249 et suiv.]. On les prépare en dissolvant des fluoxyniobates dans l'acide fluorhydrique.

Fluoniobate de potassium, $2KFl + NbFl^5$. — Il s'obtient avec la plus grande facilité quand on dissout le fluoxyniobate lamellaire dans l'acide fluorhydrique. Il se dépose par le refroidissement en petits cristaux aciculaires, très-brillants, qui sont des prismes orthorhombiques, à 6 faces, sous l'angle de 112° 30', isomorphes avec le fluotantalate de potassium. Il ne perd rien de son poids à 100°; à une température beaucoup plus élevée, il exhale une odeur d'acide fluorhydrique. Mélangé avec un excès d'oxyde de plomb, il peut être fondu à une chaleur rouge sans éprouver aucune perte de poids. L'eau chaude le décompose et laisse déposer une abondante cristallisation de fluoxyniobate lamellaire, en devenant elle-même fortement acide.

Fluoniobate d'ammonium. — Marignac n'a pas réussi à convertir complétement le fluoxyniobate d'ammonium en un fluoniobate correspondant à celui de potassium. La transformation n'est que partielle et donne naissance à un sel double. En faisant dissoudre à l'aide de la chaleur le fluoxyniobate lamellaire dans un excès d'acide fluorhydrique, on obtient par le refroidissement des mamelons formés de prismes très-fins et courts de 90° à 91°, terminés par une pyramide aiguë indéterminable. La composition de ces cristaux correspond à la formule

$$(AzH^4)^2NbFl^7 + (AzH^4)NbFl^4O,$$

pour le sel complétement séché à l'air; celui qui a été simplement séché dans du papier paraît renfermer une molécule d'eau.

FLUOXYNIOBATES. — Ces sels ont été décrits par M. Marignac [*Ann. de Chim. et de Phys.*, 4e sér., t. VIII, p. 5]. Une solution d'acide niobique hydraté dans l'acide fluorhydrique, mélangée avec du fluorure de potassium, peut donner cinq fluoxyniobates de potassium cristallisés, parmi lesquels un seul, le fluoxyniobate lamellaire, est stable. Les autres se convertissent en ce sel par une nouvelle cristallisation. Tous sont décomposés par l'acide sulfurique, qui en sépare de l'acide niobique. Après le traitement par l'eau, ce dernier reste à l'état insoluble.

Fluoxyniobate de potassium lamellaire ou normal, $2KFl, NbFl^3O + H^2O$. — Se sépare en lamelles très-minces de ses solutions aqueuses; concentrées, celles-ci se prennent presque en gelée par le refroidissement. En présence d'une petite quantité d'acide fluorhydrique libre, il cristallise en tables rhomboïdales appartenant au système clinorhombique. Perd son eau à 100°. Très-soluble dans l'eau chaude.

Fluoxyniobate de potassium cuboïde,

$$3KFl, NbFl^3O.$$

— Se dépose de solutions qui renferment un excès de fluorure de potassium.

Fluoxyniobate de potassium aciculaire,

$$3KFl, NbFl^3O, HFl.$$

— Se dépose sous forme d'aiguilles fines de solutions renfermant un excès d'acide fluorhydrique.

Fluoxyniobate de potassium hexagonal,

$$5KFl, 3NbFl^3O + H^2O.$$

— Lorsqu'on ajoute à la solution fluorhydrique d'acide niobique une quantité insuffisante de fluorure de potassium, la liqueur laisse d'abord déposer le fluoxyniobate normal, puis des prismes clinorhombiques offrant un aspect hexagonal.

Fluoxyniobate de potassium anorthique,

$$4KFl, 3NbFl^3O + 2H^2O.$$

— Ce sel cristallise de l'eau mère qui a laissé déposer le sel précédent. Il offre la forme de prismes enchevêtrés qui appartiennent au système anorthique, mais qui possèdent une apparence rectangulaire.

Fluoxyniobate d'ammonium lamellaire,

$$2(AzH^4Cl), NbFl^3O.$$

— Se présente en cristaux orthorhombiques. Peut être chauffé sans perte de poids à 180°.

Fluoxyniobate d'ammonium cubique,

$$3(AzH^4Cl), NbFl^3O.$$

— Cristallise en cubes ou en cubo-octaèdres.

Fluoxyniobate d'ammonium hexagonal,

$$5(AzH^4Cl), 3NbFl^3O + H^2O.$$

— Se dépose de solutions renfermant un excès de fluorure de niobium; cristallise en prismes courts hexagonaux terminés par une pyramide surbaissée du second ordre.

Fluoxyniobate d'ammonium rectangulaire,

$$AzH^4Fl, NbFl^3O.$$

— Se dépose de l'eau mère du sel précédent en prismes rectangulaires, maclés, terminés par une trémie à 4 pans.

Fluoxyniobate de zinc,

$$ZnFl^2, NbFl^3O + 6H^2O$$

— Se dépose en prismes hexagonaux minces, aciculaires, ou en cristaux gros et courts offrant l'apparence de dodécaèdres rhomboïdaux, mais qui résultent de la combinaison d'un prisme hexagonal et d'un rhomboèdre. Ne perd complétement son eau qu'à 180°.

Fluoxyniobate de cuivre,

$$CuFl^2, NbFl^3O + 4H^2O.$$

— Se dépose de solutions très-concentrées en octaèdres bleus, brillants, appartenant au système clinorhombique. Déliquescent et très-soluble.

FLUOSILICATES. — Soumis à la distillation sèche, ils donnent du fluorure de silicium et laissent un fluorure. Traités par l'acide sulfurique, ils dégagent du fluorure de silicium en grande abondance. Les alcalis en excès séparent de leur dissolution, soit de l'acide silicique seulement (sels alcalins), soit un fluorure et de l'acide silicique (sels des terres alcalines), soit enfin un silicate (sels des terres et des oxydes métalliques).

L'isomorphisme d'un certain nombre de fluosilicates avec les fluostannates et les fluotitanates correspondants a conduit Marignac à changer l'ancienne formule du fluorure de silicium en $SiFl^4$, celle de la silice en SiO^2 et celles des fluosilicates en $R^2Fl^2, SiFl^4$ ou $RFl^2, SiFl^4$, etc. Sur les fluosilicates, voir Berzelius [*Traité de Chimie*] et Marignac [*Ann. des Mines*, 5e série, t. XV].

Fluosilicate de potassium, K^2SiFl^6 — Ce sel se forme quand on fait tomber goutte à goutte de l'acide hydrofluosilicique dans une dissolution de fluorure de potassium ou de tout autre sel potassique. Le fluosilicate de potassium se précipite alors, sans qu'on aperçoive d'abord un trouble dans la liqueur, surtout quand celle-ci est étendue; mais elle finit par réfléchir les couleurs de l'arc en ciel, qui paraissent très-belles surtout à la lumière directe du soleil. Peu à peu le précipité se rassemble au fond du vase, où il forme une couche demi-transparente, dans laquelle le jeu des couleurs se concentre. Reçu sur un filtre, lavé et desséché, il perd son apparence gélatineuse, et se transforme en une poudre blanche, fine, douce au toucher. Ce sel est peu soluble dans l'eau froide; l'eau bouillante en dissout un peu plus, et en laissant refroidir lentement la dissolution, Marignac a obtenu des cristaux déterminables, très-éclatants, qui étaient des octaèdres portant quelquefois les faces du cube. D'après Stolba, une partie de sel exige 833 p. d'eau à 17°,5 et 104 p. à l'ébullition pour se dissoudre; sa densité est 2,66. La présence des sels de potasse diminue et celle des acides augmente la solubilité de ce fluosilicate [*Journ. für prakt. Chem.*, t. XC, p. 193, et t. CIII, p. 396].

Le fluosilicate de potassium ne renferme pas d'eau de cristallisation; il fond au rouge naissant, bout ensuite et dégage du fluorure silicique en devenant de plus en plus épais, jusqu'à ce qu'il ne reste plus que du fluorure de potassium.

Dans des vases ouverts, le dégagement du gaz commence avant la fusion du sel. Celui-ci exige pour se décomposer complétement une chaleur rouge longtemps soutenue ; le vase dans lequel on opère le grillage se couvre tout autour d'acide silicique qui y adhère avec force, et que l'humidité de l'air précipite, par suite de la décomposition du fluorure de silicium. A la température ordinaire, le fluosilicate de potassium n'est altéré ni par l'hydrate ni par le carbonate de potasse ; mais à l'ébullition, il s'y dissout et donne par le refroidissement un dépôt gélatineux d'acide silicique, pendant que le sel s'est transformé en fluorure de potassium.

Fluosilicate d'ammonium, $(AzH^4)^2SiFl^6$. — Ce sel anhydre, isomorphe avec celui de potassium, est difficile à préparer par la voie humide, car l'ammoniaque mêlée avec de l'acide hydrofluosilicique en précipite une portion d'acide silicique, qui se redissout toutefois pendant l'évaporation. Il est préférable d'employer la voie sèche pour obtenir ce sel, et de faire sublimer un mélange intime de fluosilicate de potassium avec du sel ammoniac ; cette opération s'exécute très-bien dans des vaisseaux de verre. Le sublimé forme une masse cohérente non cristalline. Il est très-soluble dans l'eau, et se dépose, par l'évaporation spontanée, en cristaux transparents qui sont des cubo-octaèdres ; cependant, en présence d'un excès d'acide fluorhydrique et de fluorure d'ammonium, il se dépose aussi des prismes hexagonaux, ce qui implique un cas de dimorphisme [*Ann. de Chim. et de Phys.*, (3), t. LX]. Quand on chauffe ce sel, il se fendille et se réduit en vapeurs sans fondre. L'ammoniaque n'en précipite pas toute la silice.

Fluosilicate sesquiammonique,

$$3\,(AzH^4)Fl + SiFl^4.$$

— Cristaux prismatiques allongés, ne présentant le plus souvent que le prisme carré terminé par sa base. Chauffé sur une lame de platine, il ne fond pas, mais se volatilise en laissant une trace de silice. Ce sel se forme toutes les fois que l'on concentre une dissolution de fluosilicate d'ammonium en présence d'un excès de fluorure ammonique (Marignac).

Fluosilicate de césium, Cs^2SiFl^6. — Obtenu par Preis [*Journ. für prakt. Chem.*, t. CIII, p. 410]. Il forme un précipité amorphe qui devient peu à peu cristallin ; séché à 100°, ce sel est anhydre. En présence de l'alcool le précipité est immédiatement cristallin. Les cristaux distincts s'obtiennent sous la forme d'octaèdres combinés avec le cube, par le refroidissement lent de leur solution aqueuse bouillante.

Ce fluosilicate offre une densité de 3,37 ; il est beaucoup plus soluble que ceux de rubidium et de potassium. Il n'exige que 166 p. d'eau à 17° et beaucoup moins à 100°. L'alcool fort ne le dissout pas.

Fluosilicate de rubidium, Rb^2SiFl^6. — Stolba [*Journ. für prakt. Chem.*, t. CII, p. 1] prépare ce sel en précipitant une dissolution d'alun de rubidium par une solution concentrée de fluosilicate de cuivre ; on lave le précipité par décantation, car on ne peut pas le filtrer, puis on le sèche. Il forme une poudre cristalline, composée de petits cubes tronqués.

Densité, 3,34. Une partie de ce fluosilicate exige environ 620 p. d'eau à 20° et 74 p. d'eau à 100° pour se dissoudre. Il est plus soluble dans les liqueurs acides.

Fluosilicate de thallium, Tl^2SiFl^6. — Cristaux facilement solubles, qui paraissent être des octaèdres réguliers, et qui se déposent d'une dissolution de carbonate thalleux additionnée d'acide hydrofluosilique (Werther). Ce fluosilicate cristallise en cubes, distille sans décomposition et attaque le verre à la longue (Kuhlmann).

Fluosilicate de sodium, Na^2SiFl^6. — On le prépare comme le sel potassique auquel il ressemble complétement par son aspect. Du reste il se présente sous la forme de grains plus gros, se dépose plus facilement, et ne réfléchit pas les couleurs de l'arc-en-ciel ; mais, tant qu'il est humide, il paraît gélatineux et se transforme par la dessiccation en une poudre farineuse très-fine. Sous un grossissement de deux cents diamètres, on voit que le sel précipité, malgré son aspect gélatineux, se compose de cristaux réguliers. Il est plus soluble que le sel potassique, et beaucoup plus soluble dans l'eau bouillante que dans l'eau froide ; mais sa solubilité n'est pas augmentée par un excès d'acide.

Par le refroidissement lent de sa solution bouillante, il se dépose en petits prismes hexagonaux réguliers. Densité = 2,75. Il ne renferme point d'eau de cristallisation, entre en fusion au-dessous du rouge, abandonne du fluorure de silicium plus facilement que le sel potassique, et redevient solide à mesure que le fluorure se dégage.

Fluosilicate sodico-potassique. — D'après Marignac (communication verbale) il existe un sel double sodico-potassique en petits prismes orthorhombiques, peu soluble, décomposable par l'eau pure, qui est toujours mélangé avec des cristaux de l'un ou de l'autre de ses constituants, en sorte qu'une analyse exacte n'en a pas été possible.

Fluosilicate de lithium, $Li^2SiFl^6, 2H^2O$. — Ce sel cristallise facilement en beaux cristaux assez volumineux, qui sont assez éclatants, mais s'effleurissent peu à peu au contact de l'air. Leur forme est celle d'un prisme clinorhombique dans lequel $m:m = 83°38'$, et $p:m = 108°14'$. Ce fluosilicate perd son eau de cristallisation à 100°, mais il peut encore, après dessiccation, se redissoudre dans l'eau sans laisser de résidu. Sa dissolution évaporée à une température élevée le laisse déposer en croûtes indéterminables, qui sont probablement moins hydratées ou anhydres. Suivant Berzelius, le fluosilicate de lithium serait peu soluble dans l'eau, et difficile à décomposer par la calcination ; mais en opérant sur un produit bien pur, Marignac a pu reconnaître qu'il est très-soluble dans l'eau. A 17°, en effet, 100 p. d'eau dissolvent 73 de sel hydraté. Il se décompose très-facilement à l'aide d'une chaleur modérée, en laissant du fluorure de lithium pur.

Fluosilicate de baryum, $BaSiFl^6$. — Ce sel a été décrit page 507.

Fluosilicate de strontium, $SrSiFl^6 + 2H^2O$. — Il forme des prismes clinorhombiques dans lesquels $m:m = 84°16'$, $p:m = 103°30'$ et l'angle plan de la base $= 106°26'$. Ses cristaux sont solubles dans l'eau froide, mais la dissolution se trouble un peu par l'ébullition ; une douce chaleur en expulse l'eau de cristallisation. La solubilité du fluosilicate de strontium, surtout à l'aide d'un excès d'acide même très-petit, et l'insolubilité presque complète du sel de baryum, dans les mêmes circonstances, fournissent un excellent moyen de distinguer la baryte de la strontiane et même de les séparer assez exactement.

Fluosilicate de calcium. — Ce sel a été décrit page 710. Il forme des prismes à 4 pans obliquement tronqués. Il est peut-être isomorphe avec le précédent. Dans ce cas il renfermerait 2 molécules d'eau. Berzelius [*Lehrbuch*, t. III, p. 399, 1845] le formule anhydre.

Fluosilicate de magnésium, $MgSiFl^6$. — C'est un sel très-soluble qui forme après l'évaporation une masse transparente, gommeuse, se redissolvant intégralement.

M. Kessler a préparé de grandes quantités de fluosilicate de magnésium, en beaux cristaux qui, d'après M. Friedel, renferment

$$MgSiFl^6 + 6H^2O,$$

et qui sont formés de prismes hexagonaux courts, surmontés par un rhomboèdre de 127°48'. Ils s'effleurissent légèrement à l'air.

Fluosilicate d'aluminium. — Il est très-soluble dans l'eau. Évaporé, il donne une gelée transparente, incolore, qui se fendille pendant la dessiccation et devient jaunâtre, sans perdre sa translucidité; l'eau la redissout lentement, mais en totalité.

Fluosilicate de glucinium. — Ce sel est très-soluble dans l'eau, et forme un sirop transparent et incolore, d'une saveur astringente, nullement sucrée. Par la dessiccation il devient blanc, et quand la dissolution contient un excès d'acide, le sel se détache du vase, tandis que le sel neutre s'y attache fortement; mais dans les deux cas le sel peut se redissoudre sans résidu. Quand on le décompose par une forte chaleur, il se gonfle un peu comme l'alun.

Fluosilicate d'yttrium. — Pulvérulent, insoluble dans l'eau pure, soluble en présence d'un excès d'acide fluorhydrique.

Fluosilicate de zirconium. — Il se dissout facilement dans l'eau, et se dépose par l'évaporation en cristaux blancs et nacrés. Sa dissolution se trouble quand on la fait bouillir; néanmoins la majeure partie du sel reste en dissolution.

Fluosilicate de manganèse, $MnSiFl^6 + 6H^2O$. — Prismes hexagonaux terminés par un rhomboèdre de 128° 20'; très-soluble dans l'eau, ce fluosilicate cristallise après une forte concentration; il offre une légère teinte rouge; par la calcination en vase clos, il donne de l'eau et du fluorure de silicium, et il reste dans la cornue du fluorure manganeux qui a conservé la forme des cristaux.

Fluosilicate ferreux, $FeSiFl^6 + 6H^2O$. — On le prépare en dissolvant de la limaille de fer dans l'acide hydrofluosilicique et laissant évaporer la liqueur à la température ordinaire, dans un vase de fer plat. Ce sel est si soluble et son point de cristallisation est si près de la dessiccation complète qu'il est difficile d'en avoir des cristaux, si l'on n'opère pas sur de grandes masses. Le sel cristallise alors en prismes hexagonaux réguliers, d'un vert bleuâtre, qui prennent une forme plus régulière et une couleur plus pâle, quand on les redissout et qu'on les fait cristalliser une seconde fois.

Fluosilicate ferrique. — On l'obtient en saturant l'acide hydrofluosilicique par l'hydrate de sesquioxyde de fer. La dissolution, peu colorée, donne par l'évaporation une gelée qui se transforme, en séchant, en une masse gommeuse, demi-transparente, tirant sur la couleur de chair, et se redissolvant complètement dans l'eau.

Fluosilicate de cobalt, $CoSiFl^6 + 6H^2O$. — Cristaux rouge clair isomorphes avec les autres fluosilicates de la série magnésienne.

Fluosilicate de nickel, $NiSiFl^6 + 6H^2O$. — Très-beaux prismes verts hexagonaux réguliers terminés par un rhomboèdre de 127°34'; très-solubles dans l'eau.

Fluosilicate de zinc, $ZnSiFl^6 + 6H^2O$. — Isomorphe avec les précédents. Impossible d'en chasser l'eau sans entraîner du fluorure de silicium. Très-soluble dans l'eau.

Fluosilicate de cadmium, $CdSiFl^6 + 6H^2O$. — Longs prismes incolores, isomorphes avec les précédents, efflorescents.

Fluosilicate de plomb,

$$PbSiFl^6 + 2H^2O \text{ et } 4H^2O.$$

— Ce sel, décrit par Berzelius comme une masse gommeuse, sucrée, soluble, peut cependant cristalliser et même sous des formes variées, mais que l'on ne réussit pas toujours à obtenir. Sa dissolution a une grande tendance à se sursaturer par la concentration, et alors elle reste effectivement sirupeuse, puis gommeuse jusqu'à dessiccation. D'autres fois, cependant, quand on atteint le degré convenable de concentration, on obtient des cristaux qui peuvent renfermer deux ou quatre molécules d'eau. Quelquefois aussi il se forme dans la dissolution sursaturée des cristaux nets qui paraissent appartenir à une troisième forme; mais lorsqu'on cherche à les extraire de la liqueur, celle-ci se solidifie et empâte les cristaux que l'on ne peut plus déterminer. Il est impossible de chasser l'eau de ces hydrates sans faire dégager en même temps du fluorure de silicium; l'expulsion de ce dernier est totale à une température bien inférieure au rouge, il reste alors du fluorure de plomb.

L'hydrate à 2 molécules d'eau dérive d'un prisme clinorhombique dans lequel on a

$$m : m = 71°48, \ p : m = 98°,$$

et l'angle plan de la base $= 70°14$. Celui qui renferme $4H^2O$ cristallise dans le même système avec $m : m = 64°46'$, $p . m = 90°48'$, et l'angle plan de la base $= 64°45$.

Fluosilicate stannique, $SnFl^4, SiFl^4$. — Longs cristaux prismatiques très-solubles dans l'eau; l'air décompose facilement la solution en y faisant naître un précipité de silicate stannique. Ce corps doit probablement être considéré moins comme un fluosel que comme un acide fluosilicostannique.

Fluosilicate cuivreux, Cu^2SiFl^6. — Poudre insoluble d'un rouge cuivré qui finit par verdir à l'air.

Fluosilicate cuivrique,

$$CuSiFl^6 + 6H^2O \text{ et } + 4H^2O.$$

— Par le refroidissement d'une dissolution modérément concentrée par la chaleur, on obtient de beaux cristaux à 6 molécules d'eau, efflorescents, formés par de gros prismes hexagonaux terminés par un rhomboèdre de 125°30'. Stolba prétend y avoir trouvé 6 1/2 H^2O, mais ce fait n'est pas admissible. Si la cristallisation se produit après évaporation à une température de 50° environ, le sel se dépose avec une autre forme et il ne retient que 4 molécules d'eau. Ses cristaux, isomorphes avec le fluostannate de cuivre, dérivent d'un prisme rhomboïdal oblique de 127° 6'.

Fluosilicate mercureux, $Hg^2SiFl^6 + 2H^2O$. — Il s'obtient facilement en prismes limpides par la dissolution du carbonate mercureux dans l'acide et évaporation. Les cristaux, peu solubles, ne sont pas décomposés par l'eau pure, à laquelle ils communiquent une faible saveur métallique (Berzelius, Finkener).

Fluosilicate mercurique. — En évaporant une dissolution d'oxyde mercurique dans l'acide hydrofluosilicique, on voit se déposer de petits cristaux aciculaires qui sont, d'après Berzelius, du fluosilicate mercurique. M. Finkener a annoncé que ces cristaux renferment de l'oxyde de mercure et que leur formule est

$$HgSiFl^6 + HgO + 3H^2O.$$

Ce sel est décomposé par l'eau, à la température ordinaire, avec production d'un sel plus acide qui entre en dissolution; il se dépose en même temps une poudre jaune riche en oxyde de mercure. Si l'on concentre la solution d'oxyde de mercure dans l'acide hydrofluosilicique, jusqu'à ce que les aiguilles d'oxyfluorure commencent à se former, et que l'on abandonne alors la liqueur à une température ne dépassant pas 15°, on obtient des cristaux limpides, rhomboédriques, accolés en gradins. Ces cristaux sont très-instables; ils sont déliquescents à l'air, fondent dans leur eau de cristallisation pour peu que la température s'élève et s'effleurissent sur l'acide sulfurique. Ils sont formés de fluosilicate mercurique $HgSiFl^6$, et paraissent renfermer 6 molécules d'eau [Finkener, *Poggend. Ann.*, t. CXI, p. 248].

Fluosilicate d'argent, $Ag^2SiFl^6 + 4H^2O$. — Évaporée jusqu'à consistance de sirop, la dissolution de ce sel donne des cristaux blancs qui s'humectent promptement à l'air. Si l'on mêle la dissolution avec une petite quantité d'ammoniaque, il se précipite un sel basique jaune clair soluble dans un excès d'ammoniaque en laissant du silicate d'argent. Ce sel est d'une déliquescence telle, que la forme de ses cristaux ne peut être déterminée même approximativement. Il fond bien avant 100°, mais ne perd son eau qu'en se décomposant. Il laisse par calcination un résidu d'argent et un peu de silice.

Fluosilicate platinique. — Incristallisable, brun-jaunâtre, gommeux, décomposable par l'eau. Est-ce bien un fluosilicate?

Fluosilicates molybdeux et *molybdique*. — Combinaisons noires, non cristallisables, solubles en présence d'un excès d'acide hydrofluosilicique.

L'acide hydrofluosilicique dissout l'acide molybdique. La liqueur est jaunâtre, elle donne par l'évaporation une substance opaque, jaune-citron, dont la plus grande partie se dissout en jaune dans l'eau, tandis qu'il reste une combinaison basique.

Fluosilicate vanadique. — L'acide hydrofluosilicique dissout l'acide vanadique en prenant une couleur rouge. Après l'évaporation au bain-marie, il reste une masse non cristallisée, orange. Lorsqu'on verse de l'eau sur cette masse, celle-ci se dissout en partie, en donnant naissance à une dissolution jaune pâle; mais une grande partie reste non dissoute à l'état d'une masse d'un vert foncé, que l'acide sulfurique dissout avec dégagement de fluorure de silicium et formation d'un liquide rouge.

Fluosilicate uraneux. — Il se précipite sous forme d'une masse gélatineuse, bleu-vert, quand on traite une solution de chlorure uraneux par de l'acide hydrofluosilicique. Il se dissout en très-petite quantité dans l'acide libre. Il renferme de l'eau combinée; après dessiccation, les acides en dissolvent peu; l'ébullition avec un alcali ne l'altère pas.

Fluosilicate d'antimoine. — A l'aide d'un excès d'acide, il se dissout facilement dans la liqueur au sein de laquelle il a pris naissance. Par une lente évaporation, il cristallise en prismes qui se réduisent en poudre quand on les dessèche rapidement.

FLUOSTANNATES. — Marignac a publié un mémoire sur les combinaisons du fluorure stannique avec les fluobases, auquel nous empruntons ce qui suit [Recherches sur la forme cristalline et la composition de divers sels, *Ann. des Mines*, (5), t. XV] :

Fluostannate d'ammonium, $(AzH^4)^2SnFl^6$. — Rhomboèdre de 107°40'. Ce sel s'obtient rarement en cristaux bien reconnaissables; la manière la plus commode de le préparer consiste à précipiter les fluostannates d'argent ou de plomb par du chlorure ou du sulfate d'ammonium; il ne perd rien par une dessiccation à 100°.

Fluostannate biammonique,

$$(AzH^4)^2Fl^2, (AzH^4)^2SnFl^6.$$

— Ce sel se prépare facilement en ajoutant de l'ammoniaque et de l'acide fluorhydrique à une dissolution du fluostannate précédent. Ses cristaux, très-nets, sont des prismes orthorhombiques de 96°6'. Il laisse dégager déjà avant 100° des vapeurs de fluorure d'ammonium.

Fluostannate de potassium, $K^2SnFl^6 + H^2O$. — Ce sel peut se présenter sous deux formes distinctes correspondant à deux modifications différentes par leur solubilité. Tantôt sa dissolution concentrée par la chaleur se prend par le refroidissement en une masse presque gélatineuse, mais qui est réellement formée par une infinité de lamelles excessivement minces, entre lesquelles l'eau mère demeure emprisonnée, et qui laisse, après expression entre des feuilles de papier à filtre, une masse nacrée, lamelleuse, douce au toucher comme du talc. Ces lamelles ne sont jamais assez épaisses pour que leur forme puisse être déterminée; mais on peut la prévoir par celle du fluotitanate de potassium qui lui ressemble excessivement. Tantôt, au contraire, il se forme des cristaux grenus, octaédriques, très-brillants. Le sel lamellaire se dissout dans 2, 3 fois son poids d'eau bouillante, et dans 15 à 16 fois son poids d'eau à 18°. Le sel octaédrique exige 3 fois son poids d'eau bouillante et 27 fois son poids d'eau à 18°. La forme octaédrique est parfaitement stable; elle se reproduit toujours, bien que le sel ait été soumis à une ébullition ou à l'évaporation à siccité, ou même à une calcination modérée. Mais si l'on ajoute à sa dissolution une goutte de potasse caustique, qui y détermine un précipité disparaissant par l'agitation, la liqueur donne, après concentration, des lamelles. La forme lamellaire est moins stable; cependant ces cristaux ont pu être redissous dans l'eau bouillante et se sont déposés trois fois sans changer d'état. Le plus souvent ils passent à la forme octaédrique, surtout par la seule digestion à une douce chaleur avec une quantité d'eau insuffisante pour les dissoudre complétement. En tout cas cette transformation est toujours facilement déterminée par l'addition d'une goutte d'acide fluorhydrique. Lorsqu'on transforme le sel lamellaire en sel octaédrique par l'action seule de l'eau, il cristallise jusqu'à la dernière goutte en cristaux octaédriques très-purs.

Les octaèdres sont orthorhombiques; ils dérivent d'un prisme de 99°16'.

Le fluostannate de potassium s'obtient avec la plus grande facilité en neutralisant par l'acide fluorhydrique une dissolution de stannate de potasse.

Fluostannate sesquipotassique acide,

$$3K^2Fl^2, H^2Fl^2, 2SnFl^4$$

ou

$$2(K^2SnFl^6) + K^2H^2Fl^4.$$

— Cristaux prismatiques, très-déliés, presque aciculaires, appartenant à un prisme clinorhombique, dans lequel

$$m : m = 115°52', \; p : m = 93°6'.$$

Fluostannate de sodium, Na^2SnFl^6. — Ce sel ne se dépose jamais que sous la forme de croûtes grenues ou mamelonnées, hérissées de pointements cristallins indiscernables. Peu soluble dans l'eau, ce sel en exige 18 à 19 fois son poids à 20° pour se dissoudre. Il est anhydre et peut être chauffé jusqu'au rouge sans changer de poids.

Fluostannate de lithium, $Li^2SnFl^6 + 2H^2O$. — Cristaux maclés ou croûtes cristallines.

Fluostannate de baryum, $BaSnFl^6$. — Le mieux est de le préparer par double décomposition au moyen du chlorure de baryum et du fluostannate de zinc. Lorsqu'il cristallise lentement par le refroidissement d'une dissolution peu concentrée ou par l'évaporation spontanée, il forme des lamelles cristallines contenant de l'eau de cristallisation. Lorsqu'au contraire il se dépose par une évaporation rapide à une température voisine de l'ébullition, il est anhydre en cristaux microscopiques ressemblant au fluosilicate de baryum. Les lamelles renferment 3 molécules d'eau; leur forme dérive d'un prisme clinorhombique

$$mm = 108°30', \; pm = 102°31';$$

angle plan de la base, 106°20'. Lorsque ce sel

a été desséché, il ne se redissout ensuite que dans une très-grande quantité d'eau et par une ébullition prolongée. Cependant il cristallise de nouveau, après concentration, sous sa forme lamellaire. Sa solubilité a été trouvée de 1 p. de sel hydraté pour 18 p. d'eau à 18°.

Fluostannate de strontium,

$$SrSnFl^6 + 2H^2O.$$

— Très-petits cristaux tout à fait semblables à ceux du fluosilicate, avec lesquels ils sont isomorphes. Une chaleur de 100° ne leur fait rien perdre de leur poids. L'eau ne commence à se dégager qu'à une température plus élevée, mais alors elle entraîne avec elle de l'acide fluorhydrique. Il finit par rester un mélange d'acide stannique et de fluorure de strontium.

Fluostannate de calcium, $CaSnFl^6 + 2H^2O$. — Isomorphe avec le précédent, il se comporte comme lui sous l'influence de la chaleur.

Fluostannate de plomb. $PbSnFl^6 + 3H^2O$. — Les cristaux de ce sel, en lamelles très-minces à éclat nacré, sont exactement semblables à ceux du fluostannate de baryum. Les angles du prisme clinorhombique auquel ils appartiennent sont

$$m : m = 108°6, \; p : m = 101°32' ;$$

angle plan de la base, 106°22'. Il est très-difficile à obtenir bien cristallisé, par suite de sa tendance à se sursaturer et à se prendre ensuite en une masse mamelonnée qui renferme probablement un hydrate moins riche en eau. D'ailleurs, chaque fois qu'on essaye de le redissoudre, il se décompose en partie et laisse un résidu insoluble de fluorure de plomb retenant peu de fluorure d'étain. L'acide fluorhydrique le décompose aussi fortement.

Fluostannate de magnésium,

$$MgSnFl^6 + 6H^2O.$$

— Prismes hexagonaux raccourcis, terminés par un rhomboèdre de 127°, inaltérables à l'air.

Fluostannate de manganèse,

$$MnSnFl^6 + 6H^2O.$$

— Prismes semblables aux précédents, mais plus allongés; ils sont d'un rose pâle, très-nets, éclatants, mais se ternissent à la longue au contact de l'air. L'angle du rhomboèdre est de 127°22'.

Les *fluostannates de nickel*, de *zinc* et de *cadmium* sont isomorphes avec les deux précédents, et offrent avec eux les plus grandes ressemblances.

Fluostannate de cuivre, $CuSnFl^6 + 4H^2O$. — Cristaux d'un beau bleu, assez éclatants, se conservant très-bien à l'air. Ils peuvent être chauffés jusque vers 100° sans s'altérer; plus tard ils perdent de l'eau, mais celle-ci entraîne avec elle de l'acide fluorhydrique. Leur forme est un prisme oblique.

Fluostannate d'argent, $Ag^2SnFl^6 + 4H^2O$. — Prismes quadrangulaires terminés par des pyramides à 4 pans placés sur les angles des bases; déliquescents; fusibles bien au-dessous de 100°, mais perdant de l'acide fluorhydrique en même temps que leur eau.

FLUOTANTALATES. — Fluosels dans lesquels le fluorure de tantale $TaFl^5$ joue un rôle semblable à celui de l'acide tantalique Ta^2O^5 dans les tantalates; ces composés, dont un petit nombre seulement sont connus, ont été étudiés par Berzelius [*Ann. de Chim. et de Phys.*, t. XXIX, p. 300], par H. Rose, et par M. Marignac.

L'acide tantalique non calciné, tel qu'on l'obtient après la fusion avec les bisulfates alcalins et des lavages prolongés, se dissout très-facilement dans l'acide fluorhydrique et donne ensuite naissance, par l'addition des diverses bases, à des fluosels solubles et cristallisables. Il ne paraît pas exister de *fluoxytantalates* correspondant aux fluoxyniobates, à moins qu'on ne range dans cette catégorie les composés insolubles qui se produisent souvent quand on fait redissoudre les fluotantalates dans l'eau pure; mais ces composés ne cristallisent pas et n'offrent peut-être pas une composition bien constante.

Les fluotantalates sont décomposés par l'acide sulfurique concentré; si l'on chasse l'excès de ce dernier vers 400° et que l'on reprenne le résidu par de l'eau bouillante, on obtient de l'acide tantalique insoluble, tandis que l'eau retient le sulfate de la base du fluotantalate.

Pour doser le fluor dans les fluotantalates alcalins, il faut les dissoudre dans l'eau, en précipiter l'acide tantalique par l'ammoniaque et l'ébullition, puis, après filtration et lavage, précipiter le fluor par le chlorure de calcium [Marignac, *Bibl. univ. de Genève* (partie scientifique), t. XXVI, p. 107, 1867].

Fluotantalate de potassium, $K^2Fl^2,TaFl^5$. — Ce sel, beaucoup plus soluble à chaud qu'à froid, se présente en fines aiguilles, isomorphes avec le fluoniobate de potassium. Ces aiguilles sont formées par des prismes à 6 faces appartenant à un prisme orthorhombique de 112°30', le pointement est constitué par un biseau e^1e^1 de 130°30'.

Le fluotantalate de potassium a été découvert par Berzelius; H. Rose paraît l'avoir obtenu à l'état impur; Marignac en a tiré un parti excellent pour séparer le niobium du tantale et avoir des combinaisons tantaliques parfaitement pures.

Sa dissolution dans l'eau pure se décompose et laisse séparer un résidu insoluble contenant de l'acide tantalique; par une ébullition un peu prolongée une portion plus notable encore du sel se décompose. Il se forme alors un résidu pulvérulent insoluble, il reste en dissolution une partie du fluotantalate non décomposé qui cristallise par le refroidissement, et l'on trouve dans les eaux mères du fluorhydrate de fluorure de potassium; le résidu complétement insoluble dans l'eau bouillante renferme 1 molécule d'acide tantalique unie à 2 molécules de fluotantalate de potassium.

On ne peut donc maintenir en dissolution le sel dont il s'agit qu'à l'aide d'un petit excès d'acide fluorhydrique dont la présence augmente rapidement sa solubilité. Cette solubilité a été trouvée égale à 1/200e à + 15°C, en n'ajoutant qu'une très-petite quantité d'acide fluorhydrique. De 100 parties de fluotantalate de potassium, l'on retire 50,48 p. d'acide tantalique.

Fluotantalates de sodium. — 1. *Sel normal*,

$$Na^2Fl^2Ta,Fl^5 + H^2O.$$

— Lames octogonales, très-minces, offrant une large base p bordée par les facettes d'un octaèdre rhomboïdal et les troncatures a et $e^{1/2}$; cette forme apparente pourrait bien résulter de macles plus ou moins compliquées, car les angles ne sont pas bien constants, la base présente des images multiples et une partie des faces manque souvent. Ce sel s'est déposé une fois en mamelons cristallins qui ne semblaient guère pouvoir concorder avec la forme précédente.

Il perd son eau bien avant 100° et supporte ensuite une température de 130° ou 150° sans perte de poids; sa solubilité est beaucoup plus grande que celle du fluotantalate de potassium; sa dissolution aqueuse, concentrée et mise à cristalliser de nouveau, abandonne d'abord des grains cristallins indéterminables dont il sera question plus bas, puis, à la fin, des lames limpides du sel primitif. Le fluotantalate normal de sodium prend naissance quand on traite le tantalate de soude par l'acide fluorhydrique étendu et que l'on concentre la liqueur : on obtient d'abord une série de dépôts grenus qui renferment un excès de fluorure de sodium, puis à la fin les lames qui viennent d'être décrites.

2. *Sel basique*, $Na^3Fl^3,TaFl^5$. — Ce sont les grains indistincts dont il vient d'être parlé à deux reprises, décrits en premier lieu par H. Rose qui s'était mépris sur leur composition véritable [Marignac, *loc. cit.*].

Fluotantalate d'ammonium, $(AzH^4)^2Fl^2,TaFl^5$. — Ce sel, très-soluble dans l'eau, cristallise très-bien en lames minces rectangulaires à bords biseautés. Ces lames sont tantôt carrées, tantôt fort allongées dans un sens de manière à présenter l'apparence d'aiguilles aplaties. Elles appartiennent à un octaèdre carré profondément basé et possédant un seul axe de double réfraction; la base est inclinée de 119° sur les faces de l'octaèdre.

Ce fluotantalate est anhydre; quand on le chauffe à 100°, il ne perd de son poids qu'à la longue en se décomposant; ses cristaux rapidement chauffés décrépitent avec violence. Il se dissout sans altération dans l'eau pure; cependant la liqueur soumise longtemps à l'influence de la chaleur se trouble et donne naissance à un dépôt pulvérulent (Marignac).

Lorsqu'on chauffe ce sel dans un appareil distillatoire en platine, on obtient un sublimé de fluorure d'ammonium contenant de l'acide tantalique, et il reste de l'acide fluotantalique que la chaleur n'altère pas (Berzelius).

Le *fluotantalate de calcium* et celui de *magnésium* sont solubles dans l'eau. Par l'évaporation, ils perdent de l'acide fluorhydrique et déposent une combinaison peu soluble dans l'eau (Berzelius). Marignac annonce, au contraire, qu'il n'a pu obtenir le fluotantalate de magnésium. L'opération qui aurait dû fournir ce sel n'a donné que du fluorure de magnésium insoluble et une dissolution de fluorure et d'oxyfluorure de tantale; ces derniers se sont déposés par la concentration de la liqueur filtrée.

Le *fluotantalate de plomb* est très-peu soluble dans l'eau (Berzelius).

Fluotantalate de zinc, $ZnFl^2,TaFl^5 + 7H^2O$. — Ce sel se prépare facilement quand on ajoute de l'oxyde de zinc à une dissolution d'acide tantalique dans l'acide fluorhydrique en excès. Il forme une masse confusément cristalline excessivement soluble, déliquescente, qui, par l'évaporation lente dans un air sec, se prend en lames rhomboïdales imprégnées d'eau mère sirupeuse. La proportion d'eau indiquée à la formule correspond à un sel analysé après un séjour prolongé dans un air desséché. Les cristaux sont toujours accompagnés d'un dépôt insoluble, pulvérulent, contenant de l'acide tantalique, qui se forme encore plus abondamment quand on redissout le sel dans l'eau et qu'on essaye de le faire cristalliser de nouveau (Marignac).

Fluotantalate de cuivre, $CuFl^2,TaFl^5 + 4H^2O$. — Ce sel se prépare comme le précédent et n'est pas moins soluble que lui. On ne l'obtient le plus souvent qu'en masse cristalline; Marignac a obtenu une fois, d'une manière accidentelle, de beaux cristaux bleus, transparents, offrant l'apparence de prismes rhomboïdaux terminés par un pointement à 4 faces, trop déliquescents pour pouvoir être déterminés. A 100°, le fluotantalate de cuivre ne perd qu'une partie de son eau, mais il laisse dégager en même temps de l'acide fluorhydrique, en sorte que le résidu ne se redissout plus qu'en faible proportion dans l'eau pure.

FLUOTITANATES, $R^2Fl^2,TiFl^4$. — Ces sels, découverts par Berzelius [*Ann. de Chim. et de Phys.*, t. XXVII], ont été étudiés surtout par Marignac. Ils résultent de la combinaison du fluorure de titane $TiFl^4$ avec d'autres fluorures.

Fluotitanates de potassium, $K^2TiFl^6 + H^2O$. — On prépare ce sel en dissolvant de l'acide titanique dans l'acide fluorhydrique et en ajoutant de la potasse jusqu'à ce que le précipité produit ne se redissolve plus dans la liqueur. Le sel cristallise par le refroidissement en petites paillettes semblables à celles de l'acide borique. Le refroidissement lent d'une dissolution peu concentrée permet d'obtenir des cristaux déterminables. Ce sont des lames généralement octogones appartenant à un prisme clinorhombique dans lequel on a

$$m:m = 91^\circ\ 6' \text{ et } p:m = 96^\circ\ 2'.$$

D'après Berzelius ce sel est anhydre, tandis que Marignac y a trouvé une molécule d'eau. Il fond à une forte chaleur rouge sans se décomposer.

On connaît deux fluotitanates ammoniques, ce sont :

Fluotitanate d'ammonium, $(AzH^4)^2TiFl^6$. — Il se prépare comme le précédent. Ses cristaux, isomorphes avec le fluostannate correspondant, sont des lamelles lenticulaires, croisées deux à deux, appartenant à un rhomboèdre de 107° à 108°.

Fluotitanate sesquiammonique,

$$3[(AzH^4)^2Fl^2] + 2TiFl^4.$$

— Petits prismes carrés isomorphes avec le fluosilicate correspondant, efflorescents par perte de fluorure ammonique, obtenus en ajoutant un excès de fluorure d'ammonium au sel précédent [Marignac, *Ann. de Chim.*, 5e série, t. XV].

Fluotitanate de sodium, Na^2TiFl^6. — Très-soluble dans l'eau, ce sel, isomorphe avec le fluosilicate de sodium, se dépose en grains ou en mamelons adhérents à la capsule et parmi lesquels on peut distinguer des prismes hexagonaux réguliers. Marignac a décrit aussi [*loc. cit.*] des prismes orthorhombiques de 125° 20', ayant pour formule $3(NaFl) + HFl + TiFl^4$. Ces cristaux s'étaient déposés de l'eau mère d'un fluotitanate neutre contenant un excès d'acide fluorhydrique et de fluorure de sodium.

Fluotitanate de strontium, $SrTiFl^6 + 2H^2O$. — Petits prismes clinorhombiques très-éclatants, isomorphes avec le fluosilicate, facilement solubles dans l'eau froide. L'angle du prisme est

$$m:m = 83^\circ\ 14',\ p:m = 103^\circ\ 50'.$$

Fluotitanate de calcium, $CaTiFl^6 + 3H^2O$. — Une dissolution de fluorure de titane acide, dans laquelle on fait dissoudre du carbonate de chaux, laisse déposer après son refroidissement des cristaux mamelonnés dont la forme est indiscernable. A froid, l'eau paraît les décomposer en laissant un abondant résidu. En chauffant, ce résidu disparaît, puis la liqueur reste indéfiniment liquide, ou, si elle est suffisamment concentrée, reproduit les cristaux mamelonnés.

Fluotitanate de magnésium, $MgTiFl^6 + 6H^2O$. — Ce sel isomorphe avec plusieurs fluostannates, fluosilicates, fluoxymolybdates, fluozirconates, du même groupe, cristallise en prismes hexagonaux terminés par un rhomboèdre de 128°. Il est très-soluble dans l'eau froide; sa dissolution se trouble un peu par l'ébullition. Par la distillation il abandonne de l'acide fluorhydrique, du fluorure de titane et laisse comme résidu de l'acide titanique et du fluorure de magnésium.

Les *fluotitanates de zinc* et de *manganèse* sont isomorphes avec celui de magnésium.

Fluotitanate de cuivre, $CuTiFl^6 + 4H^2O$. — Beaux cristaux bleus très-éclatants, appartenant à un prisme clinorhombique de 128° 6', isomorphes avec le fluostannate et le fluosilicate correspondants.

Fluotitanate de cuivre et fluorure d'ammonium,

$$AzH^4Fl + CuTiFl^6 + 4H^2O.$$

— Prismes quadratiques, très-solubles, un peu efflorescents, obtenus en ajoutant du fluorure d'ammonium à la dissolution du précédent.

Le *fluotitanate d'argent* cristallise bien, mais il est très-déliquescent.

FLUOXYMOLYBDATES. — Sels correspondant à des molybdates dans lesquels une partie de l'oxygène est remplacée par du fluor.

Berzelius [*Ann. de Chim. et de Phys.*, (2), t. XXIX, p. 369], a décrit le fluoxymolybdate de potassium, mais c'est Delafontaine [*Arch. des sciences physiques et naturelles de Genève*, t. XXX, p. 232], qui a fait connaître les corps les plus importants de ce groupe.

Un bon nombre de ces composés sont solubles dans l'eau et cristallisent d'une manière nette et facile. Plusieurs d'entre eux sont isomorphes avec les fluoxytungstates, les fluoxyniobates ou les fluotitanates, fluozirconates et fluostannates correspondants.

Outre les fluoxymolybdates qui correspondent aux molybdates neutres, il en est d'acides qui résultent principalement de l'action de l'acide fluorhydrique en excès sur les molybdates acides.

Les sels neutres connus sont inaltérables à l'air, mais les sels acides deviennent opaques en émettant de l'acide fluorhydrique. Le fluor peut quelquefois être expulsé totalement par un grillage prolongé au contact de l'air, il reste alors un molybdate; mais souvent, dans cette opération, la plus grande partie du molybdène s'en va, en sorte que l'on ne retrouve guère que de l'oxyde dans la capsule.

Fluoxymolybdate neutre de potassium,

$$K^2MoFl^4O^2 + H^2O.$$

— Par son apparence, ce sel se confond avec les fluoxytungstate, fluoxyniobate et fluotitanate de potassium. Il cristallise en tables octogones excessivement minces, transparentes, qui se forment le mieux en présence d'un léger excès d'acide fluorhydrique; ils se dissolvent abondamment dans l'eau bouillante, qui en abandonne la plus grande partie par le refroidissement. Ces cristaux appartiennent à un prisme anorthique dont un bon nombre d'angles coïncident avec ceux du fluoxytungstate de potassium.

Ce composé est inaltérable à l'air, il perd son eau au-dessous de 100°; lorsqu'on élève sa température jusqu'au rouge, il fond en un verre pâteux, jaune foncé, et laisse dégager de l'acide fluorhydrique par suite de l'action de l'humidité ambiante qui amène l'oxydation du molybdène et la combinaison du fluor avec l'hydrogène: au bout de plusieurs heures, la masse tout entière est transformée en molybdate neutre de potassium. Après le refroidissement, le nouveau sel se prend en une sorte d'émail blanc qui se fendille presque immédiatement et tout à la fois dans tous les sens, et se transforme ainsi en une poudre blanche, très-fine, intégralement soluble dans l'eau.

Le fluoxymolybdate neutre de potassium a été obtenu soit en dissolvant le molybdate neutre dans de l'acide fluorhydrique, soit en ajoutant de la potasse à une dissolution d'acide molybdique dans l'acide fluorhydrique en excès.

Fluoxymolybdate acide de potassium,

$$K^2Mo^2Fl^6O^4 + 2H^2O.$$

— Ce composé prend naissance quand on redissout le précédent dans un grand excès d'acide fluorhydrique, ou mieux encore lorsqu'on traite par cet acide l'un des molybdates acides de potasse. Il cristallise facilement en aiguilles prismatiques, transparentes, douées d'un éclat un peu soyeux et qui rappellent bien par leur forme et leurs modifications les fluoxytungstates acides de potassium et d'ammonium.

Ce sel se comporte au feu de la même manière que le précédent, à cette différence près que le résidu du grillage consiste en bimolybdate partiellement insoluble dans l'eau, et que, si l'on élève trop brusquement la température, on voit se dégager des vapeurs d'oxyfluorure de molybdène.

Fluoxymolybdate neutre de sodium,

$$2(Na^2MoFl^4O^2) + H^2O.$$

— En traitant le molybdate neutre de soude par l'acide fluorhydrique en faible excès, Delafontaine a obtenu des croûtes cristallines formées par l'agrégation de gros grains transparents qui constituent le fluoxymolybdate neutre de sodium. Notablement plus soluble que le sel neutre de potassium, ce composé se comporte de la même manière au feu, en vase ouvert, sauf que le résidu ne décrépite pas en se refroidissant. En vase clos, il ne perd que son eau.

Fluoxymolybdate acide de rubidium,

$$Rb^2Mo^2Fl^6O^4 + 2H^2O.$$

— Il a été obtenu en chauffant légèrement une eau mère qui avait fourni des cristaux de trimolybdate et en y ajoutant un excès d'acide fluorhydrique. Par le refroidissement, la liqueur s'est remplie d'un grand nombre de petites houppes formées par de fines aiguilles. Après une nouvelle cristallisation, ces cristaux ressemblaient à s'y méprendre à du fluotantalate de potassium. Ce sel se comporte au feu comme le sel acide de potassium.

Fluoxymolybdate neutre d'ammonium,

$$(AzH^4)^2MoFl^4O^2 + H^2O.$$

— Quoique beaucoup plus soluble que le sel potassique, avec lequel il est isomorphe, il cristallise très-facilement, en belles tables hexagonales ou octogones, ayant presque un millimètre d'épaisseur. Quand on le chauffe dans une capsule découverte, il subit une fusion pâteuse, dégage d'abondantes vapeurs acides, riches en molybdène, et laisse un résidu bleu qui s'oxyde au rouge sombre et se transforme alors en acide molybdique.

Ce sel a été préparé en additionnant d'un fort excès d'ammoniaque une dissolution de molybdate ordinaire de cette base et traitant ensuite la liqueur par l'acide fluorhydrique.

Fluoxymolybdate acide d'ammonium,

$$(AzH^4)^2Mo^2Fl^6O^4 + 2H^2O.$$

— Il forme de petits prismes aplatis, minces, très-nets. On peut le conserver intact pendant assez longtemps dans une boîte après l'avoir bien séché avec du papier; il finit cependant par devenir opaque. On le prépare au moyen de l'acide fluorhydrique et du sel précédent, ou du molybdate acide d'ammoniaque; quoique plus soluble que le fluoxymolybdate neutre, il cristallise facilement du jour au lendemain. Chauffé rapidement au rouge vif dans un creuset fermé, il se volatilise en grande partie, en laissant toutefois un résidu bleu ou brun d'oxyde de molybdène. Ce fluoxymolybdate est isomorphe avec le fluoxytungstate acide d'ammonium; sa forme appartient à un prisme orthorhombique de 123°40'.

Fluoxymolybdate de thallium,

$$Tl^2MoFl^4O^2 + H^2O.$$

— Quand on mélange des dissolutions de sulfate thalleux et de fluoxymolybdate neutre de potassium, il se forme un abondant précipité blanc, caséiforme, qui se redissout en grande partie quand on chauffe la liqueur où il a pris naissance, pour se déposer de nouveau, par le refroidissement, à l'état de poudre cristalline.

En dissolvant à chaud du molybdate thalleux neutre dans un excès d'acide fluorhydrique étendu de quatre ou cinq fois son volume d'eau et laissant refroidir, Delafontaine a obtenu de jolies tables minces, rectangulaires, à bords biseautés, d'un jaune-paille clair, brillantes, opaques, peu solubles dans l'eau. Ces cristaux ont fondu bien au-dessous du rouge en émettant des vapeurs acides et en produisant un verre pâteux, jaune foncé, qui est devenu parfaitement fluide au rouge; après le grillage et le refroidissement, il est resté un émail également jaune pâle et qui consistait en molybdate neutre à peine soluble dans l'eau.

Le *fluoxymolybdate de lithium* n'a pas été obtenu. Une dissolution concentrée de molybdate neutre de lithine, traitée par un léger excès d'acide fluorhydrique, a donné un dépôt abondant de fluorure de lithium et la liqueur surnageante s'est comportée comme étant formée essentiellement de fluorure (ou oxyfluorure) de molybdène.

Le *fluoxymolybdate de magnésium* est inconnu. Traité comme celui de lithine, le molybdate neutre de magnésie a fourni une liqueur gélatineuse qui n'a pas cristallisé, mais s'est réduite en devenant bleue.

Fluoxymolybdate neutre de zinc,

$$ZnMoFl^4O^2 + 6H^2O.$$

— Ce corps cristallise dans le système rhomboédrique; il forme des prismes hexagonaux réguliers, minces, terminés par les faces d'un rhomboèdre aigu de 96°50', transparents, incolores, assez solubles dans l'eau froide. Il est isomorphe avec les fluozirconate, fluotitanate et fluoxyniobate de zinc. Par un grillage très-lent, à la température la plus basse possible, il se transforme en molybdate neutre sans changer de forme, mais en devenant opaque et un peu jaune. Il se prépare comme les suivants, c'est-à-dire en dissolvant de l'acide molybdique dans l'acide fluorhydrique et ajoutant ensuite de l'oxyde de zinc.

Fluoxymolybdate de cadmium,

$$CdMoFl^4O^2 + 6H^2O.$$

— Isomorphe avec le précédent. Les cristaux de ce sel sont plus volumineux que ceux du sel de zinc; leurs faces sont bien éclatantes. L'apparence des cristaux est la même, toutefois le pointement appartient à un rhomboèdre de 127°23' inverse du précédent.

Ce sel est incolore, transparent, infusible, efflorescent à la longue, très-soluble dans l'eau chaude. Un grillage trop rapide le convertit en molybdate très-basique; il ne peut perdre de l'eau sans émettre des vapeurs acides.

Fluoxymolybdate de cobalt,

$$CoMoFl^4O^2 + 6H^2O.$$

— Isomorphe avec les deux précédents. Les cristaux de ce sel atteignent de 1 à 3 centimètres de longueur sur 1 à 4 millimètres de côté. Les prismes hexagonaux sont terminés par un rhomboèdre de 127°20', ils possèdent un seul axe de double réfraction, positif; ils sont transparents, rouge foncé, infusibles, très-solubles dans l'eau, se comportent à l'égard de la potasse comme les sels ordinaires de cobalt. Quand on les chauffe brusquement, ils se décomposent en laissant presque uniquement de l'oxyde intermédiaire de cobalt; grillés avec précaution, ils conservent leur forme, deviennent violets, vert-olive foncé, puis noirs.

Fluoxymolybdate de nickel,

$$NiMoFl^4O^2 + 6H^2O.$$

— Isomorphe avec les précédents. Il forme de très-petits cristaux d'un vert tendre, beaucoup plus solubles que ceux du sel de cobalt.

Fluoxymolybdate de manganèse,

$$MnMoFl^4O^2 + 6H^2O.$$

— Isomorphe avec les précédents. Il se présente sous la forme de fines aiguilles hexagonales, roses, très-solubles; sa dissolution est rose foncé.

Fluoxymolybdate de cuivre. — Non analysé. Beaux cristaux, peu volumineux, mais éclatants, très-nets et bien conformés, appartenant à l'un des systèmes obliques, transparents, inaltérables à l'air, d'une belle couleur bleue moins foncée que celle du sulfate de cuivre.

Fluoxymolybdate de cuivre et d'ammonium.— Plus soluble que le précédent. Il cristallise en aiguilles allongées, bleues.

FLUOXYTUNGSTATES. — Ces sels ont été quelquefois appelés à tort *fluotungstates*. Ce sont des fluosels qui correspondent à des tungstates dans lesquels une partie de l'oxygène est remplacée par du fluor; la découverte en a été faite par Berzelius [*Ann. de Chim. et de Phys.*, t. XXIX, p. 365], mais ce chimiste n'a décrit que le composé potassique ordinaire et c'est à Marignac [*Ann. de Chim. et de Phys.*, (3), t. LXIX] que l'on doit l'histoire des autres.

Lors même que l'on fait dissoudre les tungstates dans de l'acide fluorhydrique en excès, et qu'on les soumet longtemps à l'action de cet acide bouillant, on ne parvient à chasser que la moitié de l'oxygène.

Les fluoxytungstates sont pour la plupart solubles et cristallisables. Bien qu'ils correspondent, en général, aux tungstates neutres, ils se forment également par l'action de l'acide fluorhydrique sur tous les tungstates, même sur les métatungstates; seulement leur formation est alors accompagnée d'une abondante séparation d'acide tungstique lorsque l'évaporation a chassé l'excès d'acide fluorhydrique qui maintenait celui-ci en dissolution.

Quelquefois cependant il se forme des composés acides, mais ils ont peu de stabilité et se détruisent lorsqu'on essaye de les redissoudre et de les faire cristalliser de nouveau dans l'eau pure. On n'a pas réussi à obtenir les fluoxytungstates des métaux dont les fluorures sont très-difficilement solubles dans l'acide fluorhydrique, par exemple ceux de baryum, de strontium, de calcium, de magnésium. Lorsqu'on traite les tungstates correspondants par l'acide fluorhydrique, celui-ci ne dissout que l'acide tungstique et laisse insoluble le fluorure métallique, ou bien si celui-ci se dissout momentanément dans un excès d'acide, il se sépare ensuite pendant la concentration.

Lorsqu'on verse un acide dans la dissolution d'un fluoxytungstate, il ne s'y forme pas immédiatement un précipité; mais au bout de peu de temps la liqueur se trouble et laisse déposer de l'hydrate tungstique en quantité d'autant plus grande qu'elle est plus étendue.

Fluoxytungstate neutre d'ammonium,

$$(AzH^4)^2WFl^4O^2.$$

— Il forme des tables rectangulaires biseautées, des prismes aciculaires ou des lamelles rhomboïdales, cristaux qui offrent tous les mêmes facettes et appartiennent à un prisme orthorhombique de 100°55'. Très-soluble dans l'eau, il se décompose au feu sans fondre et laisse par grillage un résidu d'acide tungstique; si on le calcine trop rapidement, il dégage des vapeurs lourdes de fluorure de tungstène. Ce sel ne subit aucune altération à 100°. Sa dissolution concentrée donne par l'addition d'ammoniaque un abondant précipité qui se redissout facilement dans un excès de ce réactif. Par l'évaporation à l'air libre de cette liqueur, il s'y forme un abondant dépôt lamellaire de paratungstate et un sel en croûtes adhérentes à la capsule qui, redissoutes dans l'eau chaude ammoniacale, donnent, par le refroidissement, des cristaux.

Fluoxytungstate basique d'ammonium,

$$(AzH^4)^3WFl^3O^3.$$

— Ce composé cristallise en octaèdres réguliers, l'eau pure ne le redissout pas complétement. Sa dissolution laisse déposer, par l'évaporation spontanée, une cristallisation de paratungstate ammonique. Il ne subit aucune altération à 100°; par le grillage, il laisse un résidu d'acide tungstique.

Fluoxytungstate acide d'ammonium,

$$(AzH^4)^2W^2O^4Fl^6 + 2H^2O.$$

— Ses cristaux, isomorphes avec le fluoxymolybdate acide d'ammonium, sont des prismes à 6 faces appartenant à un prisme orthorhombique de 124°50'. Il se produit quelquefois lorsqu'on traite le paratungstate ammonique par l'acide fluorhydrique. Il se décompose au contact de l'eau en laissant déposer de l'acide tungstique, mais on peut le redissoudre et le faire cristalliser en présence d'acide fluorhydrique.

Fluoxytungstate neutre de potassium,

$$K^2WFl^4O^2 + 2H^2O.$$

— Il cristallise habituellement en lamelles nacrées excessivement minces. Lorsqu'il se dépose lentement dans une dissolution renfermant de l'acide fluorhydrique, on obtient des cristaux plus épais, en lames carrées ou octogones, mais dont les bords sont striés comme ceux des micas et qui paraissent formés d'une pile de lamelles groupées souvent en sens contraire. Ces cristaux paraissent se rapporter à un prisme clinorhombique dont l'angle de la base serait très-voisin de 90°.

Le fluoxytungstate neutre de potassium s'obtient le plus habituellement en traitant un tungstate de potasse quelconque, mais surtout le neutre, par l'acide fluorhydrique. Il ne subit aucune altération par des dissolutions et des cristallisations répétées. Il se dissout dans 17 fois son poids d'eau à 15°. Il se comporte au feu exactement comme le *fluoxymolybdate* correspondant (voyez ce mot).

Fluoxytungstate acide de potassium,

$$K^2W^2Fl^6O^4 + 2H^2O.$$

— Isomorphe avec le fluoxytungstate acide d'ammonium et le fluoxymolybdate acide d'ammonium. On obtient ce sel soit en dissolvant le précédent dans de l'acide fluorhydrique, soit directement en traitant le paratungstate de potasse par cet acide en excès. On ne peut le faire recristalliser dans l'eau pure. Le résidu qu'il laisse après le grillage est incomplétement soluble dans l'eau.

Fluoxytungstate neutre de sodium,

$$Na^2WFl^4O^2.$$

— Il affecte la forme de petits octaèdres basés qui sont en réalité des prismes rhomboïdaux probablement obliques. L'angle du prisme est de 115°40' environ.

Ce sel est le seul que l'on ait obtenu en traitant soit le tungstate neutre, soit le paratungstate de soude par l'acide fluorhydrique. Il fond facilement au rouge naissant en ne subissant qu'une perte de poids insignifiante dans un creuset fermé.

Mais si on le calcine plus fortement au contact de l'air, il se décompose, devient d'abord moins fusible en se remplissant d'une matière jaune, probablement de l'acide tungstique ou un tungstate acide; ce dernier se redissout peu à peu par suite de l'oxydation du fluorure de sodium, en sorte que, à la fin, il ne reste plus que du tungstate neutre de sodium, très-fusible, complétement soluble dans l'eau.

Fluoxytungstate de zinc,

$$ZnWFl^4O^2 + 10H^2O.$$

— Ce sel cristallise dans le système du prisme anorthique. Il est extrêmement sensible aux variations de l'humidité atmosphérique, tombant en déliquescence par un temps pluvieux, tandis qu'il s'effleurit rapidement quand l'air est sec. Très-soluble dans l'eau, il fond bien au-dessous de 100° dans son eau de cristallisation.

Fluoxytungstate de cuivre,

$$CuWFl^4O^2 + 4H^2O.$$

— Les cristaux de ce sel sont des octaèdres clinorhombiques basés, avec de petites modifications; ils sont isomorphes avec le fluotitanate

$$(CuTiFl^6 + 4H^2O)$$

et le fluoxyniobate de cuivre ($CuNbFl^5O + 4H^2O$). Ils se dissolvent facilement dans l'eau, sont inaltérables à l'air, ne perdent rien à 100°, décrépitent au-dessus de cette température en abandonnant de l'eau et de l'acide fluorhydrique.

Fluoxytungstate ammonico-cuivrique,

$$2(CuWFl^4O^2) + (Az^4H)^2Fl^2 + 4H^2O.$$

— Isomorphe avec le fluotitanate ammonico-cuivrique

$$2(CuFl^2, TiFl^4) + (AzH^4)^2Fl^2 + 4H^2O.$$

— Il cristallise facilement, en prismes quadratiques, lorsqu'on ajoute du fluorure d'ammonium à la dissolution du sel précédent.

Les *fluoxytungstates de nickel, de cadmium et de manganèse* sont déliquescents; ils ne cristallisent que dans des dissolutions sirupeuses, en petits cristaux groupés en mamelons; ils se décomposent partiellement par l'évaporation, et ne se redissolvent complétement que par l'addition d'acide fluorhydrique.

Le sel de nickel renferme 10 molécules d'eau comme celui de zinc.

Le *fluoxytungstate d'argent* n'a pas été obtenu en cristaux déterminables; il est très-soluble et se décompose facilement par l'évaporation de sa dissolution.

FLUOZIRCONATES. — Fluosels composés d'un métal et de zirconium unis au fluor. On doit leur découverte à Berzelius qui a décrit deux fluozirconates de potassium, mais c'est Marignac qui a fait la monographie du genre et a montré l'isomorphisme des fluozirconates avec les fluotitanates et les fluostannates, d'où découle la nécessité d'adopter la formule ZrO^2 pour la zircone [Berzelius, *Ann. de Chim. et de Phys.*, t. XXIX, p. 346; — Marignac, *Ann. de Chim. et de Phys.*, (3), t. LX, p. 257].

Le fluorure de zirconium forme avec la plupart des fluorures métalliques basiques, des sels solubles et cristallisables. Cependant le rôle acide de ce fluorure paraît moins marqué que celui des fluorures de silicium, de titane et d'étain. C'est ce qui ressort d'une part de ce que ces composés appartiennent moins constamment à un même type, et d'autre part de ce qu'on ne réussit pas à obtenir des composés définis avec les fluorures insolubles tels que ceux de calcium, de baryum et de strontium, tandis que l'on parvient à préparer les fluostannates et les fluotitanates correspondants.

Tous les fluozirconates, sauf ceux de potassium et de sodium, se décomposent assez facilement par une calcination prolongée au contact de l'air, le fluor étant chassé à l'état d'acide fluorhydrique par l'intervention de l'humidité atmosphérique.

Il faut seulement avoir le soin d'opérer la décomposition du fluozirconate par le grillage à une basse température, sans le faire rougir tant qu'il se dégage de l'acide fluorhydrique ; sinon on voit se former des vapeurs pesantes de fluorure de zirconium et le couvercle du creuset se recouvre d'un dépôt de zircone.

Lorsque ces sels renferment de l'eau de cristallisation, il est rare que l'on puisse les dessécher complétement sans leur faire subir d'altération ; presque toujours un dégagement d'acide fluorhydrique accompagne celui de l'eau.

On trouve dans les fluozirconates, considérés dualistiquement, les rapports suivants entre le fluor du fluorure basique et celui du fluorure de zirconium :

I.	1 : 4
II.	2 : 4
III.	3 : 4
IV.	4 : 4

De ces quatre types, le second est le plus habituel, le plus stable et presque le seul qui puisse se redissoudre dans l'eau et recristalliser sans altération. Un seul sel offre l'exemple d'un type peu simple ; c'est celui du sodium, dans lequel on trouve le rapport de 5 : 8.

Les fluozirconates de zinc et de nickel sont absolument isomorphes avec les fluosilicates, les fluotitanates et les fluostannates des mêmes métaux.

Fluozirconate de potassium,

$$K^2Fl^2, ZrFl^4 \text{ ou } K^2ZrFl^6.$$

— Il forme des prismes aciculaires qui appartiennent à un prisme orthorhombique tronqué sur ses arêtes aiguës par des faces qui lui donnent l'apparence d'un prisme hexagonal régulier. L'angle du prisme est de 120° 30'.

Ce sel est celui qui prend naissance presque toujours lorsqu'on mêle des dissolutions de fluorure de zirconium et de fluorure de potassium, à moins que l'un d'eux ne soit en très-grand excès. D'ailleurs, dans ce dernier cas, le sel qui se forme passe à l'état de fluozirconate normal si on le fait redissoudre dans l'eau pure et cristalliser de nouveau.

Le fluozirconate de potassium ne renferme pas d'eau et peut être chauffé jusqu'au rouge sombre sans rien perdre de son poids. Au rouge, il éprouve une fusion pâteuse, et dégage à la longue de l'acide fluorhydrique, par suite de l'action décomposante de la vapeur d'eau atmosphérique.

Sa solubilité croît rapidement avec la température. En effet, une partie de ce sel exige pour se dissoudre

128 p.	d'eau à	+ 2° C.
71	»	+ 15°.
59	»	+ 19°.
4	»	+ 100°.

Sa dissolution saturée bouillante se prend par le refroidissement en une masse de fines aiguilles. Les cristaux déterminables ne s'obtiennent que par le refroidissement lent d'une dissolution peu concentrée.

Fluozirconate tripotassique,

$$(KFl)^3, ZrFl^4 = K^3ZrFl^7.$$

— Octaèdres ou cubo-octaèdres très-petits, mais très-nets, ne jouissant pas de la double réfraction, qui ne se forment qu'en présence d'un grand excès de fluorure de potassium. Chauffé au rouge sombre, ce sel décrépite ; mais s'il a été préalablement pulvérisé et desséché, il ne perd rien de son poids. Il a été découvert, ainsi que le précédent, par Berzelius et étudié de nouveau par Marignac.

Fluozirconate acide de potassium,

$$KZrFl^5 + H^2O.$$

— Il ne prend naissance qu'en présence d'un excès de fluorure de zirconium, et il se décompose quand on le redissout dans l'eau. Ses cristaux, assez mal conformés, appartiennent à un prisme clinorhombique, de 131° 42', dont la base fait avec les faces du prisme un angle de 133° 40'.

Fluozirconate d'ammonium,

$$(AzH^4)^2ZrFl^6 = (AzH^4)^2Fl^2, ZrFl^4.$$

— Isomorphe avec le premier des fluozirconates de potassium décrits ci-dessus. Ses cristaux, allongés et aplatis, peuvent être chauffés à 100° sans perdre de leur poids ; un simple grillage les transforme en zircone [1].

Fluozirconate triammonique,

$$[(AzH^4)Fl]^3, ZrFl^4.$$

— Ce sel se forme en présence d'un assez grand excès de fluorure d'ammonium ; il cristallise dans le système régulier, on l'obtient quelquefois en assez beaux cristaux, octaèdres ou cubo-octaèdres, jouissant de la réfraction simple.

Fluozirconate de sodium,

$$Na^5Zr^2Fl^{13} = 5NaFl, 2ZrFl^4.$$

— Petites tables ou lamelles rhomboïdales, aplaties suivant la base, appartenant à un prisme clinorhombique dans lequel on a

$$mm = 56° 6', \ pm = 93° 2'$$

et l'angle plan de la base 50° 45' 1/2. Ce sel affecte aussi souvent l'apparence d'un dépôt mamelonné ; on peut l'obtenir par double décomposition à chaud, car il exige, pour se dissoudre, 258 p. d'eau à + 18° et environ 60 fois son poids d'eau bouillante.

Marignac n'a pas pu obtenir d'autres fluozirconates de sodium que celui-là.

Fluozirconates de baryum, de strontium et de calcium. — Ces composés sont insolubles et n'ont pu être obtenus à l'état défini, ils sont toujours mélangés de fluorure basique.

Fluozirconate de magnésium,

$$MgZrFl^6 + 5H^2O = MgFl^2, ZrFl^4 + 5H^2O.$$

— Petits cristaux assez éclatants, mais à faces courbes, qui appartiennent à un prisme clinorhombique de 59° environ, dans lequel $pm = 107°$ 30' environ. Lorsqu'on prépare ce sel par l'action de la magnésie sur le fluorure de zirconium en dissolution acide, on obtient un dépôt abondant qui renferme le fluozirconate mélangé avec beaucoup de fluorure de magnésium ; le premier sel se dissout dans l'eau, bien qu'il soit peu soluble, et se dépose en cristaux par une évaporation lente.

Fluozirconate de manganèse,

$$MnZrFl^6 + 5H^2O = MnFl^2, ZrFl^4 + 5H^2O.$$

— Isomorphe avec le précédent. Ses axes optiques sont situés dans le plan diagonal de symétrie. Par le grillage, il se change en un mélange de zircone et de bioxyde de manganèse.

(1) Marignac a signalé la curieuse relation cristallographique suivante : il y a entre les fluozirconates normaux de potassium et d'ammonium (isomorphes avec l'arragonite et le nitre) et les fluostannates et les fluotitanates des mêmes bases (isomorphes avec le spath d'Islande et le nitrate de soude), la même relation de formes qu'entre les carbonates de baryte, de strontiane et de plomb d'une part, et ceux de magnésie, de fer ou de zinc de l'autre.

Fluozirconate bimanganeux,

$$Mn^2ZrFl^8 + 6H^2O = 2MnFl^2, ZrFl^4 + 6H^2O.$$

— Cristaux roses assez éclatants qui appartiennent à un prisme clinorhombique dans lequel

$$mm = 79° 28', pm = 107° 52'$$

et l'angle plan de la base 72° 12'. — Ce sel s'obtient facilement en ajoutant à la dissolution du précédent de l'acide fluorhydrique en excès et du carbonate de manganèse. Il se redissout dans l'eau froide sans s'altérer, sa dissolution peut même être portée à l'ébullition sans se troubler. Cependant, lorsqu'on traite immédiatement par l'eau chaude le sel cristallisé, il se décompose et laisse un abondant résidu de fluorure de manganèse.

Fluozirconate bicadmique,

$$Cd^2ZrFl^8 + 6H^2O = 2CdFl^2, ZrFl^4 + 6H^2O.$$

— Il est isomorphe avec le précédent, et ses cristaux offrent exactement les mêmes faces. C'est le composé qui paraît se former le plus facilement par le mélange des fluorures de zirconium et de cadmium, en présence de l'acide fluorhydrique. Il se redissout dans l'eau et cristallise de nouveau sans altération.

Fluozirconate acide de cadmium,

$$CdZr^2Fl^{10} + 6H^2O = CdFl^2, (ZrFl^4)^2 + 6H^2O.$$

— Marignac, ayant ajouté un excès de fluorure de zirconium à une dissolution de fluozirconate précédent, a obtenu par l'évaporation des cristaux lamellaires, indéterminables, groupés en éventail, dont la composition se représentait par la formule ci-dessus.

Fluozirconate de zinc,

$$ZnZrFl^6 + 6H^2O = ZnFl^2, ZrFl^4 + 6H^2O.$$

— Ce sel, isomorphe avec

le fluotitanate	$ZnSnFl^6$	$+ 6H^2O$
le fluostannate	$ZnTiFl^6$	$+ 6H^2O$
le fluosilicate	$ZnSiFl^6$	$+ 6H^2O$
le fluoxyniobate	$ZnNbFl^5O$	$+ 6H^2O$
et le fluoxymolybdate	$ZnMoFl^4O^2$	$+ 6H^2O$

cristallise en prismes hexagonaux réguliers, très-nets et assez volumineux, terminés par un sommet rhomboédrique. L'angle du rhomboèdre est de 127° 14'. Ce fluozirconate est très-soluble.

Fluozirconate bizincique,

$$Zn^2ZrFl^8 + 12H^2O = (ZnFl^2)^2, ZrFl^4 + 12H^2O.$$

— Ses cristaux, excessivement maclés et enchevêtrés, sont isomorphes avec le sel correspondant à base de nickel. Il se produit toutes les fois que le fluorure de zinc est en excès par rapport à celui de zirconium.

L'eau froide le dissout bien, mais il se trouble à l'ébullition en laissant déposer du fluorure de zinc.

Fluozirconate de nickel,

$$NiZrFl^6 + 6H^2O = NiFl^2, ZrFl^4 + 6H^2O.$$

— Ce sel, d'une belle couleur verte, est isomorphe avec celui de zinc et avec les fluosilicate et fluostannate de nickel; il cristallise en prismes hexagonaux réguliers terminés par les faces d'un rhomboèdre de 127° 10'.

Fluozirconate binickélique,

$$Ni^2ZrFl^8 + 12H^2O = (NiFl^2)^2, ZrFl^4 + 12H^2O.$$

— Les cristaux de ce fluozirconate sont d'un beau vert-émeraude, souvent maclés et groupés en forme de rosace; on peut les faire dériver d'un prisme clinorhombique dans lequel

$$mm = 86° 35' 30'', pm = 109° 34'$$

et l'angle plan de la base 79° 6' 40". Redissous dans l'eau froide, ils peuvent supporter l'ébullition.

Fluozirconate de nickel et de potassium,

$$(KFl)^2, NiFl^2 + 2ZrFl^4 + 8H^2O.$$

— Cristaux très-nets, assez petits, d'un vert pâle, dont la forme appartient à un prisme clinorhombique de 113° 30' avec l'incidence $pm = 94° 44$, et l'angle plan de la base = 113° 14' 40". Ce composé se prépare directement en mêlant les dissolutions de fluozirconate de potassium et de fluozirconate de nickel, il se dépose presque complétement, car il est très-peu soluble dans l'eau. En employant des liqueurs chaudes et concentrées, on voit le plus souvent se former au premier moment des cristaux aciculaires du sel de potassium et l'eau mère reste colorée en vert; mais peu à peu ces premiers cristaux se redissolvent, et ils sont remplacés par des cristaux verts et brillants du sel triple, en même temps que l'eau mère se décolore.

Fluozirconate sesquicuprique,

$$(CuFl^2)^3, (ZrFl^4)^2 + 16H^2O.$$

— Belles tables bleues, clinorhombiques, avec les incidences $mm = 85° 38'$, $pm = 91° 12'$ et angle plan de la base 85° 35' 20". Elles se forment le plus habituellement, même en présence d'un excès de fluorure de zirconium; l'eau ne les décompose pas.

Fluozirconate bicuprique,

$$(CuFl^2)^2, ZrFl^4 + 12H^2O.$$

— Beaux cristaux bleus, appartenant au type clinorhombique, avec les angles $mm = 79° 10'$, $pm = 99° 47$ et angle plan de la base 77° 6'. — Isomorphe avec les sels correspondants de nickel et de zinc, quoiqu'on l'ait rapporté à une forme primitive placée un peu différemment. Il se produit très-facilement quand on ajoute de l'acide fluorhydrique et du carbonate de cuivre, à la dissolution du précédent; il se dissout bien dans l'eau froide, mais se décompose par l'ébullition. M. D.

FONTE. — La fonte est une combinaison du fer avec le carbone, plus fusible que le fer doux. Nous en avons déjà traité, en exposant la métallurgie du fer.

Les faits que nous allons indiquer brièvement compléteront les détails donnés antérieurement et pour lesquels nous renvoyons le lecteur aux articles cités page 1486.

Il y a deux espèces bien distinctes de fonte, la fonte grise et la fonte blanche. Elles diffèrent en couleur, en dureté, en ténacité et en fusibilité. La fonte grise exige pour entrer en fusion une température plus élevée que la fonte blanche, et en se fondant elle passe presque instantanément de l'état solide à l'état liquide. La fonte blanche, au contraire, devient molle, pâteuse, avant de fondre. La fonte grise devient blanche par une solidification subite après la fusion; et la fonte blanche devient grise par une solidification très-lente, après fusion à une température élevée. En effet, le fer tenant 2, 3 p. % de carbone soumis à un refroidissement lent, il se sépare du graphite, et le métal offre l'aspect caractéristique de la fonte. Au delà de 2, 3 p. %, limite minimum, plus la proportion du carbone jusqu'au maximum de 5, 9 % est grande, plus le métal est blanc et dur, lorsqu'il est à l'état de fonte blanche.

La fonte grise est douée d'une solidité et d'une ténacité considérables. On peut la tourner et la forer. Sa cassure est grenue. On s'en sert pour couler divers objets.

La fonte blanche est d'un blanc d'argent, cassante. Sa cassure est cristalline, et l'on y trouve quelquefois de très-grandes surfaces cristallisées.

Un changement subit de température la fait casser.

Un haut-fourneau marchant convenablement avec des minerais ordinaires donne de la fonte grise : lorsqu'on a employé une proportion de minerai trop grande relativement à la quantité de charbon, il se produit de la fonte blanche. Les minerais manganésifères fournissent des fontes blanches.

Les fontes grises doivent leur couleur à de nombreuses paillettes de graphite. Elles contiennent le carbone sous deux états : une partie se trouve à l'état de carbure de fer, l'autre partie à l'état de graphite.

Les fontes très-riches en graphite sont appelées fontes noires. Les fontes grises et noires contiennent une assez forte proportion de silicium, souvent un peu de soufre, de phosphore et d'arsenic.

Les fontes qui présentent à la cassure des mouches presque noires, disséminées avec régularité dans la masse, sont appelées fontes truitées. Elles ont la même composition que les fontes grises ; produites par des minerais de bonne qualité, elles contiennent moins de silicium, de soufre et de phosphore que ces dernières.

Les hauts-fourneaux produisent trois espèces de fontes blanches : les fontes blanches lamelleuses, les fontes blanches grenues et les fontes blanches fibreuses.

Les fontes blanches lamelleuses sont toujours produites par des minerais riches en manganèse; mais les dimensions des lamelles dépendent du mode de coulée et de refroidissement des fontes.

Les fontes blanches grenues s'obtiennent par une allure spéciale ou par un refroidissement brusque à la coulée. Les minerais les plus divers peuvent donner ces fontes.

Les fontes blanches fibreuses renferment beaucoup de phosphore, d'arsenic et de soufre. Elles sont quelquefois très-riches en silicium.

On voit donc que les propriétés industrielles des fontes de première fusion varient dans les limites les plus étendues, suivant la nature des minerais, l'allure du haut-fourneau, le mode de coulée et la rapidité du refroidissement.

Les qualités et la composition des fontes peuvent être avantageusement modifiées par une seconde fusion, dans des réverbères ou dans des cubilots. Lorsqu'on refond des fontes dans les fours à réverbère, on peut leur faire éprouver un commencement d'affinage.

L'emploi du cubilot permet d'affiner ou de faire absorber aux fontes du carbone. Ces effets inverses s'obtiennent en réglant convenablement la grosseur des fragments de coke, la position des tuyères, la pression et la quantité de vent.

Pour la fabrication des fontes, voyez la MÉTALLURGIE DU FER, p. 1430.

Pour la fonte malléable, voyez ACIER, p. 57.

Pour l'analyse des fontes, voyez FER, p. 1430.

P. H.

FORBÉSITE (Min.). — Arséniate hydraté de nickel et de cobalt, renfermant, suivant Forbes,

$$2RO, As^2O^5 + 8H^2O.$$

FORMÈNE. — Nom donné par M. Berthelot au gaz des marais ou hydrure de méthyle CH^4.

FORMIAMIDE, $CH^3AzO = CHO.AzH^2$ [W. Hofmann, *Compt. rend.*, t. LVI, p. 328; *Bull. de la Soc. chim.*, 1863, p. 207; — M. Berend, *Ann. der Chem. u. Pharm.*, t. CXXVIII, p. 335, et *Bull. de la Soc. chim.*, 1864, t. I, p. 277]. Découverte par M. Hofmann, la formiamide se produit lorsqu'on chauffe pendant 2 jours, à 100° et dans des vases scellés, du formiate d'éthyle sec saturé de gaz ammoniac; en soumettant le produit à la distillation, on recueille d'abord l'excès d'éther non attaqué, puis la formiamide passe entre 190° et 192°, mais en se scindant en grande partie en oxyde de carbone et en ammoniaque. Elle distille intacte dans un vide partiel qui ramène le point d'ébullition à 140°. M. Max Berend l'a obtenue par la déshydratation du formiate d'ammoniaque; en chauffant celui-ci avec moitié de son poids d'urée, et maintenant la température à 140°, tant qu'il se dégage du carbonate d'ammoniaque. La formiamide reste à l'état d'un liquide incolore qu'on purifie par distillation dans le vide. Enfin M. Lorin a pu l'obtenir par la distillation sèche du formiate d'ammoniaque; elle se rencontre dans les produits de la distillation passant entre 100° et 200° [*Compt. rend. de l'Acad.*, t. LIX, p. 51, et *Bull. de la Soc. chim.*, 1864, t. II, p. 207].

La formiamide est un liquide incolore, transparent, facilement soluble dans l'eau et dans l'alcool, insoluble dans l'éther pur, distillant vers 190° en se décomposant en ammoniaque et en oxyde de carbone. L'acide phosphorique anhydre lui enlève les éléments de l'eau, et la transforme en acide cyanhydrique. L'amalgame de sodium la transforme, en présence de l'eau, en méthylamine, et le résidu renferme du cyanure. Les acides et les alcalis la décomposent facilement en acide formique et en ammoniaque.

MÉTHYLFORMIAMIDE,

$$C^2H^5AzO = CHO.AzH(CH^3)$$

[A. Gautier, *Bull. de la Soc. chim.*, 1869, t. XI, p. 215]. — Elle se produit lorsqu'on mélange la méthylcarbylamine et l'acide acétique cristallisable. On la sépare en distillant d'abord dans le vide, recueillant ce qui passe entre 90° et 110° et le soumettant à la distillation fractionnée sous la pression ordinaire.

La méthylformiamide est un liquide sirupeux, incolore, neutre, douceâtre, soluble dans l'eau et l'alcool, insoluble dans une solution de potasse. Elle bout de 180° à 185°. Cette substance prend également naissance lorsqu'on traite par la potasse aqueuse le chlorhydrate de méthylcarbylamine.

ÉTHYLFORMIAMIDE,

$$C^3H^7AzO = CHO.AzH(C^2H^5)$$

[Wurtz, *Ann. de Chim. et de Phys.*, (3), t. XLII, p. 56]. L'acide formique réagit vivement sur l'éther cyanique, et l'on doit refroidir le mélange pour modérer la première réaction. Quand elle est achevée, on chauffe dans un tube scellé, au bain-marie, et le produit distillé fournit l'éthylformiamide entre 198° et 200°.

Elle a été aussi obtenue par M. Gautier en hydratant l'éthylcarbylamine $CAzC^2H^5$, soit en la chauffant avec de l'acide acétique, soit en décomposant le chlorhydrate d'éthylcarbylamine par la potasse.

C'est un liquide incolore, neutre, d'une saveur douce, très-soluble dans l'eau et dans l'alcool. Il bout à 199°; sa densité à 2° est de 0,967. La potasse le dédouble à l'ébullition en acide formique et en éthylamine.

PHÉNYLFORMIAMIDE [Syn. *Formianilide*],

$$C^7H^7OAz = CHO.AzH(C^6H^5)$$

[Gerhardt, 1845, *Journ. de Pharm.*, (3), t. IX, p. 409; — W. Hofmann, *Ann. der Chem. u. Pharm.*, t. CXLII. p. 121, et *Bull. de la Soc. chim.*, 1868, t. IX, p. 484]. — Gerhardt l'a obtenue en chauffant au bain de sable de l'oxalate neutre d'aniline; le sel fond, perd de l'eau et il reste un mélange d'oxanilide et de formianilide. On épuise à froid par l'alcool, qui s'empare de la formianilide; on chasse la plus grande partie de l'alcool par la distillation, et on reprend le résidu par l'eau, qui laisse les matières résineuses et colorantes, et tient en dissolution la formianilide parfaitement pure. On sépare celle-ci en concentrant la liqueur.

Suivant M. Hofmann, par la distillation d'une molécule d'acide oxalique avec deux molécules d'aniline, il se produit presque uniquement de l'oxanilide, tandis qu'en employant molécule pour molécule, chauffant vite et fortement, on n'obtient presque que de la formianilide. Le produit distillé, additionné de soude caustique concentrée, se prend en une masse cristalline renfermant la phénylformiamide et la soude. Dans cette préparation il se forme comme produits secondaires : 1° de la diphénylcarbamide provenant de l'oxanilide ou phényloxamide par perte d'oxyde de carbone ; 2° de l'aniline et de l'oxyde de carbone résultant du dédoublement de la formianilide ; et 3° par déshydratation de cette dernière, du benzonitrile ou cyanure de phényle C^7H^5Az.

La formianilide est en prismes rectangulaires aplatis, très-longs et enchevêtrés. Elle fond à 46° et peut rester longtemps liquide au-dessous de son point de fusion. Elle est assez soluble dans l'eau, surtout à chaud, soluble dans l'alcool ; sa solution aqueuse a une saveur légèrement amère. Les acides et les alcalis étendus la décomposent à l'ébullition, en acide formique et aniline. Distillée seule, ou mieux avec de l'acide chlorhydrique concentré, elle perd les éléments de l'eau et fournit du benzonitrile ou cyanure de phényle

$$C^7H^7AzO - H^2O = C^7H^5Az.$$

M. Hofmann, à qui l'on doit la connaissance de ces faits, a réussi par ce moyen à transformer les amidocarbures aromatiques (aniline, toluidine, naphthylamine) en acides supérieurs : il a ainsi passé de l'aniline à l'acide benzoïque.

L'acide sulfurique concentré attaque à chaud la formianilide en dégageant de l'oxyde de carbone pur, et produisant de l'acide sulfanilique ou phényl-sulfamique.

En exposant la formianilide à l'action d'un mélange de protochlorure de phosphore et d'aniline, on obtient une base

$$C^{13}H^{12}Az^2 = \left.\begin{matrix}(CH)''' \\ (C^6H^5)^2 \\ H\end{matrix}\right\} Az^2$$

que M. Hofmann a appelée d'abord *formyldiphényldiamine*, nom qu'il a changé en *méthényldiphényldiamine* ; le groupement $(CH)'''$ étant le méthényle [Hofmann, *Compt. rend. de l'Acad.*, t. LXII, p. 729, et *Bull. de la Soc. chim.*, 1866, t. IV, p. 165].

NAPHTHYLFORMIAMIDE,

$$C^{11}H^9OAz = \left.\begin{matrix}C^{10}H^7 \\ CHO \\ H\end{matrix}\right\} Az$$

[Zinin, *Journ. für prakt. Chem.*, t. LXXIV, p. 376, et *Répert. de Chim. pure*, 1859, p. 148. — Lorsqu'on chauffe doucement le bioxalate de naphthylamine à 200°, il fond et dégage en se boursouflant de la vapeur d'eau et un mélange d'acide carbonique et d'oxyde de carbone. Par le refroidissement, on obtient une masse cristalline qu'on reprend par l'alcool. Celui-ci dissout de la naphtylformiamide et laisse la dinaphtyloxamide.

La naphthylformiamide s'obtient par l'évaporation de sa solution alcoolique. Elle est soluble dans l'eau bouillante et cristallise de sa solution aqueuse en belles aiguilles soyeuses et flexibles qui deviennent rosées à l'air.

Elle fond à 132° et se volatilise sans décomposition. Les alcalis la transforment en acide formique et naphtylamine.

Distillée avec de l'acide chlorhydrique concentré, elle perd les éléments de l'eau et donne le cyanure de naphthyle, $C^{10}H^7CAz$, qui, par l'ébullition avec la soude caustique, se transforme en acide ménaphtoxylique $C^{11}H^8O^2 = C^{10}H^7, CO^2H$ [Hofmann, *Zeitsch. für Chem.*, nouv. sér., t. IV, p. 291, et *Bull. de la Soc. chim.*, 1868, t. X, p. 480].

E. G.

FORMIANILIDE. — Voyez FORMIAMIDE.

FORMIATES. — L'acide formique étant monobasique, les formiates ont pour formule générale $CHO.OM$. Les formiates diatomiques ont pour formule $(CHO^2)^2M''$. On connaît aussi des formiates acides CH^2O^2, CHO^2M.

FORMIATES MÉTALLIQUES.

Presque tous les formiates sont solubles dans l'eau, cependant celui de plomb l'est très-peu et ceux de cérium, de lanthane, de didyme ne le sont pas du tout. Ils réduisent à l'ébullition les sels d'argent et de mercure ; chauffés avec de l'acide sulfurique concentré, ils dégagent de l'oxyde de carbone. Les formiates alcalins transforment le bichlorure de mercure en calomel. Cette réaction, lente à la température ordinaire, a lieu rapidement lorsqu'on chauffe légèrement la liqueur. Il faut une ébullition prolongée avec un excès de formiate, pour que tout le chlorure soit réduit à l'état de mercure.

Les formiates de calcium ou de baryum étant distillés avec le sel correspondant d'un acide monatomique, on obtient l'aldéhyde correspondante à ce dernier (Piria, Limpricht). Telle est la formation de l'aldéhyde benzoïque avec le benzoate :

$$\underset{\text{Formiate de calcium}}{(CHO^2)^2Ca''} + \underset{\text{Benzoate de calcium.}}{(C^7H^5O^2)^2Ca''} = \underset{\text{Carbonate calcique.}}{2(CO^3Ca'')} + \underset{\text{Aldéhyde benzoïque.}}{2(C^7H^6O)}$$

FORMIATE D'AMMONIUM, CHO^2, AzH^4 [Dœbereiner, *Repert. für Chem. Pharm. v. Buchner*, t. XV, p. 425 ; — Pelouze, *Ann. de Chim. et de Phys.*, t. XLVIII, p. 390]. — Il cristallise en prismes rectangulaires droits, terminés par quatre faces. Il est fort déliquescent ; il fond à 120°, puis se décompose sans laisser de résidu en fournissant de la formiamide, de l'eau, de l'ammoniaque, de l'oxyde de carbone, et de l'acide cyanhydrique.

Sa vapeur étant dirigée dans un tube chauffé à 206°, il se dédouble en eau et acide cyanhydrique.

FORMIATES DE POTASSIUM. *Sel neutre*, CHO^2K. — Il cristallise difficilement en prismes ou en octaèdres à base rhombe. Les cristaux sont anhydres, déliquescents ; ils décrépitent lorsqu'on les chauffe, et fondent à 150° [A. Souchay et C. Groll, *Journ. für prakt. Chem.*, t. LXXVI, p. 470 ; et *Répert. de Chim. pure*, 1858, p. 550].

Sel acide, CH^2O^2, CHO^2K [Bineau, *Ann. de Chim. et de Phys.*, (3), t. XIX, p. 291]. — Il s'obtient par la dissolution du sel neutre dans l'acide formique très-concentré et chaud ; il cristallise par le refroidissement de la liqueur. Sans odeur, très-déliquescent, très-soluble dans l'acide formique, l'eau et l'alcool, il possède une saveur fort acide. Sa dissolution aqueuse perd une partie de l'acide par évaporation au bain-marie.

FORMIATES DE SODIUM. *Sel neutre*, CHO^2Na. — Prismes rhomboïdaux surmontés par des octaèdres, anhydres, fusibles à 200°, décomposables au rouge sombre, cristallisant plus facilement que le sel potassique (A. Souchay et C. Groll).

Sel acide, CH^2O^2, CHO^2Na. — Il se prépare comme le sel correspondant de potasse ; une grande quantité d'eau le décompose déjà en acide formique et sel neutre (Bineau).

FORMIATE DE LITHIUM, $CHO^2Li + H^2O$. — Beaux prismes rhomboïdaux renfermant une molécule d'eau, qu'ils perdent à 100° (A. Souchay et C. Groll).

Formiate de baryum, $(CHO^2)^2Ba$. — Ce sont des prismes anhydres, inaltérables à l'air, solubles dans 4 p. d'eau, insolubles dans l'alcool.

Prisme orthorhombique, $mm = 75°35$; $a^1a^1 = 97°30$ [Bernhardi, *Handb. der Chem.* de L. Gmelin, t. IV, p. 234; — H. Kopp, *Einleit. in die Kristallographie*, p. 265; — Heusser, *Ann. de Pogg.*, t. LXXXIII, p. 37].

Soumis à la distillation sèche, le formiate de baryum fournit de l'hydrure de méthyle, de l'éthylène, du propylène, et probablement les homologues supérieurs, butylène, amylène, etc. [Berthelot, *Ann. de Chim. et de Phys.*, (3), t. LIII, p. 75 et suiv.].

Formiate de thallium, $(CHO^2)Tl$ [Lamy, *Ann. de Chim. et de Phys.*, (3), t. LXVII, p. 433]. — Ce sel, très-soluble dans l'eau, fond au-dessous de 100° sans se décomposer; il ressemble au formiate de potasse.

Formiate de strontium, $(CHO^2)^2Sr + 2H^2O$ [Pasteur, *Ann. de Chim. et de Phys.*, (3), t. XXXI, p. 98; — H. Kopp, *loc. cit.*; — Heusser, *loc. cit.*]. — Le formiate de strontiane cristallise avec 2 molécules d'eau qu'il perd à 100° (17 %). Il est soluble dans l'eau, et n'exerce aucune action sur le plan de polarisation de la lumière.

Prismes orthorhombiques avec hémiédrie non superposable. $mm = 117°21$: $e^1e^1 = 118°20$. de pouvoir rotatoire en solution.

Formiate de calcium, $(CHO^2)^2Ca''$ [Heusser, *loc. cit.*]. — Il est anhydre; soluble dans 8 p. d'eau froide, insoluble dans l'alcool.

Prismes orthorhombiques; $b^{1/2}b^{1/2} = 136°36$ et 121°46.

Formiate de magnésium, $(CHO^2)^2Mg$. — Fines aiguilles transparentes, insolubles dans l'alcool, solubles dans 13 p. d'eau. Suivant A. Souchay et C. Groll, il renferme 2 molécules d'eau de cristallisation et s'effleurit légèrement à l'air.

Formiate de zinc, $(CHO^2)^2Zn + 2H^2O$. — En cristaux incolores, solubles dans 24 p. d'eau à 19°, insolubles dans l'alcool; on l'obtient en dissolvant le zinc ou son oxyde dans l'acide formique.

Prismes clinorhombiques isomorphes avec les sels de cadmium et de manganèse. $mm = 104°32$; $p\,b^{1/2} = 120°4$; $pm = 94°28$ (Heusser).

Formiate de cadmium, $(CHO^2)^2Cd + 2H^2O$. — Très-soluble dans l'eau, isomorphe avec les formiates de zinc et de manganèse.

Prismes clinorhombiques; $mm = 105°30$; $pm = 85°43$ (H. Kopp).

Formiate de manganèse, $(CHO^2)^2Mn + 2H^2O$. — Tables rougeâtres solubles dans 14 p. d'eau froide, insolubles dans l'alcool.

Prismes clinorhombiques isomorphes avec les sels de zinc et de cadmium.

Lorsqu'on fait cristalliser un mélange de formiate de baryum, et de formiate de manganèse, on obtient un sel double, isomorphe avec ce dernier.

Formiates de fer [A. Scheurer-Kestner, *Ann. de Chim. et de Phys.*, (3), t. LXVIII, p. 480].

Formiate ferreux, $(CHO^2)^2Fe + 2H^2O$. — On l'obtient en maintenant en ébullition pendant 12 ou 15 heures de l'acide formique d'une densité de 1,021, dans un ballon rempli de tournure de fer, le ballon étant en communication avec un réfrigérant de Liebig disposé de manière à faire refluer les vapeurs. On obtient ainsi une liqueur verdâtre, qui, filtrée chaude, dépose par le refroidissement des tables rhomboïdales d'un vert clair. Insoluble dans l'alcool, très-peu soluble dans l'eau froide, il se décompose par l'ébullition avec l'eau, en déposant un sous-sel jaune.

Formiate ferrique, $(CHO^2)^6Fe^2 + H^2O$. — On le prépare en dissolvant dans l'acide formique de l'hydrate ferrique récemment précipité. Il est plus stable que l'acétate correspondant. Il forme des cristaux jaunes, très-brillants, assez solubles dans l'eau, peu solubles dans l'alcool. Le formiate ferreux, abandonné à l'air, laisse déposer de l'oxyde ferrique, et il reste du formiate ferrique en dissolution; mais si on le fait bouillir au contact de l'air, il donne un précipité brun jaune, formiate ferrique basique, dont l'analyse conduit à la formule

$$(CHO^2)Fe^2O^5H^5 = (Fe^2)^{vi}\left\{\begin{matrix} CHO^2 \\ (OH)^5. \end{matrix}\right.$$

Formio-azotate ferrique,

$$(CHO^2)^3AzO^3,Fe^2O^2H^2 = (Fe^2)^{vi}\left\{\begin{matrix} (CHO^2)^3 \\ AzO^3 \\ (OH)^2. \end{matrix}\right.$$

— On l'obtient en oxydant par l'acide azotique une dissolution de formiate ferreux en présence d'un excès d'acide formique; il cristallise en petits prismes rhomboïdaux rouges par transparence, avec reflet jaune doré. Séparé de l'eau mère, ce sel est très-instable, et se décompose immédiatement si l'on élève la température. Il est déliquescent et soluble dans l'alcool.

Dichlorotétraformiate ferrique,

$$(CHO)^4Fe^2Cl^2O^4 = (Fe^2)^{vi}\left\{\begin{matrix} (CHO^2)^4 \\ Cl^2 \end{matrix}\right.$$

— On le prépare en oxydant par l'acide azotique du chlorure ferreux dissous dans l'acide formique. La dissolution abandonnée à elle-même fournit des cristaux mamelonnés d'un rouge-jaune, solubles dans l'eau, peu solubles dans l'alcool.

Formiate de cobalt. — Cristaux roses, peu solubles dans l'eau, insolubles dans l'alcool.

Formiate de nickel. — Aiguilles vertes, groupées en aigrettes.

Formiate d'aluminium. — Gommeux et déliquescent.

Formiate de thorium. — Une solution de thorine dans l'acide formique aqueux donne par évaporation des cristaux qui, mis en digestion avec de l'eau chaude, déposent un sel basique.

Formiates d'étain. — Le *formiate stanneux* est tantôt en poudre blanche insoluble, tantôt en une masse gélatineuse difficile à sécher. — Le *formiate stannique* est un précipité blanc, gélatineux, qui finit par prendre un aspect cristallin.

Formiate de vanadium. — Le formiate de vanadium est une masse saline, bleue, facilement soluble dans l'eau; la solution reste bleue en présence d'un excès d'acide, mais par l'évaporation à l'air elle tourne au vert. On l'obtient en dissolvant l'hydrate de vanadium dans l'acide formique aqueux.

Formiate de chrome. — Masse verte, qu'on obtient en dissolvant l'hydrate de chrome dans l'acide formique et évaporant.

Formiate d'urane. — Corps vert grisâtre qu'on obtient en chauffant une solution de formiate de soude avec du protochlorure d'urane.

Le formiate uraneux est incristallisable et déliquescent.

Le *formiate uranique* est aussi incristallisable.

Formiates de cuivre, $(CHO^2)^2Cu + 4H^2O$. — Prismes volumineux d'un bleu clair, qui s'effleurissent dans l'air chaud, solubles dans 8 p. d'eau froide, et dans 400 p. d'alcool à 85° centigrades.

Prismes clinorhombiques; $mm = 90°$; $b^{1/2}b^{1/2} = 112°18$; $pm = 82°30$ (H. Kopp, Heusser).

Il existe un sous-sel, vert, pulvérulent, et des sels doubles de cuivre avec les formiates de strontium et de baryum.

Formiate de plomb $(CHO^2)^2Pb$. — Fines aiguilles brillantes, solubles dans l'eau bouillante, insolubles dans l'eau froide. Ce sel, qu'on prépare en ajoutant de l'acide formique à une solution saturée d'acétate de plomb, se produit aussi lorsqu'on fait bouillir une solution de glucose avec du peroxyde de plomb.

On obtient un sous-formiate de plomb

$$(CHO^2)^2Pb, PbO$$

sous forme d'écailles cristallines, en ajoutant de l'ammoniaque à une solution tiède de sel neutre, jusqu'à ce qu'elle commence à se troubler.

Le sel basique se dépose par le refroidissement (Berthelot).

Prismes orthorhombiques, isomorphes avec le sel de baryum (H. Kopp, Heusser).

Formiate de mercure. — L'oxyde mercurique se dissout à froid dans l'acide formique, mais ce sel se décompose rapidement en formiate mercureux en dégageant de l'acide formique et de l'acide carbonique :

$$2[(CHO^2)^2Hg] = (CHO^2)^2Hg^2 + CH^2O^2 + CO^2$$

Formiate mercurique. Formiate mercureux.

Le formiate mercureux est en paillettes nacrées, grasses au toucher, solubles dans 520 p. d'eau à 17°, insolubles dans l'alcool et l'éther. Par la lumière, le choc, une chaleur de 100° ou l'ébullition de la solution, il se décompose en mercure, acide formique et anhydride carbonique.

Formiate d'argent. — Paillettes blanches, qui se réduisent à l'ébullition à l'état métallique, en dégageant de l'acide carbonique. On les obtient en précipitant l'azotate d'argent par un formiate alcalin.

ÉTHERS FORMIQUES.

Nous ne décrirons ici que les éthers des alcools monatomiques de la série grasse. Les éthers formiques représentent des formiates neutres, dont le métal est remplacé par les radicaux alcooliques.

Formiate de méthyle, $C^2H^4O^2 = CHO^2.CH^3$ [Dumas et Peligot, *Ann. de Chim. et de Phys.*, t. LVIII, p. 48]. — Le formiate de méthyle a été obtenu par la distillation d'un mélange équimoléculaire de formiate de soude bien sec et de sulfate de méthyle. En chauffant légèrement, on détermine la réaction, qui s'accomplit à une température peu élevée. On obtient l'éther parfaitement pur par une seconde rectification. Il est très-fluide, d'une odeur éthérée, plus léger que l'eau ; il bout entre 36° et 38°, à 32°,7 sous la pression de 741mm (H. Kopp). La densité de vapeur trouvée est égale à 2,084. La potasse le convertit en formiate et en esprit de bois.

Formiate de méthyle perchloré, $C^2Cl^4O^2$ [Cahours, *Compt. rend. de l'Acad.*, t. XXIII, p. 1070]. — Le chlore agit lentement sur cet éther, même sous l'influence des rayons solaires ; 20 à 24 grammes de matière exigent quinze jours pour le remplacement de l'hydrogène par le chlore. La partie la plus volatile du produit est recueillie entre 175° et 190°, et rectifiée. L'éther formique perchloré est liquide, incolore, limpide, d'une densité de 1,724 à 10° ; il bout entre 180° et 185°. Son odeur est forte et piquante. La potasse l'attaque lentement ; l'ammoniaque le décompose en fournissant de la trichloracétamide et du chlorure d'ammonium, et probablement un troisième produit. — Avec l'alcool, il donne du chlorocarbonate d'éthyle. Dirigé dans un tube chauffé à 340-350°, il se transforme en gaz chloroxycarbonique.

Formiate d'éthyle, $C^3H^6O^2 = CHO^2, C^2H^5$ [Liebig, *Ann. der Chem. u. Pharm.*, t. XVI, p. 170 ; t. XVII, p. 70 ; — Marchand, *Journ. für prakt. Chem.*, t. XVI, p. 430 ; — H. Kopp, *Ann. der Chem. u. Pharm.*, t. LV, p. 180 ; — I. Pierre, *Ann. de Chim. et de Phys.*, (3), t. XV].

Le formiate d'éthyle, découvert en 1777 par Arfélius, d'Upsal, se produit facilement par la distillation d'un mélange d'alcool et de formiate alcalin et d'acide sulfurique. On emploie 6 p. d'alcool de 0,90, 7 p. de formiate de soude et 10 p. d'acide sulfurique. On place les deux premières substances dans une cornue tubulée et on verse l'acide sulfurique par un entonnoir dont la pointe plonge au-dessous de la surface du mélange et on ne l'ajoute que par petites portions, en laissant refroidir après chaque addition. La réaction en effet est assez vive, et il distille une certaine quantité d'éther formique. Lorsque tout l'acide est ajouté, on chauffe, on mélange le produit de la distillation, par portions successives, avec son volume d'un lait de chaux refroidi, on décante l'éther et on le sèche sur le chlorure de calcium.

Le formiate d'éthyle étant employé pour améliorer les alcools de qualité inférieure et leur communiquer le parfum du rhum, on est arrivé à le préparer industriellement en employant le procédé suivant :

Dans un alambic en fer doublé de plomb, on introduit 14k,5 de peroxyde de manganèse et 4k,5 d'amidon. Le manganèse doit titrer 85 °/o de peroxyde pur. On ajoute alors un mélange bien refroidi de 14 kilogrammes d'acide sulfurique, 2k,5 d'eau et 7k,5 d'alcool. On place rapidement le chapiteau, car souvent la distillation commence seule. Dans le cas contraire, on la détermine par un courant de vapeur d'eau, qu'on arrête dès qu'elle commence, et qu'on reprend aussitôt qu'elle s'arrête. Les premières portions distillées renferment de l'alcool, puis il passe de l'éther formique ; c'est dans les dernières qu'on trouve beaucoup d'acide formique libre. Tout ce qui passe avant celui-ci est livré au commerce comme éther formique. On peut faire en un jour 6 ou 7 opérations, et produire ainsi 40 à 50 kilogrammes d'éther formique [J. Stinde, *Dingler's Polytech. Journ.*, t. CLXXXI, p. 402, et *Bull. de la Soc. chim.*, 1866, t. VI, p. 352].

Le formiate d'éthyle se forme encore comme produit secondaire dans la préparation de l'oxalate d'éthyle ; 4 kilogrammes d'acide oxalique fournissent 1,800 grammes d'éther oxalique pur et 600 grammes d'éther formique pur [Löwig, *Journ. für prakt. Chem.*, t. LXXXIII, p. 1, et *Ann. de Chim. et de Phys.*, (5), t. LXIII, p. 464]. — Voyez pour les détails Oxalate d'éthyle.

Le formiate d'éthyle se produit aussi quand on chauffe de l'acide oxalovinique avec la glycérine [Church, *Ann. der Chem. u. Pharm.*, t. C, p. 256 ; *Ann. de Chim. et de Phys.*, (3), t. L, p. 188].

L'éther formique est incolore, d'une odeur forte et agréable, il bout à 52°,9 sous la pression de 752mm (I. Pierre) ; à 55°,7 sous une pression de 757mm (H. Kopp) ; enfin à 55° sous la pression de 762mm (suivant Andrews). Sa densité est de 0,9188 à 17° (H. Kopp) ; de 0,9356 à 0° (I. Pierre). Sa densité de vapeur a été trouvée égale à 2,573.

Il brûle avec une flamme bleue, jaune sur les bords. Il se dissout dans 9 p. d'eau à 18°. La solution s'acidifie promptement. Saturé de gaz ammoniac et chauffé deux jours en vase clos à 100°, il donne de la formiamide (Hofmann). Le formiate d'éthyle est attaqué par le sodium, avec production de formiate de soude et d'éthylate de sodium [E. Greiner, *Zeits. für Chem.*, nouv. sér., t. II, p. 469 ; *Bull. de la Soc. chim.*, 1867, t. VIII, p. 503]. Le chlore l'attaque vivement en donnant de l'acide chlorhydrique, du formiate d'éthyle bichloré, de l'acide formique et du chlorure d'éthyle, ces deux derniers provenant de l'action de l'acide chlorhydrique sur le formiate d'éthyle (Malaguti).

Formiate d'éthyle bichloré, $C^3H^4Cl^2O^2$ [Malaguti, *Ann. de Chim. et de Phys.*, t. LXXI, p. 369]. — Le produit de l'action du chlore sur le formiate d'éthyle est distillé jusqu'à 90°. On verse le résidu dans l'eau, on décante la couche huileuse qui surnage, et on la dessèche dans le vide. Assez soluble dans l'alcool et dans l'éther, elle est lentement décomposée par l'eau ; une dissolution aqueuse de potasse la décompose en donnant du chlorure, de l'acétate et du formiate de potasse.

Formiate d'ethyle perchloré, $C^8Cl^6O^4$. — Il est identique avec l'acétate de méthyle perchloré (voyez p. 24).

Sous-formiate d'éthyle, $(CH)'''(C^2H^5O)^3$. — On a donné ce nom au corps découvert par Kay, et qui résulte de l'action à froid de l'éthylate de sodium sur le chloroforme. Ses propriétés ont été décrites à l'article Chloroforme, p. 877. Ajoutons ici qu'on peut le préparer aussi en faisant bouillir pendant six à sept heures 360 grammes d'hydrate de potasse, 600 grammes de chaux vive, 3 litres d'alcool absolu, y ajoutant alors 180 grammes de chloroforme, et continuant encore deux heures l'ébullition [Williamson, *Ann. de Chim. et de Phys.*, (3), t. XLII, p. 54]. Suivant Basset, il est plus avantageux de le préparer en ajoutant du sodium à un mélange d'alcool absolu et de chloroforme, de manière à conserver un excès de ce dernier. Lorsqu'on ajoute une solution alcoolique d'éthylate de sodium à du chloroforme, il se forme de l'oxyde de carbone, et la proportion de sous-formiate est moins considérable. Cela vient de ce que celui-ci est en partie décomposé par l'éthylate de sodium [Basset, *Journ. of the Chem. Soc.*, 2e sér., t. II, p. 198, et *Bull. de la Soc. chim.*, 1864, t. II, p. 360].

Formiate de butyle, $C^5H^{10}O^2 = CHO^2.C^4H^9$ [Wurtz, *Ann. de Chim. et de Phys.*, (3), t. XLII, p. 161]. — Il est liquide, doué d'une odeur agréable; il bout vers 100°, on le prépare en distillant des quantités équivalentes de butylsulfate et de formiate de potasse.

Formiate d'amyle, $C^6H^{12}O^2 = CHO^2.C^5H^{11}$ [H. Kopp, *Ann. der Chem. u. Pharm.*, t. LV, p. 183]. — C'est un liquide très-mobile, d'une odeur agréable de pomme, d'une densité de 0,8743 à 21°. Il bout vers 116°. On l'obtient en distillant un mélange de 3 p. d'acide sulfurique, 7 p. d'alcool amylique et 6 p. de formiate de soude anhydre.

Sous-formiate d'amyle, $(CH)'''(C^5H^{11}O)^3$. — Il bout entre 260° et 270° avec décomposition partielle. Il se produit par la réaction de l'amylate de sodium et du chloroforme. E. G.

FORMIQUE (ACIDE), $CH^2O^2 = CHO.OH$. — On avait remarqué depuis longtemps que les fourmis rouges fournissent une sécrétion acide, qu'on considéra tour à tour comme un acide particulier, *acide formique*, et comme de l'acide acétique. Margraff, qui le premier l'étudia, sut le distinguer de ce dernier; mais Fourcroy et Vauquelin le prirent pour un mélange d'acide acétique et d'acide malique. Gehlen et Gœbel en firent une étude nouvelle et s'élevèrent contre cette opinion. Berzelius analysa l'acide formique. Dœbereiner l'obtint artificiellement par l'oxydation d'abord de l'acide tartrique, puis de diverses matières organiques (sucre, amidon, etc.), et ses travaux ainsi que ceux de Liebig établirent d'une manière définitive la nature et les propriétés de ce corps [Gehlen, *Ann. de Chim.*, t. LXXXIII, p. 208, et *Journ. de Schweigger*, 1812, t. IV, p. 1; — Berzelius, *Ann. de Chim.*, t. IV, p. 109; — Gœbel, *Journ. de Schweigger*, t. XXXII, p. 345; t. LXV, p. 155; t. LXVII, p. 74; — Dœbereiner, *ibid.*, t. XXXII, p. 344; t. LXIII, p. 366; *Ann. der Chem. u. Pharm.*, t. III, p. 141; t. XIV, p. 180; t. LIII, p. 145; — *Ann. de Chim. et de Phys.*, t. XX, p. 329, et t. LII, p. 105; — Liebig, *Ann. der Chem. u. Pharm.*, t. XVII, p. 69].

État naturel et modes de production. — L'acide formique existe non-seulement dans les fourmis rouges, mais encore dans les poils de divers insectes, entre autres les chenilles processionnaires. On le rencontre aussi dans divers liquides du corps humain; Campbell l'a trouvé dans le sang, dans l'urine [*Chem. Gaz.*, 1853, p. 310]; Scherer, dans la sécrétion du foie et dans le liquide musculaire [*Ann. der Chem. u. Pharm.*, t. LXIX, p. 196]; Schottin, dans la sueur [*Jahresb. der Chem.*, 1852, p. 704]; Lucius a constaté l'existence de l'acide formique en petites quantités dans le guano [*Ann. der Chem. u. Pharm.*, t. CIII, p. 105]. C'est lui qui constitue le liquide irritant des orties [Gorup-Besanez, *Journ. für prakt. Chem.*, t. XLVII, p. 194]. Il entre dans les feuilles fraîches de pin et de sapin [Pauls, *Jahresb. für prakt. Pharm.*, t. XVIII, p. 1]. Redtenbacher en a observé la présence en grande quantité dans des branches de pin entassées et pourries Comme les fourmis rouges font leurs nids de préférence dans les vieux pins, il se peut que ces insectes leur empruntent l'acide formique, et ne le sécrètent pas directement. Du reste, dans les pins, cet acide provient de l'oxydation lente de l'essence de térébenthine; c'est à lui, en effet, qu'est due l'acidité de l'essence de térébenthine du commerce, ainsi que l'ont démontré Wiggers [*Ann. der Chem. u. Pharm.*, t. XXXIV, p. 235] et Weppen [*même recueil*, t. XLI, p. 294]. Suivant Laurent, lorsque l'essence de térébenthine est longtemps conservée dans des vases de plomb, il s'y forme souvent des cristaux de formiate de plomb [*Journ. für prakt. Chem.*, t. XXVII, p. 316]. Dœbereiner a trouvé cet acide dans le suc de la joubarbe (*Sempervivum tectorum*) ; Gorup-Besanez, dans le fruit de la saponaire (*Sapindus saponaria*) et dans les tamarins [*Ann. der Chem. u. Pharm.*, t. LXIX, p. 369].

Enfin l'acide formique existe dans l'eau minérale de Prinzhofen, près de Straubing [Pettenkofer, *Kast. Arch.*, t. VII, p. 104], dans le dépôt que forment les eaux de Marienbad (Lehmann). Scherer l'a rencontré dans l'eau minérale de Brückenau, en Bavière, ainsi que ses homologues, les acides acétique, propionique et butyrique [*Ann. der Chem. u. Pharm.*, t. XCIX, p. 257].

Ses modes de production sont nombreux ; il prend naissance :

1° Dans l'oxydation des matières organiques, esprit-de-bois, sucre, amidon, ligneux, acide tartrique, mannite, alcool, fibrine, gélatine, albumine, etc.

2° Par l'action de la potasse sur le chloroforme, le bromoforme, l'iodoforme, le chloral, le bromal, l'acide trichloracétique.

3° Par l'action de l'acide chlorhydrique et de l'acide sulfurique sur l'acide cyanhydrique, qui représente du formiate d'ammoniaque, moins 2 molécules d'eau (Pelouze) :

$$\underset{\text{Acide cyanhydrique.}}{CAzH} + 2H^2O = \underset{\text{Formiate d'ammonium.}}{CHO^2.AzH^4}$$

4° Par l'action à chaud de l'hydrate de potassium ou de calcium sur l'alcool méthylique (Dumas et Stas).

5° Par la décomposition de l'acide oxalique sous l'influence de la chaleur (Gay-Lussac).

6° Par le dédoublement de l'acide oxalique sous l'influence de la glycérine (Berthelot). Voir plus bas, *Préparation de l'acide formique.*

7° Par l'huile de lin chauffée avec de l'acide sulfurique (Sacc).

8° Dans la distillation sèche de l'asa fœtida.

9° Dans l'électrolyse de l'acétone (Friedel).

10° Dans la fermentation de l'urine des diabétiques, etc., etc. (Klinger).

11° Enfin la synthèse en a été réalisée d'une façon remarquable par M. Berthelot, qui, par un procédé indirect, a réussi à fixer sur l'oxyde de carbone les éléments de l'eau :

$$CO + H^2O = CH^2O^2.$$

Oxyde de carbone. Acide formique.

M. Berthelot opère comme il suit : Dans un ballon d'un demi-litre on introduit 10 grammes de potasse légèrement humectée, puis on remplit le ballon d'oxyde de carbone pur, et on le ferme à la lampe. On chauffe dix à douze de ces ballons dans un bain-marie à 100° pendant 70 à 100 heures; au bout de ce temps, si l'on ouvre les ballons sur le mercure, on observe un vide presque complet; l'oxyde de carbone a été absorbé par la potasse. Le produit de la réaction dissous dans l'eau, sursaturé d'acide sulfurique, et soumis à la distillation, fournit de l'acide formique, qu'on purifie en le faisant passer à l'état de formiate de plomb cristallisé. L'absorption est d'autant plus rapide que la potasse est en plus grande quantité.

Avec une quantité de potasse suffisante et à la température ordinaire, tout l'oxyde de carbone peut être absorbé en six semaines. La présence de l'alcool ou de l'esprit-de-bois facilite beaucoup cette réaction, qui marche 10 à 15 fois plus vite qu'en présence de l'eau. A 100°, avec l'alcool l'absorption de l'oxyde de carbone a lieu en 10 heures; elle est aussi favorisée par la présence de l'éther; enfin elle a lieu avec la chaux et la baryte en présence de l'alcool ou de l'esprit-de-bois [Berthelot, *Ann. de Chim. et de Phys.*, (3), t. XLV, p. 479; t. LIII, p. 77; t. LXI, p. 463].

12° MM. Kolbe et R. Schmitt ont depuis réalisé la transformation de l'acide carbonique en acide formique par le potassium. Le métal est placé en lames minces dans une capsule disposée sous une cloche remplie d'acide carbonique et séparée de l'atmosphère ambiante par une couche d'eau tiède. Dans ces conditions, il est transformé au bout de 24 heures en bicarbonate et formiate de potassium :

$$2K + 2CO^2 + H^2O = CHO^2K + CO^3KH.$$

Formiate. Bicarbonate.

Le sodium paraît fournir dans les mêmes circonstances moins de formiate que le potassium [*Ann. der Chem. u. Pharm.*, t. CXIX, p. 251, et *Répert. de Chim. pure*, 1862, p. 142.]

13° M. Maly l'a obtenu en traitant le carbonate d'ammoniaque en solution par l'amalgame de sodium [*Ann. der Chem u. Pharm.*, t. CXXXV, p. 118, et *Bull. de la Soc. chim.*, 1866, t. VI, p. 59].

14° M. Chapman a obtenu de l'acide formique en oxydant le charbon par le permanganate de potasse. Pour s'assurer que la production de cet acide n'était pas due à des matières hydrogénées que pouvait renfermer le noir de fumée, il a opéré sur du charbon provenant de la décomposition du sulfure de carbone par le sodium. Il a recueilli ainsi de l'acide formique qu'il a transformé en sel de baryte [*Chem. Soc. Journ.*, t. V, p. 133; *Bull. de la Soc. chim.*, 1867, t. VIII, p. 55].

Préparation de l'acide formique. — On peut préparer l'acide formique par l'oxydation de substances organiques; Liebig a donné les proportions suivantes : 10 p. de fécule, 37 p. de bioxyde de manganèse, 30 p. d'acide sulfurique et 30 p. d'eau. Il faut employer une cornue d'une capacité dix fois plus grande que le volume du mélange. Mais ce mode de préparation est peu usité depuis que M. Berthelot a fait connaître que l'acide oxalique se dédouble en acide carbonique et acide formique sous l'influence de la glycérine :

$$C^2H^2O^4 = CO^2 + CH^2O^2$$

Acide oxalique. Acide carbon. Acide formique.

Berthelot, *Ann. de Chim. et de Phys.*, (3), t. XLI, p. 294; t. XLVI, p. 484].

Dans une cornue de deux litres, on introduit 1 kilogramme d'acide oxalique du commerce, 1 kilogramme de glycérine sirupeuse, et 1000 à 1200 grammes d'eau. On chauffe avec précaution, de manière à ne pas dépasser 100°. Au bout de 12 à 15 heures, tout l'acide oxalique est décomposé, il a distillé une petite quantité d'eau chargée d'acide formique, mais celui-ci reste presque entièrement dissous dans la glycérine. On ajoute un demi-litre d'eau, on distille, on remplace l'eau à mesure, et l'on continue jusqu'à ce qu'on ait fait passer 6 à 7 litres de liquide. A ce moment, la glycérine reste presque seule dans la cornue; on peut ajouter un second kilogramme d'acide oxalique, de nouvelle eau, et poursuivre l'opération d'une manière continue. En opérant ainsi, 3 kilogrammes d'acide oxalique ont fourni 1k,05 d'acide formique. On sépare celui-ci de la grande quantité d'eau dans laquelle il est dissous, en saturant par les carbonates de plomb, de baryte, de chaux, etc., concentrant les liqueurs et faisant cristalliser les sels.

Pour obtenir l'acide formique CH^2O^2 complètement exempt d'eau, on le transforme en sel de plomb, qu'on décompose par l'hydrogène sulfuré. On place le sel très-sec dans un long tube, qu'on chauffe légèrement, et à une des extrémités duquel arrive un courant de gaz sulfhydrique bien desséché. On recueille l'acide formique qui distille à l'autre extrémité, et on le purifie par une seule rectification qui le débarrasse de l'hydrogène sulfuré dont il est souillé.

Comme dans le procédé de M. Berthelot, le liquide acide qui distille renferme au plus 4 ou 5 °/₀ d'acide formique CH^2O^2, M. Lorin a étudié les conditions du phénomène et a donné les procédés suivants pour obtenir facilement de l'acide formique à 56 °/₀, à 70 °/₀, et enfin de l'acide pur cristallisable, sans passer par le formiate de plomb [Lorin, *Bull. de la Soc. chim.*, 1866, t. V, p. 7].

On chauffe le mélange d'acide oxalique avec la glycérine commerciale; à 75°, la réaction commence, et à 95° elle est en pleine activité; il se dégage de l'acide carbonique et il passe un liquide aqueux chargé d'acide formique. Quand celui-ci ne passe plus qu'en très-petite quantité, et que le dégagement d'acide carbonique a cessé, on ajoute de nouvel acide oxalique, et ainsi de suite. La richesse de l'acide qui distille s'élève successivement et finit par arriver au titre de 56 °/₀, qui correspond au dédoublement de l'acide oxalique cristallisé que représente l'équation

$$C^2H^2O^4,2H^2O = CH^2O^2 + 2H^2O + CO^2.$$

En partant de 1 kilogramme de glycérine, et par des additions successives de 250 grammes d'acide oxalique, on arrive bientôt à recueillir, pour chaque kilogramme d'acide oxalique, 650 grammes d'acide formique à 56 °/₀. En employant de l'acide oxalique desséché, l'acide formique a un titre moyen de 75 °/₀. Enfin, si l'on mêle cet acide à 75° avec de l'acide oxalique déshydraté, la température s'élève, le mélange devient liquide, puis se solidifie par cristallisation de l'acide oxalique. En décantant la partie liquide et la distillant, on recueille l'acide formique CH^2O^2 presque pur, et cristallisable par un abaissement suffisant de la température.

Propriétés. — L'acide formique pur est liquide, incolore, d'une odeur piquante; il est très-corrosif et détermine sur la peau de fortes brûlures. Sa densité est de 1,2227 à 0° (H. Kopp). Il bout à 98°,5, sous la pression de 753mm (Liebig); à 105°,4, sous la pression de 764mm (Kopp); et enfin suivant Gerhardt à 100°, sous la pression de 761mm. Au-dessous de zéro, il cristallise en lamelles brillantes. Sa densité de vapeur a été trouvée égale à 2,125-2,14 [Bineau, *Compt. rend. de l'Acad.*, t. XIX, p. 767]. Il se mêle à l'eau en toutes proportions. Sous l'influence des agents oxygénants, il se transforme en eau et en acide carbonique. A froid, il n'est pas oxydé au contact de l'acide sulfurique et du permanganate de potasse, mais l'oxydation a lieu facilement et à une chaleur très-modérée par ce dernier réactif additionné d'un carbonate alcalin. Cette réaction peut servir à doser dans une même liqueur l'acide oxalique et l'acide formique par oxydation et transformation en acide carbonique. On oxyde le premier par le permanganate de potasse et l'acide sulfurique, puis on rend la liqueur alcaline pour attaquer le second [Berthelot, *Ann. de Chim. et de Phys.*, (3), t. LV, p. 388].

Suivant Liebig, on obtient un hydrate d'acide formique contenant une molécule d'eau

$$CH^2O^2, H^2O,$$

bouillant à une température fixe de 106°, lorsqu'on distille 8 p. de formiate de plomb avec 6 p. d'acide sulfurique et 4 p. d'eau; mais Roscoe a démontré que l'hydrate d'acide formique n'est pas un composé défini : la composition change avec les variations de la pression. Ainsi, sous une pression de 760 millimètres, en distillant des mélanges d'eau et d'acide, on recueille à la fin un liquide de composition constante, bouillant au point fixe de 107°,1 centigrades, et qui renferme 77,5 p. d'acide et 22,5 p. d'eau. Sous une pression plus élevée, de $1^m,83$ par exemple, les dernières portions renferment 83,2 °/₀ d'acide, et distillent à 134°,6 [Roscoe, *Journ. of the Chem. Society*, t. XV, p. 271].

Un excès d'acide sulfurique dédouble nettement l'acide formique, sans noircir, en eau et en oxyde de carbone pur. A l'ébullition, l'acide formique réduit les azotates d'argent et de mercure; chauffé avec une dissolution de sublimé corrosif, il ramène ce sel à l'état de calomel. Il décompose les acétates. On ne réussit pas à avoir son anhydride ou un anhydride mixte. Le formiate de soude et le chlorure de benzoyle réagissent à peine à froid, et si l'on chauffe, on n'obtient, outre le chlorure de sodium, que de l'acide benzoïque et de l'oxyde de carbone. Gerhardt admet que, dans une première phase, il se produit du formiate de benzoyle qui se décompose à l'état naissant [Gerhardt, *Ann. de Chim. et de Phys.*, (3), t. XXXVII, p. 321].

Il fournit de l'acide oxalique sous l'influence des alcalis. Si l'on chauffe un mélange de formiate de soude et de baryte hydratée, il se forme de l'oxalate et il se dégage de l'hydrogène :

$$2(CHO^2.Na) = C^2O^4Na^2 + H^2$$

[Peligot, *Ann. de Chim. et de Phys.*, t. LXXIII, p. 220; — Dumas et Stas, *ibid.*, p. 223].

Lorsqu'on décompose le formiate de plomb par l'hydrogène sulfuré, à une température de 200° à 300°, en même temps que l'acide formique, il se forme de l'*acide thioformique* CH^2OS [Limpricht, *Ann. der Chem. u. Pharm.*, t. XCVII, p. 364, et *Ann. de Chim. et de Phys.*, (3), t. XLVIII, p. 117].

Par la distillation sèche des formiates, on obtient divers hydrocarbures (voyez Formiates). On ne connaît pas de dérivés chlorés ou bromés obtenus avec l'acide formique, le chlore le convertit entièrement en acide chlorhydrique et acide carbonique (Cloëz). On peut cependant regarder comme dérivés chlorés de cet acide et de ses éthers les composés chloroxycarboniques; ainsi l'oxychlorure de carbone est le chlorure de chloroformyle, COCl.Cl; les éthers chloroxycarboniques sont des chloroformiates d'éthyle, d'amyle, etc.

E. G.

FORMOBENZOYLIQUE (ACIDE) [Syn. *Acide phénylglycolique*],

$$C^8H^8O^3 = \begin{array}{l} CH.(C^6H^5)OH \\ CO^2H. \end{array}$$

— Cet acide prend naissance dans l'action de l'acide cyanhydrique sur l'hydrure de benzoyle, en présence de l'acide chlorhydrique; il se forme en vertu de la même réaction qui fournit l'acide lactique par l'aldéhyde et l'acide cyanhydrique :

$$\underset{\text{Aldéhyde acétique.}}{C^2H^4O} + CAzH + 2H^2O = \underset{\text{Lactate d'ammonium.}}{C^3H^5O^3,AzH^4},$$

$$\underset{\text{Aldéhyde benzoïque.}}{C^7H^6O} + CAzH + 2H^2O = \underset{\text{Formobenzoylate d'ammonium.}}{C^8H^7O^3,AzH^4}.$$

L'acide formobenzoylique a une constitution analogue à celle de l'acide lactique ; ces deux acides présentent les mêmes relations que l'aldéhyde acétique et l'aldéhyde benzoïque :

$CO\left\{\begin{array}{l}CH^3\\H\end{array}\right.$	$CO\left\{\begin{array}{l}C^6H^5\\H\end{array}\right.$
Aldéhyde acétique.	Aldéhyde benzoïque.
$\begin{array}{l}CH(CH^3)OH\\CO^2H\end{array}$	$\begin{array}{l}CH(C^6H^5)OH\\CO^2H\end{array}$
Acide lactique (méthyl-glycolique).	Acide formobenzoylique (phényl-glycolique).

Il a été découvert par Winckler et étudié surtout par Liebig [Winckler, *Ann. der Chem. u. Pharm.*, t. XVIII, p. 310; — Liebig, *ibid.*, t. XVIII, p. 319, et *Ann. de Chim. et de Phys.*, t. LXII, p. 135]. On l'obtient en évaporant au bain-marie et à siccité un mélange d'eau distillée d'amandes amères avec de l'acide chlorhydrique étendu d'eau; le résidu est traité par l'éther, qui laisse du sel ammoniac et dissout le nouvel acide. Si l'évaporation se fait à une température inférieure au point d'ébullition de l'eau, on a un terme intermédiaire, le cyanhydrate d'hydrure de benzoyle, $C^7H^6O,CAzH$, découvert par Wœhler. Ce corps, qui est un véritable nitrile oxygéné, donne l'acide formobenzoylique lorsqu'on l'évapore avec de l'acide chlorhydrique concentré (voyez t. I, p. 572). Winckler distillait 18 p. d'eau avec 1 p. d'amandes amères, privées d'huile grasse par l'action de la presse, puis il concentrait l'eau distillée par une nouvelle rectification, de manière à avoir un poids de liquide égal au poids des amandes employées, et c'est cette eau distillée qu'il chauffait au bain-marie avec 1/20 de son volume d'acide chlorhydrique d'une densité de 1,20.

L'amygdaline, renfermant les éléments de l'acide cyanhydrique et de l'hydrure de benzoyle, donne également de l'acide formobenzoylique, lorsqu'on la dissout dans l'acide chlorhydrique fumant; il se forme en même temps des produits bruns ulmiques, résultant de l'action de l'acide chlorhydrique sur le glucose, que donne l'amygdaline par son dédoublement. On filtre la solution, on l'évapore au bain-marie, et on reprend par l'éther, qui dissout l'acide et laisse insolubles les matières ulmiques [Wœhler, *Ann. der Chem. u. Pharm.*, t. LXVI, p. 238].

Naquet et Louguinine conseillent le mode opératoire suivant, comme avantageux pour la préparation de l'acide formobenzoylique [*Bull. de la Soc. chim.*, 1866, t. V, p. 252].

Dans un ballon de verre, d'une capacité de 8 à 10 litres, on introduit 100 grammes d'hydrure de benzoyle, 5 litres d'eau, une quantité d'acide cyanhydrique étendu de 9 p. d'eau, triple de celle qu'exige la théorie, et un petit excès d'acide chlorhydrique du commerce. On met le ballon en communication avec un réfrigérant de Liebig disposé en sens inverse, et on chauffe au bain de sable de manière à amener une ébullition lente qu'on laisse durer 30 heures environ. Après quoi, on évapore d'abord à feu nu, puis au bain-marie jusqu'à siccité. Le résidu est repris par l'éther, qui abandonne par l'évaporation spontanée l'acide formobenzoylique, légèrement coloré et mélangé d'un peu d'acide benzoïque. Pour le purifier, on le dissout dans l'eau froide, on filtre et on évapore au bain-marie; l'acide est blanc et ne contient que des traces d'acide benzoïque. La quantité d'acide ainsi obtenue s'élève à 50 et même 55 °/₀ de l'hydrure de benzoyle employé.

L'acide formobenzoylique cristallise en paillettes ou en tables rhomboïdales incolores et brillantes; sa saveur est fortement acide. Il est très-soluble dans l'eau, l'alcool et l'éther. Il fond à une température peu élevée en émettant de l'eau et fournissant une huile jaunâtre, qui est probablement soit un acide diformobenzoylique, analogue à l'acide dilactique, soit un anhydride analogue à la lactide. Par une plus forte chaleur, il se charbonne en dégageant de l'hydrure de benzoyle. Il décompose les carbonates, les acétates, les formiates et les benzoates. Chauffé avec du peroxyde de manganèse, il donne de l'acide carbonique et de l'hydrure de benzoyle; avec de l'acide azotique, il se produit en outre des cristaux d'acide benzoïque. Son sel potassique traité en solution aqueuse par un courant de chlore se décompose en carbonate et benzoate de potasse (Liebig).

Dissous dans l'acide sulfurique, il développe de l'oxyde de carbone par une légère chaleur [Laurent, *Ann. de Chim. et de Phys.*, t. LXV, p. 202].

Si on le dissout dans de l'acide bromhydrique concentré, la solution dépose au bout de quelques jours des gouttelettes d'acide α-toluique bromé.

La réaction s'accomplit en 1 heure à 120°; elle a lieu en vertu de la réaction suivante :

$$\underset{\text{Acide formobenzoylique.}}{C^8H^8O^3} + BrH = H^2O + \underset{\text{Acide α-toluique bromé.}}{C^8H^7BrO^2}$$

Cet acide bromé lavé à l'eau se prend en une masse cristallisée, fusible à 82°.

Cette réaction montre l'analogie de constitution de l'acide formobenzoylique et de l'acide lactique, car on sait que, sous l'influence de l'acide bromhydrique sec, les acides de la série lactique sont transformés en acides bromés de la série acétique [Glaser et Radziszewski, *Zeitschrift für Chem.*, (nouv. sér.), t. IV, p. 340, et *Bull. de la Soc. chim.*, 1868, t. X, p. 285].

Formobenzoylates métalliques (Liebig). — L'acide formobenzoylique, comme l'acide lactique, est diatomique et monobasique; ses sels renferment un seul atome de métal. Le sel de baryum et le sel d'argent ont seuls été analysés.

Le *sel de baryum* renferme $(C^8H^7O^3)^2Ba$; il est en croûtes cristallines, composées de petits prismes durs et incolores; il est très-peu soluble dans l'alcool, moins soluble dans l'eau que les formobenzoylates alcalins.

Le *sel d'argent* renferme $C^8H^7O^3Ag$. — S'obtient en lamelles brillantes par la dissolution dans l'eau bouillante. Il est à peine soluble dans l'eau froide.

Le *sel d'ammonium* est une masse blanche, cristalline, très-soluble dans l'eau et dans l'alcool.

Le *sel de cuivre* est un précipité pulvérulent, d'un bleu clair.

Le *sel de potassium* est une masse opaque, d'un blanc de lait.

Le *sel de plomb* est un précipité blanc, cristallin, à peine soluble dans l'eau. Soumis à l'action de la chaleur, il dégage de l'hydrure de benzoyle.

Éthers formobenzoyliques [A. Naquet et W. Louguinine, *Bull. de la Soc. chim.*, 1866, t. V, p. 254].

Formobenzoylate d'éthyle, $C^8H^7O^2,OC^2H^5$. — On le prépare en chauffant à 100° dans des tubes scellés, pendant 12 heures, de l'iodure d'éthyle et du formobenzoylate d'argent desséché dans le vide. On reprend le produit de la réaction par l'éther, et on le purifie par compression et par cristallisation dans l'éther.

Il est blanc, cristallin, fusible à 75°, soluble dans l'alcool, insoluble dans l'eau.

Formobenzoylate d'éthyle et d'acétyle (*acétoformobenzoylate d'éthyle*),

$$C^8H^6O\begin{cases}OC^2H^5\\OC^2H^3O.\end{cases}$$

— Ce composé, dont l'existence montre la diatomicité de l'acide formobenzoylique, se forme quand on fait agir sur celui-ci du chlorure d'acétyle employé en excès. Lorsque le mélange des deux corps ne réagit plus à froid, on le place dans un matras scellé et on chauffe pendant 24 heures à 100°. Le produit est traité par l'alcool pour décomposer l'excès de chlorure d'acétyle, évaporé au bain-marie, puis dans le vide. C'est une substance huileuse, qui ne cristallise qu'après plusieurs jours dans le vide sec.

Il est probable que, par l'action du chlorure d'acétyle, il se forme du formobenzoylate diacétique, et lorsqu'on reprend celui-ci par l'alcool, l'acétyle qui remplaçait l'hydrogène basique est remplacé par de l'éthyle :

$$\underset{\text{Formobenzoylate diacétique.}}{\begin{matrix}C^6H^5\\ \dot{C}H.OC^2H^3O\\ \dot{C}O.OC^2H^3O\end{matrix}} + \underset{\text{Alcool.}}{C^2H^5.OH}$$

$$= \underset{\text{Acétoformobenzoylate d'éthyle.}}{\begin{matrix}C^6H^5\\ \dot{C}H.OC^2H^3O\\ \dot{C}O.OC^2H^5\end{matrix}} + \underset{\text{Acide acétique.}}{C^2H^4O^2.}$$

L'éther acétoformobenzoylique est en fines aiguilles blanches, fusibles entre 73°5 et 74°. Il présente le phénomène de la surfusion. Son odeur rappelle celle du miel. Insoluble dans l'eau, il est fort soluble dans l'éther et dans l'alcool.

Formobenzoylate de méthyle, $C^8H^7O^2,OCH^3$. — On le prépare comme le dérivé éthylique; il ne cristallise qu'au bout de quelques jours dans le vide. Il est blanc, cristallin; soluble dans l'alcool et l'éther, fusible de 113° à 114°. E. G.

FORMOMÉTHYLAL. — Voyez Méthylal.

FORMONAPHTALIDE ou **NAPHTYLFORMIAMIDE.** — Voyez Formiamide.

FORMONETINE. — Voyez Ononine.

FORMYLE. — Le méthyle CH^3 qui existe dans l'alcool méthylique, en perdant 2 atomes d'hydrogène qui sont remplacés par 1 atome d'oxygène, donne le radical acide formyle CHO, qui existe dans l'acide formique, la formiamide, la formianilide, etc.

Nous avons décrit sous le nom d'*acide formique* l'hydrate de formyle, les azotures sous leurs noms de *formiamide*, *formiamilide*, etc. Il nous reste à parler de l'hydrure de formyle ou aldéhyde formique. Le nom de formyle a été aussi donné au groupe $(CH)'''$, qui existe dans le chloroforme $(CH)'''Cl^3$.

Hydrure de formyle [Syn. *Aldéhyde formique* ou *aldéhyde méthylique*], CH^2O [Hofmann, *Ann. der Chem. u. Pharm.*, t. CXLV, p. 357; *Bull. de la Soc. chim.*, 1868, t. X, p. 251]. — Ce composé n'est encore obtenu qu'à l'état de mélange avec l'alcool méthylique. Il prend naissance lorsqu'on dirige sur une spirale de platine chauffée un courant d'air chargé de vapeurs d'alcool méthylique. Un flacon tubulé, d'une capacité de 2 litres, reçoit de l'alcool méthylique légèrement chauffé sur une hauteur de 5 centimètres environ; l'une des tubulures porte un tube par lequel arrivera l'air qui descend près de la surface du liquide; à la seconde tubulure est adapté un bouchon, auquel on fixe une spirale de platine qui arrive également à la surface de l'alcool. La troisième tubulure enfin est en communication avec un réfrigérant de Liebig, relié à une série de récipients et de flacons laveurs, terminés par un aspirateur. En chauffant la spirale de platine au rouge et faisant passer de l'air, il se dégage des vapeurs très-irritantes et il se condense dans le récipient un liquide qui possède les propriétés des aldéhydes. Additionné d'ammoniaque, il réduit l'azotate d'argent avec formation d'un miroir métallique et production d'acide formique, qui lui-même se décompose en eau et en acide carbonique.

Traité par la potasse, il donne un liquide brun, qui présente l'odeur de la résine d'aldéhyde acétique. Lorsqu'on le traite par un courant d'hydrogène sulfuré, il fournit des gouttes huileuses, d'une odeur alliacée; si alors on l'additionne de la moitié de son volume d'acide chlorhydrique concentré, il s'éclaircit et se prend par le refroidissement en une masse cristalline, qui présente la composition de l'aldéhyde formique sulfurée CH^2S. Ce corps est d'une blancheur éclatante, fusible à 218°, volatil sans décomposition. Il est peu soluble dans l'eau bouillante et dans l'alcool, assez soluble dans l'éther; on peut le purifier néanmoins par cristallisation dans l'eau bouillante.

M. A. Girard a obtenu un composé CH^2S qui paraît être identique au précédent en traitant le sulfure de carbone par l'hydrogène naissant.

M. Mulder a trouvé l'aldéhyde formique dans les produits de la distillation du formiate de chaux sec [*Bull. de la Soc. chim.*, 1869, t. XI, p. 60, en note]. Voyez aussi MÉTHYLIQUE (ALDÉHYDE). E. G.

FORMYLÈNE. — Nom donné au radical $(CH)'''$ qui existe dans le chloroforme $(CH)'''Cl^3$, dans l'éther de Kay, sous-formiate d'éthyle,

$$(CH)'''(C^2H^5O)^3.$$

FORSTERITE. — Voyez PÉRIDOT.

FOWLERITE (Min.). — Rhodonite zincifère.

FRANCOLITE (Min.). — Variété d'apatite du Devonshire.

FRANGULINE, $C^{20}H^{20}O^{10}$ [Buchner, *Neues Repertor. f. Pharm.*, t. II, p. 145, et *Journ. de Pharm.*, (3), t. XXIV, p. 293; — Casselmann, *Ann. der Chem. u. Pharm.*, t. CIV, p. 77, et *Journ. de Pharm.*, t. XXXIII, p. 79; — Faust, *Zeitschrift für Chem.*, t. V, p. 17, et *Bull. de la Soc. chim.*, t. XII, p. 485]. — La franguline est une matière colorante, jaune et cristallisée, contenue dans l'écorce de bourdaine (*Rhamnus frangula*). Isolée d'abord par M. Buchner, qui la désigna sous le nom de *rhamnoxanthine*, elle fut étudiée par M. Casselmann, sous le nom de franguline, puis par M. Faust, qui a fait connaître son caractère de glucoside et fixé sa formule.

La franguline s'obtient en épuisant l'écorce de bourdaine par de l'eau ammoniacale, en neutralisant par l'acide chlorhydrique et abandonnant au repos. Après un temps assez long, plusieurs semaines quelquefois, la franguline se dépose; pour la purifier, on précipite la dissolution bouillante de cette substance par une solution ammoniacale d'acétate neutre de plomb, on laisse déposer, puis on ajoute à la liqueur filtrée du sous-acétate de plomb qui entraîne la franguline. Ce précipité lavé est décomposé par l'hydrogène sulfuré, et le mélange de sulfure de plomb formé et de franguline insoluble est traité par l'alcool bouillant qui enlève la franguline et la laisse déposer par le refroidissement à l'état cristallin; souvent la franguline est mélangée d'une petite quantité de soufre cristallisé, provenant de l'acide sulfhydrique.

La franguline se présente sous forme de masses cristallines jaune-citron; elle est insoluble dans l'eau et dans l'éther froid; elle se dissout dans l'alcool chaud, qui l'abandonne par le refroidissement. Elle est très-soluble dans les huiles grasses bouillantes, ainsi que dans l'essence de térébenthine et dans la benzine.

Sous l'influence de l'acide sulfurique, la franguline prend une coloration rouge; l'acide azotique concentré et froid la dissout sans altération; à chaud, il se produit de l'acide oxalique et un acide nouveau désigné par M. Casselmann sous le nom d'acide *nitrofrangulique*.

Les alcalis dissolvent la franguline en développant une magnifique couleur pourpre. D'après M. Faust, l'ammoniaque forme d'abord une solution incolore, qui devient rouge au bout de quelque temps; précipitée de cette dissolution par un acide, elle se présente de nouveau avec toutes ses propriétés.

D'après M. Casselmann, la franguline entre en fusion vers 249° et se sublime; il lui attribue la formule $C^6H^6O^3$. D'après M. Faust, cette substance fond à 226°; c'est un glucoside qui possède les propriétés d'un acide faible, et qui se dédouble sous l'influence des acides, en sucre et en acide *frangulique*, d'après l'équation suivante :

$$\underset{\text{Franguline.}}{C^{20}H^{20}O^{10}} + H^2O = \underset{\text{Acide frangulique.}}{C^{14}H^{10}O^5} + C^6H^{12}O^6.$$

L'acide frangulique $C^{14}H^{10}O^5 + H^2O$ peut se retirer directement de la bourdaine, en épuisant la racine par une solution de soude caustique. Il se présente en longs prismes jaune-orangé, un peu solubles dans l'eau, le chloroforme et la benzine, mais se dissolvant avec facilité dans l'alcool et l'éther; il fond entre 246° et 248°, et perd son eau de cristallisation à 120°.

Il forme avec les alcalis des solutions rouges, d'où les acides peuvent le précipiter sans altération.

Les sels alcalins et beaucoup de sels métalliques forment dans sa solution ammoniacale des combinaisons insolubles. L'acide azotique fumant le transforme en acide nitrofrangulique (probablement identique avec celui de M. Casselmann).

Acide dibromofrangulique, $C^{14}H^8Br^2O^5$. — Lorsqu'on ajoute un excès de brome dans une solution alcoolique d'acide frangulique, il se forme un précipité d'acide dibromofrangulique, peu soluble dans l'alcool froid, et qui peut cristalliser en aiguilles microscopiques d'un rouge pâle.

D'après M. Faust, la formation de l'acide frangulique est accompagnée de celle d'un autre acide qui n'en diffère que par 1/2 molécule d'eau : c'est l'acide *difrangulique* $C^{28}H^{18}O^9$. Cet acide ressemble beaucoup à l'acide frangulique, cependant il est d'une couleur plus foncée; il cristallise avec 2 molécules d'eau qu'il perd à 120°, il fond entre 248° et 250°.

L'acide nitrofrangulique de M. Casselmann représente des aiguilles soyeuses couleur orangée, lorsqu'il a cristallisé dans l'alcool.

Il est insoluble dans l'eau froide, soluble dans l'eau chaude, les alcalis le dissolvent avec une coloration violette. Les sels de baryte, de strontiane, de chaux, de plomb, de cuivre, de cadmium, d'argent, forment avec cet acide des combinaisons rouges insolubles. L'acide nitrofrangulique détone par la chaleur. Lorsqu'on fait passer un courant d'hydrogène sulfuré à travers la solution bouillante de cet acide, il y a réduction, la liqueur prend une coloration bleue et du soufre se dépose. E. C.

FRANKLINITE (Min.). — Spinelle de fer, de zinc et de manganèse,

$$RR^2O^4,\ R = Fe, Zn, Mn;\ R^2 = Fe^2, Mn^2.$$

Cristaux octaédriques, ou masses granulaires ou compactes, d'un noir de fer, accompagnant le zinc oxydé rouge, dans un calcaire cristallin à Hambourg (New-Jersey).

Caractères. — Soluble dans l'acide chlorhydrique, avec dégagement d'un peu de chlore. Au chalumeau, ne fond pas. Avec le borax, donne à la flamme oxydante une perle violet-améthyste, et à la flamme de réduction une perle vert-bouteille.

Dureté, 5,5 à 6,5. Poussière brun-rouge foncé. Densité, 5,6 à 5,9.

Forme cristalline. — Octaèdres réguliers, modifiés par les faces du dodécaèdre rhomboïdal.

Clivage octaédrique indistinct.

Légèrement altérable à l'aimant. F. et S.

FRAXINE [Salm-Horstmar, *Pogg. Ann. der Phys. u. Chem.*, 1859, t. C, et t. CVII, p. 327; — Rochleder, *Sitzungsb. der K. Akad. der Wissenschaften zu Wien*, t. XL, p. 37, et t. XLVIII; *Journ. für prakt. Chem.*, 1860, t. LXXX, p. 173, n° 11, et t. XC, p. 433, 1863, n° 23; *Répert. de Pharm.*, t. II, p. 368; *Répert. de Chim. pure*, 1859, p. 473, 1860, p. 432; *Bull. de la Soc. chim.*, 1864, t. II, p. 215; *Journ. de Pharm. et de Chim.*, t. XXV, p. 74, et t. XXXVIII, p. 151].

La fraxine s'obtient en faisant une décoction aqueuse de l'écorce de *Fraxinus excelsior* récoltée au moment de la floraison. La décoction filtrée est précipitée par l'acétate neutre de plomb ; filtrée de nouveau, elle est traitée par le sous-acétate de plomb : il se forme un second précipité qui est recueilli, lavé, mis en suspension dans l'eau et décomposé par l'hydrogène sulfuré. On filtre, et l'on évapore la liqueur dans le vide jusqu'à siccité. On reprend alors le résidu par un peu d'eau qui dissout du tannin resté dans la liqueur et qui abandonne la fraxine peu soluble dans l'eau froide; on la fait cristalliser en la dissolvant dans l'alcool bouillant.

La fraxine est une substance cristalline retirée de l'écorce de frêne (*Fraxinus excelsior*, Jasminées) par le prince de Salm-Horstmar; plus tard, sa présence fut démontrée par M. Dufour dans l'écorce du *Fraxinus ornus*, et par MM. Stokes, Rochleder, Schwartz, dans les écorces de différentes espèces d'*Æsculus* et de *Pavia*.

La fraxine est un glucoside ; elle cristallise en aiguilles d'un blanc jaunâtre, elle possède une saveur amère et astringente, elle n'a pas d'odeur ; elle est peu soluble à froid dans l'eau et dans l'alcool, mais elle se dissout aisément sous l'influence de la chaleur. Lorsque la fraxine est en solution concentrée, elle possède une couleur jaune et une réaction acide. Une solution étendue alcoolique ou aqueuse de fraxine présente le phénomène de la fluorescence bleue, surtout en présence d'une trace d'alcali ; les acides font disparaître cette propriété. Du charbon animal agité avec une dissolution alcoolique de fraxine enlève complètement cette dernière.

La fraxine fond à une température assez basse, et se présente alors sous la forme d'une masse amorphe : une chaleur élevée la détruit, mais il se sublime une certaine quantité d'un produit cristallisé dont la solution dans l'eau possède la fluorescence bleue et prend une teinte jaune par l'addition d'une petite quantité d'ammoniaque.

En présence des alcalis, la fraxine prend une coloration jaune de soufre. Des cristaux de fraxine exposés dans une atmosphère qui contient de l'ammoniaque deviennent jaunes. Le sesquichlorure de fer colore en vert la dissolution aqueuse de fraxine, et y fait naître un précipité jaune-citron ; l'acétate de plomb ammoniacal y forme un précipité jaunâtre.

Sous l'influence des acides faibles, la fraxine se dédouble en glucose et en un produit cristallin nouveau que M. de Salm-Horstmar a nommé *fraxétine*.

Ce dédoublement s'exprime par l'équation suivante :

$$\underset{\text{Fraxine.}}{C^{21}H^{22}O^{18}} + H^2O = \underset{\text{Fraxétine.}}{C^{15}H^{12}O^8} + \underset{\text{Glucose.}}{C^6H^{12}O^6}.$$

D'après M. Rochleder, le dédoublement doit s'opérer par l'équation suivante, la fraxine étant représentée d'après lui par la formule $C^{16}H^{18}O^{10}$.

$$\underset{\text{Fraxine.}}{C^{16}H^{18}O^{10}} + H^2O = \underset{\text{Glucose.}}{C^6H^{12}O^6} + \underset{\text{Fraxétine.}}{C^{10}H^8O^5}.$$

La fraxétine possède un goût astringent, elle est incolore et sans odeur, elle possède une réaction acide; il faut environ 10000 p. d'eau froide pour la dissoudre; l'eau bouillante en dissout environ trois centièmes. Elle est un peu plus soluble dans l'alcool, surtout à chaud, et elle dépose de cette solution par le refroidissement en cristaux microscopiques, qui paraissent être des tables rhomboïdales. Elle est peu soluble dans l'éther.

La fraxétine fond sans brunir à la température de fusion de l'étain, c'est-à-dire vers 228°; par le refroidissement elle se prend en masse cristalline.

Mise en présence de l'acide sulfurique, la fraxétine se dissout en prenant une coloration jaune intense.

Lorsqu'on projette de la fraxétine dans de l'acide azotique, cet acide se colore en violet, en rouge, en grenat, en rose, et finit par se décolorer complétement.

L'acide chlorhydrique la dissout à chaud et la laisse cristalliser par le refroidissement. Les alcalis, les terres et les carbonates alcalins font éprouver à la solution de fraxétine des colorations variées, généralement jaunes ou verdâtres. L'azotate d'argent y fait naître un nuage noirâtre; le carbonate de plomb se colore en jaune-citron, et le sesquichlorure de fer donne une coloration bleu verdâtre. La fraxétine dissoute dans une solution de sulfate d'ammoniaque se colore seulement en jaune par l'ammoniaque, ce qui la fait différer de l'esculine. E. C.

FREIBERGITE. — Panabase argentifère.

FREIESLEBÉNITE (Min.) [Syn. *Antimoine sulfuré plombo-argentifère*, H. *Schilfglaserz*.] Antimoniosulfure d'argent et de plomb

$$5RS, 2Sb^2S^3;\ R = Ag^2, Pb.$$

Prismes striés longitudinalement, ou masses compactes d'un gris d'acier ; fragiles, se trouvant avec argyrose, argyrythrose, sidérose, galène, à Freiberg (Saxe), à Hiendelaencina (Espagne), etc.

Caractères. — Dans le tube ouvert, donne de l'acide sulfureux et des fumées d'antimoine. Sur le charbon, fond facilement, donne les réactions de l'antimoine et du plomb, et laisse un globule d'argent.

Dureté, 2 à 2,5. Poussière gris clair. Densité, 6 à 6,4.

Forme cristalline. — Prisme clinorhombique $mm = 119°\ 12'$; $p\,o^1 = 123°\ 55$. Clivages : m faciles. F. et S.

FRITZSCHEITE (Min.). — Minéral ressemblant à l'uranite et paraissant en être une altération; trouvé à Neuhammer (Bohême).

FRUGARDITE (Min.). — Idocrase magnésienne de Frugard (Finlande).

FRUITS. — Le lecteur trouvera dans les traités de botanique la description des formes variées que présentent les fruits. Nous indiquerons seulement ici la composition du fruit, et les modifications que subit cette composition pendant la *maturation*.

La quantité d'eau contenue dans le péricarpe d'un fruit est considérable : elle varie de 75 à 90 °/₀; elle augmente généralement pendant la maturation et ensuite elle diminue.

Matières gélatineuses. — On rencontre dans les fruits verts une matière insoluble dans l'eau, l'alcool et l'éther, et qui est désignée sous le nom de *pectose*. Sous l'influence des acides végétaux, cette matière se transforme en *pectine*, qui existe en proportion notable dans les fruits qui sont dans un état de maturation avancée. Pour reconnaître la transformation de la pectose en pectine sous l'influence des acides et de la chaleur, il suffit d'exprimer la pulpe d'une pomme verte afin d'en extraire le jus : le liquide que l'on retire ne contient pas de trace de pectine, mais si on le fait bouillir pendant quelques instants avec les pulpes du fruit, on voit bientôt la pectine apparaître et donner à la liqueur une viscosité qui caractérise le jus de presque tous les fruits cuits. La pectine peut elle-même éprouver diverses modifications, qui seront décrites plus loin (voyez PECTINE); mais il est à remarquer qu'il se développe aussi dans les fruits un ferment particulier, la *pectase*, qui transforme aisément la *pectose* en acide pectosique insoluble et gélatineux.

Il arrive souvent que le suc de groseille se prend très-rapidement en gelée quand on le mélange avec du suc de framboise. Cette production instantanée de gelée est facile à comprendre. En effet, le suc de framboise contient une quantité considérable de pectose, ce ferment réagit sur la pectine qui se trouve dans le suc de groseille et la transforme en acide pectosique gélatineux.

Gommose. — On trouve encore dans les fruits, d'après M Fremy, « une substance neutre transparente, insoluble dans l'eau et qui est interposée dans les cellules du péricarpe : sous l'influence des matières azotées agissant comme ferment, et peut-être par l'action des acides, cette gommose se modifie, se change en gomme qui se transforme ensuite en sucre dans l'intérieur du péricarpe; c'est l'excès de cette gomme qui vient se solidifier sur la peau du fruit. Ainsi une goutte de gomme qui sort du fruit se trouve toujours en communication, par un conduit particulier, avec un dépôt de gommose placé dans l'intérieur du fruit entre les cellules du péricarpe : il est probable que la matière gommeuse que l'on trouve en si grande quantité dans les tiges du prunier, de l'abricotier, du cerisier, etc., se forme dans les mêmes circonstances.

Acides. — Un des faits les plus curieux de la maturation des fruits est la disparition des acides libres; comme on ne rencontre pas dans un fruit mûr une plus grande quantité de base que dans un fruit vert, qu'à l'essai avec les liqueurs titrées on trouve moins de sucre dans le fruit mûr que dans le fruit vert, il faut conclure que les acides contenus dans les fruits ne sont ni saturés, ni masqués par la présence d'autres matières, mais qu'ils sont brûlés par combustion lente; nous verrons plus loin, au reste, que pendant la maturation les fruits émettent constamment de l'acide carbonique.

Pour déterminer la quantité d'acide qui existe dans les fruits, M. Buignet [*Ann. de Chim. et de Phys.*, (3), 1861, t. XLI, p. 283], à qui on doit un travail important sur la maturation des fruits dont nous allons donner le résumé, procède à des essais alcalimétriques à l'aide de l'eau de baryte titrée, et il suppose à l'acide existant dans le fruit l'équivalent 70, qui représente à peu près celui de l'acide malique, de l'acide citrique et de l'acide tartrique. Les quantités d'acide et de sucre contenus dans les fruits sont résumées dans le tableau suivant.

	Acide p. 100 de fruits.	Sucre total p. 100 de fruits.
Citrons	4,706	1,466
Pêches vertes	3,940	5,990
Raisin vert	2,485	1,600
Abricots	1,864	8,785
Groseilles blanches	1,574	6,400
Framboises	1,380	7,230
Prunes de mirabelle	1,288	8,760
Prunes de reine-claude	1,208	5,552
Pommes de reinette grise nouvell.	1,148	18,997
Pêches	0,788	1,991
Cerises	0,661	10,000
Pommes de reinette d'Angleterre.	0,633	7,648
Bigarreaux	0,608	8,250
Raisin nouveau venu de Fontainebleau	0,558	9,420
Fraises (colline d'Ehrhardt)	0,550	11,310
Ananas (Montserrat)	0,547	13,300
Oranges	0,448	8,578
Raisin conservé	0,404	16,500
Pommes de reinette grise conservées	0,403	16,830
Raisin venu en serre	0,315	18,370
Poires nouvelles (Madeleine)	0,887	7,844
Pommes de Calville conservées	0,253	6,250
Poires de Saint-Germain	0,115	8,781
Figues violettes du midi	0,057	11,550

Sucres. — On doit à M. Buignet non-seulement la détermination de la quantité totale de sucre contenu dans les fruits, ainsi qu'on le voit par le tableau précédent, mais encore une étude approfondie des variétés de sucre qu'on y rencontre. Les procédés qu'il a suivis pour déterminer la quantité de sucre contenu dans les fruits sont au nombre de trois : 1° fermentation; 2° emploi de la liqueur de Fehling; et 3° détermination du pouvoir rotatoire des dissolutions sucrées. 2 grammes de pulpe écrasée étaient parfaitement divisés dans 2 ou 3 centimètres cubes d'eau, on y mêlait une petite quantité de levûre de bière et on introduisait le tout dans un petit tube gradué rempli de mercure et renversé sur ce métal. On maintient l'appareil à 25° ou 30° pendant 48 heures, et on mesure avec soin le gaz dégagé en tenant compte de celui qui demeure en dissolution dans le liquide après la fermentation. Comme on a observé qu'à la température de + 10° et à la pression de 760 millimètres, 1 centimètre cube d'acide carbonique correspond sensiblement à 0,004 de sucre $C^6H^{12}O^6$, il suffit de ramener à ces conditions le volume de gaz pour calculer le sucre total. Ce procédé est peu précis. En employant la liqueur de Fehling avant et après l'interversion par les acides, on arrive plus sûrement à déterminer la quantité de sucre de canne et de glucose existant dans les jus sucrés.

Voici les résultats obtenus par M. Buignet pour les quantités de sucre réducteur et non réducteur dans 100 grammes de fruits.

	Proportion du sucre réducteur.
Raisin venu en serre	17,26
Raisin conservé	16,50
Pommes de reinette grise conservées	12,63
Figues violettes du midi	11,55
Cerises anglaises	10,00
Raisin nouveau, venu de Fontainebleau	9,42
Pommes de reinette grise nouvelles	8,72
Poires de Saint-Germain conservées	8,42
Bigarreaux	8,25
Poires nouvelles (Madeleine)	7,16
Groseilles blanches	6,44
Fraises (Princesse royale)	5,86
Pommes de Calville conservées	5,82
Pommes de reinette d'Angleterre	5,45

	Proportion du sucre réducteur.
Framboises nouvelles	5,29
Fraises (colline d'Ehrhardt)	4,98
Oranges	4,26
Prunes de reine-claude	4,33
Prunes de mirabelle	3,43
Abricots	2,74
Ananas (Montserrat)	1,98
Raisin vert	1,60
Pêches	1,07
Citrons	1,06

	Proportion du sucre non réducteur avant l'emploi des acides.
Ananas (Montserrat)	11,33
Fraises (colline d'Ehrhardt)	6,33
Abricots	6,84
Pommes de reinette grise nouvelles	5,28
Prunes de mirabelle	5,24
Oranges	4,22
Pommes de reinette grise conservées	3,20
Pommes de reinette d'Angleterre	2,19
Framboises	2,01
Prunes de reine-claude	1,23
Pêches	0,92
Poires (Madeleine)	0,68
Pommes de Calville conservées	0,43
Citrons	0,41
Poires de Saint-Germain conservées	0,36

Le raisin, les groseilles blanches, les cerises anglaises, les bigarreaux, les figues violettes du midi ne renferment pas de sucre non réducteur.

On remarque que dans les fruits acides il peut exister une proportion notable de sucre non réducteur. Cette proportion s'élève à plus des deux tiers du sucre total dans l'abricot et la pêche, à près de la moitié dans l'orange, à plus du quart dans le citron et la framboise et à plus du cinquième dans la pomme de reinette grise conservée et la prune de reine-claude.

Si les travaux précédents permettent d'établir que les fruits renferment une proportion notable de sucre réducteur et non réducteur, ils n'indiquent pas quelle est la nature de ces sucres; pour la connaître, M. Buignet a recherché les propriétés optiques de ces sucres. Il remarque d'abord que les acides qu'on peut rencontrer dans les jus ont un trop faible pouvoir rotatoire pour qu'il soit nécessaire d'en tenir compte; pour opérer facilement, on exprime dans un linge fin la pulpe pure ou délayée dans un peu d'eau, on ajoute le tiers du volume de noir animal et on filtre après douze heures de contact et d'agitation. Souvent il arrive, quand le suc est très-riche en pectine, que la masse entière se prend en gelée au bout de quelque temps, et que la filtration devient impossible; mais on y remédie par l'addition d'une nouvelle quantité d'eau et par une agitation vigoureuse qui rend à la masse la liquidité nécessaire. L'étude des propriétés optiques a conduit M. Buignet aux conclusions suivantes: La matière sucrée qui existe dans les fruits est, outre le sucre de canne que l'auteur a pu isoler à l'état de pureté, une variété de sucre différente du sucre dextrogyre qu'on obtient par l'action de l'acide sulfurique ou de l'orge germée sur l'amidon, différente aussi du sucre de fruit de M. Dubrunfaut qui dévie de — 106° à la température de + 15°. C'est réellement du sucre interverti, constitué, si l'on veut, par un mélange des deux glucoses lévogyre et dextrogyre, mais doué d'un pouvoir rotatoire défini et constamment le même pour tous les fruits qui ont été examinés.

On voit que le mot *sucre de raisin* appliqué au sucre d'amidon est une expression impropre, puisque le sucre contenu dans le raisin est du sucre interverti déviant de — 26° à + 15°, tandis que le sucre obtenu de l'amidon et du glucose dextrogyre dévie de + 53° à la même température.

Tannin. — M. Buignet, contrairement à l'opinion généralement répandue à tort, n'a pas rencontré d'amidon dans les fruits verts, mais il y a trouvé une matière qui a la propriété d'absorber l'iode, et de former avec ce métalloïde un composé parfaitement incolore. Ce principe est de nature astringente et paraît se rapprocher des tannins par la plupart de ses propriétés. Son dosage peut être établi avec tout autant de facilité que celui de la matière sucrée elle-même. D'après M. Buignet, en remarquant que l'iode ne commence à bleuir l'amidon qu'après avoir saturé le tannin, on reconnaît que la proportion de ce principe diminue progressivement à mesure qu'augmente la proportion de la matière sucrée.

On aurait peut-être pu conclure que l'origine de la matière sucrée dans les fruits était ce tannin, mais il faut remarquer que le sucre que fournit le tannin de la noix de galle, sous l'influence de l'acide sulfurique moyennement concentré et d'une température convenable, est un glucose dextrogyre ayant exactement le même pouvoir rotatoire que le glucose d'amidon, et qu'enfin le sucre que fournit le tannin des fruits verts, dans les mêmes conditions, est également du glucose dextrogyre identique au sucre d'amidon.

On ignore donc encore quelles sont les transformations qui déterminent la disparition du tannin et l'apparition du sucre dans les fruits.

Toutefois il est un point qu'il est important de signaler: c'est que les acides contenus dans les fruits intervertissent le sucre de canne qui y est contenu avec une très-grande lenteur, et qu'il faut plutôt attribuer la transformation qu'on observe souvent à la présence dans les fruits d'une matière azotée qui pourrait y jouer le rôle d'acide. L'influence comparée de l'acide et du ferment est rendue manifeste par deux expériences parallèles faites sur un même jus de fruits: l'une dans laquelle on précipite le ferment par l'alcool, l'autre dans laquelle on neutralise l'acide par le carbonate de chaux. Dans la première, la matière sucrée subsiste pendant un temps très-long, sans modification sensible. Dans la seconde, au contraire, elle est totalement transformée, même au bout de vingt-quatre heures.

La même conséquence résulte encore des expériences faites sur le fruit du bananier. A quelque période de la végétation qu'on examine son suc, on n'y trouve aucune trace d'acide libre. Et cependant on trouve dans les bananes mûries artificiellement près des deux tiers de la matière sucrée à l'état de sucre interverti.

M. Buignet a non-seulement publié un travail d'ensemble sur la maturation, il a aussi étudié particulièrement la fraise [*Compt. rend.*, 1859, t. LXIX, p. 276]. Il résulte de son travail que les espèces Princesse royale et Elton, qui sont les variétés comestibles de beaucoup les plus répandues, constituent un groupe de fraises très-aqueuses, très-acides et très-peu sucrées. Ce sont certainement les espèces les moins agréables. La fraise des bois et la fraise des Alpes sont caractérisées par la grande quantité de graines qui recouvrent leurs surfaces et qui sont très-riches en matière insoluble. Elles sont d'ailleurs beaucoup plus sucrées que les précédentes, peu aqueuses et moyennement acides. Enfin les fraises Caperon, colline d'Ehrhart et Bargemon constituent un groupe de fraises très-peu aqueuses, très-peu acides, et très-riches en sucre. On remarque surtout qu'une proportion considérable de ce sucre se trouve à l'état de sucre de canne (le tiers environ pour les fraises Bargemon et Caperon, la moitié et même davantage pour la fraise colline d'Ehrhart). Ces trois espèces sont incontestablement les meilleures.

On doit à M. Beyer [*Bull. de la Soc. chim.*, 1867, t. VII, p. 192] un travail sur la maturation des groseilles à maquereau, dans lequel il arrive aux conclusions suivantes :

A mesure que la maturation fait des progrès, la proportion d'eau diminue.

La quantité de sucre va toujours en augmentant.

A l'époque moyenne de sa maturation, le fruit renferme la quantité maximum d'acide libre; dans la dernière période la diminution de cette quantité n'est sensible que si l'on considère la matière sèche.

La quantité de matières minérales diminue progressivement, qu'on considère le fruit à l'état frais, ou seulement après dessiccation.

La quantité de substance azotée éprouve les mêmes variations que la quantité d'acide, elle augmente d'abord pour diminuer ensuite, et cette diminution est surtout notable si l'on n'envisage que la totalité des substances solides.

La matière grasse augmente d'une manière continue si l'on envisage la totalité du fruit; mais si l'on rapporte les calculs au poids des substances solides, elle est à son maximum dans la période moyenne et ne diminue ensuite que d'une manière insensible.

La respiration des fruits, ou plutôt les modifications que les fruits font subir à l'atmosphère ambiante ont été étudiées par M. Cahours [*Compt. rend.*, t. LVIII, p. 495 et 653; *Bull. de la Soc. chim.*, 1864, t. I, p. 254].

M. Cahours s'est préoccupé de déterminer l'action du fruit sur l'atmosphère ambiante, la proportion et la composition des gaz contenus dans le parenchyme du fruit. Il a reconnu que des oranges, des citrons, des pommes, arrivés à l'état de maturité complète, et placés dans des cloches remplies d'oxygène pur ou d'un mélange d'oxygène et d'azote, mélange où dominait l'oxygène, ou enfin d'air atmosphérique, respirent en consommant une certaine quantité d'oxygène et fournissant une quantité sensiblement égale de gaz carbonique. La proportion de ce dernier gaz est toujours plus considérable à la lumière diffuse que dans l'obscurité. Elle s'effectue d'une manière graduée jusqu'à une certaine époque à partir de laquelle elle augmente considérablement. La face interne de la peau qui touche le fruit présente alors une certaine altération. Qu'on opère à la lumière diffuse ou dans une obscurité complète, on observe constamment que la proportion d'acide carbonique formé croît avec la température du milieu dans lequel le fruit respire.

Ainsi, dans l'intervalle compris entre le point de maturité complète et la période de décomposition, le fruit agit sur le milieu qui l'enveloppe de la même manière que depuis l'époque où il a perdu sa coloration verte jusqu'à celle où il a atteint sa maturité. Dès que la période de décomposition commence, la proportion d'acide carbonique produit s'accroît d'une manière très-rapide; on rentre alors dans l'étude des phénomènes chimiques qui se produisent toutes les fois qu'une substance organique privée de la vie est soumise à l'influence des agents atmosphériques.

Pour déterminer la quantité de gaz contenu dans le parenchyme des fruits, M. Cahours exprime le jus au moyen de la presse, et l'introduit dans un petit ballon qu'il remplit jusqu'au col; il y adapte un bouchon muni d'un tube qui se remplit de liquide, et recueille le gaz sur la cuve à mercure.

Les oranges arrivées à maturité donnent par l'expression un jus qui laisse dégager environ 8 °/₀ de son volume, d'un gaz uniquement formé d'acide carbonique et d'azote. Cette proportion de gaz dégagé par l'ébullition du liquide est sensiblement constante lorsqu'on opère sur des fruits au même degré de maturité, quelle que soit leur provenance. Le gaz ainsi recueilli présente une composition à peu près constante : pour 4/5 d'acide carbonique il renferme 1/5 d'azote.

Les citrons à maturité fournissent comme les oranges un jus trouble, mais très-fluide, qui laisse dégager, par l'action de la chaleur, un gaz dont la proportion s'élève à 6 °/₀ environ du volume de liquide employé. Le rapport de l'acide carbonique à l'azote est sensiblement constant dans ce mélange : il est de 7 à 3 environ.

Le jus des grenades mûres et parfaitement fraîches fournit une proportion de gaz moindre que dans les deux cas précédents; elle s'élève à 5 °/₀ environ du volume du liquide employé. Le rapport de l'acide carbonique à l'azote est sensiblement le même que pour les citrons.

Les poires donnent moins de gaz que les fruits précédents. Les pommes de reinette, de calville, d'api fournissent un jus épais qui laisse dégager à peine 3 °/₀ de son volume de gaz, lequel renferme en moyenne de 40 à 45 °/₀ d'acide carbonique. Il a été impossible de découvrir de l'oxygène dans aucun des gaz obtenus : l'hydrogène, l'oxyde de carbone, les gaz carburés ne s'y rencontrent pas davantage.

Quand on abandonne un fruit mûr sous une cloche remplie d'oxygène, on remarque que le volume du gaz augmente, que l'oxygène a disparu et qu'il est apparu, au contraire, de l'acide carbonique en quantité notable; la proportion de gaz contenue dans les fruits est beaucoup plus grande que dans les conditions ordinaires.

Si l'on remplace dans ces expériences l'air par des gaz entièrement inertes, tels que l'azote et l'hydrogène par exemple, et qu'on abandonne dans ces atmosphères des fruits arrivés à maturité complète, en mettant fin à l'expérience bien avant que la période de décomposition soit atteinte, on voit ce volume du gaz augmenter d'une manière graduelle, et l'analyse y constate de jour en jour des quantités croissantes d'acide carbonique.

En mesurant, puis analysant le gaz extrait d'un lot de six oranges au commencement d'une expérience, puis le gaz contenu dans un autre lot de six oranges semblables après leur séjour dans une atmosphère d'azote, M. Cahours est arrivé à se convaincre que l'augmentation considérable de gaz acide carbonique constatée devait être attribuée, non pas à une simple combustion intérieure, mais à une véritale fermentation, puisqu'il y avait eu production d'acide carbonique en l'absence de l'oxygène. Le même phénomène se produit, mais sur une moindre échelle, avec les citrons.

En résumant les travaux de M. Cahours et ceux de MM. Decaisne et Fremy, on arrive à se convaincre que les fruits traversent trois périodes qui se distinguent les unes des autres par des phénomènes chimiques très-tranchés et par des actions différentes sur l'air atmosphérique [*Compt. rend.*, t. LVIII, p. 656].

Pendant la première période, qui est celle du *développement*, le fruit présente en général une couleur verte, agit sur l'air atmosphérique à la manière des feuilles, décompose l'acide carbonique sous l'influence solaire, et dégage de l'oxygène.

Dans la seconde période, qui est celle de la *maturation*, la couleur verte du fruit est remplacée par une coloration jaune, brune ou rouge : le fruit agit alors sur l'air en transformant rapidement l'oxygène en acide carbonique; il se produit dans les cellules du péricarpe une série de combustions lentes qui font disparaître successivement les principes immédiats solubles qui s'y trouvent : le tannin se détruit le premier, puis viennent les acides; c'est ce moment que l'on choisit en général pour manger les fruits. Si l'on attend plus longtemps encore, le sucre lui-même disparaît et le fruit devient fade.

La troisième période est celle de la décomposition; elle a pour effet final de détruire complétement le péricarpe et de mettre la graine en liberté. A ce moment l'air entre dans les cellules; en agissant d'abord sur le sucre, il détermine une fermentation alcoolique caractérisée par un dégagement d'acide carbonique et par la formation d'alcool qui, en agissant sur les acides du fruit, donne naissance à de véritables éthers qui produisent les aromes des fruits. L'air atmosphérique porte ensuite son action destructive sur la cellule même; il colore en jaune les membranes azotées qui s'y trouvent; ce phénomène, qui n'est autre que le *blessissement*, ne décompose pas seulement les cellules, mais il oxyde et fait disparaître certains principes immédiats qui ont résisté à la maturation; tout le monde sait qu'une nèfle qui était d'abord très-acide et astringente perd son acide et son tannin, et n'est réellement comestible que lorsqu'elle est blette.

La période de décomposition du péricarpe commence donc par la fermentation, elle passe par le blessissement et arrive à la destruction des cellules. On voit que, pendant toutes ces transformations, le dégagement d'acide carbonique produit par un fruit peut être dû soit à un phénomène d'oxydation, soit à un phénomène de fermentation.

M. Chatin ne paraît pas disposé cependant à admettre avec M. Cahours qu'il se produit habituellement dans un fruit qui se ramollit une véritable fermentation alcoolique, et il attribue la production de l'acide carbonique observé par M. Cahours et par lui-même plutôt à la combustion lente de matières tanniques qu'à une fermentation qui aurait pour effet de diminuer la proportion de sucre et de faire apparaître l'alcool, modifications qui n'ont pas été, d'après lui, complétement demontrées [*Compt. rend.*, t. LVIII, p. 576.]

P. P. D.

FUCHSITE (Min.). — Mica d'un vert-émeraude, renfermant jusqu'à 4 p. °/₀ d'oxyde de chrome.

FULMINATES,

$$C^2Az^2O^2R'^2 = Az\begin{cases}\equiv(CR)'''\\=C(AzO^2)R.\end{cases}$$

— Howard, en 1800, découvrit que les nitrates de mercure ou d'argent, chauffés avec l'alcool et l'acide nitrique, donnaient des poudres fulminantes. En 1824, Liebig indiqua le premier leur composition [*Ann. de Chim. et de Phys.*, t. XXIV, p. 298; *Ann. de Chim. et de Pharm.*, t. XXVI, p. 546], et Gay-Lussac la confirma [*Ann. de Chim. et de Phys.*, t. XXV, p. 285]. Ces sels sont des isomères des cyanates.

On a beaucoup varié sur la constitution que l'on doit attribuer à l'acide fulminique.

Gay-Lussac et Liebig le regardaient comme un acide dicyanique; Laurent et Gerhardt [*Précis de Chim. organiq.*, t. II, p. 445] admirent les premiers qu'il renferme le groupe AzO^2 ou AzO et écrivent sa formule $C^2Az'(AzO^2)R.R$, ce qui revient à très-peu près à celle que Kekulé admet aujourd'hui.

Schischkoff regarde l'acide fulminique comme de l'alcool où Cy^2 est substitué à O, et où 2H sont remplacés par $2AzO^2$; il écrit donc $C^2(AzO^2)^2H^4Cy^2$ [*Compt. rend.*, t. LI, p. 99, et *Répert. de Chim. pure*, 1860, p. 295]. Kekulé assigne à l'acide fulminique la constitution $C(AzO^2)CyH^2$ et le fait dériver du gaz des marais, où H^2 sont remplacés par AzO^2 et Cy [Kekulé, *Ann. de Chim. et de Pharm.*, t. CI, p. 200; t. CV, p. 279].

La raison d'être de la formule rationnelle que nous adoptons va être donnée par l'étude des propriétés générales des fulminates :

1° Les fulminates dans la majorité de leurs réactions produisent des composés à un seul atome de carbone, tels que les acides cyanhydrique et cyanique, l'acide sulfocyanhydrique et l'urée (action de H^2S), le chlorure de cyanogène et la chloropicrine (action de Cl). On est donc amené à admettre qu'il ne peut y exister d'atomes de carbone soudés entre eux.

2° Par l'action du chlore, ils donnent du chlorure de cyanogène; par l'acide chlorhydrique, de l'acide cyanhydrique; ils doivent donc contenir le groupement CAzR ou CAz qu'indique la formule.

3° Le chlore, en agissant sur les fulminates humides, donne, outre le chlorure de cyanogène, la chloropicrine $C(AzO^2)Cl^3$ [Kekulé, *loc. cit.*]. Cette réaction et leur mode de formation ne peuvent laisser douter qu'ils ne renferment le radical AzO ou AzO^2 uni au carbone.

4° Par l'action des sulfures alcalins, le sulfure de baryum sec, sur le fulminate d'argent, la moitié seulement de l'argent est remplacée par le nouveau métal. Le même fait a lieu sous l'influence des chlorures alcalins. Cette considération oblige donc d'admettre que l'argent y existe sous deux états.

Il est tenu compte de ces quatre propriétés importantes des fulminates dans la formule que nous avons adoptée et qu'on peut écrire

$$\begin{array}{l}\overset{\mathrm{v}}{Az}\equiv CR\\ \|\\ C(AzO^2)R\end{array}$$

Nous compléterons ici l'exposé des propriétés générales de ces sels. Ils détonent tous violemment par la chaleur, la percussion, l'acide sulfurique concentré. Traités par l'acide sulfhydrique, les fulminates donnent du sulfocyanate d'ammonium et de l'acide carbonique :

$$\begin{array}{c}(C^2Az^2O^2)^2Hg''^2 + 4H^2S\\ = 2Hg''S + 2CAz(AzH^4)S + 2CO^2.\end{array}$$

Bouillis avec la potasse, la chaux, la baryte, ils donnent l'oxyde du métal qu'ils contiennent; il se forme en même temps toujours un peu de cyanate, et une poudre qui paraît être un fulminate où le métal alcalin a remplacé la moitié du métal primitif.

Le zinc, le cuivre, le fer se substituent au métal du fulminate; le zinc souvent à la moitié seulement du mercure ou de l'argent pour donner un composé tel que :

$$\begin{array}{ccccc}AzC & - & Zn & - & CAz\\ \| & & & & \|\\ C(AzO^2)Ag & & & Ag(AzO^2)C. & \end{array}$$

Il nous reste à décrire la composition et la préparation des divers fulminates.

On ne connaît pas l'acide fulminique ou fulminate d'hydrogène à l'état de liberté.

FULMINATE D'ARGENT, $C^2Az^2Ag^2O^2$. — Ce sel se prépare, suivant Gay-Lussac et Liebig [*Ann. de Chim. et de Phys.*, t. XXV, p. 285], en dissolvant 1 p. d'argent dans 10 p. d'acide nitrique ordinaire; puis, versant la solution dans 27 p. d'alcool à 85°, on porte le mélange à une température qui détermine une légère ébullition, on le retire alors du feu et on abandonne la liqueur qui laisse déposer le sel cristallin. On le recueille sur un filtre, on le lave, on le détache humide et on le place sur une assiette, on le dessèche au bain-marie; on obtient ainsi 1 p. environ de fulminate. Dans cette préparation, il se dégage de l'éther nitreux en quantité, de l'azote et ses oxydes, de l'acide cyanhydrique, de l'aldéhyde, de l'acide acétique, de l'éther acétique, de l'acide formique, de l'éther formique, de l'éther nitrique; il se forme aussi de l'acide oxalique et de l'acide glycolique (Cloëz), enfin un sel rouge argentique soluble (Liebig). Si l'on fait passer à froid un courant de vapeurs d'acide nitreux à travers une solution alcoolique de nitrate d'argent, il se dépose de belles aiguilles de fulminate d'argent [Liebig, *Ann. der Chem. und Pharm.*, t. V, p. 287] :

$$2AzO^3Ag + C^2H^6O + 2AzO^2H$$
$$= C^2Az^2Ag^2O^2 + 2AzO^3H + 3H^2O.$$

Petites aiguilles, blanches, opaques, de saveur métallique et amère, très-vénéneuses, très-peu solubles dans l'eau froide, se dissolvant dans 36 p. d'eau bouillante, se dissolvant mieux dans l'ammoniaque et y cristallisant sans altération (Descotils).

Exposé à la lumière, le fulminate d'argent noircit, dégage de l'azote et de l'acide carbonique, et laisse une substance noire. La chaleur, le moindre frottement, l'étincelle électrique le décomposent aisément ; toutefois il peut résister sans se décomposer à 100° et même 130°. Il peut être manié quand il est humide, mais il faut le faire avec les plus grands soins et à l'aide de corps mous, comme le bois ou le papier quand il est sec. Mélangé de sulfate de potasse ou d'autres corps inertes, il est bien moins dangereux et peut même alors se décomposer par la chaleur sans détonation, suivant l'équation

$$2C^2H^2Ag^2O^2 = 2CO^2 + Az^2 + 2CAzAg + Ag^2.$$

Il détone plus vivement que le fulminate mercurique ; la lumière émise est rouge-blanc avec un liséré bleu.

Le fulminate d'argent fait explosion dans le chlore gazeux (E. Davy). Le chlore dirigé sur le sel en suspension dans l'eau le transforme en une huile qui est un mélange de chlorure de cyanogène et de chloropicrine :

$$\underset{\text{Fulminate.}}{C^2Az^2O^2Ag^2} + 6Cl$$
$$= \underset{\substack{\text{Chlorure}\\\text{de cyanogène.}}}{CAzCl} + \underset{\text{Chloropicrine.}}{C(AzO^2)Cl^3} + 2AgCl.$$

L'acide nitrique transforme par l'ébullition le fulminate d'argent en un mélange de nitrates ammonique et argentique.

Les acides oxalique, sulfurique, chlorhydrique concentrés, le décomposent en donnant de l'acide cyanhydrique et des sels ammoniacaux.

L'acide chlorhydrique aqueux ajouté en quantité insuffisante donne un fulminate acide

$$C^2Az^2O^2AgH.$$

Suivant Gay-Lussac et Liebig [*loc. cit.*], il se produit en même temps un acide chloré (acide chlorocyanhydrique) qui ne précipite pas le nitrate d'argent et contient 2 1/5 fois la quantité de chlore contenue dans le chlorure précipité.

L'acide bromhydrique et l'acide iodhydrique agissent comme l'acide chlorhydrique.

L'acide sulfhydrique aqueux donne un mélange d'acide cyanique et sulfocyanique, en même temps que du sulfure d'argent :

$$C^2Ag^2Az^2O^2 + 4H^2S$$
$$= Ag^2S + CHAzO + CHAzS + H^2O.$$

Les sulfures alcalins donnent un fulminate double :

$$2C^2Az^2O^2Ag^2 + BaS$$
$$= Ag^2S + \begin{matrix} C^2Az^2O^2 \\ \\ C^2Az^2O^2 \end{matrix}\left\} \begin{matrix} Ag \\ Ba'' \\ Ag \end{matrix}\right.$$

et, en présence d'un excès de sulfure, à froid un fulminate et à chaud un sel inconnu. Les alcalis fixes donnent aussi un fulminate double :

$$\underset{\text{Fulminate d'argent.}}{2\left\{\begin{matrix} AzCAg \\ C(AzO^2)Ag \end{matrix}\right.} + 2\left\{\begin{matrix} K \\ H \end{matrix}\right\}O$$
$$= \underset{\text{Fulminate double.}}{2\left\{\begin{matrix} AzCK \\ C(AzO^2)Ag \end{matrix}\right.} + H^2O + Ag^2O.$$

A froid, les chlorures alcalins, en solution, agissent de même, mais plus nettement, et donnent aussi un fulminate double. A chaud, ils transforment partiellement le fulminate d'argent en acide fulminurique (voyez ACIDE ISOCYANURIQUE), mais moins aisément que celui de mercure; le cuivre et le mercure bouillis avec le fulminate d'argent donnent d'abord un fulminate double, puis un fulminate où tout l'argent a été déplacé. Le fer et le zinc agissent dans le même sens.

FULMINATES DOUBLES D'ARGENT. — *Fulminate d'argent et d'ammonium.* — Grains blancs cristallins qui se forment par refroidissement d'une solution bouillante de fulminate d'argent dans l'ammoniaque. Ce sel est très-explosif, même sous l'eau ; il est plus stable en présence d'un excès d'ammoniaque.

Fulminate d'argent et de baryum. — Grains blanc sale très-explosifs, peu solubles.

Fulminate d'argent et de calcium. — Grains cristallins, jaunes, très-solubles à froid.

Fulminate d'argent et d'hydrogène ou *fulminate acide d'argent*, $C^2Az^2HAgO^2$. — Poudre blanche qui se précipite lorsqu'on mêle la solution de fulminate double d'argent et de potassium avec de l'acide nitrique en quantité exprimée par l'équation

$$C^2Az^2KAgO^2 + HAzO^3$$
$$= C^2Az^2AgHO^2 + KAzO^3.$$

Ce sel acide est assez soluble dans l'eau bouillante, il rougit le tournesol; l'oxyde de mercure le convertit par l'ébullition en *fulminate d'argent et de mercure*.

Fulminate d'argent et de magnésium. — Cristaux blancs, filamenteux, très-explosifs, qui s'obtiennent avec le chlorure de magnésium. Celui que l'on obtient avec l'oxyde de magnésie paraît basique et décrépite seulement par la chaleur.

Fulminate d'argent et de mercure. — Il se prépare comme il a été dit plus haut, ou par une ébullition non prolongée du sel précédent avec le mercure.

Fulminate d'argent et de potassium. — Feuillets allongés, d'une saveur métallique, solubles dans 8 p. d'eau bouillante, qui s'obtiennent en mélangeant le sel neutre d'argent avec une dissolution chaude de chlorure de potassium tant qu'il y a un précipité. L'acide chlorhydrique paraît en dégager de l'acide cyanhydrique et le transformer en divers produits de décomposition.

Fulminate d'argent et de sodium. — Mêmes propriétés, mêmes réactions que le précédent. Lames d'un brun rougeâtre plus solubles que le sel de potasse.

Fulminate d'argent et de strontium. — Grains cristallins, peu solubles dans l'eau et très-détonants.

Fulminate d'argent et de zinc. — En faisant bouillir le fulminate d'argent avec le zinc et l'eau, on obtient un fulminate double en grains cristallins jaunes et une poudre jaune non explosive.

FULMINATE DE CUIVRE. — Le sel neutre s'obtient en faisant bouillir le fulminate de mercure avec de l'eau et du cuivre. Cristaux verts très-peu solubles dans l'eau bouillante, très-explosifs. Avec le fulminate d'argent, il paraît se former un autre composé.

Fulminate de cuivre et d'ammonium. — S'obtient comme le sel double d'argent correspondant. Avec l'hydrogène sulfuré, ce sel donne de l'acide sulfocyanhydrique et de l'urée :

$$\left.\begin{array}{l}\left\{\begin{array}{l}AzC(AzH^4)\\C(AzO^2)\end{array}\right.\\\left\{\begin{array}{l}C(AzO^2)\\AzC(AzH^4)\end{array}\right.\end{array}\right\rangle Cu'' + 3H^2S$$

$$= CuS + 2H^2O + \underset{\text{Acide sulfocyanique.}}{2CAzHS} + \underset{\text{Urée.}}{2CAz^2H^4O}$$

[Gladstone, *Ann. der Chem. u. Pharm.*, t. LXVI, p. 1].

Fulminate de cuivre et de potassium. — S'obtient par l'action du cuivre sur le sel d'argent double correspondant. Sa solution ne précipite pas par la potasse, l'acide chlorhydrique la décompose.

Fulminate de mercure (ou *mercure fulminant*). — C'est le plus important des fulminates. Il a été découvert par Howard, en 1800. Pour le préparer, on dissout 1 p. de mercure dans 12 p. d'acide nitrique ordinaire; à la solution refroidie on ajoute 11 p. d'alcool à 85° centésimaux; on chauffe ce mélange au bain-marie. Dès qu'il entre en ébullition et que la liqueur commence à se troubler, on le retire du feu, on le laisse refroidir, on décante, on lave le dépôt à l'eau, et on le fait cristalliser dans l'eau bouillante. L'évaporation des eaux mères en donne une nouvelle quantité. M. Cloëz a trouvé qu'elles contenaient une certaine quantité d'acide glycolique.

Le fulminate de mercure cristallise en fines aiguilles, douces au toucher, d'un goût métallique douceâtre, solubles dans l'eau bouillante, moins solubles à froid. Suivant Pagenstecher, l'ammoniaque le dissout sans l'altérer. Chauffé à 186° ou soumis à la pression, le fulminate de mercure détone avec violence; quand il est sec, on doit le manier avec les plus grandes précautions. Les amorces des capsules des fusils de chasse ou de guerre renferment de 15 à 30 milligr. de ce sel. 1 gr. de fulminate donne par l'explosion 155 cent. cubes à 0° et 760^{mm} de gaz permanents. L'acide sulfurique dilué, l'acide nitrique chaud, décomposent ce sel, le second en donnant de l'acide carbonique et de l'acide acétique. L'acide chlorhydrique dilué donne avec lui de l'acide oxalique (Howard), du sel ammoniac (Thenard) et de l'acide cyanhydrique (Ittner).

L'acide sulfhydrique paraît donner du sulfure de mercure et de l'acide sulfocyanhydrique :

$$C^2Az^2Hg''O^2 + H^2S = Hg''S + 2H^2O + \underset{\text{Ac. sulfocyanhydriq.}}{2CAzHS.}$$

Le chlore transforme peu à peu le fulminate de mercure placé sous l'eau, d'après l'équation qui suit :

$$\left.\begin{array}{r}AzC\\C(AzO^2)\end{array}\right\rangle Hg'' + 6Cl = \underset{\text{Chlorure de cyanogène.}}{AzCCl} + \underset{\text{Chloropicrine.}}{C(AzO^2)Cl^3} + HgCl^2$$

Il se forme également de la chloropicrine quand on chauffe le fulminate de mercure avec l'hypochlorite de chaux.

Le brome produit avec le même sel placé sous l'eau, en même temps que de la bromopicrine, du dibromonitracétonitrile (voyez Cyanure de méthyle) qui passe avec l'eau à la distillation et cristallise :

$$C^2Az^2Hg''O^2 + 4Br = \underset{\text{Dibromonitracétonitrile.}}{C^2Az^2Br^2O^2} + HgBr^2.$$

Les iodures et les chlorures alcalins bouillis avec le fulminate de mercure et l'eau donnent de l'iodure ou du chlorure de mercure, dégagent de l'ammoniaque et de l'acide carbonique et laissent un fulminurate :

$$\underset{\text{Acide fulminique.}}{2(C^2Az^2H^2O^2)} + H^2O$$

$$= \underset{\text{Acide fulminurique.}}{C^3Az^3H^3O^3} + CO^2 + AzH^3.$$

La potasse bouillante et les alcalis solubles séparent beaucoup d'oxyde de mercure du fulminate et donnent des fulminates doubles. En même temps il se produit la réaction suivante :

$$C^2Az^2Hg''O^2 + 4KHO + H^2O$$
$$= 2CO^3K^2 + Hg''O + 2AzH^3.$$

Les sulfures alcalins agissent comme l'acide sulfhydrique, mais ils produisent en même temps de l'acide fulminurique et sans doute, comme cela se passe pour celui d'argent, un fulminate double.

Le zinc, le fer, le cuivre, l'argent, divisés et bouillis avec l'eau et le fulminate de mercure, donnent des fulminates correspondants.

Fulminate de zinc. — Ce sel, obtenu d'abord par Liebig, a été particulièrement étudié par E. Davy [*Dublin Soc. Transact.*, 1829]. On le prépare en abandonnant sous l'eau 1 p. de fulminate avec 2 p. de zinc en poudre, et agitant jusqu'à ce que tout le mercure ait amalgamé le zinc. En évaporant la liqueur, on obtient, soit des tables rhombes, détonant à 192° avec violence, soit des aiguilles insolubles à froid, peu solubles à chaud dans l'eau, solubles dans l'ammoniaque; ce sel sec a pour formule $C^2Az^2Zn''O^2$.

Un *sel acide* s'obtient en précipitant le liquide précédent par l'eau de baryte, enlevant l'excès de baryte par l'acide carbonique, puis traitant le sel double formé par une quantité exacte d'acide sulfurique. Ce sel sec a pour formule

$$C^4Az^4Zn''H^2O^4$$

et pour constitution

$$Az\left\{\begin{array}{l}CH\\C(AzO^2)\end{array}\right. - Zn - \left.\begin{array}{r}HC\\(AzO^2)C\end{array}\right\}Az.$$

La solution aqueuse de ce sel a une odeur cyanhydrique, une saveur douce, piquante et métallique. Saturée par certains oxydes, elle donne des fulminates doubles. On connaît et obtient ainsi les fulminates doubles de zinc et d'ammoniaque, zinc et potasse, zinc et soude, zinc et baryte, zinc et strontiane, zinc et chaux, zinc et magnésie, zinc et alumine, zinc et chrome, zinc et manganèse, zinc et cadmium, zinc et plomb, zinc et cobalt, zinc et nickel, zinc et or, zinc et platine, ces derniers étant obtenus avec les sels d'or et de platine, et le fulminate de zinc et de baryte. Pour les détails, voyez le mémoire de E. Davy, cité plus haut.

A. G.

FULMINURIQUE (ACIDE). — Voyez Isocyanurique (acide).

FUMARINE. — Alcaloïde découvert par Peschier dans la fumeterre (*Fumaria officinalis*) [*Journ. de Trommsdorff*, t. XVII, p. 2, 80 et t. XX, p. 2,16], puis par Hannon [*Journ. de Chim. médicale*, (3), t. VIII, p. 705]. Elle a été étudiée plus récemment par J. Preuss [*Zeitsch. für Chem.*, (2), t. II, p. 414; *Bull. de la Soc. chim.*, t. VII, p. 453]. — Pour l'extraire, Hannon réduit en bouillie les parties vertes des plantes, additionne d'acide acétique et fait digérer pendant quelques heures au bain-marie. La liqueur filtrée, évaporée à consistance sirupeuse, est reprise par l'alcool bouillant qui dissout l'acétate de fumarine et l'abandonne, après décoloration et évaporation en fines aiguilles. On peut aussi exprimer le suc de la plante, l'étendre d'eau et le précipiter par l'acétate de plomb; la liqueur filtrée, traitée par de l'acide sulfurique étendu, donne une solution de sulfate de fumarine.

La fumarine, séparée de ses sels par un alcali, est un précipité caillebotté soluble dans l'alcool, d'où il cristallise par évaporation lente.

La fumarine forme des prismes rhomboïdaux à 6 pans; elle est soluble dans l'alcool, le chloroforme, la benzine, le sulfure de carbone et l'alcool amylique; elle est soluble dans l'éther, ce qui la distingue de la corydaline; l'eau ne la dissout que fort peu, mais acquiert cependant une réaction alcaline et une saveur amère. L'acide azotique ne colore pas la fumarine à froid, mais si l'on évapore la liqueur, elle se colore en jaune brun. Broyée avec une goutte d'acide sulfurique, la fumarine donne une coloration d'un violet foncé, devenant brune par l'addition d'un corps oxydant.

L'acétate de fumarine cristallise en aiguilles, ainsi que le chlorhydrate et le sulfate qui sont moins solubles. Le chloroplatinate et le chloraurate cristallisent en octaèdres. Ed. W.

FUMARIQUE (ACIDE),

$$C^4H^4O^4 = C^2H^2(CO^2H)^2$$

[Syn. *Acide paramaléique, acide lichénique*] [Pfaff, *Journ. für Chem. u Phys., v. Schweigger*, t. XLVII, p. 426; — Lassaigne, *Ann. de Chim. et de Phys.*, t. XI, p. 93; — Pelouze, *ibid.*, t. LVI, p. 72; — Winckler, *Rép. f. d. Pharm.*, v. Buchner, t. XXXIX, p. 48 et 368; t. XLVIII, p. 39 et 363; — Demarçay, *Ann. de Chim. et de Phys.*, t. LVI, p. 429; — Schœdler, *Ann. der Chem. u. Pharm.*, t. XVII, p. 148; — Probst, *ibid.*, t. XXXI, p. 248; — Rieckher, *ibid.*, t. LXIX, p. 31; — Bolley, *ibid.*, t. LXXXVI, t. 44; — Delffs, *Ann. de Poggend.*, t. LXXX, p. 435; — Dessaignes, *Journ. de Pharm.* (3), t. XXXII, p. 48; — Perkin et Duppa, *Philosoph. Magaz.*, t. XVII, p. 280, et *Ann. de Chim. et de Phys.*, t. LVI, p. 231; — Kekulé, *Bull. Acad. roy. Belg.* (2e sér.), janv. 1861, n° 1, t. XI, et *Répert. de Chim. pure*, 1861, p. 484; *Ann. der Chem. u. Pharm.*, suppl. II, p. 85, et même recueil (nouv. sér.), t. LV, avril 1866].

Historique. — Cet acide, découvert par Pfaff dans le lichen d'Islande, a été trouvé aussi par Peschier et par Winckler dans la fumeterre, par Probst dans le *Glaucium luteum*, par Bolley dans les champignons.

Lassaigne, en 1849, et Pelouze, en chauffant l'acide malique à 176°, ont obtenu, par déshydratation, l'acide fumarique, en même temps que l'acide maléique qui lui est isomère.

Préparation. — Delffs précipite le suc de la fumeterre par l'acétate de plomb, sèche à l'air le précipité lavé, en fait une bouillie avec l'acide nitrique, puis le délaye dans l'eau, jette le tout sur un filtre et lave un peu. Le résidu est alors épuisé par l'alcool bouillant et la solution alcoolique évaporée. Ce qui reste est dissous dans l'ammoniaque, la solution est évaporée de nouveau, traitée par l'hydrogène sulfuré pour enlever un peu de plomb, filtrée et évaporée à cristallisation. Les cristaux de bifumarate d'ammoniaque sont purifiés par plusieurs cristallisations successives. On en précipite l'acide fumarique par un léger excès d'acide nitrique. 1 kilog. de fumeterre donne 2 grammes d'acide pur.

Pour l'extraire du lichen d'Islande, on fait macérer celui-ci cinq à six jours dans un lait de chaux, on filtre, on évapore jusqu'à demi-volume, on ajoute de l'acide acétique, on chauffe, on verse goutte à goutte de l'acétate de plomb, tant que le précipité est coloré, on porte le tout à l'ébullition, on filtre bouillant; par refroidissement, il se dépose des aiguilles de fumarate de plomb, qu'on décompose par l'hydrogène sulfuré.

Enfin on peut, pour l'obtenir, chauffer un peu au-dessus de 130° l'acide malique, qui donne ainsi un résidu cristallin d'acide fumarique mélangé d'acide maléique; ce dernier se transforme lui-même, par une longue ébullition avec l'eau, en acide fumarique.

Propriétés. — L'acide obtenu avec l'acide malique cristallise au sein de l'eau en prismes incolores, striés, tantôt rhomboédriques, tantôt hexagonaux (Pelouze). Celui de la fumeterre forme des aiguilles étoilées. Les cristaux fondent difficilement et se volatilisent au-dessus de 200°, en donnant de l'acide malique anhydre. Leur odeur est nulle, leur saveur acide.

L'acide fumarique se dissout dans environ 200 p. d'eau froide; une longue ébullition n'altère pas cette solution; chauffée à 250°, elle ne donne pas d'acide malique (Hagen).

L'acide fumarique est très-soluble dans l'alcool et l'éther.

Soumis à l'action de la pile, l'acide fumarique donne de l'acétylène et de l'acide succinique d'après l'équation suivante :

$$2\begin{bmatrix} CO.OH \\ C^2H^2 \\ CO.OH \end{bmatrix} = \begin{matrix} CO.OH \\ CH^2 \\ CH^2 \\ CO.OH \end{matrix} + 2CO^2 + C^2H^2$$

Acide fumarique. — Acide succinique. — Acétylène.

[Kekulé, *Bull. de la Soc. chim.*, 1864, p. 242].

L'acide fumarique soumis aux oxydants énergiques, tels que le peroxyde de plomb sec et chaud, prend feu sans dégager d'acide formique. Mais il peut se dissoudre sans altération dans l'acide nitrique dilué et bouillant et dans l'acide sulfurique concentré. Ses solutions ne sont oxydées ni par le peroxyde de plomb ni par le bichromate de potasse. Chauffé en tube scellé pendant 140 heures avec de l'eau et de l'acide chlorhydrique, l'acide fumarique se transforme partiellement en acide malique [Dessaignes, *loc. cit.*].

Soumis à l'action de l'amalgame de sodium pendant quelques heures, l'acide fumarique se transforme en acide succinique d'après l'équation

$$\begin{matrix} CO.OH \\ C^2H^2 \\ CO.OH \end{matrix} + H^2 = \begin{matrix} CO.OH \\ CH^2 \\ CH^2 \\ CO.OH \end{matrix}$$

Acide fumarique. — Acide succinique.

[Kekulé, *Bull. Acad. royale de Belgique*, (2), t. XI, janvier 1861].

La même transformation a lieu sous l'influence de l'acide iodhydrique à chaud.

Chauffé à 120° avec une solution d'acide bromhydrique, l'acide fumarique se transforme peu à peu en acide monobromosuccinique

$$\begin{matrix} CO.OH \\ CHBr \\ CH^2 \\ CO.OH \end{matrix}$$

qui est identique avec celui qu'on obtient par substitution (Kekulé).

Chauffé quelques minutes à 100° avec du brome et de l'eau, l'acide fumarique se transforme en acide dibromosuccinique (Kekulé).

Par la fermentation, l'acide fumarique se transforme en acide succinique (Dessaignes).

FUMARATES MÉTALLIQUES. — L'acide fumarique est bibasique et donne des sels acides

$$\begin{matrix} CO.OH \\ C^2H^2 \\ CO.OR' \end{matrix}$$

et des sels neutres

$$\begin{matrix} CO.OR \\ C^2H^2 \\ CO.OR' \end{matrix}$$

plusieurs ont un goût douceâtre. Les fumarates de chaux, strontiane, baryte, sont solubles. Les solutions de fumarates alcalins ne précipitent ni les sels de zinc, ni ceux de chrome ou d'alumine; elles précipitent les sels cuivriques et manganeux. Le fumarate plombique est soluble dans l'eau bouillante, comme le malate, mais celui-ci fond à 100°. Une partie d'acide fumarique dissoute dans 200,000 p. d'eau se trouble encore par le nitrate d'argent. Les sels d'aluminium et de chrome ne paraissent pas pouvoir exister. Sauf ceux d'ammonium, de cuivre et de mercure, ils résistent sans se décomposer à la température de 250°.

C'est à M. Rieckher qu'est due la connaissance de la plupart des fumarates.

Fumarates d'ammonium. — Sel neutre,

$$(C^4H^2O^4)2AzH^4.$$

— Sel très-soluble; il se transforme par l'évaporation dans le sel acide suivant.

Sel acide, $(C^4H^2O^4)H.AzH^4$. — Il s'obtient en évaporant l'acide fumarique saturé d'ammoniaque. Très-soluble dans l'eau, insoluble dans l'alcool. Les cristaux appartiennent au système monoclinique [Pasteur, *Ann. de Chim. et de Phys.*, (3), t. XXXI, p. 94]. La solution de ce corps est sans action sur la lumière polarisée.

Soumis à la distillation, ce sel donne de la fumarimide (Dessaignes).

Fumarate d'argent, $(C^4H^2O^4)Ag^2$ (à 100°). — Ce sel s'obtient en précipitant le nitrate par l'acide fumarique, sous forme d'une poudre blanche complétement insoluble, qui brunit et fait explosion par la chaleur. L'acide nitrique ordinaire le dissout en mettant l'acide en liberté. Il se dissout aussi dans l'ammoniaque en s'unissant à elle pour donner de petits prismes brillants.

Fumarate de baryum, $(C^4H^2O^4)Ba''$ (à 100°). — Se forme en mêlant des solutions concentrées d'acide fumarique et d'acétate de baryte et faisant bouillir; il se précipite à l'état de grains cristallins anhydres. On peut aussi mélanger le fumarate de potassium avec le chlorure de baryum; petits prismes rhomboïdaux brillants, efflorescents, perdant 20,8 d'eau à 100°. Ce corps est très-soluble dans l'eau et l'alcool, insoluble dans un excès d'acide fumarique ou d'autres acides.

On n'a pu obtenir le fumarate acide de baryum.

Fumarate de calcium, $(C^4H^2O^4)Ca'' + 3H^2O$. — Ce sel existe dans la fumeterre. Il s'obtient comme le précédent. Petits prismes durs, brillants, insolubles dans l'alcool. Sa fermentation à 30° avec du fromage le transforme en succinate calcique (Dessaignes). Il faut le chauffer à 200° pour lui faire perdre la dernière molécule d'eau.

Fumarate de cobalt, $(C^4H^2O^4)Co'' + 3H^2O$. — Il s'obtient en mélangeant des solutions concentrées d'acide fumarique et d'acétate de cobalt, et additionnant la liqueur d'alcool. Précipité pulvérulent rosé, très-soluble dans l'eau et l'alcool, peu soluble dans l'alcool faible. Il ne perd la dernière molécule d'eau de cristallisation qu'à 200°.

Fumarate de cuivre, $(C^4H^2O^4)Cu'' + 3H^2O$. — Se forme par double décomposition avec un fumarate alcalin. Poudre cristalline, bleu pâle, soluble dans les acides, insoluble dans l'eau et l'alcool.

Fumarate de cuprammonium. — Petits octaèdres bleu foncé qu'on obtient en évaporant dans l'ammoniaque le sel précédent.

Fumarate ferrique. — Le chlorure ferrique mélangé au fumarate d'ammoniaque ou de soude donne un précipité cannelle, insoluble dans le précipitant et dans l'ammoniaque, soluble dans les acides, et difficile à laver.

Le fumarate ferreux n'a pu être obtenu de même.

Fumarate de manganèse,

$$(C^4H^2O^4)Mn'' + 3H^2O.$$

— Ce sel se forme quand on ajoute le fumarate d'ammoniaque au sulfate manganeux. Poudre blanche, peu soluble dans l'eau, insoluble dans l'alcool.

Fumarate de magnésium,

$$(C^4H^2O^4)Mg'' + 4H^2O.$$

— On ajoute de l'acide fumarique à l'acétate de magnésie, on évapore jusqu'à disparition d'odeur acétique, on ajoute de l'alcool; les 2 dernières molécules d'eau ne sont expulsées qu'à 200°.

Fumarate mercureux, $(C^4H^2O^4)Hg''$. — Le nitrate mercureux donne avec l'acide fumarique ou les fumarates un précipité blanc cristallin.

Fumarate mercurique. — S'obtient par le mélange d'un fumarate alcalin avec le chlorure mercurique. L'acide fumarique ne dissout pas à chaud l'oxyde mercurique.

Fumarate de nickel, $(C^4H^2O^4)Ni'' + 4H^2O$. — S'obtient comme celui de cobalt. Poudre vert pâle, soluble dans l'eau, l'alcool faible, l'ammoniaque. Ce sel perd sa dernière molécule d'eau à 200°; il commence à se décomposer vers 230°.

Fumarate de plomb. — Sel neutre,

$$(C^4H^2O^4)Pb'' \text{ (à 200°)}.$$

— Suivant Rieckher, le malate de plomb se convertit à 230° en fumarate. Le fumarate de potasse versé en solution concentrée dans l'acétate de plomb donne du fumarate de plomb en poudre blanche qui se dissout et cristallise dans l'eau bouillante; sa formule est

$$(C^4H^2O^4)Pb'' + 2H^2O \text{ (Rieckher)},$$
ou
$$(C^4H^2O^4)Pb'' + 3H^2O \text{ (Pelouze)}.$$

Il est insoluble dans l'alcool.

Le *fumarate basique de plomb,*

$$[(C^4H^2O^4)Pb], PbO.$$

— S'obtient avec le bifumarate de potasse et le sous-acétate de plomb; il se déshydrate à 130°. Traité par l'ammoniaque, il donne un composé qui paraît correspondre à la formule

$$(C^4H^2O^4)Pb, 2PbO.$$

Fumarate de potassium. — Sel neutre,

$$(C^4H^2O^4)K^2 + 2H^2O.$$

— S'obtient en saturant l'acide fumarique par le carbonate potassique. Il forme des tables rhomboïdales, souvent des prismes groupés en étoile, très-solubles dans l'alcool. L'acide acétique le décompose en partie dans le sel suivant.

Fumarate acide de potassium,

$$(C^4H^2O^4)KH.$$

— S'obtient en traitant le sel précédent par l'acide fumarique et évaporant. Prismes obliques moins solubles que le sel neutre; l'alcool étendu les dissout un peu.

Fumarate de sodium. — Sel neutre,

$$(C^4H^2O^4)Na^2 + 3H^2O.$$

— S'obtient comme celui de potassium. Très-soluble dans l'eau, insoluble dans l'alcool; précipité par ce liquide de sa solution aqueuse; ce sel a la composition $(C^4H^2O^4)Na^2 + H^2O$.

Le sel acide n'a pu être obtenu.

Fumarate de strontium, $(C^4H^2O^4)Sr'' + 3H^2O$.

— S'obtient comme celui de baryte; très-peu soluble dans l'eau et l'alcool.

Fumarate de zinc, $(C^4H^2O^4)Zn'' + 3H^2O$. — S'obtient en faisant bouillir l'acide fumarique avec l'oxyde ou le carbonate de zinc. Prismes obliques, vitreux, solubles dans l'eau, insolubles dans l'alcool; à froid il peut cristalliser avec 4 molécules d'eau et est alors efflorescent.

ÉTHERS FUMARIQUES. — On ne connaît que le fumarate d'éthyle.

Fumarate éthylique, $(C^4H^2O^4)2C^2H^5$ [Hagen, *Ann. der Chem. u. Pharm.*, t. XXXVIII, p. 274]. — On l'obtient en saturant de gaz chlorhydrique une solution d'acide fumarique ou malique dans l'alcool très-concentré, distillant ce mélange, recueillant les portions qui passent après le chlorure éthylique, lavant à l'eau et séchant la couche huileuse sur le chlorure de calcium.

Liquide oléagineux qui surnage l'eau, dans laquelle il est un peu soluble. Son odeur est celle de certains fruits.

Chauffé avec une solution de potasse, il donne du fumarate et de l'alcool. Traité par une solution d'ammoniaque, il laisse déposer après quelque temps des cristaux de fumaramide (voyez ci-dessous). A. G.

FUMARIQUE (ANHYDRIDE),

$$(C^4H^2O^3) = \left.\begin{matrix} CO \\ C^2H^2 \\ CO \end{matrix}\right\rangle O$$

[Syn. *Acide maléique anhydre*] [Pelouze, *Ann. de Chim. et de Phys.*, t. LVI, p. 72]. — Ce corps s'obtient quand on soumet à la distillation les acides fumarique ou maléique, jusqu'à ce que le résidu ne renferme plus d'acide fumarique cristallisé. Il faut pousser rapidement la distillation, en évitant toutefois la formation des gaz. Cet anhydride fond à 57° et bout à 196°. Chauffé un peu au-dessus de cette température, il brunit en donnant des gaz. A. G.

FUMARIQUES (AMIDES). — On connaît la *fumaramide* et la *fumarimide*.

FUMARAMIDE, $(C^4H^2O^2)''2(AzH^2)$ [Hagen, *Ann. der Chem. u. Pharm.*, t. XXXVIII, p. 275]. — Elle s'obtient en laissant quelque temps le fumarate diéthylique avec un excès d'ammoniaque aqueuse. Elle se produit d'après l'équation

$$C^4H^2O^4(C^2H^5)^2 + 2AzH^3$$
$$= (C^4H^2O^2)''2AzH^2 + 2C^2H^6O.$$

Elle se dépose à l'état de paillettes blanches, insolubles dans l'eau froide et l'alcool, solubles dans l'eau bouillante, qui toutefois la transforme peu à peu en bifumarate d'ammonium.

Soumise à la distillation sèche, elle donne un sublimé cristallin, de l'ammoniaque et un résidu charbonneux.

Chauffée avec un alcali, elle forme un fumarate et de l'ammoniaque; bouillie avec l'oxyde de mercure et l'eau, elle laisse une poudre blanche qui répond, d'après Dessaignes, à la formule

$$(C^4H^2O^2)''2AzH^2, Hg''O.$$

FUMARIMIDE, $(C^4H^2O^2)''AzH$ [Dessaignes, *Compt. rend.*, t. XXX, p. 324; — J. Wolff, *Ann. der Chem. u. Pharm.*, t. LXXV, p. 293; — Pasteur, *Ann. de Chim. et de Phys.*, (3), t. XXXIV, p. 52]. — On prépare ce corps en chauffant de 160° à 200° le bimalate d'ammoniaque. Le résidu résineux, lavé à l'eau chaude, laisse une poudre brique pâle dont la composition est, d'après Dessaignes,

$$[C^4H^2O^2.AzH]^2 + H^2O.$$

D'après Wolff, si on reprend ce résidu pulvérulent par de l'eau bouillante et qu'on laisse refroidir, il se forme un précipité qui se réunit dans les liqueurs acides et qu'on purifie ainsi par des dissolutions successives. Il a alors une composition qui se rapproche de celle indiquée par la formule $(C^4H^2O^2)''AzH$.

Corps fort stable, soluble dans les acides concentrés d'où l'eau le précipite. Chauffée 5 ou 6 heures avec l'acide chlorhydrique ou nitrique et évaporée à siccité, la fumarimide se transforme en acide aspartique inactif :

$$\underset{\text{Fumarimide.}}{(C^4H^2O^2)''AzH} + 2H^2O = \underset{\text{Acide aspartique.}}{C^4H^7AzO^4.}$$

D'après Dessaignes [*loc. cit.*], la distillation du bimalate ou du bifumarate d'ammonium donnerait une matière très-semblable, mais non identique à la précédente.

D'après Pasteur, il se forme en même temps, dans la distillation du bimalate d'ammonium, une certaine quantité des acides maléique et fumarique, ainsi que des acides maliques actif et inactif. A. G.

FUMARYLE (CHLORURE DE),

$$(C^4H^2O^2)''Cl^2 = \begin{matrix} COCl \\ C^2H^2 \\ COCl \end{matrix}$$

[Perkin et Duppa, *Phil. Mag.*, t. XVII, p. 280 (1859), et Kekulé, *Ann. der Chem. u. Pharm.*, suppl. II, p. 85 (août 1862)]. — D'après Perkin et Duppa, il s'obtient en distillant 1 p. de malate sec de chaux avec 4 p. de perchlorure de phosphore, puis chassant l'excès de l'oxychlorure de phosphore par un courant d'air. Il distille vers 170°. Kekulé l'obtient en traitant 84 p. d'acide fumarique par 290 p. de perchlorure de phosphore et purifiant comme ci-dessus.

C'est un liquide incolore, mobile, plus dense que l'eau, qui s'éthérifie par l'alcool, et donne avec l'ammoniaque une substance presque insoluble. L'eau bouillante le transforme en acide fumarique.

La réaction qui lui donne naissance en partant du malate de chaux est exprimée par les 2 équations successives

$$PCl^5 + \underset{\text{Malate de calcium.}}{\left.\begin{matrix} CO.O \\ CH.OH \\ CH^2 \\ CO.O \end{matrix}\right\rangle Ca''}$$

$$= \underset{\text{Fumarate de calcium.}}{\left.\begin{matrix} CO.O \\ C^2H^2 \\ CO.O \end{matrix}\right\rangle Ca} + 2HCl + PCl^3O$$

et

$$2PCl^5 + \underset{\text{Fumarate de calcium.}}{\left.\begin{matrix} CO.O \\ C^2H^2 \\ CO.O \end{matrix}\right\rangle Ca}$$

$$= \underset{\text{Chlorure de fumaryle.}}{\begin{matrix} CO.Cl \\ C^2H^2 \\ CO.Cl \end{matrix}} + CaCl^2 + 2PCl^3O.$$

Traité par le brome à 140° ou 150°, le chlorure de fumaryle donne le chlorure de dibromosuccinyle identique avec celui que l'on obtient directement en partant du chlorure de succinyle (Kekulé) :

$$\begin{matrix} COCl \\ C^2H^2 \\ COCl \end{matrix} + Br^2 = \begin{matrix} COCl \\ C^2H^2Br^2 \\ COCl \end{matrix}$$

qui bout à 218-220°. A. G.

FUNKITE (Min.). — Variété granulaire de pyroxène sablite, contenant plus de 10 % de protoxyde de fer.

FURFUROL, $C^5H^4O^2$. — Le furfurol (du latin *furfur*, son, et *oleum*, huile) est une matière huileuse qui se produit dans la préparation de l'acide formique, par un mélange de sucre ou d'amidon, d'acide sulfurique et de peroxyde de manganèse. Ce corps fut observé pour la première fois par Dœbereiner, qui l'avait désigné sous le nom d'huile artificielle de fourmis; son étude fut continuée par M. Stenhouse, puis par M. Fownes et par M. Cahours [Dœbereiner, *Ann. der Chem. u. Pharm.*, 1831; t. III, p. 141; — Stenhouse, *ibid.*, t. XXXV, p. 301; t. LXXIV, p. 278; — Fownes, *ibid.*, t. LIV, p. 52; — Cahours, *Ann. de Chim. et de Phys.*, (3), t. XXIV, p. 277 et 281; — Vœlckel, *Ann. der Chem. u. Pharm.*, t. LXXXV, p. 61; — Babo, *ibid.*, p. 100; — Dauber, *ibid.*, t. LXXIV, p. 204; — Miller, *ibid.*, t. LXXIV, p. 293; — Schultz, *ibid.*, t. CXIV, p. 63; — Schwanert, *ibid.*, t. CXVI, p. 256]. Il semble résulter de l'oxydation des matières sucrées ou amylacées, d'après l'équation suivante :

$$C^6H^{10}O^5 + O^2 = CO^2 + C^5H^4O^2 + 3(H^2O).$$

Le furfurol est un liquide oléagineux et presque incolore; exposé au contact de l'air, il s'altère peu à peu et finit par noircir; il est plus stable à l'état humide. Il est doué d'une odeur qui rappelle à la fois celle de l'essence de cannelle et celle de l'essence d'amandes amères. Sa densité à 15° est de 1,68; sa densité de vapeur de 3,34. Il bout à 162°,5 (Cahours); à 166° (Stenhouse).

Le furfurol est très-soluble dans l'alcool ainsi que dans l'eau, dont il exige 11 p. à 13° pour se dissoudre. Il se dissout à froid dans l'acide sulfurique concentré, sans se colorer en rouge s'il est pur; à chaud, le mélange se charbonne.

L'acide chlorhydrique se comporte de même. Sous l'influence de l'acide azotique chaud, le furfurol est vivement attaqué: il se forme de l'acide oxalique qui paraît être le seul produit de cette réaction.

Les alcalis résinifient le furfurol; à chaud, le potassium l'attaque avec violence.

Le furfurol présente quelque analogie avec les aldéhydes; comme ces dernières, il peut se combiner avec les bisulfites alcalins.

Le dérivé le plus remarquable du furfurol est la combinaison qu'il forme avec l'ammoniaque. Abandonné pendant plusieurs heures en contact avec cet alcali, il se transforme complétement en une masse cristalline jaunâtre, désignée sous le nom de *furfuramide*.

La méthylamine, l'éthylamine dissolvent le furfurol à froid sans l'altérer; mais si l'on chauffe, le liquide noircit, et il se dépose une matière noire qui renferme à peine des traces d'azote (Wurtz).

Le furfurol s'obtient en distillant un mélange formé de 6 p. de son, 5 p. d'acide sulfurique et 12 p. d'eau ; on chauffe d'abord le mélange de manière à le rendre fluide, puis on lute l'alambic et l'on augmente la chaleur, il se dégage de l'acide sulfureux en grande quantité, en même temps de l'eau distille. On cohobe plusieurs fois en ayant soin de neutraliser le dernier produit de la distillation par de l'hydrate de chaux : puis on distille encore, il passe alors une eau très-chargée de furfurol. On facilite la séparation de ce corps en ajoutant du chlorure de calcium dans la liqueur.

Le furfurol desséché convenablement est rectifié une dernière fois. Ce procédé donne environ 2,6 % de furfurol.

M. Babo a obtenu du furfurol en distillant un mélange de 15 p. de son avec 5 ou 6 p. de chlorure de zinc et assez d'eau pour en faire une pâte assez épaisse : l'opération est continuée jusqu'à ce que le contenu de l'appareil distillatoire commence à se charbonner; il passe de l'eau d'abord, puis du furfurol, de l'acide chlorhydrique et une matière grasse solide qui paraît être un mélange d'acide margarique avec une petite quantité d'un hydrocarbure. On sépare la matière grasse en filtrant le produit de la distillation sur un linge mouillé. On neutralise le liquide aqueux par de la potasse, puis, après l'avoir saturé de sel marin, on le distille de nouveau.

L'amidon, la pectine, ne donnent pas de furfurol avec le chlorure de zinc. Le son n'en donne pas non plus avec le chlorure de calcium. D'après M. Vœlckel, le furfurol se rencontre aussi dans les matières huileuses qui se produisent pendant la distillation sèche du sucre.

Le furfurol contient toujours, à l'état brut, d'assez grandes quantités d'acétone et une autre matière huileuse très-altérable, et désignée par M. Stenhouse sous le nom de *métafurfurol*. Ce corps se distingue du furfurol par un point d'ébullition beaucoup plus élevé, par sa transformation, lorsqu'on le distille, en une matière résineuse brune qui prend une magnifique couleur pourpre sous l'influence des acides sulfurique, azotique et chlorhydrique, enfin parce qu'il ne produit pas de combinaison cristalline avec l'ammoniaque.

Gerhardt avait émis l'idée que le furfurol pourrait être l'aldéhyde correspondante à l'acide pyromucique. M. Schultz a confirmé cette manière de voir ; il a obtenu du pyromucate d'argent en faisant bouillir de l'oxyde d'argent avec une solution aqueuse de furfurol.

FURFURAMIDE, $C^{15}H^{12}Az^2O^3$. — La furfuramide cristallise en aiguilles jaunâtres, presque sans odeur à l'état sec, elle est insoluble dans l'eau froide, très-soluble dans l'alcool et l'éther, elle est fusible et brûle avec un flamme fuligineuse.

Sous l'influence de l'eau bouillante et même de l'alcool bouillant, elle se décompose lentement en ammoniaque et en furfurol; les acides provoquent instantanément cette réaction en reproduisant du furfurol et un sel ammoniacal.

Mais le caractère le plus remarquable de la furfuramide, c'est la transformation isomérique que lui font éprouver les alcalis. Lorsqu'on fait bouillir cette substance avec de la potasse diluée, elle se dissout sans dégagement d'ammoniaque, et par le refroidissement le liquide laisse déposer des aiguilles blanches et soyeuses, d'une substance nouvelle, la *furfurine*, alcali isomère avec la furfuramide, et qui forme avec les acides des sels bien cristallisés.

Une dissolution alcoolique de furfuramide traitée par un courant lent d'hydrogène sulfuré se transforme en furfurol sulfuré ou *thiofurfol*.

L'hydrogène sélénié exerce une action analogue en produisant le furfurol sélénié.

La furfuramide s'obtient en ajoutant de l'ammoniaque à une solution aqueuse de furfurol ; elle se dépose alors au bout de quelques jours en cristaux assez blancs :

$$3(C^5H^4O^2) + 2(AzH^3) = \underset{\text{Furfuramide.}}{C^{15}H^{12}Az^2O^3} + 3(H^2O).$$
Furfurol. — Furfuramide.

FURFURINE, $C^{15}H^{12}Az^2O^3$. — La furfurine est une base cristallisée en longues aiguilles blanches, soyeuses, qui appartiennent au système rhombique.

Cette base est insoluble dans l'eau froide ; mais elle se dissout dans 135 p. d'eau bouillante environ, d'où elle se dépose presque entièrement par le refroidissement; elle est très-soluble dans l'alcool et dans l'éther, sa dissolution possède une réaction alcaline.

Elle n'a ni odeur ni saveur, mais ses combinaisons salines sont très-amères. Elle fond au-dessous de 100° en un liquide huileux, presque incolore, et qui devient dur et cristallin par le refroidissement.

Cet alcali ne donne pas de composé sulfuré, comme la furfuramide, sous l'influence de l'hydrogène sulfuré.

La furfurine neutralise les acides les plus énergiques, et forme des sels avec la plupart des acides. On obtient aisément ces combinaisons en dissolvant la furfurine dans les acides; les alcalis en séparent de nouveau la base.

Acétate de furfurine. — Sel très-soluble qui ne cristallise qu'avec une extrême difficulté.

Azotate de furfurine, $C^{15}H^{12}Az^2O^3, HAzO^6$. — Sel fort soluble dans l'eau, peu soluble dans un excès d'acide chlorhydrique, il forme des cristaux durs et transparents qui s'effleurissent dans un courant d'air sec; l'alcool laisse déposer ce sel en cristaux bien définis appartenant au type orthorhombique.

Chlorhydrate de furfurine,

$$C^{15}H^{12}Az^2O^3, HCl + H^2O.$$

— Ce sel, très-soluble dans l'eau, peu soluble dans un excès d'acide chlorhydrique, cristallise en faisceaux d'aiguilles, très-analogues au sel correspondant de morphine; il est neutre aux réactifs colorés. On l'obtient en saturant à chaud de l'acide chlorhydrique faible par de la furfurine.

Chlorure double de platine et de furfurine,

$$2(C^{15}H^{12}Az^2O^3, HCl)PtCl^4.$$

— Ce sel cristallise dans l'alcool en longues aiguilles minces, jaune clair. La chaleur l'altère.

Perchlorate de furfurine, $C^{15}H^{12}Az^2O^3, HClO^4$. — Ce sel se présente sous la forme de longs prismes cassants, d'un éclat vitreux, qui deviennent opaques vers 60°, et fondent vers 155°; ils sont fort solubles dans l'eau et dans l'alcool.

L'acide oxalique forme deux sels avec la furfurine.

1° L'*oxalate neutre de furfurine.* — Cristallise en aiguilles.

2° L'*oxalate acide de furfurine*,

$$C^{15}H^{12}Az^2O^3, C^2H^2O^4.$$

— Ce sel cristallise sous forme de tables incolores; il est très-peu soluble dans l'eau froide, mais plus soluble dans l'eau chaude.

Préparation de la furfurine. — On prépare la furfurine en introduisant de la furfuramide dans un ballon qui contient une solution bouillante et très-étendue de potasse caustique. Au bout de 10 à 15 minutes le changement moléculaire est produit; on laisse refroidir, la furfurine se dépose sous forme d'une huile jaunâtre, qui se solidifie très-promptement. On la purifie en la traitant par une solution étendue et bouillante d'acide oxalique; on filtre, et par le refroidissement le bioxalate de furfurine se dépose. On le dissout de nouveau à chaud et on le décolore par le charbon. Ce sel, décomposé ensuite par de l'ammoniaque ajoutée à une solution bouillante, donne la furfurine pure.

M. Bertagnini prépare cette base en faisant passer un courant de gaz ammoniac dans du furfurol chauffé à 110°. Il suffit d'une heure pour opérer la transformation.

Furfurol sulfuré, thiofurfol, C^5H^4SO. — Cette substance se présente tantôt sous la forme d'une poudre blanche, d'apparence cristalline, tantôt sous la forme d'une résine, selon les conditions où elle a pris naissance.

Sous l'influence de la chaleur, le furfurol sulfuré fond, et répand une odeur fort désagréable; par une plus grande élévation de température, il brûle avec une flamme bleuâtre, en dégageant une assez forte odeur d'acide sulfureux. Si on le soumet à la distillation sèche, il est entièrement décomposé; il se produit en même temps une matière cristalline, qui, après avoir été purifiée par plusieurs cristallisations dans l'alcool, se présente en longues aiguilles légèrement jaunâtres, quelquefois incolores, insolubles dans l'eau froide, un peu solubles dans l'eau chaude, et solubles dans l'éther et l'alcool surtout à chaud. La solution alcoolique finit par s'altérer en présence de l'air, en prenant une teinte brune; l'acide azotique attaque vivement cette substance. Elle répond à la formule $C^9H^8O^2$ et se produit selon l'équation suivante :

$$\underset{\text{Thiofurfol.}}{2(C^5H^4SO)} = CS^2 + C^9H^8O^2.$$

On obtient le thiofurfol soit en faisant agir du sulfhydrate d'ammoniaque sur une dissolution de furfurol, soit en faisant passer un courant d'hydrogène sulfuré dans une dissolution alcoolique de furfuramide. Si la solution est étendue et le courant de gaz sulfuré très-lent, le thiofurfol se sépare au bout d'un certain temps sous la forme d'une poudre blanche; si, au contraire, la solution de furfuramide est chaude et concentrée et le courant de gaz rapide, le thiofurfol se dépose alors sous la forme d'une résine.

Furfurol sélénié, C^5H^4SeO. — L'hydrogène sélénié produit sur la solution alcoolique de furfuramide une action tout à fait semblable à celle de l'hydrogène sulfuré. Seulement la matière qui se dépose a l'apparence d'une résine, et est fort altérable.

Fucusol, *isomère du furfurol.* — D'après M. Stenhouse, lorsqu'on distille avec de l'acide sulfurique étendu certaines algues marines (*Fucus vesiculosus, F. nodosus, F. serratus*) ainsi que les mousses et les lichens, on obtient une huile dont l'odeur, la saveur et la densité sont à peu près les mêmes que celles de son isomère le furfurol : c'est le fucusol. Cependant ce dernier se distingue du furfurol par quelques propriétés : ainsi le fucusol distille à une température plus élevée, il est moins soluble dans l'ammoniaque dont il exige 12 p. à 13°,5, il est aussi moins soluble dans l'eau dont il exige 14 p. à 13°. Enfin il offre moins de stabilité que le furfurol et se colore en brun verdâtre par l'acide sulfurique, en jaune par l'acide azotique, et en vert par l'acide chlorhydrique.

Sous l'influence de l'ammoniaque, le fucusol donne une combinaison azotée, la *fucusamide*, isomérique avec la furfuramide; moins stable que cette dernière, elle éprouve du reste, sous l'influence des alcalis et de l'acide sulfhydrique, des transformations analogues.

Fucusine. — La fucusine se présente sous la forme de petits cristaux aplatis, groupés en étoiles. Elle se distingue de la furfurine par une solubilité moitié moindre dans l'eau, la solubilité dans l'alcool aqueux est aussi plus faible. La fucusine forme des sels qui offrent une composition semblable à celles des sels correspondants de furfurine.

Cependant le chloroplatinate offre une légère différence : il se dépose dans l'alcool en larges prismes quadrilatères, tandis que celui de furfurine cristallise en aiguilles minces.

L'azotate de fucusine offre aussi quelques différences, les angles des cristaux ne sont pas tout à fait semblables.

La fucusine s'obtient en faisant bouillir la fucusamide avec une solution de soude ou de potasse; il se forme une masse colorée qui n'offre aucun indice de cristaux et qui est formée de fucusine et d'une matière résineuse.

On extrait la fucusine en traitant cette masse par de l'acide azotique à une très-douce chaleur; il se forme de l'azotate de fucusine, qu'on purifie par des cristallisations successives. La fucusine est ensuite isolée en versant un alcali dans la solution de ce sel. E. C.

FUSION. — Passage de l'état solide à l'état liquide. Il s'effectue par l'action de la chaleur ou par celle des dissolvants.

Fusion par la chaleur. — Elle a lieu à une température fixe dans les mêmes conditions de pression. La température reste constante jusqu'à ce que la masse tout entière soit fondue; ce qui prouve que la chaleur fournie est absorbée par le travail moléculaire qui constitue la fusion. La quantité de chaleur ainsi transformée en travail intérieur constitue la *chaleur latente de liquidité.* La théorie mécanique de la chaleur permet de démontrer que les corps qui fondent en se dilatant doivent se liquéfier à une température d'autant plus élevée que la pression est plus forte, et de calculer cette température. Bunsen a fait voir en effet que le point de fusion de la cire, de la paraffine, etc., s'élève sous l'influence de la pression. Inversement les corps qui, comme la glace, se contractent en se liquéfiant, fondent à une température d'autant plus basse que la pression est plus énergique. Thomson a vérifié expérimentalement cette conséquence de la thermodynamique.

Le point de solidification ne coïncide pas toujours avec le point de fusion, et un corps peut rester à l'état liquide à plusieurs degrés au-dessous de la température où il fondrait s'il était solidifié préalablement. C'est le phénomène de la *surfusion*; il est encore inexpliqué. On peut le faire cesser en introduisant dans le liquide en surfusion un cristal de la même substance, et d'une dimension aussi petite que l'on voudra. L'expérience réussit très-bien avec le phosphore, qui peut être maintenu liquide jusqu'à + 6°; il se solidifie alors brusquement au contact d'une trace de phosphore ordinaire, mais non pas de phosphore rouge (Dufour, Gernez).

Une agitation subite peut aussi faire cesser la surfusion; c'est ainsi que l'eau purgée d'air peut être refroidie jusqu'à — 15°, sans se geler; mais elle se solidifie lorsqu'on l'agite, et en même temps la température revient à zéro.

Dans beaucoup de cas le point de fusion d'un mélange est moins élevé que celui de ses composants. C'est ainsi que l'alliage de 2 p. de bismuth, 1 d'étain et 1 de plomb fond entre 95° et 98° (Rose), et que celui composé de 1 ou 2 p. de cadmium, 2 d'étain, 4 de plomb et 7 ou 8 de bismuth fond entre 66° et 71° (Wood). L'on sait aussi qu'un mélange d'acides gras fond à une température beaucoup plus basse que ces acides eux-mêmes (Heintz). Exemples :

	Points de fusion.
Acide myristique (A)...	53,8
— palmitique (B)....	62
— laurique (C)....	43,6
20 p. B et 80 p. C..................	37,1
30 B 70 A....................	46,2
30 A 70 C....................	35,1
30 A, 70 C. 20 B..................	32,7

On a formulé quelques règles sur la température de fusion des divers composés organiques. Il est certain qu'elle croît en général avec la complication moléculaire; mais on sait d'autre part que l'oxalate de méthyle est solide à la température ordinaire, pendant que son homologue supérieur, l'oxalate d'éthyle, est liquide; enfin l'alcool butylique tertiaire, qui bout à quelques degrés plus bas que l'alcool butylique de fermentation, son isomère, est solide au-dessous de + 20°.

Le point de fusion d'un composé organique s'élève par la substitution du chlore à l'hydrogène. Mais il est difficile de reconnaître une loi simple dans cette élévation; il y a aussi à tenir grand compte des isoméries (Laurent). — Voyez Naphtaline.

M. Jungfleisch a signalé à ce sujet des rapports intéressants entre les points de fusion de différents dérivés de la benzine [*Ann. de Chim. et de Phys.*, (4), t. XV, p. 316].

Prenons, par exemple, les dérivés chlorés. Leur fusibilité diminue à mesure que la chloruration est plus avancée, mais d'une façon qui paraît irrégulière au premier aspect. Une loi simple se manifestera au contraire aussitôt qu'on aura séparé les produits de substitution d'un ordre pair de ceux d'un ordre impair, comme dans le tableau suivant :

Points de fusion.	Différences.	Points de fusion.	Différences.
— 40° C^6H^5Cl	57.	+ 53° $C^6H^4Cl^2$	86.
+ 17° $C^6H^3Cl^3$	57.	+ 139° $C^6H^2Cl^4$	87.
+ 74° C^6HCl^5		+ 226° C^6Cl^6	

On détermine facilement les points de fusion de la façon suivante. On étire un tube de verre de la grosseur ordinaire de façon à en faire un qui n'ait guère qu'un millimètre de diamètre. Les parois sont conséquemment fort minces. On y introduit la substance fondue, qui se solidifie bientôt, puis on ferme à la lampe l'extrémité inférieure du tube. On attache alors celui-ci à la tige d'un thermomètre de façon que la substance à observer soit à la hauteur de la boule, puis on plonge le tout dans de l'eau, de l'huile, ou de l'acide sulfurique contenu dans un vase de verre et que l'on chauffe progressivement. On agite constamment le thermomètre et l'on note la température qu'il marque lorsque la substance est fondue; on retire alors la source de chaleur et l'on note encore la température à laquelle le liquide se solidifie. On recommence plusieurs fois l'opération.

Fusion par dissolution. — Par l'action du dissolvant, les corps susceptibles de se dissoudre fondent d'abord, puis se diffusent dans le liquide. Lorsqu'il n'y a pas en même temps d'action chimique, il y a de la chaleur absorbée par ce travail de désagrégation moléculaire et la température s'abaisse. Par exemple, en dissolvant du nitrate d'ammoniaque dans de l'eau à zéro, celle-ci se refroidit jusqu'à — 26°. — Voyez Réfrigérants (mélanges).

M. Person a fait voir que les sels absorbent généralement plus de chaleur pour se dissoudre que pour prendre la forme liquide par la fusion ignée. Il a donc prouvé que la diffusion absorbe de la chaleur; de fait, plus on étend d'eau une solution, plus elle absorbe de chaleur, et 1 kilogramme de nitre qui n'exige que 49 calories pour se fondre en exige 69 pour se dissoudre dans 5 kilogrammes d'eau et 80 dans 20 kilogrammes [*Ann. de Chim., et de Phys.*, (3), t. XXXIII, p. 448]. G. S.

G

GABRONITE (Min.). — Masses lithoïdes avec clivages dans trois directions rectangulaires, paraissant se rapporter à la wernerite.

Dureté, 5,5; densité, 2,74. Attaquable par l'acide chlorhydrique.

GADININE. — De Jongh a donné ce nom à une matière brune qui existe dans l'huile de foie de morue.

GADINIQUE (ACIDE) [Luck, *Chem. Centralb.*, 1857, p. 191]. — Luck donne le nom d'acide gadinique à un acide gras qu'il retire de l'huile de foie de morue. Cet acide fond entre 63° et 64°, et se solidifie en une masse cristalline à 60°. D'après les analyses du sel d'argent et du sel de baryum, Luck représente l'acide par la formule suivante : $C^{2p}H^{29}O^{3}$, qui manque de contrôle.

GADOLINITE (Min.) — Silicate d'yttria, de lanthane, de fer et de glucine :

$$3RO,SiO^{2};\ R = Y, La, Fe, Gl,$$

avec traces de chaux. GlO dépasse 10 % (Des Cloizeaux). Se présente en cristaux ou en masses amorphes d'un noir verdâtre, transparents et verts d'herbe en lames minces, d'un éclat vitreux passant au résineux; cassure conchoïdale. Dans le granite et le gneiss, à Ytterby (Suède), à Brewig (Norwége), etc. Les cristaux sont clinorhombiques et présentent les propriétés optiques des substances biréfringentes à deux axes.

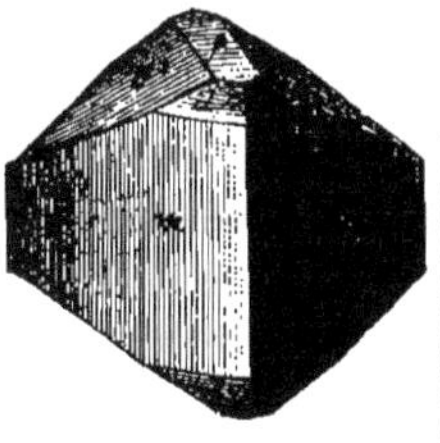

Fig. 274. — Gadolinite

Caractères. — Fait gelée avec l'acide chlorhydrique; plus difficilement attaquable après calcination. Chauffé au rouge-sombre, devient incandescent, se fendille et reste transparent.

La densité augmente par la calcination de 4,35 à 4,63. Avec les flux, réactions du fer et de la silice.

Dureté, 6,5 à 7. Poussière vert-grisâtre. Densité, 4,2 à 4,35.

Forme cristalline. — Prisme clinorhombique

$$mm = 116°;\ pm = 90°\ 27';\ ph^{1} = 90°\ 32';$$
$$e^{1}e^{1} \text{ par-dessus } p = 74°\ 22'.$$

On réunit à l'espèce précédente des cristaux d'un aspect identique et qui en diffèrent principalement par l'absence d'action sur la lumière polarisée et par le manque de glucine. Ces derniers peuvent être une pseudomorphose des premiers. Leur composition correspond à la formule $2RO,SiO^{2}$; R = Y, Ce, Fe, avec trace de chaux, de magnésie, de potasse et de soude. Certains cristaux se gonflent au chalumeau sans devenir incandescents; ils ne fondent pas et donnent une masse grise, translucide.

On trouve enfin des cristaux hétérogènes formés d'un mélange de la gadolinite cristallisée, avec la gadolinite amorphe.

Analyses de la gadolinite.

1° Cristaux clinorhombiques d'Hitteröe, par Scherer; 2° échantillons sans action sur la lumière polarisée, par Berzelius; 3° échantillons mélangés, par Berlin.

	I	II	III
Silice	25,59	24,16	24,85
Oxyde ferreux	12,13	11,34	13,01
Alumine	»	»	»
Yttria	44,96	45,93	51,46
Oxyde céreux	»	16,90	5,24 (ensemble)
Ox. de lanthane	6,33	»	
Glucine	10,18	»	4,80
Chaux	0,23	»	0,50
Magnésie	»	»	1,11
Eau et perte	»	0,60	»
	99,42	99,93	100,97

F. et S.

GAHNITE (Min.). — Spinelle zincifère. — Voyez SPINELLE.

GAÏAC (RÉSINE DE). — La résine de gaïac est fournie par le *Guaiacum officinale* (Rutacées), qui croît aux Antilles, surtout à Saint-Domingue et à la Jamaïque. Elle exsude naturellement du tronc, mais on l'en retire en plus grande quantité en perçant un trou dans toute la longueur des bûches; si l'on chauffe celles-ci par une extrémité, la résine coule de l'autre. On l'extrait quelquefois aussi en traitant le bois râpé par l'alcool.

La résine de gaïac est en masses assez considérables, friables, brillantes dans leur cassure et d'une couleur brun verdâtre. Sa saveur est âcre, son odeur rappelle celle du benjoin. L'alcool en dissout les 9/10; l'éther la dissout, mais moins bien; elle est très-peu soluble dans l'essence de térébenthine à froid, insoluble dans les huiles grasses. Elle se dissout dans la potasse et dans l'acide sulfurique concentré; avec ce dernier, elle donne une solution rouge que l'eau précipite en violet. Sa solution alcoolique est précipitée en blanc par l'eau.

Elle est remarquable par la facilité avec laquelle elle se colore, soit en vert, soit en bleu, sous l'influence des agents oxydants.

Elle verdit sous l'influence de l'oxygène de l'air; un papier imprégné de teinture de gaïac verdit quand on l'expose aux rayons violets du spectre et reprend sa couleur jaune sous l'influence des rayons jaunes ou par l'action de la chaleur [Wollaston, *Ann. der Phys. von Gilbert*, t. XXXIX, p. 294].

Avec l'acide azotique fumant, la solution alcoolique de la résine de gaïac devient verte; par l'addition de l'eau, il se forme un précipité vert et une liqueur bleue, ou un précipité bleu et une liqueur brune, suivant qu'on a ajouté peu ou beaucoup d'eau. Lorsqu'on fait passer un courant de chlore dans la teinture de gaïac, on obtient un précipité bleu qui disparaît par l'action ultérieure du chlore. On peut ainsi isoler la matière bleue. On l'obtient encore en faisant fondre la résine avec du carbonate de potasse, dissolvant dans l'eau le résinate et chauffant la liqueur presque à l'ébullition avec du perchlorure de fer ou du bichlorure de mercure. Le précipité renferme la matière bleue, qu'on extrait par l'alcool. Cette substance se décolore sous l'influence de l'acide sulfurique et l'acide chlorhydrique, ainsi que par la fusion. Sa solution alcoolique bleue se décolore souvent en s'évaporant; cette décoloration peut être attribuée à l'action réductrice de l'aldéhyde renfermée dans l'alcool du commerce. H. Schiff a fait connaître les réactions suivantes de la teinture de gaïac : par l'addition de l'iode à la teinture de gaïac, on n'observe pas de coloration, ou tout au plus une coloration vert sale ; c'est par l'addition d'eau que la liqueur bleuit. Une goutte d'acide suffit pour empêcher cette coloration.

Lorsqu'elle a été bleuie par le perchlorure de fer, la teinture de gaïac passe au violet par l'hyposulfite de soude, puis se décolore complétement. Elle peut être employée pour constater la présence de l'acide azotique dans l'acide sulfurique ; il suffit de chauffer l'acide avec un peu de limaille de fer et de diriger les gaz dans de la teinture de gaïac, qui bleuit immédiatement s'ils renferment des vapeurs nitreuses [Schiff, *Ann. der Chem. u. Pharm.*, t. CXI, p. 372, et *Répert. de Chim. pure*, 1859, p. 602].

La résine de gaïac est un mélange très-complexe ; elle renferme l'*acide gaïacique*, découvert par Thierry, l'*acide gaïarétique* ou *résino-gaïacique*, découvert par Hlasiwetz, l'*acide gaïaconique*, incristallisable, découvert par Hadelich, ainsi qu'une résine, et de la gomme. Suivant Hadelich, la résine de gaïac renferme ces différents principes dans les proportions suivantes :

Acide gaïarétique	10,50
Acide gaïaconique	70,35
Acide gaïacique (matières colorantes et pertes)	2,33
Résine	9,76
Gomme	3,70
Partie ligneuse	2,57
Principes fixes insolubles dans l'eau	0,79
	100,00

[Hadelich, *Journ. für prakt. Chem.*, t. LXXXVII, p. 321, et *Bull. de la Soc. chim.*, 1863, p. 272].

Nous décrirons plus loin ces divers principes.

D'après C. Kosmann, la résine de gaïac renferme une petite quantité d'un glucoside ; en effet, après une ébullition de 4 heures avec l'acide sulfurique étendu de 6 fois son poids d'eau, on constate la présence du glucose dans la liqueur [*Bull. de la Soc. chim.*, 1863, p. 391]. Hadelich n'a pas trouvé de glucose dans l'analyse de la résine de gaïac.

La résine de gaïac soumise à la distillation sèche donne différents produits, l'*hydrure de gaïacyle*, le *gaïacène* et la *pyrogaïacine* (voyez plus loin).

MM. Hlasiwetz et Barth, en traitant la résine de gaïac par la potasse fondante, ont obtenu deux composés, un acide $C^7H^6O^4$, probablement identique avec l'acide protocatéchique, et un autre acide $C^9H^{10}O^3$. Ils opèrent de la manière suivante : 1 p. de résine de gaïac, chauffée dans une capsule d'argent avec 3 à 4 p. de potasse caustique, dissoute dans un peu d'eau, fond peu à peu et forme avec l'alcali une masse homogène. Après le refroidissement, on ajoute de l'eau, puis de l'acide sulfurique faible. On sépare ainsi une matière résineuse noire et on constate l'odeur caractéristique des acides gras volatils. On filtre, on agite le liquide limpide avec de l'éther, on chasse l'éther par distillation et on précipite le liquide étendu d'eau par l'acétate de plomb. Le composé plombique étant décomposé par l'hydrogène sulfuré, les liqueurs filtrées déposent par l'évaporation spontanée des cristaux de l'acide $C^7H^6O^4$. Les eaux mères qui ont donné ces cristaux, évaporées lentement, donnent le corps $C^9H^{10}O^3$. Ce dernier est en très-petits cristaux et se présente sous la forme d'une poudre blanche farineuse ; 500 grammes de résine n'en ont fourni que 3 grammes. Il décompose les carbonates, mais on n'a pas réussi à avoir des sels cristallisables. En dissolution aqueuse, il donne avec les alcalis une coloration vert-émeraude très-éclatante ; avec le perchlorure de fer, il produit une coloration verte qui, par l'addition du carbonate de soude, passe au rouge-violet ; il réduit à froid l'azotate d'argent ammoniacal et les solutions alcalines de cuivre. Quant aux propriétés de l'acide $C^7H^6O^4$, voyez ACIDE PROTOCATÉCHIQUE [Hlasiwetz et Barth, *Ann. der Chem. u. Pharm.*, t. CXXX, p. 346, et *Bull. de la Soc. chim.*, 1865, t. III, p. 203].

Principes contenus dans la résine de gaïac.

ACIDE GAÏACIQUE, $C^6H^8O^3$ [Thierry, *Journ. de Pharm.*, t. XXVII, p. 381]. — Thierry obtient cet acide en dissolvant la résine dans l'alcool et distillant la solution jusqu'à ce qu'elle soit réduite au tiers de son volume. On décante la liqueur alcoolique acide, on la sature par l'eau de baryte, on filtre, on concentre la liqueur, on précipite la baryte par l'acide sulfurique ; la liqueur séparée du sulfate de baryte est évaporée à consistance sirupeuse ; le sirop est repris par l'éther et la solution éthérée abandonne l'acide gaïacique en cristaux, qu'on purifie par sublimation. Cet acide est très-soluble dans l'eau, l'alcool et l'éther ; il ressemble à l'acide benzoïque.

Suivant M. Deville, il renferme $C^6H^8O^3$, et donne du gaïacène C^5H^8O à la distillation sèche [Deville, *Ann. de Chim. et de Phys.*, (3), t. XIII, p. 249, et *Compt. rend. de l'Acad.*, t. XVII, p. 1143].

ACIDE GAÏARÉTIQUE OU RÉSINO-GAÏACIQUE,

$C^{20}H^{26}O^4$

[Hlasiwetz, *Ann. de Chim. et de Pharm.*, t. CXII, p. 182, et *Répert. de Chim. pure*, 1860, p. 74 ; — Hlasiwetz et de Gilm, *Ann. de Chim. et de Pharm.*, t. CXIX, p. 266 ; *Répert. de Chim. pure*, 1862, p. 18]. — On obtient cet acide en dissolvant 2 p. de résine de gaïac dans la quantité d'alcool nécessaire pour que la liqueur prenne une consistance sirupeuse ; on passe à travers un linge et on ajoute 1 p. de potasse en solution alcoolique. On abandonne le mélange pendant 24 heures, puis on le passe à travers un linge, on exprime le résidu, on le lave à l'alcool, on filtre et on exprime de nouveau. Le résidu chauffé avec très-peu d'eau est lavé à l'eau jusqu'à ce qu'il soit parfaitement blanc. Le sel de potasse ainsi obtenu est dissous à chaud dans une solution faible de potasse et précipité par l'acide chlorhydrique. Le précipité visqueux est repris par l'alcool, d'où il cristallise en écailles nacrées (Hlasiwetz).

On peut aussi préparer l'acide gaïarétique en faisant bouillir la résine de gaïac avec un lait de chaux, séchant le résidu insoluble et l'épuisant par l'alcool chaud. La solution alcoolique est évaporée à siccité, et traitée par une lessive de soude caustique d'une densité de 1,3. On purifie le sel de soude par une nouvelle cristallisation et on le décompose par l'acide chlorhydrique.

On purifie l'acide gaïarétique en le faisant cristalliser d'une solution dans l'acide acétique concentré et le lavant finalement avec l'acide acétique étendu, puis avec de l'eau (Hlasiwetz et de Gilm).

Il se présente en cristaux incolores, inodores, fusibles entre 75° et 80°, et ne s'altérant pas à l'air. Parfaitement pur, il se colore en vert d'herbe avec le perchlorure de fer et non en bleu. Il ne bleuit pas par l'eau de chlore, ni par l'acide azotique concentré ; ce n'est donc pas à ce principe que doit être attribuée la coloration que prend la résine de gaïac sous l'influence des agents oxydants.

Soumis à la distillation sèche, il donne de l'hydrure de gaïacyle ou gaïacol, et de la pyrogaïacine (voyez plus loin) (Hlasiwetz et de Gilm).

Il cristallise dans l'acide acétique en cristaux

qui paraissent appartenir au type orthorhombique; il dévie à gauche le plan de polarisation. Cristallisé, il renferme une molécule d'eau, qu'il perd par la fusion. Il se dissout dans l'acide sulfurique avec une belle couleur rouge, et l'eau précipite de la solution un produit blanc (Hadelich).

Avec le brome, il donne un produit de substitution; avec les acides sulfurique et azotique, il fournit des matières résineuses.

Il est bibasique et donne des sels acides

$$C^{20}H^{25}O^4M,$$

et des sels neutres $C^{20}H^{24}O^4M^2$. Les sels alcalins sont seuls cristallisés; les sels neutres ne sont stables qu'en présence des alcalis; ils se décomposent par l'ébullition de leurs solutions et fournissent les sels acides.

Gaïarétate d'argent. — Il devient gris à la lumière et se réduit quand on le chauffe.

Gaïarétate de baryum. — Séché à 160°, il renferme $C^{20}H^{24}O^4Ba$. Il est amorphe et s'obtient en précipitant le sel neutre de potassium par le chlorure de baryum.

Gaïarétates de potassium. — Le *sel acide* séché à 100° renferme $C^{20}H^{25}O^4K + H^2O$; il perd son eau de cristallisation à 120°. On l'obtient en faisant bouillir pendant quelque temps le sel neutre avec de l'alcool étendu.

Le *sel neutre* renferme à 100°

$$C^{20}H^{24}O^4K^2 + 2H^2O,$$

ou

$$C^{20}H^{24}O^4K^2 + 3H^2O,$$

suivant le mode de préparation; il perd son eau de cristallisation à 140°; il est cristallisé et se dépose aussitôt qu'on mélange des dissolutions alcooliques de potasse et d'acide gaïarétique.

Gaïarétate de sodium. — Le *sel acide,*

$$C^{20}H^{25}O^4Na + H^2O$$

(à 100°), perd son eau de cristallisation à 120°, et se prépare comme le sel correspondant de potassium.

Le *sel neutre*, $C^{20}H^{24}O^4Na^2 + 2H^2O$ (à 100°), perd son eau de cristallisation à 120°; lorsqu'on le fait cristalliser d'une solution dans l'alcool étendu, la présence d'un petit excès de soude est indispensable pour empêcher sa décomposition.

Hadelich a obtenu un sel de plomb

$$C^{20}H^{22}Pb^2O^4.$$

Acide bromogaïarétique, $C^{20}H^{23}Br^4O^4$ (Hlasiwetz et de Gilm). — On traite l'acide gaïarétique en solution dans le sulfure de carbone par le brome; on chasse le sulfure de carbone, on lave le résidu cristallin à l'alcool froid et on le fait dissoudre dans l'alcool bouillant. Il est en petites aiguilles incolores et brillantes. Le chlore agit d'une manière analogue, mais il est plus difficile d'avoir un produit pur.

Acide gaïaconique, $C^{19}H^{22}O^5$ [Hadelich, *Journ. für prakt. Chem.*, t. LXXXVII, p. 321, et *Bull. de la Soc. chim.*, 1863, p. 271]. — Cet acide incristallisable se trouve dans les eaux mères de la préparation de l'acide gaïarétique. Ces eaux mères sont évaporées à sec et reprises par l'alcool; la solution alcoolique est évaporée à siccité et le résidu repris par l'éther. La partie soluble dans l'éther constitue l'*acide gaïaconique,* fusible vers 100°, insoluble dans l'eau, exerçant le pouvoir rotatoire à gauche, précipitable de sa solution alcoolique par les sels de plomb et la baryte.

Le *sel de plomb* renferme $C^{19}H^{20}O^5Pb$. — L'acide gaïaconique bleuit par les agents d'oxydation.

La partie insoluble dans l'éther est une résine soluble dans les alcalis, précipitable par les acides, renfermant

$$C^{14}H^{14}O^4 \text{ ou } C^{20}H^{20}O^6.$$

Matière colorante (Hadelich). — La résine de gaïac renferme une matière colorante cristallisable en petits octaèdres à base carrée et qu'on obtient en saturant par l'acide acétique la liqueur obtenue en faisant bouillir la résine avec la chaux. C'est un acide faible, soluble dans les alcalis, l'éther, l'alcool, fort peu soluble dans l'eau et dans la benzine. Cette substance renferme de l'azote au nombre de ses éléments; l'acide sulfurique concentré la dissout en se colorant en bleu d'azur.

Produits pyrogénés de la résine de gaïac.

La résine de gaïac soumise à la distillation sèche fournit du gaïacène C^5H^8O, de la *pyrogaïacine* $C^{19}H^{22}O^3$, et de l'*hydrure de gaïacyle* $C^7H^8O^2$, qui, suivant Hlasiwetz, n'est qu'un mélange de créosol, $C^8H^{10}O^2$, et de son homologue inférieur qu'il appelle gaïol ou gaïacol.

Hydrure de gaïacyle (*Acide pyrogaïacique de Sobrero, gaïacol, gaïol*) [Deville, *Revue scientifique*, t. XV, p. 64; — Deville et Pelletier, *Ann. de Chim. et de Phys.*, (3), t. XIII, p. 247; — Sobrero, *Ann. der Chem. u. Pharm.*, t. XLIII, p. 19; — Vœlckel, t. LXXXIX, p. 345]. — On l'obtient en soumettant à la distillation fractionnée les produits pyrogénés de la résine de gaïac. A l'état de pureté, il est incolore, d'une odeur faible, qui rappelle celle de la créosote. Sa densité est de 1,119 à 22°; il bout à 210° (Sobrero), à 205° (Vœlckel). Il est peu soluble dans l'eau, soluble dans l'alcool, l'éther, l'acide acétique et les alcalis; sa dissolution alcoolique réduit les sels d'or et d'argent. L'acide azotique l'attaque avec violence en donnant une résine brune et de l'acide oxalique. Avec le chlore et le brome, il donne des produits cristallisés (Pelletier et Deville). Deville l'a représenté par la formule $C^7H^8O^2$; Vœlckel et Sobrero ont obtenu, à l'analyse de l'hydrure de gaïacyle, plus de carbone et d'hydrogène.

Hlasiwetz, ayant remarqué combien les propriétés assignées à l'hydrure de gaïacyle se rapprochent de celles du créosol du goudron de hêtre (voyez Créosol, p. 986), étudia comparativement ces deux corps. Il purifia l'hydrure de gaïacyle en le traitant par l'ammoniaque, avec laquelle il donne une combinaison cristallisée et décomposant celle-ci par la potasse. Le sel de potasse décomposé par l'acide sulfurique faible fournit une huile qui ne présente pas un point d'ébullition fixe, et distille entre 205° et 220°. Les portions recueillies entre 205° et 210° ont donné à l'analyse des chiffres conduisant à la formule $C^7H^8O^2$, admise par Deville; tandis que les portions bouillant entre 219° et 220° présentent la composition et les propriétés du créosol, dont le point d'ébullition est à 219°. Au corps $C^7H^8O^2$, Hlasiwetz donne le nom de *gaïacol*. Il explique ainsi les différences observées à l'analyse de l'hydrure de gaïacyle, mélange en proportions variables de créosol et de gaïacol [Hlasiwetz, *Journ. für prakt. Chem.*, t. LXXV, p. 1, et *Repert. de Chim. pure*, 1859, p. 187].

Marasse a reconnu que le gaïacol existe avec le créosol dans la créosote du goudron de hêtre des contrées du Rhin. Le créosol de Hlasiwetz est le dérivé méthylé de l'homopyrocatéchine

$C^7H^8O^2$	$C^7H^7(CH^3)O^2$
Homopyrocatéchine.	Créosol.

tandis que le gaïacol ou gaïol est le dérivé méthylé de la pyrocatéchine

$C^6H^6O^2$	$C^6H^5(CH^3)O^2$.
Pyrocatéchine.	Gaïacol.

En effet, la créosote traitée par l'acide iodhydrique fournit de l'homopyrocatéchine, de la pyrocatéchine et de l'iodure de méthyle.

Cette constitution du gaïacol est mise hors de doute par la synthèse qu'en a faite Gorup-Besanez; ce chimiste a obtenu en effet le gaïacol en chauffant en vase clos, pendant 8 à 10 heures, à 160-170°, un mélange de molécules égales de pyrocatéchine, d'hydrate de potasse et de méthylsulfate de potassium [Marasse, *Berichte der deutsch. Chem. Gesellschaft*, t. I, p. 99, et *Bull. de la Soc. chim.*, 1869, t. XI, p. 165; — Gorup-Besanez, *Zeitsch. für Chem.*, nouv. sér., t. IV, p. 392 et 392, et *Bull. de la Soc. chim.*, 1869, t. XI, p. 165 et 167].

GAÏACÈNE, C^8H^8O. — Ce corps, appelé aussi gaïol (mais ce dernier nom a été donné au gaïacol, et doit disparaître pour éviter les erreurs), a été obtenu et étudié par Deville, qui l'obtint et par la distillation de la résine de gaïac et par celle de l'acide gaïacique [*Compt. rend.*, t. XVII, p. 1143, t. XIX, p. 134]. Hlasiwetz l'a rencontré, avec la pyrogaïacine, dans les produits de la distillation sèche de l'acide gaïarétique.

Le gaïacène est une huile incolore, d'une odeur agréable d'amandes amères; il bout à 218°; sa densité est de 0,874; sa vapeur a une densité de 2,9.

Suivant de Gilm [*Ann. der Chem. u. Pharm.*, t. CVI, p. 370, et *Répert. de Chim. pure*, 1859, p. 188], le gaïacène s'oxyde en fournissant de l'acide acétique sous l'influence de l'acide chromique; avec l'acide azotique, il se forme de l'acide oxalique. La lessive de potasse ne l'attaque pas à froid, et le colore en jaune à chaud; ni l'ammoniaque ni les bisulfites alcalins ne s'y combinent. Avec l'hydrate de potasse, il ne donne pas d'acide angélique; ce n'est donc pas de l'hydrure d'angélyle comme l'avait pensé Gerhardt. Lorsque le gaïacène est pur et ne renferme ni créosol, ni gaïacol, il ne se colore pas par le perchlorure de fer. D'après M. Deville, le gaïacène s'oxyde à l'air en donnant des lames d'une grande beauté.

PYROGAÏACINE, $C^{19}H^{22}O^3$. — Ce produit de la distillation sèche de la résine de gaïac a été découvert par Pelletier et Deville [*Compt. rend. de l'Acad.*, t. XVII, p. 1143], étudié par Ebermaier [*Journ. für prakt. Chem.*, t. LXII, p. 291], par Nachbaur [*Ann. der Chem. u. Pharm.*, t. CVI], p. 382], et par Hlasiwetz et de Gilm [*Ann. der Chem. u. Pharm.*, t. CXIX, p. 266, et *Répert. de Chim. pure*, 1862, p. 20].

La pyrogaïacine se forme aussi dans la décomposition par la chaleur de l'acide gaïarétique.

Elle est en cristaux brillants, rougeâtres, insolubles dans l'eau, facilement solubles dans l'alcool. Elle fond à 183° et se prend par le refroidissement en une masse cristalline. Par la chaleur, elle se sublime comme l'acide benzoïque. L'acide sulfurique la dissout en se colorant en jaune; par la chaleur, la solution passe au rouge, puis au vert, au violet et enfin au bleu foncé. L'addition de l'eau décolore la solution en donnant un précipité bleu foncé. La coloration bleue a lieu à froid par l'addition d'une petite quantité de peroxyde de manganèse à l'acide sulfurique. Sa solution alcoolique est colorée en rouge sale, lorsqu'on la chauffe avec l'eau de chlore; elle se colore en vert par le perchlorure de fer.

M. Nachbaur a proposé la formule $C^{19}H^{22}O^3$ qui a été confirmée par la composition du sel de potasse, que Hlasiwetz a préparé et analysé. Ce sel se présente en cristaux incolores, d'un éclat satiné, qui, desséchés à 100°, renferment

$$C^{19}H^{21}O^3K;$$

séchés sur l'acide sulfurique, ils contiennent 1 molécule 1/2 d'eau. Le composé sodique, séché à 100°, offre la même composition; les combinaisons donnent avec l'azotate d'argent des précipités qui noircissent rapidement. E. G.

GAÏDIQUE (ACIDE). — Isomère de l'acide hypogéique $C^{16}H^{30}O^2$, et homologue de l'acide élaïdique; on l'obtient en faisant agir l'acide azotique sur l'acide hypogéique, jusqu'à ce qu'il se dégage des vapeurs nitreuses; on refroidit alors, on fait fondre sous l'eau la masse concrétée et on la purifie par cristallisation dans l'alcool. L'acide gaïdique fond à 39°.

Il absorbe deux atomes de brome pour former un produit d'addition cristallisable, isomérique avec l'acide dibromhypogéique, et que la potasse transforme en acide palmitolique.

Le gaïdate de sodium cristallise dans l'alcool faible en lamelles incolores et anhydres [Schneider, *Ann. der Chem. u. Pharm.*, t. CXLIII, p. 22].

GALACTINE. — M. Morin [*Journ. de Pharm.*, (3), t. XXV, p. 423] donne le nom de galactine à une substance mucilagineuse qui, d'après lui, existerait dans le lait.

GALACTITE (Min.). — Variété de mésotype.

GALACTOSE. — On donne le nom de galactose ou lactose à la variété de glucose formée par l'action des acides étendus sur la lactine ou sucre de lait. Elle cristallise plus facilement que la glucose ordinaire et est très-peu soluble dans l'alcool froid.

Pouvoir rotatoire dextrogyre $[\alpha]j = +83°,33$ à 15°. Au moment de la dissolution, il est presque double et ne devient constant qu'au bout de quelques heures. L'acide nitrique la transforme en acide mucique; dans cette réaction, elle en fournit deux fois autant que le sucre de lait. Pour le reste des caractères, la galactose se comporte comme le glucose ordinaire [Dubrunfaut, *Compt. rend. de l'Acad.*, t. XLII, p. 231; — Pasteur, *ibid.*, t. XLII, p. 348; — Bouchardat, *Répert. de Pharm.*, p. 205].

GALAPECTITE (Min.). — Variété d'Halloysite d'un blanc verdâtre ou rosé.

GALBANUM. — Gomme-résine produite par le *Babon Galbanum*, plante de la famille des Ombellifères, originaire du cap de Bonne-Espérance. Elle nous arrive d'Éthiopie, d'Afrique et de Perse.

Se présente sous forme de masses onctueuses au toucher, se ramollissant entre les doigts, de saveur amère et désagréable. Ces masses offrent des parties blanches, jaunes et brunes irrégulièrement disposées.

Composition d'après Mössmer.

Résine	65,8
Gomme	27,6
Mucilage	1,8
Huile volatile	3,4
Eau	2,0
Matières insolubles	2,8

La résine extraite par l'alcool est jaune foncé, transparente, fusible au bain-marie; elle contient: carbone, 73,88; hydrogène, 8,45; oxygène, 17,67. Chauffée à 130°, elle fournit entre autres produits une huile d'une belle couleur bleu-indigo, très-soluble dans l'alcool [Gerhardt, *Chim. organ.*, t. IV, p. 373]. D'après Mössmer [*Ann. de Chim. et de Pharm.*, t. CXIX, p. 357], le galbanum distillé avec de l'eau fournit environ 7 % d'une huile volatile isomérique avec de l'essence de térébenthine, incolore; densité = 0,8842 à 9°; bout à 160°; pouvoir rotatoire dextrogyre = 0°,1857; indice de réfraction = 1,4542; susceptible de s'unir à l'acide chlorhydrique. Le résidu de la distillation se compose de résine et d'un liquide aqueux trouble contenant de la gomme et des matières extractives. Distillé avec de l'acide sulfurique, ce liquide fournit un mélange d'acides acétique et propionique.

Si l'on fait bouillir la résine avec de la chaux

et si l'on précipite la solution par l'acide chlorhydrique, on obtient une résine jaune de miel, soluble dans l'alcool et dans l'éther et renfermant 71,93 de carbone et 8,0-8,2 d'hydrogène. Chauffée à 100° avec une solution alcoolique d'acide chlorhydrique, la résine galbanum fournit une substance cristalline, l'ombelliferone, $C^6H^4O^2$, déjà obtenue par Sommer [*Arch. de Pharm.*, (2), t. XCVIII, p. 1] par la distillation sèche du galbanum. L'huile bleue formée par la distillation sèche de la résine, débarrassée par lavage avec de l'eau alcaline de l'ombelliferone qui l'accompagne, bout à 289°. Sa composition répond à la formule $C^{20}H^{30}O$. Le sodium la transforme en une huile incolore $C^{20}H^{30}$ bouillant à 254°; l'acide phosphorique anhydre la convertit en une huile jaune $C^{40}H^{58}O$, bouillant à 250°. Mössmer admet entre ces trois substances les relations qui existent entre un alcool, un éther et un hydrure:

$$\left.\begin{matrix}C^{20}H^{29}\\H\end{matrix}\right\}O;\quad \left.\begin{matrix}C^{20}H^{29}\\C^{20}H^{29}\end{matrix}\right\}O;\quad C^{20}H^{29}.H.$$

L'huile bleue est soluble dans l'alcool, insoluble dans les alcalis. P. S.

GALÈNE (Min.) [Syn. *Plomb sulfuré*]. — Sulfure de plomb PbS, contenant presque toujours une petite quantité d'argent (de 0,01 à 1 %). Il est souvent exploité pour ce dernier métal.

Certaines galènes renferment de l'antimoine ou de l'arsenic et donnent les variétés de mélange dites *targionite* et *steinmannite*.

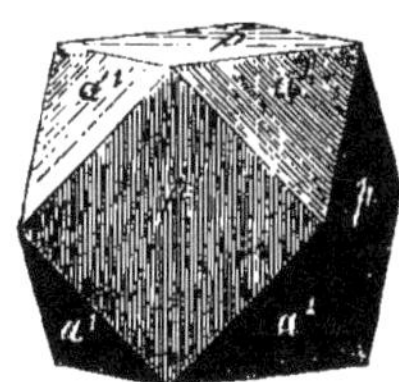

Fig. 275. — Galène.

Cristaux cubiques ou cubo-octaédriques et masses cristallines grenues ou compactes d'un gris bleuâtre et d'un vif éclat, très-facilement clivables dans trois directions rectangulaires. Ordinairement accompagné de pyrite, de blende, de quartz, de calcite, de fluorine, de barytine, et encore des minéraux provenant de l'altération du sulfure de plomb, tels que l'anglésite, la cérusite, etc. Les filons plombifères sont exploités d'ordinaire dans les terrains schisteux et de transition; il existe aussi des gîtes de contact, au voisinage du granite, etc., et des dépôts de nodules ou de grains dans les grès et les calcaires secondaires.

Caractères. — Partiellement soluble dans l'acide azotique avec mise en liberté de soufre et formation de sulfate de plomb. Dans le tube ouvert, dégage de l'acide sulfureux. Sur le charbon, fond en bouillonnant, dégage de l'acide sulfureux, et s'entoure d'une auréole jaune, qui reste telle à froid. Se réduit et donne un globule métallique, s'aplatissant sous le marteau.

Dureté, 2,5 à 2,75. Poussière, gris de plomb. Densité, 7,4 à 7,6.

Forme cristalline. — Cubes p avec les modifications de l'octaèdre a^1, du dodécaèdre rhomboïdal b^1, et plus rarement des icositétraèdres a^2, a^3, etc.

Clivages : cubique, parfait; octaédrique, traces. Macles parallèles à a^1. F. et S.

GALIPOT. — Voyez TÉRÉBENTHINE.

GALLE (NOIX DE). — Les noix de galle sont des excroissances qui se forment à la surface des feuilles du *Quercus infectoria*, et dont la production est due à la piqûre d'un insecte, le *Cynips quercus folii*. On distingue dans le commerce plusieurs espèces de noix de galle; la plus estimée est celle d'Alep dans laquelle se trouve la plus grande proportion de tannin. Outre l'acide tannique, l'acide gallique et l'acide ellagique ou bézoardique, Guibourt a trouvé dans la noix de galle un acide particulier, qu'il appelle *acide lutéogallique*. Celui-ci constitue une poudre jaune, amorphe, insoluble dans l'eau et dans l'éther. Pour l'obtenir, on épuise par l'alcool le résidu des noix de galle et l'on ajoute de l'éther à la solution; il se précipite un mélange d'acide ellagique et d'acide lutéogallique qu'on redissout dans la potasse. Un courant d'acide carbonique précipite l'acide ellagique de sa solution alcaline, après quoi on sépare l'acide lutéogallique par l'acide chlorhydrique [Guibourt, *Revue scientif.*, t. XIII, p. 32]. L'analyse complète de la noix de galle d'Alep a fourni à Guibourt les résultats suivants :

Acide tannique	65,0
Acide gallique	2,0
Acide ellagique / Acide lutéogallique	2,0
Chlorophylle et huile volatile	0,7
Matière brune	2,5
Gomme	2,5
Amidon	2,9
Ligneux	10,5
Sucre, albumine et sels inorganiques	1,3
Eau	11,0
	99,6

Les noix de galle sont employées pour la fabrication de l'encre, la teinture et l'impression en noir. E. G.

GALLIQUE (ACIDE), $C^7H^6O^5 + H^2O$ [Scheele (1785), *Opuscula*, t. II, p. 224; — Berzelius, *Ann. de Chim.*, t. XCIV, p. 303; — Chevreul, *Encyclop. méth.*, t. VI; — Braconnot, *Ann. de Chim. et de Phys.*, t. IX, p. 181; — Pelouze, *ibid.*, t. LIV, p. 337; — Liebig., *Ann. der Chem. u. Pharm.*, t. X, p. 172, et t. XXVI, p. 126; — Robiquet, *Ann. der Chem. u. Pharm.*, t. XIX, p. 204, et t. XXX, p. 229; *Ann. de Chim. et de Phys.*, t. LXIV, p. 385; *Journ. de Pharm.*, février 1839;—Strecker, *Ann. der Chem. u. Pharm.* t. LXXXI, p. 247, *Compt. rend. de l'Acad.*, t. XXXIX, p. 49; — Stenhouse, *Ann. der Chem. u. Pharm.*, t. XLV, p. 1; — Büchner, *Ann. der Chem. u. Pharm.*, t. LIII, p. 175 et 349].

L'acide gallique a été découvert par Scheele; il existe à l'état de liberté dans plusieurs plantes, et peut se produire par la transformation de l'acide tannique, ainsi que l'a montré Pelouze. Il ne préexiste pas dans les noix de galle, mais provient du dédoublement de l'acide tannique qu'elles renferment. Strecker a fait voir qu'il se forme en même temps du glucose (voyez acide TANNIQUE). Cette métamorphose a lieu sous l'influence d'un ferment, quand les noix de galle humectées d'eau sont abandonnées à elles-mêmes; on peut la réaliser, soit par l'acide sulfurique (Liebig), soit par l'acide chlorhydrique (Stenhouse), soit par la potasse.

L'acide gallique a été étudié surtout par Pelouze, Strecker, Liebig, Stenhouse, Robiquet, etc.

État naturel. — A l'état libre on a rencontré l'acide gallique dans les graines de *mango* (*Mangifera indica*, L), d'où on peut l'extraire par l'eau [Avequin, *Ann. de Chim. et de Phys.*, t. XLVII, p. 26]; dans les feuilles de busserolle [Kawalier, *Journ. de Pharm.*, (3), t. XXIII, p. 477]; dans les fruits du *Cæsalpinia coriaria*, les capsules du *Quercus Aegylops*, et surtout dans les jeunes rameaux et les feuilles du *Rhus coriaria* ou sumac des corroyeurs [Stenhouse, *loc. cit.*]. Suivant Higgins, il existerait dans plusieurs autres plantes; mais ces résultats n'ont pas été confirmés par l'analyse. Enfin Heumann l'a trouvé dans l'écorce de pommier.

Préparation. — Le procédé le moins coûteux pour obtenir l'acide gallique consiste à le retirer des noix de galle par la fermentation de celles-ci.

On expose les noix de galle entières à une température de 20° à 25° pendant un mois, en ayant soin de les humecter de temps en temps; elles se gonflent beaucoup, se couvrent de moisissures et se convertissent en une bouillie blanche. On les exprime fortement pour en retirer le liquide qui les mouille, liquide coloré qui ne renferme que fort peu d'acide gallique, et on épuise le résidu par l'eau à l'ébullition; la solution abandonne par le refroidissement les cristaux colorés, qu'on redissout dans 8 p. d'eau bouillante, et qu'on purifie par le charbon animal. Ce procédé, dû à Braconnot, fournit en acide gallique un cinquième et quelquefois plus du poids des noix de galle employées.

Robiquet a reconnu que cette formation d'acide gallique est due à l'action d'un ferment azoté sur l'acide tannique, et que la présence de l'oxygène n'est pas nécessaire pour que la fermentation ait lieu. D'après Larocque, elle est déterminée par un ferment quelconque, la levûre de bière, la chair putréfiée ou toute autre substance putrescible [*Journ. de Pharm.*, t. XXVII, p. 197]. Le ferment qui existe dans la noix de galle est de la pectase [Robiquet, *Journ. de Pharm.*,(3), t. XXIII, p. 241].

Liebig prépare l'acide gallique en décomposant le tannin par l'acide sulfurique. On précipite par celui-ci une solution aqueuse de tannin, et l'on dissout le précipité dans de l'acide sulfurique étendu et bouillant; après quelques minutes d'ébullition, on laisse refroidir la liqueur, qui dépose l'acide gallique très-coloré. On le purifie d'abord par plusieurs cristallisations, puis par précipitation avec l'acétate de plomb; le précipité plombique délayé dans l'eau bouillante est décomposé par l'hydrogène sulfuré: la liqueur renferme de l'acide gallique incolore, qui se dépose après filtration par le refroidissement.

Stenhouse modifie ce procédé de la manière suivante : il étend l'acide sulfurique de 7 à 8 fois son poids d'eau, ajoute le tannin, et laisse digérer pendant un jour à une douce chaleur, en remplaçant l'eau qui s'évapore; la liqueur, concentrée avec précaution, donne des cristaux qu'une seconde cristallisation fournit incolores. L'acide chlorhydrique amène aussi le dédoublement du tannin.

La potasse transforme de même le tannin en acide gallique. On prend une solution de potasse bouillante et concentrée (1 p. de potasse et 2 p. d'eau); on y projette peu à peu le tannin, et on laisse refroidir. L'acide gallique coloré est purifié par le charbon animal. L'extrait aqueux de noix de galle peut remplacer le tannin, mais il se forme des matières colorantes que le charbon animal n'enlève qu'imparfaitement. Cependant on peut alors purifier l'acide gallique par une première cristallisation dans l'alcool, puis une cristallisation dans l'eau (Büchner.)

Pour extraire l'acide gallique libre que renferment les végétaux contenant en même temps du tannin, on précipite les infusions par la gélatine, on évapore à siccité la solution filtrée, et on reprend le résidu par l'alcool bouillant. La solution alcoolique est évaporée, et le nouveau résidu épuisé par l'éther qui s'empare de l'acide gallique.

M. Lautemann a transformé l'acide salicylique en acide dioxysalicylique, et a reconnu l'identité de ce dernier avec l'acide gallique. L'acide diiodosalicylique (obtenu par l'action de l'iode sur l'acide salicylique) est traité par la potasse très-concentrée; après la réaction, la liqueur est sursaturée par l'acide chlorhydrique, filtrée et agitée avec de l'éther. Celui-ci s'empare de l'acide gallique (dioxysalicylique); mais ce dernier est en grande partie décomposé pendant sa préparation et on obtient en outre l'acide pyrogallique provenant de cette décomposition [Lautemann, *Ann. der Chem. u. Pharm.*, t. CXX, p. 299, et *Répert. de Chim. pure*, 1862, p. 181.

Barth a montré dernièrement que l'acide protocatéchique bromé, traité par la potasse, fournit de l'acide gallique [*Bull. de la Soc. chim.*, 1869, t. XI, p. 417].

Propriétés. — L'acide gallique cristallise en longues aiguilles soyeuses ou en prismes anorthiques, p, $d^{1/2}$, g^1, m, t; $g^1 d^{1/2} = 95°$, $pd^{1/2} = 116°$, $md^{1/2} = 125°20$.

Il est sans odeur, d'une saveur acidule; à 100°, il perd une molécule d'eau = 0,5 °/₀, et répond alors à la formule $C^7H^6O^5$. Il se dissout dans 100 p. d'eau froide et dans 3 p. d'eau bouillante. Sa solution rougit le tournesol; il est fort soluble dans l'alcool, beaucoup moins soluble dans l'éther.

L'action de la chaleur a été étudiée par Pelouze. A 210° ou 215°, l'acide gallique se décompose entièrement en acide carbonique et acide pyrogallique, que Scheele et Berzelius avaient cru identique à l'acide gallique :

$$C^7H^6O^5 = CO^2 + C^6H^6O^3.$$

A 240° et 250°, il se forme de l'acide carbonique, de l'eau, et une matière noire, acide *gallulmique* ou *métagallique*. — Voyez ACIDE GALLULMIQUE.

Maintenu pendant deux ou trois heures entre 225° et 230°, l'acide gallique laisse une masse noirâtre, brillante, presque entièrement soluble dans une petite quantité d'eau froide. Cette solution étant filtrée est d'un brun rougeâtre, d'une saveur analogue à celle du cachou ; elle précipite abondamment la gélatine, mais elle est sans action sur les bases organiques [Robiquet, *Ann. de Chim. et de Phys.*, t. LXIV, p. 399].

La solution de l'acide gallique ne précipite ni la gélatine, ni les sels des alcalis organiques; mais, mélangée avec de la gomme, elle précipite la gélatine. Elle s'altère au contact de l'air en déposant des flocons noirs et développant de l'acide carbonique. Cette transformation est très-rapide avec les alcalis, et fournit dans ces conditions l'acide *tannoxylique* et l'acide *tannomélanique*, qui se forment également par l'oxydation du tannin. — Voyez ACIDE TANNIQUE.

L'acide gallique réduit à l'état métallique les sels d'or et d'argent; suivant M. Lœwe, il s'oxyderait alors en fournissant du tannin. Ce chimiste combat l'opinion de Strecker, qui considère comme un glucoside le tannin, et il croit que ce dernier est un produit d'oxydation de l'acide gallique. M. Lœwe fait agir l'azotate d'argent sur le gallate de baryum; la liqueur, après 24 heures de contact, est séparée de l'argent réduit, débarrassée de l'excès d'azotate d'argent par le chlorure de baryum, filtrée et additionnée d'acétate de plomb. Le précipité plombique, délayé dans l'eau, est décomposé par l'hydrogène sulfuré, et la liqueur évaporée fournit un résidu qui présente tous les caractères du tannin [*Journ. für prakt. Chem.*, t. CII, p. 111, et *Bull. de la Soc. chim.*, 1868, t. IX, p. 388].

En présence du bicarbonate de chaux, et au contact de l'air, la solution de l'acide gallique devient bleuâtre, puis indigo foncé, en formant un léger précipité vert bleuâtre. Cette liqueur additionnée d'alcool précipite des flocons bleu foncé; la couleur bleue passe au rouge par les acides, et redevient bleue par la chaux [Wackenroder, *Arch. der Pharm.*, t. XXVIII, p. 39]. M. Wackenroder suppose dans cette réaction la formation d'un acide particulier, l'*acide gallérythronique*.

L'eau de chaux donne avec l'acide gallique une coloration bleue, qui passe promptement au vert. Chauffé avec une solution concentrée de chlorure de calcium, l'acide gallique dégage de l'acide carbonique, et laisse déposer à 120° une poudre jaune, cristalline, qui rougit le tournesol (Robiquet).

Le permanganate de potasse le décompose avec dégagement d'acide carbonique; la décoloration du permanganate est complète, et permet de doser volumétriquement l'acide gallique par cette réaction [Morin, *Compt. rend. de l'Acad.*, t. XLVI, p. 577].

Traité par l'acide azotique, il fournit de l'acide oxalique; chauffé doucement avec l'acide sulfurique, il perd les éléments de l'eau et se convertit en *acide rufigallique* (Robiquet). Traité par l'ammoniaque, en présence du sulfite d'ammoniaque, il fournit l'acide gallamique (A. et W. Knop). Avec les chlorures d'acides, il donne plusieurs dérivés acétylés, benzoylés, etc. (Nachbaur). Le brome le transforme en *acides mono-* et *dibromogallique* (E. Grimaux) (voyez plus bas ces dérivés).

Le chlore, dirigé dans une solution aqueuse d'acide gallique, la colore d'abord en brun, puis la solution se décolore : on ne connaît pas les produits de cette transformation.

M. Mittenzwei propose de doser l'acide gallique en se basant sur la rapidité avec laquelle il absorbe l'oxygène en présence des alcalis [*Journ. für prakt. Chem.*, t. CXI, p. 81, et *Bull. de la Soc. chim.*, 1865, t. III, p. 131].

GALLATES MÉTALLIQUES [Büchner, *Mém. cité*]. — L'acide gallique étant représenté par la formule

$$C^7H^6O^5 = C^6H^2\begin{cases}CO^2H\\(OH)^3\end{cases}$$

ne renferme qu'un seul groupe CO^2H, et par conséquent doit être monobasique et tétratomique; mais il renferme des oxhydryles phéniques et l'on sait que les phénols forment des combinaisons avec les bases; aussi l'acide gallique forme-t-il des sels dans lesquels les 4 atomes d'hydrogène sont remplacés par un métal; on peut dire qu'il est tétrabasique, mais au même titre que l'acide salicylique est bibasique. Du reste, on n'a observé de sels tétrabasiques qu'avec les métaux diatomiques.

Les gallates étudiés comprennent des sels unimétalliques

$$C^7H^5O^5M = C^6H^2\begin{cases}CO^2M\\(OH)^3\end{cases}$$

des sels bimétalliques

$$C^7H^4O^5M^2 = C^6H^2\begin{cases}CO^2M\\OM\\(OH)^2\end{cases}$$

des sels tétramétalliques

$$C^7H^2O^5M^4 = C^6H^2\begin{cases}CO^2M\\(OM)^3\end{cases}$$

On connaît aussi des sels acides, combinaisons des sels neutres avec l'acide gallique. Nous appelons sels neutres ceux qui renferment 1 atome de métal monatomique.

La solution des gallates se décompose promptement, surtout sous l'influence d'un excès d'alcali; un excès d'acide gallique les préserve de cette altération; ils se conservent à l'état sec.

GALLATE D'AMMONIUM, $C^7H^6O^5, AzH^4 + H^2O$. — On fait passer un courant de gaz ammoniac sec à travers une solution d'acide gallique dans l'alcool absolu. Le sel qui se dépose est lavé à l'alcool, puis dissous dans un peu d'eau bouillante.

Il cristallise par le refroidissement en fines aiguilles, légèrement colorées, renfermant 1 molécule d'eau, qu'elles ne perdent pas à 100°. Quelquefois ce sel s'obtient sans eau de cristallisation.

GALLATE D'ANTIMOINE. — Précipité blanc qu'on obtient en ajoutant une solution d'acide gallique ou d'un gallate alcalin à une solution d'émétique.

GALLATE DE BARYUM. — Le *gallate neutre*,

$$(C^7H^5O^5)^2Ba + 3H^2O,$$

se prépare en ajoutant du carbonate de baryum récemment précipité à une solution concentrée et bouillante d'acide gallique; la liqueur étendue d'eau est soumise à l'ébullition, filtrée et évaporée; il se produit des croûtes cristallines blanches, qu'on enlève à mesure de leur formation; plus la concentration est rapide, plus les cristaux sont purs et blancs. Ils sont peu solubles dans l'eau, insolubles dans l'alcool, et ne perdent pas leur eau de cristallisation à 100°.

Le *gallate tétrabasique*, $C^7H^2O^5Ba^2 + 5H^2O$, a été obtenu par Hlasiwetz, en ajoutant de l'eau de baryte à une solution d'acide gallique dans le carbonate de baryum. On opère dans un flacon traversé par un courant d'hydrogène, le sel humide s'altérant facilement au contact de l'oxygène de l'air. Ce sel perd son eau à 150° [Hlasiwetz, *Zeitsch. fur Chem.*, (nouv. sér.), t. III, p. 273, et *Bull. de la Soc. chim.*, 1868, t. IX, p. 500].

GALLATE DE CALCIUM, $(C^7H^5O^5)^2Ca + 3H^2O$. — Il se forme comme le sel neutre de baryte; il constitue de petites aiguilles acides, peu solubles dans l'eau et insolubles dans l'alcool.

GALLATE DE COBALT, $C^7H^4O^5Co + 3H^2O$. — C'est un sel bimétallique, car le cobalt y remplace 2 atomes d'hydrogène; il forme une poudre cramoisie qui se produit par l'ébullition d'un mélange d'acétate de cobalt et d'acide gallique en excès. — On connaît des sels basiques de composition variable; Büchner a décrit un sel

$$3C^7H^2O^5Co^2 + 7H^2O.$$

GALLATE D'ÉTAIN, $C^7H^2O^5Sn^2 + H^2O$. — Ce sel forme un précipité blanc et cristallin, qui se produit lorsqu'on ajoute de l'acide gallique à une solution de protochlorure d'étain, préalablement neutralisée par l'ammoniaque.

GALLATES DE FER. — Ils n'ont pas été analysés. L'acide gallique colore les sels ferriques en bleu foncé; si l'on chauffe, il se dégage de l'acide carbonique et le sel ferrique est réduit en sel ferreux.

GALLATE DE MAGNÉSIUM, $C^7H^4O^5Mg + H^2O$. — Ce sel est une poudre blanche, légère, qu'on obtient en faisant bouillir l'acétate de magnésie avec un excès d'acide gallique, évaporant à siccité, et reprenant par l'alcool pour enlever l'excès d'acide gallique. — En traitant le carbonate de magnésie par l'acide gallique, on obtient des sels de composition variable, blancs, cristallins et fort peu solubles.

GALLATE DE MANGANÈSE, $C^7H^4O^5Mn + 3H^2O$. — Poudre blanche, grenue, cristalline, qu'on obtient en chauffant des solutions d'acide gallique et d'acétate de manganèse.

GALLATE DE NICKEL. — Sel basique, vert, fort peu soluble; il se forme lorsqu'on traite par l'acide gallique le carbonate ou l'hydrate de nickel.

GALLATE DE POTASSIUM ACIDE,

$$C^7H^6O^5, 2(C^7H^5O^5K), + H^2O \text{ (à 100°)}.$$

Ce trigallate ne peut s'obtenir pur qu'avec des solutions alcooliques et en évitant un excès d'alcali. On ajoute goutte à goutte une solution alcoolique de potasse à une solution alcoolique d'acide gallique, jusqu'à ce que le précipité ne se dissolve plus par l'agitation. Il se forme des flocons blancs, qu'on recueille sur un filtre et qu'on lave à l'alcool; on les redissout dans une petite quantité d'eau et on précipite le sel par l'alcool absolu sous forme de petites aiguilles colorées en brun.

GALLATES DE PLOMB. — *Sel bimétallique*,

$$2C^7H^4O^5Pb + H^2O \text{ (à 100°)}.$$

S'obtient par l'addition d'acétate de plomb à

une solution d'acide gallique chaude, maintenue en excès; c'est un précipité blanc, qui devient peu à peu cristallin et perd son eau à 150°.

Sel tétrabasique, $C^7H^2O^5Pb^2 + H^2O$. — Strecker l'a obtenu en versant une solution d'acide gallique dans une solution bouillante d'acétate neutre de plomb en excès, et maintenant la liqueur en ébullition. Il est jaune et cristallin.

GALLATE DE SODIUM, $C^7H^5O^5Na + 3H^2O$. — Ce sel, qui est neutre, se prépare comme le sel de potasse; il perd son eau à 100°.

GALLATE DE STRONTIUM, $2(C^7H^5O^5)Sr + 4H^2O$. — Il se prépare comme les sels de baryte et de chaux.

GALLATE DE ZINC, $C^7H^2O^5Zn^2 + H^2O$ (à 100°). — Le sel tétrabasique se dépose sous forme d'un précipité blanc, lorsqu'on ajoute de l'acide gallique à une solution d'acétate de zinc.

DÉRIVÉ ÉTHYLÉ. — GALLATE MONÉTHYLIQUE,

$$C^7H^5O^5(C^2H^5) = C^6H^2\begin{cases}CO.C^2H^5\\(OH)^3\end{cases}$$

[E. Grimaux, *Bull. de la Soc. chim.*, 1864, t. II, p. 94]. — Le gallate monéthylique se produit par l'action d'un courant de gaz chlorhydrique sur une solution alcoolique d'acide gallique. Lorsque le liquide est saturé de gaz, on évapore à siccité au bain-marie, on reprend par l'eau bouillante et l'on sature l'excès d'acide gallique par le carbonate de chaux. Le liquide filtré abandonne par le refroidissement de longues aiguilles de gallate monéthylique, colorées en brun et qu'on purifie par compression et par une ou deux cristallisations dans l'eau.

Ce composé forme des prismes obliques à base rhombe, jaunes, brillants et transparents quand ils sont humides; opaques, blancs ou un peu jaunâtres quand ils sont secs. Il est peu soluble dans l'eau froide, très-soluble dans l'eau bouillante, l'alcool et l'éther. Il présente avec la potasse, la soude, l'ammoniaque, les sels de fer, l'eau de chaux, les mêmes réactions que l'acide gallique, mais il ne précipite pas l'émétique. Il fond vers 158°, et commence à se décomposer vers 225°, en fournissant des aiguilles blanches, légères, probablement de pyrogallate éthylique, et qui avec l'eau de chaux donnent la coloration violet-pensée de l'acide pyrogallique.

DÉRIVÉS ACIDES. — Par l'action des chlorures acides sur l'acide gallique, M. Nachbaur a obtenu les dérivés suivants [Nachbaur, *Journ. für prakt. Chem.*, t. LXXII, p. 431].

ACIDE TRIACÉTYLGALLIQUE, $C^7H^3O^5(C^2H^3O)^3$. — Il se produit par l'action d'une quantité suffisante de chlorure d'acétyle sur l'acide gallique; peu soluble dans l'eau, il l'est cependant plus que le dérivé tétracétylé. Il cristallise en mamelons.

ACIDE TÉTRACÉTYLGALLIQUE, $C^7H^2O^5(C^2H^3O)^4$. — Il se produit par l'action d'un excès de chlorure d'acétyle sur l'acide gallique. Il cristallise en aiguilles très-brillantes, incolores, à peine solubles dans l'eau froide, facilement solubles dans l'alcool et l'éther. La solution aqueuse donne un précipité jaune-brun par le chlorure ferrique. Le liquide surnageant est coloré en vert. Il se colore en rouge par les alcalis. Il fond à 170°.

ACIDE DIBUTYRYLGALLIQUE, $C^7H^4O^5(C^4H^7O)^2$. — Produit comme les précédents, il forme des cristaux prismatiques qui fondent déjà au bain-marie.

En traitant l'acide gallique par le chlorure de benzoyle, l'auteur a obtenu un dérivé, difficile à purifier, et qui paraît être l'*acide dibenzoyl-gallique*.

ACIDES BROMOGALLIQUES [E. Grimaux, *Compt. rend. de l'Acad.*, 1867, t. LXIV, p. 976, et *Bull. de la Soc. chim.*, 1867, t. VII, p. 479].

ACIDE MONOBROMOGALLIQUE, $C^7H^5BrO^5$. — On le prépare en triturant l'acide gallique sec avec son poids de brome; le produit de la réaction est dissous dans une petite quantité d'eau bouillante, et se dépose par le refroidissement sous forme de fines aiguilles incolores. Par l'évaporation lente de sa solution aqueuse, il forme de petites tables hexagonales brillantes, qui deviennent blanches et opaques à 100°. Il est assez soluble dans l'eau bouillante, peu soluble dans l'eau froide, soluble dans l'alcool et dans l'éther. Il fond en s'altérant au-dessus de 290°. Il colore le perchlorure de fer en noir; avec l'eau de chaux et l'eau de baryte, il donne une coloration qui passe au vert, puis au jaune-orange; cette dernière teinte se produit par l'ammoniaque et la potasse.

ACIDE DIBROMOGALLIQUE, $C^7H^4Br^2O^5 + H^2O$ [E. Grimaux, *loc. cit.*; — Hlasiwetz, *Zeitsch. für Chem.*, (nouv. sér.), t. III, 285, et *Bull. de la Soc. chim.*, 1868, t. IX, p. 501]. — Il se forme lorsqu'on triture l'acide gallique avec deux ou trois fois son poids de brome et qu'on reprend le mélange par trois fois son poids d'eau bouillante. Il cristallise en lames prismatiques, fragiles, brillantes, incolores, peu solubles dans l'eau froide, très-solubles dans l'eau bouillante, solubles dans l'alcool et dans l'éther. L'acide séché à 100° renferme une molécule d'eau qu'il ne perd qu'à 130°. Quelques gouttes d'eau de chaux ou d'eau de baryte le colorent en rose vif, puis en vert très-clair; cette solution se fonce rapidement à l'air et prend une coloration rouge d'une très-grande richesse. Si l'on ajoute sa solution éthérée à de l'eau de baryte, le mélange devient d'un beau bleu indigo, qui passe au rouge par l'addition de l'eau. Avec le perchlorure de fer, il devient bleu-noir; avec l'ammoniaque, la potasse, la soude, on observe une coloration jaune-orangé, qui devient rose dans les solutions étendues.

M. Hlasiwetz, en traitant cet acide par la potasse pour essayer d'obtenir un acide oxygallique, a régénéré l'acide gallique, par substitution inverse de l'hydrogène au brome.

DÉRIVÉ AMMONIACAL. — ACIDE GALLAMIQUE,

$$2(C^7H^5O^4, AzH^2) + 3H^2O$$

[A. et W. Knop, *Pharmac. Centralblatt*, n° 27, juin 1852]. — L'acide gallamique a été obtenu par l'acide tannique, mais on peut le considérer, avec Gerhardt, comme une amide de l'acide gallique.

On le prépare en ajoutant à une solution alcoolique d'acide tannique un mélange d'environ 5 à 6 p. d'ammoniaque et de 1 p. de sulfite d'ammoniaque sursaturé (ce dernier a pour but d'entraver l'action de l'air). La liqueur s'échauffe vivement et se fonce peu à peu; quand le produit sent légèrement l'ammoniaque, on évapore au bain-marie et on obtient une masse brune et gluante qu'on traite par l'alcool à l'ébullition; il se forme deux couches, la supérieure alcoolique renferme l'acide gallamique, on la décante, on épuise plusieurs fois la couche inférieure par l'alcool bouillant. Les solutions alcooliques déposent par l'évaporation l'acide gallamique qu'on fait recristalliser dans de l'eau légèrement aiguisée d'acide chlorhydrique.

Cet acide cristallise en belles lames rectangulaires d'un aspect gras; peu soluble dans l'eau à froid, il est beaucoup plus soluble à chaud. Il perd 3 molécules d'eau à 100°.

Les alcalis le décomposent rapidement.

L'acide sulfurique concentré réagit sur l'acide gallamique. Chauffé avec une solution concentrée et acidulée de perchlorure de platine, l'acide gallamique perd tout son azote à l'état de chloroplatinate d'ammoniaque.

DÉRIVÉS PAR DÉSHYDRATATION. — ACIDE RUFIGALLIQUE OU PARAELLAGIQUE, $C^7H^4O^4 + H^2O$ [Robiquet, *Ann. der Chem. u. Pharm.*, t. XIX, p. 204]. — L'acide rufigallique séché à 120° renferme $C^7H^4O^4$; il représente donc de l'acide gallique moins les éléments de l'eau. On l'obtient en chauffant jusqu'à 140° un mélange de 1 p. d'acide gallique et de 5 p. d'acide sulfurique concentré. On laisse refroidir la masse gluante, et on la verse peu à peu dans de l'eau froide. Il se produit un abondant précipité en partie amorphe, en partie cristallin. On sépare par des lévigations la partie cristalline et on la lave sur un filtre; on en obtient de 50 à 70 % de l'acide gallique employé.

Il forme des grains cristallins, d'un brun de kermès, renfermant une molécule d'eau qu'il perd à 120°. Il exige 3,500 p. d'eau pour se dissoudre. Chauffé au contact de l'air, il se charbonne presque entièrement, en se recouvrant de petits prismes d'un rouge de cinabre. Il se dissout dans la potasse. M. Malin a étudié l'action de la potasse sur ce composé; il traite 5 à 6 grammes d'acide rufigallique par 15 grammes de potasse additionné d'un peu d'eau et chauffe jusqu'à ce qu'il se produise un dégagement d'hydrogène. La liqueur étendue d'eau, saturée d'acide sulfurique, est filtrée et agitée avec de l'éther; celui-ci fournit par évaporation des cristaux jaunes, solubles dans l'eau bouillante, l'alcool, l'éther, d'une réaction acide, réduisant les sels d'argent et les solutions cupro-alcalines. Ce composé renferme $C^6H^4O^3$, différant de l'acide rufigallique par les éléments de l'oxyde de carbone; l'auteur l'appelle *oxyquinone* [Malin, *Journ. für prakt. Chem.*, t. C, p. 343, et *Bull. de la Soc. chim.*, 1867, t. VIII, p. 116].

Lorsqu'on fait bouillir l'acide rufigallique avec un morceau d'étoffe mordancée à l'alun ou aux sels de fer, on obtient des nuances analogues à celles que fournit la garance; mais les essais tentés pour l'emploi en teinture de l'acide rufigallique n'ont pas donné de résultats satisfaisants. E. G.

GALLOTANNIQUE (ACIDE).— Voyez TANNIN.

GALLULMIQUE (ACIDE) [Syn. *Acide métagallique*], $C^6H^4O^2$? [Pelouze, *Ann. de Chim. et de Phys.*, t. LXIV, p. 361]. — Ce composé prend naissance par l'action d'une chaleur de 240° à 250°, sur l'acide gallique, l'acide pyrogallique et le tannin. Il forme une masse noire, brillante, insipide, insoluble dans l'eau, soluble dans les alcalis, d'où les acides le précipitent en flocons noirs. Il neutralise la potasse, sépare l'acide carbonique des carbonates de potasse et de soude, et forme des précipités noirs avec les sels métalliques.

GALVANOPLASTIE. — La galvanoplastie repose sur la propriété qu'ont les courants électriques de décomposer les dissolutions salines. Quand le dépôt métallique est fait dans des conditions telles qu'il se moule exactement sur les objets sans y adhérer, on a la *galvanoplastie* proprement dite; quand au contraire on détermine un dépôt adhérent, on fait ce qu'on appelle de l'*électrochimie*.

Occupons-nous d'abord de la galvanoplastie proprement dite.

Utilité de la galvanoplastie. — Pour toutes les œuvres de la statuaire, la galvanoplastie offre de nombreux avantages sur la fusion des métaux. En effet, le moule du fondeur, devant supporter une très-haute température au moment de la coulée, est nécessairement en sable plus ou moins rugueux; la statue ainsi moulée est loin d'être parfaite : elle exige, pour être terminée, de nombreuses retouches, et tout un travail nouveau qui en élève considérablement le prix sans parvenir toujours à retrouver exactement l'effet cherché par l'artiste.

Par la galvanoplastie, au contraire, on obtient immédiatement, et à des prix plus modérés, des reproductions où le sculpteur trouve le respect absolu de son œuvre, la fidélité d'exécution, garanties de succès si rares jusque-là.

Grâce à elle, on peut reproduire et populariser les chefs-d'œuvre de toutes les époques et suivre l'histoire de l'art chez les différents peuples. C'est dans cette vue que les bas-reliefs de la colonne Trajane et ceux de l'arc de triomphe de Constantin ont été exécutés pour le musée gallo-romain de Saint-Germain-en-Laye. C'est aussi ce qu'avait parfaitement compris l'administration du musée de Kensington, à Londres, lorsqu'en 1855 elle fit mouler les objets les plus remarquables du musée d'artillerie et du musée de Cluny. Ces pièces, reproduites par la galvanoplastie, ont formé la base d'une collection, que depuis lors on n'a cessé d'enrichir, en moulant de même les chefs-d'œuvre originaux qui existent dans les divers musées du continent, dans les édifices publics et dans les propriétés particulières.

Le musée artistique et industriel de Vienne a suivi l'exemple donné par celui de Kensington, il possède maintenant de très-belles coupes, des amphores et des bas-reliefs du style grec et de la Renaissance.

La galvanoplastie, qui peut rendre à l'art de la statuaire de réels services, offre aussi de précieuses ressources à l'architecture. C'est ainsi que les portes de l'église de Saint-Augustin, à Paris, exécutées d'abord en plâtre, ont pu être faites tout entières en cuivre galvanoplastique. C'est par le même procédé que l'on a préparé, pour le nouvel Opéra, dans l'usine de M. Oudry et dans les ateliers de la maison Christofle et Cie, les statues colossales de 5 à 6 mètres de hauteur, représentant la Musique, la Poésie, Apollon et les Muses, deux grands Pégases, etc. C'est également en cuivre

Fig. 276. — Pile de Daniell.

galvanoplastique que sont faits les bustes des grands maîtres et les nombreux chapiteaux qui montrent tout le parti qu'un habile architecte peut tirer de la galvanoplastie appliquée à la décoration monumentale.

Origine de la galvanoplastie. — Les applications de la pile, qui aujourd'hui nous paraissent très-faciles, n'ont cependant été découvertes qu'il y a moins de trente ans, tandis que depuis le commencement du siècle on sait utiliser le courant électrique pour isoler des métaux bien autrement difficiles à mettre en liberté que le cuivre, l'or et l'argent.

La raison en est simple: la pile, telle que l'a imaginée Volta, décompose bien les dissolutions ces sels métalliques; elle détermine bien la précipitation du métal, mais le courant est irrégulier, capricieux, il s'affaiblit rapidement. Les dépôts ainsi obtenus sont quelquefois compactes et tenaces; mais, le plus souvent, ils sont pulvérulents, sans qu'il soit possible de régler la marche de l'opération. Il n'y a rien là qui puisse donner naissance à une application industrielle. Aussi est-ce en vain qu'on a cherché à faire remonter l'origine de la galvanoplastie aux observations faites par divers savants dans les premières années de ce siècle.

Pour obtenir les dépôts doués de toutes les qualités plastiques qui font rechercher le cuivre, le bronze ou les métaux précieux, travaillés par les procédés ordinaires, il fallait une connaissance plus approfondie de la nature des phénomènes que présente la pile; il fallait au courant irrégulier substituer un courant d'une constance parfaite.

La solution pratique du problème ne devint possible que du jour où, à la suite des recherches de M. Becquerel sur les causes d'irrégularité du courant et sur les moyens généraux de s'en affranchir, un physicien anglais, Daniell, eut imaginé la pile à courant constant qui porte son nom. Cette découverte, purement physique, a eu bientôt pour conséquence une application industrielle d'une importance capitale. Dans la pile de Daniell (fig. 276), l'électricité est obtenue, comme dans celle de Volta, par l'action d'une lame de zinc Z sur de l'eau acidulée par l'acide sulfurique. Le zinc prend l'électricité négative et l'eau se charge d'é-

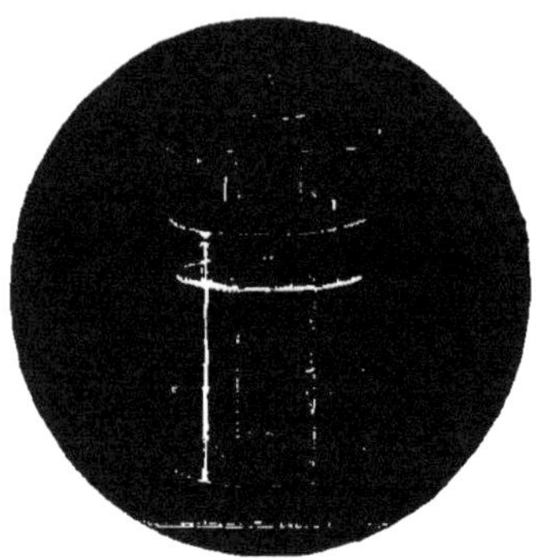

Fig. 277. — Pile de Volta.

lectricité positive que l'on recueille sur une lame de cuivre C. La seule différence consiste en ceci que de la lame cuivre C, au lieu de prendre l'électricité directement dans l'eau acidulée, comme dans la pile à un seul liquide (fig. 277) due à Volta, ne s'en empare que par l'intermédiaire d'une dissolution de sulfate de cuivre, séparée de l'eau acidulée par une cloison poreuse (fig. 276), dans l'épaisseur de laquelle ces deux liquides arrivent en contact. La solution de sulfate cuivrique est maintenue à l'état de saturation par des cristaux de vitriol bleu. Ces deux piles ne diffèrent donc que par un détail, mais ce détail a pour l'application spéciale qui nous occupe une valeur considérable. Les dépôts métalliques fournis par le courant constant, au lieu d'être hétérogènes, pulvérulents, vont devenir homogènes, ductiles, malléables, jouissant, en un mot, de toutes les propriétés des métaux les plus purs obtenus par les procédés de la métallurgie ordinaire. Une observation fournie par le hasard, mais poursuivie avec tout le soin qu'elle mérite, suffira pour créer une industrie nouvelle.

Découverte de Jacobi. — En 1837, un physicien russe, M. Jacobi, était chargé par son gouvernement de construire un moteur électro-magnétique dont la force fût suffisante pour faire remonter la Néva à une barque chargée de douze personnes. Pour ces recherches il avait commandé une pile de Daniell, enjoignant bien de n'y employer que du cuivre très-pur et très-malléable. Or, quand la pile eût servi quelque temps, M. Jacobi remarqua que les lames de cuivre étaient devenues rugueuses. On en pouvait détacher de petites lamelles cassantes.

Sa première idée fut de reprocher au constructeur de lui avoir fourni de mauvais cuivre. Cependant, sur les protestations réitérées de ce dernier, il en vint à examiner de plus près les lames accusatrices et il put alors se convaincre que les lamelles qu'il détachait n'étaient autre chose qu'un dépôt moulé sur la surface primitive et en reproduisant tous les accidents, traits de lime, éraillures ou coups de marteau. Ce dépôt était donc du cuivre provenant du sulfate décomposé par le courant et il avait assez de ténacité pour qu'on pût le confondre avec le cuivre laminé. Cette observation, qui entre des mains moins expérimentées eût pu rester stérile, devait, entre celles de l'habile physicien, conduire à des conséquences inattendues. Il recommença l'expérience en la variant de plusieurs manières et remplaçant la lame de cuivre ordinaire par des plaques gravées. C'est à la suite de plusieurs mois d'essais persévérants qu'il put enfin, le 7 octobre 1838, présenter à l'Académie des sciences de Saint-Pétersbourg une plaque de cuivre offrant en relief l'empreinte exacte des dessins gravés en creux sur la plaque originale [*Archiv. de l'électricité*, t. II, p. 452; t. IV, p. 501, et t. V, p. 184].

Presque à la même époque et sans connaître les travaux du physicien russe, un Anglais, M. Spencer, arrivait à des résultats analogues, et avant la fin de 1838 il montrait à Liverpool des épreuves obtenues avec des planches gravées par la pile, ainsi que des médailles, si bien reproduites qu'on pouvait les croire frappées au balancier [*Bibl. univ. de Genève*, t. XXIII, 417].

Il y a loin, il est vrai, de ces quelques spécimens rudimentaires aux belles reproductions que nous obtenons aujourd'hui, mais l'œuvre accomplie n'en était pas moins considérable.

Appareil simple. — M. Jacobi s'est du reste chargé lui-même de développer sa découverte; il étudia la formation du dépôt métallique dans la pile de Daniell, reconnut les règles à suivre pour obtenir de bons résultats et put ainsi doter l'industrie d'un instrument, véritable pile de Daniell, qui, sous le nom d'*appareil simple* (fig. 278), est constamment employé aujourd'hui soit pour la galvanoplastie, soit pour la dorure et l'argenture.

Le bain dans lequel plongent les objets représente la solution de sulfate cuivrique de la pile de Daniell, et le circuit est fermé par un système de tringles qui repose au centre sur le cylindre de zinc.

Appareil composé. — Peu de temps après, il constata que le courant de la pile, passant dans un bain extérieur de sulfate de cuivre, y produit un dépôt jouissant des mêmes propriétés que celui que fournit l'appareil simple. Mais ici une difficulté se présentait : le bain appauvri devient de plus en plus acide et le dépôt perd bientôt ses propriétés plastiques; c'est alors qu'il imagina de placer au pôle où se rend l'acide une lame de cuivre qui, incessamment corrodée, cède à la dissolution un poids de cuivre égal à celui qui se précipite à l'autre pôle. Cette lame, appelée *anode soluble*, conserve à la liqueur une composition constante, et on a ainsi un *appareil composé* (fig. 279) qui d'ordinaire remplace avec avantage l'appareil simple. L'emploi de l'anode soluble devait exercer une grande influence sur les progrès de la galvanoplastie d'abord, et ensuite sur ceux de l'électrochimie appliquée à la typographie, à la dorure et à l'argenture.

La galvanoplastie put dès ce moment servir à la reproduction des planches gravées et des bas-reliefs *métalliques* de toute grandeur; mais elle ne devait pas s'arrêter en si bon chemin.

Propriétés de la plombagine. — Une circonstance fortuite habilement interprétée permit à M. Jacobi de compléter son œuvre en donnant le

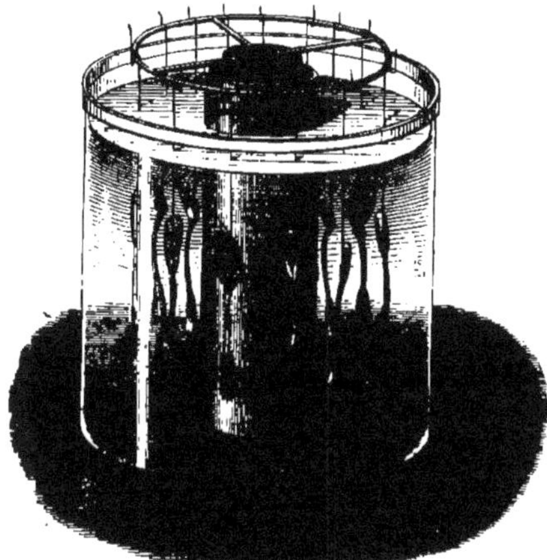

Fig. 278. — Appareil simple pour la galvanoplastie et l'électrochimie.

moyen d'effectuer les dépôts à la surface d'objets quelconques. Une pile de Daniell fonctionnait mal, par suite de la mauvaise qualité de quelques-uns des vases poreux. Il les soumit tous à un essai préliminaire, marquant au crayon, de la lettre G, chaque vase qu'il reconnaissait bon (*gut*).

Il fit ensuite fonctionner la pile avec ces seuls vases, mais alors il vit avec une surprise extrême que les lettres se reproduisaient en cuivre; la

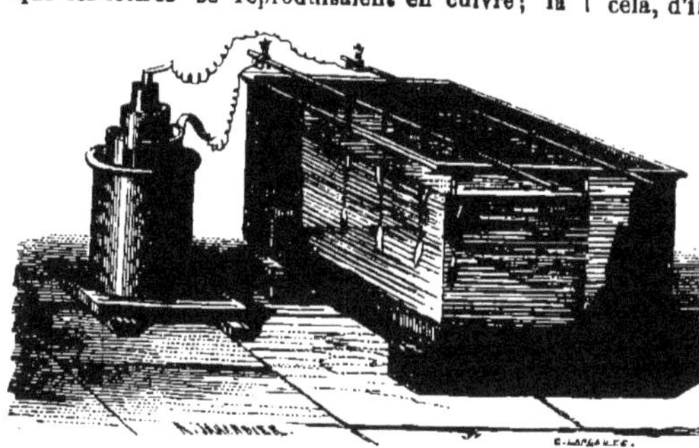

Fig. 279. — Appareil composé.

plombagine conductrice appliquée à la surface du vase, mauvais conducteur, se couvrait du métal mis en liberté par le courant. Il n'en fallut pas davantage pour ouvrir à Jacobi une perspective nouvelle; il fit mouler en plâtre un bas-relief, recouvrit ce moule de plombagine et, le plongeant dans le bain de sulfate de cuivre, obtint une épreuve métallique immédiatement semblable à l'original.

La galvanoplastie était dès lors susceptible des applications les plus étendues : toutes les matières plastiques pouvaient être rendues conductrices par la plombagine, et par suite recevoir un dépôt métallique.

Le plâtre et la cire furent d'abord employés seuls à la confection des moules galvanoplastiques, mais on ne tarda pas à trouver d'autres substances d'un emploi plus avantageux : ce fut d'abord la gélatine, qui, coulée à chaud et retirée du moule après refroidissement, reproduit exactement l'empreinte des objets. Aujourd'hui une dernière substance, la gutta-percha, encore supérieure à la gélatine pour la plupart des opérations, est presque exclusivement adoptée; elle est également inaltérable dans les bains acides et dans les bains alcalins; ramollie sous l'influence de la chaleur, elle peut être appliquée à chaud sur les objets, soit à la main, soit à l'aide d'une presse, et reproduit tous les détails avec une rare perfection (fig. 280). L'usage de la gélatine a cependant été conservé pour les empreintes d'objets fragiles, et on utilise la propriété qu'elle possède d'augmenter de volume dans l'eau et de diminuer dans l'alcool, pour obtenir des objets amplifiés ou réduits sans la moindre déformation.

Les moules une fois préparés, on en rend la surface conductrice, soit en la frottant avec des pinceaux ou des brosses imprégnés de plombagine en poudre impalpable, soit en l'humectant d'une dissolution de nitrate d'argent que l'on réduit ensuite par l'acide sulfhydrique; il se forme alors sur toute la surface une couche extrêmement mince de sulfure d'argent, bon conducteur de l'électricité.

Les moules, ainsi *métallisés*, se recouvrent de cuivre aussitôt qu'ils font partie de l'appareil simple (fig. 278) ou de l'appareil composé (fig. 279). Les propriétés du métal déposé dépendent d'ailleurs de conditions que la pratique seule enseigne; telles que la proportion entre les deux électrodes, le degré de concentration du liquide ainsi que sa température, et enfin l'intensité de la pile.

Perfectionnements. — On doit à M. H. Bouilhet, l'un des directeurs de la maison Christofle et Cie, une modification des bains qui améliore notablement les qualités du cuivre déposé. Il suffit, pour cela, d'introduire dans la dissolution de sulfate de cuivre des traces de gélatine. Le mode d'action de cette substance est inconnu, mais ce qu'il y a de parfaitement démontré, c'est que le cuivre déposé dans un bain contenant de la gélatine ressemble au cuivre laminé : il est à la fois plus tenace et plus dur que le cuivre obtenu dans un bain ordinaire; ce dernier ressemble au cuivre fondu, il en a la mollesse et la porosité.

Doublage des pièces. — On doit encore à M. Bouilhet un autre perfectionnement important: pour donner de la solidité aux reproductions galvaniques, même de petite dimension, on était dans l'origine obligé de maintenir le courant pendant plusieurs jours; de là d'assez grands frais. M. Bouilhet réduit beaucoup la durée de l'opération, et par suite la dépense, en mettant à profit la grande différence de fusibilité du laiton et du cuivre rouge. Dès qu'on a un dépôt d'une petite épaisseur, on remplit le creux de la face extérieure avec des fils de laiton, que l'on fond ensuite au chalumeau de manière à les souder au cuivre et à constituer ainsi une pièce massive qui offre de précieuses ressources pour la décoration des meubles, du marbre et de la porcelaine.

Pour les pièces de grandes dimensions, on maintient le courant jusqu'à ce que le cuivre déposé offre une épaisseur et par suite une résistance suffisante; c'est de cette manière qu'ont été reproduits en 1864, dans l'usine d'Auteuil, les 600 bas-reliefs de la colonne Trajane et de son soubassement, exposés au nouveau Louvre. Ces bas-reliefs, moulés en plâtre, à Rome, sur la colonne de marbre qui a près de 50 mètres de hauteur sur 4 mètres de diamètre, ont été obtenus en cuivre déposé galvaniquement avec la plus grande perfection. Ils présentent une surface de plus de 600 mètres carrés : c'est le travail le plus important de ce genre qui ait encore été entrepris.

Galvanoplastie ronde bosse. — La reproduction de ces magnifiques bas-reliefs, des grandes statues ou de groupes en cuivre galvanique offre de sérieuses difficultés. Le procédé le plus employé jusqu'ici consiste à les faire en plusieurs parties qu'on rapproche ensuite et qu'on soude. C'est ainsi que dans la maison Christofle et Cie on vient d'exécuter en quatre tronçons une statue colossale de Notre-Dame de la Garde, pour la ville de Marseille. Cette statue a 9 mètres de haut. Le cuivre qui la constitue, déposé galvaniquement, pèse 3,500 kilogrammes. L'épaisseur moyenne du dépôt est 4 1/2 millim.; la densité du cuivre est 8,96. La durée de l'opération a été de deux mois et demi. Après avoir laissé le dépôt se former sur le moule pendant un certain temps, on retournait ce moule pour donner plus de régularité au dépôt.

Fig. 280. — Moule en gutta-percha et médaille reproduite.

On sait cependant depuis longtemps produire les statues d'une seule pièce, mais la solution industrielle du problème de la *galvanoplastie en ronde bosse* n'a été trouvée que dans ces derniers temps. On avait d'abord imaginé d'introduire une anode soluble dans le moule en gutta-percha dont les différentes parties avaient été rapprochées de manière à circonscrire une cavité représentant exactement la statue; mais le dépôt ainsi obtenu était généralement inégal et de faible épaisseur, l'anode soluble se dissolvant très-rapidement.

Plus tard, M. Lenoir eut l'idée d'employer une anode insoluble formée de fils de platine pénétrant dans toute la partie du moule sans le toucher. Le principe était trouvé, mais le prix élevé du platine, les frais nécessaires pour faire et défaire ces squelettes, limitaient cette application aux objets de petite dimension. Une observation de M. Planté, mise en pratique par M. Sonolet, a rendu cette méthode tout à fait industrielle, en permettant de remplacer le platine, métal trop cher, par un métal commun, susceptible de prendre comme ce dernier toutes les formes, et d'être en outre ramené presque sans frais à l'état de lames, sous lequel on l'emploie.

Ce métal est le plomb, qui présente pour la galvanoplastie ronde bosse tous les avantages du platine, sans en présenter les inconvénients (fig. 281 et 282). Par suite de cette heureuse modification, on obtient aujourd'hui des pièces de toute dimension, présentant une égale épaisseur dans toutes leurs parties. C'est par ce procédé qu'ont été obtenus les bustes monumentaux destinés à la façade du nouvel Opéra.

Typographie galvanique. — L'application de la galvanoplastie à la typographie et à la gravure s'est développée en même temps que son application à la décoration. L'exactitude si parfaite des reproductions, ainsi que la pureté et la ténacité du métal déposé, la rendent éminemment propre à cet emploi. On peut, en effet, par l'action du courant électrique : 1° fabriquer des planches unies en cuivre à l'usage des graveurs; 2° reproduire les planches gravées; 3° enfin, graver directement.

Pour le graveur, le cuivre déposé galvaniquement en lames unies est de beaucoup préférable au cuivre du commerce, qui, contenant presque toujours des métaux étrangers, rend difficile et inégale l'action du burin et celle de l'eau-forte. On l'obtient en plongeant dans le bain une lame unie qui sert de moule et sur laquelle se dépose le cuivre galvanoplastique.

La reproduction des planches gravées sur cuivre, sur acier ou sur bois, est devenue un puissant auxiliaire pour l'impression. En fournissant des planches identiques à l'original, la galvanoplastie conserve intacte l'œuvre de l'artiste, tout en permettant un tirage qui ne connaît pas de limites. C'est à l'aide d'une gravure sur bois, reproduite par la galvanoplastie, qu'ont été tirés des portraits de 1 mètre de hauteur.

Voici comment on fait ces reproductions : On prend avec de la gutta-percha l'empreinte de la gravure sur bois, on métallise ensuite le moule avec de la plombagine, et on l'expose dans le bain. Au bout de quelques heures, on a un cliché ou coquille qui, par suite de son peu d'épaisseur, ne pourrait servir à l'impression. Pour lui donner la solidité nécessaire, on l'entoure d'un châssis et on y coule un alliage de plomb et d'antimoine analogue à celui qui est employé pour la fonte des caractères d'imprimerie. Un coup de presse hydraulique fait sortir l'excès de l'alliage et redresse le cliché que la chaleur peut avoir déformé. Un tour achève de le dresser et de le polir dès qu'on a rogné les bavures avec une scie circulaire. Le cliché ainsi préparé est assez résistant pour supporter sans altération un tirage de 80000 épreuves. On pourrait opérer de même pour les planches gravées sur cuivre; mais, au lieu d'en prendre une empreinte en gutta, on plonge la planche elle-même dans le bain, après l'avoir préalablement exposée quelques instants aux vapeurs d'iode, pour éviter toute adhérence de la plaque de cuivre avec le dépôt. On a alors un moule en relief, avec lequel on reproduit ensuite une copie de l'original. En opérant de cette manière, on obtient des cli-

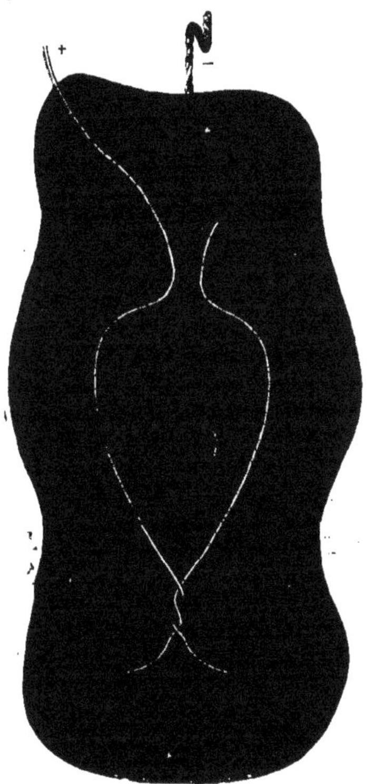

Fig. 281. — Moule en gutta-percha et anode insoluble en plomb; celle-ci est représentée dans la figure par un squelette en plomb laminé affectant la forme du vase lui-même, et présentant sur toute sa surface des ouvertures circulaires.

chés d'une fidélité absolue jusque dans les moindres détails. M. Hulot a pu multiplier, à l'aide de ce procédé, les types des figures de cuivre en relief qui servent au tirage des cartes à jouer, des billets de banque et des timbres-poste.

C'est grâce à la perfection de ce travail et à la dureté du métal déposé que l'on peut tirer chaque jour plusieurs milliers de timbres-poste absolument semblables, malgré la finesse et la multiplicité des détails.

C'est encore par la galvanoplastie que l'imprimerie impériale de Vienne et celle de Paris ont pu reproduire à peu de frais un grand nombre de matrices devenues rares ou susceptibles de s'altérer. Cette application a acquis une nouvelle importance depuis que M. A. Martin a eu l'ingénieuse idée d'utiliser la propriété qu'a la gélatine de gonfler dans l'eau et de diminuer de volume dans l'alcool pour obtenir avec une rare perfection des augmentations ou des réductions d'un même type.

Enfin c'est à la galvanoplastie que la chromotypographie, ou impression typographique en couleur, doit des planches d'une justesse de report qu'il serait impossible d'obtenir autrement. Grâce à elle, on a pour un prix minime des épreuves excellentes tirées sur quinze ou vingt planches à repère, donnant chacune une couleur ou une nuance de couleur différente. C'est ainsi qu'ont été faites à l'Imprimerie impériale un grand nombre de cartes géographiques et la grande carte géologique de la France.

Dans les applications qui précèdent, le cuivre ne doit adhérer en aucun point du moule; cette adhérence peut cependant être utile dans certains cas; ainsi elle a été très-ingénieusement employée au Dépôt de la Guerre pour faire des cor-

Fig. 282. — Vase obtenu par le dépôt galvanique dans le moule de la figure 281.

rections sur les planches de cuivre servant au tirage des plans et des cartes topographiques. On recouvre ces planches d'un vernis, sauf dans les lignes que l'on veut effacer, et on les expose dans le bain de sulfate de cuivre. Le métal en se déposant bouche toutes les cavités, qui se trouvent même remplacées par un bourrelet que l'on fait ensuite disparaître à la lime. On a ainsi une surface parfaitement unie sur laquelle on peut graver de nouveau.

Gravure galvanique. — La gravure directe sur cuivre et sur acier donne de très-beaux produits, et elle a l'avantage de supprimer les vapeurs nitreuses qui dans les ateliers de graveur à l'eau-forte sont nuisibles à la santé des ouvriers.

Pour avoir une planche de cuivre gravée en taille-douce, on recouvre la planche unie d'une mince couche de vernis, sur laquelle on trace ensuite avec une pointe les traits du dessin.

Cette plaque, disposée comme anode soluble dans le bain de sulfate de cuivre, se creuse partout où le métal a été mis à découvert, et la gravure se produit ainsi avec une grande régularité.

La gravure sur acier se fait d'une manière analogue, et l'industrie s'est emparée de ces procédés pour graver les rouleaux d'impression employés dans les grandes usines d'Alsace.

On réalise la gravure en relief sur zinc par la méthode de M. Gillot, plus ou moins modifiée, suivant les cas. Une épreuve lithographique tirée sur papier de Chine est reportée sur une plaque de zinc polie d'un côté et recouverte de l'autre avec un vernis. Cette lame, plongée dans de l'eau acidulée par l'acide nitrique, est attaquée partout où le métal n'est pas protégé par l'encre du dessin. Il en résulte que le zinc reste brillant et en relief sous les traits noirs du dessin, tandis que les blancs sont en zinc rongé et mat. La planche nettoyée est ensuite recouverte d'un vernis dans toutes les parties creusées et on la porte dans un bain alcalin de cuivre. Sous l'influence du courant, le cuivre se dépose et adhère sur les reliefs du zinc qui seuls sont à nu. Quand on veut augmenter le relief, on enlève le vernis qui protège les creux et on attaque de nouveau le zinc par un acide sans action sur le cuivre. Ce procédé est employé pour illustrer de nombreuses publications ; on l'utilise pour l'impression des cartes géographiques, des autographes et de la musique [Robell, *Bibl. univ. de Genève*, t. XXX, p. 212; *Archiv. de l'électricité*, t. LV, p. 584; — Grove, *Archiv. de l'électricité*, t. II, p. 457 ; — Becquerel, *Traité de l'électricité et du magnétisme*, t. II; — Fizeau, *Archiv. de l'électricité*, t. IV, p. 498].

Nous ne nous sommes occupés jusqu'ici que des reproductions galvanoplastiques en cuivre, mais on peut en avoir également en or, en argent, en alliages métalliques et qui apportent à l'orfèvrerie des ressources d'une haute importance en permettant de diminuer le travail dispendieux de la ciselure. M. Feuquières en a même obtenu dans ces derniers temps en fer, d'une dureté et d'une densité comparables à celles du fer laminé. Ces intéressantes applications exigent des bains dont nous aurons à parler à l'occasion des dépôts adhérents ; nous y reviendrons avec plus de détails.

Électrochimie. — La découverte de la galvanoplastie devait avoir pour conséquence presque immédiate une autre découverte non moins importante, l'*électrochimie*, c'est-à-dire l'art de recouvrir les métaux communs d'une couche adhérente et protectrice d'un métal moins facilement altérable. L'orfèvrerie et la bijouterie, qui ont de tout temps employé l'argent et surtout l'or dans la fabrication des objets qui doivent résister aux agents atmosphériques, avaient depuis longtemps cherché le moyen de remplacer l'or massif par des pièces en cuivre doré, empruntant leur solidité au métal vulgaire qui constitue la plus grande partie de leur masse, et à la pellicule d'or qui les couvre l'éclat et l'inaltérabilité de ce dernier corps.

Découverte de la dorure. — Les premiers procédés de dorure et d'argenture avaient l'inconvénient de ne déposer qu'une pellicule métallique extrêmement mince, et par suite incapable de résister longtemps au frottement. Pour dorer avec une certaine épaisseur, il fallait avoir recours à la dorure au mercure. Une pâte, formée de mercure et d'or, était appliquée au pinceau sur les pièces métalliques qu'on chauffait ensuite fortement pour chasser le mercure; l'or restait et formait sur la surface une couche qu'on polissait à l'aide du brunissoir. La présence du mercure en vapeur dans l'atmosphère des ateliers avait pour conséquence d'altérer rapidement la santé des ouvriers doreurs. La découverte d'un procédé supprimant la funeste pratique de la dorure au mercure devait être non-seulement une découverte scientifique importante et un service rendu aux arts, ce devait être aussi une œuvre d'humanité.

M. de la Rive, professeur à l'académie de Genève, frappé des graves inconvénients que présente le développement de la dorure au mercure dans une ville où l'horlogerie est une des sources de la fortune publique, avait depuis longtemps cherché à utiliser le courant de la pile pour déposer à la surface du cuivre une couche d'or adhérente.

Après de nombreux essais infructueux, il parvint enfin, en 1840, à dorer le cuivre et le laiton en décomposant, par le courant, une dissolution de chlorure d'or [*Ann. de Chim. et de Phys.*, (2), t. LXXIII, p. 398, et *Bibl. univ. de Genève*, 1840, t. XIII; *Archiv. de l'électricité*, t. I, p. 615]. Le procédé n'était pas parfait, comme le reconnait M. de la Rive lui-même ; l'adhérence de l'or avec le métal sous-jacent n'était pas toujours complète, mais il était démontré que ce corps peut se déposer en couche adhérente, et il devenait évident que les insuccès ne devaient pas être attribués à l'or lui-même, mais à la nature du dissolvant acide, qui attaque constamment la surface du métal qu'il s'agit de dorer.

Le problème de la dorure galvanique était donc ramené à la recherche d'une dissolution plus convenable que celle formée par le chlorure.

Procédé Elkington. — Une fois l'attention éveillée sur ce point, le succès ne devait pas se faire attendre, et quelques mois s'étaient à peine écoulés quand, le 27 septembre 1840, MM. Henri et Georges Elkington prenaient, en Angleterre et en France, des brevets pour dorer et argenter en décomposant par la pile les solutions alcalines de cyanure d'or ou d'argent dans le cyanure de potassium. Les dépôts obtenus dans ces conditions ont une adhérence parfaite; on peut d'ailleurs leur donner une épaisseur quelconque en prolongeant le passage du courant électrique [*Compt. rend. de l'Acad. des sciences* du 24 novembre 1841; *Archiv. de l'électricité*, t. II, p. 111].

Des procédés à peu près identiques étaient découverts presque au même moment en France par M. de Ruolz, et brevetés par lui dans le courant de 1841 [*Archiv. de l'électricité*, t. II; *Compt. rend. de l'Acad. des sciences*, 1841].

M. Charles Christofle, acquéreur des brevets de M. de Ruolz, reconnaissant la justesse des réclamations de MM. Elkington, acheta les brevets qu'ils avaient pris en France, et put ainsi fonder à Paris la grande industrie qui porte son nom.

Il produit une immense variété d'objets dorés ou argentés, susceptibles de satisfaire, par leur perfection, le goût le plus élevé et le plus difficile, comme aussi de répondre aux besoins économiques de notre époque; il nous suffira, pour donner une idée de l'importance de cette fabrication, de rappeler que depuis 1845, date de la création de l'établissement, on y a déposé 77,700 kilogrammes d'argent qui, à l'épaisseur adoptée ordinairement pour l'argenture de l'orfèvrerie, pourrait couvrir 500,000 mètres carrés. Ne pouvant reproduire tous les procédés, nous résumerons seulement ici les points essentiels.

Argenture. — Le bain où s'effectue l'argenture est formé de cyanure d'argent dissous dans un excès de cyanure de potassium. La solution d'argent ainsi obtenue est placée dans de grandes cuves en bois dont les parois intérieures sont rendues imperméables à l'aide d'une couche de gutta-percha. Des tringles transversales supportent les anodes solubles en argent destinées à maintenir le bain constamment saturé. Entre les anodes qui communiquent avec le pôle positif de la pile se trouvent des tiges de cuivre qui, par un ensemble de châssis, sont reliés au pôle négatif. C'est sur ces dernières que l'on place les crochets chargés des pièces à argenter.

Opérations préliminaires. — Avant d'être portées au bain d'argenture, ces pièces doivent subir une première opération, le *décapage*, destinée à faire disparaître les matières grasses et la couche d'oxyde qui salissent leur surface et empêcheraient le dépôt. Cette précaution est importante, c'est d'elle que dépend le succès des opérations ultérieures.

La manière dont on y procède varie avec la nature des objets et avec leur mode de préparation. Les pièces en maillechort, celles en fer et en alliage d'étain et de zinc, sont d'abord dégraissées dans un bain de carbonate de soude, puis frottées sous un mince filet d'eau avec de la pierre-ponce et une brosse en poils de sanglier montée sur un tour faisant six cents révolutions par minute. Pour débarrasser les objets en bronze fondu des corps gras provenant des diverses phases de la fabrication, et surtout de l'écrouissage causé par le travail de la ciselure, on les recuit au rouge

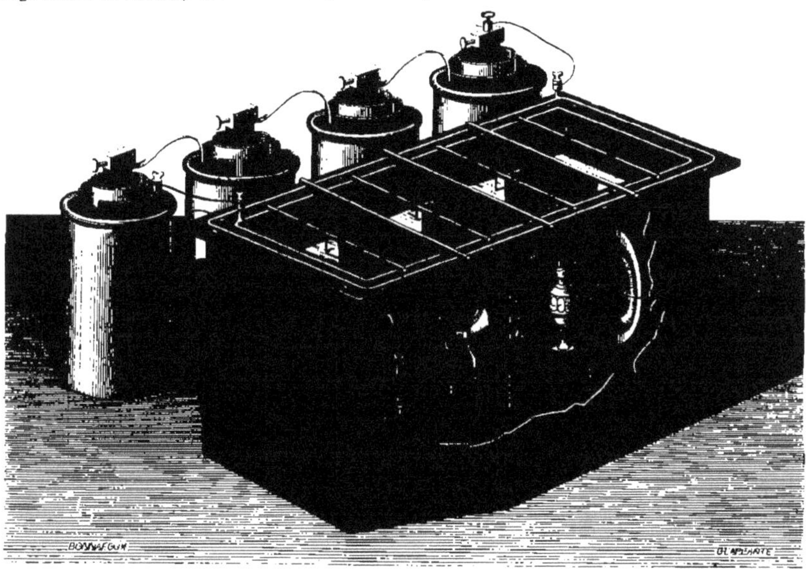

Fig. 283. — Appareil composé pour l'argenture galvanique.

sombre sur un feu de mottes dont la température est facile à régler.

Cette opération rend l'adhérence de l'argent plus complète et le brunissage plus beau, en mettant les surfaces à argenter dans le même état que l'argent qui se dépose. Les pièces une fois décapées sont passées rapidement dans les bains acides, puis lavées à grande eau et séchées dans la sciure de bois; elles sont alors prêtes à recevoir le dépôt d'argent.

Bain d'argenture. — A peine sont-elles restées quelques instants dans le bain d'argenture, qu'elles sont recouvertes sur toute leur surface d'une mince couche protectrice d'argent; mais pour que ce dépôt puisse résister à toutes les causes d'usure résultant d'un emploi journalier, il faut prolonger la durée de l'action jusqu'à ce que l'épaisseur soit assez grande. Cette épaisseur est ordinairement telle pour les couverts, que le métal d'un couvert d'argent massif sert à argenter trente couverts de maillechort.

Pour se rendre compte de la quantité du métal déposé, il suffit de deux pesées faites, la première sur les pièces décapées, la seconde sur les pièces argentées. Un poinçon particulier indique sur chaque pièce le poids de l'argent qui recouvre sa surface.

Balance Roseleur. — Si l'ouvrier veut déposer un poids d'argent déterminé d'avance, il semble qu'il faudra peser, et même à diverses reprises, pour arriver juste au point voulu sans le dépasser. Un appareil ingénieux dû à M. Roseleur, dispense de tout tâtonnement; il règle lui-même la durée de l'opération et l'interrompt dès que le poids de l'argent est suffisant. Cet appareil n'est autre chose qu'une balance dont le fléau supporte à l'extrémité de gauche tous les objets que l'on veut argenter et qui plongent dans le bain métallique (fig. 284). On place du côté droit d'abord une tare capable d'établir l'équilibre, puis un excès de poids égal au poids d'argent que l'on veut précipiter. Dès lors le fléau penche vers la droite, et en même temps, par suite d'une disposition spéciale, détermine le passage du courant et le maintient jusqu'à ce que le dépôt ait une épaisseur suffisante. Aussitôt ce moment arrivé, l'équilibre se rétablit, le fléau redevient horizontal, et le courant s'interrompt. Il n'est besoin d'aucune surveillance; l'opération commencée le soir se trouve le lendemain arrêtée au point voulu.

Polissage. — Au sortir du bain, les pièces ne peuvent pas encore être livrées au commerce; elles ont une couleur mate qui doit disparaître à la suite de deux nouvelles opérations : le *gratte-bossage* et le *brunissage*.

Gratte-bosser, c'est frotter les pièces argentées avec une brosse en fils de laiton, humectée d'eau de savon et fixée à un tour où elle fait 500 révolutions par minute; le frottement écrase les aspérités et donne un commencement de poli. On achève de rendre la surface parfaitement brillante en la *brunissant*, c'est-à-dire en la frottant jusque dans ses moindres détails avec de petits instruments d'acier. Ces dernières opérations sont rendues plus faciles quand on prend la précaution d'ajouter au bain d'argenture une petite quantité de sulfure de carbone, qui donne au dépôt un aspect nacré préférable au mat.

Dorure. — Quand on a assisté à l'argenture d'une pièce d'orfèvrerie, on comprend facilement la dorure, qui s'effectue d'une manière tout à fait analogue. Il y a cependant une différence, qui consiste en ce qu'au lieu d'opérer à froid, on opère à une température d'environ 70 degrés.

Dorure et argenture des métaux autres que le cuivre. — Les pièces qu'on dore ou qu'on argente ainsi sont en cuivre, en laiton, en bronze ou en maillechort; on ne peut pas agir de même avec

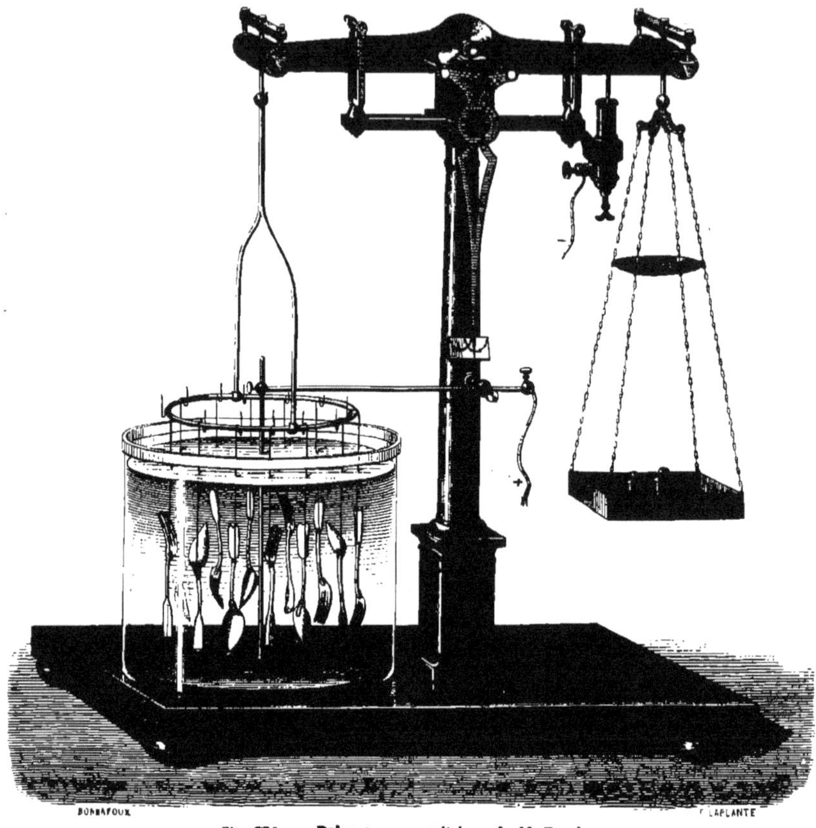

Fig. 284. — Balance argyrométrique de M. Roseleur.

une pièce d'acier, une lame de couteau par exemple. Pour argenter ou dorer l'acier, le fer et le zinc, il faut commencer par recouvrir leur surface d'une mince couche de cuivre en les plongeant dans une dissolution de cyanure double de cuivre et de potassium. Cette précaution une fois prise, la dorure de l'acier revient à celle du cuivre.

Argenture des corps mauvais conducteurs. — Pour dorer ou argenter des corbeilles d'osier, des fruits, des fleurs ou des insectes, on commence par rendre leur surface conductrice par les procédés que nous avons indiqués dans la galvanoplastie, puis on les recouvre de cuivre galvaniquement.

Réserves galvaniques. — Pour obtenir des objets dorés en certains points et argentés en d'autres, de manière à produire des effets artistiques extrêmement variés, il suffit de recouvrir au pinceau les parties que l'on veut protéger avec un vernis inaltérable dans les solutions acides ou alcalines, mais soluble dans l'essence de térébenthine.

Les pièces ainsi préparées se recouvriront, dès qu'on les plongera dans le bain, d'une mince pellicule d'or partout où le métal sera resté à nu

En protégeant ensuite les parties dorées et découvrant les autres, on pourra argenter ces dernières.

Incrustations galvaniques. — Ces réserves, faites à l'aide d'un vernis convenable, ont permis à MM. Christofle et Cie de produire par le courant, dans des pièces en cuivre ou en alliages divers, des cavités dans lesquelles ils font ensuite déposer de l'argent. Les objets ainsi préparés et polis reproduisent le damasquinage et les plus belles incrustations japonaises.

Or vert, or rouge. — On peut, d'ailleurs, faire varier à volonté la couleur de l'or, et obtenir de l'or vert et de l'or rouge. Pour avoir de l'or vert, on ajoute au bain d'or une dissolution de cyanure double d'argent et de potassium, jusqu'à ce que le dépôt prenne la teinte désirée; l'anode soluble est alors formée d'un alliage d'or et d'argent. On obtient l'or rouge en ajoutant au bain d'or une dissolution de cyanure de cuivre dans le cyanure de potassium et employant comme anode soluble un alliage d'or et de cuivre.

Platinage galvanique. — Le succès de la dorure et de l'argenture a fait essayer l'application d'autres métaux. On peut recouvrir le cuivre galvanique d'un dépôt adhérent de platine inaltérable à l'air.

Un des meilleurs bains à employer pour cet usage a été indiqué par M. Roseleur : c'est une dissolution de phosphate double de soude et de platine.

Laitonage galvanique. — Le laitonage s'obtient à l'aide d'un bain formé de cyanure de cuivre et de proto-chlorure d'étain dissous dans le cyanure de potassium.

Étamage galvanique. — L'étamage galvanique des objets en fer se fait souvent à l'aide d'un bain de pyrophosphate de soude et de protochlorure d'étain.

Les premiers essais d'étamage par des procédés galvaniques datent de 1841, les brevets de M. de Ruolz les décrivent.

En 1852, M. Steele proposa l'emploi de bains d'étain alcalins. Dans ces derniers temps, M. Maitrasse a employé avec succès les bains alcalins d'étain à Toulon et à Lorient, pour le zincage des fers de la marine et pour la poterie de fonte étamée. Il emploie pour cela des éléments de pile à grande surface composés de deux lames de zinc et de cuivre de $1^m,20$ sur $0^m,70$ disposées horizontalement dans de grands bacs en plomb et isolées l'une de l'autre par un châssis en bois; la feuille de cuivre était chargée d'un mélange de parties égales d'acétate de plomb et de sel marin, et l'élément baignait dans une solution d'acide sulfurique à 8°. Ces éléments fonctionnent régulièrement pendant huit jours.

L'étamage galvanique a l'avantage de déposer l'étain sur des objets de toute forme; il permet d'augmenter l'épaisseur du métal déposé autant qu'on le veut, et comme il forme une couche d'étain pur, il offre une grande garantie au point de vue de la salubrité.

En chauffant jusqu'à la fusion de l'étain les pièces métalliques étamées galvaniquement, on a donné aux pièces ainsi traitées l'aspect et la solidité de l'étamage à chaud et on a développé en elles des propriétés utiles. Ainsi, par ce procédé, l'étamage des toiles métalliques, qu'on ne pouvait faire avec de l'étain fondu sans boucher les mailles, réussit parfaitement, et, par la soudure des fils, il donne à la toile une rigidité spéciale.

En chauffant jusqu'à la température de fusion de l'alliage que l'étain formerait avec le métal sous-jacent, on réalise un alliage superficiel ayant l'aspect et les qualités de celui qu'on aurait obtenu par la fusion. C'est ainsi que sur le cuivre on obtient un véritable bronze dont la couleur varie avec la quantité d'étain déposée et la température à laquelle la pièce a été chauffée. Avec du cuivre zingué on fait de la même manière des couches superficielles de laiton. Cette méthode pourra être appliquée dans la fabrication d'objets faits en cuivre rouge par l'estampage ou la galvanoplastie, et auxquels on donne ensuite, par l'étamage recuit, l'aspect et toutes les propriétés extérieures du bronze lui-même.

Le zinc étamé, que M. Maitrasse appelle *zinc blanc* par analogie avec le *fer-blanc,* a également des propriétés remarquables. Lorsqu'il est recuit à la température de fusion de l'alliage d'étain et de zinc, il devient très-malléable; il peut être laminé et estampé à froid; il supporte très-bien la soudure; ces qualités nouvelles le feront employer dans l'industrie et dans les arts [Rapport de M. H. Bouilhet, *Bulletin de la Société d'encouragement*, août 1860].

M. Feuquières est parvenu à faire déposer l'étain sur le plomb avec une adhérence telle, que les deux métaux peuvent être laminés en feuilles minces sans se disjoindre.

Aciérage galvanique. — On emploie une dissolution de chlorure double de fer et d'ammoniaque pour *aciérer* les planches de cuivre gravées et leur donner ainsi une dureté qui permet un tirage plus considérable encore qu'avec le cuivre.

On obtient galvaniquement des lames de fer épaisses jouissant des propriétés du fer pur.

En 1846, MM. Boch, Buschmann et Liet, de Sarrebruck, ont obtenu, dans une dissolution de sulfate de fer bien neutre, un cliché galvanique en fer d'une gravure.

En 1847, M. Bœttger indiquait l'emploi du sel double de protoxyde de fer et d'ammoniaque pour obtenir un dépôt de fer cohérent et d'un brillant métallique. Enfin, en 1862 et 1867, M. Feuquières a présenté aux expositions de Londres et de Paris des reproductions d'objets divers en fer galvanique.

Le fer déposé galvaniquement a des propriétés particulières : il est pur, plus dur et moins dense que le fer doux. Il peut être forgé à froid après avoir été recuit plusieurs fois. Il peut être laminé comme de la tôle. Il est susceptible d'être aimanté comme l'acier, il est passif comme le fer qui a été traité par l'acide nitrique bouillant.

Ces propriétés et celle de pouvoir prendre les formes les plus variées rendront ce métal galvanoplastique précieux pour la reproduction des gravures des clichés d'imprimerie, des fers pour les relieurs et les fleuristes, pour la copie d'antiquités et d'objets d'art, etc.

M. Feuquières n'a pas fait connaître le procédé qui lui sert à obtenir par la galvanoplastie ces lames de fer pur, mais il est probable qu'il est le même que celui mis depuis en usage à Saint-Pétersbourg par M. Klein. Ce procédé consiste à faire agir la pile voltaïque sur les dissolutions mélangées d'un sel d'ammoniaque et d'un sel de protoxyde de fer. Le dépôt que l'on obtient ainsi est très-dur; il a quelques-unes des qualités de l'acier trempé. M. Klein a reproduit ainsi un bouclier formé de têtes en relief, une planche en relief pour graver des têtes microscopiques, une planche en creux pour graver des dessins très-délicats, tels que billets de banque, etc. [Rapport de M. H. Bouilhet à la Société d'encouragement, 1868].

Dépôt de nickel. — La décomposition du sulfate double de nickel et d'ammoniaque par la pile permet de déposer le nickel en couche adhérente sur divers métaux [Becquerel, *Compt. rend. de l'Acad. des sciences,* t. LV, p. 19; — I. Adams, *ibid.*, t. LXX, p. 123, janvier 1870].

Cuivrage de la fonte. — Le procédé de *cuivrage* du fer et de l'acier par le cyanure double de cuivre et de potassium, que nous avons utilisé pour obtenir des dépôts adhérents de faible épaisseur servant de passage à la dorure et à l'argenture, ne peut pas être employé, à cause de son prix élevé, pour le cuivrage à forte épaisseur des statues, candélabres, fontaines, etc. Le bain de sulfate de cuivre, plus économique, ne peut d'ailleurs pas convenir, parce qu'il attaque le métal à recouvrir et empêche l'adhérence du dépôt. Le cuivrage à forte épaisseur du fer et de la fonte avait cependant une trop grande importance, au point de vue de la résistance aux agents atmosphériques, pour qu'on ne cherchât pas le moyen de le réaliser.

En effet, tandis que les objets en fer ou en fonte exposés à l'air humide subissent une altération qui se propage rapidement jusque dans les couches profondes, et transforme les objets en rouille, le cuivre ne subit qu'une attaque superficielle formant un vernis ou patine qui protége les couches sous-jacentes et donne aux objets une teinte souvent recherchée des amateurs.

Les objets en fonte cuivrée coûtent beaucoup moins cher que les objets en bronze, et ils peuvent en avoir toute la durée.

Parmi les essais en grand nombre tentés pour arriver à un bon résultat, nous insisterons surtout sur ceux de M. Oudry, qui ont déjà subi l'expérience du temps.

Procédé Weil. — Un procédé qui cherche à rivaliser avec ce dernier est dû à M. Frédéric Weil. Pour réaliser ce cuivrage on suspend les objets en fonte, bien décapés, à un fil de zinc dans une dissolution fortement alcaline contenant du sulfate de cuivre, de l'acide tartrique et un grand excès de potasse ou de soude. Quand les objets ont séjourné trois heures dans ce bain, il faut les en retirer, les gratte-bosser, puis les y plonger de nouveau. Ce procédé conserve toute la finesse des détails, résultat important surtout pour les petits objets; mais il exige un décapage préalable toujours difficile quand il s'agit de la fonte de fer [*Ann. de Chim. et de Phys.*, 4ᵉ sér., t. IV, p. 374].

Procédé Oudry. — M. Oudry a réussi à obtenir sans décapage préalable un cuivrage à forte épaisseur et très-résistant des objets de fonte ou de fer de toute dimension. Il recouvre préalablement les surfaces d'un enduit faisant inattaquable aux acides. Une fois cet enduit sec, il le rend conducteur de l'électricité avec de la plombagine et plonge la pièce ainsi préparée dans le bain de sulfate de cuivre employé pour la galvanoplastie. Le dépôt se produit avec toute l'adhérence et l'épaisseur qu'exigent les diverses applications (fig. 285).

L'emploi d'un enduit a pour les petits objets l'inconvénient de grossir les lignes et les contours; mais ce désavantage devient tout à fait insignifiant lorsqu'il s'agit d'œuvres de grandes dimensions. L'enduit, suivi de cuivrage, masque beaucoup moins que ne le faisaient autrefois les couches de peintures nécessaires pour protéger la fonte, même pendant un temps assez court.

Plus de 16.000 candélabres ainsi rendus presque inaltérables ornent nos rues et nos boulevards. C'est par ce même procédé qu'ont été cuivrées d'abord la fontaine Louvois, puis les fontaines et les colonnes rostrales de la place de la Concorde. Le succès obtenu jusqu'ici par le cuivrage galvanique a été complet, et ses applications s'étendent chaque jour davantage. On a cuivré les fontes d'ornement destinées aux arcades, aux fenêtres et aux portes extérieures du nouvel Opéra, et nous ne sommes peut-être pas loin du jour où l'on jugera utile de protéger de la même manière tous les fers et les fontes, qui jouent actuellement un si grand rôle dans les constructions monumentales. L. T.

Fig. 285. — Atelier de cuivrage de la fonte.

GANOMATITE. — Voyez Chénocoprolithe.

GARANCE. — La garance ou *Rubia tinctorum* des botanistes est originaire de l'Asie moyenne et de l'Europe méridionale; elle est cultivée dans le Levant depuis les temps les plus reculés (Andrinople, Smyrne, Chypre); elle fut employée dès la plus haute antiquité par les Égyptiens, les Perses et les Indiens. Les garances d'Avignon, d'Alsace et de Hollande sont actuellement les plus employées dans nos contrées. Plante herbacée de la famille des Rubiacées (groupe des Rubiacées indigènes), elle est remarquable par les matières colorantes contenues dans sa racine.

On récolte les racines au bout de 18 mois à 2 ans et même 3 ans. Les racines, séchées à l'air et au besoin à l'étuve, sont débarrassées de leurs radicelles. Ces dernières, connues sous le nom de barbennes ou poils, ont une valeur dix fois moindre que les alizaris ou racines épurées.

La préparation de la poudre de garance s'exécute très-économiquement près d'Avignon, à l'aide de moteurs hydrauliques alimentés par les différentes branches de la fontaine de Vaucluse. Il n'existe pas moins de cinquante fabriques travaillant nuit et jour pendant huit mois de l'année et triturant ensemble 40 millions de kilogrammes de racines produisant 33 millions de kilogrammes de poudre.

A cause de la persistance avec laquelle la garance retient l'humidité, elle ne peut être réduite en poudre sans avoir subi une dessiccation complète à l'étuve. La garance sortie de l'étuve est portée sous la meule et robée. Le robage a pour but de briser la racine en morceaux de 1 à 2 centimètres de longueur, et de détacher l'épiderme ainsi que la terre. Il s'effectue à l'aide d'une petite meule en bois ou en pierre capable de la réduire en petits fragments, mais trop légère pour la pulvériser; on passe ensuite au blutoir à billon garni de toiles métalliques de diverses dimensions.

On retire ainsi 2 à 4 % de billon terreux, 2 à 6 % d'épiderme, et 94 % de garance robée.

Celle-ci est portée sous des meules verticales en pierre de 1m,60 à 1m,80 de haut sur 30 à 40 centimètres de large, mues à une vitesse de 22 à 25 tours par minute. La poudre est tamisée à l'aide d'un blutoir plus ou moins fin, selon qu'elle est destinée à être employée directement ou à servir à la fabrication de la garancine. Dans le premier cas, on se sert de toiles n° 60 à 70; dans le second, de toiles n° 50.

Après la trituration on procède à un mélange intime de toutes les parties de la poudre que l'on enferme dans de grosses barriques contenant de 1,000 à 1,100 kilogrammes. Ainsi préparée et conservée à l'abri de l'humidité, cette poudre peut être gardée plusieurs années.

100 kilogrammes de racines séchées à l'air donnent de 80 à 83 kilogrammes de poudre. Le prix de revient de la trituration est de 2 francs à 2 francs 50 les 100 kilogrammes.

Les garances se distinguent par leur origine. Suivant le climat, la nature du terrain, la culture, l'espèce, elles offrent des différences dans leur constitution chimique, leur pouvoir colorant et la solidité des teintes qu'elles fournissent.

La racine fraîche n'a pas les mêmes apparences ni les mêmes qualités que la poudre préparée. En comprimant la partie charnue de la racine fraîche, on en retire une liqueur acide de couleur jaune qui devient rouge à l'air. Cette liqueur appliquée sur une toile mordancée à l'acétate d'alumine donne un rouge clair devenant rose terne par un passage au savon [Kœchlin (Ed.), *Bull. de la Soc. indust. de Mulh.*, t. I, p. 194]. A la teinture les diverses parties de la racine fraîche ont toujours donné des nuances moins nourries que les mêmes parties desséchées. Enfin, en examinant au microscope une tranche assez mince de racine fraîche, on ne peut y distinguer aucune trace de substance colorante. Les cellules sont remplies d'un liquide jaune d'autant plus foncé que l'âge de la plante est plus avancé. Ce liquide se convertit au contact de l'air en principe rouge insoluble.

Composition de la garance. — Sauf l'eau en moins et un état différent des principes colorants, la garance a la même composition que la racine fraîche. Celle-ci perd à la dessiccation de 78 à 80 %.

M. D. Kœchlin a trouvé, pour 100 p. garance sèche du commerce : parties solubles dans l'eau froide, 55; parties solubles dans l'eau bouillante, 3; parties solubles dans l'alcool, 1,5; parties insolubles (ligneux) dans l'eau et l'alcool, 38. Les principes solubles dans l'eau froide sont : la glucose, la saccharose, des gommes et mucilages, de l'albumine, une matière azotée précipitable par l'alcool et jouant le rôle de ferment soluble (érythrozyme), de la chlorogénine ou acide rubichlorique (se dédoublant par l'ébullition avec les acides minéraux étendus en glucose et en produit vert foncé insoluble), des tartrates, malates et citrates alcalins, des matières extractives indéterminées, des glucosides colorants, enfin des sels alcalins à acides minéraux.

Les principes solubles dans l'alcool et l'eau bouillante comprennent principalement des résines et des matières colorantes.

Quant à la partie insoluble, elle se compose de cellulose, 19 à 23 %; de pectose, 2 à 3 %; d'acide pectique libre, 5 %; et d'acide pectique combiné à la chaux, 1,5 à 2,5 %.

La proportion de cendres varie de 7 à 10 %.

Celles-ci se composent de diverses substances minérales dont la proportion varie avec le sol où la garance a été cultivée, et qui influent notablement sur les qualités du produit.

Ainsi 100 grammes de garance d'Avignon ont donné 8gr,76 de cendres, contenant :

Sels solubles dans l'eau (carbonates, chlorures, sulfates de potasse et de soude)......	4,06
Silice..	0,15
Phosphate de chaux et alumine...........	0,80
Carbonate de chaux........................	3,60
Perte..	0,15
	8,76

100 grammes de garance d'Alsace ont donné 7gr,2 de cendres contenant :

Sels solubles dans l'eau (carbonates, chlorures, sulfates de potasse et de soude).....	4,23
Silice..	0,65
Alumine avec un peu de phosphate de chaux.	1,33
Carbonate de chaux........................	0,87
Perte..	0,12
	7,20

On voit que la garance d'Alsace fournit une cendre relativement très-pauvre en carbonate de chaux, si on la compare à celle d'Avignon.

Matières colorantes. — Les garances cultivées dans diverses localités offrent des différences très-marquées dans leur manière d'être en teinture; celles-ci doivent être attribuées, en partie du moins, à la nature spéciale de leurs principes colorants.

La racine de garance fraîche renferme les composés colorants sous une autre forme que la garance moulue, séchée et conservée plusieurs mois. Ils sont dans un état particulier de combinaison qui leur permet de se dissoudre dans l'eau. Cet état se modifie dès le moment où le suc est mis en contact avec l'air. La combinaison soluble des pigments de la garance appartient à la classe des corps désignés par les chimistes sous le nom de glucosides.

Schunck a isolé un de ces glucosides, probablement à l'état impur, et lui a donné le nom de rubian. Le rubian s'isole en utilisant l'affinité de cette substance pour les corps poreux (noir animal). On fait digérer, avec du charbon d'os, une décoction chaude de garance (d'Avignon). Le charbon est lavé à l'eau froide pour éliminer la chlorogénine, puis épuisé par l'alcool bouillant qui s'empare du rubian. La solution est évaporée à sec, et le résidu repris par l'eau est traité une seconde fois par le noir animal; celui-ci est bouilli avec l'alcool. Cette opération doit être répétée jusqu'à ce que le produit soit complétement privé de chlorogénine.

La dernière solution alcoolique filtrée est évaporée à sec. Le résidu, redissous dans l'eau, est successivement précipité par l'acétate neutre qui sépare une impureté, puis par l'acétate basique de plomb. Le dépôt, décomposé par l'hydrogène sulfuré ou par l'acide sulfurique, cède à l'eau le rubian pur.

Le rubian ainsi préparé se présente sous forme d'une masse dure cassante, amorphe, transparente, jaune foncé, très-soluble dans l'eau et dans l'alcool, insoluble dans l'éther, de saveur très-amère. Ce corps est un glucoside qui se dédouble sous diverses influences, l'ébullition avec les acides minéraux étendus, avec les alcalis, ou par l'action d'un ferment, en glucose et alizarine, purpurine, etc.

La solution aqueuse du rubian n'est précipitée que par le sous-acétate de plomb.

L'acide azotique n'agit pas à froid sur les solutions de rubian; mais, à l'ébullition, il se forme de l'acide phtalique avec dégagement de vapeurs rutilantes; l'acide phosphorique normal et les acides organiques ne le modifient pas, même à l'ébullition. La soude change la couleur jaune de la solution en rouge de sang; à l'ébullition, la couleur rouge de sang devient pourpre et les acides précipitent alors un corps rouge-orangé, en même temps que la liqueur se décolore. Ce phénomène est une conséquence du dédoublement éprouvé par le rubian.

Rochleder [*Journ. für prakt. Chem.*, t. LV, p. 385; t. LVI, p. 85] a isolé un principe cristallisable représentant également un glucoside qui se dédouble en glucose et alizarine; il lui donne le nom d'acide rubérythrique. Une décoction chaude de racine de garance (garance du Levant) est précipitée successivement par l'acétate neutre et par l'acétate tribasique de plomb. Le deuxième dépôt, bien lavé, est décomposé par l'hydrogène sulfuré; le sulfure de plomb est lavé à l'eau froide, qui enlève les acides phosphorique, citrique et rubichlorique, en laissant avec le sulfure presque tout l'acide rubérythrique. On l'épuise ensuite par l'alcool bouillant. La solution alcoolique est concentrée au bain-marie. On reprend par l'eau, on ajoute un peu d'eau de baryte en enlevant les premiers flocons qui se forment; on achève la précipitation par la baryte. Le dépôt floconneux rouge-cerise de rubérythrate de baryte est dissous dans l'acide acétique étendu. On neutralise par l'ammoniaque, on précipite par l'acétate tribasique de plomb.

Le précipité, lavé et mis en suspension dans l'alcool, est décomposé par l'hydrogène sulfuré. On filtre à chaud. Par refroidissement, l'acide rubérythrique se dépose sous forme de cristaux jaunes formant des prismes soyeux solubles dans l'eau chaude, peu solubles à froid, solubles dans l'alcool et dans l'éther. En se dédoublant sous l'influence des acides minéraux, il ne donne que de la glucose et de l'alizarine.

Les intéressants résultats obtenus par M. E. Kopp [*Bull. de la Soc. indust. de Mulh.*, t. XXXI, p. 145] mettent également en relief la présence de glucosides colorants et faciles à altérer. Ils démontrent de plus la multiplicité de ces corps, au moins dans la garance d'Alsace.

En traitant la garance d'Alsace fraîchement préparée par de l'eau chargée d'acide sulfureux, on arrête l'action dédoublante du ferment (érythrozyme) et l'on parvient à éliminer toute la partie de la matière colorante qui se trouve à l'état soluble.

Le liquide filtré est jaune. Additionné de 2 à 3 °/₀ d'acide chlorhydrique et chauffé à 60° centigrades, il laisse précipiter des flocons rouges formés d'un mélange de plusieurs matières colorantes (purpurine, pseudopurpurine, matière orangée, sans traces d'alizarine). Ce n'est qu'à 100° qu'on observe la séparation de l'alizarine, en mélange avec de la chlorrubine (alizarine verte). D'après ces résultats, le glucoside alizarique est plus stable que les autres.

Tel est en résumé l'ensemble de nos connaissances sur les matières colorantes de la racine fraîche.

Les matières colorantes peu ou point solubles dans l'eau provenant du dédoublement des glucosides, et qui se retrouvent dans la garance conservée quelque temps, sont : 1° l'alizarine, dont la formule primitivement admise, $C^{10}H^{10}O^{3}$, doit être modifiée d'après les derniers travaux de MM. Libermann et Græbe. Ces chimistes ont en effet démontré que l'alizarine chauffée avec du zinc en poudre perd son oxygène en donnant de l'anthracène $C^{14}H^{10}$; de plus, en oxydant l'anthracène pour former de l'anthraquinone $C^{14}H^{8}O^{2}$ qui à son tour est transformé en bibromanthraquinone $C^{14}H^{6}Br^{2}O^{2}$; enfin en chauffant le produit avec de l'hydrate de potasse, ils ont réalisé la synthèse si remarquable de l'alizarine. On a en effet

$$C^{14}H^{6}Br^{2}O^{2} + 2KHO = 2BrK + C^{14}H^{8}O^{4}.$$

$C^{14}H^{8}O^{4}$ représente donc la vraie formule de l'alizarine ;

2° La purpurine ou oxyalizarine $C^{14}H^{8}O^{5}$;

3° Une matière orangée ou hydrate de purpurine $C^{14}H^{10}O^{6}$;

4° Une matière rouge appelée pseudopurpurine répondant à la formule $C^{14}H^{8}O^{6}$;

5° Une matière jaune ou xanthopurpurine qui serait isomère avec l'alizarine.

Pour les détails sur les propriétés de ces principes colorants nous renvoyons aux articles spéciaux Alizarine, Purpurine, Pseudopurpurine, Xanthopurpurine, et aux Additions du présent volume (Anthracène, Alizarine). Nous nous contenterons de donner ici un aperçu sommaire de leur manière d'être en teinture.

Si nous laissons de côté la xanthopurpurine qui ne joue qu'un rôle secondaire plutôt nuisible qu'utile, on peut dire d'une manière générale que les pigments de la garance ne se fixent sur tissu qu'avec le concours des mordants. Elles communiquent aux tissus de coton mordancés en alumine des nuances rouges et roses teintées de bleu quand on emploie l'alizarine et rouge franc avec les autres. Avec les mordants ferrugineux on forme le noir, le violet et le lilas. Suivant la quantité de fer fixé, l'alizarine donne les plus beaux noirs et violets. La purpurine et ses analogues, pseudopurpurine, matière orangée, fournissent des violets rougeâtres peu avantageux. Les nuances fournies par l'alizarine résistent plus au soleil et aux agents employés dans l'avivage que celles de la purpurine et surtout de la pseudopurpurine. La purpurine et la pseudopurpurine se comportent absolument de même en teinture ; la pseudopurpurine donne des nuances peu avantageuses pour la solidité et la résistance au savon et au nitromuriate. C'est à sa présence en assez forte proportion dans la garance d'Alsace qu'il faut attribuer le peu de solidité des couleurs fournies par ce produit, et les meilleurs résultats obtenus avec la garance d'Avignon. Généralement en teignant avec une garance quelconque on obtient un résultat mixte dû à l'intervention de tous les pigments précédents, et c'est la prédominance de l'un ou de l'autre qui détermine la qualité. Il n'en est plus de même quand on emploie les pigments purs isolés. On peut alors obtenir des effets plus réguliers et variés à volonté selon la nature du dosage. L'alizarine pure donne avec l'ammoniaque une solution bleue, la purpurine et les autres pigments donnent des solutions rouges.

Produits dérivés de la garance. — La garance en poudre préparée par la trituration de la racine sèche n'est plus guère employée. Généralement on fait subir au produit des manipulations subséquentes ayant pour but de l'enrichir en enlevant un certain nombre de principes inutiles et même nuisibles. En même temps que l'on gagne en richesse, on arrive à des nuances plus pures et plus faciles à aviver; de plus, les opérations du garançage sont plus faciles à conduire. Parmi les nombreuses préparations de garance proposées, nous ne signalerons que celles qui ont reçu la consécration de la pratique.

1° *Fleur de garance.* — Ce n'est autre chose que de la poudre de garance débarrassée, par un lavage à l'eau légèrement acidulée, de ses principes solubles. La macération n'est suivie d'une filtration et d'une expression que lorsque le dédoublement des glucosides colorants solubles en pigments insolubles a été effectué. L'eau n'entraîne donc qu'une fraction très-faible de matière colorante; elle enlève surtout le sucre et les gommes. La solution sucrée peut être mise en fermentation, puis distillée: elle fournira l'alcool de garance. La garance lavée, exprimée, séchée et moulue de nouveau, a perdu environ 50 % de son poids. Elle doit donc présenter et elle présente en effet un pouvoir colorant double de celui de la poudre originaire; mais elle donne en outre des violets plus beaux et plus purs, quoique aussi solides que ceux fournis par la garance. Cet avantage est dû à l'élimination des principes étrangers jaunes qui, en se fixant sur les mordants en même temps que la matière colorante, en altèrent la pureté.

La fleur produit aussi avec les mordants d'alumine et de fer des couleurs plus foncées que celles que donne la garance dans les mêmes circonstances. On peut attribuer cette différence à une action dissolvante exercée par les principes solubles de la garance sur les mordants, pendant l'acte de la teinture. La fleur donne un meilleur blanc, on peut passer un plus grand nombre de pièces dans le même bain; enfin la teinture se fait plus régulièrement et n'est pas sujette aux pertes de matière colorante qui se présentent avec la garance par suite d'un abaissement de température du bain.

L'emploi de la garance aussi bien que celui de la fleur présentent, au point de vue économique, un inconvénient grave. On n'utilise qu'une partie de la matière colorante; environ 50 %, se trouvant engagés dans une combinaison insoluble avec le ligneux, et particulièrement le pectate de chaux, ne se fixent pas dans la teinture sur le tissu et se trouvent perdus dans les résidus des cuves, à moins qu'on ne soumette ces derniers à un traitement à l'acide sulfurique qui dégage le pigment combiné et le rend apte à se dissoudre et partant à teindre.

2° *Garanceux.* — Le produit obtenu en traitant par l'acide sulfurique bouillant les dépôts des cuves de garançage bien lavés à l'eau pour éliminer l'acide porte le nom de *garanceux*. Les teintes qu'il fournit sont moins belles et moins solides que celles de la fleur, ce qui ne tient pas à une altération du pigment. La partie des matières colorantes combinée à la chaux et insoluble est formée principalement de purpurine et de pseudopurpurine sans alizarine; de là son infériorité en pratique.

3° *Garancine.*—Le principe de la fabrication de la garancine repose sur l'action qu'exerce l'acide sulfurique plus ou moins concentré sur la garance lavée; on dissout ainsi une partie des principes constituant le ligneux et on met en liberté le pigment, combiné et inactif dans les conditions ordinaires. Il en résulte que 100 p. de garance donnent environ 40 p. de garancine teignant environ autant que 200 p. de garance. 100 p. de garancine de bonne qualité teignent autant que 500 p. de garance. Le gain en matière colorante paye non-seulement les frais de fabrication, mais fournit encore un bénéfice convenable. Voici comment on opère :

On délaye la garance en poudre dans huit ou dix fois son poids d'eau acidulée par l'acide sulfurique (1-2 kilogrammes d'acide pour 100 kilogrammes de poudre). Après 7 à 8 heures de macération, on laisse écouler l'eau. La matière pâteuse qui reste sur le filtre macérateur, formé d'un grand cuvier en bois recouvert à l'intérieur d'une chemise en laine servant de filtre et reposant sur un grillage au fond de la cuve, est introduite dans une cuve en bois et additionnée d'une quantité d'eau suffisante pour en former une bouillie épaisse.

On ajoute pour 100 kilogrammes de poudre de garance environ 30 kilogrammes d'acide sulfurique à 66° Baumé ou 40 kilogrammes d'acide chlorhydrique; on mélange bien, on recouvre la cuve de son couvercle et on laisse barboter la vapeur d'eau pendant 2 ou 3 heures.

Lorsque la cuite est terminée, on jette la masse dans un grand bassin à demi rempli d'eau froide et recouvert d'une chemise de laine servant de filtre et reposant sur un grillage en bois. On lave jusqu'à élimination de l'acide.

Le garanceux s'obtient par le même procédé.

Il ne reste plus qu'à exprimer, sécher et pulvériser. La garancine offre l'apparence d'une poudre fine de couleur brune. Les tissus se chargent moins sur les blancs dans un bain de garancine que dans un bain de fleur ; un léger savonnage suivi d'un chlorage suffit pour amener les blancs et les nuances à un degré de pureté convenable. Les couleurs au sortir de la cuve de teinture, quoique moins belles et d'une nuance différente de celles que l'on obtient après avivage avec la fleur, sont cependant assez brillantes pour pouvoir se passer de cet avivage dans la fabrication de certains articles connus sous le nom d'*articles garancine*. Ces avantages sont diminués par le moins de solidité des couleurs garancine.

Les violets ne deviennent jamais aussi beaux et il est très-difficile d'obtenir les roses bleutés et purs de la fleur. Cette différence s'explique en admettant, ce qui est conforme aux affinités des pigments, que la partie de la couleur qui teint dans la fleur est en grande partie formée d'alizarine, tandis que le traitement sulfurique mettant en liberté les purpurines combinées au ligneux, les teintes garancine sont la résultante de l'action de tous les pigments contenus dans la garance.

4° *L'alizarine commerciale* est une préparation de garance remarquable par la beauté du violet qu'elle fournit. On l'obtient en soumettant la garancine à l'action de la vapeur surchauffée.

5° Le *carmin de garance* se préparait en délayant, à froid, la fleur sèche dans 7 à 8 p. d'acide sulfurique concentré et en précipitant ensuite par l'eau.

Depuis quelques années on emploie des extraits de garance représentant la matière colorante plus ou moins pure. Ces extraits sont surtout employés dans l'impression directe. On les obtient en soumettant la garance, la fleur ou la garancine, à l'action de dissolvants propres à enlever les pigments et à les séparer du ligneux qui les accompagne.

Le procédé publié par M. E. Kopp, et qui est fondé sur la solubilité permanente des glucosides colorants dans l'eau sulfureuse et sur leur dédoublement successif à 60° et à 100°, permet de séparer l'alizarine de la purpurine et de ses congénères. — Voyez TEINTURE.

Les autres méthodes fournissent généralement des mélanges de divers pigments.

GARANÇAGE. — On appelle garançage l'opération au moyen de laquelle on teint en garance, fleur ou garancine.

Elle s'exécute dans des cuves appropriées dans lesquelles les pièces tournent en chaîne continue, au moyen d'un tourniquet. La teinture se fait à des températures variant entre 50° et 80°, selon la nuance que l'on a en vue, et dure également plus ou moins longtemps. Suivant la nature du mordant imprimé, on obtient des rouges, des roses, des noirs, des violets, des lilas et du puce. P. S.

GARANCINE. — Voir GARANCE.

GARNSDORFFITE. — Voyez PISSOPHANE.

GASTRIQUE (SUC).— Le suc gastrique est sécrété par les glandes à pepsine renfermées dans la profondeur de la muqueuse stomacale, excepté dans le voisinage de la portion pylorique et principalement dans la grande courbure de cet organe. La sécrétion est provoquée par une excitation locale de la muqueuse stomacale elle-même. Complètement vide, l'estomac ne sécrète pas de suc.

Le procédé le plus avantageux pour obtenir le suc gastrique consiste à pratiquer sur un chien de forte taille une fistule permanente munie d'une canule d'argent, en appliquant pour cette opération la méthode de M. Cl. Bernard et en laissant couler le suc quelque temps après la prise de nourriture.

Le suc gastrique est généralement incolore, excepté chez le mouton, où il offre une teinte brune, il est limpide ou à peine opalescent, non filant ; odeur fade (*sui generis*), saveur fade acidule. Il contient de 1 à 3 °/₀ de matériaux solides. Aussi sa densité est-elle très-voisine de 1. Sa réaction est franchement acide ; elle est due uniquement à la présence d'une certaine quantité d'acide chlorhydrique libre. En effet, d'après Schmidt, le dosage direct du chlore au moyen du nitrate d'argent donne un poids d'acide chlorhydrique supérieur à celui qui est nécessaire pour saturer la totalité des bases contenues dans le suc, et l'excès représente précisément la quantité d'acide libre mesurée acidimétriquement. Ces expériences font tomber les objections que l'on faisait valoir et ne permettent plus de penser que l'acide chlorhydrique trouvé dans le liquide obtenu par la distillation du suc gastrique dérive d'une action secondaire d'un acide fixe (lactique) sur les chlorures alcalins. Outre son acidité franche qui le spécialise parmi les sécrétions digestives, le suc gastrique est remarquable par la présence d'un ferment soluble, la pepsine, doué de la propriété de transformer dans certaines conditions toutes les matières protéiques en une substance soluble, non coagulable et diffusible (*peptone*). — Voyez les mots PEPSINE et PEPTONE. Pour le reste, il ne renferme plus que de la peptone, produit de la digestion des matières protéiques et des sels.

Voici, d'après C. Schmidt, la composition moyenne de ce liquide, pris sur un chien fistulé :

	Pour 1000 p.
Eau	973,062
Résidu solide formé de	26,938
Pepsine et peptone	17,127
Acide chlorhydrique libre	3,050
Chlorure de potassium	1,125
Chlorure de sodium	2,506
Chlorure de calcium	0,624
Chlorure d'ammonium	0,468
Phosphate de chaux	1,729
Phosphate de magnésie	0,226
Phosphate de fer	0,082

Ne contenant pas d'albumine et ne pouvant en contenir, le suc gastrique ne se coagule pas par la chaleur; il peut se conserver très-longtemps sans entrer en putréfaction.

On peut se procurer un suc gastrique artificiel en grattant avec une spatule la surface de la muqueuse stomacale d'un animal fraîchement tué, après l'avoir préalablement lavée à l'eau froide. La masse pulpeuse ainsi enlevée est broyée avec du sable et traitée par l'eau ; le liquide, filtré et acidulé à l'acide chlorhydrique, offre tous les caractères du suc gastrique naturel.

Pour apprécier la puissance digestive du suc gastrique, on le met en contact avec quelques fragments de fibrine du sang coagulée par la chaleur, à une température comprise entre 20° et 35°.

On voit celle-ci se gonfler et se dissoudre, en formant une liqueur opalescente. L'activité du suc gastrique ne se révèle qu'autant qu'il reste acide. Ni la pepsine seule, ni l'acide chlorhydrique dilué, ne possèdent la propriété de dissoudre la fibrine cuite. Réunis, au contraire, ces deux corps agissent avec une grande énergie.

On peut encore démontrer d'une manière très-élégante la puissance du suc gastrique. De la fibrine est additionnée d'une eau contenant 5 p. 1000 d'acide chlorhydrique et maintenue dans un endroit chaud à 35° ; elle se gonfle beaucoup, mais sans se dissoudre ; vient-on à ajouter quelques gouttes d'une solution de pepsine ou de suc gastrique, en quelques instants, une à deux minutes à peine, la solution est complète. P. S.

GAULTHERIA et **GAULTHÉRYLÈNE.** — Voyez ESSENCES, p. 1279.

GAY-LUSSITE (Min.). — Hydrocarbonate de chaux et de soude, $Na^2CO^3, CaCO^3 + 5H^2O$. Cristaux allongés vitreux, s'altérant à l'air en se recouvrant d'une poudre blanche; trouvés par M. Boussingault, à Lagunilla, près Mérida (Maracaibo), dans l'argile formant le fond d'un petit lac.

Caractères. — Soluble avec effervescence dans les acides. Partiellement soluble dans l'eau. Fond aisément en un émail blanc.

Fig. 286.— Gay-Lussite.

Dureté, 2 à 3. Poussière incolore. Densité, 1,92 à 1,99.

Forme cristalline. — Prismes clinorhombiques $mm = 68°\ 50'$, allongés dans le sens de la diagonale oblique de la base.

$$e^1p = 125°\ 10' ; \quad pm = 96°\ 30'.$$

Clivages : m parfait ; p traces. F. et S.

GAZ DE L'ÉCLAIRAGE (*Fabrication, applications*). — Nous nous proposons dans cet article de traiter de la fabrication et de l'utilisation des gaz combustibles produits par la distillation de diverses matières, mais principalement du gaz extrait de la houille, dont l'emploi est prédominant et qui a pris aujourd'hui une si grande extension pour l'éclairage des villes.

Nous aurons aussi à parler des appareils affectés à la combustion du gaz au point de vue de l'éclairage, du chauffage et de la force motrice, et sur ces deux points nous devrons nous limiter aux applications qui intéressent plus particulièrement les laboratoires de chimie et de métallurgie.

L'extension de la consommation du gaz dans les villes a dû amener, dans les traités passés avec les compagnies, non-seulement à tenir compte de la quantité de gaz évaluée en volume, mais à fixer aussi les conditions de pouvoir lumineux minimum et de bonne épuration que le gaz doit présenter sous un volume donné.

Nous ferons connaître comment ces opérations s'exécutent, principalement à Paris.

Le cadre limité de cet article nous a forcé à supprimer beaucoup de détails intéressants pour la technologie et qui ne font pas partie de l'histoire chimique de la fabrication du gaz. C'est ainsi que nous avons dû nous abstenir de présenter la description des compteurs, régulateurs de pression d'usine et de consommation particulière, dispositions des tuyaux de conduite et de leur assemblage, manomètres, cherche-fuites, etc.

Quant à la fabrication et à l'utilisation des produits accessoires, tels que goudrons, sels ammoniacaux, huiles volatiles et lourdes, aniline, etc., il n'en sera pas fait mention et nous renverrons aux articles GOUDRONS, HOUILLES, AMMONIAQUE, ANILINE, BENZINE, etc.

Historique. — Tous les corps organisés d'origine végétale ou animale, les débris de ces mêmes corps, presque tous les combustibles fossiles calcinés à l'abri de l'air, donnent naissance à un dégagement de gaz et de vapeurs complexes susceptibles de brûler au contact de l'air à une température élevée, en donnant naissance à une flamme plus ou moins éclairante. Ces faits étaient connus depuis longtemps, mais ce ne fut que vers 1785 ou 1786 que Philippe Lebon, ingénieur français, eut l'idée d'utiliser ces produits gazeux combustibles pour les usages économiques[1]. Lebon avait recours alors aux gaz fournis par la distillation du bois. Il construisit un appareil appelé *thermolampe*, d'une grande simplicité de construction, sorte de poêle qui développait à la fois la chaleur et la lumière, fournissant simultanément du charbon, de l'acide pyroligneux et autres produits condensables, de plus des gaz combustibles. Cet appareil, présenté par son auteur comme applicable, dans chaque maison, au chauffage et à la production du gaz éclairant, n'eut aucun succès. L'auteur avait cependant annoncé la possibilité de transmettre le gaz par des tubes souterrains jusqu'à de grandes distances pour l'appliquer au chauffage ou à l'éclairage public ou privé. Il faut peut-être attribuer, en grande partie, cet insuccès à ce que les gaz fournis par le bois sont peu éclairants, étant surtout constitués par l'hydrogène protocarboné et l'hydrogène. Néanmoins, il faut dire que Lebon avait déjà indiqué la houille comme propre à remplacer le bois avec avantage.

Après quelques essais de peu d'importance, Murdoch, en 1792, put montrer publiquement, en Angleterre, l'éclairage au gaz de la houille. Il faut donc faire remonter à cet inventeur la première expérience publique d'éclairage produit par les gaz que fournit la distillation des combustibles minéraux.

Ce fut en 1798 que l'éclairage au gaz de la houille fut substitué commercialement et économiquement aux lampes à huile et aux chandelles. L'appareil pour la fabrication de ce gaz fut établi dans l'usine de MM. Boulton, Watt et Cie, à Soho (Birmingham). En 1802, une illumination publique eut lieu à l'extérieur de l'usine, à l'occasion du traité de paix d'Amiens. Un an après, la fonderie de Soho était éclairée au gaz, lequel était préalablement recueilli dans un gazomètre d'une dizaine de mètres cubes de capacité.

En 1805, Murdoch, ayant perfectionné l'appareil de production du gaz, éclaira aussi la filature de coton de MM. Philips et Lee, à Manchester.

A la suite de ces résultats, l'attention fut fixée en France, et le préfet de la Seine, le comte Chabrol de Volvic, ancien élève de l'École polytechnique, fit étudier la question à fond. En 1812, un appareil fut construit à l'hôpital Saint-Louis et servit à de nombreuses expériences faites par une commission spéciale.

En Angleterre, en 1813, un professeur, Winsor, forma, après quelques années d'études et de leçons professées sur le sujet en question, une grande compagnie pour l'éclairage par le gaz de la ville de Londres, et bientôt cette industrie s'accrut en importance.

Les choses marchèrent moins vite en France, et ce ne fut qu'en 1820 que le gouvernement fit établir, sous la direction de Pauwels, une usine destinée à l'éclairage du palais du Luxembourg. Le gaz produit servit aussi à éclairer le théâtre de l'Odéon. Cette usine fonctionna jusqu'en 1833, époque où elle fut supprimée. Peu de temps après, le même ingénieur Pauwels, gérant de la Compagnie française, fondait deux grandes usines à Paris. MM. Manby et Wilson, directeurs de la Compagnie anglaise, en fondaient une autre. Cinq autres établissements importants furent successivement formés par diverses compagnies. La fabrication et la consommation du gaz s'accrut ainsi rapidement et les lanternes à gaz remplacèrent peu à peu les lanternes à huile et à réflecteur pour l'éclairage de la voie publique. En même temps les particuliers, et surtout les propriétaires de magasins, recouraient, en grand nombre, au nouveau système d'éclairage. (Voir l'intéressante notice de M. Payen, *Revue des Deux Mondes*, mars 1854).

En 1855, un nouveau traité fut passé à Paris, entre le préfet de la Seine et les compagnies diverses du gaz, dont la fusion en une seule compagnie fut exigée. Ce traité fixa le prix du gaz [1], et régla d'une manière plus précise les qualités que devait présenter le gaz, eu égard au pouvoir éclairant et à l'épuration.

Un nouveau traité fut passé en 1861, avec la Compagnie parisienne, à l'époque de l'extension de Paris jusqu'à la ligne d'enceinte continue des fortifications. Ainsi concentrée en une seule et puissante administration générale, la Compagnie parisienne pour l'éclairage et le chauffage par le gaz a augmenté rapidement, et dans une proportion considérable, la force de production de ses usines, qui toutes, à l'époque de la fusion des compagnies, furent portées en dehors de l'enceinte de l'ancien Paris [2].

Aujourd'hui ces usines sont au nombre de sept, lesquelles, avec des forces de production différentes, concourent toutes à l'éclairage de Paris.

Il suffira, pour donner une idée de l'importance de la production du gaz de l'éclairage à Paris, de dire qu'à la fin de 1869 la consommation de cette seule année dépassait *cent vingt-six millions* de mètres cubes. Sur ce chiffre, l'éclairage de la voie publique seulement figurait pour plus de 16 millions de mètres cubes, alimentant plus de 31,000 becs de gaz, d'une consommation moyenne de 140 litres à l'heure environ.

La longueur totale du réseau de la canalisation du sous-sol du nouveau Paris, dépasse 1000 kilomètres.

ÉCLAIRAGE AU GAZ DES COMBUSTIBLES MINÉRAUX.

Matières premières. Composition des gaz. — Toutes les qualités de houille ne sont pas également propres à la distillation. Pour obtenir un gaz d'éclairage de bonne qualité, il convient d'accorder la préférence aux houilles qui contiennent la plus forte proportion de carbures d'hydrogène et qui présentent à l'analyse le plus d'hydrogène en excès par rapport à la quantité d'oxygène (voyez HOUILLE). Les diverses espèces de houille donnent des volumes de gaz différents et de qualités diverses et laissent un coke de densité variable; la présence de la pyrite donne naissance à de l'acide sulfhydrique et à des produits volatils sulfurés. Aussi faut-il faire un choix de houille pour obtenir un gaz dont l'épuration

(1) Philippe Lebon annonça son invention en l'an VII de la République. Le mémoire de Lebon a été publié en 1801 sous le titre : *Thermolampes ou poêles qui chauffent, éclairent avec économie et offrent avec plusieurs produits précieux une force motrice applicable à toute espèce de machines*. Il appliqua son invention, à Paris, notamment chez un particulier dont la maison fut éclairée au moyen d'appareils fournissant du gaz par la distillation de la houille.

(1) Ce prix est de 0 fr. 15c. le mètre cube pour la ville (qui perçoit en outre un droit 0 fr. 02 par mètre cube pour tenir lieu du droit d'octroi qui n'est pas payé par la compagnie sur la houille distillée), et de 0 fr. 30 pour les particuliers.

(2) A Londres, plusieurs compagnies continuent à concourir à l'éclairage de la ville. Elles fournissent soit du gaz riche provenant de la distillation du *cannel-coal*, soit du gaz ordinaire, comparable, pour son pouvoir éclairant, à celui qui alimente Paris.

ne soit pas trop difficile (1). Le sulfure de carbone et probablement quelques autres produits volatils du soufre, autres que l'acide sulfhydrique, et pouvant se former dans la distillation de la houille, exigent l'abandon de certains combustibles ou des soins particuliers apportés au mode de distillation. Il n'existe pas encore, en effet, de moyens connus d'absorber industriellement les produits sulfurés volatils, autres que l'acide sulfhydrique (2), et que le gaz de l'éclairage peut contenir (3).

On sait que le gaz est d'autant plus éclairant qu'il contient une plus forte proportion de carbures de la formule C^nH^{2n} ; ainsi, toutes choses égales d'ailleurs, le gaz qui, agité avec le brome, cédera le plus de carbures, sera le plus avantageux à l'égard du pouvoir lumineux.

L'acide carbonique diminue dans une forte proportion le pouvoir éclairant du gaz (1 p. °/₀ diminue de 5 p. °/₀ le pouvoir éclairant). L'air atmosphérique diminue aussi dans une forte proportion le pouvoir éclairant, 5 ou 6 p. °/₀ d'air seulement peuvent faire baisser ce pouvoir éclairant de 15 ou 20 p. °/₀ (4) ; d'où la nécessité d'éviter autant que possible l'accès de l'air pendant la distillation. Nous reviendrons sur ces phénomènes en parlant des appareils de combustion du gaz affectés à l'éclairage, sans y insister longuement, le lecteur pouvant trouver aux articles FLAMME et COMBUSTION des considérations à ce sujet.

On admet généralement, dans les ouvrages, que pour la fabrication, à Paris, les houilles grasses à longue flamme de Mons, d'Anzin, de Denain et de Commentry donnent les meilleurs résultats, et que le rendement en gaz utilisable est d'environ 23 mètres cubes pour 100 kilogrammes de houille distillée. Les mélanges de combustibles employés à Paris par la Compagnie parisienne du gaz donnent une moyenne annuelle plus élevée pour le rendement en gaz. Cette moyenne peut s'élever à 28 et même 29 mètres cubes de gaz pour 100 kilogrammes de houille, le gaz obtenu satisfaisant d'ailleurs aux conditions exigées par les traités, relativement au pouvoir éclairant moyen.

Les houilles grasses de Saint-Étienne donnent plus de gaz que les houilles précitées, mais fournissent un gaz plus sulfuré.

(1) L'acide sulfhydrique, le sulfure de carbone et les produits sulfurés volatils donnent naissance, par leur combustion, à de l'acide sulfureux dont la proportion, lorsqu'elle est notable, peut exercer une action nuisible. M. Letheby a signalé l'influence fâcheuse des produits de la combustion du gaz contenant des matières sulfurées. Dans des magasins ou bibliothèques, on a signalé des effets corrosifs sur les tissus, les reliures, dus à la formation subséquente de l'acide sulfurique. On conçoit l'influence fâcheuse exercée sur les tissus, les diverses couleurs, etc.

(2) M. Hofmann a signalé comme réactif du sulfure de carbone dans un mélange gazeux la *triéthylphosphine*, $Ph(C^2H^5)^3$, avec laquelle le sulfure de carbone donne une combinaison cristallisée rouge.

(3) En Angleterre, où le gaz est plus exposé à être chargé de soufre, les traités des villes avec les compagnies ont fixé la quantité minimum de soufre tolérable dans un volume donné de gaz, *quel que soit l'état de ce soufre*, et le dosage de cet élément est souvent effectué dans les produits provenant de la combustion d'un volume de gaz, d'abord mesuré au compteur avant d'être brûlé, ce qui ne dispense pas de constater préalablement que le gaz, avant la combustion, est sensiblement à l'épreuve du papier d'acétate de plomb.

(4) M. O. L. Erdmann a proposé pour l'essai de la qualité du gaz l'emploi d'un appareil qu'il appelle *gasprüfer* et dans lequel il compare la qualité des gaz de l'éclairage d'après la quantité d'air ou d'oxygène qu'il faut apporter dans la flamme pour amener celle-ci à devenir à peine visible, mais cette méthode présente quelques incertitudes quant à la rigueur des conclusions, et l'auteur a dû la compléter par des déterminations chimiques.

Le *cannel-coal*, combustible minéral venant d'Angleterre, fournit, à poids égal, une quantité de gaz supérieure à celle que l'on peut extraire des houilles citées plus haut. Le gaz obtenu est aussi d'un pouvoir éclairant bien supérieur. Le coke qu'il fournit, quoique moins volumineux que celui des houilles à gaz, peut, sans inconvénient, rester mélangé à l'autre coke. Il n'en serait pas de même à l'égard du combustible appelé *boghead*, dont il sera parlé plus bas.

A Londres, le *cannel-coal* sert à fabriquer le gaz riche ou de luxe (1), demandé par quelques consommateurs et dont le prix est plus élevé en raison de la supériorité de son pouvoir éclairant. A Paris, la Compagnie du gaz distille une certaine quantité de *cannel-coal* lorsqu'il est nécessaire d'améliorer le pouvoir éclairant du gaz provenant des houilles ordinaires et d'empêcher que ce pouvoir éclairant ne tombe au-dessous des limites de tolérance imposées par le cahier des charges.

Boghead. — Ce combustible est un schiste bitumineux exploité en Écosse et importé en France en quantités relativement considérables. Il peut contenir jusqu'à 77 p. °/₀ de matières bitumineuses. 100 kilogrammes peuvent fournir 76 mètres cubes de gaz à 0,8 de densité; comprimé à 12 atmosphères, il contient jusqu'à 100 grammes d'huiles condensables par mètre cube. Le pouvoir éclairant de ce gaz est considérable; c'est le gaz dit à 40 bougies, à Londres.

Le *boghead* distillé fournit le gaz dit *portatif*, qui est consommé en certaine quantité, à Paris notamment. D'après M. Fuchs, son pouvoir éclairant peut être presque quadruple du pouvoir éclairant moyen du gaz ordinaire de la houille distillée à Paris.

Résidus de pétrole. — Depuis quelques années, les pétroles sont versés en masses considérables dans la consommation. On a songé à utiliser les résidus visqueux de leur distillation, lesquels sont à bas prix, pour la production du gaz de l'éclairage; on obtient ainsi un gaz d'assez belle qualité et qui, généralement exempt de soufre, n'exige guère qu'une simple épuration physique.

Dans le système de M. Hirzel, de Leipzig (2), le résidu visqueux de la distillation du pétrole coule par filet continu sur les parois d'une cornue en fonte chauffée au rouge cerise, et se convertit en gaz et en goudrons. Ces derniers sont condensés et le gaz est dirigé dans un gazomètre. Ce système, applicable seulement à une fabrication limitée et usité dans des cas spéciaux, fonctionne dans plusieurs localités en Allemagne et en Belgique. Cette mention nous paraît suffire, et nous ne reviendrons pas sur cette fabrication.

Gaz de la carburation de l'air. — Plusieurs systèmes nouvellement proposés, et dits d'éclairage au gaz, sous des noms divers, ne résultent pas réellement de la production d'un gaz hydrocarburé proprement dit. Tous ces systèmes, en effet, consistent à saturer, par des moyens variables, l'air atmosphérique de vapeurs d'essences volatiles, lesquelles proviennent presque toujours de la partie la plus volatile des huiles de pétrole distillées. Les inconvénients de ces systèmes sont faciles à concevoir, relativement à la constance des effets à obtenir. Les applications sont limitées à quelques conditions spéciales d'éclairage. Quant à l'économie, à pouvoir éclairant égal, sur d'autres systèmes, si cette économie est possible, elle dépen-

(1) Gaz dit à 20 bougies, tandis que le gaz ordinaire n'est qu'à 12 bougies (le gaz étant brûlé dans un bec d'Argan spécial, à trous circulaires, dans les conditions réglementaires).

(2) Le système de M. Riedinger, d'Augsbourg, n'est qu'une modification du système précédent.

dra du prix de ces essences. Les effets pourront être très-variables si celles-ci présentent peu d'homogénéité et de constance dans le point d'ébullition.

Gaz de houille. — Outre les gaz, la houille fournit, à la distillation, des produits qui sont excessivement nombreux ; nous nous abstiendrons de citer les produits condensables à l'état solide ou liquide, renvoyant, à cet égard, au rapport fait par M. Hofmann sur l'exposition universelle de Londres, en 1861. (Voyez aussi les articles HOUILLE, GOUDRON, BENZINE, AMMONIAQUE.)

Nous avons déjà indiqué le volume de gaz fourni en moyenne par 100 kilogrammes de houille distillée à Paris dans les usines à gaz. On peut compter, en outre, pour ces 100 kilogrammes de houille, 70 à 74 kilog. de coke, 7 d'eau ammoniacale et 5 à 6 de goudron contenant des huiles complexes.

Gaz. — Voici quelques analyses de divers gaz de l'éclairage, choisies parmi celles qui présentent le plus d'écarts.

	I.	II.	III.	IV.
Bicarbure d'hydrogène C^2H^4 (éthylène)....	8	3,8	4,1	38,0
Butylène C^4H^8.......	»	»	2,3	
Gaz des marais CH^4..	72	32,8	34,0	56,5
Oxyde de carbone.....	13	12,9	6,6	»
Acide carbonique.....	4	0,8	3,6	»
Hydrogène...........	»	50,2	45,6	3,0
Acide sulfhydrique....	3	»	»	»
Azote................	»	»	2,7	2,5
	100,0	100,0	100,0	100,0

I. Gaz mal épuré.
II et III. Gaz de bonne qualité.
IV. Gaz des huiles et matières grasses (pour comparaison).

M. Berthelot a démontré, dans ces dernières années, la présence de quelques millièmes d'acétylène, C^2H^2, dans le gaz de la houille; cet acétylène contribue, en grande partie, à donner au gaz de l'éclairage sa fétidité.

Lorsqu'on recueille le gaz à diverses époques, à partir du commencement de la distillation, on obtient, de la même charge de houille soumise à la distillation, des mélanges gazeux dont la composition varie notablement, ainsi que la densité et le pouvoir éclairant. La densité va en diminuant, à mesure qu'on approche de la fin; il en est de même du pouvoir éclairant.

La densité du gaz de la première heure étant 0,65, par exemple, celle du gaz de la cinquième heure n'est plus que 0,34.

Voici les résultats de quelques analyses :

	C^2H^4	CH^4	H	CO	Az
1re heure...	13,0	82	0,0	3,2	1,8
2e —	12,0	72	8,8	1,9	5,3
3e —	12,0	58	16,0	12,3	1,7
4e —	7,0	56	21,3	11,0	4,7
5e —	0,0	20	60,0	10,0	10,0

On voit que les carbures absorbables par le brome diminuent à mesure que la distillation s'avance; il en est de même du gaz des marais ; l'hydrogène augmente notablement vers la fin. Le gaz de la fin de l'opération, presque dépourvu de pouvoir éclairant, présente, à volume égal, un plus grand pouvoir calorifique, en raison de la forte proportion d'hydrogène contenu. (Pour les méthodes d'analyse du gaz de l'éclairage, voyez ANALYSE DES GAZ.)

FABRICATION DU GAZ DE LA HOUILLE.

L'ensemble des appareils destinés à recueillir le gaz qui doit être versé dans la canalisation comprend :

1° Les *cornues* (fig. 287, 288 et 289); 2° le *barillet* I, qui fait fonction de flacon de Wolf (fig. 287 et 289); 3° l'*aspirateur* dit aussi *exhausteur* ou *extracteur*; 4° le *condenseur* ou *réfrigérant* (fig. 293 et 294); 5° l'*épurateur* (fig. 295 et 296); 6° le *gazomètre* (fig. 297 et 298).

1° *Cornues et fours.* — La forme de ces cornues F est celle d'un long demi-cylindre surbaissé

Fig. 287. — Élévation d'un four à sept cornues à un seul foyer.

(fig. 288 et 289). Pendant longtemps les cornues destinées à la distillation de la houille ont été fabriquées en fonte; aujourd'hui les cornues sont en terre réfractaire ; elles coûtent moins cher que les cornues en fonte, et, lorsqu'elles sont

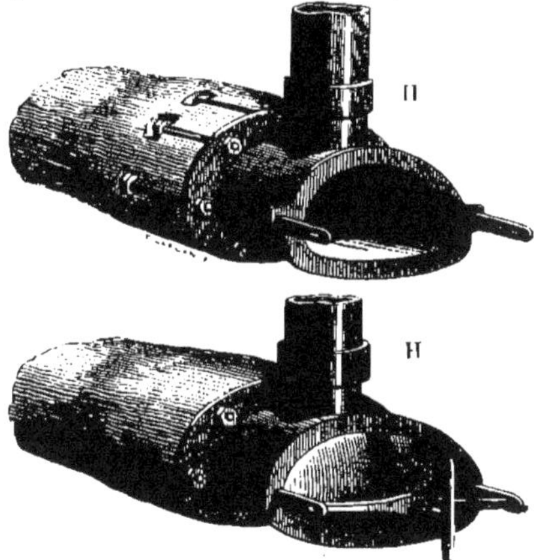

Fig. 288. — Têtes de cornues avec tampons et étrier de fermeture.

bien construites et que le chauffage est bien dirigé, elles durent plus longtemps que la fonte.

Les goudrons et le graphite produits ont bientôt fait cesser leur porosité. Chaque cornue est formée de deux pièces ; la partie longue en terre, ouverte d'un bout, qui est chauffée dans l'intérieur du fourneau, et la *tête* de la cornue qui est en fonte et qui se trouve au dehors du fourneau. Ces deux pièces sont réunies au moyen de boulons qui se placent dans des trous pratiqués dans l'épaisseur du bord de la cornue. HH (fig. 287, 288 et 289) sont les tuyaux de dégagement du gaz partant de la tête de chaque cornue pour se rendre dans le *barillet* I (fig. 289).

Le tampon (fig. 288) destiné à fermer la cornue est une plaque en fonte que l'on fixe au moyen d'un lut argileux et qu'on assujettit à l'aide d'une forte vis passant dans un étrier en fer. La tête de la cornue porte le tube vertical en fonte H (fig. 287, 288 et 289) pour le dégagement du gaz qui se rend dans le *baril et* ou long tube en fonte I (fig. 289), qui s'étend dans toute la longueur de l'atelier, à l'extérieur des fours. Pour la bonne conduite de la distillation et pour obtenir du gaz au maximum de pouvoir éclairant, il faut que la température soit régulièrement maintenue au rouge-cerise clair. Si l'on chauffait davantage, le gaz perdrait une partie de son carbone, augmenterait de volume et donnerait moins de lumière; si l'on chauffait moins, on obtiendrait beaucoup de carbures condensables et moins de gaz. En chauffant les cornues vers 1100° et y projetant la houille, on réalise une production économique et abondante de gaz. Les

Fig. 289. — Coupe verticale d'un four à sept cornues, tuyaux de dégagement et barillet.

100 kilogrammes de houille produisent 28 ou 29 mètres cubes au lieu de 23 (ancienne production), et le gaz, rapidement formé, enlève assez de chaleur pour que sa température ne dépasse pas le rouge-cerise.

La distillation dure 4 heures, après lesquelles on défourne le coke et l'on recharge la houille. On éteint le coke, que l'on fait tomber par une trémie à un niveau inférieur au sol de l'atelier, en l'aspergeant à la lance avec de l'eau. Chaque cornue reçoit, à ce chargement, environ 150 kilog. de houille. Le coke nécessaire pour le chauffage des cornues à distiller la houille représente environ le tiers du poids du coke obtenu comme résidu de la distillation. Il se produit à la partie supérieure des cornues une certaine quantité de charbon très-dur et adhérent, dit *graphite*. C'est un produit bon conducteur de la chaleur et de l'électricité, ne laissant presque pas de cendres. Il fait disparaître la porosité des cornues.

Aujourd'hui la Compagnie parisienne a introduit dans la plupart de ses usines des fours à un seul foyer, lequel chauffe à la fois 7 cornues (fig. 287 et 289).

Fours Siemens. — Récemment la Compagnie a introduit dans quelques-unes de ses usines, notamment à celles de Saint-Mandé et de Vaugirard, l'emploi des fours du système de M. Siemens, fondés sur la conversion du combustible en gaz inflammables, lesquels sont appliqués au chauffage d'après les idées d'Ebelmen. Au lieu d'être chauffées par un foyer à coke placé entre les deux cornues de la rangée inférieure, les cornues à gaz sont chauffées par les produits gazeux résultant du passage de l'air, à faible vitesse sur une grille inclinée chargée d'une couche de combustible de 1 mètre 1/2 d'épaisseur. Ces grilles, ou foyers *gazogènes*, sont placées à quelques mètres au-dessous du sol pour obtenir un tirage facile à régler; en traversant lentement la couche de combustible incandescent, l'air donne naissance à un gaz combustible très-riche en oxyde de carbone. (Voir les analyses plus bas.) On fait rendre ce gaz dans le four, qui est alors à 8 cornues, et on l'allume après son mélange avec un léger excès d'air; le chauffage continue régulièrement par la combustion du mélange gazeux convenablement réglé. Les avantages de ce système résident dans l'uniformité d'une température bien réglée et dans une notable économie de combustible, comparativement au système antérieur de chauffage. En outre, les cornues se conservent plus longtemps, étant mieux protégées contre les coups de feu exagérés.

Ces fours, de construction récente à l'usine de Saint-Mandé, sont représentés par les figures 290, 291 et 292.

Ces fours exigent des halles d'ateliers assez élevées pour former plusieurs étages. La Compagnie du gaz s'est décidée à établir à l'usine de Saint-Mandé un générateur pour chaque four, comprenant une batterie de 16 cornues opposées l'une à l'autre bout à bout. Le foyer étant supprimé, il y a de chaque côté du four une cornue de plus que dans une batterie de cornues du système ordinaire de fours.

Le *gazogène* G V, *le régénérateur de chaleur* D et les cornues CC sont à des étages différents (fig. 290 et 291). Le coke destiné à fournir le combustible gazeux est distribué par une trémie T (fig. 290). Il tombe, lorsqu'on ouvre le registre O, sur les barreaux de la grille inclinée du générateur V, où il s'accumule en talus ayant plus de 1 mètre d'épaisseur.

L'air, appelé par un tirage bien réglé au moyen du registre pK (fig. 290), passe entre les barreaux de la grille, se tamise lentement à travers la couche de combustible incandescent et se dépouille presque complétement de son oxygène. Le gaz qui passe en K est composé essentiellement d'oxyde de carbone et d'azote. Ce mélange gazeux se rend à la partie supérieure du four, un peu au-dessous du niveau E F.

Il s'est préalablement mêlé à l'air atmosphérique. En effet, l'air, appelé par un conduit spécial, dont le tirage est réglé par un registre, arrive aussi dans la partie R (fig. 291), où il se mélange avec le gaz combustible. Le mélange s'enflamme en arrivant sous les cornues C C; cette combustion les élève à la température convenable pour la distillation. Le mélange d'air et de gaz combustible arrive dans le four à cornues par les ouvertures 1, 2 et 3, qui

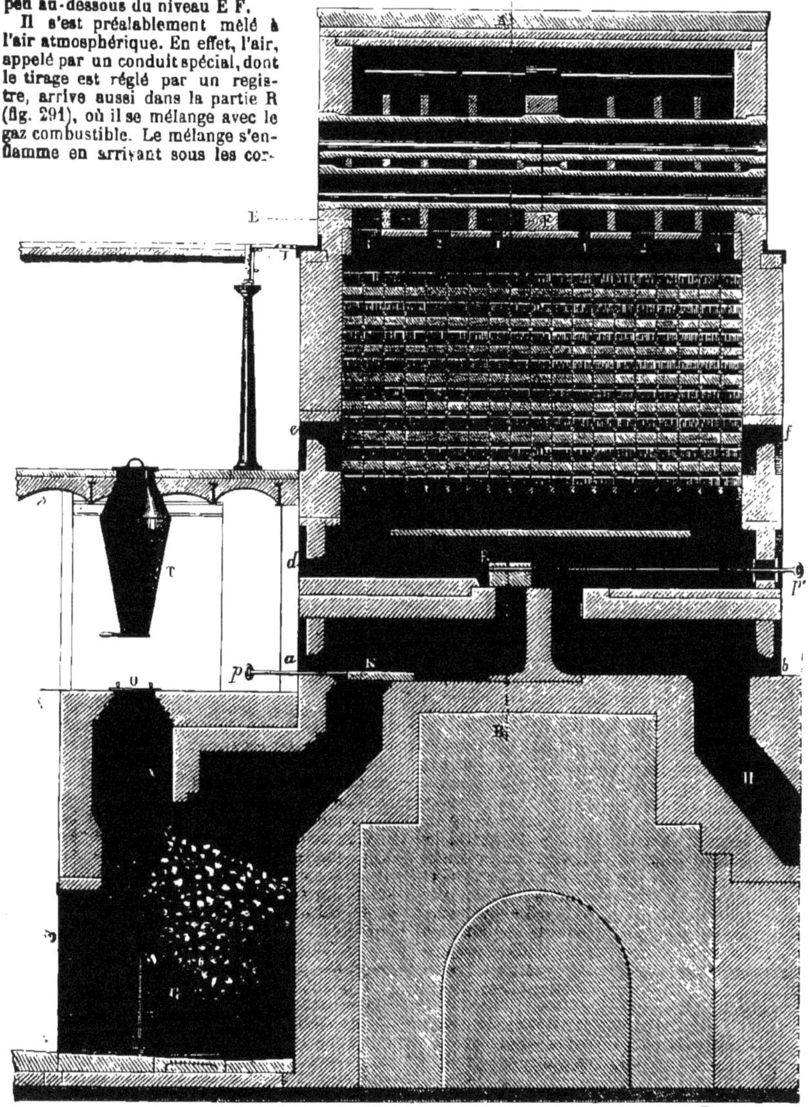

Fig. 290. — Coupe verticale du four Siemens.

n'ont pas toutes la même section (fig. 292). On remarquera qu'il y a deux séries semblables d'ouvertures, telles que 1, 2 et 3. Nous en expliquerons le rôle tout à l'heure. Les gaz de la combustion redescendent et sont dirigés vers la cheminée d'appel général par le conduit H (fig. 290). Un registre règle également le tirage à la sortie des gaz brûlés.

Les flèches (fig. 291) indiquent le mouvement ascendant et descendant des gaz.

D (fig. 290 et 291) est la partie du four que M. Siemens appelle le *régénérateur* de chaleur ; c'est un *réseau* de briques réfractaires, si l'on peut s'exprimer ainsi, placées de champ et laissant entre elles des intervalles par lesquels passent les gaz, en se dépouillant de leur chaleur avant de se rendre dans la cheminée ; il y a un grand nombre d'étages de ces rangées de briques à claire-voie.

Rendons compte maintenant du rôle des registres RRRR (fig. 290 et 291). Ces registres sont solidaires, deux à deux, et peuvent fermer ou démasquer simultanément deux conduits RR au moyen de la tige p'.

Fig. 291. — Coupe verticale suivant AB de la fig. 290

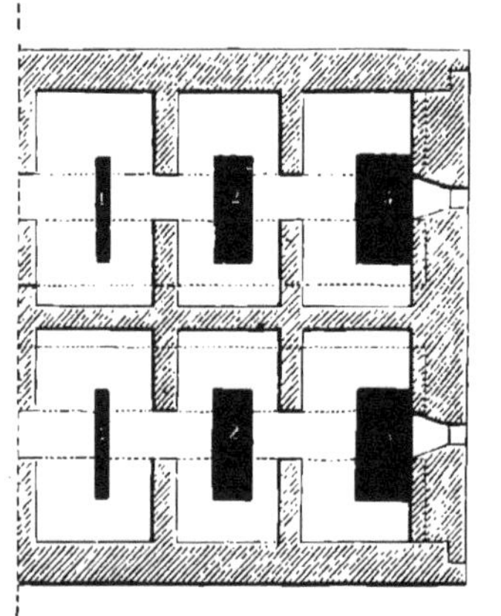

Fig 292. — Plan au niveau de EF de la fig. 290.

Toutes les heures on renverse simultanément le passage des gaz combustibles et de l'air, de sorte que ces gaz viennent s'allumer dans une autre région du four, au-dessous des cornues. Un treuil, en relation avec les tringles des registres, permet d'effectuer facilement cette manœuvre. On arrive par cet artifice à conserver une température plus uniforme et à éviter la surchauffe des cornues dans certaines parties.

a, d, c, b, f, sont des orifices qu'on peut déboucher pour constater, au moyen de manomètres à eau, la différence de pression entre l'intérieur du four et l'extérieur.

Dans le générateur, avant l'arrivée en K, il y a une pression de 2 millimètres d'eau environ, en H; à la sortie de l'air brûlé, il y a une aspiration de 4 à 5 millimètres, en *d, e, p, f* il doit y avoir une légère aspiration.

Voici quelques chiffres empruntés aux analyses faites par les ingénieurs de la Compagnie et qui pourront donner une idée de la composition des gaz sortant du générateur et de l'air brûlé qui se rend à la cheminée avec un faible appel.

GAZ COMBUSTIBLE.

Acide carbonique.. .	5,0 à 4,0	p. %.
Oxygène............	0,0 à 0,5	»
Oxyde de carbone. .	20,0 à 29,0	»
Acide sulfureux / Hydrogène carboné	Traces	
Azote..............	75,0 à 66,5	»

AIR BRULÉ.

Acide carbonique....	13 à 10, 7	p. %.
Oxygène...........	7 à 6, 9	»
Azote..............	80 à 84,84	»

Fours Pauwels. — Il existe encore dans l'usine d'Ivry des fours établis par Pauwels dans lesquels on distille de très-grandes quantités de houille sur la vaste sole d'un four à voûte surbaissée. La durée de la distillation est d'environ 72 heures, et on défourne, au moyen d'un refouloir mécanique, toute la masse de coke, après avoir déluté et ouvert les deux portes en regard. Le chargement de la houille se fait par une trémie placée audessus de la voûte du four et comporte 5,000 kilogrammes. L'emploi de ces fours n'a pas remplacé celui des cornues, malgré l'obligation des charges fréquentes que les cornues exigent.

Le gaz obtenu, sauf celui des dernières heures et qu'on laisse perdre, diffère peu en qualité de celui des cornues, mais sa quantité est relativement moindre. Quant au coke retiré de ces fours, il est de meilleure qualité que le coke des cornues, notamment pour les usages métallurgiques.

Barillet. — C'est un long cylindre I, I en fonte (fig. 287 et 289), placé à la partie antérieure et au-dessus du fourneau; dans ce cylindre viennent se rendre tous les tubes en fonte, abducteurs du gaz et partant des têtes des cornues. Ce barillet contient de l'eau, et le tube qui amène le gaz de chaque cornue plonge de 2 centimètres environ dans l'eau que contient ce cylindre, lequel fait l'office d'un flacon de Woolf. Tous les tubes abducteurs plongeant dans l'eau du barillet, il s'ensuit que chaque cornue se trouve isolée des autres par cette fermeture hydraulique ; de cette façon, les fuites ou accidents qui pourraient se produire à l'égard d'une cornue ne sauraient avoir d'influence fâcheuse sur l'ensemble de la production.

Comme il se dépose déjà dans le barillet une certaine quantité d'eau et de goudron, il est nécessaire de munir ce cylindre d'un trop-plein pour maintenir le liquide à un niveau constant.

Exhausteurs ou *Extracteurs.* — Les tubes par lesquels le gaz se dégage des cornues et qui plongent dans le liquide du barillet occasionnent une faible pression sur le gaz; à cette pression s'ajoute celle des frottements et immersions dans la suite des appareils, de plus, les frottements dus au soulèvement du gazomètre dans sa citerne et à la différence de niveau qui peut exister entre l'usine et les localités à éclairer. Il n'est pas toujours possible de placer l'usine plus bas que les localités qui doivent être alimentées de gaz.

Par l'effet de toutes ces causes réunies, la pression sur les parois des cornues pourrait s'élever jusqu'à 20 centimètres d'eau. Ce serait là une cause de détérioration et de fuites préjudiciables à la fabrication.

Aussi convient-il d'employer des moyens mécaniques pour détruire la pression en aspirant le gaz des cornues, au fur et à mesure de sa production, pour le refouler ensuite dans la série des appareils qu'il doit traverser avant de se rendre finalement au gazomètre. La diminution de pression empêche aussi la formation abondante de graphite dans les cornues.

Tel est le but que remplissent les appareils dits *extracteurs* ou *exhausteurs*. Ceux-ci sont de plusieurs sortes.

Les bornes de cet article ne nous permettent pas de décrire et de représenter par des figures les divers systèmes d'exhausteurs. Nous ne ferons que mentionner les principaux systèmes employés, en indiquant le principe de leur fonctionnement.

L'un des premiers exhausteurs employés est celui de Grafton, l'auteur de la substitution des cornues en terre aux cornues en fonte, et qui a expérimenté sur les circonstances qui augmentent ou diminuent la production de graphite dans les cornues.

Cet exhausteur consiste en une roue à godets plongeant dans l'eau jusqu'aux 3/4 de sa hauteur; cette roue tournant dans le sens des palettes, le gaz s'introduit dans un godet et s'échappe par deux ouvertures latérales.

On s'est servi aussi d'une *cagniardelle*, ou appareil à vis d'Archimède, semblable à celle qui est employée à la fabrique de céruse de Clichy pour aspirer et refouler l'acide carbonique servant à précipiter le sous-acétate de plomb.

Le principe de l'extracteur de M. Methuen, ingénieur anglais, repose sur le jeu de 3 cloches en tôle, munies de soupapes à la partie supérieure ; ces cloches sont renversées dans un réservoir d'eau; chacune de celles-ci, pouvant s'élever ou s'abaisser d'un mouvement rectiligne qui lui est communiqué, recouvre une chambre circulaire en fonte dont l'intérieur communique avec le barillet.

Citons encore l'épurateur de Blochmann, faisant fonction d'exhausteur, et l'extracteur rotatif de Schicle.

On voit encore aujourd'hui à l'usine d'Ivry, appartenant à la Compagnie parisienne du gaz, l'extracteur de Pauwels et Dubochet. (Il est représenté et décrit dans beaucoup de traités de chimie industrielle, de traités spéciaux sur le gaz et dans le *Bulletin de la Société d'encouragement*.) C'est un extracteur à cloches tiercées qui fonctionne avec une grande régularité.

L'avantage de ces régulateurs à cloche est l'absence presque totale de frottement. Leur mise en action consomme très-peu de force.

L'extracteur Pauwels et Dubochet est en relation avec un régulateur à cloche équilibrée actionnant une soupape conique. Lorsque l'aspiration est trop forte, une partie du gaz aspiré se rend dans la grande cloche; lorsqu'elle est trop faible, la cloche du régulateur fournit du gaz.

Dans presque toutes les grandes usines de la Compagnie parisienne, les exhausteurs employés maintenant sont des appareils à pistons mus par une machine à vapeur. On a souvent recours, pour la régulation, à une disposition due à Pauwels et Dubochet et qui est telle que le travail de la machine est proportionné à la production du gaz.

Épuration physique du gaz. — En sortant du régulateur, le gaz est conduit par le tuyau F (fig. 293) dans des réfrigérants où la majeure partie des matières liquéfiables se condensent par le refroidissement qu'on fait subir au gaz.

L'appareil se compose d'une série de tubes *rr* emmanchés sous forme d'U renversés, désignés souvent sous le nom de *jeu d'orgue*, et qui sont fixés sur le couvercle de caisses en fonte. Le gaz est

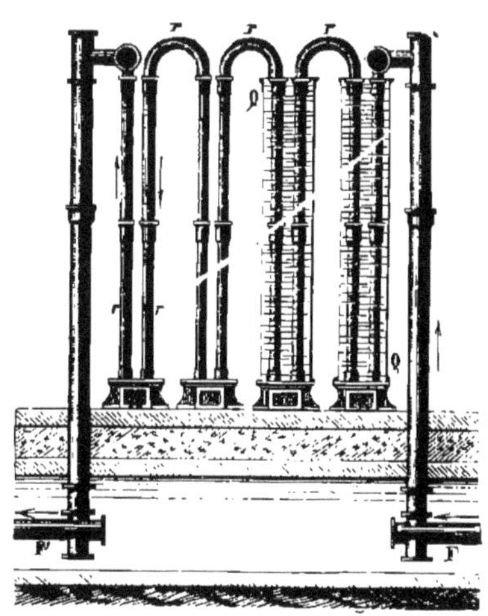

Fig. 293. — Système de réfrigérant dit *jeu d'orgue*.

forcé de passer d'une série de tuyaux dans une autre. Cette longue circulation dans des tuyaux en contact avec l'air ambiant détermine une condensation d'eau ammoniacale et de goudron liquide. Q Q sont des bâches en tôle contenant de l'eau et qui servent quelquefois, surtout en été, à refroidir les derniers tuyaux. Le trop-plein des produits condensés dans les caisses s'écoule par des tubes latéraux aboutissant à un tuyau commun.

On admet que la surface totale des barillets, conduits et appareils réfrigérants, placés entre les cornues et les épurateurs, et dans lesquels le gaz circule avec une vitesse de 3 mètres par seconde environ, ne doit pas dépasser le double à peu près de la surface de chauffe des cornues.

Souvent la condensation s'achève, surtout pour fixer les produits ammoniacaux, par le passage du gaz dans de grands cylindres remplis de fragmens de coke humectés d'eau.

A l'usine de Saint-Mandé, l'épuration physique ou réfrigération s'opère en faisant passer le gaz (arrivant dans le sens des flèches) dans la partie annulaire comprise entre deux cylindres concentriques (fig. 294). L'air arrive par la base ouverte du cylindre intérieur et son appel est déterminé par une cheminée. Le contact de l'air refroidit le gaz. Celui-ci passe de l'annulaire du grand cylindre inférieur dans le cylindre supérieur, pour se rendre dans le tube U, et redescendre dans le sens des flèches pour sortir par le tube S. La longueur de ces grands cylindres est d'environ 60 mètres, et le diamètre du tuyau d'air de 1 mètre environ.

T est un siphon et un trop-plein par lequel s'écoule le goudron. C est une longue rigole en zinc recevant par le robinet R l'eau destinée à l'arrosage de la surface extérieure des cylindres, surtout en été ; cette eau se répartit en minces filets.

Pour compléter son épuration physique, le gaz, au sortir du *jeu d'orgue*, passe ordinairement dans un grand et long cylindre en fonte, partagé en deux cases par un diaphragme vertical. Ce cylindre est rempli de fragments de coke ou de briques que l'on arrose avec des eaux ammoniacales; on facilite ainsi la condensation des matières goudronneuses et des eaux ammoniacales

Fig. 294. — Réfrigérant de l'usine de Saint-Mandé.

qui sont, en partie, à l'état de vapeurs vésiculaires, et dont le dépôt est assez difficile à réaliser d'une manière complète.

Il est évident qu'il y a une limite à garder pour l'épuration physique du gaz; d'une part, pour éviter les engorgements dus aux matières condensées solides, surtout en hiver; d'autre part, pour ne pas affaiblir par trop le pouvoir éclairant du gaz, en lui enlevant trop complétement les hydrocarbures volatils susceptibles de condensation par le froid.

Épuration chimique du gaz. — Cette opération a pour but de compléter l'enlèvement des sels volatils d'ammoniaque et d'absorber l'acide sulfhydrique et le sulfhydrate d'ammoniaque; ces deux derniers produits non-seulement diminuent le pouvoir éclairant du gaz, mais ils sont infects et fournissent, par la combustion, un produit nuisible fortement acide, l'acide sulfureux.

Autrefois l'épuration s'exécutait au moyen de la chaux seule, à l'état d'hydrate pulvérulent (1); cette méthode est encore pratiquée en France dans plusieurs usines des departements, et à Paris pour le gaz de *boghead*.

L'emploi de la chaux ne produit pas, quelle que soit la disposition des épurateurs, une purification complète; il reste une partie du sulfhydrate d'ammoniaque, etc.

M. Mallet a proposé, il y a déjà un certain nombre d'années, un moyen d'épuration du gaz par un lavage dans certaines dissolutions métalliques; il a surtout employé le chlorure de manganèse provenant de la fabrication du chlore dans l'industrie; l'épurateur de M. Mallet, lorsqu'on l'emploie, doit précéder les caisses à chaux.

On a aussi employé le plâtre en vue de décomposer le carbonate d'ammoniaque contenu dans le gaz.

Un réactif qui joue aujourd'hui un rôle important pour effectuer pratiquement une épuration plus complète du gaz est le peroxyde de fer. Cet oxyde n'agit pas sur l'acide carbonique, de sorte que, si la proportion de ce gaz est importante, on n'est pas dispensé de l'emploi de la chaux; l'oxyde de fer agit surtout pour fixer l'acide sulfhydrique. Employé, dès 1835, en France et en Angleterre il n'a pas eu beaucoup de valeur pratique avant l'emploi de la méthode proposée par Laming (1840) pour révivifier la matière épuratrice hors de service, au moyen de l'oxygène de l'air. La matière épuratrice de Laming est un mélange de sulfate de chaux et de peroxyde de fer.

En présence de l'acide sulfhydrique, le peroxyde de fer se décompose et donne du sulfure de fer, de l'eau et du soufre libre. En exposant à l'air la poudre retirée des caisses à épuration, il se produit du sulfate de protoxyde de fer qui lui-même finit par se changer en sulfate de peroxyde.

(1) Voici l'analyse d'une chaux, primitivement caustique, ayant servi à l'épuration du gaz (Graham) :

Hyposulfite de chaux	12,30 °/₀
Sulfite de chaux	14,57
Sulfate de chaux	2,8
Carbonate de chaux	14,48
Chaux caustique	17,72
Soufre	5,14
Silice	0,71
Eau	32,28

Une semblable chaux peut être livrée à l'agriculture; elle est bonne pour les trèfles, le sainfoin, la luzerne, les pois, les haricots et les navets.

En mettant ce dernier sel en présence du gaz impur, l'ammoniaque s'empare de l'acide sulfurique et remet en liberté du peroxyde de fer hydraté qui agit de la même manière que celui que l'on avait employé d'abord. Si d'ailleurs le gaz contenait de l'acide sulfhydrique en liberté, celui-ci serait décomposé par le sulfate de peroxyde de fer avec précipitation de soufre et formation de sulfate de protoxyde de fer.

Pour rendre la matière plus poreuse et susceptible d'être mieux pénétrée par le gaz, le réactif est mélangé avec de la sciure de bois.

La révivification de la matière hors de service

Fig. 295. — Caisse à épuration avec sa grue roulante.

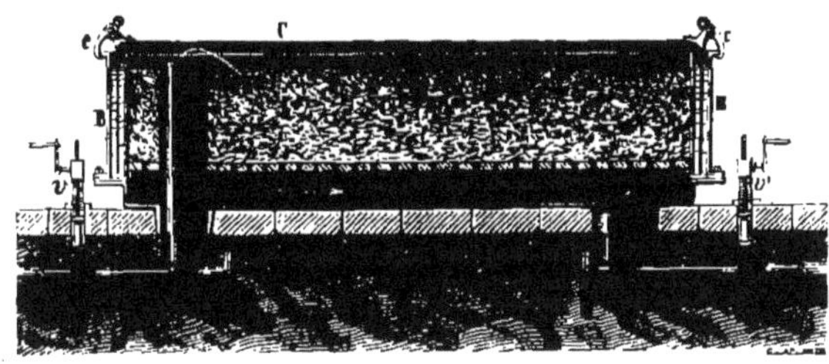

Fig. 296. — Coupe d'une caisse à épuration.

se fait avec une grande facilité en l'étalant au contact de l'air.

Par le fait, le mélange de Laming représente du sulfate de chaux et du peroxyde de fer hydraté; car on l'obtient en ajoutant de l'hydrate de chaux en proportion équivalente à du sulfate de protoxyde de fer hydraté, et en oxydant ensuite le produit. Le mélange, humecté par un courant de vapeur d'eau, est ensuite exposé à l'air en renouvelant les surfaces. Le sel calcaire employé éprouve aussi une révivification. En effet, au contact du gaz impur, contenant du carbonate d'ammoniaque, il s'est fait du carbonate de chaux; lorsque le sulfure de fer est converti en sulfate, par la révivification, le carbonate de chaux repasse à l'état de sulfate par l'action de l'acide sulfurique.

Voici une théorie donnée pour la révivification (1).

Le sesquisulfure de fer hydraté, formé dans les caisses à épuration, abandonne du soufre en passant à l'état de sulfate de protoxyde de fer; celui-ci, en présence du carbonate de chaux, se transforme en sulfate de chaux et protoxyde de fer carbonaté qui se change ensuite en hydrate de peroxyde en dégageant de l'acide carbonique. Cependant, d'après les expériences de M. Wagner, il faudrait admettre que le sulfure de fer se transforme directement, à l'air, en oxydes de fer, en abandonnant la totalité de son soufre à l'état libre.

Ce qui est certain, c'est que le soufre s'accumule dans la matière, à la suite de plusieurs révivifications, et finit par la rendre impropre au service. A Munich, M. Pettenkofer a trouvé, dans une matière épuisée, jusqu'à 37,3 % de soufre. En Angleterre, on exploite le soufre que renferme la matière épuisée. M. Eugène Pelouze a proposé récemment d'extraire ce soufre en le dissolvant dans les huiles volatiles de goudron de houille à l'ébullition.

La lixiviation de la matière ayant servi à l'épuration fournit du sulfate d'ammoniaque et un peu de carbonate dont on tire parti, ainsi que des eaux de condensation que l'on sature par l'acide sulfurique et que l'on convertit en sulfate et en ammoniaque caustique (voir AMMONIAQUE).

La matière hors de service est aussi exploitée pour la fabrication des cyanures.

Les caisses en fonte contenant la matière épuratrice sont disposées en séries dans une grande halle. L'épuration peut se faire méthodiquement, c'est-à-dire qu'on peut changer la marche du gaz de manière à lui faire traverser en dernier lieu la caisse contenant la matière épuratrice la moins épuisée et d'introduction récente.

Les figures 295 et 296 représentent une vue perspective et une coupe verticale d'une des caisses à épuration employées dans l'une des usines de la Compagnie parisienne. Le gaz qui sort de la dernière caisse à épuration doit être à l'épreuve du papier d'acétate de plomb.

Ces caisses sont en fonte, à couvercle mobile également en fonte. La matière épuratrice, formée de chaux éteinte et de sulfate de fer, a été préalablement mêlée à de la sciure de bois avant d'être chauffée dans un courant de vapeur d'eau, elle est déposée sur une plaque à claire-voie *pp*, et occupe toute la hauteur de la caisse. Le gaz arrive par le tube E et débouche verticalement dans la caisse au-dessus du niveau de la couche de matière épuratrice.

Le gaz se tamise à travers toute la masse po-

(1) Il y a deux opinions au sujet de la réaction théorique de l'acide sulfhydrique sur l'hydrate de peroxyde de fer pur.

On aurait : $Fe^2O^3 + 3H^2S = Fe^2S^3 + 3H^2O$
ou bien $Fe^2O^3 + 3H^2S = 2FeS + 3H^2O + S$.

D'après les expériences récentes de M. Brescius, c'est la première équation qui représente véritablement la réaction lorsqu'on opère dans le laboratoire en excluant soigneusement la présence de l'air.

Les expériences de M. A. Wagner, citées plus haut, peuvent intervenir pour expliquer la quantité de soufre qui va en s'accumulant dans la matière épuratrice, au bout d'un assez grand nombre de révivifications.

reuse, ainsi que l'indiquent les flèches (fig. 296), et sort par le fond de la caisse, à l'extrémité opposée à l'entrée, pour passer dans le tuyau S, lequel se rend soit à une autre caisse à épuration, soit directement au gazomètre.

CC est le couvercle mobile, également en fonte, de la caisse à épuration; il plonge dans une rigole extérieure BB remplie d'eau et qui constitue une fermeture hydraulique; *v*, *v'* sont des vannes à l'entrée et à la sortie des tuyaux de conduite du gaz. Lorsqu'on veut ouvrir les caisses pour les remplir ou les visiter, on soulève le couvercle à l'aide d'une grue. Cette grue (fig. 295) est *roulante*, au moyen de galets verticaux portés sur des rails en fer, et peut servir à toute une série rectiligne de caisses à épuration.

Gazomètres. — Tel est le nom que l'on donne dans les usines aux grands réservoirs ou cloches en tôle de forme cylindrique servant à recueillir et à emmagasiner le gaz à sa sortie des épurateurs. Chaque usine en possède au moins deux et quelquefois jusqu'à dix, et leurs capacités réunies peuvent équivaloir aux 8/10 environ du volume engendré journellement dans l'établissement. La cloche remplie d'eau avant l'arrivée du gaz plonge dans un grand réservoir en maçonnerie et ciment hydraulique à parois bien étanches (1), rempli d'eau, que l'on nomme *cuve* ou *citerne*. Il y a dans les usines de la Compagnie parisienne des cloches qui ont une capacité de 25,000 mètres cubes (2). La cuve est creusée dans le sol, de telle façon que lorsque la cloche est au bas de sa course, c'est-à-dire vide de gaz, la plate-forme du gazomètre est de niveau avec le sol de l'usine.

Aujourd'hui on a abandonné, dans toutes les grandes usines, le système des cloches à contrepoids portés par une chaîne passant sur des poulies. Il en est de même des gazomètres dits *à télescope*, formés de deux parties dont la moitié supérieure, s'élevant au-dessus de l'eau, s'agrafe tout autour de ses bords inférieurs, relevés en rigole circulaire, avec la moitié inférieure qu'elle soulève à mesure que l'afflux du gaz remplit la cloche. Ces gazomètres ont pour objet de limiter beaucoup la profondeur à donner à la cuve.

Gazomètres à tubes articulés (fig. 297 et 298, p. 1540. — Les grands gazomètres, ceux qui sont employés dans les grandes usines de la Compagnie parisienne, sont des cloches *à tubes articulés*. C'est un mode de suspension très-commode, inventé par Pauwels, et qui permet de dégager la maçonnerie des tubes d'arrivée et de sortie qu'il fallait établir à l'intérieur des anciens gazomètres. L'usage de ces gazomètres s'est propagé à l'étranger, notamment en Angleterre. Le système de suspension et le mode d'arrivée et de sortie du gaz réside dans l'emploi de deux tubes capables de se replier en formant des angles variables, à l'aide d'articulations A, B, C, A', B', C'. Le mouvement de ce système articulé se fait, à frottement doux, dans un *stuffing-box*. L'un de ces tubes sert à l'introduction du gaz; l'autre, à l'extrémité opposée du diamètre de la cloche, sert à la sortie du gaz lorsqu'on soulève une vanne à l'aide d'une crémaillère. Le gaz, en arrivant dans la cloche, soulève la crémaillère, et dès lors l'angle que forment les tubes change au fur et à mesure de l'ascension; l'angle des tubes, lors de la sortie du gaz, varie en sens inverse, à mesure que la cloche s'abaisse pour l'émission du gaz dans la canalisation.

Distribution du gaz.—La distribution se fait au moyen de tuyaux, régnant dans le sous-sol, depuis l'usine jusqu'aux quartiers les plus éloignés à éclairer. L'émission du gaz, à sa sortie du grand compteur d'usine, se fait à une pression qui n'est pas moindre de $0^m,08$ à $0^m,1$ d'eau. Le diamètre des tubes doit être en rapport avec la distance à parcourir et la consommation à fournir. Il est bon de donner aux tuyaux une section assez grande pour livrer passage à une quantité de gaz double de celle que l'on se propose de produire à l'origine, afin de pouvoir plus tard augmenter la force de production de l'usine sans nouveaux frais de pose de conduites.

Dans les grandes artères de canalisation, les conduites venant des usines de Paris ont aujourd'hui jusqu'à $0^m,80$ de diamètre; elles peuvent distribuer jusqu'à 140,000 mètres cubes de gaz en 6 heures.

Les tuyaux de conduite peuvent être en fonte ou en tôle; on emploie à Paris l'une ou l'autre de ces matières. Un système de tuyaux dont l'emploi s'est considérablement propagé est celui de M. Chameroy. Ces tuyaux sont en tôle étamée ou plombée à l'intérieur, et recouverts extérieurement d'une couche de mastic bitumineux incrusté de sable; ils sont réunis au moyen de vis et d'écrous en alliage, coulés sur les tuyaux eux-mêmes. Ces tuyaux coûtent moins cher que ceux de fonte et paraissent moins sujets aux fuites (1).

Les tubes de distribution dans les maisons particulières sont ordinairement en plomb ou en fer creux; il faut éviter l'emploi des tubes en cuivre. Le gaz de l'éclairage étant ordinairement un peu ammoniacal, et contenant de petites quantités d'acétylène, ces tubes pourraient donner naissance, à la longue, à de petites quantités d'acétylure cuivreux, lequel est un composé détonant par le choc. On a déjà signalé des accidents survenus en voulant dégorger ou nettoyer des tuyaux en cuivre ayant servi au passage du gaz de la houille.

Depuis quelques années, la Compagnie parisienne a établi dans un certain nombre de maisons particulières des colonnes montantes en fer creux régnant dans toute la hauteur de la cage de l'escalier, lesquelles se prêtent parfaitement à la distribution du gaz aux divers étages.

Les limites de cet article ne nous permettent pas de décrire les régulateurs de pression, compteurs à eau et compteurs secs, *cherche-fuites*, etc., et d'aborder diverses questions de technologie. Nous renvoyons, à ce sujet, aux traités spéciaux. A l'égard des grands régulateurs de pression pour l'écoulement du gaz, nous ne ferons que nommer celui de Pauwels et le régulateur télégraphique de M. Giroud.

Pouvoir éclairant des flammes. — Les articles Combustion et Flamme, auxquels nous renvoyons, nous dispensent de traiter ce sujet avec les développements qu'il aurait comportés sans cette circonstance.

(1) L'imperméabilité des fondations et des parois de la citerne a une grande importance afin d'éviter les fuites, ce qui obligerait à une dépense de force mécanique pour entretenir l'eau dans la citerne à un niveau constant; d'autre part, les infiltrations de l'eau de cette citerne dans le sol infecteraient l'eau des puits du voisinage et la rendraient impropre non-seulement à la boisson, mais aussi aux usages industriels.

(2) Le premier gazomètre construit en Angleterre par Murdoch pour l'éclairage au gaz n'avait que $8^{mc},5$ de capacité. La capacité des gazomètres actuellement en usage est de 15,000, 30,000 et jusqu'à 70,000 mètres cubes. L'un des plus grands gazomètres connus, construit à Liverpool, possède une capacité de 87,500 mètres cubes.

(1) Les pertes annuelles de gaz, par suite des fuites, sont énormes. On obtient leur chiffre en comparant le volume du gaz, à la sortie des usines, avec le relevé total du volume consommé. Ce chiffre représente quelquefois le dixième ou le huitième de la production.

Nous dirons seulement que tout gaz devenu lumineux (et nous ne nous occupons ici que des gaz essentiellement hydrocarburés) doit renfermer un corps solide en suspension dans la flamme; ce corps est toujours le carbone dans le cas que nous traitons.

Fig. 297. — Gazomètre articulé.

Fig. 298. — Coupe d'un gazomètre articulé.

G, cloche, plongeant dans une citerne pleine d'eau : A, B, C, A', B', C', tubes articulés. — M, M, montant de la cage de fonte qui entoure le gazomètre. Celui-ci est maintenu et guidé dans son ascension et descente verticales par des galets *g*, *g*, fixés à la cloche et qui roulent en s'appliquant contre les montants verticaux M, M. — H, trou d'homme.

Température. — Elle doit être élevée, afin de rendre lumineux le corps solide qui produit les radiations lumineuses.

Pression. — Elle a aussi une influence qu'on ne saurait contester.

Il est facile de s'assurer que le pouvoir lumineux décroît beaucoup dans l'expérience de la *lumière Drummond*, lorsque la pression des gaz hydrogène et oxygène, projetés sur le corps solide, diminue. M. Frankland a publié récemment des expériences intéressantes sur les relations du pouvoir lumineux des flammes avec la pression; il a pu rendre lumineuses des flammes en l'absence de corps solides en suspension. Ces importantes et ingénieuses expériences, où l'auteur fait intervenir la considération de la pression et celle de l'énergie d'affinité chimique, nous paraissent cependant l'amener à une conclusion trop absolue, lorsqu'il arrive à nier le rôle efficace des corps solides en suspension dans les flammes à l'égard du pouvoir lumineux.

Ainsi que le fait remarquer M. Berthelot dans un article intéressant [*Dict. des Arts et Manufactures*, publié par M. Ch. Laboulaye], relativement aux propriétés éclairantes des gaz hydrocarburés, il y a lieu de tenir compte, lors de la combustion du gaz au contact de l'air : 1° du rapport entre le carbone et l'hydrogène dans le gaz combustible ; 2° de la condensation des éléments dans ce même gaz ; 3° du rapport convenable entre le gaz combustible et l'air employé pour le brûler; 4° de la pression exercée sur le mélange des gaz combustibles et comburants.

Pour les applications à l'éclairage usuel des lumières de diverses sources, il importe de tenir compte de la nature des rayons lumineux que le corps incandescent est susceptible d'émettre. Ces rayons ne doivent pas être de nature à fatiguer l'œil ; il importe donc qu'il n'y ait pas prédominance des rayons provenant des extrémités du spectre, savoir, des rayons rouges d'une part, et d'autre part des rayons chimiques de la région ultra-violette du spectre et que l'on retrouve dans la lumière bleuâtre éblouissante de l'arc électrique, dans celles de la combustion du magnésium, et de la projection des gaz oxygène et hydrogène sur les crayons de magnésie.

A l'égard du rapport à observer entre le volume du gaz combustible et celui de l'air employé pour le brûler, l'influence peut être démontrée d'une manière frappante avec un bec à gaz de Bunsen. On sait que l'air nécessaire à la combustion sans fumée est appelé par un tube qui enveloppe le chalumeau par lequel sort le gaz de l'éclairage; les ouvertures par lesquelles arrive l'air, sollicité par le tirage, sont au bas de ce tube. C'est le principe de la construction de tous les réchauds à gaz employés dans les laboratoires pour les évaporations et calcinations, et connus de tous les chimistes. Or on peut rendre à volonté la flamme éclairante ou non, en bouchant plus ou moins les ouvertures amenant l'air à la base du tube terminé par un bec de chalumeau pour l'écoulement du gaz. L'obturation de ces trous donne une flamme éclairante, mais qui ne pourrait être employée au chauffage des ustensiles de chimie; elle ne serait pas assez chaude et déposerait beaucoup de noir de fumée. En débouchant les orifices qui amènent l'air, on obtient une flamme ayant perdu presque tout son pouvoir éclairant, mais très-chaude, donnant des produits de combustion complète et, par conséquent, non fuligineuse.

M. Landolt a exécuté, sur la nature de la flamme et sur la succession des réactions chimiques qui s'y passent, un travail intéressant. Il a construit un brûleur, au moyen duquel il pouvait aspirer les gaz de la flamme à des hauteurs diverses pour les soumettre à l'analyse chimique. Il a trouvé que c'était l'hydrogène qui disparaissait le plus rapidement, à mesure que l'on s'élevait dans la flamme; le gaz des marais disparaît un peu moins vite et les hydrogènes carbonés denses encore moins, leur combustion ne s'opérant que dans les parties les plus élevées de la flamme.

La proportion d'acide carbonique n'augmente pas dans les parties supérieures, comme on aurait pu le prévoir, ce que l'auteur attribue à la transformation d'une partie de cet acide carbonique en oxyde de carbone par le carbone incandescent; l'hydrogène reprend naissance dans la partie supérieure de la flamme, en vertu de la décomposition de la vapeur d'eau par le carbone libre; ces ingénieuses expériences ne fournissent cependant pas des résultats à l'abri d'objections.

M. Kersten, entre autres, a attaqué ces conclusions et le système des expériences. Il opère par synthèse et il arrive à la proposition suivante : aucune combustion n'a lieu dans l'intérieur de la flamme ; elle ne s'opère que dans l'enveloppe extérieure et à la surface de la partie brillante; il est impossible qu'aucune trace d'oxygène puisse pénétrer au travers d'une couche d'hydrogène et de carbone en ignition. Les produits de la combustion que l'on trouve à l'intérieur de la flamme n'ont pu s'y introduire que par diffusion.

M. Elster a fait des expériences pour déterminer la puissance lumineuse théorique des diverses matières éclairantes. Il a opéré suivant le principe de l'appareil d'Erdmann dit *essayeur du gaz* (*gasprüfer*) et à l'aide d'un dispositif gazométrique à mélange connu d'air et de gaz ; puis il détermine la quantité d'air à mélanger avec 100 volumes de gaz pour faire disparaître la partie jaune de la flamme produite avec un bec métallique, brûlant sous une pression très-faible. La méthode exige que le gaz soit d'abord dépouillé par un absorbant chimique (acide sulfurique de Nordhausen) des hydrocarbures denses. Ces moyens et ce principe ne sont pas non plus à l'abri d'objections.

On doit à M. H. Deville des expériences pour démontrer que, dans les flammes à températures très-élevées, les gaz sont dissociés (voyez DISSOCIATION).

Becs divers. — Les meilleurs becs seront ceux qui réaliseront des conditions de combustion telles que le pouvoir lumineux sera le plus fort possible avec la moindre consommation de gaz. On distingue : 1° les becs à trous circulaires disposés en couronne, dits *becs d'Argand*, qui fournissent une flamme cylindrique. Ces becs, à double courant d'air, doivent être alimentés par une quantité d'air limitée. De là diverses dispositions de *paniers*, etc. (voyez plus bas); 2° les becs à *fente*, appelés aussi *bec-papillon* ou *bec chauve-souris*, 3° le bec à trois trous ou en *queue de poisson*, dit aussi bec *Manchester*.

Becs fendus. — Ces becs donnent une flamme plate qui, pour une même quantité de gaz, présente une surface bien plus considérable.

Le bec papillon, à la dimension réglementaire de 6/10 de millimètre pour la largeur de la fente, dit *bec de ville* (fig. 299 et 300), est employé à Paris pour l'éclairage des lanternes de la voie publique Il a l'avantage de pouvoir brûler sous des pressions assez faibles, sans que la flamme atteigne des dimensions trop réduites, et il donne, à égalité de consommation de gaz, un pouvoir éclairant supérieur à celui que fournissent presque tous les autres becs à fente (page 1542).

Il consomme 140 litres de gaz à l'heure lorsque la flamme possède les dimensions réglementaires, savoir : hauteur, 32 millimètres, et largeur, 67 millimètres.

Dans ces conditions et avec le pouvoir éclairant moyen du gaz à Paris, la lumière fournie par cette flamme est sensiblement équivalente à celle d'une Carcel et 1/10, brûlant dans les conditions réglementaires. (Voir plus bas la méthode d'essai du pouvoir éclairant du gaz à Paris.)

Le bec à queue de poisson, connu en France sous le nom de *bec Manchester*, est muni de deux trous II' (fig. 301) qui se rencontrent sous un certain angle et dont la flamme est perpendiculaire au plan déterminé par l'axe de ces trous. Ce bec, très-employé chez les particuliers, dans les cafés, les magasins, à Paris, et dont la flamme supporte sans grande déformation les excès de pression, n'est pas un bec avantageux et économique sous le rapport de la consommation du gaz. Ainsi, à pouvoir éclairant égal, le bec des lanternes de la ville de Paris donnerait une écono-

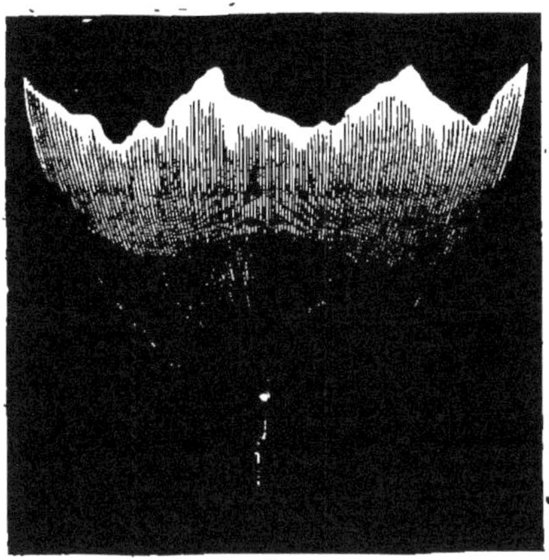

Fig. 299. — Flamme du bec fendu de la ville de Paris.

mie de 30 ou 40 % sur le gaz consommé dans le bec Manchester.

Des études intéressantes ont été faites, sous la direction de MM. Dumas et Regnault, par MM. Audouin et P. Bérard, pour essayer, sous des pressions

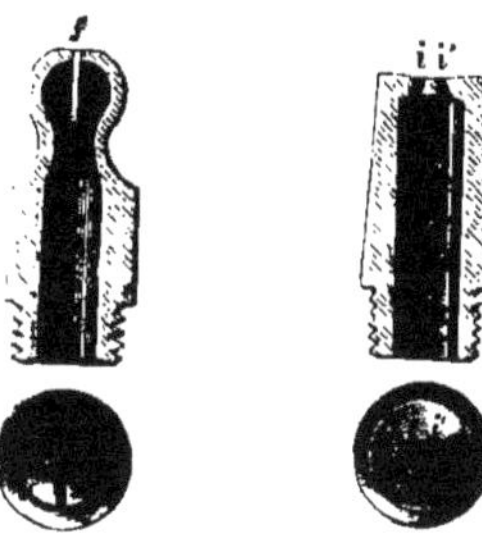

Fig. 300. — Coupe du bec à fente de la Ville.

Fig. 301. Bec Manchester.

variées. des becs de largeur différente, à boutons plus ou moins gros, en déterminant par des expériences photométriques les dimensions qui donnent la plus grande somme de lumière. C'est à la suite de ces essais que le bec à fente, dont il a été fait mention plus haut, a été adopté pour l'éclairage public à Paris. On a trouvé aussi qu'entre certaines limites le pouvoir éclairant augmentait lorsqu'on diminuait la pression du gaz arrivant au bec, si bien que le maximum de pouvoir éclairant, toutes choses égales d'ailleurs, correspondait à une pression de 2 à 3 millimètres d'eau seulement (*Recherches sur les meilleurs modes de combustion* par Audouin et Bérard. *Ann. de Chim. et de Phys.*, (3), t. LXV, p. 423). Des expériences de ce genre avaient déjà été faites par Jeanneret, en 1856, mais les recherches que nous venons de citer présentent un ensemble beaucoup plus complet et plus concluant.

Parmi les becs à fente, il y a encore les demi-becs, quarts de bec, *becs-bougies* à un seul trou circulaire, dont nous ne pouvons examiner ici les effets.

Bec d'Argand.— Ce bec peut être considéré, en réalité, comme une réunion de *becs-bougies*. Il consiste, en effet, essentiellement en un anneau, percé d'un certain nombre de petits trous circulaires placés sur une circonférence de cercle et assez rapprochés les uns des autres pour que leurs flammes se réunissent immédiatement au-dessous des orifices et ne forment qu'une flamme unique à peu près cylindrique. Dans un pareil bec, l'action de l'air n'a plus lieu sur chacune des flammes émanant des trous, mais en dedans et en dehors de la flamme qui en résulte. Le pouvoir lumineux d'un bec d'Argand est bien plus grand que celui des becs isolés qui le composent, mais il nécessite l'emploi d'une cheminée pour régulariser l'accès de l'air.

On peut augmenter le pouvoir éclairant des becs d'Argand, à consommation égale de gaz, en réglant convenablement l'arrivée de l'air dans l'intérieur de la flamme. Si l'air afflue en trop grande quantité, la consommation de gaz s'élève, le pouvoir éclairant diminue L'emploi de toiles métalliques, de *paniers*, etc., a pour but de régler et de limiter convenablement cet afflux d'air. Les expériences faites par MM. Audouin et Bérard, et citées plus haut, ont porté également sur les becs d'Argand. On a opéré sur 16 becs différents et, en outre, sur le bec en porcelaine de Bengel, à Paris. Pour une même intensité lumineuse, la dépense diminue avec le diamètre des trous jusqu'au diamètre de $0^{mm},9$, où le bec file. Les becs à fente annulaire sont peu employés.

Nous donnons ci-après quelques figures représentant quelques becs d'Argand, qui présentent des conditions avantageuses pour la combustion.

Tels sont les becs Bengel, Monnier, etc.

Les figures 302 et 303 représentent en *élévation, plan* et *coupe*, le bec Bengel à panier en porcelaine P et à 30 trous. Ce panier est percé d'un certain nombre de trous pour l'arrivée de l'air qui se rend dans le tuyau *a* central. Le gaz arrive en se bifurquant par deux canaux *ii* qui le conduisent aux trous disposés circulairement en O. Une galerie G en laiton reçoit la cheminée de verre.

Ce système de bec sert, à Paris, pour l'essai du pouvoir éclairant du gaz.

Les figures 304 et 305 représentent en élévation, plan et coupe, le bec Monnier, à panier massif, en cristal, et par conséquent transparent, disposition qui a l'avantage de ne pas donner d'ombre au-dessous du bec. Le gaz arrive par G, se bifurque et sort en *o, o*. L'air arrive dans la direction indiquée par les flèches (fig. 305), en quantité moindre que dans le bec Bengel. Aussi y a-t-il une économie de 13 à 14 % de gaz, à pouvoir éclairant égal, comparativement au bec Bengel type.

Carburation du gaz de l'éclairage. — Cette opération, surtout applicable chez les particuliers, qui seraient servis par du gaz d'une qualité inférieure et à un prix élevé, consiste à saturer le gaz, soit à chaud, soit à froid (mais ordinairement à froid et à faible distance des becs), par des huiles hydrocarburées volatiles. Le gaz arrive dans un réservoir métallique contenant ces huiles volatiles et le contact du gaz avec le liquide est favorisé par l'emploi de mèches ou autres dispositions qui divisent l'huile qui doit être léchée par le gaz; celui-ci sort du réservoir plus ou moins saturé d'hydrocarbures volatils, qui tendent à augmenter son pouvoir éclairant. Généralement on obtiendrait une flamme fumeuse, si l'on ne modifiait pas la forme et les dimensions des fentes et trous des becs destinés à la combustion du gaz ordinaire.

Il est clair que l'économie d'un semblable système, si toutefois elle se réalise, sera variable, suivant la qualité du gaz, son prix, et celui de

Fig. 302. — Bec Bengel.

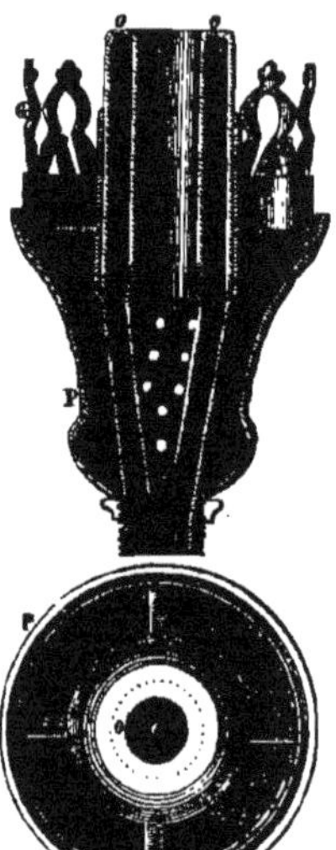

Fig. 303. — Plan et coupe du bec Bengel.

l'hydrocarbure lui-même. Souvent le consommateur est exposé à être trompé par l'effet obtenu dans les premiers moments et dont la constance ne se soutient pas si les carbures employés sont peu homogènes. Ce sont ordinairement des huiles légères de houille ou de pétrole, de sorte que, lorsque

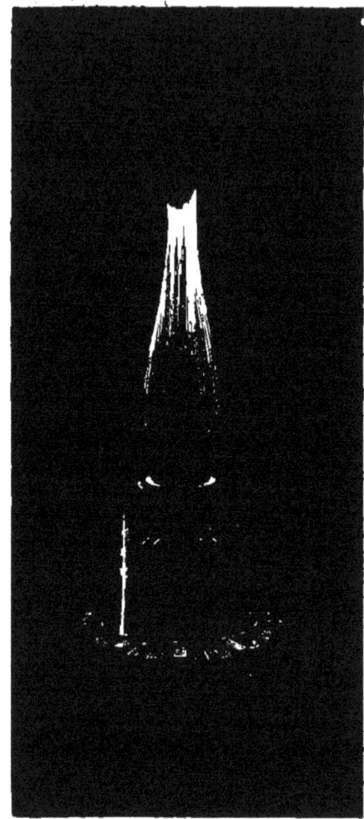

Fig. 304. — Bec Monnier

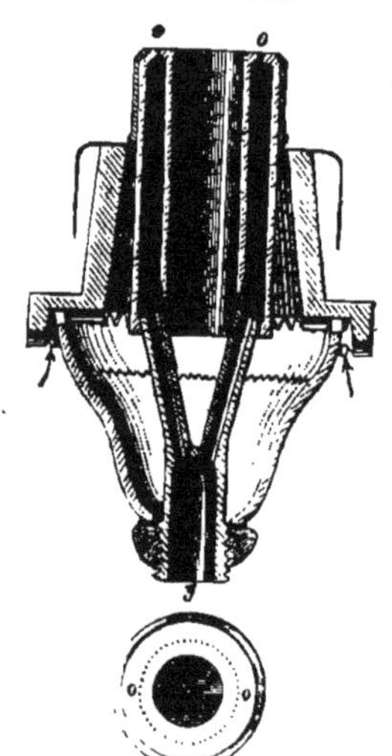

Fig. 305. — Plan et coupe du bec Monnier.

ces hydrocarbures ont été dépouillés de leurs principes les plus volatils, par le passage du gaz, on remarque que l'accroissement de pouvoir éclairant du gaz ordinaire baisse considérablement et retombe souvent, au bout de quelque temps, à ce qu'il était avant la carburation.

En outre, il est souvent difficile de régler assez bien la carburation pour que la flamme ne soit pas fumeuse et ne dégage pas une odeur désagréable.

Les effets sont d'ailleurs susceptibles de variation avec la température, la distance au carburateur, et il y a lieu de tenir compte, dans les expériences d'une certaine durée et sur une certaine échelle, de l'absorption de chaleur latente produite par la vaporisation du liquide.

On a proposé récemment de faire arriver un courant d'oxygène dans la flamme de gaz carburé. On obtient ainsi une lumière blanche très-intense qui est parfaitement inodore et sans fumée, si l'on se met à l'abri de toute agitation de l'air environnant.

La *carburation de l'air* a donné naissance à d'assez nombreux systèmes présentés par divers inventeurs.

Méthode d'essai du pouvoir éclairant et de la bonne épuration du gaz à Paris. Comparaison avec le système d'essai, à Londres. — Cette méthode pratique, proposée après des études suivies, faites par MM. Dumas et Regnault, a été adoptée pour vérifier la qualité du gaz fourni par la Compagnie parisienne. Le traité de la ville avec cette compagnie oblige celle-ci à fournir un gaz présentant une pureté voulue et un pouvoir éclairant déterminé.

Aujourd'hui le gaz de houille livré à Paris, par les sept usines de la Compagnie qui alimentent la capitale, est examiné, chaque soir, dans onze bureaux ou chambres noires, réparties sur le périmètre de Paris, par les essayeurs du service municipal.

D'après le traité de 1861, la Compagnie doit fournir un gaz tel, que, brûlé dans le bec réglementaire (bec d'Argand, système Bengel), sous la pression de 2 ou 3 millimètres d'eau, il n'exige que 25 litres ou 27^{lit},5 de gaz, au maximum, pour être équivalent en pouvoir éclairant à celui d'une flamme de lampe Carcel, de dimensions réglementaires, et brûlant, pendant le même temps, 10 grammes d'huile de colza épurée (ce qui équivaut à une consommation de 42 grammes d'huile à l'heure). Au-dessus de cette limite de 27^{lit},5, il y a déficit de pouvoir éclairant, et les conséquences en sont prévues par le cahier des charges.

MM. Dumas et Regnault, auteurs de la méthode d'essai que nous avons à décrire, avaient été amenés à définir de la manière suivante le système d'appareil de vérification qui devait satisfaire au but proposé :

Deux flammes d'égale intensité étant données, l'une produite par une lampe Carcel (brûlant dans des conditions fixées), l'autre par une lampe à gaz brûlant, autant que possible, dans les mêmes conditions, déterminer les consommations respectives d'huile et de gaz, dans un temps donné, par l'un et l'autre de ces appareils.

MM. Dumas et Regnault furent conduits à choisir comme bec *type*, pour le gaz, celui qui, par sa forme, se rapproche le plus de la lampe Carcel type, brûlant 42 grammes d'huile de colza épurée à l'heure, à fixer les flammes G et K (fig. 306 et 307) dans une position invariable, à la même distance du photomètre, de telle sorte que leurs intensités étant maintenues égales, en modifiant la dépense du gaz en conséquence, il n'y eût, en définitive, que deux éléments à déterminer à la fin de l'expérience, savoir, le nombre de grammes d'huile brûlée et le nombre de litres de gaz consommés pendant ce même temps. Ces deux quantités devaient représenter aussi des nombres équivalents, eu égard au pouvoir éclairant des deux flammes.

L'expérience est faite dans les conditions du maximum de pouvoir éclairant, c'est-à-dire que la combustion au bec à gaz type s'effectue à la pression de 2 à 3 millimètres d'eau. Le photomètre employé V C (fig. 306, 307 et 308) est le photomètre de Foucault (1), à plaques de verre amidonnées, auquel on a ajouté une lunette, qui permet l'observation dans le sens de l'axe de l'instrument.

Le gaz, avant de se rendre au bec K (fig. 306), passe par un excellent compteur de Brunt NS (fig. 307 et 308) qui permet d'évaluer la consommation dans un temps donné, à 1/20 de litre près; il est muni d'un robinet très-sensible, qui permet de régler, à chaque instant, la dépense du gaz, l'observateur ayant l'œil au photomètre pour conserver à la flamme du gaz un pouvoir éclairant toujours égal à la flamme type servant d'unité de lumière. Il suffit pour cela de modifier la dépense à l'aide du robinet.

L'axe du compteur porte deux aiguilles, l'une pouvant être rendue fixe ou mobile à volonté, l'autre constamment en mouvement lorsque le gaz passe dans le compteur; un système de levier que l'on pousse permet de faire partager, à un moment donné, à l'aiguille fixe le mouvement de l'arbre de rotation du volant du compteur et détermine simultanément le départ de l'aiguille d'un petit compteur chronométrique O (fig. 307 et 308), implanté au-dessus du compteur à gaz.

Un châssis en fonte A placé dans la chambre noire, derrière la cloison où est enchâssée la plaque C du photomètre (et où séjourne l'observateur dans l'obscurité), supporte à la fois le compteur à gaz, le bec de gaz E et une balance particulière dont l'un des plateaux reçoit la lampe Carcel réglementaire G.

Cette balance, construite, avec un succès complet, par M. Deleuil, sur les indications fournies par MM. Dumas et Regnault, est représentée (fig. 307 et 309); elle est à *marteau automatique* E et indique avec une précision de 1 centigramme, pour une charge de 3 kilogrammes dans chaque plateau, le moment où la lampe préalablement tarée a consommé une quantité déterminée d'huile dans un temps qui est accusé par la course des aiguilles du compteur chronométrique.

En effet, lorsque la lampe allumée a été équilibrée par sa tare dans le plateau opposé (2), une petite quantité d'huile venant à être brûlée, à partir de ce moment, l'équilibre est rompu ; la chute du marteau sur le timbre F (fig. 309) indique que l'expérience commence. On met immédiatement en mouvement l'aiguille indicatrice du compteur à gaz, et du même coup les aiguilles du compte-secondes, lesquelles étaient au zéro. Cela fait, on relève le marteau et on place du côté de la lampe G un poids de 10 grammes. Lorsque 10 grammes d'huile sont consommés, l'aiguille D de la balance trébuche, le marteau tombe sur le timbre F et avertit par là l'opérateur placé devant le photomètre, établi au-dessus du compteur, que l'expérience est terminée. Il pousse alors le levier et arrête le mouvement de l'aiguille indicatrice du compteur à gaz et des aiguilles du compteur à secondes.

Le chemin parcouru par l'aiguille sur le cadran du compteur à gaz donne, en litres et fractions,

(1) Il fut imaginé par cet habile physicien pour examiner le pouvoir éclairant du gaz de la tourbe comparé à celui du gaz de la houille à Paris.

(2) La disposition de cette lampe est telle, que son fléau ne peut être influencé par la chaleur provenant de la combustion de la lampe.

la consommation pendant le temps accusé par le compte-secondes, ce qui permet en même temps de reconnaître si la combustion de l'huile s'est effectuée dans les conditions réglementaires.

Il est bien entendu que l'observateur, placé dans la chambre noire, applique de temps en temps l'œil au photomètre et maintient identique le pouvoir éclairant des deux flammes. Il a pour cela à sa portée le robinet d'admission du gaz dans le compteur, robinet dont la sensibilité est telle, qu'elle permet de faire varier le débit du gaz de très-faibles quantités, en plus ou en moins,

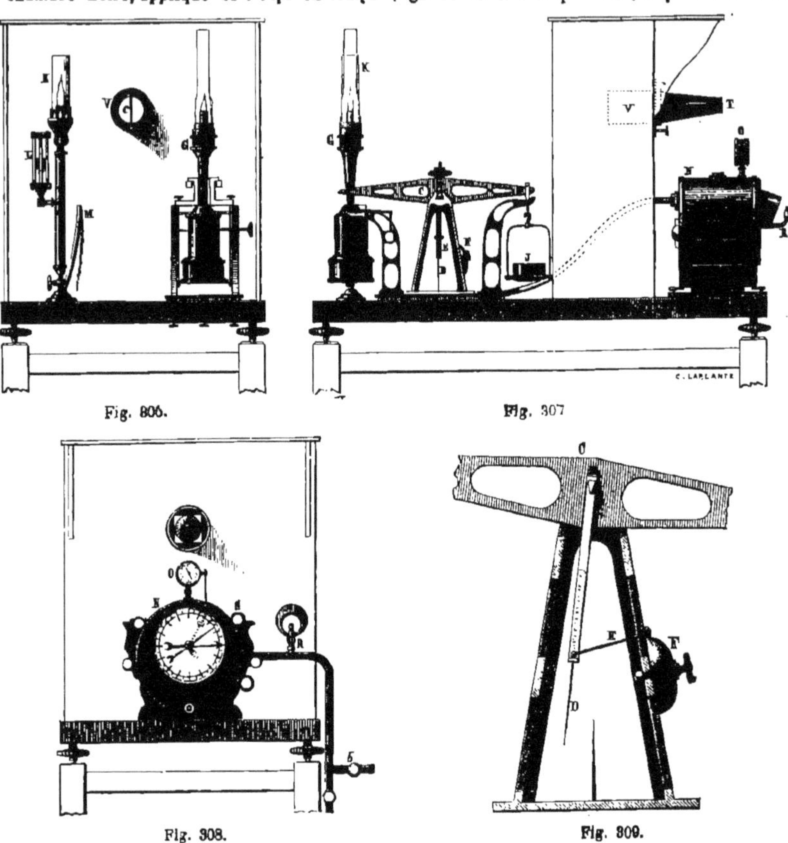

Fig. 306. Fig. 307

Fig. 308. Fig. 309.

Fig. 306 à 309. — Appareils photométriques de MM. Dumas et Regnault pour la vérification du pouvoir éclairant du gaz.

MK, bec à gaz type. L, manomètre à eau, indiquant la pression au bec. Le gaz venant du compteur arrive au bec par le tube M. La lampe Carcel G est placée sur l'un des plateaux de la balance C D E F Dans l'autre plateau est la tare J. La figure 309, à échelle amplifiée, indique la disposition du timbre F et du marteau *automatique* E, dépendant de l'aiguille du fléau C. Ce marteau, logé dans le creux de la partie supérieure de l'aiguille, ne peut se maintenir vertical (lorsqu'il a été relevé) que dans la situation verticale de l'aiguille ; une traverse l'empêche de pouvoir tomber du côté opposé au timbre. Dès que le fléau s'incline à gauche, la tare devenant plus lourde que la lampe, le marteau ne peut conserver sa position d'équilibre instable; il tombe, le timbre résonne et l'opérateur est averti du moment de commencer ou de mettre fin à l'expérience. La balance C D E F est en fonte.

N S, compteur à gaz. O, chronomètre. R, bec-bougie à gaz, surmonté d'un capuchon à charnière, et qui sert à éclairer le cadran au moment de la lecture. *b*, tube amenant le gaz dans le compteur.

pour rendre le pouvoir éclairant de la flamme K égal à celui de la flamme G qui reste invariable pendant la durée d'un essai lorsque la lampe a été bien réglée préalablement. (Voyez la légende pour les figures 306 à 309).

Vérification de l'épuration. — Le gaz de l'éclairage devant, au terme du traité, être à l'épreuve de l'acétate de plomb, on vérifie sa qualité et l'absence d'acide sulfhydrique et de sulfhydrate d'ammoniaque avec l'appareil représenté ci-dessous (fig. 310, p. 1546).

Le gaz arrive dans la cloche en verre par les ouvertures d'un bec à trous du système Bengel B, lorsqu'on ouvre le robinet R. On le fait écouler sous une pression de quelques millimètres d'eau observée au manomètre M. Le gaz s'écoule au dehors par un tube communiquant avec la douille de la cloche. Une bande de papier F, préparée à l'acétate de plomb, est suspendue à une pince. Le gaz est débité à raison de 100 litres à l'heure, environ. Le papier doit rester entièrement blanc pendant un quart d'heure de passage du gaz.

A Londres, le gaz est soumis, de temps en temps, à des vérifications; un magistrat peut requérir un chimiste ou un ingénieur pour vérifier la qualité chimique du gaz et son pouvoir éclairant, lorsqu'il survient une plainte émanant soit de la municipalité, soit d'un consommateur privé.

Les expériences se font avec un bec d'Argand réglementaire à 15 trous et à cheminée de 7 pouces de hauteur. L'unité de lumière servant à la comparaison est celle d'une bougie type en blanc de baleine; la consommation de gaz par le bec d'Argand, dans un temps donné, sous une pression déterminée, est fixée entre certaines limites pour équivaloir à un multiple fixé de la lumière fournie par la bougie type.

Fig. 310. — Appareil pour vérifier l'épuration du gaz.

Le photomètre généralement employé en Angleterre, et en Allemagne également, est le *photomètre de Bunsen*, ou *photomètre à tache*.

Il y a à Londres plusieurs gaz dont les qualités normales sont spécifiées par le traité uniforme imposé aux compagnies. Brûlant sous le volume de 5 p. c. ou de 141 litres à l'heure, le gaz doit fournir une lumière équivalente à celle de 12 bougies (gaz ordinaire), de 20 bougies (gaz riche du *cannel-coal*), ou de 40 bougies (gaz de luxe du *boghead*).

L'essai chimique est fait à l'aide du papier d'acétate de plomb et du papier rouge de tournesol. De plus, les traités imposent que le gaz ne doit pas contenir plus de 20 grains de soufre, sous quelque forme que ce soit, par 100 pieds cubes de gaz (soit 0gr,40 par mètre cube.)

L'opérateur qui vérifie le pouvoir éclairant du gaz doit toujours se placer, pour opérer, à une distance d'au moins mille *yards* de l'usine (1 kilomètre environ) (1).

Nous croyons le système français de vérification du pouvoir éclairant du gaz supérieur en exactitude au système anglais, en raison de la plus grande sensibilité des moyens photométriques et de l'emploi d'une unité de lumière moins sujette à variations.

DIVERS SYSTÈMES D'ÉCLAIRAGE AVEC INTERVENTION DU GAZ DE LA HOUILLE.

Lumière Drummond. — Cette lumière, bien connue des physiciens, était obtenue par l'inventeur au moyen de la projection d'un mélange, à proportions déterminées, de gaz de la houille et d'oxygène sur une baguette de craie ou de chaux. On s'en sert aujourd'hui dans les cours de physique comme source de lumière intense, pour projeter les objets ou dessins sur un tableau, au moyen d'un système de lentilles. Dans les cours publics ou dans les représentations des théâtres, on remplace ainsi soit la lumière solaire, soit la lumière électrique

Fig. 311. — Éclairage au gaz oxy-hydrique de M. Tessié du Motay.

On employait à cet effet, autrefois, un mélange de 2 volumes d'hydrogène pur et de 1 volume d'oxygène, fait au bec. Aujourd'hui, on a substitué à l'hydrogène pur le gaz de la houille que l'on a partout à sa portée dans les grandes villes, et il est facile de régler le débit des deux gaz, au moyen de robinets, de façon à obtenir le maximum d'effet lumineux.

Un physicien italien, M. Carlevaris, a remplacé la chaux, qui se délite et qui doit être changée à chaque fois, par un cylindre creux de magnésie d'une plus longue durée.

Le gaz de l'éclairage a généralement remplacé l'hydrogène pur.

Le système Drummond a l'inconvénient de ne projeter les rayons lumineux que d'un seul côté.

Système de M. Tessié du Motay. — Dans ces derniers temps, M. Tessié du Motay, après avoir imaginé un procédé très-ingénieux pour la fabri-

(1) C'est aussi la distance minimum qui sépare, à Paris, l'usine du bureau d'essai du gaz. Aussi peut-il arriver, surtout en hiver, que le pouvoir éclairant du gaz essayé par les agents du service municipal se trouve moindre que celui qui est déterminé à l'usine par les agents de la Compagnie.

cation économique de l'oxygène (1), a modifié le système de la lumière Drummond, en substituant à la chaux un cylindre massif de magnésie comprimée, préparé par la méthode de M. Caron. Ce petit cylindre magnésien, placé verticalement, devient incandescent sous l'influence des jets des gaz de houille et oxygène allumés qui viennent le frapper à sa base. Ce cylindre est disposé de façon à éclairer circulairement; il peut fonctionner pendant une soirée entière au moins. Une pression convenable du gaz de l'éclairage (de 5 ou 6 centimètres d'eau), et une pression de 6 à 7 centimètres pour l'oxygène, suffisent pour déterminer une vive incandescence après l'allumage.

Au bout de quelque temps, les crayons magnésiens se creusent dans la partie frappée par le jet de flamme et doivent être renouvelés. Un essai de ce système d'éclairage a été fait en 1868 sur la place de l'Hôtel de Ville. La question du prix de revient de l'unité de cette lumière est naturellement solidaire du prix de revient de l'oxygène lui-même.

Ce système exige une canalisation spéciale pour l'oxygène, dont le mélange avec le gaz carburé ne doit se faire qu'au bec, pour éviter de graves dangers. La figure 311 représente le bec qui avait été placé dans une série de lanternes de la place de l'Hôtel-de-Ville. On voit le crayon magnésien frappé par les jets de gaz allumés arrivant chacun sous une pression déterminée.

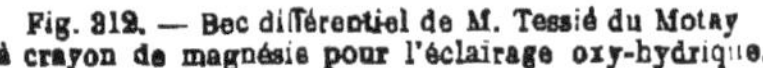

Fig. 312. — Bec différentiel de M. Tessié du Motay à crayon de magnésie pour l'éclairage oxy-hydrique.

Fig. 314. — Détail du bec différentiel.

Frappé de l'usure assez rapide des crayons magnésiens, M. Caron a cherché à les remplacer par d'autres substances. Il a trouvé que la zircone, préparée à l'état de pureté et façonnée en crayons ou en petits cônes, donnait une lumière plus blanche et plus intense que la magnésie, et que la matière portée à l'incandescence était susceptible d'une plus longue durée que la magnésie qui se creuse dans les parties frappées par les jets de flamme.

MM. Tessié du Motay et Caron croient qu'en exploitant le zircon en roche dans certains gisements, il serait possible de fabriquer la zircone à un prix bien inférieur à celui que l'on aurait pu croire d'abord. La question est encore à l'étude, et la fabrication de l'oxygène par le procédé Tessié du Motay sur une certaine échelle a déjà commencé en vue d'appliquer à l'éclairage le mélange d'oxygène et de gaz de la houille, dit gaz oxy-hydrique. L'oxygène comprimé est expédié à l'usine dans des cylindres à la manière du gaz de *boghead*.

Tout récemment, M. Tessié du Motay a employé un bec d'une disposition particulière et nouvelle, appelé bec *différentiel*. Ce bec éclaire circulairement; il fonctionne sans subir d'intermittence sensible dans l'intensité de la lumière lorsque la pression du gaz de houille vient à varier. La figure 313 est destinée à en faire comprendre le principe. Le gaz d'éclairage arrive dans deux directions opposées par deux tubes *aa*, qui se recourbent horizontalement et dans la direction des flèches. L'orifice du jet d'oxygène est à un niveau un peu inférieur, il s'échappe à l'extrémité du tube vertical *b*. Les figures 312 et 314 représentent le bec à plusieurs faisceaux pour le gaz de houille et pour l'oxygène. C'est un crayon de magnésie soutenu par un support métallique *t*. Le gaz de houille arrive par le tuyau A (fig. 312), l'oxygène par le tuyau B; C et D sont les robinets de réglage des deux gaz. On allume d'abord le gaz de l'éclairage, puis on fait arriver l'oxygène. Le crayon C devient incandescent.

Système Bourbouze et Wiesneg. — M. Bourbouze emploie comme source de lumière le gaz de l'éclairage débité par un bec de chalumeau et alimenté par de l'air comprimé à une demi-atmosphère en sus de la pression atmosphérique. Le jet gazeux est enflammé à l'extrémité d'un tube métallique qui se termine par une sorte de capuchon formé par un réseau de fils de platine, lequel se trouve porté à une vive incandescence. On

(1) Cet oxygène est préparé par la décomposition, au rouge sombre, du manganate de soude, qui dégage de l'oxygène avec facilité en passant à l'état de sesquioxyde et de soude hydratée, sous l'influence d'un courant de vapeur d'eau surchauffée. Si l'on fait ensuite intervenir l'action d'un courant d'air injecté mécaniquement, le manganate de soude se révivifie, et l'on peut opérer ainsi pendant très-longtemps, suivant l'auteur, sans être obligé d'enlever la matière des cylindres pour la révivifier.

obtient ainsi une lumière intense et susceptible d'être employée pour l'éclairage et les projections dans la démonstration des cours publics. La combustion est accompagnée d'un bruissement assez fort, que l'inventeur est parvenu à atténuer beaucoup tout récemment en associant ses efforts à ceux de M. Wiessneg.

MM. Wiessneg et Bourbouze ont modifié leur système en vue d'économiser la consommation du gaz, assez forte dans le système précédent, et de simplifier le tuyautage. Au lieu de comprimer l'air, ils compriment le gaz de l'éclairage à une demi-atmosphère en sus de la pression atmosphérique, et le dirigent dans une forte lampe de Bunsen dont l'extrémité supérieure est coiffée d'une calotte formée par un réseau de fils de platine. Dans certains appareils un cône de magnésie est placé au centre de cette calotte qui rayonne une lumière très-forte et très-blanche, quoique riche en rayons calorifiques.

Système d'Hurcourt. — M. d'Hurcourt a proposé un système dont nous ne ferons qu'énoncer le principe. Il opère au moyen d'un appareil spécial le mélange de l'air et du gaz de l'éclairage, en proportions insuffisantes pour détoner (1 volume de gaz et 2 d'air), et projette ce mélange dans la canalisation et sous une pression de 5 à 6 centimètres d'eau, au moyen d'une soufflerie mise en mouvement par une machine à gaz ou à air chaud, ou un moteur hydraulique; le mélange s'échappe par un bec à trous circulaires très-petits, lequel est surmonté d'un cône en fils de platine à claire-voie qui devient incandescent dans le mélange allumé au bec. Ce mode d'irradiation de la lumière rappelle le système de M. Gillard pour le gaz de la décomposition de l'eau.

APPLICATIONS DU GAZ AU CHAUFFAGE.

Lorsqu'il s'agit d'un chauffage continu pour de grands édifices, il est facile de reconnaître qu'au prix où le gaz est livré à Paris, il ne saurait y avoir avantage sous le rapport de l'économie à recourir au gaz d'éclairage de la canalisation et qu'il est préférable d'utiliser la chaleur développée directement par la combustion de la houille. Le calcul pour arriver à cette conclusion est facile à faire.

En effet, la composition d'un gaz de l'éclairage étant connue, on peut calculer le pouvoir calorifique de 1 mètre cube de ce gaz d'après le pouvoir calorifique des gaz combustibles qu'il contient, en s'appuyant sur les nombres donnés par MM. Favre et Silbermann pour les chaleurs de combustion des gaz hydrogène proto- et bicarboné, hydrogène pur et oxyde de carbone, et sur les densités de ces gaz.

D'ailleurs, la flamme du gaz a l'inconvénient d'avoir un faible pouvoir rayonnant comparativement aux combustibles carbonés solides.

Les considérations changent lorsqu'il s'agit du chauffage intermittent et lorsqu'on veut obtenir des effets calorifiques divers dans les laboratoires et dans diverses industries. La faculté de supprimer instantanément la combustion du corps combustible lorsque l'effet à produire est obtenu introduit un nouvel élément dans le calcul de la dépense.

Aujourd'hui, le chauffage à l'aide de la combustion du gaz rend de véritables services dans les laboratoires, dans l'industrie et dans l'économie domestique.

Nous supprimons comme sortant du cadre de cet article la description de tous les appareils de chauffage étrangers aux laboratoires de chimie.

Nous croyons de plus superflu d'indiquer ici les figures des becs de Bunsen dont nous avons déjà parlé, ainsi que celles des divers réchauds, grilles à analyse usités dans les laboratoires et connus de tous les chimistes.

Qu'il nous suffise de faire remarquer que le trou d'admission du gaz dans la douille du bec de Bunsen présente généralement, en Allemagne, la forme d'une étoile à 3 branches. Cette disposition, ou toute autre semblable destinée à augmenter la surface du jet de gaz, produit une aspiration de l'air proportionnelle à l'afflux du gaz combustible. La lampe peut donc brûler également bien avec des quantités de gaz très-différentes.

Nous nous bornerons à citer deux appareils qui permettent de réaliser des températures élevées pour la fusion des métaux, etc., en faisant usage du gaz ordinaire brûlé par l'air, avec ou sans le secours d'une soufflerie.

Appareil de M. A. Perrot pour la fusion ou le chauffage par le gaz. — Cet appareil est représenté page 1549 en plan et coupes (fig. 315), à l'échelle de $\frac{1}{10}$. (Les détails des brûleurs sont à échelle amplifiée.)

Il se compose de deux parties distinctes qui peuvent être facilement séparées ou réunies. La première de ces parties, à laquelle se rapportent toutes les lettres, depuis *a* jusqu'à M, est l'appareil de combustion proprement dit. Il peut être employé au chauffage en général. La seconde de ces parties, à laquelle se rapportent toutes les autres lettres, est le fourneau de fusion.

L'auteur fait remarquer qu'il a cherché à tirer le meilleur parti de la combustion du gaz pour le développement de la chaleur. Pour cela, la colonne de gaz en ignition est formée de plusieurs flammes distinctes. Les parties de l'appareil sont combinées de telle sorte que les flammes pénètrent dans le fourneau sans se confondre; elles ne rencontrent dans leur trajet que des surfaces peu conductrices: ces surfaces doivent surchauffer les colonnes isolées formées par ces flammes qui, alors seulement, doivent se réunir en un seul faisceau. Le degré d'écartement de ces flammes, au moment de leur entrée dans le fourneau, doit être tel, qu'il ne puisse pas pénétrer avec elles une plus grande quantité d'air que celle qui est nécessaire à une combustion complète; chaque flamme doit être isolée de celles qui l'avoisinent, pour être, au moment de son entrée dans le fourneau, enveloppée de toutes parts par l'air qui pénètre en même temps qu'elle.

Le cylindre intérieur, ou moufle, se trouve chauffé sur les deux surfaces lorsque l'appareil fonctionne. Le moufle est formé de trois parties mobiles, dont deux en forme de voûte. La calotte inférieure, qui fait saillie hors du fourneau, influe sur l'arrivée du mélange gazeux et de l'air; elle permet de doubler la quantité de gaz, sans augmenter les sections des arrivées d'air.

A l'aide de l'appareil de M. Perrot, on peut fondre, dans les creusets, de l'or, du cuivre rouge, de la fonte de fer, etc., sans recourir à l'emploi d'une soufflerie et avec la pression ordinaire du gaz de l'éclairage dans les conduites. Il suffit du tirage produit par 2 ou 3 mètres de tuyaux de cheminée.

M. Perrot a également imaginé un fourneau à moufle horizontal fondé sur le même principe et qui peut être utile aux émailleurs, etc.

Appareil de M. Schlœssing. — M. Schlœssing emploie l'appareil représenté par les figures 316 et 317, p. 1550, pour le chauffage des creusets à des températures très-élevées, lesquelles ne pourraient pas être atteintes par la combustion du gaz de l'éclairage opérée par l'air à la pression ordinaire. Cet appareil permet de réaliser, au moyen du gaz d'éclairage et de l'air, sous une pression de

Appareil de combustion de M. Perrot. — *a*, tube d'arrivée du gaz; *b*, robinet de réglage. La clef de ce robinet porte une poignée avec une aiguille qui indique sur un cadran le degré d'ouverture du robinet. G G, anneau creux dit *couronne*, dans lequel arrive le gaz. Cette couronne, placée horizontalement, porte, à sa partie supérieure, un certain nombre de petits becs, qui sont également espacés entre eux. Chacun d'eux est logé dans le bas d'un tube recourbé *ff*. Les tubes *ff* sont eux-mêmes entourés dans le bas par des viroles mobiles qui peuvent tourner à frottement doux à l'extérieur du tube *f*. La fenêtre *e*, ovale, carrée ou circulaire, percée à la hauteur de l'ouverture du bec, correspond à une ouverture de même forme et de même grandeur, percée à la même hauteur dans la virole enveloppe F. L'entrée de l'air par la fenêtre *e* peut avoir lieu, ou être interceptée, en faisant tourner cette virole. Le tube *f* est incliné de quelques degrés par rapport à l'axe de la cheminée verticale percée dans le bec *d* pour laisser échapper le gaz à partir de la couronne. On obtient ainsi un mélange plus complet du gaz fourni par la cheminée avec l'air arrivant par la fenêtre *e*. Le tube *f* se recourbe, à sa partie supérieure, pour pénétrer dans l'intérieur d'un anneau horizontal; il se termine, à l'intérieur de cet anneau, par un appendice *g*, dans lequel son extrémité

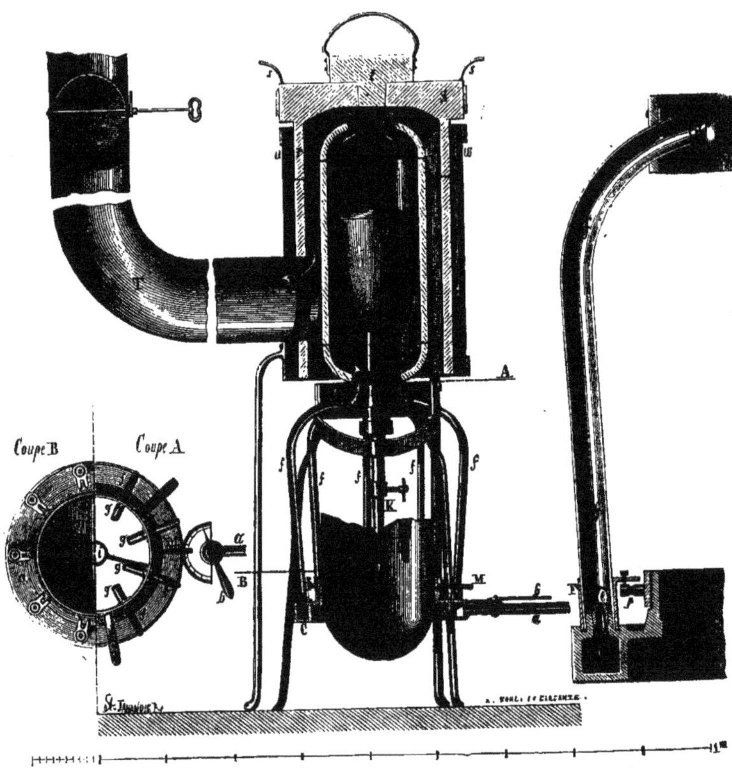

Fig. 315. — Appareil de M. A. Perrot, pour la fusion ou le chauffage par le gaz.

entre à frottement doux. (Voyez aussi la coupe A de la figure 315.) C'est par cet appendice *g* que sort le mélange d'air et de gaz qui doit être dirigé dans le fourneau de fusion. En changeant la forme, la longueur et l'inclinaison de cet appendice, on peut obtenir des flammes de nature un peu différente, suivant la dimension des creusets ou du fourneau, suivant la quantité de matière à fondre, etc. Cette pièce, maintenue dans une position fixe, peut être changée facilement lorsqu'elle a été détériorée par l'action de la chaleur. La couronne est portée par plusieurs pieds en fer. K est un tube vertical porté par une espèce d'étrier vissé à la couronne; le tube K est muni d'une vis de serrage; il reçoit un cylindre terminé par une petite plate-forme à rebords, sur laquelle on peut placer le fromage *i* destiné à recevoir le creuset. M est une poignée servant à ouvrir ou à fermer simultanément toutes les fenêtres *e*.

Fourneau de fusion. — Il se compose, à l'intérieur, d'un moufle cylindrique vertical, terminé à sa partie inférieure par des calottes distinctes qui sont percées d'ouvertures circulaires. Ce moufle est entouré d'un cylindre, également en terre réfractaire *rr*; il est d'un plus grand diamètre et porte sur le côté une ouverture en communication avec la cheminée T. L'enveloppe cylindrique en tôle *uu* communique avec la cheminée. Le tout est supporté par des pieds en fer rivés à l'enveloppe du fourneau de fusion. R, soupape pour régler le tirage. S, couvercle en terre réfractaire, percé d'un trou à son centre, ayant à peu près le même diamètre que le trou de la calotte. Ce trou est bouché par un bouchon *t* portant une poignée.

Régulateur des prises d'air. — Pour régler les quantités d'air à admettre par les ouvertures *e* au bas des tubes *f*, on a adopté la disposition suivante : sur un couvercle annulaire cylindrique, ayant même axe de figure que la couronne, et faisant corps avec elle, peut tourner, en glissant à frottement, un anneau dont le mouvement est limité par un double talon d'arrêt; on peut faire mouvoir cet anneau, au moyen du manche M. L'anneau porte des appendices saillants *p* en nombre égal à celui des tubes *f*. De petites viroles mobiles, qui entourent le bas des tubes *f*, portent des appendices dirigés horizontalement du côté de l'anneau; ces appendices ont une fente ou rainure, dans laquelle s'engage une partie saillante, fixée sur les appendices *p* de l'anneau. En faisant mouvoir le manche M de l'anneau, on ouvre ou l'on ferme simultanément, et d'une quantité égale, toutes les fenêtres *e*.

La figure destinée à faire voir les détails des brûleurs est à une échelle amplifiée.

0m,3 d'eau, environ, en sus de la pression atmosphérique, la fusion du fer doux, du platine, etc., qui exigeait, jusqu'alors, l'emploi du chalumeau à gaz d'éclairage et à oxygène.

On peut facilement fondre 100 grammes de fer, placés dans un creuset, au bout de 20 minutes de feu, en faisant fonctionner la soufflerie.

Pour obtenir le maximum de température qui

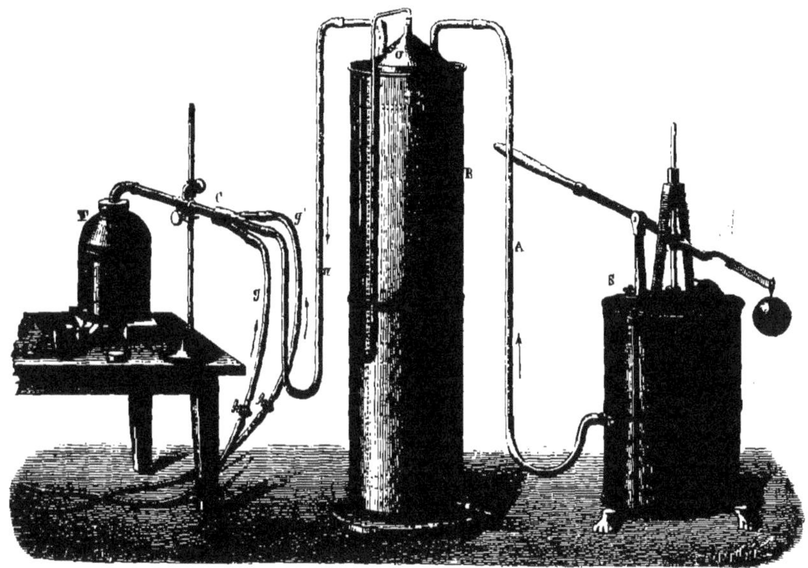

Fig. 316. — Appareil de M. Schlœssing pour le chauffage à température très-élevée.

S, soufflerie; l'air se rend, en sortant de la soufflerie, dans le régulateur R à cloche O ; ce régulateur est muni d'un manomètre à eau extérieur au cylindre R. L'air, comprimé à 0m,3 d'eau environ, sort par le tube a et se rend dans l'axe du chalumeau a (fig. 317). Le gaz de l'éclairage arrive par les deux tubes g et g' (fig. 316 et 317) dans le chalumeau. Le débit des gaz peut être réglé par des robinets. La combustion du jet enflammé, entretenue par le courant d'air comprimé, se fait à la partie supérieure du fourneau F en terre réfractaire posé sur des briques ; la flamme s'échappe par le bas à la circonférence du manchon du fourneau, qui n'a pas de fond. Le creuset est dans l'intérieur du manchon du fourneau ; il est supporté à une hauteur convenable par un fromage en terre réfractaire.

correspond aux proportions de gaz pour lesquelles la combustion est complète, il faut régler par tâtonnement le débit du gaz de l'éclairage et de l'oxygène, au moyen des robinets. A cet effet, on est guidé par les apparences que présentera une

Fig. 317. — Chalumeau à gaz de l'appareil de M. Schlœssing.

lame de cuivre faisant saillie au dehors du fourneau et qui est léchée par les flammes qui sortent au bas du fourneau. Cette lame noircira en s'oxydant lorsque la flamme contiendra un excès d'oxygène, par suite de la formation d'oxyde de cuivre; on augmentera alors le débit du gaz de l'éclairage jusqu'à ce que la flamme commence à se montrer réductrice à l'égard de la croûte d'oxyde formée à la surface du cuivre. Par cet artifice très-simple, on règle convenablement l'émission des gaz, au moyen des robinets.

Application du gaz de houille à la force motrice. — Ces applications, qui sont récentes, tendent à se développer. Parmi les machines qui emploient le gaz, nous citerons la machine Lenoir, la machine Hugon. La machine prussienne de MM. Langen et Otto présente des avantages sous le rapport de l'économie de gaz; elle a l'inconvénient de produire un bruissement très-fort lorsqu'elle fonctionne.

Les avantages des machines à gaz de petite force (dont la description ne saurait d'ailleurs trouver place ici) sont de se prêter facilement à un fonctionnement discontinu, d'être d'une installation facile à tous les étages des maisons où le gaz se distribue; elles sont ainsi à même de rendre service aux petites industries.

En 1868, le nombre des seules machines Lenoir vendues par la Compagnie parisienne représentait une force de 307 chevaux, pouvant entraîner une consommation de 900,000 mètres cubes de gaz pour la production de la force motrice.

APPLICATIONS DES GAZ DE DIVERSES ORIGINES A L'ÉCLAIRAGE.

Gaz de l'huile et des matières grasses: — Avant 1830, M. Taylor avait construit une fabrique pour produire le gaz au moyen de la décomposition des huiles; l'huile se décomposait en gaz en arrivant en filet continu dans un cylindre chauffé contenant du coke. Les huiles ordinaires fournissaient 830 litres environ par kilogramme d'un gaz bien éclairant. A moins d'opérer sur des huiles de poisson à très-bas prix, comme on le faisait en Angleterre, il est évident que, pour les huiles susceptibles d'une bonne combustion, il y a avantage à les brûler sous la forme liquide dans de bonnes lampes, au lieu de les convertir en gaz.

Dans quelques cas spéciaux, la fabrication du gaz par les matières grasses a pu procurer des avantages. Ainsi, il y a déjà un certain nombre d'années, M. Houzeau-Muiron, à Reims, eut l'idée d'utiliser les eaux savonneuses provenant du dégraissage des laines et d'en extraire les acides gras bruts. Ceux-ci, soumis à la distillation, fournirent un gaz éclairant qui fut appliqué non-seulement à l'éclairage de la fabrique, mais aussi à l'éclairage d'une partie de la ville.

Gaz de la tourbe. — Ce gaz jouit d'un asse grand pouvoir éclairant. La tourbe introduite dans une cornue chauffée au rouge sombre donne immédiatement un mélange de gaz permanents de vapeurs, susceptibles de condensation en un liquide oléagineux. Le gaz, par lui-même, est peu éclairant; mais l'huile de tourbe, séparée et soumise à une nouvelle distillation, se résout tout entière en un gaz riche en hydrocarbures éclairants. On mêle les deux gaz et on obtient un gaz combustible dont le pouvoir éclairant est supérieur à celui du gaz de houille qui alimente Paris. D'après Foucault, le pouvoir éclairant de ce gaz de tourbe s'est maintenu entre des limites représentées par 150 et 300, le pouvoir éclairant du gaz de Paris étant représenté par 100.

Gaz de résine. — La résine, soumise à la température rouge, donne, en grande abondance, un gaz d'un pouvoir éclairant double à volume égal de celui de la houille. On voyait encore, il y a quelques années, chez M. Chaussenot, un appareil produisant le gaz et servant à l'éclairage de sa filature.

Gaz dit portatif. — Aujourd'hui le gaz dit portatif, transporté dans la circulation à Paris et dans les communes suburbaines, est uniquement fourni par la distillation d'un schiste bitumineux appelé *boghead* et exploité en Écosse. Le gaz, très-riche, provenant de cette distillation, est comprimé à 12 atmosphères dans des cylindres en tôle qui peuvent distribuer le gaz par l'intermédiaire de régulateurs spéciaux. On le verse par simple différence de pression dans des gazomètres à cloches établis chez les consommateurs.

L'industrie dont il s'agit a été installée par M. d'Hurcourt. Elle est placée aujourd'hui sous la direction de M. Hugon. On fabrique dans plusieurs usines un gaz riche, dont le pouvoir éclairant peut être triple ou quadruple de celui du gaz de houille, à volume égal, et qui est vendu en conséquence.

On distille le *boghead* dans des cornues, qui autrefois étaient très-surbaissées et qui, aujourd'hui, diffèrent à peine, par leur forme, des cornues actuelles pour la fabrication du gaz de houille. En sortant du barillet, le gaz se rend dans des condenseurs où il se dépose environ $0^k,6$ d'huile par mètre cube. Le gaz est ensuite épuré à la chaux et se rend alors dans les gazomètres à tubes articulés. Du gazomètre, le gaz est refoulé par des pompes dans des récipients cylindriques en forte tôle à calotte sphérique servant au transport à domicile. Les récipients d'abonnés ne contiennent le gaz comprimé que jusqu'à 4 atmosphères. Les cylindres venant des usines le contiennent à 12 atmosphères. On met en communication les récipients transportés par la voiture de l'usine avec ceux des consommateurs au moyen d'un tube flexible. Le récipient à domicile débite le gaz sous une faible pression, 10 à 20 millimètres d'eau, par l'intermédiaire d'un régulateur d'une construction ingénieuse.

Les sous-produits de cette industrie sont le brai gras ou sec, les carbures liquides et la paraffine. Les huiles de *boghead* sont raffinées et soumises à des distillations fractionnées dont les produits sont livrés à l'industrie.

Gaz au bois. — Le bois chauffé à une haute température peut donner un gaz assez éclairant, mais riche en oxyde de carbone et en acide carbonique avant l'épuration. On applique encore aujourd'hui en Suisse et en Bavière une modification du procédé de Lebon, due à Pettenkofer. On charge une cornue unique chauffée à la tourbe avec 50 kilogrammes de bois de sapin bien sec; en 1 heure 1/2 on a complété la distillation et le produit se compose d'environ 20 mètres cubes de gaz, 20 °/₀ de charbon très-compacte, et 5 à 7 °/₀ d'excellent goudron. Le gaz contient environ 25 °/₀ d'acide carbonique dont on le prive à la façon ordinaire; purifié, il renferme 18,5 °/₀ d'hydrogène, 62 d'oxyde de carbone, 9,5 de gaz des marais, et 7,70 d'autres hydrocarbures. Lorsqu'on le brûle dans des becs à trous larges, il peut, suivant l'auteur, éclairer plus que le gaz de houille ordinaire.

Gaz de la décomposition de l'eau par le charbon. — L'eau en vapeur, décomposée en passant sur le charbon incandescent, produit, comme on sait, principalement de l'hydrogène, de l'oxyde de carbone et une certaine quantité d'acide carbonique. Les gaz combustibles obtenus ne sont pas éclairants, mais ils peuvent le devenir lorsqu'ils sont saturés par des hydrocarbures volatils.

La première tentative faite sur une certaine échelle pour l'éclairage à l'aide du gaz de l'eau, carburé par les vapeurs huileuses, est due à un ingénieur, connu par plusieurs inventions intéressantes, M. Selligue. En 1842, il fabriquait encore aux Batignolles, alors faubourg de Paris, un gaz obtenu par la décomposition de l'eau opérée par le charbon incandescent. Le gaz était rendu éclairant en le saturant à chaud par des huiles extraites des schistes exploités aux environs d'Autun. Une partie du faubourg des Batignolles fut ainsi éclairée par le gaz de cette usine, mais, outre que ce gaz avait l'inconvénient d'être très-riche en oxyde de carbone [1], il avait encore le désavantage de perdre notablement de sa faculté éclairante en s'éloignant de l'usine, surtout lorsque la température ambiante était basse. Cette fabrication fut bientôt abandonnée.

En 1848, M. Gillard construisit à Passy une usine pour fabriquer du gaz en décomposant la vapeur d'eau par le charbon de bois, dans de grands cylindres en fonte. Ce gaz, qu'on disait exempt d'oxyde de carbone, en conséquence du mode même de sa fabrication, en contenait néanmoins encore souvent 20 °/₀ après son épuration par la chaux.

Dans ce procédé, le gaz était brûlé sans carburation préalable, et la lumière résultait de l'incandescence d'un cylindre à claire-voie en fils de platine placé au-dessus du bec. Ce fut là la première tentative industrielle d'éclairage en rendant le gaz éclairant par sa projection sur le platine.

Le système de M. Gillard fut appliqué pendant quelque temps à l'éclairage des rues de la ville de Narbonne.

Pendant quelque temps les ateliers de dorure et d'argenture de M. Christofle, à Paris, furent éclairés par ce même système [2]. Le gaz dont il

(1) Un aéronaute, M. Dupuy-Delcourt, parti des Batignolles avec son ballon gonflé du gaz de M. Selligue, faillit périr asphyxié.

(2) L'avantage que l'on s'était promis résultait surtout de l'emploi dans ces ateliers d'un gaz absolument dépourvu d'acide sulfhydrique et de produits sulfurés, incapable par conséquent d'altérer les métaux. A cette époque le gaz de houille n'était pas livré au consommateur pendant le jour.

s'agit, étant très-riche en oxyde de carbone, et dépourvu d'odeur susceptible de révéler les fuites, a été jugé dangereux. Sa fabrication fut peu rémunératrice. On a remarqué aussi que le platine était rapidement mis hors de service par suite d'un changement dans sa structure qui amenait sa désagrégation.

BIBLIOGRAPHIE. — J. DUMAS, *Traité de Chimie appliquée aux arts*, 1828, t. I, p. 641; — PÉCLET, *Traité de l'éclairage*, Paris; — CLEGG (Samuel), *Traité pratique de la fabrication du gaz*, etc.; traduction de SERVIER, Paris, 1869; — TRÉBUCHET, *Recherches sur l'éclairage de Paris;* — D'HURCOURT, *De l'éclairage au gaz*, Paris, 1845; — SCHILLING, *Traité de l'éclairage au gaz*, Munich, 1868 (traduction française de SERVIER, Paris); — PAYEN, *Traité de Chimie industrielle*, 1867, t. II, p. 814, et *Revue des Deux Mondes*, mars 1854; — LABOULAYE, *Dictionnaire des arts et manufactures* (Paris, Gaz-Éclairage); — TABOR, *Vollständiges Handbuch, für Gasbeleuchtung;* — HARTMANN, *Fortschritte der Gasbeleuchtung*, Weimar, 1864; — KÖHLER, *Der Gasmeister für jedermann*, Leipzig, 1865; *Journal de l'éclairage au gaz* et journal *Le Gaz*, 1856 à 1869, Paris; *Journal of the gaz lighting*, Londres, années 1861 à 1769; — SCHILLING, *Journal für Gasbeleuchtung*, Munich, 1861 à 1869; — JEANNENEY, *Expériences sur la combustion du gaz d'éclairage* (*Journal de l'éclairage au gaz*), 1856, p. 228; — P. AUDOUIN et P. BÉRARD, *Études sur les divers becs et les meilleures conditions de combustion* (*Annales de Chim. et de Physique*, 3e série, t. LXV, p. 423); *Sur les becs à gaz* (*Bulletin de la Société d'encouragement*, 2e série, t. XIV, p. 392); — ROBERT CHRISTISON et EDWARD TURNER, *Expériences sur la combustion et le pouvoir éclairant* (*Ann. de Chim. et de Phys.*), 1re série, t. XXXV, p. 309; — E. FRANKLAND, *Philos. trans.*, t. CLI, p. 629; — *Leçons sur le gaz de houille faites à l'Institution royale*, voir *Journal of the gaz lighting*, 1867, et *Comptes rendus de l'Académie des sciences*, t. LXVII, p. 736; — M. BERTHELOT, *Annales de Chimie et de Physique*, 3e série, t. LXVII, p. 75 et *Dictionnaire des Arts et Manufactures*, article ÉCLAIRAGE (Complément du dictionnaire); — FÉLIX LE BLANC, *Rapport sur la construction des appareils photométriques* employés par la ville de Paris (*Bulletin de la Société d'encouragement*, 1865); — COMMINES DE MARSILLY, *Gaz produits par les diverses qualités de houille* (*Annales de Chimie et de Physique*), 3e série, t. LXIX, p. 297; — LANDOLT, *Nature de la flamme, réactions chimiques*, etc. (*Ann. de Poggendorff*, t. XCIX, p. 389); — S. ELSTER, *Kentniss der Leuchtkraft der Leuchtmaterialien*, *Journ. für Gasbeleuchtung*, 1862, p. 384; — LETHEBY, BARLOW, ANDERSON, VALENTIN, ELLISSEN, *Sulfure de carbone dans le gaz*. (*Journ. of the gaz lighting*, 1864 à 1869); — POWELLS et DUBOCHET, *Appareils pour la fabrication du gaz* (*Bull. de la Soc. d'encouragement*, 1re série, t. XLI, p. 239 et t. XLVIII, p. 508); — KERSTEN, *Journ. für Gasbeleuchtung*, 1862, p. 84; — O. L. ERDMANN, *Gasprüfer*. *Journ. für Gasbeleuchtung*. Munich, 1860, p. 343; — LAMING, *Sur l'épuration du gaz de l'éclairage* (*Journ. of the gaz lighting* et *Journ. für Gasbeleuchtung*, 1863); — MALLET, *Épuration du gaz* (*Bull. de la Soc. d'encouragement*, 1re série, t. XL, p. 429 et 469); — EUGÈNE PELOUZE, *Solubilité du soufre dans les huiles de houille* et *Extraction du soufre des matières ayant servi à l'épuration du gaz* (*Comptes rendus*, t. LXVIII, p. 1179); — WAGNER, *Dingler's Polyt. Journ.*, t. CXCII, p. 131; *Bull. de la Soc. chim. de Paris*, nouv. sér., t. XII, p. 339; — BRESCIUS, *Dingler's Polyt. Journ.*, t. CXCII, p. 125 et *Bull. de la Soc. chim.*, nouv. sér., t. XII, p. 340; — SELLIGUE, *Production du gaz d'éclairage* (*Bull. de la Soc. d'encouragement*, 1re série, t. XXXVII, p. 396); — FUCHS, *Pouvoir éclairant du gaz de boghead;* (*Bull. de la Soc. d'encouragement*, 2e série, t. XII, p. 605); — DANIEL, *Gaz de résine* (*Bull. de la Soc. d'encouragement*, 1re sér. t. XXVIII, p. 79); — DAURÉ, *Éclairage au gaz de résine* (*Bull. de la Soc. d'encouragement*, 1re série, t. XXIII, p. 09); — MATHIEU, *Gaz de résine* (*Bull. de la Soc. d'encouragement*, 1re série, t. XXXV, p. 132 et 301); — A. PERROT, *Nouvel appareil de fusion et de chauffage par le gaz* (*Bull. de la Soc. chim. de Paris*, nouv. sér., 1867, t. VII, p. 332); — DOCUMENTS INÉDITS. FR. L.

GEARKSUTITE (Min.). — Fluorure d'aluminium et de calcium hydraté, en masses terreuses blanches, trouvées dans la cryolithe du Groënland.

GÉDRITE (Min.). — Variété d'anthophyllite très-alumineuse, des environs de Gèdres (Hautes-Pyrénées).

GEHLÉNITE (Min.). — Silicate d'alumine et de chaux, avec sesquioxyde et protoxyde de fer, magnésie, traces de soude et eau; d'après Rammelsberg, le rapport de l'oxygène dans

$$RO, R^2O^3, SiO^2 = 3:3:4$$

$$RO = CaO, MgO, FeO. R^2O^3 = Al^2O^3, Fe^2O^3$$

Se trouve en petits cristaux d'un gris verdâtre, ou brunâtre, d'un éclat vitreux, presque opaques, engagés dans un calcaire cristallin, au mont Monzoni, dans la vallée de Fassa.

Caractères. — Fait gelée avec l'acide chlorhydrique, et donne une solution contenant du peroxyde et du protoxyde de fer. Au chalumeau fond difficilement sur les bords. Avec le borax, donne les réactions du fer.

Dureté, 5,5 à 6. Poussière blanche. Densité, 2.9 à 3,07.

Forme cristalline. — Prismes quadratiques souvent très-peu modifiés; $p\ a^1 = 150°\ 30'$. Clivages: p imparfait; m traces. F. et S.

GEIERITE (Min.). — Variété intermédiaire entre le fer arsenical et le mispickel.

GÉINE. — Synonyme d'ULMINE (voyez ce mot). Buchner a aussi donné le nom de géine à une matière amère extraite de la racine de benoîte (*Geum urbanum*) [Buchner, *Répert. de Pharm.*, t. XLIV, p. 1].

GÉLATINE. — La gélatine est un produit de transformation moléculaire de certains tissus de l'organisme animal, et notamment du tissu organique des os (osséine) et du tissu dermique. Sous l'influence de l'ébullition avec l'eau, ces tissus passent de l'état insoluble à l'état soluble, plus ou moins rapidement selon l'état d'agrégation.

Dans le commerce, on connaît deux variétés essentielles de gélatine :

1° La colle de poisson ou ichthyocolle, membrane interne de la vessie natatoire de diverses espèces d'esturgeons communes dans les fleuves de la Russie : c'est la variété de gélatine la plus pure;

2° La colle forte ordinaire, qui peut être plus ou moins belle, plus ou moins colorée et transparente, suivant la quantité des matières premières et les soins apportés à la fabrication. (Voir plus loin.)

Propriétés. — La gélatine pure et sèche se présente sous forme d'une masse amorphe, transparente, ou incolore à peu près, dure et cassante, avec un certain degré d'élasticité, neutre aux réactifs, saveur nulle ou faiblement douceâtre. Elle est insoluble dans l'alcool et l'éther, l'eau la gonfle à froid sans la dissoudre, en formant une gelée qui se dissout à chaud pour se reformer à froid. Les solutions de gélatine précipitent par l'alcool, et le dépôt donne à l'incinération beaucoup moins de cendres que la colle forte non purifiée.

L'acide gallotannique et quelques autres tannins forment avec la gélatine des combinaisons insolubles et imputrescibles. L'alun et le persulfate de fer ne précipitent la gélatine qu'autant que l'on ajoute assez d'alcali pour former un sel basique.

Le cyanure jaune, les acétates neutre et basiques de plomb, le nitrate d'argent, le sulfate de cuivre ne donnent pas de précipités. Le bichlorure de mercure donne un trouble avec les solutions de gélatine; ce trouble, qui au début disparaît par l'agitation, devient persistant par addition d'un excès de réactif.

Le perchlorure de platine précipite la gélatine.

Abandonnée à l'état humide au contact de l'air, elle se putréfie en devenant d'abord acide, puis ammoniacale.

Sous l'influence de la distillation sèche, la gélatine fournit des produits analogues à ceux que donnent les matières protéiques (eau, carbonate, sulfhydrate et cyanhydrate d'ammoniaque; alcaloïdes volatils tels que : méthylamine, propylamine, tétrylamine, aniline, pyridine, lutidine, picoline; huiles neutres indéterminées).

Action des acides. — Sauf l'acide gallotannique, aucun acide étendu ne précipite les solutions de gélatine.

L'acide sulfurique concentré dissout la gélatine; cette dissolution étant ensuite étendue d'eau et maintenue quelque temps à l'ébullition, on obtient de la leucine et du sucre de gélatine. D'après Gerhardt, la colle de poisson bouillie avec de l'acide sulfurique étendu fournit du sulfate d'ammoniaque et un sucre fermentescible. L'acide azotique attaque la gélatine à chaud en donnant entre autres produits de l'acide oxalique.

Action des alcalis. — Par l'ébullition avec une solution concentrée de potasse ou de soude, la gélatine se convertit en divers produits, parmi lesquels se distinguent la leucine et le glycocolle.

Les agents oxydants (acide sulfurique étendu et peroxyde de manganèse ou bichromate de potasse) donnent avec la gélatine les mêmes produits qu'avec les substances albuminoïdes.

Un courant de chlore précipite les solutions gélatineuses sous forme de flocons et de filaments blancs imputrescibles, insolubles dans l'eau et l'alcool, solubles dans les alcalis et contenant du chlore (7 à 8 °/₀).

Longtemps bouillies avec de l'eau, les solutions de gélatine perdent la propriété de se prendre en gelée par le refroidissement.

Au point de vue de la composition, la gélatine et les tissus à gélatine se distinguent des substances albuminoïdes par une moindre proportion de carbone et une quantité plus grande d'azote.

On a trouvé en moyenne pour 100 p. gélatine sèche :

Carbone	50,1
Hydrogène	6,6
Azote	18,3
Soufre	0,14

Hunt représente ces rapports par la formule

$$C^6H^{10}Az^2O^2.$$

Il considère la gélatine comme un nitrile dérivé de la cellulose :

$$C^6H^{10}O^5 + 2AzH^3 = C^6H^{10}Az^2O^2 + 3H^2O.$$

Les résultats obtenus par Gerhardt viennent à l'appui de cette manière de voir. P. S.

GÉLATINE (INDUSTRIE DE LA). — La peau des animaux est insoluble dans l'eau froide, mais lorsqu'on la soumet à l'action prolongée de l'eau bouillante, elle se gonfle, se ramollit et finit par se dissoudre en formant un liquide plus ou moins visqueux, selon sa concentration, et qui jouit de la propriété de se prendre par le refroidissement en une masse tremblante ou *gelée*. Par l'exposition à l'air, cette gelée se dessèche peu à peu et durcit finalement en donnant un produit que chacun connaît, la colle forte, qui n'est, en définitive, que de la gélatine accompagnée de diverses impuretés. La gélatine n'existe pas dans la peau; elle est le résultat de l'action prolongée de l'eau bouillante sur l'osséine et possède la même composition que cette dernière substance.

La peau des animaux jeunes se dissout beaucoup plus vite que celle des animaux plus âgés; celle des poissons se dissout déjà à 20° ou 25°. (Voyez plus bas, ICHTHYOCOLLE.)

La peau n'est pas la seule substance qui puisse fournir de la gélatine : le tissu cellulaire, la chair musculaire, les tendons, les os, en donnent également; les cartilages produisent une matière analogue, la *chondrine* qui se distingue de la gélatine par ce fait qu'elle est précipitée de ses solutions par la plupart des acides et des sels métalliques, ce qui n'est pas le cas de la gélatine. Il résulte de là que l'on peut fabriquer, selon la nature des substances employées, des variétés très-grandes de produits. Les soins que l'on donne à cette fabrication et les procédés adoptés influent d'une manière au moins aussi marquée sur les résultats obtenus, dont la différence frappera forcément le lecteur lorsqu'il comparera dans son esprit la colle forte ordinaire, brune, quelquefois noire, souvent très-odorante, avec les feuilles transparentes, incolores, brillantes, de gélatine pure.

Historique. — La colle de peau et la colle de poisson sont connues depuis fort longtemps : Pline les mentionne et nous prouve que les Romains en connaissaient les propriétés et la préparation.

Quant à la colle d'os, elle n'est en réalité connue que depuis la fin du siècle dernier, et sa fabrication n'est devenue une branche d'industrie importante que dans ces quarante dernières années. Et cependant, dès 1681, Papin, réfugié en Angleterre, avait réussi à préparer de la gélatine en traitant les os par l'eau à une haute température, en vase clos; il songeait à produire ainsi une substance alimentaire très-économique et d'une grande ressource pour la classe ouvrière et pour les hospices. Charles II, à qui Papin soumit son projet, paraissait disposé à donner suite à cette idée si remarquable, lorsque, jetant les yeux sur ses chiens, il aperçut au cou de l'un d'entre eux une requête par laquelle ils demandaient plaisamment qu'on ne les privât point de ce qui leur revenait de droit, et Charles II, préférant ses chiens à ses sujets, repoussa la demande de Papin.

Les idées de Papin furent adoptées par un chanoine de Rouen dont le nom est perdu et qui prépara des aliments accommodés au moyen de la gélatine extraite des os, nourrissant ainsi à ses frais un grand nombre de malheureux (Girardin).

Puis tout cela fut oublié et ce n'est qu'un siècle plus tard que les travaux de Hérissant, Duhamel, Proust, Jean d'Arcet père, Grenet de Rouen rappelèrent l'attention sur ces anciennes tentatives. Joseph d'Arcet fils posa en 1810 les bases de l'industrie actuelle et fit connaître les deux procédés qui sont suivis encore aujourd'hui : extraction de la gélatine par la vapeur d'eau à 106°; dissolution des matières minérales par l'acide chlorhydrique et transformation du résidu en gélatine.

Nous passerons successivement en revue les principales variétés de colles et de gélatines, et nous commençons par la plus pure d'entre elles : la colle de poisson ou ichthyocolle.

COLLE DE POISSON OU ICHTHYOCOLLE. (angl. *isin-*

glass; allem. *hausenblase*). — L'ichthyocolle renferme de 86 à 93 % de gélatine pure; elle est presque entièrement soluble dans l'eau tiède; l'eau froide additionnée d'un à deux millièmes d'acide chlorhydrique la dissout aisément. Deux centièmes d'ichthyocolle, en hiver, trois centièmes en été, suffisent pour former avec l'eau une gelée consistante.

Usages. — La colle de poisson est d'autant plus estimée qu'elle est plus pâle; ses usages sont très-nombreux; sa texture fibreuse permet de l'employer pour le collage de la bière, où, vu l'absence de tannin, elle ne pourrait être remplacée par la colle ordinaire; on l'emploie en outre pour le collage des vins et des liqueurs, l'apprêt des gazes, des rubans, certains genres d'impression, la fabrication du *taffetas d'Angleterre*, la préparation des gelées alimentaires et des gelées aromatisées, la fabrication des perles artificielles; Rochon l'a appliquée à la fabrication des lanternes de vaisseau; les Turcs s'en servent, mélangée à la gomme ammoniaque, pour fixer les pierres précieuses, etc.

Pour dissoudre l'ichthyocolle, on la divise avec un marteau ou un pilon, on l'arrose d'eau froide dans laquelle elle se gonfle peu à peu; après 24 heures, on la malaxe avec la main, on l'étend peu à peu d'eau et on la passe au travers d'un linge.

Fabrication. — L'ichthyocolle est retirée de la vessie aérienne des diverses espèces d'*Accipenser*, telles que le *Sturio*, le *Stellatus*, le *Huso*, le *Rutenus*, ainsi que du *Siluris glanis*, communs dans le Volga et les autres fleuves qui se jettent dans la mer Noire et dans la mer Caspienne; on lave les vessies, on en enlève la membrane extérieure, puis on les comprime dans des sacs de chanvre; on les roule, on les modèle, puis on les sèche à l'air; on les blanchit à l'acide sulfureux, on leur donne la forme de *lyre* ou de *cœur*, sous laquelle on connaît généralement ce produit; ce sont des membranes jaunâtres, présentant l'aspect de cordons d'un centimètre de diamètre sur 5 à 8 de longueur. — L'ichthyocolle en *livre* est formée par des séries de vessies pliées comme les feuilles d'un livre et fixées par un bâton qui les retient. — Les longues bandes d'ichthyocolle roulées en ruban sont les intestins de la morue. — En Moldavie, on emploie aussi pour la fabrication de cette colle la tête, la peau, l'estomac et les intestins des poissons; on fait bouillir le tout, on filtre et on concentre les liqueurs; puis, lorsqu'elles sont arrivées au point convenable, on les coule sur des plaques de pierre polie. Cette variété de colle de poisson est beaucoup moins estimée que l'ichthyocolle proprement dite.

COLLE DE PEAU OU COLLE FORTE (angl. *glue;* allem. *leim*). — Les diverses substances qu'on utilise dans la fabrication des colles portent le nom de *colles-matières*. Dans certains pays, leur préparation constitue une industrie spéciale, dont le but est d'éviter l'altération des matières et de diminuer leurs frais de transport; mais le fabricant de colle les prépare plus généralement lui-même. Voici les matières premières employées d'ordinaire, et leur rendement en colle :

Nom de la matière.	Rendement en colle.
Rognures des cuirs de l'Amérique du Sud	56 à 60 %
Brochettes, ou débris de peaux provenant de la mégisserie	44 à 45
Patins, ou tendons de bœufs avec portions de muscles	35
Nerfs, ou tendons des jambes et des parties charnues des chevaux	15 à 18
Épiderme des peaux provenant de la préparation de la buffleterie	30
Peaux de têtes de veau	44 à 48
Surons d'indigo	50 à 55
Rognures des parcheminerie	62
Rognures des tanneries	38 à 42

(Dumas.)

Les colles-matières fraîches subissent une première opération dite *échaulage*, qui a pour but d'éviter leur altération, de les débarrasser du sang, des poils, de la graisse et de toutes les autres matières inutiles ou nuisibles à la fabrication de la colle, et, en dilatant les pores de la matière cellulaire, de faciliter la formation de la gélatine. Cette opération consiste à plonger les colles-matières dans un lait de chaux vive, au contact duquel on les laisse pendant 2 à 3 semaines, en les remuant fréquemment; on renouvelle de temps à autre la chaux, qui n'agit évidemment que lorsqu'elle est caustique.

Lorsqu'on juge l'opération suffisamment avancée, on retire les matières, on les soumet à un lavage complet, destiné à éliminer toute la chaux, et on les étale à l'air pendant quelques heures de manière à carbonater les dernières traces de chaux vive qu'elles pourraient renfermer, et qui exerceraient une action pernicieuse sur la gélatine.

Si elles ne sont pas destinées à être immédiatement travaillées, on les sèche à l'air sur des filets de corde, puis on les emballe dans des tonneaux jusqu'au moment de les employer. Avant de les porter dans la chaudière d'extraction, ces matières sèches doivent être plongées pendant quelques jours dans l'eau froide qui les gonfle et favorise leur dissolution.

L'*extraction* de la colle est une opération délicate. On sait, en effet, que la gélatine se modifie assez promptement lorsqu'on maintient sa solution à l'ébullition; elle perd la propriété de se prendre en gelée par le refroidissement et donne naissance à des produits très-solubles dans l'eau et même déliquescents. Il est donc important de soustraire aussi rapidement que possible les solutions de gélatine à l'action d'une température élevée, et pour cela de ne soumettre à la cuite que des matières de même nature, afin qu'elles se dissolvent dans le même espace de temps.

La forme et la nature des appareils, de même que le mode de chauffage, influent également beaucoup sur le résultat; il est certain que le chauffage à la vapeur est bien préférable au chauffage à feu nu, qui est cependant encore le plus généralement adopté. Les chaudières d'extraction sont en cuivre ou en laiton, quelquefois même en fer; elles doivent renfermer un faux-fond percé de trous, destiné à retenir les matières et à éviter qu'elles ne touchent les parties de la chaudière qui sont en contact avec la flamme. On utilise la chaleur perdue au chauffage d'un réservoir rempli d'eau, destiné à l'alimentation de la chaudière d'extraction. Au-dessous de cette dernière, se trouve une *chaudière de clarification*, de forme généralement conique; on l'entoure de substances mauvaises conductrices de la chaleur, et elle doit être pourvue d'un couvercle, ces précautions ayant pour but d'éviter un prompt refroidissement.

On commence par remplir aux deux tiers la chaudière d'extraction d'eau bien limpide et tiède; puis on y verse les colles-matières en quantité telle, qu'elles dépassent la chaudière d'environ 10 à 15 centimètres. On porte alors vivement la température jusqu'à l'ébullition; les matières s'affaissent petit à petit en se dissolvant; bientôt elles sont complétement submergées; à ce moment, il se produit une écume colorée, graisseuse, qu'on enlève avec grand soin; on continue à chauffer à une douce ébullition, en brassant fréquemment et en soutirant tous les quarts d'heure quelques seaux de liquide qu'on verse de nouveau dans la chaudière, de manière à avoir un produit bien homogène. On continue à opérer ainsi jusqu'à ce que le liquide soit assez chargé de gélatine, ce dont on s'assure en en prélevant un échantillon et le laissant refroidir dans une soucoupe de porcelaine; lorsqu'il se prend en gelée par le refroidissement, la fin de la cuite est arrivée. On couvre alors le feu, on laisse déposer pendant une demi-heure, puis on coule doucement, au moyen d'un robinet placé entre le fond et le faux-fond, dans la chaudière de clarification, préalablement chauffée à 100°. Après un repos de 4 à 5 heures, nécessaire pour que toutes les impuretés se déposent, on soutire quelques centièmes du liquide qui entraînent avec eux tout le dépôt, puis, lorsque la solution arrive bien limpide, on la reçoit dans des moules en la faisant passer au travers d'un tamis fin. Nous indiquerons plus loin les opérations qui suivent ce moulage.

Pendant le refroidissement, on charge la chaudière d'extraction avec l'eau chaude du réservoir supérieur, en quantité moindre que la première fois, et l'on opère comme précédemment.

Enfin on fait une troisième cuite, et si la liqueur n'arrive pas à un degré de concentration suffisant, on y ajoute les déchets de colle d'opérations précédentes. Il vaut mieux opérer ainsi qu'évaporer les solutions trop faibles, car cette évaporation altère toujours les produits. La solution provenant de la troisième cuite est beaucoup plus impure que les autres; on la clarifie en y ajoutant de l'alun en poudre, ou du sulfate de zinc, quelquefois de la chaux ou du biphosphate de chaux.

La méthode que nous venons de décrire ou méthode des *produits fractionnés* donne trois espèces de colles différentes; la colle du premier soutirage est très-peu colorée, transparente, inaltérable à l'air; elle possède une très-grande ténacité : elle correspond au type connu sous le nom de *colle de Flandre* ou *de Hollande*. Le second soutirage fournit encore une colle de très-bonne qualité, quoique inférieure à la première. Enfin le troisième soutirage donne un produit plus coloré, moins transparent et moins tenace, supérieur cependant aux colles façon Givet.

La méthode des produits fractionnés ayant pour but de fournir des colles fines, emploie des matières de premier choix, des rognures de peaux, de parchemin, de vélin, de cuir blanc, des peaux d'anguilles, etc. — La *greneline*, du nom de son fabricant Grenet, de Rouen, et qui constitue une des plus belles colles fortes connues, est préparée par ce procédé, dans lequel on n'utilise, paraît-il, que des matières fraîches, des peaux de jeunes animaux, des cartilages de veau, etc. C'est une colle en feuilles minces, blanches, transparentes et insipides; elle est assez pure pour pouvoir être utilisée comme gélatine alimentaire. — La *colle de Cologne*, qui se distingue par sa blancheur et son pouvoir adhésif, est préparée, d'après Dullo, avec des colles-matières qui, après l'échaulage, sont passées au chlorure de chaux : on emploie, pour 200 kilogrammes de matière, 1 kilogramme de chlorure de chaux; après une demi-heure de contact, on acidule le bain avec de l'acide chlorhydrique, on laisse agir encore pendant une demi-heure; puis on lave et on porte à la chaudière d'extraction; on suit la méthode des produits fractionnés [*Wagner's Jahresber.*, 1865, p. 683]. — La *gélatine de Nelson*, qui sert comme gélatine alimentaire, est préparée en lavant les déchets de peau à l'eau, puis les faisant macérer pendant 10 jours dans une solution étendue de soude caustique, au sortir de laquelle on les laisse empilées à 20° pendant quelque temps; puis on les lave, on les blanchit à l'acide sulfureux et on les sèche. La cuite est opérée dans des vases de terre chauffés à la vapeur; la dessiccation de la gélatine a lieu à 40°.

Il existe une autre méthode de fabrication qui consiste à ajouter aux colles-matières toute la quantité d'eau nécessaire à leur dissolution et à prolonger l'ébullition jusqu'à ce que cette dissolution soit effectuée : cette méthode, d'origine anglaise, fournit les colles genre *Givet*, qui sont beaucoup moins estimées que les colles de Flandre, et qui sont rarement complétement insolubles dans l'eau froide. Elle consomme surtout les rognures de Buenos-Ayres.

Les *colles fortes ordinaires*, brunes, quelquefois presque noires, sont préparées avec les matières les plus ordinaires : la viande de cheval, les pieds de bœuf, les pannes de lard, les têtes et les pieds de moutons, etc.; la cuite se fait très-souvent dans de simples bassines de fer, chauffées directement au moyen d'un barboteur de vapeur. Dans les pays maritimes, on utilise la chair de poisson ; on la lave avec des acides étendus, l'acide sulfurique et l'acide chlorhydrique, puis on passe à l'eau de chaux chaude, jusqu'à élimination de toutes les parties graisseuses; on lave et on cuit [Jennings, *Report. of patent. invent.*, nov. 1859, p. 391.]

Dans ces dernières années, on a fait quelques études sur l'*emploi des déchets de cuir*. Le procédé de O. Rich consiste à traiter le cuir à deux reprises différentes par des dissolutions caustiques de soude; les liqueurs alcalines acidifiées sont de nouveau propres au tannage, et le résidu, lavé à l'eau, est traité comme colle-matière [*Technolog.*, août 1856, p. 378]. — D'après Stenhouse, le cuir d'empeigne, préalablement traité à la chaux, donne 25 °/o de colle, lorsqu'on le chauffe avec de l'eau, sous la pression de deux atmosphères; le cuir de semelle n'en fournit pas. — Ruthay recommande le procédé suivant : laisser macérer le cuir dans l'eau jusqu'à ce qu'il commence à s'y manifester une légère fermentation ; le mettre pendant 24 heures en contact avec une dissolution d'acide sulfureux (D = 1,035). 11,2 p. de cuir exigent 2,5 p. d'acide; laver à l'eau et recommencer le traitement sulfureux. La matière animale ainsi obtenue se dissout dans l'eau à 43° et fournit une gélatine incolore [*Ann. de Chim. et de Pharm.*, t. XLI, p. 236]. — Nous trouvons enfin dans le *Polyt. Notizb.*, 1865, p. 78, l'indication suivante : chauffer pendant une heure, de 80° à 100°, 50 kilogrammes de déchets de cuir, avec 750 grammes d'acide oxalique dissous dans 12 litres d'eau : lorsque la dissolution est effectuée, ajouter 15 litres d'eau et 5 kilogrammes de chaux, à l'état de lait. Sous ces influences, le cuir se transforme en une bouillie, qu'on tamise et qu'on laisse exposée humide à l'action de l'air, jusqu'à destruction complète du tannin, ce qui exige 3 à 4 semaines ; on enlève la chaux par l'acide chlorhydrique, et après lavage, on soumet à la cuite. 100 kilogrammes de cuir donnent 90 et même 105 kilogrammes de colle forte.

Lorsque la colle peut être employée immédiatement après sa préparation, il est inutile de la sécher. On la désigne alors sous le nom de *colle au baquet*. On la prépare surtout avec les rognures provenant des coupeurs de poils, avec les vieux gants, etc. (dans certains pays, avec les queues, les têtes, les oules des marsouins, des requins, des baleines). Le premier bouillon est généralement consommé par les doreurs; le second, par les fabricants de papiers peints et les peintres à la détrempe. On ajoute fréquemment un peu de sulfate de zinc à la colle au baquet pour retarder sa putréfaction et pour l'empêcher de tourner.

La *colle de parchemin* est spécialement employée par les fabricants de fleurs artificielles et pour certains genres d'apprêts.

La *colle à bouche* est un mélange de parties égales de colle forte (colle de Flandre) aromatisée et de sucre.

Enfin la *colle liquide*, dont l'emploi est très-commode pour une foule d'usages, est un mélange de colle ordinaire à laquelle on ajoute une quantité convenable d'acide qui l'empêche de se solidifier. Pour 1 kilogramme de colle de Givet, on prend 1 litre d'eau et on ajoute à la solution 200 grammes d'acide azotique à 36° ; on peut aussi dissoudre la colle de Flandre dans son volume de vinaigre et y ajouter un quart d'alcool; d'après Knaffl, il est bon de faire gonfler, pendant quelques heures, 3 p. de colle forte dans 8 p. d'eau froide, puis de chauffer à 85° pendant 10 heures, avec 1/2 p. d'acide chlorhydrique et 3/4 de p. de sulfate de zinc.

La colle forte n'étant, en définitive, que de la gélatine impure, peut évidemment servir à la préparation de cette matière pure; il suffit de la dépouiller des substances étrangères qui l'accompagnent. On réussit, par exemple, en faisant digérer pendant 2 jours de la colle forte avec 3 fois son poids de vinaigre, décantant le liquide acide pour enlever le vinaigre chargé de toutes les impuretés, lavant à l'eau froide pour éliminer les dernières traces d'acide, puis dissolvant et coulant sur des tables de verre [Puscher, *Dingler's polyt. Journ.*, t. CLXXXIII, p. 474].

COLLE D'OS. — La colle d'os, à laquelle on réserve plus spécialement le nom de *gélatine*, est fabriquée avec des matières premières très-diverses, d'où il résulte une grande variété de colles.

Voici le nom des principales matières employées, classées d'après leur valeur au point de vue de la blancheur de la gélatine :

1° Les déchets de boutons;

2° Les cornillons, os qui garnissent l'intérieur des cornes de bœufs et les os de la tête des bœufs : rendement, 22 à 24 °/₀;

3° Les têtes de cheval;

4° Les têtes de mouton;

5° Les autres parties osseuses de ces animaux : rendement, 14 à 15 °/₀.

Pour les gélatines incolores, destinées à l'alimentation, on ne prend que les os des bœufs, ceux des autres animaux donnant un produit généralement plus trouble et plus coloré, ou conservant une odeur de suif.

Comme nous l'avons déjà dit, il existe deux procédés pour l'extraction de la gélatine des os.

Gélatine par les acides. — Ce procédé consiste à dissoudre les matières minérales, phosphate et carbonate de calcium, et à transformer ensuite l'osséine en gélatine. Les os renferment, en moyenne, 40 °/₀ de matières animales et 60 °/₀ de substances minérales.

On choisit de préférence, pour cette fabrication, les os les plus tendres et les plus poreux, afin que l'attaque se fasse plus rapidement et que la consommation de l'acide soit aussi minime que possible. Les os, bien sains et dégarnis des parties charnues qui les accompagnent, sont cassés ou divisés mécaniquement, et bouillis avec de l'eau pour en extraire la graisse qu'ils renferment. Puis on les soumet tels quels, ou préalablement blanchis sur pré, au traitement à l'acide, qui consiste à les immerger en totalité dans de l'acide chlorhydrique étendu, soit environ à 6° Baumé; il n'est pas indifférent d'employer de l'acide plus concentré, car il dissout la matière organique elle-même; l'opération est effectuée dans des auges siliceuses ou dans des barques de bois doublées de plomb; elle dure de 8 à 12 jours, et doit avoir lieu à une basse température, à l'abri du soleil, car on n'éviterait pas sans cela l'attaque de la matière organique.

Ce premier traitement est fréquemment suivi d'un second, dans lequel on emploie de l'acide beaucoup plus faible, 2 à 3 centièmes au plus. La consommation totale de l'acide à 22° est sensiblement égale au poids des os mis en travail.

Les eaux acides servent pour de nouvelles opérations, jusqu'à leur complète saturation. On les utilise, soit pour la fabrication du phosphate de calcium destiné aux poteries et aux engrais, soit pour l'extraction du phosphore. Les liqueurs provenant du traitement de 1,000 kilogrammes d'os fournissent de 60 à 70 kilogrammes de phosphore (Fleck).

Gerland a proposé de remplacer l'acide chlorhydrique par l'acide sulfureux; après la dissolution des matières minérales, la liqueur acide est soumise à l'ébullition, les phosphates se précipitent et l'acide, rendu libre, rentre dans la fabrication [*Newton's London Journ.*, t. CXII, p. 212; et *Bull. de la Soc. chim.*, 1864, t. II, p. 396].

Après la dissolution des matières minérales, les os ont complétement changé d'aspect; ils sont devenus mous, flexibles, translucides; ce n'est plus que de l'osséine. On lave ce produit à l'eau, de manière à enlever toute trace d'acide, et pour compléter la saturation, on le plonge pendant quelques jours dans de l'eau de chaux claire, ou dans un lait de chaux, quelquefois dans une dissolution de sel de soude ; enfin on sèche les matières et on les conserve jusqu'au moment de la cuite. Cette dessiccation paraît nécessaire; elle a sans doute pour but de déterminer la carbonatation de la chaux, peut-être aussi de modifier les matières albuminoïdes qui pourraient ultérieurement troubler la limpidité de la gélatine.

Quelques fabricants blanchissent leurs matières avant de les cuire, en les exposant à la lumière et à l'air pendant un temps suffisant.

Nous n'insisterons pas sur la cuite, qui doit être faite avec tous les soins que nous avons indiqués plus haut.

Gélatine par la vapeur d'eau à haute température. — Le procédé de Papin n'est évidemment pas propre à fournir des gélatines de bonne qualité; néanmoins, dans quelques établissements du Midi, on fabrique encore dans des autoclaves à la température de 120° à 130°.

D'Arcet reconnut que la formation de l'ammoniaque, et par conséquent la destruction de la gélatine, n'a lieu qu'au-dessus de 106°; en ne dépassant point cette température, on peut obtenir des résultats assez avantageux. L'appareil que d'Arcet a imaginé pour la fabrication de la *gélatine alimentaire* consiste en un panier à mailles grillées renfermé dans un cylindre en fonte mis en communication avec un générateur de vapeur et muni à sa partie inférieure d'un robinet d'écoulement; les os concassés sont chargés dans le panier, puis soumis à l'action de la vapeur, qui se condense dans leurs pores et détermine rapidement la transformation de l'osséine.

Le liquide recueilli à la partie inférieure de l'appareil est accompagné au commencement d'une forte proportion de graisse, mais bientôt il est constitué par une dissolution de gélatine assez pure.

On n'extrait par ce procédé que 15 °/₀ de gélatine environ, mais le résidu est très-propre à fournir d'excellent noir animal.

L'usage de ces appareils s'est rapidement répandu; ils servent fréquemment encore dans les hospices et les établissements publics, ainsi que dans les contrées éloignées des fabriques de produits chimiques, et où par conséquent les acides sont chers.

Moulage et découpage. — Quel que soit le procédé adopté, le moulage et la dessiccation de la gélatine sont effectués de la même façon.

Les dissolutions gélatineuses sont coulées, au sortir de la chaudière de clarification, dans des moules en bois blanc, bien propres, sur lesquels on dispose un tamis fin pour retenir les impuretés; quelques fabricants emploient des moules doublés de plomb ou de zinc. Leur dimension est d'environ $1^m,40$ de longueur, $0^m,20$ de largeur, $0^m,12$ de hauteur; on leur donne une forme légèrement évasée pour faciliter la sortie du pain, après sa solidification. Les moules sont portés dans des ateliers dallés, frais, où on les laisse jusqu'à ce que le liquide se soit pris en masse, ce qui arrive après 15 à 18 heures.

A ce moment, on porte le moule au séchoir, on le renverse sur une table et on en détache le pain; puis, au moyen de fils de laiton, on coupe le pain par tranches d'égale dimension. Ce découpage peut être simplifié par l'emploi de divers appareils ingénieux, comme celui de Grenet ou de Pélier.

Séchage. — Les plaques de colle sont disposées sur des filets de chanvre dont les mailles ont $0^m,02$ de diamètre; on étage ces filets, supportés par des châssis, les uns au-dessus des autres, et on les laisse exposés, soit en plein air, soit dans des séchoirs à air libre, en retournant les plaques plusieurs fois par jour. L'eau s'évapore peu à peu, la matière durcit, et quand elle a pris une consistance suffisante, on la porte dans une étuve modérément chauffée. Quand les plaques ont perdu environ 83 % de leur poids, elles sont sèches; il ne reste plus alors qu'à les lustrer, ce qui se fait en les trempant dans de l'eau chaude, les frottant avec une brosse mouillée, et les exposant pendant quelques heures à l'étuve.

La dessiccation de la gélatine est une des opérations délicates de cette fabrication, et elle demande à être surveillée de près. Si le temps est trop humide, la dessiccation n'a pas lieu; si la température est trop élevée, la colle se liquéfie et traverse les mailles; si, au contraire, la température descend au-dessous de 0°, elle se fendille; le brouillard pique la colle et lui ôte de sa valeur; un simple orage suffit quelquefois pour la faire tourner, même lorsqu'elle est sur les filets depuis plusieurs jours. Pour ces diverses considérations, la fabrication de la colle n'est possible dans nos pays que pendant 8 à 9 mois.

Malgré la main-d'œuvre considérable et les dangers qu'occasionne ce procédé de dessiccation, il est encore en usage dans presque tous les établissements; il est rare de voir adopter les étuves à courant d'air qu'on a fréquemment essayées; il ne paraît pas non plus que l'appareil inventé par Tucker soit entré dans la pratique journalière. Cet appareil consiste en un cylindre creux, horizontal, mobile autour de son axe et traversé par un courant de vapeur; ce cylindre est disposé à la partie supérieure d'une chaudière régulièrement alimentée par une dissolution limpide de gélatine, et ne plonge que partiellement dans cette dissolution; en tournant autour de son axe, le cylindre entraîne avec lui une certaine quantité de liquide, qui se dessèche sous l'influence de la vapeur, assez rapidement pour qu'on puisse le détacher et l'étendre avant la révolution complète du cylindre [*Pract. mechan. Journ.*, août 1857, p. 125].

USAGES DE LA GÉLATINE ET DE LA COLLE FORTE. — Chacun connaît les nombreux emplois de la colle forte: la menuiserie, l'ébénisterie, les papiers peints, la peinture à la détrempe, la reliure des livres, la chapellerie, les tissus imperméables en consomment d'énormes quantités; les qualités plus fines sont employées à la fabrication de l'écaille artificielle, à la clarification des vins, à la fabrication des gelées alimentaires, à l'apprêt des tissus, au collage du papier; on les emploie quelquefois dans les bains d'eaux minérales artificielles, pour remplacer la matière organique des eaux naturelles, etc., etc.

La gélatine sert plus spécialement à la clarification des vins, à la fabrication des capsules pharmaceutiques, des taffetas adhésifs, des papiers glacés, des fleurs artificielles, des pains à cacheter, des perles fausses, à certains apprêts délicats, au moulage des pierreries; en lames coulées sur verre, elle remplace le papier à décalquer; colorée au moyen de diverses matières colorantes, on l'emploie dans les imitations de vitraux peints.

Elle sert aux usages culinaires et à la préparation des gelées alimentaires. A l'origine de sa fabrication, on a beaucoup exagéré son pouvoir nutritif; il paraît admis aujourd'hui que si, seule, elle constitue un aliment médiocre et insuffisant, elle doit être considérée comme très-nutritive lorsqu'on l'additionne d'autres substances, à du jus de viande, à des épices, etc.

Essai des gélatines et des colles fortes. — Les colles et les gélatines bien fabriquées sont peu ou point colorées; elles sont très-peu hygrométriques; plongées dans l'eau froide, elles s'y gonflent beaucoup sans se dissoudre; dans l'eau bouillante, elles se dissolvent sans laisser de résidu.

La transparence d'une colle est loin d'être un indice de sa bonne qualité : les gélatines, et surtout les gélatines alimentaires, doivent, au contraire, être toujours limpides et aussi peu colorées que possible; mais ces caractères généraux ne sont point suffisants, et il a fallu chercher des modes d'essai plus sensibles.

On peut apprécier la valeur relative de deux colles en les immergeant dans l'eau et mesurant la quantité d'eau qu'elles absorbent; la meilleure colle sera celle qui en absorbera le plus (Schattenmann).

Pour mesurer la ténacité des colles, on en dissout un poids déterminé dans une même quantité d'eau chaude; on fait absorber cette dissolution par des prismes de craie de même volume; on fait sécher et on détermine le poids sous lequel chacun de ces prismes encollés se rompt : le procédé de Weidenbusch est analogue à celui-ci [*Dingler's polyt. Journ.*, t. CLII, p. 204]. Risler a proposé le dosage de la gélatine par le tannin [*Bull. de la Soc. industr. de Mulhouse*, t. XXX, p. 263]. Lipowitz se sert d'une sorte d'aréomètre à poids variable et à volume constant (*Wagner's Jahresb.*, 1861, p. 632]. Enfin Noffat recommande, comme le procédé le plus certain et le plus rapide, un simple dosage d'azote [*Chem. News*, 1867, n° 374, p. 591].

Nous avons essayé, dans les pages qui précèdent, de donner une idée de l'industrie de la gélatine et des colles fortes : nous regrettons de n'avoir pu contrôler tous les faits que nous avons signalés, mais les fabricants de ces produits s'entourent de mystère et sont peu disposés à donner des renseignements. Ch. L.

GÉLOSE [Payen, *Compt. rend. de l'Acad.*, 1859, t. XLIX, p. 521, et *Précis de Chimie industrielle*, t. II, p. 41]. — La gélose est une substance gélatiniforme extraite par M. Payen de l'*algue de Java* (*Gehelium corneum, L*) et d'une algue de l'île Maurice, la *Phearia lichenoïdes*; elle forme la plus grande partie d'un produit commercial appelé *mousse de Chine*, et qu'on dit extrait d'un lichen. Cette mousse de Chine est employée dans la préparation de gelées alimentaires.

Pour extraire la gélose du *Gehelium corneum*, on traite celui-ci à froid successivement par l'acide acétique chaud, l'eau, l'ammoniaque; le résidu est repris par l'eau bouillante, et le liquide décanté bouillant se prend en une gelée diaphane par le refroidissement.

La gélose est une substance amorphe, se gonflant beaucoup dans l'eau froide, se dissolvant dans l'eau bouillante, et se prenant par le refroidissement en une gelée, solidifiant environ 500 fois son poids d'eau pure, c'est-à-dire formant à poids égal 10 fois plus de gelée que n'en peut fournir la meilleure gelée animale. Elle est insoluble dans les acides étendus, les solutions faibles de soude, de potasse et d'ammoniaque, dans l'ammoniure de cuivre, l'eau froide et l'éther. Elle se dissout dans l'acide chlorhydrique et l'acide sulfurique concentrés en donnant une solution brune.

Elle a donné à l'analyse : carbone = 42,77 ; hydrogène = 5,77; oxygène = 51,45. E. G.

GEMSIGRADITE (Min.). — Variété d'amphibole aluminifère et manganésifère.

GENIÈVRE (ESSENCE DE). — Voyez Essences, p. 1279.

GENTHITE (Min.). — Hydrosilicate de nickel avec de la magnésie et un peu de fer et de chaux. Le rapport d'oxygène dans

$$RO, SiO^2, H^2O = 2:3:3.$$

Masses compactes d'un vert pomme ou jaunâtres, d'un éclat résineux; quelquefois assez tendres pour être rayées à l'ongle, et se délitant dans l'eau.

Caractères. — Décomposé par l'acide chlorhydrique sans faire gelée. Dans le tube, noircit et donne de l'eau. Au chalumeau, ne fond pas. Avec le borax, perle violette à la flamme oxydante, qui devient grise à la flamme réductrice.

Dureté, 2 à 4. Poussière blanc-verdâtre. Densité, 2,4.

GENTIANE. — La gentiane est une plante indigène, douée d'une amertume extrême, et dont la racine est d'un usage fréquent en médecine. Il existe plusieurs variétés de gentiane : le *Gentiana lutea*, usité en France, le *Gentiana rubra* et le *Gentiana purpurea*, dont les racines encore plus amères sont surtout employées en Allemagne. La gentiane appartient à la famille des Gentianacées.

Un certain nombre de chimistes se sont occupés de l'analyse chimique de la racine de gentiane. MM. Henry et Caventou ont retiré les premiers une matière cristallisée, douée d'une saveur amère, et à laquelle ils avaient donné le nom de *gentianin*, mais cette substance n'était pas suffisamment purifiée; M. Trommsdorff, M. Leconte ont fait voir que ce principe cristallin, convenablement traité, était une matière colorante tout à fait dépourvue d'amertume; M. Leconte la désigna sous le nom de *gentisin*.

Cette substance se comporte comme un acide faible; M. Baumert a fait connaître sous le nom d'acide gentianique les combinaisons qu'elle forme avec les alcalis.

La matière amère de la gentiane n'a pu être obtenue par M. Leconte ainsi que par le docteur Dulk que sous la forme d'un extrait incristallisable, soluble dans l'eau et dans l'alcool. D'après MM. Ludwig et Kromeyer, cette substance peut être retirée à l'état cristallin. Planche a indiqué dans la gentiane la présence d'une substance odorante, volatile et nauséabonde, qui communique à l'eau distillée de cette plante la propriété de causer des espèces de nausées et une sorte d'ivresse.

La racine de la gentiane contient en outre un principe sucré, la *levulose*, en quantité assez grande pour que dans certaines contrées la racine soit soumise à la fermentation, et distillée afin d'en retirer une liqueur alcoolique, que les habitants boivent assez volontiers, quoiqu'elle soit douée d'un goût détestable.

Le *gentisin* ou acide gentianique cristallise en aiguilles fines, jaune clair, dépourvues de saveur. Il est inaltérable à l'air, ne renferme pas d'eau de cristallisation et peut être chauffé jusque vers 200°, sans décomposition; entre 300° et 340°, une partie se volatilise et cristallise en aiguilles jaunes par la condensation, tandis que la plus grande partie se charbonne en répandant une odeur particulière. Il est à peine soluble dans l'eau : 1 p. de gentisin exige 3,630 p. d'eau à 16° pour se dissoudre. L'éther le dissout un peu plus, mais son meilleur dissolvant est l'alcool bouillant.

Les acides chlorhydrique, acétique et sulfureux sont sans action sur l'acide gentianique, on peut même le faire bouillir avec de l'acide sulfurique étendu sans l'altérer. L'acide concentré le dissout à froid en prenant une couleur jaune sans lui faire subir d'altération.

L'acide azotique d'une densité de 1,43, complétement exempt de vapeurs nitreuses, réagit sur l'acide gentianique; il se forme une solution d'une belle couleur vert foncé qui abandonne une poudre verte lorsqu'on y ajoute de l'eau; le liquide qui surnage devient jaune. M. Baumert considère cette poudre comme un acide nitré, l'acide *nitro-gentianique*. Sous l'influence des alcalis, cet acide prend une couleur cerise; l'analyse a donné des nombres qui se rapprochent beaucoup de la formule

$$C^{14}H^6(AzO^2)^2O^5 + H^2O.$$

L'acide gentianique donne avec l'acide azotique fumant des matières jaunes et cristallisables.

Un courant de chlore produit un trouble dans la solution alcoolique de cet acide, il se dépose des flocons jaune clair renfermant du chlore.

Cet acide forme avec les alcalis des combinaisons incristallisables dont la composition n'est pas constante, et dont la solubilité dans l'eau est plus grande que celle de l'acide lui-même.

Le *sel de potasse* cristallise en aiguilles dorées groupées en étoiles. On l'obtient en mélangeant une solution alcoolique d'acide gentianique avec une solution aqueuse de carbonate de potasse; on évapore à siccité et l'on reprend par l'alcool à 90 centièmes.

Le *sel de soude* est analogue au sel précédent. M. Baumert a décrit en outre les *sels de plomb* et de *baryte*.

Les *sels cuivriques* forment avec l'acide gentianique des précipités verts; les *sels ferriques*, des précipités bruns. Les *sels d'argent* sont réduits.

L'acide gentianique s'obtient en traitant par l'eau froide la racine de gentiane desséchée et réduite en poudre; lorsque l'action de l'eau est terminée, on sèche la racine de nouveau, puis on l'épuise par l'alcool fort. On distille l'alcool, et l'extrait alcoolique donne une masse amorphe de laquelle l'eau sépare des flocons brun clair de gentisin impur. On le purifie en le lavant avec de l'éther, puis en le faisant cristalliser à plusieurs reprises dans l'alcool. Ce n'est que par des cristallisations réitérées que le gentisin finit par perdre toute saveur amère.

Le principe amer de la gentiane est encore peu connu; cependant MM. Ludwig et Kromeyer ont extrait de la racine de gentiane une matière amère cristallisée, le *gentiopicrin*, facilement soluble dans l'eau et l'alcool, insoluble dans l'éther neutre, et qu'ils considèrent comme le principe amer de la racine; c'est un glucoside, car, au contact des acides, même de l'acide oxalique ou acétique, il se dédouble en sucre pouvant fermenter et en une matière amorphe jaune-brunâtre, le *gentiogenin*. On obtient le *gentiopicrin* en traitant la racine fraîche de gentiane par l'alcool et distillant la solution alcoolique; puis l'extrait alcoolique est dissous dans l'eau, et la solution aqueuse est agitée avec du charbon animal. Ce charbon enlève la matière amère, on l'épuise par l'alcool, et la solution alcoolique est évaporée; il reste un extrait qui est repris par l'eau et décoloré par l'acétate de plomb; l'excès de plomb est enlevé par l'hydrogène sulfuré; et la solution, filtrée puis évaporée jusqu'en consistance sirupeuse, laisse déposer le *gentianopicrin*.

La racine de gentiane est un des meilleurs médicaments indigènes. Il possède une grande efficacité comme tonique et excitant; on l'a préconisé aussi comme fébrifuge et vermifuge, mais ces dernières propriétés paraissent douteuses [Henry et Caventou, *Journ. de Pharm.*, t. VII, p. 173; — Baumert, *Ann. der Chem. u. Pharm.*, t. LXII, p. 106; *Journ. de Pharm.*, t. XXIV, p. 638; *Pharmaceutical Journal*, t. V, p. 184; *Répert. de Chim. appliquée*, t. V, p. 409, 1863].

E. G.

GÉOCÉRINE, $C^{28}H^{56}O^{2}$. — Matière cireuse neutre, isomérique avec l'acide géocérinique, obtenue dans les mêmes circonstances que ce dernier; fusible à 80° et se déposant en gelée par le refroidissement de sa solution alcoolique (Brückner).

GÉOCÉRINIQUE (ACIDE), $C^{28}H^{56}O^{2}$. — Homologue supérieur de l'acide cérotique $C^{27}H^{54}O^{2}$, contenu dans le lignite d'où on l'extrait par l'action de la potasse sur la décoction alcoolique, en précipitant la combinaison alcaline par du chlorure de baryum, puis décomposant le sel barytique par l'acide acétique. On l'obtient encore en traitant à l'ébullition la liqueur alcoolique tiède d'où s'est séparée la géomyricine par une solution alcoolique bouillante d'acétate de plomb, lavant le précipité à l'alcool bouillant et à l'éther, et le décomposant par l'acide acétique.

Les eaux mères du précipité plombique renferment de la *géocérine*. L'acide géocérinique est soluble dans l'alcool bouillant et se sépare presque complétement par le refroidissement, à l'état d'une masse gélatineuse, fusible à 82° [Brückner, *Journ. für prakt. Chem.*, t. LVII, p. 1; *Journ. de Pharm.*, (3), t. XXIII, p. 391]. E. W.

GÉOCÉRINONE, $C^{55}H^{110}O$. — Substance que Brückner considère comme l'acétone de l'acide géocérinique. Elle se trouve dans les produits solides de la distillation sèche du lignite. En traitant ces produits par l'alcool bouillant, on la dissout, et l'on obtient par le refroidissement une masse cristalline, formée de tables hexagonales microscopiques, fusibles à 50°, inattaquables par la potasse. La liqueur alcoolique d'où elles se sont déposées est très-dichroïque et renferme une huile en dissolution.

GÉOCÉRITE, GÉOCÉRELLITE ou **ACIDE GÉOCÉRIQUE, GÉOMYRICITE, GÉORÉTINITE.** — Substances extraites par l'alcool du lignite de Gesterwitz.

GÉOCRONITE (Min.) [Syn. *Kilbrickenite Schulzite*]. — Antimoniosulfure de plomb, avec arsenic, cuivre et fer, $5\,PbS, Sb^{2}S^{3}$. Masses compactes, quelquefois granulaires ou terreuses, rarement cristaux, d'un gris de plomb bleuâtre, à cassure inégale.

Caractères. — Attaquable par l'acide chlorhydrique, avec dégagement d'hydrogène sulfuré. Au chalumeau, fond très-facilement et donne les réactions de l'arsenic, de l'antimoine et du plomb.

Dureté, 2 à 3. Fragile. Poussière, gris de plomb. Densité, 6,5.

Forme cristalline. — Prisme orthorhombique $mm = 119°44'$, modifié par la face h^{1}, et par un octaèdre de 153° et de 64° 45'.

Clivages : *m*. F. et S.

GÉOMYRICINE, $C^{24}H^{48}O^{2}$. — Matière pulvérulente et cristalline, fusible à 80-83°, que l'on obtient en traitant par l'alcool bouillant du lignite privé d'acide géorétinique par un traitement à l'alcool froid. La géomyricine se dépose par un refroidissement partiel et la liqueur encore chaude renferme de l'acide géocérinique (Brückner).

GÉORÉTINIQUE (ACIDE), $C^{28}H^{40}O^{3}$. — Acide contenu dans certains lignites terreux. Pour l'obtenir, on épuise le lignite par de l'éther et on traite l'extrait éthéré par de l'alcool à 80 centièmes. Celui-ci laisse une résine insoluble, la *leucopétrine*, substance cristallisant, dans l'alcool absolu bouillant, en aiguilles fusibles à 100° et renfermant $C^{50}H^{84}O^{3}$. La portion soluble dans l'alcool à 80 centièmes bouillant renferme des composés cireux qui se déposent par le refroidissement, en masse gélatineuse, tandis qu'il reste des matières résineuses en dissolution; l'une d'elles, qui est l'*acide géorétinique*, est précipitée par une solution alcoolique d'acétate de plomb; cet acide est également précipité par l'acétate de cuivre, qui forme avec lui un composé vert sale. Les résines qui accompagnent cet acide ne sont pas précipitées par l'acétate de plomb (Brückner). E. W.

GÉRANIUM (ESSENCE DE). — Voyez ESSENCES, p. 1279.

GERMINATION. — On désigne sous ce nom la première manifestation de la vie dans une graine. Quand une graine est placée dans des circonstances convenables d'humidité et de température, quand elle se trouve dans une atmosphère oxygénée, elle se gonfle, se ramollit, l'enveloppe se rompt, la tigelle apparaît la première et souvent les cotylédons sortent de terre, en même temps le mamelon radiculaire se développe et s'enfonce de haut en bas dans le sol.

La germination d'une graine peut avoir lieu aussi bien dans une éponge, dans du coton, dans du sable, que dans la bonne terre; par conséquent nous n'avons pas à nous occuper du sol dans lequel elle a lieu, mais seulement des conditions d'humidité, de température et d'atmosphère qui la favorisent; nous examinerons ensuite les changements qui surviennent dans la composition de l'atmosphère qui entoure la graine, et enfin les métamorphoses que subissent les principes immédiats qu'elle renferme.

Influence de l'humidité. — L'humidité est absolument indispensable à la germination; des graines sèches peuvent être conservées longtemps sans modification, et l'on sait que dans les opérations industrielles qui utilisent l'acte de germination (voyez BIÈRE), aussi bien que dans la culture, les graines doivent être soumises à l'action de l'eau pour germer; les graines qu'on sème à une époque avancée, comme les betteraves, restent souvent pendant quelque temps sans germer, si la sécheresse suit les semailles.

Les graines simplement exposées à l'air peuvent germer si cet air est humide.

Influence de la lumière et de la chaleur. — On a cru au siècle dernier, d'après des expériences de Sennebier et d'Ingenhousz, que la lumière était défavorable à la germination, mais en réalité il ne paraît pas qu'il en soit ainsi; en effet, Th. de Saussure [*Recherches chimiques sur la végétation*, p. 23] a reconnu que des graines placées dans des vases opaques ou transparents, mais garanties de la lumière directe du soleil, ont germé en même temps, et il est probable que c'est surtout par la dessiccation qu'ils opèrent que les rayons lumineux sont nuisibles à la germination.

Soumises à un froid rigoureux, les graines ne germent pas, mais la température nécessaire pour que la germination ait lieu varie singulièrement avec les espèces; pour le blé d'hiver, l'orge et le seigle, la température *minima* est de + 7°; quand le froid est plus intense, les graines non-seulement ne germent pas, mais elles peuvent même perdre leurs facultés germinatrices.

Il existe également une limite supérieure de température au-dessus de laquelle la semence perd ses facultés vitales, pour peu qu'elle y reste exposée un certain temps. Cette limite supérieure varie beaucoup avec l'espèce des graines; des semences de pays tropicaux germent à 45° ou même 50°, tandis qu'à 38° la rave ne peut déjà plus germer. La limite supérieure de température peut varier, même pour une seule espèce, avec l'état hygrométrique de l'atmosphère.

MM. Edwards et Colin [*Influence de la température sur la germination*; *Annales des sciences naturelles*, 2e série, t. Ier] ont cherché à déterminer les moyennes des températures auxquelles les graines peuvent germer, dans les différentes conditions de sécheresse ou d'humidité. Ils ont trouvé pour la germination dans l'eau 50°; dans la vapeur d'eau, 62°; dans l'air sec, 75°. Ces résultats supposent que les graines n'ont pas été soumises à ces températures pendant plus d'un quart d'heure.

On doit à M. Knop une intéressante remarque: ce chimiste, après avoir mis à germer des graines parfaitement saines dans du sable ou du verre pilé, n'en vit qu'une faible portion arriver à la dernière période de la germination, et encore les jeunes plantes s'étiolaient-elles rapidement, même lorsqu'on les arrosait avec des dissolutions salines et particulièrement avec des nitrates. Cependant des expériences analogues renouvelées au printemps, à une température de 10° à 15°, réussirent beaucoup mieux que les premières, tentées pendant les chaleurs de l'été.

Dehérain a observé également que des pommes de terre placées dans du sable humecté convenablement, dans une pièce où la température moyenne est de 15°, ne germent que très-difficilement, en automne ou en hiver, tandis que la germination a lieu rapidement au printemps. Toute explication rationnelle de ces faits curieux nous paraît aujourd'hui prématurée.

Rôle de l'oxygène dans la germination. — Théodore de Saussure a cherché à déterminer le rôle des divers agents nécessaires à la production des phénomènes de la germination, et en particulier celui de l'oxygène. Il a montré, en opérant dans des atmosphères limitées dont il faisait de fréquentes analyses eudiométriques, que l'oxygène convertit une partie du carbone de la graine en acide carbonique qui se dégage. Il a également montré que dans la germination sous l'eau, où l'influence de l'oxygène était moins apparente, la présence de ce gaz était encore indispensable: des semences placées dans de l'eau privée d'air ne peuvent en effet germer. Il faut, pour que l'embryon puisse accomplir son évolution, que l'air ambiant contienne 1/8 au moins de son volume d'oxygène; au-dessous de cette limite, la germination commence quelquefois, mais ne se continue que peu de temps et cesse bientôt. L'atmosphère la plus favorable semblerait devoir se composer de 1/3 d'oxygène pour 2/3 d'azote; une plus forte dose d'oxygène accélère trop la germination et affaiblit la plante en lui enlevant trop de carbone.

D'après les observations de M. de Humboldt, le chlore, au moins dans quelques cas, favorise et hâte la germination; ce savant a pu faire germer des graines de cresson alénois en six fois moins de temps qu'elles n'en mettent dans les circonstances ordinaires, en les trempant dans de l'eau chlorée. De vieilles graines, dont on n'avait pu, dans les circonstances ordinaires, amener d'aucune manière la germination, en manifestèrent tous les phénomènes après être restées pendant vingt-quatre heures plongées dans l'eau de chlore. Cette action curieuse du chlore sur les semences a du reste été peu étudiée jusqu'ici, quoique plusieurs observateurs et notamment Th. de Saussure en aient fait usage avec succès pour amener la vie à se manifester dans des embryons inertes; peut-être le chlore, en décomposant l'eau pour s'emparer de l'hydrogène, met-il en liberté de l'oxygène qui, se portant sur le carbone de la graine et agissant, grâce à son état de dégagement d'une combinaison, avec plus d'énergie que l'oxygène atmosphérique, donne naissance aux premiers phénomènes d'oxydation. C'est du moins là ce qui paraît le plus probable, avec d'autant plus de raison que nous avons de nombreux exemples de réactions semblables, qui, une fois commencées sous l'influence d'agents énergiques, peuvent se continuer sous de plus faibles actions.

Influence de la germination sur l'atmosphère ambiante. — Th. de Saussure paraît être le premier qui ait nettement reconnu l'action qu'exerce la germination sur l'atmosphère ambiante : lorsqu'on met germer une graine dans du gaz oxygène, dit-il, il disparaît et il est remplacé en même temps par du gaz acide carbonique; il remarque, en outre, que le volume de l'acide carbonique apparu est sensiblement égal à celui de l'oxygène disparu; cet acide carbonique paraît être, au reste, nuisible dans toutes les proportions à un commencement de germination, car lorsqu'on place de la chaux vive humectée sous le récipient plein d'air où l'on fait germer des graines, de manière cependant qu'elles ne soient pas en contact avec cette terre, l'accroissement de leur radicule en est un peu accéléré. Une quantité de gaz acide carbonique, quelque petite qu'elle soit, ajoutée à l'air commun où l'on fait germer les graines, retarde plus la germination que ne le fait une quantité semblable de gaz hydrogène ou de gaz azote.

On comprend d'après ces résultats que la quantité d'oxygène à introduire dans un récipient où se trouvent des graines humides doive être d'autant plus considérable que ces graines fourniront par leur germination une plus grande quantité d'acide carbonique. De Saussure reconnut en effet que les diverses espèces de graines exigent des quantités d'oxygène différentes, probablement en rapport avec leur poids.

Voici quelques-uns de ces résultats :

Graines de :	Quantité d'oxygène disparue.
Fève, Haricot, Laitue	1
Froment, Orge, Pourpier	0,1

Des recherches plus récentes, dues à MM. Oudemans et Ranwenhoff, ont confirmé et étendu ces observations de Th. de Saussure. Ces chimistes ont montré que les quantités d'acide carbonique produites dans la germination varient chez les différentes graines, et que, dans une même semence, ces quantités varient encore avec les diverses périodes du phénomène. Il en est de même de la quantité d'oxygène absorbée; au début, cette dernière est plus grande que la quantité d'acide carbonique produite; dans la dernière période, au contraire, la quantité d'acide carbonique devient plus considérable. Dans tous les cas, c'est aux dépens du carbone de la graine que l'acide carbonique prend naissance, on observe, en effet, qu'elle perd une partie de son poids durant l'acte de la germination, et que le poids du carbone que contient l'acide carbonique dégagé n'est pas équivalent à cette perte : cette dernière est toujours plus considérable. En d'autres termes, la perte de poids ne saurait être représentée exclusivement par du carbone.

M. Boussingault a au reste conclu depuis longtemps [*Économie rurale*, 1re édit., 1840] que, pendant la germination, il doit y avoir dégagement d'oxyde de carbone. Il analysait un lot de graines de diverse nature, puis soumettait un lot semblable à la germination et à l'analyse élémentaire; il pouvait conclure de la comparaison des nombres ainsi obtenus la nature des gaz qui avaient été produits. « Dans la première période de la germination, dit le savant professeur du Conservatoire, le froment éprouve, comme le trèfle, une perte qui s'exprime en grande partie par de l'oxyde de carbone. »

Il ne faudrait pas en conclure cependant que l'atmosphère ambiante doit renfermer de l'oxyde de carbone, car l'oxygène de l'air intervient pour transformer cet oxyde de carbone en acide carbonique, et aucun observateur n'a signalé la présence de l'oxyde de carbone dans une atmosphère où des graines ont germé.

On doit à M. Schultze l'analyse de l'air dans lequel ont germé des graines de *Lepidium sativum*, de *Lupinus albus* et de *Vicia faba*. Voici les résultats auxquels il est arrivé [Schultze, *Journ. für prakt. Chem.*, t. LXXXVII, p. 129].

L'émission de l'hydrogène est, d'après l'auteur de ces recherches, considérable; jusqu'à lui, elle n'avait pas été signalée en proportion aussi énorme, et peut-être faut-il attendre de nouvelles recherches pour admettre que ce gaz est un des produits habituels de la germination.

On doit à M. Fleury des recherches récentes sur la germination des graines oléagineuses [*Ann. de Chim. et de Phys.*, (4), t. IV, p. 38].

Son appareil se composait essentiellement d'un flacon dans lequel étaient placées les graines à germer; une série de tubes à potasse permettait d'y introduire de l'air exempt d'acide carbonique; d'autres tubes à potasse tarés indiquaient par leur augmentation de poids l'acide carbonique formé pendant la germination; les gaz desséchés et dépouillés d'acide carbonique étaient entraînés par l'écoulement du liquide d'un aspirateur dans un tube renfermant de l'oxyde de cuivre chauffé au rouge; un tube à ponce sulfurique et un tube à potasse placé à la suite indiquaient par leur augmentation de poids la présence de l'hydrogène, ou celle de l'oxyde de carbone, ou celle d'un hydrogène carboné.

Les expériences de M. Fleury sont malheureusement atteintes d'une irrégularité, une partie des graines mises en expérience n'a pas germé, et leurs produits de décomposition sont venus s'ajouter à ceux qui ont été émis par les graines germées.

D'après M. Fleury, il ne se dégage pas trace d'ammoniaque pendant la germination; dans les analyses élémentaires auxquelles il s'était livré autrefois, M. Boussingault n'avait pas remarqué non plus un changement dans la proportion d'azote contenu dans les graines pendant la germination.

La quantité d'acide carbonique a été en croissant depuis le commencement de l'opération jusqu'à la fin, qui est arrivée le trente-septième jour.

COMPOSITION DE L'AIR DANS LEQUEL ONT GERMÉ LES GRAINES DE :

	LEPIDUM SATIVUM.						LUPINUS ALBUS.				VICIA FABA.
	1	2	3	4	5	6	1	2	3	4	
Acide carbonique.	26,79	12,99	35,55	36,09	33,05	38,59	45,72	59,35	51,53	30,70	74,88
Oxygène........	0,50	14,01	5,01	0,93	3,86	1,12	0,48	»	0,63	0,70	0,10
Hydrogène.......	1,53	0,75	1,35	1,87	1,58	0,66	28,08	0,97	1,01	37,56	6,58
Azote............	71,16	72,26	60,08	60,24	61,51	59,63	25,72	39,68	46,83	31,03	18,99
	99,98	100,01	101,99	99,13	100,00	100,00	100,00	100,00	100,00	99,99	100,00

Les appareils placés à la suite du tube à combustion ont accusé la présence d'une faible proportion de gaz combustibles. L'hydrogène et le carbone s'y sont rencontrés dans la proportion de 1 à 2; de façon qu'il est possible qu'il se soit dégagé du gaz des marais et de l'hydrogène libre, ou simplement de l'hydrogène et de l'oxyde de carbone. Il faut reconnaître enfin que, comme une partie des graines s'est décomposée pendant l'opération, il est impossible d'affirmer que ces gaz proviennent d'une germination régulière.

En définitive on croit que pendant la germination il y a certainement émission d'une quantité notable d'acide carbonique, mais que le dégagement de l'hydrogène, de l'oxyde de carbone ou d'un hydrogène carboné que quelques auteurs ont observé, ne paraît pas être un phénomène habituel de la germination.

Des modifications que subissent les principes immédiats pendant la germination. — La transformation que subit l'amidon pendant la germination est connue depuis longtemps, elle a été étudiée aux articles *Dextrine*, *Diastase*, *Bière*, etc., et nous y renvoyons le lecteur; nous chercherons seulement ici les modifications que subissent les graines dans leur ensemble.

M. Fleury [*Ann. de Chim. et de Phys.*, (4), t. IV, p. 5] a étudié avec beaucoup de soin les transformations que subissent les graines oléagineuses.

Il attribue aux graines de ricin la composition suivante :

ANALYSE IMMÉDIATE.

Eau............................	6,18
Matières minérales............	3,10
Matières albuminoïdes.........	20,20
Sucre et corps analogues (pas d'amidon)..................	2,21
Matières grasses et résineuses..	46,60
Cellulose........................	17,99
Substances indéterminées.....	3,72
	100,00

Il a suivi les transformations que subissaient les graines de colza pendant la germination et est arrivé aux résultats suivants :

Époques à partir du début.		Matières grasses.	Sucre et analog.	Cellulose.	Matières albuminoïd.
Début....	1	46,60	2,21	17,99	20,20
6 jours...	2	45,90	»	»	»
11 jours..	3	41,63	»	»	»
16 jours..	4	33,15	9,95	»	»
21 jours..	5	7,90	18,47	»	»
26 jours..	6	10,3	17,724	»	»
31 jours..	7	10,28	26,90	29,99	20,81

On voit que la matière grasse a été en diminuant d'une façon régulière, le sucre a singulièrement augmenté, ainsi que la cellulose; la matière azotée n'a pas varié de poids, mais il faut remarquer que l'auteur a simplement dosé l'azote par la chaux sodée, de telle sorte que la matière albuminoïde était peut-être à un nouvel état, à celui d'asparagine par exemple, sans que le procédé employé pour le dosage permît de le constater; la perte de matière sèche a été de 1,466 p. 100.

L'analyse immédiate du colza, sur lequel l'auteur a fait sa seconde série d'essais, a donné les nombres suivants :

ANALYSE IMMÉDIATE.

Eau	8,081
Matières minérales	2,918
Matières albuminoïdes	19,078
Sucre et corps analogues (pas d'amidon)	7,232
Matières grasses et résineuses	46,001
Cellulose	8,258
Substances indéterminées	7,721
	100,00

Les graines ont présenté aux diverses phases de la maturation les résultats suivants :

Opérations.	Huile.	Sucre et analogues.	Cellulose.	Matières albuminoïd.
I	37,93	10,14	11,70	»
II	35,26	12,73	10,59	»
III	83,36	11,70	10,28	»
IV	28,35	3,50	18,18	19,37

La matière grasse ne s'est détruite ici qu'avec une certaine lenteur; la plante longue de 7 ou 8 centimètres contenait encore 30,00 de matière grasse; les tissus renfermaient encore une véritable émulsion.

L'épurge (*Euphorbia lathyris*) a donné après et avant germination les résultats suivants :

	Avant germination.	Après germination.
Eau	5,610	
Matières minérales	3,048	3,048
Matières albuminoïdes	19,350	19,06
Sucre et corps analogues (pas d'amidon)	4,085	23,87
Cellulose	25,227	90,50
Matières grasses	40,294	9,60
Substances indéterminées	2,386	
	100,000	

D'après M. Fleury, la matière grasse accumulée dans les graines n'a pas seulement pour rôle de fournir des aliments à la combustion respiratoire du végétal pendant la germination, elle lui procure les nouveaux matériaux dont elle a besoin pour s'accroître.

Le premier produit de la transformation paraît être le sucre ou la dextrine; ceux-ci s'organisent ensuite en cellulose en perdant les éléments de 1 ou 2 équivalents d'eau.

M. Boussingault a étudié récemment [*Ann. de Chim. et de Phys.*, (4), t. XIII, p. 219] les modifications que subissent les graines pendant la germination, les expériences ont été continuées pendant assez longtemps dans la chambre noire; elles sont résumées dans le tableau suivant :

Nature des plantes.	Durée de l'expérience.	Nature des organes.	Poids total.	Carbone.	Hydrogène.	Oxygène.	Azote.	Matières minérales.
Pois	5 mars - 1er juillet.	Pois	2,237	1,040	0,137	0,897	0,094	0,069
		Plantes	1,076	0,473	0,065	0,397	0,072	0,069
		Différence	1,161	0,567	0,072	0,500	0,022	0,000
Froment	5 mai - 25 juin	Graines	1,665	0,758	0,095	0,718	0,057	0,038
		Plantes	0,713	0,293	0,043	0,282	0,057	0,038
		Différence	0,952	0,465	4,052	0,436	0,000	0,000
Maïs géant	2 juin - 22 juin	Graines	0,5292	0,2355	0,0337	0,2420	0,0086	0,0096
		Plantes	0,2900	0,1468	0,0195	0,1070	0,0085	0,0100
		Différence	0,2392	0,0907	0,0142	0,1850	0,0001	0,0004
Haricots	26 juin - 22 juillet.	Graines	0,926	0,4082	0,0563	0,3747	0,0413	0,0456
		Plantes	0,566	0,2484	0,0331	0,1981	0,0408	0,0456
		Différence	0,360	0,1598	0,0232	0,1766	0,0015	0,0000

Dans une des expériences, on a fait l'analyse immédiate de la graine et des plantes. On a ainsi trouvé pour les graines du maïs géant et pour les plants venus dans l'obscurité :

	Poids total.	Amidon et dextrine.	Glucose et sucre.	Huile.	Cellulose.	Matières azotées.	Matières minérales.	Substances indétermin.
Graines	8,366	6,386	»	0,463	0,516	0,880	0,156	0,235
Plantes	4,520	0,777	0,953	0,150	1,316	0,880	0,156	0,297
Différence	4,107	5,609	+ 0,953	− 0,313	0,800	0,000	0,000	+ 0,062

L'amidon avait disparu; du moins on n'en a retrouvé que des traces dans la plante.

Le glucose, les substances dont on n'a pas déterminé la nature ne représentent pas, l'amidon et l'huile disparus. Il y a eu perte de matière, mais cependant développement de cellulose; il est donc probable qu'à l'abri de la lumière une partie de l'amidon s'est organisée en cellulose.

Une des transformations remarquables qui apparaît encore dans la graine est celle de la matière albuminoïde en asparagine; dans une de ses expériences, M. Boussingault a retiré, le 25 juillet, de 246 graines de haricots, pesant 201 grammes, et mis en terre le 5 juillet, 5g,40 d'asparagine cristallisée. Cette matière azotée n'est pas la seule qui prenne naissance pendant la germination, on sait que la *solanine* se rencontre particulièrement dans les graines des pommes de terre, et qu'elle peut parfois exercer des actions toxiques sur les animaux qu'on nourrit avec des pommes de terre dont les germes n'ont pas été enlevés.

P.-P. D.

GERSDORFFITE (Min.) [Syn. *Disomose*, Beud, *Nickelglanz*, *Amoïbite*, Kobell]. — Arséniosulfure de nickel, avec cobalt et fer : $NiS^2 + NiAs^2$. — On a attribué à certaines variétés des formules différentes. Cristaux d'un gris d'acier clair, tirant sur le blanc d'argent, isomorphes avec ceux de la cobaltine, et présentant comme cette dernière les faces du dodécaèdre pentagonal ou les stries indiquant l'existence de ces dernières.

Caractères. — Attaqué par l'acide azotique, avec dépôt de soufre, formation d'acide arsénique, et coloration en vert de la liqueur. Dans le tube fermé, décrépite et donne un sublimé de sulfure d'arsenic ; sur le charbon, fumées d'arsenic. Avec le borax, réactions successives du fer, du cobalt et du nickel. Dureté, 5 à 5,5. Poussière gris-noir. Densité, 6,1 à 6,13.

Forme cristalline. — Cubique, avec hémiédrie à faces parallèles ; formes en tout semblables à celles de la pyrite. Clivage : *p*. F. et S.

GEYSERITE. — Voyez OPALE.

GIBBSITE. — Voyez HYDRARGILLITE.

GIESECKITE (Min.). — Cristaux hexagonaux pseudomorphiques, gris-verdâtre ou brunâtres, dont la composition se rapproche de celle de la pinite. Dureté, 3,5. Densité, 2,8.

Dans le tube, donne de l'eau. Attaquable par l'acide chlorhydrique.

GIGANTOLITHE (Min.). — Prismes à douze faces, ayant la forme de la cordiérite, dont ils paraissent être une altération. Faciles à diviser parallèlement à la base, et montrant, entre les feuillets, des lames de mica. Opaques ou subtranslucides. D'un gris verdâtre ou brunâtre, d'un éclat résineux. Dureté, 2 à 3,5. Poussière blanche. Densité, 2,8 à 2,9.

Fond, au chalumeau, en une scorie verte.

GILBERTITE (Min.). — Hydrosilicate d'alumine, avec chaux, fer et magnésie. Les rapports d'oxygène dans SiO^2, AlO^3, RO et H^2O sont à peu près 8 : 6 : 1 : 1 ; $RO = CaO, FeO, MgO$. Lames clivables, imparfaitement hexagonales, translucides et montrant deux axes optiques écartés. D'une couleur blanc-jaunâtre, d'un éclat nacré. Trouvé à Stenna-Gwyn (Cornouailles).

Au chalumeau, s'exfolie et fond sur les bords en un émail blanc. Dureté, 2,5. Densité, 2,65.

GILLINGITE. — Voyez HISINGÉRITE.

GINGEMBRE (ESSENCE DE). — Voyez ESSENCES, p. 1279.

GINGKOSIQUE (ACIDE). — Acide gras

$$C^{24}H^{24}O^2$$

contenu dans le péricarpe des fruits du *gingko-biloba*, qui abandonne à l'éther 9 % d'une huile jaune, acide, se concrétant à 0° et fournissant l'acide gingkosique fusible à 35°. Ces fruits renferment en outre les acides butyrique et citrique, et des principes neutres [Schwartzenbach, *Vierteljahrsschr pr. Pharm.*, t. VI, p. 424].

GIOBERTITE (Min.) [Syn. *Magnésite, magnésie carbonatée, breunnerite, baudisserite*]. — Carbonate de magnésie $MgCO^3$. Masses cristallines ou compactes, blanches, jaunes, brunes, rarement cristaux. La variété breunnerite contient de 3 à 16 % d'oxyde ferreux. Se trouve dans les schistes talqueux ou dans d'autres roches magnésiennes.

Caractères. — Difficilement soluble dans les acides, et avec une effervescence lente.

Dureté, 4,5 ; densité, 3 à 3,1.

Forme cristalline. — Rhomboèdre de 107° 29'. Clivage rhomboédrique parfait.

GIRASOL. — Voyez OPALE.

GISMONDINE (Min.) [Syn. *Zeagonite, abrazite, aricite*]. — Hydrosilicate d'alumine et de chaux, avec un peu de potasse ; les rapports d'oxygène dans SiO^2, Al^2O^3, RO et H^2O sont : 9 : 6 : 2 : 9. $RO = CaO, K^2O$. Cristaux octaédriques formés par l'agrégation d'un grand nombre de petits cristaux, d'un blanc grisâtre, d'un éclat vitreux, transparents ou translucides, se trouvant dans les laves de Capo di Bove, près Rome, et du val di Noto, Sicile.

Caractères. — Attaquable par l'acide chlorhydrique, avec formation de gelée. A 100°, perd le tiers de son eau et devient opaque. Au chalumeau, gonfle, décrépite, et fond en un émail blanc. Dureté, 4,5, fragile. Poussière blanche. Densité, 2,26.

Forme cristalline. — Octaèdres quadratiques b^1b^1 92° 30'. F. et S.

GITHAGINE. — Principe identique avec la saponine, retiré des semences d'*Agrostemma githago*.

GLAIRINE. — Voyez BARÉGINE.

GLASÉRITE (Min.) [Syn. *Aphthalose*, Beud. *arcanite*]. — Sulfate de potasse K^2SO^4 ; se trouve au Vésuve, sur la lave, en cristallisations légères et en masses.

Dureté, 3 à 3,5 ; densité, 1,73.

Forme cristalline. — Prisme orthorhombique $mm = 120° 24'$; $b^1b^1 = 131°81'$ et $81°30'$; e^1e^1 par-dessus le sommet $= 112°22'$. Le prisme est modifié par les faces g^1, de manière à avoir une apparence hexagonale. Il est d'ordinaire surmonté d'une pyramide hexagonale formée par les faces b^1 et e^1. F. et S.

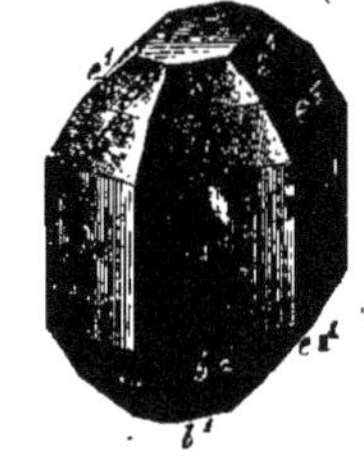

Fig. 818. — Glasérite.

GLAUBÉRITE (Min.) [Syn. *Brongniartine*, Leonhardt ; *polyhalite de Vic*]. — Sulfate de chaux et de soude, $Na^2SO^4 + CaSO^4$. Cristaux incolores, vitreux, gris-jaunâtre, ou rouge-brique, accompagnant le sel marin dans divers gisements, et la borocalcite au Pérou. Les cristaux s'effleurissent souvent à la surface et se réduisent même en poussière. Ils ont un goût légèrement salin.

Caractères. — Décomposable par l'eau en laissant un résidu de sulfate de chaux. Soluble dans l'acide azotique. Se réduit sur le charbon en donnant un sulfure. Facilement fusible en un émail blanc.

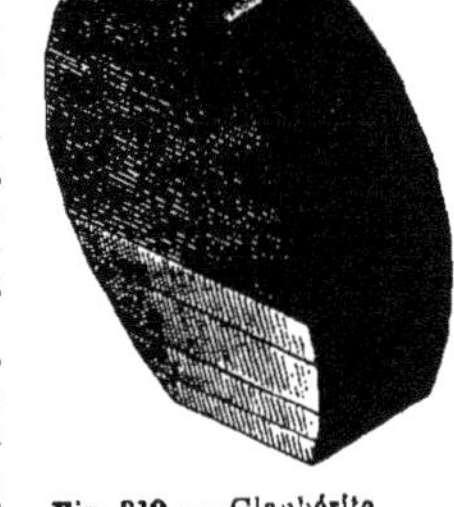
Fig. 819. — Glaubérite.

Dureté, 2,5 à 3. Poussière blanche. Densité, 2,64 à 2,85.

Forme cristalline. — Prisme clinorhombique $mm = 83° 20'$; $pm = 104° 15'$; $d^1d^1 = 116° 20'$. Clivage *p* parfait. F. et S.

GLAUCÈNE. — Produit de décomposition du sulfocyanate d'ammonium.

GLAUCINE [Probst, 1839, *Ann. der Chem. u. Pharm.*, t. XXXI, p. 241]. — Cet alcali existe dans les feuilles du *Glaucium luteum* (Papavéracées). Pour l'obtenir, on précipite le suc clarifié par l'azotate de plomb, on filtre, on enlève l'excès de plomb par l'hydrogène sulfuré, et à la liqueur claire on ajoute une décoction d'écorce de chêne. Le précipité renferme la glaucine. On le lave, on l'exprime, et on le mêle encore humide avec de la chaux. On épuise le mélange à une douce chaleur par l'alcool. On fait passer un courant de gaz carbonique dans la solution pour enlever la chaux, on filtre, on chasse l'alcool par évaporation, on lave le résidu à l'eau froide ; ce résidu, qui est de la glaucine impure, est repris par l'eau bouillante. La glaucine se sépare de sa solution aqueuse sous forme de croûtes cristallines, composées de paillettes nacrées; de sa solution éthérée, elle se sépare sous la forme d'une masse poisseuse; elle prend le même aspect lorsqu'elle est précipitée de ses sels par l'ammoniaque. Elle fond au-dessus de 100° en un liquide huileux. Sa saveur est âcre et amère. Elle bleuit le tournesol rougi. Une température élevée la décompose.

Avec l'acide sulfurique concentré, elle prend une couleur violette; par l'addition de l'eau, il se forme une solution d'un rouge foncé où l'ammoniaque produit un précipité bleu indigo.

L'acide azotique la décompose promptement.

Le *chlorhydrate* cristallise en aiguilles soyeuses, qui prennent à la lumière une teinte rougeâtre.

Le *sulfate* s'obtient en cristaux fort solubles. Les deux sels sont très-solubles dans l'eau et dans l'alcool, insolubles dans l'éther.

Ni la base, ni les sels n'ont été analysés.

E. G.

GLAUCODOT (Min.). — Arséniosulfure de cobalt et de fer avec traces de nickel :

$$RS^2 + RAs^2,\ R = Co, Fe.$$

Il y a généralement 2 atomes de cobalt pour 1 atome de fer. Cristaux et masses compactes d'un blanc d'étain, trouvés dans un schiste chloriteux de la province de Huasco (Chili).

Caractères. — Attaquable par l'acide azotique avec mise en liberté de soufre et d'acide arsénique. Au chalumeau, dans la flamme réductrice, dégage du soufre et de l'arsenic, et laisse un globule de sous-arséniure. Traité par le borax, dans une capsule le Baillif, donne d'abord la réaction du fer, puis avec une nouvelle portion de flux celle du cobalt.

Dureté, 5. Poussière noire. Densité, 6.

Forme cristalline. — Prisme orthorhombique de 112° 36', isomorphe avec celui du mispickel. Clivage : *p* parfait; *m* moins facile. F. et S.

GLAUCOLITE (Min.). — Variété bleue ou verdâtre de wernerite, trouvée au lac Baïkal.

GLAUCONITE (Min.) [Syn. *Chlorite*, *terre verte*].—Hydrosilicate ferreux renfermant de l'alumine, de la magnésie, de la potasse, de la chaux, etc.

Contient pour cent environ : silice, 50; oxyde ferreux, 20; eau, 10. Les analyses indiquent de grandes variations de composition. Grains amorphes, d'un vert sale, qui se trouvent dans certaines roches (calcaire grossier, grès vert, etc.), auxquelles ils communiquent leur coloration.

Dureté, 2; densité, 2, à 2, 4. F. et S.

GLAUCOPHANE (Min.). — Silicate aluminoferreux, avec soude, magnésie, chaux et traces de manganèse. Le rapport de l'oxygène des bases est à celui de la silice = 1 : 2. Prismes à quatre ou à six pans, non terminés, striés longitudinalement, trouvés dans la micaschiste de Syra, l'une des Cyclades.

Translucide, vitreux, d'un gris bleuâtre.

Caractères. — Partiellement soluble dans les acides. Avec les flux, réaction du fer. Au chalumeau brunit et fond aisément en un verre vert-olive.

Dureté, 5,5. Poussière gris-bleuâtre. Densité, 3,1.

Possède deux clivages nets qui conduisent à un prisme rhomboïdal. F. et S.

GLAUCOPICRINE [Probst, 1839, *Ann. der Chem. u. Pharm.*, t. XXXI, p. 254]. La racine du *Glaucium luteum* renferme, non de la glaucine comme les feuilles, mais un autre alcaloïde, la glaucopicrine.

On épuise la racine par l'acide acétique, et on précipite l'extrait par l'ammoniaque. La base impure est redissoute dans l'acide acétique, et la solution additionnée d'une décoction d'écorce de chêne. Le nouveau précipité est lavé, délayé avec de la chaux, dans de l'alcool; on chauffe doucement, on filtre, on sépare la chaux par un courant de gaz carbonique dirigé dans la solution alcoolique, on chasse l'alcool par distillation, et on évapore le résidu. On l'épuise par l'éther bouillant, on évapore la solution éthérée; le résidu est de la glaucopicrine, qu'on purifie encore en la lavant avec un peu d'éther froid. Enfin on fait cristalliser la glaucopicrine dans l'eau bouillante.

Elle est en cristaux grenus inaltérables à l'air, solubles dans l'eau à chaud et dans l'alcool, moins solubles dans l'éther.

Chauffée avec l'acide sulfurique concentré, elle donne un produit poisseux vert foncé.

Le *chlorhydrate* s'obtient en tables rhomboïdales ou en prismes groupés en faisceaux, solubles dans l'eau, insolubles dans l'éther.

Le *sulfate* et le *phosphate* sont cristallisables.

E. G.

GLAUCOSIDÉRITE. — Voyez VIVIANITE.

GLINKITE (Min.). — Variété de peridot du schiste talqueux de Sissersk (Oural).

GLOBOSITE (Min.). — Nom donné par Breithaupt à de petites concrétions globulaires, analogues à la dufrénite par leur composition.

GLOBULARINE, $C^{30}H^{44}O^{14}$. — Principe amer contenu dans les feuilles de *Globularia alypum*. C'est un glucoside qui se dédouble sous l'influence de l'acide sulfurique étendu en un sucre $C^6H^{12}O^6$, en globularétine $C^{12}H^{14}O^3$, et en paraglobularétine $C^{12}H^{16}O^4$; la première constitue une poudre blanche fusible en une masse résineuse. La seconde est une substance pulvérulente, un peu colorée, soluble dans l'alcool, insoluble dans l'éther et dans l'eau.

La globularine est accompagnée, dans la plante, de plusieurs autres principes, notamment un tannin, l'*acide globularitannique*, dont le sel de plomb renferme $C^8H^{12}PbO^8$, une matière colorante jaune, et une résine d'une odeur forte et agréable, la *globularésine* $C^{20}H^{32}O^5$ [Walz, *N. Jahrb. Pharm.*, t. XIII, p. 281]. E. W.

GLOBULINE. — Berzelius a désigné sous le nom de globuline la matière albuminoïde qui existe dans les globules du sang. Plus tard on a admis l'identité de cette matière avec la substance albuminoïde qui existe dans le cristallin. De là le nom de *cristalline* qui lui a été appliqué quelquefois. Cette matière possède la composition de la caséine. Mulder et Rüling y ont trouvé :

	Mulder.	Rüling.
Carbone	54,5	54,2
Hydrogène	6,9	7,1
Azote	16,5	} 37,5
Oxygène	} 22,1	
Soufre		1,2
	100,0	100,0

Comme l'albumine, la globuline existe sous deux modifications différentes, une soluble, une insoluble. On l'obtient dans le premier état en broyant des cristallins de bœuf avec de l'eau. La solution filtrée présente les caractères suivants : elle se coagule comme la solution d'albumine lorsqu'on la chauffe, seulement la coagulation paraît moins facile. La liqueur devient opalescente à 73°, laiteuse à 83°, et ne laisse précipiter un dépôt globuleux qu'à 93°. Jetée sur un filtre, la liqueur coagulée passe laiteuse. La présence de sels alcalins, neutres et l'ébullition rendent le coagulum plus compacte. L'alcool précipite la solution de globuline; ce précipité est insoluble dans l'eau et se dissout partiellement dans l'alcool bouillant.

On indique les caractères suivants, comme permettant de distinguer la solution de globuline de celle d'albumine. Ni l'ammoniaque ni l'acide acétique ne troublent la solution de globuline, mais il se forme immédiatement un précipité lorsqu'on neutralise par l'ammoniaque la solution préalablement additionnée d'acide acétique, ou par l'acide acétique la solution préalablement additionnée d'ammoniaque. Le gaz carbonique précipite la solution de globuline. Le précipité ainsi formé disparaît de nouveau, lorsqu'on dirige dans la liqueur un courant d'air ou d'oxygène.

Les solutions faiblement acides ou alcalines de la globuline ne sont précipitées par le sel marin ou par les sels alcalins neutres que lorsqu'elles sont très-concentrées.

Coagulée par l'eau bouillante, la globuline ne se dissout que dans l'acide acétique concentré et dans les alcalis.

Les matières offrant les réactions qui viennent d'être indiquées ont été rencontrées dans les globules du sang, dans le sérum, dans le cristallin, dans l'humeur vitrée et aqueuse, dans la cornée, dans le chyle, dans la lymphe, dans le pus, dans la synovie, dans les parois des vaisseaux sanguins, dans le blanc d'œuf, dans le lait (A. Schmidt).

Toutefois il semble résulter des recherches de MM. C. Schmidt et Hoppe-Seyler, que la matière contenue dans les globules du sang n'est pas précisément identique avec la globuline du cristallin, mais qu'elle constitue une combinaison de globuline avec un pigment ferrugineux (hématine). Cette combinaison possède la propriété de cristalliser dans certaines circonstances en dehors de l'organisme (voyez HÉMOGLOBINE). Sous l'influence des acides, elle se dédoublerait en globuline et en hématine. On admet aussi que l'élément albuminoïde combiné avec l'hématine dans les globules peut s'en séparer et passer par diffusion dans le sérum lui-même. Cette matière serait identique avec la substance fibrinoplastique du sérum (page 1460). On voit, en effet, que la solution de globuline possède la propriété d'effectuer la coagulation de la fibrine dans les liqueurs renfermant du fibrinogène (page 1460). A. W.

GLOCKERITE (Min.) [Syn. *Pittizite*, Beudant, *vitriolocher*, Berz.]. — Sous-sulfate ferrique hydraté; la composition de quelques variétés paraît répondre à la formule $(Fe^2O^3)^3SO^6 + 5$ ou $6\,H^2O$.

En masses compactes, stalactitiques ou terreuses, d'un éclat résineux ou terne, d'un brun plus ou moins clair, d'un jaune d'ocre ou noires. Opaque ou translucide.

Caractères.—Insoluble dans l'eau. Dans le tube donne de l'eau, et à une haute température de l'acide sulfurique. Sur le charbon, laisse un globule magnétique. F. et S.

GLOTTALITHE (Min.). — Cette substance paraît pouvoir être rapportée à l'édingtonite.

GLU. — Matière visqueuse, filante et tenace, obtenue par la décoction de l'écorce moyenne du houx, des baies du gui, des jeunes pousses de sureau, etc. On fait bouillir pendant sept à huit heures l'écorce de houx avec de l'eau; après avoir fait écouler l'eau, on entasse l'écorce dans des fosses, comprimée par des pierres, et on l'abandonne à la fermentation pendant quinze jours, jusqu'à ce qu'elle soit réduite en mucilage; on réduit celui-ci en pâte qu'on pétrit dans un courant d'eau, puis on l'abandonne à une nouvelle fermentation.

La glu est verdâtre, d'une saveur aigre et d'une odeur d'huile de lin; exposée à l'air, elle se dessèche et devient cassante, mais elle reprend ses propriétés gluantes lorsqu'on la mouille. On la falsifie souvent avec de la térébenthine ou de l'huile.

La *glu marine* est une dissolution de caoutchouc dans les huiles de goudron; on l'additionne souvent de gomme laque. Cette glu a une ténacité remarquable; on s'en sert dans les constructions navales pour assembler des pièces de bois; pour l'employer, on la chauffe vers 120°.

Ed. W.

GLUCINIUM ou **GLUCIUM** [Syn. *Beryllium*].— Gl″ ou Be = 9,25, la formule de la glucine étant GlO; si l'on représente, comme le fait Berzelius, cette formule par Gl^2O^3, le poids atomique du glucinium est 14.

Le glucinium métallique a été obtenu en premier lieu par Wœhler, en 1827, par l'action du potassium sur le chlorure de glucinium [*Poggend. Ann.*, t. XIII, p. 577; *Ann. de Chim. et de Phys.*, (2), t. XXXIX, p. 77]. L'oxyde de ce métal, la glucine, a été découvert, en 1797, dans l'émeraude de Limoges, par Vauquelin, qui lui a donné ce nom à cause de la saveur sucrée de ses sels. On rencontre la glucine dans différents silicates naturels, notamment dans l'émeraude, l'euclase, la gadolinite, le leucophane, la phénacite, l'helvine; le chrysobéryl ou cymophane est un aluminate de glucinium (voyez ces mots).

Berzelius [*Journ. de Schweigger*, t. XV, p. 296] a rangé le glucinium à côté de l'aluminium et a en conséquence attribué à la glucine la formule Gl^2O^3; il se basait, pour établir cette assimilation, sur les analogies apparentes qui existent entre les oxydes et les hydrates de ces métaux, ainsi qu'entre leurs chlorures, et sur l'idée que la glucine pouvait remplacer l'alumine dans certaines espèces minérales. Les travaux plus récents de Awdejew [*Poggend. Ann.*, t. LVI, p. 101; *Ann. de Chim. et de Phys.*, (3), t. VII, p. 155], de Debray [*Ann. de Chim. et de Phys.*, (3), t. XLIV, t. 5], de Scheffer [*Ann. der Chem. u. Pharm.*, t. CIX, p. 144; *Ann. de Chim. et de Phys.*, (3), t. LVI, p. 112], de G. Klatzo [*Zeitsch. für Chem.*, t. V, p. 129; *Bull. de la Soc. chim.*, 1869, t. XII, p. 131], rendent beaucoup plus probable la formule GlO pour la glucine, avec le poids atomique 9,25 pour le glucinium (en admettant que Gl soit un métal diatomique, ce qui n'est pas encore établi). Debray a trouvé le nombre 9,22 (équivalent = 4,61) et Awdejew, 9,28.

GLUCINIUM MÉTALLIQUE.—Le glucinium obtenu par Wœhler en réduisant son chlorure par le potassium constituait une poudre d'un gris foncé, prenant un éclat métallique sombre sous le brunissoir. Debray a employé la même réaction pour isoler ce métal, seulement sa manière d'opérer diffère beaucoup de la méthode du chimiste allemand.

On introduit dans un large tube de verre, traversé par un courant d'hydrogène, deux nacelles formées d'une pâte d'alumine et de chaux, contenant l'une du chlorure de glucinium, l'autre du sodium bien propre, le courant d'hydrogène allant du chlorure au sodium, et l'on n'introduit ce dernier dans le tube que lorsque tout l'air en est expulsé. On chauffe ensuite; la vapeur de chlorure de glucinium entraînée par l'hydrogène arrive sur le sodium fondu, qui se recouvre peu à peu d'aspérités cristallines qui sont probablement un alliage des deux métaux; ces aspérités disparaissent en présence d'un excès de chlorure, et à ce moment il se produit une élévation de température très-considérable. On juge que l'opération est terminée lorsqu'il se sublime du chlorure de glucinium au delà de la nacelle de sodium. Après le refroidissement, le sodium est remplacé par une matière noirâtre, volumineuse, composée de sel marin et de glucinium en paillettes métalliques, ou même en globules. On fond cette masse, puis on la lave à l'eau pour enlever le chlorure de sodium.

Le glucinium est un métal blanc, très-léger; sa densité est égale à 2,1 ; il peut être forgé et laminé à froid; sa température de fusion est inférieure à celle de l'argent. On peut le fondre dans la flamme oxydante du chalumeau sans donner lieu à un phénomène d'ignition; le métal se recouvre seulement d'une légère couche d'oxyde. La vapeur de soufre est sans action sur lui. Le métal divisé obtenu par Wœhler brûle, au contraire, avec beaucoup d'éclat, et se combine avec incandescence à la vapeur de soufre.

Le glucinium ne décompose pas l'eau, même au rouge blanc. Il se combine directement au chlore et à l'iode, avec le secours de la chaleur.

L'acide chlorhydrique gazeux attaque le glucinium, à l'aide d'une douce chaleur; la réaction a lieu avec dégagement de chaleur. L'acide chlorhydrique aqueux est également décomposé par le glucinium; il se dégage de l'hydrogène et il se forme du chlorure de glucinium qui reste dissous; l'acide sulfurique étendu agit de même; l'acide azotique concentré n'attaque pas ce métal à froid; à chaud, il ne le dissout que difficilement. L'ammoniaque est sans action sur le glucinium, la potasse le dissout.

Chlorure de glucinium, $GlCl^2$. — Ce composé, décrit par Awdejew et par Debray, peut s'obtenir, 1° par l'action du chlore ou du gaz acide chlorhydrique sur le glucinium; 2° par l'action du chlore sur un mélange de glucine et de charbon. C'est ce dernier procédé qui est toujours employé.

On façonne des boulettes de charbon et de glucine en en faisant une pâte avec de l'huile; on calcine les boulettes dans un creuset; puis on les introduit dans un tube de verre ou de porcelaine qu'on fait traverser par un courant de chlore sec. Le chlorure de glucinium, qui est volatil, se condense en masses compactes dans la partie antérieure du tube.

On peut remplacer la glucine, dans cette préparation, par de l'émeraude finement pulvérisée; dans ce cas, on opère dans une cornue de grès tubulée dont le col traverse le fond d'un creuset en terre dans lequel doit se condenser le chlorure; ce creuset est fermé par un entonnoir dont la douille débouche dans une allonge qui conduit le gaz dans une cheminée. Les produits de la réaction sont de l'oxyde de carbone et les chlorures de silicium, d'aluminium et de glucinium; ce dernier reste seul dans le creuset, dont la température s'élève assez pour empêcher le dépôt du chlorure d'aluminium; celui-ci se condense dans l'entonnoir avec un peu de chlorures de glucinium et de silicium. On purifie le chlorure de glucinium par une nouvelle distillation.

Le chlorure de glucinium anhydre se dépose en cristaux blancs, déliquescents et fumant à l'air; il est fusible et volatil vers le rouge sombre, mais notablement moins que le chlorure d'aluminium. Il donne au spectroscope une raie rouge et une raie verte (Klatzo).

Il est très-soluble dans l'eau, et se dissout avec élévation de température; cette solution évaporée lentement sur de l'acide sulfurique abandonne du chlorure hydraté qui renferme $GlCl^2 + 4H^2O$ (Awdejew); sous l'influence de la chaleur, cet hydrate se décompose en glucine et acide chlorhydrique.

Si le chlorure de glucinium était constitué comme le chlorure d'aluminium, c'est-à-dire, s'il renfermait Gl^2Cl^6, il devrait, comme celui-ci, former des chlorures doubles de la forme $Gl^2Cl^6 + 2MCl$, analogue à la formule des spinelles chlorés $Al^2Cl^6 + 2MCl$ (ou $+ MCl^2$) (Debray).

Bromure de glucinium, $GlBr^2$. — Longues aiguilles blanches, très-fusibles et volatiles, solubles dans l'eau avec élévation de température; on l'obtient en chauffant le glucinium dans la vapeur de brome.

Iodure de glucinium, GlI^2. — Composé analogue au chlorure, mais beaucoup moins volatil; l'oxygène le transforme facilement en glucine, en mettant de l'iode en liberté (Debray). La combinaison de l'iode et du glucinium a lieu au rouge sombre et se fait sans élévation de température.

Fluorure de glucinium, $GlFl^2$. — S'obtient en dissolvant la glucine dans de l'acide fluorhydrique; la solution donne par l'évaporation une masse incolore, limpide, mais perdant de l'eau vers 100°, en devenant opaline; chauffée plus fort, cette combinaison se décompose si toute l'eau n'en a pas été préalablement chassée. Le sel, calciné après dessiccation, est entièrement soluble dans l'eau (Berzelius).

Fluorure double de glucinium et de potassium, $GlFl^2 + 2KFl$. — S'obtient par l'addition de fluorure de potassium à une solution de fluorure de glucinium pur; il se précipite en écailles cristallines, qui sont anhydres et qu'on peut faire recristalliser dans l'eau bouillante. La composition de ce fluorure double est en contradiction avec la formule des spinelles et plaide contre la formule Gl^2Fl^6 (Awdejew).

Fluosilicate de glucinium, $SiFl^4, 2GlFl^2$. — Sel très-soluble et formant un sirop transparent et incolore, d'une saveur astringente non sucrée; par la dessiccation, il reste à l'état d'une masse blanche soluble dans l'eau. Il se boursoufle comme l'alun lorsqu'on le calcine. La formule de Berzelius ($3SiFl^4, 2Gl^2Fl^6$ ou $SiFl^4, 2GlFl^2$) représente-t-elle bien la composition de ce sel?

Oxyde de glucinium ou glucine, GlO. — On retire directement la glucine de l'émeraude de Limoges, qui est un silicate aluminicoglucique. On a proposé pour cela plusieurs procédés :

1° *Procédé de Berzelius.* — On fait fondre au creuset de platine de l'émeraude bien porphyrisée avec 3 p. de carbonate de potasse, on redissout dans l'acide chlorhydrique, on évapore à sec de manière à rendre la silice insoluble, puis on reprend par l'eau qui dissout les chlorures aluminique et glucique; on précipite la dissolution filtrée par l'ammoniaque et on fait digérer le précipité, lavé et desséché, avec du carbonate ammonique en excès, qui laisse l'alumine tandis qu'il dissout la glucine. Par l'ébullition de la liqueur filtrée, le carbonate d'ammoniaque se dégage et il se précipite une poudre blanche qui est du carbonate de glucine, fournissant de la glucine pure par la calcination.

2° *Procédé de Debray.* — La méthode de Berzelius n'est applicable qu'à de petites quantités de matière. Debray attaque l'émeraude par de la chaux, procédé déjà recommandé par Berthier. On fond au fourneau à vent, dans un creuset de terre, de l'émeraude pulvérisée, avec la moitié de son poids de chaux vive.

On obtient ainsi un verre facilement attaquable par les acides; on le réduit en poudre et on le traite par de l'eau aiguisée d'acide azotique, de manière à former une bouillie assez épaisse à laquelle on ajoute ensuite de l'acide azotique concentré; quand on chauffe la masse, elle se transforme en une gelée homogène qu'on dessèche et qu'on calcine dans une capsule de porcelaine, de manière que l'azotate de chaux commence à se décomposer. La masse calcinée, qui renferme de la silice, de l'alumine, de la glucine, de l'oxyde de fer, de la chaux et de l'azotate de chaux, étant mise à bouillir avec de l'eau renfermant du sel ammoniac, lui cède la chaux et l'azotate; toute la chaux est dissoute lorsqu'il ne se dégage plus d'ammoniaque. Le résidu étant lavé convenablement est alors traité par l'acide azotique qui ne laisse que la silice, après une digestion de quelques heures à l'ébullition. La solution azotique étant versée dans une solution ammoniacale de carbonate d'ammonium, tous les oxydes sont précipités; seulement la glucine se redissout après une digestion de 8 jours avec un excès de carbonate ammonique.

Comme il peut se dissoudre un peu de fer, il est bon d'ajouter finalement quelques gouttes de sulfure ammonique pour le reprécipiter. Par l'ébullition de la solution, le carbonate d'ammoniaque se dégage et peut être recueilli, et le carbonate de glucine, devenu insoluble, se dépose à l'état d'une poudre blanche, assez dense, facile à laver, qui donne de la glucine pure par la calcination.

D'après Hofmeister [*Journ. für prakt. Chem.*, t. LXXVI, p. 1], la séparation de la glucine et de l'alumine par le carbonate d'ammonium n'est pas parfaite, car il peut aussi se redissoudre un peu d'alumine; dans ce cas, on redissout le carbonate de glucine dans de l'acide chlorhydrique et on fait digérer la solution une seconde fois avec du carbonate ammoniaque employé en moindre quantité que la première fois.

Debray a fait connaître encore un autre mode de séparation de la glucine, basé sur l'action du zinc sur les solutions de sulfate de glucinium et d'aluminium; cette méthode exige que les oxydes soient ramenés à l'état de sulfate; à cet effet, on les dissout dans l'acide sulfurique étendu, après les avoir précipités par l'ammoniaque de leur solution chlorhydrique; la solution sulfurique est neutralisée exactement par de l'ammoniaque; on commence par séparer les cristaux d'alun qui ont pu se former, puis on porte la liqueur à l'ébullition en présence de lames de zinc. Ce métal agit sur les sulfates de glucinium et d'aluminium en les transformant en sous-sulfates : celui d'aluminium est insoluble et se précipite; celui de glucinium, au contraire, reste en dissolution avec le sulfate de zinc formé. On filtre de temps en temps une portion de la liqueur qu'on fait bouillir séparément avec du zinc; lorsqu'il ne se forme plus ainsi de nouveau précipité, l'opération est terminée, mais la séparation de l'alumine n'est complète qu'après un repos de 24 heures en présence d'un excès de zinc. Pour séparer ensuite le zinc du glucinium, on précipite ce premier métal par de l'hydrogène sulfuré, après avoir ajouté de l'acétate de soude à la liqueur pour que la précipitation du sulfure de zinc soit complète, puis l'on fait cristalliser le sulfate de glucinium.

3° *Attaque par le chlore, en présence du charbon.* — Cette méthode, également recommandée par Debray, a déjà été indiquée plus haut, à propos de la préparation du chlorure de glucinium; pour obtenir à l'aide de ce dernier la glucine exempte d'alumine et de fer, on suit la marche ci-dessus.

4° On peut encore attaquer l'émeraude par l'acide fluorhydrique, le fluorure d'ammonium ou le fluorhydrate de fluorure de potassium; dans ce cas, la silice se dégage à l'état de fluorure de silicium. Si l'on emploie le fluorure de potassium, on peut obtenir facilement le fluorure double de glucinium et de potassium facile à purifier par des cristallisations dans l'eau bouillante [W. Gibbs, *Sillim. Amer. J.*, (2), t. XXXVII, p. 355]. Cette méthode peut être très-avantageuse pour la purification de la glucine et pour sa séparation. Traité par l'ammoniaque, ce fluorure double fournit de la glucine pure.

5° *Attaque par la litharge.* — On fond l'émeraude avec 3 p. de litharge, dans un creuset de fer, on coule la masse fondue sur une plaque de marbre, on la fait digérer avec de l'acide azotique en excès et on évapore la solution azotique à sec. On reprend par l'eau, on fait cristalliser la majeure partie de l'azotate de plomb et l'on précipite les eaux mères par de l'acide sulfurique, puis on y ajoute du sulfate d'ammonium qui produit une cristallisation d'alun ammoniacal dont les eaux mères renferment la glucine qu'on sépare du reste de l'aluminium par une des méthodes indiquées [A. Joy, *Sillim. Americ. Journ.*, (2), t. XXXVI, p. 83, et *Bull. de la Soc. chim.*, 1864, t. II, p. 351].

6° *Procédé de Berthier.* — L'émeraude ayant été désagrégée par une des méthodes précédentes, on peut séparer la glucine à l'état de pureté en précipitant les oxydes par l'ammoniaque, les faisant digérer avec de la potasse qui ne dissout que la glucine et l'alumine, et laisse l'oxyde ferrique. On sursature la solution potassique par de l'acide chlorhydrique, on reprécipite par l'ammoniaque et on traite les oxydes précipités par l'acide sulfureux qui les dissout. Par l'ébullition de cette solution, l'alumine se précipite à l'état d'hydrate, et non de sous-sulfite, tandis que la glucine reste dissoute [*Ann. de Chim. et de Phys.* (3), t. VII, p. 74].

D'après Debray, ce mode de séparation est très-imparfait, et la glucine peut très-bien être précipitée avec l'alumine.

Enfin, on peut séparer l'alumine de la glucine en faisant digérer à froid une solution de ces deux oxydes dans un acide, avec du carbonate de baryum qui précipite toute l'alumine, tandis que la glucine n'est précipitée que si l'on porte à l'ébullition; on sépare ensuite facilement la glucine de la baryte dissoute en ajoutant de l'acide sulfurique à la solution, filtrant et précipitant la glucine par l'ammoniaque.

La glucine pure se présente à l'état d'une poudre blanche, légère, insoluble dans l'eau. Elle est infusible au chalumeau à gaz oxygène; dans ces conditions, elle se volatilise à la manière de l'oxyde de zinc et de la magnésie. La calcination ne durcit pas la glucine comme l'alumine, mais elle la rend également moins soluble dans les acides. La glucine calcinée se dissout dans la potasse fondue, et même dans le carbonate de potasse, en déplaçant l'acide carbonique.

Ebelmen a obtenu la glucine cristallisée en prismes hexagonaux en exposant à une haute température la dissolution de glucine dans l'acide borique fondu. On l'obtient plus facilement, avec la même forme, en décomposant par la chaleur le sulfate de glucinium en présence du sulfate de potassium, ou bien par la calcination du carbonate double de glucinium et d'ammonium (Debray).

Glucine hydratée. — C'est le précipité formé par l'ammoniaque dans la solution des sels de glucinium; la précipitation de cet hydrate n'est pas empêchée par la présence des sels ammoniacaux. Cet hydrate ressemble à celui d'alumine, seulement il absorbe beaucoup d'acide carbonique par sa dessiccation à l'air; desséché à l'abri de l'air, il forme une poudre blanche qui, d'après Schaffgotsch, renferme $CO^3Gl, 2GlO, 5H^2O$ [*Poggend. Ann.*, t. L, p. 183].

L'hydrate de glucine est soluble dans le carbonate d'ammoniaque; mais privé d'eau par la chaleur, il ne s'y dissout plus.

La potasse dissout l'hydrate de glucine, mais le laisse déposer de nouveau par l'ébullition, lorsque la solution a été étendue d'eau; la glucine qui se dépose ainsi est très-dense et facile à laver sa précipitation est incomplète si la solution est très-concentrée, ou si elle a été trop étendue (Schaffgotsch).

L'hydrate de glucine se dissout encore dans les carbonates alcalins fixes, dans l'acide sulfureux et dans le bisulfite d'ammonium.

La glucine, précipitée de quelques-uns de ses sels par l'ammoniaque, se redissout en totalité par une ébullition prolongée; ceci a lieu notamment pour l'acétate et pour l'oxalate (Debray).

Sulfure de glucinium. — Le glucinium de Wœhler s'enflamme dans la vapeur de soufre, mais le métal compacte obtenu par Debray ne présente pas ce phénomène. On obtient un sulfure hydraté (?) en ajoutant un sulfhydrate alcalin à une solution de chlorure de glucinium; il se dégage de l'hydrogène sulfuré, et il se précipite une matière blanche gélatineuse : il est probable que ce précipité est de l'hydrate glucique. On n'obtient pas de sulfure de glucinium par l'action du sulfure de carbone sur un mélange, chauffé au rouge, de glucine et de charbon (Fremy).

Phosphure de glucinium. — Le glucinium (divisé) brûle dans la vapeur de phosphore et fournit un phosphure gris et pulvérulent qui est décomposé par l'eau avec production d'hydrogène phosphoré (Berzelius).

Siliciure de glucinium. — Le silicium s'unit au glucinium et donne un composé dur et cassant, susceptible d'un beau poli; on l'obtient toutes les fois qu'on prépare le glucinium dans des vases de porcelaine, par suite de la réduction de la silice par le glucinium, qui peut ainsi prendre jusqu'à 20 °/o de silicium.

SELS DE GLUCINIUM.

Azotate, $(AzO^3)^2Gl$. — L'azotate de glucinium est un sel déliquescent, soluble dans l'alcool. Sa solution aqueuse est difficilement cristallisable; néanmoins, évaporée lentement sur de l'acide sulfurique, elle fournit des cristaux qui renferment, suivant Ordway,

$$(AzO^3)^2Gl + 3H^2O;$$

la solution de ce sel avait été obtenue par double décomposition entre le sulfate de glucinium et l'azotate de baryum; ce sel fond à 60°.

Chauffé pendant 20 heures au bain-marie, l'azotate neutre perd 60 °/o de son poids et laisse un résidu épais, transparent, entièrement soluble dans l'eau et renfermant $(AzO^3)^2Gl, GlO + 3H^2O$. On obtient le même azotate basique en traitant à froid l'azotate neutre par du carbonate de baryum; à chaud, toute la glucine est précipitée à l'état d'un sel très-basique.

Enfin, on obtient de l'azotate basique en faisant digérer l'azotate neutre avec de l'hydrate de glucinium.

L'acétate, le formiate, le chlorure et l'iodure de glucinium donnent également des combinaisons basiques. Ordway, qui a étudié ces réactions, en conclut que la glucine est comparable à l'alumine et rapporte ses formules à celle de la glucine considérée comme sesquioxyde [*Sillim. Amer. J.*, (2), t. XXVI, p. 197].

Sulfates de glucinium. — Outre le sulfate neutre, il existe plusieurs sulfates basiques de glucinium qui ont déjà été décrits par Berzelius, dont les formules se rapportent à la glucine envisagée comme sesquioxyde; nous rapporterons ces mêmes formules au glucinium ayant pour poids atomique 9,25.

Sulfate neutre de glucinium, SO^4Gl. — Ce sel est blanc, doué d'une saveur acide et légèrement sucrée.

Il s'effleurit dans un air sec et chaud; soumis à l'action de la chaleur, il fond d'abord dans son eau de cristallisation, puis se décompose au rouge sombre en laissant un résidu de glucine. A 14° l'eau en dissout environ son propre poids; à chaud, il est encore beaucoup plus soluble; il est moins soluble en présence de l'acide sulfurique, ainsi que de l'alcool. On obtient ce sulfate en dissolvant le carbonate de glucinium dans l'acide sulfurique étendu, concentrant et laissant refroidir; pour que le sel cristallise et soit neutre, il faut maintenir dans la solution un léger excès d'acide.

Ce sel cristallise en octaèdres droits à base carrée, dont l'angle au sommet est de 122°, renfermant 40,56 °/o d'eau, soit $4H^2O$.

D'après G. Klatzo, il peut cristalliser aussi d'une solution acide, en prismes clinorhombiques volumineux, isomorphes avec les sulfates de la série magnésienne et renfermant $SO^4Gl, H^2O + 6H^2O$; ils retiennent H^2O à 150°. Ce sulfate peut cristalliser en toutes proportions avec les sulfates de la série magnésienne.

Le sulfate de glucinium a une grande tendance à former des sulfates basiques.

On obtient ces sulfates basiques soit en traitant la solution du sulfate neutre par du carbonate de glucinium ou de baryum (Berzelius), soit par du zinc métallique (Debray). Voir page 1566.

Sulfate monobasique, $SO^4Gl.GlO$. — Masse gommeuse obtenue en faisant bouillir une solution concentrée de sel neutre avec du carbonate glucique, jusqu'à ce qu'il ne se dégage plus d'acide carbonique, étendant d'eau jusqu'à ce qu'il ne se précipite plus rien, filtrant et évaporant.

Sulfate bibasique, $SO^4Gl, 2GlO$. — Obtenu comme le précédent, mais sans étendre préalablement d'eau. Par l'évaporation, il reste sous forme d'une masse gommeuse, transparente et durcissant par le refroidissement.

Sulfate pentabasique, $SO^4Gl.5GlO$. — Il se précipite quand on étend d'eau la solution du sel précédent; c'est une poudre blanche renfermant 18,89 °/o d'eau, soit $3H^2O$ (Berzelius). D'après Debray, ce dernier précipité, suffisamment lavé, ne renferme pas d'acide sulfurique.

Sulfate double de glucinium et de potassium, $K^2Gl(SO^4)^2 + 2H^2O$. — Si la glucine était analogue à l'alumine, elle devrait pouvoir donner des aluns renfermant le sesquioxyde Gl^2O^3, mais il n'existe pas de semblables aluns. Awdejew a bien obtenu un sel double, mais correspondant à la formule indiquée ci-dessus, et qui, par conséquent, s'éloigne beaucoup de la constitution des aluns. Ce sel, en effet, exprimé suivant la notation de Berzelius, s'écrit

$$Gl^2O^3, 3SO^3, 3K^2O, SO^3 + 6H^2O,$$

soit

$$Gl^2K^6(SO^4)^6 + 6H^2O,$$

tandis que l'alun renferme

$$Al^2K^2(SO^4)^4 + 24H^2O.$$

Il y a ici une divergence complète qui plaide en faveur de la formule beaucoup plus simple

$$K^2Gl(SO^4)^2 + 2H^2O$$

correspondant à l'oxyde GlO.

Ce sulfate double se dépose en croûtes cristallines lorsqu'on fait évaporer une dissolution contenant 15 p. de sulfate de glucinium et 14 p. de sulfate potassique. On arrête la concentration quand la liqueur devient trouble. Après quelques jours le sel se dépose, on le purifie par cristallisation (Awdejew).

Debray a obtenu le même sulfate double, précipité à l'état d'une poudre cristalline, par l'addition d'acide sulfurique à une solution concentrée des deux sulfates. Ce sel est peu soluble dans l'eau froide, plus soluble dans l'eau bouillante.

G. Klatzo, en refroidissant entre —2° et —3° une solution renfermant les sulfates de glucinium et de potassium, a obtenu le même sel double avec $3H^2O$.

Sulfite de glucinium, SO^3Gl. — Sel très-soluble, qui se décompose par l'ébullition de la solution.

Sélénites de glucinium. — Berzelius a décrit un *sélénite neutre* SeO^3Gl, qui est pulvérulent, blanc, insoluble, et un *sélénite acide*

$$Se^2O^5Gl = SeO^3Gl.SeO^2$$

constituant une masse gommeuse soluble. La chaleur rouge décompose ces sels.

Tellurite de glucinium, TeO^3Gl. — Précipité blanc volumineux (Berzelius).

Tellurate de glucinium, TeO^4Gl. — Précipité blanc, floconneux (Berzelius).

Carbonate de glucinium. — Les carbonates alcalins produisent dans les solutions gluciques des flocons volumineux qui renferment, d'après Schaffgotsch, $CO^3Gl, 2GlO + 5H^2O$. — Ce précipité est soluble dans les carbonates alcalins; lorsqu'on fait bouillir sa solution dans le carbonate ammonique, il s'en dépose du carbonate glucique pulvérulent qui a la même composition. Si l'on arrête l'ébullition au moment où la liqueur commence à se troubler, la liqueur filtrée renferme un carbonate ammonio-glucique en dissolution.

Klatzo a obtenu le carbonate normal

$$CO^3Gl + 4H^2O$$

en faisant passer pendant 36 heures un courant d'acide carbonique dans du carbonate basique en suspension dans l'eau, et évaporant la solution sur de l'acide sulfurique dans une atmosphère de gaz carbonique. La liqueur se recouvre d'une pellicule cristalline et renferme quelques cristaux isolés difficiles à mesurer à cause de leur altérabilité à l'air. La solution renferme encore 0,36 °/₀ de ce sel.

Carbonate ammonio-glucique. — Si l'on ajoute de l'alcool à la solution du carbonate de glucine dans le carbonate ammonique jusqu'à ce qu'elle se trouble, elle laisse déposer à la longue des cristaux limpides qui constituent le carbonate double. Ce sel est très-soluble dans l'eau froide; l'eau chaude le décompose facilement en dégageant du carbonate ammonique. Soumis à l'action de la chaleur, il se décompose entièrement en laissant un résidu de glucine en poudre cristalline. Ce sel renferme

$$3[CO^3Gl], GlO, H^2O + 3[CO^3(AzH^4)^2] \text{ (Debray).}$$

Carbonate double de glucinium et de potassium. — Ce sel double, qui s'obtient comme le précédent, est très-soluble dans l'eau froide et se décompose à l'ébullition en laissant déposer du carbonate glucique; la chaleur seule le décompose en carbonate de potasse, glucine et acide carbonique. Il cristallise sans forme bien définie. Sa composition correspond à celle du composé ammoniacal $3(CO^3Gl), GlO, H^2O + 3CO^3K^2$.

Le carbonate de glucinium se combine également au carbonate de sodium, en formant des cristaux rhombiques (Klatzo).

Oxalates de glucinium. — Voyez Oxalates.

Silicates de glucinium. — Il existe un silicate naturel de glucinium qui représente l'orthosilicate Gl^2SiO^4 : c'est la *phénacite* (voyez ce mot).

Silicates aluminico-gluciques. — Nous ne ferons pas ici l'histoire de ces minéraux, nous bornant à les indiquer avec les formules de Berzelius et celles que nous avons adoptées ici d'après les travaux d'Awdejew et de Debray :

Émeraude,

$$3(SiO^3Gl), Al^2(SiO^3)^3$$

ou, avec la formule Gl^2O^3 pour la glucine,

$$Gl^2O^3.3SiO^2, Al^2O^3 3SiO^2.$$

Euclase, d'après les analyses de Damour,

$$SiO^4Gl^2, SiO^5Al^2$$

ou, d'après Berzelius,

$$2(Gl^2O^3)^2(SiO^2)^3 + (Al^2O^3)^4(SiO^2)^3 + 3H^2O$$

[voyez Rammelsberg, *Handbuch der Mineralogie*. p. 553 et 570].

On a aussi trouvé de la glucine dans la *gadolinite*.

Le *leucophane* est un silicate glucinio-calcaire qui renferme, d'après Erdmann,

$$(Gl^2O^3)^2(SiO^2)^3 + 6CaO, SiO^2 + 4NaFl,$$

soit

$$(Gl^2SiO^4)^2, (CaSiO^3)^6 + 4NaFl.$$

Berzelius admettait que la glucine pouvait remplacer l'alumine ; mais l'analyse de ces minéraux montre qu'il n'en est jamais ainsi, car, quelle que soit leur provenance, le rapport de l'alumine à la glucine ne change pas. Il en est de même de la *cymophane* ou *chrysobéril*, qui est un *aluminate de glucine* $GlAl^2O^4$; et ainsi tombe le principal argument qui faisait assigner à la glucine la formule Gl^2O^3 au lieu de GlO.

Phosphates de glucinium. — Lorsqu'on ajoute du phosphate de sodium à une solution d'azotate de glucinium, il se précipite une poudre blanche, amorphe, dont la composition est exprimée par la formule $PO^4Gl''H + 3H^2O$, après dessiccation sur du chlorure de calcium; à 100°, il renferme

$$PO^4GlH + H^2O.$$

Lorsqu'on ajoute le phosphate de sodium à une solution d'azotate de glucinium additionnée de sel ammoniac, on obtient un précipité grenu et cristallin qui renferme

$$(PO^4)^2GlNa^2(AzH^4)^2 + 7H^2O$$

(formule qu'il faudrait tripler si la glucine était Gl^2O^3).

Le phosphate de glucinium est soluble dans l'acide phosphorique; si l'on emploie la plus petite quantité possible de ce dernier et qu'on ajoute de l'alcool à la solution, il se précipite un sel gommeux qui renferme $P^4O^{23}Gl^5H^{16}$ et qui représente un mélange de deux phosphates :

$$3[(PO^4)^2GlH^4] + 2PO^4GlH + H^2O.$$

L'eau décompose ce sel gommeux en dissolvant du phosphate acide de glucinium et en laissant un phosphate insoluble.

Lorsqu'on dissout le phosphate neutre de glucinium dans de l'acide azotique et qu'on évapore à consistance sirupeuse, on obtient une petite quantité de cristaux décomposables par l'eau, qui n'ont pas été analysés.

Le pyrophosphate de sodium produit dans une solution d'azotate de glucinium un précipité pulvérulent blanc qui renferme

$$(P^2O^7)Gl^2 + 5H^2O$$

[G. Scheffer, *Ann. der Chem. u. Pharm.*, t. CIX, p. 144].

Caractères des composés de glucinium. — Les sels de glucinium sont incolores; ceux qui sont solubles ont une saveur douce et astringente.

La *potasse* y produit un précipité blanc, ainsi que les *carbonates alcalins* ; le précipité est soluble dans un excès de réactif. Du sel ammoniac, ajouté à une solution de glucine dans la potasse caustique, y produit un précipité d'hydrate de glucine; l'ébullition y produit également un trouble.

Fondue avec de la potasse, la glucine ne donne pas de composé soluble dans l'eau, comme cela a lieu pour l'alumine.

L'*ammoniaque* donne un précipité volumineux d'hydrate glucique, insoluble dans un excès d'ammoniaque; le *carbonate d'ammoniaque* agit comme le carbonate potassique; la redissolution du précipité laisse déposer toute la glucine par une ébullition prolongée. L'acide tartrique empêche la précipitation de la glucine par l'ammoniaque.

Le *phosphate de soude* donne un précipité volumineux de phosphate glucique.

L'*acide oxalique* et les *oxalates* ne donnent pas de précipité.

Le *carbonate de baryum* ne précipite la glucine que si l'on porte la liqueur à l'ébullition.

Le *ferrocyanure de potassium* ne produit pas de précipité; à la longue la liqueur se prend en gelée.

Le *sulfate de potassium*, avec excès d'acide sulfurique, ne donne pas de cristaux d'alun, comme avec les sels d'aluminium.

L'*hydrogène sulfuré* ne précipite pas les combinaisons glaciques; le *sulfure d'ammonium* agit comme l'ammoniaque.

Au *chalumeau*, la glucine se dissout dans le borax et dans le sel de phosphore en donnant une perle blanche laiteuse. Avec le nitrate de cobalt, la glucine ne produit pas la réaction de l'alumine; on obtient une masse grise légèrement bleuâtre.

Dosage et séparation. — Le glucinium se dose à l'état de glucine que l'on précipite par l'ammoniaque, dont il faut éviter d'ajouter un trop grand excès, ou mieux encore par le sulfhydrate d'ammoniaque; on recueille le précipité, on le lave et on le sèche pour le calciner ensuite, et le peser.

Dans certains sels de glucine on peut isoler celle-ci par la calcination, seulement cette calcination doit être évitée en présence du sel ammoniac, car l'on aurait des pertes dues à la formation de chlorure de glucinium volatil.

Nous avons vu quelles sont les méthodes à suivre pour séparer la *glucine* de l'*alumine* (voyez page 1566); quant au *sesquioxyde de fer*, il peut être séparé en se fondant sur les mêmes réactions.

On peut séparer la *magnésie* de la glucine en précipitant la solution par de l'ammoniaque, en présence de chlorure d'ammonium qui empêche la précipitation de la magnésie; on reprend le précipité de glucine par de la potasse qui la redissout et qui laisse une petite quantité de magnésie précipitée en même temps: ce dernier cas ne se produit pas si l'on précipite la glucine par le sulfhydrate d'ammoniaque.

La *chaux* se sépare de la glucine par l'action de l'ammoniaque ou du sulfure ammonique, qui ne précipite pas la chaux; la *baryte* peut être séparée à l'état de sulfate; il en est de même de la *strontiane*, et même de la *chaux*; il faut seulement avoir soin alors d'additionner la liqueur d'alcool pour rendre les sulfates strontique ou calcique plus insolubles.

La séparation de la glucine et des alcalis n'offre aucune difficulté, elle se fait très-bien par le sulfure ammonique. E. W.

GLUCIQUE (ACIDE). — Voyez aux Additions.

GLUCOSANE, $C^6H^{10}O^5$. — Matière amorphe formée par la déshydratation de la glucose à une température comprise entre 160° et 170°. Dans ces conditions, on obtient en même temps un peu de caramel, et il reste de la glucose inaltérée.

La glucosane a une saveur faiblement amère. Elle dévie à droite le plan de polarisation, moins que la glucose.

L'ébullition avec les acides étendus la ramène à l'état de glucose.

La glucosane forme des éthers avec les acides lorsqu'on la chauffe avec eux en présence de l'alcool [Gélis, *Compt. rend.*, t. LI, p. 331; — Berthelot, *Ann. de Chim. et de Phys.*, (3), t. LX, p. 96].

GLUCOSE. — On donne le nom de glucoses à des principes sucrés représentés par la formule $C^6H^{12}O^6$ et se rapprochant plus ou moins de la glucose ordinaire ou normale appelée aussi sucre de raisin.

Les principales glucoses sont: la glucose ordinaire ou sucre de raisin, la lévulose ou glucose des fruits acides, la maltose ou glucose de malt, la galactose ou glucose lactique.

Les caractères les plus saillants qui distinguent ces corps et permettent de les différencier d'avec les autres principes sucrés sont, outre la composition:

1° Le pouvoir de fermenter directement au contact de la levûre de bière, sans subir comme le sucre de canne de transformation préalable;

2° L'instabilité de ces corps en présence des alcalis et des terres alcalines, qui les détruisent à 100° et même à froid;

3° La réduction qu'ils provoquent dans une solution de tartrate cupropotassique en donnant lieu à un précipité jaune ou rouge d'oxydule de cuivre.

—Glucose (*Sucre de raisin*). — Elle se rencontre dans un grand nombre de fruits, tantôt associée à la lévulose (fruits acides), tantôt mélangée à la saccharose (fruits ou parties végétales neutres, pruneaux, figues, raisins secs, etc.). (Voyez pour plus de détails l'article Sucre.) On trouve en outre la glucose dans le miel où elle est accompagnée de sucre incristallisable, dans l'urine diabétique et même en petite quantité dans l'urine normale, dans le sang altériel normal, dans le sang des veines sushépatiques.

La glucose prend en outre naissance dans une foule de circonstances:

Transformation de l'amidon, de la dextrine, de la cellulose, de la tunicine, du glycogène, de la maltose, de la mélézitose, de la tréhalose, de la mycose sous l'influence de l'ébullition avec les acides minéraux dilués.

Le sucre de canne se convertit avec les acides en un mélange de parties égales de glucose et de lévulose; la mélitose fournit dans les mêmes circonstances de la glucose et de l'eucalyne.

D'après Carlet [*Compt. rend.*, t. LI, p. 137], la dulcite traitée par l'acide nitrique fournit, entre autres produits, un sucre qui se rapproche beaucoup de la glucose.

L'oxalate d'éthyle étant mis en contact avec l'amalgame de sodium à une température élevée, si l'on agite avec de l'éther, on obtient une solution d'où l'eau sépare une masse grise qui est un mélange d'oxalate de soude et d'un sucre fermentescible [Lōwig, *Journ. für prakt. Chem.*, t. LXXXIII, p. 133].

Enfin la glucose se sépare, pendant la décomposition, de certains principes végétaux connus sous le nom de glucosides et caractérisés par la propriété de se dédoubler, sous l'influence de l'ébullition avec les acides ou par l'action de certains ferments, en glucose et en d'autres principes; telles sont l'amygdaline, la salicine, la populine, la phlorizine, la phlorétine, etc.

On prépare la glucose:

1° Au moyen du miel. On se sert avec avantage du miel cristallisé de Narbonne. Celui-ci est délayé avec de l'alcool froid qui dissout la lévulose sirupeuse interposée sans toucher notablement aux cristaux de glucose, on exprime à une forte presse et on fait cristalliser le résidu dans l'alcool bouillant.

2° En transformant l'amidon par une ébullition suffisamment prolongée avec de l'acide sulfurique étendu. On emploie 1 p. d'amidon, 4 p.

d'eau et 1/100 à 1/10 d'acide sulfurique. La réaction est d'autant plus rapide que l'on emploie plus d'acide; elle est terminée lorsque le liquide ne se colore plus par l'iode et ne précipite plus par l'alcool; avec les proportions précédentes il faut de 6 à 30 heures. Le liquide saturé par de la craie et décoloré au besoin avec du noir animal est filtré et concentré à sirop. Ce sirop dépose au bout de quelques semaines des cristaux de glucose.

3° La cellulose (coton, chanvre, lin, chiffon) est délayée dans l'acide sulfurique concentré (17 p.). Le liquide abandonné à lui-même pendant 24 heures est versé dans une grande quantité d'eau; on maintient quelques heures à l'ébullition, puis on sature par la craie et on évapore.

4° L'urine diabétique riche en sucre peut également servir à la préparation de la glucose. Déjà par une concentration convenable elle dépose des cristaux de sucre. Le liquide évaporé à consistance sirupeuse est traité par l'alcool; la solution est précipitée par l'acétate basique de plomb, on filtre, on enlève le plomb en excès par l'hydrogène sulfuré. On filtre et on concentre à cristallisation [Hünefeld, *Journ. für prakt. Chem.*, t. VIII, p. 560].

La glucose cristallise de ses solutions aqueuses sous forme de masses sphéroïdales ou de grains opaques blancs, contenant 1 molécule d'eau. Dans l'alcool, à 95°, elle donne de fines aiguilles microscopiques anhydres [Schmidt, *Dissertation über Traubenzucker*, 1861].

Les cristaux hydratés se changent en glucose anhydre vers 60° dans l'air sec. Elle est soluble en toutes proportions dans l'eau bouillante; à la température ordinaire, 1 p. de glucose exige 1/3 p. d'eau; l'alcool la dissout aussi moins facilement que le sucre de canne. Sa saveur est moins sucrée et moins agréable que celle de la saccharose. D'après Dubrunfaut, il faut 2 1/2 p. de glucose pour produire le même effet de saveur qu'avec 1 p. de sucre de canne.

Pouvoir rotatoire spécifique pour la teinte de passage.

1° Glucose anhydre

$[\alpha] = +\ 52°,2$ (Dubrunfaut), $+\ 55,15$ (Pasteur).

2° Glucose hydratée

$[\alpha] = +\ 48$ (Dubrunfaut), $+\ 53,03$ (Béchamp).

Une solution récemment préparée de glucose cristallisée hydratée ou de glucose cristallisée anhydre, ou encore de glucose anhydre préparée avec la glucose cristallisée, mais sans fusion préalable, présente au début un pouvoir rotatoire double du précédent. Ce pouvoir s'abaisse jusqu'à la limite de $+\ 55,95$. La glucose fondue n'offre pas ce phénomène et fournit tout de suite le pouvoir rotatoire limite.

Combinaisons. — *Hydrates.* — On connaît deux hydrates. L'un d'eux, déjà signalé, répond à la formule $C^6H^{12}O^6.H^2O$. Il cristallise en grains hémisphériques, blancs et opaques. Les cristaux vus au microscope présentent la forme de tables à six pans se coupant sous un angle de 120°. Ils sont doués de la double réfraction. Séchés préalablement dans le vide, ces cristaux fondent vers 90° en perdant leur eau de cristallisation. Dans l'air sec ils perdent déjà de l'eau à 55° et peuvent alors être chauffés à 100° sans éprouver de fusion.

Le second hydrate contient $2(C^6H^{12}O^6)H^2O$. Il est préparé industriellement d'après un procédé secret par Anthon, et livré au commerce sous le nom de glucose cristallisée pure [Anthon, *Chem. Centralb.*, 1859, p. 289].

La glucose peut former des combinaisons avec les alcalis, les terres alcalines et l'oxyde de plomb. Les combinaisons alcalines et alcalines terreuses sont très-altérables, sous l'influence de la chaleur; elles brunissent, en même temps que la glucose se convertit en acides glucique et apoglucique.

On obtient un glucosate de baryte offrant la composition $C^6H^{10}BaO^6$ en versant une solution alcoolique de baryte dans un excès d'une solution alcoolique de glucose; le précipité lavé à l'alcool fort est séché dans le vide au-dessus de l'acide sulfurique. Obtenu ainsi, le glucosate de baryte forme une poudre blanche très-soluble, de saveur caustique.

On obtient un second glucosate de baryte répondant à la formule

$$4(C^6H^{11}O^6)Ba^2, BaO + 6H^2O$$

en versant une solution de glucose dans l'esprit de bois dilué dans une solution méthylique de baryte. Le précipité floconneux blanc est lavé à l'esprit de bois et desséché dans le vide au-dessus de la chaux; il supporte après dessiccation une température de 100°. Au-dessus, il se boursoufle et se décompose.

On connaît deux glucosates de plomb :

1° $(C^6H^9O^6)^2Pb^3,4H^2O$. Se prépare en ajoutant une solution ammoniacale d'acétate de plomb à un excès de solution glucosique. Le précipité, lavé à l'abri de l'acide carbonique, est séché dans le vide. A 150° il jaunit sans s'altérer davantage.

2° $C^6H^8Pb^2O^6$. On dissout 20 p. de glucose et 35 p. d'acétate neutre de plomb dans 400 p. d'eau et l'on ajoute 25 p. d'ammoniaque caustique. Le précipité est séché dans le vide, puis à 100°.

Glucose et chlorure de sodium. — La glucose s'unit au sel marin en deux proportions :

1° $2(C^6H^{12}O^6).ClNa + H^2O$. Cette combinaison se dépose par l'évaporation de l'urine diabétique ou d'une solution de glucose contenant 1 équivalent de sel marin pour 2 équivalents de glucose. Pour l'obtenir facilement avec l'urine diabétique, on l'évapore à consistance sirupeuse, et l'on verse sur le sirop un mélange d'alcool et d'éther [Hünefeld, *Journ. für prakt. Chem.*, t. VII, p. 46].

D'après Erdmann et Lehmann, la glucose diabétique cristalliserait plus facilement avec le chlorure de sodium que la glucose d'une autre origine.

Les cristaux sont incolores, transparents, brillants et volumineux, appartenant, d'après Kobell et Schabus, au système hexagonal (prismes hexagonaux et rhomboèdres). Suivant Pasteur [*Ann. de Chim. et de Phys.*, (3), t. XXXII, p. 92], ce seraient des prismes hémiédriques du type clinorhombique $b^{1/2}, d^{1/2}, e^1$, avec les angles de la base égaux à 120° 12′ et 119° 54′.

Des lames obtenues par une section perpendiculaire à l'axe qui joint les sommets de la double pyramide à 6 faces n'offrent pas non plus, dans la lumière polarisée, les caractères des cristaux du système hexagonal.

Les solutions aqueuses fraîchement préparées dévient à droite le plan de polarisation d'une quantité correspondante à la glucose qu'elles renferment $[\alpha] = 47°,14$. Ce pouvoir rotatoire diminue progressivement comme pour la glucose elle-même jusqu'à la limite indiquée plus haut.

2° $C^6H^{12}O^6.NaCl + 1/2\ H^2O$. Callaud a obtenu une combinaison de chlorure de sodium et de glucose renfermant 25 °/₀ de chlorure. Par l'évaporation de l'urine diabétique saturée de sel, on obtient des cristaux bien définis contenant environ 23 °/₀ de sel et 3,35 d'eau éliminable à 130°. Ces cristaux sont trop peu brillants pour pouvoir être mesurés.

Dans les mêmes circonstances, Staedeler [*Pharm centr.*, 1854, p. 930], a vu se former une petite quantité de cristaux répondant à la formule $C^6H^{12}O^6.2ClNa$ ou à peu près.

Glucose et bromure de sodium, $2C^6H^{12}O^6.BrNa$.

— Une solution contenant 1 molécule de bromure et 2 molécules de glucose abandonnée à l'évaporation dans un endroit chaud dépose des cristaux qu'on lave à l'eau froide et qu'on fait recristalliser dans l'alcool. Ils forment des prismes isomorphes avec la combinaison correspondante de sel marin. D'après Stenhouse [*Chem. Soc. Journ.*, t. XVI, p. 297], ces cristaux offrent les caractères optiques du système hexagonal.

Réactions de la glucose. — *Chaleur.* — La glucose séchée à 110° perd de l'eau à 170 en se convertissant en glucosane $C^6H^{10}O^5$ (Gelis); à une température plus élevée, elle se convertit en caramel à la manière du sucre de canne; enfin elle se décompose en dégageant des gaz carburés et en laissant un résidu de charbon.

Oxygène. — Mélangée à de l'éponge de platine et chauffée vers 140°, en présence de l'oxygène, elle dégage de l'eau et de l'acide carbonique; à 250° elle est complétement décomposée [Millon et Reiset, *Ann. de Chim. et de Phys.*, (3), t. VIII, p. 258]. Un mélange d'acide sulfurique étendu et de peroxyde de manganèse ou l'acide chromique l'oxydent à chaud en donnant de l'aldéhyde et de l'acroléine (Liebig), ainsi que de l'acide formique.

Acides. — Bouillie avec de l'acide sulfurique ou de l'acide chlorhydrique étendus, la glucose se change en une matière brune (ulmine, acide ulmique); en présence de l'air il se forme en outre de l'acide formique.

L'acide sulfurique concentré la dissout à froid sans coloration en donnant un acide sulfoconjugué (acide sulfoglucique). L'acide nitrique concentré et froid donne la nitroglucose; à chaud, l'acide nitrique étendu la convertit en un mélange d'acides oxalique et oxysaccharique. Chauffée longtemps avec les acides organiques (acétique, stéarique, butyrique, benzoïque, tartrique), la glucose fournit des éthers composés ou glucosides de diverses compositions [Berthelot, *Chimie org. fond. sur la synthèse*, t. II, p. 289]. L'anhydride acétique attaque énergiquement la glucose et donne divers dérivés acétiques (glucoses bi-, tri- et quadriacétiques, Schützenberger). Tout récemment M. Colley, en faisant réagir le chlorure d'acétyle sur le glucose anhydre, a obtenu un dérivé glucosique qu'il désigne sous le nom d'*acétochlorhydrose*. Il exprime sa formation par l'équation suivante :

$$C^6H^{12}O^6 + 5C^2H^3OCl$$
$$= C^6H^7(C^2H^3O^2)^4OCl + C^2H^4O^2 + 4HCl.$$

Acétochlorhydrose. Acide acétique.

La composition et le mode de formation de ce composé le portent à conclure que la glucose est un alcool pentatomique, c'est-à-dire qu'elle ne contient que 5 restes OH, dont 4 sont remplacés dans le composé précédent par 4 groupes $C^2H^3O^2$ et le cinquième par Cl [*Compt. rend.*, t. LXX, p. 401].

Alcalis et terres alcalines. — Les alcalis et les terres alcalines convertissent à chaud la glucose en acide glucique et en acide mélassique brun; à froid la transformation en acide glucique s'effectue également, mais elle est plus lente.

Chauffée en solution aqueuse avec du sous-nitrate de bismuth et du carbonate de soude, elle donne un liquide brun et un précipité gris-brun [Böttger, *Journ. für prakt. Chem.*, t. LXX, p. 432].

Elle réduit le sulfate ferrique et le sesquichlorure de fer à l'ébullition. L'indigo est ramené par elle à l'état d'indigo blanc, en présence des alcalis et des terres alcalines, à chaud.

Lorsque l'on ajoute à une solution de potasse caustique de la glucose puis du sulfate de cuivre, on obtient une liqueur bleue qui donne lieu à un précipité rouge d'oxydule de cuivre lorsqu'on la chauffe [Trommer, *Ann. der Chem. u. Pharm.*, t. XXXIX, p. 361]. Cette réaction peut servir à reconnaître un millionnième de glucose. La glucose réduit facilement une solution ammoniacale de nitrate d'argent; le métal se précipite sous forme d'un enduit miroitant blanc qui adhère au verre.

La glucose réduit également le nitrate mercureux, le sublimé corrosif (formation de calomel), ainsi que le chlorure d'or.

Elle subit la fermentation alcoolique sans se modifier préalablement [Ventzke, *Journ. für prakt. Chem.*, t. XXV, p. 78; — Mitscherlich, *Poggend. Ann.*, t. LIX, p. 94; — Dubrunfaut, *Ann. de Chim. et de Phys.*, (3), t. XXI, p. 17]. Dans des conditions convenables, elle peut éprouver la fermentation lactique (voyez Fermentations) et la fermentation visqueuse.

Pour les autres glucoses, voyez Lévulose, Galactose; voyez aussi Glucosane, Lévulosane, Acides glucique, sulfoglucique.

Pour le dosage, voyez Saccharimétrie. P. S.

GLUCOSE (industrie). — Voyez Sucres.

GLUCOSIDES. — Ces composés, que Laurent nomme *glucosamides* [*Ann. de Chim. et de Phys.*, (3), t. XXXVI, p. 330], sont des produits naturels se rencontrant fréquemment dans le règne végétal, sauf la chitine qui appartient à l'économie animale, ils ont une certaine analogie avec les composés qui prennent naissance par l'action des acides sur différents corps, tels que le sucre de canne, la glucose, l'amidon, etc. Aussi M. Berthelot les appelle-t-il saccharides et les range-t-il dans une même classe avec ces produits artificiels. Les premiers glucosides qu'on ait étudiés sont l'amygdaline, la salicine, la phlorizine. Ils renferment du carbone, de l'hydrogène, de l'oxygène, quelques-uns de l'azote; l'acide myronique contient du soufre. Plusieurs glucosides sont solubles dans l'eau et l'alcool, ils ne sont pas volatils sans décomposition. Tout en étant neutres, ils peuvent se combiner avec les oxydes métalliques, quelques-uns sont acides. Ils n'ont pu être obtenus artificiellement; ce qui les caractérise, c'est que sous l'influence de certains agents, particulièrement des acides minéraux dilués, ils fournissent de la glucose ou un isomère et une matière variable suivant les cas et ne faisant pas partie de la classe des hydrates de carbone. Chauffés avec de l'eau, ils ne se décomposent qu'à une température élevée. Pour effectuer la décomposition d'un glucoside, on le fait chauffer le plus souvent avec un acide minéral dilué ou avec un alcali aqueux, ou avec de l'eau de baryte. Dans ce dernier cas, suivant Rochleder [*Wien. Akad. Ber.*, t. XXIV, p. 32], on obtient quelquefois du sucre cristallisable, tandis que la décomposition par les acides fournit exclusivement du sucre incristallisable. Divers ferments qu'on rencontre quelquefois associés aux glucosides dans la nature ont la propriété de décomposer de la même manière les glucosides; ainsi, par exemple, l'émulsine décompose l'amygdaline et un certain nombre d'autres glucosides, la myrosine décompose l'acide myronique, etc. La levûre, la salive exercent une action analogue sur différents glucosides; il est à remarquer que la décomposition, dans ce cas, peut être plus profonde que par les acides, et le sucre lui-même peut être détruit.

Rochleder propose la marche suivante pour séparer les produits de décomposition. On traite le glucoside par de l'acide chlorhydrique faible dans un matras, communiquant d'un côté avec un appareil à dégagement d'acide carbonique, de l'autre avec un réfrigérant de Liebig et un récipient pour recueillir les matières volatiles. L'acide carbonique sert à déplacer l'air du matras qu'on chauffe soit au bain-marie, soit au bain de chlorure de calcium. Après achèvement de la réaction, on laisse refroidir dans un courant d'acide carbonique, on filtre le contenu du matras qui renferme du sucre, de l'acide chlorhydrique et les autres produits solubles, on ajoute du carbonate de plomb pur jusqu'à ce qu'il n'y ait plus d'effervescence, on filtre et on lave, on ajoute à la liqueur du carbonate basique de plomb obtenu par la précipitation de l'acétate basique de plomb au moyen de l'acide carbonique, il se dépose de l'oxychlorure de plomb, on filtre, on lave; on ajoute au liquide du phosphate d'argent humide, tant qu'il y a une réaction entre ce sel et le chlorure de plomb tenu en dissolution et que la couleur jaune du phosphate d'argent est visible. On filtre de nouveau, on précipite l'excès d'argent par un peu de carbonate basique de plomb, on chauffe jusqu'à ce que le précipité passe du blanc au jaune; le liquide, après refroidissement, est filtré et traité par l'hydrogène sulfuré, il est encore filtré et enfin évaporé; on obtient ainsi du *sucre incolore*, au cas qu'il s'en soit formé; l'autre produit de décomposition est généralement rendu insoluble par le carbonate basique de plomb.

Quant au liquide volatil, on le neutralise par la baryte ou le carbonate de baryte, on chasse l'acide carbonique par l'ébullition et on le concentre par l'évaporation, la majeure partie du chlorure de barium cristallise, les dernières traces sont précipitées par le sulfate d'argent, et la liqueur filtrée est étudiée.

Hlasiwetz [*Ann. der Chem. u. Pharm.*, t. CXLIII, p. 290] range les glucosides dans les six classes suivantes :

I. *Glucosides.* — Traités par un acide minéral faible ou un ferment, ils donnent de la glucose.

(*a*) Il se produit 1 molécule de glucose pour 1 de dérivé.

(*b*) Il se produit plus de 2 molécules de glucose.

(*c*) Il se produit 1 molécule de glucose et 2 molécules d'autres dérivés.

II. *Phloroglucides.* — Les alcalis et les acides forts produisent de la phloroglucine.

III. *Phloroglucosides.* — Il se forme de la glucose et de la phloroglucine. La glucose est séparée par les acides dilués, la phloroglucine par un alcali.

IV. Les *gummides* fournissent de la glucose.

V. Les *mannides* fournissent un dérivé de la mannite.

VI. *Glucosides azotés.*

Nous donnons ici la liste des principaux glucosides par ordre alphabétique.

Amygdaline. — Se transforme en présence de l'émulsine et de l'eau en glucose, acide cyanhydrique et essence d'amandes amères :

$$C^{20}AzH^{27}O^{11} + 2H^2O$$
$$= 2C^6H^{12}O^6 + C^7H^6O + CAzH$$

[Liebig et Wöhler, *Ann. de Chim. et de Phys.*, t. LXIV, p. 185].

Aphrodescine. — Se transforme en télescine et sucre [Rochleder, *Bull. de la Soc. chim.*, 1863, p. 219].

Apiine. — Est décomposée, suivant Braconnot [*Ann. de Chim. et de Phys.*, t. LXXIV, p. 262], par les acides dilués en une matière floconneuse et en un sirop sucré non fermentescible.

Arbutine. — Se transforme par l'action des acides ou de l'émulsine en hydroquinone (arctuvine de Kawalier), et en glucose :

$$C^{12}H^{16}O^7 + H^2O = C^6H^6O^2 + C^6H^{12}O^6$$

[Kawalier, *Wien. Ak. Ber.*, t. IX, p. 293, et Strecker, *Répert. de Chim. pure*, 1859, p. 67].

Argyrescine. — Se transforme en argyrescétine et glucose [Rochleder, *Bull. de la Soc. chim.*, 1863, p. 219] :

$$C^{54}H^{86}O^{24} = C^{42}H^{62}O^{12} + 2C^6H^{12}O^6.$$

Arnicine. — Extrait de l'*Arnica montana*, paraît être un glucoside [Walz, *N. Jahresb. Pharm.*, t. XIII, p. 175, et t. XV, p. 329].

Benzohélicine. — Bouillie avec les acides faibles ou les alcalis aqueux, se transforme en acide benzoïque, hydrure de salicyle et en glucose :

$$C^{20}H^{20}O^8 + 2H^2O$$
$$= C^7H^6O^2 + C^7H^6O^2 + C^6H^{12}O^6$$

[Piria, *Ann. de Chim. et de Phys.*, (3), t. XXXIV, p. 278, et t. XLIV, p. 366].

Bryonine. — Se décompose de la manière suivante :

$$C^{48}H^{80}O^{19} + 2H^2O$$
$$= C^{21}H^{35}O^7 + C^{21}H^{37}O^8 + C^6H^{12}O^6$$

Bryorétine. Hydrobryorétine.

[Walz, *N. Jahresb. Pharm.*, t. IX, p. 217].

Caïncine. — Fournit de la caïncétine et du sucre [Rochleder et Hlasiwetz, *Répert. de Chim. pure*, 1862, p. 469, et *Bull. de la Soc. chim.*, 1868, t. IX, p. 386] :

$$C^{40}H^{64}O^{18} + 3H^2O$$
$$= C^{22}H^{34}O^3 + 3C^6H^{12}O^6.$$

Acide carminique. — Se transforme sous l'influence de l'acide sulfurique faible bouillant en rouge de carmin et sucre :

$$C^{17}H^{18}O^{10} + 2H^2O = C^{11}H^{12}O^7 + C^6H^{10}O^5$$

[Schützenberger, *Ann. de Chim. et de Phys.*, (3), t. LIV, p. 52].

Acide cathartique. — Bouilli en solution alcoolique avec de l'acide chlorhydrique, donne de l'acide cathartagénique et du sucre [Dragendorff et Kubly, *Bull. de la Soc. chim.*, (2), t. VII, p. 356].

Chitine. — Bouillie avec de l'acide sulfurique étendu, fournit de l'ammoniaque, du sucre fermentescible, suivant M. Berthelot [*Compt. rend.*, t. XLVII, p. 230], et un corps qui pourrait être de la lactamide :

$$C^9AzH^{15}O^6 + 2H^2O = C^6H^{12}O^6 + C^3AzH^7O^2$$

[Städeler, *Répert. de Chim. pure*, 1859, p. 569].

Colocynthine. — Se transforme en colocynthéine et sucre :

$$C^{56}H^{84}O^{23} + 2H^2O = C^{44}H^{64}O^{13} + 2C^6H^{12}O^6$$

[Walz, *N. Jahresb. Pharm.*, t. IX, p. 225].

Coniférine. — Donne, par l'ébullition avec les acides étendus, une résine soluble dans les alcalis et du sucre [W. Kubel, *Bull. de la Soc. chim.*, 1866, t. VI, p. 410].

Convallarine. — Se transforme en convallarétine et sucre :

$$C^{34}H^{62}O^{11} + H^2O = C^{28}H^{52}O^6 + C^6H^{12}O^6$$

[Walz, *N. Jahresb. Pharm.*, t. X, p. 145].

Convallamarine. — Se transforme en convallamarétine et sucre :

$$2C^{23}H^{44}O^{12} = 2C^{20}H^{36}O^8 + C^6H^{12}O^6 + 2H^2O$$

[Walz, *N. Jahresb. Pharm.*, t. X, p. 145].

Convolvuline. — Se transforme en acide convolvulinolique et sucre :

$$2C^{31}H^{50}O^{16} + 11H^2O$$
$$= C^{26}H^{50}O^7 + 6C^6H^{12}O^6$$

[W. Mayer, *Ann. de Chim. et de Phys.*, (3), t. XLV, p. 494].

Coryamyrtine. — Chauffée avec les acides

étendus, se dédouble en plusieurs substances, dont l'une réduit la liqueur cupropotassique [Riban, *Bull. de la Soc. chim.*, 1867, t. VII, p. 76].

Crocine.— Fournit de la crocétine et un sucre :

$$2C^{29}H^{42}O^{15} + 5H^2O = C^{34}H^{46}O^{11} + 4C^6H^{12}O^6$$

[Rochleder et L. Mayer, *Wien. Akad. Ber.*, t. XXIX, p. 3].

Cyclamine. — Se décompose de la manière suivante :

$$C^{20}H^{34}O^{10} + 2H^2O = \underset{\text{Cyclamirétine.}}{C^{14}H^{26}O^5} + C^6H^{12}O^6$$

[de Luca, *Compt. rend.*, t. XLIV, p. 723].

Daphnine. — Fournit de la daphnétine et du sucre :

$$2C^{30}H^{34}O^{19} + 3H^2O = C^{36}H^{26}O^{17} + 4C^6H^{12}O^6$$

[Rochleder, *Wien. Akad. Ber.*, t. XLVIII, p. 236].

Datiscine.— Forme de la datiscétine et du sucre :

$$C^{21}H^{22}O^{12} = C^{15}H^{10}O^6 + C^6H^{12}O^6$$

[Stenhouse, *Ann. der Chem. u. Pharm.*, t. XCVIII, p. 167].

Digitaline. — Se transforme en digitalirétine et sucre :

$$C^{27}H^{45}O^{15} + 2H^2O = C^{15}H^{25}O^5 + 2C^6H^{12}O^6$$

[Kosmann, *Journ. de Pharm.*, t. XXXVIII, p. 5].

Elleboréine. — Se transforme par les acides étendus en helléborétine et glucose :

$$C^{26}H^{44}O^{15} = C^{14}H^{20}O^3 + 2C^6H^{12}O^6$$

[Husemann et Marmé, *Bull. de la Soc. chim.*, 1866, t. V, p. 455].

Elleborine. — Se dédouble sous l'influence d'une solution de chlorure de zinc en helléborétine et glucose :

$$C^{36}H^{42}O^6 + 4H^2O = C^{30}H^{38}O^4 + C^6H^{12}O^6$$

[Hussemann et Marmé, *loc. cit.*].

Esculine. — Se dédouble en esculétine et glucose :

$$C^{30}H^{34}O^{19} + H^2O = 2C^9H^6O^4 + 2C^6H^{12}O^6$$

[Rochleder, *Wien. Akad. Ber.*, t. XLVIII, p. 236].

Acide escinique. — Se transforme en télescine et glucose :

$$C^{48}H^{80}O^{23} + 3H^2O = C^{36}H^{62}O^{14} + 2C^6H^{12}O^6$$

[Rochleder, *Bull. de la Soc. chim.*, 1863, t, p. 219].

Fraxine. — Se transforme en fraxétine et sucre :

$$C^{16}H^{18}O^{10} + H^2O = C^{10}H^8O^5 + C^6H^{12}O^6$$

[Rochleder, *Wien. Akad. Ber.*, t. XLVIII, p. 236].

Gélatine. — L'acide sulfurique la transforme en sulfate d'ammoniaque, sucre et autres produits non examinés [Gerhardt, *Traité*, t. IV, p. 509]. Fischer et Bödeker, [*Répert. de Chim. pure*, 1861, p. 287], en faisant bouillir les cartilages des côtes avec de l'acide chlorhydrique, ont obtenu du sucre.

Gentiopicrine.— Se décompose en gentiogénine et sucre :

$$C^{20}H^{30}O^{12} = C^{14}H^{16}O^5 + C^6H^{12}O^6 + H^2O$$

[Kromayer, *Archiv. der Pharm.*, (2), t. CX, p. 27].

Globularine. — Se transforme de la manière suivante :

$$C^{30}H^{44}O^{14} = C^6H^{12}O^6 + H^2O + \underset{\text{Globularétine.}}{C^{12}H^{14}O^3} + \underset{\text{Paraglobularétine.}}{C^{12}H^{16}O^4}$$

[Walz, *N. Jahresb. Pharm.*, t. XIII, p. 281].

Glycodrupose. — Se dédouble par l'acide chlorhydrique en drupose et glucose :

$$C^{24}H^{36}O^{16} + 4H^2O = C^{12}H^{20}O^8 + 2C^6H^{12}O^6$$

[Erdmann, *Bull. de la Soc. chim.*, 1866, t. VI, p. 340].

Glycyrrhizine. — Se dédouble en glycyrrhétine et en glucose :

$$C^{24}H^{36}O^9 + H^2O = C^{18}H^{26}O^4 + C^6H^{12}O^6$$

[Gorup-Besanez, *Répert. de Chim. pure*, 1862, p. 30].

Gratioline. — Se dédouble en gratiolétine, gratiolérétine et sucre :

$$2C^{20}H^{34}O^7 = \underset{\text{Gratiolétine.}}{C^{17}H^{28}O^5} + \underset{\text{Gratiolérétine.}}{C^{17}H^{28}O^3} + C^6H^{12}O^6$$

[Walz, *N. Jahresb. Pharm.*, t. X, p. 65].

Gratiosoline. — Se dédouble en gratiosolétine et sucre :

$$C^{46}H^{84}O^{25} = C^{40}H^{68}O^{17} + C^6H^{12}O^6 + 2H^2O$$

[Walz, *loc. cit.*].

Gratiosolétine. — Se dédouble de la manière suivante :

$$2C^{40}H^{68}O^{17} = \underset{\text{Gratiosolérétine.}}{C^{34}H^{52}O^9} + \underset{\text{Hydrogratiosolérétine.}}{C^{34}H^{56}O^{11}} + 2C^6H^{12}O^6 + 2H^2O$$

[Walz, *loc. cit.*].

Acide hélianthique. — Bouilli avec de l'acide chlorhydrique dilué fournit du sucre fermentescible et un acide violet [Ludwig et Kromayer, *Archiv. der Pharm.*, (2), t. XCIX, p. 285].

Hélicine. — Se transforme en hydrure de salicyle et glucose [Piria, *Ann. de Chim. et de Phys.*, t. XIV, p. 287] :

$$C^{13}H^{16}O^7 + H^2O = C^7H^6O^2 + C^6H^{12}O^6.$$

Hélicoïdine. — L'émulsine la décompose de la manière suivante :

$$C^{26}H^{34}O^{14} + 2H^2O = \underset{\text{Saligénine.}}{C^7H^8O^2} + \underset{\text{Hydrure de salicyle.}}{C^7H^6O^2} + 2C^6H^{12}O^6$$

[Piria, *Ann. de Chim. et de Phys.*, t. XIV, p. 292].

Indican. — Les acides et les alcalis le transforment en *indiglucine* et d'autres produits [Schunck, *Journ. für prakt. Chem.*, t. LXXIII, p. 268].

Jalapine. — Se transforme en jalapinol et sucre :

$$C^{68}H^{112}O^{32} + 11H^2O = C^{32}H^{62}O^7 + 6C^6H^{12}O^6$$

[W. Mayer, *Ann. de Chim. et de Phys.*, t. XLV, p. 494].

Le *Lycopodium chamæcyparissus* fournit une matière amère qui semble être un glucoside [Kamp, *Ann. de Chim. et de Pharm.*, t. C, p. 298].

Ményanthine. — Donne du ményanthol et du sucre :

$$C^{30}H^{48}O^{15} = 3C^8H^8O + C^6H^{12}O^6 + 6H^2O$$

[Kromayer, *Zeitsch. für Chem.*, 1865, p. 750].

Acide métapectique. — Se transforme en un autre acide et en sucre pectique lorsqu'on le fait bouillir avec des acides [Scheibler, *Bull. de la Soc. chim.*, (2), t. X, p. 507].

Myronate de potasse. — Se décompose en essence de moutarde, sulfate acide de potasse et glucose sous l'influence de la myrosine :

$$C^{10}H^{18}KAzS^2O^{10} = C^4H^5AzS + C^6H^{12}O^6 + KHSO^4$$

[Will et Körner, *Ann. der Chem. u. Pharm.*, t. CXXV, p. 257].

Ononine. — Fournit de la glucose et de la formonétine :

$$C^{62}H^{68}O^{27} = C^{50}H^{40}O^{13} + 2C^6H^{12}O^6 + 2H^2O$$

[Hlasiwetz, *Ann. de Chim. et de Phys.*, (3), t. XLVI, p. 374].

Onospine. — Se dédouble en ononétine et sucre :

$$C^{60}H^{68}O^{25} = C^{48}H^{44}O^{13} + 2C^6H^{12}O^6 (?)$$

[Hlasiwetz. *loc. cit.*].

Paristyphine. — Bouillie avec de l'acide sulfurique faible, fournit de la paridine et du sucre :

$$C^{38}H^{64}O^{18} + 2H^2O = C^{32}H^{56}O^{14} + C^6H^{12}O^6$$

[Walz, *N. Jahresb. Pharm.*, t. XIII, p. 355].

Paridine. — Bouillie avec de l'acide chlorhydrique, fournit du paridol et du sucre :

$$C^{32}H^{56}O^{14} + H^2O = C^{26}H^{46}O^9 + C^6H^{12}O^6$$

[Walz, *loc. cit.*].

Phillyrine. — Se transforme en phillygénine et sucre :

$$C^{27}H^{34}O^{11} + H^2O = C^{21}H^{24}O^6 + C^6H^{12}O^6$$

[Bertagnini, *Ann. de Chim. et de Phys.*, (3), t. XLIII, p. 351].

Phlorizine. — Fournit de la phlorétine et du sucre :

$$C^{21}H^{24}O^{10} + H^2O = C^{15}H^{14}O^5 + C^6H^{12}O^6$$

[Strecker, *Ann. der Chem. u. Pharm.*, t. LXXIV, p. 184, et Stas, *Ann. de Chim. et de Phys.*, (2), t. LXIX, p. 367].

Phlorétine. — Bouillie avec les alcalis, se dédouble en acide phlorétique et phloroglucine [Hlasiwetz, *Ann. der Chim. u. Pharm.*, t. XCVI, p. 118].

Pinipicrine. — Se dédouble en éricinol et sucre :

$$C^{22}H^{36}O^{11} + 2H^2O = C^{10}H^{16}O + 2C^6H^{12}O^6$$

[Kawalier, *Wien. Akad. Ber.*, t. XI, p. 344].

L'*éricoline* fournit les mêmes produits :

$$C^{68}H^{110}O^{41} + 9H^2O = 2C^{10}H^{16}O + 8C^6H^{12}O^6$$

[Rochleder et Schwartz, *Wien. Akad. Ber.*, t. XI, p. 371].

Populine. — Bouillie avec les acides dilués, se dédouble en acide benzoïque, saligénine et sucre :

$$C^{20}H^{22}O^8 + 2H^2O = C^7H^6O^2 + C^7H^8O^2 + C^6H^{12}O^6$$

[Piria, *Ann. de Chim. et de Phys.*, (3), t. XXXIV, p. 278].

Prophétine. — Se dédouble en prophérétine et sucre :

$$2C^{23}H^{36}O^7 = 2C^{20}H^{30}O^4 + C^6H^{12}O^6$$

[Walz, *N. Jahresb. Pharm.*, t. XI, p. 21].

Quercitrine. — L'acide sulfurique faible le dédouble en quercétine et en isodulcite :

$$C^{33}H^{30}O^{17} + H^2O = C^{27}H^{18}O^{12} + C^6H^{14}O^6$$

[Hlasiwetz et Pfaundler, *Journ. für prakt. Chem.*, t. XCIV, p. 64].

La *quercétine*, bouillie avec de la potasse, fournit de l'acide quercétique et de la phloroglucine.

Quinovine. — Lorsqu'on fait passer de l'acide chlorhydrique gazeux dans une solution alcoolique de quinovine, il se produit de l'acide quinovique et du sucre de quinova :

$$C^{30}H^{48}O^8 + H^2O = C^{24}H^{38}O^4 + C^6H^{12}O^5$$

[Hlasiwetz, *Ann. de Chim. et de Phys.*, (3), t. LVII, p. 360].

Robinine. — Fournit de la quercétine et du sucre :

$$C^{25}H^{30}O^{16} + 2H^2O = C^{13}H^{10}O^6 + 2C^6H^{12}O^6$$

[Zwenger et Dronke, *Ann. der Chem. u. Pharm.*, t. suppl. I, p. 257].

Rubiane. — Décomposée par les acides aqueux, fournit de l'alizarine, de la rubirétine, de la vérantine, de la rubianine et de la glucose [Schunck, *Ann. de Chim. et de Phys.*, (3), t. XXXV, p. 306].

La *rubihydrane* et la *rubilihydrane* donnent les mêmes produits que la rubiane [Schunck, *Journ. für prakt. Chem.*, t. LXVII, p. 154].

Acide rubianique. — Bouilli avec l'acide sulfurique dilué, ou les alcalis aqueux ou en présence de l'eau et de l'érythrozyme, fournit de l'alizarine et du sucre :

$$C^{52}H^{58}O^{27} + 5H^2O$$
$$= 2C^{14}H^{10}O^4 + 4C^6H^{12}O^6$$

[Schunck, *loc. cit.*]. Schunck donnait à l'alizarine la formule $C^{14}H^{10}O^4$.

L'*acide rubérythrique*, qui est peut-être identique avec le précédent, donne les mêmes produits lorsqu'on le chauffe avec de l'acide chlorhydrique [Pochleder, *Wien. Akad. Ber.*, t. VI, p. 433].

Rutine. — Se dédouble en quercétine et glucose :

$$C^{25}H^{28}O^{15} + 3H^2O = C^{13}H^{10}O^6 + 2C^6H^{12}O^6$$

[Zwenger et Dronke, *Ann. der Chem. u. Pharm.*, t. CXXIII, p. 145].

Salicine. — En présence de l'émulsine, se dédouble en saligénine et glucose :

$$C^{13}H^{18}O^7 + H^2O = C^7H^8O^2 + C^6H^{12}O^6$$

[Piria, *Ann. de Chim. et de Phys.*, (3), t. XIV p. 257].

Saponine. — Se dédouble en sapogénine et glucose :

$$C^{64}H^{106}O^{36} + 4H^2O = C^{28}H^{42}O^4 + 6C^6H^{12}O^6$$

[Rochleder, *Répert. de Chim. pure*, 1862, p. 469].

La *sénégine*, qui diffère de la saponine par $2H^2O$ [Bolley, *Ann. der Chem. u. Pharm.*, t. XC, p. 211], donne les mêmes produits de décomposition dans les mêmes circonstances.

La *résine de scammonée* se dédouble en acide scammonolique et sucre lorsqu'on la fait bouillir avec les acides dilués ou l'eau de baryte :

$$C^{34}H^{56}O^{16} + 5H^2O = C^{16}H^{30}O^3 + 3C^6H^{12}O^6$$

[Spirgatis, *Ann. der Chem. u. Pharm.*, t. CXVI, p. 280].

La *smilacine*, bouillie avec l'acide chlorhydrique, fournit un corps gélatineux et du sucre.

Solanine. — Se dédouble en solanidine et sucre :

$$C^{43}H^{70}AzO^{16} + 3H^2O$$
$$= C^{25}H^{40}AzO + 3C^6H^{12}O^6$$

[Zwenger et Kind, *Ann. de Chim. et de Phys.*, (3), t. LXIII, p. 377].

Syringine. — Se dédouble en syringénine et sucre :

$$C^{19}H^{28}O^{10} + H^2O = C^{13}H^{18}O^5 + C^6H^{12}O^6$$

[Kromayer, *Archiv. der Pharm.*, (2), t. CIX, p. 18].

Les *acides tanniques* fournissent, parmi leurs produits de décomposition, du glucose, sauf l'*acide gallotannique* qui, suivant Rochleder, pourrait bien ne pas être un glucoside. La production de glucose observée par d'autres auteurs (Strecker, etc.) serait due à une impureté de la matière employée.

Thujine. — Chauffée en solution alcoolique avec les acides dilués, se dédouble en thujétine et sucre :

$$C^{20}H^{22}O^{12} + 2H^2O = C^{14}H^{14}O^8 + C^6H^{12}O^6.$$

Lorsqu'on chauffe peu de temps, il se forme de la thujinénine à la place de la thujétine. La thujine, chauffée avec de l'eau de baryte, se dédouble en acide thujétique et sucre :

$$2C^{20}H^{22}O^{12} + H^2O = C^{28}H^{22}O^{13} + 2C^6H^{12}O^6$$

[Rochleder et Kawalier, *Wien. Akad. Ber.*, t. XXIX, p. 10].

Xanthorhamnine. — Se dédouble en rhamnétine et sucre :

$$C^{23}H^{28}O^{14} + 3H^2O = C^{11}H^{10}O^5 + 2C^6H^{12}O^6$$

[Gollatly, *Chem. News.*, t. III, p. 196]. Ph. de C.

GLUTAMIQUE (ACIDE), $C^5H^9AzO^4$. — Acide cristallisé obtenu en même temps que la tyrosine et la leucine, par l'action prolongée de l'acide sulfurique sur le gluten [H. Ritthausen, *Journ. für prakt. Chem.*, t. XCIX, p. 6 et 454, 1866, et *Bull. de la Soc. chim.*, t. VII, p. 442 et t. VIII, p. 119, 1867]. On épuise le gluten par l'alcool bouillant, puis on fait bouillir le résidu sec (fibrine végétale) pendant 24 heures avec 5 p. d'acide sulfurique concentré et 13 p. d'eau dans un ballon muni d'un réfrigérant ascendant. On sature la liqueur obtenue par la chaux, on filtre, on évapore au tiers, on se débarrasse de l'excès de chaux par l'acide oxalique et de l'excès de celui-ci par le carbonate de plomb, du plomb lui-même par l'hydrogène sulfuré et l'on évapore jusqu'à cristallisation. Les cristaux renferment de la tyrosine, on reprend par l'eau bouillante qui laisse déposer par le refroidissement des cristaux d'acide glutamique pur; ce sont des octaèdres orthorhombiques déformés. Les eaux mères renferment de la leucine. On en peut encore retirer de l'acide glutamique en laissant cristalliser pendant quelques semaines, reprenant les cristaux par l'eau bouillante, décolorant par le charbon animal et faisant cristalliser. On enlève une petite quantité de leucine par une digestion des cristaux dans l'alcool à 30 °/₀ chaud. 500 grammes de fibrine végétale donnent 6 à 7 grammes d'acide glutamique. En opérant avec la mucédine (mucine du gluten), on obtient un plus fort rendement (30 °/₀).

Les cristaux d'acide glutamique sont anhydres, brillants, fusibles vers 135-140° avec coloration en jaune, solubles dans 100 p. d'eau à 16°, 302 p. d'alcool à 32 °/₀ et 1500 p. d'alcool à 80 °/₀. Les solutions sont acides et décomposent les carbonates. Le sel de baryte qu'on obtient avec le carbonate de baryte et l'acide libre est soluble, neutre, ressemble à un émail et renferme $(C^5H^8AzO^4)^2Ba''$. Le sel d'argent $C^5H^8AzO^4Ag$ est soluble dans l'eau et d'un aspect cristallin. Le sel de cuivre ne cristallise pas, il s'obtient en faisant bouillir l'acide avec de l'hydrate de cuivre et additionnant la solution d'alcool; il renferme

$$(C^5H^8AzO^4)^2Cu'' + CuO, 4H^2O,$$

et perd son eau à 100°.

L'acide glutamique dégage de l'azote lorsqu'on le traite par l'acide azoteux. Si alors on agite la liqueur avec l'éther, celui-ci dissout un acide non azoté qui précipite les sels de plomb en présence de l'ammoniaque et qui paraît être bibasique et constituer un homologue de l'acide malique. Son analyse correspond à peu près à la formule $C^5H^8O^5$. G. S.

GLUTEN. — On appelle gluten la matière azotée insoluble dans l'eau qui donne à la farine de blé ou de céréales la propriété de faire avec l'eau une pâte liante.

Le gluten reste entre les doigts sous forme d'une masse molle, élastique et grisâtre, lorsqu'on malaxe de la pâte de farine de bonne qualité au-dessous d'un filet d'eau sur un tamis; une partie cependant est entraînée et passe avec l'amidon à travers les mailles. Comme le gluten très-divisé est plus léger que l'amidon, il se dépose en dernier et forme à la surface une couche grisâtre mélangée d'amidon.

Séché sur une surface polie, le gluten se réduit en écailles jaunes, cassantes. Sa composition et ses caractères le rattachent aux matières albuminoïdes et notamment à la fibrine. L'eau contenant 1 à 2 millièmes d'acide chlorhydrique le gonfle et le dissout peu à peu; sa solution dévie à gauche le plan de polarisation.

Le gluten humide abandonné à lui-même se putréfie, dégage de l'acide carbonique, de l'hydrogène et de l'hydrogène sulfuré, et se liquéfie sous l'influence des acides qui prennent naissance. Le produit putréfié contient de la leucine, de l'acétate et du phosphate d'ammoniaque.

Le gluten ne représente pas un principe immédiat. Ritthausen [*Journ. prakt. Chem.*, t. LXXIV, p. 193, 384] le sépare en deux portions, l'une soluble dans l'alcool, formée elle-même de mucine ou caséine végétale et de glutine ou gélatine végétale, l'autre insoluble dans l'alcool et semblable à la fibrine (fibrine végétale). On procède comme il suit : le gluten frais et divisé en petits fragments est mis à digérer pendant quelques heures avec de l'alcool à 85 °/₀; on chauffe à l'ébullition; au bout d'une heure et demie, on décante. Cette opération, répétée plusieurs fois, donne des liquides que l'on réunit. Par le refroidissement ils déposent des flocons de mucine mélangée à de la glutine et à de la graisse. Pour purifier ce mélange, on le dissout à chaud dans l'alcool à 50 °/₀, on filtre et on laisse refroidir; la mucine se sépare, tandis que la glutine reste en solution.

Cette mucine est soluble dans l'alcool bouillant et l'acide acétique étendu et froid. La glutine est retirée de la seconde solution alcoolique par évaporation; hydratée, elle forme un liquide limpide jaune, de consistance de vernis, qui se dessèche en plaques semblables à la gélatine animale. Elle est soluble dans l'alcool à 80 °/₀. L'alcool absolu la précipite sous forme d'une poudre blanche adhérente au vase. Elle est soluble dans l'eau; les solutions précipitent par le tannin, l'acétate basique de plomb, le chlorure mercurique et le nitrate d'argent.

D'après Günsberg [*Journ. pr. Chem.*, t. LXXXV, p. 213], la mucine de Ritthausen n'est autre chose que de la fibrine végétale maintenue en suspension dans le liquide alcoolique; tandis que la glutine serait un mélange dont l'eau froide sépare une matière brune azotée et sulfurée. Le résidu repris par l'eau bouillante donne une solution limpide qui dépose par refroidissement une matière exempte de soufre contenant 52,77 °/₀ carbone, 6,79 hydrogène, 17,66 azote, 22,78 oxygène.

Le tableau suivant donne la composition centésimale de la glutine et du gluten :

	Gluten.	Glutine.
Carbone	52,6 - 53,1	53,3
Hydrogène	7,2 - 6,8	7,5
Azote	15,0 - 18,9	14,6

On emploie le gluten à la fabrication des pâtes alimentaires et pour l'impression des tissus. Les farines les plus riches en gluten en contiennent de 10 à 11 °/₀. P. S.

GLYCÉRALS [Harnitz-Harnitzki et Menschutkine, *Bull. de la Soc. chim.*, 1865, t. III, p. 253]. — Les glycérals sont des composés analogues aux acétals; ils résultent de la combinaison d'une molécule d'une aldéhyde et d'une molécule de glycérine, avec élimination d'une molécule d'eau. Ils sont peu stables et se décomposent déjà à l'air humide en régénérant leurs constituants. On les obtient en chauffant en vase clos, vers 180° ou 200°, et pendant 25 à 30 heures, le mélange de glycérine sèche et d'aldéhyde.

ACÉTOGLYCÉRAL,

$$\left.\begin{matrix} C^3H^5 \\ H \\ C^2H^4 \end{matrix}\right\} O^2.$$

— Le composé que fournit l'aldéhyde acétique bout entre 184° et 188°. Sa densité à 0° = 1,081. Il est légèrement soluble dans l'eau, qui le décompose facilement.

BENZOGLYCÉRAL,

$$\left.\begin{matrix} C^3H^5 \\ H \\ C^7H^6 \end{matrix}\right\} O^2.$$

— Liquide inodore, plus dense que l'eau, bouillant entre 190° et 200°, sous 20 millimètres de pression.

VALÉROGLYCÉRAL,

$$\left.\begin{matrix} C^3H^5 \\ H \\ C^5H^{10} \end{matrix}\right\} O^2.$$

— Il bout entre 224° et 228°. Il est insoluble dans l'eau; sa densité à 0° = 1,027. E. G.

GLYCÉRAMINE,

$$C^3H^9AzO^2 = (C^3H^5)''' \left\{\begin{matrix} (OH)^2 \\ AzH^2 \end{matrix}\right.$$

[Berthelot et de Luca, *Ann. de Chim. et de Phys.*, (3), t. XLVIII, p. 317]. — Lorsqu'on dirige un courant de gaz ammoniac dans une solution de dibromhydrine $C^3H^5(OH)Br^2$ dans de l'alcool absolu, on obtient du bromhydrate d'ammoniaque, et le bromhydrate de glycéramine

$$C^3H^9AzO^2, HBr.$$

Il est probable que dans la réaction il y a transformation de la dibromhydrine en monobromhydrine, et que c'est cette dernière qui réagit sur l'ammoniaque; l'équation serait

$$\underset{\text{Dibromhydrine.}}{C^3H^5Br^2(OH)} + 2AzH^3 + H^2O = \underset{\text{Bromhydrate de glycéramine.}}{C^3H^9AzO^2, HBr} + AzH^4Br.$$

Du reste M. Berthelot a obtenu aussi cette base en petite quantité par l'action de l'ammoniaque sur la monochlorhydrine.

En traitant le bromhydrate par une solution de potasse très-concentrée, la glycéramine se sépare sous la forme d'une huile qui disparaît rapidement par l'addition de l'eau, dans laquelle elle est très-soluble. Elle se dissout aussi dans l'éther, mais celui-ci ne l'enlève pas à sa solution aqueuse. Le chlorhydrate est déliquescent; le chloroplatinate est en grains orangés cristallins. Il renferme

$$(C^3H^9AzO^2, HCl)^2, PtCl^4.$$

On obtient une glycéramine qui n'a pas été analysée, et qui est peut-être identique à la précédente, en agitant le glycide chlorhydrique (épichlorhydrine) C^3H^5OCl avec l'ammoniaque aqueuse. Le glycide chlorhydrique s'épaissit et disparaît au bout de quelques jours. La liqueur saturée par l'acide chlorhydrique laisse déposer du chlorhydrate d'ammoniaque, et retient un sel incristallisable, d'où la potasse très-concentrée sépare une base gommeuse, rougeâtre, qu'une addition d'eau fait disparaître [Reboul, *Ann. de Chim. et de Phys.*, (3), t. LX, p. 26].

Lorsqu'on fait passer un courant de gaz ammoniac dans de la bromhydrine pure, on obtient une substance solide, amorphe, neutre, insoluble dans l'eau, l'alcool, l'éther et l'acide acétique incristallisable. Elle renferme $C^6H^{12}BrAzO^2$, et a reçu le nom d'*hémibromhydramide* (Berthelot et de Luca). On peut la regarder comme de la glycéramine dont 2 atomes d'hydrogène sont remplacés par le glycide bromhydrique C^3H^5BrO, groupement diatomique. L'hémibromhydramide est alors $C^3H^7(C^3H^5BrO)''OAz$.

Le composé analogue, l'*hémichlorhydramide*, $C^6H^{12}ClAzO^2$, a été préparé par M. Reboul, en chauffant le glycide chlorhydrique avec une solution alcoolique d'ammoniaque à 100° et en vase clos. Ce corps est blanc, gommeux, insoluble dans l'alcool, l'eau, l'éther, les acides et les alcalis. Le composé obtenu par MM. Berthelot et de Luca dérive probablement du glycide bromhydrique, comme celui de Reboul, du glycide chlorhydrique. L'ammoniaque, en agissant sur la dibromhydrine, la transforme d'abord en glycide bromhydrique. E. G.

GLYCÉRIDES. — Les glycérides sont les éthers de la glycérine. Celle-ci étant un alcool triatomique $(C^3H^5)'''(OH)^3$ forme avec les acides et les alcools monatomiques trois séries d'éthers neutres, dont la génération a lieu avec élimination d'eau, suivant l'équation générale qui donne naissance aux éthers. Une molécule de glycérine se combine à 1, 2 ou 3 molécules d'acides ou d'alcools monatomiques avec élimination de 1, 2 ou 3 molécules d'eau :

$$\underset{\text{Glycérine.}}{C^3H^8O^3} + C^2H^4O^2 - H^2O = \underset{\text{Monacétine.}}{C^5H^{10}O^4},$$

$$C^3H^8O^3 + 2C^2H^4O^2 - 2H^2O = \underset{\text{Diacétine.}}{C^7H^{12}O^5},$$

$$C^3H^8O^3 + 3C^2H^4O^2 - 3H^2O = \underset{\text{Triacétine.}}{C^{12}H^{16}O^6},$$

$$C^3H^8O^3 + HCl - H^2O = \underset{\text{Monochlorydrine.}}{C^3H^7O^2Cl},$$

etc., etc.;

$$C^3H^8O^3 + \underset{\text{Alcool.}}{C^2H^6O} - H^2O = \underset{\text{Monoéthyline.}}{C^5H^{12}O^3},$$

$$C^3H^8O^3 + 2C^2H^6O - 2H^2O = \underset{\text{Diéthyline.}}{C^7H^{16}O^3}.$$

Les glycérides à oxacides et les glycérides à radicaux d'alcools résultent du remplacement de 1, 2 ou 3 hydrogènes typiques par des radicaux acides ou des radicaux alcooliques :

$$\underset{\text{Acétine.}}{(C^3H^5)'''\left\{\begin{matrix}(OH)^2 \\ OC^2H^3O\end{matrix}\right.} \quad \underset{\text{Éthyline.}}{(C^3H^5)'''\left\{\begin{matrix}(OH)^2 \\ OC^2H^5\end{matrix}\right.} \text{ etc.,}$$

et on comprend que les 3 hydrogènes typiques peuvent être remplacés par des radicaux différents, acides ou alcooliques; on a alors des glycérides mixtes :

$$\underset{\text{Diacétoéthyline.}}{(C^3H^5)'''\left\{\begin{matrix}OC^2H^5 \\ (O.C^2H^3O)^2\end{matrix}\right.} \quad \underset{\text{Diacétobutyrine.}}{(C^3H^5)'''\left\{\begin{matrix}O.C^4H^7O \\ (O.C^2H^3O)^2\end{matrix}\right.}$$

Les glycérides formés par les acides chlorhydrique, bromhydrique, iodhydrique, résultent du remplacement de l'oxhydryle (OH) par 1 atome de chlore, de brome ou d'iode :

$$\underset{\text{Monochlorhydrine.}}{(C^3H^5)'''\left\{\begin{matrix}Cl \\ (OH)^2\end{matrix}\right.} \quad \underset{\text{Dichlorhydrine.}}{(C^3H^5)'''\left\{\begin{matrix}Cl^2 \\ OH\end{matrix}\right.} \quad \underset{\text{Trichlorhydrine.}}{(C^3H^5)'''Cl^3}.$$

Dans la mono- et la dichlorhydrine, il reste des oxhydryles dont l'hydrogène sera remplacé par des radicaux acides ou des radicaux alcooliques :

$$\underset{\text{Acétochlorhydrine.}}{(C^3H^5)'''\left\{\begin{matrix}Cl \\ OC^2H^3O \\ OH\end{matrix}\right.} \quad \underset{\text{Éthylchlorhydrine.}}{(C^3H^5)'''\left\{\begin{matrix}Cl \\ OC^2H^5 \\ OH.\end{matrix}\right.}$$

La formation des glycérides peut être considérée à un autre point de vue. La glycérine est un composé complet dans lequel le glycéryle triatomique $(C^3H^5)'''$ est saturé par 3 oxhydryles, (3 OH); en perdant successivement 1, 2 ou 3 oxhydryles, la glycérine fournit les résidus

$[(C^3H^5)''', (OH)^2]'$ monatomique,

$[(C^3H^5)''', (OH)]''$ diatomique,

et $(C^3H^5)'''$ triatomique.

Chacun de ces résidus, remplaçant pour se saturer l'hydrogène typique des acides monatomiques ou des alcools, fournit des éthers primaires, secondaires ou tertiaires. C'est ainsi que la diacétine est formée par le groupement diatomique $[(C^3H^5)''', (OH)]''$, qui remplace l'hydrogène typique de 2 molecules d'acide acétique et les soude ainsi :

$$(C^3H^5)'''(OH)^3 + 2\left[\begin{matrix}C^2H^3O^2.H\\H\end{matrix}\right] - 2H^2O$$

Acide acétique.

$$= [(C^3H^5)''', (OH)''] \left\{\begin{matrix}C^2H^3O^2\\C^2H^3O^2.\end{matrix}\right.$$

Diacétine.

La formation est la même avec les acides chlorhydrique, bromhydrique, iodhydrique; ainsi le résidu triatomique $(C^3H^5)'''$, remplaçant l'hydrogène de 3 molécules d'acide chlorhydrique, fournit la trichlorhydrine $(C^3H^5)''', Cl^3$.

Cette manière de considérer la formation des glycérides s'applique aux éthers que forme la glycérine avec les acides polyatomiques, et l'on comprend qu'avec ceux-ci le nombre des molécules d'eau éliminées n'est pas en rapport constant avec le nombre des molécules d'acides et de glycérine qui entrent en réaction.

Il se peut, en effet, qu'il y ait dans l'acide polyatomique substitution de 1, 2 ou 3 atomes d'hydrogène, par le résidu monatomique de la glycérine, le résidu diatomique ou le résidu triatomique. Si c'est le groupe monatomique $[(C^3H^5)''', (OH)^2]'$ qui se substitue à un atome d'hydrogène d'un acide polyatomique, la réaction a lieu entre une molécule de l'acide et une molécule de glycérine avec élimination d'une seule molécule d'eau. Si l'acide polyatomique est en même temps polybasique, le glycéride formé a les propriétés d'un acide; tel est l'acide tartroglycérique,

$$(C^4H^2O^2)^{iv}(OH)^4 + (C^3H^5)'''.(OH)^3 - H^2O$$

Acide tartrique. Glycérine.

$$= C^7H^{12}O^8 = (C^4H^2O^2)^{iv} \left\{\begin{matrix}O(C^3H^5.(OH)^2)'\\(OH)^3;\end{matrix}\right.$$

Acide tartroglycérique.

tels sont aussi l'acide sulfoglycérique, l'acide phosphoglycérique, glycérique, etc.

Si c'est le groupement diatomique

$$[(C^3H^5)'''(OH)]''$$

qui remplace 2 atomes d'hydrogène, la réaction a lieu entre la glycérine et l'acide avec élimination de 2 molécules d'eau ; on ne connaît dans ce cas que le glycéride succinique; l'acide succinique étant diatomique, ce glycéride est neutre :

$$(C^4H^4O^2)''(OH)^2 + (C^3H^5)'''.(OH)^3 - 2H^2O$$

Acide succinique.

$$= C^7H^{10}O^5 = (C^4H^4O^2)''(C^3H^5.OH)''.$$

Succinine.

Enfin C^3H^5 triatomique remplace 3 atomes d'hydrogène; la génération du glycéride a lieu avec élimination de 3 molécules d'eau; ainsi se forme la citrine, dérivée de l'acide citrique tribasique; aussi la citrine est neutre.

Enfin les molécules d'acide peuvent s'accumuler en éliminant de l'eau et se combinant à la glycérine ; on doit considérer ces acides comme dérivant d'acides polyatomiques condensés; tels sont les acides ditartroglycérique, tritartroglycérique.

Enfin on a regardé comme éthers de la glycérine des composés qui dérivent d'une molécule de glycérine et d'une molécule d'un acide monatomique avec élimination de 2 molécules d'eau (*épichlorhydrine, épibromhydrine*); mais ce ne sont plus des éthers de la glycérine, ce sont des anhydrides de ces éthers. Nous les étudierons au mot GLYCIDE.

NOMENCLATURE. — Les éthers de la glycérine sont désignés par le seul nom de l'acide ou du radical alcoolique qui entrent dans leur constitution, auquel on ajoute la désinence INE. Ainsi on dit *acétine, acétochlorhydrine, butyrine, dibutyrine, éthyline, éthylchlorhydrine*, etc. Quant aux composés acides, ils sont désignés par la racine du nom de l'acide et par celui de la glycérine, dont la terminaison INE est changée en IQUE : ainsi *acide tartroglycérique, acide sulfoglycérique, acide citroglycérique*, etc.

État naturel et formation. — Les glycérides existent en grande quantité dans la nature, puisque les corps gras, graisses et huiles, sont pour la plus grande partie constitués par des mélanges de glycérides tertiaires, parmi lesquels dominent la tristéarine, la tripalmitine et la trioléine.

Pour isoler les glycérides des corps gras, on a recours soit à leur différence de solubilité dans l'alcool et dans l'éther, soit à leur différence de fusion, en soumettant à la pression les corps gras naturels à des températures où l'un des glycérides est fusible, tandis que l'autre est encore solide ; mais ces procédés ne permettent que rarement d'obtenir les glycérides bien purs et suffisamment séparés de leurs congénères.

Les éthers de la glycérine s'obtiennent aussi d'une façon générale en faisant réagir les acides sur la glycérine, soit à la température ordinaire, soit en chauffant le mélange d'acide et de glycérine en vases scellés, pendant un temps plus ou moins long. Il se forme des glycérides primaires, secondaires ou tertiaires, suivant la proportion des substances mises en présence, et suivant la durée et la température de la réaction. Ce procédé a permis de reconstituer les glycérides fournis par les corps gras naturels. Il est inutile d'entrer ici dans plus de détails sur les procédés de préparation, puisqu'ils trouveront leur place plus bas avec l'étude de chaque glycéride.

C'est M. Chevreul qui a dévoilé la constitution des corps gras naturels, et montré qu'ils sont un mélange d'éthers, qui, en fixant les éléments de l'eau, fournissent d'un côté des acides gras, et de l'autre de la glycérine comme terme constant [Chevreul, *Recherches sur les corps gras*, Paris, 1823]. M. Berthelot, par de nombreux et remarquables travaux sur la glycérine, a mis hors de doute la constitution des principes que les corps gras naturels renferment [Berthelot, *Chimie fond. sur la synthèse*, t. II, p. 12-164].

Propriétés. — Les corps gras naturels étant tous des glycérides tertiaires, formés par des acides gras dont le plus grand nombre possèdent une molécule élevée, présentent un ensemble de caractères physiques qui leur sont communs : tels sont l'insolubilité dans l'eau, la fusibilité, l'aspect, la décomposition par la chaleur, la densité inférieure à celle de l'eau, le manque de saveur, les taches qu'ils laissent sur le papier, etc. Avec les glycérides artificiels, les propriétés physiques ne présentent pas cette généralité, à cause de la variété de leurs acides générateurs.

Parmi les glycérides, les uns sont volatils sans décomposition à la pression ordinaire (diacétine, chlorhydrine, etc.), ou dans le vide barométrique (stéarine, oléine, etc.); d'autres se détruisent par la chaleur en fournissant de nombreux carbures d'hydrogène, de l'acroléine, des acides gras volatils. Ceux qui sont formés par des acides volatils sont facilement solubles dans l'éther et l'alcool ; quelques-uns sont même solubles dans l'eau; ils sont tous liquides; ceux qui dérivent d'acides solides sont plus fusibles que les acides. La densité est tantôt supérieure, tantôt inférieure à celle de l'eau. Ainsi, rien de constant dans les propriétés physiques.

Tous se dédoublent, dans des circonstances variées, en glycérine et en acide avec fixation des éléments de l'eau; c'est là le phénomène de la saponification, si bien observé par Chevreul. Ce dédoublement s'opère surtout avec facilité pour les composés formés par les acides gras volatils, les glycérides produits par les acides gras fixes résistent davantage; les plus stables sont les oléines et les chlorhydrines.

Ce dédoublement a lieu, 1° sous l'influence des alcalis, potasse, soude, des oxydes métalliques, oxyde de plomb et d'argent; il se forme alors un sel alcalin ou métallique et la glycérine est mise en liberté (Chevreul) :

$$C^3H^5.(OC^2H^3O)^3 + 3KHO$$

Triacétine.

$$= C^3H^8O^3 + 3(C^2H^3O^2K).$$

Glycérine. Acétate de potasse.

2° Sous l'influence des acides. Ainsi avec l'acide chlorhydrique, en vase clos, à 100°, on a la réaction suivante :

$$C^3H^5\left\{\begin{matrix}OC^{18}H^{35}O\\(OH)^2\end{matrix}\right. + H^2O = C^{18}H^{36}O^2 + C^3H^8O^3.$$

Monostéarine. Acide stéarique. Glycérine.

Avec l'acide sulfurique, l'acide gras est mis en liberté, il se forme de l'acide sulfoglycérique (Pelouze).

3° Sous l'influence de l'eau en vase clos à 220° (Berthelot). La vapeur d'eau surchauffée à 300° amène la même réaction.

4° Sous l'influence de l'ammoniaque, il se forme une amide et de la glycérine (Berthelot, Bouis) :

$$C^3H^5\left\{\begin{matrix}(OH)^2\\OC^7H^5O\end{matrix}\right. + AzH^3$$

Benzoïcine.

$$= C^7H^5O.AzH^2 + C^3H^8O^3.$$

Benzamide. Glycérine.

Nous ne faisons qu'indiquer l'équation générale de la décomposition des glycérides, ce dédoublement étant la base d'industries importantes, et les modes opératoires devant être décrits avec ces industries (voyez Stéarique [acide] et Savon).

Dans l'action des oxydants, il y a formation d'acide formique, d'acide oxalique et des produits d'oxydation de l'acide. Par l'oxydation lente à l'air, il se passe différents phénomènes, qui seront étudiés aux corps gras et aux huiles (voyez Gras [corps] et Huiles).

Nous avons vu plus haut à quel nombre considérable d'éthers la glycérine donne naissance. Il est difficile de les classer méthodiquement; nous avons adopté l'ordre suivant :

GLYCÉRIDES NEUTRES.

I. Glycérides à radicaux acides.	II. Glycérides renfermant des radicaux alcooliques.
A Glycérides formés par les hydracides : *a* Simples (bromhydrines, chlorhydrines, etc.); *b* Mixtes (bromhydrochlorhydrine, etc.). B Glycérides formés par les oxacides (acétines, butyrines, etc.). C Glycérides mixtes formés par les oxacides et les hydracides (acétochlorhydrine, acétobromhydrine, etc.).	Amyline, éthyline, éthylchlorhydrine, etc.

GLYCÉRIDES ACIDES.

Acides citroglycérique, phosphoglycérique, etc.

On désigne sous le nom de polyglycérides des composés qui représentent des glycérides condensés avec élimination de l'eau; ils dérivent de polyglycérines formées de la même manière et dont la génération est analogue à celle des alcools polyéthyléniques (Lourenço). Les polyglycérides seront étudiés avec les polyglycérines (voyez Glycéryle).

GLYCÉRIDES NEUTRES.

I. GLYCÉRIDES A RADICAUX ACIDES.

A. GLYCÉRIDES FORMÉS PAR LES HYDRACIDES.

a.— Glycérides simples formés par les hydracides.

BROMHYDRINES [Berthelot et de Luca, *Ann. de Chim. et de Phys.*, (3), t. XLVIII, p. 305]. — Le bromure de phosphore réagit vivement sur la glycérine en fournissant, comme produits principaux de la monobromhydrine et de la dibromhydrine; il se forme en outre de l'épibromhydrine ou glycide bromhydrique (voyez Glycide), résultant de l'action de la potasse employée dans les lavages sur la dibromhydrine, de l'acroléine, de l'hémibromhydrine et un polyglycéride, la bromhydrine hexaglycérique, et une amide phosphorée. On obtient ces différents corps et on les isole de la manière suivante : on ajoute par petites portions 5 à 600 grammes de bromure de phosphore liquide à 500 grammes de glycérine, en refroidissant le ballon à chaque addition; après 24 heures de contact, on distille jusqu'à ce que la masse commence à se boursoufler, et on recueille deux couches, l'une légère, l'autre très-dense, insoluble dans l'eau, le tout exhalant une forte odeur d'acroléine; au produit de la distillation on ajoute de la potasse pour détruire l'acroléine et saturer l'acide; on décante la couche aqueuse et on l'agite avec l'éther; la solution éthérée renferme de l'épibromhydrine; la couche insoluble dans l'eau est traitée par la potasse en morceaux pendant quelques heures, puis décantée; elle renferme de l'épibromhydrine, de la dibromhydrine et de l'hémibromhydrine. Le résidu resté dans la cornue est délayé dans l'eau, sursaturé par le carbonate de potasse, puis agité avec de l'éther. La solution éthérée est décantée et l'éther chassé par la distillation; il reste un mélange de monobromhydrine, de dibromhydrine et des autres substances. Tous les produits de l'opération sont soumis à la distillation à feu nu, jusqu'à 240°, et séparés par des distillations fractionnées très-nombreuses; on isole ainsi le glycide bromhydrique à 138° et la dibromhydrine à 219°. Les portions non volatiles à feu nu au-dessous de 240° sont distillées dans le vide, sous une pression de 1 centimètre. On recueille ainsi entre 120° et 160° de la dibromhydrine qu'on peut redistiller à feu nu, entre 160° et 200°, une amide phosphorée $C^6H^9Br^2Ph$, et la monobromhydrine entre 200° et 220°, des produits sirupeux et non définis, et il reste une matière noire, cristalline, la bromhydrine hexaglycérique. On redistille dans le vide pour isoler ces différents produits.

MONOBROMHYDRINE,

$$C^3H^7O^2Br = (C^3H^5)'''\left\{\begin{matrix}Br\\(OH)^2.\end{matrix}\right.$$

— C'est le produit qui passe à 180° par distillation dans le vide, dans l'action du bromure de phosphore sur la glycérine. Il est neutre, liquide, huileux, soluble dans l'éther; il possède une odeur pénétrante et aromatique. La monobromhydrine traitée à 100° par la potasse aqueuse pendant 12 heures régénère la glycérine, il se forme en même temps une petite quantité d'une matière noire, et une trace d'un composé soluble dans l'éther.

DIBROMHYDRINE,

$$C^3H^6OBr^2 = (C^3H^5)\left\{\begin{matrix}Br^2\\OH.\end{matrix}\right.$$

— Elle s'isole par des distillations fractionnées; elle est liquide, neutre, soluble dans l'éther, d'une odeur éthérée; elle bout à 219°. Sa densité à 18° est de 2,11. Chauffée à 100° pendant 12 heures avec la potasse aqueuse, elle se comporte comme la monobromhydrine; mais si on ajoute à la dibromhydrine de la potasse aqueuse très-concentrée, par petites portions, elle perd simplement les éléments de l'acide bromhydrique et fournit l'*épibromhydrine* ou *glycide bromhydrique*. — Voyez GLYCIDE [Reboul, *Ann. de Chim. et de Phys.*, (3), t. LX, p. 32].

Un courant de gaz ammoniac dirigé dans la dibrombydrine peut la transformer en *hémibromhydramide*, $C^6H^{12}BrAzO^2$; si la dibromhydrine est dissoute dans l'alcool absolu, il se produit du *bromhydrate de glycéramine*, $C^3H^9AzO^2,HBr$. Traitée par l'étain métallique à 140°, la dibromhydrine se décompose avec formation de bromure d'étain et d'un composé particulier renfermant de l'étain, insoluble dans l'eau et soluble dans l'éther.

TRIBROMHYDRINE, $(C^3H^5)'''Br^3$. — Elle se forme par la distillation d'un mélange de dibromhydrine ou d'épibromhydrine et de perbromure de phosphore; on lave le produit distillé, on sèche et on redistille. La tribromhydrine passe entre 175° et 180°. C'est un liquide pesant, fumant légèrement au contact de l'eau; l'eau la décompose peu à peu; à 100°, elle régénère la glycérine sous l'influence de l'oxyde d'argent. Dans la même réaction, il se forme un hydrate de tribromhydrine bouillant à 210°. La tribromhydrine légèrement chauffée avec des morceaux de potasse caustique concassée perd les éléments de l'acide bromhydrique et donne le composé $C^3H^4Br^2$, appelé improprement *glycide dibromhydrique* (Reboul). Sous le nom d'isotribromhydrine, M. Berthelot a désigné le corps obtenu par M. Wurtz dans l'action du brome sur l'iodure d'allyle et appelé tribromure d'allyle (voyez p. 153). Le tribromure d'allyle, comme la tribromhydrine, régénère la glycérine, mais le premier est solide et bout entre 217° et 218°, tandis que la tribromhydrine est liquide et bout à 180°. Aussi l'isomérie de ces deux composés est-elle admise. On la comprend cependant difficilement, car la constitution théorique de ces corps doit être la même :

$$\begin{matrix}CH^2Br\\ \dot{C}HBr\\ \dot{C}H^2Br.\end{matrix}$$

Peut-être une étude nouvelle de ces composés fera-t-elle reconnaître leur identité.

HÉMIBROMHYDRINE, $C^6H^9BrO^2$. — Dans l'action du bromure de phosphore sur la glycérine, on obtient un liquide neutre, volatil au-dessous de 200°, soluble dans l'éther, saponifiable et qu'on n'a pu entièrement débarrasser de dibromhydrine. M. Berthelot le représente par la formule $C^4H^8BrO^2$.

CHLORHYDRINES [Berthelot, *Ann. de Chim. et de Phys.*, (3), t. XLI, p. 296].

MONOCHLORHYDRINE,

$$C^3H^7O^2Cl = (C^3H^5)'''\left\{\begin{matrix}Cl\\(OH)^2.\end{matrix}\right.$$

— Elle s'obtient en saturant d'acide chlorhydrique gazeux la glycérine légèrement chauffée, et maintenant la dissolution à 100°, en vases clos, pendant 36 heures. La dissolution est alors saturée par le carbonate de soude et agitée avec de l'éther. L'éther étant évaporé, on soumet le résidu à la distillation et l'on recueille ce qui passe vers 227°; le produit doit être encore traité par la chaux, isolé par l'éther, puis redistillé. On l'obtient facilement à l'état de pureté en chauffant le glycide chlorhydrique avec un 1/2 volume d'eau à 100° pendant 36 heures et rectifiant le produit (Reboul).

La monochlorhydrine est huileuse, neutre, d'une odeur fraîche et éthérée, d'une saveur sucrée, puis piquante; elle se mêle à l'eau et se dissout dans l'éther. Elle bout à 227° (corrigé); à — 35°, elle conserve sa fluidité; sa densité est égale à 1,131. L'oxyde de plomb la saponifie difficilement; avec l'ammoniaque, elle fournit du chlorhydrate de glycéramine.

Soumise à l'action de l'hydrogène naissant fourni par l'amalgame de sodium, elle se transforme en propylglycol [Lourenço, *Répert. de Chim. pure*, 1861, p. 337; — Buff, *Zeitsch. für Chem.*, (nouv. sér.), t. IV, p. 124, et *Bull. de la Soc. chim.*, 1868, t. X, p. 123].

La monochlorhydrine chauffée avec une solution de sulfure de potassium fournit le monosulfhydrate glycérique

$$(C^3H^5)'''\left\{\begin{matrix}(OH)^2\\(SH)\end{matrix}\right.$$

[Carius, *Ann. der Chem. u. Pharm.*, t. CXXII, p. 71; t. CXXIV, p. 221, et *Répert. de Chim. pure*, 1862, p. 429, et 1863, p. 364]. — Voyez GLYCÉRYLE.

DICHLORHYDRINE,

$$C^3H^6OCl = (C^3H^5)'''\left\{\begin{matrix}Cl^2\\(OH)\end{matrix}\right.$$

[Berthelot, *Mém. cité*; — Reboul, *Mém. cité*]. — La dichlorhydrine se forme en petite quantité en même temps que la monochlorhydrine; elle s'obtient en dissolvant la glycérine dans 12 à 15 fois son poids d'acide chlorhydrique fumant, et maintenant cette dissolution à 100° pendant 24 heures. On l'obtient aussi dans l'action du perchlorure de phosphore sur la glycérine; mais le procédé le plus avantageux consiste à saturer de gaz chlorhydrique un mélange de glycérine avec son volume d'acide acétique cristallisable contenu dans un ballon légèrement chauffé; on abandonne le tout pendant une semaine, puis on distille, en recueillant ce qui passe entre 160° et 220° et le soumettant à des distillations fractionnées pour obtenir la dichlorhydrine qui passe à 178°.

Reboul a donné le mode opératoire suivant pour obtenir de grandes quantités de dichlorhydrine : On mélange 5 volumes de glycérine du commerce préalablement chauffée pendant 24 heures à 170° pour lui faire perdre toute l'eau qu'elle renferme, avec 4 volumes d'acide acétique cristallisable, et on sature d'acide chlorhydrique en chauffant à 100° vers la fin de l'opération. Il faut de grandes quantités d'acide chlorhydrique et le courant doit passer pendant 2 ou 3 jours; dans une opération exécutée sur 3 kilogrammes de glycérine, il a fallu décomposer, par l'acide sulfurique, de 9 à 10 kilogrammes de sel marin. Lorsque le mélange est saturé d'acide chlorhydrique, on le soumet à la distillation; le liquide commence à bouillir vers 115° en donnant lieu à de violents soubresauts que la présence de petits morceaux de charbon ou de verre concassé ne permet pas d'éviter complétement. On recueille les portions qui passent avant 140°, et qui, presque entièrement formées d'acide acétique, serviront à une autre opération. Ce qui passe entre 140° et 160° est recueilli; c'est un mélange d'acide acétique et de dichlorhydrine qu'on sature par le carbonate de soude; l'huile insoluble qui se sépare est réunie aux portions qu'on recueille entre 180° et 220°. Celles-ci constituent la majeure partie du produit; avec 1,500 grammes de glycérine on en obtient de 1,100 à 1,200 grammes. Elles renferment de la dichlorhydrine et de l'acétochlorhydrine. Pour isoler la dichlorhydrine, on est obligé d'avoir recours à des distillations fractionnées excessivement nombreuses. Lorsqu'on veut préparer le glycide chlorhydrique, c'est ce produit brut entre 180° et 220° qu'on traite directement par la potasse aqueuse.

Suivant Carius, le mode de préparation de la dichlorhydrine, qui donne de très-bons résultats, consiste à faire réagir le sous-chlorure de soufre S^2Cl^2 sur la glycérine. On ajoute le sous-chlorure de soufre par petites portions à la glycérine qui est contenue dans un ballon auquel est adapté un réfrigérant de Liebig ascendant. On chauffe au bain-marie, en agitant le tout de temps en temps jusqu'à ce que la réaction soit terminée. On laisse refroidir et solidifier le soufre, ce qui a lieu du jour au lendemain; on décante la liqueur, on la lave avec une solution faible de carbonate de soude, on la sèche et on la rectifie. On obtient aussi de la dichlorhydrine très-pure [Carius, *Ann. der Chem. u. Pharm.*, t. CXXII, p. 71, et *Répert. de Chim. pure*, 1862, p. 429].

La dichlorhydrine est huileuse, neutre, d'une odeur éthérée très-prononcée; elle est soluble dans l'éther; elle bout à 178°; sa densité est égale à 1,137.

Traitée par la potasse aqueuse concentrée, elle fournit le glycide chlorhydrique C^3H^5OCl (Reboul), en perdant les éléments d'une molécule d'acide chlorhydrique (voyez GLYCIDE). L'hydrogène naissant dégagé par l'amalgame de sodium transforme la dichlorhydrine en alcool isopropylique [Buff, *Mém. cité*]. Avec le sulfure de potassium, elle donne le disulfhydrate glycérique [Carius, *Mém. cité*] (voyez GLYCÉRYLE). Avec le sulfate de potassium, il se forme du disulfoglycérate de potassium (Strecker).

TRICHLORHYDRINE, $(C^3H^5)'''Cl^3$ [Berthelot, *Ann. de Chim. et de Phys.*, (3), t. LII, p. 437]. — Elle se prépare par l'action du perchlorure de phosphore sur la dichlorhydrine ou sur le glycide dichlorhydrique; elle est liquide, neutre, douée d'une odeur analogue à celle du chloroforme; elle distille vers 155°. Chauffée à 275° dans un vase scellé, avec de l'iodure de potassium, du cuivre et de l'eau, elle donne du propylène. Avec le sodium, elle donne du diallyle :

$$2(C^3H^5Cl^3) + 6Na = \underset{\text{Diallyle.}}{C^6H^{10}} + 6NaCl.$$

Avec la potasse concentrée, elle perd les éléments de l'acide chlorhydrique, et fournit le composé $C^3H^4Cl^2$, appelé improprement glycide dichlorhydrique (Reboul). — Voyez GLYCIDE.

Chauffée pendant quelques jours à 130° ou 140° avec de l'alcool saturé de gaz ammoniac, la trichlorhydrine fournit une base

$$AzC^6H^9Cl^2 = Az\begin{cases}C^3H^4Cl\\C^3H^4Cl\\H\end{cases}$$

analogue à la dibromallylamine $AzC^6H^9Br^2$, obtenue par M. Simpson dans la réaction du tribromure d'allyle sur l'ammoniaque [Engler, *Ann. der Chem. u. Pharm.*, t. CXLII, p. 77, et *Bull. de la Soc. chim.*, 1868, t. IX, p. 134]. — Cette réaction indique une même constitution pour la trichlorydrine et le tribromure d'allyle.

IODHYDRINE [Berthelot, *Ann. de Chim. et de Phys.*, (3), t. XLIII, p. 280]. — L'action de l'acide iodhydrique sur la glycérine ne fournit pas de composés semblables aux chlorhydrines et aux bromhydrines. En saturant la glycérine de gaz iodhydrique et maintenant le mélange en vase clos à 100° pendant 40 heures, puis saturant par la potasse et agitant avec de l'éther, on isole un composé qui répond à la formule $C^6H^{11}O^4I$, d'une densité de 1,783, liquide, sirupeux, insoluble dans l'eau, dont il dissout 1/5 de son poids, soluble dans l'alcool même faible et surtout dans l'éther. Peut-être est-ce un mélange. Traitée par la potasse aqueuse, l'iodhydrine est décomposée au bout de 120 heures à 100°, en donnant de la glycérine, de l'iodure de potassium et de l'oxyde de glycéryle $(C^3H^5)^2O^3$. On connaît cependant des glycérides mixtes dérivés de l'acide iodhydrique, la glycéride bromhydroïodhydrique, chlorhydroïodhydrique (voyez plus bas).

b. — *Glycérides mixtes formés par différents hydracides.*

BROMHYDROCHLORHYDRINE,

$$(C^3H^5)'''\begin{cases}Cl\\Br\\(OH)\end{cases}$$

[Reboul, *Ann. de Chim. et de Phys.*, (3), t. LX, p. 28]. — Le glycide chlorhydrique C^3H^5OCl dérivé de la dichlorhydrine $C^3H^6OCl^2$ par perte d'acide chlorhydrique peut se combiner avec les éléments de cet acide et régénère ainsi la dichlorhydrine. De même il se combine à l'acide bromhydrique et donne un glycéride mixte, la bromhydrochlorhydrine. Pour l'obtenir, il suffit d'agiter le glycide chlorhydrique avec de l'acide bromhydrique fumant; l'action est violente, il y a dégagement de chaleur considérable, et l'on doit ajouter l'acide par petites portions. L'huile formée est séparée de l'excès d'acide bromhydrique, lavée au carbonate de soude, séchée et distillée.

La bromhydrochlorhydrine est incolore, huileuse, d'une odeur faible; elle bout à 197°; sa densité est de 1,740 à 12°. Elle est très-peu soluble dans l'eau. Le même composé prend naissance par l'action de l'acide chlorhydrique fumant sur le glycide bromhydrique.

BROMHYDRODICHLORHYDRINE,

$$(C^3H^5)'''\begin{cases}Cl^2\\Br\end{cases}$$

[Berthelot, *Ann. de Chim. et de Phys.*, (3), t. LII, p. 436]. — Elle s'obtient par l'action du perbromure de phosphore sur la dichlorhydrine. C'est un liquide neutre, pesant, volatil vers 176°.

BROMHYDROIODHYDRINE,

$$(C^3H^5)'''\begin{cases}Br\\I\\(OH)\end{cases}$$

[Reboul, *Mém. cité*, p. 33]. — L'acide iodhydrique fumant se combine avec le glycide bromhydrique, en donnant un liquide lourd, insoluble dans l'eau, oléagineux, d'une densité de 2,28 à 12°.

CHLORHYDRODIBROMHYDRINE,

$$(C^3H^5)'''\begin{cases}Cl\\Br^2\end{cases}$$

[Berthelot, *Mém. cité plus haut*, p. 435]. — Elle se forme par l'action du perchlorure de phosphore sur la dibromhydrine. C'est un liquide neutre, pesant, volatil vers 200°.

CHLORHYDROÏODHYDRINE,

$$(C^3H^5)'''\begin{cases}Cl\\I\\OH\end{cases}$$

[Reboul, *Mém. cité*, p. 29]. — Elle se forme par l'action de l'acide iodhydrique fumant sur le glycide chlorhydrique. C'est un liquide incolore, oléagineux, insoluble dans l'eau, très-soluble dans l'alcool et dans l'éther. Il bout à 226°; sa densité est de 2,06 à 10°.

B. — GLYCÉRIDES FORMÉS PAR LES OXACIDES.

ACÉTINES [Berthelot, *Ann. de Chim. et de Phys.*, (3), t. XLI, p. 277].

MONACÉTINE,

$$C^5H^{10}O^4 = (C^3H^5)''' \left\{ \begin{matrix} O\,C^2H^3O) \\ OH^2. \end{matrix} \right.$$

— Elle s'obtient en chauffant à 100° pendant 114 heures un mélange à volumes égaux de glycérine et d'acide acétique cristallisable. On sature avec le carbonate de potasse, on agite avec de l'éther, on décante la solution éthérée, on la fait digérer sur le charbon animal, on filtre, et on évapore au bain-marie. On finit de dessécher le produit ainsi obtenu en le plaçant dans le vide sur un bain de sable chauffé.

La monacétine est neutre, douée d'une odeur légèrement éthérée, d'une densité de 1,20, elle se mêle à l'éther. Elle forme avec 1/2 volume d'eau un mélange limpide, que l'addition d'une plus grande quantité d'eau rend opalin, sans que l'acétine se sépare.

DIACÉTINE,

$$C^7H^{12}O^5 = (C^3H^5)''' \left\{ \begin{matrix} (O\,C^2H^3O)^2 \\ OH. \end{matrix} \right.$$

— Elle s'obtient lorsqu'on chauffe l'acide acétique cristallisable avec la glycérine à 200° et à 275°. Elle se purifie comme la précédente. Elle est neutre, odorante, d'une saveur piquante, soluble dans l'éther et la benzine. Elle distille à 280°; distillée, elle possède à 16° 5 une densité égale à 1,184. Elle forme, avec 1 volume d'eau, un mélange limpide, qui devient opalin par l'addition d'une nouvelle quantité d'eau.

TRIACÉTINE, $C^9H^{14}O^6 = (C^3H^5)'''\ (O\,C^2H^3O)^3$. — Elle s'obtient en chauffant la diacétine pendant 4 heures à 250° avec 15 à 20 fois son poids d'acide acétique cristallisable. Neutre, odorante, d'une saveur piquante et légèrement amère, elle distille sans altération; elle est insoluble dans l'eau, fort soluble dans l'alcool dilué. Sa densité à 8° est de 1,174. M. Wurtz a obtenu la triacétine pure par l'action de l'acétate d'argent sur le tribromure d'allyle; ainsi préparée, la triacétine est incolore et distille à 268° [Wurtz, *Ann. de Chim. et de Phys.*, (3), t. LI, p. 97].

La triacétine paraît entrer en quantité notable dans l'huile du fusain, *Evonymus Europæus* [Schwesiger, *Jahresb. von Liebig*, pour 1851, p. 144].

ARACHINES. — Voyez t. I, p. 361.

BENZOÏCINES [Berthelot, *même Mémoire*, p. 190].

MONOBENZOÏCINE,

$$C^{10}H^{12}O^4 = (C^3H^5)''' \left\{ \begin{matrix} O.C^7H^5O \\ (OH)^2. \end{matrix} \right.$$

— Elle s'obtient en chauffant l'acide benzoïque avec la glycérine entre 120° et 150° pendant 48 heures avec un excès d'acide. C'est une huile neutre, blonde, visqueuse, d'une odeur et d'une saveur aromatiques, très-soluble dans l'éther, la benzine et l'alcool. Sa densité est de 1,228 à 16° 5. Traitée par l'ammoniaque, elle fournit de la benzamide.

TRIBENZOÏCINE,

$$C^{24}H^{20}O^6 = (C^3H^5)'''(O.C^7H^5O)^3.$$

— Elle s'obtient en chauffant le glycéride précédent à 250° pendant 4 heures avec 10 ou 15 fois son poids d'acide benzoïque. On l'extrait par l'éther, et on le purifie par des cristallisations répétées dans le solvant. Elle est en belles aiguilles blanches, neutres, grasses au toucher, assez fusibles.

BUTYRINES [Berthelot, *même Mémoire*, p. 261].

MONOBUTYRINE,

$$C^7H^{14}O^4 = (C^3H^5)''' \left\{ \begin{matrix} O.C^4H^7O \\ (OH)^2. \end{matrix} \right.$$

— On chauffe à 200° l'acide butyrique avec un excès de glycérine, et on purifie le produit en employant la marche suivie pour l'acétine. Huileuse, odorante, d'une saveur aromatique et amère, elle a une densité de 1,088 à 17°. Elle forme des mélanges limpides ou des émulsions stables avec l'eau, suivant les proportions de celle-ci.

DIBUTYRINE,

$$C^{11}H^{20}O^5 = (C^3H^5)''' \left\{ \begin{matrix} (O.C^4H^7O)^2 \\ OH. \end{matrix} \right.$$

— On chauffe 1 p. de glycérine et 4 p. d'acide butyrique à 200° pendant 3 heures, et on purifie la dibutyrine comme la monacétine. Elle est neutre, huileuse, odorante, se mêle avec l'alcool et l'éther; elle distille sans altération vers 320°. La densité de la dibutyrine distillée est de 1,081 à 17°. Elle rancit très-vite à l'air. Elle se mêle à l'eau en formant des émulsions stables.

TRIBUTYRINE,

$$C^{15}H^{26}O^6 = (C^3H^5)'''(O.C^4H^7O)^3$$

[Chevreul, *Ann. de Chim. et de Phys.*, t. XXII, p. 371; t. XXIII, p. 27; *Recherches sur les corps gras*, p. 192, 270 et 476; — Pelouze et Gélis, *Ann. de Chim. et de Phys.*, (3), t. X, p. 455; — Berthelot, *Mém. cité*, p. 267].

La tributyrine existe dans le beurre, et a été découverte par Chevreul; mais elle n'a pu être isolée à l'état de pureté et séparée entièrement des autres glycérides avec lesquels elle est mélangée. Pelouze et Gélis l'ont préparée en chauffant légèrement un mélange d'acide butyrique, de glycérine et d'acide sulfurique, et étendant ensuite la liqueur d'une grande quantité d'eau qui en sépare la butyrine ou en faisant passer un courant de gaz chlorhydrique dans un mélange d'acide butyrique et de glycérine. Suivant Berthelot, on obtient la tributyrine en chauffant à 240°, pendant 4 heures, la dibutyrine avec 10 à 15 fois son poids d'acide butyrique. Elle est liquide, odorante, d'un goût piquant et amer; elle est fort soluble dans l'alcool et dans l'éther. Sa densité est égale à 1,056 à 8°. Elle s'acidifie promptement au contact de l'air.

CAMPHORINE (Berthelot). — Elle se forme à 200°. Elle est neutre, visqueuse, soluble dans l'éther.

CITRINE. — Voyez plus bas ACIDE CITROGLYCÉRIQUE.

COCININE. — C'est un mélange de laurostéarine, de myristine et de palmitine.

FORMINES. — MONOFORMINE,

$$C^4H^8O^4 = (C^3H^5)''' \left\{ \begin{matrix} O.CHO \\ (OH)^2 \end{matrix} \right.$$

[Tollens et Henninger, *Compt. rend. de l'Acad.*, t. LXVIII, p. 268, et *Bull. de la Soc. chim.*, 1869, t. XI, p. 394]. — C'est la seule formine qui ait été isolée. On l'obtient en chauffant à 190° un mélange de glycérine et d'acide oxalique, agitant avec l'éther, évaporant l'éther et distillant le résidu dans le vide; il passe alors à 165° de la monoformine. Chauffée à l'air, elle se décompose en alcool allylique, eau et acide carbonique:

$$C^3H^5(OH)^2O.CHO = CO^2 + H^2O + C^3H^6O.$$

Alcool allylique.

LAUROSTÉARINE, $C^{39}H^{74}O^6$. — Ce glycéride, formé par l'acide laurique $C^{12}H^{24}O^2$, a été trouvé par Marsson dans les baies de laurier, et par Sthamer dans les fèves pêchurines; et Georgey a reconnu que les glycérides du beurre de coco fournissent de l'acide laurique, et renferment par conséquent de la laurostéarine [Marsson, 1842, *Ann. der Chem. u. Pharm.*, t. XLI, p. 333; — Sthamer, *ibid.*, t. LIII, p. 390, et *Ann. de Millon et Reiset*, 1846, p. 541; — Georgey, *Ann. der Chem. u. Pharm.*, t. LXVI, p. 290]. Pour extraire la laurostéarine des baies du laurier, on les réduit en poudre, on les traite à plusieurs reprises par l'alcool bouillant, on filtre, et on lave avec de l'alcool froid la substance déposée par le refroidissement. On la fond, on la filtre fondue, et on la fait recristalliser plusieurs fois dans l'éther (Marsson). Sthamer traite les fèves pêchurines à froid par l'alcool, concentre la solution alcoolique, et fait bouillir le résidu avec de l'eau qui s'empare des matières colorantes.

La laurostéarine est un corps blanc, brillant, léger, composé de petites aiguilles soyeuses. Peu soluble dans l'alcool froid, elle se dissout bien dans l'alcool bouillant; elle est également soluble dans l'éther. Elle fond à 44° ou 45° (Marsson), à 45° ou 46° (Sthamer), et se concrète à 23° en une masse à texture radiée. La lessive de potasse la saponifie assez facilement; il se forme de la glycérine et du laurate de potasse.

Marsson et Sthamer admettent d'après leurs analyses la formule $C^{27}H^{50}O^4$; cette formule n'est pas celle d'un glycéride normal, mais d'un anhydride de ce glycéride; en effet, si la laurostéarine renferme $C^{27}H^{50}O^4$, elle exige pour sa transformation en glycérine et en acide laurique 3 molécules d'eau, tandis que dérivant de 2 molécules d'acide laurique et d'une de glycérine, elle devrait se saponifier en reprenant seulement 2 molécules d'eau:

$$\underset{\text{Lauro-stéarine.}}{C^{27}H^{50}O^4} + 3H^2O$$
$$= 2(\underset{\text{Acide laurique.}}{C^{12}H^{24}O^2}) + C^3H^8O^3.$$

Comme l'acide laurique formé dans la réaction ne paraît pas avoir été dosé, et que de plus les glycérides formés par la nature sont tous des glycérides tertiaires, je pense que la laurostéarine doit être représentée par la formule $C^{39}H^{74}O^6$, qui la fait dériver de la combinaison de 1 molécule de glycérine et 3 molécules d'acide laurique avec élimination de 3 molécules d'eau:

$$3(\underset{\text{Acide laurique.}}{C^{12}H^{24}O^2}) + \underset{\text{Glycérine.}}{C^3H^8O^3} - 3H^2O$$
$$= C^{39}H^{74}O^6 = (C^3H^5)''' (C^{12}H^{18}O^2)^3.$$

Cette formule s'accorde avec les analyses de la laurostéarine.

	Marsson.		Sthamer.		$C^{39}H^{74}O^6$
Carbone ...	73,19	73,45	73,53	73,29	73,35
Hydrogène.	11,68	11,55	11,53	11,45	11,62
Oxygène...	15,13	15,00	14,94	15,26	15,06
	100,00	100,00	100,00	100,00	100,03

MARGARINES. — La trimargarine est un des glycérides les plus répandus dans la nature; avec la tristéarine et la trioléine, elle constitue la majeure partie des corps gras. Elle a été reproduite par M. Berthelot, qui a aussi préparé la monomargarine. Suivant M. Heintz, les margarines ne seraient pas des principes distincts, mais bien des mélanges; ce chimiste admet, en effet, que l'acide margarique n'est qu'un mélange d'acide palmitique et d'acide stéarique, et que l'acide margarique bien purifié n'est que de l'acide palmitique [Heintz, *Ann. de Poggend.*, t. LXXXVII, p. 553, et *Ann. de Chim. et de Phys.*, (3), t. XLII, p. 116]. Les expériences de M. Heintz ne paraissent pas encore assez probantes à M. Wurtz et à M. Berthelot pour repousser l'existence de l'acide margarique. — Voir pour plus de détails ACIDE MARGARIQUE.

MONOMARGARINE,

$$C^{20}H^{40}O^4 = (C^3H^5)''' \left\{ \begin{matrix} OC^{17}H^{33}O \\ (OH)^2 \end{matrix} \right.$$

[Berthelot, *Ann. de Chim. et de Phys.*, (3), t. XLI, p. 233]. — On l'obtient en chauffant un mélange de glycérine et d'acide margarique à 100° pendant 100 heures, ou à 200° pendant 21 heures. Pour la purifier, on introduit le produit de la réaction avec un peu d'éther, de la chaux éteinte, on scelle le ballon, et on chauffe à 100° pendant un quart d'heure. Dans ces conditions, la chaux s'empare de tout l'acide margarique en excès. On épuise ensuite le produit par l'éther bouillant, qui dissout la monomargarine. C'est une matière neutre, blanche, peu soluble dans l'éther froid; elle y cristallise sous le microscope en prismes plats et courts, biréfringents, souvent groupés autour d'un centre commun. Par l'évaporation de sa solution alcoolique, elle se dépose en petits grains arrondis. Elle fond à 56° et se solidifie à 40°, mais elle présente des variations dans son point de fusion, suivant la forme du vase, la température à laquelle elle a été portée, etc.; avant d'arriver à la fusion complète, elle éprouve la fusion pâteuse (Berthelot).

Ce fait confirme les observations de M. Duffy, qui a montré que les matières grasses passent à l'état pâteux avant d'arriver à leur point de fusion normal, et que les variations du point de fusion sont accompagnées de variations considérables dans la densité de la matière [Duffy, *Ann. der Chem. u. Pharm.*, t. LXXXIV, p. 291].

La monomargarine distille dans le vide barométrique; chauffée dans un tube, elle fournit de l'acroléine.

TRIMARGARINE OU MARGARINE [Chevreul, *Recherches sur les corps gras*; — Ilzenko et Laskowzki, *Ann. der Chem. u. Pharm.*, t. LV, p. 87; — Berthelot, *Mém. cité*]. — La trimargarine se rencontre dans les matières grasses avec l'oléine et la stéarine, mais elle n'a pu être isolée à l'état de pureté. Pour la séparer des corps gras naturels, on refroidit la matière grasse, l'huile d'olives par exemple, jusqu'à 4°. On soumet le produit butyreux à l'action de la presse; on fait fondre la matière comprimée, on la laisse refroidir lentement à 12° ou 15°, on la comprime de nouveau, et en répétant les fusions, les refroidissements à des degrés de plus en plus élevés, et les compressions, on finit par avoir une substance fusible à 36°, qu'on dissout dans un mélange d'alcool et d'éther. On obtient ainsi la margarine fusible à 49°, mais elle n'est pas pure, et fournit un acide fusible à 51°, tandis que l'acide margarique fond à 60°.

Ilzenko et Laskowzki ont extrait du vieux fromage, par l'alcool bouillant, une substance fusible à 53°, se concrétant à 41°, fournissant par la saponification de l'acide margarique fusible à 60°. Cette substance serait la margarine pure.

Les auteurs la représentent comme formée de 4 molécules d'acide margarique et de 3 molécules de glycérine, avec élimination de 3 molécules d'eau, mais leurs analyses correspondent à la formule de la trimargarine:

$$C^{54}H^{104}O^{6} = (C^{3}H^{5})'''(C^{17}H^{33}O^{2})^{3}.$$

	Ilzenko et Loskowzki.		$C^{54}H^{104}O^{6}$.
Carbone.........	76,09	75,47	76,41
Hydrogène.......	12,32	12,16	12,23
Oxygène	11,59	12,36	11,33
	100,00	100,00	100,00

M. Berthelot, en chauffant à 270° pendant quelques heures la monomargarine avec un excès d'acide margarique, a préparé une margarine fusible à 60°, solidifiable à 52°, et qui paraît être la trimargarine; mais elle n'a pu être obtenue dans un état de pureté parfaite.

MYRISTINE. $C^{45}H^{86}O^{6} = (C^{3}H^{5})'''(C^{14}H^{27}O^{2})^{3}$ [Playfair, 1841, *Ann. der Chem. u. Pharm.*, t. XXVII, p. 152]. — La myristrine s'extrait des noix de muscade; on les exprime entre des plaques de fer chauffées, après les avoir exposées à la vapeur de l'eau bouillante; on en extrait une matière grasse, le beurre de muscade, qui se compose de glycérides huileux et d'un glycéride concret, la myristine. Pour isoler celle-ci, on met la matière en digestion avec de l'alcool ordinaire, la myristine surnage et on la purifie par des cristallisations dans l'éther bouillant et des compressions jusqu'à ce que son point de fusion soit constant à 31°. Elle est cristalline, douée d'un éclat soyeux; elle est très-soluble dans l'éther bouillant, moins soluble dans l'alcool, insoluble dans l'eau. M. Playfair la considère comme formée de 4 molécules d'acide myristique, et 1 molécule de glycérine avec élimination de 3 molécules 1/2 d'eau; mais ses analyses concordent parfaitement avec la composition de la trimyristine $C^{45}H^{86}O^{6}$.

	Playfair.		$C^{45}H^{86}O^{6}$.
Carbone..........	74,51	74,15	74,51
Hydrogène.......	12,22	12,36	11,91
Oxygène.........	13,27	13,49	13,58
	100,00	100,00	100,00

NITROGLYCÉRINE,

$$C^{3}H^{5}Az^{3}O^{9} = (C^{3}H^{5})'''(OAzO^{2})^{3}.$$

— Ce composé est l'éther nitrique de la glycérine, sa formule a été donnée par Williamson et est prouvée par la décomposition que lui fait subir la potasse qui le décompose en glycérine et azotate de potasse [Williamson, *Proced. of the Royal Society*, t. VII, p. 130, et *Ann. de Chim. et de Phys.*, (3), t. XLIII, p. 492].

Il a été découvert par Sobrero [*Compt. rend. de l'Acad.*, t. XXIV, p. 247] et se prépare par l'action d'un mélange d'acide azotique concentré et d'acide sulfurique sur la glycérine.

Sobrero prépare la nitroglycérine de la manière suivante : on mélange deux volumes d'acide sulfurique à 66°, et un volume d'acide azotique à 50°. Quand le mélange est refroidi, on ajoute un sixième environ de son volume de glycérine sirupeuse. Celle-ci se dissout immédiatement, puis le liquide se trouble et une quantité de gouttes transparentes, jaunâtres, viennent se réunir à la surface. On verse le tout dans un vase contenant 15 à 20 fois son volume d'eau froide. La nitroglycérine se sépare immédiatement et se précipite au fond du vase. On décante l'eau, on lave le produit jusqu'à ce que les eaux de lavage ne soient plus acides, et on sèche dans le vide de la machine pneumatique [Sobrero, *Répert. de Chim. appl.*, 1860, p. 400].

Suivant Railton, la nitroglycérine se décomposerait en partie par l'évaporation dans le vide, même à la température ordinaire [*Chem. Society quart. Journ.*, t. VII, p. 222].

Dans l'industrie, où l'on emploie la nitroglycérine comme substance explosive, on la prépare de la manière suivante, d'après E. Kopp [*Compt. rend. de l'Acad.*, t. LXIII, p. 189, et *Bull. de la Soc. chim.*, 1866, t. VI, p. 497]. On commence par mélanger dans une tourie de grès placée dans l'eau froide, de l'acide azotique fumant avec le double de son poids d'acide sulfurique concentré. D'un autre côté, on évapore dans une marmite de la glycérine du commerce, bien exempte de chaux et de plomb, jusqu'à ce qu'elle marque 30° à 31° Baumé. On verse ensuite 3,300 grammes du mélange bien refroidi, soit dans un ballon de verre, soit dans une capsule de porcelaine ou de grès et on y fait couler lentement, en remuant continuellement, 500 grammes de glycérine; le vase doit être constamment entouré d'eau froide. Après 5 à 6 minutes de repos, on verse le mélange dans 5 à 6 fois son volume d'eau froide. La nitroglycérine se sépare sous la forme d'une huile lourde qu'on lave avec un peu d'eau et qu'on conserve dans des bouteilles; elle est alors acide et aqueuse et doit être employée peu de temps après sa préparation.

De Vrij, pour préparer la nitroglycérine pure, prend une centaine de grammes de glycérine sirupeuse d'une densité de 1,262, et l'ajoute peu à peu à 200 grammes d'acide azotique d'une densité de 1,52, placé dans un mélange réfrigérant, en agitant continuellement. A chaque addition la température du mélange doit être de — 10° centigrades, et ne jamais monter à 0°. Quand on a obtenu un mélange homogène, on ajoute peu à peu 200 grammes d'acide sulfurique concentré, la température étant maintenue au-dessous de 0°. La nitroglycérine surnage à l'état d'huile et est séparée à l'aide de l'entonnoir à robinet, dissoute dans la plus petite quantité d'éther, l'éther évaporé, et la nitroglycérine restant est chauffée au bain-marie jusqu'à ce que son poids soit constant. On obtient ainsi 184 grammes de nitroglycérine pure [de Vrij, *Journ. de Pharm.*, (3), t. XXVIII, p. 38].

M. Mowbray, qui prépare jusqu'à 150 litres de nitroglycérine par jour, obtient de 42 kilogrammes de glycérine, 94 kilogrammes de nitroglycérine pure, congélable au-dessous de 9° [voir *Dingler's polyt. Journ.*, t. CXIII, p. 172, et *Bull. de la Soc. chim.*, 1869, t. XII, p. 344].

Propriétés. — La nitroglycérine est une huile inodore, légèrement jaunâtre, d'une densité de 1,60, d'une saveur douceâtre, douée de propriétés toxiques, car il suffit d'en placer une goutte sur la langue, même en l'expulsant immédiatement, pour souffrir pendant plusieurs heures d'une violente migraine. 3 ou 4 centigrammes introduits dans l'estomac suffisent pour tuer un cochon de lait. Sa densité est de 1,60. Elle est insoluble dans l'eau, très-soluble dans l'alcool et dans l'éther; elle est précipitée de sa solution alcoolique par l'addition de l'eau. Elle est peu volatile; à 160° elle fournit des vapeurs nitreuses et à une plus haute température elle détone. Elle détone par le choc avec une violence inouïe. Elle est même spontanément décomposable et souvent donne lieu à de terribles explosions : c'est surtout lorsqu'elle renferme des produits acides qu'elle se décompose spontanément, en donnant naissance instantanément à de grandes quantités de gaz. Une seule goutte frappée sur une enclume avec un marteau détone aussi fortement qu'un coup de fusil.

A un froid peu intense, mais prolongé, elle cristallise en aiguilles allongées. Suivant Gladstone, par l'action d'un mélange d'acide carbonique solide et d'alcool, elle se solidifie en une masse ayant l'aspect des acides gras.

De la nitroglycérine pure abandonnée à elle-même dans un appartement, à une température d'environ 30°, s'est décomposée sans explosion, et a fourni de l'acide glycérique, de l'acide oxalique et un acide dont le sel de baryum était incristallisable (de la Rue et Müller).

D'après Gladstone, le mode opératoire amènerait des différences dans les propriétés de la nitroglycérine. C'est celle qu'on prépare avec de la glycérine ordinaire hydratée, qui détone sur l'enclume, tandis que celle que fournit la glycérine anhydre n'est pas explosive et brûle sans danger. Toutes deux se décomposent spontanément en dégageant des vapeurs rouges. Un échantillon de nitroglycérine décomposé sous l'influence des rayons solaires a fourni de l'acide oxalique cristallisé, de l'acide azotique, de l'ammoniaque, de l'acide cyanhydrique et d'autres produits non examinés [Gladstone, *Jahresb. der Chem. für 1857*, p. 479].

La nitroglycérine en solution éthérée est décomposée par l'acide sulfhydrique avec dépôt abondant de soufre (de Vrij).

Traitée par l'acide iodhydrique fumant, au-dessous de 90°, elle se décompose en donnant de la glycérine, du bioxyde d'azote et de l'eau [Mills, *Journ. of the Chem. Society*, t. II, p. 153, et *Bull. de la Soc. chim.*, 1865, IV, p. 280].

Usages. — La nitroglycérine est employée comme substance explosive, pour remplacer la poudre de mine (Noubel). Elle a donné lieu déjà à de terribles accidents.

Comme elle agit vivement sur l'organisme, on l'a essayée en médecine, on l'a recommandée dans la paralysie, dans les affections névralgiques et spasmodiques.

La médecine homœopathique l'emploie sous le nom de glonoïne.

OLÉINES. — L'oléine naturelle, qui existe dans l'huile d'olives, les graisses de mouton, de porc, d'homme, etc., paraît être de la trioléine d'après les analyses de Chevreul; les trois oléines, mono-, di- et tri-, ont été préparées par M. Berthelot, en chauffant la glycérine avec l'acide oléique, en proportion et pendant un temps variables. L'acide oléique employé a été purifié en le filtrant deux fois à 0°, le transformant en oléate de baryte et faisant cristalliser [Berthelot, *Ann. de Chim. et de Phys.*, (3), t. XLI, p. 243].

MONOLÉINE,

$$C^{21}H^{40}O^4 = (C^3H^5)''' \begin{cases} C^{18}H^{33}O^2 \\ (OH)^2. \end{cases}$$

On chauffe à 200° pendant 18 heures un mélange de glycérine et d'acide oléique dans un tube rempli d'acide carbonique. Après refroidissement on décante la couche supérieure; on l'additionne d'un peu d'eau, puis d'éther et de chaux éteinte. Au bout de quelques minutes, on y verse de l'éther, on ajoute du noir animal et on agite le tout. L'éther est ensuite décanté et filtré, on épuise trois ou quatre fois par de nouvel éther, et on évapore la solution dans le vide.

La monoléine est liquide, huileuse, neutre, jaunâtre, inodore, presque entièrement insipide; sa densité est de 0,947 à 21°. Elle se fige lentement entre 15° et 20°, elle distille dans le vide barométrique et peut même passer en partie sans altération à la distillation sous la pression ordinaire. L'oxyde de plomb la saponifie à 100°, mais lentement et avec peine. Sous l'influence de l'air et de l'humidité, elle présente au bout de quelques semaines une réaction acide.

DIOLÉINE,

$$C^{39}H^{72}O^5 = (C^3H^5)''' \begin{cases} (C^{18}H^{33}O^2)^2 \\ OH. \end{cases}$$

— La dioléine s'obtient en chauffant la monoléine pendant quelques heures à 250° avec 5 ou 6 fois son poids d'acide oléique, ou en chauffant l'oléine naturelle avec la glycérine à 200° pendant 22 heures. Elle est neutre et liquide; sa densité est de 0,921 à 21°; elle commence à cristalliser entre 10° et 15°. M. Berthelot la représente par la formule $C^{39}H^{74}O^6$, à laquelle conduisent les analyses et qui la ferait dériver de l'union de 1 molécule de glycérine et 2 molécules d'acide oléique avec élimination d'une seule molécule d'eau; ce mode de formation des éthers étant peu probable, il est à croire que ce corps se forme comme les autres glycérides secondaires, en vertu de la réaction suivante :

$$\underset{\text{Glycérine.}}{C^3H^5(OH)^3} + \underset{\text{Acide oléique.}}{2(C^{18}H^{34}O^2)} - 2H^2O$$

$$= \underset{\text{Oléine.}}{C^{39}H^{72}O^5}.$$

Quoique les analyses ne concordent pas avec cette formule, il n'y a pas lieu de s'en étonner, car on sait combien il est difficile de purifier ces substances huileuses non volatiles.

TRIOLÉINE, $C^{57}H^{104}O^6 = (C^3H^5)'''(C^{18}H^{33}O^2)^3$ (Chevreul, Berthelot). — L'oléine naturelle entre dans la composition de la plupart des graisses, notamment des huiles, dont elle forme la partie liquide. Les huiles siccatives n'en contiennent pas (voyez HUILES). On ne l'a retirée que dans un état de pureté imparfaite. M. Chevreul fait bouillir dans un ballon, avec de l'alcool, de la graisse de porc, d'oie, de bœuf, de mouton ou d'homme, filtre la solution, l'abandonne au repos pendant 24 heures, décante le liquide, concentre un peu la solution et enfin ajoute de l'eau, qui sépare l'oléine. On la refroidit à 0° et on sépare, au moyen de la presse, la partie solide qui s'est déposée. Ainsi obtenue, l'oléine reste encore liquide à 0°. On peut encore se procurer l'oléine, en se fondant sur la propriété qu'elle possède de n'être pas saponifiable à froid comme la stéarine. On verse dans l'huile d'olives une dissolution concentrée de soude caustique, on agite; on fait chauffer légèrement pour séparer l'oléine du savon formé; on passe à travers un linge et on sépare par décantation l'oléine de la lessive alcaline [Perlet, *Ann. de Chim. et de Phys.*, t. XXII, p. 330].

Ainsi obtenue, l'oléine est incolore, inodore, insipide, fort soluble dans l'alcool absolu et dans l'éther, insoluble dans l'eau; sa densité est comprise entre 0,90 et 0,92. Par la saponification avec la potasse, elle donne de l'oléate de potasse et de la glycérine. Soumise à la distillation sèche, elle fournit des hydrocarbures, de l'acroléine et de l'acide sébacique. La formation de ce dernier acide permet de reconnaître, par la distillation sèche, la présence de l'oléine dans des mélanges de matières grasses. Le produit de la distillation est repris par l'eau bouillante et la solution aqueuse laisse déposer en se refroidissant de petites aiguilles d'acide sébacique.

L'oléine traitée par l'acide nitreux se solidifie, en se transformant en *élaïdine* (voyez ce mot). Les analyses de l'oléine faites par M. Chevreul conduisent pour l'oléine naturelle à la formule de la trioléine.

M. Berthelot obtient la trioléine identique avec l'oléine naturelle en chauffant la glycérine à 200° avec son poids d'acide oléique, décantant la couche de matière grasse après réaction, la mélangeant avec 15 ou 20 fois son poids d'acide oléique et chauffant de nouveau à 240° pendant 4 heures. On extrait la matière neutre par la chaux et par l'éther; on traite la dissolution par le noir animal, on la concentre et on la mêle avec 8 ou

10 fois son volume d'alcool ordinaire, qui précipite la trioléine. On la recueille et on la dessèche dans le vide.

PALMITINE.— M. Berthelot a préparé la mono-, la di- et la tripalmitine ; cette dernière est identique avec la palmitine naturelle, que renferme l'huile de palme.

MONOPALMITINE,

$$C^{19}H^{38}O^{4} = (C^{3}H^{5})'''\begin{cases}(C^{16}H^{31}O^{2})\\(OH)^{2}\end{cases}$$

[Berthelot, *Mém. cité*, p. 238]. — Elle s'obtient comme les autres glycérides, en chauffant à 200° pendant 24 heures un mélange de glycérine et d'acide palmitique et purifiant par la chaux et l'éther. Elle est neutre, blanche, cristallisant dans l'éther en aiguilles et en prismes microscopiques, courts généralement, biréfringents, groupés autour d'un centre commun. Elle fond à 58° et se solidifie à 45°; cristallisée dans l'éther et séchée dans le vide, elle peut fondre à 61°. Elle est saponifiée à 100° par l'oxyde de plomb.

DIPALMITINE,

$$C^{35}H^{68}O^{5} = (C^{3}H^{5})'''\begin{cases}(C^{16}H^{31}O^{2})^{2}\\OH\end{cases}$$

(Berthelot).— On chauffe à 100° pendant 114 heures un mélange de glycérine et d'acide palmitique. La palmitine est neutre, elle cristallise en tables minces ou en aiguilles. Elle fond à 59° et se solidifie à 51°. Elle a été représentée par la formule $C^{35}H^{70}O^{6}$, que nous avons changée par la même raison qui nous a fait modifier la formule de la dioléine (voyez plus haut).

TRIPALMITINE,

$$C^{51}H^{98}O^{6} = (C^{3}H^{5})'''(C^{16}H^{31}O^{2})^{3}$$

[Pelouze et Boudet, *Compt. rend. de l'Acad.*, t. VII, p. 665; — Stenhouse, *Ann. der Chem. u. Pharm.*, t. XXXVI, p. 50; — Berthelot, *Mém. cité*]. — La tripalmitine existe dans l'huile de palme, qui arrive des côtes d'Afrique; elle y est mélangée avec de l'oléine, de l'acide palmitique et de l'acide oléique. Sthamer a reconnu que la cire du Japon est formée de palmitine [*Ann. der Chem. u. Pharm.*, t. XLIII, p. 340]. Suivant Heintz, la palmitine mélangée de stéarine constituerait la margarine et par suite existerait dans toutes les substances où l'on admet la présence de cette dernière. On extrait la palmitine de l'huile de palme, en soumettant celle-ci à une forte pression, traitant le résidu à plusieurs reprises par l'alcool bouillant, pour extraire l'acide palmitique et l'acide oléique, et le faisant enfin cristalliser dans l'éther.

M. Berthelot obtient la tripalmitine en chauffant la glycérine à 250° pendant 8 heures en présence de 8 à 10 fois son poids d'acide palmitique. La tripalmitine s'obtient en petits cristaux, peu solubles dans l'alcool, même à chaud, très-solubles dans l'éther bouillant. Suivant Duffy, la palmitine présente, comme la stéarine, trois points de fusion à 46°, à 61°,7 et à 62°,8. Elle se solidifie à 45°,5; à 50° suivant Pelouze et Boudet, à 48° suivant Stenhouse; la tripalmitine préparée par M. Berthelot fond à 60° et se solidifie à 46° en une masse cireuse.

SÉBINE ou SÉBACINE [Berthelot, *Mém. cité*, p. 293]. — L'acide sébacique et la glycérine fournissent à 200° un glycéride cristallisé, qui régénère ses constituants par l'oxyde de plomb. La formule de ce corps est encore douteuse.

STÉARINES [Berthelot, *Mém. cité*, p. 220].

MONOSTÉARINE,

$$C^{21}H^{42}O^{4} = (C^{3}H^{5})'''\begin{cases}C^{18}H^{35}O^{2}\\(OH)^{2}.\end{cases}$$

— La monostéarine se prépare et se purifie comme la monomargarine; elle fond à 61° et se solidifie à 60° en une masse dure et cassante. Elle distille sans s'altérer dans le vide barométrique.

DISTÉARINE,

$$C^{39}H^{76}O^{5} = (C^{3}H^{5})'''\begin{cases}(C^{18}H^{35}O^{2})^{2}\\OH.\end{cases}$$

— Elle s'obtient comme la dimargarine. Elle fond à 58° et se solidifie à 55°.

TRISTÉARINE, $C^{57}H^{110}O^{6} = (C^{3}H^{5})'''(C^{18}H^{35}O^{2})^{3}$. — La tristéarine est la stéarine naturelle ; elle existe dans beaucoup de matières grasses, animales et végétales; elle existe surtout en quantité considérable dans le suif de bœuf et de mouton. Elle a été l'objet de nombreux travaux, mais elle n'a cependant jamais été retirée à l'état de pureté parfaite, car elle a toujours fourni par saponification un acide gras d'un point de fusion inférieur de plusieurs degrés à celui de l'acide stéarique, qui, convenablement purifié, fond à 70°.

Pour extraire du suif la stéarine aussi pure que possible, M. Lecanu a indiqué le procédé suivant: On fait fondre le suif au bain-marie, on le mêle fondu avec de l'éther et on agite. On répète plusieurs fois cette action de l'éther; celui-ci dissout l'oléine, la margarine et très-peu de stéarine; celle-ci reste sous forme d'une masse grenue. On décante la partie liquide, on exprime le résidu et on fait cristalliser plusieurs fois dans l'éther; on obtient ainsi une stéarine fusible à 61° ou 62° et qui fournit un acide fusible à 66° [Lecanu, *Ann. de Chim. et de Phys.*, t. LV, p. 192].

M. Duffy a obtenu la stéarine fusible à 64°,2 et fournissant un acide fusible à 66°,5, en la purifiant par 32 cristallisations dans l'éther [*The quart. Journ. of the Chem. Society*, t. V, p. 303]. La stéarine artificielle préparée par M. Berthelot, en chauffant la monostéarine à 270° pendant 3 heures avec 15 ou 20 fois son poids d'acide stéarique, fournit par la saponification l'acide stéarique pur fusible à 70°; elle fond à 71° et se solidifie à 55°.

La stéarine, tant naturelle qu'artificielle, est en paillettes nacrées, insipides, facilement pulvérisables; après la fusion, elle se prend par le refroidissement en une masse cireuse. Elle se dissout dans l'alcool et dans l'éther bouillants. Ce dernier, à 15°, n'en dissout que les 1/225 de son poids.

M. Duffy, en étudiant la stéarine, a remarqué que le point de fusion peut présenter des différences remarquables qui correspondraient à autant de modifications physiques. Ainsi de la stéarine fusible à 63°, chauffée à un ou deux degrés au-dessus de son point de fusion, se solidifie à deux degrés au dessous (à 61°); si on la chauffe à 68° ou au-dessus, elle ne se solidifie plus qu'à 51°. Cette stéarine, solidifiée à 51°, fond alors à 53°; puis concrétée de nouveau, elle reprend son premier point de fusion à 63°. Enfin, si elle n'a été chauffée qu'à 64° ou 65°, et qu'elle se soit solidifiée à 61°, elle présentera, de nouveau fondue, son point de fusion à 66°5. M. Duffy admet trois modifications de la stéarine naturelle; elles présentent des différences dans leur densité.

Stéarine fusible à :	Densité à 15o.
51°........................	0,9867
63°........................	1,0101
66°,5........................	1,0178

Ces différences de point de fusion expliquent les divergences trouvées par les auteurs qui ont étudié la stéarine; elles se présentent aussi avec les glycérides artificiels, ainsi que M. Berthelot l'a constaté pour les margarines.

La tristéarine se saponifie facilement, déjà à froid, par les solutions alcalines. La stéarine naturelle donne des dérivés chlorés et bromés, qui présentent moins de consistance que la stéarine [Lefort, *Journ. de Pharm.*, (3), t. XXIV, p. 113].

VALÉRINES [Berthelot, *Mém. cit.*, p. 253]. — Les valérines sont peu stables et se décomposent facilement.

MONOVALÉRINE,

$$C^8H^{16}O^6 = (C^3H^5)''' \left\{ \begin{matrix} C^5H^9O^2 \\ (OH)^2. \end{matrix} \right.$$

— On chauffe à 200° l'acide valérique avec un excès de glycérine pendant 3 heures. La monovalérine est neutre, huileuse, odorante; sa densité est égale à 1,100 à 16°. Elle forme avec un demi-volume d'eau un mélange limpide, mais l'addition d'une nouvelle quantité d'eau la précipite complétement.

DIVALÉRINE,

$$C^{13}H^{24}O^5 = (C^3H^5)''' \left\{ \begin{matrix} (C^5H^9O^2)^2 \\ OH. \end{matrix} \right.$$

— Liquide neutre, huileux, d'une odeur désagréable d'huile de poisson, d'un goût amer. Sa densité est de 1,059 à 16°. Nous avons modifié la formule $C^{13}H^{26}O^6$, à laquelle conduisent les analyses, par les raisons exposées à propos de la dioléine.

TRIVALÉRINE [Syn. *Phocénine*]. — M. Chevreul, en saponifiant l'huile grasse fournie par le dauphin, obtint un acide gras volatil, l'acide phocénique, et admit dans cette huile l'existence d'un glycéride, la phocénine. M. Berthelot reconnut l'identité de l'acide phocénique et de l'acide valérique. La trivalérine s'obtient en chauffant à 220° pendant 8 heures la divalérine avec 8 ou 10 fois son poids d'acide valérique. Neutre, huileuse, douée d'une odeur faible et désagréable, elle est insoluble dans l'eau, soluble dans l'alcool, et dans l'éther.

C. GLYCÉRIDES MIXTES FORMÉS PAR LES OXACIDES ET LES HYDRACIDES [Berthelot et de Luca, *Ann. de Chim. et de Phys.*, (3), t. LII, p. 49].

ACÉTOCHLORHYDRINE,

$$C^5H^9O^3Cl = (C^3H^5)''' \left\{ \begin{matrix} OH \\ Cl \\ C^2H^3O^2. \end{matrix} \right.$$

— Elle se forme en même temps que l'acétodichlorhydrine par l'action du chlorure d'acétyle sur la glycérine. Liquide neutre, incolore, volatil vers 250°.

M. Reboul l'a obtenue en chauffant à 100° en vases clos pendant quelques heures un mélange d'acide acétique et de glycide chlorhydrique [*Ann. de Chim. et de Phys.*, (3), t. LX, p. 219].

ACÉTOCHLORHYDROBROMHYDRINE,

$$C^5H^8O^2ClBr = (C^3H^5)''' \left\{ \begin{matrix} Cl \\ Br \\ C^2H^3O^2. \end{matrix} \right.$$

— Elle s'obtient en traitant la glycérine par un mélange équimoléculaire de chlorure et de bromure acétique. C'est un liquide limpide et incolore, qui distille vers 228°.

ACÉTODICHLORHYDRINE,

$$C^5H^8O^2Cl^2 = (C^3H^5)''' \left\{ \begin{matrix} Cl^2 \\ C^2H^3O^2. \end{matrix} \right.$$

— Elle s'obtient en même temps que la précédente; elle se forme aussi avec la dichlorhydrine lorsqu'on sature d'acide chlorhydrique gazeux un mélange de glycérine et d'acide acétique cristallisable. Elle se produit encore, lorsqu'on chauffe à 100°, en vase clos, pendant quelques heures du glycide chlorhydrique et du chlorure d'acétyle [Truchot, *Compt. rend.*, t. LXI, p. 1170, et *Bull. de la Soc. chim.*, 1866, t. V, p. 447]. C'est une huile limpide, neutre, peu soluble dans l'eau; elle distille à 205° sans éprouver de décomposition.

BENZOCHLORHYDRINE,

$$C^{10}H^{11}O^3Cl = (C^3H^5)''' \left\{ \begin{matrix} C^7H^5O^2 \\ Cl \\ OH. \end{matrix} \right.$$

— Ce composé s'obtient en faisant agir le gaz chlorhydrique sur un mélange de glycérine et d'acide benzoïque. C'est une huile neutre et limpide (Berthelot).

BENZODICHLORHYDRINE (Truchot). — Ce composé s'obtient en chauffant à 180° pendant 4 heures le glycide chlorhydrique et le chlorure de benzoyle. Il est oléagineux, d'une odeur agréable, d'une densité de 1,441 à 8°. Il se décompose vers 300° sous la pression ordinaire, mais il distille régulièrement à 222° sous une pression de 4 à 5 centimètres.

BUTYRODICHLORHYDRINE,

$$C^7H^{12}O^2Cl^2 = (C^3H^5)''' \left\{ \begin{matrix} Cl^2 \\ C^4H^7O^2. \end{matrix} \right.$$

— Elle s'obtient par le glycide chlorhydrique C^3H^5OCl, et le chlorure de butyryle. C'est une huile limpide, ayant l'odeur de l'ananas, d'une densité de 1,191 à 11°. Elle bout vers 226-227° sous la pression de 738mm [Truchot, *Mém. cité*].

DIACÉTOCHLORHYDRINE,

$$C^7H^{11}O^4Cl = (C^3H^5)''' \left\{ \begin{matrix} Cl \\ (C^2H^3O^2)^2. \end{matrix} \right.$$

— Elle se produit lorsqu'on fait réagir le chlorure d'acétyle sur un mélange de glycérine et d'acide acétique cristallisable. Elle bout vers 245°.

On l'obtient aussi en chauffant en vase clos à 180° pendant quatre heures de l'anhydride acétique et du glycide chlorhydrique (Truchot).

VALÉRODICHLORHYDRINE,

$$(C^3H^5)''' \left\{ \begin{matrix} C^5H^7O^2 \\ Cl^2 \end{matrix} \right.$$

(Truchot). — Liquide demi-sirupeux, obtenu par le glycide chlorhydrique et le chlorure de valéryle. Densité de 1,149 à 11°. Point d'ébullition, 245° sous la pression de 732mm.

II. GLYCÉRIDES RENFERMANT DES RADICAUX ALCOOLIQUES.

Les glycérides ne renfermant que des radicaux alcooliques s'obtiennent par l'action de la monochlorhydrine ou de la dichlorhydrine sur les alcools sodés (Reboul) :

$$\underset{\text{Monochlorhydrine.}}{(C^3H^5)''' \left\{ \begin{matrix} (OH)^2 \\ Cl \end{matrix} \right.} + \underset{\text{Éthylate de soude.}}{C^2H^5.ONa}$$

$$= \underset{\text{Éthyline.}}{(C^3H^5)''' \left\{ \begin{matrix} (OH)^2 \\ OC^2H^5 \end{matrix} \right.} + NaCl;$$

$$\underset{\text{Dichlorhydrine.}}{(C^3H^5)''' \left\{ \begin{matrix} OH \\ Cl^2 \end{matrix} \right.} + \underset{\text{Amylate de soude.}}{C^5H^{11}.ONa}$$

$$= \underset{\text{Amyline.}}{(C^3H^5)''' \left\{ \begin{matrix} (OC^5H^{11})^2 \\ OH \end{matrix} \right.} + 2NaCl.$$

M. Berthelot a obtenu l'éthyline et la triallyline par l'action de l'iodure d'éthyle ou de l'iodure d'allyle sur la glycérine en présence de la potasse :

$$\underset{\text{Glycérine.}}{(C^3H^5)'''(OH)^3} + \underset{\text{Iodure d'éthyle.}}{C^2H^5I} + KHO$$

$$= \underset{\text{Éthyline.}}{(C^3H^5)''' \left\{ \begin{matrix} OC^2H^5 \\ (OH)^2 \end{matrix} \right.} + KI + H^2O.$$

La triéthyline se produit par l'action de l'éthylate de soude sur la diéthylchlorhydrine (Reboul et Lourenço).

Les glycérides qui, en outre, dérivent des hydracides, comme l'éthylchlorhydrine, l'amylchlorhydrine, se forment soit par combinaison des éthers du glycide avec les acides chlorhydrique, bromhydrique, iodhydrique (Reboul), soit en traitant les glycérides à 2 radicaux d'alcools par le perchlorure de phosphore (Reboul et Lourenço) :

$$(C^3H^5)'''\left\{\begin{matrix}OC^5H^{11}\\O\end{matrix}\right. + HCl = (C^3H^5)'''\left\{\begin{matrix}OC^5H^{11}\\OH\\Cl;\end{matrix}\right.$$

Amylglycide. Amylchlorhydrine.

$$(C^3H^5)'''\left\{\begin{matrix}(OC^2H^5)^2\\OH\end{matrix}\right. + PCl^5$$

Diéthyline.

$$= (C^3H^5)'''\left\{\begin{matrix}(OC^2H^5)^2\\Cl\end{matrix}\right. + POCl^3 + HCl.$$

Diéthylchlorhydrine.

Allyline. — Voyez Allyle, p. 155.

Amylines [Reboul, *Ann. de Chim. et de Phys.*, (3), t. LX, p. 55 et suiv.].

Amyline,

$$C^8H^{18}O^3 = (C^3H^5)'''\left\{\begin{matrix}OC^5H^{11}\\(OH)^2.\end{matrix}\right.$$

— Elle se produit par la combinaison directe de l'amylglycide (voyez Glycide) et de l'eau, lorsqu'on chauffe le mélange à 200° pendant quelques heures. La couche supérieure est une dissolution d'amyline dans l'eau, on ajoute du carbonate de potasse pour la séparer, et on la distille. L'amyline est un liquide incolore, sirupeux, soluble dans 2 fois son volume d'eau, mais précipitée par une plus grande quantité de ce liquide. Elle se dissout aussi dans l'éther. Elle bout à 260° et 262°. Sa densité est de 0,98 à 20°. L'auteur l'avait appelée amylglycérine; mais ce nom s'applique aussi à l'alcool triatomique de la série amylique, et il est préférable d'appliquer aux glycérides alcooliques la nomenclature employée pour les glycérides formés par les acides.

Diamyline,

$$C^{13}H^{28}O^3 = (C^3H^5)'''\left\{\begin{matrix}(OC^5H^{11})^2\\OH.\end{matrix}\right.$$

— Elle se produit par l'action de la dichlorhydrine sur l'amylate de soude. Elle distille à 274°, elle est huileuse, insoluble dans l'eau, d'une odeur forte; sa densité est de 0,907 à 9°.

Amylchlorhydrine,

$$C^8H^{17}O^2Cl = (C^3H^5)'''\left\{\begin{matrix}OC^5H^{11}\\OH\\Cl.\end{matrix}\right.$$

— Lorsqu'on chauffe en vases clos, à 220°, pendant 10 à 12 heures un mélange à volumes égaux de glycide chlorhydrique et d'alcool amylique, on obtient, après quelques distillations, l'amylchlorhydrine vers 235°. Mais, pour l'obtenir pure, il vaut mieux prendre les portions qui passent entre 225° et 260°, les traiter par la potasse pour transformer l'amylchlorhydrine en amylglycide facile à obtenir pur par deux ou trois distillations. En agitant l'amylglycide avec l'acide chlorhydrique fumant, on voit le mélange s'échauffer, et on obtient par distillation l'amylchlorhydrine. Celle-ci est huileuse, insoluble dans l'eau. Elle bout à 235°. Sa densité est de 1,0 à la température de 20°. En remplaçant l'acide chlorhydrique par les acides bromhydrique ou iodhydrique, on peut obtenir l'amylbromhydrine et l'amyliodhydrine. Cette dernière est un liquide lourd, d'une odeur vireuse et désagréable.

Amyléthyline,

$$C^{10}H^{22}O^3 = (C^3H^5)'''\left\{\begin{matrix}OC^5H^{11}\\OC^2H^5\\OH.\end{matrix}\right.$$

— On l'obtient en versant l'amylchlorhydrine sur l'éthylate de soude; le mélange s'échauffe, et, par l'eau, on sépare l'amyléthyline, liquide insoluble dans l'eau, d'une densité de 0,92 à la température ordinaire, distillant entre 238° et 240°.

Éthylines.

Éthyline,

$$C^5H^{12}O^3 = (C^3H^5)'''\left\{\begin{matrix}OC^2H^5\\(OH)^2\end{matrix}\right.$$

[Reboul, *Mém. cité*]. — Elle se forme par l'action de la monochlorhydrine sur l'éthylate de soude. La réaction est très-vive; on chauffe au bain d'huile à 200° pour chasser l'excès d'alcool, et on ajoute de l'eau au résidu de la cornue; l'eau dissout l'éthyline, mais on la sépare par addition de carbonate de potasse et par agitation avec l'éther qui s'en empare; l'éthyline est oléagineuse, et bout de 225° à 230°.

Diéthyline,

$$C^7H^{16}O^3 = (C^3H^5)'''\left\{\begin{matrix}(OC^2H^5)^2\\OH\end{matrix}\right.$$

[Berthelot, *Ann. de Chim. et de Phys.*, (3), t. XLI, p. 305]. — On la prépare en chauffant à 100° pendant 80 heures de la glycérine, de l'éther bromhydrique et de la potasse en excès. La diéthyline est liquide; elle bout à 191°; son odeur est éthérée et un peu poivrée. La diéthyline se forme aussi par l'action de la dichlorhydrine sur l'éthylate de soude (Reboul).

Triéthyline, $C^9H^{20}O^3 = (C^3H^5)'''(OC^2H^5)^3$ [Reboul et Lourenço, *Compt. rend. de l'Acad.*, t. LII, p. 466, et *Répert. de Chim. pure*, 1861, p. 195]. — Elle s'obtient par l'action de l'éthylate de soude à 120° en vase clos sur la diéthylchlorhydrine. Elle bout de 180° à 190°; elle est incolore, limpide, huileuse, insoluble dans l'eau.

Éthylchlorhydrine,

$$C^5H^{11}O^2Cl = (C^3H^5)'''\left\{\begin{matrix}OC^2H^5\\OH\\Cl\end{matrix}\right.$$

[Reboul, *Mém. cité*]. — L'éthylglycide se combine directement avec l'acide chlorhydrique fumant; l'éthylchlorhydrine est huileuse, d'une odeur poivrée et piquante. Elle est insoluble dans l'eau. Elle bout à 188°. Avec les acides bromhydrique et iodhydrique, l'éthylglycide donne l'*éthylbromhydrine* et l'*éthyliodhydrine*.

Diéthylchlorhydrine,

$$C^7H^{15}O^2Cl = (C^3H^5)'''\left\{\begin{matrix}(OC^2H^5)^2\\Cl\end{matrix}\right.$$

[Reboul et Lourenço, *Mém. cité*]. — Elle s'obtient par l'action du perchlorure de phosphore sur la diéthyline; c'est un liquide d'une odeur très-irritante, insoluble dans l'eau, soluble dans l'alcool et l'éther, bouillant à 184°, d'une densité de 1,100 à 17°.

Éthylchlorhydrobromhydrine,

$$C^5H^{10}OBrCl = (C^3H^5)'''\left\{\begin{matrix}OC^2H^5\\Br\\Cl\end{matrix}\right.$$

[Reboul, *Mém. cité*]. — Elle se produit dans l'action du bromure d'éthyle sur le glycide chlorhydrique; elle est lourde, insoluble dans l'eau; elle bout de 186° à 188°.

Éthylamyline, *amyléthyline*. — Voyez plus haut.

Glycéryline, $C^6H^8O^3$. — On peut ainsi appeler le composé que M. Berthelot a désigné sous le nom d'éther glycérique; il dérive de 2 molécules de glycérine avec élimination de 3 molécules d'eau :

$$C^8H^6O^8 + C^6H^8O^6 - 3H^2O$$
$$= C^8H^{10}O^8 = (C^8H^8)'''.O^6C^6H^5.$$

Glycéryline.

On l'obtient par l'action de la potasse sur l'iodhydrine; c'est un liquide huileux, soluble dans l'éther, distillable sans décomposition [Berthelot, *Ann. de Chim. et de Phys.*, (3), t. XLIII, p. 281].

GLYCÉRIDES ACIDES.

ACIDE CITROGLYCÉRIQUE, $C^9H^{14}O^9$ [Lourenço, *Ann. de Chim. et de Phys.*, (3), t. LXVII, p. 313]. — Il s'obtient lorsqu'on chauffe de la glycérine et de l'acide citrique à 160° au bain d'huile, et qu'on maintient quelque temps le mélange à cette température. L'acide citroglycérique est une matière gommeuse, insoluble dans l'eau, très-peu soluble dans l'alcool et dans l'éther; il a une saveur acide. Lorsqu'on élève la température du bain à 215°, on obtient un produit dur, fusible, d'une apparence cristalline, insoluble dans l'alcool, l'éther et l'eau. Ce corps répond à la formule $C^9H^{10}O^7$, et paraît être un glycéride neutre, une citrine dérivant d'une molécule d'acide citrique tribasique, et d'une molécule de glycérine, avec élimination de 3 molécules d'eau.

$$C^6H^8O^7 + C^3H^8O^3 - 3H^2O$$

Acide citrique.

$$= C^9H^{10}O^7 = (C^6H^4O^3)^{iv}\left\{\begin{matrix}OH\\O^3.C^3H^5.\end{matrix}\right.$$

Citrine.

ACIDE PHOSPHOGLYCÉRIQUE,

$$C^3H^9PhO^6 = (PhO)'''\left\{\begin{matrix}(OH)^2\\O[C^3H^5(OH)^2]'\end{matrix}\right.$$

[Pelouze, *Compt. rend. de l'Acad.*, t. XXI, p. 718; — Gobley, *Journ. de Pharm.*, (3), t. IX, p. 161; t. XI, p. 409; t. XII, p. 5]. — On prépare ce corps, d'après Pelouze, en mêlant la glycérine avec de l'acide phosphorique anhydre ou vitreux; on chauffe à 100°, on étend la liqueur d'eau, on neutralise par le carbonate de baryte, on filtre, et on précipite exactement par l'acide sulfurique le phosphoglycérate de baryte que renferme la liqueur. M. Gobley a extrait l'acide phosphoglycérique du jaune d'œuf; celui-ci en contient environ 1,2 %.

L'acide phosphoglycérique est un liquide incristallisable; si l'on concentre sa solution par la chaleur, il finit par se décomposer en acide phosphorique et glycérine; dans le vide, il devient visqueux.

PHOSPHOGLYCÉRATES. — Ils sont pour la plupart solubles dans l'eau, mais peu solubles ou insolubles dans l'alcool.

Sel de baryte, $C^3H^7BaPhO^6$ à 150°. — Il est soluble dans l'eau et en est précipité par l'alcool.

Sel de chaux, $C^3H^7CaPhO^6$ (à 120 et à 165°). — Lames minces entièrement incolores, inodores, d'une saveur légèrement âcre; très-peu soluble dans l'eau à 100°, ce sel s'y dissout facilement à froid; aussi sa solution se trouble par l'ébullition.

Sel de plomb, $C^3H^7PbPhO^6$; il est insoluble dans l'eau.

ACIDE SULFOGLYCÉRIQUE,

$$C^3H^8SO^6 = (SO^2)''\left\{\begin{matrix}OH\\O.[C^3H^5.(OH)^2]'\end{matrix}\right.$$

[Pelouze, *Ann. de Chim. et de Phys.*, t. LXIII, p. 21]. — L'acide sulfurique concentré mis en contact avec la moitié de son poids de glycérine, s'y mêle en produisant une forte élévation de température. Le mélange, saturé par un lait de chaux, et filtré, fournit par évaporation une liqueur visqueuse, d'où le froid sépare des cristaux de sulfoglycérate de chaux. En ajoutant de l'acide sulfurique à ce sel, on isole l'acide sulfoglycérique.

C'est un liquide neutre, fortement acide, très-instable, qui se décompose même par l'évaporation dans le vide en acide sulfurique et en glycérine.

SULFOGLYCÉRATES. — Ils sont fort solubles dans l'eau; leur saveur est très-amère; ils se décomposent avec la plus grande facilité sous l'influence des alcalis, en donnant de la glycérine et du sulfate.

Sel de baryte. — La baryte décompose à froid le sel de chaux, et en précipite de la chaux; le sel de baryte formé se décompose même au-dessous de 100° en présence d'un excès de baryte.

Sel de chaux, $C^3H^6CaSO^6$ (à 110°). — Il cristallise en aiguilles prismatiques, incolores, solubles dans moins de leur poids d'eau froide, insolubles dans l'alcool et dans l'éther. Il se décompose entre 140° et 150° en fournissant de l'acroléine.

Le *sel d'argent* et le *sel de plomb* sont fort solubles dans l'eau.

ACIDES GLYCÉROSULFUREUX. — ACIDE GLYCÉROMONOSULFUREUX,

$$C^3H^8SO^5 = C^3H^5\left\{\begin{matrix}SO^3H\\(OH)^2\end{matrix}\right.$$

[Carius, *Ann. der Chem. u. Pharm.*, t. CXXIV, p. 221, et *Bull. de la Soc. chim.*, 1863, p. 365]. — Cet acide se produit par l'oxydation du monosulfhydrate glycérique ou thioglycérine

$$C^3H^8SO^2.$$

On emploie l'acide azotique d'une densité de 1,2 mélangé à son volume d'eau et dans la proportion de 2 molécules d'acide pour une de thioglycérine. On chauffe au bain-marie, et quand la réaction est terminée et la liqueur réduite à un petit volume, on l'étend d'eau et il se sépare une matière floconneuse; on chauffe de nouveau avec une petite quantité d'acide azotique. Lorsque la solution est claire, on la sature à chaud par du carbonate de plomb, on filtre, on élimine le plomb par l'hydrogène sulfuré, et enfin on évapore le résidu à une douce température, puis dans le vide.

L'acide glycéromonosulfureux forme une masse gommeuse, peu colorée, déliquescente.

Les sels sont solubles dans l'eau, insolubles dans l'alcool concentré et difficilement cristallisables.

Le sel de potasse constitue une masse gommeuse, déliquescente, qui, après une évaporation très-lente, présente au microscope des groupes de cristaux aciculaires renfermant

$$C^3H^5\left\{\begin{matrix}SO^3K\\(OH)^2.\end{matrix}\right.$$

Le sel de plomb est facilement cristallisable. Le sel de baryte ressemble à celui de potasse. Traité par le chlorure de phosphore, le sel de baryte donne un chlorure visqueux, que les alcalis transforment en glycéromonosulfites. Avec un excès de perchlorure et en chauffant jusqu'à 200°, on obtient de l'oxychlorure de phosphore, du chlorure de thionyle et de la trichlorhydrine.

ACIDE GLYCÉRODISULFUREUX (improprement appelé *disulfoglycérique*), $C^3H^8S^2O^7$ [Schæuffelin, *Ann. der Chem. u. Pharm.*, t. CXLVIII, p. 111, et *Bull. de la Soc. chim.*, 1869, t. XI, p. 316]. — On le prépare en chauffant de la dichlorhydrine avec du sulfite de potasse dans une cornue munie d'un réfrigérant ascendant jusqu'à ce que la couche huileuse de la dichlorhydrine ait disparu. Il se forme des cristaux de sel de potasse qu'on purifie par une nouvelle cristallisation.

L'acide libre ne cristallise pas : chauffé avec l'hydrate de potasse, il se dédouble en glycérine et en sulfite.

Le *sel de potasse* est en grands prismes orthorhombiques, dont la formule est

$$C^3H^5 \left\{ \begin{array}{l} OH \\ SO^3K \\ SO^3K \end{array} \right. + 2H^2O.$$

Le *sel de baryum* forme des cristaux mamelonnés, anhydres si le sel cristallise dans une solution chaude, ou renfermant 2 molécules d'eau. Les sels de plomb, d'ammoniaque, de soude, d'argent et de cuivre cristallisent; le sel de zinc ne cristallise pas.

Acide glycérotrisulfureux. — On obtient son sel de potasse avec la trichlorhydrine et le sulfite de potasse; pour le purifier, on le transforme en sel de baryte, peu soluble dans l'eau froide, anhydre. D'après l'analyse du sel de baryte, l'acide serait $(C^3H^5)'''3(SO^3H)$.

Acides tartroglycériques.— On connaît plusieurs combinaisons d'acide tartrique et de glycérine; de ces acides le premier (acide tartroglycérique), découvert par Berzelius, correspond à l'acide sulfoglycérique; il dérive d'une molécule d'acide tartrique, dibasique et tétratomique, et d'une molécule de glycérine avec élimination d'une molécule d'eau. Les trois autres, découverts par Desplats, sont formés par l'union d'une molécule de glycérine avec 2 ou 3 molécules d'acide tartrique, et élimination de 2 ou 3 molécules d'eau; ils paraissent dériver d'acides tartriques condensés.

Acide tartroglycérique,

$$C^7H^{12}O^8 = C^3H^8O^3 + C^4H^6O^6 - H^2O.$$

Acide ditartroglycérique,

$$C^{11}H^{16}O^{13} = C^3H^8O^3 + 2C^4H^6O^6 - 2H^2O.$$

Acide ditartroépiglycérique,

$$C^{11}H^{14}O^{12} = C^3H^8O^3 + 2C^4H^6O^6 - 3H^2O.$$

Acide tritartroglycérique,

$$C^{15}H^{22}O^{19} = C^3H^8O^3 + 3C^4H^6O^6 - 2H^2O.$$

Acide tartroglycérique,

$$C^7H^{12}O^8 = (C^4H^2O^2)^{iv} \left\{ \begin{array}{l} O.[C^3H^5(OH)^2]' \\ (OH)^3 \end{array} \right.$$

[Berzelius, *Rapport annuel*, 1847, *traduction française*, p. 260; — Desplats, *Compt. rend.*, t. XLIX, p. 216]. — Il s'obtient en chauffant pendant 40 heures à 100° parties égales de glycérine et d'acide tartrique. On broie le mélange avec de l'eau et du carbonate de chaux, et on sépare le glycérotartrate soluble du tartrate insoluble. On précipite le premier de sa solution aqueuse par l'addition de l'alcool; on le purifie en répétant 3 ou 4 fois la dissolution dans l'eau, et les précipitations par l'alcool. L'acide isolé est sirupeux, insoluble dans l'éther pur, soluble dans un mélange d'éther et d'alcool. Il se décompose facilement par l'action de l'eau, surtout si l'on chauffe le mélange. Cet acide est monobasique, ses sels, comme l'acide, sont promptement décomposés en présence de l'eau, surtout sous l'influence des alcalis.

Le *sel de chaux* renferme $(C^7H^{11}O^8)^2Ca\,3H^2O$; par l'évaporation de sa solution concentrée à une douce chaleur, il forme une masse incolore, ayant l'aspect et l'éclat du verre. Il n'est pas déliquescent; il ne peut perdre son eau de cristallisation sans se décomposer.

Le *sel de baryte* renferme $(C^7H^{11}O^8)^2Ba$.

Les *sels de magnésie, de plomb, de cuivre, de zinc* et *d'argent* sont soluble dans l'eau.

Acide ditartroglycérique, $C^{11}H^{16}O^{13}$. — Cet acide est bibasique; on l'obtient en chauffant pendant 50 heures à 100° un mélange d'acide tartrique et de glycérine, avec une certaine quantité d'eau. Les sels de baryte et de chaux renferment $C^{11}H^{14}O^{13}(M)''$.

Acide ditartroépiglycérique, $C^{11}H^{14}O^{12}$.— Cet acide, anhydride du précédent, est monobasique; on l'obtient en chauffant à 140° poids égaux de glycérine et d'acide.

Acide tritartroglycérique, $C^{15}H^{22}O^{19}$. — Cet acide est tétrabasique; son sel de chaux renferme $C^{15}H^{18}O^{19}Ca^2$; pour l'obtenir, on chauffe à 140° une partie de glycérine avec 20 p. d'acide tartrique.

E. G.

GLYCÉRINE, $C^3H^8O^3$. — Lorsque les corps gras s'assimilent les éléments de l'eau, ils fournissent d'une part des acides gras, de l'autre de la glycérine. Cette réaction, tout à fait semblable à celle des éthers, fait considérer les corps gras comme de véritables éthers, et la glycérine comme un alcool. Elle fut découverte en 1779 par Scheele, qui l'obtint en traitant les matières grasses par l'oxyde de plomb, et lui donna le nom de *principe doux des huiles*. Chevreul montra plus tard qu'elle est le terme constant de la saponification des corps gras [*Recherches sur les corps gras*, 1823].

Pelouze et Redtenbacher étudièrent la glycérine et fixèrent de nombreux points de son histoire [Pelouze, *Ann. de Chim. et de Phys.*, t. LXIII, p. 19; — Redtenbacher, *Ann. der Chem. u. Pharm.*, t. XLVII, p. 113]; puis Berthelot parvint à réaliser la synthèse des corps gras naturels en faisant agir les acides sur la glycérine. Il est hors de doute par ses recherches que la glycérine joue le rôle d'un alcool triatomique [Berthelot, *Ann. de Chim. et de Phys.*, (3), t. XLI, p. 216; *Chimie fondée sur la synthèse*, 1861; — Wurtz, *Ann. de Chim. et de Phys.*, (3), t. XLIII, p. 492]. Cependant le premier éther artificiel de la glycérine a été préparé par MM. Pelouze et Gélis, qui obtinrent la butyrine [*Ann. de Chim. et de Phys.*, (3), t. X, p. 455].

La glycérine est donc un alcool triatomique qui fournit trois séries d'éthers; on donne à ces éthers le nom générique de glycérides. — Voyez Glycérides.

On la rencontre à l'état libre dans certaines huiles végétales, comme l'huile de palme, d'où on peut la retirer par un simple traitement à l'eau bouillante. Elle se forme aussi comme produit constant de la fermentation alcoolique, et existe en petite quantité dans le vin; dans la fermentation du sucre de canne, sous l'influence de la levûre de bière, la proportion de glycérine formée varie de 2,5 à 3,6 % du poids du sucre; dans le vin, on trouve de 4gr,34 à 7gr,412 de glycérine par litre [Pasteur, *Ann. de Chim. et de Phys.*, (3), t. LVIII, p. 360, 362 et 421].

La glycérine a été produite artificiellement par M. Wurtz; en effet, lorsqu'on chauffe au bain d'huile à 120-125° pendant 8 jours un mélange de tribromure d'allyle, d'acétate d'argent et d'acide acétique cristallisable, on obtient de la triacétine, et celle-ci, par saponification, fournit de la glycérine:

$$\underset{\text{Tribromure d'allyle.}}{C^3H^5Br^3} + \underset{\text{Acétate d'argent.}}{3(C^2H^3O^2Ag)}$$

$$= 3AgBr + \underset{\text{Triacétine.}}{(C^3H^5)'''3(C^2H^3O^2)};$$

$$\underset{\text{Triacétine.}}{(C^3H^5)'''3(C^2H^3O^2)} + 3H^2O$$

$$= \underset{\text{Acide acétique.}}{3C^2H^4O^2} + \underset{\text{Glycérine.}}{C^3H^8O^3}.$$

Cette production si intéressante n'est pas cependant une synthèse totale, puisque le tribromure d'allyle n'a pu s'obtenir jusqu'à présent qu'en partant de la glycérine [Wurtz, *Ann. de Chim. et de Phys.*, (3), t. LI, p. 97].

Préparation de la glycérine. — Toutes les opérations dans lesquelles on saponifie les corps gras fournissent de la glycérine comme produit accessoire; telles sont la préparation de l'emplâtre simple, la fabrication des savons et l'industrie des bougies stéariques. (Voyez SAPONIFICATION.) Divers procédés ont été employés pour purifier la glycérine obtenue accessoirement.

Dans la préparation de l'emplâtre simple, la saponification s'opère avec l'oxyde de plomb. Lorsqu'elle est opérée, on décante la partie aqueuse qui surnage le savon de plomb, on en sépare l'excès de plomb par un courant d'hydrogène sulfuré, on filtre et on évapore au bain-marie jusqu'à consistance sirupeuse. La glycérine ainsi obtenue renferme souvent de petites quantités de plomb, ce qui la rend impropre aux usages médicaux.

Dans la fabrication des savons, lorsque le savon a été séparé par l'addition de sel marin, on a les eaux mères alcalines, qui renferment toute la glycérine des corps gras employés. On neutralise par l'acide sulfurique, on enlève l'excès de celui-ci par le carbonate de baryte, on filtre, on évapore et l'on fait digérer le produit sirupeux pendant quelques jours avec l'alcool; le sulfate de soude se sépare et cristallise; alors on décolore avec le charbon animal, on évapore de nouveau à consistance sirupeuse, et on reprend le résidu par de l'alcool fort, on filtre, et on évapore au bain-marie. Ce procédé long et coûteux ne peut être employé en grand et n'est pas industriel.

Dans la saponification des graisses par la chaux pour l'obtention des bougies stéariques, on s'est servi aussi pour purifier la glycérine d'un procédé qui nécessite l'emploi de l'alcool et présente les mêmes inconvénients que le précédent. Pour retirer la glycérine des eaux mères de la saponification calcaire des graisses, on a recours au procédé suivant, dû à M. Cap, et qui est employé en grand.

Les eaux mères de la saponification calcaire sont traitées par l'acide sulfurique pour précipiter la chaux, concentrées en vases ouverts jusqu'à ce qu'elles aient une densité de 1,07 (10° Baumé); additionnés d'un peu de carbonate de chaux pour saturer l'acide sulfurique en excès, s'il y a lieu, et évaporées de nouveau jusqu'à ce que le liquide ait une densité de 1,87 (24° Baumé). Par le refroidissement le sulfate de chaux se sépare; on filtre, on concentre à 28° Baumé, et on décolore par le charbon animal.

Ce procédé est avantageux; mais la glycérine ainsi obtenue peut renfermer de petites quantités de chaux, et le seul moyen d'avoir industriellement une glycérine complétement exempte de matières minérales consiste à la distiller dans un courant de vapeur d'eau surchauffée.

L'action de la vapeur d'eau surchauffée permet non-seulement de purifier la glycérine provenant de la saponification plombique, ou calcaire, mais encore elle produit directement la saponification sans l'intermédiaire des alcalis. Indiquée dès 1825 par Chevreul et Gay-Lussac, la vapeur d'eau fut employée pour l'obtention des acides gras par différents manufacturiers, mais ils n'avaient en vue que la fabrication de ces acides, et opérèrent à une température assez élevée pour détruire la glycérine. Ce fut F. Wilson et G. Payne qui, en 1854, employèrent un procédé par lequel on obtient tout à la fois de la glycérine et les acides gras destinés à la fabrication des bougies stéariques. Nous empruntons la description de ce procédé à l'article GLYCÉRINE, du *Dictionnaire de Chimie* de Watts.

« On se sert d'un alambic ordinaire avec son réfrigérant; on préfère ceux qui ont une grande surface réfrigérante. Le fond de l'alambic est chauffé à feu nu, un registre placé dans la cheminée permet de régler la température. Pour charger l'appareil, on le chauffe, on y introduit les corps gras neutres ou partiellement neutres, puis l'on fait arriver de la vapeur surchauffée à la partie inférieure de la masse de graisse ou d'huile, de façon qu'elle la traverse tout entière sous forme de nombreux filets. On a soin de ne jamais atteindre la température à laquelle la glycérine se décompose. Pour cela, un thermomètre est placé dans l'alambic, et qu'on agisse sur les graisses ou sur les huiles, il ne doit pas dans tous les cas marquer moins de 288° C (550° Fahrenheit), et plus de 315° C (600 F).

« La glycérine dans ces conditions ne se décompose pas, et se sépare à l'état de pureté. Quand les corps gras ne sont que partiellement neutres, ce qui est le plus souvent le cas de l'huile de palme, on peut activer le tirage, et mener l'opération rapidement jusqu'à ce qu'il n'y ait plus d'acides gras dans l'alambic. Aussitôt que ceux-ci ont passé à la distillation, si la température est de beaucoup supérieure à 315°, il se formera probablement de l'acroléine, surtout si le courant de vapeur n'est pas assez abondant. On s'en apercevra bien vite aux émanations piquantes qui se répandront autour des condensateurs, et provoqueront le larmoiement des personnes placées auprès de l'appareil. On a pu néanmoins opérer à des températures plus élevées sans décomposer la glycérine, pourvu que le courant de vapeur fût assez abondant, mais il n'y a aucun avantage, et l'on court plus de risque d'altérer la glycérine.

« Il vaut cependant mieux, même avec un bon courant de vapeur, maintenir pendant toute la distillation le contenu de l'alambic à une température inférieure à 315° qu'à une température plus élevée, qu'on opère avec les huiles ou les graisses neutres ou partiellement neutres. La chaleur fournie par le foyer doit être modérée; c'est surtout la vapeur surchauffée qui doit maintenir l'élévation de la température. Il y a des différences sensibles, mais peu considérables, entre les températures qui conviennent pour distiller le plus rapidement les corps gras par la vapeur surchauffée sans altérer la glycérine, avec un condensateur à compartiments, ou pour recueillir séparément les produits condensés dans les parties du réfrigérant plus ou moins éloignées. On observe alors que l'eau et la glycérine se réunissent dans les derniers compartiments, et non pas dans les premiers où la température est plus élevée et qui séparent surtout les acides gras. Du reste, par le repos et le refroidissement les produits distillés se séparent très-vite en deux couches, l'une composée d'acides gras, l'autre d'une solution aqueuse de glycérine qu'on peut concentrer par évaporation. Le dernier compartiment s'ouvre à l'air nu, car on n'a pas besoin de pression dans l'appareil.

« Cet appareil peut servir pour la rectification de la glycérine obtenue par les autres procédés. »

Rochleder enfin a constaté aussi qu'on peut saponifier les graisses par l'acide chlorhydrique, et mettre la glycérine en liberté. On dissout, par exemple, de l'huile de noix dans l'alcool absolu, on dirige dans la liqueur chauffée un courant de gaz chlorhydrique sec. En agitant ensuite le liquide avec de l'eau, on a deux couches, l'une huileuse, l'autre aqueuse et acide. On décante cette dernière, on l'évapore au bain-marie, et on reprend la masse sirupeuse et jaunâtre par l'éther. Celui-ci dissout les éthers des acides gras de l'huile de noix et laisse la glycérine à l'état insoluble [*Ann. der Chem. u. Pharm.*, t. LIX, p. 260].

Propriétés. — La glycérine concentrée dans le vide est un liquide incolore, sirupeux, d'une saveur sucrée, inodore, incolore ou légèrement jaunâtre; exposée à l'air, elle en attire l'humidité. Sa densité est de 1,260 à 15° centigrades. Quoique par l'application d'un froid artificiel intense elle ne puisse se solidifier, elle cristallise cependant dans des conditions non encore déterminées. Au commencement de 1867, pendant les froids de l'hiver, des tonneaux remplis de glycérine concentrée furent importés d'Allemagne en Angleterre et on constata à leur arrivée qu'une grande partie de la glycérine s'était solidifiée en petites aiguilles cristallines et blanches. La densité de la glycérine solide est de 1,268 ; sa température de fusion est comprise entre 7° et 8° centigrades (Crookes). Lorsqu'on a fait fondre la glycérine cristallisée, il est presque impossible de la faire cristalliser de nouveau par l'application du froid (Squire). Suivant M. Gladstone, au contraire, la solidification de la glycérine cristallisée et fondue est très-facile [*Chem. News.*, avril 1867, n° 384, p. 183, et *Bull. de la Soc. chim.*, 1867, t. VII, p. 428].

La glycérine se dissout en toutes proportions dans l'eau et dans l'alcool; elle est insoluble dans l'éther et dans le chloroforme. Les mélanges de glycérine et d'eau présentent les densités et les points de fusion indiqués dans le tableau suivant :

GLYCÉRINE p. 100.	DENSITÉ.	POINTS DE FUSION.
10	1,024	— 1° centigr.
20	1,051	— 2°,5.
30	1,075	— 6°.
40	1,105	— 17°,5.
50	1,127	— 31° à — 34°.
60	1,159	environ — 35°.
70	1,179	
80	1,220	
90	1,232	
94	1,241	

Lorsqu'une solution aqueuse de glycérine est soumise à l'influence du froid, une portion seulement de l'eau se solidifie, et la portion restée liquide est une solution plus concentrée de glycérine [Fabian, *Dingler's. polyt. Journ.*, t. CLV, p. 345].

La glycérine dissout un grand nombre de corps minéraux et organiques, iode, brome, potasse, sels déliquescents, sulfates de cuivre, de potasse, de soude, etc., acides végétaux, sels de quinine et de strychnine, de morphine, etc. La glycérine même anhydre dissout également l'oxyde de plomb. Elle dissout aussi les gommes, les sucres, les savons, l'albumine et les matières colorantes.

Suivant M. Surun, elle dissout en toutes proportions :

Brome.	Acide acétique.
Iodure ferreux.	— tartrique.
Monosulfure de sodium.	— citrique.
Chlorure d'antimoine.	— lactique.
— ferrique.	Ammoniaque.
Hypochlorite de soude.	Potasse caustique.
— de potasse.	Soude caustique.
Acide sulfurique.	Codéine.
— azotique.	Azotate d'argent.
— chlorhydrique.	Azotate acide de mercure.
— phosphorique.	

100 p. de glycérine dissolvent :

Carbonate de soude	98	Chlor. de baryum.	10
Borax	60	Acide borique	10
Tannin	50	— benzoïque	10
Urée	50	Acétate neutre de cuivre	10
Arséniate de potasse	50	Sulfure de chaux	10
— de soude	50	— de potasse.	10
Chlorure de zinc	50	Bicarbon. de soude	8
Iodure potassique	40	Tartrate ferricopotassique	8
— de zinc	40	Chlorure mercurique	7,50
Alun	40	Sulfate de cinchonine	6,70
Sulfate de zinc	35	Émétique	5,50
— d'atropine	33	Azotate de strychnine	3,85
Cyanure de potass.	32	Chlorate de potasse	3,50
Sulfate de cuivre	30	Atropine	3
Cyanure de mercure	27	Sulfite de quinine.	2,75
Bromure de potassium	25	Brucine	2,25
Persulfure de potassium	25	Iode	1,90
Sulfate de fer	25	Iodure de soufre	1,67
— de strychnine.	22,5	Vératrine	1
Chlor. d'ammonium	20	Tannate de quinine	0,77
— de sodium	20	Quinine	0,50
Acide arsénieux	20	Cinchonine	0,50
— arsénique	20	Morphine	0,45
Carbonate d'ammoniaque	20	Iodure mercurique	0,29
Acétate de plomb	20	Strychnine	0,25
Chlorhydrate de morphine	20	Phosphore	0,20
Lactate de fer	16	Soufre	0,10
Acide oxalique	15		

[Surun, *in Officine de Dorvault*, 7e édit., p. 516].

Suivant Vogel, une partie de sucre exige, pour se dissoudre, 2,5 de glycérine, et une partie de gomme en exige 3,5 [*Bull. de la Soc. chim.*, 1868, t. X, p. 70].

Action de la chaleur. — Soumise à la distillation, la glycérine pure passe en partie inaltérée vers 275° à 280°; mais une grande portion se décompose en fournissant de l'acroléine, de l'acide acétique, de l'acide carbonique et des gaz combustibles, en même temps que des composés polyglycériques prennent naissance. Dans le vide elle distille sans altération ; au contact de l'air, elle brûle avec une flamme claire.

M. Berthelot a déterminé la solubilité de la chaux dans les solutions aqueuses de glycérine; ses résultats sont renfermés dans le tableau suivant :

POIDS DE LA GLYCÉRINE contenue dans 100 centim. cubes de la dissolution.	POIDS DE LA CHAUX contenue dans 100 centim. cubes du liquide précédent saturé de chaux.	RAPPORT CALCULÉ entre le poids de la chaux et celui de la glycérine.		LE MÊME, en déduisant la solubilité de la chaux dans l'eau pure.	
		CHAUX.	GLYCÉRINE.	CHAUX.	GLYCÉRINE.
10,00	0,370	3,6	96,4	2,2	97,8
5,00	0,240	4,6	95,4	1,8	98,2
2,86	0,196	6,4	93,6	1,7	98,3
2,50	0,192	7,1	92,9	1,7	98,3
2,00	0,186	8,5	91,5	1,8	98,2
1,00	0,165	14,2	85,8	1,7	98,3
0,00	0,148	»	»	»	»

[Berthelot, *Ann. de Chim. et de Phys.*, (3), t. XLVI, p. 178].

ACTION DES RÉACTIFS. — Sous l'influence du noir de platine, la glycérine s'oxyde en fournissant de l'acide carbonique et un acide volatil, incristallisable (probablement de l'acide glycérique) qui lui-même finit par se convertir en eau et en acide carbonique [Dœbereiner, *Journ. für prakt. Chem.*, t. XXVIII, p. 499, et t. XXIX, p. 451]. La glycérine s'oxyde en produisant une matière brune, lorsqu'on évapore sa solution aqueuse au contact de l'air. Oxydée par le peroxyde de manganèse et l'acide sulfurique; elle dégage de l'acide carbonique et il se produit une grande quantité d'acide formique (Pelouze).

L'action de l'acide azotique est variable, suivant les conditions de la réaction; en disposant sous la glycérine étendue une couche d'acide azotique d'une densité de 1,5, et abandonnant le tout à lui-même pendant plusieurs jours, il se produit de l'acide glycérique $C^3H^6O^4$ (voyez ce mot). Par l'action d'un mélange d'acide azotique concentré et d'acide sulfurique sur la glycérine, il se forme de la nitroglycérine, découverte par Sobrero. (Voyez GLYCÉRIDES, page 1583.)

La glycérine dissoute dans beaucoup d'eau, additionnée de levûre de bière, et exposée pendant plusieurs mois au contact de l'air à une température de 25° à 30°, se transforme en acide propionique; il y a en même temps un peu d'acide acétique et d'acide carbonique, et il ne se dégage que fort peu de gaz [Redtenbacher, *Ann. der Chem. u. Pharm.*, t. LVII, p. 174].

La glycérine abandonnée pendant quelques semaines à la température de 40° avec de l'eau, de la craie et du fromage blanc, fournit une certaine quantité d'alcool; la proportion d'alcool produit est très-faible, elle ne dépasse jamais le dixième du poids de la glycérine [Berthelot, *Ann. de Chim. et de Phys.*, (3), t. LI, p. 346]. La glycérine se transforme en glucose, sous l'influence des matières azotées d'origine animale, tissu cutané, fibrine, gélatine, etc., mais avec ces dernières la transformation n'est qu'accidentelle, tandis qu'elle est régulière lorsqu'on ajoute à la glycérine le tissu des testicules d'homme ou d'animaux (coq, chien, cheval); elle se fait au bout d'un intervalle qui varie entre trois mois et une seule semaine [Berthelot, *Ann. de Chim. et de Phys.*, (3), t. LI, p. 371].

Distillée avec de l'anhydride phosphorique ou du sulfate acide de potasse, la glycérine perd les éléments de l'eau, et se transforme en acroléine C^3H^4O (Redtenbacher).

Mélangée avec de l'hydrate de potasse, elle se convertit à une douce chaleur en acétate et formiate de potasse, avec dégagement d'hydrogène:

$$C^3H^8O^3 + 2KHO$$
$$= C^2H^3O^2K + CHO^2K + H^4$$

[Dumas et Stas, *Ann. de Chim. et de Phys.*, t. LXXIII, p. 148].

Si on expose la glycérine pendant quelques mois dans un flacon bouché à l'action du chlore gazeux, il se forme du gaz chlorhydrique et une matière sirupeuse, d'où l'eau précipite des flocons blancs, fusibles, d'une saveur âcre et amère, d'une odeur désagréable [Pelouze, *Mém. cité.*, p. 251].

L'action du brome sur la glycérine a été étudiée par Barth [*Ann. der Chem. u. Pharm.*, t. CXXIV, p. 341, et *Bull. de la Soc. chim.*, 1863, p. 369]. Lorsqu'on chauffe à 100°, en vase clos, une molécule de glycérine, 2 molécules de brome et 1 volume d'eau 20 fois plus grand, le mélange se décolore au bout de quelques heures. Le produit de la réaction consiste en acide glycérique et en bromoforme et acide carbonique qui prennent naissance par suite d'une réaction secondaire.

Si l'on fait réagir le brome sur de la glycérine anhydre, les produits sont différents. Outre l'acide bromhydrique, il se forme de l'acroléine et une petite quantité de bromhydrine $C^3H^6OBr^2$.

L'iode se dissout dans la glycérine sans l'altérer.

L'iodure de phosphore PhI^2 réagit sur la glycérine; il distille de l'eau, du propylène, de l'iodure d'allyle, et la cornue retient de l'acide phosphoreux, de l'iode, de la glycérine en excès et un peu de phosphore rouge. Le produit principal de la réaction est l'iodure d'allyle C^3H^5I. On emploie une partie de glycérine et une partie d'iodure de phosphore; on obtient environ en iodure d'allyle 60 % du poids de la glycérine [Berthelot et de Luca, *Ann. de Chim. et de Phys.*, (3), t. XLIII, p. 259]. La glycérine saturée d'acide iodhydrique et chauffée à 100° fournit de l'iodhydrine (voyez GLYCÉRIDES); mais si on la chauffe pendant quelques heures à 145° avec une solution concentrée d'acide iodhydrique, ou qu'on la distille avec celui-ci, la réaction est la même qu'avec l'iodure de phosphore et on obtient de l'iodure d'allyle et du propylène. Erlenmeyer a reconnu que cette réaction a lieu lorsque la glycérine est en excès. Si au contraire c'est l'acide iodhydrique qui domine, on obtient de l'iodure d'isopropyle C^3H^7O [Erlenmeyer, *Ann. der Chem. u. Pharm.*, t. CXXVI, p. 305, et *Bull. de la Soc. chim.*, 1863, p. 617; *Ann.*, t. CXXXIX, p. 211, et *Bulletin*, 1867, t. VII, p. 173]. Avec les bromures de phosphore, elle fournit des bromhydrines (Berthelot et de Luca) (voyez GLYCÉRIDES, p. 1578). Avec les chlorures de phosphore, elle donne des chlorhydrines (voyez p. 1579). Le chlorure de soufre la tranforme en dichlorhydrine [Carius, *Ann. der Chem. u. Pharm.*, t. CXXII, p. 71, et *Répert. de Chim. pure*, 1862, p. 429].

Lorsqu'on chauffe la glycérine avec les acides, on obtient les éthers glycériques ou glycérides (voyez ce mot). Avec l'acide cyanique, on obtient l'allophanate de glycéryle $C^6H^{10}Az^2O^5$ (Baeyer) (voyez t. I, p. 147).

La glycérine chauffée avec l'acide arsénieux donne un liquide huileux qui se solidifie par le refroidissement, et présente à 0° l'aspect de la gélatine. Ce corps est soluble dans l'eau et dans l'alcool; il renferme $C^3H^5O^3As$; une ébullition prolongée en sépare de l'acide arsénieux en cristaux. L'acide arsénique donne un corps analogue, plus mou, plus coloré, plus soluble dans l'eau et dans l'alcool [H. Schiff, *Ann. der Chem. u. Pharm.*, t. CXVIII, p. 86, et *Répert. de Chim. pure*, 1862, p. 482].

L'acide oxalique agit d'une manière spéciale sur la glycérine; il se transforme en acide formique, et on l'obtient par distillation avec l'eau (voyez ACIDE FORMIQUE). Mais si l'on chauffe 4 p. de glycérine avec 1 p. d'acide oxalique cristallisé, sans addition d'eau, entre 190° et 260°, il distille de l'alcool allylique, mélangé d'acroléine, de formiate d'allyle, d'acide formique et de glycérine entraînée [Henninger et Tollens, *Bull. de la Soc. chim.*, 1869, t. XI, p. 304]. On obtient en alcool allylique pur plus du 1/5 du poids de l'acide oxalique employé. Les auteurs ont reconnu que la réaction a lieu en deux phases successives; il se produit de la monoformine $C^3H^5(OH)^2(OCHO)$, qui par la distillation se décompose en acide carbonique, eau et alcool allylique (voyez FORMINE, p. 1582).

La glycérine chauffée avec de la trichlorhydrine produit des alcools polyglycériques (Lourenço). — Voyez GLYCÉRYLE, p. 1597.

ESSAI DE LA GLYCÉRINE. — L'emploi médicinal de la glycérine exige qu'elle soit parfaitement pure. Celle qu'on obtient en saponifiant les graisses par l'oxyde de plomb ou la chaux peut renfermer l'un ou l'autre de ces corps. On reconnaît le premier par l'acide sulfhydrique. Cap, pour reconnaître la chaux, emploie le procédé suivant : il dissout la glycérine dans son poids d'alcool contenant 1 p. °/₀ d'acide sulfurique; dans ce cas, le sulfate de chaux formé se précipite [*Journ. de Pharm.*, (3), t. XXV, p. 81].

Sous le nom de glycérine pure, on trouve souvent dans le commerce de la glycérine purifiée par des procédés chimiques et qui, appliquée sur la peau, produit de l'irritation, au lieu d'exercer une action calmante. Il paraît que cette glycérine, quoique neutre, contient des combinaisons renfermant de l'acide formique ou de l'acide oxalique. 100 centimètres cubes d'une pareille glycérine fournissent par l'acide sulfurique 8 centimètres cubes de gaz, formés de volumes égaux d'acide carbonique et d'oxyde de carbone. Voici comme on doit procéder à l'essai. On mélange des volumes égaux d'acide sulfurique rectifié à 1,83 de densité, et de glycérine; le mélange s'échauffe et se colore légèrement en brun; il reste limpide, sans dégager de gaz, si la glycérine est propre à l'usage médical. La glycérine impure au contraire donne dans les mêmes circonstances un dégagement de gaz plus ou moins abondant [*Bœttger's Polytech. Notizblatt*, 1867, n° 5, p. 75, et *Bull. de la Soc. chim.*, 1867, t. VII, p. 538].

On ne doit donc employer pour la thérapeutique que la glycérine purifiée par distillation.

La glycérine peut être aussi falsifiée par du sucre ou de la gomme. Différents procédés de recherches ont été indiqués : l'un d'eux est basé sur ce fait que la glycérine pure étendue d'eau et additionnée de quelques gouttes d'acide azotique ne change pas de couleur si on la chauffe avec du molybdate d'ammoniaque, tandis qu'elle devient bleue si elle renferme du sucre ou de la dextrine. On verse dans une capsule 5 gouttes de la glycérine à essayer, 100 à 200 gouttes d'eau distillée, 3 à 4 centigrammes de molybdate d'ammoniaque et une goutte d'acide azotique pur (à 25 p. °/₀); on fait bouillir 1 minute 1/2. Ce procédé fait reconnaître la plus petite trace de sucre ou de dextrine [*Deutsche Industrie-zeitung*, 1868, n° 21, p. 206, et *Bull. de la Soc. chim.*, 1868, t. X, p. 322].

On reconnaît encore le glucose en faisant bouillir le liquide avec de la soude ou de la potasse caustique; le glucose produit une coloration brune, que ne donnent ni la glycérine pure, ni celle qui a été additionnée de sucre de canne.

Pour reconnaître ce dernier, on chauffe le liquide au bain-marie avec 1 ou 2 gouttes d'acide sulfurique étendu, jusqu'à ce que l'eau soit évaporée; le liquide noircit s'il renferme du sucre de canne [Palm, *Zeitsch. Anal. chem.*, 1862, p. 486].

Suivant M. Perutz, la glycérine peut renfermer de l'acide butyrique; on le décèle en mélangeant la glycérine concentrée avec de l'alcool fort et de l'acide sulfurique à 66°; immédiatement il se forme de l'éther butyrique facile à reconnaître à son odeur [*Dingler's Polytech. Journ.*, t. CLXXXVII, p. 258, et *Bull. de la Soc. chim.*, 1868, t. IX, p. 422].

Usages de la glycérine. — La glycérine a reçu de nombreuses applications dans ces dernières années; pure, elle est employée au pansement des plaies, des excoriations, des dartres; elle agit comme calmant dessiccatif. Chargée de principes médicamenteux, elle constitue une nouvelle forme pharmaceutique, à laquelle on donne le nom de *glycérés* ou *glycérolés*.

Les modes d'application et les usages des glycérés sont les mêmes que celles des cérats, des pommades et des huiles. M. Andrews, de Chicago, emploie la glycérine pour la conservation du vaccin; il prend une croûte vaccinale, la broie en morceaux et l'introduit dans une petite fiole contenant de la glycérine; la solution se fait peu à peu [*Répert. de Chim. appliquée*, 1859, p. 375].

M. Pohl emploie la glycérine pour empêcher l'efflorescence des sels sur le carmin d'indigo desséché; il ajoute à la pâte de carmin, avant de la sécher, 3 à 4 p. °/₀ de glycérine; cette addition n'exerce aucune influence nuisible sur l'éclat et la pureté de la couleur [*Dingler's Polytech. Journ.*, t. CLX, p. 392, et *Répert. de Chim. appliquée*, 1861, p. 44]. Comme elle reste liquide aux basses températures, elle a été conseillée pour remplacer l'eau dans les compteurs à gaz, où celle-ci se congèle pendant les froids de l'hiver (Barreswill).

La glycérine est employée aussi pour maintenir l'humidité de certains corps, de l'argile à modeler (Barreswill), des cuirs non tannés, surtout pour l'exportation, et préserver ceux-ci de toute altération, des colles, des ciments, des mortiers, des mastics; de plus, ces derniers n'ont pas à craindre les effets de la gelée. On l'emploie en Angleterre pour la fabrication des pains de couleurs pour l'aquarelle (*moist colours*) qui conservent leur consistance molle sous tous les climats. M. Mandet a employé pour les fils un encollage à base de glycérine qui dispense les tisserands de travailler dans des caves humides. Arnaudon l'a employé pour dissoudre l'extrait alcoolique de garance.

Suivant Gros-Renaud, le violet d'aniline s'y dissout très-bien; Gros-Renaud a remarqué aussi que l'albumine se dissout très-bien à une température de 70°, dans la glycérine étendue de son volume d'eau, et que cette dissolution se conserve très-longtemps sans que l'albumine entre en putréfaction; la glycérine est également un bon dissolvant de la gomme.

On s'en est servi comme agent lubréfiant pour les rouages délicats, comme le sont ceux des montres.

MM. Vasseur et Houbrigant en ont breveté l'emploi pour la fabrication d'encres et de papiers à copier.

Tichborne extrait les aromes des fleurs au moyen de la glycérine. Lorsque celle-ci est chargée du principe odorant, on la soumet à la distillation, ou bien on l'étend d'eau, on agite avec du chloroforme; celui-ci s'empare de l'arome et l'abandonne par l'évaporation [*Archiv. der Pharm.*, t. CLXXIII, p. 278, et *Bull. de la Soc. chim.*, 1866, t. V, p. 316].

Constitution de la glycérine. — La glycérine $C^3H^8O^3$ a la formule de constitution

$$\begin{array}{l} CH^2.OH \\ \acute{C}H.OH \\ \acute{C}H^2.OH \end{array}$$

Elle se déduit de ses relations avec le propylglycol et l'alcool isopropylique. E. G.

GLYCÉRIQUE (ACIDE),

$$C^3H^6O^4 = (C^3H^3O)'', (OH)^3.$$

— Cet acide, qui résulte de l'action de l'acide azotique sur la glycérine, a été découvert en même temps par Debus et Socoloff [Debus, *Philosoph. Magaz.*, (4), t. XV, p. 195; *Ann. der Chem. u. Pharm.*, t. CIX, p. 227; *Ann. de Chim. et de Phys.*, (3), t. LIII, p. 365; — Socoloff, *Ann. der Chem. u. Pharm.*, t. CVI, p. 95; *Ann. de Chim. et de Phys.*, (3), t. LIV, p. 95]. Il se produit aussi dans la décomposition spontanée de la nitroglycérine abandonnée à une température de 30° [Warren de la Rue et Hugo Muller, *Ann. der*

Chem. u. Pharm., t. CIX, p. 122, et *Repert. de Chim. pure*, 1859, p. 226]. Barth l'a obtenu en chauffant 1 molécule de glycérine avec 4 atomes de brome et 20 fois son volume d'eau dans un tube scellé chauffé à 100° [*Ann. der Chem. u. Pharm.*, t. CXXIV, p. 341].

Préparation. — Debus prépare l'acide glycérique de la manière suivante : il mélange 1 vol. de glycérine avec un peu plus de son volume d'eau, et le mélange est placé dans un flacon long et étroit; on ajoute 1 p. et 1/4 d'acide azotique fumant qu'on fait arriver au-dessous de la glycérine au moyen d'un tube effilé. Le flacon étant abandonné à lui-même, les deux couches se mêlent peu à peu et l'acide réagit lentement sur la glycérine; le mélange bleuit et il y a un dégagement de gaz dont la fin annonce que la réaction est terminée. On évapore au bain-marie par petites portions jusqu'à consistance sirupeuse; on reprend le résidu par l'eau, on neutralise par la chaux et on précipite les sels de chaux par l'alcool. Le précipité est épuisé par l'eau bouillante et la solution additionnée de chaux vive destinée à enlever une substance sirupeuse, qui empêcherait le sel de chaux de cristalliser. La liqueur, filtrée et débarrassée de l'excès de chaux par un courant d'acide carbonique, est concentrée par l'évaporation. Elle dépose bientôt de beaux cristaux de glycérate de chaux. On isole l'acide en décomposant le glycérate de chaux par la quantité exactement suffisante d'acide oxalique; on filtre, on évapore au bain-marie et on dessèche dans le vide l'acide glycérique sirupeux ainsi obtenu.

Beilstein sépare l'acide glycérique de son sel de plomb; il évapore au bain-marie dans une capsule à fond plat le produit de la réaction de l'acide sur la glycérine; le résidu est repris par une grande quantité d'eau et saturé à l'ébullition par le carbonate de plomb. La liqueur, par concentration et refroidissement, dépose du glycérate de plomb, qu'on purifie par de nouvelles cristallisations et qui, décomposé par l'hydrogène sulfuré, fournit de l'acide glycérique presque incolore [Beilstein, *Ann. der Chem. u. Pharm.*, t. CXX, p. 226; et *Répert. de Chim. pure*, 1862, p. 179].

L'acide glycérique est sirupeux, incolore; desséché entre 100° et 140°, il prend une teinte brune et l'aspect de la gomme arabique, mais alors il a perdu une molécule d'eau, et constitue l'anhydride glycérique $C^3H^4O^3$, qui est très-hygroscopique et attire rapidement l'humidité de l'air pour redevenir liquide. Chauffé sur une lame de platine, cet anhydride fond et finit par s'enflammer en brûlant avec une flamme éclairante. Sa solution aqueuse a la saveur de celle de l'acide tartrique; elle décompose les carbonates, coagule le lait et dissout le zinc et le fer. Soumise à l'ébullition avec du sulfate de cuivre et un excès de potasse, elle produit un précipité brun abondant. La potasse ne précipite pas complétement le fer de la solution de glycérate de fer.

L'acide glycérique est vivement attaqué par l'iodure de phosphore avec formation d'acide iodopropionique $C^3H^5IO^2$ (Beilstein).

Wichelhaus en traitant l'acide glycérique par le perchlorure de phosphore en présence de l'oxychlorure de phosphore, et ajoutant de l'alcool au produit de la réaction, a obtenu un chloropropionate d'éthyle, qui par saponification fournit un acide β-chloropropionique, différent de celui que donne l'acide lactique. Il est difficile de comprendre comment l'acide glycérique se transforme en un acide propionique monochloré et non en un acide bichloré, l'acide glycérique étant

$$C^3H^6O^4 = \begin{array}{l} CH^2OH \\ |\\ CH.OH \\ | \\ CO^2H \end{array}$$

[Wichelhaus, *Ann. der Chem. u. Pharm.*, t. CXXXV, p. 248, et *Bull. de la Soc. chim.*, 1865, t. V, p. 376].

Soumis à la distillation sèche, il donne un isomère de l'anhydride glycérique: l'*acide pyruvique*, $C^3H^4O^3$, et par décomposition ultérieure de celui-ci, de l'acide pyrotartrique $C^5H^8O^4$ [Moldenhauer, *Ann. der Chem. u. Pharm.*, t. CV, p. 1].

Traité par la potasse en fusion, l'acide glycérique donne de l'acétate et du formiate (Atkinson). Le glycérate de potasse soumis à l'action d'une solution très-concentrée de potasse (25 grammes de glycérate, 25 grammes de potasse, 50 grammes d'eau), donne du lactate et de l'oxalate (Debus).

GLYCÉRATES (Debus). — L'acide glycérique est monobasique; il est probablement triatomique comme la glycérine, dont il dérive; mais on ne connaît pas encore de dérivés de cet ordre. Les glycérates $C^3H^5O^4M$ sont solubles dans l'eau et cristallisent bien; ils se distinguent des pyruvates parce qu'ils ne sont pas réduits par les sels ferreux.

GLYCÉRATE D'AMMONIUM, $C^3H^5O^4,AzH^4$. — Beaux prismes déliquescents perdant facilement leur ammoniaque, qu'on obtient par double décomposition avec le glycérate de chaux et l'oxalate d'ammoniaque.

GLYCÉRATE DE BARYUM, $(C^3H^5O^4)^2Ba$. — Il est en larges masses sphériques formées de lames groupées concentriquement.

GLYCÉRATE DE CALCIUM, $(C^3H^5O^4)^2Ca,2H^2O$. — Il constitue de petits cristaux brillants, qui paraissent au microscope formés de tables rhomboïdales; facilement soluble dans l'eau, insoluble dans l'alcool, le glycérate de calcium réduit à chaud l'azotate d'argent. A 135°, il perd son eau de cristallisation; à 175°, il commence à se décomposer en se boursouflant beaucoup.

GLYCÉRATE DE PLOMB, $(C^3H^5O^4)^2Pb$. — Il est anhydre et forme des croûtes dures et cristallines.

GLYCÉRATE DE POTASSIUM. — On connaît un sel acide cristallisé, $C^3H^6O^4,C^3H^5O^4K$; on l'obtient en divisant en deux parties égales une solution d'acide glycérique, saturant exactement l'une d'elles par le carbonate de potasse et ajoutant l'autre.

GLYCÉRATE DE ZINC, $(C^3H^5O^4)^2Zn,H^2O$. — Petits cristaux incolores, qui deviennent anhydres à 140°.

CONSTITUTION. — L'acide glycérique est à la glycérine ce que l'acide acétique est à l'alcool. Sa constitution est donc indiquée par celle de la glycérine :

$CH^2.OH$ $\dot{C}H.OH$ $\dot{C}H^2.OH$	$CO.OH$ $\dot{C}H.OH$ $\dot{C}H^2.OH$
Glycérine.	Acide glycérique.

E. G.

GLYCÉRYLE. — On donne le nom de *glycéryle* au groupe C^3H^5, qui fonctionne dans les composés glycériques. Ce groupe y est triatomique; ainsi dans la glycérine, il est saturé par trois oxhydryles,

$$(C^3H^5)''' \left\{ \begin{array}{l} OH \\ OH \\ OH. \end{array} \right.$$

Dans les composés où il n'est pas saturé et où par suite il joue le rôle de groupement monatomique, il constitue l'allyle. Mais l'allyle et le glycéryle ne sont pas différents, leur constitution est la même et le groupe C^3H^5 change de nom, suivant qu'on le considère dans les composés allyliques ou dans les composés glycériques.

Dans la glycérine, le glycéryle remplace trois atomes d'hydrogène de trois molécules d'eau :

$$\left.\begin{matrix}H^3\\H^3\end{matrix}\right\}O^3 \qquad \left.\begin{matrix}(C^3H^5)'''\\H^3\end{matrix}\right\}O^3 = (C^3H^5)'''\left\{\begin{matrix}OH\\OH\\OH\end{matrix}\right.$$

3 moléc. d'eau.

La glycérine constitue l'hydrate normal de glycéryle. Le remplacement de l'hydrogène des oxhydryles, par des radicaux acides ou alcooliques donne les acétates, butyrates, etc., amylates, éthylates de glycéryle, c'est-à-dire les éthers de la glycérine ou *glycérides* (voyez ce mot).

HYDRATES DE GLYCÉRYLE. — L'hydrate normal est la glycérine (voyez ce mot).

De même que le glycol (hydrate d'éthylène), en se condensant et perdant les éléments de l'eau, fournit des hydrates d'éthylène condensés ou alcools polyéthyléniques; de même la glycérine peut se condenser et fournir des alcools polyglycériques; ces alcools polyglycériques sont des hydrates dans lesquels 2 ou 3 groupes glycéryles remplaceront l'hydrogène de 5 ou de 7 molécules d'eau.

Glycérine,

$$C^3H^8O^3 = \left.\begin{matrix}(C^3H^5)\\H^3\end{matrix}\right\}O^3$$

Diglycérine,

$$2C^3H^8O^3 - H^2O = \left.\begin{matrix}(C^3H^5)^2\\H^4\end{matrix}\right\}O^5.$$

Triglycérine,

$$3C^3H^8O^3 - 2H^2O = \left.\begin{matrix}(C^3H^5)^3\\H^5\end{matrix}\right\}O^7.$$

On connaît quelques éthers de ces alcools polyglycériques, et l'anhydride de l'alcool diglycérique, anhydride appelé *diglycide, pyroglycide* ou *métaglycérine :*

$$\left.\begin{matrix}(C^3H^5)^2\\H^4\end{matrix}\right\}O^5 - H^2O = \left.\begin{matrix}(C^3H^5)^2\\H^2\end{matrix}\right\}O^4.$$

Diglycérine. Pyroglycide.

La glycérine, son anhydride le glycide (non encore isolé, mais dont on connaît des éthers) et les alcools polyglycériques présentent les relations les plus remarquables avec la série des acides phosphoriques.

Composés glycériques.	$\left.\begin{matrix}(C^3H^5)'''\\H\end{matrix}\right\}O^2$ Glycide.	$\left.\begin{matrix}(C^3H^5)'''\\H^3\end{matrix}\right\}O^3$ Glycérine.	$\left.\begin{matrix}C^3H^5\\C^3H^5\\H^2\end{matrix}\right\}O^4$ Diglycide.	$\left.\begin{matrix}C^3H^5\\C^3H^5\\H^4\end{matrix}\right\}O^5$ Diglycérine.	$\left.\begin{matrix}C^3H^5\\C^3H^5\\C^3H^5\\H^3\end{matrix}\right\}O^6$ Triglycide.	$\left.\begin{matrix}C^3H^5\\C^3H^5\\C^3H^5\\H^5\end{matrix}\right\}O^7$ Triglycérine.	$\left.\begin{matrix}C^3H^5\\C^3H^5\end{matrix}\right\}O^3$ Oxyde de glycéryle.
Composés phosphoriques.	$\left.\begin{matrix}(PO)'''\\H\end{matrix}\right\}O^2$ Acide métaphosphorique.	$\left.\begin{matrix}(PO)'''\\H^3\end{matrix}\right\}O^3$ Acide orthophosphorique.	$\left.\begin{matrix}PO\\PO\\Na^2\end{matrix}\right\}O^4$ Métaphosphate de sodium de Madrell.	$\left.\begin{matrix}PO\\PO\\H^4\end{matrix}\right\}O^5$ Acide pyrophosphorique.	$\left.\begin{matrix}PO\\PO\\PO\\Na^3\end{matrix}\right\}O^6$ Métaphosphate de sodium de Fleitmann et Henneberg.		$\left.\begin{matrix}PO\\PO\end{matrix}\right\}O^2$ Anhydride phosphorique.

[Watts, *Diction. of Chemistry.*]

Les hydrates polyglycériques ont été étudiés par Lourenço [*Ann. de Chim. et de Phys.*, (3), t. LXVII, p. 299], et par Lourenço et Reboul [*Même mémoire* et *Compt. rend. de l'Acad.*, t. LII, p. 401]. On les obtient en chauffant pendant 12 ou 15 heures, à 100°, un mélange de chlorhydrine et de glycérine, puis distillant sous la pression ordinaire jusqu'à 275°; il reste un liquide brun, épais, qu'on soumet à la distillation fractionnée sous une pression de 10 millimètres.

DIGLYCÉRINE, *alcool diglycérique* ou *pyroglycérine*, $C^6H^{14}O^5$ (Lourenço). — Elle passe dans le vide entre 220° et 230°. C'est un liquide épais, coulant avec difficulté à froid, soluble dans l'alcool en toutes proportions dans l'eau chaude, et peu soluble dans l'eau froide, insoluble dans l'éther. Il brûle avec une flamme éclairante, mais un peu fuligineuse.

Chlorhydrodiéthylpyroglycérine (Lourenço et Reboul),

$$C^{10}H^{21}ClO^4 = \left.\begin{matrix}(C^3H^5)^2\\(C^2H^5)^2\\H\end{matrix}\right\}\begin{matrix}O^4\\Cl.\end{matrix}$$

— Cet éther s'obtient lorsqu'on chauffe à 200° en vases clos de la diéthylglycérine avec le glycide chlorhydrique et se forme par addition directe :

$$C^7H^{16}O^3 + C^3H^5ClO = C^{10}H^{21}ClO^4.$$

Diéthylglycérine. Glycide chlorhydrique.

Il est liquide, oléagineux, jaunâtre, peu soluble dans l'eau, soluble dans l'alcool et dans l'éther. Sa densité est de 1,11 à 17°. Il bout vers 285°.

Triéthylpyroglycérine,

$$C^{12}H^{26}O^5 = \left.\begin{matrix}(C^3H^5)^2\\(C^2H^5)^3\\H\end{matrix}\right\}O^5$$

(Lourenço et Reboul).

Cet éther se forme en même temps que la glycérine diéthylique, lorsqu'on fait réagir le glycide chlorhydrique sur l'éthylate de soude. Il se trouve dans les portions qui distillent entre 280° et 300°. C'est un liquide oléagineux, incolore, inflammable, soluble dans l'eau, dans l'éther et l'alcool. Il bout vers 290°. Sa densité est de 1,00 à 14°. Traité par le perchlorure de phosphore, il donne une petite quantité d'un liquide chloré bouillant de 275° à 285°, et qui paraît être l'*éther chlorhydrotriéthylique* de la pyroglycérine.

TRIGLYCÉRINE, *alcool triglycérique*, $C^9H^{20}O^7$. — La triglycérine passe entre 275° et 285° quand on distille dans le vide le produit de l'action de la chlorhydrine sur la glycérine. C'est un liquide très-visqueux; par de nombreuses distillations, il perd une molécule d'eau et fournit son anhydride (triglycide) bouillant entre 230° et 250°, sous la pression de 10 millimètres.

Outre la diglycérine et la triglycérine, il se forme dans leur préparation des glycérines plus condensées, qui distillent dans le vide jusqu'à 320°, sans décomposition appréciable.

Triglycérine tétréthylique, $C^{17}H^{36}O^7$. — L'éther tétréthylique de la triglycérine se forme en même temps que l'éther triéthylique de la pyroglycérine dans l'action du glycide chlorhydrique sur l'éthylate de soude. C'est un liquide jaunâtre, limpide, soluble dans l'eau, l'alcool et l'éther, d'une densité de 1,022 à 14°. Il distille entre 250° et 260°, sous la pression de 10 millimètres (Reboul et Lourenço).

Pyroglycide, *diglycide* ou *métaglycérine*,

$$C^6H^{12}O^4$$

(Lourenço). — C'est l'anhydride de l'alcool diglycérique $C^6H^{14}O^5$. Dans l'action de la chlorhydrine sur la glycérine, on recueille les produits qui passent entre 150° et 275° ; ce sont des mélanges de chlorhydrines condensées. En redistillant, séparant les produits qui distillent entre 230° et 270°, on obtient un liquide renfermant surtout la diglycérine monochlorhydrique. On la traite par la potasse caustique en petits morceaux; on chauffe, et quand il ne se forme plus de chlorure de potassium, on soumet le liquide à la distillation fractionnée. Le pyroglycide passe entre 245° et 255°. C'est un liquide incolore, limpide, huileux, soluble dans l'eau et dans l'alcool.

Les alcools polyglycériques prennent encore naissance lorsqu'on distille la glycérine jusqu'à 290° ; elle se noircit, se décompose et perd de l'eau en se polymérisant.

Sulfhydrates de glycéryle (*Glycérines sulfurées*, *thioglycérines*) [Carius, *Ann. der Chem. u. Pharm.*, t. CXXII, p. 71, et t. CXXIV, p. 221 ; *Répert. de Chim.*, 1862, p. 429, et *Bull. de la Soc. chim.*, 1863, p. 364]. — Les sulfhydrates glycériques ou thioglycérines représentent la glycérine dont l'oxygène est partiellement ou en totalité remplacé par le soufre.

Monosulfhydrate glycérique,

$$C^3H^5\begin{cases}(OH)^2\\ SH.\end{cases}$$

— On chauffe au bain-marie, pendant une heure, 1 molécule de monochlorhydrine avec 2 molécules de sulfure potassique, dissous dans le double de son poids d'alcool. On ajoute un léger excès d'acide chlorhydrique concentré, on sépare le chlorure de potassium par le filtre, on le lave à l'alcool et on évapore les solutions alcooliques à une température qui ne doit pas dépasser 50°. On lave le résidu à l'eau froide et on le dessèche dans le vide.

Le monosulfhydrate glycérique est visqueux, incolore, d'une odeur particulière, très-désagréable à chaud. Il est soluble en toutes proportions dans l'alcool même étendu, peu soluble dans l'eau, insoluble dans l'éther. Sa densité est de 1,295 à 14°. Il se dissout dans la potasse et le sulfure potassique. Avec les sels de cuivre, de plomb, de mercure, il donne des précipités caséeux.

L'acide azotique l'oxyde et le transforme en un acide, l'*acide glycéromonosulfureux*. — Voyez Glycérides.

Disulfhydrate glycérique,

$$C^3H^5\begin{cases}(SH)^2\\ OH.\end{cases}$$

— Il s'obtient avec la dichlorhydrine comme le sulfhydrate précédent, auquel il ressemble. Sa densité est de 1,342 à 14°. Traité par l'acide azotique, il donne un acide gommeux, dont le sel de plomb cristallise et d'après l'analyse duquel l'acide renfermé $(C^3H^5)^2S^3OH^2$, il correspond à une thioglycérine condensée; Carius l'appelle *pyroglycéro-trisulfureux*; cet acide est dibasique; évaporé au bain-marie, en présence de l'acide azotique, il se transforme en acide glycéro-monosulfureux.

Trisulfhydrate glycérique, $(C^3H^5)'''3(SH)$. — Il s'obtient avec la trichlorhydrine et le sulfhydrate potassique; on le purifie en le dissolvant dans l'alcool absolu et précipitant par l'eau. Il est incolore, d'une odeur éthérée, désagréable, soluble dans l'alcool, insoluble dans l'eau et dans l'éther. Sa densité est de 1,391 à 14°. Par l'acide azotique, il donne de l'acide glycéro-monosulfureux.

Les trois thioglycérines, soumises à l'action de la chaleur (un peu au-dessus de 100°), perdent de l'eau et de l'hydrogène sulfuré et donnent naissance à des polyglycérines sulfurées, analogues aux alcools polyglycériques précédemment décrits. Ce sont des substances d'un aspect analogue, incolores, ressemblant à de l'albumine desséchée, insolubles dans l'eau et l'éther, très-peu solubles dans l'alcool absolu bouillant ; on a obtenu ainsi les corps

$$(C^3H^5)^2SH^2O^3,\ (C^3H^5)^2S^2H^2O,\ \text{et}\ C^3H^5S^3H,$$

correspondant aux trois thioglycérines. E. G.

GLYCIDE. — On a donné le nom de glycide à l'anhydride encore inconnu de la glycérine; de même qu'au glycol correspond un anhydride, l'oxyde d'éthylène, de même à la glycérine correspondrait le glycide :

$CH^2.OH$ $CH^2.OH$	CH^2 CH^2 $>O$	$CH^2.OH$ $CH.OH$ $CH^2.OH$	CH^2OH CH CH^2 $>O$
Glycol.	Oxyde d'éthylène.	Glycérine.	Glycide.

Ce mode de formation indique quelle serait sa constitution : il renferme un groupe OH comme les alcools, et par conséquent il peut remplacer cet oxhydryle par du chlore, du brome, ou remplacer l'hydrogène de l'oxhydryle par des radicaux alcooliques, c'est-à-dire donner des éthers. Ce sont ces éthers qui ont été préparés par M. Reboul, et ont fait admettre à ce chimiste l'existence de l'anhydride $C^3H^6O^2$, non encore obtenu, qu'il a appelé glycide.

Les propriétés du glycide sont faciles à prévoir, étant un anhydride, il régénérerait la glycérine en s'assimilant les éléments d'une molécule d'eau, et les éthers de celle-ci par addition des acides se comportant ainsi comme l'oxyde d'éthylène. Ces propriétés se retrouvent par conséquent dans ses éthers, dont le caractère est de donner naissance aux éthers de la glycérine par addition directe de l'eau, des acides ou des alcools; on comprend qu'ils ne peuvent en se saponifiant donner naissance au glycide, puisqu'ils sont eux-mêmes des anhydrides, et commencent par fixer une molécule d'eau, passant ainsi au groupe de la glycérine.

Les éthers du glycide ont été étudiés par M. Reboul, qui a publié sur ces corps un remarquable travail [*Ann. de Chim. et de Phys.*, (3), t. IX, p. 5].

Glycide chlorhydrique [Syn. *Épichlorhydrine*].

$$C^3H^5OCl = \begin{matrix} CH^2.Cl \\ CH \\ CH^2 \end{matrix}\!\!>O$$

Ce corps a été obtenu pour la première fois par M. Berthelot, qui l'a appelé épichlorhydrine, et l'a rencontré comme produit accessoire dans la préparation des éthers chlorhydriques de la glycérine. M. Reboul a démontré qu'il provient de l'action de la potasse sur la dichlorhydrine, et a donné le procédé suivant pour l'obtenir en grande quantité.

Préparation. — On prépare la dichlorhydrine par l'action du gaz dichlorhydrique sur un mélange d'acide acétique et de glycérine (voir pour les détails Dichlorhydrine à l'article Glycérine); mais il est inutile d'isoler la dichlorhydrine pure : on prend le produit brut qui distille entre 100° et 220°, et qui est un mélange de dichlorhydrine et d'acétodichlorhydrine. Ce produit est très-abondant, et 1,500 grammes de glycérine en fournissent environ de 1,100 à 1,200 grammes : c'est lui qu'on traite directement par la potasse aqueuse, l'acéto-dichlorhydrine donnant également du glycide chlorhydrique, car dans l'action de la potasse, elle commence par se transformer en dichlorhydrine :

$$(C^3H^5)'''\left\{\begin{matrix}C^2H^3O^2\\Cl^2\end{matrix}\right. + KHO$$

Acétodichlorhydrine.

$$= (C^3H^5)\left\{\begin{matrix}OH\\Cl^2\end{matrix}\right. + C^2H^3O^2.K.$$

Dichlorhydrine. Acétate de potasse.

On prend 350 grammes de potasse pour 500 centimètres cubes du mélange de dichlorhydrine et d'acétodichlorhydrine, on la dissout dans la plus petite quantité d'eau possible, et on verse la solution encore tiède par très-petites portions et en ayant soin d'agiter chaque fois. Le mélange s'échauffe beaucoup et il se dépose du chlorure de potassium ; quand le ballon est refroidi, on ajoute de nouveau la potasse, on agite, on laisse refroidir, et on continue ainsi jusqu'à ce qu'on ait employé toute la solution alcaline. On laisse reposer quelques heures, on décante l'huile surnageante, on la dessèche et on la distille. On recueille jusqu'à 165°; puis ce produit est rectifié jusqu'à 140°, et enfin les portions recueillies avant 140°, distillées une ou deux fois, passent presque entièrement à 118-119°, point d'ébullition du glycide chlorhydrique. Quant aux portions supérieures recueillies dans ces diverses distillations, on les soumet de nouveau à l'action de la potasse, et on isole encore du glycide chlorhydrique. Avec 1,500 grammes de glycérine concentrée à 170°, on obtient environ 450 grammes de glycide chlorhydrique à peu près pur.

Le glycide chlorhydrique dérive de la dichlorhydrine par perte des éléments de l'acide chlorhydrique; il prend naissance en vertu de la même réaction qui donne naissance à l'éthylène chloré avec le chlorure d'éthylène, et à l'oxyde d'éthylène avec le glycol monochlorhydrique :

$$C^2H^4Cl^2 - HCl = C^2H^3Cl;$$

Chlorure d'éthylène. Éthylène chloré.

$$C^2H^4\left\{\begin{matrix}Cl\\OH\end{matrix}\right. - HCl = C^2H^4O;$$

Glycol chlorhydrique. Oxyde d'éthylène.

$$(C^3H^5)'''\left\{\begin{matrix}Cl^2\\OH\end{matrix}\right. - HCl = (C^3H^5)'''\left\{\begin{matrix}Cl\\O.\end{matrix}\right.$$

Dichlorhydrine. Glycide chlorhydrique.

Le glycide chlorhydrique est un anhydride de la monochlorhydrine; il en diffère par une molécule d'eau ; en effet, en fixant H^2O, il régénère cet éther.

$$(C^3H^5)'''\left\{\begin{matrix}Cl\\O\end{matrix}\right. + H^2O = (C^3H^5)'''\left\{\begin{matrix}Cl\\(OH)^2.\end{matrix}\right.$$

Glycide chlorhydrique. Monochlorhydrine.

Propriétés. — Le glycide chlorhydrique est un liquide mobile, plus dense que l'eau, d'une odeur éthérée agréable, qui rappelle celle du chloroforme; sa saveur, d'abord sucrée, est ensuite brûlante et poivrée. Il bout à 118-119°. Sa densité est de 1,194 à 11°. Il brûle avec une flamme éclairante et fuligineuse, colorée en vert sur les bords. Il se dissout dans l'alcool et dans l'éther en toutes proportions. A peu près insoluble dans l'eau, il en dissout une petite quantité dont le chlorure de calcium ne le débarrasse qu'assez difficilement.

Réactions. — L'acide sulfurique se combine violemment avec lui, sans dégager d'acide chlorhydrique, et on obtient par sa saturation avec le carbonate de baryte un sulfosel, qui se détruit en donnant du chlorure de baryum.

Chauffé en vase clos avec l'ammoniaque alcoolique, à 100°, il donne de l'*hémichlorhydramide*, $C^6H^{12}ClO^2Az$. — Voyez GLYCÉRAMINE.

Ses principales réactions sont celles que lui imprime son caractère d'éther chlorhydrique d'un anhydride de la glycérine. Agité avec de l'acide chlorhydrique fumant, il s'y combine avec élévation de la température, et régénère la dichlorhydrine. Avec l'acide bromhydrique, il donne la bromhydrochlorhydrine, et avec l'acide iodhydrique, la chlorhydro-iodhydrine :

$$(C^3H^5)'''\left\{\begin{matrix}Cl\\O\end{matrix}\right. + HI = (C^3H^5)'''\left\{\begin{matrix}Cl\\I\\OH.\end{matrix}\right.$$

Glycide chlorhydrique. Chlorhydro-iodhydrine.

Il s'assimile de même les éléments de l'eau, en fournissant la monochlorhydrine $(C^3H^5)'''(OH)^2Cl$. La réaction a lieu lorsqu'on chauffe 1 volume de glycide dichlorhydrique et 1/2 volume d'eau à 100°, et en vase clos pendant 36 heures. Il se combine avec les oxacides dans les mêmes conditions en donnant des éthers mixtes de la glycérine dérivés d'une molécule d'un oxacide et d'une molécule d'acide chlorhydrique. Ainsi avec l'acide acétique, il donne l'acétochlorhydrine:

$$(C^3H^5)'''\left\{\begin{matrix}Cl\\O\end{matrix}\right. + C^2H^3O^2.H = (C^3H^5)'''\left\{\begin{matrix}C^2H^3O^2\\OH\\Cl.\end{matrix}\right.$$

Glycide chlorhydrique. Acétochlorhydrine.

Il se combine aussi directement aux alcools pour donner des glycérides renfermant des radicaux alcooliques :

$$(C^3H^5)'''\left\{\begin{matrix}Cl\\O\end{matrix}\right. + C^5H^{12}O = (C^3H^5)'''\left\{\begin{matrix}OC^5H^{11}\\OH\\Cl.\end{matrix}\right.$$

Alcool amylique. Amylchlorhydrine.

En réagissant sur les alcools sodés, il donne les glycérides dialcooliques :

$$(C^3H^5)'''\left\{\begin{matrix}Cl\\O\end{matrix}\right. + C^5H^{12}O + C^5H^{11}ONa$$

Alcool-amylique. Amylate de soude.

$$= (C^3H^5)'''\left\{\begin{matrix}(OC^5H^{11})^2\\OH\end{matrix}\right. + NaCl.$$

Glycérine diamylique.

Il se forme en même temps des éthers de pyroglycérine ; ainsi avec l'éthylate de soude, outre la glycérine diéthylique, on obtient la diglycérine triéthylique, et la triglycérine tétréthylique [Lourenço et Reboul, *Compt. rend. de l'Acad.*, t. LII, p. 401]. — Voyez GLYCÉRYLE.

Le perchlorure de phosphore transforme le glycide dichlorhydrique en trichlorhydrine $C^3H^5Cl^3$; avec le perbromure, il se forme de la chlorhydrodibromhydrine $C^3H^5Br^2Cl$.

Il se combine à l'acide hypochloreux, en donnant un composé liquide épais plus dense que l'eau, se décomposant au-dessus de 100°, et renfermant

$$(C^3H^5)'''\left\{\begin{matrix}Cl^2\\(OH)^2,\end{matrix}\right.$$

qui fournit par saponification la *propylphycite* (voyez ce mot) [Carius, *Ann. der Chem. u. Pharm.*, t. CXXXIV, p. 71, et *Bull. de la Soc. chim.*, 1865, t. IV, p. 385].

Chauffé à 106° avec le bisulfite de soude, il

donne le sel de soude de l'acide chlorméthylisé-thionique $C^3H^6ClSO^3Na$ [Darmstaedter, *Zeitsch. für Chem.*, nouv. sér., t. IV, p. 342].

Constitution. — La constitution du glycide chlorhydrique se déduit de celle de la dichlorhydrine; cette dernière, se transformant par l'hydrogène naissant en alcool isopropylique, représente un alcool isopropylique bichloré:

$$\begin{matrix} CH^3 \\ | \\ C \begin{matrix} -H \\ -OH \end{matrix} \\ | \\ CH^3 \end{matrix} \qquad \begin{matrix} CH^2Cl \\ | \\ C \begin{matrix} -H \\ -OH \end{matrix} \\ | \\ CH^2Cl \end{matrix}$$

Alcool isopropylique. Dichlorhydrine.

La dichlorhydrine perdant HCl donne le glycide chlorhydrique, qui a une constitution analogue à celle de l'oxyde d'éthylène, puisqu'il se forme en vertu de la même réaction :

$$\begin{matrix} CH^2Cl \\ | \\ CH^2OH \end{matrix} - HCl = \begin{matrix} CH^2 \\ | \\ CH^2 \end{matrix} \!\!>\! O$$

Chlorhydrine du glycol. Oxyde d'éthylène.

$$\begin{matrix} CH^2Cl \\ | \\ CH,OH \\ | \\ CH^2Cl \end{matrix} - HCl = \begin{matrix} CH^2Cl \\ | \\ CH \\ | \\ CH^2 \end{matrix} \!\!>\! O$$

Dichlorhydrine. Glycide chlorhydrique.

Ce corps peut être aussi envisagé comme de l'oxyde de propylène chloré; c'est en effet l'oxyde d'éthylène dont un atome d'hydrogène est remplacé par le groupe méthyle chloré CH^2Cl:

$$\begin{matrix} CH^2 \\ | \\ CH^2 \end{matrix} \!\!>\! O \qquad \begin{matrix} CH(CH^2Cl) \\ | \\ CH^2 \end{matrix} \!\!>\! O$$

Oxyde d'éthylène. Glycide chlorhydrique.

Toutes ses réactions s'accordent avec cette constitution; il se comporte en effet comme l'oxyde d'éthylène, en fixant de l'eau, des acides, etc., et dans la transformation que lui fait subir le perchlorure de phosphore; il remplace en effet 1 atome d'oxygène par 2 atomes de chlore, pour fournir le trichlorure de glycéryle ou trichlorhydrine

$$C^3H^5Cl^3,$$

de même que l'oxyde d'éthylène C^2H^4O donne le chlorure d'éthylène $C^2H^4Cl^2$. Du reste, tous les dérivés du glycide chlorhydrique représentent les mêmes dérivés de l'oxyde d'éthylène, dans lesquels un atome d'hydrogène serait remplacé par le méthyle chloré CH^2Cl.

De la constitution du glycide chlorhydrique, se déduit celle du glycide encore inconnu, et des éthers alcooliques de celui-ci : *éthylglycide*, *amylglycide*, etc.

Glycide bromhydrique,

$$(C^3H^5)''\left\{\begin{matrix} Br \\ O \end{matrix}\right. = \begin{matrix} CH^2Br \\ | \\ CH \\ | \\ CH^2 \end{matrix} \!\!>\! O$$

Ce corps, obtenu comme produit accessoire dans la préparation de la dibromhydrine et appelé par M. Berthelot *épibromhydrine*, se forme dans les mêmes conditions que le glycide chlorhydrique, par l'action de la potasse aqueuse sur la dibromhydrine brute.

Lorsqu'on distille du protobromure de phosphore avec la glycérine jusqu'à ce que la masse commence à se carboniser, on trouve dans le récipient deux couches : l'une supérieure, aqueuse, l'autre inférieure, très-dense et insoluble dans l'eau. C'est cette dernière principalement, composée de dibromhydrine, qu'on traite par la potasse. On ajoute la potasse en solution concentrée par petites portions, et on agite chaque fois le mélange. L'eau ajoutée au magma dissout le bromure de potassium, et sépare un liquide lourd qu'on enlève au moyen d'une pipette. C'est le glycide bromhydrique, qu'on obtient pur, après quelques distillations.

Le glycide bromhydrique est un liquide lourd qui bout entre 138° et 140°. Il présente les mêmes réactions que le dérivé chlorhydrique; il se combine avec l'acide chlorhydrique fumant, et donne la bromhydrochlorhydrine

$$(C^3H^5)'''\left\{\begin{matrix} Br \\ Cl \\ OH, \end{matrix}\right.$$

identique avec celle qui résulte de l'union de l'acide bromhydrique et du glycide chlorhydrique.

Il se combine également avec l'acide iodhydrique fumant, et fournit la bromhydroïodhydrine,

$$(C^3H^5)'''\left\{\begin{matrix} Br \\ I \\ OH. \end{matrix}\right.$$

Ses autres réactions sont celles du glycide chlorhydrique.

Gycide iodhydrique,

$$(C^3H^5)''\left\{\begin{matrix} I \\ O \end{matrix}\right. = \begin{matrix} CH^2I \\ | \\ CH \\ | \\ CH^2 \end{matrix} \!\!>\! O$$

— Ce composé s'obtient par double décomposition, en chauffant à 100° en vase clos pendant 200 heures du glycide chlorhydrique et de l'iodure de potassium bien desséché. On recueille ce qui passe entre 160° et 180°, et on rectifie le produit 2 ou 3 fois; on a bientôt un liquide d'un point d'ébullition constant à 167°.

Le glycide iodhydrique est liquide, mobile, d'une odeur éthérée et légèrement alliacée. Il bout à 167°; sa densité est 2,03 à 13°. Insoluble dans l'eau, il se dissout en toutes proportions dans l'alcool et dans l'éther. Il se colore à la lumière. Il se combine avec les acides chlorhydrique, bromhydrique et iodhydrique.

Amylglycide,

$$(C^3H^5)''\left\{\begin{matrix} OC^5H^{11} \\ O \end{matrix}\right. = \begin{matrix} CH^2.(OC^5H^{11}) \\ | \\ CH \\ | \\ CH^2 \end{matrix} \!\!>\! O$$

— Lorsqu'on chauffe en vase clos, à 200°, pendant 10 à 12 heures un mélange de glycide chlorhydrique et d'alcool amylique, on obtient par la distillation un produit brut bouillant entre 225° et 260°, et composé pour la plus grande partie d'amylchlorhydrine ou glycérine amylchlorhydrique; ce composé traité par la potasse fournit l'amylglycide, de même que la dichlorhydrine fournit le glycide chlorhydrique.

$$(C^3H^5)'''\left\{\begin{matrix} OC^5H^{11} \\ OH \\ Cl \end{matrix}\right. - HCl = (C^3H^5)''\left\{\begin{matrix} OC^5H^{11} \\ O. \end{matrix}\right.$$

Amylchlorhydrine. Amylglycide.

On prend les portions bouillant entre 225° et 260°, et on les agite avec une solution bouillante et concentrée de potasse caustique en excès; on ajoute de l'eau qui dissout le chlorure de potassium, on sépare l'huile, on la distille, on recueille ce qui passe de 180° à 220°, et on la rectifie une ou deux fois, ce qui suffit pour avoir un produit bouillant à 188°.

L'amylglycide est un liquide mobile, insoluble dans l'eau, plus léger que celle-ci, car la densité est de 0,70 à la température de 20°. Son odeur aromatique est celle du colng parvenu à maturité. Il bout d'une manière constante à 188°. Agité avec l'acide chlorhydrique fumant, il donne la glycérine amylchlorhydrique; c'est le seul moyen d'avoir celle-ci à l'état de pureté (voyez AMYLINE à l'article GLYCÉRINE). Il se combine de même aux acides bromhydrique et iodhydrique.

Son union avec l'eau a lieu à 200° en vase clos, et fournit l'amyline $(C^3H^5)''' (OH)^2.OC^5H^{11}$.

ÉTHYLGLYCIDE,

$$(C^3H^5)''' \left\{ \begin{matrix} OC^2H^5 \\ O. \end{matrix} \right.$$

— Il s'obtient comme son analogue, l'amylglycide; on chauffe le glycide chlorhydrique et l'alcool absolu en vase clos pendant 10 heures à 180°, on recueille ce qui passe entre 105° et 190°, et on le soumet à l'action de la potasse. Le produit obtenu n'est pas entièrement pur; il renferme toujours un peu de glycide chlorhydrique, dont il est difficile de le débarrasser entièrement, ce dernier bouillant à 119° et l'éthylglycide à 128°.

L'éthylglycide est un liquide mobile, d'une odeur éthérée agréable, soluble dans 5 à 6 fois son volume d'eau froide, un peu plus soluble dans l'eau chaude. Sa densité est à peu près celle de l'eau; il bout entre 128° et 129°.

Il s'unit à l'acide chlorhydrique en donnant l'éthylchlorhydrine, bouillant à 188°.

MERCAPTAN GLYCIDIQUE,

$$(C^3H^5)''' \left\{ \begin{matrix} SH \\ O \end{matrix} \right. = \begin{matrix} CH^2.SH \\ \mid \\ CH \\ \mid \\ CH^2 \end{matrix} \!\!>\! O$$

— Si le glycide n'a pas été isolé, on connaît le corps correspondant, dans lequel l'oxhydryle est remplacé par du sulfhydryle SH. Il prend naissance lorsqu'on projette goutte à goutte du glycide chlorhydrique dans une solution alcoolique de sulfhydrate de potassium KHS, la réaction est très-vive; lorsqu'elle est terminée, on chasse l'alcool par distillation, on ajoute de l'eau au résidu, et on recueille un liquide lourd, visqueux, qui au bout de 2 ou 4 jours se prend en un corps solide, transparent et élastique; ce corps est d'une odeur faible, mais désagréable. Insoluble dans l'eau et dans l'éther, il se dissout un peu à chaud dans l'alcool.

Action de la potasse sur la trichlorhydrine et la tribromhydrine.

Lorsqu'on traite la trichlorhydrine ou la tribromhydrine par la potasse, on enlève les éléments de l'acide chlorhydrique ou de l'acide bromhydrique, et on obtient les composés

$$C^3H^4Cl^2 \text{ et } C^3H^4Br^2.$$

Comme on considérait le glycide non pas comme un anhydride, et avec la formule donnée plus haut, mais comme un alcool diatomique de la formule

$$C^3H^4 \left\{ \begin{matrix} OH \\ OH \end{matrix} \right.$$

ces dérivés avaient été appelés *glycide dichlorhydrique* et *glycide dibromhydrique*. Ces noms ne sauraient plus leur convenir, car ils n'ont de commun avec les vrais composés du glycide que le mode de préparation. Ils n'appartiennent pas au glycide par leur constitution; ils ne renferment plus le groupement glycéryle C^3H^5, et ils diffèrent autant du glycide que l'éthylène chloré diffère de l'oxyde d'éthylène.

C^2H^3Cl Éthylène chloré.	C^2H^4O Oxyde d'éthylène.
$C^3H^4Cl^2$ Glycide dichlorhydrique.	$C^2H^3(CH^2.OH).O$ Glycide.

Du reste, les propriétés des composés

$$C^3H^4Cl^2 \text{ et } C^3H^4Br^2$$

les séparent du glycide, car ils ne se combinent pas à l'eau et aux alcools pour régénérer des éthers glycériques; cependant ils fixent les hydracides, et donnent des chlorhydrines ou des bromhydrines, et à 100° avec la potasse aqueuse ils se décomposent lentement en donnant du chlorure et du bromure de potassium et de la glycérine.

Nous les considérerons comme les chlorures et bromures d'un carbure C^3H^4, que nous appellerons isoallylène. Ce carbure ne paraît exister que dans ses combinaisons, car lorsqu'on traite ces chlorures et bromures par le sodium, ils donnent de l'allylène [Fittig et Pfeffer, *Zeitsch für Chem.*, t. I, p. 82, et *Bull. de la Soc. chim.*, 1866, t. V, p. 50]. Il y a entre ces composés et les chlorures et bromures d'allylène une isomérie du même genre que celle qui existe entre le chlorure d'éthylidène et le chlorure d'éthylène. On sait, en effet, que le chlorure d'éthylidène traité par le sodium fournit de l'éthylène.

Tous ces chlorures ont été découverts et étudiés par M. Reboul.

DICHLORURE D'ISOALLYLÈNE (*glycide dichlorhydrique* de Reboul), $C^3H^4Cl^2$ [Reboul, *Mém. cité*, p. 37]. — On le prépare en chauffant légèrement de la trichlorhydrine $C^3H^5Cl^3$ et de la potasse solide concentrée; une réaction très-vive se déclare, et il distille avec de l'eau un liquide lourd qu'on sèche et qu'on rectifie.

Le dichlorure d'isoallylène est un liquide mobile, d'une odeur éthérée très-pénétrante et très-alliacée; il est insoluble dans l'eau, soluble dans l'alcool et dans l'éther; il bout à 101° et 102° en se décomposant en partie. Sa densité est égale à 1,21 à 20°.

Dans l'action du perchlorure de phosphore sur la glycérine, M. Berthelot a obtenu en petite quantité un composé $C^3H^4Cl^2$, qu'il a appelé *épidichlorhydrine*, et que M. Reboul croit identique avec le dichlorure d'isoallylène.

Il est isomérique avec le propylène bichloré de Cahours, avec le chlorure formé par l'action du perchlorure de phosphore sur l'acroléine, et qui bout à 84° 4, et avec un autre corps bouillant à 120°, obtenu par Fittig et Borsche en traitant par le perchlorure de phosphore l'acétone monochlorée.

Il se combine au brome (Reboul) et au chlore (Fittig et Pfeffer).

Lorsqu'on fait réagir la trichlorhydrine sur l'éthylate de soude, elle perd simplement les éléments de l'acide chlorhydrique comme avec la potasse; mais le dichlorure d'isoallylène formé réagit sur l'éthylate en excès; on obtient un liquide bouillant pour la plus grande partie de 105° à 112°, mais auquel on n'a pu trouver un point d'ébullition constant, et qui renferme 48 % de chlore. M. Reboul le considère comme un mélange de dichlorure d'isoallylène $C^3H^4Cl^2$, et de $C^3H^4(C^2H^5)ClO$, qu'il appelle glycide éthylchlorhydrique. La formation de ce dernier corps ne paraît pas possible avec la formule de constitution du glycide.

Suivant M. Reboul, en traitant directement par l'alcool sodé le dichlorure d'isoallylène, on obtient un liquide dont les analyses ne diffèrent pas beaucoup de la formule

$$C^3H^4C^2H^5ClO;$$

ce corps se décompose à la distillation, et par une solution alcoolique de potasse il fournit un corps volatil non chloré.

Lorsqu'on soumet l'acroléine à l'action du perchlorure de phosphore, on obtient deux composés isomères $C^3H^4Cl^2$; l'un bout à 84°, et doit être l'analogue du chlorure d'éthylidène. L'autre bout à 102° et est du dichlorure d'isoallylène identique à celui de Reboul; ce composé traité par le brome donne également le dibromodichlorure d'isoallylène $C^3H^4Br^2Cl^2$, obtenu par Reboul [Geuther et Hübner, *Zeitsch. für Chem.*, nouv. sér., t. I, p. 24, et *Bull. de la Soc. chim.*, 1865, t. IV, p. 367]. Le produit de l'action du perchlorure de phosphore sur l'acroléine, traité par l'éthylate de soude a fourni à Aronstein d'une part, à Geuther et Hubner de l'autre, deux composés:

$$(C^3H^4)'' \begin{matrix} Cl \\ C^2H^5O \end{matrix} \text{ et } (C^3H^4)'' \left\{ \begin{matrix} C^2H^5O \\ C^2H^5O. \end{matrix} \right.$$

Aronstein les considère comme des composés analogues à l'acétal, tandis que pour Geuther ce serait, le premier, du glycide éthylchlorhydrique, le second, du diéthylglycide. Cette manière de voir nous paraît erronée; le glycide, ainsi que nous l'avons vu, n'est pas un alcool diatomique, et on ne comprend pas la formation de semblables composés éthylés. Ces deux corps dérivent de l'acroléine, comme l'acétal dérive de l'aldéhyde; telle est l'opinion d'Aronstein, qui nous paraît la seule admissible, jusqu'à preuve contraire [Aronstein, *Zeitsch. für Chem.*, nouv. sér., t. I, p. 33, et *Bull. de la Soc. chim.*, 1865, t. IV, p. 365].

Dibromure d'isoallylène (*glycide dibromhydrique* de Reboul). — Il se forme par l'action de la potasse sur la tribromhydrine. C'est un liquide insoluble dans l'eau, d'une odeur alliacée très-prononcée; d'une densité de 2,06 à 11°. Il bout à 151-152° sous la pression ordinaire, mais se décompose en partie. Il est isomérique avec le propylène bibromé bouillant à 120°, et le bromure d'allylène bouillant de 126° à 138°. Il se combine avec le brome en donnant un tétrabromure. — Voyez plus bas.

Bromochlorure d'isoallylène (*glycide chlorhydrobromhydrique* de Reboul), C^3H^4ClBr. — Il se forme lorsqu'on chauffe légèrement avec de la potasse solide la dibromhydrochlorhydrine

$$(C^3H^5)'''Br^2Cl.$$

Il est liquide, incolore et jaunit à la lumière. Son odeur est alliacée; il bout à 126° en se décomposant partiellement. Sa densité est de 1,69 à 14°. Il est attaqué par le sodium en formant du bromure de potassium, et un liquide volatil d'une odeur alliacée. Si on met ce liquide en contact avec l'iode, et qu'on enlève celui-ci par une solution alcaline, il reste un corps blanc, cristallisé, et dont on n'a pas eu une quantité suffisante pour l'analyse. Ce dibromure traité par l'ammoniaque fournit la dibromallylamine, identique avec celle que M. Simpson a obtenue par l'action de l'ammoniaque sur le trichlorure d'allyle.

Tétrabromure d'isoallylène (*dibromure de glycide dibromhydrique*) $C^3H^4Br^4$. — Le dibromure se combine avec le brome en donnant le tétrabromure, liquide lourd, distillant entre 250° et 251° avec décomposition partielle. Il est isomérique avec le tétrabromure d'allylène, qui distille en se décomposant entre 225° et 230°, et avec le bromure de propylène bibromé qui bout à 226°.

Tétrachlorure d'isoallylène [Fittig et Borsche, *Ann. der Chem. u. Pharm.*, t. CXXXV, p. 359, et *Ann. de Chim. et de Phys.*, (4), t. VI, p. 494], $C^3H^4Cl^4$. — Il se forme lorsqu'on traite le dichlorure par un courant de chlore; il bout à 164°. Il a pour isomères le *chlorure de méthylchloracétol*, dérivé de l'acétone, en traitant l'acétone bichlorée par le perchlorure de phosphore, et qui bout à 153°, et le chlorure de propylène bichloré qui bout entre 195° et 200°

Tribromochlorure d'isoallylène (*dibromure de glycide chlorhydrobromhydrique*), $C^3H^4ClBr^2$. — Produit par l'addition du brome au bromochlorure d'isoallylène, il bout vers 230° en donnant quelques fumées d'acide bromhydrique. Il est liquide, insoluble dans l'eau, d'une densité de 2,39 à 14°.

Dibromodichlorure d'isoallylène (*dibromure de glycide dichlorhydrique*) $C^3H^4Br^2Cl^2$. — Liquide lourd, insoluble dans l'eau, d'une densité de 2,10 à 13°, bouillant entre 220° et 221°, qui se forme par la simple addition du brome ou du chlore. F. G.

GLYCOCHOLIQUE (ACIDE). — Voyez Bile.

GLYCOCOLLE,

$$C^2H^5AzO^2 = \begin{matrix} CH^2.AzH^2 \\ | \\ CO.OH \end{matrix}$$

[Syn. *Sucre de gélatine, acide glycolamidique, acide glycolamique*]. — Ce corps, homologue de l'alanine $C^3H^7AzO^2$ et de la leucine $C^6H^{13}AzO^2$, qui ont une constitution analogue, a été découvert par Braconnot dans l'action de l'acide sulfurique sur la gélatine animale. Il le nomma sucre de gélatine à cause de cette origine et de sa saveur sucrée [Braconnot, 1820, *Ann. de Chim. et de Phys.*, t. XIII, p. 114]. On l'a retiré aussi de beaucoup de matières animales, de la viande (Mulder), de la bile (Strecker), et dans ces derniers temps de l'acide urique (Strecker), enfin on l'a préparé directement par synthèse.

Préparation. — On peut préparer le glycocolle comme l'a fait Braconnot, par l'action de l'acide sulfurique sur la colle forte; mais le sirop épais que l'on obtient quand on sature l'acide en excès par la craie et que l'on filtre laisse déposer à la fois, au bout d'un certain temps, des cristaux de glycocolle et de leucine; il vaut mieux, pour empêcher en grande partie la formation de cette dernière, traiter, comme fait Mulder, la colle par la lessive de potasse; il se dégage de l'ammoniaque; on ajoute alors de l'acide sulfurique, on sépare le sulfate de potasse qui cristallise, on concentre et l'on reprend par l'alcool, d'où cristallise le glycocolle; les dernières eaux mères contiennent un peu de leucine [Mulder, *Journ. für prakt. Chem.*, t. XVI, p. 290, et t. XXXVIII, p. 294]. La chaux agit dans le même sens (Boussingault).

Dessaignes fait bouillir une demi-heure l'acide hippurique avec de l'acide chlorhydrique concentré, étend d'eau et laisse refroidir; la majeure partie de l'acide benzoïque formé se précipite; on filtre, on évapore au bain-marie pour chasser l'acide chlorhydrique et on traite le résidu par l'ammoniaque, puis par l'alcool; on obtient ainsi le glycocolle sous forme d'une poudre cristalline qu'on lave à l'alcool absolu [Dessaignes, *Ann. de Chim. et de Phys.*, (3), t. XVII, p. 50].

L'équation de cette réaction est la suivante:

$$\underset{\text{Acide hippurique.}}{C^9H^9AzO^3} + \underset{\text{Eau.}}{H^2O} = \underset{\text{Glycocolle.}}{C^2H^5AzO^2} + \underset{\text{Acide benzoïque.}}{C^7H^6O^2}.$$

On peut aussi prendre les glycocholates alcalins qu'on retire de la bile de bœuf, et les faire longtemps bouillir avec l'eau de baryte. On dédouble ainsi ces sels en glycocolle et cholate de baryte suivant l'équation

$$\underset{\text{Acide glycocholique.}}{C^{26}H^{43}AzO^6} + H^2O = \underset{\text{Glycocolle.}}{C^2H^5AzO^2} + \underset{\text{Acide cholique.}}{C^{24}H^{40}O^5}.$$

Le liquide filtré est traité par l'acide carbonique, refiltré, additionné d'acide chlorhydrique qui précipite l'acide cholique, traité par l'acide sulfurique qui met le glycocolle en liberté, puis par l'oxyde de plomb qui enlève l'acide sulfurique, enfin par l'hydrogène sulfuré. Le liquide qui reste dépose le glycocolle par évaporation [Strecker, *Ann. der*

Chem. u. Pharm., t. LXVII, p. 25, et t. LXX, p. 188].

Le glycocolle se produit encore dans l'action de l'ammoniaque sur l'acide bromacétique (Perkin et Duppa), ou chloracétique (Cahours), mais il se forme en même temps les acides di- et triglycolamidiques [Heintz, *Ann. der Chem. u. Pharm.*, t. CXXXVI, 1865, et t. CXLV, p. 49]. La réaction principale est exprimée par l'équation suivante :

$$\begin{matrix}CH^2Br\\CO.OH\end{matrix} + 2AzH^3 = AzH^4Br + \begin{matrix}CH^2.(AzH^2)\\CO.OH.\end{matrix}$$

Quand on chauffe de 160° à 170° de l'acide urique avec une solution concentrée d'acide iodhydrique, on obtient des cristaux d'iodure d'ammonium, il se dégage de l'acide carbonique, et si l'on traite le tout par l'hydrate de plomb, puis par l'hydrogène sulfuré, on obtient par concentration de la liqueur des cristaux de glycocolle [Strecker, *Zeitsch. für Chem.*, nouv. sér., t. IV, p. 215]. Ce dédoublement de l'acide urique est représenté par l'équation

$$\underset{\text{Acide urique.}}{C^5H^4Az^4O^3} + 5H^2O$$
$$= \underset{\text{Glycocolle.}}{C^2H^5AzO^2} + 3CO^2 + 3AzH^3.$$

Bæyer a obtenu aussi du glycocolle par dédoublement de l'acide amidomalonique dérivé de l'acide violurique provenant lui-même de l'allantoïne que l'on trouve dans divers liquides organiques et que l'on peut aussi obtenir avec l'acide urique.

Enfin, Gerhardt fait remarquer qu'on obtiendrait sans doute le glycocolle en faisant réagir l'acide cyanhydrique et l'eau en présence de l'acide chlorhydrique sur l'aldéhyde formique; on aurait ainsi l'équation

$$\underset{\text{Aldéhyde formique.}}{CHO.H} + \underset{\text{Acide cyanhydrique.}}{CHAz} + \underset{\text{Eau.}}{H^2O} = \underset{\text{Glycocolle.}}{C^2H^5AzO^2},$$

réaction analogue à celle qui produit l'alanine.

Propriétés. — Le glycocolle cristallise plus aisément que le sucre de canne; ses solutions, un peu concentrées, donnent déjà à leur surface des croûtes cristallisées. Il forme des cristaux grenus, des prismes aplatis, ou des tables, appartenant au système clinorhombique. Faces dominantes : $p, m, b^{1/2}, h^1$. Inclinaison de m sur $m = 64°,15$. Le rapport de l'axe principal à la diagonale inclinée et à la diagonale horizontale est

$$1:1,8567:2,2036.$$

Inclinaison de la diagonale inclinée sur l'axe principal, 68°20'. Clivage très-distinct parallèle à h^1 [Schabus, *Bestimmung der Krystallgestalten erzeugter Producte*, Wien, 1855; — Keferstein, *Pogg. Ann.*, t. XCIX, p. 275]. Ces cristaux se dissolvent dans 414 p. d'eau froide, ils sont modérément solubles dans l'alcool étendu, insolubles dans l'alcool absolu et dans l'éther; leur goût est aussi sucré que celui du glucose. La levûre de bière n'a aucune action sur le sucre de gélatine, suivant Braconnot, mais d'après Büchner, ce dernier est décomposé en présence de ce ferment et d'un alcali en donnant du carbonate d'ammoniaque et un grand nombre d'autres produits [*Ann. der Chem. u. Pharm.*, t. LXXVII, p. 203].

Les cristaux de glycocolle commencent à brunir à 170°, tandis que la partie de ces cristaux qui n'est pas en contact direct avec le corps chaud fond et recristallise en refroidissant. A 190° la matière se charbonne partiellement et donne des vapeurs ammoniacales.

Le glycocolle est sensiblement acide aux réactifs colorés. Il chasse partiellement l'acide carbonique du carbonate de chaux, et complétement l'acide acétique de l'acétate de plomb. D'après Horsford, il suffit d'une faible quantité de glycocolle pour empêcher la précipitation par la potasse de l'oxyde de cuivre de son sulfate. Il se forme ainsi un glycocollate de cuivre en fines aiguilles bleues [*Ann. der Chem. u. Pharm.*, t. LX, p. 1].

Réactions. — Le glycocolle commence à s'altérer vers la température de 180°. Bouilli avec une solution de potasse, il se colore en rouge de feu et dégage de l'ammoniaque ; la coloration disparaît peu à peu, mais il s'est formé de l'oxalate et du cyanure de potassium. La baryte hydratée et l'oxyde de plomb donnent la même coloration rouge sans dégager pour cela d'ammoniaque, à moins qu'on n'agisse en tube scellé vers 250°, auquel cas il se dégage de l'ammoniaque et de la méthylamine [Cahours, *Ann. de Chim. et de Phys.*, (3), t. LIII, p. 322]. La présence de cette dernière base est niée par MM. Kraut et Hartmann [*Ann. der Chem. u. Pharm.*, t. CXXXIII, p. 99]. La potasse fondue ne donne que de l'oxalate de potasse, du cyanure de potassium et de l'ammoniaque. L'acide iodhydrique agit de la même manière.

Les acides s'unissent au sucre de gélatine et le détruisent quand on chauffe; toutefois leur action est très-variable. Ainsi, l'acide sulfurique dissout le glycocolle à froid (Braconnot), et le brunit si l'on chauffe; l'acide nitreux le transforme en acide glycolique, d'après l'équation suivante :

$$\begin{matrix}CH^2.AzH^2\\CO.OH\end{matrix} + AzO^2H = \begin{matrix}CH^2.OH\\CO.OH\end{matrix} + Az^2 + H^2O$$

[Socoloff et Strecker, *Ann. der Chem. u. Pharm.*, t. LXXX, p. 18; — Dessaignes, *Compt. rend.*, t. XXXVIII, p. 44]. Cette expérience établit clairement la constitution de ce corps.

L'acide chlorhydrique s'unit au glycocolle et l'altère peu quand on le chauffe ; toutefois le chlorhydrate de glycocolle se produit plus spécialement quand on chauffe l'acide chlorhydrique avec l'acide hippurique. Réciproquement, quand on chauffe en tube scellé le glycocolle avec l'acide benzoïque, on reproduit l'acide hippurique [Dessaignes, *Journ. de Pharm.*, (3), t. XXXII, p. 44] :

$$\underset{\text{Glycocolle.}}{C^2H^5AzO^2} + \underset{\text{Acide benzoïque.}}{C^7H^5O.OH} = \underset{\text{Eau.}}{H^2O} + \underset{\text{Acide hippurique.}}{C^9H^9AzO^3}.$$

Il en est de même si on traite par le chlorure de benzoyle le glycocolle zincique ; on a, dans ce cas, la réaction

$$\underset{\text{Glycocolle zincique.}}{(C^2H^4AzO^2)^2Zn} + \underset{\text{Chlorure de benzoyle.}}{2C^7H^5OCl}$$
$$= ZnCl^2 + \underset{\text{Acide hippurique.}}{2C^9H^9AzO^3}$$

[Dessaignes, *Compt. rend.*, t. XXXVII, p. 251]. Avec le glycocolle argentique et les chlorures d'anisyle ou de cumyle on obtient de même les acides anisurique $C^{10}H^{11}AzO^3$ et cuminurique $C^{12}H^{15}AzO^3$. Avec le chlorure d'acétyle on obtient l'acide acéturique. C'est ainsi que l'on a

$$\underset{\text{Glycocolle argentique.}}{C^2H^4AgAzO^2} + \underset{\text{Chlorure d'acétyle.}}{C^2H^3O.Cl}$$
$$= \underset{\text{Acide acéturique.}}{C^4H^7AzO^3} + \underset{\text{Chlorure d'argent.}}{AgCl}$$

[Kraut et Hartmann, *Ann. der Chem. u. Pharm.*, t. CXXXIII, p. 99, et *Bull. de la Soc. chim.*, 1865, t. IV, p. 282].

En présence de l'acide nitrique et par une longue ébullition, ou bien par l'action d'un mélange de chlorate de potasse et d'acide chlorhydrique, le glycocolle serait transformé en un acide dont le sel de baryte aurait la formule $C^3H^6BaO^7$. Le chlore, le permanganate de potasse, l'acide nitreux lui-même, donneraient ce même acide (Horsford). Ces résultats demanderaient à être confirmés.

Bouilli avec de l'eau et du peroxyde de plomb, le glycocolle donne des vapeurs très-ammoniacales, et il reste du carbonate de plomb sans cyanure ni formiate; le nitrate mercureux est réduit à l'état de mercure métallique, tandis que le glycocolle s'oxyde. Un mélange d'acide sulfurique étendu et de peroxyde de manganèse ou de plomb donne, avec le glycocolle, une effervescence d'acide carbonique, de l'eau et de l'acide cyanhydrique :

$$C^2H^5AzO^2 + O^2 = CO^2 + CHAz + 2H^2O.$$

Mêlé à une solution de cyanamide, le glycocolle s'y unit pour donner la glycocyanamine $C^3H^7Az^3O^2$ qui est un homologue de la créatinine [Strecker, *Compt. rend.*, t. LII, p. 1212].

Le glycocolle

$$\begin{matrix} CH^2.AzH^2 \\ CO.OH \end{matrix}$$

est une amide par son groupement $CH^2.AzH^2$, et l'on peut, sous ce point de vue particulier, écrire sa formule

$$Az\begin{cases} H^2 \\ C^2H^2O.OH; \end{cases}$$

de là ses combinaisons *instables* avec les acides; mais c'est aussi un acide par son groupement CO.OH ; de là ses composés métalliques que l'on obtient en traitant le glycocolle par les oxydes. C'est ainsi que l'on a

$$2\begin{pmatrix} CH^2.AzH^2 \\ CO.OH \end{pmatrix} + Ag^2O$$

Glycocolle. — Oxyde d'argent.

$$= 2\begin{pmatrix} CH^2.AzH^2 \\ CO.O\,Ag \end{pmatrix} + H^2O.$$

Glycocolle argentique. — Eau.

L'iodure d'éthyle, en agissant sur le glycocolle ou mieux sur le glycocolle argentique, donne diverses combinaisons, parmi lesquelles des éthers glycocollique, et diéthylglycocollique... Le premier de ces corps se produit d'après l'équation

$$\begin{matrix} CH^2.AzH^2 \\ CO.OAg \end{matrix} + C^2H^5I$$

Glycocolle. — Iodure d'éthyle.

$$= \begin{matrix} CH^2.AzH^2 \\ CO.OC^2H^5 \end{matrix} + AgI$$

Éther glycocollique. — Iodure argentique.

[Heintz, *Ann. der Chem. u. Pharm.*, t. CXLV, p. 214, et *Bull. de la Soc. chim.*, t. X, p. 485].

Le glycocolle est isomérique avec la glycolamide

$$\begin{matrix} CH^2.OH \\ CO.AzH^2 \end{matrix}$$

(voyez GLYCOLAMIDE).

Combinaisons métalliques du glycocolle.

La formule générale des glycocollates, qu'on a nommés aussi *glycolamates*, *glycolamidates*, et *oxyacétamatés*, est

$$\begin{matrix} CH^2.AzH^2 \\ CO.OR', \end{matrix}$$

ou plus simplement $(C^2H^4AzO^2)R$. Le glycocolle, ainsi que l'indique sa formule rationnelle, se conduit comme un acide monatomique et monobasique. Les sels s'obtiennent en général en chauffant le glycocolle en solution aqueuse avec les oxydes respectifs.

Glycocollate monargentique, $(C^2H^4AzO^2)Ag$. — Ce sel s'obtient en dissolvant l'oxyde d'argent dans le glycocolle et laissant digérer à 80°, puis portant à l'ébullition et filtrant. C'est un corps soluble et cristallisable, mais sa composition peut varier. MM. Hartmann et Kraut auraient, en appliquant la chaleur au mélange d'oxyde d'argent et de sucre de gélatine, obtenu un corps qui, précipité par l'alcool, leur a donné 3 atomes d'argent pour 4 de glycocolle [*Ann. der Chem. u. Pharm.*, t. CXXXIII, p. 99].

Glycocollate de baryum. — Il se produit avec l'hydrate de baryte et le sucre de gélatine dissous dans une petite quantité d'eau. Le sel cristallise peu à peu.

Glycocollate de cadmium,

$$(C^2H^4AzO^2)^2Cd'' + H^2O.$$

— Cristaux en feuillets brillants.

Glycocollate de cuivre,

$$(C^2H^4AzO^2)^2Cu'' + H^2O.$$

— La solution de glycocolle bouillie avec le carbonate de cuivre se prend par le refroidissement en une belle masse de cristaux bleus. On peut aussi l'obtenir en ajoutant de la potasse à un mélange de sulfate de cuivre et de glycocolle et additionnant de l'alcool; il forme de fines aiguilles bleues.

Glycocollate de mercure,

$$(C^2H^4AzO^2)^2Hg + H^2O.$$

— On chauffe légèrement l'oxyde de mercure avec le sucre de gélatine; la liqueur, en refroidissant, donne de petits cristaux groupés. Si on chauffait plus longtemps, il y aurait dépôt de mercure métallique et dégagement d'acide carbonique.

Glycocollate de plomb, $(C^2H^4AzO^2)^2Pb''$. — Il s'obtient en faisant bouillir le massicot avec une solution de glycocolle, filtrant et évaporant. Si on ajoute de l'alcool à la liqueur filtrée jusqu'à ce qu'elle commence à blanchir, on obtient des cristaux de glycocollate de plomb qui ont l'apparence du cyanure de mercure.

Combinaisons du glycocolle avec les acides et les sels.

Ces combinaisons sont comparables, par leur constitution et leurs propriétés générales, à celles que donnent les autres amides. Le glycocolle, en effet, est une amide que l'on peut écrire

$$Az\begin{cases} C^2H^2O.OH \\ H^2 \end{cases}$$

et l'on comprend que l'on puisse dès lors obtenir des sels, tels que le nitrate de glycocolle, ou la combinaison de nitrate de potasse et de glycocolle, dont les formules rationnelles sont

$$\left.\begin{matrix} AzO^2 \\ AzH^2(C^2H^2O.OH)'H \end{matrix}\right\} O$$

Nitrate de glycocolle.

et

$$\left.\begin{matrix} AzO^2 \\ AzH^2(C^2H^2O.OH)'K \end{matrix}\right\} O.$$

Combinaison du nitrate de potasse et de glycocolle

Toutes ces combinaisons se forment directement, la plupart sont instables. On leur a donné quelquefois à tort le nom de *saccharates*; ainsi l'on dit : acide nitrosaccharrique, nitrosaccharate de potasse, acide sulfosaccharique. Ces composés ont été obtenus en partie par Horsford [*loc. cit.*], et par Dessaignes [*loc. cit.*].

Acétate de glycocolle,

$$(C^2H^5AzO^2)C^2H^4O^2 + H^2O.$$

— Il se précipite en cristaux quand on ajoute de l'alcool à une solution de sucre de gélatine dans l'acide acétique.

Chlorhydrate de glycocolle, $(C^2H^5AzO^2)HCl$. — Il s'obtient en larges prismes aplatis quand on fait bouillir l'acide hippurique avec l'acide chlorhydrique. Sa saveur est acide et astringente; il est déliquescent, très-soluble dans l'eau et dans l'alcool ordinaire.

Un *chlorhydrate* ayant la formule

$$(C^2H^5AzO^2)^2HCl,$$

en cristaux rhombiques, s'obtient quand on traite le sucre de gélatine par l'acide chlorhydrique (Nicklès). Horsford admet encore l'existence de trois autres chlorhydrates qui se formeraient par addition de l'acide chlorhydrique au sucre de gélatine avec élimination d'eau, mais leur existence, sans qu'elle sorte des probabilités générales, repose sur des analyses incomplètes.

Si on ajoute du bichlorure de platine à une solution de glycocolle dans l'acide chlorhydrique étendu, puis qu'on verse de l'alcool, le liquide se trouble et des cristaux rouge-cerise se forment sur les parois du vase. Leur formule est

$$(C^2H^5AzO^2)^2 2HCl, PtCl^4$$

[Schabus, *Bestimmung der Krystallgestalten*, Wien, 1855].

Nitrate de glycocolle, $(C^2H^5AzO^2)AzO^3H$. — On l'obtient en chauffant doucement le glycocolle dans de l'acide nitrique étendu; il se forme ainsi des cristaux que l'on comprime et fait recristalliser plusieurs fois; ils appartiennent au type orthorhombique. Faces dominantes : m, h^1, e^1, g^1; rapport des axes, 3,4122 : 2,9687 : 1. Inclinaison des faces : $mh^1 = 120°15$, $e^1h^1 = 106°20$; $e^1e^1 = 142°30$; $h^1g^1 = 90°$; $mg^1 = 146°15$ [Nicklès, *Compt. rend. des trav. chim.*, 1849]. Le nitrate de glycocolle a une saveur acide et légèrement sucrée; au feu il se boursoufle, fuse et répand une vapeur piquante; il dissout le fer et le zinc.

En traitant le glycocolle par de l'acide nitrique en excès, M. Dessaignes a obtenu un nitrate qui a pour formule $(C^2H^5AzO^2)^2AzO^3H$.

Oxalate de glycocolle. — Il s'obtient par l'ébullition de l'acide oxalique avec l'acide hippurique. Il reste en solution dans l'eau mère (Dessaignes). Ces cristaux appartiennent au système rhombique. Horsford a obtenu, en évaporant une solution de glycocolle dans l'acide oxalique, des cristaux qui paraissent être $(C^2H^5AzO^2)^2C^2H^2O^4$, mais qu'il représente par la formule

$$(C^2H^5Az^2O^2)^2C^2O^3.$$

Chlorure de potassium et glycocolle. — Fines aiguilles hygrométriques obtenues directement en mélangeant les deux corps et évaporant.

Chlorure de sodium et glycocolle. — Il s'obtient comme le précédent, on ajoutant un peu d'alcool.

Chlorure de baryum et glycocolle,

$$(C^2H^5AzO^2)^2, BaCl^2 + H^2O.$$

— Prismes rhomboïdaux qui se déposent du mélange bouillant des deux corps.

Chlorure d'étain et glycocolle. — Il se forme en mélangeant des solutions saturées de chlorure stanneux et de sucre de gélatine.

Chromate de potassium et glycocolle. — Cristaux qui se forment quand on ajoute de l'alcool au mélange de glycocolle et de bichromate de potasse; ils se décomposent rapidement même au sein du liquide.

Nitrate de potasse et glycocolle,

$$(C^2H^5AzO^2), AzO^3K.$$

— Aiguilles de saveur fraîche, sucrée et un peu amère, qui s'obtiennent en ajoutant de l'alcool à un mélange de nitrate de potasse et de glycocolle.

Nitrate de magnésium et glycocolle. — Incristallisable et déliquescent.

Nitrate de baryum et glycocolle. — Il se forme quand on neutralise le nitrate de glycocolle par l'eau de baryte.

Nitrate de chaux et glycocolle. — Aiguilles inaltérables à l'air, peu solubles dans l'alcool.

Nitrate de zinc et glycocolle. — Il s'obtient directement quand on mélange les deux corps ou quand on traite le nitrate de glycocolle par le zinc métallique. Il est cristallisable.

Nitrate de cuivre et glycocolle cuivrique,

$$(C^2H^4AzO^2)^2Cu'', (AzO^3)^2Cu'' + 2H^2O.$$

— C'est le produit qui résulte de l'union du nitrate de cuivre au glycocolle cuivrique, on l'obtient en dissolvant ce dernier dans l'acide nitrique. Il fait explosion de 180° à 182°. Aiguilles bleu d'azur.

Nitrate d'argent et glycocolle. — Belles aiguilles qu'on obtient en dissolvant le glycocolle argentique dans l'acide nitrique, ou l'oxyde d'argent dans le nitrate de glycocolle. Il est altérable à l'air et hygroscopique.

Sulfate de potasse et de glycocolle. — Il se précipite à l'état cristallin quand on ajoute de l'alcool à un mélange de glycocolle et de bisulfate de potasse.

ÉTHERS DU GLYCOCOLLE. — *Glycocollate de méthyle*,

$$C^3H^7AzO^2 = \begin{matrix} CH^2, AzH^2 \\ | \\ CO, OCH^3 \end{matrix}$$

[Schelling, *Ann. d. Chem. u. Pharm.*, t. CXXVII, p. 97, et *Bull. de la Soc. chim.*, 1864, t. I, p. 140; — Kraut et Hartmann, *Ann. der Chem. u. Pharm.*, t. CXXXIII, p. 99, et *Bull. de la Soc. chim.*, 1865, t. IV, p. 282; — Heintz, *Bull. de la Soc. chim.*, 1868, t. X, p. 485]. — Ce corps s'obtient quand on chauffe le glycocolle avec l'iodure de méthyle :

$$\underset{\text{Glycocolle.}}{3C^2H^5AzO^2} + \underset{\text{Iodure de méthyle.}}{2CH^3I}$$

$$= \underset{\text{Iodhydrate de glycocolle.}}{(C^2H^5AzO^2)^2HI} + \underset{\text{Combinaison d'iodure de méthyle et de glycocollate de méthyle.}}{\begin{matrix} CH^2.AzH^2 \\ CO.OCH^3 \end{matrix}, CH^3I.}$$

L'iodhydrate de glycocolle est insoluble dans l'alcool : on distille la dissolution alcoolique, on agite le résidu avec du chlorure d'argent et l'on a ainsi le composé

$$\begin{matrix} CH^2.AzH^2 \\ CO.OCH^3 \end{matrix}, CH^3Cl$$

qui est plus stable. Il cristallise en aiguilles blanches, inaltérables à l'air. Ce composé paraît bien avoir la formule ci-dessus et non la formule

$$\begin{matrix} CH^2.Az\left\{\begin{matrix} CH^3 \\ H \end{matrix}\right., HCl \\ | \\ CO.OCH^3 \end{matrix}$$

car, bouilli avec l'oxyde d'argent et l'eau, il donne du glycocolle et de l'alcool méthyliques. Ce chlorure ne peut contracter combinaison avec le chlorure de platine comme le fait l'éthyl-glycocolle (voyez ci-dessous).

En même temps que le corps précédent, il paraît se former dans cette réaction des éthers méthyl-glycolliques, tels que

$$\begin{matrix} CH^2.Az \left\{ \begin{matrix} CH^3 \\ H \end{matrix} \right. \\ CO.OCH^3 \end{matrix}$$

et du diméthylglycocolle

$$\begin{matrix} CH^2.Az \left\{ \begin{matrix} CH^3 \\ CH^3 \end{matrix} \right. \\ CO.OH. \end{matrix}$$

Il vaudrait sans doute mieux préparer le glycocollate de méthyle en faisant réagir le glycocollate d'argent sur l'iodure de méthyle.

Glycocollate d'éthyle,

$$C^4H^9AzO^2 = \begin{matrix} CH^2.AzH^2 \\ CO.OC^2H^5. \end{matrix}$$

— D'après Schelling et Kraut et Hartmann [*loc. cit.*], on obtiendrait ce corps comme le précédent, par l'action directe de l'iodure d'éthyle sur le glycocolle en solution alcoolique; mais M. Heintz [*loc. cit.* et *Ann. der Chem. u. Pharm.*, t. CXLVI, p. 306] a montré que c'est l'alcool qui paraît réagir dans ce cas, et non l'iodure ajouté, et qu'il vaut mieux faire agir cet iodure sur le glycocollate argentique en présence de l'éther. Il se forme, en même temps que le glycocollate d'éthyle, de l'éther diéthylglycocollique, du glycocolle et du diéthylglycocolle. La décomposition est pénible et l'éthyle se substitue non-seulement dans le groupe CO.OH, mais dans AzH^2. Le glycocollate d'éthyle a été peu étudié; il paraît être très-instable. En faisant réagir le carbonate d'ammoniaque sur l'éther monochloracétique, Heintz a aussi obtenu une petite quantité du même éther [*Ann. der Chem. u. Pharm.*, t. CXLI, p. 355].

MÉTHYL- ET ÉTHYLGLYCOCOLLE. — *Méthylglycocolle,*

$$\begin{matrix} CH^2.Az \left\{ \begin{matrix} CH^3 \\ H \end{matrix} \right. \\ CO.OH. \end{matrix}$$

— C'est la *sarcosine*, comme l'a démontré par synthèse M. Volhard (voyez SARCOSINE).

Diméthylglycocolle,

$$\begin{matrix} CH^2.Az(CH^3)^2 \\ CO.OH \end{matrix}$$

[Schelling, *Ann. der Chem. u. Pharm.*, t. CXXVII, p. 97]. — L'iodhydrate de ce corps paraît se former, en même temps que son isomère l'éther méthylglycocollique, dans l'action de l'iodure de méthyle sur le glycocolle en solution alcoolique et même sur le glycocolle argentique. On obtient, en traitant le résultat de la réaction par l'oxyde d'argent, une liqueur alcaline qui contient ce composé, dont les sels ont été à peine entrevus. Il vaudrait mieux préparer ce corps par l'action de la diméthylamine sur l'acide ou l'éther monochloracétiques.

Éthylglycocolle,

$$\begin{matrix} CH^2.Az \left\{ \begin{matrix} C^2H^5 \\ H \end{matrix} \right. \\ CO.OH \end{matrix}$$

[Syn. *Acide éthylglycolamidique*] [Schelling, Kraut et Hartmann, Heintz, *loc. cit.*]. — On l'obtient comme le précédent à l'état d'iodhydrate, en cristaux rhombiques. La base qui se forme sous l'influence de l'oxyde d'argent est légèrement alcaline et peut cristalliser. Elle donne un chloroplatinate cristallin. Il est mélangé de divers corps: diéthylglycocolle, méthylglycocolle, éther glycocollique, glycocolle... Il vaut mieux préparer ce corps par l'action prolongée de l'éthylamine sur l'acide monochloracétique; on fait ensuite bouillir avec l'oxyde de plomb, on évapore au bain-marie et on obtient, en reprenant par l'eau et évaporant doucement, des cristaux d'éthylglycocolle.

Ce corps est assez soluble dans l'eau et dans l'alcool. Il est très-hygrométrique, infusible à 130°; au-dessus de cette température, il se détruit en donnant un sublimé cristallin. L'acide chlorhydrique donne un chlorhydrate peu déliquescent, le bichlorure de platine, un chloroplatinate bien cristallisé jaune orangé et soluble dans l'eau. L'acide sulfurique donne un sulfate sirupeux. Il forme des combinaisons avec l'oxyde de cuivre et le bichlorure de mercure.

Ce composé, qui est le véritable homologue de la *sarcosine* ou *méthylglycocolle*, est isomérique avec deux autres corps, l'éthylglycolamide

$$\begin{matrix} CH^2.OC^2H^5 \\ CO.AzH^2 \end{matrix}$$

et la glycoléthylamide

$$\begin{matrix} CH^2.OH \\ CO.Az \left\{ \begin{matrix} C^2H^5 \\ H \end{matrix} \right. \end{matrix}$$

(voyez GLYCOLAMIDE) [Heintz, *Ann. der Chem. u. Pharm.*, t. CXXIX, p. 27, et *Bull. de la Soc. chim.*, 1864, t. II, p. 380].

Diéthylglycocolle,

$$\begin{matrix} CH^2.Az \left\{ \begin{matrix} C^2H^5 \\ C^2H^5 \end{matrix} \right. \\ CO.OH \end{matrix}$$

[Heintz, *loc. cit.*]. — Il a été obtenu en traitant le glycocolle argentique ou plombique par l'iodure d'éthyle; il se produit en même temps que le corps précédent et ceux qu'on a mentionnés plus haut. Il se forme aussi en chauffant au bain-marie l'éther diéthylglycocollique. Il n'a pas de réaction alcaline. Il vaudrait mieux le préparer par l'action de la diéthylamine sur l'acide monochloracétique. A. G.

GLYCOCYAMINE, $C^3H^7Az^3O^2$ [Strecker, *Compt. rend.*, t. LII, p. 1212, et *Répert. de Chim. pure*, 1861, p. 342]. — Ce composé, homologue inférieur de la créatine, s'obtient lorsqu'on mélange des solutions aqueuses de cyanamide CH^2Az^2, et de glycocolle $C^2H^5AzO^2$, additionnées de quelques gouttes d'ammoniaque; abandonnée à elle-même pendant quelques jours, la liqueur dépose des cristaux incolores de glycocyamine.

La glycocyamine se dissout dans 126 p. d'eau froide; elle est plus soluble dans l'eau chaude, insoluble dans l'alcool, facilement soluble dans les acides.

Elle renferme 1 atome d'hydrogène qui peut être remplacé par des métaux; bouillie avec l'acétate de cuivre, elle donne un précipité bleu clair renfermant $(C^3H^6Az^3O^2)^2Cu$.

Le *chlorhydrate* $C^3H^7Az^3O^2, HCl$ cristallise en prismes rhomboïdaux.

Le *chloroplatinate* est un beau sel qui renferme

$$(C^3H^7Az^3O^2, HCl)^2PtCl^4 + 3H^2O$$

et qui perd son eau à 100°.

GLYCOCYAMIDINE, $C^3H^5Az^3O$. — Cette base est avec la glycocyamine dans les mêmes relations que la créatinine avec la créatine et se produit dans les mêmes conditions. Elle prend naissance en effet lorsqu'on chauffe à 160° le chlorhydrate de glycocyamine, qui fond en perdant 1 molécule d'eau, et se transforme en chlorhydrate de glycocyamidine. On isole celle-ci en faisant bouillir la solution du chlorhydrate avec de l'hydrate d'oxyde de plomb.

La glycocyamidine est en petites paillettes incolores; elle est très-soluble dans l'eau, possède une réaction alcaline et forme avec le chlorure de zinc une combinaison peu soluble, cristallisant en petites aiguilles.

Le *chlorhydrate*, $C^3H^8Az^2O, HCl$, est très-soluble dans l'eau.

Le *chloroplatinate* est en aiguilles; il renferme

$$(C^3H^8Az^2O, HCl)^2PtCl^4 + H^2O$$

perd son eau de cristallisation à 100°. E. G.

GLYCODRUPOSE [Erdmann, *Ann. der Chem. u. Pharm.*, t. CXXXVIII, p. 1, 1866, et *Bull. de la Soc. chim.*, 1866, t. VI, p. 840]. — Les concrétions qui se forment dans les poires, les coings, etc., par le durcissement des cellules et sans doute aussi les noyaux des drupacés, donnent, lorsqu'on les fait bouillir avec de l'acide acétique faible et qu'on les lave à l'eau, à l'alcool et à l'éther, une substance d'un jaune rougeâtre, qui, séchée à 100°, renferme $C^{24}H^{36}O^{16}$, c'est la *glycodrupose*.

Les caractères de la glycodrupose, soumise à l'action de la chaleur, de l'iode, de l'acide sulfurique, de l'acide azotique et de la liqueur de Fehling, sont ceux de la *drupose*.

Ce dernier corps se produit, avec de la glucose, lorsqu'on fait bouillir la glycodrupose avec l'acide chlorhydrique (voyez DRUPOSE).

La glycodrupose est insoluble dans l'eau, l'alcool, l'éther, le chloroforme, la benzine, le sulfure de carbone, les acides étendus, les alcalis et la dissolution ammoniocuivrique. Elle paraît se former par la réaction de la substance amylacée sur elle-même, avec élimination d'eau et d'oxygène:

$$2C^6H^{10}O^5 - O^2 = C^{12}H^{20}O^8 = \text{drupose},$$
$$4C^6H^{10}O^5 - O^2 - 2H^2O = C^{24}H^{36}O^{16}.$$

GLYCOGÈNE, $C^6H^{10}O^5$. — Substance hydrocarbonée isomérique avec l'amidon, contenue dans diverses parties de l'économie animale et notamment dans le foie.

Le glycogène a été découvert par M. Cl. Bernard dans le courant de ses beaux travaux sur la fonction glycogénique du foie. Il se rencontre également dans les cellules du placenta et dans la plupart des tissus de l'animal pendant la période embryonnaire.

Pour préparer le glycogène, il convient de s'adresser au foie d'un animal placé dans de bonnes conditions physiologiques, bien nourri et tué brusquement. Le foie enlevé immédiatement après la mort peut être lavé et débarrassé du sang qu'il contient par un courant d'eau glacée injectée par l'artère hépatique ou la veine-porte, et sortant par les veines sushépatiques. Cette opération préliminaire, utile et nécessaire quand il s'agit de prouver que la matière glycogénique se trouve réellement dans le foie et non dans le sang, peut être négligée s'il ne s'agit que de l'obtention du glycogène. Le foie est découpé rapidement en petits fragments que l'on jette dans un mortier de fer chauffé préalablement à 100°, et couvert inférieurement de sable chaud; on pulvérise avec un pilon également chaud. De cette façon le foie est réduit en quelques instants en une pulpe que l'on jette dans 20 fois son poids d'eau bouillante. On acidule légèrement avec de l'acide acétique et on maintient à l'ébullition pendant environ 10 minutes; on filtre, et la masse est reprise par l'eau bouillante autant de fois que le liquide filtré reste opalescent. On réduit les solutions à consistance convenable et on précipite par une quantité suffisante d'alcool fort; le glycogène se sépare sous forme de flocons blancs qui se déposent facilement. Pour le débarrasser de quelque peu de gélatine qu'il renferme encore, on le fait bouillir pendant une heure avec une lessive de potasse, on neutralise par l'acide acétique et on précipite de nouveau par l'alcool; le précipité lavé à l'alcool à 50°, puis à l'alcool absolu, et enfin à l'éther anhydre, est séché à l'abri de l'humidité. Le glycogène reste alors sous forme d'une poudre légère, blanche. En négligeant le lavage à l'alcool et à l'éther anhydres, on n'obtient après dessiccation qu'une masse gommeuse cassante. On peut aussi précipiter les solutions de glycogène par l'acide acétique cristallisable qui maintient les matières protéiques en solution. Gorup-Besanez soumet le foie à un lavage à l'eau froide injectée au moyen d'une seringue sous une pression convenable. Le premier liquide rouge est jeté; on recueille le liquide rosé et opalescent qui passe en second lieu; on porte à l'ébullition, on filtre et on précipite par l'alcool à 50°. Le reste de l'opération est le même que ci-dessus. Cette méthode diffère de la première en ce qu'on enlève le glycogène par un lavage à l'eau injectée à travers les capillaires.

Le glycogène a une composition représentée par la formule $C^6H^{10}O^5$ [Gorup-Besanez, *Ann. der Chem. u. Pharm.*, t. CXVIII, p. 227]. — E. Pelouze [*Compt. rend.*, t. XLIV, p. 1321] lui attribue les formules $C^6H^{12}O^6$ et $C^6H^{14}O^7$. A moins d'admettre plusieurs variétés de ce corps, on est conduit à attribuer les différences fournies par l'analyse à des différences dans la dessiccation. Le glycogène se dissout assez notablement dans l'eau en donnant des liqueurs laiteuses opalescentes qui dévient à droite le plan de polarisation; d'après Hoppe-Seyler, le pouvoir rotatoire serait environ quatre fois plus grand que celui de la glucose.

L'iode dissous dans l'iodure de potassium colore en rouge vineux foncé les solutions de glycogène; la chaleur et un excès de glycogène font disparaître cette teinte. Une solution de potasse caustique n'altère pas le glycogène, même à chaud, mais elle rend le liquide clair et transparent, en lui enlevant l'opalescence, et lui communique la propriété de dissoudre beaucoup d'oxyde de cuivre, avec une belle teinte bleue, mais sans réduction subséquente.

Sous l'influence des acides minéraux étendus à l'ébullition (acide sulfurique, acide chlorhydrique), de la salive, du suc pancréatique, du sérum, du sang et de l'extrait hépatique fait à froid, le glycogène se convertit d'abord en une variété de dextrine, puis en glucose. Ces transformations sous l'action des ferments solubles sont moins rapides que celles que donne l'amidon cuit ou la dextrine, et exigent une température de 30° centigrades.

Chauffé à 140° avec l'anhydride acétique, le glycogène se gonfle et se convertit en un dérivé triacétique $C^6H^7(C^2H^3O)^3O^5$. L'acide nitrique concentré et froid le transforme en xyloïdine, et à chaud en acide oxalique.

On n'a pas encore étudié d'une manière très-suivie la dextrine qui se forme comme terme intermédiaire de la saccharification du glycogène. Elle dévie à droite le plan de la lumière polarisée, ne réduit pas l'oxyde de cuivre en solution alcaline.

Cl. Bernard admet que le glycogène du foie se transforme physiologiquement et d'une manière continue en sucre, sous l'influence d'un ferment contenu soit dans l'organe lui-même, soit dans le sang. On s'explique ainsi la présence du sucre dans le sang des veines sushépatiques, tandis qu'il fait défaut dans le sang de la veine-porte. Cette opinion d'une glycogénie normale a été combattue surtout en Allemagne.

[Cl. Bernard, *Compt. rend.*, t. XLI, p. 461; *ibid.*, t. XLIV, p. 578 et 1325; *ibid.*, t. XLVIII, p. 77, 763, 884; — Hensen, *Würtzb. medic. Verhandl.*, t. VII, p. 219; — Sanson, *Compt. rend.*, t. XLIV, p. 1159, 1323; *ibid.*, t. XLV, p.

140 et 343; — Schiff, *Compt. rend.*, t. XLVIII, p. 880; — Bonnet, *Comp. rend.*, t. XLV, p. 139 et 573; — Kekulé, *Chem. Centralb.*, 1858, p. 300; *Poggiale J. Pharm.*, (3), XXXIV, p. 99; — Harlez, *Proc. Roy. Soc.*, t. X, p. 289; — Pavy, *Philos. Mag.*, (4), t. XVII, p. 142; — O. Donnel, *Proc. Roy. Soc.*, t. XII, p. 476.] P. S.

GLYCOL [Syn. *Alcool éthylénique, hydrate d'éthylène*],

$$C^2H^6O^2 = (C^2H^4)'' \left\{ \begin{matrix} OH \\ OH \end{matrix} \right. = \begin{matrix} CH^2.OH \\ CH^2.OH \end{matrix}.$$

— Ce corps important, le premier des alcools diatomiques connus, a été conçu et découvert en 1856, par M. A. Wurtz, en traitant le bibromure ou le biiodure d'éthylène par l'acétate d'argent [voir le mémoire détaillé, Wurtz, *Ann. de Chim. et de Phys.*, (3), t. LV, p. 400].

Préparation. — I. On ajoute à 100 p. de bromure d'éthylène 180 p. d'acétate d'argent sec, on mélange les substances dans un mortier en ajoutant une certaine quantité d'acide acétique cristallisable, de façon à obtenir une pâte molle, qu'on introduit dans un long matras que l'on chauffe plusieurs jours; quand le bromure d'argent formé ne contient plus trace d'acétate, on épuise par l'éther le contenu du ballon, et on distille la solution au bain d'huile, on recueille le liquide qui passe de 140° à 200°; il est formé en grande partie de diacétate éthylénique mêlé à du glycol et à des composés polyéthyléniques. On soumet ce liquide à l'action de l'hydrate de potasse ou, ce qui vaut mieux, de l'hydrate de baryte. Dans ce dernier cas on le traite par une solution bouillante et saturée d'hydrate de baryte, en ajoutant cette solution par petites portions jusqu'à ce que l'on ait une réaction franchement alcaline, on chauffe alors pendant une heure ou deux, on enlève l'excès de baryte par un courant d'acide carbonique et on évapore au bain-marie la solution filtrée. Quand l'acétate de baryte commence à se déposer à chaud, on reprend le tout par de l'alcool fort, et on distille la solution au bain d'huile, en recueillant ce qui passe de 140° à 300°, puis on rectifie. Le glycol bout à 197°,5. Les deux réactions successives qui donnent ainsi naissance au glycol sont les suivantes :

$$C^2H^4 \left\{ \begin{matrix} Br \\ Br \end{matrix} \right. + 2\,[C^2H^3O^2Ag]$$

Bromure d'éthylène. — Acétate d'argent.

$$= 2\,AgBr + C^2H^4 \left\{ \begin{matrix} OC^2H^3O \\ OC^2H^3O \end{matrix} \right.$$

Diacétate d'éthylène.

et

$$C^2H^4 \left\{ \begin{matrix} OC^2H^3O \\ OC^2H^3O \end{matrix} \right. + Ba''(OH)^2$$

Diacétate d'éthylène. — Hydrate de baryte.

$$= C^2H^4 \left\{ \begin{matrix} OH \\ OH \end{matrix} \right. + (C^2H^3O^2)^2Ba''$$

Glycol. — Acétate de baryum.

[Wurtz, *Ann. de Chim. et de Phys.*, (3), t. LV, p. 1859].

II. Un second procédé, dû à M. Atkinson, et modifié par MM. Wurtz, Lourenço et Maxwell Simpson, est le suivant. On dissout 2 molécules d'acétate de potasse dans le double de son poids d'alcool à 80°, on ajoute 1 molécule de bromure d'éthylène, et on fait bouillir un ou deux jours dans un ballon ouvert muni d'un réfrigérant à reflux, tant que la couche de bromure de potassium qui se forme augmente sensiblement. On filtre alors, on distille et on recueille ce qui passe de 140° à 250°; on agit ensuite comme ci-dessus en décomposant par la baryte bouillante le produit de la réaction qui est un mélange de monacétate avec un peu de biacétate d'éthylène, de glycol et d'alcools polyéthyléniques [Atkinson, *Phil. Mag.*, (4), t. XVI, p. 433].

III. Debus traite par l'eau en tube scellé le mélange qui résulte de l'action prolongée de l'acétate de potasse sur le bromure d'éthylène; il chauffe à 100° pendant 12 à 16 heures, met de côté tout ce qui passe de 140° à 100°, et chauffe de nouveau cette portion avec de l'eau à 100°, enfin il réunit toutes les parties bouillant de 180° à 220°, les mêle à une quantité de potasse caustique justement suffisante pour s'unir à l'acide acétique qui reste dans ce liquide (15 % environ de monacétate glycolique), distille et rectifie [Debus, *Ann. Chem. Pharm.*, t. CX, p. 316].

Il se forme encore du glycol mélangé d'alcools diéthyléniques et triéthyléniques quand on chauffe l'oxyde d'éthylène avec de l'eau [Wurtz, *Répert. de Chim. pure*, 1860, p. 66]; par l'action de l'oxyde d'argent humide ou de l'eau seule sur le chlorodure d'éthylène [Max. Simpson, *Philosoph. Magaz.*, 1868, p. 282]; enfin par l'action de l'eau sur la monochlorhydrine glycolique $(C^2H^4)\,Cl.OH$ que Carius obtient en traitant directement l'éthylène par l'acide hypochloreux [Carius, *Ann. der Chem. u. Pharm.*, t. CXXIII, p. 363].

Propriétés (1). — Le glycol est un liquide incolore, un peu visqueux, inodore, de saveur sucrée et légèrement alcoolique. Sa densité à 0° est de 1,125. Sa densité de vapeur de 2,164; théorie, 2,146.

Le glycol bout à 197,5 sous 764^{mm} de pression. La moindre quantité d'eau ou de glycol acétique abaisse ce point d'ébullition. Le glycol ne se congèle pas dans un mélange réfrigérant d'acide carbonique solide et d'éther, il y devient seulement très-visqueux.

Le glycol se dissout en toutes proportions dans l'eau et dans l'alcool, il n'est pas miscible à l'éther. Il dissout facilement l'hydrate de potasse, un peu celui de chaux; le sublimé corrosif y est très-soluble; les chlorures de calcium, sodium, potassium, y sont plus ou moins solubles; le chlorure de zinc s'y dissout et l'altère.

Le chlore agit lentement sur le glycol à froid, plus vivement à chaud et donne des produits chlorés et non chlorés, les premiers bouillant de 108° à 200°, les autres vers 200°. Parmi ceux-ci, l'un d'eux cristallisé fond à 30° et bout à 200°. Un autre oléagineux bout à 240°, sa formule correspondrait à $C^8H^{12}O^4$, il se formerait d'après l'équation

$$3\,C^2H^6O^2 + 2\,Cl = C^6H^{12}O^4 + 2\,HCl + 2\,H^2O$$

[Mitscherlich, *Comp. rend.*, t. LVI, p. 188].

Le sodium et le potassium se dissolvent dans le glycol avec dégagement d'hydrogène et donnent les glycols mono- et disodiques ou potassiques

$$(C^2H^4)'' \left\{ \begin{matrix} OH \\ ONa \end{matrix} \right. \text{ et } (C^2H^4) \left\{ \begin{matrix} ONa \\ ONa \end{matrix} \right.$$

Le glycol ne s'oxyde pas à l'air, mais, étendu d'eau et au contact du noir de platine, il attire rapidement l'oxygène ambiant et se transforme en acide glycolique :

$$\begin{matrix} CH^2.OH \\ CH^2.OH \end{matrix} + 2O = \begin{matrix} CH^2OH \\ CO.OH \end{matrix} + H^2O.$$

Glycol. — Acide glycolique.

En opérant sans précaution, le glycol peut même ainsi prendre feu.

Le glycol se dissout dans l'acide nitrique con-

(1) Toutes les propriétés du glycol mentionnées ici sans indication de source ont été établies par les recherches de M. Wurtz.

centré, au bout de quelques instants des torrents de vapeurs nitreuses se dégagent et on obtient d'abondants cristaux d'acide oxalique. Avec l'acide affaibli, il se fait une petite quantité d'acide glycolique. L'équation de la formation de l'acide oxalique est la suivante :

$$\begin{matrix} CH^2.OH \\ CH^2.OH \end{matrix} + O^4 = \begin{matrix} CO.OH \\ CO.OH \end{matrix} + 2H^2O.$$

Glycol. Acide oxalique.

Quand on chauffe le glycol avec l'hydrate de potasse à 250°, il se dégage de l'hydrogène pur et le glycol se convertit encore en acide oxalique :

$$\begin{matrix} CH^2.OH \\ CH^2.OH \end{matrix} + 2KHO = \begin{matrix} CO.OK \\ CO.OK \end{matrix} + H^8.$$

On voit que les acides glycolique et oxalique sont au glycol ce que l'acide acétique est à l'alcool; le premier provient de la substitution de O à H², le second de la substitution de 2O à 2H² dans le radical du glycol.

M. Debus a établi qu'il se forme en même temps dans la réaction de l'acide nitrique étendu sur le glycol de l'acide glyoxylique

$$\begin{matrix} CO^2H \\ CH(OH), \end{matrix}$$

et un corps qui paraît être le glyoxal

$$\begin{matrix} COH \\ COH \end{matrix}$$

Ce dernier corps est une aldéhyde qui diffère de l'alcool diatomique $C^2H^6O^2$, par perte de $2H^2$ [Debus, *Proc. Roy. Soc.*, tome IX, p. 717].

Le glycol chauffé avec trois fois son poids de chlorure de zinc se déshydrate; on trouve parmi les produits de la distillation de l'aldéhyde ordinaire formée suivant l'équation

$$C^2H^6O^2 = C^2H^4O + H^2O$$

et une substance d'odeur âcre, bouillant à 110°, dont la formule $C^4H^8O^2$ est celle de l'aldéhyde doublée : c'est l'*acraldéhyde* de M. Bauer.

Le chlorure d'antimoine $SbCl^3$ donne avec le glycol de l'acide chlorhydrique et un liquide acide, tandis que le résidu noircit et s'altère sans qu'il y ait formation d'aldéhyde.

Chauffé avec l'acide chlorhydrique, le glycol donne la monochlorhydrine glycolique

$$HCl + (C^2H^4)''\left\{\begin{matrix} OH \\ OH \end{matrix}\right. = (C^2H^4)\left\{\begin{matrix} OH \\ Cl \end{matrix}\right. + H^2O.$$

Avec l'acide bromhydrique on obtient de même la monobromhydrine glycolique, mais avec l'acide iodhydrique M. Maxwell Simpson a obtenu le biiodure d'éthylène suivant l'équation

$$C^2H^6O^2 + 2HI = C^2H^4I^2 + 2H^2O.$$

Le perchlorure de phosphore réagit énergiquement sur le glycol. En refroidissant tout d'abord, puis chauffant à la fin, et recueillant les produits qui passent à 84°, M. Wurtz a obtenu le chlorure d'éthylène; l'équation de cette transformation est la suivante :

$$C^2H^6O^2 + 2PCl^5 = C^2H^4Cl^2 + 2POCl^3 + 2HCl.$$

La monochlorhydrine glycolique et le chlorure d'éthylène constituent donc deux éthers chlorhydriques qui sont au glycol ce que le chlorure d'éthyle est à l'alcool.

Le glycol réagit sur les chlorures ou les bromures d'acides, pour donner des éthers mixtes (acétochlorhydrine, bromobutyrine...) [Lourenço, *Répert. de Chim. pure*, 1860, p. 95, et *Ann. der Chem. u. Pharm.*, t. CXIV, p. 670]. Ainsi :

$$(C^2H^4)''\left\{\begin{matrix} OH \\ OH \end{matrix}\right. + C^2H^3O.Cl$$

Glycol. Chlorure d'acétyle.

$$= (C^2H^4)''\left\{\begin{matrix} Cl \\ C^2H^3O^2 \end{matrix}\right. + H^2O.$$

Acétochlorhydrine.

Les mêmes composés s'obtiennent en chauffant le glycol avec un mélange des acides correspondants et d'acide chlorhydrique ou bromhydrique.

Chauffé avec les acides organiques, le glycol donne des mélanges d'éthers à un ou deux radicaux d'acides; on obtient aussi ces mêmes éthers en chauffant le bromure d'éthylène avec les sels de potasse ou d'argent correspondants, comme on l'a dit ci-dessus à propos de la préparation du glycol.

L'acide cyanique en vapeur est absorbé énergiquement par le glycol. On obtient une masse solide blanche, soluble dans l'alcool bouillant d'où elle cristallise par refroidissement, c'est l'allophanate de glycol $C^4H^8Az^2O^4$ formé d'après l'équation

$$2CHAzO + C^2H^6O^2 = C^4H^8Az^2O^4$$

[Baeyer, *Ann. der Chem. u. Pharm.*, t. CXIV, p. 156, et *Ann. de Chim. et de Phys.*, (3), t. LIX, p. 472].

Le glycol décompose l'acide oxalique à la manière de la glycérine; il le dédouble en acides formique et carbonique vers la température de 100°; la décomposition est à peu près indéfinie [Lourenço, *Ann. de Chim. et de Phys.*, (3), t. LXVII, p. 298].

Chauffé avec l'iodure d'éthyle, le glycol est partiellement décomposé et donne du monéthylate d'éthylène et de l'acide iodhydrique.

Avec l'oxyde d'éthylène le glycol donne les alcools di- et triéthyléniques [Wurtz, *Ann. de Chim. et de Phys.*, (3), t. LXIX, p. 330].

En chauffant le glycol avec l'acide sulfurique monohydraté, on obtient l'acide sulfoglycolique

$$\left.\begin{matrix} (C^2H^4)'' \\ SO^2 \\ H^2 \end{matrix}\right\} O^3 \quad \text{ou} \quad (C^2H^4)'' <\begin{matrix} (SO^4H)' \\ (OH)' \end{matrix}$$

d'après l'équation

$$C^2H^6O^2 + SO^4H^2 = C^2H^6SO^5 + H^2O,$$

acide qui paraît être au glycol ce que l'acide sulfovinique est à l'alcool [Max. Simpson, *Proc. Roy. Soc.*, t. IX, p. 725].

Chauffé à 170° avec l'acide acétique anhydre, le glycol donne de la monacétine glycolique suivant l'équation

$$(C^2H^4)\left\{\begin{matrix} OH \\ OH \end{matrix}\right. + (C^2H^3O)^2O$$

$$= (C^2H^4)\left\{\begin{matrix} OH \\ OC^2H^3O \end{matrix}\right. + C^2H^3O.OH.$$

ÉTHERS DU GLYCOL.

Comme les glycols proprement dits en général, le glycol éthylénique $(C^2H^4)''2OH$ donne naissance à deux séries d'éthers, selon que l'on y remplace par des radicaux acides ou par des métalloïdes tels que Cl, Br, S... l'un des deux hydroxyles $(OH)'$ ou les deux à la fois. Ces derniers ont été déjà décrits à propos des combinaisons de l'éthylène, car les bromure, chlorure, sulfure, oxyde d'éthylène, ne sont pas autre chose que la seconde série des éthers du glycol ordinaire; nous renvoyons donc pour ces composés au mot ÉTHYLÈNE, et nous ne décrirons ici successivement que les éthers du glycol où un seul groupe hydroxyle est remplacé par un métalloïde, ainsi que les éthers que donnent avec le glycol les acides organiques.

GLYCOL MONOCHLORHYDRIQUE,

$$(C^2H^4)\left\{\begin{matrix}OH\\Cl\end{matrix}\right.$$

[Syn. *Monochlorhydrine glycolique, hydroxychlorure éthylénique*] [Wurtz, *Ann. de Chim. et de Phys.*, (3), t. LV, p. 418]. — On l'obtient en saturant de gaz chlorhydrique le glycol refroidi et sec, chauffant à 100° en matras scellé, puis recommençant cette opération une deuxième et troisième fois tant que le gaz acide est absorbé. On distille ensuite et on recueille les produits passant de 120° à 130°, enfin on rectifie en prenant les portions qui bouillent vers 128°. Carius chauffe le glycol à 100° avec un très-petit excès de protochlorure de soufre, dans un ballon muni d'un appareil à reflux, tant qu'il se dégage un mélange d'acide sulfureux et d'acide chlorhydrique; le produit est ensuite séparé du soufre, et agité avec du carbonate de potasse, enfin évaporé au bain-marie et rectifié. On obtient presque les quantités théoriques. Voici la formule de cette réaction :

$$\underset{\text{Glycol.}}{2C^2H^6O^2} + \underset{\text{Protochlorure de soufre.}}{2S^2Cl^2}$$

$$= \underset{\text{Glycol monochlorhydrique.}}{2C^2H^5ClO} + 2HCl + SO^2 + 3S$$

[Carius, *Ann. der Chem. u. Pharm.*, t. CXXIV, p. 259].

Le glycol monochlorhydrique est un liquide neutre au goût, soluble dans l'eau, brûlant difficilement avec une flamme verte; étendu d'eau et traité par l'hydrogène naissant produit par l'amalgame de sodium, il se transforme en alcool :

$$C^2H^5ClO + H^2 = HCl + C^2H^5.OH$$

[Lourenço, *Compt. rend.*, t. LII, p, 1043]. S'il y a échauffement de la liqueur, on obtient principalement de l'oxyde d'éthylène.

Le glycol monochlorhydrique est instantanément décomposé par une solution aqueuse de potasse; il se fait ainsi du chlorure de potassium et de l'oxyde d'éthylène suivant l'équation

$$\underset{\text{Glycol monochlorhydrique.}}{(C^2H^4)''\left\{\begin{matrix}OH\\Cl\end{matrix}\right.} + KHO = KCl + H^2O + \underset{\text{Oxyde d'éthylène.}}{C^2H^4O.}$$

Traité par une solution alcoolique de sulfhydrate de potassium, il donne, suivant Carius [*loc. cit.*], l'oxysulfhydrate d'éthylène (C^2H^4) OH.SH.

Le glycol monochlorhydrique s'unit directement à la triméthylamine pour donner le composé

$$Az^v\left\{\begin{matrix}(CH^3)^3\\(C^2H^4.OH)\end{matrix}\right., Cl$$

qui n'est autre que le *chlorhydrate de choline* (*névrine*), chlorhydrate qui se transforme dans l'hydrate correspondant

$$Az^v\left\{\begin{matrix}(CH^3)^3\\(C^2H^4.OH)\end{matrix}\right.. OH$$

quand on le traite par l'oxyde d'argent humide ; le glycol monochlorhydrine s'unit aussi directement aux autres amines alcooliques tant de la série grasse que de la série aromatique, pour donner des corps analogues (Wurtz).

GLYCOL MONOBROMHYDRIQUE,

$$(C^2H^4)\left\{\begin{matrix}OH\\Br\end{matrix}\right.$$

[Lourenço, *Bull. de la Soc. chim.*, 1858]. — Ce corps se forme en même temps que l'alcool diéthylénique en chauffant poids égaux de glycol et de bromure d'éthylène, à 120° environ, pendant plusieurs heures en tube scellé :

$$\underset{\text{Glycol.}}{3C^2H^4\left\{\begin{matrix}OH\\OH\end{matrix}\right.} + \underset{\text{Bromure d'éthylène.}}{(C^2H^4)Br^2}$$

$$= \underset{\text{Glycol monobromhydrique.}}{2C^2H^4\left\{\begin{matrix}OH\\Br\end{matrix}\right.} + \underset{\text{Alcool diéthylénique.}}{(C^2H^4O.C^2H^4)''\left\{\begin{matrix}OH\\OH\end{matrix}\right.} + H^2O.$$

GLYCOL MONOIODHYDRIQUE,

$$(C^2H^4)\left\{\begin{matrix}OH\\I\end{matrix}\right.$$

[Maxwell Simpson, *Proc. Roy. Soc.*, t. X, p. 1191]. — On fait absorber le gaz iodhydrique sec par le glycol, la liqueur brunit et s'épaissit, et si l'on permet à la liqueur de s'échauffer, on n'obtient que de l'iodure d'éthylène $C^2H^4I^2$. Mais si on refroidit avec soin, et qu'on enlève l'excès d'iode par de l'argent en poudre, on a un liquide qui a très-approximativement la composition du glycol monoiodhydrique et que la potasse aqueuse attaque en donnant de l'iodure de potassium et de l'oxyde d'éthylène.

La chaleur le décompose en donnant de l'iodure d'éthylène et probablement du glycol suivant l'équation

$$2C^2H^5IO = C^2H^4I^2 + C^2H^6O^2.$$

Les sels d'argent agissent sur lui avec énergie.

GLYCOL MONOSULFHYDRIQUE,

$$(C^2H^4)\left\{\begin{matrix}OH\\SH\end{matrix}\right.$$

[Carius, *Ann. der Chem. u. Pharm.*, t. CXXIV, p. 257]. — On obtient ce corps en chauffant un quart d'heure environ à 100° la monochlorhydrine glycolique par le sulfhydrate de potassium, en solution alcoolique; il se forme d'abord un sel de potassium intermédiaire suivant l'équation

$$(C^2H^4)\left\{\begin{matrix}OH\\Cl\end{matrix}\right. + 2KHS = KCl + (C^2H^4)\left\{\begin{matrix}OH\\SK.\end{matrix}\right.$$

La liqueur alcoolique est sursaturée par de l'acide chlorhydrique, et évaporée à 30° ou 40° jusqu'à ce qu'elle prenne un aspect huileux. On la traite alors par de l'alcool qui sépare sous forme d'une couche oléagineuse la monosulfhydrine glycolique, que l'on redissout dans un peu d'alcool, filtre, et évapore lentement dans le vide.

Le glycol monosulfhydrique est liquide, incolore, huileux, plus lourd que l'eau, d'odeur comparable à celle du mercaptan; il se dissout mal dans l'eau, fort peu dans l'éther, mais il est très-soluble dans l'alcool. Bouillie longtemps, sa solution alcoolique donne de la sulfhydrine diéthylénique,

$$(C^2H^4.OC^2H^4)''\left\{\begin{matrix}OH\\SH.\end{matrix}\right.$$

Traité par l'acide nitrique, il donne de l'acide iséthionique, $C^2H^6SO^4$.

Ce corps forme, avec les métaux lourds, des précipités floconneux ou granuleux, quelquefois visqueux à une température peu élevée, tel que le composé mercurique. La formule générale de ces combinaisons est (C^2H^4)OH, OR'. Les composés argentique et plombique sont jaunes; le cuivrique, bleu; les zincique et mercurique, blancs; ils sont tous insolubles dans l'eau et les acides et un peu solubles dans l'alcool.

GLYCOL CHLORACÉTIQUE,

$$(C^2H^4)'' \left\{ \begin{matrix} Cl \\ C^2H^3O^2. \end{matrix} \right.$$

— On l'obtient en faisant réagir simultanément sur le glycol un mélange d'acides chlorhydrique et acétique, et chauffant quatre heures au bain-marie; on ajoute de l'eau au produit obtenu; il se sépare ainsi une huile qu'on lave, dessèche et rectifie [Maxwell Simpson, *Proceed. roy. Soc.*, t. IX, p. 725]. On peut encore, d'après le même auteur, faire passer un courant de gaz chlorhydrique dans de la monacétine glycolique maintenue à 100°. Enfin, d'après Lourenço, on peut aussi l'obtenir par l'action du chlorure d'acétyle sur le glycol [*Compt. rend.*, t. L, p. 188].

C'est un liquide incolore, d'une densité de 1,1783 à 0°, bouillant à 145°, indécomposable par l'eau froide, et difficilement par l'eau bouillante. Traité par la potasse aqueuse, il donne de l'oxyde d'éthylène suivant l'équation

$$(C^2H^4)Cl, C^2H^3O^2 + 2KHO$$
$$= C^2H^4O + KCl + C^2H^3O.OK + H^2O.$$

Ce corps est isomère avec le composé que l'on obtient par l'action du chlorure d'acétyle sur l'aldéhyde.

GLYCOL CHLOROBUTYRIQUE,

$$(C^2H^4) \left\{ \begin{matrix} Cl \\ C^4H^7O^2 \end{matrix} \right.$$

[Max. Simpson, *Proceed. roy. Soc.*, t. X, p. 114, et *Répert. Chim. pure*, 1860, p. 34, et Lourenço, *Compt. rend.*, t. L, p. 188]. — On prépare ce corps comme le glycol chloracétique. Quand la réaction de l'acide chlorhydrique sur le mélange d'acide butyrique et de glycol porté à 100° est terminée, on lave à l'eau, sèche et distille. La chlorobutyrine passe de 175° à 182°.

C'est un liquide incolore, de saveur un peu piquante et amère, insoluble dans l'eau, soluble dans l'alcool. Sa densité à 0° = 1,0854. Il bout à 180°. La potasse le dédouble en chlorure de potassium, butyrate de potassium et oxyde d'éthylène.

Traité par l'acétate d'argent, il donne l'*acétobutyrine du glycol.*

GLYCOL CHLOROBENZOÏQUE,

$$C^2H^4 \left\{ \begin{matrix} Cl \\ C^7H^5O^2 \end{matrix} \right.$$

[Max. Simpson, *loc. cit.*]. — On l'obtient comme les deux composés précédents. On enlève l'excès d'acide benzoïque par des lavages à l'eau chaude, on dissout le produit dans l'alcool et on l'en précipite par l'eau; enfin on le sèche dans le vide; on peut aussi le rectifier et prendre ce qui passe de 200° à 270°. C'est un liquide de saveur piquante et amère, ayant les mêmes dissolvants et réagissant avec la potasse comme les composés précédents.

GLYCOL IODACÉTIQUE, $(C^2H^4)''I, C^2H^3O^2$ [Max. Simpson, *loc. cit.*]. — Ce corps se forme par l'action du gaz iodhydrique sur un mélange d'acide acétique cristallisable et de glycol. Le produit de la réaction est précipité par l'eau, et le liquide oléagineux qui se sépare est lavé à la potasse très-étendue et desséché dans le vide. On peut aussi l'obtenir par l'action de l'acide iodhydrique sur la monacétine du glycol.

C'est un corps sirupeux, d'odeur douce et piquante, insoluble dans l'eau, soluble dans l'alcool et l'éther; il cristallise dans un mélange réfrigérant. La potasse lui fait subir la même décomposition qu'au glycol chloracétique.

GLYCOL MONACÉTIQUE,

$$C^2H^4 \left\{ \begin{matrix} OH \\ C^2H^3O^2 \end{matrix} \right.$$

[Atkinson, *Phil. Magaz.*, (4), t. XVI, p. 433; — Lourenço, *Compt. rend.*, t. L, p. 91, et *Répert. Chim. pure*, 1860, p. 93; — Max. Simpson, *Proceed. roy. Soc.*, t. IX, p. 725]. — On obtient ce composé en traitant 1 molécule de bromure d'éthylène en solution dans l'alcool à 80° par 1 molécule d'acétate de potasse, et faisant bouillir deux jours à 100° dans un matras scellé ou mieux dans un appareil à reflux, modification indiquée par M. Simpson. On peut se servir aussi du chlorure d'éthylène, qui agit plus lentement que le bromure. Un autre procédé consiste à chauffer le glycol quelques heures à la température de 170° avec de l'acide acétique anhydre (Max. Simpson). Enfin en chauffant des quantités correspondant aux poids moléculaires de glycol et d'acide acétique, on arrive encore à la même combinaison (Lourenço).

Avec l'acide acétique anhydre, on a

$$C^2H^4 \left\{ \begin{matrix} OH \\ OH \end{matrix} \right. + C^2H^3O.O.C^2H^3O$$

Glycol. A. acétique anhydre.

$$= (C^2H^4) \left\{ \begin{matrix} OH \\ C^2H^3O^2 \end{matrix} \right. + C^2H^3O.OH.$$

Glycol monacétique. A. acétique.

Avec l'acide monohydraté, on a

$$C^2H^4 \left\{ \begin{matrix} OH \\ OH \end{matrix} \right. + C^2H^3O.OH$$

$$= C^2H^4 \left\{ \begin{matrix} OH \\ C^2H^3O^2 \end{matrix} \right. + H^2O.$$

Le glycol monacétique est un liquide incolore, neutre, huileux, bouillant à 182°, miscible à l'alcool et à l'eau, plus lourd que cette dernière; la potasse et la baryte le décomposent aisément et régénèrent du glycol.

En traitant le glycol monosodé par le glycol monacétique, M. Moohs a obtenu de l'alcool diéthylénique et de l'acétate de potasse [*Bull. de la Soc. chim.*, 1867, t. VII, p. 346].

GLYCOL DIACÉTIQUE,

$$C^2H^4 \left\{ \begin{matrix} C^2H^3O^2 \\ C^2H^3O^2 \end{matrix} \right.$$

[Wurtz, *Ann. de Chim. et de Phys.*, (3), t. LV, p. 406]. — On l'obtient avec le bibromure d'éthylène et l'acétate d'argent; sa préparation a été décrite en détail à propos de la préparation du glycol. On peut l'obtenir aussi mélangé d'acétochlorhydrine, en chauffant avec le chlorure d'acétyle le glycol monacétique (Lourenço); on passe ainsi par les deux réactions successives suivantes :

$$(C^2H^4)''OH, C^2H^3O^2 + C^2H^3OCl$$

Glycol monacétique. Chlorure d'acétyle.

$$= (C^2H^4)Cl, C^2H^3O^2 + C^2H^3O.OH,$$

Glycol acétochlorhydrique. Acide acétique.

et

$$(C^2H^4)''OH, C^2H^3O^2 + C^2H^3O.OH$$

Glycol monacétique. Ac. acétique.

$$= (C^2H^4)2C^2H^3O^2 + H^2O.$$

Diacétate éthylénique.

A l'état pur, le glycol diacétique est incolore, neutre, d'odeur légèrement acétique; sa densité à 0° est de 1,128. Il bout de 186° à 187°.

Il est soluble dans l'alcool et l'éther; il tombe au fond de l'eau qui n'en dissout à 22° que le septième de son volume. Les alcalis le décomposent à chaud en donnant des acétates et du glycol.

GLYCOL MONOBUTYRIQUE,

$$C^2H^4\left\{\begin{matrix}OH\\C^4H^7O^2\end{matrix}\right.$$

[Lourenço, *Compt. rend.*, t. L, p. 91]. — On l'obtient en chauffant jusqu'à 200° une molécule de glycol avec une molécule d'acide butyrique. C'est un liquide huileux, insoluble dans l'eau, soluble dans l'alcool et l'éther, d'odeur butyrique et qui bout vers 220°.

GLYCOL DIBUTYRIQUE,

$$C^2H^4\left\{\begin{matrix}C^4H^7O^2\\C^4H^7O^2\end{matrix}\right.$$

[Wurtz, *Ann. de Chim. et de Phys.*, (3), t. LV, p. 434]. — On l'obtient en chauffant le bromure d'éthylène avec le butyrate d'argent, comme dans la préparation du glycol diacétique. On chauffe, épuise le produit de la réaction par l'éther, et recueille les produits qui passent à la distillation de 230° à 241°.

C'est un liquide incolore, d'odeur butyrique. Sa densité à 0° est de 1,024. Il bout vers 240° sans altération ; il est complétement insoluble dans l'eau et soluble dans l'alcool et dans l'éther.

GLYCOL ACÉTOBUTYRIQUE,

$$C^2H^4\left\{\begin{matrix}C^2H^3O^2\\C^4H^7O^2\end{matrix}\right.$$

[Max. Simpson, *Proceed. Lond. roy. Soc.*, t. X, p. 114, et *Répert. de Chim. pure*, 1860, p. 33].— Ce composé se forme par la réaction de quantités équivalentes de butyrate d'argent et de glycol chloracétique suivant l'équation

$$\underset{\text{Chloracétine du glycol.}}{(C^2H^4)C^2H^3O^2.Cl} + C^4H^7O^2.Ag$$

$$= AgCl + \underset{\text{Glycol acétobutyrique.}}{(C^2H^4)C^2H^3O^2,C^4H^7O^2}.$$

On traite le produit par l'éther et on distille. Le butyro-acétate passe de 208° à 215°. On peut encore l'obtenir comme l'a fait M. Lourenço, en traitant la monacétine glycolique par l'acide butyrique [voyez *Répert. de Chim. pure*, 1860, p. 94].

C'est un corps oléagineux, de saveur amère et piquante, insoluble dans l'eau au fond de laquelle il tombe, soluble dans l'alcool ; la potasse même bouillante ne le décompose que difficilement.

GLYCOL MONOVALÉRIQUE,

$$C^2H^4\left\{\begin{matrix}OH\\C^5H^9O^2\end{matrix}\right.$$

[Lourenço, *Répert. de Chim. pure*, t. II, p. 93]. — Il se prépare comme le glycol monobutyrique. C'est un corps incolore, huileux, insoluble dans l'eau, soluble dans l'éther et l'alcool, d'odeur légère d'acide valérique. Il bout vers 240°.

GLYCOL DIVALÉRIQUE,

$$C^2H^4\left\{\begin{matrix}C^5H^9O^2\\C^5H^9O^2\end{matrix}\right.$$

(Lourenço). — Il se forme par l'action d'un excès d'acide valérique sur le glycol. C'est un liquide huileux bouillant vers 255°, qui est insoluble dans l'eau et soluble dans l'alcool et dans l'éther.

GLYCOL ACÉTO-VALÉRIQUE,

$$C^2H^4\left\{\begin{matrix}C^2H^3O^2\\C^5H^9O^2\end{matrix}\right.$$

[Lourenço, même lieu]. — Il prend naissance quand on traite le glycol monacétique par l'acide valérique. C'est un composé huileux, incolore, neutre, insoluble dans l'eau, soluble dans l'alcool et l'éther, et bouillant vers 230°.

GLYCOL DISTÉARIQUE,

$$C^2H^4\left\{\begin{matrix}C^{18}H^{35}O^2\\C^{18}H^{35}O^2\end{matrix}\right.$$

[Wurtz, *Ann. de Chim. et de Phys.*, (3), t. LV, p. 436]. — On obtient ce composé en traitant le bromure d'éthylène par le stéarate d'argent; le produit de la réaction épuisé à l'éther, et la solution éthérée traitée par l'hydrate de chaux, est enfin filtrée et laissée à évaporer spontanément. Le glycol distéarique se forme alors en petits mamelons, solubles dans l'alcool et dans l'éther et donnant de petites paillettes brillantes, légères, fusibles à 76°.

GLYCOL DIBENZOÏQUE,

$$C^2H^4\left\{\begin{matrix}C^7H^5O^2\\C^7H^5O^2\end{matrix}\right.$$

[Wurtz, même lieu]. — Ce corps se produit comme le précédent en traitant le bromure d'éthylène par le benzoate d'argent, chauffant plusieurs jours au bain-marie, reprenant par l'éther, traitant cette solution par un peu de chaux éteinte, filtrant et évaporant au-dessous de 100°; le résidu se remplit, par le refroidissement, de cristaux qu'on purifie par des recristallisations dans l'éther.

On peut aussi obtenir le glycol dibenzoïque en faisant agir l'acide benzoïque sur le glycol; que celui-ci soit ou non en excès, le même composé prend toujours naissance [Lourenço, *Répert. de Chim. pure*, 1860, p. 93].

Il cristallise dans l'éther en prismes rhomboïdaux droits, brillants, incolores, fusibles à 67°. Il bout sans altération au-dessus de 360°. La potasse, même étendue, le dédouble à chaud en glycol et acide benzoïque.

GLYCOL OXALIQUE, $(C^2H^4)''(C^2O^4)''$ [Wurtz, même lieu, p. 437]. — En remplaçant dans l'opération précédente l'acide benzoïque par l'acide oxalique, il reste, quand on a distillé l'éther, un liquide doué d'une saveur sucrée, bouillant à une température élevée, et paraissant se décomposer par la distillation; traité par l'ammoniaque, ce liquide donne immédiatement de l'oxamide. Quoique l'analyse n'ait pas donné des résultats suffisamment nets, on peut penser que ce liquide renferme le glycol oxalique et qu'il est peut-être l'acide oxalo-glycolique $[C^2H^4\text{-}O\text{-}C^2O^2]''(OH)^2$ correspondant à l'acide sulfoglycolique ou sulfo-éthylénique de MM. Simpson et Lourenço,

$$[C^2H^4\text{-}O\text{-}SO^2]\left\{\begin{matrix}OH\\OH,\end{matrix}\right.$$

mélangé à de la monoformine glycolique. Si l'on chauffe ce liquide vers 100°, on obtient de l'acide carbonique, de l'acide formique et du glycol (Lourenço, v. plus haut).

GLYCOL SUCCINIQUE ACIDE OU ACIDE SUCCINO-ÉTHYLÉNIQUE,

$$C^6H^{10}O^4 = \begin{matrix}(C^4H^4O^2)''OH\\O\\(C^2H^4)''OH\end{matrix}$$

[Lourenço, *Répert. de Chim. pure*, 1860, p. 179, et *Compt. rend.*, t. L, p. 607]. — L'acide succinique se dissout dans le glycol à la température de 150°, et donne un liquide huileux très-acide, qui se prend bientôt en petits cristaux. On le chauffe à 200° pour chasser un petit excès de glycol. Ces cristaux forment l'*acide succino-éthylénique*, que l'on peut considérer comme ayant la constitution de l'alcool diéthylénique

$$(C^2H^4.O.C^2H^4)''2OH,$$

dans lequel un éthylène est remplacé par le succinyle diatomique comme lui.

C'est un composé acide bibasique donnant le sel d'argent $[C^2H^4\text{-}O\text{-}C^4H^4O^2]''2OAg$ mélangé à un peu de succino-éthylénate monargentique, quand on le précipite par le nitrate d'argent; il est très-soluble dans les acides.

Le glycol succinique acide se dissout dans l'eau et dans l'alcool, très-peu dans l'éther.

GLYCOL SUCCINIQUE, $(C^2H^4)''(C^4H^4O^4)''$ [Lourenço, même lieu]. — L'acide précédent porté à 300° perd de l'eau. Par le refroidissement on obtient une masse de cristaux fusibles à 90° qu'on débarrasse de l'acide succinique libre par l'eau bouillante dans laquelle le glycol succinique est insoluble.

C'est un corps neutre, insoluble dans l'eau et dans l'éther, très-soluble dans l'alcool bouillant d'où il cristallise par le refroidissement. Il s'altère par la distillation.

GLYCOL SULFURIQUE ACIDE OU ACIDE ÉTHYLÉNOSULFURIQUE [Syn. *Acide sulfoglycolique*],

$$[C^2H^4\text{-}O\text{-}SO^2]''\left\{\begin{matrix}OH\\OH\end{matrix}\right.$$

[Max. Simpson, *Proceed. of the Roy. Soc.*, t. IX, p. 725, et *Répert. de Chim. pure*, 1859, p. 467]. On chauffe à 150° un mélange de 1 molécule de glycol avec 1 molécule d'acide sulfurique; on étend d'eau, on traite par le carbonate de baryte, on filtre et on évapore. Le *sulfoglycolate* ou *éthylénosulfate* acide de baryte cristallise difficilement dans l'eau, où il est très-soluble; il l'est fort peu dans l'éther et dans l'alcool absolu. Il est déliquescent à l'air, et se décompose déjà à 100°. Si on le traitait par un sel de plomb, on obtiendrait sans doute le sulfoglycolate de plomb, qui donnerait l'acide sulfoglycolique par l'hydrogène sulfuré.

GLYCOLS SULFUREUX. — L'acide *iséthionique*, que l'on pourrait appeler acide *éthyléno-monosulfureux*, peut être regardé comme composé à la manière du précédent acide dans lequel le radical $(SO^2)''$ est remplacé par $(SO)''$. Sa formule devient ainsi

$$(C^2H^4\text{-}O\text{-}SO'')\left\{\begin{matrix}OH\\OH.\end{matrix}\right.$$

L'*acide disulféthólique* a une constitution analogue

$$(C^2H^4\text{-}O\text{-}SO\text{-}O\text{-}SO)\left\{\begin{matrix}OH\\OH.\end{matrix}\right.$$

— Voyez ÉTHYLÈNE.

DÉRIVÉS SODÉS DU GLYCOL.

Le potassium agit très-vivement sur le glycol, mais on ne peut réussir à modérer son action, il se dégage de l'hydrogène et le résidu noircit. Avec le sodium l'action est moins énergique, et on obtient le *glycol monosodé* et le *glycol disodé*.

GLYCOL MONOSODÉ,

$$C^2H^4\left\{\begin{matrix}ONa\\OH\end{matrix}\right.$$

[Wurtz, *Ann. de Chim. et de Phys.*, t. LV, p. 413]. — On l'obtient en faisant agir une molécule de sodium sur le glycol bien sec. Il se forme ainsi une masse blanche déliquescente de glycol monosodé mélangé toujours d'un peu de glycol disodé. Traité par l'éthylène bromé, ce corps donne du glycol, du bromure de sodium et un gaz qui s'unit au chlore (sans doute de l'acétylène) suivant l'équation

$$(C^2H^4)''OH,ONa + C^2H^3Br$$
$$= (C^2H^4)''OH,OH + NaBr + C^2H^2.$$

Avec le glycol monacétique, le glycol monosodé donne de l'acétate de soude et de l'alcool diéthylénique (voyez plus haut GLYCOL MONACÉTIQUE) [*Ann. de Chim. et de Phys.*, (3), t. LV, p. 423]. Avec l'iodure d'éthyle, le glycol monosodé donne le glycol monéthylique.

GLYCOL DISODÉ,

$$C^2H^4\left\{\begin{matrix}ONa\\ONa\end{matrix}\right.$$

[Wurtz, *loc. cit.*] — Masse blanche, sèche, déliquescente, soluble dans l'alcool absolu dont elle se précipite par l'éther, et que l'on obtient en faisant dissoudre 2 atomes de sodium dans 1 molécule de glycol. On doit vers la fin chauffer jusqu'à 190°. L'eau décompose instantanément ce corps en donnant avec lui de l'hydrate de soude et reproduisant le glycol.

L'iodure d'éthyle en agissant sur le glycol donne la diéthyline de glycol.

Traité par le bromure d'éthylène, le glycol disodé reproduit du glycol et de l'éthylène bromé d'après l'équation

$$C^2H^4\left\{\begin{matrix}ONa\\ONa\end{matrix}\right. + 2C^2H^4Br^2$$
$$= 2C^2H^3Br + 2BrNa + C^2H^4\left\{\begin{matrix}OH\\OH.\end{matrix}\right.$$

DÉRIVÉS ÉTHYLIQUES DU GLYCOL.

On sait que l'oxyde d'éthylène (voyez ÉTHYLÈNE [oxyde d']) est le véritable éther du glycol, en ce sens que dans ce corps le radical diatomique C^2H^4 uni à l'oxygène joue le rôle des 2 radicaux C^2H^5 unis aussi par l'oxygène dans l'éther ordinaire; mais on conçoit que l'on puisse remplacer les 2 H des oxhydryles par 2 radicaux, par de l'éthyle ou du méthyle, ce qui constituera des éthers mixtes tels que

$$C^2H^4\left\{\begin{matrix}OH\\OC^2H^5\end{matrix}\right. \text{ et } C^2H^4\left\{\begin{matrix}OC^2H^5\\OC^2H^5.\end{matrix}\right.$$

Ce sont les *mono-* et *diéthyline* du glycol.

GLYCOL MONÉTHYLIQUE,

$$(C^2H^4)''OH.OC^2H^5$$

[Wurtz, *Ann. de Chim. et de Phys.*, (3), t. LV, p. 429]. — On obtient ce corps en traitant au bain-marie, dans un appareil à reflux, 1 molécule de glycol monosodé par 1 molécule d'iodure d'éthyle. La réaction étant terminée au bout de quelques heures, on distille au bain d'huile jusqu'à 250°, et on obtient un corps qui passe en grande partie à la distillation de 125° à 140°.

C'est un liquide éthéré, d'odeur très-agréable, bouillant vers 135°, mais qui contient toujours une trace de glycol diéthylique, due à la présence d'un peu de glycol disodé dans le glycol monosodé employé. La réaction qui donne lieu au glycol monéthylique est la suivante :

$$(C^2H^4)''OH.ONa + C^2H^5I$$
$$= (C^2H^4)OH,OC^2H^5 + NaI.$$

GLYCOL DIÉTHYLIQUE [Wurtz]. — Ce corps s'obtient en traitant le résultat brut de l'action de l'iodure d'éthyle sur le glycol monosodé par du potassium, il se dégage ainsi l'hydrogène de l'oxyhydryle restant, et il se fait la réaction suivante :

$$\underset{\text{Glycol monéthylique.}}{(C^2H^4)''OH.OC^2H^5} + K = \underset{\text{Glycol éthylpotassique.}}{(C^2H^4)''OK,OC^2H^5} + H$$

Si on ajoute alors à la masse solide blanche, ainsi obtenue, de l'iodure d'éthyle, il se forme immédiatement du diéthylglycol suivant l'équation

$$(C^2H^4)''OK,OC^2H^5 + C^2H^5I$$
$$= C^2H^4(OC^2H^5)^2 + KI.$$

En distillant on obtient un liquide incolore, très-mobile, d'odeur éthérée très-agréable, bouillant à 123°,5 sous 0m,759 et non à 104°, comme l'acétal son isomère. Densité à 0° = 0,7993. Densité de vapeur exp., 4,095 ; théorie, 4,085. A. G.

GLYCOLAMIDE,

$$C^2H^5AzO^2 = \begin{matrix}CH^2.OH\\CO.AzH^2\end{matrix}$$

— Cette substance isomère avec le glycocolle est l'amide de l'acide glycolique ; elle devrait porter le nom de *glycolylamide*; elle a été découverte par Dessaignes en chauffant au bain d'huile le tartronate d'ammonium. Ce sel fond vers 150° en dégageant beaucoup d'acide carbonique, et laisse un sirop incolore qui est formé très-probablement de glycolate ammonique. Si on continue à chauffer, on voit se former bientôt dans le col de la cornue des cristaux de carbonate d'ammoniaque, et l'on obtient par refroidissement une masse cristalline brune de glycolamide formée d'après l'équation

$$\underset{\text{Tartronate d'ammoniaque.}}{\begin{matrix}CO.OH\\CH.OH\\CO.OAzH^4\end{matrix}} = CO^2 + H^2O + \underset{\text{Glycolamide.}}{\begin{matrix}CH^2.OH\\CO.AzH^2\end{matrix}}$$

[Dessaignes, *Compt. rend.*, t. XXXVIII, p. 44]. On peut aussi obtenir la glycolamide par l'action de l'ammoniaque aidée d'une douce chaleur sur la glycolide (Dessaignes), ou en traitant l'éther glycolique par la même base (Heintz).

C'est une substance légèrement acide aux papiers suivant Dessaignes, neutre suivant Heintz, très-soluble dans l'eau, un peu dans l'alcool, surtout à chaud. Sa saveur est fade et légèrement douceâtre. Elle fond à 120° sans se décomposer; elle ne peut, comme le glycocolle, s'unir aux bases. Traitée par la potasse, elle n'est décomposée qu'à l'ébullition, elle donne alors de l'ammoniaque et du glycolate de potasse. Les acides aqueux agissent de même. Chauffée à 100° dans l'acide chlorhydrique sec, elle s'unit à lui pour donner un chlorhydrate huileux à chaud, difficilement cristallisable à froid, qui, lorsqu'on le chauffe, donne du sel ammoniac et de la glycolide [Heintz, *Ann. der Chem. u. Pharm.*, t. CXXIII, p. 315, et *Bull. de la Soc. chim.*, 1863, p. 212].

A la glycolamide se rattachent les deux composés suivants :

Éthylglycolamide,

$$C^4H^9AzO^2 = \begin{matrix}CH^2.OC^2H^5\\CO.AzH^2\end{matrix}$$

[Syn. *Éthoxacétamide*]. — Ce corps, isomère de l'éthylglycocolle

$$\begin{matrix}CH^2.Az\left\{\begin{matrix}C^2H^5\\H\end{matrix}\right.\\CO.OH\end{matrix}$$

et de la glycoléthylamine

$$\begin{matrix}CH^2.OH\\CO.Az\left\{\begin{matrix}C^2H^5\\H\end{matrix}\right.\end{matrix}$$

dont nous parlons plus bas, s'obtient en traitant l'éthylglycolate d'éthyle par un grand excès d'ammoniaque aqueuse additionnée d'alcool. Il se forme ainsi de beaux cristaux d'éthylglycolamide solubles dans l'éther, dans l'eau et dans l'alcool, non déliquescents, fusibles avant 100° et sublimables au-dessus de cette température. L'acide chlorhydrique donne avec ce corps de l'acide éthylglycolique et du sel ammoniac; les bases le dédoublent de même [Heintz, *Ann. der Chem. u. Pharm.*, t. CXXIX, p. 27].

L'équation qui explique sa formation est la suivante :

$$\underset{\text{Éthylglycolate d'éthyle.}}{\begin{matrix}CH^2.OC^2H^5\\CO.OC^2H^5\end{matrix}} + AzH^3 = \underset{\text{Éthylglycolamide.}}{\begin{matrix}CH^2.OC^2H^5\\CO.AzH^2\end{matrix}} + \underset{\text{Alcool.}}{C^2H^5.OH}$$

Glycoléthylamine,

$$C^4H^9AzO^2 = \begin{matrix}CH^2.OH\\CO.Az\left\{\begin{matrix}C^2H^5\\H\end{matrix}\right.\end{matrix}$$

— Ce corps, isomère du précédent, a été aussi obtenu par Heintz en faisant réagir à froid l'éthylamine pure sur l'éther glycolique. L'équation suivante représente la réaction

$$\underset{\text{Glycollate d'éthyle.}}{\begin{matrix}CH^2.OH\\CO.OC^2H^5\end{matrix}} + Az\left\{\begin{matrix}C^2H^5\\H^2\end{matrix}\right.$$

$$= \underset{\text{Glycoléthylamine.}}{\begin{matrix}CH^2.OH\\CO.AzH(C^2H^5)\end{matrix}} + \underset{\text{Alcool.}}{C^2H^5.OH}$$

Le produit de la réaction est mis à évaporer au-dessus de l'acide sulfurique. C'est un sirop incristallisable qui ne commence à bouillir que vers 245° et s'élève à 275°. C'est bien de la glycoléthylamine, car, traité par la baryte ou l'oxyde de cuivre, il donne de l'éthylamine et du glycolate barytique ou cuprique.

L'acide chlorhydrique paraît se combiner à ce corps pour donner un chlorhydrate [Heintz, *Ann. der Chem. u. Pharm.*, t. CXXIX, p. 27].

On obtiendrait aussi ce même composé et non ses isomères par l'union directe de l'éthylamine à la glycolide

$$\begin{matrix}CH^2.O\\CO\end{matrix}$$

A. G.

GLYCOLIDE [Syn. *Anhydride glycolique*],

$$C^2H^2O^2 = \begin{matrix}CH^2\\CO\end{matrix}\!\!>O$$

— Ce corps, qui est isomérique avec le glyoxal

$$\begin{matrix}CHO\\CHO\end{matrix}$$

a été découvert par Dessaignes en chauffant l'acide tartronique. Voici l'équation :

$$\underset{\text{Acide tartronique.}}{\begin{matrix}CO.OH\\CH.OH\\CO.OH\end{matrix}} = CO^2 + H^2O + \underset{\text{Glycolide.}}{\left\{\begin{matrix}CH^2\\CO\end{matrix}\right.\!\!>O}$$

on n'a qu'à laver à l'eau froide le résidu ainsi obtenu et à dessécher dans le vide [Dessaignes, *Compt. rend.*, t. XXXVIII, p. 44].

La glycolide est à l'acide glycolique ce que la lactide est à l'acide lactique; aussi Heintz l'a-t-il obtenue, mêlée à un peu d'acide diglycolique et de dioxyméthylène, en chauffant l'acide glycolique à 200° ou 240° [Heintz, *Poggend. Ann.*, t. CXV, p. 452; *Jahresb.*, 1861, p. 444]. Kekulé l'a produite par l'action de la chaleur sur le chloracétate de potassium :

$$C^2H^2KClO^2 = KCl + C^2H^2O^2.$$

Si l'on emploie du chloracétate non absolument sec, la glycolide formée s'hydrate, et l'on obtient de l'acide glycolique [*Ann. der Chem. u. Pharm.*, t. CXV, p. 288]. On retrouve aussi le même corps dans le résidu de l'évaporation de l'acide monochloracétique aqueux (Heintz).

C'est une substance blanche, incolore, insoluble dans l'eau froide, fort peu dans l'eau chaude. La glycolide fond à 180° sans perdre d'eau. Par un long contact avec ce liquide, elle donne de l'acide glycolique (Dessaignes). Elle se dissout dans la potasse aqueuse pour donner du glycolate de potasse, et dans l'ammoniaque pour produire la *glycolamide*

$$\begin{matrix}CH^2.OH\\CO.AzH^2.\end{matrix}$$

Par l'éthylamine, elle devra donner de la glycoléthylamide.

A. G.

GLYCOLIQUE (ACIDE),

$$C^2H^4O^3 = \begin{matrix} CH^2.OH \\ CO.OH \end{matrix}$$

[Syn. *Acide oxacétique*] [Socoloff et Strecker, *Ann. der Chem. u. Pharm.*, t. LXXX, p. 18; — Dessaignes, *Compt. rend.*, t. XXXVIII, p. 44; — Wurtz, *Compt. rend.*, 1857, t. XLIV, p. 1306; — Kekulé, *Ann. der Chem. u. Pharm.*, t. CV, p. 286; — Perkin et Duppa, *Chem. Soc. quart. Journ.*, t. XI, p. 22, et *Phil. Magaz.*, (4), t. XVIII, p. 54; — Heintz, *Poggend. Ann.*, t. CXII, p. 87, et *Rép. de Chim. pure*, 1860, p. 95 et 297; — Schulze, *Zeitsch. der Chem. Pharm.*, 1862, p. 606 et 682; — Drechsel, *Ann. der Chem. u. Pharm.*, t. CXXVII, p. 150].

Cet acide a été découvert, en 1851, par MM. N. Socoloff et A. Strecker en traitant le glycocolle par l'acide nitreux. Son nom lui vient de cette origine. Il se produit dans ces conditions suivant l'équation

$$\underset{\text{Glycocolle.}}{\begin{matrix} CH^2.AzH^2 \\ CO.OH \end{matrix}} + \underset{\text{Acide azoteux.}}{AzO^2H} = Az^2 + H^2O + \underset{\text{Acide glycolique.}}{\begin{matrix} CH^2.OH \\ CO.OH \end{matrix}}$$

On n'a plus alors qu'à traiter la liqueur par l'éther, qui dissout l acide et l'abandonne en s'évaporant. Les mêmes auteurs l'ont aussi obtenu en traitant l'acide benzoglycolique provenant de l'action de l'acide nitreux sur l'acide hippurique par l'eau acidulée d'un peu d'acide sulfurique en maintenant longtemps à l'ébullition. L'acide benzoïque se sépare ainsi en majeure partie; on sature l'eau mère par le carbonate de baryte, on filtre et on concentre; le glycolate de baryte est décomposé par l'acide sulfurique dilué, et l'acide glycolique libre repris comme ci-dessus par l'éther. La réaction qui donne ainsi lieu à ce corps est la suivante :

$$\underset{\text{Acide benzoglycolique.}}{\begin{matrix} CH(C^7H^5O).OH \\ CO.OH \end{matrix}} + H^2O$$

$$= \underset{\text{Acide glycolique.}}{\begin{matrix} CH^2.OH \\ CO.OH \end{matrix}} + \underset{\text{Acide benzoïque.}}{C^7H^5O,OH.}$$

En chauffant à 180° l'acide tartronique, tant qu'il se dégage des gaz, on obtient un résidu formé en grande partie d'acide glycolique anhydre qui, lavé à l'eau froide, et bouilli avec l'eau et la potasse, donne du glycolate de potasse [Dessaignes, *loc. cit.*].

En oxydant le glycol ordinaire par l'acide nitrique faible, on obtient au bout de quelques jours, si l'on évapore sous une cloche qui contient des fragments de potasse, un sirop qui, saturé par la chaux, précipite du glycolate de calcium, quand on l'additionne d'alcool [Wurtz, *loc. cit.*]. Le même acide se forme aussi quand on oxyde le glycol propylique.

L'action de l'eau et des alcalis sur le glyoxal et l'acide glyoxylique donne de l'acide glycolique :

$$\underset{\text{Glyoxal.}}{\begin{matrix} CHO \\ CHO \end{matrix}} + H^2O = \underset{\text{Acide glycolique.}}{\begin{matrix} CH^2.OH \\ CO.OH \end{matrix}}$$

et

$$2\underset{\text{Acide glyoxylique.}}{\begin{matrix} COH \\ CO.OH \end{matrix}} + H^2O = \underset{\text{Acide glycolique.}}{\begin{matrix} CH^2.OH \\ CO.OH \end{matrix}} + \underset{\text{Acide oxalique.}}{\begin{matrix} CO.OH \\ CO.OH \end{matrix}}$$

En traitant le chloracétate d'argent par l'acide sulfhydrique, Kekulé a obtenu l'acide glycolique en groupes de cristaux déliquescents. On l'obtient de même, soit en décomposant par l'eau à l'ébullition le bromacétate d'argent, soit en chauffant le chloracétate de potassium ou les chloracétates avec l'eau et la potasse, soit enfin en soumettant à l'action de l'eau chaude l'iodacétate de plomb ou d'argent [Kekulé, Perkin et Duppa, Heintz, *loc. cit.*] :

$$\underset{\text{Bromacétate d'argent.}}{C^2H^2AgBrO^2} + H^2O = \underset{\text{Bromure d'argent.}}{AgBr} + \underset{\text{Acide glycolique.}}{C^2H^4O^3.}$$

M. Heintz a montré qu'en même temps, dans cette réaction, il se fait de l'acide diglycolique.

Lautemann, d'après les observations de Debus sur l'oxydation de l'alcool par l'acide nitrique, indique le procédé suivant de préparation. On ajoute par petites quantités un mélange de 500 grammes d'alcool à 20° centésimaux, à 440 grammes d'acide nitrique de densité 1,34 dans un grand ballon, en chauffant à chaque fois jusqu'à ce que celui-ci se remplisse de vapeurs rouges. On sépare ensuite l'acide glycolique à l'état de sel calcique, comme fait Debus en faisant bouillir quelque temps le tout avec un lait de chaux pour transformer le glyoxal et l'acide glyoxylique en acide glycolique, filtrant, traitant par l'acide carbonique, et précipitant le glycolate de chaux par l'alcool. Heintz ajoute au mélange brut et chaud un sel de cuivre; en refroidissant, on obtient une abondante cristallisation de glycolate de ce métal, que l'on décompose à chaud par l'hydrogène sulfuré [V. Debus, *Phil. Magaz.*, (4), t. XII, p. 361; — Lautemann, Kolbe, *Organ. Chem.* t. I, p. 678; — Diecksel, *Bull. de la Soc. chim.*, 1864, t. I, p. 141; — Heintz, *Rép. de Chim. pure*, 1861, p. 264, et *Poggend. Ann.*, t. CXII, p. 87].

L'oxydation ménagée du glycol par l'acide nitrique étendu donne aussi de l'acide glycolique (Wurtz).

Schulze a trouvé que l'hydrogène naissant transforme l'acide oxalique en acides glyoxylique et glycolique. Church a modifié son procédé comme il suit : il ajoute l'acide oxalique peu à peu par petites portions à une bonne quantité de zinc mouillé d'eau acidulée par l'acide sulfurique et chauffée. Après 2 heures, il ajoute un excès de chaux, fait bouillir, filtre, sature par l'acide carbonique; en concentrant, on obtient un dépôt abondant de glycolate de chaux, tandis que l'eau mère retient un acide qui paraît être un isomère de l'acide acétique.

L'acide glycolique se produit encore dans d'autres réactions. M. Cloëz avait trouvé en 1852 un acide qu'il nomma *homolactique*, dans les eaux mères de la fabrication du fulminate de mercure; ce corps, qui se forme dans les mêmes conditions que celles où se placent Debus et Lautemann, paraît être identique avec l'acide glycolique, dont il différerait seulement en ce qu'il est incristallisable [Cloëz, *Compt. rend.*, t. XXXIV, p. 364]. Il en est du reste de même de l'acide obtenu par Sokoloff et Strecker en partant de l'acide hippurique.

Par l'action de l'acide nitrique sur l'acroléine, et de l'eau bouillante sur le liquide bromé que l'on obtient en traitant la glycérine par le brome, il se forme aussi de l'acide glycolique; enfin Erlenmeyer l'a trouvé tout formé dans les raisins verts [Claus, *Ann. der Chem. u. Pharm.*, suppl. II, p. 119; — Barth, *Ann. der Chem. u. Pharm.*, t. CXXIV, p. 341; *Zeitsch. fur Chem.*, nouv. sér., t. II, p. 639].

Propriétés. — Sauf les acides glycolique de Socoloff et Strecker et celui de Cloëz qui peuvent être des modifications isomériques de l'acide glycolique, l'acide obtenu par ces divers procédés est cristallisable. Toutefois, tandis que l'acide glycolique de Kekulé et celui de Dessaignes, préparés le premier avec l'acide chloracétique, le second avec l'acide tartronique, sont extrêmement déliquescents, celui qui provient de l'oxydation de l'alcool ne se liquéfierait que dans un air très-humide. Mais toutes ces modifications de propriétés ne nous paraissent pas suffire pour admettre une vraie isomérie chimique.

L'acide glycolique est soluble dans l'alcool, l'eau et l'éther d'où il cristallise en beaux cristaux présentant les caractères de déliquescence que nous venons d'indiquer. Son goût est très-acide. Il fond à 78-79° et subit la surfusion; à 100° il passe en partie avec de la vapeur d'eau, à 150° il donne des vapeurs d'odeur très-vive, et un liquide en partie cristallisable qui paraît être un mélange contenant de l'acide et de l'anhydride glycoliques. D'après Schulze, l'acide provenant de la réduction de l'oxalate ne commencerait à se décomposer qu'à 180°.

L'acide glycolique ressemble beaucoup à l'acide lactique; il ne précipite pas les sels métalliques; traité par l'acide bromhydrique, l'acide glycolique donne de l'acide monobromacétique :

$$\underset{\text{Acide glycolique.}}{\begin{matrix} CH^2.OH \\ CO.OH \end{matrix}} + HBr = \underset{\text{Acide monobromacétique.}}{\begin{matrix} CH^2Br \\ CO.OH \end{matrix}} + H^2O$$

[Kekulé, *Ann. der Chem. u. Pharm.*, t. CXXX, p. 11].

La formule de l'acide glycolique

$$\begin{matrix} CH^2.OH \\ CO.OH \end{matrix}$$

indique que ce corps renferme 2 oxhydryles, dont l'un en rapport avec CO a son hydrogène le plus souvent remplaçable par des métaux ou des radicaux alcooliques monatomiques, tandis que l'autre en rapport avec CH^2 est un oxyhydryle alcoolique, dont l'hydrogène n'est qu'exceptionnellement remplaçable par des métaux, mais peut l'être aisément par des radicaux alcooliques ou acides; de cette dernière substitution naissent des acides monatomiques, tels que les éthers acides éthylglycolique

$$\begin{matrix} CH^2.OC^2H^5 \\ CO.OH, \end{matrix}$$

acétoglycolique

$$\begin{matrix} CH^2.OC^2H^3O \\ CO.OH, \end{matrix}$$

ou benzoglycolique

$$\begin{matrix} CH^2.OC^7H^5O \\ CO.OH. \end{matrix}$$

L'acide glycolique donne en outre des composés de substitution tels que l'acide bromoglycolique

$$\begin{matrix} CHBr.OH \\ CO.OH. \end{matrix}$$

Nous allons décrire successivement chacune de ces classes de corps.

GLYCOLATES MÉTALLIQUES.

Glycolate ammonique. — C'est un sel avec excès d'acide,

$$C^2H^3O^3(AzH^4), C^2H^4O^3,$$

que l'on obtient en évaporant une solution d'acide glycolique et d'ammoniaque, et que l'on trouve aussi dans les eaux mères de la préparation de la *glycolamide*. Il est très-acide, très-soluble dans l'eau et l'alcool bouillant, et ne peut se sécher à 100° sans se décomposer. Il cristallise en aiguilles radiées [Heintz, *Ann. der Chem. u. Pharm.*, t. CXXIII, p. 212].

Glycolate d'argent ($C^2H^3O^3$) Ag. — Suivant Drechsel qui admet 2 modifications de l'acide glycolique (voyez plus haut), le glycolate d'argent obtenu par double décomposition avec l'acide cristallisable cristallise aisément; celui que l'on produit avec l'acide incristallisable est très-instable. Il est soluble dans l'eau froide et se décompose par l'ébullition de cette eau; il est insoluble dans l'alcool (Kekulé). Dessaignes a obtenu un glycolate ayant pour formule

$$C^2H^3AgO^3 + H^2O$$

en dissolvant la glycolide dans la potasse, ajoutant du nitrate d'argent et reprenant le précipité par l'eau froide. L'homolactate d'argent cristallise en lames minces, anhydres, peu solubles dans l'eau froide [Cloëz, *loc. cit.*].

Glycolate de baryum,

$$(C^2H^3O^3)^2Ba'' + nH^2O.$$

— Croûtes dures, très-solubles dans l'eau, mais on peut l'avoir en assez beaux cristaux en laissant lentement refroidir la liqueur concentrée. Il fond par la chaleur et cristallise en refroidissant. Si l'on chauffe trop, le sel se boursoufle, et laisse enfin du carbonate de baryte. Il se dissout dans 7,9 parties d'eau à 17°.

Glycolate de chaux, $(C^2H^3O^3)^2Ca'' + 3H^2O$. — On l'obtient en saturant l'acide par un lait de chaux et séparant l'excès de base par l'acide carbonique, filtrant et concentrant en cristaux groupés à la manière de l'asbeste. Il est peu soluble dans l'eau froide. Il se déshydrate à 100° et donne du carbonate de chaux à une plus haute température (Kekulé). Dans la préparation de l'acide glyoxylique on obtient un sel double de glyoxylate de chaux uni au glycolate dont la formule est

$$(C^2H^3O^3)^2Ca'', 2(C^2HO^3)^2Ca + 3H^2O.$$

A la distillation, le glycolate de chaux donne un goudron et une huile épaisse très-oxygénée.

Glycolate de cuivre. — Il s'obtient en saturant l'acide par le carbonate de cuivre. Il donne, quand on le distille, de l'acide glycolique, de l'acide carbonique, de l'oxyde de carbone et un peu de dioxyméthylène. Il en est de même du glycolate d'aluminium (Heintz).

Glycolate de plomb. — 1° *Sel neutre.* — Les sels de plomb des acides glycoliques cristallisables ou non ont à peu de chose près la même solubilité; ils s'obtiennent en saturant l'acide par le carbonate plombique. Mais le sel obtenu avec l'acide cristallisable appartient au type clinorhombique, ce sont des prismes ou des tables hexagonales. Inclinaison de la clinodiagonale sur l'axe principal = 82° 30′;

$$mm = 78°6;\ mh^1 = 129°10;$$
$$pm = 94°40;\ ph^1 = 97°94.$$

Les angles du sel obtenu avec l'acide non cristallisable n'ont malheureusement pas pu être mesurés à cause de la rugosité des faces, mais ce corps forme des prismes à pointements qui paraissent appartenir au système orthorhombique [Drechsel, *Ann. der Chem. u. Pharm.*, t. CXXVII, p. 150]. Suivant Schulze, le sel de plomb donne de beaux prismes monocliniques ressemblant au gypse, que l'eau dédouble aisément en acide libre et sel basique.

2° *Sel basique,* $(C^2H^3O^3)^2Pb, PbO$. — On l'obtient comme il vient d'être dit, ou mieux encore en traitant le sel calcique par l'acétate basique de plomb. Il demande plus de 10,000 parties d'eau froide et guère moins d'eau chaude pour se dissoudre; mais l'acide acétique ou l'acétate de plomb basique ou neutre le dissolvent aisément (Schulze).

Glycolate de zinc $(C^2H^3O^3)^2 Zn'' + 2H^2O$. — Croûtes cristallines qui se déposent par le refroidissement d'une solution d'acide glycolique saturée par du carbonate de zinc. Ce corps ressemble beaucoup au lactate. Il se dissout dans 26 p. d'eau à 17° (Schulze). Il est plus soluble dans l'eau chaude et insoluble dans l'alcool.

Suivant Drechsel, l'eau de cristallisation reste la même dans le glycolate à acide cristallisable ou non.

ÉTHERS GLYCOLIQUES.

En nous reportant à ce qui a été dit plus haut, on comprend que l'on pourra avoir diverses classes d'éthers glycoliques, suivant que des radicaux alcooliques se substituent à l'hydrogène alcoolique ou à l'hydrogène basique de l'acide glycolique ou à l'un et à l'autre. Les exemples suivants feront comprendre ces cas de substitution :

$CH^2.OH$ $CO.C^2H^5$	$CH^2.OC^2H^5$ $CO.OH$	$CH^2.OC^2H^5$ $CO.OC^2H^5$.
Glycolate éthylique.	Acide éthylglycolique.	Éthylglycolate éthylique.

AMYLGLYCOLIQUE (ACIDE),

$$C^7H^{14}O^3 = \begin{matrix} CH^2.OC^5H^{11} \\ CO.OH \end{matrix}$$

[Heintz, *Pogg. Ann.*, t. CIX, p. 301 ; — Siemens, *Jahresb.*, 1861, p. 449].— Par l'action de l'amylate de sodium (provenant de 98 grammes de sodium), sur l'acide chloracétique dissous dans l'alcool amylique (190 grammes), on obtient l'amylglycolate de sodium. On filtre pour séparer le chlorure de sodium formé et on sépare la majeure partie de l'alcool amylique par la distillation. On ajoute de l'eau au résidu, on agite; la couche aqueuse séparée est traitée par un excès d'acide chlorhydrique, l'acide amylglycolique vient surnager. On le distille alors et on recueille ce qui passe au-dessus de 140°.

L'acide amylglycolique est un liquide huileux, bouillant à 235°, peu soluble dans l'eau, très-soluble dans l'alcool et l'éther. Il brûle avec une flamme fuligineuse d'odeur âcre. Sa densité est de 1,003.

AMYLGLYCOLATES. — Ils ont pour formule générale

$$\begin{matrix} CH^2.OC^5H^{11} \\ CO.OR' \end{matrix} = (C^7H^{13}O^3)R'.$$

Le sel d'argent, $(C^7H^{13}O^3)Ag$, s'obtient par double décomposition avec les amylglycolates solubles ; il est blanc, mais rougit à la lumière. Il est très-peu soluble dans l'eau, modérément dans l'alcool, et insoluble dans l'éther. Il se décompose à l'air peu à peu ; à 110°, il fond et s'altère.

Le *sel de baryum* est incristallisable.

Le *sel de cuivre*, $(C^7H^{13}O^3)^2Cu$, s'obtient par en soumettant à la recristallisation le précipité formé quand on ajoute du sulfate de cuivre à de l'amylglycolate de sodium. Petits cristaux bleu-verdâtre. Il est un peu soluble dans l'alcool, fort peu dans l'eau et dans l'éther. Il fond et se décompose peu à peu à 110°.

L'amylglycolate mercureux, $(C^7H^{13}O^3)^2(Hg^2)''$, forme une poudre blanche que l'on obtient par double décomposition. Il est très-peu soluble dans l'eau, insoluble dans l'éther, un peu soluble dans l'alcool. Il fond et se décompose vers 170°.

L'amylglycolate de potassium,

$$(C^{17}H^{13}O^3)K + H^2O,$$

s'obtient en saturant l'acide libre par la potasse alcoolique, et séparant par un courant d'acide carbonique l'excès de potasse. Longs prismes obliques à faces terminales très-inclinées sur l'axe. Il est très-soluble dans l'eau et dans l'alcool, l'éther l'en précipite sous forme d'une poudre cristalline. Il est déliquescent. Il perd son eau à 100° et fond sans se décomposer de 200° à 210°.

L'amylglycolate de sodium,

$$(C^7H^{13}O^3)Na + 2H^2O,$$

est un sel efflorescent, cristallisant en plaques rectangulaires légères, très-solubles dans l'eau et dans l'alcool et fondant de 190° à 200°.

AMYLGLYCOLATE D'ÉTHYLE,

$$C^9H^{18}O^3 = \begin{matrix} CH^2.OC^5H^{11} \\ CO.OC^2H^5. \end{matrix}$$

— On l'obtient en faisant réagir en solution dans l'alcool absolu l'iodure d'éthyle sur l'amylglycolate de sodium. On chauffe ce mélange pendant deux jours au bain-marie. On sépare alors l'iodure formé, on agite avec du mercure pour enlever l'excès d'iode, on distille, on sépare et traite par le carbonate de sodium la partie qui passe de 200° à 210°. Enfin, on redistille et on obtient un liquide mobile, éthéré, distillant à 212°. La potasse n'en chasse pas de l'alcool amylique, mais de l'alcool ordinaire, ce qui le distingue de son isomère l'éthylglycolate d'amyle

$$\begin{matrix} CH^2.OC^2H^5 \\ CO.OC^5H^{11}, \end{matrix}$$

dont nous allons bientôt parler.

CRÉSYLGLYCOLIQUE (ACIDE),

$$C^9H^9O^3 = \begin{matrix} CH^2.OC^7H^7 \\ CO.OH. \end{matrix}$$

— Heintz a trouvé le sel de soude de cet acide dans les eaux mères du *phénylglycolate* de sodium, fait avec l'acide phénique ordinaire. Le crésylglycolate de sodium est difficilement cristallisable. En reprenant ces eaux mères par l'alcool et ajoutant de l'éther, on obtient un précipité gélatineux, d'où le gaz chlorhydrique sépare l'acide crésylglycolique. Heintz a préparé son sel d'ammonium et son sel de cuivre qui a pour formule

$$(C^9H^9O^3)^2Cu'' + 2H^2O.$$

ÉTHYLGLYCOLIQUE (ACIDE),

$$C^4H^8O^3 = \begin{matrix} CH^2.OC^2H^5 \\ CO.OH \end{matrix}$$

[Syn. *Acide éthoxacétique*] [Heintz, *Pogg. Ann.*, t. CIX, p. 489 ; t. CXI, p. 552, et *Répert. de Chim. pure*, 1860, p. 05 et 297; *Jahresb.*, 1859, p. 360, et 1860, p. 314]. — On le prépare en faisant agir l'éthylate de soude dissous dans l'alcool absolu sur l'acide chloracétique. On filtre et on distille. Le résidu mêlé d'eau est alors additionné d'une quantité de sel de cuivre plus grande que celle qui serait nécessaire pour faire la double décomposition. On évapore au bain-marie et on reprend par l'alcool. Cette solution est évaporée et le résidu plusieurs fois recristallisé dans l'eau; enfin le sel de cuivre ainsi purifié est traité par l'acide sulfhydrique et la solution filtrée est distillée. On recueille à part ce qui passe à 200°.

Par la chaleur, même à la température de son ébullition, l'acide éthylglycolique se dédouble en acide glycolique et éthylglycolate d'éthyle :

$$2\begin{bmatrix} CH^2.OC^2H^5 \\ CO.OH \end{bmatrix} = \begin{matrix} CH^2.OH \\ CO.OH \end{matrix} + \begin{matrix} CH^2.OC^2H^5 \\ CO.OC^2H^5. \end{matrix}$$

Acide éthylglycolique. — Acide glycolique. — Éthylglycolate d'éthyle.

Cette réaction est importante, car elle démontre que dans ce corps et dans les analogues, les radicaux CH^3, C^2H^5 ne sont pas unis directement au carbone de l'acide glycolique de façon à donner des corps tels que

$$\begin{matrix} CH(C^2H^5).OH \\ CO.OH, \end{matrix}$$

constitution que Heintz donnait d'abord aux corps dont nous parlons.

Quand on le chauffe sans précaution, l'acide éthylglycolique donne aussi du dioxyméthylène.

Traité par l'iodure de phosphore, il donne de l'acide acétique et un résidu qui contient de l'acide glycolique.

Éthylglycolates. — Leur formule générale est

$$\begin{matrix} CH^2.OC^2H^5 \\ CO.OR' \end{matrix} = (C^4H^7O^3)R'.$$

L'*éthylglycolate de baryum*, $(C^4H^7O^3)^2Ba$, est très-soluble dans l'eau et l'alcool.

L'*éthylglycolate de cuivre*,

$$(C^4H^7O^3)^2Cu + 2H^2O,$$

forme de jolis prismes rhombiques de couleur bleue. 100 p. d'eau à 14° en dissolvent 12,34 p. du sel anhydre; 100 p. d'alcool de densité = 0,825 en dissolvent 13,5 p..

Les *sels d'argent* et de *mercure* sont insolubles; ils se réduisent partiellement par l'ébullition.

Le *sel de zinc* est incristallisable.

ÉTHYLGLYCOLATE D'ÉTHYLE,

$$C^6H^{12}O^3 = \begin{matrix} CH^2.OC^2H^5 \\ CO.OC^2H^5. \end{matrix}$$

— On a vu plus haut qu'il se forme quand on chauffe l'acide éthylglycolique. Heintz le prépare en faisant réagir l'iodure d'éthyle sur l'éthylglycolate de soude à la température du bain-marie et pendant 15 jours en présence de l'alcool; on évapore ensuite ce véhicule, on reprend par l'éther, on agite avec l'eau pour enlever l'iodure de sodium et on rectifie.

C'est un liquide incolore, mobile, douceâtre, d'odeur éthérée, bouillant à 155°. Soluble dans beaucoup d'eau et surnageant ce liquide s'il est en trop petite quantité, soluble dans l'alcool et dans l'éther. Il donne, par l'ammoniaque, de l'éthylglycolamide [Heintz, *Ann. der Chem. u. Pharm.*, t. CXXIX, p. 27].

ÉTHYLGLYCOLATE D'AMYLE,

$$C^9H^{18}O^3 = \begin{matrix} CH^2.OC^2H^5 \\ CO.OC^5H^{11} \end{matrix}$$

[O. Siemens, *Jahresb.*, 1861]. — Ce corps se forme quand on fait réagir quelque temps en tubes scellés l'éthylglycolate de sodium sur l'iodure d'amyle dissous dans l'alcool absolu. On sépare l'iodure formé, on enlève l'iode par le mercure et on rectifie. C'est un liquide visqueux, transparent, soluble dans l'alcool et dans l'éther, insoluble dans l'eau, au fond de laquelle il tombe; d'une odeur de fruits; bouillant de 180° à 190°. La potasse le décompose et met l'alcool amylique en liberté. Il est isomère avec l'amylglycolate d'éthyle (voyez plus haut).

MÉTHYLGLYCOLIQUE (ACIDE),

$$C^3H^6O^3 = \begin{matrix} CH^2.OCH^3 \\ CO.OH \end{matrix}$$

[Syn. *acide méthoxacétique*] [Heintz, *loc. cit.*]. — Cet acide, qui est un isomère de l'acide lactique, se prépare en dissolvant 2 atomes de sodium dans de l'alcool méthylique pur et ajoutant 1 atome d'acide chloracétique. Le mélange laisse, quand on le chauffe, déposer du sel marin qu'on sépare, et la solution claire, additionnée de sulfate de zinc, est évaporée à siccité au bain-marie et reprise par l'alcool; on obtient ainsi une solution de méthylglycolate de zinc, que l'on décompose par l'hydrogène sulfuré. La liqueur filtrée est distillée; l'acide méthylglycolique passe alors sous la forme d'un liquide visqueux, presque inodore, soluble dans l'eau et hygroscopique. Sa densité est de 1,180.

Méthylglycolates. — Leur formule générale est

$$\begin{matrix} CH^2.OCH^3 \\ CO.OR' \end{matrix} = (C^3H^5O^3)R'.$$

Le *méthylglycolate d'ammonium* se présente sous forme d'une masse déliquescente.

Le *méthylglycolate d'argent*, $(C^3H^5O^3)Ag$, est un précipité cristallin qui se sépare de l'eau chaude et ne fond pas à 100°.

Le *sel de baryum*, $(C^3H^5O^3)^2Ba$, forme des cristaux transparents, très-solubles dans l'eau, presque insolubles dans l'alcool.

Le *sel de calcium*, $(C^3H^5O^3)^2Ca + 2H^2O$, est gommeux, mais on peut le faire cristalliser dans l'air bien sec.

Le *sel cuivrique*, $(C^3H^5O^3)^2Cu + 2H^2O$, s'obtient en saturant à chaud l'acide par le carbonate cuivrique. Cristaux verdâtres solubles dans l'eau et l'alcool. Ce sont des prismes clinorhombiques.

Le *sel de plomb*, $(C^3H^5O^3)^2Pb$, se prépare de même; il est insoluble dans l'eau.

Le *sel de potassium*, $(C^3H^5O^3)K$, cristallise de sa solution aqueuse en grands prismes transparents. Cette solution subit aisément la sursaturation. Ce corps est soluble dans l'alcool.

Le *sel de zinc*, $(C^3H^5O^3)^2Zn + 2H^2O$. — S'obtient comme il est dit ci-dessus. Il forme des octaèdres rhombiques aigus; 100 p. d'eau à 18°,4 dissolvent 27,4 p. de sel hydraté. Il est assez soluble dans l'alcool.

GLYCOLATE D'ÉTHYLE,

$$C^4H^8O^3 = \begin{matrix} CH^2.OH \\ CO.OC^2H^5 \end{matrix}$$

[Heintz, *Jahresb.*, 1861, p. 446]. — C'est l'éther éthylglycolique proprement dit; ce corps est isomère avec l'acide éthylglycolique. Il a été obtenu en chauffant à 130°-150° une molécule de chloracétate d'éthyle avec un peu plus d'une molécule de glycolate de sodium. L'équation qui lui donne naissance est la suivante :

$$\underset{\text{Chloracétate d'éthyle.}}{\begin{matrix} CH^2Cl \\ CO.OC^2H^5 \end{matrix}} + \underset{\text{Glycolate de sodium.}}{\begin{matrix} CH^2OH \\ CO.ONa \end{matrix}} = \underset{\text{Chloracétate de sodium.}}{\begin{matrix} CH^2Cl \\ CO\,ONa \end{matrix}} + \underset{\text{Glycolate d'éthyle.}}{\begin{matrix} CH^2.OH \\ CO.OC^2H^5. \end{matrix}}$$

C'est un véritable éther neutre, soluble dans l'eau, qui par l'ébullition avec les alcalis donne de l'alcool et un glycolate et avec lequel l'ammoniaque donne de la glycolamide. L'éthylamine donne avec lui de la glycoléthylamide

$$\begin{matrix} CH^2.OH \\ CO.\left(Az\left\{\begin{matrix} C^2H^5 \\ H \end{matrix}\right.\right) \end{matrix}$$

Isomère avec l'éthyl-glycocolle (Heintz). — Voyez GLYCOCOLLE et ÉTHYLGLYCOCOLLE.

PHÉNYLGLYCOLIQUE (ACIDE),

$$C^8H^8O^3 = \begin{matrix} CH^2.OC^6H^5 \\ CO.OH \end{matrix}$$

[Syn. *acide phénoxacétique*] [Heintz, *loc. cit.*]. — Un mélange de phénate de sodium et d'acide chloracétique chauffé à 100° pendant longtemps se prend en refroidissant en masse cristalline. Si on décompose ce phénylglycolate de sodium par l'acide chlorhydrique, on obtient l'acide impur, sous forme d'un liquide huileux, qui par évaporations et cristallisations répétées, fournit de jolies aiguilles fusibles dans l'eau. L'analyse de ces cristaux a donné des nombres intermédiaires entre ceux des acides phénylglycolique et crésylglycolique (voyez plus haut). Mais l'analyse des sels que l'on peut plus aisément purifier ne laisse aucun doute. L'acide phénylglycolique se dissout dans 100 p. d'eau et en plus grande quantité dans l'alcool et l'éther. Il est fusible et sublimable en partie déjà à 100°.

Phénylglycolates. — Leur formule générale est

$$\begin{matrix} CH^2.OC^6H^5 \\ CO.OR' \end{matrix} \text{ ou } (C^8H^7O^3)R'.$$

Tous ces sels en solution concentrée, additionnés d'un acide, donnent un précipité huileux ou cristallin d'acide phénylglycolique.

Le *phénylglycolate de baryum*,

$$(C^8H^7O^3)^2Ba + 3H^2O,$$

est soluble dans l'eau et l'alcool absolu, d'où il cristallise en belles aiguilles.

Le *sel de cuivre*, $(C^8H^7O^3)^2Cu + 2H^2O$, forme des tables microscopiques fort peu solubles dans l'eau.

Le *phénylglycolate de sodium*,

$$(C^8H^7O^3)Na + H^2O,$$

cristallise de sa solution alcoolique en jolis prismes allongés.

Le *phénylglycolate d'argent*, $(C^8H^7O^3)Ag$, donne un précipité peu soluble dans l'eau quand la solution des sels précédents est traitée par le nitrate d'argent.

Les sels *mercureux* et l'*acétate de plomb* donnent aussi des précipités avec les phénylglycolates solubles.

DÉRIVÉS DE L'ACIDE GLYCOLIQUE RENFERMANT DES RADICAUX D'ACIDES.

Indépendamment des dérivés éthérés de l'acide glycolique que nous venons d'étudier, on en connaît d'autres qui possèdent une constitution analogue, mais qui sont formés par la substitution de radicaux d'acides à l'hydrogène alcoolique de l'acide glycolique :

$$\begin{matrix} CH^2.OH \\ CO.OH \end{matrix} \qquad \begin{matrix} CH^2.OC^7H^5O \\ CO.OH \end{matrix} \qquad \begin{matrix} CH^2.OC^7H^5O \\ CO.OC^2H^5. \end{matrix}$$

Acide glycolique. Acide benzoglycolique. Benzoglycolate d'éthyle.

ACÉTOGLYCOLIQUE (ACIDE). — Cet acide se forme quand on traite par l'acide sulfurique l'acétoglycolate de chaux, ou par l'hydrogène sulfuré l'acétoglycolate de plomb.

ACÉTOGLYCOLATE D'ÉTHYLE,

$$C^6H^{10}O^4 = \begin{matrix} CH^2.OC^2H^3O \\ CO.OC^2H^5 \end{matrix}$$

[Heintz, *Ann. der Chem. u. Pharm.*, t. CXXIII, p. 325, et *Bull. de la Soc. chim.*, 1863, p. 210]. — On le produit en chauffant le chloracétate d'éthyle avec l'acétate de sodium; c'est un liquide qui bout à 179° et a pour densité 1,0093 à 17°. L'ammoniaque aqueuse le transforme en glycolamide et acétate d'éthyle :

$$\underset{\text{Acétoglycolate d'éthyle.}}{\begin{matrix} CH^2.OC^2H^3O \\ CO.OC^2H^5 \end{matrix}} + AzH^3$$

$$= \underset{\text{Glycolamide.}}{\begin{matrix} CH^2.OH \\ CO.AzH^2 \end{matrix}} + C^2H^3O.OC^2H^5.$$

L'ammoniaque alcoolique donne de la glycolamide, de l'acétamide, du glycolate et de l'acétate d'ammonium. Les alcalis donnent des acétates et des glycolates. Mélangé avec l'eau et bouilli avec la chaux, l'acétoglycolate d'éthyle donne de l'alcool et de l'acétoglycolate de calcium.

BENZOGLYCOLIQUE (ACIDE),

$$C^9H^8O^4 = \begin{matrix} CH^2.OC^7H^5O \\ CO.OH \end{matrix}$$

[Strecker, *Ann. der Chem. u. Pharm.*, t. LXVIII, p. 54; — Socoloff et Strecker, *ibid.*, t. LXXX, p. 17]. — Cet acide s'obtient en faisant passer le courant des gaz que l'on dégage en traitant le cuivre par l'acide azotique dans de l'acide hippurique réduit en bouillie claire par son mélange avec l'acide nitrique. On s'arrête quand, au bout de plusieurs heures, ce mélange a pris une teinte verte: pendant tout ce temps on voit se dégager des bulles d'azote. On ajoute de l'eau qui précipite entièrement l'acide benzoglycolique, on le lave à l'eau froide, enfin on transforme l'acide en sel de chaux, qu'on lave avec un peu d'eau ; une certaine quantité de ce sel reste toutefois en solution. Pour obtenir l'acide benzoglycolique libre avec le benzoglycolate de chaux, on n'a plus qu'à dissoudre celui-ci dans l'eau et à additionner d'acide chlorhydrique ; il se précipite alors sous forme d'une poudre légère, cristalline. On peut aussi dissoudre le sel de chaux dans l'alcool, ajouter de l'acide sulfurique, filtrer et évaporer lentement la solution alcoolique de l'acide. Gœsmann traite par le chlore la solution d'acide hippurique dans un excès de potasse, tant qu'il se dégage des gaz, sature ensuite cette liqueur par de l'acide chlorhydrique, la concentre au bain-marie, enfin l'additionne d'un peu d'acide chlorhydrique ; à un certain moment le tout se prend en un magma cristallin d'acide benzoglycolique que l'on purifie, en le reprenant par l'éther, et distillant, on recueille l'acide qui se précipite à un certain instant dans la couche aqueuse [*Ann. de Chim. et de Pharm.*, t. XC, p. 181, et t. XCI, p. 339]. On sépare dans les deux cas une certaine quantité d'acide benzoïque qui se forme toujours, en saturant incomplétement par la chaux, et reprenant par l'éther qui enlève l'acide benzoïque non combiné.

L'acide benzoglycolique cristallise en prismes rhomboïdaux ($m\,m = 142°20'$), qui prennent souvent l'aspect de tables minces. Ces cristaux sont anhydres. Laissés longtemps à 100°, ils s'altèrent peu à peu. Il est très-faiblement soluble dans l'eau froide, l'eau chaude l'altère peu à peu, l'alcool et l'éther le dissolvent aisément. Si on le chauffe, il fond et se décompose ensuite en donnant de l'acide benzoïque, des vapeurs âcres et du charbon.

L'eau, surtout additionnée d'acide, le décompose en acides benzoïque et glycolique :

$$\underset{\text{Acide benzoglycolique.}}{\begin{matrix} CH^2.OC^7H^5O \\ CO.OH \end{matrix}} + H^2O$$

$$= \underset{\text{Acide glycolique.}}{\begin{matrix} CH^2.OH \\ CO.OH \end{matrix}} + \underset{\text{Acide benzoïque.}}{C^7H^5O.OH.}$$

La plupart des benzoglycolates sont solubles dans l'eau, quelques-uns dans l'alcool. Leur solution est assez stable, on peut la faire bouillir sans la décomposer comme celle de l'acide libre. Ils sont neutres aux papiers. La plupart des acides précipitent l'acide benzoglycolique de ses sels. La formule générale des benzoglycolates est

$$\begin{matrix} CH^2.OC^7H^5O \\ CO.OR'. \end{matrix}$$

Benzoglycolate d'ammonium. — On l'obtient soit par double décomposition avec le carbonate d'ammoniaque et le benzoglycolate de chaux, soit en saturant l'acide libre avec l'ammoniaque. Ce sel perd déjà une partie de sa base quand on l'évapore.

Benzoglycolate d'argent, $(C^9H^7O^4)Ag$. — Sel anhydre, altérable à la lumière, que l'on obtient en précipitant le benzoglycolate ammonique par le nitrate d'argent. Il est peu soluble à froid, assez soluble dans l'eau bouillante d'où il se précipite en petits cristaux.

Benzoglycolate de baryum,

$$(C^9H^7O^4)^2Ba'' + 2H^2O.$$

— Fines aiguilles soyeuses qui se déshydratent à 100°.

Benzoglycolate de calcium,

$$(C^9H^7O^4)^2Ca'' + H^2O.$$

— Il s'obtient comme il a été dit ci-dessus, à propos de la préparation de l'acide libre. Ce sel est, à un haut degré, susceptible de sursaturation.

Il cristallise en fines aiguilles radiées. Il ne perd son eau de cristallisation qu'à 120°. Il se dissout dans 43 p. 3 d'eau à 11°, et 7 p. 54 d'eau à 100°.

Benzoglycolate de cuivre. — Il se dépose par le refroidissement en tables rhomboïdales bleues, quand on mélange le sel précédent au nitrate de cuivre. Ces cristaux sont peu solubles à froid. Chauffés avec de l'eau, les cristaux verdissent.

Benzoglycolate ferrique,

$$(C^9H^7O^4)^8, (Fe^2O^2)^{iv}, (Fe^2O)'' + 28H^2O.$$

— Composé insoluble dans l'eau, couleur de chair, que l'on obtient en additionnant d'un sel ferrique le benzoglycolate de chaux.

Benzoglycolate de magnésium. — On l'obtient comme le précédent. Il est soluble dans l'eau et l'alcool. Il se présente en longues aiguilles fines quand on le fait cristalliser dans ce dernier véhicule.

Benzoglycolates de plomb. — (a) *Le sel neutre*,

$$(C^9H^7O^4)^2Pb'',$$

s'obtient avec l'acétate de plomb et le benzoglycolate de chaux; toutefois le précipité amorphe qui se forme est un mélange du sous-sel (b) que l'on sépare en reprenant la masse par l'eau bouillante et séparant les premiers cristaux groupés en demi-sphères qui se forment, et ne prenant que les courtes aiguilles qui se déposent à la longue dans les eaux mères. Celui-ci fond à 100° en se décomposant partiellement.

(b) Le *sel basique*,

$$4[(C^9H^7O^4)^2Pb], 2PbO + 6H^2O,$$

se produit comme il vient d'être dit; il fond à 100° en perdant la moitié de son eau.

(c) Le *sel basique*,

$$(C^9H^7O^4)^2Pb, 5PbO + 4H^2O,$$

prend naissance quand on mélange à froid deux solutions de benzoglycolate de chaux et d'acétate basique de plomb; si on laisse digérer le précipité avec de l'eau froide et qu'on filtre, ce sel cristallise au bout de quelques jours. Il perd la moitié de son eau à 100°.

Benzoglycolate de potassium. — Il s'obtient comme le sel correspondant d'ammonium. Il est très-soluble dans l'eau et dans l'alcool. Tables larges et minces.

Benzoglycolate de sodium,

$$(C^9H^7O^4)Na + 3H^2O.$$

— Il s'obtient comme le précédent et est plus aisément cristallisable que lui. Grosses tables rhomboïdales.

Benzoglycolate de zinc,

$$(C^9H^7O^4)^2Zn'' + 4H^2O.$$

— Longues aiguilles incolores, groupées en étoiles, que l'on obtient en mélangeant une solution bouillante de benzoglycolate de chaux avec le chlorure zincique.

BENZOGLYCOLATE D'ÉTHYLE,

$$\begin{matrix} CH^2.OC^7H^5O \\ CO.OC^2H^5. \end{matrix}$$

— Cet éther paraît se former quand on abandonne longtemps à elle-même une solution d'acide benzoglycolique dans l'alcool concentré. Si on veut hâter l'éthérification par l'acide chlorhydrique et qu'on ajoute de l'eau à la liqueur, on obtient du benzoate d'éthyle.

DÉRIVÉS BROMÉ ET IODÉ DE L'ACIDE GLYCOLIQUE.

ACIDE BROMOGLYCOLIQUE,

$$C^2H^3BrO^3 = \begin{matrix} CHBr.OH \\ CO.OH \end{matrix}$$

[Perkin et Duppa, *Chem. Soc. quart. Journ.*, t. XII, p. 5, et *Bull. de la Soc. chim.*, 1868, t. X, p. 254]. — Cet acide a été obtenu en faisant bouillir avec l'eau le bibromacétate d'argent :

$$\begin{matrix} CHBr^2 \\ CO.OAg \end{matrix} + H^2O = AgBr + \begin{matrix} CHBr.OH \\ CO.OH. \end{matrix}$$

Bibromacétate d'argent. — Bromure d'argent. — Acide bromoglycolique.

Il donne un sel d'argent qui, chauffé avec l'eau, forme du bromure d'argent et de l'acide glyoxylique (voyez ce mot).

ACIDE IODOGLYCOLIQUE,

$$C^2H^3IO^3 = \begin{matrix} CHI.OH \\ CO.OH \end{matrix}$$

[Perkin et Duppa, *Compt. rend.*, t. L, p. 1155].— Cet acide se prépare comme le précédent, en faisant bouillir le biodacétate d'argent avec l'eau, suivant une équation entièrement analogue à celle qui est écrite ci-dessus. A. G.

GLYCOLS. — Les *glycols* ou *alcools diatomiques* dérivent des hydrocarbures saturés par la substitution de 2(OH)' à 2H. Ils sont caractérisés par la propriété de pouvoir en général donner, comme les alcools monatomiques proprement dits, des éthers, des aldéhydes, des acides; mais tandis que ces derniers alcools ne peuvent fournir qu'un seul de chacun de ces dérivés, les glycols, en tant que diatomiques, peuvent en général en donner deux et passer par deux degrés successifs d'éthérification, de déshydrogénation et d'oxydation.

Il est aujourd'hui impossible de décrire, même d'une manière générale, les propriétés principales de cette famille de corps, et encore moins d'attribuer à tous les termes qui y entrent l'ensemble des réactions observées sur les glycols les mieux connus et spécialement sur le glycol ordinaire, sans s'exposer à une généralisation que l'expérience, on peut le dire, ne confirmerait pas pour les raisons que nous allons exposer et qui nous permettront en même temps de classer les corps qui appartiennent à cette grande famille.

1° Si nous partons du bromure d'éthylène

$$\begin{matrix} CH^2Br \\ CH^2Br \end{matrix}$$

et que, par l'action successive de l'acétate d'argent ou de potassium et des alcalis, nous y substituons 2OH à 2Br, nous aurons le glycol ordinaire

$$\begin{matrix} CH^2.OH \\ CH^2.OH, \end{matrix}$$

le premier des glycols connus. On comprend qu'il puisse exister une série de corps homologues, tels que ceux dont les formules suivans exprimeraient la structure :

$$\begin{array}{l} CH^2.OH \\ CH^2.OH \end{array} \quad \begin{array}{l} CH^2.OH \\ CH^2 \\ CH^2.OH \end{array} \quad \begin{array}{l} CH^2.OH \\ CH^2 \\ CH^2 \\ CH^2.OH \end{array} \quad \ldots \quad \begin{array}{l} CH^2.OH \\ nCH^2 \\ CH^2.OH \end{array}$$

Ces glycols, qui renferment deux groupes CH^2OH, seraient tous très-analogues de propriétés et formeraient une série d'homologues comparables. Ce sont des glycols *primaires*. Mais on voit que telle ne doit pas être d'une façon obligée et *à priori* la constitution des glycols propylique, butylique,... tels qu'on les obtient en réalité en saturant le propylène, le butylène... par du brome et lui substituant l'oxhydryle. S'il existe théoriquement les deux propylènes diatomiques

$$\begin{array}{l} CH^2- \\ CH^2 \\ CH^2- \end{array} \quad \text{et} \quad \begin{array}{l} CH^3 \\ CH- \\ CH^2- \end{array} \; (^1)$$

les bromures correspondants que l'on formera en les saturant par du brome seront, par suite,

$$\begin{array}{l} CH^2.Br \\ CH^2 \\ CH^2.Br \end{array} \quad \text{et} \quad \begin{array}{l} CH^3 \\ CH.Br \\ CH^2.Br \end{array}$$

qui, lorsqu'on les traitera convenablement, donneront les deux glycols

$$\begin{array}{l} CH^2.OH \\ CH^2 \\ CH^2.OH \end{array} \quad \text{et} \quad \begin{array}{l} CH^3 \\ CH.OH \\ CH^2.OH \end{array}$$

Propylglycol normal. — Propylglycol de M. Wurtz.

Le second est le seul connu jusqu'aujourd'hui. Ce n'est pas le vrai homologue du glycol, circonstance que rend évidente d'ailleurs l'abaissement de son point d'ébullition, et surtout la transformation qu'il éprouve en iodure d'isopropyle par l'action de l'acide iodhydrique, et en acide lactique ordinaire sous l'influence des oxydants. Cet exemple nous fait voir que les propriétés générales des divers corps de cette famille sont loin de se confondre.

Dans les glycols primaires que nous avons considérés plus haut, les deux oxhydryles sont placés à l'extrémité de la chaîne des atomes de carbone. Ce sont là les glycols que l'on pourrait appeler *normaux*. On n'en connaît aujourd'hui que le premier, c'est-à-dire le glycol ordinaire.

2° Considérons des glycols plus compliqués.

Si l'hydrocarbure diatomique primitif est l'un ou l'autre des butylènes suivants :

$$\begin{array}{l} CH^3 \\ CH^2 \\ CH- \\ CH^2- \end{array} \qquad \begin{array}{l} CH^3 \\ CH- \\ CH- \\ CH^3 \end{array}$$

les glycols correspondants seront

$$\begin{array}{l} CH^3 \\ CH^2 \\ CH.OH \\ CH^2.OH \end{array} \quad \text{et} \quad \begin{array}{l} CH^3 \\ CH.OH \\ CH.OH \\ CH^3 \end{array}$$

Dans le cas de ce dernier glycol, on voit que l'on aurait un corps qui par sa structure rappellerait les isoalcools, une sorte d'*isoglycol* ou plutôt de *glycol secondaire* (¹), pouvant donner deux séries d'éthers. Seulement, par l'oxydation des deux groupes CH.OH, cet isoglycol donnerait deux dérivés tels que

$$\begin{array}{l} CH^3 \\ CO \\ CH.OH \\ CH^3 \end{array} \quad \text{et} \quad \begin{array}{l} CH^3 \\ CO \\ CO \\ CH^3. \end{array}$$

Le premier tiendrait le milieu entre une acétone et un isoalcool, le second serait une sorte d'acétone.

Quant au glycol

$$\begin{array}{l} CH^3 \\ CH^2 \\ CH.OH \\ CH^2.OH \end{array}$$

il viendrait se placer entre les deux classes précédentes, glycols proprement dits, et glycols secondaires. Il donnerait par oxydation les deux acides

$$\begin{array}{l} CH^3 \\ CH^2 \\ CH.OH \\ CO.OH \end{array} \quad \text{et} \quad \begin{array}{l} CH^3 \\ CH^2 \\ CO \\ CO.OH \end{array}$$

tous deux diatomiques et monobasiques.

Le propylglycol connu

$$\begin{array}{l} CH^2OH \\ CHOH \\ CH^3 \end{array}$$

appartient à cette classe de glycols que M. Dossios désigne sous le nom d'*hémi-isoglycols*.

Parmi les glycols supérieurs, il en est un dont la constitution peut être déduite de celle qu'on attribue aux combinaisons allyliques. C'est le corps que M. Wurtz a décrit sous le nom de dihydrate de diallyle. Il paraît être un glycol secondaire. En effet, si l'iodure d'allyle offre la constitution

$$\begin{array}{l} CH^2 \\ \| \\ CH \\ | \\ CH^2I \end{array}$$

on a les formules suivantes pour le dibromhydrate de diallyle et le glycol correspondant :

$$\begin{array}{l} CH^2H \\ CHBr \\ CH^2 \\ CH^2 \\ CHBr \\ CH^2H \end{array} \qquad \begin{array}{l} CH^3 \\ CH.OH \\ CH^2 \\ CH^2 \\ CH.OH \\ CH^3 \end{array}$$

Dibromhydrate de diallyle. — Dihydrate de diallyle.

On le voit, le dihydrate de diallyle renferme 2 groupes CH.OH : c'est donc un glycol secondaire, comme l'hydrobenzoïne (page 550). On pourrait nommer *tertiaires* les glycols qui renferment un groupe C.OH. Telle est la pinakone, dont nous donnons la formule plus loin.

(1) On ne tient compte ici et dans ce qui suit que des hydrocarbures diatomiques capables, d'après tous les faits connus jusqu'aujourd'hui, d'engendrer un glycol. On ne parle donc pas des cas où les deux places libres seraient vacantes sur le même atome de carbone, car l'on admet implicitement qu'il ne peut exister de glycol tel que

$$\begin{array}{l} CH^3 \\ C{<}^{OH}_{OH} \\ CH^3 \end{array}$$

hypothèse fondée simplement sur les faits connus, mais dont la vérité n'est pas absolument démontrée. Toutefois les considérations ci-dessus n'en resteraient pas moins tout entières dans le cas où existerait un tel glycol ; ce serait seulement une nouvelle classe à ajouter aux autres. On voit aussi que cette hypothèse exclut l'existence du glycol méthylénique, ce que l'expérience semble avoir encore définitivement constaté.

(1) Ce nom et quelques-unes de ces considérations ont été donnés pour la première fois par M. L. Dossios [voyez *Bull. de la Soc. chim.*, 1867, t. VII, p. 208].

On voit par ce qui précède combien il serait illusoire de supposer *a priori* à tous les alcools diatomiques les propriétés générales des glycols connus, et l'on doit tendre à les séparer et à les faire rentrer dans une des classes précédentes plutôt que de les confondre entre eux comme on l'a généralement fait jusqu'ici.

3° Si nous passons aux hydrocarbures aromatiques, tels que la benzine, le toluène, le xylène, la naphtaline, l'anthracène,.. une nouvelle considération va se présenter. Nous pouvons, en effet, substituer ici dans l'hydrocarbure saturé primitif 2 Br et consécutivement 2OH soit à l'hydrogène du groupe phényle seulement et avoir ainsi un diphénol, soit dans les chaînes latérales et avoir ainsi un vrai glycol, soit à la fois dans la chaîne latérale et dans le noyau et avoir ainsi un corps intermédiaire ou *alphénol* (à la fois alcool et phénol). Quelques considérations ont été déjà présentées à ce sujet au mot AROMATIQUE, p. 389.

La résorcine, la pyrocatéchine, l'hydroquinone paraissent être des diphénols

$$C^8H^{10}O^2.$$

La saligénine

$$C^6H^4\left\{\begin{array}{l}CH^2.OH\\OH\end{array}\right.$$

est un alphénol.

L'alcool anisique

$$C^6H^4\left\{\begin{array}{l}CH^2.OH\\OCH^3\end{array}\right.$$

est un éther méthylique d'un alphénol.

4° On ne connaît aujourd'hui aucun glycol aromatique proprement dit, c'est-à-dire aucun corps dérivant d'un hydrocarbure saturé dans lequel 2H auraient été remplacés par 2OH dans deux chaînes latérales, tel que serait le corps hypothétique

$$C^6H^4\left\{\begin{array}{l}CH^2.OH\\CH^2.OH\end{array}\right.$$

Toutefois nous pouvons rattacher aux glycols aromatiques l'hydrobenzoïne, la benzopinakone, l'hydroanisoïne, etc. Le premier de ces corps dérive, d'après M. Grimaux, du stilbène (voyez p. 550) :

$$\begin{array}{cc}CH(C^6H^5) & CH(C^6H^5)OH\\ \Vert & | \\ CH(C^6H^5) & CH(C^6H^5)OH\\ \text{Stilbène.} & \text{Hydrobenzoïne.}\end{array}$$

On voit qu'il renferme deux groupes OH attachés à deux groupes CH au milieu de la chaîne. La formule précédente peut s'écrire, en effet,

$$\begin{array}{c}C^6H^5\\ |\\ CH.OH\\ |\\ CH.OH\\ |\\ C^6H^5\\ \text{Hydrobenzoïne.}\end{array}$$

L'hydrobenzoïne apparaît donc comme un glycol secondaire aromatique.

La benzopinakone

$$\begin{array}{l}C(C^6H^5)^2OH\\ |\\ C(C^6H^5)^2OH\end{array}$$

qui se rattache à l'hydrobenzoïne, est un glycol tertiaire comme la pinakone elle-même

$$\begin{array}{l}C(CH^3)^2OH\\ |\\ C(CH^3)^2OH.\end{array}$$

L'un et l'autre composé renferment deux oxhydryles en rapport chacun avec un atome de carbone. Ces relations deviennent évidentes si l'on donne une autre expression aux formules de la pinakone et de la benzopinakone :

$$\begin{array}{cc}CH^3 & C^6H^5\\ | & |\\ H^3C\text{-}C.OH & H^5C^6\text{-}C.OH\\ | & |\\ H^3C\text{-}C.OH & H^5C^6\text{-}C.OH\\ | & |\\ CH^3 & C^6H^5\\ \text{Pinakone} & \text{Benzopinakone}\\ \text{(glycol tertiaire).} & \text{(glycol aromatique tertiaire).}\end{array}$$

Résumons ce qui précède. Indépendamment des glycols primaires que nous avons définis plus haut, il existe des isoglycols. Seul le glycol éthylénique est normal et primaire : il renferme deux groupes CH^2OH, tous les autres glycols connus paraissent être des isoglycols. Ces derniers sont secondaires lorsqu'ils renferment deux groupes CH.OH, tertiaires lorsqu'ils renferment deux groupes C.OH. Mais il existe aussi des glycols mixtes à la fois primaires et secondaires, c'est-à-dire renfermant un groupe CH^2OH et un groupe CH.OH. Tel est le propylglycol.

Les diphénols sont des phénols diatomiques; les alphénols sont des composés diatomiques à la fois alcool et phénol.

5° Là ne s'arrête pas encore la complication de la famille des glycols. L'exemple de l'alcool éthylénique nous démontre en effet que 2, 3, 4 molécules de glycol peuvent s'unir entre elles en perdant 1, 2, 3... $(n-1)$ molécules d'eau pour donner les alcools polyéthyléniques contenant des chaînes diatomiques telles que

$$(C^2H^4\text{-}O\text{-}C^2H^4)'' \text{ ou } (C^2H^4\text{-}O\text{-}C^2H^4\text{-}O\text{-}C^2H^4)''...$$

pouvant comme l'éthylène lui-même donner les glycols polyéthyléniques

$$(C^2H^4\text{-}O\text{-}C^2H^4)''\left\{\begin{array}{l}OH\\OH\end{array}\right.$$

ou

$$(C^2H^4\text{-}O\text{-}C^2H^4\text{-}O\text{-}C^2H^4)''\left\{\begin{array}{l}OH\\OH\end{array}\right.$$

Et comme il en est très-probablement ainsi de tous les autres radicaux diatomiques alcooliques, il y a lieu de considérer cette nouvelle classe de *glycols condensés* dans laquelle chacun des termes pourra subir des isoméries nombreuses analogues aux précédentes, suivant que les hydrocarbures diatomiques composants subiront eux-mêmes des isoméries.

PROPRIÉTÉS GÉNÉRALES DES GLYCOLS. — 1° Les glycols proprement dits peuvent, sous l'influence des acides tant minéraux qu'organiques, s'éthérifier et donner naissance à deux séries d'éthers, selon qu'un radical acide oxygéné ou un métalloïde tels que Cl, Br... y remplace un ou deux oxhydryles ; ainsi l'on aura les deux chlorhydrines

$$\begin{array}{ccc}CH^2.OH & & CH^2.Cl\\ CH^2.Cl & \text{et} & CH^2.Cl\\ \text{Monochlorhydrine du glycol.} & & \text{Dichlorhydrine du glycol.}\end{array}$$

ou encore les deux acétines

$$\begin{array}{ccc}CH^2.C^2H^3O^2 & & CH^2.C^2H^3O^2\\ CH^2.OH & \text{et} & CH^2.C^2H^3O^2\\ \text{Monacétine du glycol.} & & \text{Diacétine du glycol.}\end{array}$$

(Wurtz).

On pourra avoir des éthers mixtes à deux radicaux d'acides différents tels que

$$\begin{matrix} CH^2.Cl \\ CH^2.C^2H^3O^2 \end{matrix} \quad \text{ou} \quad \begin{matrix} CH^2.C^2H^3O^2 \\ CH^2.C^4H^7O^2 \end{matrix}$$

Chloracétine du glycol. — Acétobutyrine du glycol.

en traitant successivement le glycol par ces acides eux-mêmes ou par les chlorures d'acides correspondants (Maxwell Simpson, Lourenço), ou bien encore en traitant successivement la monochlorhydrine par le sel d'argent de l'acide à combiner, puis par l'acide chlorhydrique pour obtenir une chlorhydrine mixte, enfin par le sel d'argent du nouveau radical d'acide, si l'on veut un éther à 2 radicaux différents (Max. Simpson).

Les éthers où deux atomes de chlore ou de brome remplacent l'oxhydryle s'obtiennent soit en faisant agir le perchlorure ou le perbromure de phosphore sur les glycols, exemple :

$$\begin{matrix} CH^2.OH \\ CH^2.OH \end{matrix} + 2\,PCl^5$$

$$= 2\,PCl^3O + \begin{matrix} CH^2Cl \\ CH^2Cl \end{matrix} + 2\,HCl,$$

soit en faisant agir directement le chlore ou le brome... sur le radical lui-même, ainsi

$$(C^2H^4)'' + Br^2 = (C^2H^4)''Br^2,$$

Éthylène. — Brome. — Dibromhydrine du glycol.

ou encore

$$(C^2H^4)'' + ClI = (C^2H^4)''ClI$$

Éthylène. — Chlorure d'iode. — Iodochlorhydrine du glycol.

L'action directe des acides sur le glycol tantôt donne des éthers où un seul OH est substitué, par exemple :

$$C^2H^4\left\{\begin{matrix} OH \\ OH \end{matrix}\right. + C^2H^3O.OH$$

Glycol. — Acide acétique.

$$= C^2H^4\left\{\begin{matrix} OH \\ C^2H^3O^2 \end{matrix}\right. + H^2O,$$

Glycol monacétique. — Eau.

ou encore :

$$C^2H^4\left\{\begin{matrix} OH \\ OH \end{matrix}\right. + HCl = C^2H^4\left\{\begin{matrix} OH \\ Cl \end{matrix}\right. + H^2O;$$

Glycol. — Acide chlorhydrique. — Glycol monochlorhydrique. — Eau.

tantôt aussi cette action directe donne des éthers où les deux oxhydryles sont substitués, par exemple :

$$C^2H^4\left\{\begin{matrix} OH \\ OH \end{matrix}\right. + 2C^5H^9O.OH$$

Glycol. — Acide valérique.

$$= C^2H^4\left\{\begin{matrix} C^5H^9O^2 \\ C^5H^9O^2 \end{matrix}\right. + 2H^2O,$$

Glycol divalérique.

ou encore :

$$C^2H^4\left\{\begin{matrix} OH \\ OH \end{matrix}\right. + 2\,HI = (C^2H^4)I^2 + 2\,H^2O$$

Glycol. — Acide iodhydrique. — Glycol iodhydrique.

(Max. Simpson et Lourenço).

Les acides diatomiques en agissant sur les glycols donnent une sorte de glycol acide suivant une équation analogue à celle qui suit :

$$C^2H^4\left\{\begin{matrix} OH \\ OH \end{matrix}\right. + (C^4H^4O^2)''\left\{\begin{matrix} OH \\ OH \end{matrix}\right.$$

Glycol. — Acide succinique.

$$= (C^2H^4\text{-}O\text{-}C^4H^4O^2)''\left\{\begin{matrix} OH \\ OH \end{matrix}\right. + H^2O,$$

Acide succino-éthylénique. — Eau.

acide comparable en quelques points à l'acide sulfovinique, ou encore au glycol diéthylénique où le radical acide $C^4H^4O^2$ remplace C^2H^4. Cet acide, quand on vient à le chauffer, donne le véritable éther du glycol :

$$[C^2H^4.O.C^4H^4O^2](OH)^2$$

Acide succino-éthylénique.

$$= H^2O + (C^2H^4)''(C^4H^4O^4)''$$

Glycol succinique.

(Maxwell Simpson et Lourenço).

2° Les éthers des glycols peuvent en général se saponifier et reproduire le glycol lui-même quand on vient à les traiter par les alcalis tels que la potasse ou la baryte bouillante. Dans certains cas, cependant, il y a exception; avec la monochlorhydrine, et probablement la monobromhydrine, ainsi qu'avec l'acétochlorhydrine, on ne reproduit pas le glycol lui-même, mais un anhydride, véritable éther du glycol; c'est l'oxyde d'éthylène pour le premier d'entre eux (Wurtz). On a dans ce cas la réaction

$$\begin{matrix} CH^2.Cl \\ CH^2OH \end{matrix} + KHO = KCl + H^2O + \begin{matrix} CH^2 \\ CH^2 \end{matrix}\!\!>\!O$$

Monochlorhydrine du glycol. — Oxyde d'éthylène.

3° Les éthers où les deux oxhydryles sont remplacés par deux atomes métalloïdiques, tels que sont les éthers

$$(C^2H^4)''Cl^2 \quad \text{ou} \quad (C^2H^4)''Br^2,$$

placés dans les précédentes conditions perdent H Cl, H Br, et donnent des hydrocarbures diatomiques, chlorés ou bromés. Ainsi :

$$(C^2H^4)Br^2 + KHO$$

Glycol dibromhydrique.

$$= KBr + H^2O + C^2H^3Br$$

Éthylène bromé.

(V. Regnault).

4° Les anhydrides produits comme il a été dit ci-dessus peuvent en s'unissant directement à l'eau reformer le glycol lui-même :

$$C^2H^4O + H^2O = C^2H^6O^2.$$

Oxyde d'éthylène. — Glycol.

Ils peuvent s'unir aux hydracides ou aux oxacides pour donner les éthers du glycol :

$$C^2H^4O + C^2H^3O.OH = C^2H^4\left\{\begin{matrix} OH \\ C^2H^3O^2 \end{matrix}\right.$$

Oxyde d'éthylène. — Acide acétique. — Glycol monacétique.

(Wurtz).

Ils s'unissent aussi directement à l'ammoniaque pour donner des bases monatomiques oxygénées :

$$C^2H^4O + AzH^3 = Az\left\{\begin{matrix} C^2H^4.OH \\ H^2 \end{matrix}\right.$$

Oxyde d'éthylène. — Hydroxéthylénamine.

et s'unir en diverses proportions, de façon à former des corps tels que la dihydroxéthylénamine, la trihydroxéthylénamine... (Wurtz).

L'hydrogène naissant agit directement sur ces

anhydrides et donne l'alcool monatomique correspondant; ainsi l'on a :

$$C^2H^4O + H^2 = C^2H^6O$$

Oxyde d'éthylène. Alcool.

(Wurtz).

Il en est aussi quelquefois ainsi des chlorhydrines correspondantes.

Enfin ces anhydrides s'unissent aussi à deux atomes de brome pour donner un produit tel que $(C^2H^4O)''Br^2$ qui, traité par le mercure, produit un anhydride doublé tel que le dioxéthylène

$$\begin{matrix} C^2H^4O \\ C^2H^4O \end{matrix} = O \begin{matrix} \diagup (C^2H^4) \diagdown \\ \diagdown (C^2H^4) \diagup \end{matrix} O$$

(Wurtz).

5° Les glycols soumis à l'oxydation donnent deux acides diatomiques principaux. Le moins oxygéné est monobasique, il forme le premier degré d'oxydation acide :

$$\begin{matrix} CH^2OH \\ CH^2OH \end{matrix} + O^2 = H^2O + \begin{matrix} CO.OH \\ CH^2.OH \end{matrix}$$

Glycol. Acide glycolique.

Dans cet acide on voit que, sauf dans quelques très-rares cas, le seul H de l'oxhydryle qui est en rapport avec CO est remplaçable par un métal; au contraire, les deux atomes H des deux oxhydryles sont remplaçables par des radicaux alcooliques; on peut donc dire que ce corps par son côté CO.OH est un véritable acide et que par son côté $CH^2.OH$ il doit participer aux propriétés des alcools : c'est une sorte d'acide alcoolique.

Le second acide, correspondant à un degré plus avancé d'oxydation, est à la fois diatomique et bibasique; il se forme par le remplacement des deux couples H^2 des chaînes extrêmes, chacun par un atome O. Ainsi l'on a avec le glycol ordinaire :

$$\begin{matrix} CH^2.OH \\ CH^2.OH \end{matrix} + 4O = \begin{matrix} CO.OH \\ CO.OH \end{matrix} + 2H^2O$$

Glycol. Acide oxalique.

(Wurtz).

6° Les glycols primaires ou normaux renfermant deux groupes CH^2OH pourraient fournir deux aldéhydes, par perte successive de H^2 et de H^4

$CH^2.OH$ $CH^2.OH$	COH $CH^2.OH$	COH $COH.$
Glycol.	1re aldéhyde.	2e aldéhyde (glyoxal).

La première, qui n'est pas encore connue (d'après Church, elle se formerait dans la réduction de l'acide oxalique), se transformerait en acide glycolique par fixation d'un atome d'oxygène. La seconde ou glyoxal de Debus (voyez p. 1625), donne de l'acide oxalique en fixant 2 atomes d'oxygène; mais elle peut n'en fixer qu'un, et elle donne alors un acide aldéhyde

$$\begin{matrix} COH \\ CO^2H. \end{matrix}$$

Ce corps n'est autre que l'acide glyoxylique observé par Debus dans l'oxydation du glycol (voyez page 1626).

L'oxydation du glycol ordinaire (le seul connu des glycols primaires), fournirait donc la série des corps suivants :

COH CH^2OH	CO^2H CH^2OH	COH COH	COH CO^2H	CO^2H $CO^2H.$
Aldéhyde glycolique.	Acide glycolique.	Glyoxal.	Acide glyoxylique.	Acide oxalique.

7° Soumis à l'action des déshydratants, le glycol ordinaire au moins donne de l'aldéhyde et ses produits de condensation (Wurtz, Bauer).

8° On peut remplacer directement dans les glycols tout ou partie de l'hydrogène des oxhydryles par des métaux alcalins et obtenir des corps tels que les glycols monosodé et disodé

$$(C^2H^4)\left\{\begin{matrix} ONa \\ ONa \end{matrix}\right. \text{ et } (C^2H^4)\left\{\begin{matrix} OH \\ ONa \end{matrix}\right.$$

comparables à l'alcool sodé $C^2H^5.ONa$.

9° Les glycols sodés traités par les bromures ou iodures alcooliques reproduisent de véritables éthers mixtes, tels que la monéthyline et la diéthyline du glycol.

On parlera plus loin de la préparation de ces divers glycols et de leurs dérivés.

Glycols intermédiaires ou *hémi-isoglycols*. — Le propylglycol est un hémi-isoglycol. Sa formule est

$$\begin{matrix} CH^3 \\ CH.OH \\ CH^2.OH \end{matrix}$$

en effet, traité par les oxydants faibles, il donne l'acide lactique ordinaire

$$\begin{matrix} CH^3 \\ CH.OH \\ CO.OH \end{matrix}$$

et non l'acide sarcolactique

$$\begin{matrix} CH^2OH \\ CH^2 \\ CO.OH \end{matrix}$$

qui est l'acide correspondant au glycol normal

$$\begin{matrix} CH^2.OH \\ CH^2 \\ CH^2.OH \end{matrix}$$

L'acide lactique ordinaire ne peut reproduire en effet par son oxydation plus complète l'acide malonique

$$\begin{matrix} CO.OH \\ CO \\ CO.OH \end{matrix}$$

(Wurtz).

D'ailleurs, et c'est là une preuve qui ne peut laisser de doute, traité par l'acide iodhydrique, il donne l'iodure d'isopropyle, et conséquemment l'alcool isopropylique

$$\begin{matrix} CH^3 \\ CH.OH \\ CH^3 \end{matrix}$$

qui démontre bien qu'un des oxhydryles était dans ce glycol en rapport avec un C central.

On ne saurait dire encore si le glycol butylique connu appartient ou non à cette troisième classe.

Ces glycols intermédiaires ne peuvent donner par leur oxydation qu'une aldéhyde alcoolique telle que

$$\begin{matrix} CH^3 \\ CH.OH \\ COH \end{matrix}$$

une sorte d'acétone-aldéhyde telle que

$$\begin{matrix} CH^3 \\ CO \\ COH \end{matrix}$$

un acide de premier ordre par oxydation de l'unique chaîne $CH^2.OH$ tel que l'acide lactique

$$\begin{matrix} CH^3 \\ CH.OH \\ CO.OH \end{matrix}$$

Glycols condensés (voyez les généralités au mot ALCOOLS POLYÉTHYLÉNIQUES, t. I, p. 1374).

1° Le fait général qui domine l'histoire des glycols condensés, c'est de pouvoir subir une condensation indéfinie, par suite d'une déshydratation de plus en plus avancée. On peut dire que *n* molécules de glycol tel que $(C^2H^4)2OH$ peuvent toujours se condenser en une molécule unique $(C^2H^4)^n(O^{n-1})2OH$ en perdant $n-1$ molécules d'eau; et qu'il en est de même des éthers de la première classe des glycols non condensés.

2° Tous fonctionnent comme alcools diatomiques, donnent deux séries d'éthers, et sans doute aussi un éther proprement dit. On connaît au moins le dioxéthylène

$$\begin{matrix} CH^2\text{-}O\text{-}CH^2 \\ | \qquad\quad | \\ CH^2\text{-}O\text{-}CH^2 \end{matrix}$$

qui paraît être, dans la série de l'éthylène, l'anhydride du premier de ces alcools.

3° Ils peuvent, en échangeant le groupe H^2 en rapport avec OH, donner naissance à des acides. Ainsi l'on a

$$\underset{\text{Glycol diéthylénique.}}{\left[\begin{matrix} CH^2\text{-}O\text{-}CH^2 \\ CH^2 \qquad CH^2 \end{matrix}\right]''} 2OH + 4O$$

$$= \underset{\text{Acide diglycolique.}}{\left[\begin{matrix} CO\text{-}O\text{-}CO \\ CH^2 \qquad CH^2 \end{matrix}\right]''} 2OH + 2H^2O.$$

Préparation des glycols.

Glycols non condensés. — Il n'y a pas lieu ici de distinguer la préparation des glycols proprement dits, des isoglycols ou des hémi-isoglycols, des glycols dérivant des carbinols, des glycols phéniques ou glycophénoliques.

1° Dans tous les cas, si l'on a un radical hydrocarburé saturé, la règle générale pour obtenir un glycol consiste à y substituer 2 Br à 2 H, et à ajouter 2 Br si l'hydrocarbure est diatomique, puis à faire réagir sur le corps ainsi formé l'acétate d'argent; enfin à traiter l'acétate qui en résulte par les alcalis hydratés (Wurtz).

2° On peut aussi, comme l'ont fait M. Carius et M. Maxwell Simpson, faire agir sur l'hydrocarbure diatomique non saturé, soit l'acide hypochloreux, qui donnera directement par synthèse une chlorhydrine que l'on pourra ensuite décomposer comme il est dit ci-dessus par les sels d'argent, soit dans quelques cas par l'eau oxygénée qui donnera un glycol, soit enfin par le chlorure d'iode, qui pourra s'unir directement à l'hydrocarbure et donnera son éther iodochloré. Ainsi :

$$\underset{\text{Amylène.}}{(C^5H^{10})''} + \underset{\text{Eau oxygénée.}}{H^2O^2} = \underset{\text{Glycol amylénique.}}{C^5H^{10}\left\{\begin{matrix}OH\\OH\end{matrix}\right.}$$

3° Dans le seul cas connu où il est possible de le faire aujourd'hui, on a passé de l'alcool triatomique au glycol correspondant en traitant cet alcool par l'acide chlorhydrique pour obtenir la première chlorhydrine, puis substituant H à Cl dans ce corps par l'hydrogène naissant :

$$\underset{\text{Glycérine.}}{C^3H^5(OH)^3} + HCl$$

$$= H^2O + \underset{\text{1re chlorhydrine glycérique.}}{C^3H^5\left\{\begin{matrix}OH\\OH\\Cl\end{matrix}\right.}$$

puis :

$$\underset{\text{Monochlorhydrine glycérique.}}{C^3H^6\left\{\begin{matrix}OH\\Cl\end{matrix}\right.} + H^2 = \underset{\text{Isoglycol propylique.}}{C^3H^6\left\{\begin{matrix}OH\\OH\end{matrix}\right.} + HCl.$$

Glycols condensés. — 1° On chauffe pendant longtemps un glycol avec son anhydride, on obtient ainsi la synthèse directe de glycols de plus en plus condensés. Exemple :

$$C^2H^4(OH)^2 + C^2H^4O = (C^2H^4\text{-}O\text{-}C^2H^4)''\left\{\begin{matrix}OH\\OH\end{matrix}\right.$$

2° On peut aussi chauffer les éthers des glycols avec l'oxyde correspondant; cet anhydride s'ajoute comme dans le cas précédent et donne des éthers que l'on décompose ensuite par les alcalis.

3° Enfin, on peut chauffer les éthers du glycol avec le glycol lui-même; ainsi :

$$\underset{\text{Monobromhydrine du glycol.}}{C^2H^4\left\{\begin{matrix}OH\\Br.\end{matrix}\right.} + \underset{\text{Glycol.}}{C^2H^4\left\{\begin{matrix}OH\\OH\end{matrix}\right.}$$

$$= \underset{\text{Glycol diéthylénique.}}{(C^2H^4\text{-}O\text{-}C^2H^4)''\left\{\begin{matrix}OH\\OH\end{matrix}\right.} + \underset{\text{Acide bromhydrique.}}{HBr.}$$

Si l'éther employé a ses deux oxhydryles remplacés par des radicaux acides, il se forme d'abord par l'action de l'anhydride deux molécules d'un éther à un seul radical d'acide sur lequel réagit ensuite l'anhydride, comme dans le premier cas.

Énumération des glycols connus.

Glycols de la série grasse.

Glycol éthylénique...........	$C^2H^6O^2$
— propylénique.........	$C^3H^8O^2$
— butylénique..........	$C^4H^{10}O^2$
— amylénique..........	$C^5H^{12}O^2$
— hexylénique.........	$C^6H^{14}O^2$
— octylénique.........	$C^8H^{18}O^2$
Dihydrate de diallyle.........	$C^6H^{14}O^2$
Pinakone (glycol tertiaire)...	$C^6H^{14}O^2$
Glycols polyéthyléniques....	

Série aromatique.

Hydranisoïne................	$C^{16}H^{18}O^4$
Hydrobenzoïne (glycol stilbénique).................	$C^{14}H^{14}O^2$
Hydropipéroïne.............	$C^{16}H^{14}O^6$
Benzopinakone.............	$C^{26}H^{22}O^2$

Phénols diatomiques.

Résorcine, pyrocatéchine, hydroquinone................	$C^6H^6O^2$
Orcine, homopyrocatéchine..	$C^7H^8O^2$
Béta-orcine................	$C^8H^{10}O^2$
Oxynaphtol................	$C^{10}H^8O^2$
Hydrotoluquinone..........	$C^7H^8O^2$

Alphénols.

Saligénine.................	$C^7H^8O^2$

A. G.

GLYCOLURIQUE (Acide). — C'est le même que l'acide hydantoïque (voyez ce mot).

GLYCOLURYLE, $C^4H^6Az^4O^2$ [Strecker et Rheineck, *Ann. der Chem. u. Pharm.*, t. CXXXI, p. 119, et *Bull. de la Soc. chim.*, 1865, t. III, p. 304]. Ce composé se forme lorsqu'on traite par l'amalgame de sodium de l'allantoïne faiblement acidulée; il est cristallin, et renferme 1 atome d'oxygène de moins que l'allantoïne :

$$\underset{\text{Allantoïne.}}{C^4H^6Az^4O^3} + H^2 = \underset{\text{Glycoluryle.}}{C^4H^6Az^4O^2} + H^2O.$$

Le glycoluryle est précipité par l'azotate d'argent ammoniacal, en donnant la combinaison

$$C^4H^4Az^4O^2Ag^2.$$

Lorsqu'on le fait bouillir avec de l'eau de baryte, il donne du carbonate, de l'ammoniaque, et le sel de baryte, d'un acide $C^3H^6Az^2O^3$, appelé par les auteurs acide glycolurique, et dont Herzog a reconnu l'identité avec l'acide hydantoïque [*Ann. der Chem. u. Pharm.*, t. CXXXVI, p. 278, et *Bull. de la Soc. chim.*, 1866, t. VI, p. 146].

L'action de l'hydrogène naissant sur l'allantoïne est analogue à celle de l'acide iodhydrique; seulement dans le second cas, au lieu de glycoluryle, on obtient les produits de son dédoublement, de l'hydantoïne et de l'urée :

$$C^4H^6Az^4O^3 + H^2 + C^4H^6Az^4O^2 + H^2O$$
Allantoïne. Glycoluryle.

$$C^4H^6Az^4O^6 + H^2 = C^3H^4Az^2O^2 + CH^4Az^2O$$
Allantoïne. Hydantoïne. Urée.

[A. Baeyer, *Ann. der Chem. u. Pharm.*, t. CXXXVI, p. 276. et *Bull. de la Soc. chim.*, 1866, t. VI, p. 147]. E. G.

GLYCOMALIQUE (ACIDE), $C^5H^3O^6$ [Löwig, *Journ. für prakt. Chem.*, t. LXXXVI, p. 315]. — Cet acide est un des produits de réduction de l'éther oxalique.

Pour le préparer on introduit de l'amalgame de sodium pâteux dans de l'alcool à 80 centièmes et on ajoute de l'éther oxalique par petites portions. La réaction est très-énergique : on refroidit le mélange pour la modérer. Ensuite on ajoute assez d'eau pour que le liquide ne renferme que 50 p. % d'alcool et l'on filtre. La solution renferme du glycomalate de sodium.

L'acide glycomalique ne cristallise pas. Il est soluble en toutes proportions dans l'eau et dans l'alcool. C'est un acide bibasique.

Les sels neutres de l'acide glycomalique sont solubles dans l'eau et incristallisables, mais le sel de baryum acide cristallise bien. A. H.

GLYCOSINE. — Voyez GLYOXALINE.

GLYCYRRHIZINE. C'est une matière sucrée que renferme la racine de réglisse, *Glycyrrhiza glabra* et *G. œchinata* [Robiquet, *Ann. de Chim.*, t. LXXII, p. 143; — Berzelius, *Ann. de Poggend.*, t. X, p. 243;— A. Vogel, *Ann. der Chem. u. Pharm.*, t. XLVII, p. 247; — Lade, *ibid.*, t. LIX, p. 224; — Gorup-Besanez, *ibid.*, t. CXVIII, p. 259; *Répert. de Chim. pure*, 1862, p. 30].

Gorup-Besanez l'extrait par le procédé suivant: Il emploie la racine de réglisse de Russie, qui fournit un produit moins coloré que la racine d'Espagne; l'extrait aqueux de la racine est porté rapidement à l'ébullition, séparé du coagulum, et concentré par évaporation. La liqueur concentrée est additionnée d'acide sulfurique étendu, aussi longtemps qu'il se forme un précipité. Quand ce dernier, d'abord floconneux, s'est transformé en une masse brune poisseuse, on décante et on dissout dans l'alcool le précipité, d'abord bien lavé à l'eau. La solution alcoolique est additionnée d'un peu d'éther, qui précipite une matière brune résineuse. On filtre, on évapore, on redissout dans l'alcool, on ajoute de nouveau de l'éther, qui précipite les dernières traces de la résine brune. En filtrant la solution, et chassant l'alcool et l'éther par la distillation, on obtient la glycyrrhizine débarrassée entièrement de matières brunes.

La glycyrrhizine est une poudre non cristalline, légèrement jaune, et ressemblant au tannin; elle est difficilement soluble dans l'eau froide, facilement soluble dans l'eau chaude. Elle se dissout dans l'alcool et dans l'éther. Sa saveur forte est à la fois douce et amère.

D'après les analyses de Vogel et de Gorup-Besanez, la formule de la glycyrrhizine serait

$$C^{24}H^{36}O^9.$$

Gorup-Besanez, en précipitant une solution aqueuse de glycyrrhizine par le sous-acétate de plomb additionné d'ammoniaque a obtenu des flocons jaunâtres renfermant

$$C^{24}H^{36}O^9, 3\,PbO, 2\,H^2O.$$

L'acide azotique transforme la glycyrrhizine en produits résineux jaunâtres; il se forme, en outre, de l'acide oxalique, et un acide nitré, qui paraît être de l'acide oxypicrique.

Soumise à une ébullition prolongée avec des acides étendus, elle se dédouble en un sucre incristallisable, fermentescible, et en une résine brune, la glycyrrhétine, qui n'est pas fusible à 100°.

La glycyrrhétine est insoluble dans l'eau, soluble dans l'alcool et dans les liqueurs alcalines, d'où les acides la précipitent. Elle peut être décolorée par le charbon animal, mais, quoique blanche, elle présente une composition très-variable, et il n'a pas été possible d'établir sa formule.

M. Gorup-Besanez représente le dédoublement de la glycyrrhizine par l'équation suivante :

$$C^{24}H^{36}O^9 + H^2O = C^{18}H^{26}O^4 + C^6H^{12}O^{6}.$$

E. G.

GLYOXAL, $C^2H^2O^2$. — Composé obtenu par Debus en oxydant l'alcool par l'acide azotique étendu; il se produit en même temps que l'acide glyoxylique [Debus, *Ann. der Chem. u. Pharm.*, t. CII, p. 20; t. CVII, p. 199; t. CX, p. 316 ; — *Ann. de Chim. et de Phys.*, (3), t. LII, p. 114; t. LIV, p. 309 ; t. LVI, p. 337]. Il paraît aussi se former par l'oxydation du glycol, en même temps que de l'acide glyoxylique (Debus), et que les acides oxalique et glycolique (Wurtz).

Préparation. — On traite par une solution concentrée de bisulfite de sodium la liqueur sirupeuse qui reste après l'évaporation des eaux mères alcooliques du glyoxylate de calcium (voyez ACIDE GLYOXYLIQUE). Au bout de quelques heures il se forme des croûtes cristallines qu'on purifie par des recristallisations dans l'eau et qui constituent le sulfite de glyoxal-sodium; on transforme ce dernier en combinaison barytique que l'on décompose par l'acide sulfurique étendu, on filtre et on évapore à sec à 100°; il se dégage de l'acide sulfureux et il reste une masse amorphe transparente et jaunâtre qui constitue le glyoxal.

Propriétés. — Le glyoxal est solide, déliquescent, très-soluble dans l'eau, l'alcool et l'éther; sa solution aqueuse se trouble par l'acétate neutre de plomb et donne alors avec l'ammoniaque un abondant précipité blanc.

Le glyoxal possède les propriétés d'une aldéhyde; il se combine aux bisulfites alcalins en donnant des composés cristallisables.

Le *sulfite de glyoxal-sodium*,

$$C^2H^2O^2, 2\,NaHSO^3 + H^2O,$$

forme de petits cristaux durs, solubles dans l'eau, insolubles dans l'alcool.

Le *sulfite de glyoxal-ammonium*,

$$C^2(AzH^4)^2O^2, 2\,SO^2 + H^2O,$$

s'obtient en prismes brillants.

Le *sulfite de glyoxal-baryum*,

$$2(C^2H^2O^2, BaH^2(SO^3)^2) + 5H^2O,$$

qui sert à isoler le glyoxal, s'obtient par double décomposition avec la combinaison sodique, et se dépose après quelques jours en cristaux durs.

Le glyoxal réduit l'azotate d'argent ammoniacal en donnant un miroir d'argent métallique. Il réagit énergiquement avec l'hydrogène sulfuré.

Traité en solution éthérée par du gaz ammoniac, il donne du glyoxal-ammoniac qui se précipite. A chaud, l'ammoniaque concentrée le transforme en deux bases, la *glycosine* et la *glyoxaline* (voyez GLYOXALINE).

Les alcalis transforment le glyoxal en glycolates:

$$C^2H^2O^2 + KHO = (C^2H^3O^3)K.$$

L'acide azotique l'oxyde en donnant de l'acide glyoxylique et de l'acide oxalique.

Constitution. — Le glyoxal représente l'aldéhyde du glycol $C^2H^6O^2 - H^4 = C^2H^2O^2$; on voit qu'il doit exister une autre aldéhyde dérivée du glycol par élimination de H^2, cette aldéhyde est inconnue. Cependant Church paraît l'avoir obtenue par réduction de l'acide oxalique [*Journ. Chem. Soc.*, (2), t. I, p. 301]. Le glyoxal est diatomique et peut s'écrire

$$\begin{array}{c} COH \\ | \\ COH \end{array}$$

Il donne naissance à deux acides diatomiques, l'acide glyoxylique et l'acide oxalique.

Le glycol, le glyoxal et l'acide oxalique présentent entre eux les mêmes relations que celles que l'on observe entre l'alcool, l'aldéhyde et l'acide acétique.

Le glyoxal joue probablement un rôle dans la constitution des acides glycolique $C^2H^4O^3$, malique $C^4H^6O^5$ et citrique $C^6H^8O^7$, qui diffèrent l'un de l'autre par $C^2H^2O^2$. Quant aux acides glyoxylique $C^2H^2O^3$ et tartrique $C^4H^6O^6$, ils offrent une relation analogue. Le premier représente l'oxyde $C^2H^2O^2O$; et le second, le dérivé hydroxylé $(C^2H^2O^2)^2H^2O^2$ du glyoxal.

Cette relation du glyoxal avec l'acide tartrique est justifiée par la transformation du glyoxal en acide paratartrique par l'action de l'acide cyanhydrique en présence d'acide chlorhydrique :

$$C^2H^2O^2 + 2\,CAzH + 4\,H^2O$$
$$= C^4H^6O^6 + 2\,AzH^3.$$

Cet acide paratartrique paraît identique avec celui qu'a obtenu Kekulé à l'aide de l'acide dibromosuccinique [Schœyen, *Ann. der Chem. u. Pharm.*, t. LXXXII, p. 168; — Strecker, *Zeitsch. für Chem.*, nouv. série, t. IV, 216].

Schœyen a donné à cet acide le nom d'acide *glycotartrique*, pour rappeler son origine. Cet acide est déliquescent, stable à 100° et répand, quand on le chauffe plus fort, l'odeur du caramel. Ses sels alcalins sont solubles dans l'eau, insolubles dans l'alcool.

Le glyoxal est un isomère de la glycolide qui se forme par la décomposition des bromacétates :

$$C^2H^2O^2BrAg = C^2H^2O^2 + BrAg.$$

E. W.

GLYOXALINE, $C^3H^4Az^2$. — Ce composé résulte, en même temps que la *glycosine*, de l'action de l'ammoniaque sur le glyoxal, qui fonctionne comme une aldéhyde [Debus, *Ann. der Chem. u. Pharm.*, t. CVII, p. 199].

On chauffe à 60-70° une solution sirupeuse de glyoxal avec trois fois son volume d'ammoniaque concentrée; la liqueur brunit, et l'on obtient au bout de quelque temps de petites aiguilles qu'on recueille après refroidissement, et qu'on lave à l'eau froide. Elles constituent la *glycosine* $C^6H^6Az^4$; quant à la *glyoxaline* $C^3H^4Az^2$, elle reste dans les eaux mères.

Pour purifier la *glycosine*, on la dissout dans de l'acide chlorhydrique, on décolore par du charbon, et on traite la liqueur filtrée par l'ammoniaque qui précipite la base sous forme d'une poudre cristalline, composée de petits prismes striés et tronqués, s'électrisant vivement par la pulvérisation. Chauffés, ces cristaux se volatilisent sans fondre et sans laisser de résidu ; ils se subliment en magnifiques aiguilles grasses au toucher, sans odeur et sans saveur. La glycosine est presque insoluble dans l'eau froide. Les acides la dissolvent et les alcalis la précipitent de nouveau en poudre cristalline.

Le *chlorhydrate de glycosine* forme de magnifiques cristaux; sa solution donne avec l'oxalate d'ammoniaque un précipité d'*oxalate de glycosine;* le chlorure de cuivre y produit un précipité vert formé d'aiguilles concentriques; le sublimé corrosif, un précipité cristallin dense, soluble dans l'acide chlorhydrique étendu.

Le *chloroplatinate de glycosine*,

$$C^6H^6Az^4, H^2PtCl^6,$$

constitue une poudre cristalline jaune, peu soluble dans l'eau froide, et paraissant s'altérer par l'eau bouillante.

La constitution de la glycosine est exprimée par la formule

$$Az^4 \left\{ \begin{array}{l} C^2H^2 \\ C^2H^2 \\ C^2H^2 \end{array} \right.$$

le radical C^2H^2 étant tétratomique; sa formation a lieu en vertu de l'équation

$$3\,C^2H^2O^2 + 4\,AzH^3 = C^6H^6Az^4 + 6\,H^2O.$$

Le *glyoxaline* $C^3H^4Az^2$ s'obtient en évaporant doucement à sec les eaux mères de la base précédente; il reste un résidu brun qu'on mélange à une solution concentrée d'acide oxalique, et l'on obtient bientôt de beaux cristaux d'*oxalate de glyoxaline*, qu'on purifie par de nouvelles cristallisations dans l'eau. Cet oxalate forme des prismes incolores, beaucoup plus solubles à chaud qu'à froid, fusibles et volatils; il renferme

$$C^5H^6Az^2O^4 = C^3H^4Az^2.\,C^2H^2O^4.$$

On isole facilement la glyoxaline de ce sel en traitant celui-ci par de la craie, filtrant et évaporant au bain-marie.

La glyoxaline se dépose d'une solution sirupeuse en cristaux déliquescents, groupés concentriquement ; elle est très-fusible, répand une faible odeur de poisson et se volatilise en répandant des fumées blanches. Elle est très-soluble, et à réaction alcaline, précipitant les solutions métalliques.

Le *chloroplatinate* $(C^3H^4Az^2)^2\,H^2PtCl^6$ forme un précipité cristallin jaune, soluble dans l'eau bouillante.

La formation de la glyoxaline se fait suivant l'équation

$$2\,C^2H^2O^2 + 2\,AzH^3$$
$$= C^3H^4Az^2 + CH^2O^2 + 2\,H^2O;$$

en effet, il y a de l'acide formique produit en même temps. E. W.

GLYOXYLIQUE (ACIDE), $C^2H^2O^3$. — Cet acide se forme par l'action de l'acide azotique étendu sur l'alcool, ou par la décomposition spontanée de l'éther nitreux [Debus, *Ann. der Chem. u. Pharm.*, t. C, p. 1; *Ann. de Chim. et de Phys.*, (3), t. XLIX, p. 216]; il prend également naissance dans l'oxydation du glycol [Debus, *Proced. of R. Soc.*, t. IX, p. 717; *Ann. de Chim. et de Phys.*, (3). t. LVI, p. 336] et du glyoxal. Enfin, on l'a obtenu par la substitution de l'oxygène au brome de l'acide dibromacétique.

Préparation. — On verse successivement dans une éprouvette à pied, à l'aide d'un entonnoir effilé jusqu'au fond du vase, 220 grammes d'alcool à 80/100, 100 grammes d'eau et 200 grammes d'acide azotique fumant, en évitant de mélanger ces trois liquides; le tout est abandonné pendant huit jours à 20° environ, il se dégage d'abord des gaz et de l'éther azoteux et les liquides se mélangent peu à peu. Le produit renferme alors de l'acide azotique, de l'acide formique, de l'acide acétique, de l'acide glycolique, des éthers, des aldéhydes, notamment du glyoxal et de l'acide glyoxylique. On évapore au bain-marie par portions d'une vingtaine de grammes jusqu'à consistance sirupeuse, on reprend par l'eau, on sature par de la craie et on additionne la liqueur d'alcool, ce qui occasionne la précipitation de sels de chaux ; on recueille ce précipité, on l'exprime et on l'épuise par l'eau bouillante; la solution aqueuse, abandonnée à elle-même, laisse déposer, après quelques heures, des cristaux de glyoxylate de calcium, la liqueur filtrée en fournit encore par l'évaporation, et les dernières eaux mères renferment du glycolate de calcium. Les eaux mères alcooliques renferment du *glyoxal* (voyez ce mot). Delffs recommande de pousser plus loin que ne le fait Debus, l'évaporation de la liqueur acide primitive, l'on a ainsi moins d'acide glycolique et du glyoxal moins coloré [N., *Jahresb. Pharm.*, t. X, p. 217].

Le glyoxylate de calcium, décomposé par l'acide oxalique, fournit l'acide glyoxylique libre, qui reste, après concentration de la liqueur filtrée, à l'état d'un liquide sirupeux jaunâtre, très-soluble et à réaction acide énergique.

Perkin et Duppa ont obtenu de l'acide glyoxylique par la décomposition du dibromacétate d'argent. Ce sel se décompose d'abord spontanément en bromure d'argent et acide bromoglycolique dont le sel d'argent se décompose par l'ébullition en fournissant de l'acide glyoxylique :

$$C^2HBr^2O^2Ag + H^2O = C^2H^3BrO^3 + AgBr,$$

et

$$C^2H^2BrO^3Ag + H^2O = C^2H^4O^4 + AgBr,$$

suivant les équations qu'indiquent ces auteurs, qui admettent pour l'acide glyoxylique la formule $C^2H^4O^4$ et envisagent ce composé comme de l'acide bromoglycolique dans lequel Br est remplacé par HO ; si l'on veut conserver la formule de Debus, la décomposition du bromoglycolate d'argent s'exprimera aussi bien par

$$C^2H^2BrO^3Ag = C^2H^2O^3 + AgBr.$$

Inversement, Perkin et Duppa ont transformé les glyoxylates en bromure de dibromacétyle, par l'action du perbromure de phosphore [*Journ. Chem. Soc.*, mai 1868, et *Bull. de la Soc. chim.*, t. X, p. 254].

En faisant agir le chlorure de carbone C^2Cl^4 sur l'éthylate de sodium, vers 100-120°, Fischer et Geuther [*Jena'sche Zeitschr.*, t. I, p. 47 et 167] ont obtenu du dichloracétate d'éthyle, bouillant à 153°, et de l'éthyl-glyoxylate de sodium bouillant à 205°, $C^6H^{11}O^4Na$. Ce dernier composé se dédouble par l'action de l'acide chlorhydrique bouillant en acide glyoxylique et alcool :

$$C^6H^{12}O^4 + H^2O = C^2H^2O^3 + 2C^2H^6O.$$

Le dichloracétate d'éthyle lui-même, chauffé à 120° avec de l'eau, donne de l'acide glyoxylique, de l'alcool et de l'acide chlorhydrique.

Enfin, H. Church [*Journ. Chem. Soc.*, (2), t. I, p. 301 ; *Ann. de Chim. et de Phys.*, (4), t. I, p. 126] a obtenu l'acide glyoxylique par réduction de l'acide oxalique :

$$C^2H^2O^4 + H^2 = C^2H^2O^3 + H^2O,$$

et a observé en même temps la formation d'un acide isomérique de l'acide acétique, qu'il envisage comme la première aldéhyde du glycol :

$$C^2H^6O^2 - H^2 = C^2H^4O^2.$$

Propriétés. — L'acide glyoxylique sirupeux, chauffé dans un tube, bout et se volatilise en laissant un résidu noir ; si l'on distille sa solution aqueuse, il passe d'abord de l'eau, puis une solution d'acide glyoxylique. L'oxyde d'argent s'y dissout, mais en le décomposant en partie. Il dissout l'aniline en donnant un sel incolore qui, par l'ébullition, fournit un précipité orange brillant (Perkin et Duppa).

L'acide glyoxylique ressemble sous certains rapports à l'acide formique : comme lui, il donne de l'oxyde de carbone lorsqu'on le traite par l'acide sulfurique ; en effet, on peut l'envisager comme formé d'oxalyle (molécule double d'oxyde de carbone) et d'eau, $C^2O^2 + H^2O$, l'acide formique étant formé lui-même de carbonyle (CO) et d'eau. Le premier se transforme par l'oxydation en acide oxalique ; le second en acide carbonique.

Le zinc se dissout dans l'acide glyoxylique, sans dégager une quantité équivalente d'hydrogène. Cela tient à ce qu'il y a réduction de l'acide glyoxylique et formation d'acide glycollique :

$$C^2H^2O^3 + H^2 = C^2H^4O^3.$$

Il y a en même temps de l'acide oxalique formé.

L'acide glyoxylique paraît pouvoir, dans certains cas, fonctionner comme une aldéhyde ; il est à l'acide glycolique ce que l'aldéhyde est à l'alcool ; il en diffère par H^2 en moins. Sa formule rationnelle est probablement

$$\begin{cases} COH \\ COOH, \end{cases}$$

car elle rend compte de sa double fonction d'acide et d'aldéhyde.

Glyoxylates. — L'acide glyoxylique est diatomique ; Debus l'envisage comme renfermant

$$C^2H^2O^3$$

et les glyoxylates qu'il a décrits renferment tous de l'eau, pour la formule C^2HMO^3 ; cette eau ne peut pas être éliminée sans que le sel soit décomposé, ce qui ne rend pas impossible pour cet acide la formule $C^2H^4O^4$, que Debus avait admise dans l'origine et qui est aussi celle que lui assignent Perkin et Duppa.

Le sel ammoniacal seul fait exception, car Debus a obtenu ce sel avec la composition

$$C^2H(AzH^4)O^3.$$

Les glyoxylates ont été étudiés par Debus [*loc. cit.*, et *Ann. de Chim. et de Phys.*, (3), t. LXVIII, p. 494].

Glyoxylate d'ammonium, $C^2H(AzH^4)O^3$. — Petits cristaux prismatiques incolores, solubles ; sa solution concentrée jaunit par l'évaporation à 100°. Elle donne des précipités cristallins blancs avec l'azotate d'argent et l'acétate de plomb.

Glyoxylate d'argent, $C^2HO^3Ag + H^2O$. — Poudre cristalline blanche, insoluble dans l'eau.

Glyoxylate de baryum, $(C^2HO^3)^2Ba + 4H^2O$. — Obtenu par l'action de l'acide sur le carbonate barytique, il se dépose en petits cristaux par la concentration. Chauffé à 120°, il se décompose en oxalate de baryum et acide glycolique.

Glyoxylate de calcium,

$$(C^2HO^3)^2Ca + 2H^2O.$$

— Cristallise en prismes durs se décomposant à 180°, en perdant de l'eau et de l'acide carbonique, et en laissant pour résidu du carbonate, du glycolate et de l'oxalate de calcium mélangés d'une matière résineuse. Il répand, en brûlant, une odeur de caramel. Il se dissout à 8° dans 177 p. d'eau, et cette solution est précipitée par l'alcool. Sa solution ne précipite ni les sels barytiques, ni les sels de cuivre ou d'argent. A l'ébullition, il réduit le nitrate d'argent. L'acétate de plomb y produit un précipité cristallin soluble dans l'acide acétique ; l'eau de chaux y forme un précipité floconneux ; c'est un sel basique qui se décompose rapidement à l'ébullition en produisant un dépôt d'oxalate, tandis qu'il reste du glycolate de calcium en dissolution

$$2(C^2HO^3)^2Ca + CaH^2O^2$$
$$= 2C^2O^4Ca + (C^2H^3O^3)^2Ca.$$

Le glyoxylate de calcium cristallise quelquefois en longues aiguilles très-minces. Les eaux mères qui fournissent ce sel, dans la préparation de l'acide glyoxylique, laissent quelquefois cristalliser un sel double, formé de glycolate et de glyoxylate de calcium,

$$(C^2H^3O^3)^2Ca + 2(C^2HO^3)^2Ca + 2H^2O.$$

Debus a également décrit une combinaison de glyoxylate et de lactate de calcium.

Lorsqu'on ajoute une solution chaude et concentrée de glyoxylate d'ammonium à une solution concentrée de chlorure de calcium, il se forme une gelée transparente qui se convertit bientôt en cristaux constituant une combinaison de 3 molécules de glyoxylate de calcium et de 4 molécules d'ammoniaque. On l'obtient encore en ajoutant de l'ammoniaque à une solution concentrée et chaude de glyoxylate de calcium.

Glyoxylate de plomb, $C^2O^3Pb + H^2O$. — Ce sel bibasique se précipite lorsqu'on ajoute de l'acétate de plomb au sel de calcium. Il forme une combinaison avec l'ammoniaque.

Glyoxylate de potassium, $C^2HO^3K + H^2O$. — Se sépare de sa solution aqueuse par addition d'alcool, à l'état d'une couche oléagineuse se concrétant en une masse cristalline.

Glyoxylate de zinc, $C^2O^3Zn + 2H^2O$. — Précipité cristallin légèrement soluble dans l'eau, soluble dans les acides acétique et chlorhydrique, ainsi que dans la potasse.

Les glyoxylates se combinent avec les sulfites et avec l'ammoniaque [Debus, *Ann. der Chem. u. Pharm.*, t. CXXVI, p. 129; *Ann. de Chim. et de Phys.*, (3), t. LXVIII, p. 494]. Lorsqu'on mélange une solution concentrée de sulfite acide de sodium avec une solution sirupeuse d'acide glyoxylique, il se forme après quelques jours de petits cristaux confus qu'on lave à l'eau glacée et qu'on fait recristalliser; ils constituent une combinaison de glyoxylate acide et de sulfite acide de sodium, $C^2HNaO^3 + SHNaO^3$.

Le glyoxylate de calcium, délayé dans l'eau et traité par un courant d'acide sulfureux, se dissout, et, par l'évaporation au bain-marie, on obtient des cristaux incolores qui renferment

$$(C^2HO^3)^2Ca + (SHO^3)^2Ca + 5H^2O;$$

les eaux mères renferment de l'acide glyoxylique libre.

L'hydrogène sulfuré réagit sur l'acide glyoxylique; si l'on évapore la liqueur dans le vide, elle se prend, après plusieurs jours de repos, en une masse de mamelons empâtés dans une eau mère visqueuse; ces cristaux paraissent être un acide sulfuré, dont le sel de chaux renferme, suivant Debus, $C^4H^2CaO^5S + 3H^2O$. E. W.

GMELINITE (Min.) [Syn. *Hydrolite*, de Drée; *sarcolite*, Vauquelin]. — Hydrosilicate d'alumine et de chaux, avec soude et un peu de potasse:

$$RAl^2Si^4O^{12} + 6H^2O$$
$$= RO, Al^2O^3, 4SiO^2 + 6H^2O;\ R = Ca, Na^2, K^2.$$

Cristaux souvent enchevêtrés, d'un blanc jaunâtre, ou rosé, rarement incolores, d'un éclat vitreux, se trouvant dans les amygdaloïdes de Montecchio-Maggiore, d'Écosse, etc., avec l'analcime et avec d'autres zéolithes.

Caractères. — Attaquable par l'acide chlorhydrique en faisant gelée. Dans le tube, donne de l'eau et tombe en poussière. Au chalumeau, fond facilement en un émail blanc.

Dureté, 4,5. Poussière blanche; fragile.

Densité, 2,0 à 2,1

Forme cristalline. — Rhomboèdre de 112° 26', accompagné d'ordinaire du rhomboèdre inverse de même angle e^1, de la base a^1 et du prisme e^2.

A 100°, la gmelinite perd 13 % d'eau, qu'elle reprend ensuite rapidement. F. et S.

GŒTHITE (Min.) [Syn. *Lépidocrocite, przibramite, pyrrhosidérite*]. — Hydrate ferrique

$$Fe^2O^4H^2.$$

Cristaux prismatiques striés longitudinalement, lamelles cristallines, écailles minces, masses fibreuses, quelquefois concrétionnées, d'un brun plus ou moins foncé, d'un jaune d'ocre, parfois d'un beau rouge, surtout en lames minces et à la lumière transmise. Se trouve avec les autres oxydes de fer et spécialement près de Siegen et en Cornouailles.

Caractères. — Soluble dans l'acide chlorhydrique. Dans le tube, donne de l'eau et se change en sesquioxyde de fer anhydre. Sur le charbon, donne un globule attirable à l'aimant.

Dureté, 5 à 5,5. Poussière jaune.

Fig. 320. — Gœthite.

Densité, 4,3 à 4,4.

Forme cristalline. — Prisme orthorhombique $mm = 94°52'$; $b^{1/2}b^{1/2} = 121° 4'$; $b^{1/2}b^{1/2}$ en avant $= 126° 18'$.

Clivage, g^1 parfait.

GOMME AMMONIAQUE. — Cette gomme résine est fournie par le *Dorema ammoniacum* (Ombellifères), qui croît en Perse et dans l'Arménie. On la trouve dans le commerce, soit en larmes détachées, blanches et opaques à l'intérieur, jaunâtres à l'extérieur, soit en masses volumineuses de couleur jaunâtre, formées de larmes réunies par une pâte fauve, mêlée de sable et de sciure de bois.

Elle a une odeur forte, particulière, rappelant celle de l'ail et du castoreum, une saveur amère, âcre et nauséeuse; elle se ramollit à la chaleur de la main; son poids spécifique est de 1,207. Elle est soluble en partie dans l'eau, avec laquelle elle forme une émulsion, soluble en partie dans l'alcool et dans l'éher; par la digestion avec de l'alcool, elle donne une solution d'un jaune-clair, qui fournit par évaporation une résine transparente presque neutre.

La gomme ammoniaque renferme :

	Buchholz.	Braconnot
Résine	72,0	70,0
Gomme soluble	22,4	18,4
Bassorine	1,6	4,4
Huile volatile, eau et perte	4,0	7,2
	100,0	100,0

L'huile volatile probablement sulfurée n'a pas été étudiée.

La gomme ammoniaque est employée en médecine; à l'intérieur, comme stimulant, et emménagogue, à l'extérieur comme fondant et résolutif. E. G.

GOMME-GUTTE. — C'est une gomme-résine fournie par différents végétaux, qui croissent dans la presqu'île du Cambodje et dans l'île de Ceylan, par le *Guttafera vera* et le *Cambogia gutta*. Elle se présente dans le commerce sous forme de masses cylindroïdes, de 125 à 250 grammes, d'un jaune foncé, fusibles et à cassure opaque. Elle est sans odeur, d'une saveur âcre; sa poudre est jaune. Elle est presque entièrement soluble dans l'alcool, et forme avec l'eau une émulsion d'un jaune très-pur et très-beau; elle se dissout dans les alcalis avec une couleur rouge intense; Christison, qui a analysé différentes sortes commerciales de gomme-gutte, y a trouvé de 65 à 74 % de résine, et de 18 à 24 % de gomme [*Journ. de Pharm.*, (3), t. XVII, p. 271]. D'après lui, la gomme-gutte de Ceylan n'existe pas dans le commerce, et celle de Siam en renfermerait trois sortes : la gutte en cylindres, la gutte en gâteaux et la gutte en sorte; la première est plus riche en résine, c'est elle qu'on réserve à l'usage médical.

La résine de la gutte s'extrait au moyen de l'éther; c'est une masse rouge donnant une belle poudre jaune. Insoluble dans l'eau, elle se dissout très-facilement dans l'éther, moins dans l'alcool. Elle se dissout dans l'ammoniaque, à chaud; la liqueur est précipitée par le carbonate d'ammoniaque, mais le précipité se dissout dans l'eau pure. La solution ammoniacale précipite les sels métalliques en donnant des combinaisons colorées.

La résine à l'ébullition chasse l'acide carbonique des carbonates alcalins; sa dissolution alcoolique rougit le tournesol.

Le chlore la détruit et donne une substance jaune clair, chlorée, insoluble dans l'eau. L'acide azotique la décompose à l'ébullition en produisant de l'acide oxalique et de l'acide picrique.

Les sels de baryte, de plomb et d'argent sont amorphes, colorés, insolubles dans l'eau.

La gomme-gutte est usitée en médecine comme purgatif drastique. Elle est employée dans la peinture à l'eau et fournit de très-belles nuances jaunes. E. G.

GOMME-LAQUE. — Improprement appelée gomme-laque, la laque est une résine : elle est produite par la piqûre de la femelle d'un insecte hémiptère, le *Coccus lacca*, qui se fixe à l'extrémité des branches de plusieurs arbres de l'Inde, les *Ficus religiosa* et *indica*, le *Rhamnus Jujuba*, etc. L'insecte pique le rameau et s'ensevelit dans le suc qui en sort.

On distingue dans le commerce : 1° la laque en bâtons; ce sont les branches de l'arbre où les cellules résineuses sont fixées : 2° la laque en grains : c'est la précédente séparée des branches; 3° la laque en écailles : elle est obtenue par la fusion des deux sortes précédentes, passées à travers une toile, et coulées en plaques minces. La laque en bâtons renferme plus de matières colorantes que les autres sortes.

En traitant la laque par l'alcool froid, et évaporant la solution, on obtient pour résidu la matière résineuse. Cette substance est brune, translucide, d'une densité égale à 1,339. Elle se dissout entièrement dans l'alcool absolu, l'acide chlorhydrique et l'acide acétique, et les lessives alcalines.

D'après les analyses de Hatchett et de John, la laque renferme de 68 à 90 % de résine, de 0,5 à 10 % de matière colorante.

Cette dernière est usitée pour la teinture rouge sur laine et sur soie; on emploie à cet usage deux préparations indiennes, préparées en épuisant la laque en bâtons par une solution de soude très-faible, et précipitant par l'alun; ce sont la *lac-laque* et le *lac-dye*. Ce dernier, plus estimé, est préparé avec plus de soin. On teint les maroquins du Levant avec de la laque avivée par les acides et l'alun.

La matière colorante de la laque se comporte comme celle de la cochenille, elle est plus solide, mais moins vive.

La laque sert dans les arts à faire des vernis, des mastics et des cires à cacheter. Pour cet usage, on est souvent obligé de la décolorer; la résine-laque blanche s'obtient en décolorant la laque naturelle à l'aide du chlorure de chaux ou de soude additionné d'un peu d'acide chlorhydrique. E. G.

GOMMES. — Ce sont des substances qui donnent avec l'eau un liquide mucilagineux, insolubles dans l'alcool, et donnant par l'action de l'acide azotique de l'acide mucique, de l'acide oxalique, et dans quelques circonstances de l'acide saccharique et de l'acide tartrique. Les *gommes* proprement dites, qui se dissolvent dans l'eau à froid ou à chaud, se distinguent des *mucilages*, qui ne font que se gonfler dans l'eau. Les gommes sont solides, incristallisables, incolores, inodores, d'une saveur très-fade, d'une cassure vitreuse.

La gomme existe dans un grand nombre de végétaux; elle transsude du tronc ligneux et de l'écorce de plusieurs arbres, particulièrement des Légumineuses et des Rosacées. On connaît les gommes sous les noms des pays où on les recueille, ou sous ceux des végétaux qui les fournissent. Guérin-Varry les avait classées en trois séries, d'après les principes immédiats, *Arabine*, *Bassorine*, *Cérasine*, qu'il supposait préexister dans les diverses gommes.

La gomme la plus pure, et pour ainsi dire le type des gommes, est la GOMME ARABIQUE. Elle découle naturellement de plusieurs espèces d'*Acacia*, principalement de l'*Acacia vera* et de l'*Acacia arabica*. La gomme est incristallisable, insoluble dans l'alcool, l'éther et les huiles fixes et volatiles. Elle commence à s'altérer, d'après Mulder, à 135°; vers 200°, elle se décompose en donnant de l'eau acide, des produits empyreumatiques et différents gaz. D'après les analyses anciennes de Gay-Lussac et Thenard, Berzelius, Th. de Saussure et celles plus récentes de Mulder, la gomme présente la composition de l'amidon.

La solution aqueuse de la gomme dévie à gauche les rayons de lumière polarisée; cette propriété la distingue de la dextrine, appelée aussi gomme artificielle, qui dévie à droite la lumière polarisée. Cette dernière gomme, sous l'influence de l'acide azotique, ne fournit pas d'acide mucique. Si on fait bouillir la gomme avec de l'acide sulfurique étendu, elle se transforme d'abord en dextrine, puis en sucre déviant à droite.

La gomme se change en sucre directement fermentescible sous l'influence des acides. Traitée par la craie et le fromage, elle produit de l'alcool; cette formation n'est pas précédée par celle d'un sucre fermentescible au contact de la levûre de bière. Il ne se forme ni levûre, ni mannite, ni glycérine, mais du lactate de chaux (Berthelot).

La gomme, traitée par un mélange d'acide sulfurique et d'acide azotique, peut se transformer en un corps nitré explosible comme le fulmicoton. Fondue avec la potasse hydratée, la gomme dégage de l'hydrogène, et le résidu se compose de formiate, d'acétate et de propionate de potasse. Distillée avec de la chaux, elle donne de la métacétone (propione) et de l'acétone.

Les combinaisons de la gomme avec les alcalis sont solubles dans l'eau et précipitables par l'alcool. M. Fremy a fait voir que la gomme arabique est essentiellement formée par les sels de chaux et de potasse, d'un acide qu'il a appelé *acide gummique*. On peut l'isoler, en ajoutant de l'acide chlorhydrique à une solution concentrée de gomme et en précipitant par l'alcool; le précipité, lavé à l'alcool, et desséché, devient vitreux. Séché à 100° : l'acide gummique a pour composition $C^{12}H^{22}O^{11}$. Entre 120° et 130°, il perd de l'eau et devient isomérique avec l'amidon et la cellulose; sa dissolution dévie à gauche le plan de polarisation. Chauffé à 150°, l'acide gummique se convertit en *acide métagummique*, insoluble dans l'eau.

La même transformation a lieu pour les métagummates, mais par l'ébullition l'eau les convertit de nouveau en gummates solubles. D'après M. Fremy, la gomme des cerisiers et des pruniers serait formée par un mélange de gummates solubles dans l'eau, et de métagummates insolubles, qui, par une ébullition prolongée, se convertissent en gummates solubles. C'est ce que Guérin-Varry appelait *Cérasine*.

Les gummates alcalins et terreux sont solubles dans l'eau; le gummate de potasse forme avec le sulfate de cuivre un composé soluble dans l'eau, ce qui permet de distinguer la gomme de la dextrine.

En versant une solution de gomme additionnée d'ammoniaque dans un sel de plomb, il se produit un précipité caillebotté, insoluble dans l'eau, et contenant 38,25 d'oxyde de plomb, suivant Berzelius ; il se dissout dans un excès de solution de gomme; l'acide carbonique de l'air précipite la liqueur.

Les sels de sesquioxyde de fer donnent avec la gomme un précipité soluble dans l'acide acétique. Se fondant sur cette propriété, M. Roussin a indiqué un moyen pour reconnaître la présence de la gomme dans un sirop. Dans un tube de 20 centimètres, on verse 1 centimètre du sirop à examiner, on finit de remplir le tube d'eau, et on ajoute quelques gouttes d'une dissolution de sulfate de sesquioxyde de fer. En agitant le mélange quelques instants, il se prend en masse, et on peut retourner le tube sans que le liquide s'écoule; le sirop de gomme, fait dans de bonnes conditions, doit se comporter ainsi.

Les dissolutions de gomme dans l'eau moisissent, et dans ces circonstances, la gomme se transformerait, d'après M. Fermond, en une matière sucrée.

M. Pasteur a reconnu la présence, dans tous les vins, d'une proportion variable, mais toujours très-sensible, d'une substance combinée à du phosphate de chaux, et ayant toutes les propriétés générales des gommes, fournissant, par l'action de l'acide azotique, de l'acide mucique identique avec celui qui dérive de la gomme arabique. Pour isoler la gomme du vin, on réduit ce vin au 1/15 environ de son volume, on laisse cristalliser le bitartrate de potasse pendant vingt-quatre heures, et on ajoute à l'eau mère trois ou quatre fois son volume d'alcool à 90°. Le précipité s'offre sous forme de précipité floconneux, ou bien il s'agrége, et on peut renverser le vase sans qu'il se détache des parois. Ce précipité lavé à l'alcool est redissous dans l'eau, filtré et précipité de nouveau par l'alcool.

La gomme devient insoluble par l'action, sous l'influence de la lumière, de l'acide chromique uni aux bases. Cette propriété a été mise à profit par M. Poitevin, dans l'impression photographique.

La gomme soumise à la dialyse ne traverse le septum colloïdal qu'avec un pouvoir moitié de celui du tannin, et 400 fois moindre que celui du chlorure de sodium.

Si des substances cristalloïdes sont mélangées à la gomme, la diffusion de celle-ci semble se ralentir encore plus, et même cesser complétement. La gomme, combinaison d'acide gummique et de chaux, peut être épuisée par la dialyse. Il suffit d'ajouter à une solution épaisse de gomme 4 ou 5 % d'acide chlorhydrique, et de dialyser jusqu'à ce que la solution gommeuse ne précipite plus par l'azotate d'argent. L'acide gummique qui en résulte présente une réaction acide sensible, neutralisée par 2, 85 de potasse pour 100 d'acide gummique. Le gummate de potasse dialysé sans addition d'acide laisse échapper graduellement l'alcali, et la gomme reprend de nouveau sa réaction acide. L'acide gummique desséché à 100° n'est plus soluble dans l'eau, mais il se gonfle dans ce liquide comme la gomme adragante. Lorsqu'on mélange des solutions d'acide gummique et de gélatine, il se forme des gouttes huileuses qui produisent une gelée presque incolore, fusible à 25° ou par la chaleur de la main.

Le *gummate de gélatine* peut être lavé sans décomposition, mais il se dissout faiblement dans l'eau pure et plus facilement dans une solution de gélatine. La solution de gélatine n'est pas précipitée par la gomme brute, ni par le gummate de potasse (Graham).

Voici quels sont, d'après Guibourt, les caractères particuliers des principales gommes du commerce.

Gomme arabique vraie. — Elle est blanche ou rousse; la blanche, appelée *gomme turique*, est en petites larmes blanches et transparentes, se fendillant en tous sens à l'air; elle est facilement et entièrement soluble dans l'eau, sans saveur.

Gomme du Sénégal. — On en distingue deux sortes : celle du *bas fleuve* ou du *Sénégal* proprement dit, et celle du *haut fleuve* ou de *Galam*. La première est la plus estimée.

Elle se compose soit de larmes sèches, dures, non friables, rondes ou ovales, ridées à l'extérieur, soit de morceaux plus gros, pesant jusqu'à 500 grammes, d'une couleur jaune ou rouge. Sa saveur est douce; sa solution rougit le tournesol et se trouble abondamment par l'oxalate d'ammoniaque.

La gomme de *Galam* est en morceaux moins réguliers, anguleux et souvent brillants. On trouve quelquefois mélangées à cette gomme deux variétés désignées sous les noms de *gomme de Bondou* et de *gomme gonakié*. La première a une saveur très-amère, qui doit la faire rejeter du commerce. La gomme *gonakié* est rouge, se dessèche très-facilement et devient vitreuse.

Gomme de France. — Elle est produite par les arbres fruitiers de notre pays qui appartiennent à la famille des Rosacées, tels que le cerisier, le merisier, le prunier, l'abricotier. Elle suinte spontanément du tronc et des branches de ces arbres devenus vieux. D'abord liquide et incolore, elle se colore et durcit par l'action de l'air. Elle se trouve dans le commerce en gros morceaux, agglutinés, luisants, transparents, rouges, souvent impurs; elle forme avec l'eau un mucilage très-épais, sans se dissoudre entièrement.

La partie insoluble, désignée par Guérin-Varry sous le nom de cérasine, est formée, comme nous l'avons vu plus haut, de gummates solubles et de métagummates insolubles.

Gomme de Bassora. — Cette gomme paraît produite par une plante grasse, ficoïde ou cactée; elle est blanche ou jaunâtre, comme farineuse et argentée à sa surface, en morceaux plutôt plats et allongés qu'arrondis; elle se divise sous la dent, en produisant une espèce de cri. Mise dans l'eau, elle se gonfle considérablement et se convertit en une gelée transparente dont les parties n'ont aucune liaison entre elles. Lorsqu'on y ajoute une plus grande quantité d'eau, toutes les particules gélatineuses se séparent et se suspendent par l'agitation dans le liquide; mais elles retombent rapidement au fond.

Une partie se dissout et présente les caractères de l'arabine; la portion insoluble a reçu le nom de *bassorine*.

La bassorine séchée à 100° possède la composition $C^6H^{10}O^5$. Avec l'acide azotique, elle donne beaucoup d'acide mucique; l'acide sulfurique étendu la convertit par l'ébullition en glucose cristallisable.

L'iode ne colore pas la gomme de Bassora en bleu; la potasse caustique ne lui fait éprouver aucune altération; mais à l'aide de la chaleur, il y a altération de la gomme, et la dissolution a lieu.

Gomme adragante. — Cette gomme sort spontanément, en filets ou bandelettes tortillées, des tiges et des rameaux de plusieurs *Astragalus*. Elle est en morceaux allongés, quelquefois aplatis, d'autres fois filiformes et irrégulièrement tordus ou en grumeaux; elle est blanche ou jaune et opaque; elle est peu soluble dans l'eau; mais elle s'y gonfle considérablement, en absorbe une grande quantité et forme un mucilage tenace et très-épais. D'après Guibourt, la gomme adragante est essentiellement formée par une matière organisée, gélatiniforme, qui se gonfle et se divise dans l'eau, au point de pouvoir passer en partie à travers le filtre. Quant à la partie de la gomme adragante qui résiste à l'ébullition dans l'eau, c'est un mélange d'amidon et de ligneux. Guérin-Varry avait considéré la gomme adragante comme formée de bassorine et de cérasine.

On a fabriqué de fausse gomme adragante avec de la fécule cuite, et de la farine passée avec force à travers les mailles d'un tissu ou les trous d'un cylindre. Cette fraude se reconnaît très-vite, car, en contact avec l'eau, la fausse gomme se réduit en pâte et se colore fortement en bleu par l'iode.

Ajoutons, en terminant, que le nom de gomme est souvent donné improprement à diverses substances qui découlent spontanément des arbres et qui ne sont que des résines ou des gommes-résines, comme le bdellium, le caoutchouc, le kino, etc. Ces différents corps sont décrits dans des articles spéciaux, auxquels nous n'avons qu'à renvoyer.

Bibliographie. — Vauquelin, *Ann. de Chimie*, t. VI, p. 178; t. LIV, p. 312; t. LXXX, p. 314; *Bullet. de Pharm.*, t. III, p. 49. — Guérin, *Ann. de Chim. et de Phys.*, t. XLIX, p. 248. — Mulder, *Journ. für prakt. Chem.*, t. XVI, p. 244. — Gay-Lussac et Thenard, *Recherches physico-chimiques*. — Berzelius, *Ann. de Chim. et de Phys.*, t. XCV, p. 78. — Th. de Saussure, *Bibl. brit.*, t. LVI, 350. — Biot et Persoz, *Ann. de Chim. et de Phys.*, t. LII, 72. — Svanberg, *Pharm. Centralblatt*, 1848, 702. — Reinsch, *Jahrb. für prakt. Pharm.*, t. XVIII, p. 102. — Simonin, *Ann. de Chim. et de Phys.*, t. L, p. 319. — Fremy, *Ann. de Chim. et de Phys.*, t. LIX, 5. — *Compt. rend. de l'Acad. des sciences*. — Trommer, *Ann. der Chem. u. Pharm.*, t. L, p. 360. — Freidank, *Ann. der Chem. u. Pharm.*, t. XX, p. 197. — Roussin, *Journ. de Pharm.* — Guibourt, *Hist. natur. des drogues simples*, t. III. — Pasteur, *Études sur le vin*. — Liebig, *Ann. de Chim. et de Phys.*, t. LVIII, p. 250. — Berthelot, *Ann. de Chim. et de Phys.*, t. L, p. 365. — Poitevin, *Ann. de Chim. et de Phys.*, t. LXII, p. 199. — Th. Graham, *Ann. de Chim. et de Phys.*, t. LXV, p. 187. J. B.

GOMMES-RÉSINES. — On donne le nom de gommes-résines à des produits naturels, mélangés en proportions variables de substances gommeuses et résineuses. Elles sont produites surtout par les végétaux de la famille des Ombellifères, des Légumineuses et des Térébinthacées. Dans les végétaux, elles sont en suspension dans l'eau et comme émulsionnées. Les résines, au contraire, sont dissoutes dans des huiles volatiles.

Toutes les gommes-résines sont plus denses que l'eau, opaques, fusibles; le plus grand nombre possèdent une saveur âcre et une odeur forte. Elles ne se dissolvent qu'en partie dans l'eau, et la solution est trouble; elles sont solubles à chaud dans l'alcool aqueux. En général, elles renferment plus de résine que de gomme; la gomme est ou de l'arabine ou de la bassorine.

Les principales gommes-résines sont l'asa-fœtida, l'aloès, la scammonée, la gomme ammoniaque, l'euphorbe, le galbanum, la myrrhe, l'oliban, l'opoponax, le sagapenum et la gomme-gutte.

GONGYLITE (Min.). — Substance imparfaitement cristallisée, ayant deux clivages assez nets; une cassure écailleuse ou conchoïdale; translucide sur les bords, d'un éclat gras, d'une couleur jaune ou jaune-brun, et que sa composition rapproche de l'eudnophite.

Dureté, 4 à 5. Poussière blanche. Densité, 2,7.

GOSHENITE (Min.). — Variété blanche de béryl, de Goshen, Mass.

GOSLARITE (Min.) [Syn. *Zinc sulfaté, gallizinite* (Beudant)]. — Sulfate de zinc hydraté $ZnSO^4 + 7H^2O$. Se trouve en masses stalactiques dans certaines mines.

Dureté, 2 à 2,5. Densité, 1,9 à 2,1.

Forme cristalline. — Prisme orthorhombique $mm = 90°42'$; $pa^1 = 150°10'$.

Clivage, g^1 parfait. Isomorphe avec le sulfate de magnésie.

GOUDRONS. — Toutes les fois qu'on distille ou qu'on chauffe à une haute température, à l'abri de l'air, les combustibles que nous offre la nature, on produit, à côté de différents gaz, un liquide insoluble dans l'eau, dense, plus ou moins coloré, fréquemment noir, visqueux ou huileux, d'une odeur forte et aromatique : on le désigne sous le nom de goudron. La nature des goudrons est très-variable; non-seulement elle dépend de la composition du combustible employé, mais encore, pour les mêmes sortes de combustible, de la température à laquelle la distillation a été faite, de la forme des appareils, de la rapidité de l'opération, etc. L'étude très-complexe de ces divers produits a été longtemps négligée. Mais depuis que, sous l'impulsion puissante donnée aux recherches chimiques dans ces dernières années, on a reconnu et su exploiter les richesses que renferment les goudrons, cette étude a fait de grands progrès, et un nombre infini d'analyses nous permettent aujourd'hui de nous rendre compte de la valeur relative et de la composition de la plupart d'entre eux. Nous allons rapidement passer en revue les faits les plus importants de leur histoire. Nous limitons notre sujet à l'étude des goudrons proprement dits et ne parlons pas ici des produits improprement désignés sous le même nom, comme par exemple le goudron minéral, le goudron lourd de la Californie, etc. [*Bull. de la Soc. chim.*, 1868, t. X, p. 77].

Quant au mode de formation des goudrons et des diverses substances qu'ils renferment, tout ce que nous en savons est dû aux remarquables travaux de Berthelot publiés récemment dans le *Bulletin de la Société chimique*. Nous en dirons un mot à la fin de cet article.

Goudron de houille. — Les premières notions relatives à la nature des produits fournis par la distillation de la houille sont dues à Clayton (1737-1738); Lebon, le célèbre inventeur de l'éclairage au gaz, attira l'attention sur ces produits et sur le parti qu'on peut en tirer pour la conservation des bois (1786). Depuis, les applications du goudron sont devenues si nombreuses, que ce produit, considéré il y a peu d'années encore comme encombrant et presque sans valeur, est devenu l'objet de fabrications spéciales et qu'on a cherché à le produire directement, au lieu d'utiliser uniquement les résidus de la fabrication du gaz. Nous verrons plus loin comment on a réalisé cette production.

Goudron des usines a gaz. — On fabrique le gaz en distillant la houille à une température élevée; en même temps que le gaz, il se produit de l'eau ammoniacale et du goudron, qui se séparent du gaz dans le barillet et dans les tubes refroidis disposés à la suite de cet appareil. Lorsqu'on distille la houille à une température graduellement croissante, la proportion de goudron est plus forte par rapport au gaz que lorsqu'on la soumet à une distillation brusque : dans ces dernières conditions, cette proportion peut devenir presque nulle, quoique cependant on n'arrive jamais à éviter complétement la formation de matières goudronneuses. En général, on obtient en goudron 5 à 6 % du poids de la houille; certaines houilles de la Prusse donnent jusqu'à 7 % d'un goudron très-riche en huile légère; les houilles de Saint-Étienne ne donnent que 4 % d'un goudron beaucoup moins riche; celles d'Anzin et de Mons donnent 6,73 %.

Au sortir des appareils de condensation, le goudron est dirigé dans de grandes citernes où on l'abandonne à lui-même jusqu'à ce qu'il se soit complètement séparé de l'eau ammoniacale qui l'accompagne (1). Lorsque la séparation est bien complète, on pompe le goudron dans des alambics en tôle, de 10 à 20,000 litres de capacité, chauffés sur voûte. On ne pourrait opérer la distillation à la vapeur, parce que les derniers produits passent à une température beaucoup trop élevée (300° et même davantage). Cependant Dehaynin a réussi à distiller à la vapeur en opérant dans le vide, et pense obtenir ainsi des résultats très-avantageux.

La forme la plus convenable pour les alambics est la forme cylindrique horizontale, qui permet d'éviter la surchauffe et par conséquent l'altération des produits volatils; en effet, comme on remplit la chaudière un peu au-dessus de l'axe, la diminution du volume du goudron se fait dans la partie du cylindre de la plus grande contenance.

Voici l'un de ces alambics. Nous en trouvons la description générale dans l'excellent travail que M. Knab a publié dans les *Études sur l'Exposition de 1867* de E. Lacroix, et auquel nous avons fait de fréquents emprunts.

On distille jusqu'à ce que le goudron ait perdu 25 à 40 % de son poids; au commencement de la distillation il faut refroidir constamment le ser-

Fig. 321.

A, chaudière en fer. — B, trou d'homme, pour le nettoyage. — C, tuyau d'alimentation. — D, chapiteau coudé, pour le dégagement des produits volatils. — E, serpentin pour la condensation de ces produits, refroidi par un courant d'eau froide. — F, trois tuyaux recevant les produits condensés qu'on peut ainsi fractionner à volonté. — G, tuyau de vidange pour le brai; il doit toujours être du côté opposé au foyer et autant que possible conduire le brai hors de l'atelier de distillation, pour éviter toutes chances d'incendie. — H, foyer surmonté d'une voûte qui se continue tout le long du dessous de la chaudière; les produits de la combustion circulent autour de la chaudière dans le carneau I et se rendent ensuite dans le canal J, en communication avec la cheminée. — Par l'échelle K, l'ouvrier peut surveiller les progrès de la distillation au moyen du thermomètre fixé dans le chapiteau.

pentin conducteur, mais il est important de le laisser s'échauffer à la fin pour éviter que la naphtaline et les autres produits solides ne le bouchent, ce qui déterminerait une explosion.

On pousse la distillation plus ou moins loin, selon la nature des produits que l'on veut extraire du goudron, ou du brai que l'on veut obtenir, *brai liquide*, *brai gras* ou *brai sec* : le premier, liquide ou du moins pâteux à froid, renferme toutes les huiles lourdes; on le reçoit directement de l'alambic dans les tonnes en fer qui servent à l'expédier chez les fabricants de charbon de Paris. Le brai gras, solide à la température ordinaire, mais se ramollissant par les grandes chaleurs, est reçu dans des réservoirs en tôle où on le laisse refroidir, jusqu'à ce qu'il puisse sans inconvénient être embarillé dans des fûts en bois; on l'emploie pour la préparation des asphaltes artificiels. Enfin le brai sec, qui ne contient presque plus d'huiles lourdes, est dirigé dans de grandes fosses où on le laisse se prendre en masse; plus tard, lorsqu'il est complétement froid, on l'exploite comme une mine de charbon et on l'expédie en vrac aux fabricants d'agglomérés. Comme ces fabricants sont fréquemment obligés, à cause de la dureté du brai sec, d'y ajouter des huiles lourdes, il est avantageux pour le distillateur de ne le produire qu'en été, lorsque la température est trop élevée pour que le brai gras puisse être expédié en vrac, car c'est ce dernier avantage seul qui doit le déterminer à pousser aussi loin la distillation.

Nous avons déjà signalé, page 540, la plupart des corps qui existent dans le goudron et les procédés qu'on emploie pour le purifier; nous n'en dirons plus que quelques mots. Lorsqu'on opère trois fractionnements, ce qu'on fait généralement avec les goudrons riches en huiles, on sépare comme il suit :

1er fractionnement jusqu'à 150° : huiles pesant à l'aréomètre 25° à 26°, l'eau = 10°

2e fractionnement de 150° à 200° : huiles pesant à l'aréomètre 15°.

3e fractionnement au-dessus de 200° : huiles lourdes pesant à l'aréomètre 5° ou plus, selon le moment où l'on arrête la distillation.

(1) Nous ne ferons ici que compléter ce qui a été dit à l'article BENZINE (industrie), p. 540, auquel nous renvoyons le lecteur.

Ces dernières sont directement employées pour la conservation des bois ou servent à l'extraction de la naphtaline et de l'anthracène. Nous rappelons dans le tableau suivant les opérations que doivent subir les essences de 1er et 2e fractionnement.

Essences de 1er fractionnement de 30° à 150°.

- 1re rectification. Chaudières de 2000 litres, chauffées à la vapeur ou à la tourbe.
  - On distille les deux tiers des essences à rectifier.
  - Le reste est réuni aux essences de 2e fractionnement.
- Traitement chimique des deux tiers rectifiés. — Voyez p. 541.
- 2e rectification. Alambics de 300 à 400 litres, chauffés à la vapeur ou mieux au bain de palme: le chapiteau est en cuivre étamé, le serpentin en étain.
  - De 30° à 70°, hydrures d'amyle, d'hexyle, etc.
  - De 70° à 110°, benzine et toluène, pour la fabrication des couleurs.
  - De 110° à 127°, benzine n° 1, pour le dégraissage.
  - De 127° à 140°, benzine n° 2, —
  - Le résidu est ajouté aux essences de 2e fractionnement.

Essences de 2e fractionnement de 150° à 200°.

- 1re rectification............
  - Jusqu'à 120°, à joindre aux essences de 1er fractionnement.
  - De 120° à 190°, pour le traitement chimique.
  - Au-dessus de 190° retourne au goudron.
- Traitement chimique des portions de 120° à 190°.
- 2e rectification............
  - Jusqu'à 120°, benzine et toluène, à réunir avec les mêmes produits du 1er fractionnement.
  - 120-127°, benzine n° 1, à détacher.
  - 127-140°, benzine n° 2, —
  - 140-150°, benzine n° 3, —
  - Le résidu est mélangé aux huiles lourdes du goudron.

Pour préparer la naphtaline, on la recueille telle qu'elle se dépose des huiles lourdes et des essences de 2e fractionnement; on la comprime et on la sublime; nous figurons ici l'appareil qui sert à cette opération. — Voyez page 1634.

La sublimation doit être conduite assez lentement pour que les parois du tonneau ne s'échauffent pas jusqu'au point de fusion de la naphtaline.

Pour la préparation de l'anthracène, voyez t. I, p. 341.

Composition des goudrons de houille. — La nature du goudron de houille varie d'après les circonstances dans lesquelles on le produit et les sortes de charbons employées. Lorsqu'on modifie la forme des cornues à gaz de manière que les produits soient obligés de s'échapper de la partie la plus chauffée, à travers un tube de petit diamètre, on n'obtient que fort peu d'huiles lourdes et une proportion plus forte d'huiles légères; en même temps le coke devient compacte et plus dur: de simples modifications au calibre du tube de dégagement influent sur la nature des produits distillés [Hayes, *Sill. Amer. Journ.*, mars, 1859].

Nous renvoyons aux ouvrages spéciaux pour les analyses des différents goudrons, et nous ne donnerons ici que les analyses de C. Calvert sur des goudrons anglais [*Compt. rend.*, t. XLIX, p. 262], ainsi que celles de G. Thenius sur le goudron de Silésie [*Dingler's polyt. Journ.*, t. CLXXIV, p. 132].

	Huiles légères.	Phénols.	Huiles lourdes.	Naphtaline.	Résidu.	Eau et pertes.
Wigan-Cannel-Coal.	9	14	40	15	22	
Newcastle..........	2	5	12	58	23	
Staffordshire.......	5	9	35	22	29	
Silésie............	5	»	15	»	74	6

Pour le goudron de Silésie, les phénols et la naphtaline se trouvent sans doute compris dans le résidu.

Les huiles de houille renferment, à côté de la benzine et de ses homologues, un nouvel hydrocarbure, le nonone C^9H^{14}, homologue de l'essence de térébenthine [Tawildarow, *Zeitsch. für Chem.*, nouv. sér., 1868, t. IV, p. 278]; des huiles sulfurées (Vohl), les carbures saturés de la série C^nH^{2n+2}; Schorlemmer les a trouvés notamment dans les huiles légères du Wigan-Cannel-Coal, d'où il les a extraits par le procédé de Greville-Williams (transformation des huiles de la série benzénique par l'acide nitrique, etc.); la série complète de ces hydrures paraît exister dans le goudron de la houille, la paraffine n'est peut-être qu'un des termes les plus élevés de cette série [Schorlemmer, *Ann. der Chem. u. Pharm.*, t. CXXV, p. 103, janv. 1863, et *Ann. de Chim. et de Phys.*, (3), t. LXVIII, p. 210]; les huiles de houille renferment aussi, mais en petite quantité, des carbures de la série de l'éthylène.

Outre les hydrocarbures, elles renferment des phénols, de la naphtaline, etc., divers alcaloïdes, la phénylamine, la picoline, la collidine, etc.; l'histoire de chacun de ces corps est faite ailleurs; nous ne dirons ici que quelques mots de trois bases dont la description a été omise dans cet ouvrage.

La *cespitine* a été trouvée pour la première fois par Church et Owen [*Phil. mag.*, (4), t. XX, p. 110] dans le goudron de tourbe; c'est une huile incolore, soluble dans l'eau en toutes proportions, bouillant à 95°; sa composition est représentée par la formule $C^5H^{13}Az$ qui en fait un isomère de l'amylamine. Elle est plus légère que l'eau, et possède une odeur forte, mais moins désagréable que celle de l'amylamine; elle est insoluble dans les solutions de soude concentrées. Les sels de cuivre donnent avec cette base un précipité soluble dans un excès. Le bichlorure de mercure forme avec elle des feuilles irisées. Le chlorure double de cadmium et de cespitine est très soluble, il cristallise en longs prismes incolores. Le chlorure double de platine et de cespitine

$$(C^5H^{13}AzHCl)^2PtCl^4$$

se dépose en magnifiques cristaux orangés, peu solubles dans l'eau froide; ils sont décomposés par l'ébullition avec l'eau en dégageant de l'acide chlorhydrique et en laissant déposer des houppes brillantes, d'un jaune clair, dont la composition répond à la formule $(C^5H^{13}Az)^2PtCl^4$. Church et Owen donnent à cette combinaison le nom de chlorure de platocespitylammonium. Elle se dépose en cristaux de l'eau bouillante; mais on ne peut la former directement par le chlorure de platine et la cespitine.

En chauffant à 120° en vase clos pendant plusieurs jours 1 vol. de cespitine avec 8 à 10 vol. d'iodure d'éthyle, on obtient une combinaison incristallisable, soluble dans l'eau, et qui traitée par l'oxyde d'argent donne une base caustique,

Fig. 322. — **Appareil pour la sublimation de la naphtaline.**

A chaudière en fonte. — B, tonneau en bois dont le fond inférieur est percé d'une ouverture égale à la section de la chaudière, et le fond supérieur d'un petit trou pour le dégagement des vapeurs non condensées. — C, treuil au moyen duquel on manœuvre le tonneau au commencement et à la fin de chaque opération.

qui n'est pas liquide; son sel de platine, d'un jaune-paille, répond à la formule

$$[(C^8H^{13})''C^2H^5, AzCl]^2PtCl^4.$$

Avec l'iodure d'amyle on obtient l'iodure d'amylcespitylammonium, qui est également incristallisable. Ces combinaisons distinguent nettement la cespitine de l'amylamine; Church et Owen admettent dans la cespitine l'existence d'un radical triatomique (?)

$$C^5\overset{'''}{H}{}^{13}.$$

La *coridine* $C^{10}H^{15}Az$ a été extraite des huiles légères de houille (D = 0,950) par Thenius [*Répert. de Chim. appliquée*, 1862, p. 181]. C'est une huile incolore ne se solidifiant pas à — 17°, d'une faible odeur rappelant celle du cuir; elle bout à 211° et possède une densité égale à 0,974; elle se dissout dans l'eau en petite proportion et agit comme un alcali sur le papier de tournesol : elle est soluble en toutes proportions dans l'alcool, l'éther et les huiles volatiles; ses solutions dans les acides, évaporées au bain-marie, donnent une masse sirupeuse qui devient cristalline lorsqu'on l'abandonne au-dessus du chlorure de calcium. Le chlorhydrate de coridine donne avec le bichlorure de mercure un précipité blanc qui se dépose à chaud, sous la forme d'une huile lourde; elle se solidifie par le refroidissement et devient de nouveau liquide à 28°; l'eau chaude l'abandonne par refroidissement en cristaux blancs. Le chlorure de coridine et de platine est d'un orangé foncé; il est un peu soluble dans l'eau, l'alcool et l'éther. Le chlorure de coridine et d'or est jaune foncé. La coridine précipite l'alumine, le chrome et l'oxyde de fer de leurs solutions; elle ne précipite pas la chaux, la baryte et la magnésie. Elle se colore en jaune rougeâtre lorsqu'on lui ajoute du chlorure de chaux; cette coloration disparaît au contact des acides. Le bois de pin imprégné d'acide est également coloré.

La *cryptidine* $C^{11}H^{11}Az$ a été découverte par Gr. Williams [*Jahresber.*, Liebig et H. Kopp, 1856, p. 532] dans les portions les plus lourdes de l'huile de houille; le procédé employé par lui pour isoler cette base est le même qui lui a permis d'isoler la *lépidine* (voyez ce mot). C'est une base liquide, bouillant aux environs de 274°, dont la composition n'a été établie que par l'analyse de son sel de platine, bien cristallisé en aiguilles jaunes.

On connaît actuellement les trois termes homologues de la série suivante :

Quinoléine..	$C^9H^7Az.$
Lépidine....	$C^{10}H^9Az.$
Cryptidine...	$C^{11}H^{11}Az.$

GOUDRON FABRIQUÉ DIRECTEMENT. — Comme la consommation des essences de houille a augmenté très-rapidement dans ces dernières années, on craignit un instant que la production des usines à gaz ne fût insuffisante, et l'on se préoccupa des moyens de fabriquer du goudron en vue du goudron lui-même, sans chercher à produire du gaz. Dans ce cas, on chauffe le charbon de terre non plus rapidement comme dans les usines à gaz, mais progressivement et à une température relativement basse. On réussit encore mieux en favorisant la distillation au moyen d'un courant de vapeur d'eau surchauffée (il se produit dans ce cas une assez forte proportion de paraffine, dont le point de fusion est moins élevé que celui de la paraffine des schistes et des lignites).

100 p. de houille donnent par ces procédés :

	Distillation sèche.	Avec la vapeur surchauffée.
Goudron	5,5	6.8
Eau ammoniacale	11,3	indét.
Coke	68,2	68,0
Gaz et pertes	15,0	indét.
	100,0	

Le goudron comparé à celui des usines à gaz a donné les chiffres suivants :

	Goudron des usines à gaz.	Goudron de la distillation sèche.	Goudron produit avec la vapeur surchauf.
Eau ammoniacale	4,0	4,30	6,22
Huile légère brute : D = 0,900	4,0	30,32	25,34
Huile lourde brute : D = 1,020	32,0	33,13	32,59
Huile paraffineuse	»	»	13,68
Asphalte	56,0	18,75	16,03
Gaz et pertes	4,0	8,50	6,20
	100,0	100,0	100,0

[Thenius, *Deutsche Industriezeit.*, 1865, p. 292].

GOUDRON PRODUIT DANS LA FABRICATION DU COKE MÉTALLURGIQUE. — Il est une source de goudron bien plus rationnelle et qui fournirait aisément des quantités d'huiles largement suffisantes pour la consommation; nous voulons parler de la fabrication du coke métallurgique. La France seule transforme annuellement 3 millions de tonnes de charbon de terre en coke; en admettant que les goudrons produits dans cette transformation puissent être recueillis, on voit qu'avec un rendement de 4 °/₀ on retrouverait 120 millions de kilogrammes de goudron.

Dans la fabrication du gaz d'éclairage, on produit un coke tendre, très-bon pour les petits foyers, mais inemployable pour les besoins de la métallurgie. Il faut, pour produire du coke métallurgique, observer des conditions spéciales (voyez article COKE, p. 955). Or il s'agit, tout en recueillant le goudron, de ne pas modifier ces conditions dans ce qu'elles ont d'essentiel pour la production du coke métallurgique. Lorsque Pauwels et Dubochet eurent fait connaître leurs procédés de fabrication du gaz (voyez GAZ D'ÉCLAIRAGE), et qu'ils eurent montré qu'en détruisant toute pression dans l'appareil distillatoire on peut, sans aucune perte de gaz, employer des cornues en terre et même des fours de grande dimension, tout en produisant de bon coke métallurgique, la moitié du problème était résolue. Mais, sur le carreau de la mine, le gaz n'a aucune valeur, et les producteurs de coke n'auraient eu aucun avantage à modifier leurs fours, si Knab n'avait résolu la seconde moitié du problème en appliquant le gaz, après l'avoir débarrassé du goudron, au chauffage même des fours à coke. Ses procédés ont reçu la sanction de la pratique; ils fonctionnent non-seulement dans le bassin de la Loire où les premiers essais furent faits, mais encore en Angleterre et en Belgique.

Les avantages de ce procédé sont considérables; en effet, non-seulement on a l'avantage de pouvoir recueillir le goudron et les sels ammoniacaux, mais encore on augmente notamment le rendement en coke.

Les anciens procédés donnaient par tonne de houille 580 kilogrammes de coke; les nouveaux rendent par tonne de houille 690 kilogrammes de coke, et de plus 31,2 kilogrammes de goudron pouvant donner 0,93 d'essences rectifiées, 3,0 de sels ammoniacaux, 30 de brai, les derniers produits étant absolument perdus dans les anciens procédés.

La nature des essences de houille produites dans ce traitement est un peu différente de celle des essences du goudron de gaz : elles renferment peu de benzine, un peu plus de toluène, très-peu d'acide phénique, mais une forte proportion d'un homologue supérieur de ce corps.

On a, dans les premières années de cette nouvelle industrie, conservé la forme des fours Pauwels et Dubochet, auxquels on a donné le nom de fours Knab; depuis on a trouvé le moyen de transformer les anciens fours, dits de boulanger. Actuellement, les plus employés et ceux qui paraissent rendre les meilleurs services au point de vue de l'économie et de la qualité des produits sont les fours, dits fours belges, qu'on accouple généralement au nombre de 25 (fig. 323).

Dans les fours Knab et le four de boulanger, la carbonisation dure 72 heures pour une charge de 5,000 kilogrammes; dans le four belge, elle ne dure que 60 heures, ce qui donne une économie de 1/6 dans le nombre des fours nécessaires.

Emplois du goudron de houille et de ses dérivés. — 1. Enduits pour préserver de l'humidité et du contact de l'air le fer, le bois, la fonte, les matériaux de construction; conservation des bois. D'après Rottier, la propriété que possède le goudron de préserver le bois ne doit pas être attribuée aux phénols, mais bien à une huile épaisse, fluorescente, qui distille avec le pyrène et l'anthracène [*Instit.*, 1863, p. 239]. — 2. Mélangé avec de la résine pour calfater et enduire les vaisseaux; le goudron de bois est préférable. — 3. Application au chauffage des usines à gaz. — 4. Mélangé avec du sable, pour imiter les asphaltes naturels; on peut leur donner un point de ramollissement beaucoup plus élevé en chauffant le brai avec 5 °/₀ de soufre (Winkler). — 5. Fabrication du noir de fumée et coloration des poteries. — 6. Fabrication du charbon de Paris (Popelin-Ducarre). — 7. Préparation des agglomérés, au moyen du brai gras fondu, ou même du brai sec pulvérisé. — 8. Benzine pour le dégraissage, essence de mirbane. — 9. Augmentation du pouvoir éclairant du gaz. — 10. Briques pour préserver les constructions de l'humidité. — 11. Cartons imperméables pour les toitures. — 12. Dissolution du caoutchouc. — 13. Fabrication de l'acide picrique et des couleurs d'aniline, etc., etc.)

GOUDRON DE BOIS [Syn. *Goudron végétal*]. — On obtient le goudron de bois dans différentes circonstances : 1° comme produit accessoire dans la fabrication de l'acide pyroligneux, du gaz d'éclairage au bois et du charbon de bois; 2° comme produit principal dans la distillation des pins et des sapins, après l'extraction de la térébenthine.

Sa composition varie beaucoup selon la nature des bois employés et le mode opératoire qui a servi à le préparer. D'une façon générale, nous dirons que, lorsqu'on soumet le bois à la distillation, on produit :

Charbon	28 à 30 °/₀
Eau acide	28 à 30
Goudron	7 à 10
Gaz divers	30 à 37

— Voyez, pour plus de détails, les articles BOIS, t. I, p. 642, CHARBON, t. I, p. 843, ACIDE PYROLIGNEUX, etc.

Le goudron provenant de la distillation du bois diffère notablement de celui qu'on obtient par la carbonisation; le premier est noir, assez liquide, doué d'une odeur analogue à celle du goudron de houille; il renferme beaucoup de naphtaline et laisse à la distillation un résidu fusible; le second est beaucoup moins coloré, presque sirupeux; son odeur est moins âcre; il renferme de la paraffine; il laisse à la distillation un résidu plastique.

Comme exemple, nous donnons les analyses de Thenius faites sur diverses sortes de goudrons [*Dingler's polyt. Journ.*, t. CLXXV, p. 311].

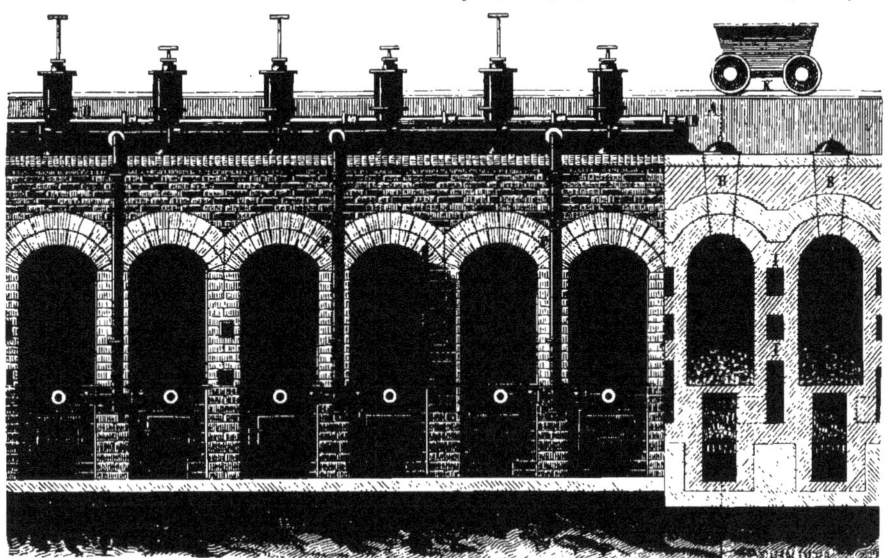

Fig. 323. — Four belge.

Fig. 324. Coupe par AB du four belge. — Fig. 325. Détail de la tuyère G.
Fig. 326. Détail de la tubulure D.

A, four proprement dit, supposé chargé de charbon (broyé en menu fin, tel qu'il doit être employé) : il est chauffé sous la sole et sur les deux côtés par des carneaux qui s'élèvent jusqu'à la hauteur de la couche de charbon. Haut., 1m,75. Long., 4m,80. Larg., 0m,80. Contenance, 5,000 kilogrammes de houille supposée sèche. — B, ouverture conique pour le chargement du four. — C, tuyau pour le dégagement des gaz aspirés par un extracteur Bell. — D, grosse tubulure sur laquelle vient s'embrancher le tuyau C, et qui renferme une soupape de fermeture; il est essentiel de fermer cette soupape lors du défournement, parce que sans cela l'aspirateur appellerait l'air extérieur, qui formerait avec le gaz des mélanges détonants. — E, conduite générale ou barillet commun aux vingt-cinq fours dont il reçoit tous les gaz et vapeurs. — F, arrivée du gaz. — G, tuyère à gaz pour le chauffage du four; l'air aspiré par le tirage du foyer pénètre par le tuyau central *g*, ouvert à ses deux extrémités, tandis que le gaz arrive par le tuyau concentrique qui sert d'enveloppe extérieure au tuyau *g*. H, petit foyer supplémentaire pour la mise en train des fours. — I, carneaux de circulation des produits de la combustion. — P, portes fermant les deux extrémités du four et s'ouvrant toutes deux pour le défournement qui se fait avec un repoussoir mécanique. — L, sole du four, légèrement inclinée pour faciliter le défournement. — K, chemin de fer desservant les fours.

ANALYSE.	Goudron provenant de la carbonisation du bois de :		Goudron provenant de la distillation du bois de :	
	l'Autriche mérid. D = 1,075.	la Bohême. D = 1,116.	Linz. D = 1,160.	Salzbourg. D = 1,180.
Eau acide	20	10	7	20
Huiles légères	D = 0,966 10	D = 0,977 5	D = 1,014 11	D = 1,012 10
Huiles lourdes	D = 1,014 15	D = 1,021 15	D = 1,029 20	D = 1,022 15
Brai	50	65	60	45
Pertes	5	5	2	10

Lorsqu'on soumet le goudron de bois à la distillation, on obtient de l'eau renfermant de l'acide acétique et divers alcaloïdes, puis une huile plus légère que l'eau; plus tard il passe une huile plus épaisse, plus dense que l'eau.

L'*huile légère* bout de 70° à 250°; elle a une densité variant entre 0,841 et 0,877; elle renferme un grand nombre de produits : de 70° à 100°, de l'acétate de méthyle, de l'acétone, de l'alcool méthylique, un peu de benzine; de 100° à 150°, de l'oxyde de mésityle, de la benzine, du toluène, du xylène; de 150° à 200°, du cumène, d'autres hydrocarbures et diverses huiles oxygénées, phénol, crésol, etc.

L'*huile lourde* renferme quelques hydrocarbures plus légers que l'eau et surtout de la créosote, du capnomore (?), du pyroxanthogène (?) (voyez ces différents mots) (Vœlkel).

Reichenbach a signalé dans certains goudrons de bois la présence d'autres corps auxquels il donne le nom de picamare, cédrirète, pittacalle, dont la nature chimique paraît fort problématique.

L'étude des corps renfermés dans le goudron de bois a été reprise dans ces dernières années, et l'on commence aujourd'hui à voir clair dans cette question : outre les hydrocarbures et les dérivés méthyliques signalés plus haut et dont l'existence ne paraît pas douteuse, il est probable que le goudron de bois renferme :

Phénol	C^6H^6O.
Crésol	C^7H^8O.
Alcool phlorylique	$C^8H^{10}O$.
Ac. oxyphénique ou pyrocatéchine	$C^6H^6O^2$.
Dérivé méthylique de la pyrocatéchine ou gaïol	$C^7H^8O^2$.
Homopyrocatéchine	$C^7H^8O^2$.
Dérivé méthylique de l'homopyrocatéchine ou créosol	$C^8H^{10}O^2$.

(Hlasiwetz, H. Muller, Gorup-Besanez, Frisch, Marasse.)

Le mélange de ces divers corps a longtemps été connu et est encore fréquemment désigné sous le nom de créosote (voyez ce mot, ainsi que GAÏOL et CRÉOSOL).

La coloration bleue que prennent le goudron de bois et même certains vinaigres de bois sous l'influence de l'ammoniaque et du perchlorure de fer doit être attribuée à la présence de l'acide oxyphénique [Lefort, *Monit. scientif. de Quesneville*, 1868, p. 649].

Les travaux que nous venons de mentionner ont été faits sur le *goudron du bois de hêtre*, des bords du Rhin; les créosotes de Moravie et celles provenant d'Angleterre renferment les mêmes principes (Gorup-Besanez).

Le *goudron de chêne* renferme surtout de l'acide pyroligneux, de la créosote, des hydrocarbures de la série de la benzine et de la naphtaline.

Le *goudron de pin et de sapin* est fabriqué en assez fortes proportions par la distillation de ces bois après l'extraction de la térébenthine; dans certaines fabriques allemandes et suisses, on les distille dans le but de produire du gaz d'éclairage, et comme le gaz lui-même est peu éclairant, on fait passer tous les produits de la distillation, au sortir de la cornue, dans des tubes réfractaires chauffés à une haute température : dans ces conditions le gaz devient éclairant et le goudron plus riche en huiles légères.

La composition du goudron de pin est analogue à celle des autres goudrons de bois; Knauss a signalé, dans un goudron provenant d'Archangel, un hydrocarbure solide étudié par Fritzsche [*Pétersb. Acad. Bull.*, t. XVII, p. 68, et *N. Pétersb. Acad. Bull.*, t. III, p. 88]; et Fehling [*Ann. der Chem. u. Pharm.*, t. CVI, p. 388], et qui n'est autre que le rétène, $C^{18}H^{18}$.

Le *goudron de bouleau* est spécialement préparé en Russie.

Dans quelques districts du gouvernement de Kostroma, la fabrication du goudron d'écorces de bouleau est très-répandue et constitue une des ressources du pays : au mois de mai, quand l'arbre est en pleine séve, on enlève son écorce extérieure blanche sans toucher à l'écorce rougeâtre de dessous; pour pratiquer cette opération, on abat généralement les bouleaux qui, vu le peu de valeur du bois dans ces contrées, demeurent sans emploi. L'écorce reste empilée dans la forêt jusqu'en décembre; à cette époque on la transporte aux fourneaux de distillation qui sont constitués par de simples caisses quadrangulaires, en tôle, mises en communication avec un tonneau de bois, dans lequel la condensation s'opère plus ou moins complétement. On dispose d'ordinaire ces fourneaux de distillation, par batterie de 15 à 20 caisses. La distillation est commencée à un feu très-modéré, puis activée peu à peu ; elle dure environ 24 heures.

Il est très difficile de se procurer du goudron de bouleau pur, parce que, sur les lieux mêmes de sa production, on le mélange avec du goudron de conifères, dont le prix est beaucoup moins élevé.

A l'état de pureté, le goudron de bouleau est vert; soumis à la rectification, il fournit une huile légère qui renferme environ 1/15 d'un phénol particulier, possédant l'odeur du cuir de Russie et auquel ce cuir doit ses propriétés; elle renferme, en outre, une forte proportion de térébène; les dernières portions bouillant de 250° à 300° présentent des effets de dichroïsme très-remarquables : elles sont d'un rouge magnifique par transmission et d'un vert foncé par réflexion.

Le goudron de bouleau ne paraît renfermer ni acides, ni alcaloïdes; on n'y a pas trouvé non plus d'hydrocarbures benzéniques [Louguinine, *Communication particulière*].

Usages des goudrons de bois. — Les goudrons de bois, spécialement les goudrons de pin, sont employés pour la conservation des bois; la marine les consomme presque en totalité. Du reste on en fabrique trop peu pour qu'on puisse songer à en retirer les hydrocarbures. L'application du goudron de bois à la conservation du bois est déjà très-ancienne; elle fut réalisée pour la première fois par Glauber, en 1657.

Le goudron le plus estimé est celui qui provient du Nord, mais celui des landes de Bordeaux paraît aussi bon.

Bibliographie. — Reichenbach, *Journ. für prakt. Chem.*, t. I, p. 1 et 377; *Jahresbericht für Chem. u. Phys.*, t. LIX-LXIX (un grand nombre de mémoires, peu intéressants aujourd'hui); — Voelckel, *Ann. der Chem. u. Pharm.*, t. LXXX, p. 306 et 309; t. LXXXVI, p. 66 et 331; *Ann. de Poggend.*, t. LXXXII, p. 496; t. LXXXIII, p. 272 et 257; — Hlasiwetz, *Journ. für prakt. Chem.*, t. LXXV, p. 1 (1858); — Duclos, *Ann. der Chem. u. Pharm.*, t. CIX, p. 135; — Gorup-Besanez, *Zeitschr. für Chem.*, (nouv. sér.), t. III, p. 298; t. IV, p. 393; — Frisch, *Journ. für prakt. Chem.*, t. C, p. 283; — Marasse, *Berich. der deut. Chem. Gesellsch.*, t. I, p. 99.

Goudron de marc de pommes [Tissandier, *Bull. Soc. chim.*, 1866, t. V, p. 349]. — Lorsqu'on distille le marc de pommes, produit abondant dans les pays à cidres, on produit un gaz très-éclairant, utilisé depuis quelques années, et un goudron jaune, noircissant rapidement à l'air; il possède une odeur de créosote; sa consistance est épaisse, mais il devient liquide et fluide à la température de 80°.

Soumis à la distillation, il donne les produits suivants:

	Eau	30,5
31 p. 100 d'essences, à 15° Cartier.	Benzine	15,0
	Acide phénique	8,0
	Créosote	3,0
	Carbures divers, pertes, etc.	5,0
38,5 p. 100 de brai.	Huile paraffinée	4,5
	Paraffine	11,0
	Charbon léger	21,0
	Perte	2,0
		100,0

En traitant ce goudron par l'acide nitrique, à une chaleur modérée, Tissandier a obtenu un acide nouveau, jaune, doué d'un pouvoir colorant très-intense, et applicable à la teinture. Cet acide ne renferme que de l'azote, de l'hydrogène et du carbone; il ne doit donc pas être confondu avec l'acide picrique.

Goudrons de tourbe, de schistes et de lignites. — La distillation de ces divers goudrons est opérée comme celle du goudron de houille; on recueille les produits dans des récipients en tôle à double fond, pouvant être chauffés à la vapeur, parce qu'à la fin de la distillation il passe beaucoup de paraffine; après sept heures de repos, on décante les produits huileux et on les rectifie dans une chaudière en fonte, surmontée d'un chapiteau plat qu'on recouvre de sable ou d'autres substances mauvaises conductrices de la chaleur: l'appareil de condensation est en tôle ou en fonte et doit pouvoir être chauffé. Les huiles fractionnées sont soumises à un traitement chimique (voyez Benzine, t. I, p. 539, et Boghead, t. I, p. 638) qu'on fait généralement suivre d'une distillation à la vapeur que l'on obtient ainsi:

le photogène,	densité de 0,815 à 0,835,
l'huile solaire,	» de 0,870 à 0,920,
les huiles à graisser,	» de 0,920 à 0,950.

La plupart des fossiles dont nous parlons en ce moment donnent des goudrons, pauvres en huiles très-hydrogénées; or, ces huiles légères sont beaucoup plus belles et plus estimées pour l'éclairage que les huiles lourdes; elles ne renferment pas de phénols et, par conséquent, ne se résinifient pas au contact de l'air; elles sont moins odorantes; plus fluides, ce qui facilite leur absorption par les mèches; enfin, ne renfermant pas de soufre, elles ne dégagent pas d'acide sulfureux pendant leur combustion. On a donc cherché à transformer les huiles lourdes en huiles légères: on ne pourrait, en mélangeant des huiles très-légères avec les huiles lourdes, obtenir des mélanges convenables, d'abord parce que ces huiles très-légères sont toujours dangereuses, et ensuite parce que, dans un mélange de ce genre, elles brûlent toujours les premières, de sorte qu'à la fin les huiles lourdes s'accumulent dans les lampes et ne donnent plus d'éclairage convenable. On a essayé pour décarburer ces huiles de les distiller sur de l'acide sulfurique, de la soude, de la chaux chauffée au rouge sombre; de les faire passer au travers de tubes chauffés au rouge, selon le procédé de Breitenlohner; ces essais ont toujours donné des huiles de bonne qualité, mais en quantité trop minime pour qu'on puisse songer à exploiter ces procédés: il vaut donc mieux n'utiliser les huiles lourdes que pour le graissage des machines [Vohl, *Dingler's polytechn. Journ.*, t. CLXXVII, p. 58].

Le brai provenant de ces goudrons est plus estimé pour la fabrication des asphaltes que celui du goudron de houille.

A l'article Boghead, nous avons indiqué la composition des huiles de schiste; les huiles de lignites et de tourbes sont analogues: elles renferment les carbures saturés C^nH^{2n+2}; ceux de la série de l'éthylène, C^nH^{2n}; ceux de la série de la benzine, C^nH^{2n-6}, généralement elles ne renferment pas de naphtaline, mais bien de la paraffine; Laurent y a signalé la présence de l'ampéline (voyez ce mot, t. I, p. 232); fréquemment, ces huiles renferment du soufre; Vohl y a trouvé du fluor.

On a publié un grand nombre d'analyses sur ces divers goudrons; nous ne pouvons en donner que quelques exemples.

COMPOSITION CENTÉSIMALE DE QUELQUES GOUDRONS DE TOURBE.

Provenance.	Photogène.	Huiles lourdes.	Huiles paraffineuses.	Paraffine.	Asphalte.	Créosote.	Pertes.
Tourbes de Bavière...	8,90	22,56	39,73	»	22,60	»	6,21
	7,32	21,66	46,03	»	12,77		12,22
Tourbe de Hanovre...	D=0,830 19,457	D=0,870 19,457	»	3,316	17,104	40,486	»
Tourbe de Cobourg...	20,625	26,578	»	3,125	17,19	32,48	
Tourbe de Russie.....	20,390	20,390	»	3,367	25,65	30,19	
Tourbe d'Irlande......	Essences diverses, 50 à 56.			4,5 à 5,5		»	

COMPOSITION CENTÉSIMALE DE QUELQUES GOUDRONS DE SCHISTE.

Provenance.	Huile légère.	Huile lourde.	Masse paraffin.	Masse analogue à l'asphalte.	Créosote et pertes.
Schiste de Werthen, près Bielefeld (Engelbach)	D=0,879 10,50	D=0,955— 7,35	2,64	6,21	»
Schiste anglais (Vohl)......................	D=0,820 24,285	D=0,860—40,00	0,120	10,00	25,595
Schiste de Westphalie (Vohl)..............	D=0,820 27,500	D=0,860—13,670	1,118	12,500	45,300

COMPOSITION CENTÉSIMALE DE QUELQUES GOUDRONS DE LIGNITE.

Provenance.	Photogène.	Huile solaire.	Huile lourde.	Huile paraffin.	Paraffine.	Asphalte.	Créosote et pertes.
Bavière (Wagenmann)....	8,05	45,47	»	28,52	»	»	18,96
	9,10	38,93	»	39,43	»	»	12,54
Cassel (Vohl)...........	D=0,820 16,428	D=0,860 27,142	»	»	4,286	14,290	37,853
Bavière (Vohl).........	D=0,820 10,625	D=0,860 19,875	»	»	1,250	16,900	51,850
Bohême (Thenius).......	D=0,820 10,5	D=0,850 10,2	5,5	»	2,1	18	53,7

GOUDRON DE TOURBE. — La distillation de la tourbe a déjà été pratiquée à la fin du siècle dernier par Thillay-Platel et Lebon ; cette industrie n'a été reprise qu'il y a vingt ans et paraît devoir donner des résultats pratiques intéressants ; la matière première est, comme on sait, très-abondante dans certains pays, et il est facile de l'exploiter.

Soumise à l'action de la chaleur, la tourbe est décomposée déjà à 109° ; elle produit un peu d'hydrogène sulfuré, de l'eau, des acides acétique, butyrique, pyrogallique, et un goudron riche en essences.

La tourbe d'Irlande [Kane et Sullivan, *Technolog.*, juin 1855, p. 460] fournit 2 à 3 °/₀ de goudron ; — celle de Bavière 4 à 5 °/₀ [Wagenmann, *Dingler's polyt. Journ.*, t. CXXXIX, p. 293] ; — celle de Hanovre, 9 °/₀ (Vohl).

On a signalé dans ces goudrons la présence de l'éthylamine ; ils renferment également les bases étudiées par Owen et Church [*Phil. Mag.*, (4), t. XX, p. 110], la cespitine, la pyridine, la picoline, la lutidine, la collidine.

On peut augmenter le rendement des huiles légères en faisant passer les huiles lourdes au travers de tubes chauffés au rouge [Breitenlohner, *Chem. Centralbl.*, oct. 1863, n° 48, p. 579] ; les huiles de 0,887 fournissent ainsi des huiles de 0,863.

Le photogène de la tourbe est, d'après Vohl, un hydrocarbure pur, dont la densité = 0,835 ; traité par l'acide nitrique, il donne un composé nitré d'une odeur qui rappelle à la fois le musc et l'essence d'amandes amères.

BIBLIOGRAPHIE. — Vohl, *Dingler's polyt. Journ.*, t. CLII, p. 390 et t. CLXXXIII, p. 321 ; *Ann. der Chem. u Pharm.*, t. XCVII et XCVIII ; *Polyt. centr.*, 1857, p. 1500 ; — Jacobi, *Dingler's polyt. Journ.*, t. CLXVIII, p. 311 ; — Thenius, *Polyt. centr.*, 1858, p. 353 ; — Wagenmann, *Dingler's polyt. Journ.*, t. CLI, p. 116, et t. CXXXIX, p. 293, etc., etc.

GOUDRON DE SCHISTES BITUMINEUX. — Voyez BOGHEAD.

Les goudrons produits dans la distillation des schistes (Bergounioux, 1823 ; — Chervau, 1824 ; — Selligue) sont généralement limpides, bruns ; ils possèdent une odeur très-forte de créosote ; leur réaction est alcaline ; ils renferment, à côté des hydrocarbures, les acides phénique, propionique, butyrique et acétique ; de l'ammoniaque, de l'aniline, de la picoline, de la lutidine et de la pyridine. On en obtient de 15 à 25 °/₀ du poids des schistes employés.

BIBLIOGRAPHIE. — Selligue, *Traité de Chim. appliquée, par Dumas*, t. VII, p. 510 ; — Engelbach, *Dingler's polyt. Journ.*, t. CXXXVIII, p. 380 ; — Vohl, *Polyt. centr.*, 1857, p. 1500 ; *Ann. der Chem. u. Pharm.*, t. XCVII, p. 9 ; t. XCVIII, p. 181 ; *Dingler's polyt. Journ.*, t. CLII, p. 306 ; — Wagenmann, *Dingler's polyt. Journ.*, t. CXXXIX, p. 293, etc., etc.

GOUDRON DE LIGNITES. — Les lignites renferment environ 50 °/₀ d'eau ; ils fournissent des quantités de goudron très-variables selon leurs provenances, en général 4 à 5 °/₀ : ces goudrons sont plus riches en paraffine que ceux de schiste ; ils s'altèrent à l'air en absorbant de l'oxygène.

BIBLIOGRAPHIE. — Wagenmann, *Dingler's polyt. Journ.*, t. CXXXIX, p. 293 ; — Fresenius, *Jahresber. v. Wagner*, 1855, p. 423 ; — Vohl, *Polyt. centr.*, 1857, p. 1500 ; — Thenius, *Dingler's polyt. Journ.*, t. CLXIX, p. 467.

SUR LA FORMATION DES DIVERS PRODUITS CONTENUS DANS LES GOUDRONS. — Deux conditions président au développement du goudron : la *distillation sèche* et l'*action prolongée de la température rouge* sur les produits de cette distillation. Les corps qui prennent naissance sous l'influence prolongée de la température rouge résultent de la transformation d'un petit nombre de principes simples et de leurs actions réciproques : ainsi l'acétylène C^2H^2, par condensation polymérique, se transforme en benzine C^6H^6 ; la benzine et l'éthylène C^2H^4, par leur action réciproque, engendrent le styrolène C^8H^8 ; le styrolène et l'éthylène produisent la naphtaline $C^{10}H^8$, etc. ; la benzine et le gaz des marais à l'état naissant engendrent le toluène, etc. Les phénomènes qui concourent à former les carbures renfermés dans le goudron se réduisent à : la *synthèse pyrogénée*, par réaction directe des carbures libres, ou à l'état naissant ; l'*analyse pyrogénée*, par destruction de quelque carbure benzénique élevé [Berthelot, *Bull. de la Soc. chim.*, 1867 et 1868]. — Voyez PYROGÉNÉES (RÉACTIONS). CH. L.

GRAHAMITE (Min.). — Mélange d'hydrocarbures solides, variété d'asphalte.

GRAMENITE. — Voyez CHLOROPALE.

GRAMMATITE. — Voyez AMPHIBOLE.

GRANATITE. — Voyez STAUROTIDE.

GRAPHITE [Syn. *Plombagine, fer carburé*]. — Carbone cristallisé dans le type hexagonal. Sous cette forme, le carbone présente, indépendamment des propriétés physiques, certains caractères chimiques particuliers. Il est attaquable par le mélange de chlorate de potasse et d'acide azotique, à 60°, et donne un composé blanc écailleux qui a été appelé par M. Brodie *acide graphitique* (voyez ce mot). Soumises aux mêmes influences, les autres variétés de carbone se dissolvent entièrement, sauf le diamant, qui n'est pas même attaqué. M. Berthelot a pu ainsi distinguer avec certitude le graphite de diverses variétés de carbone amorphe, dont plusieurs s'en rapprochent beaucoup par les propriétés physiques. Il a trouvé ainsi que le noir de fumée renferme des traces de graphite, et que le charbon de cornue n'en renferme que lorsqu'on l'a fait brûler dans l'oxygène ou qu'on l'a porté à l'incandescence à l'aide de la pile. Le charbon qui se dépose à la surface d'un tube chauffé au rouge et traversé par un courant de chlorure ou de sulfure de carbone contient aussi du graphite ; la décomposition d'un hydrocarbure dans les mêmes circonstances n'en donne pas. Le charbon déposé sous l'influence de l'étincelle et des combustions incomplètes renferme de petites quantités de graphite. Il en est de même de celui qui se forme par l'action du sodium sur le carbonate de soude au rouge. Enfin les traces de carbone que renferme le bore cristallisé se séparent à l'état de graphite lorsqu'on l'attaque par le chlore au rouge.

Le graphite se trouve, dans la nature, en masses compactes ou fibreuses, ou en lamelles cristallisées quelquefois hexagonales, d'un gris de plomb tachant les doigts. Il se rencontre en amas ou disséminé dans les granites, les gneiss, les micaschistes, les porphyres, les calcaires cristallins, etc.

Le gisement le plus riche actuellement connu se trouve en Sibérie, près des limites de la Chine, au fleuve Anotte, dans le granite.

Le graphite brûle très-difficilement en laissant des cendres contenant de la silice, de l'alumine et de l'oxyde de fer.

Dureté, 1 à 2.

Densité, 2,1 à 2,2.

Forme cristalline. — Les lamelles hexagonales que l'on trouve dans le calcaire cristallisé paraissent appartenir au type rhomboédrique. M. Nordenskiold, d'après ses mesures, les rapporte au type clinorhombique.

Clivage, basal parfait.

Le carbone dissous dans la fonte de fer se dépose par le refroidissement de celle-ci sous forme de paillettes hexagonales de graphite. F. et S.

GRAPHITIQUE (ACIDE). — L'acide graphitique n'a encore été obtenu qu'avec le graphite, et sa formation peut servir à caractériser cette variété de carbone. Il a été découvert par M. Brodie, qui le prépare de la façon suivante [*Ann. der Chem. u. Pharm.*, t. CXIV, p. 6, et *Ann. de Chim. et de Phys.*, (3), t. LIX, p. 466].

On pulvérise du graphite lamelleux de Ceylan, on le purifie en le faisant bouillir avec les acides et en le traitant par la potasse fondante, puis on le mélange intimement avec 3 à 5 fois son poids de chlorate de potasse finement pulvérisé. On introduit le mélange dans une fiole, on y ajoute par petites portions une quantité d'acide nitrique suffisante pour former une pâte presque liquide, et au bout de quelques heures l'on chauffe au bain-marie à 60°. La chaleur étant soutenue pendant 3 à 4 jours, on verse le contenu de la fiole dans un excès d'eau, on enlève par décantation l'acide et le sel de potasse, on sèche le résidu à 100° et on le traite comme le graphite lui-même une seconde fois et même jusqu'à une quatrième ou une cinquième. L'opération est singulièrement favorisée par l'action des rayons solaires. On obtient alors des lamelles cristallines jaunes, transparentes, appartenant à un des types rhombiques et s'agglomérant par la dessiccation même la plus ménagée en plaques brunes, amorphes et tenaces. C'est l'acide graphitique dont l'analyse, déduction faite d'un peu de cendres imputables à l'attaque de la fiole, conduit à la formule $C^{11}H^4O^5$. Il est curieux de voir que sous l'influence oxydante du chlorate de potasse et de l'acide nitrique, le graphite qui contenait 99,9 de son poids de carbone donne un corps contenant près de 2 °/₀ d'hydrogène. Lorsqu'on chauffe l'acide graphitique, il se décompose avec explosion et incandescence en donnant une poudre légère et noire qui contient encore de l'oxygène ($C^{22}H^2O^4$, Brodie). On peut opérer la décomposition graduellement en chauffant le corps dans le naphte purifié; entre 100° et 200° il se dégage de l'eau et des quantités de plus en plus grandes de gaz carbonique; en même temps le naphte se colore en rouge et contient en dissolution une matière carbonée; si l'on chauffe plus longtemps, on obtient la substance noire $C^{22}H^2O^4$ que nous venons de signaler et que M. Berthelot appelle *oxyde pyrographitique*.

Excessivement peu soluble dans l'eau, l'acide graphitique humide tache pourtant le tournesol en rouge.

Il se décompose avec une crépitation particulière quand on l'humecte avec un réducteur tel que le sulfhydrate d'ammoniaque ou le sulfure de potassium; il se forme alors une substance douée de l'aspect du graphite et qu'on obtient encore en faisant bouillir l'acide graphitique avec les solutions acides de chlorures stanneux ou cuivreux.

Lorsqu'on agite l'acide graphitique avec l'eau de baryte, on obtient un composé solide qui, lavé et séché à 100°, contient 21 à 19 °/₀ de baryum, ce qui correspond à peu près à la formule

$$C^{22}H^6O^{10}Ba''.$$

Si on le met en suspension dans l'eau et qu'on le soumette à un courant prolongé de gaz carbonique, il reste un produit ne contenant plus que 13, 30 °/₀ de baryum; la formule

$$(C^{22}H^7O^{10})^2Ba''$$

en exige 13,73. Ces corps sont très-hygroscopiques et détonent plus aisément encore que l'acide graphitique.

Cet acide se gonfle dans l'ammoniaque, il forme une gelée transparente qui, traitée par l'acide chlorhydrique, donne un précipité gélatineux, ayant le poids de l'acide employé. Avec la potasse, on observe une coloration brune et l'indice d'une combinaison qui serait soluble dans la potasse et décomposable par l'ébullition. (Gottschalk).

M. Brodie suppose que le carbone qui existe dans ces curieux composés fonctionne avec le poids atomique 33 = Gr, et il pose $Gr^4 = C^{11}$. La valeur 33 attribuée au poids atomique du graphite est en harmonie avec sa chaleur spécifique. Elle donne de plus une forme analogue à l'expression qui représente l'acide graphitique ($Gr^4H^4O^5$) et à celle que Wœhler et Buff ont attribuée à un produit oxydé du silicium graphitoïde dont la constitution demande à être étudiée.

M. Berthelot a reproduit l'acide graphitique de Brodie, il a constaté qu'il donne avec l'acide iodhydrique (D = 2,0) à 280° un composé brun, amorphe, cohérent, insoluble dans les dissolvants, ne déflagrant plus par la chaleur, mais capable de régénérer l'acide graphitique par l'action du chlorate de potasse et de l'acide nitrique (*oxyde hydrographitique*). Il a fait voir de plus que l'*oxyde pyrographitique* soumis à l'oxydation dans les mêmes circonstances ne donne que peu d'acide graphitique et se dissout en grande partie à la façon du carbone amorphe proprement dit.

Le graphite de la fonte donne un acide graphitique différent par son aspect de celui obtenu avec la plombagine, les lamelles sont jaune-verdâtre et ne s'agglomèrent pas; l'oxyde hydrographitique correspondant se détruit en se boursouflant par la chaleur, il contient toujours beaucoup plus d'iode que l'oxyde hydrographitique de la plombagine. Il régénère les lamelles verdâtres par le traitement au chlorate de potasse. L'oxyde pyrographitique se forme avec un boursouflement considérable; il se dissout presque complétement par l'action du chlorate de potasse, il se régénère un peu d'acide graphitique en lamelles verdâtres.

Le graphite obtenu par la transformation des divers carbones sous l'influence de l'arc électrique donne un acide graphitique marron et pulvérulent. L'oxyde hydrographitique correspondant ne se boursoufle pas par la chaleur; avec le chlorate, il régénère l'acide marron; l'oxyde pyrographitique se présente sous forme d'une poudre pesante beaucoup moins volumineuse que les composés semblables donnés par les autres graphites. Il se dissout sous l'influence du chlorate, à l'exception d'une très-petite quantité d'acide marron régénéré.

Ces caractères ont permis à Berthelot de signaler la présence du graphite dans divers charbons [*Bull. de la Soc. chim.*, t. XII, p. 4, 1869]. — Voyez GRAPHITE. G. S.

GRAS (CORPS.) — On a donné le nom de corps gras à des principes naturels présentant un ensemble de caractères communs ; ils sont liquides ou fusibles à une température peu élevée, incolores, inodores à l'état de pureté, plus légers que l'eau, insolubles dans ce véhicule, non volatils, tachant le papier, donnant au toucher une sensation caractéristique.

Les mémorables travaux de Chevreul ont montré que tous les corps gras naturels sont des éthers de la glycérine, et que sous l'influence des agents qui décomposent les éthers, ils s'assimilent les éléments de l'eau, et régénèrent des acides d'une part, de la glycérine de l'autre. Berthelot, par des recherches très-nombreuses, a déterminé la fonction de la glycérine comme alcool triatomique, et a reproduit des corps gras identiques à ceux que fournit la nature. Les éthers de la glycérine ou *glycérides* ont été étudiés à ce mot. — Voyez GLYCÉRIDES.

Les glycérides qu'on rencontre en plus grande quantité dans la nature sont l'oléine, la palmitine et la stéarine. C'est leur mélange en proportions variables qui constitue la majeure partie des corps gras naturels. On rencontre en outre différents autres glycérides : ainsi la valérine dans l'huile du dauphin, la butyrine dans le beurre, etc.

Les matières grasses se rencontrent dans le règne animal et dans le règne végétal. Chez les végétaux, on les trouve surtout dans les graines : ainsi l'huile d'œillette retirée des graines de pavot, l'huile de colza retirée des graines de cette crucifère. Quelquefois on les rencontre dans les parties charnues des fruits : ce sont les huiles d'olive, de laurier et de camomille. Chez les animaux, la matière grasse se trouve dans les aréoles du tissu cellulaire.

Nous avons dit que la consistance des corps gras naturels est variable; communément on donne le nom d'*huiles* à ceux qui sont liquides à la température ordinaire ; on nomme *beurres* ceux qui sont mous, et *graisses* ceux qui sont solides. Il est bien évident que ces distinctions habituelles n'ont qu'une valeur de convention.

L'extraction des matières grasses varie en raison de leur consistance; les huiles s'extraient au moyen de la presse (voyez HUILES). Les graisses animales sont séparées par fusion ; on chauffe le tissu adipeux sur un bain acidulé d'acide sulfurique ; celui-ci désagrége le tissu, et la matière fondue surnage le bain en une couche liquide qu'on décante.

Les corps gras liquides ou fondus pénètrent facilement les corps avec lesquels on les met en contact, mais ils ne les ramollissent pas, comme le fait l'eau ; et lorsqu'on veut graisser du cuir, par exemple, avec de l'huile, il faut le ramollir avec de l'eau, puis le graisser pendant qu'il sèche. Ils s'introduisent très-facilement dans l'argile, et on se sert de cette propriété pour enlever les taches de graisse sur le papier, sur les vêtements, et même sur le bois et sur le marbre. On recouvre ces taches avec de la terre de pipe réduite en pâte ferme avec de l'eau ou de l'esprit de vin ; pendant la dessiccation, l'argile absorbe la matière grasse : seulement la tache de matière grasse ne doit pas être ancienne.

Nous n'avons pas à nous étendre sur les propriétés chimiques des corps gras naturels, en tant qu'éthers de la glycérine : il en a été parlé à l'article GLYCÉRIDES. Pour ce qui regarde les propriétés des huiles, et l'action que l'air exerce sur elles, voyez HUILES. Enfin la décomposition des corps gras pour l'industrie des savons et des bougies stéariques est la base d'industries importantes.— Voyez SAVONS et STÉARIQUE (ACIDE).

Le beurre de vache a été décrit page 585 ; pour les beurres ou suifs de cacao, de coco, de muscade, voyez à ces derniers noms.

GRAISSE OU SUIF DE BŒUF.—Elle fond à 39°, elle se compose en plus grande partie de stéarine avec un peu de margarine et d'oléine ; elle est soluble dans 40 % d'alcool bouillant de 0,821 : on l'emploie pour la fabrication des chandelles, des bougies, des savons. La moelle de bœuf employée en parfumerie fond à 45°.

GRAISSE D'HOMME. — Elle renferme de la stéarine, de la palmitine avec très-peu d'oléine, et une matière jaune, ayant l'odeur et la saveur de la bile. Elle se dissout dans 40 % d'alcool bouillant.

GRAISSE OU SUIF DE MOUTON. — Elle se compose en plus grande partie de stéarine, avec un peu de palmitine et d'oléine, et une petite quantité d'un glycéride, donnant à la saponification un acide odorant.

GRAISSE D'OIE. — Mélange de palmitine, de stéarine et d'oléine, avec de petites quantités de butyrine ou de caproïne.

GRAISSE DE PORC, saindoux ou axonge. — Elle renferme de la stéarine, de la palmitine et de l'oléine, se fige à 30° environ ; sa densité est de 0,938 à 1,50. — Voyez GLYCÉRIDES, SAVONS, STÉARIQUE (ACIDE). E. G.

GRATIOLE. — L'herbe au pauvre homme, *Gratiola officinalis*, doit son action purgative à certains principes chimiques étudiés par Marchand [*Journ. de Chim. méd.*, 1845, p. 357]; et par Walz, *Jahresb. für prakt. Pharm.*, t. XXI, p. 1, et *W. Jahresb. Pharm.*, t. X, p. 65]. La *gratioline*, découverte par Marchand, est cassante, fusible dans l'eau bouillante, peu soluble dans ce liquide, insoluble dans l'éther, soluble dans l'alcool. Elle se dissout dans les acides, se colore en rouge par l'acide sulfurique, en vert par la potasse et l'ammoniaque, qui ne la dissolvent pas. Walz lui attribue la formule $C^{40}H^{34}O^{7}$ et la considère comme un glucoside se dédoublant sous l'influence de l'acide sulfurique faible en *gratiolétine* $C^{17}H^{28}O^{5}$, *gratiolérétine* $C^{17}H^{28}O^{5}$, résine et glucose. La *gratiosoline* $C^{46}H^{84}O^{28}$ est un autre glucoside contenu, d'après Walz, dans la même plante, se dédoublant par les acides, les alcalis et même l'oxyde de plomb en glucose et en *gratiosolétine* $C^{40}H^{68}O^{17}$ soluble dans l'eau et précipitant par le tannin. Cette dernière substance se dédouble par l'ébullition avec les acides faibles en glucose, *gratiosolérétine* $C^{34}H^{52}O^{9}$ et *hydrogratiosolérétine* $C^{35}H^{56}O^{11}$ différant de la dernière substance par son insolubilité dans l'éther. G. S.

GREENOCKITE (Min.) [Syn. *Cadmium sulfuré*]. — Sulfure de cadmium, CdS. Petits cristaux d'un beau jaune, d'un vif éclat vitreux, translucides, en prismes hexagonaux courts terminés aux deux extrémités par des pyramides différentes. Les cristaux sont engagés d'ordinaire dans la prehnite qui remplit les cavités d'un amygdaloïde, de Bishoptown (Écosse).

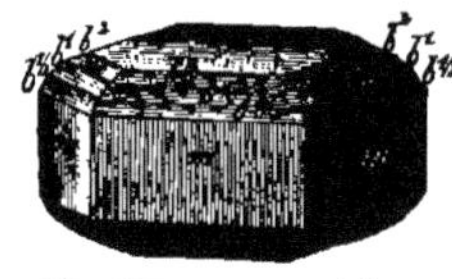

Fig. 327. — Greenockite

Caractères. — Soluble dans l'acide chlorhydrique avec dégagement d'hydrogène sulfuré. Dans le tube, devient rouge, quand on le chauffe, et reprend sa couleur par le refroidissement. Sur le charbon, donne un enduit rouge-brun.

Dureté, 3 à 3,5. Poussière jaune-orangé. Densité, 4,8 à 4,9.

Forme cristalline. — Prismes hexagonaux réguliers m, surmontés des pyramides $b^{1/4}$, $b^{1/2}$, b^{1}, b^{2}, $pb^{1} = 136° 25'$.

isomorphe avec la wurtzite. Clivage : p très-facile. F. et S.

GREENONITE. — Voyez SPHÈNE.

GRÉGEOIS (FEU). — Composition incendiaire employée d'abord par les Grecs vers la fin du VIIe siècle contre les Sarrasins. Sa fabrication était maintenue secrète, et on en ignore encore aujourd'hui la véritable nature. Il est présumable qu'elle renfermait du salpêtre, du soufre, de la poix, du pétrole ou d'autres combustibles capables de surnager l'eau et de continuer de brûler sur ce liquide. Il est certain que la consistance de la matière du feu grégeois n'était pas celle de la poudre; on en imprégnait des étoupes, et elle s'attachait aux objets sur lesquels on la lançait. Du reste, ses effets meurtriers n'étaient pas dus à une projection, bien que l'on sût faire, du temps de Marcus Græcus (Xe siècle ?), des pétards et des fusées avec une composition formée de colophane, de soufre, de salpêtre et d'huile de lin, ou même avec une véritable poudre formée de 1 p. de soufre, 2 de charbon de saule et 6 de salpêtre. On peut consulter, pour plus de détails, l'*Histoire de la Chimie*, de Hœfer, t. I, p. 307, nouv. éd., le travail de Lalanne, *Ann. de Chim. et de Phys.*, (3), t. IV, p. 433, et celui de MM. Reinaud et Favé, t. XVII, p. 42. G. S.

GRENATS (groupe des) (Min.). — On réunit sous ce nom plusieurs espèces d'orthosilicates dont la composition peut être exprimée par la formule

$$M^3R^2Si^3O^{12} = 3MO,R^2O^3,3SiO^2,$$

dans laquelle M désigne le calcium, le magnésium, le fer, le manganèse, et R^2 l'aluminium, le fer et le chrome. La forme cristalline appartient au type cubique, et les faces les plus habituelles sont celles du dodécaèdre rhomboïdal b^1 et de l'icositétraèdre a^2; celles du cube et de l'octaèdre sont fort rares. Les grenats se trouvent le plus fréquemment dans les roches anciennes, telles que les granites, gneiss, micaschistes, calcaires cristallins, ainsi que dans les roches basaltiques.

Fig. 328. — Grenat.

On peut considérer comme espèces types : 1° le grenat alumino-calcaire (*grossulaire*), 2° le grenat alumino-magnésien (*pyrope*), 3° le grenat alumino-ferreux (*almandin*), 4° le grenat alumino-manganeux (*spessartine*), 5° le grenat ferrico-calcaire (*mélanite*), 6° le grenat chromico-calcaire (*ouwarowite*). Ces diverses espèces peuvent se mélanger et former des variétés intermédiaires qui doivent être rattachées à l'espèce type de la composition de laquelle elles se rapprochent le plus.

GROSSULAIRE, $Ca^3Al^2Si^3O^{12}$. — Cette espèce se présente en cristaux blancs ou d'un vert pâle (*wiluite*), d'un jaune de miel ou brun de cannelle (*essonite*), d'un rouge brunâtre (*romanzovite*); sa poussière est blanche.

Caractères. — Lentement attaquable par l'acide chlorhydrique, faisant gelée après calcination. Au chalumeau, fond facilement en un verre de couleur claire, non magnétique.

Dureté, 6,5 à 7. Densité, 3,4 à 3,7.

PYROPE, $Mg^3Al^2Si^3O^{12}$. — Une partie de la magnésie est remplacée par du protoxyde de fer, du protoxyde de manganèse, de la chaux et du protoxyde de chrome. A cette espèce se rapportent le grenat noir d'Arendal et le pyrope proprement dit de la serpentine de Zöblitz (Saxe). Ce dernier est ordinairement en grains arrondis d'une apparence cubique, et rouge de sang, transparents ou translucides. Il est utilisé pour la joaillerie; les grains fins servent à remplacer l'émeri.

Caractères. — Inattaquable par les acides. Au chalumeau, devient noir et opaque à chaud, et reprend sa couleur par le refroidissement. Fond difficilement en une perle noire non magnétique. Avec le borax, donne la réaction du chrome.

Dureté, 7,5. Densité, 3,7 à 3,8.

ALMANDIN [Syn. *Grenat syrien, grenat oriental, escarboucle*], $Fe^3Al^2Si^3O^{12}$. — Cette espèce est la plus fréquente; elle est d'un beau rouge et employée en joaillerie. Certaines variétés présentent des astéries à quatre ou à six branches, lorsqu'elles sont taillées en lames parallèlement à une face du cube ou à une face de l'octaèdre.

Caractères. — Difficilement attaquable par l'acide chlorhydrique; faisant gelée après calcination. Au chalumeau, fond en un verre noir, translucide, et plus ou moins magnétique.

Dureté, 7 à 7,5. Densité, 3,5 à 4,3.

SPESSARTINE, $Mn^3Al^2Si^3O^{12}$. — Une partie du manganèse est remplacée par du fer. Couleur jaune clair, brun-jaunâtre, rouge-brun. Poussière blanche. Trouvé dans le granite du Spessart (Bavière), dans le feldspath blanc de l'île d'Elbe, etc.

Caractères. — Lentement attaquable par l'acide chlorhydrique. Au chalumeau, fond en un verre noir; avec le borax, donne les réactions du manganèse.

Dureté, 7 à 7,5. Densité, 3,77 à 4,3.

MÉLANITE [Syn. *Andradite*, Dana],

$$Ca^3Fe^2Si^3O^{12}.$$

— Noir ; vert plus ou moins foncé (*allochroïte, jellettite*); jaune pâle (*topazolithe*); brun verdâtre ou jaunâtre (*colophonite, aplome*). Certaines variétés renferment un peu de manganèse (*rothoffite, polyadelphite*). D'autres contiennent de l'yttria; d'autres encore de l'acide titanique (*schorlomite*). Facilement soluble en un globule attirable à l'aimant; quelques variétés donnent un verre brun-verdâtre non magnétique. Les dernières sont plus difficilement attaquables que les autres par l'acide chlorhydrique

Dureté, 7. Poussière grise. Densité, 3,6 à 4,3. Quelquefois magnétique.

OUWAROWITE, $Ca^3Cr^2Si^3O^{12}$. — Renferme un peu d'alumine et de magnésie. Dodécaèdres rhomboïdaux d'un beau vert, implantés sur une gangue de fer chromé et venant de l'Oural.

Caractères. — Inattaquable à l'acide chlorhydrique. Infusible au chalumeau. Avec le borax, donne une perle colorée par le chrome.

Dureté, 7,5 à 8. Poussière blanc-verdâtre. Densité, 3,4 à 3,5. F. et S.

GRENGÉSITE (Min.). — Variété de ripidolithe, voisine de la delessite.

GROPPITE (Min.). — Variété de cordiérite altérée d'un rose rouge, trouvée dans un calcaire cristallisé à Gropptorp, Södermanland (Suède).

GROSSULAIRE. — Voyez GRENATS.

GROTHITE (Min.). — Variété de sphène yttrifère du Plauenschen-Grund, près Dresde, différant par sa composition et ses clivages du sphène ordinaire.

GRUNAUITE (Min.). — Sulfure de bismuth et de nickel, contenant du cobalt, du fer, du cuivre et du plomb. Cristaux octaédriques ou cubo-octaédriques, d'un éclat métallique, d'un gris d'acier, souvent jaunes ou grisâtres à la surface.

Caractères. — Soluble dans l'acide azotique avec dépôt de soufre. Fond au chalumeau en un globule magnétique, en s'entourant d'une auréole jaunâtre.

Dureté, 4,5. Poussière gris foncé. Densité, 5,13.

Forme cristalline. — Type cubique. Clivages : a^1.

GRUNERITE (Min.). — Variété d'amphibole ferrifère, en fibres rayonnées, d'une couleur brune, d'un éclat soyeux, formant une roche avec grenat, dans les environs de Collobrières (Var). Densité, 3,7.

GUANIDINE [Syn. *Carbotriamine*],

$$CH^5Az^3 = C^{iv}\left\{\begin{matrix}AzH\\ AzH^2\\ AzH^2\end{matrix}\right.$$

[Strecker, *Ann. der Chem. u. Pharm.*, t. CXVIII, p. 151; *Ann. de Chim. et de Phys.*, (3), t. LXII, p. 355, et *Répert. de Chim. pure*, 1861, p. 340].

Strecker a découvert ce corps en traitant la guanine par l'acide chlorhydrique et le chlorate de potasse.

On délaye la guanine dans l'acide chlorhydrique d'une densité de 1,10, et on ajoute peu à peu des cristaux de chlorate de potasse ; il y a une réaction lente, accompagnée d'un faible dégagement de gaz. La guanine disparaît peu à peu, et lorsqu'il n'en reste plus en solution, on cesse d'ajouter le chlorate. Par l'évaporation ménagée de la liqueur, on obtient des cristaux d'acide parabanique. Les eaux mères qui ont déposé cet acide sont étendues d'eau, traitées à une douce chaleur par le carbonate de baryte, jusqu'à ce qu'elles soient neutres, et précipitées par l'alcool absolu. Le précipité renferme de l'oxalurate de baryte, du chlorure de baryum, et de la xanthine barytique. La solution filtrée est évaporée à siccité au bain-marie, et le résidu épuisé à chaud par l'alcool absolu. Celui-ci est chassé par l'évaporation, et laisse le chlorydrate de guanidine qu'on convertit en sulfate en le faisant digérer avec du sulfate d'argent. L'excès de ce dernier sel est enlevé par le chlorure de baryum, et la liqueur filtrée est concentrée au bain-marie. L'addition d'alcool absolu détermine la précipitation du sulfate de guanidine. Pour isoler la base, on dissout le sulfate dans l'eau, on ajoute de l'eau de baryte, et on évapore dans le vide la solution filtrée.

La synthèse de la guanidine a été réalisée par Hofmann. Il l'obtient en chauffant à 150°, en vases clos, de l'ammoniaque et de l'orthocarbonate d'éthyle :

$$\underset{\text{Orthocarbonate d'éthyle.}}{C(C^2H^5)^4O^4} + 3\,AzH^3$$

$$= \underset{\text{Guanidine.}}{CH^5Az^3} + \underset{\text{Alcool.}}{4\,(C^2H^6O)}$$

La guanidine se forme aussi en très-petite quantité par l'action de la chloropicrine sur l'ammoniaque. On s'en procure de notables quantités en chauffant pendant plusieurs heures à 100° dans une autoclave, de la chloropicrine avec une solution alcoolique concentrée d'ammoniaque ; on épuise la masse saline par l'alcool absolu, qui dissout le chlorhydrate de la guanidine, et laisse le sel ammoniac [Hofmann, *Journ. für prakt. Chem.*, t. XCVIII, p. 86 ; *Bull. de la Soc. chim.*, 1866, t. VI, p. 236, et 1869, t. IX, p. 152]. Erlenmeyer a préparé la guanidine en dirigeant un courant de chlorure de cyanogène gazeux dans l'alcool ammonical, puis chauffant pendant quelque temps à 100° la cyanamide formée avec le sel ammoniac [*Ann. der Chem. u. Pharm.*, t. CXLVI, p. 259 ; *Bull. de la Soc. chim.*, 1868, t. X, p. 411]. Finck a trouvé la guanidine en petite quantité dans l'action de l'acide chlorhydrique bouillant sur le biuret ; elle se forme encore lorsqu'on chauffe le biuret entre 160° et 170° dans un courant de gaz chlorhydrique sec :

$$\underset{\text{Biuret.}}{C^2H^5Az^3O^2} = CH^5Az^3 + CO^2$$

[Finck, *Ann. der Chem. u. Pharm.*, t. CXXIV, p. 335]. M. G. Bouchardat, en faisant réagir le gaz chloroxycarbonique sur le gaz ammoniac, a obtenu, outre l'urée, l'acide mélanurique et l'acide cyanurique, du chlorhydrate de guanidine [*Compt. rend.*, t. LXIX, p. 361].

La guanidine est une masse cristalline, caustique, qui attire rapidement l'humidité et l'acide carbonique de l'air. Son chlorhydrate chauffé avec de l'aniline donne un corps neutre, isomérique avec la mélanide (Hofmann).

L'*azotate* forme des prismes incolores, peu solubles dans l'eau froide.

Le *chlorhydrate* cristallise difficilement en fines aiguilles. Le *chloroplatinate*

$$2\,(CH^5Az^3HCl)\,PtCl^4$$

est soluble dans l'eau bouillante, d'où il se dépose par le refroidissement sous forme d'aiguilles jaunes, quelquefois en petits prismes orangés.

Le *chloraurate* $CH^5Az^3, HCl, AuCl^3$ est en longues aiguilles d'un jaune foncé.

Le *carbonate* $CH^5Az^3CO^3H$ se produit par l'action de l'acide carbonique de l'air sur les solutions de guanidine ou par double décomposition du sulfate de guanidine et du carbonate de baryte. Il est en octaèdres ou en prismes à base carrée, très-soluble dans l'eau, insoluble dans l'alcool, d'une forte réaction alcaline ; les solutions précipitent les sels de chaux, de baryte et d'argent comme les carbonates alcalins.

L'*oxalate acide* $CH^5Az^3C^2H^2O^4 + H^2O$ s'obtient en saturant le carbonate par l'acide oxalique, et ajoutant à la solution neutre autant d'acide oxalique qu'elle en renferme déjà ; cristaux incolores, difficilement solubles dans l'eau froide.

Le *sulfate* est cristallisable ; très-soluble dans l'eau, insoluble dans l'alcool.

Constitution de la guanidine. — **La guanidine est la carbotriamine**

$$\left.\begin{matrix}C^{iv}\\ H^5\end{matrix}\right\}Az^3 = C^{iv}\left\{\begin{matrix}AzH\\ AzH^2\\ AzH^2\end{matrix}\right.$$

elle appartient à une série de corps qui se rattachent au type ammoniaque trois fois condensé :

$$\left.\begin{matrix}C^{iv}\\ H^5\end{matrix}\right\}Az^3$$

Carbotriamine (guanidine).

$$\left.\begin{matrix}C^{iv}\\ CH^3\\ H^4\end{matrix}\right\}Az^3$$

Carbométhyltriamine (méthylguanidine).

$$\left.\begin{matrix}C^{iv}\\ C^6H^5\\ H^4\end{matrix}\right\}Az^3$$

Carbophényltriamine (phénylguanidine ou mélaniline).

$$\left.\begin{matrix}C^{iv}\\ (C^6H^5)^3\\ H^2\end{matrix}\right\}Az^3$$

Carbotriphényltriamine (triphénylguanidine).

$$\left.\begin{matrix}C^{iv}\\ (C^2H^5)^3\\ H^2\end{matrix}\right\}Az^3$$

Carbotriéthyltriamine (triéthylguanidine).

Aucune de ces bases n'a encore été dérivée de la guanidine ; quoique cette transformation soit probable, elle n'a pas été réalisée jusqu'ici.

Strecker écrit la guanidine

$$\left.\begin{matrix}CAz\\ H^2\end{matrix}\right\}Az \qquad \left.\begin{matrix}H^3\end{matrix}\right\}Az$$

formule qui en fait une combinaison d'ammoniaque et de cyanamide. La synthèse opérée par Erlenmeyer vient à l'appui de cette manière de voir.

E. G.

GUANINE, $C^5H^5Az^5O$ [Unger, *Ann. de Poggend.*, t. LXV, p. 222; *Ann. der Chem. u. Pharm.*, t. LI, p. 395; t. LVIII, p. 18; t. LIX, p. 58 et 69]. — Ce corps fut découvert en 1844 par Unger, qui le retira du guano et le confondit avec la xanthine; Einbrodt montra que le corps retiré du guano différait de la xanthine, et que la formule adoptée pour cette dernière devait être modifiée [*Ann. der Chem. u. Pharm.*, t. LVIII, p. 15]. La guanine a été étudiée par Unger, Neubauer, Kerner et Strecker. Elle existe non-seulement dans le guano, mais encore elle forme la partie la plus essentielle des excréments de l'araignée diadème (*Epeira diadema*), et paraît exister dans l'organe vert de l'écrevisse et dans l'organe dit de *Bojanus* de la coquille des étangs (*Anodonta cycnea*) [Gorup-Besanez et Fr. Will, *Ann. der Chem. u Pharm.*, t. LXIX, p. 117]. Scherer l'a rencontrée dans le pancréas de cheval et Barreswill dans les écailles d'ablettes [Scherer, *Ann. der Chem. u. Pharm.*, t. CXII, p. 257, et *Répert. de Chim. pure*, 1860, p. 151; — Barreswill, *Compt. rend.*, t. LIII, p. 246].

Préparation. — On traite le guano par un lait de chaux étendu, jusqu'à ce que la liqueur soit légèrement colorée en vert par l'ébullition; on filtre, on neutralise par l'acide chlorhydrique. Au bout de quelques heures, la guanine se précipite avec une quantité à peu près égale d'acide urique.

On traite le précipité par l'acide chlorhydrique bouillant qui ne dissout que la guanine, et la solution décantée dépose, par le refroidissement, des cristaux de la combinaison d'acide chlorhydrique et de guanine, on purifie les cristaux par une nouvelle cristallisation, et l'on isole la base par l'ammoniaque. Le guano en donne environ 5/8 °/₀ (Unger).

Strecker délaye le guano dans l'eau et y ajoute peu à peu un lait de chaux; le mélange est porté à l'ébullition et la liqueur brune passée à travers une étamine. Ce traitement est répété tant que la liqueur se colore; on dissout ainsi dans le lait de chaux la matière colorante avec des acides volatils et d'autres substances indéterminées. Le résidu renferme la guanine et l'acide urique. On l'épuise par des solutions bouillantes de carbonate de soude. Les solutions réunies sont additionnées d'acétate de soude, puis d'acide chlorhydrique jusqu'à réaction fortement acide.

La guanine et l'acide urique se précipitent, le précipité est lavé à l'eau, repris par l'acide chlorhydrique moyennement étendu et bouillant; on filtre, on évapore et on fait cristalliser. Le chlorhydrate de guanine qui cristallise renferme de l'acide urique; on le décompose à l'ébullition par l'ammoniaque étendue, puis on dissout la guanine ainsi séparée dans l'acide azotique concentré qui détruit l'acide urique. L'azotate de guanine cristallise par le refroidissement; traité par un excès d'ammoniaque, il fournit de la guanine pure colorée en jaune [Strecker, *Ann. der Chem. u. Pharm.*, t. CXVIII, p. 151, et *Ann. de Chim. et de Phys.*, (3), t. LXII, p. 355].

Suivant Neubauer et Kerner, on obtient de la guanine tout à fait pure en dissolvant dans l'acide chlorhydrique très-étendu le composé qu'elle forme avec le chlorure mercurique, décomposant par l'hydrogène sulfuré, filtrant, et précipitant par l'ammoniaque la liqueur incolore [Neubauer et Kerner, *Ann. der Chem. u. Pharm.*, t. CI, p. 318].

La guanine est une poudre blanche, insoluble dans l'eau, dans l'alcool et dans l'éther; elle se dissout dans les acides, mais encore mieux dans la potasse et la soude.

Délayée dans l'acide chlorhydrique de 1,10 de densité, et additionnée de chlorate de potasse, elle fournit de l'*acide parabanique* et de la *guanidine* (voyez ce mot). Il se forme en outre un peu de xanthine (Strecker).

La réaction a lieu suivant les équations suivantes :

$$C^5H^5Az^5O + H^2O + 3O$$
Guanine.
$$= C^3H^2Az^2O^3 + CH^5Az^3 + CO^2;$$
Acide parabanique. Guanidine.

$$2(C^5H^5Az^5O) + O^3.$$
Guanine.
$$= 2(C^5H^4Az^4O^2) + H^2O + Az^2.$$
Xanthine.

Neubauer et Kerner ont obtenu par l'acide azotique un dérivé nitré de la guanine jaune-citron, amorphe, se dissolvant dans la potasse avec une couleur jaune, *nitrate de nitroguanine*, qu'ils ont représenté par la formule

$$C^5H^4(AzO^2)Az^5O.HAzO^3.$$

Suivant Strecker, cette formule n'est pas juste; la matière jaune est un mélange de *xanthine* et de *nitroxanthine* et fournit de la *xanthine* pure par les agents réducteurs [Strecker, *Mém. cité plus haut*, et *Ann. der Chem. u. Pharm.*, t. CVIII, p. 141; *Ann. de Chim. et de Phys.*, (3), t. LV, p. 347].

Strecker obtient la transformation de la guanine en xanthine par l'acide nitreux en employant le procédé suivant : la solution de guanine dans l'acide azotique concentré est portée à l'ébullition, et additionnée d'azotate de potasse jusqu'à ce qu'il se dégage de grandes quantités de vapeurs rouges. La solution étendue de beaucoup d'eau, la matière jaune se précipite; on la lave à l'eau, et on la dissout dans l'ammoniaque. On ajoute alors une solution de sulfate ferreux, jusqu'à ce que le précipité d'hydrate ferrique qui se forme soit remplacé par un précipité noir d'oxyde ferrosoferrique. On filtre ensuite la liqueur, on évapore au bain-marie, on reprend par l'eau froide pour dissoudre le sulfate d'ammoniaque, on dissout ce qui reste dans l'ammoniaque bouillante, et on évapore de nouveau.

La transformation de la guanine en xanthine par l'acide nitreux a lieu suivant l'équation

$$C^5H^5Az^5O + AzO^2H$$
Guanine. Acide azoteux.
$$= C^5H^4Az^4O^2 + H^2O + Az^2.$$
Xanthine

Elle est analogue à la transformation de l'éthylamine en alcool par le même agent.

La guanine dissoute dans la soude et additionnée de permanganate de potasse se convertit en *oxyguanine* (Kerner). — Voir plus bas.

COMBINAISONS DE LA GUANINE. — Elle se combine très-bien avec les acides forts; elle s'échauffe avec l'acide sulfurique, mais ces combinaisons sont peu stables et se décomposent par l'eau; celles qu'elle forme avec les acides volatils perdent leur acide à une température peu élevée (Unger). Elle ne se dissout pas dans les acides formique, acétique, lactique, succinique, citrique et hippurique (Neubauer et Kerner). Elle se combine avec les alcalis, les oxydes métalliques et les sels métalliques.

AZOTATES DE GUANINE. — Le *sel neutre*

$$2(C^5H^5Az^5O, AzHO^3). 3H^2O$$

se forme lorsqu'on traite la guanine par un mélange à parties égales d'eau et d'acide azotique d'une densité de 1,25 Il est en fines aiguilles très-ténues rassemblées en groupe. Le *sel acide* $C^5H^5Az^5O,(AzHO^3)^2 2H^2O$ prend naissance lorsqu'on dissout la guanine dans de l'acide azotique d'une densité de 1,25 à une température de 60° à 80°. Ce sont des prismes courts et solides (Unger).

BROMHYDRATE DE GUANINE,

$$6(C^5H^5Az^5O.HBr) + 7H^2O.$$

—Petites aiguilles prismatiques d'un blanc-jaune, efflorescentes à 100°, fusibles vers 180° et décomposées par une plus haute température (Kerner).

CHLORHYDRATE DE GUANINE,

$$C^5H^5Az^5O.HCl + H^2O.$$

— Fines aiguilles jaune-clair qui se déposent lorsqu'on fait dissoudre la guanine dans l'acide chlorhydrique bouillant; ce sel perd son eau à 100°, et son acide à 200°. La guanine absorbe le gaz chlorhydrique en fournissant un sel acide

$$C^5H^5Az^5O,2HCl$$

qui passe à l'état de sel neutre dans le vide ou à 100°.

Le sel neutre se combine avec les chlorures métalliques; Neubauer et Kerner ont obtenu :

Le *chlorhydrate de guanine et de cadmium*

$$4(C^5H^5Az^5O,HCl).5CdCl^2 + nH^2O,$$

le *chlorhydrate de guanine et de zinc*

$$2(C^5H^5Az^5O,HCl).ZnCl^2 + 3H^2O,$$

le *chlorhydrate de guanine et de mercure*

$$2(C^5H^5Az^5O,HCl).HgCl^2 + H^2O.$$

Unger a préparé le *chloroplatinate de guanine* en ajoutant une solution concentrée de bichlorure de platine à une solution saturée de guanine dans l'acide chlorhydrique. Le chloroplatinate

$$(C^5H^5Az^5O,HCl),PtCl^4 + 2H^2O$$

forme des cristaux orangés.

IODHYDRATE DE GUANINE,

$$6(C^5H^5Az^5O,HI) + 7H^2O.$$

— Il ressemble au bromhydrate, il est difficilement soluble dans l'eau pure. Il jaunit sous l'influence de l'air et de la lumière.

OXALATE DE GUANINE,

$$3(C^5H^5Az^5O).2(C^2H^2O^4).$$

— Il cristallise difficilement.

PHOSPHATE DE GUANINE. — Il est granuleux et cristallise difficilement; il perd 4,53 °/₀ d'eau à 100°.

SULFATE DE GUANINE,

$$2(C^5H^5Az^5O)O^4H^2 + 2H^2O.$$

— Aiguilles jaunâtres qui ont quelquefois plusieurs centimètres de longueur. On ne peut les laver à l'eau, qui les décompose. Elles perdent leur eau de cristallisation à 125°. On obtient un *sulfate d'argent et de guanine* qui se précipite, lorsqu'on ajoute de l'azotate d'argent à une solution de guanine dans l'acide sulfurique étendu (Unger).

TARTRATE DE GUANINE,

$$3(C^5H^5Az^5O),2C^4H^6O^6 + 2H^2O.$$

— Il cristallise en mamelons jaunes.

La guanine se dissout dans les alcalis caustiques. La combinaison *avec la soude* renferme

$$C^5H^5Az^5O,Na^2O + 3H^2O.$$

Elle s'obtient par l'addition d'une grande quantité d'alcool à une solution de guanine dans la soude, en lames confuses que l'acide carbonique et l'eau détruisent promptement (Unger). Il existe aussi un composé barytique, $C^5H^3Az^5OBa$, qui se sépare par le refroidissement d'une solution bouillante de guanine dans l'eau de baryte, sous forme d'aiguilles incolores qui deviennent opaques par la dessiccation au-dessus de l'acide sulfurique [Strecker, *Mém. cité*]. Lorsqu'on ajoute une solution d'*azotate d'argent* à une solution d'azotate de guanine, on obtient un précipité floconneux, qui, dissous dans l'acide azotique concentré et bouillant, s'en dépose sous forme de fines aiguilles incolores, renfermant $C^5H^5Az^5O,AgAzO^3$ (Strecker).

Neubauer et Kerner obtiennent un composé de *guanine et de chlorure mercurique*, sous forme d'une poudre blanche cristalline, en ajoutant une solution de chlorhydrate de guanine à une solution saturée à froid de chlorure mercurique; le composé renferme

$$C^5H^5Az^5O,HgCl^2 + 5/2H^2O.$$

OXYGUANINE [Kerner, *Ann. der Chem. u. Pharm.*, t. CIII, p. 249]. — Lorsqu'on traite une solution de guanine dans la soude par le permanganate de potasse, il se forme de l'acide carbonique, de l'acide oxalique, de l'urée, de l'ammoniaque, et une substance amorphe, gélatineuse, blanc-rougeâtre, qu'on sépare en ajoutant de l'acide chlorhydrique à la solution alcaline. Cette substance est insoluble dans l'eau, l'alcool, l'éther; elle ne se combine pas avec les acides qui la dissolvent en partie à chaud sans l'altérer; elle est soluble dans les solutions alcalines. La solution ammoniacale fournit avec l'azotate d'argent un précipité qui paraît renfermer $C^{10}H^{14}Az^8O^9,Ag^2O$.

E. G.

GUANITE (Min.) [Syn. *Struvite*]. — Phosphate ammoniaco-magnésien, cristallisé dans le guano.

GUANO. — Voyez ENGRAIS.

GUARINITE (Min.). — Petits cristaux quadratiques, d'un jaune de soufre, transparents, et ayant, d'après Guiscardi, la composition du sphène.

Accompagnant le sphène, l'amphibole, le grenat mélanite, etc., dans les blocs de la Somma.

Caractères. — En partie soluble dans l'acide chlorhydrique. Au chalumeau, fond sans changer de couleur.

Dureté, 6. Densité, 3,49.

GUAYACANITE. — Voyez ENARGITE.

GUMMIQUE (ACIDE). — Ce nom a été donné par M. Reichardt à l'acide formé dans l'action de l'oxyde de cuivre sur le glucose [*Ann. der Chem. u. Pharm.*, t. CXXVII, p. 297, et *Bull. de la Soc. chim.*, 1864, t. I, p. 197]. M. Fremy a désigné par le même nom l'acide de la gomme arabique (voyez GOMME).

Pour préparer l'acide gummique, on chauffe une dissolution d'acétate de cuivre sursaturée de potasse vers 60° et on ajoute du glucose jusqu'à réduction complète de l'oxyde de cuivre, en s'assurant de temps à autre que la liqueur est encore alcaline. En substituant le chlorure de cuivre à l'acétate, on n'obtient que de l'acide oxalique.

Après la réaction, on filtre, on acidule légèrement la liqueur par de l'acide acétique et on précipite l'acide gummique par de l'acétate de plomb ou par le chlorure de baryum.

La liqueur surnageant le précipité plombique renferme une gomme, $C^{12}H^{26}O^{13}$, analogue à la dextrine, que le sous-acétate de plomb précipite.

L'acide gummique libre forme un sirop qui dépose peu à peu des prismes rhomboïdaux. Il est très-soluble dans l'eau et dans l'alcool; l'éther le dissout en faible proportion. Il brunit à 130° et fond à 150° en se décomposant. Il ne précipite le chlorure de calcium qu'après neutralisation, l'eau de chaux le précipite immédiatement. L'acide gummique réduit les sels d'argent et de platine. Il tourne le plan de polarisation faiblement à gauche.

M. Reichardt a établi pour l'acide gummique cristallisé la formule $C^3H^5O^5$, qui est, d'après M. Felsko [*Ann. der Chem. u. Pharm.*, t. CXLIX, p. 356; *Bull. de la Soc. chim.*, 1869, t. XII, p. 325], celle de l'anhydride, tandis que l'hydrate normal aurait pour composition

$$C^3H^5O^5 + 1\ 1/2\ H^2O.$$

Ce serait donc un acide tribasique. M. Felsko a analysé beaucoup de sels qui renferment 3 atomes de métal; mais il y a une autre série n'en renfermant que deux.

Il décrit un premier sel de soude,

$$C^3H^5O^5, 1\ 1/2\ Na^2O + H^2O,$$

et un second,

$$C^3H^5O^5, Na^2O, 1/2\ H^2O.$$

Ces formules improbables reposent sur des données analytiques insuffisantes. M. Felsko admet dans presque tous les sels de l'eau de cristallisation, mais dans aucun cas il ne l'a dosé directement.

M. Claus envisage l'acide gummique comme acide oxymalonique ou tartronique [*Ann. der Chem. u. Pharm.*, t. CXLVII, p. 114; *Bull. de la Soc. chim.*, 1869, t. XI, p. 157] :

$$C^3H^4O^5 = \begin{matrix} COOH \\ CHOH \\ COOH. \end{matrix}$$

Un acide de cette formule, qui nous paraît préférable, pourrait se comporter comme un acide tribasique.

Les sels alcalins de l'acide gummique sont solubles dans l'eau et cristallisables; ceux de baryum, de calcium, de strontium et de manganèse sont insolubles dans l'eau, mais solubles dans l'acide acétique. Les sels de cobalt, de nickel, de zinc, de cadmium, de cuivre, de plomb, d'étain (stanneux), de bismuth, de mercure et d'argent forment des précipités colorés, dont quelques-uns sont solubles dans un excès du sel métallique, servant à leur précipitation et qui tous se dissolvent dans l'acide azotique. Celui d'argent déflagre.

Acide oxygummique [Beyer, *Ann. der Chem. u. Pharm.*, t. CXXXI, p. 353; *Bull. de la Soc. chim.*, 1865, t. III, p. 437]. — Le gummate de baryum précipité en solution faiblement ammoniacale s'altère au bain-marie. Il y a formation de carbonate de baryum et d'un nouvel acide, l'acide oxygummique, auquel M. Beyer assigne la formule improbable $C^2H^6O^{5\ 1/2}$.

Cet acide, qui cristallise en prismes, dont le sel d'argent déflagre, est sans doute de l'acide oxalique, formé d'après l'équation

$$C^3H^4O^5 + O^2 = C^2H^2O^4 + CO^2 + H^2O.$$

A. H.

GUMMITE ou **GUMMIERZ.** — Voyez Pechblende.

GURGUNIQUE (ACIDE), $C^{22}H^{34}O^4$. — Acide résineux, analogue à l'acide sylvique, retiré du baume de Gurgu. Ce baume est brun, vert par réflexion; distillé, il donne 15 % d'une essence $C^{20}H^{32}$ bouillant à 255° et d'une densité égale à 0,9044. Le baume, débarrassé de cette essence, fournit l'acide gurgunique par l'action de la potasse.

Cet acide cristallise dans l'alcool en masses granuleuses, incolores et opaques, fusibles à 220° et se concrétant à 180°; il distille à 260° et devient incristallisable. Son sel d'argent constitue un précipité floconneux renfermant $C^{22}H^{32}Ag^2O^4$; les sels de baryum et de potassium sont amorphes [C. Werner, *Zeitsch. Chem. Pharm.*, 1862, p. 588].

E. W.

GURHOFIANE (Min.). — Variété de dolomie.

GUTTA-PERCHA. — On désigne sous ce nom une substance gommo-résineuse, analogue au caoutchouc, dont elle se rapproche par son origine et certaines de ses propriétés.

Propriétés. — A l'état de pureté, la gutta-percha est incolore; elle est translucide sous une faible épaisseur; elle est très-imperméable; cependant en lames minces, telles qu'on les obtient par l'évaporation d'une solution dans le sulfure de carbone, elle est douée d'une porosité particulière; sous le microscope, on observe aisément les cavités dont elle est criblée, et qui permettent à l'eau de la pénétrer en dilatant leurs parois. Sa densité, qu'on indique généralement comme variant entre 0,975 et 0,980, est en réalité plus grande que celle de l'eau, car les feuilles de gutta-percha immergées dans l'eau pendant un certain temps et privées ainsi de l'air qu'elles renfermaient dans leurs pores, tombent au fond de ce liquide; il en est de même de celles qui ont subi une forte pression.

A la température ordinaire, elle est souple, très-tenace, extensible; mais elle est peu élastique, elle possède à peu près l'élasticité d'un morceau de cuir raide; ces caractères la différencient notablement du caoutchouc.

Les différences s'accentuent davantage encore sous l'influence de la température: à + 50° elle s'amollit; à 100° environ, elle devient adhésive et éprouve une sorte de fusion pâteuse qui permet de la pétrir et de lui donner toutes les formes imaginables; par le refroidissement, elle redevient solide et résistante, et garde avec toute leur délicatesse les empreintes qu'on lui a données. A une température plus élevée, à 130°, elle fond; chauffée davantage, elle entre en ébullition et distille en ne laissant qu'un léger résidu de charbon; les huiles incolores provenant de cette distillation sont formées en majeure partie d'isoprène t de caoutchine. — Voyez Caoutchouc, p. 728.

La gutta-percha ne perd pas sa souplesse à 10° au-dessous de 0; on sait que le caoutchouc, au contraire, est très-sensible à l'action du froid.

Elle possède une texture celluleuse, mais lorsqu'on lui fait subir une forte traction, elle s'étire, et sa texture devient alors fibreuse; dans cet état, elle est devenue beaucoup plus résistante; ainsi, lorsque par un fort étirage on a doublé sa longueur, elle supporte sans se rompre l'action d'une force double de celle qui a été nécessitée pour son étirage; elle ne présente pas de résistance dans tous les sens, car elle se déchire aisément lorsqu'on applique l'effort dans le sens tranversal.

Elle conduit mal la chaleur et s'électrise très-vite par le frottement; Faraday, en 1848, appela l'attention sur l'énergie de son pouvoir isolant, qui persiste même dans les conditions atmosphériques où le verre est rendu bon conducteur; elle conserve ce pouvoir alors même que, déposée sous terre, elle est rongée par les insectes et la moisissure; cette qualité l'a fait employer avec succès pour préserver les fils électriques.

La gutta-percha se soude très-facilement à elle-même; il suffit de ramollir les parties qu'on veut réunir, de les juxtaposer et de les comprimer. Il faut dans cette opération se garder de trop la chauffer, car si l'on atteint son point de fusion, elle reste poisseuse après le refroidissement.

Elle est insoluble dans l'eau à toutes les températures, aussi supporte-t-elle très-bien l'action de la vapeur; elle résiste, plus encore que le caoutchouc, aux alcalis et à la plupart des acides; elle résiste également aux divers agents de fermentation. Staedeler a montré qu'elle restait complétement inaltérée dans l'acide fluorhydrique [*Ann. der Chem. u. Pharm.*, t. LXVII, p. 137]. L'acide sulfurique concentré la dissout en se colorant en brun et en dégageant de l'acide sulfureux; l'acide nitrique l'attaque en produisant des vapeurs nitreuses. On trouve dans les produits de la réaction de l'acide formique et de l'acide cyanhydrique (Oudemans). L'acide chlorhydrique très-concentré l'attaque aussi à la longue.

Lorsqu'on chauffe à 280° 1 p. de gutta-percha aussi pure que possible avec 80 p. d'acide iodhydrique, la gutta-percha éprouve une hydrogénation totale; il se produit des carbures saturés, bouillant à une très-haute température [Berthelot, *Bull. de la Soc. chim.*, 1869, t. XI, p. 33].

Les liqueurs alcooliques n'exercent aucune action sur elle, l'eau-de-vie même n'en dissout que des traces, mais l'alcool en dissout environ 15 à 22 centièmes.

Elle se dissout partiellement, à chaud, dans l'essence de térébenthine, les huiles de schiste, l'huile d'olives; elle se dissout mieux dans la benzine. Ses meilleurs dissolvants sont le sulfure de carbone et le chloroforme; ces agents ne la gonflent pas comme le caoutchouc, la dissolution se fait peu à peu de la surface à l'intérieur. On obtient ainsi des liqueurs troubles, mais qui après filtration deviennent parfaitement limpides et incolores. En laissant évaporer les agents de dissolution, on peut préparer la gutta-percha à l'état de pureté et présentant à peu près l'aspect de la cire vierge.

Les dissolutions de gutta-percha faites à chaud la déposent en grumeaux par refroidissement; elles sont précipitées par l'alcool, mais le produit précipité retient fréquemment entre ses pores des traces du dissolvant employé, ce qui le rend poisseux; cela arrive surtout avec la benzine.

Une propriété curieuse de la gutta-percha et qui limite beaucoup ses emplois, c'est son altérabilité à l'air. Lorsqu'elle est exposée à l'air et à la lumière, elle se modifie assez rapidement de la surface au centre, en dégageant une odeur piquante, acide; en même temps sa surface durcit peu à peu et se fendille en tous sens. Ainsi modifiée, la gutta-percha perd la plupart des qualités qui la font rechercher, elle devient même bon conducteur de l'électricité. D'après A. W. Hofmann [*Chem. Soc. quart. Journ.*, t. XIII, p. 87], une gutta-percha qui avait servi aux Indes pour des fils télégraphiques, et qui était devenue très-cassante, abandonna à l'alcool froid une substance friable renfermant seulement 62,8 de carbone et 9,3 d'hydrogène; il admet que l'altération de la gutta-percha est due à une oxydation. Son opinion a été confirmée par W. A. Miller [*Chem. Soc. Journ.*, (2), t. III, p. 273]; d'après lui, la gutta-percha blanche et parfaitement pure, complétement soluble dans l'éther (?), le sulfure de carbone et la benzine, absorbe peu à peu l'oxygène de l'air; elle devient en même temps brune, résineuse et cassante; la partie oxydée est insoluble dans la benzine. D'après le même auteur, la gutta-percha pure se ramollit à 100° sans fondre, tandis que la gutta oxydée fond à cette température.

La gutta-percha ne s'oxyde pas lorsqu'elle est immergée dans l'eau ou lorsqu'on la conserve à l'abri de la lumière.

Les guttas-perchas du commerce renferment fréquemment de fortes proportions de matière oxydée.

Les chiffres donnés par Hofmann et par Miller pour la composition de cette matière sont très-divergents :

	Carbone.	Hydrogène.	Oxygène
Hofmann.......	62,79	9,29	27,92
Miller.........	76,15	11,16	12,69

Composition. — Payen, à qui nous devons la connaissance de presque tous les faits chimiques relatifs à la gutta-percha, a trouvé qu'elle est généralement formée de trois principes immédiats, auxquels il a donné les noms de *gutta*, *albane* et *fluavile*. Ils se rencontrent dans les rapports suivants :

Gutta..............................	75 à 82
Albane.............................	19 à 14
Fluavile...........................	6 à 4
	100 à 100

Pour les séparer, on commence par se procurer de la gutta-percha pure, en la dissolvant dans le sulfure de carbone, filtrant et laissant la dissolution s'évaporer à l'air. Après la dessiccation, on détache les plaques de gutta-percha épurée, en les recouvrant d'eau froide qui fait cesser l'adhérence au bout de quelques instants.

On traite successivement cette gutta-percha par l'alcool froid qui dissout la fluavile, et l'alcool bouillant qui dissout l'albane; la gutta pure reste insoluble.

La *fluavile* est une résine jaunâtre, diaphane, un peu plus lourde que l'eau; elle est dure et cassante à 0°, se ramollit vers 50°, devient pâteuse à 60° (à 42° d'après Oudemans), et complétement fluide de 100° à 110°; elle se décompose à une plus haute température en produisant des carbures d'hydrogène. Elle est soluble à froid dans l'alcool, l'éther, la benzine, l'essence de térébenthine, le sulfure de carbone, le chloroforme.

Sa composition élémentaire, déterminée par Oudemans [*Répert. de Chim. appliquée*, 1858-1859, p. 455] donne les chiffres suivants :

	I.	II.
Carbone............	88,36	88,52
Hydrogène.........	11,17	11,42

correspondant à la formule $C^{20}H^{32}O$.

L'*albane* est une résine blanche, cristalline, plus dense que l'eau, fusible seulement à 160° (140°, d'après Oudemans), inattaquable par l'acide chlorhydrique. Elle est soluble dans la benzine, l'essence de térébenthine, le sulfure de carbone, l'éther, le chloroforme et l'alcool anhydre bouillant; 100° d'alcool en dissolvent à froid 5,1; à l'ébullition, 54 p. Ces dissolvants la laissent cristalliser par le refroidissement.

Oudemans [*loc. cit.*] a donné pour sa composition les chiffres suivants :

	I.	II.
Carbone............	78,87	78,95
Hydrogène.........	10,58	10,81

correspondant à la formule $C^{20}H^{32}O^{2}$.

Desséchée à 130°, elle a donné des chiffres correspondant à $C^{20}H^{30}O$.

Lorsqu'on abandonne au refroidissement l'alcool bouillant qui a servi à épuiser de la gutta-percha, il se dépose des granules blancs, arrondis, formés d'une sorte de nucléus de fluavile recouvert d'une incrustation cristalline d'albane; on peut séparer les deux substances par l'alcool froid.

La *gutta* possède les propriétés que nous avons assignées à la gutta-percha; elle est insoluble dans l'alcool et l'éther.

Soubeiran a le premier analysé la gutta-percha, mais il n'a pas réussi à séparer complétement les résines oxydées, de la gutta pure ; il lui donne pour composition

Carbone	83,5
Hydrogène	11,5
Oxygène	5,0
	100,0

[*Journ. de Pharm.*, (3), t. XI, p. 17].

D'après Oudemans, la gutta pure a pour composition C^8H^8 ou plutôt $C^{20}H^{32}$; ses analyses ont donné les chiffres suivants :

	I.	II.	III.
Carbone	87,64	88,10	88,29
Hydrogène	11,79	11,77	12,00

La même composition a été donnée par E. H. de Baumhauer [*Journ. für prakt. Chem.*, 1859, t. LXXVIII, p. 277] ; il l'a preparée soit en épuisant la gutta-percha, préalablement lavée à l'eau et à l'acide chlorhydrique, par l'éther qui laisse la gutta à l'état d'une poudre blanche, soit en dissolvant la gutta-percha dans le chloroforme et versant cette solution dans de l'alcool qui précipite des flocons blancs. W. A. Miller [*loc. cit.*] a donné pour la composition de la gutta la formule $C^{20}H^{30}$.

Il est donc vraisemblable que la gutta-percha du commerce renferme un hydrocarbure $C^{20}H^{32}$ mélangé à divers produits oxydés $C^{20}H^{32}O$ et $C^{20}H^{32}O^2$; on ne connaît pas les relations qui pourraient exister entre ces derniers produits et le produit de l'oxydation spontanée de la gutta-percha. — Voyez plus haut.

Industrie de la gutta-percha.

La gutta-percha, inconnue en Europe il y a vingt ans environ, est entrée rapidement dans la consommation ; en effet, tandis qu'en 1845 Singapore nous en expédiait 10,000 kilogrammes, en 1851 elle nous en envoyait plus de 300,000 kilogrammes, et actuellement l'Angleterre et la France réunies en emploient environ 1,500,000 kilogrammes. La consommation anglaise est vingt fois plus importante que la française. En comparant ces chiffres avec ceux que nous avons donnés pour le caoutchouc, on peut être étonné de la disproportion qui existe entre eux; il semble qu'en raison des remarquables propriétés de la gutta-percha, elle aurait dû prendre une place bien plus large dans les nombreux emplois auxquels elle peut donner lieu. Sa consommation a été limitée en partie à cause de sa fusibilité trop facile, en partie à cause de son altérabilité, qui rend trop fréquente la rupture des objets confectionnés avec elle. On peut, il est vrai, diminuer considérablement ces inconvénients en ne prenant que des guttas fibreuses de très-bonne qualité, bien desséchées, ou en y mélangeant diverses substances étrangères; mais la défaveur qui a atteint la gutta-percha subsiste encore actuellement et ne disparaîtra que quand une plus longue expérience aura parlé.

Historique. — Depuis plusieurs siècles, les indigènes de l'archipel malais se servent de la gutta-percha, notamment pour en faire des manches de cognées très-résistants. La connaissance de cette substance et de ses propriétés ne parvint aux Européens qu'en 1842, par les soins du Dr William Montgomerie, qui s'appliqua à en répandre l'usage et à vulgariser son emploi. Les premiers échantillons qui parvinrent en Angleterre y furent apportés par José d'Almeida, en 1843. Il paraît cependant qu'antérieurement déjà on en avait importé en Angleterre, sous le nom de *mazer wood*, ou comme une variété de caoutchouc.

Extraction. — La substance connue en Europe sous le nom de gutta-percha est contenue dans la séve d'un arbre de la famille des sapotées, l'*Isonandra percha* de Hooker, que l'on trouve en abondance dans l'Asie méridionale, dans les îles de la Malaisie, à Bornéo, Java, ainsi que dans la Guyane hollandaise. Son nom est formé de deux mots malais : *gutta*, gomme, *percha*, désignant l'arbre d'où elle s'écoule.

D'après Seeman, le produit désigné par les Malais sous le nom de gutta-percha n'est pas celui qui s'écoule de l'*Isonandra percha*, mais bien le produit d'une sorte de ficus inconnue des botanistes : notre gutta-percha porterait le nom de *gutta taban*; cette confusion de noms regrettable n'a du reste pas d'autre importance, puisqu'on est parfaitement d'accord sur l'origine de ce produit.

L'*Isonandra percha* atteint fréquemment une hauteur de 20 mètres et un diamètre de 1 mètre: son bois est spongieux et tendre, il est traversé par des canaux longitudinaux, remplis de gomme et formant des lignes d'un noir d'ébène.

Le mode d'extraction de cette gomme est tout à fait barbare; on abat l'arbre, et on l'incline pour faciliter l'écoulement du liquide qu'on recueille dans des callebasses ; les indigènes le portent ensuite dans leurs habitations où ils le font bouillir de manière à séparer l'eau de la gomme, qui se trouve en émulsion : chaque arbre produit environ 6 kilogr. de gutta-percha. Ce procédé a eu des résultats désastreux ; en moins de trois ans et demi, 270,000 arbres furent abattus, et, s'il ne s'était formé une compagnie anglaise, destinée à diriger cette exploitation, il est probable qu'en peu d'années les sources de la gutta-percha eussent été détruites. Aujourd'hui on commence à adopter le procédé d'extraction usité pour la récolte du caoutchouc ; la séve qui s'écoule des incisions est recueillie dans des vases appliqués contre l'arbre, et aussitôt qu'elle commence à se coaguler, on la pétrit entre les mains de manière à séparer toute l'eau [*Répert. de Chim. appl.*, 1858-1859, p. 403].

D'après Bleekrode, le suc de l'*Isonandra percha* renferme un seul principe, et les différentes substances qu'on y a trouvées proviennent exclusivement des altérations qu'il subit pendant sa récolte ; c'est ce qui expliquerait comment il se fait que les produits actuellement importés en Europe sont certainement supérieurs à ceux qui l'étaient il y a quelques années.

La gutta-percha se trouve dans le commerce sous la forme de pains ronds ou carrés, un peu aplatis ; il en existe trois sortes distinctes : la meilleure est jaunâtre, fibreuse et nerveuse ; les autres sont rougeâtres ou blanchâtres et fréquemment poisseuses.

Il existe encore d'autres variétés, tenant le milieu, par leurs propriétés, entre la gutta-percha et le caoutchouc.

On a importé dans ces dernières années d'autres produits similaires, la *séve de Balata*, la *gutta Terbole*, la *gomme extensible de la Guyane*, sur lesquels on fondait de grandes espérances ; mais ces produits ne sont pas entrés dans la consommation, parce qu'ils s'oxydent à l'air plus facilement encore que la gutta-percha, et qu'ils ne supportent pas convenablement la vulcanisation.

Usages de la gutta-percha. — La résistance de la gutta-percha la rend propre à une foule d'usages ; on s'en sert pour les réservoirs d'acides d'alcalis, de purin ; les vases usités dans la galvanoplastie ; les pompes, robinets, tubes et entonnoirs de tous genres ; les courroies de transmission, les bobines et les rouleaux de filatures ; les instruments de chirurgie; les tubes acoustiques ; les vêtements et les chaussures; les feuilles, fils et plaques de tous genres; les fils électriques; les plateaux de machines électriques; toutes sortes d'objets devant résister à l'eau de mer; les moules en creux pour recevoir les dépôts galvaniques, etc., etc.

En solution, on l'utilise comme vernis hydrofuge pour le cuir, les tissus légers, les métaux, etc.; pour ces emplois, il est bon d'y mélanger du suif, de la cire, de la gomme-laque: Geiseler a recommandé sa solution dans le chloroforme comme substitut du collodion. On l'emploie enfin fréquemment comme mastic, soit seule, soit mélangée à diverses autres substances, de la poix, des résines, etc.

En général, il est rare qu'on l'emploie sans y ajouter d'autres substances. Lorsqu'on veut lui donner une élasticité et une souplesse plus grandes que celles qu'elle possède naturellement, on la mélange avec diverses proportions de caoutchouc. Si on veut, au contraire, lui donner plus de raideur et moins de fusibilité, on y incorpore 10 à 30 % de gomme-laque; Mackintosh a proposé, pour atteindre le même but, de plonger la gutta-percha pendant quelques instants dans l'acide sulfurique concentré et de la laver ensuite à grande eau [*Repert. of patent invent.*, sept. 1858]. Souvent encore on mélange à la gutta-percha 5 à 10 % de suif ou de paraffine, qui la préservent, en partie du moins, contre l'action oxydante de l'air. D'après Hall [*Génie industr.*, mars 1864, p. 126], on réussit également à lui donner une résistance plus grande à l'air et à la lumière en la traitant à chaud par une solution de soude caustique (1 litre d'eau, 340 grammes de soude), qui élimine les parties altérables de la gutta.

FABRICATION DES OBJETS EN GUTTA-PERCHA. — Nous ne pouvons donner ici que peu de détails sur cette fabrication, plutôt mécanique que chimique, et sortant par conséquent du cadre de notre ouvrage.

Nous renvoyons le lecteur aux excellents traités publiés sur ce sujet par M. Payen [*Précis de Chimie industr.*, t. I, p. 241] et M. Gérard [*Dictionn. de Chimie indust. de Barreswil et Girard*, t. I, p. 432; voir aussi *Ure's Dictionary* et *Muspratt's Chemistry*].

La gutta-percha, telle qu'elle nous arrive, renferme diverses impuretés, du bois, du sable, de la terre, etc. On commence par la découper, au moyen d'un coupe-racines, en copeaux minces, ou bien on la réduit en une sorte de pulpe à l'aide d'une forte râpe, et on la soumet dans cet état à plusieurs lavages à l'eau froide; les impuretés tombent au fond de l'eau, la gutta-percha surnage; par une toile sans fin, elle est enlevée, triturée entre des cylindres armés de dents, et transformée en une bouillie d'où l'eau enlève facilement les impuretés; lorsqu'elle est ainsi purifiée, on la fait passer dans de l'eau assez chaude pour qu'elle puisse s'y ramollir; dans cet état, elle est laminée entre deux cylindres qui la transforment en feuilles plus ou moins épaisses. Il est bon de faire subir ultérieurement à ces feuilles de gutta une fusion pâteuse à 110-115°, de manière à en éliminer toute trace d'eau; cela est important, car au laminage l'eau empêche l'adhérence des parties entre lesquelles elle est emprisonnée.

On a proposé, comme moyen de purification, de chauffer la gutta-percha ou de la réduire en pâte à l'aide d'un dissolvant, et dans cet état, de l'obliger, par une pression énergique, à traverser une série de toiles métalliques étagées par degré de finesse.

La fabrication des objets en gutta-percha est très-simple; elle consiste à faire passer la matière pâteuse entre des cylindres chauffés qui la transforment en feuilles unies lorsque les cylindres ont des surfaces planes, en fils ou en cordes s'ils sont cannelés, etc. Les tuyaux en gutta-percha, de même que les tubes qui recouvrent les fils métalliques, se font par pression, dans des vermicellières.

Les feuilles très-fines se produisent par l'évaporation des solutions de gutta.

Préparation de la gutta-percha pure. — Divers procédés ont été signalés pour préparer la gutta-percha blanche et pure. Nous avons déjà dit qu'on pouvait l'obtenir dans cet état par l'évaporation de sa solution dans le sulfure de carbone.

D'après Marquard [*Chem. News*, 1866, p. 191, n° 359], on réussit également bien en dissolvant la gutta dans le chloroforme, et en la précipitant par un courant d'ammoniaque gazeuse.

On peut aussi la dissoudre dans 20 fois son poids de benzine, ajouter à cette dissolution du plâtre de bonne qualité, bien agiter et laisser le tout en repos: après deux jours le plâtre s'est déposé, entraînant avec lui toutes les matières étrangères; on précipite la gutta-percha, parfaitement blanche, au moyen de l'alcool [*Répert. de Chim. appl.*, 1863, p. 137].

Gutta-percha vulcanisée. — La vulcanisation produit sur la gutta-percha des modifications analogues à celles dont nous avons parlé à propos du caoutchouc; elle la rend moins fusible et plus résistante aux rayons du soleil. Elle se pratique à peu près comme pour le caoutchouc, mais il faut observer certaines précautions, sans lesquelles il serait impossible d'éviter dans la masse du produit des soufflures qu'on attribue au dégagement d'une huile essentielle.

On les évite, soit par l'addition de terre de pipe en quantité égale à celle du soufre [Day, *Repert. of patent invent.*, mars 1858, p. 242], soit en chauffant préalablement la gutta-percha à 150-160°, avant de procéder à la vulcanisation; soit enfin en opérant comme pour la vulcanisation, mais avec une proportion de soufre très-faible, 2 à 3 %, et en vulcanisant ensuite. Rider a proposé d'additionner le soufre de son poids de litharge [*Repert. of patent invent.*, août 1857, p. 142].

Le procédé de vulcanisation imaginé par Hancock, en 1847, consistait à employer pour 48 p. de gutta 6 p. de sulfure d'antimoine et 1 p. de soufre. L'emploi du chlorure de soufre a été appliqué à la gutta-percha par Parkes, en 1846; et ultérieurement, en 1855, par Duvivier et Chaudel [*Repert. of patent invent.*, juillet 1855], qui opèrent sur de la gutta rendue pâteuse au moyen du sulfure de carbone; selon les proportions de chlorure de soufre, ils obtiennent des produits plus ou moins durs et fusibles: avec 10 % on obtient une gutta qui ne se ramollit plus à 100°; avec 15 % le produit prend l'aspect et la résistance de la corne. Ch. Goodyear [*Jahresb. v. Wagner*, 1855, p. 370] a proposé l'emploi d'un mélange de soufre et de magnésie calcinée, ou d'hyposulfites de plomb et de zinc.

La vulcanisation de la gutta-percha s'est beaucoup moins généralisée que celle du caoutchouc.

Gutta-percha durcie. — Lorsqu'on augmente la proportion du soufre et la durée du chauffage, on obtient une matière noire, très-dure, susceptible d'un beau poli, et se laissant travailler comme la corne ou l'ivoire. On en fabrique des peignes, des baleines, etc. On peut modifier sa couleur en incorporant à la masse des poudres colorées. Une autre sorte de gutta-percha durcie peut être produite d'après Hurzig [*Bayer. Kunst. u. Gewerbebl.*, 1855, p. 273] lorsqu'on précipite par un courant de chlore des solutions de gutta-percha dans le sulfure de carbone, le chloroforme ou la benzine.

La gutta-percha, vulcanisée ou non, prend un éclat presque métallique et une très-grande douceur au toucher lorsqu'on la soumet pendant quelques instants à l'action des vapeurs nitreuses ou qu'on la plonge pendant cinq minutes dans un bain de chlorure de zinc bouillant et concentré [Hancock, 1847]. Ch. L.

GUYAQUILLITE (Min.). — Résine fossile de Guyaquil (Amérique du Sud), d'un jaune pâle, amorphe, en grandes masses ou couches.

Tendre, et pouvant pourtant être réduite en poudre.

Légèrement soluble dans l'eau; très-soluble dans l'alcool, et donnant une solution amère.

On y a trouvé

$$C=77;\ H=8;\ O=15\ \%.$$

GYMNITE (Min.). — Hydrosilicate de magnésie.

GYPSE (Min.) [Syn. *Sélénite, albâtre, chaux sulfatée*]. — Sulfate de chaux,

$$CaSO^4 + 2H^2O.$$

Se présente en beaux cristaux, en masses cristallines, fibreuses, concrétionnées, saccharoïdes, compactes, terreuses. Blanc, jaunâtre, jaune, brun, etc. Les cristaux sont fréquemment maclés et présentent des faces arrondies. Certaines macles présentent la figure de deux lentilles accolées; leur section obtenue facilement par clivage, rappelle un fer de lance (fig. 330). Les cristaux isolés se rencontrent dans les argiles et les marnes des terrains de sédiment (marnes irisées, argiles d'Oxford, etc.). Le gypse constitue en outre de grandes couches intercalées régulièrement entre les argiles et les calcaires, et paraissant s'être formées par voie de sédiment (gypse des marnes irisées de la Meuse, de l'Aveyron, terrains tertiaires des environs de Paris). D'autres fois, il est en amas postérieurs aux roches qui le renferment, et accompagnant les gisements de sel gemme et de soufre.

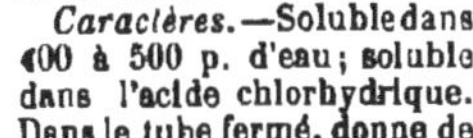

Fig. 329. — Gypse $i = b^1 b^{1/3} h^1$.

Caractères.—Soluble dans 400 à 500 p. d'eau; soluble dans l'acide chlorhydrique. Dans le tube fermé, donne de l'eau et devient opaque. Sur le charbon, se réduit en sulfure.

Dureté, 1,5 à 2.

Rayé par l'ongle. Poussière blanche.

Densité, 2,31 à 2,33.

Forme cristalline. — Prisme clinorhombique $mm = 111°\ 30'$, $pm^1 = 129°\ 46'$, $b^1 b^{1/3} h^1$ sur lui-même $= 143°\ 34'$.

Les cristaux sont souvent aplatis parallèlement au plan de symétrie, suivant lequel se trouve le clivage le plus facile.

Clivages : g^1 parfait ; h^1 moins parfait et vitreux ; p imparfait et fibreux.

Fig. 330. — Gypse en fer de lance.

Macles : les plans d'hémitropie sont parallèles à h^1 et à la face tangente sur l'arête $b^1 b^{1/3} h^1$.

F. et S.

GYROLITE ou **GUROLITE** (Min.). — Concrétions sphériques lamellaires, blanches, se rapprochant de l'apophyllite.

GYROPHORIQUE (ACIDE) [Stenhouse, *Phil. Trans.*, 1849, p. 393]. — Acide retiré par Stenhouse de deux lichens à orseille, le *Gyrophora pustulata* et *Lecanora tartarea*, et formulé par ce chimiste $C^{36}H^{36}O^{15}$. Gerhardt fait remarquer que les analyses correspondent très-exactement à la formule $C^{17}H^{16}O^7$, qui est celle de l'acide évernique. Les propriétés de cet acide ressemblent du reste beaucoup à celles de l'acide gyrophorique.

Stenhouse fait macérer les lichens dans l'eau, et précipite l'extrait par l'acide chlorhydrique ; le produit gélatineux et rougeâtre est lavé, séché, et lavé à l'alcool faible, puis traité par l'alcool absolu, à chaud et en présence du noir animal. La liqueur filtrée laisse déposer l'acide gyrophorique en mamelons cristallins, incolores et insipides, presque insolubles dans l'eau bouillante, et fort peu solubles dans l'éther et dans l'alcool.

Cet acide est excessivement faible et ne neutralise pas les bases; bouilli avec un alcool, il donne de l'orcine et de l'acide carbonique. Si l'on emploie très-peu d'alcali pour le décomposer, on obtient un acide particulier plus soluble et plus énergique. Il se dissout à peine dans l'ammoniaque, au contact de laquelle il se convertit lentement à l'air en une substance pourpre. Bouilli pendant quelques heures avec l'alcool fort, il donne un éther solide dont l'analyse correspond à celle de l'orsellate ou de l'évernate d'éthyle. G. S.

FIN DU PREMIER VOLUME.

COULOMMIERS. — TYPOG. P. BRODARD ET GALLOIS.

www.ingramcontent.com/pod-product-compliance
Ingram Content Group UK Ltd.
Pitfield, Milton Keynes, MK11 3LW, UK
UKHW012136240726
13966UKWH00001B/17

9 782013 409889